조이 오브 쿠킹

joy of cooking

조이 오브 쿠킹

joy of cooking

이르마 S. 롬바우어

매리언 롬바우어 베커

이선 베커

존 베커

메건 스콧

구계원 옮김

삽화 존 노턴

페이퍼 커팅 아트 애나 브로니스

;

이르마와 매리언 할머니를 기리며,

과거, 현재, 미래의

우리 독자들에게

일러두기

- 이 책은 *JOY OF COOKING*의 2019년 최신 개정판을 완역한 것입니다.
- 요리 및 재료의 명칭, 조리 용어 등의 외래어 표기는 국립국어원의 규정을 따르는 것을 원칙으로 하되, 일반적으로 통용되어
  굳어진 용어나 명칭을 그대로 사용한 경우도 있습니다.
- 원서의 레시피는 대부분 미국식 도량형을 사용하고 있으나 한국어판에서는 미터법으로 환산하여 표기했습니다.
  파운드와 온스는 그램으로, 인치는 센티미터로, 파인트와 쿼트, 갤런은 리터로 옮겼습니다. 온도 단위 화씨는 섭씨로 옮겼습니다.
- 재료를 대체하거나 계량하는 방법에 관한 자세한 내용은 1096쪽 대체 및 변환에 대해 항목을 참고하시기 바랍니다.

차례

감사의 말

우리는 독자들로부터 2대째, 3대째, 심지어 4대째 『조이 오브 쿠킹』을 참고해서 요리한다는 말을 자주 듣습니다. 집에 『조이 오브 쿠킹』의 여러 개정판을 소장하고 있는 독자도 있을 테고, 같은 책 한 권을 대물림하면서 사용하는 독자도 있을 것입니다. 어떤 경우든 우리는 이르마 할머니와 매리언 할머니가 이렇게 가정 요리사들의 커뮤니티를 만들어냈다는 점에 항상 감동하고 경외감을 느낍니다. 이 책을 작업할 수 있었던 것은 모두 독자 여러분들 덕분이며, 이 책을 구입한 여러분과 여러분의 부모님, 조부모님, 증조부모님이 오랜 세월에 걸쳐 우리 집안의 과업이 된 이 책에 보여주신 깊은 신뢰에 감사를 드립니다. 여러분의 주방에 이 책이 당당히 한자리를 차지하고 있다니 그야말로 영광입니다.

또한 우리는 이르마 할머니와 매리언 할머니, 아버지가 『조이 오브 쿠킹』의 개정판을 내고 가다듬는 데 쏟은 노력과 시간에 고마움을 느낍니다. 이르마 할머니는 앞날을 내다볼 줄 아는 분이었고, 사실 이르마 할머니의 '자그마한 요리책'이 이렇게 엄청난 영향력을 가지게 된 이유를 논리적으로 설명하기는 어렵습니다. 이르마 할머니가 다른 이들이 보지 못한 가능성에 착안했다는 점만으로는 충분히 설명할 수 없으며, 독자들은 여러 세대에 걸쳐 이르마 할머니의 유머 감각과 상황에 따라 발휘되는 여러 지혜를 소중히 여겨왔습니다. 매리언 할머니는 끊임없이 노력하는 연구가였습니다. 매리언 할머니는 본인의 개성을 살려 체계적이고 포괄적인 방식으로 『조이 오브 쿠킹』을 개선했고, 매리언 할머니가 추가한 부분 중에는 우리가 가장 좋아하는 내용도 포함되어 있습니다. 아버지 이선은 이 책이 상당히 고전하던 시기를 지켜보았지만 『조이 오브 쿠킹』을 작업하는 동안 항상 어머니와 할머니의 유산을 기리고 보존하기 위해 노력하셨습니다. 가장 최근에 출간된 두 번의 개정판은 아버지의 흔들리지 않는 결단력과 진정성이 없었다면 세상에 나올 수 없었을 것입니다.

가족의 일화와 추억에 귀를 기울이고, 테스트 메모를 꼼꼼하게 읽으며(인덱스 카드에 기록해두면서!), 손때 묻은 소중한 주방 도구를 들고서 위트 넘치는 레시피 설명에 씩 웃음 지으며, 이전 개정판을 더 의미 깊게 만들 방법을 살피면서… 이 모든 과정을 통해 매리언 할머니와 이르마 할머니가 어떤 분이었는지 더욱 잘 이해하게 되었습니다. 하지만 우리가 두 분에 대해 알고 있는 것은 대부분 전기 작가인 앤 멘딜슨의 노력에 힘입은 바가 큽니다. 앤 멘딜슨은 『조이 오브 쿠킹』을 탄생시키고 발전시킨 여성들을 다룬 『조리대 앞에 서서(Stand Facing the Stove)』라는 책을 썼고, 앤의 열정적이고 끈질긴 조사는 우리에게 값을 따질 수 없을 만큼 소중한 것입니다. 롬바우어와 베커 가족은 앤이 이 책에 쏟은 애정과 꼼꼼한 배려에 아무리 감사해도 부족할 따름입니다.

이 책이 결실을 보게 되기까지 우리를 신뢰하고 너무나 열심히 노력해준 스크라이브너 출판사의 많은 분께 감사 인사를 전합니다. 무엇보다도 오랜 시간에 걸쳐 개정판 작업의 길잡이가 되어주었으며 개정판을 내는 데 필요한 모든 지원을 아끼지 않은 로즈 리펠에게 감사합니다. 이번 개정판 프로젝트는 휘트니 프릭, 미셸 하우리, 카라 베딕 등의 여러 편집자와 함께했습니다. 그중에서도 이 책의 여러 개정판 작업에 참여했으며 이번 작업의 가장 중요한 길목마다 소중한 피드백을 제공하며 이 책이 더욱 좋은 모습으로 거듭날 수 있게 도와준 마라 스테츠에게 깊이 감사합니다. 이번 개정판의 교열 담당자인 케이트 슬레이트는 책에 정확한 정보를 싣고 일관성을 확인하는 데 아주 커다란 역할을 했으며, 필요할 때마다 유머 넘치는 발언으로 우리에게 웃음을 안겨주었습니다. 우리는 캐럴린 리디, 수전 몰도, 낸 그레이엄, 브라이언 벨피글리오, 레베카 스트로벨, 줄리아 리 맥길, 애비게일 노백과 미아 크롤리-할드(그동안 정말 고생 많으셨습니다. 은퇴를 축하합니다!), 캐슬린 리조, 에릭 호빙, 힐다 코파라니언을 비롯한 스크라이브너 출판사의 제작팀에게도 정말 많은 신세를 졌습니다. 제작팀의 노력과 든든한 지원이 없었다면 이번 개정판은 탄생할 수 없었을 것입니다. 책의 발간과 함께 맹활약을 펼쳐준 홍보 담당자 캐리 비크먼에게는 아무리 감사해도 부족할 정도입니다.

포틀랜드에서 우리를 지원해준 분들의 활약도 엄청났습니다. 킴 칼슨, 제임스 베리, 아이비 매닝, 캐서린 콜, 다이앤 모건, 레인 셀먼, 젠 브라이먼, 몰리 해리스에게 무한한 사랑과 감사를 보냅니다. 메뉴 시식 담당으로 활약하는 동시에 개정판 작업을 하는 동안 우리에게 너무나 절실히 필요했던 사기와 의욕을 불어넣어준 친구들인 섀넌 라슨, 존 워싱턴, JR 허드, 카리사 마일린, 레이철 랜치, 데이비드 브라우닝, 카일 도노번과 브라이스 도노번, 세라 그라임스, 댄 컴프리, 헬레나 루트와 데이브 루트, 마리사 미첼, 브라이언 호건, 재러드 굿맨과 그의 가족, 엘리자베스 새비지, 마이클 쇼프, 세라 마셜과 더크 마셜, 아니카 토로, 더그 캠벨, 애비 애스키와 앨리사 애스키, 애덤 스패너스, 줄리아 스미스, 케이트 매크래컨, 클레어 올리펀트에게 감사를 전합니다.

이 개정판을 위해 우리는 여러 명의 뛰어난 레시피 검증 담당자와 함께 작업했습니다. 우리 가족의 가까운 지인이기도 한 니콜 콘드라는 이번 개정판 작업의 처음부터 끝까지 수백 가지 레시피를 검증하는 데 도움을 주었습니다. 헤더 아른트 앤더슨과 노라 메이스의 꼼꼼한 시식 노트와 제안은 이 책을 더욱 유용하게 만드는 데 큰 도움이 되었으며, 이 두 사람이 없었다면 개정판 작업을 제대로 마무리할 수 없었을 것입니다. 친한 친구이자 뛰어난 요리사인 박여진과 쿠스마 라오는 다양한 레시피와 조언, 전문 지식으로 이 책에 더욱 포괄적인 내용을 담을 수 있도록 도와주었습니다. 또한 자발적으로 시간과 수고를 들여 레시피 검증 작업에 참여해준 수많은 분들에게도 무한한 감사를 전합니다. 정말 고맙습니다.

이분들뿐만 아니라 이 책에 참여하여 많은 도움을 주신 분으로는 캐서린 콜, 마리아 스펙이 있으며, 특히 행크 쇼는 야생동물과 조류, 어류에 대한 해박한 전문 지식을 기꺼이 제공해주었습니다. 매기 그린은 정도는 다를지언정 거의 20년간이나 『조이 오브 쿠킹』 작업에 임해왔으므로 이 책과는 떼려야 뗄 수 없는 인연일 것입니다. 매기는 우리가 아는 사람 중에서도 가장 실용적이고 현실적인 사람으로서 미국 가정 요리사들의 진정한 대변자입니다. 애나 브로니스는 이번 개정판 각 장의 첫 부분에 도판으로 들어간 페이퍼 커팅 아트를 통해 우리의 아이디어에 생명을 불어넣었습니다. 애나의 작업은 무척 섬세하며, 이번 개정판 작업에서 애나와 함께할 수 있어서 영광이었습니다. 삽화가인 존 노턴은 무척이나 꼼꼼하고 참을성 많은 분입니다. 우리가 끄적거린 낙서와 불분명한 메모를 해석해 독자들의 이해를 도울 수 있는 근사한 삽화로 변신시켰습니다.

우리는 대를 이어 거대한 대성당을 건축하는 장인들이 채택했을 법한 방식으로 이 작업에 임했습니다. 『조이 오브 쿠킹』은 (여러 세대에 걸쳐) 다양한 개정판으로 출간되었으므로, 우리는 앞선 세대의 작업을 확장하고 개선하기 위해 노력하는 동시에 초판의 디자인이나 집필 의도를 충실히 보존하는 데 주안점을 두었습니다. 앞선 세대에는 이르마 증조할머니, 매리언 할머니, 아버지도 물론 포함되지만, 1997년과 2006년 개정판의 대대적인 성공에 기여한 수많은 뛰어난 분들과 레시피 검증단, 편집자들의 노력에도 크나큰 감사를 보냅니다. 이번 개정판의 작업 방향이 이 모든 분들의 노력을 헛되게 하지 않기를 바랍니다.

또한 (단순히 듣기만 한 것이 아니라) 우리의 이야기에 진심으로 귀를 기울이고 자신의 플랫폼을 통해 이 책에 관한 이야기를 공유해준 캣 킨스먼에게 진심으로 감사합니다. 캣, 당신 같은 사람이 더 좋은 세상을 만듭니다. 사민 노스랏은 기꺼이 우리를 친구로 받아들여주었으며 자신의 경험과 아이디어를 공유함은 물론 따뜻한 친절을 베풀어주었습니다. 사민, 솔직하고 진솔한 모습을 보여주어서 감사합니다.

어머니, 어머니가 없었다면 이 작업을 마칠 수 없었을 거예요. 새로운 재료, 음식, 조리 기술에 대한 어머니의 열정과 호기심은 항상 저에게 큰 영감을 주었답니다. 어머니가 저를 격려해주신 것의 절반만이라도, 이 책으로 인해 독자들이 과감하게 요리에 임할 수 있도록 북돋울 수 있다면 우리는 충분히 임무를 완수한 셈이겠지요. 아버지, 이 개정판 작업에 아낌없는 지지를 보내주신 데 감사합니다. 아버지가 저를 보고 정말 자랑스럽다고 하셨을 때 쑥스럽게 어깨를 으쓱이고 말았지만, 그 말이 저에게 얼마나 큰 의미인지를 이해해주셨으면 좋겠어요. 훌륭한 아버지 밑에서 자랄 수 있었던 것에 진심으로 고마움을 느낍니다.

테레사, 저를 위해 수천 번의 식사를 준비해준 것에 감사합니다. 항상 너무 쉽게만 보였지만 이제는 요리에 얼마나 큰 노력이 필요한지 이해하게 되었고 테레사가 식사를 준비하면서 얼마나 애정을 담뿍 담았는지 가슴 벅차게 깨닫고 있습니다. 제프, 항상 제 옆에서 든든한 신뢰를 보내며 저를 자랑스러워한다는 사실을 보여주어서 고맙습니다. 두 분께 걸맞은 감사와 사랑을 충분히 전달하기에는 지면이 너무 적어 아쉽습니다. 켈리와 에린, 혹자는 여동생 둘과

함께 자란 것을 그다지 부러워하지 않을지 모르겠지만 너희들은 내 인생을 너무나 풍요롭게 해주었단다. 너희가 현명하고 강인하며 아름다운 여성으로 자라는 것을 지켜보는 것은 내 삶의 가장 큰 즐거움 중 하나였어. 에린에게는 특히 시식 검증 측면에서 도움을 많이 받아서 고맙다는 말을 전한다. 브라이언 할아버지와 할머니, 톰 할아버지와 할머니의 집은 제가 성장하는 동안 제2, 제3의 보금자리가 되어주었습니다. 덕분에 제 어린 시절은 따뜻한 추억으로 가득합니다. 식탁에서 맞이했던 식사, 집 뒤쪽의 벌판을 탐험하면서 보낸 시간, 여름의 옥수수 껍질 벗기기와 콩 꼬투리 까기, 할머니와 사촌들이 손으로 직접 퀼트 작업을 하면서 오후를 보내는 동안 세상이 조용해지고 서서히 어두워지는 느낌. 덕분에 저는 근사한 어린 시절을 보낼 수 있었고, 항상 모든 분의 사랑과 지지를 받고 있다는 사실을 알고 있었기에 여러 난관을 비교적 수월하게 넘길 수 있었습니다.

2019년 개정판 발간에 부쳐

이번 2019년판은 이르마 할머니가 1931년에 처음 『조이 오브 쿠킹』을 출판한 이후 우리 가족이 내놓는 아홉 번째 개정판이며, 9년 이상의 레시피 테스트 및 거의 5년에 걸쳐 아내 메건과 내가 진행한 구상, 연구, 집필 작업으로 탄생한 결과물이다. 우리는 여러 시간제 레시피 연구원의 도움을 받았으며, 연구원들은 모두 우리 집 주방에서 작업했다. 이 서문을 쓰기 위해 부엌 식탁에 앉아 있는 지금, 이 프로젝트가 거의 마무리 단계에 왔다는 사실을 도저히 믿을 수가 없다. 우리가 깨어 있는 시간 동안(물론 꿈속에서도) 『조이 오브 쿠킹』의 이번 개정판을 능력이 닿는 한 최고의 결과물로 만들기 위해 얼마나 전력투구했는지 어떻게 전부 설명할 수 있을까. 메건과 나는 둘 다 독특하고, 강박적이고, 다소 지나치다 싶을 정도의 완벽주의자들이며, 우리가 이 공동 작업에 쏟은 노력이 여러분, 즉 우리 독자들에게 조금이나마 도움이 되기를 바라 마지않는다.

요리책의 개정판을 준비하는 데에는 여러 접근 방법이 있다. 1990년대 중반에 『조이 오브 쿠킹』 개정판 작업에 착수했던 나의 아버지 이선과 담당 편집자 마리아 구아나스첼리는 현대적인 협업 방식을 택했다. 음식 관련 글을 기고하는 작가를 고용해 이들에게 전문 지식을 구하는가 하면 전문 테스트 키친인 '더 웍스(the works)'와도 계약을 맺었다. 많은 저명한 요리책의 개정판이 이러한 과정을 통해 탄생했으며, 『조이 오브 쿠킹』에도 이 검증된 작업 방식을 채택했던 결정은 충분히 이해하는 바다. 그러나 1997년 개정판이 출간된 직후부터 우리 가족은 후회하기 시작했다. 수정했다기보다는 아예 다시 쓰다시피 한 레시피를 실으려고 어쩔 수 없이 없애버린 레시피, 심지어 통째로 사라진 장(章)에 대해 오랜 애독자들은 불만을 표시하기 시작했다. 9년 후, 아버지와 당시 양어머니였던 수전, 새로운 편집자, 그리고 몇 명의 공동 작업자들이 2006년 개정판을 펴냈다. 1997년판에서 지적된 실수를 바로잡고 매리언 할머니의 1975년 개정판을 토대로 삼아 초심으로 돌아가자는 의도였다. 보존식품과 관련된 장을 전부 복원했으며 칵테일과 아이스크림 장도 다시 등장했고, 크림소스로 버무린 새우(Shrimp Wiggle)처럼 매우 오래된 개정판에 실렸던 레트로 감성 레시피도 몇 가지 부활했다.(안타깝게도 이번 개정판에는 다시 실리지 못했으니, 부디 명복을 빈다.)

메건과 나는 『조이 오브 쿠킹』의 개정 작업에 본격적으로 착수한 2010년부터 상당 기간 이 책 자체를 자세히 검토하는 시간을 가졌다. 여기에는 레시피 테스트, 레시피 '계보 연구(각 레시피를 추적해 처음 등장한 개정판을 확인하는 일)', 집안 대대로 전해 내려오는 문서의 정리 및 검토, 애독자들의 이메일에 답하기, 그리고 이 책의 풍부한 역사를 탐닉하는 것 등이 포함되었다. 우리는 앞표지부터 뒤표지에 이르기까지 그야말로 이 책을 꿰뚫게 되었으며, 장점뿐만 아니라 명확하지 않은 레시피, 제대로 소개되지 않은 중요한 조리 기술, 1970년대 이후 업데이트되지 않은 재료 정보 등의 단점도 분명히 파악하게 되었다. 비록 이러한 단점들이 치명적인 것은 아니었지만, 현대인이 음식을 조리하고 바라보는 방식에 더욱 적합한 책으로 만들 수 있지 않을까 하는 생각이 들었다. 우리는 다른 누구보다 『조이 오브 쿠킹』에 대해 속속들이 알고 있었다. 식품 관련 매체뿐만 아니라 독자들의 의견을 통해서도 여러 장단점을 깨달을 수 있었다. 그리고 무엇보다도, 요리에 대한 깊은 애정을 바탕으로 끊임없이 새로운 요리와 기술을 배우고 시도할 준비가 되어 있었다.

2013년에 우리 두 사람은 『조이 오브 쿠킹』을 한 줄씩 같이 읽으며 어느 부분을 확인하고, 추가하고, 덜어내고, 확장하고, 다시 쓰고, 어느 부분을 단순히 보강하면 되는지 자세한 개요를 짰다. 8개월이라는 긴 시간에 걸쳐 이 작업을 완료한 후, 우리는 이 책을 개선할 수 있을지도 모른다는 막연한 생각이 아니라 확신을 갖게 되었다. 이전 두 차례의 개정판에서 무언가 부족하다는 느낌을 받은 이유도 깨달았다. 1997년 개정판에서는 만사를 제쳐두고 내용을 현대화하고 업데이트하는 것에만 초점을 맞추었다. 2006년의 개정판은 과거를 돌아보는 것에만 주력했다. 물론 이 두 개정판은 진솔한 노력의 결과물로 탄생했지만, 이전 개정판들의 핵심인 번뜩이는 재기가 빠져 있다는 느낌이 들었다.

이르마 증조할머니가 자비로 출판한 초판부터 매리언 할머니가 마지막으로 작업한 개정판에 이르기까지, 『조이 오브 쿠킹』 개정판은 대대적인 수정을 꾀하지 않았다. 더 편리하고, 더 완전하고, 더 포괄적이고, 더 유용한 요리책을 만들겠다는 목적으로 레시피를 추가하거나 보강하고 필요 없는 부분을 쳐냈을 뿐이다. 이렇게 말하면 상당히 단순한 접근 방식처럼 들리겠지만, 어떤 것이 더 유용한지 결정하거나 어떤 영역과 주제를 더 심도 있게 다루어야 할지 판단하는 작업은 그다지 녹록지 않다. 우리 두 사람은 이 모든 결정을 '적당히' 내렸다. 물론 과거 개정판을 충분히 검토하고, 『조이 오브 쿠킹』에 처음 소개되는 재료와 우리가 특히 좋아하는 요리들을 널리 알리고 강조하고 싶은 열망을 담아서 오랜 심사숙고 끝에 내린 결정이지만 말이다. 물론 우리의 노력이 모든 이를 만족시킬 수는 없겠지만, 이번 개정판이 과거와 현재를 잘 녹여냄으로써 유려하고 유용한 정보를 제공하며, 한 발짝 더 나아가 독자들에게 영감을 줄 수 있기를 바란다. 과거와 현재 사이에서 적절한 균형점을 찾는 작업은 매우 까다로웠다. 결국 우리는 엄청난 의무감과 애정, 그리고 이르마 증조할머니, 매리언 할머니, 아버지 이선에 대한 존경심을 바탕으로 하여 작업을 이어갔다.

하지만 그보다 더욱 중요한 것은 우리가 이번 개정판 전반에 걸쳐 가정에서 요리하는 사람들, 특히 주방에 서는 것이 아직 어색한 초보 요리사의 머릿속에 떠오를 법한 의문을 예측하기 위해 끊임없이 노력했다는 점이다. 매리언 할머니가 1963년 개정판의 헌사에서 언급했듯이, 우리는 이번 개정판을 우리 손으로 직접 만들어냄으로써 『조이 오브 쿠킹』을 "가족 사업인 동시에 저자가 자기 자신과 독자 외에는 그 누구에게도 의무감을 느낄 필요가 없는 프로젝트"로 유지하기 위해 노력했다.

아마도 나는 언젠가 이 책을 직접 작업하게 되리라 항상 느끼고 있었던 것 같다. 엄마의 무릎에 앉아 오믈렛 뒤집는 법을 배웠고, 5살 때 이미 타고난 감각으로 소스를 만들었으며, 식당과 요리 학교에서 보낸 몇 년도 결국 이 프로젝트를 위한 밑거름이 되었다. 사실 매리언 할머니의 헌사를 처음 접하면서 이 책을 직접 작업해보겠다는 의욕이 솟아났고, 궁극적으로 이번 개정판이라는 결과물이 탄생했다.

나는 다수의 독자와 마찬가지로 『조이 오브 쿠킹』과 함께 자랐다. 이 책은 항상 우리 어머니 조앤의 포틀랜드 아파트 주방 선반에 꽂혀 있었는데, 요리의 흔적이 여기저기 튀어 있는 부적 같은 존재였다. 부모님은 내가 아주 어렸을 때 이혼하셨기 때문에 나는 두 분의 사이가 멀어지는 것을 본 기억이 없으며 부모님이 서로에게 증오심을 드러내거나 화를 내는 광경을 목격한 적도 없다. 나에게 이혼은 사람 사이의 관계에서 자연스럽게 일어날 수 있는 삶의 한 과정이자 부부로 살던 두 사람이 친구 사이가 되면서 멀리 떨어져 살게 되는 것에 불과했다. 그리고 두 사람 사이의 아이가 또래 친구들보다 조금 더 많은 경험을 하며 특별하고 우연한 발견의 순간을 더욱 자주 접할 수 있다는 의미이기도 했다. 어린 시절에 나는 학기 중에는 보슬비가 자주 내리는 북서부 지역에서 어머니와 함께 보냈고, 여름에는 습한 오하이오강 계곡으로 향해 매리언 할머니와 존 할아버지가 지은 코케뉴(Cockaigne, 무릉도원이라는 뜻―옮긴이)라는 이름의 저택에서 아버지와 함께 시간을 보냈다.

나는 두 군데 집에서 두 가지 규칙에 따르고 두 가지 서로 다른 가정환경을 경험하며 자랐다. 우리 어머니는 암 병동 간호사로 일하셨다. 요리를 좋아하며 새로운 음식을 서슴없이 시도해보는 분이었지만, 항상 시간에 쫓겼고 10시간에 걸친 근무를 마친 후 학교에서 나를 집으로 데려오고 나면 간편한 조리만으로 먹을 수 있는 음식도 굳이 마다하지 않으셨다. 반면 재능이 뛰어나고 전문 교육을 받은 요리사였던 아버지 이선은 시간을 비교적 자유롭게 사용할 수 있었으며, 『조이 오브 쿠킹』 개정판 작업을 하는 소규모 전담팀뿐만 아니라 차고에서 칼을 만드는 사람까지 고용하고 있었다.(부업으로 시작했지만 결국 어엿한 사업으로 성장했다.)

전폭적인 지원을 아끼지 않았던 우리 부모님은 항상 나에게 하고 싶은 일을 찾아서 직업으로 삼으라고 격려해주셨다. 아무도 내가 집안 대대로 내려오는 요리책의 개정 작업에 직접 뛰어들거나 하다못해 조금이라도 참여할 것이라고는 기대하지 않았다. 그래서 나도 전혀 관여하지 않았다. 관심 분야를 찾아서 항공우주공학을 지망했지만 한 학기 내내 미적분학에 골머리를 썩인 후로는 문학과 철학으로 진로를 바꾸었다. 1997년 개정판은 내가 고등학교를 졸업하던 해에 출간되었고, 나는 대학에 진학하면서 그 책을 가져갔다. 따라서 나는 많은 독자와 마찬가지로 요리에 대해 잘 모르는 상태에서 허둥지둥 레시피 페이지를 넘기며 이것저것 시도해보다가 이 책과 친해졌다.

식당 일을 하고 요리 학교에서 공부하는 과정에서 틀림없이 많은 것을 배웠고 지식을 풍부하게 늘릴 수 있었지만, 젊은 시절 대부분을 요리와 다소 거리가 있는 분야에서 보낸 것도 나름대로 무척 유용했다. 나는 진로를 두고 갈팡질팡하다가 결국 보조 연구원과 편집자로 일하면서 10여 권의 책 작업에 참여했는데, 그 경험이 이번 개정판에 실린 정보의 질과 깊이를 보강하는 데 도움이 되었기를 바란다. 메건과 나는 전문 요리사가 아니므로 작은 것도 허투루 넘기지 않고 직접 요리를 만들어보거나 다른 많은 비전문가가 품었을 법한 의문을 던져보았으며, 아마도 초보자에게 다소 버겁거나 혼란스러운 레시피 설명이 어떤 것인지 더욱 쉽게 파악할 수 있었을 것이다. 그렇다고 해서 우리가 전문 요리사들을 덜 중요하게 생각했다거나 『조이 오브 쿠킹』 개정판 집필 과정에서 전문가를 고려하지 않았다는 뜻은 아니다. 그보다는 우리가 이번 개정판을 준비하고 조사와 실험을 진행하면서 경험이 많지 않은 가정 요리사의 관점을 항상 최우선으로 고려했다는 의미에 가깝다.

따라서 『조이 오브 쿠킹』은 비전문가에게 전문 요리법을 소개하는 책이 아니다. 우리는 이 책만 있으면 요리의 달인이 될 수 있다고 호언장담하지 않으며 (그러므로 그런 기대도 버리도록 하자.) 독자들이 주방에서의 모든 작업을 '프로처럼' 해내겠다고 마음먹기를 바라지도 않는다. 물론 이 두 가지 모두 충분히 추구할 가치가 있는 목표지만, 그보다는 독자들이 자신과 다른 사람의 식사를 준비하기 위한 요리라는 행위에 더욱 자신 있고 편안하게 접근할 수 있도록 돕는 일이 훨씬 시급하다고 보았다. 따라서 우리는 요리 문외한부터 시간에 쫓기는 부모, 취미 삼아 요리를 하거나 요리에 상당한 관심이 있는 사람, 그리고 전문 요리사에 이르기까지 모든 요리하는 사람에게 힘이 되는 것을 목표로 삼았다. 각자의 요리 실력 및 요리에 어느 정도의 시간과 노력을 투자할 수 있느냐에 관계없이, 요리 배우기는 각 가정의 주방에서 시작되며 『조이 오브 쿠킹』은 가정 요리사의 손으로 가정 요리사를 위해 집필되었다. 사소한 부분처럼 보일지 모르지만 우리는 이것이 다른 요리책과 가장 크게 차별화되는 『조이 오브 쿠킹』만의 장점이자, 이 책이 그토록 많은 주방과 독자들의 마음에 스며들 수 있었던 이유라고 생각한다.

시작하기에 앞서

『조이 오브 쿠킹』은 요즘 출간되는 대다수 요리책과는 다르다. 이렇게 말해두는 이유는 '경쟁서'와의 차별점을 강조하기보다는 이 책을 처음 접하는 독자들에게 가장 효과적인 활용 방법을 제안하기 위해서다. 엄청난 부피가 주는 첫인상과는 다르게 『조이 오브 쿠킹』은 단순히 수많은 레시피를 모아놓은 요리책이 아니다. 1960년대부터 우리는 믿을 수 있는 레시피뿐만 아니라 신뢰할 만한 다양한 영역의 요리 정보가 필요한 요리사가 항상 동반자처럼 곁에 두고 참고할 수 있는 책을 만들기 위해 노력해왔다. 물론 레시피와 다양한 응용법은 이 책의 핵심 내용이지만, 『조이 오브 쿠킹』은 상대적으로 부피가 작은 다른 책들이 다루지 않는 부분을 보완하려는 의도로 집필하기도 했다. 레시피를 따라 요리하다 보면 예외 없이 궁금한 부분이 생기기 마련이다. 우리는 이런 독자들의 의문점을 최대한 예상하여 신뢰할 만한 대답을 제시하기 위해 노력했다.(지면이 부족해 제대로 다루지 못한 경우에는 다른 자료를 찾아볼 수 있도록 참고 문헌 정보를 제시했다.) 이 책을 레시피 모음집으로 활용하면서 재료와 조리 기술을 더 정확하게 이해하고 싶을 때 언제든 참고할 수 있는 정보원으로 활용한다면 훨씬 만족감을 얻을 수 있으리라 확신한다.

편리한 키워드 검색에 익숙한 독자들이라면 최대한 많은 항목을 수록하기 위해 뼈를 깎는 노력을 기울인 찾아보기를 적극적으로 활용하도록 권장한다.

이 책에 사용된 기호

▶ 실패하지 않는 요령

▲ 고지대에서 조리할 경우

( ) 선택 재료

재료

재료는 우리가 가장 좋아하고 신나게 이야기하고 싶은 주제이기 때문에 아예 (매우 긴) 한 장(章) 전체를 전적으로 재료에 할애했다. 「재료 자세히 이해하기」에는 보편적으로 사용되는 재료 및 자주 볼 수 없는 재료의 간략한 설명이 알파벳 순서대로 실려 있다. 또한 이 책 전체에 걸쳐 독자들이 더 자세한 정보를 궁금해할 것 같은 부분마다 「재료 자세히 이해하기」의 관련 항목 정보를 삽입하기 위해 노력했다. 「재료 자세히 이해하기」는 우리가 이 책 전체를 통틀어 가장 애정을 품고 있는 장이므로 독자 여러분도 가끔 들춰보았으면 한다. 틀림없이 이 흥미진진한 내용이 가득할 것이다.

모든 요리에서 가장 중요한 재료 중 하나는 바로 **소금**이다. 이 책의 레시피는 다른 언급이 없는 한 일반적인 식탁용 소금을 기준으로 한다. 고운 바닷소금이나 모턴 상표의 코셔 소금은 일반 소금과 같은 분량으로 사용하면 된다. 다이아몬드 코셔 소금을 사용한다면 레시피의 2배 분량을 넣는다.

레시피에 굵게 썰거나 다진 **허브**라고 표시되어 있다면 신선한 허브를 사용하는 것을 전제로 한다. 말린 허브를 사용해야 할 때는 말린 것이라고 명기해두었다.

향신료는 갈아서 판매하는 시판 향신료 가루를 사용하면 훨씬 편리하다는 점을 충분히 이해하지만 조금 번거롭더라도 향신료를 통으로 구입해 직접 갈아 써보기를 추천한다. 더 자세한 정보는 향신료 항목을 참고한다.

견과류를 굽거나 빵을 갈아서 빵가루를 내야 하는 대부분의 레시피마다 자세한 방법이 소개된 「재료 자세히 이해하기」의 관련 항목을 표시해두었다. 그러나 이미 방법을 잘 알고 있다면 굳이 찾아볼 필요는 없다. 대다수의 참고 항목은 요리 초보자나 궁금한 점이 있는 독자를 위한 것이다. 레시피에 언급될 때마다 일일이 찾아서 읽어볼 필요는 없다.

계량하기

우리는 요리를 할 때 정확한 계량만큼이나 경험과 직관이 필요하다고 굳게 믿지만, 재료를 올바르게 계량하는 방법은 반드시 알아야 한다. 계량에 대한 자세한 내용은 재료 계량하기 항목을 참고한다. 제과제빵을 다룬 장에서는 대부분 그램 중량을 추가했는데, 단순히 부피보다 무게 측정이 더욱 정확하기 때문만이 아니라 무게를 사용하면 인원수에 맞춰 복잡하게 양을 계산할 필요가 없기 때문이다. 가끔은 계량컵 대신 저울을 사용해보기를 추천한다!

또한 온도계 사용 방법은 온도 측정하기 항목을 참고한다.

주방 기기

대다수는 공간이 한정되어 있고 자신이 선택하지 않은 붙박이 주방 기기가 설치된 주방에서 요리해야 한다. 일반적으로 오븐과 가정용 레인지는 어떤 요리를 하든 '변하지 않는' 요소다. 주방에 있는 기기의 독특한 특징을 파악하고 직감을 믿어보자. 레시피에 중불이라고 설명되어 있지만 중불에 맞춰 요리할 때마다 레시피에 적힌 시간보다 훨씬 빨리 완성되거나 금세 갈색으로 변해 타버린다면 불을 조금 줄여야 할 수도 있다.

다양한 주방 기기와 사용하는 기기의 유형에 따라 조리 과정을 조절하는 방법에 관한 정보는 실내 요리 장비에 대해 항목을 참고한다.

칼과 재료 썰기

요리에 절대 없어서는 안 될 도구는 사실 몇 개 안 되지만, 칼이야말로 그중 하나다. 마음에 드는 칼을 장만해서 항상 잘 들도록 관리한다. 칼의 유형, 칼 관리법, 칼 가는 법에 대한 정보는 칼에 대해 항목을 참고한다.

기본적인 재료 썰기 방법에 대한 설명은 칼 사용법과 채소 썰기 항목을 참고한다.

주방 공간 구성하기

칼과 열원 이상으로 요리에 가장 중요한 도구는 바로 공간이다. 최신 가전 기기 구매를 고려할 때는 반드시 이 점을 기억해야 한다. 조리대에 너무 많은 물건이 놓여 있어서 도마를 둘 곳이 없거나, 찬장에 물건이 너무 많이 들어 있어서 도저히 깔끔하게 정리할 수 없거나, 서랍이 꽉 차서 열 때마다 거치적거린다면 우선 주방을 정돈해 실제로 요리를 할 수 있는 공간을 확보하도록 하자.

우선 용도가 하나뿐인 도구는 되도록 피한다. 물론 절대적인 원칙은 없다. 만약 마늘 으깨는 도구가 여러분의 삶을 훨씬 풍요롭게 해준다면 가까운 곳에 놓고 사용해도 무방하다. 신선한 체리로 끝내주는 체리 파이를 즐겨 만든다면 체리 씨 제거기를 마련해서 유용하게 쓰는 것도 나쁘지 않다. 핵심은 꼭 필요한 도구만 최소한으로 갖추고, 어떤 도구가 요긴하게 사용되고 어떤 도구가 그냥 공간만 차지하는지 솔직하게 자문해보는 것이다.

그릇을 넣어두는 서랍을 깨끗이 비운 다음 가장 자주 쓰는 물건들을 수납해 쉽게 꺼낼 수 있도록 하자. 냄비와 프라이팬을 선반에 보관하기보다 프라이팬 걸이나 나무못이 달린 보드에 걸어둘 수 있으면 금상첨화다. 조리대가 없다면 주방에 작업용 탁자를 놓을 공간이 있는가? 선반을 설치할 수 있는 빈 벽이 있는가? 공간을 최대한으로 활용할 수 있는 가장 좋은 방법을 생각해보자. 주방의 효율성을 높이기 위해 꼭 큰돈을 들여서 리모델링을 할 필요는 없다.

이 책에 실린 대다수 레시피를 실험하고 개발한 우리 집 주방은 그다지 특별하지 않다. 일반적인 주방보다 약간 많은 선반과 조리대 공간이 있을 뿐이지만, 두꺼운 나무토막으로 만든 커다란 도마(메건의 할아버지가 유품 판매장에서 산 것)와 아래쪽 칸에 작은 주방 기기 몇 개와 재료 혼합용 그릇을 넣을 수 있는 레스토랑 주방 스타일의 작업대를 가져다놓았다. 또한 한쪽 벽에 선반을 설치했으며 자주 사용하지 않는 부피 큰 주방 기기들은 차고에 보관한다. 완벽한 주방과는 거리가 먼 데다 디자인상을 받을 만큼 근사한 공간도 아니지만, 충분히 제 역할을 한다.

'적당량'으로 간 맞추기

요리 관련 책에서 '적당량'이라는 세 글자만큼 알쏭달쏭한 표현도 드물다. 무슨 비밀스러운 의미가 담겨 있어서가 아니라 적당량이 어느 정도인지 깨닫기 위해서는 시간과 연습이 필요하기 때문이다. 적당량을 넣어 음식의 맛을 내는 방법을 가르치기란 거의 불가능에 가깝다. 그렇다 해도 우리는 이 표현을 문자 그대로 받아들이도록 권장한다. 어떤 요리를 하든 자주 맛을 보라는(to taste) 의미로 말이다. 이 책에서 '적당량'이라는 말은 '정확한 양을 명기하기 귀찮아서' 슬쩍 빠져나가겠다는 뜻이 아니다. 맛이란 주관적이므로 모든 사람의 입맛에 딱 맞는 간을 글로 전달할 수 있다는 생각 자체가 사실 터무니없다고 봐야 한다.

일반적으로 '적당량'을 추가하는 재료는 소금과 산성 재료다. 그러나 매콤하거나 달콤한 재료를 적당량 추가할 때도 있다. 적당량이라는 말을 너무 어렵게 생각할 필요는 없다. 예를 들어 휘프드 크림을 만들 때 사용해야 하는 설탕의 양이 정확히 명기되지 않았다면 그 휘프드 크림을 어떤 음식과 함께 낼지 생각해본다. 휘프드 크림을 파블로바처럼 달콤한 디저트에 얹는다면 설탕을 조금만 넣어도 충분하다. 그러나 단맛이 거의 없는 구운 루바브에 한 덩어리 얹을 생각이라면 설탕을 비교적 넉넉히 넣는 편이 좋을 것이다.

레시피대로 거의 다 완성했는데 어딘가 맛이 부족하다고 느끼면 어떤 재료를 더 넣어야 풍미가 확 살아날지 생각해보자. 때로는 소금일 수도 있고 산성 재료일 수도 있으며(다양한 산酸의 유형에 대해서는 산성 재료 항목을 참고) 감칠맛(감칠맛이 풍부한 여러 재료에 대한 자세한 설명은 풍미 증진제 항목을 참고) 재료일 수도 있다. 설탕을 추가해 요리의 풍미가 살아나는 경우는 매우 드물지만 그렇다고 해서 아예 배제할 필요는 없다.

이 책의 레시피를 읽는 법

이 책에서는 레시피를 소개할 때 존 베커의 증조할머니인 이르마 할머니가 1930년대 중반에 고안한 '작업별 기술 방법'을 사용했다. 작업별 기술 방법은 재료 소개와 요리 설명을 결합해 자연스럽게 레시피를 따라갈 수 있도록 구성한 것이다. 독자가 재료 목록과 요리 설명 사이를 왔다 갔다 할 필요가 없으므로 우리는 다른 레시피 설명 방식보다 이 방법을 선호한다. 경험에 비추어보건대 재료와 설명을 따로 소개하면 앞뒤로 뒤적거리다가 레시피의 어느 단계까지 끝냈는지 잊어버리기 쉬워서 짜증이 나기 마련이고 설상가상으로 재료나 단계를 건너뛰면 요리가 제대로 완성되지 않는다.(특히 여러 페이지에 걸쳐 소개된 레시피라면 더욱 빈번하게 발생하는 문제다.) 그뿐만 아니라 작업별 기술 방식을 적용하면 특정 재료를 두 차례에 걸쳐 사용해야 할 때 '분리해서' 소개할 필요가 없다. 그 외에도 작업별 기술 방식에는 몇 가지 장점이 있으며, 아래에서 예로 든 '레시피'를 통해 설명해보려고 한다.

『조이 오브 쿠킹』은 아주 오랜 역사를 지닌 요리책이기 때문에 몇몇 레시피에는 해당 레시피의 유래를 시사하는 독특한 명칭이 붙어 있다. 매리언 할머니와 존 할아버지는 신시내티의 저택을 '인간의 불행이 발붙이지 못하고 음식이 하늘에서 비 오듯 떨어질 정도로 넘치는 신비로운 풍요의 땅'이라는 의미의 **코케뉴**라고 불렀다. 매리언 할머니는 본인이 특히 좋아하는 레시피에 이 코케뉴라는 이름을 붙였다. **베커**라는 이름이 붙은 레시피는 아버지인 이선 베커가 고안한 레시피다.

레시피 제목(필요에 따라 원어명과 번역어를 괄호 안에 삽입)

몇 인분, 부피, 개수 또는 무게로 나타낸 레시피의 산출량

레시피의 맨 앞에 달린 설명은 일반적으로 해당 레시피와 관련된 주요 항목의 참고 정보를 포함하고 있지만, **맛있는 추가 재료나 대체 재료** 또는 해당 요리의 **다른 이름**을 소개하기도 한다.

요리 과정에 대한 설명은 처음부터 끝까지 이야기를 따라가는 형태로 기술했으며, 각 재료를 사용하거나 추가해야 하는 단계마다 재료 및 분량을 굵은 글씨로 두 칸 들여쓰기 하여 표기했다.

> 가장 많은 분량이 필요한 재료

> 그보다 적은 분량이 필요한 재료

> 희귀한 재료나 특별한 손질 과정이 필요한 재료 및 관련 참고 항목

> (선택 재료는 괄호 안에 표기)

이렇게 하면 장보기 목록을 작성하기는 조금 까다롭겠지만 그보다 더 중요한

곳, 바로 주방에서 끊임없이 재료와 요리 설명 사이를 왔다 갔다 하면서 살필 필요가 없다. 『조이 오브 쿠킹』은 여러 기본 레시피가 포함된 방대한 책이기 때문에, 특정 레시피 안에 종종 다른 레시피를 언급하기도 한다.

따라서 레시피를 자세히 읽고 다른 레시피가 언급되어 있으면 미리 만들어둔다. 안타깝게도 요즘 출간되는 다른 요리책들은 기본적인 내용을 그다지 자세히 다루지 않으므로, 중복되는 내용으로 지면을 낭비하지 않고도 다양한 요리에 활용할 수 있는 기본 레시피를 이 책에서 소개할 수 있었다.

기본 레시피

(또한 같은 이유로 『조이 오브 쿠킹』은 내용이 빽빽해서 여백이 별로 많지 않다.) 레시피의 맨 마지막에는 몇 가지 곁들임 음식이나 재료를 간단하게 소개한 경우가 많으므로 요리를 시작하기 전에 이 부분도 확인해두면 좋다. 예를 들면 다음과 같은 것들이다.

간단한 가니시

밥이나 빵 등의 탄수화물 음식 또는 곁들임 음식

글레이즈, 팬 소스, 식탁용 소스, 양념류

응용 레시피

앞에 나온 **레시피 제목**을 바탕으로 하고 있지만 문단 형식으로 기술했으며, 응용 방법에 대한 설명과 함께 **추가 재료**를 굵은 글씨로 표기했다. '원래' 레시피의 바로 아래에 배치되어 있지 않을 수도 있으나, 일반적으로는 '원래' 레시피에 뒤따르도록 소개되어 있다.

레시피 따르기 또는 변형하기

레시피란 불문율이라기보다는 요리 방법을 설명하기 위한 도구에 가깝다. 이 책에는 수많은 레시피가 실려 있다. 반드시 책에 실린 레시피 그대로 요리를 해야 하는 것은 아니며, 레시피는 무언가를 요리하여 예상할 수 있고 바람직한 결과를 얻는 방법에 대한 정보를 전달하기에 가장 손쉬운 수단이라 할 수 있다. 시간이 지나면 레시피를 자유롭게 변형하거나 특별한 요리가 아닌 한 레시피 없이도 쉽게 요리를 완성할 수 있을 것이다.

레시피를 변형했을 때 항상 성공적인 결과를 얻으리라고 약속할 수는 없지만, 레시피만 따르기보다는 다양한 실험을 함으로써 더 많이 배우게 된다는 점만은 확실하다. 그렇다고는 해도 초보자라면 요리에 어느 정도 자신감이 붙은 다음에 응용해보도록 하자.(특히 책에 적힌 레시피대로 한 번도 요리해보지 않은 경우라면!)

경험이 많은 요리사들도 제과제빵 레시피는 절대 변형하면 안 된다고 말한다. 물론 소고기 스튜 레시피를 약간 조절하는 것보다는 훨씬 까다롭겠지만, 그렇다고 해서 전혀 불가능한 것은 아니다. 한 가지 주의해야 할 점은 제과제빵 레시피를 변형해 만족할 만한 결과물을 얻기 위해서는 제과제빵 경험이 상당히 많아야(그리고 제과제빵의 원리와 기술을 완전히 숙지하고 있어야) 한다는 것이다.

제과제빵이 아니라면 레시피의 재료를 집에 있는 다른 재료로 대체해 근사한 창작 요리를 시도해보자. 부족한 재료가 있을 때 번거롭게 다시 마트로 달려가야 한다고 생각하기보다는 마음껏 창의력을 발휘할 기회로 삼는다.

뛰어난 요리사라면 분위기를 읽을 줄 알아야 한다. 항상 누가 음식을 먹을 것인지 염두에 두자. 매운 음식을 잘 먹지 못하는 아이들을 위해 음식을 만든다면 얼얼한 맛이 두드러지는 요리를 시도하지 않는 것이 좋다.(아이들이 매운 맛을 견딜 수 있도록 단련시키려는 경우가 아니라면 말이다. 만약 그렇다면 행운을 빈다.)

마찬가지로 알싸하거나 호불호가 갈리는 재료의 양이 범위로 제시되었을 경우 우선 소량을 넣어서 맛을 본다. 추가하는 것은 언제든 가능하지만, 특정 재료를 너무 많이 넣었을 때 되돌리기는 훨씬 힘들다.

영양과 식품 안전

우리는 이 책이 식생활에 대한 여러 신념에서 벗어나, '웰빙' 또는 '유기농 식사'라는 가치 판단이나 유사 도덕주의적 담론이 없는 환경에서 자유롭게 요리에 대한 지식을 얻고 좋아하는 레시피를 찾을 수 있는 도피처가 되기를 바란다. 그러나 어떤 음식이 몸에 좋은지 판단하는 것은 결코 쉬운 일이 아니다. 다양한 웹사이트나 기사를 읽다 보면 서로 상충하는 조언이나 지방, 설탕, 글루텐 또는 달걀과 같은 특정 재료를 매도하는 자극적인 제목의 뉴스를 접하기 마련이다.(대부분 한정된 과학 연구를 기반으로 한 얄팍한 기사들이다.) 이들 결론 중 일부는 수십 년간 진리로 받아들여지기도 하고, 일부는 반론이 제기되어 비교적 금세 뒤집히기도 한다. 한 가지 분명한 사실은, 영양학이란 끊임없이 진화하는 과학이므로 새로운 사실이 발견되면 현재의 보편적인 상식이 바뀌기도 한다는 점이다. 따라서 이 책에서도 영양이라는 주제를 다루면서 합리적인 권장 사항을 제시해야 한다고 생각한다.

다행히도 올바른 식품 위생에 관한 관행은 루이 파스퇴르의 시대 이후 상대적으로 별다른 논란이 없었다. 병원균의 번식을 막고 주방을 깨끗하게 유지하는 방법에 대해서는 식품 안전에 대해 항목을 참고한다.

좋은 음식 선택하기

건강한 식사란 식욕을 충족시키면서도 몸에 필요한 영양분을 공급할 수 있는 맛있는 음식을 선택해서 먹는다는 의미다. 이 목표를 추구하기 위해 좋아하는 음식을 전부 포기할 필요는 없다. 음식 하나 또는 식사 한 번으로 건강한 식사를 완전히 망쳐버릴 수는 없으며, 절대적으로 건강에 나쁜 음식도 존재하지 않는다. 그보다는 음식을 선택할 때 적절한 균형을 고려하는 것이 중요하다. 특정한 음식을 제한하거나 아예 식탁에서 배제하는 것은 상당히 고통스러운 일일뿐더러 그로 인해 건강한 생활 습관을 유지하기가 더욱 어려워진다. 영양 공급은 분명 중요하지만, 다양한 음식을 즐기며 느끼는 기쁨이야말로 우리가 주방에 서서 요리하도록 동기를 부여하는 요소다. 너무 자주 먹으면 안 되는 음식이라 하더라도 말이다. 먹는 즐거움과 균형이야말로 우리가 가장 중요하게 여기는 요소이며, 이를 통해 우리가 먹는 음식 그리고 다른 사람을 위해 차리는 음식을 선택하고 결정할 수 있게 된다.

물론 요리를 하기 위해서는 여러 장애물을 극복해야 한다. 우선 시간과 돈이 필요하고, 마트가 가까워야 하며, 주방에 설 의욕이 있어야 할 뿐만 아니라 어느 정도 적성에 맞아야 한다. 하지만 우리는 궁극적으로 집에서 만드는 요리가 여러분의 건강에 긍정적인 영향을 미칠 수 있다고 믿는다. 집에서 요리를

하면 사용하는 재료의 품질이나 종류를 선택할 수 있으며, 대다수 사람은 기회가 주어진다면 몸에 더 좋은 쪽을 선택하는 경향이 있다.

오늘날 영양 과학의 현주소와 관계없이, 지난 수십 년간 비교적 꾸준히 인정받아온 보편적인 원칙이 하나 있다. ▶ 가공 과정을 많이 거친 음식보다는 가공하지 않은 채소, 과일, 곡물 그리고 단백질 등의 자연식품을 선택하라는 것이다. 균형 있게 음식을 섭취하기 위해 고려해야 하는 몇 가지 요소들을 아래에 소개한다.

탄수화물

탄수화물은 과일, 채소, 콩, 곡물에 많이 들어 있다. 탄수화물을 먹으면 포도당(혈당)으로 분해되며, 이 포도당은 몸 전체에 퍼져 있는 세포의 주요 에너지 공급원이 된다. 아래에서 자세히 설명하겠지만 몇몇 탄수화물은 다른 탄수화물보다 몸에 좋으므로 평소에는 건강에 좋은 탄수화물을 선택하도록 하자.

단백질

인체의 모든 세포 구조는 단백질로 이루어져 있으며 단백질은 단순히 근육뿐만 아니라 피부, 털, 손톱, 뼈의 구성 요소이기도 하다. 식사에 대해 논의할 때 단백질을 강조하는 경우가 많지만 사실 미국인 중에서 단백질 섭취가 부족한 사람은 극히 드물다. 그래도 더 많은 단백질을 섭취하고 싶다면, 대다수 건강한 사람들은 단백질 섭취량을 늘려도 몸에 크게 해가 되지 않는다. 육류와 가금류, 생선과 갑각류, 유제품, 달걀 등의 동물 단백질과 대두와 콩, 견과류, 씨앗 등의 식물 단백질, 그리고 함유량이 적기는 하지만 통곡물을 통해서도 단백질을 섭취할 수 있다.

물론 단백질을 가장 쉽게 섭취하는 방법은 육류를 먹는 것이다. 다만 평상시 식사에서는 지방이 적은 부위를 우선으로 선택하자. 기름이 적은 돼지고기와 소고기, 생선, 갑각류, 가금류는 모두 양질의 단백질 공급원이다. 그렇다고 해서 지방이 많은 육류를 완전히 끊어야 한다는 뜻은 아니다. 식사의 균형을 고려한다는 것은, 정 먹고 싶은 날에는 육즙이 풍부한 스테이크나 뼈에서 고기가 저절로 분리될 정도로 부드러운 갈비 구이를 먹되, 그 외의 경우에는 대부분 지방이 적은 고기를 선택해야 함을 뜻한다.

치즈, 우유, 요구르트, 기타 유제품은 단백질뿐만 아니라 다양한 필수 영양소를 공급하며, 이러한 유제품 또는 영양가 높은 식물성 유제품 대체재는 건강한 식단의 훌륭한 구성 요소다. 한 가지 덧붙이자면, 대다수 식물성 대체재

에는 유제품보다 단백질이 적게 함유되어 있으므로 단백질을 많이 섭취해야 한다면 식물성 대체재 중에서도 단백질 함량이 비교적 높은 것을 찾아보자.

지방

지방을 둘러싼 갑론을박을 다루려면 아예 이 책의 한 장 전체를 할애해도 모자랄 것이다. 하지만 이 점만은 꼭 알아두자. 지방은 건강에 중요한 역할을 하고 맛이 좋으며 오랫동안 포만감을 느끼게 해준다. 음식에 들어 있는 지방의 양에 집착하기보다는 섭취하는 지방의 질에 신경을 쓰는 편이 좋다. 가장 건강에 좋은 지방은 불포화지방이며, 여기에는 단일불포화지방과 다중불포화지방이 포함된다. 격렬한 논쟁이 일어났던 주제이기는 하지만, 불포화지방이 포화지방보다 건강상의 이점이 있음은 과학적으로 뒷받침된 사실이다.

단일불포화지방은 올리브, 땅콩, 아보카도 및 이러한 재료의 기름에 포함되어 있다. 또한 카놀라유에서도 찾아볼 수 있다. 몸에 좋은 지방이며 다양한 방식으로 섭취할 수 있다. 견과류는 간식으로 먹기에 안성맞춤이고 샐러드와 볶음 요리에 넣으면 오독오독한 식감을 더해준다. 진하고 부드러운 아보카도는 달콤한 요리와 짭짤한 요리에 모두 잘 어울린다. 아보카도와 감귤류 샐러드를 만들어서 먹어보자.

다중불포화지방은 옥수수와 콩기름, 씨앗, 견과류, 통곡물 그리고 연어와 참치처럼 지방이 많은 생선에 함유되어 있다. 지방이 많은 생선과 호두, 아마씨, 치아시드에 풍부하게 들어 있는 오메가3 지방은 특히 중요한 다중불포화지방이다. 오메가3는 뇌와 신경의 정상 발달부터 면역 체계와 심장, 혈관의 원활한 기능에 이르기까지 모든 신진대사를 돕는다. 게다가 여러 만성 질환의 근원으로 알려진 염증을 완화해준다. 이러한 좋은 지방을 몸에 필요한 만큼 충분히 섭취하려면 일주일에 두 번 정도는 해산물을 주요리로 선택하는 것이 좋다. 생선 요리에 별로 자신이 없다면 중국식 생선 찜, 생선 커리, 베라크루스식 도미부터 시작해보기를 추천한다.

해산물에 대해 한 가지 간략하게 언급해둘 사항이 있다. 일주일에 두 번 정도 먹기를 권장하지만, 수은 함량이 높은 생선의 섭취는 엄격하게 제한하는 것이 좋다. 더 자세한 정보는 생선의 안전 섭취 및 영양 항목을 참고한다.

포화지방은 붉은 육류, 유제품 그리고 팜유와 야자유 등의 몇 가지 식물성 기름에 들어 있다. 포화지방은 다소 모호한 영역이며 지방에 대한 혼란도 바로 이 포화지방을 둘러싸고 일어나는 경우가 대부분이다. 기본적으로 불포화지방은 몸에 좋고 아래에 다루는 트랜스지방은 몸에 나쁘며 포화지방은 그 중간쯤 어딘가에 해당하는 것으로 간주한다. 따라서 포화지방이 한때 알려졌던 것만큼 몸에 해롭지는 않더라도, 딱히 몸에 좋지도 않은 것이 사실이다. 그러므로 대다수 건강 전문가는 대부분의 지방을 포화지방보다는 건강상의 이점이 확실한 지방(예를 들면 단일불포화지방)으로 섭취하도록 권장한다.

주로 가공식품에 들어 있는 **트랜스지방**은 심장에 매우 해롭다는 사실이 밝혀지면서 식품 산업에서 점차 모습을 감추는 추세다. 현재 포장식품의 98%에서 트랜스지방을 찾아볼 수 없지만, 파이 크러스트나 그 외의 페이스트리 등의 식품에는 여전히 트랜스지방이 들어 있다.

나트륨

가공 처리를 많이 한 식품보다 자연식품을 선택하는 것이 좋다는 데에는 그다지 논란의 여지가 없다. 그러나 더 확실한 근거가 필요하다면, 우리가 섭취하는 나트륨의 약 70%가 가공식품과 외식에서 비롯된다는 사실을 생각해보자. 나트륨은 필수 무기질이지만 대다수는 하루 상한치인 2300mg을 훌쩍 뛰어넘는 양의 나트륨을 섭취하므로 고혈압을 비롯한 여러 건강상의 문제를 낳는다. 나트륨 섭취를 줄이는 가장 손쉬운 방법은 고도로 가공된 식품의 섭취를 줄이는 것이다.

요리를 더욱 자주 하는 것도 이런 측면에서 도움이 된다. 소금으로만 간을 맞추기보다는 향신료에 눈을 돌려보자.(향신료에 대한 자세한 내용은 「재료 자세히 이해하기」 장을 참고한다.)

비타민, 무기질, 기타 영양소

한두 가지를 제외하고 인간의 몸은 비타민과 무기질을 만들어낼 수 없으므로 반드시 음식을 통해 또는 필요한 경우 보조제를 통해 섭취해야 한다. 물론 보조제는 건강에 해로운 식습관을 해결해줄 수 없고 만병통치약도 아니며, 식사와 복용하는 약, 개인의 건강 상태, 그 외 다른 요인들을 복합적으로 고려해야 한다. 한마디로 말해서 주치의와 상의해 어떤 보조제가 자신에게 가장 적합한지 파악해야 한다는 의미다.

다만 대다수에게 꼭 필요한 보조제는 바로 비타민 D다. 야외 활동을 자주 하는 사람이라면(그리고 자외선 차단제를 바르지 않는다면) 햇빛을 받아 몸속에서 비타민 D가 풍부하게 생성되지만 해가 짧고 추운 겨울이라면 비타민 D가 충분히 합성되기 어렵다. 건강 보조제를 살 때는 독립 안전 검증 기관인 미국약전위원회(USP)의 인증을 받은 상표를 선택한다.

몸에 더 좋은 식사를 위한 전략

몸에 좋은 식습관을 만들기 위한 여러 접근법을 소개하고 있지만, 다양한 방법을 관통하는 공통 요소는 다음과 같다. 채소를 많이 먹는다. 자연식품을 더 많이 먹고 가공식품의 섭취량은 줄인다. 설탕 및 정제된 곡물 제품의 섭취량을 줄인다. 어떻게 균형 잡힌 식탁을 꾸릴지는 여러분 각자에게 달려 있다.

농산물을 더 많이 섭취하기

과일과 채소는 다양한 비타민, 무기질, 섬유질의 공급원이다. 다양한 농산물을 섭취하는 것은 여러 건강 문제를 미리 방지하는 최적의 방법이다. 간단한 기본 원칙은 식사의 절반을 과일 또는 채소로 채우는 것이다. 어려워 보이지만 사실 생각보다 훨씬 쉽다. 하루를 시작하는 아침으로는 과일 스무디를 마시거나, 베이크드 오트밀 또는 뮤즐리에 과일을 넣어 먹거나, 채소 볶음으로 속을 채운 오믈렛 또는 프리타타를 즐긴다. 점심에는 브로콜리와 페타 치즈를 넣은 퀴노아 샐러드처럼 푸짐한 주요리용 샐러드나 가르부르 또는 매콤한 병아리콩 수프처럼 속이 든든한 콩 수프를 먹는다.(콩은 아래에 설명한 것처럼 단백질이 풍부할 뿐만 아니라 비타민과 무기질도 다량 함유되어 있어 그야말로 일거양득이다.) 저녁으로는 쓰촨식 콩 마른 볶음, 버섯 볶음, 브로콜리 구이 등의 채소 곁들임 요리를 준비하거나 차나 마살라, 채소 타진, 프로방스식 라타투이 등 채소로 만든 주요리를 먹는다. 더 다양한 메뉴는 「채소」 장을 참고한다.

식물 단백질을 먹으면 양질의 영양분을 섭취할 수 있을 뿐만 아니라 환경 및 동물복지 측면에서도 유익하다. 검은콩이나 병아리콩 등의 식물 단백질에는 중요한 비타민, 무기질, 섬유질이 상당량 함유되어 있으며, 이러한 식품을 섭취하면 건강에 좋다는 연구 결과도 있다. 견과류든, 씨앗이든, 콩이든, 종류를 막론하고 식물 단백질은 건강 증진과 체중 조절에 좋다는 인식도 자리 잡혀 있다. 달콤하게 조린 타마린드 템페나 검은콩 수프는 맛도 좋고 속도 든든하다. 또 하나의 식물 단백질 섭취 방법은 마파두부, 동부콩을 넣은 채소 찜, 붉은콩 소스를 얹은 밥처럼 고기를 보충해서 요리를 만드는 것이다. 이렇게 하면 식물 단백질과 짭짤하고 포만감을 주는 육류의 풍미가 어우러져 근사한 맛을 낸다.

통곡물 선택하기

통곡물은 배아, 겨, 배유가 모두 붙어 있는 것을 말한다.(이에 대한 자세한 내용은 「곡물」 장을 참고한다.) 반대로 백미처럼 정제된 곡물은 생산 과정에서 이러한 구성 요소 중 일부를 깎아낸 것이다. 과일과 채소처럼 곡물도 통으로 섭취하면 체중 조절에 유리하고 심장병, 암, 당뇨병을 비롯한 다양한 건강상의 위험도 방지하는 효과가 있다.

통곡물은 정제된 곡물과 비교할 때 분명한 이점이 있으나 여기서도 균형을 생각해야 한다. 오늘날의 식사 관련 지침에서는 섭취하는 곡물 중 절반을 통곡물로 구성하도록 권장한다. 나머지 절반은 정제된 곡물로 만든 빵, 시리얼, 파스타, 기타 곡물 등 먹고 싶은 종류로 섭취한다. 따라서 파스타 알라 노르마나 리소토 등의 레시피를 메뉴에 포함해도 좋다. 균형 잡힌 식사에서는 곡물이 식사량의 4분의 1을 차지하는데, 이렇게 하려면 평소에는 곡물을 주요리가 아닌 곁들임 음식으로 섭취해야 한다. 다양한 곡물의 종류에 대한 자세한 내용은 「곡물」 장을 참고한다.

물을 충분히 섭취하기

사람에 따라 수분 필요량이 다르므로 하루에 물을 8잔씩 마셔야 한다는 오랜 속설은 지나친 일반화다. 따라서 대체로 물을 적당히 마시고 있는지 판단하기 위해서라면 이 수치를 기준으로 삼아도 좋지만, 뭐니 뭐니 해도 가장 좋은 수분 섭취 방법은 목이 마를 때마다 물을 마시는 것이다.

수분이 부족할 때는 불필요한 설탕이나 열량이 들어 있지 않은 맹물을 마시는 것이 가장 좋다. 카페인 음료는 이뇨 작용을 하지만 결국 들어가고 나가는 양을 따져보면 수분을 섭취하는 결과가 된다. 수프나 과일처럼 수분이 많은 음식도 수분 섭취에 도움이 된다. 이러한 음식은 영양 성분이 들어 있고 배도 부르므로 수분 공급 이외의 장점도 가지고 있다.

우유, 탄산음료, 주스는 수분을 공급해주지만 이와 동시에 열량이 쌓인다. 커피나 차, 스무디에는 우유 또는 무가당 유제품 대체재를 넣되, 설탕이 다량 첨가된 가향 제품은 피하는 것이 좋다. 커피와 차, 스포츠음료, 주스 등과 같은 시판 음료에도 설탕이 상당히 많이 들어 있다.

알코올음료는 여성의 경우 하루에 한 잔, 남성의 경우 하루에 두 잔이라는 상한선만 지킨다면 충분히 균형 잡힌 식사에 곁들여 즐길 수 있다. 이 정도의 양은 HDL(좋은 콜레스테롤) 수치를 높이며 심장병과 뇌졸중을 예방하는 효과가 있다. 그러나 이 상한선을 자주 넘기면 건강상 다양한 위험에 노출되며 과음은 예방 가능한 사망의 주요 원인이므로 알코올음료를 즐기는 편이라면 지나치게 과음하지 않도록 주의하자. 술을 입에 대지 않는다면 굳이 마시기 시작할 필요는 없다. 건강한 식습관과 활발한 생활 습관만 갖춘다면 충분히 질병을 예방할 수 있다.

몸에 좋은 식품 구매하기

몸에 좋은 식습관을 둘러싼 가장 큰 오해는 식료품점의 특정 코너에서만 상품을 골라야 한다는 고정관념이다. 통곡물로 만든 빵과 파스타, 콩, 견과류와 견과류 버터, 그 외의 다양한 식품이 유기농 코너가 아닌 중앙 매대에 진열되어 있으며, 냉동 과일과 채소는 말할 것도 없다. 마트에서 제품이 놓여 있는 위치를 기준으로 하여 먹어도 좋은지 아닌지를 결정하기보다는 식품의 영양 성분표를 읽는 방법을 배우는 것이 좋다. 가장 양질의 영양 성분이 함유된 포장식품을 선택하려면 이것이 가장 좋은 방법 중 하나다. 영양 성분표를 읽을 때 눈여겨봐야 할 몇 가지 요소를 소개한다.

성분

일반적으로 성분은 포장지의 옆면에 아주 작은 글씨로 인쇄되어 있으므로 별로 중요해 보이지 않는다. 그러나 성분표에는 꼭 알아두어야 할 정보가 포함되어 있다. 저지방, 건강에 좋은, 유기농, 천연 원료 등 포장지에 크게 쓰여 있는 광고 문구는 실제 그 안에 어떤 식품이 들어 있는지를 이해하는 데 별다른 도움이 되지 않으며, 열량이나 섬유질 함량만으로는 해당 제품을 전체적으로 파악할 수 없다. 식품의 품질을 명확하게 이해하려면 성분표에 주목해보자.

원재료명은 많이 들어 있는 재료의 순서대로 기재되어 있으므로 견과류, 씨앗, 통곡물, 과일, 콩 등의 자연식품이 앞에 있는 것을 찾는다. 그다음에는 첨가제와 인공 색소, 향료, 감미료 등을 살핀다. 이러한 첨가물이 많으면 식품이 고도의 가공 처리를 거쳤다는 뜻이므로 다른 제품을 찾아보는 것이 좋다.(FDA에서는 이러한 첨가물이 안전하다고 여기지만, 일반적으로는 원래의 형태에 가까운 식품을 섭취하는 편이 낫다.)

영양 성분표	
총 8회 제공량	
1회 제공량	**⅔컵(55g)**
1인분당	
열량	**230**
	1일 기준치 비율(%)*
총 지방 8g	**10%**
포화지방 1g	**5%**
트랜스지방 0g	
콜레스테롤 0mg	**0%**
나트륨 160g	**7%**
총 탄수화물 37g	**13%**
식이섬유 4g	**14%**
총 당류 12g	
가당 10g 포함	**20%**
단백질 3g	
비타민 D 2mcg	10%
칼슘 260mg	20%
철분 8mg	45%
칼륨 235mg	6%

* 1일 기준치 비율(%)은 1인분을 먹었을 때 1일 영양 권장량의 어느 정도를 섭취할 수 있는지 나타낸다. 1일 2000칼로리 섭취를 일반적인 기준으로 삼는다.

1인분 및 총 제공 분량

1인분은 일반적인 기준량이므로 상황에 따라서 그보다 더 많이 먹거나 덜 먹을 수도 있다. 일단 어느 정도 양을 먹을지 결정하면 열량, 탄수화물, 당, 섬유질의 양을 계산하여 얼마나 섭취하는지 파악할 수 있다.

총 제공 분량은 말 그대로 포장 안에 몇 인분이 들어 있는지 나타내며, 1인분이 어느 정도인지 가늠하는 데 유용하다.

열량

이 숫자는 일반적인 1인분에 어느 정도의 열량이 들어 있는지 알려준다. 열량을 확인하는 것도 좋지만, 그보다는 원재료명을 참고하여 섭취하는 식품의 질을 고려하는 것이 낫다.

▶ https://www.niddk.nih.gov/bwp에서 온라인으로 자신의 1일 칼로리 필요량을 대략 파악해두면 유용하다.

하루에 필요한 열량은 나이, 활동 수준, 성별, 체중 조절 여부, 그리고 그 외의 몇 가지 요인에 따라 달라진다. 1일 섭취 필요량을 알아두면 마트에서 영양 성분표를 읽으면서 자신에게 꼭 필요한 성분이 들어 있는 제품을 선택할 수 있어 편리하다.

1일 기준치 비율(%)

이 숫자는 1일 2000칼로리 섭취를 기준으로 하여 해당 식품에 각 영양 성분이 몇 %가 들어 있는지 보여준다. 1일 2000칼로리 섭취가 참고 기준이기는 하지만, 그보다 더 많은 열량이 필요한 사람이 있는가 하면, 그만큼 열량을 섭취할 필요가 없는 사람도 있다는 사실에 유의하자. 전반적으로 1일 기준치 비율은 어떤 음식에 특정한 영양 성분이 많이 또는 적게 들어 있는지 파악할 때 편리하다.

총 지방과 포화지방

총 지방보다는 식품에 함유된 지방의 종류가 더 중요하다. 현재까지의 연구 결과에 따르면 단일불포화 및 다중불포화지방이 건강에 좋으므로 이 정보를 바탕으로 올바른 제품을 선택하도록 하자.

나트륨

우리는 나트륨을 대부분 포장식품으로부터 섭취하므로 나트륨 함량이 적은 제품을 선택하는 것이 현명하다. 1일 권장 섭취량은 2300mg 이하다.

총 탄수화물, 섬유질, 가당

총 탄수화물 양은 당뇨병 환자나 기타 탄수화물 섭취를 조절하는 사람들에게 유용하다. 식이섬유가 많이 들어 있는 식품은 분명 몸에 좋지만, 식이섬유 함량을 높이기 위해 가공 재료를 넣은 제품도 있다는 점을 기억해두자. 이러한 재료가 건강에 해를 끼치지는 않더라도 원재료명을 확인해 가능하면 천연 식이섬유가 많이 들어 있는 식품을 선택하는 것이 좋다. 가당은 재료 자체에 원래부터 함유되어 있던 당 외에 식품 제조업체가 어느 정도의 당을 추가했는지를 나타낸다.

단백질

단백질이 5g 들어 있는 식품은 좋은 단백질 공급원이고, 10g 이상 들어 있는 식품은 훌륭한 단백질 공급원이다.

비타민과 무기질

대다수 미국인은 식품 영양 성분표에 기재되어 있는 네 가지 비타민과 무기질을 충분히 섭취하지 않는다. 이러한 영양소의 1일 기준치 비율 20%를 공급하는 식품은 좋은 비타민과 무기질 공급원으로 간주할 수 있다.

식품군별 USDA 일일 권장량

1일 권장 열량:	1600칼로리	1800칼로리	2000칼로리	2200칼로리	2400칼로리	2600칼로리
채소						
1컵 상당 — 생채소 또는 익힌 채소 1컵이나 녹색 잎채소 2컵	2컵 상당	2½컵 상당	2½컵 상당	3컵 상당	3컵 상당	3½컵 상당
과일						
1컵 상당 — 생과일 또는 익힌 과일 1컵이나 말린 과일 ½컵	1½컵 상당	1½컵 상당	2컵 상당	2컵 상당	2컵 상당	2컵 상당
곡물						
28g 상당 — 마른 쌀, 파스타, 곡물 28g, 조리한 쌀, 파스타, 곡물 ½컵, 빵 중간 크기 슬라이스 1개, 시리얼 1컵	140g 상당	170g 상당	170g 상당	200g 상당	225g 상당	255g 상당
유제품						
1컵 상당 — 우유, 요구르트, 강화 두유 1컵, 체더 치즈 또는 기타 자연 치즈 42g, 가공 치즈 55g	3컵 상당	3컵 상당	3컵 상당	3컵 상당	3컵 상당	3컵 상당
단백질 식품						
28g 상당 — 지방이 적은 고기, 가금류 또는 해산물 28g, 조리한 콩이나 두부 ¼컵, 땅콩버터 1큰술, 견과류나 씨앗 14g	140g 상당	140g 상당	155g 상당	170g 상당	185g 상당	185g 상당

1인분이란 무엇인가?

1인분의 정의는 포장식품인가, 식당에서 사 먹는 음식인가, 레시피에 표기되는 용어인가에 따라 달라진다. 이 책의 레시피 산출량에서는 식탁에 앉은 모든 사람의 접시에 푸짐하게 덜어도 모자라지 않을 만큼 넉넉한 분량(그리고 약간의 음식이 남을 정도)을 몇 인분의 기준으로 삼았다. 그보다 많이 담을 것인지, 아니면 적게 담을 것인지는 요리하는 사람과 먹을 사람, 모든 사람의 배고픈 정도 및 식욕, 그리고 일반 상식에 따라 결정하면 된다.

식욕과 상식 외에도 나이, 활동 수준, 키, 몸무게를 바탕으로 하여 1인분을 계산할 수 있다. 우선 https://www.niddk.nih.gov/bwp에서 자신의 1일 칼로리 섭취 권장량을 계산한다. 그다음 xviii쪽의 표에서 특정 칼로리 기준에 맞는 각 식품군의 1일 섭취 권장량을 확인한다.

식품 안전에 대해

식품 생산 과정에서 적용되는 식품 안전 관행은 우리가 통제할 수 없는 부분이지만 각 가정의 주방에서는 식품 안전에 대해 충분히 주의를 기울일 수 있다. 대부분의 식품 안전 대책은 비교적 상식적인 수준이다. 쉽게 상하는 음식을 오랫동안 실온에 내버려두지 않고, 날고기에서 나온 육즙이 다른 음식과 접촉하지 않게 하며, 음식을 속까지 충분히 익히는 것이다. 그렇다 해도 식품 안전 지침을 다시 한번 살펴보는 것도 나쁘지 않은 일이다. 미국농무부(USDA)의 식품 안전 검역청 웹사이트 www.fsis.usda.gov에 로그인하면 식품 리콜에 대한 최신 정보를 확인하고 식품 안전 정보에 대해 정기적인 업데이트를 받을 수 있다.

조리대를 씻고 살균하기

음식을 준비할 때 가장 기본적인 첫 번째 단계는 음식을 만지기 전과 후에 손을 깨끗이 씻는 것이다. ► 날것 그대로의 가금류나 육류를 비롯해 반드시 익혀 먹어야 하는 재료를 다루거나 썰어야 할 경우, 항상 손질을 마치는 즉시 손과 그릇 그리고 조리대 표면을 씻은 다음에 다른 재료를 손질한다. 이렇게 하면 **교차 오염**, 즉 육류의 박테리아(육류를 조리하면 박테리아가 죽는다.)가 샐러드 재료, 가니시, 양념 등과 같이 생으로 먹는 재료에 옮겨가는 일을 막을 수 있다.

주방용 세제는 기름기나 오염 물질을 제거하는 데 필요하지만, 날고기나 가금류와 접촉한 표면은 주방용 세제뿐만 아니라 염소 표백제로 만든 **살균 용액**을 물에 타서 씻은 후 말려야 한다.

► 살균 용액을 만들려면 찬물 1ℓ에 가정용 표백제 ¾작은술을 섞는다. 가장 좋은 방법은 싱크대 아래에 1ℓ짜리 스프레이 병을 넣어두었다가 언제든 쉽게 꺼내서 편리하게 사용하는 것이다.

도마, 부엌 싱크대, 기타 작업 표면을 씻고 살균하려면 우선 최대한 표면에 붙은 음식 찌꺼기나 오염 물질을 제거한다. 스펀지나 행주에 물과 주방용 세제를 묻혀서 노출된 표면을 박박 문지른다. 행주나 스펀지를 꼭 짠 후 다시 물을 묻혀서 표면을 잘 헹군다.(또는 도마를 개수대에 넣고 뜨거운 물로 헹군다.) 다시 한 번 행주나 스펀지를 짠 다음 물기가 남아 있는 부분을 잘 닦아서 말린 후 스프레이로 살균 용액을 뿌린다. 깨끗한 마른행주를 사용해 마지막으로 한 번 더 닦아낸다.

식품 다루기, 보관하기, 위험 온도 범위

4.5~60℃에 해당하는 위험 온도 범위는 박테리아가 가장 잘 번식하는 온도를 말한다. 종류에 상관없이 쉽게 상하는 음식을 다룰 때는 항상 간단하고도 중요한 한 가지 규칙에 따라야 한다. ► 냉장고에 보관해야 하는 익힌 음식이나 날음식을 4.5~60℃의 온도에서 2시간 이상 내버려두지 않는다.

식료품을 살 때는 신선식품과 냉동식품을 가장 마지막에 고르고, 다른 볼일을 전부 마친 다음에 식료품을 구입해 카트나 차에 실어둔 식료품이 실온에 장시간 노출되지 않도록 주의한다. 날고기, 가금류, 해산물은 물이 떨어지거나 새서(쉽게 눈에 띄지 않을 수도 있다.) 다른 재료가 오염될 수 있으므로 카트에 담을 때나 가정에서 보관할 때 따로 분리해야 한다.

냉장고는 4.5℃ 이하로 설정하고 냉동실은 -18℃ 이하로 맞춘다. 대다수 신선식품은 냉장고에서 2~5일 정도 안전하게 보관할 수 있으며 육류, 해산물, 가금류의 경우 그 기간 내에 먹을 계획이 없다면 냉동실에 보관해야 한다. 냉동한 식품은 절대 조리대에 꺼내놓지 말고 냉장고에서 해동해야 하며, 날고기와 가금류는 테두리 있는 오븐 팬이나 베이킹 접시에 담아(물이 떨어질 때 받아낼 수 있도록) 냉장고의 가장 아래 칸에 넣어 다른 음식들과 접촉하지 않는 상태에서 해동한다. 먹다 남은 음식이 있다면 최대한 빨리 냉장고나 냉동실에 넣는다. 올바른 식품 보관 방법에 대한 상세한 내용은 「식품 저장과 보관」 장을 참고한다.

안전한 내부 온도

생선, 육류, 가금류의 내부 온도가 적당한 수준에 도달하도록 조리하는 것은 식중독 위험을 최소화하는 중요한 과정이다. 식품의 내부 온도를 측정하는 가장 좋은 방법은 정확한 디지털 탐침 온도계를 사용하는 것이다. 육류의 최저 안전 조리 온도에 대해서는 조리 시간과 익힘 정도 항목을 참고한다. 가금류나 야생동물 고기는 해당 재료를 다루는 장의 개별 항목을 참고한다.

흔히 발견되는 식품 매개 박테리아 중에서 **살모넬라**는 냉동 온도와 3.9℃ 사이에서 죽지 않고 비활성화된다. ► 죽이려면 74℃로 가열해야 한다. 포도 **상구균**도 온도에 비슷한 반응을 보이지만, 이 세균이 만들어내는 포도상구균 독소는 115℃ 이상으로 오랫동안 가열해야만 파괴된다. **보툴리누스균**은 21~43℃ 사이에서 빠르게 번식한다. 박테리아 세포 구조는 100℃에서 파괴되지만 ► 인체에 치명적인 포자는 115℃ 이상이 될 때까지 파괴되지 않는다. 식품에서는 일반적으로 이 포자의 형태로 발견되므로 껍질콩, 옥수수, 비트 등 산도가 낮은 재료로 수제 병조림을 만들 때는 보툴리누스균이 문제가 되지 않도록 특별히 주의를 기울여야 한다. 산도가 낮은 재료로 병조림을 만들 때는 반드시 증기 압력 병조림 찜기를 사용해 적절한 온도로 살균해야 한다.

이 책의 몇몇 레시피에서는 USDA의 권장 온도보다 낮은 내부 온도를 추천하고 있다. 예를 들어 모든 가금류는 내부 온도가 74℃에 도달할 때까지 조리해야 한다고 권장하지만 오리 가슴살은 약 60℃ 이상이 되면 너무 오래 익힌 맛이 난다. 이런 경우 우리는 보통 절대적인 안전 기준을 따르기보다는 맛을 우선시한다. 또한 어느 정도 위험 요소가 있는 음식도 많다는 점을 기억하자. 노른자가 제대로 익지 않은 달걀, 반각 굴, 미디엄 레어로 익힌 햄버거 패티, 심지어 새싹 채소조차 잘못 먹으면 탈이 날 수 있다. 우리는 식중독의 위험성과 이러한 음식의 맛을 따져보고 그중 상당수가 그 정도의 위험을 감수할 가치가 있다고 판단했다. 다만 면역력이 약한 사람이나 어린이, 고령자, 임신부를 위해 요리할 때는 안전 기준을 철저히 준수하고 USDA의 권장 내부 온도까지 조리해도 맛이 좋은 음식을 선택한다.

환경을 생각하기

우리 몸을 위한 식습관과 지구 환경을 위한 식습관 사이에는 상당히 겹치는 부분이 많다. 육류 소비를 줄이고, 지속 가능한 방식으로 생산된 재료를 구매하며, 음식물 쓰레기와 포장재를 신중하게 처리하는 것 등이다. 몸에도 좋고 환경에도 좋은 식생활을 즐기는 몇 가지 방법을 소개해본다.

채식주의와 비건 식사

우리가 먹는 음식 중에서 환경에 가장 큰 영향을 미치는 것은 육류다. 식물 단백질은 생산 과정에서 천연자원이 덜 사용되므로 육류 소비를 줄이고 최소한 가끔이라도 식물 단백질을 섭취하는 것은 지구를 소중히 여기는 길이다. 그뿐만 아니라 육류 소비를 줄이면 질병의 위험도 낮아지므로 더욱 오랫동안 건강한 삶을 유지할 가능성도 커진다. 도저히 고기를 포기할 수 없다면 조금 더 융통성을 발휘해본다. 일주일에 하루를 고기 안 먹는 날로 정하고, 고기를 먹는 날에는 고기와 식물 단백질이 모두 포함된 레시피로 구성한다. 마파두부가 좋은 예다.

메뉴에서 고기를 아예 배제하기로 했다면 영양 측면에서 몇 가지 더 고려해야 할 사항이 있다. 칼슘, 철분, 아연을 충분히 섭취할 수 있도록 세심하게 식단을 짜자. 이러한 무기질이 들어 있는 식품을 신중하게 선택한다면 식사를 통해 이들 영양 성분을 섭취할 수 있지만, 비타민 B12만큼은 섭취할 수 없다. 따라서 엄격한 채식을 하고자 한다면 건강 보조제 복용을 고려한다.

건강은 식료품 찬장에서부터

주방에 건강한 재료를 골고루 준비해놓으면 언제든 영양 만점의 식사를 차릴 수 있다. 항상 집에 갖춰두면 유용한 식료품 몇 가지를 소개한다.

정제 곡물 대신 통곡물

- 통곡물로 만든 빵, 파스타, 크래커, 설탕 함량이 적은 조리용 시리얼 또는 일반 시리얼
- 통밀이나 통호밀, 야생 쌀, 현미, 기장 또는 퀴노아 등의 통곡물 재료

건강에 좋은 지방

- 엑스트라 버진 올리브유, 아보카도 기름, 카놀라유
- 땅콩, 아몬드, 캐슈, 호박씨, 치아시드, 아마씨 등의 다양한 견과류와 씨앗
- 아보카도와 올리브

향신료와 산성 재료를 사용해 나트륨 섭취량 감소

- 카르다몸, 카옌 고춧가루, 계피, 정향, 고수씨, 커민, 생강, 육두구, 오레가노, 고추, 훈제 파프리카 가루, 강황 등의 허브와 향신료
- 감귤류 주스나 식초를 조금 넣으면 짠맛이 비교적 강하게 느껴지므로 소금을 많이 넣을 필요가 없다. 수막, 건라임, 암추르 가루, 기타 톡 쏘는 맛의 향신료도 비슷한 효과를 낸다.(관련 내용은 「재료 자세히 이해하기」 장을 참고한다.)

유기농과 비유전자변형식품(NON-GMO)의 의미는?

원칙적으로 '유기농'이라는 용어는 더욱 환경 친화적인 방법으로 생산된 식품에 붙이는 규제 표준이다. 이러한 표준은 토양의 품질과 동물복지 등의 요소들을 고려한다.(다만 후자의 경우에는 다소 모호할 수 있다. 유기농 육류를 얻기 위한 동물과 그렇지 않은 동물의 사육 방식에 큰 차이가 없을 수도 있기 때문이다.) 또한 이 표준에서는 식품 생산 과정에서 합성 살충제 GMO가 사용되지 않았음을 인증한다. 이러한 조치는 환경을 보호하고 항생제 노출을 줄이며, 동물의 사육

환경을 개선하고 살충제에 가장 많이 노출되는 농부와 그 가족들을 보호하기 위해서다. 유기농 생산 방식을 따르면 과일과 채소의 합성 살충제 잔류물도 줄어든다. 그러나 유기농은 살충제를 전혀 사용하지 않는다는 뜻이 아니다. 과산화수소처럼 천연 물질에서 추출하여 승인을 받은 몇몇 살충제는 유기농 작물에 사용할 수 있다.

'GMO'는 유전자변형식품을 나타내며, 현재 미국에서 재배되는 대부분의 콩과 옥수수는 이 기술을 사용해 개발되었다. GMO 작물의 한 가지 예로 'Bt 옥수수'가 있다. Bt는 바실러스 튜링겐시스(*Bacillus thuringiensis*)라는 토양 박테리아의 약칭으로, 이 박테리아는 특히 옥수수 재배 농부들이 골치를 앓는 일부 해충을 죽이는 독소를 배출한다. 사실 Bt는 1960년대부터 유기농 조경용 살충제로 폭넓게 사용됐다. 그러나 과학자들이 옥수수의 DNA를 변형해 바실러스 튜링겐시스와 같은 몇 가지 독소를 배출하는 Bt 옥수수를 개발하자 대중이 거세게 반발했다. Bt 옥수수가 널리 보급되면 해당 독소에 내성이 있는 해충이 등장해 도저히 예상할 수 없는 결과로 이어질 가능성이 크다는 우려도 제기되었다.(이 우려가 근거 없는 것은 아니다. 해충을 포함해 모든 종류의 유해 생물은 시간이 지남에 따라 어떤 살충제에 대해서라도 내성을 보이기 시작한다.) 그렇다고는 해도, 이 기술을 사용해 재배한 옥수수는 수확량이 더 많을뿐더러 살충제도 많이 뿌릴 필요가 없어 상당히 큰 장점이 있는 것은 사실이다.

과학자들은 유전공학이 안전하다고 여기며 농부들도 벌써 수백 년 동안이나 다양한 식물 품종을 교배해왔지만, 유전자 변형이라는 생명공학 기술은 아직 많은 논란을 낳고 있다. 자신이 먹는 식품이 어떻게 생산되는지 더욱 투명하게 확인하고 싶은 것이 소비자들의 심리다. 식품 공급 사슬의 미래, 종자 주권, 유전자 변형 작물이 환경에 미칠 알려지지 않은(그리고 알 수도 없는) 영향, 단일 경작으로 이러한 작물을 재배한 이후의 결과, 건강에 미치는 잠재적이고 장기적인 영향에 대한 우려 때문에 소비자들은 GMO 작물에 회의적인 태도를 보인다. 이러한 회의적 시각도 분명 필요하지만, 그와 동시에 무조건 감정적 반응을 보이기보다는 믿을 만한 데이터로 뒷받침되는 사실을 이해하려는 태도도 필요하다. 생명공학에 대해 우려하는 것은 합리적인 반응이지만 최소한 어느 정도의 지식은 갖추도록 하자.

음식물 쓰레기 처리하기

우리는 먹을 음식에 대해 생각하느라 많은 시간을 보내지만, 먹지 않는 음식에 대해서도 고려해봐야 한다. 먹지 않고 버려지는 음식은 노동력, 에너지, 물을 낭비할 뿐만 아니라 환경오염의 주요 원인이 되며, 그냥 버리기보다 기부를 하면 지역 사회에 도움이 되는 경우가 많다. 지속 가능한 식습관에 대한 담론에는 음식물 쓰레기를 줄이는 방법에 대한 논의가 반드시 포함되어야 한다.

이 글을 쓰는 현시점을 기준으로, 생산되는 전체 식품의 40%는 버려진다. 이들 중 일부는 제대로 분배되지 않은 것이며 농장이나 부두를 벗어나지도 않는다. 그 외에도 마트에서 처분되거나 가정에서 다 먹지 못하고 쓰레기통으로 들어가는 양도 상당하다. 음식물 쓰레기를 줄이면 환경에 이로울뿐더러 경제적으로도 이익이다.

때로는 식품이 정말 상하지도 않았는데 '사용 기한'과 '유통 기한'이 지났다는 이유로 쓰레기통에 버려지기도 한다. 이것은 해당 날짜가 지나면 절대 먹으면 안 된다는 뜻이 아니라 언제까지 상품이 최고의 품질을 유지하는지를 나타내는 경우가 많다. 우유와 달걀을 포함해 여러 식품의 경우 보관만 제대로 한다면 이 기한을 넘겨도 충분히 먹을 수 있다. 통조림 식품은 일반적으로 녹이

슬거나 눈에 띄게 부풀어 오르지 않았다면 유통 기한이 훌쩍 지나서도 먹을 수 있다.

식품을 제대로 보관하면 음식물 쓰레기를 줄이는 데에도 도움이 된다. 육류, 가금류, 해산물, 조리한 곡물, 밀가루, 수프와 소스, 단단한 과일과 채소, 먹다 남은 음식을 상하기 전에 먹지 못할 것 같다면 냉동실에 보관하면 된다. 또 하나의 처리 방법은 SNS를 통해 낭비될 음식을 기부하는 것이다. 지역 주민들이 음식을 비롯해 기부하고 싶은 물건들을 게시하고 공유할 수 있도록 다양한 지역 단체('아무것도 사지 않기Buy Nothing' 프로젝트가 가장 유명하다.)가 운영되고 있다. 우리도 이 책의 레시피를 테스트하다가 음식이 남았을 때는 이러한 지역 단체를 통해 나눈 바 있다.

물론 요리의 효율성을 높이는 것도 음식물 쓰레기를 줄이는 또 하나의 방법이다. 요리할 때 나오는 '찌꺼기'를 활용하는 방법 및 요리의 효율성을 높이는 방법에 대한 아이디어는 「요리의 효율성 향상」 내용을 참고한다.

손님 대접과 메뉴

주변 사람들을 불러서 밥을 함께 먹는 것은 인류가 사회적 인간으로 진화하면서 처음 일어났던 기념비적인 사건 중 하나였을 것이다. 물론 화석으로 남아 있는 증거는 없지만 충분히 합리적인 추론이다. 문명의 태동기에 어떤 순서로 사회화가 진행되었든 관계없이, 먼 옛날에 모여서 음식을 함께 나누는 행위 그 자체가 얼마나 단순했을지 상상해보는 것만으로도 마음이 편안해진다. 이렇게 인류의 역사까지 언급하는 것은 이 말을 전하고 싶어서다. 긴장을 풀자! 모임의 주최자로서 뭔가 특별하거나 독창적인 것을 준비해야 한다고 지레 부담스러워 할 필요는 없다. 전혀 그렇지 않다. 그저 모일 수 있는 공간을 제공하고 자연스럽게 집에 있는 음식을 나누면 된다.

어느 정도 규모가 있는 모임을 열고자 하는 독자에게 우리가 건네고 싶은 조언은 두 가지로 요약할 수 있다. 우선 최대한 미리 준비해두면 성공 확률을 높일 수 있다는 것이다. 그리고 두 번째이자 아마도 가장 중요한 조언은 도와줄 친구를 몇 명 부르라는 것이다. 장보기에서부터 재료 손질에 이르기까지 일손을 나누면 다른 모든 일을 처리하기가 훨씬 수월해지고, 침착하게 준비할 수 있으며, 주최자뿐만 아니라 손님들도 더욱 신나게 즐길 수 있다. 손님의 수가 많다면 그중 몇 명에게 곁들임 음식이나 전채 요리를 하나씩 준비해오도록 부탁하는 것도 고려해볼 수 있다. 포틀럭(potluck) 파티 모임이 그토록 인기 있는 데에는 그만한 이유가 있다. 주최자로서는 그릴에 불을 켜고 음료만 약간 준비하면 되니까 말이다.

손님들은 음식 외의 다른 측면에서도 도움을 줄 수 있다. 예를 들어 평소에 음악을 즐겨 듣는 친구라면 파티에 틀어놓을 노래 리스트를 만들어달라고 부탁할 수 있다. 칵테일을 좋아하는 지인이 있다면 펀치나 칵테일을 대량으로 만들어달라고 부탁해볼 만하다. 우리 집에서 연 파티 중에서 제일 즐거웠던 파티는 대부분 모든 손님이 음식이나 다른 부분에서 조금씩 준비를 도와준 경우였다. 아니면 그런 파티를 열 때 스트레스를 덜 받았기 때문에 가장 좋은 기억으로 남아 있는지도 모른다.

메뉴 구성이나 누구의 도움을 받느냐에 관계없이, 손님들이 도착하기 5분 전에 모든 준비를 마치도록 하자. 비교적 쉽게 준비할 수 있는 전채 요리와 와인, 칵테일은 금세 들고 나갈 수 있도록 사이드 테이블이나 부엌 작업대 위에 놓아둔다. 접시는 오븐의 보온 칸이나 건조 모드로 설정한 식기 세척기에 넣어 따뜻하게 데우고, 저녁을 먹을 식탁도 만반의 준비를 해둔다. 만약 손님들이 들이닥치기 직전에 무슨 일이 생겨서 계획이 틀어진다면 상황에 따라 임기응변으로 대처하면 된다. 계획에서 어긋난 일 때문에 오히려 파티가 더욱 재미있게 흘러갈 수도 있다. 시인 호라티우스의 격언을 기억하자. "주최자는 장군과도 같아서, 작은 사고가 천재성을 드러내는 계기가 되기도 한다."

메뉴

경험에 미루어 보건대, 가장 기억에 남는 모임은 호사스러운 코스 요리나 손이 많이 가고 복잡한 요리를 차리면서 요리사의 빼어난 솜씨를 마음껏 자랑하는 파티가 아니었다. 그보다는 맛있고 영양 많은 음식 자체가 유쾌하고 편안한 분위기를 만든다고 생각한다. 여러분이 직접 요리를 한다면 미리 준비할 수 있는 메뉴를 선택해 손님이 도착하는데도 불 앞에 계속 서 있기보다는 식탁을 준비하거나 다른 일을 할 수 있도록 하자. 특히 파티의 규모가 커지면 이 점이 더욱 중요하다. ▶ 손님의 수가 많을수록 미리 준비할 수 있는 음식들로 메뉴를 구성해 마지막까지 허겁지겁 요리해야 하는 상황을 피한다. 아주 자신 있거나 레시피가 무척 간단하지 않은 한, 한 번도 만들어보지 않은 요리는 시도하지 않는 것이 좋다.

메뉴를 계획할 때는 상식선에서 생각한다. 저녁 식사를 함께 먹는 모임이라면 ▶ 소량의 전채 요리(또는 파티용 플래터), 주요리와 곁들임 음식 한두 가지, 디저트(제철 과일을 그릇에 담고 수제 휩드 크림을 곁들인 간단한 디저트도 좋다.)로 간단한 세 코스를 구성한다. 모임의 성격에 따라 더 많은 코스 요리가 필요한 경우에는 성의를 다하고 신경을 썼다는 사실을 보여줄 수 있도록 한두 가지 코스를 추가하되, 그렇다고 해서 주최자(또는 손님)에게 지나치게 부담스러울 정도로 많이 준비할 필요는 없다. 각 요리의 질감과 식감, 풍미를 고려해 서로 잘 어우러지도록 다양하고 균형 잡힌 음식으로 메뉴를 구성한다. 날씨가 더울 때는 산뜻한 음식을, 추울 때는 따뜻하고 든든한 음식을 준비해 메뉴에 계절을 반영한다. 구체적인 메뉴 조합은 메뉴 항목을 참고한다.

손님들의 식성을 속속들이 파악하고 있지 않은 한, '거부감을 불러일으킬 수 있는' 음식이나 너무 매운 음식을 대접하는 것은 피한다. 가능하면 ▶ 음식 알레르기나 채식 성향을 미리 확인하여 배려하는 것도 좋다. 자신이 좋아하는 음식을 손님에게 대접하는 것을 주저하지 말자. 자신 있게 만들 수 있고 즐겨 먹는 음식을 함께 나누는 것은 여러분 본인의 취향을 공유하는 것이다. 그 음식이 로스트 치킨과 매시트포테이토 또는 스파게티와 미트볼처럼 평범한 요리라고 해도 말이다.

메뉴 일부를 시판 음식으로 구성해도 무방하다. 우리는 근처 식료품점이나 시장에서 사온 파테, 빵, 치즈를 다양한 올리브와 함께 전채 요리로 내는 경우가 많다. 또한 빵집에서 사온 케이크나 슈퍼마켓에서 담아온 아이스크림, 쿠키를 거절하는 손님도 본 적이 없다. 직접 만든 음식은 아니지만 손님을 대접하려고 일부러 준비한 것만은 분명하기 때문이다.

우리 집에서 모임을 가질 때는 가정의 따뜻한 분위기를 즐길 수 있는 음식을 준비하는 경우가 많다. 얼큰한 포솔레와 신선한 가니시를 내놓거나, 카술레와 맛있는 빵 그리고 녹색 채소 샐러드를 커다란 그릇에 담아서 내거나, 매콤한 쓰촨식 훠궈와 여기에 담가 먹을 다양한 재료를 준비하는 식이다. 피자는 아마도 가장 확실하게 손님들을 만족시킬 수 있는 메뉴에 해당할 테고, 곁들임 음식으로는 샐러드 정도만 준비하면 된다. 시카고식 딥 디시 피자, 할머니 스타일의 팬 피자 등은 손님이 도착하기 전에 미리 만들어둘 수 있다. 오븐(또는 그릴) 사용이 귀찮지 않다면 얇은 크러스트 피자를 작은 크기로 준비해서 다 같이 토핑을 얹고 구워 먹어도 즐겁다.

격식 없는 식사

손님을 초대해서 즐기는 대부분의 식사는 '격식 없는' 식사지만, 그렇다고 해서 아예 형식이 없다는 뜻은 아니다. 음식을 차릴 때에는 몇 가지 기본 방식이 있다. (1) 플래터나 서빙용 대형 접시에 담은 음식은 식탁 가운데에 놓고 '가족 식사 스타일'로 돌아가며 각자 덜어 먹는다. (2) 부엌 작업대나 사이드 테이블 등에 뷔페 형태로 놓인 음식은 손님들이 각자 손에 접시를 들고 천천히 돌아다니면서 담은 후 자리에 앉아서 먹는다. (3) 부엌에서 개인 접시에 적당량을 담아내면 모든 사람이 같은 음식을 같은 분량만큼 받아서 먹게 된다. 이 마지막 방식은 모임을 주최하는 사람의 손이 가장 많이 가므로 대접하는 음식이 특히 부서지기 쉬워서 조심스럽게 담아야 하는 경우나 접시에 반드시 특정한 '모양'으로 담아야 하는 경우가 아니라면 피하는 것이 좋다.

대다수 격식 없는 저녁 식사에서는 다양한 접대 형식을 섞는 것이 좋다. 예를 들어 전채 요리는 부엌에서 개인 접시에 담아내고, 구운 고기나 다른 주요리가 담긴 플래터는 통째로 식탁에 올려놓고 돌아가면서 덜어 먹는 식이다. 일부 코스는 작은 탁자 위에 늘어놓거나 부엌에 두고 뷔페식으로 가져다 먹도록 할 수도 있다. 이런 방법은 여러 종류의 전채 요리를 한꺼번에 내거나 다양한 디저트를 낼 때 특히 유용하다. 고기를 자르고 뼈를 발라내는 기술이 뛰어나다면 식탁 위에서 직접 고기를 자르면서 빼어난 솜씨를 자랑하는 동시에 손님 각자가 원하는 만큼 고기를 썰어서 제공하는 것도 나쁘지 않다. 반면에 손님들에게 칠면조나 양다리를 붙잡고 씨름하는 모습을 보여주기 싫다면 보이지 않는 곳에서 안전하게 자른 다음 플래터에 담아서 식탁에 올리면 된다.

격식 없는 식사의 식탁 차림

식탁을 차릴 때, 포크는 접시의 왼쪽에 놓고 나이프와 숟가락은 접시의 오른쪽에 놓는다는 기본적인 사실만 알아두면 된다. 우리는 가끔 아주 격식 없는 식사를 준비할 때 숟가락과 포크, 나이프를 모두 입구가 넓은 유리병에 담아두고 손님들이 뷔페의 시작이나 끝 지점에서 직접 꺼내 쓰도록 한다.

식사를 마친 후 손님이 갈 때까지는 제대로 뒷정리를 하고 싶은 마음을 억누르는 것이 좋다. 모임 주최자로서 여러분의 역할과 즐거움은 최대한 손님들과 오랜 시간을 보내는 것이다. 또한 아무리 좋은 의도로라도 뒷정리를 서두르다 보면 저녁 식사를 마치고 나서 손님들이 앞다투어 돕겠다고 나서는 상황이 벌어질 수도 있다. 그보다는 모임을 주최하는 사람 두 명이 뒷정리를 맡고 주방 일에 익숙한 친구 한 명 정도가 지나치게 번잡스럽지 않게 옆에서 슬쩍 도와주는 정도가 좋다. 그러나 일반적으로는 식사가 끝난 이후에도 많은 사람이 식탁에 앉아 있을수록 더 좋으며, 여기에는 주최자인 여러분도 포함된다.

디저트를 내놓기 전에 식탁에서 모든 개인 접시와 서빙용 큰 접시, 양념을 치운다. 디저트 접시를 사용한다면 각자의 앞에 놓는다. 커피나 차는 디저트와 함께 내거나 나중에 따로 낸다. 원한다면 식사를 마친 뒤 거실로 나가서 커피나 차를 마시자고 제안해도 좋다. 그러나 대화가 가장 활기를 띠는 것은 보통 디저트를 먹는 동안이나 디저트를 먹은 후이며, 손님들은 식탁에서 움직이지 않는 것을 선호할 수도 있다. 밤이 꽤 깊어질 때쯤 되면 주최자의 역할은 손님들의 빈 커피잔이나 술잔을 채워주는 정도만 하면 된다. 주최자 입장에서는 그날 저녁 시간 중 가장 편하게 즐길 수 있는 때이기도 하다.

브런치

브런치는 손쉽게 준비할 수 있으며 요리 초심자가 손님을 대접하는 요령을 익히기에 좋은 기회다. 브런치는 뷔페 스타일 또는 가족 식사 스타일로 차릴 수 있다. 메뉴를 신중하게 선택하고 조리 과정을 단순화하며, 1인용 오믈렛이나 에그 베네딕트처럼 대량으로 조리하기 어렵고 까다로운 달걀 요리는 피한다. ▶ 키시, 프리타타, 스트라타는 미리 만들거나 재료를 조합해두고 금세 따뜻하게 차릴 수 있는 짬짤하고 맛있는 브런치 요리다. 스프레드를 바른 베이글, 즉석 발효 빵(Quick Bread, 팽창제를 넣어 즉석에서 굽는 빵 — 옮긴이), 커피 케이크(커피와 함께 먹기 위해 굽는 다양한 케이크 — 옮긴이), 스콘도 인기 있는 브런치 메뉴다. 브런치에는 보통 알코올음료를 함께 내놓는 것이 관행이지만 도수 높은 음료는 피한다. 일반적으로 미모사, 벨리니 또는 커다란 물병에 담은 블러디 메리, 스크루드라이버 정도면 충분하다.

뷔페

뷔페는 식탁 공간이 한정되어 있을 때 손님 수가 많고 격식 없는 식사를 준비하기에 좋은 방법이다. 색깔이 알록달록하고 다양한 음식을 선택해 식탁이나 작업대 위에 보기 좋게 배열한다. 뷔페를 접하면 평소보다 많이 먹는 경향이 있으므로 넉넉한 분량을 준비한다. ▶ 뷔페로 제공하는 음식은 전부 포크나 손으로 쉽게 먹을 수 있어야 하며, 꼭 필요하다 해도 최소한의 나이프 사용만으로 충분해야 한다. 무슨 음식인지 쉽게 알아볼 수 없는 요리가 있다면 작은 카드에 이름을 써서 접시 옆에 둔다. 음료는 뷔페가 차려진 식탁에서 멀리 떨어진 곳에 두어야 음식을 담는 사람들이 방해를 받지 않는다. 손님이 10여 명 이상일 경우 공간이 허락한다면 식탁의 양쪽에 뷔페 접시를 배열해 손님들이 빠르게 음식을 담을 뿐만 아니라 모든 음식을 맛볼 수 있게 한다. 그리고 커틀러리와 접시는 양쪽에 모두 준비한다.

냄비나 뜨거운 용기에서 바로 내놓아야 하는 뜨거운 음식이라면 가짓수를 제한하거나 파티용 집기 대여 업체에서 보온 용기를 빌려서 사용하는 것이 좋다. 차갑게 먹어야 하는 요리라면 녹아서 질척대는 얼음 대신 아이스 팩을 준비하거나 보랭 기능을 갖춘 특수 팬을 사용한다. 테두리 있는 쟁반이나 팬에 아이스 팩을 담고 그 위에 접시를 놓는다.

소풍을 준비하든, 명절 만찬을 준비하든, 지인들과의 편안한 모임이든 간에, 손님이 각자 요리를 하나씩 가져와서 뷔페 스타일로 차리는 **포틀럭** 파티는 큰 부담 없이 함께 식사를 나눌 수 있는 좋은 방법이다. 상황에 따라서 손님에게 골고루 음식을 할당한다. 샐러드나 따뜻한 곁들임 요리(채소 요리 또는 탄수화물 요리 등으로 지정해도 좋다.), 주요리, 디저트 등과 같이 종류별로 할당하도록 권장한다. 참석자 중에 코코넛 케이크를 기가 막히게 굽는 사람이 있다면 케이크를 부탁한다. 그리고 얼음, 음료, 빵도 적당히 배분하는 것을 잊지 말자. 일부 주최자들은 주요리를 직접 준비하고 손님들에게 곁들여 먹는 음식만 부탁하는 것을 선호하기도 한다. 음식을 내기 전에 가져온 음식을 데워야 하는 손님들을 위해 오븐을 예열해둔다. 또한 포틀럭 파티는 레시피를 교환할 좋은 기회이기도 하다. 손님들에게 자기가 가져온 요리의 레시피를 여러 장 준비해서 모두에게 나눠주도록 부탁해보자. 뷔페 스타일 파티를 열 때마다 식품 안전에 대해 항목을 참고하는 것도 잊지 말자.

아이들을 위한 파티

손님 대접은 반드시 성인에게만 해당하지는 않는다. 아이들을 위한 최고의 파티는 감당할 만한 인원수의 아이들을 한자리에 모아서 음식과 게임을 즐길 수 있게 하는 것이다. 아이들이 아주 어리다면 인원수대로 보호자를 한 명씩 함께 초대하는 것이 바람직하다. 나이가 좀 있는 아이들은 6~7명당 어른 한 명 정도면 적당하다. 오후에 2~3시간 정도 파티를 열면 게임과 음식을 즐기면서 신나게 놀 수 있다. 메뉴 선정은 xxix쪽을 참고한다. 아이들을 위한 파티는 간단하게 준비하고, 손님들이 음식 준비를 거들도록 계획을 짜도 좋다. 컵케이크에 프로스팅이나 알록달록한 가루, 색깔 있는 설탕으로 장식하거나 집에서 만든 피자에 토핑을 얹는 일을 시키면 고사리손이 바쁘게 움직일 소일거리를 제공하는 동시에 음식도 준비할 수 있으므로 일거양득이다.

칵테일파티와 오픈 하우스

칵테일파티는 점잖은 사교 모임이다. 우리는 미국에서 탄생한 이 칵테일파티가 지나치게 복잡한 준비 없이 즐겁게 손님들을 대접하는 방법이라고 믿는다. 좋은 칵테일파티는 좋은 술, 와인, 맥주에서 시작된다.(「칵테일, 와인, 맥주」장을 참고한다.) 전문 바텐더를 고용하거나 손님 수가 적어서 주최자나 손님 중 한 명이 파티에 참여하는 동시에 직접 칵테일 만들기를 담당할 수 있는 경우가 아니라면, 커다란 물병에 담은 마티니나 마가리타 또는 알코올이 들어간 펀치 등의 칵테일 한 종류를 대량으로 만들어 내놓는 것이 좋다. 칵테일 레시피의 분량을 늘릴 때 유용한 정보는 칵테일을 한꺼번에 여러 잔 만들기 항목을 참고한다. 우리는 맨해튼이나 올드패션드처럼 간단한 칵테일 한두 종류를 만들 수 있는 재료와 도구를 모아두고 바에 레시피 카드를 배치해 손님들이 자신 있게 직접 음료수를 섞어서 마실 수 있도록 준비하기도 한다. 레드와인과 화이트와인, 맥주 또는 사과주도 함께 준비해야 하며 항상 무알코올 음료도 비치해두는 것을 잊지 않는다.(갈증 해소 음료에 대해 항목을 참고한다.) 탄산이 든 미네랄워터도 언제나 환영받는 음료다.

칵테일파티에는 항상 음식을 함께 제공해야 한다. 그렇지 않으면 파티 참석자들이 금세 술에 취해버릴 테니 말이다. 일반적으로 나중에 저녁 식사를 하는 식전 칵테일파티라면 가벼운 파티 음식 2~3가지를 칵테일과 함께 대접하면 충분하다. 저녁을 따로 준비하지 않는 칵테일파티라면 적당히 포만감을 주는 오르되브르와 핑거 푸드를 5~7가지 정도 준비한다. 칵테일파티에 내놓는 음식은 복잡한 조리가 필요 없으며 심지어 집에서 직접 만들지 않아도 상관없다. 격식을 차리지 않는 모임이라면 가게에서 산 파테와 테린 또는 맛있는 치즈 모둠을 크래커나 얇게 썬 품질 좋은 빵과 함께 제공하는 정도로 충분하다. 좀 더 격식을 갖춘 칵테일파티라면 얇게 썬 훈제 연어를 메밀 블리니에 얹고 사워크림 및 레몬 조각을 곁들인 것과 같이 우아하고 보기 좋은 오르되브르를 준비해야 한다. 일반적으로 칵테일파티는 2시간 안에 마무리되며, 가볍게 저녁 요기를 할 수 있을 정도의 충분한 음식을 제공하지 않는 한 오후 5~8시 정도의 시간대가 적당하므로 그보다 늦게까지 끌지 않는다. 손님들과 다 같이 외식을 하러 가거나 콘서트나 공연을 보는 등, 다른 행사를 하기 전에 간단하게 칵테일파티를 갖는 경우에는 더 짧게 마무리하는 것이 좋다. 이때 음료와 음식은 최대한 간단한 것으로 준비한다. 샴페인과 훈제 연어는 이런 상황에 그야말로 안성맞춤인 메뉴다.

칵테일파티를 약간 변형한 것이 보통 연말 명절 때 여는 **오픈 하우스**다. 칵테일파티와 같은 기본 원칙이 적용되지만 오픈 하우스는 3~4시간 또는 그보다 더 오래 진행되는 경우가 많다. 손님들은 미리 전달된 시간대 중에서 편한 시간에 들렀다가 대부분 1시간 안에 떠난다. 모두가 바쁘고 손님들이 각자 몇 군데씩 초대 받았을 법한 연말연시 명절 주말에 특히 적합한 손님 대접 형태다. 또한 주최자도 집에 한꺼번에 수용할 수 있는 인원보다 훨씬 많은 손님들을 초대할 수 있다. 규모 및 시간과 관계없이 오픈 하우스 파티에서는 손님이 도착하거나 떠나는 상황이 불가피하게 반복되기 때문에 간단한 핑거 푸드 접시를 내는 것은 적합하지 않으며, 일반적인 칵테일파티보다는 든든한 요깃거리를 준비하는 편이 좋다. 간단한 뷔페 식탁을 준비하되 따뜻하거나 차갑게 내놓는 메뉴는 피한다. 이때 구운 햄, 칠면조 또는 통째로 찐 연어를 준비해 중앙에 차려놓으면 보기도 좋고 든든하게 배도 채울 수 있다.

야외에서 손님 대접하기

따뜻한 계절이라면 뒷마당 바비큐는 친구와 가족들을 위해 가장 손쉽고 편리하게 요리할 수 있는 방법이다. 그러나 다른 모든 형태의 손님 대접과 마찬가지로 주최자는 손님의 편안함을 고려하고 잠재적인 문제를 예측해야 한다. 당일의 날씨는 어떤가? 비가 올 가능성이 있다면 손님들이 비를 피해 모일 수 있는 실내 공간을 확보해야 한다. 날씨가 찌는 듯이 덥다면 충분한 그늘과 차가운 물을 준비한다. 벌레가 많아서 성가시다면 벌레 퇴치 수단(모기장이나 천연 모기향, 벌레 퇴치제 등)도 제공해야 한다. 어두워진 후에 바비큐 파티를 연다면 야외 조명이나 큼직한 초 또는 다른 형태의 조명을 준비해야 한다. 플라스틱이나 생분해성 소재의 컵과 식기, 종이 접시와 냅킨을 사용해도 좋지만, 테라스나 현관 발코니에서 어른들에게 음식을 대접할 때 유리컵과 커틀러리, 접시, 천 식탁보와 냅킨을 사용한다면 분위기가 더욱 근사해진다. 하다못해 대접하는 음식이 삶은 옥수수와 핫도그, 돼지갈비뿐이라고 해도 말이다.

소규모 인원일 경우 아이스박스, 가방, 음식과 음료가 담긴 바구니를 손에 들고 공원이나 해변, 산으로 떠나는 **피크닉**은 가장 기분 좋고 편안하게 즐길 수 있는 손님 대접의 형태다. 쉽게 상하는 음식은 집에 두고 가거나 보랭 효과가 좋은 아이스박스에 넣는다.(마요네즈를 사용해서 만든 음식은 반드시 차갑게 보관해야 한다.) 이때도 상황이 허락하는 한 유리 와인잔, 금속 식기류, 천 냅킨을 가져가면 피크닉이 훨씬 더 우아해진다. 집에서 식사하는 것이 아니므로 꼭 필요한 실용적인 물건들만 가져가는 것도 좋다. ▶ 코르크 따개, 작고 잘 드는 칼, 작고 가벼운 도마, 서빙용 큰 숟가락, 깡통 따개, 병따개, 작은 소금·후추 통, 기타 가루 양념, 냅킨 한 뭉치, 키친타월 한 롤, 식탁보 고정 클립, 간이 구급상자, 벌레 퇴치제, 자외선 차단제, 쓰레기봉투 등이 들어 있는 '피크닉 키트'를 준비해서 가지고 다닌다.

뒷마당 바비큐뿐만 **테일게이트 파티**(tailgating, 스포츠 경기장 주변에서 자동차 뒷문을 열어놓고 즐기는 미국식 파티 ─ 옮긴이)를 위해서는 휴대용 숯이나 가스 그릴, 음식을 뒤집을 수 있도록 긴 손잡이가 달린 집게, 소스 바를 때 사용할 깨끗한 붓, 두꺼운 오븐용 장갑, 성냥 또는 라이터 등 꼭 필요한 그릴용 도구 몇 가지를 준비한다. 테일게이트 파티는 보통 스포츠 경기가 시작되기 전에 경기장 주차장이나 공터에서 벌어지므로 시간과 장소를 고려할 때 우아한 요리를 즐길 만한 상황은 아니다. 일반적으로 그릴에 구운 소고기, 닭고기, 소시지에 감자 칩을 곁들여 맥주와 와인을 즐긴다.

서퍼 클럽과 쿠킹 클럽

저녁 만찬에서 파생된 인기 있는 모임을 서퍼 클럽(supper club) 또는 쿠킹 클럽이라고 한다. 회원들은 보통 메뉴를 짜고, 요리하고, 먹는 것을 즐기는 친한 친구들로 구성되며 정기적으로 모여서 저녁 만찬을 연다.

즐거운 서퍼 클럽 또는 쿠킹 클럽 행사를 개최하기 위해서는 두 가지 방법이 있다. 가장 보편적인 것은 특정 지역 요리, 같은 요리책에서 발췌한 레시피, 제철 재료로 만든 요리 등과 같이 주제를 정해 각 회원에게 요리를 하나씩 할당하는 것이다. 클럽 회원들은 돌아가면서 저녁 만찬을 주최한다. 때로는 각 코스를 서로 다른 회원의 집에서 즐기는 순회 만찬을 갖기도 한다. 서퍼 클럽이나 쿠킹 클럽의 적절한 손님 수는 다른 저녁 만찬과 마찬가지로 8명 정도다.

병조림 클럽

병조림 클럽(canning club)은 서퍼 클럽이나 쿠킹 클럽만큼 흔하지는 않지만, 주변에 피클이나 잼, 기타 보존식품을 즐겨 만드는 친구들이 있다면 고려해볼 만하다. 우리는 지역 병조림 클럽의 회원이며 달마다 병조림 클럽 행사를 손꼽아 기다린다. 우리가 참여하는 병조림 클럽은 한 달에 한 번씩 초저녁에 모임을 여는데, 손님마다 간식과 와인 1병, 맥주 6병들이 또는 레모네이드 등의 음료수를 가져온다. 각 회원은 수제 병조림을 5개씩 가져와서 다른 참석자들과 교환한다. 개중에는 크림치즈 덩어리에 수제 잼을 바른 것, 수제 잼을 넣어 구워서 만든 영양 바, 후무스 위에 수제 혼합 향신료를 뿌린 것 등 직접 만든 보존식품을 재료로 한 간식을 준비해오는 회원들도 많다.

물론 여러분과 친구들이 원하는 대로 병조림 클럽의 규칙을 정할 수 있지만, 우리가 참여하는 클럽은 물물교환을 위해 가져오는 품목에 별로 까다롭지 않은 편이다. 피클이나 잼 같은 전통적인 보존식품이 가장 흔하기는 하지만 가공 처리를 하지 않은 품목들도 가끔 눈에 띈다. 여기에는 소금 캐러멜 소스, 그래놀라, 사탕, 혼합 향신료, 후무스, 페스토 등이 포함된다. 각 회원은 품목의 이름, 만든 날짜, 실온 보관이 가능한지 아니면 반드시 냉장고에 넣어야 하는지를 표기한 라벨을 병에 붙인다. 병들을 전부 중앙 탁자에 모아놓고 약 1시간 정도 간식을 즐기며 서로 친목을 나누다가 물건을 교환한다. 모든 사람이 둥

글게 선 다음 주최자부터 시작해 각자 자기소개와 함께 자신이 가져온 품목과 먹는 방법을 소개한다. 그런 다음 역시 주최자부터 시작해 각 참석자가 식탁에 놓인 품목을 하나씩 고른다. 공평을 기하기 위해 마지막 순서의 참석자는 첫 번째 품목을 고른 다음 바로 두 번째 품목을 고르고 첫 번째의 역순으로 돌아가기 시작한다. 또 한 번 주최자의 차례가 돌아오면 주최자 역시 두 번째 품목을 고르고 다시 반대 방향으로 돌아간다. 각 참석자가 품목 5개씩 선택할 때까지 이런 식으로 진행한다.

우리가 병조림 클럽을 좋아하는 이유는 부담 없이 가까운 친구들을 초대하거나 모임에 참여할 수 있기 때문만이 아니라 넉넉히 만들어둔 병조림을 나누고 그 보답으로 다양한 병조림 품목을 받아서 식료품 찬장에 꽉꽉 채워 넣을 수 있기 때문이다.

애프터눈 티

다과회는 현대 사회에 그다지 어울리지 않는 것처럼 보일지도 모른다. 시간이 너무 많이 걸리는 데다 새끼손가락을 우아하게 올리고 차를 마시는 것도 너무 작위적으로 느껴진다. 하지만 사실 손님에게 맛있게 끓인 차 한 주전자를 내는 것은 머그잔에 커피를 따라서 대접하는 것만큼이나 간단하다. 일반적으로 애프터눈 티는 오후 4~6시 사이에 대접한다. 뷔페 식탁을 차리듯이 찻상을 준비하고, 컵을 컵받침 위에 올리고 찻숟가락을 한쪽에 얹은 다음 작은 헝겊 냅킨과 간식을 올려놓을 자그마한 접시를 함께 둔다. 스콘이나 다른 구움 간식에 발라먹을 잼, 버터, 클로티드 크림을 내놓는 경우가 아니라면 다른 식기는 필요 없다. 티 케이크, 페이스트리, 머핀, 전통적인 스콘 및 다양한 모양으로 자른 티 샌드위치 등의 몇 가지 음식을 차려내는 것이 일반적이다. 티 케이크와 샌드위치는 작은 접시에 올려놓거나 여러 단으로 구성된 쟁반이 있다면 쟁반에 보기 좋게 배열한다. 격식 없는 다과회에서는 주최자가 차를 따른다. 좀 더 격식을 차린 다과회라면 그날의 주빈이 '주최자 역할을 맡아' 차를 따른다.

격식을 차린 만찬

여기서는 먼 옛날 귀족들이 즐기던 만찬을 다시 재현하고자 하는 독자들을 위해 제대로 격식을 차린 접대의 신성한 의식과 의례를 소개한다. 메뉴를 고를 때는 전통적인 코스 순서를 지침으로 삼으면 되지만, 이를 절대적 철칙으로 생각할 필요는 없다. 오르되브르, 수프 또는 다른 첫 번째 코스, 해산물, 육류나 주요리, 샐러드, 치즈 모둠이나 디저트(또는 둘 다), 그리고 커피의 순서로 내고, 커피에 초콜릿이나 작은 당과, 리큐어를 곁들이기도 한다. 실제 메뉴의 예와 다양한 아이디어는 격식 있는 만찬 메뉴 항목을 참고한다.

식탁 장식

식탁 장식은 취향에 따라 얌전하게 또는 화려하게 꾸미되, 여러 사람이 나눠 먹는 서빙용 접시를 전달하는 데 방해가 되거나 손님들의 시야를 가리지 않도록 주의한다. 가운데에 놓거나 식탁 여기저기에 장식하는 꽃은 진한 향기가 없어야 하며 손님들 사이의 대화를 가로막을 정도로 키가 커서도 안 된다. 손님이 꽃을 가져왔다면 꽃병에 꽂아서 사이드보드나 거실에 둔다. 저녁 식탁에 양초를 켜놓으면 분위기가 근사해지지만, 향이 없고 촛농이 흘러내리지 않는 초를 사용해야 한다. 꽃 장식과 마찬가지로 양초도 시야를 가리지 않도록 눈높이 아래 또는 위에 오도록 배치한다.

근사한 식탁보는 격식 있는 만찬의 분위기를 살리지만 꼭 필요한 요소는 아

니다. 천이나 골풀로 만든 식탁용 매트를 나무 탁자에 올려놓으면 잘 어울리며 주변 상황과 장식에 따라 하나만으로도 근사한 효과를 낸다. 면이나 리넨 냅킨은 소규모 만찬 파티에 꼭 필요하다. 냅킨은 4등분으로 접은 다음 다시 절반으로 접어 직사각형 모양으로 만든다. 벌어진 부분이 왼쪽 아래로 가게 하면 자리에 앉은 손님이 냅킨의 한쪽 모서리를 집어올린 뒤 툭툭 털어 완전히 펼쳐서 무릎에 놓을 수 있다. 4등분으로 접은 후 다시 삼각형으로 절반 접은 냅킨도 간단하면서도 우아한 분위기를 낸다. 냅킨은 벌어진 부분이 손님 쪽을 향하도록 접시 위에 올려놓거나 삼각형의 끝부분이 바깥쪽으로 향하도록 접시의 왼쪽에 있는 포크 아래에 끼워두거나 옆에 나란히 놓는다. 식탁 위에 놓는 소금과 후추 통은 손님 4~6명마다 최소한 한 세트씩 준비해야 한다. 소금 그릇(작고 얕은 그릇에 소금을 담아서 손가락으로 집어내거나 자그마한 숟가락으로 떠서 사용할 수 있는 것)을 사용해도 좋다.

식탁 차리기

음식을 차리고 먹는 방식에 따라 오래전부터 정해진 위치에 식기와 도구를 놓는다. 이러한 여러 집기(그리고 그 배치) 중 일부는 상당히 예스럽게, 심지어는 구닥다리처럼 느껴질 수도 있다. 하지만 그 모든 특수한 용도의 식기류를 더욱 효과적으로 배치하는 방법을 찾기란 쉽지 않을 것이다. 지나치게 세세하게 설명기보다는 기본적인 원칙을 소개해본다. ▶ 포크는 왼쪽, 숟가락과 나이프는 오른쪽에(나이프의 칼날은 접시 쪽을 향하도록) 놓는다. 가장 먼저 사용할 커틀러리를 접시에서 가장 먼 바깥쪽에 놓는다.

유리잔

250ml 정도로 용량이 넉넉하고 몸통이 튤립 모양인 와인잔은 레드와인과 화이트와인에 모두 잘 어울리지만, 와인을 두 종류 내놓을 때는 와인의 종류가 바뀔 때마다 번거롭지 않도록 한 명당 와인잔을 2개씩 놓는 것이 좋다. 무늬의 각인 여부와 관계없이 투명하고 손잡이 부분이 긴 와인잔이나 손잡이가 없는 와인잔이 좋다. 물잔으로는 손잡이가 달린 것이나 손잡이 없는 텀블러 형태의 물잔 모두 사용할 수 있다. 와인잔과 물잔은 손님이 도착하기 전에 식탁에 준

음료용 숟가락은 다른 커틀러리의 오른쪽에 놓지만,
작은 찻숟가락은 찻잔 받침에 놓아야 한다.

비해두어야 하는데, 아무리 와인을 여러 종류 내놓는다고 해도 1인당 3개 이상의 와인잔을 한꺼번에 놓으면 안 된다. 주요리를 먹을 때 사용할 와인잔은 주요리용 나이프의 칼날 끝에서 대략 1.2cm 정도 위쪽에 놓는다. 그다음 나머지 와인잔은 아래의 그림처럼 사용하는 시점에 맞춰 주요리용 와인잔에서 대각선 방향으로 가지런히 놓는다. 물잔은 와인잔들 위에 놓는다. 와인 대신에 아이스티나 레모네이드를 기다란 텀블러에 담아서 내놓을 경우 이 음료는 주요리용 와인잔의 위치에 배치한다.

와인잔과 물잔은 대각선 형태로 배치하고, 주요리용 와인잔은 주요리용
나이프의 칼날 끝에서 대략 1.2cm 정도 위쪽에 놓는다.

자리 배치

경험이 많은 파티 주최자라면 성공적인 만찬의 열쇠는 뭐니 뭐니 해도 자리 배치라고 입을 모을 것이다. 취미나 직업이 비슷한 친구들이 누구인지 생각해보자. 참석자가 8~10명 이상이라면 각 자리에 이름표를 배치하면 좋다. 냅킨을 접시 가운데에 놓았다면 이름표를 그 위에 올려놓고, 냅킨을 접시 가운데에 놓지 않았다면 접시 위나 해당 참석자의 자리 정중앙에 놓으면 된다. 소규모 만찬이라면 각자 어디 앉으면 되는지 안내한다.(또는 대담하게 손님들 마음대로 앉도록 해보자.) 손님들이 서로 얼굴을 모르는 대규모 만찬이 아닌 이상, 이름표는 손님들이 처리하는 데 난감해하지 않도록 첫 번째 코스를 내면서 치운다. 안면이 없는 손님들이 참석하는 대규모 만찬이라면 쉽게 알아볼 수 있도록 이름표를 식탁 위에 두어도 좋다.

음식 제공

손님들이 식당에 들어오면 식탁이 전부 차려져 있어야 한다. 차저(charger)나 서비스 접시(service plate), 즉 개인 접시보다 크고 화려하며 식탁의 착석 위치를 나타내는 접시가 자리마다 놓여 있어야 한다. ▶ 손님들이 팔을 편안하게 움직일 수 있는 공간을 확보하도록 최소한 75cm의 간격을 두고 서비스 접시를 배치한다. 전채 요리용 접시와 수프 그릇은 이 서비스 접시 위에 놓는다. 버터 접시와 버터 나이프는 왼쪽에 놓는다. 물잔에는 물을 약 3분의 2 정도 채워야 한다. 빈 와인잔은 위의 그림과 같이 제자리에 놓는다. 물과 와인은 오른쪽에서 따른다. 와인잔이나 물잔은 식사가 끝날 때까지 같은 자리에 두어도 되지만, 사용이 끝난 와인잔은 치우는 것이 좋다. 와인을 세 종류 이상 내놓을 때는 사용이 끝난 와인잔을 깨끗한 와인잔으로 교체한다.

주최자의 취향에 따라 디캔터에 와인을 담아놓았다가 따르거나 그냥 와인 병에서 바로 따른다. 와인을 차갑게 식혀놓았다면 냅킨으로 감싸두어야 하며, 와인을 따를 때는 왼쪽 손으로 냅킨을 들고 병에서 떨어지는 와인 방울을 닦아낸다. 양념통은 손님들이 돌려가면서 사용할 수 있도록 하거나 쉽게 손이 닿는 위치에 놓는다.

수프와 디저트가 포함된 식사의 식탁 차림.(수프 및 디저트용 포크와 숟가락은 접시 위쪽에 둔다.) 버터 나이프는 버터 접시 위에 올려놓되, 주요리용 나이프와 같은 방향을 따른다.

커틀러리나 은식기를 사용할 때는 맨 바깥쪽부터 사용한다는 간단한 원칙을 따른다. 한 코스가 끝날 때마다 해당 코스를 먹는 데 사용한 숟가락이나 나이프는 접시 또는 그릇과 함께 치워야 한다. 그러면 손님은 다시 가장 바깥쪽에 있는 나이프나 포크를 사용하면 된다.

껍데기째 요리한 랍스터처럼 손으로 먹어야 하는 요리가 있을 때 핑거볼(finger bowl, 손가락을 씻을 수 있도록 물을 담아놓은 작은 그릇—옮긴이)을 준비해두면 누구나 좋아한다. 핑거볼에 물을 담고 향이 나는 제라늄 잎이나 향긋한 허브 또는 꽃, 얇게 저민 레몬 조각을 띄우기도 한다. 핑거볼을 낼 때는 보통 디저트 접시 위에 올려놓고, 디저트 포크와 숟가락은 볼의 양쪽, 즉 디저트 접시 위에 놓는다. 손님은 사용한 포크와 숟가락을 접시의 한쪽에 몰아놓고 핑거볼은 물잔의 반대편, 즉 왼쪽 위편에 놓는다.

식탁에서 커피를 마실 경우, 이번에는 데미타스(에스프레소 컵) 또는 작은 커피잔과 받침을 각 손님의 오른쪽에 놓는다. 데미타스 숟가락은 손잡이와 평행하게 컵받침 위에 올려놓는다. 커피는 오른쪽에서 따르고 크림과 설탕은 작은 통에 담아서 왼쪽으로 건넨다. 리큐어는 커피와 함께 식탁에 차릴 수도 있고, 주최자와 손님들이 거실로 자리를 옮겨 커피를 마시며 담소를 나눈다면 쟁반에 담아서 원하는 손님이 쉽게 이용할 수 있게 한다.

파이와 커피를 낼 때처럼 나이프가 필요 없을 때는 포크와 숟가락을 오른쪽에 놓는다.

대량으로 요리하기

일단 시작하기 전에 ▶ 요리를 대량으로 만들 때는 한꺼번에 전부 만드는 것보다는 적당한 양으로 나눠서 몇 번에 걸쳐 조리하는 편이 낫다. 이상하게 들릴지 모르겠지만 레시피를 인원수만큼 곱한다고 해서 무조건 요리가 대량으로 완성되는 것은 아니기 때문이다. 이 책에 실린 레시피는 대부분 4~6인분을 기준으로 하므로 양을 2배로 늘려서 8~12인분 정도는 만들 수 있지만, 그렇다고 해서 별다른 조정 없이 무작정 3~4배로 불릴 수 있다고는 생각하지 말자. 카옌 고춧가루나 다른 매콤한 재료, 식초와 산성 재료, 짠맛이 강한 재료 등 맛이 강한 재료는 무조건 양을 2~3배로 늘려서는 안 된다. 이러한 재료는 일단 원래 레시피에서 언급한 양만 넣고, 요리를 마무리할 즈음에 맛을 본 후 필요한 만큼 보충한다.

손쉽게 재료의 분량을 늘릴 수 있고 대량으로 만들어도 맛 조절이 까다롭지 않은 레시피를 선택한다. 수프, 스튜, 조림, 샐러드는 레시피를 몇 배로 늘려도 크게 지장이 없으며 어지간하면 맛이 괜찮다. 또한 원래부터 대량으로 만들어서 많은 사람과 나눠 먹도록 고안된 요리도 있다. 그러한 요리의 예로는 라자냐, 풀드 포크 조림, 브런즈윅 스튜, 매클레이드의 록캐슬 칠리 및 로스트 비프, 정통 칠면조 구이, 햄 구이 등의 큼직한 덩어리 고기 구이가 있다.

요리를 대량으로 조리할 때는 단순히 채소의 껍질을 벗기고 씻는 일뿐만 아니라 음식을 데우는 데에도 많은 시간이 소요된다는 점을 잊지 말자. 게다가 그보다 더 중요한 것은 냉장고에 공간이 부족할 수도 있다는 점이다. 수프나 크림 파이를 냉장고에 넣어 차갑게 식혀야 하는데 이미 냉장고가 다른 음식으로 꽉 차서 넣을 곳이 없다면 난감하지 않을 수 없다. 요리를 대량으로 준비할 때는 먼저 냉장고를 정리하고 음식을 가지런히 수납해 공간을 가장 효율적으로 사용할 수 있도록 한다. ▶ 그래도 냉장고 공간이 부족할 것 같다면 간단한 음식이나 음료수를 넣어둘 아이스박스와 얼음을 준비한다.

따뜻한 식사를 대량으로 만든다면 오븐과 가정용 레인지를 모두 사용하는 레시피를 선택하자. 오븐과 레인지만으로 부족하다면 슬로 쿠커, 핫플레이트, 신선로 냄비 등을 동원해 음식을 내놓기에 적당한 온도, 즉 60℃ 이상으로 보관한다.

종이와 연필을 앞에 놓고(또는 취향에 따라 메모용 앱을 열고) 조리 과정, 음식을 따뜻하게 또는 차갑게 보관할 방법, 음식 제공 방법을 머릿속에 그려본 후 필요한 집기와 식기를 모두 적어 내려간다. 그다음 필요한 준비물을 모두 갖췄다는 전제하에 최대한 사전 준비를 해두어 마지막 순간까지 싱크대와 조리대가 복잡한 아수라장이 되지 않도록 실제 조리 계획을 짠다.

격식 있는 식사를 준비해야 하는 중요한 행사가 있다면 혼자서 모든 것을 해내려고 하지 말자. 접객을 도와줄 사람은 꼭 필요하다. 여기서 접객을 도와줄 사람이란 적절한 교육을 받았으며 경험이 풍부한 서빙 및 주방 인력이다. 이럴 때 전문 출장 요리 서비스를 이용하는 사람들도 있다.

출장 요리 업체 이용하기

출장 요리 서비스를 적절히 활용해 행사를 성공적으로 치르기 위해서는 무엇이 필요한지와 출장 요리 업체의 역량이 어느 정도인지를 제대로 파악해야 한다. 행사의 성격과 참석 인원을 항상 염두에 두자. 바텐더가 필요한가? 의자, 식탁, 유리잔, 은식기와 접시를 대여해야 하는가? 소규모 인원이 먹을 음식만 필요한가, 아니면 수많은 손님을 응대할 수 있는 서빙 인력도 함께 필요한가? 시간을 내서 제안된 메뉴를 시식한 후 필요에 따라 메뉴를 약간 조정한다. 간혹

시식에 추가 비용이 필요한 경우도 있지만 충분히 그만한 투자의 가치가 있다. 격식 있는 만찬을 위해 출장 요리 업체를 고용한다면 원하는 접객 유형에 요구되는 특수한 서비스 역량을 갖추고 있는지 확인한다. 음식과 서비스, 집기 대여를 포함해 모든 비용을 상세하게 명기한 서면 계약서를 작성한다. 정확한 참석 인원을 언제 확인하고 알려줄 것인지 합의한다. 출장 요리 업체는 일반적으로 행사를 총괄할 사람을 지정해서 보내주므로, 행사가 끝난 다음에 바텐더와 서빙하는 사람 그리고 요리사에 이르기까지 모든 인력에게 줄 팁(일반적으로 20%)을 그 총괄자에게 전달하면 된다.

메뉴

간단하게 차리든 정성을 들여 차리든, 가족을 위해서 차리든 친구를 위해 차리든 간에 좋은 식사는 균형과 조화를 기반으로 한다. 식사를 계획할 때는 계절과 기후, 식사 시간 그리고 무엇보다 식사하는 사람들의 취향과 특이 사항을 고려해야 한다. 취향을 잘 모르는 사람들을 대접할 때는 누구나 좋아하는 익숙한 음식을 준비한다.

아마도 여러분이 음식을 대접할 가장 중요한 사람들은 바로 가족일 것이다. 가족이 함께 기분 좋게 식사하기 위해서는 우선 메뉴를 짜고 재료를 구입하는 책임과 즐거움을 함께 나누어야 한다. 식료품 찬장에 다양한 재료가 갖춰져 있으면 요리를 할 수 있는 기반은 마련된 것이므로 육류와 가금류, 해산물, 농산물, 유제품 같은 상하기 쉬운 품목만 가게에서 사오면 된다. 우리 집은 보통 식료품 찬장과 냉동실에 들어 있는 재료만으로도 최소한 식사 몇 끼는 차릴 수 있을 정도로 다양하게 구색을 갖춰놓는다. 이렇게 하면 특히 냉장고가 거의 비어 있는데 마트에 갈 시간(또는 여유)이 없을 정도로 바쁜 시기에 든든하다. 효과적인 가정 요리를 위한 전략은 「요리의 효율성 향상」 장을 참고한다.

아래에 소개하는 메뉴는 가족을 위해 요리하는 경우뿐만 아니라 격식 있는 모임, 편안한 모임을 비롯해 저녁 파티나 다채로운 식사 자리를 계획하는 데 지침이 될 것이다. 또한 포틀럭 파티에 가져갈 요리를 고를 때 아래의 메뉴 목록에서 좋은 아이디어를 얻을 수도 있다. 이 책에 실린 수천 개의 레시피를 주제별로 탐색하는 데에도 이 메뉴들을 활용할 수 있다. 그리고 아래의 메뉴는 어디까지나 권장 사항이라는 점을 기억하자. 여러분의 취향, 예산, 재료 구입 가능 여부, 기분 그리고 가능하면 창의력에 따라 얼마든지 자유롭게 변형해도 좋다. 식품의 안전한 취급 방식에 대한 기본 정보는 식품 안전에 대해 항목을 참고한다.

추수감사절

전채 요리: 바삭하고 매콤한 피칸 또는 연성 치즈를 곁들인 브라운 버터 헤이즐넛 크래커

첫 번째 코스 요리: 구운 콜리플라워 수프나 호박 또는 땅콩호박 수프

주요리: 정통 칠면조 구이, 기본 빵 스터핑 또는 드레싱과 칠면조 내장 그레이비를 곁들인 것

채식 주요리: 짭짤한 양배추 슈트루델, 구운 버섯 라자냐 또는 뿌리채소 조림

곁들임 요리: 크림을 넣어 으깬 콜리플라워 또는 매시트포테이토, 고구마 푸딩, 방울양파 크림소스 구이, 껍질콩 캐서롤, 겨울 호박 구이, 통과일 크랜베리 소스 또는 생크랜베리 렐리시

샐러드: 사과와 피칸을 얹은 쌉쌀한 녹색 채소 샐러드 또는 베커 하우스 샐러드 Ⅰ

빵: 파커 하우스 롤빵

디저트: 호박, 스쿼시 또는 고구마 파이, 호박 또는 스쿼시 체스 파이, 피칸 파이, 꿀, 수수 시럽 또는 메이플 시럽 파이

음료: 뱅쇼 또는 따뜻하게 데운 사과주

새해 전야

전채 요리: 텍사스 캐비아 또는 연어알을 곁들인 메밀 블리니와 사워크림, 속을 채워서 구운 버섯 코케뉴, 새우 피클, 완탕 튀김, 헝가리식 버섯 수프

주요리: 무화과와 레드와인 소스를 곁들인 오리 가슴살 프라이팬 구이

곁들임 요리: 메건의 염소 치즈를 곁들인 비트 요리 또는 멜티드 리크

디저트: 베이크드 알래스카 또는 헤이즐넛 젤라토를 곁들인 1인용 몰튼 초콜릿 케이크

음료: 샴페인 칵테일, 프렌치 75 또는 샴페인 펀치

새해 첫날

주요리: 칼도 베르데, 트레바의 닭고기 덤플링 수프, 카리브해식 칼라루, 돼지 안심 프라이팬 구이와 사우어크라우트 또는 소시지를 넣어 조린 렌틸콩

곁들임 음식: 부드러운 녹색 채소 볶음, 남부식 채소 찜, 호핑 존 또는 붉은 콩 소스를 얹은 밥

성 패트릭의 날

첫 번째 코스 요리: 감자와 서양 대파 수프

주요리: 콘비프, 셰퍼드 파이, 아일랜드식 스튜 또는 양 어깨살 구이

곁들임 요리: 콜캐넌 또는 챔프, 매시트포테이토의 추가 재료 항목의 설명 참고

빵: 아일랜드식 가염 버터를 곁들인 아일랜드식 소다빵

디저트: 아일랜드산 스타우트로 만든 아이스크림 플로트

스포츠 경기 시청

세븐 레이어 딥 또는 맥주 치즈 딥

버펄로 치킨 윙 또는 태국식 치킨 윙

바삭한 포테이토 스킨

나초

텍사스 캐비아

머플레타, 서브 또는 히어로 샌드위치

칠리 콘 카르네

초콜릿 시트 케이크

마르디 그라(Mardi Gras, 참회의 화요일)

전채 요리: 새우 피클, 반각 생굴

주요리: 오이스터 포보이, 새우 또는 민물가재 에투페, 치킨 잠발라야, 치킨 에투페, 베커 새우 바비큐, 치킨 검보, 해산물 검보, 검보 저브, 검게 그을린 생선 스테이크 또는 필레

곁들임 요리: 붉은콩 소스를 얹은 밥, 토마토 스튜 또는 토마토 크레올, 남부식 채소 찜, 오크라와 토마토 스튜 또는 오크라 튀김

디저트: 뉴올리언스 베녜, 칼라스, 뉴올리언스식 브레드 푸딩, 바나나 포스

터, 프랑스식 프랄린 조각을 뿌린 커피 아이스크림, 뉴올리언스식 피칸 프랄린

음료: 사즈랙, 밀크 펀치, 비외 카레 또는 달콤한 남부식 아이스티

결혼식 뷔페

전채 요리: 생채소 전채와 수제 랜치 드레싱, 무하마라, 치즈 절임, 치즈 플래터, 브리 치즈를 넣어 구운 페이스트리, 미니 턴오버 또는 미니 타르트, 시금치 또는 버섯 필로 페이스트리 및 완탕 튀김

첫 번째 코스 요리: 가스파초, 차가운 오이와 요구르트 수프, 호박 또는 땅콩호박 수프, 데치거나 '삶은' 새우와 베커 칵테일 소스

주요리: 버섯 위에 얹어 구운 닭 가슴살, 치킨 케밥, 소고기 프라이팬 구이 또는 참가리비 관자 지짐을 얹은 생옥수수 리소토

채식 주요리: 채소 티앙, 채소 타진, 파르메산 치즈와 선드라이드 토마토를 넣은 기장 부침개를 녹색 채소 샐러드 위에 얹은 것

곁들임 요리: 오렌지와 헤이즐넛을 넣은 아스파라거스 볶음, 메건의 염소 치즈를 곁들인 비트 요리, 마늘을 넣은 브로콜리 라베 볶음 또는 윤이 나게 조린 당근

샐러드: 아스파라거스 참깨 샐러드, 베커 하우스 샐러드, 루콜라와 종려나무순 샐러드, 사과와 피칸을 얹은 쌉쌀한 녹색 채소 샐러드

디저트: 멕시코식 웨딩 케이크 또는 크로캉부슈

음료: 샴페인 펀치

야외에서 즐기는 식사

전채 요리: 사테, 텍사스 캐비아, 테이블 살사와 토르티야 칩, 멜론과 프로슈토 또는 레몬 로즈메리 닭고기 꼬치

주요리: 자메이카식 저크 치킨, 구운 바비큐 치킨, 돼지갈비 바비큐, 돼지 어깨살 훈제 구이, 카르네 아사다, 비네그레트를 곁들인 생선 케밥

채식 주요리: 그릴에 구운 피자, 로메스코 소스를 곁들인 서양 대파 그릴 구이 또는 올리브 및 바질을 곁들인 회향과 토마토 그릴 구이

곁들임 음식: 엘로테, 삶은 옥수수, 버섯 그릴 구이, 대용량 마카로니 앤드 치즈 또는 대용량 크리미 마카로니 샐러드

샐러드: 코코넛 오이 샐러드, 정통 콜슬로, 디의 옥수수와 토마토 샐러드

디저트: 꿀과 라임을 넣은 구운 과일 케밥, 염소 치즈를 곁들인 복숭아 그릴 구이, 바닐라 아이스크림을 곁들인 설탕에 재운 과일, 바나나 푸딩, 초콜릿 시트 케이크 또는 미시시피 머드 케이크

음료: 플랜터스 펀치, 레모네이드 또는 라임에이드, 아이스티, 달콤한 남부식 아이스티

피크닉

전채 요리: 후무스, 로즈메리와 마늘을 넣은 흰콩 딥, 크래커를 곁들인 트레바의 피미엔토 치즈, 데빌드 에그

주요리: 프라이팬에 조리한 프라이드 치킨, 팡 바냐 또는 머플레타

샐러드: 크림처럼 부드러운 감자 샐러드, 매콤한 수박 샐러드, 판차넬라

디저트: 브라우니 코케뉴, 초콜릿 칩 쿠키, 부드럽고 쫀득한 초콜릿 귀리 바

음료: 콜드 브루 차, 아구아 프레스카 또는 알싸한 진저에일

타코 저녁 파티

전채 요리: 과카몰레, 테이블 살사와 토르티야 칩 또는 케소 푼디도

주요리: 타코와 부리토의 속재료 항목을 참고해 타코 항목의 설명에 따라 준비

곁들임 요리: 으깬 콩 페이스트, 멕시코식 삶은 콩, 할라페뇨 피클, 히카마 샐러드, 구운 선인장 줄기 샐러드 또는 코코넛 오이 샐러드

디저트: 소파피야 또는 연유로 만든 플랑

음료: 마가리타, 팔로마, 미첼라다 또는 파파야 망고 바티도

피자 파티

전채 요리: 바냐 카우다, 그리스식으로 조리한 채소, 토나토 소스를 곁들인 생채소 전채, 안티파스토 플래터 또는 멜론과 프로슈토

주요리: 피자에 대해 항목 참고

샐러드: 시저 샐러드 또는 베커 하우스 샐러드 II

디저트: 리코타 치즈를 곁들인 구운 무화과, 아포가토 또는 피오르 디 라테 젤라토를 곁들인 아니스 아몬드 비스코티

음료: 네그로니

아이들을 위한 파티

과일 샐러드

간단한 치즈 크래커

치킨 핑거와 허니 머스터드 디핑 소스 또는 담요를 두른 돼지

티 샌드위치, 땅콩버터와 젤리를 바른 후 쿠키 틀을 사용해 갖가지 모양으로 자른 것

케사디야

컵케이크(컵케이크 조합표 참고) 또는 바닐라 아이스크림을 곁들인 컨페티 케이크

셜리 템플 또는 수박 펀치

아침 또는 브런치 메뉴

레몬 포피시드 머핀 또는 허브와 구운 마늘 머핀

대용량 아티초크 프리타타

메건의 씨앗 가득 올리브유 그래놀라와 요구르트

자몽 직화 오븐 구이

프렌치 75

————

감귤류 샐러드

부드러운 녹색 채소 볶음을 얹은 소카, 달걀 프라이, 페타 치즈나 잘게 부순 연성 염소 치즈

핌스 컵

————

아스파라거스 스트라타

피칸과 체더 '소시지' 패티

메건의 케일 샐러드

블러디 메리

————

리에주식 와플
구운 과일
잘 저은 크렘 프레슈
베이컨 구이
미모사

격식 있는 만찬 메뉴

올리브유 플랫브레드 크래커와 요구르트 딜 소스를 곁들인 그라블락스
구운 콜리플라워 수프
소고기 프라이팬 구이와 호스래디시 소스 I
엔다이브와 호두 샐러드
구운 과일을 곁들인 바닐라 포 드 크렘

———

사워크림과 캐비아 또는 연어알을 곁들인 메밀 블리니
치킨 키이우
바삭하게 구운 납작 감자
호스래디시를 넣은 비트, 회향, 감귤류 샐러드
필로 나폴레옹과 모카 페이스트리 크림

———

생채소 전채와 아이올리
참가리비 관자 지짐을 얹은 생옥수수 리소토
베커 하우스 샐러드 I
프로방스식 토마토 요리
바닐라 수플레와 신선한 베리 쿨리

———

꿀과 호두를 곁들인 할루미 치즈 튀김
페센준
병아리콩과 구운 콜리플라워 샐러드
페르시아 라이스
암브로시아 II 또는 시럽에 절인 오렌지와 휩드 크림

———

서머 롤
베트남식 돼지고기 그릴 구이
바삭하게 튀긴 샬롯을 얹은 베커 하우스 샐러드 II
브로콜리 찜과 느억짬
코코넛 타피오카 푸딩

가족과 친구들을 위한 저녁 식사

채소와 함께 구운 닭고기
사프란 기장
레이철의 케일과 렌틸콩 샐러드
올리브유 케이크

———

저그를 곁들인 천천히 구운 생선
녹색 올리브와 레몬을 곁들인 콜리플라워 구이
메건의 케일 샐러드

블루베리와 복숭아 버클

———

파스타와 흰콩 수프
시칠리아식 오렌지, 회향, 양파 샐러드
바삭한 빵
과일 갈레트 또는 크로스타타

———

가이아나식 고추 수프
코코넛 라이스
플랜틴 구이 또는 플랜틴 튀김
롬바우어 잼 케이크 또는 신선한 생강 케이크

———

매콤한 쓰촨식 훠궈
탠저린 또는 만다린 오렌지

손님이 참여할 수 있는 메뉴

너무 많이 언급하는 것 같지만 그래도 한 번 더 강조해두자. 가장 손쉽고 효과적으로 모든 참석자가 식사 준비에 참여한다는 기분을 느끼게 하는 방법은 포틀럭 파티를 열어 손님 몇 명에게 곁들임 음식, 디저트, 샐러드, 전채 요리 또는 음료를 부탁하는 것이다. 포틀럭 파티는 메뉴를 직접 짤 필요가 없고 손님들이 똑같은 품목을 가져오지 않게 조정하면 되므로 큰 부담 없이 계획할 수 있다. 야외에서 파티를 열 때 고려할 수 있는 또 하나의 방법은 손님들에게 그릴에서 구워 먹을 수 있는 재료를 준비해오게 하여 다 같이 구워 먹는 것이다. 물론 손님들이 주요리로 먹을 수 있는 단백질 재료를 가져온다면 누구나 좋아하는 곁들임 음식과 샐러드를 준비하면 좋다.

피자는 손님들이 조리 과정에 직접 참여할 수 있는 가장 대표적인 음식 중 하나다. 피자 반죽을 만들고 다양한 토핑을 갈거나 얇게 썰거나 미리 조리해서 준비한다. 그릴에 구운 피자 I이라면 크러스트를 미리 구워놓았다가 토핑을 올린 다음 구워서 마무리할 수 있다. 마르게리타 피자를 비롯해 돌판에 구워내는 피자는 주최자가 반죽을 밀대로 밀고 손님들이 그 위에 토핑을 얹는 형태로 만든다.

타코 바도 다 같이 즐겁게 식사를 준비하는 방법의 하나다. 손님들은 자기가 가장 좋아하는 타코 토핑을 가져오고, 주최자는 토르티야와 고수, 사워크림, 핫소스 등의 기본 재료를 준비한다. 또는 비슷한 원리를 반미에 적용해 손님이 가져오는 다양한 재료로 더욱 풍성하게 속을 채울 수도 있다. 누군가는 채식 샌드위치 속재료를 가져오고, 어떤 사람은 파테나 콜드 컷을 가져오며, 당근과 무 피클을 가져오는 손님이 있는가 하면, 누군가는 빵을 가져오는 식이다. 주최자는 베트남식 캐러멜 소스로 양념한 풀드 포크 조림 등의 푸짐한 속재료를 준비한다. 속재료와 토핑을 뷔페식으로 배치해 모든 사람이 취향에 따라 샌드위치를 만들어 먹을 수 있도록 한다.

또 다른 방법은 재료만 미리 준비해두고 함께 조리해서 먹는 메뉴를 선택하는 것이다. 이때는 대부분 요리용 철판, 전기 프라이팬 또는 퐁뒤 냄비가 필요하다.(그리고 모든 사람이 쉽게 손을 뻗을 수 있는 곳에 놓아야 한다.) 이런 식으로 즐길 수 있는 요리로는 치즈 퐁뒤, 바냐 카우다 등의 전채 요리와 매콤한 쓰촨식 훠궈, 스키야키 등의 주요리, 초콜릿 퐁뒤 등의 디저트가 있다.

채식 레시피

아래의 권장 메뉴는 이 책에 실린 채식 레시피의 극히 일부에 지나지 않는다.
식물성 재료로 대체하거나 동물성 재료를 생략해서 간단히 채식으로 응용할
수 있는 레시피도 수백 개에 달한다. 「채소」 장의 레시피는 너무 많아서 일부러
여기에 소개하지 않았다. 아래 목록의 레시피 중 일부는 비건 요리이기도 하다.

전채 요리

로즈메리와 마늘을 넣은 흰콩 딥
새콤한 검은콩 딥
돌마(채식 버전은 레시피의 설명을 참고)
무하마라
꿀과 호두를 곁들인 할루미 치즈 튀김
파타타스 또는 파파스 브라바스

육수와 수프

파르메산 국물
파파 알 포모도로
매콤한 병아리콩 수프
가스파초
외눈박이 부야베스(베이컨은 생략)
김치찌개(채식 버전은 레시피의 설명을 참고)
헝가리식 버섯 수프

주요리

짭짤한 양배추 슈트루델
구운 버섯 라자냐
뿌리채소 조림
채소 티앙
파르메산 치즈와 선드라이드 토마토를 넣은 기장 부침개를 녹색 채소 샐러
　　드 위에 얹은 것
구운 채소 라자냐
탈리아텔레 녹색 채소 볶음
토마토와 염소 치즈 키시
채소 타진
서양 대파 타르트
버섯을 넣은 보리 '리소토'(닭 육수 대신 채소 육수 사용)
세 자매 타말레(마사 반죽에 라드 대신 쇼트닝 사용)
녹색 채소, 병아리콩, 할루미 치즈를 넣어서 조리한 프리카
파스타 프리마베라
파스타 알라 노르마
바할리 가토
브로콜리 케이크
속을 채운 양배추 롤 Ⅱ
탄두리 콜리플라워
가지 파르미지아나
속을 채운 가지 롤

팔락 파니르
글래모건 소시지
버섯 라구
속을 채워서 구운 피망
칠리 레예노
속을 채워서 구운 애호박
치즈와 허브를 채워 넣은 호박꽃 튀김
채식 디너 로프
피칸과 체더 '소시지' 패티
반미(양념 두부 구이로 만든 것)
템페 루벤(레시피 설명 참고)
토르타(레시피 설명의 응용법 참고)
구운 버섯 버거
사비치
토스타다
채식 속재료로 만든 모든 종류의 타코 또는 부리토

샐러드

타코 샐러드(템페를 잘게 부숴 사용)
아스파라거스 참깨 샐러드
아보카도와 감귤류 샐러드
얇게 깎은 당근 샐러드
루콜라와 야자순 샐러드
병아리콩과 구운 콜리플라워 샐러드
레이철의 케일과 렌틸콩 샐러드
페스토와 애호박을 넣은 밀 샐러드
브로콜리와 페타 치즈를 넣은 퀴노아 샐러드

기타

차가운 샌드위치 조합 또는 따뜻한 샌드위치 조합에 소개된 모든 채식 샌드위
치 응용 레시피

비건 레시피

아래의 목록은 이 책에 실린 비건 레시피를 모두 망라한 것은 아니다. 더 많은
비건 레시피는 「채소」 장을 참고할 수 있으며 위의 채식 레시피 목록에 소개된
것들 중 일부는 비건 레시피이기도 하다.

전채 요리

타히니 드레싱을 곁들인 생채소 전채
태국식 향신료 땅콩
케일 칩
스페인식 올리브 절임
과카몰레
올리브유 플랫브레드 크래커
텍사스 캐비아
바바 가누시

육수와 수프

주요리

샐러드

기타

디저트

한꺼번에 만들어서 일주일 내내 먹을 수 있는 메뉴

아래에 소개하는 레시피를 활용해 일주일간의 식사를 준비한다. 식사 계획 및 주방 효율성 향상 요령은 「요리의 효율성 향상」을 참고한다.

아침

선라이즈 머핀
저온 조리 수란
달걀 오븐 구이
프리타타
기본 스트라타
메건의 씨앗 가득 올리브유 그래놀라
네 가지 곡물로 만든 두툼한 팬케이크

수프

가르부르
사우어크라우트 수프
검은콩 수프
아소파오 데 포요
소파 데 리마
치킨 검보
포토푀
고기를 넣은 보르시

육류와 생선 요리

소고기 조림, 스튜, 바비큐에 대해 항목에 소개된 모든 요리
돼지고기 조림, 스튜, 바비큐에 대해 항목에 소개된 모든 요리
모든 칠리 레시피
향신료를 넣은 타코용 다진 고기
피카디요
미트로프
삶은 닭, 닭고기 스튜 및 조림에 대해 항목에 소개된 모든 요리
로스트 치킨
토막 내서 조리한 로스트 치킨
이탈리아식 미트볼
볼로네제 소스
천천히 구운 생선
데친 생선
버터 또는 올리브유를 발라 구운 생선

구움 요리

모든 종류의 엔칠라다
마니코티 또는 셸 오븐 구이
모든 종류의 라자냐
모든 종류의 키시
모든 종류의 스트라타

소스

토마토 소스
아마트리치아나 소스
푸타네스카 소스
고기 듬뿍 토마토 소스

모든 종류의 비네그레트 또는 샐러드 드레싱
모든 종류의 가향 버터
옥수수와 토마토 렐리시
토마토 올리브 렐리시
젠의 바질향 기름
로메스코 소스
땅콩 디핑 소스

빵

모든 종류의 이스트 발효 빵
모든 종류의 즉석 발효 빵
옥수수 빵, 옥수수 머핀 또는 옥수수 스틱
모든 종류의 머핀
간단한 크림 비스킷 또는 쇼트케이크

샐러드

구운 표고버섯을 얹은 참깨 샐러드
매콤한 중국식 슬로
라브
태국식 소고기 샐러드
중국식 닭고기 샐러드
타코 샐러드
닭고기 또는 칠면조고기 샐러드
아스파라거스 참깨 샐러드
호스래디시를 넣은 비트, 회향, 감귤류 샐러드
당근 라페
디의 옥수수와 토마토 샐러드
오이 샐러드 I
히카마 샐러드
기본 콩 샐러드
얇게 깎은 회향과 흰콩 샐러드
풋콩과 당근 샐러드
닭고기와 올리브를 넣은 쌀 샐러드
대추야자와 오렌지를 넣은 현미 샐러드
브로콜리와 페타 치즈를 넣은 퀴노아 샐러드
기본 파스타 샐러드

빨리 완성할 수 있는 레시피

시간이 부족해 최대한 빨리 음식을 식탁 위에 올리려면 아래의 레시피를 활용한다. 추가적인 간단 조리 아이디어는 「요리의 효율성 향상」을 참고한다.

아침

샤크슈카
아침 식사용 칠라킬레스
텍스멕스 미가스
프리타타

새우 스캠피
새우나 관자 그릴 또는 직화 오븐 구이
태국식 새우 커리

수프

에그 드롭 수프
스트라차텔라
미소 된장국
매콤한 병아리콩 수프
헝가리식 버섯 수프
검은콩 수프(레시피 설명 참고)
소파 데 아호
파파 알 포모도로
똠카가이
연어 차우더
호박 또는 땅콩호박 수프
토마토 수프
브로콜리 체더 수프
버섯과 파 수프
당근 생강 수프
차가운 아보카도 수프

채소

기본 채소 볶음
뿌리채소 조림
채소 타진
아스파라거스 볶음
오렌지와 헤이즐넛을 넣은 아스파라거스 볶음
바할리 가토
풀 메다메스
브로콜리 케이크
청경채 버섯 볶음
사우어크라우트 프리터
오코노미야키
크림을 넣어 으깬 콜리플라워
알루 고비
유티카 녹색 채소 구이
잣과 건포도를 넣은 시금치 볶음
버섯 라구
완두콩과 리코타 토스트
호박 커리

구움 요리와 디저트

간단한 크림 비스킷 또는 쇼트케이크
간단한 드롭 비스킷
모든 종류의 즉석 발효 빵

즉석 발효 커피 케이크
간단한 프랑스 빵
그릇 하나로 만드는 간단한 케이크
간단한 초콜릿 퍼지
간단한 땅콩버터와 젤리 엄지 쿠키
아몬드 마카룬 I
모든 종류의 옥수수 전분 푸딩

우리가 추천하는 레시피

전채 요리

태국식 향신료 땅콩
올리브유 플랫브레드 크래커
브라운 버터 헤이즐넛 크래커
무하마라
프로마주 포르
꿀과 호두를 곁들인 할루미 치즈 튀김
태국식 치킨 윙
오향 돼지갈비 구이
케프테데스
새우 피클
완탕 튀김
간단한 치즈 크래커

음료

콜드 브루 커피
콜드 브루 차
태국식 아이스티
참푸라도
카이
케일 생강 레모네이드
베트남식 아보카도 셰이크
아구아 프레스카
스위첼

칵테일

찬찬
네그로니
호스래디시를 우려낸 보드카
핫 토디
정글 버드
스패니시 커피
팔로마
피시 하우스 펀치
채텀 아틸러리 펀치
베커 디럭스 에그노그

시금치 파코라
참피뇨네스 알 아히요
한국식 파전
꽈리고추 또는 파드론 고추 구이
바삭하게 구운 납작 감자

빵

파쇄 밀을 넣은 통밀 빵
버터밀크 감자 빵
치아바타
푸가스
당밀 빵
레프세
잉글리시 머핀
바나나 빵 코케뉴
레몬 브라운 버터 빵
메건의 남부식 옥수수 빵
메건의 체더 파 비스킷

디저트

미모사 파운드 케이크
코코넛 밀크 케이크 코케뉴
초콜릿 코코넛 아이스박스 케이크
무화과와 브라운 버터 향신료 케이크
롬바우어 잼 케이크
세인트루이스식 끈적끈적한 버터 케이크
프랑스식 요구르트 케이크
올리브유 케이크
오렌지 럼 케이크
신선한 생강 케이크
피낭시에
렙쿠헨
프라이팬에 구워서 만드는 초콜릿 칩 쿠키
페페르뉘세
레몬 풍미의 버터 웨이퍼
아몬드 마카룬 Ⅰ
통밀 크래커
바치 디 다마
파싯
바닐라 수플레
살구 수플레
요구르트와 꿀 판나 코타
당밀 아이스크림
맥아 우유 초콜릿 아이스크림
버터밀크 아이스크림
딸기 루바브 파이

과일 슬랩 파이
메건의 프랑지판 과일 타르트
꿀, 수수 시럽 또는 메이플 시럽 파이
블루베리와 복숭아 버클
딸기 송커
사과 덤플링

잼과 프리저브

딸기 로제 잼
황금색 방울토마토와 생강 잼
블루베리 버터
젤리 형태의 댐슨 자두 소스
향신료로 풍미를 낸 루바브 컨서브
메건의 블러드 오렌지 마멀레이드
미니 오이 피클
차우차우
오크라 피클
마늘 피클
수박 껍질 피클
간단한 쓰촨식 오이 피클
간단한 양파 피클
할라페뇨 피클
호두 캐첩
페페론치니 소톨리오
절반 발효 피클
루이지애나식 발효 핫소스
체리 슬럼프
노치노

요리의 효율성 향상

1931년에 처음 『조이 오브 쿠킹』을 집필하고 출간했을 때, 이르마 할머니는 뛰어난 요리 기술로 명성을 떨치던 사람이 아니었다. 당시 이르마는 살림의 여왕보다는 사교계의 명사에 가까웠다. 주방에 틀어박혀서 요리하기보다는 파티의 주인공 역할을 자처했다. 그러나 1929년에 주식 시장이 폭락하고 1930년에 남편이 세상을 떠나자 가계가 기울면서 갑자기 생계를 걱정해야 할 상황이 되었다. 따라서 이르마가 요리책 저자를 직업으로 선택하자 의아한 눈길을 보내는 사람은 한두 명이 아니었다.

하지만 이르마에게는 경쟁자들이 가지지 못한 장점이 있었으니, 바로 독자들과 같은 관점이었다. 당시 인기를 끌던 요리책은 대부분 가정학 전문가(그 시대에 여성에게 권장되었던 극소수의 직업 중 하나였다.) 또는 실제로 살림에 도가 튼 여성들이 쓴 것이었다. 이르마는 달랐다. 요리에 엄청난 열정을 가진 편도 아니었기 때문에, 상황에 따라 어쩔 수 없이 매일 요리를 하지만 딱히 요리에는 취미가 없는 수백만 여성의 마음을 헤아릴 수 있었다. 이르마는 독자들과 눈높이를 맞췄다. 절대 거만하게 가르치려는 태도를 보이지 않았다. 시간, 돈, 소질 부족 등과 같이 수많은 여성이 맞닥뜨리는 제약이 이르마 본인의 한계이기도 했다.

이러한 제약 사항에 대한 이르마의 우려는 「브런치, 점심, 가벼운 저녁 요리」라는 장에서 가장 잘 드러난다. 이 책의 초기 개정판에 수록되었던 이 장에서는 재빨리 간단하게 차릴 수 있는 요리와 먹다 남은 음식 활용법을 다루었다. 이르마와 이 책의 오랜 애독자들에게는 미안한 일이지만, 우리는 지속 가능한 가정 요리란 실제로 어떤 형태인지에 대한 논의가 오늘날의 독자들에게 더욱 유익할 거라 생각했다. 여기서는 주방에서 보내는 시간을 최대한으로 활용할 수 있는 몇 가지 전략과 습관을 소개하고, 요리에 큰 취미가 없는 독자라면 주방에 머물러 있는 시간을 최소한으로 줄일 수 있도록 돕고자 한다.

이 장의 제목은 1939년에 출간된 상대적으로 덜 알려진 이르마의 작은 요리책 『요리의 효율성 향상(Streamlined Cooking)』에서 따왔다. 이 책의 내용은 몇몇 음식 평론가들이 유행시킨 '유사 수제 요리'의 초기 버전에 해당한다. 이 책에서 이르마는 통조림, 냉동 채소를 비롯해 여러 편리한 식재료를 활용하는 데 초점을 맞췄지만, 책의 제목과 개념만큼은 우리가 이번 장에서 소개하려는 내용과 맥락을 같이한다. 냉동식품과 통조림을 감쪽같이 섞어서 손쉽게 요리를 만드는 방법이 이르마의 책에서 다룬 핵심 '요령'이었다면, 이번 장에서는 요리에 드는 노력을 최소한으로 줄이고 구매한 모든 재료를 활용하는 방법에 초점을 맞춘다. 이렇게 새로운 맥락에서 '효율성 향상'은 30분 완성 레시피, 슬

로 쿠킹, 압력 조리, 식사 준비, 먹다 남은 음식을 다른 용도로 활용하기, 음식물 쓰레기 발생 방지하기, 그리고 궁극적으로는 시간과 비용 절약하기를 모두 아우르는 개념이다.

두 가지 접근 방식

이르마는 1951년 개정판에서 이렇게 적었다. "창의력이 넘치는 요리사라면 주머니 사정이 넉넉하고 무제한으로 재료와 도구를 사용할 수 있을 때 훌륭한 식사를 만들 수 있지만, 지극히 한정된 재료와 도구만으로 맛있는 요리를 만들어낼 때야말로 그 요리사의 진가가 발휘된다." 이 문장에는 가정 요리에 접근하는 두 가지 일반적인 방식이 소개되어 있다. 첫 번째는 레시피에 필요한 모든 준비물을 갖추고 요리를 하는 데 필요한 시간을 충분히 확보한 이상적인 상황에서 요리하는 것이며, 대다수가 이 첫 번째 방식에서 출발한다. 레시피를 선택하고 필요한 재료를 구매한 다음 레시피에 쓰여 있는 그대로 따라서 조리하며, 이 과정을 여러 번 반복하면서 거의 처음부터 끝까지 레시피를 충실히 복기한다.

이러한 방식은 요리 기술을 배우는 데 가장 효과적이며 별다른 창의력이 필요하지 않지만, 매일매일 이렇게 정식으로 요리를 하는 것은 상당한 부담이 아닐 수 없다. 심지어 '간단한'이라는 제목이 붙어 있는 레시피조차 쉽게 구하기 어려운 특정 재료나 익숙지 않은 조리 방법을 사용하기도 한다. 재료를 사려면 시간이 필요하고, 레시피의 다양한 재료를 전부 갖추려다 보면 도저히 감당하기 어려운 상황이 된다. 물론 우리가 다소 과장되게 설명하고 있기는 하지만, 레시피대로 요리할 때 느끼는 기분과 그로 인해 쌓이는 피로감에 공감하는 독자들이 아마도 적지 않을 것이다.

두 번째 방식, 즉 "지극히 한정된 재료와 도구만으로" 요리를 만들어내는 것은 구두쇠 또는 정말 형편이 어려운 상황에서나 시도할 만한 방법처럼 들리기도 한다. 그러나 사실 이르마가 언급한 '요리사의 진가'란 여러 번 먹을 수 있는 요리를 한꺼번에 만들거나, 식료품 찬장에 있는 재료를 창의적으로 활용하거나, 이미 요리해놓은 음식을 다른 용도로 활용하는 등, 최소한의 노력으로 최대한의 결과를 만들어낼 수 있는 경험 많은 요리사의 능력을 의미한다. 특히 요리를 다른 용도로 활용하다 보면 깜짝 놀랄 정도로 복잡한 요리가 탄생하거나 예상치 못했던 근사한 결과로 이어지기도 한다.

바꿔 말하면, 두 번째 접근 방식은 특정 레시피를 따라서 요리하는 방법을 지칭하는 것이 아니라 효율적으로 요리하는 습관이 체화된 것을 지칭한다. 이

런 방식으로 요리하는 사람들은 시간을 현명하게 할당하고 남은 음식을 창의력 있게 활용하며, 채소 칸에 있는 오래된 식재료를 상하기 전에 사용하고 노력의 결과물이 낭비되지 않게 하는 법을 알고 있다. 물론 가끔 새로운 요리를 시도하기도 하지만, 주객이 전도되지 않도록 자신의 생활 방식과 사용 가능한 재료에 맞춰 대부분의 일상 요리를 만드는 사람들이다.

시간 할당하기

물론 저녁을 준비할 때 마음대로 시간을 무한정 쓸 수 있는 사람도 있겠지만 대부분은 그렇지 않을 것이다. 안타깝게도 직장 일, 아이를 수영 교실에 데려다주는 일, 약속 시간에 맞춰 나가는 일 등과 같이 더욱 시급한 일 사이에 저녁 준비 시간을 억지로 끼워 넣어야 하는 경우가 비일비재하다. 이렇게 시간이 부족할 때 모든 요리를 처음부터 만드는 것은 지극히 비현실적이다. 매일같이 오후 5시에 저녁 메뉴를 결정하고, 쇼핑 목록을 만들고, 장을 보고, 집으로 돌아와서 요리해야 한다면 여러분은 아마도 요리를 그다지 좋아하지 않게 될 것이다. 끼니를 차려내는 것이 삶에서 일종의 스트레스로 작용하며 결국에는 진저리를 치기 마련이다.

하지만 꼭 그럴 필요는 없다! 그때그때 즉흥적으로 끼니를 결정하는 것이 언뜻 쉬워 보일지 몰라도 효율성 측면에서 보면 가장 비효율적인 방법에 가깝다. 물론 **식단 짜기**라는 말만 들어도 따분하고 귀찮은 생각이 든다는 점은 인정하지만, 식사를 준비할 시간이 절대적으로 부족하다면 계획을 세워서 요리하는 것이 매우 중요하다. 상대적으로 한가한 주말 오후나 한두 시간 정도 여유 있는 날에 달력과 종이 한 장을 앞에 두고 앉는다. 종이에다 집에 있는 재료의 목록을 적되, 남은 보관 기간이 가장 짧은 재료부터 적는다. 또한 식료품 찬장과 냉동실에 있는 재료도 고려한다. 그다음에는 저녁에 시간이 빠듯한 날과 상대적으로 여유가 있는 날을 적는다. 바쁜 날에 복잡하거나 시간이 오래 걸리는 요리로 저녁을 준비하고 싶지는 않을 것이다. 반대로 여유가 있는 날 시간을 약간 투자해 요리해두면 남은 음식은 시간이 없는 날 활용할 수 있다.

집에 있는 재료의 목록을 가장 우선순위로 삼아서 일주일의 대략적인 식단을 짠다. 우선 쉬운 것부터 채워나간다. 예를 들어 금요일 밤에는 항상 밖에서 사온 음식을 먹는다고 가정하자. 그렇다면 금요일 저녁은 결정된 것이다. 수요일마다 항상 수프와 샌드위치를 먹는 습관이 있다면 수요일 메뉴도 정해진 셈이다. 냉장고에 빨리 먹어야 하는 샐러드용 녹색 채소가 있다면 샐러드를 월요일 저녁 메뉴 중 하나로 넣거나 샐러드에 단백질 재료와 토핑을 얹어서 든든한 한 끼 식사로 만든다. 가족들을 위한 일주일 저녁 식단도 상황에 따라 간단하게 또는 복잡하게 구성할 수 있다. 일단 종이에 무언가를 쓰기 시작하면 일주일간 먹을 식사를 만들어야 한다는 부담감을 조금이나마 덜 수 있다.

식단을 짤 때는 가족의 도움을 받는다. 아이들이 있다면 그 주의 저녁에 무엇이 먹고 싶은지(그리고 아빠나 엄마를 어떻게 도와줄 것인지) 의견을 구한다. 식단을 짤 때 모든 가족을 참여시키면 훨씬 빨리 식단을 완성할 수 있을뿐더러 모든 가족이 다소나마 저녁 준비를 도운 것 같은 기분을 느낄 것이다.

기본 계획이 섰다면 그 주에 먹을 음식을 위해 어떤 재료를 사야 하는지 생각한다. 이왕이면 한 번에 모든 재료를 살 수 있도록 계획한다.(물론 생선이나 가금류처럼 쉽게 상하는 재료는 예외다.) 온종일 직장에서 바쁘게 일을 했다면 퇴근 후 장을 보러 가야 한다는 생각만 해도 피곤하기 마련이다. 가능하면 이런 상황을 피하자. 주방에 들어갈 의욕이 사라지지 않도록 유지하기만 해도 요리가 절반쯤 완성된 것이나 다름없다.

일주일에 하루쯤은 나머지 요일에 먹을 음식을 준비하는 데 할애할 수 있는 날이 있을지도 모른다. 바로 이런 날 **밀프렙**(meal prep, 정해진 기간의 식사를 한꺼번에 준비하는 것 – 옮긴이)을 실천하면 좋다. 시간이 있다면 한꺼번에 음식을 잔뜩 만들어두고 일주일 내내 먹는 것이 합리적이다. 밀프렙은 시간을 현명하게 활용할 수 있을 뿐만 아니라 더욱 건강한 식사가 가능하고 식사 비용도 절약할 수 있어서 많은 인기를 얻고 있다. 냉장고에 음식이 차곡차곡 쌓여 있다면 배달 음식이나 간편식(두 가지 모두 집에서 만든 음식에 비하면 건강에도 나쁘고 값도 비싸다.)에 덜 의존하기 마련이다.

우리 집에서는 밀프렙을 할 때 오랫동안 보관할 수 있는 음식을 선택한다. 특히 '한꺼번에 요리해서 일주일 내내 먹는' 방식을 선호한다. 주말에 돼지고기 어깨살 구이나 냄비 가득 끓이는 콩 요리처럼 시간이 많이 소요되는 요리 한두 개를 만들어놓고 한 번 먹은 다음, 남은 음식을 일주일 내내 수프, 샌드위치 또는 부리토, 캐서롤, 파스타 요리로 활용한다. 더 자세한 내용은 한꺼번에 만들어서 일주일 내내 먹을 수 있는 메뉴 항목을 참고한다. 또는 대량의 곡물 요리와 완숙 달걀 5~6개, 조림이나 스튜, 구운 채소 몇 판, 그리고 커다란 병에 담은 수제 샐러드 드레싱을 준비하기도 한다.(여력이 있으면 아침용 부리토 10개 남짓을 만들고 머핀 한 판을 구워서 냉동실에 넣어두었다가 바쁜 아침에 꺼내 먹는다.) 일주일 동안 주말에 만들어둔 음식을 활용한 요리와 처음부터 끝까지 만드는 데 30분 미만이 소요되는 레시피(「손님 대접과 메뉴」 장의 빨리 완성할 수 있는 레시피 목록을 참고)뿐만 아니라 슬로 쿠커로 만든 요리, 그리고 여름에는 그릴에 구운 요리를 적당히 섞어서 메뉴를 짠다.

가족들이 좋아하는 단골 메뉴는 간단하고 쉽게 만들 수 있는 레시피로 구성하되, 몇 주마다 새로운 음식을 시도해보자. 아이들을 주방으로 불러 양상추 뜯기, 부드러운 과일 자르기, 삶은 달걀 껍데기 벗기기 등과 같이 각자의 나이에 맞는 일을 할당하면 함께 요리할 좋은 기회가 된다. 가능하면 뒷정리와 청소도 가족들이 분담해서 함께하는 것이 좋다. 각자 다 먹은 접시를 주방으로 가져가서 직접 씻거나 식기 세척기에 넣도록 해도 좋고, 가족들이 돌아가면서 뒷정리와 설거지 당번을 맡아도 좋다. 요리는 시간이 많이 소요되며 좀처럼 보람을 느끼기 어려운 일이므로 우리 집에서는 요리한 사람에게 저녁 식사 후에 쉴 수 있는 시간을 제공해 최대한 그 노력을 존중하려고 한다.

식사 계획과 밀프렙은 쓸데없는 잡일처럼 느껴질지 모르지만 실제로 해보면 시간을 크게 절약할 수 있으며, 요리 때문에 끊임없이 스트레스를 받는 상황을 방지해준다. 약간의 계획과 준비 작업에 들이는 노력을 통해 정기적으로 요리를 하고, 먹고 싶은 음식을 먹으며, 모든 음식에 들어가는 재료를 파악하고, 식비를 절약하며, 요리 기술을 배우는 등의 이점도 얻을 수 있다.

미장플라스

프랑스어로 미장플라스(Mise en Place)는 한마디로 "제자리에 놓는다."라는 뜻이다. 목공예 장인이나 예술가가 작품을 만들기 전에 도구를 가지런히 늘어놓듯이, 요리사도 음식을 만들기 전에 필요한 재료를 모두 펼쳐놓으면 훨씬 쉽게 요리할 수 있다.(이 개념에 대한 자세한 내용은 요리를 준비하는 방법 항목을 참고한다.)

초보 가정 요리사에게는 특히 이 미장플라스가 좋은 전략이다. 요리에 필요한 재료를 모으고 손질하려면 레시피를 처음부터 끝까지 꼼꼼하게 읽을 수밖에 없다. 이렇게 하면 모든 재료가 준비되어 있어서 재료나 조리 도구를 찾으려고 허둥댈 필요 없이 요리 과정 그 자체가 순조롭게 흘러간다. 따라서 실제 조리 과정을 관찰하면서 다양한 재료가 열에 어떻게 반응하는지 파악할 수 있는 여유도 생긴다. 양파를 뜨거운 기름에 볶으면 반투명 상태가 되었다가 갈색으로 변하기 시작한다. 뭉근히 끓어오르다가 보글보글 끓은 다음 팔팔 끓을 때까지의 과정 변화도 관찰할 수 있다. 요리 방법을 배우는 것은 사실 상당 부분 관찰하는 법을 배우는 것이다. 재료나 도구를 찾아서 부엌의 한쪽 끝에서 다른 쪽으로 계속 뛰어다녀야 한다면 요리 과정을 제대로 관찰하기 힘들다.

하지만 미장플라스에도 분명 단점은 있다. 미장플라스를 제대로 준비하려면 시간이 상당히 많이 걸리는데, 아직 실제 요리는 시작하지도 않았다. 레시피에 사용하는 재료가 많을수록 미장플라스에 필요한 시간은 늘어난다. 경험이 풍부한 요리사라면 '부분적인' 미장플라스 전략을 채택하는 것이 합리적이다. 이렇게 하려면 일단 요리를 시작하는 데 필요한 재료도 도구를 준비해두고, 레시피를 따라 요리를 진행하는 동시에 나머지 재료를 손질한다. 예를 들어 레시피의 첫 단계가 양파를 볶는 것이라면 일단 미장플라스로 양파만 썰어 둔다. 그다음 양파가 익어가는 틈을 타서 다음 단계에 필요한 재료를 준비한다. 이렇게 한 번에 여러 작업을 하면 비는 시간이 없으므로 훨씬 효율적으로 요리할 수 있다.

하지만 숙련된 요리사라 하더라도 미장플라스를 제대로 해야 하는 경우가 있다. 예를 들어 오븐에 구워내는 요리를 할 때 재료를 전부 계량해 바로 섞을 수 있게 해두면 조리 과정이 훨씬 원활해진다. 사탕을 만들 때는 다음 단계에서 사용할 재료를 혼합하기 위해 잠깐 자리를 비운 사이에 설탕 시럽이 너무 많이 졸아들지 않도록 미장플라스가 필수적이다. 재빨리 볶는 요리처럼 전체 조리 시간이 짧아서 재료가 익는 동안 다른 재료를 준비할 시간이 없는 조리법을 사용할 때도 미장플라스는 꼭 필요하다.

요리 경험이 어느 정도 쌓일수록 미장플라스가 언제 필요하고 언제 필요하지 않은지 저절로 파악하게 된다. 그러나 초보자라면 항상 미장플라스를 실천하도록 권장한다. 당황스럽고 정신없는 상황이 벌어지는 것을 방지해주는 요리사의 든든한 보험이기 때문이다.

신속하게 요리하기

요리할 때 시간을 절약하는 방법 중 하나는 간단한 레시피를 골라서 재빨리 조리하는 것이다. 아예 요리 범주 전체가 기본적으로 빠르게 조리되는 것들이 있다. 예를 들어 대부분의 **달걀 요리**는 금세 만들 수 있다. 우리는 달걀 요리를 아침 식사라고 생각하지만, 저녁에 달걀 요리를 먹으면 안 된다는 법이 어디 있겠는가. 마찬가지로 상당수의 **파스타 요리**는 빠르게 완성할 수 있으며 배도 아주 든든하다. **생선과 갑각류**는 일단 불에 올려놓으면 깜짝 놀랄 정도로 빨리 익고 닭 넓적다리 살과 스테이크 또는 망치로 두들겨서 **넓게 편 돼지고기 커틀릿**이나 닭 가슴살처럼 **얇고 뼈 없는 육류**도 아주 짧은 시간에 조리할 수 있다. 아스파라거스, 껍질콩, 완두콩, 녹색 채소, 버섯을 비롯한 여러 **채소도** 순식간에 익는다. 시간이 없어 서두를 때는 이러한 재료를 고려한다. 또한 이들 재료는 복잡한 조리 없이 익히기만 하거나 간단한 소스 또는 양념을 뿌려서 휙 버무리기만 해도 맛있다.(상대적으로 금세 만들 수 있는 간단한 소스는 테이블 소스, 디핑 소스, 양념에 대해 항목을 참고한다.)

이 책에 실려 있는 간단한 조리 레시피의 구체적인 목록은 빨리 완성할 수 있는 레시피 항목을 참고한다. 요리가 익숙해지고 재료 손질에도 속도가 붙으면 처음에는 그다지 간단해 보이지 않았던 레시피가 주중 저녁에 금세 뚝딱 완성되는 단골 메뉴로 자리 잡기도 한다. 또한 자신만의 시간 단축 방법이나 대체 재료를 발견해 복잡한 레시피를 주중 저녁에 간단하게 만들 수 있는 간단

한 요리로 재구성할 수도 있다.

신속하게 요리하기 위한 또 하나의 방법은 빨리 완성되는 조리 방법이나 기술을 선택하는 것이다. 빠르게 볶아내기가 가장 좋은 예로, 모든 재료를 자잘하게 썬 다음 아주 센 불에 휙 볶아내는 방법이다. 이렇게 하려면 더욱 꼼꼼한 사전 준비가 필요하지만 일단 재료만 준비되면 조리 자체에는 거의 시간이 들지 않는다. 신속하게 요리할 수 있는 그 외의 방법으로는 소테(sauté)라고 부르는 볶음의 일종이나 프라이팬에 튀기기, 전자레인지 조리법, 압력 조리법 등을 꼽을 수 있다.

가정용 레인지에 올려서 조리할 수 있는 전기 압력솥이 널리 보급되어 있으므로(가장 인기 있는 상표는 인스턴트 팟이다.) **압력 조리**도 여기서 특별히 언급해 둔다. 이 책에 실린 압력 조리 전용 레시피는 몇 가지에 불과하지만, 고기 스튜나 푹 삶은 조림을 비롯해 압력솥으로도 조리할 수 있는 레시피는 수십 개에 달한다. 압력 조리를 일반 레시피에 응용하는 방법에 대한 지침은 압력 조리법 항목을 참고한다. 일반적으로 스튜나 조림은 종류와 관계없이 압력 조리에 적합하다. 사실 압력솥은 앞서 설명한 식사 계획의 전략 중 하나를 실천하기에 아주 유용한 도구다. 즉 주말에 약간 시간을 내서 일반적으로 조리하는 데 시간이 오래 걸리는 재료를 준비해놓고 이 재료를 바탕으로 삼거나 첨가해 재빨리 평일 저녁을 차려내는 것이다. 예를 들어 마른 콩, 잘 익지 않는 곡물, 파스닙이나 아티초크처럼 단단한 채소, 수제 육수 등을 처음부터 조리하려면 시간이 오래 걸리지만, 압력솥을 사용해서 애벌 조리를 해두면 다양한 레시피에 활용해 조리 시간을 단축할 수 있다. 채소의 압력 조리 시간은 「채소」 장의 개별 채소 항목을 참고한다. 오래 익혀야 하는 곡물의 조리 시간은 곡물 조리 기준표를 참고하고, 이러한 곡물을 효과적으로 조리할 수 있는 다른 방법들은 압력솥 조리 리소토와 곡물 조리하기에 대해 항목을 참고한다.

'빠른' 조리 방법을 다루는 장에서 슬로 쿠킹과 수비드를 언급한다면 다소 모순처럼 보일 수도 있지만, 우리는 이러한 조리법이 효과적으로 저녁을 차려내는 데 매우 중요한 역할을 한다고 생각한다. 아침에 **슬로 쿠커**에 스튜나 조림 재료를 넣어두고(또는 더치오븐의 뚜껑을 덮어서 아주 낮은 온도로 맞춘 오븐에 넣어두고) 직장에서 일하는 동안 조리하면 집에 오자마자 바로 저녁을 먹을 수 있다. 특히 슬로 쿠커는 다른 일을 하는 동안에도 알아서 조리된다는 장점이 있다. 예를 들어 일요일에 슬로 쿠커에 돼지 어깨살을 넣어두고 빨래나 청소, 혹은 다른 볼일을 보는 것이다. 이렇게 하면 별다른 추가 조리 없이도 저녁 밥상을 차릴 수 있으며 남은 음식은 일주일 동안 다양하게 응용해서 먹거나 냉동했다가 나중에 사용한다. 양념을 넣어 푹 끓인 조림이나 스튜 레시피라면 대부분 슬로 쿠커에 맞게 응용할 수 있다. 일반 레시피를 슬로 쿠커에 맞게 변형하는 방법은 1118쪽을 참고한다.

수비드 조리를 하려면 침수 순환 방식의 수비드 조리기를 사용해야 하며, 이 수비드 조리기는 슬로 쿠커와 마찬가지로 '일단 켜두면 알아서 조리되는' 방식의 가전 기기다. 수비드 조리와 슬로 쿠킹의 가장 큰 차이점이라면 수비드는 식재료를 원하는 정도까지 정확히 익히고자 할 때 사용한다는 점을 꼽을 수 있다. 또한 수비드는 스튜나 조림 등의 요리보다는 닭 가슴살, 스테이크 또는 통채소나 큼직하게 썬 채소처럼 덩어리 재료를 조리할 때 사용된다. 수비드 조리법으로 뼈 없는 닭 가슴살을 조리해서 얇게 썬 다음 샐러드, 파스타 요리, 양상추 쌈, 샌드위치 등에 활용하면 일주일간 점심 메뉴는 걱정하지 않아도 된다. 당근과 아스파라거스 등의 채소도 마찬가지다. 권장 조리 온도는 저온 및 수비드 조리 항목을 참고한다.

손질된 재료를 사용해 조리하기

항상 재료 손질부터 시작해서 모든 음식을 만들 시간이 있으면 하는 소망은 누구나 가지고 있겠지만, 실제로는 조리 시간을 단축하기 위해 손질된 재료를 사서 사용하는 경우가 많다. 일반적으로 집에서 만든 음식이 시판 음식보다 맛이 좋다지만, 맛을 조금 포기하더라도 조리 과정이 비교할 수 없을 정도로 간단해진다면 손질된 시판 재료를 충분히 사용해볼 만하다.

물론 너무나 보편적으로 사용되기 때문에 손질된 재료라는 생각조차 들지 않는 식료품 찬장 단골 재료들도 있다. 모든 종류의 통조림 콩, 통조림 토마토, 통조림 참치와 연어(그리고 정어리!), 종이팩에 든 닭이나 채소 육수 등이 그 예다. 이러한 재료를 사용하면 다채로운 음식을 간단하게 준비할 수 있다. 이 책에 실린 모든 콩 수프 레시피에서 마른 콩을 통조림 콩으로 대체하면 조리 시간이 엄청나게 단축된다. 통토마토, 깍둑썰기한 토마토, 퓌레 등의 다양한 토마토 통조림은 토마토 소스 및 마리나라 소스와 같이 간단한 파스타 소스를 만들 때 없어서는 안 될 재료다.

통조림 참치를 스파게티 알리오 에 올리오, 브로콜리 찜 또는 부드러운 녹색 채소 볶음에 넣어 섞으면 순식간에 든든한 저녁 식사가 완성된다. 통조림 연어로 프라이팬에 지진 연어 케이크를 만들거나 훈제 또는 생연어 대신 연어와 아스파라거스를 넣은 페투치네에 넣어도 근사하다. 통조림 정어리로 시칠리아식 정어리 파스타를 만들면 맛이 기가 막힌다.

로티세리 치킨과 같은 가공 육류는 그냥 먹어도 좋지만, 닭고기 또는 칠면조고기 샐러드, 닭고기 또는 새우를 넣은 파스타 샐러드, 치킨 엔칠라다 등과 같이 익힌 닭고기를 사용하는 레시피라면 어디든 편리하게 활용할 수 있다. 잘게 썬 로티세리 치킨을 토마토 소스에 버무린 다음 삶아낸 커다란 파스타 셸에 채워 넣고 치즈를 얹어 굽는다. 닭 육수에 채소를 넣어 푹 익을 때까지 뭉근히 끓인 다음 음식을 내기 직전에 잘게 썬 로티세리 치킨을 넣고 저으면 베커 닭고기 수프의 간단한 버전이 완성된다. 또는 다양한 녹색 채소 샐러드 중 하나를 만든 다음 가볍게 드레싱으로 버무린 닭고기를 위에 얹으면 한 끼 식사로 훌륭하다.

신선한 과일과 채소를 사러 마트에 갈 시간이 도저히 나지 않을 때를 대비해 냉동실에는 냉동 채소와 과일을 넉넉히 보관해두자. 대부분의 냉동 과일과 채소는 상당히 품질이 좋으며(특히 제철이 아닌 채소 및 과일과 비교할 때) 볶음, 볶음밥, 수프, 파스타 요리, 캐서롤에 사용하면 당당히 제 몫을 해낸다. 냉동 채소 관련 자세한 정보는 채소 구입하기 항목을 참고한다. 냉동 과일은 냉동 채소만큼 활용도가 높지 않은 편이지만 스무디, 구움 요리, 파이, 코블러, 크리스프 등에 사용할 수 있어 냉동실에 넣어두면 유용하다.

소스와 수프 등의 편리한 가공식품을 살 때는 '밋밋한' 맛을 보완하기 위해 소금 또는 설탕(혹은 둘 다)이 다량 함유된 제품이 많다는 점을 기억하자. 한 가지 음식 자체를 두고 건강에 좋다 나쁘다를 논하기는 어려우며 가공식품도 적절히 활용하면 충분히 건강한 식단을 꾸릴 수 있지만, 최소한 설탕이나 소금을 적게 첨가하려고 노력한 가공식품을 찾아보는 것이 좋다. 산성 재료를 넣거나, 향신료나 향긋한 재료로 깊은 맛을 내거나, 필요하면 소금을 첨가해 가공식품의 맛을 조절할 수 있으며 실제로도 그렇게 하도록 권장한다. 시판 닭 육수를 구입할 때는 이를 첨가하는 요리의 염도가 너무 높아지지 않도록 저염 제품을 선택한다.

한꺼번에 만들어서 일주일 내내 먹기

'먹다 남은 음식'이라는 말을 들으면 차갑고 흐물흐물한 고기, 말라버린 밥, 축 늘어진 채소 등 부정적인 이미지를 떠올리는 사람들이 적지 않다. 사실 우리는 프랑스 사람들이 사용하는 레 레스테(les restes), 즉 '여분의 음식'이라는 용어를 선호하는데, 가치판단이 덜 개입될 뿐더러 식었다가 데운 음식을 연상시키지 않기 때문이다. 어떤 용어를 사용하건 간에, 남은 음식은 우리 집 주간 조리 계획의 중추적인 역할을 한다.

우리는 단순히 요리를 너무 많이 만들었기 때문에 남은 음식이 생기는 것이 아니라 요리에 쏟는 노력을 최대한으로 활용하기 위해 남은 음식을 만든다고 생각한다. 뭐니 뭐니 해도 요리에는 많은 시간과 노력이 필요하다. 무언가를 요리하려면 계획을 세우고 쇼핑 목록을 만든 다음, 식료품점에 가서 재료를 구입하고 손질해 음식을 만들고 뒷정리까지 해야 한다. 이왕 요리하기로 마음먹었다면 최대한 시간을 현명하게 활용하는 것이 좋지 않을까.

가장 활용도가 높은 남은 음식은 수프, 스튜, 조림 등이며 사실상 냄비 하나에 재료를 전부 넣고 끓이는 음식이므로 샐러드와 빵만 곁들이면 한 끼 식사로 훌륭하다. 풍미가 그윽하고 든든하게 배를 채울 수 있으며 경제적일 뿐만 아니라 가족 5명이 함께 사는 집이나 1인 가구 할 것 없이 모두 효과적인 메뉴다. 또한 이러한 요리는 하루 이틀 지나면 풍미가 잘 어우러져 더욱 맛이 좋아지고 냉동해도 맛이 크게 떨어지지 않는다.

아래에는 남은 음식을 단순히 데우기만 하는 것이 아니라 다양하게 재활용할 수 있는 예를 몇 가지 소개한다. 가족이 여럿이라면 이후에도 넉넉하게 먹을 수 있도록 레시피를 2배로 늘려 조리하는 것도 고려해보자.

메뉴 1

풀드 포크 조림 또는 카르니타스 조림

멕시코식 삶은 콩

장립종 흰쌀밥

따뜻하게 데운 옥수수 토르티야, 얇게 썬 아보카도, 살사, 코티하 또는 케소 프레스코(또는 타코에 곁들여 먹는 용도로 선호하는 치즈)

남은 음식 활용 방법 1: 점심으로 쌀밥을 그릇에 담고 돼지고기, 콩, 남은 타코 토핑을 얹어서 먹는다. 이렇게 남은 음식을 모두 소진하여 일주일치 점심을 준비하거나 조금 남겨서 다른 방법으로 활용한다.

남은 음식 활용 방법 2: 프라이팬에 돼지고기를 넣고 바삭하게 구워서 반미를 만들고 새우 칩을 곁들인다.

남은 음식 활용 방법 3: 남은 쌀밥에 돼지고기를 조금 넣어 볶음밥을 만든다. 아침에는 여기에 달걀 프라이를 얹고, 저녁에는 브로콜리 찜 또는 기본 채소 볶음 등의 채소 곁들임 요리와 함께 차린다.

남은 음식 활용 방법 4: 남은 콩과 돼지고기를 넣어 토르티야 수프의 응용 버전을 만든다.(육수 또는 국물, 맥주와 함께 콩과 돼지고기를 첨가한다.)

남은 음식 활용 방법 5: 오래된 옥수수 토르티야가 있다면 텍스멕스 미가스로 변신시킨다.

메뉴 2

로스트 치킨

당근 구이 레시피로 조리한 여러 종류의 뿌리채소

사프란 기장

살사 베르데 또는 치미추리 등의 풍미가 진한 테이블 소스

저녁 식사를 마치고 닭고기의 뼈를 모두 발라낸 후 뼈는 비닐봉지에 담아서 육수 주머니에 사용하기 위해 냉동실에 보관한다. 전분이 별로 없는 뿌리채소의 꽁다리도 함께 냉동실에 넣는다.

남은 음식 활용 방법 1: 남은 채소 구이로 해시를 만들고(아침 식사용 채소 해시에서 다양한 아이디어 참고) 달걀 프라이를 얹거나 프리타타를 만든다.

남은 음식 활용 방법 2: 남은 닭고기 일부를 깍둑썰기해서 닭고기 샐러드를 만든다.

남은 음식 활용 방법 3: 잘게 썬 닭고기를 매콤한 병아리콩 수프에 넣고, 남은 기장을 그릇마다 한 숟가락씩 떠 넣은 다음 잘 젓는다.

남은 음식 활용 방법 4: 뼈 없는 넓적다리살 대신 남은 닭고기를 사용해 태국식 닭고기 그린 커리를 만들되, 조리가 거의 끝날 때 즈음 넣고 속까지 따뜻해지도록 충분히 가열해서 마무리한다.

메뉴 3

천천히 구운 생선, 연어 사용

메건의 케일 샐러드

녹색 올리브와 레몬을 곁들인 콜리플라워 구이

요구르트 딜 소스

남은 음식 활용 방법 1: 통조림 연어 대신 먹다 남은 연어를 넣어서 프라이팬에 지진 연어 케이크 레시피의 ½ 분량을 만든다. 남은 요구르트 딜 소스와 케일 샐러드를 함께 곁들이면 잘 어울린다. 연어 케이크를 더 납작하고 큼직하게 만들어서 햄버거 번 위에 얹고 요구르트 딜 소스를 양념으로 뿌린 다음 케일 샐러드를 얹으면 버거처럼 먹을 수 있다.

남은 음식 활용 방법 2: 참치 대신 남은 연어를 사용해 니수아즈 샐러드를 만든다.

남은 음식 활용 방법 3: 남은 연어와 콜리플라워 구이를 파스타에 섞은 다음 강판에 간 파르메산 치즈와 파스타 삶은 물을 넉넉히 넣어서 파스타에 양념이 얇게 코팅되고 모든 재료가 잘 어우러지도록 한다.

남은 음식 활용 방법 4: 차갑게 식은 남은 연어를 바삭한 플랫브레드나 크래커 위에 올리고 남은 요구르트 딜 소스를 살짝 뿌려서 먹는다.

남은 음식 활용 방법 5: 콜리플라워 구이를 잘게 썰어서(올리브 및 레몬 슬라이스와 함께) 물기를 따라내고 씻은 병아리콩 통조림, 레몬즙, 올리브유, 굵게 썬 파슬리, 강판에 간 파르메산 치즈를 넣어 섞으면 푸짐한 콩 샐러드가 된다.

메뉴 4

프라이팬에 바삭하게 지진 두부

오이 샐러드 I 또는 중국식 으깬 오이 샐러드

코코넛 라이스

남은 음식 활용 방법 1: 남은 두부를 정육면체로 썰어서 기본 채소 볶음에 넣는다.

남은 음식 활용 방법 2: 두부와 남은 오이 샐러드를 참깨 국수에 넣어서 섞어 먹는다.

남은 음식 활용 방법 3: 남은 코코넛 라이스로 카리브해식 부리토를 만든다. 밀가루 토르티야에 밥, 검은콩, 정육면체로 썬 구운 고구마, 남은 두부

를 깍둑썰기한 것, 망고로 만든 과일 살사를 올리고 말아서 먹는다.

남은 음식 활용 방법 4: 남은 두부, 오이 샐러드, 밥으로 양상추 쌈을 만든다. 취향에 따라 쌈장 또는 만두용 디핑 소스와 함께 내도 좋다.

메뉴 5

마른 병아리콩 450g을 부드러워질 때까지 삶은 후 그중 일부를 사용해 만든 차나 마살라

쌀 필라프

양배추 볶음 II

고수 민트 처트니

남은 음식 활용 방법 1: 고구마를 구운 다음 반으로 갈라서 남은 차나 마살라를 듬뿍 얹는다.

남은 음식 활용 방법 2: 남은 차나 마살라를 사용해 필로 사모사를 만들고 (감자와 완두콩을 넣은 간단한 필로 사모사의 레시피 참고) 남은 처트니와 함께 낸다.

남은 음식 활용 방법 3: 삶은 병아리콩 남은 것으로 후무스, 기본 콩 샐러드, 매콤한 병아리콩 수프를 만들거나 구운 병아리콩을 만들어서 녹색 채소 샐러드에 얹어도 맛있다.

남은 음식 활용 방법 4: 남은 양배추로 오코노미야키를 만든다.(다시 대신 채소 육수를 사용하고 새우를 생략하면 비건 오코노미야키가 된다.)

남은 음식 활용 방법 5: 남은 밥을 편수 냄비에 넣고 채소 육수를 부은 다음 쌀알이 풀어질 때까지 뭉근히 끓여서 죽을 만든다. 정육면체로 썰어서 노릇하게 구운 두부, 쪽파, 간장, 참기름을 얹어서 낸다.

요리 비용 절약하기

창의력을 발휘해 요리하는 법을 익히면 같은 예산이라도 훨씬 효과적으로 활용할 수 있다. 창의적으로 요리한다는 것은 그날 꼭 특정 레시피나 요리를 만들어야겠다고 고집하지 않고 마트에서 식재료의 가격을 보면서 어떤 메뉴를 만들지 결정하는 것이다. 초보 요리사라면 계획 없이 즉흥적으로 메뉴를 정하기가 쉽지 않겠지만, 이럴 때 해결책은 더욱 자주 요리를 하는 방법뿐이다. 요리를 배우는 것은 그야말로 기나긴 여정과 같으므로 결과가 불확실하다고 해서 지나치게 두려워하지 말고 앞으로 배울 수많은 것들을 기대해보자.

앞서 요리의 효율성 향상을 위해서는 다채로운 활용 가능성이 중요하다고 언급한 바 있다.(위의 메뉴 활용법 참고) 이것은 만드는 요리뿐만 아니라 구입하는 재료에도 적용된다. 예를 들어서 요구르트를 살 때는 가향 요구르트보다는 플레인 요구르트를, 개별 포장보다는 큰 통에 들어 있는 제품을 고르는 것이 좋다. 요구르트에 과일이나 잼을 얹어서 아침으로 먹고, 오븐 구이 요리에 사용하는가 하면, 차지키, 라이타, 요구르트 딜 소스 등의 맛있는 소스를 만들 때도 활용할 수 있다. 또한 칠리나 보르시 위에 사워크림 대신 얹어도 맛있다. 다용도로 활용 가능한 또 한 가지 재료는 땅콩버터다. 토스트에 발라 먹고, 스무디에 넣어 섞어 먹고, 사과 또는 당근에 발라서 간식으로 먹는가 하면, 땅콩을 넣은 고구마 스튜처럼 든든한 스튜를 만들 때 활용할 수도 있고, 쿠키 반죽에 넣어도 좋다.

신선한 농산물을 비롯한 일부 재료는 제철일 때 사면 훨씬 싸다. 제철 농산물의 또 한 가지 장점은 일반적으로 맛도 좋다는 것이다. 특히 가을에는 사과와 배가 저렴하면서도 맛있고, 여름에는 애호박과 토마토가 풍성하게 시장에

나오며, 겨울에는 감귤류 과일을 싸게 살 수 있다. 근처에 직거래 장터가 있다면 장터가 파할 때쯤 판매자들에게 남은 농산물을 할인된 가격에 살 수 있는지 슬쩍 물어보자. 어떤 판매자는 살짝 멍이 든 농산물을 싸게 팔기도 하고, 수요보다 공급이 넘쳐나는 제철에는 아주 저렴하게 과일과 채소를 대량으로 살 수 있다.

소포장보다는 대용량으로 재료를 구매하는 것도 예산을 효과적으로 활용해 요리하는 방법의 하나다. 대형 마트에서는 대부분 대용량 상품을 갖춰놓고 있으므로 곡물, 씨앗, 콩, 밀가루 등의 기본 식재료를 경제적인 가격에 구할 수 있다. 일부 마트에서는 다양한 향신료를 큰 통에 넣어두고 팔기도 한다. 작은 유리병에 든 향신료에는 어마어마한 가격이 매겨져 있으므로 이렇게 큰 통에 담긴 향신료를 조금씩 덜어서 사는 것도 재료비를 절약하는 훌륭한 방법이다. 또한 많은 돈을 들이지 않고도 새로운 향신료를 시험 삼아 사용해볼 수 있어서 일거양득이다.

향신료 이야기가 나와서 말인데, 멕시코, 인도, 아시아계 식료품점에 가면 가장 좋은 가격에 향신료를 구할 수 있다. 우리는 향신료와 말린 칠리 고추를 대부분 이런 외국계 식료품점에서 산다. 또한 외국계 식료품점에서는 통향신료와 갈아놓은 향신료 가루를 모두 갖춘 경우가 많다. 여유가 있다면 저렴한 작은 커피 원두 분쇄기를 하나 사서 통향신료를 집에서 직접 갈아 먹는 것이 좋다. 통향신료는 가루보다 가격이 쌀 뿐만 아니라 훨씬 오랫동안 신선하게 보관할 수 있다. 향신료 전용 분쇄기가 있으면 언제든 취향에 맞는 혼합 향신료를 만들 수 있다.

예산이 빠듯하다면 마른 콩과 렌틸콩, 곡물, 채소와 과일(신선식품과 냉동식품), 달걀, 닭고기, 두부, 땅콩버터, 플레인 요구르트, 생선 통조림, 견과류와 씨앗 등의 식재료를 사는 데 가장 많은 예산을 할당한다. 양질의 단백질 공급원은 육류뿐만이 아니며, 콩과 달걀, 요구르트(특히 그릭 요구르트), 땅콩버터, 견과류와 씨앗 그리고 퀴노아 등의 곡물도 충분히 육류 단백질을 보완할 수 있다는 점을 기억하자.

육류를 절대 포기할 수 없다면 닭 한 마리(토막 낸 닭은 무게당 가격이 더 비쌀 뿐만 아니라 닭을 통째로 사면 육수용 닭뼈를 넉넉히 얻을 수 있다.) 및 돼지고기 어깨살이나 소고기 목심 또는 사태처럼 질긴 부위(이러한 부위를 사용하는 레시피는 소고기 조림, 스튜, 바비큐에 대해 및 돼지고기 조림, 스튜, 바비큐에 대해 항목을 참고) 등의 비교적 저렴한 육류를 구매한다. 해산물의 경우 좋은 가격에 나온 상품이 있는지 열심히 찾아보자. 보통 저렴한 가격으로 살 수 있는 해산물로는 틸라피아, 송어, 메기, 넙치, 노랑촉수, 고등어 등을 꼽을 수 있다. 물론 가장 확실한 방법은 해산물 판매대에서 본인의 예산에 맞는 해산물을 고르는 것이다.

식재료 구매 비용 절약에 도움이 되는 또 하나의 습관은 육수 주머니를 만드는 것이다. 우리 집에서는 육수 주머니를 사용하기 시작한 이후 벌써 몇 년째 시판 육수는 살 일이 없다. 육수 주머니로 우려낸 육수가 정식 레시피대로 만든 육수만큼은 맛이 진하지 않을지 몰라도 최소한 시판 육수보다는 훨씬 낫다.(그만큼 장 보는 비용도 절약할 수 있다.) 잘 우려낸 육수가 있다면 어떤 음식을 만들어도 훨씬 맛있으므로 자주 요리를 하고 싶은 의욕이 솟아나고, 결국 더 큰 비용을 절약할 수 있다.

식비 예산이 너무 빠듯해서 전혀 여유가 없는 경우가 아니라면, 가끔은 '고급' 식재료를 몇 가지 구매해보도록 권장한다. 이러한 식재료를 사용하면 음식 맛이 훨씬 좋아지므로 결과적으로 삶의 질이 높아진다. 우리는 돈을 조금 더 주더라도 질 좋은 엑스트라 버진 올리브유, 파르메산, 메이플 시럽, 신선한 허브 등의 재료를 구입한다. 물론 어떤 재료에 투자할 것인가는 각자 즐겨 만드는 요리에 따라 다를 것이다. 오븐에 굽는 요리를 자주 만든다면 조금 비싸더라도 풍미가 진하고 품질 좋은 코코아 가루를 장만할 만한 가치가 충분하다고 생각할지도 모른다. 일본 음식을 잘 만든다면 고급 간장을 마련해도 좋고, 쓰촨 요리를 즐겨 먹는다면 고급 쓰촨식 고추장(두반장)도 고려해볼 만한 품목이다. 자신이 어떤 유형의 요리를 즐기는지 생각해보고 결정하면 된다.

음식물 쓰레기 줄이기 및 '찌꺼기' 활용하기

최근 음식물 쓰레기에 대해 활발한 논의가 이루어지고 있다. 엄청난 양의 음식물이 낭비되고 있으며, 음식물 쓰레기 대부분이 소비자가 식품을 구매하기도 전에 발생하기는 하지만 주방에서 나오는 음식물 쓰레기를 줄이는 방안을 고민하는 것도 중요하다. 식비 예산이 어느 정도인지와 관계없이, 현명한 요리를 위한 계획을 짤 때는 당연히 음식물 쓰레기를 고려해야 한다.

음식물 쓰레기를 방지하기 위한 첫 번째 단계는 냉장고와 냉동실, 식료품 찬장에 이미 들어 있는 재료가 무엇인지 자세히 파악하는 것이다. 냉장고 한쪽 벽에 썼다 지울 수 있는 보드를 자석으로 붙여놓고 상하기 전에 빨리 먹어야 하는 음식을 적어놓아도 좋다. 별도의 냉동고가 있다면 특히 더 주의한다. 냉동실에 무언가를 넣어놓고 품질이 떨어지거나 냉동상(冷凍傷, 냉동육·생선 등의 재료에서 수분의 발산으로 인한 조직의 변화 — 옮긴이)이 발생할 때까지 잊어버린다면 결국 버려야 하기 때문이다.

우리는 가끔 식료품을 사러 가기 전에 냉장고에 있는 상하기 쉬운 재료를 모두 소진하는 도전 과제를 내걸기도 한다. 과제를 제대로 수행하지 못해도 집 밖으로 쫓겨날 위험은 없으므로 요리쇼에 경쟁자로 참가한 것처럼 신나게 도전한다. 당근, 냉동 완두콩 한 봉지, 달걀, 남은 밥 정도만 있어도 근사한 볶음밥을 만들 수 있다.

하지만 가지고 있는 식재료를 제때 먹는 것에서 한 발짝 더 나아가, 어떻게 하면 구매하는 음식을 최대한 활용하고 음식물 쓰레기를 줄일 수 있을까? 아래에서는 일반적인 음식 '찌꺼기'와 찌꺼기 활용법을 몇 가지 소개해본다.

녹색 채소의 꽁다리: 신선한 비트와 래디시 꽁다리는 볶거나 수프에 넣을 수 있다. 당근 꽁다리는 페스토를 만들 때 넣거나 살사 베르데에 활용한다. 회향 꽁다리는 생선을 그릴이나 오븐에 구울 때 밑에 까는 용도로 사용하거나 시칠리아식 정어리 파스타에 넣을 수 있으며, 깃털같이 생긴 잎은 잘게 썰어서 샐러드에 넣거나 육수 주머니에 넣는다.

채소 찌꺼기: 당근, 양파, 셀러리, 버섯, 순무, 셀러리 줄기, 토마토를 손질하고 남은 찌꺼기는 모두 육수 주머니에 차곡차곡 담아서 맛있는 육수를 우려내는 데 사용한다.

뼈: 닭뼈, 돼지뼈, 소뼈는 다 같이 섞어서 육수 주머니에 넣을 수 있다. 지방이 적은 생선뼈도 육수용으로 보관할 수 있지만, 생선 육수용 주머니를 따로 만드는 것이 좋다.

오래된 빵: 빵가루 또는 크루통을 만들거나 판차넬라, 파파 알 포모도로, 소파 데 아호, 리볼리타, 브레드 푸딩, 스트라타를 만들 때 사용한다.

파르메산 껍질: 봉지에 담아 냉동실에 넣어두었다가 미네스트로네와 같은 수프의 풍미를 살리는 데 사용하거나 파르메산 국물을 우려낸다.

옥수숫대: 물에 넣고 뭉근히 삶아서 우려낸 다음 옥수수 차우더 또는 신선한 옥수수 리소토의 기본 국물로 사용한다.

달걀노른자: 레몬 커드, 아이스크림 베이스, 페이스트리 크림, 커스터드를

만들 때 사용한다.

달걀흰자: 머랭, 머랭 키세스, 마카롱, 엔젤푸드 케이크에 사용하거나 클로버 클럽, 위스키 사워 등과 같은 칵테일에 활용한다.

새우, 랍스터, 게, 민물가재 껍데기: 새우나 갑각류 육수, 새우나 랍스터 버터를 만들 때 사용한다.

젤리를 만들고 남은 과일 과육: 레몬즙과 설탕을 적당량 넣은 다음 실리콘 베이킹 매트에 아주 얇게 펴 바르고 오븐을 가장 낮은 온도에 맞춰서 완전히 마를 때까지 구우면 과일 가죽(fruit leather)이 된다.

피클용 소금물: 튀김용 닭고기를 염지할 때 사용한다.(프라이드 치킨에 대해 항목을 참고) 남은 소금물은 팔팔 끓인 다음 완숙 달걀에 부은 후 소금물에 절인 달걀을 며칠 동안 냉장고에 넣어둔다. '피클백(pickleback)', 즉 위스키나 맥주를 마신 후 체이서(chaser, 독한 술을 마신 직후에 알코올 기운을 쫓기 위해 소량 들이켜는 음료—옮긴이)로 내는 피클용 소금물로 활용한다. 샐러드 드레싱이나 콩으로 만든 딥에 넣어 톡 쏘는 맛을 살린다. 마요네즈를 만들 때 레몬즙과 소금 대신 사용한다.

비트 줄기: 썰어서 피클 병에 넣으면 피클이 밝은 분홍색으로 물든다.

고수 줄기: 썰어서 살사에 넣는다. 그린 커리 페이스트에 사용한다. 토마티요와 섞어서 녹색 채소 포솔레를 만드는 데 사용한다.

남은 쌀밥: 비트 버거, 볶음밥 또는 죽을 만들 때 사용한다. 수프가 거의 다 완성될 즈음 넣는다. 간을 하고 둥글납작하게 모양을 만들어서 달걀과 밀가루를 묻힌 다음 프라이팬에 튀겨내면 밥 부침개가 된다. 우유, 설탕, 향신료를 넣어 뭉근히 끓이면 즉석 쌀 푸딩이 완성된다.

신선한 허브: 닭 한 마리를 구울 때 속에 채워넣는 용도로 사용한다. 타불레, 쿠쿠 사브지, 저그, 고수 민트 처트니, 살사 베르데, 치미추리에 넣는다. 잘게 다져서 올리브유, 소금, 후추를 넣으면 빵을 찍어 먹는 디핑 소스가 된다.

남은 와인: 디글레이즈 및 팬 소스를 만들 때 사용한다. 설탕에 조린 과일에 첨가한다. 그라니타를 만들 때처럼 설탕을 적당량 넣고 냉동한다. 버섯 위에 얹어 구운 닭 가슴살, 마늘 40쪽을 넣은 닭고기 요리, 소고기 스튜 또는 푸짐한 소고기 라구 등의 레시피에 활용한다.

음료

우리가 무언가를 마시는 것은 우선 몸에 수분이 필요하기 때문이지만, 이는 우리가 음료를 찾는 다양한 이유 중 하나에 불과하다. 역사적으로 인류는 기운을 내기 위해, 마음을 진정시키기 위해, 또는 단순히 맛을 즐기기 위해 헤아릴 수 없을 정도로 많은 음료를 만들어냈다. 손님에게 음료를 대접하는 것은 가장 기본적인 형태의 접대이며, 이 단순한 친절함에서 무수히 많은 정교한 사회적 의식이 탄생했다.

깨끗한 물과 우유를 제외하면 세계에서 가장 인기 있는 음료는 커피와 차다. 뜨겁거나 차게, 진하거나 연하게, 달콤하게 또는 당을 첨가하지 않고 즐기는 이 두 가지 음료가 무려 천 년 넘게 오랫동안 사랑받아온 것은 자연이 만든 흥분제인 카페인 때문이다. 600년 전에 차, 커피, 콜라, 초콜릿, 예르바 마테 등 주요 천연 카페인 함유 물질들이 모두 재발견되어 전파되었다. 이후 인류는 열정적으로 이를 소비해왔으며, 이러한 음료를 더욱 마음껏 즐기고 확실한 효과를 누리기 위해 점점 더 전문화된 장비를 만들어왔다.

흥분제와는 거리가 먼 다른 음료로는 과일과 채소를 압착하거나 섞어서 만드는 음료 또는 물에 잎사귀, 뿌리, 껍질, 꽃, 씨를 우려서 만드는 음료가 있다. 과일 주스는 탄산음료, 향미를 더한 물, 오르차타와 같은 곡물 또는 견과류 음료와 더불어 가장 청량한 느낌을 준다. 스무디 같은 일부 혼합 음료는 끼니를 대체할 정도로 든든한 포만감을 주며, 스무디의 형제뻘이자 달콤한 밀크셰이크는 디저트로 먹기에 안성맞춤이다.

이번 장에서 소개하는 레시피에는 알코올이 들어가지 않는다. 유쾌하게 마실 수 있는 알코올음료에 대해서는 「칵테일, 와인, 맥주」 장을 참고한다.

커피에 대해

커피 원두는 꽃이 피고 체리를 닮은 빨간 열매가 열리는 상록수 관목에서 얻는 씨앗이다. 열매를 딴 후 과육을 제거해 연한 녹색의 씨앗만 남긴다. 이 씨앗을 로스팅해야 우리에게 익숙한 갈색의 향기로운 커피 원두가 된다. 거의 모든 상업용 커피 원두는 **아라비카** 또는 **로부스타**의 두 가지 품종 중 하나에 속한다. 아라비카 원두는 가장 섬세한 풍미를 내며, 로부스타 원두는 카페인 함량이 훨씬 높고 상당히 쓴맛을 내기 때문에 다크 스타일로 로스팅하는 경우가 많다. 품질이 좋은 아라비카 품종은 작물 자체의 독특하고 고유한 풍미, 그리고 색다른 처리 방법 때문에 높은 가치를 인정받는다. 라이트 및 미디엄 로스팅은 감귤류나 블루베리, 와인 및 꽃에 이르기까지 커피 원두가 내는 다양한 풍미를 보존할 수 있다. 일부 커피 원두는 과육을 제거하지 않고 그대로 햇빛에 널어서 건조 및 발효시키는데, 이렇게 하면 흙내음이 감돌며 톡 쏘는 맛이 난다. 또 하나의 악명 높은(그리고 가격도 비싼) 커피 처리 방식은 사향고양이에게 커피 원두를 먹여서 배설물을 받아내는 것이다. 일반적으로 이렇게 섬세한 풍미는 대부분 커피 원두를 오래 로스팅할수록 사라진다.

가장 진한 다크 로스트는 주로 에스프레소, 이탈리안 또는 프렌치 로스트라고 부른다. 이러한 로스팅은 높은 온도에서 오래 볶기 때문에 약간 탄 것 같은 달콤하고 쌉쌀한 풍미가 난다. 진한 다크 로스트는 라이트 로스트보다 카페인 함량이 적고 산도가 낮으므로 맛이 진한 커피를 마시면 신경이 곤두서거나 기운이 더욱 솟아난다는 일반적인 통념은 대체로 사실이 아니다. 많은 로스트 전문가들은 로스트 정도나 블렌드 이름보다는 원산지 국가의 이름을 붙인다. 어떤 경우에는 특정한 재배 지역, 심지어 한 농장이나 사유지, 재배지에서 딴 원두만을 로스팅하여 특산물 커피를 만들기도 한다. 이러한 커피는 보통 **싱글 오리진** 커피라고 부르지만, 이 용어의 사용법은 엄격하게 규정되지 않았기 때문에 넓은 지역에서 수확한 원두를 지칭할 때 사용되기도 한다.

원산지와 로스트 방식 이외에도 커피의 라벨에는 다양한 인증과 전문 용어가 등장한다. 다른 제품과 마찬가지로 합성 비료나 살충제를 사용하지 않고 재배한 작물에서 수확한 **유기농 커피**가 있다. 그늘 **재배** 커피 작물은 나무의 그늘에서 자라므로 해당 지역의 동식물과 커피 작물이 공존할 수 있어 커피 재배가 생태계에 미치는 영향을 줄일 수 있다. **공정 무역** 커피는 커피 원두를 재배하는 농부에게 합당한 가격, 즉 '공정한' 가격을 지불해 이론상으로는 경제 발전을 촉진했다는 인증 표준이다. **직거래 커피**는 커피 로스팅을 하는 사람이 중간 상인이나 기업이 아닌 개인 농가에서 직접 커피 원두를 조달한 경우를 나타내지만, 이 용어 역시 엄격한 규제 없이 사용되고 있다.

디카페인 커피를 선호한다면 화학 용매를 사용하지 않고 처리한 디카페인 커피를 권장한다. 고압 이산화탄소를 사용하거나 스위스 워터 프로세스처럼 물을 사용해 카페인을 걸러낼 수도 있다. 또한 커피의 카페인 함량도 가지각색이라는 점을 기억해두면 좋다. 로부스타 원두에는 평균적으로 아라비카 원두의 거의 2배에 달하는 카페인이 들어 있다. 우리가 즐겨 마시는 또 다른 카페인 음료인 차는 얼마나 세게 우려내느냐와 차의 종류에 따라 다르기는 하지만 대체로 아라비카 커피보다 카페인 함량이 낮다.

가향 커피는 매우 폭넓은 인기를 누리고 있지만, 흔히 구할 수 있는 가향 커피는 풍미 에센스를 첨가하는 경우가 많아서 아무래도 아쉬운 부분이 많다. 주방에서 사용하는 다양한 천연 풍미 재료를 커피에 넣으면 직접 가향 커피를 만들 수 있다. 커피를 내리기 전에 갈아놓은 원두 4큰술당 곱게 간 치커리나 카카오닙스를 1큰술씩 넣어보자. 쪼갠 계피 조각이나 팔각, 잘게 쪼갠 카르다몸 깍지 또는 정향 몇 쪽 등의 향신료를 갈아놓은 커피에 넣고 젓는다.

인스턴트커피는 커피를 끓여서 동결 또는 분무 건조한 것이다. 추출, 건조, 포장 기술의 발전 덕분에 인스턴트커피는 비약적으로 품질이 개선되었으며, 현재는 다양한 강도의 인스턴트커피를 판매하고 있다. 뜨거운 물을 얼마나 넣어야 하는지에 대한 정보는 포장지의 설명을 참고한다. 우리는 매일 시간을 들여 커피 원두를 직접 갈아서 신선한 커피를 끓이며, 시간만 허락한다면 여러분에게도 이를 권장한다. 그러나 ▶ 커피와 커피 끓이는 기구의 무게와 부피가 상당하므로 배낭여행이나 하이킹에서는 쉽게 휴대할 수 있는 인스턴트커피의 편의성도 절대 과소평가할 수 없다.

커피 끓이기

커피를 준비하는 데에는 몇 가지 방법이 있으며, 대다수 방법에 적용되는 지침은 다음과 같다. 어떤 기구를 선택하든 ▶ 제조업체의 사용 설명서를 세심하게 따르되, 특히 원두를 가는 것과 관련해서는 권장 사항을 그대로 지키는 것이 좋다. 우리는 커피를 끓이는 날 아침에 커피 원두를 가는 것을 선호한다. 풀 보디감을 즐길 수 있는 커피를 끓이려면 ▶ 물 ¾컵(180ml)당 갈아둔 원두를 평평하게 깎아서 2큰술씩(약 12g) 사용하자.

▶ 93~96℃로 끓인 물은 지나치게 산미를 끌어내지 않으면서도 커피에서 풍미를 추출하기에 이상적인 온도다. 해수면에서는 물이 100℃에서 끓기 때문에, 뜨거운 물을 직접 추가하는 방법으로 커피를 내릴 때는 끓는 물을 불에서 내린 다음 30초 정도 기다렸다가 갈아놓은 커피에 붓는다.(매일 커피 물을 끓이는 사람이라면 작은 사치이기는 하지만 온도가 조절되는 주전자를 구입하는 것을 충분히 고려해볼 만하다.) 가능하면 수도에서 방금 받은 찬물을 사용하고, 경수나 연화 과정을 거친 물보다는 연수를 권장한다. 수돗물의 수질을 믿을 수 없다면 여과된 물을 사용한다.

드립 추출 및 몇 가지 다른 방법의 경우 사용할 필터의 유형을 선택해야 한다. ▶ 필터의 재료가 커피의 풍미와 농도에 영향을 미치기 마련이다. 종이 필터는 커피 원두에서 나온 풍미 있는 기름을 일부 흡수하므로 더욱 깔끔한 맛의 커피를 즐길 수 있다. 금속 필터는 이러한 기름을 그대로 통과시키므로 풍미가 더욱 진하고 입안에 오래 감도는 커피가 완성된다. 반드시 어느 쪽이 낫다고 할 수는 없으며 우리는 이 두 가지 필터로 내린 커피를 모두 좋아한다.

미국에서 커피를 끓이는 가장 일반적인 방법은 소위 **드립 방식**으로, 가루 형태의 커피를 필터에 넉넉히 담고 컵이나 커피포트 위에 놓는다. 뜨거운 물을 커피 위로 부으면 아래에 있는 컵이나 포트에 커피가 모인다. 거의 모든 **전기 커피메이커**와 '푸어 오버' 커피 추출기, 케멕스 포트, 나폴리식 '플립 포트'는 모두 이 간단한 원리를 채택하고 있다. 커피는 물이 천천히 빠져나가면서 커피를 우려내는 시간이 충분히 확보될 정도의 굵기로 갈면 된다. 이러한 커피 추출 기구들의 가장 큰 차이점이라면 전기 커피메이커는 자동으로 뜨거운 물을 일정한 속도로 내려주지만, 케멕스나 푸어 오버 추출기는 커피를 내리는 동안 계속해서 주전자로 뜨거운 물을 부어서 갈아놓은 커피가 마르지 않도록 해야 한다는 점이다. 푸어 오버 추출기는 금속, 도자기, 플라스틱으로 만들며 반드시 유리병이나 컵 위에 올려 커피가 아래에 모이도록 해야 하고, 케멕스 추출기는 일체형 유리병으로 원뿔 모양의 윗부분에 필터를 끼우고 갈아놓은 커피를 넣는다.

핀(phin) 필터라고도 부르는 **베트남식 커피 필터** 같은 몇몇 기구는 아주 곱게 간 커피 (및 그에 맞는 고운 필터)를 사용한다. 곱게 간 커피와 고운 필터를 사용하면 커피 추출 시간이 길어지므로 에스프레소에 맞먹을 만큼 진한 커피가 완성된다. **퍼컬레이터**(percolator)는 약간 다른 방식으로 커피 추출 시간을 늘린다. 열을 가하면 물이 끓으면서 가느다란 관을 타고 올라가 갈아둔 커피 위로 떨어진다. 이렇게 해서 추출된 커피는 아래에 있는 나머지 끓는 물과 만나서 다시 (이후에도 여러 번) 관을 타고 올라가며, 이런 식으로 물이 순환하면서 커피가 추출되는 구조다. 시간만 충분하다면 퍼컬레이터를 사용해 커피에서 거의 모든 풍미를 추출할 수 있는데 다른 방법으로는 잘 추출되지 않는 쏩쓸한 화합물도 함께 빠져나온다. 이런 이유로 퍼컬레이터를 선호하는 사람이 점점 줄어드는 추세다.

두 번째로 널리 사용되는 커피 끓이는 방법은 아마도 **침전식**일 것이다. 커피를 다소 성기게 갈아서 일정한 시간 동안 물에 담가두었다가 필터로 걸러내는 방법이다. 이 방법 중에서도 가장 간단하면서 원시적인 예는 **캠핑, 강 또는 카우보이 커피**라고 알려진 커피다. 물을 끓여서 갈아둔 커피를 넣고 저은 다음 추출이 끝나면 찬물을 약간 붓거나 달걀 껍데기 쪼갠 것을 넣어 커피 찌꺼기를 바닥에 가라앉힌다. 그다음에는 재빨리 커피를 컵에 부어 지나친 추출을 막는다. 이 방법은 그야말로 투박하기 짝이 없으며 만약 커피 찌꺼기가 위에 떠 있다면 '지분거리는' 커피를 마셔야 한다. 이보다 훨씬 세련된 방법은 프렌치 프레스를 이용하는 것으로, 금속 필터를 끼운 막대를 사용해 추출을 마친 커피 찌꺼기를 포트 바닥으로 밀어낸다. 사용이 편리하고 풍부한 맛의 커피를 완성할 수 있다는 장점 때문에 우리는 프렌치 프레스를 적극 추천한다. 외관은 화학 실험 기구처럼 보이지만 **진공 추출기**나 **사이펀도** 이 범주에 포함된다. 이러한 기구들은 전통적으로 가정용 레인지나 실험실에서나 볼 법한 분젠 버너를 사용해야 했고 바닥이 약하기 때문에 깨지기 쉬웠다. 그러나 오늘날에는 단독으로 사용할 수 있는 전기 모델이 출시되어 예전보다 진공 추출이 훨씬 쉬워졌으며, 애호가들은 이 방법으로 추출한 차 같은 커피를 극찬하기도 한다.

최근에 인기를 얻고 있는 또 하나의 침전 방식은 **콜드 브루**다. 찬물을 커피 가루와 섞어서 오랫동안 담갔다가 걸러내는 방법이다. 이렇게 해서 커피 농축액을 만든 다음 물에 희석해서 마신다. 물을 끓일 필요가 없다는 점 외에도 콜드 브루의 가장 큰 장점은 부드러운 맛의 커피를 만들 수 있다는 점이다. 뜨거운 물은 커피 원두에서 쏩쓸하고 시큼한 혼합물을 상당량 추출하지만, 찬물은 그렇지 않기 때문이다.

가압수로 추출하는 방식을 사용하면 훨씬 빨리 커피를 만들 수 있다. 압력이 커피 추출을 촉진하며, 이 방법으로 커피를 내릴 때는 커피를 매우 곱게 갈아서 사용한다. 가정용으로 가장 널리 사용되고 가격도 부담 없는 증기 압력 도구는 아마도 **모카 포트**일 것이다. 모카 포트의 바닥에 있는 물통에 물을 채우고 곱게 간 커피를 넣은 금속 필터 바스켓을 물통의 위에 올린 후 상단부의 주전자를 돌려서 끼운다. 이 포트를 레인지에 올리고 물을 끓인다. 아래쪽 물통에 증기가 차오르면서 압력이 가해지면 뜨거운 물이 위쪽의 바스켓에 담겨 있는 커피 가루를 통과하면서 맨 위의 주전자에 추출된 커피가 모인다. 이렇게 하면 에스프레소처럼 진한 커피가 된다. **스팀 에스프레소 머신**은 가압 탱크에 물이 훨씬 더 많이 들어가고 자체적으로 열원을 제공한다는 점만 제외하면 이와 매우 비슷한 원리로 작동한다. 탱크의 맨 위쪽에서 발산하는 증기는 우유 스팀 관을 통과하고 탱크의 바닥에서 뜨거워진 물은 곱게 간 커피가 들어 있는 포터필터라는 착탈식 필터를 통과한다. 일반적으로 이 스팀 에스프레소 머신보다 성능이 뛰어나다고 알려진 것이 **펌프형 에스프레소 머신**으로 부피가 크고 가격도 비싸다. 펌프형 머신은 갈아놓은 커피를 통과하는 액체의 압력을 더욱 정교하게 조절할 수 있다.(게다가 물탱크를 다시 채우거나 커피를 2~3잔 뽑은 후에 압력을 올릴 필요도 없다.) 일부 펌프형 머신은 손으로 피스톤이나 레버를 움직여서 작동시키기도 하는데, 작동 과정이 재미있을 뿐만 아니라 커피 추출 과정을 더욱 세밀하게 조절할 수 있다.

최근에는 몇 가지 새로운 유형의 펌프형 기구가 시판되기 시작했다. **캡슐 커피메이커**는 조리대 위에 올려놓고 쓰는 가전 기기로, 1잔 분량의 물을 끓여서 곱게 간 커피가 들어 있는 밀폐형 캡슐에 통과시킨다. 편리하고 깔끔한 데다 괜찮은 커피 품질을 일정하게 얻을 수 있다는 장점이 있지만, 캡슐은 무게로 판매하는 커피 원두보다 최소 4배 정도 가격이 비싸고 포장지 때문에 쓰레기가 많이 나온다. 리필 가능한 캡슐을 사용하면 이러한 단점을 어느 정도 보완할 수 있지만 그러면 캡슐 커피메이커의 편리함이 반감된다. 한편 값이 비싸지 않으면서 손으로 펌프를 작동시켜 에스프레소와 같은 커피를 만들 수 있는 몇 가지 새로운 기구도 등장했는데, 가장 좋은 예가 **에어로프레스** 커피메이커다. 에어로프레스는 필터를 원통형 용기의 바닥에 끼우고 곱게 간 커피를 넣은 다음 뜨거운 물을 붓고 재빨리 피스톤을 용기의 위쪽에 끼워 아래로 쭉 눌러서 밑에 있는 컵으로 에스프레소 스타일의 커피를 추출한다. 이 방법은 빠르고 맛이 근사하며 세척도 무척 간단하므로 우리는 한 번에 1~2잔을 뽑을 때 에어로프레스를 선호한다. 4명 이상에게 커피를 대접해야 할 때는 커다란 프렌치 프레스나 케멕스 포트 또는 전기 드립 커피메이커를 즐겨 쓴다.

한 물을 여러 번 기계에 통과시켜 잘 헹군다. 프렌치 프레스, 모카 포트, 푸어 오버 드리퍼를 비롯한 수동 추출기는 매번 사용할 때마다 주방용 세제로 잘 씻어서 충분히 헹궈야 한다. ► 연마형 세척제는 사용을 피한다. 에스프레소 머신은 석회질 제거제로 씻는 경우가 많다.(제조업체의 권장 사항을 참고하자.) 사용 후에는 포터필터에서 즉시 커피 가루를 제거하고 위의 개스킷 부분에 떨어져 있는 커피 가루를 가끔 솔로 털어준다.

베트남식 커피 추출기, 모카 포트, 에어로프레스

커피 원두 갈기 및 보관하기

일반적으로 ► 추출 시간이 짧을수록 커피를 더욱 곱게 갈아야 한다. 30초 이내에 추출하는 에스프레소는 초미립 분당에 버금갈 정도로 고운 커피 가루를 사용해야 한다. 프렌치 프레스 커피는 굵게 빻은 옥수숫가루 정도의 굵은 커피 가루가 필요하다. 이 두 가지 방법의 중간에 해당하는 드립 커피는 그래뉼러당과 비슷하게 중간 정도의 굵기로 간다. 마트에 비치된 분쇄기를 사용해 커피를 갈 수도 있고, 가정에서 직접 커피를 가는 쪽을 선호할 수도 있다. 프로펠러와 비슷한 모양의 날이 달린 **블레이드 분쇄기**가 가장 보편적으로 사용된다. 가격이 비싸지 않고 사용도 편리하지만, 커피를 갈았을 때 입자 크기가 가지각색이기 때문에 프렌치 프레스를 사용했을 때 침전물이 생기는가 하면 품질도 들쭉날쭉하다. **버밀 분쇄기**에는 눈금이 있는 연마판이 2개 달려 있으므로 이 연마판의 위치를 바꾸면 커피 입자의 크기를 조절할 수 있다. 블레이드 분쇄기보다 소리가 크고 속도도 느리지만 한 번에 더 많은 양의 커피를 갈 수 있고 갈아놓은 커피 입자도 균일하다. 수동으로 돌리는 옛날식 분쇄기도 바로 이 버밀 분쇄기다.

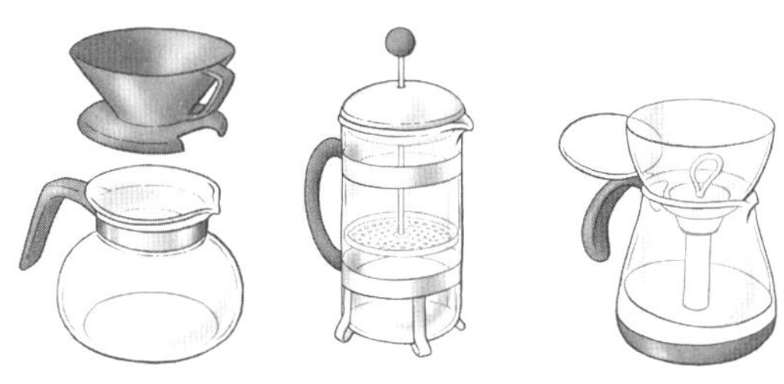

푸어 오버 추출기, 프렌치 프레스, 진공 추출기

블레이드 분쇄기   버밀 분쇄기

커피 원두에는 기름이 들어 있다. 이 기름과 다른 잔여물이 추출기와 커피 가는 기구에 축적되면 풍미가 떨어지고 산패한 냄새가 난다. 전기 드립 커피메이커는 몇 개월에 한 번씩 청소해야 한다. 식초와 물을 1:4의 비율로 섞어서 커피메이커 기계를 통과시키거나 전용 세척 가루를 사용한다. 세척 후에는 깨끗

블레이드 분쇄기의 경우 한 번에 커피를 소량씩 넣어서 돌리면 비교적 균일한 입자를 얻을 수 있다. ► 블레이드 분쇄기를 청소하려면 생쌀 2~3큰술을 넣어서 가는 작업을 반복한다. 마른행주로 분쇄기와 뚜껑을 닦아낸다. 버밀 분

쇄기를 청소하려면 기기의 일부를 분해해서 분쇄 장치 부분을 떼어내야 한다.(제조업체의 권장 사항을 참고하자.)

▶ 커피를 보관하는 가장 좋은 방법은 갈지 않은 원두 상태로 불투명한 밀폐 용기에 담아서 실온에 보관하는 것이다. 냉동실에 커피를 보관하면 주변의 음식물 냄새가 배어들기 때문에 냉동 보관은 피한다.

드립 커피

푸어 오버 추출기와 케멕스 포트 등에 사용하는 기본 방법이다. 전기 드립 커피메이커를 가지고 있다면 여기서 소개하는 물과 커피의 비율을 참고해 제조업체의 사용 설명서를 따라 만든다.

드립 필터에 다음을 넣는다.

물 ¾컵(180ml)마다 중간 굵기로 또는 곱게 간 커피 약 2큰술씩(12g)

물을 끓인 다음 불에서 내리고 약 30초 정도 기다려서 물의 온도를 93~96℃까지 식힌다. 커피가 충분히 젖을 정도의 물을 갈아놓은 커피 위로 천천히 붓는다. 커피가 '피어날 수 있도록' 30초 정도 기다렸다가 물을 조금씩 부으면서 내리되, 추출 과정 전체에 걸쳐 커피 가루가 마르지 않도록 주의한다. 드립이 끝나면 한꺼번에 커피를 내거나 보온 주전자에 담아 따뜻하게 보관한다.

침전식 커피

프렌치 프레스나 캠핑용 커피포트 또는 주전자로 커피를 우려내는 방법이다. 프렌치 프레스를 사용한다면 커피를 우려내기 전에 뜨거운 물로 예열하거나 추출되는 동안 주방 행주로 감싸서 따뜻한 온도를 유지한다.

프렌치 프레스에 다음을 넣거나 따로 준비한다.

물 ¾컵(180ml)마다 성기게 간 커피 약 2큰술씩(12g)

물을 끓인 다음 불에서 내리고 약 30초 정도 기다려서 물의 온도를 93~96℃까지 식힌다. 프렌치 프레스에 담긴 커피에 물을 붓거나 캠핑용 커피포트 또는 주전자에 담긴 뜨거운 물에 커피를 넣고 잘 젓는다. 뚜껑을 닫고 5분간 커피를 우려낸다.

프렌치 프레스의 경우 우려내는 시간이 지나면 필터에 끼운 막대를 천천히 맨 아래까지 내려서 커피 가루를 포트의 바닥으로 밀어낸다.

캠핑, 강 또는 카우보이 커피의 경우 추출 시간이 지난 후 주전자의 뚜껑을 열고 찬물을 조금 부어서 커피 가루를 바닥에 가라앉힌다. 캠핑 동료들과 찌꺼기가 너무 많이 든 커피를 마시고 싶지 않다면 컵에 따르기 전에 금속성 체로 걸러준다.

진공 추출 커피

진공 커피메이커의 아래쪽 물통에 물을 담고 끓이면 위쪽에 있는 용기로 올라가서 커피와 접촉했다가 필터를 거쳐 다시 아래쪽 물통으로 내려오는 원리로 커피를 추출한다. 전기 진공 커피메이커를 사용할 때는 여기서 소개하는 물과 커피의 비율을 참고해 제조업체의 사용 설명서를 따른다. 1인분당 다음 분량의 커피를 준비한다.

물 ¾컵(180ml)마다 중간 굵기로 또는 곱게 간 커피 약 2큰술씩(12g)

알맞은 분량의 물을 아래쪽 물통에 넣는다. 불 위에 올려 가열한다. 위쪽 용기에 갈아놓은 커피를 넣는다.(만약 사용하고 있는 기구에 통기구가 있다면, 즉 뜨거운 물 위를 지나가는 관 옆에 작은 구멍이 뚫려 있다면 위쪽 용기를 끼운 커피메이커 전체를 불에 올려놓을 수 있다. 통기구가 없는 경우에는 물이 팔팔 끓을 때까지 기다렸다가 위쪽

용기를 올려놓는다.) 위쪽 용기를 아래쪽 물통에 끼우고 살짝 비틀어서 새지 않도록 끼운다. 아래쪽 물통에 있는 물이 거의 전부 위쪽 용기로 올라가면(약간의 물은 항상 아래에 남아 있기 마련이다.) 커피와 물을 잘 젓는다. 1~3분 정도 지나면 불에서 내려 커피가 다시 아래쪽 물통에 모이도록 한다.

여과식 커피

가정용 레인지에서 사용하는 퍼컬레이터를 위한 방법이다. 전기 퍼컬레이터를 사용할 때는 여기서 소개하는 물과 커피의 비율을 참고해 제조업체의 사용 설명서를 따른다. 이 방법으로 커피를 만들 때 자칫 너무 오래 방치하면 커피에서 쓴맛이 추출된다. 추출 시간이 지나면 즉시 불을 끄거나 불에서 내린다.

퍼컬레이터의 아래쪽 용기에 물을 채우고 바스켓에 다음을 넣는다.

물 ¾컵(180ml)마다 중간 굵기로 간 커피 약 2큰술씩(12g)

퍼컬레이터를 중불에 올리고 물이 끓을 때까지 가열한다. 커피가 천천히 여과되도록 6~8분간 그대로 둔다. 불에서 내려 잔에 담아낸다.

커피를 대량으로 끓일 때

대형 퍼컬레이터의 경우 제조업체의 사용 설명서를 따른다. 대형 커피통을 사용한다면 다음을 기준으로 계량한다.

물 3.8ℓ당 굵게 간 커피 3컵(약 285g)

커피 가루가 2배로 부풀어도 충분할 만큼 커다란 거름망이나 나일론 거름 주머니, 거즈 면포에 갈아둔 커피를 넣고 단단히 묶는다. 물이 살짝 끓을 때까지 가열한 다음 불에서 내린다. 물의 온도가 93~96℃까지 내려가면 커피통에 붓는다. 커피를 채운 주머니를 넣는다. 뚜껑을 덮고 5분간 우려낸다. 우려내는 동안 물에 잠긴 커피 주머니를 몇 번 흔들어준다. 주머니를 빼고 커피통의 뚜껑을 덮은 후 즉시 낸다.

콜드 브루 커피

약 14인분

이 방법으로 하룻밤 우리면 농도는 진하지만 매우 부드러운 커피가 완성된다. 다양한 종류의 필터와 기구를 사서 콜드 브루를 만들 수 있지만, 필요한 것은 사실 병 하나와 필터를 깐 체, 그리고 인내심뿐이다. 우리는 체에 주로 주방용 면포를 깔아서 사용하는데, 곱게 짠 얇은 천연 직물이면 무엇이든 가능하다.(마트에서 파는 치즈용 면포는 너무 성기므로 커피 찌꺼기를 걸러내기 어렵다.)

1.9ℓ짜리 용기에 다음을 넣는다.

굵게 간 커피 2컵(약 200g)

다음을 넣고 젓는다.

실온 상태의 물 4컵

커피 가루가 모두 충분히 젖도록 한다. 뚜껑을 덮고 실온에서 최소 12시간 이상 추출하되, 24시간은 넘기지 않는다. 체에 얇고 깨끗한 면포나 천연 직물을 깔고 커피를 걸러낸다. 1ℓ짜리 용기에 옮겨 담고 냉장고에 넣으면 최대 2주까지 보관할 수 있다. 마실 때는 뜨거운 물을 넣어 적당한 농도로 희석하거나 찬물로 희석하고 얼음을 넣는다. 우리는 240ml의 뜨거운 커피를 만들 때 콜드 브루 농축액 60ml와 뜨거운 물 180ml를 사용한다. 얼음을 넣은 360ml짜리 커피를 만들 때는 콜드 브루 농축액 60ml에 찬물 120ml를 넣고 얼음으로 유리잔을 채운다.

아이스커피

I. 이 방법은 무척 쉬우며 특별한 기구가 필요 없다. 아래의 1인분 분량을 참고하여 선호하는 방법으로 커피를 준비한다.

　　물 ¾컵(180ml)마다 커피 약 4큰술씩(24g)

2배로 진하게 우린 커피를 금속 피처 또는 작은 포트에 담긴 얼음 위에 바로 붓고 15분간 둔다. 얼음을 가득 채운 기다란 유리잔에 차가워진 커피를 걸러서 넣는다.

다음을 넣어 달콤한 커피를 만들어도 좋다.

　　(설탕 또는 기본 시럽 적당량)

취향에 따라 다음을 넣고 젓는다.

　　(우유 또는 크림 적당량)

II. 1인분당 다음 분량을 기준으로 하여 얼음을 채운 기다란 유리잔에 붓는다.

　　아래에 소개하는 에스프레소 또는 앞에 소개한 콜드 브루 60ml

유리잔에 다음을 채운다.

　　찬물 120ml 또는 그 이상

취향에 따라 **위의** I과 같이 감미료나 크림을 추가한다.

에스프레소 만들기

이 이탈리아식 커피는 진하기로 유명하다. 제대로 만든 에스프레소 1컵은 40~60ml에 불과하지만, 일반적인 커피 1컵과 거의 맞먹는 분량의 분쇄 원두를 사용한다. 에스프레소는 진한 농도 외에도 특징적인 풀 보디감과 풍미로 폭넓게 사랑받고 있다. 침전법이나 여과법을 사용해 아무리 농축된 커피를 만들어도 높은 압력을 가해 추출한 에스프레소만의 독특하고 풍부한 맛은 내기 힘들며, 커피 표면에 형성되는 크레마의 거품 층도 재현하기 어렵다.

가정에서 에스프레소를 만들기 위해서는 몇 가지 방법이 있다. 모카 포트를 사용하면 드립 커피와 진짜 에스프레소의 대략 중간쯤 되는 보디감과 풍미를 내는 커피를 만들 수 있다. 에어로프레스나 다른 수동 펌프식 추출기도 사용할 수 있다.

에스프레소를 자주 만들고자 하는 사람이라면 증기 및 펌프식 에스프레소 머신을 구매하는 것을 고려해봐도 좋다. 이들 기기 중 상당수는 근처 카페에서 즐길 수 있는 시럽 같은 질감과 기분 좋은 쌉쌀한 맛을 재현할 수 있을 정도로 충분히 압력이 세다. 각 머신의 자세한 작동법은 제조업체의 사용 설명서를 따르되, 일반적으로 금속 필터와 필터 연결부 그리고 에스프레소 컵에 순서대로 뜨거운 물을 흘려보내서 미리 예열해두면 좋다. 이렇게 하면 펌프도 적당히 데워져서 커피를 내릴 준비가 된다. 에스프레소를 내릴 때는 곱게 간 커피를 사용한다. 버밀 분쇄기가 없다면 갈아서 판매하는 커피 중에서 '에스프레소용'이라는 라벨이 붙은 커피를 선택하는 것이 좋다. 에스프레소는 저녁 식사 후에 작은 커피잔이나 에스프레소 잔에 담아서 내고, 설탕을 한쪽에 곁들이는 경우가 많다. 우리는 데메라라 설탕처럼 깊은 풍미를 내는 비정제당을 선호한다. 커피에 삼부카나 티아 마리아(Tia Maria)를 살짝 첨가해 근사한 알코올 향을 더해도 좋다. 작은 컵 1잔 분량의 에스프레소로 일반적인 컵 분량의 커피를 만들려면 취향에 따라 뜨거운 물을 적당히 넣어 희석한다.(그리고 이 커피를 **아메리카노**라고 부르면 된다.)

에스프레소 음료

카페 마키아토는 스팀 밀크(뜨거운 증기를 이용해 고운 거품 형태로 만든 우유 ― 옮긴이) 거품을 1~2큰술 정도로 소량 넣어 커피에 '표시'한 에스프레소다. 카푸친 수도사들의 갈색 망토와 비슷한 색이라는 의미에서 **카푸치노**라는 이름이 붙은 커피는 누구나 인정하는 이탈리아 카페의 인기 메뉴다. 카푸치노는 에스프레소, 스팀 밀크 그리고 거품을 같은 분량씩 섞어서 만든다. '젖은' 카푸치노와 '마른' 카푸치노란 각각 우유나 거품을 조금씩 더 많이 넣어서 비율을 조절한 것이다. **카페라테**는 희석한 에스프레소와 스팀 밀크를 1:2 또는 그 이상의 비율로 섞고 맨 위에 약간의 거품을 얹는다. 코코아 시럽 등을 1큰술 추가하면 **모카**로 변신한다.(취향에 따라 거품을 휩드 크림으로 대체할 수 있다.)

이러한 음료에 사용할 **스팀 밀크와 거품**을 만들려면 우선 에스프레소 머신의 제조업체 사용 설명서를 참고하자. 스팀 용기에 ⅔ 이하로 우유를 붓고 우유 온도를 바로 확인할 수 있도록 식품용 디지털 온도계를 꽂는다. 스팀 막대를 안전한 방향으로 돌린 후 잠깐 작동시켜서 여분의 수증기를 뿜어내게 한다. 노즐을 우유에 완전히 담그고 다시 작동을 시작한다. 거품을 만들기 위해서는 스팀 막대의 노즐이 우유의 표면 근처에 오게 하여 스팀 때문에 생기는 소용돌이에 공기가 섞여 들어가도록 한다. 쫀쫀하고 부드러운 거품을 만들기 위해서는 공기가 한꺼번에 섞이기보다는 조금씩 합쳐지도록 조절하자. 우유가 38℃에 도달하면 용기를 들어올려 막대가 완전히 잠기게 한 후 우유의 온도가 60~70℃가 될 때까지 계속 스팀을 낸다. ▶ 온도가 82℃ 이상으로 올라가지 않도록 주의한다. 처음에는 늦다가 결국에는 거품을 내며 넘치기 때문이다. 스팀 용기의 바닥을 조리대 위에 놓고 조심스럽게 몇 번 탁탁 들었다 놓으면 거품에 섞여 있는 커다란 방울을 없앨 수 있다.

스팀 막대 없이 거품을 만들려면 손에 쥐고 쓰는 우유 거품기나 프렌치 프레스를 사용할 수 있다. 깨끗한 프렌치 프레스에 70℃로 데운 우유를 붓고 필터를 우유 표면에 갖다 댄 다음 아래위로 가볍게 움직여준다. 너무 세게 필터를 움직이면 뜨거운 우유에서 금세 거품이 생겨 우유가 밖으로 튀어나올 수 있으므로 천천히 움직인다.

마지막으로 에스프레소를 따뜻하게 데운 컵에 내리고 원하는 음료의 유형에 맞게 우유를 넣은 후 숟가락을 사용해 거품을 맨 위에 올린다.

터키식 또는 중동식 커피

이 간단한 커피 추출 방법은 15세기 카이로의 커피점에서 유래했다고 알려져 있지만, 오늘날에는 중동 지역 전체에서 보편적으로 사용되고 있다. 감미료를 미리 첨가해 아주 곱게 간 커피를 긴 손잡이가 달린 놋쇠나 구리 용기 안에서 가볍게 몇 번씩 끓여내는데, 이 용기를 터키어로는 체즈베(cezve), 그리스어로는 이브릭(ibrik) 또는 브리키(briki)라고 부른다. 이러한 용기에는 평균 300ml 정도의 액체가 들어가며 ⅔ 이상을 채우면 안 된다. 이렇게 끓인 커피는 걸러내지 않고 마시지만 커피 찌꺼기는 용기 바닥에 가라앉는다. 그러나 아무래도 잔마다 소량의 커피 잔여물은 들어가기 마련이라 컵의 바닥에 가라앉아 마지막까지 남아 있다. 가끔은 커피를 다 마신 다음 이 잔여물을 한꺼번에 커피잔 받침에 쏟아서 운세를 점치기도 한다.

터키식 커피를 끓이려면 우선 그리스나 중동계 식료품점에서 거의 분말 형태에 가깝도록 아주 곱게 간 커피와 알맞은 용기를 구해야 한다. 일반 커피를 가정에서 곱게 갈 수도 있지만, '터키식'으로 설정할 수 있는 분쇄기를 사용해도 커피를 아주 곱게 갈기 힘든 경우가 많아 쉽지는 않을 것이다. 이브릭이 없다면 불에서 쉽게 내릴 수 있는 작은 냄비를 사용할 수 있다.(이 경우에도 냄비의 ⅔ 이상 채우지 않는다.)

다음 1인분 분량을 기준으로 하여 적당한 양을 냄비에 넣는다.

　　물 ½컵

　　아주 곱게 간 커피 2큰술

　　설탕 적당량

　　(카르다몸 가루 1자밤)

냄비를 중불에 올리고 커피 표면에 거품이 생기면서 뭉근히 끓어오를 때까지 가열한다. 커피에서 연기가 나면서 막 팔팔 끓어오를 때쯤 냄비를 불에서 내리고 약간의 거품을 걷어서 따뜻하게 데운 컵에 담는다. 2~3번에 걸쳐 냄비를 다시 불에 올려 살짝 끓이다가 세차게 끓어오르기 직전에 불에서 내리는 작업을 반복한다. 완성된 커피를 여러 잔에 나눠 담고 남은 거품도 골고루 얹는다.

커피 음료에 대해

아무것도 추가하지 않은 커피 또는 설탕과 크림만 첨가한 커피가 아마도 미국의 국민 음료에 가장 가깝다고 할 수 있을 것이다. 진하게 내린 커피와 뜨거운 우유를 동일한 양만큼 섞은 프랑스의 **카페오레**는 뉴올리언스에서도 사랑받고 있으며, 뉴올리언스에서는 치커리를 넣어 커피를 끓이기도 한다. 취향에 따라 설탕을 적당량 추가한다. 커피에 알코올 및 다른 풍미 재료를 섞으면 맛은 물론이고 따뜻하게 또는 시원하게 즐길 수 있는 다양한 음료가 탄생한다. 커피와 초콜릿의 조합에 대해서는 브라질식 초콜릿과 카이 레시피를 참고한다.

베트남식 커피

1인분

이 커피는 뜨겁게 마셔도 좋고 얼음을 넣어 차갑게 즐겨도 좋다. 베트남식 커피 필터나 핀이 없다면, 작은 텀블러에 연유를 붓고 그 위에 **에스프레소 60ml**를 추가해 베트남식 커피와 비슷하지만 스페인에서 즐겨 마시는 **카페 봉봉**을 만들어보자. 프렌치 프레스를 사용하면 이 커피를 한 번에 여러 잔 만들 수 있다. 진하게 내린 커피를 1인당 작은 잔으로 하나씩 준비하고 각 컵에 담아둔 연유 위에 붓는다.

유리 텀블러에 다음을 추가한다.

　　가당연유 2큰술

베트남식 커피 필터를 텀블러 위에 놓고 필터에 다음을 넣는다.

　　곱게 간 다크 로스트 커피 또는 치커리를 넣은 커피 2큰술

커피에 다음을 부어 잘 적신다.

　　뜨거운 물 2큰술

커피 위에 위쪽 필터를 덮고 가볍게 누르거나 돌려서 조인다. 뜨겁지만 끓지는 않는 물(93~96℃)을 필터에 가득 채우고 금속성 뚜껑을 덮는다. 커피가 유리잔으로 추출되어 떨어지게 한다. 커피가 다 추출되는 데에는 3~5분이 걸린다.(3분보다 빨리 물이 떨어지면 커피 입자가 너무 성기거나 필터를 제대로 꽉 누르지 않은 것이다. 5분 이상 걸리면 커피를 너무 곱게 갈았거나 필터를 너무 꽉 조인 것이다.) 색이 진한 층과 흰색 연유 층을 섞을 수 있도록 작은 숟가락과 함께 뜨겁게 낸다. 차갑게 즐기려면 연유를 커피에 넣어서 젓고 얼음이 가득 든 유리잔에 붓는다.

쿠바식 커피

양은 적지만 효과는 강력한 4인분

쿠바식 커피는 색이 짙고 매우 진하며 달콤하다. 가장 눈에 띄는 특징은 맨 위에 있는 거품 층으로, 설탕에 커피를 소량 섞은 후 거품을 내서 만든다. 전통적으로 미리 갈아둔 쿠바산 원두와 모카 포트를 사용해 내린 커피로 만들지만, 에스프레소 만들기에 소개한 방법 중 어느 것을 사용해 만들어도 상관없다. 다음을 준비한다.

　　에스프레소 1컵

그동안 작은 계량컵이나 주둥이가 있는 내열 용기에 다음을 넣는다.

　　설탕 3큰술

에스프레소 커피 1작은술 정도를 용기에 담긴 설탕에 추가한다. 숟가락으로 설탕을 세게 저으면서 고운 거품이 생길 때까지 휘젓는다. 이것을 나머지 커피에 붓고 설탕이 완전히 녹을 때까지 천천히 젓는다. 컵에 각각 나눠 담는다. 각 잔의 맨 위에는 진한 갈색의 거품 층, 즉 에스푸마(espuma)가 형성된다.

프로즌 커피

2인분

믹서에 다음을 넣는다.

　　아이스커피와 마찬가지로 2배로 진하게 우린 커피, 콜드 브루 농축액 또는

　　　에스프레소 ¼컵

　　우유 1컵

　　설탕 또는 가당연유 2큰술

　　(럼 60ml)

다음을 추가한다.

　　각얼음 10개

완전히 섞이도록 젓는다. 차갑게 식혀놓은 유리잔에 담아낸다.

차에 대해

중국 남부와 인도 북부 원산의 상록수인 차나무는 아시아와 아프리카의 10여 개 국가에서 재배된다. 전 세계에서 백차, 녹차, 우롱차, 아삼, 홍차, 주차(gunpowder tea), 재스민차, 얼그레이를 비롯해 얼마나 많은 종류의 차를 마시는지 생각해볼 때, 이 모든 차가 단 한 종류의 식물에서 얻은 잎으로 만든다는 사실을 알면 놀라지 않을 수 없다. 찻잎을 처리하고 분류하고 섞는 방법에 따라 완성품에 상당한 차이가 생기며 꽃이나 향미를 더해도 마찬가지다. 다른 식물을 사용해서 끓이는 차에 대해서는 허브차에 대해 항목을 참고한다.

찻잎을 처리하는 데에는 다섯 가지 기본 방법이 있으며 그에 따라 백차, 녹차, 홍차, 우롱차 그리고 보이차가 나온다. 다섯 가지 모두 비슷한 방식으로 시작한다. 찻잎이 신선할 때는 부서지기 쉬우므로 어느 정도 '말라서 시든 상태'로 만들어야 더욱 쉽게 다룰 수 있다. 그다음 기계를 사용해서 말거나 비틀거나 살짝 쪼갠다. 이 과정에서 차의 풍미를 발현하는 방향유가 표면으로 나온다. 찻잎이 완전히 피기 전에 수확해서 만드는 차를 **백차**라고 부른다. '덖음', 즉 열을 가하는 작업으로 화학적 변화를 중단시킨 차를 **녹차**라고 부르지만, 같은 녹차라도 사실 차의 색은 상당히 다양하다. 모든 일본 차와 대부분의 중국 차는 녹색을 띤다.

찻잎의 풍미를 내는 방향유가 오랜 시간 공기에 노출되어(보통 습기가 굉장히 높은 공기) 산화하면 **홍차**가 된다. 산화 과정에서 찻잎의 색이 진해지고 새로운 풍미 화합물이 형성되는데, 여기에는 일반적으로 타닌이라고 부르는 톡 쏘는 물질, 즉 폴리페놀도 포함되어 있다. 양쪽의 장점을 취하는 방법은 찻잎을 부분적으로만 산화시키는 것으로, 이렇게 하면 녹차의 일부 신선한 풍미와 홍차의 일부 깊은 맛을 모두 즐길 수 있다. 이렇게 만든 차가 중국과 대만에서 생산

되는 **우롱차 및 황차**다. 대만의 이전 이름인 포르모사(Formosa)는 최근까지 대만산 우롱차의 이름으로 사용되고 있으며 일부 애호가들은 이 대만산 우롱차를 최고로 친다.

대다수 미국인에게는 다소 생소한 **보이차**는 찻잎이 녹색일 때 누룩곰팡이를 배양해 '숙성'시킨 것이다. 차가 발효되면서 색은 점점 더 진해진다. 원하는 상태가 되면 검게 변한 찻잎을 단단하게 덩어리로 뭉쳐서 천이나 종이로 감싼다. 어린 보이차는 풀내음이 나고 타닌 성분이 느껴지지만, 색이 진한 숙성 보이차는 흙내음을 연상시키는 복합적인 풍미가 있다.

시판되는 거의 모든 홍차는 여러 종류의 찻잎을 배합한 것으로 자그마치 20종 이상의 차를 섞어서 만든다. 대부분 홍차이며 여러 나라에서 나는 찻잎을 섞는데, 인도산 아삼과 같이 풍미가 진한 차를 높은 비율로 배합하기도 한다. 가향 차의 종류도 무척이나 다양하며 가장 유명한 것으로는 홍차에 사향 풍미를 내는 감귤류인 베르가모트 방향유를 넣어 배합한 **얼그레이**를 꼽을 수 있다. 녹차나 우롱차에 꽃잎을 넣으면 **재스민**차가 되고, 소나무를 태워 바짝 마를 때까지 훈연하면 **랍상소우총**(正山小種)이 된다.

대부분의 티백에는 1mm 정도의 크기인 '패닝(fanning)' 또는 그보다 더 가루에 가까운 '더스트(dust)'가 들어 있으며, 여기서 패닝이나 더스트는 품질이 아니라 찻잎의 크기로 분류한 등급이다. 대다수 티백 생산자들은 잎차보다 티백에 다소 품질이 떨어지는 차를 사용하지만 가끔은 패닝과 더스트가 상당히 좋은 맛을 내기도 한다. 진한 녹색의 **말차**는 뜨거운 물에 바로 넣고 저어서 마실 수 있도록 일부러 아주 곱게 간 것이다. 곱게 간 차를 사든 아니면 티백이나 잎차를 사든 간에 포장이 잘 밀봉된 차를 선택하자. 일단 구매한 차는 공기가 들어가지 않는 용기에 보관한다. 찻잎, 특히 곱게 다지거나 분쇄한 찻잎은 상당히 빨리 상한다.

가향 보드카, 커스터드, 차로 풍미를 낸 아이스크림 등과 같이 차가 저녁 식탁에서도 훌륭한 활약을 펼칠 수 있다는 사실을 간과하지 말자. 또한 발효차 음료인 콤부차에 대해서도 살펴보자.

허브차에 대해

먼 옛날부터 인류는 세계 각지에서 차나 커피보다 덜 자극적인 다양한 식물을 사용해 심신을 안정시키고 기분을 상쾌하게 해주는 음료를 만들어왔다. 이러한 음료들은 엄밀히 말해 찻잎을 사용한 차라기보다는 허브, 뿌리, 향신료, 꽃, 말린 과일로 우려낸 음료(티젠tisane이라는 용어가 일반적으로 사용된다.)에 가깝다. 고대의 약초 전문가는 '위장이 뒤틀릴 때' 이러한 음료를 권하기도 했으며 허브차는 특히 저녁 식사 직후에 마시면 좋다.

허브차는 어디서나 찾아볼 수 있는 캐모마일과 민트부터 남아프리카의 **루이보스**, 카페인 함량이 높은 남아메리카의 **예르바 마테**에 이르기까지 매우 다양하다. 유기농 식품점이나 차 전문점, 온라인 상점에서 이러한 특산물 차를 살 수 있다.

루이보스나 예르바 마테, 히숍, 레몬 버베나, 민트, 세이지, 바질, 타임, 회향 씨와 같이 **맛이 강한 허브와 향신료의 경우**, 물 1컵당 신선한 허브 ½~1큰술 또는 말린 허브 1작은술을 사용한다.

캐모마일, 장미 꽃잎, 로즈힙, 블랙베리 잎, 히비스커스, 클로버, 린덴, 오렌지, 레몬, 윈터그린, 엘더플라워 등의 **맛이 순한 허브와 꽃이라면**, 물 1컵당 신선한 허브 1~2큰술 또는 말린 허브 1~2작은술을 사용한다.

감초나 생강과 같은 **마른 뿌리**는 물 1컵당 최대 1큰술을 넣어 우린다. **신선**한 **생강**이라면 물 1컵당 2.5cm짜리 생강 조각을 얇게 저며서 사용한다.(생강 조각을 5분간 뭉근히 끓이면 더 많은 풍미가 추출된다.)

차 끓이기

맛있는 차를 끓이는 데 필요한 것은 주머니 사정이 허락하는 한도 내에서 마련할 수 있는 가장 좋은 품질의 차와 물뿐이며, 물은 차만큼이나 결과물을 좌우하는 중요한 요소다. 수도에서 방금 받은 찬물을 사용하고 경수나 연화 과정을 거친 물보다는 연수가 좋다. 수돗물의 수질을 믿을 수 없다면 여과된 물을 사용한다.

찻주전자나 머그잔을 끓는 물이나 수도에서 나오는 온수로 예열해둔다. 차의 종류에 따라 가장 맛있게 우려낼 수 있는 온도와 시간이 다르다. 일반적으로 찻잎의 색이 진할수록 뜨거운 물을 사용해야 하며 아래 표의 권장 사항을 참고한다.

유형	240ml의 물에 사용하는 양	물 온도	추출 시간
백차	2큰술	77~79℃	3분
녹차	2큰술	77~79℃	2분
우롱차 및 황차	1큰술	90℃	2분
홍차	1큰술	93℃	2분
보이차	숙성 차는 1큰술, 신선한 차는 2큰술	93~99℃	2~4분
허브차	허브차에 대해 항목 참고	100℃	5~10분

말차라고 부르는 곱게 간 녹차를 만들려면 따뜻하게 데운 1인용 컵이나 작은 도자기 용기에 말차 가루 ¾작은술을 넣고 차가 완전히 젖을 정도로 80℃의 물을 붓는다. 일정한 농도의 페이스트가 될 때까지 잘 휘저은 다음 뜨거운 물을 120~180ml 정도 더 넣어 차와 물이 완전히 섞여 거품이 일 때까지 다시 잘 저어서 잔에 바로 담아낸다. 말차 전용으로 제작된 대나무 거품기(차선)가 있으면 훨씬 쉽게 만들 수 있지만, 둥근 모양의 일반 소형 거품기를 사용해도 된다. 또한 돌려서 잠그는 마개가 달린 용기에 물과 말차를 넣고 잘 흔들어서 섞는 방법도 있다. 이것은 차가운 말차 음료를 만들 때 특히 유용하다. 그냥 말차 가루와 차가운 수돗물, 얼음을 넣고 잘 섞어서 내면 되기 때문이다. 우리는 잎차를 사용할 때 안쪽에 넓고 깊은 바스켓을 끼울 수 있는 찻주전자를 사용하도록 권하는데, 잎이 팽창할 수 있는 충분한 공간이 확보되고 차가 완성되면 바로 들어낼 수 있다는 장점 때문이다. 두 번째로 추천하는 방법은 잘 씻어서 커피 잔여물을 모두 제거한 프렌치 프레스를 사용하거나 철망 소재로 되어 있고 걸쇠로 잠글 수 있는 티 볼(tea ball)을 사용하는 것이다. 금속 소재의 1인용 차 거름망이 있어도 유용하다. 물과 찻잎의 접촉을 최대로 늘릴 수 있도록 컵 아래까지 닿는 긴 원통형 거름망을 찾아보자. 또한 잎차를 별도의 포트나 뚜껑 달린 편수 냄비에서 우린 후 체에 걸러서 따뜻하게 데운 찻주전자에 담아낼 수도 있다. 어떤 방법을 사용하든 ▶ 내기 직전에 우려낸 차를 한 번 저어주면 차의 특징적인 풍미를 내는 데 가장 중요한 역할을 하는 방향유가 액체 내부를 골고루 순환하게 된다.

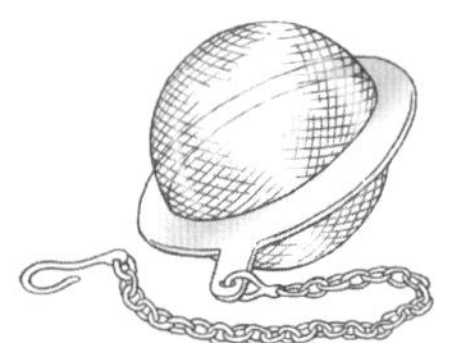

티 볼

차를 우려내는 도중이나 우려낸 후에 따뜻하게 유지하려면 찻주전자를 보온용 덮개나 두꺼운 수건으로 감싸둔다. 일단 찻잎을 꺼내고 나면 깨끗한 보온 주전자에 옮겨도 좋다. 티포트처럼 우아한 모양은 아니지만 차를 신선하고 따끈하게 마실 수 있는 실용적인 방법이다. 많은 사람에게 차를 대접하려면 평소보다 2배 정도 많은 양의 차를 사용해 미리 우려두고, 내놓을 때가 되면 컵이나 포트에 진하게 우린 차를 절반 넣고 나머지는 뜨거운 물로 채워서 낸다.

콜드 브루 차
8인분
이 레시피는 허브차를 포함한 모든 종류의 차에 사용할 수 있다. 이 방법으로 만든 차는 뜨거운 물로 우린 차에 비해 쓴맛이 없고 풍미도 상대적으로 은은하다. 루이보스처럼 입자가 고운 차라면 조금 양을 줄여서 사용한다. (백차처럼) 찻잎이 '폭신폭신한' 차는 양을 넉넉하게 사용한다.

유리 용기나 물병에 다음을 넣는다.

　　선호하는 잎차 2~3큰술

용기에 다음을 채운다.

　　찬물 8컵

냉장고에 넣어 약 8시간 또는 하룻밤 동안 우린다. 찻잎을 걸러내고 얼음을 넣어서 낸다.

마살라 차이
4~5인분
달콤하고 부드러운 맛과 매혹적인 향신료의 조합이 잘 어울리는 이 인도식 음료는 전 세계적으로 많은 사람이 즐긴다. 맛이 순한 차는 향신료와 우유에 가려지기 마련이므로 아삼처럼 맛이 강한 홍차를 사용한다.

중간 크기의 편수 냄비에 다음을 넣고 끓어오르기 시작할 때까지 가열한다.

　　물 3컵

　　우유 1½컵

　　설탕 ½컵 또는 적당량

　　통계피 2개

　　녹색 카르다몸 깍지 16개, 부수기

　　정향 1작은술

　　생강 1.2cm짜리 1조각, 얇게 저미기

　　검은색 통후추 ½작은술

불에서 내린 후 뚜껑을 덮어서 20분 동안 둔다. 다시 불에 올려 뭉근히 끓어오를 때까지 가열했다가 불에서 내리고 다음을 넣어 젓는다.

　　홍차 잎 2큰술

뚜껑을 덮고 2분간 둔다. 찻잎을 거른 후 즉시 낸다. 또는 식힌 뒤 얼음이 담긴 컵에 담아서 낸다.

아이스티
이 음료는 우리 가족의 고향인 세인트루이스에서 유래한 것이다. 아이스티를 처음 고안한 사람은 사실 영국인으로, 미 중서부의 찌는 듯한 무더위 속에서 아무도 그의 뜨거운 차에 관심을 보이지 않자 자포자기하는 심정으로 만든 것이었다. 차를 우려낼 때 민트와 레몬 껍질 조각 또는 말린 히비스커스 꽃을 추가해보자. 취향에 따라 가향 시럽과 과일 주스를 추가해도 좋다. 혹은 차와 레모네이드를 절반씩 섞어서 **아널드 파머**를 만들어본다.

7쪽의 표를 참고해 차를 준비하되, 찻잎의 양은 2배로 늘린다.(물의 양은 늘리지 않는다.) 잘 저어서 거른 다음 얼음을 넣은 컵에 붓는다. 다음과 함께 낸다.

　　레몬 조각

　　(민트 잔가지 몇 개)

　　(설탕 또는 기본 시럽 적당량)

달콤한 남부식 아이스티
6~8인분
미국 남부에서는 유리잔을 통해 신문 글자도 읽을 수 없을 정도로 진하고 달콤한 아이스티를 즐겨 마신다.

다음을 사용해 차를 끓인다.

　　물 4컵

　　홍차 티백 6~7개(또는 잎차 8작은술)

5~10분 동안 차를 우린다. 티백을 꺼내고(또는 찻잎을 걸러내고) 뜨거울 때 다음을 넣어 젓는다.

　　설탕 1컵 또는 적당량

큰 물병에 옮겨 담고 다음을 추가한다.

　　선호하는 차의 농도에 따라 물 2~4컵

차갑게 식힌다. 얼음을 넣은 컵에 담아낸다. 취향에 따라 다음을 넣는다.

　　(레몬 슬라이스)

태국식 아이스티
4인분
태국식 아이스티는 일반적으로 홍차만을 사용해서 만들지만 (보통 인공 색소로 인한) 그 특징적인 색을 내기 위해 우리는 루이보스도 함께 넣는다. 식당에서 파는 달콤한 태국식 아이스티에 가깝게 만들려면 설탕을 조금 더 넉넉히 사용한다.

중간 크기의 편수 냄비에 다음을 넣고 막 끓어오를 때까지 가열한다.

　　물 5컵

　　갈색 설탕 또는 팜 슈거, 꾹 눌러 담아 ½~¾컵

불에서 내려 다음을 추가한다.

　　루이보스 차 2큰술

　　홍차 잎 1큰술

　　녹색 카르다몸 깍지 2개, 부수기

　　팔각 1개

　　바닐라 빈 1개에서 긁어낸 씨 또는 바닐라 농축액이나 바닐라 빈 페이스트

　　　1작은술

20분간 차를 우린 후 걸러낸다. 긴 유리컵 4개에 얼음을 채우고 차를 나누어 붓는다. 잔마다 위에 다음을 얹는다.

하프앤드하프(우유와 헤비크림을 1:1로 섞은 것 — 옮긴이) 또는 가당연유 2큰술(총
　½컵)

초콜릿 및 코코아 음료에 대해

초콜릿은 고대 마야인과 이후 아즈텍인이 처음 마셨던 음료로, 이들을 통해
스페인 식민지에 소개되었다. 이 음료는 세계 각지로 퍼지는 과정에서 헤아릴
수 없을 정도로 다양하게 응용되고 발전했다. 스페인과 프랑스에서는 우유와
크림을 사용해서 만든다. 빈의 핫초콜릿은 휩드 크림을 넉넉하게 올리는 것으
로 유명하다. 브라질에서는 커피를 넣고, 우리가 멕시코에서 마셨던 초콜릿에
는 계피, 마사(masa, 옥수수로 만든 가루 — 옮긴이), 오렌지 껍질이 들어 있었다. 미
국의 핫초콜릿은 달콤하고 부드러우며 위에 마시멜로를 띄워 마시기도 한다.

　코코아 가루는 액체에 넣었을 때 바로 녹지 않고 덩어리지기 쉬우므로 세게
저어서 잘 녹여야 한다. 편수 냄비에 코코아와 설탕을 넣고 먼저 섞어두면 편
하다. 단맛이 없는 무가당 코코아 가루를 **인스턴트 코코아**와 혼동하지 말자.
인스턴트 코코아에는 보통 설탕이 들어 있으며 뜨겁거나 찬 액체에 쉽게 녹도
록 유화제가 첨가되어 있다. 핫코코아는 달지 않은 코코아 가루로 만들어서 취
향에 맞게 감미료를 첨가하는 편이 훨씬 맛있다. **맷돌로 갈아서 만든 초콜릿**
은 판 초콜릿 형태로 판매하며 보통 멕시코식 핫초콜릿을 만들 때 사용한다.
이 맷돌로 갈아서 만든 초콜릿에는 설탕이 들어 있으며 향신료가 첨가된 것도
있어서 그냥 잘게 썰어 뜨거운 우유에 넣기만 하면 된다. ▶ 핫초콜릿이나 차가
운 초콜릿 음료를 쉽고 간단하게 만들려면 아래에 소개하는 코코아 시럽이나
핫초콜릿용 가나슈를 준비해두자. 이러한 농축액을 수제 마시멜로와 함께 포
장하면 선물용으로도 아주 좋다. 초콜릿에 대한 더 자세한 내용은 1030쪽을
참고한다.

핫코코아

4인분

여기서 소개하는 비율을 적용하면 풍부한 맛을 내지만 대부분의 인스턴트 코
코아 가루보다는 단맛이 훨씬 덜한 코코아가 완성된다. 우유 대신 아몬드 음료
나 두유 같은 유제품 대체재를 사용해도 좋다.

중간 크기의 묵직한 편수 냄비에 다음을 넣고 잘 휘젓는다.

　무가당 코코아 가루 ¼컵

　설탕 2~3큰술, 맛을 보면서 조절

　소금 ¼작은술

코코아 혼합물에 다음을 천천히 조금씩 흘려 넣는다.

　우유 또는 하프앤드하프 3컵

중불에 올려 자주 젓거나 냄비 바닥을 긁어주면서 가장자리에 거품이 올라오
기 시작할 때까지 가열한다. 불에서 내린다. 취향에 따라 다음을 넣고 젓는다.

　(바닐라 ½작은술 또는 칼루아나 그랑 마니에르 1큰술)

취향에 따라 각 잔에 다음을 얹어서 낸다.

　(육두구 가루 또는 계핏가루)

　(휩드 크림 또는 마시멜로)

코코아 시럽

1½컵, 간단한 핫코코아 12인분을 만들 수 있는 분량

이 시럽은 빠르고 쉽게 만들 수 있으며 시판 코코아 시럽보다 월등히 맛이 좋

다. 뜨거운 초콜릿 음료와 찬 초콜릿 음료에 모두 사용할 수 있다.

중간 크기의 편수 냄비에 다음을 넣고 잘 젓는다.

　무가당 코코아 가루 1컵

　설탕 ¾컵

다음을 넣고 잘 저어서 섞는다.

　찬물 1컵

　(맥아 분유 ½컵)

중불에 올려 계속 저으면서 끓어오르기 시작할 때까지 가열한다. 불에서 내린
후 식힌다. 뚜껑을 덮어서 실온에 두면 며칠 정도, 냉장고에 넣으면 최대 3주까
지 보관할 수 있다. 냉장고에 넣어 굳은 시럽을 다시 액체로 만들려면 가정용
레인지에서 가열하거나 전자레인지를 사용한다.

간단한 핫코코아

1인분

작은 편수 냄비나 머그잔에 다음을 넣고 잘 젓는다.

　우유 ¾컵

　(헤비크림 2큰술)

　위의 코코아 시럽 2큰술

중약불에 올리거나 전자레인지를 강으로 맞추고 30~45초 정도 돌려서 따뜻
하지만 끓지는 않을 정도로 데운다.

핫초콜릿용 가나슈

약 1½컵, 간단한 핫초콜릿 또는 초콜릿 음료 ǀ 6인분을 만들 수 있는 분량

가나슈는 보통 트러플 초콜릿이나 케이크 장식에 쓰는 아이싱을 만들 때 사용
된다. 여기서는 가나슈를 사용해 핫초콜릿보다 훨씬 진하고 풍부한 맛을 내는
특별한 음료를 만들어본다.

중간 크기의 묵직한 편수 냄비에 다음을 넣고 팔팔 끓인다.

　헤비크림 1컵

바로 불에서 내려 다음을 넣고 부드러워질 때까지 휘젓는다.

　다크, 비터스위트 또는 세미스위트 초콜릿(카카오 함량 60~72%) 225g, 잘게
　　썰기

즉시 사용하거나 식힌 다음 뚜껑을 덮어서 냉장고에 넣으면 최대 2주까지 보
관할 수 있다.

간단한 핫초콜릿 또는 초콜릿 음료

1인분

Ⅰ. 작은 편수 냄비나 머그잔에 다음을 넣고 젓는다.

　위의 핫초콜릿용 가나슈 ¼컵

　우유, 물 또는 커피 ½컵

약불에 올리거나 전자레인지를 강으로 맞추고 30~45초 정도 돌려서 따뜻하
지만 끓지는 않을 정도로 데운다. 취향에 따라 다음을 넣고 젓는다.

　(바닐라 ⅛작은술 또는 칼루아나 그랑 마니에르 ½작은술)

다음을 얹는다.

　휩드 크림 1덩이

　육두구 가루 또는 계핏가루

Ⅱ. 작은 편수 냄비 또는 전자레인지 용기에 다음을 담고 끓어오르기 시작할

때까지 가열한다.

    하프앤드하프 ½컵

불에서 내린 후 다음을 넣어 잘 녹을 때까지 젓는다.

    다크, 비터스위트 또는 세미스위트 초콜릿(카카오 함량 60~72%) 28g, 잘게 썰기

향신료를 넣은 핫코코아

4인분

중간 크기의 묵직한 편수 냄비에 다음을 넣고 잘 젓는다.

    무가당 코코아 가루 6큰술

    설탕 6큰술

다음을 처음에는 1큰술씩 넣다가 그다음에는 천천히 조금씩 흘려 넣으면서 세게 젓는다.

    우유 3컵

중불에 올려 자주 젓거나 냄비 바닥을 긁어주면서 가장자리에 거품이 올라오기 시작할 때까지 가열한다. 불에서 내리고 다음을 넣어 젓는다.

    통계피 2개, 부수기

    정향 6개, 부수기

    생강 3.8cm짜리 1조각, 껍질을 벗겨 얇게 저미기

뚜껑을 덮고 30분 정도 둔다. 김이 모락모락 날 때까지 다시 데운 후 걸러서 머그잔에 따른다. 취향에 따라 맨 위에 다음을 올린다.

    (휩드 크림)

향신료를 넣은 핫초콜릿

4인분

코코아 가루와 설탕 대신 **핫초콜릿용 가나슈 레시피**의 **½ 분량**을 사용해 위에서 소개한 **향신료를 넣은 핫코코아**를 만든다. 뚜껑을 덮고 30분 정도 둔다. 김이 날 때까지 다시 데운 후 걸러서 머그잔에 따른다. 취향에 따라 맨 위에 **휩드 크림**을 올려서 낸다.

참푸라도(Champurrado, 마사를 넣어 걸쭉하게 만든 핫초콜릿)

6인분

참푸라도는 보통 당도가 높고 납작한 판 형태로 판매하는 멕시코 초콜릿으로 만든다. 우리는 쌉쌀한 다크 초콜릿 맛을 선호하지만, 취향에 따라 멕시코 초콜릿을 사용해도 좋다. 멕시코 초콜릿을 사용할 때는 아래의 레시피에서 설탕을 빼고 조리한 다음, 음료가 완성된 후에 맛을 보고 설탕을 적당히 추가하면 된다. 멕시코식 갈색 설탕인 필론시요(piloncillo)를 구할 수 없다면 색이 진한 갈색 설탕을 사용한다.

중간 크기의 편수 냄비에 다음을 넣고 뭉근히 끓인다.

    우유 4컵

    다크, 비터스위트 또는 세미스위트 초콜릿(카카오 함량 60~72%) 85g, 잘게 썰기

    계핏가루 ½작은술

    필론시요 또는 갈색 설탕, 꾹 눌러 담아 ⅓컵

    소금 ¼작은술

다음을 넣으면서 천천히 젓는다.

    마사 하리나(masa harina, 멕시코식 옥수숫가루 — 옮긴이) ½컵

중약불로 줄이고 자주 저으면서 걸쭉해질 때까지 약 4분간 조리한다. 불에서

내려 다음을 넣고 젓는다.

    바닐라 1작은술

마야식 핫초콜릿

4인분

향신료를 첨가한 이 핫초콜릿에는 유제품을 넣지 않기 때문에 무척 깔끔한 초콜릿 맛을 즐길 수 있다. 그냥 먹어도 될 만큼 품질이 좋은 초콜릿을 사용한다.

작은 냄비에 다음을 넣고 섞는다.

    물 2½컵

    계핏가루 ½작은술

    카옌 고춧가루 ⅛작은술

    소금 ⅛작은술

살짝 끓을 때까지 가열했다가 불에서 내리고 다음을 넣은 후 완전히 녹아서 다른 재료와 잘 어우러질 때까지 젓는다.

    다크, 비터스위트 또는 세미스위트 초콜릿(카카오 함량 60~72%) 115g, 잘게 썰기

브라질식 초콜릿

4인분

작은 내열 용기에 다음을 넣고 섞는다.

    다크, 비터스위트 또는 세미스위트 초콜릿(카카오 함량 60~72%) 28g, 썰기

    설탕 ¼컵

    소금 ⅛작은술

냄비에 다음을 넣고 섞는다.

    진한 커피 1½컵

    물 1컵

    하프앤드하프 1컵

부르르 끓어오를 때까지 가열한 다음 초콜릿 위에 붓고 초콜릿과 설탕이 완전히 녹을 때까지 잘 젓는다. 다음을 넣어 저으면서 섞는다.

    바닐라 1작은술

    계핏가루 1자밤

카이(Kai)

4~6인분

"바다에 나서서 망을 보고 있노라면 / 시간이 느릿느릿 흘러가지 / 하지만 누군가 나에게 / 김이 모락모락 나는 카이 한 컵을 가져다줄지도 모르지." 진하고도 맛있는 카이는 영국 해군이 오랫동안 즐겨 마신 음료로, 야간 보초를 서는 군인들이 출출한 속을 달래는 동시에 졸음을 완전히 쫓을 수 있도록 배급되었다. 우리는 그만큼 중요한 임무를 띤 사람들은 아니지만, 아래에 소개하는 음료는 추운 겨울날 속을 따뜻하게 녹여주는 역할을 훌륭히 해낸다.

중간 크기의 편수 냄비에 다음을 넣는다.

    무가당 초콜릿 또는 다크 초콜릿(카카오 함량 72% 이상) 115g, 잘게 썰기

    물 1½컵

자주 휘저으면서 초콜릿이 녹을 때까지 가열한다. 다음을 넣는다.

    가당연유 통조림 400g짜리 1개

    (맥아 분유 또는 인스턴트 커스터드 가루 2큰술)

잘 섞이도록 저으면서 전체적으로 따뜻해지도록 데운다. 불에서 내린다. 취향

에 따라 다음을 추가한다.

　(럼이나 커피 내린 것 120ml)

에그 크림

1인분

브루클린에서 탄생한 이 유명 탄산음료에는 달걀도 크림도 들어가지 않는다.
기다란 유리잔에 다음을 붓는다.

　아주 차가운 우유 1컵

　코코아 시럽 2큰술

잘 섞이도록 세게 저은 후 위에 다음을 붓는다.

　탄산수 ⅓컵

주스와 과일 음료에 대해

여기에 소개하는 음료 중 상당수는 시판 주스로 만들 수 있지만, 개중에는 신선한 주스와 채소를 섞거나 주스를 직접 짜야 하는 것들도 있다. 주스기는 크게 착즙식, 즉 **콜드프레스 주스기**와 **원심분리식 주스기**의 두 가지 유형으로 나눌 수 있다. 두 가지 유형의 주스기는 모두 불용성 식이섬유를 비롯해 과일 또는 채소 찌꺼기를 걸러내는 데 효과적이지만 원심분리형 주스기는 상대적으로 주스 추출 효율성이 떨어진다. 주스기가 없다면 믹서에 과일이나 채소를 곱게 갈아서 퓌레 상태로 만든 후 물을 적당히 추가해 고운체나 거즈 면포를 몇 겹으로 깔아놓고 부어서 걸러낸다. 고형물을 지그시 누르면서 주스를 모두 짜낸다. 감귤류 과일에서 주스를 짜낼 때는 전동 또는 수동 과즙기나 지렛대 모양의 착즙기를 사용할 수도 있다. 우리는 오렌지뿐만 아니라 자몽에도 사용할 수 있을 정도로 큼직한 착즙기를 권장한다. ▶ 감귤류 과일의 즙을 가장 효과적으로 추출하는 방법에 대해서는 194쪽을 참고한다.

　시판 주스 중에서는 저온에서 순간 살균한 냉장 주스가 가장 좋다. 냉동 농축액도 편리하게 대용품으로 사용할 수 있다. 깡통, 병 또는 종이팩에 들어 있는 주스들은 품질이 너무 들쭉날쭉하므로 정부는 이러한 주스 음료를 분류하는 몇 가지 범주를 지정했다. 진짜 과일 주스가 가장 큰 비중을 차지하는 것부터 부분적으로 또는 거의 전부 인공 주스로 구성된 것까지 다양한 범주가 있다. 주스라는 이름이 붙은 모든 제품은 실제 주스 함량을 백분율(%)로 표기해야 하지만, 그 함량 자체도 농축액일 가능성을 배제할 수 없다. **과즙 음료**는 감미료와 레몬즙 또는 아스코르브산을 첨가한 과일 퓌레로 만들며 과일 주스보다 훨씬 점도가 높고 농축된 맛을 가지고 있다. '주스와 비슷한' 제품을 피하고자 한다면 라벨에 '농축', '환원', '희석', '드링크', '음료', '가향' 또는 '혼합' 등의 단어가 들어 있는지 유심히 살핀다.

토마토 채소 주스

4인분

I. 신선한 토마토 사용

커다란 편수 냄비에 다음을 넣고 30분간 뭉근히 끓인다.

　중간 크기의 토마토 12개, 굵게 썰기

　잎이 붙어 있는 셀러리 줄기 2개, 굵게 썰기

　양파 슬라이스 1개

　파슬리 잔가지 3개

　월계수 잎 ½장

　물 ½컵

건더기를 걸러 커다란 물병에 붓는다. 다음으로 간을 맞춘다.

　소금 1작은술

　파프리카 가루 ¼작은술

　설탕 ¼작은술

완전히 차갑게 해서 낸다.

II. 통조림 또는 병에 든 토마토 주스 사용

이 주스는 만든 날 마셔야 가장 맛있다. 가볍게 찧은 타라곤, 바질 또는 다른 허브의 잔가지를 주스에 넣어 우려낸 다음 먹기 전에 걸러낸다.
큰 물병에 다음을 넣어 섞는다.

　통조림 또는 병에 든 토마토 주스 2½컵

　레몬즙 1½큰술

　강판에 간 셀러리 1작은술

　강판에 간 양파 ½작은술

　껍질을 벗겨 강판에 간 호스래디시 뿌리 ½작은술

　소금 ¾작은술

　설탕 ¼작은술

　파프리카 가루 ⅛작은술

　우스터 소스 또는 핫소스 약간

완전히 차갑게 해서 낸다.

감귤류 주스 메들리

2~3인분

큰 물병에 다음을 넣어 섞는다.

　자몽 주스 ¾컵

　레몬즙 또는 라임즙 ¼컵

　오렌지 주스 ½컵

　설탕 또는 간단 시럽 ¼컵

차갑게 식히거나 얼음을 넣은 컵에 담고 다음으로 장식해서 낸다.

　민트 잔가지

크랜베리 주스

4~6인분

중간 크기의 편수 냄비에 다음을 넣어 섞는다.

　크랜베리 340g짜리 1봉지

　물 3컵

중불에 올려 껍질이 벗겨질 때까지 약 5분간 가열한다. 거즈 면포를 깐 체를 중간 크기 편수 냄비 위에 올려놓고 혼합물을 부어 걸러낸다. 열매를 꽉 짜서 주스를 모두 추출한다. 불에 올리고 끓어오르면 다음을 넣는다.

　설탕 ⅓~½컵, 맛을 보면서 조절

　(정향 6개)

2분간 끓인다. 불에서 내려 식힌다.(정향을 사용했다면 이 단계에서 건져낸다.) 다음을 첨가한다.

　오렌지 주스 ¼컵 또는 레몬즙 1큰술

차갑게 식힌다. 다음으로 장식한다.

　라임 슬라이스

혼합 주스에 대해

대다수 과일과 채소는 믹서나 주스기를 거치면 영양 만점의 맛있는 음료가 된다. 이런 음료를 만들 때 한 가지 걱정되는 점은 열정이 넘쳐서 특이하고 복잡한 조합을 자꾸 시도하다가 자칫 마시지 못할 수준의 음료가 나올 수도 있다는 점이다. 말은 이렇게 하지만 우리도 신선한 생강, 레몬, 허브를 넣어서 복합적인 맛을 살린 주스를 좋아한다. 아래에 우리가 즐겨 마시는 혼합 주스 조합 몇 가지를 소개한다. 주스기가 없다면 앞의 주스와 과일 음료에 대해 항목에서 설명한 것처럼 재료를 믹서에 갈아낸 뒤 걸러서 사용한다.

토마토 셀러리 당근 주스

2~4인분

주스기나 믹서에 다음을 넣고 주스를 만든다.

중간 크기 토마토 2개(약 225g), 4등분하기

줄기가 큰 셀러리 2개(약 115g), 적당한 크기로 자르기

당근 큰 것 2개(약 170g), 적당한 크기로 자르기

파슬리 잔가지 4개

(껍질을 벗긴 호스래디시 뿌리 1.2cm짜리 1조각)

파인애플 망고 주스

4인분

정육면체로 자른다.

파인애플 1개, 껍질을 벗기고 심 제거하기

망고 큰 것 2개, 씨를 빼고 껍질을 벗기기

주스기나 믹서에 위의 재료를 넣고 주스를 만든다. 다음을 추가한다.

라임즙 적당량

다음으로 장식한다.

민트 잔가지

당근 비트 생강 주스

1인분

주스기나 믹서에 다음을 넣고 주스를 만든다.

비트 작은 것 2개(약 225g), 손질해서 적당한 크기로 자르기

당근 큰 것 1개(약 85g), 적당한 크기로 자르기

생강 5cm짜리 1조각, 적당한 크기로 자르기(믹서를 사용한다면 껍질을 벗기기)

레몬 작은 것 1개, 4등분하기(믹서를 사용한다면 즙을 내서 넣기)

케일 생강 레모네이드

1인분

새콤하고 알싸한 이 녹색 주스는 메건이 나른한 오후에 즐겨 마시는 음료다.

주스기나 믹서에 다음을 넣고 주스를 만든다.

잘게 채 썬 케일, 꾹 눌러 담아 1컵

새콤달콤한 사과 중간 크기 1개, 4등분하기(믹서를 사용한다면 씨를 제거하기)

레몬 작은 것 1개, 반으로 자르기(믹서를 사용한다면 즙을 내서 넣기)

생강 5cm짜리 1조각, 적당한 크기로 자르기(믹서를 사용한다면 껍질을 벗기기)

스무디와 아이스크림 음료에 대해

스무디는 밀크셰이크와 비슷하지만 과일에 우유, 우유 대용 음료 또는 요구르트를 섞은 다음 얼음이나 냉동 과일로 걸쭉하게 만든 것이다. 우리는 시원하고 걸쭉한 스무디를 만들 때 얼린 바나나를 가장 즐겨 사용하는데, 이렇게 하면 질척거리지 않고 부드러운 스무디를 만들 수 있다. 마트에서 싸게 파는 잘 익은 바나나가 눈에 띄면 얼른 장바구니에 넣고, 나중에 유용하게 쓸 수 있도록 껍질을 벗겨 반으로 자른 다음 냉동실에 넣어두자.

과일 스무디

1~2인분

이 레시피의 기본 비율을 응용해 재료에 맞게 다양한 종류의 스무디를 만들 수 있다. 블루베리와 같이 색이 진한 과일을 사용할 경우 스피룰리나를 넣으면 스무디가 우중충한 색이 된다.

믹서에 다음을 넣고 섞는다.

냉동 과일(베리류, 체리, 복숭아, 망고 또는 파인애플 등을 자른 것) 1컵

냉동 완숙 바나나 1개, 적당한 크기로 자르기

우유, 우유 대용 음료, 코코넛 워터, 물 또는 과일 주스 ½컵(또는 요구르트 ½컵에 물이나 우유 3큰술을 섞은 것)

(꿀, 메이플 시럽 또는 아가베 시럽 등의 감미료 최대 1큰술, 또는 씨를 제거한 말린 대추 2개)

(땅콩, 캐슈, 해바라기씨 등의 견과류 또는 씨앗 버터 1큰술)

(스피룰리나 가루, 치아시드, 아마씨 1작은술)

부드러워질 때까지 믹서로 간다. 유리잔에 따르거나 그릇에 담은 후 다음 중 취향에 맞는 재료를 올려서 낸다.

벌 화분(꿀벌이 타액과 미세한 꽃가루를 뭉쳐서 만드는 작은 덩어리 — 옮긴이)

해바라기씨, 호박씨, 얇게 저민 코코넛, 치아시드, 대마씨 등의 씨앗이나 견과류

그래놀라

잘게 자른 신선한 과일

그린 스무디

1~2인분

일부 그린 스무디는 조금… 풀 맛이 나기도 한다. 우리는 상쾌하고 맛이 부드러운 아래의 레시피가 초보자용 그린 스무디로 적합하다고 생각한다.

믹서에 다음을 넣고 섞는다.

어린 시금치 또는 억센 줄기를 제거하고 채 썬 케일, 꾹 눌러 담아 1컵

냉동 망고, 파인애플 또는 바나나 조각 1컵

무가당 아몬드 우유, 음료수 스타일 코코넛 밀크, 코코넛 워터 또는 물 1컵(또는 플레인 요구르트 ½컵+물 ½컵)

(아보카도 ½개, 껍질을 벗기고 씨를 제거한 후 작게 썰기)

라임즙 2큰술

메이플 시럽, 꿀 또는 아가베 시럽 1큰술 또는 씨를 제거한 말린 대추 2개

(스피룰리나 가루 1작은술)

소금 1자밤

부드러워질 때까지 믹서로 간다.

초콜릿 체리 스무디

1~2인분

믹서에 다음을 넣고 섞는다.

　　우유 또는 우유 대용 음료 1¼컵

　　달콤한 냉동 체리 1컵

　　각얼음 1컵

　　코코아 시럽 3큰술

부드러워질 때까지 믹서로 간다.

땅콩버터와 바나나 스무디

2인분

우리는 진하고 부드러우며 속이 든든한 이 음료에 아몬드 버터를 넣어서 즐기기도 한다.

믹서에 다음을 넣고 섞는다.

　　냉동 완숙 바나나 3개, 큼직하게 자르기

　　우유 또는 우유 대용 음료 2컵

　　땅콩버터 ¼컵

　　(무가당 코코아 가루 1큰술)

부드러워질 때까지 믹서로 간다.

파파야 망고 바티도

리쿠아도(licuado)라고도 하는 바티도는 대체로 스무디보다 조금 더 묽고 우유를 사용한다.

믹서에 다음을 넣고 섞는다.

　　파파야 과즙 1컵

　　냉동 망고 조각 1컵

　　우유 1컵

　　라임즙 3큰술

부드러워질 때까지 믹서로 간다.

망고 라시

3~4인분

인도 식료품점에서 통조림 형태로 구할 수 있는 알폰소 또는 케사르 망고 퓌레가 특히 이 음료에 잘 어울린다.(망고 퓌레 2컵을 사용하고 취향에 따라 설탕을 추가한다.) 이 망고 퓌레를 사용해서 프로즌 요구르트 디저트를 만들려면 904쪽을 참고한다.

믹서에 다음을 넣고 섞는다.

　　플레인 요구르트 2컵

　　망고 큰 것 2개(약 680g), 껍질을 벗기고 씨를 뺀 후 잘게 썰기

　　설탕 1큰술

　　각얼음 10개

얼음이 작은 덩어리로 바스러질 때까지 간다. 차갑게 식힌 유리컵에 붓는다.

과일 케피어

4~6인분

케피어는 요구르트의 가까운 친척뻘이며 액체 형태로 판매한다. 케피어를 구

할 수 없다면 발효 버터밀크가 좋은 대용품이다.

믹서에 다음을 넣고 섞는다.

　　플레인 케피어 2컵

　　라즈베리, 블루베리, 블랙베리, 잘게 썬 딸기, 또는 껍질을 벗겨 씨를 제거하고
　　　　잘게 썬 복숭아, 살구 또는 망고 2컵

부드러워질 때까지 믹서로 간다. 냉장고에 넣어 약 24시간 보관한다. 잘 저은 후 낸다.

아이스크림 플로트

1인분

어른용으로 만들 때는 스타우트나 포터 흑맥주를 사용한다.

유리컵에 다음을 추가한다.

　　바닐라 아이스크림 1스쿱 또는 그 이상

유리컵에 다음을 넣어 채운다.

　　루트비어, 콜라 또는 기타 탄산음료

밀크셰이크

2인분

맥아 분유 ½컵을 추가하면 맥아 밀크셰이크가 된다.

믹서에 다음을 넣고 섞는다.

　　취향에 맞는 맛의 아이스크림 2컵

　　우유 2컵

　　(코코아 시럽 ¼컵)

부드럽게 거품이 일 때까지 믹서로 간다.

과일 밀크셰이크

2인분

믹서에 다음을 넣고 섞는다.

　　바닐라 아이스크림 1컵

　　우유 1컵

　　완숙 바나나 슬라이스, 껍질을 벗긴 복숭아 또는 딸기 2컵

부드러워질 때까지 믹서로 간다.

베트남식 아보카도 셰이크

2인분

미국인들은 아보카도를 짭짤한 음식을 만들 때 사용하는 재료로 생각하지만, 세계 곳곳에는 디저트를 만들 때 아보카도를 사용하는 나라가 많다. 풍부한 맛을 내는 이 셰이크는 아보카도가 디저트에 어울린다고 생각하는 사람들의 주장에 든든한 힘을 실어준다. 선호하는 당도에 따라 가당연유와 우유의 비율을 적당히 조절한다.

믹서에 다음을 넣고 섞는다.

　　아보카도 큰 것 1개, 씨를 빼고 껍질에서 과육을 떠내기

　　각얼음 4~6개 또는 잘게 부순 얼음 ¾컵

　　가당연유 ⅓컵

　　우유 또는 코코넛 밀크 ⅓컵

　　소금 1자밤

부드러워질 때까지 믹서로 간다.

갈증 해소 음료에 대해

대다수 음료가 수분을 공급하는 역할을 하지만 특히 갈증 해소에 효과적인 음료들이 있다. 이러한 음료들은 더운 여름에 얼음을 넉넉하게 넣어 만들면 좋다. 개중에는 레모네이드처럼 새콤달콤한 음료가 있는가 하면 가향 시럽과 탄산수를 넣어서 미각을 짜릿하게 자극하는 음료도 있다. 어느 쪽이든 우리는 지나치게 달콤한 탄산음료나 총천연색 스포츠음료보다 단연 갈증 해소 음료를 선호한다. 또한 이 갈증 해소 음료들은 알코올음료 대용품으로도 환영받는다. 알코올음료를 대체할 수 있는 다양한 음료에 대해서는 버진 칵테일에 대해 항목을 참고한다.

레모네이드 또는 라임에이드

8인분

오렌지, 파인애플, 라즈베리, 청포도 주스 또는 다른 과일 주스를 레모네이드 또는 라임에이드에 섞을 수 있다. 약간의 변화를 주려면 로즈메리 잔가지 2~3개, **민트나 타임 작게 1묶음 또는 생강 5cm를 얇게 저며** 넣어서 설탕 시럽을 만들어보자. 시럽을 실온에서 식힌 다음 걸러서 사용한다. **핑크 레모네이드**를 만들려면 그레나딘 3큰술을 추가한다. 레모네이드와 아이스티를 1:1로 섞으면 **아널드 파머**가 된다. 새콤한 맛을 내는 음료를 선호하는 경우 아래에 소개한 것보다 설탕의 양을 약간 줄여서 넣는다.

냄비에 다음을 넣고 2분간 끓인다.

　　물 3컵

　　설탕 1½~2컵, 맛을 보면서 조절

다음을 추가한다.

　　찬물 5컵

　　레몬즙 또는 라임즙 1컵

각얼음을 넣은 기다란 유리컵이나 얼음을 가득 채운 물병에 붓는다.

가향 또는 이탈리아식 탄산음료

1인분

제대로 굳지 않은 젤리를 처리하기에 안성맞춤인 레시피다. 또는 취향에 맞는 젤리를 분량만큼 살짝 녹여서 시럽 대신 사용해도 좋다. 더욱 톡 쏘는 맛의 음료를 선호한다면 시럽 대신 **과일 식초**를 사용한다.

기다란 유리컵에 다음을 넣는다.

　　선호하는 시판 또는 수제 가향 시럽 3큰술 또는 적당량

유리컵에 잘게 부순 얼음을 채운 후 다음을 따른다.

　　탄산수

취향에 따라 맨 위에 다음을 얹는다.

　　(헤비크림 또는 하프앤드하프 2큰술 또는 적당량)

과일 탄산음료

1인분

과즙 음료를 사용해서 만들면 무척 맛이 좋다.

기다란 유리컵에 다음을 넣는다.

　　탄산수 ½컵

　　레모네이드, 라임에이드, 오렌지, 파인애플, 크랜베리, 구아바, 살구 또는 기타
　　　　주스나 과즙 ½컵

　　(선호하는 가향 시럽 적당량)

　　(레몬즙 또는 라임즙 적당량)

아구아 프레스카(Agua Fresca)

약 3컵, 6인분

스페인어로 '차가운 물'이라는 뜻의 아구아 프레스카는 잘 익은 과일의 진액을 증류해 상쾌한 여름용 음료를 만드는 방식을 의미한다. 알코올이 들어 있는 음료를 만들 때는 잔의 가장자리에 **굵은 소금**을 바른다. 각얼음 몇 개를 유리잔에 넣고 그 위에 아구아 프레스카 ½컵을 따른다. **보드카, 럼 또는 테킬라 30~60ml**를 추가한다. **라임** 조각이나 아구아 프레스카의 재료로 사용한 **과일** 조각을 얹어서 낸다.

믹서에 다음을 넣는다.(재료가 잘 섞일 만큼 과즙이 충분히 나오지 않는 과일을 사용한다면 물을 조금 넉넉히 넣는다.)

　　주황색 캔털루프 멜론, 복숭아, 망고, 파인애플, 수박, 녹색 허니듀 멜론 등의 과일
　　　　또는 오이 4컵, 씨를 제거하고 정육면체로 자르기

　　물 ¼~½컵

과일의 종류에 따라서 위에 소개한 것보다 물을 더 많이 넣어야 할 수도 있다. 부드러워질 때까지 믹서로 간다. 고운체로 거르고 과육을 꽉 짜서 주스를 모두 추출한다. 다음을 넣고 잘 젓는다.

　　살짝 데운 꿀 1~3큰술 또는 적당량

　　레몬즙 또는 라임즙 2큰술 또는 적당량

완전히 차갑게 식힌다. 과일 주스와 다음 재료를 1:1로 섞은 후 잘 저어서 낸다.

　　탄산수

오르차타(Horchata)

6인분

라임을 넣어서 마시는 멕시코 라거 맥주를 제외하면, 우리가 아는 한 타코와 가장 잘 어울리는 음료는 곡물 및 견과류 우유를 넣어 만든 달콤하고 알싸한 이 오르차타다. 이 책의 레시피 테스트 도우미 중 한 사람은 남은 오르차타로 막대 아이스크림을 만들었는데, 그 기발한 아이디어에 무릎을 탁 쳤다!

I. 믹서에 다음을 넣고 곱게 간다.

　　백미 ½컵

다음을 넣는다.

　　세로로 두툼하게 자른 아몬드 ½컵

　　설탕 ½컵

　　통계피 1개 또는 계핏가루 1작은술

　　소금 ¼작은술

　　(2.5cm 너비의 길쭉한 라임 껍질 조각)

　　(세로로 반을 가른 바닐라 빈 1개)

아몬드와 쌀 혼합물이 들어 있는 믹서에 다음을 붓는다.

　　끓는 물 4컵

하룻밤 그대로 둔다. 믹서를 강에 맞추고 부드러워질 때까지 약 3분간 간다. 고운체나 거즈 면포를 몇 겹으로 깐 체 또는 거름 주머니로 거른다. 다음을 넣고 젓는다.

찬물 2컵

바닐라 빈을 사용하지 않을 경우 바닐라 1작은술

얼음을 채운 잔에 따라서 낸다.

II. 덜 전통적인 방법이기는 하지만 훨씬 빨리, 쉽게 만들 수 있고 맛도 좋은 버전이다.

믹서에 다음을 넣고 섞는다.

무가당 아몬드 우유 3컵

무가당 쌀 우유 3컵

설탕 ½컵

바닐라 1작은술

계핏가루 1작은술

설탕이 다 녹을 때까지 간다. 얼음을 채운 잔에 따라서 낸다.

파나캄(Panakam)

1인분

이 시원한 인도식 음료는 일반적으로 인도산 갈색 설탕 또는 팜 슈거를 사용해 만든다. 취향에 따라 인도산 갈색 설탕을 간단 시럽에 들어가는 백설탕으로 대체해도 좋다. 이 레시피에서 가장 까다로운 부분은 생강즙을 내는 작업이므로 구할 수 있다면 시판 생강즙을 사용해도 좋다. 해피아워 시간이 가까워졌다면 **드라이 진 30ml**를 추가해 알싸하고 상쾌한 칵테일로 변신시켜보자.

푸드 프로세서에 다음을 넣고 다진다.

생강 115g, 껍질을 벗겨 가로 방향으로 얇게 저미기

물 ¼컵

이때 생강을 아주아주 잘게 다져야 한다. 다진 생강을 고운체나 두꺼운 주방 행주를 깐 체에 옮겨 담는다. 있는 힘껏 최대한 생강즙을 짜낸다. 대략 16인분인 생강즙 약 ⅓컵을 얻을 수 있다. 생강즙을 냉장고에 넣으면 최대 일주일까지 보관할 수 있다.

내기 전에 각 유리컵에 다음을 넣는다.

위의 방법으로 짜낸 생강즙 또는 시판 생강즙 1작은술

라임즙 1큰술 또는 타마린드 농축액 1작은술

간단 시럽이나 아가베 시럽 1~2큰술, 맛을 보면서 조절

카르다몸 가루 ⅛작은술

소금 1자밤

(후추 1자밤)

잘 저어서 섞은 다음 얼음을 채운 유리컵에 따른다. 컵마다 다음을 채운다.

탄산수 약 120ml

쉽게 저을 수 있도록 긴 숟가락과 함께 내고 다음으로 장식한다.

라임 조각

알싸한 진저에일

6~8인분

이 레시피로 진한 생강 시럽을 만들면 한 번에 진저에일 1컵씩 만들 수 있다. 여러 사람이 마실 수 있도록 대량으로 진저에일을 만들 때는 걸러낸 생강 시럽을 큰 물병에 옮긴 다음 **맛을 보면서 라임즙 ½~¾컵**을 추가하고 **탄산수 4½컵 또는 적당량**을 붓는다.

믹서에 다음을 넣고 섞는다.

설탕 ½컵

물 ½컵

생강 115g, 껍질을 벗겨 가로 방향으로 얇게 저미기

생강이 완전히 퓌레 상태가 되어 덩어리가 남지 않을 때까지 곱게 간다. 중간 크기의 볼에 고운체를 올려놓고 거른 다음 고무 주걱으로 건더기를 꾹꾹 눌러 즙을 전부 짜낸다. 또는 퓌레 상태의 생강을 얇은 주방 행주 가운데에 놓고 양쪽 끝을 오므린 다음 볼 위에 놓고 비틀어 다진 생강에서 마지막 한 방울 즙까지 모두 짜낸다. 생강 시럽은 냉장고에 넣으면 최대 2주까지 보관할 수 있다. 보관했던 생강 시럽은 잘 흔들어서 사용한다.

얼음을 채운 유리컵 하나당 생강 시럽 1½~2큰술을 적당히 추가한 후 다음을 넣는다.

라임즙 또는 레몬즙 1½~2큰술, 맛을 보면서 조절

유리컵에 다음을 붓는다.

탄산수 180ml

잘 젓는다.

스위첼

4인분

은은한 단맛이 돌면서 새콤한 이 음료는 몸에 좋은 스포츠음료에 가까우며, 날씨가 더운 날 야외에서 일하거나 놀 때 마시면 안성맞춤이다.

중간 크기의 편수 냄비에 다음을 넣고 섞는다.

물 2컵

생강 5cm짜리 1조각, 얇게 저미기

부르르 끓어오를 때까지 가열한다. 불에서 내린 후 뚜껑을 덮고 20분 동안 둔다. 건더기를 걸러서 손잡이가 달린 물병 또는 항아리 병에 옮기고 다음을 넣어 젓는다.

꿀 또는 메이플 시럽 ¼컵

사과 식초 2큰술

소금 ⅛작은술

꿀 또는 메이플 시럽, 소금이 전부 녹을 때까지 잘 젓는다. 다음을 넣고 젓는다.

각얼음 2컵

완전히 차갑게 식힌다.

과일 펀치에 대해

아래에 소개하는 펀치들은 무알코올음료이며 나이에 관계없이 누구나 마실 수 있다. 알코올이 들어간 펀치 음료는 31~35쪽을 참고한다. 탄산이 들어간 재료는 거품이 빠지지 않도록 내놓기 직전에 넣는다. 펀치 베이스를 절반 나눠서 두 번에 걸쳐 만들고, 그때마다 각각 탄산 재료를 추가해서 마셔도 좋다. 가장 맛있는 펀치를 만드는 방법은 섞기 전에 모든 재료를 차갑게 보관하는 것이다. 펀치를 차갑게 유지하기 위해 제일 보편적으로 쓰는 방법은 장식용 얼음 틀을 사용하는 것이지만, 이렇게 하면 결국 얼음이 녹아서 펀치가 희석된다. ► 희석 없이 펀치를 차갑게 유지하려면 지퍼백에 물을 채워서 봉한 후 딱딱하게 얼려 펀치 볼에 넣는다. 내기 전에 이 얼음 지퍼백을 빼도 좋고 그냥 둬도 상관없다.(보기 좋지는 않겠지만 효과는 확실하다.) 냉동 과일을 장식으로 사용하거나 얼음 틀 또는 원형 케이크 틀의 ⅓ 높이까지 주스를 담아 얼려서 사용하는 것도 펀치를 시원하게 유지하면서 희석을 방지하는 현명한 방법이다.

수박 펀치

1인분당 180ml씩 20인분

다음을 준비한다.

　　간단 시럽, 설탕 1컵과 물 1컵을 사용해서 만들기

시럽을 식힌다. 다음의 껍질을 제거한다.

　　수박 1.8kg

정육면체로 자르고 씨는 모두 제거한다.(수박 5~6컵 정도 나온다.) 조금씩 몇 번에 걸쳐서 믹서에 넣고 간단 시럽과 함께 퓌레 상태로 갈아낸 후 중간 정도의 체에 걸러서 펀치 볼에 담는다. 다음을 넣고 젓는다.

　　레몬즙 1¼컵

내기 직전에 다음을 넣고 젓는다.

　　진저에일 1ℓ, 차갑게 식히기

　　소다수 또는 탄산수 1ℓ, 차갑게 식히기

　　꼭지를 따고 얇게 저민 딸기 또는 둥글게 떠낸 멜론 과육 약 1ℓ

크랜베리 망고 펀치

1인분당 180ml씩 20인분

커다란 펀치 볼에 다음을 넣어 섞는다.

　　라즈베리 크랜베리 주스 또는 크랜베리 주스 칵테일 1.9ℓ, 차갑게 식히기

　　망고 과즙 음료 1ℓ, 차갑게 식히기

　　소다수 또는 탄산수 1ℓ, 차갑게 식히기

　　스파클링 사과 주스 750ml짜리 1병, 차갑게 식히기

위에 다음을 띄운다.

　　횡단면으로 자른 라임 조각

파인애플 펀치

1인분당 180ml씩 20인분

커다란 그릇에 다음을 넣어 섞고 잘 젓는다.

　　차갑게 식힌 진한 홍차 2컵

　　오렌지 주스 2컵

　　레몬즙 ¾컵

　　라임즙 2큰술

　　설탕 1컵

　　민트 잔가지 12개에서 떼어낸 잎

2시간 동안 냉장고에 넣어둔다. 내기 직전에 펀치의 건더기를 걸러내고 다음을 추가한다.

　　신선한 파인애플 슬라이스 10개 또는 파인애플 슬라이스 통조림 567g짜리 1개(주스도 함께 사용)

　　진저에일 2ℓ, 차갑게 식히기

　　소다수 또는 탄산수 1ℓ, 차갑게 식히기

펀치 볼에 얼음을 넣고 펀치를 붓는다.

과일 펀치

1인분당 180ml씩 20인분

다음을 준비해 큰 펀치 볼에 붓는다.

　　간단 시럽, 설탕 1¼컵과 물 1¼컵을 사용해서 만들기

다음을 추가한다.

　　차갑게 식힌 진한 홍차 2½컵

식히고 다음을 추가한다.

　　체리, 청포도, 딸기 등 감귤류 이외의 주스 2½컵

　　오렌지 주스 2컵

　　레몬즙 1컵

　　으깬 파인애플 통조림 1컵

물을 충분히 추가해 액체의 양을 총 3.8ℓ로 맞춘다. 1시간 동안 차갑게 식힌다. 내기 직전에 다음을 추가한다.

　　소다수 또는 탄산수 1ℓ, 차갑게 식히기

얼음을 추가해서 낸다.

시럽에 대해

간단 설탕 시럽은 탄산수, 아이스티, 레모네이드나 라임에이드 또는 가향 탄산 음료 등의 차가운 음료에 단맛을 낼 때 유용한 재료다. 이러한 음료에 일반 설탕 시럽 대신 가향 시럽을 사용하면 조금 더 복합적인 맛을 낼 수 있다. 다양한 종류의 가향 시럽은 집에서도 쉽게 만들 수 있다. 모든 시럽은 유리병이나 플라스틱 용기에 보관해야 한다.

간단 시럽(설탕 시럽)

2컵

다양한 비율로 만들 수 있지만 가장 일반적인 비율은 설탕과 물을 1:1로 섞는 것이다. 여기에 소개하는 레시피를 따르면 더욱 진한 간단 시럽이 완성된다. 우리가 이 레시피를 선호하는 이유는 잘 상하지 않고 음료에 단맛을 더할 때 소량만 사용해도 되기 때문이다. 시럽을 소량만 첨가하면 다른 재료의 맛이 덜 희석되며, 이는 특히 칵테일을 만들 때 매우 중요한 장점이다.

편수 냄비에 다음을 넣고 섞는다.

　　설탕 2컵

　　물 1컵

약불에 올려 가끔 저어가면서 설탕이 완전히 녹을 때까지 가열한다. 불에서 내려 식힌 다음 냉장고에 넣어 차갑게 보관하면서 필요할 때마다 꺼내 쓴다. 진한 간단 시럽은 냉장고에서 6개월간 보관할 수 있으며 이보다 농도가 연한 1:1 비율의 시럽이라면 보관 기한은 한 달이다.

과일 시럽

약 2½컵

위에 소개한 간단 시럽을 만든다. 설탕이 모두 녹으면 얇게 썰거나 깍둑썰기한 복숭아, 자두, 파인애플 또는 부채선인장 열매 2컵, 또는 라즈베리, 블랙베리, 블루베리 2컵, 또는 얇게 썬 딸기 3컵을 넣고 섞는다. 뚜껑을 덮고 10분간 뭉근히 끓인다. 식힌다. 건더기를 걸러내고 냉장고에 넣어두었다가 필요할 때 꺼내서 사용한다. 냉장고에서 최대 한 달간 보관할 수 있다.

감귤류 시럽

약 3컵

위에 소개한 간단 시럽을 만들되, 물과 설탕이 담긴 냄비에 레몬이나 라임 2개 또는 오렌지나 자몽 큰 것 1개에서 벗겨낸 얇은 껍질 조각을 넣는다. 뚜껑을 덮

고 5분간 뭉근히 끓인다. 어느 정도 식으면 (레몬, 라임, 오렌지 또는 자몽 주스 1컵)을 넣어도 좋다. 건더기를 걸러내고 냉장고에 넣어두었다가 필요할 때 꺼내서 사용한다. 냉장고에서 최대 한 달간 보관할 수 있다.

허브 시럽

약 2컵

Ⅰ. 앞에 소개한 **간단 시럽**을 만든다. 설탕이 모두 녹으면 **라벤더, 로즈메리 또는 레몬 버베나** 작게 1묶음을 넣고 젓는다. 뚜껑을 덮고 5분간 뭉근히 끓인다. 식힌다. 건더기를 걸러내고 냉장고에 넣어두었다가 필요할 때 꺼내서 사용한다. 냉장고에서 최대 한 달간 보관할 수 있다.

Ⅱ. 앞에 소개한 **간단 시럽**을 만든다. 뜨거운 시럽을 불에서 내린 다음 **민트 1묶음 또는 민트 잎 ¾컵**을 넣는다. 뚜껑을 덮고 20분 정도 둔다. 건더기를 걸러내고 식힌다. 냉장고에 넣어두었다가 필요할 때 꺼내서 사용한다. 냉장고에서 최대 한 달간 보관할 수 있다.

향신료 시럽

약 2컵

앞에 소개한 **간단 시럽**을 만든다. 뜨거운 시럽을 불에서 내린 후 다음 중 하나를 넣고 젓는다. **정향 1½작은술, 통계피 4개, 팔각 6개, 7.5cm 길이의 생강 조각을 얇게 저민 것**. 뚜껑을 덮고 30분 정도 둔다. 건더기를 걸러내고 식힌다. 냉장고에 넣어두었다가 필요할 때 꺼내서 사용한다. 냉장고에서 최대 한 달간 보관할 수 있다.

그레나딘

약 1½컵

중간 크기의 편수 냄비에 다음을 넣고 섞는다.

　　무가당 석류 주스 1컵

　　설탕 1컵

가끔 저어가면서 설탕이 완전히 녹을 때까지 서서히 가열한다. 끓을 정도로 세게 가열하지 않도록 주의한다. 불에서 내리고 다음을 넣어 젓는다.

　　등화수 ½작은술

완전히 식힌다. 냉장고에 넣으면 최대 3주까지 보관할 수 있다.

과일 식초

약 2컵

신선한 과일, 설탕, 식초를 1:1:1의 비율로 섞어 우려낸 새콤한 농축 시럽이다. 가향 탄산음료나 과일 탄산음료에 시럽 대신 사용하거나 아이스크림의 토핑으로 얹어도 좋다. 과일에 따라 다양한 종류의 맛이 순한 식초를 사용해야 할 수도 있다. 예를 들어 라즈베리에는 샴페인 식초가 잘 어울리고 복숭아에는 화이트 발사믹 식초가 좋다. 사과 식초는 어느 과일에 사용해도 두루두루 잘 어울린다.

중간 크기의 편수 냄비에 다음을 넣고 섞는다.

　　설탕 1컵

　　물 1컵

뭉근히 끓이면서 설탕이 잘 녹도록 저어준다. 중간 크기의 내열 그릇이나 유리병에 다음을 넣는다.

　　베리류, 잘게 썬 복숭아, 살구, 자두 또는 루바브 등의 신선한 과일이나 채소 2컵

시럽을 과일 위에 붓고 완전히 식힌 다음 뚜껑을 덮어 냉장고에 24시간 동안 넣어둔다. 시럽의 건더기를 걸러내고 계량한다. 시럽 분량의 절반만큼 다음을 넣는다.

　　식초

냉장고에 넣어두면 최대 6개월간 보관할 수 있다.

칵테일, 와인, 맥주

우리의 경험에 비추어볼 때 음식과 알코올은 떼려야 뗄 수 없는 관계다. 아니, 최소한 알코올음료를 음식 없이 섭취한다면 상당한 주의를 기울여야 한다는 것만은 분명하다. 이와는 반대로 구운 고기를 먹을 때 와인 한 잔을 곁들이거나 치즈버거를 먹으면서 맥주 500ml를 시원하게 들이켜면 식사를 한층 더 즐길 수 있다. 칵테일과 함께 대접할 수 있는 음식에 대해서는 「전채 요리와 오르되브르」 장의 도입 부분을 참고한다. 와인과 음식의 조합은 37쪽을, 맥주와 음식의 조합은 44쪽을 각각 참고한다.

칵테일에 대해

우리가 칵테일을 좋아하는 이유는 맛있기 때문이기도 하지만 칵테일이 적당한 분위기를 조성하는 데 놀라운 역할을 하기 때문이다. 뒷마당에서 바비큐를 할 때 빠질 수 없는 마가리타, 무덥게 찌는 어느 초여름 날에 얼음처럼 차갑고 상쾌하게 마시는 진 토닉, 일요일 느지막이 브런치에 곁들이는 블러디 메리 등 이처럼 칵테일은 즐거운 인생을 나타내는 상징과도 같다. 사회적 관행이 너그럽게 받아들여지고, 모여든 사람들이 느긋하게 자리를 즐기며, 흥미진진한 대화와 친목이 다른 무엇보다도 중시되는 자리에는 칵테일이 함께하기 마련이다.

1931년에 이르마 증조할머니는 이렇게 말했다. "오늘날의 칵테일은 진과 독창성으로 만들어진다. 한마디로 진을 넉넉히 넣은 다음 창의력을 발휘하라는 말이다." 그로부터 오랜 세월이 지났음에도 불구하고(그리고 금주법이 폐지되었음에도), 우리는 이르마 할머니의 이 조언이 여전히 정곡을 찌른다고 생각한다. 섞는 재료가 알코올을 압도하지 않도록 조심하되, 과감한 실험을 두려워하지 말라. 이 책에서 소개하는 레시피 중 일부는 성스러운 절대 원칙으로 취급되는 경우가 많지만, 취향에 따라(또는 지금 집에 어떤 술이 있느냐에 따라) 변화를 주거나 응용하기를 주저하지 말자.

칵테일을 만들기 위해서는 몇 가지 중요한 용어를 이해하면 좋다. **프루프**(proof)는 알코올 농도를 나타낸다. 100프루프짜리 술은 알코올 농도가 50%, 200프루프짜리 술은 알코올 농도가 100%인 식이다. 술을 **니트**(neat) 상태로 낸다는 것은 병에서 따른 후 아무것도 타지 않고 마신다는 의미다. **스트레이트 업**(straight up) 또는 **업**(up)은 얼음을 넣고 흔들거나 저은 뒤 얼음을 건져내고 얼음을 넣지 않은 잔에 따라서 낸다는 뜻이다. **온더록스**(on the rocks)는 얼음을 채운 잔에 따라서 낸다. 펀치에 관한 내용은 31쪽을 참고하자.

칵테일 만드는 도구

제스터 또는 **샤넬 나이프**는 칵테일 장식에 사용할 수 있도록 감귤류의 껍질을 벗기는 칼이다. 코르크 마개를 뽑는 데 사용하는 날렵하고 세련된 여러 도구가 있지만, **웨이터용 코르크스크루나 평범한 와인 오프너**도 충분히 제 역할을 해낸다. **머들러**는 보통 설탕을 함께 넣고 찧어서 신선한 허브에 생채기를 내거나 부드러운 과일을 으깨는 데 사용하는 도구이며 나무 주걱 손잡이 끝부분이나 프랑스식 밀대로 대체할 수 있다. 보통 한쪽에는 표준 45ml 계량컵, 다른 한쪽에는 작은 30ml 계량컵이 달린 **양쪽 칵테일 계량컵**은 알코올의 양을 잴 때 가장 많이 사용되지만, 우리는 요즘 시판되는 **¼컵짜리 액체용 계량컵**을 선호한다.(게다가 이 작은 계량컵은 다른 요리를 만들 때도 유용하다.) 대다수 칵테일에서 감귤류 주스가 매우 중요한 역할을 하므로, 칵테일을 자주 만드는 편이라면 **감귤류 과즙기나 수동 주스기**를 갖춰놓는 것이 좋다. **보스턴식 칵테일 셰이커**를 사용하면 차갑게 식힌 칵테일을 만들 수 있는데(아주 기분 좋은 소리를 내는 것은 덤이고), 여의치 않을 때는 뚜껑 달린 식품 보존용 유리병을 대신 사용하기도 한다. 흔들어서 만드는 음료는 따르는 주둥이가 있으면서 폭이 넓고 기다란 **믹싱 글라스와** 손잡이가 기다란 **바스푼**(barspoon)이 있으면 편리하지만, 커다란 유리 계량컵을 사용해도 무방하다. 마지막으로 **호손 스트레이너**(hawthorne strainer)는 칵테일 셰이커로 만든 음료를 걸러내기에 적합한 도구다. 뒤에 제시한 그림에는 없지만 작은 과도와 도마 역시 감귤류 및 가니시용 재료를 손질할 때 요긴하게 쓰이므로 갖추고 있는 것이 좋다.

희석 음료, 재료 및 가니시

우리는 가끔 온갖 종류의 술을 갖춘 바가 있으면 하고 상상의 나래를 펴지만, 이 꿈을 실현하기는 상당히 어렵다.(그리고 돈도 많이 든다.) 따라서 우리는 대부

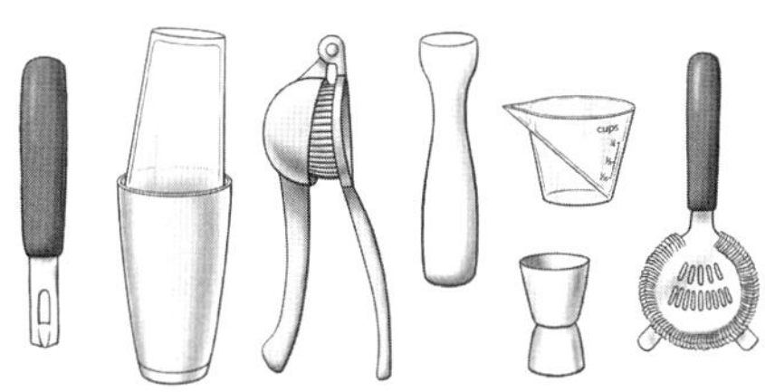

제스터, 보스턴식 칵테일 셰이커, 감귤류 과즙기, 머들러,
¼컵짜리 계량컵, 양쪽 계량컵, 스트레이너

분의 홈 바텐더들처럼 가장 자주 마시는 음료를 만들 때 필요한 재료만을 갖춰 둔다. 그리고 여러분에게도 이를 권장한다. 하지만 가장 보편적인 칵테일 재료를 이해해두면 두루두루 유용하다.

간단 시럽은 칵테일의 혼합 재료로 자주 사용된다. 그러나 칵테일을 자주 만들어 마시지 않는 한, 간단 시럽은 필요할 때마다 만드는 것이 가장 좋다. 일 단 만들어두면 냉장고에 보관해야 하고 때로는 고작 2주 만에 상해버리기도 한다. 비터스도 칵테일 핵심 재료 중 하나이며 앙고스투라와 페이쇼즈가 가장 널리 사용된다. 그레나딘은 예전만큼 자주 사용되지는 않는다고 해도 갖춰두 면 좋은 재료인데, 우리는 일반적인 시판 그레나딘의 맛을 좋아하지 않는다. 직 접 만들어보면 어떨까.

각자의 칵테일 취향에 따라 소다수, 탄산수, 토닉 워터, 진저에일, 콜라, 토 마토 주스 또는 블러디 메리 믹스(시판 또는 수제) 등을 준비해도 좋다. 감귤류 가 들어가는 모든 칵테일에는 신선한 레몬, 오렌지, 라임 그리고 자몽이 필요 하다. ▶ 우리는 신선한 과일 대신 병에 든 주스를 칵테일에 사용하는 것을 권 장하지 않는다. 또한 과일 식초를 한두 종류 준비해두면 혼합 칵테일에 새콤한 맛과 단맛을 더하기에 좋다.

칵테일 가니시로는 올리브, 진짜 마라스키노 체리(수상쩍을 정도로 소방차처 럼 새빨간 종류 말고), 칵테일 양파 피클, 그리고 굵은 소금이 자주 사용되며 찬 장에 넣어두면 좋은 재료다. 칵테일에 사용되는 재료에 따라 신선한 허브 잔 가지, 둥글게 썬 오이, 셀러리 줄기, 과일 조각, 횡단면으로 썬 감귤류 또는 감 귤류 껍질 조각이 가장 좋은 가시니 역할을 한다. 사선으로 돌돌 말린 감귤류 껍질 트위스트를 만들 때는 과도나 채소 껍질 벗기는 칼을 사용해 껍질을 약 3.8cm 길이로 길쭉하게 벗긴다. 껍질을 칵테일 잔 위에서 비틀어 모양을 잡은 다음 잔에 떨어뜨린다. 올드패션드 같은 칵테일을 만든 후 오렌지 트위스트에 불을 붙이려면 감귤류 껍질과 즙 항목을 참고하자.

칵테일이나 다른 잔의 **가장자리에 설탕이나 소금을 빙 둘러 묻히는 프로스 팅**은 칵테일에 풍미와 질감을 더할 뿐만 아니라 시각적으로도 근사한 효과를 낸다.

잔에 프로스팅을 하려면 가장자리 바깥쪽에 레몬 또는 라임 조각을 문지 른다. 잔을 비스듬히 들고 잔의 가장자리를 그래뉼러당이나 굵은 소금에 빙 돌려 굴린다. 잔의 안쪽에 설탕이나 소금이 묻지 않도록 주의하자. 잔을 거꾸 로 들고 몇 번 톡톡 치면서 여분의 설탕이나 소금을 털어낸다.

유리잔

우리는 잡다한 식품 보관용 유리병, 재활용 사케 용기를 비롯해 지극히 소박한 유리 용기에 칵테일을 따라 마시지만, 다양한 크기의 기본 유리잔을 마련해두

면 홈 바텐더에게 매우 유용하다. 아래 그림의 왼쪽에서 오른쪽 순으로 쿠프, **칵테일 또는 마티니 글라스**, 올드패션드 또는 록 글라스, 하이볼 글라스, 콜린 스 글라스의 모양을 확인할 수 있다.

그 외 다른 유리잔은 더욱 특별한 용도로 쓰인다. 폭이 좁은 **샴페인잔**은 스 파클링 와인에서 나오는 기포를 보존해 더욱 천천히 배출하는 역할을 한다. 어 떤 사람들은 민트 줄렙 같은 칵테일을 즐길 때 **은잔**이나 주석잔을 선호한다. **펀치 글라스** 또는 **컵**은 도자기나 유리로 만든다. **마가리타 글라스**는 소금을 넉넉히 묻힐 수 있도록 가장자리가 넓게 퍼진 모양이다. **허리케인 글라스**는 얼 음과 섞어서 또는 얼음 위에 부어서 만드는 피냐 콜라다 및 기타 파티용 칵테 일에 적합하다.

쿠프, 칵테일 또는 마티니, 올드패션드 또는 록, 하이볼, 콜린스,
샴페인, 은잔 또는 주석잔, 펀치 컵, 마가리타

얼음에 대해

음료를 넣어 흔들거나 저어서 마실 때 사용하는 얼음은 중요한 칵테일 재료다. 음료를 차갑게 식힐 뿐만 아니라 희석하는 역할도 한다. 희석이라고 하면 언뜻 나쁜 것처럼 들릴지 모르지만 모든 칵테일은 어느 정도 희석되어야만 제대로 풍미가 살아나고, 단지 취하기 위해 마시는 음료가 아니라 즐기고 음미하면서 마실 수 있는 음료로 변신한다. 최근 고급 칵테일 바에서는 얼음 그 자체가 일 종의 예술로 발전한 광경을 볼 수 있는데 거기에는 그만한 이유가 있다. 투명하 고 아름다운 얼음은 시각적으로 근사할 뿐만 아니라 잘게 부서져서 음료를 탁 하게 만들지 않는다. 또한 맑은 얼음에는 칵테일의 모양과 풍미에 영향을 미칠 수 있는 불순물도 들어 있지 않다.

수정처럼 투명하고 맑은 각얼음을 만들려면 뜨거운 물을 여과해 1시간 정 도 실온에 두었다가 얼린다. 얼음을 만들기 위해 뜨거운 물을 사용한다는 말 자체가 모순처럼 들리겠지만, 얼음이 불투명해지는 것은 물에 기체가 들어 있 기 때문인데 뜨거운 물에는 찬물보다 녹아 있는 기체의 양이 적다. 얼음 틀을 사용할 경우, 여러 개를 겹쳐서 쌓으면 가운데에 있는 틀의 얼음이 불투명해지 므로 겹쳐서 쌓지 않도록 하자.

칵테일을 온더록스로 낼 때는 음료가 지나치게 희석되지 않도록 큼직한 각 얼음을 사용한다. 민트 줄렙 같은 일부 칵테일은 빨리 희석되어야 하므로 잘게 부순 얼음을 넣어 만든다. 얼음을 잘게 부술 때는 가정용 얼음 깨는 기구를 사 용하거나 손에 적당한 도구를 들고 얼음을 내려친다.

얼음 깨는 기구 없이 얼음을 부수려면 각얼음을 튼튼한 지퍼백(또는 얼음을 부수는 용도로 특별히 고안된 **루이스 백**)에 넣고 지퍼백을 주방 행주로 감싼 후 밀 대, 망치 또는 고기 망치로 몇 번 세게 내려친다. 잘게 부순 얼음이 대량으로 필요하면 미리 만들어서 냉동실에 넣어둔다. 장식용 얼음 틀에 대해서는 31쪽 을 참고한다.

<table>
<tr><td colspan="3">음료용 계량 기준</td></tr>
<tr><td>소량</td><td>=</td><td>6방울 또는 0.88ml</td></tr>
<tr><td>1작은술</td><td>=</td><td>소량의 6배 또는 5.3ml</td></tr>
<tr><td>1큰술</td><td>=</td><td>15ml</td></tr>
<tr><td>2큰술</td><td>=</td><td>30ml</td></tr>
<tr><td>¼컵 또는 4큰술</td><td>=</td><td>60ml</td></tr>
<tr><td>1 칵테일 계량컵(큰 컵)</td><td>=</td><td>45ml</td></tr>
<tr><td>1 칵테일 계량컵(작은 컵)</td><td>=</td><td>22ml</td></tr>
<tr><td>1컵</td><td>=</td><td>240ml(8oz)</td></tr>
<tr><td>750ml</td><td>=</td><td>751ml(25.4oz)</td></tr>
<tr><td>1쿼트</td><td>=</td><td>946ml 또는 4컵</td></tr>
<tr><td>1ℓ</td><td>=</td><td>999ml(33.8oz)</td></tr>
<tr><td>레몬 1개</td><td>=</td><td>즙 2~3큰술</td></tr>
<tr><td>라임 1개</td><td>=</td><td>즙 1½~2큰술</td></tr>
<tr><td>중간 크기 오렌지 1개</td><td>=</td><td>즙 4~6큰술</td></tr>
<tr><td>중간 크기 자몽 1개</td><td>=</td><td>즙 10~12큰술</td></tr>
</table>

칵테일을 한꺼번에 여러 잔 만들기

파티 음료와 펀치를 제외하면 이번 장에서 소개하는 레시피는 모두 1인분이다. 그러나 여러 사람에게 대접하기 위해 분량을 늘려야 할 경우가 있을 것이다.(저녁 내내 바를 떠나지 못하고 손님들을 즐겁게 해줘야 하는 상황을 선호하지 않는다면 말이다.) 가장 손쉬운 방법은 칵테일이 몇 잔 필요한지 파악한 다음 그저 레시피에 그만큼 곱해서 준비하는 것이다. 그러나 특정한 용기에 맞게 레시피를 늘려야 하는 경우(예를 들어 큰 물병이나 750ml 용량의 깨끗한 와인병 또는 술병에 담아서 파티에 가져갈 때)에는 약간의 기본적인 수학 계산법을 사용해야 한다. 위에 소개한 음료용 계량 기준의 분량을 참고하면 유용할 것이다.

대량으로 만들고자 하는 칵테일을 선택한다. 우선 모든 재료를 같은 계량 단위로(예를 들어 ml) 변환한다. 비터스 같은 재료는 소량씩 사용하므로 아주 작은 숫자가 나올 것이다. 재료의 분량을 더해서 한 가지 칵테일의 전체 부피를 계산한다. 그다음에는 역시 같은 계량 단위를 사용해 채우고자 하는 용기의 부피를 파악한다.(예를 들어 1쿼트짜리 유리병에는 4컵이 들어가고 이는 946~960ml에 해당한다.) 용기의 부피를 칵테일의 부피로 나눈다. 레시피에서 소개한 재료의 양에 나눗셈의 결과만큼을 곱해서 해당 용기를 채우는 데 필요한 각 재료의 양을 계산한다.

칵테일을 만들기 위해서는 어차피 모든 재료를 섞게 된다. 따라서 나눗셈을 했을 때 복잡한 숫자가 나오면 (적당한 범위에서) 반올림하여 계량하거나 곱하기에 편리한 숫자를 사용해도 좋다. 재료를 섞은 후에는 칵테일의 맛을 본 후 취향에 따라 감미료나 술, 새콤한 재료 또는 비터스를 추가하되, 칵테일은 어차피 얼음에 희석된다는 점을 잊지 말자.

진에 대해

진의 독특한 풍미는 대부분 주니퍼 열매에서 나온다. 빅토리아 시대 소설가들은 오직 하인, 부엌 하녀 등의 하층민들만 진을 좋아한다고 생각했다. 금주법이 한창이던 광란의 1920년대에 '욕조'에서 몰래 양조하던 관행 때문에 진은 싸구려 술이라는 이미지가 더욱 강해졌다. 그러나 이러한 과거의 오명과 스트레이트 음료로는 다소 마시기 어렵다는 한계에도 불구하고, 최근에는 진이 현존하는 가장 훌륭한 믹싱 베이스라는 인식이 보편화되고 있다. 어쨌든 우리는 믹싱용 음료로 진을 가장 선호한다.

진 또는 최소한 진의 원형은 17세기 네덜란드에서 발명되었다. **예네버르**(jenever) 또는 **게네베르**(genever)라고 불리는 네덜란드 진은 달콤하고 맥아 향이 나며 주니퍼를 비롯한 여러 허브와 향신료의 독특한 풍미를 지니고 있다. 주로 차갑게 해서 스트레이트로 마신다. 영국인들은 이 술의 성분 배합을 변경하고 도수를 낮췄는데, 이것이 오늘날 가장 보편적인 **런던 드라이 스타일** 진이다. **올드 톰**은 그 중간에 해당하는 형태로 게네베르만큼 강렬하지는 않지만, 드라이 진보다는 맥아 향이 강하고 단맛이 돈다. 양질의 진을 생산하는 소규모 양조장이 여기저기 생겨나면서 양조장마다 다양한 향료를 사용해 헤아릴 수 없이 다채로운 진을 내놓기 시작했다. 일부 양조장에서는 심지어 해당 지역에서 재배한 식물을 사용해서 풍미를 내기도 한다. 우리가 가장 선호하는 오리건주의 진은 헤이즐넛, 오리건 포도, 홉 열매 그리고 오리건에서 재배한 주니퍼로 맛을 낸다. 이렇게 지역 특산물인 진을 칵테일에 섞을 때는 먼저 진만 따라서 맛을 보자. 매우 독특하거나 색다른 진은 전통적인 마티니에는 잘 어울리지 않더라도 진 토닉으로 만들면 기가 막힌 맛을 낼 수도 있으니까 말이다.

마티니
1인분

베르무트는 마티니의 적이 아니라 마티니를 정의하는 요소다. 좋은 진은 자체적인 풍미가 있는 강렬한 증류주이지만 칵테일이 되기 위해서는 어느 정도 베르무트의 입김이 필요하다. 가장 전통적으로 사용되는 가니시는 씨를 제거한 올리브인데 레몬 트위스트를 선호하는 사람도 있다. 올리브를 절인 소금물 소량을 올리브와 함께 넣으면 **더티 마티니**가 된다. 우리 집에서는 올리브 절인 소금물을 넣은 드라이 마티니(아래의 버전 I)를 애정을 담아 **더스티 마티니**라고 부른다. 작은 양파 피클을 잔에 담으면 마티니가 **깁슨**으로 변신한다. 진 대신 보드카를 사용하면 **보드카 마티니**가 된다.

I. 믹싱 글라스에 각얼음을 ¾ 정도 채운다. 다음을 추가한다.

    런던 드라이 진 75ml

    드라이 베르무트 15ml

차가워질 때까지 약 30초간 잘 섞는다. 차갑게 식힌 마티니 글라스 또는 쿠프 글라스에 얼음을 걸러내고 따른다. 다음을 추가한다.

    씨를 제거한 작은 녹색 올리브 1개 또는 레몬 트위스트

II. 우리는 아마도 최초의 마티니 맛에 가까울 법한 이 레시피를 선호한다. 마티니를 온더록스로 내는 것은 다소 구식이지만 우리는 이 레시피에 여전히 장점이 있다고 생각하며 특히 여름에 마티니를 즐길 때 안성맞춤이다.

차갑게 식힌 록 글라스에 각얼음을 ¾ 정도 채운다. 다음을 추가한다.

    런던 드라이 진 75ml

    드라이 베르무트 15ml

    스위트 베르무트 15ml

    (오렌지 비터스 소량)

차가워질 때까지 약 30초간 잘 섞는다. 다음을 추가한다.

    씨를 제거한 작은 녹색 올리브 1개

이르마의 진 앤드 주스(Irma's Gin and Juice)
1인분

이르마 할머니의 가장 유명한 진 칵테일이자 금주령 시대에 즐겨 마셨던 이 칵테일 레시피는 1931년에 발행된 이 책의 초판부터 첫 장에 등장했다. 간단히 '진 칵테일'이라고 불렸던 이 음료는 불법으로 양조한 밀주의 거친 맛을 부드럽게 다듬어주는 훌륭한 레시피였다. 품질 좋은 진으로 만들면 심지어 맛이 더 좋아진다.

칵테일 셰이커에 각얼음을 채운다. 다음을 추가한다.

진 60ml

자몽 주스 또는 오렌지 주스 60ml

레몬즙 22ml

(간단 시럽, 과일 시럽, 감귤류 시럽 1작은술)

오렌지 비터스 소량

차가워질 때까지 약 12초간 잘 흔든다. 차갑게 식힌 록 글라스에 얼음을 걸러내고 따른다.

진 토닉

1인분

취향에 따라 진 대신 보드카를 사용해서 **보드카 토닉**을 만들어도 되지만 우리는 진을 레포사도 테킬라로 대체하는 걸 선호한다. 진 토닉보다 향신료와 생강 향이 강하게 나는 음료를 원한다면 파라캄 레시피를 참고하자.

차갑게 식힌 하이볼 글라스에 각얼음을 채우고 다음을 붓는다.

진 60ml

다음을 글라스 위까지 채운다.

토닉 워터

다음으로 장식한다.

라임 조각

라스트 워드(Last Word)

1인분

이 칵테일의 조합은 상쾌한 맛을 내며 우리는 특히 샤르트뢰즈의 독특하고 그윽한 허브 풍미를 좋아하는 사람에게 진심을 담아 이 칵테일을 추천한다.

칵테일 셰이커에 각얼음을 채운다. 다음을 추가한다.

진 22ml

그린 샤르트뢰즈 22ml

라임즙 22ml

마라스키노 리큐어 22ml

차가워질 때까지 약 12초간 잘 흔든다. 차갑게 식힌 칵테일 글라스 또는 쿠프 글라스에 얼음을 걸러서 따르고 다음으로 장식한다.

브랜디에 절인 체리 1개

브롱크스(Bronx)

1인분

칵테일 셰이커에 각얼음을 채운다. 다음을 추가한다.

진 45ml

오렌지 주스 15ml

드라이 베르무트 소량

스위트 베르무트 소량

차가워질 때까지 약 12초간 잘 흔든다. 차갑게 식힌 칵테일 글라스에 얼음을 걸러서 따르고 다음으로 장식한다.

횡단면으로 자른 오렌지 조각

김렛(Gimlet)

1인분

진 대신 보드카를 사용하면 **보드카 김렛**이 된다.

칵테일 셰이커에 각얼음을 채운다. 다음을 추가한다.

진 45ml

라임즙 7ml

차가워질 때까지 약 12초간 잘 흔든다. 차갑게 식힌 쿠프 글라스나 마티니 글라스에 얼음을 걸러서 따르고 다음으로 장식한다.

라임 조각

진 피즈(Gin Fizz)

1인분

칵테일 셰이커에 각얼음을 채운다. 다음을 추가한다.

진 45ml

라임즙 30ml

간단 시럽 15ml

차가워질 때까지 약 12초간 잘 흔든다. 차갑게 식힌 하이볼 글라스에 얼음을 걸러내고 따른다. 다음을 글라스 위까지 채운다.

소다수

잘 저어서 낸다.

톰 콜린스(Tom Collins)

1인분

진을 보드카로 대체하면 **보드카 콜린스**가 된다.

칵테일 셰이커에 각얼음을 채운다. 다음을 추가한다.

진 45ml

레몬즙 22ml

간단 시럽 15ml

차가워질 때까지 약 12초간 잘 흔든다. 얼음을 거른 후 잘게 부순 얼음을 채워 차갑게 식힌 콜린스 글라스 또는 하이볼 글라스에 따른다. 다음을 글라스 위까지 채운다.

소다수

다음으로 장식한다.

횡단면으로 자른 레몬 조각

싱가포르 슬링

1인분

이 칵테일은 1900년대 초 싱가포르 래플스 호텔에 있는 전설적인 롱 바(Long Bar)에서 처음 탄생했다. 필수 재료인 진과 체리 브랜디를 제외하면 다양한 재료를 조합할 수 있어서 수없이 많은 버전이 존재한다.

차갑게 식힌 기다란 글라스에 각얼음을 채운다. 다음을 추가한다.

진 30ml

체리 브랜디 또는 체리 헤링 30ml

라임즙 30ml

베네딕틴 30ml

앙고스투라 비터스 소량

잘 젓는다. 다음을 위에 따른다.

소다수 60ml

찬찬(Chan Chan)

1인분

여름에 마시기 좋은 이 음료는 친한 두 친구 레이철 랜치와 데이비드 브라우닝이 고안한 것이다. 두 사람은 「부에나 비스타 소셜 클럽」에 등장하는 곡의 이름을 따서 이 칵테일에 이름을 붙였다.

칵테일 셰이커에 다음 재료를 넣고 머들러로 찧는다.

1.2cm 두께로 썬 오이 조각

바질 잎 4장

라임즙 30ml

소금 1자밤

셰이커에 각얼음을 채우고 다음을 추가한다.

올드 톰 진 45ml

생제르맹 엘더플라워 리큐어 30ml

차가워질 때까지 약 12초간 잘 흔든 후 차갑게 식힌 쿠프 글라스에 얼음을 걸러내고 따른다. 취향에 따라 다음을 위에 올린다.

(아주 얇게 저민 오이 슬라이스)

네그로니(Negroni)

1인분

우리가 가장 좋아하는 쌉쌀한 칵테일 레시피다. **아메리카노**라고 부르는 알코올 도수가 낮은 버전은 진을 빼고 소다수를 그와 비슷한 분량만큼 추가한다. **네그로니 스바글리아토**는 진을 빼고 캄파리와 베르무트의 분량을 각 30ml씩 줄여서 섞은 다음 마지막에 이탈리아산 스파클링 와인인 프로세코를 90ml 넣는다. 믹싱 글라스에 각얼음을 ¾ 정도 채운다. 다음을 추가한다.

진 45ml

캄파리 45ml

스위트 베르무트 45ml

차가워질 때까지 약 30초간 잘 섞는다. 차갑게 식힌 칵테일 글라스에 얼음을 걸러내고 따른다. 또는 올드패션드 글라스에 얼음을 채우고 위의 재료를 부어서 젓는다. 다음으로 장식한다.

오렌지 트위스트

클로버 클럽

1인분

달걀 안전성에 대해 항목을 참고한다. 칵테일 셰이커에 다음을 넣어 섞는다.

런던 드라이 진 60ml (베르무트를 사용한다면 45ml)

레몬즙 30ml

(드라이 베르무트 15ml)

라즈베리로 만든 과일 시럽 15ml

달걀흰자 1개

얼음을 넣지 않고 10초간 흔든다. 셰이커에 각얼음을 채우고 차가워질 때까지 약 12초간 잘 흔든다. 차갑게 식힌 쿠페 글라스 또는 마티니 글라스에 얼음을 걸러내고 따른다. 취향에 따라 다음으로 장식한다.

(꼬치에 꽂은 라즈베리)

핌스 컵(Pimm's cup)

1인분

과일과 허브로 풍미를 더한 진 베이스 리큐어인 핌스 넘버원은 특히 여름 야외 파티에 적합하다.

차갑게 식힌 기다란 잔에 얼음을 채우고 다음을 따른다.

핌스 넘버원 60ml

레몬즙 15ml

(서양지치 꽃 1~2개 또는 작은 잎, 짓이기고 찧기)

다음을 글라스 위까지 채운다.

진저에일

다음으로 장식한다.

길쭉하게 썬 오이 조각

횡단면으로 자른 레몬 또는 오렌지 조각

민트 잔가지

보드카와 아쿠아비트에 대해

보드카는 자칫 물처럼 보일 수도 있지만(실제로 보드카라는 단어는 러시아어로 '작은 물'이라는 뜻이다.) 사실 보드카는 주로 보리나 밀, 때로는 호밀이나 옥수수 등의 곡물 또는 감자와 포도, 심지어 비트 등을 재료로 하여 증류한 중성 주정이다. 보드카는 자체적인 풍미가 강하지 않기 때문에 칵테일 믹싱 음료로 선호하는 사람이 많다. 그러나 보드카 사이에도 분명 차이점이 있으며, 고급 보드카는 가격이 조금 비싸더라도 그만큼의 돈을 투자할 가치가 있다는 주장도 어느 정도 맞는 말이다. 목 넘김이 부드러운 균형 잡힌 보드카와 거칠고 목이 타들어가는 듯한 보드카의 차이를 의미할 수도 있기 때문이다.

레몬, 라임, 오렌지, 바닐라 또는 고추 등으로 풍미를 강화한 가향 보드카도 점점 더 다양하게 나오고 있다. 풍미 재료를 우려낸 보드카는 가정에서 쉽게 만들 수 있으며 맛도 훨씬 좋은 경우가 많으므로 23쪽을 참고해보자.

아쿠아비트(Aquavit)는 보드카와 매우 비슷하며(아쿠아비트라는 말은 라틴어로 '생명의 물'을 뜻하는 아쿠아 비타aqua vitae에서 유래했다.) 감자나 곡물을 사용해 증류한다. 아쿠아비트의 가장 큰 차별점은 허브와 향신료(캐러웨이와 딜이 자주 사용된다.)를 우려낸 후 오크통에 넣어 숙성시키기도 한다는 점이다. 따라서 투명하면서도 살짝 노란색이나 갈색이 도는 아쿠아비트가 눈에 띈다. 아쿠아비트는 차갑게 해서 그대로 마셔도 좋지만 칵테일에도 잘 어울린다. 우리가 아는 한 최고의 블러디 메리는 아쿠아비트와 신선한 호스래디시를 갈아서 넉넉하게 넣은 것이다.

블러디 메리(Bloody Mary)

1인분

블러디 메리 레시피에서 보드카 대신 테킬라를 사용하면 **블러디 마리아**가, 보드카 대신 진을 넣으면 **러디 메리**가 된다. 물론 알코올을 넣지 않은 블러디 메리는 **버진 메리**라고 부른다.

칵테일 셰이커에 각얼음을 채운다. 다음을 추가한다.

　보드카 또는 아쿠아비트 45ml

　토마토 주스 180ml

　(갈아서 양념한 호스래디시 ½작은술)

　레몬즙 2~3방울, 맛을 보면서 조절

　우스터 소스 2~3방울, 맛을 보면서 조절

　핫소스, 맛을 보면서 조절

　셀러리 소금 1자밤

　소금 1자밤

　흑후추 1자밤

차가워질 때까지 약 12초간 잘 흔든다. 차갑게 식힌 하이볼 글라스에 얼음을 걸러내고 따른다. 다음으로 장식한다.

　작은 셀러리 줄기

　(칵테일 양파, 미니 오이, 오크라, 비트 등의 피클 여러 종류를 꽂은 꼬치)

블러디 불샷(Bloody Bull Shot)

8인분

커다란 물병에 다음을 넣고 섞는다.

　토마토 주스 또는 토마토 채소 주스 960ml

　농축 소고기 콩소메 통조림, 300~330ml짜리 1개

하이볼 글라스마다 얼음을 채우고 다음을 따른다.

　보드카 45ml (총 360ml)

　라임즙 ¾작은술(총 2큰술)

　핫소스 소량

토마토 콩소메 혼합물을 물병 위까지 채운다. 다음으로 맛을 낸다.

　흑후추

스크루드라이버

1인분

그레이하운드를 만들고자 한다면 오렌지 주스를 자몽 주스로 대체한다. **솔티 도그**는 자몽 주스를 사용하고 글라스 가장자리에 굵은 소금을 묻힌다.

칵테일 셰이커에 각얼음을 채운다. 다음을 추가한다.

　보드카 45ml

　오렌지 주스 120ml

차가워질 때까지 약 12초간 잘 흔든다. 차갑게 식힌 칵테일 글라스에 얼음을 걸러서 따르고 다음으로 장식한다.

　횡단면으로 자른 오렌지 조각

코스모폴리탄

1인분

칵테일 셰이커에 각얼음을 채운다. 다음을 추가한다.

　보드카 30ml

　크랜베리 주스 30ml

　트리플 섹 리큐어 15ml

　라임즙 7ml

차가워질 때까지 약 12초간 잘 흔든다. 차갑게 식힌 칵테일 글라스에 얼음을 걸러내고 따른다.

화이트 러시안

1인분

헤비크림을 생략하면 **블랙 러시안**이 된다. 비건 버전은 헤비크림 대신 **지방을 제거하지 않은 코코넛 밀크 또는 코코넛 크림 통조림**을 잘 흔들어서 넣는다.

칵테일 셰이커에 각얼음을 채운다. 다음을 추가한다.

　보드카 45ml

　헤비크림 45ml

　칼루아 또는 다른 커피 리큐어 30ml

차가워질 때까지 약 12초간 잘 흔든다. 차갑게 식힌 록 글라스에 얼음을 걸러내고 따른다.

모스크바 뮬

1인분

차갑게 식힌 머그잔 또는 하이볼 글라스에 얼음을 채우고 다음을 따른다.

　보드카 45ml

　라임즙 15ml

다음을 머그잔 또는 글라스 위까지 채운다.

　진저비어(150~210ml)

잘 젓는다.

조이 티

1인분

칵테일 셰이커에 각얼음을 채운다. 다음을 추가한다.

　아래에 소개한 차를 우려낸 보드카 45ml

　물 30ml

　간단 시럽 15ml

차가워질 때까지 약 12초간 잘 흔든다. 차갑게 식힌 하이볼 글라스에 얼음을 걸러내고 따른다. 다음으로 장식한다.

　횡단면으로 자른 레몬 조각

풍미 재료를 우려낸 보드카

뒤에 나오는 표의 분량을 참고해 다양한 재료를 우려낸 보드카를 만들어보자. 모든 분량은 750ml짜리 보드카 1병을 우려내는 기준이다. ▶ 너무 오래 우리면 보드카에 쓴맛이 배므로 주의하자. 우려내는 동안에는 실온에 둔다. 건더기를 걸러낸 후 보드카를 다시 병에 담아 냉동실에 넣으면 상하지 않으므로 오랫동안 보관할 수 있다.(냉동실에서 꺼낸 다음 바로 마시기를 권장한다.) 그대로 마시거나 일반적인 보드카 대용으로 칵테일에 사용한다.

위스키와 스카치에 대해

미국과 아일랜드에서는 whiskey, 다른 지역에서는 whisky로 표기하는 위스키는 주로 보리, 옥수수, 호밀 또는 밀 등의 곡물로 증류하여 오크통에서 숙성시키는 곡물 증류주다. **스카치**의 특징적인 풍미는 토탄 불에 훈연 처리한 맥아(malted, 몰트) 보리에서 나온다. 대다수 스카치는 **블렌드**로, 맥아 보리에서 얼

풍미 재료	분량	우려내는 시간
감귤류	중간 크기 레몬 또는 오렌지 1개의 껍질을 길쭉하고 얇게 자른 조각	일주일
차	홍차 잎 ¼컵	2시간~3일
후추	검은색 통후추 ½컵	4시간~3일
호스래디시	껍질을 벗겨서 깍둑썰기한 호스래디시 뿌리 85g	일주일
바닐라	세로로 반을 가른 바닐라 빈 1개	2~4일
허브	민트, 바질, 타임 또는 로즈메리 큼직한 가지 2개	24시간

은 증류주를 비교적 중성적인 다른 곡물 증류주와 일정 비율로 섞어서 부드럽게 만든 술이다. 그러나 **싱글몰트 스카치**는 단일 양조장에서 제조하며 서양배 모양의 옛날식 구리 증류기에서 맥아 보리만을 사용해 만들기 때문에 강렬하고 독특한 풍미를 내면서 훈연 및 맥아 향이 가득 농축되어 있다. 스카치를 즐기는 사람들은 브랜디 잔에 싱글몰트를 따라서 니트 상태로 또는 물을 소량 섞어서 조금씩 마신다. 몇 가지 싱글몰트 스카치를 섞어서 만드는 **블렌드 몰트 위스키**는 비교적 저렴하며 블렌드와 싱글몰트의 중간 정도에 해당한다. 애호가들은 일반적으로 싱글몰트를 선호하지만 블렌드 스카치 중에서도 상당히 뛰어난 맛을 내는 것들이 있다. 또한 블렌드 스카치는 싱글몰트보다 맛이 부드러우므로 칵테일에 사용하기에 매우 적합하다. 싱글몰트는 혼합 음료에 사용하면 다른 재료의 맛을 압도해버리는 경향이 있는데, 페니실린 같은 칵테일에 훈연 향 가득한 싱글몰트를 적당량 사용하면 상당히 좋은 효과를 낸다.

아일랜드 위스키는 스카치와 비슷하지만 양조 방법에 몇 가지 중요한 차이점이 있다. 보리를 토탄 불이 아니라 석탄으로 건조하고, 뜨거운 물과 맥아 혼합물에 사용하는 생곡물의 비율도 다르며, 한 번 이상 증류하기 때문에 훨씬 부드럽고 훈연 향도 상대적으로 은은하다.

버번 위스키는 옥수수를 주재료로 하며 그을린 오크통에 넣어서 숙성하기 때문에 독특한 풍미를 지니고 있다. 버번은 다른 위스키보다 단맛이 강하고 부드럽다. 대부분의 버번은 켄터키에서 제조하지만 원산지 표시 보호 품목은 아니다. 옥수수 함량이 80% 이상인 위스키는 **옥수수 위스키**라고 부른다. **테네시 위스키**는 사탕단풍나무로 만든 숯으로 걸러내므로 한층 더 독특한 풍미를 자랑한다. **호밀 위스키**는 옥수수나 보리가 아닌 호밀을 주재료로 하며 다소 한정적이기는 하지만 꾸준한 인기를 누리고 있다. 버번보다 알싸하고 드라이하다.

캐나다 위스키는 호밀, 옥수수, 보리, 밀 등을 조합해서 만들며 일반적으로 다른 위스키보다 순하고 가볍다. 위스키 업계에서 비교적 최근에 부상한 것이 **일본 위스키**로 일본의 위스키 제조 관련 법적 규정은 스코틀랜드나 아일랜드 또는 미국보다 훨씬 관대하다. 그러나 다수의 일본 위스키가 뛰어난 품질을 자랑하며 가격도 상당히 높게 책정되어 있다.

캐스크 스트렝스 위스키(Cask-strength whiskey)는 물을 타지 않고 오크통에서 꺼낸 원액을 바로 병에 담기 때문에 다른 위스키보다 도수가 세다. 맛이 무척 강렬하므로 코가 타는 듯한 자극을 중화시키고 섬세한 향을 최대한 끌어

낼 수 있도록 약간의 물을 첨가해 즐기는 것이 가장 바람직하다.

맨해튼

1인분

우리 집 바에서 술을 즐겨 만드셨던 존 할아버지는 이 칵테일을 '맨해피(Manhappies)'라고 불렀는데 그도 그럴 법하다. 긴 하루를 보낸 후에 이 칵테일을 즐기면 틀림없이 기분이 좋아지기 때문이다. **퍼펙트 맨해튼**은 드라이와 스위트 베르무트를 절반씩 사용한다. 버번이나 호밀 위스키 대신 스카치를 사용할 수도 있으며 이럴 땐 **롭 로이**라고 부른다.

차갑게 식힌 록 글라스에 얼음을 채우고 다음을 따른다.

> 버번, 호밀 또는 블렌드 위스키 60ml
>
> 드라이 또는 스위트 베르무트 30ml
>
> 앙고스투라 비터스 소량

잘 젓는다. 또는 이 칵테일에 얼음을 넣어 흔든 후 얼음을 걸러내고 차갑게 식힌 칵테일 글라스에 따라도 좋다. 다음으로 장식한다.

> 오렌지 트위스트 또는 브랜디에 절인 체리 꼬치

올드패션드

1인분

버번이나 호밀 위스키 대신 스카치를 사용해도 맛 좋은 칵테일이 된다. 또는 각설탕과 비터스를 섞고(취향에 따라 횡단면으로 자른 오렌지 조각을 추가해도 좋다.) 머들러로 잘게 부순 다음 위스키를 넣고 설탕이 녹을 때까지 잘 저은 후, 건더기를 걸러서 얼음을 채운 잔에 붓는다.

믹싱 글라스에 절반 정도 각얼음을 채운다. 다음을 추가한다.

> 버번 또는 호밀 위스키 45ml
>
> 간단 시럽 ½작은술
>
> 앙고스투라 비터스 소량씩 2번

차가워질 때까지 약 30초간 잘 섞는다. 차갑게 식힌 칵테일 글라스에 큼직한 각얼음을 채우고 그 위에 얼음을 걸러내면서 따른다. 다음으로 장식한다.

> 레몬 또는 오렌지 트위스트
>
> (마라스키노 체리)

위스키 사워

1인분

위스키 대신 진, 럼, 브랜디 또는 **테킬라 사워**를 사용해 만들어도 좋다.(테킬라를 사용한다면 취향에 따라 레몬즙 대신 라임즙을 넣는다.) 또한 달걀흰자를 넣을 수도 있다. 달걀흰자에 위스키, 감귤류즙, 설탕이나 시럽을 섞어서 10초간 잘 흔들고 얼음을 넣어 다시 12초간 흔든 후 얼음을 걸러내고 차갑게 식힌 글라스에 따른다. 달걀을 사용할 때는 달걀 안전성에 대해 항목을 참고하자.

칵테일 셰이커에 각얼음을 채운다. 다음을 추가한다.

> 블렌드 위스키 60ml
>
> 레몬즙 30ml
>
> 간단 시럽 또는 설탕 1작은술

골고루 차가워질 때까지 약 12초간 잘 흔든다. 차갑게 식힌 올드패션드 글라스에 얼음을 걸러내고 따른다. 다음으로 장식한다.

> 횡단면으로 자른 레몬 또는 레몬 트위스트 및 마라스키노 체리

하이볼 또는 리키

1인분

차갑게 식힌 하이볼 글라스에 커다란 각얼음 2개를 넣는다. 다음을 추가한다.

　버번, 스카치, 호밀 위스키 또는 진 60ml

다음을 글라스 위까지 채운다.

　소다수

살짝 저어서 낸다.

사즈랙(Sazerac)

1인분

1800년대 후반 이후부터 마르디 그라 축제에 참여하는 사람들은 이 전통적인 뉴올리언스 칵테일을 마시다가 고주망태가 되는 일이 잦았다. 작고 깨끗한 분무기가 있다면 글라스 안쪽을 압생트로 헹궈내는 대신 분무기에 채워 안쪽에 뿌리면 좋다. 이렇게 하면 압생트가 낭비되지 않을뿐더러 훨씬 깔끔하다.

차갑게 식힌 록 글라스 안쪽을 다음으로 헹군다.

　압생트

여분의 압생트를 따라낸다.(사즈랙을 여러 잔 만들 때는 옆에 있는 글라스에 따라내면 된다.) 믹싱 글라스에 각얼음을 ¾ 정도 채운다. 다음을 추가한다.

　호밀 위스키 60ml

　간단 시럽 1작은술

　페이쇼즈 비터스 소량씩 2번

　앙고스투라 비터스 소량씩 2번

차가워질 때까지 약 30초간 잘 섞는다. 얼음을 걸러내고 압생트로 내부를 헹궈낸 잔에 따른다. 잔 위에서 다음을 잡고 비튼다.

　길쭉하고 넓적하게 벗겨낸 레몬 껍질

레몬 껍질은 버린다.

블러드 앤드 샌드

1인분

이 칵테일과 같은 제목의 1922년작 무성영화는 비극적으로 종말을 맞는 투우사의 이야기를 그렸다. 그러나 이 칵테일을 만들 때는 안타까운 결과로 끝날 걱정은 안 해도 되니 다행이다.

칵테일 셰이커에 각얼음을 채운다. 다음을 추가한다.

　블렌드 스카치 위스키 45ml

　스위트 베르무트 22ml

　체리 헤링 15ml

　오렌지즙 15ml

차가워질 때까지 약 12초간 잘 흔든다. 차갑게 식힌 쿠프 글라스에 얼음을 걸러내고 따른다. 취향에 따라 다음으로 장식한다.

　(오렌지 트위스트 또는 브랜디에 절인 체리)

페니실린

1인분

마치 약품 같은 이름이 붙은 이 칵테일은 핫 토디(Hot Toddy)와 비슷한 맛을 내지만 훨씬 농축된 형태이며 싱글몰트 위스키의 독특한 훈연 향을 가지고 있다. 이 칵테일은 보통 생강과 꿀을 넣은 시럽으로 만들지만 비교적 쉽게 만들

수 있는 간단한 레시피를 소개한다. 생강을 빼고 위스키 대신 진을 사용하면 금주령 시대의 인기 칵테일인 **비즈 니스**(Bee's Knees)가 된다.

칵테일 셰이커에 다음을 넣는다.

　얇게 저민 생강 3조각

　레몬즙 22ml

　꿀 1작은술

생강이 으깨져 향기가 퍼질 때까지 머들러로 찧은 후 각얼음과 다음 재료를 셰이커에 추가한다.

　블렌드 스카치 60ml

차가워질 때까지 약 12초간 잘 흔든다. 얼음을 가득 채운 차갑게 식힌 록 글라스에 얼음과 건더기를 걸러내고 따른다. 그 위에 다음을 추가한다.

　싱글몰트 아일레이 스카치 7ml

불바디에(Boulevardier)

1인분

스위트 베르무트 대신 드라이 베르무트를 사용하면 **올드 팰**(Old Pal) 칵테일이 된다.

믹싱 글라스에 각얼음을 ¾ 정도 채운다. 다음을 추가한다.

　버번 또는 호밀 위스키 45ml

　스위트 베르무트 30ml

　캄파리 30ml

차가워질 때까지 약 30초간 잘 섞는다. 차갑게 식힌 칵테일 글라스에 커다란 각얼음을 하나 넣은 후 얼음을 걸러내고 따른다. 다음으로 장식한다.

　오렌지 트위스트 또는 브랜디에 절인 체리

민트 줄렙(Mint Julep)

1인분

이 칵테일은 그야말로 최고의 맛을 낸다. 그리고 이 시점에서 볼테르의 명언 "선은 최선의 적이다.(The good is the enemy of the best)"라는 말을 되새겨보는 것도 좋다. 형편이 닿는 한도 내에서 가장 좋은 품질의 버번과 부드러운 민트 잎, 그리고 아주 잘게 부순 얼음을 사용하자. **위스키 스매시**를 만들 때는 **레몬 ½개를 4등분해서** 민트, 간단 시럽과 함께 넣고 짓찧는다.

차갑게 식힌 하이볼 글라스 또는 은으로 만든 줄렙 컵에 다음을 넣고 머들러로 찧는다.

　신선한 민트 잎 5~6장

　간단 시럽 1작은술

다음을 따른다.

　버번 60ml

글라스에 다음을 채운다.

　잘게 부순 얼음

한 번 저은 후 다음 재료로 장식한다.

　잎이 많이 달린 민트 잔가지

밀크 펀치

1인분

아르노 레스토랑의 프렌치 75라는 바에서 탄생한 또 하나의 뉴올리언스 클래

식 칵테일이다. 브런치에 곁들이는 경우가 많으며, 이 칵테일을 마시기 위해 기꺼이 침대를 빠져나올 만큼 근사한 맛을 낸다.

칵테일 셰이커에 각얼음을 채운다. 다음을 추가한다.

　우유 또는 하프앤드하프 60ml

　버번 45ml

　다크 럼 15ml

　간단 시럽 15ml

　바닐라 ½작은술

차가워질 때까지 약 12초간 잘 흔든다. 차갑게 식힌 칵테일 글라스에 얼음을 걸러서 따르고 다음을 솔솔 뿌린다.

　갓 갈아낸 육두구

핫 토디

1인분

따뜻하게 만들어 마시는 이 칵테일에 건강상의 효능이 있다고 주장할 생각은 없지만, 우리 집에서는 감기에 걸렸을 때 또는 추운 겨울 저녁에 한기를 녹이기 위해 핫 토디를 마신다.

240ml짜리 도자기 또는 토기 머그잔에 다음을 넣는다.

　5cm 크기의 껍질을 벗기지 않은 생강, 세로로 얇게 저미기

생강 위에 붓는다.

　끓는 물 120ml

온기가 날아가지 않게 받침 접시로 컵을 덮은 후 5분간 우려낸다. 다음을 넣고 젓는다.

　버번 60ml

　레몬즙 1~2큰술, 맛을 보면서 조절

　맛 내기용 꿀 최대 2작은술, 맛을 보면서 조절

럼에 대해

럼은 사탕수수 또는 사탕수수로 만든 당밀로 증류한 술이다. 주로 카리브해와 남아메리카 지역에서 생산되기 때문에 트로피컬 칵테일의 전통적인 알코올 재료로 럼이 자주 사용되는 것은 어쩌면 당연한 일인지도 모른다. 묵직하고 톡 쏘는 맛이 강한 럼(예를 들어 자메이카 럼)이나 과달루페 또는 마르티니크 섬에서 생산되는 그보다 부드러운 럼 중 일부는 잘 숙성시켜서 브랜디 잔에 따라 마시면 놀랍도록 섬세하고 복합적인 맛을 즐길 수 있다. 이러한 고급 럼을 혼합 음료에 낭비하지 말자. 일반적으로 라이트 럼(화이트 또는 실버라고 부른다.)은 칵테일에 사용하며, 미디엄 보디(앰버 또는 골드라고 부른다.)는 펀치와 긴 유리잔에 담아서 내는 차가운 음료에 사용한다. 럼의 색깔이 반드시 숙성도를 나타내지는 않는다. 화이트 럼 중 상당수는 오크통에서 숙성한 후 걸러냈기 때문에 아무런 색을 띠지 않는다. 반대로 인공색소를 넣어 진한 색을 입힌 다크 럼도 많다. **럼 아그리콜**(Rhum argicole)은 마르티니크 섬에서 순수 사탕수수즙을 사용해 만들며, 숙성하지 않은 럼(럼 블랑rhum blanc), 황금색을 띠는 럼(럼 파유rhum paille) 또는 숙성한 럼(럼 비외rhum vieux) 등 다양한 종류로 출시된다. **스파이스드 럼**은 증류가 끝난 후 계피, 정향을 비롯한 따스한 느낌을 주는 향신료를 우려낸 것이다. 가장 품질이 좋은 스파이스드 럼은 골드 럼으로 만든 것이며 그보다 저렴한 것은 보통 화이트 럼으로 만들어서 캐러멜색으로 물들인다. **자메이카 럼**은 당밀로 만들기 때문에 거의 검정에 가까운 색을 띤다. 이러한 럼

은 오크통에서 숙성시키기 때문에 풍부한 맛을 내며 여러 티키 칵테일(폴리네시아 스타일의 나무 조각상 모양 잔에 담아서 내는 칵테일 — 옮긴이)에서 느낄 수 있는 특징적인 퀴퀴한 풍미도 바로 럼에서 나온 것이다. 럼 애호가라면 이러한 럼들은 아무것도 섞지 않고 그대로 즐겨도 좋다.

카샤사(Cachaça)는 신선한 사탕수수로 만든 브라질 증류주다. 스테인리스 스틸 통에 보관하면 색이 연하고 풀내음이 나는데, 나무통에서 숙성시키면 더 풍부하고 복합적인 풍미를 낸다.

쿠바 리브레

1인분

카리브해 지역의 전통 칵테일이다. 어떤 콜라든 사용할 수 있지만, 이 칵테일의 원조 레시피에 사용되어 떼려야 뗄 수 없는 관계인 것은 코카콜라다. 차갑게 식힌 하이볼 글라스에 얼음을 채우고 다음을 따른다.

　콜라 180ml

　라이트 럼 45ml

　라임즙 15ml

잘 저은 후 다음으로 장식한다.

　횡단면으로 자른 라임 조각

다이키리(Daiquiri)

1인분

간단 시럽을 그레나딘으로 대체하면 이 칵테일은 **핑크 다이키리** 또는 **다이키리 그레나딘**으로 변신한다.

칵테일 셰이커에 각얼음을 채운다. 다음을 추가한다.

　라이트 럼 60ml

　라임즙 22ml

　간단 시럽 2작은술

차가워질 때까지 약 12초간 잘 흔든다. 차갑게 식힌 칵테일 글라스에 얼음을 걸러내고 따른다.

프로즌 다이키리

1인분

이 레시피는 무척 다양하게 응용할 수 있다. 냉동 과일 다이키리를 만들 때는 잘게 썬 생딸기나 냉동 딸기, 복숭아, 바나나, 정육면체로 자른 멜론 등의 과일 1컵을 추가하거나 간단 시럽 대신 과일 시럽을 사용한다.

다음 재료를 믹서에 넣고 부드러워질 때까지 간다.

　라이트 럼 60ml

　자몽 주스 또는 오렌지 주스 30ml

　라임즙 30ml

　간단 시럽 15ml

　마라스키노 리큐어 또는 퀴라소 15ml

　각얼음 2컵

차갑게 식힌 와인잔에 따른다.

정글 버드

1인분

비교적 쉽게 구할 수 있는 재료로 만드는 훌륭한 티키 칵테일로 달콤쌉쌀한 맛을 낸다.

칵테일 셰이커에 ¾ 정도 각얼음을 채운다. 다음을 추가한다.

　　자메이카 또는 블랙스트랩 럼 45ml

　　파인애플 주스 45ml

　　캄파리 22ml

　　라임즙 15ml

　　간단 시럽 7ml

차가워질 때까지 약 12초간 잘 흔든다. 차갑게 식혀서 얼음을 채운 칵테일 글라스에 건더기를 걸러내고 따른다.

카이피리냐(Caipirinha)

1인분

브라질의 대표적인 칵테일이다. 재료는 간단하지만 라임을 껍질째 사용하므로 쌉쌀한 맛이 복합적인 풍미를 더해준다. 카샤사 대신 보드카를 사용하면 **카이피로스카**가 된다.

다음을 가로로 반을 자른다.

　　라임 1개

라임 절반은 나중에 사용하기 위해 보관해두고, 나머지 절반을 4등분한 다음 차갑게 식힌 올드패션드 글라스에 넣는다. 다음을 추가한다.

　　설탕 또는 원당 2작은술

머들러로 설탕이 묻은 라임 조각을 짓이겨 즙을 낸다.(라임 껍질을 너무 많이 짓이기면 칵테일의 쓴맛이 강해진다.) 다음을 추가한다.

　　카샤사 60ml

설탕이 녹을 때까지 젓는다. 차갑게 식힌 글라스에 굵게 부순 얼음을 채우고 따른 후 시원해지도록 젓는다.

피냐 콜라다

1인분

다음 재료를 믹서에 넣은 후 살짝 거품이 생기며 부드러워질 때까지 간다.

　　라이트 럼 60ml

　　파인애플 주스 60ml

　　코코 로페스 같은 가당 코코넛 크림 60ml

　　라임즙 15ml

　　부순 얼음 또는 자잘한 얼음 1컵

차갑게 식힌 하이볼 글라스에 따른다. 다음으로 장식한다.

　　파인애플 슬라이스 ½개

마이 타이(Mai Tai)

1인분

오르자(Orgeat)는 등화수로 향을 낸 아몬드 풍미 시럽이다. 여러 종류의 티키 칵테일에 자주 사용되는 재료다.

칵테일 셰이커에 각얼음을 채운다. 다음을 추가한다.

　　다크 럼 30ml

　　라이트 럼 30ml

　　라임즙 22ml

　　퀴라소 15ml

　　아몬드 시럽 또는 오르자 15ml

　　(그레나딘 소량)

차가워질 때까지 약 12초간 잘 흔든다. 차갑게 식힌 올드패션드 글라스에 얼음을 걸러내고 따른다. 얼음을 넣어서 내거나 얼음 없이 낸다. 다음으로 장식한다.

　　라임 조각과 민트 잔가지 또는 신선한 과일 꼬치

다크 앤드 스토미

1인분

원래는 진저비어를 사용하는 레시피지만, 우리는 블레넘에서 나온 올드 #3 핫 레드캡 진저에일을 구할 수 있으면 이걸로 대체한 버전도 좋아한다.

차갑게 식힌 하이볼 글라스에 각얼음을 채운다. 다음을 추가한다.

　　고슬링스 블랙 실 같은 다크 럼 60ml

　　라임즙 15ml

　　진저비어 약 120ml 또는 글라스 위까지 채울 만큼

긴 숟가락으로 젓는다. 다음으로 장식한다.

　　횡단면으로 자른 라임 조각

모히토

1인분

화이트 럼, 라임즙, 민트를 조합한 이 쿠바식 하이볼은 상큼한 맛으로 유명하며 널리 사랑받고 있다.

칵테일 셰이커에 다음을 넣는다.

　　민트 잎 6장

　　설탕 1작은술

　　라임즙 15ml

민트 잎이 잘 으깨질 때까지 머들러로 짓이긴다. 다음을 넣는다.

　　화이트 럼 60ml

칵테일 셰이커에 각얼음을 채우고 차가워질 때까지 약 12초간 잘 흔든다. 차갑게 식혀서 얼음을 채운 하이볼 글라스에 건더기를 걸러내고 따른다. 칵테일에 다음을 넣어 채운다.

　　소다수 60ml

다음으로 장식한다.

　　잎이 많은 민트 잔가지

스패니시 커피

1인분

우리 가족은 매년 겨울마다 성지 순례하듯 포틀랜드에서 가장 오래된 레스토랑인 후버스에 가서 스패니시 커피를 마신다. 그곳의 바텐더들은 알코올에 불을 붙인 후 손을 머리 위로 높이 올려 칵테일을 글라스에 따라내는 쇼를 보여준다. 가정에서는 절대 그런 화려한 쇼를 흉내 낼 수 없지만, 다른 모든 점에서는 오랫동안 사랑받아온 이 칵테일을 충실하게 재현할 수 있는 레시피다.

유리가 두껍고 땅딸막하면서 손잡이가 있는 와인잔을 준비해 가장자리를 빙 둘러 다음을 문지른다.

　　라임 조각 1개

다음을 사용해 와인잔의 가장자리를 프로스팅 한다.

　설탕, 이왕이면 초미립 분당을 사용

잔에 다음을 추가한다.

　도수가 높은 럼 22ml

　트리플 섹 리큐어 15ml

글라스를 약간 기울인 후 성냥으로 알코올에 불을 붙인다.(불이 잘 붙지 않으면 성냥 2개를 한꺼번에 사용해보자.) 와인잔의 손잡이 부분을 잡고 천천히 돌려가면서 불꽃이 잔 가장자리에 묻힌 설탕에 닿아 캐러멜화되도록 한다. 설탕이 골고루 갈색으로 변하려면 몇 분 정도 걸리며 와인잔이 아주 뜨거워질 것이다. 불을 끄려면 다음을 추가한다.

　칼루아 45ml

　뜨겁게 내린 진한 커피 90ml

다음을 얹는다.

　휩드 크림

　갓 갈아낸 육두구

와인잔의 가장자리가 매우 뜨거우므로 1분 정도 기다렸다가 마신다.

그로그(Grog)

1인분

이 칵테일은 영국 선원들의 사기를 돋우고, 오래된 물을 더욱 쉽게 마실 수 있게 하며, 괴혈병을 방지하기 위해 물과 럼을 섞어서 배급하던 음료에 기원을 두고 있다. 설탕 대신 메이플 시럽, 당밀 또는 꿀을 사용해도 좋다.

240ml짜리 머그잔에 다음을 넣고 잘 섞는다.

　다크 럼 45ml

　라임즙 15ml

　원당 1~2작은술, 맛을 보면서 조절

다음으로 머그잔을 채운다.

　아주 뜨거운 차 또는 물

다음으로 장식한다.

　레몬 또는 오렌지 트위스트

　육두구 가루 또는 계핏가루 1자밤

핫 버터드 럼(Hot Buttered Rum)

1인분

오래전부터 뉴잉글랜드에서 사랑받아온 이 칵테일은 도수가 상당히 강해서 주변이 이중으로 보이고 혼자가 된 기분을 느끼게 된다고들 한다.

따뜻하게 데운 240ml짜리 머그잔에 다음을 넣는다.

　다크 럼 60ml

　가염 버터 1큰술

　슈거 파우더 1~2작은술, 맛을 보면서 조절

　계핏가루 1자밤

　정향 1개

다음으로 머그잔을 채운다.

　끓는 물

잘 젓는다. 맨 위에 다음을 뿌린다.

　갓 갈아낸 육두구

테킬라와 메스칼에 대해

테킬라는 블루 아가베라는 식물의 발효된 수액을 증류한 것으로 보통 다양한 종류의 중성 주정과 혼합한다. 미국의 경우 금주령이 내려질 때까지는 테킬라가 거의 소비되지 않았지만, 금주령 시대에 여유 있는 사람들이 합법적으로 술을 마시기 위해 국경을 넘어 멕시코로 향하면서 조금씩 알려졌다. 그때부터 서서히 저변을 넓혀가며 인기를 얻어 오늘날에는 아무리 상품을 소량만 갖춘 주류 판매점에도 최소한 10여 종류 이상의 테킬라 상표가 매대에 진열되어 있을 정도로 보편화되었다.

블랑코 또는 실버 테킬라는 숙성시키지 않는다. **레포사도**(Reposado) 테킬라는 2개월 이상, 12개월 미만으로 숙성시킨다. **아녜호**(Añejo) 테킬라는 오크통에서 최소 1년 이상 숙성시킨다. **엑스트라 아녜호** 테킬라는 아무리 짧아도 오크통에서 최소 3년 이상 숙성시킨 것을 말한다. **골드** 테킬라는 최대 49%까지 아가베가 아닌 다른 원료에서 얻은 당분을 포함하고 있는데, 이는 곧 100% 아가베로 만든 테킬라가 아니라는 의미다. 순수하게 100% 아가베로 만든 테킬라를 구입하고 싶다면 라벨에 '당분 무첨가'라고 표기된 것을 고르자.

메스칼(Mezcal)은 다양한 종류의 아가베로 만들며 양조 공정이 테킬라와는 차별화되어 전혀 다른 제품이 탄생한다. 테킬라는 피냐(piña)라고 부르는 아가베의 심을 화덕에서 굽거나 가압 멸균기에서 찐 다음 으깨서 수액을 발효시키는 반면, 메스칼은 깊은 구덩이를 파고 나무로 불을 때면서 며칠, 심지어 몇 주에 걸쳐 피냐를 천천히 구운 다음 으깬다. 그리고 이렇게 으깬 피냐를 천연 효모와 박테리아로 발효시킨 후 증류한다. 오랜 시간에 걸쳐 서서히 굽는 과정 때문에 메스칼에는 독특한 훈연 풍미가 생긴다.

미국에서 테킬라를 마시는 가장 보편적인 방법은 작은 잔에 따라서 한 번에 들이켠 후 소금과 라임 조각을 입에 무는 것이지만, 부드럽고 맛있어서 그대로 홀짝홀짝 마셔도 좋은 테킬라를 찾아보는 것도 좋다. 아래에서 소개하는 테킬라 칵테일 외에도 진 토닉의 진을 테킬라로 대체하거나 테킬라 선라이즈를 만들어보자.

마가리타

1인분

차갑게 식힌 칵테일 글라스 또는 마가리타 글라스의 가장자리를 빙 둘러 다음을 문지른다.

　라임 조각 1개

다음을 사용해 글라스 가장자리를 프로스팅 한다.

　굵은 소금

칵테일 셰이커에 각얼음을 채운다. 다음을 추가한다.

　실버 또는 레포사도 테킬라 60ml

　트리플 섹, 쿠앵트로 또는 그랑 마니에르 22ml

　라임즙 22ml

　간단 시럽 1작은술

차가워질 때까지 약 12초간 잘 흔든다. 준비한 글라스에 얼음을 걸러내고 따른다. 라임 조각으로 장식한다.

프로즌 마가리타

마가리타 재료를 믹서에 넣고 라임즙의 양을 30ml, 간단 시럽의 양을 15ml로 늘린다. **굵게 부순 얼음 1컵**을 추가하고 얼음이 슬러시 정도가 될 때까지 간다.

차갑게 식힌 칵테일 글라스 또는 마가리타 글라스에 따른다.

팔로마(Paloma)

1인분

이 책에서는 보통 재료를 소개할 때 특정 상품을 권장하지 않지만, 이 레시피에 사용할 자몽 소다만큼은 멕시칸 스쿼트 제품이 최고라고 언급하지 않을 수 없다. 이 제품은 멕시코 식료품점이나 마트에 가면 대부분 쉽게 구할 수 있다. 도저히 구할 수 없다면 하리토스 자몽 소다가 좋은 대체품이다. 탄산음료를 아예 배제하고 싶다면 **자몽 주스 60ml, 소다수나 탄산수 60ml, 간단 시럽 1작은술**로 대체한다.

차갑게 식힌 록 글라스 또는 칵테일 글라스의 가장자리를 빙 둘러 다음을 문지른다.

　라임 조각 1개

다음을 사용해 글라스 가장자리를 프로스팅 한다.

　굵은 소금

글라스에 다음을 넣는다.

　멕시코 자몽 소다 90ml

　실버나 레포사도 테킬라 또는 메스칼 60ml

　라임즙 15ml

잘 저은 후 글라스에 각얼음을 채운다. 다음으로 장식한다.

　자몽 조각

테킬라 선라이즈

1인분

이 칵테일은 1930년대 당시 미국인에게 생소했던 테킬라를 소개하는 데 일조했지만, 1972년에 롤링 스톤스가 전미 투어 중에 방탕하게 마시며 즐기던 술로 일약 유명세를 떨치면서 더욱 확고하게 주류 칵테일로 자리 잡았다.

차갑게 식힌 하이볼 글라스에 각얼음을 채우고 다음을 따른다.

　실버 또는 레포사도 테킬라 60ml

　오렌지 주스 120ml

잘 젓는다. 맨 위에 다음을 얹는다.

　그레나딘 1작은술

젓지 않는다. 다음으로 장식한다.

　횡단면으로 자른 오렌지 조각

브랜디에 대해

브랜디는 과일을 증류해서 만드는 술이며 가장 보편적으로 사용되는 재료는 포도다. 와인을 생산하는 나라에서는 전부 브랜디를 양조한다.(브랜디의 어원은 브란데베인brandewijn이라는 네덜란드어로, '태운 와인'이라는 의미다.) 세계에서 가장 유명한 브랜디인 **코냑**은 프랑스 코냑 지역에서만 생산되며 가볍고 섬세한 맛으로 높은 평가를 받는다. VS(very special), 즉 별 3개짜리 코냑은 2년 이상 오크통에서 숙성시킨다. VSOP(very superior old pale) 코냑은 4년 이상, XO(extra old) 코냑은 6년 이상 숙성시킨 것으로 이론상 증류주가 오래 숙성되면 맛은 점점 더 부드러워진다. 일반적으로 혼합 칵테일에 사용하기에 가장 적합한 것은 VS다. 우리는 "술의 품질이 좋을수록 칵테일의 맛도 좋아지기 마련"이라고 굳게 믿지만, VSOP 및 XO 등급의 브랜디라면 아무것도 섞지 말고

그대로 마시는 편을 권장한다. 코냑의 가까운 사촌뻘인 **아르마냑**(Armagnac)은 프랑스 아르마냑 지역에서 생산되며 라벨도 비슷한 방식으로 표기된다. 대체로 아르마냑은 코냑보다 풀 보디감이 강하다.

다른 유럽 국가들도 뛰어난 품질의 브랜디를 생산하는데, 독일의 **아스바흐**(Asbach)가 좋은 예다. 미국에서도 특히 캘리포니아와 오리건에서 아주 품질이 뛰어난 브랜디가 생산된다. 피스코(Pisco)는 단일 품종 포도 또는 여러 품종의 포도를 섞어서 만드는 페루 및 칠레의 브랜디다.

브랜디는 와인에서 증류해서 만들지만 **마르**(marc, 프랑스어 명칭)와 **그라파**(grappa, 이탈리아어 명칭)는 와인을 만들고 남은 으깬 포도 껍질과 줄기를 사용해서 만든다. 브랜디와는 달리 마르와 그라파는 일반적으로 무색이다. 입이 타들어가는 듯한 느낌의 강한 증류주로 대부분 피니시가 거친 편이지만, 품질이 좋은 마르나 그라파는 강렬한 향을 풍기면서 맛도 상당히 좋다.

프랑스 노르망디 지방에서 생산되는 **칼바도스**(Calvados)는 여과하지 않은 사과 주스를 증류해 최소 2년 이상 오크통에서 숙성시킨 술이다. 가장 품질이 좋은 칼바도스는 코냑, 아르마냑과 어깨를 나란히 할 만큼 근사한 맛을 낸다. **애플잭**은 미국에서 만든 사과 브랜디다. 포도가 아닌 과일로 만든 또 다른 브랜디 유형은 프랑스어로 '생명의 물'이라는 뜻의 이름으로 널리 알려진 **오드비**(eaux-de-vie)다. 무색에 상쾌한 풍미와 향을 가진 오드비는 브랜디 잔에 따라서 낸다. 가장 인기 있는 종류로는 **푸아르**(poire) 또는 **푸아르 윌리엄스**(poire Williams, 서양배), **프랑부아즈**(framboise, 라즈베리), **미라벨**(Mirabelle) 또는 **슬리보비츠**(slivovitz, 자두), **키르슈**(kirsch, 체리) 등이 있지만, 사실상 거의 모든 종류의 과일을 재료로 사용할 수 있다.

브랜디 알렉산더

1인분

다소 부담스러울 정도로 진하고 달콤하므로 저녁 식사 후에 마시면 좋다.

칵테일 셰이커에 각얼음을 채운다. 다음을 넣는다.

　브랜디 45ml

　다크 크렘 드 카카오 22ml

　헤비크림 22ml

차가워질 때까지 약 12초간 잘 흔든다. 차갑게 식힌 쿠프 글라스 또는 칵테일 글라스에 얼음을 걸러내고 따른다. 다음을 살짝 뿌려 장식한다.

　갓 갈아낸 육두구

비외 카레(Vieux Carré)

1인분

뉴올리언스의 프렌치 쿼터 지구에 있는 몬텔레오네 호텔에서 처음 탄생한 뉴올리언스의 역사 깊은 칵테일 중 하나다.

믹싱 글라스에 얼음을 ¾ 정도 채운다. 다음을 넣는다.

　호밀 위스키 30ml

　코냑 30ml

　스위트 베르무트 30ml

　베네딕틴 1작은술

　앙고스투라 비터스 소량씩 2번

　페이쇼즈 비터스 소량씩 2번

차가워질 때까지 약 30초간 잘 흔든다. 얼음을 채운 록 글라스에 얼음을 걸러

내고 따른다. 다음으로 장식한다.

레몬 트위스트 또는 브랜디에 절인 체리

피스코 사워

1인분

페루와 칠레는 서로 이 칵테일을 자국의 국민 음료라고 주장한다. 피스코는 간단히 말해 포도로 만든 브랜디의 한 종류다. 달걀 안전성에 대해 항목을 참고하자.

칵테일 셰이커에 다음을 넣는다.

피스코 60ml

라임즙 22ml

간단 시럽 15ml

달걀흰자 1개

얼음을 넣지 않고 10초간 흔든 다음 얼음을 넣고 차가워질 때까지 약 12초간 잘 흔든다. 차갑게 식힌 칵테일 글라스에 얼음을 걸러내고 따른다. 다음으로 장식한다.

앙고스투라 비터스 몇 방울

사이드카(Sidecar)

1인분

취향에 따라 칵테일 글라스의 가장자리를 다음 재료로 프로스팅 해도 좋다.

(설탕)

칵테일 셰이커에 각얼음을 채운다. 다음을 넣는다.

VS 코냑 45ml

트리플 섹 또는 쿠앵트로 22ml

레몬즙 22ml

간단 시럽 1작은술(설탕으로 글라스를 프로스팅 했다면 생략)

차가워질 때까지 약 12초간 잘 흔든다. 차갑게 식힌 칵테일 글라스에 얼음을 걸러내고 따른다.

스팅어(Stinger)

1인분

믹싱 글라스에 각얼음을 ¾ 정도 채운다. 다음을 넣는다.

브랜디 60ml

화이트 크렘 드 망트 15ml

차가워질 때까지 약 30초간 잘 흔든다. 차갑게 식힌 칵테일 글라스 또는 올드 패션드 글라스에 얼음을 걸러서 따르고 다음으로 장식한다.

민트 잎

니콜라시카(Nikolashka)

러시아 니콜라스 대공이 이끄는 연대에서 즐겼던 이 독특한 음료를 우리 가족의 친한 친구인 사샤 베레샤긴이 재현한 레시피다. 바슈 즈도로비예!(Vashe zdorovie, 러시아어로 건배라는 뜻 — 옮긴이) 모두의 건강을 위하여!

최대한 얇게 저민다.

레몬 1개

레몬 슬라이스의 한쪽에 다음을 살짝 뿌린다.

갓 갈아낸 커피 가루

커피가 묻은 쪽이 아래로 가도록 접시 위에 놓고 다음을 솔솔 뿌린다.

설탕 ¼작은술

취향에 따라 흑후추를 뿌린 것 같은 모양이 되도록 레몬 슬라이스 위에 다음을 간다.

(밀크, 세미스위트 또는 다크 초콜릿)

레몬 슬라이스를 입에 넣고 몇 초간 씹은 다음 재빨리 다음을 한 모금 마신다.

코냑

코디얼과 리큐어에 대해

코디얼(Cordial)과 리큐어는 보드카, 브랜디, 위스키 등의 술에 다른 풍미 재료를 우려서 만든다. 이탈리아의 **아마리**, 샤르트뢰즈, 예거마이스터, 베네딕틴 같은 허브 리큐어, 크렘 드 카시스(crème de cassis) 같은 과일 리큐어 등 놀랄 만큼 다양한 리큐어가 출시되고 있다. 거의 모든 코디얼과 리큐어의 공통적인 특징은 달콤하다는 점이다. 퀴멜(kümmel)의 캐러웨이, 크렘 드 망트의 민트, 아니세트(anisette)의 아니스, 마라스키노 리큐어의 체리 등과 같이 특정한 풍미가 두드러지는 것이 있는가 하면, 샤르트뢰즈나 베네딕틴, 드람뷔(Drambuie)처럼 매우 복합적인 풍미를 지닌 것도 있다.

코디얼과 리큐어는 칵테일에 소량씩 사용하거나 달콤하고 순한 브랜디 대용품 또는 식사 후 속을 달래는 식후주로 그냥 마시기도 한다.

그래스호퍼(Grasshopper)

1인분

오리건주 포틀랜드의 클라이드 커먼과 페페 르 모코의 바텐더인 제프리 모건 탈러는 이 클래식 칵테일을 거품이 도는 크림 같은 질감의 **그래스호퍼 셰이크**로 변신시켰다. 셰이크를 만들 때는 하프앤드하프를 빼고 **바닐라 아이스크림 ½컵**을 추가한 다음 **잘게 부순 얼음 1컵**과 함께 믹서에 간다.

칵테일 셰이커에 각얼음을 채운다. 다음을 넣는다.

녹색 크렘 드 망트(또는 취향에 따라 흰색 크렘 드 망트에 녹색 색소를 1방울 넣기) 30ml

화이트 크렘 드 카카오 30ml

하프앤드하프 30ml

(민트 비터스 소량 또는 페르넷 브랑카 멘타 ½작은술)

차가워질 때까지 약 12초간 잘 흔든다. 차갑게 식힌 칵테일 글라스에 건더기를 걸러내고 따른다.

버진 칵테일에 대해

무알코올을 나타내는 '버진' 음료는 성인과 미성년자 모두 즐길 수 있다. 아래에 소개하는 버진 칵테일뿐만 아니라 블러디 메리, 따뜻하게 데운 사과주 등의 무알코올 버전도 참고하자. 또한 「음료」 장에서, 특히 갈증 해소 음료 항목에 소개한 음료 중에서도 알코올음료 대신 마실 수 있는 좋은 음료들이 많다.

셜리 템플(Shirley Temple)

1인분

여러 세대에 걸쳐 미국 아이들은 1930년대의 유명한 아역 영화배우 이름을 딴 이 음료로 처음 칵테일을 맛보았다. 이 레시피에 콜라 대신 진저에일을 사용하면 로이 로저스가 된다.

차갑게 식힌 올드패션드 글라스에 얼음과 다음 재료를 넣고 젓는다.

　　그레나딘 소량

　　진저에일

다음으로 장식한다.

　　마라스키노 체리

크랜베리 콜린스

1인분

차갑게 식힌 하이볼 글라스에 얼음과 다음 재료를 넣고 젓는다.

　　가당 크랜베리 주스 120ml

　　레몬즙 22ml

다음으로 글라스를 채운다.

　　소다수

다음으로 장식한다.

　　횡단면으로 자른 레몬 조각

록 샌디(Rock Shandy)

1인분

물론 앙고스투라 비터스에 알코올이 들어 있지만 비터스 소량, 즉 딱 6방울에 도대체 알코올이 얼마나 포함되어 있는가 하는 문제는 "바늘 끝에서 천사가 몇 명이나 춤출 수 있을까."라는 알쏭달쏭한 철학적 질문을 연상시킨다.

차갑게 식힌 하이볼 글라스에 얼음과 다음 재료를 넣고 젓는다.

　　레모네이드 120ml

　　소다수 60ml

　　앙고스투라 비터스 소량

다음으로 장식한다.

　　횡단면으로 자른 레몬 조각

펀치에 대해

펀치 볼은 친목 모임에서 사람들을 끌어들이고 분위기를 띄우며, 그 안에 들어 있는 알코올의 효과보다 훨씬 강한 파급력을 발휘한다. 펀치를 비롯한 파티 음료는 커다란 물병에 담아 내놓을 수도 있다. 뜨거운 파티 음료를 따뜻하게 보관하려면 가장 낮은 온도로 설정한 슬로 쿠커에 담아서 낸다. ▶ 하지만 달걀이 들어간 음료에는 이 방법을 권장하지 않는다.

펀치 재료들을 섞은 다음에는 1시간 정도 서로 잘 어우러지도록 놔두는 것이 좋다. 차갑게 낼 경우 냉장고에 넣어 보관했다가 마시기 직전에 소다수, 물 또는 얼음을 추가한다. 차가운 펀치라면 희석에 주의하자. 처음에는 펀치의 ⅔ 분량에만 얼음을 넣어서 제공하고, 다 떨어져갈 즈음 나머지 펀치 ⅓과 얼음을 보충한다.(소다수 또는 샴페인을 추가해도 좋다.)

펀치에 사용하는 얼음을 고를 때에는 잘게 부순 얼음을 피한다. 심지어 일반적인 크기의 각얼음도 상당히 빨리 녹아버린다. 재료 혼합용 그릇 같은 커다란 용기에 물을 부은 후 얼리면 커다란 얼음덩어리를 만들 수 있다. 사용할 때가 되면 얼음이 담긴 볼의 바닥 부분을 찬물에 담갔다가 접시에 뒤집어서 얼음을 빼낸다. 그리고 펀치 볼에 살며시 밀어 넣는다. 하지만 역시 가장 좋은 것은 아래에 소개하는 장식용 얼음 틀로, 독특하고 보기 좋은 것은 물론 일반 얼

음처럼 빨리 녹지도 않는다.

장식용 얼음 틀

얼음 링 1개

투명하고 맑은 얼음 링을 만들기 위해서는 여과한 수돗물을 실온에 1시간 두었다가 사용한다.

4~6컵이 들어가는 고리 모양의 틀, 튜브 팬 또는 원형 케이크 틀의 바닥에 다음을 깐다.

　　신선한 딸기, 체리, 라즈베리 또는 크랜베리, 혹은 감귤류 과일을 얇게 저민 것

　　신선한 민트, 타임 또는 스위트 우드러프 잔가지 몇 개

각얼음 또는 잘게 부순 얼음으로 위를 덮고 과일, 허브, 얼음을 충분히 덮을 정도로 물을 부어 얼린다. 내놓기 전에 틀의 바닥을 잠깐 찬물에 담갔다가 접시에 뒤집어서 얼음을 빼낸다. 얼음 링을 펀치 볼에 살며시 밀어 넣어 펀치 음료에 둥둥 뜨게 한다.

샴페인 펀치

1인분당 180ml씩 20인분

커다란 그릇에 다음을 섞는다.

　　과일 시럽(라즈베리 또는 딸기로 만든 것) 180ml 또는 적당량

　　레몬즙 180ml

　　오렌지 4개, 얇게 저미기

　　적당한 크기로 썬 신선한 파인애플 4컵

잘 저어서 냉장고에 4시간 동안 넣어둔다. 내기 직전에 차갑게 식힌 펀치 볼에 담는다. 저으면서 다음을 넣는다.

　　차가운 브뤼 샴페인 750ml짜리 4병

샹그리아

8~12인분

커다란 물병에 다음을 넣고 섞는다.

　　리오하, 말벡 또는 쉬라즈 등의 드라이 레드와인 750ml짜리 2병

　　브랜디 ½컵

　　쿠앵트로 ¼컵

　　레몬즙 6큰술

　　설탕 ½컵 또는 적당량

잘 저어서 설탕을 녹인다. 다음을 넣는다.

　　오렌지 1개, 작은 덩어리로 자르기

　　레몬 1개, 작은 덩어리로 자르기

　　새콤한 사과 1개, 씨를 제거하고 작은 덩어리로 자르기

　　(씨를 빼고 얇게 자른 복숭아나 자두 1컵)

비닐랩으로 덮어서 2시간 동안 냉장고에 넣어둔다.

피시 하우스 펀치(Fish House Punch)

1인분당 120ml씩 약 20인분

식민지 시대를 연상시키면서 도수가 센 이 펀치는 필라델피아의 스쿨킬 낚시 동호회(Schuylkill Fishing Company)라는 사교 클럽에서 처음 만들어 마신 것으로 알려져 있다. 복숭아 브랜디는 상당히 구하기 까다로운 재료다. 칵테일 역

사가인 데이비드 원드리치(David Wondrich)는 복숭아 브랜디 대신 **본디드 애플잭**(100프루프짜리 애플잭 – 옮긴이) **90ml와 품질 좋은 복숭아 리큐어 30ml**를 섞어서 사용하도록 권장한다. 복숭아 리큐어를 브랜디와 같은 분량만큼 넣으면 단맛이 너무 강해지므로 주의하자.

먼저 재료를 모두 식힌 다음 차가운 펀치 볼에 넣고 섞는다.

> 물 또는 홍차 우린 것 3컵
>
> 다크 럼 2컵
>
> 레몬즙 1½컵
>
> 간단 시럽 1¼컵 또는 적당량
>
> 브랜디 1½컵
>
> 복숭아 브랜디 ½컵

커다란 각얼음이나 앞에서 소개한 얼음 틀로 음료를 차갑게 한다.

플랜터스 펀치(Planter's Punch)

1인분당 120ml씩 약 20인분

커다란 물병이나 그릇에 다음을 넣고 섞는다.

> 다크 럼 3½컵
>
> 파인애플 주스 2½컵
>
> 오렌지 주스 ¾컵
>
> 라임 또는 레몬즙 ¾컵
>
> 간단 시럽 ¾컵

기다란 글라스에 다음을 ¾ 정도 채운다.

> 부순 얼음 또는 자잘한 얼음

글라스의 맨 위에서 2cm 정도 내려온 지점까지 채워지도록 펀치 혼합물을 따른다. 다음으로 장식한다.

> 파인애플 조각 또는 횡단면으로 자른 오렌지 조각

빨대를 꽂아서 낸다.

채텀 아틸러리 펀치(Chatham Artillery Punch)

1인분당 180ml씩 약 20인분

데이비드 원드리치의 저서 『펀치 — 흘러넘치는 펀치 볼의 기쁨(그리고 위험)』에 나오는 원조 아틸러리 펀치 레시피다. 이 레시피를 재현하려면 **올레오 사카럼**(oleo saccharum)이라는 것을 만들어야 하는데, 이는 레몬 껍질에서 방향유가 추출되어 나올 때까지 설탕에 절여 만드는 시럽을 의미한다.

커다란 유리병이나 그릇에 다음을 넣고 냉장고 또는 냉동실에 넣어 차갑게 식힌다.

> VSOP 코냑 1¾컵
>
> 버번 1¾컵
>
> 자메이카 럼 1¾컵

그동안 Y자 모양의 채소 껍질 벗기는 도구를 사용해 껍질을 얇게 벗겨낸다.(가능하면 노란색 껍질 아래의 흰색 부분을 같이 벗겨내지 않는다.)

> 레몬 6개

산성 재료에 반응하지 않는 커다란 그릇에 레몬 껍질 조각을 넣고 다음을 추가한다.

> 설탕 ¾컵
>
> 갈색 설탕 또는 데메라라 설탕, 꾹 눌러 담아 ¼컵

설탕이 젖은 모래처럼 보일 때까지 머들러로 레몬 껍질과 설탕을 세게 짓이긴 다음 뚜껑을 덮는다. 레몬 껍질에서 나온 방향유에 설탕이 녹기 시작할 때까지 따뜻한 실온에 1시간쯤 둔다. 다음을 추가한다.

> 레몬즙 1컵

설탕이 완전히 녹을 때까지 저은 다음 레몬 조각을 걸러내고 냉장고에 넣어 식힌다. 차갑게 식은 레몬 설탕 혼합물을 커다란 펀치 볼에 담는다. 잘게 부순 얼음을 펀치 볼의 절반까지 채우고 앞에서 차갑게 식혀놓은 술 혼합물을 다음과 함께 추가한다.

> 차가운 브뤼 샴페인 750ml짜리 2병

즉시 낸다.

보블레(Bowle)

1인분당 180ml씩 약 25인분

독일에서 사랑받는 이 음료는 다양한 과일로 만들 수 있다. 취향에 따라 화이트와인 2병을 스파클링 화이트와인 2병으로 대체해도 좋다.

커다란 그릇에 다음을 얇게 잘라서 넣는다.

> 껍질을 벗기지 않은 복숭아 8개, 껍질을 벗기지 않은 살구 8개, 파인애플 1개 또는
>
> 딸기 1ℓ

다음을 솔솔 뿌린다.

> 슈거 파우더 1¼컵

다음을 붓는다.

> 마데이라 또는 크림 셰리 2컵

4시간 동안 식힌다. 잘 저은 다음 차갑게 식힌 펀치 볼에 붓는다. 다음을 추가한다.

> 차가운 드라이 화이트와인 750ml짜리 4병

마이트랑크(Maitrank, 5월의 와인)

1인분당 150ml씩 약 25인분

신선한 스위트 우드러프를 넣어 봄의 기분을 만끽할 수 있는 독일 음료다. 어쩌면 우드러프는 여러분 집의 뒷마당 그늘진 구석에서 자라고 있을지도 모른다. 향기가 짙은 흰색 꽃이 만발하기 전에 나오는 어린잎을 사용하자.

그릇에 다음을 순서대로 넣는다.

> 어린 스위트 우드러프 잔가지 12개
>
> 슈거 파우더 1¼컵
>
> 차가운 리슬링 750ml짜리 1병
>
> (브랜디 1컵)

뚜껑을 덮고 냉장고에 최대 30분간 넣어둔다. 우드러프를 건져낸다. 잘 저은 다음 차갑게 식힌 펀치 볼에 붓는다. 다음을 넣는다.

> 차가운 리슬링 750ml짜리 3병
>
> 차가운 소다수 1ℓ 또는 샴페인 750ml짜리 1병

얇게 저민 오렌지, 길게 썬 파인애플, 그리고 무엇보다 우드러프 잔가지로 펀치 볼을 장식하면 좋다. 꼭지를 떼어낸 딸기를 글라스마다 바닥에 넣어 음료를 다 마신 후 먹을 수 있도록 한다.

베커 디럭스 에그노그(Becker Deluxe Eggnog)

1인분당 180ml씩 약 18인분

우리 가족이 가장 좋아하는 에그노그 레시피이며 여러 해 동안 우리 집 명절 식탁을 빛내왔다. 이 음료를 만들 때는 달걀노른자를 리큐어와 섞은 후 냉장고에 충분히 오래 보관해 맛이 잘 어우러지게 한다. 그렇지 않으면 명절 기분은 커녕 실패한 오믈렛 맛이 나는 음료가 된다. 이 에그노그는 냉장고에 아주 오래 보관할 수 있다.(사실 어떤 사람들은 시간이 지날수록 맛이 더 좋아진다고도 한다. 최소한 1년 후까지 무척 좋은 맛을 낸다고 보장할 수 있다.) 취향에 따라 달걀흰자에 설탕 몇 큰술을 넣어 단단한 기포가 생길 때까지 거품을 낸 다음 내기 직전에 에그노그와 섞어도 좋다. 달걀 안전성에 대해 항목을 참고하자.

커다란 그릇에 다음을 넣고 색이 연해질 때까지 거품을 낸다.

　　달걀노른자 12개

천천히 탁탁 치면서 다음을 넣는다.

　　슈거 파우더 450g

계속 탁탁 치면서 다음을 아주 천천히 흘려 넣는다.

　　라이트 럼 2컵

뚜껑을 덮고 냉장고에 넣어 1시간 동안 보관하면서 달걀 풍미를 날려 보낸다. 계속 저으면서 다음을 추가한다.

　　헤비크림 또는 하프앤드하프 1.9ℓ

　　코냑 또는 아스바흐 2컵

　　그랑 마니에르 또는 쿠앵트로 1컵

뚜껑을 덮고 최소한 3시간 이상 냉장고에 넣어둔다. 다음을 뿌려서 낸다.

　　갓 갈아낸 육두구

익힌 에그노그

달걀 안전성에 대해 항목을 참고하자. **위에 소개한 베커 디럭스 에그노그와** 같은 재료를 준비한다. 커다란 그릇에 달걀노른자와 설탕을 넣고 휘저어 거품을 낸다. 커다란 냄비를 중불에 올리고 헤비크림 1ℓ를 넣어 김이 올라올 때까지 가열한다. 거품기로 저으면서 뜨거운 헤비크림 절반을 달걀노른자에 천천히 흘려 넣는다. 그다음 계속 저으면서 크림과 달걀 혼합물을 다시 천천히 냄비에 붓는다. 눌어붙지 않도록 저으면서 혼합물이 약간 꾸덕꾸덕해지고 온도가 80℃에 도달할 때까지 조리한다. 너무 오래 가열하면 노른자가 분리되므로 주의하자. 불에서 내린 다음 즉시 남은 헤비크림 또는 하프앤드하프 1ℓ를 넣는다. 건더기를 걸러서 완전히 열기를 가라앉힌 다음 냉장고에 넣어 차갑게 식힌다. 혼합물을 저으면서 럼, 코냑, 그랑 마니에르를 넣는다. 뚜껑을 덮고 냉장고에 넣어 최소한 3시간 이상 보관한다. 육두구를 뿌려서 낸다.

비건 에그노그

1인분당 180ml씩 약 8인분

상당히 도수가 세며 우리 가족이 좋아하는 에그노그 버전이지만 취향에 따라 럼의 양을 줄여도 괜찮다.

다음이 완전히 잠기도록 물을 붓고 하룻밤 불린다.

　　볶지 않은 캐슈 1컵

물을 따라내고 다음과 함께 믹서에 넣는다.

　　코코넛 밀크 400ml짜리 통조림 1개

　　물 1컵

　　설탕 또는 메이플 시럽 ½컵

　　바닐라 1큰술

완전히 부드럽게 크림 같은 질감이 될 때까지 간다. 건더기를 걸러 펀치 볼 또는 커다란 물병에 붓고 다음을 넣어 젓는다.

　　라이트 럼 1컵

　　그랑 마니에르 또는 쿠앵트로 ½컵

다음으로 장식하여 낸다.

　　갓 갈아낸 육두구

미리 만들어두는 경우 냉장고에 보관하는 사이에 에그노그가 분리될 수도 있다. 실온에 20분간 두었다가 거품기로 잘 젓거나 믹서로 다시 섞어서 낸다.

실러버브(Syllabub)

약 10인분

원조 실러버브는 와인이나 사과주에 바로 짜낸 젖소의 우유를 넣어 만든다. 오늘날의 실러버브는 셰리나 화이트와인으로 풍미를 더하고 레몬즙으로 산미를 첨가한 크림 혼합물이다. 미국 남부 일부 지방에서 크리스마스에 가장 즐겨 마시는 '음료'이지만, 실제 질감은 사실상 부드럽고 폭신한 무스에 가깝다.

1.9ℓ짜리 유리병이나 유리 또는 금속 그릇에 다음을 넣고 섞는다.

　　설탕 ¾컵

　　크림 셰리 ¾컵

　　레몬 2개의 껍질, 강판에 곱게 갈기

　　건더기를 걸러낸 레몬즙 ¼컵

　　브랜디 또는 코냑 2큰술

　　갓 갈아낸 육두구 ½작은술

잘 어우러지도록 섞거나 거품기로 젓는다. 뚜껑을 꼭 덮어서 최소 4시간, 최대 24시간까지 냉장고에 넣어둔다. 설탕이 녹지 않고 남아 있을 경우 다시 흔들거나 저어서 잘 섞은 다음 필요한 경우 걸러낸다. 커다란 그릇에 다음을 넣고 아주 부드러운 피크가 생길 때까지 빠른 속도로 탁탁 친다.

　　차가운 헤비크림 2½컵

탁탁 치는 속도를 줄이고 셰리 혼합물을 천천히 흘려 넣는다. 국자로 잔마다 적당량을 떠넣고 다음을 뿌린다.

　　갓 갈아낸 육두구

숟가락과 함께 낸다.

톰 앤드 제리

약 20인분

달걀 안전성에 대해 항목을 참고한다.

큰 그릇에 다음을 넣고 단단한 피크가 생기지만 마른 거품은 아닌 상태가 될 때까지 잘 쳐서 거품을 낸다.

　　달걀흰자 3개

달걀 거품을 한쪽에 둔다. 중간 크기의 그릇에 다음을 넣고 잘 치면서 섞는다.

　　달걀노른자 3개

　　슈거 파우더 1컵

　　바닐라 1½작은술

　　계핏가루 ¼작은술

　　올스파이스 가루 ⅛작은술

　　정향 가루 1자밤

노른자 혼합물을 달걀 거품에 넣고 크게 몇 번 섞어준다. (달걀 혼합물은 냉장고에 넣어두면 최대 2일까지 보관할 수 있다.) 내기 전에 따뜻하게 데운 240ml짜리 머그잔에 앞서 만든 달걀 혼합물 2큰술씩 넣고 잔마다 다음을 추가한다.

다크 럼 30ml

브랜디 또는 코냑 30ml

머그잔 위까지 차도록 다음을 따른다.

아주 뜨거운 물, 우유 또는 커피

거품이 생길 때까지 세게 젓는다. 맨 위에 다음을 뿌린다.

갓 갈아낸 육두구

글뢰그(Glögg)

1인분당 120ml씩 16인분

스칸디나비아 지역에서 전통적으로 크리스마스에 마시는 이 음료는 원래 따뜻하게 데운 와인(Mulled Wine, 우리나라에서는 흔히 뱅쇼라고 한다. ─ 옮긴이)에 기원을 두고 있지만, 세월이 지나면서 알코올이 상당히 강해졌다. 심지어 일부 스웨덴 사람들은 도수 높은 중성 알코올을 사용해서 살이 에일 듯이 추운 스칸디나비아 지역의 겨울밤을 따뜻하게 보낼 수 있는 음료를 만들기도 한다. 하지만 브랜디나 아쿠아비트, 보드카를 사용하면 훨씬 풍미가 좋은 글뢰그가 탄생한다.

산성 재료에 반응하지 않는 커다란 냄비에 다음을 넣고 섞는다.

레드와인 750ml짜리 1병

토니 포트 750ml짜리 1병

오렌지 1개의 껍질, 채소 껍질 깎는 칼로 널찍하게 벗기기

건포도 1컵

얇은 사각형 거즈에 다음을 넣고 묶는다.

통계피 4개

정향 10개

굵게 부순 카르다몸 깍지 10개

(팔각 2개)

냄비에 넣고 뚜껑을 덮은 후 거의 끓어오를 때까지 가열한다. 약불로 줄이고 뚜껑을 닫은 채 약 1시간 정도 뭉근히 끓인다. 향신료 뭉치와 오렌지 껍질을 건져낸다. 와인에 다음을 넣고 젓는다.

브랜디 2컵

아쿠아비트 또는 보드카 1컵

긴 성냥에 불을 붙여서 냄비 안의 액체 가까이에 가져가 김처럼 올라오는 알코올에 불을 붙인다. 약 5초간 태운 다음 냄비 뚜껑을 덮어 불을 끈다. 따뜻하게 데운 잔에 국자로 떠서 적당량을 담고 잔마다 다음으로 장식한다.

세로로 두툼하게 자른 아몬드 몇 쪽

건포도와 아몬드를 떠먹을 수 있도록 작은 숟가락과 함께 낸다. 또는 건더기를 걸러내고 병에 옮겨 담은 글뢰그를 실온에 몇 달 정도 보관했다가 마실 수도 있다. 마시기 전에 따뜻해질 때까지 데워서 건포도와 아몬드를 얹어낸다.

뱅쇼(Mulled Wine)

1인분당 180ml씩 약 16인분

냄비에 다음을 넣고 섞는다.

메를로 또는 풀 보디감의 드라이 레드와인 750ml짜리 4병

통계피 6개

정향 10개

올스파이스 열매 8개

오렌지 2개의 껍질, 채소 껍질 깎는 칼로 널찍하게 벗기기

설탕 ¾~1컵, 맛을 보면서 조절

(팔각 2개)

(바닐라 빈 1개, 세로로 반을 가르기)

부글부글 끓어오를 때까지 가열한 후 약불로 줄이고 뚜껑을 덮어 30분간 뭉근히 끓인다. 따뜻하게 데운 머그잔에 국자로 떠서 적당량을 담고 각 잔에 계피 조각이나 오렌지 껍질 조각을 하나씩 넣는다. 취향에 따라 머그잔에 다음을 추가한다.

(브랜디 또는 코냑 1큰술)

프랑스식 변형 버전인 뱅 브륄레(Vin Brûlé)를 만들려면 같은 재료를 냄비에 넣고 뚜껑을 덮어 강불로 팔팔 끓인다. 불에서 내린 후 뚜껑을 열고 긴 성냥으로 조심스럽게 불을 붙인다. 불꽃이 꺼지면 따뜻하게 데운 머그잔에 국자로 떠서 적당량을 담고 위와 같이 장식한다.

와세일(Wassail)

1인분당 180ml씩 약 20인분

"와세일 한잔할까."라는 말이 가장 어울리는 시기는 뭐니 뭐니 해도 크리스마스 주간이다. 달걀 안전성에 대해 항목을 참고하자.

구운 사과 I의 설명에 따라 사과의 속을 파내서 굽는다.

핑크 레이디, 와인샙, 브래번, 그래니 스미스 등 다용도 품종의 사과 8개

냄비에 다음을 넣고 섞는다.

설탕 1½컵

물 1컵

생강 가루 2작은술

육두구 가루 1작은술

말려서 곱게 간 육두구 껍질 ½작은술

정향 6개

올스파이스 열매 6개

통계피 1개

부르르 끓을 때까지 가열한 다음 뚜껑을 덮고 5분간 더 조린다. 그동안 큰 그릇에 다음을 넣고 전기 믹서로 단단한 피크가 생기지만 마른 거품은 아닌 상태가 될 때까지 거품을 낸다.

달걀흰자 12개

다른 큰 그릇에 다음을 넣고 색이 연해질 때까지 탁탁 쳐서 섞는다.

달걀노른자 12개

흰자 거품을 노른자에 넣고 크게 몇 번 접어주면서 섞는다. 뜨거운 설탕과 향신료 시럽의 건더기를 걸러 커다란 냄비에 옮긴다. 다음을 냄비에 담긴 시럽에 추가하고 김이 날 때까지만 가열한다.

드라이 발효 사과주 6컵

여과하지 않은 사과 주스 6컵

브랜디 2컵

세게 저으면서 뜨거운 브랜디 혼합물을 달걀 혼합물에 조금씩 흘려 넣는다. 구운 사과를 큼직하게 잘라서 와세일에 넣는다. 따뜻하게 데운 머그잔에 국자로 떠서 적당량을 담고, 머그잔마다 구운 사과 조각을 하나씩 넣는다.

따뜻하게 데운 사과주

1인분당 180ml씩 20인분

특히 날씨가 쌀쌀하고 여과하지 않은 신선한 사과 주스가 넉넉히 있을 때 만들면 좋다. 럼을 생략하면 무알코올음료가 된다. 냄비에 다음을 넣고 섞는다.

　여과하지 않은 사과 주스 3.8ℓ

　통계피 5개

　정향 10개 또는 굵게 부순 카르다몸 깍지 5개

　오렌지 4개의 껍질, 채소 껍질 깎는 칼로 널찍하게 벗기기 또는 작은 오렌지 4개,
　　얇게 저미기

　(생강 5cm짜리 1조각, 얇게 저미기)

　(바닐라 빈 1개, 세로로 쪼개기)

보글보글 끓어오를 때까지 가열한 후 약불로 줄이고 뚜껑을 덮어 30분간 뭉근히 끓인다. 다음을 넣고 젓는다.

　라이트 또는 다크 럼 1¾컵

따뜻하게 데운 머그잔에 국자로 떠서 적당량을 담고, 잔마다 계피 조각, 오렌지 껍질 또는 오렌지 슬라이스를 하나씩 넣는다.

와인에 대해

와인은 한마디로 말해 포도즙을 발효시킨 것이다. 포도를 으깨서 즙을 발효시키면 포도에 들어 있는 당이 알코올로 변해서 와인이 된다. 최근의 연구에 따르면 인류는 석기 시대 이래로 꾸준히 와인을 만들고 소비해왔다고 한다. 물론 현대의 양조 기술은 8000년 전의 원시적인 술 제조법과 비교하면 비약적으로 발전했다. 심지어 100년 전만 해도 와인 양조업자들은 와인 저장고의 문을 열고 가을밤의 쌀쌀한 공기를 들여서 나무로 된 통을 차갑게 식혀야 했다. 오늘날 대다수 와이너리에서는 온도 조절이 가능하며 발효와 풍미 발현 과정이 정밀하게 통제되는 스테인리스스틸 탱크에서 양조한다. 따라서 현대의 와인은 이전에 생산되던 와인보다 전반적으로 품질이 높아졌다. 그럼에도 불구하고 많은 와인 양조업자와 애호가들은 가장 전통적인 방법으로 포도를 재배하고 발효시켜 만든 와인이 가장 정통성 있으면서 맛도 풍부하다고 믿는다.(내추럴 와인 관련 내용 참고)

와인의 색은 포도 껍질에서 나온다. 포도를 으깬 후 포도즙과 껍질을 신속하게 분리하면 적포도를 사용해서도 로제라고 부르는 핑크 와인은 물론, 심지어 화이트와인(예를 들면 블랑 드 누아 샴페인)도 만들 수 있다. 와인의 품질에 영향을 미치는 몇 가지 주요 요인으로는 토양과 기후(또는 **테루아**terroir), 포도의 숙성도 및 품질, 포도의 처리 방식 및 와인 양조법을 꼽을 수 있다. 와인 양조업자들의 기개와 결단력이 필요한 이 마지막 요인이 결국 와인의 품질을 크게 바꿔놓을 수 있다. 대담한 포도 재배자와 와인 양조학자들은 1년 내내 우기를 걱정해야 하는 인도 방갈로르 근처의 난디 힐스, 사하라 사막의 세찬 바람과 사막 기후 그리고 검은 모래 때문에 불가능까지는 아니더라도 사실 포도 재배를 생각하기 어려운 스페인령 카나리아 제도와 같이 극도로 열악한 기후 조건 속에서도 맛있는 와인을 생산해낸다.

와인 양조업자의 이름 외에도 와인에 이름을 붙이는 방식에는 두 가지가 있다. 상당수의 와인은 주로 사용된 포도(**품종**)를 나타내는 이름으로 판매되며, 포도가 재배된 지역(**지리적 표시**)이 이름에 포함되기도 한다. 지역명이 가리키는 면적도 무척이나 다양해서, 엄청나게 방대한 지역(캘리포니아의 북부 해안 지대의 포도 재배 면적은 121억㎡에 달한다.)을 지칭하는 경우가 있는가 하면 매우

좁은 지역(콜 랜치 같은 경우 80만㎡도 되지 않는다.)을 가리키기도 한다. 지역명만 따로 떼어놓고 보면 실제 와인의 특징에 대해서는 그다지 많은 정보를 얻을 수 없다. 한편 **통제 명칭**을 붙여 판매하는 다수의 유럽 와인은 특별한 기준에 따라 재배된 것이다. 보르도, 부르고뉴, 키안티, 리오하, 다웅 등 유명한 산지의 와인은 수백 년에 걸쳐 재배 관행, 역사, 전통을 지키며 정체성을 확립해왔다. 물론 다른 명칭보다 훨씬 엄격하게 통제되는 명칭들도 있다. 이렇게 유명한 명칭이 붙은 와인을 구매할 경우 꼭 기억해야 할 점이 있다. 명칭이란 어디까지나 특정한 스타일의 와인 양조법 또는 포도 품종을 나타낼 뿐, 와인의 품질을 보장해주는 것은 아니라는 점이다.

빈티지는 포도를 수확한 해를 나타낸다. 오늘날 판매되는 와인은 대부분 병입 후 오랫동안 숙성시키는 것을 고려하지 않고 만든다.(합리적인 가격에 판매되는 거의 모든 와인이 여기에 해당한다.) 실제로 일부 와인 종류, 특히 산도나 당 함유량이 낮은 와인은 숙성해도 전혀 맛이 좋아지지 않는다. 심지어 피노 누아, 카베르네 소비뇽, 바롤로 등과 같이 비교적 숙성을 통해 좋은 효과를 얻을 수 있는 와인도 어느 정도 기복이 있으며, 뛰어난 양조업자가 만들었다고 해서 반드시 품질이 훌륭하다고 할 수도 없다. 따라서 가장 기본적인 기준으로 삼을 수 있는 것은 와인의 가격이 비쌀수록 해당 빈티지의 날씨가 좋았을 가능성이 크다는 정도다.

와인 라벨에서 확인할 수 있는 또 하나의 중요한 정보는 **알코올 도수**다. 테이블 와인은 부피 기준으로 7~15%의 알코올이 들어 있다.(디저트 와인은 최고 24%까지 높아진다.) 와인의 알코올 함량은 포도를 빨리 수확하지 않고 덩굴에 매달린 상태로 오래 익힐수록 높아진다. 강한 풍미를 가진 와인이라면 알코올 도수가 높아도 어느 정도 균형을 이루지만, 알코올 도수가 높은 대다수의 와인은 미각에 타는 듯한 불쾌한 감각을 남긴다. 이는 독주를 한 모금 마셨을 때 혀에 남는 열감과 비슷하며 알코올 함량이 적절한 수준을 벗어났다는 신호이므로 틀림없이 나중에 두통을 일으킨다.

유럽의 라벨링 관행 중 일부는 전 세계적으로 폭넓게 채택되고 있다. 특정 와이너리가 소유하며 와이너리에서 가까운 곳에서 수확한 포도로 만든 와인은 **에스테이트 와인**이라는 라벨이 붙는 경우가 많다. 단일 포도밭에서 수확한 포도로 생산되었음을 나타내는 더욱 구체적인 라벨 표시도 있다. **리저브**라는 용어는 일반 와인과 분리해서 더욱 오래 숙성시킨 특별한 소수의 와인을 나타내는 데 쓰지만, 사용하는 예는 일관적이지 않다.

유기농 와인은 살충제, 제초제 또는 합성 비료를 사용하지 않고 생산했음을 인증받은 와인이다. **바이오다이내믹 와인**은 조금 더 설명이 까다롭다. 우선 바이오다이내믹 와인을 생산하는 양조업자들은 유기농 재배 관행을 따르며 알쏭달쏭한 음력과 점성술 달력의 일정(이에 따라 포도의 가지치기, 관개, 수확하는 시기를 정한다.)을 준수한다고만 말해두자. 또한 바이오다이내믹 포도 재배업자들은 퇴비도 특별한 것을 사용하며 소의 뿔과 쐐기풀을 넣기도 한다. 사실상 바이오다이내믹 와인은 평범하게 재배한 포도로 만든 와인과 반드시 차별화된 맛을 내지는 않는다. 대다수는 와인 생산에 그만큼 주의를 기울였다는 점 때문에 바이오다이내믹 와인에 매력을 느끼는 것이다.

내추럴 와인의 표준에 대해서는 공식적으로 정해진 바가 없으며 내추럴 와인이 명확하게 라벨에 표기되는 것도 아니다. 그런데도 내추럴 와인은 점차 저변을 넓혀가고 있다. 내추럴 와인이라는 용어는 유기농 또는 바이오다이내믹 농법으로 생산된 포도로 만든 와인에 적용되며, 처리와 발효 과정에서 인간의 개입을 최소화하는 동시에 아무것도 첨가하지 않고 제거하지도 않는다. 으깬

포도가 공기 중의 야생 효모에 노출되도록 하여 자연 발효하는 경우도 있다. 내추럴 와인은 결과물을 예상하기 어려우며 빈티지에 따라 무척 편차가 크고, 바로 이 점 때문에 애호가들은 내추럴 와인에 열광한다. 테루아가 확연하고 독특하게 발현된다는 이유에서다.

나무 코르크, 합성 코르크, 스크루 마개, 캔 와인, 상자에 담긴 와인에 대해 말하자면, 이런 요소들은 와인의 품질과는 아무런 관련이 없다. 아주 오래전부터 좋은 와인, 나쁜 와인을 막론하고 코르크 오염 때문에 와인이 상하고 곰팡내가 나는 사례는 수없이 많았다. 명망 높은 와인 양조업자들조차 품질 보존을 위해 스크루 마개와 합성 코르크를 선택하기도 한다. 금속 마개를 비틀어서 여는 것은 코르크를 따는 것보다 다소 우아한 맛은 덜할지 모르지만 상한 와인을 접할 확률은 낮아진다. 그뿐만 아니라 이제는 상자에 담아 판매하는 와인도 선택에서 배제할 필요가 없다. 다양한 상자 와인이 놀라울 정도로 좋은 품질을 보여주며, 한 번에 다 마시지 못했을 경우 최소한 한두 달 정도 보관해도 상하지 않는다.(그러므로 요리에 사용하기에도 무척 효율적이다.)

마지막으로 시음에 대해 한마디 덧붙이자면, 와인은 반드시 시음해봐야 한다. 와인의 품질에 의구심이 든다면 해결책은 혀끝으로 직접 맛보는 것뿐이다. 와인을 비교해보는 방법도 다양하며, 와인 라벨의 사진을 찍으면 즉시 와인 초보자와 전문가의 리뷰를 보여주는 새롭고도 신기한 스마트폰 앱은 말할 것도 없다. 그뿐만 아니라 가까운 와인 전문점에서도 많은 정보를 얻을 수 있다. 집 근처 와인 매장을 찾아 취향과 예산을 설명하고, 그 이후에도 자주 들르면서 그동안 맛본 와인에 관해 이야기를 나눈다면 틀림없이 새로운 발견이 기다리고 있을 것이다.

와인 시음 용어

와인 전문가들은 설명할 수 없는 대상을 설명하기 위한 노력의 일환으로 특별한 용어를 사용해 와인의 맛을 묘사한다. 과일을 언급하는 경우는 매우 흔하며 꽃, 채소, 향신료, 허브, 광물, 훈연 향 등과도 자주 비교한다. 때로는 의인화해 설명하기도 한다.(와인을 '근육질' 또는 '육감적' 등으로 묘사한다.) 어쨌든 몇 가지 간단한 개념과 핵심 용어만 알아도 충분히 도움이 된다.

산미: 다양한 산미(구연산, 주석산, 사과산)가 포도와 와인에서 발현된다. 균형 잡힌 산미를 갖춘 와인은 상큼하고 청량하다. 산미가 너무 강하면 시큼하거나 불쾌한 맛을 낸다. 산미가 너무 적으면 와인이 '연약하다'고 표현하며, 활기 없고 둔탁한 맛이 난다.

끝맛 또는 피니시: 산도가 낮거나 특징이 없는 와인은 불쾌한 맛, 떫은맛이 나거나 거의 피니시가 존재하지 않는다. 상쾌하면서 오랫동안 지속되는 피니시가 이상적이다.

보디감: 와인을 입안에 머금었을 때의 밀도나 무게감, 꽉 찬 느낌을 나타내며 알코올과 용해된 포도 과육에 기인한다. 보디감에 따라 와인을 마셨을 때 묵직하거나 가볍게 느껴진다.

부케: 와인의 향기를 나타내는 말로, 포도 자체의 향기와 숙성 및 발효로 인해 발현된 그 외의 향기로 구성된다. 우리는 사실 부케라는 용어가 지나치게 모호하고 추상적이라고 생각하지만 좋은 와인을 마시기 전에 나는 향기에는 확실히 특별한 점이 있다. 또한 와인잔도 와인의 향기가 더욱 돋보이도록 특정한 모양을 하고 있다. 와인의 향기를 나타낼 때 '노즈(nose)'라는 용어를 사용하기도 한다.

드라이: '드라이'한 특징을 가지고 있는 와인은 달지 않다. 포도에는 과당과 포도당이 함유되어 있다. 이러한 당은 발효를 통해 알코올로 변하며, 도중에 발효를 중단하면 단맛이 남아 있는 와인이 되고(단맛이 두드러지는 와인에서 살짝 느낌만 남아 있는 와인까지 당도는 다양하다.) 끝까지 발효시키면 완전히 드라이한 와인이 된다.

과일 향: 사용된 포도의 아로마와 풍미를 나타내며 포도의 품종과 양조 기술에 따라 사과, 복숭아, 살구, 베리류 또는 심지어 열대 과일까지 다양한 과일 향이 발현될 수 있다. 이러한 과일 향은 아주 희미하게 나타나는 경우가 많지만, 와인에 복합적인 느낌을 더해준다.

산화: 공기 중에 지나치게 노출되면 와인의 장점이 사라지기도 한다. 화이트 와인은 색이 진해지고 상한 과일이나 오래된 사과의 맛과 향기를 낸다. 레드와인은 묵은 냄새와 밋밋한 맛, 말라버린 느낌이 난다.

타닌: 타닌은 포도의 씨와 껍질에서 자연적으로 발생하며 톡 쏘는 듯한 떫은 느낌을 준다.(진하게 우린 차의 텁텁한 느낌이나 사과 또는 자두의 껍질을 씹는 맛을 생각하면 된다.) 타닌이 너무 많으면 와인에서 불쾌하거나 지나치게 드라이한 맛이 나는데, 특히 숙성되지 않은 레드와인에서 두드러진다. 다행히도 숙성을 거치면 타닌이 부드러워지며 타닌은 병입 후의 숙성 과정에서 와인을 보존하는 데에도 중요한 역할을 한다.

질감: 오크통 숙성, 산소 노출 통제, 2차 발효 등의 다양한 양조 기술이 와인의 질감, 즉 입안에서의 느낌에 영향을 미친다. 와인의 타닌이 강하면 입안에서 떫은맛을 낸다. 가볍고 상큼한 화이트와인 또는 로제 와인은 '청량한' 질감을 가지고 있다고 말하는 경우가 많고, 잘 숙성된 피노 누아는 '비단처럼 부드러운' 질감을 가지고 있다고 표현한다.

와인 마시기

온도를 잘 맞추면 와인을 더욱 맛있게 즐길 수 있다. 실온(평균 21℃ 정도)은 와인의 풍미를 완전히 끌어내기에 너무 따뜻하고, 냉장 보관 온도는 화이트와인을 최상의 상태로 즐기기에 너무 차갑다. 종류와 관계없이 모든 와인은 어느 정도 차갑게 식혀야 하는데, 일부 와인은 특히 차갑게 보관해야 한다.(샴페인 같은 기포 발생 와인은 다른 와인보다 더 차갑게 해야 한다.) 와인 전용 저장고가 없는 우리 같은 사람들이 참고하기에 가장 좋은 기준을 소개한다. ▶ 레드와인은 마시기 15분 전에 냉장고에 넣어두고, 차갑게 보관한 화이트와인은 마시기 15분 전에 냉장고에서 꺼낸다.

와인을 냉동실에 넣는 것은 권장하지 않는다. 그다지 빨리 차가워지지도 않는 데다 와인을 넣어두었다는 사실을 잊어버리는 바람에 와인이 얼어서 병이 깨지기도 한다. ▶ 안전하면서도 더욱 효과적인 방법은 양동이에 얼음 절반, 물 절반을 채워서 와인 병을 꽂아두는 것이다. 이렇게 하면 얼음만 사용하는 것보다 와인이 훨씬 빨리 차가워진다. 실온에서 차가운 와인이 되기까지 약 15분이면 충분하다.

상당수 와인은 잔에 따르기 전에 와인을 넓은 용기에 옮겨 담는 **디캔팅**을 하면 맛이 좋아진다. 특히 숙성 와인과 포트 와인은 병 바닥에 침전물이 남아 있는 경우가 많아 보통 디캔팅을 꼭 한다.(디캔팅 하는 과정에서 이 침전물들은 와인 병에 남게 된다.) 디캔팅을 하는 또 하나의 (논란의 여지가 있는) 이유는 숙성된 와인이 **숨을 쉬게** 하려고, 즉 15분 또는 그 이상 산소에 노출하여 공기가 통하게 하기 위해서다. 이렇게 하면 와인의 부케가 피어난다고들 한다. 그러나 별다른 돈을 들이지 않고도 이와 같은 효과를 내는 방법들이 있다. 가장 편리한 방법은 그냥 잔에 와인을 따르는 것이다.

레드와인 글라스, 화이트와인 글라스, 다용도 와인 글라스, 샴페인 글라스

와인과 음식

와인과 음식의 조합은 논란이 분분한 주제다. 수많은 사람들이 이 문제를 명확히 하기 위해 토론을 펼치거나 글을 써왔지만, 우리는 여전히 '붉은 고기/레드와인, 생선/화이트와인'이라는 케케묵은 이분법에 갇혀 있다. 물론 이 기준은 대체로 맞지만 '규칙'의 예외가 너무나 많으므로 사실상 규칙이라는 것이 큰 의미가 없다. 예를 들어 오리건주 사람이면 아무나 붙잡고 물어봐도 그릴에 구운 연어는 레드와인인 피노 누아와 기가 막히게 어울린다고 말할 것이다. 결국 어떤 와인을 어떤 음식과 함께 즐길 것인가 하는 판단은 일각에서 주장하는 것만큼 복잡한 문제가 아니다. 간단히 말해 대체로 거의 모든 음식과 잘 어울리는 와인도 여러 종류가 있으며, 그렇게 생각하면 마음이 훨씬 편해진다. 색이나 스타일과 관계없이 ▶ 우리는 음식에 곁들일 와인을 고를 때에는 알코올 함량 12% 이하인 와인을 선호한다.(물론 디저트 와인은 예외다.)

실제로 가장 중요한 것은 여러분이 마시는 와인을 좋아해야 한다는 점이다. 이 점을 염두에 둔 다음에는 와인이 음식의 맛을 돋우고 음식이 와인의 장점을 가장 잘 살릴 수 있도록 풍미가 잘 어울리는 조합을 찾으면 된다.

어울리는 조합을 비교적 쉽게 찾는 방법 중 하나는 무게감을 기준으로 생각하는 것이다. 스테이크는 묵직한 음식이고 시라와 카베르네 소비뇽도 묵직한 느낌을 주는 와인이다. 에르고(Ergo) 레드와인은 붉은 육류와 잘 어울린다. 닭고기와 돼지고기는 중간 정도의 무게감을 가지고 있으므로 가벼운 레드, 묵직한 화이트 그리고 로제와 가장 잘 어울린다. 샐러드, 세비체, 봄 채소와 같은 섬세한 음식은 아주 가벼운 화이트와인과 좋은 궁합을 자랑한다.

조리 방법과 음식의 간도 고려한다. 샐러드에 넣는 생채소는 피노 블랑 같은 가벼운 화이트와인과 잘 어울리지만, 올리브유와 발사믹 식초를 뿌린 그릴에 구운 채소는 키안티 같은 레드와인과 더 잘 어울릴 수도 있다. 초밥에 프로세코를 곁들이면 절대 실패하지 않는다. 루마키, 은대구 미소즈케, 닭고기 간장조림 같은 감칠맛이 풍부한 요리에는 무르베드르(Mourvèdre)처럼 풍미가 진한 레드와인을 조합해보자.

지역에 따라 음식과 와인의 조합을 맞출 수도 있다. 예를 들어 볼로네제 소스를 얹은 파스타에 이탈리아산 레드와인을 곁들이거나 파에야에는 스페인산 레드와인 또는 화이트와인을 곁들이는 식이다. 한편 "정반대는 서로 이끌린다."라는 와인 조합 이론을 시도해보는 것도 재미있다. 달콤한 캐러멜에 짭짤한 바닷소금을 조금 곁들이면 기가 막힌 맛을 내듯이 완전히 정반대의 성격을 가진 음식과 훌륭한 조화를 이루는 와인도 많다. 예를 들어 훈연 향 가득하게 그릴에 구운 문어를 스파클링 람브루스코(Lambrusco) 같은 과일 향 풍부한 레드와인과 함께 즐기거나, 고추를 잔뜩 사용한 돼지고기 아도바다를 프랑스의 론 계곡에서 생산된 중간 보디감의 화이트와인과 조합하는 것이다. 유사

한 풍미를 지닌 음식과 와인을 조합하는 것도 좋다. 예를 들어 버터 풍미가 두드러지는 샤르도네를 버터를 발라 구운 옥수수와 함께 내거나, 알싸하고 과일 향이 강한 진판델을 매콤한 노스캐롤라이나식 바비큐와 조합하는 것이다.

이쯤 되면 여러분도 가능성이 무궁무진하다는 사실을 깨달았을 것이다. 궁극적으로 와인 애호가들은 음식과 와인의 조합에 대해 어느 정도 감을 갖추게 된다. 하지만 아직 자신이 없다면 믿을 수 있는 근처 와인 판매점에 가서 조언과 새로운 아이디어를 얻자. 더욱 다양한 와인 및 음식 조합 방법은 특정 와인 유형을 설명하는 개별 항목을 참고하면 좋다.

와인을 요리에 활용하는 방법에 대한 정보는 알코올 재료 항목을 참고한다.

와인과 치즈

와인과 치즈라는 전통적인 조합은 지극히 자연스러운 관계다. 둘 다 비슷한 발효 과정을 통해 생산되며 비슷한 유형의 산미를 가지고 있다. 그보다 중요한 것은 와인과 치즈 모두 어울리는 풍미의 조합이 끝없이 다양하다는 점이다. 무수한 조합 가능성을 고려할 때 어떤 와인이 어떤 치즈와 어울릴까 고민하는 것은 당연한데, 이것을 골치 아픈 일이라기보다는 새로운 조합을 발견할 좋은 기회라고 생각해야 한다. 숙성하지 않은 염소 치즈와 견과류 향이 나는 알프스 치즈처럼 숙성 기간이 짧고 맛이 순한 치즈는 가볍고 드라이한 리슬링이나 피노 그리, 피노 그리지오, 피노 블랑 등의 미디엄 보디 화이트와인에 곁들인다.

일반적으로 레드와인과 치즈의 조합에는 어느 정도 한계가 있다. 레드와인에 함유된 타닌은 자극적이거나 짭짤한 치즈를 만나면 쓴맛을 내고 순한 맛의 치즈와 조합하면 치즈의 맛을 압도해버리기 때문이다. 스위트 와인은 더욱 다양한 가능성을 제시하며, 소테른 와인을 로크포르 치즈와 조합하거나 레이트 하베스트(late harvest, 포도의 당도가 높아지기를 기다렸다가 늦게 수확해서 만든 와인 ― 옮긴이) 리슬링을 잘 숙성된 탈레지오, 카망베르, 브리 치즈와 함께 내면 조화롭게 어울린다. 마르살라나 숙성 토니 포트 같은 주정 강화 와인은 잘 숙성시킨 파르메산이나 페코리노 치즈와 기가 막히게 어울린다. 어떤 경우든 치즈 판매점이나 와인 판매자에게 조언을 구하면 실패하지 않는다. 치즈 유형에 대한 자세한 내용은 치즈 코스 항목 및 「재료 자세히 이해하기」를 참고하자.

화이트와인

샤르도네는 미국에서 가장 인기 있는 와인이다. 프랑스 부르고뉴 지방이 원산지이며, 가장 품질이 좋은 샤르도네는 사과와 복숭아의 청량한 맛과 부드러운 꿀의 풍미 및 오크통 숙성 과정에서 발현된 바닐라 또는 버터스카치의 느낌을 희미하게 풍긴다. 이러한 모든 요소가 균형을 이루면 와인의 피니시까지 복잡다단하면서도 기분 좋은 맛을 낸다. 지난 20년간 가장 인기를 끌었던 샤르도네 중 상당수는 알코올 도수가 높고 오크통에서 오래 숙성한 것이었지만, 요즘에는 많은 와인 양조업자가 비교적 가볍고 드라이한 스타일로 선회하고 있다. 제대로 만들어서 오크통에서 숙성시킨 샤르도네는 버터 소스를 찍어 먹는 랍스터나 게, 구운 관자, 굽거나 그릴에서 익힌 연어, 허브를 발라 구운 돼지고기, 부야베스를 비롯한 진한 생선 스튜 등 맛이 진한 음식과 매우 잘 어울린다. 맛이 아주 가볍고 오크통에서 숙성하지 않은 샤르도네는 음식과의 조합 측면에서 더욱 다양하게 활용할 수 있다. 생굴의 섬세한 풍미가 충분히 드러나도록 '조용하게' 받쳐주지만, 그와 동시에 참치처럼 풍미가 진한 생선이나 바비큐 치킨, 그릴에 구운 돼지고기 촙, 시저 샐러드, 태국식 커리 등의 요리에도 눌리지 않을 만큼 충분한 산미를 가지고 있다. 이렇게 다양한 활용성 때문에 뷔페

나 포틀럭 파티처럼 다양한 음식을 내놓는 경우에 매우 적합한 와인이다.

슈냉 블랑(Chenin blanc)은 루아르 밸리가 원산지로, 스위트 또는 드라이, 일반 와인 또는 스파클링 와인으로 양조할 수 있다. 아로마가 매우 풍부하고 꿀, 꽃, 열대 과일의 향기를 가지고 있다. 샤르도네처럼 해산물과 무척 잘 어울린다. 또한 샐러드 코스나 봄 채소 찜 요리와도 좋은 조화를 이룬다.

소비뇽 블랑(Sauvignon blanc)은 특징이 분명하고 알싸하면서 코를 찌르는 듯한 아로마와 사향 및 톡 쏘는 풍미를 지니고 있다. 균형이 잘 잡힌 좋은 소비뇽 블랑은 청량하고 상쾌하며 싱그러운 느낌을 주는 동시에 방금 딴 풀의 신선한 향기와 쨍하게 울리는 투명한 산미를 머금고 있다. **상세르**(Sancerre)의 화이트와인과 **푸이 퓌메**(Pouilly-Fumé) 와인은 루아르 지방의 포도를 사용해서 만든 유명한 와인이다. 캘리포니아와 워싱턴주(이 지역에서는 퓌메 블랑Fumé Blanc이라고 부르기도 한다.)는 일조량이 더 풍부해 다소 부드러운 느낌의 소비뇽 블랑이 생산된다. **세미용**(Sémillon)은 소비뇽 블랑과 가까운 친척뻘로, 무화과나 멜론과 비견될 만큼 섬세한 풍미와 풀 보디감이 잘 어우러져 다양한 음식에 두루 어울린다. 위에 소개한 모든 와인은 생선, 닭고기, 허브를 넣어 요리한 돼지고기, 아스파라거스 및 아티초크 같은 채소와도 좋은 궁합을 자랑한다. 또한 고추, 레몬그라스, 생강, 마늘, 고수로 풍미를 낸 음식에 곁들여도 좋다.

리슬링(Riesling)은 독일의 포도 품종으로 테이블 와인 중에서도 가장 가벼운 축에 속하는 와인을 만드는 데 사용되지만, 같은 리슬링이라고 해도 매우 다채로운 외형과 풍미 및 당도를 가진 와인이 존재한다. 극도로 드라이한 리슬링부터 스위트 리슬링(이 경우 리슬링의 높은 산도와 좋은 균형을 이룬다.)까지 다양한 종류가 생산된다. 가장 품질이 좋은 드라이 리슬링은 랍스터 샐러드, 게, 닭고기 샐러드, 차갑게 먹는 육류 요리와 환상적인 궁합을 자랑한다.(또는 단독으로 알코올 도수가 낮은 상쾌한 음료처럼 마시기도 한다.) 스위트 리슬링은 고추, 생강, 커민, 고수씨 등의 향신료를 듬뿍 사용한 자극적인 음식과 잘 어울린다. 알자스, 오스트레일리아, 뉴질랜드에서 생산되는 선이 굵은 리슬링은 극도로 드라이한 스타일이며, 레몬 라임과 비슷한 새콤함과 알코올의 톡 쏘는 풍미를 지니고 있다. 이러한 와인은 향신료를 넉넉히 사용하고 간을 세게 한 생선 요리나 볶음, 그릴에 구운 갑각류, 바비큐 포크 등에 잘 어울린다. 또한 리슬링은 치즈에 곁들여도 무척 맛있다.

피노 그리지오(Pinot grigio) 또는 **피노 그리**(Pinot gris) 포도를 사용하면 상대적으로 산도가 낮고 미디엄 보디에 상당히 드라이한 맛을 내는 와인이 생산된다. 피노 그리지오는 보통 오크통에서 숙성하지 않고 싱그러운 맛을 내는 스타일로 양조하며 기분 좋은 살구 아로마와 풍미를 낸다. 이 품종, 특히 알자스와 스위스에서 생산된 피노 그리로 만든 와인은 풀 보디감에 진한 풍미를 낸다. 유사한 품종인 **피노 블랑**(Pinot blanc)으로 만든 와인은 더욱 순한 화이트와인이다. 이러한 와인은 모두 맛이 진하지 않은 생선 요리나 페스토 또는 치즈 소스를 곁들인 파스타와 잘 어울린다.

소아베(Soave)는 이탈리아 베로나의 완만하게 경사진 언덕에서 재배되며, 가르가네가와 다른 이탈리아 토착 포도 품종들을 섞어서 탄생시킨 품종이다. 소아베는 한때 이탈리아에서 가장 인기 있는 화이트와인이었다. 라벨에 '클라시코(Classico)', '수페리오레(Superiore)', '리제르바(Riserva)'라고 적혀 있는 소아베를 찾으면 매력적인 감귤류 아로마와 상쾌하고 새콤한 풍미를 지닌 와인을 즐길 수 있다. ▶ 소아베는 대부분의 생선 요리에 잘 어울리며 얇게 깎은 회향과 흰콩 샐러드 등과 같이 든든한 재료가 들어가는 샐러드에 곁들여도 좋다.

알바리뇨(Albariño)는 스페인과 포르투갈(**알바리뉴**alvarinho라고 부른다.)에

서 생산되며 풀 보디감에 특징적인 풍미가 있다. 강한 복숭아 아로마와 함께 한 모금 마실 때마다 청량한 산미가 느껴진다. 포르투갈의 **비뉴 베르데**(vinho verde)는 이 포도를 여러 다른 품종과 섞어서 만든 것이다. 비뉴 베르데('녹색 와인')라는 명칭은 와인의 색이 아니라 풋풋한 어린 와인이라는 의미를 가지고 있다. 가볍고 상쾌한 맛과 기분 좋은 산미를 가지고 있고 꽃과 과일 아로마가 은은하게 감돈다. 가격이 저렴하면서도 여러 음식과 잘 어울리므로 우리가 가장 선호하는 여름 와인이며, 그릴에서 구운 것이라면 어떤 요리와 함께 내도 좋다.

게뷔르츠트라미너(Gewürztraminer) 포도는 분홍색이며, 이 품종으로 만든 와인은 향신료와 장미가 어우러진 독특한 아로마 및 열대 과일인 리치와 비슷한 풍미를 내고 황금색을 띤다. 게뷔르츠트라미너 와인은 알코올 도수가 높고 산미가 낮은 경향이 있다. 여러 지역에서 생산되지만 알자스 지방에서 생산된 와인이 복합적인 풍미로 높은 평가를 받는다. 생강이나 팔각으로 맛을 낸 음식과 잘 어울리는데, 가장 큰 이유는 부케 때문이다. **비오니에**(viognier) 포도로 만든 와인도 독특한 아로마와 살구, 복숭아, 복합적인 야생화 풍미로 사랑받는다. 비오니에도 게뷔르츠트라미너처럼 풀 보디감에 가까우며 풍부한 맛을 내는 화이트와인이다. 상대적으로 알코올 도수가 높으므로 입안에 막을 형성하여 매운 칠리 고추의 따가운 감각을 완화하는 동시에 커민이나 고수씨와 같은 향신료의 상호보완적인 향을 더욱 돋보이게 한다.

머스캣 포도(모스카토 또는 모스카텔이라고 부르기도 한다.)는 지중해 지역에서 가장 오랫동안 재배해왔던 품종 중 하나이며 드라이 와인에서 황금색의 스위트 와인에 이르기까지 다양한 와인의 재료가 된다.(스위트 와인 쪽으로 편중된 경향이 있다.) 그 이름이 암시하듯이 머스캣은 거의 사향에 가까울 정도로 강한 아로마를 지니고 있다. 드라이한 프랑스산 화이트와인인 **뮈스카데**(Muscadet)는 머스캣 품종과 아무런 연관이 없다. 그러나 **토론테스**(Torrontés)는 아르헨티나에서 재배되는 먼 친척뻘 품종으로 산미가 높고 미디엄 보디감에 핵과류와 엘더플라워 아로마를 가진 와인을 생산하는 데 사용된다. 이러한 와인은 긴 숙성 과정 없이 빨리 마시는 와인으로 사테나 타코처럼 향신료 맛이 강한 음식과 함께 내면 가장 좋고, 아르헨티나 사람들처럼 그릴에 구운 소고기 및 치미추리 소스에 토론테스를 곁들여도 좋다. 스페인에서도 토론테스가 생산되지만, 아르헨티나의 토론테스와는 유전적으로 뚜렷이 구별된다.

그리스의 **레치나**(retsina)는 바닷물로 양조하여 항아리에 담은 후 송진으로 봉해 발효하던 전통적인 고대 와인의 맛을 재현한 것이다. 포도를 발효시키는 과정에 송진과 소금을 추가하며, 결과물은 꽃향기와 진한 송진 향이 나고 희미하게 짠맛이 느껴지는 스위트 화이트와인이 된다.

최근에 다시 인기를 얻기 시작한 또 하나의 흥미로운 와인은 **오렌지 와인** 또는 **껍질 접촉 와인**(skin-contact wine)이라는 유형으로, 청포도를 껍질 및 씨에 접촉시킨 상태로 일반적인 양조 방법보다 훨씬 오래 발효시키는 것이다. 이렇게 하면 황금색이나 호박색 또는 주황색을 띠며 대부분의 화이트와인보다 타닌이 강한 와인이 탄생한다. 헝가리 및 그루지야에서 생산하는 와인의 상당수가 이런 스타일인데, 이러한 유형의 와인은 내추럴 와인 사이에서 점점 더 높은 인기를 누리고 있다.

레드와인

레드와인은 더욱 묵직하고 대담하며, 알코올 도수가 높고 발효 이전이나 발효 도중에 으깬 껍질과 과육, 씨를 오랫동안 포도즙에 담가두므로 풍미가 강하고

색이 진하면서 타닌 함유량이 높다. 와인을 마실 때 불쾌하거나 지나치게 드라이한 느낌을 주기도 하는 타닌은 숙성과 함께 부드러워지며 결국에는 와인에 상쾌한 구조감을 형성하는 데 중요한 역할을 한다. 따라서 레드와인은 최소한 몇 년 이상 숙성시켜 타닌을 부드럽게 해주어야 가장 맛있게 즐길 수 있는 경우가 많다. 그러나 가격이 저렴한 레드와인 중에서도 상당수는 부드러운 타닌을 지니고 있으므로 구매 후 바로 마실 수 있다.

카베르네 소비뇽(Cabernet sauvignon)은 세계에서 가장 많이 소비되는 레드와인 품종으로 보르도의 최고급 와인과 캘리포니아, 워싱턴, 오스트레일리아 그리고 이탈리아의 소수 양조업자가 생산하는 (수집가들이 선호하는) '컬트' 와인 덕분에 높은 위상을 누리고 있다. 타닌이 상당히 많이 함유되어 있으므로 병입 후 상당 기간 숙성시켜서 타닌을 부드럽게 만든다. 원산지인 보르도와 대부분의 다른 지역에서는 카베르네 소비뇽에 소량의 다른 품종(특히 메를로와 카베르네 프랑 품종)을 섞어서 아로마나 향기 또는 과일 풍미를 추가한다. 다른 품종을 섞었다 해도 숙성되지 않은 카베르네 소비뇽은 다소 거친 맛을 내며, 농축된 블랙베리의 과일 풍미가 약하게 느껴질 뿐 자갈, 흑연, 분쇄 원두 등의 불쾌한 풍미와 타닌의 떫은맛, 그리고 아주 희미한 허브 아로마가 더욱 두드러지게 발현된다. 갓 양조한 카베르네를 마시면 별로 맛이 좋아질 가망이 없는 와인처럼 느껴질지 모르지만 5년쯤 지나면 맛이 부드러워지고 과일 향이 전면에 드러난다. 카베르네 소비뇽과 가장 잘 어울리는 음식은 그릴에 구운 양고기 촙, 숯불에 구운 스테이크, 사슴고기, 새끼 비둘기고기처럼 풍미와 식감이 확실한 것들이다.

메를로(Merlot)는 보르도에서 재배되는 또 하나의 적포도 품종이다. 메를로로 만든 와인은 과일 향이 강하고 부드러우며 미각에 벨벳처럼 부드러운 느낌을 준다. 일반적으로 약간의 카베르네 소비뇽과 섞어서 깊이와 구조감을 형성한다. 메를로는 상대적으로 부드러우므로 오랜 숙성 없이 바로 마실 수 있다. 메를로는 부드럽고 생기가 넘치며 섬세한 와인으로서 진한 소스, 캐러멜화한 채소, 구수한 풍미의 몰레를 넣고 조린 요리에 곁들이면 환상적인 맛을 낸다.

진판델(Zinfandel)은 **프리미티보**(Primitivo)라고도 알려진 껍질이 얇은 포도를 나타내는 보편적인 용어로, 이 품종은 원래 크로아티아 및 이탈리아 남부가 원산지다. 오늘날에는 캘리포니아가 진판델 와인을 가장 많이 생산하고 있다. 진판델은 잘 익은 블랙베리 잼 풍미가 터져나오며 강렬한 산미를 가지고 있고 알코올 도수도 상당히 높다. 게다가 톡 쏘는 상쾌한 타닌의 풍미도 느낄 수 있어 모든 면에서 힘이 넘치는 와인이다. 메를로와 마찬가지로 진판델도 카베르네 소비뇽보다는 훨씬 빨리 마실 수 있지만, 제대로 만든 와인은 빈티지에서 5년이 지난 후에도 훌륭한 맛을 자랑하며 최소 10년 이상의 숙성 잠재력을 지니고 있다. 진판델은 대담하고 과일 향이 강하기 때문에 돼지고기 바비큐, 매콤한 소시지를 곁들인 파스타, 토마토 소스를 사용한 치킨 프리카세(고기를 한번 굽고 그다음에 액체에 끓이는 조리법 ― 옮긴이), 치즈버거 등과 잘 어울린다.

근사한 맛을 음미할 수 있다는 의미에서, 또 와인 양조업자에게 시련을 안겨준다는 측면에서 **피노 누아**(Pinot noir)를 궁극의 와인으로 여기는 사람들이 많다. 재배하기가 무척 까다로운 것으로 악명이 높고 결과물의 품질도 매우 들쭉날쭉하다. 좋은 피노 누아는 부드럽고 상대적으로 가볍지만 입안에 오래 감도는 풍미가 있다. 제비꽃과 라즈베리, 블랙 체리, 숲속 토양의 냄새와 맛을 지니고 있으며 약간의 흙내음과 톡 쏘는 느낌을 주기 때문에 모든 레드와인 중에서도 눈에 띄게 특징적이고 차별화된다. 부르고뉴 원산의 피노 누아 품종은 전 세계로 퍼져 식재되어 있다. 품질 측면에서는 **레드 부르고뉴** 그랑 크뤼가

여전히 가장 고급 와인으로 인정받는다. 그리고 오리건, 캘리포니아, 뉴질랜드 피노가 여기에 크게 뒤지지 않는 두 번째로 꼽힌다.(오리건에서 생산되는 피노는 좀 더 섬세하고 세밀한 경향이 있다.) 부드러운 질감과 섬세하면서도 쉽게 사라지지 않는 풍미 덕분에 오리나 칠면조는 물론, 섬세한 맛을 내는 새끼 비둘기와 메추라기에 이르기까지 가금류와 두루 잘 어울린다. 은은한 흙내음을 가지고 있어 살구버섯이나 곰보버섯 같은 버섯을 사용한 음식과도 멋지게 어울리며, 오븐에 구운 채소나 렌틸콩과도 좋은 궁합을 자랑한다. 뵈프 부르기뇽은 전통적으로 피노 누아를 사용해서 만들 뿐만 아니라 피노 누아와 함께 낸다. 오리건에서는 그릴에 구운 연어와 피노 누아의 조합이 보편적이다.

시라(Syrah)는 론강 상류의 가파른 계단식 언덕에서 재배되는 품종으로 유명하다. 시라는 오스트레일리아에 건너가서 식재된 후, 그곳에서 **쉬라즈**(Shiraz)라는 이름으로 불리며 가장 호평받고 인기 있는 레드와인이 되었다. 오스트레일리아에서 생산되는 쉬라즈는 가장 묵직하고 색이 진한 와인으로 캘리포니아, 워싱턴, 남아프리카, 심지어 이탈리아에서 생산되는 시라 중에서는 더욱 가볍고 생동감 넘치는 와인을 쉽게 찾아볼 수 있다. 시라는 후추 향이 나는 피니시로 잘 알려져 있으므로 훈연 향이 나는 그릴에 구운 육류, 후추 스테이크, 구운 돼지고기와 기가 막히게 어울린다.

또한 시라는 론 밸리의 따뜻한 남쪽 지방에서 재배하는 그르나슈(grenache) 같은 다른 적포도 품종과의 혼합 용도로 사용되는데, 부드럽고 육감적인 와인에 탄탄한 구조감을 부여해 매끄러우면서도 맛이 풍부하고 상쾌한 블렌드 와인을 탄생시킨다. GSM(그르나슈, 시라, 무르베드르를 나타낸다.)이라고 불리기도 하는 **시라 블렌드**는 전 세계로 퍼져나갔으며, 대부분 가격 대비 훌륭한 품질을 자랑한다. 프랑스에서 생산되는 가장 유명한 시라 블렌드는 **샤토네프 뒤 파프**(Châteauneuf-du-Pape)**와 지공다스**(Gigondas)이며, **코트 뒤 론 빌라주**(Côtes du Rhône Villages)는 일상적으로 부담 없이 마실 수 있는 와인이다. 이러한 와인은 그릴에 구운 참치, 초피노, 마늘이 들어간 스튜, 카술레 그리고 베이컨으로 맛을 낸 모든 요리 등 다양한 음식과 잘 어울린다.

바롤로(Barolo)와 **바르바레스코**(Barbaresco)는 이탈리아의 최고급 레드와인이라고 해도 과언이 아니다. 이들 와인은 100년 이상 "와인의 왕, 왕의 와인"이라는 화려한 수식어로 알려져 왔다. 이러한 명성은 사실 지나친 과장이라고는 할 수 없다. 이탈리아 북서부 지방에서 네비올로 품종을 사용해서 만드는 이 레드와인은 숙성하기 전에는 거의 마시기 힘들지만 병입 후 10여 년 정도 숙성시키면 관능적이고 더없이 매력적인 맛을 낸다. 복잡다단한 아로마는 제비꽃, 타르, 말린 장미 꽃잎을 연상시키며 풍미에서는 희미하게 자두, 체리, 흙내음을 느낄 수 있다. 바롤로와 바르바레스코는 특별한 날을 위한 와인이며, 이탈리아산 고급 검은 송로버섯과 환상적인 궁합을 자랑하는 것도 어쩌면 당연하다. **바르베라**(Barbera)는 같은 지역에서 생산되지만 주중 저녁에도 편안하게 즐길 수 있는 와인이다. 상당히 힘차고 톡 쏘는 맛을 지니고 있어서 육류와 토마토를 사용한 요리, 소시지, 버섯을 넉넉히 넣은 피자와 잘 어울린다.

산조베제(Sangiovese)는 말 그대로 '주피터의 피'라는 의미이며, 산미와 중간 정도의 타닌으로 잘 알려진 이탈리아의 포도 품종이다. 토스카나 지역의 **키안티**(Chianti)는 산조베제와 카베르네 소비뇽을 혼합해서 만든 흥미로운 와인이다. 키안티는 미디엄 보디감에 상당히 드라이한 맛을 내면서 체리와 비슷한 과일 향과 톡 쏘는 피니시를 지니고 있다. 토스카나 지역의 음식처럼 키안티 역시 소박하지만 우아한 풍미로 잘 알려져 있으며 토마토 소스를 사용한 파스타, 발사믹 식초, 야생 버섯을 넣은 폴렌타, 오소 부코, 라구 소스와 잘 어울린다.

몬테풀치아노(Montepulciano)는 짙은 적색의 이탈리아 포도 품종으로 향신료 향과 타닌이 강하며 색이 진하고 베리 풍미를 지닌 풀 보디감의 와인을 생산하는 데 사용된다. 소고기 찜, 구운 양고기 또는 고기를 넉넉히 넣은 라구 소스처럼 와인의 강한 특징에 눌리지 않는 맛이 진한 음식과 함께 낸다.

리오하(Rioja)는 스페인에서 가장 많이 생산되는 레드와인으로 여러 포도 품종을 혼합한 것이다. 템프라니요(Tempranillo)로 부드러움과 단단한 구조감, 제비꽃의 싱그러운 아로마를 얻고, **그르나슈**(가르나차garnacha) 포도로 과일 향을 추가하며, 오래된 전통 품종 몇 가지를 섞어서 복합적인 맛을 구현한다. 미국산 오크로 만든 오크통에서 숙성시키는 리오하 와인은 기분 좋은 바닐라 향이 은은하게 감돈다. 크리안자(crianza)와 리제르바라는 라벨이 붙은 와인은 오크통에서 1년 동안 숙성시키고, 리제르바는 병입 후에도 다시 3년간 숙성시켜야 한다. 그랑 리제르바는 오크통에서 최소 2년, 그리고 병입 후 다시 4년간 숙성시킨다. **프리오라트**(priorat)는 카탈루냐 지역에서 생산되는 최상급 와인으로 리오하와 비슷한 숙성 기준을 가지고 있다. 가장 숙성 기간이 짧은 크리안자 와인도 상당히 부드럽고 기분 좋은 맛을 내는 경우가 많다. 이러한 와인은 모로코식 쿠스쿠스나 구운 피망 또는 선드라이드 토마토를 사용한 음식에 잘 어울린다.

보졸레(Beaujolais)는 프랑스 부르고뉴 바로 아래의 남부 지역에서 **가메**(gamay) 포도를 사용해 생산한다. 드라이하고 가벼운 보디감에 과일 향이 두드러지는 와인으로 과일 향이 훨씬 강하고 소박한 피노 누아의 사촌뻘이라고 생각하면 된다. 포도 수확 후 두 달 만에 판매되는 와인은 **보졸레 누보**라고 부르며, 이 와인은 특히 과일 향이 풍부하고 거의 타닌을 느낄 수 없다. 보졸레 누보의 품질은 다양하다. **보졸레 빌라주**라는 라벨이 붙은 와인은 두드러진 수분감과 흙내음을 가지고 있으며 빈티지 연도부터 1~2년 안에 마시기에 적합하다. 이보다 품질이 뛰어난 고가의 보졸레 와인은 라벨에 특정 마을의 이름이 표기되어 있다. 이들 와인은 짐승의 냄새, 향긋한 풍미 또는 알싸한 향신료 내음과 함께 꽃의 아로마를 느낄 수 있으며, 샤르퀴트리나 구운 햄, 셰퍼드 파이 또는 그릴에 구운 닭고기 등 맛이 풍부한 시골풍 음식과 잘 어울린다. 양쪽 스타일 모두 내기 전에 30분 정도 차갑게 보관하면 가장 좋은 상태에서 즐길 수 있다.

또 한 가지 언급해야 할 적포도 품종은 **말벡**(Malbec)으로, 원산지인 프랑스의 카오르 지방에서는 말벡을 사용해 엄청나게 강한 타닌을 가지고 있으면서(하지만 뛰어난 와인으로 높은 평가를 받는다.) 검정 잉크에 가까울 정도로 색이 짙은 와인을 생산한다. 아르헨티나에서는 기분 좋을 만큼 두툼한 보디감과 감초 향, 검은 자두 풍미가 어우러진 근사한 말벡 와인을 생산하며 아르헨티나에서 가장 인기 있는 레드와인도 바로 말벡이다. 말벡은 소고기 업진살 스테이크 및 그릴에 구운 가지 등의 채소와 아주 잘 어울린다. 마찬가지로 **카르메네르**(carménère)도 프랑스 원산이지만 칠레에서 제2의 고향을 찾은 품종이다. 미디엄 보디감에 타닌은 아주 약하게 느껴지며 체리와 피망, 흙내음을 가지고 있다. 케일처럼 단단한 녹색 채소와 함께 내거나 구운 육류에 녹색 채소, 살사 베르데처럼 허브를 사용한 소스, 치미추리 또는 민트 소스를 곁들인 요리와 함께 내면 잘 어울린다.

로제 와인과 블러시 와인

로제 와인은 적포도나 껍질이 분홍색인 청포도로 만든다. 일부 로제 와인은 단순히 압착 과정만으로도 색이 발현된다. 그 외의 로제 와인은 짧은 기간 동안 껍질과 함께 불린 다음 껍질을 걸러내고 발효한다. 이렇게 하면 포도의 품종 및 껍질과 접촉한 시간에 따라 옅은 분홍에서 진한 분홍까지 다양한 색을 띠는 로제 와인이 탄생한다. 옅은 분홍빛을 띠는 **블러시 와인**은 한마디로 진한 색의 포도로 만든 화이트와인이다. 포도즙을 압착한 다음 껍질과 접촉시키지 않고 발효한다. 프랑스에서는 **뱅 그리**(vin gris)라고 부르며, 현재 미국에서 판매되고 있는 블러시 와인 중에서 가장 유명한 종류는 **화이트 진판델**이다. 화이트 진판델은 보통 순하고 살짝 단맛이 감돈다.

로제 와인은 한때 유럽에서 가장 뛰어난 와인으로 평가받았으며 프랑스 론 밸리의 **타벨**(Tavel)처럼 유서 깊은 몇몇 지역에서는 여전히 그 전통을 지키고 있다. 축제 기분을 북돋는 짙은 수박색과 상큼한 크랜베리 풍미를 갖춘 타벨은 추수감사절 만찬에 안성맞춤이다. 론의 바로 남쪽에는 전통적으로 로제를 생산하는 프로방스 지역과 작은 자치구 와인 마을인 **방돌**(Bandol)이 자리 잡고 있다. 프랑스 남부의 로제는 지중해성 기후 때문에 다른 지역에서 생산되는 로제보다 드라이하며 알코올 함량이 높으므로 향신료 향이 강한 음식과 함께 즐겨보자.

수십 년에 걸쳐 품질이 떨어지는 저렴한 와인이라는 불명예를 견뎌야 했던 로제도 화이트 진판델 같은 블러시 와인의 인기에 힘입어 다시 위상을 찾기 시작했다. 최근에 로제가 크게 인기를 얻으면서 품종도 다양해지고 품질에도 힘을 쏟은 로제 와인들이 등장하고 있다.

일반적으로 피노 누아 로제나 카베르네 소비뇽 로제처럼 라벨에 품종 이름이 표기된 로제 와인은 비교적 드라이하며 원래 포도 품종의 희미한 풍미를 느낄 수 있다. 유럽산 로제 와인의 라벨을 접하게 되면 레드와인이나 화이트와인을 고를 때처럼 와인 매장 전문가의 도움을 받아야 할 수도 있다. 예를 들어 와인을 살 때 대부분은 루아르 밸리의 시농이라는 마을 이름이 찍혀 있는 로제 와인이 카베르네 프랑으로 만들었다는 사실을 확인하기 어렵기 때문이다.

품질이 뛰어난 드라이 로제 와인은 단독으로 마셔도 좋지만, 닭 그릴 구이부터 카프레제 샐러드, 조개 구이에 이르기까지 여름에 즐기는 거의 모든 음식과 잘 어울린다. 니수아즈 샐러드, 홍합 찜과 감자튀김 또는 카술레 등 프랑스 남부 요리는 분홍색 와인과 어우러질 때 특히 훌륭한 맛을 낸다.

스파클링 와인

스파클링 와인은 다양한 용도를 자랑하지만 특히 축하 분위기를 내거나 특별한 일을 기념하기 위해 자주 마시는 것으로 유명하다. **샴페인**은 샤르도네, 피노 누아, 피노 뫼니에 포도로 양조하기 때문에 상쾌한 기포 안에서도 명확한 특징과 섬세함을 가지고 있다. 가장 자주 접하는 샴페인 유형은 **브뤼**(brut) 스타일로, 앞서 언급한 세 가지 품종의 포도를 모두 사용한다. 희미하게 구릿빛이 도는 화이트와인 **블랑 드 누아르**는 껍질 색이 진한 포도로 만들고, **블랑 드 블랑**은 샤르도네로 만들거나 가끔은 피노 블랑으로 만들기도 한다. 로제라고 부르는 분홍색 와인을 양조할 때는 화이트 스파클링 와인에 약간의 레드와인을 첨가해 색깔과 아로마를 더하는 방식을 가장 보편적으로 사용한다.

'샴페인'이라는 용어는 프랑스의 상파뉴 지역에서 '전통 방식'으로 생산한 와인만을 가리킨다. 이 전통적인 방식은 병 안에서 2차 발효가 일어나는 것으로 유명하다. 효모와 당을 병에 주입하고 효모가 전부 죽으면 와인을 정화한다. 효모가 병목 부분에 모이면 병목을 얼음에 담가서 앙금을 얼린 후 빼낸다. 그다음 병에 와인과 당을 추가로 주입하고 코르크로 봉해서 마무리한다. 라벨에 샴페인이라고 표기되지 않은 여러 종류의 고급 스파클링 와인은 다른 와인 재배 지역에서 이 전통 방식으로 양조한 것이다. 프랑스 와인의 경우 라벨에서 메토드 트라디시오넬(méthode traditionnelle), 메토드 샹프누아(méthode champenois), 메토드 캅 클라시크(methode cap classique) 또는 크레망(crémant)이라는 용어를, 이탈리아 와인의 경우 메토도 클라시코(metodo classico) 또는 프란치아코르타(franciacorta)라는 용어를 찾으면 된다. 미국 와인은 메토드 샹프누아 또는 간단히 '전통적 방법(traditional method)'이라고 표기한다.

샴페인이라는 명칭 자체가 워낙 선망의 대상이기 때문에 저렴한 가격에 구하기는 어렵지만, 전통적인 방법으로 만든 품질 좋은 스파클링 와인이라면 풍미 측면에서 당당하게 샴페인과 어깨를 나란히 할 만하다. 물론 가격도 그만큼 만만치 않지만 말이다. **블랑케트**(Blanquette)와 **크레망**은 샹파뉴가 아닌 다른 지역에서 생산되는 프랑스산 스파클링 와인에 사용되는 명칭이다.(예를 들어 크레망 드 루아르, 크레망 드 부르고뉴, 블랑케트 드 리무) **카바**(Cava)는 전통적인 방식으로 생산되는 스페인산 스파클링 와인으로, 아주 드라이한 와인에서부터 달콤한 와인까지 종류가 다양하다. 잘 숙성된 카바는 뛰어난 품질을 자랑하며 샴페인보다 훨씬 합리적인 가격에 구입할 수 있다.

가볍고 누구나 좋아하며 거의 단맛이 없는 이탈리아의 **프로세코**(Prosecco)는 병이 아닌 탱크에서 2차 발효를 하는 샤르마(Charmat) 방식으로 생산된다. 달콤하고 희미하게 사향 내음을 풍기는 **아스티**(Asti) 역시 머스캣 포도를 사용해 이 방법으로 양조하며, 저녁 식사 후에 즐기는 와인 또는 디저트 와인으로 인기가 높다. **람브루스코**(Lambrusco)는 이탈리아산 스파클링 레드와인으로 최근에 다시 인기를 얻고 있는데 맛도 상당히 좋다.

스파클링 와인의 또 다른 유형은 발효 과정 중간에 와인을 몇 주간 냉각한 후 당을 추가하지 않고 병입하는 메토드 앙세스트랄(méthode ancestrale) 방식으로 생산한다. 병입 상태에서 발효를 마치므로 약간의 탄산이 함유된 와인이 탄생한다. 이 방법의 변형인 **페티양 나튀렐**(pétillant naturel, 또는 줄여서 펫낫 pét-nat)은 최근 내추럴 와인 양조업자들 사이에서 점차 인기를 얻고 있으며 냉각 과정을 생략한다. 펫낫 와인은 결과물을 예상하기 어렵지만 상쾌한 맛을 내며, 샴페인보다 탄산이 훨씬 적게 함유되어 있고 병에 효모 침전물이 남아 있어 색이 뿌옇다. 내추럴 와인 애호가들과 마찬가지로 펫낫 와인을 좋아하는 사람들은 이렇게 다소 파격적인 특징에 매력을 느낀다. 골수 샴페인 애호가들은 아마 눈길도 주지 않겠지만, 비슷비슷한 특징을 지닌 일반적인 스파클링 와인에서 벗어나 한번 도전해볼 만한 재미있는 와인이다.

드라이 스파클링 와인은 종류에 상관없이 짭짤하거나 훈연 풍미가 강한 음식과 매우 잘 어울리므로 캐비아, 훈제 연어 또는 다른 훈제 생선, 샤르퀴트리 등과 좋은 궁합을 자랑한다. 오믈렛 등의 달걀 요리와 근사한 조화를 이루므로 브런치 와인으로도 안성맞춤이다. 스파클링 와인은 일반적으로 반각 생굴과 함께 내면 실패하지 않으며, 특히 샴페인을 초밥과 함께 즐기면 그야말로 새로운 세계를 맛볼 수 있다.

디저트 와인

전 세계에서 포도나무를 재배하는 나라라면 예외 없이 모두 달콤한 와인을 생산하는데, 때로는 이를 위해 수많은 역경을 극복하고 엄청난 독창성을 발휘하기도 한다. 포도가 곰팡이 핀 건포도 형태로 쪼그라질 때까지 내버려두었다가 수확하고, 곳간에서 건조 또는 반건조하거나 굽기도 하면서 강렬한 단맛을 내는 스위트 와인을 양조한다. 다른 버전의 스위트 와인은 약간만 발효해 브랜디를 첨가한 후(아래의 주정 강화 와인 항목 참고) 움직이지 않고 가만히 놔둔다.

알코올 함량이 낮은 디저트 와인은 도수가 5~6% 정도에 불과하지만 개중에는 도수가 무려 24%에 달하는 디저트 와인도 있다. 디저트에 곁들이도록 만든 디저트 와인이 있는가 하면 디저트 자체를 대체하도록 만든 와인도 있다. 물론 최근에는 개인의 취향에 따라 자유롭게 선택하는 추세다.

와인과 디저트를 조합할 때 기본적으로 주의해야 할 점은 온도(얼린 디저트는 미각을 둔화시킨다.)와 질감(크림 같은 질감의 푸딩과 부드러운 커스터드는 혀에 막을 형성해 다른 맛을 잘 느끼지 못하게 한다.)이다. 또한 과일의 산미 때문에 스위트 와인의 풍미를 느끼기 어려운 경우도 있다. ▶ 경험에 비추어볼 때 참고할 만한 기준은 와인보다 약간 당도가 낮은 디저트를 선택하는 것이다. 또는 선호하는 스위트 와인을 스코틀랜드식 쇼트브레드처럼 맛이 강하지 않은 쿠키와 함께 내면 와인의 맛을 충분히 음미할 수 있다.

다양한 종류의 스위트 와인 중에서 가장 인기를 누리고 있는 것은 역시 **포트 와인**이다.(아래의 주정 강화 와인 항목 참고) 모든 디저트 와인 중에서도 가장 구하기 어려우며 가격도 비싼 와인은 프랑스 보르도 남부 지역에서 생산되는 **소테른**(Sauternes)으로, 풍미가 진하고 황금색을 띠며 꿀과 살구 맛이 나는 스위트 와인이다. 소테른은 '레이트 하베스트' 와인으로 가장 유명한데, 다른 포도를 모두 수확한 이후에도 늦가을까지 계속 덩굴에 내버려두면 포도에 '귀부병'이라는 유익한 곰팡이가 피어나 쪼그라들면서 달콤한 건포도가 된다. 일부 독일산 고급 스위트 리슬링과 헝가리산 **토카이**(또는 토카지Tokaji) 와인 역시 같은 방법으로 만든다. 이러한 와인에는 소박한 과일 케이크와 타르트가 잘 어울린다. **빈 산토**(Vin santo)는 이탈리아의 디저트 와인으로 포도를 부분 건조한 후 압착하여 오랫동안 발효해서 만든다. 비스코티에 곁들이는 와인으로 잘 알려져 있다.

아이스와인(또는 아이스바인eiswein)은 스위스, 독일, 캐나다, 미시간주, 뉴욕주 북부에서 생산되며 일단 몇 종류의 포도 품종을 초겨울까지 수확하지 않고 꽁꽁 얼린다. 얼음을 제거하고 남은 포도즙은 농축된 과즙으로, 이를 발효시키면 이국적인 마멀레이드처럼 독특하고 기분 좋은 맛을 내면서 그 자체로 디저트를 대신할 수 있는 달콤한 와인이 된다. 와인 양조 관련 규제가 덜 까다로운 신대륙 지역에서는 알라 프리지데르(à la Frigidaire), 즉 냉동고에서 얼린 포도로 만든 '아이스와인'을 쉽게 찾아볼 수 있다.

주정 강화 와인

디저트 와인과 주정 강화 와인 사이에는 상당히 공통점이 많은데, 주정 강화 와인은 일반적으로(전부는 아니다.) 달콤하고 알코올 함량이 높아 식사를 마무리할 때 즐기기에 안성맞춤이기 때문이다. 주정 강화 와인은 디저트와 함께 내거나 디저트를 대신하기도 하고 디저트를 즐긴 후에 마시기도 한다.

포트(Port)는 가장 유명한 주정 강화 와인이다. 포르투갈에서 두 번째로 큰 도시(오포르투)의 이름을 딴 이 와인은 오늘날 캘리포니아, 남아프리카, 오스트레일리아에서도 생산된다.(이러한 지역에서 포트 스타일로 생산된 와인은 미국에서 포트 와인이라는 라벨을 붙일 수 있다.) 포도를 짧은 시간 동안 발효시키되, 발효 과정 내내 불려서 풍미와 색을 최대한 추출한다. 1~2일 정도 발효한 후 포도로 만든 브랜디를 첨가한다. 이런 방법을 통해 다양한 강도의 힘차고 달콤한 와인이 탄생한다. **루비**는 가장 저렴한 와인으로 아주 달콤하고 과일 향이 전면에 드러나는 경우가 많다.(**리저브**는 한 단계 품질이 높은 와인이다.) **화이트 포트**는 껍질 색이 연한 포도로 만들며(모스카텔 포함) 일반적으로 단맛이 강하다. **토니**(tawny)는 호박색을 띠며 오크통에 넣어 숙성하는데, **숙성 토니**는 최소한 6년 이상 오크통에서 숙성을 거쳐야 한다. 좋은 토니 포트는 미디엄 드라이에 숙성 과정에서 발현된 견과류 풍미를 느낄 수 있다. **콜헤이타**(Colheita) 포트는 단일 빈티지 연도의 포도로 만들며 최소 7년 이상 오크통에서 숙성해야 한다. **빈티지 포트**는 오크통 숙성 기간이 그보다 짧지만 최고급 품질의 포도를 사용하며, 병입 후 숙성을 염두에 두고 만든 와인이다.(다른 스타일의 포트 와인은 일반적으로 구매 후 바로 마신다.) 대다수 빈티지 포트는 여과되지 않은 와인이며 디캔팅을 통해 잔여물을 걸러내야 한다. 진한 붉은빛을 내는 포트는 달콤쌉싸름한 초콜릿, 베리류가 들어간 파이, 고르곤졸라 돌체 등의 순한 블루 치즈와 잘 어울린다. 토니 포트는 다크 초콜릿, 초콜릿 디저트, 피칸 파이, 파르메산, 숙성된 체더, 만체고, 스틸턴 등 맛이 강한 치즈와 궁합이 좋다.

셰리(Sherry)는 스페인산 주정 강화 와인으로 드라이 와인부터 아주 달콤한 와인까지 다양한 종류로 생산된다. 셰리는 솔레라(solera) 시스템이라는 기술을 사용해 오크통에서 숙성하는데, 가장 오랫동안 숙성한 셰리를 오크통에서 빼내 병입한 후 두 번째로 숙성 연한이 긴 셰리를 첫 번째 오크통에 보충하고, 다시 세 번째로 숙성 연한이 긴 셰리를 두 번째 오크통에 보충하는 식이다. 가장 숙성 기간이 짧은 오크통에는 갓 만든 와인을 채워 넣는다. 따라서 모든 병에 숙성 연한이 긴 셰리와 그보다 짧은 셰리가 적당히 섞여 놀라울 정도로 복잡다단한 와인이 완성된다. 법적으로 셰리는 평균 3년 이상 숙성한 이후에 판매해야 한다고 규정되어 있지만, 대부분의 시판 셰리에는 훨씬 더 오래된 와인이 들어 있다. 특히 20년 정도 오래 숙성한 셰리에는 'VOS'(공식적인 번역은 아니지만 아주 오래된 셰리very old sherry라고 해석할 수 있다.)라는 라벨이 붙어 있기도 하며, 평균 30년 이상 숙성한 블렌드는 'VORS'(아주 오래되고 희귀한 셰리 very old rare sherry)라고 표기한다.

피노(fino)와 **만자니야 셰리**(manzanilla sherry)를 생산할 때는 오크통의 맨 위쪽에 약간의 공간을 두어 플로르(flor)가 형성되도록 한다. 플로르란 효모가 만드는 막을 지칭하는 용어로 셰리에 독특한 풍미를 더할 뿐만 아니라 와인과 공기의 접촉을 막는 역할도 한다. 피노가 담긴 오크통의 플로르가 죽고 산화되기 시작하면 **아몬티야도 셰리**(amontillado sherry)가 된다. **올로로소 셰리**(oloroso sherry)는 알코올 함량이 약 18%로 매우 높아 플로르가 살아남을 수 없으므로 처음부터 산화가 시작되며, 그 결과 강렬한 풍미와 함께 진한 갈색이 발현된다. 아몬티야도와 올로로소 셰리는 매우 드라이하고 복잡한 맛을 낸다. **크림 셰리**처럼 단맛이 강한 스타일을 만들 때는 햇빛에 말린 포도의 즙에 알코올을 추가하여 주정 강화한 후 드라이 와인에 첨가한다. **페드로 히메네스**(Pedro Ximénez) 셰리는 가장 품질이 뛰어나고 기분 좋은 풍미를 내는 스위트 셰리 와인으로, 햇빛에 말린 페드로 히메네스 품종으로 만든 레이트 하베스트 와인을 첨가해 생산한다. 많은 사람이 좋아하는 인기 와인이다.

셰리는 마르코나 아몬드, 스페인산 염지 햄, 프로슈토 또는 컨트리 햄, 만체고 같은 단단한 치즈와 무척 잘 어울린다. 단맛이 강한 셰리는 초콜릿이나 견과류를 사용한 디저트와 궁합이 좋다. 일단 셰리 병을 열면 며칠 안에 다 마셔야 한다.

마데이라(Madeira)는 산화 및 가열 처리를 거쳐(일반적으로 이 두 가지는 고급 와인에 사형 선고나 다름없다.) 특징적인 견과류 향과 약간의 염분 및 캐러멜 풍미를 발현시킨 것이다. 드라이에서 스위트까지 다양한 스타일로 생산된다. **레인워터 마데이라**(Rainwater Madeira)는 최소 3년 이상 숙성한 것으로, 헤이즐넛과 당밀의 아로마를 느낄 수 있지만 피니시는 드라이한 느낌을 주며 치즈나 파테 등의 전채 요리와 곁들이면 좋다. **파이니스트 마데이라**(Finest Madeira) 역

시 3년 동안 숙성하고 **리저브**는 최소 5년 이상 숙성, **스페셜**과 **엑스트라 리저브**는 말이 붙어 있으면 각각 10년, 15년 숙성을 의미한다. 곁들이고자 하는 마데이라가 드라이한지 스위트한지에 따라 다양한 음식과의 조합을 생각할 수 있다. 블렌드에는 거의 항상 '드라이', '미디엄 스위트' 등의 특징이 라벨에 표기되어 있다. 다양한 블렌드 중에서도 **세르시알 마데이라**(sercial Madeira)는 가장 드라이하며 식전주로 내거나 가벼운 생선 요리, 심지어 초밥과 함께 내도 좋다. **베르델류**(Verdelho)는 맛이 더 풍부하며 크림수프 또는 비스크와 같이 낸다. **부알**(Bual)은 달콤하고 아로마가 매우 강하며 초콜릿 디저트나 로크포르처럼 맛이 진한 치즈와 근사하게 어울린다. **맘지**(Malmsey)는 가장 맛이 진하고 달콤한 마데이라 와인이며 단독으로 즐겨도 훌륭한 디저트의 역할을 한다.

마르살라(Marsala)는 시칠리아의 주정 강화 와인으로 살구, 바닐라, 타마린드, 심지어 담배의 풍미까지 느낄 수 있다. 셰리처럼 솔레라 시스템을 활용해 숙성시킨다. 주로 요리에 사용하는 와인으로 잘 알려졌지만, 품질이 좋은 마르살라 와인은 그냥 마셔도 충분히 맛이 좋다. 또한 마르살라는 보통 황금색, 호박색, 루비색 등 색에 따라 라벨이 다르지만 어떤 색 라벨이든 드라이에서 세미드라이, 스위트까지 다양한 당도를 가질 수 있다. 다른 주정 강화 와인과 마찬가지로 마르살라는 오크통에서 여러 단계로 숙성시킨다. **피네**(fine)는 1년, **수페리오레**(superiore)는 2년, **수페리오레 레세르베**(superiore reserve)는 4년, **베르지네**(vergine)는 5년 이상 숙성시킨다. 드라이 마르살라는 염소 및 양젖 치즈에 곁들이면 맛있다. 스위트 마르살라는 비스코티나 쇼트브레드처럼 수분기가 적고 잘 부서지는 쿠키와 함께 즐기면 잘 어울린다. **바뉼스**(Banyuls)는 그르나슈 품종으로 만든 프랑스산 주정 강화 와인으로 무화과, 체리, 딸기의 맛과 함께 오렌지와 허브의 향을 가지고 있다. 초콜릿과 기가 막히게 잘 어울린다.

베르무트(Vermouth)는 허브, 쌉쌀한 맛을 내는 뿌리, 쑥, 감귤류 껍질, 안젤리카, 팔각 등과 같은 향신료로 아로마를 더한 주정 강화 와인이다. 포트 및 셰리 와인과는 달리 베르무트는 씁쓸한 맛을 내며 단독으로 마시기보다는 섞어서 마시기에 적합하다. 맨해튼, 마티니 같은 칵테일에서 중요한 역할을 하는 재료로 가장 유명하다. **릴레**(Lillet)는 아로마를 더한 또 다른 주정 강화 와인으로, 얼음을 넣어 단독으로 마시거나 탄산수를 섞어서 식전주로 즐긴다.

사케 및 다른 발효 쌀 음료

사케는 가장 유명한 쌀 발효 음료지만 대다수는 사케를 초밥 식당에서만 마시는 술로 여긴다. 사케는 놀라울 정도로 복잡하고 다채로우며 단독으로 마셔도 근사한 맛을 내기 때문에 이는 그야말로 유감스러운 일이다. 사케는 완전 도정 또는 부분 도정한 쌀(도정이란 겨와 배아의 외층을 벗겨내 전분질의 배유를 드러내는 것이다.)을 세척하고 물에 담가 불려서 찐 다음 **고지**, 즉 누룩곰팡이라고도 하는 일종의 곰팡이를 주입해서 빚어낸다. 이 곰팡이가 쌀에 함유된 전분을 발효에 필요한 당으로 바꿔준다.

사케는 라이트 보디감부터 미디엄 보디감, 그리고 맛이 진한 숙성 사케(코슈라고 부르기도 한다.)에 이르기까지 종류가 다양하다. 테이블 사케라고도 부르는 **후츠슈**(普通酒)는 가장 품질이 낮고 가장 흔하다. 후츠슈는 증류주가 첨가되어 있으며 일반적으로 따뜻하게 마신다. **혼죠조**(本醸造)는 도정한 쌀로 만들며 따뜻하게 마시거나 차갑게 마실 수도 있다. **긴조**(吟醸)는 도정 과정에서 겉면을 많이 깎아낸 쌀로 만들며 매우 화사한 향이 난다. **다이긴조**(大吟醸)는 가장 품질이 뛰어난 사케로 진한 아로마와 부드러운 목 넘김이 특징이다. 긴조와 다이긴조는 둘 다 차갑게 해서 마셔야 한다. **준마이**(純米)는 증류주를 첨가하지 않

은 순수한 사케를 말하며 보통 긴조와 다이긴조 사케에 적용하는 용어다. **나마자케**(生酒)는 저온 살균을 하지 않으므로 더욱 짙은 아로마를 지닌다.(그리고 쉽게 상한다.) **니고리**(濁酒)라고 하는 여과하지 않은 사케는 뿌연 색을 띠며 크림 같은 질감을 가지고 있다.(항상 차갑게 마신다.) 라이트 및 미디엄 보디감 사케는 가볍게 조리한 녹색 채소, 날생선 또는 생선 조림, 감귤류 계열의 소스와 잘 어울린다. 맛이 더욱 진한 사케는 연어, 튀김, 은대구 등 맛이 풍부한 음식과 조화롭게 어울린다. 니고리 사케는 디저트, 그중에서도 특히 코코넛이나 망고가 들어간 디저트와 훌륭한 궁합을 자랑한다. 붉은 육류와 잘 어울리는 사케는 좀처럼 찾아보기 힘들다.

중국의 **사오싱주**(紹興酒)는 단맛이 강한 찹쌀을 약초와 함께 찌고 발효시켜서 만든 청주다. 발효가 끝난 다음에는 점토 항아리에 담아서 숙성한다. 숙성 기간이 길수록 맛은 좋아진다. 사오싱주는 노란색에서부터 호박색에 이르는 색깔을 띠고 약간 단맛이 나는 것에서부터 세미 드라이 스타일까지 다양하며, 견과류를 연상시키는 기분 좋은 풍미 안에 약간의 염분이 느껴진다.(이는 저렴한 사오싱주에서 더 두드러진다.) 사오싱주는 음료로 즐길 뿐만 아니라 중국 요리에도 자주 사용된다. 따뜻하게 데운 사오싱주는 맛이 풍부하고 향신료를 많이 사용하지 않은 고기 요리에 곁들인다.

막걸리는 알코올 도수가 낮은 한국의 쌀 음료로 쌀 이외의 다른 곡물로도 만든다. 불투명하고 우윳빛을 띠며 보통 여과하지 않는다. 거의 단맛이 없는 것부터 아주 달콤한 것, 톡 쏘는 맛을 가진 것까지 다양한 종류가 있다. 한국에서는 저온 살균하지 않은 막걸리를 쉽게 찾아볼 수 있지만, 미국에서는 대부분 저온 살균을 거친 제품을 판매한다. 막걸리는 과일, 밤, 심지어 고구마 등으로 풍미를 내기도 하는데, 초보자는 아무것도 첨가하지 않은 막걸리부터 시도해보자. 한국에서는 특히 비 오는 날에 파전과 함께 막걸리를 즐기는 문화가 널리 퍼져 있다. 한편 **소주**는 한국의 증류주로 막걸리보다 훨씬 높은 20~24%의 알코올이 함유되어 있다.(비교하자면 보드카는 알코올 함량이 약 40%, 막걸리는 대략 6~8% 정도다.) 보통 쌀로 만들지만 고구마, 밀, 타피오카 등 전분 함량이 높은 재료로 만들기도 한다. 소주는 맛이 순하고 약간 단맛이 나며 보통 음식과 함께 즐기는데, 특히 안주라고 부르는 다양한 요리에 곁들인다. 소주는 유쾌하게 즐기는 알코올음료로 이를 마실 때는 특별한 관행을 따른다. 보통 연장자가 젊은 사람에게 소주를 한 잔 따라주고 술을 받는 사람은 양손으로 잔을 공손하게 잡는다. 그다음 몸을 돌려서 술을 마신다. 본인의 소주잔에 직접 술을 따라서는 안 되며, 특히 일행 중에서 가장 나이가 어리다면 다른 손윗사람들에게 술을 따라주는 것을 권장한다. 하지만 오늘날에는 이러한 예절을 엄격하게 적용하지 않기 때문에 빈 잔을 앞에 두고 있는 사람이 한 명도 없도록 신경을 쓰는 것이 가장 중요하다.

발효 사과주에 대해

저온 살균과 여과 과정을 거치지 않은 신선한 사과 주스를 사서 너무 오래 방치한 적이 있다면 사과 주스가 얼마나 금세 발효되는지 익히 알고 있을 것이다. 몇 세기에 걸쳐 보존을 위해 사과즙을 발효하다 보면 의도치 않게 알코올음료를 얻곤 했지만, 오늘날 우리는 단순히 맛이 좋다는 이유로 발효 사과주를 즐긴다. 또한 사과주는 알코올 도수가 낮고, 글루텐에 예민해 맥주를 마시지 못하는 사람들도 마음 놓고 마실 수 있는 술이다.

전통적으로 사과주를 만들 때는 사과주용 사과를 사용하는데, 이 품종은 시고 톡 쏘는 맛을 내기 때문에 과일로 먹을 때는 그다지 맛이 없다. 요즘에는 대부분 일반적인 사과 품종으로 사과주를 만들어서 상당히 1차원적이고 달콤한 맛이 나는 사과주가 탄생한다. 그러나 발효 사과주에 대한 관심이 늘어나면서 일부 소규모 양조업자들은 독특한 사과 품종을 되살려 품질이 뛰어난 사과주를 생산하고 있다. 또한 사과주와 비슷한 **페리**(perry, 프랑스어로 푸아레poiré)라는 음료를 접할 수도 있을 텐데, 페리는 톡 쏘는 맛을 내는 서양배의 즙으로 만든다.

프랑스의 사과주는 달콤하고(두doux), 드라이하며(브뤼brut), 기포가 함유되어 있다. 가장 큰 생산지는 노르망디 지방으로 산화 작용 때문에 톡 쏘는 독특한 맛을 내는 바스크 지방의 사과주도 한번 시도해볼 만하다. 프랑스 사과주는 순하고 마시기 쉬운 종류도 있지만 농장을 연상시키는 강렬한 가죽 냄새나 흙내음을 내는 것도 있다. 우리는 양쪽 스타일을 모두 즐긴다. 프랑스의 사과주는 짭짤한 재료를 넣어서 만든 메밀 크레이프(프랑스에서는 갈레트라고 부른다.) 및 모든 종류의 순한 치즈와 아주 잘 어울린다.

영국과 미국의 발효 사과주는 최근 다시금 주목받고 있다. 전통적인 발효 사과주 양조 방법에 대한 관심과 수제 맥주 양조 붐으로 인해 사람들의 미각이 다양한 음료에 익숙해지면서 헤아릴 수 없이 많은 사과주가 등장해 선택지가 늘어났다. 대량 생산되는 사과주는 다소 밋밋하긴 하지만 누구나 좋아할 만한 맛이며, 대부분 직접 사과를 재배하는 소규모 사과주 양조업자들은 그야말로 마음껏 즐길 수 있는 사과주를 시장에 내놓고 있다. 사과를 생각할 때 머릿속에 떠오르는 음식이라면 무엇이든 사과주와 잘 어울린다. 소시지, 땅콩호박 수프, 그리고 추수감사절 만찬 등이 그 예다.

맥주에 대해

맥주 양조는 보리 또는 밀을 물에 불려서 발아시키는 것으로 시작한다. 싹을 틔운 낟알을 가마에서 건조하고 때로는 갈색이 되도록 볶기도 하는데, 이렇게 볶은 낟알로 만든 맥주는 색이 진하고 풀 보디감을 주며 진한 풍미를 낸다. 이 **맥아**(보통 연한 색의 맥아와 진한 색의 맥아가 섞여 있다.)를 갈아서 물을 첨가한 다음 특정한 온도에서 정해진 시간만큼 가열해 가용성 당분과 효소를 추출한다. 찐 보리를 맥아에 추가하면 색이 연하고 맛이 순한 맥주가 되며, 보리 외에도 밀, 쌀, 옥수수 등이 흔히 사용된다. 추출이 끝난 낟알은 걸러내고 남은 달콤한 액체, 즉 **맥아즙**(wort)을 **홉**(hop)과 섞어서 큰 솥에 넣고 끓인다. 수지를 함유한 덩굴 식물의 꽃망울인 홉은 중요한 기능을 하는 재료로 보존제 역할을 하는 동시에 맥주의 맛에 커다란 영향을 미친다. 홉의 풍미는 씁쓸한 맛에서 소나무 향, 꽃향기 또는 과일 향, 심지어 열대 과일에 이르기까지 다채롭다. 일단 맥아즙을 끓이고 나면 여과해서 식힌다. 대부분의 맥주는 이 단계에서 특정한 효모 균주를 주입해 발효를 시작하며 사워 맥주는 주변에 떠도는 천연 효모에 노출시킨다. 발효가 끝나면 밀폐 용기에 넣고 당을 첨가해 추가 발효를 촉진하기도 한다.(병입 상태에서 발효시키는 경우는 **병 숙성**bottle-conditioned이라고 부른다.) 전통적으로는 이 2차 발효를 통해 맥주에 탄산이 생겨나지만 오늘날의 맥주는 대부분 결과물을 예측하기가 쉽다는 이유로 탄산을 외부에서 주입한다.(그리고 병이 터지는 일도 줄어든다.)

라거는 세계에서 가장 인기 있는 맥주다. 라거 효모를 주입해 냉장 온도에서 오랜 시간 발효한다. 그다음에는 **라거 과정**(lagered), 즉 더 낮은 온도에서 보관하는 과정을 거치는데 이 시기에 맥주가 숙성되고 효모가 바닥에 가라앉는다. 이렇게 해서 만든 맥주는 씁쓸하고 구수한 향이 나는 **필스너**(pilsner), 순한 미디엄 보디감의 **헬레스**(helles), 맥아 향이 강하고 색이 진한 **둥켈**(dunkel)과 **슈바**

르츠비어(schwarzbier) 또는 강렬한 **보크**(bock)나 **도펠보크**(doppelbock) 등 맛이 깔끔하고 연한 황금색을 띠는 맥주가 탄생한다. **라우흐비어**(rauchbier)는 훈연한 맥아를 사용한다는 점에서 독특하다. 이와 반대의 특징을 가진 가벼운 미국 스타일 라거는 오랫동안 미국의 마트 판매대를 장악해왔으며 맥아즙에 쌀과 옥수수를 첨가해 부드럽고 그윽한 맛이 난다. **멕시코산 라거**는 더운 여름날 마시면 상쾌하게 기운을 차릴 수 있으며 라임즙을 짜 넣으면 금상첨화다.

에일은 라거보다 발효 시간이 짧고 라거와는 다른 효모 균주를 사용해 라거보다 높은 온도에서 발효한다. 발효가 단기간에 활발하게 일어나므로 라거보다 복잡한 맛을 발현하며 더욱 다양한 스타일의 맥주가 탄생한다. 그중에서도 쌉쌀한 맛을 내는 것은 **인디아 페일 에일**(IPA)로, 연한 색 또는 구릿빛 맥아를 사용하고 강렬한 홉 향을 내는 인기 맥주다. 허브 아로마와 소나무 향, 쌉쌀한 맛 때문에 다소 호불호가 갈리기도 한다. **페일 에일**은 상쾌한 느낌이 덜하며 **비터** 또는 **엑스트라 스페셜 비터**라고 표기된 맥주들도 마찬가지다.(하지만 뒤의 두 가지는 그 이름에 걸맞은 맛을 낸다.) **쾰슈**(kölsch)는 독일식의 라이트 보디감 페일 에일로 균형 잡힌 홉의 향을 느낄 수 있으며 상당히 상쾌한 맛을 낸다. **갈색, 호박색 또는 붉은빛**을 띠는 에일은 훨씬 순하고 맥아 향을 더욱 진하게 풍기거나 약간 단맛이 나기도 한다. 벨기에의 트라피스트 수도사들은 병 숙성 에일을 생산하는 것으로 유명하다. **벨기에식 트리플 에일**(Belgian triple ales)은 황금색을 띠는 반면 **두벨 에일**(dubbel ales)은 비교적 색이 진하다. 두 가지 모두 일반적으로 과일과 맥아 향이 두드러지며 향신료 향을 지닌 것도 있다. 드라이부터 풍부한 맛, 스위트까지 다양한 스타일로 출시된다.

벨기에와 독일에서는 보통 밀을 사용해 에일을 양조한다. **헤페바이젠**(Hefeweizen)이 가장 보편적이며 보통 연한 색에 기분 좋은 효모 향을 낸다.(진하게 볶은 맥아를 사용해서 양조하는 **다크 헤페바이젠**도 있다.) **벨기에 화이트 맥주**, 즉 **위트비어**(witbier)는 여과 과정을 거치지 않아 뿌연 황금색을 띠고 감귤류 껍질과 향신료로 풍미를 더한다.(오렌지 슬라이스 또는 레몬 슬라이스로 장식하기도 한다.) 이와 비슷한 감귤류 맥주 조합으로는 샌디 레시피를 참고한다. **세종**(Saison)은 팜하우스 에일이라고 불리기도 하며 훨씬 드라이한 벨기에식 병 숙성 맥주다. 과일, 향신료, 구수한 향이 나고 시큼한 맛을 내며 향신료를 첨가하기도 한다.

스타우트와 **포터** 스타일 맥주는 매우 차별화된 특징을 가지고 있다. 볶은 맥아를 사용하므로 갈색이나 검정에 가까운 색을 띠며 초콜릿과 커피 풍미를 낸다. 가장 유명한 종류는 **아이리시 스타우트**다. **오트밀 스타우트**는 입에 꽉 차는 느낌을 주고 **밀크 스타우트**는 젖당을 첨가해 단맛이 강하고 질감이 다소 부드럽다. **임페리얼 스타우트**는 특히 알코올 함량이 높다.(이 용어는 다른 스타일의 알코올 도수가 높은 맥주에도 자주 사용된다.)

사워 맥주(Sour beer)는 또 하나의 독특한 스타일을 가진 에일 맥주로 최근 많은 인기를 얻고 있다. 사워 맥주는 전통적으로 맥아즙을 브레타노미세스, 락토바실루스 균 등의 여러 야생 효모에 노출하여 젖산, 초산, 포름산을 생성함으로써 신맛을 낸다. 양조업계에서 보통 오염물질로 여기는 공기 중의 효모를 사용하면 시큼하고 독특한 풍미를 가진 재미있는 맥주가 탄생하는데, 이 결과물에는 해당 맥주를 양조한 지역의 고유한 미생물 군상이 고스란히 반영된다.(일각에서는 이러한 다양성을 와인 양조에 테루아가 미치는 섬세한 영향과 비교하기도 한다.) 현재 이러한 효모 균주 중 몇 가지는 시판되고 있어서 안정적인 결과물을 얻을 수 있지만 많은 양조업체들이 여전히 자발적인 발효에 의존하며 맥주를 양조할 때마다 생기는 미묘한 맛의 차이를 만끽한다.

벨기에의 **람빅**(Lambic)은 밀로 만든 사워 맥주의 한 종류다. **괴즈**(Gueuze)는 오래된 람빅과 새로 양조한 람빅을 혼합해 재발효한 맥주를 뜻한다. 오래 묵은 괴즈는 아주 독특하며 농장을 연상시키는 쿰쿰한 맛을 내지만 새로 양조한 람빅은 비교적 쉽게 마실 수 있다. 벨기에는 오래전부터 맥주에 과일을 첨가한 후 통에서 2차 발효하여 색다른 형태의 맥주를 제조함으로써 수출량을 늘려 왔다.(때로는 과일 시럽을 첨가해 비교적 단순하고 과일 향이 강한 맥주를 만들기도 한다.) **크릭**(Kriek)이라는 체리 첨가 맥주가 대표적인 예지만, 라즈베리와 복숭아 람빅도 쉽게 찾아볼 수 있다.

독일의 **베를리너 바이세**(Berliner weisse)는 밀로 만들며 은은한 신맛이 나는 또 다른 스타일의 사워 맥주다. **아우트 브룬**(Oud bruin)은 플랑드르 지방에서 생산되는 사워 스타일의 갈색 맥주다. 람빅처럼 오래된 맥주를 새롭게 양조해 당도가 높은 맥주와 혼합함으로써 산도를 중화시킨다. 오래된 람빅에서 기인한 견과류 풍미와 약간의 독특한 농장 아로마를 선보인다. **플랑드르 레드 에일**도 이와 비슷하지만 보통 과일 향이 더욱 강하고 신맛이 두드러진다.

가게에서 맥주를 고를 때 기억해두면 좋은 용어 몇 가지도 함께 소개한다. **세션 맥주**는 알코올 함량이 3~4% 이하에 불과한 맥주를 지칭한다. 반대로 **발리 와인**(barley wine)은 알코올 함량이 최대 12% 정도로 매우 높은 맥주다. **높은 비중**이란 알코올 함량이 높은 맥주를 가리킨다. **오크통 숙성 맥주**는 오크통 안에서 숙성해 색다른 풍미를 낸다. 때로는 오크통을 단순히 그을려서 바닐라 또는 캐러멜 향을 내는가 하면, 위스키, 스카치, 셰리 오크통을 사용해 이러한 술의 독특한 풍미를 추가하기도 한다.

맥주와 음식

와인과 마찬가지로 맥주는 음식과 함께 식탁에서 당당히 한자리를 차지할 만한 음료다. 술집 메뉴나 뒷마당에서 열리는 바비큐 메뉴만 봐도 맥주와 어울리는 음식 유형을 쉽게 파악할 수 있다. 치즈버거, 감자튀김, 그릴에 구운 독일식 소시지, 맛이 진한 윗양지 훈제 구이는 모두 기름기가 많고 짭짤한 음식이다. 청량한 라거와 쌉쌀한 에일은 이렇게 진한 맛에 눌리지 않고 조화롭게 어울린다. 피자, 카르니타스, 오리고기 콩피처럼 맥주와 조합하면 기가 막히게 어울리는 맛이 진한 음식들이 머릿속에 떠오를 것이다. 타코, 엔칠라다, 타말레(고기와 채소를 넣어서 납작한 반죽 또는 옥수수 껍질 같은 것으로 싸서 먹는 멕시코 요리 ― 옮긴이), 포솔레(옥수수와 고기를 넣어 끓인 멕시코의 전통 스튜 ― 옮긴이), 그리고 칠리 콘 카르네와 나초 같은 텍사스식 멕시코 요리는 라거와 가장 잘 어울리는 음식의 좋은 예다.

영국의 '플라우맨스 런치(ploughman's lunch, 흔히 펍에서 메뉴로 내는, 빵과 치즈, 피클, 샐러드로 된 식사 ― 옮긴이)'에서도 또 하나의 조합을 찾을 수 있다. 맛이 강한 치즈 몇 종류, 빵, 피클, 새콤한 다진 피클 소스 또는 처트니, 생과일 또는 채소로 구성된 메뉴는 과일 향 풍부한 에일이나 흑맥주와 자연스럽게 어울린다. 포터와 스타우트는 로스트 비프나 그릴에 구운 스테이크뿐만 아니라 비교적 가벼운 음식인 굴 또는 돼지고기 춥과도 좋은 궁합을 자랑한다. 밀 맥주는 맛이 섬세해서 생선, 특히 연어와 같이 지방이 풍부한 생선이나 다양한 생선 튀김과 잘 어울리며, 향신료 맛이 강한 음식과도 잘 맞는다. 페일 에일 역시 태국의 사테나 인도의 커리처럼 향신료를 넉넉하게 사용한 음식에 곁들이면 맛있다. ▶ 탄산이 많이 들어간 맥주는 향신료 맛이 강한 음식과 함께 내지 않도록 주의한다.(화끈거리는 느낌이 더욱 강해진다.) 홉 향이 진하고 쌉쌀한 에일은 향신료와 감귤류 향이 진한 요리와 특히 잘 맞는다. 달콤하고 맥아 향이 강한 맥주는 사우어크라우트처럼 새콤한 재료나 맛이 진한 오리고기, 사냥한 야생동물, 돼지고기 요리에 곁들여도 좋다.

맥주 마시기

맥주는 보통 냉장고에서 꺼낸 즉시 약 5℃의 온도로, 특히 홉 향이 진한 맥주나 페일 라거는 이 온도로 마시는 것이 가장 좋다. 온도가 낮으면 맥주의 청량함과 상쾌한 느낌이 살아나지만 맥주의 일부 특징적인 풍미가 둔해지기도 한다. 이러한 풍미를 살리기 위해서는 에일, 스타우트, 포터를 실온에서 10~20분 정도 두었다가 마셔보자. 과일 향과 볶은 맥아 풍미가 전면에 부각될 것이다.

대용량 맥주를 샀다면 김이 빠져서 맛이 밍밍해지기 전에 빨리 마셔야 한다.(우리는 맥주를 500ml 이상 마실 사람이 여러 명 있을 때만 대용량 맥주를 산다.) 특정 유형의 맥주를 즐기기 위해 설계된 전용 글라스도 있다.(아래 그림에서 몇 가지 예를 소개한다.) 맥주를 글라스에 따를 때는 ▶ 글라스를 약간 기울여서 맥주가 글라스의 측면을 따라 흐르게 함으로써 거품의 양을 적당히 조절한다. 이는 람빅처럼 탄산이 강한 병 숙성 에일 맥주를 따를 때 특히 중요하며, 너무 서둘러서 따르면 글라스에 거품만 잔뜩 담긴 맥주를 마시게 되므로 주의하자. 맥주 칵테일이 아닌 이상 맥주를 낼 때는 장식을 거의 하지 않는다. 멕시코식 라거 맥주에 반드시 첨가하는 라임 조각이나 헤페바이젠 또는 위트비어에 짜 넣는 오렌지 또는 레몬 슬라이스 정도를 예외로 꼽을 수 있다. 디저트처럼 즐기는 맥주에 관심이 있는 사람이라면 초콜릿 풍미가 도는 포터와 스타우트를 아이스크림 플로트처럼 내거나 꼬치에 꽂아서 구운 마시멜로를 스모어(구운 마시멜로와 초콜릿, 크래커를 이용한 캠핑용 간식 ― 옮긴이)처럼 글라스의 위에 걸쳐서 먹는 예를 참고하자.

독일식 전통 맥주잔, 필스너 글라스, 맥주 고블릿, 노닉 파인트 글라스

와인 칵테일과 맥주 칵테일

와인이나 맥주에 혼합용 음료를 넣어서 살짝 변화를 주면 상쾌하고 기분 좋은 음료가 탄생한다. 와인이나 맥주 칵테일은 파티에서 펀치나 일반적인 칵테일보다 알코올 도수가 낮은 음료를 내고자 할 때 안성맞춤이다. 값비싼 술을 칵테일에 낭비할 필요는 없지만, 단독으로 마셔도 좋을 만큼 괜찮은 품질의 와인이나 맥주를 선택하자.

키르(Kir)

1인분

카농 펠릭스 키르(Canon Félix Kir)는 프랑스 부르고뉴 지방 디종의 시장이자 제2차 세계대전 당시 레지스탕스 영웅이었다. 키르가 가장 좋아했던 음료는 그 지역에서 보편적으로 즐기는 화이트와인 알리고테(Aligoté)와 이 지역의 또

다른 특산물인 블랙커런트 리큐어로 만든 뱅 블랑 카시스(vin blanc cassis)였다. 현지 사람들은 키르를 기리는 의미에서 이 음료에 그의 이름을 붙였다. 오늘날 키르의 재료로는 샤르도네가 가장 보편적으로 사용된다. 화이트와인을 샴페인으로 대체하면 키르 루아얄(Kir Royale)이 된다.

커다란 와인잔에 다음을 넣고 잘 젓는다.

　차갑게 한 샤르도네 180ml

　크렘 드 카시스 소량

미모사(Mimosa)

1인분

오렌지 주스를 석류 주스로 대체하면 루비 더치스(Ruby Duchess)가 된다.

차갑게 식힌 샴페인잔에 다음을 따른다.

　오렌지 주스 60ml

다음을 잔 위까지 채운다.

　차가운 스파클링 와인

블랙 벨벳

1인분

차갑게 식힌 샴페인잔 또는 와인잔에 다음을 따른다.

　차가운 스타우트 맥주 90ml

다음을 글라스 위까지 채운다.

　차가운 스파클링 와인

샴페인 칵테일

1인분

Ⅰ. 차갑게 식힌 샴페인잔에 다음을 따른다.

　간단 시럽 ½작은술

　차가운 브랜디 22ml

거의 잔 위까지 오도록 다음을 채운다.

　차가운 드라이 스파클링 와인

다음을 추가한다.

　노란색 샤르트뢰즈 소량씩 2번

　오렌지 비터스 소량씩 2번

Ⅱ. 차갑게 식힌 샴페인잔에 다음을 넣는다.

　작은 각설탕 1개

각설탕 위에 다음을 떨어뜨린다.

　앙고스투라 비터스 2방울

다음을 잔 위까지 채운다.

　차가운 드라이 스파클링 와인

프렌치 75

1인분

이 레시피는 톰 콜린스와 비슷하지만 소다수 대신 샴페인을 사용한다. 프랑스산 샴페인의 작은 거품들이 만들어내는 차이란!

칵테일 셰이커에 각얼음을 채운다. 다음을 추가한다.

　코냑 또는 진 30ml

　　레몬즙 2작은술

　　간단 시럽 1작은술

차가워질 때까지 약 12초간 잘 흔든다. 차갑게 식힌 샴페인잔에 얼음을 걸러서 따르고 다음을 첨가한다.

　　브뤼 샴페인 75~90ml

다음으로 장식한다.

　　레몬 트위스트

화이트와인 스프리처(White Wine Spritzer)

1인분

차갑게 식힌 와인잔 또는 하이볼 글라스에 각얼음을 1~2개 넣고 다음을 부어 섞는다.

　　차가운 리슬링 또는 다른 세미드라이 화이트와인 180ml

　　소다수 120ml

벨리니(Bellini)

1인분

믹서로 부드러워질 때까지 간다.

　　씨를 제거한 복숭아 ½개

체에 과육을 붓고 꾹 짜서 과즙을 남김없이 추출한다. 복숭아 주스를 차갑게 식힌 샴페인잔에 따르고 다음으로 채운다.

　　차가운 프로세코 또는 다른 드라이 스파클링 와인

아페롤 스프리츠(Aperol Spritz)

1인분

아페롤은 쌉쌀한 오렌지와 용담, 기나나무 등의 다양한 식물성 재료로 만든 이탈리아산 리큐어다. 프로세코, 소다수와 섞으면 여름에 즐기기 적합한 음료가 된다.

손잡이 있는 와인잔을 차갑게 식혀서 각얼음을 채운다. 다음을 추가한다.

　　아페롤 60ml

　　소다수 30ml

다음을 잔의 위까지 채운다.

　　프로세코 90~120ml

다음으로 장식한다.

　　횡단면으로 자른 오렌지 조각

칼리모초(Kalimotxo 또는 Calimocho)

1인분

와인에 콜라를 섞는다니 말도 안 되는 조합처럼 보일지 모르지만 그냥 콜라를 가벼운 가향 시럽으로 생각하자. 진한 콜라에는 바닐라, 타마린드, 감귤류, 계피의 풍미가 들어 있으며 이 모든 요소가 저렴한 레드와인을 기가 막히게 보완해주는 역할을 한다. 옥수수 시럽이 아닌 진짜 설탕을 첨가한 코카콜라를 사용하도록 권장한다.

차갑게 식힌 긴 잔에 각얼음을 채운다. 다음을 추가한다.

　　코카콜라 120ml

　　스페인산 드라이 레드와인 120ml

미첼라다(Michelada)

1인분

첼라다를 만들려면 **굵은 소금**으로 글라스를 프로스팅 하고 소금 1~2자밤, **라임즙** 60ml, 각얼음을 넣은 후 맥주를 붓는다.

차갑게 식힌 파인트 글라스의 가장자리를 다음으로 문지른다.

　　라임 조각 1개

다음을 사용해 글라스 가장자리를 프로스팅 한다.

　　타진(Tajín) 같은 시판 칠리 라임 소금

글라스에 얼음을 채우고 다음을 넣는다.

　　토마토 주스 60ml

　　라임즙 60ml

　　멕시코산 핫소스 1작은술

　　우스터 소스 또는 간장 1작은술

다음을 준비한다.

　　멕시코산 라거 360ml짜리 캔맥주 또는 병맥주 1개

글라스에 라거를 채우고 한 번 저은 다음 미첼라다와 남은 맥주를 함께 낸다. 미첼라다를 마셔서 줄어들면 남은 맥주를 다시 잔에 부어서 즐긴다.

샌디(Shandy)

1인분

스파클링 레모네이드를 사용하면 **라들러**(Radler)라는 음료가 된다.

차갑게 식힌 커다란 맥주잔에 다음을 넣어 섞는다.

　　라거 맥주 360ml

　　레몬 라임 소다, 레모네이드, 오렌지 주스, 진저에일 또는 진저비어 120ml

다음과 함께 낸다.

　　라임 조각

전채 요리와 오르되브르

'오르되브르(hors d'oeuvre)'와 '전채(appetizer)'라는 말은 대부분 서로 비슷한 뜻으로 사용된다. 가장 큰 차이점을 꼽자면 오르되브르는 식사와 관계없이 보통 손으로 집어 먹을 수 있게 내는 핑거 푸드인 반면, 전채는 식사의 첫 번째 코스 역할을 담당할 수 있다는 점이다. '카나페'는 양쪽 모두에 속할 수 있으며 빵에 올려 내느냐 크래커에 올려 내느냐에 따라 용도가 달라진다.('카나페'라는 말은 '소파' 또는 '긴 의자'라는 뜻으로, 빵이 음식을 올려놓는 의자 역할을 한다.) 전채, 오르되브르 중 어떤 이름으로 부르든, 둘 다 주메뉴를 먹기 전에 음료와 함께 즐기는 음식이다. 물론 식탁에 앉은 모든 사람이 즐길 수 있도록 보통 넉넉한 양을 준비하며 그 자체만으로 든든한 식사가 되기도 한다.

칵테일파티에는 가미한 견과류와 팝콘, 딥, 치즈 스프레드, 생채소나 양념을 한 채소, 올리브 등 짭짤한 음식만 간단히 준비해도 충분한 경우가 많다. 하지만 특별한 파티를 준비한다면 좀 더 손이 많이 가는 푸짐한 음식을 고려하기도 한다.

많은 오르되브르 요리는 체내에 들어온 알코올의 완충재 역할을 할 수 있도록 맛이 진하고 양념이 강하다. 그러나 전채 요리를 선택할 때는 그 뒤에 따르는 식사의 성격을 고려해야 한다. ▶ 저녁 식사 전이라면 그릇에 담은 견과류나 올리브, 딥 소스를 곁들인 생채소 그리고 카나페 정도의 2~3가지 오르되브르를 준비하면 충분하다. ▶ 저녁을 먹지 않는 칵테일파티라면 5~6가지의 전채 요리를 준비하되 최소한 두 가지 정도는 육류나 해산물로 만든 메뉴를, 그리고 두 가지 이상은 따뜻한 요리를 준비한다. ▶ 식사 전에 먹는 전채 요리라면 1인당 4~6조각 정도 돌아가도록 양을 가늠한다. 식사 없이 전채 요리만 내는 경우에는 양을 2배로 늘려 준비한다. 어떤 경우든 식감과 풍미, 맛의 진하기가 서로 조화를 이루도록 신경을 쓰자.

전채 요리의 창의적인 조합은 언제든 환영하지만 오르되브르는 오페라의 서곡이 아니라는 점을 반드시 기억하자. 주메뉴와 비슷한 오르되브르를 준비하면 그 뒤에 나오는 음식을 충분히 즐기기 힘들다. 예를 들어 치즈를 넉넉하게 사용한 감자 그라탱을 주요리로 낼 생각이라면 치즈 볼은 피해야 하고, 마찬가지로 주요리로 프라이드 치킨을 준비했다면 자잘한 새우를 튀긴 팝콘 새

우는 선택하지 않는 것이 좋다.

칵테일파티를 위한 음식을 고려할 때는 ▶ 접시를 함께 내지 않는 이상 손으로 집어 한입에 넣을 수 있는 카나페나 오르되브르를 선택한다. 이렇게 가벼운 음식을 낼 때 다양한 색상과 식감을 조합하면 훨씬 더 근사해 보인다. 간단한 요리에 장식으로 지나치게 공을 들일 필요는 없지만 센스를 약간만 발휘해도 식탁이 훨씬 밝아진다. 예를 들어 올리브유를 넉넉하게 두르거나 훈제 파프리카 가루를 뿌리거나 구운 호박씨를 솔솔 뿌리면 콩으로 만든 평범한 딥 소스가 매력적인 전채로 변신한다. 마찬가지로 신선한 채소를 직접 썰어서 보기 좋게 늘어놓으면 플라스틱 용기에 담아서 파는 절단 채소보다 훨씬 손님들의 흥미를 자극할 것이다. ▶ 또한 손님들이 접시에 담긴 음식을 집어 먹은 뒤 남은 공간이 어떻게 보일지도 고려하자. 전채를 작은 접시 몇 개에 나눠 담으면 쉽게 보충하거나 교체할 수 있어서 커다란 접시 하나에 전부 담아서 내는 것보다 합리적일 수 있다.

전채 요리와 식품 안전성

전채 요리와 오르되브르를 오랜 시간에 걸쳐 대접할 경우, 1시간 이내에 전부 먹을 예정이 아니라면 다음을 고려하자. ▶ 차가운 음식은 4.5℃ 이하로 보관해야 하며 ▶ 뜨거운 음식은 60℃ 이상으로 보관해야 한다. 튀긴 전채 요리는 반드시 뜨거운 상태로 내야 하고 튀긴 직후에 먹을 수 있으면 가장 좋다. 여의치 않을 때는 튀김을 따뜻한 오븐에 잠깐 보관할 수 있다. 테두리 있는 오븐 팬에 키친타월을 깔고 튀김을 띄엄띄엄 한 층으로 깔아서 93℃의 오븐에 넣어두면 최대 2시간까지 보관할 수 있다.(보관 시간은 짧을수록 좋다.) ▶ 뜨거운 전채 요리는 조금씩 내놓고 거의 다 떨어지면 나머지를 오븐에서 꺼내 보충한다. 또는 신선로 냄비나 밑에서 불을 때서 음식을 따뜻하게 유지해주는 용기를 사용해도 좋다. ▶ 차가운 음식은 내기 직전에 냉장고에서 꺼내고, 오랫동안 실온에 두어야 할 상황이라면 차갑게 식힌 접시를 얼음 위에 놓고 그 위에 담아서 내거나 접시를 자주 교체해준다.

파티용 플래터에 대해

파티용 플래터를 사용하면 많은 사람에게 재빨리 효율적으로 음식을 제공할 수 있다. 보통 육류, 치즈, 과일, 채소를 잘 어울리는 드레싱, 다진 피클, 딥 또는 소스와 함께 내며 크래커나 빵 몇 종류를 곁들인다. 파티용 플래터에 음식을 늘어놓는 작업은 재미도 있고 마음껏 창의력을 발휘할 수도 있다. 델리 미트 슬라이스를 말아서 올리고 미니 당근에 렌치 드레싱을 곁들여 평범하게 내놓기보다는 세계 여러 나라에서 전통적으로 식전에 즐기는 다양한 음식을 살펴보면서 메뉴 선택의 폭을 넓혀보자.

육류 또는 샤르퀴트리

절인 고기, 소시지, 콩피, 리예트(rillettes, 잘게 저민 돼지고기 등을 으깨서 양념한 페이스트─옮긴이)는 칵테일, 와인, 맥주에 곁들이기 좋다. 얇게 썬 컨트리 햄, 프로슈토, 브레사올라, 피노키오나, 코파, 소프레사타, 페퍼로니, 살라미, 서머 소시지, 모르타델라, 염장 초리소 등의 다양한 햄과 소시지는 우리가 가장 좋아하는 전채 요리 중 하나다. 파테와 테린을 두껍게 썰어놓으면 특히 호사스러운 기분을 느끼게 해주므로 545쪽을 참고해 직접 만들어보자.(생각보다 쉽다.) 닭 간 파테, 돼지고기 리예트를 작은 접시에 담아서 내도 모임의 분위기를 쉽게 돋울 수 있다. 미니 오이 피클이나 방울양파 피클처럼 새콤한 피클, 홀그레인 머스터드, 갈아서 양념한 호스래디시, 단단한 크래커, 바게트 슬라이스 또는 크로스티니와 함께 내자. ▶ 저녁을 따로 먹지 않는 칵테일파티라면 다른 전채 요리의 양을 고려하여 1인당 55~115g 정도의 양이 돌아가도록 준비한다. 식사 전에 먹는 전채 요리라면 1인당 25~55g 정도가 충분하다.

치즈 플래터

순한 생치즈와 맛이 독특하고 톡 쏘는 치즈를 3~4종류 섞어서 내거나, 다양한 전채 요리를 차릴 때 누구나 즐길 수 있는 치즈 1~2개를 포함한다. 품질이 좋은 체더 치즈는 맛이 좋을 뿐만 아니라 모두가 좋아한다. 브리 치즈를 통째로 내거나 좀 더 모험해보고 싶을 때 둥그런 에푸아스(Époisses) 치즈를 내놓으면 금세 손님들의 눈길을 잡아끈다. 다양한 치즈를 섞어서 낼 계획이라면 셰브르처럼 오래 숙성하지 않은 치즈, 콩테와 같은 중간 정도의 숙성 치즈, 파르미지아노 레지아노, 숙성 하우다(Gouda), 로마노 치즈처럼 잘 숙성된 치즈를 골고루 선택한다. 고르곤졸라, 로크포르, 스틸턴 같은 블루 치즈는 숙성 치즈 대신 사용하거나 숙성 치즈에 곁들여 내기 좋다. 치즈는 맛있는 빵이나 신선한 과일, 말린 과일 또는 꿀과 곁들이면 가장 잘 어울린다. 만체고 치즈와 멤브리요(유럽모과 페이스트), 스틸턴 치즈와 서양배 또는 포트 와인처럼 전통적으로 같이 먹는 음식 조합이 정해져 있는 치즈도 있다. ▶ 치즈는 실온 상태로 낸다. ▶ 저녁을 따로 먹지 않는 칵테일파티라면 치즈 종류별로 1인당 42g씩 돌아가도록 넉넉히 준비한다. 식사 전에 전채 요리로 즐기려면 각 치즈를 1인당 28g씩 낸다. 또한 「디저트」 장의 치즈 코스 항목 및 「재료 자세히 이해하기」 장의 치즈 항목을 참고하자.

채소와 생채소 전채

가장 간단한 채소 전채는 생채소를 몇 가지 골라서 딥이나 드레싱과 함께 내는 것이다. 하지만 여기에도 여전히 창의력을 발휘할 여지가 있다. 날씬한 당근, 꼬투리째 먹는 완두콩, 래디시, 둥글게 썬 영국 오이 또는 페르시아 오이, 보라색 또는 녹색 콜리플라워의 꽃 부분, 엔다이브 잎 등 모양이 예쁜 채소를 선택한

다. 또는 데친 껍질콩과 아스파라거스, 삶은 햇감자, 부드럽고 아삭한 브로콜리 등 살짝 익힌 채소로 구성할 수 있다. ▶ 1인당 170~225g의 채소 또는 10명당 1.8~2.3kg의 채소를 기준으로 삼는다.(다른 오르되브르를 함께 내지 않는다면 양을 늘린다.) 수제 랜치 드레싱 또는 녹색 여신 드레싱처럼 전통적으로 인기 있는 드레싱과 함께 낸다. 새로운 드레싱을 시도해보고 싶다면 무하마라, 후무스 또는 스코달리아를 곁들여도 좋다. 진한 드레싱이라면 대부분 생채소 전체와 잘 어울린다. 채소를 익혀서 전체로 낼 계획이라면 바냐 카우다 레시피를 참고한다. 아래에 소개하는 소스와 드레싱은 생채소 플래터와 특히 잘 맞는다.

> 타히니 드레싱
> 구운 붉은 피망 드레싱
> 구운 마늘 드레싱
> 러시안 드레싱
> 크리미 블루 치즈 드레싱
> 토마토 소스
> 아이올리 또는 풍미 재료를 넣은 마요네즈

과일

가볍고 상큼한 과일은 짭짤한 오르되브르를 먹은 후 입가심하기에 좋다. 큼직하게 자른 멜론, 파인애플 또는 다른 과일과 함께 딸기, 씨 없는 포도, 체리 등 줄기째 내는 과일을 플래터에 담아 조합한다. 잘 익은 제철 과일을 선택한다.

약간 알싸한 맛을 더하려면 허니듀 멜론, 수박, 캔털루프 멜론, 망고, 풋사과의 껍질을 벗기고 얇게 썰어서 플래터에 담고, 내기 직전에 라임즙과 소금 및 고춧가루 섞은 것을 뿌린다. 과일을 꼬치에 꽂아서 그릭 요구르트와 꿀로 만든 딥을 함께 차려도 좋다. 파인애플, 자두, 복숭아 등의 과일을 그릴에 구운 것도 좋은 과일 전채 요리이며, 특히 오르되브르나 주요리 중에 그릴에 구운 요리가 있다면 준비하기도 편하다. 딸기 코케뉴 또는 멜론과 프로슈토를 내도 좋다. 「과일」 장과 과일 전채 요리에 대해 항목도 함께 참고하자.

안티파스토

이탈리아어로 안티파스토(antipasto)란 '식사 전'을 의미하며 살라미와 프로슈토를 비롯해 다양한 염장 고기, 멜론이나 무화과 등의 과일, 안초비나 정어리, 기름에 담긴 참치 통조림 같은 생선, 채소나 페페론치노 피클, 아티초크, 콜리플라워와 버섯 절임, 구운 붉은 피망, 올리브, 카포나타를 골고루 조합한 것이다. 신선한 토마토와 회향을 함께 내거나 폰티나, 파르미지아노 레지아노, 아시아고 같은 치즈와 바삭한 빵을 곁들이기도 한다.

타파스

스페인어로 '뚜껑'이라는 단어에서 유래한 타파스(tapas)는 원래 셰리 글라스 위에 작은 접시를 올려서 내는 간식을 의미했다. 따라서 처음부터 알코올음료와 함께 즐기는 음식이었다. 물론 항상 전통에 얽매일 필요는 없으며 가정에서는 타파스가 전채 요리뿐만 아니라 다 같이 나눠 먹는 식사 역할까지 완벽하게 해낸다. 타파스는 스페인식 올리브 절임 또는 염장 초리소 및 하몽(프로슈토 또는 얇게 저민 컨트리 햄을 대신 사용할 수 있다.)처럼 간단한 것부터 염장 대구 크로켓, 차가운 스페인식 오믈렛을 작게 썰어 아이올리를 곁들인 것, 로메스코 소스를 곁들인 파타타스 브라바스, 참피뇨네스 알 아히요, 꽈리고추 또는 파드론 고추 구이처럼 손이 많이 가는 요리에 이르기까지 종류가 다양하다.

메제

페르시아어로 '간식'이라는 말에서 유래한 메제(Mezze)는 전통적으로 풍성한 식사를 즐기기 전의 서막에 해당한다. 그러나 메제 플래터는 그 자체로도 다 함께 즐기는 든든한 식사 역할을 한다. 바바 가누시, 후무스, 타히니 드레싱, 피타 빵, 할루미 치즈 튀김, 팔라펠, 돌마, 무하마라, 타불레, 스파나코피타 같은 시금치 파이, 파타예르 비 사바네크 등을 조합해서 차린다.

스뫼르고스보르드와 자쿠스키

스웨덴 전통의 스뫼르고스보르드(Smörgåsbord)는 전채 요리라기보다는 제대로 된 식사 역할을 한다. 육류와 생선을 중심으로 하고 음식이 잘 넘어가도록 아쿠아비트 음료를 곁들이는 것은 혹독한 겨울이 몇 달이나 지속되는 기후적 특성 때문이다. 스뫼르고스보르드는 크리스마스 파티에 특히 적합하다.(이때는 율보르드julbord라고 부른다.) 전통적으로 스뫼르고스보르드는 다섯 단계로 구성되며 정해진 순서를 따른다. 하지만 격식 없이 차릴 때는(이 경우 호스트의 부담도 줄어든다.) 모든 메뉴를 한꺼번에 내도 좋다. 스뫼르고스보르드에는 염장 청어, 맛이 순한 치즈, 딜로 맛을 낸 찐 감자를 차게 식힌 것, 스칸디나비아식 머스터드 딜 소스를 곁들인 그라블락스, 스웨덴식 미트볼, 햄 구이, 스웨덴식 호밀 빵 등을 내며 가염 버터와 아쿠아비트 또는 글뢰그를 넉넉히 곁들인다.

자쿠스키(Zakuski)는 스뫼르고스보르드의 사촌뻘 되는 러시아의 전채 요리로 스뫼르고스보르드와 마찬가지로 훈제하거나 염장하거나 소스를 풍성하게 사용한 음식을 알코올 도수 높은 음료와 함께 즐긴다. 훈제한 작은 청어, 송어 또는 버터 바른 호밀 빵이나 호밀 흑빵에 올린 연어, 캐비아를 곁들인 메밀 블리니, 구운 비트나 데친 시금치를 마늘 및 호두 소스와 섞은 것, 피로시키 등을 낸다. 떠들썩한 지인들과 함께한다면 자쿠스키에 다양한 가향 보드카를 곁들이는 것을 잊지 말자.

파티 간식에 대해

여기서는 손으로 쉽게 집어 먹을 수 있는 간단하고 짭짤한 간식을 모아서 소개한다. 이 간식들은 칵테일파티나 격식 없는 모임에 무척 잘 어울리며 간단하게 준비할 수 있을뿐더러 특별한 조리 도구도 필요 없다. 칩과 크래커는 키친타월에 싸서 밀폐 용기에 넣어 실온에 보관한다. 이렇게 하면 최대 일주일까지 바삭한 상태가 유지된다. 쉽게 상하는 밤을 제외한 모든 구운 견과류는 밀폐 용기에 넣어 실온에 두면 상당히 오래 보관할 수 있지만 되도록 2주 안에 먹도록 권장한다.

구운 견과류

4컵

오븐을 200℃로 예열한다. 다음을 가볍게 뒤적여서 골고루 묻힌다.

　　소금을 뿌리지 않은 혼합 생견과류(캐슈, 피칸, 아몬드, 헤이즐넛, 땅콩, 호두)
　　　450g
　　녹인 버터 또는 올리브유 1½큰술
　　소금과 흑후추 적당량

테두리 있는 오븐 팬에 한 겹으로 넓게 깐다. 연한 갈색이 될 때까지 10~20분간 굽는다. 식혀서 낸다.

커리를 넣은 견과류

구운 견과류를 준비하되, 버터 또는 올리브유와 함께 **커리 가루나 가람 마살라 1큰술과 카옌 고춧가루 ⅛작은술**을 넣는다.

로즈메리와 갈색 설탕을 넣어 구운 견과류

구운 견과류를 준비하되, 버터 또는 올리브유와 함께 **곱게 다진 로즈메리 3큰술과 갈색 설탕 2큰술**을 넣는다. 오븐에서 견과류를 꺼낸 다음 약 5분간 가끔 뒤적이면서 견과류에 코팅된 양념을 말린다. 완전히 식혀서 낸다.

바삭하고 매콤한 피칸

3컵

아몬드, 호두, 피칸을 섞어서 사용해도 좋다.

오븐을 162℃로 예열한다.

작은 그릇에 다음을 넣고 섞는다.

　　녹인 버터 3큰술
　　스위트 파프리카 가루 1큰술
　　우스터 소스 1½작은술
　　카옌 고춧가루 1작은술

한쪽에 두고 식힌다. 중간 크기의 그릇에 다음을 넣고 전기 믹서로 거품을 가득 낸다.

　　달걀흰자 1개
　　소금 1작은술

천천히 다음을 넣으면서 부드러운 피크가 생길 때까지 거품을 낸다.

　　설탕 6큰술

버터 혼합물에 다음을 넣어 잘 코팅되도록 뒤적이며 섞는다.

　　반으로 쪼갠 피칸 3컵(340g)

오븐 팬에 한 겹으로 넓게 깐다. 갈색으로 바삭하게 익을 때까지 약 30분간 구우면서 두 번 정도 뒤적여준다. 오븐에서 꺼내 넓게 깐 포일 위에 쏟아서 식히고, 작은 덩어리 또는 한 알 단위로 쪼갠다.

태국식 향신료 땅콩

약 3컵

중간 크기의 그릇에 다음을 준비한다.

　　스페인산 가염 구운 땅콩 450g

작은 프라이팬을 중불에 올리고 다음을 둘러 가열한다.

　　식물성 기름 1½큰술

다음을 넣는다.

　　냉동 또는 신선한 마크럿 라임 잎 8장, 길쭉하게 썰기
　　굵은 고춧가루 2~3작은술
　　레몬그라스 줄기 2개, 부드러운 부분만 떼어서 잘게 썰기

혼합된 재료에서 향긋한 향이 날 때까지 약 1분간 재빨리 볶는다. 땅콩 위에 기름을 부어서 잘 코팅되도록 뒤적인다. 맛을 보고 필요하면 소금을 더 넣는다. 따뜻하게 또는 차갑게 낸다. 남은 땅콩은 밀폐 용기에 넣어서 보관한다. 다시 먹을 때는 175℃의 오븐에 땅콩을 넣고 5~8분 정도 데워서 낸다.

삶은 땅콩

약 15인분

삶은 땅콩은 미국 남부의 편의점에서 판매되는 인기 간식인데, 중국에서도 많은 사람이 즐기는 인기 거리 음식이다. 중국에서는 팔각과 계피를 넣어 땅콩을 삶는다.

커다란 육수 솥에 다음을 넣는다.

    껍질을 까지 않은 신선한 생땅콩 1.3kg

    소금 1½컵

땅콩이 잠길 만큼 물을 붓고 끓인다. 뭉근히 끓도록 불을 줄이고 땅콩이 부드러워질 때까지 최소 1시간, 최대 4시간까지 삶는다.(마른 땅콩은 신선한 땅콩보다 삶는 시간이 훨씬 오래 걸린다.) 또는 압력 냄비나 전기 압력솥을 사용해 높은 압력으로 각각 1시간, 1시간 15분 조리한 후 자연 압력 배출법으로 압력을 뺀다. 슬로 쿠커를 강에 맞춰놓고 6~8시간 조리할 수도 있다. 부드럽게 삶아지면 물을 따라내고 바로 낸다.

구운 밤

밤은 빨리 말라버리는 편이므로 일단 신선한 생밤을 사면 최대한 빨리 구워야 한다. 밤에 대한 자세한 내용은 248쪽을 참고하자.

오븐을 220℃로 예열한다. 다음을 준비한다.

    밤

밤의 평평한 면에 X자로 칼집을 낸다. 오븐 팬에 펼쳐놓고 구수한 냄새가 나면서 껍질이 터져 속살이 삐져나올 때까지 20~25분간 굽는다. 약간 식힌 다음 온기가 있을 때 껍질을 벗긴다.

구운 호박씨

단독으로 먹어도 맛있지만, 샐러드나 수프에 장식으로 곁들여 바삭한 식감을 즐겨도 좋다. 취향에 따라 소금과 함께 고춧가루나 커리 가루 1자밤을 넣는다. 중간 크기의 땅콩호박에서는 호박씨 약 ¼컵이 나오고, 중간 크기의 호박은 그보다 씨가 훨씬 많다.

오븐을 175℃로 예열한다. 다음에서 섬유질과 과육을 떼어내고 손질한다.

    호박 또는 겨울 호박의 씨

호박씨를 오븐 팬 위에 붓는다. 호박씨 ½컵마다 다음 분량의 기름과 소금을 넣어 뒤적이면서 잘 묻힌다.

    올리브유 또는 식물성 기름 ½작은술

    소금 ¼작은술

서로 겹치지 않도록 호박씨를 오븐 팬에 넓게 펴서 깐다. 가끔 뒤적이면서 노릇노릇해질 때까지 약 20분간 굽는다.

구운 병아리콩

4인분

올리브유와 마늘을 섞어서 노릇노릇해질 때까지 구운 이 병아리콩은 간식으로도 훌륭하고 샐러드에 섞거나 쌀로 만든 필라프 위에 뿌려도 무척 맛있다.

오븐을 175℃로 예열한다. 오븐 팬에 다음을 담고 뒤적이며 섞는다.

    물을 따라내고 씻은 병아리콩 통조림 425g짜리 1개 또는 삶은 병아리콩 1½컵

    올리브유 2큰술

    마늘 2쪽, 다지기

병아리콩을 넓게 펼치고 자주 뒤적이면서 황금색으로 익을 때까지 30~40분간 굽는다.

다음을 솔솔 뿌린다.

    소금 ½작은술

    (바하라트, 커리 가루, 곱게 간 치폴레나 훈제 파프리카 가루 ½작은술)

따뜻할 때 낸다.

에다마메(Edamame, 풋콩)

간단하게 즐길 수 있는 차가운 간식으로 일본 사람들처럼 꼬투리에 들어 있는 콩을 이로 긁어내며 먹어도 좋다. 일단 조리하고 나면 꼬투리에 든 풋콩을 **위의 구운 병아리콩**과 같은 방식으로 구울 수 있다.

부드러워질 때까지 4~5분간 삶거나 찐다.

    꼬투리에 든 냉동 풋콩 450g

물을 따라낸다. 다음을 뿌리고 뒤적인다.

    소금 1작은술

    (시치미 고춧가루 1작은술)

따뜻할 때 낸다.

팝콘

약 8컵

3000년 전 뉴멕시코 정착지 유적에서도 튀긴 옥수수 알갱이가 발견될 정도로 오랜 역사와 전통을 자랑하는 간식이다. 아래에 소개하는 방법은 특별한 조리 도구가 필요하지 않다. 철망으로 만들어서 옥수수 알갱이를 넣고 숯불 위에서 튀겨 먹을 수 있게 만든 팝콘 조리 도구도 있다. 이 도구를 사용하면 한 번에 옥수수 알갱이 약 ¼컵을 튀길 수 있고 버터나 기름을 추가할 필요가 없다. 기름을 사용하지 않고 튀길 수 있는 또 다른 방법은 전자레인지를 사용하는 것이다. 전자레인지에서 팝콘을 튀기려면 2.5ℓ짜리 전자레인지용 용기에 옥수수 알갱이 ¼컵을 넣고 안전한 접시로 덮은 후 강에 맞추고 튀겨지는 소리가 5초에 한 번씩 들릴 정도로 느려질 때까지 돌린다. 전기 팝콘 기계를 사용할 때는 제조업체의 사용 설명서를 참고한다.

뚜껑이 있고 바닥이 묵직한 3ℓ짜리 냄비에 다음을 두른다.

    식물성 기름 2큰술

다음을 준비한다.

    팝콘용 옥수수 알갱이 ½컵

기름을 두른 냄비에 먼저 알갱이 3개를 넣고 강불에 올린다. 알갱이가 튀겨지기 시작하면 나머지 알갱이를 붓고 잘 저어서 기름이 골고루 코팅되도록 한다. 뚜껑을 덮고 냄비를 가끔 흔들어가면서 팝콘 튀겨지는 소리가 나지 않을 때까지 약 2분간 조리한다. 커다란 그릇에 옮긴다. 다음을 솔솔 뿌린다.

    소금 적당량

    (녹인 버터)

양념을 첨가한 팝콘

양념을 골고루 묻히려면 냄비에 담긴 팝콘에 양념을 뿌리고 뚜껑을 덮은 후 세게 흔든다.(종이봉투를 사용해도 좋다.) 양념을 뿌릴 때는 입자가 고울수록 버터나 기름을 바른 표면에 더 잘 달라붙는다는 점을 기억하자. 예를 들어 굵은 코셔 소금보다는 일반 소금이 좋다. 팝콘을 달콤하고 맛있는 디저트로 변신시키

려면 캐러멜 팝콘 레시피를 참고하자.

앞의 설명대로 팝콘을 튀긴 후 다음 중 하나 이상의 재료를 넣어서 뒤적이며 섞는다.

녹인 버터, 브라운 버터 또는 올리브유 3큰술

카옌 고춧가루 ½작은술 또는 곱게 간 치폴레나 훈제 파프리카 가루 1작은술

곱게 간 파르메산 치즈 최대 ½컵(55g)

마늘 또는 양파 가루 ½작은술

영양 효모 ¼컵

다진 로즈메리 또는 타임 1큰술

후리카케, 자타, 커리 가루나 고춧가루 2큰술

케이준 시즈닝 또는 게 찜용 시즈닝 1큰술

케일 칩

3~4인분

영양 효모, 마늘이나 양파 가루, 파프리카 가루 또는 커리 가루 등의 다양한 향신료와 양념으로 풍미를 낼 수 있다.

오븐을 150℃로 예열한다. 다음을 손질한다.

케일 1묶음(280~340g), 굵은 잎줄기 제거하기

케일을 7.5cm 너비로 큼직하게 자른 다음 그릇에 넣고 다음을 추가해 뒤적이며 섞는다.

올리브유 또는 녹인 버터 2큰술

소금 ¼작은술

오븐 팬 2개에 한 겹으로 케일 잎을 넓게 깐다. 중간에 한 번 뒤집어주면서 바삭해질 때까지 20~25분간 굽는다. 맛을 보고 필요하면 소금을 좀 더 뿌린다. 완전히 식혀서 낸다. 구운 당일에 먹어야 가장 맛있다.

파티 믹스

약 12컵

다양하게 활용할 수 있는 이 간식은 취향에 따라 원하는 향신료 조합을 사용해도 좋다. 가람 마살라 대신 라스 엘 하누트, 칠리 고춧가루 혼합 양념이나 바하라트를 뿌려보자. 소금이 들어간 혼합 향신료를 사용할 때는 셀러리 소금 또는 양념 소금을 생략한다.

오븐을 150℃로 예열한다. 커다란 그릇에 다음을 넣어 섞는다.

쌀, 옥수수, 밀로 만든 바삭한 사각형 시리얼 7컵

한입 크기의 프레츨 2컵

무염 볶은 땅콩 또는 혼합 견과류 2컵

생호박씨 1컵

중간 크기의 냄비에 다음을 넣고 녹인다.

무염 버터 스틱 1개(115g)

다음을 추가한다.

마늘 5쪽, 으깨기

아주 약한 불에 올려서 10분간 가열한다. 마늘 건더기를 건져낸다.(나중에 다시 사용하므로 따로 보관한다.) 버터에 다음을 추가한다.

우스터 소스 ¼컵

디종 머스터드 2큰술

커리 가루 또는 가람 마살라 1½큰술

파프리카 가루(훈제 파프리카 권장) 2작은술

소금, 셀러리 소금 또는 양념 소금 1½작은술

양념한 버터를 시리얼 혼합물에 붓고 뒤적이면서 골고루 묻힌다. 오븐 팬 2개에 나눠 깔고 15분마다 팬의 위치를 바꾸거나 시리얼을 뒤적이면서 바삭하고 노릇해질 때까지 약 1시간 동안 굽는다. 오븐 팬에 담긴 채로 완전히 식힌 다음 밀폐 용기에 보관한다.

스페인식 올리브 절임

4컵

올리브의 종류에 대한 정보는 1069쪽을 참고하자.

그릇에 다음을 넣고 섞는다.

검은색 또는 녹색 올리브, 혹은 이를 섞어서 2컵, 씨를 빼거나 그대로 준비

엑스트라 버진 올리브유 ½컵

마늘 3쪽, 다지기

월계수 잎 2장

(로즈메리 잔가지 7.5cm)

타임 잔가지 2개

오레가노 잔가지 1개

(레드와인 식초 또는 셰리 식초 1큰술)

훈제 파프리카 가루 ½작은술

(7.5×1.2cm 크기로 벗겨낸 오렌지 껍질 1개)

굵은 고춧가루 1자밤

숟가락으로 허브를 짓이기면 올리브유에 향기가 밴다. 올리브를 1ℓ짜리 병에 담고 뚜껑을 덮어 냉장고에 넣으면 최소 2일, 최대 한 달간 보관할 수 있다. 실온 상태로 낸다.

감자 또는 뿌리채소 칩

6인분

낮은 온도에서 튀기면 뿌리채소의 풍미와 색을 보존하는 동시에 바삭바삭 만족스러운 식감을 얻을 수 있다. 딥 프라잉 항목을 참고한다.

다음 재료의 껍질을 벗긴 후 잘 드는 과도, 만돌린 채칼, 채소 껍질 벗기는 도구, 푸드 프로세서에 달린 슬라이스 칼날 등으로 최대한 얇게 썬다.

러셋 감자, 셀러리 뿌리, 당근, 파스닙, 루타바가(순무의 일종 —옮긴이), 고구마,

붉은색 또는 황금색 비트, 연근, 돼지감자 680g

얇게 썬 채소 슬라이스를 찬물에 담가 갈변을 막는다. 튀김기나 묵직하고 깊은 냄비 또는 더치오븐에 다음 높이로 기름을 붓고 150℃가 되도록 가열한다.

식물성 기름 7.5cm

채소를 물에서 건져 톡톡 두드려 물기를 제거한다. 채소를 종류별로 나눠 소량씩 넣고(한꺼번에 너무 많이 넣지 말고 서로 들러붙지 않도록 저어준다.) 황금색이 될 때까지 2~3분간 튀긴다. 채소에 따라 튀기는 시간은 조금씩 달라질 수 있다. 키친타월을 깐 오븐 팬에 건져놓고 기름을 뺀다. 즉시 다음을 뿌려서 간을 한다.

소금

따뜻할 때 내고, 식혀서 뚜껑을 덮어 보관하면 최대 4일 후까지 먹을 수 있다.

토르티야 칩

48~72개

I. 튀긴 토르티야 칩

둥근 토르티야를 4등분 또는 6등분한다.

옥수수 토르티야 12장

중간 크기의 프라이팬에 기름을 다음 높이까지 붓고 150℃로 가열한다.

식물성 기름 또는 라드 1.2cm

프라이팬에 한 겹으로 깔리도록 토르티야 조각을 적당히 넣고 중간에 한 번 뒤집으면서 칩이 더 이상 보글거리며 부풀지 않고 양쪽 모두 황금색으로 익을 때까지 2~3분간 튀긴다. 키친타월을 깐 오븐 팬에 건져놓고 기름을 뺀다. 남은 토르티야 조각도 같은 방법으로 튀긴다. 구운 즉시 다음을 솔솔 뿌린다.

소금

II. 구운 토르티야 칩

오븐을 200℃로 예열한다. 다음을 준비한다.

옥수수 토르티야 12장

솔을 사용해서 토르티야 한쪽에 다음을 바른다.

식물성 기름

둥근 토르티야를 4등분 또는 6등분한다. 기름을 바른 면이 위로 오도록 토르티야 조각을 오븐 팬에 넣고 다음을 살짝 뿌린다.

소금

갈색으로 바삭하게 익을 때까지 10~12분간 굽는다. 완전히 식힌다.

베이글 또는 피타 칩

오븐을 200℃로 예열한다. 다음을 3mm 두께로 얇게 자른다.

베이글

또는 다음을 웨지 모양으로 8등분한다.

피타 빵

오븐 팬에 늘어놓고 솔을 사용해 다음을 한쪽에 바른다.

올리브유

다음을 솔솔 뿌린다.

코셔 소금 또는 굵은 바닷소금

(으깬 흑후추)

노릇노릇해질 때까지 5~7분간 굽는다. 철망에 옮겨 식힌다. 취향에 따라 더 작은 조각으로 부숴도 좋다. 완전히 식힌 다음 밀폐 용기에 넣어 보관한다.

크로스티니

42~64조각

크로스티니는 만들기 쉽고 조리 시간도 짧으면서 딥이나 스프레드와 함께 내기에 안성맞춤이다. 토마토와 바질을 곁들인 브루스케타 같은 카나페의 토대로 사용할 수도 있다. 남은 크로스티니는 크루통을 만드는 데 사용하면 좋다.

오븐을 200℃로 예열한다. 다음을 0.6~1.2cm 두께가 되도록 가로로 썬다.

지름 7.5cm, 길이 40cm 정도의 바게트 2개

바게트 슬라이스를 오븐 팬에 담고 솔을 사용해 각 슬라이스의 한쪽 면에 다음을 바른다.

엑스트라 버진 올리브유

연한 갈색으로 바삭하게 익을 때까지 6~10분간 굽는다. 중간에 한 번 오븐 팬을 반대로 돌려서 골고루 구워지게 한다. 다음으로 간을 해서 맛을 낸다.

소금과 흑후추

따뜻할 때 또는 실온 상태로 낸다. 남은 크로스티니는 밀폐 용기에 넣어 실온에서 며칠 보관할 수 있다.

소다 크래커

약 100개

중간 크기의 그릇에 다음을 넣고 거품기로 잘 섞는다.

중력분 1½컵

활성 건조 이스트 1봉지(2¼작은술)

소금 ¼작은술

타르타르 크림(포도 과즙을 발효해 추출한 주석산 — 옮긴이) ¼작은술

작은 그릇에 다음을 넣고 섞는다.

뜨거운 물 ⅔컵

꿀 ½작은술

식물성 쇼트닝 2큰술

액체 재료를 마른 재료에 넣고 부드러워질 때까지 나무 주걱으로 휘젓는다. 반죽이 너무 많이 달라붙으면 밀가루를 조금 더 넣고 섞는다. 조리대에 밀가루를 뿌리고 반죽을 올려놓은 다음 부드럽고 탄력이 생길 때까지 약 5분간 치댄다.(또는 반죽용 날을 끼운 반죽기에 재료를 넣어 섞으면서 치댄다.) 기름을 바른 그릇에 반죽을 넣고 한 번 뒤집어서 기름으로 코팅해준다. 뚜껑을 덮어서 냉장고에 최소한 1시간 또는 하룻밤 넣어둔다.

오븐을 220℃로 예열한다. 커다란 오븐 팬에 기름을 바른다. 조리대에 밀가루를 뿌리고 밀대를 사용해 반죽을 45×15cm 크기의 직사각형으로 민다. 편지지를 접듯이 반죽을 3등분으로 접은 다음 다시 밀대로 밀어서 아까와 같은 크기의 직사각형을 만든다. 밀대에 반죽을 느슨하게 감아서 오븐 팬으로 옮긴다. 포크로 반죽 여기저기를 찔러서 구멍을 내고 가로세로 2.5cm 크기의 정사각형으로 자른다. 다음을 솔솔 뿌린다.

소금

(포피시드, 참깨 또는 캐러웨이씨)

반죽의 두께에 따라 시간을 가감해가며 갈색으로 바삭하게 익을 때까지 10~20분간 굽는다. 철망에 옮겨서 식힌다.

올리브유 플랫브레드 크래커

크고 넓적한 크래커 4개

이 크래커에 여러 재료를 올려서 다양하게 실험해보자. 우리가 이 크래커에 가장 즐겨 사용하는 향신료 조합은 자타와 박편형의 바닷소금을 섞은 것이며, 에브리싱 시즈닝을 사용하거나 참깨, 해바라기씨, 호박씨를 섞어서 고소한 씨앗 크래커를 만들기도 한다.

중간 크기의 그릇에 다음을 넣고 거품기로 잘 섞는다.

중력분 1¾컵

베이킹파우더 1작은술

소금 ¼작은술

가운데에 움푹 들어간 공간을 만들고 다음을 붓는다.

미지근한 물 ½컵

올리브유 ⅓컵

반죽이 형태를 갖추기 시작할 때까지 젓는다. 작업대에 올려놓고 부드러운 공 모양으로 뭉치도록 가볍게 치댄다. 10분간 그대로 둔다. 반죽을 4등분한 후 각각을 굴려서 공 모양 반죽 4개를 만든다. 다시 10분간 둔다.

그동안 오븐을 230℃로 예열하고 묵직한 오븐 팬, 제빵용 돌판 또는 주철 피자 팬을 오븐 중간 칸에 넣는다. 유산지를 깔고 반죽 하나를 평평하게 편 다음 다른 유산지를 위에 덮는다. 밀대를 사용해 반죽이 비정형 모양이 되도록 최대한 얇게 민다. 유산지는 구겨지거나 접히기 쉬우므로 밀대로 한 번 밀 때마다 위에 있는 유산지를 벗겨내서 제자리에 돌려놓고 반대로 뒤집은 다음 아래쪽에 있던 유산지도 벗겨서 제자리에 돌려놓은 후 다시 미는 작업을 반복한다. 반죽이 아주 얇아지도록 밀대로 넓게 편다. 위쪽 유산지를 떼어낸다. 다음 재료를 한 가지만 또는 적당히 섞어서 위에 뿌린다.

말린 허브, 4등분한 반죽 1개당 최대 ½작은술

각종 씨앗, 4등분한 반죽 1개당 최대 3큰술

곱게 간 파르메산 또는 아시아고 치즈, 4등분한 반죽 1개당 최대 3큰술

박편형의 바닷소금, 4등분한 반죽 1개당 ⅛~¼작은술

위에 뿌린 재료를 꾹 눌러서 반죽에 잘 박히게 한다. 반죽(여전히 아래쪽에는 유산지가 붙어 있는 상태)을 뜨거운 오븐 팬, 제빵용 돌판 또는 피자 팬에 올려놓고 크래커가 연한 갈색 또는 다소 진한 갈색으로 익을 때까지 5~8분간 굽는다. 여기저기 기포가 생기고 색깔도 고르지 않을 것이다. 남은 반죽도 똑같이 굽는다. 철망에 옮겨서 완전히 식힌다. 널따란 크래커를 통으로 내서 손님들이 직접 부숴 먹게 하거나 아예 처음부터 작게 부숴서 낸다.

브라운 버터 헤이즐넛 크래커
약 75개

이 레시피는 아이비 매닝(Ivy Manning)의 『크래커와 딥(Crackers & Dips)』에 실린 레시피를 응용한 것이다. 아이비는 우리의 소중한 벗이자 레시피 마법사이며, 우리는 글루텐이 들어가지 않은 이 크래커를 블루 치즈 또는 흰색 외피가 있는 치즈에 곁들이는 음식으로 가장 선호한다. 이 크래커는 진한 헤이즐넛 풍미와 부드럽고 섬세한 식감을 가지고 있다. 취향에 따라 헤이즐넛 대신 아몬드를 사용해도 좋다.

오븐을 175℃로 예열한다. 테두리 있는 오븐 팬에 다음을 담는다.

생헤이즐넛 2¼컵

연한 갈색을 띠고 고소한 향이 날 때까지 10~15분간 굽는다. 한쪽에 두고 완전히 식힌다. 작은 프라이팬을 중약불에 올리고 다음을 녹인다.

무염 버터 3큰술

버터가 녹으면서 조금씩 거품이 나기 시작할 것이다. 거품이 잦아들면 버터가 갈색으로 변하며 향을 낼 때까지 프라이팬을 자주 돌려주면서 가열한다. 녹인 버터를 작은 그릇에 따르고 10분 정도 식힌다. 갈색으로 변한 버터 2큰술을 다른 작은 그릇에 옮기고 다음을 추가한다.

대란 2개

포크로 탁탁 치면서 섞은 다음 한쪽에 둔다. 깨끗한 키친타월에 헤이즐넛을 올리고 서로 문질러서 껍질을 벗긴다. 헤이즐넛을 푸드 프로세서에 넣고 다음을 추가한다.

설탕 1큰술

소금 ¾작은술

헤이즐넛이 고운 옥수숫가루 정도로 곱게 갈릴 때까지 푸드 프로세서를 돌린

다. 너무 오래 갈면 헤이즐넛 버터로 변해버리므로 주의하자. 푸드 프로세서를 돌리면서 달걀 혼합물을 조금씩 흘려 넣어 헤이즐넛 가루가 촉촉한 공 모양으로 뭉치게 한다.(달걀 혼합물을 전부 사용할 필요가 없을 수도 있다.)

반죽을 반으로 나누고 각각 유산지 위에 올린다. 반죽을 하나씩 밀대로 밀어 10×15cm 크기의 사각형으로 편다. 비닐랩으로 덮은 다음 반죽의 두께가 1.5mm 정도 될 때까지 얇게 민다. 비닐랩을 떼어낸 다음 반죽을 유산지에 올린 채로 오븐 팬에 옮긴다. 페이스트리 또는 피자 커터를 사용해 반죽을 가로세로 5cm 크기의 정사각형으로 자른다.

크래커가 연한 갈색으로 단단하게 익을 때까지 12~15분간 굽되, 중간에 팬의 위치와 방향을 바꾸어 골고루 구워지도록 한다. 크래커가 구워지면서 흰색 거품층이 생길 수도 있다. 이는 정상이며 굽고 난 다음에는 거품이 가라앉을 것이다. 크래커가 금세 타버릴 수 있으므로 굽는 과정의 마지막 몇 분은 특히 주의해서 살핀다.

철망 받침대에 오븐 팬을 올려놓고 크래커를 완전히 식힌다. 밀폐 용기에 넣으면 최대 2주까지 보관할 수 있다.

호밀 크래커
약 60개

캐러웨이 풍미가 은은하게 감도는 이 부드러운 호밀 크래커 레시피는 우리 가족의 친구이자 페이스트리 장인인 헬레나 루트(Helena Root)가 고안한 것이다. 치즈나 그라블락스와 함께 내면 특히 잘 어울린다.

푸드 프로세서에 다음을 넣는다.

중력분 1컵

호밀가루 1컵

갈색 설탕 2큰술

베이킹파우더 2작은술

캐러웨이씨 4작은술

소금 1작은술

푸드 프로세서를 몇 번 작동시켜 재료를 잘 섞는다. 다음을 넣고 버터가 아주 작은 조각으로 부서질 때까지 푸드 프로세서를 짧게 몇 번 작동시킨다.

차가운 버터 스틱 1개(115g), 정육면체로 작게 썰기

다음을 한꺼번에 넣고 반죽이 모양을 갖출 때까지 푸드 프로세서를 돌린다.

우유 ⅓컵+2큰술

반죽을 원반 모양으로 빚어서 비닐랩으로 감싼 다음 최소 30분, 최대 2시간까지 냉장고에 넣어둔다. 오븐을 200℃로 예열한다. 반죽을 4등분한다. 한 번에 반죽을 1개씩 꺼내서(나머지 반죽은 냉장고에 보관한다.) 유산지를 아래위로 깔고 반죽의 두께가 3mm 이하가 될 때까지 아주 얇게 민다. 또는 파스타 제면기를 사용해도 좋다. 10×3.8cm 크기의 길쭉한 조각으로 자른다. 유산지를 깐 오븐 팬에 반죽을 놓되, 크래커 사이에는 1.2cm씩 간격을 둔다. 포크로 크래커 반죽을 각각 3번씩 찌른다. 갈색으로 바삭하게 익을 때까지 8~10분간 굽는다. 철망 받침대에 오븐 팬을 올려놓고 완전히 식힌다. 밀폐 용기에 넣으면 최대 2주까지 보관할 수 있다.

딥에 대해

딥은 사워크림, 요구르트, 연성 치즈, 마요네즈, 아보카도, 삶은 콩이나 채소 등 다양한 기본 재료를 사용해서 만들 수 있다. 살사, 카포나타, 진한 디핑 소스 및

샐러드 드레싱, 샌드위치 스프레드, 풍미 재료를 넣은 마요네즈도 훌륭한 딥의 역할을 한다.

차가운 딥은 최소한 1시간 전에, 시간이 허락한다면 하루 전에 미리 만들어 풍미가 서로 잘 어우러지게 한다. 뚜껑 있는 용기에 담아 먹기 전까지 냉장고에 보관한다. 날씨가 따뜻할 때는 잘게 부순 얼음을 채운 그릇에 딥 용기를 넣어서 낸다. 뜨거운 딥의 재료도 미리 섞어서 뚜껑을 덮은 다음 조리할 때까지 냉장고에 넣어둘 수 있다. 스프레드는 30분 정도 실온에 꺼내두어야 쉽게 바를 수 있다. 생채소 조각, 크래커, 빵, 토스트, 칩 등을 조합해 딥과 함께 낸다. 딥에 크래커나 칩을 곁들일 때는 적당한 종류를 선택해야 한다. 농도가 매우 진한 딥에 얇은 크래커를 곁들인다면 딥을 바를 수 있는 숟가락을 함께 제공한다. 또는 크로스티니 또는 베이글 칩처럼 아예 단단한 음식과 함께 낸다. ▶ 딥 1컵을 만들면 대략 4명 정도가 즐길 수 있다.

베커 사워크림 딥
2컵

맛이 더 진하고 풍부한 딥을 만들려면 사워크림 ½컵 대신 **마요네즈 ½컵**을 사용한다.

커다란 그릇에 다음을 넣고 잘 섞는다.

사워크림 2컵

간장 1큰술 또는 우스터 소스 2작은술

흑후추 1작은술

마늘 2쪽, 다지기

소금 ½작은술

레몬 1개의 껍질, 강판에 곱게 갈기

취향에 따라 다음 중 하나 이상을 추가한다.

(쪽파 3~4대, 얇게 썰기 또는 잘게 다진 차이브 2큰술)

(잘게 다진 파슬리, 딜, 타임, 오레가노 또는 다른 신선한 허브 1큰술)

(갈아서 양념한 호스래디시 1큰술)

(잘게 썬 양파 볶음 또는 캐러멜화한 양파 ½컵)

(삶은 조개 또는 물기를 뺀 통조림 조개 1컵, 잘게 썰기)

(익힌 새우 225g, 잘게 썰기)

1시간 정도 차게 식혔다가 낸다.

자색 양파 딥
약 2컵

커다란 논스틱 프라이팬을 중강불에 올리고 다음을 녹인다.

버터 1큰술

다음을 넣고 저어가면서 부드러워질 때까지 약 5분간 볶는다.

자색 양파 작은 것 3개, 잘게 썰기(약 2컵)

저어가면서 다음을 넣는다.

설탕 2작은술

소금 ½작은술

양파가 노릇노릇한 색을 띠고 아주 부드러워질 때까지 자주 저어가며 볶는다. 다음을 넣는다.

소고기 육수 또는 채소 육수 2컵

마늘 3쪽, 다지기

신선한 타임 잎 1작은술 또는 말린 타임 ½작은술

가끔 저어가면서 육수가 거의 전부 증발할 때까지 약 15분간 끓이되, 타지 않도록 주의한다. 그릇에 옮겨 담고 다음을 넣어 섞는다.

발사믹 식초 1작은술

완전히 식힌 후 다음을 넣고 젓는다.

사워크림 1컵

소금과 흑후추 적당량

1시간 정도 차게 식혔다가 낸다.

과카몰레
약 2컵

과카몰레는 토르티야 칩이나 잘게 자른 생채소와 함께 내거나 타코의 토핑으로 쓰기도 하고, 그릴에 구운 생선에 곁들여 내기도 한다. 하스 아보카도 대신 껍질이 부드러운 플로리다 아보카도 아주 큰 것 1개나 중간 크기 2개를 사용할 수도 있지만 풍미는 다소 떨어지기 마련이다. 과카몰레는 만든 날 바로 먹어야 가장 맛있다. 손님이 도착하기 전에 만든 과카몰레의 색이 변하는 것을 막기 위해서는 그릇에 담은 과카몰레의 표면을 숟가락으로 평평하게 한 다음 얇은 막이 생기도록 올리브유를 소량 부어둔다.

껍질을 벗기고 씨를 제거한다.

하스 아보카도 4개(약 900g)

그릇에 아보카도 과육을 넣고 포크나 감자 으깨는 도구로 너무 질척하지 않도록 주의하면서 적당히 으깬다. 다음을 넣고 젓는다.

라임즙 3큰술 또는 취향에 맞게 적당량 추가

잘게 썬 양파 또는 가늘게 썬 쪽파 ¼컵

잘게 썬 고수 ¼컵

(씨를 빼고 다진 할라페뇨 또는 세라노 고추 1~2개)

마늘 1~2쪽, 다지기

(커민 가루 ½작은술)

소금 적당량

맛을 보고 필요하면 라임즙 및 소금을 추가해 간을 조절한다. 취향에 따라 다음을 넣고 살살 섞는다.

(잘게 깍둑썰기한 토마토 ½~1컵)

실온 상태로 낸다.

시금치 딥
약 2컵

맛이 더 진하고 풍부한 딥을 만들려면 요구르트나 사워크림 ½컵 대신 **마요네즈 ½컵**을 사용한다.

다음을 꾹 눌러서 수분을 짜낸다.

냉동 시금치 285g짜리 1봉지, 해동하기 또는 신선한 시금치 450g, 데쳐서 잘게 썰기

다음을 푸드 프로세서에 넣고 간다.

쪽파 3대, 굵게 썰기

마늘 1~2쪽, 굵게 썰기

시금치와 다음 재료를 푸드 프로세서에 넣는다.

플레인 그릭 요구르트 또는 사워크림 2컵

강판에 간 파르메산 치즈 ¼컵

흑후추 ¼작은술

카옌 고춧가루 ⅛작은술

소금 적당량

부드러워질 때까지 푸드 프로세서를 짧게 몇 번 작동시킨다. 취향에 따라 다음을 넣고 섞는다.

(마름 통조림 115g짜리 1개, 물을 따라내고 잘게 썰기)

1시간 정도 냉장고에 보관했다가 낸다.

맥주 치즈 딥

약 2컵

중간 크기의 프라이팬에 다음을 넣고 녹인다.

버터 2큰술

다음을 넣고 거품기로 젓는다.

중력분 2큰술

부드러워지면 다음을 천천히 흘려 넣으면서 잘 젓는다.

맥주 1컵(홉 향이 매우 진한 IPA 이외의 모든 종류)

무당연유 ½컵

뭉근히 끓어오르게 한 뒤 농도가 진해질 때까지 거품기로 저으면서 약 2분간 조리한다. 불을 낮추고 다음 재료를 한 번에 ½컵씩 넣어 잘 저은 후 완전히 녹으면 다시 ½컵을 넣는 식으로 추가한다.

강판에 간 숙성 체더 치즈 2컵(225g)

조각낸 크림치즈 55g

(잘게 부순 블루 치즈 ¼컵)

디종 머스터드 ½작은술

우스터 소스 ½작은술

딥을 서빙용 접시에 옮기고 뜨거운 상태에서 다음과 함께 낸다.

가로세로 2.5cm의 정육면체로 썬 호밀 흑빵

케소 푼디도(Queso Fundido, 뜨거운 초리소와 치즈 딥)

6~8인분

오악사카 치즈처럼 결대로 찢어지며 잘 녹는 치즈와 체더 등의 숙성 치즈를 조합해서 사용하는 것을 추천한다.

오븐을 200℃로 예열한다. 중간 크기의 프라이팬을 중불에 올리고 다음을 넣어 갈색이 될 때까지 4~6분간 볶는다.

잘게 부순 생초리소 115g

키친타월을 깐 접시에 옮겨서 기름을 뺀다. 다음을 준비한다.

쪽파 3대, 얇게 썰기

할라페뇨 고추 2개 또는 포블라노 고추 ½개, 씨를 빼고 다지기

마늘 1쪽, 다지기

지름 23cm짜리 파이 틀 또는 납작한 베이킹 팬에 다음을 넣는다.

강판에 간 체더, 몬터레이 잭, 오악사카, 아사데로, 뮌스터 치즈 또는 이를 섞어서 3컵(340g)

치즈 위에 초리소, 쪽파, 할라페뇨, 마늘을 얹은 후 오븐에 넣어 기포가 생기고 갈색으로 익을 때까지 약 10분간 굽는다.

따뜻할 때 다음과 함께 낸다.

토르티야 칩 또는 따뜻하게 데운 밀 토르티야 작은 것

살사 아무거나

뜨거운 게살 딥

약 2컵

오븐을 162℃로 예열한다. 오븐에 사용할 수 있는 2컵 용량의 그릇이나 작은 베이킹 팬, 주물 팬에 버터를 바른다. 다음 재료를 푸드 프로세서에 넣어 퓌레 상태로 갈거나 그릇에 넣고 부드러워질 때까지 잘 섞는다.

크림치즈 225g, 부드럽게 젓기

강판에 간 폰티나 치즈 ½컵(55g)

게 찜용 시즈닝 1작은술

우스터 소스 1작은술

다음을 넣고 뒤집어가며 섞는다.

게살 통조림 170g짜리 1개, 물기 제거하기

잘게 다진 양파 또는 차이브 2큰술

혼합물을 버터 바른 오븐 용기에 넣는다. 다음을 솔솔 뿌린다.

강판에 간 폰티나 치즈 ½컵(55g)

속까지 완전히 익도록 약 25분간 굽는다. 취향에 따라 직화 오븐에 넣고 윗면을 갈색으로 익힌다.

구운 아티초크 딥

약 2½컵

오븐을 200℃로 예열한다. 중간 크기의 그릇에 다음을 넣고 섞는다.

아티초크 하트 통조림 400g짜리 1개, 물을 따라내고 잘게 썰기

마요네즈 1컵

강판에 간 파르메산 치즈 1컵(115g)

(잘게 썬 양파 또는 쪽파 ¼컵)

레몬즙 또는 드라이 화이트와인 1큰술

흑후추 ½작은술

맛을 보고 필요하면 소금을 추가해서 간을 맞춘다. 작은 베이킹 팬이나 오븐용 도자기 용기에 딥 재료를 옮긴다. 딥 위에 다음을 솔솔 뿌린다.

강판에 간 파르메산 치즈 2큰술

(파프리카 가루, 훈제 파프리카 권장)

갈색으로 익을 때까지 약 20분간 굽는다.

세븐 레이어 딥

20인분

33×23×5cm 크기의 널찍한 유리 용기에 다음을 평평하게 담는다.

으깬 콩 통조림 450g짜리 1개 또는 으깬 콩 페이스트 2컵

다음을 섞어서 콩 위에 넓게 편다.

껍질을 벗기고 씨를 제거한 하스 아보카도 큰 것 3개

갓 짜낸 라임즙 3큰술

다음을 섞어서 아보카도 층 위에 편다.

사워크림 2컵

고춧가루 3큰술

마늘 가루 1작은술

다음 재료를 순서대로 겹겹이 올린다.

잘게 썬 녹색 고추 통조림 200g짜리 1개, 물기 제거하기

검은색 올리브 슬라이스 통조림 185g짜리 1개, 물기 제거하기

로마 또는 플럼 토마토 8개, 잘게 썰기 또는 토마토 살사 아무거나

강판에 간 숙성 체더 치즈 2컵(225g)

(잘게 썬 신선한 고수 또는 쪽파)

다음과 함께 낸다.

토르티야 칩

텍사스 캐비아

약 8컵

살사나 콩 샐러드 대신 사용하기에 훌륭한 이 딥은 만든 즉시 먹어도 되지만 냉장고에 하룻밤 넣어두었다가 먹어도 맛있다. 미리 만들어둘수록 풍미가 어우러져 맛이 더 좋아진다.

커다란 그릇에 다음을 넣는다.

비네그레트

다음을 넣고 뒤적여서 비네그레트와 잘 버무린다.

동부콩 통조림 450g짜리 3개, 물을 따라내고 헹구기

피미엔토 고추 병조림 170g짜리 1개, 잘게 썰기, 병조림 국물과 함께 사용

(신선한 할라페뇨 고추 또는 할라페뇨 피클 3개, 잘게 썰기)

토마토 큰 것 1개, 잘게 썰기

(녹색 피망 1개, 잘게 썰기)

얇게 썬 쪽파 ½컵

굵게 썬 파슬리 또는 고수 ¼컵

마늘 3쪽, 다지기

(굵게 썬 오레가노 1큰술)

(우스터 소스 1큰술)

핫소스 1큰술

흑후추 1작은술

후무스(Hummus)

약 2컵

후무스는 아랍어로 '병아리콩'이라는 뜻이므로, 다른 콩으로 만든 딥도 맛은 훌륭하겠지만 이 레시피에서만큼은 '후무스'라는 명칭에 충실하고자 한다.

푸드 프로세서에 다음을 넣고 섞는다.

병아리콩 통조림 425g짜리 1개, 물을 따라내고 헹구기 또는 삶은 병아리콩 1½컵

타히니 ⅓컵

레몬즙 3큰술 또는 취향에 따라 추가

엑스트라 버진 올리브유 2큰술

마늘 2쪽, 굵게 썰기

(커민 가루 ½작은술)

소금 ½작은술 또는 적당량

질감이 부드러워질 때까지 퓌레 상태로 갈되, 중간에 찬물을 최대 ¼컵 정도 넣으면서 부드럽고 크림 같은 농도가 되도록 조절한다. 얕은 서빙 그릇에 담고 다음으로 장식한다.

엑스트라 버진 올리브유 1큰술

파프리카 가루, 수막, 알레포 또는 우르파 고춧가루, 바하라트 또는 자타, 흩뿌리기

(하리사 또는 저그 등의 매콤한 양념 1덩이)

로즈메리와 마늘을 넣은 흰콩 딥

약 3컵

중간 크기의 프라이팬을 중약불에 올리고 다음을 둘러 가열한다.

엑스트라 버진 올리브유 ¼컵

다음을 추가한다.

마늘 2쪽, 다지기

잘게 썬 로즈메리 2작은술

흑후추 ½작은술

향긋한 냄새가 날 때까지 약 3분간 볶는다. 계속 저으면서 다음을 넣는다.

네이비, 그레이트 노던 또는 카넬리니콩 통조림 400~450g짜리 2개, 물을 따라내고 헹구기 또는 삶은 흰콩 3컵

으깨거나 푸드 프로세서로 부드러워질 때까지 간다. 따뜻하게 또는 실온 상태로 낸다. 취향에 따라 다음을 가볍게 뿌린다.

(엑스트라 버진 올리브유)

새콤한 검은콩 딥

약 1컵

푸드 프로세서에 다음을 넣고 섞는다.

검은콩 통조림 425g짜리 1개, 물을 따라내고 헹구기 또는 삶은 검은콩 1½컵

증류 백식초 2큰술

잘게 썬 할라페뇨 고추 1개, 취향에 따라 씨를 빼서 사용

올리브유 1큰술

토마토 페이스트 2작은술

마늘 2쪽, 굵게 썰기

양파 가루 ½작은술

소금 ½작은술

커민 가루 ¼작은술

치폴레 가루 ¼작은술

푸드 프로세서 용기의 옆면에 붙은 재료를 긁어내리면서 아주 부드러워질 때까지 간다. 취향에 따라 다음을 올려서 낸다.

(잘게 썬 고수)

콩 딥

1½~2컵

종류와 관계없이 콩이라면 무엇이든 맛있고 만들기 쉬운 전채 요리나 샌드위치 스프레드로 변신할 수 있다. 아래에 소개하는 만능 레시피를 응용해 마음껏 창의력을 발휘해보자. 예를 들어 흰콩을 파프리카, 딜, 삶은 비트와 조합하거나 병아리콩에 커민과 아도보 소스에 절인 치폴레를 섞어도 좋다.

푸드 프로세서에 다음을 넣고 섞는다.

콩 통조림 425g짜리 1개, 물을 따라내고 헹구기 또는 삶은 콩 1½컵

올리브유 ¼컵

마늘 1~2쪽, 구운 마늘을 사용하지 않을 경우

소금 ½작은술

취향에 따라 다음 중 하나 이상의 재료를 추가한다.

　(페스토 ¼컵, 병아리콩이나 흰콩에 사용)

　(구운 붉은 피망 1개, 병조림 또는 수제)

　(비트 중간 크기 1개, 껍질을 벗겨 삶은 후 잘게 썰기)

　(당근 중간 크기 2개, 삶아서 잘게 썰기)

　(겨울 호박 ¾컵, 삶아서 굵게 썰기)

　(구운 마늘 Ⅰ의 1통에서 나온 마늘 몇 쪽)

　(아도보 소스에 절인 치폴레 고추 1~2개, 취향에 따라 씨를 빼고 사용)

　(딜, 고수, 타임, 차이브 또는 파슬리 등 잘게 다진 허브 1큰술)

　(커민, 고춧가루, 커리 가루 또는 파프리카 가루 1작은술)

푸드 프로세서 용기의 옆면에 붙은 재료를 긁어내리면서 부드러워질 때까지 간다. 다음과 함께 낸다.

　피타 또는 토르티야 칩

　생채소 전채

또는 샌드위치 스프레드로 사용해도 좋다.

바바 가누시(Baba Ghanoush, 구운 가지 딥)
약 3½컵

훈연 향을 내기 위해서는 가지를 직화 오븐에 넣거나 불꽃이 직접 닿는 그릴에 올려놓고 모양이 쭈그러지면서 전체적으로 검게 변할 때까지 굽는다. 예전에 근처 식당에서 정말 기가 막힌 가지 딥을 맛본 후 주인에게 비결을 물은 적이 있다. 놀랍게도 식당 주인의 대답은 '구운 가지 병조림'이었다. 그 후 우리 집 찬장에는 구운 가지 병조림이 떨어지지 않는다. 이 병조림은 대부분의 중동 및 동유럽 식료품점에서 구할 수 있다. 신선한 가지 대신 병 안에 든 국물을 전부 따라낸 병조림 가지 3컵을 사용해 이 레시피를 응용해보자.

오븐을 200℃로 예열한다. 과도로 다음을 군데군데 찔러 칼집을 낸다.

　가지 큰 것 3개(약 1.8kg)

오븐 팬에 가지를 올려놓고 진한 마호가니색으로 아주 부드럽게 익을 때까지 40~60분간 굽는다. 손질하기 쉬울 정도로 식힌다. 가지를 반으로 잘라서 과육을 떠내 체에 밭친 다음 20분간 물기를 뺀다. 푸드 프로세서에 옮기고 다음을 추가한다.

　타히니 ¼컵

　레몬즙 2큰술

　마늘 1~2쪽, 굵게 썰기

　소금 1작은술

　(커민 가루 ½작은술)

부드러워질 때까지 푸드 프로세서를 짧게 몇 번 작동시킨다. 맛을 보고 레몬즙과 소금으로 간을 맞춘다. 얕은 서빙 그릇에 담고 다음으로 장식한다.

　엑스트라 버진 올리브유 2큰술

　잘게 썬 파슬리 2큰술

　(파프리카 가루 약간)

다음과 함께 낸다.

　따뜻한 피타 빵

무하마라(Muhammara, 구운 붉은 피망과 호두 딥)
약 1컵

이 시리아식 피망 스프레드는 딥이나 샌드위치 스프레드로 즐기면 맛이 좋은데, 그릴에 구운 육류나 생선 요리의 소스로도 사용할 수 있다. 알레포 고춧가루를 구할 수 있다면 한번 시도해보는 것도 좋다. 매운맛은 강하지 않으면서 진한 건포도 풍미를 내는 고춧가루다.

다음을 굽는다.

　붉은 피망 큰 것 2개

종이봉투에 옮겨 담아 식힌다. 검게 그을린 껍질을 벗겨내고 줄기와 씨를 제거한다. 푸드 프로세서에 구운 피망을 넣고 다음을 추가해 섞는다.

　구운 호두 ¾컵

　엑스트라 버진 올리브유 ¼컵

　생빵가루 ¼컵

　석류 당밀 1큰술 또는 꿀 ½큰술과 발사믹 식초 ½큰술을 섞은 것

　마늘 2쪽, 굵게 썰기

　붉은 고춧가루 또는 굵은 알레포 고춧가루 ½작은술 또는 적당량

　커민 가루 ½작은술

　소금 ½작은술 또는 적당량

부드러워질 때까지 간다. 넓적하고 얕은 그릇에 담은 후 다음을 위에 뿌린다.

　엑스트라 버진 올리브유

　구워서 굵게 다진 호두

다음과 함께 낸다.

　따뜻하게 데운 피타 빵

카포나타(Caponata, 가지 렐리시)
약 4컵

다양한 재료를 풍부하게 사용한 이탈리아 요리로 생선, 가금류 또는 육류 요리에 곁들이거나 피타 빵, 크래커 또는 크로스티니와 함께 스프레드로 낸다.

껍질을 벗기고 가로세로 1.2cm 크기의 정육면체 모양으로 썬다.

　가지 중간 크기 1개(약 450g)

다음을 넉넉하게 뿌린다.

　소금

가지를 체에 밭쳐 최소 30분, 최대 1시간 동안 둔다. 물로 헹구고 가볍게 톡톡 두드려 물기를 말린다. 크고 묵직한 프라이팬을 중불에 올리고 다음을 둘러 가열한다.

　올리브유 2큰술

다음을 넣고 자주 저으면서 부드러워질 때까지 약 6분간 볶는다.

　잘게 썬 셀러리 1컵

　중간 크기의 양파 1개, 잘게 썰기

　마늘 1쪽, 다지기

채소를 그릇에 옮긴다. 프라이팬에 다음을 두른다.

　올리브유 2큰술

네모나게 썬 가지를 넣고 자주 저어가면서 연한 갈색이 될 때까지 5~7분간 볶는다. 셀러리와 양파 볶은 것을 넣고 다음 재료를 추가한다.

　깍둑썰기한 토마토 통조림 410g짜리 1개, 물을 따라내기

　카스텔베트라노 등의 녹색 올리브 12개, 씨를 빼고 굵게 썰기

　레드와인 식초 2큰술

　물기를 뺀 케이퍼 1½큰술

토마토 페이스트 1큰술

설탕 2작은술

다진 신선한 오레가노 1작은술 또는 말린 오레가노 ¼작은술

소금 1작은술

흑후추 적당량

부르르 끓어오르면 약불로 줄이고 뚜껑을 연 상태에서 걸쭉해질 때까지 약 15분 간 뭉근히 끓인다. 맛을 보면서 소금, 흑후추, 식초 등으로 간을 조절한다. 큰 그릇 에 옮겨 담고 식혀서 다음으로 장식한다.

다진 파슬리 2큰술

실온 상태로 낸다.

타페나드(Tapenade, 올리브 케이퍼 스프레드)

약 2¾컵

케이퍼는 이 올리브 스프레드에 꼭 필요한 재료다. 케이퍼 없이 만들거나 케이 퍼의 풍미가 거의 느껴지지 않는 타페나드는 **올리바드**(olivade)라고 부른다. 두 가지 모두 전통적으로 바삭한 빵이나 생채소 전채와 함께 낸다. 올리브 종류 에 대한 자세한 내용은 1069쪽을 참고한다.

푸드 프로세서에 다음을 넣고 섞는다.

칼라마타 또는 니수아즈 올리브 2컵, 씨를 빼기

(안초비 필레 3개, 물에 씻은 후 톡톡 두드려 닦아서 물기 제거하기)

물기를 뺀 케이퍼 3큰술

올리브유 3큰술

레몬즙 또는 브랜디 2큰술

마늘 2쪽, 굵직하게 썰기

신선한 타임 잎 2작은술 또는 말린 타임 1작은술

소금과 흑후추

푸드 프로세서를 짧게 몇 번 돌려서 너무 곱지 않게 적당한 농도로 간다.

앙슈아야드(Anchoïade, 안초비 딥)

약 ½컵

맛이 진하므로 조금만 발라도 충분한 효과를 낸다. 바삭한 빵 및 생채소 전채 와 함께 먹는다.

푸드 프로세서에 다음을 넣고 섞는다.

기름에 절인 안초비 통조림 55g짜리 1개, 기름을 따라내고 헹구기(필레 약 12개)

마늘 2쪽, 굵게 썰기

레드와인 식초 또는 레몬즙 1큰술

푸드 프로세서를 돌리면서 다음을 천천히 흘려 넣는다.

엑스트라 버진 올리브유 ½컵

다음을 넣고 섞는다.

흑후추 적당량

브랑다드 드 모뤼(Brandade de Morue, 크림처럼 부드러운 염장 대구 딥)

약 3½컵

찬물에 다음을 담가 뚜껑을 덮어둔다.

염장 대구 450g, 가시를 발라낸 것 권장

냉장고에 24시간 넣어둔다. 물기를 빼고 잘 씻어서 껍질과 가시를 모두 제거한

후 한쪽에 둔다. 중간 크기의 냄비에 다음을 넣는다.

러셋 감자 작은 것 1개(225g), 껍질을 벗기고 4등분하기

감자가 잠기도록 찬물을 넉넉히 붓고 부르르 끓어오르도록 가열한다. 불을 줄 이고 뭉근히 끓이면서 감자가 부드러워질 때까지 약 15분간 삶는다. 구멍 뚫린 큰 숟가락으로 감자를 건져 푸드 프로세서에 넣는다. 다시 물을 끓여서 대구 를 넣고 불에서 내린다. 그 상태로 15분간 두었다가 물을 따라내고 톡톡 두드 려 물기를 제거한다. 대구를 푸드 프로세서에 넣고 다음을 추가한다.

마늘 2~4쪽, 굵게 썰기

대구가 잘게 썰릴 때까지 짧게 몇 번 끊어서 작동시킨다. 푸드 프로세서를 돌 리면서 다음을 천천히 흘려 넣는다.

엑스트라 버진 올리브유 ½컵

헤비크림 ½컵

혼합물이 매시트포테이토 정도의 농도가 되도록 간다. 다음으로 간을 하고 맛 을 낸다.

레몬즙

흑후추

브랑다드는 최장 2일 전에 미리 만들어둘 수 있다. 먹기 전에 우선 오븐을 200℃로 예열한다. 브랑다드를 얇은 오븐 팬에 넓게 펴서 담고 갈색으로 익을 때까지 약 15분간 굽는다. 따뜻할 때 다음과 함께 낸다.

바게트 슬라이스, 크로스티니 또는 크래커

훈제 연어 또는 송어 스프레드

약 1½컵

이 레시피의 분량을 2배로 늘려 치즈 볼로 만들어도 훌륭하다.(59쪽 참고) 나무 숟가락 또는 반죽기를 사용해 부드러워질 때까지 젓는다.

크림치즈 225g, 부드럽게 젓기

다음을 넣고 잘 섞일 때까지 살살 젓는다.

훈제 연어 또는 송어 115g, 잘게 부수기

차갑게 식힌다.

치즈를 사용한 전채 요리에 대해

치즈 제조는 그 자체로 하나의 예술이며 완성품인 치즈는 굳이 손을 더 대지 않아도 아주 맛있다. 이 점을 분명히 밝혀두면서, 여기서는 치즈를 바삭바삭 한 스틱이나 둥글게 뭉쳐서 다른 재료를 묻힌 요리, 스프레드, 나눠 먹을 수 있 도록 소량씩 준비하는 요리 등으로 변신시키는 레시피를 몇 가지 소개한다. 더 다양한 응용법에 대해서는 치즈 대접하기 항목과 완탕 튀김, 짭짤한 속을 채운 대추야자, 퍼프 페이스트리 치즈 스틱, 치즈 퍼프 카나페 레시피를 참고한다.

치즈 볼에 대해

치즈에 다양한 재료를 섞어 둥글게 뭉친 후 견과류 등에 굴려 겉면에 묻힌 치 즈 볼은 전통적으로 파티에 내는 음식이다. 뒤에 소개하는 레시피의 기본 치 즈 비율을 참고해 다양한 풍미와 겉에 바르는 재료를 실험해보자. 크림치즈로 만든 치즈 볼은 그야말로 흰 도화지 같아서 훈제 파프리카나 아도보 소스에 절인 치폴레 같은 특색 있는 재료를 추가하기에 적합하다. 블루 치즈나 뮌스터 치즈처럼 그 자체로 풍미가 진한 치즈를 사용할 때는 지나치게 복잡한 재료보 다 단순한 조합을 시도해보자. 좋은 아이디어를 얻을 수 있도록 잘 어울리는

조합을 몇 가지 소개한다.

크림치즈와 염소 치즈를 1:1로 혼합하고 잘게 다진 차이브를 섞기, 구워서 굵게
다진 헤이즐넛이나 굵게 썬 신선한 허브에 굴려서 낸다.

크림치즈와 숙성 체더 치즈에 굵게 썬 쪽파 및 아도보 소스에 절인 치폴레를 섞기,
구운 호박씨에 굴려서 낸다.

크림치즈와 블루 치즈에 잘게 썬 말린 무화과를 섞기, 구워서 굵게 다진 호두에
굴려서 낸다.

크림치즈에 구운 마늘 1통을 섞기, 에브리싱 시즈닝에 굴려서 낸다.

크림치즈 볼

지름 12.5cm짜리 1개

커다란 그릇에 다음을 넣고 잘 섞는다.

크림치즈 225g짜리 2통, 부드럽게 젓기

강판에 간 파르메산 치즈 ⅓컵

마요네즈 ¼컵

잘게 썬 쪽파 ¼컵

잘게 썬 당근 2큰술

잘게 썬 셀러리 2큰술

(갈아서 양념한 호스래디시 1작은술, 물을 따라내기)

소금 ½작은술

비닐랩을 큼직하게 뜯어서 펼쳐놓고 가운데에 치즈 혼합물을 올린다. 랩의 가
장자리를 모아서 둥근 공 모양으로 만든다. 모양이 흐트러지지 않도록 작고 오
목한 그릇에 넣어 최소 1시간 이상 냉장고에 넣어둔다. 어느 정도 단단하게 굳
으면 다음 재료 위에 치즈 볼을 굴린다.

구워서 굵게 다진 호두 또는 피칸 1컵

견과류를 꾹 눌러서 표면에 잘 붙게 한다. 이렇게 만든 치즈 볼은 냉장고에 넣
어 최대 3일간 보관할 수 있다.

치즈 볼의 추가 재료

치즈 볼에 대해 항목에서 소개한 몇 가지 조합을 참고하자. 치즈 혼합물에 다
음 재료를 단독으로 또는 섞어서 넣어본다.

훈제 파프리카 가루 1작은술

아도보 소스에 절인 치폴레 고추 1개, 잘게 썰기

구운 마늘 1통

말린 무화과나 살구 ⅓컵, 잘게 썰기

양파 볶음 또는 캐러멜화한 양파 ½컵, 잘게 썰기

시판 또는 수제 구운 붉은 피망 또는 녹색 고추 ⅓컵, 굵게 썰기

잘게 썬 마름(물밤) ⅓컵

국물을 꼭 짜내고 잘게 썬 김치 ⅓컵

잘게 부순 훈제 연어 115~170g

위의 설명대로 치즈 볼을 만들어 다음 재료 중 하나 위에서 굴린다.

구워서 굵게 다진 견과류 1컵

구운 씨앗(참깨, 해바라기, 호박) ¾컵

잘게 썬 허브 ½컵

두카, 자타 또는 에브리싱 시즈닝 ½컵

체더 치즈 볼

지름 12.5cm짜리 1개

푸드 프로세서에 다음을 넣고 부드러워질 때까지 돌린다.

잘게 썬 숙성 체더 치즈 2½컵(285g)

크림치즈 85g, 부드럽게 젓기

베이컨 6조각, 바삭하게 구워서 잘게 부수기

우유 2큰술

갈아서 양념한 호스래디시 1큰술, 물을 따라내기

소금 ⅛작은술

앞의 설명대로 크림치즈 볼을 만들어서 다음 재료 위에 놓고 굴린다.

구워서 굵게 다진 호두 또는 피칸 1컵

트레바의 피미엔토 치즈

약 1½컵

메건의 증조할머니이자 결속력이 강한 노스캐롤라이나 토박이 집안을 이끌
어온 여장부 트레바 할머니는 95살이 될 때까지 매주 일요일에 점심(메건의 집
에서는 이를 만찬이라고 불렀다.)을 함께 즐긴 후 모든 사람이 집에 가져갈 수 있도
록 충분한 양의 피미엔토 치즈를 만들었다. 숙성 체더 치즈와 재료를 한데 뭉
치는 데 필요한 분량의 마요네즈, 피미엔토 병조림, 설탕 1자밤만 사용하는 할
머니의 레시피는 우리가 아는 레시피 중에서 제일 간단하지만 아마도 가장 맛
이 좋을 것이다. 도전정신이 충만한 독자들을 위해 몇 가지 추가 재료를 함께
소개하지만 우리는 트레바 할머니의 원조 레시피 그대로 만드는 편을 선호한
다. 중간 크기의 그릇에 다음을 넣고 섞는다.

강판에 간 숙성 체더 치즈 2컵(225g)

피미엔토 병조림 ¼컵, 물기를 꼭 짜고 굵게 썰기

마요네즈 6큰술

설탕 1자밤

(마늘 1쪽, 다지기)

(레몬즙 1½작은술)

(드라이 머스터드 ½작은술)

(카옌 고춧가루 ⅛작은술)

나무 숟가락으로 탁탁 치면서 잘 섞는다. 다음과 함께 낸다.

크래커

또는 샌드위치 스프레드로도 활용할 수 있다.

프로마주 포르(Fromage Fort, 개성 강한 치즈)

분량은 자유롭게 조절

버리기 쉬운 남은 치즈 조각을 멋지게 변신시키는 프랑스식 스프레드이며 파
티 다음 날 특히 유용한 레시피다. 블루 치즈를 사용한다면 전체 분량의 ¼ 이상
을 차지하지 않도록 조절하자. 마늘(특히 생마늘)이나 허브는 스프레드를 오래
보관할수록 점점 풍미가 강해지므로 조금 적다 싶을 정도로 신중하게 사용한
다. 바삭한 빵 및 생채소 전채와 함께 낸다.

다음 재료를 푸드 프로세서에 넣고 짧게 몇 번 돌려서 곱게 간다.

남은 치즈 조각, 연성 치즈는 껍질을 벗기고 경성 치즈는 강판에 갈기

취향에 따라 다음을 추가한다.

(생마늘 또는 구운 마늘)

(신선한 허브 또는 말린 허브)

(후추)

(굵은 고춧가루)

(코냑 소량)

푸드 프로세서를 돌리면서 다음을 조금씩 흘려 넣는다.

드라이 화이트와인

쉽게 바를 수 있으면서 너무 질척이지 않도록 화이트와인의 분량을 적당히 조절한다. 스프레드를 만들어둔 사이에 너무 뻑뻑해졌다면 다시 푸드 프로세서에 넣고 와인을 조금 더 넣어서 돌린다. 만든 즉시 먹거나 뚜껑을 덮어 냉장고에 넣어두면 일주일까지 보관할 수 있다.

호두를 넣은 블루 치즈 스프레드

약 1½컵

치즈 볼로 활용해도 환영받는 레시피로, 재료의 양을 2배로 늘려서 큼직한 볼 형태로 만든 다음 잘게 썬 호두 1컵 위에 올려서 굴리기만 하면 된다. 얇게 썬 프랑스 빵, 사과 또는 서양배 슬라이스, 4등분한 신선한 무화과와 함께 낸다. 푸드 프로세서에 넣고 부드러워질 때까지 곱게 간다.

크림치즈 225g, 부드럽게 젓기

잘게 부순 블루 치즈 ½컵(115g)

(포트 와인 2큰술)

푸드 프로세서 용기의 내용물을 잘 긁어서 작은 그릇에 담는다. 다음을 솔솔 뿌린다.

구워서 굵게 다진 호두 ¼컵

구운 마늘과 파르메산 스프레드

약 1¼컵

오븐을 200℃로 예열한다. 베이킹 접시에 다음을 올린다.

마늘 4통, 속에 있는 마늘이 보이도록 위의 ⅓을 잘라내기

작은 노란 양파 1개(170~225g), 껍질째 통째로 사용

마늘과 양파 위에 다음을 살짝 뿌린다.

올리브유 ¼컵

베이킹 접시 위에 포일을 덮어 단단히 봉한 후 마늘과 양파가 아주 부드러워질 때까지 1시간~1시간 15분 동안 굽는다. 약간 식힌 후 마늘을 꾹 눌러 껍질과 속살을 분리해 푸드 프로세서에 넣는다. 양파는 껍질을 벗기고 뿌리 부분을 잘라서 버린다. 양파를 푸드 프로세서에 넣고 베이킹 접시에 남아 있는 올리브유도 함께 넣는다. 푸드 프로세서를 짧게 몇 번 작동시켜서 섞는다. 다음을 추가한다.

강판에 곱게 간 파르메산 치즈 ½컵(55g)

굵게 썬 타임 1큰술

푸드 프로세서를 잠깐 돌려 잘 섞는다. 취향에 따라 다음을 넣고 젓는다.

(씨를 뺀 칼라마타 올리브 ¼컵, 잘게 썰기)

맛을 보고 다음으로 간을 맞춘다.

소금과 흑후추

다음과 함께 낸다.

얇게 썬 바삭한 빵 또는 크로스티니

치즈 절임

8인분

이 레시피에 사용하기 위해 요구르트 치즈를 만드는 경우 물기를 뺀 후에 소금으로 간을 한다. 중간 크기의 프라이팬을 중불에 올리고 다음을 둘러서 향긋한 냄새가 날 때까지 가열한다.

올리브유 ½컵

다음을 추가한다.

마늘 2쪽, 얇게 저미기

통후추 12알

로즈메리 잔가지 큰 것 3개 또는 타임 잔가지 6개

소금 ¼작은술

굵은 고춧가루 1자밤

불에서 내리고 실온 상태로 식힌다. 로즈메리나 타임 잔가지를 건져낸다. 그릇이나 접시에 다음 중 한 가지를 놓는다.

가로세로 2.5cm의 정육면체로 썬 생모차렐라 또는 작은 모차렐라 볼(보콘치니) 225g

연성 염소 치즈 225g

가로세로 2cm의 정육면체로 썬 페타 치즈 225g

작은 공처럼 둥글게 만든 요구르트 치즈 225g

치즈 위에 올리브유를 뿌리고 실온에 두면 몇 시간 정도 보관이 가능하고 뚜껑을 덮어 냉장고에 넣으면 4일 후까지 먹을 수 있다. 냉장고에 보관했다면 미리 꺼내놓았다가 실온 상태로 낸다.

모차렐라 스틱 튀김

약 25개

딥 프라잉 항목을 참고한다.

다음을 9×1.2×1.2cm 크기의 길쭉한 스틱 형태로 썬다.

모차렐라 치즈 덩어리 450g

얕은 접시에 다음을 골고루 편다.

중력분 ½컵

얕은 그릇에 다음을 넣고 탁탁 친다.

달걀 2개

접시에 다음을 붓고 넓게 편다.

양념한 마른 빵가루 ½컵

모차렐라 스틱에 얇게 밀가루를 묻히고 여분의 밀가루를 털어낸다. 스틱에 달걀물을 입힌 다음 빵가루에 굴려 골고루 묻힌다. 튀김옷을 입힌 스틱을 접시에 가지런히 놓고 15분간 냉동실에 넣어둔다. 그동안 튀김기나 깊고 묵직한 냄비 또는 더치오븐에 기름을 다음 높이까지 붓고 185℃로 가열한다.

식물성 기름 7.5cm

모차렐라 스틱을 기름에 넣어 노릇노릇하게 익을 때까지 약 1분간 튀긴다. 건져서 키친타월에 올려놓고 기름을 뺀다. 뜨거울 때 다음을 곁들여 먹는다.

마리나라 소스

꿀과 호두를 곁들인 할루미 치즈 튀김

4인분

할루미는 맛이 순하고 단단한 치즈로 녹는점이 높아서 그릴에 굽거나 튀기기

에 안성맞춤이다. 할루미 치즈를 구할 수 없다면 파니르 치즈, 케소 블랑코, 숙성 프로볼로네 치즈로 대체해도 좋은데, 파니르 치즈의 경우 갈색이 되도록 구운 다음 소금을 넉넉히 뿌려주면 훨씬 맛이 좋아진다.

묵직한 프라이팬을 중불에 올리고 다음을 둘러 가열한다.

　식물성 기름 1큰술

다음을 프라이팬에 넣어 모든 면이 갈색으로 익도록 한 면당 약 2분씩 굽는다.

　할루미 치즈 225g, 평평한 직사각형이 되도록 4등분하기

서빙 접시에 옮기고 다음을 뿌린다.

　구워서 굵게 다진 호두 ¼컵

　꿀 1큰술

　굵게 썬 민트

브리 치즈를 넣어 구운 페이스트리

28인분

퍼프 페이스트리에 대해 항목을 참고한다.

다음을 해동한다.

　냉동 퍼프 페이스트리 생지 500g짜리 1봉지

접혀 있는 사각형 생지 2장을 편다. 밀가루를 가볍게 뿌린 조리대 위에 생지를 1장씩 놓고 밀대를 사용해 가로세로 30cm 크기의 정사각형 모양으로 민다. 지름 23cm 파이 팬의 가운데에 생지 1장을 펼쳐놓는다. 그 위에 다음을 올린다.

　1kg짜리 둥근 브리 치즈 1개(지름 20cm)

취향에 따라 치즈 위에 다음을 넓게 펴서 바른다.

　(잘게 다진 과일 처트니 또는 과육이 씹히는 잼 3~4큰술)

페이스트리 생지의 가장자리를 브리 치즈 위로 접고, 남는 부분은 주름을 잡은 후 치즈 위쪽으로 2.5cm 정도 올라오도록 잘라서 정리한다. 나머지 페이스트리 생지 1장은 치즈 상자에 대고 브리 치즈의 지름에 맞춰 둥근 모양으로 자른다. 둥그런 페이스트리 생지를 브리 치즈 위에 올린다. 위쪽과 아래쪽 생지의 가장자리를 맞잡고 살살 말아서 주름을 잡아 봉한다. 최소 30분, 최대 24시간 냉장고에 넣어둔다.

오븐을 200℃로 예열한다. 작은 그릇에 다음을 넣고 섞는다.

　대란 노른자 1개

　우유 1큰술

솔로 달걀물을 페이스트리에 부드럽게 바른다. 10분간 굽는다. 오븐 온도를 175℃로 낮추고 황금색으로 부풀어 오를 때까지 30~40분간 굽는다. 1시간 동안 그대로 두었다가 접시에 담는다. 한쪽을 웨지 모양으로 작게 잘라 안에 있는 브리 치즈가 보이게 하고, 다음을 둘러서 담아 나이프와 함께 낸다.

　신선한 과일 또는 말린 과일 슬라이스

　얇게 썬 프랑스 빵

치즈 퐁뒤

4~5인분

치즈를 한 종류 사용하든 여러 종류 섞어서 사용하든, 퐁뒤에 들어가는 치즈는 반드시 가공 치즈가 아닌 자연 치즈여야 한다. 치즈 퐁뒤는 전통적으로 키르슈를 사용하지만, 코냑이나 애플잭처럼 단맛이 없는 다른 술로 대체할 수 있다. 와인이 적당히 데워져 치즈를 넣는 순간부터 퐁뒤를 먹을 준비가 될 때까지 약 10분 정도의 조리 시간 동안 계속해서 한 번씩 저어주어야 하므로 사전

에 모든 재료를 계량해 바로 넣을 수 있도록 준비해야 한다. 퐁뒤는 절대로 미리 만들어놓는 음식이 아니다. 먹기 좋게 적당히 묽은 농도로 준비해도 식사가 진행되는 동안 꾸덕꾸덕해지기 마련이다.

다음을 한입 크기로 자르거나 뜯는다.

　바삭한 흰 프랑스 빵 또는 이탈리아 빵 1덩어리

중간 크기의 스테인리스스틸 냄비 또는 퐁뒤 냄비의 안쪽에 다음을 문지른다.

　껍질을 벗겨서 반으로 자른 마늘 1쪽

마늘을 버린다. 냄비에 다음을 추가한다.

　스위스산 팡당 화이트와인 또는 다른 드라이 화이트와인 1¼컵

중불에 올려서 뭉근히 끓어오를 때까지 가열한다. 계속 저으면서 다음을 조금씩 넣는다.

　깍둑썰기한 그뤼에르 또는 에멘탈 치즈 450g

　강판에 갓 갈아낸 육두구나 육두구 가루 1자밤

나무 숟가락으로 저으면서 치즈가 녹을 때까지 조리한다.(치즈와 와인은 아직 섞이지 않은 상태) 작은 그릇에 다음을 넣고 완전히 섞는다.

　옥수수 전분 1큰술

　키르슈, 코냑 또는 애플잭 2큰술

치즈 혼합물에 붓고 젓는다. 계속 저으면서 모든 재료가 잘 섞이고 부드럽게 녹을 때까지 약 5분간 뭉근하게 끓인다. 다음을 넣어 간을 맞춘다.

　소금과 흑후추

퐁뒤의 농도가 너무 뻑뻑하면 다음을 적당히 추가한다.

　스위스산 팡당 화이트와인 또는 다른 드라이 화이트와인 최대 ¼컵

퐁뒤 냄비 또는 밑에서 불을 때서 음식이 따뜻하게 유지되는 용기에 옮겨 담고 빵조각과 함께 낸다.

나초

10~12인분

오븐의 그릴을 예열한다. 오븐 팬에 다음을 펼쳐놓는다.(조금 겹쳐도 상관없다.)

　토르티야 칩 115g(약 4컵)

다음을 솔솔 뿌린다.

　강판에 간 체더 치즈 1½컵(170g)

　강판에 간 몬터레이 잭 치즈 1½컵(170g)

　(녹색 고추 통조림 125g짜리 1개, 물을 따라내고 굵게 썰기 또는 구운 포블라노 고추 1개, 씨를 빼고 굵게 썰기)

치즈가 녹을 때까지 2~3분간 굽는다. 다음 중 선호하는 토핑을 얹는다.

　사워크림

　삶은 핀토콩 또는 검은콩

　생초리소 115g, 잘게 부숴 갈색으로 볶기

　굵게 썬 쪽파

　할라페뇨 피클 또는 신선한 할라페뇨 슬라이스

　굵게 썬 고수

　시판 또는 수제 살사

　과카몰레

즉시 낸다.

케사디야

20~30조각

조리대에 다음을 늘어놓는다.

지름 15cm짜리 밀 토르티야 10장

토르티야 5장에 다음을 적당히 나눠서 올린다.

잘게 썬 몬터레이 잭 치즈 또는 체더 치즈 2컵(225g)

(잘게 썬 녹색 고추 통조림 125g짜리 1개, 물을 따라내기)

(굵게 썬 쪽파 ¾컵)

(잘게 다진 고수 2큰술)

소금과 흑후추 적당량

남은 토르티야 5장을 위에 덮는다. 오븐을 93℃로 예열하고 오븐 팬을 넣어둔다. 중간 크기의 프라이팬(논스틱 권장)을 중강불에 올려 3분간 가열한다. 솔로 가볍게 다음을 바른다.

식물성 기름

케사디야 1개를 프라이팬에 넣고 한쪽 면이 갈색으로 바삭하게 익을 때까지 약 2분간 굽는다. 케사디야를 뒤집어서 반대쪽 면도 바삭해지도록 약 2분간 더 굽는다. 오븐에 넣어둔 팬으로 옮기고 나머지 케사디야도 같은 방식으로 조리한다. 케사디야를 각각 웨지 형태로 4~6등분한 후 다음 중 선호하는 토핑을 곁들여 즉시 낸다.

사워크림, 과카몰레, 시판 또는 수제 살사

과일 전채 요리에 대해

과일 플래터는 보기도 좋고 준비하기도 간단한데, 썰어놓은 과일에 약간의 창의력을 발휘하면 달콤짭짤한 풍미 만점의 근사한 전채 요리로 변신한다. 아래에 소개하는 레시피 외에도 짭짤한 속을 채운 대추야자나 포도 피클 항목 등의 레시피를 참고하자.

베이컨 말이 대추야자

35~40조각

메드줄 품종처럼 큼직한 대추야자의 씨를 빼서 사용한다면 340g 정도 준비해서 대추야자 1개를 가로 방향으로 잘라 한입 크기의 2~3조각으로 나눈다. 오븐을 200℃로 예열한다. 다음을 준비한다.

씨를 뺀 작은 대추야자 225g, 디글렛 누르 또는 할라위 품종

베이컨 450g, 7.5cm 길이로 썰기

대추야자의 속에 다음을 넣어 채운다.

마르코나 아몬드 또는 구운 아몬드 1개씩(총 35~40개)

베이컨 조각으로 대추야자를 둘둘 만다. 테두리 있는 오븐 팬에 철망을 올리고 이음매 쪽이 아래로 가도록 베이컨 말이를 놓는다. 베이컨이 짙은 갈색으로 바삭하게 익을 때까지 15~18분간 굽는다. 따뜻하게 낸다.

멜론과 프로슈토

4~6인분

여름에 가장 상쾌하게 즐길 수 있는 첫 번째 전채 요리다. 취향에 따라 2등분 또는 4등분한 무화과 8개나 씨를 빼고 웨지 모양으로 8등분한 복숭아 4개를 사용해도 좋다.

I. 다음을 반으로 잘라서 씨를 파낸다.

캔털루프, 허니듀 또는 크렌쇼 멜론 1개

양쪽 절반을 각각 웨지 모양이 되도록 6등분하고 껍질을 제거한다. 개인 접시에 멜론 2~3조각씩 놓는다. 다음을 넓고 길쭉한 모양으로 썬다.

얇게 썬 프로슈토 또는 세라노 햄 225g

햄을 멜론 위에 걸쳐놓는다. 다음을 뿌린다.

대패로 깎은 파르메산 치즈

즉시 내고, 갈아서 사용하는 후추통을 함께 제공한다.

II. 우리가 가장 좋아하는 레시피다. 그릴에 굽기 위해 위의 설명대로 준비하되, 6등분한 멜론을 5cm 길이의 조각으로 좀 더 작게 썬다. 멜론 조각에 햄을 말아서 이쑤시개로 고정한다. 불에서 10cm 정도 떨어진 거리에서 한 면당 2~3분씩 굽는다.

수박과 염소 치즈

4인분

다음을 준비한다.

수박 900g, 껍질과 씨를 제거하고 가로세로 1.2cm의 먹기 좋은 크기로 썰기

큰 접시에 담고 수박 위에 다음을 올린다.

부드러운 염소 치즈 슬라이스(기다란 115g짜리 치즈를 얇게 자르기)

갓 갈아낸 흑후추

박편형의 바닷소금

다음을 살짝 뿌린다.

엑스트라 버진 올리브유

채소 전채 요리에 대해

삶거나 절이거나 생으로 먹는 채소는 가장 색감이 화려하고 누구나 좋아하는 전채 요리다. 아래 소개하는 레시피 중 채소 절임 같은 몇 가지 요리는 맛이 진한 다른 전채 요리의 좋은 입가심 역할을 하는가 하면, 바삭한 포테이토 스킨 등의 일부 레시피는 단독으로 즐겨도 상당히 푸짐하다. 둘 중 어느 쪽으로도 치우치지 않는 채소 중심 전채 요리의 예는 서머 롤 레시피를 참고한다. 생채소 전채에 대한 전반적인 내용은 48쪽을 참고하자.

바냐 카우다(Bagna Cauda)

약 1컵

전통적으로 이 딥은 아티초크 찜이나 카드룬(아티초크와 비슷한 채소 — 옮긴이), 셀러리, 회향과 함께 낸다. 하지만 식감이 부드러운 채소라면 무엇이든 마늘 향이 진하게 나는 이 딥에 담갔을 때 맛이 더욱 좋아진다.

다음을 준비한다.

선호하는 생채소 전채

묵직한 퐁뒤 냄비 또는 다른 묵직한 냄비에 다음을 넣는다.

버터 스틱 1개(115g)

올리브유 ½컵

안초비 필레 8개, 으깨기

마늘 4쪽, 다지기

소금 ½작은술

흑후추 ½작은술

가끔 저어가면서 5분간 뭉근히 끓인다. 퐁뒤 포크나 꼬치를 사용해 채소를 따

뜻한 소스에 담갔다가 먹는다.

채소 절임

2컵

다음 중 하나를 준비한다.

붉은 피망 2개, 구워서 껍질을 벗기기

씨 없는 영국 오이 큰 것 1개, 반달 모양으로 자르기

야자순 통조림 400~450g짜리 1개, 물기를 따라내고 2.5cm 길이로 썰기

반으로 자른 방울토마토 2컵

냉동 아티초크 하트 통조림 255~340g짜리 1개, 용기의 설명대로 손질해서
반으로 자르기

또는 다음 중 하나를 팔팔 끓는 물 위에 올려놓고 부드러우면서도 아삭한 맛
이 남아 있을 때까지 2~4분간 찐다.

껍질콩 2컵

작은 버섯 2컵

콜리플라워 꽃송이 부분 2컵

아스파라거스 450g

다음을 뿌리고 뒤적인다.

비네그레트

냉장고에 넣어 최소 1시간 이상 절이고, 하룻밤 동안 넣어두면 더욱 좋다. 차갑
게 또는 실온 상태로 낸다.

속을 채워서 구운 버섯 코케뉴

24개

아래의 속재료 대신 염소 치즈와 다진 마늘, 허브를 섞은 것, 취향에 맞는 풍미
버터, 크림소스 시금치를 버섯에 채워도 잘 어울린다.

오븐을 190℃로 예열한다. 다음을 손질하고 밑동을 뗀 다음 따로 보관해둔다.

크레미니 또는 양송이버섯 32개(약 680g)

크기가 비슷한 버섯 24개를 골라서 다음을 뿌려 뒤적인다.

올리브유 또는 녹인 버터 3큰술

남은 버섯을 얇게 저민다. 밑동도 잘게 썬다. 중간 크기의 프라이팬을 중불에
올리고 다음을 둘러 가열한다.

버터 또는 올리브유 2큰술

다음과 함께 저민 버섯과 잘게 썬 버섯 밑동을 넣는다.

샬롯 큰 것 1개, 다지기

(마늘 1쪽, 다지기)

다진 신선한 타임 1작은술 또는 말린 타임 ½작은술

가끔 저어가면서 5분간 조리한다. 다음을 넣고 젓는다.

마른 빵가루 ½컵

굵게 다진 피칸 또는 기타 견과류 ¼컵

다진 차이브 또는 굵게 썬 바질 3큰술

헤비크림, 육수, 드라이 베르무트 또는 셰리 2큰술

푸드 프로세서에 넣고 굵게 간다. 다음으로 간을 한다.

소금과 흑후추

골라놓은 버섯에 속재료를 1큰술 가득 떠서 채워 넣는다.
오븐 팬에 버섯을 올린다. 다음을 솔솔 뿌린다.

강판에 간 파르메산 치즈 2~3큰술

위에 기포가 올라올 때까지 약 15분간 굽는다.

속을 채운 생채소

속을 파낸 채소는 다양한 속재료를 채우기에 적합한 용기의 역할을 한다. 둥그
런 채소의 속을 채울 때는 일단 밑동을 약간 잘라내어 플래터 위에서 굴러다
니지 않도록 한다. 그리고 작은 숟가락이나 페이스트리용 짤주머니를 사용해
채소의 속을 채운다.

다음 중 하나를 준비한다.

호두를 넣은 블루 치즈 스프레드

기본 크림치즈 스프레드

트레바의 피미엔토 치즈

이 속재료를 짤주머니 또는 숟가락을 이용해 다음에 채워 넣는다.

셀러리 줄기, 벨기에 엔다이브, 반 갈라서 씨를 뺀 작은 파프리카, 속을 파낸
노랗고 길쭉한 호박 또는 녹색 애호박, 1.2cm 두께로 둥글게 썰어 속을 파낸
오이

사워크림과 캐비아를 채운 감자

24개

더욱 경제적인 응용 레시피는 반으로 가른 감자에 캐비아 대신 **온훈법으로** 훈
연한 연어 340g을 잘게 찢어 올린 것이다.

프라이팬이나 편수 냄비에 다음을 넣는다.

3.8~5cm 크기의 붉은 감자 12개(680g)

소금 1큰술

감자 위로 2.5cm 높이까지 올라오도록 물을 넉넉히 붓는다.

중강불에 올려서 뭉근히 끓인다. 뚜껑을 덮지 않고 감자가 살짝 부드러워질 때
까지 약 20분간 삶는다. 물을 따라내고 실온 상태로 식힌다. 감자를 반으로 자
른다. 멜론 과육 파내는 도구를 사용해 감자의 속을 파내고, 파낸 속은 그릇에
따로 담아둔다. 반으로 자른 감자의 둥근 면이 평평해지도록 살짝 도려내어 감
자가 굴러다니지 않게 한다. 감자 위에 다음을 솔솔 뿌린다.

코셔 소금 또는 굵은 바닷소금

감자 속을 모아놓은 그릇에 다음을 넣고 부드러워질 때까지 섞는다.

사워크림 또는 크렘 프레슈 ½컵

감자와 사워크림 섞은 것을 숟가락 또는 짤주머니를 사용해 감자에 채워 넣는
다. 다음을 위에 얹는다.

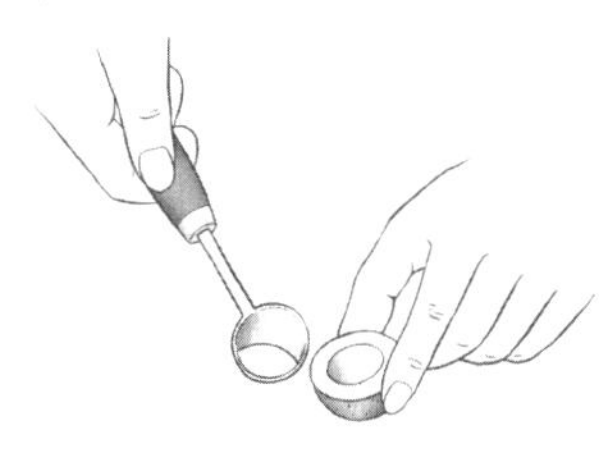

멜론 과육 파내는 도구로 감자의 가운데 속을 파낸다. 반으로 자른 감자의
둥근 면이 평평해지도록 살짝 도려낸다. 사워크림과 캐비아를 채운 감자를 완성한다.

캐비아 또는 어란 4큰술

다음을 넉넉하게 올린다.

차이브 슬라이스

바삭한 포테이토 스킨

16개

파낸 감자 속살은 라트키(Latkes)를 만들 때 사용하면 좋다.

다음을 굽는다.

225g짜리 러셋 감자 4개

완전히 식힌다. 감자를 각각 세로로 4등분한다. 숟가락을 사용해 껍질에서 6mm 정도만 남기고 감자 속살을 대부분 파낸다. 속살 부분이 위로 오도록 감자 껍질을 오븐 팬에 가지런히 놓는다. 다음을 섞는다.

버터 6큰술(버터 스틱 ¾개), 녹이기

고춧가루 1큰술 및/또는 곱게 다진 마늘 2작은술

솔로 버터 혼합물을 감자 껍질에 바른다. 다음을 넉넉히 뿌려서 간을 한다.

소금

느슨하게 덮어서 냉장고에 넣어 최대 12시간 보관한다. 먹을 때가 되면 우선 오븐의 위에서 첫 번째 칸에 받침대를 놓고 오븐을 230℃로 예열한다. 감자 껍질이 갈색으로 아주 바삭하게 익을 때까지 약 30분간 굽는다. 다음을 뿌린다.

잘게 썬 몬터레이 잭 또는 체더 치즈 1컵(115g)

(바삭하게 구워서 잘게 부순 베이컨 8조각)

다시 오븐에 넣고 치즈가 갈색으로 변할 때까지 약 5분간 더 굽는다. 다음을 곁들여서 즉시 낸다.

송송 썬 쪽파 및/또는 고수

(사워크림 및/또는 취향에 맞는 살사 아무거나)

파타타스 또는 파파스 브라바스(스페인식 감자튀김)

4인분

전통적인 타파스 요리로, 여기에서는 기름을 많이 사용하지 않고 재료를 차가운 기름에 넣어 튀기는 방법을 소개한다. 이 네모난 감자튀김과 함께 먹는 소스는 살사 브라바(salsa brava)라고 부르며, 홍합 찜 위에 올려서 내거나 스페인식 오믈렛의 양념으로 곁들여도 무척 맛이 좋다. 튀기는 방식을 피하고 싶거나 레시피의 양을 2배로 늘리려면 감자를 굽는 것도 고려해보자.

중간 크기의 편수 냄비를 중불에 올리고 다음을 둘러 가열한다.

올리브유 3큰술

다음을 추가한다.

양파 중간 크기 1개, 굵게 썰기

가끔 저어가면서 양파가 투명하고 부드러워질 때까지 약 5분간 볶는다. 다음을 추가한다.

마늘 2쪽, 다지기

스페인산 훈제 파프리카 가루 1작은술

카옌 고춧가루 ¼작은술

향긋한 냄새가 날 때까지 약 1분간 볶는다. 다음을 넣고 젓는다.

깍둑썰기한 토마토 통조림 410g짜리 1개

화이트와인 식초 또는 셰리 식초 ¼컵

설탕 1작은술

소금 ½작은술

농도가 걸쭉해질 때까지 약 15분간 뭉근히 끓인다. 불에서 내려 믹서나 푸드 프로세서에 넣고 곱게 간 후 맛을 보고 간을 맞춘다.

다음을 잘 문질러 씻은 후 가로세로 2.5cm의 정육면체로 썬다.

러셋 감자 900g

깊고 묵직한 프라이팬(무쇠 팬 권장)에 감자를 넣고, 감자가 잠길락 말락 할 정도로 다음을 붓는다.

식물성 기름

강불에서 감자와 기름이 부글부글 끓어오를 때까지 가열한 후 중불로 줄여서 속은 부드럽고 겉은 진한 갈색으로 바삭하게 익도록 감자를 15~20분간 튀긴다. 팬에서 건져 키친타월에 올려놓고 기름을 뺀다. 즉시 다음을 솔솔 뿌린다.

소금 ½작은술

스위트 또는 훈제 파프리카 가루 ½작은술

살사 브라바와 함께 내고, 취향에 따라 다음을 곁들인다.

(아이올리)

할라페뇨 튀김

약 50개

자몽 과육을 파내는 숟가락은 할라페뇨 고추의 씨를 제거하는 데 안성맞춤이다. 어떤 도구를 사용하든, 장갑을 끼고 작업하는 것은 물론 일을 끝낸 후 손을 잘 씻자.

오븐을 220℃로 예열한다. 다음을 준비한다.

할라페뇨 고추 25개, 세로로 반 갈라서 씨를 제거하기

중간 크기의 그릇에 다음을 넣어 섞는다.

크림치즈 225g, 부드럽게 젓기

몬터레이 잭 치즈 225g, 강판에 갈기

고춧가루 2큰술

쪽파 4대, 잘게 썰기

(베이컨 225g, 바삭하게 구워서 잘게 부수기)

소금 적당량

크림치즈 혼합물을 반으로 자른 할라페뇨에 적당히 나눠 얹는다. 한쪽에 둔다. 작은 그릇에 다음을 넣어 세게 젓는다.

달걀 1개

물 1큰술

또 다른 그릇에 다음을 준비한다.

입자가 굵은 빵가루 1컵

할라페뇨 고추에 치즈를 얹은 쪽을 달걀물에 담갔다가 빵가루를 묻힌다. 빵가루 묻은 쪽이 위로 오도록 오븐 팬에 올린다. 치즈가 보글거리면서 끓어오르고 윗면이 먹음직스러운 갈색이 될 때까지 약 15분간 굽는다. 필요하면 오븐의 직화 그릴에 넣고 윗면을 갈색으로 그을린다. 잠깐 식혔다가 따뜻하게 낸다.

육류를 사용한 전채 요리에 대해

안티파스토나 샤르퀴트리 플래터를 제외하면, 육류를 사용한 전채 요리는 일반적으로 따뜻하게 내므로 좀 더 세심하게 계획을 세워야 한다. 닭 날개, 꼬치, 립, 미트볼은 포일을 덮어서 93℃의 오븐에 넣어 따뜻하게 보관하면 가장 좋다. 서빙 접시에 양이 얼마 남지 않았을 때 오븐에서 꺼내 보충한다. 그릴에 구

운 꼬치는 포일에 싸서 그릴의 불이 닿지 않는 위치에 올려두면 따뜻하게 보관할 수 있다. ▶ 육류 전채 요리는 실온에 1시간 이상 내버려두지 않도록 하자. 물론 아래에 소개하는 레시피는 무척 맛있으므로 1시간은커녕 순식간에 사라지겠지만 말이다. 더 다양한 육류 전채 요리 레시피는 피로시키, 피카디요를 넣은 엠파나다, 햄 비스킷 등을 참고한다.

버펄로 치킨 윙

약 24조각

이 레시피는 1964년 뉴욕주 버펄로의 앵커 바(Anchor Bar)에서 처음 탄생했다. 이 레시피에 전통적으로 사용하는 핫소스는 프랭크의 레드핫 소스지만 다른 소스로도 대체할 수 있다. 타바스코처럼 매운맛이 강한 소스를 사용할 때는 우선 핫소스를 2큰술 넣은 다음 맛을 보면서 적당히 추가한다. 손질 과정에서 잘라낸 날개 끝부분은 보관해두었다가 육수를 만들 때 사용할 수 있다.

I. 튀겨서 조리하기

딥 프라잉 항목을 참고한다.

오븐을 93℃로 예열한다. 다음을 준비해 날개 끝부분을 제거한다.

  닭 날개 12개(1.3~1.6kg)

날개의 관절 부분을 잘라서 2조각으로 만든다. 다음을 훌훌 뿌려 골고루 간을 한다.

  소금 1작은술

  흑후추 1작은술

튀김기나 깊고 묵직한 냄비에 기름을 다음 높이까지 붓고 190℃로 가열한다.

  식물성 기름 2.5cm

날개 끝을 기름에 넣었을 때 지글지글 끓어오르면 적당한 온도가 된 것이다. 닭 날개가 서로 겹치지 않게 한 겹으로 적당히 기름에 넣고 중간에 한 번 뒤집으면서 색이 노릇노릇해지고 속까지 잘 익도록 10~13분간 튀긴다. 건져서 키친타월에 올려놓고 기름을 뺀 다음, 오븐 팬에 철망을 놓고 튀긴 날개를 얹어 오븐에서 따뜻하게 보관한다. 남은 날개도 같은 방법으로 튀긴다. 작은 편수 냄비를 중약불에 올리고 다음을 넣어 살짝 거품이 날 때까지 가열한다.

  버터 4큰술(버터 스틱 ½개)

  (마늘 2쪽, 다지기)

냄비를 불에서 내리고 다음을 넣어 젓는다.

  프랭크의 레드핫 소스 ¼컵 또는 적당량

  사과 식초 2큰술

  소금 ¼작은술

튀긴 닭 날개를 큰 그릇에 넣고 소스를 부어 뒤적이면서 소스가 골고루 묻을 때까지 섞는다. 맛을 보고 간을 조절한다. 다음과 함께 뜨거울 때 낸다.

  셀러리 스틱

  크리미 블루 치즈 드레싱

II. 구워서 조리하기

버펄로 치킨 윙을 만드는 '전통적인' 방법은 아니지만, 닭 날개를 구우면 튀김보다 덜 번거롭다. 특히 슈퍼볼 경기가 있는 날 여러 명의 손님을 대접하기 위해 레시피를 2배로 늘려야 한다면 훨씬 편리하다. 닭 날개의 양이 많아서 오븐 팬 2개에 나누어 구워야 한다면 중간에 닭 날개를 뒤집어줄 때가 되었을 때 잊지 말고 오븐 안에서 팬의 위치도 서로 바꿔주자.

  오븐을 220℃로 예열한다. **위의 버전 I**과 같이 닭 날개를 손질하고 끝을 잘

라낸다. 손질한 닭 날개를 커다란 그릇에 넣고 **식물성 기름 2큰술**을 둘러서 뒤적이면서 섞고, 소금과 흑후추로 간을 한다. 닭 날개를 직화 팬에 넣거나, 테두리 있는 오븐 팬에 철망을 놓고 닭 날개를 올려서 20분간 굽는다. 날개를 꺼내서 집게로 뒤집은 다음 먹음직스러운 갈색으로 속까지 잘 익을 때까지 약 20분간 더 굽는다. 그동안 **버전 I**과 같이 버터와 핫소스를 섞어 닭 날개 소스를 만든다. 닭 날개가 다 익으면 그릇에 넣고 소스를 골고루 묻혀서 같은 방식으로 낸다.

태국식 치킨 윙

약 24조각

이 레시피는 오리건주 포틀랜드에서 즐겨 먹는 앤디 리커(Andy Ricker)의 피시 소스 윙에서 약간의 영감을 얻은 것이다. 가니시로 바삭하게 튀긴 샬롯을 사용할 때는 닭을 튀기기 전에 먼저 샬롯을 튀긴 다음 키친타월을 깐 접시에 옮겨서 기름을 뺀다. 딥 프라잉 항목을 참고한다.

커다란 그릇에 다음을 넣고 섞는다.

  피시 소스 ⅓컵

  갈색 설탕, 코코넛 슈거 또는 팜 슈거, 꾹 눌러 담아 ½컵

  마늘 4쪽, 다지기

  백후추 가루 1½작은술

  고수씨 가루 1작은술

  커민 가루 1작은술

다음의 날개 끝부분을 제거한다.

  닭 날개 12개(1.3~1.6kg)

날개의 관절 부분을 잘라서 2조각으로 만들고 칼끝으로 여기저기 찔러 (양념이 깊숙이 스며들도록) 칼집을 낸다. 닭 날개를 그릇에 넣어 양념을 묻힌 후 뚜껑을 덮고 냉장고에 넣어 최소 2시간, 최대 6시간 동안 가끔 뒤적이면서 양념에 잘 재운다. 조리할 준비가 되면 양념에서 닭 날개를 건져내고 여분의 양념을 긁어낸다. 남은 양념은 모아서 작은 냄비에 넣는다. 접시에 다음을 붓는다.

  옥수수 전분 1컵

닭 날개에 옥수수 전분을 골고루 묻히고 여분의 가루를 털어낸 다음 한쪽에 둔다. 양념을 모아둔 작은 냄비를 중불에 올리고 약 5분간 뭉근히 끓인다. 불에서 내린 후 다음을 넣어 거품기로 젓는다.

  버터 4큰술(버터 스틱 ½개)

  쌀 식초 ¼컵

  칠리 마늘 소스, 삼발 올렉 소스 또는 스리라차 소스 2~4큰술

  해선장, 적미소 또는 발효 검은콩을 으깬 것 1큰술

  (참기름 ½작은술)

오븐을 93℃로 예열한다. 튀김기 또는 깊고 묵직한 냄비나 더치오븐에 기름을 다음 높이까지 붓고 190℃가 되도록 가열한다.

  식물성 기름 5cm

날개 끝을 기름에 넣었을 때 지글지글 끓어오르면 적당한 온도가 된 것이다. 닭 날개가 서로 겹치지 않게 한 겹으로 적당히 기름에 넣고 중간에 한 번 뒤집으면서 색이 노릇노릇해지고 속까지 잘 익도록 10~13분간 튀긴다. 건져서 키친타월에 올려놓고 기름을 뺀 다음, 오븐 팬에 철망을 놓고 튀긴 날개를 얹어 오븐에서 따뜻하게 보관한다. 남은 날개도 같은 방법으로 튀긴다. 튀긴 닭 날개를 큰 그릇에 넣고 소스를 부어 뒤적이면서 소스가 골고루 묻을 때까지 섞

는다. 닭 날개 위에 다음을 넉넉히 뿌린다.

볶은 참깨

얇게 저민 쪽파 ¼컵

굵게 썬 고수 ¼컵

(바삭하게 튀긴 샬롯)

다음을 곁들여 즉시 낸다.

라임 조각

레몬 로즈메리 닭고기 꼬치

14~16개

나무 꼬치를 사용한다면 쉽게 타지 않도록 1시간 동안 물에 담가두거나 노출된 끝부분을 포일로 감싸서 사용한다.

중간 크기의 그릇에 다음을 넣고 섞는다.

올리브유 3큰술

레몬 큰 것 1개, 껍질을 곱게 갈기

레몬즙 2큰술

잘게 썬 신선한 로즈메리 1작은술 또는 말린 로즈메리 ½작은술

마늘 1쪽, 다지기

소금 ½작은술

흑후추 ¼작은술

다음을 가로 방향으로 각각 8등분한다.

뼈와 껍질을 제거한 닭 가슴살 2개

닭 가슴살을 양념에 넣고 뒤적이며 골고루 양념을 묻힌다. 뚜껑을 덮어 냉장고에 1~2시간 넣어둔다. 그릴을 중불에 맞춰 준비하거나 직화 오븐을 예열한다. 닭 가슴살을 꼬치 16개에 나눠 꽂는다. 중간에 한 번 뒤집어가면서 속까지 잘 익도록 한 면당 약 2분씩 그릴 또는 직화 오븐에서 굽는다. 뜨겁게 또는 실온 상태로 낸다.

오향 돼지갈비 구이

6~8인분

다음 재료의 짙은 녹색 윗부분을 자르고 색이 옅은 아랫부분을 얇게 저민다.

레몬그라스 줄기 2개

믹서나 푸드 프로세서에 다음과 함께 레몬그라스를 넣는다.

설탕 3큰술

잘게 썬 샬롯 또는 쪽파 2큰술

다진 마늘 2큰술

피시 소스 2큰술

간장 2큰술

참기름 2큰술

식물성 기름 2큰술

오향 분말 2큰술

칠리 마늘 페이스트 또는 삼발 올렉 소스 1작은술 또는 굵은 고춧가루 ¼작은술

곱게 갈아서 커다란 그릇에 옮겨 담는다. 다음을 씻어서 톡톡 두드려 물기를 제거한 후 양념이 들어 있는 그릇에 넣는다.

돼지 등갈비 또는 돼지갈비 1.3kg, 갈빗대를 따라 자르기

갈비를 뒤집어가면서 양념을 골고루 묻힌다. 뚜껑을 덮어 냉장고에 8~24시간

넣어둔다. 오븐을 162℃로 예열한다. 솔을 사용해 커다란 직화 팬 또는 테두리 있는 오븐 팬에 식물성 기름을 살짝 바른다. 갈비의 살이 많은 부분이 위로 오도록 팬에 가지런히 놓고 45분간 굽는다. 갈비를 반대쪽으로 뒤집어서 살이 아주 부드러워질 때까지 45분~1시간 동안 굽는다. 취향에 따라 다음을 뿌린다.

(볶은 참깨 2큰술)

사테(Satay Skewers)

6~8인분

이 레시피에는 다양한 육류의 여러 부위를 사용할 수 있다. 소 또는 돼지의 옆구리살 스테이크나 어깨살 등 비교적 질긴 부위는 결의 반대 방향으로 썰어야 한다.

믹서나 푸드 프로세서에 다음을 넣고 부드러워질 때까지 돌린다.

코코넛 밀크 통조림 ½컵

샬롯 큰 것 1개, 굵게 썰기

갈색 설탕 또는 코코넛 슈거 2큰술

피시 소스 또는 간장 2큰술

마늘 2쪽, 굵게 썰기

커민 가루 1작은술

고수씨 가루 1작은술

얕은 접시에 다음을 담는다.

내장을 빼내고 손질한 대하 약 16~20마리, 소고기 스테이크, 돼지고기 촙, 닭 가슴살 또는 뼈를 제거한 닭 넓적다리살 450g, 7.5×2.5cm 크기로 길쭉하고 얇게 썰기

양념을 붓고 잘 뒤적여서 섞는다. 뚜껑을 덮고 실온에 1시간 또는 냉장고에 넣어 24시간 보관한다.

다음을 준비한다.

땅콩 디핑 소스

조리를 시작하기 1시간 전에 15cm 길이의 대나무 꼬치 12개를 물에 푹 잠기도록 담가둔다. 그릴을 중불에 맞춰 준비하거나 직화 오븐을 예열한다. 꼬치마다 얇게 썬 고기나 새우를 꽂는다. 솔을 사용해 앞뒤에 다음을 가볍게 바른다.

식물성 기름

중간에 한 번 뒤집어가면서 갈색으로 익을 때까지 2~3분간 그릴 또는 직화 오븐에서 굽는다. 찍어 먹을 수 있도록 땅콩 소스를 곁들여서 바로 낸다.

데빌드 햄(Devlied Ham)

약 1½컵

예전에 연구로 바쁜 나날을 보내던 한 과학자가 우리 책에 실린 데빌드 햄 레시피를 보고 정말 효율적이고 특히 영양 보충에 최고라며 감사 편지를 보낸 적이 있다. 그 과학자는 저렴한 비용으로 한꺼번에 대량의 데빌드 햄을 만들어놓고 간단하게 단백질을 보충했다는데, 말하자면 햄으로 만든 간편 식사, 즉 훗날 등장한 소이렌트(Soylent, 가루로 되어 있어 물에 타 먹는 식사 대용품 ― 옮긴이)와 비슷한 개념의 식품으로 활용한 모양이다. 데빌드 햄은 샌드위치 스프레드로 사용하거나 크래커와 함께 도자기 그릇에 담아서 낸다.

푸드 프로세서에 다음을 넣고 페이스트 상태가 될 때까지 작동시킨다.

깍둑썰기한 델리 햄 1½컵(약 225g)

버터 또는 마요네즈 5큰술

　　잘게 썬 파슬리 2큰술

　　디종 또는 홀그레인 머스터드 1큰술

　　레몬즙 또는 딜 피클 절임 국물 1작은술 또는 적당량

　　스위트 파프리카 가루(훈제 권장) ½작은술

　　카엔 고춧가루 ¼작은술

　　소금과 흑후추 또는 백후추 적당량

닭 간 파테

약 3컵

다음을 작은 조각으로 썰어서 냉동실에 넣는다.

　　버터 스틱 1개(115g)

커다란 프라이팬을 중불에 올리고 다음을 넣어 녹인다.

　　버터 2큰술

다음을 넣는다.

　　잘게 썬 샬롯 ¾컵(큰 것 2개 정도)

가끔 저으면서 부드러워질 때까지 2~3분간 볶는다. 다음을 넣는다.

　　그래니 스미스 사과 작은 것 1개, 껍질을 벗기고 속을 파낸 후 강판에 갈기

계속 저으면서 부드러워질 때까지 약 3분간 볶는다. 푸드 프로세서에 옮겨 담는다. 다음을 씻어서 톡톡 두드려 물기를 제거한다.

　　닭 간 450g, 손질해서 반으로 자르기

처음에 사용했던 프라이팬을 중강불에 올리고 다음을 넣어 거품이 잦아들 때까지 가열한다.

　　버터 1큰술

닭 간을 넣고 다음으로 간을 한다.

　　소금 ½작은술

　　흑후추 ½작은술

속은 아직 분홍색이지만 겉이 갈색으로 익을 때까지 한 면당 약 2분씩 조리한다. 프라이팬을 불에서 내린다. 다음을 붓는다.

　　칼바도스 또는 코냑 3큰술

긴 성냥 또는 라이터로 알코올에 불을 붙인다. 프라이팬을 다시 불에 올리고 크게 돌려가며 알코올이 전부 타서 날아갈 때까지 가열한다. 푸드 프로세서에 옮겨 담는다. 취향에 따라 다음을 추가해도 좋다.

　　(카트르 에피스 ½작은술)

부드러워질 때까지 푸드 프로세서를 작동시킨다. 푸드 프로세서가 돌아가는 동안 차갑게 식힌 버터 조각을 한 번에 하나씩 넣는다. 맛을 보면서 간을 조절한다. 푸드 프로세서 용기를 잘 긁어내어 작은 도자기 용기나 그릇에 담고 주걱으로 윗면을 매끈하게 다독인다. 비닐랩을 적당히 잘라서 윗면을 꾹 누르듯이 감싼 다음 단단해질 때까지 최소 2시간 이상 냉장고에 넣어둔다. 차갑게 또는 실온 상태로 낸다.

칵테일 미트볼

약 70개

오븐을 175℃로 예열한다. 그릇에 다음을 넣고 섞는다.

　　지방이 적은 소고기 다짐육 900g

　　잘게 부순 콘플레이크 시리얼 1컵

　　케첩 ⅓컵

　　대란 2개, 잘 젓기

　　간장 2큰술

　　잘게 썬 파슬리 ¼컵

　　다진 양파 3큰술 또는 말린 양파 2큰술

　　마늘 3쪽, 다지기

　　흑후추 ¼작은술

지름 2.5cm의 미트볼을 만든다. 33×23×5cm 크기의 오븐 팬에 가지런히 늘어놓는다. 중간 크기의 편수 냄비에 다음을 넣어 섞는다.

　　젤리 형태의 크랜베리 소스 450g(1½컵)

　　레몬즙 1큰술

　　맛이 순한 토마토 칠리 소스 340g짜리 1병

냄비를 중불에 올리고 크랜베리 소스가 녹을 때까지 젓는다. 오븐 팬에 담아 놓은 미트볼 위에 붓는다. 뚜껑을 덮지 않고 속까지 완전히 익도록 약 30분간 굽는다.

케프테데스(Keftedes, 그리스식 미트볼)

작은 미트볼 30개

튀기는 대신 직화로 구우면 훨씬 깔끔하고 간단하게 이 미트볼을 만들 수 있다. 또는 이 고기 반죽을 패티 형태로 빚어서 양고기 버거를 만들어도 좋다.

직화 오븐을 예열한다. 커다란 오븐 팬에 기름을 가볍게 바른다. 큰 그릇에 다음을 넣고 섞는다.

　　다진 양고기 450g

　　중간 크기 자색 양파 ½개, 강판에 갈거나 다지기

　　마른 빵가루 ¼컵

　　다진 파슬리 2큰술

　　다진 민트 2큰술

　　레드와인 식초 2큰술

　　대란 1개, 잘 젓기

　　마늘 2쪽, 다지기

　　말린 오레가노 ½작은술

　　소금 ½작은술

　　흑후추 ½작은술

재료가 적당히 어우러질 때까지 손으로 섞되, 너무 오래 버무리지 않도록 하자. 고기 반죽을 숟가락으로 깎아서 1큰술씩 떠낸 다음 둥글게 뭉쳐 미트볼 모양으로 빚는다. 앞에서 준비해둔 오븐 팬에 가지런히 놓고 미트볼의 내부 온도가 70℃가 되고 겉이 갈색으로 익을 때까지 8~10분간 직화로 굽는다. 다음과 함께 낸다.

　　차지키

돼지고기와 버섯을 넣은 양상추 쌈

약 16개

커다란 프라이팬을 중강불에 올리고 다음을 둘러 가열한다.

　　식물성 기름 1큰술

기름에서 연기가 나기 직전에 다음을 넣는다.

　　다진 돼지고기 680g

돼지고기가 골고루 갈색으로 익을 때까지 잘 볶은 다음 접시에 담아 한쪽에

둔다. 프라이팬에 기름이 남아 있지 않다면 다음을 추가한다.

　(식물성 기름 2큰술)

다음을 넣는다.

　양파 작은 것 1개, 잘게 썰기

　표고버섯 또는 느타리버섯 115g, 굵게 썰기

　마늘 4쪽, 다지기

　생강 2.5cm짜리 1조각, 껍질을 벗기고 다지기

버섯에서 수분이 빠져나올 때까지 약 5분간 조리하되, 프라이팬 바닥에 붙은
갈색 돼지고기 조각을 잘 긁어가면서 볶는다. 다음을 넣는다.

　사오싱주 또는 드라이 셰리 ½컵

물기가 거의 다 증발할 때까지 조리한다. 한쪽에 두었던 돼지고기 볶은 것을
다시 프라이팬에 넣고 다음을 추가한다.

　해선장 ¼컵

　굴 소스 2큰술

　쌀 식초 1큰술

　간장 1큰술

　고추기름 ½작은술 또는 다진 태국 고추 1개

　참기름 ½작은술

잘 저어서 섞는다. 프라이팬을 불에서 내리고 다음을 넣어 젓는다.

　무염 구운 땅콩 ¼컵, 굵게 다지기

　굵게 썬 고수 ¼컵

몇 분간 그대로 두어 식힌다. 그동안 다음을 씻는다.

　로메인 상추, 버터 양상추, 사보이 양배추 잎 16장

잎을 흔들어서 물기를 털어내고, 각 잎의 가운데에 돼지고기 양념 볶음을 약
2큰술씩 떠서 담는다. 다음과 함께 낸다.

　스리라차, 삼발 올렉 또는 칠리 마늘 소스

　라임 조각

　고수

돌마(Dolmas, 포도 잎 쌈)

약 30개

채식 버전을 준비해야 한다면 양고기를 빼고 쌀의 양을 2배로 늘린 후 **말린 커
런트 ½컵**과 **구운 잣 2큰술**을 속재료 혼합물에 추가한다. 그리고 조리하기 전
에 물 1컵을 추가로 붓는다. 신선한 포도 잎을 사용하려면 1117쪽을 참고하자.
다음 병조림을 그릇에 따라낸다.

　절인 포도 잎 병조림 225g짜리 2병

포도 잎을 물에 담근 채로 1장씩 분리해 잘 헹군다. 조심스럽게 톡톡 두드려 물
기를 뺀다. 중간 크기의 그릇에 다음을 넣고 섞는다.

　다진 양고기 225g

　양파 큰 것 1개, 잘게 썰기

　파슬리 ¼컵, 잘게 썰기

　딜 ¼컵, 잘게 썰기

　민트 ¼컵, 잘게 썰기

　익히지 않은 장립종 백미 ½컵

　마늘 2쪽, 다지기

　소금 ½작은술

더치오븐에 크기가 작거나 찢어진 포도 잎을 몇 장 깐다. 돌마의 속을 채우려
면 접시에 포도 잎 윗면이 위로 오도록 1장씩 놓는다. 포도 잎의 줄기 끝부분
가까운 쪽에 속재료를 1큰술씩 넉넉히 떠서 올린다. 줄기 끝부분을 속재료 위
로 접고 양쪽 옆을 안으로 접은 후 작은 궐련을 마는 것처럼 잎을 돌돌 말고 가
장자리를 밀어 넣어 깔끔하게 마무리한다. 이음매가 있는 쪽이 아래로 오도록
포도 잎을 깔아둔 더치오븐에 차곡차곡 넣는다. 속재료가 다 떨어질 때까지
포도 잎 쌈을 한 층으로 가지런히 담고 그 위에 2층을 쌓는다. 맨 위에 다음을
살짝 뿌린다.

　올리브유 3큰술

다음을 붓는다.

　닭, 소고기, 채소 육수 또는 물 2컵

포도 잎 몇 장을 위에 덮고 묵직한 내열 접시로 누른다. 더치오븐의 뚜껑을 닫
고 약불에 올려서 쌀이 익을 때까지 30~40분간 뭉근히 끓인다. 뜨겁거나 차갑
게 낸다.

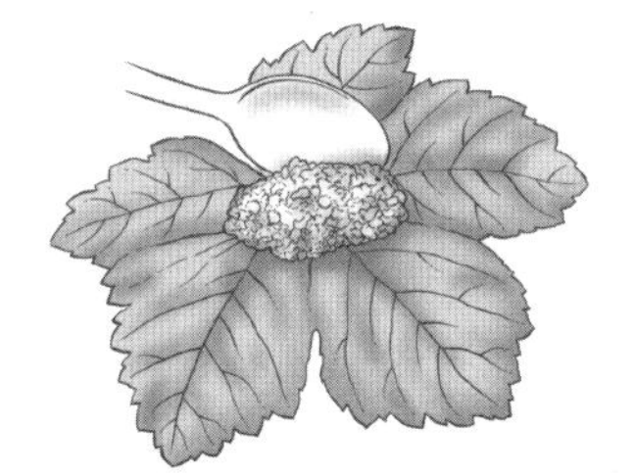

포도 잎 쌈 접기

군만두

약 50개, 전채 요리로 8~10인분

만두피나 완탕피는 보통 50개씩 묶어서 팔기 때문에 속재료의 양도 여기에 맞
춰 소개한다. 일반적인 프라이팬에는 만두가 20~25개 정도만 들어가므로 이
레시피는 '두 번에 걸쳐' 요리할 양이다. 프라이팬을 2개 사용하여 조리한 후
한꺼번에 낼 수도 있고, 먼저 구운 만두를 다 먹고 나서 한 번 더 구울 수도 있
으며, 절반을 오븐 팬에 가지런히 놓고 냉동한 후 봉투에 옮겨 담아 나중에 먹
을 수도 있다. 냉동 만두는 아무래도 속이 다소 건조해지기는 하지만, 그 점을
제외하면 변함없는 맛을 자랑한다.(냉동실에서 꺼내 바로 굽는다.)

중간 크기의 그릇에 다음을 넣어 섞는다.

　잘게 채 썬 배추, 꾹 눌러 담아 2컵(약 225g)

　소금 ½작은술

15분간 그대로 두어 물기를 뺀다. 깨끗하고 얇은 주방 행주에 옮겨 담아 힘껏
비틀어서 최대한 물기를 짜낸다. 배추를 소금에 절일 때 사용했던 그릇을 물
에 헹궈 말린 다음 물기를 짜낸 배추와 다음을 넣는다.

　다진 돼지고기 450g

　마늘 2쪽, 다지기

　생강 2.5cm짜리 1조각, 껍질을 벗기고 다지기

잘게 썬 쪽파 또는 부추 ½컵

간장 1큰술

참기름 1큰술

설탕 1작은술

소금 ¼작은술

흑후추 ¼작은술

잘 어우러지도록 섞는다. 다음을 준비한다.

만두피 또는 둥근 완탕피 50장

한 번에 만두피 6개씩 사용한다. 만두소를 1작은술씩 떠서 둥글게 뭉친 다음 만두피의 가운데에 놓는다. 만두피 가장자리에 솔로 물을 살짝 바른 후 반으로 접어 반달 모양을 만들고, 손으로 꾹꾹 눌러가며 공기를 빼고 가장자리를 여민다. 취향에 따라 둥근 가장자리에 주름을 잡아도 좋다. 완성된 만두의 이음매 부분이 위로 오게 하여 다음을 살짝 뿌린 오븐 팬에 담는다.

옥수수 전분

만두를 살짝 눌러서 바닥이 평평해지게 한다. 30분간 그대로 둔다. 그동안 다음을 준비한다.

만두용 디핑 소스

커다란 프라이팬(논스틱 권장)을 중강불에 올려 가열한다. 프라이팬이 뜨거워졌을 때 다음을 두른다.

식물성 기름 2큰술

프라이팬에 만두 20~25개를 옆면이 서로 맞닿도록 둥글게 담는다. 바닥이 노릇노릇하게 익을 때까지 약 2분간 굽는다. 프라이팬에 다음을 붓는다.

물 ⅔컵

뚜껑을 덮고 물이 거의 전부 증발할 때까지 6~8분간 굽는다. 뚜껑을 조심스레 열고 만두가 바삭해지도록 1~2분 더 굽는다. 프라이팬을 불에서 내리고 2분간 둔다. 만두가 서로 붙을 수도 있다. 이럴 땐 만두를 통째로 접시에 뒤집어 담아 갈색으로 익은 바닥이 위로 가게 한다. 만두용 디핑 소스와 함께 낸다.

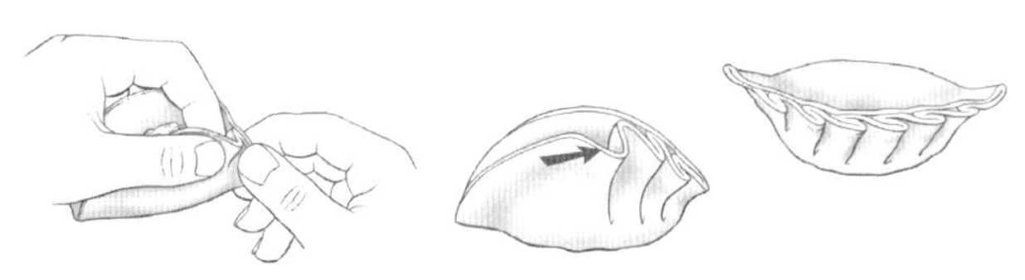

스테이크 타르타르(Steak Tartare)

6인분

이 전통적인 전채 요리의 가장 중요한 재료는 품질이 뛰어나고 지방이 없는 소고기로, 안심이 가장 좋지만 우둔살이나 등심으로 대체할 수 있다. 소고기를 덩어리째 사서 냉장 보관하면 풍미와 식감이 보존되며 오염 위험도 낮아진다.
▶ 미리 다져놓은 소고기를 사용하지 말고 반드시 내기 직전에 덩어리 고기를 다지도록 하자.

다음을 깨끗하게 손질해 속까지 차갑게 해둔다.

소 안심 680g

잘 드는 칼을 사용해 안심을 손으로 잘게 썬다. 또는 가로세로 1.2cm 크기로 깍둑썰기하여 푸드 프로세서에 조금씩 넣고 고기가 3mm 크기가 될 때까지 7~10초 정도 짧게 작동시켜도 좋다. 너무 곱게 갈지 않도록 주의한다. 차갑게

식힌 서빙 플래터 또는 개인 접시에 고기를 담고 6개의 덩어리로 나누어 봉긋하게 모양을 잡는다. 취향에 따라 숟가락으로 윗부분을 살짝 눌러서 공간을 만들고 다음을 얹는다.

(달걀노른자 6개)

다음을 적당히 나누어 다진 고기 덩어리 주변에 놓는다.

다진 양파 또는 샬롯 ½컵

다진 파슬리 ½컵

다진 미니 오이 피클 ¼컵

물기를 빼고 다진 케이퍼 ¼컵

(안초비 필레 8~12개, 다지기)

즉시 내고, 다음을 따로 담아서 식탁에 올린다.

레몬즙

우스터 소스

디종 머스터드

핫소스

굵은 바닷소금과 갓 갈아낸 흑후추

다음과 함께 낸다.

얇게 썬 호밀 흑빵, 구운 프랑스 빵 또는 감자 칩

루마키(Rumaki)

36개

당일에 미리 재료를 섞어두고 내기 직전에 굽는다. 또한 닭 간 대신 마름을 통째로 사용할 수도 있다.

다음을 씻어서 손질한 후 4등분한다.

닭 간 225g

중간 크기의 그릇에 다음을 넣고 잘 젓는다.

간장 2큰술

사케 또는 드라이 셰리 2큰술

생강 2.5cm짜리 1조각, 껍질을 벗기고 강판에 갈기

갈색 설탕 2작은술

닭 간을 넣고 뒤적여서 양념을 골고루 묻힌다. 뚜껑을 덮고 냉장고에 넣어 1~2시간 재워둔다. 오븐을 200℃로 예열한다. 다음을 준비한다.

아주 얇게 썬 베이컨 18조각, 가로로 반을 잘라 36조각으로 만들기

마름 슬라이스 36개, 통조림(225g짜리 1개) 마름을 씻어서 얇게 썰기

닭 간 1개와 마름 슬라이스 1개를 베이컨 1조각에 놓고 돌돌 말아서 이쑤시개로 고정한다. 테두리 있는 오븐 팬에 가지런히 놓는다. 10분간 굽는다. 직화 오븐에 넣은 후 베이컨이 바삭해지고 간이 속까지 익도록 약 2분간 더 굽는다. 키친타월에 잠깐 올려 기름을 빼고 접시에 담아 뜨거울 때 낸다.

네기마키(Negimaki, 소고기와 파를 넣은 롤)

약 30개

다음을 30분~1시간 정도 냉동실에 넣어두면 좀 더 쉽게 썰 수 있다.

뼈 없는 소 등심 560g, 지방을 떼어내고 손질하기

그동안 다음을 손질해 5cm 길이로 썬 후 15묶음으로 나눈다.(각 묶음당 2~3개)

쪽파 8~10대

소고기를 15조각으로 아주 얇게 썬다. 얇은 소고기를 비닐랩 2장 사이에 놓고

나무망치나 작은 프라이팬의 바닥으로 가볍게 쳐서 균일한 두께로 편다. 얇게 편 소고기에 쪽파 묶음을 얹고 2~3번 정도 돌돌 말아서 이쑤시개로 고정한다. 커다란 프라이팬을 강불에 올리고 다음을 둘러 가열한다.

　식물성 기름 1½큰술

이음매가 아래로 가도록 롤을 프라이팬에 올리고 지진다. 이음매 부분이 익어서 서로 달라붙으면 롤을 이리저리 굴리면서 모든 면이 갈색이 되도록 굽는다. 약 2분 정도 구워서 소고기의 색이 변했을 때 다음을 잘 섞어서 프라이팬에 붓는다.

　사케 2큰술

　간장 2큰술

　설탕 1큰술

불을 약간 줄이고 1분간 조리하되, 프라이팬을 흔들어가면서 롤이 바닥에 눌어붙지 않게 한다. 다 익으면 롤을 접시에 옮기고 약간 식힌 다음 이쑤시개를 뺀다. 프라이팬에 소스가 많이 남았다면 강불에 올려 약 2큰술 분량으로 졸인다. 내기 직전에 롤을 다시 프라이팬에 넣고 강불에 올려 흔들어가며 소스를 발라준다. 롤을 가로로 반을 잘라서 따뜻할 때 낸다.

해산물 전채 요리에 대해

생선과 조개류 오르되브르는 대부분 미리 손질해서 먹기 직전에 간단히 조리만 해도 충분하므로 비교적 준비하기 쉬운 전채 요리다. 여기서 소개하는 레시피 외에도 생물 갑각류 식탁에 올리기 항목과 호밀 크래커나 스칸디나비아식 머스터드 딜 소스를 곁들인 그라블락스, 새우나 관자 그릴 또는 직화 오븐 구이, 베커 바비큐 새우, 세비체 등의 레시피를 참고한다. 껍데기에 담아서 내는 굴과 조개는 가능한 한 먹기 직전에 껍데기를 까야 한다. ▶ 최고의 풍미와 품질을 보존하려면 뜨거운 해산물 전채 요리를 오랫동안 보관하지 않기를 권한다. 가장 신선한 조개나 갑각류를 구입하고 조리하기 전의 보관에도 신경을 쓴다. 신선한 갑각류 구입하기 및 보관하기 항목을 참고한다.

그릴 또는 직화 오븐에 구운 새우 코케뉴

30~40개

다음을 꼬리만 남기고 껍질을 벗긴 후 내장을 빼고 손질한다.

　대하 900g(약 16~20마리)

커다란 그릇에 다음을 넣고 섞는다.

　올리브유 ½컵

　화이트와인 ½컵

　레몬즙 1큰술

　잘게 썰어서 섞은 바질과 파슬리 3큰술

　마늘 2쪽, 다지기

　소금 1작은술

　흑후추 ¼작은술

새우를 넣고 뒤적이며 골고루 양념을 묻힌다. 뚜껑을 덮고 냉장고에 넣어 몇 시간 정도 재워둔다. 그릴을 뜨겁게 달구거나 직화 오븐을 예열한다. 새우를 중간에 한 번 뒤집어가면서 전체적으로 불투명해질 때까지 4~7분간 그릴이나 직화 오븐에서 굽는다. 다음을 곁들여 즉시 낸다.

　녹인 버터 또는 레몬과 파슬리 버터

케이준 팝콘 새우

8~10인분

이 레시피는 새우뿐만 아니라 조개, 굴 또는 루이지애나 전통대로 민물가재로 응용할 수 있다. 가득 떠서 한 움큼씩 입에 넣는 사람도 많으므로 양을 넉넉하게 준비하자. 딥 프라잉 항목을 참고한다.

중간 크기의 그릇에 다음을 넣고 젓는다.

　중력분 1컵

　설탕 1작은술

　소금 1작은술

　흑후추 1작은술

　양파 가루 ½작은술

　마늘 가루 ½작은술

　카옌 고춧가루 ½작은술

　말린 타임 ½작은술

혼합물 가운데를 눌러서 적당한 공간을 만든다. 다음을 서서히 흘려 넣으면서 계속 휘젓는다.

　우유 1½컵

　대란 2개, 가볍게 젓기

30분간 둔다. 그동안 튀김기나 깊고 묵직한 냄비 또는 더치오븐에 기름을 다음 높이까지 붓고 185℃가 되도록 가열한다.

　식물성 기름 10cm

반죽에 다음을 넣고 섞는다.

　작은 새우 900g(약 31~40마리), 껍질 벗기기 또는 대하 900g, 껍질을 벗기고 내장을 제거한 후 1.2cm 길이로 썰기

구멍 뚫린 숟가락으로 반죽에서 새우를 건진 후 다음에 굴려 얇게 묻힌다.

　마른 빵가루 2~3컵 또는 고운 옥수숫가루 적당량

새우를 몇 번에 나눠 바삭하고 연한 갈색이 될 때까지 2~3분씩 튀긴다. 건져서 키친타월에 올려놓고 기름을 뺀다. 다음과 함께 낸다.

　아이올리 또는 레물라드 소스

새우 피클

8인분

해산물과 치즈는 절대 섞으면 안 된다는 요리계의 철칙이 있기는 하지만, 트레바의 피미엔토 치즈를 듬뿍 바른 크래커 위에 이 새우 피클을 올리면 무척 맛있다.

다음을 준비한다.

　데치거나 '삶은' 새우

커다란 그릇에 다음을 넣고 섞는다.

　사과 식초 2컵

　김빠진 맥주 1컵

　레몬 큰 것 1개, 아주 얇게 저미기

　자색 양파 ½개, 종잇장처럼 얇게 저미기

　마늘 5쪽, 으깨기

　말린 흑후추 열매 1큰술, 잘게 부수기

　설탕 1큰술

　소금 1½작은술

셀러리 1묶음에서 뜯은 이파리

(셀러리씨 1큰술)

타바스코 소스 1~2작은술, 맛을 보면서 조절

새우를 피클 절임 용액에 넣는다. 접시로 새우를 지그시 눌러서 절임 용액에 완전히 잠기도록 하고 냉장고에서 24시간 절였다가 식탁에 낸다. 우리는 주로 다음을 곁들여 먹는다.

짭짤하고 담백한 크래커 또는 소다 크래커

말을 탄 천사(Angels on Horseback)

24개

이름과 달리 이 레시피에는 천사도 없고 말도 없다. 오랫동안 사랑받아온 요리에 붙은 그럴듯한 이름일 뿐이다.

오븐을 200℃로 예열한다. 다음 재료의 껍데기를 까거나 이미 껍데기를 깐 상태라면 물기를 제거한다.

중간 크기의 굴 24개

한쪽에 둔다. 다음을 준비한다.

단단한 흰 빵 슬라이스 8조각

준비한 빵에 다음을 골고루 바른다.

버터 4큰술(버터 스틱 ½개), 부드럽게 젓기

비스킷 또는 쿠키 틀을 사용해 빵을 지름 5cm의 둥근 모양으로 잘라 24조각을 만든다. 테두리 있는 오븐 팬에 담아 연한 갈색이 될 때까지 약 5분간 굽는다. 토스트를 큰 접시에 옮긴다. 다음을 반으로 자른다.

아주 얇게 썬 베이컨, 프로슈토 또는 햄 12조각

취향에 따라 베이컨의 한쪽에 다음을 살짝 발라도 좋다.

(안초비 페이스트)

굴을 베이컨이나 햄(안초비를 바른 면이 안으로 가도록)으로 말고, 테두리 있는 오븐 팬에 철망을 놓고 그 위에 이음매 부분이 아래로 가도록 올린다. 오븐의 그릴을 켠다. 베이컨이 다 익거나 햄이 바삭하게 구워질 때까지 약 10분간 굽는다. 토스트 위에 올리고 다음을 솔솔 뿌린다.

다진 파슬리 3큰술

오이스터 록펠러

24개

오븐을 230℃로 예열한다. 다음 재료의 껍데기를 까서 반각 굴로 손질한다.

중간 크기의 굴 24개

푸드 프로세서에 다음을 넣고 골고루 다진다.

냉동 시금치 285g짜리 1봉지, 해동해서 물기 빼기 또는 데친 시금치 1½컵

생빵가루 ⅓컵

쪽파 3대, 송송 썰기

파슬리 2큰술, 굵게 썰기

소금 ½작은술

핫소스 4방울

다음을 추가한다.

버터 4큰술(버터 스틱 ½개), 부드럽게 젓기

페르노 또는 아니세트 리큐어 1큰술 또는 적당량

푸드 프로세서를 10초간 더 돌린다. 오븐 팬에 다음을 넉넉히 깐다.

코셔 소금 또는 굵은 바닷소금

반각 굴을 소금 위에 가지런히 놓는다. 굴마다 시금치 혼합물을 1작은술씩 넉넉히 떠서 얹는다. 볼록하게 부풀어 오를 때까지 약 10분간 굽는다. 오븐의 그릴에 넣어서 윗면이 갈색이 되도록 2분간 더 굽는다.

클램 카지노(Clams Casino)

24개

이 레시피에 굴이나 홍합을 사용해도 무척 맛이 좋다.

직화 오븐을 예열한다. 그릇에 다음을 넣고 잘 섞는다.

버터 4스푼(버터 스틱 ½개), 부드럽게 젓기

쪽파 1대, 잘게 썰기

다진 파슬리 1½큰술

레몬즙 1큰술

소금 ¼작은술

다음의 껍데기를 까서 껍데기 반쪽에 조갯살이 붙어 있는 상태로 만든다.

작은 대합, 새끼 대합 등 씨알이 작고 껍데기가 단단한 조개 24개

테두리 있는 오븐 팬에 조개를 담는다. 버터 혼합물을 적당히 나누어 조개에 얹는다. 조개 위에 다음을 올린다.

베이컨 6조각, 바삭하게 구워서 잘게 부수기

버터가 보글거리면서 끓어오를 때까지 약 3분간 직화로 굽는다.

캐비아와 어란

어떤 사람이 하소연하듯 캐비아가 왜 그렇게 비싸냐고 묻자 친절한 지배인은 이렇게 대답했다고 한다. "철갑상어의 1년 농사니까요." 최고급 캐비아는 철갑상어의 알을 절인 것으로, 가장 선호하는 캐비아는 카스피해 원산의 **벨루가**(Beluga)와 **오세트라**(Osetra, 또는 오시에트라)다. 세 번째로 꼽히는 것은 **세브루가**(Sevruga)로, 앞의 두 가지보다 크기가 작은 카스피해 원산 철갑상어에서 얻는다. 현재는 야생 철갑상어 보존을 위해 포획 금지 조치가 발효되었으며 몇몇 국제기구에서는 야생 철갑상어에서 채취한 캐비아의 거래를 금지하고 있다. 오늘날 철갑상어는 캘리포니아에서부터 이스라엘에 이르기까지 전 세계에서 양식 재배된다. 심지어 철갑상어를 '죽이지 않고' 기분 좋게 마사지하여 추출한 캐비아도 유통되고 있다.

주걱철갑상어의 알은 미시시피와 테네시주의 강이 원산지인 물고기에서 얻는다. 알은 크기가 작고 은색을 띠며 맛이 풍부하고 풍미가 뛰어나다. 주걱철갑상어의 알은 캐비아와 상당히 비슷하지만, 큼직하고 강렬한 풍미를 내는 주황색의 연어알부터 작고 단단하며 맛이 순한 황금색의 송어알에 이르기까지, 캐비아와 모양은 전혀 다르지만 그 자체로도 충분히 맛있는 어란도 많다.

캐비아는 반드시 믿을 수 있는 매장에서 구입하고 라벨을 자세히 읽어야 한다. 윤기가 나고 반투명하며 모양이 온전한 알을 고른다. 가능하면 시식해보고 구매하도록 하자. 제대로 된 캐비아라면 절대 너무 짜거나 비린내가 나지 않는다. ▶ 신선한 캐비아는 4.5℃ 이상의 온도에서 몇 시간 안에 상해버리므로 항상 얼음 위에 올려서 낸다. 개봉하지 않은 캐비아는 한 달 동안 보관할 수 있다. 일단 개봉하고 나면 1~2일 안에 다 먹어야 한다. 신선한 어란을 소금에 절이려면 995쪽을 참고한다.

각자 즐길 수 있도록 캐비아를 제공하려면 금속 숟가락의 뒷면을 가열하여 각얼음 위에 꾹 눌러 움푹 들어가게 만든 후 플라스틱 숟가락이나 캐비아 전

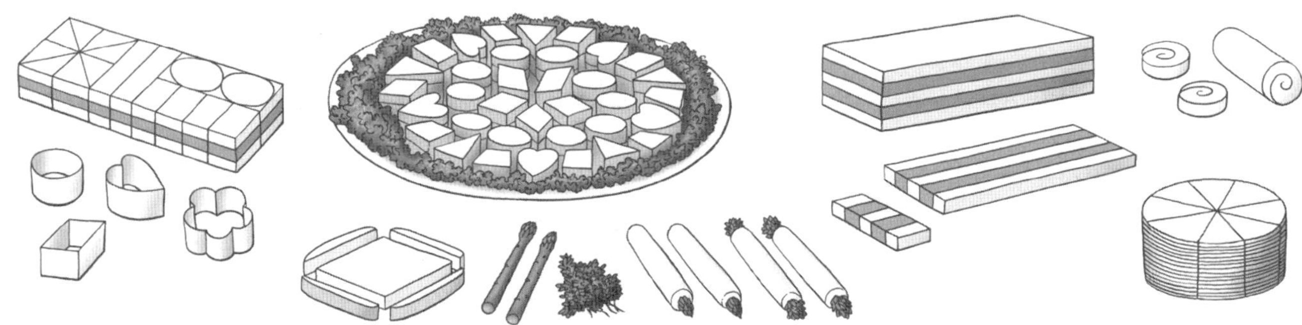

다양한 모양의 티 샌드위치

용 숟가락을 사용해 얼음이 움푹 들어간 공간에 캐비아를 채운다. ▶ 캐비아
는 절대 금속 식기와 접촉하거나 금속 용기에 담아서 내면 안 된다. 카나페 또
는 메밀 블리니에 캐비아를 바를 때는 캐비아 알에 상처가 나지 않도록 주의
한다. 전통적으로 캐비아에 곁들이는 것은 레몬 조각과 파슬리, 흑빵, 호밀 흑
빵 또는 토스트다. 가니시로는 얇게 저민 삶은 달걀과 양파를 자주 사용한다.
또는 캐비아를 감자와 함께 내거나 버터 또는 사워크림과 섞은 후 토스트에
발라서 낼 수도 있다. 캐비아는 차갑게 식힌 드라이 화이트와인을 곁들여도 좋
지만 샴페인, 보드카, 흑후추로 풍미를 낸 보드카와 함께 내면 금상첨화다.

카나페와 티 샌드위치에 대해

카나페는 빵, 크래커, 페이스트리에 다양한 재료를 올려서 위를 덮지 않고 내
는 오르되브르다. 한 입이나 두 입에 먹을 수 있도록 만든다. 카나페는 베이스,
스프레드, 주재료, 가니시의 네 가지 요소로 구성된다. 빵을 베이스로 사용한
다면 쿠키 틀로 사각형, 삼각형, 원형 또는 그 외 다양한 예쁜 모양으로 잘라서
만들 수 있다. 작은 크래커와 비튼 비스킷, 앙증맞은 크기로 만든 메밀 블리니,
조그마한 타르트 셸, 필로 셸(얇은 조각 모양의 페이스트리 — 옮긴이), 작은 완탕 튀
김, 퍼프 페이스트리 셸도 카나페에 사용할 수 있다. 더 다양한 응용법은 페이
스트리 파티 음식에 대해 항목을 참고하자.

　티 샌드위치는 다양한 속재료를 채워서 만드는 작고 섬세한 샌드위치다. 다
양한 모양으로 잘라 보기 좋게 배열할 수 있다. 티 샌드위치는 어느 정도 준비
시간이 필요하고 손이 많이 가는 편이지만 미리 만들어두면 최대 24시간까지
보관할 수 있다. 샌드위치를 쟁반 위에 놓고 파라핀지를 얹은 후 축축한 키친
타월로 덮는다. 비닐랩으로 단단히 감아서 내기 전까지 냉장고에 보관한다.

카나페

아래의 권장 조합을 참고하여 다음 중 하나를 준비한다.
　6mm 두께로 썬 바게트, 겉껍질을 제거한 5×5×1.2cm 크기의 사각형 찰라,
　　브리오슈나 그 외의 흰 빵, 또는 결이 치밀한 5×5×1.2cm 크기의 색이 진한
　　빵(흑빵, 호밀 흑빵 등)
준비한 베이스 재료에 다음 중 하나를 얹는다. (빵 1조각당 버터 ½작은술 또는 스
프레드 1작은술 정도 사용)
　얇게 저민 딸기와 사워크림 또는 크렘 프레슈(찰라)
　브리 치즈, 무화과 잼과 버터(색이 진한 빵)
　트레바의 피미엔토 치즈, 얇게 썬 컨트리 햄과 브레드 앤드 버터 피클
　　슬라이스(구운 흰 빵)

　토마토 슬라이스, 네모나게 잘라 구운 베이컨 또는 아보카도 슬라이스와
　　아이올리(브리오슈)
　사과 슬라이스, 캐러멜화한 양파와 숙성 체더 치즈 녹인 것(색이 진한 빵)
　블루 치즈, 얇게 썬 서양배 슬라이스와 버터(바게트)
　얇게 썬 훈제 연어 또는 그라블락스, 딜, 케이퍼와 호스래디시 소스 II 또는
　　크림치즈(색이 진한 빵 또는 베이글 칩)
　훈제 송어나 은대구, 오이 및 호스래디시를 섞어서 맛을 낸 사워크림(호밀 흑빵)
　데친 새우 또는 새우 피클, 파슬리 또는 타라곤 잎과 마요네즈(바게트 또는 소다
　　크래커)
　캐비아, 다진 양파와 버터(호밀 흑빵)
　얇게 썬 닭 가슴살 또는 칠면조 가슴살, 얇게 썬 그래니 스미스 사과와 커리
　　가루로 풍미를 낸 마요네즈(바게트 또는 찰라)
　얇게 썬 로스트 비프, 양파 볶음 또는 캐러멜화한 양파와 호스래디시
　　소스 II(바게트)
　얇게 썬 구운 돼지고기 또는 소 안심, 크레송과 달팽이 버터(바게트)

티 샌드위치

스프레드를 얇게 바르고 부드러운 속재료를 채우면 티 샌드위치의 모양이 더
욱 예쁘게 유지된다. 티 샌드위치를 다양한 모양으로 만들 때는 위의 그림을
참고하자.

　위의 카나페 재료와 함께 1.2cm 두께로 자른 찰라, 브리오슈나 그 외의 흰
빵 또는 6mm 두께로 자른 결이 치밀하고 색이 진한 빵(흑빵, 호밀 흑빵 등)을
준비한다. 취향에 따라 빵 덩어리를 세로로 길게 잘라서 사용할 수도 있다. 겉
껍질을 잘라낸 빵 조각에 원하는 속재료를 얇게 바른다. 그 위에 다른 빵 조각
을 덮고 원하는 모양으로 자른다.

베네딕틴 샌드위치

약 1½컵

이 샌드위치는 전통적으로 5월에 열리는 켄터키 더비(Kentucky Derby, 5월에 켄
터키주에서 열리는 경마 — 옮긴이)의 축제 때 준비한다. 얇게 저민 컨트리 햄을 추
가하면 (그리고 민트 줄렙까지 곁들이면) 금상첨화다.
상자형 강판의 구멍이 큰 쪽으로 다음을 간다.
　오이 중간 크기 1개, 껍질을 벗기고 씨 제거하기
　양파 중간 크기 ½개
키친타월로 감싼 뒤 꾹 짜서 물기를 뺀다. 중간 크기의 그릇에 넣고 다음을 추

가한다.

크림치즈 225g, 부드럽게 젓기

카옌 고춧가루 1자밤

소금 ¼작은술

(녹색 식용 색소 1~2방울)

폭신한 질감이 될 때까지 나무 숟가락으로 섞는다. 다음을 준비한다.

겉껍질을 잘라낸 흰 빵 슬라이스 12조각

빵 6조각에 크림치즈 혼합물을 바른 후 나머지 6조각을 위에 덮는다. 반으로 자르면 직사각형, 4등분하면 정사각형, 대각선으로 자르면 삼각형이 된다.

브루스케타(Bruschetta)

가장 기본적인 브루스케타는 그릴에 굽거나 노릇하게 구운 빵에 마늘 몇 쪽을 문지른 후 솔로 올리브유를 바른 것이다. 이 간단한 브루스케타가 무척 다양한 토핑을 올릴 수 있는 토대 역할을 한다.

그릴을 중불로 켜거나 직화 오븐을 예열한다. 다음의 각 면이 노릇노릇해질 때까지 그릴이나 직화 오븐에서 굽는다.

두껍게 썬 바삭바삭한 빵

구운 빵을 불에서 내린 후 각 조각의 한쪽 면에 다음을 문지른다.

마늘 몇 쪽

다음을 살짝 뿌린다.

엑스트라 버진 올리브유

다음 재료 중 하나를 얹는다.

깍둑썰기한 토마토와 잘게 찢은 바질 잎

정어리 또는 화이트 안초비, 굵은 고춧가루와 루콜라

구워서 얇게 썬 포토벨로버섯과 대패로 깎은 파르메산 치즈 조각

아티초크 하트 절임

얇게 깎은 회향과 흰콩 샐러드

타페나드 또는 카포나타

부라타 치즈와 구운 붉은 피망 병조림

잘게 다진 타임, 파슬리, 레몬 껍질을 섞은 리코타 치즈와 프로슈토 또는 스페크(speck, 프로슈토와 비슷하지만 훈제 과정을 거친 돼지고기 햄 ─ 옮긴이)

다음을 뿌린다.

굵은 바닷소금과 흑후추 적당량

치즈 퍼프 카나페

12~16개

직화 오븐을 예열한다. 중간 크기의 그릇에 다음을 넣고 휘저어서 단단한 거품을 만든다.

달걀흰자 3개

다음을 넣고 몇 번 뒤적이며 섞는다.

잘게 썬 그뤼에르 또는 스위스 치즈 1½컵(170g)

우스터 소스 1½작은술

디종 머스터드 1½작은술

스위트 파프리카 가루 ¾작은술

다음을 구워서 오븐 팬에 늘어놓는다.

가로세로 10cm 크기의 흰 빵 슬라이스 4조각, 껍질을 잘라내고 4등분하기

치즈 혼합물을 빵에 바르고 직화 오븐에 넣어 치즈가 갈색으로 봉긋하게 부풀어 오를 때까지 굽는다.

햄 비스킷

20~24개

아래에 소개하는 속재료와 더불어 비스킷에 가향 버터를 발라도 맛있다.

오븐을 220℃로 예열한다. 다음을 만들기 위해 반죽을 준비한다.

버터밀크 비스킷

취향에 따라 다음을 추가해도 좋다.

(잘게 썬 차이브 ¼컵)

반죽이 1.2cm 두께가 되도록 밀대로 민다. 비스킷이나 쿠키 틀을 사용해 지름 5cm의 둥근 모양으로 잘라낸다. 기름을 바르지 않은 오븐 팬에 반죽을 2.5cm 간격으로 늘어놓고 솔을 사용해 윗면에 다음을 바른다.

녹인 버터

윗면이 황금색이 될 때까지 약 15분간 굽는다. 다음을 준비한다.

허니 머스터드 디핑 소스

또는 다음을 준비한다.

버터 4큰술(버터 스틱 ½개), 부드럽게 젓기

(시판 또는 수제 고추 젤리)

손으로 만질 수 있을 정도로 비스킷이 식으면 반으로 쪼갠다. 허니 머스터드 소스나 버터를 바르고(고추 젤리를 사용한다면 함께 바른다.) 위에 다음을 올린다.

얇게 썬 햄, 컨트리 햄 또는 프로슈토 340g

따뜻하게 또는 실온 상태로 낸다.

페이스트리 파티 음식에 대해

페이스트리는 최소한 일부만이라도 미리 준비해둘 수 있는 오르되브르가 필요할 때 딱 맞는 메뉴다. 페이스트리 반죽을 돌돌 말아서 적당한 크기로 자른 후 모양을 잡아서 냉동했다가 파티가 시작되기 전에 냉동실에서 꺼내 속을 채운 후 구우면 된다. 대다수 페이스트리 전채 요리는 굽기만 하면 될 정도로 재료를 전부 조합해 냉동해두었다가 필요할 때마다 냉동실에서 꺼내 바로 굽는다.(이때 굽는 시간을 몇 분 더 넉넉히 잡는다.) 슈 페이스트는 속을 채워서 구운 다음 냉동하거나 속을 채워서 오븐 팬에 올려 냉동한 다음 필요할 때 구워서 낼 수도 있다. 특정 유형의 페이스트리에 대한 자세한 내용은 슈 페이스트에 대해, 필로에 대해, 퍼프 페이스트리에 대해 항목을 각각 참고하자.

시금치 또는 버섯 필로 페이스트리

삼각형 페이스트리 32개

다음 중 하나를 준비한다.

뒤셀 레시피의 1½배 분량, 부드럽게 저은 염소 치즈를 넣고 섞기

스파나코피타용 속재료, 달걀은 생략

오븐을 190℃로 예열한다. 오븐 팬에 기름을 바른다. 작은 냄비에 다음을 넣고 녹인다.

버터 4큰술(버터 스틱 ½개)

조리대에 다음을 올리고 축축한 수건으로 덮어둔다.

필로 반죽 8장, 냉동 반죽일 경우 해동하기

필로 반죽 1장을 집어서 긴 변이 만드는 사람 쪽을 향하도록 작업대에 펼쳐놓

는다. 녹인 버터를 살짝 바른 다음 그 위에 반죽을 1장 더 올리고 두 번째 반죽에도 녹인 버터를 바른다. 반죽 2장을 세로 방향으로 6.3cm 너비의 길쭉한 조각으로 자른다. 이렇게 길게 자른 반죽에 파라핀지나 비닐랩을 올려놓고 축축한 수건으로 덮어둔다. 한 번에 길쭉한 반죽 하나씩 꺼내 1작은술 분량의 둥글게 뭉친 속 반죽의 맨 아래 왼쪽에 놓은 다음 살짝 눌러서 왼쪽 아랫부분이 전부 덮이게 한다. 모서리를 반대쪽으로 접어서 삼각형으로 모양을 잡은 후 국기를 접듯이 기다란 반죽의 끝까지 삼각형으로 접어나간다.(오른쪽 그림 참고) 오븐 팬 위에 늘어놓고 솔을 사용해 윗면에 녹인 버터를 바른다. 남은 필로 반죽도 같은 방법으로 빚는다. 옅은 갈색이 될 때까지 약 15분간 굽는다. 뜨거울 때 낸다.

감자와 완두콩을 넣은 간단한 필로 사모사

약 60개

원래 사모사는 부드러운 페이스트리로 만든다. 하지만 여기서는 필로를 사용해 간편하게 만드는 레시피를 소개한다. 미리 만들어두고 비닐랩으로 단단히 감아서 냉동실에 넣어두면 오래 보관할 수 있으며 냉동실에서 꺼내 바로 구울 수 있다.(굽는 시간을 5분 더 늘린다.) 감자와 완두콩 대신 키마 알루를 속재료로 사용해도 맛있는 사모사가 탄생한다.

넉넉한 물에 소금을 넣고 팔팔 끓이다가 다음을 넣는다.

　붉은 감자 680g(감자 6~8개)

뚜껑을 덮고 감자가 부드러워질 때까지 15~20분 정도 삶는다. 물을 따라내고 껍질을 벗긴 후 중간 크기의 그릇에 넣고 으깬다.

작은 프라이팬을 중강불에 올리고 다음을 둘러 가열한다.

　식물성 기름 1큰술

다음을 넣고 톡톡 튀어오를 때까지 볶는다.

　검은색 또는 노란색 겨자씨 1작은술

다음을 넣고 20초간 더 볶는다.

　마늘 3쪽, 얇게 저미기

으깬 감자에 마늘 혼합물과 다음을 넣고 섞는다.

　냉동 완두콩 1컵, 해동하기

　양파 작은 것 1개, 곱게 다지기(약 ½컵)

　굵게 썬 고수 ¼컵

　세라노 또는 할라페뇨 고추 1개, 취향에 따라 씨를 제거하고 잘게 다지기

　레몬즙 2큰술

　소금 1¼작은술

오븐을 190℃로 예열한다. 오븐 팬 2개에 기름을 바른다. 물기가 없는 조리대에 다음을 펴놓는다.

　필로 반죽 450g, 냉동 반죽은 해동해서 사용

축축한 수건으로 반죽을 덮어둔다. 다음을 녹인다.

　버터 스틱 1개(115g)

필로 반죽 1장을 집어서 긴 변이 만드는 사람 쪽을 향하도록 작업대에 펼쳐놓는다. 녹인 버터를 살짝 바른 다음 그 위에 반죽을 1장 더 올리고 두 번째 반죽에도 녹인 버터를 바른다. 반죽 2장을 세로 방향으로 6.3cm 너비의 길쭉한 조각으로 자른다. 이렇게 길게 자른 반죽에 파라핀지나 비닐랩을 올려놓고 축축한 수건으로 덮어둔다. 한 번에 길쭉한 반죽 하나씩 꺼내 1작은술 분량의 둥글게 뭉친 감자 혼합물을 반죽의 맨 아래 왼쪽에 놓은 다음 살짝 눌러서 왼쪽 아

랫부분이 전부 덮이게 한다. 모서리를 반대쪽으로 접어서 삼각형으로 모양을 잡은 후, 아래 그림을 참고하여 국기를 접듯이 기다란 반죽의 끝까지 삼각형으로 접어나간다. 오븐 팬 위에 늘어놓고 솔을 사용해 윗면에 녹인 버터를 바른다. 남은 필로 반죽도 같은 방법으로 빚는다. 옅은 갈색이 될 때까지 약 15분간 굽는다. 다음을 곁들여서 즉시 낸다.

　라이타

　고수 민트 처트니 또는 타마린드 처트니

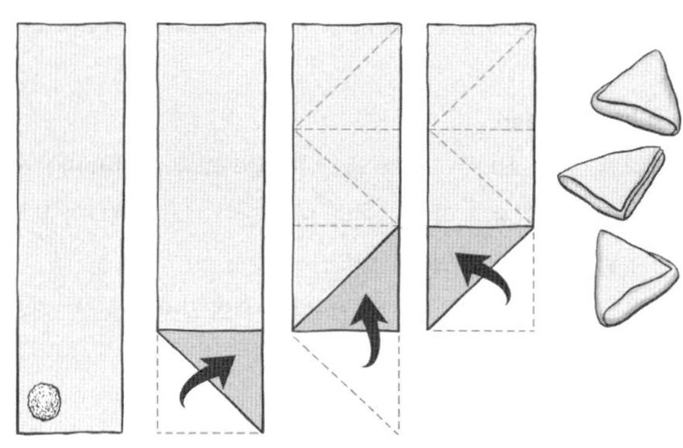

필로 반죽을 삼각형으로 접는 방법

미니 턴오버 또는 미니 타르트

24개

I. 턴오버

다음 중 하나를 1컵 준비한다.

　멜티드 리크

　버섯 라구 또는 뒤셀

　피카디요, 고수 잎으로 장식

　타페나드

　선드라이드 토마토 페스토(90년대의 맛을 재현할 경우)

　겨울 호박 필링, 강판에 간 파르메산 치즈를 뿌리기

　캐러멜화한 양파, 블루 치즈를 곁들이기

　크림소스 버섯

　크림소스 시금치

다음을 준비한다.

　크림치즈 페이스트리 반죽

반죽을 절반으로 나눠 각각을 원반 모양으로 납작하게 편 후 비닐랩으로 싸서 최소 1시간, 최대 24시간까지 냉장고에 넣어둔다. 밀가루를 뿌린 조리대 위에 반죽의 절반을 놓고 밀대를 사용해 두께 3mm, 지름 30cm의 둥근 모양으로 민다. 쿠키 또는 비스킷 커터를 사용해 지름 7.5cm의 둥근 모양으로 반죽을 잘라낸다. 유산지를 깐 커다란 오븐 팬에 늘어놓고 냉장고에 넣는다. 남은 반죽은 한쪽에 둔다. 나머지 반죽 절반도 같은 방식으로 잘라낸다. 양쪽에서 남은 반죽을 모아 둥글게 만든 다음 밀대로 밀어서 둥근 모양을 몇 개 더 잘라내 총 24개를 만든다.

작게 잘라낸 둥근 반죽의 가운데에 속재료를 1작은술 가득 떠서 올린다. 반죽의 가장자리에 찬물을 묻혀 촉촉하게 한 다음 반으로 접는다. 손가락으로 가장자리를 꾹꾹 눌러 붙이고 포크로 눌러서 모양을 낸다. 포크로 윗면에 한

번 구멍을 낸다. 유산지를 깐 오븐 팬에 늘어놓는다. 최소 1시간, 최대 8시간 동안 냉장고에 넣어둔다. 오븐을 220℃로 예열한다. 작은 그릇에 다음을 넣고 포크로 세게 젓는다.

　달걀흰자 1개

　소금 1자밤

반죽의 윗면마다 달걀물을 살짝 바른다. 황금빛이 도는 갈색으로 익을 때까지 12~15분간 굽는다.

Ⅱ. 미니 타르트

미니 타르트를 가장 쉽게 만드는 법은 컵 모양의 냉동 필로 반죽을 사서 설명대로 굽는 것이다. 아래에 소개하는 방법은 그보다 손이 많이 가지만 그만큼 맛도 더 좋다.

위의 버전 1에서 소개한 속재료 중 하나를 1½컵 준비한다. 다음을 만든다.

　팬에 눌러 만드는 버터 반죽

오븐을 200℃로 예열한다. 작은 머핀 틀의 각 칸에 반죽을 1큰술씩 떠서 넣고 포크로 반죽을 여러 번 찔러준 다음 반죽이 단단해질 때까지 약 15분간 냉장고에 넣어둔다. 노릇노릇해질 때까지 약 12~15분간 굽는다. 틀에 담긴 채로 식힌 다음 페이스트리 셸을 철망으로 옮긴다. 적당히 식은 페이스트리 셸에 따뜻한 속재료 또는 상온의 속재료를 1큰술씩 채운다.

미니 키시

24개

제조사의 설명에 따라 유산지를 깐 오븐 팬에 올려서 굽는다.

　컵 모양의 시판 냉동 필로 반죽 24개

필로 컵을 오븐에서 꺼낸 후 오븐의 온도를 220℃로 올린다. 다음을 준비한다.

　잘게 썬 햄, 삶은 브로콜리, 구운 붉은 피망 ¼컵

중간 크기의 그릇에 다음을 넣고 완전히 섞일 때까지 세게 젓는다.

　대란 2개

　헤비크림 ½컵

　강판에 간 파르메산 치즈 ⅓컵

　다진 양파 또는 샬롯 1큰술

　소금 ¼작은술

　흑후추 또는 백후추 ⅛작은술

잘게 썬 재료를 ½작은술씩 필로 셸에 담고 위쪽을 달걀 혼합물로 채운다. 속이 적당히 자리를 잡고 봉긋하게 부풀어 오를 때까지 12~15분간 굽는다.

속을 채운 슈 퍼프

48개

슈 페이스트에 대해 항목을 참고한다.

오븐을 200℃로 예열한다. 다음을 준비한다.

　슈 페이스트

지름 1.2cm의 일반 깍지를 끼운 짤주머니에 페이스트를 떠 넣는다. 또는 페이스트를 비닐봉지에 넣고 한쪽 모서리를 잘라서 1.2cm의 구멍을 만들어도 좋다. 기름을 바르지 않은 오븐 팬 2개에 페이스트를 2.5cm 크기로 짜서 퍼프 모양 48개를 만든다. 15분간 굽는다. 오븐 온도를 175℃로 줄이고 오븐 팬 방향을 바꾸어 갈색으로 단단하게 익을 때까지 10~15분간 더 굽는다. 다음을 준비한다.

트레바의 피미엔토 치즈, 훈제 연어 또는 송어 스프레드, 기본 크림치즈 스프레드, 뒤셀, 달걀 샐러드, 랍스터 또는 새우 샐러드, 커리 가루를 넣은 닭고기 또는 칠면조고기 샐러드, 데빌드 햄, 닭 간 파테 3컵

입자가 굵은 속재료를 넣을 때는 퍼프를 가로로 반 잘라서 아래쪽에 1큰술 떠 넣고 뚜껑을 덮는다. 입자가 곱고 부드러운 속재료를 넣을 때는 이와 같은 방법으로 하거나 퍼프를 자르지 않고 옆쪽에 구멍을 뚫어서 구멍이 큰 일반 깍지를 끼운 페이스트리 짤주머니로 속을 채운다.

구제르(Gougères, 치즈 퍼프)

약 48개

구제르를 쟁반에 담아서 샴페인과 함께 내면 잘 어울린다. 슈 페이스트에 대해 항목을 참고한다.

오븐을 200℃로 예열한다. 다음을 준비한다.

　슈 페이스트

다음을 넣어 섞는다.

　강판에 간 그뤼에르 치즈 1컵(115g)

속을 채운 슈 퍼프의 설명대로 페이스트를 짜서 퍼프 모양을 만든다. 다음을 훌훌 뿌린다.

　강판에 간 그뤼에르 치즈 ½컵(55g)

15분간 굽는다. 오븐 온도를 175℃로 낮추고 갈색으로 단단하게 익을 때까지 10~15분간 더 굽는다. 취향에 따라 위와 같이 속을 채우거나 그대로 낸다.

담요를 두른 돼지(Pig in a Blanket)

16개

누구나 좋아하는 이 전채 요리를 만들 때 아이들에게 소시지를 돌돌 마는 작업을 맡기면 무척 좋아한다.

오븐을 190℃로 예열한다. 다음을 준비한다.

　냉장 초승달 롤빵 반죽 225g짜리 통조림 1개 또는 크림치즈 페이스트리 반죽

초승달 롤빵 반죽을 사용한다면 돌돌 말린 반죽을 조심스럽게 편다. 크림치즈 반죽을 사용하려면 밀대로 20×35cm 크기(두께 6mm)의 직사각형으로 민다. 양쪽 모두 균일한 크기의 직사각형 4개로 자른다. 직사각형을 각각 7.5cm 길이의 기다란 조각이 되도록 4등분한다. 기다란 반죽 조각에 솔로 다음을 가볍게 바른다.

　디종 머스터드

반죽 조각 위에 다음을 올린다.

　칵테일 프랑크 소시지 1봉지(총 16개)

소시지를 올린 반죽을 돌돌 말아 이음매를 꾹 눌러서 고정한다. 기름을 바르지 않은 오븐 팬에 이음매 부분이 아래로 가도록 5cm 간격으로 놓는다. 반죽이 부풀어 오르고 노릇노릇하게 익을 때까지 약 15분간 굽는다. 다음과 함께 낸다.

　허니 머스터드 디핑 소스 또는 머스터드

퍼프 페이스트리 치즈 스틱

약 100개

퍼프 페이스트리에 대해 항목을 참고한다.

굽지 않은 스틱은 서로 달라붙지 않도록 중간중간 파라핀지를 끼우고 밀폐 용

기에 담아 냉동하면 한 달까지 보관할 수 있다. 필요할 때마다 냉동실에서 꺼내 (해동 없이) 굽는다.

다음을 준비한다.

해동한 냉동 퍼프 페이스트리 생지 500g짜리 1개 또는 퍼프 페이스트리 450g

냉동 퍼프 페이스트리를 사용한다면 생지 2장을 펴서 가지런히 쌓는다. 집에서 만든 페이스트리 반죽은 가볍게 밀가루를 뿌린 조리대에 올려놓고 밀대를 사용해 40×25cm 크기의 직사각형으로 민다. 반죽의 짧은 변이 만드는 사람 쪽으로 오도록 돌린다. 직사각형의 아래쪽 ⅔ 부분에 솔로 물을 살짝 바른 후 다음을 골고루 뿌린다.

강판에 간 파르메산 치즈 ¾컵(85g)

카옌 고춧가루 ⅛~¼작은술 또는 적당량

비닐랩으로 치즈 위를 덮고 그 위에 밀대를 놓은 후 가볍게 밀어서 치즈가 반죽에 잘 달라붙게 한다. 랩을 벗겨내고 한쪽에 둔다. 편지지 접듯이 반죽의 위쪽 ⅓을 아래로 접고 아래쪽 ⅓을 차례로 접어서 그 위에 겹친다. 다시 40×25cm의 크기로 민다. 직사각형의 아래쪽 ⅔ 부분에 다시 솔로 물을 살짝 바른 후 다음을 골고루 뿌린다.

강판에 간 파르메산 치즈 ¾컵(85g)

카옌 고춧가루 ⅛~¼작은술 또는 적당량

가볍게 밀어서 치즈가 반죽에 잘 달라붙게 한 후 아까처럼 반죽을 편지지 모양으로 접는다. 접은 반죽을 비닐랩으로 싸서 최소 1시간, 최대 24시간 냉장고에 넣어둔다.

오븐 팬 받침대를 오븐의 맨 아래 칸과 맨 위 칸에 끼운다. 오븐을 190℃로 가열한다. 커다란 오븐 팬 2개에 유산지를 깐다. 냉장고에서 꺼낸 반죽을 40×25cm 크기의 직사각형으로 민다. 반죽을 세로로 반을 자른다. 양쪽 반죽을 가로 방향으로 6mm보다 약간 넓은 폭의 기다란 스틱 모양으로 자른다. 기다란 스틱을 잡고 3번 비튼 후 1.2cm 간격으로 오븐 팬에 가지런히 올린다. 15분간 구운 후 오븐 팬의 위치를 서로 바꾸고 방향도 반대로 돌린다. 노릇노릇하고 바삭하게 익을 때까지 10~15분 더 굽는다. 철망 받침대에 오븐 팬을 올려놓고 식힌다.

간단한 치즈 크래커

3.8×5cm 크기의 크래커 약 80개 또는 가로세로 2.5cm 크기의 크래커 250개

이 반죽은 냉동실에서 일주일, 냉동실에서 3개월까지 보관할 수 있다.

푸드 프로세서에 다음을 넣는다.

중력분 1½컵

소금 ¼작은술

카옌 고춧가루 ¼작은술 또는 흑후추 ½작은술

짧게 몇 번 작동시키면서 섞는다. 다음을 추가한다.

무염 버터 스틱 1개(115g), 부드럽게 젓기

숙성 체더 치즈 또는 블루 치즈 225g, 강판에 갈거나 잘게 부수기

우스터 소스 1작은술

혼합물이 잘 어우러질 때까지 푸드 프로세서를 작동시킨다. 반죽을 비닐랩으로 싸서 30분간 냉장고에 보관한다. 오븐을 175℃로 예열한다. 반죽을 같은 크기로 4등분한다. 반죽을 하나 집어서 유산지 2장을 아래위로 깔고 3mm 두께로 얇게 민다. 위쪽 유산지를 걷어내고 반죽을 가로세로 2.5cm 크기의 정사각형 또는 3.8×5cm 크기의 직사각형으로 자른다. 유산지를 간 채로 오븐 팬에

옮긴 후 바삭하고 노릇노릇해질 때까지 10~15분간 굽는다. 남은 반죽 3개도 같은 작업을 반복한다. 철망 받침대에 오븐 팬을 올려놓고 완전히 식힌다.

서머 롤

8개 또는 16조각

비건용으로 만들 때는 새우 대신 **양념 두부 구이**를 사용한다.

다음을 반으로 잘라서 30분 동안 또는 부드러워질 때까지 따뜻한 물에 푹 담가둔다.

얇은 건조 쌀국수 70g

쌀국수를 체에 옮기고 찬물로 헹군다. 냄비에 물을 붓고 팔팔 끓으면 다음을 넣는다.

큼직한 대하 16마리(약 450g)

불을 줄여 물이 보글보글 끓는 상태에서 새우가 분홍색이 될 때까지 약 2분간 삶는다. 체에 밭쳐 물을 빼고 찬물로 헹군다. 껍질을 벗기고 세로로 반 갈라서 흐르는 찬물에 헹구며 내장을 제거한다. 키친타월에 놓고 물기를 뺀다.

다음을 준비한다.

적상추 또는 보스턴 상추 넓은 잎 4장, 세로로 반을 찢어 가운데 줄기 제거하기

당근 큰 것 1개, 채 썰기

숙주 1컵, 헹구기

민트 잎 ½컵

고수 잎 ½컵

쪽파 3대, 얇게 썰기

지름 30cm짜리 라이스페이퍼 8장

축축한 주방 행주를 만드는 사람 앞에 펼쳐놓고 따뜻한(46~49℃) 물이 담긴 커다란 그릇을 놓는다. 라이스페이퍼 1장을 따뜻한 물에 푹 담가서 쉽게 접을 수 있을 정도로 유연하게 만든다. 라이스페이퍼를 물에서 건져 깨끗한 천 위에 놓는다. 손질해둔 상추 1장을 라이스페이퍼의 아래쪽 가장자리에서 5cm 정도 올라온 부분에 올린다. 상추 위에 불린 쌀국수, 허브, 숙주, 쪽파, 당근을 준비한 분량의 ⅛씩 올린다. 반으로 가른 새우 4조각을 맨 위에 올린다. 라이스페이퍼의 옆쪽을 속재료 위로 접고 단단히 말아서 원통 모양으로 깔끔하게 모양을 잡는다. 이음매 부분이 아래로 가도록 접시에 담고 축축한 수건으로 덮어둔다. 남은 라이스페이퍼 7장과 속재료도 똑같은 형태로 돌돌 만다. 내기 전에 롤의 가운데를 사선 방향으로 자른다. 즉시 식탁에 올려야 라이스페이퍼가 딱딱해지지 않는다. 롤을 찍어 먹을 수 있도록 다음 중 하나를 곁들인다.

땅콩 디핑 소스, 스리라차 소스, 칠리 마늘 소스, 삼발 올렉 소스, 해선장 또는 남프릭

에그롤

약 20개

딥 프라잉 항목을 참고한다. 채식 에그롤을 만들 때는 고기 대신 채소의 양을 225g 늘리거나 물기를 빼고 잘게 부순 두부 또는 갈색으로 볶아서 기름기를 뺀 템페를 사용한다.

커다란 프라이팬이나 웍을 강불에 올리고 다음을 두른다.

식물성 기름 1큰술

기름이 뜨거워지면 다음을 넣는다.

작은 새우 115g(26~30마리), 껍질을 까고 잘게 썰기

다진 돼지고기 115g

가끔 저으면서 분홍색이 보이지 않을 때까지 약 3분간 볶는다. 볶은 새우와 돼지고기를 커다란 그릇에 옮겨 담는다. 다음을 준비한다.

양배추 450g, 곱게 채 썰기(약 3½컵)

당근 큰 것 1개, 채 썰기(약 1컵)

셀러리 줄기 2개, 잘게 썰기(약 1컵)

마름(물밤) 통조림 225g짜리 1개, 물을 따라내고 씻어서 굵게 썰기

숙주 또는 콩나물 225g, 헹구기

쪽파 3대, 잘게 썰기

마늘 2쪽, 다지기

생강 5cm짜리 1조각, 껍질을 벗기고 강판에 갈기

프라이팬을 다시 불에 올리고 다음을 두른 후 위의 재료를 세 번에 걸쳐 나눠서 볶는다.

식물성 기름(한 번 볶을 때마다 1큰술씩)

채소를 볶을 때마다 고기가 담긴 그릇에 담고, 재료를 모두 볶은 후 전부 합쳐서 잘 섞는다. 한쪽에 두고 식힌다. 재료가 어우러지면서 물이 약간 나올 수도 있다. 그렇다면 체에 밭쳐 물기를 완전히 뺀다. 다음을 준비한다.

가로세로 15cm 크기의 춘권피 약 20장

모서리가 만드는 사람 쪽을 향하도록 춘권피를 조리대에 올려놓는다. 속재료를 헐렁하게 ¼컵 정도 떠서 춘권피의 밑에서 ⅓ 지점에 올리되, 양쪽 옆에 2.5cm 정도의 간격을 남겨둔다. 맨 아래의 뾰족한 모서리를 속재료 위로 접은 다음 양옆도 서로 약간 겹치도록 안쪽으로 접는다. 둘둘 말아서 속을 완전히 감싸고 마지막에 남은 모서리에는 물을 약간 묻혀 붙인다. 완성된 에그롤을 쟁반에 놓고 남은 춘권피와 속재료로 여러 개 더 만든다. 비닐랩으로 싸서 냉장고에 넣으면 하룻밤 보관할 수 있고 냉동실에 넣으면 한 달 정도 보관이 가능하다. 냉동했던 에그롤은 냉장고에 옮겨 하룻밤 해동한 후 튀긴다.

튀김기나 깊고 묵직한 냄비 또는 더치오븐에 기름을 다음 높이까지 붓고 190℃가 되도록 가열한다.

식물성 기름 또는 땅콩기름 5cm

에그롤을 몇 번에 나눠 기름에 넣고 중간에 한 번 뒤집어가면서 황금색이 될 때까지 2~3분간 튀긴다. 기름에서 건져 키친타월에 올려놓고 기름기를 뺀다. 뜨거울 때 내고 찍어 먹을 수 있도록 다음 소스나 양념을 적당히 조합해서 곁들인다.

간장 또는 만두용 디핑 소스

중국식 매운 겨자 소스

스위트 앤드 사워 소스

완탕 튀김

30개

딥 프라잉 항목을 참고한다.

오븐을 95℃로 예열한다. 다음을 준비한다.

완탕 또는 채소 완탕

튀김기나 깊고 묵직한 냄비 또는 더치오븐에 기름을 다음 높이까지 붓고 175℃가 되도록 가열한다.

식물성 기름 또는 땅콩기름 5cm

완탕을 몇 번에 나눠 기름에 넣고 바닥에 달라붙지 않도록 조심하면서 표면이

황금색으로 바삭하게 익을 때까지 2~3분간 튀긴다. 키친타월을 깐 오븐 팬에 올려 기름기를 빼고 남은 완탕을 전부 튀길 때까지 오븐에 넣어 따뜻하게 보관한다. 다음과 함께 낸다.

스위트 앤드 사워 소스 또는 만두용 디핑 소스

육수와 수프

부엌에서 보글보글 끓고 있는 수프는 가정 요리를 상징하는 광경이다. 집 안 전체에 퍼지며 마음을 포근하게 해주는 수프 냄새는 잠깐 쉬고 가라고 손짓하며 이끄는 소박한 형태의 아로마 치료법이다. 또한 따뜻하게 몸을 녹이고 영양이 가득한 음식을 먹고 기운을 차릴 수 있는 곳에 도착했다는 신호다. 한마디로 말해 수프는 자기 자신 그리고 다른 사람들에 대한 보살핌의 상징이다.

이번 장에서 다루는 수프뿐만 아니라 아시아 국수에 대해 항목과 닭고기, 소고기, 양고기, 돼지고기 삶기 및 스튜 만들기를 다룬 각각의 항목을 통해 육수를 사용한 음식을 다양하게 살펴본다.

육수에 대해

골동품 상인들은 다락방에서 먼지가 쌓여 있는 물건들을 보면 눈을 반짝이며 달려들겠지만, 진정한 요리사들은 버섯 밑동, 양파 껍질, 대파 뿌리, 살을 발라내고 남은 칠면조 뼈, 닭발, 셀러리 잎, 생선 대가리, 토마토 껍질 등 그보다 훨씬 특이한 잡동사니를 볼 때 가슴이 두근거린다. 이러한 '찌꺼기'에 몇 가지 허브와 물을 추가하면 요리할 때 활용도가 엄청난 결과물이 탄생한다.

프랑스에서는 육수를 퐁(fonds), 즉 '기초 토대'라고 부르는데, 이는 육수의 중요성을 잘 나타내는 말이다. 수프나 스튜, 찜에서 소스에 이르기까지 우리가 좋아하는 수많은 음식을 만드는 데 육수가 얼마나 중요한 역할을 하는지는 아무리 강조해도 지나치지 않다. 육수를 만드는 시간은 분명 오래 걸리지만, 대부분 일단 불에 올려놓으면 그다지 신경을 쓰지 않아도 되고, 어떤 요리를 만들든 집에서 직접 만든 육수를 쓰면 시판 육수나 국물을 사용해서 만든 것보다 맛이 좋다.

전통적으로 육수는 풍미, 걸쭉함, 투명도라는 세 가지 요소로 판단한다. 이 세 가지 중에서도 가장 중요한 것은 풍미로, 사용하는 재료의 품질과 양, 그리고 처음에 갈색으로 익히는 과정을 거쳤느냐에 따라 풍미가 달라진다. 재료의 일부 또는 전부를 갈색이 될 때까지 굽거나 볶거나 숯불에 익혀서 만드는 **갈색 육수**(brown stock)는 특히 풍미가 진하며 맛이 강한 요리의 기본 재료로 활용된다. 재료를 갈색으로 익히는 이 첫 번째 단계를 건너뛰고 만든 육수(맑은 육수white stock라고도 한다.), 특히 물의 양에 비해 재료를 많이 넣어 만든 육수는 나름대로 풍미를 지니고 있지만, 갈색 육수만큼 풍미가 두드러지지는 않기 때문에 비교적 다용도로 쓰인다. 육수의 풍미를 높이려면 육수의 풍미 내기 항목을 참고하자.

육수의 걸쭉함 정도는 젤라틴이 얼마나 많이 들어 있는지에 따라 달라진다. 콜라겐이 풍부하게 함유된 뼈나 결합 조직을 조리하면 젤라틴이 추출된다. 조개류와 채소에는 콜라겐이 없으므로 이러한 재료로 만든 육수는 비교적 맑다. 가장 좋은 고기, 생선, 가금류 육수는 콜라겐이 많이 들어 있는 뼈와 결합 조직으로 만든 것이다. 이 경우 젤라틴이 다량 추출되기 때문에 벨벳처럼 매끄러운 질감의 육수가 탄생한다. 고기, 가금류 그리고 일부 생선의 육수를 수분이 거의 날아갈 때까지 졸이면 **글레이즈**(glaze) 또는 글라스(glace)라고 부르는 거의 끈적하게 느껴질 정도로 걸쭉한 페이스트가 된다. 이렇게 되기 전까지 적당히 졸이면 **데미글라스**(demi-glace)가 된다.

아주 맑고 투명한 육수를 내려면 생뼈를 끓는 물에 넣어 애벌로 삶은 다음에 육수에 넣거나, 육수를 아주 약한 불에서 뭉근하게 천천히 끓이거나, 완성된 육수를 식힌 다음 거르고 기름을 걷어내서 맑게 만든다. 솔직히 말해 우리 집에서 맑은 육수를 얻고자 굳이 이런 수고를 무릅쓰는 경우는 거의 없다. 육즙 젤리인 아스픽, 테린, 맑은 수프 등과 같이 투명한 육수가 진가를 발휘하는 요리들은 예전만큼 인기를 끌지 못하고 있다. 아주 깨끗하고 속이 비칠 정도로 투명한 육수를 중요하게 생각하는 사람들도 있겠지만 우리를 포함한 대다수는 뿌연 육수에 그다지 개의치 않는다. 게다가 어차피 육수를 사용해서 음식을 만들면 십중팔구는 다른 재료들 때문에 뿌옇게 흐려지기 마련이다. 아래가 훤히 내려다보일 정도로 맑고 투명한 육수와 국물을 선호하는 경우 육수 투명하게 만들기 항목을 참고하자.

▶ 채소와 생선 육수는 오래 끓일수록 맛이 떨어지므로 오래 조리하는 요리에는 고기 육수의 사용을 권장한다. 생선 수프에는 생선 육수만, 소고기 스튜에는 소 육수만 사용해야 한다고 주장하는 원칙주의자들도 있지만 닭과 채소 육수는 활용성이 뛰어나서 생선이나 소 육수 대신 충분히 사용할 수 있다.

물론 바로 먹을 수도 없는 재료를 오랫동안 끓일 만한 시간적 여유가 없는 사람들도 있다. 다행히도 간편하게(또는 빨리) 요리하고 싶은 사람들을 위해 다양한 육수 제품이 판매되고 있다. 시판 육수와 시판 육수의 맛을 개선하는 방법에 대한 자세한 내용은 86쪽을 참고하자.

육수 만들 때 사용하는 도구

육수 솥으로 가장 적합한 것은 폭이 좁고 깊으면서 바닥이 묵직해서 물이 많이 증발하지 않는 상태로 뭉근히 끓일 수 있는 솥이다. 그리고 위쪽 표면이 넓지 않으면 기름을 걷어내기도 훨씬 쉽다. 7.5~9.5ℓ 정도 되는 솥은 한 번에 육수를 넉넉히 만들어두기에 적합하지만, 적은 양의 육수를 만들 때는 그보다 작은 솥이나 커다란 냄비를 사용할 수도 있다. 다만 고체 재료가 전부 충분히 들어갈 만큼 넉넉한 크기의 솥을 선택하자. 고체 재료 아래로 물이 내려갈 때마다 물을 보충해주기만 하면 법랑 재질의 더치오븐이나 폭이 넓은 수프 냄비도 사용할 수 있다. ► 알루미늄 냄비는 재료에 반응하여 육수의 맛에 영향을 미칠 수 있으므로 사용하지 않는 것이 좋다.

가압 조리 방법으로 육수를 끓이면 가정용 레인지에 뭉근히 끓일 때보다 시간이 크게 단축되고 효율적이다. 전기 압력솥을 사용할 수도 있지만, 대다수 압력솥은 용량이 5.5~7.5ℓ 정도밖에 되지 않는다.(따라서 육수를 끓이면 3.8~4.7ℓ밖에 나오지 않는다.) 그보다 큼직한 **9.5ℓ 용량의 압력솥**이 육수에는 더욱 적합하다. 그래도 우리가 선호하는 육수 솥 용량에는 미치지 못하지만 끓이는 도중에 물이 증발하지 않고 솥 안의 온도가 높으므로 적은 양의 물로도 매우 효과적으로 풍미를 추출할 수 있다. 압력솥 육수 항목을 참고하자.

슬로 쿠커도 비교적 편리하게 육수를 만들 수 있는 도구다. 그러나 슬로 쿠커의 내부 온도는 절대 뼈에서 풍미(또는 젤라틴)를 효과적으로 추출할 수 있을 만큼 올라가지 않기 때문에 다른 방법으로 우려낸 육수보다 걸쭉함이 훨씬 덜하고 풍미도 떨어진다는 점을 잊지 말자.

구이용 프라이팬은 갈색 육수에 사용하기 위해 뼈를 구울 때 유용하다. **체와 7.5ℓ 용량의 그릇**은 육수를 걸러내는 데 없어서는 안 될 도구다. **고운체 또는 원뿔형 체**는 작은 불순물을 걸러낼 때 유용한데, 체에 얇은 면 거즈를 두 겹으로 깔거나 고운 면포를 깔고 걸러내도 충분히 효과적이다. 우리는 기름을 걷어내야 할 때 식힌 육수를 하룻밤 냉장고에 넣어두었다가 윗면에 굳은 기름을 걷어내지만, 시간이 없을 때는 **그레이비 분리기**도 요긴하게 쓰인다.

육수 주머니 보관하기

도저히 육수 만들기가 습관처럼 몸에 익지 않을 경우, 육수 주머니를 마련해두면 완전히 생각이 달라질 수도 있다. 우리 집 냉동실에는 지난주 고기를 구워 먹고 남은 뼈, 양파 손질 후 남은 껍질, 셀러리를 손질하고 남은 바깥쪽 줄기, 표고버섯 밑동, 딱딱한 대파 뿌리, 당근 껍질, 타임 줄기, 양 갈비에서 남은 뼈 등을 모아서 3.8ℓ 용량의 지퍼백에 담아놓은 육수 주머니가 있다. 육수 주머니가 꽉 차면 꺼내서 육수를 만든다. 이렇게 하면 부엌에서 나오는 '찌꺼기'를 효과적으로 처리하면서 필요할 때마다 꺼내 쓸 수 있는 육수를 항상 준비해둘 수 있으므로 그야말로 일거양득이다.

이번 장에서 소개하는 다른 육수 레시피도 오랫동안 검증된 것이므로 좋은 결과를 얻을 수 있는데, 이 육수 주머니를 사용하는 방법만큼은 단 한 번도 실패한 적이 없다. 특히 육수를 내기 전에 몇 가지만 신경 쓴다면 틀림없이 맛있는 육수를 얻을 수 있다. 육수 주머니에 양파 껍질, 당근 또는 셀러리가 조금 부족해 보이면 신선한 채소를 몇 가지 추가한다. 걸쭉한 육수가 필요한데 육수 주머니에 콜라겐이 듬뿍 함유된 재료가 들어 있지 않다면 닭발이나 닭 날개를 몇 개 넣는다. 이렇게 해서 육수를 우리면 매번 다른 결과물이 나오는데, 그래서 더욱 재미있다.

거의 모든 재료를 육수 주머니에 넣을 수 있지만 몇 가지 예외는 있다. ► 육수의 풍미나 걸쭉함에 영향을 미칠 수 있는 살코기, 결합 조직, 뼈가 붙어 있지 않은 지방은 육수 주머니에 넣지 않는다. 감자처럼 전분 함량이 높은 채소 찌꺼기도 피한다. 양배추와 브로콜리, 겨자 잎, 케일, 콜라비 등의 양배추와 채소는 불쾌한 황산 냄새를 낸다. 순무, 비트, 파스닙, 아스파라거스, 루타바가, 피망 찌꺼기는 특징적인 풍미가 너무 강해 육수에 그대로 배어들므로 만약 사용한다면 소량만 넣는다. 가지는 육수에 넣어도 아무런 역할을 하지 않는다. 한 종류의 채소 찌꺼기를 너무 많이 사용하지 않아야 한 가지 풍미가 도드라지지 않고 조화롭게 어우러진다.(고기와 양파 정도는 예외라고 할 수 있다.) ► 나중에 육수 주머니에 넣을 생각이면 채소 껍질을 벗기거나 손질하기 전에 깨끗하게 씻는다. 육수 주머니를 냉동실에 넣어두면 실제로 육수를 만들 때까지 최대 3개월간 보관할 수 있다.

육수 주머니에 들어 있는 재료로 육수를 만들려면 우선 주머니의 내용물을 솥에 붓고 재료가 잠기도록 물을 넉넉하게 붓는다. 재료가 냉동된 상태이므로 처음에는 솥 안에서 부피를 많이 차지하더라도 녹으면서 크기가 점점 줄어드니 필요 이상으로 물을 많이 붓지 않도록 한다.(재료가 녹아서 쪼그라들기 시작하면 물은 재료가 충분히 잠기도록 언제든 보충할 수 있다.) 육수 주머니에 들어 있는 뼈와 채소의 유형에 따라 육수를 낸다. 예를 들어 닭 뼈와 채소 찌꺼기가 대부분이라면 가금류 육수 항목에서 설명한 시간만큼 끓인다. 다 끓으면 육수를 걸러서 기름을 걷어내고 식힌 다음 아래 항목에서 설명한 것처럼 차갑게 보관한다.

육수의 풍미 내기

전통적인 육수는 향미 채소와 허브 그리고 버섯, 고기, 가금류, 생선 등과 같이 감칠맛이 강한 재료로 풍미를 낸다. 풍미가 너무 강한 재료를 추가하면 활용도가 떨어진다.

파슬리, 타임, 월계수 잎 뭉치를 실로 묶거나 네모난 얇은 거즈로 감싼 **부케 가르니**(Bouquet garni)는 전통적으로 즐겨 사용되는 허브 조합이지만, 우리는 여기에 오레가노, 세이버리, 마저럼을 조금씩 추가한다. 그리고 우리가 가금류 육수를 낼 때 가장 즐겨 넣는 재료는 인도 식료품점에서 구할 수 있는 말린 호로파 잎 1자밤이다. 섬세한 풍미를 돋우면서 육수의 맛을 끌어올리고 더욱 풍부하게 해주기 때문이다. 통후추, 정향, 올스파이스, 계피, 검은색 카르다몸 깍지 부순 것, 팔각 등 통으로 사용하는 향신료를 적당히 추가하면 가금류와 고기 육수에 훌륭한 악센트가 된다. 신선한 회향 잎과 줄기는 해산물 육수에 자주 사용하는 풍미 재료다.

가능한 한 ► 육수를 사용할 음식의 레시피에 어울리는 재료를 넣으면 더욱 좋다. 동남아시아 요리를 만들기 위해 육수를 낼 때는 셀러리와 당근의 양을 줄이고 생강이나 레몬그라스 줄기를 짓찧어서 추가한다.

갈색으로 익힌 고기와 채소의 구수한 캐러멜 풍미는 갈색 육수에서 맛의 바탕이 되지만, 다른 몇 가지 방법으로도 비슷한 결과를 얻을 수 있다. 베트남 요리사들은 양파와 생강을 숯불에 그슬려서 소 육수에 한층 더 풍부한 감칠맛을 더한다. 소량의 기름을 두르고 갈색이 될 때까지 살짝 볶은 토마토 페이스트는 캐러멜화에서 기인한 깊은 맛을 육수에 더해준다.

풍미가 가득한 가다랑어포와 다시마(말린 해초)만을 사용해 우려낸 일본의 다시는 글루탐산염이 풍부하게 들어 있는 재료가 육수의 풍미를 끌어올리는 데 얼마나 큰 역할을 하는지를 보여주는 전형적인 사례다. 신선한 버섯 또는 말린 버섯, 토마토 페이스트, 훈제 돼지 발목, 베이컨 꽁다리, 말린 조개, 파르메산 치즈 껍질도 육수에 넣으면 감칠맛을 내는 훌륭한 재료다.

▶ 육수에는 절대 소금을 넣지 않는다. 육수를 끓이는 동안은 물론, 그 이후에 육수를 사용해 다른 요리를 만드는 과정에서 상당한 농축이 일어나기 때문에 소금이 정확히 얼마나 필요한지 판단하기는 거의 불가능에 가깝다. 심지어 소금을 아주 조금만 넣더라도 결과물을 망칠 수 있다.

육수 걸러내기와 기름 걷어내기

고운체, 원뿔형 체 또는 얇은 면 거즈를 두 겹으로 깔거나 고운 면포를 깐 일반적인 체 밑에 다른 냄비나 커다란 내열 용기를 놓고 완성된 육수를 걸러낸 후 체에 남은 잔여물은 버린다. 처음에는 일반 체로, 두 번째는 고운체로 거르는 식으로 여러 번 걸러내도 좋다. 육수를 걸러내는 과정에서 고체 잔여물을 너무 세게 짜면 육수가 뿌옇게 변하기도 한다. 육수는 박테리아가 자라기 좋은 온상이므로 실온에 오래 두지 않는다.

보관을 위해 **육수를 식히려면** 육수 솥의 뚜껑을 열고 싱크대에 놓은 다음 솥의 중간까지 얼음물에 담근다.(육수가 소량이라면 큰 그릇에 얼음물을 채운 후 육수를 작은 그릇에 옮겨서 얼음물에 담가도 된다.) 중간에 몇 번 저어주고 어느 정도 식으면 ▶ 냉장고에 넣는다. 기름은 표면으로 떠올라서 고체 상태로 굳으므로 나중에 숟가락으로 쉽게 긁어낼 수 있어서 편리하다.

육수 거르기와 식히기

바로 사용하기 위해 즉시 육수에서 기름기를 걷어내려면 국자를 사용해 그레이비 분리기가 가득 차도록 육수를 떠 넣는다. 몇 분 후 기름이 위쪽으로 올라오면 분리기의 아래쪽에 모인 육수를 계량컵에 따라내고 분리기에 남아 있는 기름기는 버린다. 필요한 육수의 양을 확보할 때까지 이 과정을 반복한다. 그레이비 분리기가 없다면 얇은 숟가락으로 표면의 기름기를 떠내도 어느 정도 효과를 볼 수 있으며 칠면조 구이에 쓰는 조리용 대형 스포이드를 사용할 수도 있다.

육수 보관하기

육수를 냉장고에 넣으면 3~4일 정도 보관할 수 있으며, 냉동실에 넣어 얼리면 6개월까지 보관할 수 있다. 냉동실에 넣을 수 있는 0.5ℓ나 1ℓ짜리 용기 또는 냉동용 지퍼백에 육수를 옮겨 담는다. 지퍼백이 완전히 밀봉되었는지 확인한 후 테두리 있는 오븐 팬에 납작하게 한 겹으로 담아서 얼린다. 일단 얼면 팬을 치우고 지퍼백을 차곡차곡 포개서 보관한다. 소량의 농축 육수는 얼음 틀에 넣

어서 얼릴 수 있다.(얼린 다음 각얼음 모양의 육수를 지퍼백에 담아 보관한다.) 이렇게 만들어둔 농축 육수는 팬 소스 또는 채소 조림처럼 소량의 육수가 필요한 요리에 한 알씩 꺼내서 사용할 수 있다. 다른 보관 방법에 대해서는 아래의 육수 졸이기 또는 글레이즈 항목을 참고한다. ▶ 실온에 보관하기 위해서는 육수를 유리병에 담은 후 압력 병조림 찜기를 사용해 밀봉 처리한다.

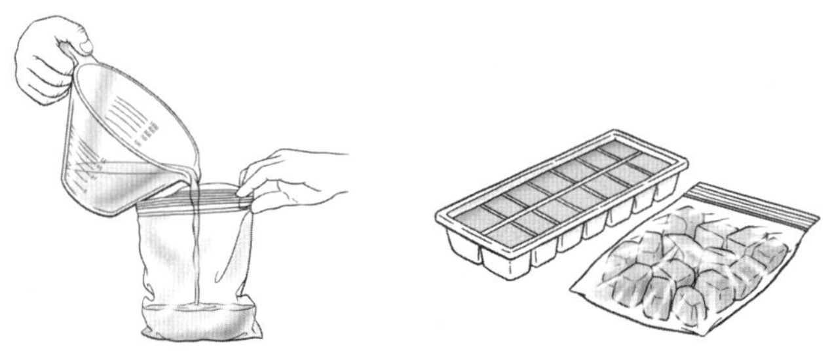

육수를 지퍼백에 보관하기

육수 투명하게 만들기

반짝거릴 정도로 맑게 빛나는 육수가 필요하다면 육수를 투명하게 만드는 작업을 해야 한다. 뿌연 육수를 맑은 육수로 만들기보다는 처음부터 맑은 육수를 우려내는 방법으로 만드는 것이 가장 좋다. 투명한 육수를 낼 때는 고체 재료가 충분히 잠길 정도의 찬물을 사용한다. 육수가 아주 은근하고 뭉근하게 끓어오를 때까지 온도를 올린 후 처음 1시간은 표면에 떠오르는 거품을 전부 걷어내면서 끓인다. 절대 육수를 팔팔 끓이지 않는다.

육수를 투명하게 만들기 위해서는 일단 육수를 차갑게 식혀서 표면에 형성된 기름을 전부 떠낸다. 육수를 다시 솥에 넣고 ▶ 육수 1ℓ당 풀어둔 달걀흰자 1개와 달걀 껍데기 부순 것 1개씩을 넣고 섞는다. 그다음에는 육수를 젓지 말고 아주 천천히 가열하여 뭉근하게 끓어오르도록 한다.(약 82℃) 육수 온도가 올라가면 아까 넣은 달걀이 육수의 표면에 무겁고 딱딱한 거품을 형성한다. 이 거품을 걷어내지 말고 얌전히 솥의 한쪽으로 밀어둔다. 거품을 옆으로 밀어서 생긴 틈으로 뭉근히 끓고 있는 육수의 움직임을 살필 수 있다. ▶ 절대 육수가 펄펄 끓어오르지 않도록 하자. 10~15분간 계속해서 뭉근히 끓인다. 조심스럽게 솥을 불에서 내리고 10분~1시간 동안 그대로 둔다.

물을 적신 얇은 면 거즈를 체에 깔고 큰 그릇 위에 올린다. 거품 모양의 달걀 층을 한쪽으로 밀어내고 국자로 조심스럽게 육수를 떠서 체에 내린다. 식힌 다음 기름을 걷어내고 위의 설명대로 보관한다.

투명하면서도 강한 풍미를 내는 육수를 만드는 또 하나의 방법은 콩소메 레시피를 참고한다.

육수 졸이기 또는 글레이즈

일단 거르고 기름을 제거한 후 육수를 다시 솥에 넣어서 상당량의 액체가 증발할 때까지, 즉 '졸아들' 때까지 뭉근하게 끓여 농축할 수도 있다. 이 과정을 **리덕션**(reductions)이라고 부르며, 이렇게 하면 육수의 풍미가 농축되므로 짭짤한 맛의 소스를 만들 때 특히 유용하다. 육수 졸이기의 또 한 가지 장점은 부피가 줄어들기 때문에 많은 양의 육수를 더욱 쉽게 냉동 보관할 수 있다는 점이다.('일반적인 농도'의 육수가 필요하면 적당량의 물을 섞어 희석하면 된다.)

글레이즈는 육수의 액상 용량이 10~15%만 남도록 졸여서 시럽처럼 걸쭉

한 상태가 된 육수를 지칭한다. 젤라틴이 풍부한 육수라면 무엇이든 글레이즈로 만들 수 있지만, 전통적으로 갈색 소 육수와 송아지 육수를 많이 사용한다. '절반 글레이즈'라는 뜻의 **데미글라스**는 뜨거울 때 숟가락 뒷면에 코팅될 정도의 농도다. '완전 글레이즈'라는 의미의 **글라세 드 비앙드**(glace de viande)는 꿀과 비슷한 농도를 가지고 있다. 차가울 때는 둘 다 고체 젤 상태로 변하며 뚜껑을 잘 덮어서 냉장고나 냉동실에 넣어두면 몇 달간 보관이 가능하다. 만드는 데 시간이 오래 걸리기는 하지만 이 강력한 글레이즈는 요리계의 마법 물약과도 같다. 갈색으로 익힌 후 오랫동안 뭉근히 끓여낸 고기의 모든 깊은 풍미와 감칠맛을 한순간에 다양한 요리에 추가할 수 있기 때문이다. 대부분 젤라틴으로 구성되어 있으므로 글레이즈를 한두 숟가락 넣어주면 소스가 적당히 걸쭉해지며, 특히 팬 소스에 사용하면 좋다. 만드는 방법은 데미글라스와 고기 글레이즈 레시피를, 소스에 활용하는 방법은 글레이즈에 대해 및 브라운 소스에 대해 항목을 참고한다.

육류 및 가금류 육수에 대해

육수 만들기에는 재미있는 역설이 있다. 대다수 요리에는 어린 동물의 부드러운 부위를 많이 쓰지만, 육수를 만들 때만큼은 진한 풍미를 지닌 성숙한 동물의 고기와 뼈가 높은 평가를 받는다. 또한 대다수 요리는 조리하는 재료에서 육즙이 빠져나가지 않도록 모든 노력을 기울이지만, 육수를 만들 때는 재료에서 마지막 풍미 한 방울까지 전부 추출하고 끌어내야 한다는 점을 기억하자. ▶ 뼈로 육수를 우릴 때는 관절 부분을 분리하거나 부수고 여분의 지방을 손질해야 한다.

앞에서 언급했듯이 육수의 걸쭉한 느낌과 풍부하고 부드러운 질감은 젤라틴에서 기인한다. 소나 송아지의 목뼈, 어깨뼈, 무릎뼈나 꼬리 등의 뼈는 다량의 콜라겐을 함유하고 있어 육수를 만드는 과정에서 젤라틴으로 변한다. 가금류의 경우 등, 목, 날개 그리고 발에 콜라겐이 풍부하게 들어 있다. 갈색 육수를 만들기 위해 지방이 많이 들어 있는 뼈를 구울 때는 굽는 과정에서 나온 기름기를 전부 따라낸다.(이렇게 하면 나중에 걷어낼 기름의 양이 줄어든다.)

육수를 만들 때 최고의 풍미를 끌어내기 위해서는 항상 찬물에 재료를 넣고 끓이기 시작해야 하며 뼈가 간신히 잠길 만큼 물을 부어준다. 처음에 찬물을 사용하면 육수 솥이 달아오르면서 뼈에서 알부민이 빠져나온다. 뼈에서 나온 이 알부민과 다른 불순물은 표면으로 떠올라 거품처럼 찌꺼기 층을 형성한다. 육수를 1시간 정도 뭉근히 끓인 뒤 표면에 모인 찌꺼기를 걷어낸다. 이렇게 위로 떠오르는 찌꺼기를 줄이는 또 한 가지 방법은 뼈를 애벌로 한 번 삶는 것이다. 뼈를 물에 넣고 잠깐 부르르 끓여서 물을 따라낸 후 다시 물을 부어 본격적으로 육수 만들기를 시작한다.

가장 깊은 풍미를 보존하려면 ▶ 육수를 부글부글 얌전하게 끓는 상태로 유지하면서 뚜껑을 비스듬히 얹어 반 정도만 덮고 재료에서 모든 맛 성분이 다 빠져나왔다는 확신이 들 때까지 최소 2시간, 최대 12시간 동안 끓인다. 이 과정에 걸리는 시간을 단축하는 방법은 86쪽을 참고한다. 수증기가 날아가서 재료가 공기 중에 노출될 때만 추가로 물을 붓는다. 액체와 고체 재료의 이상적인 비율은 각 레시피를 참고하되, 그보다 더 중요한 것은 다음의 원칙이다. ▶ 육수를 내는 동안 고체 재료가 물에 간신히 잠길 정도의 상태를 유지한다.(재료 중 일부는 물에 떠다닐 수도 있지만 상관없다.)

권장 조리 시간 이상으로 육수를 오래 끓이면 불쾌한 쓴맛이 우러날 수 있다. 고기, 뼈, 채소에서 풍미와 진액이 전부 추출되면 육수를 걸러야 한다.(사골

탕은 예외이며, 아래 설명을 참고하자.) 확신이 들지 않으면 뭉근히 끓고 있는 육수에서 고기가 많이 붙은 뼈를 하나 건진다. 고기에 아직도 풍미가 남아 있으면 육수를 더 오래 끓인다. 고기에서 아무 맛이 나지 않고 뼈마디가 저절로 분리되면 육수를 거를 때가 된 것이다. ▶ 육수를 걸러낸 후 맛이 연하다 싶으면 기름기를 걷어내고 조금 더 뭉근히 끓이면서 졸여 풍미를 농축시킨다.(육수 졸이기 또는 글레이즈 항목 참고)

사골탕(bone broth)은 고기보다는 주로 뼈를 사용해 풍미와 걸쭉한 질감을 만들어낸다는 점에서 육수와 매우 비슷하다. 가장 큰 차이점은 끓이는 시간과 채소를 추가하는 단계다. 사골탕은 뼈가 거의 저절로 해체될 때까지 끓인다. 이렇게 오랫동안 끓이기 때문에 우리는 사골탕이 완성되기 약 1시간 전쯤에 채소를 넣는다.(채소를 오랜 시간 끓이는 것은 풍미나 영양 측면에서 아무런 장점이 없다.) 사골탕이 다 끓었는지 판단하려면 솥에서 뼈를 하나 꺼내 손가락으로 눌러본다. 힘을 많이 주지 않아도 부서질 정도가 되면 사골탕이 완성된 것이다. 더욱 좋은 풍미를 내기 위해서는 끓이기 전에 뼈를 한 번 굽는 것이 좋다. 압력솥은 이 과정에 걸리는 시간을 크게 단축해준다.

갈색 소 육수
약 8컵

위의 육류 및 가금류 육수에 대해 항목을 참고한다. **맑은 소 육수**는 맑은 송아지 육수 레시피의 설명을 따르되, 송아지 뼈를 소뼈로 대체한다. **양고기 육수**는 이 레시피에서 소뼈 대신 **어린 양고기나 일반 양고기의 가슴살 또는 목살을 두껍게 썬 것 또는 큼직하게 썬 어깨살 1.8kg**을 사용한다.(가금류나 다른 육류의 육수가 필요한 레시피에 양고기 육수를 사용하면 양고기의 독특한 풍미 때문에 요리의 맛이 달라지므로 주의한다.)

오븐을 220℃로 예열한다. 가볍게 기름을 바른 구이 팬에 다음을 놓고 15분간 굽는다.

　살이 많이 붙은 소뼈 2.3kg

다음을 추가한다.

　껍질을 벗기지 않은 양파 중간 크기 2개, 4등분하기

　당근 2개, 5cm 길이로 썰기

　셀러리 줄기 2개, 5cm 길이로 썰기

채소가 타지 않게 가끔 저어가면서 뼈가 갈색으로 골고루 익을 때까지 약 40분간 굽는다. 육수 솥으로 옮긴다. 구이 팬에 남은 기름을 조심스럽게 따라내고 다음을 추가한다.

　물 2컵 또는 화이트와인 1컵

구이 팬 바닥에 붙어 있는 갈색 조각을 긁어서 떼어낸 후 팬에 있는 액체를 육수 솥에 붓는다. 다음을 추가한다.

　서양대파 1대, 세로로 반 자르고 깨끗이 씻어서 5cm 길이로 썰기

　파슬리 잔가지 3~4개

　타임 잔가지 2~3개

　월계수 잎 1장

　흰색 또는 검은색 통후추 ¼작은술

　(정향 2개)

다음을 붓는다.

　재료가 잠길 만큼의 찬물

강불에 올려서 부르르 끓어오르면 불을 줄이고 뚜껑을 반만 덮은 상태로 6~8시

간 동안 뭉근히 끓인다. 처음 1시간 동안은 표면으로 떠오르는 불순물을 걷어내면서 물이 졸아들 때마다 적당히 물을 추가한다. 육수가 완성되면 걸러낸 후 뚜껑을 덮지 않은 상태로 식히고 뚜껑을 덮어서 냉장고에 넣는다. 저장하거나 사용하기 전에 기름기를 걷어낸다. 4일 이내에 사용하거나 냉동실에 넣어두면 6개월까지 보관할 수 있다.

맑은 송아지 육수

약 8컵

육류 및 가금류 육수에 대해 항목을 참고한다. 갈색 송아지 육수를 낼 때는 갈색 소 육수에서 설명한 바와 같이 송아지 뼈를 먼저 구워서 육수를 낸다.

육수 솥에 다음을 넣는다.

송아지 도가니 또는 고기가 많이 붙어 있는 뼈 1.8~2.3kg

재료가 잠길 만큼의 찬물

강불에 올려 부르르 끓어오르는 상태에서 몇 분간 송아지 뼈를 애벌로 삶아 불순물을 제거한다. 삶은 물을 따라내고 솥에 깨끗한 찬물을 부어서 송아지 뼈를 헹군다. 다시 물을 따라내고 다음을 추가한다.

껍질을 벗기지 않은 양파 1개, 굵게 썰기

셀러리 줄기 3개, 굵게 썰기

당근 1개, 굵게 썰기

파슬리 잔가지 3~4개

타임 잔가지 2~3개

월계수 잎 1장

흰색 또는 검은색 통후추 8알

정향 3개

한 번 더 다음을 붓는다.

재료가 잠길 만큼의 찬물

강불에 올려서 부르르 끓어오르면 불을 줄이고 뚜껑을 반만 덮은 상태로 6~8시간 동안 뭉근히 끓인다. 처음 1시간 동안은 표면으로 떠오르는 불순물을 걷어내면서 물이 졸아들 때마다 적당히 물을 추가한다. 육수가 완성되면 걸러낸 후 뚜껑을 덮지 않은 상태로 식히고 뚜껑을 덮어서 냉장고에 넣는다. 저장하거나 사용하기 전에 기름기를 걷어낸다. 4일 이내에 사용하거나 냉동실에 넣어두면 6개월까지 보관할 수 있다.

돼지 또는 햄 육수

약 8컵

농도는 비교적 묽지만 돼지 넓적다리 햄의 맛을 제대로 느낄 수 있는 육수다. 풍미가 진한 이 육수는 남부식 채소 찜, 동부콩을 넣은 채소 찜 또는 돼지고기를 사용하는 어느 수프나 스튜에도 돼지 발목과 물 대신 사용할 수 있다. 육류 및 가금류 육수에 대해 항목을 참고한다.

육수 솥에 다음을 넣는다.

돼지의 목뼈, 뒷다리, 정강이, 발목, 베이컨 꽁다리 또는 이들 재료를 섞어서 2.3kg

껍질을 벗기지 않은 양파 1개, 굵게 썰기

당근 1개, 굵게 썰기

셀러리 줄기 1개, 굵게 썰기

파슬리 잔가지 4개

타임 잔가지 3개

월계수 잎 1장

흰색 또는 검은색 통후추 ¼작은술

다음을 붓는다.

재료가 잠길 만큼의 찬물

강불에 올려서 부르르 끓어오르면 불을 줄이고 뚜껑을 반만 덮은 상태로 5시간 동안 뭉근히 끓인다. 처음 1시간 동안은 표면에 떠오르는 불순물을 걷어내면서 물이 졸아들 때마다 적당히 물을 추가한다. 육수가 완성되면 걸러낸 후 뚜껑을 덮지 않은 상태로 식히고 뚜껑을 덮어서 냉장고에 넣는다. 저장하거나 사용하기 전에 기름기를 걷어낸다. 4일 이내에 사용하거나 냉동실에 넣어두면 6개월까지 보관할 수 있다.

가금류 육수

약 10컵

육류 및 가금류 육수에 대해 항목을 참고한다.

육수 솥에 다음을 넣는다.

가금류의 등, 목, 날개, 발 등의 부위 1.8~2.5kg

껍질을 벗기지 않은 양파 1개, 굵게 썰기

당근 1개, 굵게 썰기

셀러리 줄기 1개, 굵게 썰기

파슬리 잔가지 3~4개

타임 잔가지 2~3개

월계수 잎 1장

(말린 호로파 잎 1작은술)

흰색 또는 검은색 통후추 ¼작은술

(정향 2개)

다음을 붓는다.

재료가 잠길 만큼의 찬물

강불에 올려서 부르르 끓어오르면 불을 줄이고 뚜껑을 반만 덮은 상태로 4시간 동안 뭉근히 끓인다. 처음 1시간 동안은 표면에 떠오르는 불순물을 걷어내면서 물이 졸아들 때마다 적당히 물을 추가한다. 육수가 완성되면 걸러낸 후 뚜껑을 덮지 않은 상태로 식히고 뚜껑을 덮어서 냉장고에 넣는다. 저장하거나 사용하기 전에 기름기를 걷어낸다. 4일 이내에 사용하거나 냉동실에 넣어두면 6개월까지 보관할 수 있다.

갈색 가금류 육수

약 10컵

오븐을 220℃로 예열한다. 구이 팬에 가볍게 기름을 바른다. **위에 소개한 가금류 육수**의 모든 재료를 준비하되, 쉽게 뒤집을 수 있도록 양파는 4등분하고 셀러리와 당근은 5cm 크기로 썰어둔다. 고기와 뼈, 채소를 팬에 넣고 가끔 저어가면서 모든 재료가 갈색으로 골고루 익을 때까지 약 1시간 굽는다. 육수 솥에 옮긴다. 구이 팬에 남은 기름을 조심스럽게 따라내되, 이때 재료가 캐러멜화하면서 나온 갈색 즙은 남겨둔다. **물 또는 화이트와인 1컵**을 구이 팬에 붓고 바닥에 붙어 있는 갈색 조각을 긁어서 떼어낸다. 팬에 있는 이 액체를 육수 솥에 붓고 가금류 육수 레시피에 있는 허브와 양념을 넣은 후 재료가 잠길 만큼 찬물을 붓는다. 뭉근하게 끓여서 걸러낸 다음 위의 설명에 따라 식힌다.

데미글라스와 고기 글레이즈
데미글라스 약 1컵 또는 고기 글레이즈 약 ⅔컵

육수를 끓이고 졸이는 데 몇 시간을 투자하여 얻을 수 있는 보상은 엄청난 감칠맛이 농축된 데미글라스와 글레이즈다. 이 두 가지는 냉장고나 냉동실에서 거의 부피를 차지하지 않으면서 몇 달 동안 보관할 수 있다는 장점이 있다. 소스와 찜, 수프에 사용해 풍미를 살리고 걸쭉한 질감을 낸다.

다음을 준비한다.

갈색 소 육수, 맑은 송아지 육수 또는 갈색 가금류 육수 8컵

육수를 거르고 기름기를 모두 걷어낸다. 중간 크기의 냄비에 담아 중강불에 올려 가열한다. 육수가 팔팔 끓어오르면 위에 떠오른 거품을 전부 떠낸다. 육수의 농도가 진해지기 시작하면 타지 않도록 불의 세기를 줄인다. **데미글라스**를 만드는 경우 묽은 시럽 정도의 농도가 되면 리덕션이 마무리된 것이다. **글레이즈**는 숟가락 뒷면에 육수가 꿀처럼 끈끈하게 달라붙는 농도가 될 때까지 졸인다. 육수에 들어 있는 젤라틴의 양과 냄비의 크기, 육수의 양에 따라 약 2~4시간 정도 걸린다. 적당한 농도가 되면 불을 끄고 볼이나 다른 용기에 담아 식힌다. 식어서 굳으면 데미글라스는 아스픽이나 젤라틴 디저트처럼 건드리면 출렁거리는 상태가 된다.(글레이즈는 거의 움직이지 않으며 만지면 고무 같은 느낌이 난다.) 뚜껑을 덮어서 냉장 보관하거나 네모난 형태로 작게 자른 후 냉동 지퍼백에 넣어 얼린다.

가정용 육수
6~8컵

여기서 소개하는 것은 집에 있는 아무 뼈나 사용할 수 있는 육수 레시피다. 남은 뼈가 충분히 모일 때까지 냉동실의 육수 주머니에 보관해두기를 권장한다. 돼지고기 촙, 로스트 치킨, 스테이크, 심지어 양고기 촙도 육수에 넣으면 좋은 맛을 낸다. 아래에 소개한 비율을 적용하면 맛이 풍부하고 평소 조리할 때 두루두루 사용할 수 있는 다용도 육수가 탄생한다. 갈색 가금류 육수에서 설명한 것처럼 취향에 따라 뼈와 채소를 구워서 사용해도 좋다. 뼈를 1.8kg 이상 사용한다면 채소의 양을 아래 레시피의 2배로 늘린다. 부엌에서 나오는 다양한 남은 재료를 사용해 매번 새로운 맛의 육수를 내고자 한다면 육수 주머니 보관하기 항목을 참고한다.

육수 솥에 다음을 넣는다.

뼈 680g~1.8kg

당근 1개, 5cm 길이로 썰기

껍질을 벗기지 않은 양파 큰 것 1개, 4등분하기

셀러리 줄기 1개, 5cm 길이로 썰기 또는 회향 구근 ½개

(타임이나 파슬리 잔가지 몇 개)

(서양대파의 녹색 부분, 깨끗하게 씻기)

(검은색 통후추 ½작은술)

(토마토 페이스트 1큰술)

다음을 붓는다.

재료가 잠길 만큼의 찬물

강불에 올려서 부르르 끓어오르면 불을 줄이고 뚜껑을 반만 덮은 상태로 6~8시간 동안 뭉근히 끓인다. 처음 1시간 동안은 표면에 떠오르는 불순물을 걷어내면서 물이 졸아들 때마다 적당히 물을 추가한다. 또는 압력솥에서 최대 2시간까지 끓인다. 육수가 완성되면 걸러낸 후 뚜껑을 덮지 않은 상태로 식히고 뚜껑을 덮어서 냉장고에 넣는다. 저장하거나 사용하기 전에 기름기를 걷어낸다. 4일 이내에 사용하거나 냉동실에 넣어두면 6개월까지 보관할 수 있다.

야생동물 육수
약 8컵

육수를 만들기 전에 ▶ 각 지역의 사냥 및 야생동물 관리기관에 문의해 사냥으로 잡은 야생동물의 뼈에 대한 권장 사항을 확인하자.(일부 지역에서는 만성 소모성 질환을 일으키며 인간에게도 잠재적인 영향을 미칠 수 있는 내열성 프라이온[비정상적으로 변이하면 광우병 등의 질환을 일으킬 수 있는 단백질 — 옮긴이]이 사슴, 큰 사슴, 말코손바닥사슴에서 발견되기도 하므로 주의한다.)

갈색 소 육수의 레시피를 따르되, 소뼈 대신 **사슴이나 다른 야생동물의 뼈** 2.3kg를 사용한다. 구이 팬에 물 대신 **드라이 레드와인 1컵**을 넣어 바닥에 붙은 조각을 긁어내고, 육수 솥에는 **주니퍼 열매 8개**와 7.5cm 길이의 **로즈메리 잔가지 1개**를 넣고 위의 설명에 따라 육수를 끓인다.

사골탕(Bone Broth)
8~12컵

무척 오랫동안 끓여서 고깃국물처럼 은은하게 광채가 도는 육수다. 갈색 소 육수, 맑은 송아지 육수, 돼지 또는 햄 육수, 가금류 육수 또는 갈색 가금류 육수의 재료를 준비한다. 뼈의 절반 이상은 콜라겐이 풍부하게 함유된 것을 사용해야 한다.(닭발, 칠면조 날개, 돼지 목뼈, 송아지 도가니, 소꼬리 등) 채소와 허브를 한쪽에 따로 두고 위의 설명대로 뼈를 굽거나 애벌로 삶는다. 뼈를 육수 솥에 넣고 **재료 위로 7.5cm까지 올라오도록 찬물**을 붓는다. 약하게 보글보글 끓는 상태를 유지하면서 처음 1시간 동안은 표면에 떠오르는 찌꺼기를 걷어낸다. 뚜껑을 반만 덮은 상태에서 숟가락으로 건드리면 뼈가 저절로 해체될 때까지, 가금류와 송아지 뼈는 최대 10시간, 소와 돼지 뼈는 최대 16시간 동안 뭉근히 끓인다. 2시간마다 물의 양을 확인하고 필요하면 뼈가 물에 완전히 잠길 정도로 끓는 물을 붓는다.(소뼈라면 최대 12컵까지 물을 보충해야 할 수도 있다.) 육수가 완성되면 걸러서 식힌 후 기름기를 걷어내고 위의 설명대로 보관한다.

해산물 육수에 대해
생선과 조개 및 갑각류 육수는 고기와 가금류 육수보다 끓이는 시간이 훨씬 짧으므로 비교적 부담 없이 만들 수 있다. ▶ 양파, 셀러리 등의 향미 채소는 얇게 저미거나 작게 썰거나 채를 쳐서 짧은 시간 안에 충분히 육수에 풍미가 우러나도록 한다. 새우, 게, 랍스터의 껍데기는 얇고 콜라겐이 함유되어 있지 않으므로 30분 이상 끓일 필요가 없다. 생선 뼈는 콜라겐이 풍부하지만 매우 얇으므로 30분 정도만 뭉근히 끓여주면 맛 성분이 거의 전부 빠져나온다.

생선을 통째로 그릴에 익히거나 굽거나 자작하게 졸여서 생선 육수를 넉넉하게 만드는 경우가 아니라면 생선 가게에 가서 생선 대가리나 뼈, 아가미뼈 부위를 구해보자. 가게에 진열되어 있지 않을 가능성이 크니 따로 부탁하거나 미리 전화를 해두면 좋다. 생선 대가리, 아가미 부위, 뼈에서는 신선한 냄새가 나야 한다. 아가미나 내장이 아직 붙어 있다면 손질하면서 떼어낸다. 뼈를 깨끗하게 씻고 피를 모두 제거한다. 생선 대가리에는 특히 많은 풍미가 농축되어 있는데, 맛이 순한 다용도 육수를 만들 때는 ▶ 청어, 고등어, 숭어 등 기름기가 많고 맛이 강한 생선의 대가리나 기타 부위의 사용을 피한다. ▶ 연어는 연어 차우더와 같이 연어를 사용하는 요리를 위해 육수를 만들 때만 넣는다. 뼈를

구할 수 없다면 도미의 일종인 포기(porgy)처럼 가격이 싼 생선을 통째로 사용한다.

생선 육수 또는 퓌메(Fumet)

약 6컵

생선 육수를 낼 때 게, 새우, 랍스터의 껍데기를 넣으면 맛이 훨씬 좋아진다.

I. 육수 솥에 다음을 넣는다.

광어, 대구, 도미, 농어, 옥돔 등 흰살생선의 대가리와 뼈, 아가미뼈 부위

양파 작은 것 1개, 얇게 저미기

서양대파 큰 것 1대, 세로로 반 잘라서 깨끗하게 씻은 후 얇게 썰기

(회향 구근 ½개, 얇게 저미기 또는 회향 줄기 몇 개, 굵게 썰기)

(크레미니 버섯 115g, 얇게 썰기)

(마늘 1~2쪽, 으깨기)

(드라이 화이트와인 1컵)

(얇게 저민 레몬 슬라이스 4조각)

파슬리 잔가지 4개

타임 잔가지 3개

월계수 잎 1장

다음을 붓는다.

재료가 잠길 만큼의 찬물

부르르 끓어오르면 불을 줄이고 뚜껑을 연 상태로 30분간 뭉근히 끓인다. 육수가 완성되면 걸러낸 후 뚜껑을 덮지 않은 상태로 식히고 뚜껑을 덮어서 냉장고에 넣는다. 4일 이내에 사용하거나 냉동실에 넣어두면 6개월까지 보관할 수 있다.

II. 위에 소개한 **버전 I**의 재료를 준비한다. 육수 솥을 중불에 올리고 **버터나 올리브유 2큰술**을 두른다. 얇게 썬 양파, 서양대파, 회향, 마늘을 솥에 넣고 저으면서 양파가 부드러워질 때까지 약 5분간 볶는다. 생선 뼈와 화이트와인을 넣은 다음 구수한 냄새가 나면서 와인의 알코올이 어느 정도 날아갈 때까지 3분 정도 더 볶는다. 허브를 넣고 재료가 잠길 만큼 찬물을 붓는다. 뭉근히 끓여서 걸러낸 다음 위의 설명대로 보관한다.

새우 또는 갑각류 육수

약 4컵

이 레시피에 새우와 랍스터를 사용하면 가장 풍미가 그윽한 육수를 만들 수 있다.

다음을 준비한다.

새우 900g의 껍질 또는 게나 랍스터 2마리의 살을 발라내고 내장과 아가미를 떼어낸 껍데기

껍질을 씻어서 물기를 잘 뺀다. 커다란 게나 랍스터 껍데기는 키친타월로 감싸서 밀대나 큰 부엌칼의 칼등으로 두들겨 잘게 부순다. 육수 솥을 중강불에 올리고 다음을 둘러 가열한다.

식물성 기름 2큰술

껍질을 넣고 가끔 저어가면서 색이 연해지고 맛있는 냄새가 나기 시작할 때까지 3~5분간 볶는다. 다음을 넣는다.

껍질을 벗기지 않은 양파 작은 것 1개, 얇게 저미기

당근 작은 것 1개, 얇게 저미기

셀러리 줄기 1개, 얇게 저미기

월계수 잎 1장

굵게 부순 검은색 통후추 1½작은술

(페르노 리큐어 몇 방울 또는 회향씨 ¼작은술)

다음을 붓는다.

재료가 잠길 만큼의 찬물

거의 부르르 끓어오를 때까지 가열한 다음 불을 줄이고 뚜껑을 반만 덮은 상태로 30분간 뭉근히 끓인다. 육수가 완성되면 잘 걸러낸다. 뚜껑을 덮지 않은 상태로 식힌 후 뚜껑을 덮어서 냉장고에 넣는다. 4일 이내에 사용하거나 냉동실에 넣어두면 6개월까지 보관할 수 있다.

다시

약 4컵

일본 요리의 기본 육수인 다시는 물, 다시마(말린 해초), 가쓰오부시(말린 가다랑어포), 이 세 가지 재료만으로 금세 만들 수 있다. 다시마와 가다랑어포는 모두 아시아 식료품점이나 상품 구색을 잘 갖춘 일반 마트에서 구할 수 있다. 다시는 너무 오래 끓이거나 가열해서는 안 되며, 냉동해서 보관하기도 어렵다. 우리는 직접 우려낸 다시를 선호하지만, 물에 녹여 사용하는 인스턴트 제품인 **혼다시**도 비교적 품질이 뛰어나므로 아예 배제할 필요는 없다.(사용하는 양은 제품 포장에 인쇄된 설명을 참고한다.)

냄비를 강불에 올리고 다음을 넣는다.

12.5×10cm 크기의 다시마 1장

찬물 4½컵

거의 끓어오를 때까지 가열한다. 물이 끓어오르기 시작하면 재빨리 불에서 내려 다음을 넣고 젓는다.

말린 가다랑어포 ⅓컵

가다랑어포가 가라앉기 시작할 때까지 2~3분간 그대로 둔다. 한꺼번에 육수를 거른다. 뚜껑을 덮지 않은 상태로 식힌 후 뚜껑을 덮어서 냉장고에 넣는다. 냉장고에 보관했던 다시는 따뜻하게 데워서 사용하며, 만든 후 4일 이내에 소진하는 것이 좋다.

채소 육수에 대해

아래 레시피에 소개한 일반적인 채소와 향미 재료 외에도 옥수숫대, 신선한 허브, 생강, 서양대파를 채소 육수에 넣으면 맛이 좋아진다. 채소 육수는 1시간 이상 끓일 필요가 없다. ▶ 이렇게 짧은 시간 동안 끓여내기 때문에 채소 재료를 얇게 저미거나 강판에 갈거나 푸드 프로세서로 잘게 썰어서 사용해야 한다. 채소 육수의 풍미를 높이고 진한 맛을 내기 위해서는 육수를 내기 전에 채소를 갈색으로 구워서 사용한다. 또는 파르메산 치즈 껍질이나 미소 된장, 말린 버섯 또는 다른 감칠맛이 풍부한 재료를 추가해도 좋다.

채소 육수를 더 걸쭉하게 우려내려면 젤라틴을 추가할 수도 있다. 육수 1ℓ당 풍미가 첨가되지 않은 젤라틴 가루 1봉지(2¼작은술)씩 사용하는데, 작은 그릇에 찬물 ¼컵을 붓고 풍미가 첨가되지 않은 젤라틴 가루를 홀홀 뿌린다. 5분간 젤라틴을 불린 후 걸러낸 뜨거운 육수를 조금 붓고 세게 저어 젤라틴을 완전히 녹이고, 젤라틴 용액을 육수 솥에 넣어 젓는다. 콩 삶은 물을 넣어도 걸쭉한 질감을 낼 수 있지만 이렇게 하면 육수가 뿌옇게 변하는 단점이 있다.

채소 육수

약 8컵

육수 솥을 중강불에 올리고 다음을 둘러 가열한다.

　식물성 기름 또는 버터 1큰술

다음을 넣고 저으면서 양파가 부드러워질 때까지 6~8분간 볶는다.

　껍질을 벗기지 않은 양파 큰 것 1개, 얇게 저미기

　셀러리 줄기 2개, 줄기에 붙어 있는 잎까지 함께 굵게 썰기

　당근 큰 것 1개, 굵게 썰거나 채 썰기

　(순무 또는 파스닙 중간 크기 1개, 굵게 썰거나 채 썰기)

다음을 추가한다.

　(채 썬 양상추 2컵)

　(말린 버섯 28g 또는 신선한 버섯이나 버섯 밑동 115g)

　(토마토 페이스트나 토마토 껍질 1큰술)

　파슬리 잔가지 4개

　타임 잔가지 3개

　월계수 잎 1장

　흰색 또는 검은색 통후추 1작은술

다음을 붓는다.

　재료가 잠길 만큼의 찬물

부르르 끓어오를 때까지 가열한 다음 뚜껑을 반만 덮은 상태로 채소가 아주 부드러워질 때까지 약 45분간 뭉근히 끓인다. 육수가 완성되면 잘 걸러낸 후 뚜껑을 덮지 않은 상태로 식힌다. 뚜껑을 덮어서 냉장고에 넣으면 최대 4일, 냉동실에 넣으면 최대 6개월까지 보관할 수 있다.

갈색 채소 육수

오븐을 220℃로 예열한다. **위의 채소 육수** 재료를 준비하되, 채소는 5cm 길이로 큼직하게 썰고 신선한 버섯은 통째로 사용한다. 기름을 살짝 바른 구이 팬 또는 테두리 있는 오븐 팬에 채소를 올리고 가끔 뒤적이면서 모든 재료가 갈색으로 잘 익을 때까지 약 45분간 굽는다. 채소를 큰 냄비나 솥에 옮기고 **찬물 8컵**과 파슬리, 타임, 월계수 잎, 통후추, 말린 버섯을 넣는다. 부르르 끓어오를 때까지 가열한 다음 뚜껑을 반만 덮은 상태로 30분간 뭉근히 끓인다. 육수가 완성되면 잘 걸러낸 후 뚜껑을 덮지 않은 상태로 식힌다. 뚜껑을 덮어서 냉장고에 넣으면 최대 4일, 냉동실에 넣으면 최대 6개월까지 보관할 수 있다.

버섯 육수

약 8컵

I. 이 레시피를 따라 조리하면 아래 버전보다 더욱 풍미가 진한 육수를 만들 수 있다. 이렇게 만든 버섯 육수는 소 육수 대신 활용한다.

더치오븐을 중불에 올리고 다음을 둘러 가열한다.

　올리브유 2큰술

다음을 추가한다.

　양파 작은 것 또는 샬롯 큰 것 1개, 굵게 썰기

　당근 작은 것 1개, 굵게 썰기

재료가 갈색으로 변하기 시작할 때까지 약 7분간 볶는다. 다음을 추가한다.

　버섯이나 버섯 밑동(가능하면 표고버섯처럼 풍미가 진한 버섯을 섞어서 사용)
　　225g, 굵게 썰기

버섯이 말랑말랑해지고 즙이 나올 때까지 약 5분간 볶는다. 다음을 추가한다.

　토마토 페이스트 1큰술

저으면서 더치오븐의 바닥에 진한 갈색의 육수 베이스인 퐁(fond, 또는 딱딱한 층)이 형성되게 한다. 다음을 추가한다.

　드라이 레드와인 ¼컵

바닥의 갈색 조각을 긁어낸다. 다음을 넣는다.

　물 12컵

　(말린 버섯 28g, 표고버섯이나 포르치니버섯 사용)

뚜껑을 반만 덮은 상태로 45분간 뭉근히 끓인다. 육수를 거르고 채소 건더기를 숟가락으로 꾹 눌러서 최대한 국물을 짜낸다. 뚜껑을 덮지 않은 상태로 식힌 다음 뚜껑을 덮어서 냉장고에 넣으면 최대 4일, 냉동실에 넣으면 최대 6개월까지 보관할 수 있다.

II. 이 버전은 닭이나 돼지고기 육수 대신 사용하기에 더 적합하다. 헝가리식 버섯 수프, 라멘, 미소 된장국을 만들 때 활용하면 좋다.

무쇠 팬을 중강불에 올려 예열한다. 다음 재료의 자른 단면이 아래로 가도록 팬에 올린다.

　서양대파 큰 것 1대(약 340g), 다듬고(녹색 윗부분은 보관) 세로로 반 잘라서
　　깨끗이 씻기

　생강 7.5cm짜리 1조각, 세로로 반 자르기

채소가 잘 그을릴 때까지 약 5분간 굽는다. 팬을 불에서 내리고 옆에 둔다. 솥이나 큰 냄비를 중강불에 올리고 다음을 둘러 가열한다.

　식물성 기름 1큰술

기름에서 연기가 나기 직전에 다음을 넣고 갈색으로 변하기 시작할 때까지 볶는다.

　당근 1개, 깍둑썰기하기

　셀러리 줄기 1개, 깍둑썰기하기

다음을 추가한다.

　굵게 썬 버섯 및/또는 버섯 밑동 900g(아무 종류나 또는 여러 종류를 섞어서
　　사용해도 무방)

버섯에서 물이 나오기 시작할 때까지 약 5분간 볶는다. 불에 그을린 서양대파, 생강, 대파 뿌리를 다음과 함께 넣는다.

　찬물 12컵

　마늘 2쪽, 으깨기

　타임 잔가지 5개

　검은색 통후추 6알

　월계수 잎 1장

뚜껑을 반만 덮은 상태로 채소가 아주 부드러워질 때까지 약 45분간 뭉근히 끓인다. 육수가 완성되면 고운체로 거르고, 채소 건더기를 국자로 꾹 눌러 최대한 국물을 짜낸다. 다음을 넣고 젓는다.

　타마리(콩의 비율을 높여서 만든 농축 간장 ─ 옮긴이) 1큰술

뚜껑을 덮지 않은 상태로 식힌 다음 뚜껑을 덮어서 냉장고에 넣으면 최대 4일, 냉동실에 넣으면 최대 6개월까지 보관할 수 있다.

간단한 육수 및 시판 육수에 대해

하염없이 재료를 뭉근히 끓여 육수를 만들 시간이나 의지가 없는 사람들을 위해 이 과정을 크게 단축해주는 몇 가지 지름길이 있다. 또한 같은 단계를 밟더

라도 몇 가지 다른 응용법을 활용할 수 있다.

풍미 추출 시간을 단축하는 방법 중 하나는 재료를 잘게 썰어서 사용하는 것이다. 채소는 잘게 썰거나 얇게 저미고 가금류 뼈는 잘게 부순다.(생뼈라면 큰 식칼이 필요하며 익힌 뼈라면 키친타월로 감싼 다음 큰 부엌칼의 칼등으로 여러 번 쳐서 부순다.) 크고 단단한 뼈의 조리 시간을 단축하려면 정육점에서 톱으로 잘게 썰어달라고 부탁하자.

시간은 부족하지만 그래도 처음부터 고기나 가금류의 육수를 제대로 우려내고 싶다면 레인지에 올려놓고 조리하는 9.5ℓ짜리 압력솥을 추천한다. 진한 닭 육수는 2시간, 소 육수는 4시간에 완성된다. 조림과 스튜 만들기에 가장 적합한 슬로 쿠커도 아쉬운 대로 육수 만들기에 활용할 수 있다. 이름 그대로 조리 속도는 느리지만 일단 작동시켜두면 그 이후에는 별다른 신경을 쓰지 않아도 된다. 슬로 쿠커로 만든 육수는 육수 솥이나 압력솥으로 만든 육수보다 덜 걸쭉하다는 사실을 알아두자.

도저히 재료를 손질해 육수를 낼 시간이 없다면 시판 육수, 고깃국물, 콩소메, 조개즙이 최선의 대안이다. 찬장에 상비하고 있다가 포장을 뜯고 바로 사용하거나, 옆에서 소개하는 '간단한' 육수 레시피로 풍미를 추가한다. 되도록 저염 또는 저나트륨 제품을 권장하는데, 나트륨이나 MSG가 적게 들어 있을수록 요리하는 사람이 더욱 자유롭게 맛을 조절할 수 있기 때문이다. 다양한 시판 육수와 고깃국물을 시식하면서 취향에 맞는 육수를 찾아보는 것이 좋고 가격이 비싸다고 해서 반드시 풍미가 뛰어난 건 아니라는 점을 잊지 말자. 농축 육수 베이스는 일반적으로 가장 진한 풍미를 지니고 있지만, 짠맛 역시 매우 강한 경우가 많다. 다만 전통적인 프랑스 요리용 소스에는 젤라틴이 풍부하고 진한 풍미의 육수가 필요하기 때문에 대다수 시판 육수와 고깃국물로는 제대로 맛이 나지 않는다. 일부 정육점에서는 직접 육수를 우려내기도 하는데, 이렇게 직접 만든 육수는 보통 식료품점에서 파는 시판 육수보다 맛이 풍부하고 질감이 걸쭉하므로 주변에 그런 곳이 있는지 알아봐도 좋다.

압력솥 육수

생선, 갑각류 또는 채소 육수를 제외한 다른 육수 레시피를 참고해 재료를 준비하되, 양파의 양은 1½배로 늘린다. 재료를 9.5ℓ짜리 압력솥에 넣고 재료가 간신히 잠길 만큼의 찬물을 붓는다. 솥 안쪽의 눈금 위로 올라오거나 최대 용량을 초과하는 양의 재료를 넣지 않도록 주의한다. 강불에 올려서 고압 상태를 만든 후 불을 줄여서 높은 압력을 유지한다. 소와 송아지 육수는 4시간 동안 끓이고 가금류나 양고기 육수는 2시간 정도 조리한다. 사골탕을 만들 때는 소와 송아지의 경우 6시간, 가금류의 경우 4시간 끓인다. 불을 끈 후 자연스럽게 압력이 내려가도록 한다. 육수가 완성되면 걸러서 완전히 식히고 기름을 걷어낸다. 냉장고에 넣으면 최대 4일, 냉동실에 넣으면 최대 6개월까지 보관할 수 있다.

앞에서 소개한 육수 레시피를 전기 압력솥으로 응용하려면 전기 압력솥의 용량이 레시피의 재료 분량을 모두 담기에 너무 작을 수도 있다는 점, 전기 압력솥의 최대 조리 시간이 120분이라는 점을 잊지 말자. 이러한 주의사항을 제외하면 전기 압력솥은 조리하는 도중에 손이 가지 않기 때문에 소량의 육수를 만들기에 훌륭한 도구다. 전기 압력솥을 사용할 때는 고압에서 2시간 조리한 후 자연스럽게 압력이 내려가게 한다. 사골탕을 끓일 때는 2시간 끓인 후 고압에서 2시간 더 조리한다.

간단한 닭 또는 소 육수

약 3½컵

다음 재료를 얇게 저미거나 큼직하게 썰어서 푸드 프로세서에 넣고 짧게 몇 번 작동시켜 잘게 썬다.

껍질을 벗기지 않은 양파 작은 것 1개

당근 작은 것 1개

셀러리 줄기 1개, 잎까지 함께 사용

(서양대파 1대, 흰색 부분만 사용, 세로로 반 자르고 깨끗이 씻기)

(마늘 1쪽, 으깨기)

묵직한 냄비를 중불에 올리고 다음을 둘러 가열한다.

올리브유 또는 버터 1큰술

채소를 넣고 저으면서 부드러워질 때까지 6~8분간 볶는다.

취향에 따라 다음을 추가한다.

(드라이 화이트와인 ½컵)

와인이 거의 전부 날아갈 때까지 조리한다. 다음을 넣고 젓는다.

시판 닭 육수, 소 육수 또는 고깃국물 4컵(저나트륨 육수 권장)

(고기 손질 과정에서 나온 부스러기나 뼈)

(간장 1큰술)

파슬리 잔가지 4개

타임 잔가지 3개

월계수 잎 1장

중강불에 올리고 거의 팔팔 끓을 때까지 가열한 후 불을 줄이고 약 30분간 찌꺼기를 떠내면서 뭉근히 끓인다. 걸쭉한 육수가 필요할 경우 육수가 완성되기 5분 전에 작은 그릇에 다음을 넣고 섞는다.

(풍미가 첨가되지 않은 젤라틴 가루 1봉지[2¼작은술])

(찬물 ¼컵)

5분간 젤라틴을 불린다. 육수를 걸러내고 젤라틴을 넣어 완전히 녹을 때까지 세게 젓는다. 육수를 즉시 사용하거나 식혀서 뚜껑을 덮은 후 냉장고에 넣으면 최대 4일간 보관할 수 있다.

간단한 해산물 육수

약 3컵

생선 뼈와 새우 껍질이 부족할 때 그럴듯한 육수를 낼 수 있는 레시피다.

중간 크기의 묵직한 프라이팬을 중약불에 올리고 다음을 둘러 가열한다.

올리브유 2큰술

다음을 넣고 저으면서 양파가 부드러워질 때까지 볶는다.

양파 1개, 얇게 저미기 또는 서양대파 1대, 세로로 반 자르고 깨끗이 씻어서 얇게 저미기

당근 1개, 얇게 저미기

다음을 넣는다.

드라이 베르무트 또는 드라이 화이트와인 ½컵

약 1분간 젓다가 다음을 넣고 계속 젓는다.

병에 든 시판 조개즙 240ml짜리 4병

(집에 있는 생선 뼈나 새우 껍질)

(레몬 작은 것 ¼개)

파슬리 잔가지 3~4개

타임 잔가지 2~3개

월계수 잎 1장

뚜껑을 반만 덮고 가끔 거품을 걷어내거나 저어주면서 20분간 뭉근히 끓인다. 육수를 걸러서 즉시 사용하거나 식혀서 뚜껑을 덮어 냉장고에 넣으면 최대 4일간 보관할 수 있다.

쿠르 부용(Court Bouillon)

약 8컵

쿠르 부용은 짧은 시간 동안 끓여서 간을 한 국물(프랑스어로 쿠르는 '짧다'는 뜻)이다. 쿠르 부용 자체는 고깃국물이나 육수가 아니며, 나중에 고깃국물이나 육수가 되는 원재료에 가깝다. 사용하는 재료는 다양하지만 대부분 산미 재료(레몬즙이나 식초)와 다양한 향미를 내는 허브와 채소가 들어간다. 쿠르 부용은 특히 생선, 갑각류, 채소, 내장류를 뭉근히 조릴 때 물 대신 사용한다. 조리 후에는 그냥 따라 버리거나, 건더기를 걸러낸 후 소스 만들 때 연한 고깃국물처럼 활용하거나, 루이지애나식 쿠르 부용 또는 그리스식으로 조리한 채소처럼 조린 음식과 함께 내기도 한다. 쿠르 부용을 사용한 후 냉동해두면 나중에 해동해 생선 조림을 만들 때 재활용할 수 있다. 이렇게 하면 매번 재활용할 때마다 점점 더 걸쭉한 고깃국물로 변하게 된다.

커다란 편수 냄비에 다음을 넣고 끓인다.

물 8컵

셀러리 줄기 2개, 굵게 썰기

양파 작은 것 1개, 굵게 썰기

파슬리 잔가지 3~4개

타임 잔가지 2~3개

월계수 잎 1장

불을 줄이고 뚜껑을 열어 뭉근히 끓이는 상태로 20분간 조리한다. 다음을 넣는다.

셰리 식초나 레몬즙 ¼컵 또는 드라이 화이트와인 1컵

10분 더 뭉근히 끓인다. 걸러서 다음으로 간을 하고 맛을 낸다.

소금과 흑후추

채소 부용 페이스트

부용 농축액 475ml

이 수제 채소 부용은 빠른 시간 안에 쉽게 만들어서 오래 보관할 수 있으며 채소 육수나 국물 대신 사용하기에 안성맞춤이다. 이 부용을 만들어 지인에게 나눠주었더니 밥에 넣어서 섞어 먹어도 맛있었다는 소식을 전해왔다.

푸드 프로세서에 다음을 넣는다.

서양대파 1대, 손질해서 깨끗이 씻은 후 굵게 썰기

껍질을 벗겨서 굵게 썬 당근 ½컵

굵게 썬 셀러리 ½컵

껍질을 벗겨서 굵게 썬 파스닙 ½컵

잘게 썬 회향 또는 양배추 ½컵

굵게 썬 양파 ½컵

굵게 썬 파슬리 잎과 줄기, 꾹 눌러 담아 ½컵

소금 3큰술(55g)

토마토 페이스트 1큰술

(백미소 또는 적미소 1큰술)

(표고 또는 포르치니 등의 버섯 가루 2작은술)

페이스트 상태가 될 때까지 푸드 프로세서를 짧게 몇 번 작동시킨다. 부용 페이스트를 475ml 용량의 병에 넣어서 냉동실에 보관한다. 채소 풍미를 살리고 싶은 요리가 있다면 병에 들어 있는 페이스트를 떠서 넣는다.(냉동실에서 바로 꺼내도 숟가락으로 뜰 수 있다.) 처음에는 물 1컵당 1½작은술만 넣고 맛을 보면서 적당히 추가한다. 요리에 사용할 때는 이 부용 페이스트에 짭짤하게 간이 되어 있다는 점을 잊지 말고 전체 소금의 양을 적당히 조절해야 한다.

고깃국물에 대해

고깃국물(broth)은 무엇이고 육수(stock)와 어떻게 다른가? 전통적으로 고깃국물은 고기를 주재료로 해서 만들고 뼈를 넣기도 한다. 육수는 항상 뼈를 주재료로 사용하지만, 반드시 고기를 넣는 것은 아니다. 고깃국물은 비교적 짧은 시간 동안 끓이고 육수는 훨씬 오랜 시간 뭉근히 끓인다. 이렇게 전통적인 간단한 구분법이 있음에도 불구하고, '채소 육수' 같은 단어가 보편적으로 쓰이고 사골탕(bone broth) 등의 용어가 새롭게 저변을 넓히면서 이 두 가지를 혼동하는 사례가 빈번히 발생하고 있다. 어쩌면 육수는 어떤 요리를 완성하기 위한 재료, 고깃국물은 단독으로 먹을 수 있는 조리의 종착점이라고 생각하는 것이 혼란을 방지하는 최선의 방법일지도 모른다. 육류, 가금류, 갑각류, 생선 또는 채소로 만든 맑고 깔끔한 수프는 그대로 먹는 (또는 마시는) 경우도 많기 때문이다. 고깃국물은 농도가 묽어도 크게 상관없는 수프, 곡물 요리를 비롯한 여러 레시피에 풍미를 더하기 위해 자주 사용된다. 고깃국물은 군침이 돌게 하는 황금색이나 호박색을 띠며 균형 잡힌 풍미와 섬세한 아로마를 자랑한다.

고깃국물은 육수처럼 젤라틴이 들어 있지 않기 때문에 졸여서 글레이즈를 만들기에는 적합하지 않다. 소고기로 국물을 만들 때는 어깨살, 정강이, 가슴살 등 풍미가 농축된 부위를 사용한다. 가금류나 닭고기 국물은 암탉 또는 성숙한 야생 조류를 끓이면 가장 풍미가 뛰어난 고깃국물을 얻을 수 있는데, 사실 닭고기라면 무엇이든 사용해도 좋다. 생강, 레몬그라스, 마늘, 샬롯, 야생 버섯 등의 다양한 추가 재료를 넣어도 고깃국물의 맛이 좋아진다.

닭고기 국물

약 12컵

다음 재료를 얇게 썰거나 큼직하게 썰어서 푸드 프로세서에 넣고 잘게 썬 상태가 될 때까지 짧게 몇 번 작동시킨다.

껍질을 벗기지 않은 양파 1개

당근 1개

셀러리 줄기 1개

육수 솥에 다음을 넣는다.

1.6~1.8kg의 닭 1마리, 큼직하게 토막 내기

재료가 잠길 만큼의 찬물

중불에 올려서 부르르 끓어오르면 불을 줄이고 뚜껑을 반만 덮은 상태로 불순물을 자주 걷어내면서 1시간 15분간 은근하게 끓인다. 육수가 완성되면 걸러낸 후 뚜껑을 덮지 않은 상태로 식히고 뚜껑을 덮어서 냉장고에 넣는다. 표면에 형성된 기름기는 걷어낸다. 즉시 사용하거나 냉장고에 넣으면 4일간, 냉동실에 넣으면 6개월까지 보관할 수 있다.

소고기 국물

약 4컵

다음 재료를 푸드 프로세서에 넣고 굵게 썬 상태가 될 때까지 짧게 몇 번 작동시킨다.

　소고기 윗등심 680g, 2.5cm 크기의 정육면체로 썰기

고기를 육수 솥에 옮기고 다음을 붓는다.

　찬물 5컵

중불에 올려서 뭉근히 끓는 상태가 되면 불을 줄이고 뚜껑을 반만 덮은 상태로 불순물을 자주 걷어내면서 30분간 은근하게 끓인다. 다음을 넣는다.

　껍질을 벗기지 않은 양파 1개, 2.5cm 크기로 큼직하게 썰기

　서양대파 큰 것 1대, 세로로 반 자르고 깨끗이 씻어서 썰기

　당근 1개, 굵게 썰기

　토마토 페이스트 1큰술

　파슬리 잔가지 5개

　말린 타임 ½작은술

　검은색 통후추 3알, 가볍게 으깨기

　정향 1개

1시간 더 뭉근히 끓인다. 육수가 완성되면 걸러낸 후 뚜껑을 덮지 않은 상태로 식히고 뚜껑을 덮어서 냉장고에 넣는다. 사용하기 전에 기름기를 걷어낸다. 고깃국물은 보관하는 동안 분리되므로 사용하기 전에 잘 젓는다. 냉장고에 넣으면 4일간, 냉동실에 넣으면 6개월까지 보관할 수 있다.

채소 국물

약 4컵

커다란 냄비를 중불에 올리고 다음을 넣어 녹인다.

　버터 3큰술

다음을 넣고 5분간 살살 볶는다.

　양파 1개, 썰기 또는 서양대파 1대, 깨끗이 씻어서 썰기

　당근, 파스닙 또는 순무 1개, 굵게 썰기

　셀러리 줄기 1개, 굵게 썰기

　(굵게 썬 회향 ½컵)

　(굵게 썬 신선한 버섯 115g 또는 말린 버섯 28g)

볶는 과정에서 채소가 갈색으로 변하지 않도록 주의한다. 다음을 붓는다.

　물 5컵

중불에 올려서 부르르 끓어오르면 불을 줄이고 뚜껑을 반만 덮은 상태로 40분간 은근히 끓인다. 육수가 완성되면 걸러낸 후 뚜껑을 덮지 않은 상태로 식히고 뚜껑을 덮어서 냉장고에 넣는다. 다음으로 간을 하고 맛을 낸다.

　소금과 흑후추

　(간장 1큰술)

냉장고에 넣으면 4일간, 냉동실에 넣으면 6개월까지 보관할 수 있다.

파르메산 국물

약 7컵

이 국물을 만들 만큼 파르메산 치즈 껍질이 충분히 모일 때까지 냉동고에 보관한다. 파르메산 치즈를 직접 갈아서 판매하는 식료품점도 많으므로 이런 곳에서는 껍질을 따로 팔기도 한다. 이 국물은 리소토, 콩, 파스타 요리, 수프뿐만

아니라 심지어 데글레이즈 용액으로도 활용할 수 있다.

기름을 두르지 않은 중간 크기의 무쇠 팬을 중강불에 올린 후 다음 재료를 절단면이 아래로 가도록 놓는다.

　껍질을 벗기지 않은 양파 작은 것 1개, 반 자르기

양파가 잘 그을릴 때까지 약 5분간 굽는다. 양파를 중간 크기의 편수 냄비에 넣고 다음 재료를 추가한다.

　파르메산 치즈 껍질 450g

　마늘 2쪽, 으깨기

　타임 잔가지 2개

　파슬리 잔가지 2개

　월계수 잎 1장

　으깬 검은색 통후추 1작은술

다음을 붓는다.

　물 8컵

부르르 끓어오르면 불을 줄이고 뚜껑을 반만 덮은 상태로 2시간 동안 뭉근히 끓인다. 완성되면 걸러서 식힌 후 냉장고에 넣으면 4일간, 냉동실에 넣으면 6개월간 보관할 수 있다. 냉장고에 넣어두면 국물 표면에 기름층이 생기는데 이 기름은 버리지 않는다. 풍미가 가득 들어 있을 뿐만 아니라 요리에 넣으면 맛을 풍부하게 해주므로 아래쪽 내용물과 다시 잘 섞어둔다.

수프에 대해

집에서 끓인 육수와 고깃국물이 가장 맛있는 수프를 만들기 위한 기본 재료라는 데에는 의문의 여지가 없다. 그러나 직접 육수나 국물을 낼 시간이 없거나 엄두가 나지 않는다면 고민하지 말고 시판 육수나 국물로 수프를 만들어보자. 에그 드롭 수프, 마초(matzo, 무교병이라고도 하며 유대인들이 먹는 비스킷과 유사한 빵 — 옮긴이) 경단 수프 등의 일부 수프는 사용한 육수나 국물의 품질을 감출 수 있을 만한 다른 재료가 거의 들어가지 않으므로 직접 만든 육수를 권장한다. 그런가 하면 그냥 물에 풍미가 강한 재료를 넣고 끓이는 과정에서 맛 성분이 국물에 우러나는, 즉 '그 자체로' 육수를 뽑아내는 수프도 있다.

　뜨겁게 내는 수프가 있고 차갑게 내는 수프가 있는가 하면 양쪽 모두 가능한 수프도 있다. 식탁에서 따뜻한 온기를 유지하도록 수프를 제공하려면 미리 데워둔 그릇이나 컵을 사용한다. 차갑게 내는 수프는 차갑게 식힌 상태에서 차가운 그릇에 담아 내놓는다. ▶ 전채 요리로 먹을 때는 수프 1컵, 주요리 코스로 낼 때는 건더기가 얼마나 푸짐한가에 따라 1½~2컵 정도의 분량을 낸다. 나중에 나오는 식사가 푸짐하다면 첫 번째 코스로 걸쭉하고 배가 든든하게 부르는 수프는 내지 않도록 한다. 이러한 수프는 그 자체로 끼니 역할을 할 뿐만 아니라 특히 채소 샐러드나 버터 바른 토스트 1조각을 곁들이면 훌륭한 한 끼 식사가 된다.

수프의 풍미 내기

육수의 풍미 내기 항목의 설명 중 상당수가 수프에도 적용된다. 수프는 다른 레시피에 사용하는 재료라기보다 그 자체가 완성된 요리에 해당하므로 더욱 맛이 진한 재료로 풍미를 낼 수 있다.

　약간의 염장 돼지고기나 돼지 발목, 얇게 썬 베이컨 몇 조각을 넣어주면 수프의 풍미가 확 살아나고 맛이 깊어진다. 간장이나 타마리, 미소 된장, 피시 소스, 데미글라스(시판 또는 수제) 또는 버섯 조미료 등을 소량 넣으면 맛이 연하거

나 간이 덜 된 수프의 풍미가 한층 더 깊어진다.

수프를 끓일 때 알코올을 첨가하는 것도 개성 있게 맛을 살리는 또 하나의 방법이다. 맥주를 콩, 양배추, 채소 수프나 칠리에 넣으면 톡 쏘는 맛이 난다. 소고기 수프에 드라이 레드와인을 넣으면 맛이 좋아지고, 드라이 화이트와인과 베르무트를 생선, 게, 랍스터 비스크나 차우더에 넣으면 깔끔한 맛이 난다. ▶ 수프 1ℓ당 ¼~½컵의 와인을 기준으로 삼되, 알코올이 어느 정도 날아가도록 수프가 완성되기 최소 15분 전에 넣는다. 미디엄 드라이 셰리나 마데이라 같은 주정 강화 와인은 송아지고기 수프 또는 닭고기 수프와 잘 어울리며, 루비나 토니 포트는 강렬한 맛을 내는 야생동물 고기 수프와 육수에 첨가하면 좋다. 주정 강화 와인은 내기 직전에 넣어야 한다.

수프를 끓일 때는 항상 조리가 거의 끝날 때쯤 소금으로 간을 하거나 먹는 사람이 각자 취향에 맞게 간을 해서 먹도록 하는 것을 권장한다. 특히 시판 육수를 사용한다면 소금 간에 유의해야 한다.

▶ 시판 육수나 국물을 아래에 소개하는 여러 레시피에 사용할 경우, 레시피에 표시된 소금을 생략하고 내기 직전에 맛을 본 후 적당히 간을 한다.

마지막으로 수프에 식초 몇 방울이나 갓 짜낸 레몬즙 소량 등 산미 재료를 약간 넣으면 풍미를 부드럽게 조화시키는 데 매우 효과적이다. 항상 내기 직전에 적당량을 추가하거나 레몬 조각 또는 식초가 담긴 양념 병을 함께 제공해 먹는 사람이 직접 넣을 수 있도록 배려한다.

가니시를 사용해 풍미를 추가하려면 아래 항목을 참고한다.

퓌레 및 수프 걸쭉하게 만들기

채소 수프는 부드러운 식감을 위해 퓌레 상태로 만들고, 그 외의 수프는 더 매끄러운 질감을 위해 부분적으로 퓌레를 만든다. 특히 이 작업에는 **막대형 블렌더**가 편리한데, 뜨거운 액체를 수프 냄비와 믹서 용기 사이를 여러 번 옮겨 담을 필요가 없기 때문이다. ▶ 항상 막대형 블렌더의 칼날이 냄비 바닥 근처까지 가도록 깊숙이 넣은 다음 전원을 켜고, 절대 칼날을 액체의 표면 가까이 올리지 않는다. 저속으로 시작한 후 점점 속도를 높인다. 원하는 질감이 될 때까지 냄비 바닥 근처에서 빙빙 돌려가며 작동시킨다. 칼날이 약간 비스듬한 각도로 돌아가도록 조심스럽게 블렌더를 작동시켜야 냄비 바닥에 흡인력이 생기지 않아 수월하게 블렌더를 움직일 수 있다.

가정용 믹서라면 어떤 종류든 묽은 수프를 갈아서 균일한 질감으로 만드는 데 효과적이고, 업소용 믹서를 사용하면 뻑뻑한 수프도 손쉽게 퓌레로 만들 수 있다. ▶ 뜨거운 수프를 일반적인 믹서에 넣고 갈 때는 용기의 절반 이상 채우지 않는다. 김이 나갈 수 있도록 뚜껑의 공기구멍을 조금 열어둔다. 혹시 모를 상황에 대비하려면 믹서 뚜껑 주위에 주방 행주를 감고 저속으로 작동시킨 후 점점 속도를 높인다.

푸드 프로세서도 걸쭉한 수프를 퓌레 상태로 만들 때 사용할 수 있다. ▶ 액체가 칼날 축을 통해 흘러넘쳐 뚜껑 위로 튈 수도 있으므로 수프를 푸드 프로세서의 칼날 꽂는 곳 위쪽 이상으로 채우지 않도록 주의한다. 푸드 프로세서의 용량은 대부분 믹서보다 적기 때문에 수프를 여러 번 나눠서 퓌레로 만든다. 또는 건더기가 큰 재료를 구멍 뚫린 숟가락으로 푸드 프로세서에 떠 넣고, 액체를 아주 조금만 부어서 부드러운 퓌레를 만든 후 다시 수프에 넣어 섞을 수도 있다.

식품 분쇄기를 사용하면 퓌레로 갈고 거르는 작업을 동시에 처리할 수 있다. 식품 분쇄기는 재료가 상당히 부드러워질 때까지 수프를 푹 끓였을 때, 특

히 수프에 셀러리, 서양대파, 생강 등 섬유질이 풍부한 재료가 들어 있을 때 유용하다. 바꿔 끼울 수 있는 칼날이 있어서 수프의 질감을 조절할 수 있다.

수프를 걸쭉하게 만드는 다른 방법에 대해서는 증점 재료(소스를 걸쭉하게 만드는 재료)에 대해 항목을 참고한다.

수프 가니시와 곁들이는 음식에 대해

수프에 잘 어울리는 가니시를 얹으면 보기도 예쁘고 맛도 좋다. 일반적으로 진하고 농축된 수프에는 신선한 허브와 감귤류 가니시를 곁들이면 맛이 최고로 살아나며 가벼운 수프나 국물에는 좀 더 든든한 토핑을 올리면 좋다. 크루통이나 구운 견과류처럼 바삭하고 오독오독 씹히는 토핑은 퓌레와 크림수프의 부드러운 질감과 좋은 대조를 이룬다.

맑은 수프와 국물에 곁들이는 음식

속을 채운 덤플링 또는 드롭 덤플링, 따로 익히거나 수프 국물에 넣어서
레시피대로 조리한 것

미트볼, 지름 2.5cm로 둥글게 빚어서 따로 익히거나 이탈리아식 웨딩 수프처럼
수프 국물에 넣어서 뭉근히 끓인 것

수란

크루통

작게 깍둑썰기한 두부

잘게 썬 채소 또는 얇게 썬 쪽파

얇게 썬 레몬 또는 라임 슬라이스

얇게 썬 아보카도 슬라이스

크림수프, 퓌레, 걸쭉한 수프에 곁들이는 음식

크루통

페스토와 피스투 1덩이, 저그 또는 하리사나 샤르물라 등의 매콤한 양념

젠의 바질 향 기름이나 다른 가향 기름 약간

강판에 갈거나 잘게 부순 치즈

구워서 굵게 다진 아몬드, 호두, 피스타치오, 헤이즐넛 또는 캐슈

사워크림 또는 크렘 프레슈

수프에 넣는 허브와 채소

수프의 가니시로는 항상 부드러운 녹색 채소와 잎이 무성한 허브를 사용한다. 우리는 루콜라, 크레송, 꽃상추의 일종인 에스카롤, 바질, 딜, 파슬리, 차이브를 선호한다. 하지만 사실 수프에 곁들이는 녹색 채소와 허브는 따로 구입하기보다는 냉장고에 있는 것을 활용하면 가장 좋다. 물론 수프의 풍미와 잘 어울린다는 전제하에 말이다. ▶ 수프 2컵당 **잘게 썬 신선한 허브 1~2큰술** 또는 **얇게 저민 녹색 채소 ½컵**의 비율을 기준으로 한다. 가장 맛있게 수프를 즐기려면 ▶ 항상 수프를 개인 그릇에 담은 후 여기에 연한 허브와 녹색 채소를 넣는다.(특히 남은 수프를 보관했다가 나중에 먹으려는 경우)

수프에 곁들이는 빵

로즈메리 올리브 빵, 딜을 넣어 구운 덩어리 빵, 포카치아 또는 허브와 구운 마늘
머핀

맥주 빵 또는 피미엔토 치즈 빵

옥수수 빵 또는 메건의 남부식 옥수수 빵

메건의 체더 파 비스킷

마늘 빵

멜바 토스트

시판 또는 수제 크래커

수프 보관하기

수프는 대부분 뚜껑을 꼭 덮어서 냉장고에 넣어두면 꽤 오래 보관할 수 있으며 시간이 지날수록 맛이 좋아진다. 다만 생선과 갑각류 수프는 비교적 쉽게 상하고 맛이 섬세하므로 조리하자마자 먹어야 가장 맛있다.(물론 차우더는 하룻밤 냉장고에 넣어두면 맛이 더욱 깊어지므로 예외다.)

▶ 수프를 넉넉히 만들어 며칠에 걸쳐 먹으려고 할 때, 달걀 푼 것, 파스타, 곡물은 수프를 조금 덜거나 물 또는 고깃국물을 사용해서 따로 조리하는 것이 최선이다. 달걀 푼 것을 그냥 큰 수프 냄비에 넣어서 조리하면 데울 때마다 풀어지므로 수프를 오래 보관하기 힘들다. 삶은 파스타와 곡물은 수프를 데울 때마다 곤죽으로 변한다. 수란은 필요할 때 고깃국물을 사용해서 만들어야 한다. 파슬리와 고수 등 연한 녹색 채소와 허브는 수프에 넣은 후 시간이 지나면 색이 칙칙해지고 맛도 변한다. 앞에서 언급한 대로 수프를 개인 그릇에 담은 후 녹색 채소와 허브를 첨가하면 이러한 문제를 간단히 방지할 수 있다.

수프를 완전히 식힌 후 뚜껑을 꼭 덮어서 냉장고에 넣는다. 과일 수프와 육류, 가금류, 우유, 크림, 달걀로 만든 수프는 4일간 보관할 수 있다. 채소와 콩 수프는 최대 6일 후까지 먹을 수 있다. 달걀, 해산물 또는 치즈가 들어간 수프를 제외하면 거의 모든 수프는 냉동 보관이 가능하다. 덩어리가 큼직한 채소, 특히 감자처럼 전분이 많이 든 채소는 냉동 보관했을 때 질감이 물컹해지고 풍미가 떨어진다.

수프를 냉동하려면 완전히 식혀서 날짜와 요리명을 표기한 지퍼백 또는 밀폐 용기에 국자로 떠 넣는다. ▶ 플라스틱 용기라면 부피가 늘어날 것을 대비해 위쪽에 3.8cm 정도의 공간을 둔다.(액체를 유리병에 넣어서 냉동하는 것은 권장하지 않는다.) 큼직한 채소가 들어 있는 수프는 냉동 보관하기에 그다지 적합하지 않다. 따라서 뿌리채소를 넣은 수프는 해동해서 퓌레 상태로 만든 후 육수나 우유를 추가해 원하는 농도로 희석해서 사용한다. 바쁜 가정에서는 주요리로 활용할 수 있는 수프를 1인분씩 나눠서 냉동해두어도 유용하다.

수프를 데울 때는 가정용 레인지에서 뭉근히 끓이거나 전자레인지를 사용한다. 수프의 농도가 진할수록 골고루 데워지도록 자주 저어주어야 한다. 수프를 냉동실에서 꺼내 뚜껑 있는 냄비에 넣고 바로 데울 수 있다.(냄비에 약간의 물이나 육수를 넣어 김이 나게 한다.) 지퍼백에 담아서 냉동한 수프를 해동하려면 뜨거운 물을 틀어서 지퍼백을 가져다 대어 살짝 녹인 다음 바나나 껍질을 벗기듯 지퍼백을 벗겨내고 냉동된 수프 덩어리를 냄비에 담는다. 플라스틱 용기에 담아서 냉동한 수프는 그릇에 따뜻한 물을 담아서 어느 정도 담가두어야 얼었던 수프가 용기와 분리된다. ▶ 일단 수프가 골고루 데워지면 더 이상 팔팔 끓이거나 뭉근히 가열하지 않는다.

맑은 수프에 대해

고깃국물의 풍미를 그대로 간직한 이 수프는 걸쭉한 수제 육수나 고깃국물로 만들었을 때 가장 맛있다. 육수를 리덕션하거나 잘게 깍둑썰기해서 볶은 당근, 셀러리, 양파 등의 채소와 신선한 허브를 넣고 뭉근히 끓여서 건더기를 걸러내면 육수의 풍미를 한층 살릴 수 있다. 근사한 맛을 내는 또 하나의 맑은 수프에 대해서는 우동 레시피를 참고한다.

콩소메(Consommé)

약 6컵, 4인분

가장 오랜 전통을 자랑하는 순수한 형태의 맑은 수프인 콩소메는 격식을 차린 만찬의 첫 코스를 우아하게 장식해준다. 이 콩소메는 맑은 육수를 사용하는 모든 레시피에 활용할 수 있다.

다음 재료의 기름기를 완전히 제거한 후 수프 냄비에 넣는다.

　가금류 육수, 가정용 육수(소고기로 만든 것) 또는 갈색 소 육수 8컵

푸드 프로세서에 다음을 넣고 굵게 썬 상태가 되도록 짧게 몇 번 작동시킨다.

　껍질을 벗기지 않은 양파 작은 것 1개, 4등분하기

　당근 작은 것 1개, 5cm 두께로 썰기

　셀러리 줄기 작은 것 1개, 5cm 길이로 썰기

　파슬리 잎, 꾹 눌러 담아 2큰술

　신선한 타임 잎 ½작은술

다음을 넣는다.

　뼈와 껍질을 제거한 닭 가슴살 450g, 지방을 제거하고 5cm 크기로 썰기 또는

　　소고기 사태나 우둔살 스테이크 680g, 지방을 제거하고 2.5cm 크기로 썰기

잘게 썬 상태가 될 때까지 푸드 프로세서를 짧게 몇 번 작동시킨다. 다음을 넣는다.

　달걀흰자 3개

모든 재료가 잘 섞일 때까지 푸드 프로세서를 작동시킨 후 육수에 넣고 잘 젓는다. 중불에 올려서 아주 은근하게 가열하되, 중간에 가끔 젓거나 냄비 바닥을 긁어주면서 달걀 거품이 표면으로 올라올 때까지 약 30분간 뭉근히 끓인다.(일단 뭉근히 끓는 상태가 되면 더 이상 젓지 않는다.) 달걀 거품이 굳기 시작하면 나무 숟가락으로 육수 표면의 가운데에 작은 구멍을 낸다. 달걀 거품 혼합물이 고체가 될 때까지 약 30분 정도 계속해서 아주 은근하게 끓인다. 냄비를 불에서 내린다. 얇은 거즈 몇 장을 체에 깔고 커다란 다른 냄비 위에 받친다. 수프 냄비의 거품을 살며시 옆으로 걷어내면서 국자로 콩소메를 체에 떠 넣는다.(달걀 거품 혼합물은 버린다.) 한 번 더 데워서 내기 직전에 간을 하며, 취향에 따라 다음을 곁들인다.

　(마르살라 와인 3큰술)

　(레몬즙 적당량)

에그 드롭 수프

3컵, 2인분

작은 냄비에 다음을 붓고 팔팔 끓인다.

　닭 육수, 갈색 소 육수 또는 닭고기 국물 3컵

불을 줄이고 국물을 뭉근히 끓인다. 컵에 다음을 깨뜨려 넣는다.

　대란 2개

포크를 사용해 노른자와 흰자가 잘 섞이도록 세게 젓는다. 포크를 들어올렸을 때 달걀이 포크 날 사이로 주르르 흘러내릴 정도가 되어야 한다. 국물이 뭉근히 끓는 상태에서 컵을 한 손에 잡고 냄비 가장자리로부터 12.5cm쯤 위로 들어올린다. 풀어둔 달걀을 아주 조금씩 국물에 흘려 넣는다. 달걀을 부으면서 포크를 쥐고 국물의 표면에서 큰 원을 그리며 달걀이 포크에 걸릴 때마다 기

다란 실처럼 늘린다. 다음으로 간을 하고 맛을 낸다.

　　소금과 흑후추

따뜻하게 데운 컵에 담아 즉시 낸다. 취향에 따라 다음을 추가한다.

　　(레몬즙 넉넉히)

스트라차텔라(Stracciatella)

에그 드롭 수프 레시피를 참고해서 만들되, 곱게 간 파르메산이나 로마노 치즈 ¼컵을 달걀에 섞고 채 썬 시금치를 꾹 눌러 담아 ½컵을 육수에 넣어 부드러워질 때까지 끓인다. 위의 레시피에서 설명한 대로 달걀을 넣는다.

아브골레모노(Avgolemono, 그리스식 레몬 달걀 수프)

약 4컵, 2~3인분

속을 더 든든하게 해주는 수프를 만들려면 육수나 국물을 4컵으로 늘린다. **뼈와 껍질을 제거한 닭 가슴살 1개**를 쌀과 함께 육수에 넣고 가장 두꺼운 부위의 내부 온도가 74℃에 도달할 때까지 약 15분간 삶는다. 포크로 닭 가슴살을 잘게 찢은 후 완성된 수프에 이 살코기를 넣는다.

중간 크기의 편수 냄비에 다음을 넣고 팔팔 끓인다.

　　가금류 육수 또는 닭고기 국물 3컵

　　장립종 백미 ½컵

불을 줄이고 뚜껑을 덮은 상태에서 쌀이 부드러워질 때까지 약 20분간 뭉근히 끓인다. 중간 크기의 그릇에 다음을 넣고 재료가 잘 섞여서 균일한 색이 될 때까지 세게 젓는다.

　　대란 2개

　　레몬즙 ¼컵

달걀 혼합물에 뜨거운 육수 2큰술을 넣고 젓는다. 뜨겁지만 팔팔 끓는 상태는 아닌 수프에 달걀을 조금씩 부으면서 계속 젓는다. 다음으로 간을 하고 맛을 낸다.

　　(레몬즙)

　　소금과 흑후추

뜨거운 컵에 담고 다음으로 장식해서 낸다.

　　잘게 썬 파슬리 또는 다진 딜

미소 된장국

약 4½컵, 3인분

미소에 대한 자세한 내용은 1062쪽을 참고한다. 미소에는 여러 종류가 있으며 특히 일본 식료품점에는 다양하게 구색을 갖춰놓고 있다. 우리는 미소 된장국을 만들 때 종종 적미소와 백미소를 섞어서 사용한다.

취향에 따라 다음을 찬물에 10분간 담가서 불린다.

　　(잘게 뜯은 마른 미역 1½작은술)

그동안 중간 크기의 냄비를 중불에 올리고 다음을 부어 가열한다.

　　다시 4컵 또는 물 4컵에 인스턴트 다시 가루 2큰술 넣기

뭉근히 끓어오르기 시작하면 다음을 넣는다.

　　표고버섯 3개, 밑동을 제거하고 얇게 저미기

(밑동은 보관했다가 육수를 내거나 다른 레시피에 활용한다.) 버섯이 익도록 중약불에서 몇 분간 조리한다. 국물이 뭉근히 끓고 있는 사이에 작은 그릇에 다음을 넣는다.

　　적미소나 백미소 또는 두 가지 미소를 섞어서 4큰술

따뜻한 다시 ¼컵을 그릇에 부어 잘 저으면서 미소를 녹인다. 버섯이 다 익으면 풀어놓은 미소를 다시 국에 붓는다. 미역을 사용한다면 물기를 빼고 다음 재료와 함께 수프 그릇 3개에 적당히 나눠 넣는다.

　　쪽파 3대, 얇게 썰기

　　(부드러운 두부 또는 단단한 두부 55g, 작게 깍둑썰기하기[약 ⅓컵])

국자를 사용해 국물과 버섯을 그릇에 떠 넣는다.

든든한 만둣국

약 8컵, 4인분

이 수프에는 밀가루 피에 속재료를 넣어 만든 덤플링, 즉 만두를 사용한다. 속재료를 넣지 않은 드롭 덤플링으로 수프를 끓이려면 이 레시피의 국물 중 하나와 326~327쪽에 소개한 덤플링 반죽 중 하나를 사용한다. 덤플링에 대해 항목의 설명대로 조리하고, 아래의 재료 중에서 취향에 맞는 것으로 고명을 얹는다.(또는 수프 가니시와 곁들이는 음식에 대해 항목에서 소개한 재료를 사용한다.)

중간 크기의 냄비에 다음을 붓고 뭉근히 끓어오르도록 가열한다.

　　가금류 육수, 닭고기 국물, 소고기 국물, 채소 국물 또는 파르메산 국물 6컵

국물에 적당히 간을 하고 다음을 넣는다.

　　크레플락, 피에로기, 펠메니, 토르텔리니, 라비올리, 완탕 또는 채소 완탕 등 각종
　　만두 16~20개

다시 은근하게 끓어오르도록 가열해 만두가 위로 떠오를 때까지 2~3분간 끓인다. 날고기가 들어 있는 펠메니를 넣었다면 만두가 떠오른 후에도 4분간 더 끓인다. 만두를 수프 그릇 4개에 적당히 나눠 담고 국자로 국물을 떠서 만두 위에 끼얹는다. 취향에 따라 다음을 얹는다.

　　(채 썬 당근이나 무)

　　(루콜라나 크레송 같은 연한 녹색 채소)

　　(얇게 썬 쪽파)

　　(잘게 썬 파슬리, 고수 또는 딜)

마초 경단 수프(Matzo Ball Soup)

7½컵, 4인분

중간 크기의 그릇에 다음을 넣고 잘 섞이도록 거품기로 세게 젓는다.

　　대란 4개

　　(닭기름 2큰술)

　　소금 1작은술

다음을 넣고 젓는다.

　　다진 딜 2큰술

　　(잘게 깍둑썰기한 회향 ½컵)

　　(다진 차이브 1큰술 또는 굵게 썬 파슬리 2큰술)

　　탄산수 또는 소다수 ⅓컵+1큰술

다음을 넣고 뒤적이면서 잘 섞는다.

　　마초 가루 1컵

　　흑후추 ¼작은술

뚜껑을 덮어서 최소 1시간, 최대 4시간까지 냉장고에 넣어둔다. 손에 물을 적시고 마초 혼합물을 지름 5cm의 공 모양으로 빚는다. 커다란 냄비에 소금물을 팔팔 끓여 마초 경단을 하나씩 얌전히 떨어뜨린다. 냄비 뚜껑을 덮고 불을 줄

여서 25분간 뭉근히 끓인다. 마초 경단이 거의 다 익었을 때 수프 냄비에 다음을 붓고 끓인다.

　가금류 육수, 닭고기 국물 또는 베커 닭고기 수프 6컵

다음으로 간을 하고 맛을 낸다.

　소금과 흑후추

수프 냄비에 마초 경단을 넣는다. 따뜻하게 데운 수프 그릇에 수프와 마초 경단을 2개씩 국자로 떠서 담는다.

산라탕

약 5컵, 3~4인분

중간 크기의 그릇에 다음을 넣는다.

　말린 표고버섯 8개(목이버섯도 함께 사용하면 4개)

　(말린 목이버섯 또는 털목이버섯 10개)

　(말린 원추리 꽃봉오리 10개)

다음을 붓는다.

　뜨거운 물 1½컵

버섯과 원추리 꽃봉오리가 부드러워질 때까지 약 20분간 불린다. 그동안 작은 그릇에 다음을 넣고 섞는다.

　쌀 식초 5큰술

　간장 3큰술

　옥수수 전분 1큰술

양념에 다음을 넣고 뒤적여가며 골고루 묻힌다.

　뼈를 제거한 돼지 등심 또는 뼈와 껍질을 제거한 닭고기 115g, 6mm 너비로
　　길쭉하게 자르기

버섯과 원추리 꽃봉오리를 건져내고 불린 물은 보관해둔다. 버섯은 얇게 썰고 원추리 꽃봉오리는 반으로 갈라서 단단한 부분을 잘라낸다. 고운체에 물에 적신 키친타월을 깔고 버섯과 원추리 불린 물을 한 번 걸러서 수프 냄비에 담는다. 다음을 추가한다.

　가금류 육수, 갈색 가금류 육수 또는 닭고기 국물 4컵

팔팔 끓어오를 때까지 가열한다. 버섯과 원추리 꽃봉오리를 넣고 불을 줄여서 3분간 뭉근히 끓인다. 그동안 작은 그릇에 다음을 넣고 잘 섞는다.

　옥수수 전분 3큰술

　물 3큰술

옥수수 전분 녹인 것을 수프에 넣고 약간 걸쭉해질 때까지 계속 세게 젓는다. 가늘게 썰어둔 고기와 함께 다음 재료를 넣는다.

　단단한 두부 115g, 물기를 잘 빼고 깍둑썰기하기

　흑후추 ¾작은술

뭉근히 끓어오르도록 가열한 후 다음을 넣어 젓는다.

　대란 1개, 잘 풀어두기

불에서 내려 다음을 넣고 젓는다.

　참기름 2작은술

다음으로 장식한다.

　얇게 썬 쪽파

식탁에서 취향에 따라 다음으로 간을 해서 먹는다.

　쌀 식초

　고추기름

채소 수프에 대해

콩소메처럼 깔끔하고 섬세한 맛을 내거나 치킨 누들 수프처럼 인기 있는 것은 아니지만, 큼직하게 썬 채소를 넉넉히 넣은 채소 수프는 든든하고 몸에 좋은 음식 중 하나다. 수프를 만들 때는 재료를 균일한 크기로 썰어서 골고루 익히고, 감자나 당근 같은 일부 단단한 재료는 다른 채소보다 오래 익혀야 한다는 점을 잊지 말자. 단단한 채소를 먼저 넣고, 그다음에는 셀러리, 양파, 껍질콩 등의 채소를 넣는다. 시금치나 근대처럼 빨리 익는 녹색 채소는 맨 마지막에 넣는다. 채소 퓌레 수프와 크림으로 맛을 낸 수프에 대해서는 크림수프와 퓌레에 대해 항목을 참고한다.

채소 수프

약 7컵, 4인분

커다란 냄비를 중불에 올리고 다음을 둘러 가열한다.

　올리브유 또는 버터 2큰술

다음을 넣고 약간 부드러워질 때까지 볶는다.

　양파 1개, 깍둑썰기하기

　셀러리 2개, 깍둑썰기하기

　당근 1개, 깍둑썰기하기

다음을 넣는다.

　육수, 고깃국물 또는 물 4컵

　토마토 중간 크기 2개, 굵게 썰기

　(붉은색 감자 또는 골드 감자 큰 것 1개, 깍둑썰기하기)

　(순무 1개, 껍질을 벗겨 깍둑썰기하기)

　소금 1작은술(간을 하지 않은 육수나 국물을 사용할 때만 넣기)

　흑후추 ¼작은술

뚜껑을 덮고 채소가 부드러워질 때까지 약 35분간 뭉근히 끓인다. 취향에 따라 다음을 넣는다.

　(잘게 썬 양배추 또는 시금치 1컵)

5분간 더 끓인다. 다음을 넣는다.

　잘게 썬 파슬리 2큰술

　소금과 흑후추 적당량

미네스트로네(Minestrone)

약 12컵, 6인분

커다란 수프 냄비를 중불에 올리고 베이컨에서 기름이 나올 때까지 2~3분간 볶는다.

　베이컨 슬라이스 2조각(또는 올리브유 1큰술과 판체타 28g), 굵게 썰기

다음을 넣는다.

　양파 큰 것 1개, 굵게 썰기

　당근 1개, 굵게 썰기

　셀러리 줄기 1개, 잎과 함께 굵게 썰기

　녹색 양배추 작은 것 ½개, 굵게 썰기

양배추의 숨이 죽을 때까지 약 8분간 저으면서 볶는다. 다음을 붓고 젓는다.

　가금류 육수, 닭 국물, 물 또는 이를 섞어서 10컵

　카넬리니 또는 다른 흰콩 통조림 425g짜리 1개, 물을 따라내고 헹구기 또는 삶은
　　흰콩 1½~2컵, 절반 분량을 으깨기

깍둑썰기한 토마토 통조림 410g짜리 1개

마늘 2쪽, 다지기

10cm 길이의 신선한 로즈메리 잔가지 1개 또는 말린 로즈메리 1작은술

(파르메산 치즈 껍질 1개)

부르르 끓어오를 때까지 가열한 후 불을 줄이고 뚜껑을 반만 덮어서 30분간 뭉근히 끓인다. 로즈메리 잔가지를 건져내고 다음을 넣어 젓는다.

엘보 마카로니 또는 오르조 파스타(각각 115g 또는 170g)

근대 잎 3장, 굵게 썰기

파스타가 부드럽게 익을 때까지 약 15분간 뭉근히 끓인다. 다음으로 간을 하고 맛을 낸다.

소금과 흑후추

그릇에 각각 다음을 올려서 낸다.

엑스트라 버진 올리브유 약간

굵게 썬 파슬리, 바질 또는 이를 섞어서 2큰술

(강판에 간 파르메산 또는 로마노 치즈)

피스투 수프(Soupe au Pistou, 프로방스식 채소 수프)

약 12컵, 6인분

커다란 수프 냄비를 중불에 올리고 다음을 둘러 가열한다.

올리브유 2큰술

다음을 넣고 저으면서 채소가 부드러워지되 갈색으로 변하지 않도록 약 8분간 볶는다.

양파 1개, 큼직하게 썰기

서양대파 작은 것 1대, 세로로 반 자르고 깨끗이 씻어서 굵게 썰기

당근 1개, 큼직하게 썰기

셀러리 줄기 큰 것 1개, 굵게 썰기

다음을 넣고 젓는다.

토마토 중간 크기 2개, 껍질을 벗기고 씨를 뺀 후 큼직하게 썰기

붉은색 감자 또는 골드 감자 작은 것 1개, 큼직하게 썰기

물 8컵

소금 1작은술

(사프란 1자밤)

부르르 끓어오르면 불을 줄이고 감자가 부드러워질 때까지 약 30분간 뭉근히 끓인다. 다음을 넣고 젓는다.

카넬리니 또는 다른 흰콩 통조림 425g짜리 1개, 물을 따라내고 헹구기 또는 삶은 흰콩 1½~2컵

잘게 자른 스파게티 면 또는 엘보 마카로니 1컵(115g)

애호박 작은 것 1개, 세로로 반 잘라서 얇게 썰기

껍질콩 1컵, 2.5cm 길이로 썰기

파스타가 말랑해질 때까지만 뭉근히 끓인다. 그동안 소금이나 흑후추로 간을 하지 않고 다음을 준비한다.

피스투

피스투를 다음과 함께 수프에 넣고 젓는다.

흑후추 1작은술

소금 적당량

뜨겁게, 실온 상태로 또는 차갑게 낸다.

동과 수프

약 8컵, 4~5인분

은은한 풍미와 단단한 과육을 가진 동과는 이 수프의 짭짤한 국물 맛과 잘 어울린다. 동과는 다양한 아시아 식재료를 판매하는 식료품점에서 구할 수 있다. 동과를 찾을 수 없다면 라틴아메리카 식료품점에서 쉽게 구할 수 있는 차요테의 껍질을 벗기고 씨를 제거해 동과 대신 사용해도 좋다.

따뜻한 물에 20분간 담가 불린다.

말린 표고버섯 4개

물을 따라내고 큼직하게 썬 후 다음 재료와 함께 커다란 냄비에 넣는다.

닭 육수 또는 국물 4컵

껍질을 벗기고 씨를 제거한 동과 450g, 가로세로 2.5cm 크기의 정육면체로 썰기(약 3½컵)

서양대파 작은 것 1대, 세로로 반 자르고 깨끗이 씻어서 굵게 썰기

죽순 슬라이스 통조림 140g짜리 1개, 물을 따라내고 헹군 후 깍둑썰기하기

깍둑썰기한 컨트리 햄 또는 캐나다식 베이컨 ⅓컵

생강 1.2cm짜리 1조각, 껍질을 벗기고 강판에 갈거나 다지기

(말린 관자 작은 것 4개)

부르르 끓어오르면 뚜껑을 덮고 불을 줄인 다음 동과가 아주 부드러워질 때까지 15~20분간 뭉근히 끓인다.

완두콩 수프

약 5컵, 3인분

신선한 완두콩을 사용한다면 부드럽게 익히기 위해 뭉근히 끓이는 시간을 조금 넉넉하게 잡는다.

다음을 준비한다.

냉동 완두콩 또는 꼬투리를 벗기지 않은 신선한 완두콩 450g

수프 냄비를 중약불에 올리고 다음을 넣어 녹인다.

버터 2큰술

다음을 넣는다.

버터 양상추 1개, 채 썰기

양파 1개, 깍둑썰기하기

셀러리 줄기 작은 것 1개, 잎까지 함께 깍둑썰기하기

양파가 부드러워질 때까지 저어가면서 약 7분간 볶는다. 완두콩 2컵을 다음과 함께 넣는다.

닭 또는 채소 육수나 국물 4컵

감자 225g(작은 골드 감자 2개 또는 작은 러셋 감자 1개), 껍질을 벗기고 깍둑썰기하기

(다진 타라곤 또는 민트 1큰술)

뚜껑을 덮고 감자와 완두콩이 아주 부드러워질 때까지 25~30분간 뭉근히 끓인다. 막대형 블렌더로 수프가 아주 부드러운 퓌레 상태가 되도록 간다.(또는 수프를 여러 번 나눠 푸드 프로세서나 일반 믹서에 넣어서 간다.) 남은 완두콩을 수프에 넣고 골고루 데워지도록 가열한다. 다음으로 간을 하고 맛을 낸다.

소금과 흑후추

다음을 곁들여 낸다.

버터 덤플링 또는 크루통

또는 수프 위에 다음을 올린다.

사워크림 또는 크렘 프레슈

굵게 썬 민트 또는 타라곤

사우어크라우트 수프(Sauerkraut Soup)

약 10컵, 5~6인분

새콤한 맛이 나는 이 수프는 직접 만든 사우어크라우트가 많을 때 소진할 수
있는 훌륭한 방법이다. 채식 수프를 만들 때는 킬바사 소시지를 생략하면 된
다. 더치오븐이나 수프 냄비를 중불에 올리고 다음을 둘러 가열한다.

식물성 기름 1큰술

다음을 넣고 양면이 갈색으로 익도록 약 8분간 조리한다.

킬바사 225g, 1.2cm 두께로 둥글게 썰기

소시지를 키친타월에 올려서 기름기를 뺀다. 냄비에 다음을 두른다.

식물성 기름 1큰술

다음을 넣고 부드러워질 때까지 6~8분간 볶는다.

양파 큰 것 1개, 큼직하게 썰기

다음을 넣고 향긋한 냄새가 날 때까지 약 2분간 볶는다.

마늘 4쪽, 굵게 썰기

훈제 파프리카 가루 1큰술

(캐러웨이씨 2작은술)

다음을 넣고 저어가면서 양배추의 숨이 죽을 때까지 약 8분간 볶는다.

양배추 ¼개, 채 썰기

소금 ½작은술

킬바사를 썰어서 다음 재료와 함께 냄비에 넣는다.

사우어크라우트 2컵, 물기를 빼기

깍둑썰기한 토마토 통조림 410g짜리 1개

닭 또는 채소 육수나 국물 5컵

러셋 감자 큰 것 1개, 가로세로 1.2cm 크기의 정육면체로 썰기

감자가 부드러워질 때까지 약 30분간 뭉근히 끓인다. 다음으로 간을 하고 맛
을 낸다.

소금과 흑후추

다음과 함께 낸다.

사워크림 또는 요구르트

김치찌개(김치와 두부를 넣은 스튜)

약 8컵, 또는 4인분

김치를 직접 담근다면 이 찌개는 남은 김치를 소진하기에 좋은 레시피다. 돼지
고기와 두부를 넣는 것이 가장 보편적이지만, 돼지고기를 생략하거나 고기 대
신 **밑동을 잘라내고 얇게 썬 표고버섯 115g**을 넣으면 손쉽게 채식 요리로 응
용할 수 있다.

찌개 냄비 또는 더치오븐을 중불에 올리고 다음을 둘러 가열한다.

식물성 기름 1큰술

기름에서 연기가 나기 직전에 다음을 추가한다.

고추장 2큰술

마늘 3쪽, 다지기

고추장이 튀겨지면서 기름이 선명한 붉은색이 될 때까지 약 1분 정도 가열한
다. 다음을 넣고 저으면서 볶는다.

김치 2컵, 국물을 따라내고 큼직하게 썰기

돼지 목살, 갈빗살 또는 삼겹살 225g, 손질해서 1.2cm 크기의 정육면체로 썰기

고춧가루 1큰술 또는 굵은 고춧가루 ½작은술

고추장이 냄비 바닥에 달라붙기 시작할 때까지 약 5분간 재료를 저어주면서
볶는다. 다음을 넣고 섞는다.

물, 채소 육수 또는 닭 육수 6컵

(김칫국물 최대 ½컵)

뚜껑을 반만 덮은 상태로 30분간 뭉근히 끓인다. 다음을 넣는다.

단단한 두부 340g, 2.5cm 크기의 정육면체로 자르기 또는 부드러운 두부나
순두부를 으깬 것

참기름 1큰술

5분간 더 끓인다. 찌개가 다시 뭉근히 끓어오르기 시작하면 취향에 따라 찌개
에 움푹 들어간 구멍을 4개 만들고 다음을 추가한다.

(대란 4개)

뚜껑을 덮고 선호하는 달걀의 익힘 정도에 따라 6~10분간 더 끓인다. 불에서
내린다. 달걀을 넣은 경우 달걀을 떠서 그릇 4개에 하나씩 담는다. 국물에 다
음을 넣고 젓는다.

쪽파 4대, 굵게 썰기

흑후추 ½작은술

간장 또는 피시 소스 적당량

국자로 국물을 그릇에 덜고 아주 뜨거운 상태에서 다음을 곁들여 낸다.

흰쌀밥

가르부르(Garbure, 채소를 넣은 콩 수프)

약 9컵, 5인분

다음 재료가 충분히 잠기도록 물을 붓고 하룻밤 동안 불린다.

말린 플래절렛콩, 흰 강낭콩 또는 파바콩 1컵, 깨끗이 씻어서 잡티를 골라내기

물을 따라내고 다음 재료와 함께 콩을 수프 냄비에 넣는다.

물 8컵

(돼지 발목 1개)

올리브유 2큰술

타임 잔가지 3개

마늘 2쪽, 으깨기

부르르 끓어오르면 불을 줄이고 뚜껑을 덮어 30분간 뭉근히 끓인다. 다음을
넣는다.

양배추 450g, 얇게 썰기

붉은색 감자 또는 골드 감자 중간 크기 2개, 1.2cm 크기로 큼직하게 썰기

당근 2개, 6mm 두께로 썰기

순무 큰 것 1개, 껍질을 벗기고 1.2cm 크기로 썰기

서양대파 1대, 흰색 부분만 사용, 깨끗이 씻어서 얇게 썰기

양파 ½개, 저미기

소금 1작은술

흑후추 ½작은술

뚜껑을 덮고 채소와 콩이 부드러워질 때까지 약 30분간 뭉근히 끓인다.

매콤한 병아리콩 수프

5½컵, 3~4인분

매콤한 하리사 페이스트로 풍미를 내는, 무척 간단하면서도 영양 만점의 수프 레시피다. 시판 하리사를 사용한다면 제품에 따라 매운 정도가 달라진다는 점에 유의하자. 맛을 본 후 적당히 양을 조절한다.

수프 냄비나 더치오븐을 중불에 올리고 다음을 둘러 가열한다.

　올리브유 2큰술

뜨겁게 달구어지면 다음을 넣고 저으면서 부드러워질 때까지 6~8분 동안 볶는다.

　양파 1개, 큼직하게 썰기

다음을 넣고 저으면서 1분간 더 볶는다.

　마늘 4쪽, 얇게 저미기

　하리사 ┃ 또는 시판 하리사 페이스트 2큰술

　스위트 파프리카 가루 1작은술, 일반 또는 훈제

　커민 가루 1작은술

　소금 ¾작은술(간이 된 육수를 사용할 때는 양을 줄이기)

　(굵은 고춧가루 ¼작은술 또는 굵게 빻은 우르파, 알레포, 마라시 칠리 고춧가루
　　½작은술)

다음을 넣는다.

　채소 또는 닭 육수나 국물 4컵

　병아리콩 통조림 425g짜리 1개, 물을 따라내고 헹구기 또는 삶은 병아리콩
　　1½~2컵

부르르 끓어오르면 불을 줄이고 뚜껑을 반만 덮어 15분간 뭉근히 끓인다. 다음을 넣어 젓는다.

　어린 시금치, 꾹 눌러 담아 1컵

2분간 더 뭉근히 끓인다. 그릇에 다음을 넣는다.

　곱게 빻은 벌거(bulgur, 밀을 반쯤 삶아서 말렸다가 빻은 가루 — 옮긴이) 또는 쿠스쿠스
　　2큰술, 조리하지 않은 것

수프를 팔팔 끓인 다음 불에서 내리고 국자로 떠서 벌거 또는 쿠스쿠스 위에 붓고 5분간 기다렸다가 먹는다. 취향에 따라 다음으로 장식한다.

　(굵게 썬 파슬리 또는 고수)

외눈박이 부야베스(One-Eyed Bouillabaisse)

약 8컵, 든든한 4인분

우리는 '가난한 사람의 부야베스'라고도 불리는 이 요리를 『제인 그릭슨의 채소 이야기(Jane Grigson's Vegetable Book)』라는 책을 통해 처음 알게 되었다. 부야베스를 만들기 위해서는 몇 가지 생선과 갑각류가 필요하지만, 이 소박한 수프를 만드는 데는 서양대파, 완두콩, 수란만으로도 충분하다. 우리는 다소 호사스러운 느낌을 내기 위해 베이컨을 넣는데 취향에 따라 생략해도 전혀 문제없다.(베이컨 대신 올리브유를 2큰술 두르고 서양대파를 볶으면 된다.)

더치오븐 또는 수프 냄비를 중불에 올리고 다음을 넣는다.

　베이컨 슬라이스 4조각, 1.2cm 너비로 길쭉하게 썰기 또는 통베이컨 115g, 1.2cm
　　크기의 정육면체로 썰기

베이컨에서 기름이 빠져나오고 바삭하게 구워질 때까지 조리한다. 베이컨을 작은 접시에 옮긴다. 남아 있는 베이컨 기름에 다음을 추가한다.

　서양대파 큰 것 1대, 흰색과 연한 초록색 부분만 사용, 가로로 반 자르고 깨끗이

씻어서 얇게 저미기

파가 연한 갈색으로 변할 때까지 약 7분간 볶는다. 다음을 추가한다.

　닭 육수나 국물 4컵

　드라이 화이트와인 1컵

　토마토 큰 것 2개, 껍질을 벗기고 큼직하게 썰기 또는 깍둑썰기한 토마토 통조림
　　410g짜리 1개

　붉은색 감자 또는 골드 감자 작은 것 6개, 1.2cm 크기의 정육면체로 썰기

　마늘 8쪽, 으깨기

　(회향 잎 1~2개)

　(7.5cm 길이의 오렌지 껍질 1개)

　소금 1작은술

　사프란 ¼작은술

　흑후추 ¼작은술

팔팔 끓인 다음 불을 줄이고 뚜껑을 덮어 감자가 부드러워질 때까지 약 15분간 뭉근히 끓인다. 다음을 넣는다.

　꼬투리를 벗긴 신선한 완두콩 또는 냉동 완두콩 1½컵

신선한 콩을 사용할 때는 콩을 먹어보고 약간 뻣뻣한 느낌이 들면 5분간 더 끓인다. 냉동 완두콩을 사용할 때는 수프가 다시 뭉근히 끓어오를 정도까지만 가열하면 된다. 숟가락을 사용해 수프에 움푹 들어간 공간을 만들고 조심스럽게 다음을 넣는다.

　대란 4개

달걀이 수란 상태로 적당히 익을 때까지 6~10분간 조리한다. 수란이 완성되면 수프 그릇 4개에 다음을 나눠서 넣는다.

　큼직하게 썬 묵은 바게트 또는 살짝 구운 바게트 4조각

수란을 담은 그릇마다 채소를 골고루 나눠서 담은 후 국물을 떠서 채소 위에 끼얹는다. 구운 베이컨과 다음 재료를 가니시로 얹는다.

　굵게 썬 파슬리

　흑후추 적당량

헝가리식 버섯 수프

5~6컵, 4인분

이 든든한 수프는 버섯 육수로 만들면 더욱 맛있다.

더치오븐 또는 커다란 냄비를 중불에 올리고 다음을 넣어 녹인다.

　버터 2큰술

다음을 넣고 저으면서 부드러워질 때까지 6~8분간 볶는다.

　양파 큰 것 1개, 큼직하게 썰기

다음을 넣는다.

　각종 버섯 450g, 얇게 썰기

버섯에서 물이 나오고 약간 숨이 죽을 때까지 약 8분간 볶는다. 다음을 넣고 잘 섞일 때까지 젓는다.

　중력분 3큰술

　훈제 파프리카 가루 1큰술

　(말린 타임 1½작은술)

다음을 넣고 세게 젓는다.

　우유 또는 하프앤드하프 1컵

　채소 육수 또는 버섯 육수 3컵

부르르 끓어오르면 뚜껑을 덮고 약불로 줄여서 15분간 끓인다. 불에서 내려 다음을 넣고 세게 젓는다.

　　사워크림 ½컵

　　굵게 썬 딜 2큰술

맛을 보고 다음을 넣어 적당히 간을 한다.

　　소금과 흑후추

옥수수 차우더

약 6컵, 4인분

수프 냄비에 다음을 넣고 중불에 올려 저으면서 바삭해지기 시작할 때까지 약 10분간 조리한다.

　　베이컨 슬라이스 4조각, 큼직하게 썰기

베이컨은 그대로 두고 기름을 2큰술만 남기고 전부 따라낸다. 다음을 넣고 저으면서 채소가 부드러워지고 약간 갈색으로 변할 때까지 약 10분간 볶는다.

　　양파 작은 것 1개, 큼직하게 썰기

　　셀러리 줄기 2개, 깍둑썰기하기

그동안 다음에서 알갱이를 떼어낸다.

　　옥수수 작은 것 6개

옥수수 알을 한쪽에 둔다. 옥수숫대를 냄비에 넣고 다음을 넣는다.

　　우유 4½컵

　　골드 감자 또는 붉은색 감자 2개, 깍둑썰기하기

옥수숫대를 눌러서 우유 안에 잠기게 한다. 우유가 거의 끓어오를 때까지 가열한 후 불을 줄이고 뚜껑을 덮어 감자가 부드러워질 때까지 약 15분간 뭉근히 끓인다. 옥수숫대를 건져낸다. 따로 보관해둔 옥수수 알과 다음을 넣고 젓는다.

　　소금 1작은술

　　백후추 또는 흑후추 ½작은술

옥수수 알이 부드럽게 익을 때까지 약 5분간 은근히 끓인다. 불에서 내린다. 구멍 뚫린 숟가락으로 수프 건더기를 1½컵 건져서 부드러운 퓌레 상태가 될 때까지 으깬다. 으깬 건더기를 다시 수프에 넣고 다음을 추가한다.

　　버터 1큰술

버터가 녹을 때까지 두었다가 저은 후 낸다.

속이 든든해지는 콩 수프에 대해

콩 수프는 대량으로 만들기 편하며 조리하는 동안 손도 덜 가고 냉동실에 오래 보관할 수도 있다. 재료도 찬장에 쉽게 갖춰놓을 수 있는 것들이다. 반드시 콩을 하룻밤 불릴 필요는 없지만, 충분히 불린 콩을 사용하면 조리 시간이 단축된다. 콩을 불리고 조리하는 방법에 대한 자세한 내용은 말린 콩 및 콩과 식물에 대해 항목을 참고하자. ▶ 아래에 소개하는 레시피에는 말린 콩 대신 통조림 콩을 사용할 수 있다. 말린 콩 1컵당 425g짜리 콩 통조림 2개를 기준으로 하며, 통조림 국물을 따라내고 한 번 씻어서 사용한다. 통조림 콩을 사용할 때는 레시피의 액체 분량을 1½컵만큼 줄이고 콩을 삶는 단계를 건너뛴다.

　　콩이 들어가는 다른 수프 레시피는 미네스트로네, 가르부르, 피스투 수프를 참고한다.

미국 상원의원 콩 수프

약 6컵, 4인분

1901년 이래 단 하루도 미국 상원의원 식당의 메뉴에서 이 수프가 빠지지 않은 데에는 그만한 이유가 있다.

취향에 따라 콩이 잠기도록 물을 넉넉히 붓고 하룻밤 불린다.

　　네이비나 그레이트 노던처럼 알이 작은 흰콩 말린 것 1¼컵, 씻어서 잡티를 골라내기

물을 따라내고 다음과 함께 수프 냄비에 넣는다.

　　살이 많은 돼지 발목 1개

　　찬물 7컵

부르르 끓어오르면 불을 줄이고 뚜껑을 반만 덮은 상태로 콩이 부드러워질 때까지 뭉근히 끓인다. 물에 불린 콩은 약 1시간 15분, 불리지 않은 콩은 2시간 정도 걸린다. 돼지 발목을 건져낸다.(수프는 은근하게 끓는 상태를 유지한다.) 뼈와 껍질, 지방을 제거한다. 돼지고기를 깍둑썰기해 다시 냄비에 넣고 다음을 추가한다.

　　양파 큰 것 1개, 깍둑썰기하기

　　셀러리 줄기 3개, 잎과 함께 굵게 썰기

　　감자 큰 것 1개, 껍질을 벗기고 잘게 깍둑썰기하기

　　마늘 2쪽, 다지기

　　소금 1작은술

　　흑후추 ½작은술

감자가 꽤 부드러워질 때까지 20~30분간 뭉근히 끓인다. 불에서 내린 후 수프가 크림과 비슷한 질감이 될 때까지 감자 으깨는 기구로 건더기를 으깬다. 맛을 보고 필요하면 소금을 적당히 넣는다. 다음을 넣고 젓는다.

　　굵게 썬 파슬리 2큰술

지중해식 흰콩 수프

약 6컵, 4인분

취향에 따라 콩이 잠기도록 물을 넉넉히 붓고 하룻밤 불린다.

　　그레이트 노던이나 카넬리니 같은 흰콩 말린 것 1컵, 씻어서 잡티를 골라내기

물을 따라내고 다음과 함께 수프 냄비에 넣는다.

　　신선한 로즈메리 잔가지 1개 또는 말린 로즈메리 ¾작은술

　　마늘 8쪽, 굵게 썰거나 저미기

　　가금류 육수 또는 채소 국물 7컵

부르르 끓어오르면 불을 줄이고 뚜껑을 덮은 상태로 콩이 부드러워질 때까지 뭉근히 끓인다. 물에 불린 콩은 약 1시간 15분, 불리지 않은 콩은 2시간 정도 걸린다. 로즈메리 잔가지를 건져내고 다음을 넣어 젓는다.

　　토마토 중간 크기 1개, 큼직하게 썰기

　　굵게 썬 파슬리 ¼컵

　　올리브유 ¼컵

　　흑후추 또는 굵은 고춧가루 ½작은술

속까지 골고루 따뜻하게 익도록 조리하고, 다음으로 맛을 낸다.

　　레드와인 식초 1큰술 또는 적당량

　　소금 적당량

다음으로 장식한다.

　　굵게 썬 파슬리, 오레가노 또는 이를 섞은 것

검은콩 수프

10컵, 6인분

이 수프는 압력솥으로 조리하기에 적합하다. 물에 불리지 않은 콩과 물 5컵만 있으면 된다. 압력을 최대로 높이고 30분간 익힌 후 15분 동안 자연스럽게 압력이 내려가게 한다.

취향에 따라 콩이 잠기도록 물을 넉넉히 붓고 하룻밤 불린다.

말린 검은콩 450g, 씻어서 잡티를 골라내기

수프 냄비를 중불에 올리고 다음을 둘러 가열한다.

식물성 기름 2큰술

다음을 넣고 저으면서 부드러워질 때까지 6~8분간 볶는다.

양파 큰 것 2개, 큼직하게 썰기

다음을 넣고 1분 더 볶는다.

마늘 6쪽, 다지기

세라노 고추 2개, 취향에 따라 씨를 제거하고 다지기

고운 고춧가루 1큰술

커민 가루 2작은술

말린 오레가노 2작은술

소금 1½작은술

콩을 미리 물에 불려두었다면 물을 따라내고 다음과 함께 냄비에 넣는다.

채소 육수, 가금류 육수 또는 물 10컵

부르르 끓어오르면 불을 줄이고 뚜껑을 반만 덮은 상태로 콩이 완전히 부드럽게 익을 때까지 뭉근히 끓인다. 물에 불린 콩은 약 1시간 15분, 불리지 않은 콩은 2시간 정도 걸린다. 콩 2컵을 덜어 작은 그릇이나 푸드 프로세서에 넣고 으깨거나 간다. 으깬 콩을 다시 수프에 넣고 5분 정도 뭉근히 끓여서 걸쭉하게 만든다. 수프의 맛을 보고 필요하면 소금을 적당히 추가한다. 수프 그릇에 담고 다음을 곁들여 낸다.

아보카도 슬라이스

굵게 썬 고수

핫소스

라임 조각

메건의 비건 칠리

약 8컵, 5인분

우리는 풍미를 더하고자 말린 칠리 고추를 구운 후 갈아서 사용하지만, 이 레시피에 사용된 칠리 고추 대신 **칠리 고춧가루 ¼컵**이나 선호하는 말린 고추 몇 가지를 갈아서 섞은 것으로 대체해도 좋다. 시판 매운 고춧가루를 사용할 때는 커민과 고수의 양을 각각 1작은술로 줄인다.

기름을 두르지 않은 프라이팬을 중강불에 올리고 다음을 넣어 향긋한 냄새가 날 때까지 약 3분간 굽는다.

과히요 칠리 고추 3개, 줄기와 씨를 제거하기

치폴레 칠리 고추 2개, 줄기와 씨를 제거하기

안초 칠리 고추 2개, 줄기와 씨를 제거하기

구운 칠리 고추를 식혀서 향신료 분쇄기에 넣고 가루가 되도록 간다. 한쪽에 둔다. 손가락으로 다음을 적당히 부순다.

템페 225g

더치오븐을 중불에 올리고 다음을 둘러 가열한다.

식물성 기름 2큰술

템페를 넣고 가끔 저으면서 갈색으로 바삭하게 익도록 약 10분간 조리한다.

다음을 넣고 재료가 부드러워지면서 갈색으로 변하기 시작할 때까지 볶는다.

양파 1개, 큼직하게 썰기

붉은 피망 1개, 큼직하게 썰기

할라페뇨 또는 세라노 고추 2개, 씨를 제거하고 큼직하게 썰기

갈아놓은 칠리 고추와 함께 다음을 넣는다.

마늘 8쪽, 굵게 썰기

토마토 페이스트 2큰술

커민 가루 2작은술

고수씨 가루 2작은술

말린 오레가노 1작은술

향긋한 냄새가 날 때까지 3~5분간 조리한다. 향신료와 토마토 페이스트가 냄비 바닥에 달라붙어 진한 갈색 층이 생기게 한다. 다음 재료를 푸드 프로세서에 넣고 잘게 썰거나 아주 잘게 썬 상태가 될 때까지 짧게 여러 번 작동시킨다.

버섯 225g

버섯을 더치오븐에 넣고 물기가 빠져나올 때까지 조리하되, 갈색 조각이 떨어져 나오도록 바닥을 긁어준다. 버섯에서 나온 물이 보글보글 끓어오르도록 가열한다. 다음을 넣고 액체의 양이 약 ½컵으로 줄어들 때까지 졸인다.

맥주(흑맥주 또는 라거) 360㎖짜리 1병 또는 물이나 채소 국물 1½컵

다음을 넣는다.

깍둑썰기한 토마토 통조림 410g짜리 1개

핀토콩이나 검은콩 통조림 425g짜리 2개 또는 이를 섞어서 사용, 물을 따라내고 헹구기

채소 국물 또는 물 1컵

칠리가 걸쭉해질 때까지 30~45분 정도 뭉근히 끓인다. 다음으로 간을 하고 맛을 낸다.

소금과 흑후추

다음과 함께 낸다.

굵게 썬 쪽파

굵게 썬 고수

사워크림이나 비건용 사워크림 대체품

렌틸콩 수프

약 9컵, 5인분

커다란 수프 냄비를 중약불에 올리고 다음을 둘러 가열한다.

올리브유 1큰술

다음을 넣고 저어가면서 채소가 부드러워지되 갈색으로 변하지 않도록 5~10분간 볶는다.

당근 큰 것 1개, 깍둑썰기하기

셀러리 줄기 1개, 깍둑썰기하기

양파 큰 것 1개, 깍둑썰기하기

마늘 3쪽, 다지기

(판체타 또는 캐나다식 베이컨 115g, 깍둑썰기하기)

다음을 넣고 젓는다.

녹색 또는 갈색 렌틸콩 말린 것 1컵, 씻어서 잡티를 골라내기

깍둑썰기한 토마토 통조림 410g짜리 1개

말린 타임 1작은술

물 6컵

소금 ½작은술

부르르 끓어오르면 불을 줄이고 뚜껑을 덮은 상태로 렌틸콩이 부드러워질 때까지 30~40분간 뭉근히 끓인다. 취향에 따라 마지막 5분은 다음을 넣어서 끓인다.

(케일 1묶음, 가운데 잎줄기를 잘라내고 얇게 썰기)

다음을 넣고 젓는다.

레몬즙, 셰리 식초 또는 발사믹 식초 1½작은술

흑후추 ½작은술

소금 적당량

소시지와 감자를 넣은 렌틸콩 수프

위의 렌틸콩 수프를 준비하되, 선택 재료인 판체타나 베이컨은 생략한다. 렌틸콩을 30분 정도 삶은 다음 큼직한 골드 감자 1개의 껍질을 벗기고 깍둑썰기하여 넣은 후 10분간 삶는다. 깍둑썰기한 스페인식 초리소 115g 또는 얇게 썬 킬바사 170g 그리고 물 ½컵을 넣는다. 감자가 부드러워지고 소시지가 속까지 골고루 익도록 약 5분간 뭉근히 끓인다.

스플릿 완두콩 수프

약 6컵, 4인분

수프 냄비에 다음을 넣고 섞는다.

작은 돼지 발목 또는 돼지 다리뼈 1개

녹색 스플릿 완두콩 2컵, 씻어서 잡티를 골라내기

찬물 8컵

부르르 끓으면 불을 줄이고 1시간 동안 뭉근히 끓인다. 다음을 넣고 젓는다.

당근 큰 것 1개, 깍둑썰기하기

셀러리 줄기 1개, 깍둑썰기하기

양파 1개, 깍둑썰기하기

마늘 2쪽, 굵게 썰기

월계수 잎 1장

돼지 발목과 완두콩이 부드러워질 때까지 약 1시간 더 뭉근히 끓인다. 불에서 내리고 월계수 잎을 건져낸 후 돼지 발목이나 돼지 다리뼈를 꺼낸다. 뼈와 껍질, 지방은 잘라서 버린다. 살코기는 깍둑썰기해 다시 수프에 넣고 젓는다. 더욱 걸쭉한 수프를 선호한다면 원하는 농도가 될 때까지 뭉근히 끓인다. 다음으로 간을 하고 맛을 낸다.

소금과 흑후추

다음을 올려 장식한다.

크루통

땅콩 수프

약 6컵, 4인분

버지니아주와 조지아주는 각각 이 수프의 고향임을 자처하지만, 이 수프의 기원은 의심할 여지없이 세네갈과 감비아의 땅콩 스튜다.

수프 냄비를 중약불에 올리고 다음을 넣어 녹인다.

버터 2큰술

다음을 넣고 저어가면서 채소가 부드러워지되 갈색으로 변하지 않도록 약 5분간 볶는다.

양파 1개, 잘게 썰기

셀러리 줄기 1개, 잘게 썰기

마늘 1쪽, 다지기

다음을 넣고 젓는다.

중력분 2큰술

저어가면서 5분간 조리한다. 다음을 넣고 세게 젓는다.

가금류 육수 또는 닭고기 국물 4컵

자주 저으면서 수프가 걸쭉해지기 시작할 때까지 약 5분간 뭉근히 끓인다. 국자로 뜨거운 국물을 1컵 떠서 중간 크기의 그릇에 붓고 다음을 넣는다.

인공첨가물을 넣지 않은 땅콩버터 1½컵

땅콩버터와 국물이 덩어리 없이 잘 섞이도록 포크로 젓는다. 다시 수프 냄비에 붓고 다음을 넣어 젓는다.

헤비크림 또는 하프앤드하프 1컵

소금 1½작은술

카옌 고춧가루 ¼작은술

핫소스 ½작은술 또는 적당량

펄펄 끓지는 않지만 속까지 골고루 뜨겁게 데워지도록 은근히 끓인다. 다음으로 장식해서 낸다.

기름 없이 볶아서 굵게 썬 땅콩 3큰술

굵게 썬 쪽파 ¼컵

(라임 또는 레몬 조각)

빵을 사용한 수프에 대해

신선한 빵을 잘게 뜯어서 내든 구워서 크루통으로 곁들이든 빵은 수프와 천생연분처럼 잘 어울린다. 전통적인 '시골풍' 수프 중에는 이 조합에서 한 발짝 더 나아가 빵을 수프의 주재료로 사용하는 것이 많다. 튀기거나 구운 빵은 독특한 풍미와 질감을 더해주며, 어떤 경우에는 수프 위에 녹인 치즈를 얹으려 할 때 빵이 치즈 받침대 역할을 한다. 또한 빵을 얇게 잘라 넣고 뭉근히 끓이는 수프도 있는데, 이렇게 하면 국물이 걸쭉해지고 농도가 진해진다. 특히 빵 보관함에 오래된 빵조각이 남아 있을 경우 유용한 방법이다. 먹다 남은 빵을 활용할 수 있어 경제적이라는 장점 외에도 이렇게 만든 수프는 맛이 훌륭하고 영양도 풍부하다.

소파 데 아호(Sopa de Ajo, 마늘과 빵 수프)

I. 약 4컵, 2~4인분

이 수프는 2명이 가볍게 저녁이나 점심을 해결하기에 좋다.

중간 크기의 편수 냄비를 중약불에 올리고 다음을 둘러 가열한다.

올리브유 3큰술

다음을 넣고 저으면서 마늘 향이 진하게 나되 갈색으로 변하지 않도록 10분간 볶는다.

마늘 1통(약 16쪽), 껍질을 까서 1쪽씩 분리하기

구멍 뚫린 숟가락으로 마늘을 떠서 작은 그릇에 넣는다. 기름이 남아 있는 냄비에 다음을 넣는다.

　　얇게 썬 프랑스 빵 또는 시골 빵 2~4조각

중강불에 올리고 중간에 한 번 뒤집어가면서 황금색으로 구워질 때까지 양쪽
면을 1~2분씩 굽는다. 빵을 냄비에서 꺼내 양쪽 면을 다음으로 문지른다.

　　마늘 1쪽, 껍질을 벗기기

다음을 냄비에 넣고 젓는다.

　　스위트 또는 핫 파프리카 가루(훈제 권장) 1큰술

　　커민씨 ¼작은술

볶은 마늘과 함께 다음을 넣고 젓는다.

　　가금류 육수, 닭고기 국물 또는 물 4컵

　　소금 ½작은술

　　흑후추 ¼작은술

부르르 끓어오르면 불을 줄이고 뚜껑을 반만 덮은 상태로 마늘이 아주 부드
러워질 때까지 약 20분간 뭉근히 끓인다. 그동안 오븐을 200℃로 예열한다.
마늘이 아주 부드럽게 익으면 구멍 뚫린 숟가락으로 냄비에서 건져내 포크로
으깬다. 으깬 마늘을 다시 냄비에 넣고 수프가 은근히 끓도록 가열한다. 내열
그릇이나 도자기 용기 2~4개를 오븐 팬에 놓고 수프를 떠 넣는다. 다음을 한
번에 하나씩 작은 그릇에 깨뜨려 담고 수프가 담긴 용기에 조심스럽게 미끄러
뜨리듯 넣는다.

　　대란 2~4개

달걀흰자가 굳을 때까지(노른자는 아직 액체 상태여야 한다.) 4~7분간 오븐에서 굽
는다. 수프 위에 마늘 크루통을 올려서 수프가 빵 안으로 스며들게 한다.

Ⅱ. 6컵, 4인분

빵으로 걸쭉하게 만든 이 수프는 반쯤 먹다 남은 오래된 바게트를 활용하기에
아주 좋은 방법이다. 이 수프를 내열 용기에 각각 담고 치즈를 올린 후 직화 오
븐에서 치즈가 갈색이 되도록 구우면 더욱 맛이 풍부해진다.

다음의 껍질을 벗기고 하나씩 분리해 각각 얇게 저민다.

　　마늘 2통

커다란 냄비를 중불에 올리고 다음을 둘러 가열한다.

　　올리브유 ¼컵

마늘을 넣고 마늘이 막 노릇노릇해지기 시작할 때까지 약 4분간 튀긴다. 다음
을 붓는다.

　　가금류 육수, 닭고기 국물 또는 물 6컵

부르르 끓어오르면 다음을 조금씩 넣으면서 젓는다.

　　껍질 있는 묵은 흰 빵, 정육면체로 잘라서 약 3컵

처음 넣은 빵이 어느 정도 국물에 녹아든다 싶으면 계속 저으면서 조금씩 빵
을 추가해 수프가 걸쭉해질 때까지 끓인다. 다음으로 간을 하고 맛을 낸다.

　　(스위트 또는 핫 파프리카 가루, 훈제 권장)

　　(셰리 식초)

　　소금과 흑후추

다음을 수프 위에 올려서 낸다.

　　강판에 간 파르메산 또는 만체고 치즈

파파 알 포모도로(Papa al Pomodoro, 토스카나식 빵과 토마토 수프)

약 4컵, 3인분

다음을 준비한다.

　　껍질 있는 묵은 흰 빵, 얇게 썰어서 3조각

（집에 있는 빵이 오래되지 않았다면 오븐을 93℃로 예열하고 빵을 오븐에서 15~20분간
구워 수분을 날린다.） 빵의 양쪽 면에 다음을 문지른다.

　　마늘 1쪽, 껍질 벗기기

커다란 냄비를 중불에 올리고 다음을 둘러 가열한다.

　　올리브유 3큰술

다음을 넣는다.

　　자색 양파 1개, 큼직하게 썰기

양파가 부드러워지고 갈색으로 변하기 시작할 때까지 약 10분간 볶는다. 다음
을 추가한다.

　　마늘 큰 것 4쪽, 굵게 썰기

중약불로 줄이고 향긋한 마늘 향이 날 때까지 2~3분간 볶는다. 다음을 넣는다.

　　토마토 680g, 껍질을 벗기고 큼직하게 썰기 또는 통토마토 통조림 795g짜리 1개,
　　　물을 따라내고 큼직하게 썰기

　　굵은 고춧가루 1자밤

중강불에 올리고 저어가면서 수프가 걸쭉해지고 맛있는 냄새가 날 때까지 약
5분간 조리한다. 다음을 붓고 젓는다.

　　가금류 육수 또는 채소 육수 2컵

부르르 끓어오르면 2분간 더 팔팔 끓인다. 다음으로 간을 하고 맛을 낸다.

　　소금과 흑후추

구운 빵을 찢어서 수프 그릇 3개에 적당히 나눠 담는다. 국자로 뜨거운 수프를
떠서 붓고 수프 그릇마다 다음을 올려서 낸다.

　　굵게 썬 바질 1큰술

　　엑스트라 버진 올리브유 약간

　　강판에 간 파르메산 치즈

뜨겁게 또는 실온 상태로 낸다.

리볼리타(Ribollita)

미네스트로네의 재료를 준비하되, 파스타 대신 **오래되거나 오븐에 구운 껍질
있는 빵을 정육면체로 잘라서 4컵** 준비한다. 미네스트로네의 레시피대로 수
프를 만든다.

프랑스식 양파 수프

약 6컵, 4인분

수프 냄비를 중불에 올리고 다음을 넣어 버터가 녹을 때까지 가열한다.

　　버터 2큰술

　　올리브유 2큰술

다음을 넣고 잘 저어서 기름을 골고루 묻힌다.

　　양파 5개, 얇게 저미기

양파가 타지 않도록 잘 살피면서 가끔 저어주며 볶는다. 30분 정도 볶은 후 양
파가 갈색으로 변하기 시작하면 중약불로 줄이고 자주 저으면서 진한 갈색이
될 때까지 약 1시간 동안 볶는다. 다음을 넣고 젓는다.

　　드라이 셰리 또는 코냑 2큰술

강불로 올리고 계속 저으면서 셰리의 알코올이 전부 날아갈 때까지 볶는다. 다
음을 넣고 젓는다.

　　갈색 소 육수, 소고기 국물, 갈색 가금류 육수 또는 갈색 채소 육수 4컵

　　타임 잔가지 4개

월계수 잎 1장

부르르 끓어오르면 불을 줄이고 뚜껑을 반만 덮은 상태로 20분 정도 뭉근히 끓인다. 다음으로 간을 한다.

소금 1작은술 또는 적당량

흑후추 ¼작은술 또는 적당량

직화 오븐에 바로 넣을 수 있는 내열 수프 그릇이나 도자기 용기 4개를 오븐 팬에 놓는다. 국자로 뜨거운 수프를 떠 넣고 그릇마다 맨 위에 다음을 얹는다.

2.5cm 두께로 썬 프랑스 빵 2조각씩, 굽기(총 8조각)

수프 그릇마다 다음을 홀홀 뿌린다.

강판에 간 그뤼에르 또는 스위스 치즈 3큰술씩(총 ¾컵 또는 85g)

치즈가 녹고 갈색으로 익을 때까지 직화 오븐에서 굽는다.

토르티야 수프

약 8컵, 5인분

건더기가 더 많고 든든한 수프를 만들려면 **익혀서 잘게 찢은 닭고기 2컵**을 수프 그릇에 나눠 담고 뜨거운 국물과 아보카도, 가니시를 추가한다.

중간 크기의 무쇠 팬 또는 다른 묵직한 프라이팬을 중불에 올리고 가열한다. 다음을 팬에 넣는다.

할라페뇨 고추 1~2개

껍질을 벗기지 않은 마늘 큰 것 3쪽

양파 1개, 껍질을 벗기고 뿌리 쪽 끝에서 4등분하기

팬에서 가끔 뒤집어가면서, 고추 껍질이 갈라져 모든 면이 까맣게 익고, 4등분으로 자른 양파가 잘 그을리고, 누르면 쑥 들어갈 정도로 마늘이 부드러워질 때까지 10~15분간 굽는다. 식으면 고추의 씨와 줄기를 제거하고 마늘의 껍질을 벗겨서 믹서에 넣는다. 양파는 한쪽에 둔다. 믹서에 다음을 추가한다.

깍둑썰기한 토마토 통조림 410g짜리 1개

부드러운 퓌레 상태가 될 때까지 간다. 수프 냄비를 중강불에 올리고 다음을 둘러 가열한다.

식물성 기름 1큰술

토마토 퓌레를 냄비에 넣고 저어가면서 혼합물의 색이 진해지고 약간 걸쭉해질 때까지 약 5분간 끓인다. 따로 두었던 양파를 깍둑썰기해 냄비에 넣고 다음을 추가한다.

가금류 육수, 닭고기 국물 또는 다른 가벼운 육수나 국물 6컵

말린 오레가노(멕시코산 권장) 1작은술 또는 말린 에파소테(epazote, 멕시코산 허브의 일종 — 옮긴이) ½작은술

가끔 저어가면서 15분간 뭉근히 끓인다. 그동안 다음을 준비한다.

토르티야 칩 2컵

또는 묵직한 프라이팬에 기름을 다음 높이까지 붓고 185℃가 되도록 가열한다.

식물성 기름 1.2cm

다음을 6mm 너비의 길쭉한 조각으로 자른다.

묵은 옥수수 토르티야 4장

자른 토르티야 조각을 뜨거운 기름에 넣고 바삭해질 때까지 튀긴다. 키친타월에 올려서 기름을 빼고 한쪽에 둔다. 다음으로 국물에 간을 하고 맛을 낸다.

소금과 흑후추

토르티야 칩 또는 토르티야 조각 튀김의 절반을 수프 그릇 5개에 나눠 담고 국자로 국물을 떠서 끼얹는다. 남은 토르티야 칩을 얹고 다음으로 장식해서 낸다.

아보카도 1개, 씨를 빼고 껍질을 벗겨서 깍둑썰기하기

잘게 부순 케소 프레스코 또는 강판에 간 몬터레이 잭 치즈 ½컵(55g)

굵게 썬 고수

(사워크림)

라임 조각

가금류 수프에 대해

아래에 소개하는 여러 레시피는 뼈 있는 닭을 사용하지만, 칠면조나 매우 풍부한 맛을 내는 국물용 노계로 대체해도 좋다. 다만 이 두 가지는 조리 시간을 훨씬 넉넉하게 잡아야 한다는 점을 기억하자. 오리를 사용할 수도 있지만 오리로 처음 요리를 시도할 때는 아래 레시피에 소개된 가금류 분량의 절반만 사용한다.(오리는 맛이 매우 진하다.) 게다가 오리는 기름이 워낙 많기 때문에 지방과 껍질을 더욱 꼼꼼히 손질해야 한다.(또는 수프를 만든 후 기름을 쉽게 걷어낼 수 있도록 냉장고에 하룻밤 넣어두어 기름을 굳힌다.)

닭 조각에 붙어 있는 껍질을 그대로 사용하면 풍미가 최대한 우러난 걸쭉한 수프를 만들 수 있지만, 껍질을 미리 제거하면 수프를 만든 후 걷어낼 기름기가 줄어든다. 우리는 보통 수프를 만들 때 맛이 풍부하고 조리하기 쉽다는 이유로 뼈 있는 닭의 넓적다리와 다리를 사용하는 것을 선호한다. ▶ 가금류는 부드러운 살이 덩어리 형태로 뼈에서 쉽게 떨어질 정도가 되면 다 익은 것이다. 가금류는 너무 오래 조리하면 질겨진다. 가슴살은 지나치게 오래 끓이면 특히 맛이 없고 뻑뻑해지므로 다음을 기억하자 ▶ 뼈 있는 가슴살 부위는 25분 정도 뭉근히 끓인 후 익은 정도를 확인한다.(뼈 없는 순살은 15분 정도면 충분할 수도 있다.) 가슴살과 다리살을 섞어서 수프를 끓일 경우, 다 익은 가슴살을 건져서 접시에 따로 담아두고 다리살이 익을 때까지 계속 끓인 다음 가슴살을 수프에 다시 넣고 데워서 낸다.

가금류 수프, 특히 가슴살이 들어간 수프를 데울 때는 은근한 불로 따끈해질 때까지만 데운다. 수프와 비슷한 다른 닭 요리로는 카오소이까이 또는 호미니(hominy, 껍질을 벗긴 옥수수 알갱이 — 옮긴이)를 넉넉히 넣어 조리하는 포솔레 레시피를 참고한다. 더욱 걸쭉한 가금류 스튜에 대해서는 삶은 닭, 닭고기 스튜 및 조림에 대해 항목을 참고하면 좋다.

베커 닭고기 수프

약 7컵, 4인분

식물성 기름에 닭과 채소를 먼저 갈색으로 구운 후 조리하면 수프의 풍미가 더 살아난다.(구운 후 냄비에 남아 있는 기름은 전부 따라내고 수프 조리를 시작한다.)

수프 냄비를 중불에 올리고 다음을 넣는다.

가금류 수프, 닭고기 국물 또는 물 8컵

뼈 있는 절단 닭 900g~1.3kg, 껍질을 떼어내고 지방을 제거하기

당근 3개, 깍둑썰기하기

셀러리 줄기 3개, 깍둑썰기하기

(파스닙 또는 순무 작은 것 2개, 껍질을 벗기고 깍둑썰기하기)

마늘 3~4쪽, 굵게 썰기

양파 큰 것 1개, 깍둑썰기하기

파슬리 잔가지 3~4개

타임 잔가지 2~3개

월계수 잎 1장

부르르 끓어오를 때까지 가열한 후 불을 줄이고 뚜껑을 반만 덮은 상태로 가끔 거품을 걷어내면서 1시간 15분간 뭉근히 끓인다. 불에서 내린다. 닭고기를 큰 접시에 건져놓고 식힌다. 허브 잔가지를 건져내고 국물에서 기름을 걷어낸다. 손으로 집을 수 있을 정도로 닭고기가 식으면 뼈에서 살코기를 발라내 깍둑썰기하거나 가늘게 찢은 다음 다시 수프에 넣는다. 수프를 은근히 데우면서 취향에 따라 다음을 넣고 젓는다.

　　(굵게 썬 파슬리 ¼컵)

　　(커리 가루 1½작은술 또는 적당량)

다음으로 간을 하고 맛을 낸다.

　　소금과 흑후추

수프 그릇에 담고 다음으로 장식해서 낸다.

　　굵게 썬 파슬리

　　레몬 조각

치킨 누들 수프

베커 닭고기 수프를 끓인다. 다른 냄비에 물을 붓고 소금을 넣어 펄펄 끓인 후 **에그누들 또는 오르조나 디탈리니 같은 작은 파스타 115g**을 부드러워질 때까지 삶는다. 파스타를 수프 그릇에 적당히 나눠 담고 국자로 수프를 떠서 붓는다. 위의 설명대로 장식해서 낸다.

트레바의 닭고기 덤플링 수프
약 14컵, 6~8인분

메건의 증조할머니가 사용하던 레시피를 바탕으로 한 것이다. 시판 닭 육수와 잘게 찢은 로티세리 치킨, 시판 반죽을 사용해 만들 수도 있지만 우리는 이 레시피의 진정한 즐거움(그리고 풍부한 맛)은 바로 재료들을 하나씩 준비하는 과정에 있다고 생각한다. 이 레시피에 다른 종류의 덤플링을 사용하려면 파이 반죽을 덤플링 레시피 중 하나로 대체하면 된다.

커다란 수프 냄비나 더치오븐에 다음을 넣는다.

　　닭 1.8~2.3kg짜리 1마리, 내장과 껍질을 제거하기

　　당근 1개, 5cm 길이로 큼직하게 썰기

　　셀러리 줄기 1개, 5cm 길이로 큼직하게 썰기

　　양파 1개, 4등분하기

다음을 붓는다.

　　재료가 잠길 만큼의 찬물

강불에 올려서 부르르 끓인 다음 약불로 줄이고, 뚜껑을 덮은 상태에서 닭이 아주 부드러워지고 살코기가 뼈에서 잘 떨어질 때까지 약 1시간 동안 뭉근히 끓인다. 그동안 다음을 준비한다.

　　버터 파이 또는 페이스트리 반죽 레시피의 ½ 분량

반죽 재료를 섞은 직후 조리대에 밀가루를 가볍게 뿌리고 반죽을 최대한 얇게 민다. 3.8×10cm 크기의 길쭉한 조각으로 잘라서 오븐 팬에 놓고 냉장고에 1시간 넣어둔다.

　　닭이 다 익으면 도마에 건져놓고 약간 식힌다. 닭고기 국물을 걸러내면 약 12컵 정도가 나온다. 국물이 너무 적으면 물이나 닭 육수를 조금 보충해 12컵을 만든다. 닭을 만질 수 있을 정도로 적당히 식으면 뼈에서 살을 발라낸다. 기름은 전부 걷어낸다.

　　냉장고에 넣어둔 반죽이 차가워지면 국물을 불에 올려 은근히 끓이면서 다음을 넣는다.

　　소금 1½작은술

반죽 조각을 은근히 끓고 있는 국물에 넣고 뚜껑을 덮은 상태에서 15분간 삶는다. 그동안 중간 크기의 그릇에 다음을 넣고 부드러워질 때까지 잘 섞는다.

　　버터 4큰술(버터 스틱 ½개), 부드럽게 젓기

　　중력분 ¼컵

국물에 넣고 자주 저어가면서 걸쭉해질 때까지 15분간 더 끓인다. 삶은 닭고기를 넣고 골고루 데워지도록 5분간 더 끓인다. 다음으로 간을 한다.

　　소금과 흑후추 적당량

아소파오 데 포요(Asopao de Pollo, 푸에르토리코식 닭고기와 쌀 수프)
약 9컵, 5인분

몸이 안 좋을 때는 아무래도 닭고기 수프에 손이 가기 마련인데, 풍미가 깊은 닭고기와 쌀을 짭짤하고 매콤한 국물에 끓인 후 허브 향을 첨가해 입맛을 돋우는 이 수프는 우리 가족이 위안을 얻고 싶을 때 가장 선호하는 음식 중 하나다. 추수감사절이 지나면 우리는 남은 칠면조고기를 활용하기 위해 이 레시피를 응용한다. 이미 조리된 가금류를 사용할 때는 물 대신 가금류 육수 6컵을 넣는다. 쌀이 다 익으면 익혀서 잘게 찢은 닭고기나 칠면조고기 3~4컵을 넣고 골고루 잘 데워지도록 한소끔 끓인다.

수프 냄비를 중불에 올리고 다음을 둘러 가열한다.

　　식물성 기름 3큰술

다음을 넣는다.

　　양파 1개, 깍둑썰기하기

　　녹색 피망 1개, 깍둑썰기하기

　　깍둑썰기한 햄 ½컵(약 85g)

　　스카치 보닛 고추 1개 또는 할라페뇨 고추 2개, 씨를 빼고 깍둑썰기하기

　　마늘 3쪽, 굵게 썰기

채소가 부드러워지되 갈색으로 변하지 않도록 6~8분간 저어주면서 볶는다. 다음을 넣고 젓는다.

　　뼈 있는 절단 닭 900g~1.3kg, 지방을 떼어내기(취향에 따라 껍질 제거)

　　물 6컵

　　깍둑썰기한 토마토 1½컵 또는 깍둑썰기한 토마토 통조림 410g짜리 1개

　　(곱게 간 안나토 씨앗 2작은술)

　　말린 오레가노 1½작은술

　　커민 가루 ½작은술

　　소금 ½작은술

　　흑후추 ½작은술

부르르 끓어오를 때까지 가열한 후 불을 줄이고 뚜껑을 반만 덮어서 25분간 뭉근히 끓인다. 다음을 넣고 젓는다.

　　장립종 백미 ½컵

닭과 쌀이 익을 때까지 약 20분간 뭉근히 끓인다. 불에서 내린 후 닭고기를 건져서 약간 식힌다. 껍질과 뼈를 버리고 살코기를 깍둑썰기하거나 잘게 찢는다. 닭고기를 다시 수프에 넣고 다음을 넣어 젓는다.

　　신선한 완두콩 또는 냉동 완두콩 1컵

　　피미엔토를 넣은 녹색 올리브 슬라이스 ½컵

　　소금 적당량

속까지 골고루 데워지도록 2~3분간 뭉근히 끓인다. 수프 그릇에 적당히 나눠 담고 다음으로 장식한다.

굵게 썬 고수

똠카가이(Tom Kha Gai, 태국식 닭고기 양강근 수프)

약 6컵, 4인분

카(kha)는 태국어로 양강근이라는 뜻이다. 양강근은 생강과 비슷하게 생겼지만 생강과는 사뭇 다른 독특한 풍미를 가진 뿌리채소다.

수프 냄비에 다음을 넣고 섞는다.

가금류 육수, 닭고기 국물 또는 다른 가벼운 육수나 국물 3컵

코코넛 밀크 통조림 400ml짜리 1개

느타리 또는 표고버섯 115g, 얇게 썰기(표고버섯은 밑동 제거)

마크럿 라임 잎 6장 또는 레몬그라스 줄기 2개, 5cm 길이로 잘라서 향기가 날 때까지 칼 손잡이 끝으로 가볍게 짓이기기

신선한 붉은색 태국 칠리 고추 4개, 줄기 제거하기 또는 버즈아이, 아르볼 같은 붉은색 칠리 고추 말린 것 3개, 줄기와 씨 제거하기

샬롯 작은 것 1개, 얇게 저미기

양강근 또는 생강 2.5cm짜리 1조각, 얇게 저미기

은근히 끓도록 가열한 후 뚜껑을 덮고 10분간 끓인다. 다음을 넣고 젓는다.

뼈와 껍질을 제거한 닭 가슴살 또는 넓적다리살 340g, 1.2cm 크기의 정육면체로 썰기

라임즙 ¼컵

피시 소스 2큰술 또는 적당량

(설탕 1작은술)

다시 뭉근히 끓어오르게 가열한 후 뚜껑을 덮고 닭이 익을 때까지 5~8분 정도 끓인다. 취향에 따라 라임 잎과 말린 고추, 양강근 저민 것을 건져내도 좋다. 맛을 보고 필요하면 소금이나 피시 소스를 적당히 추가해 간을 맞춘다. 다음으로 장식해서 낸다.

굵게 썬 고수

라임 조각

코카리키(Cock-a-Leekie, 스코틀랜드식 닭고기 수프)

약 8컵, 5~6인분

이 레시피는 「지브스와 우스터(Jeeves and Wooster)」라는 드라마에서 슬링스비 수프(Slingby Soup) 회사가 바보같이 거절한 터피 글로섭(Tuppy Glossop)의 레시피를 참고한 것이다.

다음을 반으로 잘라서 깨끗하게 씻는다.

서양대파 중간 크기 4대(약 680g)

뻣뻣한 위쪽 녹색 부분을 잘라서 따로 보관한다. 부드러운 흰색과 연한 녹색 부분을 얇게 썰어서 한쪽에 둔다. 대파의 녹색 부분을 다음 재료와 함께 커다란 편수 냄비에 넣는다.

뼈 있는 닭의 넓적다리살 900g, 껍질을 떼어내고 지방을 제거하기

물 또는 갈색 소 육수 8컵

통보리 ¼컵

소금 1작은술

부르르 끓어오르면 불을 줄이고 뚜껑을 반만 덮은 상태로 닭고기가 익고 보리

가 부드러워질 때까지 30~35분 정도 뭉근히 끓인다. 녹색 대파를 건져내서 버리고 닭고기를 큰 접시에 옮겨 약간 식힌다. 국물에 뜬 기름기를 걷어낸다. 아까 썰어둔 대파의 연한 부분과 함께 다음 재료를 국물에 넣는다.

씨를 뺀 말린 자두 12개, 큼직하게 썰기

10분간 뭉근히 끓인다. 그동안 닭고기의 살만 발라내서 잘게 썬다. 대파가 부드러워지면 닭고기를 다시 냄비에 넣고 골고루 데워지도록 끓인다. 다음으로 간을 하고 맛을 낸다.

소금과 흑후추

소파 데 리마(Sopa de Lima, 유카탄식 닭고기와 라임 수프)

11컵, 5~6인분

이 수프는 월계수와 계피로 향을 낸 국물에 토마토, 칠리 고추, 라임 슬라이스를 넣어 한층 풍미를 살린다. 다른 닭고기 수프와 마찬가지로 날씨가 쌀쌀한 겨울에 먹으면 몸이 따뜻해지고 기운이 나는데, 국물 맛이 상큼하고 아삭하게 씹히는 신선한 재료를 곁들이기 때문에 여름에 먹어도 맛있다.

다음을 냄비에 넣고 중불에 올려 뭉근히 끓어오도록 가열한다.

뼈 있는 닭 가슴살 또는 넓적다리살 680g, 껍질을 떼어내고 지방을 제거하기

물 8컵

양파 작은 것 1개, 얇게 저미기

마늘 2쪽, 으깨기

통계피 5cm짜리 1개, 카넬라 권장

월계수 잎 1장

불을 줄여서 은근히 끓는 상태를 유지하면서 뚜껑을 반만 덮고 닭이 부드럽게 익을 때까지 가슴살은 약 25분, 넓적다리살은 30~35분간 조리한다. 표면에 떠오르는 불순물을 걷어낸다. 닭을 익히는 동안 토르티야 수프 레시피의 설명대로 토르티야 반죽을 만들어서 길쭉하게 자르거나 다음을 준비한다.

토르티야 칩 2컵

닭이 완전히 익으면 큰 접시에 건져놓고 식힌다. 체에 그릇을 받치고 닭 삶은 물을 걸러낸다. 냄비를 중불에 올리고 다음을 넣는다.

식물성 기름 2큰술

양파 1개, 잘게 썰기

녹색 피망 큰 것 ½개, 잘게 썰기

양파가 반투명해질 때까지 약 10분간 볶는다. 아까 걸러둔 국물과 함께 다음 재료를 냄비에 넣는다.

깍둑썰기한 방울토마토 1컵 또는 깍둑썰기한 토마토 통조림 1컵

마늘 2쪽, 다지기

(하바네로 고추, 씨를 빼고 다지기)

라임 1개, 박박 문질러 씻어서 얇게 저미기 또는 라임 2개의 껍질, 강판으로 곱게 갈기

말린 오레가노(멕시코산 권장) 1작은술

소금 1작은술

커민 가루 ½작은술

(정향 또는 올스파이스 가루 ⅛작은술)

뭉근히 끓어오를 때까지 가열한 후 15분간 더 끓인다. 그동안 뼈를 발라낸 닭고기는 잘게 찢거나 깍둑썰기하고 뼈는 버리거나 육수용으로 보관해둔다. 닭고기를 다시 수프에 넣고 골고루 데워지도록 끓인다. 다음을 넣고 젓는다.

라임즙 최대 ¼컵

소금과 흑후추 적당량

라임 조각을 건져내고 국자로 수프를 떠서 그릇에 담는다. 수프 위에 토르티야 칩이나 토르티야 조각 튀김을 얹고 다음을 곁들여 낸다.

아보카도 1개, 씨를 빼고 껍질을 벗겨서 깍둑썰기하기

굵게 썬 고수

치킨 검보

약 11컵, 6인분

이 레시피는 1931년에 출간된 『조이 오브 쿠킹』 초판에 처음 등장한 이후 몇 번의 진화 과정을 거쳤다. 이르마 할머니의 레시피는 국물을 넉넉하게 사용했기 때문에 아마도 언뜻 보면 검보라고 생각하기 어려웠을 것이다. 여기서 소개하는 버전은 수프와 스튜, 프리카세의 중간 정도에 해당한다. 맛이 진하고 매콤하며, 김이 모락모락 나는 밥을 그릇에 담은 후 그 위에 부어서 먹는 요리다. 다음 재료를 톡톡 두드려 물기를 제거한다.

뼈 있는 절단 닭 1.3kg

닭고기에 다음으로 밑간을 한다.

소금 1작은술

흑후추 ½작은술

닭고기를 한쪽에 둔다. 더치오븐을 중불에 올리고 다음을 넣는다.

앙두이, 킬바사 또는 다른 훈제 소시지 225g, 1.2cm 두께로 썰기

소시지가 갈색으로 골고루 익을 때까지 저어가면서 조리한다. 구멍 뚫린 숟가락으로 소시지를 떠서 키친타월을 깐 접시에 옮겨 담는다. 밑간한 닭고기를 몇 무더기로 나눈 후 냄비에 남아 있는 소시지 기름을 사용해 모든 면이 갈색이 되도록 약 10분씩 튀기듯 굽는다.(한 번에 닭고기를 너무 많이 넣지 않는다.) 닭고기를 소시지가 담긴 접시에 옮겨 담고 남은 기름을 계량컵에 따른다. 계량컵에 다음을 추가해 총 ½컵이 되도록 한다.

식물성 기름

기름을 다시 냄비에 붓고 다음을 조금씩 넣으면서 세게 젓는다.

중력분 ½컵

냄비를 중불에 올리고 나무 숟가락으로 자주 저으면서 루(roux)가 진한 적갈색이 될 때까지 약 20분간 조리한다. 루의 색깔이 진해지기 시작하면 다음을 준비한다.

양파 큰 것 1개, 큼직하게 썰기

녹색 피망 큰 것 1개, 큼직하게 썰기

셀러리 줄기 2개, 큼직하게 썰기

루가 완성되면 채소를 넣고 저어가면서 채소가 부드러워질 때까지 약 10분간 조리한다. 다음을 붓고 세게 젓는다.

가금류 육수, 닭고기 국물 또는 다른 가벼운 육수나 국물 8컵

세게 저으면서 부르르 끓어오를 때까지 가열한다. 불을 줄이고 다음과 함께 닭고기를 넣는다.

마늘 4쪽, 다지기

카옌 고춧가루 ½작은술

뚜껑을 열고 닭이 속까지 완전히 익을 때까지 가슴살은 약 25분, 넓적다리살은 약 35분간 뭉근히 끓인다. 취향에 따라 완성되기 10분 전에 다음을 넣고 끓여도 좋다.

(얇게 썬 오크라 1컵)

닭이 잘 익으면 살을 발라내지 않고 그대로 나이프와 함께 낼 수도 있고, 냄비에서 닭을 건져서 식힌 다음 뼈와 껍질을 발라낼 수도 있다. 살코기를 잘게 찢거나 굵게 썰어서 다시 냄비에 넣고 다음을 추가한다.

쪽파 4대, 송송 썰기

수프 표면에 뜨는 여분의 기름기를 걷어낸다. 다음으로 간을 하고 맛을 낸다.

소금

루이지애나식 핫소스

다음 위에 끼얹어서 낸다.

흰쌀밥

다음으로 장식한다.

얇게 썬 쪽파

취향에 따라 다음을 양념통에 담아 함께 낸다.

(필레 가루)

멀리거토니 수프(Mulligatawny Soup)

약 6컵, 4인분

몸과 마음을 따뜻하게 해주는, 영국계 인도인들이 즐기던 전통 수프다.

수프 냄비를 중불에 올리고 다음을 둘러 가열한다.

버터 4큰술(버터 스틱 ½개) 또는 식물성 기름 ¼컵

다음을 넣고 저어가면서 부드러워질 때까지 볶는다.

양파 1개, 깍둑썰기하기

당근 1개, 깍둑썰기하기

셀러리 줄기 1개, 깍둑썰기하기

다음을 넣고 젓는다.

중력분 1½큰술

생강 2.5cm짜리 1조각, 껍질을 벗기고 다지기

마늘 2쪽, 다지기

커리 가루 1큰술

3분간 더 볶는다. 다음을 넣는다.

가금류 육수, 닭고기 국물 또는 다른 가벼운 육수나 국물 4컵

뼈와 껍질을 제거한 닭의 넓적다리살 225g, 1.2cm 크기의 덩어리로 썰기

장립종 백미 ½컵

소금 ½~1작은술 또는 적당량

흑후추 ¼작은술

말린 타임 ¼작은술

월계수 잎 1장

뚜껑을 반만 덮은 상태로 쌀이 부드러워질 때까지 약 20분간 뭉근히 끓인 다음 월계수 잎을 건져낸다. 내기 직전에 다음을 넣고 젓는다.

헤비크림 또는 코코넛 밀크 통조림 ½컵

깍둑썰기한 새콤한 사과 ½컵

골고루 데우되, 팔팔 끓이지는 않는다. 수프 그릇마다 다음을 올린다.

(요구르트 1큰술 듬뿍)

굵게 썬 고수

다음과 함께 낸다.

레몬 조각

소고기, 돼지고기, 양고기 수프에 대해

매콤한 쓰촨식 훠궈를 제외하면 여기서 소개하는 레시피는 오랫동안 뭉근히 끓여야 하는 수프다. 고기의 질긴 부위일수록 풍부한 맛을 내기 때문에 수프를 끓였을 때 가장 맛있지만, 완전히 부드러워지고 젤라틴이 국물에 녹아 나오려면 그만큼 긴 시간이 필요하다. 더욱 걸쭉한 고기 스튜에 대해서는 소고기, 송아지고기, 양고기, 염소고기, 돼지고기의 조림과 스튜 만들기 항목 및 칠리 레시피를 참고한다.

소고기 보리 수프

약 8컵, 4인분

버섯 보리 수프를 만들려면 소고기를 생략하면 된다. 이때 우선 버터나 기름을 두르고 중불에 가열한다. 그다음 버섯과 샬롯을 넣고 레시피대로 조리한다. 다음을 준비한다.

　소 윗등심 또는 양지머리 450g, 2.5cm 크기의 정육면체로 썰기

소고기에 다음을 뿌려 밑간을 한다.

　소금 ½작은술

　흑후추 ½작은술

수프 냄비나 더치오븐을 중강불에 올리고 다음을 둘러 가열한다.

　식물성 기름 1큰술

냄비에 소고기를 한꺼번에 너무 많이 넣지 않고 여러 번 나눠서 넣은 다음 소고기의 모든 면을 갈색으로 굽는다. 큰 접시에 옮겨 담고 한쪽에 둔다. 중불로 줄이고 남은 육즙을 모두 따라낸 후 다음을 넣는다.

　버터 4큰술(버터 스틱 ½개) 또는 올리브유 ¼컵

다음을 넣는다.

　버섯 680g, 얇게 썰기

　샬롯 큰 것 1개, 잘게 썰기

자주 저으면서 버섯의 숨이 죽을 때까지 약 10분간 볶는다. 다음을 넣는다.

　드라이 셰리, 마데이라, 육수 또는 물 ¼컵

　굵게 썬 신선한 타임 1큰술 또는 말린 타임 1작은술

약불로 줄이고 냄비 바닥에 눌어붙은 갈색 조각을 모두 긁어낸다. 다음 재료와 함께 소고기를 다시 냄비에 넣는다.

　갈색 소 육수, 갈색 채소 육수 또는 소고기 국물 4컵

　통보리 ¾컵

　소금 ½작은술

　흑후추 ½작은술

부르르 끓어오르면 불을 줄이고 뚜껑을 덮은 상태로 보리가 부드러워질 때까지 약 1시간 정도 뭉근히 끓인다. 맛을 보고 필요하면 소금을 적당히 추가한다. 다음으로 장식해서 낸다.

　굵게 썬 파슬리 또는 타임 잎

포토푀(Pot-au-Feu, 소고기와 채소를 뭉근히 끓인 프랑스 요리)

10~15인분

이 요리는 단순한 수프가 아니다. 뉴잉글랜드 보일드 디너의 세련된 버전 또는 모든 재료를 한꺼번에 넣고 끓인 덜 매운 훠궈와 비슷하다고 생각하면 된다. 닭고기만 사용해서 만들 때는 **풀로포**(Poule au Pot)라고 부른다.

아주 커다란 수프 냄비에 다음을 넣는다.

　물, 갈색 소 육수, 가금류 육수 또는 이를 섞어서 3.8ℓ

　소 윗등심 또는 양지머리 1.8kg, 필요에 따라 돌돌 말아서 단단히 묶기

　(골수가 든 뼈, 소꼬리 또는 소 목뼈 680g)

　양파 2개, 각각 정향 2개씩 박기

　당근 2개, 큼직하게 썰기

　셀러리 줄기 2개, 큼직하게 썰기

부르르 끓어오르면 약불로 줄이고 뚜껑을 반만 덮은 상태로 가끔 불순물을 걷어내며 1시간 반 동안 뭉근히 끓인다. 다음을 넣는다.

　닭 다리 4개, 관절 부분에서 넓적다리와 아랫다리를 분리하고 껍질 제거하기

뚜껑을 반만 덮은 상태로 가끔 불순물을 걷어내며 30분 동안 뭉근히 끓인다. 오븐을 93℃로 예열한다. 테두리 있는 오븐 팬에 포일을 깔아놓고 구멍 뚫린 숟가락으로 소고기, 뼈, 닭고기를 건져서 담은 후 오븐에서 따뜻하게 보관한다. 국물을 걸러서 채소 건더기는 버린다. 국물을 다시 냄비에 넣고 뭉근히 끓도록 가열한 후 다음을 넣는다.

　(훈제 소시지 450g)

　당근 4개, 7.5cm 길이로 큼직하게 썰기

　서양대파 4대, 세로로 반 자르고 깨끗이 씻기

　순무 2개, 껍질을 벗기고 2.5cm 두께의 웨지 모양으로 썰기

　셀러리 줄기 3개, 7.5cm 길이로 큼직하게 썰기

　양배추 작은 것 1개, 2.5cm 두께의 웨지 모양으로 썰기

　파슬리 잔가지 4개

　타임 잔가지 3개

　월계수 잎 1장

뚜껑을 덮고 채소가 부드러워질 때까지 30~40분간 뭉근히 끓인다. 허브를 건져내고 채소를 커다란 접시에 옮긴다. 더 맑은 국물을 원한다면 한 번 더 거른다. 소고기와 소시지를 얇게 썰고 채소와 함께 접시에 예쁘게 담는다. 국물에서 기름기를 걷어낸 후 다음으로 간을 하고 맛을 낸다.

　소금과 흑후추

국자로 국물을 떠서 수프 그릇에 붓는다. 국물을 먼저 내고 고기와 채소가 담긴 커다란 접시를 식탁에 따로 올려서 각자 덜어 먹을 수 있게 하고, 다음을 곁들인다.

　디종 머스터드

　굵은 바닷소금

　미니 오이 피클

　구운 바게트 슬라이스

퍼보(Pho Bo, 베트남식 소고기 쌀국수)

4~5인분

아시아 마트에 가면 훠궈나 쌀국수에 사용하기 편리하도록 소고기 사태 부위를 아주 얇게 썰어서 파는 경우가 많다. 얇게 썬 고기를 구할 수 없다면 홍두깨살 덩어리를 준비해 잘 드는 칼로 얇게 썬다. 고기를 미리 냉동실에 20분 정도 넣어두면 훨씬 손쉽게 썰 수 있다.

1. 커다란 수프 냄비에 다음을 넣는다.

　고기가 많이 붙은 소뼈 1.1kg

　소꼬리 1.1kg, 5cm 길이로 자르기

재료가 충분히 잠기도록 물을 붓고 팔팔 끓인 뒤 냄비의 물을 따라낸다. 냄비

에 남은 불순물을 헹궈내고 뼈도 깨끗이 씻는다. 뼈를 다시 냄비에 넣고 다음을 넣는다.

    물 14컵

    소고기 양지머리 450g, 지방이 너무 많으면 떼어내기

    (말린 새우 ¼컵)

    팔각 4개

    소금 1큰술

    설탕 1큰술 또는 중국산 얼음 설탕 1.2cm짜리 1개

    통계피 1개

    (중국산 검은색 카르다몸 깍지 1개, 부수기)

강불에 올려 부르르 끓어오르게 한다. 그동안 기름을 두르지 않은 프라이팬을 중강불에 올려서 다음을 굽거나 기다란 금속 집게를 사용해 직화로 그을린다.

    껍질을 벗기지 않은 생강 7.5cm짜리 1조각

    껍질을 벗기지 않은 양파 큰 것 1개, 줄기 쪽에서 4등분하기 또는 껍질을 벗기지
        않은 샬롯 340g, 반으로 자르기

재료를 골고루 검은색으로 그을린 후 큰 접시에 담는다. 적당히 식으면 생강과 양파 또는 샬롯의 검게 탄 껍질을 벗기고 큼직하게 썰어서 수프 냄비에 넣는다. 국물이 팔팔 끓어오르면 불을 줄이고 뚜껑을 반만 덮은 상태로 처음 1시간은 표면에 떠오르는 불순물을 가끔 걷어내면서 3시간 동안 뭉근히 끓인다. 취향에 따라 절반 정도 끓였을 때 다음을 넣어도 좋다.

    (벌집위 340g, 손질해서 얇게 썰기)

내기 30분 전에 다음을 충분한 양의 뜨거운 물에 담가 불린다.

    말린 쌀국수(반퍼banh pho) 340g

접시에 가니시를 소복이 쌓는다.

    숙주 2컵

    잎이 많이 달린 바질 잔가지 5개, 자주색이 도는 태국산 품종 권장

    고수 잔가지 10개 또는 쿨란트로 잎

    라임 2개, 4등분하기

    세라노 고추 3개 또는 할라페뇨 고추 2개, 얇게 썰기

내기 전에 국물을 걸러서 뼈는 버린다. 국물에서 여분의 기름기를 걷어내고 수프 냄비나 다른 편수 냄비에 옮겨 붓는다. 양지머리를 얇게 저민다. 국물을 강불에 올려 팔팔 끓인다. 불린 쌀국수와 양지머리를 따뜻하게 데운 수프 그릇 4~5개에 나눠 담는다. 다음 재료도 적당히 나눠 각 그릇에 담는다.

    익히지 않은 홍두깨살 340g, 아주 얇게 썰기

    양파 작은 것 1개, 아주 얇게 저미기 또는 쪽파 5대, 어슷하게 썰기

각 그릇에 펄펄 끓는 국물을 넉넉히 부어서 낸다. 가니시 접시는 식탁 가운데에 놓는다.(허브 잎을 뜯어서 수프에 넣으면 향기를 최대한 즐길 수 있다.) 각자 다음 소스를 사용해 직접 간을 해서 먹는다.

    피시 소스

    해선장

    스리라차 소스

    (기름에 튀긴 태국식 칠리 고추 페이스트)

II. 압력솥을 사용해 만든 쌀국수

이 방법으로 요리하기 전에 집에 있는 압력솥의 용량이 9.5ℓ인지 확인한다. 위의 설명대로 수프를 준비하되, 냄비 대신 압력솥을 사용하면 된다. 불에 그을린 생강과 양파를 솥에 넣은 후 압력솥의 뚜껑을 닫고 고압으로 조리한다. 1시

간 반 동안 조리한 다음 빠른 압력 방출법으로 압력을 뺀다. 벌집위를 넣는 경우 45분간 조리한 다음 빠른 압력 방출법으로 압력을 빼내고 압력솥의 뚜껑을 열어 벌집위를 넣는다. 다시 압력솥의 뚜껑을 닫고 고압으로 가열해 45분간 더 조리한다. 버전 I의 레시피대로 진행한다.

매콤한 쓰촨식 훠궈

6~8인분

훠궈는 여러 사람이 모여서 떠들썩하게 식사하기에 적합한 메뉴다.(특히 도중에 식탁이 지저분해져도 크게 개의치 않는 막역한 지인들과 함께라면 더욱 좋다.) 훠궈 국물은 마라(麻辣)를 활용한 요리로 맛이 상당히 강렬하다. 마라는 감각을 마비시킬 정도로 얼얼한 맛을 지칭하며 다양한 쓰촨 요리에서 찾아볼 수 있다. 훠궈의 매운맛은 말린 칠리 고추와 쓰촨식 고추장(두반장) 그리고 쓰촨산 통후추의 감각을 마비시키는 효과에서 기인한다. 중간에 매운맛을 달랠 수 있도록 맛이 순한 국물과 함께 내는 경우가 많은데, 이 국물은 보통 돼지나 닭을 주재료로 하여 가볍게 우려낸 것이다. 취향에 따라 닭 육수, 돼지 또는 햄 육수, 아니면 닭과 돼지 뼈를 1:1로 섞어서 뽑은 육수를 아래에 소개한 국물과 함께 낸다. 고기를 미리 냉동실에 20분간 넣어두면 얇게 썰기가 훨씬 수월하다. 또는 아시아 마트의 냉동식품 판매대에 가면 훠궈용으로 얇게 썬 고기를 쉽게 구할 수 있다.

다음 재료를 푸드 프로세서에 넣고 부드러워질 때까지 퓌레 상태로 간다.

    쓰촨식 고추장 1컵

    발효 검은콩 ¼컵

    생강 7.5cm짜리 1조각, 껍질을 벗기고 굵게 썰기

    마늘 5쪽, 굵게 썰기

페이스트를 한쪽에 둔다. 웍이나 바닥이 묵직한 커다란 냄비를 중불에 올리고 다음을 둘러 가열한다.

    식물성 기름과 라드를 섞은 것 또는 소기름 1¼컵

기름에서 연기가 나기 직전에 다음을 넣고 매캐한 냄새가 날 때까지 약 3분간 볶는다.

    중국산 또는 태국산 붉은색 칠리 고추나 아르볼 칠리 고추 8개, 줄기와 씨를
        제거하기

페이스트와 다음 재료를 기름이 끓고 있는 웍에 조심스럽게 넣는다.

    쓰촨산 통후추 1큰술

    팔각 2개

    통계피 7.5cm짜리 1개

    (중국산 검은색 카르다몸 깍지 1개, 부수기)

    녹색 카르다몸 깍지 4개, 부수기

향이 진하게 퍼지고 기름이 환한 붉은색으로 변할 때까지 뜨거운 기름에서 약 1분간 지글지글 볶는다. 다음을 조금씩 넣는다.

    갈색 소 육수 또는 소고기 국물, 가금류 육수 또는 닭고기 국물 8컵

    사오싱주 ½컵

    설탕 1큰술

풍미가 서로 잘 어우러지도록 국물을 15분간 뭉근히 끓인다. 그동안 다음을 조리한다.

    흰쌀밥 2컵

훠궈 국물에 담가서 먹을 다양한 고기와 채소를 준비한다.

아주 얇게 썬 돼지고기, 양고기, 소고기 또는 닭고기를 적당히 섞어서 900g / 한입 크기로 썬 중국식 소시지 / 고기 경단 또는 어묵 볼 / 대하(16~20마리)

4등분한 청경채 / 팽이, 표고, 양송이 등의 각종 버섯 / 얇게 썬 무 또는 콜라비 / 2.5cm 크기의 정육면체로 썬 감자나 고구마 / 시금치 잎 / 7.5cm 길이로 자른 쪽파 등의 채소 모둠 450g

2.5cm 크기의 정육면체로 썬 단단한 두부 및 유부(두부의 껍질) 340g

작은 계량컵에 다음을 넣고 섞는다.

간장 ½컵

참기름 ¼컵

마늘 3쪽, 다지기

간장 혼합물을 작은 컵이나 그릇에 담아서 1인당 하나씩, 그리고 1인당 쌀밥 1그릇씩 준비한다. 국물이 담긴 냄비를 식탁 가운데에 있는 전열기 위에 올린다. 국물이 뭉근히 끓는 상태를 유지하도록 불의 세기를 적당히 조절한다.

먹을 때는 각자 원하는 재료를 조금씩 끓는 국물에 담근다. 재료를 국물 속에서 충분히 익힌다.(감자와 같은 단단한 재료는 어느 정도 시간이 걸린다. 시금치 잎이나 아주 얇게 썬 돼지고기는 몇 초 안에 익는다.) 다 익히면 작은 체나 그물국자로 건진다. 각자 익은 재료를 밥그릇에 가져간 후 소스를 찍어 먹는다.

훠궈는 다 같이 먹는 음식이므로 국물 속에 넣은 특정 재료에 너무 욕심을 내지 말자. 그리고 모든 사람이 배부르게 먹을 수 있을 만큼 재료를 충분히 준비해야 한다. 재료가 거의 다 소진될 즈음이면 밥그릇에 담긴 밥은 익힌 재료에서 떨어진 국물과 기름기로 짭짤하게 간이 되어 있을 것이다. 이 밥을 먹으며 식사를 끝낸다. 훠궈는 무척 맛이 진하므로 우리는 훠궈를 먹은 다음에 귤이나 다른 새콤달콤한 과일을 먹으면서 마무리하는데, 이는 우리 가족의 방식일 뿐 중국의 전통은 아니다.

고기를 넣은 보르시(Borscht with Meat)

약 10컵, 5~6인분

든든하지만 너무 부담스럽지 않은 이 수프는 우리 집의 겨울 단골 메뉴다. 우리는 채 썬 양배추 대신 물기를 뺀 **사우어크라우트 1컵**을 사용하기도 한다.(그리고 레드와인 식초로 맛을 낸다.)

다음을 준비한다.

뼈를 제거한 소 윗등심 또는 양 어깨살 450g, 2.5cm 크기의 정육면체로 썰기

고기에 다음을 훌훌 뿌린다.

소금 1작은술

흑후추 ½작은술

수프 냄비나 더치오븐을 중강불에 올리고 다음을 넣어 가열한다.

식물성 기름 2큰술

고기를 넣고 모든 면을 갈색으로 굽는다. 고기를 큰 접시에 옮겨 담고 냄비에 남아 있는 기름은 2큰술만 남기고 버린다. 냄비에 다음을 넣는다.

양파 1개, 큼직하게 썰기

당근 2개, 얇게 썰기

셀러리 줄기 2개, 얇게 썰기

마늘 2쪽, 다지기

채소가 약간 부드러워질 때까지 저으면서 약 5분간 볶는다. 다음 재료와 함께 고기를 다시 냄비에 넣는다.

소, 닭, 채소 육수나 국물, 물 또는 이를 적당히 섞어서 4컵

통토마토 통조림 795g짜리 1개, 물을 따라내고 큼직하게 썰기

중간 크기의 비트 2개(340~450g), 껍질을 벗기고 1.2cm 크기로 자르기 (스위트 파프리카 가루 1큰술, 일반 또는 훈제)

토마토 페이스트 1½작은술

부르르 끓어오를 때까지 가열한 후 불을 줄이고 뚜껑을 반만 덮어서 채소와 고기가 부드러워질 때까지 약 1시간 동안 뭉근히 끓인다. 다음을 넣고 젓는다.

채 썬 녹색 또는 적색 양배추 2컵

레드와인 식초 2큰술

뚜껑을 반만 덮은 상태로 15분간 뭉근히 끓인다. 다음으로 간을 한다.

소금과 흑후추

그릇마다 다음을 올려서 낸다.

사워크림

굵게 썬 딜, 다진 차이브, 껍질을 벗기고 강판에 간 호스래디시 및 강판에 간 레몬 껍질

스코틀랜드식 수프

약 6컵, 4인분

이르마와 매리언 할머니는 이 레시피에서 보리 대신 그륀케른(grünkern) 또는 프리카(freekeh)를 사용했다. 프리카로 대체할 경우 통곡물을 사용하려면 채소를 넣은 다음 20분이 지났을 때 넣는다. 으깬 곡물을 사용할 때는 조리가 끝나기 25분 전에 넣고 뭉근히 끓인다.

수프 냄비에 다음을 넣는다.

물 6컵

뼈 없는 양의 어깨살 680g, 지방을 떼어내고 1.2cm 크기로 썰기

부르르 끓어오르면 불을 줄이고 불순물을 걷어내면서 10분 정도 뭉근히 끓인다. 다음을 넣고 젓는다.

통보리 ½컵

중간 크기의 서양대파 3대, 흰색 부분만 사용, 깨끗이 씻어서 큼직하게 썰기

당근 큰 것 1개, 깍둑썰기하기

셀러리 줄기 큰 것 1개, 깍둑썰기하기

소금 ½작은술

부르르 끓어오르면 불을 줄이고 뚜껑을 반만 덮은 상태로 고기가 부드러워질 때까지 약 1시간 반 정도 뭉근히 끓인다. 필요하면 물을 적당히 보충한다. 표면에 떠오른 기름을 숟가락으로 떠내고 다음으로 간을 하고 맛을 낸다.

굵게 썬 파슬리 2큰술

소금과 흑후추 적당량

칼도 베르데(Caldo Verde, 포르투갈식 녹색 채소 수프)

약 10컵, 5~6인분

우리 가족이 즐겨 먹는 수프이며, 여기서 얻은 아이디어로 여러 수프에 다양한 녹색 채소를 사용하게 되었다. 더욱 개성 넘치는 수프를 만들고 싶다면 아래 레시피에서 소개한 순한 맛의 채소 대신 겨자 잎을 사용해보자.

커다란 수프 냄비를 중불에 올리고 다음을 둘러 가열한다.

올리브유 2큰술

다음을 넣고 저으면서 채소가 부드러워지되 갈색으로 변하지 않도록 6~8분간 볶는다.

양파 1개, 큼직하게 썰기

마늘 2쪽, 다지기

다음을 넣고 젓는다.

가금류 육수, 닭고기 국물 또는 다른 가벼운 육수나 국물 8컵

골드 감자 또는 붉은색 감자 680g, 잘 문질러 씻거나 껍질을 벗겨서 얇게 썰기

소금 1½작은술

흑후추 ½작은술

부르르 끓어오르면 불을 줄이고 감자가 부드러워질 때까지 약 20분 정도 뭉근히 끓인다. 냄비를 불에서 내린다. 감자 으깨는 도구를 사용해 냄비 안에 있는 감자를 가볍게 으깬다. 중간 크기의 프라이팬을 중강불에 올리고 다음을 둘러 가열한다.

식물성 기름 1큰술

다음을 넣고 저어가면서 갈색이 될 때까지 볶는다.

포르투갈식 링귀사, 킬바사 또는 앙두이 소시지 170g, 또는 스페인식 초리소

115g, 얇게 썰기

볶은 소시지를 냄비에 넣는다. 프라이팬에 남은 기름은 모두 따라내고 수프 1컵을 프라이팬에 붓는다. 바닥에 눌어붙은 갈색 조각을 긁어낸 후 프라이팬의 액체를 수프에 다시 붓는다. 다음을 넣고 젓는다.

가운데 줄기를 제거한 케일이나 콜라드(케일과 비슷한 녹색 채소 ─ 옮긴이), 또는 얇게

썬 근대 잎 225g

5분 더 뭉근히 끓인다. 다음을 넣고 젓는다.

레몬즙 2큰술

이탈리아식 웨딩 수프

약 11컵, 6인분

일단 미트볼 반죽만 준비되면 풍미가 진한 이 수프를 금세 끓일 수 있다. 상황에 따라 미트볼을 하루 전에 준비해서 뚜껑을 덮어 냉장고나 냉동실에 보관해도 된다. 달걀과 파르메산 치즈를 섞은 것은 수프에 풍미와 농도를 더해주지만 맑은 이탈리아식 웨딩 수프를 원한다면 생략해도 좋다.

다음을 만들기 위한 반죽을 준비한다.

이탈리아식 미트볼

지름 1.2~2cm의 미트볼을 만들어서 한쪽에 따로 둔다.(미트볼 1개당 ½작은술을 넉넉히 떠서 만든다.) 수프 냄비나 더치오븐에 다음을 붓고 부르르 끓어오를 때까지 가열한다.

가금류 육수, 닭고기 국물 또는 다른 가벼운 육수나 국물 8컵

다음으로 간을 하고 맛을 낸다.

소금과 흑후추

불을 줄이고 은근히 끓인다. 뭉근히 끓는 육수에 다음 재료와 함께 미트볼을 조심스럽게 넣는다.

에스카롤, 근대 또는 컬리 엔다이브 340g, 굵게 썰기

15분간 뭉근히 끓인다. 작은 그릇에 다음을 넣고 잘 섞일 때까지 세게 젓는다.

달걀 2개

강판에 간 로마노 치즈 또는 파르메산 치즈 ¼컵

수프 국물이 뭉근히 끓는 상태에서 그릇을 한 손에 잡고 냄비 가장자리로부터 12.5cm쯤 위로 들어올린다. 풀어둔 달걀을 아주 조금씩 국물에 흘려 넣는다. 달걀을 부으면서 포크를 쥐고 국물의 표면에서 큰 원을 그리며 달걀이 포크에

걸릴 때마다 기다란 실처럼 늘린다. 수프를 국자로 떠서 그릇에 담고 취향에 따라 다음을 추가한다.

(아치니 디 페페, 오르조 또는 다른 작은 파스타 삶은 것 2큰술씩, 총 ¾컵)

고추 수프(Pepper Pot)

약 9컵, 5인분

필라델피아 특산물이며 미국 건국 당시부터 먹기 시작했다는 이 벌집위 수프는 "화끈하게 매워요! 고추 수프! 허리가 튼튼해지고 장수합니다! 고추 수프!"라는 홍보 문구와 함께 길거리 음식으로 판매되었다. 맛있기는 하지만 이름과는 달리 맛이 순하며, 아마도 서인도 제도에서 건너온 노예들의 매운 수프 레시피(가이아나식 고추 수프 레시피 참고)에서 유래했을 가능성이 크다. 이 레시피는 1936년판『조이 오브 쿠킹』에 처음 등장했다.

다음을 준비한다.

벌집위 340g, 손질하기

벌집위를 곱게 채 썰어서 한쪽에 둔다. 수프 냄비나 더치오븐을 중불에 올리고 다음을 넣어 조리한다.

베이컨 슬라이스 4조각, 큼직하게 썰기

다음을 넣고 저으면서 채소가 부드러워질 때까지 약 5분간 볶는다.

양파 큰 것 1개, 큼직하게 썰기

셀러리 줄기 2개, 큼직하게 썰기

녹색 피망 2개, 큼직하게 썰기

다음을 넣는다.

갈색 소 육수, 맑은 송아지 육수 또는 가금류 육수 8컵

월계수 잎 1장

부르르 끓어오르도록 가열한 후 썰어둔 벌집위를 넣는다. 뭉근하게 끓는 상태가 되면 불을 줄이고 뚜껑을 덮어 벌집위가 부드러워질 때까지 1시간 반~2시간 조리한다. 다음을 넣는다.

껍질을 벗기고 깍둑썰기한 붉은색 감자 또는 골드 감자 1컵

(말린 마저럼 또는 세이버리 1작은술)

흑후추 ½작은술

뚜껑을 열고 감자가 부드러워질 때까지 약 15분간 은근히 끓인다. 그동안 작은 그릇에 다음을 넣고 부드러워질 때까지 손가락으로 섞는다.

버터 2큰술, 부드럽게 젓기

중력분 2큰술

감자가 다 익으면 월계수 잎을 건져낸다. 버터와 밀가루 혼합물을 조금씩 냄비에 넣고 녹을 때까지 젓는다. 5분간 더 뭉근히 끓인 후 다음을 넣고 젓는다.

헤비크림 ½컵

골고루 데워지도록 조리하되 펄펄 끓이지는 않는다. 다음으로 간을 하고 맛을 낸다.

소금과 흑후추

생선과 갑각류 수프에 대해

해산물은 대부분 매우 빨리 익기 때문에 상대적으로 짧은 시간 안에 든든하고 풍미가 진한 수프를 만들 수 있다. **차우더**는 깍둑썰기한 감자를 사용하므로 수프가 걸쭉해지며, 나중에 우유나 크림을 넣어 더욱 진한 농도로 만든다. **비스크**는 질감이 더 부드럽고 생선이나 갑각류 덩어리가 씹힌다. 비스크도 크

림을 넣어 풍미를 끌어올리며 쌀밥을 갈아서 넣거나 달걀 등과 같이 수프를 걸쭉하게 하는 다른 재료를 추가하는 경우가 많다. 부야베스, 초피노와 같이 소위 **어부의 스튜**라고 부르는 수프들은 국물의 풍미가 특히 진하고 대부분 여러 종류의 생선과 갑각류를 넉넉하게 넣는다. 오늘날에는 이러한 해산물이 꽤 높은 값을 받지만 사실 과거에는 그 반대였다. 이들 스튜는 원래 시장에서 제값을 받지 못하는 수확물로 만들었으며, 빈손으로 돌아온 어부도 배를 든든하게 채울 수 있는 요리였다. 이러한 검소한 정신을 기리고자 우리는 각자의 지역에서 적당한 예산으로 구할 수 있는 가장 신선한 해산물을 조합해 수프를 끓여보기를 권장한다. 결과는 다양하겠지만 대부분 맛은 보장된다.

시장에서 싱싱한 생선을 고를 때 고려해야 할 점은 397쪽, 갑각류는 368쪽을 참고한다. 생선과 새우는 반드시 생물 또는 냉동된 것을 사용해야 하며 통조림은 쓰지 않는다. 조개 통조림과 저온 살균한 굴은 차우더와 스튜에 사용할 수 있으나, 여건이 허락할 경우 싱싱한 생물 홍합, 조개, 굴을 사용하면 더 맛있는 수프를 끓일 수 있다. ▶ 굴 껍데기를 깔 때는 껍데기 안에 들어 있는 소중한 국물을 절대 버리지 말자.

생선과 갑각류 육수는 비교적 빨리 만들 수 있다. 생선 뼈와 대가리, 껍질이 육수를 만들 만큼 충분하지 않다면 간단한 해산물 육수 레시피를 참고한다. 똠얌꿍처럼 양념 맛이 강한 수프를 만들 때는 생선 육수 대신 맑은 닭 육수를 사용해도 좋다.

해산물 수프의 단점을 말하자면 조리 시간이 너무 짧아서 ▶ 자칫 너무 오래 끓이게 된다는 점이다. 재료가 속까지 다 익었다 싶으면 즉시 냄비에서 생선을 건져내거나 냄비를 불에서 내린다. 굴, 조개, 홍합은 순식간에 익으므로 먼저 육수와 채소를 뭉근히 끓여놓고 내기 직전에 조개나 갑각류를 넣어 끓인다.

국물 속에서 너무 오래 익지 않도록 익힌 생선과 갑각류를 따로 담아내기도 하지만, 별로 보기 좋지 않으므로 우리는 이 방식을 선호하지 않는다. 하룻밤 두었다 먹어도 상관없는 대다수 차우더를 제외하면 해산물 수프는 조리 당일에 먹어야 가장 맛있다. 부득이하게 나중에 데워야 한다면 천천히 가열해야 한다.(이 작업에는 이중 냄비가 편리하다.)

찰스턴식 암게 수프

약 4컵, 4인분

‘암게’라는 이름은 전통적으로 이 수프를 끓일 때 암컷 게와 루비색의 알을 사용했음을 암시한다. 싱싱한 생물 게를 (그리고 알까지) 사용하려면 **꽃게 2.7kg 또는 대짜은행게 1.8kg** 정도 필요하다. 상황에 따라 데치거나 삶아서 껍데기를 깨고 살을 발라낸 후 레시피대로 조리하고, 알은 전부 모아서 게살과 함께 넣는다.

커다란 냄비를 약불에 올리고 다음을 넣어 녹인다.

　버터 2큰술

다음을 넣고 세게 젓는다.

　중력분 2큰술

밀가루에서 구수한 냄새가 나되 갈색으로 변하지 않도록 세게 휘저으면서 약 3분간 볶는다. 프라이팬을 불에서 내린 후 잘 저으면서 다음을 조금씩 붓는다.

　우유 3컵

다시 불에 올려 뭉근하게 끓어오르도록 가열한 다음 중약불에서 계속 세게 저으면서 국물이 걸쭉하고 부드러워질 때까지 조리한다. 약불로 줄이고 다음을 넣어 젓는다.

　게살 덩어리 450g, 껍데기와 연골을 모두 발라내기

　드라이 셰리 1~2큰술

　소금 ½작은술

　우스터 소스 1작은술

　(핫소스 ½작은술 또는 적당량)

　육두구 가루 ⅛작은술

적당히 간을 조절한다. 게살이 골고루 데워질 때까지 은근히 끓인다. 다음으로 장식해서 낸다.

　얇게 썬 쪽파

랍스터 비스크

약 6컵, 4인분

물론 랍스터 비스크는 손이 무척 많이 가는 요리지만 가끔은 그 어떤 수프도 이를 대체할 수 없을 때가 있다. 버터 양상추 샐러드와 구운 빵을 넉넉히 준비해 함께 낸다.

랍스터에서 살을 전부 발라내고 알이 들어 있으면 함께 빼낸다.

　찐 랍스터 중간 크기 2마리(약 1.3kg)

랍스터 살을 잘게 썰되, 일부는 큼직한 덩어리로 남겨둔다. 키친타월 2장을 각각 랍스터 껍데기 아래위에 깔고 무쇠 팬이나 밀대로 큼직하게 부순다. 이 랍스터 껍데기를 사용해 다음을 만든다.

　새우 또는 갑각류 육수, 병에 든 시판 조개즙 4컵과 물 2컵을 사용하기

중간 크기의 냄비에 고운체를 올려놓고 육수를 걸러낸 후 껍데기를 꾹 눌러서 국물을 최대한 짜낸다. 육수에 다음을 넣는다.

　장립종 백미 ½컵

　드라이 셰리 ½컵

　토마토 페이스트 2큰술

　소금 ½작은술

　흑후추 ¼작은술

뭉근하게 끓어오르도록 가열하면서 뚜껑을 덮고 쌀이 말랑말랑해질 때까지 약 25분간 조리한다. 믹서에 옮겨 담고 아주 부드러운 상태가 될 때까지 간다. 수프를 다시 냄비에 옮기는데, 취향에 따라 고운체에 한 번 더 거른다. 랍스터에 알이 들어 있다면 고운체에 붓고 주걱 등으로 꾹꾹 눌러 걸러낸 후 비스크에 넣는다. 중불에 올리고 팔팔 끓지는 않을 정도로 따끈하게 데운다. 다음을 넣고 세게 젓는다.

　헤비크림 또는 크렘 프레슈 1컵

　육두구 가루 ¼작은술

　카옌 고춧가루 ⅛작은술

발라둔 랍스터 살을 넣고 저은 후 속까지 충분히 데워지도록 가열한다. 필요하면 소금과 흑후추를 적당히 추가한다. 다음으로 장식해서 즉시 낸다.

　다진 파슬리 및 차이브

　스위트 파프리카 가루

빌리비(Billi-Bi, 홍합 크림수프)

약 4컵, 3인분

커다란 수프 냄비에 다음을 넣는다.

　작은 홍합 1.3kg, 박박 문질러 씻고 수염을 제거하기

드라이 화이트와인 1½컵

큼직하게 썬 샬롯 ⅓컵

파슬리 잔가지 5개

타임 잔가지 3개

뚜껑을 덮고 중불에 올려 홍합의 껍데기가 벌어질 때까지 찌고, 껍데기가 열리지 않는 것은 버린다. 홍합을 건져서 한쪽에 둔다. 체에 축축한 얇은 면 거즈나 키친타월을 몇 겹 깔고 중간 크기의 냄비 위에 올려 홍합 찐 물을 걸러낸다. 뭉근히 끓어오를 때까지 가열한다. 홍합 속살을 발라낸다. 작은 그릇에 다음을 넣고 세게 저어서 섞는다.

헤비크림 또는 하프앤드하프 ½컵

달걀노른자 1개

홍합 찐 물 1컵을 달걀 혼합물에 조금씩 흘려 넣으면서 잘 젓고, 이를 다시 냄비에 부어 세게 젓는다. 골고루 데워지도록 가열하되 펄펄 끓이지는 않는다. 다음으로 간을 한다.

소금과 백후추 또는 카옌 고춧가루 적당량

(커리 가루 ½작은술)

발라놓은 홍합살을 얹고 다음을 훌훌 뿌린다.

다진 차이브

굴 스튜

약 4컵, 3인분

이 레시피에는 껍데기를 까서 판매하는 굴을 사용하도록 권장한다. 굴을 수십 개씩 까려면 시간이 많이 소요된다.(게다가 통굴은 값도 더 비싸다.) 굴의 껍데기를 까는 방법은 371쪽을 참고하자.

수프용 냄비나 큼직한 편수 냄비를 중약불에 올리고 다음을 넣어 섞는다.

버터 4큰술(버터 스틱 ½개)

셀러리 줄기 1개, 다지기

작은 양파 ½개 또는 서양대파의 흰색 부분, 깨끗이 씻어서 다지기

마늘 1쪽, 다지기

버터가 녹고 양파와 셀러리가 부드러워지되 갈색으로 변하지 않도록 저으면서 약 7분간 볶는다. 불에서 내려 다음을 넣고 젓는다.

굵게 썬 깐 굴 475~740ml, 껍데기에 들어 있는 국물도 사용(씨알이 굵은 통굴 20~30개 분량)

우유 1½컵

헤비크림 ½컵

소금 ½작은술

백후추 또는 스위트 파프리카 가루 ⅛작은술

중불에 올리고 자주 젓는다. 우유에서 김이 나고 굴이 위로 떠오르면 다음을 넣는다.

굵게 썬 파슬리 2큰술

굴 비스크

위의 굴 스튜를 끓인다. 파슬리를 넣기 전에 수프를 불에서 내린다. 작은 그릇에 달걀노른자 2개를 넣고 뜨거운 수프를 조금 부어 세게 젓는다. 잘 저으면서 이 혼합물을 냄비에 담긴 뜨거운 수프에 조금씩 흘려 넣는다. 약불에 올려 1분간 가열하되 팔팔 끓이지는 않도록 주의한다. 파슬리를 넣어서 즉시 낸다.

똠얌꿍(Tom Yum Goong, 매콤새콤한 태국식 새우 수프)

약 7컵, 4인분

향미가 강렬하고 매콤하며 신맛이 두드러지는 이 수프는 그야말로 입맛을 돋우고 기운을 되살린다. 일단 재료만 다 준비되면 순식간에 끓일 수 있다. 다음을 깨끗이 씻는다.

껍질을 까지 않은 큼직한 새우 560g(16~20마리, 머리가 붙어 있는 것 권장)

새우 껍질을 까고 내장을 제거한 후 껍질과 꼬리, 머리를 모아서 수프 냄비에 넣는다. 새우 살은 그릇에 담아서 한쪽에 둔다. 냄비에 다음을 붓는다.

물 5컵

부르르 끓어오를 때까지 가열한 후 불을 줄이고 뚜껑을 덮은 상태로 20분간 뭉근히 끓인다. 새우 껍질 삶은 물을 체로 걸러내고 껍질을 꾹꾹 눌러서 최대한 국물을 짜낸다. 껍질은 버린다. 육수를 다시 냄비에 붓고 다음을 넣는다.

레몬그라스 줄기 1개, 깨끗이 다듬고 짓이기기

작은 양파 또는 샬롯 1개, 얇게 저미기

양강근 또는 생강 2.5cm짜리 1조각, 껍질을 벗겨 얇게 저미기

느타리버섯 115g, 얇게 썰기 또는 표고버섯 170g, 밑동을 제거하고 얇게 썰기

마크럿 라임 잎 5장

기름에 튀긴 태국식 칠리 고추 페이스트 ½작은술 또는 말린 버즈아이 칠리 고추 4~6개, 줄기를 제거하고 가볍게 으깨기

설탕 2작은술

뭉근하게 끓어오르도록 가열한 후 뚜껑을 덮어서 10분간 조리한다. 껍질을 벗긴 새우 살을 넣고 다시 뭉근히 끓이면서 새우가 속까지 익도록 약 5분 정도만 조리한다. 다음을 추가한다.

라임즙 ¼~⅓컵, 맛을 보면서 조절

피시 소스 2~3큰술, 맛을 보면서 조절

다음으로 장식해서 낸다.

굵게 썬 고수

라임 조각

해산물 검보

약 9컵, 5~6인분

더치오븐을 중불에 올리고 다음을 넣어 갈색이 되도록 굽는다.

앙두이 소시지 또는 타소 햄 225g, 1.2cm 두께의 슬라이스 또는 덩어리로 썰기

키친타월에 올려놓고 기름을 뺀다. 햄에서 나온 기름을 더치오븐에서 따라내고 다음을 넣는다.

버터 4큰술(버터 스틱 ½개)

식물성 기름 ¼컵

버터가 다 녹으면 다음을 조금씩 넣으면서 잘 젓는다.

중력분 ½컵

나무 주걱이나 거품기로 계속 저으면서 루가 진한 적갈색이 될 때까지 약 20분간 조리한다. 다음을 넣고 저으면서 채소가 부드러워질 때까지 약 10분간 조리한다.

양파 2개, 큼직하게 썰기

셀러리 줄기 3개, 큼직하게 썰기

녹색 피망 큰 것 1개, 큼직하게 썰기

다음을 넣고 저으면서 3분간 더 조리한다.

마늘 4~6쪽, 다지기

할라페뇨 또는 세라노 고추 1~2개, 씨를 빼고 다지기

월계수 잎 1장

소금 1작은술

흑후추 1작은술

말린 타임 1작은술

말린 오레가노 1작은술

카옌 고춧가루 ½작은술

다음을 넣는다.

새우 또는 갑각류 육수, 생선 육수, 간단한 해산물 육수, 가금류 육수 또는 닭고기

국물 5컵

부르르 끓어오르도록 가열한 후 갈색으로 구운 소시지를 넣고 20분간 뭉근히 끓인다. 다음을 넣는다.

껍질을 벗긴 새우 225g

게살 덩어리 225g, 껍데기와 연골을 모두 발라내기

(얇게 썬 오크라 1½컵)

다시 부르르 끓어오르도록 가열한 후 불을 줄이고 10분 더 뭉근히 끓인다. 다음을 넣는다.

껍데기를 깐 중간 크기 또는 큼직한 생굴 16개, 걸러낸 국물을 함께 사용 또는

저온 살균한 굴 약 475ml, 국물과 함께 사용

굴이 통통하게 익을 때까지만 가열한다. 다음으로 간을 한다.

소금과 흑후추 적당량

다음의 위에 얹어서 낸다.

재스민 쌀밥

다음을 훌훌 뿌린다.

굵게 썬 파슬리 또는 셀러리 잎

굵게 썬 쪽파

식탁에 다음을 준비한다.

(필레 가루)

루이지애나식 핫소스

카리브해식 칼라루(Caribbean Callaloo)

약 11컵, 6인분

칼라루는 나라별로 다양한 형태를 띠며, 이 요리에 한정된 이름이라기보다는 타로에서부터 오크라 잎, 청비름에 이르기까지 카리브해 전역에서 찾아볼 수 있는 잎이 무성한 여러 녹색 채소를 가리킨다. 이와 같은 채소를 구해서 사용해도 좋고 아래의 레시피처럼 근대와 시금치로 만들어도 무방하다. 더 자세한 내용은 요리에 사용하는 녹색 채소에 대해 항목을 참고한다.

수프 냄비에 다음을 넣고 중불에 올려 저어가면서 거의 바삭바삭해질 때까지 굽는다.

베이컨 슬라이스 3조각, 2.5cm 크기로 썰기

냄비에 베이컨이 담긴 채로 기름을 2큰술만 남기고 전부 따라낸다. 다음을 넣고 저으면서 양파가 부드러워지되 갈색으로 변하지 않도록 6~8분간 볶는다.

양파 1개, 큼직하게 썰기

마늘 1쪽, 다지기

쪽파 3대, 얇게 썰기

다음을 넣고 젓는다.

칼라루, 시금치, 케일 또는 근대 450g, 깨끗이 손질해서 굵게 썰기

가금류 육수, 닭고기 국물 또는 다른 가벼운 육수나 국물 4컵

코코넛 밀크 통조림 1컵

스카치 보닛 또는 하바네로 고추 1~2개, 씨를 빼고 다지기

소금 1작은술

말린 타임 ¼작은술

뚜껑을 덮고 부르르 끓어오르도록 가열한 다음 불을 줄이고 5분간 뭉근히 끓인다. 뚜껑을 열고 다음을 넣는다.

흰살생선 필레(옥돔, 대구, 농어, 오렌지 러피 또는 능성어) 225g

얇게 썬 오크라 또는 얇게 썬 냉동 오크라 1컵

오크라와 생선이 익을 때까지 약 10분 정도 뭉근히 끓인다. 숟가락으로 생선 살을 부수고 다음을 넣는다.

껍데기와 연골을 모두 발라낸 게살 덩어리 또는 껍질을 벗긴 작은 생새우 225g

갑각류가 속까지 익도록 약 3분간 더 끓인다. 다음으로 간을 하고 맛을 낸다.

소금과 흑후추

다음으로 장식한다.

굵게 썬 고수

루이지애나식 쿠르 부용

약 7컵, 4인분

커다란 프라이팬을 중불에 올리고 다음을 둘러 가열한다.

식물성 기름 3큰술

다음을 넣고 저으면서 옅은 갈색이 될 때까지 약 5분간 볶는다.

중력분 3큰술

다음을 넣고 저으면서 살짝 부드러워질 때까지 6~8분간 볶는다.

작은 녹색 피망 ½개, 깍둑썰기하기

작은 셀러리 줄기 1개, 깍둑썰기하기

작은 양파 ½개, 깍둑썰기하기

마늘 2쪽, 다지기

말린 타임 ½작은술

다음을 넣고 젓는다.

통토마토 통조림 795g짜리 1개, 물을 따라내고 굵게 썰기

생선 육수, 새우 또는 갑각류 육수 또는 간단한 해산물 육수 2컵

부르르 끓어오를 때까지 가열한 후 중약불로 줄이고 10분간 뭉근히 끓인다. 다음을 넣고 젓는다.

흰살생선 필레(옥돔, 대구, 농어, 오렌지 러피 또는 능성어) 450g, 5cm 길이로

썰기

작은 새우 12마리(약 115g), 껍질을 벗기고 내장 제거하기

뚜껑을 덮고 생선 살이 전체적으로 불투명해질 때까지 3~5분간 끓인다. 다음으로 간을 한다.

우스터 소스 2작은술 또는 소금 1작은술

루이지애나식 핫소스 적당량

다음을 넣고 젓는다.

장립종으로 지은 흰쌀밥 ¾컵

초피노(Cioppino)

4~6인분

샌프란시스코에서 탄생한 역사 깊은 어부의 스튜다. 아래의 레시피 분량에 따라 조리할 때는 선택 재료인 조개나 홍합 중에서 한 가지만 넣는다. 대짜은행게를 구할 수 없다면 꽃게나 랍스터로 대체할 수 있다. 익힌 게를 사용할 때는 깨끗이 씻어서 레시피 설명대로 집게발과 다리를 깬 다음 조개와 함께 넣는다. 또는 껍데기와 연골을 발라낸 **게살 덩어리 340g**으로 대체해도 좋다.(허브와 레몬즙을 넣기 직전에 게살을 넣고 골고루 데워지도록 끓이기만 하면 된다.)

게를 죽인다.

> 살아 있는 대짜은행게 2마리(약 1.8kg)

집게발을 한두 번 깨서 속살이 드러나게 한다. 등딱지, 아가미, 내장을 제거하고 몸통을 4등분한다. 게를 한쪽에 둔다. 수프 냄비나 더치오븐을 중불에 올리고 다음을 넣는다.

> 올리브유 3큰술
>
> (작은 회향 구근 1개, 4등분으로 잘라 가운데 심을 제거하고 얇게 저미기)
>
> 마늘 6쪽, 굵게 썰기
>
> 말린 붉은 칠리 고추 2개 또는 굵은 고춧가루 ½작은술

향긋한 냄새가 날 때까지 약 2분간 볶는다. 강불로 올리고 토막 낸 게를 다음과 함께 넣는다.

> 통토마토 통조림 795g짜리 1개, 큼직하게 썰거나 으깨기
>
> 새우 또는 갑각류 육수나 가금류 육수 3컵 또는 물 2컵과 병에 든 시판 조개즙
>
>   240ml짜리 1병을 섞어서 사용
>
> 드라이 화이트와인 1½컵
>
> 넓적하게 자른 레몬 껍질 2개

뭉근히 끓어오르도록 가열한 다음 중불로 줄이고 뚜껑을 덮어서 5분간 조리한다. 조개를 사용한다면 이때 냄비에 넣는다.

> (작은 대합조개 16마리, 잘 문질러 씻기)

뚜껑을 덮고 5분간 끓인다. 다음을 넣는다.

> 단단한 흰살생선 필레(광어, 우럭 또는 대구) 450g, 2.5cm 크기의 정육면체로
>
>   썰기
>
> (홍합 16개, 박박 문질러 씻고 수염 제거하기)

뚜껑을 덮고 조개가 입을 열 때까지 약 5분간 조리한다. 불에서 내린다. 취향에 따라 게살을 직접 발라내도 되고, 랍스터나 게 까는 도구를 함께 제공해 먹는 사람이 직접 발라먹게 해도 된다.(냅킨을 넉넉히 준비한다.) 수프 그릇에 해산물을 적당히 나눠 담는다. 국물에 다음을 넣고 젓는다.

> 굵게 썬 바질 2큰술
>
> 굵게 썬 파슬리 2큰술
>
> 레몬즙 적당량
>
> 소금과 흑후추 적당량

국자로 국물을 떠서 해산물 위에 붓는다. 빈 껍데기를 담을 그릇과 함께 다음을 준비한다.

> 따뜻하게 데운 프랑스 빵 또는 크로스티니 몇 조각

부야베스(Bouillabaisse)

약 10컵, 5~6인분

이 수프의 독특한 맛은 지중해산 생선으로만 낼 수 있다고 주장하는 사람이 많다. 원조와 비교할 때 얼마나 맛이 다른지는 모르겠지만 우리는 미국에서 나는 싱싱한 생선으로 다양한 버전의 부야베스를 만들어서 맛있게 즐긴다.

수프 냄비를 중불에 올리고 다음을 넣어 버터가 녹을 때까지 가열한다.

> 올리브유 1큰술
>
> 버터 1큰술

다음을 넣고 가끔 저어가면서 채소가 부드러워지되 갈색으로 변하지 않도록 6~8분간 볶는다.

> 서양대파 1대, 세로로 반 자르고 깨끗이 씻은 후 1.2cm 길이로 썰기
>
> 작은 회향 구근 1개, 4등분으로 잘라 가운데 심을 제거하고 얇게 저미기
>
> 셀러리 줄기 1개, 비스듬한 방향으로 얇게 썰기
>
> 월계수 잎 1장
>
> (팔각 1개 또는 아니스씨나 회향씨 ¼작은술)
>
> (오렌지 ½개의 껍질, 채소 껍질 벗기는 도구로 넓적하게 벗겨내기)
>
> 소금 ½작은술
>
> 사프란 ¼작은술

다음을 넣고 저어가면서 3분간 조리한다.

> 마늘 3쪽, 다지기
>
> 토마토 페이스트 1큰술

다음을 넣는다.

> 생선 육수, 새우 또는 갑각류 육수 또는 간단한 해산물 육수 4컵
>
> 으깬 토마토 통조림 1½컵
>
> 드라이 화이트와인 ½컵
>
> 소금 ¾작은술

부르르 끓어오를 때까지 가열한 후 불을 줄이고 뚜껑을 덮어서 20분간 뭉근히 끓인다. 불을 올려 팔팔 끓인다. 다음을 넣는다.

> 새끼 대합 12마리, 잘 문질러 씻기
>
> 올리브유 2큰술

뚜껑을 덮고 3분간 조리한다. 다음을 넣어 젓는다.

> 아귀, 능성어, 붉돔, 광어 필레 또는 이를 적당히 섞어서 340g, 3.8cm 크기로 썰기

뚜껑을 덮고 1분간 조리한다. 다음을 넣어 젓는다.

> 관자 225g

해산물이 익을 때까지만 2~3분간 더 조리한다. 입을 열지 않은 조개는 건져서 버린다. 팔각, 오렌지 껍질, 월계수 잎도 건져낸다. 취향에 따라 다음을 넣고 젓는다.

> (아니세트 또는 페르노 1~2큰술)

해산물과 국물을 수프 그릇에 적당히 나눠 담는다. 다음을 준비한다.

> 구운 프랑스 빵 슬라이스 5~6조각

빵 위에 작게 1덩이 얹는다.

> 루예

1인당 소스를 얹은 빵 1조각씩 곁들여 낸다. 남은 루예 소스는 식탁에 별도로 올려서 덜어 먹을 수 있게 한다.

뉴잉글랜드 클램 차우더

5~6컵, 4인분

1. 소위 차우더 조개라고 하는 씨알이 굵고 질긴 대합조개를 사용할 때는 조갯살을 잘게 썰어서 수프에 넣는다.

다음을 잘 문질러서 씻는다.

새끼 대합, 중간 대합 또는 다른 대합류 조개 2.3kg 또는 2.3~2.8ℓ

조개를 커다란 수프 냄비에 넣고 다음을 넣는다.

물 2컵

(남은 양파, 셀러리, 타임, 월계수 잎)

뚜껑을 덮고 강불에 올려서 조개가 입을 벌릴 때까지 5~10분간 찐다. 조개를 그릇에 옮겨 담고 입이 벌어지지 않은 조개는 버린다.(조개 삶은 물은 보관해둔다.) 아래에 그릇을 받치고 조갯살을 발라내어 껍데기에서 떨어지는 국물을 그릇에 모은다. 조갯살을 굵게 썰어서 한쪽에 둔다. 고운체에 얇은 면 거즈를 몇 겹으로 깔고 냄비에 남은 조개 삶은 물과 그릇에 모아둔 조개 국물을 걸러서 계량컵에 담는다. 약 4컵 정도 나올 것이다. 4컵이 되지 않으면 다음으로 보충하여 4컵을 만든다.

(물 또는 병에 든 시판 조개즙 적당량)

수프 냄비를 중불에 올리고 다음을 넣는다.

염장 돼지고기나 베이컨 55g, 깍둑썰기하기

가끔 저으면서 갈색으로 바삭하게 구워질 때까지 조리한다. 구멍 뚫린 숟가락으로 돼지고기를 키친타월에 옮겨 기름기를 뺀다. 다음을 냄비에 넣는다.

버터 1큰술

양파 1개, 깍둑썰기하기

굵게 썬 타임 ½작은술

월계수 잎 1장

양파가 반투명해질 때까지 저으면서 약 5분간 볶는다. 다음을 넣고 다른 재료와 잘 섞이면서 연한 갈색이 될 때까지 볶는다.

중력분 1큰술

조개 삶은 물과 다음을 넣는다.

붉은색 감자 225g, 1.2cm 크기로 썰기

부르르 끓어오르도록 가열한 다음 불을 줄이고 감자가 부드러워질 때까지 약 15분간 뭉근히 끓인다. 월계수 잎을 건져낸다. 썰어둔 조갯살과 돼지고기를 다음과 함께 넣어 젓는다.

헤비크림 1컵

5분간 뭉근히 끓이되 팔팔 끓어오르지 않게 한다. 다음으로 맛을 낸다.

굵게 썬 파슬리 1큰술

흑후추 적당량

다음과 함께 낸다.

간단한 크림 비스킷, 소다 크래커 또는 오이스터 크래커

II. 더욱 빨리 (그리고 경제적으로) 클램 차우더를 끓이려면 통조림 조개를 사용한다. **위의 버전 I**을 참고하되, 조개 삶는 과정을 건너뛰고 돼지고기 볶기부터 시작한다. 레시피대로 조리하면서 감자와 함께 다음을 넣는다.

해산물 또는 갑각류 육수, 간단한 해산물 육수 또는 병에 든 시판 조개즙 4컵

크림과 함께 다음을 넣어 젓는다.

물을 따라낸 조갯살 통조림 또는 굵게 썬 냉동 조갯살 1½컵

골고루 데워지도록 끓인 후 위와 같이 간을 해서 낸다.

로드아일랜드 클램 차우더

약 8컵, 4~5인분

소위 차우더 조개라고 하는 씨알이 굵고 질긴 대합조개를 사용할 때는 조갯살

을 잘게 썰어서 수프에 넣는다.

다음을 잘 문질러서 씻는다.

새끼 대합, 중간 대합 또는 다른 대합류 조개 2.3kg 또는 2.3~2.8ℓ

조개를 커다란 수프 냄비에 넣고 다음을 붓는다.

물 2컵

뚜껑을 덮고 강불에 올려서 조개가 입을 벌릴 때까지 5~10분간 찐다. 조개를 그릇에 옮겨 담고 입이 벌어지지 않은 조개는 버린다.(조개 삶은 물은 보관해둔다.) 아래에 그릇을 받치고 조갯살을 발라내어 껍데기에서 떨어지는 국물을 그릇에 모은다. 조갯살을 굵게 썰어서 한쪽에 둔다. 고운체에 얇은 면 거즈를 몇 겹으로 깔고 냄비에 남은 조개 삶은 물과 그릇에 모아둔 조개 국물을 걸러서 계량컵에 담는다. 약 4컵 정도 나올 것이다. 4컵이 되지 않으면 물이나 아래에 언급한 육수를 부어 보충한다.

수프 냄비를 중불에 올리고 다음을 넣는다.

염장 돼지고기나 베이컨 115g, 깍둑썰기하기

가끔 저으면서 갈색으로 바삭하게 구워질 때까지 조리한다. 구멍 뚫린 숟가락으로 돼지고기를 키친타월에 옮겨 기름기를 뺀다. 다음을 냄비에 넣는다.

양파 2개, 잘게 썰기

셀러리 줄기 큰 것 1개, 깍둑썰기하기

채소가 부드러워지되 갈색으로 변하지 않도록 저으면서 6~8분간 볶는다. 취향에 따라 다음을 넣고 젓는다.

(토마토 페이스트 2큰술)

조개 삶은 물과 다음을 넣는다.

생선 육수, 해산물 또는 갑각류 육수, 간단한 해산물 육수 3컵

부르르 끓어오를 때까지 가열한다. 다음을 넣고 젓는다.

러셋 감자 450g, 1.2cm 크기로 썰기

불을 줄이고 감자가 부드러워질 때까지 약 20분간 뭉근히 끓인다. 썰어둔 조갯살과 돼지고기를 넣고 젓는다. 다음으로 맛을 낸다.

흑후추 ½작은술

굵게 썬 파슬리 2큰술

맨해튼 클램 차우더

약 10컵, 5~6인분

로드아일랜드 클램 차우더와 비슷하게 만들되, 양파와 셀러리를 넣을 때 녹색 피망 ½개를 깍둑썰기해서 넣고, 육수와 조개 삶은 물을 넣을 때 **통토마토 통조림 795g짜리 1개**를 국물을 따라내고 굵게 썰어서 함께 넣는다.

연어 차우더

약 5컵, 3~4인분

수프 냄비를 중불에 올리고 다음을 넣어 녹인다.

버터 1큰술

다음을 넣고 저으면서 대파가 부드러워지되 갈색으로 변하지 않도록 6~8분간 볶는다.

서양대파 1대, 흰색 부분만 사용, 깨끗이 씻어서 굵게 썰기

드라이 베르무트 ¼컵

마늘 1쪽, 다지기

다음을 넣고 젓는다.

생선 육수, 새우 또는 갑각류 육수 또는 간단한 해산물 육수 3컵

붉은색 감자 또는 골드 감자 중간 크기 2개, 깍둑썰기하기

소금 ½작은술

부르르 끓어오르도록 가열한 후 불을 줄이고 감자가 부드러워질 때까지 약 15분간 뭉근히 끓인다. 약불로 줄인다. 다음을 넣는다.

연어 필레 340g, 껍질 제거하기

헤비크림 ⅔컵

흑후추 또는 백후추 ¼작은술

연어가 익을 때까지만 8~10분간 뭉근히 끓인다. 숟가락으로 생선 살을 부순다. 다음으로 장식해서 낸다.

딜 잔가지 몇 개

생선 차우더

12~14컵, 6~8인분

커다란 수프 냄비를 중불에 올린 후 다음을 넣고 저어가면서 바삭해지기 시작할 때까지 6~8분간 볶는다.

염장 돼지고기 또는 베이컨 115g, 깍둑썰기하기

다음을 넣는다.

양파 큰 것 2개, 굵게 썰기

월계수 잎 3장

굵게 썬 타임 1큰술

양파가 부드러워지되 갈색으로 변하지 않도록 저으면서 8~10분간 볶는다. 다음을 넣고 젓는다.

붉은색 감자 중간 크기 3개, 껍질을 벗기고 세로로 반 잘라서 6mm 두께로 썰기

생선 육수, 새우 또는 갑각류 육수 또는 간단한 해산물 육수 3컵

부르르 끓어오르도록 가열한 후 불을 줄이고 감자가 부드러워질 때까지 약 20분간 뭉근히 끓인다. 월계수 잎을 건져낸 후 다음을 넣고 젓는다.

살이 단단한 생선 필레(연어, 아귀, 대구, 늑대물고기) 1.3kg, 껍질을 제거하기

헤비크림 1컵

생선이 속까지 다 익고 살이 부서지기 시작할 때까지 8~10분간 뭉근히 끓인다.(팔팔 끓이지 않도록 주의한다.) 생선 살이 큼직한 덩어리로 부서질 것이다. 다음으로 간을 한다.

소금과 흑후추 적당량

굵게 썬 파슬리 및 처빌 2큰술

크림수프와 퓌레에 대해

맛이 풍부하고도 부드러운 이 수프들은 점심 또는 저녁의 첫 번째 코스로 낼 수 있다. 최대한 매끄러운 질감을 내기 위해 체에 거를 수도 있지만, 우리는 특히 섬유질이 많은 재료를 넣지 않는 한 굳이 거르지 않는다. 평소에 간단히 크림수프를 끓일 때는 채소를 육수에 직접 넣어 조리한 후 막대형 블렌더나 푸드 프로세서, 믹서를 사용해 퓌레 상태로 간 다음 우유나 크림을 넣고 젓는다. 퓌레 만들기 및 수프를 걸쭉하게 만드는 방법에 대해서는 89쪽을 참고한다.

▶ 해산물이나 가금류를 퓌레로 갈면 기다란 실 같은 섬유질이 많아 보기에 좋지 않으므로 피한다. 해산물이나 가금류가 다 익으면 수프에서 건져놓고 나머지 수프를 퓌레 상태로 만든 후 다시 넣는다.(또 다른 방법에 대해서는 랍스터 비스크 레시피를 참고한다.)

▶ 일단 달걀이나 크림을 넣은 후에는 절대 수프를 팔팔 끓이지 않는다. 약불에 올려놓고 속까지 따뜻해지거나 잘 익도록 뭉근히 끓여야 한다. 이러한 수프를 데울 때도 약불로 조심스럽게 가열한다.(이중 냄비를 사용하면 편리하다.) 대다수 크림수프는 뜨겁게 먹어도 좋고 차갑게 먹어도 맛있다. 차갑게 먹을 때는 내기 직전에 간을 조절한다.

감자와 서양대파 수프

약 8컵, 4~5인분

수프 냄비를 중약불에 올리고 다음을 넣어 녹인다.

버터 3큰술

다음을 넣고 저어가면서 아주 부드러워지되 갈색으로 변하지 않도록 약 20분간 볶는다.

서양대파 6대, 세로로 반 자르고 깨끗이 씻은 후 굵게 썰기

다음을 넣고 젓는다.

골드 감자 560g, 껍질을 벗기고 얇게 저미기

가금류 육수, 닭고기 국물, 채소 육수, 채소 국물 또는 물 6컵

부르르 끓어오르도록 가열한 후 불을 줄이고 뚜껑을 반만 덮은 상태로 감자가 부드러워질 때까지 약 25분간 뭉근히 끓인다. 막대형 블렌더로 수프가 부드러운 퓌레 상태가 될 때까지 간다.(또는 수프를 여러 번 나눠 푸드 프로세서나 일반 믹서에 넣고 간다.) 더 매끄러운 질감을 내려면 원뿔형 체나 고운체로 거른다. 다시 냄비에 붓고 수프가 식었다면 속까지 따뜻하게 데운다. 다음으로 간을 하고 맛을 낸다.

소금과 백후추 또는 흑후추

필요하면 다음을 넣어 농도를 묽게 조절한다.

여분의 육수 또는 물

비시수아즈(Vichyssoise, 감자 크림수프)

약 9컵, 5~6인분

서양대파로 만든 이 유명한 수프는 뜨겁게 먹어도 좋고 아주 차갑게 먹어도 좋다. 그리고 이름의 마지막에 있는 's'는 발음이 된다.(프랑스어는 어미에 오는 s를 발음하지 않는 경우가 많다. ─ 옮긴이)

감자와 서양대파 수프를 만든다. 얼마나 걸쭉한 수프를 선호하느냐에 따라 헤비크림 또는 하프앤드하프 ½~1컵을 넣는다. 약불로 데우거나 냉장고에 넣었다가 차갑게 낸다. 취향에 따라 (다진 차이브) 장식을 얹어서 낸다.

호박 또는 땅콩호박 수프

약 8컵, 5인분

거의 모든 겨울 호박을 이 레시피에 사용할 수 있다. 수프 끓이는 시간을 단축하려면 냉동 호박 퓌레 280~340g짜리 3개를 사용한다. 다음을 사용해 **겨울호박 구이 Ⅱ**를 만든다.

주황색 작은 호박이나 땅콩호박 중간 크기 또는 큰 것 1개(약 1.6kg)

취향에 따라 씨는 따로 빼서 굽는다. 수프 냄비를 중불에 올리고 다음을 둘러 가열한다.

버터 또는 식물성 기름 3큰술

다음을 넣고 저어가면서 대파가 부드러워지되 갈색으로 변하지 않도록 약 5분간 볶는다.

서양대파 큰 것 2대, 세로로 반 자르고 깨끗이 씻어 얇게 저미기

익은 호박 과육을 껍질에서 긁어내고 다음과 함께 냄비에 넣어 젓는다.

　닭 또는 채소 육수나 국물 4컵

　(커리 가루 또는 가람 마살라 최대 1큰술)

　(백미소 1큰술)

뭉근히 끓어오르도록 가열한 후 순가락으로 수프를 저으면서 호박 과육을 으깨 풍미가 잘 어우러지도록 20분간 조리한다. 막대형 블렌더로 수프가 부드러운 퓌레 상태가 될 때까지 간다.(또는 수프를 여러 번 나눠 푸드 프로세서나 일반 믹서에 넣고 간다.) 다시 냄비에 붓고 다음을 넣어 젓는다.

　닭 또는 채소 육수나 국물 2컵, 혹은 원하는 농도가 될 때까지 적당량

　소금 1작은술 또는 적당량

골고루 따뜻하게 데워지도록 끓인다. 다음으로 장식해서 낸다.

　크루통

　(구워둔 호박씨)

토마토 수프

약 6컵, 4인분

찍어 먹을 수 있도록 그릴 치즈 샌드위치와 함께 내면 인기 있는 점심 메뉴가 완성된다. 신선한 토마토를 사용할 때는 그릴에서 그을려 훈연 풍미를 내거나 구워서 토마토에 들어 있는 당분을 캐러멜화한다.

수프 냄비를 중약불에 올리고 다음을 둘러 가열한다.

　올리브유 2큰술

다음을 넣고 저어가면서 양파가 부드러워지되 갈색으로 변하지 않도록 약 10분간 볶는다.

　양파 1개, 굵게 썰기

다음을 넣고 젓는다.

　토마토 1.3kg, 껍질을 벗기고 씨를 제거한 후 굵게 썰기(국물도 함께 사용) 또는

　통토마토 통조림 795g 2개, 내용물을 굵게 썰기

토마토에서 나온 물에 토마토 건더기가 잠길 때까지 약 25분 정도 뭉근히 끓인다. 막대형 블렌더로 수프가 부드러운 퓌레 상태가 되도록 간다.(또는 수프를 여러 번 나눠 푸드 프로세서나 일반 믹서에 넣고 간다.) 다시 냄비에 붓고 다음을 넣어 젓는다.

　소금 ¾작은술

　흑후추 ¼작은술

　(헤비크림 ¼컵)

골고루 따뜻해지도록 가열한다.

구운 콜리플라워 수프

약 6컵, 4인분

조리 과정이 무척이나 간단한데도 믿기 어려울 정도로 근사한 풍미를 내는 수프다. 이 수프에는 유제품이나 밀가루가 들어가지 않고, 구운 콜리플라워와 부드럽고 단맛이 나는 서양대파를 사용해 크림 같은 질감과 풍미를 낸다.

오븐을 220℃로 예열한다. 테두리 있는 커다란 오븐 팬에 다음을 놓고 뒤적이면서 섞는다.

　콜리플라워 큰 것 1개(약 900g), 꽃송이 부분을 적당한 크기로 자르기

　식물성 기름 2큰술

콜리플라워 꽃송이의 가장자리가 갈색으로 익을 때까지 약 30분간 굽는다.

수프 냄비나 더치오븐을 중불에 올리고 다음을 둘러 가열한다.

　올리브유 또는 식물성 기름 2큰술

다음을 넣고 부드러워질 때까지 약 5분간 볶는다.

　서양대파 큰 것 1대, 세로로 반 자르고 깨끗이 씻은 후 얇게 썰기

구운 콜리플라워와 다음 재료를 냄비에 넣는다.

　채소 육수

　(구운 마늘 1~2통에서 나온 마늘 여러 쪽)

뚜껑을 덮고 10분간 뭉근히 끓인다. 막대형 블렌더로 수프가 부드러운 퓌레 상태가 되도록 간다.(또는 수프를 여러 번 나눠 푸드 프로세서나 일반 믹서에 넣고 간다.) 다시 냄비에 붓고 다음으로 간을 하고 맛을 낸다.

　소금

필요한 경우 채소 국물이나 물을 보충해 원하는 농도로 수프를 희석한다.

작은 그릇에 다음을 넣고 젓는다.

　엑스트라 버진 올리브유 3큰술

　훈제 파프리카 가루 2큰술

수프 위에 파프리카 기름을 살짝 뿌려서 낸다.

콜리플라워 또는 브로콜리 크림수프

약 8컵, 5인분

수프 냄비를 중불에 올리고 다음을 넣어 녹인다.

　버터 4큰술(버터 스틱 ½개)

다음을 넣고 저으면서 채소가 부드러워지되 갈색으로 변하지 않도록 약 10분간 볶는다.

　양파 큰 것 1개, 굵게 썰기

　셀러리 줄기 2개, 굵게 썰기

다음을 넣고 저으면서 2분간 더 조리한다.

　중력분 ¼컵

다음을 조금씩 넣으면서 세게 젓는다.

　가금류 육수, 닭고기 국물 또는 다른 가벼운 육수나 국물 4컵

다음을 넣는다.

　콜리플라워 또는 브로콜리 680g, 손질해서 큼직하게 썰기

강불에 올려서 부르르 끓어오르면 불을 줄인다. 뚜껑을 반만 덮은 상태로 가끔 저으면서 콜리플라워나 브로콜리가 아주 부드러워질 때까지 약 15분간 뭉근히 끓인다. 막대형 블렌더로 수프가 부드러운 퓌레 상태가 되도록 간다.(또는 수프를 여러 번 나눠 푸드 프로세서나 일반 믹서에 넣고 간다.) 다시 냄비에 붓고 다음을 넣어 젓는다.

　헤비크림 또는 하프앤드하프 ½~1컵

골고루 따뜻해지도록 가열하되 팔팔 끓이지 않는다. 맛을 보고 다음을 넣는다.

　소금과 흑후추 적당량

다음으로 장식해서 낸다.

　굵게 썬 파슬리, 차이브 또는 루콜라

브로콜리 체더 수프

브로콜리 크림수프를 준비하고, 크림 또는 하프앤드하프와 함께 잘게 썬 체더 치즈 2컵(225g)을 추가해 치즈가 녹을 때까지 골고루 가열한다.

버섯 크림수프

양송이, 포토벨로, 표고, 살구, 곰보 등 다양한 **버섯 680g**을 준비한 후 밑동을 제거하고 갓 부분만 조리해 **버섯 구이**를 만든다. 버섯을 굽는 동안 버섯 밑동을 곱게 썰고 **콜리플라워 또는 브로콜리 크림수프**를 만들되, 콜리플라워와 브로콜리 대신 곱게 썬 버섯 밑동을 양파 및 셀러리와 함께 넣어 볶는다. 버섯과 채소가 부드러워지면 밀가루를 넣고 육수를 붓는다. 버섯이 다 구워지면 굵게 썰어서 수프 냄비에 넣는다. 취향에 따라 풍미를 더하기 위해 버섯을 구운 팬에 (드라이 셰리 또는 화이트와인 ½컵)을 붓고 바닥에 달라붙은 갈색 조각을 긁어낸다. 이 국물을 수프에 넣고 뭉근히 끓어오르도록 가열한 후 레시피에 따라 조리한다.

버섯과 파 수프

6½컵, 4인분

중간 크기의 편수 냄비를 중불에 올리고 다음을 넣어 녹인다.

　　버터 4큰술(버터 스틱 ½개)

다음을 곱게 썬다.

　　쪽파 3묶음(340g)

곱게 썬 쪽파 ½컵은 장식용으로 따로 보관한다. 나머지를 냄비에 넣고 다음을 추가한다.

　　소금 1작은술

　　흑후추 ½작은술

쪽파가 부드럽게 익을 때까지 가끔 저으면서 약 6분간 조리한다. 다음을 넣고 젓는다.

　　버섯 340g, 얇게 저미기

버섯에서 물이 나올 때까지 약 4분간 조리한다. 다음을 넣는다.

　　중력분 2큰술

저으면서 1분간 더 조리한다. 내용물을 저으면서 다음을 조금씩 붓는다.

　　가금류 육수, 닭고기 국물 또는 버섯 육수 4컵

부르르 끓어오를 때까지 가열한 후 불을 줄이고 뚜껑을 덮어서 10분간 뭉근히 끓인다. 수프 절반을 믹서에 넣고 질감이 아주 매끄러워지도록 퓌레 상태로 간다. 수프 절반을 다시 냄비에 붓는다. 냄비를 불에서 내리고 다음을 넣어 젓는다.

　　헤비크림 ½컵

맛을 보고 필요하면 간을 조절한다. 따뜻하게 데운 그릇에 국자로 수프를 떠서 담는다. 각 그릇에 담긴 수프 위에 썰어둔 쪽파를 올린다.

당근 생강 수프

약 6컵, 4인분

중간 크기의 수프 냄비를 중불에 올리고 다음을 넣어 녹인다.

　　버터 4큰술(버터 스틱 ½개)

다음을 넣고 저으면서 부드러워지되 갈색으로 변하지 않도록 약 6분간 볶는다.

　　양파 큰 것 1개, 굵게 썰기

다음을 넣고 젓는다.

　　당근 680g, 얇게 저미기

　　채소 육수 또는 가금류 육수 4컵

　　오렌지 주스 ½컵+물 ½컵

　　생강 2.5cm짜리 1조각, 껍질을 벗기고 다지기

　　(커리 가루 또는 가람 마살라 최대 2큰술)

부르르 끓어오를 때까지 가열한 후 불을 줄이고 뚜껑을 반만 덮어서 당근이 부드러워지도록 15~20분간 뭉근히 끓인다. 막대형 블렌더로 수프가 부드러운 퓌레 상태가 될 때까지 간다.(또는 수프를 여러 번 나눠 푸드 프로세서나 일반 믹서에 넣고 간다.) 다시 냄비에 붓고 다음을 넣어 젓는다.

　　헤비크림 또는 하프앤드하프 ¼~½컵, 맛을 보면서 조절

　　소금 ½작은술

골고루 따뜻해지도록 가열하되 팔팔 끓이지 않는다. 다음으로 장식한다.

　　크루통

시금치 크림수프

약 7컵, 4~5인분

이 수프는 신선한 시금치로 만들어야 가장 맛있지만, **냉동 절단 시금치 285g짜리 3봉지**를 해동하고 물기를 제거해서 대신 사용할 수 있다. 또한 시금치뿐만 아니라 근대, 콜라드, 쐐기풀 등 녹색 채소를 부드럽게 데친 것이라면 무엇이든 활용할 수 있다.

줄기를 제거하고 깨끗이 씻는다.

　　시금치 900g

냄비에 다음을 붓고 시금치를 넣는다.

　　물 ¼컵

뚜껑을 덮고 냄비를 중불에 올린 후 시금치의 숨이 죽을 때까지 약 5분간 조리한다. 체에 밭쳐 물을 따라내고 여분의 물기를 꼭 짠 후 굵게 썬다. 한쪽에 둔다. 냄비를 중약불에 올리고 다음을 넣는다.

　　버터 2큰술

　　양파 작은 것 1개, 굵게 썰기

양파가 부드러워지되 갈색으로 변하지 않도록 저으면서 약 5분간 조리한다. 다음을 넣어 젓는다.

　　중력분 2큰술

중불로 올리고 계속 저어가면서 2분간 더 조리한다. 밀가루가 갈색으로 변하지 않도록 주의한다. 세게 저으면서 다음을 조금씩 붓는다.

　　우유 2컵

　　가금류 육수, 채소 육수 또는 닭고기 국물 2컵

약불에 올려 가끔 저으면서 약간 걸쭉해질 때까지 약 10분간 뭉근히 끓인다. 썰어둔 시금치를 넣고 막대형 블렌더로 수프가 부드러운 퓌레 상태가 되도록 간다.(또는 수프를 여러 번 나눠 푸드 프로세서나 일반 믹서에 넣고 간다.) 다시 냄비에 붓고 다음을 넣어 젓는다.

　　헤비크림 또는 하프앤드하프 ¾~1컵, 맛을 보면서 조절

약불에 올려서 골고루 데워질 때까지 가열한다. 다음으로 간을 한다.

　　소금 1작은술 또는 적당량

　　흑후추 ¼작은술

　　(갓 갈아낸 육두구 또는 육두구 가루 ¼작은술)

크레송 크림수프

약 6컵, 4인분

소렐(시금치와 비슷하며 독특한 신맛을 가진 채소 — 옮긴이), 들시금치 또는 루콜라

처럼 맛이 풍부한 녹색 채소라면 무엇이든 사용할 수 있다.

수프 냄비에 다음을 넣고 팔팔 끓인다.

  가금류 육수, 닭고기 육수 또는 다른 가벼운 육수나 국물 5컵

  백미 3큰술

불을 줄이고 뚜껑을 반만 덮은 상태로 쌀이 아주 부드러워질 때까지 약 20분간 뭉근히 끓인다. 다음을 넣어 젓는다.

  크레송 또는 쇠비름 중간 크기 1묶음(약 200g), 푸드 프로세서로 다지기

  헤비크림, 하프앤드하프 또는 우유 ½컵

수프를 5분간 뭉근히 끓이되 팔팔 끓이지 않는다. 작은 그릇에 다음을 깨뜨려 넣고 잘 젓는다.

  달걀노른자 3개

달걀노른자가 담긴 그릇에 뜨거운 수프를 조금 붓고 저은 후, 이 혼합물을 냄비에 넣어 젓는다. 수프를 5분간 가열하되 팔팔 끓이지 않는다. 다음으로 간을 하고 맛을 낸다.

  소금과 흑후추 또는 백후추

즉시 낸다.

맥주 치즈 수프

약 6컵, 4인분

수프 냄비를 중불에 올리고 다음을 넣어 녹인다.

  버터 6큰술(버터 스틱 ¾개)

다음을 넣고 저으면서 채소가 부드러워지되 갈색으로 변하지 않도록 8~10분간 볶는다.

  양파 1개, 깍둑썰기하기

  셀러리 줄기 1개, 깍둑썰기하기

  당근 1개, 깍둑썰기하기

다음을 훌훌 뿌린다.

  중력분 ¼컵

저으면서 3~4분간 더 조리한다. 세게 저으면서 다음을 조금씩 붓는다.

  맥주(에일, 라거 또는 필스너) 360ml짜리 1개

  가금류 육수, 닭고기 국물, 다른 가벼운 육수나 국물 2½컵

계속 세게 저으면서 부르르 끓어오를 때까지 가열한다. 불을 줄이고 걸쭉해지도록 약 15분간 뭉근히 끓인다. 막대형 블렌더로 수프가 부드러운 퓌레 상태가 될 때까지 간다.(또는 수프를 여러 번 나눠 푸드 프로세서나 일반 믹서에 넣고 간다.) 다시 냄비에 붓고 뭉근히 끓는 상태가 되도록 가열한 후 다음을 넣어 젓는다.

  헤비크림 또는 하프앤드하프 1컵

  강판에 간 체더 치즈 2컵(225g)

  드라이 머스터드 1작은술

약불로 줄이고 치즈가 녹을 때까지 젓는다. 수프가 팔팔 끓지 않도록 주의한다. 수프가 너무 뜨거워지면 치즈에서 기름이 분리되어 나온다. 다음으로 간을 하고 맛을 낸다.

  (핫소스)

  (우스터 소스)

  소금과 흑후추

다음 중 선호하는 재료로 장식한다.

  크루통

  잘게 썬 훈제 햄

  다진 차이브

  치폴레 또는 훈제 파프리카 가루

차가운 수프에 대해

차가운 채소 수프는 입맛을 돋우는 첫 번째 코스 요리로 또는 찌는 듯이 무더운 여름날에 가벼운 메인 코스로 즐기기에 적합하다. 날씨가 더운 날 아래에 소개하는 차가운 수프를 여러 사람에게 대접할 경우, 커다란 그릇에 얼음을 가득 채우고 서빙 그릇을 올려 수프를 차갑게 보관한다. 그 외의 차가운 수프에 대해서는 비시수아즈와 체리 수프 레시피를 참고한다.

차가운 아보카도 수프

약 4컵, 4~5인분

우리 가족이 가장 좋아하는 차가운 수프. 맛이 아주 진하다.

푸드 프로세서에 다음을 넣고 퓌레 상태로 부드러워질 때까지 간다.

  하스 아보카도 2개(각각 약 225g), 씨를 빼고 껍질을 벗긴 후 깍둑썰기하기

  작은 마늘 1쪽, 다지기

푸드 프로세서에 다음을 넣고 작동시킨다.

  버터밀크 2컵

  라임즙 4작은술

  소금 ¼작은술

  카옌 고춧가루 1자밤

그릇에 옮겨 담고 차가워질 때까지 냉장고에서 식힌다. 필요한 경우 다음을 넣어 농도를 묽게 조절한다.

  (버터밀크, 크림 또는 우유 ¼~½컵)

맛을 보고 간을 조절한다. 차갑게 식힌 그릇에 국자로 수프를 떠 넣고 다음 중 선호하는 재료를 가니시로 곁들인다.

  피코 데 가요

  사워크림 또는 플레인 요구르트

  게살 덩어리 225g, 껍데기와 연골을 모두 발라내기

가스파초(Gazpacho)

약 6컵, 4인분

이 차가운 수프에 묵은 빵을 사용하면 부드럽고 풍부한 질감을 낼 수 있다.

푸드 프로세서에 다음을 넣고 퓌레 상태로 곱게 간다.

  붉은색 또는 녹색 피망 중간 크기 1개, 굵게 썰기

푸드 프로세서에 다음을 넣는다.

  맛이 잘 든 플럼 토마토나 로마 토마토 1.1kg, 껍질을 벗겨서 굵게 썰기

  묵은 바게트나 구운 바게트를 두껍게 썬 슬라이스 1조각, 굵게 부수기

  오이 중간 크기 1개, 껍질을 벗기고 씨를 제거한 후 깍둑썰기하기

  엑스트라 버진 올리브유 ¼컵

  셰리 식초 또는 레드와인 식초 3큰술

  마늘 2쪽, 다지기

  소금 ½작은술

재료가 완전히 섞이고 부드러워질 때까지 짧게 몇 번 작동시킨다. 냉장고에 2시간 넣어둔다. 맛을 보고 필요한 경우 소금이나 식초를 넣어 간을 조절하고

차갑게 식힌 그릇에 담아서 낸다. 수프 위에 다음을 올린다.

깍둑썰기한 오이, 맛이 순한 양파를 다진 것 또는 잘게 썬 쪽파

엑스트라 버진 올리브유 소량

(크루통)

베커 가스파초

약 12컵, 6~8인분

한여름 미국 중서부 가정에서 열리는 파티에서 스페인식 수프를 준비하다 보면 아래 레시피와 같이 예전부터 우리 가족이 좋아하는 형태의 수프가 되고 만다. 전통 가스파초와는 다소 거리가 있지만 큼직한 건더기가 들어 있어 맛이 좋은 수프다.

커다란 스테인리스스틸 그릇에 다음을 넣고 섞는다.

토마토 주스 또는 토마토 채소 주스 통조림 1.36ℓ짜리 1개

농축 소고기 콩소메 통조림 300ml짜리 1개, 희석하지 않은 것

레몬즙이나 라임즙 또는 레드와인 식초 2큰술 또는 적당량

굵게 썬 바질 2큰술

(다진 타임 2큰술)

(간장 1큰술)

마늘 2쪽, 다지기

핫소스 ½작은술

푸드 프로세서에 다음을 넣는다.

오이 1개, 껍질을 벗기고 씨를 제거한 후 굵게 썰기

당근 큰 것 3개, 큼직하게 썰기

적양배추 작은 것 ½개, 심을 제거하고 큼직하게 썰기

셀러리 줄기 2개, 큼직하게 썰기 또는 크레송 1묶음, 질긴 줄기를 제거하고 썰기

굵게 썬 파슬리 ¼컵(크레송을 사용한다면 생략)

쪽파 1묶음 또는 중간 크기의 양파 1개, 2.5cm 크기로 썰기

(붉은색 피망 또는 녹색 피망 ½개, 큼직하게 썰기)

잘게 썰릴 때까지 푸드 프로세서를 작동시킨 후(퓌레 상태로는 만들지 않는다.) 토마토 주스와 함께 그릇에 옮겨 담는다. 다음으로 간을 하고 맛을 낸다.

소금과 흑후추

뚜껑을 덮어서 아주 차가워질 때까지 1~2시간 냉장고에 넣어 식힌다. 맛을 보고 필요하면 간을 조절한다. 차갑게 식힌 그릇에 다음을 올려서 낸다.

(크루통)

차가운 오이와 요구르트 수프

약 3컵, 4인분

중간 크기의 그릇에 다음을 넣고 섞는다.

껍질을 벗기고 씨를 제거한 후 잘게 깍둑썰기한 오이 1½컵

플레인 요구르트 1¼컵

구워서 굵게 다진 호두 ½컵

엑스트라 버진 올리브유 2큰술

굵게 썬 딜 1큰술

소금 1작은술

백후추 ¼작은술

마늘 1쪽, 다지기

뚜껑을 덮어서 최소 2시간, 최대 6시간 동안 냉장고에 넣어둔다. 수프가 헤비 크림 정도의 농도가 되어야 한다. 필요하면 다음을 소량 넣어 농도를 살짝 묽게 조절한다.

(우유, 크림 또는 물)

다음으로 장식한다.

다진 딜

엑스트라 버진 올리브유 소량

과일 수프에 대해

과일 수프는 디저트로 먹거나 여름에 차갑게 식혀 앙트레 전의 코스로 낸다. 신선한 과일과 말린 과일을 섞어서 사용할 수 있으며, 한 종류의 과일만 사용하거나 여러 과일을 조합해서 만들어도 좋다. 냉동 과일로 과일 수프를 만들어도 상큼한 맛을 낸다. ▶ 수프를 식사의 첫 코스로 낼 때는 설탕을 많이 넣지 않도록 주의한다.

말린 과일 수프

약 6컵, 6~8인분

이 레시피는 굳이 말하자면 수프로 분류되지만 과일 콩포트처럼 오트밀에 얹어 먹거나 그래놀라를 뿌린 요구르트 위에 올려서 먹어도 맛있다. 또는 바닐라 아이스크림과 함께 디저트로 먹어도 좋다.

커다란 편수 냄비에 다음을 넣고 섞는다.

말린 살구나 복숭아 ¾컵, 4등분하기

말린 자두 ¾컵, 씨를 빼고 4등분하기

일반 건포도나 노란색 건포도 3큰술

말린 커런트 2큰술

통계피 2개

오렌지 1개의 껍질, 강판에 곱게 갈기

즉석조리 타피오카 3큰술

사과 주스, 크랜베리 주스 또는 물 4컵

다음을 넣고 젓는다.

설탕 최대 ¼컵

부르르 끓어오를 때까지 가열한 다음 약불로 줄인다. 가끔 저으면서 과일이 부드러워지고 수프가 걸쭉해질 때까지 약 30분 정도 뭉근히 끓인다. 다음을 넣는다.

새콤한 사과 2개, 껍질을 벗기고 씨를 제거한 후 1.2cm 크기로 썰기

사과가 부드러워질 때까지 약 8분간 조리한다. 약간 식힌다. 계피를 건져내고 다음으로 장식해 따뜻하게 또는 차갑게 낸다.

사워크림 또는 헤비크림

(구운 아몬드 슬라이스)

체리 수프

약 6컵, 4인분

다음을 준비한다.

시큼한 체리 900g, 꼭지를 따고 씨를 빼기

체리의 절반은 한쪽에 두고 나머지 절반을 다음과 함께 수프 냄비에 넣는다.

게뷔르츠트라미너 또는 미디엄 드라이 화이트와인 2컵

물 2컵

부르르 끓어오를 때까지 가열한 다음 불을 줄이고 뚜껑을 반만 덮은 상태로 체리가 부드러워질 때까지 약 15분 정도 뭉근히 끓인다. 막대형 블렌더로 수프가 부드러운 퓌레 상태가 될 때까지 간다.(또는 수프를 여러 번 나눠 푸드 프로세서나 일반 믹서에 넣고 간다.) 다시 냄비에 넣는다. 작은 그릇에 다음을 넣고 저어서 섞는다.

설탕 ¼컵

옥수수 전분 4작은술

찬물 3큰술

설탕 혼합물을 냄비에 붓고 강불로 올려 저으면서 걸쭉해질 때까지 약 5분간 조리한다. 불을 줄이고 따로 둔 체리 절반을 다음과 함께 냄비에 넣어 젓는다.

오렌지 ½개의 껍질, 강판에 곱게 갈기

오렌지 주스 1큰술

레몬즙 1큰술

(코냑 몇 방울)

골고루 따뜻하게 데워질 때까지 가열한다. 맛을 본다. 단맛이 부족하다 싶으면 다음을 추가한다.

(설탕)

단맛이 너무 강하면 다음을 추가한다.

(레몬즙)

다음을 가니시로 곁들여 따뜻하게 또는 차갑게 낸다.

사워크림 또는 플레인 요구르트

민트 잔가지

로즈힙(들장미 열매) 수프

약 4컵, 3~4인분

살충제를 뿌리지 않은 들장미 덤불에서 열매를 따야 한다.

다음을 씻어서 톡톡 두드려 말린 후 푸드 프로세서에 넣고 작동시켜 굵게 간다.

신선한 로즈힙 2컵 또는 말린 로즈힙 1컵

산성 재료에 반응하지 않는 냄비에 로즈힙을 넣고 다음을 붓는다.

물 4컵

부르르 끓어오를 때까지 가열한 다음 불을 줄이고 뚜껑을 덮은 상태로 로즈힙이 아주 부드러워질 때까지 약 45분 정도 뭉근히 끓인다. 체에 얇은 면 거즈를 몇 겹으로 깔고 커다란 계량컵 위에 올려놓은 후 액체를 걸러낸다. 건더기를 꾹꾹 눌러서 남은 국물을 전부 짜내고 건더기는 버린다. 다음을 적당량 부어서 액체가 총 4컵이 되도록 만든다.

라즈베리 주스, 복숭아 과즙 음료 또는 오렌지 주스

중간 크기의 편수 냄비에 옮겨 담는다. 작은 그릇에 다음을 넣는다.

칡가루 1큰술

위의 액체 소량과 다음을 넣어 칡가루와 함께 섞는다.

꿀 ⅓컵

냄비에 담긴 액체가 뭉근히 끓어오를 때까지 가열한 후 불에서 내리고 칡가루 혼합물을 넣어 충분히 섞이도록 잘 젓는다. 어느 정도 식힌 다음 먹기 전까지 냉장고에서 차갑게 보관한다. 다음을 가니시로 얹는다.

사워크림

(아몬드 마카룬, 굵게 부수기)

즉석조리 및 농축 수프에 대해

오랜 기간에 걸쳐 『조이 오브 쿠킹』에서는 통조림에 든 농축 수프를 활용해 조리 시간을 단축할 수 있는 레시피를 조금씩 소개해왔다. 이르마 할머니가 농축 수프의 유용성에 처음 눈을 돌렸던 1930년대 후반에는 농축 수프가 요리하는 사람의 삶을 완전히 바꾸어놓을 수 있는 혁신적인 제품이었다. 그러나 오늘날 마트 판매대를 살펴보면 새로운 저온 살균법으로 처리하여 더욱 뛰어난 품질을 갖춘 완제품 수프가 하루가 멀게 신형 포장재에 담겨 다양한 맛으로 출시되고 있다. 이와는 대조적으로, 이르마 할머니가 다양한 레시피를 만들 때 사용했던 예전 스타일의 농축 수프는 급격하게 품질(그리고 인기)이 떨어지게 되었다.

따라서 이러한 시대 변화를 반영하기 위해, 여기서는 특정 제품을 사용하는 구체적인 레시피를 제시하기보다는 실온 보관 수프를 사용해 더 좋은 결과를 얻을 수 있는 일반적인 방법을 소개하고자 한다.

상온 보관 수프의 맛이나 질감에는 별다른 특징이 없어서 어딘가 부족함을 느끼기 마련이다. 허브와 양념, 감귤류즙이나 식초 그리고 다양한 가니시로 이들 수프의 풍미를 한껏 살려보자.(또는 밋밋한 맛을 감춰보자.) 신선한 허브는 넉넉히 사용해도 좋지만 말린 허브는 비교적 신중하게 사용해야 한다. 집에 있는 신선한 채소를 깍둑썰기하고 잠깐 뭉근히 삶아서 수프에 넣으면 질감이 살아나므로 시판 수프의 밋밋한 맛을 조금이나마 개선할 수 있다. 또는 손질하고 남은 뼈나 자투리 고기가 있다면 간단한 육수를 만들어서 시판 수프의 단점을 보완하고 맛있는 수프의 바탕으로 삼는다. 깍둑썰기한 구운 돼지고기나 스테이크 또는 잘게 부순 연어 필레 등 단백질 재료가 있다면 내기 직전에 수프에 넣은 후 골고루 데워서 먹으면 좋다. 마찬가지로 남은 파스타, 밥, 그 외의 익힌 곡물 역시 시판 수프의 맛을 살려준다. 먹다 남은 익힌 채소가 있다면 손쉽게 간단한 크림수프로 변신시킬 수 있다. 뒤에 나오는 간단한 브로콜리 또는 콜리플라워 크림수프 레시피를 참고하자.

그래도 농축 수프를 사용하려는 독자들에게 한 가지 주의사항을 전한다. ▶ 수프가 진하게 농축될수록 염분이 과도하게 사용되었을 가능성이 크다. 맛을 보고 희석해서 적당히 간을 조절하자.

간단한 보르시

4~5컵, 4인분

다음 재료를 믹서나 푸드 프로세서에 넣고 부드러워질 때까지 퓌레 상태로 간다.

차가운 토마토 주스 2컵

비트 통조림 425g짜리 1개, 건더기와 국물을 차갑게 식히기 또는 삶아서 굵게 썬 비트 2컵

미니 오이 피클 3개(달지 않은 것)

작은 샬롯 1개, 다지기

우스터 소스 1작은술

흑후추 ¼작은술

핫소스 ¼작은술

마늘 1쪽, 다지기

차갑게 식힌다. 다음 중 선호하는 재료를 가니시로 곁들여서 낸다.

완숙 달걀 4개, 얇게 썰거나 깍둑썰기하기

사워크림

굵게 썬 딜 또는 회향 잎

간단한 브로콜리 또는 콜리플라워 크림수프

약 3½컵, 2인분

커다란 편수 냄비를 중불에 올리고 다음을 넣어 녹인다.

　　버터 2큰술

다음을 넣고 저어가면서 채소가 부드러워질 때까지 6~8분간 볶는다.

　　굵게 썬 양파 ¼컵

　　작은 셀러리 줄기 2개, 잎까지 함께 다지기

다음을 넣는다.

　　닭고기 국물 통조림 410g짜리 1개

　　잘게 썬 콜리플라워 또는 브로콜리 1컵

부르르 끓어오를 때까지 가열한 후 불을 줄이고 뚜껑을 덮어서 콜리플라워나 브로콜리가 아주 부드러워질 때까지 약 10분간 뭉근히 끓인다. 취향에 따라 막대형 블렌더로 수프가 부드러운 퓌레 상태가 될 때까지 간다.(또는 수프를 여러 번 나눠 푸드 프로세서나 일반 믹서에 넣고 간다.) 다시 냄비에 붓고 다음을 넣어 젓는다.

　　하프앤드하프 1컵

골고루 데워지도록 가열하되 팔팔 끓이지 않는다. 다음으로 간을 한다.

　　소금과 흑후추

취향에 따라 다음으로 장식한다.

　　(육두구 간 것 소량 또는 고수씨 가루 1자밤)

차갑게 내는 신선한 토마토 크림수프

약 2½컵, 2인분

정원에서 토마토를 너무 많이 땄을 때 소진할 수 있는 좋은 방법이다.

다음의 껍질을 벗겨 굵게 썬다.

　　맛이 진하고 잘 익은 토마토 450g

토마토를 믹서나 푸드 프로세서에 넣고 다음을 추가한다.

　　헤비크림 ½컵

　　굵게 썬 파슬리 1큰술

　　굵게 썬 바질 1큰술

믹서나 푸드 프로세서를 짧게 몇 번 작동시켜서 큼직한 건더기는 거의 없지만 어느 정도 씹는 맛이 남아 있도록 적당히 간다. 다음으로 간을 하고 맛을 낸다.

　　소금과 흑후추

차갑게 식힌다. 다음을 곁들여 낸다.

　　레몬 조각

샐러드

'샐러드'라는 단어는 놀라울 정도로 다양한 종류의 요리를 지칭한다. 샐러드의 구성 요소는 녹색 잎채소, 익힌 채소나 생채소, 콩, 곡물, 달걀, 잘게 썬 고기또는 여러 재료를 젤라틴에 넣어 굳힌 것까지 매우 다양하다. 샐러드는 좀처럼간단하게 정의할 수 없는 개념이며, 기준에 맞는 것보다 예외가 더 많다고 해도 과언이 아니다. 그러나 어떻게 정의하든 샐러드가 식탁에서 빼놓을 수 없는 소중한 존재라는 사실만은 분명하다. 코스 초반에 내거나 중간에 내놓아서입가심을 돕기도 하고, 주요리에 곁들이는가 하면, 푸짐한 재료를 사용해 그자체만으로 한 끼 식사로 먹기도 한다. 종류에 상관없이 샐러드를 여러 음식과함께 낼 때는 다른 음식들과 균형을 이루도록 샐러드의 양, 산미, 속이 든든한재료의 유무 등을 적절히 조절한다. **샐러드 드레싱**에 대해서는 613~616쪽을참고한다.

샐러드용 녹색 채소에 대해

잎이 아삭하고 갈색 반점이나 누렇게 변한 부분이 없는 가장 싱싱한 녹색 채소를 선택한다. 손질 후 적당한 크기로 잘라서 포장한 양상추나 샐러드 믹스는사용이 편리하다는 장점이 있지만 통째로 파는 양상추나 묶음으로 파는 녹색채소보다 값이 비싸다. 또한 손질 채소의 용기에는 수분이 들어 있으므로 혹시 상한 부분이 있는지 내용물을 잘 살피고, 포장지에 세척된 채소라는 표시가 있더라도 항상 먹기 전에 내용물을 씻는 습관을 들인다.

채소를 산 직후에 상할 기미가 보이는 노란색이나 갈색 부분 또는 미끈거리고 시든 잎을 전부 떼어내 버린다. 녹색 채소를 묶어둔 고무 밴드나 철끈을 제거하고 ▶ 잘 말린다. 마트에서는 채소가 반짝거리고 싱싱해 보이도록 엄청난양의 물을 분사하기 때문이다. 이렇게 물을 뿌리면 판매대에서는 더없이 싱싱해 보이지만, 비닐봉지에 넣었을 때 훨씬 빨리 상한다는 단점이 있다.

이렇게 개별 분리한 채소를 키친타월로 싸서 여분의 수분을 흡수시킨 후 비닐봉지나 용기에 넣어 냉장고의 채소 칸에 보관한다. 크레송처럼 잎이 작고 줄기가 달린 녹색 채소들은 컵에 물을 채워 채소를 담고 비닐봉지로 느슨히덮은 후 냉장고에 넣어두면 오래 보관할 수 있다. 샐러드용 녹색 채소가 약간시들었다면 얼음처럼 차가운 물에 5~10분 정도 담가 싱싱하게 살아나도록 한뒤, 물에서 건져 물기를 잘 털어내고 사용한다. ▶ 샐러드용 녹색 채소는 내기직전에 씻어서 손질하고, 차갑고 아삭한 식감이 나는지, 그리고 특히 물기가없는지 잘 살핀다. 크레송 같은 섬세한 녹색 채소는 구입 후 최대한 빨리 먹어야 하지만 큼직한 케일이나 잎이 두툼한 녹색 채소는 며칠 보관해도 상관없다.

녹색 채소를 씻으려면 잎을 분리하고 색이 변하거나 시든 잎은 골라내 버린 후 찬물을 가득 채운 커다란 볼이나 싱크대에 넣는다. 특히 녹색 채소에 묻어 있을지도 모르는 세균이 걱정된다면 식초와 물을 1:3 비율로 섞어서 채소를2분간 담가둔다. 물에 잠긴 채소를 30초 정도 손으로 저어가면서 헹군 다음 건져서 흙과 모래가 물에 씻겨나가게 한다. 깨끗한 물이 나올 때까지 이 과정을 몇번 반복한다. 씻는 동안 연약한 잎에 상처가 나지 않도록 주의한다.

▶ 치커리를 비롯해 맛이 강한 녹색 채소의 쓴맛을 빼려면 세척 후 30분간얼음물에 담가둔다.

녹색 채소를 말리려면 체에 밭쳐 물을 따라낸 후 체를 몇 번 흔들어 물기를털어내고 흡수성이 좋은 행주로 느슨하게 감싸서 수분을 흡수시킨다. 채소 탈수기는 채소의 물기를 빼는 데 무척 편리한 도구다. 그러나 탈수기에 재료를너무 많이 넣으면 채소에 멍이 들고 제대로 물기를 털어내기 힘들다. 탈수기 용기의 ½~⅔ 정도만 채워서 작동시킨다. 녹색 채소를 마른행주로 감싸서 행주를 빙빙 돌리면서 물기를 털어내도 좋지만 반드시 실외에서 해야 한다.

녹색 채소의 조리 방법에 대해서는 「채소」 장을 참고한다.

샐러드용 녹색 채소를 선택하거나 대체재를 찾는 방법

녹색 채소를 선택할 때는 시판되는 다양한 종류의 양상추와 가지각색의 치커리, 겨자 잎, 시금치, 케일 등을 시도해보자. 그때그때 기분에 따라, 그리고 맛을 생각해 적당히 조합해서 사용한다. **스프링 믹스**라고도 부르는 **메스클랭**(Mesclun)은 순한 맛과 강한 맛을 내는 어린 녹색 잎채소를 섞은 것이다.(때로는허브도 섞여 있다.) 좋은 샐러드 믹스는 다양한 풍미와 식감 그리고 색이 조화롭게 어우러져 있다. 맛이 순한 시금치와 어린 양상추를 알싸한 루콜라 또는 미즈나(겨잣과에 속하는 일본 원산 채소 ─ 옮긴이), 쌉쌀한 프리제나 라디치오, 시큼한 쇠비름 또는 소렐과 조합한다. 아래 표에서 비슷한 유형으로 분류된 녹색 채소들은 서로 대체해서 사용할 수 있다. 이렇게 다양한 유형의 채소들을 골고루 조합하고 허브와 식용 꽃을 적당히 추가하거나 구할 수 있으면 함초나 바다 콩(sea bean, 해안가 바위에서 자라는 미나리과 식물 ─ 옮긴이) 같은 짭짤한 다육 채소를 넣으면 그야말로 가장 근사한 샐러드를 만들 수 있다. 어떤 녹색 채소를 사용하든 항상 잎을 한두 개 뜯어서 맛을 보자. 녹색 채소의 풍미는 계절과 품종에 따라 꽤 달라질 수 있으며 알싸함이나 쓴맛 또는 신맛이 더 강해지기도, 약해지기도 한다.

순한 맛 녹색 채소	쌉쌀한 녹색 채소	알싸한 녹색 채소	시큼한 녹색 채소
아삭한 통양상추,	벨기에 엔다이브	루콜라	소렐
버터헤드 양상추,	컬리 엔다이브	미즈나	쇠비름
잎 상추,	민들레 어린잎	소송채	
로메인 상추	프리제	어린 겨자 잎	
케일 및 어린 근대	에스카롤	크레송,	
마타리 상추	라디치오	다닥냉이,	
양배추	트레비소	고지대 냉이	
시금치	푼타렐라	한련 잎	
비타민			
완두순			

루콜라

로케트 또는 **아루굴라**(arugula)라고 부르기도 하는 루콜라는 진한 녹색의 부드러운 잎을 가지고 있으며 후추처럼 톡 쏘는 맛을 내는데, 성장할수록 알싸한 맛이 강해진다. 둥근 잎이 나는 품종이 있는가 하면 톱니 모양의 잎을 가진 품종도 있다. 루콜라는 단독으로 사용해도 좋고 알싸한 맛으로 하이라이트를 주기 위해 믹스 그린 샐러드에 넣기도 한다.

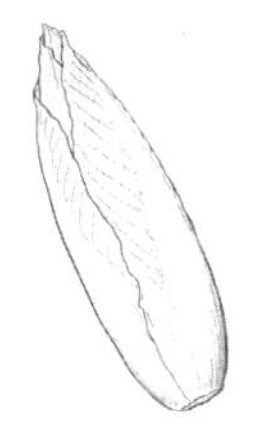

벨기에 엔다이브

연한 색에 쌉쌀한 맛을 내는 이 치커리과의 채소는 껍질을 벗기지 않은 어린 옥수수와 비슷한 모양을 하고 있다. (큼직한) 겉잎은 오르되브르를 담는 용기로도 활용할 수 있다. 벨기에 엔다이브는 라디치오와 같은 다른 쌉쌀한 채소의 대체재로 사용할 수 있다. (비브 양상추와 같이) 맛이 순한 양상추, 시큼한 소렐 또는 알싸한 후추 향의 크레송이나 루콜라와 섞어서 사용한다.

양배추

모든 유형의 양배추를 채소 샐러드에 사용할 수 있지만, 잎이 얇고 섬세한 **나파**(napa)와 **사보이 양배추**가 가장 잘 어울린다. 부드러운 청경채도 샐러드에 사용하면 좋다. 나파와 사보이, 청경채를 비롯해 모든 종류의 양배추를 슬로의 재료로 사용할 수 있다.

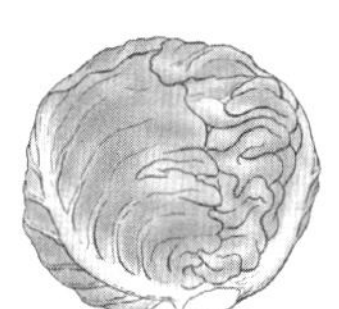

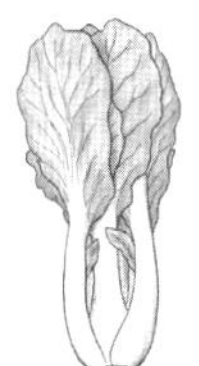

적색 양배추, 나파 양배추, 사보이 양배추, 청경채

갓류 채소

알싸하고 후추 향이 나는 이 녹색 채소들은 겨자 및 양배추와 같은 과에 속한다. 크레송, 즉 **물냉이**(watercress)는 가장 보편적으로 사용되는 동시에 가장 순한 맛을 가지고 있으며, 작고 둥근 잎과 아삭한 줄기를 특징으로 한다. **다닥냉이**(garden cress)를 크레송과 혼동하지 않도록 하자. 다닥냉이는 잎이 평평한 파슬리처럼 아주 작고 삐죽삐죽한 잎을 가지고 있다. 개중에는 구불거리는 파슬리처럼 주름지고 쪼글쪼글한 잎이 달린 종류도 있다. 대부분의 다닥냉이는 알싸한 맛이 상당히 강하다. **크리시 그린**(creasy green)이라는 이름으로도 불리는 **고지대 냉이**는 크레송과 비슷하다. 날씨가 더운 곳에서 고지대 냉이를 재배하면 맛이 너무 강해져서 거의 먹을 수 없는 수준이 된다. **한련 잎**(Nasturtium leaves)은 이들 채소의 먼 친척뻘로, 역시 기분 좋은 후추 향을 자랑한다. 한련의 이름은 라틴어로 '코를 찌른다'는 뜻이다. 밝은색의 한련 꽃을 샐러드에 넣어도 무척 예쁘다. **유럽나도냉이**(Winter cress)는 영어 이름에서 알 수 있듯이 내한성이 뛰어난 식물이다. 알싸한 동시에 야생 민들레처럼 쌉쌀한 맛을 낸다. 초봄이나 늦가을에 장미 모양으로 돋아난 부드럽고 진한 녹색 잎을 따서 사용한다. ▶ 특히 잎을 직접 딴 경우, 샐러드에 넣기 전에 반드시 맛을 보고 알싸한 맛이 얼마나 강한지 가늠해본다.

크레송

컬리 엔다이브와 프리제

이 두 종류의 치커리는 서로 혼동하는 경우가 많다. **컬리 엔다이브**(Curly endive)는 굵고 삐죽삐죽한 녹색 잎을 가지고 있으며 아래쪽은 색이 연하고 위쪽으로 올라갈수록 색이 진하다. 드레싱으로 버무린 샐러드에 쌉쌀한 맛과 구불구불 재미있는 식감을 더해준다. **프리제**(Frisée)는 부드럽고 꼬불거리는 작은 녹색 잎들이 달려 있으며 중심부의 색이 아주 연한 채소로, 약간의 신맛과 다른 치커리들보다 훨씬 섬세한 맛이 특징이다.

컬리 엔다이브

민들레 어린잎

농장에서 재배해 판매하는 민들레 어린잎은 사실 치커리의 한 종류다. 쌉쌀한 맛을 가진 이 녹색 채소는 화살 형태의 깔쭉깔쭉한 잎이 달려 있다. 생으로 먹기도 하고 익혀서 먹기도 하며, 진하고 상쾌한 맛 때문에 자극적인 재료와 함께 요리해도 맛이 묻히지 않는다. 야생으로 자라는 민들레 잎을 따서 손질하는 방법은 야생식물 채집에 대해 항목을 참고하자.

에스카롤 또는 광엽 치커리

이 치커리의 잎은 넓적하고 색이 연하며 컬리 엔다이브보다 주름이 적다. 쓴맛은 덜하지만 잎이 억세고 산미가 두드러지며 단단하고 질긴 식감이 특징이다. 샐러드에 사용해도 좋지만, 우리는 유티카 녹색 채소 구이 레시피처럼 에스카롤을 쪄서 사용하는 편을 선호한다.

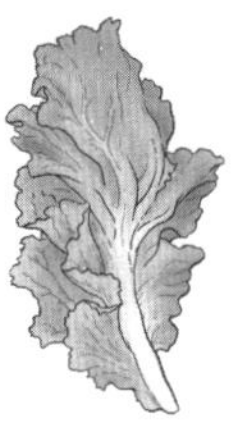

케일

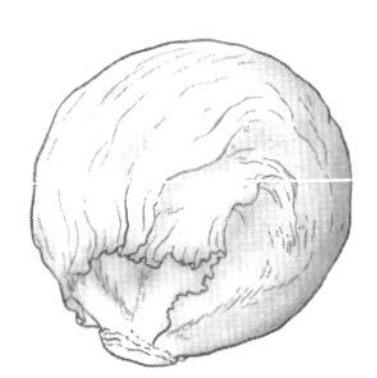

과거에는 찌거나 삶아서 먹는 채소로 생각했던 케일은 이제 당당히 샐러드 주재료로 인기를 누리고 있다. 어리고 연한 케일 잎이라면 종류와 관계없이 샐러드에 넣을 수 있지만(어린 녹색 잎채소 항목 참고) 다 자란 케일을 샐러드에 사용하려면 **공룡 케일**이라고도 부르는 **라키나토**(lacinato) 케일과 잎이 얇은 러시아산 품종이 가장 좋다. 하지만 성숙한 케일의 식감은 상당히 질길 수 있으므로 케일 잎을 드레싱에 버무려서 잠깐 불려두는 경우가 많다. 샐러드에 활용하기 전에 가운데 질긴 잎줄기를 제거해야 한다.

양상추

잎 상추: 맛이 순하고 부드러운 이 양상추는 옆으로 넓게 퍼지는 아삭한 잎을 특징으로 하며 달콤하고 깔끔한 맛이 난다. 가장자리에 주름이 지거나 끝부분이 붉은색인 것도 있다. 관련 품종으로는 **녹색 상추, 적색 상추, 오크 리프**(oak leaf) **상추** 등이 있다. 코럴 양상추도 성기게 말려 있으며 바깥쪽으로 퍼

잎 상추, 청오크 상추

지는 형태이지만, 잎이 좀 더 단단하고 가장자리 부분이 구불구불하다. **바타비아**(Batavian) 또는 **서머 크리스프**(summer crisp) 품종은 다른 잎 상추처럼 커다랗고 넓게 펴지는 형태이지만 더 아삭하고 물기가 많으면서 달콤하다.

아이스버그

　　아삭한 통양상추: 양상추 품종 중에서 가장 유명한 것은 색이 아주 연하고 즙이 풍부하며 쉽게 구할 수 있는 **아이스버그**(iceberg)로, 햄버거의 단짝이자 웨지 샐러드의 필수 재료이기도 하다. 아삭한 통양상추는 커다랗고 단단하며 쉽게 부서지고 잎이 조밀하게 말려 있다. 겉잎은 중간 정도의 녹색이며 속으로 갈수록 점점 더 연한 녹색이다.

　　군데군데 붉은색을 띠면서 맛이 상대적으로 강한 품종도 있다. 아삭한 통양상추의 잎은 손으로 뜯거나 양배추처럼 잘게 채 썰어서 사용한다. 입에 넣었을 때 아삭거리는 기분 좋은 식감을 느낄 수 있으며 쉽게 시들지 않는다.

　　버터헤드: 이 양상추는 아이스버그보다 크기가 작고 성긴 잎이 바깥으로 퍼지는 형태를 하고 있으며 식감도 부드럽다. 순하고 달콤한 맛을 내는 버터헤드 양상추의 잎은 섬세하고, 겉잎은 진한 녹색, 속잎은 연한 녹색이나 노란색이 감도는 녹색을 띤다. 우리에게 친숙한 품종으로는 **보스턴, 버터크런치** 그리고 일부 붉은색

버터헤드

을 띤 종류가 있지만, 이 유형의 양상추 중에서 가장 선호도가 높은 것은 역시 **비브**(Bibb) 양상추다.(라임스톤 비브라고도 부른다.) 과하지 않은 달콤한 맛과 은은한 버터 풍미가 있어서 상대적으로 맛이 강한 녹색 채소들과 잘 어울린다.

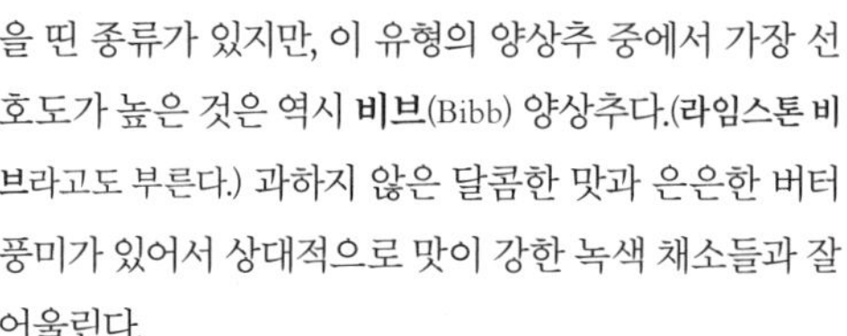
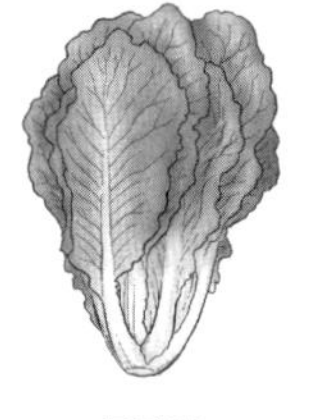

로메인

　　로메인: **코스**(cos)라고 부르기도 하는 이 길쭉한 상추는 기다랗고 뻣뻣한 잎과 아삭하고 물기가 많은 가운데의 잎줄기, 그리고 약간 쌉쌀한 맛이 특징이다. 진한 녹색의 겉잎은 안쪽의 연한 속잎, 즉 '하트' 부분보다 강한 맛이 난다. 넓적한 잎줄기는 섬유질이 너무 많지 않은 한 잎과 함께 뜯어서 사용할 수 있다. 보랏빛이 도는 붉은색 잎이 달린 로메인이나 **리틀 젬**(Little Gem)이라고 부르는 달콤하고 크기가 아주 작은 로메인 품종이 눈에 띄기도 한다.

마타리 상추

섬세하고 달콤하며 견과류 향을 풍기는 이 녹색 채소는 **라푼젤, 램스 레터스**(lamb's lettuce), **콘 샐러드** 등의 이름으로도 불린다. 작은 무리나 장미 송이 형태로 자라며 연하고 부드러운 잎이 특징이다.

겨자 잎

겨자 잎은 일반적으로 찌거나 데쳐서 먹는 채소로 생각하지만, 일부 품종은 다 자란 후에도 샐러드에 넣어 먹을 수 있을 정도로 연하다. 질긴 케일 품종과 마찬가지로 겨자 잎은 보통 어리고 연할 때

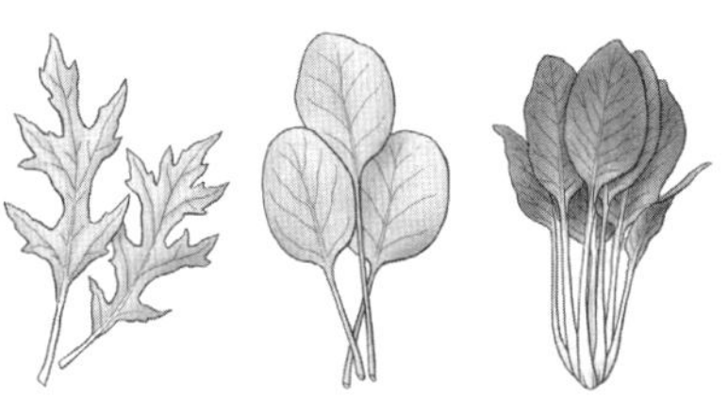

미즈나, 다채, 소송채

샐러드에 넣어 먹으며, 좀 더 맛이 순한 채소와 섞어서 사용하는 경우가 많다.

　　미즈나는 가장 맛이 섬세한 겨자 잎 채소 중 하나다. 깃털 모양의 잎은 진한 녹색에서 보라색까지 다양한 색을 띠며, 성숙한 잎도 채소 샐러드의 주재료로 사용할 수 있을 정도로 맛이 순하다. 이와 비슷한 품종의 **미부나**는 미즈나와 비슷하지만 맛이 약간 더 강하며, 길고 얇은 데다가 조밀한 줄기에서 무성하게 잎이 퍼져나가는 독특한 모양을 하고 있다. **다채**라고도 하는 **비타민**은 둥글고 두꺼운 잎과 줄기를 사용하며 샐러드에 넣으면 풍미와 아삭한 식감을 더해준다. 또한 **코마츠나**라고도 알려진 **소송채**는 진한 녹색의 두꺼운 잎을 가지고 있다. 양배추에 약간의 겨자 향이 느껴지는 맛이 특징이다. 어린 소송채 줄기는 맛이 좋다.

갯능쟁이

갯능쟁이는 염분이 풍부한 토양에서 잘 자라므로 잎에서 은은하게 짠맛이 난다. 화살 모양의 잎은 진한 암적색에서 초록빛이 도는 노란색에 이르기까지 다양한 색을 띤다. 갯능쟁이의 맛은 순한 시금치와 비슷하지만, 시금치보다 잎이 얇고 즙이 적다.

완두순

깍지 완두콩 덩굴의 끝부분을 덩굴손, 잎, 깍지, 때로는 꽃
까지 포함해 7.5~13cm 정도 잘라낸 것을 완두순이라고 한
다. 갓 딴 어린싹은 아삭거리며 완두콩 맛이 은은하게 느껴
진다. 샐러드에 넣으면 맛이 기가 막히며, 섬세하기는 하지
만 맛이 강한 다른 재료와 어우러져도 밀리지 않는다.

라디치오와 트레비소

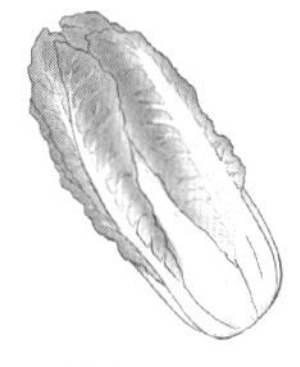

라디치오와 트레비소

이 두 종류의 치커리는 기분 좋은 쌉
쌀한 맛을 내며 강렬한 보라색 잎과
부드러운 상아색 잎줄기를 가지고 있
다. **라디치오**(Radicchio)는 잎이 둥
근 모양으로 단단하게 말려 있고, **트
레비소**(Treviso)는 길쭉한 모양에 잎줄기가 두꺼운 품종이다. 이 '녹색 채소
(greens, 색과 관계없이 전반적인 잎채소를 가리킨다. – 옮긴이)'는 독특한 특징과 색
깔 때문에 스프링 믹스에서 눈에 확 띈다. 다른 쌉쌀한 채소와 마찬가지로 깨
끗이 씻어서 자른 잎을 30분간 얼음물에 담가두면 쓴맛이 다소 누그러진다.
이렇게 손질하면 시저 샐러드를 만들 때 로메인 대신 사용해도 훌륭하다.

소렐

봄에 채취한 소렐은 어리고 연하며 맛이 순해 샐러드에 넣
으면 가장 잘 어울린다. 농장에서 재배한 소렐은 길고 화
살 모양의 잎이 달려 있으며, 일부 품종은 강렬한 붉은색
잎줄기가 특징이다. 그늘진 숲에서 자주 볼 수 있는 **우드
소렐**(Wood sorrel), 즉 괭이밥은 클로버와 비슷한 모양으로,
양쪽으로 갈라진 작은 잎 3개가 땅에서 가까운 얇은 줄기
에서 자란다. 애기수영이라고도 부르는 **붉은 소렐**은 최근
에 갈아준 토양의 햇빛이 잘 비치는 곳에서 무성하게 자란다. 잎은 재배종과
모양이 비슷하지만 훨씬 작다. 잎에서는 기분 좋은 신맛이 나며 생으로도 먹을
수 있고 조리해서도 먹을 수 있다. 소렐의 신맛은 상당히 강렬하므로 사용할
때는 양을 신중히 조절한다.

시금치

구불거리는 시금치와
잎이 평평한 시금치

시금치 잎은 활용도가 높고 중요한 샐러
드 채소다. 구불거리거나 주름이 있는 시
금치는 익혀서 먹거나 데친 샐러드에 사
용하기에 좋다. 잎이 평평한 시금치는 맛
이 순하므로 생으로 먹는 샐러드에 가장
적합하다. 줄기를 굵게 썰어서 함께 사용
하고, 분홍색 뿌리가 아직 붙어 있다면
아삭한 식감을 위해 그 부분도 같이 넣는다. 시금치 잎에는 모래가 많이 묻어
있으므로 깨끗하게 씻어야 하며 필요하면 두세 번 반복해서 씻는다. 관련 품
종은 아니지만 연 모양처럼 생긴 **번행초**는 비슷한 맛을 내는 잎으로, 샐러드
에 사용하거나 익혀서 먹을 수 있다.

다육 식물과 해안가의 야생식물

여기서는 식용 다육 식물과 바닷가 근처 염분이 풍부한
토양에서 자라는 녹색 식물 몇 가지도 함께 소개한다. **쇠
비름**(Purslane)은 미국에서 대부분 잡초로 여기지만, 지
중해 동부 지역과 멕시코에서는 몇 세기에 걸쳐 식용 채
소로 소비해왔다. 쇠비름은 (경작한 정원과 같은) 갈아둔
땅에서 잘 자라며 덩굴로 뻗어가는 염좌(jade plant)를 축

쇠비름

소해놓은 듯한 모양이다. 줄기는 즙이 많고 타원형의 두꺼운 잎에서는 레몬 향
이 난다. 재배종인 **골드겔버**(Goldgelber) 품종은 크기가 크고 황금빛이 도는 녹
색이다. 줄기를 한입 크기로 잘라서 잎과 함께 샐러드에 넣는다.

함초는 아삭하고 얇은 잎과 말랑말랑한 줄기를 가지고 있으며 로즈메리와
차이브의 엉성한 교배종처럼 보인다. 맛은 시금치와 비슷하지만 짠맛이 약간
감돌며 살짝 신맛도 느낄 수 있다. 부드러운 녹색 채소처럼 조리할 수도 있지
만 우리는 샐러드에 넣어 아삭한 식감을 즐긴다. **샘파이어**(Samphire)라고도 부
르는 **바다 콩**은 해안가에서 자라며 해초와 비슷한 모양의 두껍고 뭉툭한 잎
이 달려 있다. 상당히 짠맛이 강하고 식감이 오독오독하다. **바다 로켓**은 만조
선 근처의 바닷가 모래사장에서 자란다. 키가 작은 관목 형태로 길쭉하고 두꺼
운 다육성 잎이 달리며, 기분 좋은 후추 맛이 난다. 우리는 이 바다 로켓을 '해
변의 루콜라'라고 생각한다. 서양지치의 친척뻘인 **오이스터 리프**(Oyster leaf)
는 크기가 아주 작으며 회색빛이 도는 둥근 녹색 잎이 무척 아름답다. 실제로
이름처럼 굴이 생각나는 짭짤한 광물성 맛이 특징이다. **바다 케일**은 이름 그
대로 바닷가에서 자라는 케일의 연관 품종이다. 어린잎(샐러드에 사용하거나 케
일처럼 조리)과 순(아스파라거스처럼 조리)만 잘라서 사용한다. **피코이드 글라시
알**(Ficoïde glaciale)이라는 프랑스 명칭으로도 알려진 **아이스플랜트**(Iceplant)는
두툼한 다육성 잎을 가지고 있으며 새콤한 시금치 같은 맛이 난다. 아이스플
랜트의 가장 재미있는 점은 작은 빗방울처럼 생긴 조그마한 수액 주머니가 잎
과 줄기의 표면에 달려 있다는 것이다. 아이스플랜트는 익혀서 먹을 수도 있지
만 우리는 생으로 먹어야 가장 맛있다고 생각한다.

어린 녹색 잎채소

케일, 브로콜리 라베, 근대와 같이 잎이 무성하고 완전히 자란 녹색 잎, 또는
비트와 순무 잎 등의 채소는 보통 익혀서 먹는다. 하지만 같은 품종이라도 어
린 녹색 잎은 식감과 풍미가 상대적으로 부드러워서 생으로 샐러드에 넣어 먹
을 수 있다. 붉은색이나 녹색 잎이 달린 어린 **아마란스**(Amaranth)도 식감이 꽤
부드러우며 시금치와 비슷한 강한 맛을 지니고 있다. 이러한 채소에 대한 자세
한 내용은 요리에 사용하는 녹색 채소에 대해 항목을 참고하자.

허브와 식용 꽃

샐러드에 풍미를 더하고 색감을 살리기 위해 허브의 잎 또는 식용 꽃을 통째
로 넣거나 한입 크기로 찢어서 넣거나 길쭉하게 잘라서 넣는다. **바질, 셀러리
잎, 처빌, 고수, 회향 잎, 민트, 파드득나물, 파슬리, 샐러드 버넷, 쑥갓, 스위트
시슬리, 타라곤** 등의 허브는 비교적 순하므로 맛이 강한 샐러드 채소처럼 샐
러드에 활용한다. **아니스, 아니스 히숍, 캐러웨이, 차이브, 딜, 히숍, 레몬밤, 러
비지, 마저럼, 오레가노, 차조기, 세이버리** 등은 다소 맛이 자극적이므로 가니
시로 소량만 사용해야 한다.

그뿐만 아니라 **서양지치, 카네이션, 엘더플라워, 라벤더(소량), 레몬, 겨자,**

한련, 장미, 로즈메리, 향기 나는 제라늄, 쑥갓꽃, 선갈퀴, 제비꽃 등 알록달록한 꽃을 샐러드에 넣어보는 것은 어떨까. 살충제를 뿌리지 않은 꽃만 사용한다. 물에 살살 씻은 다음 톡톡 두드려 물기를 제거해 사용한다. 꽃이 작으면 통째로 넣어도 무방하고 꽃이 크면 꽃잎을 하나씩 떼어서 넣는다. 허브 재배하기 항목을 참고한다.

야생식물 채집에 대해

어리고 부드러운 몇 가지 야생식물은 뜯어서 생으로 샐러드에 넣을 수 있다. 맛이 순한 것으로는 **광부의 상추**(miner's lettuce)를 꼽을 수 있는데, 미국 서부에서 봄에 흔하게 눈에 띄는 부드럽고 맛있는 녹색 식물이다. 광부의 상추는 별 모양의 흰색 또는 연한 분홍색 꽃이 장미 송이 형태로 피기 때문에 알아보기 쉽다. **별꽃**(Chickweed)은 북아메리카 지역 전역에 걸쳐 풍성한 무리로 자란다. 순하고 부드러워서 샐러드 재료로 안성맞춤이다. **굿 킹 헨리**(Good King Henry)와 **램스 쿼터**(lamb's quarter)는 스페이드 모양의 잎이 달린 명아주과 식물이다. 이들 식물은 부드러운 붉은 잎 상추와 잘 어울린다.

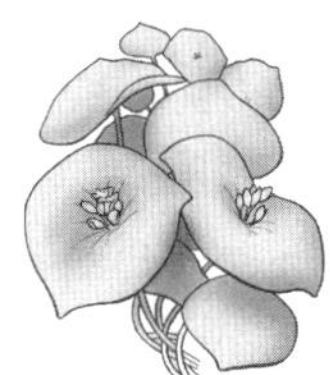

굿 킹 헨리, 광부의 상추

알싸한 식물로는 어디서나 무성하게 잘 자라는 **야생 겨자**를 꼽을 수 있다.(마늘냉이 같은 식물은 너무 무성하게 자라는 나머지 골치 아픈 잡초 취급을 받는다.) 야생 겨자의 잎은 봄에 채취해야 연하고 맛이 덜 자극적이며, 계절이 깊어갈수록 질겨지고 쓴맛이 나며 불쾌한 후추 향을 풍긴다. 겨자와 관련된 품종으로는 미 대륙의 모든 주에서 자라는 **콩다닥냉이와 냉이**가 있다. 이들 식물로 샐러드를 만들 때는 맛이 순한 다른 녹색 채소와 섞어서 사용해야 한다. **산냉이**는 후추 향이 나는 다육성 식물로 어리고 맛이 순한 초봄에 따서 샐러드에 섞으면 근사한 맛을 낸다.

정원을 가꾸는 사람이라면 누구나 골머리를 앓는 잡초인 **야생 민들레**는 찾기 쉽고 뿌리와 줄기가 만나는 곳을 잘라내면 잎이 흩어지지 않기 때문에 손질하기도 간편하다. 민들레 잎을 딸 때는 어리고 부드러운 것을 고르자. 일단 민들레꽃이 핀 후에는 잎이 웃자라서 질기고 상당히 쓴맛이 난다. 마트나 직거래 장터에서 구할 수 있는 치커리 품종에 대해서는 248쪽을 참고한다. 애기수영과 수영을 비롯한 **소렐과 식물**은 신맛이 매우 강하다. 따라서 샐러드에 소량만 사용해 새콤한 맛을 더한다. **쇠비름**을 비롯한 식용 다육 식물에 대해서는 123쪽을 참고한다.

종류와 관계없이 야생식물을 샐러드에 사용할 때는 어리고 부드러운 것을 고르는 것이 현명하며 보통 꽃이 피기 전인 봄이 가장 좋은 채집 시기다. 상당수의 야생식물에는 수산염이 들어 있어 많이 섭취하면 위험할 수 있으므로 다른 일반 녹색 채소에 곁들이는 정도로 조금만 사용해야 한다.(그뿐만 아니라 대부분 신맛, 매운맛, 쓴맛 등이 아주 강해서 미각을 과도하게 자극한다.) ➤ 야생식물을 채집해서 먹을 때는 항상 식물도감을 참고하고 숙련된 채집 전문가의 조언을

받을 수 있다면 더욱 좋다. 사용하고자 하는 식물이 확실한지 여러 번 확인하고 아주 꼼꼼하게 씻는다. 이러한 야생식물 중 일부는 도심의 도로변이나 사람들이 많이 지나다니는 산길 주변에서 풍부하게 자란다. 따라서 오염이 심할 수도 있음을 염두에 두고 식초를 희석한 물을 사용해 아주 깨끗하게 씻거나, 그런 곳에서 자라는 식물에는 손을 대지 않고 인적이 드문 한적한 곳에서만 채집한다.

드레싱과 샐러드 대접하기에 대해

몇 가지 간단한 지침만 염두에 두면 채소 샐러드는 사실 굳이 레시피가 필요하지 않다. 자주 활용하기 좋은 몇 가지 전통적인 조합을 제외하면 샐러드의 가능성은 그야말로 무궁무진하고 실패하는 일도 거의 없기 때문이다. 여기서는 몇 가지 기본 원칙과 권장하는 곁들임 재료, 그리고 인기 있는 샐러드 조합 몇 가지를 소개한다.

깔끔하게 간단한 드레싱만 버무려 내려면 채소 잎을 한입 크기로 뜯어서 사용하도록 권장한다. 로메인이나 라디치오처럼 단단하고 아삭한 채소는 얇게 썰거나 채를 썰거나 큼직하게 썰거나 손으로 뜯는다. ➤ 꾹 누르지 않고 성기게 담은 1½~2컵 정도의 채소를 1인분의 기준으로 삼되, 식사용으로 샐러드를 낼 때는 양을 늘린다. 크기가 넉넉한 그릇을 사용해 잎이 그릇에서 빠져나오지 않도록 하자. 케일이나 양배추처럼 단단하고 성숙한 채소에 드레싱을 뿌리는 경우를 제외하면 ➤ 최대한 내기 직전에 드레싱을 얹는다. 기름과 소금이 연약한 잎에 금세 스며들기 때문에 채소에서 물이 빠져나와 흐물흐물해진다.

이번 장에서 소개하는 샐러드 레시피마다 권장하는 드레싱 정보를 추가했으나 꼭 레시피대로 따를 필요는 없다. 우리는 직접 만든 드레싱을 선호하지만 드레싱 만들기에 익숙하지 않다면 시판 드레싱만큼 요긴한 것이 없다는 사실도 충분히 이해한다. 가장 좋아하는 시판 드레싱을 여기서 소개하는 레시피와 함께 사용하고, 샐러드에 사용하는 다른 재료들과 맛이 잘 어울리는 드레싱을 찾아보자.

일반적으로 케일, 로메인, 아이스버그, 양배추 등 푸짐하고 아삭한 녹색 채소는 농도가 진하고 크림처럼 부드러운 드레싱과 잘 어울린다. 비네그레트 및 다른 드레싱에 대한 자세한 내용과 구체적인 레시피는 613쪽을 참고한다. 샐러드 그릇에 바로 기름, 식초, 즉흥적으로 생각나는 재료를 넣어 '즉석' 비네그레트를 만든다면 이 점을 기억하자. ➤ 보편적으로 적용하는 비율은 기름 3에 식초나 감귤류즙 1이지만 각자의 취향에 따라 비율을 조금씩 조절해도 무방하다. 양념은 처음부터 많이 넣지 말고 이파리 하나를 드레싱에 찍어 먹어보면서 조금씩 양념을 추가해 간을 맞춘다.

드레싱의 역할은 채소의 맛을 한층 살리고 산미와 풍부한 맛을 더해 샐러드를 더욱 맛있게 즐길 수 있도록 해주는 것임을 기억하자. ➤ 드레싱은 채소가 가볍게 코팅될 정도로만 사용한다. 대략적인 기준은, 묽은 비네그레트 유형의 드레싱이라면 채소 1컵당 1큰술, 농도가 진한 크림 드레싱이라면 채소 1컵당 1½큰술이다. 더욱 손쉽게 양을 가늠할 수 있는 예를 소개하자면, 채소 8컵으로 샐러드 4인분을 만들 때 비네그레트 ½컵 또는 크림 드레싱 최대 ¾컵을 기준으로 삼는다.

샐러드를 식탁에 올리기 전에 개인 접시에 덜어서 내기도 하고, 편한 식사 자리라면 그냥 샐러드 그릇을 통째로 식탁에 놓고 집게를 함께 내기도 한다. 샐러드 접시를 차갑게 해두면 한층 격식 있는 식사처럼 느껴지겠지만 꼭 필요한 것은 아니다. ➤ 포틀럭 파티나 피크닉을 위해 샐러드를 운반해야 할 때는

씻어서 완전히 물기를 제거한 샐러드 채소를 비닐봉지나 뚜껑 있는 용기에 담고 드레싱을 별도의 용기에 담아서 가져간 후 먹기 직전에 드레싱을 뿌려서 섞는다. 다 자란 케일이라면 그냥 드레싱에 버무린 후 용기에 담아 가져가면 된다.(이렇게 하면 억센 잎이 다소 부드러워진다.)

▶ 콩이나 채소 썬 것, 과일 등 크기가 작고 씹는 맛이 있는 추가 재료와 드레싱을 섞으려면, 일단 녹색 채소를 먼저 드레싱으로 살짝 버무려 개인 접시에 나눠 담거나 샐러드 서빙 그릇에 옮긴 다음 추가 재료에 드레싱을 더 넉넉히 뿌리고 버무려서 아까 담아놓은 채소 위에 얹는다.

채소 샐러드의 추가 재료에 대해

녹색 채소 샐러드의 맛을 끌어올리는 가장 간단한 방법은 풍미와 식감을 더해주는 다른 재료를 넣는 것이다. 추가 재료를 충분히 사용하면 샐러드도 주요리의 역할을 훌륭히 해낼 수 있다.(콤보 샐러드에 대해 항목을 참고한다.)

크루통이나 갈색으로 볶은 버터 빵가루는 고소한 맛뿐만 아니라 바삭한 식감까지 함께 즐길 수 있어 유용하다. 구운 견과류나 씨앗 또는 구운 병아리콩을 넣어도 오독오독한 식감을 낼 수 있다. 녹색 채소를 소량의 드레싱에 버무리고 아주 얇게 썬 쪽파나 곱게 채 썬 경성 치즈 등으로 가볍게 악센트를 주면 샐러드 채소에 잘 달라붙어 그릇 바닥으로 잘 떨어지지 않는다. 그릴에 구운 닭고기 슬라이스, 리본 끈처럼 넓적하고 얇게 저미거나 소용돌이 모양으로 돌려 깎은 당근, 반으로 자른 방울토마토, 아티초크 하트 절임 등의 큼직한 재료는 집게로 샐러드 그릇에서 쉽게 꺼낼 수 있으므로 녹색 채소와 함께 버무려도 상관없다.

녹색 채소와 함께 섞기보다는 따로 준비해서 드레싱을 버무린 샐러드 위에 뿌리는 추가 재료로는 구운 베이컨을 잘게 부순 것(또는 버섯 베이컨), 깍둑썰기한 햄, 말린 과일, 굵게 썬 완숙 달걀, 콩, 올리브, 굵게 썬 채소나 과일, 잘게 부순 훈제 연어, 바삭하게 튀긴 샬롯, 아보카도 슬라이스 또는 웨지 모양으로 썬 토마토 등이 있다. 스틸턴이나 카망베르 같은 연성 치즈는 작은 토스트에 발라서 따로 담아 내거나 큼직하게 썰어서(또는 잘게 부숴서) 샐러드 위에 뿌린다. ▶ 신선한 염소 치즈나 로크포르 치즈 등의 연성 치즈를 샐러드에 균일하게 뿌리려면 치즈를 단단하게 냉동한 다음 채소 위에서 막대형 강판에 대고 살살 갈아준다. 이렇게 하면 치즈를 썰거나 잘게 쪼개지 않고도 손쉽게 샐러드에 근사한 풍미를 더할 수 있다.

프리코(Frico, 얇고 파삭하게 구운 치즈)

바삭바삭 기분 좋은 식감을 가진 이 이탈리아식 치즈 웨이퍼는 그야말로 인생의 즐거움 중 하나다.(특히 샐러드에 넣으면 끝내준다.) 더 푸짐한 샐러드 토핑이 필요하면 프리코 달걀 레시피를 참고한다.

I. 커다랗고 울퉁불퉁한 프리코 1장 만들기

작은 그릇에 다음을 넣고 뒤적여 섞는다.

　　강판에 간 그뤼에르, 아시아고, 톡 쏘는 맛의 숙성 체더 치즈 또는 기타 숙성 치즈
　　　½컵 (55g)

　　강판에 간 파르메산 치즈 1큰술

커다란 논스틱 프라이팬에 치즈를 골고루 뿌려서 지름 20cm의 둥근 형태로 만든다. 연한 갈색이 될 때까지 중불에서 약 4분간 굽는다. 주걱을 사용해 팬케이크처럼 넓적한 치즈를 조심스럽게 들어올려 키친타월을 깐 오븐 팬에 옮겨놓고 기름기를 흡수시켜 말린다.

II. 프리코 8장 만들기

오븐을 150℃로 예열한다. 커다란 논스틱 오븐 팬을 준비하거나 일반 오븐 팬에 유산지를 깔고 솔로 올리브유를 살짝 바른다. 다음을 준비한다.

　　강판에 간 파르메산 치즈 ½컵(55g)

프리코 1장당 치즈를 1큰술씩 떠서 오븐 팬에 지름 9cm의 둥근 형태로 올린다. 치즈 칩이 황금색으로 변하면서 더 이상 보글거리지 않을 때까지 10~15분간 굽는다. 키친타월을 깐 오븐 팬으로 옮겨서 완전히 식힌다.

프라이팬에 구운 염소 치즈 동그랑땡(Pan-fried Goat Cheese Medallions)

4인분

녹색 채소 샐러드의 가니시로 치즈를 얹은 토스트를 내면 인기 만점이다. 그러나 치즈를 마음껏 먹고 싶어 하는 사람이 있다면 이 레시피를 활용하면 된다. 우리는 이 치즈 패티를 만들어서 약간 식힌 다음 채소 샐러드 위에 올려서 비네그레트 드레싱을 뿌리고 과일이나 양파 피클을 가니시로 곁들인다. 빵가루의 절반을 곱게 다진 견과류로 대체해도 좋다.(다만 타지 않도록 주의한다.)

얕은 그릇에 다음을 넣고 섞는다.

　　생빵가루 ⅓컵

　　말린 타임 ½작은술

　　흑후추 ½작은술

　　소금 ¼작은술

다음을 잘라서 1.2cm 두께의 동그랑땡 8개를 만든다.

　　길쭉한 통나무 모양의 염소 치즈 115g짜리 2개

치즈 동그랑땡을 양념된 빵가루에 살짝 눌러 양쪽에 빵가루를 골고루 묻힌 다음 접시에 나란히 늘어놓고 최소 30분에서 최대 1시간 동안 냉장고에 넣어둔다. 논스틱 프라이팬을 중강불에 올리고 다음을 둘러 가열한다.

　　올리브유 ¼컵

기름이 뜨거워졌을 때 빵가루 묻힌 동그랑땡을 넣어 한쪽 면이 갈색으로 익을 때까지 약 2분간 튀기듯이 지진다. 동그랑땡을 조심조심 뒤집어서 반대쪽도 갈색으로 익도록 2분간 더 조리한다. 키친타월을 깐 접시에 동그랑땡을 옮겨놓고 몇 분 식힌 다음 개인 접시에 담은 샐러드 위에 2개씩 얹는다.

베커 하우스 샐러드

4인분

I. 우리 집에서 가장 자주 만들어 먹지만 절대 질리지 않는 녹색 채소 샐러드다. 다음을 준비한다.

　　메건의 레몬 디종 드레싱

샐러드 그릇에 다음을 넣고 섞는다.

　　버터 양상추 1통, 잘 씻어서 물기를 제거한 후 한입 크기로 뜯기

　　래디시 4개, 얇게 저미기

　　다진 차이브 ¼컵

　　파슬리 잎 ¼컵

드레싱을 적당량 넣고 버무린다. 개인 접시에 샐러드를 적당히 나누어 담는다. 취향에 따라 다음을 위에 뿌린다.

　　(갈색으로 볶은 버터 빵가루)

II. 깔끔하고 아삭하며 맛이 순한 녹색 채소 샐러드와 쌉쌀하고 후추 향이 나는 녹색 채소 샐러드 중에서 어느 쪽이 더 좋은지는 좀처럼 결론이 나지 않기

때문에, 우리는 앞의 버전 I과 이 상큼한 버전을 번갈아가면서 만들어 먹는다.
샐러드 그릇에 다음을 넣고 섞는다.

　　질긴 줄기를 떼어낸 크레송 1묶음 또는 성기게 담은 루콜라 잎 1½컵

　　작은 라디치오 1통, 한입 크기로 뜯기 또는 벨기에 엔다이브 2개, 심을 제거하고
　　　　잎을 가로 방향으로 2.5cm 크기로 썰기

　　손으로 뜯어서 성기게 담은 비브 양상추 또는 로메인 상추 2컵

　　(성기게 담은 파슬리, 손으로 뜯은 바질 또는 셀러리 잎 ⅓컵)

다음을 넣고 잘 뒤적여 골고루 묻힌다.

　　비네그레트, 페타 또는 염소 치즈 드레싱 또는 미소 드레싱 약 ½컵

취향에 따라 다음 재료를 샐러드 위에 얹는다.

　　(잘게 부순 베이컨 또는 깍둑썰기한 버섯 베이컨)

　　(바삭하게 튀긴 샬롯)

　　(크루통)

웨지 샐러드

4인분

스테이크 레스토랑에서 가장 인기 있는 샐러드 메뉴다. 아이스버그 양상추를
보편적으로 사용하지만 로메인이나 버터 양상추로 대체할 수도 있다.(웨지 모양
으로 알맞게 잘라서 사용한다.)

다음을 준비한다.

　　크리미 블루 치즈 드레싱 또는 랜치 드레싱

　　베이컨 슬라이스 4조각, 바삭하게 구워서 잘게 부수기

　　완숙 달걀 2개, 잘게 썰기

다음을 웨지 모양이 되도록 4등분하되, 잎이 흩어지지 않도록 붙잡아주는 심
부분은 잘라내지 않는다.

　　아이스버그 또는 버터 양상추 1통

웨지 모양으로 자른 양상추를 개인 접시에 담고 드레싱을 적당량 뿌린다. 베이
컨, 달걀과 함께 다음 재료를 훌훌 뿌린다.

　　(중간 크기의 토마토 1개, 깍둑썰기하기)

　　다진 차이브, 자색 양파 또는 간단한 양파 피클 ¼컵

　　(래디시 2개, 얇게 저미기)

　　갓 으깬 흑후추

사과와 피칸을 얹은 쌉쌀한 녹색 채소 샐러드

4~6인분

다음을 준비한다.

　　버터밀크 꿀 드레싱

샐러드 그릇에 다음을 넣고 섞는다.

　　루콜라 잎, 성기게 담아서 4컵

　　작은 라디치오 1통, 한입 크기로 뜯기

　　벨기에 엔다이브 2개, 심을 제거하고 잎을 세로로 길쭉하게 썰기

채소에 살짝 물기가 생길 정도로만 드레싱을 넣고 뒤적이며 섞는다. 개인 접시
에 샐러드를 적당히 나누어 담는다. 샐러드 그릇에 다음을 넣는다.

　　그래니 스미스 또는 다른 새콤한 사과 1개, 씨를 빼고 아주 얇게 저미기

저민 사과가 촉촉해질 정도로 드레싱을 넣어 뒤적인 후 다음과 함께 샐러드 위
에 나누어 얹는다.

　　반으로 쪼갠 피칸 ½컵, 구워서 굵게 썰기

시저 샐러드

6인분

이 샐러드의 드레싱은 보통 샐러드 그릇에 직접 만든다. 그릴에 구운 닭고기
슬라이스나 새우를 얹으면 앙트레 샐러드로 활용할 수 있다. 달걀을 넣는다면
달걀 안전성에 대해 항목을 참고한다. 달걀이 들어가지 않고 안초비를 추가 재
료로 넣을 수 있는 드레싱을 선호할 경우, 이 레시피에서 권장한 드레싱을 크
리미 파르메산 드레싱 ¾컵으로 대체한다.

칼을 눕혀서 평평한 옆면으로 다음 재료를 으깨고 다져서 페이스트 형태로 만
든다.

　　껍질을 벗긴 마늘 2쪽

　　안초비 필레 3~4개

　　소금 ½작은술

안초비 페이스트를 커다란 그릇에 옮기고 다음을 넣어 세게 젓는다.

　　레몬즙 2큰술

　　대란 1개 또는 마요네즈 2큰술

　　우스터 소스 1작은술

거품기로 계속 저으면서 다음을 조금씩 천천히 흘려 넣는다.

　　엑스트라 버진 올리브유 ½컵

드레싱에 다음을 넣어 간을 한다.

　　소금과 흑후추

그릇에 다음을 담는다.

　　로메인 상추 2통, 한입 크기로 뜯기

　　크루통

채소를 뒤적이며 드레싱을 잘 버무린 후 샐러드 그릇이나 개인 접시에 담는다.
다음을 뿌린다.

　　강판에 간 파르메산 치즈 적당량

그리스식 샐러드

4~6인분

샐러드 그릇에 다음을 넣고 섞는다.

　　보스턴 또는 로메인 상추 큰 것 2통 또는 작은 것 3통, 한입 크기로 뜯기(성기게
　　　　담아서 약 8컵)

　　방울토마토 1컵, 반으로 자르기 또는 토마토 큰 것 1개, 얇은 웨지 모양으로 썰기

　　잘게 부순 페타 치즈 ½컵(55g)

　　얇게 저민 자색 양파 슬라이스 6개, 링 모양으로 하나씩 분리하기 또는 쪽파 4대,
　　　　얇게 썰기

　　오이 ½개, 껍질을 벗기고 씨를 제거한 후 얇게 썰기

　　칼라마타 올리브 ½컵, 씨 제거하기

　　(얇게 저민 셀러리 줄기 ¾컵)

　　래디시 6개, 얇게 저미기

　　(안초비 필레 통조림 55g짜리 1개, 물을 따라내고 씻어서 세로로 반 자르기)

다음을 넣어 뒤적이면서 잘 버무린다.

　　비네그레트, 페타 치즈 또는 염소 치즈 드레싱 ½컵

메건의 케일 샐러드

4인분

이 샐러드는 케일을 샐러드용 녹색 채소로 활용했을 때 오래 보관할 수 있다는 장점을 이용한다. 케일 잎에 레몬즙과 기름을 묻혀 버무리면 다소 연해지고, 훈제 향이 나는 구운 호박씨를 넣으면 풍미와 식감을 더할 수 있다. 게다가 케일은 운반상의 장점도 있다. 잎이 단단해서 미리 드레싱에 버무려둘 수 있으므로 피크닉이나 포틀럭 파티에 가져가기도 편하다.

가운데의 잎줄기를 제거한다.

　라키나토 케일 1묶음(약 340g)

케일 잎을 가로 방향으로 얇게 채 썬다. 샐러드 그릇에 다음을 넣고 섞는다.

　레몬즙 2큰술

　엑스트라 버진 올리브유 1큰술

　마늘 큰 것 1쪽, 다지거나 강판에 갈기

　소금 ¼작은술

　흑후추 ⅛작은술

케일 잎을 넣고 드레싱과 잘 섞은 다음 부드러워질 때까지 약 1분간 버무린다. 한쪽에 둔다. 작은 프라이팬을 중불에 올리고 다음을 둘러 가열한다.

　식물성 기름 1작은술

다음을 넣고 자주 저으면서 약 5분간 굽는다.

　호박씨 ¼컵

프라이팬을 불에서 내린 다음 호박씨에 다음을 뿌려 뒤적인다.

　훈제 파프리카 가루 ½작은술

샐러드에 호박씨를 얹고 취향에 따라 다음을 뿌린다.

　(강판에 간 파르메산 치즈)

구운 표고버섯을 얹은 참깨 샐러드

4인분

구워서 간장 소스를 묻힌 해바라기씨와 구운 버섯이 들어가므로 아주 든든한 샐러드다. 취향에 따라 채식용 '굴 풍미' 소스를 사용해도 좋다.

커다란 그릇에 다음을 넣고 섞는다.

　화이트와인 또는 쌀 식초 3큰술

　굴 소스 1큰술

　참기름 2작은술

　간장 또는 타마리 2작은술

　마늘 1쪽, 강판에 갈거나 페이스트가 되도록 으깨기

그릇에 다음을 넣는다.

　근대 1묶음(약 340g), 잎줄기를 포함해 곱게 채 썰기(꾹 눌러 담아 4컵)

　적색 양배추 작은 것 ¼통, 곱게 채 썰기(약 2컵)

채소와 소스를 잘 버무린 후 나머지 재료를 준비하는 동안 한쪽에 둔다. 오븐의 맨 아래 칸에 받침대를 끼우고 그릴을 예열한다. 테두리 있는 오븐 팬에 다음을 담고 뒤적여 섞는다.

　표고버섯 115g, 밑동을 제거하고 얇게 썰기

　식물성 기름 2큰술

　소금 ¼작은술

직화 오븐에서 진한 갈색이 될 때까지 4~7분간 버섯을 굽는다. 버섯을 굽는 동안 작은 프라이팬을 중불에 올린다. 다음을 넣는다.

　해바라기씨 또는 굵게 썬 캐슈 ⅓컵

먹음직스럽게 구워질 때까지 서으면서 조리한다. 프라이팬을 불에서 내리고 즉시 다음을 넣는다.

　간장 2작은술

물기가 전부 증발할 때까지 잘 저으면서 해바라기씨에 골고루 간장을 묻힌다. 채소의 맛을 보고 짠맛과 신맛의 정도를 확인한 후 적당히 간을 조절한다. 버섯과 구운 해바라기씨를 넣고 뒤적인다. 다음을 위에 뿌려서 낸다.

　볶은 참깨

엔다이브와 호두 샐러드

6인분

샐러드 그릇에 다음을 넣고 섞는다.

　벨기에 엔다이브 4개, 심을 제거하고 가로 방향으로 1.2cm 크기로 썰기 또는 프리제 1통, 손질해서 한입 크기로 썰기

　크레송 크게 2묶음, 질긴 줄기를 떼어내기

다음 드레싱을 넣어 가볍게 묻도록 뒤적인다.

　비네그레트(올리브유의 절반을 호두 기름으로 대체해서 만든 것) 또는 호두 비네그레트

녹색 채소를 개인 접시에 적당히 나눠 담는다. 채소를 버무린 그릇에 다음을 넣는다.

　코미스 또는 앙주 품종의 서양배 큰 것 1개, 가운데 씨를 제거하고 얇게 저미기

　(신선한 무화과 6개, 반으로 자르기)

비네그레트를 조금 더 넣어 가볍게 버무린다. 채소 샐러드 위에 과일을 얹고 다음을 훌훌 뿌린다.

　호두 ½컵, 구워서 굵게 썰기

　잘게 부순 고르곤졸라, 로크포르 또는 페타 치즈 1컵(115g)

　(비네그레트 적당량)

따뜻한 샐러드 또는 데친 샐러드에 대해

'데친 샐러드(wilted salad, 숨이 죽거나 시들었다는 의미도 있다. ─ 옮긴이)'라는 이름만 들으면 별로 식욕이 돋지 않겠지만, 그럼에도 여기에 소개하는 것은 뜨거운 드레싱을 사용한 아래의 레시피들이 그만큼 맛있다는 의미다.(또한 샐러드의 맛과 관련된 대부분의 일반적 기준이 적용되지 않는 예외가 있다는 점을 다시 한번 상기시켜주기도 한다.) 따뜻한 샐러드는 만든 직후에 식탁에 올려야 질척거리지 않는다. 뜨거운 슬로 레시피도 함께 참고하자.

데친 시금치 샐러드

4인분

우리는 따뜻한 드레싱에 베이컨 기름이 필수라고 생각하지만, 취향에 따라 베이컨 기름을 버터나 식물성 기름 2큰술로 대체할 수 있다. 어린 시금치를 사용해도 무방하나 우리는 이 요리에서 다 자란 시금치가 주는 풍미와 식감을 선호한다. 어린 겨자 잎, 민들레 잎 또는 케일로 대체할 수도 있다.

커다란 프라이팬을 중불에 올리고 바삭해질 때까지 굽는다.

　베이컨 슬라이스 5조각

약불로 줄이고 베이컨을 키친타월에 건져놓고 기름을 뺀 후 한쪽에 둔다. 프라이팬에 남은 베이컨 기름과 육즙을 3큰술만 남기고 모두 따라낸 후 프라이팬

에 다음을 넣는다.

　사과 식초 ⅓컵

　(설탕 2작은술)

　(노란색 겨자씨 2큰술)

　다지거나 강판에 간 양파 1작은술

드레싱에서 향긋한 냄새가 나고 겨자씨가 부드러워질 때까지 약 5분간 조리한다. 그동안 샐러드 그릇에 다음을 넣는다.

　시금치 크게 2묶음, 줄기 제거하기(꾹 눌러 담아 약 8컵)

강불로 올려서 식초 혼합물이 팔팔 끓어오르면 즉시 시금치 위에 붓고 뒤적인다. 구워둔 베이컨을 잘게 부숴 채소 위에 얹고 다음을 얹어서 즉시 낸다.

　완숙 달걀 2개, 얇게 저미거나 썰기

비스트로 샐러드

6인분

커다란 프라이팬을 중불에 올리고 다음을 바삭해질 때까지 굽는다.

　두껍게 썬 베이컨 225g, 1.2cm 너비의 길쭉한 조각으로 썰기

베이컨을 건져서 키친타월에 올려놓고 기름을 뺀다. 베이컨 기름을 유리로 된 계량컵에 따르고 다음을 추가한다.

　기름의 양이 총 ½컵이 되도록 엑스트라 버진 올리브유 적당량

한쪽에 둔다. 프라이팬에 다음을 넣고 부드러워질 때까지 약 2분간 조리한다.

　샬롯 2개, 얇게 저미기

다음을 넣고 부드러워지면서 향긋한 냄새가 날 때까지 약 1분간 조리한다.

　마늘 2쪽, 다지기

다음을 넣고 30초간 가열하면서 프라이팬 바닥에 붙은 갈색 조각을 긁어낸다.

　레드와인 식초 3큰술

불에서 내린 후 베이컨 기름과 올리브유 혼합물을 넣고 세게 젓는다. 다음을 넣고 섞는다.

　다진 파슬리 1큰술

　타임 잎 2작은술

　소금과 흑후추 적당량

그동안 샐러드 그릇에 다음을 넣는다.

　프리제 큰 것 2통, 손질해서 한입 크기로 뜯기(약 8컵)

베이컨을 넣고 뒤적인 후 다음을 얹는다.

　크루통

뜨거운 드레싱을 충분히 얹고 재료에 골고루 묻도록 섞는다. 개인 접시 6개에 적당히 나눠 담고 다음을 위에 올린다.

　수란 6개, 물기를 잘 빼고 모양을 정리하기

　(다진 파슬리)

콜슬로에 대해

콜슬로(coleslaw)를 만들 때는 전통적으로 적색이나 녹색 양배추 또는 두 가지를 섞어서 사용한다. 우리는 가끔 배추나 방울양배추로 대체해서 만드는 것도 좋아한다. 바쁠 때는 양배추나 브로콜리 밑동을 채 썰어서 포장한 제품을 임시변통으로 사용할 수 있다. ▶ 450g짜리 1봉지면 대략 4컵 정도 된다.

　양배추는 일단 채를 썰어서 드레싱에 버무리고 나면 수분이 많이 빠져나온다. 집에서 바로 먹기 위해 소량만 만들 때는 이것이 별다른 문제가 되지 않는다. 그러나 뷔페나 야외 파티에서 먹기 위해 미리 슬로를 준비할 때는 아래에 설명한 대로 양배추를 소금에 잠깐 절인 후, 헹구고 물기를 빼서 여분의 수분을 제거하기를 권한다. 또한 드레싱은 내기 직전에 섞는 것이 좋다.

　슬로에 사용하기 위해 양배추나 당근을 비롯해 다양한 채 썬 채소를 소금에 절이려면 레시피대로 썰어서 커다란 그릇에 넣고 채 썬 채소 450g당(또는 꾹 눌러 담아 4컵당) 소금 1½작은술씩 넣어 뒤적이며 섞는다. 10분 정도 체에 밭쳐서 물기를 뺀 다음 잘 헹군다. 채소 탈수기로 물기를 완전히 빼거나 말린 후 레시피에 따라 조리한다. 그 이후에는 맛을 보고 필요한 만큼만 소금을 넣는다. 드레싱은 소량만 넣는다. 평소보다 적은 양으로도 충분히 골고루 양배추를 버무릴 수 있다.

정통 콜슬로

6~8인분

크림처럼 부드러운 질감을 자랑하는 이 슬로는 미국인이 가장 좋아하는 샐러드다. 더욱 풍미가 뛰어난 크림 드레싱을 원한다면 **앨라배마 화이트 바비큐 소스**로 대체한다. 새콤한 식초 맛이 나는 깔끔한 슬로를 선호하면 마요네즈를 생략하고 식초의 양을 적당히 늘리거나 **비네그레트**를 대신 사용한다.

다음의 겉잎을 떼어내고 속의 심을 잘라낸다.

　녹색 또는 적색 양배추 작은 것 1통(약 900g)

일반 칼이나 만돌린 채칼 또는 푸드 프로세서를 사용해 곱게 채를 썰거나 적당한 크기로 썬다. 위에서 설명했듯이 상황에 따라 양배추에 소금을 뿌린다. 우묵한 그릇에 담고 다음 몇 가지 재료를 함께 넣는다.

　당근 큰 것 1개, 강판에 갈기

　(쪽파 8대 또는 자색 양파 작은 것 1개, 얇게 저미기 또는 간단한 양파 피클 ½컵)

　베이컨 슬라이스 3~4조각, 바삭하게 구워서 잘게 부수기

　굵게 썬 파슬리, 차이브 또는 다른 허브 2큰술

　딜이나 캐러웨이, 셀러리씨 또는 이를 적당히 섞어서 ½작은술

다른 그릇에 다음을 넣고 섞는다.

　마요네즈 ¾컵

　사과 식초 또는 쌀 식초 ¼컵

이 드레싱을 조금씩 채소에 넣으면서 양배추에 골고루 얇게 묻을 때까지 버무린다. 다음으로 간을 하고 맛을 낸다.

　소금과 흑후추

베커 콜슬로

4~6인분

다음의 겉잎을 떼어내고 속의 심을 잘라낸다.

　녹색 또는 적색 양배추 작은 것 ½통(약 450g)

양배추를 6mm 크기로 깍둑썰기한다.(4컵 정도 나온다.) 커다란 그릇에 다음을 넣고 섞는다.

　당근 큰 것 1개, 깍둑썰기하기

　래디시 10개, 깍둑썰기하기

　셀러리 줄기 1개, 깍둑썰기하기

　굵게 썬 파슬리, 성기게 담아서 ½컵

　핫소스 소량씩 2~3번

　레몬 1개의 껍질, 강판에 곱게 갈기

다음을 넣고 채소에 드레싱이 살짝 묻도록 뒤적여서 섞는다.

비네그레트 최대 ¾컵 또는 비네그레트 ½컵과 마요네즈 ½컵을 섞은 것

뚜껑을 덮고 냉장고에 넣어 차갑게 식힌다.

매콤한 중국식 슬로

6~8인분

은은한 마늘 향이 입맛을 돋우는 슬로다. 거의 똑같은 양념을 사용해서 만드는 근사한 피클 레시피는 간단한 쓰촨식 오이 피클 레시피를 참고한다.

다음 중 하나를 큰 그릇에 넣는다.

콜라비, 무 또는 순무 900g, 껍질을 벗기고 성냥개비 모양으로 길쭉하게 썰기

다음을 넣어 뒤적인다.

소금 1큰술

싱크대에 걸쳐놓은 체에 밭쳐서 30분간 물기를 뺀다. 그동안 그릇에 다음을 넣는다.

쌀 식초 ½컵

식물성 기름 1큰술

참기름 1큰술

설탕 2작은술

생강 1.2cm짜리 1조각, 껍질을 벗겨서 다지기

신선한 붉은색 태국 칠리 고추 1~2개, 씨를 빼고 다지기 또는 굵은 고춧가루

½~1작은술

마늘 1쪽, 다지기

(쓰촨산 고운 고춧가루 ½작은술)

체에 밭쳐둔 채소를 잘 헹군다. 물기를 완전히 빼고, 이때 채소 탈수기를 사용하면 더 좋다. 채소를 그릇에 담고 드레싱을 부어 뒤적이며 섞는다. 가능하면 내기 전에 30분 정도 드레싱이 잘 배도록 두고 중간에 몇 번 뒤적여준다. 다음을 넣는다.

소금 적당량

실온 상태로 또는 차갑게 낸다.

뜨거운 슬로(Hot Slaw)

4~6인분

다음을 준비한다.

채 썬 녹색 또는 적색 양배추 4컵(약 450g)

(새콤한 사과 작은 것 1개, 씨를 빼고 강판에 갈기)

커다란 프라이팬을 중불에 올리고 다음을 바삭해질 때까지 굽는다.

두껍게 자른 베이컨 슬라이스 6조각

베이컨을 건져서 키친타월에 올려놓고 기름을 뺀다. 프라이팬에 있는 뜨거운 베이컨 기름에 다음을 첨가한다.

사과 식초 3큰술

물 2큰술

갈색 설탕 1큰술

(캐러웨이 또는 셀러리씨 ½작은술)

소금 ½작은술

부르르 끓어오르도록 가열한 후 불을 줄이고 양배추와 사과를 넣어 섞는다. 2분 정도 뭉근히 끓인다. 베이컨을 잘게 부숴 양배추 위에 훌훌 뿌린다.

향신료로 양념한 요구르트를 곁들인 방울양배추 슬로

6인분

겨울에 즐길 수 있는 따뜻하고 푸짐한 이 슬로는 추수감사절 만찬에 잘 어울린다.

커다란 프라이팬을 중불에 올리고 다음을 바삭해질 때까지 굽는다.

베이컨 슬라이스 4조각, 깍둑썰기하기

베이컨을 건져서 키친타월에 올려놓고 기름을 뺀다. 프라이팬에 있는 뜨거운 베이컨 기름에 다음을 넣는다.

마늘 2쪽, 으깨기

마늘의 한쪽 면이 갈색으로 익을 때까지 지진 후 반대쪽으로 뒤집어서 양쪽 모두 갈색으로 익도록 약 5분간 조리한다. 프라이팬에서 마늘을 꺼내 다진 후 한쪽에 둔다. 프라이팬에 다음을 넣는다.

방울양배추 450g, 손질해서 채 썰기

소금 ½작은술

방울양배추가 부드러워지고 갈색으로 변하기 시작할 때까지 가끔 저으면서 10~12분간 조리한다. 그동안 다진 마늘을 중간 크기의 그릇에 넣고 다음을 추가한다.

플레인 그릭 요구르트 ½컵

레몬 1개의 껍질, 강판에 곱게 갈기

레몬즙 2큰술

고수씨 가루 ½작은술

커민 가루 ½작은술

흑후추 ¼작은술

부드럽게 익은 방울양배추를 그릇에 담는다. 바닥에 갈색 조각이 붙어 있다면 프라이팬에 물을 소량 넣어서 긁어낸 다음 그릇에 함께 넣는다. 기름을 뺀 베이컨을 부숴서 넣고 뒤적이며 섞는다. 다음을 넣는다.

소금 적당량

취향에 따라 다음으로 장식한다.

(석류알)

콤보 샐러드에 대해

주요리 샐러드 또는 잡동사니 요리(salmagundi)라는 독특한 옛날 이름으로도 알려진 콤보 샐러드는 앙트레(주요리)로 내며 일반적으로 육류, 해산물, 닭고기, 달걀 또는 치즈를 넉넉하게 넣는다. 다양한 재료를 사용하지만 대부분 미리 손질해서 냉장고에 넣어둔 후 내기 직전에 섞어서 샐러드를 만든다. 또는 먹다 남은 단백질 재료와 찬장에서 금세 꺼낼 수 있는 재료를 확인한 후 거기에 맞게 레시피를 결정해도 좋다. 구운 닭고기가 있으면 근사한 니수아즈 샐러드를 만들 수 있고(다만 프랑스 사람들에게는 비밀이다.[니수아즈는 보통 참치나 달걀 등을 주재료로 해서 만든다. — 옮긴이]), 얇고 길쭉하게 썬 살라미가 있다면 셰프 샐러드의 맛이 한층 살아난다. 우리는 무슨 샐러드든 고추 피클 몇 개를 첨가하면 훨씬 더 맛이 좋아진다고 생각하지만, 각자의 취향에 따라 자유롭게 선호하는 재료를 사용하면 된다.

셰프 샐러드

4~6인분

커다란 플래터에 다음을 담는다.

한입 크기의 비브 양상추 약 10컵

다음을 준비한다.

비네그레트, 크리미 블루 치즈 드레싱 또는 사우전드 아일랜드 드레싱

양상추 잎이 살짝 코팅될 정도로 드레싱을 넣고 뒤적여가며 섞는다. 양상추 위에 다음을 얹는다.

익혀서 얇게 썬 닭 가슴살 또는 칠면조 가슴살 1컵

햄 115g, 얇고 길쭉하게 썰기 또는 얇은 프로슈토 슬라이스 115g, 궐련 모양으로 돌돌 말기

숙성 체더, 하우다, 스위스 또는 다른 경성 치즈 140g, 얇고 길쭉하게 썰기

다음으로 장식한다.

토마토 중간 크기 2개, 웨지 모양으로 썰기 또는 방울토마토 1½컵(225g), 반으로 자르기

완숙 달걀 3개, 4등분하기

올리브 12개, 씨를 빼고 얇게 저미기

굵게 썬 루콜라 또는 크레송 1컵

소금과 흑후추 적당량

콥 샐러드(Cobb Salad)

4~6인분

레시피를 바로 확인할 수 없을 때는 다음을 기억하자. Egg(달걀), Avocado(아보카도), Tomato(토마토), Chicken(닭고기), green Onion(쪽파), Bacon(베이컨), Blue Cheese(블루 치즈)의 앞 글자를 따면 "콥을 먹자(eat Cobb)"가 된다. 할리우드에 있는 브라운 더비(Brown Derby)라는 호사스러운 레스토랑의 원조 레시피는 맛이 순한 채소와 쌉쌀한 채소, 후추 향이 나는 채소를 골고루 섞어서 사용하지만, 상황에 따라 로메인이나 비브 양상추를 통째로 사용해도 좋다.

다음을 준비한다.

비네그레트

다음을 씻어서 물기를 뺀 후 커다란 그릇에 넣는다.

크레송 1묶음, 질긴 줄기를 제거하고 큼직하게 썰기

로메인 또는 비브 양상추 ½통, 큼직하게 썰기

라디치오 작은 것 1통, 큼직하게 썰기

채소 잎이 살짝 코팅될 정도로 드레싱을 넣고 뒤적여가며 섞은 후 커다란 플래터나 개인 접시에 담는다. 채소 위에 다음 재료를 가지런히 줄 맞춰 얹는다.

아보카도 1개, 씨를 빼고 껍질을 벗긴 후 깍둑썰기하기

익혀서 깍둑썰기한 닭 가슴살 또는 칠면조 가슴살 2~3컵(생닭고기 340g 분량)

베이컨 슬라이스 4~6조각, 바삭하게 구워서 잘게 부수기

완숙 달걀 3개, 깍둑썰기하기

중간 크기의 토마토 3개, 큼직하게 썰기 또는 방울토마토 2컵(약 285g), 반으로 자르기

쪽파 4대, 얇게 썰기 또는 다진 차이브 ¼컵

잘게 부순 블루 치즈 ½컵(55g)

완성된 샐러드 위에 비네그레트를 살짝 뿌려서 낸다.

니수아즈 샐러드(Salade Niçoise)

4~6인분

대표적인 여름 앙트레 메뉴다. 군이 정통 레시피를 고집할 필요가 없다면 통조림 참치를 그릴에 구운 생선 스테이크로 업그레이드해보자. 드레싱으로 버무린 녹색 잎과 다른 채소를 접시에 담고 그릴에 구운 참치(또는 연어) 한 토막을 올린 후 레시피에 따라 가니시를 곁들인다.

커다란 편수 냄비에 다음을 넣는다.

붉은색 감자 작은 것 6개 또는 알감자 12개

소금 1큰술

재료가 잠기도록 찬물을 붓고 강불에 올려서 팔팔 끓인 다음 불을 줄이고 감자가 부드러워질 때까지 약 20분간 뭉근히 삶는다. 감자를 삶는 동안 다음을 준비한다.

비네그레트 ½컵, 디종 머스터드 2작은술을 넣어 만들기

드레싱을 한쪽에 둔다. 구멍 뚫린 숟가락으로 끓는 물에서 감자를 건져 식힌다. 그동안 냄비에 다음을 넣고 연한 녹색으로 변하되 아삭한 맛이 살아 있는 상태가 되도록 2~3분 정도 데친다.

껍질콩(아리코 베르 품종 권장) 450g, 다듬기

얼음물을 채운 그릇에 껍질콩을 담가서 더 이상 익지 않게 한다. 식혀서 물기를 잘 뺀다. 중간 크기의 그릇에 넣는다. 차갑게 식힌 감자를 1.2cm 두께로 썰어서 껍질콩이 담긴 그릇에 넣는다.

감자와 껍질콩 위에 드레싱 ¼ 분량을 붓고 조심스럽게 뒤적이면서 골고루 묻힌다. 커다란 플래터에 다음을 담는다.

보스턴 양상추 1통, 잎을 뜯어내기 또는 샐러드 채소 믹스, 성기게 담아서 5컵

토마토 큰 것 2개, 각각 웨지 모양으로 8등분하기 또는 방울토마토 1½컵(225g), 반으로 자르기

양상추와 토마토 위에 드레싱을 다시 ¼가량 붓는다. 껍질콩과 감자를 다음 재료와 함께 플래터에 얹는다.

완숙 달걀 5개, 반으로 자르기

참치 통조림 170g짜리 1개, 올리브유에 들어 있는 것 권장, 기름을 빼고 잘게 부수기

남아 있는 드레싱을 전부 붓는다. 맨 위에 다음을 듬성듬성 뿌린다.

니수아즈 또는 칼라마타 올리브 ½컵, 씨를 제거하기

쪽파 4대, 얇게 썰기

다진 파슬리 또는 바질 잎 ¼컵, 겹겹이 쌓아서 둥글게 말아 가늘게 썰기

물기를 뺀 케이퍼 2큰술

(안초비 필레 최대 6개, 씻어서 톡톡 두드려 말리기)

다음을 뿌린다.

소금과 흑후추 적당량

랍스터 샐러드 비네그레트

4인분

랍스터 가격이 너무 비싸거나 구하기 어려우면 게살 또는 삶아서 껍질을 벗긴 새우를 1.2cm 크기로 썰어서 사용한다.

다음을 준비한다.

비네그레트, 다진 바질을 넣어서 만들기

샐러드 그릇에 다음을 넣어 섞는다.

크레송 2컵, 질긴 줄기를 제거하기

샐러드 채소 믹스, 어린 로메인 또는 어린 시금치 잎 2컵

벨기에 엔다이브 1½컵, 심을 제거하고 얇게 저미기

채소에 살짝 묻을 정도로 비네그레트를 넣고 뒤적여서 섞는다. 채소를 개인 접시에 적당히 나눠 담는다. 채소를 버무렸던 그릇에 다음을 넣고 재료가 살짝 코팅될 만큼 비네그레트를 부어 뒤적여가며 섞는다.

    익힌 랍스터 340g, 1.2cm 크기로 썰기

    아보카도 1개, 씨를 빼고 껍질을 벗긴 후 깍둑썰기하기

랍스터와 아보카도를 숟가락으로 떠서 녹색 채소 위에 얹는다. 다음으로 장식한다.

    방울토마토 또는 대추토마토 ⅔컵(약 115g), 반으로 자르기

크랩 루이(Crab Louis)

4인분

이 역사 깊은 레시피에 버터 양배추 대신 잘게 썬 케일과 라디치오를 사용해도 기가 막히게 잘 어울린다. 루이 소스를 만들 때 사용한 비네그레트를 조금 덜 어두었다가 채소에 버무린 다음 그 위에 게살을 얹어서 마무리한다.

서빙용 플래터나 샐러드 그릇에 다음을 깐다.

    보스턴 또는 비브 양상추 잎

그 위에 다음을 얹는다.

    얇게 채 썬 보스턴, 비브 또는 붉은 잎 상추 약 2컵

맨 위에 다음을 올린다.

    게살 덩어리 2컵, 껍질과 연골을 발라내기

게살 위에 적당량 붓는다.

    루이 소스

다음으로 장식한다.

    (완숙 달걀 2개, 얇게 저미기)

    다진 차이브

구운 관자, 자몽, 라디치오 샐러드

4인분

우리 집에서는 프라이팬에 구운 염소 치즈 동그랑땡을 이 샐러드 위에 올려서 내기도 한다.

다음을 얼음물에 30분간 담가둔다.

    라디치오 작은 것 1개, 심을 제거하고 큼직하게 썰기(약 3컵)

그동안 다음의 껍질과 막을 모두 제거하고 1조각씩 분리한다.(195쪽 쉬프렘 관련 내용 참고)

    자몽 큰 것 1개

다음을 준비한다.

    비네그레트, 셰리 식초와 꿀 2작은술을 넣어 만들기

라디치오의 물기를 빼고 다음과 함께 커다란 그릇에 넣는다.

    루콜라, 성기게 담아서 3컵

다음을 준비한다.

    참가리비 관자 지짐

관자가 익는 동안 채소 잎이 살짝 코팅될 정도로 비네그레트를 넣어 뒤적이며 섞어준 후 개인 접시에 적당히 나눠 담고 자몽 조각을 얹는다. 뜨거운 관자를 맨 위에 올리고 비네그레트를 조금 뿌린 후 다음으로 장식한다.

    (다진 차이브 2큰술)

    민트, 차조기 또는 바질 잎 1큰술, 겹겹이 쌓아서 둥글게 말아 가늘게 썰기

맬러리의 새우 샐러드

4인분

우리 아버지는 명절에 오리건을 방문할 때마다 지금은 폐업한 포틀랜드의 맬러리 호텔에 묵으셨다. 우리 가족은 항상 맬러리 호텔의 근사한 1940년대풍 레스토랑에서 점심을 함께 먹었다.(나중에 알게 되었는데, 포틀랜드 출신의 유명한 요리사 제임스 비어드James Beard가 고향에 올 때마다 자주 모습을 드러내던 곳이라고 한다.) 그때마다 아버지가 항상 주문하셨던 것이 바로 이 샐러드다.

샐러드 접시 4개에 다음을 올려놓는다.

    손으로 뜯은 아이스버그 양상추

다음을 반으로 잘라서 씨를 제거하고 껍질을 벗긴다.

    아보카도 큰 것 2개

아보카도 반쪽을 자른 면이 위로 오도록 각 접시의 가운데에 놓는다. 아보카도 씨가 있던 공간에 다음을 나누어 얹는다.

    삶은 작은 분홍 새우 1컵

접시 4개에 담은 아보카도 반쪽 주변에 다음 재료를 골고루 나누어 담는다.

    완숙 달걀 4개, 4등분하기

    오이 1개, 껍질을 벗기고 세로로 반 잘라서 씨를 제거한 후 얇게 어슷썰기

    씨를 빼고 기름에 절인 잘 익은 블랙 칼라마타 또는 니수아즈 올리브 ½컵, 얇게
        저미기

샐러드에 다음 드레싱을 뿌린다.

    비네그레트 또는 루이 소스 적당량

다음으로 장식한다.

    레몬 조각

라브(Larb, 태국식 다진 돼지고기 샐러드)

4인분

태국식 라브 또는 라프(laap)는 허브, 피시 소스, 라임즙, 커리 페이스트로 간을 해 향기와 맛이 강한 샐러드다. 취향에 따라 돼지고기 대신 **오리고기** 또는 **닭고기 다짐육**을 사용해도 좋다. 이 샐러드에는 구수한 풍미와 바삭한 식감을 더해주는 **볶은 쌀가루**를 가니시로 사용하는 경우가 많지만, 꼭 필요한 재료는 아니다. 볶은 쌀가루는 태국 식료품점에서 구할 수 있으며 직접 만들 수도 있다. 기름을 두르지 않은 프라이팬을 중불에 올리고 생찹쌀을 넣은 후 저으면서 찹쌀이 연한 갈색으로 변하고 고소한 향기가 날 때까지 10~15분간 볶는다. 적당히 식힌 후 볶은 찹쌀을 절구에 넣고 굵은 가루 형태로 빻는다.

작은 그릇에 다음을 담고 잘 섞는다.

    레드 커리 페이스트 ¼컵, 시판 또는 수제

    쓰촨식 고운 고춧가루 1작은술

    흑후추 ½작은술

    갓 갈아낸 육두구 또는 육두구 가루 ¼작은술

접시 4개에 적당히 나눠 담는다.

    곱게 채 썬 양배추 4컵(약 450g)

    오이 큰 것 1개, 껍질을 벗기고 세로로 반 잘라서 씨를 제거하고 얇게 썰기

한쪽에 둔다. 커다란 프라이팬을 중불에 올리고 다음을 둘러 기름이 뜨거워질 때까지 가열한다.

    식물성 기름 3큰술

섞어놓은 양념을 넣고 저으면서 향기가 나고 연한 갈색이 될 때까지 약 2분간

튀기듯이 조리한다. 중강불로 올리고 다음을 넣는다.

　지방이 적은 돼지고기 다짐육 또는 돼지 등심 다진 것 680g

양념 페이스트와 함께 재빨리 저어서 고기와 양념을 잘 섞은 다음 주걱으로 고기를 평평하게 편다. 젓지 않고 바닥면이 갈색으로 익을 때까지 5~7분간 조리한다. 프라이팬에 다음을 넣는다.

　물 ½컵

주걱으로 저으면서 돼지고기를 잘게 부수고 바닥에 눌어붙은 갈색 조각을 긁어낸다. 돼지고기가 완전히 익고 물이 증발할 때까지 약 4분 정도 뭉근히 끓인다. 불에서 내려 다음을 넣고 섞는다.

　쪽파 4대, 얇게 썰기

　굵게 썬 고수 ¼컵

　굵게 썬 민트 ¼컵

　라임즙 2큰술

　피시 소스 2큰술

　(굵은 고춧가루 ¼작은술)

양배추와 오이 위에 양념 돼지고기 볶은 것을 올리고 남은 소스를 위에 붓는다. 각 접시마다 다음을 얹어서 낸다.

　고수와 민트 잔가지

　(바삭하게 튀긴 샬롯)

　(튀기거나 구운 돼지 껍질, 굵게 썰기)

　(볶은 쌀가루, 위의 설명 참고)

　(여분의 굵은 고춧가루)

　라임 조각

태국식 소고기 샐러드

6인분

다음을 준비한다.

　소 치마살, 옆양지살, 토시살 스테이크 680g

스테이크에 전체적으로 다음을 뿌린다.

　피시 소스 1큰술

　라임즙 1큰술

　흑후추 1큰술

　소금 ½작은술

나머지 재료를 준비하는 동안 소고기에 양념이 잘 배도록 재워둔다. 샐러드 그릇에 다음을 넣어서 섞는다.

　알싸한 녹색 채소 또는 알싸한 채소와 로메인 상추를 섞은 것, 성기게 담아서 8컵

　민트 잎, 성기게 담아서 1¼컵

　고수 잎, 성기게 담아서 1¼컵

　래디시 10개, 얇게 저미기

　샬롯 중간 크기 2개, 얇게 저미기

작은 그릇에 다음을 넣고 저어서 섞는다.

　라임즙 3큰술

　피시 소스 2큰술

　설탕 1큰술

　레몬그라스 줄기 1개, 부드러운 부분만 아주 얇게 저미기

　굵은 고춧가루 ½작은술 또는 신선한 태국 칠리 고추 2개, 얇게 저미기

　마늘 1쪽, 다지기

그릴을 중불에 맞춰서 준비하거나 직화 오븐을 예열한다. 원하는 정도로 익을 때까지 그릴이나 직화 오븐에서 스테이크를 굽는다. 소고기 결의 반대 방향으로 1.2cm 두께가 되도록 길쭉하게 썬다. 준비해둔 채소에 소고기와 드레싱을 넣는다. 뒤적거리면서 잘 섞는다.

중국식 닭고기 샐러드

4~6인분

중국계 미국인이 탄생시킨 레시피로 누구나 호불호 없이 맛있게 먹을 수 있는 샐러드다. 짭짤한 닭과 달콤한 귤, 바삭한 땅콩과 차우멘 국수 그리고 상큼한 배추의 조합은 그야말로 입안에 군침이 돌게 한다.

커다란 그릇에 다음을 넣고 섞는다.

　익혀서 얇고 길쭉하게 썬 닭고기 4컵(약 680g)

　귤 통조림 310g짜리 1개, 국물은 따라내서 따로 보관

　쪽파 6대, 얇게 썰기

작은 그릇에 다음을 넣고 거품기로 세게 저어 잘 섞는다.

　귤 통조림 국물 ½컵

　식물성 기름 ¼컵

　레몬즙 또는 라임즙 2큰술

　간장 1큰술

　참기름 2작은술

　생강 2.5cm짜리 1조각, 껍질을 벗겨 다지기

　드라이 머스터드 1작은술

　(굵은 고춧가루 ½작은술)

　소금 ½작은술 또는 적당량

　(쓰촨식 고운 고춧가루 또는 오향 분말 ½작은술)

닭고기와 귤이 촉촉해질 정도로 드레싱을 넣고 뒤적여가며 섞는다. 맛을 보고 간을 조절한다. 다음 재료 위에 올려서 낸다.

　채 썬 배추 4컵(약 340g)

맨 위에 다음을 얹는다.

　차우멘 국수 1컵

　구운 무염 땅콩 1컵, 굵게 썰기 또는 구운 아몬드 슬라이스 ¾컵

　(볶은 참깨 1큰술)

타코 샐러드

4~6인분

이름은 샐러드지만 사실상 샐러드라는 생각이 들지 않을 정도로 든든한 요리다. 타코 샐러드를 먹으면서 "나는 샐러드를 먹고 있다."라는 말을 했을 때 거짓말 탐지기를 통과할 수 있는 사람이 얼마나 될까.

1인용 얕은 그릇이나 서빙용 플래터에 다음 재료를 순서대로 차곡차곡 쌓는다.

　토르티야 칩 8컵, 한입 크기로 쪼개기

　피카디요 레시피의 ½ 분량, 잘게 부수어 양념한 템페의 레시피 분량, 익혀서 얇게 썬 닭고기나 칠면조고기 3컵(약 450g)

　잘게 썬 체더 또는 몬터레이 잭 치즈 1½컵(170g)

　아이스버그 또는 로메인 상추 작은 것 1통, 가늘게 채 썰기

　쪽파 4대, 굵게 썰기 또는 간단한 양파 피클 1컵

토마토 큰 것 1개, 굵게 썰기 또는 방울토마토 1컵(170g), 반으로 자르기

(래디시 4개, 얇게 저미기)

살사 1컵, 시판 또는 수제

취향에 따라 다음과 함께 낸다.

(사워크림)

(과카몰레)

바운드 샐러드(Bound Salad, 뭉쳐놓은 샐러드)에 대해

영어에는 상당히 이상한 표현이 많은데 마요네즈에 버무린 고기나 달걀을 '샐러드'라고 부르는 것도 분명 그중 하나로 꼽을 만하다. 우리는 샐러드라는 이름에 충실하기 위해 가끔 녹색 채소를 깔고 바운드 샐러드를 얹어서 내기도 하지만, 찐득하고 맛이 진한 이 샐러드는 보통 샌드위치 속재료로 활용된다. 물론 속을 파낸 토마토나 오이, 반으로 자른 아보카도 위에 얹어도 잘 어울린다.

레시피를 소개하기 전에 몇 가지 주의사항을 언급해둔다. 마요네즈가 분리되는 것을 방지하려면 마요네즈와 섞기 전에 항상 육류를 완전히 익혀야 한다. 래디시, 당근, 셀러리 같은 아삭한 채소는 상큼한 풍미뿐만 아니라 기분 좋은 식감도 더해준다.(구운 견과류도 마찬가지다.) 취향에 따라 소금과 후추로 간을 한 익힌 닭고기를 풍미가 근사한 비네그레트나 다른 드레싱에 재워두었다가 마요네즈를 넣어 버무려도 좋다.(이 경우 비네그레트를 완전히 따라내고 마요네즈를 넣어야 질척거리지 않는다.) 채소도 마찬가지다. 간단한 양파 피클 또는 당근은 참치나 달걀 샐러드에 상큼하고 새콤한 풍미를 돋우며, 모든 종류의 시판 피클을 넣어도 마찬가지 효과를 얻을 수 있다. 바운드 샐러드를 생각하면 자연스럽게 마요네즈가 떠오르지만 비네그레트, 모조, 그리비슈 소스, 페타 또는 염소 치즈 드레싱, 차지키, 타히니 드레싱, 페스토, 일본식 스테이크하우스 생강 드레싱 또는 베트남식 비빔 쌀국수나 참깨 국수 소스 등을 대신 사용할 수도 있다. 샐러드 재료의 맛과 잘 어울리는 드레싱을 선택하기만 하면 된다.

닭고기 또는 칠면조고기 샐러드
4인분

가장 좋은 맛을 내려면 다리와 가슴살을 골고루 섞어 사용한다. 고기를 훈제하거나 그릴에 구워서 사용하면 궁극의 닭고기 또는 칠면조고기 샐러드가 완성된다. 고기를 완전히 식힌 다음에 다른 재료와 섞어주고, 내기 전까지 냉장고에 넣어둔다.

여러 사람에게 대접하기 위해 레시피의 분량을 늘려야 할 때는 다음 기준을 참고한다. 2.3kg짜리 닭을 사용하면 깍둑썰기한 닭고기 약 5컵 분량이 나오고, 1.3kg짜리 뼈를 제거한 칠면조 가슴살을 조리하면 깍둑썰기한 칠면조고기 약 5컵 분량을 얻을 수 있다.

중간 크기의 그릇에 다음을 넣고 섞는다.

익혀서 깍둑썰기하거나 얇게 썬 닭고기 또는 칠면조고기 2컵(약 225g)

깍둑썰기한 셀러리 또는 오이 ½컵

(씨 없는 포도 ½컵, 반으로 자르기 또는 깍둑썰기한 피클 ¼컵)

(쪽파 4대, 얇게 썰기)

(구워서 굵게 썬 아몬드, 호두 또는 피칸 ¼컵)

다음을 넣고 섞는다.

시판 또는 수제 마요네즈 ½컵 또는 비네그레트 ⅓컵

(굵게 썬 파슬리 또는 타라곤 1큰술)

(디종 머스터드 또는 커리 가루 1작은술)

레몬즙 적당량

소금과 흑후추 적당량

닭고기 샐러드 조합

닭고기 또는 칠면조고기 샐러드를 만든다. 고기의 양을 다른 재료의 2배로 늘려서 준비하고 재료가 촉촉해질 정도로만 드레싱을 넣는다.

마요네즈, 깍둑썰기한 셀러리, 깍둑썰기한 사과, 반으로 자른 포도나 건포도, 호두

녹색 여신 드레싱, 간단한 양파 피클, 굵게 썬 완숙 달걀

차지키, 저민 쪽파, 깍둑썰기한 래디시, 씨를 제거한 칼라마타 올리브, 곱게 썬 오레가노

비네그레트(토마토를 넣어 만들기), 저민 쪽파, 깍둑썰기한 오이, 잘게 부순 베이컨

타히니 드레싱, 잘게 부순 페타 치즈, 저민 쪽파, 굵게 썬 파슬리, 자타

햄 샐러드
4인분

다음을 그릇에 넣고 섞는다.

깍둑썰기한 익힌 햄 2컵

곱게 다진 피클(딜 또는 스위트)이나 피클 렐리시 ¼컵

마요네즈 ¼컵

(완숙 달걀 3개, 잘게 썰기)

다진 양파 또는 쪽파 2큰술

(레몬즙 1큰술)

디종 머스터드 ½작은술

흑후추 ⅛작은술 또는 적당량

뚜껑을 덮어 냉장고에서 차갑게 식힌다.

달걀 샐러드
4인분

달걀 샐러드는 엄청나게 활용도가 높다. 허브, 올리브, 케이퍼, 안초비 또는 고추 피클을 첨가해보자. 취향에 따라 마요네즈를 빼고 디종 머스터드와 레몬즙을 넣으면 톡 쏘는 상쾌한 맛을 즐길 수 있다. 중간 크기의 그릇에 다음을 넣고 섞는다.

완숙 달걀 6개, 잘게 썰기

마요네즈 ¼컵

다진 셀러리 3큰술

다진 딜 피클 또는 미니 오이 피클 3큰술

다진 양파 1큰술 또는 다진 쪽파 2큰술

(딜이나 파슬리 등 다진 허브 1큰술)

(디종 또는 홀그레인 머스터드 1큰술)

(레몬즙 1큰술)

(커리 가루 ¼작은술)

소금과 흑후추 적당량

뚜껑을 덮어 냉장고에 넣는다.

비건 '달걀' 샐러드

4인분

두부로 만든 이 샐러드는 샌드위치에 얹어서 먹거나 구운 토마토에 올려서 먹으면 기가 막히게 잘 어울린다.

깨끗하고 얇은 주방 행주를 깔고 다음을 올려놓는다.

　　단단한 두부 400~450g

싱크대 위에서 두부를 꽉 눌러 여분의 물기를 짜낸다.(두부가 약간 부서져도 상관없다.) 두부를 잘게 부숴 중간 크기의 그릇에 넣고 다음을 넣어 섞는다.

　　비건 마요네즈 ⅓컵

　　다진 자색 양파 또는 차이브 ¼컵

　　다진 셀러리 또는 회향 ¼컵

　　(다진 당근 ¼컵)

　　다진 파슬리 2큰술 또는 다진 딜 1큰술

　　(다진 미니 오이 피클 또는 스위트 피클 렐리시 1큰술)

　　디종 머스터드 1큰술

　　강황 가루 ½작은술

　　레몬즙 1작은술

　　소금과 흑후추 적당량

　　(검은 소금 1자밤)

차갑게 식도록 냉장고에 약 1시간 정도 넣어둔다.

참치 샐러드

4인분

중간 크기의 그릇에 다음을 넣고 섞는다.

　　참치 통조림 140g짜리 2개, 기름을 따라내기 또는 익힌 참치 225g, 포크로
　　　　부수기

　　셀러리 줄기 1개, 깍둑썰기하기

다음을 넣는다.

　　엑스트라 버진 올리브유 2큰술+레몬즙 2큰술 또는 마요네즈 ¼컵

　　(굵게 다진 피클 2큰술 또는 물기를 뺀 케이퍼 1큰술)

　　(차이브와 파슬리 등 굵게 썬 허브 2큰술)

　　소금과 흑후추 적당량

포크로 재료를 잘 섞는다.

베커 참치 샐러드

4인분

이 샐러드는 특히 전날 저녁에 그릴을 사용해 참치 스테이크를 일부러 넉넉하게 구워서 남겨두었을 때 반드시 만들어 먹는 메뉴로, 채소의 아삭아삭한 식감이 일품이다.

커다란 그릇에 다음을 넣고 섞는다.

　　참치 통조림 140g짜리 2개, 기름을 따라내기 또는 익힌 참치 225g, 포크로
　　　　부수기

　　레몬즙을 넣어 만든 비네그레트 ½컵 또는 비네그레트 ¼컵+마요네즈 ¼컵

　　굵게 썬 적색 또는 녹색 양배추 ½컵

　　당근 작은 것 1개, 깍둑썰기하기

　　셀러리 줄기 1개, 깍둑썰기하기

　　굵게 썬 파슬리 ¼컵

　　(래디시 2개, 깍둑썰기하기)

　　(케이퍼 1큰술, 물기 제거하기)

　　핫소스 소량씩 2~3번

　　레몬 ½개의 껍질, 강판에 곱게 갈기

　　흑후추 ½작은술 또는 적당량

뚜껑을 덮어서 냉장고에 넣어 차갑게 식힌다.

랍스터 또는 새우 샐러드

3~4인분

크래커나 엔다이브 잎에 올려서 전채 요리로 내거나 가볍게 드레싱을 버무린 버터 양상추 잎 위에 얹어서 샐러드로 먹는다.

중간 크기의 그릇에 다음을 넣고 섞는다.

　　익혀서 굵게 썬 랍스터 살, 게살 덩어리 또는 껍질을 벗겨서 익힌 새우나 껍질째
　　　　익힌 작은 분홍 새우 2컵(약 340g)

　　오이 중간 크기 1개, 껍질을 벗기고 세로로 반 잘라서 씨를 제거하고 깍둑썰기하기

　　사워크림 또는 마요네즈 3~4큰술 또는 적당량

　　셀러리 줄기 1개, 깍둑썰기하기

　　(완숙 달걀 1개, 굵게 썰기)

다음을 넣고 젓는다.

　　파슬리, 차이브 및 타라곤 등의 허브를 잘게 다진 것 최대 2큰술

　　레몬 ½개의 껍질, 강판에 곱게 갈기

　　레몬즙 1~2작은술 또는 적당량

　　소금과 흑후추 적당량

다음으로 장식한다.

　　다진 차이브 또는 타라곤

채소 샐러드에 대해

얇게 저미거나 소용돌이 모양으로 돌려 깎은 생당근에서부터 얇게 썬 오이, 데친 껍질콩, 구운 비트에 이르기까지 거의 모든 채소가 샐러드의 기본 토대 역할을 할 수 있다. 아래에 소개하는 레시피뿐만 아니라 깍지콩, 신선한 완두콩, 데친 껍질콩, 익힌 아티초크나 아스파라거스 등 사실상 채소라면 무엇이든 비네그레트에 살짝 버무려서 곁들임 요리로 낼 수 있다. 특히 먹다 남은 채소찜은 그 이상 조리하다가는 곤죽이 되어버리므로 이 활용 방법을 기억해두면 유용하다.

아스파라거스 참깨 샐러드

4~6인분

다음 재료가 살짝 부드러워질 때까지 찐다.

　　아스파라거스 680g, 손질해서 5cm 길이로 썰기

그동안 작은 그릇에 다음을 넣고 세게 휘저으며 섞는다.

　　참기름 2큰술

　　화이트와인 식초 또는 쌀 식초 4작은술

　　간장 4작은술

　　볶은 참깨 1큰술

　　설탕 1큰술

아스파라거스가 따뜻할 때 드레싱을 넣어 가볍게 버무린다. 따뜻하게 또는 차갑게 낸다.

아보카도와 감귤류 샐러드
4인분

다음을 준비한다.

> 비네그레트, 미소 드레싱 또는 포피시드 꿀 드레싱

다음의 껍질과 막을 모두 제거하고 1조각씩 분리한다.(195쪽의 쉬프렘 관련 내용 참고)

> 자몽 큰 것 1개
> 오렌지 큰 것 2개

사선에 가까운 가로 방향으로 비스듬하게 6mm 두께로 썬다.

> 아보카도 2개, 씨를 빼고 껍질을 벗기기

준비한 드레싱 ½컵에 아보카도를 5분간 담가둔다. 커다란 그릇에 다음을 넣는다.

> 로메인 상추 작은 것 1통, 채 썰기 또는 어린 시금치 잎 약 6컵

먹기 직전에 드레싱을 넉넉히 넣어 채소 잎에 골고루 묻힌다. 접시에 채소를 깔고 그 위에 아보카도와 자몽 및 오렌지 자른 것을 번갈아 놓는다. 취향에 따라 다음을 훌훌 뿌린다.

> (볶은 참깨)

아보카도와 망고 샐러드
4인분

다음을 준비한다.

> 비네그레트 레시피의 ½ 분량, 라임즙을 넣어 만들기

다음을 세로 방향으로 얇게 썬다.

> 망고 1개, 씨를 제거하고 껍질을 벗기기
> 아보카도 2개, 씨를 제거하고 껍질을 벗기기

샐러드를 먹을 때까지 시간이 약간 남았다면 썰어놓은 아보카도에 비네그레트를 살짝 묻혀 갈변을 방지한다. 다음 재료에 드레싱을 넣어 살짝 코팅되도록 뒤적이며 섞는다.

> 루콜라 또는 크레송 2컵, 질긴 줄기를 제거하기
> 자색 양파 작은 것 ½개, 얇게 저미기 또는 쪽파 4대, 사선으로 얇게 썰기

개인 접시에 적당히 나눠 담는다. 루콜라 주변에 아보카도와 망고를 번갈아 놓는다. 숟가락으로 드레싱을 적당히 뿌린다. 취향에 따라 다음을 뿌린다.

> (알레포, 마라시, 우르파 또는 에스플레트 고춧가루)
> (굵은 바닷소금)

호스래디시를 넣은 비트, 회향, 감귤류 샐러드
4인분

화려하고 먹음직스러운 겨울 샐러드다. 비트와 회향의 단맛과 감귤류의 새콤한 맛, 그리고 기분 좋게 알싸한 호스래디시가 근사하게 어우러진다.(갈아서 양념한 호스래디시를 사용한다면 '크림 같은 질감'이 아닌 것을 선택하자.)

다음을 손질하거나 준비한다.

> 익혀서 껍질을 벗긴 비트 450g, 슬라이스 또는 웨지 모양으로 썰기

다음의 껍질과 막을 모두 제거하고 1조각씩 분리한다.

> 오렌지 2개 또는 자몽 큰 것 1개

다음을 가로 방향으로 얇게 저민다.

> 회향 구근 큰 것 1개

중간 크기의 그릇에 다음을 넣고 세게 젓는다.

> 엑스트라 버진 올리브유 ¼컵
> 레몬즙 2큰술
> 시판 또는 곱게 간 신선한 호스래디시 1큰술
> 흑후추 ½작은술
> 소금 ¼작은술

비트, 감귤류, 회향을 넣고 뒤적이며 버무린다. 맛을 보고 필요하면 간을 조절한 후 다음으로 장식한다.

> 다진 차이브 또는 파슬리 2큰술

당근과 건포도 샐러드
6~8인분

중간 크기의 그릇에 다음을 넣어 섞는다.

> 당근 큰 것 4개, 강판으로 굵게 채 썰기(약 2½컵)
> 건포도 ½컵
> (굵게 썬 피칸 또는 무염 구운 땅콩 ½컵)
> 레몬 1개의 껍질, 강판에 곱게 갈기
> 레몬즙 1큰술
> 소금 ¾작은술
> 흑후추 적당량

다음을 넣어 샐러드를 뒤적이며 섞는다.

> 사워크림이나 마요네즈 ¼컵 또는 적당량

당근 라페(프랑스식 채 썬 당근 샐러드)
4~6인분

프랑스 어느 지역에서나 즐겨 먹는 샐러드인데, 어쩌면 그 많은 치즈와 와인을 섭취하는 와중에 조금이나마 채소로 균형을 맞추려는 의도가 아닐까.

중간 크기의 그릇에 다음을 넣고 섞는다.

> 커다란 당근 450g, 강판으로 채 썰기
> 잎이 평평한 파슬리 ⅓컵, 굵게 썰기

작은 유리병에 다음을 넣고 흔들어서 섞는다.

> 엑스트라 버진 올리브유 3큰술
> 레몬즙 또는 화이트와인 식초 2큰술
> 디종 머스터드 1작은술
> 설탕 1작은술
> 소금 ¼작은술

당근에 드레싱을 붓고 뒤적이며 섞는다.

얇게 깎은 당근 샐러드
4~6인분

이 샐러드는 리본 끈처럼 예쁘게 어우러진 당근, 달콤한 회향, 아삭한 래디시를 상큼한 연녹색 요구르트 드레싱에 버무린 것이다. 더 화려한 색감을 내려면 무지개 당근을 사용한다. 당근을 돌려 깎고 남은 '심' 부분은 육수를 낼 때 사

용하거나 나중에 수프나 볶음을 만드는 데 활용할 수 있으며, 물론 요리하는 사람이 간식으로 먹어도 좋다.

다음을 준비한다.

허브 요구르트 드레싱

채소 껍질 벗기는 도구를 사용해 긴 리본 끈 모양으로 얇게 돌려 깎는다.

중간 크기의 당근 450g

리본 끈 모양으로 깎은 당근을 커다란 그릇에 넣고 다음을 넣는다.

래디시 4개, 얇게 저미기

회향 구근 ½개, 얇게 저미기

모든 재료가 얇게 코팅될 정도로 드레싱을 넣고 뒤적여가며 섞은 후 넓은 접시에 담는다. 다음을 훌훌 뿌린다.

(잘게 부순 페타 치즈 ½컵)

다진 차이브나 파슬리 또는 고수 잎

셀러리 뿌리 레물라드(Celery Root Rémoulade)

4~6인분

다음의 껍질을 벗기고 6mm 두께로 둥글게 썬다.

셀러리 뿌리 2개

끓는 소금물에 넣어 부드러워질 때까지 3~4분간 삶는다. 물을 따라내고 식힌 후 기다란 모양으로 아주 가늘게 썬다. 얕은 그릇에 담고 다음을 넣어 섞는다.

레물라드 소스

셀러리 뿌리 2컵당 소스 ½컵 정도를 사용한다. 뚜껑을 덮어서 완전히 차가워질 때까지 냉장고에 넣어둔다. 다음을 아래에 깔고 그 위에 얹어 낸다.

크레송, 질긴 줄기를 제거하기

디의 옥수수와 토마토 샐러드

4인분

옥수수와 토마토는 그야말로 여름을 상징하는 식재료다. 이 샐러드는 제철을 맞아 가장 먹음직스럽게 익은 옥수수와 토마토를 활용하기에 안성맞춤이다. 옥수숫대에서 다음을 떼어낸다.

옥수수 알갱이 3컵(옥수수 약 6개)

다음을 그릇에 넣고 섞는다.

토마토 큰 것 1개, 깍둑썰기하기

자색 양파 ½개, 깍둑썰기하기 또는 쪽파 4대, 얇게 썰기

굵게 썬 바질 2큰술

살짝 촉촉해질 정도로 다음을 소량만 넣어 섞는다.

비네그레트

차갑게 식히거나 실온 상태로 2~3시간 이내에 내고, 다음으로 장식한다.

바질 잎

오이 샐러드

4인분

I. 특별한 메뉴가 필요한 날에는 게살을 넣어 해산물 샐러드로 변신시켜보자. 중간 크기의 그릇에 다음을 넣고 섞는다.

쌀 식초 또는 화이트와인 식초 ¼컵

(볶은 참깨 4작은술)

설탕 2작은술

(마늘 1쪽, 다지기)

(굵은 고춧가루 ¼작은술)

다음을 넣어 뒤적이며 소스와 섞어준다.

오이 큰 것 1개, 껍질을 벗기고 세로로 반 잘라서 씨를 제거하고 길쭉하게 또는 얇게 썰기

뚜껑을 덮어서 약 1시간 정도 냉장고에 넣어 차갑게 식힌다.

II. 크림 질감의 오이 샐러드

라이타 또는 차지키 소스를 레시피의 2배 분량으로 준비한다.(차지키 소스의 경우 오이를 2개 사용한다.) 껍질을 벗기고 씨를 제거한 오이를 한입 크기의 작은 조각으로 또는 슬라이스로 썬다.

중국식 으깬 오이 샐러드

4~6인분

마음 놓고 채소를 힘껏 내려칠 수 있는 레시피이지만 적당한 선에서 멈추도록 하자. 오이 껍질이 전체적으로 여기저기 갈라지는 정도까지 두들기되, 곤죽이 되지 않도록 주의한다.

도마에 다음을 올린다.

가늘고 긴 영국 오이 5개 또는 짧고 통통한 페르시아 오이 6개

밀대나 커다란 칼의 평평한 부분을 사용해 껍질이 여기저기 터지면서 납작해질 때까지 오이를 여러 번 두들긴다. 그런 다음 오이를 큼직하게 썰어서 그릇에 담고 다음으로 버무린다.

고추기름 또는 바삭하게 씹히는 중국식 매운 고추기름 1큰술

간장 1큰술

중국식 흑식초 또는 쌀 식초 1큰술

마늘 1쪽, 다지기

설탕 1작은술

(쓰촨식 고운 고춧가루 ½작은술)

소금 ¼작은술

최소 10분, 최대 30분까지 양념에 재워두었다가 낸다.

루콜라와 야자순 샐러드

4인분

후추 향이 나는 루콜라, 매콤한 할라페뇨, 고소한 호박씨가 그와는 대조적으로 크림 같은 질감에 살짝 신맛이 도는 야자순과 멋지게 어울리는 샐러드다. 다음을 준비한다.

라임즙을 넣어 만든 비네그레트, 구운 마늘 드레싱 또는 메건의 레몬 디종 드레싱

커다란 그릇에 다음을 넣는다.

루콜라, 성기게 담아서 4컵

셀러리 줄기 2개, 얇게 썰기

채소가 촉촉해질 정도로 드레싱을 넣어 섞은 후 개인 접시에 적당히 나눠 담거나 서빙용 접시에 옮겨 담는다. 그릇에 다음을 넣는다.

야자순 통조림 400g짜리 1개, 물을 따라내고 가로 방향으로 1.2cm 두께로 썰기

(할라페뇨 고추 1개, 아주 얇게 저미기)

드레싱을 약간 더 추가해서 뒤적이며 섞는다. 접시에 담은 루콜라와 셀러리 위에 야자순과 다음을 가지런히 올린다.

아보카도 큰 것 1개, 씨를 빼고 껍질을 벗긴 후 얇게 썰기

다음을 홀홀 뿌린다.

구운 호박씨 ¼컵

히카마 샐러드

6~8인분

히카마(jicama, 멕시코 감자라고도 불리는 구근류 — 옮긴이)의 껍질을 벗겨서 성냥 개비 모양으로 얇고 길게 썬다.

히카마 중간 크기 1개(약 450g)

다음을 가로 방향으로 6mm 두께의 슬라이스가 되도록 썬다.

오이 작은 것 2개, 껍질을 벗겨서 세로로 반 자르고 씨를 제거하기

오렌지의 꼭지 부분과 아래쪽을 약간 잘라낸다.

네이블 오렌지 중간 크기 3개

오렌지를 도마 위에 놓고 껍질과 껍질 안쪽의 흰색 중과피 부분, 그 외의 막을 전부 벗겨낸다. 세로 방향으로 반을 자른 후 가로 방향으로 6mm 두께의 슬라 이스로 자른다. 히카마, 오이, 오렌지를 커다란 그릇에 담고 다음을 함께 넣어 뒤적이며 섞는다.

래디시 6개, 얇게 저미기

자색 양파 작은 것 1개, 얇게 저미기

라임즙 ⅓컵

재료가 어우러지도록 20분간 두었다가 다음으로 간을 한다.

소금

숟가락으로 샐러드와 국물을 떠서 서빙용 접시에 담는다. 샐러드 위에 다음을 뿌린다.

고춧가루 2작은술

굵게 썬 고수 ⅓컵

세 가지 완두콩 샐러드

6인분

주요리 샐러드로 즐기려면 볶은 새우를 추가한다.

다음 샐러드에 곁들이는 드레싱을 준비한다.

아스파라거스 참깨 샐러드

커다란 냄비에 물을 붓고 소금을 넣은 후 팔팔 끓어오르면 다음을 넣고 2분간 삶는다.

깍지콩 55g(약 1컵)

다음을 넣고 1분간 삶는다.

깍지완두 28g(약 ½컵)

신선한 껍질콩 또는 해동한 냉동 껍질콩 ½컵

물을 따라내고 찬물에 헹군다. 톡톡 두드려 물기를 뺀다. 콩을 그릇에 담고 드 레싱과 함께 다음을 넣어 뒤적여주며 섞는다.

완두순 또는 숙주 6컵(약 225g)

감자 샐러드

4인분

이 레시피에 사용하는 비네그레트는 쉽게 상하지 않으므로 피크닉 샐러드를 준비할 때 가장 알맞은 드레싱이다.

포크가 쉽게 들어갈 정도로 부드러워질 때까지 삶는다.

붉은색 감자 또는 골드 감자 450g

물을 따라낸다. 만질 수 있을 정도로 식으면 얇게 썰거나 정육면체로 썬다. 다 음을 부어서 재운다.

비네그레트 ⅓컵

따뜻하게 또는 차갑게 낸다. 먹기 직전에 다음을 넣고 몇 번 뒤적여 섞는다.

(굵게 썬 크레송 또는 루콜라 ½컵)

굵게 썬 파슬리 1큰술

다진 차이브 2큰술

크림처럼 부드러운 감자 샐러드

6~8인분

포크가 쉽게 들어갈 정도로 부드러워질 때까지 삶는다.

붉은색 감자 또는 골드 감자 900g

물을 따라낸다. 취향에 따라 껍질을 벗기고 한입 크기로 썬다. 중간 크기의 그 릇에 담아 감자를 완전히 식힌다. 다음을 넣어 뒤적이며 섞는다.

마요네즈 ¾컵

셀러리 줄기 1~2컵, 깍둑썰기하기

얇게 썬 쪽파 4대, 굵게 썬 간단한 양파 피클 ⅓컵 또는 강판에 간 양파 2큰술

(완숙 달걀 3개, 깍둑썰기하기)

(다진 파슬리, 크레송 또는 루콜라 ¼~½컵)

레몬즙 또는 레드와인 식초 2큰술

(케이퍼, 피클 렐리시, 깍둑썰기한 딜 피클, 굵게 썬 올리브 또는 굵게 썬 고추 피클
 1~2큰술)

(홀그레인 또는 노란색 머스터드 1큰술)

(갈아서 양념한 호스래디시 2작은술)

소금과 흑후추 적당량

뚜껑을 덮고 냉장고에 넣어서 차갑게 식힌다.

독일식 감자 샐러드

6인분

포크가 쉽게 들어갈 정도로 부드러워질 때까지 삶는다.

붉은색 감자 또는 골드 감자 900g

물을 따라내고 껍질을 벗긴 후 얇게 썰거나 정육면체로 썬다. 프라이팬을 중 불에 올리고 다음을 바삭해질 때까지 굽는다.

베이컨 슬라이스 4조각

베이컨을 건져서 키친타월에 올려놓고 기름을 뺀 후 한쪽에 둔다. 프라이팬에 베이컨 기름을 2큰술만 남기고 모두 따라 버린다. 프라이팬을 다시 중강불에 올리고 다음을 넣는다.

양파 중간 크기 ½개, 굵게 썰기

셀러리 줄기 1개, 굵게 썰기

노릇하게 익을 때까지 약 7분간 볶는다. 다음을 넣고 바글바글 끓인다.

사과 식초 ½컵

물 또는 닭고기 국물 ¼컵

굵게 썬 딜 피클 ¼컵

설탕 ½작은술

소금 ½작은술

(드라이 머스터드 ¼~½작은술)

스위트 파프리카 가루 ⅛작은술

프라이팬을 불에서 내리고 구워둔 베이컨을 잘게 부숴 넣은 후 감자를 넣고 뒤적이며 섞는다. 다음으로 장식하고 따뜻하게 낸다.

굵게 썬 파슬리나 차이브

토마토 샐러드

6~8인분

토마토가 제철이 아닌 시기에 이 샐러드를 만들려면 토마토에 대해 항목에서 겨울에 맛있는 토마토를 고르고 조리하는 방법을 확인한다. **카프레제 샐러드**로 응용하려면 신선한 **모차렐라 치즈 340g**을 6mm 두께의 슬라이스로 썰어서 토마토 사이에 끼운다. **굵게 썬 바질**을 군데군데 얹고 **엑스트라 버진 올리브유와 발사믹 식초를 적당량** 뿌린 후 **소금과 흑후추를 훌훌 뿌려서** 맛을 낸다.

차갑게 식힌 서빙용 플래터에 다음을 서로 살짝 겹치도록 가지런히 배열한다.

토마토 큰 것 6개, 6mm 두께의 슬라이스나 웨지 모양으로 썰기

취향에 따라 토마토 슬라이스 사이에 다음을 끼워 넣는다.

(자색 양파, 버뮤다 양파 또는 비달리아 양파 1개, 아주 얇게 저미기)

토마토 위에 다음을 뿌린다.

엑스트라 버진 올리브유 ½컵과 발사믹 식초 소량 또는 비네그레트

다음을 훌훌 뿌린다.

굵게 썬 파슬리, 여름 세이버리, 타라곤, 바질 또는 이러한 허브를 적당히 섞어서
¼~½컵

소금과 흑후추 적당량

차갑게 식히지 않고 실온 상태로 낸다.

시라지(Shirazi) 또는 이스라엘식 샐러드

4인분

오이의 절반 정도를 슬라이스로 썰고 나머지를 굵게 썰면 더 재미있는 식감의 샐러드가 완성된다. 알록달록한 에어룸 토마토(heirloom, 자연 수분으로 재배되는 재래종 토마토 — 옮긴이)와 방울토마토를 비롯해 다양한 종류의 토마토를 사용한다. 우리는 깍둑썰기한 래디시도 즐겨 넣는다.

샐러드 그릇에 다음을 넣고 섞는다.

아주 잘 익은 토마토 450g, 굵게 썰기 또는 방울토마토 450g, 반으로 자르기

페르시아 오이 5개 또는 영국 오이 큰 것 1개(약 340g), 얇게 썰거나 깍둑썰기하기

자색 양파 ½개, 얇게 저미거나 잘게 썰기 또는 쪽파 5대, 얇게 썰기

잎이 평평한 파슬리 ⅓컵

민트 잎 ⅓컵

(굵게 썬 딜 2큰술)

(수막 가루 1작은술)

채소 위에 다음을 붓고 뒤적여가며 섞는다.

엑스트라 버진 올리브유 ¼컵

레몬즙, 라임즙 또는 레드와인 식초 2큰술

소금 ¼작은술

흑후추 ¼작은술

판차넬라(Panzanella, 토스카나식 빵과 토마토 샐러드)

6~8인분

오븐을 175℃로 예열한다. 오븐 팬에 다음을 올린다.

가로세로 2.5cm 크기의 정육면체로 자른 빵 5컵(시골풍 빵 450g짜리 1덩어리)

빵 조각에 다음을 뿌리고 뒤적이며 섞는다.

올리브유 3큰술

빵 조각들을 평평하게 펼쳐놓고 중간에 오븐 팬을 한두 번 흔들어가면서 갈색으로 익을 때까지 10~15분간 구워서 크루통을 만든다. 그동안 작은 그릇에 다음을 넣고 세게 저어서 섞는다.

엑스트라 버진 올리브유 ⅓컵

레드와인 식초 ⅓컵

레몬즙 3큰술

다진 파슬리 3큰술

마늘 1쪽, 다지기

소금 ½작은술

흑후추 적당량

오븐에서 구운 크루통을 샐러드 그릇에 넣고 다음을 추가한다.

오이 2개, 껍질을 벗기고 세로로 반 잘라서 씨를 제거한 후 1.2cm 크기의
정육면체로 썰기

토마토 큰 것 2개, 1.2cm 크기의 정육면체로 썰기

자색 양파 중간 크기 ½개 또는 쪽파 5대, 얇게 썰기

씨를 빼고 반으로 자른 검은색 올리브 ⅓컵

굵게 썬 바질, 파슬리 또는 이를 섞어서 ⅓컵

드레싱을 넣고 잘 뒤적이며 섞는다. 취향에 따라 다음을 훌훌 뿌린다.

(치즈 대패로 깎은 파르메산 치즈 ½컵[55g])

즉시 낸다.

파투시(Fattoush, 레바논식 피타 샐러드)

6~8인분

위에 소개한 판차넬라와 마찬가지로 빵을 넣어서 만드는 이 샐러드는 토마토와 오이가 풍성하게 나고 상큼한 음식에 식욕이 당기는 여름에 무척 잘 어울린다. 야외에서 간단하면서도 든든하게 즐기고 싶을 때는 채소와 드레싱을 따로 준비해 담아두었다가 그릴을 켜고 생선, 닭, 케밥 등 원하는 재료를 굽는다. 그릴에 아직 불이 남아 있을 때 가볍게 기름을 바르고 피타를 얹어 바삭바삭하게 잘 굽는다. 샐러드와 드레싱을 섞고 그릴에 구운 고기를 맨 위에 얹는다. 수막은 필수 재료는 아니지만 독특한 신맛이 입맛을 돋우며 붉은 벽돌색으로 샐러드를 화려하게 살려주므로 될 수 있으면 꼭 구해서 넣어보기를 권장한다.

다음을 준비한다.

피타 칩, 18cm짜리 피타 빵 2개로 만들기

피타 칩을 한입 크기로 잘라서 한쪽에 둔다. 큰 그릇에 다음을 넣고 섞는다.

로메인 상추 큰 것 ½통, 한입 크기로 뜯기

방울토마토 1컵, 반으로 자르기 또는 로마 토마토나 플럼 토마토 3개, 얇은 웨지나
반달 모양으로 자르기

작은 오이 1개, 껍질을 벗기고 세로로 반 잘라서 씨를 제거하고 얇게 썰기

래디시 5개, 얇게 저미기

쪽파 6대, 얇게 썰기

잎이 평평한 파슬리, 성기게 담아서 ⅔컵

굵게 썬 민트 ¼컵

다음을 넣고 뒤적여가며 잘 섞는다.

비네그레트 ½~⅔컵, 레몬즙을 넣어 만들기

(수막 가루 1½큰술)

구운 피타를 넣고 다시 한번 뒤적이면서 섞는다.

짭짤한 과일 샐러드에 대해

달콤한 과일 샐러드는 「과일」 장을 참고한다. ▶ 레몬즙을 버무려두면 잘라둔 과일의 갈변을 방지할 수 있다. 과일 샐러드는 최대한 먹기 직전에 만들어야 한다. 샐러드를 미리 섞어두어야 한다면 단단하고 식감이 아삭한 과일을 선택한다.

월도프 샐러드

4인분

중간 크기의 그릇에 다음을 넣고 섞는다.

깍둑썰기한 셀러리 1컵

씨를 제거하고 껍질을 벗겨 깍둑썰기한 사과 1컵

구워서 굵게 썬 호두 ⅓컵

반으로 자른 씨 없는 적포도 ½컵

다음을 넣고 젓는다.

마요네즈 또는 플레인 요구르트 ⅓~½컵 또는 적당량

소금 ¼작은술

흑후추 ⅛작은술

실온 상태로 또는 차갑게 식혀서 낸다.

매콤한 수박 샐러드

4~6인분

서빙 그릇에 다음을 넣고 섞는다.

씨를 빼고 1.2cm 크기의 조각으로 자른 수박 6컵

자색 양파 작은 것 ½개, 깍둑썰기하기

할라페뇨 고추 작은 것 1개, 씨를 빼고 깍둑썰기하기

라임즙 3큰술 또는 적당량

굵게 썬 고수 또는 파슬리 2큰술

고춧가루 ½작은술

소금 ½작은술 또는 적당량

카옌 고춧가루 ⅛작은술 또는 적당량

실온 상태로 낸다.

그린 파파야 샐러드(솜땀)

4인분

그린 파파야는 사실 특정 품종의 이름이 아니라 단순히 덜 익어서 과육이 아삭하고 새콤한 맛을 내는 파파야를 말한다. 그린 파파야를 구할 수 없을 때는 콜라비나 그린 망고(역시 덜 익은 망고를 의미한다.)를 사용해 비슷한 샐러드를 만들 수 있다.

커다란 그릇에 다음을 넣고 섞는다.

피시 소스 2큰술

라임즙 2큰술

(말린 새우 1큰술, 볶아서 아주 곱게 다지기)

마늘 2쪽, 다지기

갈색 설탕, 꾹 눌러 담아 2큰술

굵은 고춧가루 1작은술 또는 신선한 붉은색 태국 칠리 고추 1~2개, 씨를 빼고 다지기

다음을 넣는다.

껍질을 벗겨 채 썬 그린 파파야 2½컵

한입 크기로 썬 껍질콩 55g(약 1컵)

로마 토마토나 플럼 토마토 2개, 씨를 제거하고 길쭉하게 썰기 또는 방울토마토 1컵, 반으로 자르기

파파야와 토마토를 뒤적여가며 소스와 잘 섞는다. 다음을 훌훌 뿌린다.

가염 볶은 땅콩 ¼컵, 잘게 썰기

다음과 함께 낸다.

라임 조각

시칠리아식 오렌지, 회향, 양파 샐러드

4~6인분

오렌지의 꼭지 부분과 아래쪽을 약간 잘라낸다.

네이블 오렌지 중간 크기 4개

오렌지를 도마 위에 놓고 껍질과 껍질 안쪽의 흰색 중과피 부분, 그 외의 막을 전부 벗겨낸다. 가로 방향으로 6mm 두께의 슬라이스로 자른다. 커다란 그릇에 옮기고 다음 재료를 넣어 뒤적이며 섞는다.

회향 구근 큰 것 1개, 가운데 심을 통과하도록 반으로 잘라 가로로 얇게 저미기

자색 양파 작은 것 1개, 얇게 저미기 또는 물기를 뺀 간단한 양파 피클 ½컵

씨를 뺀 검은색 올리브 ½컵, 반으로 자르기

얇게 썬 민트 잎 2큰술

엑스트라 버진 올리브유 2큰술 또는 적당량

레몬즙 4작은술

굵은 소금과 흑후추 적당량

서빙용 플래터의 가운데에 보기 좋게 배열한다. 다음으로 장식한다.

민트 잎 1큰술

콩 샐러드에 대해

우리 집에서는 콩을 주재료로 한 샐러드를 점심으로 즐겨 먹는다. 맛있고 배가 든든하며 건강에 좋고 만들기도 쉽다. 말린 콩을 처음부터 조리해야 가장 맛있기는 하지만 우리는 콩 통조림도 자주 사용한다. 말린 콩을 조리하는 방법은 226쪽을 참고한다. ▶ 일반적으로 말린 콩 1컵을 조리하면 2~2½컵 정도 나온다. ▶ 425~450g짜리 콩 통조림 1개에는 국물을 제외하고 약 1½컵 정도의 콩이 들어 있다. 샐러드와 비슷하면서 맛이 좋은 또 하나의 차가운 콩 요리는 텍사스 캐비아 레시피를 참고한다.

기본 콩 샐러드

4~6인분

우리는 병아리콩과 넉넉한 양의 신선한 허브, 아삭한 식감을 주는 셀러리 또

는 회향을 넣어 이 샐러드를 즐겨 만든다.

중간 크기의 그릇에 다음을 넣고 섞는다.

  삶은 콩 2½~3컵 또는 425g짜리 콩 통조림 2개, 물을 따라내고 헹구기

  (깍둑썰기한 자색 양파 ½컵 또는 얇게 썬 쪽파)

  (깍둑썰기한 셀러리, 오이, 회향, 래디시 또는 옥수수 알갱이 최대 1컵)

  (반으로 자른 방울토마토 1컵 또는 천천히 구운 토마토 굵게 썬 것)

  (강판에 간 파르메산이나 로마노 치즈 또는 잘게 부순 페타 치즈 최대 ½컵)

  (굵게 썬 파슬리, 고수 또는 여러 허브를 섞어서 2큰술)

  엑스트라 버진 올리브유 2큰술

  레몬즙 2큰술

  소금 ½작은술

  흑후추 ¼작은술

  (굵은 고춧가루 ¼작은술)

맛을 보고 입맛에 따라 소금, 레몬즙 또는 흑후추를 추가해 간을 맞춘다.

얇게 깎은 회향과 흰콩 샐러드

4인분

회향을 그다지 선호하지 않는다면 셀러리를 사선으로 얇게 저며서 넣거나, 푼타렐라를 구할 수 있으면 이를 사용해 샐러드를 만들 수 있다. 이 레시피에는 카넬리니와 그레이트 노던 콩이 잘 어울리지만, 큼직한 코로나 콩이나 대왕콩이라고도 부르는 기간테(gigante) 콩을 사용하면 금상첨화다. 이 샐러드는 기름에 담긴 참치나 정어리 통조림과 함께 그릴에 구운 참치 스테이크에 곁들이거나 문어 양념 그릴 구이 위에 얹어 내면 근사하게 어울린다.

다음을 준비한다.

  삶은 흰콩 1½~2컵 또는 425g짜리 콩 통조림 1개, 물을 따라내고 헹구기

다음의 줄기와 깃털 모양의 잎을 다듬고 손질한다.

  중간 크기의 회향 구근 1개(225~285g)

만돌린 채칼이나 잘 드는 칼을 사용해 회향 구근을 가로 방향으로 아주 얇게 (종잇장처럼) 저민다. 작은 프라이팬을 중약불에 올리고 다음을 둘러서 가열한다.

  엑스트라 버진 올리브유 3큰술

기름이 뜨겁게 달궈지면 다음을 넣는다.

  마늘 2쪽, 강판에 갈거나 다지기

  (굵게 썬 신선한 로즈메리 또는 세이지 2작은술)

  굵은 고춧가루 ¼~½작은술 또는 적당량

30초 동안 마늘을 지글지글 볶다가 프라이팬을 불에서 내리고 기름에 마늘과 허브 향이 배도록 몇 분 더 둔다. 그릇에 콩과 회향, 향이 밴 기름을 넣고 다음을 추가한다.

  레몬즙 2큰술 또는 적당량

  굵게 썬 파슬리 또는 회향 잎 2큰술

  소금과 흑후추 적당량

실온 상태로 또는 차갑게 식혀서 낸다. 취향에 따라 다음을 치즈 대패로 얇게 깎아서 맨 위에 얹는다.

  (파르메산 또는 로마노 치즈 ¼컵)

풋콩과 당근 샐러드

8인분

중간 크기의 그릇에 다음을 넣고 섞는다.

  냉동 풋콩 285g짜리 1봉지, 껍질째 삶기(약 2컵)

  당근 큰 것 3개, 강판으로 굵게 채 썰기(약 2컵)

  얇게 썬 쪽파 ½컵

  (굵게 썬 고수 2큰술)

그릇이나 유리병에 다음을 넣고 세게 휘젓거나 흔들어서 섞는다.

  쌀 식초 2큰술

  레몬즙 2큰술

  식물성 기름 1큰술

  마늘 1쪽, 다지기

  소금 ½작은술

  흑후추 ¼작은술

소스를 샐러드에 넣고 잘 뒤적여서 골고루 버무린다. 실온 상태로 또는 차갑게 낸다.

병아리콩과 구운 콜리플라워 샐러드

4~6인분

브로콜리 구이 레시피를 참고해 다음을 굽는다.

  콜리플라워 중간 크기 2통, 꽃송이 부분을 적당한 크기로 자르기

콜리플라워를 중간 크기의 그릇에 넣고 다음을 넣어 섞는다.

  병아리콩 통조림 425g짜리 1개, 물을 따라내고 헹구기

  오이 중간 크기 ½개, 껍질을 벗기고 씨를 제거한 후 깍둑썰기하기

  저그 ⅓~½컵, 고수 민트 처트니 또는 타히니 드레싱

  잘게 부순 페타 치즈 ½컵(55g)

  (다진 자색 양파 ¼컵)

  소금과 흑후추 적당량

취향에 따라 다음 재료 위에 올려서 낸다.

  (루콜라)

레이철의 케일과 렌틸콩 샐러드

4~6인분

우리 가족과 가장 가까운 지인이 소개해준 샐러드다. 이 샐러드는 우리 집의 단골 메뉴가 되었으며 각각의 재료를 그냥 합친 것보다 훨씬 근사한 맛을 낸다.

중간 크기의 편수 냄비에 다음을 넣고 팔팔 끓인다.

  물 1½컵

  갈색 또는 녹색 렌틸콩 ½컵

불을 줄이고 뚜껑을 덮어서 콩이 부드러워질 때까지 20~30분간 뭉근히 삶는다. 그동안 다음을 준비한다.

  비네그레트, 발사믹 식초를 넣어 만들기

렌틸콩을 다 삶으면 물기를 빼고 커다란 그릇에 옮겨 담는다. 드레싱을 약 ½컵 정도 붓고 다음을 넣어 뒤적이며 섞는다.

  라키나토 케일 1묶음, 잎줄기를 제거하고 채 썰기

  (라디치오 ½통, 채 썰기 또는 방울양배추 225g, 다듬어서 채 썰기)

  구운 피칸이나 헤이즐넛 또는 바삭하고 매콤한 피칸 ½~¾컵, 맛을 보면서 조절

잘게 부순 신선한 염소 치즈 ½컵(55g)

곡물과 쌀을 사용한 샐러드에 대해

샐러드가 제대로 된 식사 역할을 하지 못한다고 생각하는 사람에게 곡물 샐러드는 안성맞춤인 메뉴다. 익힌 곡물이라는 든든한 기본 재료에 풍미가 근사한 드레싱이나 비네그레트로 맛을 내고 생채소나 익힌 채소, 말린 과일, 구운 견과류, 단백질 재료 등의 다양한 재료를 첨가한 곡물 샐러드는 신선한 샐러드에 구미가 당기지만 단순한 채소 샐러드보다는 조금 더 푸짐한 음식으로 배를 채우고 싶을 때 만들어 먹으면 좋다. 샐러드에 넣을 곡물을 조리할 때는 소금을 넣고 익혀서 간이 잘 배게 한다. 곡물을 익힌 후 따뜻할 때 드레싱을 섞어도 좋고, 곡물을 미리 조리한 다음(또는 먹다 남은 곡물을 준비해) 차갑게 또는 실온 상태로 샐러드에 사용해도 좋다. 일반적인 기준으로는 익힌 곡물 3컵당 드레싱 약 ½컵을 사용하면 된다. 곡물을 선택하고 조리하는 방법은 363쪽 곡물 조리 기준표를 참고한다.

닭고기와 올리브를 넣은 쌀 샐러드

6~8인분

다음으로 밥을 짓거나, 밥을 아래 분량만큼 준비한다.

　　조리하지 않은 단립종 백미나 현미 1½컵 또는 흰쌀밥이나 현미밥 3½~4컵

밥을 중간 크기의 그릇에 담고 다음을 넣어 섞는다.

　　굵게 썬 어린 시금치 또는 루콜라, 꾹 눌러 담아 2컵

　　익혀서 깍둑썰기한 닭고기 1½컵(뼈를 제거한 생닭고기 약 225g 분량)

　　붉은색, 노란색 또는 주황색 피망 1개, 깍둑썰기하기

　　비네그레트 ½컵, 취향에 따라 레몬 절임으로 만들어도 무방함(비네그레트의

　　　추가 재료 항목 참고)

　　씨를 제거하고 굵게 썬 녹색 올리브 ⅓컵, 카스텔베트라노 올리브 권장

뒤적이며 잘 섞는다. 따뜻하게, 실온 상태로 또는 차갑게 낸다.

소시지를 넣은 야생 쌀 샐러드

4~6인분

가을과 겨울에 즐기기 좋은 곡물 샐러드로 추수감사절 만찬에 곁들임 음식으로 내면 아주 잘 어울린다. 사람이 많을 때는 레시피의 분량을 2배로 늘린다. 다음으로 밥을 짓거나, 찌거나 삶은 야생 쌀을 아래 분량만큼 준비한다.

　　조리하지 않은 야생 쌀 1컵 또는 익힌 야생 쌀 3컵

커다란 그릇에 다음을 넣고 세게 저어서 섞는다.

　　화이트와인 식초, 레드와인 식초 또는 샴페인 식초 1큰술

　　디종 머스터드 1½작은술

　　엑스트라 버진 올리브유 2큰술

　　흑후추 ¼작은술

　　소금 적당량

따뜻하게 조리한 야생 쌀에 드레싱을 넣어 섞는다.

중간 크기의 프라이팬을 중불에 올리고 소시지의 뭉친 덩어리를 숟가락으로 으깨면서 조리한다.

　　맵지 않은 이탈리아식 소시지 225g, 껍질 벗겨내기

소시지가 완전히 다 익으면 다음을 넣어 섞는다.

　　다진 신선한 로즈메리 2큰술

저어가면서 향긋한 냄새가 날 때까지 1분간 더 조리한다. 소시지가 너무 기름지면 키친타월에 올려놓고 기름기를 뺀다. 익혀서 드레싱에 버무린 야생 쌀과 함께 그릇에 넣는다. 그릇에 다음을 넣고 잘 섞는다.

　　셀러리 줄기 2개, 잎까지 얇게 썰기

　　씨 없는 청포도 또는 적포도 1컵, 반으로 자르기

맛을 보고 적당히 간을 조절한다. 실온 상태로 낸다.

대추야자와 오렌지를 넣은 현미 샐러드

4~6인분

다음으로 밥을 짓거나, 밥을 아래 분량만큼 준비한다.

　　조리하지 않은 장립종 현미 1컵 또는 현미밥 3컵

밥을 커다란 그릇에 넣고 다음을 넣어 섞는다.

　　네이블 오렌지 큰 것 2개, 껍질을 벗기고 1조각씩 뗀 다음 굵게 썰기

　　대추야자 8개, 씨를 빼고 깍둑썰기하기

　　쪽파 4대, 얇게 썰기

　　(구운 피스타치오 ⅓컵)

　　다진 파슬리 ¼컵

　　엑스트라 버진 올리브유 ¼컵

　　레몬즙 2큰술

　　소금 ½작은술

　　계핏가루 ¼작은술

　　커민 가루 ¼작은술

　　굵은 고춧가루 1자밤

실온 상태로 낸다.

타불레(Tabbouleh)

6~8인분

타불레는 신선한 허브를 넉넉히 넣어 만든 샐러드로 중동 지역에서 인기 있는 메뉴다. 보통 다른 음식들과 함께 메제 플래터(파티용 플래터에 대해 항목을 참고) 형태로 먹지만, 우리는 양고기처럼 맛이 진한 고기를 먹을 때 새콤하고 상쾌한 입가심용으로 즐겨 낸다.

작은 그릇에 다음을 넣는다.

　　벌거 ¼컵, 곱게 또는 중간 굵기로 빻기

끓는 물 ½컵을 빻은 벌거 위에 부어 30분간 둔다. 그동안 커다란 그릇에 다음을 넣고 섞는다.

　　토마토 중간 크기 3개, 깍둑썰기하기 또는 방울토마토 340g, 반으로 자르기

　　파슬리 2묶음에서 딴 잎(성기게 담아서 약 4컵), 잘게 썰기

　　민트 잎, 성기게 담아서 1컵, 잘게 썰기

　　(굵게 썬 쇠비름 1컵)

　　쪽파 4대 또는 중간 크기의 양파 ½개, 잘게 썰기

뜨거운 물에 불린 벌거에 다음을 넣고 섞는다.

　　레몬즙 ⅓컵

　　엑스트라 버진 올리브유 ⅓컵

　　소금 ½작은술

　　(올스파이스 가루 ½작은술)

　　계핏가루 ¼작은술

흑후추 ¼작은술

(카옌 고춧가루 ¼작은술)

뒤적이면서 잘 섞은 다음 적당히 간을 하고 맛을 낸다. 그릇에 담아서 낸다. 취향에 따라 다음을 가장자리에 빙 둘러 담아도 좋다.

(로메인 또는 리틀 젬 양상추 잎)

양상추 잎을 곁들일 경우, 숟가락으로 타불레를 떠서 잎에 얹어 먹는다.

보리, 버섯, 아스파라거스를 넣은 따뜻한 샐러드

4~6인분

다음을 익힌다.

통보리 1컵

그동안 작은 프라이팬을 중불에 올리고 다음을 둘러 가열한다.

올리브유 2큰술

프라이팬에 다음을 넣고 저으면서 부드러워질 때까지 약 2분간 볶는다.

샬롯 2개, 다지기

다음을 넣고 저으면서 버섯에서 나온 물이 증발할 때까지 3~5분간 조리한다.

버섯 85g, 얇게 썰기(약 1컵)

다음을 넣고 젓는다.

레몬 1개의 껍질, 강판에 곱게 갈기

레몬즙 1큰술

다진 파슬리 1큰술

소금과 흑후추 적당량

프라이팬을 불에서 내린다. 보리가 부드럽게 익으면 여분의 물기를 따라내고 커다란 그릇에 넣은 후 뚜껑을 덮어서 따뜻하게 보관한다. 프라이팬을 다시 중강불에 올리고 다음을 넣는다.

아스파라거스 170g, 손질해서 2.5cm 길이로 어슷하게 썰기(1½컵)

아스파라거스가 밝은 녹색이 되면서 부드러워질 때까지 약 4분간 저으면서 조리한다. 볶은 아스파라거스와 버섯에 삶아둔 보리를 넣고 뒤적이며 섞은 뒤 적당히 간을 해서 맛을 낸다. 따뜻하게 낸다.

페스토와 애호박을 넣은 밀 샐러드

4~6인분

이 샐러드는 점심 도시락으로 간단히 먹기 위해 준비하거나 포틀럭 파티에 가져가기에 좋다. 취향에 따라 페타 치즈, 염소 치즈, 할루미 치즈 튀김 작게 썬 것을 추가한다.

다음을 조리한다.

밀, 호밀, 스펠트 또는 에머 밀, 카무트, 파로 등의 곡물 1컵

완전히 식힌다. 바질 대신 루콜라를, 잣 대신 호두를 사용해 다음을 만든다.

페스토

익힌 곡물과 페스토를 커다란 그릇에 넣고 뒤적이며 섞는다. 다음을 넣는다.

애호박 중간 크기 1개, 채소 깎는 도구를 사용해 리본 끈처럼 얇게 돌려 깎기

구운 아몬드 또는 마르코나 아몬드 ⅓컵, 굵게 썰기

레몬즙 1큰술

소금 적당량

뒤적이면서 잘 섞은 뒤 차갑게 또는 실온 상태로 낸다.

브로콜리와 페타 치즈를 넣은 퀴노아 샐러드

4~6인분

석류알은 필수 재료는 아니지만 딱 적당한 단맛과 눈에 확 띄는 예쁜 색감을 더해주기 때문에 구할 수 있다면 꼭 넣기를 권장한다.

다음을 조리한다.

퀴노아 1컵

익힌 퀴노아를 그릇에 담고 따뜻할 때 다음을 넣어 뒤적이며 섞는다.

미소 드레싱, 타히니 드레싱 또는 비네그레트 ⅓~½컵

적당히 부드러워질 때까지 다음을 찐다.

브로콜리 450g, 꽃송이 부분을 한입 크기로 자르기

브로콜리를 굵게 썰고 퀴노아와 다음 재료를 넣어 섞는다.

잘게 부순 페타 치즈 ½컵(55g)

(석류알 ½컵)

구운 아몬드 슬라이스 ¼컵

파스타 샐러드에 대해

대다수 파스타를 샐러드에 사용할 수 있지만 우리는 푸실리, 로티니, 라디아토리, 마카로니, 펜네, 지티, 캄파넬레, 제멜리, 카바텔리, 파르팔레 등 '울퉁불퉁'해서 드레싱이나 다른 재료를 섞었을 때 잘 묻는 파스타를 선호한다. 작은 채소나 토르텔리니, 라비올리 등의 치즈로 속을 채운 파스타도 맛있는 파스타 샐러드로 변신할 수 있다. 샐러드에 사용하기 위해 파스타를 조리할 때는 부드럽지만 씹었을 때 가운데 심을 느낄 수 있는 알 덴테 상태로 삶는다. 차가운 물에 헹궈서 더 이상 익는 것을 방지하는 동시에 여분의 전분을 씻어낸 후 드레싱과 섞는다. 채소나 신선한 허브를 썰어 추가할 생각이라면 내기 직전에 넣어야 식감과 색이 유지된다.

일반적으로 ▶ 건조 파스타 225g을 삶으면 추가하는 재료에 따라 4~6인분 정도의 샐러드를 만들 수 있다. 파스타 샐러드는 미리 만들어서 냉장고에 보관할 수 있지만, 실온 상태로 내는 것이 가장 맛있다. 내기 전에 맛을 보고 간을 조절한 후 필요하면 드레싱을 조금 더 넣는다. 뷔페나 포틀럭 파티에서 먹을 때는 ▶ 절대 파스타 샐러드를 실온에서 2시간 이상 두지 않는다.

아래에 소개하는 기본 파스타 샐러드 레시피를 일종의 기본 틀로 활용하자. 다른 신선한 허브를 사용하거나 생채소, 찐 채소, 그릴이나 오븐에 구운 채소 등 다양한 조리법으로 준비한 채소를 섞어도 좋다. 깍둑썰기하거나 채 썰거나 잘게 부순 치즈 또는 익힌 육류를 넣어도 맛있다. ▶ 크림처럼 부드러운 파스타 샐러드를 선호한다면 비네그레트 대신 마요네즈 ½컵을 사용한다.

샐러드와 비슷한 국수 요리는 참깨 국수와 분(베트남식 비빔 쌀국수) 레시피를 참고한다.

기본 파스타 샐러드

4~6인분

커다란 냄비에 물을 채운 후 소금을 넉넉히 넣고 팔팔 끓여 다음을 삶는다.

엘보 마카로니, 펜네, 오르조, 로텔레, 파르팔레 또는 오레키에테 225g

물기를 빼고 헹궈서 아직 따뜻할 때 큰 그릇에 담는다. 다음을 넣어 섞는다.

비네그레트(신선한 허브 또는 강판에 간 토마토로 만들기), 페스토, 선드라이드 토마토 페스토 또는 로메스코 소스 ½컵

실온 상태로 식힌다. 다음 중 선호하는 재료를 넣어 섞는다.

방울토마토 1컵, 반으로 자르기

자색 양파 중간 크기 ½개, 잘게 깍둑썰기하기 또는 쪽파 4대, 얇게 썰기

신선한 껍질콩 또는 해동한 냉동 껍질콩 ½컵

굵게 썬 루콜라 또는 크레송 잎 ½컵

(깍둑썰기한 살라미나 햄 또는 얇게 썬 프로슈토 ¼컵)

씨를 빼고 굵게 썬 올리브 ¼컵

잘게 부순 페타 치즈, 신선한 염소 치즈 또는 강판에 간 파르메산 치즈 ¼컵

굵게 썬 파슬리, 바질, 오레가노, 타라곤 또는 이를 섞어서 ¼컵

레몬 1개의 껍질, 강판에 곱게 갈기

소금과 흑후추 적당량

실온 상태로 낸다.

닭고기 또는 새우를 넣은 파스타 샐러드

약 10인분

다음 재료 중 하나를 준비한다.

닭 직화 오븐 구이 또는 닭 그릴 구이, 뼈 있는 닭고기 900g 또는 뼈를 제거한
닭고기 450g으로 만들기

새우 그릴 또는 직화 오븐 구이 I 또는 향신료를 발라 검게 구운 새우

닭고기나 새우를 만질 수 있을 정도로 식힌다. 새우는 껍질을 벗겨 반으로 썰
고, 닭고기를 사용한다면 뼈를 발라내고 껍질을 벗긴 후 한입 크기로 썬다. 큰
냄비에 물을 붓고 소금을 넉넉히 넣은 후 다음을 알 덴테 상태로 삶는다.

푸실리 또는 펜네 450g

물기를 빼고 헹궈서 커다란 그릇에 담는다. 파스타가 식으면 새우나 닭고기를
다음 재료와 함께 넣는다.

토마토 중간 크기 3개, 씨를 제거하고 굵게 썰기

(구운 붉은 피망 병조림 1컵, 얇고 길쭉하게 썰기)

쪽파 4대, 얇게 썰기

마늘 2쪽, 다지기

씨를 빼고 다진 올리브 ½컵 또는 물기를 뺀 케이퍼 ¼컵

(잣 또는 아몬드 슬라이스 ¼컵, 굽기)

잘게 썬 바질 또는 파슬리 ¼컵

엑스트라 버진 올리브유 ¼컵

레몬즙 2큰술 또는 적당량

소금 ½작은술 또는 적당량

흑후추 ½작은술

뒤적이며 잘 섞어서 실온 상태로 낸다.

대용량 크리미 마카로니 샐러드

16~20인분

커다란 냄비에 물을 붓고 소금을 넉넉히 넣어 알 덴테 상태로 삶는다.

엘보 마카로니 450g

물기를 빼고 헹궈서 커다란 그릇에 담는다. 다음을 추가한다.

붉은색 피망 1개, 깍둑썰기하기

녹색 피망 1개, 깍둑썰기하기

(해동한 냉동 껍질콩 1½컵)

당근 2개, 깍둑썰기하기

깍둑썰기한 자색 양파 또는 얇게 썬 쪽파 ¾컵

굵게 썬 파슬리 ½컵

다음을 넣어 뒤적이면서 골고루 드레싱을 묻힌다.

정통 콜슬로에 사용한 드레싱 또는 앨라배마 화이트 바비큐 소스 1컵

맛을 보고 필요하면 소금과 흑후추를 적당히 추가해 간을 맞춘다. 실온 상태
로 낸다.

채소와 과일의 속을 파내고 샐러드를 채운 요리에 대해

『조이 오브 쿠킹』 세 번째 개정판(1943년판)은 그야말로 '속을 채운 토마토 요
리의 정점'이었다. 토마토에 다양한 재료를 채우는 레시피만 해도 무려 22가지
를 소개했고, 마음껏 상상력을 발휘해 창의적인 토마토 속 채움 요리를 만들
수 있도록 다양한 재료 목록을 실었다. 비록 다른 재료를 담는 용기로서의 토
마토에 대한 우리의 열정은 70여 년이 지나는 사이에 어느 정도 사그라들었지
만, 채소로 만든 용기는 여전히 식탁에서 화려하게 눈길을 끌 뿐만 아니라 오
르되브르나 뷔페를 준비할 때 깔끔하게 1인분씩 제공하는 목적에도 잘 맞는
다. 오랫동안 단골 재료로 사용된 토마토 외에도 반으로 잘라서 레몬즙을 듬
뿍 바른 아보카도(과육과 껍질을 분리하지 않은 것), 속을 파낸 오이, 아티초크 찜,
반으로 자른 작은 멜론 또는 양상추나 양배추 잎 등을 사용할 수 있다.

재료를 채우기 위해 토마토를 손질하려면 일반 토마토의 둥그런 꼭지 부분
을 얇게 잘라낸다. 과도와 숟가락으로 속을 파내되, 속을 넣어도 쉽게 터지지
않도록 과육을 적당히 남겨둔다. 토마토에 소금을 살짝 뿌리고 20분 정도 두
어 물기를 뺀다. 속을 파낸 공간에 아래에 소개한 재료 중 하나를 채워 넣고 차
갑게 식힌다. 또는 토마토를 가로 방향으로 반 잘라서 속을 파낸 반쪽에 각각
재료를 채워도 좋다.

재료를 채우기 위해 오이를 손질하려면 우선 껍질에 왁스 처리가 되어 있
거나 우툴두툴한 경우 껍질을 벗긴다. 작은 오이라면 세로 방향으로 반 잘라
서 약 1.2cm 정도의 두께가 되도록 숟가락으로 씨와 과육을 긁어낸 후 비어
있는 공간에 재료를 채운다. 큼직한 오이라면 껍질을 벗기고 가로 방향으로
5~7.5cm 길이로 자른 후 위쪽을 파내되, 아래쪽에는 충분히 과육을 남겨두어
재료가 밑으로 빠지지 않게 한다.

바운드 샐러드나 곡물 샐러드라면 무엇이든 아보카도, 오이 또는 토마토의
속을 채우는 재료로 사용할 수 있다. 오이 샐러드는 특히 아보카도 및 토마토
와 잘 어울린다. 우리가 가장 좋아하는 조합은 아보카도를 반으로 잘라서 랍스
터 또는 새우 샐러드를 채운 것이다.

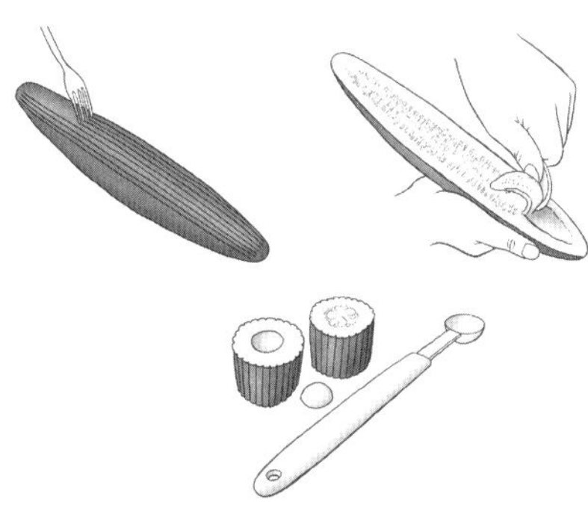

오이 모양내기와 씨 파내기, 오이 컵 만들기

근사한 마무리와 함께 약간의 식감과 풍미를 추가하려면 속을 채운 채소에 세이지 잎 튀김, 갈색으로 볶은 버터 빵가루, 바삭하게 튀긴 샬롯, 바삭하게 구워서 잘게 부순 베이컨, 에브리싱 시즈닝, 자타, 두카를 가니시로 사용하거나 훈제 파프리카 가루와 박편형 소금을 살짝 뿌린다.

아스픽에 대해

아스픽(aspic, 육즙으로 만든 투명한 젤리 — 옮긴이)과 젤라틴 샐러드는 20세기 중반 미국인의 식탁을 상징하는 음식 중 하나였다. 고기와 채소 및 다른 잡동사니 재료를 젤라틴에 넣어 움직이지 않도록 굳히는 조리 방식은 토마토의 속을 파고 재료를 채워 넣거나 언뜻 보기에는 무엇이 들었는지 알 수 없는 캐서롤에 크림소스로 버무린 채소를 넣고 굽는 등, 음식을 숨기기 좋아했던 당시 미국인들의 성향과 일맥상통한다. 대다수 미국인에게 과일을 넣어 굳힌 젤라틴은 상당히 친근하지만 짭짤한 젤라틴 요리라면 적잖이 생경한 것이 사실이다. 그러나 차갑게 식혔을 때 굳어서 한 덩어리가 되는 진한 육수를 만들어본 적이 있다면 사실상 아스픽 만들기를 경험해본 것이나 다름없다.

뭐니 뭐니 해도 가장 맛있는 아스픽은 닭 또는 송아지 육수를 졸여서 만든 것으로, 번거로움을 무릅쓰고 아스픽을 만들고자 마음먹었다면 아예 육수부터 내서 만들어보기를 권장한다. 냉장고에서 차갑게 식혔을 때 탱탱하게 굳는 육수나 고깃국물을 끓여서 더 졸이면 젤라틴을 넣지 않고도 아스픽을 만들 수 있다. 안타깝게도 실온에서 오랫동안 형태를 유지할 만큼 육수에 충분한 젤라틴이 포함되어 있는지는 경험을 통해서만 터득할 수 있다.

육수가 얼마나 단단하게 젤리처럼 굳을지 시험해보려면 육수를 유리컵이나 계량컵에 조금 붓는다. 냉장고에 넣고 2시간 또는 완전히 차가워질 때까지 기다렸다가 꺼낸 후 컵을 접시에 뒤집어 육수 굳은 것을 빼낸다. 실온에서 30분 정도 두었을 때 형태가 흐트러지지 않는다면 아스픽 레시피에 따라 조리한다.(그렇지 않으면 육수를 더 졸이거나 젤라틴을 넣는다.)

차선책은 진하게 우려낸 고기, 생선, 가금류 육수에 젤라틴을 넣는 것이다. 통조림에 든 콩소메는 될 수 있으면 권장하지 않는다. 직접 우려낸 육수를 투명하게 만드는 작업을 해주면 더 깔끔한 모양의 아스픽을 만들 수 있다. ▶ 채소나 고기의 첨가 여부와 상관없이 젤라틴 가루 1봉지(2½작은술)로 맑은 육수나 그 외의 국물 2컵 분량을 굳힐 수 있다. 한천을 사용해 틀에 넣어 굳힌 비건 샐러드를 만드는 방법은 877쪽을 참고한다.

사용하는 국물의 종류가 무엇이든 ▶ 일단 준비된 육수 혼합물을 틀에 붓기 전에 맛을 보고 적당히 간을 맞춘다. 소금을 너무 많이 넣으면 젤리가 흘러지기 쉬우므로 24시간 정도 모양을 유지해야 한다면 소금을 적게 넣는다.

재료를 젤라틴에 넣기 전에 물기를 완전히 뺀다. 어떤 재료는 자연스럽게 젤라틴 샐러드의 위쪽이나 아래쪽에 자리를 잡으므로 무게가 다른 재료를 적절히 조합해 겹겹이 쌓인 모양으로 재미있는 시각적 효과를 낼 수 있다. 재료의 위치를 더 세밀하게 조정하려면 육수 혼합물이 달걀흰자 정도로 걸쭉해질 때까지 차갑게 식힌 다음 틀에 소량 붓는다. 아스픽의 위쪽에 보이게 하려는 재료를 가지런히 넣고 육수를 약간 더 붓는다. 이런 식으로 차곡차곡 재료를 넣은 후 틀에 꽉 차도록 남은 육수를 붓는다. ▶ 냉동 또는 신선한 파인애플, 키위, 파파야, 허니듀 멜론, 무화과, 생강 및 이러한 재료의 즙은 젤라틴 샐러드에 넣을 수 없다. 젤리 형성을 막는 효소가 들어 있기 때문이다.

아래에 소개하는 레시피는 커다란 틀이나 1인용 작은 틀을 모두 사용할 수 있다. 가운데에 다른 재료를 채우는 경우 둥근 고리 형태의 틀을 사용한다.

젤라틴이나 아스픽을 틀에서 빼내려면 차갑게 식힌 접시를 준비한다. 접시 표면에 살짝 물을 묻혀두면 잘 달라붙지 않으므로 아스픽을 접시 가운데로 쉽게 움직일 수 있다. 얇은 칼을 틀과 아스픽 사이에 찔러 넣고 틀의 가장자리를 따라 한 바퀴 훑어서 진공 상태를 풀어준다. 틀을 따뜻한 물에 5~10초간 담근다. 틀 바깥쪽에 묻은 물기를 닦아내고 접시를 위에 얹은 다음 뒤집는다. 흔들거나 톡톡 두드려 틀에서 샐러드를 빼낸다. 틀에서 좀처럼 빠지지 않는다면 틀을 접시에 꽉 누른 상태에서 가볍게 흔든다.

틀에 넣어 굳힌 샐러드는 하루 정도 전에 만들어서 냉장고에 넣어 차갑게 보관할 수 있다. ▶ 틀에 넣어 굳힌 샐러드는 절대 냉동하지 않는다. 과일을 사용해서 만든 젤라틴 디저트(그중 일부는 샐러드의 범주에 포함된다.)는 877쪽을 참고한다.

짭짤한 기본 아스픽

6~8인분

아스픽에 대해 및 젤라틴 항목을 참고한다. 시판 육수를 사용한다면 육수 혼합물에 간을 할 때 소금의 양에 주의한다.

중간 크기의 그릇에 다음을 넣고 섞은 후 젤라틴이 말랑말랑해질 때까지 5분간 둔다.

   풍미를 첨가하지 않은 젤라틴 가루 1봉지(2½작은술)

   찬물, 육수 또는 고깃국물 ¼컵

작은 편수 냄비에 다음을 넣고 팔팔 끓어오를 때까지 가열한다.

   육수, 고깃국물 또는 콩소메 ¼컵, 시판 또는 수제

뜨거운 국물을 말랑말랑해진 젤라틴에 넣고 세게 휘저어서 완전히 녹인 후, 다음을 넣고 젓는다.

   차가운 육수, 고깃국물 또는 콩소메 1½컵, 시판 또는 수제

   화이트와인 식초 또는 레몬즙 적당량

   소금 적당량

육수 혼합물을 냉장고에 넣는다. 30분 정도 지난 후 달걀흰자 정도로 걸쭉해지면 기름을 살짝 바른 4컵 용량의 틀 또는 23×12.5cm 크기의 로프 팬에 육수 혼합물을 넣고 다음 중 선호하는 재료를 겹겹이 채워 넣는다.

   해산물이나 닭 육수를 사용할 때는 삶은 랍스터나 굵게 썬 게살 덩어리 또는
      껍질을 벗긴 새우나 다른 해산물 1½컵

   가금류 육수를 사용할 때는 익혀서 깍둑썰기한 닭고기, 오리고기 또는 칠면조고기
      1½컵

   고기 육수를 사용할 때는 익혀서 깍둑썰기한 소고기 또는 양고기 1½컵

   (신선한 셀러리, 래디시, 오이 또는 당근 ½컵, 굵게 썰기 또는 채 썰기)

   (아보카도 1개, 씨를 빼고 껍질을 벗긴 후 깍둑썰기하기)

   (올리브 ½컵, 씨를 빼고 반으로 자르거나 저미기)

   (물기를 뺀 케이퍼 또는 구워서 굵게 썬 견과류 ¼컵)

굳을 때까지 최소 3시간 이상 냉장고에 넣어두어야 하지만, 하룻밤 내내 굳히면 더 좋다. 아스픽을 틀에서 빼내 접시에 담은 후 다음으로 장식한다.

   양상추 잎

취향에 따라 다음을 곁들여 차갑게 낸다.

   마요네즈 또는 호스래디시 소스   I

토마토 아스픽

8~10인분

젤라틴 항목을 참고한다.

중간 크기의 편수 냄비에 다음을 넣고 섞은 후 뚜껑을 덮고 30분간 뭉근히 끓인다.

　　토마토 주스 4컵

　　토마토 퓌레 ½컵

　　양파 중간 크기 ½개, 굵게 썰기

　　셀러리 줄기 2개, 굵게 썰기

　　레몬즙 2큰술

　　(발사믹 식초 1큰술)

　　설탕 2작은술

　　말린 바질, 타라곤, 타임 및/또는 오레가노 2작은술 또는 굵게 썬 신선한 허브
　　　　2큰술

　　검은색 통후추 1작은술

　　정향 1개

　　월계수 잎 1장

큰 그릇에 다음을 넣고 섞은 후 젤라틴이 말랑말랑해질 때까지 5분간 둔다.

　　풍미를 첨가하지 않은 젤라틴 가루 2봉지(5작은술)

　　찬물 ½컵

뜨거운 토마토 주스 혼합물을 거른 다음 맛을 보고 필요하면 소금을 넣어 간을 맞춘다. 액체 3½컵을 젤라틴에 붓고 냉장고에 넣는다. 약 2시간 후에 농도가 달걀흰자 정도로 걸쭉해지면 기름을 살짝 바른 6~8컵 용량의 틀이나 그릇에 다음 중 선호하는 재료를 조합해 최대 3컵을 토마토 주스 혼합물과 함께 겹겹이 채워 넣는다.

　　깍둑썰기한 아보카도

　　얇게 썰거나 깍둑썰기한 오이

　　깍둑썰기한 노란색 피망

　　게살 덩어리, 껍데기와 연골을 발라내고 잘게 부수기

　　할라페뇨 고추 1개, 씨를 빼고 다지기

　　굵게 썬 고수, 바질 또는 타라곤 1큰술

굳을 때까지 최소 3시간 이상 냉장고에 넣어두어야 하지만, 하룻밤 내내 굳히면 더 좋다. 아스픽을 틀에서 빼내 접시에 담은 후 다음으로 장식한다.

　　허브 잔가지 또는 얇게 저민 피망이나 쪽파

샌드위치, 타코, 부리토

이번 장에 들어가기에 앞서, 미식계의 가장 유명한 도박사이자 나이프와 포크를 잡기 위해 카드를 내려놓는 시간도 아까웠던 나머지 요리사에게 지금은 자신의 이름이 붙은 이 편리한 음식을 주문했다는 샌드위치 백작의 전설을 언급하지 않고 넘어갈 수는 없다.

유대인 델리의 명물인 거대한 콘비프 샌드위치부터 홍차에 곁들이는 아주 작은 티 샌드위치에 이르기까지, 샌드위치는 크기가 다양할 뿐만 아니라 사용되는 재료나 조리 난이도도 가지각색이다. 비록 이름은 샌드위치 백작에게서 따왔으나 거의 모든 문화권에서 비슷한 조합의 음식을 만들어 먹었기 때문에 백작이 샌드위치의 개념을 처음 고안했을 리는 없다. 그래서 우리는 이번 장에서 타코, 부리토, 피타를 함께 묶어 다룬다. '샌드위치 군(sandwich umbrella)'은 이 모든 음식을 한꺼번에 아우를 수 있을 만큼 충분히 포괄적인 용어다.(다만 이 책에 그렇게 쓰여 있다고 인터넷에는 올리지 마시라.)

홍차에 곁들이는 샌드위치에 대해서는 카나페와 티 샌드위치에 대해 항목을 참고한다.

샌드위치에 사용하는 빵에 대해

샌드위치의 종류가 무척 다양한 만큼, 거의 모든 빵을 샌드위치의 기본 토대로 사용할 수 있다. 우리가 가장 흔히 떠올리는 샌드위치의 재료는 당연히 샌드위치 빵이다. ▶ 일반적으로 450~680g 정도의 식빵 한 덩어리를 자르면 샌드위치용 빵 18~20조각 정도 나온다. 칠면조고기 샌드위치를 만들 때 흰 빵을 사용하느냐 통밀 빵을 사용하느냐는 개인 취향의 문제이지만, 기본적으로 재료를 많이 넣어 두툼하게 만들수록 더 단단한 빵이 필요하다. 부드러운 샌드위치 빵은 콜드 컷 샌드위치에 잘 어울리고, 단단하고 조밀한 호밀 빵, 껍질이 바삭한 사워도 빵, 치아바타 롤, 바게트는 뜨거운 속재료를 넣거나 재료가 넘쳐 흘러내릴 정도로 푸짐한 샌드위치를 만들기에 적합하다.

샌드위치 빵 이외에도 샌드위치 또는 이와 비슷하게 가지고 다니면서 먹을 수 있는 음식을 만드는 데 쓰이는 다른 빵도 헤아릴 수 없이 많다. 밀가루 토르티야, 라바시(lavash, 중동식 납작한 빵 — 옮긴이) 같은 부드러운 플랫브레드는 말아서 먹는 랩의 재료로 안성맞춤이다. 피타, 크루아상, 찰라(challah, 유대인들이 전통적으로 안식일에 먹는 빵 — 옮긴이), 브리오슈, 베이글, 비스킷도 속재료에 따라 충분히 훌륭한 역할을 해낸다. 특정 샌드위치를 위해 만든 맞춤형 빵도 있다. 멕시코의 토르타에 사용되는 텔레라 롤(telera roll)은 부드럽고 잘 구부러지며 속이 조밀하다. 베트남의 반미는 바게트 스타일의 빵으로 쌀가루를 추가해서 가볍고 바삭하게 만드는 경우가 많다. 물론 반드시 정해진 빵으로만 이러한 샌드위치를 만들어야 한다는 법은 없지만, 근처에 멕시코 빵집이나 베트남 빵집이 있다면 한번 찾아가서 어떤 빵들이 있는지 살펴보는 것도 좋다.

샌드위치에 사용하는 스프레드와 드레싱에 대해

어떤 샌드위치든 소스, 스프레드 또는 드레싱을 적당히 사용하면 맛이 좋아진다. 단순히 풍미가 풍부해질 뿐만 아니라 촉촉한 느낌도 더해주기 때문이다. 가장 널리 사용되는 샌드위치 스프레드는 마요네즈로 여기에 가지각색의 풍미 재료를 추가할 수 있다. 부드럽게 저은 버터도 빼놓을 수 없는데, 역시 풍미 재료를 추가해서 사용하거나 그냥 버터만 사용하기도 한다. 크림치즈나 아래와 같이 풍미를 추가한 크림치즈 스프레드는 채소를 주재료로 한 샌드위치에 사용하면 기가 막힌 맛을 낸다. 타페나드, 트레바의 피미엔토 치즈, 후무스, 카포나타를 샌드위치에 사용해도 만족스러운 결과를 얻을 수 있다. 되직한 크리미 드레싱도 샌드위치의 맛을 한층 살려준다.

기본 크림치즈 스프레드(빵에 바르는 용도)
1¼컵~1½컵

크림치즈는 그야말로 순백의 도화지 같은 재료로, 마요네즈나 버터 대신 사용하는 풍미 가득한 샌드위치 스프레드도 크림치즈를 사용해 만들 수 있다. 물론 천상의 궁합을 자랑하는 갓 구운 베이글에 발라 먹어도 좋지만 말이다.
중간 크기의 그릇에 다음 재료를 넣고 부드러워질 때까지 으깨거나 탁탁 친다.

크림치즈 225g, 부드럽게 젓기

헤비크림 또는 사워크림 또는 부드럽게 저은 버터 2큰술 다음 중 원하는 재료를 넣고 탁탁 쳐서 섞는다.

다진 양파, 샬롯 또는 쪽파 2큰술

구운 마늘 1의 1통에서 나온 마늘 여러 쪽

잘게 다진 파슬리, 딜, 고수, 차이브 ¼컵

페스토 ¼컵

물기를 뺀 케이퍼 ¼컵, 다지기

구운 붉은 피망 병조림 ⅓컵, 곱게 다지기

씨를 빼고 다진 녹색 올리브 또는 검은색 올리브 ⅓컵

훈제 연어 55g, 잘게 썰기

갈아서 양념한 호스래디시 2큰술, 물기를 빼기

다진 안초비 2큰술

구워서 잘게 썬 견과류 ½컵

차이브 꽃 또는 마리골드 꽃잎 2큰술

취향에 따라 다음으로 간을 맞춘다.

(소금, 흑후추, 파프리카 및/또는 카옌 고춧가루)

한꺼번에 전부 사용하거나 뚜껑을 덮어 냉장고에 넣으면 일주일까지 보관할 수 있다.

차가운 샌드위치에 대해

차가운 샌드위치에는 일반적으로 콜드 컷(얇게 썰어서 차갑게 내는 소시지나 햄 또는 치즈 — 옮긴이), 양상추, 토마토, 치즈, 마요네즈가 들어가지만 놀라울 정도로 다양한 변형이 존재한다. 몇 가지 예비 단계를 거치면 차가운 샌드위치를 최상의 상태로 식탁에 낼 수 있다. 대다수 샌드위치는 만든 후 4시간 이내에 먹어야 가장 맛있는데, 특히 녹색 채소, 토마토 및 기타 신선한 채소를 사용했을 경우 되도록 빨리 섭취하는 것이 좋다. 그러나 팡 바냐, 서브, 머플레타 등과 같이 만들고 나서 어느 정도 시간이 지나면 빵이 샌드위치 속재료의 풍미를 흡수하고 재료들이 서로 잘 어우러져 더욱 맛이 좋아지는 샌드위치도 있다.

나중에 먹을 샌드위치를 만들 때, 특히 토마토처럼 수분이 많은 재료를 사용하는 경우 샌드위치가 질척거리지 않게 하려면 빵의 가장자리까지 버터나 마요네즈를 바른다. 그보다 더 좋은 방법은 ▶ 토마토, 양상추, 피클 슬라이스와 같이 수분이 많은 속재료를 별도의 봉투나 용기에 담아두었다가 먹기 직전에 샌드위치에 얹어서 먹는 것이다. 샌드위치를 만든 직후에 랩으로 싸거나 봉투에 넣어두면 마르는 것을 방지할 수 있다. 물론 수분이 많은 재료를 적게 사용하고 치즈, 콜드 컷, 견과류 버터, 젤리, 허니 버터, 크림치즈 스프레드 등 잘 상하지 않는 스프레드와 속재료를 사용하면 비교적 쉽게 보관할 수 있다.

차가운 샌드위치 조합

여기에 소개하는 샌드위치 조합은 우리가 생각하기에 가장 잘 어울리는 속재료와 빵을 짝지은 것이지만, 각자의 취향대로 자유롭게 선택하면 된다.

로스트 비프

양상추 / 토마토 슬라이스 / 머스터드 또는 마요네즈 / 흰 빵

크레송 또는 루콜라 / 자색 양파 또는 간단한 양파 피클 / 호스래디시를 넣은 마요네즈 / 흑후추 / 구운 사워도 빵

양상추 / 스위스 치즈 / 녹색 여신 드레싱 / 파쇄 밀을 넣은 통밀 빵

구운 돼지고기

양상추 / 스위트 피클 / 머스터드 또는 마요네즈 / 흰 빵

루콜라 또는 크레송 / 토마토 / 아이올리 / 바게트

얇게 썬 자색 양파 / 아삭한 사과 슬라이스 / 버터 / 브리오슈

델리 햄

양상추 / 토마토 슬라이스 / 스위스 치즈 / 머스터드 / 호밀 빵

체더 치즈 / 스위트 피클 / 머스터드 또는 버터 / 흰 빵

가염 버터 / 바게트

닭고기 또는 칠면조고기

브리 치즈 / 통과일 크랜베리 소스 / 호두빵

양상추 / 베이컨 / 체더 치즈 / 마요네즈 또는 사우전드 아일랜드 드레싱 / 흰 빵

잘게 썬 라디치오 / 프로슈토 / 아이올리 / 치아바타 롤

무순 / 아보카도 슬라이스 / 페스토 / 통밀 빵

생선

정어리 / 아보카도 / 크레송 / 구운 사워도 빵

바운드 샐러드(참치 샐러드, 달걀 샐러드 등)

비브 또는 보스턴 양상추 / 베이컨 / 흰 빵

얇게 썬 아보카도 / 토마토 슬라이스 / 피타

크레송 / 얇게 썬 자색 양파 또는 간단한 양파 피클 / 통밀 빵

샤르퀴트리

프로슈토 / 사과 또는 무화과 슬라이스 / 루콜라 / 비네그레트 / 치아바타

닭 간 파테 / 미니 오이 피클 / 디종 머스터드 / 마타리 상추 / 바게트

세라노 햄 / 차가운 스페인식 오믈렛 / 아이올리 / 구워서 표면에 토마토를 문지른 바게트

훈제 간 소시지 또는 기타 간 소시지 / 자색 양파 / 호스래디시 / 오이 / 호밀 흑빵 또는 호밀 빵

견과류 버터

땅콩버터 / 잼 또는 젤리 / 흰 빵

땅콩버터 / 베이컨 / 사과 버터 / 통밀 빵

땅콩 또는 아몬드 버터 / 바나나 슬라이스 / 계핏가루 / 흰 빵

캐슈 또는 아몬드 버터 / 서양배 슬라이스 / 크림치즈 / 사워도 빵

채소

모차렐라 치즈 / 토마토 슬라이스 / 바질을 넣은 비네그레트 또는 페스토 / 치아바타

새싹 채소 / 오이 / 망고 처트니 및/또는 크림치즈 / 통밀 빵

후무스 / 오이 / 토마토 / 아보카도 / 비브 또는 보스턴 양상추 / 랩 또는 잡곡 빵

BLT

4개

BLT는 이르마 할머니가 제일 좋아하는 샌드위치였다. 큼직한 아보카도 1개를 **썰어서** 추가하면 BLAT라는 요란한 이름이 붙은(BLAT에는 떠들썩하다는 의미도 있다. ─옮긴이) 샌드위치를 만들 수 있다.

조리대에 다음을 늘어놓는다.

　　살짝 구운 흰 빵 8조각

빵에 다음을 얇게 바른다.

　　마요네즈(총 3큰술 정도)

빵 4조각에 적당히 나누어 얹는다.

　　토마토 중간 크기 2개, 얇게 썰기

　　양상추 잎 8장

　　베이컨 12조각, 바삭하게 굽기(약 340g)

　　소금과 흑후추 적당량

마요네즈를 바른 면이 아래로 가도록 나머지 빵 4조각을 위에 덮는다. 살짝 눌렀다가 취향에 따라 반으로 자른다.

클럽 샌드위치

4개

빵을 3조각 사용해서 만든 후 절반으로 두 번 잘라서 예쁜 이쑤시개를 꽂아놓은 샌드위치를 좋아한다면 여러분은 이미 클럽의 명예회원이다.

조리대에 다음을 늘어놓는다.

　　살짝 구운 흰 빵 12조각

빵에 다음을 얇게 바른다.

　　마요네즈(총 4½큰술 정도)

빵 4조각에 나누어 얹는다.

　　양상추 잎 8장

　　얇게 썬 칠면조 가슴살 또는 닭고기 225g

마요네즈를 바른 면이 아래로 가도록 나머지 빵 4조각을 위에 덮는다. 그 위에 다음을 바른다.

　　마요네즈(총 1½큰술 정도)

샌드위치 4개에 나누어 얹는다.

　　양상추 잎 8장

　　토마토 중간 크기 1개, 얇게 썰기

　　베이컨 12조각, 바삭하게 굽기(약 340g)

　　(아보카도 1개, 껍질을 벗기고 씨를 제거한 후 얇게 썰기)

마요네즈를 바른 면이 아래로 가도록 나머지 빵 4조각을 위에 덮는다. 예쁜 장식이 달린 이쑤시개 4개를 샌드위치의 네 모서리와 중앙 사이의 위치에 꽂는다. 그다음 샌드위치의 대각선을 따라 X자 모양으로 자른다. 삼각형 모양이 된 샌드위치를 접시에 둥글게 배치한 후 가운데 공간에 다음을 채워 넣는다.

　　감자 칩 또는 감자 샐러드

메건의 아보카도 클럽 샌드위치

2개

이 채식 클럽 샌드위치는 미소 마요네즈와 소금으로 간을 한 쫄깃한 버섯 베이컨을 사용해 근사한 맛을 낸다. 이 샌드위치를 먹어도 위에 언급한 클럽 회원

자격에는 아무런 영향을 미치지 않으니 안심해도 좋다.

다음 재료를 작은 그릇에 넣고 포크를 사용해 부드러워질 때까지 으깬다.

　　마요네즈 또는 비건 마요네즈 ½컵

　　미소 된장(백미소) 1큰술

조리대에 다음을 늘어놓는다.

　　살짝 구운 시골풍 흰 빵 또는 잡곡 빵 4조각

마요네즈와 미소 된장을 섞어 빵 4조각의 안쪽 면에 바른다.(남은 마요네즈는 나중에 다른 용도로 사용한다.) 다음 재료를 빵 2조각에 나누어 얹는다.

　　아보카도 ½개, 껍질을 벗기고 씨를 제거한 후 얇게 썰기

　　신선한 토마토 슬라이스 4조각 또는 천천히 구운 토마토 슬라이스 6조각

　　버섯 베이컨 ½컵 또는 선호하는 채식용 베이컨 4조각, 바삭하게 굽기

　　양상추 잎 4장

나머지 빵을 위에 덮는다.

머플레타(Muffuletta)

6인분

뉴올리언스에서 탄생한 이 샌드위치는 큼직한 둥근 빵을 사용해서 만든다. 겉은 바삭하지만 속은 부드럽고 결이 성긴 빵이다. 이런 빵을 구하기 어렵다는 이유로 이 샌드위치를 포기하지는 말자. 껍질이 바삭하고 커다란 빵이라면 무엇이든 좋다.(다만 비교적 가볍고 잘 구부러지는 빵을 선택하자.)

중간 크기의 그릇에 다음 재료를 넣고 잘 섞는다.

　　씨를 빼고 굵게 썬 녹색 올리브 1½컵

　　씨를 빼고 굵게 썬 칼라마타 올리브 ½컵

　　물기를 빼고 굵게 썬 이탈리아식 피클 ½컵

　　구운 붉은 피망 병조림 ¼컵, 굵게 썰기

　　(줄기와 씨를 제거한 페페론치노 또는 할라페뇨 피클 ¼컵, 굵게 썰기)

　　레드와인 식초 ¼컵

　　엑스트라 버진 올리브유 ¼컵

　　물기를 뺀 작은 케이퍼 3큰술

　　마늘 2쪽, 다지기

　　다진 파슬리 2큰술

　　다진 신선한 오레가노 2작은술 또는 말린 오레가노 1작은술

재료들이 서로 잘 섞이고 맛이 배도록 실온에서 최소한 30분간 두었다가 사용한다. 냉장고에 넣어두면 최대 2주까지 보관할 수 있다. 다음을 수평으로 반을 가른다.

　　겉이 바삭하고 둥근 커다란 이탈리아 빵 또는 프랑스 빵(20~23cm) 1개

양쪽 빵의 부드러운 속을 약간 파내서 재료를 넣을 수 있는 공간을 만든다. 올리브 혼합물의 물기를 빼되, 국물은 버리지 않는다. 솔을 사용해 이 국물을 반으로 자른 빵의 안쪽에 넉넉히 바른 다음 아래쪽 빵에 올리브 혼합물의 절반을 바른다. 차례로 다음 재료를 얹는다.

　　얇게 썬 살라미 115g

　　얇게 썬 카피콜라(이탈리아식 돼지 햄 ─옮긴이) 또는 햄 115g

　　얇게 썬 프로볼로네 치즈 115g

　　잘게 썬 양상추 2컵

절반 남은 올리브 혼합물을 맨 위에 얹는다. 나머지 빵으로 위를 덮고 비닐랩으로 단단하게 감싼다. 커다란 접시에 올리고 다른 접시를 위에 덮은 후 1~2kg 정

도의 무게가 가해지도록 통조림 몇 개로 눌러놓는다. 최소 30분에서 최대 6시간까지 냉장 보관한다. 먹기 전에 웨지 모양으로 잘라서 낸다.

팡 바냐(Pan Bagnat, 프로방스식 참치 프레스 샌드위치)
4인분

이 요리는 니수아즈 샐러드를 샌드위치 형태로 만든 것이다. 우리는 구운 가지를 추가해서 전통적인 방식과는 다소 다르게 만들지만, 취향에 따라 가지를 생략하거나 구운 아티초크 하트로 대체해도 좋다.

오븐을 200℃로 예열한다. 다음 재료를 6mm 두께가 되도록 세로로 길쭉하고 평평하게 썬다.

   껍질을 벗기지 않은 가지 중간 크기 1개

손바닥 위에 올려놓고 다음을 납작하게 누른다.

   붉은 피망 큰 것 1개, 반으로 자르기

가지 슬라이스와 피망의 양쪽 표면에 솔로 약간의 올리브유를 바른다. 오븐 팬에 놓고 부드러워질 때까지 15~20분간 굽는다. 피망과 가지를 약간 식힌다. 만질 수 있을 정도로 적당히 식으면 피망 껍질을 벗긴다.

중간 크기의 그릇에 다음 재료를 섞는다.

   참치 통조림 340g짜리 캔 1개 또는 140g짜리 캔 2개, 기름을 따라내기

   씨를 빼고 굵게 썬 올리브 ⅓컵

   굵게 썬 파슬리 ¼컵

   엑스트라 버진 올리브유 3큰술

   레몬즙 2큰술

   디종 머스터드 1큰술

   소금과 흑후추 적당량

다음을 수평으로 반을 가른다.

   바게트 1개, 치아바타 롤 4개 또는 겉이 바삭한 커다란 둥근 빵(20~23cm) 1개

둥근 빵을 사용한다면 부드러운 속을 약간 파내서 재료를 넣을 공간을 만들어준다. 빵을 살짝 구운 다음 빵의 표면에 다음을 문지른다.

   마늘 1쪽

아래쪽 빵에 다음을 얹는다.

   바질 잎 12~15장

바질 위에 참치 속재료를 채워 넣는다. 맨 위에 구운 가지와 피망 및 다음 재료를 올린다.

   토마토 큰 것 1개, 얇게 썰기

   완숙 달걀 3개, 얇게 썰기

   으깬 흑후추

위쪽 빵을 얹고 비닐랩으로 단단히 여러 겹 감싼다. 테두리 있는 오븐 팬이나 도마 위에 올려놓고 무쇠 팬 또는 다른 무거운 것을 올려 꾹 누른다.(저명한 요리 저술가 M.F.K. 피셔의 조언을 따르자면 누군가를 그 위에 앉혀도 좋다.) 샌드위치에 재료의 맛이 잘 배어들도록 최소 1시간에서 최대 24시간까지 냉장고에 보관했다가 먹는다.

베이글과 록스(절임 연어)
2인분

유대인 델리의 대표 메뉴 중 하나로, 진하게 내린 블랙커피와 주말판 신문을 곁들이면 완벽한 조합이 된다.

다음을 수평으로 반을 갈라서 취향에 따라 적당히 굽는다.

   베이글 2개, '에브리싱' 권장

반으로 가른 베이글의 한쪽 면에 다음을 바른다.

   크림치즈 115g 또는 크림치즈 스프레드 ½컵

반으로 가른 베이글 4조각에 다음을 나누어 얹는다.

   얇게 썬 연어 절임 또는 다른 형태의 훈제 연어 115g

   얇게 썬 토마토 4조각

   얇게 썬 스위트 양파 또는 자색 양파 슬라이스 4조각

   물기를 제거한 케이퍼 2큰술

오픈 샌드위치 형태로 내고, 인생을 마음껏 즐기자.

서브 또는 히로 샌드위치
4개

잠수함이라는 의미의 서브마린(submarine)을 줄여서 서브(sub)라고 부르거나 히로(hero), 바머(bomber), 그라인더(grinder), 웨지(wedge), 젭(zep) 또는 호기(haogie)라는 이름으로도 알려진 이 샌드위치는 기본적으로 길고 폭이 넓은 롤에 델리 육가공품과 치즈로 속을 채운 샌드위치다. 사용하는 빵은 다양하며 뜨겁게 또는 차갑게 낼 수 있다. 뜨거운 서브 샌드위치는 소시지와 피망 서브 샌드위치 레시피를 참고한다.

세로 방향으로 반을 가른다.

   60cm 길이의 이탈리아 빵 또는 프랑스 빵 1개

취향에 따라 단면에 다음 재료를 얇게 바른다.

   (마요네즈)

   (매콤한 갈색 머스터드)

아래쪽 빵에 샌드위치 육류 재료를 3가지 이상 조합해서 겹겹이 올린다.

   얇게 썬 살라미, 칠면조고기, 로스트 비프, 프로슈토, 모르타델라 및 카피콜라
      또는 햄 약 450g

육류 위에 다음을 차례로 올린다.

   얇게 썬 프로볼로네, 스위스 또는 체더 치즈 170g

   (매콤한 고추 피클 슬라이스 1컵)

   (양파 1개, 얇게 썰기)

   (토마토 1개, 얇게 썰기)

   곱게 채 썬 양상추 2컵

양상추 위에 촉촉해질 정도로 다음 재료를 살짝 뿌린다.

   엑스트라 버진 올리브유

   레드와인 또는 화이트와인 식초

가볍게 간을 한다.

   소금과 흑후추

   (말린 오레가노)

위쪽 빵으로 덮는다. 즉시 내도 좋고, 풍미가 잘 어우러지게 하려면 포일이나 비닐랩으로 단단하게 감싸서 30분 정도 두었다가 낸다. 적당한 길이로 잘라서 샌드위치 4개를 만든다.

랍스터 롤
4개

뉴잉글랜드 해안가 지역의 대표적인 샌드위치다. 랍스터 롤을 만들기에 가장

좋은 빵은 마틴스(Martin's) 상표의 길쭉한 감자 롤빵이다. 이 빵을 구할 수 없을 때는 브리오슈 반죽으로 만든 고급 핫도그 번을 사용하는 것이 좋다.
중간 크기의 그릇에 다음 재료를 넣고 잘 섞는다.

삶은 랍스터 살 2컵(껍데기를 벗겨내지 않은 랍스터 약 1.3kg)

잘게 깍둑썰기한 셀러리 ½컵

(잘게 썬 셀러리 잎 1큰술)

(잘게 썬 파슬리 1큰술)

레몬즙 1큰술 또는 적당량

소금 ¼작은술 또는 적당량

흑후추 적당량

다음을 섞어가며 넣는다.

마요네즈 또는 녹인 버터 ¼컵(또는 맛을 보고 추가)

위쪽으로 절개선을 낸다.(완전히 다 자르지 않는다.)

핫도그 번 또는 브리오슈 또는 찰라 롤빵 4개

커다란 프라이팬을 중불에 올리고 다음을 녹인다.

버터 3큰술

(절개된 부분이 옆을 향하도록) 빵을 프라이팬에 올려놓고 팬 안에서 이리저리 굴리면서 버터를 골고루 바른다. 다른 프라이팬으로 빵을 눌러 양면을 각각 5분씩 또는 노릇노릇해질 때까지 지진다.
따뜻할 때 랍스터 살을 채우고 다음을 곁들여 낸다.

레몬 조각

반미(Bahn Mi, 베트남식 샌드위치)

4개

반미에 들어가는 재료는 깜짝 놀랄 정도로 다양하다. 마땅한 재료가 없을 때는 먹다 남은 모든 육류를 사용할 수 있으며(맛이 진하고 풍부할수록 더 좋다.) 콜드 컷, 작은 미트볼, 조리한 삼겹살, 풀드 포크도 훌륭한 속재료가 된다.
다음의 껍질을 벗기고 6.3×0.3cm 크기의 성냥개비 모양으로 길쭉하게 썬다.

당근 115g

무 115g

475ml 용량의 유리병에 차곡차곡 담는다. 작은 편수 냄비에 다음 재료를 넣고 끓인다.

증류 백식초 ½컵

물 ½컵

설탕 1½작은술

소금 1작은술

팔팔 끓어오르면 채소에 붓고 30분간 둔다. 조리대에 다음을 늘어놓는다.

15cm 길이의 베트남식 바게트나 프랑스 빵(사워도 제외) 4개 또는 껍질이
    바삭하고 큼직한 롤빵 4개

반으로 가른 빵 4개에 다음 재료를 채워 넣는다.

마요네즈 ½컵

시판 또는 수제 닭 간 파테 1컵, 얇게 썬 베트남식 돼지고기 그릴 구이 340g 또는
    양념 두부 구이 8조각

고수 잔가지 12개

오이 중간 크기 1개, 껍질을 벗기고 6mm 두께로 길쭉하게 썰기

할라페뇨 고추 슬라이스 12개 또는 적당량

샌드위치에 당근과 무로 만든 피클을 얹고 다음을 곁들여 낸다.

마기(Maggi) 시즈닝, 골든 마운틴 소스 또는 간장

스리라차 소스

따뜻한 샌드위치에 대해

순살 프라이드 치킨, 미트볼, 미트로프, 생선 튀김 등을 비롯해 이 책에서 소개하는 상당수의 요리를 따뜻한 샌드위치의 재료로 사용할 수 있다. 먹다 남은 미트로프, 바비큐 또는 구운 고기를 번철에 살짝 구우면 훌륭한 샌드위치 재료가 되며, 소스를 뿌리거나 위에 치즈를 얹으면 맛이 더 좋아진다.

따뜻한 샌드위치 조합

소고기와 양고기

스테이크 슬라이스 / 블루 치즈 부순 것 / 양파 볶음 / 루콜라 / 히로 롤빵

스테이크 슬라이스 / 호스래디시 소스 / 간단한 양파 피클 / 구운 번

미트로프 / 녹색 여신 드레싱 또는 마요네즈 / 로메인 또는 버터 양상추 /
    흰 빵

이탈리아식 미트볼 / 토마토 소스 / 프로볼로네 치즈 슬라이스 / 히로 롤빵

윗양지 훈제 구이 / 치폴레 바비큐 소스 / 피클 슬라이스 / 양파 슬라이스
    또는 간단한 양파 피클 / 구운 번

켄터키식 머튼 어깨살 훈제 구이 / 켄터키식 머튼 딥 / 양상추 / 토마토 /
    피클 슬라이스 / 구운 번

돼지고기

풀드 포크 조림 또는 돼지 어깨살 훈제 구이 / 정통 콜슬로 / 바비큐 소스 /
    구운 번

구운 돼지고기 슬라이스 / 마늘을 넣은 브로콜리 라베 볶음 / 프로볼로네
    치즈 / 히로 롤빵

베이컨 / 크림치즈 / 라즈베리 잼 / 루콜라 / 구운 포피시드 또는 '에브리싱'
    베이글

빵가루를 입혀서 튀긴 돼지고기 촙 또는 커틀릿 / 호스래디시 소스 /
    양상추 / 레몬즙 / 치아바타 롤빵

닭고기

프라이팬에 튀긴 치킨 커틀릿 또는 순살 프라이드 치킨 / 꿀과 딜을 넣은
    피클 칩 / 핫소스 또는 머스터드 / 구운 번

치킨 파르미지아나 / 바질 잎 / 히로 롤빵

닭 그릴 구이 / 녹색 여신 드레싱 / 간단한 양파 피클 / 사워도 빵

닭고기 훈제 구이, 뼈를 발라내서 사용 / 앨라배마 화이트 바비큐 소스 / 딜
    피클 칩 / 구운 번

생선과 갑각류

프라이팬에 지진 생선 필레 또는 남부식 메기 튀김 / 양상추 / 토마토 /
    정통 콜슬로 / 마요네즈 또는 타르타르 소스 / 참깨 번 또는 호기 롤빵

향신료를 바른 생선 그릴 또는 직화 오븐 구이 / 프리제 또는 루콜라 /
    아이올리 / 치아바타 롤빵

생선 튀김 Ⅰ / 잘게 썬 양배추 / 얇게 썬 래디시 / 살사 베르데 크루다 /
　따뜻하게 데운 옥수수 또는 밀가루 토르티야

갑각류 튀김(특히 새우, 조개 또는 굴), 크랩 케이크 또는 프라이팬에 지진 연어
　케이크 / 잘게 썬 양상추 또는 양배추 / 타르타르 소스 / 히로 롤빵 또는
　햄버거 번

채소

버섯 라구 / 신선한 염소 치즈 / 루콜라 / 구운 사워도 빵

양념 두부 구이 / 브로콜리 구이 / 타히니 드레싱 / 호기 롤빵

비트 구이, 껍질을 벗기고 얇게 썬 것 / 허브를 넣은 염소 치즈 / 간단한
　양파 피클 / 루콜라 / 잡곡 빵

가지 구이 슬라이스 / 할루미 치즈 튀김 / 로메스코 소스 / 피타 빵

가지 파르미지아나 / 바질 잎 / 히로 롤빵

치즈와 달걀

체더 치즈 / 브레드 앤드 버터 피클 / 흰 빵

아보카도 / 페스토 / 토마토 / 달걀 프라이 / 잉글리시 머핀

달걀 프라이 / 체더 또는 스위스 치즈 / 잉글리시 머핀

따뜻한 로스트 비프 샌드위치

4개

이탈리안 비프 샌드위치를 만들려면 시판 또는 수제 시카고식 이탈리아 피클
½컵을 물기를 **빼서** 샌드위치 4개에 나누어 얹고 녹색 피망 볶음을 얹으며, 이
때 껍질이 바삭한 **이탈리아 샌드위치 롤빵**을 반으로 갈라서 사용한다.('그레이
비'에 젖어도 견딜 만큼 튼튼하다.)

다음을 얇게 잘라 슬라이스로 준비한다.

차가운 로스트 비프 450g

다음을 만든다.

간단한 브라운 소스 1½~2컵

다음 추가한다.

곱게 다진 딜 피클 1큰술 또는 씨를 빼고 굵게 썬 녹색 올리브 ½컵

조리대에 다음을 늘어놓는다.

흰 빵 또는 갈색 빵 8조각

작은 그릇에 넣고 부드러워질 때까지 다음 재료를 섞는다.

버터 2큰술

시판 머스터드 ¼작은술 또는 물기를 제거한 시판 호스래디시 1작은술

버터 혼합물을 빵에 얇게 바른다. 로스트 비프 슬라이스를 뜨거운 그레이비
에 담갔다 꺼낸다. 고기를 빵 사이에 끼운다. 따뜻하게 데운 접시에 샌드위치
를 담고 남은 그레이비를 끼얹어서 낸다.

소프트셸 크랩 튀김 샌드위치

4개

다음을 만든다.

소프트셸 크랩 튀김

조리대에 단면이 위로 가도록 올려놓는다.

햄버거 번 4개, 반으로 갈라서 굽기

다음을 섞는다.

마요네즈 ⅓컵

레몬즙 1큰술

위의 혼합물을 위쪽과 아래쪽 빵에 모두 얇게 바른다. 아래쪽 빵에 다음 재료
를 적당히 나누어 얹는다.

토마토 중간 크기 1개, 얇게 썰기

크랩 튀김을 아래쪽 번에 얹는다. 위에는 다음을 올린다.

보스턴, 비브 또는 다른 양상추 잎

위쪽 빵을 얹고 살짝 눌러준 다음 낸다.

슬로피 조(Sloppy Joe)

6인분

다소 안타깝게도 미국 일부 지역에서 '와글와글한 다짐육(loosemeat)'으로 만
든 샌드위치로 알려진 이 슬로피 조의 기원은 1950년대로 거슬러 올라간다.
'조'라는 사람이 누구였는지는 알 수 없지만 '슬로피(sloppy, 엉성하거나 헐렁하다
는 의미 − 옮긴이)'라는 단어만큼은 이 샌드위치의 특징을 잘 나타낸다.

큰 프라이팬에 다음을 두르고 중불에 가열한다.

식물성 기름 1큰술

다음 재료를 넣는다.

양파 작은 것 1개, 잘게 깍둑썰기하기

빨간색 또는 노란색 피망 작은 것 1개, 잘게 깍둑썰기하기

마늘 4쪽, 다지기

셀러리 줄기 2개, 잘게 깍둑썰기하기

(신선한 타임 잎 1작은술)

소금 ½작은술

흑후추 적당량

가끔 저으면서 양파가 부드러워지되 갈색으로 변하지 않도록 약 10분간 볶는
다. 접시에 옮겨 담는다. 프라이팬에 다음 재료를 넣고 불을 약간 올린다.

소 윗등심 또는 등심 다진 것 560g

나무 숟가락으로 뭉친 덩어리를 부수면서 분홍색이 사라질 때까지만 3~4분
간 조리한다. 접시에 담아두었던 양파 혼합물과 다음 재료를 추가한다.

토마토 칠리 소스 또는 케첩 ½컵

맥주 또는 물 ½컵

우스터 소스 3큰술

핫소스

뚜껑을 반만 덮고 가끔 저어가며 소스가 살짝 걸쭉해질 때까지 약 15분간 뭉
근히 끓인다. 그동안 빵을 굽는다.

큼직한 롤빵 6개 또는 15cm 길이의 프랑스 빵, 반으로 가르기

프라이팬에서 끓고 있는 슬로피 조 혼합물에 다음을 넣는다.

다진 쪽파 3큰술

숟가락을 사용해 아래쪽 빵에 속재료를 떠서 올리고 위쪽 빵을 덮는다.
뜨거울 때 낸다.

소시지와 피망 서브 샌드위치

4개

큰 프라이팬을 중불에 올리고 다음 재료가 속까지 충분히 익고 갈색으로 변
할 때까지 천천히 조리한다.

순한맛 또는 매운맛 이탈리아식 소시지 4개, 포크나 과일칼로 칼집을 몇 군데
　　　넣기

소시지를 접시에 옮긴다. 프라이팬에 기름을 2큰술 정도만 남기고 따라낸다.
다음 재료를 추가한다.

　　올리브유 2큰술

　　양파 큰 것 1개, 얇게 썰기

　　마늘 3쪽, 다지기

　　피망 큰 것 2개 또는 이탈리아식 피망 볶음 450g, 씨를 빼고 얇고 길쭉하게 썰기

　　(말린 오레가노 1작은술)

　　소금과 흑후추 적당량

자주 저으면서 피망이 아주 부드러워질 때까지 약 25분간 중불에서 조리한다.
취향에 따라 다음을 넣어도 좋다.

　　(발사믹 식초 1큰술)

소시지를 다시 프라이팬에 넣고 속까지 충분히 따뜻해지도록 약 3분간 조리
한다. 빵 4개에 소시지를 하나씩 넣는다.

　　15cm짜리 히로 롤빵 4개, 반으로 갈라서 따뜻하게 데우기

양파와 피망을 얹는다. 샌드위치를 살짝 눌러준 후 낸다.

필리 치즈 스테이크

4개

고기를 얇게 썰어야 할 때 냉동실에 30분 정도 넣어두었다가 자르면 훨씬 쉽
다. ('위즈whiz'라고 부르는) 정통 치즈 소스 느낌을 내려면 잘게 썬 프로볼로네
치즈 대신 시판 치즈 소스 ¼컵을 샌드위치의 속재료 위에 나눠 얹는다.(잘 흘
러내리므로 냅킨을 넉넉히 준비해야 한다.)

오븐을 175℃로 예열한다. 다음을 포일로 감싸서 오븐에 넣고 데운다.

　　15cm짜리 히로 롤빵 4개, 반으로 가르기

커다란 논스틱 프라이팬을 중불에 올리고 다음을 둘러서 뜨겁지만 연기가 나
지 않을 때까지 가열한다.

　　식물성 기름 3큰술

프라이팬에 다음 재료를 넣고 저어가면서 채소가 부드러워질 때까지 약 10분
간 조리한다.

　　양파 중간 크기 1개, 얇게 썰기

　　(녹색 피망 작은 것 1개, 얇고 길쭉하게 썰기)

프라이팬에 다음 재료를 넣고 고기에서 분홍색이 사라질 때까지 약 5분간 조
리한다.

　　소고기 등심 또는 꽃등심 450g, 0.3~0.6cm 두께의 슬라이스를 길쭉하게 썰기

다음으로 간을 맞춘다.

　　소금

　　핫소스

소고기 조리한 것을 아래쪽 빵 4개에 나누어 얹는다.(위쪽 빵은 아직 덮지 않는
다.) 다음 재료를 골고루 나누어 얹는다.

　　잘게 썬 프로볼로네 치즈 1컵(115g) 또는 화이트 아메리칸 치즈 8장

오븐에 넣고 치즈가 녹을 때까지 2~3분간 가열한다. 위아래 빵을 살짝 누른
다음 뜨겁게 낸다.

오이스터 포보이

4개

뉴올리언스에서 탄생한 포보이(po'boy)는 프랑스 빵으로 만드는 큼직한 샌드
위치다. 널리 사용되는 속재료는 매콤한 이탈리아식 소시지, 햄, 새우 튀김 또
는 여기서 소개하는 것처럼 굴 튀김 등이 있다.

옥수숫가루나 밀가루를 사용해 갑각류 튀김 Ⅰ 레시피에 따라 튀긴다.

　　씨알이 굵은 굴 24개, 껍데기를 까기

다음을 세로로 길게 반을 가른다.(완전히 잘라지는 않는다.)

　　껍질이 부드러운 15cm짜리 프랑스 빵 또는 이탈리아 빵 2개

빵의 자른 단면에 다음 재료를 넉넉히 바른다.

　　마요네즈, 타르타르 소스 또는 레물라드 소스

아래쪽 빵에 다음 재료를 나누어 얹는다.

　　토마토 큰 것 1개, 얇게 썰기

　　아이스버그 양상추 약 2컵, 잘게 썰기

굴 튀김을 얹고 위쪽 빵을 덮은 다음 살짝 눌러준다. 샌드위치를 각각 반으로
잘라서 따뜻하게 낸다.

번철 또는 그릴에 굽거나 눌러서 구운 샌드위치

일부 따뜻한 샌드위치는 그냥 데우거나 '가볍게 구운' 상태로 낸다. 그런가 하
면 파니니와 토르타처럼 뜨거운 표면으로 꾹 눌러서 만드는 샌드위치도 있다.
샌드위치 전용 프레스기도 판매되고 있으나, 그보다 실용적인 방법은 두툼한
프라이팬에서 샌드위치를 조리하다가 그릴 프레스 또는 그냥 다른 프라이팬
을 샌드위치 위에 올려놓고 그 무게로 꾹 누르는 것이다. 이렇게 하면 열이 양
쪽에서 전달되지 않기 때문에 중간에 한 번 뒤집어주어야 양쪽 면이 모두 갈색
으로 고르게 익는다. 부드러운 빵으로 만든 비교적 얇은 샌드위치는 와플 팬
으로 구울 수도 있다. 위와 아래쪽 빵의 바깥면에 부드러운 버터나 마요네즈
를 살짝 바른 후 노릇노릇해질 때까지 와플 팬으로 조리한다.

　　아래에 소개하는 그릴 치즈 샌드위치를 비롯한 여러 샌드위치는 프라이팬
이나 번철에서 조리한다. 그뿐만 아니라 빵 한쪽에 속재료를 올리고 치즈를 넉
넉히 얹은 다음 뜨거운 오븐에서 데우기 때문에 **멜트**라는 적절한 이름이 붙은
샌드위치도 있다. 취향에 따라 치즈가 녹아내릴 때까지 오래 구울 수도 있고
속재료가 충분히 데워질 때까지만 구울 수도 있다.(또는 가장자리의 치즈가 갈색
으로 변할 때까지 직화 오븐에 구워도 좋다.)

그릴 치즈 샌드위치

1개

토마토 수프와 가장 잘 어울리는 단짝이다. 우리는 숙성 체더 치즈를 강판에
갈아서 즐겨 사용하는데, 이렇게 하면 치즈 조각 중 일부가 빵 가장자리에서
떨어져 프라이팬에서 바삭하게 구워진다. 제대로 먹을 줄 아는 사람들은 샌드
위치 하나에 치즈 여러 종류를 사용한다. 단단한 빵으로 만든 그릴 치즈 샌드
위치는 꾹 눌렀을 때 갈색으로 먹음직스럽게 익을뿐더러 치즈가 밖으로 흘러
내려 '바삭한 부분'이 생기지만, 폭신폭신하고 부드러운 샌드위치 빵을 꾹
누르면 납작해진다는 점을 잊지 말자.

다음 재료로 샌드위치를 만든다.

　　흰 샌드위치 빵 또는 껍질이 바삭한 사워도 빵 2조각

　　아메리칸 치즈 또는 숙성 체더 치즈, 그 외의 잘 녹는 치즈 2장

샌드위치의 양쪽 면에 다음을 넉넉하게 바른다.

　　부드럽게 녹인 버터 또는 마요네즈

프라이팬이나 번철에 샌드위치를 올리고 한쪽 면이 노릇노릇하게 구워질 때까지 중약불에서 천천히 조리한다. 반대쪽으로 뒤집어서 양쪽 모두 갈색이 되도록 굽는다. 즉시 낸다.

그릴 치즈 샌드위치의 추가 재료

　　신선한 바질 잎 또는 페스토

　　얇게 썬 고추 피클, 간단한 양파 피클 또는 브레드 앤드 버터 피클

　　구운 마늘 l의 1통에서 나온 마늘 몇 쪽

　　구운 피망

　　사과 버터 또는 얇게 썬 사과

　　얇게 썬 토마토, 천천히 구운 토마토 또는 훈연 향 토마토 잼

　　갈색으로 바삭하게 구운 베이컨, 볼로냐, 모르타델라 소시지

루벤 샌드위치

4개

이 샌드위치의 이름을 들으면 뉴욕 델리의 이미지가 떠오르지만 실제로는 네브래스카 오마하의 한 호텔 경영자의 아들이 처음 고안한 것이다. **레이철 샌드위치**에는 콘비프 대신 칠면조고기를 사용한다. **템페 루벤** 샌드위치를 만들고자 한다면 **템페 찜 450g**을 1.2cm 두께로 길쭉하게 썬다. 프라이팬을 중불에 올려 **버터나 식물성 기름 2큰술**을 넣고 갈색이 될 때까지 템페를 볶는다. 나머지는 아래와 같이 조리하되, 콘비프나 파스트라미 대신 갈색으로 볶은 템페를 사용한다.

조리대에 다음을 늘어놓는다.

　　구운 호밀 빵 8조각

빵에 다음을 얇게 펴서 바른다.

　　러시안 드레싱

빵 4조각에 다음을 나누어 얹는다.

　　콘비프 또는 파스트라미 약 560g

　　물기를 뺀 사우어크라우트 약 1½컵

　　스위스 치즈 4장

남은 빵 4조각을 위에 덮는다. 각 샌드위치의 양면 바깥쪽에 다음을 바른다.

　　부드럽게 저은 버터

프라이팬이나 번철을 중약불에 올리고 주걱으로 샌드위치를 살짝 눌러가면서 한쪽 면이 노릇노릇하게 구워질 때까지 천천히 조리한다. 뒤집어서 반대쪽도 갈색이 되도록 굽는다. 다음을 곁들여 즉시 낸다.

　　딜 피클 또는 절반 발효 피클

크로크무슈

4개

직화 오븐을 예열한다. 조리대에 다음을 늘어놓는다.

　　두툼하게 썬 흰 빵 8조각

빵 4조각에 다음을 바른다.

　　부드럽게 저은 버터 2큰술

　　(디종 머스터드)

다음을 위에 얹는다.

　　얇게 썬 햄 4장(약 85g)

나머지 빵 4조각을 위에 덮는다. 샌드위치를 직화 오븐에 넣고 노릇해질 때까지 굽는다. 샌드위치를 뒤집어서 다음을 얹는다.

　　강판에 간 그뤼에르 치즈 ¾컵(85g)

치즈가 보글보글 거품을 내며 노릇해질 때까지 굽는다. 따뜻할 때 낸다.

크로크마담

크로크무슈를 준비한다. 샌드위치가 노릇한 색으로 변할 즈음에 그릴에서 꺼낸 다음 과일칼을 사용해 치즈를 덮은 위쪽 빵의 중간 부분을 작은 동그라미 모양으로 잘라내 햄이 노출되게 한다. 잘라낸 빵조각은 따로 보관해둔다. 빵을 잘라낸 구멍에 작은 달걀을 깨뜨려 넣고 달걀이 익을 때까지 2~3분간 그릴에서 굽는다.(달걀이 익기 전에 치즈가 타지 않도록 샌드위치를 불에서 약간 떨어진 위치에 넣는 것이 좋다.) 잘라낸 빵조각을 달걀 위에 뚜껑처럼 덮어서 낸다.

몬테크리스토

2인분

이 샌드위치는 프라이팬에 살짝 지져내기도 하고 기름에 튀기기도 하며 빵 3조각을 사용해 속재료를 2층으로 넣어 만들기도 한다. 어떤 방법을 사용하든 항상 끝내주는 맛을 자랑한다.

얕은 그릇에 다음 재료를 넣고 잘 휘젓는다.

　　우유 ¼컵

　　달걀 2개

조리대에 다음을 늘어놓는다.

　　흰 빵 4조각

빵 4조각에 다음을 바른다.

　　부드럽게 저은 버터

　　디종 머스터드

빵 2조각에 다음을 나누어 얹는다.

　　얇게 썬 햄 4장

　　스위스 치즈 4장 또는 강판에 간 그뤼에르 치즈, 한 겹으로 깔릴 만큼

　　얇게 썬 칠면조고기 햄 4장

버터 바른 면이 아래로 오도록 나머지 빵 2조각을 위에 얹는다. 커다란 논스틱 프라이팬을 중불에 올리고 다음을 넣어 녹인다.

　　버터 2큰술

샌드위치의 양쪽 면을 달걀 혼합물에 담갔다 꺼낸다. 프라이팬에 넣고 노릇노릇하게 익을 때까지 각 면을 약 2분씩 지진다. 도마에 옮겨놓고 대각선으로 반을 자른다. 다음을 뿌려서 낸다.

　　슈거 파우더

다음을 곁들인다.

　　레드커런트 젤리

쿠바식 샌드위치

4개

전통적으로 샌드위치 프레스를 사용해서 만들지만 묵직한 프라이팬 2개를 사용해도 같은 효과를 얻을 수 있다. 속이 부드럽고 껍질이 바삭한 빵이 이 샌드

위치에 가장 잘 어울린다. 텔레라, 호기, 보릴로 롤빵이 좋은 대체재다. 지나치게 쫄깃하지 않은 한 프랑스 빵이나 이탈리아 빵도 사용할 수 있다.

다음을 세로로 반을 가른다.

60cm 길이의 쿠바 빵 1개 또는 큼직하고 껍질이 바삭한 롤빵 4개

아래쪽 빵에 다음을 살짝 바른다.

부드럽게 저은 버터

위쪽 빵에 다음을 넉넉히 바른다.

시판 머스터드

아래쪽 빵에 다음을 겹겹이 올린다.

얇게 썬 햄 225g

얇게 썬 스위스 치즈 225g

돼지 등심 구이 또는 라틴식 돼지 앞다리 구이 225g, 얇게 썰기

(얇게 썬 제노아 살라미 슬라이스 115g)

얇게 저민 딜 피클

위쪽 빵으로 덮고 어슷하게 잘라서 샌드위치 4개를 만든다.(롤빵을 사용할 때는 자르지 않는다.) 묵직한 프라이팬을 중불에 올리고 다음을 녹인다.

버터 1큰술

프라이팬에 샌드위치를 2개씩 넣고 그릴 프레스 또는 묵직한 프라이팬을 위에 올려 꾹 누른다. 중간에 한 번 뒤집으면서 치즈가 녹을 때까지 약 10분간 샌드위치를 굽는다. 프라이팬에 다음을 한 번 더 추가한다.

버터 1큰술

그리고 나머지 샌드위치 2개를 같은 방식으로 조리한다. 뜨거울 때 낸다.

파니니(Panini)

4개

파니니는 이탈리아어로 '작은 빵'이라는 뜻이며, 이탈리아에서 파니노(panino)는 단순히 차갑거나 뜨겁게 또는 프레스로 눌러서 만드는 샌드위치를 일컫는다. 미국에서 말하는 파니니는 항상 프레스로 눌러서 빵이 바삭해질 때까지 굽는다. 가정용 전기 그릴이나 파니니 프레스를 사용하면 가장 편리하다. 또는 프라이팬을 레인지 위에 올려놓고 그릴 프레스나 다른 프라이팬을 사용해 꾹 눌러도 된다.

파니니 그릴을 예열하거나 묵직한 프라이팬을 중불에 올린다. 다음을 반으로 가른다.

10×12.5cm 크기의 사각형 포카치아 4개 또는 치아바타 롤빵 4개

위쪽과 아래쪽 빵의 안쪽에 다음을 살짝 뿌린다.

올리브유

(발사믹 식초)

다음 재료의 조합을 아래쪽 빵 4개에 적당히 나눠서 얹는다.

얇게 썬 프로슈토 225g / 얇게 썬 모차렐라 치즈 225g / 바질 잎 16장

토마토 큰 것 1개, 얇게 썰기 / 얇게 썬 모차렐라 치즈 225g / 바질 잎 16장

얇게 썬 브레사올라 225g / 루콜라 2컵 / 대패로 깎은 파르메산 치즈 115g

모르타델라 소시지 225g / 강판에 간 폰티나 치즈 225g

다음을 뿌린다.

소금과 흑후추 적당량

위쪽 빵으로 덮는다. 샌드위치를 파니니 프레스에 넣은 다음 치즈가 녹고 빵이 바삭해질 때까지 약 4분간 굽는다. 또는 번철에 올려놓고 쿠바식 샌드위치를

만들 때처럼 눌러도 좋다.(양면을 굽기 때문에 총 8분이 걸린다.)

토르타(Tortas)

4개

채식 토르타를 만들 때는 고기를 생략하고 다른 재료를 더 넉넉히 넣거나 스크램블드에그 또는 채식용 육류 대용품을 넣어 샌드위치 속을 채운다.

다음 중 한 가지 재료를 준비한다.

얇게 저미거나 잘게 썬 육류 요리 2컵, 특히 카르네 아사다, 카르니타스 조림, 치킨 팅가 또는 양파와 할라페뇨를 곁들여 프라이팬에 바삭하게 튀긴 혀 요리

얇게 썬 햄 340g

멕시코식 초리소 450g, 갈색이 되도록 볶아서 기름기를 뺀 후 잘게 부수기

기름을 두르지 않은 프라이팬을 중불에 올리고 취향에 따라 다음을 넣는다.

(할라페뇨 고추 큰 것 4개)

가끔 저어가면서 고추의 옆쪽이 부풀어 터지고 갈색으로 변할 때까지 약 10분간 조리한다. 접시에 담아둔다. 또는 다음을 준비해도 좋다.

(할라페뇨 피클 ½컵)

조리대에 다음을 늘어놓는다.

보릴로나 텔레라 롤빵 또는 커다랗고 껍질이 바삭한 롤빵 4개, 수평으로 반을 가르기

부드러운 속을 조금 파내 공간을 만든다. 위쪽과 아래쪽 롤빵의 안쪽에 다음을 바른다.

마요네즈 ½컵

아래쪽 롤빵에 다음을 얇게 펴서 얹는다.

으깬 콩 페이스트 ¾컵

선택한 속재료를 빵 4개에 적당히 나누어 얹고 다음을 위에 얹는다.

아보카도 큰 것 1개, 씨를 제거하고 껍질을 벗긴 후 얇게 썰기

토마토 큰 것 1개, 얇게 썰기

양파 작은 것 1개, 얇게 썰기

잘게 썬 아이스버그 양상추 2컵

신선한 할라페뇨를 사용한다면 꼭지를 잘라내고 중간에 있는 씨의 바로 옆쪽으로 칼질하여 '길쭉한 칩 형태'가 되도록 4조각으로 썬다. 씨는 버린다. 구운 할라페뇨 또는 할라페뇨 피클을 적당히 나눠서 얹고 위쪽 빵으로 덮는다. 취향에 따라 쿠바식 샌드위치 레시피의 설명대로 번철에 토르타를 놓고 눌러서 완성해도 좋다.(이 경우 양쪽 면을 굽는 데 6~8분이 소요된다.)

참치 멜트 샌드위치

4개

저녁 식탁의 인기 메뉴인 이 샌드위치는 보통 간단한 참치 샐러드로 속을 채우지만, 우리는 호사스럽게 베커 참치 샐러드를 사용해 아삭한 식감을 추가하는 편을 선호한다.

직화 오븐을 예열한다. 조리대에 다음을 늘어놓는다.

구운 호밀 빵 또는 사워도 빵 8조각

빵 4조각에 다음을 바른다.

참치 샐러드

그 위에 다음을 얹는다.

강판에 간 체더, 몬터레이 잭, 폰티나 또는 아메리칸 치즈 1컵(115g)

치즈가 녹아서 노릇해질 때까지 1~2분간 직화 오븐에서 굽는다. 취향에 따라 다음을 얹는다.

　(토마토 슬라이스)

　(루콜라 잎, 크레송 또는 잘게 썬 양상추)

그리고 취향에 따라 위쪽 빵에 다음을 바른다.

　(매콤한 갈색 머스터드)

양쪽 빵을 합친 다음 샌드위치에 다음을 곁들여 낸다.

　길쭉하게 세로로 자른 딜 피클

핫 브라운 샌드위치

4인분

1923년 켄터키주 루이빌의 브라운 호텔에서 고안된 이 근사한 샌드위치는 오늘날까지 호텔 메뉴에서 당당히 한자리를 차지하고 있다.

직화 오븐을 예열한다. 작은 그라탱 접시 4개에 다음을 나누어 담는다.

　살짝 구워서 버터를 바른 흰 빵 4조각, 4등분하기

그 위에 다음 재료를 균일하게 올린다.

　얇게 썬 칠면조 햄 225g

　얇게 썬 토마토 8개

그 위에 다음을 붓는다.

　모르네 소스 1~1⅓컵, 맛을 보면서 조절

기포가 올라올 때까지 직화 오븐에서 굽는다. 다음을 적당히 나누어 위에 얹는다.

　베이컨 8조각, 바삭하게 굽기

즉시 낸다.

핫도그에 대해

미국 가정의 뒷마당에서 그릴로 요리하는 전통 메뉴이자 여름과 야구 경기를 연상시키는 핫도그(길쭉한 번의 가운데를 가르고 두꺼운 소시지를 끼운 후 양념을 얹어서 먹는 미국식 핫도그. 뒤에 나오는 콘도그가 한국에서 흔히 핫도그라고 부르는 음식에 가깝다. — 옮긴이)는 매우 다양한 양념 및 소스로 맛을 낼 수 있다. 핫도그 재료는 이미 익힌 상태로 판매되어 그냥 데우기만 하면 되는 경우가 많다. 브라트부르스트(bratwurst) 같은 소시지는 보통 조리되지 않은 상태로 판매한다. 이미 조리가 되어 있다 하더라도 그릴에 구워 숯의 연기를 쐬거나 번철에서 갈색이 될 때까지 바싹 제대로 익히면 핫도그의 맛이 훨씬 좋아진다. 핫도그에는 다양한 종류의 소시지를 사용할 수 있다. 더 자세한 정보는 소시지 조리하기 항목을 참고한다.

핫도그

4개

소시지 조리하기 항목의 설명에 따라 취향에 맞게 준비한다.

　핫도그용 프랑크 소시지, 기타 조리된 소시지 또는 생소시지 4개

다음을 굽는다.

　핫도그 번(소시지가 크면 호기 롤빵을 사용) 4개, 반으로 가르기

취향에 따라 번에 다음을 바른다.

　(부드럽게 저은 버터)

핫도그용 소시지를 구운 번에 넣는다. 취향에 따라 다음 재료를 위에 적당량

얹는다.

　머스터드, 케첩, 마요네즈 또는 스리라차 소스

　잘게 다진 피클, 새콤한 옥수수 렐리시, 간단한 양파 피클, 고추 피클 슬라이스,
　　사우어크라우트 또는 김치

　깍둑썰기한 자색 양파나 흰색 양파 또는 양파 볶음

　잘게 자른 치즈, 트레바의 피미엔토 치즈 또는 모르네 소스

　칠리 아무거나

　정통 콜슬로

핫도그 조합

세상에는 여러 가지 독특한 핫도그가 많다. 여기서는 우리가 좋아하는 조합을 몇 가지 소개한다.(모든 토핑을 적당량 추가한다.)

　루벤 도그: 강판에 간 스위스 치즈 / 매콤한 갈색 머스터드 / 물기를 뺀
　　사우어크라우트 / 러시안 드레싱

　신시내티식 치즈 코니: 신시내티 칠리 코케뉴 / 잘게 깍둑썰기한 양파 /
　　노란색 머스터드 / 강판에 간 체더 치즈

　시카고 도그: 토마토 슬라이스 / 고추 피클 / 길쭉하게 세로로 자른 딜 피클
　　/ 잘게 다진 스위트 피클 / 잘게 깍둑썰기한 양파 / 노란색 머스터드 /
　　셀러리 소금 약간 / (포피시드 번에 소고기 핫도그를 올린 것에 잘 어울린다.)

　소노란 도그: 베이컨으로 말아서 바삭하게 구운 핫도그 소시지 / 반으로
　　가른 보릴로 롤빵 / 토르타에 소개한 토핑 중 아무거나 선택

　캐롤라이나 도그: 고기만 넣은 칠리 / 노란색 머스터드 / 잘게 깍둑썰기한
　　양파 / 곱게 다진 정통 콜슬로

콘도그(Corn Dog)

8개

딥 프라잉 항목을 참고한다. 다음 재료를 섞어서 부드러워질 때까지 세게 젓는다.

　노란색 옥수숫가루 ½컵+2큰술

　중력분 ¼컵

　설탕 1큰술

　소금 ½작은술

　버터밀크 ¼컵+3큰술

　대란 1개

　베이킹소다 ¼작은술

반죽이 되직해질 때까지 10분 정도 둔다. 오븐을 107℃로 예열한다.

튀김기나 깊고 묵직한 냄비 또는 더치오븐에 기름을 다음 높이까지 붓고 190℃로 가열한다.

　식물성 기름 7.5cm

기름이 가열되는 동안 나무 꼬치에 다음을 꽂는다.

　핫도그 소시지 8개

길쭉하고 폭이 좁은 유리잔에 반죽을 붓고 꼬치에 꽂은 핫도그 소시지를 담가서 돌려가며 반죽을 골고루 묻힌다. 꼬치를 돌려가며 갈색으로 고르게 익을 때까지 3~4분간 튀긴다. 8개를 전부 튀길 때까지 오븐에서 따뜻하게 보관한다. 다음을 곁들여 낸다.

　케첩과 머스터드

버거에 대해

만사가 여유롭고 단순했던 그때 그 시절에는 '버거'라는 말이 다진 소고기로 만든 패티를 가리킬 뿐 다른 의미는 없었다.(여기서 이와 관련된 역사를 깊게 파고 들 생각은 없으므로 인류가 매우 오랫동안 여러 다른 이름을 붙여 다진 소고기를 먹어왔다는 정도로만 언급해둔다.) 그러나 이제는 버거라는 용어가 완전히 하나의 음식 장르를 지칭하는 말로 확장되었다. 오늘날 '버거'라고 하면 다진 양고기에서부터 버섯, 새우, 심지어 비트에 이르기까지 가지각색의 재료로 만든 샌드위치 패티를 일컫는다. 유일한 공통분모는 모양과 형태. 베지 버거는 고기 패티보다 약해서 잘 부스러지기 때문에 그릴에 굽는 것보다는 번철에 지지는 편이 좋다.

▶ 사슴고기 버거는 562쪽, 닭고기나 칠면조고기 버거는 458쪽, 양고기 버거는 537쪽을 참고한다. 다진 고기를 구매하고 보관하며 다루는 법에 대한 자세한 정보는 다진 고기에 대해 항목을 참고하면 좋다.

햄버거

4개

다음을 만든다.

  햄버거 패티

빵을 굽는다.

  햄버거 번 4개, 반으로 가르기

햄버거 패티를 구운 번 안에 넣는다. 아래에 나열한 부재료를 취향에 따라 얹는다.

신선한 채소 또는 익힌 채소

  얇게 썬 토마토 슬라이스

  아이스버그 또는 비브 양상추 잎

  얇게 썬 자색 양파 또는 단양파, 양파 볶음, 캐러멜화한 양파, 멜티드 리크,
    바삭하게 튀긴 샬롯 또는 어니언링

  버섯 볶음

  얇게 썬 아보카도

(추가로 넣는) 단백질 재료

  바삭하게 구운 베이컨 조각

  달걀 프라이

  칠리 콘 카르네

  얇게 썬 체더, 페퍼잭, 하우다 또는 스위스 치즈

  블루 치즈 부순 것

양념과 피클

  머스터드 및/또는 케첩

  마요네즈, 아이올리 또는 풍미를 첨가한 마요네즈

  트레바의 피미엔토 치즈

  캔자스시티 바비큐 소스

  딜 피클 또는 브레드 앤드 버터 피클

  차우차우

패티 멜트

4인분

자색 양파를 사용해서 다음을 만든다.

  양파 볶음

다음을 준비한다.

  햄버거 패티 II

버거가 익는 동안 빵을 굽는다.

  호밀 빵 8조각

각 버거를 구운 빵 위에 올린다. 버거 위에 양파와 다음 재료를 얹는다.

  스위스 치즈 8장

나머지 구운 빵으로 덮는다. 프라이팬이나 번철에 다시 넣고 중약불에서 한 번 뒤집으면서 치즈가 녹을 때까지 굽는다. 즉시 낸다.

비트 버거

4인분

푸드 프로세서를 사용하면 반죽을 뭉치게 하는 달걀물 같은 재료를 넣지 않아도 버거 패티의 형태가 비교적 잘 유지된다. 그러나 콩을 잘 으깬 후 다른 재료를 넣고 패티의 모양이 잡힐 때까지 손으로 잘 치대면 푸드 프로세서 없이도 비트 버거를 만들 수 있다. 패티가 약해서 쉽게 부서지므로 조심스럽게 다루자. 중간 크기의 프라이팬에 다음을 두르고 중불에 올려서 가열한다.

  식물성 기름 1큰술

다음 재료를 넣고 저어가면서 갈색이 될 때까지 약 8분간 볶는다.

  양파 중간 크기 ½개, 잘게 썰기

다음을 넣고 향긋한 냄새가 날 때까지 약 1분간 더 저어가며 볶는다.

  마늘 3쪽, 다지기

양파 혼합물을 모아서 푸드 프로세서에 넣는다. 다음 재료를 추가한다.

  흰콩 통조림 425g짜리 1개, 물을 따라내고 헹구기

  현미밥 또는 흰쌀밥 1컵

  비트 중간 크기 1개(170~225g), 껍질을 벗기고 강판에 갈기

  마른 빵가루 ¼컵

  다진 딜 3큰술

  소금 ¾작은술

  흑후추 ½작은술

푸드 프로세서 용기의 옆면에 묻은 재료를 긁어내리면서 혼합물이 곱게 갈리고 꽉 쥐면 서로 뭉칠 때까지 푸드 프로세서를 작동시킨다.(미처 갈리지 않은 콩이나 쌀밥 알갱이가 남아 있어도 상관없다.) 패티를 4개 만든다. 커다란 프라이팬(논스틱 권장)에 다음을 두르고 중불에 올려서 가열한다.

  식물성 기름 1큰술

버거를 프라이팬에 넣고 중간에 한 번 뒤집으면서 양쪽 면이 갈색으로 익을 때까지 한 면당 약 5분씩 굽는다. 반대쪽 면까지 갈색으로 익히려면 프라이팬에 기름을 조금 더 둘러야 할 수도 있다. 다음 빵에 올린다.

  햄버거 번 4개, 반으로 갈라서 살짝 굽기

다음을 올려서 낸다.

  차지키

  양상추 잎

  얇게 썬 토마토

(얇게 썬 아보카도)

구운 버섯 버거
4인분

풍미가 근사한 버섯 패티를 고기로 착각하는 사람은 없겠지만 이 버거는 틀림없이 많은 사람의 입을 즐겁게 할 것이다. 구운 버섯, 구운 피칸, 간장, 파르메산 치즈, 포르치니버섯 가루를 사용하면 고기만큼 두툼하지는 않아도 맛은 절대 뒤지지 않는 버거를 만들 수 있다.

오븐을 220℃로 가열한다. 큼직한 오븐 팬에 버섯을 올리고 기름을 둘러 가볍게 뒤적이며 섞는다.

    표고버섯 또는 표고와 크레미니를 섞어서 450g, 밑동을 잘라내고 굵게 썰기
    식물성 기름 2큰술

버섯 밑동은 육수 내는 용도로 보관해둔다. 버섯이 갈색으로 변하면서 쪼그라들 때까지 20~25분 정도 굽는다. 중간 크기의 프라이팬을 중불에 올리고 다음을 둘러 가열한다.

    식물성 기름 1큰술

다음 재료를 넣고 저으면서 부드러워질 때까지 약 5분간 볶는다.

    양파 중간 크기 1개, 잘게 썰기

다음을 넣고 잘 섞어가며 2분간 더 볶는다.

    마늘 2쪽, 다지기

큰 그릇에 다음을 넣고 콩 알갱이가 남지 않을 때까지 곱게 으깬다.

    검은콩 통조림 425g짜리 1개, 물을 따라내고 헹구기

다음 재료와 함께 버섯 및 볶은 양파를 넣고 잘 섞는다.

    구워서 곱게 다진 피칸 ½컵
    (강판에 곱게 간 파르메산 치즈 ½컵[55g])
    마른 빵가루 ¼컵
    간장 2큰술
    고춧가루 1큰술
    (포르치니버섯 가루 1작은술)

혼합물이 고르게 섞이고 꽉 쥐면 서로 뭉칠 때까지 손으로 잘 치댄다. 패티를 4개 만든다. 비트 버거 레시피대로 굽는다. 햄버거 부재료를 더해 만든다.

플랫브레드 샌드위치에 대해

랩 샌드위치에 사용하기에 알맞은 전용 플랫브레드는 대다수 마트에서 구할 수 있지만, 우리는 플랫브레드보다 난, 파라타(paratha, 기름을 바른 번철에 지져서 만든 남아시아 지역의 빵 — 옮긴이), 라바시, 차파티, 피타, 밀가루 토르티야를 즐겨 사용한다. 랩과 밀가루 토르티야를 일반적인 부리토 모양으로 말기 위해서는 속재료를 얹은 다음 몸에서 가까운 쪽의 가장자리를 속재료 위로 접고 오른쪽과 왼쪽 귀퉁이를 차례로 접어서 말아낸다. 랩의 이음매 부분이 아래로 향하게 놓고 취향에 따라 대각선으로 반을 자른다. 피타 포켓 샌드위치를 만들 때는 피타 빵의 약 ⅓ 지점을 잘라서 재료를 채울 수 있는 주머니를 만들어준다. 피타 빵은 기름을 두르지 않은 프라이팬이나 그릴에 살짝 데워주면 재료를 채웠을 때 잘 찢어지지 않는다. 주머니가 없는 피타 빵이라면 데워서 속재료를 얹고 접어주어야 한다.

차가운 샌드위치 조합 항목에서 소개한 조합이라면 거의 전부 랩이나 플랫브레드에 잘 어울린다. 콤보 샐러드도 랩 샌드위치의 속재료로 활용하면 좋다.

플랫브레드 또는 피타 샌드위치
4개

다음 중 하나를 준비한다.

    팔라펠
    양고기 샤와르마, 베커 양고기 패티, 아다나식 양고기 케밥 또는 케프테데스
    소고기 케밥
    돼지고기 수블라키

다음 중 하나 이상을 준비한다.

    타히니 드레싱, 저그, 차지키, 허브 요구르트 드레싱

다음을 다루기 쉽게 부드러워질 때까지 데운다.

    피타 4개

포켓 샌드위치를 만들기 위해 피타의 한쪽 끝을 잘라낸다. 팔라펠, 양고기 패티, 케밥 고기 또는 수블라키를 적당히 나누어 넣는다. 취향에 맞는 소스를 뿌리고 다음을 얹는다.

    잘게 썬 양상추 1½컵
    깍둑썰기한 토마토 ¾컵
    껍질을 벗겨 깍둑썰기한 오이 ¾컵
    (깍둑썰기한 자색 양파 또는 잘게 썬 쪽파 ¼컵)
    (잘게 부순 페타 치즈)

소스를 조금 더 뿌린다.

사비치(Sabich, 이스라엘식 피타 샌드위치)
4개

이라크의 유대인들은 모국의 종교 박해를 피해 국경을 넘으면서 이 샌드위치를 이스라엘로 들여왔다. 오늘날에는 엄청난 인기를 자랑하는 길거리 음식으로 자리 잡았으며 이스라엘 사람들은 아침이나 점심으로 사비치를 즐겨 먹는다. 암바(Amba)는 망고 피클로 만든 짭짤하고 새콤한 양념이다. 꼭 한 번 구해서 사용해보기를 추천한다.

다음을 준비한다.

    후무스 1컵 또는 타히니 드레싱 ½컵
    가지 구이 II 또는 가지 튀김 8조각
    완숙 달걀 4개, 얇게 썰기
    시라지 또는 이스라엘식 샐러드 2컵
    (딜 피클 슬라이스 1컵)
    저그 및/또는 암바 퓌레

다음을 다루기 쉽게 부드러워질 때까지 데운다.

    피타 4개

피타의 한쪽 끝을 잘라서 주머니를 만들고 후무스나 타히니 드레싱을 바른다. 가지, 달걀, 샐러드 그리고 피클(사용할 경우)을 주머니에 채워 넣는다. 주머니가 없는 플랫브레드 형태의 피타를 사용할 때는 그냥 재료를 올리고 사방을 접어주면 된다. 취향에 맞게 저그나 암바 소스를 적당히 뿌린다.

타코, 토스타다, 부리토에 대해

타코, 토스타다 또는 부리토의 기본 재료는 옥수수 또는 밀가루 토르티야다. 집에서 직접 밀가루 토르티야를 만들고 싶다면 652쪽을 참고한다. 마사 하리나 또는 신선한 마사 반죽을 사용하면 옥수수 토르티야도 집에서 만들 수 있

다. 멕시코계 미국인이 다수 거주하는 지역이라면 토르티야 전문점이나 멕시코 식료품점에서 신선한 마사 반죽을 찾아보자. 아니, 그보다 갓 구운 토르티야를 구할 수 있다면 더 좋다. 양쪽 다 여의치 않다면 마사 하리나로 만든 토르티야도 충분히 훌륭한 맛을 낸다.

타코는 멕시코의 길거리 음식이다. 찌거나 번철에 지진 작은 옥수수 토르티야를 두 겹으로 쌓아올려서 먹는다.(타코 1개당 토르티야 2개) 토핑으로는 다양한 육류(닭고기, 소고기, 돼지고기, 생선, 동물의 내장이 모두 널리 사용된다.)와 고수 및 잘게 썬 양파를 얹는다. 래디시와 라임 조각, 타케리아 피클 및 다양한 핫소스와 함께 내기도 한다. 미국식 타코는 이와 전혀 다른 형태이며, 접은 모양으로 튀긴 딱딱한 타코 셸에 다진 소고기를 채워서 만든다.

부리토는 멕시코계 미국인들이 처음 만들어 먹은 것으로 알려져 있으며 캘리포니아에서 유래했을 가능성이 크다. 부리토는 따뜻하게 데운 밀가루 토르티야에 다양한 육류나 채소 및 치즈를 넣고 말아서 먹는 음식이다. 부리토는 몇 가지 재료만 넣은 지극히 단순한 형태부터 크기가 어마어마하고 고기, 콩, 쌀밥, 과카몰레, 치즈, 사워크림 또는 크레마(멕시코식 사워크림 — 옮긴이), 살사, 아이스버그 양상추를 가득 채운 '미션 스타일'까지 종류가 다양하다. 이렇게 커다란 부리토는 중간에 터지는 것을 방지하기 위해 보통 알루미늄 포일에 싸서 만든다. 부리토의 속재료로는 소고기, 닭고기, 돼지고기부터 달걀, 감자, 고추, 쌀밥, 과카몰레, 콩에 이르기까지 거의 무엇이든 사용할 수 있다. 그대로 내거나 붉은색의 칠리 고추 소스(예를 들어 뉴멕시코식 칠리 고추 소스)를 듬뿍 바른 뒤 치즈를 솔솔 뿌려서 낼 수도 있다.

시판 토르티야를 가정용 레인지에서 데우려면 기름을 두르지 않은 번철이나 프라이팬을 중불에 올려놓고 물을 살짝 뿌린 토르티야를 올린 후 표면에 묻은 물기가 살짝 보글거릴 때까지 데운다. 반대쪽으로 뒤집어서 마찬가지로 데운다. 전자레인지로 데우려면 물을 적신 키친타월이나 주방 행주로 감싼 다음 따뜻해질 때까지 30초간 돌린다. 오븐을 사용해서 데우려면 알루미늄 포일로 단단하게 감싸서 175℃로 예열한 오븐에 넣고 10분간 데운다.

토르티야를 튀기려면 프라이팬에 1.2cm 높이까지 식물성 기름을 붓고 가열한다. 토르티야를 1개씩 넣고 중간에 한 번 뒤집어가면서 바삭해질 때까지 튀긴 다음 키친타월에 올려서 기름을 뺀다. 튀긴 토르티야는 바로 먹어야 제일 맛있지만, 잠깐이라면 오븐에 넣어서 보관할 수 있다. 오븐 팬에 올려놓고 93℃로 맞춘 오븐에 넣어서 따뜻하게 보관한다.

타코와 부리토의 속재료

익혀서 얇게 저미거나 잘게 썬 육류 또는 가금류를 그린 몰레, 몰레 포블라노, 뉴멕시코식 칠리 고추 소스, 치킨 엔칠라다용 소스에 넣고 다시 끓인 것

소고기: 향신료를 넣은 타코용 다진 고기, 피카디요, 카르네 아사다, 양파와 할라페뇨를 곁들여 프라이팬에 바삭하게 튀긴 혀 요리

염소고기: 염소고기 비리아

돼지고기: 카르니타스 조림, 돼지고기 아도바다, 풀드 포크 조림, 잘게 썬 돼지 어깨살 훈제 구이, 시판 또는 수제 멕시코식 초리소를 조리한 것

가금류: 치킨 칠리 베르데, 치킨 팅가, 레드 몰레 소스에 조린 칠면조

생선 및 갑각류: 생선 튀김, 향신료(고춧가루)를 바른 생선 그릴 구이 또는 직화 오븐 구이, 카마로네스 알 모호 데 아호(마늘 소스 새우), 카마로네스 알 라 디아블라(매콤한 칠리 소스 새우), 새우 그릴 또는 직화 오븐 구이 I

채소: 감자튀김, 양파 튀김, 포블라노 고추 튀김, 으깬 콩 페이스트, 물기를

뺀 멕시코식 삶은 콩, 라하스 콘 크레마(크림소스를 곁들인 포블라노 구이), 콩고기 또는 잘게 부수어 양념한 템페로 조리한 피카디요

타코

12개, 약 4인분

다양한 속재료와 토핑에 어울리도록 고안한 레시피다. 타코를 전통적인 길거리 음식 형태로 재현하고 싶다면 지름 10~15cm의 옥수수 토르티야를 준비하고 타코 1개당 토르티야를 2개씩 겹쳐서 사용한다.

다음을 만들거나 준비한다.

앞에서 소개한 타코와 부리토의 속재료 중 취향에 따라 선택

지름 15cm의 옥수수 또는 밀가루 토르티야 12장, 따뜻하게 데우기 또는 타코 셸 12개

다음을 준비해 각각 다른 그릇에 담는다.

잘게 썬 양상추

굵게 썬 양파

굵게 썬 고수

얇게 썬 붉은색 래디시

잘게 부순 코티하 치즈나 잘게 썬 몬터레이 잭, 체더 또는 케소 프레스코 치즈

피코 데 가요, 테이블 살사 및 과카몰레

사워크림 또는 크레마

타케리아 피클

속재료를 서빙용 그릇에 옮긴다. 따뜻한 토르티야를 알루미늄 포일에 싸거나 타코 셸을 쟁반에 담는다. 먹는 사람이 직접 취향대로 타코를 만들어 먹을 수 있게 낸다.

토스타다

4개

세비체는 토스타다에 흔히 사용하는 토핑이다. 세비체를 사용할 때는 토스타다에 콩을 바르지 않는다.

다음을 준비한다.

으깬 콩 페이스트

선호하는 타코 및 부리토용 속재료

식탁에 올릴 준비가 되면 다음에 콩 페이스트를 바른다.

바삭하게 튀긴 옥수수 토르티야 또는 시판 토스타다 4장

취향에 맞는 속재료를 채워 넣고 다음을 위에 얹는다.

잘게 썬 양상추

깍둑썰기한 토마토 또는 피코 데 가요

얇게 썬 아보카도

(사워크림이나 크레마 및/또는 잘게 부순 코티하 치즈)

(굵게 썬 고수)

부리토

4개

1. 오븐을 175℃로 예열한다. 다음을 알루미늄 포일에 말아서 오븐에 넣고 10분간 데운다.

지름 25cm의 밀가루 토르티야 4장

다음을 준비한다.

　　선호하는 타코 및 부리토용 속재료 2컵

　　잘게 부순 몬터레이 잭, 오악사카 치즈 또는 케소 프레스코 1½컵(170g)

　　(잘게 썬 양파 ½컵)

　　(씨를 제거하고 다진 할리페뇨 고추 또는 물기를 뺀 할라페뇨 슬라이스 통조림
　　　¼컵)

오븐에서 토르티야 뭉치를 꺼내 포일에서 토르티야 1장을 꺼내고 나머지는 말아놓은 상태로 둔다. 토르티야를 조리대 위에 올린다. 속재료 ½컵을 토르티야의 중앙에서 약간 아래쪽 부분에 가로로 길쭉하게 펴서 얹는다. 치즈 약 ⅓컵을 뿌리고 취향에 따라 양파 2큰술과 할라페뇨 1큰술을 올린다. 토르티야의 양옆을 안쪽으로 접은 다음 몸에서 가까운 쪽의 가장자리를 속재료 위로 덮은 후 단단하게 만다. 토르티야의 이음매 부분이 아래로 향하도록 포일을 깐 오븐 팬에 놓는다. 같은 방식으로 부리토 3개를 더 만들고, 속까지 완전히 따뜻해지도록 약 10분간 오븐에서 데운다. 다음을 곁들여서 낸다.

　　잘게 썬 로메인 상추 또는 아이스버그 양상추

　　사워크림

　　피코 데 가요 또는 테이블 살사

Ⅱ. 소스를 듬뿍 바르고 치즈를 올린 '촉촉한' 부리토는 가지고 다니면서 먹기는 힘들지만 따뜻한 소스와 녹은 치즈의 풍미를 마음껏 즐길 수 있다. 이런 부리토는 포크와 나이프를 사용해서 먹는 것이 좋다.

위의 버전 Ⅰ과 같이 부리토를 만든다. 각 부리토에 다음 재료를 얹는다.

　　따뜻하게 데운 뉴멕시코식 칠리 고추 소스 ⅓컵 또는 치킨 엔칠라다용 소스(총
　　　1⅓컵)

　　잘게 부순 몬터레이 잭, 오악사카 치즈 또는 케소 프레스코 2큰술(총 ½컵)

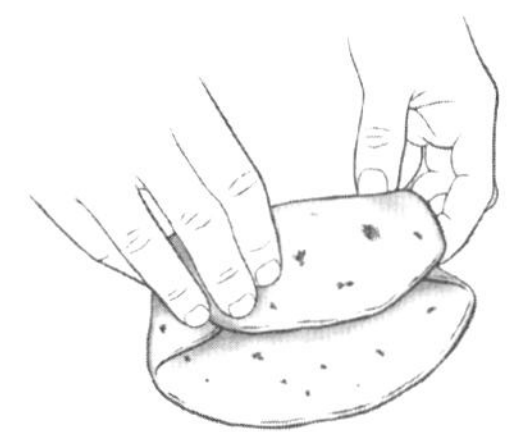

부리토 접기

미션 스타일 부리토

4개

지름 35cm짜리 토르티야를 구할 수 있다면 이 토르티야에 쌀밥과 콩, 속재료를 조금 더 넉넉히 얹어 그야말로 거대한 초대형 부리토를 만들어보자.

오븐을 175℃로 예열한다. 다음을 알루미늄 포일에 말아서 오븐에 넣고 10분간 데운다.

　　지름 30cm의 밀가루 토르티야 4장

다음을 준비한다.

　　과카몰레 1컵

　　쌀밥 또는 스패니시 라이스 1⅓컵

　　핀토콩이나 검은콩 통조림 450g짜리 1개, 물을 따라내고 헹구기 또는 멕시코식
　　　삶은 콩 1⅓컵

　　선호하는 타코 및 부리토용 속재료 2컵

　　잘게 썬 체더 또는 몬터레이 잭 치즈 1½컵(170g)

　　피코 데 가요 또는 다른 살사 소스 1컵

　　(사워크림이나 크레마 ½컵)

오븐에서 토르티야 뭉치를 꺼내 포일에서 토르티야 1장을 꺼내고 나머지는 말아놓은 상태로 둔다. 토르티야를 조리대 위에 올린다. 과카몰레 ¼컵을 토르티야의 중앙 부분에 가로로 길쭉하게 펴서 바른다. 쌀밥 ⅓컵, 콩 ⅓컵, 선호하는 속재료 ½컵을 얹는다. 치즈 약 ⅓컵, 살사 ¼컵 그리고 취향에 따라 사워크림 2큰술을 바른다. 토르티야의 양옆을 안쪽으로 접는다. 그다음 몸에서 가까운 쪽의 가장자리를 중앙 부분 위로 덮은 후 단단하게 만다. 토르티야의 이음매 부분이 아래로 향하도록 포일을 깐 오븐 팬에 놓는다. 같은 방식으로 부리토 3개를 더 만들고, 속까지 완전히 따뜻해지도록 약 10분간 오븐에서 데운다. **도라도 스타일 부리토**(burrito dorado)를 만들 경우 큰 프라이팬에 다음을 두르고 중불에서 가열한다.

　　식물성 기름 1큰술

부리토 2개씩 프라이팬에 올리고 중간에 한 번 뒤집어가면서 양면이 모두 노릇노릇하게 익을 때까지 지진다. 다음을 곁들여 낸다.

　　핫소스

　　굵게 썬 고수

아침 식사용 부리토

4개

이 부리토는 포일에 싸서 냉동해두었다가 다시 데워 먹어도 좋다. 다시 데울 때는 포일을 벗겨내고 전자레인지에 넣어 속까지 완전히 따뜻해지도록 약 2분간 가열한다.

오븐을 175℃로 예열한다. 다음을 알루미늄 포일에 말아서 오븐에 넣고 10분간 데운다.

　　지름 25cm의 밀가루 토르티야 4장

다음을 준비한다.

　　스크램블드에그 레시피의 2배 분량 또는 두부 스크램블의 레시피 분량

　　프라이팬에 지진 감자(해당 레시피에서 언급한 대로 선택 재료인 고춧가루 추가)
　　　또는 감자 구이

　　잘게 썬 체더 또는 몬터레이 잭 치즈 1컵(115g)

　　(바삭하게 구워서 잘게 부순 베이컨 또는 아침 식사용 구운 소시지 1컵)

오븐에서 토르티야 뭉치를 꺼내 포일에서 토르티야 1장을 꺼내고 나머지는 말아놓은 상태로 둔다. 토르티야를 조리대 위에 올린다. 스크램블드에그 ½컵과 감자 ½컵을 토르티야의 중앙 부분에 가로로 길쭉하게 얹는다. 치즈 약 ¼컵 그리고 취향에 따라 베이컨이나 소시지 ¼컵을 올린다. 토르티야의 양옆을 안쪽으로 접는다. 그다음 몸에서 가까운 쪽의 가장자리를 중앙 부분 위로 덮은 후 단단하게 만다. 토르티야의 이음매 부분이 아래로 향하도록 포일을 깐 오븐 팬에 놓는다. 같은 방식으로 부리토 3개를 더 만들고, 속까지 완전히 따뜻해지도록 약 10분간 오븐에서 데운다. 다음을 곁들여 낸다.

　　피코 데 가요 또는 테이블 살사

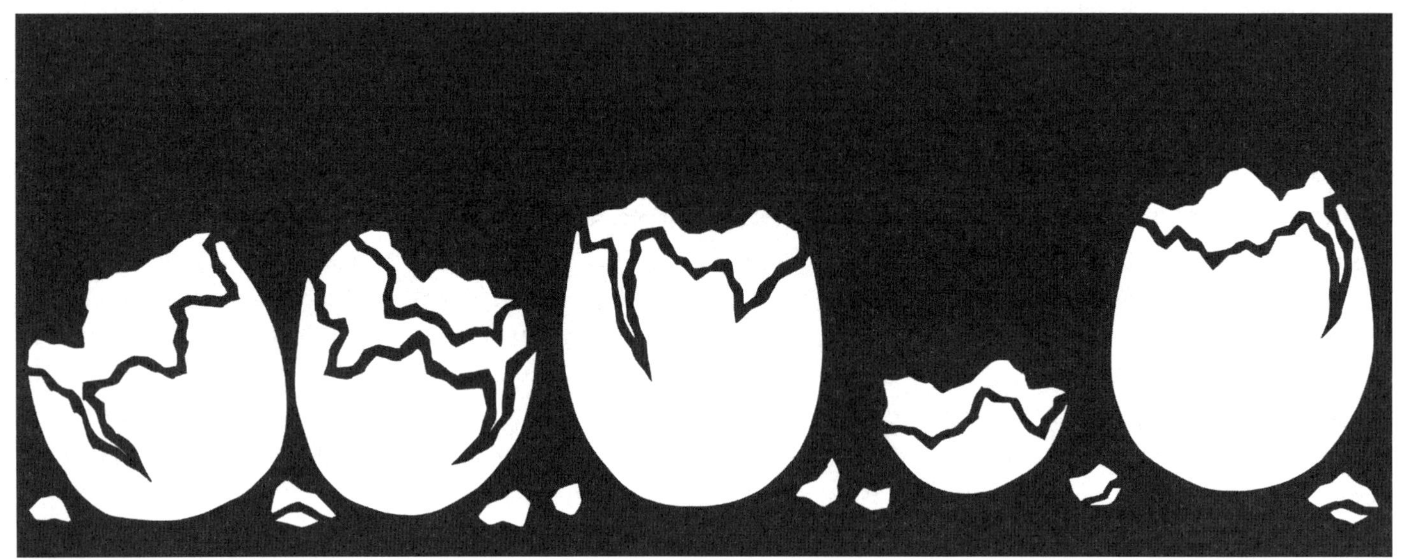

달걀 요리

우리는 신선한 달걀을 깰 때마다 "세상에서 가장 은밀한 것 중 하나는 깨지기 전의 달걀이다."라는 M.F.K. 피셔의 말을 떠올린다. 실제로 달걀은 우아하고도 섬세한 껍데기 안에 우주의 비밀을 간직한 것처럼 보인다. 좀 더 현실적으로 생각하면 달걀 속에는 수천 종류의 아침, 점심, 저녁을 만들 수 있는 비결이 숨어 있다고도 할 수 있다.

달걀의 무궁무진한 활용법에는 절대적인 법칙이 없다. 한때는 우리가 아주 신선한 달걀을 사용하지 않는 한 진짜 제대로 된 달걀 요리는 만들 수 없다고 언급한 적이 있었다. 그러나 완숙 달걀은 예외이며, 오히려 약간 묵은 달걀을 사용해야 껍데기를 더 쉽게 깔 수 있다. 또한 달걀은 불의 세기를 한껏 낮춰서 조리하기 때문에 아주 조심스럽게 다루어야 하고, 달걀을 "충분히 배려하면 그에 부응하여 부드러운 식감을 낼 것"이라는 말을 한 적도 있다. 보드라운 수란을 만들거나 약불에 달걀을 삶을 때는 충분히 일리 있는 말일 수도 있으나, 가장자리를 태우듯 바삭하게 익힌 달걀 프라이는 어떤가? 아니면 달걀을 완숙으로 삶은 다음 노릇해질 때까지 튀긴 태국 요리 '사위의 달걀'은? 세상은 무척이나 넓고 달걀은 너무나 다재다능하므로 달걀 다루는 법을 단순하게 일반화하기는 어렵다. 조리 방법을 자세히 살펴보며 유용한 예외 사례를 찾아보자.

달걀에 대해

오른쪽의 그림은 달걀의 구성요소를 나타낸다. 껍데기는 보이는 그대로 달걀을 보호해주는 구조물이다. 달걀 **껍데기**는 투과성을 가지고 있으므로 공기와 수분을 통과시킨다. 씻지 않은 달걀은 **각피** 또는 **큐티클**로 둘러싸여 있어서 박테리아가 달걀 속으로 침투하기 어렵다. 그러므로 달걀을 씻지 않는 나라에서는 상온에서 달걀을 보관하는 모습을 볼 수 있다. 껍데기 바로 안쪽에 위치하는 **외막과 내막**은 박테리아 감염을 막아주는 2차, 3차 방어막이다. **기실**은 갓 낳은 달걀이 식어가면서 형성되는 작은 공기주머니로, 달걀을 오래 보관할수록 크기가 다소 커진다. **알부민**이라고도 하는 **흰자**는 주로 수분과 몇 가지 단백질로 이루어져 있는데, 이 단백질 중 일부는 달걀 거품을 형성하고 안정시키는 데 중요한 역할을 한다. 노른자에는 더 많은 단백질이 포함되어 있고 지방

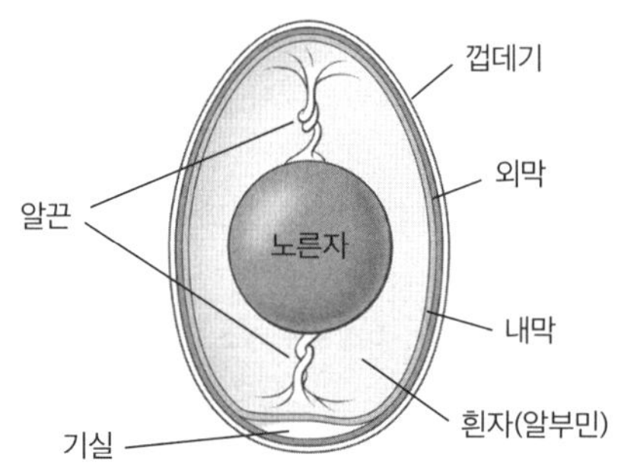

과 거의 대다수 무기질도 노른자에 들어 있다. **노른자**에는 물과 기름에 모두 친화성을 가진 레시틴이라는 물질이 들어 있어 효과적인 유화제로 사용할 수 있으며 소스를 걸쭉하게 만드는 데에도 유용하다. **알끈**은 노른자의 양쪽에 달려 있으면서 노른자를 제자리에 고정하는 역할을 한다. 아마도 흰자와 노른자를 분리할 때 이 가늘고 흰 끈을 본 적이 있을 것이다.

우리가 가장 흔히 사용하는 조류의 알은 닭이 낳은 달걀이며, 마트에서 달걀을 산다면 모두 크기가 일정할 것이다. 그러나 직거래 장터에서 달걀을 사면 달걀의 크기와 모양, 색깔이 가지각색이다. ► 이 책의 레시피에서 **대란**을 언급할 때는 껍데기를 깨지 않은 상태에서 약 56g, 껍데기를 깼을 때 약 3큰술 정도의 분량이 나오는 달걀을 의미한다. 크기가 가지각색인 달걀을 사용할 때는 해당 레시피의 무게나 부피를 참고해 달걀이 몇 개 정도 필요한지 계산한다. 저울이 없다면 달걀을 깨서 그릇에 담고 흰자와 노른자를 잘 섞은 후 용량을 잰다. 달걀보다 크기가 크고 풍미가 진한 오리알, 거위알, 칠면조알에도 같은 원리가 적용된다. 달걀의 종류와 등급에 대한 자세한 내용은 1036쪽을 참고한다.

에뮤알과 타조알은 쉽게 찾아볼 수 없는 식재료이며 각각 평균 560g, 1.9kg 정도의 무게가 나간다. 만약 에뮤알이나 타조알을 구할 수 있고 용감하게 도전해볼 생각이라면 친구들을 몇 명 초대해서 역대급 프리타타를 만들어보자. 이와는 전혀 반대인 메추리알은 하나에 9g 정도에 지나지 않을 만큼 작다. 스크램블드에그를 만들기에는 적합하지 않지만 완숙으로 삶거나 튀기거나 피클로

만들면 근사한 가니시가 되며, 익히지 않은 노른자를 스테이크 타르타르 위에 올려서 내면 맛도 모양도 최고다.

일반적으로 달걀을 조리할 때 상하기 쉬운 다른 재료를 다룰 때와 마찬가지로 상식선에서 주의를 기울이면 별다른 문제가 없을 것이다. 그러나 아기와 고령자, 임신부처럼 면역력이 약한 사람들을 위한 음식을 준비할 때는 더 세심하게 신경을 써야 한다. 달걀이 속까지 완전히 익도록 조리하거나 저온 살균한 달걀을 사용하는 것이 좋다. 침수 순환 방식의 수비드 조리기를 사용해 직접 달걀을 저온 살균할 수도 있다. ▶ 달걀 안전성에 대한 자세한 내용은 1040쪽을 참고한다.

반숙 및 완숙 달걀에 대해

요리 저술가들과 집에서 직접 요리하는 사람들 사이에서 첨예한 갑론을박이 벌어질 만한 주제 중 하나가 바로 달걀을 삶는 가장 좋은 방법이다. 거의 누구나 자신만의 달걀 삶는 방법이 있으며, 각각 삶는 시간과 순서가 약간씩 다르다. 물론 우리도 완벽하게 달걀을 삶는 방법은 한 가지가 아니라고 생각하지만, 여기에서는 우리가 선호하는 방식을 소개해보려고 한다.

우선 삶은 달걀이라고는 하지만 실제로는 펄펄 끓는 물에 삶는다기보다 부드럽게 뭉근히 익히는 것에 가깝다.(하지만 안타깝게도 '뭉근히 익힌 달걀'은 삶은 달걀과는 어감이 사뭇 다르다.) 어떤 요리사들은 찬물에 달걀을 넣어 가열하는 방법을 선호하는가 하면, 어떤 사람들은 물을 먼저 끓인 다음 그 안에 달걀을 넣기도 한다. 두 가지 방법 모두 사용할 수 있지만 각각 장단점이 있다. **찬물에 달걀을 넣는 방법**의 장점은 물이 끓고 있는 냄비에 달걀을 넣을 필요가 없으므로 달걀이 깨질 위험성이 적다는 점이다. 그러나 이러한 방식으로 조리한 달걀은 껍데기를 까기 어려운 경우가 많으며, 반대로 **끓는 물에 달걀을 넣는 방법**의 가장 큰 장점은 껍데기를 까기 쉽다는 것이다.

최근에 우리는 소량의 펄펄 끓는 물 위에 찜기를 올린 후 그 안에 달걀을 넣어 **찌는 방법**의 열렬한 신봉자가 되었다. 이 방식으로 조리한 달걀은 거의 예외 없이 손쉽게 껍데기를 깔 수 있으며, 냄비에 물을 가득 넣어 끓이는 것보다는 2.5~5cm 정도의 높이로 물을 채워 끓이는 편이 훨씬 빠르다. 찜기에 올려놓기 전에 달걀을 세심하게 살피자. 껍데기에 아주 작은 금만 가 있어도 조리하는 도중에 흰자가 터져 나올 수 있다. 껍데기를 깨지 않고 조리하면서 수란과 비슷한 식감을 내는 저온 조리 수란(온천 달걀)에 대해서는 164쪽을 참고한다.

달걀이 비교적 신선한 편이라면 끓는 물에 달걀을 넣거나 찜기를 사용해서 삶았을 때 훨씬 손쉽게 껍데기를 깔 수 있다. 묵은 달걀은 삶는 방법에 상관없이 신선한 달걀보다 껍데기 까기가 쉽다.

▶ **달걀의 신선도를 판단하려면** 우묵한 그릇에 물을 붓고 달걀을 넣어본다. 아주 신선한 달걀은 그릇의 바닥에 옆으로 누울 것이다. 완숙 달걀을 만들기에 적당한 신선도의 달걀은 그릇의 바닥에 똑바로 선다. 물 위에 둥둥 뜨는 달걀은 지나치게 오래된 것이므로 버려야 한다.

완숙 달걀은 다양한 요리에 잘 어울린다. 우리는 비스트로 샐러드나 니수아즈 샐러드에 노른자가 살짝 익을 정도로 삶은 달걀을 반으로 잘라서 넣은 것을 즐겨 먹는다. 된장 라멘 같은 요리의 경우 흰자는 익고 노른자는 주르륵 흘러내리는 상태의 달걀을 반으로 잘라서 얹으면 국물이 훨씬 진하고 풍부해진다. 노른자까지 완전히 익힌 완숙 달걀은 달걀 샐러드와 그리비슈 소스에 없어서는 안 될 필수 재료다.

반숙 달걀

반숙 달걀을 만들기 위해서는 시간을 매우 정확히 맞춰야 한다. 바로 이런 이유로 끓는 물에 달걀을 넣는 방법이나 찜기에 찌는 방법을 권장한다.

I. 끓는 물에 달걀을 넣는 방법

달걀이 모두 충분히 잠길 만큼 편수 냄비에 물을 넉넉히 붓는다. 물을 한소끔 끓인 다음 불을 낮추어 뭉근히 끓이면서 구멍 뚫린 큰 숟가락으로 조심스럽게 다음을 물에 넣는다.

냉장고에서 꺼낸 껍데기를 벗기지 않은 달걀

달걀을 물에 넣는 순간부터 시간을 재면서 조리하는 내내 뭉근히 끓이는 상태를 유지한다. 대란은 5분, 그보다 더 큰 특란이나 왕란은 5분 30초 동안 삶는다.(소란이나 중란은 4분 30초가 적당하다.) ▶ 실온에 보관했던 달걀을 사용할 때는 위의 조리 시간에서 1분을 뺀다.

달걀 컵에 반숙 달걀을 담아 내려면 뾰족하지 않은 쪽이 아래로 향하도록 세워서 달걀 컵에 얹는다. 식탁용 나이프나 찻숟가락을 사용해 달걀 껍데기의 위쪽 ⅓ 정도를 깨고 소금과 흑후추를 뿌린 다음, '솔저(soldier)'라고 부르는 길쭉하게 썬 토스트 스틱과 함께 낸다. 또는 뜨거운 달걀에 손을 데지 않도록 냅킨을 사용해 숟가락으로 달걀 속을 파낸 후 작은 그릇에 담아서 낸다.

II. 찌는 방법

다음을 준비한다.

냉장고에서 꺼낸 껍데기를 벗기지 않은 달걀

찜 틀을 사용한다면 조심스럽게 찜 틀에 달걀을 넣고 냄비에 3.8cm 정도의 높이로 물을 부어 팔팔 끓인 다음 찜 틀을 냄비 안에 넣는다. 찜기를 사용한다면 먼저 찜기를 냄비에 얹고 물을 끓인 다음 손잡이가 긴 집게를 사용해 달걀을 살며시 찜기 위에 놓는다. 즉시 뚜껑을 덮고 강불에 올려 대란 기준으로 5분간 찐다. 불을 끄고 위의 I과 같은 방식으로 낸다.

완숙 달걀

완숙 달걀은 흰자가 단단하게 익고 노른자는 살짝 익은 정도(프랑스어로 **몰레** mollet라고 부른다.)부터 노른자가 분필 가루 같은 질감에 푸르스름한 색을 띠는 정도까지 다양한 식감으로 조리할 수 있다. 삶는 시간을 바꿔가며 여러 번 실험하면서 자신이 선호하는 익힘 정도를 찾아보는 것이 좋다. 완숙 달걀은 끓는 물에 달걀을 넣는 방식으로도 조리할 수 있지만 우리는 찬물에 달걀을 넣어 삶거나 찌는 방식을 선호한다.

I. 찬물에 달걀을 넣는 방법

냄비에 다음을 한 겹으로 놓는다.

냉장고에서 꺼낸 껍데기를 벗기지 않은 달걀

다음을 2.5cm 높이로 붓는다.

찬물

강불에 올려서 부르르 끓어오를 때까지 가열한다. 끓어오르면 재빨리 불을 끄고 냄비 뚜껑을 덮은 후 그대로 둔다. 대란은 8~12분, 특란과 왕란은 11~15분(소란과 중란은 6~10분) 정도가 적당하다. ▶ 실온에 보관했던 달걀을 삶을 때는 위의 조리 시간에서 1분을 뺀다. 권장 조리 시간의 범위에서 짧은 쪽에 맞추면 흰자는 단단하게 익고 노른자는 살짝 익은 상태의 달걀을 만들 수 있고, 긴 쪽에 맞추면 속까지 완전히 익은 달걀이 된다. 달걀이 원하는 정도까지 익으면 찬물을 부어서 더 익지 않도록 한다.

완숙 달걀의 껍데기를 벗기려면 전체적으로 껍데기에 금을 낸 다음 손바닥

사이에 놓고 살살 굴린다. 얇고 질긴 속껍질을 달걀과 분리하면 더 손쉽게 깔 수 있다. 기공 부분을 찾아 거기서부터 껍데기를 까기 시작하되, 내막도 함께 벗겨낸다. 껍데기를 벗긴 다음에는 달걀을 물에 헹궈 남은 조각을 제거한다.

달걀을 깔끔하게 슬라이스로 자르려면 자르기 전에 칼날을 물에 담근다. ▶ 완숙 달걀을 냉장고에 보관할 때는 껍데기를 벗기지 않은 상태로 넣어두는 것 이 가장 좋다. 껍데기를 벗긴 완숙 달걀은 며칠 안에 먹어야 한다.

II. 찌는 방법

다음을 준비한다.

　냉장고에서 꺼낸 껍데기를 벗기지 않은 달걀

찜 틀을 사용할 경우, 찜 틀에 달걀을 조심스럽게 넣고 냄비에 3.8cm 정도의 높이로 물을 부어 팔팔 끓인 다음 찜 틀을 냄비 안에 넣는다. 찜기를 사용할 경 우 먼저 찜기를 냄비에 얹고 물을 끓인 다음 손잡이가 긴 집게를 사용해 달걀 을 살며시 찜기 위에 놓는다. 즉시 뚜껑을 덮고 강불에 올려 대란 기준으로 흰 자가 단단하게 익고 노른자가 말랑한 상태를 원한다면 8분, 속까지 완전히 익 은 달걀을 원한다면 11분간 찐다. ▶ 실온에 보관했던 달걀을 찔 때는 위의 조 리 시간에서 1분을 뺀다. 달걀이 알맞게 익으면 그릇에 얼음물을 채워서 준비 한다. 달걀을 꺼내자마자 바로 얼음물에 담가 완전히 식힌다. 위의 I에서 설명 한 대로 껍데기를 벗긴다.

데빌드 에그(Deviled Eggs)

속을 채운 달걀 24개

완숙 달걀은 새로운 모험을 좋아하는 요리사에게 흰 도화지 같은 재료다. 이 레시피는 매리언 할머니의 남편이 고안했는데, 노른자에 비네그레트, 사워크 림, 부드럽게 저은 버터 또는 심지어 피클 절인 물을 넣어 촉촉하게 만들어도 좋고 아래에 소개하는 달걀 피클로 속을 채울 수도 있다. 다양한 풍미를 시도 해보려면 아래에 소개하는 데빌드 에그의 추가 재료를 참고한다.

다음을 준비해서 껍데기를 벗긴다.

　완숙 달걀 12개, 노른자가 굳을 정도로 조리하기

달걀을 식혀서 설명한 대로 껍데기를 벗긴다. 세로 방향으로 달걀을 반으로 자 른다. 흰자가 부서지지 않도록 조심스럽게 노른자를 꺼낸다. 그릇에 넣어 노른 자가 덩어리지지 않도록 잘 으깬 후 다음 재료를 섞는다.

　마요네즈 ⅓컵

　(토마토로 만든 순한 맛 칠리 소스 1큰술)

　(커리 가루 또는 고춧가루 1½작은술)

　흑후추 ½작은술

　소금 또는 셀러리 소금 ½작은술

　드라이 머스터드 ½작은술

작은 숟가락을 사용하거나 더 섬세한 모양을 원한다면 원형 또는 별 모양 깍지 를 끼운 짤주머니를 사용해 노른자 혼합물을 흰자에 채운다. 30분간 냉장고에 넣어두었다가 낸다. 다음으로 장식한다.

　스위트 파프리카 또는 훈제 파프리카 가루

데빌드 에그의 추가 재료

위에서 설명한 노른자 혼합물에 다음 중 취향에 맞는 재료를 추가해 풍미를 한층 더한다.

　안초비 필레, 다지기 또는 안초비 페이스트

　구운 마늘, 으깨서 페이스트 상태로 만들기

　처트니, 잘게 썰기

　훈제 연어, 잘게 썰기

　쪽파, 얇게 썰기

　셀러리 또는 회향, 다지기

　딜 피클, 미니 오이 피클, 할라페뇨 피클 또는 간단한 양파 피클, 다지기

　스리라차 또는 삼발 올렉 소스

　페스토

　차이브, 타라곤, 처빌, 파슬리, 바질 또는 딜, 다지기

다음 중 선호하는 재료를 데빌드 에그의 가니시로 사용한다.

　올리브나 래디시 슬라이스 또는 대패로 깎은 송로버섯

　바삭하게 튀긴 샬롯

　케이퍼

　캐비아 또는 다른 어란

　신선한 허브

　바삭하게 구워서 잘게 부순 베이컨

달걀 피클(Pickled Eggs)

12인분

달걀 피클은 지나치게 과소평가된 측면이 있다. 여러분이 피클 애호가라면 시 판 또는 수제 피클에서 남은 절임 국물을 훌륭하게 활용할 수 있는 요리가 바 로 달걀 피클이다. 아래의 레시피를 선호하는 소금물로 대체해도 좋으며, 팔팔 끓어오르면 먼저 한소끔 끓인 다음 삶은 달걀에 붓기만 하면 된다. 달걀 피클 은 전채 요리로 훌륭할 뿐만 아니라 데빌드 에그와 같은 방식으로 조리해도 좋 고 달걀 샐러드에 넣어도 맛있다. 이러한 요리를 만들 때 달걀 피클을 사용한 다면 병에 담긴 양파 피클을 그냥 지나치지 말자. 가니시로 내도 좋고 잘게 썰 어서 샐러드나 양념한 노른자에 추가해도 좋다.

다음을 준비한다.

　완숙 달걀 12개, 노른자를 덜 익히기(대란의 경우 7~8분)

식혀서 껍데기를 벗긴다. 딱 맞게 들어갈 만한 용기나 병에 달걀을 넣는다. 중 간 크기의 편수 냄비에 다음을 붓는다.

　사과 식초 2½컵

　물 1½컵

　설탕 ⅔컵

　양파 작은 것 1개, 얇게 썰기

　마늘 8쪽, 으깨기

　피클용 향신료 2큰술

　소금 1큰술

팔팔 끓어오르면 불을 낮춰서 5분간 뭉근히 끓인다. 뜨거운 절임 국물을 달걀 이 든 용기에 붓고 완전히 식힌다. 최소 24시간 이상 냉장고에 넣어둔다. 시간 이 지날수록 달걀의 풍미가 더 좋아진다. 달걀 피클을 냉장고에 보관하면 최대 3주까지 먹을 수 있다.

비트 달걀 피클

달걀 피클을 만든다. 중간 크기의 비트 2개를 껍질을 벗겨 상자형 강판의 구멍 이 큰 면으로 갈아서 식초, 물, 설탕과 함께 냄비에 넣는다. 뚜껑을 덮고 5분간

뭉근히 끓인 후 비트를 걸러낸다. 남은 액체를 다시 프라이팬에 붓고 양파, 마늘, 피클용 향신료, 소금을 추가한다. 5분간 더 끓인 다음 달걀에 붓는다. 앞의 달걀 피클과 같은 방식으로 식혀서 보관한다.

커리 달걀 피클

달걀 피클을 만들고, 피클용 절임 국물에 커리 가루 2작은술, 5cm짜리 생강 1조각을 얇게 저민 것과 붉은 칠리 고추 말린 것 2개를 넣는다.

사위의 달걀(Son-in-law Eggs)

4~6인분

달콤하고 짭짤한 이 태국 음식에는 흥미로운 이름이 붙어 있다. 가장 재미있는 해석은 새로 맞은 사위에게 자칫 잘못하면 어떤 일이 일어나는지 재치 있게 경고하는 의미로 이 요리를 대접한다는 것이다.

다음을 준비한다.

　완숙 달걀 6개, 노른자를 덜 익히기(대란의 경우 7~8분)

앞에서 설명한 대로 식혀서 껍데기를 벗긴다. 속이 깊은 편수 냄비, 프라이팬 또는 웍에 기름을 다음 높이까지 붓는다.

　식물성 기름 2.5cm

중불로 가열해 175℃까지 올린 다음 불을 줄여 이 온도를 유지한다. 껍데기 벗긴 달걀을 기름에 넣고 가끔 뒤집어가면서 전체적으로 노릇노릇해질 때까지 5~8분간 튀긴다. 달걀을 건져 도마 위에 올린다. 달걀을 튀기는 데 사용했던 기름으로 다음을 만든다.

　바삭하게 튀긴 샬롯

노릇하게 튀겨지면 건지기나 구멍 뚫린 큰 숟가락으로 샬롯을 건져내서 키친타월에 올려놓고 기름을 뺀 후 다음을 살짝 뿌린다.

　소금

뜨거운 기름에 다음을 넣고 바삭해질 때까지 약 10초간 살짝 튀긴다.

　말린 붉은 칠리 고추 작은 것 2개

고추를 건져서 샬롯과 함께 접시에 담아둔다. 작은 편수 냄비에 다음을 넣고 섞는다.

　팜 슈거 또는 갈색 설탕, 꾹 눌러 담아 ¼컵

　피시 소스 2큰술

　물 2큰술

　씨를 제거한 타마린드 과육 또는 추출물 1큰술

뭉근한 불에 올려서 걸쭉한 시럽 형태가 될 때까지 잠깐 끓인다. 튀긴 달걀을 세로 방향으로 반을 자른 후 그 위에 소스를 뿌린다. 튀긴 고추를 썰어서 달걀 위에 뿌리고 튀긴 샬롯을 토핑으로 얹는다. 다음과 함께 낸다.

　고수

　라임 조각

　오이 슬라이스

스카치 에그(Scotch Eggs, 스코틀랜드식 달걀 요리)

6인분

상상할 수 있을지 모르겠지만 이 요리의 초기 버전은 그레이비와 함께 내는 형태였다. 우리는 달걀을 튀겼을 때 노른자가 너무 많이 익는 것을 방지하기 위해 대란을 7분만 삶도록 권장한다.

딥 프라잉 항목을 참고한다. 다음을 준비한다.

　벌크 소시지(케이싱 없이 만든 소시지 ─ 옮긴이) 450g 또는 컨트리 스타일 소시지 레시피의 ½ 분량

　완숙 달걀 6개, 노른자를 덜 익히기(대란의 경우 7~8분)

앞에서 설명한 대로 식혀서 껍데기를 벗긴다. 그릇에 소시지를 넣고 다음과 함께 잘 섞는다.

　대란 1개, 잘 풀어두기

접시에 다음을 펴놓는다.

　밀가루 ¼컵

얕은 그릇에 다음을 넣고 잘 푼다.

　대란 1개

다른 접시에 다음을 펴놓는다.

　생빵가루 또는 마른 빵가루 1½컵

소시지가 손에 달라붙지 않도록 손에 찬물을 묻혀서 소시지로 패티 6개를 만든다. 각 패티에 완숙 달걀을 하나씩 넣고 감싼다. 패티로 감싼 달걀을 밀가루에 굴린 후 여분의 밀가루를 털어내고 달걀 푼 물에 담갔다가 빵가루를 골고루 묻힌다. 깊고 묵직한 냄비에 기름을 다음 높이까지 붓는다.

　식물성 기름 7.5cm

중불로 가열해 162℃까지 올린 다음 불을 줄여 이 온도를 유지한다. 달걀을 두 번에 나누어 겉이 노릇노릇해지고 소시지가 완전히 익을 때까지 약 6분간 튀긴다. 기름에서 꺼내 5분간 식혔다가 2등분 또는 4등분하고 다음을 곁들여 뜨겁게 또는 실온 상태로 낸다.

　홀그레인 머스터드

약한 불에 익힌 달걀 및 수란에 대해

약한 불에 익힌 달걀이란 그야말로 달걀을 약불에 올려 조리한 것을 말한다. 엄밀히 따지면 반숙 달걀, 수란, 약한 불에 익힌 달걀 사이에는 별다른 차이가 없다. 사실 수란과 반숙은 약한 불에 익힌 달걀의 한 형태라고 말할 수 있을지도 모른다. 껍데기째 만드는 또 다른 형태의 수란은 164쪽의 저온 조리 수란(온천 달걀)을 참고한다.

수란은 뭉근히 끓고 있는 액체에 달걀을 깨뜨려 넣은 후 흰자는 굳고 노른자가 꾸덕꾸덕하게 익지만 가운데 부분은 액체 상태로 유지되는 방식으로 조리하는 것이다. 물이나 육수, 소스, 우유, 헤비크림, 수프(소파 데 아호 1의 경우), 토마토 소스(샤크슈카 또는 연옥에 빠진 달걀의 경우)에 달걀을 넣어 수란을 만들 수 있다. 노른자가 터지면 수프나 소스에 풍미를 더하면서 식감도 한층 부드러워진다.

다양한 수란 조리기가 판매되고 있지만 사실 냄비와 구멍 뚫린 큰 숟가락만 있으면 수란을 만들 수 있다. 흰자가 걸쭉하게 모양을 잘 유지하는 아주 신선한 달걀을 사용하면 가장 만족스러운 결과를 얻는다. 흰자의 묽은 부분은 달걀을 깨서 액체에 넣었을 때 옆으로 퍼지면서 가느다란 흰색 실을 형성한다. 고운체를 싱크대 위에 놓고 달걀을 하나씩 깨뜨려 묽은 부분을 걸러내면 이렇게 되는 것을 방지할 수 있다. 물에 식초를 넣어 흰자가 더 빨리 굳게 하는 것도 편리한 방법이다. 줄리아 차일드가 사용하던 방법에서 힌트를 얻어 달걀을 껍데기째 10초간 삶았다가 수란을 만들어도 좋다. 우리가 선호하는 방법은 이런 '골칫거리'에 신경 쓰지 않고 수란을 만든 다음에 흰자의 실 같은 부분을 그냥 잘라내는 것이다.

수란

2~4인분

지름 20cm짜리 냄비에는 달걀 4개가 넉넉하게 들어간다. 25cm라면 달걀 6개까지, 30cm에는 10개까지 넣을 수 있다. 한꺼번에 많은 사람이 브런치를 먹을 때는 대량으로 수란을 만들어서 따뜻하게 보관하거나 전날에 만들어둔 다음 데워서 낸다.(아래 내용 참고) 아주 간단하게 수란을 대량으로 만들려면 아래의 저온 조리 수란 레시피를 참고한다.

논스틱 냄비에 다음 높이까지 물을 붓고 보글보글 끓어오를 때까지 가열한다.

    물 5cm

다음을 준비한다.

    대란 4개

작은 그릇이나 컵에 달걀을 하나씩 깨뜨려 넣고 끓는 물의 표면에서 약 2.5cm 높이에 그릇을 가져다 댄 후 조심스럽게 달걀을 물에 떨어뜨린다. 달걀 4개를 모두 넣으면 냄비 뚜껑을 덮고 불을 끈 후 흰자가 굳을 때까지 4~6분간 그대로 둔다. 여러 번 연습해보면 적당한 익힘 정도를 판단할 수 있을 것이다. 구멍 뚫린 큰 숟가락으로 달걀을 건져서 물기를 뺀 후 키친타월이나 주방 행주로 여분의 물기를 톡톡 닦아낸다.

    수란을 따뜻하게 보관하려면 넓고 얕은 그릇에 65℃의 따뜻한 물을 붓고 달걀을 넣은 후 뚜껑을 덮어두면 30분까지 보관할 수 있다.

    수란을 미리 만들어서 보관하려면 수란을 만든 직후에 찬물에 담가둔다. 물에 담근 상태로 냉장고에 넣어두면 최대 24시간까지 보관할 수 있다. 먹기 전에 65℃의 물이 담긴 커다란 냄비에 달걀을 넣은 다음 뚜껑을 덮고 최소 5분에서 최대 20분까지 담가둔다. 물의 온도가 63℃ 이하로 떨어지면 냄비를 아주 약한 불에 올려서 가열한다.

약한 불에 익힌 달걀

달걀을 약한 불에 익히려면 숟가락을 사용해 껍데기를 까지 않은 달걀을 조심스럽게 끓는 물에 넣는다. 냄비 뚜껑을 덮고 불을 끈다. 6~8분 정도 두면 부드럽게 익은 달걀이 완성된다. 껍데기를 깼을 때 모양이 유지되도록 삶으려면 흰자가 골고루 굳고 노른자가 중심에 자리 잡도록 달걀을 물에 넣은 직후 몇 번 돌려준다.

    달걀 중탕 용기를 사용하려면 받침대나 접은 행주를 냄비에 깔고 달걀 중탕 용기의 테두리까지 오도록 물을 넉넉히 부은 다음 강불에 올려 끓을 때까지 가열한다. 중탕 용기의 안쪽에 버터를 바르고 달걀을 하나씩 깨뜨려 넣는다. **버터 ½작은술, 헤비크림 2작은술, 소금 및 흑후추**를 위에 뿌린다. 용기의 뚜껑을 돌려서 꽉 닫는다. 중탕 용기를 냄비 안에 넣고 뚜껑을 덮은 후 바로 불을 줄여서 뭉근히 가열한다. 6~8분 동안 익히면 중간 정도로 굳은 달걀이 완성된다.

저온 조리 수란

이 요리는 수비드 조리기를 사용해 껍데기를 까지 않은 달걀을 아주 낮은 온도에서 1시간 또는 그 이상 천천히 조리한 것이다. 껍데기를 까면 완벽한 수란 상태가 된다. 냄비 크기에 따라 한 번에 얼마든지 많은 달걀을 조리할 수 있으므로 여러 사람이 브런치 식사를 해야 할 때 사용하기 좋은 조리법이다. 1114쪽의 저온 및 수비드 조리 항목을 참고한다.

냄비에 물을 붓는다. 수비드 조리기를 냄비에 넣고 64℃로 온도를 맞춘다. 물이 데워지면 조심스럽게 다음을 냄비에 넣는다.

    껍데기를 까지 않은 대란

1시간 동안 조리한다. 식탁에 올리기 전에 구멍 뚫린 큰 숟가락에 달걀을 깨뜨려 여분의 물기를 뺀다.

    저온 조리 수란을 미리 만들어서 보관하려면 얼음물을 채운 그릇에 달걀을 옮겨 담아 완전히 식힌다. 물에 담근 상태에서 냉장고에 넣어두면 최대 24시간까지 보관할 수 있다. 다시 데울 때는 달걀을 냄비에 넣은 후 수비드 조리기를 64℃로 설정한다. 속까지 따뜻해지도록 15분간 데워서 낸다.

에그 플로렌틴(Eggs Florentine)

위와 같이 수란 또는 저온 조리 수란을 만든다. 버터를 바른 얕은 베이킹 용기의 바닥에 크림소스 시금치를 깐다. 시금치 위에 수란을 올리고 모르네 소스를 위에 덮은 후 오 그라탱 II 또는 III을 얹고 뜨거운 그릴에 넣어 노릇해질 때까지 잠깐 굽는다.

에그 베네딕트(Eggs Benedict)

2~4인분

이 요리를 다양하게 변형해보고 싶다면, 달걀과 햄을 녹색 토마토 튀김, 라트키, 크랩 케이크 또는 달지 않은 비스킷 위에 올려보자. 반으로 자른 잉글리시 머핀에 바삭한 베이컨 8조각과 천천히 구운 토마토를 올린 후 달걀과 올랑데즈 소스를 얹어서 내면 에그 블랙스톤이 된다.

다음을 조리해 물기를 잘 뺀 후 따뜻하게 보관한다.

    위의 방법으로 조리한 수란 또는 저온 조리 수란 4개

따뜻하게 데운 개인 접시 또는 서빙용 플래터에 다음을 놓는다.

    잉글리시 머핀 2개, 반으로 갈라서 구운 후 버터를 바르기

다음을 얹는다.

    두껍게 썬 햄 또는 캐나다식 베이컨 4조각, 따뜻하게 데우기

달걀을 얹은 다음 달걀 위에 다음을 끼얹는다.

    올랑데즈 소스 ½컵 또는 취향에 따라 더 많이

만든 즉시 식탁에 올리고, 여분의 소스를 따로 담아서 낸다.

라트키 베네딕트(Latkes Benedict)

2~4인분

예전에는 먹다 남은 라트키를 처리하기 위해 만들던 요리였지만, 이제는 오히려 이 베네딕트를 먹기 위해 라트키를 만든다고 해도 과언이 아니다. 훈제 연어뿐만 아니라 데치거나 천천히 구운 연어 필레 225g을 추가하면 기가 막힌 맛을 낸다.

다음을 만들거나 준비한다.

    라트키 4개

93℃로 맞춰놓은 오븐에 넣어 따뜻하게 보관한다. 다음을 조리해 물기를 잘 뺀 후 따뜻하게 보관한다.

    위의 방법으로 조리한 수란 또는 저온 조리 수란 4개

따뜻하게 데운 개인 접시 또는 서빙용 플래터에 라트키를 올린다. 라트키 위에 다음을 얹는다.

    훈제 연어 또는 온훈법으로 훈연한 연어 115g, 얇게 썰거나 잘게 부수기

달걀을 얹고 그 위에 다음을 끼얹는다.

    올랑데즈 소스 ½컵

다음으로 장식한다.

　　잘게 썬 파슬리 또는 다진 차이브

외프 앙 뫼레트(Oeufs en Meurette, 레드와인 소스에 조리한 수란)
4인분

이 레시피는 상당히 손이 많이 가지만 맛을 보면 그 정도의 노력을 기울일 가치가 있다고 생각하게 된다. 혹시 코코뱅이나 뵈프 부르기뇽을 만들고 남은 소스가 있다면 아래의 소스 대신 그 소스를 사용해도 좋다.

다음을 만들되, 취향에 따라 버섯을 추가한다.

　　뫼레트 소스

소스를 따뜻하게 보관한다. 다음을 조리해 물기를 잘 뺀다.

　　수란 8개

서빙용 플래터에 다음을 놓는다.

　　버터를 바른 토스트 8조각

토스트 1조각당 수란을 하나씩 얹는다. 수란에 소스를 끼얹고 다음을 뿌린다.

　　잘게 썬 파슬리

샤크슈카(Shakshouka, 토마토 고추 소스에 조리한 수란)
4~6인분

샤크슈카는 북아프리카 지역에서 즐겨 먹는 요리로 중동을 거치면서 다양한 변형이 생겨났다. 여러분이 사는 지역에 따라 감자, 메르게즈 소시지 또는 깍둑썰기한 소금 절임 레몬을 넣은 샤크슈카를 접할 수도 있지만 우리는 아래에 소개하는 간단한 조리법을 선호한다. 많은 사람이 먹을 분량을 조리할 때는 토마토 소스를 2~3배로 늘려서 따뜻할 때 베이킹 용기에 최소 2.5cm 깊이로 붓고 달걀을 얹은 뒤 175℃에서 약 10분간 또는 달걀이 익을 때까지 굽는다.

커다란 프라이팬을 중불에 올리고 다음을 둘러 가열한다.

　　올리브유 2큰술

기름이 뜨겁게 달아올라 연기가 나기 직전에 다음을 추가한다.

　　양파 큰 것 1개, 반으로 잘라 얇게 썰기

　　붉은 피망 1개, 얇게 썰기

　　할라페뇨 고추 2~3개, 씨를 빼고 굵게 썰기

잘 저어가면서 부드러워질 때까지 약 10분간 볶다가 다음을 추가한다.

　　토마토 페이스트 2큰술

　　마늘 3쪽, 굵게 썰기

　　스위트 파프리카 가루 1큰술

　　커민 가루 1작은술

　　소금 ½작은술

　　(캐러웨이 또는 회향씨 가루 ½작은술)

　　(카옌 고춧가루 ¼작은술)

향긋한 냄새가 올라올 때까지 1~2분간 조리한다. 다음을 넣고 젓는다.

　　깍둑썰기한 토마토 통조림 400g짜리 2개

뭉근히 끓어오를 때까지 가열한 다음 가끔 저어주면서 소스가 살짝 되직해지도록 약 5분간 끓인다. 다음을 추가한다.

　　소금 적당량

소스에 움푹한 공간 6개를 만들고 다음을 넣는다.

　　대란 6개

프라이팬의 뚜껑을 덮고 달걀이 원하는 정도로 적당히 익도록 6~10분간 뭉근히 끓인다. 다음을 곁들여 낸다.

　　바삭한 빵

　　굵게 썬 파슬리, 고수 또는 저그

　　(잘게 부순 페타 치즈)

연옥에 빠진 달걀(Eggs in Purgatory)
4~6인분

이 요리는 해장용으로 안성맞춤이다. 아침에 숙취로 몸이 말이 아닐 때 이 요리를 먹으면 발걸음에 저절로 힘이 실린다.

　　아마트리치아나 소스를 준비하거나 **마리나라 소스** 또는 **토마토 소스**에 굵은 **고춧가루 1작은술**을 추가한다. 소스에 움푹한 공간 6개를 만들고 **샤크슈카**와 같은 방법으로 조리한 뒤, 달걀 위에 **굵게 썬 파슬리** 및 (강판에 간 파르메산 또는 로마노 치즈)를 얹는다. 바삭한 빵과 함께 낸다.

달걀 오븐 구이에 대해

1인용 내열 용기, 캐서롤, 작은 내열 접시에 담아서 오븐에 구운 달걀은 항상 브런치 식탁을 환하게 밝혀주는 메뉴다. 달걀 1개가 들어가는 120ml짜리 내열 용기가 달걀 오븐 구이를 만들기에 딱 맞는 크기이지만, 180ml짜리 커스터드 컵이나 오븐에 넣을 수 있는 커피 컵, 작은 볼, 머핀 틀을 사용해도 좋다. 달걀을 보들보들하게 골고루 익히려면 **중탕 용기**에 넣어서 굽는 것을 추천한다. 흰자는 살짝 굳고 노른자는 아직 말랑말랑하면서 촉촉한 상태가 될 때까지 구워야 한다. 내열 용기는 열이 쉽게 식지 않으므로 오븐에서 꺼낸 뒤에도 달걀이 계속 익고 있다는 점을 잊지 말자.

달걀 오븐 구이

1인분

이 레시피를 기준으로 삼고, 달걀 오븐 구이의 추가 재료 중 취향에 맞는 것을 선택해 다양하게 응용해본다.

오븐을 175℃로 예열한다. 내열 용기나 기타 오븐용 그릇, 머핀 틀에 기름을 바른다. 내열 용기 또는 머핀 틀에 다음을 깨뜨려 넣는다.

　　대란 1개

가볍게 간을 한다.

　　소금과 흑후추

그 위에 다음을 살짝 뿌린다.

　　헤비크림 또는 녹인 버터 1작은술

중탕 용기에 넣고 오븐에서 약 15분간 굽는다. 다음을 뿌려서 낸다.

　　(굵게 썬 허브)

달걀 오븐 구이의 추가 재료

1. 다음 중 선호하는 재료를 달걀 위에 얹어서 굽는다.

　　버섯 볶음 또는 아스파라거스 꽁다리 볶음

　　굵게 썬 토마토 또는 천천히 구운 토마토

　　크림소스 시금치 또는 마늘을 넣은 녹색 채소 조림

　　잘게 썬 채소 구이

　　구워서 잘게 부순 베이컨, 소시지 또는 깍둑썰기한 햄

잘게 부순 훈제 연어 또는 게살 발라낸 것

신선한 염소 치즈나 페타 치즈 같은 연성 치즈를 잘게 부순 것 또는 체더,

그뤼에르, 파르메산 같은 경성 치즈를 강판에 간 것

다진 허브 또는 쪽파

II. 다음 중 한 가지 재료를 베이킹 접시나 머핀 틀의 바닥에 넣고 그 위에 달걀을 깨뜨려 넣는다.

둥글게 잘라서 그뤼에르 치즈를 얹은 토스트

훈제 연어 해시, 콘비프 해시 또는 아침 식사용 채소 해시

해시브라운 감자

프로방스식 라타투이

잃어버린 달걀(Lost Eggs)

4인분

포틀랜드의 레스토랑인 브로더 카페(Broder Café)의 메뉴에서 영감을 얻어 탄생한 이 달걀 요리는 얇게 썬 햄과 크림소스 시금치에 달걀을 얹고 치즈와 빵가루를 덮어서 굽는다.

오븐을 220℃로 예열한다. 오븐에 넣을 수 있는 커다란 프라이팬을 사용해 다음을 만든다.

크림소스 시금치

시금치 위에 다음을 얹는다.

얇게 썬 햄 110g, 큼직하게 찢기

햄 위에 다음을 뿌린다.

스위스, 그뤼에르 또는 에멘탈 등의 순한 맛 치즈, 잘게 썰어서 ½컵(55g)

치즈, 햄, 시금치 사이에 움푹한 공간 4개를 만들고 다음을 깨뜨려 넣는다.

대란 4개

다음을 뿌린다.

스위스, 그뤼에르 또는 에멘탈 등의 순한 맛 치즈, 잘게 썰어서 ½컵(55g)

입자가 굵은 빵가루 ½컵

달걀이 익고 치즈가 녹으면서 빵가루가 갈색으로 익을 때까지 약 15분간 굽는다. 다음을 곁들여 낸다.

토스트

달걀 프라이에 대해

달걀 프라이는 아마도 가장 편리하고 간단하게 달걀을 식탁에 올리는 방법일 것이다. 음식 위에 '달걀을 얹고 싶은' 생각이 들 때마다 우리는 보통 가장 편리한 이 조리 방식을 떠올린다. 노른자가 살짝 흘러내리는 상태로 조리한 달걀 프라이는 가정에서 만든 튀김, 해시, 샐러드 또는 스테이크에 이르기까지 그 아래에 있는 모든 요리에 훌륭한 소스 역할을 한다. 달걀 프라이를 할 때 손쉽게 성공률을 높이는 방법은 두 가지다. 우선 충분한 양의 버터, 올리브유 또는 다른 지방 재료를 사용해 프라이팬의 바닥을 충분히 코팅해준다. 두 번째로 논스틱 프라이팬을 사용하면 달걀을 뒤집거나 접시에 담기 쉽다.

달걀 프라이

2~4인분

흰자의 부드러운 식감을 살리려면 중불에서 조리한다. 가장자리를 바삭바삭하게 갈색으로 익히려면 중강불에서 조리한다.

커다란 논스틱 프라이팬에 다음을 넣고 녹인다.

버터 또는 기름 1~3큰술

버터가 갈색으로 변하기 전에 지글거리는 소리를 내기 시작할 때 조심스럽게 다음을 깨뜨려 넣는다.

대란 4개

간을 맞춘다.

소금과 흑후추

흰자가 완전히 굳고 노른자의 가장자리가 막 꾸덕꾸덕해지기 시작할 때까지 4~5분간 조리한다. 노른자가 주르륵 흐르는 **서니사이드 업**(sunny-side up)을 만들려면 조리 도중에 프라이팬의 뚜껑을 덮어두면 된다. 흰자는 잘 익고 노른자는 끈적함과 꾸덕꾸덕함의 중간 정도 상태(**오버 이지**over easy 또는 **오버 미디엄** over medium)로 만들려면 흰자가 굳었을 때 주걱을 달걀 아래에 밀어 넣고 노른자 부분을 받치면서 조심스럽게 뒤집는다. 반대쪽 면은 15~30초 정도로 아주 잠깐만 조리한다. **오버 하드**(over hard)나 **웰**(well) 상태를 원한다면 노른자가 거의 다 굳을 때까지 반대쪽 면을 조금 더 오래 익힌다.

프리코 달걀(Frico Eggs)

강판에 간 숙성 치즈 소량을 프라이팬에 얹고 가볍게 지지면서 녹인 다음 달걀을 올리면 맛이 기가 막히고 식감이 바삭한 껍질이 생긴다. 이 요리를 만들 때는 지방을 낮춘 우유로 만든 저지방 치즈를 사용해서는 안 된다. 중불에 버터나 기름을 1큰술만 두르고 **위와 같이 달걀 프라이**를 조리한다. 다만 달걀을 프라이팬에 넣기 전에 달걀 1개당 **강판에 간 경성 치즈(숙성 체더, 파르메산 또는 아시아고 치즈)** 1큰술씩을 떠서 프라이팬에 적당한 간격으로 올린다. 치즈가 녹아서 지글지글 끓어오르면 각 치즈 덩어리 위에 달걀을 깨뜨려 얹는다. 달걀이 치즈 무더기에서 자꾸 미끄러져 흘러내리면 주걱으로 살살 제자리에 돌려놓는다. 위의 설명대로 선호하는 익힘 정도가 될 때까지 조리한다.

빵가루 달걀 프라이

달걀 프라이를 하는 도중에 풍미와 식감을 한층 보강할 수 있는 또 하나의 방법이다. **갈색으로 볶은 버터 빵가루 레시피**의 ½ 분량을 준비한다. 살짝 갈색이 돌기 시작하면 적당히 간을 맞추고 프라이팬에 빵가루를 한 숟가락씩 떠서 올린다.(달걀 하나당 한 숟가락) 프라이팬이 너무 마르면 버터나 기름을 조금 더 추가한다. **위의 달걀 프라이**를 조리하되, 빵가루 더미 위에 달걀을 하나씩 깨뜨려 올린다. 위의 설명대로 선호하는 익힘 정도가 될 때까지 조리한다.

달걀 프라이의 추가 재료

특히 브런치나 점심 메뉴에 약간의 추가 재료를 넣으면 달걀에 특별한 맛을 더할 수 있다.

다음 재료를 소량 깔고 달걀 프라이를 위에 올려서 낸다.

쌀밥, 국수, 토스트 또는 녹색 채소 샐러드

다음 중 선호하는 재료를 달걀 위에 얹는다.

고추장, 스리라차 소스, 마늘 칠리 소스 또는 하리사 소스

굵게 썬 신선한 허브 또는 살사 베르데

코티하 또는 페타 치즈

알레포 고추, 두카, 갈색으로 볶은 버터 빵가루

바구니에 담긴 달걀(Egg in a basket)

2인분

이 음식을 로키산맥 토스트라고 부르든, 아니면 구멍에 빠진 달걀이나 바구니에 담긴 달걀이라고 부르든, 아이들은 이 토스트만 보면 열광한다. 특히 빵에 구멍을 내는 일을 시키면 아주 신이 나는 모양이다.

지름 6.3cm의 비스킷 커터나 작은 유리잔을 사용해 다음의 중앙에 구멍을 뚫는다.

  샌드위치 빵 2조각

커다란 프라이팬을 중불에 올리고 다음을 넣어 녹인다.

  버터 2큰술, 상황에 따라 조금 더 추가

빵을 넣고 약 30초간 지진다. 중앙의 구멍에 다음을 깨뜨려 넣는다.

  대란 2개

흰자 일부가 빵 위에 남아 있거나 아래로 삐져나와도 신경 쓰지 말자. 2~3분 정도 지나 달걀이 굳기 시작하면 주걱으로 빵과 달걀을 뒤집는다. 필요하면 버터를 조금 더 추가한다. 선호하는 익힘 정도까지 달걀이 익도록 반대쪽을 지진다. 잘라낸 둥근 빵 조각을 버터에 구운 뒤 노른자 위에 비스듬히 얹어 함께 낸다.

우에보스 란체로스(Huevos Rancheros)

4인분

이 요리는 다양한 살사, 육류(특히 초리소) 및 콩과 함께 먹으면 맛있다.

오븐을 93℃로 예열한다.

다음을 준비해서 따뜻하게 보관한다.

  으깬 콩 페이스트 또는 멕시코식 삶은 콩

  선호하는 시판 또는 수제 살사, 또는 뉴멕시코식 칠리 고추 소스 2컵

커다란 논스틱 프라이팬을 중불에 올리고 다음을 둘러 뜨거워질 때까지 가열한다.

  식물성 기름 2큰술

한 번에 하나씩 프라이팬에 올린다.

  옥수수 토르티야 4~8장

한 면당 2~3초씩 굽고, 필요하면 기름을 조금 더 추가한다. 다 구우면 키친타월에 올려놓고 포일로 감싼 다음 오븐에 넣어 따뜻하게 보관한다. 프라이팬을 중약불에 올린 후 필요하면 약간의 기름을 추가한다.

다음을 준비하되, 상황에 따라 여러 번 나눠서 조리해도 좋다.

  선호하는 익힘 정도로 조리한 달걀 프라이 4~8개

달걀이 익어가는 동안 따뜻하게 데운 접시 4개에 토르티야를 나누어 깔고 콩을 한 숟가락씩 듬뿍 떠서 올린다. 달걀 프라이가 완성되면 접시마다 달걀 1~2개를 올리고 따뜻한 살사 또는 칠리 소스를 ½컵씩 뿌린다. 다음을 얹어서 즉시 낸다.

  굵게 썬 고수

  (잘게 부순 케소 프레스코 또는 코티하 치즈)

  (얇게 썬 아보카도)

아침 식사용 칠라킬레스(Breakfast Chilaquiles)

2인분

칠라킬레스를 항상 달걀과 함께 내는 것은 아니지만, 이 조합은 우리가 가장 좋아하는 아침 식사 메뉴 중 하나다. 토르티야 칩이 거의 부서질 때까지 부드럽게 푹 끓여서 칠라킬레스를 만들기도 하는데, 우리는 부드러운 토르티야 칩과 아직 숨이 죽지 않은 바삭한 칩의 상반되는 식감을 즐기는 편이다. 식료품 찬장에 토르티야 칩과 살사가 준비되어 있다면 이 요리로 쉽고 빠르게 아침을 차릴 수 있다.

다음을 준비한다.

  선호하는 시판 또는 수제 살사, 또는 뉴멕시코식 칠리 고추 소스 1컵

다음을 조리한다.

  선호하는 익힘 정도로 조리한 달걀 프라이 4개

달걀을 따뜻한 접시에 옮겨 담고 포일로 덮어둔다. 필요한 경우 중불로 조절하고 다음을 추가한다.

  시판 토르티야 칩 넉넉하게 2줌(약 115g)

가끔 저어가면서 색이 약간 진해지고 고소한 냄새가 날 때까지 약 3분간 굽는다. 살사나 소스를 프라이팬에 넣고 칩에 소스가 잘 묻도록 저어준 후 칩이 살짝 말랑해지도록 뭉근히 끓인다. 취향에 따라 다음 재료를 넣고 섞는다.

  (강판에 간 케소 프레스코, 오악사카 치즈 또는 몬터레이 잭 치즈 ½컵[55g])

완성된 칠라킬레스를 접시 2개에 나누어 담는다. 달걀을 얹고 다음을 뿌린다.

  굵게 썬 고수

  (얇게 썬 아보카도)

스크램블드에그에 대해

치열하게 갑론을박이 벌어지는 또 하나의 달걀 요리가 있다면 바로 스크램블드에그다. 어떤 사람은 거의 커스터드 형태에 가까운 부드러운 스크램블드에그를 선호하는가 하면 어떤 사람은 고슬고슬하고 덩어리가 큼직한 스크램블드에그를 좋아한다. 일부 취향이 독특한 사람들은 달걀을 프라이팬에 직접 깨뜨려 넣고 주걱으로 마구 저어서 '프라이 스크램블'을 만든다.

  부드럽고 크림 같은 스크램블드에그를 만들려면 흰자와 노른자가 완전히 섞이도록 달걀을 잘 저은 후 약불에서 조리한다. 우유, 하프앤드하프, 요구르트를 소량 첨가하면 달걀의 식감이 부드럽게 유지되며 소금이나 레몬즙을 살짝 뿌려도 같은 효과를 얻을 수 있다. 가끔 저으면서 조리하면 덩어리가 큼직해지므로 쉬지 않고 계속 저어야 작고 보드라운 덩어리로 완성된다.

  폭신폭신한 스크램블드에그를 만들려면 단단한 피크 상태가 되도록 흰자로 거품을 낸 다음 달걀 3개당 달걀 1개분의 흰자 거품을 추가하는 비율로 달걀과 흰자 거품을 섞는다.

  알려진 바와는 달리 조리하기 전에 달걀에 소금으로 간을 해도 스크램블드에그가 딱딱해지지는 않는다. 신선한 염소 치즈 같은 연성 치즈도 조리하기 전에 첨가하고 잘 저어주는 편이 좋다. 체더나 다른 숙성 치즈는 조리 단계의 마지막에 얹은 후 달걀로 덮어서 따뜻한 달걀의 열기로 사르르 녹인다. 너무 일찍 넣으면 치즈의 지방 성분이 분리되어 기름진 스크램블드에그가 된다. 그릇에 옮긴 다음에도 남은 열로 조금 더 익기 때문에 원하는 질감이 되기 직전에 스크램블드에그를 프라이팬에서 꺼낸다. 채식주의자나 비건을 위한 대안으로는 두부 스크램블 레시피를 참고한다.

스크램블드에그

1~2인분

1. 이 방법으로 만들면 덩어리가 큼직하고 부드러운 달걀 요리가 완성된다.

포크나 거품기를 사용해 완전히 풀리도록 탁탁 쳐서 섞는다.

  대란 3개

소금 ¼작은술

(우유 또는 헤비크림 2큰술)

20cm짜리 프라이팬(논스틱 권장)을 중약불에 올리고 다음을 넣어 녹인다.

버터 1½큰술

달걀 푼 물을 붓고 실리콘 주걱으로 천천히 계속 저으면서 바닥과 옆면을 긁어 달걀물을 프라이팬의 가운데로 몰아놓는다. 약 2분 후 달걀이 몽글몽글 뭉치기 시작하면 계속 저으면서 원하는 질감이 되기 직전까지 조리한다. 취향에 따라 다음을 넣고 젓는다.

(부드럽게 저은 버터 또는 헤비크림 1큰술)

취향에 따라 다음을 뿌린다.

(후추 1자밤)

II. 시간은 조금 더 걸리지만 절대 실패하지 않는 방법은 냄비가 2개 겹쳐진 더블 브로일러(double-broiler)를 사용하는 것이다. 아래쪽 냄비에 뭉근히 끓는 물을 넣고 위쪽 냄비에 다음을 넣어 녹인다.

버터 ½큰술

다음을 준비한다.

위의 I에서 설명한 대로 소금을 넣어 간을 한 달걀물

버터가 녹으면 달걀물을 붓는다. 달걀이 부드러운 크림 형태의 덩어리로 뭉칠 때까지 주걱으로 저으면서 조리한다.

스크램블드에그의 추가 재료

I. 달걀을 넣기 전에 다음 중 하나를 최대 ½컵 분량만큼 프라이팬에서 조리하거나 데운다.

아스파라거스 볶음

부드러운 녹색 채소 볶음

버섯 볶음

양파 볶음 또는 멜티드 리크

II. 다음 재료 중 하나를 조리하기 전에 달걀물에 섞는다.

강판에 갓 갈아낸 육두구나 육두구 가루 1자밤

연성 염소 치즈, 코티지 치즈, 파머 치즈, 정육면체로 자른 크림치즈 또는 요구르트 ¼컵

잘게 썬 쪽파 최대 2큰술

III. 조리가 거의 끝나갈 때 다음을 추가하고 달걀을 위에 덮어준다.

강판에 갈거나 잘게 부순 체더 치즈 또는 다른 경성 치즈 ¼컵

굵게 썬 허브 최대 1큰술

구워서 잘게 부순 베이컨, 소시지 또는 깍둑썰기한 햄

잘게 부순 훈제 연어 또는 게살 발라낸 것

텍스멕스 미가스(Tex-Mex Migas)

2인분

'덩어리'라는 뜻의 미가스는 토르티야를 넣은 스크램블드에그다. 오래된 토르티야나 토르티야 칩 봉지에 남은 부스러기를 멋지게 활용할 수 있는 레시피다. 취향에 따라 양파를 조리하기 전에 **생초리소 55g을 잘게 부숴** 프라이팬에 넣고 갈색이 될 때까지 볶은 후 다른 그릇에 옮긴다. 초리소를 볶을 때 나온 풍미가 진한 기름을 사용해 양파를 볶고, 볶아놓은 초리소는 나중에 달걀과 함께 넣어 뒤적이며 섞는다.

중간 크기의 프라이팬(논스틱 권장)에 다음을 두르고 중불에 올려 가열한다.

식물성 기름, 베이컨 기름 또는 라드 2큰술

다음을 넣고 저으면서 부드러워질 때까지 약 5분간 볶는다.

양파 중간 크기 ½개, 잘게 썰기

다음을 추가하고 1분간 더 볶는다.

마늘 2쪽, 다지기

할라페뇨 또는 세라노 고추 1개, 씨를 빼고 다지기

다음을 넣고 바삭해지면서 고소한 냄새가 날 때까지 약 5분간 볶는다.

잘게 부순 토르티야 칩 1컵 또는 잘게 찢은 묵은 옥수수 토르티야 15cm짜리 3장

중간 크기의 그릇에 다음을 넣고 잘 젓는다.

대란 4개

소금 ¼작은술

중약불로 줄이고 달걀물을 부은 후 조리하다가 토르티야 볶은 것을 넣어 섞는다. 달걀이 익을 때까지 계속 조리한다. 취향에 따라 다음을 넣어 섞는다.

(강판에 간 케소 프레스코, 오악사카 치즈 또는 몬터레이 잭 치즈 ¼~½컵)

다음을 곁들여 낸다.

취향에 맞는 시판 또는 수제 살사

얇게 썬 아보카도

마초 브리(Matzo Brei)

1인분

여러 사람에게 대접하기 위해 대량으로 조리할 때는 프라이팬 2개를 사용하고 완성된 마초 브리를 93℃의 오븐에 넣어 따뜻하게 보관한다.

1인분당 다음 분량을 사용한다.

무염 마초 2개

대란 1개, 중간 크기의 그릇에 잘 풀어두기

뜨거운 물을 틀어놓고 마초의 양쪽 면을 살짝 적셔서 질척해지지 않을 정도로 촉촉하게 물을 묻힌다. 남은 물기를 털어내고 6.3~7.5cm 크기로 찢어서 달걀 푼 물에 넣는다. 달걀과 마초가 잘 섞이도록 젓는다. 다음으로 간을 한다.

소금 1자밤

커다란 프라이팬에 다음 높이까지 기름을 두르고 가열한다.

식물성 기름 또는 닭기름 3mm

커다란 숟가락이나 주걱을 사용해 마초와 달걀 혼합물을 프라이팬에 아주 얇게 간다. 갈색으로 익으면 반대쪽으로 뒤집어가면서 양쪽이 진한 갈색으로 바삭하게 익을 때까지 조리한다. 따뜻하게 내고, 소금통 또는 다음과 함께 낸다.

(계피 설탕)

에그 푸 영(Egg Foo Young, 중국식 달걀 팬케이크)

4인분

중국계 미국인 가정의 식탁에서 빼놓을 수 없는 이 달걀 채소 육류 팬케이크는 보통 브라운 소스와 함께 낸다. **세인트폴 샌드위치**(이름 때문에 혼동하기 쉽지만 사실은 세인트루이스 지역의 음식이다.)를 만들려면 에그 푸 영 패티와 딜 피클 슬라이스, 양파 슬라이스, 양배추, 토마토 슬라이스를 마요네즈 바른 흰 빵 사이에 끼운다.

취향에 따라 다음을 만든 다음 편수 냄비에 넣고 뚜껑을 덮어서 아주 약한 불에 올려 따뜻하게 보관한다.

(간단한 브라운 소스)

중간 크기의 그릇에 다음을 넣고 세게 젓는다.

　대란 6개

　새우 225g, 껍질을 벗기고 내장을 제거한 후 잘게 썰기 또는 게살 발라낸 것, 익힌
　　닭고기 또는 햄 170g, 깍둑썰기하기

　숙주 ½컵

　쪽파 4대, 얇게 썰기

　당근 중간 크기 1개, 채 썰기

　간장 2큰술

　참기름 2작은술

커다란 논스틱 프라이팬을 중불에 올리고 다음을 부어 가열한다.

　식물성 기름 ⅓컵

기름이 뜨거울 때 달걀 혼합물을 ⅓컵 분량만큼 붓는다. 바닥이 노릇노릇해질 때까지 익힌 다음 뒤집어서 반대쪽 면도 익힌다. 같은 방법으로 남은 달걀 혼합물을 조리한다. 뜨거울 때 내고, 브라운 소스 또는 취향에 따라 다음을 곁들인다.

　(굴 소스 또는 해선장, 흑식초, 바삭하게 씹히는 중국식 매운 고추기름 또는
　　만두용 디핑 소스)

　굵게 썬 고수

오믈렛에 대해

앤드루 카네기(Andrew Carnegie)는 "달걀을 모두 한 바구니에 넣어라. 그리고 그 바구니에만 집중하라!"라는 유명한 말을 남겼다. 그 바구니가 프라이팬이고 목표가 오믈렛이라면 카네기의 조언은 그야말로 정곡을 찌른다고 할 수 있다. '오믈렛'이라는 이름은 다양한 종류의 달걀 요리에 두루 사용되지만, 오믈렛의 기본 종류는 프랑스식 오믈렛, 단단한 오믈렛, 납작한 오믈렛, 수플레 오믈렛이라는 네 가지로 나뉜다. 모두 달걀을 잘 풀어서 조리하므로 겉은 단단하고 매끈하며 속은 크림처럼 부드러운 상태로 완성된다.

　전통적인 오믈렛이라고 할 수 있는 **프랑스식 오믈렛**은 보통 짭짤한 속재료를 넣은 후 말거나 접어서 만든다. **단단한 오믈렛**은 상당히 단단한 상태로 익힌 후 접어주므로 비교적 난이도가 낮아 초보자도 쉽게 만들 수 있다. 이탈리아에서 **프리타타**라고 부르는 **납작한 오믈렛**은 프랑스식 오믈렛보다 두툼하며, 주방 레인지에서 어느 정도 조리한 후 보통 그릴에 넣어서 마무리하거나 뚜껑을 덮어서 윗부분을 익힌다. **수플레 오믈렛**은 달걀흰자가 공기를 가득 머금을 때까지 쳐서 폭신폭신하고 가벼운 식감을 만들어낸다.

　오믈렛은 조리 속도가 무척 빠르므로 오믈렛과 함께 낼 모든 재료가 이미 준비되어 있는지 확인하고, 식탁에 앉은 사람들에게 자리를 뜨지 말라고 부탁하자.

　종류와 상관없이 제대로 된 오믈렛을 만들기 위해서는 온도가 중요하다. ▶ 프라이팬과 기름의 온도는 달걀을 붓자마자 바닥 면이 한꺼번에 익으면서 위에 있는 부드러운 달걀 부분을 굳힐 수 있을 정도로 뜨거워야 하지만, 그렇다고 해서 윗부분이 제대로 익기도 전에 바닥 면이 타서 질겨질 정도로 너무 뜨거우면 안 된다. 주방 레인지에서 오믈렛을 만들기 위한 최적의 온도를 찾으려면 약간의 연습이 필요하다.

　예전에는 달걀을 조리하기 시작할 때 소금을 넣으면 달걀이 질겨진다고 생각하는 사람이 많았다. 그러나 사실 소금을 넣으면 달걀이 약간 낮은 온도에서도 쉽게 응고되기 때문에 더 부드러운 스크램블드에그와 오믈렛을 만들 수 있다. 따라서 간이 잘된 오믈렛을 만들기 위해서는 마음 가는 대로 달걀에 소금을 넣어도 좋다.

　오믈렛을 하나 이상 만들 때는 필요한 달걀을 한꺼번에 전부 깨뜨려 잘 저은 다음 국자나 계량컵을 사용해 100ml 또는 약 ½컵씩 달걀물을 부어주면 달걀 2개 분량의 오믈렛을 완성할 수 있다. 주방 레인지 근처에 버터와 속재료를 가까이 두고 최대한 손을 빨리 움직이면서 오믈렛을 하나씩 구워낸다. 오믈렛을 굽자마자 바로 내거나 93℃의 오븐에 넣어서 따뜻하게 보관했다가 오믈렛이 전부 완성되면 한꺼번에 낸다. 식사를 할 사람이 4명 이상이라면 프라이팬을 하나 더 사용하거나 아예 프라이팬 3개로 한 번에 여러 개씩 구워도 좋다. 한 번에 프라이팬 여러 개를 신경 쓰면서 오믈렛을 만들기 위해서는 어느 정도 경험과 요령이 필요하므로 실제로 시도하기 전에 충분히 연습해야 한다. 오믈렛이 한꺼번에 같은 상태가 되지 않도록 프라이팬마다 약간의 시차를 두어 조리한다. 즉석요리 전문 요리사 같은 부담감이 싫다면 ▶ 오믈렛 대신 큼직한 프리타타 또는 스트라타를 준비해 비교적 손쉽게 식탁을 차릴 수도 있다.

　오믈렛에 반드시 속재료를 넣을 필요는 없지만 우리는 속재료 사용을 권장한다. 오믈렛 속에 넣을 수 있는 재료에 대해서는 아래의 오믈렛용 속재료 및 스크램블드에그의 추가 재료 항목을 참고한다.

　오믈렛에 윤기를 내려면 부드럽게 저은 버터를 솔로 살짝 바른다.

프랑스식 오믈렛(말거나 접는 형태)

1인분

형태와 관계없이 프랑스식 오믈렛을 만들기 위해서는 흰자와 노른자가 충분히 섞이되, 공기가 들어가서 거품이 생기지는 않을 정도로 적당히 저어야 한다. 거품기보다 포크를 사용하면 과도하게 젓는 것을 방지할 수 있다.

포크로 탁탁 쳐가면서 흰자와 노른자가 섞일 때까지 잘 젓는다.

　대란 2~3개

　소금 ⅛작은술

　흑후추 1자밤

접시를 뜨겁게 데워둔다. 지름 15~20cm의 프라이팬(논스틱 권장)을 중강불에 올리고 다음을 넣어 가열한다.

　버터 2큰술

프라이팬을 기울여 옆면과 바닥에 버터를 골고루 바르면서 버터가 모두 녹을 때까지 가열한다. 달걀을 붓는다. 한 손으로 프라이팬을 앞뒤로 흔들면서 바닥에 있는 달걀이 한 덩어리로 움직이게 한다. 동시에 뒤에 나오는 그림과 같이 신속하게 원을 그리면서 달걀을 저어 '스크램블드' 상태를 만든다. 아이들에게 한 손으로 머리를 톡톡 치면서 동시에 다른 손으로는 배를 문질러보라고 하면 어려워하듯이, 한 손으로 프라이팬을 흔들고 다른 한 손으로 제때 달걀을 저으려면 약간의 요령이 필요하다. 이때쯤 되면 달걀을 익히기에 충분할 정도로 프라이팬이 달아오르므로 달걀을 부드럽게 저으면서 프라이팬을 불에서 내려도 좋다. 취향에 따라 달걀이 거의 익어갈 때 주걱으로 누르면서 오믈렛을 프라이팬 전체에 균일하게 펼친 후 그 위에 다음 재료를 얹어도 좋다.

　(선호하는 오믈렛용 속재료, 실온 상태로 ⅓컵)

가운데 그림처럼 프라이팬의 손잡이를 45도 각도로 들어올리고 손잡이에서 먼 쪽으로 오믈렛을 뒤집는다. 한두 번 접어주거나, 더 근사한 모양을 원한다면 가장자리부터 조금씩 말아낸다. 오믈렛이 프라이팬에 달라붙을 기미가 보

이면 주걱을 오믈렛 아래로 밀어 넣거나 맨 오른쪽 그림처럼 프라이팬의 손잡이를 주먹으로 한두 번 툭툭 친다. 프라이팬을 접시 위로 90도 이상 기울여서 오믈렛이 프라이팬에서 미끄러져 나올 때 끝부분이 아래에 있는 접시에 닿아 접히게 하면 바로 식탁에 낼 수 있는 상태가 된다. 취향에 따라 반짝반짝 윤기 나는 오믈렛을 선호한다면 다음을 윗면에 바른다.

(부드럽게 저은 버터)

즉시 낸다.

말아낸 형태의 프랑스식 오믈렛 만드는 법

오믈렛용 속재료

조리하기 전에 허브나 곱게 간 치즈를 달걀 푼 물에 넣어도 좋고, 좀 더 부피가 있는 속재료는 오믈렛을 말기 직전에 중앙 부분에 올린다. 달걀 2개 분량의 오믈렛에는 실온 상태의 속재료 ⅓~½컵을 사용하며, 달걀 3개 분량의 오믈렛에는 조리한 속재료 ½~¾컵 정도가 필요하다.

구운 마늘 및 신선한 염소 치즈

뒤셀 또는 버섯 볶음

피코 데 가요 및 얇게 썬 아보카도

토마토와 허브를 섞은 리코타 치즈 또는 신선한 염소 치즈

굵게 썬 햄과 강판에 간 치즈

양파 볶음 또는 캐러멜화한 양파 및 시금치

애호박 볶음, 아스파라거스 꽁다리, 구운 붉은 피망

다이너 스타일의 단단한 오믈렛

프랑스식 오믈렛은 상당한 기술과 적당한 프라이팬, 능숙한 요령이 필요하며 일반적으로 속재료 없이 즐기는 경우가 많다. 다이너 스타일 오믈렛은 그 반대다. 반드시 속재료가 들어가며 비교적 손쉽게 만들 수 있고, 여러분이 이 글을 읽는 동안에도 아침 영업을 하는 미국 전역의 식당에서는 널찍한 번철로 이러한 오믈렛을 수천 개씩 구워내고 있을 것이다. 얇게 부친 달걀 위에 속재료를 넣은 후 찢어지지 않게 뒤집을 자신이 없다면 세 번 접는 방법을 사용하자. 길이 잘 든 번철로 오믈렛을 만들 경우, 달걀물을 부은 직후에 재빨리 커다란 주걱이나 뒤집개를 사용해 달걀이 너무 퍼지지 않도록 15~20cm 크기의 사각형으로 모아준다.(세 번 접는 방법을 사용해서 뒤집는다.) **달걀흰자 오믈렛**을 만들 때는 **달걀흰자 4개**(약 ½컵)로 대체한다.

다음을 준비한다.

선호하는 오믈렛용 속재료 ⅓~½컵, 실온 상태로 준비

포크로 탁탁 쳐가면서 흰자와 노른자가 섞일 때까지 잘 젓는다.

대란 2~3개

(타임, 파슬리, 타라곤, 처빌 등 다진 허브 1작은술)

소금 ⅛작은술

흑후추 1자밤

15~20cm의 논스틱 프라이팬을 중불에 올리고 다음을 넣어 가열한다.

버터 1큰술

프라이팬을 기울여서 옆면과 바닥에 버터를 골고루 바른다. 버터가 뜨겁게 녹으면서 고소한 향기가 나지만 아직 갈색으로 변하지 않은 시점에 달걀물을 붓는다. 프라이팬을 기울여서 달걀이 고르게 퍼지게 하는데, 작은 프라이팬이라면 프라이팬 옆면의 절반 지점까지 오게 된다. ▶ 좀 더 폭신한 식감과 조리 시간 단축을 원한다면 달걀이 어느 정도 굳었을 때 가장자리 부분을 주걱으로 들어올리고 프라이팬을 기울여 아직 익지 않은 달걀물이 그 사이로 흘러 들어가게 한다.(가장자리를 빙 둘러가며 반복한다.) 달걀의 맨 윗부분이 굳어가기 시작하면 속재료를 얹는다. **세 번 접는 방식**으로 만들 때는 중앙에서 약간 아래쪽 부분에 가로로 길쭉하게 속재료를 얹고, **반달 모양**으로 만들 때는 속재료를 한쪽에 몰아서 얹는다. 세 번 접는 방식을 사용할 때는 재료를 얹지 않은 나머지 ⅓만큼의 부분을 속재료 위로 접는다. 반달 모양 방식에서는 비어 있는 절반 부분을 속재료 위로 접는다. 속재료를 녹이거나 충분히 열을 가해서 데워야 하는 경우(또는 오믈렛 달걀이 완전히 굳게 하려면), 오믈렛을 조심스럽게 접어서 프라이팬을 불에서 내린 후 1~2분간 그대로 둔다. 따뜻하게 데운 접시에 오믈렛을 담고 즉시 낸다. 취향에 따라 다음을 가니시로 곁들인다.

(굵게 썬 허브)

(녹인 버터)

프리타타

3인분

납작한 오믈렛의 이탈리아 버전인 프리타타는 채소, 육류 또는 기타 짭짤한 재료를 달걀에 섞어서 만든다. 얇게 썬 아보카도를 제외하면 사실상 모든 오믈렛용 속재료를 프리타타에도 사용할 수 있다. ▶ 달걀 3개당 대략 속재료 1컵을 사용한다. 프리타타는 웨지 모양으로 잘라서 뜨겁게 또는 실온 상태로 낸다. ▶ 프라이팬에 달라붙는 것을 방지하려면 길이 잘 든 지름 25~30cm 무쇠 팬이나 오븐에 넣을 수 있는 논스틱 프라이팬을 사용한다.

다음을 준비한다.

선호하는 오믈렛용 속재료 1½~2컵, 몇 가지 재료의 조합을 권장

포크로 탁탁 쳐가면서 잘 섞일 때까지 젓는다.

대란 6개

달걀물에 속재료를 넣고 섞는다. 속재료에 간을 하지 않았다면 다음을 넣는다.

소금 ½작은술

흑후추 ¼작은술

지름 20cm의 프라이팬을 중불에 올리고 다음을 둘러 가열한다.

올리브유 1½큰술

프라이팬을 돌려가며 기름을 골고루 바른다. 달걀 혼합물을 붓는다. 한 손으로 프라이팬을 앞뒤로 흔들면서 바닥에 있는 달걀이 한 덩어리로 움직이게 한다. 동시에 주걱으로 신속하게 원을 그리면서 달걀을 저어 '스크램블드' 상태를 만든 다음 프리타타의 바닥은 단단하게 굳고 윗부분은 아직 부드러운 상태로 남아 있을 때까지 조리한다. 윗부분의 조리를 마무리하려면 프리타타를 뜨거운 그릴에 넣고 윗부분이 단단해질 때까지 익힌다. 전통적인 프리타타는 갈색을 띠지 않지만 우리는 갈색빛이 돌 정도로 잘 익힌 오믈렛도 즐겨 먹는다. 따뜻하게 데운 큰 서빙용 플래터에 옮긴 다음 웨지 모양으로 잘라서 낸다.

쿠쿠 사브지(Kuku Sabzi, 페르시아식 허브 오믈렛)

4인분

허브를 듬뿍 넣어 밝은 녹색을 띠는 이 오믈렛은 전통적으로 페르시아에서 새해(누루즈)에 만들어 먹는 음식이다. 허브 중 일부를 시금치나 다른 녹색 채소로 대체할 수 있다. 전통 방식에서는 바베리를 추가한다.

지름 25cm의 프라이팬에 다음을 두르고 중불에 올려 가열한다.

　　올리브유 1큰술

다음을 넣고 부드러워질 때까지 약 5분간 볶는다.

　　서양대파 큰 것 1대, 흰색과 부드러운 녹색 부분만 사용, 세로로 반 잘라서 깨끗이
　　　씻은 후 얇게 썰기

큰 그릇에 다음을 넣고 잘 저어 섞는다.

　　대란 8개

　　잘게 썬 파슬리 1컵

　　잘게 썬 고수 1컵

　　잘게 썬 딜 1컵

　　(구워서 굵게 다진 호두 ¼컵)

　　(말린 바베리 또는 말린 크랜베리 굵게 썬 것 2큰술)

　　베이킹파우더 1작은술

　　소금 ½작은술

　　흑후추 ¼작은술

그릴을 예열한다. 주방 레인지의 불을 중약불로 줄이고 프라이팬에 다음을 두른다.

　　올리브유 2큰술

허브와 달걀 섞은 혼합물을 프라이팬에 넣고 서양대파 볶은 것과 섞이도록 뒤적인다. 손을 더 대지 않고 바닥이 단단하게 익을 때까지 8~10분간 조리한다. 프라이팬을 그릴에 넣고 윗부분이 익을 때까지 1~2분간 굽는다. 따뜻하게 데운 큰 서빙용 접시에 옮긴 다음 웨지 모양으로 잘라서 낸다.

행타운 프라이(Hangtown Fry)

4인분

1850년대에 황금을 찾아 캘리포니아의 행타운(현재의 플래서빌)에 모여든 사람들을 위해 처음 고안된 요리다. 모든 재료가 쉽게 구할 수 없는 것들이었기 때문에 노다지를 발견한 금 채굴자들의 행운을 축하한다는 상징적인 의미를 지닌 요리였다.

다음을 준비한다.

　　껍데기를 깐 굴 12개 또는 껍데기를 까서 물기를 뺀 굴 235ml

접시에 다음을 담고 저어서 섞는다.

　　밀가루 ½컵

　　소금 ½작은술

　　흑후추 ¼작은술

굴에 밀가루 혼합물을 골고루 묻혀서 다른 접시에 둔다. 지름 20~25cm의 프라이팬(논스틱 권장)을 중불에 올리고 다음을 넣어 바삭해질 때까지 굽는다.

　　베이컨 4조각

베이컨을 건져 키친타월에 올려놓고 기름을 뺀다. 여분의 기름을 따라내고 프라이팬을 중강불에 올린다. 다음을 추가한다.

　　버터 2큰술

밀가루를 묻힌 굴을 프라이팬에 넣고 황금색으로 바삭하게 익을 때까지 한 면당 약 2분씩 지진다. 베이컨을 잘게 부수어 프라이팬에 넣고 다음을 추가한다.

　　대란 5개, 살짝 풀어두기

　　소금 ¼작은술

　　흑후추 ⅛작은술

중불로 줄여서 약 5초간 젓지 않고 익힌 뒤, 주걱으로 천천히 달걀을 프라이팬의 중심으로 모으는 동시에 프라이팬을 기울여서 아직 익지 않은 달걀물이 프라이팬의 바닥으로 흘러가도록 한다. 달걀이 어느 정도 익으면 더 움직이지 않는다. 한 번 뒤집어서 반대쪽 면을 몇 초 더 굽거나 그릴에 넣어 갈색이 될 때까지 익힌다. 완성된 오믈렛의 속은 약간 부드러운 상태로 유지되어야 한다.

대용량 아티초크 프리타타

8인분

여러 사람이 모여 브런치를 즐길 때 안성맞춤인 메뉴다.

다음을 통조림에서 꺼내 물기를 제거한 후 세로 방향으로 반을 자른다.

　　아티초크 하트 통조림 400g짜리 2개

다음을 병에서 꺼내 물기를 없애고 6mm 너비로 길쭉하게 썬다.

　　구운 붉은 피망 병조림 ⅔컵

아티초크와 구운 피망을 한쪽에 둔다. 그릇에 다음 재료를 넣고 잘 저어서 섞는다.

　　대란 12개

　　하프앤드하프 1¼컵

　　강판에 간 파르메산 치즈 1컵(115g)

　　굵게 썬 파슬리 또는 바질 ½컵

　　소금 1작은술

　　흑후추 ½작은술

달걀 혼합물을 한쪽에 둔다. 오븐에 사용할 수 있는 지름 30cm의 프라이팬을 중불에 올리고 다음을 넣어 녹인다.

　　버터 3큰술

다음을 추가하고 저으면서 옅은 갈색으로 부드럽게 익을 때까지 약 10분간 볶는다.

　　서양대파 중간 크기 2대, 세로로 반 잘라서 깨끗이 씻은 후 잘게 썰기

　　마늘 큰 것 1쪽, 잘게 썰기

아티초크와 구운 피망을 다음과 함께 넣는다.

　　버터 2큰술

버터를 빙글빙글 돌리면서 녹여 프라이팬에 버터를 골고루 바른다. 달걀 혼합물을 붓고 중불에 올려서 가운데가 거의 굳을 때까지 약 18분간 조리한다. 그릴을 예열한다. 프리타타를 열원에서 18cm 정도 떨어진 곳에 넣고 갈색이 될 때까지 약 5분간 굽는다. 약간 식혀서 낸다.

토르티야 에스파뇰라(Tortilla Española, 스페인식 감자 오믈렛)

6인분

이 전통적인 스페인 요리는 웨지 모양으로 잘라서 타파스 메뉴 중 하나로 내는 경우가 많다. 우리는 차갑거나 실온 상태의 이 오믈렛 슬라이스를 바게트에 올리고 염지 햄, 아이올리를 곁들여서 즐겨 먹는다.

오븐에 넣을 수 있는 지름 25~30cm의 프라이팬을 중불에 올리고 다음을 둘

러 가열한다.

올리브유 2큰술

다음을 넣는다.

양파 큰 것 1개, 3mm 두께로 썰기

소금과 흑후추 적당량

골고루 저으면서 양파가 노릇한 색을 띠고 부드럽게 익을 때까지 약 10분간 볶는다. 큰 그릇에 옮긴다. 양파를 볶았던 프라이팬을 중불에 올리고 다음을 붓는다.

올리브유 ¼컵

다음을 넣는다.

붉은색 감자 450g, 껍질을 벗겨 3mm 두께로 썰기

노릇노릇하게 익을 때까지 10~12분간 조리한다. 감자를 건져서 키친타월에 올려놓고 기름기를 뺀다. 기름이 들어 있는 채로 프라이팬을 옆에 치워둔다. 감자가 식으면 다음을 솔솔 뿌린다.

소금과 흑후추 적당량

그릇에 담긴 볶은 양파에 감자를 더하고 다음을 넣어 젓는다.

대란 6개, 풀어두기

소금 ½작은술

달걀과 소금이 잘 섞이도록 뒤적인다. 오븐의 가운데 칸에 받침대를 끼우고 그릴을 예열하는 동안 프라이팬을 다시 중강불에 올린다. 기름에서 연기가 나기 직전에 달걀 혼합물을 넣고 즉시 약불로 줄인다. 오믈렛을 젓지 않는 상태에서 아랫부분이 노릇해지고 달걀이 ⅔~¾ 정도 굳을 때까지 3~4분간 익힌다. 오믈렛이 바닥에 달라붙지 않도록 프라이팬을 가끔 흔들어준다. 바닥에 달라붙으면 주걱을 오믈렛 아래로 밀어 넣어 프라이팬에서 떼어낸다. 프라이팬을 통째로 오븐에 넣고 달걀이 단단해질 때까지 굽는다. 프라이팬을 흔들어 오믈렛을 분리한 다음 접시에 옮겨 담는다. 웨지 모양으로 잘라서 뜨겁게 또는 실온 상태로 다음을 곁들여 낸다.

아이올리 또는 파타타스 브라바스용 소스

수플레 오믈렛

4인분

제대로 만든 수플레 오믈렛은 겉은 노릇노릇 먹음직스럽게 익어서 단단하고 질척이지 않으며, 속은 부드럽고 폭신하다.

I. 치즈와 허브를 넣어 짭짤하게 만든 오믈렛

오븐을 190℃로 예열한다. 다음 재료를 섞은 후 걸쭉하고 옅은 색을 띠도록 잘 휘젓는다.

대란 노른자 4개

소금 ¼작은술

흑후추 ¼작은술

큰 그릇에 다음을 넣고 단단한 피크가 생기지만 마른 거품은 아닌 상태가 될 때까지 잘 쳐서 거품을 낸다.

대란 흰자 4개

소금 1자밤

노른자 혼합물을 흰자 거품에 넣고 주걱으로 접듯이 섞는다. 오븐에 넣을 수 있는 지름 25~30cm의 프라이팬을 중불에 올리고 다음을 넣어 녹인다.

버터 1½큰술

거품이 잦아들면 달걀 혼합물을 프라이팬에 부어 골고루 펼치고 윗면을 매끈하게 다독인다. 몇 초 후 오믈렛이 바닥에 달라붙지 않도록 프라이팬을 흔들어준 다음 달라붙지 않도록 안쪽 면에 버터를 발라놓은 뚜껑을 덮는다. 불을 약하게 줄이고 약 5분간 굽는다. 뚜껑을 열고 오믈렛 위에 다음을 뿌린다.

다진 차이브, 파슬리, 처빌 또는 이를 섞어서 2큰술

강판에 간 파르메산 치즈 ¼컵

프라이팬을 오븐에 넣어 윗면이 단단해질 때까지 3~5분간 굽는다. 취향에 따라 오믈렛을 반으로 접고 따뜻한 접시에 담아서 낸다.

II. 잼을 넣은 달콤한 오믈렛

짭짤한 수플레 오믈렛과 같은 방식으로 만들되, 달걀노른자 혼합물에 소금과 흑후추 대신 **설탕 3큰술**을 넣는다. 허브와 치즈는 넣지 않는다. 오믈렛이 다 익으면 **따뜻한 잼 2큰술과 럼, 브랜디 또는 레몬즙 1작은술**을 섞어서 올리고 반으로 접어서 낸다.

수플레에 대해

수플레(soufflés)의 폭신폭신한 질감을 만들어내는 것은 잘 저은 흰자의 거품 안에 들어 있는 공기다. 오븐 안에서 온도가 올라가면 공기가 팽창하면서 달걀 혼합물이 깜짝 놀랄 정도로 잔뜩 부풀어 오른다. 열로 인한 것이긴 하지만 이 거품은 상당히 섬세하므로 오븐에서 꺼내자마자 얼른 식탁으로 가져가야 거품이 꺼지기 전에 모든 사람이 부풀어 오른 수플레를 볼 수 있다. 이렇게 부푼 상태를 유지하는 시간이 워낙 짧으므로 가장 까다롭고 변덕스러운 달걀 요리라는 부당한 오명을 뒤집어쓰고 있는 것이다. 하지만 실상은 그 반대다. 몇 가지에만 주의를 기울이면(그리고 기대치를 지나치게 높이지 않는다면) 수플레는 무척 만들기 쉬운 요리다. 디저트 수플레는 874쪽을 참고한다.

제대로 거품을 낸 달걀흰자는 수플레를 성공적으로 완성하는 데 필수적이다. 일단 달걀흰자가 단단한 피크를 형성하지만 마른 거품은 아닌 상태가 되면 즉시 수플레 베이스에 넣고 섞는다. ▶ 달걀 2개당 달걀 1개 분량의 흰자를 추가하면 더 폭신폭신하고 가벼운 수플레가 탄생한다.

수플레 전용 용기가 있으면 좋지만 옆면이 기울지 않고 속이 깊은 베이킹 용기라면 무엇이든 사용할 수 있다. 240ml짜리 내열 용기는 1인분의 수플레를 만들기에 안성맞춤이다. 누구나 감탄할 만한 커다란 수플레를 만들려면 6컵들이 수플레 용기에 달걀흰자 4~5개를 사용해서 4인분 정도의 분량을 만들거나 8컵들이 수플레 용기에 달걀흰자 6~7개를 사용해서 6인분 분량을 만든다. 용기 안쪽의 바닥과 옆면에 버터를 골고루 바른 다음 버터로 코팅된 표면에 수플레의 풍미에 맞춰 밀가루, 파르메산 등의 건조 치즈 가루, 빵가루 또는 옥수숫가루를 뿌린다. 용기를 모든 방향으로 기울여 바닥과 옆면에 가루를 잘 묻힌 후 용기를 뒤집어서 여분의 가루를 털어낸다.

수플레 용기의 ¾ 이상 달걀 혼합물을 붓지 않는다. 굽기 전에 엄지손가락으로 용기의 안쪽 옆면을 따라서 해자를 파듯이 수플레 혼합물에 2.5cm 깊이의 홈을 낸다.(1인용 내열 용기의 경우 1.2cm 깊이의 홈) 이렇게 하면 고르게 부풀어 오를 뿐만 아니라 테 있는 모자 모양의 근사한 수플레가 완성된다. 재료를 섞은 직후에 바로 구워야 가장 폭신폭신한 수플레를 만들 수 있지만, 굽기 전에 뚜껑을 덮어 실온에 두면 최대 1시간까지는 보관할 수 있다.

수플레는 처음 부풀어 오를 때 가장 부서지기 쉬우므로 굽기 시작해서 어느 정도 시간이 지날 때까지는 오븐의 문을 열지 않는다. ▶ 용기의 가장자리 위로 7.5~10cm 정도 부풀어 오르고 표면이 황금색으로 변했을 때 얼마나 익었는지 확인한다. 젓가락을 수플레의 중심부에 찔렀다가 꺼냈을 때 아무것도 묻어나오지 않으면 완성된 것이다. 또는 윗면을 손으로 살짝 만져봐도 좋다. 전체적으로는 단단하지만 가운데 부분만 살짝 말랑거리는 상태라면 완성이다. 수플레는 속이 살짝 촉촉하고 크림처럼 부드러운 상태로 내놓아도 좋고, 속까지 완전히 익어서 포슬포슬한 상태로 내도 좋다. 후자를 선호한다면 약간 더 오래 굽되, 너무 오래 구우면 부풀어 오른 것이 꺼지기 시작하므로 주의하자.

수플레는 중탕 용기에 넣어서 갈색으로 부풀어 오를 때까지 구울 수도 있다. 이 방법을 사용하면 5~10분 정도 시간이 더 걸린다. 그냥 오븐에 넣어서 구운 것만큼 높이 부풀어 오르지 않으며 더 조밀하고 커스터드와 비슷한 식감이 되지만, 구운 후에도 부푼 상태가 상대적으로 오래 유지된다.

일단 다 구워지면 수플레는 즉시 식탁에 내야 한다. 오븐에서 꺼내면 고작 1~2분 사이에 꺼지기 시작할 것이다. 수플레에 소스를 곁들이기도 하는데, 따로 담아서 내거나 수플레의 가운데에 구멍을 뚫은 다음 거기에 한 숟가락을 얹어서 내기도 한다.

치즈 수플레 코케뉴

4~6인분

위의 수플레에 대해 항목을 참고한다. 오븐을 175℃로 예열한다. 6컵들이 수플레 용기 또는 240ml 용량의 내열 용기 4개에 버터를 넉넉히 바른다. 용기 안쪽에 다음을 뿌린다.

마른 빵가루 또는 강판에 간 파르메산 치즈 ¼~½컵

여분의 가루를 털어낸다. 커다란 냄비에 다음을 넣고 뭉근히 끓인다.

화이트소스 II 1컵

냄비를 불에서 내려 30초간 둔다. 다음을 넣고 잘 젓는다.

강판에 간 파르메산 치즈 ¼컵

잘게 썬 그뤼에르 치즈 ¼컵

(잘게 썬 훈제 햄 ¾컵)

다음을 넣는다.

달걀노른자 4개, 풀어두기

잘 섞는다. 다음을 휘저어서 단단한 피크가 생기지만 마른 거품은 아닌 상태가 될 때까지 거품을 낸다.

달걀흰자 4개

우선 달걀흰자 거품의 ¼을 치즈 혼합물에 넣고 섞어서 농도를 희석한 후, 나머지 ¾을 전부 넣어 뒤집어주면서 섞는다. 버터를 발라둔 수플레 용기 또는 내열 용기에 반죽을 붓는다. 수플레가 부풀어 올라 자리를 잡을 때까지 큰 수플레 용기는 25~30분간, 1인용 수플레 용기는 20~25분간 굽는다. 즉시 낸다.

채소 수플레

6인분

수플레에 대해 항목을 참고한다. 오븐을 175℃로 예열한다. 8컵들이 수플레 용기 또는 240ml 용량의 내열 용기 6개에 버터를 넉넉히 바른다. 용기 안쪽에 다음을 뿌린다.

마른 빵가루 또는 강판에 간 파르메산 치즈 ¼~½컵

여분의 가루를 털어낸다. 커다란 그릇에 다음을 넣고 섞는다.

화이트소스 II 1½컵, 실온 상태로 또는 약간 데워서 준비

(굵게 썬 마저럼, 로즈메리, 타임 또는 딜 1½작은술)

소금 ¾작은술

강판에 간 육두구나 육두구 가루 또는 카옌 고춧가루 ⅛작은술

백후추 1자밤

중간 크기의 그릇에 다음을 넣고 섞는다.

대란 노른자 6개

강판에 간 파르메산, 스위스, 체더 또는 그뤼에르 치즈 ½~1컵 또는 잘게 부순 신선한 염소 치즈(55~115g)

소스 혼합물 ½컵을 달걀노른자에 넣어 탁탁 쳐서 섞은 후, 노른자 혼합물을 소스의 나머지와 합치고 세게 저어서 잘 섞는다. 다음 중 하나를 추가한다.

굵게 썬 버 섯볶음, 양파 볶음, 아스파라거스 구이 또는 브로콜리 찜이나 기름기를 뺀 부드러운 녹색 채소 볶음 1½컵

삶아서 으깬 당근 또는 고구마 1½컵

생옥수수 알갱이 1½컵

단단한 피크가 생기지만 마른 거품은 아닌 상태가 될 때까지 잘 쳐서 거품을 낸다.

대란 흰자 6개

소금 1자밤

우선 달걀흰자 거품의 ¼을 수플레 베이스에 넣고 섞어서 농도를 묽게 한 후, 나머지 ¾을 전부 넣어 뒤집어주면서 섞는다. 버터를 발라둔 수플레 용기 또는 내열 용기에 반죽을 붓는다. 수플레가 부풀어 오르고 윗면이 갈색으로 익을 때까지 큰 수플레 용기는 40~45분간, 1인용 수플레 용기는 20~25분간 굽는다. 즉시 낸다.

염소 치즈와 호두 수플레

8인분

이 수플레는 최대 3일 전에 미리 만들어놓을 수 있다. 비교적 안정된 형태를 유지하므로 내열 용기에서 꺼내 뒤집어서 바닥에 깐 호두가 보이도록 내놓아도 좋다.

수플레에 대해 항목을 참고한다. 오븐을 175℃로 예열한다. 180ml 용량의 내열 용기 또는 커스터드 컵 8개에 버터를 넉넉히 바른다. 작은 그릇에 다음을 넣고 섞는다.

구워서 곱게 다진 호두 ¾컵

고운 옥수숫가루 ¼컵

내열 용기의 안쪽에 호두와 옥수수가루 혼합물을 뿌리고 모든 방향으로 기울여 가루를 완전히 묻힌다. 용기 바닥에 달라붙지 않는 호두 조각은 털어낸다. 냄비를 중불에 올리고 다음을 넣어 녹인다.

버터 3큰술

다음을 넣고 부드러워질 때까지 젓는다.

중력분 ¼컵

계속 저으면서 1분간 더 조리한다. 불에서 내리고 휘저으며 다음을 넣는다.

우유 ⅔컵

다시 불에 올리고 세게 저으면서 혼합물이 아주 걸쭉해질 때까지 끓인다. 바닥까지 잘 긁어서 그릇에 옮긴다. 다음을 넣고 잘 녹을 때까지 으깨듯이 섞는다.

신선한 염소 치즈 225g

다음을 넣고 탁탁 쳐서 섞는다.

대란 노른자 4개

마늘 2쪽, 다지기

다진 신선한 타임 ½작은술 또는 말린 타임 ¼작은술

소금 ¼작은술

백후추 또는 흑후추 ¼작은술

단단한 피크가 생기지만 마른 거품은 아닌 상태가 될 때까지 잘 쳐서 거품을 낸다.

대란 5개

타르타르 크림 ¼작은술

우선 달걀흰자 거품의 ¼을 수플레 베이스에 넣고 섞어서 농도를 묽게 한 후 나머지 ¾을 전부 넣어 뒤집어주면서 섞는다. 버터를 발라둔 내열 용기에 반죽을 붓고 윗면을 매끈하게 정돈한다. 내열 용기를 중탕 용기에 넣고 가운데를 칼로 찔러보면 거의 아무것도 묻어나오지 않을 때까지 약 30분간 굽는다. 15분 더 중탕 용기에 두었다가 기름을 바른 오븐 팬 위에 용기를 뒤집어서 수플레를 빼낸다. 이 상태로 즉시 내거나 식혀서 비닐랩을 단단히 감은 후 냉장고에 넣어두면 최대 3일간 보관할 수 있다. 냉장고에 넣었던 수플레는 내기 전에 220℃의 오븐에 넣어 속까지 완전히 따뜻해지도록 5~7분간 데운다.

채소 탱발(Vegetable Timbales)
6인분

'탱발(timbale)'은 단순히 속이 깊은 구움 틀을 가리키는 말이기 때문에 파스타, 다진 고기 또는 해산물을 넣은 다양한 요리를 이 용어로 아우를 수 있으며, 심지어 일부 요리에는 페이스트리나 쌀로 만든 크러스트를 두르기도 한다. 우리는 커다란 베이킹 접시 또는 작은 내열 용기에 채소를 넉넉히 넣어 살짝 구워낸 단단하고 짭짤한 커스터드를 가리킬 때 이 용어를 사용한다.

오븐을 160℃로 예열한다. 180ml 용량의 내열 용기 6개 또는 8컵들이 수플레 용기 1개에 버터를 골고루 바른다.

그릇에 다음을 넣고 거품기로 잘 저으며 섞는다.

따뜻한 헤비크림 1½컵

대란 4개, 실온 상태로 준비

(강판에 간 그뤼에르, 스위스 또는 화이트 체더 치즈 ½컵[55g])

(구운 마늘 2통에서 나온 마늘 여러 쪽)

소금 ¾작은술

스위트 파프리카 가루 ½작은술

(다진 파슬리, 타라곤 또는 타임 2큰술)

(마늘 1쪽, 다지기)

다음을 수플레 용기에 담거나 내열 용기 8개에 나눠 넣는다.

버섯 볶음, 양파 볶음, 아스파라거스 구이, 녹색 채소 볶음 또는 브로콜리 찜

1½컵, 기름을 잘 빼고 굵게 썰기

채소 재료 위에 달걀 혼합물을 붓고 중탕 용기에 넣은 후, 가운데를 칼로 찔러보면 거의 아무것도 묻어나오지 않을 때까지 큰 탱발 용기는 약 45분간, 1인용 탱발은 20~25분간 굽는다. 큰 서빙 플래터나 개인 접시에 용기를 뒤집어서 수플레를 빼낸다. 다음을 가니시로 곁들인다.

(바삭하게 구워서 잘게 부순 베이컨)

굵게 썬 파슬리

키시에 대해

키시(Quiche)는 짭짤한 커스터드 중에서 가장 유명한 요리로 꼽히는데, 아마도 근사한 풍미와 맛, 그리고 겉을 감싼 페이스트리와 안에 들어 있는 커스터드 식감의 대조를 즐길 수 있기 때문일 것이다. 키시를 만들 때 기본 비율은 ▶ 우유 또는 하프앤드하프 2컵당 달걀 3~4개다. 우유 대신 크림을 사용하거나 달걀 1개 대신 노른자 2개를 사용하면 맛이 더 풍부하고 농도가 진한 키시가 완성된다. 전통적으로 키시는 속을 채우지 않고 구운 파이 크러스트에 필링을 채워서 만들지만, 1인용 타르트 틀에 넣어서 구울 수도 있다.

만드는 시간을 단축하려면 하루 전에 커스터드 필링과 다른 재료를 섞어 뚜껑 있는 용기에 담아 냉장고에 넣어둔다. 이렇게 하면 다음 날 미리 구워둔 셸에 필링을 채우고 오븐에 넣기만 하면 된다. 또는 셸에 필링을 채워 굽지 않은 상태에서 랩으로 단단히 감아 냉장고에 넣어 식힌 후 얼리면 최대 한 달까지 보관할 수 있다. 이렇게 보관했던 키시는 냉동실에서 꺼내자마자 바로 오븐에 넣어 굽는다. 일반적으로 키시를 굽는 시간보다 15~20분 정도 더 구우면 된다.

구워낸 키시는 냉장고에 넣어 최대 4일간 보관할 수 있으며, 랩을 단단히 감아서 냉동하면 3개월 후까지 먹을 수 있다. 오븐을 175℃로 맞추고, 냉장 보관했던 키시는 약 10분간, 냉동 키시는 최대 25분 정도 속까지 따뜻해지도록 데워서 낸다.

키시 로렌
6인분

전통적인 키시 로렌에는 치즈가 들어가지 않는다. 전통 레시피를 충실히 따르고 싶다면 치즈를 생략해도 좋다.

오븐을 190℃로 예열한다. 지름 23cm의 타르트 팬 또는 파이 팬에 다음을 펼쳐서 깐다.

기본 파이 또는 페이스트리 반죽이나 팬에 눌러 만드는 버터 반죽 레시피의

½ 분량

속을 채워 넣지 않은 상태로 크러스트를 굽는다. 구워낸 크러스트가 아직 따뜻할 때 솔로 다음을 바른다.

풀어둔 달걀노른자

다음을 2.5cm 길이로 자른다.

베이컨 4조각

묵직한 프라이팬을 중불에 올리고 베이컨을 넣어 자주 뒤적이면서 기름은 대부분 빠져나왔지만 아직 바삭하게 익지 않은 정도로 굽는다. 베이컨을 건져서 키친타월에 올려놓고 기름을 뺀다. 그릇에 다음을 넣고 잘 휘저어 섞는다.

우유, 하프앤드하프 또는 헤비크림 2컵

대란 3개

소금 ¼작은술

흑후추 ⅛작은술

강판에 갓 갈아낸 육두구 또는 육두구 가루 1자밤

굵게 썬 차이브 최대 1큰술

베이컨을 파이 셸의 바닥에 훌훌 뿌린다. 취향에 따라 다음을 함께 뿌린다.

(깍둑썰기한 스위스 치즈 ½컵)

그 위에 커스터드 혼합물을 붓는다. 윗면이 노릇노릇해질 때까지 35~40분간 굽는다.

치즈 키시

6인분

활용도가 뛰어난 기본 키시 레시피다. 아래에 소개하는 키시의 추가 재료를 넣어 기본 레시피를 다양하게 응용해보자.

오븐을 190℃로 예열한다. 지름 23cm의 타르트 팬 또는 파이 팬에 다음을 펼쳐서 깐다.

> 기본 파이 또는 페이스트리 반죽이나 팬에 눌러 만드는 버터 반죽 레시피의
> ½ 분량

속을 채워 넣지 않은 상태로 크러스트를 굽는다. 구워낸 크러스트가 아직 따뜻할 때 솔로 다음을 바른다.

> 풀어둔 달걀노른자

파이 팬을 오븐 팬 위에 놓는다. 파이 셸의 바닥에 다음을 뿌린다.

> 잘게 썬 체더, 스위스 또는 그뤼에르 치즈 1~1½컵(115~170g)

중간 크기의 그릇에 다음을 넣고 달걀흰자가 기다란 실처럼 남지 않을 때까지 세게 저으면서 섞는다.

> 하프앤드하프 또는 헤비크림 1컵
> 대란 3개
> 양파 작은 것 ½개, 강판에 갈거나 다지기
> (강판에 갓 갈아낸 육두구 또는 육두구 가루 ⅛작은술)
> 소금 ½작은술
> 백후추 또는 흑후추 ¼작은술

이 혼합물을 파이 셸에 뿌린 치즈 위에 붓는다. 가장자리가 봉긋하게 부풀어 오르고 가운데를 칼로 찔러보면 거의 아무것도 묻어나오지 않을 때까지 30~40분간 굽는다. 10분간 식힌 후 썬다.

키시의 추가 재료

치즈 애호가라면 키시를 만든다는 구실로 **체더 파이 또는 페이스트리 반죽**을 만들어보자. 키시에 채울 재료를 준비할 때는 채소, 육류, 해산물을 익힌 다음 기름이나 물기를 충분히 제거하고 달걀 혼합물에 넣어야 질척거리는 것을 방지할 수 있다. 다음 재료를 적당히 섞어서 총 1½컵 분량만큼 사용한다.

> 얇게 썬 양파, 샬롯 또는 서양대파 볶음
> 브로콜리 또는 아스파라거스를 익힌 후 굵게 썰기
> 버섯 볶음, 굵게 썰기
> 아티초크 하트 통조림 400g짜리 2개, 물을 따라내고 굵게 썰기
> 천천히 구운 토마토
> 겨울 호박 구이, 정육면체로 썰기
> 시금치, 근대 또는 케일 볶음, 굵게 썰기
> 햄, 구운 베이컨, 프로슈토 또는 판체타, 굵게 썰기
> 껍질을 벗기고 내장을 제거해 익힌 새우, 랍스터나 게살 발라낸 것 또는 훈제 연어
> 굵게 썬 타라곤, 차이브 또는 바질

토마토와 염소 치즈 키시

6인분

지름 23cm의 타르트 팬 또는 파이 팬에 다음을 펼쳐서 깐다.

> 기본 파이 또는 페이스트리 반죽이나 팬에 눌러 만드는 버터 반죽 레시피의
> ½ 분량

속을 채워 넣지 않은 상태로 크러스트를 굽는다. 구워낸 크러스트가 아직 따뜻할 때 솔로 다음을 바른다.

> 풀어둔 달걀노른자

크러스트를 냉장고에 넣는다. 오븐의 맨 아래 칸에 받침대를 끼우고 200℃로 예열한다. 다음의 심을 파내고 4등분한 후 씨를 제거한다.

> 토마토 450g

커다란 그릇에 다음을 넣고 나무 숟가락 뒷면으로 으깨면서 부드러워질 때까지 섞는다.

> 신선한 염소 치즈 170g
> 하프앤드하프 1¼컵

다음을 넣고 부드러워질 때까지 잘 휘저어 섞는다.

> 대란 3개
> 굵게 썬 파슬리 1큰술
> 굵게 썬 타임 1½작은술 또는 굵게 썬 바질 3큰술
> 소금 ¼작은술
> 흑후추 적당량

미리 준비해둔 파이 셸에 4등분한 토마토를 바퀴살 모양으로 가지런히 돌려가면서 배열한다. 가운데 부분도 토마토 조각으로 채운다. 토마토 위에 치즈 혼합물을 붓는다. 윗면이 노릇노릇해질 때까지 40~45분간 굽는다. 10분간 식힌 후 썬다.

서양대파 타르트

6인분

키시와 비슷한 이 프랑스식 타르트는 우리 가족이 가장 좋아하는 브런치 메뉴 중 하나다. 다음을 준비해 지름 23cm의 타르트 팬 또는 파이 팬에 깐다.

> 기본 파이 또는 페이스트리 반죽이나 버터 파이 또는 페이스트리 반죽 레시피의
> ½ 분량

반죽에 다음을 솔로 바른다.

> 풀어둔 달걀노른자

냉장고에 넣는다. 중간 크기의 프라이팬을 중불에 올리고 다음을 넣어 녹인다.

> 버터 2큰술

프라이팬에 다음을 넣는다.

> 서양대파 900g, 흰색과 연한 녹색 부분만 사용, 세로로 반 잘라서 깨끗이 씻은 후
> 6mm 길이로 썰기
> 소금 ½작은술
> 흑후추 적당량

프라이팬의 뚜껑을 덮고 익히면서 가끔 저어준다. 대파가 익으면 불을 줄이고 아주 부드러워질 때까지 약 20분간 조리한다. 그동안 오븐을 200℃로 예열한다. 다음을 그릇에 넣고 탁탁 쳐서 잘 섞는다.

> 대란 2개
> 헤비크림 또는 하프앤드하프 ½컵
> 강판에 갓 갈아낸 육두구 또는 육두구 가루 ¼작은술
> 소금 및 흑후추 적당량

대파가 다 익으면 커스터드에 넣는다. 미리 준비된 파이 셸에 옮겨 담는다. 윗면이 노릇하게 익고 커스터드가 익을 때까지 20~30분간 굽는다. 10분간 식힌 후 썬다.

스트라타에 대해

아침 식사용 캐서롤 또는 **짭짤한 브레드 푸딩**이라고도 부르는 스트라타 (strata)는 베이킹 접시에 빵과 치즈 및 육류나 채소를 겹겹이 쌓은 다음 짭짤한 커스터드 베이스를 그 위에 붓고 달걀이 굳을 때까지 구워서 만든다. 스트라 타는 재료를 미리 준비해서 하룻밤 냉장고에 넣어두었다가 다음 날 구울 수 있 으므로 남은 일은 커피를 맛있게 끓이는 것뿐이다.(이와 비슷하지만 달콤한 맛을 즐길 수 있는 아침 식사 메뉴를 미리 준비해두고 싶다면 오븐에 구운 프렌치토스트 레시 피를 참고한다.)

기본 스트라타

6~8인분

스트라타는 매우 다양하게 변신할 수 있다. 집에 있는 재료를 활용하거나 남은 음식을 동원해도 좋다. 채소나 육류는 스트라타에 넣기 전에 반드시 익혀서 준비한다.

스트라타를 만들기 위해서는 그릇에 다음을 넣고 잘 섞일 때까지 휘젓는다.

　우유 또는 우유와 하프앤드하프, 헤비크림 및/또는 요구르트를 섞은 것 2½컵

　대란 5개

　굵게 썬 신선한 허브 최대 2큰술 또는 말린 허브 2작은술

　소금 ¼작은술

　흑후추 ¼작은술

다음을 준비한다.

　프랑스 빵, 이탈리아 빵, 사워도 빵 또는 샌드위치 빵 등 정육면체로 썬 빵 6컵

　아래의 스트라타 조합에 소개한 권장 재료 중 취향에 맞는 것 최대 3컵

　잘게 썬 화이트 체더, 잘게 부순 신선한 염소 치즈 또는 아래의 스트라타 조합에서

　　권장한 치즈 중 선호하는 것 2~3컵(225~340g)

또는 집에 있는 재료로 독창적인 속재료를 만들어도 좋다. 33×23cm 크기의 베이킹 접시에 기름을 넉넉하게 바른다. 정육면체로 썬 빵조각의 절반을 베이 킹 접시에 깐다. 원하는 속재료를 전부 얹되, 치즈 ½컵만 남겨둔다. 남은 빵 절 반으로 위를 덮고 남겨둔 치즈를 솔솔 뿌린다. 달걀 혼합물을 빵 위에 붓는다. 달걀 혼합물이 빵을 충분히 적실 때까지 주걱으로 꾹꾹 누른다. 뚜껑을 덮고 냉장고에 넣어 최소 2시간~최대 24시간 보관한다.

　오븐을 175℃로 예열한다. 스트라타가 부풀어 오르고 가운데를 칼로 찔러 보면 거의 아무것도 묻어나오지 않을 때까지 약 45분간 굽는다.

스트라타 조합

다음 재료의 조합을 최대 3컵 사용하고, 아래에 소개한 권장 치즈 또는 위의 기본 스트라타 레시피에 있는 치즈를 2~3컵 넣는다.

　천천히 구운 토마토, 신선한 바질, 말린 오레가노에 잘게 썬 모차렐라 또는

　　프로볼로네 치즈를 사용

　볶아서 기름을 뺀 생초리소(시판 또는 수제), 쪽파, 구운 애너하임 또는 해치 칠리

　　고추에 잘게 부순 코티하 및 잘게 썬 케소 프레스코 또는 몬터레이 잭 치즈를

　　섞어서 사용

　구운 붉은 피망 병조림, 감자 구이, 페스토 1덩이에 잘게 부순 페타 치즈 및 잘게

　　썬 모차렐라 치즈를 섞어서 사용

　구워서 기름을 뺀 아침 식사용 소시지와 케일 볶음에 잘게 썬 숙성 화이트 체더를

　　섞어서 사용

　마늘을 넣은 브로콜리 라베 볶음, 구운 붉은 피망 병조림에 잘게 썬 모차렐라와

　　파르메산 치즈를 섞어서 사용

소시지와 버섯 스트라타

6~8인분

커다란 프라이팬을 중강불에 올리고 다음을 넣어서 분홍색이 돌지 않을 때까 지 약 10분간 잘 저어가면서 조리한다.

　벌크 소시지, 컨트리 스타일 소시지 또는 이탈리아식 소시지 680g

프라이팬을 기울여 기름을 2큰술만 남기고 전부 따라낸다. 다음을 넣는다.

　버섯 225g, 얇게 썰기(약 2½컵)

　(밑동을 뗀 표고버섯 4~6개, 얇게 썰기)

　굵게 썬 양파 ½컵

양파가 투명해지고 버섯에서 나온 즙이 거의 증발할 때까지 잘 저으면서 약 10분간 볶는다. 한쪽에 둔다. 다음을 만든다.

　기본 스트라타

소시지와 버섯 볶은 것을 속재료로 사용하고 잘게 썬 스위스 치즈 또는 체더 치즈를 넣는다.

아스파라거스 스트라타

6~8인분

커다란 프라이팬을 중불에 올리고 다음을 둘러 가열한다.

　올리브유 2큰술

다음을 넣는다.

　양파 큰 것 1개, 굵게 썰기

자주 저으면서 양파가 반투명해질 때까지 약 7분간 조리한다. 다음을 넣고 섞 는다.

　아스파라거스 450g, 손질해서 5cm 길이로 자르기

포크가 쑥 들어갈 정도로 부드러워질 때까지 자주 저으면서 약 5분간 아스파 라거스를 조리한다. 불에서 내린다. 다음을 만든다.

　기본 스트라타

아스파라거스와 양파 볶은 것을 속재료로 사용하고 다음 치즈를 준비한다.

　잘게 부순 신선한 염소 치즈 115g

　강판에 간 그뤼에르 또는 스위스 치즈 115g

염소 치즈는 달걀 혼합물에 추가하고 그뤼에르 또는 스위스 치즈는 위에 뿌리 는 용도로 남겨둔다. 달걀 혼합물에 다음을 추가한다.

　바질 및 파슬리 등 굵게 썬 허브 최대 ⅓컵

기본 스트라타 레시피에 따라 조리한다.

게살 스트라타

6인분

가로세로 20cm 길이의 정사각형 베이킹 팬에 기름을 넉넉히 바른다. 다음을 충분히 준비해 껍질을 떼어낸다.

　1.2cm 두께의 빵 슬라이스

빵조각을 팬의 바닥에 가득 찰 만큼 깐다. 바닥에 깔고 남은 빵조각은 작은 정 육면체로 썰어서 그 위에 뿌린다.(빵 껍질은 사용하지 않는다.) 빵 위에 다음을 훌 훌 뿌린다.

　게살 통조림 또는 익힌 게살 170~225g(1½~2컵)

　잘게 썬 스위스 또는 폰티나 치즈 ¾컵(85g)

다음을 그릇에 넣고 완전히 섞일 때까지 잘 젓는다.

　대란 4개

　하프앤드하프 2컵

　우유 ½컵

　양파 작은 것 ½개, 강판에 갈거나 다지기

　소금 ½작은술

　카옌 고춧가루 ⅛작은술

달걀 혼합물을 빵 위에 부어 골고루 촉촉해지게 적신다. 15분간 실온에 두거나 뚜껑을 덮고 냉장고에 넣어 최대 3시간까지 보관한다. 오븐을 162℃로 예열한다. 스트라타 위에 다음을 뿌린다.

　잘게 썬 스위스 또는 폰티나 치즈 ¾컵(85g)

중탕 용기에 넣어 가운데를 칼로 찔러보면 거의 아무것도 묻어나오지 않을 때까지 약 1시간 동안 굽는다. 15분간 식힌 후 사각형으로 썬다.

과일

마크 트웨인은 이렇게 말했다. "이브가 딴 과일은 수박이 아니었다. 왜냐하면 먹고 나서 후회했기 때문이다." 과일은 깔끔하고, 아름다운 균형을 이루고 있으며, 그 자체로 완전하고, 무언가 훔치고 싶은 이브 후손들의 본능을 자극하는 요소가 압축되어 있다. 손님을 초대해 음식을 대접하는 집주인이 지나치게 의욕을 앞세우다 보면 배부른 식사 끝에 너무 부담스러운 디저트를 내기도 한다. 그보다는 신선한 과일, 특히 치즈를 곁들인 과일이 모든 참석자에게 훨씬 만족스러운 식사의 마무리가 될 수 있다는 사실을 잊은 채 말이다.(치즈 코스 항목을 참고) 다른 장에 소개하는 편이 더 어울리기 때문에 이번 장에서 다루지 않은 과일 레시피도 많으므로 과일 전체 요리, 과일 파이, 과일 디저트 등의 항목도 함께 참고하자. 또한 과일은 샐러드와 스터핑(stuffing, 칠면조 등의 속을 채우는 속재료 – 옮긴이)에 넣어서 그릴에 구운 닭고기, 돼지고기 또는 생선에 곁들이면 상큼하게 맛을 살려주는 역할을 한다. 더 다양한 활용법은 과일 살사, 달콤한 소스, 잼, 젤리, 프리저브 항목을 참고한다.

싱싱한 과일과 제철 과일에 대해

과실 재배 전문가들은 오랫동안 수확 기간을 늘리고 병충해나 척박한 기후에 대한 내성을 기르며, 운송 및 보관의 편의성을 높이고 수확량을 최대화하기 위해 다양한 교배 품종을 개발해왔다. 그러나 안타깝게도 이러한 노력은 대부분 과일의 맛과는 크게 관련이 없었다. 최근에는 소규모 재배업자들이 자연 수분으로 재배되는 재래종 과일 품종을 재현하는 한편, 다른 무엇보다 맛을 최우선으로 삼아 새로운 품종을 개발하는 데 박차를 가하고 있다. 우리는 이렇게 모든 것을 희생하면서 효율성만을 추구하던 종래의 과일 재배 방식에서 벗어나고 있다는 사실에 기뻐하며, 가능한 한 지역 직거래 장터에서 맛에 중점을 두어 재배한 과일을 구입하려고 노력한다.

'제철 과일'이라는 말은 재배업자들의 이론일 뿐, 오늘날 우리가 마트에서 느끼는 현실과는 크게 관련이 없다고 여기는 소비자들이 많다. 1월부터 12월까지 언제든 딸기를 살 수 있다면 우리가 구입하고 소비하는 과일의 재배 계절을 굳이 알 필요가 있을까? 따지고 보면 1년 내내 세계 어딘가에서 딸기가 제철일 테니 말이다. 그렇다고 해서 제철이 아닌 과일을 사면 안 된다는 뜻은 아니지만, 어디서 과일을 구입하든 과일이 가장 맛있는 시기를 알아두는 것도 충분히 가치가 있다고 생각한다.

사는 지역에서 지금 가장 제철인 과일이 무엇인지 확인하려면, 가장 실패 확률이 낮은 방법은 지역 직거래 장터에 가보는 것이다. 이렇게 직접 보는 방법이 아니고서야 다양한 기후 지역에 사는 독자들이 읽을 책에서 제철 과일을 일반화해서 설명하기는 어렵다. 그러나 몇 가지 언급해둘 만한 패턴은 있다. 감귤류 과일은 겨울에 가장 맛있고, 베리 종류는 늦은 봄과 여름에, 사과, 서양배, 유럽모과 등의 이과(梨果) 과일은 가을과 겨울이 제철이다. 일부 특수 상점이나 자연 식재료를 취급하는 식료품점에서는 제철을 맞은 지역 생산 과일을 갖춰놓기 때문에 편리하다. 특정 과일을 주로 생산하는 가까운 과수원이나 농장을 알고 있다면 수확이 언제 시작되는지, 그리고 언제 과일이 가장 잘 익는지 문의해보자.(이는 프리저브를 만들고자 하는 사람에게 특히 유용한 정보다.)

과일 숙성 및 보관하기

상당히 먼 거리까지 운송하는 과일은 보통 익지 않은 상태로 수확한다. 이는 과일이 상할 확률을 낮추기 위한 일반적인 관행이 되었다. 과일은 운송 과정에서, 그리고 판매대에 진열되어 있는 동안 익어가는데, 이렇게 하면 아무래도 맛이 떨어지는 품종이 많다. **전환성**(climacteric) 과일은 수확한 후에도 계속 익어가는 과일을 말한다. **비전환성**(nonclimacteric) 과일은 줄기에 달린 상태에서만 익으므로 가장 잘 익었을 때 수확하거나 구입 후 최대한 빨리 먹어야 한다. 각 유형의 구체적인 예는 179쪽의 표를 참고한다.

▶ 덜 익은 전환성 과일은 햇빛이 들지 않는 곳에서 실온 보관해야 한다.

과일을 숙성시키려면 종류별로 각각 한쪽이 열려 있는 종이봉투에 담는다. 사과나 서양배, 아보카도를 봉투에 함께 넣으면 과일이 더 빨리 익는다.(사과 등의 과일에서는 여러 과일의 숙성을 촉진하는 에틸렌 기체가 다량 배출된다.) 과일을 자주 확인하면서 상할 것 같은 과일이 있으면 골라낸다. 일단 하나가 상하면 쉽게 전파되므로 주변에 있는 과일까지 금세 상해버린다.

과일 유형	수확 후 숙성 여부	냉장 보관 여부
사과, 서양배, 유럽모과	○	✕(과일이 가장 잘 익은 상태라면 냉장 보관)
베리, 체리, 포도	✕	○
복숭아, 살구, 천도복숭아, 감, 자두, 키위	○	✕(과일이 가장 잘 익은 상태라면 냉장 보관)
감귤류 과일	✕	✕
바나나	○	✕
망고, 파파야, 파인애플	○	✕
멜론	○	✕

과일 손질하기

과일은 먹기 직전이나 레시피에 사용하기 직전에 흐르는 찬물에 재빨리 씻는다. 비누나 세제로 과일을 씻으면 사과처럼 왁스 코팅된 과일의 표면에 묻은 오염물만 떨어져나갈 뿐이다. 껍질에 스며들어 있는 곰팡이 제거제나 살충제 잔여물을 제거하려면 껍질을 벗겨서 헹군다. 유기농 재배 과일도 카나우바 왁스 또는 밀랍 등의 식용 왁스로 코팅되어 있을 수 있다. 이러한 왁스가 몸에 해롭지는 않지만, 항상 신선한 과일을 씻어서 먹기를 권장한다.

살구, 복숭아, 천도복숭아 그리고 대부분의 자두 품종은 **데쳐서**, 즉 끓는 물에 담갔다 꺼내서 껍질을 벗길 수 있다.

과일을 데쳐서 껍질을 벗기려면 커다란 냄비에 물을 팔팔 끓여서 과일을 한 번에 최대 3개 또는 4개씩 넣는다. 그 상태에서 15~30초간 데친 다음 건져서 얼음물을 가득 채운 그릇에 넣는다. 이렇게 하면 껍질을 쉽게 벗길 수 있다. 그래도 껍질이 잘 안 벗겨진다면 한 번 더 데치거나 칼 또는 채소 껍질 벗기는 도구를 사용해 껍질을 벗긴다.

사과, 서양배, 바나나, 복숭아 등의 신선한 과일을 자르면 단면이 산화되어 갈색으로 변한다. 단기적으로 이러한 과일의 갈변을 막으려면(시간이 오래 지나면 아무리 조심해도 결국 갈색으로 변한다.) 갈변 방지 용액에 담근다.

▶ **갈변 방지 용액을 만들려면** 물 4컵당 레몬즙 또는 증류 백식초를 1큰술씩 넣는다. 또는 자른 과일에 감귤류 과일의 즙을 뿌리고 간단히 뒤적여도 좋다. ▶ 사과는 물 4컵당 소금 1작은술을 넣은 소금물에 담갔다 꺼내면 가장 효과적으로 갈변을 방지할 수 있다.

▶ 별로 맛이 없는 과일을 샀다면 적당히 자른 후 감귤류 주스 및/또는 설탕을 조금 넣고 뒤적여서 산미나 단맛을 보충해준다. 맛이 밋밋한 과일을 잘라서 다른 과일 주스 또는 리큐어에 담그거나 다른 과일과 섞어서 퓌레로 만들면 어느 정도 부족한 맛을 보완할 수 있다. 맛이 심심한 과일을 가향 시럽에 졸이는 것도 풍미를 보완하는 방법의 하나다. 구운 과일을 만들어서 과일의 풍미를 농축시킬 수도 있다.

과일 샐러드와 설탕에 재운 과일에 대해

과일 샐러드는 과일을 자른 후 간단한 드레싱을 넣어 버무린 것을 의미하기도 하고, 젤라틴에 과일을 넣어 굳힌 것을 지칭하기도 한다. 어떤 경우든 상식적인 기준이 적용된다. 새콤하고, 달콤하고, 부드럽고, 단단하고, 아삭한 과일을 적당히 섞고 다양한 색의 과일을 잘 어울리게 조합해 알록달록 예쁘고 먹음직스럽게 만든다. 사용하는 과일이 대부분 달콤한 것들이라면 레몬이나 라임즙을

추가한다. 신맛을 내는 과일이 많다면 설탕이나 꿀 또는 메이플 시럽을 살짝 첨가한다. 전부 싱싱한 생과일을 사용해도 좋고 생과일, 말린 과일, 심지어 설탕 절임 과일을 섞어서 만들어도 좋다. 감귤류 껍질 간 것, 바닐라 빈 또는 바닐라 추출물, 향신료(조금만) 등은 모두 복잡다단한 풍미를 추가해 더욱 맛있는 과일 샐러드를 만들 수 있도록 도와주는 재료다. 다양한 과일 샐러드 레시피는 짭짤한 과일 샐러드에 대해 항목을 참고한다. **설탕에 재운 과일**은 한마디로 과일에 설탕을 넣어 뒤적여 섞은 다음 그대로 두어 과일에서 즙이 빠져나오면서 묽은 시럽 형태가 된 것을 말한다. 우리가 아는 한 가장 쉽게 간단한 과일 소스를 만드는 방법이며, 깔끔하면서도 호사스럽게 잘 익은 제철 과일의 풍미를 마음껏 즐기는 방법이기도 하다.

과일 샐러드

8~10인분

다음을 섞는다.

오렌지 2개, 껍질을 벗기고 씨를 뺀 후 한입 크기로 썰기

사과 큰 것 2개, 가운데 씨 부분을 잘라내고 한입 크기로 썰기

서양배 큰 것 1개, 가운데 씨 부분을 잘라내고 한입 크기로 썰기

바나나 큰 것 1개, 껍질을 벗기고 얇게 썰기

또는 다음 과일 중 4가지를 각각 1½컵씩 준비해 섞는다.

살구, 씨를 빼고 한입 크기로 썰기

키위, 껍질을 벗기고 얇게 저미거나 굵게 썰기

딸기, 꼭지를 따고 2등분 또는 4등분하기

라즈베리, 블루베리 또는 블랙베리

달콤한 체리, 씨를 빼기

멜론이나 수박, 둥글게 파내기 또는 정육면체로 썰기

복숭아나 천도복숭아, 씨를 뺀 후 한입 크기로 썰기

자두, 씨를 뺀 후 한입 크기로 썰기

씨 없는 청포도나 적포도

다음을 넣어 뒤적여가면서 섞는다.

꿀이나 설탕 ¼~⅓컵, 맛을 보면서 조절

레몬즙 1큰술 또는 적당량

암브로시아(Ambrosia)

Ⅰ. 전통적인 레시피

6인분

신선한 오렌지와 파인애플 대신 귤 통조림과 큼직하게 썬 파인애플 통조림을 사용할 수 있다.

다음의 껍질을 벗기고 한 조각씩 분리해 그릇에 담는다.

오렌지 6개

다음을 넣고 살살 섞는다.

바나나 3개, 얇게 썰기

파인애플 ½개, 껍질을 벗기고 가운데 심을 제거한 후 깍둑썰기하기(2½~3컵)

잘게 썬 가당 코코넛 ½~1컵, 맛을 보면서 조절

(아주 작은 마시멜로 ½~1컵, 맛을 보면서 조절)

(오렌지 리큐어, 셰리 또는 포트 ¼컵)

마시멜로를 넣지 않았다면 다음을 넣어 젓는다.

　(설탕 ¼~⅓컵, 맛을 보면서 조절)

뚜껑을 덮어서 최소 3시간, 최대 12시간 동안 냉장고에 넣어두고 맛이 잘 어우러지게 한다.

II. 메건의 현대적인 암브로시아
4~6인분

여기에 잘 저은 크렘 프레슈를 얹고 아몬드 마카룬 II와 함께 내면 근사한 디저트가 된다.

다음의 껍질을 벗기고 중간 크기의 그릇 위에서 한 조각씩 분리해 즙도 같이 받아낸다.

　일반 오렌지나 블러드 오렌지 또는 이를 섞어서 4개

오렌지와 즙이 담긴 그릇에 다음을 넣는다.

　드라이 화이트와인, 드라이 베르무트 또는 릴레 블랑 ¼컵

　말린 대추야자 5개, 씨를 빼고 굵게 썰기

　(꿀 1큰술)

　등화수 또는 장미수 몇 방울

풍미가 잘 어우러지도록 최소 1시간 이상 냉장고에 넣어둔다. 내기 직전에 다음을 넣는다.

　얇게 저미거나 잘게 채 썬 무가당 코코넛 ⅓컵, 굽기

　피스타치오 ¼컵, 구워서 굵게 썰기

설탕에 재운 과일
4인분

추가 재료로 술을 사용할 경우, 몇 가지 잘 어울리는 조합으로는 브랜디와 체리, 버번과 복숭아, 다크 럼과 망고, 키르슈와 딸기 등을 꼽을 수 있다.

다음 중 하나를 중간 크기의 그릇에 넣는다.

　딸기 225g, 꼭지를 따고 4등분하거나 얇게 저미기

　라즈베리, 블랙베리 또는 씨를 뺀 체리 225g

　복숭아, 살구, 자두 또는 망고 225g, 씨를 빼고 얇게 저미거나 굵게 썰기

과일 위에 다음을 홀홀 뿌린다.

　설탕 1~2큰술, 맛을 보면서 조절

　(술, 리큐어 또는 와인 1~2큰술, 맛을 보면서 조절)

　(3.8cm 길이의 바닐라 빈에서 긁어낸 씨)

가끔 저으면서 과일이 약간 말랑말랑해지고 묽은 시럽이 그릇의 바닥에 고일 때까지 약 30~45분간 실온에 둔다. 그런 다음 냉장고에 넣어 보관한다.

감귤류 샐러드
6인분

다음의 껍질을 강판에 갈아서 3큰술을 만든다.

　네이블 오렌지 4개

강판에 간 껍질을 중간 크기의 그릇에 넣는다. 오렌지를 한 조각씩 분리하거나 껍질을 벗기고 한입 크기로 썬다. 껍질 간 것을 넣은 그릇에 오렌지와 즙을 첨가한다. 다음을 한 조각씩 분리하거나 껍질을 벗기고 자른 후 씨를 뺀다.

　자몽 2개

　탄젤로(귤과 자몽을 교배한 과일 ─ 옮긴이) 또는 귤 3개

자몽과 귤을 오렌지와 섞는다. 다음을 넣어 살살 젓는다.

　설탕 적당량

　(오렌지 리큐어 2큰술)

뚜껑을 덮고 냉장고에 넣어 차갑게 식혔다가 낸다. 취향에 따라 다음을 홀홀 뿌린다.

　(굵게 썬 민트)

여름 과일 샐러드
8인분

껍질을 벗기고 씨를 뺀 후 얇게 썬다.

　복숭아 4개(약 680g)

복숭아를 그릇에 넣고 다음을 추가한다.

　블루베리, 블랙베리 또는 이를 섞어서 2컵

　설탕 ¼컵 또는 적당량

　레몬즙 1~2큰술, 맛을 보면서 조절

살살 저어준 후 냉장고에 넣어 맛이 어우러지도록 최소 30분 이상 둔다. 취향에 따라 내기 직전에 다음을 넣어 젓는다.

　(굵게 썬 민트, 타라곤 또는 바질 2큰술)

다음과 함께 낸다.

　휩드 크림

통조림 및 냉동 과일에 대해

우리에게 익숙한 통조림 과일은 사실상 어느 마트에서나 다양하게 볼 수 있지만, 다소 색다른 통조림 과일을 구하려면 좀 더 발품을 팔아야 한다. 아시아 식료품점에서는 리치, 망고, 잭프루트, 람부탄 통조림을, 멕시코 식료품점에서는 구아바, 아세로라, 파파야 통조림을 찾아보자. 통조림 과일은 대부분 다양한 농도의 설탕 시럽에 담겨 있지만, 자체 과즙에 절인 통조림도 있으므로 라벨을 확인한다. 되도록 연한 시럽이나 과즙에 담긴 과일 통조림을 고르는 것이 좋다. 시판 통조림에 사용하는 과일은 신선한 상태로 판매하는 과일보다 더 잘 익었을 때 수확하므로, 때로는 통조림 살구(통조림 토마토는 말할 것도 없고)가 제철이 아닌 시기에 구매한 살구보다 더 맛있는 것은 어쩌면 당연한 일이다.

　냉동 과일은 가당 및 무가당 상태로 판매되며 드라이팩(물, 기름, 조미액 등의 액체를 첨가하지 않고 포장하는 방식 ─ 옮긴이) 또는 개별 급속 냉동(IQF) 형태로 처리한 것을 지칭한다. 가당 냉동 과일은 간단한 디저트 소스를 만들 때 특히 유용하다. 해동한 후 상황에 따라 믹서나 푸드 프로세서에 넣고 퓌레 상태로 만들고, 씨가 너무 많으면 체에 거른다. ▶ 드라이팩 냉동 과일은 과일을 익히거나 굽는 레시피에 생과일 대신 사용할 수 있으며, 스무디 재료로도 안성맞춤이다. ▶ 해동하기 전에 계량해 냉동 상태로 사용한다. 냉동 과일로 만드는 파이에 대한 내용은 713쪽을 참고한다.

말린 과일 및 설탕 절임 과일에 대해

말린 과일의 높은 열량과 풍부한 영양 가치는 ▶ 말린 살구 450g을 만들기 위해 신선한 살구 2.5kg이 필요하다는 사실만 봐도 쉽게 이해할 수 있다. 과일을 조리하지 않고 말리면 끊임없이 공기와 접촉하며 조직 내에서 활발한 효소 작용이 일어나기 때문에 과육의 색이 진해진다. 이러한 변색을 막기 위해 이산화황 용액을 일반적으로 사용한다. 이산화황 용액 사용을 선호하지 않는 사람들도 있는데, 과일을 직접 말리고 싶다면 1004쪽을 참고한다.

　가장 흔히 찾아볼 수 있는 말린 과일로는 사과, 살구, 체리, 크랜베리, 커런

트, 대추야자, 무화과, 포도 등을 꼽을 수 있다. 말린 과일은 모두 밀폐 용기에 넣어 서늘하고 햇빛이 들지 않는 곳에 보관해야 한다. 대다수 가정의 식료품 찬장이라면 몇 달 정도 보관이 가능하다. 말린 과일을 다룰 때는 항상 벌레가 먹지 않았는지 세심하게 살펴야 한다. 말린 자두는 205쪽을 참고한다. 건포도는 199쪽에 자세히 설명되어 있다.

말린 과일이 너무 딱딱할 경우 살짝 **불리면** 좀 더 맛있게 즐길 수 있다.

말린 과일을 불리려면 작은 편수 냄비에 넣고 물, 우려낸 차, 과일 주스, 와인, 리큐어 등의 액체를 과일이 잠길 정도로 붓는다. 뚜껑을 덮고 뭉근히 끓어오를 때까지 가열한 다음 불에서 내려 최소 15분, 최대 30분 정도 둔다. 불린 과일을 오븐에 굽는 요리에 사용한다면 튀김옷이나 반죽에 넣기 전에 물기를 잘 빼야 한다. 굽는 요리가 아니라면 레시피 설명에 따라 불린 액체를 따로 보관해두거나 버리면 된다.

말린 과일을 자르거나 썰다 보면 지저분해지는 경우가 많다. 더 깔끔하고 쉽게 자르려면 말린 과일을 냉동실에 약 40분간 넣어두었다가 자른다. 또는 나이프나 가위, 푸드 프로세서 칼날에 요리용 스프레이를 뿌려 달라붙는 것을 방지할 수도 있다. 칼이나 가위를 뜨거운 물에 담갔다가 사용해도 효과가 있다. 말린 과일의 양이 너무 적지 않다면 푸드 프로세서를 짧게 몇 번 작동시켜 잘게 썰면 된다. 말린 과일이 서로 달라붙기 시작하면 설탕을 최대 2큰술 넣어 분리해준다. 말린 과일을 넣어 오븐 요리를 할 때는 레시피에 사용되는 밀가루 중 일부를 잘게 썬 과일에 묻혀준다. 이렇게 하면 굽는 도중에 과일이 바닥으로 가라앉는 것을 방지할 수 있다.

글라세(glacéed)라고도 부르는 **설탕 절임 과일**은 설탕 시럽에 담가 끓인 후 물기를 빼고 다양한 정도로 말린 것이다. 시중에서 가장 흔히 볼 수 있는 설탕 절임 과일은 레몬, 오렌지, 감귤류 껍질, 체리, 생강, 파인애플 등이다. 오렌지 슬라이스와 감귤류 껍질을 직접 설탕에 절이는 방법은 934쪽을 참고한다.

냉동 건조 과일은 최근에 점차 보편화하는 추세다. 딸기, 라즈베리, 바나나, 망고, 파인애플, 블루베리까지 냉동 건조 과일을 구입할 수 있다. 가격은 다소 비싸지만 수제 그래놀라나 바크 초콜릿(다양한 재료를 넣어 나무껍질처럼 얇고 우툴두툴하게 만든 초콜릿 – 옮긴이)에 넣으면 과일 풍미와 함께 바삭한 식감을 즐길 수 있으며, 가루로 분쇄하여 디저트에 뿌리면 진한 풍미가 살아난다. 페이스트리 셰프이자 요리책 저자인 스텔라 파크스(Stella Parks)는 분쇄 과일을 휩드 크림에 넣어 맛과 색감을 낸다.

말린 과일 콩포트(Dried Fruit Compote)

3컵, 8인분

오트밀이나 요구르트에 뿌려서 아침으로 먹거나 쿠키, 케이크, 커스터드 또는 아이스크림과 함께 디저트로 낸다.

중간 크기의 묵직한 편수 냄비에 다음을 넣고 섞는다.

　말린 과일 450g, 한 종류 또는 여러 종류를 섞은 것

　물 3컵

　(레몬 또는 오렌지 1개의 껍질, 채소 껍질 벗기는 도구로 길쭉하게 벗겨내기)

　(통계피 1개)

은근하게 끓는 상태로 가열한 다음 뚜껑을 덮고 과일이 말랑말랑해질 때까지 25~35분 정도 끓인다. 상황에 따라 과일이 잠길 만큼 물을 보충해주면서 조리한다. 다음을 추가한다.

　설탕 ½~1컵, 맛을 보면서 조절

설탕이 녹도록 저어주면서 뚜껑을 열고 5분간 더 뭉근히 끓인다. 따뜻하게 또는 차갑게 식혀서 낸다.

하로셋(Charoset)

유월절 만찬에서 다른 상징적인 음식들과 함께 넓은 접시에 담아 즐기는 하로셋은 어디에서 만들었느냐에 따라 다양한 형태를 띤다. 그러나 여기 소개하는 두 버전이 아마도 가장 보편적일 것이다. 세파르디(Sephardic) 하로셋은 말린 과일 페이스트다. 아시케나지(Ashkenazi) 하로셋은 비교적 건더기가 크고 향신료 풍미가 강한 사과 렐리시다.

Ⅰ. 세파르디

약 2컵

중간 크기의 편수 냄비에 다음을 넣어 섞는다.

　씨를 뺀 말린 대추야자 1컵, 굵게 썰기

　말린 무화과 1컵, 굵게 썰기

　드라이 또는 스위트 레드와인, 사과 주스 또는 포도 주스 1컵

부르르 끓어오르기 시작할 때까지 가열한 다음 불에서 내리고 뚜껑을 덮어 30분 동안 과일을 불린다. 그동안 다음을 굽는다.

　아몬드 또는 호두 1컵

견과류를 굵게 썰어 푸드 프로세서에 넣는다. 불린 과일을 체에 거르고 와인이나 주스 국물은 따로 보관해둔 후 과일을 다음 재료와 함께 푸드 프로세서에 넣는다.

　계핏가루 ½작은술

　올스파이스 가루 ¼작은술

　소금 ¼작은술

　(카르다몸 가루 ⅛작은술)

　(오렌지 1개의 껍질, 강판에 곱게 갈기)

끈끈하고 약간 씹히는 맛이 있는 페이스트가 될 때까지 푸드 프로세서를 짧게 몇 번 작동시켜 혼합물을 곱게 간다. 상황에 따라 따로 보관해두었던 과일 불린 와인을 조금 보충해도 좋다. 하로셋은 그대로 내거나 경단 형태로 둥글게 말아서 낸다. 밀폐 용기에 넣어두면 실온에서 매우 오래 보관할 수 있다.

Ⅱ. 아시케나지

중간 크기의 그릇에 다음을 넣고 섞는다.

　허니크리스프 또는 핑크 레이디 같은 새콤달콤한 사과 3개, 껍질을 벗기고 가운데 씨 부분을 잘라낸 후 잘게 썰기

　드라이 또는 스위트 레드와인 3큰술

　꿀 2큰술

　구워서 굵게 썬 호두 또는 아몬드 ½컵

　계핏가루 ½작은술

최대 3시간 정도 냉장고에 넣어두었다가 낸다.

판포르테 디 시에나(Panforte di Siena, 말린 과일 케이크)

20인분

아주 진하고 조직이 치밀하며 단단한 이 '케이크'는 몇 달 동안 보관할 수 있다. 작고 길쭉하게 썰어서 단독으로 식탁에 올려도 좋지만 우리는 치즈 플레이트에 곁들이는 것을 선호한다.

오븐을 150℃로 예열한다. 지름 25cm의 둥근 스프링폼(springform, 밑면이 빠지

는 케이크 틀 — 옮긴이) 팬의 바닥과 옆면에 버터를 바르고 팬의 바닥에 다음을
깐다.

    식용 라이스페이퍼 또는 유산지 1장, 팬에 맞게 자르기

다음을 굽는다.

    아몬드 1½컵

    헤이즐넛 ½컵

푸드 프로세서에 넣고 견과류가 굵게 썰릴 때까지 짧게 몇 번 작동시킨다. 중
간 크기의 내열 그릇에 옮겨 담고 다음을 추가한다.

    설탕 절임 오렌지 껍질 ¾컵, 잘게 썰기

    설탕 절임 레몬 껍질 또는 시트론 ½컵, 잘게 썰기

    말린 무화과, 살구, 건포도 또는 이를 섞어서 ½컵, 잘게 썰기

    중력분 ½컵

    무가당 코코아 가루 ¼컵

    계핏가루 1작은술

    고수씨 가루 ½작은술

    정향 가루 ¼작은술

    강판에 갓 갈아낸 육두구 또는 육두구 가루 ¼작은술

    소금 ¼작은술

    곱게 간 백후추 가루 ⅛작은술

잘 섞일 때까지 젓는다. 작고 묵직한 편수 냄비에 다음을 넣고 섞는다.

    설탕 ¾컵

    꿀 ¾컵

    버터 3큰술

중약불에 올려 설탕이 녹을 때까지 약 5분간 저으면서 가열한다. 중강불로 올
리고 설탕 혼합물을 바글바글 끓인다. 시럽 소량을 찬물에 떨어뜨렸을 때 단
단한 공처럼 뭉치는 상태, 즉 118~120℃의 온도에 도달하도록 끓인다.(이러한 단
계 구별에 대한 자세한 내용은 914쪽 참고) 시럽을 재빨리 마른 재료 위에 붓고 완
전히 코팅될 때까지 나무 숟가락으로 젓는다. 혼합물을 버터 바른 팬에 담는
다. 손가락 끝에 물을 묻혀 혼합물을 팬에 잘 눌러 담고 표면이 평평해지도록
매만진다. 35분간 굽는다. 판포르테가 아직 다 굳지 않은 것처럼 보이겠지만 식
으면서 점점 단단해진다. 팬을 받침대에 올려놓고 완전히 식힌다. 얇고 날카로
운 칼을 팬과 케이크가 만나는 부분에 찔러 넣고 가장자리를 따라 빙 둘러서
분리한 후 조심스럽게 분리형 팬의 옆면을 떼어낸다. 다음을 넉넉히 뿌린다.

    슈거 파우더

아주 얇은 조각으로 잘라서 내거나 나중에 먹을 때까지 랩을 단단히 씌워서
실온에 보관한다.

굽지 않는 과일 견과류 바

5×7cm 크기의 바 12개

이 '에너지' 바는 무척 만들기 쉽다. 말린 체리나 건포도 ½컵을 같은 분량의
대추야자로 대체하거나 다른 견과류를 사용하거나 향신료, 구운 코코넛, 심지
어 굵게 썬 다크 초콜릿을 넣어 취향에 맞는 다양한 풍미로 응용해도 좋다.
유산지를 넉넉히 잘라서 23cm 크기의 정사각형 베이킹 팬 양쪽 옆면 위로 올
라오도록 깐다. 푸드 프로세서에 다음을 넣고 아주 곱게 갈릴 때까지 짧게 여
러 번 작동시킨다.

    생 또는 구운 아몬드, 캐슈, 호두 또는 헤이즐넛 1½컵

다음을 넣는다.

    말린 대추야자 불린 것, 꾹 눌러 담아 2컵, 씨를 빼고 굵게 썰기

    무가당 코코아 가루 ¼컵

    (카카오닙스 ½컵)

    소금 ¼작은술

모든 재료가 한데 뭉치면서 덩어리 없이 곱게 갈릴 때까지 푸드 프로세서를 작
동시킨다. 공 모양으로 뭉쳤을 때 흩어지지 않을 만큼 끈적해야 한다. 혼합물
이 너무 건조하면 재료가 한데 뭉쳐질 때까지 상태를 확인하면서 물을 1큰술
씩 넣어준다. 유산지를 깔아둔 팬에 골고루 눌러 담는다. 에너지 바 모양으로
잘라서 밀폐 용기에 넣어두면 최대 한 달까지 보관할 수 있다. 또는 둘둘 말아
서 공 모양으로 만들 수도 있다.

과일 조림에 대해

과일을 조리는 방법은 상당히 간단하다. 뭉근하게 끓는 액체(보통 시럽을 사용)
에 과일을 넣고 과일이 약간 부드러워질 때까지 약불에서 조린다. 적당히 조려
지면 더 이상 익지 않도록 즉시 과일을 시럽에서 건져내어 식히고 조림 국물은
보관해둔다. 조린 과일에 이 조림 시럽을 살짝 뿌려서 낼 수 있으며 먹다 남은
과일 조림은 다시 시럽에 넣어 보관한다. 또한 과일을 오븐에서 조릴 수도 있
다. 과일과 시럽을 섞어서 오븐 팬에 담고 뚜껑을 덮어 과일이 부드러워질 때까
지 175℃에서 굽는다.

    복숭아처럼 부드럽고 즙이 많은 과일은 프라이팬에 진한 시럽을 붓고 복숭
아가 서로 겹치지 않게 조려야 가장 좋은 결과를 얻을 수 있다. 사과처럼 딱딱
한 과일은 묽은 시럽에서 조리는 편이 좋다.(자세한 지침은 아래를 참고) 과일 조
림은 먹기 전에 냉장고에 넣어 최대 3일까지 보관할 수 있다. 서로 맛이 어울리
는 과일이라면 다른 과일을 조릴 때 조림 시럽을 재사용할 수도 있으며, 시럽
을 냉장고에 넣어두면 일주일 정도는 상하지 않는다. 과일 조림은 파운드 케이
크, 비스코티, 마카롱, 쇼트케이크, 휩드 크림, 판나 코타 또는 치즈 케이크 등
에 곁들여 낸다.

과일을 조릴 때 사용하는 시럽

과일용 조림 시럽을 만들 때는 물 대신 와인을 사용하거나 와인과 물을 1:1로
섞어서 사용할 수 있다는 점을 기억하자. 설탕을 꿀로 대체할 수도 있다. 더욱
진한 풍미를 내려면 과일 주스를 사용해 시럽을 만든다. 예를 들어 서양배를
조릴 시럽을 만들 때 석류 주스를 사용하는 식이다. 과일을 조리고 남은 시럽
은 더 진하게 졸여서 과일 조림의 가니시로 사용하는 소스를 만들어도 좋다.

Ⅰ. 묽은 시럽

사과, 보스크 품종의 서양배, 유럽모과에 사용한다. 편수 냄비에 다음을 넣고
설탕이 녹도록 저으면서 끓인다.

    설탕 1컵

    물 3컵

    소금 소량

Ⅱ. 중간 농도의 시럽

살구, 체리, 서양배, 말린 자두에 사용한다. 비율은 다음과 같다.

    설탕 2컵

    물 3컵

    소금 소량

Ⅲ. 진한 시럽

베리류, 무화과, 복숭아, 자두에 사용한다. 비율은 다음과 같다.

　설탕 3컵

　물 3컵

　소금 소량

과일 조림

6~8인분

과일 조림에 대해 항목을 참고한다. 다음 중 하나를 선택해 손질한다.

　살구 12개, 반으로 자르고 씨를 빼기

　달콤한 체리 4~5컵, 씨를 빼기

　복숭아 또는 천도복숭아 큰 것 6개, 껍질을 벗기고 반으로 잘라서 씨를 빼기

　서양배 6개, 껍질을 벗기고 반으로 잘라서 가운데 씨 부분을 잘라내기

　사과 6개, 껍질을 벗기고 가운데 씨 부분을 잘라낸 후 4등분하기

　파인애플 큰 것 1개, 껍질을 벗기고 가운데 심을 제거한 뒤 고리 모양으로 썰기

　자두 12개, 반으로 자르고 씨를 빼기

선택한 과일의 종류에 따라 적당한 농도의 조림 시럽을 준비한다.

　과일을 조릴 때 사용하는 시럽

과일이 전부 들어갈 정도로 큰 냄비를 준비한다.(복숭아 같은 부드러운 과일은 넓은 프라이팬에 한 겹으로 깔아서 조려야 가장 좋다는 점을 기억하자.) 서양배나 사과의 경우 조림 시럽을 2배로 준비한다. 취향에 따라 다음 중 하나를 넣는다.

　(통계피 2개, 팔각 2개 및/또는 가볍게 부순 카르다몸 깍지 10개)

　(생강 5cm자리 1조각, 얇게 저미기)

　(바닐라 빈 ½개, 세로로 반 가르기)

　(레몬, 라임 또는 오렌지 1개의 껍질, 채소 껍질 벗기는 도구로 길쭉하게 벗겨내기)

냄비를 중불에 올리고 뭉근히 끓어오르도록 가열한 다음 뚜껑을 덮어 5분간 끓인다. 과일을 넣고 강불로 올려 다시 뭉근히 끓는 상태가 될 때까지 조리한다. 은근히 끓도록 불을 줄이고 뚜껑을 연 상태에서 가끔 저어주면서 칼로 찔러보면 부드럽게 들어갈 때까지 과일의 종류에 따라 5~20분 정도 조린다. 과일을 서빙용 접시나 보관 용기에 옮겨 담는다. 시럽이 아주 묽다면 농도가 진해질 때까지 졸인 후 완전히 식혀서 과일 위에 붓는다. 따뜻하게, 실온 상태로, 또는 차갑게 식혀서 낸다.

다양한 방법으로 구운 과일에 대해

굽는 조리법은 밋밋한 과일의 맛을 끌어올리기에 아주 좋은 방법이다. 과일을 구우면 과일에 함유된 수분이 대부분 날아가기 때문에 맛이 농축될 뿐만 아니라 과육이 갈색으로 먹음직스럽게 익는 과정에서 풍미가 한층 살아난다. 과일에 들어 있는 천연 당(그리고 과일 위에 뿌린 설탕)이 캐러멜화하면서 시럽 같은 질감의 극도로 농축된 콩포트가 탄생한다. 이 상태라면 구워서 버터를 바른 빵에 시골풍 잼처럼 발라 먹거나, 요구르트 또는 오트밀에 올려서 먹거나, 구운 커스터드 같은 크림 질감의 디저트에 얹어 먹거나, 케이크 겹 사이에 바르는 등, 상상할 수 있는 그 어떤 방법으로 조리해도 기가 막히게 맛있다.

　굽는 조리법을 지칭하는 로스팅(roasting)과 베이킹(baking)의 차이점은 온도다. 베이킹은 상대적으로 낮은 온도에서 굽기 때문에 통째로 굽는 사과나 서양배와 같이 큼직하고 조직이 조밀한 과일에 적합하다. 베이킹도 로스팅과 거의 비슷한 결과를 얻을 수 있지만, 캐러멜화가 좀 더 천천히 적당한 정도로 진행

된다. 구운 사과, 리코타 치즈를 곁들인 구운 무화과, 그리고 속을 채워서 구운 복숭아 레시피를 참고하자.

로스팅으로 구운 과일

약 4인분

아래에 소개한 과일 조합을 활용해 구운 과일 '샐러드'를 만들면 단독으로 먹어도 맛있고 아이스크림에 올리거나 치즈 플레이트에 곁들여 먹어도 좋다. 오븐을 예열한다. 다음 과일 중 하나를 준비한다.

　씨를 뺀 체리, 꼭지를 딴 딸기(큰 딸기라면 반 자르기) 또는 반으로 자른 무화과 450g

　살구 6개 또는 복숭아, 천도복숭아, 커다란 자두 3개, 반으로 잘라서 씨를 빼고 얇게 썰기

　잘 익은 서양배 3개, 4등분으로 자르고 가운데 씨 부분을 제거하기

　루바브 450g, 5cm 길이로 자르기

　포도 450g

과일을 베이킹 접시에 담고 다음을 넣어 뒤적이며 섞는다.

　설탕 또는 꿀 ¼컵

　(레몬 또는 오렌지 1개의 껍질, 강판에 곱게 갈기)

　(바닐라 빈 ½개의 씨와 깍지, 세로로 가른 뒤 씨를 긁어내기)

　(타임 또는 로즈메리 등의 허브 잔가지 몇 개)

과일을 한 겹으로 골고루 펼쳐놓고 15분마다 한 번씩 뒤적여주면서 부드럽고 촉촉하게 캐러멜화가 진행되도록 로스팅 방법으로 굽는다. 딸기와 살구처럼 부드러운 과일은 약 30분, 서양배처럼 단단한 과일은 최대 40분 정도 소요된다. 취향에 따라(그리고 바닐라 빈을 넣지 않았다면) 다음을 넣어 섞는다.

　(바닐라 1작은술 또는 리큐어 1큰술)

따뜻하게, 실온 상태로 또는 차갑게 낸다. 취향에 따라 위에 다음을 얹는다.

　(구워서 굵게 썬 아몬드, 헤이즐넛 또는 호두)

그릴 또는 직화 오븐에 구운 과일에 대해

과일을 그릴에 구우면 당이 캐러멜화 반응을 일으켜 훈연 풍미가 생긴다. 적당한 크기로 자른 과일을 그릴에서 익어가는 육류, 가금류 또는 생선 주위에 올려놓으면 바닐라 아이스크림과 근사하게 어울리는 바비큐용 디저트가 된다. 과일을 작게 잘라서 꼬치에 끼우되, 부드러운 과일과 단단한 과일은 조리 시간이 다르므로 서로 다른 꼬치에 끼워서 굽는다. 직화 오븐에 과일을 구울 때는 과일의 두께와 당분 함량에 따라 과일 사이에, 그리고 과일과 불 사이에 7.5~15cm의 공간을 확보해야 한다. 단맛이 강한 과일을 불 가까이에서 구우면 타버릴 위험이 있다. 그릴에 굽는 방법에 관한 자세한 내용은 그릴 구이 및 직화 구이 항목을 참고한다.

그릴 또는 직화 오븐에 구운 과일

4~6인분

Ⅰ. 그릴에 굽기

그릴의 화력을 중강불에 맞춰놓거나 가스 그릴을 중간보다 높은 온도로 예열한다. 솔을 사용해 다음 재료 중 하나에 식물성 기름을 살짝 바른다.

　살구 큰 것 6개, 반으로 잘라서 씨를 빼기

　바나나 큰 것 4개 또는 작은 것 6개, 껍질을 벗기기

무화과 큰 것 6개, 줄기를 떼어내고 세로로 반 자르기

복숭아 또는 천도복숭아 4개, 반으로 자르고 씨를 빼기

즙이 많은 자두 큰 것 6개, 반으로 자르고 씨를 빼기

파인애플 6조각, 고리 모양으로 자르기(약 1.2cm 두께)

과일을 불 바로 위에 올려놓고 굽되, 반으로 자른 과일은 절단면이 아래로 가
도록 배열한다. 살짝 그을릴 때까지 2~3분간 굽는다. 반대쪽으로 뒤집어서
2~3분간 더 굽는다. 즉시 낸다.

II. 직화 오븐에 굽기

직화 오븐을 예열한다. 위의 I 레시피의 설명대로 과일을 손질한 후 움푹 들
어간 면이 위쪽으로 오도록 얕은 그릴용 베이킹 팬에 가지런히 올려놓는다. 다
음을 살짝 뿌린다.

설탕

소금

불에서 15cm 떨어진 위치에 베이킹 팬을 넣고 옅은 갈색으로 촉촉하게 익을
때까지 굽는다.

꿀과 라임을 넣은 구운 과일 케밥

4~6인분

커다란 그릇에 다음을 넣고 섞는다.

자몽 주스 ½컵

라임 1개의 껍질과 즙, 강판에 곱게 갈기

꿀 ¼컵

오렌지 리큐어 또는 오렌지 주스 2큰술

다음을 넣고 뒤적여서 국물을 골고루 묻힌 다음 30분간 재워둔다.

단단한 복숭아 중간 크기 2개, 씨를 빼고 2.5cm 크기로 자르기

껍질을 벗겨서 사각형으로 썬 파인애플 1컵

딸기 1컵, 꼭지를 따기

바나나 1개, 2.5cm 길이로 자르기

망고 1개, 껍질을 벗기고 씨를 뺀 후 큼직하게 자르기

그릴의 화력을 중강불에 맞춰놓거나 가스 그릴을 중간보다 높은 온도로 예열
하거나 직화 오븐을 예열한다. 나무 꼬치는 30분 동안 물에 담가두었다가 사
용한다. 과일을 꼬치에 끼운다. 중간에 한 번 뒤집어주고 과일을 재워두었던
국물을 조금씩 끼얹으면서 옅은 갈색이 될 때까지 총 5분간 굽는다. 다음을 홀
홀 뿌려서 낸다.

굵게 썬 민트

과일 브륄레(Fruit Brûlé)

4~6인분

이 책에서 가장 독특한 동시에 가장 맛있는 레시피 중 하나다. 감귤류 과일 브
륄레는 자몽 직화 오븐 구이 레시피를 참고한다.

지름 23cm의 직화 오븐용 베이킹 접시나 파이 접시에 다음을 평평하게 펼쳐
놓는다.

라즈베리, 블랙베리, 블루베리, 꼭지를 딴 작은 딸기 또는 씨를 뺀 체리 3½컵

다음을 섞어서 과일 위에 골고루 바른다.

사워크림 1½컵

바닐라 1작은술

뚜껑을 덮고 완전히 식을 때까지 최대 8시간 냉장고에 넣어둔다. 직화 오븐을
예열한다. 사워크림 위에 다음을 골고루 뿌린다.

갈색 설탕, 꾹 눌러 담아 1컵

갈색 설탕에 덮여서 사워크림이 보이지 않을 정도가 되어야 한다. 접시를 불에
서 15cm 떨어진 곳에 넣고 설탕이 캐러멜화될 때까지 1~2분간 굽는다. 설탕
이 그을리지 않도록 세심히 살핀다. 또는 프로판 토치나 조리용 토치로 설탕을
녹여 브륄레 상태로 만들 수도 있다. 즉시 낸다.

버터에 지진 과일

4~6인분

널찍한 프라이팬(논스틱 권장)을 중강불에 올리고 다음을 넣어 녹인다.

버터 3큰술

프라이팬에 다음을 붓고 평평하게 고른다.

백설탕 또는 갈색 설탕 ⅓컵

버터와 설탕이 잘 섞이고 거품이 올라올 때까지 조리한다. 다음 중 하나를 넣
되, 반으로 자른 과일은 절단면이 아래로 가도록 놓는다.

살구 큰 것 6개, 반으로 잘라서 씨를 빼기

무화과 큰 것 6개 또는 작은 것 8~12개, 줄기를 떼고 세로로 반 자르기

복숭아 4개, 껍질을 벗기고 반으로 잘라서 씨를 빼기

천도복숭아 4개, 껍질을 벗기고 반으로 자르거나 4등분하고 씨를 빼기

자두 큰 것 6개, 반으로 잘라서 씨를 빼기

파인애플 4조각, 고리 모양으로 자르기(약 1.2cm 두께), 다시 반으로 자르기

과일이 달라붙지 않도록 주기적으로 프라이팬을 흔들어주면서 2분간 조리한
다. 과일을 반대쪽으로 뒤집어서 다시 프라이팬을 흔들어가면서 속까지 따뜻
해지고 즙이 나오기 시작할 때까지 조리한다. 프라이팬에 빠져나온 즙을 위에
뿌려서 즉시 낸다. 취향에 따라 다음을 훌훌 뿌린다.

(계핏가루)

과일 퓌레에 대해

설탕을 넣지 않은 과일 퓌레는 짭짤한 음식, 특히 구운 육류와 함께 내면 잘 어
울린다. 그뿐만 아니라 설탕을 약간 첨가하면 훌륭한 디저트가 된다. 과일 퓌
레를 소스와 드레싱에 첨가하면 농도가 진해지고 맛이 풍부해지는 효과를 얻
을 수 있지만, 과일 퓌레 그 자체로도 근사한 소스의 역할을 충분히 해낸다. 자
세한 내용은 과일 소스에 대해 항목에서 확인할 수 있다. 다양하게 즐기는 방
법에 대해서는 과일 퓌레용 가니시 목록을 참고한다.

잘 익은 복숭아 및 베리류와 같은 상당수 과일은 과육이 부드러워 생과일
그대로 퓌레를 만들 수 있다. 껍질과 씨, 그리고 가운데 심 부분을 제거해서 사
용한다. 작게 썰어서 퓌레로 만들면 덩어리 없이 균일한 질감을 얻을 수 있다.
작은 씨가 있거나 섬유질이 많은 과일은 체에 걸러준다. ▶ 사과, 루바브, 유럽
모과, 일부 서양배처럼 단단한 과일이나 말린 과일은 퓌레를 만들기 전에 반드
시 익혀서 부드럽게 해주어야 한다. 냄비에 껍질을 벗기고 얇게 썬 과일과 소
량의 물을 넣고 뚜껑을 덮은 후 칼로 찔렀을 때 쑥 들어갈 정도로 아주 부드러
워지도록 은근한 불에서 익힌다. 설탕을 넣으면 퓌레의 풍미가 진해지고, 과일
퓌레에 설탕을 넣고 졸이면 더 걸쭉하고 진한 소스가 된다. 신선한 레몬즙을
첨가하면 과일 퓌레의 색이 변하지 않으면서 맛도 상큼해진다. 퓌레가 너무 걸
쭉할 경우 원하는 농도가 될 때까지 물이나 과일 주스를 넣어 희석한다.

익힌 과일 퓌레

약 1¼컵

활용도가 높은 이 퓌레는 과일 크림 봉봉을 만들기에 좋지만, 사실 간단하게 만드는 과일 버터에 가깝다. 버터를 바른 토스트에 올려 먹거나 요구르트나 오트밀에 섞어 먹거나 잼 대신 다양하게 활용할 수 있다. 사과 소스는 186쪽을 참고한다. 다음 중 하나를 중간 크기의 편수 냄비에 넣는다.

블루베리, 라즈베리, 블랙베리 또는 꼭지를 따고 굵게 썬 딸기 2컵

씨를 빼고 굵게 썬 자두, 복숭아, 천도복숭아 또는 살구 2컵

다음을 넣고 중불에 올려서 설탕이 녹도록 저어주면서 뭉근히 끓인다.

설탕 ¼컵

레몬즙 1큰술

가끔 저어가면서 과일이 아주 부드러워지고 뭉개지기 시작할 때까지 약 10분간 뭉근히 끓인다. 믹서에 넣고 완전히 매끄러워질 때까지 간다. 라즈베리나 블랙베리를 사용한다면 취향에 따라 퓌레를 고운체에 걸러서 씨를 제거해도 좋다.(약간 씹히는 것이 있어도 상관없다면 거르지 않고 그대로 사용한다.) 맛을 보고 필요하면 레몬즙을 조금 더 넣는다. 완전히 식혀서 냉장고에 보관한다.

과일 퓌레용 가니시

강판에 곱게 간 레몬 껍질, 계핏가루 또는 육두구 가루

헤비크림 또는 휩드 크림

구워서 굵게 썬 호두 또는 아몬드

잘게 부순 아몬드 마카룬과 휩드 크림

사워크림, 요구르트 또는 크렘 프레슈에 설탕과 럼 또는 바닐라를 섞은 것

갈색으로 볶은 버터 빵가루 또는 케이크 가루

굵게 썬 민트

과일 크림 봉봉(Fruit Fool)

4~6인분

우리는 과일에 휩드 크림과 진한 커스터드를 섞은 전통적인 레시피를 선호한다. 크림을 사용했다면 2시간 이내에 먹는다. 페이스트리 크림을 사용하면 조금 더 오래 보관할 수 있으므로 전날 만들어두는 것도 가능하다. 익힌 과일 퓌레로 과일 크림 봉봉을 만들 때는 신선한 과일 혼합물을 가당 퓌레 1¼컵으로 대체한다.

I. 크림으로 만들기

푸드 프로세서나 믹서에 다음을 넣어 퓌레 상태로 갈아서 한쪽에 둔다.

블랙베리, 블루베리, 라즈베리 또는 꼭지를 딴 딸기 2컵

슈거 파우더 ¼~⅓컵, 과일의 당도에 따라 조절

레몬즙 1큰술 또는 적당량

커다란 그릇에 다음을 넣고 단단한 피크 상태가 될 때까지 세게 젓는다.

차가운 헤비크림 1¼컵

설탕 1큰술

바닐라 ½작은술

베리 퓌레를 저어둔 크림에 넣고 살살 뒤집어가며 섞어서 흰색 크림에 과일 퓌레 자국을 길쭉하게 만든다. 유리그릇에 옮겨 담거나 컵 또는 글라스에 적당히 나누어 담고 완전히 식힌다. 또는 글라스나 컵에 크림과 과일 퓌레를 번갈아 담아 층이 여러 개 생기도록 예쁘게 담는다.

II. 커스터드로 만들기

다음을 준비한다.

페이스트리 크림

완전히 식힌 다음 차가워질 때까지 냉장고에 넣어둔다. 다음 재료를 푸드 프로세서나 믹서에 넣고 굵게 갈아서(큼직한 과일 몇 개는 남겨둔다.) 한쪽에 둔다.

블랙베리, 블루베리, 라즈베리 또는 꼭지를 딴 딸기 1½컵

슈거 파우더 ¼~⅓컵, 과일의 당도에 따라 조절

중간 크기의 그릇에 차갑게 식힌 페이스트리 크림을 넣고 부드러워질 때까지 저은 후 다음을 넣어 접어주듯이 섞는다.

헤비크림 1컵, 단단한 기포가 생길 때까지 거품 내기

따로 남겨둔 과일을 넣고 뒤집어주면서 섞는다. 과일이 완전히 섞인 다음에 과일 퓌레를 넣고 뒤적인다. 과일 퓌레가 몰려 있는 부분이나 페이스트리 크림이 몰려 있는 부분은 그대로 둔다. 서빙 그릇에 옮겨 담거나 컵 또는 글라스에 적당히 나눠 담는다. 또는 글라스나 컵에 크림과 과일 퓌레를 번갈아 담아 층이 여러 개 생기도록 예쁘게 담는다. 완전히 식힌다. 맨 위에 다음을 뿌려서 낸다.

아몬드 마카룬, 잘게 부수기

또는 다음을 곁들인다.

레이디핑거

사과에 대해

사과는 너무나 친숙한 과일이다 보니 그다지 귀하다는 생각이 들지 않지만, 어쩌면 다른 시대에는 이국적인 과일로 여겼을지도 모른다. 사과의 원산지인 카자흐스탄에서는 아직도 일부 지역에서 야생 사과가 자라고 있다. 사과는 씨앗과 전혀 다른 양상으로 자란다. 즉 가게에서 파는 사과의 씨를 심으면 어엿한 나무로 자라기도 하지만, 그 사과나무에서 열리는 열매는 원래 그 씨앗이 들어 있던 사과와는 전혀 다른 과일이 되며 식용으로도 그다지 적합하지 않을 수 있다는 뜻이다. 사과는 접붙이기 방식으로 번식시키는데, 맛있는 사과가 열리는 나무의 줄기를 작게 잘라서 대목 역할을 하는 다른 나무의 절개 부위에 붙임으로써 먹기 좋은 사과가 열리는 나무를 복제하는 기술이다. 사과의 품종은 7000가지 이상이지만 마트에서 흔히 찾아볼 수 있는 사과는 그중 소수에 불과하다. 아래에서는 가장 널리 쓰이면서 언급해둘 만한 사과 품종들을 최적의 활용 방법별로 묶어서 소개한다.

다음 사과 품종은 그냥 통째로 먹거나 샐러드에 넣어 먹으면 가장 좋다. 이들 품종은 조리하면 형태가 보존되지 않지만, 사과 소스를 만들면 아주 맛있다. **레드 딜리셔스**는 껍질이 두껍고 별다른 풍미가 없는 미국 과수농가의 골칫거리로, 맛있다는 뜻의 딜리셔스라는 이름이 무색한 품종이다.(하지만 이름에 걸맞게 강렬한 빨간색을 띤다.) **매킨토시, 엠파이어, 마카운, 코틀랜드** 사과는 모두 결이 곱고 기분 좋은 새콤한 맛이 난다. **후지, 갈라, 브래번**은 비교적 단맛이 강한 사과 품종이다. 싱싱한 갈라 사과는 아삭거리는 식감을 가지고 있지만 통째로 굽는 용도로는 추천하지 않는다. ▶ 코틀랜드, 엠파이어, 후지, 갈라 사과는 잘라놓아도 금세 갈변하지 않으므로 과일 샐러드에 넣거나 얇게 저미며 치즈 모둠에 곁들이면 좋다.

과육이 단단한 **다용도 사과**는 통째로 먹거나 구이 레시피에 사용하면 좋다. 다양한 사과 품종 중에서도 가장 활용도가 높고 어디서나 구할 수 있는 것은 골든 딜리셔스다. 생으로 먹어도 달콤하고 향이 좋지만 익히면 당도와 풍미가 더 높아질 뿐만 아니라 모양도 흐트러지지 않고 예쁘게 유지되며 과즙

도 많이 빠져나오지 않는다. **롬 뷰티**는 또 하나의 보편적인 다용도 사과로, 익혀도 식감이 살아 있기 때문에 특히 통째로 구우면 아주 맛있다. **그래니 스미스**는 대다수 마트에서 판매하는 품종 중에서 가장 단단하고 신맛이 강한 사과로, 조리하면 과즙이 많이 빠져나오며 사과 소스, 고리 모양으로 잘라서 기름에 지진 사과, 타르트 타탱에 잘 어울린다. 한 번쯤 먹어볼 만한 다른 다용도 사과 품종도 함께 소개한다. **뉴타운 피핀, 무츠**(또는 크리스핀)**, 노던 스파이, 스파이골드, 에소푸스 스피첸버그, 볼드윈, 스테이먼 와인샙, 블랙 트위그, 그래븐스타인, 그라임스 골든, 재즈, 핑크 레이디, 허니크리스프, 아이다 레드, 조나골드, 아칸소 블랙, 아슈미즈 커널, 로드 아일랜드 그리닝** 등이 있다.

　꽃사과(Crab apple)는 크기가 아주 작고 엄청나게 신맛이 강하며 떫기 때문에 일반적으로 식용에 적합한 사과는 아니다. 그러나 주변에 꽃사과 나무가 있다면 사과 소스와 사과 버터를 만들 때 사용해도 좋다. **사과주용 사과**(Cider apple)는 산미와 떫은맛이 강하고 푸석푸석하다는 점에서 꽃사과와 비슷하다. 풍미가 복합적이기 때문에 그냥 생으로 먹기는 힘들어도 사과주를 만들기에는 적합하다.

　일부 사과 품종은 늦여름에 열매가 열리지만 대부분은 가을에 가장 맛있게 익는다. 물론 사과를 냉장고에 넣어두면 상당히 오래 보관할 수 있으므로 마트에서는 1년 내내 사과 재고를 확보해둔다. 안타깝게도 대다수 마트에서는 항상 똑같은 3~4종류의 사과만 취급하기 때문에 가을이 되면 작은 과수원이나 직거래 장터에서 독특한 재래종 사과를 적극적으로 찾아보기를 권한다. 사과를 살 때는 껍질이 부드러운 것을 고르고 움푹 파인 부분이나 멍든 곳, 벌레 먹은 자국이 있는지 잘 살핀다. 눌러보았을 때 쑥 들어가는 것은 피한다.

　사과는 덜 익었을 때 수확하는 경우가 많으며 그로 인해 오랫동안 보관할 수 있다. 사과가 잘 익었는지 판단하는 가장 좋은 방법은 맛을 보는 것이다. 사과를 빨리 익히려면 실온에 보관한다. 일단 사과가 잘 익으면 서늘하고 햇빛이 들지 않는 곳에 보관하고, 장기간 보관해야 한다면 사과가 서로 닿지 않도록 분리해서 보관한다. 지인의 과수원에서 수확한 사과를 받았는데 그중 일부를 보관했다가 나중에 먹고 싶다면, 우선 서늘하고 햇빛이 들지 않는 곳에 24시간 두었다가 흠이 있는지 살핀다. 흠집이 있는 사과는 따로 모아두고 최대한 빨리 먹는다. 흠이 없는 사과는 종이에 싸서 구멍 뚫린 상자에 차곡차곡 넣은 후 서늘하고 어두우며 바람이 잘 통하는 곳에 보관한다.

　사과를 장기간 보관하면 풍미가 떨어지고 푸석해진다. 이런 사과에 레몬즙을 넣어 조리하면 약간은 맛이 나아지지만, 자연적인 신맛이 부족한 것은 보완하기 힘들다. 별로 맛이 없는 사과를 구제하려면 사과 소스를 만든다. 감귤류 주스, 감미료와 향신료로 어느 정도 맛을 보완할 수 있기 때문이다.

　과도나 채소 껍질 벗기는 도구로 사과의 껍질을 벗긴다. 통째로 내거나 둥근 고리 모양으로 잘라서 내기 위해 가운데 씨 부분을 제거하려면 사과 씨 제거기(Apple Corer)를 사용한다. 그 외의 용도로 손질할 때는 사과의 줄기 부분을 관통하도록 4등분한 다음 과도로 가운데 씨 부분을 잘라낸다. 또는 옆의 그림과 같이 가운데 씨 부분 주위를 잘라서 4조각을 만든다. 사과는 소시지, 돼지고기 또는 햄과 조합하면 궁합이 잘 맞는다. 특히 계피, 정향, 육두구, 말린 육두구 껍질, 로즈메리, 세이지, 고수씨, 레몬과 오렌지 껍질, 바닐라, 다크 럼, 브랜디, 버번, 아몬드와 함께 조리하면 아주 잘 어울린다.

　이번 장에서 소개하는 것 이외의 사과 레시피는 사과 버터, 사과 덤플링, 사과 파이, 사워크림 사과 수플레 케이크 코케뉴, 사과 케이크, 사과 슈트루델, 사과 호두 머핀, 캐러멜화한 사과를 넣은 크레이프 등을 참고한다.

가운데 씨 부분 주위로 자르기

고리 모양으로 잘라서 기름에 지진 사과

4인분

아이스크림 토핑으로 먹거나 팬케이크 또는 와플에 얹어서 먹으면 좋고, 구운 돼지고기와 함께 내도 잘 어울린다.

다음의 가운데 씨 부분을 제거하고 가로 방향으로 0.6~1.2cm 두께의 고리 모양 슬라이스로 썬다.

　골든 딜리셔스 또는 롬 뷰티 등의 다용도 사과 큰 것 1개

커다란 프라이팬을 중불에 올리고 다음을 넣어 녹인다.

　버터나 베이컨 기름 2큰술 또는 필요에 따라 더 많이

고리 모양으로 자른 사과를 프라이팬에 한 겹으로 깐다. 바닥이 황금색으로 익으면서 캐러멜화가 일어나도록 약 3분간 지진다. 반대쪽으로 뒤집어서 포크로 찔러보면 부드럽게 들어갈 때까지 지진다. 커다란 접시에 담아서 한쪽에 둔다. 필요하면 프라이팬에 버터나 베이컨 기름을 보충해가면서 남은 사과를 몇 번에 나눠서 지진다. 사과를 다 지진 후에는 다음을 훌훌 뿌린다.

　갈색 설탕 1~3큰술, 맛을 보면서 조절

　(칼바도스, 사과 브랜디 또는 애플잭)

　계핏가루

사과 소스

4~6인분

다음의 껍질을 벗기고 가운데 씨 부분을 제거한 후 굵게 썬다.

　매킨토시 또는 엠파이어 등의 사과 1.3kg

사과를 바닥이 묵직한 편수 냄비나 일반 냄비에 넣고 다음을 넣어 섞는다.

　물 또는 사과 주스 ½컵

　(레몬즙 2큰술 또는 적당량)

　(통계피 7.5cm짜리 1개 또는 계핏가루 ½작은술)

뚜껑을 덮고 가끔 저으면서 사과가 부드러워지고 과육이 뭉개질 때까지 20~30분간 뭉근히 끓인다. 다음을 넣고 젓는다.

　백설탕, 갈색 설탕 또는 메이플 시럽 ¼~½컵, 맛을 보면서 조절

중불로 올리고 뚜껑을 연 상태에서 자주 저어가면서 사과 소스가 걸쭉해질 때까지 끓인다. 더 매끄러운 질감의 소스를 선호한다면 막대형 블렌더로 갈거나 일반 믹서에 넣고 퓌레 상태로 간다. 취향에 따라 다음을 넣어 젓는다.

　(버터 2큰술, 부드럽게 젓기)

　(바닐라 1작은술)

따뜻하게 또는 차갑게 낸다. 디저트로 먹을 경우 다음과 함께 낸다.

크렘 앙글레즈 또는 바닐라 아이스크림

구운 사과

6인분

골든 딜리셔스, 피핀, 그래니 스미스, 그 외 과육이 단단한 다용도 사과는 구워도 모양이 잘 유지된다.

Ⅰ. 오븐을 175℃로 예열한다. 깊은 베이킹 접시나 묵직한 냄비에 다음을 넣는다.

다용도 사과 큰 것 6개, 씨 부분을 제거하기

씨를 뺀 가운데 공간에 다음을 적당히 나누어 넣는다.

백설탕 또는 갈색 설탕 ½~¾컵, 맛을 보면서 조절

버터 2큰술, 작은 조각으로 잘라서 사용

취향에 따라 다음을 훌훌 뿌린다.

(계핏가루 ½~1작은술)

베이킹 접시에 다음을 붓는다.

물, 사과 주스 또는 사과주 ⅔컵

포일로 단단히 덮어주거나 뚜껑을 얹고, 사과를 포크로 찔러보면 비교적 부드럽게 들어가지만 곤죽이 되지는 않을 때까지 약 20분간 굽는다. 뚜껑을 열고 과즙을 자주 끼얹어가면서 사과의 모양이 유지되면서도 과육이 부드러워지도록 20분간 더 굽는다. 과즙 국물이 너무 묽으면 구운 사과를 접시에 옮긴 다음 베이킹 접시에 남은 국물을 조금 더 졸인 뒤 사과에 붓는다. 뜨겁게 또는 차갑게 식혀서 낸다.

Ⅱ. 위의 Ⅰ 버전보다는 풍미가 진한 레시피다. 최대 8시간 전에 미리 재료를 전부 준비해서 뚜껑을 덮지 않고 냉장고에 넣어두었다가 먹기 전에 꺼내 구울 수도 있다.

오븐을 150℃로 예열한다. 다음의 가운데 씨 부분을 제거하고 껍질을 벗긴다.

다용도 사과 큰 것 6개

작은 그릇에 다음을 붓는다.

설탕 1¼컵

다른 그릇에 다음을 넣는다.

헤비크림 1컵

사과를 하나씩 크림에 굴린 다음 설탕에 굴려서 골고루 묻힌다. 남은 크림은 보관해둔다. 크림과 설탕을 묻힌 사과를 33×23cm의 베이킹 접시에 올린다. 다음 재료를 그릇에 넣고 섞어서 사과의 씨를 뺀 가운데 공간에 채워 넣는다.

건포도, 굵게 썬 무화과 또는 굵게 썬 대추야자 ½컵

호두 또는 피칸 ½컵, 구워서 굵게 썰기

(레몬 1개 또는 오렌지 ½개의 껍질, 강판에 곱게 갈기)

아까 보관해둔 크림과 설탕을 섞은 후 다음 재료를 넣어 섞는다.

계핏가루 1작은술

(강판에 갓 갈아낸 육두구 또는 육두구 가루 ½작은술)

(정향 가루 ¼작은술)

크림과 설탕, 향신료 혼합물을 숟가락으로 떠서 사과의 가운데 공간에 최대한 많이 채워 넣고 나머지는 베이킹 접시의 바닥에 쏟은 후 다음을 붓는다.

물, 사과 주스 또는 사과주 1컵

(다크 럼 또는 브랜디 ¼컵)

뚜껑을 열고 국물을 끼얹지 않으면서 사과를 포크로 찔러보면 부드럽게 들어

가지만 모양은 흐트러지지 않을 때까지 약 1시간 동안 굽는다. 베이킹 접시에 남은 시럽과 함께 따뜻하게 내고, 다음을 곁들인다.

헤비크림, 사워크림, 크렘 프레슈 또는 바닐라 아이스크림

소시지를 채워서 구운 사과

6인분

집밥 생각이 나는 편안하고 소박한 겨울 요리다.

오븐을 예열한다. 다음을 씻는다.

아이다 레드 또는 골든 딜리셔스 같은 구이용 사과 큰 것 6개

위를 얇게 잘라낸다. 숟가락이나 멜론 과육 파내는 도구를 사용해 껍질 안쪽으로 2cm 정도의 과육만 남기고 가운데 씨 부분과 과육을 전부 파낸다. 가운데 심과 씨는 버리고 나머지 과육을 굵게 썰어 그릇에 담은 후 다음과 섞는다.

벌크 소시지 225g, 시판 또는 수제

속을 파낸 사과 틀을 베이킹 접시에 올린다. 취향에 따라 다음을 훌훌 뿌린다.

(갈색 설탕 2큰술)

소시지와 과육 섞은 것을 사과 틀에 수북하게 채워 넣는다. 사과를 포크로 찔러보면 부드럽게 들어가지만 모양은 흐트러지지 않을 때까지, 그리고 소시지가 익을 때까지 뚜껑을 열고 약 30~40분간 굽는다.

살구에 대해

중국이 원산지인 살구는 4000년 이상 인류가 재배해온 과일이다. 생과일이나 말린 과일로 쉽게 구할 수 있으며 살구씨 알맹이는 아몬드 추출물과 아마레티(amaretti)라는 이탈리아식 쿠키를 만드는 데 사용된다.

전 세계에는 다양한 살구 품종이 있으나 주변에서 흔히 살 수 있는 품종은 몇 가지에 불과하다. **블렌하임**은 가장 인기가 많은 살구 품종이지만 재배가 까다로워 좀처럼 구하기 어렵다. 은은한 꿀맛이 나며 단맛과 신맛이 적절한 균형을 이루고 있다. **무어파크 살구**도 맛이 좋은 품종이지만 역시 쉽게 찾아보기 힘들다. **패터슨과 캐슬브라이트 살구**는 블렌하임보다 훨씬 많이 생산되지만 (그리고 식료품점에서 가장 쉽게 볼 수 있지만) 대부분 녹색으로 설익었을 때 수확하므로 맛이 밋밋하고 퍼석거린다. 마트에서 판매하는 살구는 거의 전부 맛이 싱겁고 풍미가 부족하므로 완전히 익었을 때 수확하는 소규모 재배업자를 적극적으로 찾아보기를 추천하는 과일이 바로 살구다.

싱싱하고 잘 익은 살구는 발그레한 예쁜 색을 띠며 조직이 단단하다. 쪼글쪼글하거나 군데군데 녹색 부분이 보이거나 향이 별로 없는 살구는 피한다. 살구는 실온에서 서로 겹치지 않도록 한 겹으로 배열해서 보관해야 한다. 잘 익은 살구를 바로 먹을 예정이 아니라면 며칠 정도는 냉장고에서 보관할 수 있다. 살구는 차갑게 하면 풍미가 약해지므로 실온 상태로 먹는다. 살구 껍질은 부드러우며 생으로 먹을 때나 조리할 때 보통 벗기지 않고 그대로 둔다.

단단하고 잘 익은 살구는 과일 샐러드에 넣으면 맛이 좋다. 기름에 지지거나 굽거나 그릴에 익히거나 퓌레로 만들 수도 있다. 조리하기 전에 살구씨를 제거한다. 살구씨를 쪼개서 안에 있는 알맹이를 꺼낼 수 있으며, 이 알맹이에는 쌉쌀한 아몬드 풍미가 있지만(아몬드 추출물과 유사) 조심해서 사용해야 한다. 살구 씨앗에는 시안화물이 들어 있는데, 아주 소량만 먹으면 크게 해롭지 않지만 어른도 20개 가까이 먹으면 치명적이고 아이라면 그보다 훨씬 적은 양도 위험하다. 그럼에도 불구하고 진한 아몬드 풍미를 내기 위해 소량의 살구씨 알맹이를 사용하는 레시피를 가끔 볼 수 있을 것이다. 우리는 몸에 해롭지 않은 수

준에서 이 알맹이를 살구 프리저브에 소량 사용한다. 다른 잠재적인 위험 재료와 마찬가지로 건강상의 위험을 충분히 숙지하고 적당히 사용해야 한다.

새콤하고 달콤하며 씹는 맛이 있는 말린 살구는 훌륭한 식재료다. 밝은 색을 띠는 것은 이산화황으로 처리한 것이다. 바짝 말라서 질겨진 살구의 맛을 살리려면 말린 과일 및 설탕 절임 과일에 대해 항목의 불리기 방법을 참고한다.

살구는 오렌지 껍질, 바닐라, 피스타치오, 아몬드, 꿀, 흑후추, 카르다몸, 사프란, 스위트 화이트와인 및 요구르트나 크렘 프레슈와 잘 어울린다. 살구를 사용하는 그 외의 레시피는 살구 프리저브, 살구 버터, 커리를 넣은 살구 처트니, 생과일 쿠헨을 참고한다.

꿀을 넣어 구운 살구

4인분

버터처럼 부드럽게 구운 이 살구는 수제 리코타 치즈, 아이스크림, 그릭 요구르트 또는 크렘 프레슈와 함께 내면 좋다.

오븐을 190℃로 예열한다. 23cm짜리 정사각형 또는 원형 베이킹 접시나 파이 접시에 버터를 바른다. 다음을 절단면이 아래로 가도록 접시 위에 올린다.

살구 중간 크기 8개(약 450g), 반으로 잘라서 씨를 빼기

살구 위에 다음을 살짝 뿌린다.

꿀 3큰술

과일 위에 다음을 듬성듬성 뿌린다.

버터 2큰술, 작은 조각으로 자르기

레몬 1개의 껍질, 강판에 곱게 갈기

(신선한 타임 잎 2작은술)

과일이 아주 부드러워지고 살짝 캐러멜화될 때까지 약 25분간 굽는다. 다음을 홀홀 뿌린다.

곱게 썬 구운 피스타치오 ¼컵

바나나에 대해

맛있고, 영양이 풍부하며, 저렴하고, 어디서나 구할 수 있는 바나나는 세계에서 가장 인기 있는 과일 중 하나이자 가슴 아픈 착취의 역사와도 깊이 연관된 과일이다. 달콤한 품종, 새콤한 품종, 감자처럼 조직이 조밀하고 과육이 단단한 품종 등 바나나에는 매우 다양한 품종이 있지만, 상업용으로 재배하는 바나나 작물은 거의 예외 없이 **캐번디시**(Cavendish)라는 하나의 품종으로 구성되어 있다. 캐번디시는 **그로 미셸 바나나**(Gros Michel Banana)라는 품종이 파나마병으로 알려진 곰팡이 병원균 때문에 자취를 감춘 후 그 자리를 대체했다. 미국의 대기업인 유나이티드 프루트 컴퍼니는 그로 미셸 품종을, 그리고 파나마병 이후에는 캐번디시 품종을 단일 재배하기 위해 중앙아메리카 전역에서 엄청난 토지를 매입했다. 이 기업은 정부 관료 매수, 탈세, 노동자 착취, 토지 횡령 등 수단과 방법을 가리지 않고 이윤을 추구하는 것으로 악명이 높았다. 비록 지금은 자취를 감추었지만 아직도 중앙아메리카에는 황폐한 토지, 마구잡이로 개간된 숲과 관목, 정치적 불안 등의 형태로 이 기업의 좋지 않은 유산이 남아 있다.

현재 캐번디시 바나나는 그로 미셸을 멸종시켰던 병원균과 유사한 병충해의 위협을 받고 있다. 이 병원균을 퇴치할 방법이 개발되지 않는다면 캐번디시도 멸종될 가능성이 점점 커지는 상황이다. 해당 병원균에 내성이 있는 다른 유형의 바나나를 사용하여 교배한 새로운 바나나 품종이 그 자리를 대체할

수도 있지만 아직은 뭐라 단정 짓기에 시기상조다.

바나나는 녹색의 설익은 상태로 수확한 후에 숙성시킨다. 시장에서는 1년 내내 숙성도가 다양한 바나나를 만날 수 있다. 마트에서 눈에 띄는 것은 대부분 캐번디시 바나나이지만 다양한 식료품을 취급하는 전문점에서는 가끔 다른 품종도 만날 수 있다. **레이디핑거** 또는 **난쟁이**(dwarf) 바나나는 아주 단맛이 강하며 디저트에 사용하거나 생으로 먹기에 적합하다. **플랜틴**은 특정한 바나나 품종을 말한다기보다 생으로 먹지 않고 조리하는 모든 바나나를 지칭하는 일반적인 용어다. **붉은 바나나**에도 몇 가지 품종이 있으며 껍질은 붉은색이지만 과육은 크림 같은 질감에 연한 색을 띤다. 마트에서 구할 수 있는 붉은 바나나는 맛이 달콤할 확률이 높다.

바나나를 살 때는 최종 용도에 따라 덜 익은 것, 잘 익은 것, 농익은 것을 적당히 선택한다. 조리거나 기름에 지지거나 그릴에 굽거나 과일 샐러드에 사용하려면 모양이 잘 유지되도록 단단하고 잘 익은 바나나를 선택하면 좋다. 대다수 식료품점에서는 농익은 바나나를 할인 가격에 판매하므로 저렴하게 사서 바나나 빵, 케이크, 머핀, 팬케이크를 만들 때 사용하고, 껍질을 벗겨서 얼려두었다가 스무디를 만들 때 활용한다.

바나나를 숙성시키려면 그냥 부엌 조리대에 두면 되고, 빨리 숙성시키고자 한다면 종이봉투에 담아둔다. 농익은 바나나는 냉장고에 넣어서 보관한다. 껍질이 거뭇거뭇하게 변하기 시작한 후에도 최대 3일 정도까지는 충분히 먹을 수 있다.

미국에서는 바나나를 간식으로 먹거나 디저트 또는 달콤하게 조리해서 먹는 과일로 생각한다. 세계의 다른 많은 지역에서는 바나나가 저렴한 가격에 풍부한 탄수화물을 공급해주는 열량 작물의 역할을 한다. 인도에서는 처트니와 감자 요리를 만들 때 바나나를 사용한다. 필리핀에서는 바나나 케첩을 보편적인 양념으로 사용한다. 우간다에서는 전분이 많은 바나나를 조리한 후 으깨서 먹고, 바나나가 유럽의 빵과 비교할 수 있을 만큼 주식으로 당당히 자리매김하고 있다. 태국에서는 바나나 꽃을 팟타이 등 다양한 요리에 사용해 아삭한 식감과 타닌 풍미를 더한다.

바나나를 럼, 카르다몸, 육두구, 땅콩버터, 초콜릿, 브라운 버터, 피칸, 호두와 망고, 코코넛, 라임 등의 다른 열대 과일과 함께 사용하면 잘 어울린다. 아래에 소개하는 것 이외의 바나나 레시피는 바나나 푸딩, 바나나 빵 코케뉴, 바나나 케이크 코케뉴, 바나나 크림 파이, 바나나 머핀, 그리고 바나나 스플릿을 참고한다. **바나나 잎**과 **바나나 꽃**을 사용하는 방법은 1015쪽을 확인한다.

초콜릿을 입힌 바나나

8인분

껍질을 벗겨서 가로로 반 자른다.

잘 익은 바나나 4개

나무로 만든 사탕 막대나 젓가락을 바나나 반쪽의 절단면에 단단히 찔러 넣는다. 포일을 깔고 바나나를 늘어놓은 후 최소 1시간 냉동실에 넣어둔다. 다음을 준비한다.

초콜릿 코팅 소스

바나나에 초콜릿을 쉽게 묻힐 수 있도록 기다란 글라스 등의 좁은 용기에 초콜릿 소스를 담는다. 냉동실에서 바나나를 꺼내 하나씩 초콜릿에 담근 후 골고루 묻도록 이리저리 돌려준다. 취향에 따라 바나나에 입힌 초콜릿이 굳기 전에 다음 중 선호하는 재료를 홀홀 뿌린다.

(가염 구운 땅콩 또는 다른 견과류, 굵게 썰기)

(알록달록한 장식용 스프링클)

(잘게 부순 토피)

즉시 내거나, 파라핀지 위에 올려놓고 어느 정도 굳으면 비닐봉지에 담아 다시 냉동실에 넣었다가 나중에 먹는다. 남은 초콜릿 소스는 밀폐 용기나 유리병에 넣어서 실온에 보관한다.

구운 바나나
4인분

Ⅰ. 바나나를 구우면 깜짝 놀랄 정도로 진한 풍미가 생겨난다. 또한 바나나 빵 코케뉴를 만들 때, 특히 바나나가 예상보다 덜 익었을 경우 이 방법으로 바나나를 구워서 사용하면 좋다.

오븐을 190℃로 예열하거나 그릴의 화력을 중강불에 맞추거나 가스 그릴을 중간보다 높은 온도로 예열한다. 다음을 얕은 베이킹 접시 또는 그릴에 늘어놓는다.

　껍질을 벗기지 않은 바나나 4개

가끔 뒤집어가면서 껍질이 검게 그을리고 여기저기 터지기 시작할 때까지 약 20분 정도 오븐에서 굽거나 간접 가열 방식으로 그릴에서 익힌다. 껍질을 벗기지 않고 뜨거운 상태로 낸다. 취향에 따라 껍질이 터져서 과육이 드러난 부분에 다음을 뿌린다.

　(레몬즙 또는 라임즙)

　(소금 또는 슈거 파우더)

Ⅱ. 설탕에 조려서 굽기

오븐을 190℃로 예열한다. 작은 편수 냄비에 다음을 넣고 녹인 다음 5분간 바글바글 끓인다.

　진한 갈색 설탕, 꾹 눌러 담아 ½컵

　물 ¼컵

따뜻해지도록 약간 식힌다. 다음의 껍질을 벗기고 가로로 반 자른 다음 세로로 한 번 더 잘라서 버터를 바른 얕은 베이킹 접시에 담는다.

　약간 덜 익은 바나나 2개

다음을 살짝 뿌린다.

　소금

식은 시럽에 다음을 첨가한다.

　레몬즙 또는 라임즙 1½큰술

시럽을 바나나 위에 붓고 15분 정도 지났을 때 한 번 뒤집어주면서 30분간 굽는다. 다음을 뿌려서 낸다.

　럼

　(굵게 썬 설탕 절임 생강)

바나나 포스터
4인분

식탁 옆에서 바로 조리하는 뉴올리언스 브레넌 레스토랑의 50년대식 전통 디저트 메뉴다. 집에 전기 프라이팬이나 밑에서 불을 때서 음식을 따뜻하게 보관하는 용기가 있다면 손님들을 위해 (조심스럽게) 화려한 불 쇼를 재현해보자. 껍질을 벗기고 세로로 반 자른다.

　단단하고 잘 익은 바나나 4개

세로로 반 자른 바나나를 각각 4등분한다. 커다랗고 묵직한 프라이팬이나 식탁용 보온 용기에 다음 넣고 녹인다.

　버터 2큰술

절단면이 아래로 가도록 바나나를 프라이팬에 넣는다. 약불에서 한 번 뒤집어주면서 포크가 부드럽게 들어갈 때까지 한쪽 면을 5분씩 굽고, 너무 오래 조리하지 않도록 주의한다. 다음을 훌훌 뿌린다.

　연한 갈색 설탕 3큰술

　계핏가루 ¼작은술

　강판에 갓 갈아낸 육두구 또는 육두구 가루 ⅛작은술

내열 접시에 바나나를 한 겹으로 담는다. 프라이팬에 다음을 추가한다.

　다크 럼 ½컵

　(브랜디 1큰술)

중불로 올리고 술이 가열되는 동안 주걱으로 캐러멜화된 바나나 조각을 바닥에서 떼어낸다. 술이 뜨겁게 달아올랐을 때 기다란 나무 성냥이나 라이터로 조심스럽게 불을 붙인 다음 바나나 위에 붓는다. 바나나와 소스를 숟가락으로 떠서 다음 위에 올려 낸다.

　바닐라 아이스크림

캠프파이어 바나나
1~2인분

그릴의 불을 끄고 잔열로 조리할 수도 있지만, 온종일 하이킹을 한 다음 캠프에 모닥불을 피워놓고 만들면 그야말로 최고의 맛을 즐길 수 있다.

세로로 길게 칼집을 넣는다.

　잘 익은 바나나 1개, 껍질을 벗기지 않고 사용

껍질을 끝부분까지 자르지 않도록 주의한다. 칼집을 넣은 껍질의 안쪽에 다음을 골고루 바른다.

　땅콩버터 2큰술

칼집이 들어간 바나나의 과육에 다음을 채워 넣는다.

　사각형 다크 또는 비터스위트 초콜릿 몇 개 또는 초콜릿 칩 2큰술

　(아주 작은 마시멜로 2큰술)

바나나를 포일로 단단히 싸서 뜨거운 숯 사이에 넣는다. 초콜릿이 녹고 바나나가 부드러워질 때까지 15~20분간 굽는다. 숟가락으로 껍질 속에 있는 부드러운 바나나 속살을 떠서 먹는다.

베리에 대해

식물학적으로 보면 베리란 홑꽃의 씨방에서 생기는 과일을 지칭한다.(여기에는 바나나, 가지, 토마토도 포함된다.) 그러나 이 책에서 베리는 요리를 할 때나 일상적인 대화 속에서 흔히 베리라고 부르는 블루베리, 블랙베리, 딸기(스트로베리), 라즈베리 등을 의미하는 용어로 사용한다. 식물학의 이론은 접어두자. 우리가 베리라고 부르는 과일들은 비슷한 방식으로 저장 및 조리할 수 있으며, (대부분) 레시피에서 서로 바꿔서 사용할 수 있다. 특정 유형의 베리에 대해서는 뒤에서 소개하는 개별 항목을 참고한다. 야생 베리와 이국적인 베리는 194쪽에서 자세히 설명한다.

　종류와 관계없이 ▶ 모든 베리는 일단 따고 나면 숙성되지 않으므로 가장 잘 익었을 때 수확해야 한다. 이 사실만 봐도 왜 가까운 지역에서 재배한 제철 베리가 마트에서 판매하는 수입 과일보다 더 맛있는지 금세 이해할 수 있다. 수

입 베리는 장시간의 운송과 저장 과정을 견뎌낼 수 있도록 덜 익은 상태에서 수확하기 때문이다. 한편 과일 판매업자들은 가장 잘 익은 베리를 수확하여 냉동하기도 하는데, 이렇게 하면 더 달콤하고 풍미가 진한 베리를 즐길 수 있다. 그러므로 우리는 ▶ 덜 익거나 제철이 아닌 생과일에 돈을 쓰기보다는 차라리 개별 급속 냉동(IQF) 방식으로 처리한 베리를 구입하도록 권장한다.

일반적으로 베리는 먹기 직전에 씻는다. ▶ 예외는 **식초 물을 사용하여 씻는 경우다.** 딸기, 블랙베리, 라즈베리와 같이 과육이 연한 과일은 식초를 탄 물에 잠깐 담갔다가 빼면 과일 표면의 곰팡이가 죽으므로 훨씬 오래 보관할 수 있다. 커다란 그릇에 찬물 4컵과 증류 백식초 1컵을 넣어 섞는다. 신선한 베리를 넣고 손으로 살살 저으면서 씻는다. 물을 따라낸 후 주방 행주에 베리를 한 겹으로 늘어놓고 말리거나 채소 탈수기에 키친타월을 깔고 얌전히 돌려서 물기를 뺀다.

신선한 베리를 보관하려면 씻지 않은 상태에서 뚜껑 있는 용기에 담아 냉장고에 넣는다. 너무 많은 양을 담거나 누르지 않도록 주의하고, 라즈베리처럼 특히 연약한 과일은 겹치지 않게 한 겹으로 담는다. 키친타월을 한 장 깔고 베리를 담으면 남은 수분을 흡수할 뿐만 아니라 쿠션 역할을 해주므로 유용하다. 잘 익은 베리는 냉동해두었다가 제철 과일이 나지 않을 때 먹으면 좋다. 베리류를 건조하려면 1004쪽을 참고한다.

고깔에 담은 베리

아이들에게 이렇게 독특하고 재미있는 모양으로 베리를 담아주면 무척 좋아한다. 매리언 할머니와 존 베커 할아버지는 푸에르토리코에 폭포를 보러 갔다가 잎으로 만든 고깔에 야생 베리를 담아서 들고 다니는 아이들을 보고 이렇게 담아내는 방법을 처음 배웠다. 고깔은 아이스크림콘을 사용하면 편리하다. 마분지 상자의 윗면을 잘라서 구멍을 낸 후 고깔을 하나씩 꽂아서 낸다. 색종이나 포일로 상자를 장식해 예쁘게 만들면 누구나 좋아한다.

고깔에 담은 베리

딸기에 대해

딸기는 베리류 가운데 1년 중 가장 먼저 제철을 맞는다. 가장 품질이 좋은 딸기는 전체적으로 진한 빨간색을 띠면서 강렬한 향기가 나는데, 마트에서 흔히 볼 수 있는 딸기는 커다랗고 제대로 익지도 않았으며 별다른 향기가 나지 않는 경우가 많다. 가까운 지역에서 재배해 완전히 익은 상태에서 수확한 딸기를 찾아보자. 마트에서 판매되는 딸기보다 크기는 작을지 모르지만 진한 딸기 향을 느낄 수 있고 맛은 비교할 수 없이 좋을 것이다. 비가 많이 내린 해라면 가까운 지역에서 재배한 제철 딸기도 싱거울 수 있다. 맛이 밋밋한 딸기를 샀을 때 구워서 먹으면 풍미가 농축되어 맛이 살아난다. 딸기를 보관하려면 앞에 소개한 베리에 대해 항목의 보관 부분을 참고한다.

딸기의 꼭지를 따려면 과도의 끝부분으로 이파리와 연한 색의 원뿔 모양 심

을 둥글게 도려내거나 딸기 꼭지 따는 도구를 사용해 떼어낸다. ▶ 반드시 딸기를 씻은 다음에 꼭지를 따야 한다.

딸기는 바닐라 빈, 오렌지 껍질과 주스, 발사믹 식초, 장미수, 휩드 크림, 사워크림, 크렘 프레슈, 카망베르, 바질, 흑후추, 초콜릿 그리고 아몬드와 조합하면 잘 어울린다. 또한 붉은 딸기 잼, 딸기 로제 잼, 딸기 쇼트케이크, 신선한 베리 쿨리 레시피도 함께 참고하자.

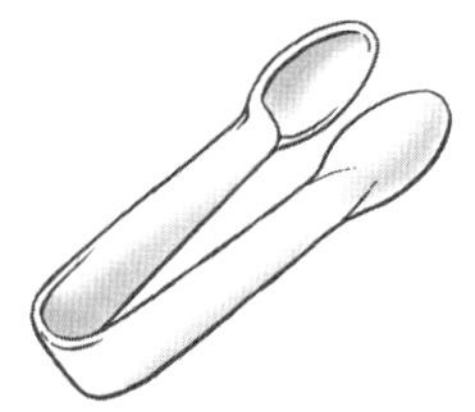

딸기 꼭지 따는 도구

딸기 코케뉴

간단하게 만들 수 있지만 맛있고 모양도 근사하다. 매리언 할머니는 딸기 알레르기가 있어도 절대 이 디저트를 그냥 넘기는 법이 없었다.

다음을 준비한다.

　딸기

접시에 다음을 소복하게 깔고 그 주변에 딸기를 가지런히 놓는다.

　갈색 설탕

다음을 접시에 담아서 식탁에 낸다.

　사워크림

딸기에 사워크림을 찍은 다음 갈색 설탕을 묻혀서 먹는다.

초콜릿을 입힌 딸기

4인분

다음을 씻어서 물기를 완전히 뺀다.

　꼭지를 따지 않은 딸기 1ℓ

다음으로 템퍼링을 한다.

　세미스위트 또는 비터스위트 초콜릿 450g

딸기의 꼭지 부분을 잡고 초콜릿에 담근다. 파라핀이나 유산지를 깔아놓은 오븐 팬에 딸기를 가지런히 올리고 냉장고에 20분 동안 넣어서 초콜릿을 굳힌다.

딸기 로마노프

6~8인분

꼭지를 따고 세로로 얇게 썬 다음 얕은 그릇에 넣는다.

　딸기 1.5ℓ(900g~1.3kg)

딸기 위에 다음을 뿌린다.

　그랑 마니에르 또는 체에 거른 오렌지즙 6큰술

　슈거 파우더 ¼컵

살살 뒤적이면서 섞는다. 뚜껑을 덮고 냉장고에 2~3시간 넣어둔다. 다음을 실온에서 10분 정도 두어 부드럽게 만든다.

　바닐라 아이스크림 475ml

부드러운 피크가 형성될 때까지 세게 젓는다.

　　차가운 헤비크림 ½컵

아이스크림과 헤비크림을 주걱으로 가볍게 뒤집듯이 섞는다. 위에 딸기와 딸기즙을 얹어서 즉시 낸다.

블루베리와 허클베리에 대해

블루베리는 작고 통통하며 앙증맞은 모양으로 껍질에는 희끗희끗한 색이 돈다. 껍질이 탱탱하고 부드러운 블루베리를 선택한다. 주름이 지거나 말라 보이지 않아야 한다. 대다수 시판 품종은 새콤함이 부족해 다소 맛이 떨어지지만, 단맛과 신맛이 훌륭하게 조화를 이루는 품종도 몇 가지 있다. 취향에 맞는 블루베리를 찾을 때까지 다양하게 맛을 보자. 시판 블루베리는 고관목(高灌木) 블루베리라고 부르기도 한다. 저관목(低灌木) 블루베리라고도 하는 **야생 블루베리**는 강렬한 풍미를 지니고 있으며 제철인 늦여름과 초가을에 쉽게 찾아볼 수 있지만 냉동으로도 판매된다. **말린 블루베리**는 진한 풍미가 있어 오븐에 굽는 요리나 그래놀라에 사용하면 무척 잘 어울린다.

허클베리는 유사한 몇 가지 품종을 집합적으로 지칭하는 용어로서 비교적 씨가 크다. 큰 씨 때문에 상대적으로 과육이 적다는 단점에도 불구하고 대부분의 허클베리는 선호도가 꽤 높으며, 특히 붉은색 허클베리와 강렬한 블루베리 풍미를 지닌 푸른색 또는 캐스케이드 허클베리가 높은 평가를 받는다.

신선한 블루베리와 허클베리를 보관하려면 189쪽을 참고한다. 레몬, 크림, 요구르트, 계피, 복숭아와 조합하면 어울림이 좋다. 블루베리에 신맛이 부족할 경우 약간의 레몬즙을 넣어주거나 프리저브를 만들 때처럼 잘 익은 베리에 살짝 분홍빛이 도는 덜 익은 베리를 소량 섞어도 좋다. 블루베리 머핀, 블루베리와 복숭아 버클, 블루베리 버터 등의 레시피도 참고하자.

블루베리 콩포트

약 ¼컵

진한 풍미의 이 콩포트는 팬케이크나 와플, 아이스크림 또는 치즈 케이크에 얹어서 낸다.

중간 크기의 편수 냄비에 다음을 넣고 섞는다.

　　생과일 또는 냉동 블루베리, 야생 블루베리 또는 허클베리 2컵

　　설탕 ¼컵

　　레몬 1개의 껍질, 강판에 곱게 갈기

　　레몬즙 2큰술

　　(통계피 1개 또는 계핏가루 ¼작은술)

　　(바닐라 빈 ½개, 세로로 반 가르기)

중강불에 올려서 부르르 끓어오르면 불을 줄인 다음 베리에서 즙이 나오고 혼합물이 수프와 비슷한 농도가 될 때까지 약 5분간 뭉근히 끓인다. 작은 그릇에 다음을 넣고 섞는다.

　　옥수수 전분 1작은술

　　찬물 1큰술

옥수수 전분 혼합물을 블루베리에 넣고 소스가 걸쭉해질 때까지 1분 정도 뭉근히 끓인다. 식혀서 냉장고에 보관한다. 차갑게 또는 따뜻하게 낸다.

블랙베리, 라즈베리, 그 외 케인베리에 대해

라즈베리, 블랙베리, 그리고 맛있는 유사 품종들(통칭해서 케인베리라고 부른다.)

은 가장 매력적인 베리라고 해도 과언이 아니다. 통통하고 진한 색을 띠며 입안에 넣으면 새콤달콤한 즙이 폭발하듯 터진다. 라즈베리는 한 손에 꼽을 만큼 종류가 적고 붉은색, 호박색, 보라색, 검은색의 네 가지 색깔을 띤다. 블랙베리는 수백 가지 종류가 있으며, 야생이든 재배종이든 모두 강렬한 신맛을 내기 때문에 설탕을 첨가해 먹기 좋게 만드는 경우가 많다.

원품종만큼이나 과즙이 풍부한 교배종 케인베리들도 무척이나 다양하다. **매리언베리, 올라리베리, 로건베리**는 모두 블랙베리와 비슷한 모양을 하고 있지만, 로건베리는 검은빛이 도는 보라색이 아니라 진한 붉은색을 띠고 있으며 매리언베리는 특히 씨알이 굵고 즙이 많다. **보이즌베리**는 단맛과 신맛이 절묘한 조화를 이루어 특히 맛있다. **테이베리**는 라즈베리와 비슷하지만 달콤하고 알이 굵다.

모든 케인베리는 여름이 제철이다. 통통하고 모양이 야무지며 색이 진해야 잘 익은 것이다. 이러한 베리는 상당히 연약하므로 매우 조심히 씻거나 다루어야 한다. 베리는 특히 표면에 곰팡이가 생기기 쉬우므로 식초 물에 씻는 방법을 고려해보자. 더욱 자세한 보관 관련 정보는 베리에 대해 항목을 참고한다.

라즈베리는 헤비크림, 사워크림, 크렘 프레슈, 바닐라, 라임 껍질, 살구와 복숭아 그리고 타임과 잘 어울린다. 아래에 소개하는 것 이외의 다른 레시피는 신선한 베리 쿨리, 과일 브륄레, 라즈베리 소르베, 라즈베리 슈트로이젤 바를 참고한다.

블랙베리 또는 라즈베리 플러머리

4~6인분

오트밀과 우유 또는 요구르트에 곁들여 아침으로 먹거나 디저트로도 즐길 수 있다.

커다란 편수 냄비에 다음을 넣고 섞는다.

　　블랙베리 또는 라즈베리 1ℓ

　　물 ½컵

　　설탕 2큰술~⅓컵, 맛을 보면서 조절

　　계핏가루 ¼작은술

　　소금 1자밤

중강불에 올려서 부르르 끓어오르면 불을 줄이고 살살 저으면서 5분간 뭉근히 끓인다. 작은 그릇에 다음을 넣고 섞는다.

　　물 3큰술

　　옥수수 전분 2큰술

물에 녹인 옥수수 전분을 베리 혼합물에 넣고 저으면서 걸쭉해질 때까지 약 3분간 조리한다. 적당히 식힌 다음 냉장고에 넣어 차갑게 식힌다. 취향에 따라 다음을 위에 뿌려서 낸다.

　　(헤비크림)

크랜베리에 대해

크랜베리는 키가 작은 관목에서 자란다. 크랜베리 재배업자들은 잘 익은 열매를 수확하기 위해 가을에 농장에 물을 부은 다음 위로 떠오르는 크랜베리를 건져낸다. 크랜베리는 신맛이 너무 강해 단독으로 먹기는 힘들다. 하지만 소스 또는 렐리시를 만들거나 오븐 구이 요리에 사용하면 근사한 맛을 낸다. 신선한 크랜베리는 10월부터 이듬해 1월 초까지 시장에서 구할 수 있다. 환한 붉은색을 띠며 통통하고 야무진 것을 고른다. 크랜베리는 놀랄 만큼 보관성이 뛰어나

므로 몇 주 전에 사서 원래 포장 그대로 냉장고에 넣어둔 것도 잘 상하지 않는다. 또한 오븐 팬에 넓게 펴서 얼린 다음 비닐봉지에 담아 냉동실에 넣으면 1년 정도는 거뜬히 보관할 수 있다.

요리에 사용하거나 얼리기 위해 크랜베리를 손질하려면 우선 크랜베리를 살펴보고 쪼그라든 베리나 잔가지를 골라낸 후 물에 씻는다. 냉동 크랜베리는 냉동실에서 꺼내 해동하지 않고 바로 사용할 수 있다. **말린 크랜베리**는 당분을 첨가한 것이 많지만 가끔 유기농 식료품점에서 무가당 건조 크랜베리가 눈에 띄기도 한다. 냉동 크랜베리는 오븐에 굽는 요리나 그래놀라에 사용한다. 말린 크랜베리를 불리는 방법은 181쪽을 참고한다.

크랜베리는 새콤한 맛 때문에 단맛과 짠맛이 조화를 이루는 요리에 사용하기에 매우 적합한데, 돼지고기, 야생 조류 고기, 사슴고기, 칠면조고기에 곁들이면 맛이 최고다. 크랜베리와 생강, 오렌지 껍질과 주스, 계피, 팔각, 연성 생치즈를 조합하면 잘 어울린다.

크랜베리 소스

6~8인분

I. 물에 씻고 잡티를 골라낸다.

    크랜베리 4컵(450g)

크랜베리를 편수 냄비에 넣고 다음을 붓는다.

    물 2컵

중강불에 올려서 부르르 끓어오르면 뚜껑을 덮고 불을 줄여서 껍질이 터질 때까지 3~4분간 뭉근히 끓인다. 베리를 식품 분쇄기에 넣어서 갈거나 믹서 또는 푸드 프로세서에 넣고 퓌레 상태로 만든다. 퓌레를 편수 냄비에 다시 넣고 다음을 넣어 젓는다.

    설탕 2컵
    레몬즙 1½큰술

팔팔 끓을 때까지 가열한 후 즉시 불에서 내린다.

II. 크랜베리 소스 젤리

위의 버전 I 레시피대로 조리한 후 소스를 5분간 더 끓인다. 소스의 표면에서 찌꺼기와 거품을 걷어내고 중간 굵기의 체로 걸러서 요리용 스프레이를 뿌린 4구짜리 틀에 붓는다. 뚜껑을 덮고 단단히 굳을 때까지 최소 4시간 또는 하룻밤 냉장고에 넣어둔다. 틀에서 뺄 때는 소스 젤리가 잘 빠지도록 틀의 아래쪽을 따뜻한 물에 담가둔다. 서빙용 접시에 뒤집어서 젤리를 빼낸다.

통과일 크랜베리 소스

6~8인분

중간 크기의 편수 냄비에 넣고 설탕이 녹을 때까지 저으면서 부르르 끓어오르도록 가열한다.

    설탕 2컵
    물 2컵

시럽을 5분간 끓인 뒤 다음을 넣는다.

    크랜베리 4컵(450g), 잡티를 골라내기

뚜껑을 열고 시럽에 잠긴 베리가 반투명 상태가 될 때까지 젓지 않고 약 5분간 아주 약한 불로 뭉근히 끓인다. 거품을 걷어낸다. 취향에 따라 다음을 넣는다.

    (오렌지 1개의 껍질, 강판에 곱게 갈기)

베리를 서빙용 접시에 붓는다. 굳을 때까지 식힌다.

크랜베리 소스의 추가 재료

크랜베리 소스 I 또는 통과일 크랜베리 소스를 만들 때 설탕과 함께 다음을 넣을 수 있다.

    굵게 간 흑후추, 계핏가루 또는 오향 분말 최대 ½작은술
    정향 가루 최대 ¼작은술
    껍질을 벗기고 다진 신선한 생강 1큰술 또는 생강 가루 ½작은술
    다진 타임 또는 로즈메리 최대 1큰술
    포트, 버번, 드라이 레드와인, 체리나 석류 주스 또는 발사믹 식초 3큰술
    말린 체리, 커런트 또는 건포도 ½컵
    깍둑썰기한 사과 1컵
    다진 샬롯 ¼컵
    피칸 또는 호두 ½컵, 구워서 굵게 썰기
    당밀 또는 사탕수수 시럽 1큰술 또는 적당량

설탕 2컵 대신 다음을 넣어서 크랜베리 소스에 단맛을 추가할 수도 있다.

    갈색 설탕 또는 코코넛 슈거 2컵
    꿀 또는 메이플 시럽 1~1½컵, 맛을 보면서 조절

생크랜베리 렐리시

약 2½컵

다음에서 잡티를 골라낸다.

    크랜베리 340g짜리 1봉지(3컵)

다음을 8등분하고 씨를 뺀다.

    껍질을 벗기지 않은 네이블 오렌지

크랜베리 절반과 오렌지 절반을 푸드 프로세서에 넣고 잘게 썰되 퓌레 상태까지는 되지 않도록 짧게 몇 번 작동시킨다. 중간 크기의 그릇에 옮긴다. 남은 크랜베리와 오렌지 절반도 마찬가지로 잘게 썬다. 다음을 넣어 젓는다.

    설탕 1컵 또는 적당량

뚜껑을 덮어서 냉장고에 최소한 하루 이상 넣어두었다가 먹으며, 최대 2주까지 보관할 수 있다.

구스베리에 대해

반투명한 구슬 같은 모양의 이 베리는 새콤달콤하며 포도처럼 입안에서 톡 터진다. 미국에서는 구스베리를 그다지 많이 재배하지 않아서 만약 신선한 구스베리가 눈에 띈다면 아마도 농장 가판대 또는 직거래 장터이거나, 지인이나 이웃 또는 당신의 집 뒤뜰에 열렸을 가능성이 크다. 가장 흔한 품종은 구슬만 한 크기의 동그란 모양에 잘 익으면 연한 녹색, 노란색, 호박색, 분홍색 또는 보라색을 띤다. 가끔 진한 보라색의 **요스타베리**(jostaberry)를 볼 수도 있는데, 이는 두 종류의 구스베리와 뒤에 소개하는 블랙커런트를 교배한 종이다.

구스베리는 이른 여름에 제철을 맞는다. 보관 방법은 베리에 대해 항목을 참고한다. 구스베리는 일반적으로 덜 익어서 시큼하고 녹색일 때 수확하며 설탕과 함께 조리하는 레시피에 사용한다. 그러나 완전히 잘 익은 구스베리는 그냥 생으로 먹을 수 있을 정도로 달콤하다. 구스베리의 "위와 아래를 잘라낸다."라는 말은 위쪽에 붙은 꼭지와 아래쪽에 붙은 꽃송이 남은 부분을 떼어낸다는 뜻이다.

구스베리 크림 봉봉은 전통적인 영국식 디저트다. 이 디저트를 만들기 위해서는 구스베리를 사용해 과일 퓌레를 만든 뒤 완전히 식히고, 과일 크림 봉봉

Ⅰ 또는 Ⅱ 레시피의 신선한 과일 퓌레를 구스베리 퓌레로 대체한다. 구스베리를 케이프 구스베리와 혼동하지 말자. 케이프 구스베리는 완전히 별개의 품종이며 조리 방법도 다르다. 구스베리는 딸기, 헤비크림 또는 클로티드 크림, 엘더플라워 리큐어, 구운 아몬드와 잘 어울린다. 구스베리 또는 커런트 젤리 레시피도 함께 참고한다.

커런트에 대해

까치밥나무의 열매인 커런트는 기후에 따라 6월 중순부터 8월까지 제철을 맞는다. 자그마하고 동그란 모양의 반짝거리는 커런트는 크게 **레드커런트**와 **블랙커런트**의 두 가지 종류로 나뉜다. **화이트커런트**는 레드커런트 중에서 신맛이 약한 품종이다. 블랙커런트는 레드보다 수확이 까다로우므로 다소 구하기 어렵지만 일단 눈에 띄면 무조건 장바구니에 넣자! 기가 막힌 풍미를 즐길 수 있을 것이다. **말린 커런트**는 사실 말린 포도의 한 종류다. 더 자세한 내용은 포도에 대해 항목을 참고한다.

커런트는 아주 새콤하고 씨가 많으며 보통 조리해서 먹는다. 레드커런트는 세계에서 가장 인기 있는 젤리의 재료 중 하나이며, 단맛이 더 강하고 풍미가 진한 블랙커런트는 잼으로 만들어도 맛있고 키르의 핵심 재료인 크렘 드 카시스 같은 리큐어를 만들 때도 사용된다. 커런트는 보통 줄기에 다닥다닥 달린 송이 형태로 판매한다. 초콜릿 케이크나 과일 타르트의 가니시로 곁들이면 무척 예쁠 뿐만 아니라 과일 샐러드에 넣어도 눈에 확 띈다. 포크나 손가락으로 조심스럽게 줄기에서 떼어낸다. 뚜껑 있는 용기에 키친타월을 깔고 커런트를 넣어서 냉장고에 보관한다. 커런트는 야생동물의 고기, 맛이 진한 붉은색 육류, 크림, 초콜릿과 잘 어울린다. 또한 구스베리 또는 커런트 젤리, 다섯 가지 과일 잼 코케뉴 레시피도 참고하면 유용하다.

멀베리와 엘더베리에 대해

비록 직접 연관된 종은 아니지만, 이 두 가지 베리는 나무에서 열리고 일반적으로 야생에서 채집한다는 공통점이 있으며 여름에 농장 가판대에서 가끔 눈에 띄기도 한다. 뽕나무 열매, 즉 오디라고도 부르는 **멀베리**는 블랙베리를 길쭉하게 늘어놓은 것과 비슷한 모양을 하고 있다. 단맛이 두드러지게 강해 시럽, 리큐어, 프리저브로 만들면 무척 맛있다. 흰색 멀베리는 당도가 매우 높으며 신맛이 아주 약하거나 없다. 또한 말린 보라색 또는 흰색 멀베리는 다른 말린 과일과 같은 방식으로 활용할 수 있다. 딱총나무 열매를 지칭하는 **엘더베리**는 크기가 작고 보랏빛이 도는 베리로 가지 모양을 이루며 자란다. 가지를 통째로 오븐 팬에 놓고 얼려서 우묵한 그릇이나 쇼핑백 안에 넣고 흔들면 열매가 후두두 떨어진다. 엘더베리는 생으로 먹기에 너무 시큼한 경우가 많아 주로 와인, 젤리, 잼을 만드는 데 사용한다. 엘더베리로 과일 시럽을 만들면 음료 및 칵테일에 풍미와 함께 아름다운 색감을 더할 수 있다. 반드시 기억해야 할 점은 ▶ 열매와 꽃을 제외한 엘더베리 나무의 모든 부분에 독성이 있다는 것이다. 또한 열매라도 녹색의 덜 익은 상태라면 독소가 들어 있을 수도 있다. 가끔 하나씩 들어 있는 줄기는 크게 문제가 되지 않지만, 엘더베리를 사용하기 전에 최대한 꼼꼼히 줄기와 녹색 열매를 골라내는 것이 좋다. 멀베리와 엘더베리는 모두 뚜껑 있는 용기에 키친타월을 깔고 넣은 후 냉장고에 보관해야 한다.

엘더플라워는 취할 정도로 향기가 진하며 전통적으로 잼, 커스터드, 코디얼에 우려내는 재료로 사용해왔다. 우리 집에서는 판나 코타에 사용할 크림에 엘더플라워를 우려냈더니 훌륭한 결과물이 나왔다. 엘더플라워는 딸기, 루바브, 구스베리 등과 같이 봄에 즐기는 다른 별미들과 잘 어울린다. 엘더플라워는 키친타월을 깐 용기에 넣어 냉장고에서 최대 3일까지 보관할 수 있다.

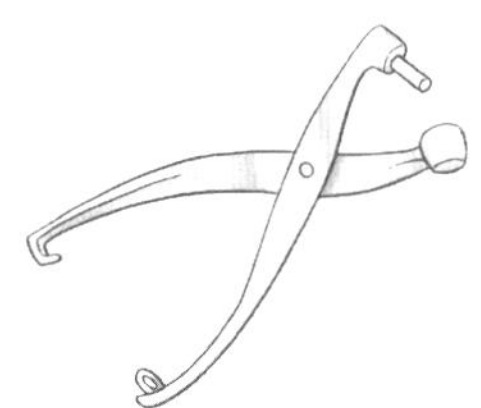

체리 씨 제거기

체리에 대해

체리는 달콤한 체리와 시큼하고 톡 쏘는 맛의 체리, 이렇게 완전히 상반되는 두 종류로 나눌 수 있다. **달콤한 체리**의 제철은 5월 말부터 8월까지다. 마트에서 흔히 볼 수 있는 달콤한 체리는 대부분 빨간색의 **빙**(Bing) 체리 또는 황금색이 도는 **레이니어**(Rainier), **퀸 앤** 품종이다. 어느 쪽을 사든 통통하고 윤기가 흐르며 단단하고 야무진 것을 고른다. 빙 체리는 잘 익을수록 암적색을 띠고, 잘 익은 레이니어와 퀸 앤 품종은 발그레한 분홍색이 된다. 달콤한 체리는 뚜껑이 있는 용기에 넣어두면 냉장고에서 최대 일주일까지 보관할 수 있다. 과일 샐러드에 넣으면 근사하게 어울린다.

'파이 체리'라고도 부르는 **시큼한 체리**는 지역에 따라 6월부터 8월까지 마트에서 찾아볼 수 있다. 열을 가하고 설탕을 첨가하면 시큼한 맛이 다소 중화되지만 우리는 이 시큼한 체리를 생으로 먹기도 한다. 근사한 풍미를 지니고 있으며 일반적으로 단독으로 먹어도 충분할 만큼 시큼한 맛이 그리 강하지 않다. **조생종 리치먼드** 품종은 가장 먼저 시장에 나오는 파이 체리다. 야생에서 자라는 시큼한 체리는 **모렐로**에서 파생된 품종이다. **몽모랑시**(Montmorency) 품종은 가장 흔히 볼 수 있는 시큼한 체리로 소방차처럼 새빨간 색을 띤다. 시큼한 체리를 고르는 방법은 달콤한 체리와 같지만, 달콤한 체리보다 연약하므로 그보다 짧은 3~4일 정도밖에 보관할 수 없다는 점을 기억하자. 제철 기간이 짧으므로 우리는 시큼한 체리를 사용할 양보다 훨씬 넉넉히 구입해 한 겹으로 얼린 후 지퍼백에 담아 냉동실에 보관했다가 나중에 사용한다. 체리 씨 제거기를 사용하면 모든 체리의 씨를 가장 손쉽고 깔끔하게 제거할 수 있다.

말린 체리는 부드럽고 달콤하며 반죽이나 튀김옷을 입혀도 물기가 질척이지 않기 때문에 일부 오븐 요리에 신선한 체리 대신 사용할 수 있다. 말린 체리를 불릴 때는 1005쪽을 참고한다. 모든 체리는 증류주, 특히 키르슈와 마라스키노 리큐어에 매우 잘 어울리며 다크 럼, 브랜디, 아마레토와도 좋은 궁합을 자랑한다. 그뿐만 아니라 아몬드, 바질, 타라곤, 계피, 바닐라, 초콜릿에 곁들여도 근사하게 어울린다.

리코타, 꿀, 아몬드를 넣은 시큼한 체리
4인분

이 레시피를 맛있게 완성하려면 리코타 치즈의 품질이 무엇보다 중요하다. 우리는 리코타 치즈를 직접 만들기를 권하지만 일부 식료품점에서도 뛰어난 품질의 리코타 치즈를 구할 수 있다. 아몬드 대신 아마레티 쿠키를 잘게 부수어 위에 뿌려도 잘 어울린다.

작은 그릇에 다음을 넣고 섞는다.

일반 우유로 만든 리코타 치즈 1⅓컵(340g)

꿀 3큰술

리코타 치즈를 작은 그릇 4개에 적당히 나눠 담는다. 숟가락으로 리코타 치즈의 가운데에 움푹 들어간 공간을 만들고 각각 다음을 넣는다.

씨를 뺀 시큼한 체리 ¼컵(총 1컵)

그 위에 각각 다음을 붓는다.

키르슈 또는 마라스키노 리큐어 1큰술(총 ¼컵)

그릇마다 위에 다음을 홀홀 뿌린다.

굵게 썬 마르코나 아몬드 또는 구운 아몬드 2큰술(총 ½컵)

체리 주빌레

약 1컵

작은 편수 냄비를 중불에 올리고 다음을 넣어 가열한다.

빙 체리 또는 그 외의 달콤한 체리 225g, 씨를 빼고 반으로 자르기

설탕 ¼컵

설탕이 녹고 체리에서 즙이 충분히 빠져나와 소스 형태가 될 때까지 저어가며 조리한다. 다음을 넣는다.

브랜디, 버번 또는 화이트 럼 ¼컵

술이 따뜻하게 데워질 때까지 가열한 후 기다란 나무 성냥이나 라이터로 조심스럽게 불을 붙인다. 불꽃이 잦아들면 다음을 넣는다.

키르슈 2큰술

다음 위에 얹거나 곁들여서 뜨겁게 낸다.

달콤한 크레이프, 바닐라 아이스크림 또는 치즈 케이크

설탕에 재워 허브를 곁들인 체리

4인분

그릴에 익히거나 구운 가금류 또는 돼지고기의 곁들임 음식으로 내면 잘 어울리며, 아이스크림 및 파운드 케이크와 함께 디저트로 먹어도 좋다.

중간 크기의 그릇에 다음을 넣고 섞는다.

달콤한 체리 450g, 씨를 빼고 반으로 자르기

설탕 ¼컵

레몬즙 또는 발사믹 식초 3~4큰술, 맛을 보면서 조절

흑후추 ¼작은술

중간에 한두 번 뒤적여주면서 실온에서 15분 이상 두거나 냉장고에 넣어서 최대 2일간 재운다. 내기 직전에 다음을 넣고 섞는다.

굵게 썬 바질, 민트 또는 타라곤 2큰술

실온 상태로 낸다.

야생 베리 및 그 외의 희귀한 베리에 대해

상당수의 야생 베리는 거주지의 기후가 그 베리의 생장에 적합하기만 하면 쉽게 채집할 수 있다. 듀베리는 아주 작은 블랙베리 같은 모양이며(맛도 상당히 비슷하다.) 미국 남동부 대다수 지역에서 야생으로 자란다. 팀블베리 역시 야생에서 발견되며, 기분 좋은 신맛에 짙은 붉은색을 띠고 라즈베리보다 더 연하다. 분홍색에 가까운 새먼베리는 하이킹을 하다가 간식으로 따먹기에는 좋지만 풍미는 다소 약하다. 메이호는 미국 최남단 지역의 강, 개울, 습지대에서 자라며 주로 젤리를 만들 때 사용한다. 살랄베리는 태평양 연안 북서부에서 풍

부하게 자라고 다른 많은 야생 베리처럼 해당 지역의 중요한 토착 식재료다. **아로니아**라고도 하는 **초크베리**는 거의 검정에 가까운 색을 띠며 상당히 신맛이 강하지만, 설탕이나 단맛이 강한 다른 베리와 함께 조리하면 맛이 좋아진다.

일부 베리는 생과일보다 건조 또는 가공 처리한 형태로 더욱 쉽게 찾아볼 수 있다. **바베리**는 작고 새콤한 붉은색의 베리로 페르시아 지방에서 쌀 요리, 오븐 요리, 디저트에 자주 사용된다. **고지베리**는 탁한 붉은색을 띠며 길쭉한 모양을 하고 있다. 신맛보다는 단맛이 강하지만 약간의 짭짤한 맛도 있어서 종종 방울토마토에 비유하기도 한다. **아사이베리**는 야자의 일종으로 진한 보라색을 띠며, 스무디에 사용할 수 있는 가루나 냉동 퓌레의 형태로 쉽게 구할 수 있다.

과일용 막대형 강판, 감귤류 주스기, 감귤류 과즙기

감귤류에 대해

감귤류는 또 하나의 거대한 과일군으로 수천 개의 종류가 있지만, 상업적으로 재배 가능한 품종은 극히 일부에 불과하다. 모든 감귤류 품종은 포멜로, 만다린, 시트론의 세 가지 과일을 다양하게 조합하여 탄생한 교배종이다. 감귤류를 살 때는 손에 쥐었을 때 단단하지만 꾹 누르면 살짝 말랑한 느낌도 있으며(돌처럼 딱딱한 과일에서는 즙이 덜 나온다.) 크기에 비해 묵직한 과일을 고른다. 마트에서 판매하는 감귤류 과일에는 보통 얇게 왁스 처리가 되어 있다. 이 왁스는 인체에 해롭지는 않지만 껍질을 갈아서 사용할 때는 왁스를 그대로 먹게 되므로 아무래도 바람직하지 않다. 흐르는 물에 솔로 껍질을 박박 문질러 씻어서 왁스를 제거하면 좋다.

감귤류 껍질을 강판에 갈 때는 ▶ 껍질 안의 흰색 중과피 부분은 쓴맛이 나기 때문에 색이 진한 겉껍질만 벗겨낸다. 감귤류 껍질을 아주 얇고 길게 벗겨내기에 가장 알맞은 도구는 껍질칼(zester)이지만, 껍질을 넓게 벗겨내도 상관없다면 채소 껍질 벗기는 도구나 샤넬 나이프도 사용할 수 있다. 과일용 거친 강판은 껍질을 아주 곱게 갈 때 유용하다. 또는 상자형 강판의 가장 고운 면을 사용해도 좋다.

감귤류즙을 추출하려면 우선 딱딱한 표면에 과일을 놓고 그 위에 손바닥을 올린 다음 꾹 누르면서 앞뒤로 굴려준다. 가로로 반 잘라서 과일 1개의 즙만 필요할 때는 위의 오른쪽 그림과 같은 감귤류 과즙기로 즙을 짜낸다. 급할 때는 집게를 오므려 잡고 사용해도 그럭저럭 쓸 만하다. 과일 여러 개의 즙을 짤 때는 위의 가운데 그림처럼 용기가 있는 일반적인 감귤류 주스기나 경첩이 달린 감귤류 주스기, 전기 착즙기가 가장 편리하다. ▶ 감귤류즙은 모든 요리를 통틀어 가장 중요한 식재료 중 하나로 꼽을 수 있으며 그중에서도 특히 레몬즙과 라임즙의 활용도가 매우 높다. 따라서 우리 집 주방에는 레몬과 라임이 절대 떨어지지 않는다. 감귤류즙은 맛이 진한 요리를 상큼하게 살려주고(또는 맛이 진한 요리를 보완하는 소스에 사용할 수 있으며) 모든 샐러드에 빠질 수 없는 재료이면서 오븐 요리에 꼭 필요한 산미와 복잡한 풍미를 끌어올려준다. 두꺼운 감귤류 껍질은 설탕 절임에 안성맞춤이다.

감귤류는 일단 나무에서 딴 이후에는 더 이상 숙성되지 않지만 일반적으로 잘 익은 상태에서 수확한다. 실온에서 일주일간 보관할 수 있으며 냉장고에 넣으면 3~4주는 거뜬히 버틴다.

감귤류 과일의 조각을 분리하려면 과일의 위쪽과 아래쪽을 조금 잘라서 도마 위에 안정되게 놓는다. 잘 드는 칼로 껍질과 흰색 중과피를 벗겨내되, 과일의 곡선을 따라 칼을 움직이면서 과육을 최대한 적게 잘라낸다. 흐르는 즙을 전부 받아낼 수 있도록 과일 아래에 그릇을 놓고 감귤류 조각 사이의 흰색 막 부분에 칼집을 넣어 조각을 각각 분리한다.(쉬프렘suprême이라고 부른다.) 조각을 하나씩 들고 씨를 전부 뺀다. 조각들을 전부 떼어낸 후에는 남은 흰색 막을 꾹 짜서 즙을 모두 그릇에 받아낸다.

감귤류 과육을 조각으로 분리하기(쉬프렘)

레몬과 라임에 대해

이 두 가지 과일은 요리에 빠질 수 없는 재료다. ▶ 레몬이나 라임을 짜서 즙을 살짝 뿌리면 소금을 살짝 뿌린 것처럼 모든 재료의 천연 풍미가 확 살아난다. 감귤류 껍질, 즙, 껍질 벗기는 방법에 대해서는 감귤류 과일에 대해 및 감귤류 껍질과 즙 항목을 참고한다. 즙이 많은 레몬은 껍질이 얇고 반질거리며 노란색을 띤다. 레몬과 탠저린의 교배종인 **메이어 레몬**은 일반적인 레몬보다 단맛이 강하고 신맛이 덜하며 독특한 향기와 풍미를 지니고 있어 드레싱에 버무린 샐러드와 과일 음료에 넣으면 잘 어울리고 디저트나 마멀레이드에도 사용할 수 있다. 일반적인 레몬과 같은 용도로도 사용할 수 있으며 소금 절임 레몬으로 만들어서 오래 두고 먹을 수도 있다.

주변에서 가장 쉽게 볼 수 있는 라임은 **베어스** 또는 **타히티 라임**이라고도 부르는 **페르시아 라임**이다. 자그마한 **키 라임**은 시큼하고 복합적인 풍미가 있어서 어떤 사람들은 키 라임 파이를 만들 때 없어서는 안 될 재료라고 생각한다. 우리는 불경스럽게도 키 라임즙을 평범한 라임즙으로 대체해봤지만 별다른 문제는 없었다. 자그마하고 울퉁불퉁한 **마크럿 라임**(안타깝게도 오랫동안 남아프리카의 인종차별적 욕설인 카피르[kaffir, 깜둥이라는 의미 — 옮긴이]라는 이름으로 알려져 왔다.)의 껍질과 잎은 향기가 진하며 동남아시아 요리에 자주 사용된다. 마크럿 라임의 잎을 허브로 활용하는 방법은 1059쪽을 참고한다. 마크럿 라임의 즙도 향기가 진하지만 먹을 수 없을 정도로 쓰다.(보통 즙은 사용하지 않는다.) **핑거 라임**은 감귤류 범주 안에서도 무척 독특한 과일이다. 2.5~5cm 길이의 길쭉하고 날씬한 모양을 하고 있다. 다른 감귤류 과일과 마찬가지로 소낭, 즉 작은 주머니에 과즙이 들어 있지만, 핑거 라임의 과즙 주머니는 따로 분리해서 가니시로 사용할 수 있을 정도로 단단하며 상큼하게 탁 터지면서 라임 풍미를 더해준다. **랑푸르 라임**은 사실 레몬과 만다린 오렌지의 교배종으로서 진을 양조할 때 향미 성분으로 사용하기도 하며, 진토닉에 넣으면 근사한 맛을 낸다는 사실을 우리가 보증한다. **루미라고 부르는 말린 라임**에 대해서는 1016쪽을 참

고한다.

라임즙과 레몬즙의 풍미는 사뭇 다르지만 상황이 여의치 않을 때는 서로를 대신해 요리에 맛을 내는 데 사용할 수 있다. 레몬과 라임을 주재료로 사용하는 레시피는 소금 절임 레몬, 감귤류 그라니타, 레몬 커드, 레모네이드 또는 라임에이드, 레몬 바, 레몬 머랭 파이, 키 라임 파이, 오하이오 셰이커 레몬 파이, 아브골레모노, 소파 데 리마 및 코코넛 오이 샐러드 등을 참고한다.

시트론에 대해

시트론은 비교적 구하기 어렵고 소비량도 적지만 우리가 즐겨 먹는 다양한 감귤류 과일이 바로 이 시트론에서 탄생했다. 시트론은 포멜로, 만다린 오렌지와 함께 가장 역사가 깊은 감귤류 원종이다. 레몬에서 베르가모트, 자몽, 키 라임에 이르기까지 우리가 아는 모든 감귤류 품종은 이 세 가지 조상 품종의 교배로 태어난 자손이다.

베르가모트 오렌지와 마크럿 라임처럼 시트론은 주로 즙보다는 향기로운 껍질을 사용하기 위해 재배한다. 시트론의 겉껍질 간 것이나 두꺼운 껍질은 설탕에 절여서 케이크와 디저트에 사용한다. 전통적으로 시트론은 식탁을 장식하는 데에도 사용했다.(또는 침구류를 보관하는 옷장에 넣어두었다.) 시트론을 넣어두면 송진 같은 진한 향기가 방 전체에 풍긴다. 노란색에 문어발처럼 여러 갈래로 뻗은 **부처의 손 시트론**(Buddha's hand citron)은 거의 과일 전체가 껍질로 이루어져 있으며 과육이나 즙이 들어 있지 않다. **에트로그 시트론**은 길쭉하게 늘린 커다란 레몬 같은 모양을 하고 있으며 표면이 울퉁불퉁하거나 세로로 길게 고랑이 나 있다. 에트로그 시트론의 껍질도 상당히 두껍지만 가운데에는 즙이 많은 과육이 약간 들어 있다. 그 외에도 지중해 연안 지역에서는 다양한 시트론 품종이 무리를 지어 자란다. 색깔은 녹색에서부터 노란색까지 다채로우며 산미와 과즙 함유량도 가지각색이다. 레몬과 비슷한 크기의 품종이 있는가 하면 캔털루프 멜론만큼 큼직한 것도 있다.

부처의 손 시트론과 둥근 모양의 지중해산 시트론 품종은 가을과 겨울에 식료품 전문점이나 감귤류 재배 지역의 직거래 장터에서 가끔 보이기도 한다.

설탕 절임 시트론은 길쭉하게 또는 작게 자른 모양으로 판매된다. 대부분 맛이 별로 없어서 시트론은 맛없는 과일이라는 잘못된 인식이 생겼다. 중동이나 인도 식료품점 또는 인터넷 쇼핑을 통해 구매할 수 있는 품질 좋은 설탕 절임 시트론은 4등분 또는 2등분해서 절인 경우가 많다. 시트론 껍질을 직접 설탕에 절이려면 934쪽을 참고한다.

오렌지에 대해

오렌지는 만다린과 포멜로의 교배종이다. 중국에서 지중해 지역과 북아메리카로 전파되었으며 현재 미국에서는 플로리다, 텍사스, 캘리포니아주에서 오렌지를 대량으로 재배하고 있다.

달콤한 오렌지는 보통 몇 가지 범주로 나뉜다. 어디서나 쉽게 찾아볼 수 있는 '흰색' 오렌지에는 가장 인기가 높은 **발렌시아** 품종이 포함된다. '주스용'으로 알려진 이 오렌지는 연간 수확량의 상당 부분을 차지한다. 발렌시아 오렌지는 보통 주스용으로 재배한다고는 하지만 그냥 생으로 먹어도 맛있다. **네이블 오렌지**는 나무에 열린 상태로 익으면 꼭지의 반대쪽에 자그마한 두 번째 열매가 달리는데 그 모양이 배꼽을 닮았기 때문에 네이블이라는 이름이 붙었다.(어린 네이블 오렌지는 배꼽이 보이지 않는다.) 네이블 오렌지는 '생식용', 즉 생으로 먹는 오렌지로 분류된다. **카라카라 네이블**의 과육은 붉은빛이 도는 아름다운

색을 띠며 특히 생과일로 먹기에 적합하다. 진한 적갈색 과육을 가진 **블러드 오렌지**는 12월부터 3월까지 출하된다. 색깔도 근사할 뿐만 아니라 맛도 뒤지지 않을 만큼 뛰어나다. 블러드 오렌지는 일반 오렌지보다 신맛이 강하고 강렬한 향기를 뿜는다. **모로**와 **타로코** 블러드 오렌지가 가장 흔히 볼 수 있는 품종이며 껍질에 발그레하게 붉은빛이 돌기도 한다. 껍질의 색은 과육의 색과 크게 관련이 없으며 껍질과는 상관없이 과육은 다양한 색을 띤다.

시큼한 오렌지(또는 **쌉쌀한 오렌지**나 **세비야 오렌지**라고 부르기도 한다.)는 쉽게 찾아볼 수 없지만, 늦가을이나 겨울이라면 한번 구해볼 만하다. 시큼한 오렌지는 전통적인 영국식 마멀레이드에 사용하거나 껍질의 강렬한 풍미를 리큐어에 우려내고 꽃송이를 사용해 등화수의 향기를 내는 품종으로 가장 잘 알려져 있다. 시큼한 오렌지의 즙은 모조, 하바네로 감귤류 핫소스 등과 같이 카리브해와 유카탄식의 다양한 소스를 만들 때 중요한 재료다. 시큼한 오렌지를 구하기 어려울 때 비슷한 맛을 내려면 간단하게 라임 주스와 오렌지 주스를 같은 분량으로 섞어서 사용하면 되지만, 더 정확하게 맛을 재현하려면 오렌지 주스에 자몽 주스를 섞어서 라임즙과 1:1로 혼합하면 된다. **베르가모트 오렌지**는 얼그레이 차의 향을 내는 재료로 가장 잘 알려져 있다. 베르가모트의 껍질과 즙은 아주 향기가 진하다. 생으로 먹기에는 적합하지 않으나 진한 향기를 살려 오븐 요리에 활용하거나 일부 리큐어에 사용한다.

만다린은 크기가 작고 껍질을 쉽게 벗길 수 있으며 즙이 많고 달콤한 과육을 지닌 감귤류다. **탠저린**과 **클레멘타인** 역시 작고 즙이 많으며 달콤한 만다린 교배종이다. **사츠마**는 달콤하고 씨가 없는 품종으로 향기가 매우 진하고 껍질이 말랑하며, 과육도 아주 맛있지만 껍질도 요리를 만들 때 유용하다. 말려서 스튜와 디저트에 활용한다. 만다린과 오렌지의 교배종인 **탕고르**는 살짝 눌러놓은 모양과 벗기기 쉬운 껍질 및 과즙이 풍부하다는 점에서 만다린을 닮았지만 맛은 오렌지와 비슷하다. **기슈**는 또 하나의 만다린 품종이지만 크기가 아주 작고 풍미가 강렬하다. **유자**는 사츠마의 교배종이며 미국 마트에서는 좀처럼 찾아보기 어렵고 일본계 식료품점에서 병에 든 유자즙을 구할 수 있다. 유자즙은 간장과 섞어서 그릴에 구운 송이버섯에 곁들인다. 또한 생선회를 찍어 먹는 용도로 내는 폰즈 소스의 재료이기도 하다.

탄젤로는 탠저린과 포멜로의 교배종이다. **미네올라**는 탄젤로의 한 종류로, 강렬한 주황색 껍질과 툭 튀어나온 목 부분 때문에 금세 알아볼 수 있다. 과즙이 풍부하지만 신맛이 꽤 강하고 씨도 많은 편이다. **어글리 프루트**는 커다랗고 껍질이 울퉁불퉁하며 노란색이 도는 탄젤로의 한 종류로 강렬한 자몽 풍미를 지니고 있다. 그러나 자몽보다 훨씬 단맛이 강하고 과즙도 풍부하다.

금귤은 울새의 알과 비슷한 크기다. 껍질과 과육을 통째로 먹을 수 있고, 다른 감귤류와는 달리 껍질이 아주 달콤하고 쓴맛이 없으면서 과육은 아주 시다. 주요 품종으로는 길쭉한 타원형의 **나가미**와 그보다 약간 크고 둥그런 모양의 **메이와**를 꼽을 수 있다. 둘 다 생으로 먹을 수 있으며 그냥 먹거나 얇게 썰어서 과일 샐러드에 넣으면 좋은데, 타원형 품종은 설탕에 절이거나 프리저브로 만들거나 콩포트로 먹으면 무척 맛있다. **만다린콰**은 만다린과 금귤의 교배종이다. 크기가 작은 편이지만 금귤과 비교하면 상당히 크며 타원형 모양에 꼭지 부분이 툭 튀어나와 있다. 껍질과 함께 통째로 먹을 수 있고 상쾌한 신맛을 내며 씨가 있다. 우리는 이 만다린콰이 눈에 띌 때마다 잔뜩 사서 쟁인다.

향이 강한 베르가모트 오렌지, 유자, 씨가 많고 시큼한 오렌지를 제외한 오렌지 과일군의 모든 품종은 달콤한 과일 샐러드뿐만 아니라 시칠리아식 오렌지, 회향, 양파 샐러드 등의 짭짤한 요리에도 잘 어울린다. 케이크, 콩포트, 달콤하거나 짭짤한 소스, 양념장, 셔벗 또는 그라니타에 오렌지 주스를 넣으면 상큼하게 맛이 확 살아난다. 우리는 감귤류 과일이 제철을 맞을 때마다 사츠마나 탠저린처럼 껍질이 얇은 품종의 껍질을 말려두었다가 따뜻하게 데운 사과 주스나 와인, 스튜 또는 디저트에 활용한다. 오렌지는 바닐라, 다른 감귤류 과일, 말린 대추야자, 피스타치오, 아몬드, 초콜릿, 생강과 잘 어울린다. 마멀레이드 만들기에 대해 항목도 함께 참고하자.

시럽에 절인 오렌지
약 5컵

아이스크림과 함께 먹으면 좋다. 쓰고 남은 시럽이 있다면 아무거나 섞어서 사용할 수 있다.

다음을 깨끗이 씻어서 물기를 닦고 껍질을 강판에 갈아서 한쪽에 둔다.

> 네이블 오렌지 큰 것 1개

작은 편수 냄비에 껍질 간 것을 넣고 다음을 추가하여 섞는다.

> 설탕 1컵
>
> 오렌지 마멀레이드 ½컵
>
> 물 ¼컵

중강불에 올리고 계속 저으면서 부르르 끓어오르면 불을 최대한 약하게 낮추고 10분간 뭉근히 끓인다. 시럽을 불에서 내리고 미지근해질 때까지 식힌다. 취향에 따라 다음을 넣고 젓는다.

> (코냑 또는 다른 브랜디 2큰술 또는 등화수 1작은술)

시럽을 한쪽에 둔다. 껍질을 갈아내고 남겨둔 오렌지에 다음을 합쳐서 과육을 잘라낼 때처럼 칼로 껍질을 벗긴다.(하지만 과육을 분리하지는 않는다.)

> 네이블 오렌지 큰 것 5개

오렌지를 가로 방향으로 6mm 두께로 썬다. 널찍하고 얕은 접시에 오렌지 슬라이스가 서로 약간씩 겹치도록 배열한 다음 그 위에 시럽을 붓는다. 뚜껑을 덮어서 12~24시간 정도 냉장고에 넣어둔다. 다음과 함께 낸다.

> 레몬 풍미의 버터 웨이퍼, 튀일, 아몬드 마카룬

금귤 콩포트
6인분

활용도가 높은 이 콩포트를 숟가락으로 떠서 요구르트, 아이스크림, 판나 코타 또는 다양한 커스터드에 얹어보자.

편수 냄비에 다음을 넣고 과일이 잠길 정도로 물을 붓는다.

> 금귤 2컵

부르르 끓어오를 때까지 가열한 다음 물을 따라낸다. 금귤을 고리 모양으로 얇게 썰고 씨를 제거한다. 중간 크기의 편수 냄비에 다음을 넣고 섞는다.

> 물 2컵
>
> 설탕 1컵
>
> (바닐라 빈 ½개, 세로로 반 가르기)

중강불에 올리고 부르르 끓어오를 때까지 가열한다. 금귤을 넣고 설탕이 녹으면서 과일이 부드러워질 때까지 약 5분간 뭉근히 끓인다. 금귤을 떠서 그릇에 옮겨 담는다. 냄비에 남은 시럽을 계속 끓여서 절반 분량으로 졸인다. 시럽을 걸러서 금귤 위에 붓고 뚜껑을 덮은 후 냉장고에 넣어 차갑게 식힌다.

자몽과 포멜로에 대해

자몽은 포멜로와 오렌지의 교배종이다. 달콤하고 과즙이 많으면서 나린진 (naringin)이라는 플라보노이드 물질 때문에 쓴맛이 나는 것으로 잘 알려져 있다. 쉽게 볼 수 있는 자몽 품종으로는 연한 색의 과육에 달콤한 맛이 강하고 즙이 풍부하며 쓴맛이 없는 **오로블랑코**를 비롯해 밝은 분홍색 과육의 **스타 루비와 리오 레드**, 그리고 오늘날 가장 많이 재배하는 자몽 품종 중 하나인 **화이트 마시** 등을 꼽을 수 있다.

왕귤나무 열매라고도 부르는 **포멜로**는 자몽의 조상이다. 큼직한 이 감귤류 과일은 최소한 자몽과 비슷하거나 그보다 더 큰 경우도 많다. 둥그렇거나 살짝 길쭉한 서양배 모양을 하고 있으며 과육은 단단하고 흰색 또는 분홍색을 띤다. 가장 쉽게 볼 수 있는 포멜로 품종인 **챈들러**는 달콤하고 맛있는 분홍색 과육을 자랑하며 보통 씨가 거의 없다. 자몽과 포멜로를 고를 때는 껍질에서 윤이 나고 묵직한 과일을 선택한다. 표면에 흠집이 있다고 해서 반드시 맛없는 과일이라는 뜻은 아니다.

흰색, 분홍색, 루비색 붉은 자몽의 제철은 1월에서 6월까지다. 자몽 및 그와 유사한 품종은 설탕 절임 생강, 꿀, 스파클링 와인과 조합하면 맛이 더욱 살아난다. 드레싱으로 버무린 샐러드에 넣으면 새콤하고 상쾌한 풍미로 맛을 확 살려주고, 아보카도, 지방이 많은 생선, 조개나 갑각류, 특히 관자나 새우 등 맛이 진한 음식과도 기가 막힌 궁합을 자랑한다. 자몽을 요리에 사용할 때는 얼굴을 찌푸릴 만큼 쓴맛이 강한 흰색 중과피를 제거하고 자몽의 과육을 각각 분리하여 손질한다. 자몽 껍질은 설탕 절임을 만들기에 좋은 재료다. 포멜로는 익힌 새우, 큼직하게 자른 포멜로 조각, 코코넛, 칠리 고추, 샬롯, 라임즙, 피시 소스를 넣어서 만드는 얌쏨오라는 태국식 샐러드의 중요한 재료다. 또한 구운 관자, 자몽, 라디치오 샐러드, 아보카도와 감귤류 샐러드, 호스래디시를 넣은 비트, 회향, 감귤류 샐러드, 핑크 자몽 소르베 등의 레시피를 함께 참고하자.

자몽 직화 오븐 구이

4인분

이 요리는 디저트 또는 아침 식사로 먹을 수 있다. 자몽을 직화 오븐 대신 조리용 토치를 사용해 그을리는 것이 편하다면 이 방법으로 만들어도 좋다. 자몽과 열원 사이의 거리가 약 10cm 정도 되도록 오븐 받침대의 위치를 조절한다. 직화 오븐을 예열한다. 가로로 반 자른다.

  자몽 2개, 분홍색 또는 붉은색 자몽 권장

커다란 씨를 제거한다. 취향에 따라 질긴 중간 부분을 잘라내도 좋다. 자몽 전용 칼이나 작은 톱니 칼로 과육 사이의 막과 중과피에 칼집을 넣어 껍질과 각 조각을 분리한다. 반으로 자른 자몽을 테두리 있는 작은 오븐 팬에 올린다. 자몽 위에 다음을 훌훌 뿌린다.

  백설탕 또는 갈색 설탕 1큰술(총 ¼컵)

  (생강 가루 또는 다진 설탕 절임 생강 1자밤)

위쪽이 갈색으로 변하기 시작할 때까지 직화 오븐에서 약 5분간 굽는다. 즉시 낸다. 취향에 따라 자몽의 가운데에 다음을 올려서 장식한다.

  (작은 라즈베리나 딸기 4개)

코코넛에 대해

코코넛은 코코넛(cocos nucifera) 야자나무에서 열리는 커다란 견과다. 식물학적으로 과일로 분류되지는 않지만, 우리가 코코넛을 사용하는 방법을 고려해보면 충분히 이번 장에서 다룰 만한 식재료다. 코코넛은 일반적으로 과일을 사용하는 요리에 넣거나 짭짤한 요리, 오븐에 구운 요리, 음료 등에 향기와 달콤한 맛을 더할 때 사용한다.

코코넛은 녹색의 덜 익은 상태로 판매하거나 완전히 익혀서 두꺼운 섬유질의 겉껍질을 벗긴 상태로 판매한다. 코코넛이 녹색이라면 위쪽을 크고 묵직한 칼이나 식칼로 쳐서 잘라내면 된다.(이때 칼을 조심스럽게 다뤄야 한다.) 안에는 코코넛 워터와 젤리 같은 식감의 먹을 수 있는 펄프, 그리고 아주 부드러운 흰색의 코코넛 과육이 들어 있다. 흰색의 어린 태국산 코코넛은 코코넛을 옆으로 돌려서 식칼로 위쪽의 흰색 섬유질 부분을 잘라낸 후 그 안의 딱딱한 껍질이 노출되도록 한다. 그다음 옆으로 눕힌 코코넛의 딱딱한 껍질에 식칼을 조심스럽게 내려쳐 칼날을 코코넛에 깊숙이 박는다. 코코넛을 똑바로 세우고 식칼을 비틀어서 껍질의 위쪽을 뜯어내면 안쪽의 코코넛 워터가 모습을 드러낸다.

코코넛이 풍부하게 자라는 지역에 살고 있다면 겉껍질을 벗기지 않은 잘 익은 코코넛을 구할 수 있으며, 그럴 경우 껍질을 직접 벗겨야 한다. 적당한 도구가 없다면 코코넛을 커다란 바위의 날카로운 면에 몇 번 던진다. 겉껍질을 벗겨낼 수 있을 만큼 충분히 틈이 벌어지지 않으면 한 단계 더 나아가 도끼나 커다란 식칼을 사용해야 할 수도 있다. 도끼나 식칼을 사용할 때는 ▶ 코코넛을 놓고 자르는 표면을 신중하게 선택해 날카로운 칼날에 표면이 손상되거나 반대로 칼날이 망가지지 않도록 주의하고, 잘못해서 빗나가는 바람에 칼을 잡은 사람이나 주변 사람이 다치지 않도록 조심한다.

코코넛을 깨다가 포기하거나 나가떨어지지 않았다는 전제하에, 그다음에는 겉껍질을 벗겨서 섬유질로 덮인 견과를 드러낸다. 일단 흔들어보자. 출렁거리는 소리가 나면 코코넛이 신선하며 코코넛 워터를 사용할 수 있다는 의미다.

잘 익은 코코넛의 딱딱한 갈색 껍데기를 깨려면 코코넛을 옆으로 잡고 아래에 커다란 그릇을 받친다. 코코넛의 위쪽 끝점과 아래쪽 끝점을 잇는 세 개의 길쭉한 세로줄을 찾는다.(코코넛의 '눈'이 있는 위쪽에서 보면 이 세로줄을 좀 더 쉽게 찾을 수 있다.) 식칼의 칼등이나 망치로 이 세로줄 부분을 세게 툭툭 친다. 코코넛이 반으로 쪼개지면서 코코넛 워터가 쏟아져 나와 아래에 받친 그릇에 쏟아질 것이다. 반으로 쪼개진 코코넛을 절단면이 아래로 가도록 도마 위에 놓고 식칼의 등을 사용해 코코넛을 더욱 작게 조갠다. 버터 나이프로 딱딱한 과육에서 코코넛 과육을 떠낸다. 이렇게 떠낸 과육은 그냥 먹거나 과도 또는 채소 껍질 벗기는 도구로 얇게 저민다. 그다음 상자형 강판에 곱게 갈아서 사용하기도 한다.

코코넛 밀크와 **코코넛 크림**은 코코넛의 단단하고 잘 익은 흰색 과육으로 만든다. 코코넛 밀크나 크림을 재료로 활용하는 방법은 1033쪽을, **코코넛 슈거**는 1086쪽을 참고한다.

코코넛 밀크를 만들려면 채소 껍질 벗기는 도구로 얇은 갈색 껍질을 제거한다. 코코넛 과육을 작게 잘라서 믹서에 넣고 잘게 써는데, 한 번에 ½컵 이상 넣지 않는다. 잘게 써는 작업이 끝나면 코코넛 과육을 한꺼번에 전부 믹서에 넣고 코코넛 워터와 코코넛 1개당 뜨거운 물을 약 2컵씩 넣는다. 곱게 갈릴 때까지 믹서를 작동시킨다. 혼합물이 식으면 체에 얇은 면 거즈나 주방 행주를 몇 겹으로 깔고 코코넛 밀크를 거른다. 면 거즈에 남아 있는 과육에서 더 이상 즙이 나오지 않을 때까지 꽉 짠다. 체에 거른 코코넛 밀크를 냉장고에 넣으면 액체와 기름이 분리되며 코코넛 기름은 위쪽에 떠서 굳는다. 이 기름은 데워서 다시 코코넛 밀크에 넣어 섞거나 다른 요리를 할 때 기름으로 사용한다.

코코넛은 라임즙, 망고, 파인애플, 파파야, 럼, 바나나, 초콜릿, 레몬그라스,

마크럿 라임, 칠리 고추 등의 열대 식재료와 조합하면 잘 어울린다. 또한 코코넛 밀크 케이크 코케뉴, 코코넛 마카룬, 코코넛 라이스, 코코넛 크림 파이, 코코넛 아이스크림 등의 레시피도 참고하자.

코코넛 오이 샐러드

5인분

이 샐러드는 그릴에 구운 생선 또는 새우와 함께 낸다. 망고와 파파야를 넣으면 더 맛있다.

커다란 그릇에 다음을 넣고 섞는다.

　　강판에 간 신선한 코코넛 과육 2컵

　　씨를 빼고 강판에 간 오이 1컵

　　굵게 썬 고수 잎 ½컵

　　라임 1개의 껍질과 즙, 강판에 곱게 갈기

　　소금 ¾작은술

　　흑후추 ¼작은술

　　올리브유 2큰술

맛이 어우러지도록 15분 정도 두었다가 낸다.

대추야자에 대해

대추야자는 메소포타미아 지역이 원산지이며 그 이후 유목민들을 따라 북아프리카와 중동 사막 지역에 폭넓게 전파되었다. 유목민들은 오아시스에 야자를 심어서 오랜 여행에 가져갈 수 있는 주식으로 삼았다. 현재 대추야자는 아시아와 북아메리카에서도 재배된다.

대추야자의 품종은 1000개가 훨씬 넘지만 가장 흔한 것은 **메드줄, 디글렛 누르, 카드로이 대추야자**다. 이들 품종은 모두 중동에서 처음 재배되었다. 대추야자는 부드러운 것, 반건조, 건조의 세 가지 유형으로 크게 나눌 수 있다. 메드줄과 카드로이는 부드러운 유형이며 디글렛 누르 대추야자는 반건조 유형이다. **토리 대추야자** 같은 건조 유형은 쫄깃하게 씹히거나 바삭함에 가까운 식감을 가지고 있다.

캘리포니아를 비롯한 대추야자 재배 지역에서 살고 있다면 가을에 신선한 대추야자를 구할 수 있을 것이다. 생대추야자는 맛이 순하고 섬세한 질감을 가지고 있으며 크림처럼 부드러운 생치즈나 잘 숙성된 카망베르 치즈와 곁들이면 무척 맛있다. 구입할 때는 부드러운 갈색 열매를 고른다. 덜 익은 대추야자는 살짝 녹색을 띠지만, 잘 익은 것처럼 보이는 대추야자도 아주 딱딱하면 충분히 익지 않은 것이다. 이 두 가지 경우 모두 상당히 떫은맛이 난다. 만약 덜 익은 대추야자를 샀다면 실온에서 부드러워질 때까지 숙성시킨다.

말린 대추야자는 통으로 판매하기도 하고(씨를 제거한 것과 씨가 그대로 들어 있는 것이 있다.) 굵게 썰어서 판매하기도 한다. 말린 대추야자의 씨를 제거하려면 세로로 칼집을 넣어 커다란 씨를 빼낸다. 대추야자를 쉽게 저미거나 썰려면 ▶ 1시간 정도 냉동실에 넣어서 얼렸다가 썰거나 주방 가위에 기름을 바르고 잘게 자른다. 말린 대추야자는 당분 함량이 높아 실온에서 약 한 달간 보관할 수 있고 냉장고에 넣으면 몇 달, 냉동실에 넣어두면 최대 1년까지 상하지 않는다.

대추야자에는 엄청난 당분이 함유되어 있어서 신선한 대추야자나 말린 대추야자에 회색빛 결정이 나타나기도 한다. 높은 당분 함량 덕분에 하이킹이나 배낭여행을 할 때 고열량 간식의 역할을 훌륭히 해낸다. 물론 디저트로 먹어도 무척 맛있다. 탠저린 또는 만다린과 함께 그대로 내거나 크림치즈 및 견과류,

마지팬 또는 아몬드 추출물과 장미수로 향을 낸 퐁당을 대추야자 속에 채워서 즐겨도 좋다. 대추야자는 오렌지, 아몬드, 호두, 코코넛, 장미수 또는 등화수, 피스타치오와 근사하게 어울린다. 대추야자와 오렌지를 넣은 현미 샐러드, 대추야자와 견과류를 넣은 빵, 끈적한 토피 푸딩 등의 레시피도 함께 참고한다.

아몬드와 함께 볶은 대추야자

4인분

이 레시피는 달콤한 요리와 짭짤한 요리의 경계를 넘나드는 우아한 가교와도 같다. 근사한 저녁 만찬의 디저트로 내거나 아침 식사의 일부로 낸다.

중간 크기의 프라이팬을 중불에 올리고 다음을 둘러 녹이거나 가열한다.

　　버터 또는 올리브유 2큰술

다음을 넣고 버터가 갈색을 띠면서 대추야자가 속까지 충분히 뜨거워질 때까지 약 2분 정도 볶는다.

　　씨를 뺀 대추야자 큰 것 12개

　　(다진 신선한 로즈메리 1작은술)

다음을 홀홀 뿌린다.

　　마르코나 아몬드 3큰술

　　말돈 등의 박편형 바닷소금

따뜻할 때 낸다.

짭짤한 속을 채운 대추야자

30개

이 요리를 미리 준비해두려면 레시피에 따라 대추야자의 속을 채운 후 밀폐 용기에 넣어 냉장고에 보관한다. 내기 전에 냉장고에서 꺼내 레시피보다 15분 더 오래 굽는다.

오븐을 175℃로 예열한다. 다음을 준비한다.

　　수분이 많고 큼직한 대추야자 30개, 씨를 빼기

중간 크기의 그릇에 다음을 넣고 부드러워질 때까지 섞는다.

　　신선한 염소 치즈 115g

　　크림치즈 55g, 부드럽게 젓기

　　다진 타임 1큰술

　　흑후추 ½작은술

대추야자에 염소 치즈 혼합물을 채운다. 오븐 팬에 가지런히 놓고 속까지 잘 데워지도록 10~12분간 굽는다. 따뜻하게 낸다.

무화과에 대해

무화과나무는 로마 건국을 상징하고, 석가모니는 무화과나무 밑에서 깨달음을 얻었으며, 아담과 이브는 원죄를 저지른 이후 부끄러움을 느낀 나머지 무화과 잎으로 몸을 가렸다. 이것만 보더라도 인류 역사에서 무화과가 얼마나 중요한 역할을 했는지는 더 설명할 필요가 없을 것이다. 여러 개로 갈라진 부드러운 잎과 관능적인 과일이 열리며 무성한 잎으로 넓은 그늘을 만드는 무화과나무는 어떤 이유에서건 수천 년 동안 인간의 상상력을 자극해왔다.

무화과에는 수백 가지 종류가 있으며 다양한 모양과 크기, 색을 자랑한다. 무화과는 **일반 무화과, 스미르나 무화과, 카프리 무화과, 산 페드로 무화과**의 네 종류로 나뉜다. 일반 무화과는 열매를 맺을 때 수분이 필요하지 않으므로 뒷마당에서 과실수를 가꾸는 사람들에게 가장 인기가 높다. 제일 잘 알려진

일반 무화과는 보랏빛이 도는 갈색 껍질에 달콤하고 맛이 순한 **브라운 터키**와 어두운 보라색에 진한 풍미와 흙내음이 도는 **블랙 미션**이다. **디저트 킹**과 **카도 타** 품종도 일반 무화과에 속하며, 두 품종 모두 껍질은 녹색이고 과육은 진한 붉은색이다. 스미르나 무화과는 반드시 무화과 말벌을 통해 수분이 되어야 열매가 열리고, 무화과 말벌은 카프리 무화과의 꽃 안에서 번식한다. 카프리 무화과나무에서는 먹을 수 있는 열매가 열리지 않지만, 꽃가루를 스미르나 무화과에 나르는 말벌의 서식지이기 때문에 꼭 필요한 품종이다. **칼리미르나**는 캘리포니아에서 자라는 스미르나 무화과로 버터와 견과류의 풍미가 있다. 산 페드로 무화과는 1년에 두 번 열매가 열리는데, 첫 번째 열매에는 수분이 필요하지 않지만 두 번째에는 필요하다. **무화과 잎**도 요리에 유용한 식재료다. 무화과 잎은 코코넛과 비슷한 열대 과일의 풍미와 향기를 지니고 있다. 무화과 잎은 생선을 싸서 그릴이나 숯에 굽거나, 커스터드 또는 아이스크림 베이스에 우려내거나, 증류주를 우려낼 때 사용한다.

무화과의 제철은 늦여름의 몇 주에 불과하다. 수확 후에는 더 이상 익지 않으며 일단 익은 후에는 오래 보관하기 힘들다. 따라서 무화과는 제철이 아닐 때 마트의 신선식품 판매대에서 좀처럼 찾아보기 힘든 몇 안 되는 과일 중 하나다. 통통하고 껍질이 탱탱하지만 눌러보면 살짝 들어가는 상태의 무화과를 선택한다. 잘 익은 무화과는 뚜껑 있는 용기에 넣어 냉장고에서 3~4일간 보관할 수 있지만 되도록 빨리 먹어야 한다. **말린 무화과**는 훨씬 보존성이 뛰어나므로 찬장에서 약 8개월, 냉동실에서 최대 1년간 두고 먹을 수 있다.

무화과는 오렌지 껍질과 즙, 헤비크림이나 커스터드, 꿀, 프로슈토나 컨트리 햄 등의 짭짤한 염장육, 타임과 라벤더, 피스타치오, 셰브르 등의 맛이 순한 생치즈, 코냑과 레드와인, 야생동물의 고기와 잘 어울린다. 신선한 무화과는 보통 그냥 먹지만, 볶거나 굽거나 튀김옷을 입히고 기름을 넉넉히 사용해 튀기거나 꿀을 살짝 뿌리거나 바닷소금을 훌훌 뿌려 먹어도 무척 맛있다. 큼직한 무화과 12개를 사용해 과일용 튀김 반죽 레시피에 따라 튀겨보자. 그릴에 구운 무화과는 그릴에 구운 닭고기, 양고기 또는 돼지고기에 곁들이면 매우 잘 어울리며, 크렘 앙글레즈, 숙성된 브리 치즈나 바닐라 아이스크림과 함께 디저트로 먹어도 근사하다. 말린 무화과는 꽤 딱딱한 경우가 많으므로 말린 과일 및 설탕 절임 과일에 대해 항목의 설명에 따라 불려서 사용한다. 무화과 케플러, 무화과 잼, 무화과와 피스타치오 컨서브 등의 레시피도 함께 참고하면 좋다.

리코타 치즈를 곁들인 구운 무화과

4인분

오븐을 175℃로 예열한다. 작은 편수 냄비에 다음을 넣고 섞는다.

> 설탕 ⅓컵
>
> 물 3큰술
>
> 바닐라 빈 ½개의 씨와 깍지, 세로로 가른 뒤 씨를 긁어내기

설탕이 녹도록 저으면서 부르르 끓어오를 때까지 가열한다. 시럽을 불에서 내리고 다음을 넣는다.

> 스위트 또는 드라이 마르살라 와인 ¼컵

다음의 꼭지를 따고 세로 방향으로 반을 자른다.

> 신선한 무화과 큰 것 8개

절단면이 위로 오도록 베이킹 접시에 무화과를 놓는다. 숟가락으로 마르살라 시럽을 무화과에 끼얹고 무화과가 부드러워질 때까지 약 20분 정도 굽는다. 그동안 작은 그릇에 다음을 넣어 섞는다.

> 일반 우유로 만든 리코타 치즈 ⅓컵
>
> 헤비크림 ¼컵
>
> 설탕 1작은술

무화과를 접시에 담고 치즈 혼합물을 무화과의 가운데 부분에 각각 소량씩 얹은 다음 숟가락으로 주변에 시럽을 끼얹는다. 따뜻하게 또는 실온 상태로 낸다. 취향에 따라 다음을 가니시로 얹는다.

> (세미스위트 또는 비터스위트 초콜릿, 얇게 깎거나 강판에 갈기 또는 구워서 굵게 썬 아몬드)

레몬과 생강을 넣은 무화과 콩포트

6~8인분

요구르트에 곁들이거나 치즈 플레이트에 올려서 내거나 구운 오리고기와 함께 내면 무척 잘 어울린다.

중간 크기의 편수 냄비에 다음을 넣고 섞는다.

> 말린 무화과 450g, 꼭지를 따기
>
> 물 3컵
>
> 레몬 1개의 껍질, 채소 껍질 벗기는 도구로 넓게 벗겨내기
>
> 생강 5cm짜리 1조각, 껍질을 벗기고 얇게 저미기

뚜껑을 덮고 뭉근히 끓어오르도록 가열한 후 무화과가 통통해질 때까지 25~30분 정도 조리한다. 물이 부족하면 무화과가 물에 잠기도록 적당히 물을 보충한다. 다음을 넣는다.

> 설탕 ¾컵
>
> 레몬즙 2큰술

뚜껑을 열고 5분간 더 뭉근히 끓인다. 불에서 내린다. 취향에 따라 다음을 넣고 젓는다.

> (코냑, 브랜디 또는 루비 포트 1~2큰술, 맛을 보면서 조절)

따뜻하게 또는 차갑게 낸다. 뚜껑을 덮어 냉장고에 넣으면 최대 한 달까지 보관할 수 있다.

포도와 건포도에 대해

포도의 품종은 수천 가지지만 생으로 먹거나 요리에 사용할 수 있을 정도로 단맛이 강한 품종은 매우 소수에 불과하다. 상업적으로 가장 많이 재배하는 포도 품종은 비니페라(*vinifera*)로 알려져 있다. 여기에는 **샤르도네**, **카베르네 소비뇽**, **피노 누아** 등의 와인 양조용 포도와 다양한 생식용 포도가 포함된다.(와인 및 와인 양조에 사용되는 포도 품종과 관련된 자세한 내용은 와인에 대해 항목을 참고한다.) 생으로 먹는 씨 없는 포도로는 **톰슨 시들리스**와 **펄렛 포도** 등의 연한 녹색 품종, 그리고 **레드 플레임**과 **루비 시들리스** 등의 붉은색 품종이 있다. 씨 없는 포도는 조리용으로 사용하거나 과일 샐러드에 넣기에 좋다.

라브루스카(*Labrusca*) 포도는 미국 원산이다. 껍질이 두꺼워서 과육과 쉽게 분리되므로 껍질이 쏙 벗겨진다는 의미에서 슬립스킨(slip-skin)이라고 부르기도 한다. 폭스 포도는 가장 중요한 미국 포도 품종이며, 달콤하고 사향(또는 '여우 냄새와 비슷한') 풍미와 아로마를 지니고 있다. **콩코드**는 폭스 포도 중에서 가장 유명한 품종이고 그 외에 **카토바 포도**가 널리 알려져 있다. 콩코드는 보라색 포도 주스와 젤리에 사용되며 전형적인 포도 풍미를 낸다. 7월부터 10월까지 아주 옅은 연두색이나 노란색부터 붉은색이나 진한 보라색에 이르기까지 다양한 색을 띠는 다양한 교배종을 찾아보자.

또 하나의 미국 원산 품종은 로툰디폴리아(*rotundifolia*) 포도나무에서 열리는 **머스커딘**이다. 대부분 달콤하고 일부는 폭스 포도보다 강한 사향이 나며 진한 포도 향이 특징이다. 머스커딘 포도 중에서 가장 잘 알려진 품종인 **스커퍼농**은 단맛이 무척 강해서 이 포도로 만든 젤리는 꿀과 비슷한 맛이 난다. 제철은 9월과 10월이며 일반적으로 먼 거리를 운송하기에는 너무 연약하므로 재배지에서 가까운 지역의 시장에서 자주 눈에 띈다.

포도를 살 때는 항상 결정하기 전에 맛을 봐야 한다. 쪼글쪼글하지 않고 탱탱해야 싱싱한 포도이며 보통 과일을 보호하기 위한 천연 왁스층 때문에 껍질에 희끗희끗한 부분이 보인다. 이 왁스는 인체에 해가 없으며 아무 맛도 나지 않지만 그래도 먹기 전에 포도를 씻어야 한다. 포도는 구멍 뚫린 플라스틱 봉투에 넣어 냉장고에서 일주일까지 보관할 수 있다.

포도는 소시지나 허브를 뿌려 오븐 또는 그릴에 구운 양고기처럼 양념이 강한 고기에 매우 잘 어울리며, 그 외에도 회향, 계피, 팔각, 로즈메리, 세이지, 꿀 등과의 조화가 훌륭하다. 포도를 주재료로 사용한 레시피는 포도를 곁들인 소시지 구이, 포도 피클, 콩코드 포도 파이, 포도 젤리 등을 참고한다.

건포도는 말린 포도를 지칭하며 원래부터 **씨가 없는 포도**를 말린 것과 **씨가 있는 포도**의 씨를 빼내고 말린 것의 두 가지로 나눌 수 있다. 이 두 종류는 풍미가 상당히 다르므로 레시피에 해당하는 특정한 유형을 사용하는 것이 좋다. 마트에서 흔히 볼 수 있는 진한 보라색이나 황금색 건포도는 둘 다 톰슨 시들리스 포도를 말린 것으로 레시피에서 서로 대체해 사용할 수 있다. 연말 명절 즈음에 눈에 띄는 **머스캣 건포도**는 향기가 진하고 달콤하며, 맛이 진한 케이크와 과자류를 구울 때 사용한다. **설타나**는 알이 굵고 색이 연하면서 신맛이 강하다. 또한 큼직하고 색이 진하며 달콤한 **모누카**와 함께 식료품 전문점에서 가장 쉽게 찾아볼 수 있는 품종이다. 이 두 종류 모두 그냥 먹어도 맛있다. 건포도는 시칠리아식 정어리 파스타, 채소 타진, 잣과 건포도를 넣은 시금치 볶음 등과 같이 단맛과 짠맛이 조화를 이루는 요리에 사용한다. **말린 커런트**는 사실 작은 건포도로, 보통 말린 잔테 또는 블랙 코린트 포도를 가리킨다. 전통적으로 스콘, 핫 크로스 번, 민스미트 파이, 쪄서 만드는 자두 푸딩 등 영국식 오븐 구이 요리에 사용한다. 건포도나 커런트를 불릴 때는 181쪽을 참고한다.

포도 잎 역시 중요한 식재료로 돌마를 만드는 데 사용한다. 포도 잎은 이렇게 쌈 요리에 사용할 수 있도록 소금에 절인 병조림 형태로 판매된다. 신선한 포도 잎을 피클에 넣는 것은 전통적인 관습으로 심미적인 장점뿐만 아니라 실용적인 이점도 있다. 피클 유리병에 포도 잎을 넣으면 보기 좋은 것은 물론, 잎에 함유된 타닌 때문에 오이와 같은 피클 채소가 아삭하게 유지된다. 포도 잎은 음식을 싸서 직화 또는 숯불에 올려 구울 때도 유용하다.

구아바에 대해

구아바는 색깔과 크기가 매우 다양하다. **카틀레야 구아바**(또는 딸기 구아바로도 알려져 있다.)는 크기가 매우 작고 붉은빛이 도는 보라색 또는 흰색을 띤다. 정원에 심어도 아주 아름다운 식물이며 씨는 많지만 달콤한 과일이 열린다. **일반 구아바** 또는 **열대 구아바**(사과 구아바라고도 부른다.)는 가장 흔히 볼 수 있는 유형으로 요리 레시피에서 사용하는 구아바는 거의 전부 이 종류다. 껍질은 녹색이며 장미색이나 빨간색의 먹음직스러운 과육이 들어 있다. '파인애플 구아바'에 대한 정보는 페이조아 항목을 참고한다.

따뜻한 기후 지역에서 자란 구아바는 매력적인 향기를 풍기면서 일반적으로 맛도 더 좋다. 잘 익은 아보카도처럼 모양이 야무지고 단단하지만 눌렀을 때 살짝 들어가는 느낌의 구아바를 선택한다. 멍든 부분이 없어야 하며, 껍질은 녹색이 아니라 노란빛에 가깝고 향기가 나야 한다. 덜 익은 구아바를 실온에 두면 서서히 익는다. 좀 더 빨리 익히려면 종이봉투에 넣어두면 된다. 잘 익은 구아바는 냉장고에 넣어 보관해야 한다.

구아바는 퓌레로 만들거나 오븐에 굽거나 설탕에 조리거나 생과일로 먹어도 맛있지만, 바나나, 파인애플, 망고, 코코넛 등 다른 열대 과일과 조합해도 좋다. 구아바를 퓌레로 갈아서 아구아 프레스카에 사용한다. 구아바를 즐기는 가장 간단한 방법은 반으로 잘라서 숟가락으로 과육을 떠먹는 것이다. 과일 샐러드에 넣으려면 채소 껍질 벗기는 도구로 껍질을 벗겨내고 가로로 썬 다음 가운데의 부드러운 과육과 씨를 긁어낸다. 남은 과육은 적당한 크기로 썬다.

키위에 대해

중국 북부 원산의 키위는 중국에서 양타오(羊桃)라는 이름으로 불린다. 캘리포니아와 뉴질랜드에서는 키위를 상업적으로 재배하며 1년 내내 출하한다. 잔털이 많은 탁한 갈색의 키위 껍질만 보면 그 안에 선명한 녹색 또는 황금색의 반투명한 과육과 예쁜 모양으로 가지런히 박힌 씨가 들어 있다는 사실을 상상하기 어렵다. 크기가 작은 **키위 베리**는 다래 덩굴에서 열리며, 껍질이 매끈하고 밝은 녹색을 띠면서 매우 달콤하다.

키위든 키위 베리든, 주름이나 멍든 부분이 없이 단단하고 묵직한 과일을 골라서 실온에 보관한다. 커다란 키위를 세로로 반을 자른 후 껍질에서 과육을 떠먹을 수 있도록 작은 숟가락과 함께 낸다. 키위 베리는 껍질까지 통째로 먹을 수 있다. 키위 과육은 몇 시간 전에 잘라두어도 색이 변하지 않으므로 과일 스프레드, 브런치 뷔페, 디저트 가니시로 활용하면 좋다. 키위의 풍미와 식감은 생으로 먹을 때 가장 맛있게 즐길 수 있으므로 키위에 열을 가해 조리하는 것은 권장하지 않는다. 키위에는 파인애플의 브로멜라인과 파파야의 파파인처럼 액티니딘이라는 단백질 결합을 끊는 효소가 들어 있다. 따라서 키위를 넣으면 젤라틴이 좀처럼 굳지 않으므로 젤라틴 디저트에는 키위를 사용하기 어렵다.

망고에 대해

망고처럼 천상의 맛을 자랑하는 과일도 드물다. 맛이 진하고 달콤하지만 절대 질리지 않고, 크림처럼 부드러운 과육은 입안에서 매끄럽게 녹는다. 딱 먹기 좋게 익은 망고는 꾹 눌렀을 때 잘 익은 아보카도처럼 살짝 들어간다. 망고 껍질의 색만 보고는 어느 정도 익었는지 확인하기 어려우며, 품종에 따라 껍질이 녹색인 망고가 붉은빛이 도는 주황색 망고만큼이나 먹음직스럽게 익었을 수도 있다. 망고의 껍질은 부드럽고 탱탱해야 하지만 얼룩점이나 작은 흠집은 크게 문제가 되지 않는다. 예외가 있다면 **샴페인** 또는 **아타울포 망고**로, 껍질이 노란색이며 익을수록 쪼글쪼글하게 주름이 진다. 아타울포 망고는 엄청나게 즙이 많고 달콤하므로 껍질에 주름이 있다고 해서 그냥 지나치지 말자. 다만 눈에 띄게 멍이 든 과일은 피한다. 미국에서 가장 쉽게 볼 수 있는 망고 품종은 아주 큼직하고 거의 원형에 가까운 **토미 앳킨스** 망고다. 토미 앳킨스 망고도 그럭저럭 먹을 만하지만, 섬유질이 많을뿐더러 아타울포 망고만큼 맛이 뛰어난 것은 아니다. **알폰소 망고**는 인도 품종으로 많은 사람들이 최고의 망고 중 하나로 꼽지만 미국에서는 생과일을 찾기가 거의 불가능하다. 다행히도 통조림 퓌레로는 쉽게 구할 수 있다. 망고를 보관할 때는, 특히 덜 익은 망고는 실온에 둔다. 조리대에 두면 서서히 익으며 바나나와 함께 종이봉투에 넣어두면 더 빨리 익는다. 말린 망고를 지칭하는 **암추르**에 대해서는 1013쪽을 참고한다.

망고 속에는 과일 크기만큼이나 길쭉한 망고 씨가 들어 있기 때문에 망고를 자를 때에는 다소 요령이 필요하다.

망고의 껍질을 벗기고 깍둑썰기하려면 우선 아래의 그림처럼 씨 양쪽의 볼록한 '볼'을 썰어낸다. 껍질에 구멍이 뚫리지 않도록 조심하면서 망고의 과육에 가로세로 교차하는 모양으로 칼집을 넣은 후, 껍질을 잡고 안쪽을 바깥쪽으로 뒤집는다. 그런 다음 과육을 껍질에서 잘라내면 된다. 깍둑썰기하지 않고 큰 덩어리로 과육을 껍질에서 떼어내려면 맥주잔처럼 얇지만 단단한 유리잔의 입구를 과육에 대고 껍질에서 과육을 '떠낸다'. 이렇게 하면 망고 과육이 한 덩어리로 껍질과 분리되어 유리잔 안에 담긴다. 마지막으로 날카로운 채소 껍질 벗기는 도구로 망고의 껍질을 벗긴 후 잘게 자를 수도 있지만 망고 과육은 매우 미끄러우므로 조심해서 자르도록 하자.

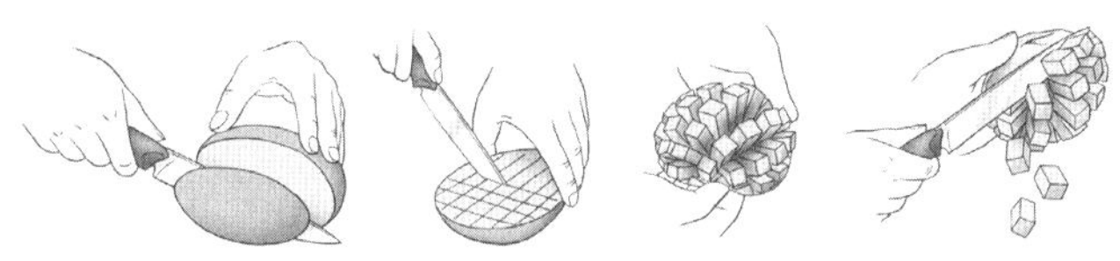

망고 깍둑썰기하기

망고는 코코넛 밀크, 찹쌀밥, 칠리 고추(특히 하바네로), 라임즙과 껍질 간 것, 다크 럼 또는 자메이카 럼, 다른 열대 과일과 잘 어울린다. 얇게 썬 망고에 고운 고춧가루, 소금, 라임즙을 살짝 뿌려서 먹어도 맛있다. 또한 파인애플, 키위 등의 열대 과일과 함께 과일 샐러드에 넣어도 좋고, 얇게 저민 망고를 바닐라 또는 코코넛 아이스크림 위에 얹어서 먹어도 근사하다. 망고를 넣어서 만든 과일 살사는 토르티야 칩과 환상적인 궁합을 자랑하며 흰살생선 요리나 생선 타코에 곁들이면 좋다. 망고로 처트니를 만들거나 깍둑썰기해서 냉동했다가 나중에 스무디를 만들 수도 있다. 또는 망고를 퓌레 상태로 갈아서 과일 쿨리에 사용할 수도 있다. 인도 식료품점에서 구할 수 있는 가당 망고 퓌레 통조림은 망고 라시나 너무나 간단한 소르베 또는 프로즌 요구르트를 만드는 데 사용한다. 그 외의 망고 레시피로는 파파야 망고 바티도, 아구아 프레스카, 망고 소르베, 아보카도와 망고 샐러드, 망고를 얹은 코코넛 찹쌀밥 등을 참고한다.

서양모과에 대해

서양모과(medlar)는 작고 타닌이 풍부한 과일로 꽃사과나 아주 커다란 갈색의 로즈힙을 닮았다.(사실 서양모과는 사과처럼 장미과에 속한다.) 떫은맛이 매우 강하기 때문에 극도로 부드러워지도록 거의 썩기 직전까지 두어야, 즉 '부패'시켜야 비로소 먹을 수 있을 정도가 된다. 그런 의미에서 서양모과는 대봉감과 비슷하다고 할 수 있다. 재배지 중에서도 가장 북쪽에 해당하는 영국에서는 항상 서양모과가 서리를 맞는데, 그로 인해 부패 과정이 시작되므로 사실 맛에는 좋은 영향을 미친다. 서양모과를 먹을 수 있을 즈음이 되면 겉모습은 잔뜩 상하고 시든 것처럼 보이지만 그 안에는 진한 풍미가 숨어 있으며(진한 맛의 사과 소스나 사과 버터에 비견되기도 한다.) 특히 젤리, 퓌레, 컨서브, 프리저브로 만들면 근사한 맛을 낸다.

사과 및 유럽모과(quince)와 가까운 종이기 때문인지 계피, 육두구, 정향, 올스파이스, 바닐라, 꿀, 사과주, 구운 아몬드 등 다소 비슷한 맛을 내는 재료와 궁합이 좋다. 퓌레로 만들면 감 버터밀크 푸딩에서 감 퓌레 대신 사용할 수 있

으며, 사향 풍미가 나는 잘 익은 서양모과를 식품 분쇄기에 갈아서 설탕과 향신료를 넣어 조리하면 사과 소스와 비슷하게 즐길 수 있다.

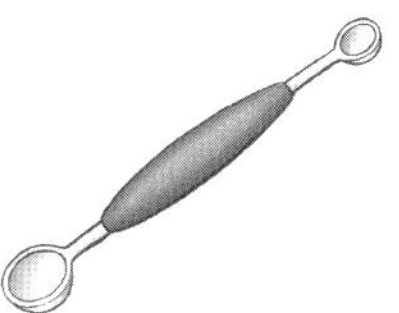

멜론 속 떠내는 도구

멜론에 대해

대분류상으로 박과(*Cucurbitaceae*)에 속하는 멜론은 오이 및 호박과 가까운 종이다. 일반적으로 껍질이 매끈한 **겨울** 멜론과 껍질에 옅은 색의 울퉁불퉁한 그물 모양 무늬가 있는 **여름** 멜론으로 크게 나뉜다. 멜론의 풍미는 매우 다양하지만 거의 전부 사향 냄새가 나고 향이 진하며 신맛이 거의 없어 아주 달콤하다. 여름 멜론은 이름 그대로 여름이 제철이고 겨울 멜론의 제철은 겨울보다 사실 가을에 가깝다. 여름 멜론은 상대적으로 향이 진하고 맛이 풍부하며, 겨울 멜론은 맛이 순하다.

향기가 진한 **머스크멜론**(학명은 쿠쿠르비타 멜로*Cucurbita melo*)에는 **캔털루프, 그린 너트메그, 샤랑테, 페르시아 멜론**이 포함되며 모두 여름 멜론, 즉 껍질에 그물 무늬가 있는 종류다. **허니듀, 산타클로스 또는 크리스마스, 카나리, 크렌쇼, 카사바 멜론**은 겨울 멜론이다. 허니듀 같은 일부 겨울 멜론은 껍질이 아주 매끈하지만 개중에는 카사바처럼 껍질이 쪼글쪼글한 것도 있다. 여주라고도 하는 **비터 멜론**은 오이처럼 길쭉하지만 독특한 골지 모양의 껍질과 강렬한 떫은맛을 가지고 있다. **동과**는 그보다 맛이 순한 편이다. 둘 다 볶음이나 수프처럼 짭짤한 요리에 사용하며 인도와 중국에서 폭넓게 사랑받는 식재료다. 여주와 동과에 대한 자세한 정보는 호박에 대해 항목을 참고한다.

수박은 박과에서 그야말로 멜론과 어깨를 나란히 하는 종이다.(정확히 말하자면 학명이 시트룰루스 라나투스*Citrullus lanatus*다.) 수박의 과육은 붉은색, 분홍색, 주황색 또는 황금색을 띠고, 씨 있는 수박과 씨 없는 수박이 있다. 수박의 종류는 무척 다양하므로 전부 다 소개할 수는 없지만 진한 붉은색의 달콤한 과육을 자랑하는 **크림슨 스위트**, 아이스박스 멜론이라고도 불리며 통째로 냉장고에 넣어둘 수 있을 정도로 적당한 크기의 **슈거 베이비**, 그리고 내건성에 과육이 황금색인 **데저트 킹** 등은 특별히 언급해둘 만하다. 크기가 작은 캔털루프만 한 자그마한 수박이 있는가 하면 어린아이 키만큼 거대한 것도 있다.

모든 머스크멜론은 수확 후에 어느 정도 익지만, 잘 익었을 때 따야 최고의 맛을 즐길 수 있다. 멜론이 덜 익었을 경우 실온에 두고 숙성시킨다. 수박은 수확 후에 숙성되지 않으므로 수박을 고를 때는 신중하게 선택하자. 잘 익은 수박은 손가락으로 두드리면 속이 빈 것처럼 통통 소리가 난다고들 한다. 우리는 수박을 두드리면서 별다른 재미를 보지 못했지만, 이것이 수박을 고르는 유용한 방법이라고 생각하는 사람들도 있다. 종류와 관계없이 껍질에 흐릿한 윤기가 도는 멜론을 고르고, 밭에서 충분히 익었다는 표시로 아래쪽에 노란빛이 도는지 확인한다. 잘라놓은 멜론을 산다면 비닐 포장지를 뚫고 향기가 나며 과육이 조밀하고 단단해 보이는 것을 선택한다.

멜론은 10~21℃의 온도에 통째로 그늘에 두면 며칠 정도 보관할 수 있다. 먹기 전에 살짝 차갑게 해서 낸다. ▶ 멜론을 자르기 전에 표면을 깨끗하게 씻어

서 껍질의 박테리아가 안으로 들어가지 않도록 한다. 자른 멜론은 밀폐 용기에 담아 최대 5일까지 냉장고에 보관할 수 있다.

멜론은 보통 생으로 먹으며 단독으로 내거나 다른 음식과 함께 낼 수 있다. 전체 요리로 좋을 뿐만 아니라 디저트로도 훌륭해 식사의 처음과 마무리를 모두 장식할 수 있는 과일이다. 멜론은 예쁜 모양으로 잘라서 라임즙 또는 레몬즙, 고춧가루, 소금을 뿌리면 맛이 더욱 살아난다. 머스크멜론은 바닐라, 꿀, 스위트 화이트와인, 민트, 베리, 생강, 올리브유와 조합하면 좋다. 수박은 페타 같은 짭짤한 치즈, 바질, 타라곤, 흑후추, 블루베리, 테킬라와 훌륭하게 어울린다. 그 외 멜론을 이용한 요리로는 수박과 염소 치즈, 아구아 프레스카, 수박 펀치, 꿀 멜론 잼, 수박 껍질 피클 등의 레시피를 참고한다.

멜론 바구니 또는 과일 컵

넉넉한 8~10인분

다음을 준비한다.

　캔털루프 4개 또는 커다란 수박 1개

캔털루프의 아래와 윗부분 또는 수박의 아랫부분을 얇게 잘라내어 뒤뚱거리지 않게 한 다음 아래 그림처럼 캔털루프를 반으로 자르거나 수박을 바구니 모양으로 자른다. 씨를 제거한다. 멜론 속 떠내는 도구를 사용해 바구니나 컵에 넣을 동그란 과육을 1~2컵 정도 떠낸다. 남은 과육은 냉장고에 넣었다가 다른 용도로 사용한다. 바구니나 컵의 가장자리를 물결 모양으로 자른 후 차갑게 식힌다.

다음 재료를 섞는다.

　껍질을 벗겨서 얇게 썬 오렌지 2컵, 씨 있는 것 또는 씨 없는 것

　껍질을 벗겨서 얇게 썬 복숭아 또는 꼭지를 딴 딸기 2컵

　깍둑썰기한 파인애플 2컵, 생파인애플 또는 통조림

　블루베리 또는 껍질을 벗겨서 얇게 썬 키위 1컵

　동그란 모양으로 떠낸 멜론 1~2컵

　(설탕 적당량)

멜론 바구니

차갑게 식힌다. 내기 직전에 멜론 용기에 과일을 담는다. 취향에 따라 캔털루프 절반에 각각 다음을 붓는다.(또는 전체 분량을 수박에 붓는다.)

　(오렌지 리큐어 또는 럼 1큰술[총 ½컵])

파파야에 대해

파파야는 50cm까지 자란다. 멕시코산 파파야는 하와이산 파파야보다 훨씬 크지만 과육의 풍미는 다소 떨어진다. 파파야는 수확 후에 숙성되지 않는데 시간이 지나면 다소 부드러워진다. 가장 맛이 좋은 파파야는 나무에서 익은 것이며, 보통 운송의 편의를 위해 녹색의 덜 익은 상태로 수확하기 때문에 안타깝게도 하와이나 플로리다에 거주하지 않는다면 잘 익은 파파야를 좀처럼

만나기 힘들다. 완전히 익은 파파야의 과육은 붉은빛이 도는 밝은 주황색 또는 진한 살구색이며 녹색의 껍질은 말랑해지고 노란색을 띤다. 숙성된 파파야는 쉽게 상하므로 며칠 안에 다 먹어야 한다.(익은 파파야를 통째로 냉장고에 넣어도 그다지 오래 보관하기 힘들다.) 파파야 주스를 차갑게 해서 마시면 상쾌한 과즙 음료로 즐길 수 있으며, 후추 향이 나는 검은색 파파야씨는 가니시로 곁들이거나 생으로 먹거나 말려서 양념으로 사용한다. 파파야에는 파파인이라는 효소가 들어 있어 연육 작용을 한다. 또한 젤라틴이 굳는 것을 방지하므로 ➤ 젤라틴 디저트에는 파파야를 생으로 넣지 않도록 주의한다.

덜 익은 **그린 파파야**는 여름 호박처럼 조리해서 먹거나 태국 전통 음식인 그린 파파야 샐러드를 만들 때 생으로 사용한다. 또한 그린 파파야를 채 썰어서 고기 양념장에 넣으면 고기가 연해진다.

파파야를 손질하려면 채소 껍질 벗기는 도구로 껍질을 벗긴 후 반으로 자르고 씨와 섬유질을 긁어낸다.(상황에 따라 씨를 따로 보관해두었다가 샐러드 가니시로 사용한다.) 그런 다음 원하는 모양으로 잘라서 사용한다. 파파야는 섬세하고 달콤하며 망고, 파인애플, 구아바, 바나나 등의 다른 열대 과일, 라임즙이나 생강, 매운 칠리 고추 등과 같이 톡 쏘거나 매콤한 재료, 코코넛 밀크, 요구르트, 프로슈토와 같은 염장육, 꿀, 럼 등과 조합하면 가장 잘 어울린다. 잘 익은 파파야를 차갑게 한 후 라임즙이나 레몬즙, 고춧가루, 소금을 뿌려서 먹어도 맛있다. 파파야는 과일 샐러드에 넣어도 무척 맛있으며 특히 다른 열대 과일과 함께 넣으면 더 잘 어울린다. 그린 파파야 샐러드, 파파야 망고 바티도, 아구아 프레스카 등의 레시피를 참고한다. 또한 프로즌 다이키리를 만들 때도 파파야를 사용할 수 있다.

패션프루트에 대해

패션프루트는 그리스도의 십자가 수난을 상징하는 꽃을 발견한 16세기 예수회 수사의 이름을 따서 명명된 과일이다. 패션프루트는 넓게 퍼지는 형태로 아름답게 자라는 덩굴에서 열리며, 기후 때문에 과일이 잘 익지 않는 지역에서조차 덩굴만으로도 충분히 장식용으로 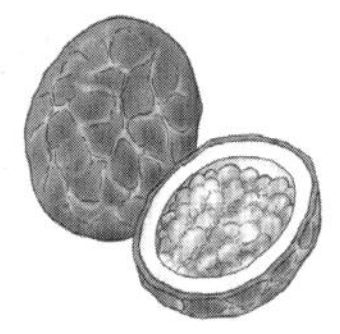 기를 만한 관상식물이다. 크기가 거위알만 한 패션프루트는 껍질이 보라색으로 쪼글쪼글해질 정도로 농익었을 때 가장 맛있다. **릴리코이**는 잘 익으면 노란색을 띠고 과육이 약간 새콤한 품종이다. 또 하나의 품종인 **메이팝**은 익었을 때 노란색, 주황색, 심지어 녹색까지 띤다. 패션프루트는 취할 정도로 진한 향기와 풍미를 지니고 있다. 열대 과일의 풍미와 상쾌한 신맛을 느낄 수 있으며 아주 맛있는 망고에 라임즙을 섞은 것과 비슷한 맛으로 표현하기도 한다.

덜 익은 상태에서 수확한 패션프루트는 절대 익지 않지만, 잘 익은 상태에서 딴 경우 과육이 부드러워지고 당도가 높아진다. 패션프루트는 1년 내내 다양한 마트에서 볼 수 있으나 가격이 다소 비싸다. 자르지 않은 패션프루트는 최대 2주까지 냉장고에 보관할 수 있다. 달콤하고 향기로운 과육이 자그마한 검은색 씨를 둘러싸고 있는 형태로, 식감이 바삭한 씨를 과육과 함께 먹기도 한다. 패션프루트를 손질하려면 과일의 위쪽을 잘라내고 과육을 숟가락으로 떠낸다. 씨를 제거하려면 과육을 고운체에 올려놓고 문질러서 걸러내거나 과육에 물을 조금 붓고 설탕을 넣어 뭉근히 끓인 다음 씨를 걸러낸다. 디저트 소스를 만들 때는 씨를 뺀 과육을 퓌레 상태로 간 다음 물을 넣어서 조금 희석한 후 설탕을 넣고 은근히 가열하면서 설탕을 녹여 단맛을 낸다.

패션프루트는 다른 열대 과일 및 라임즙과 껍질 간 것, 밀크 초콜릿, 코코넛

과 자연스럽게 잘 어울린다. 씨를 제거하지 않은 패션프루트 과육을 갈아서 열대 과일 샐러드의 드레싱으로 사용하거나 숟가락으로 파블로바에 끼얹거나 아이스크림, 그중에서도 특히 코코넛 아이스크림에 소스로 곁들이면 좋다. 또는 패션프루트의 윗부분을 잘라내고 숟가락과 함께 내면 그대로 바로 떠먹을 수 있다. 씨를 뺀 과육은 과일 크림 봉봉에 사용하거나 레몬 커드에 레몬즙 대신 넣거나 다이키리 또는 샴페인 칵테일 같은 음료에 활용할 수 있다.

포포에 대해

포포(pawpaw)는 미국 원산의 식용 과일 중 가장 크다. 잘 익으면 커스터드처럼 식감이 부드럽고 망고와 바나나, 파인애플을 섞은 듯한 맛이 난다. 미국에서는 이 과일의 상용 재배를 추진하고 있으며 일각에서는 언젠가 포포를 오늘날의 키위와 망고처럼 쉽게 구할 수 있게 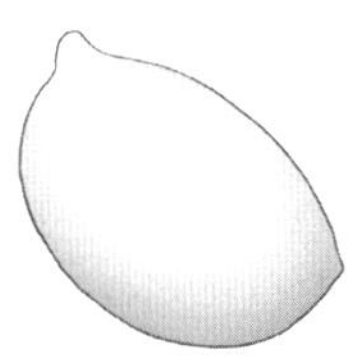 될 것으로 기대한다. 현재로서는 일부 전문점에서 냉동 포포 과육, 잼, 처트니, 소스를 취급하고 있다. 물론 미국 동부의 숲속에 가면 나무에 열린 포포를 볼 수 있지만 말이다.

포포는 첫 된서리를 맞은 후, 또는 저절로 나무에서 떨어졌을 때만 수확해야 한다고 말하는 사람들도 많다.(물론 이 향기 진한 과일이 떨어졌을 때 야생동물보다 더 빨리 발견한다는 전제하에 말이다.) 또 어떤 사람들은 잘 익은 포포를 실온에서 숙성시킬 수 있으며 약간 덜 익은 상태로 냉장고에 넣어 3주간 보관할 수 있다고 말하기도 한다. 우리는 녹색의 딱딱한 상태에서 수확한 포포는 좀처럼 익지 않으며 잘 익은 포포는 보관 기간이 매우 짧다는 사실을 경험을 통해 잘 알고 있다. 포포는 통째로 또는 퓌레로 만들어서 냉동할 수 있다. 포포 퓌레를 만들 때는 껍질을 벗기고 먹을 수 없는 씨 두 줄을 제거한 후 푸드 프로세서에 넣어 갈거나 체에 올려 문질러서 퓌레 상태로 만든다. 과육의 산화와 변색을 막기 위해 약간의 레몬즙이나 구연산 1자밤을 넣는다.

포포는 구하기가 쉽지 않기 때문에 쿨리에 사용하거나 네모난 케이크와 열대 과일, 휩드 크림과 함께 켜켜이 쌓아서 트라이플을 만들거나 소르베(망고 소르베의 레시피를 따르되, 망고 대신 잘 익은 포포를 넣는다.)에 넣는 등 가열하지 않는 요리에 사용하기를 권장한다. 즉석 발효 빵 또는 푸딩 같은 요리에도 사용할 수는 있지만 열을 가하면 맛이 둔해지는 경향이 있다. 운 좋게 잘 익은 포포를 손에 넣었다면 그냥 숟가락으로 과육을 떠먹는 것이 제일 좋다. 포포가 여러 개 있다면 포포 과육을 감 과육 대신 사용해 감 버터밀크 푸딩을 만들어보자. 포포의 섬세한 맛을 살리기 위해 계피는 빼는 것이 좋다.

복숭아와 천도복숭아에 대해

싱크대 앞에서 턱과 팔뚝에 줄줄 흘러내릴 정도로 과즙이 풍부한 잘 익은 여름 복숭아를 먹을 때처럼 행복한 순간도 드물다. 복숭아는 씨가 과육에서 쉽게 분리되는 **이핵**(離核)과 과육이 씨에 달라붙어 잘 떨어지지 않는 **점핵**(粘核)의 두 종류로 나뉜다. 과육이 대부분 노란색을 띠는 이핵 복숭아가 생으로 먹기에 가장 좋다. 점핵 복숭아는 흰색이나 노란색 과육이 씨에 단단하게 달라붙어 있고 과육의 신맛이 강하며 좀 더 단단하므로, 가열하거나 통조림으로 만들거나 설탕에 조리거나 약간의 버터와 설탕을 넣고 지지는 요리에 안성맞춤이다. **백도**는 노란색 과육 품종만큼 먹음직스러워 보이지는 않더라도 맛만큼은 뒤지지 않는다. 복숭아는 이르면 5월부터 시장에 모습을 드러내기 시작하는데 일반적으로 7월과 8월에 출하되는 것이 가장 맛있다.

천도복숭아는 매끈한 껍질과 풍미 때문에 복숭아와 자두의 교배종처럼 보이지만 사실 식물학자들이 말하는 '눈 돌연변이(bud variation, 싹에 변이가 나타나 두드러지게 다른 꽃이나 과일이 열리는 것 — 옮긴이)'의 결과로 탄생한 솜털 없는 복숭아 품종에 해당하며, 점핵 또는 이핵성이다.

품질 좋고 잘 익은 복숭아나 천도복숭아는 향이 진하고 녹색을 띠지 않아야 한다. 단단하지만 딱딱하지 않고 갈색의 멍 자국이 보이지 않으면서 색이 먹음직스러운 과일을 고른다. 복숭아와 천도복숭아는 일단 수확하고 나면 잘 숙성되지 않으며, 딱딱한 복숭아를 종이봉투에 넣어 실온에서 1~2일 정도 두면 다소 말랑말랑해지기는 하지만 맛이 좋아지지는 않는다. 일단 복숭아가 잘 익고 나면 금세 상해버리므로 실온에서 2~3일 정도까지만 보관할 수 있다. 냉장고에 넣어둘 수도 있지만 그렇다 해도 보관 기간이 많이 길어지지는 않는다. 복숭아와 천도복숭아의 껍질을 효과적으로 벗기려면 살짝 데친다.

복숭아는 블루베리, 프로슈토 등의 염장육, 구운 아몬드, 생강, 염소 치즈와 잘 어울린다. 또한 복숭아 커스터드 파이 코케뉴, 복숭아 파이, 블루베리와 복숭아 버클, 복숭아 또는 살구 버터 레시피도 함께 참고한다.

염소 치즈를 곁들인 복숭아 그릴 구이

4인분

여름에 그릴 요리를 할 때 식사를 마무리하기에 완벽한 디저트다.

뜨겁게 달군 그릴을 사용하거나 가스 그릴을 강불에 맞춰 예열한다. 다음을 반으로 자르고 씨를 뺀다.

　이핵 복숭아 큰 것 2개

절단면이 아래로 가도록 복숭아를 그릴에 올리고 겉이 약간 그을리며 속까지 따뜻해지도록 굽는다. 접시에 담는다. 반으로 자른 복숭아 4조각에 다음을 적당히 나눠서 얹는다.

　신선한 염소 치즈 115g, 부드럽게 젓기

다음을 위에 뿌린다.

　꿀 2큰술

　굵게 썬 민트

　갓 갈아낸 흑후추

　(박편형의 바닷소금)

속을 채워서 구운 복숭아

4~8인분

화려하지는 않아도 깜짝 놀랄 정도로 맛있는 디저트로, 미리 준비해 최대 3시간까지 냉장고에 보관했다가 구워서 낼 수 있다. 우리는 보통 딱 먹기 좋게 익은 복숭아에 손을 더 대는 것을 바보 같은 일이라 생각하지만 이 디저트만큼은 예외다.

오븐을 175℃로 예열한다. 다음의 껍질을 벗기고 반으로 잘라서 씨를 뺀다.

　이핵 복숭아 큰 것 4개

반으로 자른 복숭아 8조각을 한꺼번에 한 겹으로 담을 수 있을 만큼 커다란 베이킹 접시에 복숭아를 배열한다. 다음을 섞어서 설탕을 녹인 다음 복숭아 위에 뿌린다.

　오렌지 주스 ½컵

　슈거 파우더 ¼컵

복숭아에 설탕물이 골고루 묻도록 손으로 살살 뒤적인다. 복숭아의 절단면이 위로 올라오도록 방향을 조절한다. 푸드 프로세서에 다음을 넣고 아몬드가 곱게 다져질 때까지 짧게 몇 번 작동시킨다.

> 세로로 두툼하게 자른 구운 아몬드 ⅓컵
>
> 진한 갈색 설탕, 꾹 눌러 담아 ¼컵
>
> 오렌지 ½개의 껍질, 강판에 곱게 갈기

다음을 넣고 혼합물에 몽글몽글한 덩어리가 생길 때까지 짧게 몇 번 작동시킨다.

> 차가운 버터 1큰술, 작은 조각으로 자르기

아몬드 혼합물을 적당히 나누어 복숭아의 움푹 들어간 곳에 채운다. 베이킹 접시 바닥에 있는 국물이 바글바글 끓을 때까지 15~20분간 굽는다. 다음을 곁들여 따뜻하게 낸다.

> 바닐라 아이스크림

서양배에 대해

요즘은 거의 1년 내내 마트에서 구할 수 있지만 서양배는 엄연히 가을 과일이다. 여름이 끝나가면 우리는 붉은색 껍질에 달콤하고 즙이 많지만 쉽게 상하는 **바틀릿** 서양배를 즐겨 먹는다. 또 하나의 조생종인 **스타크림슨** 서양배는 향이 진하고 예쁜 빨간색 껍질이 있어 과일 샐러드나 색을 활용하는 요리에 적합하다. 그다음에 출하되는 것이 작고 설탕처럼 달콤한 **세컬과 포렐** 품종으로 병조림을 만들기에 적합하다. 11월에는 다양하고 맛있는 내한성 가을 품종이 출하되는데, 이들 모두 겨울이 깊어갈 때까지 비교적 쉽게 구할 수 있다. 여기에는 땅딸막하고 눈물방울 모양에 녹색 또는 빨간색 껍질을 가지고 있으며 식감이 단단하고 맛이 순한 **앙주**, 녹색 부분이 군데군데 보일 때는 아삭한 사과 같은 맛을 내며 완전히 익으면 부드럽고 달콤해지는 적갈색 **보스크**, 과육에 과즙이 풍부해 디저트용 서양배의 여왕이라 불리는 불그스름한 **코미스** 등이 포함된다. 일부 마트에서는 보통 조리에 사용하는 **윈터 넬리스**나 녹색에 목 부분이 길며 그냥 먹기에도, 조리해서 먹기에도 좋은 **콩코드** 품종을 취급하기도 한다. 서양배와는 사뭇 다른 **아시아 배**는 둥그런 모양에 탁한 황금색 또는 적갈색 껍질을 가지고 있으며 사과로 착각할 정도로 모양이 흡사하다.(그러나 일부는 일반 사과보다 훨씬 크고 둥글다.) 주름이나 쪼그라든 부분이 없는 단단한 과일을 선택한다. 아시아 배는 과육이 매우 아삭하며 껍질을 벗기지 않고 그냥 베어 먹어야 가장 맛있다. 과즙도 엄청나게 풍부해서 우리 가족의 한 지인은 아시아 배를 먹고 나서 "입안에 폭포가 터진 것 같다."라고 표현했다.

대다수 서양배는 꼭지 근처의 윗부분을 눌러서 얼마나 잘 익었는지 확인할 수 있고, 잘 익은 배는 눌렀을 때 살짝 들어가야 한다. 바나나와 아보카도처럼 서양배도 약간 녹색 빛이 돌 때 수확해 실온에서 숙성시킨다. 아주 딱딱하면 익는 데 일주일 또는 그 이상이 걸릴 수도 있다. 딱 알맞게 익은 서양배는 충분히 기다릴 만한 가치가 있을 만큼 맛있으므로 너무 성급하게 먹지 않도록 하자. 잘 익은 서양배를 단기간 보관하려면 냉장고에 넣는다. ▶ 서양배를 조리할 때는 단단한 상태에서 사용한다. 손질할 때는 상황에 따라 껍질을 벗기고 세로로 반을 자른다. 찻숟가락이나 멜론 속 떠내는 도구로 가운데 씨 부분을 파내고, 취향에 따라 중심부에서 꼭지까지 끈처럼 이어져 있는 섬유질 부분을 잘라낸다. 반으로 자른 다음 세로로 4등분하거나 슬라이스로 썰거나 깍둑썰기할 수 있다. 서양배를 통째로 설탕에 조리기 위해 손질하는 방법은 891쪽을 참고한다.

모든 서양배는 치즈와 궁합이 좋고 계피, 정향, 올스파이스, 생강, 카르다몸 등 따뜻한 느낌의 향신료, 레몬이나 오렌지 껍질, 바닐라 빈과 잘 어울린다. 썰

어서 낼 때는 레몬즙으로 버무려서 변색을 방지한다. 서양배는 과일 샐러드나 녹색 채소 샐러드에 넣으면 보기 좋고 맛도 훌륭하다. 조리용으로는 앙주, 보스크, 윈터 넬리스 품종을 선택한다. 또한 서양배는 기름에 지지거나 과일 콩포트에 사용할 수도 있다. 레드와인에 조린 서양배, 서양배 버터, 사과 또는 서양배 팬다우디, 사과 또는 서양배 턴오버 레시피도 함께 참고하면 좋다.

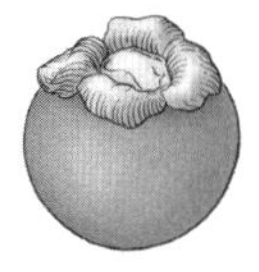

단감

감에 대해

밝은 주황색의 감은 가을이 되면 시장에 모습을 드러내며 거의 겨우내 쉽게 구할 수 있다. 흔히 볼 수 있는 유형은 일본어로 **가키**(かき)라고 하는 아시아 품종으로, 이는 다시 커다란 도토리 모양의 **대봉감**과 이보다 크기가 작은 바늘꽂이 모양의 **단감**이라는 두 가지 종류로 나뉜다. 대봉감은 떫은맛이 강하므로 거의 젤리처럼 부드러워질 때까지 농익어야 비로소 먹을 수 있다. 단감은 잘 익어서 부드러워졌을 때도 맛있지만 덜 익어서 딱딱하고 아삭한 상태에서도 충분히 먹을 수 있다. 마트에서는 보통 덜 익은 대봉감과 단감을 판매하는데, 집에 가져와서 사과와 함께 비닐봉지에 넣어두면 잘 익는다. 또한 일반적으로 미국 중서부와 남부에서 야생으로 채집하는 미국 원산의 **미국 감**도 있다. 미국 감도 대봉감처럼 농익어서 부드러워지기 전까지는 떫어서 먹을 수 없으며, 보통 첫 서리가 내린 후에야 먹을 만하게 익는다. 잘 익은 말랑말랑한 감은 냉장고에 넣어두거나 바로 먹어야 한다. 한국이나 일본에서는 대봉감의 껍질을 깎아서 모양을 매만진 후 걸어놓고 잘 말린다. 이렇게 말리면 과일 내부의 당분이 표면으로 배어나와 흰 가루처럼 묻어나는 **곶감**이 탄생한다. 곶감은 그냥 먹거나 녹차에 곁들여서 즐긴다.

감은 신맛이라고는 전혀 없으므로 다소 물리는 경향이 있다. 그래서 우리는 약간의 레몬즙을 뿌려 맛을 살리기도 한다. 감은 가운데 심을 제거한 다음 얇게 썰거나 웨지 모양으로 썰어서 준비한다. 단단한 단감을 얇게 썰어서 녹색 채소 샐러드 또는 과일 샐러드에 넣으면 감귤류즙이나 식초의 산미와 만나 더욱 맛이 좋아진다. 말랑말랑하게 잘 익은 감은 퓌레로 만들어도 좋다. 씨를 모두 제거한 다음 숟가락으로 껍질에서 과육을 긁어낸 후 체에 문질러 으깨거나 식품 분쇄기에 넣어 갈아도 좋고, 푸드 프로세서에 넣어 퓌레로 만들 수 있다. 과육을 냉동해두었다가 나중에 사용하거나 감 버터밀크 푸딩 같은 오븐 구이 요리에 활용해도 좋다.

파인애플에 대해

요즘은 흔히 접하는 과일이지만 식민지 시대에 파인애플은 지위의 상징이자 사치품이었다. 파인애플 자생지에 살지 않는 사람이 파인애플을 구하는 것은 하늘의 별 따기였다. 파인애플이 어찌나 귀한 대접을 받았던지 손님을 환영하는 의미로 현관문 위에 파인애플 모양을 새겨놓는 가정도 많았다. 그러나 이와 동시에 파인애플은 플랜테이션 형태의 농업, 노동력 착취, 다량의 살충제 사용 등 어두운 역사도 지니고 있다. 따라서 되도록 유기농으로 재배한 파인애플을 찾아보기를 권장한다.

일반적으로 크기가 자그마하고 옹골찬 것이 가장 품질 좋은 파인애플이다. 잎이 삐죽하게 솟은 윗부분은 절대 갈색이 아니라 선명한 녹색이어야 한다. 파인애플 껍질의 색은 숙성 정도와 그다지 관련이 없으므로 꾹 눌렀을 때 살짝 들어가면서 맛있는 향기가 나는 것을 고르면 실패 확률을 줄일 수 있다. 햇빛이 들지 않는 곳에서 실온 보관한다. 일단 자르고 나면 냉장고에 넣어둔다.

파인애플은 대다수 식재료와 잘 어울리지만 한 가지만 주의하자. ▶ 파인애플에 포함된 브로멜라인이라는 효소는 젤라틴이 굳는 것을 방지하므로, 신선한 파인애플은 반드시 미리 조리해서 젤라틴 혼합물과 섞어야 한다. 이 효소 때문에 신선한 파인애플 주스를 고기 양념에 넣으면 연육제로 효과적이지만, 주스에 고기를 너무 오래 재워두면 고기가 흐물흐물해질 수 있으므로 주의한다. 또한 ▶ 조리하지 않은 파인애플을 코티지 치즈나 요구르트에 넣으면 유제품이 금세 질척해지므로 내기 직전에 첨가해야 한다.

파인애플을 손질하려면 왕관 같은 잎과 그 바로 아래의 과일을 6mm 정도 잘라낸 다음 밑동도 6mm 정도 잘라낸다. 파인애플을 똑바로 세운 상태에서 위에서 아래로 껍질을 넓게 벗겨낸다. 상황에 따라 채소 껍질 벗기는 도구의 끝부분으로 파인애플 껍질의 '눈' 부분을 하나씩 도려내거나 칼을 사용해 눈이 있는 곳을 사선으로 돌려가면서 잘라낸다. 껍질을 벗긴 다음에는 고리 모양이 되도록 가로로 자르거나 웨지 모양 또는 길쭉한 슬라이스 모양이 되도록 세로로 자른다. 가운데 심 부분을 잘라낸다.

파인애플은 코코넛, 망고, 바나나, 매운 칠리 고추, 라임즙, 아보카도, 고수와 잘 어울린다. 생파인애플은 그냥 먹어도 맛있고 신선한 과일 샐러드에 넣어도 좋다. 익힌 파인애플도 맛있지만 다소 단맛이 두드러지는 경향이 있다. 버터에 지진 과일, 그릴 또는 직화 오븐에 구운 과일, 꿀과 라임을 넣은 구운 과일 케밥 레시피를 참고하자. 말린 파인애플은 보통 상당량의 설탕을 첨가해서 만든다. 말린 과일 콩포트에 사용하려면 무가당 말린 파인애플을 찾아보자. 미국 아이들이 가장 좋아하는 간식 중 하나인 파인애플 업사이드다운 케이크도 빼놓을 수 없다.

그릴에 구운 캐러멜화 파인애플

6인분

뒷마당에서 바비큐를 즐길 때나 그릴에 불을 켰을 때 언제든 즐길 수 있는 근사한 디저트다.

그릴의 화력을 중강불에 맞추거나 가스 그릴을 중간보다 높은 온도로 예열한다. 파인애플에 대해 항목의 설명대로 껍질을 벗긴 후 웨지 모양으로 12조각이 나오도록 세로 방향으로 자른다.

　　파인애플 큰 것 1개

질긴 가운데 심을 잘라낸다. 작은 편수 냄비에 다음을 넣고 섞는다.

　　갈색 설탕, 꾹 눌러 담아 ½컵

　　오렌지 주스 ½컵

　　버터 4큰술(버터 스틱 ½개)

　　(라임 1개의 껍질, 강판에 곱게 갈기)

　　라임즙 1큰술

부르르 끓어오르면 자주 저으면서 혼합물이 걸쭉해지고 시럽 농도가 될 때까지 약 5분간 조리한다. 취향에 따라 다음을 넣고 젓는다.

　　(다크 럼 1~2큰술, 맛을 보면서 조절)

솔을 사용해 이 혼합물을 파인애플 웨지에 살짝 바른 다음 그릴의 불이 닿는 부분에 올려놓는다. 파인애플 조각을 자주 뒤집어주고 그때마다 갈색 설탕 혼합물을 끼얹어준다. 웨지에 그릴 자국이 생기고 설탕이 캐러멜화될 때까지 총 5분 정도 굽는다. 커다란 서빙용 접시에 담고 갈색 설탕 혼합물을 솔로 바른다. 다음과 함께 낸다.

　　바닐라 아이스크림 또는 휩드 크림

한입 파인애플

8인분

이 레시피에는 아주 잘 익은 파인애플을 사용해야 한다. 다음의 위쪽 잎을 ⅔ 정도 떼어낸다.

　　차갑게 해둔 잘 익은 파인애플 1개

파인애플을 세로로 8개의 웨지 조각으로 자른다. 가운데 심 부분을 잘라내고 각 조각을 배 모양으로 놓는다.(그림 참고) 껍질과 과육 사이에 칼을 넣어 과육을 한 덩어리로 껍질에서 분리한 뒤, 5~6조각이 나오게 가로 방향으로 잘라서 배 모양의 껍질 위에 가지런히 얹는다. 상황에 따라 배 모양의 파인애플 용기를 개인 접시에 담고 다음을 소복하게 뿌려서 낸다.

　　(슈거 파우더)

개인 접시에 다음을 얹어 장식한다.

　　꼭지를 따지 않은 딸기 큰 것 5~6개

자두에 대해

자두는 복숭아와 천도복숭아, 체리, 아몬드와 함께 살구속(屬)에 속하는 또 하나의 거대하고 다채로운 과일군이다. 마트에서 찾아볼 수 있는 것은 대부분 과육이 실한 일본산 자두로 8월에 제철을 맞으며 여기에는 진한 보라색의 **프라이어**, 녹색의 **켈시**, 황금색의 **시로**, 과육이 붉은색인 **산타 로사**, **엘리펀트 하트** 등이 포함된다. 또 하나의 일본산 품종인 **매실**은 신선할 때 먹으면 그다지 맛이 없고 일본식 매실 장아찌 **우메보시**를 담가서 먹는다. 이 매실 장아찌는 쪼글쪼글하고 강렬한 짠맛과 신맛을 가지고 있는 피클로, 차조기를 넣어서 절이므로 불그스름한 색을 띤다. 가을에 수확하는 유럽산 자두는 보통 크기가 작고 둥글기보다는 타원형을 하고 있으며 과즙은 많지 않지만 과육이 실하다. 유럽산 자두의 종류로는 작은 타원형의 **이탈리아산 자두**, **미라벨** 그리고 다양한 **프룬 자두**를 꼽을 수 있다. 프룬 자두는 이름 그대로 말린 자두인 프룬을 만들 때 사용하지만 케이크와 타르트에 넣어도 아주 잘 어울린다. 달콤하고 풍미가 무척 뛰어난 **그린게이지**, **댐슨**, **슬로** 품종 및 **체리 자두**라고도 부르는 미국 원산의 **미국 자두**는 보통 프리저브에 사용한다. 자두에는 다양한 교배종이 있다. **플루오트**는 붉은빛이 도는 노란색 또는 녹색의 얼룩덜룩한 껍질이 특징이며 자두와 살구가 3:1의 비율로 섞인 교배종이다. **플럼코트**는 호박색을 띠며 자두와 살구가 절반씩 섞인 교배종이다. 그리고 **애프리엄**은 살구가 3, 자두가 1의 비율로 섞인 새로운 품종이며 모양은 살구와 비슷하지만 껍질이 발그레한 분홍색을 띤다.

자두를 고를 때는 향이 진하고 말랑한 것을 선택한다. 딱딱한 자두는 절대 숙성되지 않으며 그 결과 맛도 그다지 좋지 않다. 크기와 맛은 아무런 연관이 없고 작은 자두가 큰 자두보다 훨씬 풍미가 뛰어난 경우도 많다. 표면에 묻어 있는 흰색 가루나 막은 자연스럽게 생긴 것이다. 자두는 숙성 정도에 따라 실온에서 3~5일간 보관할 수 있다. 자두를 익히면 자두의 껍질이 부분적으로 또는 통째로 분리된다. 살짝 데치면 자두 껍질을 쉽게 벗길 수 있다.

자두는 보통 올스파이스, 흑후추, 카르다몸, 브랜디, 크렘 프레슈, 사워크림, 요구르트, 꿀, 오렌지, 포트 와인과 무척 잘 어울린다. 우리가 메건의 프랑지판 과일 타르트를 만들 때 가장 선호하는 과일이 바로 자두이며, 특히 붉은색이나 자주색 껍질을 가진 품종이 잘 어울린다. 새콤한 자두 젤리, 자두 잼, 자두 버터, 젤리 형태의 댐슨 자두 소스의 레시피도 함께 참고한다.

뭉근히 끓인 자두

8인분

베르가모트 향이 가미된 얼그레이 차는 타닌 성분이 달콤한 자두와 절묘한 대비를 이루므로 특히 이 레시피에 잘 어울린다.

다음을 편수 냄비에 담고 과일이 잠길 만큼 찬물을 붓는다.

씨를 뺀 자두 450g

부르르 끓어오르도록 가열한 뒤 불을 줄이고 20분간 뭉근히 끓인다. 다음을 넣는다.

설탕 ¼컵, 또는 맛을 보고 추가

(얼그레이 티백 2개)

(레몬 ½개, 얇게 썰기)

(통계피 1개)

10분간 더 끓인다. 따뜻하게 또는 차갑게 낸다.

석류에 대해

그리스 신화에 따르면 페르세포네는 교활한 하데스가 건넨 석류알(가종피假種皮라고도 한다.) 하나를 먹었다는 이유로 1년에 6개월씩 지상을 떠나 지하세계로 돌아가야 했고, 그로 인해 지상에는 생기 없는 겨울이 찾아왔다고 한다. 보통 사람이라면 씨와 달콤한 즙이 들어 있는 진홍색 석류알을 처음 접하는 순간부터 페르세포네가 어떻게 석류알을 하나만 먹고 멈추었는지 의아하게 생각하지만 말이다.

석류를 고를 때는 건조해 보이는 것을 피한다. 껍질의 색이 익은 정도를 나타내지는 않는다는 점을 잊지 말자.

석류알을 떼어내려면 세로로 4등분한 후 찬물에 담가놓는다. 중과피가 많은 껍질과 얇은 흰색 막 사이에 박혀 있는 석류알을 조심스럽게 떼어내면 물의 표면으로 떠오른다. 껍질과 중과피를 건져서 버린 다음 물을 따라내면 그릇에 석류알만 남는다. 석류알은 뚜껑을 꼭 덮어서 냉장고에 넣어두면 최대 5일까지 보관할 수 있다. 칼을 대지 않은 석류는 냉장고에서 2주 또는 그 이상 보관이 가능하다.(실온에 보관하면 금세 말라버린다.)

보석처럼 빛나는 석류알은 과일 샐러드, 향신료로 양념한 요구르트를 곁들인 방울양배추 슬로 등과 같은 샐러드에 가니시로 사용하거나 고기 찜 중에서도 특히 양고기를 사용한 요리, 필라프, 디저트에 곁들이면 무척 예쁘고 맛도 좋다. 석류는 젤리로 만들어도 근사하며 석류 당밀과 아래에 소개하는 그레나딘의 재료로도 쓰인다. 젤리나 시럽을 만들 용도라면 석류가 풍부하게 생산되어 아주 저렴한 지역이 아닌 한 석류 주스를 사서 만드는 편이 낫다. 하지만 직접 주스를 짜고 싶은 독자들을 위해 방법을 소개한다.

석류의 주스를 짜려면 위의 설명대로 석류알을 떼어낸 다음 믹서나 푸드 프로세서에 넣고 갈아서 씨를 걸러낸다. 또는 석류를 가로로 반 잘라서 지렛대형 착즙기 또는 전기 착즙기로 주스를 짜낸다.

그레나딘

약 1½컵

석류 주스로 만든 이 시럽은 다양한 칵테일에 두루 활용되는 재료다.

중간 크기의 편수 냄비에 다음을 넣고 섞는다.

무가당 석류 주스 1컵

설탕 1컵

저으면서 은근한 불로 설탕이 녹을 때까지만 가열한다. 끓어오르지 않도록 잘 살핀다. 불에서 내린 후 다음을 넣어 젓는다.

등화수 ½작은술

완전히 식힌다. 냉장고에 넣으면 3주간 보관할 수 있다.

석류 당밀

1컵

색이 진하고 새콤한 이 시럽은 시원하게 마시는 칵테일인 스프리처의 기본 재료이며, 그냥 소다수나 탄산수 또는 와인에 이 시럽을 넣으면 음료가 완성된다. 거의 다 익어가는 육류나 가금류에 이 시럽을 솔로 발라주면 글레이즈 역할도 한다. 샐러드 드레싱에 소량 넣어서 젓거나 과일 샐러드에 넣어 버무리거나 페르시아 음식인 페센준에도 사용한다. 석류 주스를 짜는 과정은 다소 번잡하므로 시판 석류 주스를 사용해도 상관없다.

주스가 잘 나오도록 조리대 위에 굴린다.

석류 2.3kg(또는 무가당 석류 주스 2컵을 사용)

위의 설명대로 석류 주스를 짜낸다. 깊고 묵직한 편수 냄비에 국자로 건더기 없는 주스를 떠서 담은 후 다음을 추가한다.

설탕 ½컵

체에 거른 레몬즙 ⅓컵

중약불에서 설탕이 녹을 때까지 저어준 다음 뚜껑을 열고 액체가 1컵 정도의 분량으로 줄어들 때까지 약 2시간 정도 뭉근히 끓인다. 식혀서 멸균한 유리병에 붓는다. 뚜껑을 단단히 봉해 냉장고에 넣으면 3개월까지 보관할 수 있다.

부채선인장 열매에 대해

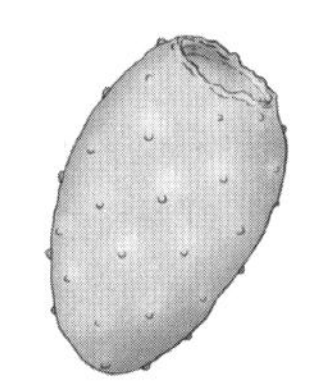

선인장 배(cactus pear)라고 알려진 가시 덮인 열매가 열리는 선인장은 멕시코 북서부 지역과 현재의 미국 남서부 지역이 원산지다. 이 선인장은 오래전에 지중해 연안으로 건너가 원산지만큼이나 폭넓게 뿌리를 내렸다. 대다수 품종은 한쪽 끝을 잘라버린 달걀처럼 생겼고, 두꺼운 껍질은 보랏빛이 도는 빨간색 또는 녹색을 띠면서 과육은 자홍색이다. 껍질이 보라색인 열매가 가장 달콤한 것으로 알려져 있다. 잘 익은 부채선인장 열매는 과즙이 풍부하고 희미하게 멜론 맛이 나며 신맛은 없다. 딱딱한 씨도 먹을 수 있다.

중남미계 마트에 가면 부채선인장 열매를 튜나(tunas)라는 이름으로 판매하는 경우가 많다. 손에 쥐었을 때 살짝 탄력이 느껴지는 것을 선택하되, 짧은 머리카락처럼 뻗은 과일의 가시를 조심해야 한다. 가시가 솟아 있는 부채선인장 열매를 다룰 때는 가죽 장갑을 착용하거나 주방용 집게를 사용해 찔리지 않도록 한다. 마트에서 판매할 때는 가시를 대부분 제거한 상태인 경우가 많지만 그래도 군데군데 가시가 몇 가닥 남아 있기 마련이며, 일단 가시가 피부에 박히면 어디에 찔렸는지 찾아내기가 힘들다.

부채선인장 열매의 껍질을 벗기려면 위쪽과 아래쪽을 잘라낸 다음 세로 방향으로 껍질에 칼집을 넣어 장갑을 끼고 껍질을 벗기거나 작은 칼의 칼날을 껍질과 과육 사이에 밀어 넣은 후 살살 도려낸다. 부채선인장 열매의 과육은 보통 생으로 살사에 넣어서 먹지만 과즙은 끓여서 페이스트나 시럽으로 만들 수 있다. 몇 가지 활용법을 소개하자면 부채선인장 열매를 우려낸 과일 시럽, 마가리타, 부채선인장 열매 젤리 등이 있다. 신선한 주스는 혼합 음료나 비네그레트 또는 과일 샐러드의 맛을 낼 때 사용하거나 퓌레로 갈아서 디저트 소스로 만들 수도 있다. 부채선인장 열매는 신맛이 없으므로 감귤류즙을 넉넉하게 짜서 섞어주면 맛이 상큼하게 살아난다. 부채선인장 열매에는 신선한 파인애플처럼 젤라틴의 응고를 막는 효소가 들어 있다. 부채선인장의 넓적한 부채 부분을 지칭하는 **노팔**(nopale)에 대해서는 242쪽을 참고한다.

부채선인장 소스를 곁들인 멜론

6인분

장갑을 끼고 위의 설명에 따라 껍질을 벗긴다.

　잘 익은 부채선인장 열매 450g(약 6개)

과육을 2.5cm 크기로 잘라 푸드 프로세서나 믹서에 넣고 다음을 첨가한다.

　오렌지 주스 3큰술

　라임즙 2큰술

　설탕 2큰술

부드러워질 때까지 퓌레로 간다. 맛을 보고 취향에 따라 라임즙이나 오렌지 주스를 조금 더 넣는다. 그릇에 옮겨 담고 뚜껑을 덮어서 1시간 이상 차갑게 식힌다. 다음을 반 잘라서 씨를 빼고 웨지 모양으로 자른 다음 껍질을 벗긴다.

　캔털루프, 허니듀 또는 크렌쇼 등의 멜론 1.3kg

개인 접시에 웨지 모양으로 자른 멜론 조각을 하나씩 올리고 순가락으로 소스를 기다랗게 끼얹는다.

유럽모과에 대해

사과의 조상인 유럽모과(quince)는 장미과에 속하는 식물이다. 그리스 신화에 따르면 파리스 왕자가 황금 유럽모과를 아프로디테에게 건넸기 때문에 트로이 전쟁이 일어났다고 한다. 세부 사항이 정확한지는 차치하더라도 어쨌든 유럽모과는 이브의 사과보다 더 오랜 역사를 지닌 과일이며, 그에 걸맞게 세상 온갖 풍파를 겪은 모양새를 하고 있다. 얼룩덜룩하고 여기저기 혹이 돋아 있으며 모양이 일그러진 것은 물론, 매우 희귀한 몇 가지 품종을 제외하면 전부 과육이 딱딱하고 푸석하며 떫어서 반드시 조리해서 먹어야 한다. 이렇게 초라한 겉모습과 쉽게 가까이하기 어려운 맛을 가진 과일이지만 향기만큼은 취할 정도로 강렬한 열대 과일 내음을 풍기므로 잘 익은 유럽모과를 실내에 두면 방 전체에 향기가 가득 찰 정도다. 유럽모과를 익히면 과육에서 사과, 서양배, 장미의 맛을 느낄 수 있으며 색깔도 아름다운 분홍색과 빨간색으로 변한다.

　유럽모과는 가을에 수확하는 과일이다. 마트에서 쉽게 볼 수 있는 과일은 아니므로 지역 직거래 장터를 잘 살펴보자. 유럽모과는 우툴두툴한 혹이 나 있으며 껍질이 성긴 솜털 층으로 덮여 있는 것도 많고 여기저기 흠집도 눈에 띈다. 심한 흠집이나 멍이 아닌 이상 껍질에 난 어느 정도의 상처는 신경 쓰지 않아도 된다. 잘 익은 유럽모과는 풍미가 더욱 풍부하며 강렬한 향기와 황금빛 색상을 기준으로 삼아 고른다.(덜 익은 유럽모과는 녹색이다.) 사과와 마찬가지로 유럽모과에도 펙틴이 상당량 함유되어 있는데, 약간 덜 익은 유럽모과에는 특히 펙틴이 많이 들어 있어서 어떤 사람들은 젤리, 잼 그리고 프리저브로 만들어 먹는 것을 선호한다. 잘 익은 유럽모과를 냉장고에 넣으면 3주 정도 보관할 수 있고 햇빛이 들지 않는 서늘한 곳에 겹치지 않게 보관하면 3개월 정도는 거뜬하다. 너무 따뜻한 곳에 두면 가운데 부분부터 바깥쪽으로 썩어가기 때문에 나중에 잘랐을 때 깜짝 놀라게 된다.

　유럽모과를 조리하기 위해 손질하려면 우선 껍질을 벗기고 세로 방향으로 4등분 또는 8등분한다. 이렇게 설명하면 무척 간단하게 들리겠지만 유럽모과는 아주 단단하므로 손을 베지 않도록 주의해야 한다. 과도를 사용해 웨지 모양으로 자른 각 조각에서 가운데 씨 부분을 잘라낸다. 유럽모과의 과육은 금방 색이 변하므로 자른 과일에 레몬즙을 발라두면 좋은데, 어차피 조리 과정에서 변색은 크게 문제가 되지 않으므로 너무 신경 쓸 필요는 없다. 유럽모과는 꿀, 따뜻한 느낌의 향신료, 사과와 서양배 등의 다른 이과 과일, 오렌지 껍질, 바닐라, 생강, 아몬드와 어울림이 좋다. 또한 설탕에 조리거나 중간 농도 또는 아주 걸쭉한 시럽으로 만들어도 맛있다. 취향에 따라 설탕 대신 꿀을 넣고 계피, 정향, 올스파이스 등의 향신료를 첨가해보자. 유럽모과를 반으로 잘라서 가운데 씨 부분을 빼고 부드러워질 때까지 레드와인에 조린 다음 양념한 양고기 다짐육과 잣을 섞은 것을 채워서 구워도 맛있다. 사과, 꽃사과, 유럽모과 젤리, 유럽모과 프리저브 레시피도 함께 참고한다.

구운 유럽모과

4인분

오븐을 175℃로 예열한다. 다음을 씻어서 반으로 자른 후 가운데 씨 부분을 제거한다.

　유럽모과 4개

다음을 넉넉히 넣어 문지른다.

　부드럽게 저은 버터

베이킹 접시에 담고 뚜껑을 덮은 후 칼로 찔러보면 부드럽게 들어갈 때까지 굽는다. 1시간 후에 익은 정도를 확인해 과육이 아직 단단하면 최대 1시간까지 더 구우면서 자주 확인한다. 다 익으면 오븐에서 꺼낸다.(오븐은 끄지 않는다.) 과육을 대부분 긁어내고 껍질은 용기로 사용하기 위해 따로 보관해둔다. 과육에 다음을 넣어 섞는다.

　갈색 설탕, 꾹 눌러 담아 1컵

　마른 빵가루 또는 케이크 가루 ⅓컵

　구워서 굵게 썬 호두 ¼컵

　레몬 1개의 껍질, 강판에 곱게 갈기

　소금 ¼작은술

유럽모과의 껍질 반쪽에 과육 혼합물을 채워 넣는다. 다시 오븐에 넣어 부드러워질 때까지 약 15분간 더 굽는다. 뜨겁게 또는 차갑게 식혀서 낸다.

멤브리요(Membrillo, 유럽모과 페이스트)

약 900g

전통적으로 치즈와 함께 먹는데, 특히 만체고 치즈가 잘 어울린다. 식품 분쇄기를 사용하면 분쇄기 안에 남아 있는 과육을 긁어내 설탕과 물을 넣어 끓인 후 유럽모과 젤리를 만들 때 사용해도 좋다.

크고 묵직한 편수 냄비에 다음을 넣고 섞은 후 중불에 올리고 뭉근히 끓어오를 때까지 가열한다.

　유럽모과 900g(중간 크기 2~4개), 껍질을 벗기고 가운데 씨 부분을 제거한

　　후(식품 분쇄기를 사용하지 않을 경우) 얇게 썰기

　물 1컵

뚜껑을 덮고 불을 약간 줄여서 유럽모과가 아주 부드러워질 때까지 약 40분간

뭉근히 끓인다. 유럽모과를 푸드 프로세서나 식품 분쇄기에 넣고 퓌레 상태로 간 다음 다시 냄비에 옮겨 담는다. 다음을 넣고 젓는다.

  설탕 3컵

중약불에 올려서 가끔 저으면서 혼합물이 아주 걸쭉해지고 냄비의 옆면에서 점점 가운데로 모이기 시작할 때까지 약 2시간 반 동안 뭉근히 끓인다. 기름을 바른 팬이나 테두리 있는 오븐 팬에 페이스트를 1.2cm 두께로 넓게 펴 바르고 실온에서 하룻밤 말린다. 비스킷 또는 쿠키 틀을 사용해 페이스트를 사각형 또는 다른 원하는 모양으로 자른다. 가끔 조각을 뒤집어가면서 표면이 완전히 마를 때까지 건조한다.

루바브에 대해

식물학적 정의로 따지자면 식물의 줄기인 루바브를 「과일」 장에 소개하는 것은 다소 억지스럽겠지만, 새콤한 풍미와 관례적인 활용법을 고려하면 루바브는 다른 어느 장보다 여기에서 설명하는 것이 적합하다고 생각한다. 밭에서 재배한 루바브의 제철은 봄이지만 사는 지역에 따라서 그 이후에도 몇 달 정도 쉽게 눈에 띄기도 한다. 어떤 종류든 아삭하고 줄기가 단단한 것을 고르고 줄기의 너비가 2.5cm 이하인 것을 권장한다. 루바브는 선명한 분홍색이거나 짙은 녹색 또는 이 두 가지 색 사이의 다양한 색상을 띤다. 루  바브의 품종에 따라 색이 달라지므로 녹색 루바브가 붉은색 루바브보다 '덜 익었다'는 의미는 아니다. 잎이 붙어 있다면 보관하기 전에 잘라서 버린다. ▶ 잎에는 독성이 있는 옥살산이 들어 있기 때문에 절대 먹어서는 안 된다.

  조리하기 위해 루바브를 손질하려면 우선 깨끗이 씻는다. 줄기의 끝부분을 2.5cm만큼 잘라서 버리고 나머지 줄기를 1.2~5cm 길이 또는 레시피의 설명대로 자른다. 줄기가 너무 뻣뻣하면 조리하기 전에 셀러리처럼 껍질을 벗겨서 실처럼 길쭉한 섬유질을 제거한다. 루바브는 달콤한 콩포트와 짭짤한 콩포트에 모두 잘 어울리며 맛도 좋다. 기름에 볶아서 곁들임 음식으로 내도 좋을뿐더러 구이 요리에도 활용도가 높다. 구운 루바브는 레몬, 사과, 서양배, 딸기, 바닐라, 오렌지, 생강과 잘 어울린다. 딸기 루바브 파이, 딸기 루바브 프리저브, 향신료로 풍미를 낸 루바브 컨서브 등의 레시피를 참고한다.

구운 루바브

6인분

루바브는 구워도 식감이 어느 정도 보존된다. 요구르트, 커스터드 디저트 또는 아이스크림 위에 얹어서 낸다.

오븐을 200℃로 예열한다. 다음을 손질해 5cm 길이로 썬다.

  루바브 450g

자른 루바브를 33×23cm 크기의 베이킹 접시에 담고 다음을 추가해 뒤적이면서 섞는다.

  갈색 설탕, 꾹 눌러 담아 ⅓컵

  오렌지 1개의 껍질과 즙, 강판에 곱게 갈기

  생강 2.5cm짜리 1조각, 껍질을 벗겨서 갈기

  바닐라 빈 1개의 씨와 깍지, 세로로 가른 뒤 씨를 긁어내기

칼로 찔러보면 부드럽게 들어갈 때까지 15~20분간 굽는다.

설탕에 조린 루바브

3인분

설탕에 조린 루바브는 활용도가 높아서 돼지고기나 오리고기에 곁들이거나 숟가락으로 떠서 바닐라 아이스크림에 얹어 먹어도 무척 맛있다. 디저트로 먹을 계획이라면 설탕을 넉넉히 넣는다. 발사믹 식초를 넣거나 계피, 정향 또는 신선한 생강이나 생강 가루, 볶은 샬롯이나 양파를 첨가해 풍미를 정돈한다. 중간 크기의 묵직한 편수 냄비에 다음을 넣고 섞는다.

  깍둑썰기한 루바브 4컵(줄기 약 6대)

  설탕 ¼~½컵

루바브에서 물이 약간 나올 때까지 최소한 15분 정도 실온에 둔다. 냄비를 중강불에 올리고 계속 저으면서 부르르 끓어오를 때까지 가열한다. 약불로 낮추고 뚜껑을 덮어서 가끔 저으면서 루바브가 부드러워지고 국물이 걸쭉해질 때까지 10~12분간 조리한다. 불에서 내려 젓지 않고 식힌다. 냉장고에 최소 2시간, 최대 2일까지 넣어둔다. 식으면 혼합물이 더욱 걸쭉해진다.

로즈힙에 대해

아름다운 꽃을 피우기 위해 재배하는 오늘날의 여러 장미 품종에서는 장미의 열매인 로즈힙을 찾아보기 어렵다. 로즈힙은 강렬한 신맛 외에는 크게 풍미가 없지만, 요리에 넣으면 근사한 색감을 자랑한다. 스웨덴에서는 로즈힙을 사용해 수프를 만든다. 분홍색의 로즈힙 젤리는 새콤한 맛을 내며, 간단 시럽에 풍미를 더하는 데 로즈힙을 넣기도 한다. 로즈힙을 말리면 약탕의 재료로도 사용된다. 로즈힙 퓌레를 요리에 활용하려면 ▶ 식감이 좋지 않고 위장에도 부담이 되므로 씨를 걸러낸다.

타마린드에 대해

타마린드는 콩이므로 엄밀히 말해 열매에 해당한다. 위풍당당하게 뻗은 타마린드 나무에서 5~15cm 정도의 길이로 열리는 갈색 꼬투리는 아시아 식료품점뿐만 아니라 몇몇 일반 마트에서도 취급하고 있다. 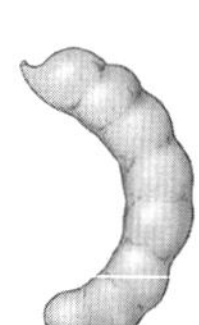 꼬투리에서 긁어낸 갈색 섬유질 과육은 풍미가 매우 진하다. 타마린드 과육은 캐러멜처럼 달콤한 맛과 저절로 얼굴을 찡그리게 만드는 톡 쏘는 맛을 동시에 가지고 있으며 약간의 짠맛도 느껴지는데, 마치 대추야자와 살구를 합쳐놓은 듯한 맛이다. 이렇게 독특한 풍미는 다량 함유된 주석산(살구와 포도의 신맛도 주석산으로 인한 것이다.)과 타마린드 꼬투리가 나무에 달려 있을 때 일어나는 갈변화 반응에 기인한 것이다. 타마린드 꼬투리는 햇빛에 잘 익힌 후에 수확한다. 이렇게 하면 풍미가 농축되고 함유된 당분이 캐러멜화해 갈색으로 변한다.

  어떤 사람은 타마린드 꼬투리 안의 과육을 달콤한 간식 삼아 그냥 먹기도 한다. 딱딱한 씨와 꼬투리의 아래위를 연결하는 질긴 끈은 먹을 수 없으므로 주의하고, 손가락이 끈끈해지므로 물티슈를 준비하자.

  아시아 식료품점에서는 가공을 최소화한 **타마린드 과육**을 비닐에 싸서 벽돌 모양으로 판매한다. 비닐봉지에 담아 냉장고에 넣어두면 몇 달, 냉동실에 넣어두면 거의 무기한 보관할 수 있다. 대부분은 '씨 없음'이라고 표기되어 있지만 사실 씨가 전혀 없는 것은 찾아보기 힘들다.

  조리에 사용하기 위해 타마린드 과육을 준비하려면 과육 ½컵과 뜨거운 물 1¼컵을 섞는다. 끈적한 갈색 액체가 될 때까지 손가락으로 조물조물 반죽한 다음 씨와 섬유질을 걸러낸다.

페이스트 상태로 판매하는 **타마린드 추출물** 또는 **타마린드 농축액**을 사용하면 훨씬 편리하게 요리에 타마린드 풍미를 추가할 수 있다. 반드시 냉장 보관해야 하는 제품이 있는가 하면 뚜껑을 꼭 덮어서 찬장에 보관할 수 있는 종류도 있다.(포장지의 설명을 확인한다.) ▶ **타마린드 페이스트와 비슷한 맛**을 내려면 **라임즙 1큰술, 당밀 1큰술, 우스터 소스 1작은술**을 섞으면 된다.

타마린드는 우스터 소스와 타마린드 처트니 등 여러 양념을 만들 때 들어가는 주요 재료다. 팟타이, 똠얌꿍 등은 타마린드를 사용해 단맛, 신맛, 짠맛, 매운맛의 풍미가 절묘한 조화를 이루는 요리들이다. 새콤달콤한 풍미를 지닌 타마린드는 사탕이나 음료를 만들 때 넣거나 풍미 시럽으로 활용하기에도 안성맞춤이다. 타마린드로 맛을 낸 다른 요리로는 달콤하게 조린 타마린드 템페, 사위의 달걀 레시피를 참고하자.

열대 과일에 대해

오늘날에는 특히 과일 전문점이나 온라인 상점에서 점점 더 쉽게 열대 과일을 구할 수 있게 되었다.

아세롤라

바베이도스 체리, 서인도 체리라는 별명만 봐도 이 과일의 생식지, 크기, 색을 짐작할 수 있지만, 사실 아세롤라는 식물학적으로 체리와 관련이 없는 종이며 중남미가 원산지다. 환한 붉은색 껍질에 있는 얕은 홈은 씨 3개의 위치를 나타내는데  이 씨는 빼고 먹어야 한다. 아세롤라를 생으로 먹으면 라즈베리나 시큼한 사과 풍미가 난다. 아세롤라는 신선한 감귤류 과일보다 비타민 C가 더 많이 들어 있다.

아키

리치 및 용안과 가까운 품종인 아키(ackee)는 자메이카를 대표하는 과일이다. 잘 익으면 노란빛이 도는 주황색을 띠며, 두껍고 딱딱한 껍질과 둥그런 3개의 엽(葉)이 갈라진 사이로 노란색 과육에 붙어 있는 3개의 반짝거리는 검은색 씨가 보인다. 아키의 과육은 식용이며 크림이나 버터처럼 부드럽고 맛이 순해서 야자순을 연상시킨다. 익지 않은 아키에는 독성이 있다. 아키는 잘 익어가면서 껍질이 저절로 벌어진다. 미국에서는 신선한 아키를 구하기 어렵지만 통조림으로 판매되고 있다. 아키를 사용하는 가장 유명한 레시피로는 염장 대구, 삶은 아키, 토마토, 향신료, 스카치 보닛 고추로 만든 자메이카의 전통 아침 식사인 아키와 염장 대구 요리를 꼽을 수 있다.

빵나무 열매와 잭프루트

멀베리와 무화과의 친척뻘인 이 두 과일은 구획이 나뉜 과육이 수많은 씨로 둘러싸여 있다는 구조적인 공통점을 갖고 있다. 멀베리 및 무화과와는 달리 빵나무 열매는 무게가 최대 4kg까지 나가며 잭프루트는 무려 40kg에 달하는 것도  있다. 태평양 제도 원산의 빵나무 열매는 전분 함량이 높아 짭짤한 요리에 감자나 빵처럼 활용하기 좋다. 덜 익었을 때는 삶거나 튀기거나 뭉근히 끓인다. 빵나무 열매로 토스토네를 만들면 맛이 아주 훌륭하고, 플랜틴 대신 빵나무 열매를 사용해 플랜틴 튀김 Ⅰ의 레시피대로 조리해도 맛있다. 빵나무 열매에 대해 항목도 참고한다. 잭프루트는 인도가 원산지로 잘 익으면

파인애플, 바나나, 망고를 연상시키는 풍미를 낸다. 잘 익은 잭프루트는 주로 디저트를 만들 때 사용하지만 그냥 생으로 먹어도 맛있다. 덜 익은 잭프루트는 섬유질이 많아 식감이 쫄깃하고 맛이 순해 육류 대용으로 훌륭하다. 잭프루트의 씨도 구워서 먹을 수 있다. 잭프루트는 미국 내 아시아 식료품점에서 가끔 취급하기도 하지만 빵나무 열매는 워낙 상하기 쉬워서 좀처럼 구하기 힘들다. 빵나무 열매는 일단 잘라놓으면 금세 검게 변하기 때문에 바로 먹어야 한다.

케이프 구스베리 또는 꽈리

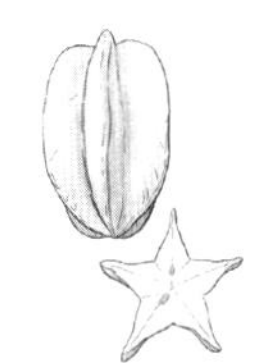 노란빛이 도는 녹색 또는 주황색의 이 작은 베리는 친척뻘인 토마티요와 마찬가지로 종이처럼 얇은 겉껍질 속에서 자란다. 과육은 달콤하며 구스베리, 멜론 또는 파인애플 풍미가 있다. 일부 품종은 약간의 짠맛이 있어서 방울토마토 맛이 난다고도 한다. 겉껍질을 벗겨내고 잘 씻어서 먹는다. 케이프 구스베리는 과일 샐러드에 넣거나 초콜릿에 담갔다가 먹거나 프로슈토 등 짭짤한 염장육과 함께 피자 토핑으로 사용하거나 파이 속에 넣거나 그냥 생으로 먹기도 한다.

오렴자 또는 스타 프루트

괭이밥과에 속하는 이 아열대성 과일은 동남아시아가 원산지다. 반투명의 황금색 껍질과 5개의 툭 튀어나온 부분 때문  에 쉽게 알아볼 수 있으며, 가로로 자르면 이 튀어나온 부분이 별 모양을 이룬다. 과육은 아삭하고 달콤하지만 맛이 다소 밋밋하므로 주재료보다는 가니시로 활용하기에 적합하다. 잘 익은 과일은 냉장고에서 일주일까지 보관할 수 있다. 먹기 전에 깨끗하게 씻어서 톡톡 두드려 말린 다음 가로로 얇게 썬다. 과일 샐러드에 넣어도 잘 어울린다.

세리먼 또는 몬스테라

몬스테라는 잎이 갈라진 상록 덩굴 식물로 구멍 뚫린 기다란 잎이 나는 실내용 열대식물이다.(구멍 뚫린 잎 때문에 '스위스 치즈 식물'이라는 별명이 붙었다.) 아열대 기후 지역에서 자라면 솔방울과 비슷한 모양으로 파인애플과 바나나 풍미가 나는 20~25cm 길이의 원통형 열매가 열린다. 몬스테라의 다른 이름은 **과일 샐러드 식물**이다. 열매 하나가 익는 데에는 3~4일이 걸리고, 줄기의 밑동에서 갈라지는 아랫부분은 완전히 익은 후에만 먹을 수 있다. 껍질은 노란색으로 변한다. 잘 익을 때까지 윗부분에 멍이 들지 않게 하려면 과일의 줄기 끝부분을 유리병에 넣고 위쪽 부분이 익을 때마다 뜯어낸다. 또는 과일을 비닐봉지로 감싸서 껍질 전체가 헐거워질 때까지 실온에 두었다가 껍질을 벗기고 크림처럼 부드러운 과육을 심 부분에서 포크로 분리해낸다. 구획 사이에 있는 날카로운 검은색 부분은 도려내어 버린다. 단독으로 내거나 바닐라 아이스크림에 곁들여 낸다.

체리모야 또는 커스터드 애플

19세기 독일의 박물학자인 알렉산더 폰 훔볼트(Alexander von Humboldt)는 라틴아메리카 지역을 두루 여행하고 나서 커스터드처럼 부드러운 식감과 열대 과일 풍미를 지닌 이 과일에 대해 대서양을 건너는 수고를 감수하고서라도 맛볼 만한 가치가 있다고 단언했다. 체리모야의 크기와 생김새는 아티초크와 약간 비슷하며 껍질에 비늘 같은 무늬가 있다. 체리모야는 나무에 매달린 상태로

숙성시켜야 하지만 아직 단단함이 남아 있을 때 수확한다. 쉽게 멍이 드는 과일이며, 잘 익으면 말랑한 복숭아처럼 손으로 살짝 눌렀을 때 쑥 들어간다. 익은 체리모야는 냉장고에서 1~2일밖에 보관할 수 없다.

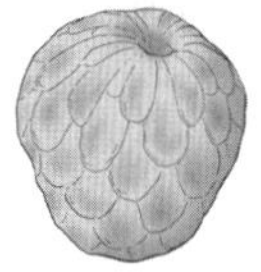

체리모야는 보통 웨지 모양으로 잘라서 숟가락으로 과육을 떠내거나(커다란 검은색 씨는 독성이 있으므로 먹지 않는다.) 음료, 셔벗, 소르베에 넣고 섞어 먹는다. 또는 얼려서 아이스크림처럼 먹을 수도 있다. 껍질을 벗기고 깍둑썰기한 체리모야를 과일 샐러드에 넣어도 맛있다. 샐러드에 감귤류 과일을 넣지 않은 경우, 체리모야를 레몬즙에 버무리면 변색을 막는 동시에 풍미도 살아난다. 또는 바티도에 체리모야를 사용해도 잘 어울린다. 번여지속(屬)의 다른 과일로는 **슈거 애플**이라고도 부르는 **스위트솝**과 **구아나바나**라는 별칭을 가진 **사워솝**이 있다.

용과 또는 피타야

용과도 부채선인장 열매처럼 선인장의 일종인 식물에서 수확하는 열매다. 가장 흔한 품종은 선명한 붉은색을 띠지만 가끔 껍질이 노란색인 과일도 눈에 띈다. 과육은 즙이 많고 먹을 수 있는 작은 검은색 씨가 점점이 박혀 있다. 일부 품종은 과육이 흰색이지만 두드러진 보랏빛 과육이 들어 있는 품종도 있다. 신맛이 나는 용과가 있는가 하면, 대부분은 부드럽고 달콤하며 멜론과 비슷한 풍미가 있다. 용과를 차갑게 식혀서 반으로 자른 다음 숟가락으로 떠먹으면 그야말로 천상의 맛이다. 용과를 넣은 음료, 특히 스무디는 인기가 높다. 과일 샐러드에 넣어도 근사하다.

두리안

동남아 원산의 나무에서 열리는 이 유명한 과일은 무게가 최대 9kg까지 나간다. 방 안의 사람들을 모두 도망가게 할 정도로 강렬한 냄새를 풍기기 때문에 호불호가 극명한 과일이다.(다만 품종에 따라 냄새가 다르며 일부 품종은 훨씬 좋은 냄새가 난다는 점을 분명히 해둔다.) 냄새가 고약한

여러 치즈와 마찬가지로 두리안은 사실 순한 맛과 커스터드처럼 부드러운 식감을 가지고 있다. 언뜻 보기에는 잭프루트와 비슷하지만 껍질이 삐죽삐죽하며 식물학적으로도 연관이 없다. 두리안은 생으로 먹거나 음료 또는 아이스크림에 섞어 먹을 수 있다. 커다란 씨도 구워서 견과류처럼 먹는다.

페이조아

페이조아는 흔히 **파인애플 구아바**라고 불리는데, 이 별명만 봐도 복잡다단한 풍미를 내는 이 맛있는 과일의 특징을 파악할 수 있다. 페이조아는 진한 녹색을 띠고 길이는 약 2cm 정도에 안쪽은 흰색이다. 과육은 잘 익은 서양배처럼 약간 오톨도톨한 질감을 가지고 있으며 서양

배와 파인애플 맛이 난다. 젤리처럼 탱글탱글한 중심부에는 먹을 수 있는 작은 씨가 가득 차 있다. 페이조아는 주로 젤리와 프리저브에 사용하며 반으로 잘라서 숟가락으로 떠먹어도 맛있다. 과일 샐러드에 넣어도 잘 어울린다. 채소 껍질 벗기는 도구로 쓴맛을 내는 껍질을 제거한 후 큼직하게 깍둑썰기하거나 4등분으로 자른다. 과육에 레몬즙을 뿌려두면 변색을 방지할 수 있다.

제닙 또는 마몬치요

포도만 한 크기에 연한 녹색을 띠는 이 카리브해산 과일은 송이 형태로 자라며 여름에 출하된다. 열매는 대부분 씨로 이루어져 있지만, 주황빛을 띠는 과육은 달콤하며 포도와 비슷한 맛이 난다. 손가락으로 딱딱한 껍질을 벗겨내고 통째로 입에 넣은 뒤 커다란 씨를 뱉어낸다.

대추 또는 중국 대추야자

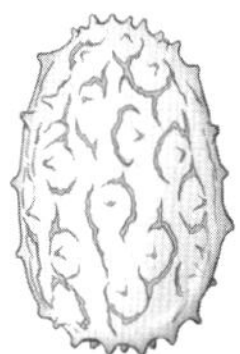

오랫동안 중국에서 중요한 식재료 역할을 해온 대추는 크기와 모양이 대추야자를 닮았으며 가운데에 씨가 하나 들어 있다. 가을이 되면 아시아 식료품점에서 신선한 대추를 구할 수 있다. 갈색 반점이 막 생기기 시작한 주황빛이 도는 빨간색 열매를 고르도록 하자. 흰색의 과육은 아삭하고 과즙이 많지 않으며 산미를 거의 느낄 수 없다. 대추야자처럼 보통 생으로 먹지만 설탕에 조리거나 다른 설탕 조림 과일과 섞어서 맛있는 콩포트를 만들 수도 있다. 시럽이 더 잘 스며들도록 이쑤시개 등을 사용해 탱탱한 껍질에 몇 군데 구멍을 내주면 좋다. **말린 대추**도 아시아 식료품점에서 구할 수 있다.

키와노 또는 아프리카 뿔오이 또는 뿔멜론

자그마하고 뿔이 삐죽삐죽 솟아나 있는 이 주황색 과일은 남국의 해양 생물을 연상시킨다. 그러나 사실 키와노는 멜론과 오이의 친척뻘이다. 주황색과 녹색이 어우러진 과육은 끈끈하고 씨가 많으며 오이와 비슷한 맛을 낸다. 사하라 이남 아프리카 지역이 원산지다. 껍질은 단단하고 질기므로 과일을 반으로 잘라서 젤리처럼 부드러운 과육을 떠내고 다른 과일과 섞어 과일 샐러드를 만든 후에 키와노 껍질을 용기로 활용해 과일 샐러드를 담아서 낸다.

용안

리치 및 아키와 가까운 품종인 용안은 작고 동그란 모양으로 황금색 또는 갈색을 띠는 건조한 껍질을 반드시 벗기고 먹어야 한다. 안에 있는 과육은 리치 또는 껍질을 벗긴 포도와 비슷하며 가운데에 있는 반짝이는 검은색 씨에 과육이 달라붙어 있다. '용안(龍眼)'이라는 이름 자체가 마치 과일이 눈알처럼 보인다고 해서 붙은 이름이다. 용안의 맛은 리치와 비슷하지만 단맛이 약하고 향기도 그만큼 진하지 않다.

비파

올리브와 비슷한 크기에 노란색을 띠며 성긴 송이 모양으로 열리는 비파는 봄에 제철을 맞는 과일이다. 멍이 쉽게 들기 때문에 재배지가 아니라면 좀처럼 시장에서 찾아보기 어렵다. 품종에 따라 주황색 과육에서는 상쾌한 느낌의 신맛을 느낄 수 있고 살구와 자두, 리치와 비슷한 맛이

난다. 비파는 냉장고에서 3일까지 보관할 수 있다. 생으로 먹을 때는 썰어서 먹거나 줄기를 떼어내고 그냥 먹으면 되는데, 독성이 있는 갈색 씨와 꽃이 피었던 끝부분의 질긴 과육은 버린다. 과일 샐러드에 넣으려면 세로로 반을 잘라서 씨를 뺀다.

리치

호두와 비슷한 크기에 짙은 빨간색 또는 갈색을 띠는 껍
질로 둘러싸인 이 과일에는 향기가 진한 과육이 들어 있
다. 과육은 향이 강한 젤리나 껍질을 벗긴 아주 부드러운
포도알과 비슷하다. 리치를 살 때는 묵직하고 껍질이 연

한 빨간색 또는 갈색빛이 도는 빨간색인 것을 고른다. 색이 연하면 덜 익은 것
이며 진한 갈색이면 너무 많이 익은 것이다. 리치는 비닐봉지에 넣고 느슨하게
봉해 실온에 보관하면 일주일 정도 먹을 수 있다. 시간이 지날수록 풍미가 둔
해지므로 잘 익은 리치를 샀다면 최대한 빨리 먹어야 한다.

리치의 껍질은 손가락으로 벗기면 된다. 씨를 떼어내면 과육의 모양이 제대
로 유지되지 않기 때문에 리치는 보통 씨를 빼지 않고 그대로 낸다. 그냥 먹으
면 섬세한 맛을 마음껏 즐길 수 있어 가장 좋지만 키위와 라즈베리로 만든 과
일 샐러드에 첨가해도 맛있다.(이럴 때는 씨를 빼고 넣는다.) 리치는 열대 과일, 생
강, 바닐라, 스파클링 와인과 잘 어울린다. 껍질을 벗기고 씨를 제거한 리치를
샴페인 칵테일에 넣으면 진한 향기를 즐길 수 있다.

망고스틴

지름이 5~7.5cm 정도 되는 망고스틴은 우윳빛 과즙 및 리치
와 비슷한 꽃향기 풍미를 지니고 있다. 5~6개의 구획으로 나
뉘어 있으며, 숟가락으로 쉽게 떠서 먹을 수 있고 프리저브로 만들기도 한다.

람부탄

털이 많은 이 과일은 말레이시아가 원산지다.(사실 람부탄이라는 이름 자체가 털이
라는 뜻의 말레이어 단어 '람붓rambut'에서 유래했다.) 람부탄은 리치, 용안과 가까
운 품종으로, 젤리와 비슷한 흰색 과육도 리치나 용안과 비슷하게 사용할 수
있다. 그러나 람부탄을 가장 맛있게 먹는 방법은 생으로 껍질을 벗기고 가운데
딱딱한 씨앗 주변을 야금야금 베어 먹는 것이다.

사포딜라

사포딜라는 치클 고무의 원료인 수액이 나오는 상록수에
서 열리며, 이 치클 고무는 씹는 껌의 원료가 되기도 한다.
사포딜라는 잘 익혀서 먹어야 하고 과육은 전부 먹을 수

있지만 식감은 축축한 갈색 설탕처럼 다소 거칠다. 씨앗은
반드시 제거하고, 과육은 그대로 먹거나 푸딩이나 다른 디저트에 사용한다. 레
몬즙을 살짝 뿌리면 맛이 더 좋아진다. 가까운 품종인 **사포테**도 비슷한 특징
을 가지고 있으며 셔벗으로 만들어 먹으면 아주 맛있다.

타마릴로 또는 나무 토마토

타원형의 이 열매는 붉은빛이 도는 주황색의 매끈한 껍질
과 먹을 수 있는 검은색 씨, 그리고 역시 주황색의 달콤하고
살짝 새콤한 과육으로 이루어져 있다. 타마릴로는 가짓과
식물이며 품종에 따라 열대 과일 또는 토마토 맛이 난다. 껍

질은 쓰다. 잘 익은 타마릴로는 단단히 싸서 냉장고에 넣어두면 10일 정도 보
관할 수 있다. 겉껍질과 속껍질을 벗기면 즙이 풍부하고 씨가 박혀 있는 속살
이 드러난다. 반으로 갈라서 과육을 떠낸 후 그냥 먹거나 소스에 넣거나 물과
설탕을 섞어 음료로 즐긴다.

채소

채소 요리와 관련해 가장 많이 접하는 조언은 상황이나 형편이 허락하는 범위 안에서 가장 좋은 품질의 채소를 구한 후 최소한의 조리만 해서 먹으라는 것이다. 아마도 이러한 조언은 요리책 레시피를 신봉한 나머지 채소가 문드러질 때까지 조리하는 경향이 있던 이전 세대의 요리사들이 좀 더 영양이 풍부하고 식감도 즐길 수 있는 요리를 만들도록 유도하기 위한 가장 효과적인 방법이었을 것이다. 다행히 오늘날에는 예전처럼 그 점을 억지로 강조할 필요는 없다. 흐물흐물할 때까지 익혀서 소스를 잔뜩 버무린 채소보다는 간단하게 조리한 채소를 선호하는 사람이 점점 많아지고 있기 때문이다. 채소는 '거의 손을 대지 않은 상태', 즉 약간의 올리브유와 바닷소금 정도만 뿌려서 아삭하고 부드럽게 조리하면 무척 맛있다. 그러나 향신료로 풍미를 더하거나 오랫동안 구워서 캐러멜화하거나 부드럽고 연한 스튜 또는 찜으로 만들어도 생으로 먹는 것만큼 맛있게 즐길 수 있는 매력적인 식재료이기도 하다. 따라서 이 두 가지 접근 방식 모두 충분히 탐구해볼 가치가 있으며 이번 장에서도 양쪽 방식을 모두 다루려고 한다.

채소 구입하기

많은 신선식품 매장에서는 일반 재배 채소와 **유기농** 채소를 모두 취급한다. 미국에서 채소를 유기농이라고 표기하려면 USDA에서 규정한 특정 살충제와 비료를 사용하지 않고 재배해야 한다. 인공 혼합물을 적게 사용해 키우기는 하지만 유기농 채소가 반드시 일반 채소보다 맛이 좋거나 영양이 뛰어난 것은 아니다. 게다가 유기농 인증을 받는 비용이 매우 비싸므로 소규모 농가는 재배 방법이 USDA의 기준을 충족하거나 넘어서더라도 인증을 받지 못하는 경우도 많다는 점을 기억해두자. 연간 출하량이 5000달러 이하인 가장 작은 농장들만 검사 또는 인증을 받지 않고도 유기농 표기를 사용할 수 있도록 법적으로 규정되어 있다.

우리는 채소를 고를 때 라벨에 의지하기보다는 상황이 허락하는 한 가까운 농장에서 재배한 제철 채소를 사는 것을 선호한다. 이런 채소는 보통 먹음직스럽게 익었을 때 수확하고, 가지런한 모양이나 오랜 운송에 잘 견디는지 여부

보다는 맛에 중점을 두고 재배했을 가능성이 크다. 이번 장의 각 채소 항목에서 설명한 잘 익은 채소 고르는 방법을 참고하면서 가장 싱싱해 보이는 채소가 무엇인지에 따라 과감하게 메뉴를 바꿔보자. ► 즉 쇼핑 목록에 있다고 해서 시들어가는 채소를 사기보다는 그날 가장 싱싱한 채소를 사서 이 재료에 맞는 요리를 하는 것이다. 직거래 장터에서 장을 보든 대형 마트에서 장을 보든 상관없이 기억해둘 만한 전략이다.

냉동 채소는 사용이 편리하고 오래 보관할 수 있으며 가장 신선하고 잘 익었을 때 수확해서 냉동했다는 장점이 있다. 활용성과 경제성 면에서 생채소보다 냉동 채소가 더 뛰어난 경우도 있다. 예를 들어 생시금치를 데치고 썰어서 넣어야 하는 레시피라면 냉동 시금치를 사용하는 것이 편리하다. 우리는 특히 방울 양파가 필요할 때 하나하나 힘들게 껍질을 깔 필요가 없어서 냉동 제품을 선호한다. 껍질콩은 아마도 생채소보다 냉동 채소의 품질이 좋고 사용 편의성도 뛰어난 가장 좋은 예일 것이다. 신선한 껍질콩에는 당분이 들어 있어 맛이 좋지만 수확한 이후에는 이 당분이 금세 전분으로 변하기 때문에 직거래 장터(또는 직접 가꾸는 정원)에서 신선한 껍질콩을 구할 수 있는 상황이 아니라면 냉동 제품을 사용하는 편이 낫다. 신선한 채소를 냉동하려면 942쪽을 참고한다.

채소 대부분은 통조림보다 냉동했을 때 품질이 더욱 잘 보존되지만, 가정에서 요리할 때는 **통조림 채소**도 요긴하게 쓰인다. 통조림 채소는 유통 기한이 매우 길고 보관이 편리하며 항상 부족하기 마련인 냉동실의 자리를 차지하지 않는다. 소스와 조림에 사용할 콩, 아티초크 하트, 토마토 통조림은 우리 집 주방에서 떨어지지 않는 식재료다. 그런가 하면 껍질콩과 아스파라거스, 버섯처럼 오래된 맛이 나면서 식감도 좋지 않은 통조림 채소도 있다. 통조림 채소의 품질이 만족스럽지 않거나 아삭한 식감이 남아 있는 채소가 필요할 때는 통조림보다는 생채소나 냉동 채소를 선택한다. 통조림 채소를 사용할 때는 최대한 조심스럽게 조리해 질감이 더 물러지지 않도록 한다.

채소 보관하기

구체적인 보관 방법은 이번 장의 각 채소 항목을 참고한다. 일반적으로 ► 대다

수 채소는 비닐봉지에 담아 느슨하게 봉한 후 냉장고의 채소 칸에 넣어두는 것이 가장 좋다. 채소가 마르거나 시들시들해지는 것을 방지할 수 있도록 약간의 습기는 필요하지만, 채소를 키친타월로 감싸서 응결이 일어나지 않도록 해야 할 수도 있다.(응결은 곰팡이 번식으로 이어진다.) 채소 중에서도 특히 허브와 잎채소의 경우 수분이 너무 많다면 물기를 털어내고 잘 말린다. 줄기를 묶어둔 고무 밴드나 철끈을 제거해 너무 일찍 곰팡이가 생기지 않도록 한다. 뿌리채소의 잎은 전부 잘라내서 따로 보관한다.

이번에는 이러한 일반적인 보관 방법의 예외를 소개한다. ▶ 감자, 겨울 호박, 다 자란 양파, 저장 마늘은 건조하고 서늘한 곳에 보관해야 가장 좋다.(그러나 일단 자르고 나면 단단히 싸서 냉장고에 넣어야 한다.) 말린 완두와 콩은 비닐봉지나 밀폐 용기에 넣어 공기를 차단한다. 토마토와 아보카도를 숙성시키려면 종이봉투에 넣어서 실온에 보관한다.(에틸렌 기체가 밖으로 빠져나가지 못하므로 숙성 속도가 빨라진다.) ▶ 채소는 사용하기 직전에 씻어야 한다. 씻으면서 물이 묻고 껍질이나 잎에 생채기가 나면 더 빨리 상하기 때문이다.

함께 보관하면 안 되는 채소와 과일도 있다. 사과는 에틸렌 기체를 배출하므로 채소가 너무 익어버리고, 양파와 감자를 같이 보관하면 감자가 빨리 썩는다.

채소 손질하기

채소는 최대한 조리하기 직전에 손질한다. 껍질을 벗겨 사용할 계획이 아니라면 우선 깨끗하게 씻는다. 껍질이 얇은 채소는 대부분 껍질 그대로 조리할 수 있다. 일부 채소의 조직은 공기에 노출되면 색이 변한다. 감자 같은 몇몇 채소는 껍질을 깎아서 물에 담가두면 색을 그대로 유지할 수 있다. 아티초크, 우엉, 서양우엉 같은 종류는 식초나 레몬즙을 첨가한 물에 담가두어야 변색을 막을 수 있다. 산성수 항목을 참고한다.

▶ 채소를 통째로 조리하든 껍질을 벗겨 썰든 상관없이 각 조각의 크기를 균일하게 손질하여 비슷한 시간에 골고루 익도록 한다. 채소를 썰고 남은 꽁다리는 육수를 내는 데 사용할 수 있지만(육수 주머니 보관하기 항목 참고) 전분이 많거나 배춧속에 속하는 채소(브로콜리, 콜리플라워, 양배추 등)는 육수에 사용하지 않는다.

채소 썰기

구체적인 써는 방법과 기술을 다루기 전에 매우 중요한 원칙을 하나 소개한다. 잘 드는 칼을 신중하게 사용하기만 한다면 채소를 훨씬 안전하고 손쉽게 손질할 수 있다는 것이다. 가능하면 재료를 미리 썰어서 준비한다.(자세한 내용은 미장플라스 항목을 참고한다.) 시간이 부족해서 빨리 손질해야 한다고 해도 시간을 벌기 위해 칼질을 빨리하면 안 된다. 그보다는 전략적으로 효율을 올리는 방법을 찾는다. 예를 들어 셀러리 줄기, 당근, 쪽파를 얇게 썰어야 한다면 일단 2등분 또는 3등분한 다음 가지런히 모아서 한꺼번에 썬다. 양파 한 망을 얇게 저며야 한다면 하나씩 까서 써는 것보다는 순서에 따라 일단 껍질을 전부 벗기고 모두 반으로 자른 다음에 얇게 저미는 편이 빠르다. 주방에서 재료를 자주 손질하다 보면 다른 기발한 방법도 생각나기 마련이다. 효과가 좋은 방법도 있고 그렇지 않은 것도 있겠지만 새로운 손질 방법을 찾거나 조금 더 편하고 덜 번거롭게 손질하는 법을 알아가는 것에서 재미와 보람을 느낄 수 있으므로 우리는 그 과정 자체를 즐긴다.

채소를 어떤 모양으로 써느냐에 따라 조리되는 양상과 식감이 달라진다. 양

파와 샬롯을 손질하는 방법은 271쪽을 참고한다. **시포나드**(Chiffonade)는 잘게 또는 곱게 채 써는 것을 말하며, 허브나 녹색 채소를 손질할 때 자주 사용한다. 잎을 여러 장 나란히 포개고 궐련처럼 돌돌 말아서 가로로 얇게 썰면 가느다란 끈 모양으로 썰린다. 시포나드 방식을 활용하는 레시피의 예로는 잘게 썬 콜라드 볶음을 꼽을 수 있다.

어슷썰기

셀러리, 당근, 쪽파, 오이처럼 길쭉하고 가는 채소는 칼을 약간 비스듬하게 대고 **어슷썰기**, 즉 **사선 방향**으로 썰 수 있다. 이렇게 하면 그냥 가로로 써는 것보다 길쭉한 조각이 나온다.(또한 시각적으로도 보기 좋다.) 감자처럼 둥그런 채소를 자를 때는 평평한 면에 안정적으로 놓이도록 한쪽을 얇게 저민다. 어떤 채소를 자르든, 손을 웅크리듯이 재료를 쥐어서 손가락을 베지 않도록 한다.

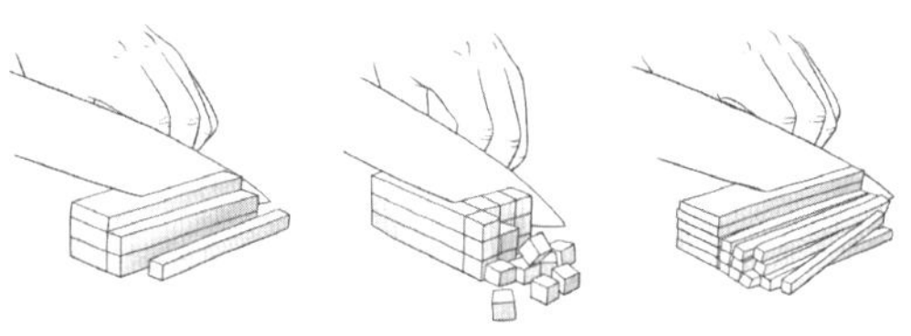

바토네, 중간 크기의 깍둑썰기, 고운 쥘리엔

감자, 당근, 기타 뿌리채소는 네모난 모양으로 자르는 경우가 많다. **브뤼누아즈**(Brunoise), **작은 깍둑썰기, 중간 깍둑썰기, 큼직한 깍둑썰기**는 각각 가로세로 3mm, 6mm, 1.2cm, 2cm의 정육면체로 자르는 것을 말하는데, 그렇다고 해서 자로 잴 필요는 없다. **쥘리엔**(julienne) 또는 **알뤼메트**(allumette, 프랑스어로 '성냥개비'라는 뜻)는 5~7.5cm 길이에 3mm 두께로 얇고 길게 자르는 것이다. **바토네**(batonnet) 또는 **바통**(baton)은 기다란 직사각형으로 자르는 것을 의미하며 감자튀김을 만들 때 가장 많이 사용된다. 이러한 모양으로 썰기 위해서는 채소를 최대한 네모난 모양으로 손질한 뒤 알맞은 두께의 슬라이스로 자르고, 슬라이스를 여러 겹 포갠 후 막대기 모양으로 썬다. 깍둑썰기할 때는 이 막대기들을 가지런히 모아서 가로로 자르면 작은 정육면체가 된다.

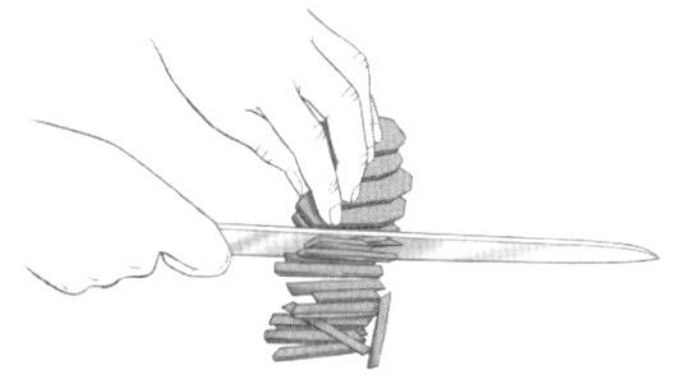

채소 슬라이스를 겹쳐서 쥘리엔 모양으로 자르기

우리는 손이 덜 가면서도 쉽게 쥘리엔 모양으로 썰 수 있는 다른 방법을 선호한다. 우선 채소를 사선 방향으로 원하는 길이의 평평한 모양으로 썬다. 지붕널을 쌓듯이 칼질하는 손 쪽으로 차곡차곡 도미노처럼 쓰러뜨린다. 칼을 쥔 손에서 가장 가까운 쪽부터 시작해 채소 조각이 겹쳐 있는 방향으로 성냥개비 모양으로 썬다. 도미노처럼 비스듬하게 겹쳐 있는 부분을 썰 때는 칼날과 멀찍이 떨어진 부분을 나머지 손으로 잡아서 채소 조각이 움직이지 않도록 해야 손이 베일 위험도 줄어들고 써는 속도도 상당히 빨라진다.

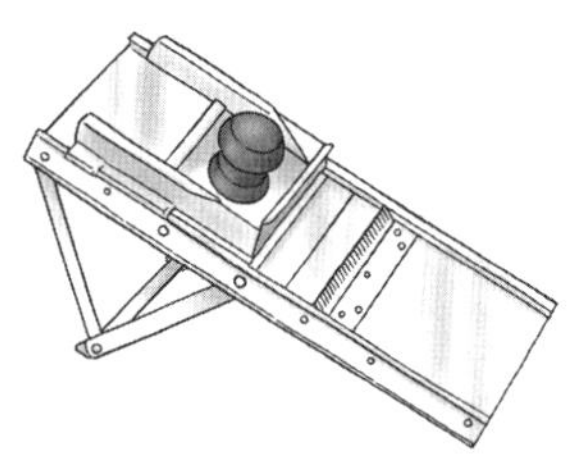

만돌린 채칼

만돌린 채칼은 채소를 균일한 두께로 얇게 썰 때(또는 대패질할 때) 무척이나 편리한 도구다. 우선 칼날과 접촉해도 뭉개지지 않을 정도로 단단한 채소를 선택한다. 상황에 따라 채소의 껍질을 벗기고 손을 웅크리듯 꽉 잡아서 손가락을 베지 않도록 한다. 칼날 위로 몇 번 움직여서 잘린 채소의 두께를 확인한 후 칼날의 위치를 적당히 조절한다. 만돌린 채칼에 안전 손잡이가 없다면 ▶ 항상 손가락이 칼날에서 얼마나 가까이 있는지 확인해야 한다. 대부분의 만돌린 채칼은 쥘리엔 모양으로 썰 수 있도록 날카로운 이빨 같은 칼날이 달려 있지만 ▶ 채칼로 얇은 슬라이스를 썬 다음 조각을 가지런히 쌓아놓고 잘 드는 칼을 사용해 직접 손으로 쥘리엔 모양이 되도록 써는 방법을 추천한다.

익히지 않고 생으로 먹는 단단한 채소는 채소 껍질 벗기는 도구를 사용해 긴 **리본 끈 모양**으로 돌려 깎아도 예쁘다. 당근이나 무 종류, 브로콜리와 콜리플라워 줄기, 아스파라거스, 오이, 애호박을 비롯한 여름 호박은 이 도구를 사용해 얇게 깎을 수 있다. 셀러리와 회향처럼 결이 있는 채소는 잘 드는 칼 또는 만돌린 채칼로 결을 가로질러 썰어야 한다. **나선 슬라이서**를 사용하면 가지런하고 기다란 끈 모양으로 깎을 수 있다. 또는 단단한 채소를 상자형 강판의 구멍이 큰 면에 대고 문질러서 **잘게 채를 썰** 수도 있다. 채소를 잘게 채 썰 수 있도록 날카로운 이빨 모양의 칼날이 달린 Y자 모양의 **쥘리엔 껍질 벗기기 도구**도 있다.

토막 지식을 즐기는 독자를 위해 몇 가지 용어를 소개하자면 과일칼을 사용해 채소를 작고 둥그런 모양으로 다듬은 것을 진주라는 의미의 **펄**(pearl)이라고 부른다. 타원형으로 다듬으면 가장 넓은 지름이 1cm인 경우 올리브 열매를 뜻하는 **올리베트**(olivette), 1.2cm이면 개암 열매라는 뜻의 **누아제트**(noisette), 2.5cm이면 **파리지엔**이라고 부른다. 이러한 모양으로 썰어내는 것은 정통 요리 교육을 받은 전문 요리사의 영역이다.(정작 대다수 전문 요리사들은 요리 교육을 수료한 후에 직접 칼을 잡고 채소를 손질할 일이 별로 없지만 말이다.)

구이용 채소에 대해

닭을 통째로 굽거나 돼지고기 덩어리를 구울 때 채소를 같은 구이 팬에 넣고 함께 구우면 두 가지 중요한 장점이 있다. 팬을 하나만 사용하므로 설거짓거리가 줄어들고, 고기에서 나온 감칠맛 가득한 육즙이 채소에 스며든다. 자잘한 감자는 통으로 사용하고 큰 감자라면 2등분 또는 4등분하며, 그 외에도 비슷한 크기의 뿌리채소를 육류와 함께 팬에 넣고 가끔 뒤집어가면서 육즙을 묻힌다. 우리는 셀러리 뿌리를 자른 것과 굵게 썬 양파 웨지를 특히 선호한다.

안타깝게도 이 방법에는 몇 가지 단점도 있다. 같은 조리 시간으로 부드러우면서도 아삭함이 남아 있는 채소와 잘 익은 고기를 동시에 만들기 어려우며, 고기 밑에 깔린 채소는 거의 식감이 없을 정도로 물러진다. 구이 팬에 채소를 너무 많이 넣으면 육즙이 팬에 떨어지지 않아 갈색 조각이 생기지 않으므로 다 구운 다음에 바닥의 갈색 조각을 긁어서 그레이비나 팬 소스를 만들 수도 없다. 우리는 채소를 같이 구웠을 때의 근사한 풍미가 다소 지나치게 익은 식감을 상쇄하고도 남는다고 생각한다. 그러나 그레이비 또는 팬 소스가 필요하거나 너무 오래 익힌 채소가 취향에 맞지 않는다면 육류와 채소를 따로 굽는 편이 낫다.

속을 채운 채소에 대해

토마토, 피망, 호박, 오이, 양파, 양배추 잎, 버섯은 모두 보기 좋고 맛도 좋은 채소 용기의 역할을 한다. 일부 채소는 속을 채우기 전에 한 번 데친다. 언제 채소를 데쳐야 하는지는 각 채소의 레시피를 참고한다. 색깔 또는 맛이 서로 다른 채소를 손질해서 채우거나 양념을 진하게 한 고기, 해산물, 치즈 또는 곡물로 속을 채워 훨씬 풍부하게 맛을 보강한다. 다양한 속 채움 재료의 예는 「스터핑과 캐서롤」 장과 속을 채운 파스타에 대해 항목을 참고한다.

으깨거나 퓌레 상태로 만든 채소에 대해

감자는 가장 보편적으로 으깨거나 퓌레로 만들어 사용하는 채소이며 283쪽에 소개한 특별한 방식대로 다룬다. 다른 채소는 ▶ 취향에 따라 식품 분쇄기 또는 포테이토 라이서로 굵게 으깨거나 곱게 퓌레 상태로 간다. 조금 더 덩어리가 씹히는 식감을 선호한다면 감자 으깨는 도구, 포크 또는 구멍 뚫린 숟가락을 사용한다. 고운 퓌레가 필요한 경우에는 채소를 푸드 프로세서에 넣고 돌리거나 조금씩 나누어 믹서에 넣고 돌리되, 상황에 따라 우유나 크림 또는 녹인 버터 등을 넣어 수분을 보충한다. 당근, 고구마, 파스닙, 루타바가, 겨울 호박, 콜리플라워는 모두 퓌레로 만들기에 적합한 채소다.

냉동 채소 조리에 대해

냉동 채소는 바쁜 가정에 매우 유용한 식재료다. 사실상 손질하는 시간이 필요 없으며 제철이 아닌 채소보다 오히려 맛이 더 좋을 때도 있다. 일반적으로 ▶ 냉동 채소는 해동하지 않고 약간 부드러워질 때까지만 조리한다. 약간의 액체와 함께 냄비에 넣고 뚜껑을 덮어서 조리하거나 찜기에 넣고 찌거나 그릇 또는 접시에 담고 뚜껑을 덮어 전자레인지에 돌리거나 수프 또는 스튜에 넣어 끓여도 좋다. 냉동 통옥수수는 조리하기 전에 어느 정도 해동해야 옥수수알이 익을 때쯤 옥수숫대 속까지 데워진다. ▶ 대부분의 냉동 채소는 생채소와 비교하면 조리 시간이 ⅓~½ 정도 걸린다. 신선한 채소를 기준으로 한 레시피에 냉동 채소를 사용할 때는 조리 시간을 줄인다. 예를 들어 스튜가 거의 다 완성될 즈음에 냉동 채소를 넣는 식이다. 냉동해둔 채소 퓌레는 따뜻한 물을 틀어놓고 용기나 비닐봉지를 갖다 대서 약간 녹인 다음 접시나 전자레인지에 넣어 완전히 해동한다.

어떤 방법을 사용하든 냉동 채소를 몇 덩어리로 나눠서 되도록 겹치지 않게 찜기, 냄비 또는 뚜껑이 있는 전자레인지용 용기에 담는다.

가정용 레인지에서 냉동 채소를 조리하려면 넉넉한 크기의 냄비에 냉동 채소를 평평하게 펴서 넣은 후 약간의 육수나 물을 붓고 뚜껑을 덮은 상태로 채소가 해동되고 부드럽게 익을 때까지 뭉근히 끓인다. 냉동 채소 2컵당 육수나 물 ½컵 정도를 사용한다.(리마콩은 물을 1컵으로 늘린다.)

전자레인지에서 냉동 채소를 조리하려면 뚜껑을 덮고 채소가 부드러워질 때까지 돌리되, 신선한 채소 조리 시간의 ⅓이 지난 후에는 상태를 확인한다.(또는 포장지의 설명에 따른다.)

조리한 채소를 다시 데우거나 다른 용도로 활용하는 것에 대해

먹다 남은 채소도 나중에 다시 맛있게 먹을 수 있으며 다양하게 활용할 수 있다. 단순히 데우기만 하려면 끓는 물 위에 올려놓은 찜기에 넣어 데우거나 냄비에 물이나 육수를 작은술로 몇 술 정도 넣고 살짝 끓인다. 약간의 버터나 올리브유로 지지거나 갈색이 나도록 볶아도 좋고, 남은 채소를 굵게 썰어서 달걀 푼 것과 빵가루를 섞어 동글납작하게 빚은 다음 노릇노릇하게 부쳐 먹어도 맛있다. 아삭함이 남아 있는 채소는 샐러드에 넣어 비네그레트를 버무려 낸다. 또한 남은 채소를 오믈렛용 속재료로 활용하거나 프리타타, 스트라타, 채소 수플레를 만들 때 사용해도 좋고, 수프를 뭉근히 끓이다가 완성되기 몇 분 전에 넣어도 좋다.

▲높은 고도에서 채소 조리하기

고지대에서 채소를 구울 때는 대략 해수면에서 조리할 때와 비슷한 온도 및 시간을 기준으로 하면 된다. 그러나 수분을 사용하는 조리법이라면 끓는점이 낮으므로 액체를 더 많이 넣고 조리 시간도 길게 잡아야 한다. 채소를 얇게 저미거나 잘게 썰면 조리 시간을 단축할 수 있다.

고지대에서 채소를 조리할 때의 대략적인 시간 기준을 소개한다. 고도가 300m 높아질 때마다 비트, 당근, 감자를 통째로 사용하는 레시피라면 조리 시간을 약 10% 늘리고, 껍질콩, 호박, 녹색 양배추, 순무, 파스닙을 사용하는 레시피라면 조리 시간을 약 7% 늘린다. 통째로 냉동한 당근과 콩을 고지대에서 조리할 때는 5~12분 정도 시간을 늘려야 하지만 다른 냉동 채소는 1~2분 정도만 더 오래 조리하면 된다.

해발 600m가 넘는 고지대에서 압력솥을 사용해 채소를 조리할 때는 600m에서 다시 300m씩 높아질 때마다 조리 시간을 5분씩 늘린다. 예를 들어 1200m라면 조리 시간을 10분 늘리는 식이다. 그리고 어떤 경우든 제조업체의 사용 설명서를 참고하도록 권장한다.

기본 채소 볶음

4인분

1112쪽의 볶음(Stir-Frying) 항목을 참고한다. 이 조리법은 껍질콩부터 채 썬 당근, 아스파라거스에 이르기까지 대다수 채소에 사용할 수 있다. 또는 완두콩, 당근, 브로콜리, 마름(물밤) 등 다양한 채소를 섞어서 볶아도 맛있다. 브로콜리는 작은 꽃송이 모양으로, 깍지콩은 어슷썰기로, 버섯은 얇게 슬라이스로, 양배추는 채를 써는 등 모든 채소는 빨리 익도록 작은 조각으로 자른다. 다음을 준비한다.

볶음용 소스

다음을 얇고 작은 조각으로 썬다.

채소 450g(브로콜리, 양배추, 청경채, 당근, 완두콩, 버섯, 깍지완두 등)

웍이나 커다란 프라이팬을 강불에 올리고 다음을 둘러 가열한다.

식물성 기름 2큰술

기름에서 연기가 나기 직전에 다음을 넣는다.

마늘 2쪽, 으깨기

껍질을 벗겨 얇게 저민 생강 4조각

마늘이 갈색으로 변하면서 향긋한 냄새가 날 때까지 볶는다. 손질한 채소를 넣고 자주 저으면서 아삭한 식감이 남아 있도록 5~8분간 볶는다. 익는 시간이 오래 걸리는 채소를 프라이팬에 먼저 넣고 빨리 익는 채소를 나중에 넣어서 모든 재료가 동시에 익도록 한다. 소스를 잘 저어서 녹말을 골고루 푼 다음 프라이팬에 붓고 저어서 채소에 잘 묻힌다. 프라이팬 뚜껑을 덮고 불에서 내린 다음 3분간 그대로 둔다. 다음과 함께 낸다.

흰쌀밥

참깨

송송 썬 쪽파

아침 식사용 채소 해시

4인분

훈연 향과 짭짤한 풍미를 더하려면 **베이컨 4~6조각**을 바삭해질 때까지 굽고 베이컨 기름 2큰술을 사용해 감자를 조리한다.(베이컨은 잘게 썰거나 부숴 버섯이 부드럽게 익은 후에 넣어 섞는다.) 포크로 찔러보면 부드럽게 들어갈 때까지 다음을 약 10분간 찐다.

비트 중간 크기 2개(약 225g), 손질해서 껍질을 벗긴 후 1~1.2cm 크기의 정육면체로 썰기

커다란 프라이팬을 중불에 올리고 다음을 둘러 뜨겁게 가열한다.

올리브유 또는 식물성 기름 2큰술

다음을 넣는다.

감자 450g(아무 품종이나 또는 몇 가지 품종을 조합), 껍질을 벗기거나 박박 문질러 씻어서 1.2cm 크기의 정육면체로 썰기

양파 중간 크기 1개, 굵게 썰기

소금 ¾작은술

뚜껑을 덮어서 8분간 조리한 후 뚜껑을 열고 채소가 먹음직스러운 갈색으로 부드럽게 익을 때까지 10~12분간 더 조리한다. 주걱으로 가끔 프라이팬의 바닥에서 감자를 떼어낸다. 프라이팬의 바닥에 붙은 감자 조각의 색이 너무 진해지면 물을 조금 뿌려서 긁어낸다. 비트와 다음 재료를 넣고 젓는다.

얇게 썬 표고버섯 1컵(약 85g)

마늘 2쪽, 다지기

버섯이 부드러워질 때까지 약 5분간 조리한다. 다음을 넣는다.

(잘게 썬 비트 잎, 꾹 눌러 담아 1컵)

(굵게 빻은 고춧가루 ½작은술)

흑후추 ¼작은술

잘 섞이도록 뒤적인 다음 가끔 저으면서 풍미가 잘 어우러지도록 5분간 더 조리한다. 맛을 보고 필요하면 다음으로 간을 한다.

소금과 흑후추

다음과 함께 낸다.

달걀 프라이 또는 두부 스크램블

윤이 나게 조린 뿌리채소

3~4인분

간단한 조리로 먹음직스러운 요리를 만드는 레시피다.

묵직한 편수 냄비에 다음을 넣고 섞는다.

　당근, 순무, 파스닙, 셀러리 뿌리, 루타바가, 서양우엉, 감자, 고구마 등의 뿌리채소

　　450g, 껍질을 벗겨 1.2cm 크기로 썰기

　육수 또는 고깃국물 1½컵

　버터 4큰술(버터 스틱 ½개)

　(화이트와인 식초 2큰술)

　설탕 2작은술

　소금 ½작은술

뭉근히 끓어오르도록 가열한 다음 뚜껑을 덮고 불을 줄여서 채소가 살짝 부드러워질 때까지 조리한다. 뚜껑을 연 후 중강불로 올리고 냄비를 계속 흔들면서 액체가 졸아들고 채소가 황금색으로 반질반질하게 윤이 날 때까지 조린다.

뿌리채소 퓌레

4~6인분

감자를 사용하면 퓌레의 식감이 가벼워지고 섬세한 풍미를 더한다. 커다란 편수 냄비에 다음을 넣는다.

　당근 또는 파스닙 450g, 껍질을 벗기고 두껍게 썰기 또는 셀러리 뿌리, 서양우엉,

　　순무 또는 루타바가 680g, 껍질을 벗기고 깍둑썰기하기

　다용도 감자 또는 러셋 감자 225g, 껍질을 벗기고 두껍게 썰기

재료가 잠기도록 찬물을 넉넉히 붓고 부르르 끓어오르면 불을 줄인 후 채소가 완전히 물러질 때까지 20~25분간 뭉근히 끓인다. 물을 따라내고 채소를 다시 냄비에 넣는다. 약불에 올려놓은 상태에서 감자 으깨는 도구로 감자를 으깨거나 손에 쥐고 사용하는 전기 반죽기로 감자가 부드러워질 때까지 치댄다. 다음을 넣어 섞는다.

　우유 또는 헤비크림 ½컵

　버터 2큰술, 부드럽게 젓기

　소금 ½작은술

　흑후추 또는 백후추 ¼작은술

맛을 보고 간을 조절한다. 취향에 따라 다음을 위에 올린다.

　(브라운 버터, 칠리 고추 버터 또는 달 II에 사용하는 튀긴 향신료 혼합물)

뿌리채소 조림

4인분

든든하고 짭짤한 풍미가 일품인 이 스튜는 마늘빵 또는 매시트포테이토와 함께 낸다. 취향에 따라 레시피의 모든 채소를 같은 분량의 파스닙, 서양우엉, 당근, 붉은색 감자 또는 골드 감자, 돼지감자로 대체할 수 있다.

냄비 또는 더치오븐을 중불에 올리고 다음을 넣어 가열한다.

　올리브유 1½큰술

　버터 1큰술

　월계수 잎 1장

　타임 잔가지 큼직한 것 1개

다음을 넣고 가끔 저으면서 갈색으로 변하기 시작할 때까지 약 12분간 볶는다.

　양파 중간 크기 2개, 깍둑썰기하기

다음을 넣고 저으면서 3분간 볶는다.

　버섯 큰 것 4개, 두껍게 썰기(55~85g)

　마늘 2쪽, 다지기

다음을 붓는다.

　드라이 화이트와인 ½컵

불을 올리고 냄비 바닥을 긁어주면서 액체가 시럽 상태로 졸아들 때까지 약 5분간 팔팔 끓인다. 다음을 넣는다.

　셀러리 뿌리 450g, 껍질을 벗기고 2.5cm 크기의 정육면체로 썰기

　순무 225g, 껍질을 벗기고 2.5cm 크기의 정육면체로 썰기

　루타바가 225g, 껍질을 벗기고 2.5cm 크기의 정육면체로 썰기

　중력분 1큰술

　소금 ½작은술

채소가 섞이도록 뒤적인 후 다음을 붓는다.

　닭 또는 채소 육수나 국물 2½컵

부르르 끓어오르면 불을 줄이고 뚜껑을 덮은 상태로 채소가 부드러워질 때까지 20~25분간 뭉근히 끓인다. 월계수 잎과 타임 잔가지를 건져낸다. 다음을 섞어서 스튜에 붓는다.

　헤비크림 3큰술

　디종 머스터드 1큰술

잘 젓고 다음으로 간을 하고 맛을 낸다.

　소금과 흑후추

　굵게 썬 파슬리

튀김옷을 입힌 채소 튀김

4~6인분

딥 프라잉 항목과 튀김 재료에 튀김옷 입히기에 대해 항목을 참고한다. 고구마처럼 아주 단단한 채소를 큼직하게 잘라서 튀길 때는 겉이 먹음직스럽게 튀겨지는 동시에 속까지 부드럽게 익도록 두 번에 걸쳐 조리한다. 이 경우 살짝 부드러워지도록 한 번 찌거나 데친 다음 튀기기도 한다.(이 방법의 예는 조조 레시피를 참고한다.)

I. 파코라

동남아시아의 튀김 요리인 파코라는 병아리콩 가루를 튀김옷에 넣으면 고소한 견과류의 풍미와 감칠맛을 느낄 수 있다. 병아리콩 가루는 유기농 마트나 인도 식료품점에서 구할 수 있다. 우리는 다양한 채소를 이 방식으로 튀겨서 즐긴다. 또 다른 맛있는 튀김 레시피는 시금치 파코라를 참고한다.

커다란 그릇에 다음을 준비한다.

　파코라 튀김 반죽

오븐을 93℃로 예열한다. 튀김기나 깊고 묵직한 냄비 또는 더치오븐에 기름을 다음 높이까지 붓고 175℃가 되도록 가열한다.

　식물성 기름 7.5cm

기름이 달궈지는 동안 튀김 재료를 준비한다.

　콜리플라워, 브로콜리, 애호박, 가지, 양파 또는 껍질을 벗긴 감자나 고구마, 얌을

　　적당히 섞어서 900g

브로콜리나 콜리플라워는 꽃송이 부분을 한입 크기로 자른다. 애호박과 가지는 1.2cm 두께의 둥근 조각으로 자르고, 감자는 6mm 두께, 양파는 0.6~1.2cm 두께의 슬라이스로 저민다. 채소를 튀김 반죽에 넣고 뒤적이면서

반죽을 골고루 묻힌다. 여러 번 나눠 노릇노릇하고 바삭해질 때까지 채소 종류에 따라 2~4분간 튀긴다. 튀김 냄비에 한꺼번에 채소를 너무 많이 넣지 않도록 한다. 건지거나 구멍 뚫린 숟가락으로 채소 튀김을 기름에서 건져 키친타월을 깐 오븐 팬에 올려놓고 기름을 뺀다. 다 튀긴 파코라는 오븐에 넣어 따뜻하게 보관한다. 다음 중 하나와 함께 낸다.

　　토마토 아차르, 라이타, 고수 민트 처트니 또는 타마린드 처트니

II. 덴푸라

우리가 가장 행복하게 간직하고 있는 어린 시절 음식에 관한 기억 중 하나는 갓 튀긴 채소 덴푸라를 입에 가득 넣어 먹었던 일이다. 덴푸라 튀김 반죽은 최대한 마지막에 준비해 즉시 사용한다. 더 바삭한 식감을 내려면 **입자가 굵은 빵가루 2컵**을 접시에 붓고 튀김옷을 입힌 채소를 빵가루에 굴려서 튀긴다.

I의 레시피에 따라 오븐과 튀김용 기름을 예열하고 튀김용 채소를 준비한다. 튀기기 직전에 다음을 준비한다.

　　덴푸라 튀김 반죽

채소를 하나씩 튀김 반죽에 잠깐 담갔다가 뜨거운 기름에 넣는다. 여러 번 나눠 바삭해질 때까지 채소 종류에 따라 2~4분간 튀긴다. 건지거나 구멍 뚫린 숟가락으로 채소 튀김을 건져 키친타월을 깐 오븐 팬에 올려놓고 기름을 뺀다. 다 튀긴 덴푸라는 오븐에 넣어 따뜻하게 보관한다. 다음과 함께 낸다.

　　덴푸라 디핑 소스
　　레몬 조각

III. 맥주 튀김 반죽

아스파라거스, 브로콜리, 버섯은 이 다용도 튀김 반죽을 입혀서 튀기면 아주 맛있다. 다음을 준비한다.

　　맥주 튀김 반죽

위의 I 설명에 따라 오븐과 튀김용 기름을 예열하고 튀김용 채소를 준비한다. 채소를 하나씩 튀김 반죽에 잠깐 담갔다가 뜨거운 기름에 넣는다. 여러 번 나눠서 바삭해질 때까지 채소 종류에 따라 2~4분간 튀긴다. 건지거나 구멍 뚫린 숟가락으로 채소 튀김을 기름에서 건져 키친타월을 깐 오븐 팬에 올려놓고 기름을 뺀다. 취향에 따라 다음을 훌훌 뿌린다.

　　(소금)

다 튀겨지면 오븐에 넣어 따뜻하게 보관한다. 다음과 함께 낸다.

　　아이올리, 커리 가루나 아도보 소스에 절인 치폴레로 맛을 낸 마요네즈, 타르타르
　　　소스, 케첩
　　레몬 조각 또는 맥아 식초

그리스식으로 조리한 채소
4인분

이 레시피는 여러 종류의 채소를 양념장에 뭉근히 끓여 먹음직스러운 향을 낸다. 오르되브르로 준비하거나 샐러드 또는 안티파스토 쟁반에 추가하면 좋다. 다음을 준비한다.

　　여러 채소를 섞어서 900g

잘 어울리는 재료로는 아티초크 하트, 채 썬 당근, 콜리플라워 꽃송이, 셀러리나 회향 썬 것, 손질한 껍질콩, 통버섯 또는 반으로 썬 버섯, 방울양파, 길쭉하게 자른 피망, 올리브 등이 있다. 가지를 얇게 저미거나 길쭉하게 썰어 넣어도 맛있지만 먼저 소금으로 밑간을 해주어야 하므로 253쪽을 참고한다.

갈변을 방지하기 위해 적당한 크기로 자른 채소에 다음을 뿌린다.

　　레몬 2개의 즙

레몬 껍질은 버리지 말고 다음 재료와 함께 중간 크기의 스테인리스스틸 또는 법랑 편수 냄비에 넣는다.

　　물 4컵 또는 물 3컵과 드라이 화이트와인 1컵을 섞은 것
　　올리브유 ½컵
　　(샬롯 3개, 껍질을 벗겨 2등분하기)
　　마늘 2쪽, 으깨기
　　신선한 타임 잎 2작은술 또는 말린 타임 ½작은술
　　파슬리 잔가지 6개
　　검은색 통후추 12알
　　(고수씨 10개, 으깨기)
　　소금 1작은술
　　(말린 오레가노 1작은술)
　　(회향 또는 셀러리씨 ⅛작은술)

강불에 올려서 부르르 끓어오르면 불을 줄이고 뚜껑을 덮어 15분간 뭉근히 끓인다. 채소를 넣고 부드러워질 때까지 조리한다. 구멍 뚫린 숟가락으로 채소를 건져 그릇에 넣는다. 양념장을 식힌 다음 거르면서 채소 위에 붓고 뚜껑을 덮어 최대 3일까지 냉장고에 넣어둔다. 미리 꺼내서 실온 상태로 낸다. 채소를 건져 먹은 후 양념장은 소스를 만들거나 한 번 더 채소를 조리는 데 활용할 수 있다.

프로방스식 라타투이
8인분

알록달록 대비를 이루는 다양한 재료의 색이 잘 보이도록 넓은 접시에 담아서 내면 화려한 입체파 정물화처럼 보인다.

커다란 프라이팬이나 더치오븐을 중불에 올리고 다음을 둘러 가열한다.

　　올리브유 ¼컵

다음을 넣고 저어가면서 황금색으로 살짝 부드럽게 익을 때까지 10~12분 동안 볶는다.

　　가지 중간 크기 1개(약 450g), 껍질을 벗기고 2.5cm 크기로 썰기
　　애호박 큰 것 2개(약 450g), 2.5cm 크기로 썰기

채소를 접시에 옮겨 담는다. 프라이팬에 다음을 넣고 저으면서 양파가 약간 말랑해질 때까지 볶는다.

　　올리브유 2큰술
　　양파 큰 것 1개, 저미기

다음을 넣고 가끔 저으면서 채소가 살짝 부드러워지되 갈색으로 변하지는 않도록 8~12분간 볶는다.

　　붉은 피망 큰 것 2개, 2.5cm 크기의 정육면체로 썰기
　　마늘 3쪽, 잘게 썰기
　　소금 ½작은술
　　흑후추 ¼작은술

다음을 넣는다.

　　신선한 토마토 1½컵, 껍질을 벗기고 씨를 뺀 후 굵게 썰기 또는 깍둑썰기한
　　　토마토 통조림 410g짜리 1개
　　신선한 타임 잔가지 2~3개 또는 말린 타임 ½작은술
　　월계수 잎 1장

약불로 줄이고 뚜껑을 덮어 5분간 조리한다. 가지와 애호박을 넣고 모든 재료가 부드러워질 때까지 약 20분간 더 볶는다. 맛을 보고 간을 조절한다. 다음을 넣어 젓는다.

굵게 썬 바질 ¼컵

(씨를 빼고 굵게 썬 니수아즈 또는 칼라마타 올리브 적당량)

채소 티앙(Vegetable Tian)
4인분

이 프로방스식 요리는 라타투이를 그릇에 조금 더 가지런히 배열한 것으로 생각하면 된다.(티앙은 프로방스 지방의 테라코타 그릇을 일컫는 말로 이 그릇에 재료를 넣어 오븐에 구운 요리를 뜻한다. — 옮긴이) 얇게 썬 조각이 많아야 하므로 우리는 짧고 통통한 이탈리아 가지보다 기다란 중국 가지를 선호한다. 집에 만돌린 채칼이 있다면 이때야말로 꺼내 쓸 좋은 기회다.

오븐을 190℃로 예열한다. 33×23cm 크기의 베이킹 접시 바닥에 다음 재료를 넣고 뒤적이면서 섞는다.

서양대파 큰 것 1대, 세로로 반 잘라서 씻은 후 얇게 썰기

올리브유 2큰술

신선한 타임 잎 1큰술

소금 ½작은술

흑후추 ¼작은술

다음을 6mm 두께로 썬다.

가지 중간 크기 1개(약 450g)

애호박 큰 것 2개(약 450g)

토마토 큰 것 3개(약 790g)

베이킹 접시에 얇게 썬 채소 슬라이스를 도미노처럼 비스듬히 겹쳐서 넣되, 가지, 애호박, 토마토를 번갈아 가며 꽉 차게 배열한다. 취향에 따라 채소를 3개 겹칠 때마다 다음을 끼워 넣어도 좋다.

(바질 잎 1장)

겹치게 담은 채소 위에 다음을 뿌린다.

올리브유 ¼컵

다음을 훌훌 뿌린다.

소금 ¼작은술

포일로 덮어서 30분간 굽는다. 포일을 걷어내고 모든 채소가 아주 부드럽게 익을 때까지 30분간 더 굽는다.

채소 타진(Vegetable Tagine)
6인분

더치오븐을 중불에 올리고 다음을 둘러 가열한다.(타진은 고기와 채소로 만든 스튜의 일종으로 이 요리를 만드는 원뿔 모양의 도기를 일컫는 말이기도 하다. — 옮긴이)

버터 또는 올리브유 2큰술

다음을 넣고 저으면서 부드러워질 때까지 6~8분간 볶는다.

양파 중간 크기 2개, 굵게 썰기

마늘 5쪽, 굵게 썰기

다음을 넣고 저으면서 향긋한 냄새가 날 때까지 약 1분간 볶는다.

커민 가루 1작은술

소금 1작은술

굵게 빻은 고춧가루 ½작은술 또는 하리사 1작은술

계핏가루 ½작은술

강판에 갓 갈아낸 육두구 또는 육두구 가루 ½작은술

카르다몸 가루 ¼작은술

흑후추 ¼작은술

정향 가루 1자밤

다음을 넣어 젓는다.

닭 또는 채소 육수나 국물 2컵

땅콩호박 작은 것 1개(680g), 껍질을 벗기고 반으로 자른 후 씨를 빼고 1.2cm 크기의 정육면체로 썰기

러셋 감자 큰 것 1개, 껍질을 벗기고 세로로 반 잘라서 2cm 두께로 썰기

당근 중간 크기 3개, 6mm 두께로 썰기

애호박 중간 크기 2개, 세로로 반 잘라서 1.2cm 두께로 썰기

병아리콩 통조림 425g짜리 1개, 물을 따라내고 헹구기

반으로 잘라 씨를 빼고 기름에 절인 검은색 올리브 ⅓컵

건포도 ¼컵

뭉근히 끓어오르도록 가열한 다음 중약불로 줄이고 뚜껑을 덮어서 채소가 완전히 부드러워질 때까지 약 20분간 조리한다. 다음을 넣어 젓는다.

레몬즙 3큰술

다음과 함께 낸다.

쿠스쿠스

굵게 썬 파슬리나 고수

아티초크에 대해

아티초크는 엉겅퀴 식물의 덜 자란 꽃눈이다. 녹색의 '글로브' 품종이 가장 흔하지만 보랏빛이 도는 품종도 가끔 눈에 띈다. 다 자란 아티초크의 먹을 수 있는 부분은 잎이 붙어 있는 밑동, 즉 **하트**(heart)라고 부르는 줄기 위쪽의 받침 모양 부분과 껍질을 벗겨낸 줄기다. 손질한 아티초크 하트는 샐러드와 피자에 넣어 먹으면 아주 맛있고 냉동이나 통조림, 절임 형태로도 판매된다. 커다란 아티초크는 보통 통째로 쪄서 따로 손질하지 않고 한 사람당 하나씩 먹도록 내는 경우가 많다. 아티초크를 처음 접하는 사람이라면 어떻게 먹어야 할지 다소 난감할 수 있으므로 자세한 설명은 아티초크 찜 레시피를 참고한다.

깨끗하게 씻고 껍질을 벗기는 과정이 너무 번거로운 사람들에게는 **베이비 아티초크**(다 자랐지만 크기가 작은 아티초크 — 옮긴이)가 안성맞춤이다. 겉잎을 제거하고 줄기 아래쪽을 잘라낸 베이비 아티초크는 찌거나 볶거나 튀겨서 통째로 먹는다. 취급하는 상점이 많지 않지만 온라인으로 주문할 수도 있다. 크기와 관계없이 ▶ 잎이 단단하게 붙어 있으며 크기에 비해서 묵직하고 꽉 쥐었을 때 뽀드득 소리가 나는 것을 고른다. 비닐봉지에 담아 냉장고 채소 칸에 넣어두면 일주일까지 보관할 수 있다.

아티초크에는 시나린(cynarin)이라는 성분이 함유되어 있으므로 같이 먹는 와인과 음식이 달게 느껴진다. 특별한 와인을 곁들일 때는 아티초크를 메뉴에서 제외하는 편이 가장 안전하지만, 일반적으로 화이트와인과 로제와인은 그럭저럭 아티초크와 잘 어울린다. 조리에 사용할 때는 감귤류즙, 식초, 화이트와인, 올리브, 케이퍼, 햄, 베이컨, 양파, 완두콩, 마늘, 샬롯, 타임, 타라곤, 회향, 바질, 오레가노 등과 좋은 궁합을 자랑한다.

아티초크를 조리하기 위해 손질하려면 그릇에 물을 담아놓고 아티초크의

줄기 끝을 잡아 몇 번씩 물에 담갔다 꺼냈다 하면서 하나씩 씻는다. 아티초크는 카본 스틸(탄소강) 소재의 칼이나 조리 도구에 닿으면 반응이 일어나 색깔과 맛이 변하므로 스테인리스스틸 소재를 사용한다. **통째로 먹으려면** 아티초크의 위쪽 ¼을 잘라내고 주방 가위로 삐죽삐죽한 겉잎의 끝부분을 잘라낸다. 과일칼을 사용해 줄기의 껍질을 벗긴다. 가운데에 털로 뒤덮인 초크(choke) 부분은 조리한 후에 제거하는 것이 편리하다. **아티초크를 여러 조각으로 잘라서 사용하려면** 위의 설명에 따라 손질한 다음 질긴 겉잎을 떼어낸다. 겉잎은 지나치다 싶을 정도로 많이 떼어내는 것이 좋다. 아까운 생각이 들지 모르겠지만 질긴 잎은 아무리 조리를 해도 부드러워지지 않는다. 줄기를 관통하도록 반으로 자른 다음 과일칼이나 숟가락으로 털이 많은 초크 부분을 떼어낸다.(자몽 전용 칼이나 숟가락, 멜론 속 떠내는 도구가 특히 편리하다.) 그다음에는 아티초크의 크기에 따라 반으로 자른 상태로 그냥 사용하거나 한 번 더 잘라서 네 조각으로 만든다. 아티초크는 손질하거나 잘랐을 때 변색이 일어나므로 미리 손질해두어야 한다면 산성수를 부은 그릇에 담가둔다.

아티초크를 손질하고 먹는 방법

　그릴에 구우려면 아래에 소개한 아티초크 찜 Ⅱ의 설명대로 아티초크를 손질해서 준비한다. 식물성 기름을 솔로 살짝 바른 후 불이 직접 닿는 곳에 올려놓고 갈색으로 익을 때까지 굽는다. 소금과 레몬즙을 뿌린다.
　커다란 아티초크를 **압력솥에 조리하려면** 아티초크를 넣고 물을 2.5cm 높이로 부은 후 압력을 15psi에 맞춰놓고 10분간 익힌다. 압력은 빠른 압력 방출법으로 뺀다. 중간 크기의 아티초크라면 약 8분 정도 걸린다.

아티초크 찜

Ⅰ. 통째로 찌기

위의 설명에 따라 통째로 먹을 수 있도록 손질한다.

　　아티초크 중간 크기 또는 큰 것, 1인당 1개

아티초크의 가운데 부분에 소스나 녹인 버터를 담아서 내는 경우, 가운데에 있는 잎 사이를 벌리고 한가운데의 뾰족한 분홍색 잎들을 떼어낸다. 하트 부분까지 자르지 않도록 조심하면서 숟가락 끝부분이나 멜론 속 떠내는 도구를 사용해 털이 많은 초크를 긁어낸다. 변색을 막으려면 자른 표면에 다음을 문지른다.

　　레몬즙

냄비에 5~7.5cm 높이까지 물을 부어 끓인 다음 찜기를 올리고 아티초크를 넣는다. 취향에 따라 다음 재료를 물에 넣어서 끓여도 좋다.

　　(양파 1개, 저미기 또는 마늘 1쪽, 으깨기)

　　(레몬즙 또는 드라이 화이트와인 1½큰술)

　　(월계수 잎)

찜기 뚜껑을 덮고 찐다. 과일칼로 아래쪽을 찔러보면 부드럽게 들어갈 때까지 중간 크기 아티초크는 30분, 아주 큼직한 아티초크는 최대 45분 동안 조리한다. 시간이 절반 정도 지났을 때 물의 양을 확인하고 필요하면 끓는 물을 보충한다. 물기를 빼고 다음을 곁들여서 뜨겁게 또는 차갑게 낸다.

　　녹인 버터, 브라운 버터, 마요네즈, 아이올리, 올랑데즈 소스 또는 비네그레트

먹고 남은 잎을 버릴 수 있도록 그릇을 함께 제공한다.

　통째로 조리한 아티초크를 먹으려면 잎을 하나씩 떼서 두껍고 살이 많은 끝부분을 버터나 소스에 찍는다. 소스가 묻은 부분을 입에 넣고 살짝 깨문 다음 먹을 수 있는 부드러운 부분을 이로 긁어 먹는다.(섬유질이 많은 나머지 부분은 버린다.) 겉에 붙은 잎을 다 먹고 원뿔 모양의 연한 색 속잎이 드러나면 잡아당겨서 한 번에 뽑는다. 그다음 숟가락이나 칼로 털이 많은 초크 부분을 긁어내서 버린다. 포크를 사용해 하트와 줄기의 부드러운 부분을 버터나 소스에 찍어서 먹는다.

Ⅱ. 2등분 또는 4등분해서 찌기

다음을 씻는다.

　　아티초크 중간 크기 또는 큰 것, 1인당 1개

줄기는 잘라내지 않고 그대로 둔다. 가장 질긴 겉잎은 잘라낸다. 아티초크의 위쪽 ⅓을 자르고 줄기의 껍질을 과일칼로 벗긴다. 아티초크를 하나씩 옆으로 누이고 줄기를 관통하도록 2등분 또는 4등분한다. 숟가락 끝부분이나 멜론 속 떠내는 도구로 털이 많은 초크를 긁어낸다. 5~7.5cm 높이까지 부어서 팔팔 끓인 물 위에 찜기를 올리고 아티초크를 넣은 다음 뚜껑을 덮는다. 포크로 찔러보면 쉽게 들어갈 때까지 약 15분간 찐다. 위의 Ⅰ과 같은 방식으로 낸다.

마늘을 넣은 아티초크 조림

4인분

아티초크에 화이트와인을 붓고 부드러워질 때까지 푹 삶는 간단한 레시피다. 와인이 증발하고 나면 아티초크가 마늘 향이 나는 올리브유 속에서 갈색으로 익는다.

Ⅰ. 반으로 잘라서 조리하기

다음을 씻는다.

　　아티초크 중간 크기 또는 큰 것 4개

가장 바깥쪽에 붙어 있는 질긴 겉잎을 떼어내고 아티초크의 위쪽 ⅓을 자른다. 줄기가 약 2.5cm만 남도록 잘라낸 후 껍질을 벗긴다. 줄기를 관통하도록 반으로 자르고 초크 부분을 잘라낸다. 모든 절단면에 다음을 넉넉히 바른다.

　　레몬즙

반으로 자른 아티초크 8조각을 한 겹으로 놓을 수 있을 만큼 커다란 프라이팬 또는 볶음 팬에 절단면이 아래로 가도록 아티초크를 나란히 올리고 다음을 넣는다.

　　드라이 화이트와인, 물 또는 닭 육수나 국물 1컵

　　올리브유 3큰술

(깍둑썰기한 프로슈토 또는 컨트리 햄 ¼컵)

마늘 2쪽, 으깨기

소금 ½작은술

굵게 빻은 고춧가루 또는 흑후추 ¼작은술

프라이팬을 강불에 올려 액체가 부르르 끓어오를 때까지 가열한다. 불을 줄이고 뚜껑을 덮는다. 아티초크를 포크로 찔러보면 쉽게 들어갈 때까지 약 15분간 뭉근히 끓인다. 뚜껑을 열고 중강불로 올려서 액체가 증발하도록 약 3분간 조리한다. 중약불로 줄이고 아티초크가 먹음직스러운 갈색으로 익을 때까지 약 5분간 더 조리한다. 다음으로 장식해서 낸다.

레몬 조각

다진 허브

강판에 간 파르메산 또는 로마노 치즈

Ⅱ. 손질된 시판 아티초크 하트로 조리하기

냉동 아티초크 하트 255g짜리 2봉지를 해동하지 않고 사용하거나 **아티초크 하트 통조림 400g짜리 3개의 물기를 잘 빼서** Ⅰ의 레시피대로 준비한다. 뚜껑을 덮고 아티초크 하트의 안쪽까지 열이 잘 통하도록 약 5분간 뭉근히 끓인다. 뚜껑을 열고 위의 설명에 따라 조리한다.

속을 채운 로마식 아티초크

4인분

오븐을 175℃로 예열한다. 아티초크를 씻어서 통째로 조리하는 레시피대로 깨끗하게 손질한 후 줄기를 관통하도록 반으로 자른다.

아티초크 큰 것 4개

초크 부분을 긁어내고 줄기가 2.5cm만 남도록 잘라낸 후 껍질을 벗긴다. 냄비에 2.5~5cm 높이까지 물을 부어 끓인 다음 찜기를 올리고 반으로 자른 아티초크를 넣는다. 뚜껑을 덮고 부드러워질 때까지 약 10분간 찐다. 중간 크기의 프라이팬을 중불에 올리고 다음을 둘러 따뜻하게 데운다.

올리브유 2큰술

다음을 넣고 부드러워질 때까지 약 5분간 볶는다.

양파 작은 것 1개, 깍둑썰기하기

셀러리 줄기 1개, 깍둑썰기하기

다음을 넣고 1분간 더 볶는다.

마늘 3쪽, 다지기

굵게 빻은 고춧가루 ½작은술

불에서 내린 후 다음을 넣어 젓는다.

강판에 간 파르메산 치즈 ½컵(55g)

굵게 썬 파슬리 ¼컵

마른 빵가루 ¼컵

(기름에 절인 안초비 필레 4개, 씻어서 썰기)

소금 ½작은술

흑후추 ¼작은술

아티초크를 절단면이 위로 가도록 베이킹 접시에 가지런히 놓는다. 아티초크마다 빵가루 혼합물을 채우고 다음을 뿌린다.

올리브유 2큰술

베이킹 접시에 다음을 붓는다.

물 또는 닭 육수나 국물 1컵

포일로 덮어서 부드러워질 때까지 약 45분간 굽는다. 포일을 걷어내고 10분간 더 굽는다.

아티초크 튀김

4인분

Ⅰ. 아티초크 하트와 베이비 아티초크 튀김

아티초크 찜 Ⅱ를 준비해 이 레시피에 사용해도 좋다.

다음을 씻어서 반으로 썬다.

호두만 한 베이비 아티초크 24개의 위쪽 ⅓을 잘라내기, 냉동 아티초크 하트 255g짜리 2봉지를 해동해 물기 제거하기 또는 아티초크 하트 통조림 400g짜리 3개를 물기 빼서 준비

베이비 아티초크를 사용할 때는 질긴 겉잎을 떼어내고 줄기 끝의 툭 튀어나온 밑동 부분을 잘라낸다.

커다란 프라이팬을 중강불에 올리고 다음을 부어 162℃로 가열한다.

올리브유 1컵

기름이 달아오르는 동안 얕은 그릇에 다음을 넣고 섞는다.

밀가루 ½컵

소금 1작은술

흑후추 1작은술

얕은 그릇을 하나 더 준비해 다음을 넣고 가볍게 쳐서 풀어준다.

대란 2개

아티초크에 양념한 밀가루를 묻힌 다음 달걀물에 담가 뒤집으면서 골고루 달걀을 바르고 다시 밀가루를 묻힌다. 기름 온도를 약 162℃쯤 유지하면서 여러 번 나눠서 아티초크를 넣고 황금색으로 부드럽게 익을 때까지 자주 뒤집으면서 튀긴다. 프라이팬에 아티초크를 한꺼번에 너무 많이 넣지 않도록 주의한다. 키친타월에 올려놓고 기름을 잠깐 뺀 다음 큼직한 접시에 차곡차곡 쌓고 다음으로 간을 한다.

소금

다음과 함께 낸다.

레몬 조각

Ⅱ. 로마 유대인 스타일 아티초크 튀김

이 레시피에서는 아티초크를 손질해 살짝 부드러워질 때까지 찐 다음 잎을 바깥쪽으로 벌려서 튀긴다. 이 방법으로 조리하면 꽃처럼 아름다운 모양의 황금빛 아티초크 튀김이 탄생한다.

다음을 씻는다.

아티초크 큰 것 4개 또는 중간 크기 8개

질긴 겉잎을 손질한다. 너무 많이 떼어낸다 싶을 정도로 충분히 떼어내도록 한다. 아티초크의 위쪽 절반을 자르고, 하트의 아랫부분에서 손질한 잎의 맨 위까지 2.5cm 정도만 남긴다. 줄기를 손질하고 껍질을 벗긴 뒤 초크 부분을 긁어낸다. 2.5~5cm 높이까지 부어서 끓인 물 위에 찜기를 올려놓고 아티초크 줄기가 위쪽을 향하도록 찜기에 넣는다. 뚜껑을 덮고 아주 살짝 부드러워질 때까지 중간 크기의 아티초크는 약 8분, 큰 아티초크는 12분 정도 찐다. 손으로 집을 수 있을 때까지 식힌다.

조리대에 아티초크 줄기가 위를 향하도록 놓고 조심조심 잎을 밖으로 벌린 다음 아티초크를 위에서 꾹 누른다. 아티초크 하트가 쪼개질 수도 있지만 상관없다. 최대한 잎을 넓게 벌리자.

크고 깊은 프라이팬이나 더치오븐을 중강불에 올리고 기름을 다음 높이까지 부어 162℃로 가열한다.

　　올리브유 1.2cm

줄기가 위를 향하도록 아티초크를 프라이팬에 넣는다. 기름 온도를 162℃쯤 유지하면서 노릇노릇해질 때까지 5~7분간 튀긴다. 집게로 아티초크의 줄기를 잡고 옆으로 눕힌 다음 몇 분마다 한 번씩 뒤집어주면서 아티초크 하트와 줄기가 아주 부드러워지고 갈색으로 먹음직스럽게 익을 때까지 약 6분간 튀긴다. 키친타월을 깐 접시에 옮겨 담아 기름을 뺀 다음 즉시 다음을 홀홀 뿌린다.

　　소금(박편형의 바닷소금 권장)

　　(레몬즙)

먹을 때는 하트에 붙어 있는 입을 하나씩 떼어낸다. 안쪽 잎은 아주 부드럽게 튀겨진 상태일 것이다. 겉잎 중 일부는 이로 긁어 먹어야 할 수도 있다. 하트와 줄기는 통째로 먹는다.

베이비 아티초크와 완두콩 조림

4~6인분

잘 씻어서 물기를 닦아내고 질긴 겉잎을 떼어낸다.

　　베이비 아티초크 24개, 지름 2.5~3.8cm 정도의 크기

줄기의 껍질을 벗기고 아티초크마다 위쪽 ¼을 잘라낸다. 크고 깊은 프라이팬이나 더치오븐을 중불에 올리고 다음을 둘러서 가열한다.

　　올리브유 2큰술

다음을 넣고 저으면서 가장자리가 갈색이 될 때까지 7~10분간 조리한다.

　　양파 작은 것 1개, 굵게 썰기

양파를 작은 그릇에 옮겨 담는다. 아티초크를 프라이팬에 넣고 가끔 저으면서 전체적으로 갈색이 될 때까지 약 10분간 조리한다. 다음을 넣는다.

　　화이트와인, 닭 육수나 국물 또는 물 ¼컵

　　버터 2큰술

　　마늘 2쪽, 다지기

뭉근히 끓어오르도록 가열한 다음 뚜껑을 덮고 불을 줄인다. 가끔 저으면서 아티초크가 부드러워지기 시작할 때까지 20~25분간 은근히 끓인다. 필요하면 와인이나 육수, 물을 보충한다. 양파를 다시 프라이팬에 넣고 다음을 넣어 젓는다.

　　신선한 녹색 완두콩 또는 냉동 녹색 완두콩 2컵

5분간 더 조리한 후 다음으로 간을 하고 맛을 낸다.

　　소금과 흑후추 적당량

　　가늘게 채 썬 바질 잎, 타임 잎 또는 굵게 썬 타라곤이나 파슬리

　　레몬즙 2작은술

아스파라거스에 대해

아스파라거스의 제철은 봄에서 초여름까지이지만 사실 1년 내내 마트에서 찾아볼 수 있다. 제철이 아닌 아스파라거스는 단맛이 떨어지고 좀 더 뻣뻣하지만 먹는 데는 아무런 지장이 없다. 매끈하고 단단하며 뾰족한 끝부분이 야무지게 다물어진 것을 선택한다. 나무색으로 변했거나 상처가 있거나 물렁거리거나 끝부분이 미끈거리는 것은 피한다. 아스파라거스는 엄지손가락만 한 것부터 연필만 한 것까지 두께가 다양하다. 두께만 보고는 얼마나 연한지, 얼마나 잘 익었는지 알기 힘들다. 두꺼운 아스파라거스는 금세 타지 않기 때문에 직화

오븐이나 그릴에 굽기에 적합하다. **흰색 아스파라거스**는 햇빛에 노출되지 않도록 줄기를 흙에 묻어서 재배한다. 가끔 보라색 아스파라거스가 눈에 띄기도 하는데, 색이 약간 연해지기는 하지만 조리한 후에도 보라색이 유지된다.(녹색 아스파라거스와 같은 방식으로 조리한다.)

아스파라거스는 오래 보관하기 힘들다. 축축한 키친타월로 감싸서 비닐봉지에 넣은 후 채소 칸에 보관하고, 최대한 빨리 사용한다. 아스파라거스 묶음의 밑동을 잘라서 물을 5cm 정도 담아놓은 그릇이나 컵에 꽂아두면 좀 더 오래 보관할 수 있다. 비닐봉지로 느슨하게 덮어 냉장고에 넣는다.

아스파라거스를 조리하기 위해 손질하려면 깨끗하게 씻어서 색이 연하고 질긴 줄기의 아랫부분을 잘라내거나 그냥 줄기를 구부려서 부러뜨린다. 손으로 부러뜨리면 부드러운 부분까지 어느 정도 함께 잘려 나가지만 훨씬 빠르게 할 수 있다.(그리고 부러뜨리는 쾌감도 느낄 수 있다.) 상황에 따라 채소 껍질 벗기는 도구를 사용해 줄기의 맨 아랫부분 근처의 질긴 겉껍질을 벗겨내도 좋다. 흰색 아스파라거스는 반드시 껍질을 벗겨서 조리해야 하며, 뾰족한 끝부분 바로 아래부터 껍질을 벗긴다.

아스파라거스는 조리 시간이 짧은 레시피가 잘 어울린다. 통째로 직화 오븐 또는 그릴에서 굽거나 작게 잘라서 볶아보자. 튀김옷을 입혀서 기름을 넉넉히 붓고 튀긴 후 전채 요리로 내놓아도 좋다.(튀김옷을 입힌 채소 튀김 Ⅱ 레시피를 참고한다.) 또는 생아스파라거스 줄기를 어슷한 방향으로 얇게 썰어서 샐러드에 넣거나 채소 껍질 벗기는 도구를 사용해 기다란 리본 끈 모양으로 깎은 다음 얇게 깎은 당근 샐러드 레시피에서 소개한 드레싱에 버무려 먹어도 맛있다. 리본 끈 모양으로 깎은 아스파라거스를 잠깐 기름에 볶거나 지져도 좋고, 올리브유로 살짝 버무려서 피자 토핑으로 활용해도 근사하다.

아스파라거스 찜

3~4인분

위에서 설명한 대로 손질한다.

　　아스파라거스 450g

통째로 조리하거나 5cm 길이로 자른다. 통째로 조리할 때는 끈을 사용해 다발로 묶어준다. 깊은 냄비에 물을 2.5cm 높이까지 붓고 팔팔 끓인다. 아스파라거스 자른 것을 찜기에 올려놓거나 아스파라거스 묶음을 냄비에 똑바로 세운다. 뚜껑을 덮고 부드러워질 때까지 3~5분간 찐다.

서빙용 접시에 옮겨 담고 다음을 곁들여 낸다.

　　올랑데즈 소스, 베아르네즈 소스, 그리비슈 소스 또는 미소 뵈르 블랑

또는 다음을 넣고 뒤적이며 섞는다.

　　녹인 버터, 엑스트라 버진 올리브유, 브라운 버터 또는 비네그레트 2~4큰술

취향에 따라 위에 다음을 홀홀 뿌린다.

　　(갈색으로 볶은 버터 빵가루 또는 바삭하게 튀긴 샬롯)

　　(굵게 썰거나 으깬 완숙 달걀, 얇게 썬 프로슈토나 컨트리 햄 또는 바삭하게 　　구워서 잘게 부순 베이컨)

아스파라거스 구이

3~4인분

오븐의 맨 위 칸에 받침대를 끼우고 260℃로 예열한다.

위의 설명에 따라 손질한다.

　　아스파라거스 450g

아스파라거스를 오븐 팬에 올리고 다음을 아주 살짝 뿌린다.

식물성 기름

아스파라거스를 뒤적여서 기름을 골고루 묻힌 후 한 겹으로 가지런히 배열한다. 살짝 부드러워질 때까지 6~8분간 굽는다. 아스파라거스 찜 레시피에서 소개한 곁들임 재료와 함께 내거나 간단하게 다음을 훌훌 뿌려서 낸다.

(다진 파슬리, 타라곤 및/또는 차이브 2큰술)

(강판에 간 파르메산 치즈)

소금과 흑후추 적당량

다음으로 장식해서 뜨겁게 또는 실온 상태로 낸다.

레몬 조각

아스파라거스 볶음

4~6인분

볶음 항목을 참고한다. 앞의 설명에 따라 손질한 후 5cm 길이로 썬다.

아스파라거스 900g

웍이나 프라이팬을 강불에 올리고 다음을 둘러 가열한다.

식물성 기름 2큰술

프라이팬을 움직여서 기름이 골고루 퍼지도록 한 후 아스파라거스와 함께 다음을 넣는다.

껍질을 벗기고 세로로 두툼하게 자른 생강 1큰술

2~3분간 볶다가 다음을 넣는다.

마늘 2쪽, 세로로 두툼하게 자르기

소금 ¼작은술

1분간 더 볶은 후 다음을 붓는다.

닭 육수나 국물 ¼컵

뚜껑을 덮고 불을 약간 줄여서 아스파라거스가 부드러워질 때까지 3~5분간 조리한다. 취향에 따라 다음을 훌훌 뿌려서 낸다.

(볶은 흰 참깨나 검은 참깨 1½큰술)

(참기름 1작은술)

오렌지와 헤이즐넛을 넣은 아스파라거스 볶음

3~4인분

다음을 손질한 후 살짝 부드러워질 때까지 찐다.

아스파라거스 450g

한쪽에 따로 둔다. 커다란 프라이팬을 중불에 올리고 버터가 약간 갈색으로 변할 때까지 가열한다.

버터 2큰술

헤이즐넛 ¼컵, 구워서 굵게 썰기

아스파라거스와 다음을 넣고 젓는다.

오렌지 1개의 껍질, 강판에 곱게 갈기

오렌지 주스 3큰술

속까지 잘 익도록 몇 번 뒤적이면서 조리한다. 다음으로 간을 하고 맛을 낸다.

소금과 흑후추

아보카도에 대해

아보카도는 사실 분류하기가 애매한 식재료다. 식물학적으로는 분명 과일에

속한다. 하지만 대부분 짭짤한 요리를 만들 때 사용되기 때문에 우리는 아보카도를 채소의 일종으로 생각한다. 전 세계의 식물학자들에게는 미안하지만 바로 그런 이유로 우리는 아보카도를 이번 「채소」 장에서 다룬다. 아보카도 잎에 대해서는 1014쪽을 참고한다.

아보카도 나무는 아메리카가 원산지다. **하스 아보카도**는 마트에서 가장 흔히 볼 수 있는 품종이다. 중남미뿐만 아니라 캘리포니아에서도 자란다. 진한 녹색의 두꺼운 껍질은 익어가면서 더욱 진한 색을 띤다. 일단 자르고 나면 식초나 감귤류즙 등의 산성 재료를 바르거나 섞어주지 않는 이상 금세 갈색으로 변한다. 아보카도는 1년 내내 쉽게 구할 수 있다. **푸에르테 아보카도**는 훨씬 크고 옅은 녹색의 얇은 껍질을 가지고 있다.(숙성되어도 색이 진해지지 않는다.) 하스 아보카도보다 멍이 잘 들지만 자른 후에는 그다지 쉽게 갈색으로 변하지 않는다는 장점이 있다. 푸에르테는 플로리다나 그보다 더 남쪽 지방에서 자라며 늦가을에서 이른 봄이 제철이다. 하스 아보카도는 푸에르테 아보카도보다 지방 함량이 2배나 높아 풍부한 맛과 부드럽고 매끄러운 질감을 자랑하기 때문에 과카몰레를 비롯해 가정에서 만드는 대다수 요리에는 하스 아보카도를 사용하면 된다. 상대적으로 맛이 가볍고 수분이 많은 푸에르테 아보카도는 샐러드와 샌드위치에 넣으면 잘 어울린다. 그 외에도 수십 가지의 아보카도 품종이 존재하며, 그중 일부는 엄청나게 크다. 하스와 푸에르테의 교배종인 **샤월 아보카도**는 하와이에서 상업적으로 재배하는데, 얼마 전 USDA는 이 아보카도를 미국 본토의 일부 주로 수출할 수 있도록 승인한 바 있다. 재배하는 동안 특히 기후 조건이 좋지 않았다면 크기가 작은 하스 아보카도가 열리며 가끔 마트에서 **베이비 아보카도**라는 이름으로 판매되기도 한다. 너무 작아서 과카몰레를 만들기에 적합하지는 않지만, 으깨서 토스트에 얹거나 얇게 잘라서 가니시로 사용하기에 딱 알맞은 분량이다. 아보카도에 살사를 한 숟가락 올려서 오르되브르로 먹어도 좋다. 크기가 아주 작고 씨가 없는 **칵테일 아보카도**는 아보카도 꽃송이의 수분을 막아서 재배한 것이다. 크기와 모양이 작은 피클용 오이와 흡사한 이 칵테일 아보카도는 쉽게 찾아볼 수 없는 귀한 식재료다.

아보카도가 얼마나 익었는지 확인하려면 손에 쥐고 골고루 살짝 눌러본다. 살짝 들어간다면 적당히 익어서 먹을 수 있는 상태. 너무 말랑말랑하거나 껍질이 헐겁게 느껴지거나 움푹 들어간 아보카도는 멍이 들거나 지나치게 익었을 확률이 높으므로 절대 사지 않는다. 잘 익은 아보카도를 찾을 수 없다면 그냥 딱딱한 아보카도를 산 후 집에서 숙성시킨다. 아무리 돌처럼 딱딱한 아보카도라도 실온에 두면 2~4일 안에 숙성되며 종이봉투 안에 넣어두면 하루 만에 잘 익는다. 일단 숙성되고 나면 냉장고에 넣어 2일 안에 먹는다.

아보카도를 자르려면 커다란 칼을 사용해 중심을 관통하도록 세로로 자른다. 조심스럽게 아보카도를 돌리면서 씨 주위의 과육을 빙 둘러서 반으로 자른다. 양손으로 반쪽씩 잡고 서로 반대 방향으로 돌려서 아보카도를 2조각으로 분리한다. 씨를 제거하려면 씨가 붙어 있는 아보카도 반쪽을 도마 위에 놓고 칼날로 내리쳐서 날카로운 칼날의 끝부분이 씨에 박히게 한다. 나머지 손으로 과육을 잡고 살짝 비틀어서 씨를 떼어낸다. 커다란 숟가락으로 껍질에서 아보카도 과육을 떠낸다. 또는 깍둑썰기하거나 얇게 썰려면 씨를 빼낸 아보카도 반쪽을 손에 쥐고 과육에 격자형 또는 일렬로 칼집을 낸 다음 떠낸다.

특히 하스 아보카도의 과육은 공기에 노출되면 색이 진하게 변한다. 자른 아보카도에 레몬즙이나 다른 감귤류즙을 발라주거나 조금 넣어서 뒤적이면 변색 속도가 약간 느려지기는 하지만 완전히 방지할 수는 없으므로 아보카도는 먹기 직전에 자르는 것이 최선이다.

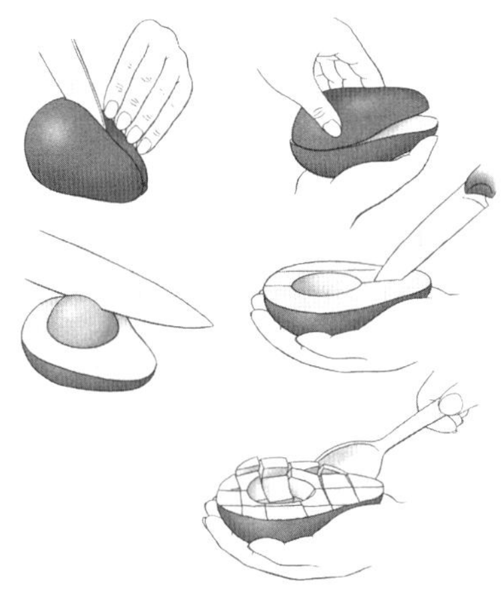

아보카도 자르기 및 깍둑썰기

아보카도 반쪽을 보관하려면 씨가 붙어 있는 쪽은 그대로 두고 다른 반쪽을 사용한다. 과육이 노출된 부분에 레몬즙을 살짝 뿌리고 비닐랩으로 단단히 감싸서 냉장고에 넣는다.

▶ 아보카도를 고열에서 조리하면 쓴맛이 나므로 수프나 다른 뜨거운 음식에 아보카도를 넣을 때는 내기 직전에 가니시로 사용한다. 샐러드 조합은 아보카도와 감귤류 샐러드, 아보카도와 망고 샐러드 레시피를 참고한다. 과카몰레는 54쪽에 소개되어 있다. 아보카도를 채소보다는 과일처럼 취급해 달콤한 요리에 사용하는 나라도 적지 않다. 그 예로는 베트남식 아보카도 셰이크 레시피를 참고한다.

죽순에 대해

살짝 신맛이 나는 죽순은 볶음, 태국 커리, 수프에 사용하면 기가 막히게 어울린다. 통조림 죽순은 어디서든 쉽게 구할 수 있으며 죽순을 통째로 진공 포장한 것도 아시아 식료품점에서 찾아볼 수 있다. 이 진공 포장 죽순은 깨끗하게 씻은 후 얇게 썰어서 조리한다. 신선한 어린 죽순은 봄에 시장에 나올 때도 있다. 껍질을 벗기지 않고 종이봉투에 넣어 냉장고 채소 칸에 넣어두면 몇 주 정도 보관할 수 있다.

신선한 죽순을 손질하려면 연한 색의 안쪽 부분이 나올 때까지 바깥쪽의 죽피를 벗긴 후 밑동을 자른다. 죽순을 얇게 썰어서 끓는 물에 넣고 20분 이상 삶아서 시안화수소산(카사바와 살구씨에 들어 있는 쓴쓸하고 열에 약한 독성 물질)을 제거한다. 작은 조각을 건져 맛을 본다. 쓴맛이 나면 깨끗한 물로 갈아준 후 5분간 더 삶는다. 다시 맛을 보고 쓴맛이 사라질 때까지 이 과정을 반복한다.

콩에 대해

콩은 종류가 방대하고 다양하게 구성된 채소군으로 **렌틸콩**과 **완두콩**도 여기에 속한다. 콩은 성장 과정의 네 단계에 따라 각각 다른 방식으로 먹는다. 아래의 설명대로 **콩을 발아시킨 싹**은 생으로 먹거나 볶음 또는 국수에 넣어 단시간 조리해서 먹고, 수프를 만들 때 마지막에 넣어 먹는다. 역시 아래에서 소개하는 신선한 **깍지콩 또는 껍질콩**은 어린 콩으로, 자그마하거나 아직 다 자라지 않아서 연한 콩과 꼬투리를 생으로 먹거나 살짝 조리해서 먹는다. **꼬투리를 까서 먹는 콩**은 성숙한 콩으로 질기고 먹을 수 없는 꼬투리에서 통통한 콩을 꺼내서 먹는다. **펄스**(pulse)라고도 부르는 **말린 콩**은 찬장에 오래 보관할 수 있

으며 오랫동안 뭉근히 끓여야 한다. 두부, 템페, 콩 샐러드에 대해, 속이 든든해지는 콩 수프에 대해 등의 항목을 함께 참고한다.

콩을 발아시킨 싹에 대해

콩의 발아 싹은 해로운 박테리아가 번식하기 쉬운 환경에서 재배되며 생으로 먹는 경우가 많아 심각한 위생 문제가 대두되었다. 실제로 미국의 여러 대형 슈퍼마켓 체인은 법적 책임 문제 때문에 콩의 싹 제품을 취급하지 않는다. 면역력이 약한 사람이 먹을 요리라면 콩의 발아 싹을 사용하지 않거나 익혀서 먹도록 권장한다.

숙주는 볶음 요리에 섬세하고 아삭한 식감을 더한다. 아시아 마트와 일부 식료품점에서는 숙주보다 두껍고 길며 노란색의 대가리가 달린 **콩나물**도 찾아볼 수 있다. 생으로 즐겨 먹는 숙주와는 달리 콩나물은 볶거나 찌거나 5분 이상 살짝 데치는 등 간단하게 조리해서 비린내를 제거하고 단백질 소화를 저해하는 트립신 억제 인자를 중화시켜야 한다. 콩나물은 조리한 후에도 기분 좋은 아삭한 식감을 유지한다. 싹이라기보다는 콩에 더 가깝기는 하지만 다양한 **발아콩**도 시판되고 있으며 샐러드에 넣으면 아주 맛있다. 콩나물 같은 발아 싹을 밥에 넣어주면 아삭한 식감을 즐길 수 있으므로 밥이 다 되기 몇 분 전에 넣고 젓지 않은 채 뜸을 들인다. 콩을 발아시킨 싹을 살 때는 시들거나 갈색으로 변했거나 끈적이지 않는 싱싱한 것을 고른다. 보관하려면 위생 팩에 키친타월을 깔고 싹을 넣은 다음 냉장고 채소 칸에 보관한다. 구입한 날로부터 2일 이내에 먹는다. 사용하기 전에 깨끗이 씻어서 채소 탈수기로 물기를 제거한다. 직접 콩이나 씨, 곡물을 발아시키려면 1082쪽을 참고한다.

신선한 깍지콩 또는 껍질콩에 대해

이들 콩의 대부분은 한때 꼬투리에 달린 끈을 떼어내고 먹어야 한다는 의미에서 **끈이 달린 콩**(string bean)이라는 이름으로 불렸다. 그러나 오늘날에는 끈이 없도록 개량 재배되어 그냥 줄기 끝을 툭 부러뜨려 잘라내기만 하면 된다. **아리코 베르**(haricot vert)는 일반 껍질콩보다 가늘고 더 연하다. 그 외의 꼬투리째 먹는 콩으로는 노란색 또는 보라색의 **까치콩**, 진한 풍미를 지니고 있으며 폭이 넓은 **로마노콩** 등이 있다. 가느다랗고 길게 자라며 과육이 풍부한 **줄콩** 또는 **뱀콩**은 사실 동부콩의 친척뻘이다. 깍지완두와 깍지콩에 대해서는 완두콩에 대해 항목을 참고한다.

꼬투리째 먹는 콩은 1년 내내 쉽게 구할 수 있다. 색이 밝고 통통하며 단단한 콩을 선택하고, 반쯤 봉한 비닐봉지에 넣어 냉장고 채소 칸에 보관한다. 꼬투리째 먹는 콩은 버터, 베이컨, 아몬드와 헤이즐넛을 비롯해 구워서 굵게 썬 견과류, 그중에서도 특히 아몬드나 헤이즐넛과 잘 어울린다. 콩과 잘 맞는 허브로는 딜, 차이브, 파슬리, 바질을 꼽을 수 있다. 아래에 소개하는 레시피뿐만 아니라 연한 껍질콩은 튀김옷을 입혀 튀겨도 무척 맛있다. 더 다양한 활용 방법은 콩 샐러드에 대해 항목을 참고한다.

찌거나 삶은 껍질콩

4~5인분

줄기의 끝부분을 손질한다.

껍질콩 450g

가로로 또는 어슷하게 잘라도 되고 그냥 통째로 사용해도 좋다. 2.5cm 높이까지 부어서 끓인 물 위에 찜기를 얹고 콩을 올려놓은 후 뚜껑을 덮는다. 또는 편

수 냄비에 물을 가득 담아 팔팔 끓인 후 콩을 넣어도 된다. 살짝 부드러워질 때까지 6~10분 정도 찌거나 삶는다. 물을 따라내고 다음을 뿌려서 뒤적인다.

　(엑스트라 버진 올리브유, 버터, 브라운 버터 2큰술 또는 비네그레트 최대 ¼컵)

　소금과 흑후추 적당량

취향에 따라 다음 중 선호하는 재료를 얹는다.

　(갈색으로 볶은 버터 빵가루 ¼컵)

　(구운 베이컨 또는 판체타 2~4조각, 잘게 부수기)

　(굵게 썬 파슬리, 바질, 타라곤, 차이브 또는 이를 섞어서 2큰술)

　(구워서 굵게 썬 아몬드, 헤이즐넛 또는 땅콩)

　(바삭하게 튀긴 샬롯, 버섯 볶음 또는 양파 볶음)

껍질콩 구이

3~4인분

아스파라거스 구이의 레시피대로 준비하되, 아스파라거스 대신 손질한 아리코 베르 또는 연한 껍질콩 450g을 사용한다.

껍질콩 캐서롤

6인분

1950년대에 도르카스 라일리(Dorcas Reilly)가 농축 버섯 크림수프 통조림을 홍보하기 위해 처음 고안한 전통적인 레시피다. 원래 레시피 그대로 수프 통조림을 사용해도 좋고, 사용하지 않아도 충분히 맛있는 캐서롤이 완성된다.

오븐을 175℃로 예열한다.

33×23cm 크기의 베이킹 접시에 버터를 바르고 다음을 넣는다.

　껍질콩 450g, 손질하기

중간 크기의 그릇에 다음을 넣고 섞는다.

　우유 ¾컵

　크림소스 버섯 또는 농축 버섯 크림수프 통조림 300g짜리 1개

　바삭하게 튀긴 샬롯 또는 양파 튀김 통조림 ½컵

　소금과 흑후추 적당량

껍질콩 위에 소스를 붓고 뚜껑을 덮지 않은 상태로 30분간 굽는다. 다음을 훌훌 뿌린다.

　바삭하게 튀긴 샬롯 또는 양파 튀김 통조림 ⅔컵

갈색으로 먹음직스럽게 익을 때까지 5~10분간 더 굽는다.

껍질콩 조림

4~8인분

Ⅰ. 돼지고기와 감자를 넣어 조리하기

중간 크기의 냄비에 다음을 넣는다.

　훈제 돼지 발목 1개 또는 컨트리 햄 115g

재료가 잠길 만큼 물을 붓고 은근히 끓어오르도록 가열한 다음 30분간 뭉근히 익힌다. 다음을 넣는다.

　껍질콩 450g, 손질하기

　붉은색 감자 450g, 4등분하기

　(양파 1개, 굵게 썰기)

뚜껑을 덮고 껍질콩이 아주 연해질 때까지 10~15분간 뭉근히 삶는다. 물을 따라내고 다음으로 간을 하고 맛을 낸다.

　소금과 흑후추

돼지고기를 큼직하게 썰거나 잘게 채 썬 후 뒤적여가며 껍질콩과 잘 섞는다.

Ⅱ. 양파, 토마토, 딜을 넣어 조리

이 레시피는 로마노콩 또는 종류와 관계없이 살짝 질겨지기 시작하는 만생종 콩으로 만들면 특히 맛있다.

커다란 프라이팬이나 더치오븐을 중불에 올리고 다음을 둘러 가열한다.

　올리브유 2큰술

다음을 넣고 부드러워질 때까지 약 5분간 볶는다.

　양파 중간 크기 1개, 잘게 썰기 또는 쪽파 1묶음, 흰색 부분만 잘게 썰기

　마늘 큰 것 1쪽, 얇게 저미기

　(딜씨 ¼작은술)

다음을 넣는다.

　껍질콩 450g, 손질하기

　로마 토마토 또는 플럼 토마토 4개, 강판에 갈기 또는 깍둑썰기한 토마토 통조림 410g짜리 1개

　물, 채소 육수나 국물 또는 토마토 주스 ¼컵

뚜껑을 덮고 껍질콩이 아주 연해질 때까지 약 25분간 뭉근히 끓인다. 다음으로 맛을 낸다.

　굵게 썬 딜 1큰술

　굵게 썬 파슬리 1큰술

　소금 ¼작은술 또는 적당량

뜨겁게 또는 실온 상태로 낸다.

쓰촨식 콩 마른 볶음

4인분

기름을 거의 사용하지 않고 볶는 마른 볶음(dry-frying)은 조리할 때 한 단계를 더 거쳐야 하므로 손이 많이 가지만 그만한 수고를 감수할 가치가 있다. 일반적인 볶음 요리는 기본 채소 볶음과 깍지완두 볶음 레시피를 참고한다. 우리는 이 레시피에 뱀콩이라고도 하는 줄콩을 즐겨 사용한다. 줄콩은 아시아 마트에서 자주 눈에 띈다. 채식 버전은 그냥 돼지고기를 빼거나 잘게 부순 템페로 대체한다. 웍이나 커다란 프라이팬을 중불에 올리고 다음을 둘러서 연기가 나기 직전까지 가열한다.

　식물성 기름 2큰술

다음을 넣고 가끔 저으면서 콩이 부드러워지고 꼬투리에 주름이 생기거나 터지기 시작할 때까지 약 8분간 볶는다.

　줄콩 또는 껍질콩 340g, 손질해서 5cm 크기로 썰기

콩을 접시에 옮겨 담는다. 중강불로 올리고 다음을 넣는다.

　다진 돼지고기 115g

고기의 뭉친 부분을 부수면서 분홍색이 사라지고 갈색으로 변하기 시작할 때까지 5분간 조리한다. 다음을 넣고 젓는다.

　생강 2.5cm짜리 1조각, 껍질을 벗겨 성냥개비 모양으로 썰기

　마늘 2쪽, 얇게 저미기

　쪽파 3대, 흰색 부분만 잘게 썰기

　쓰촨산 통후추 1작은술, 살짝 으깨기

　굵게 빻은 고춧가루 ½작은술 또는 아르볼 고추 말린 것 3개, 줄기를 제거하고 씨를 빼기

저어가면서 향신료에서 향긋한 냄새가 나고 고기가 완전히 익을 때까지 약 3분 간 조리한다. 껍질콩을 다시 프라이팬에 넣고 다음을 추가하여 섞는다.

간장 1큰술

쪽파의 흰색 부분을 얇게 저민 것

(참기름 ½작은술)

(구워서 굵게 썬 땅콩)

꼬투리를 까서 먹는 신선한 콩에 대해

충분히 자라서 질긴 꼬투리 속에 통통하고 촉촉한 콩이 들어 있는 상태가 제일 맛있는 콩 품종도 많다. 가장 널리 사용되는 품종은 **크랜베리콩**이라고도 불리는 **볼로티콩, 러너콩, 리마콩** 그리고 알이 작은 **버터콩, 플래절렛**(flageolet) 또는 **카넬리니콩, 파바콩**이라고도 불리는 **누에콩**을 꼽을 수 있다. 주의할 점은 ▶ 익히지 않은 붉은 강낭콩과 리마콩에는 독성 물질이 들어 있다는 것이다. 따라서 리마콩은 10분 이상, 붉은 강낭콩은 30분 이상 삶아서 사용한다. 파바콩에 알레르기 반응을 일으키는 사람들도 있지만 알레르기만 없다면 파바콩은 날로 먹을 수 있다.

꼬투리를 까서 콩을 빼내려면 안쪽 가장자리를 따라 꼬투리를 양쪽으로 벌린다. 안에 있는 콩이 쉽게 떨어져나올 것이다. 꼬투리에 들어 있는 파바콩은 콩알 하나하나가 다시 얇은 막으로 둘러싸여 있다. 보통 이 얇은 막을 벗겨내고 먹지만 특히 아주 어린 파바콩은 전혀 그럴 필요가 없으며, 이 막을 벗겨내면 풍미가 떨어진다고 생각하는 사람들도 많다.

파바콩의 껍질을 벗기려면 커다란 편수 냄비에 물을 붓고 팔팔 끓인 다음 파바콩을 넣어서 30초간 데친다. 얼음물에 담가서 완전히 식힌다. 얇은 막이 쉽게 벗겨질 것이다. 파바콩을 구할 수 없다면 신선한 리마콩 또는 냉동 리마콩으로 대체하여 레시피대로 조리한다.

꼬투리에서 꺼낸 콩은 양파과 채소와 함께 양념을 하면 항상 더 풍부한 맛을 내며, 토마토, 고추, 햄, 소시지, 칠리 고추, 마늘, 커민, 고수씨 등의 재료 및 여름 세이버리와 고수, 에파소테, 세이지, 파슬리, 타임, 월계수 등의 허브와 잘 어우러진다. 서코태시(Succotash)라는 유명한 조합에 대해서는 252쪽을 참고한다. 콩 샐러드는 139쪽에 자세하게 설명되어 있다. 덜 익은 신선한 콩, 즉 풋콩을 꼬투리째 조리하는 방법은 50쪽을 참고한다.

꼬투리에서 꺼낸 콩을 **압력 조리하려면** 물을 콩의 2배 분량만큼 붓는다. 압력을 15psi에 맞춰서 8분간 조리하고, 특히 알이 큰 콩이라면 15psi에서 15분간 조리한다. 자연 압력 배출법으로 압력을 뺀다.

리마콩 조림

6인분

취향에 따라 마늘 몇 쪽 으깬 것과 타임 잔가지 그리고 로마 토마토 몇 개를 강판에 갈아 넣어서 더 근사한 풍미를 살릴 수 있다.

커다란 프라이팬에 다음을 넣고 재료가 잠길락 말락 할 정도로 물을 붓는다.

꼬투리에서 꺼낸 신선한 리마콩 4컵(꼬투리에 든 상태로 약 1.8kg) 또는 냉동

리마콩 4컵

버터나 올리브유 2큰술

소금 1작은술

부르르 끓어오르도록 가열한 후 뚜껑을 덮고 불을 줄여서 콩이 부드러워질 때까지 25~35분간 뭉근히 삶는다. 삶는 시간은 콩의 상태에 따라 적당히 조절

한다. 가끔 뚜껑을 열고 확인하면서 필요한 경우 물을 조금 보충한다. 다음을 넣고 젓는다.

레몬즙 1큰술

굵게 썬 파슬리, 차이브 또는 딜 1큰술

완다의 크랜베리콩 스튜

8인분

메건의 조부모님은 정원에 크랜베리콩을 재배하셨기 때문에 메건은 일요일마다 이 콩 요리를 먹으면서 자랐다. 메건의 집에서는 이 콩을 '10월의 콩'이라고 불렀으며 항상 옥수수 빵 및 채소 찜과 곁들여 먹었다고 한다.

커다란 편수 냄비에 다음을 섞고 재료 위로 물이 2.5cm 정도 올라오도록 물을 붓는다.

꼬투리에서 꺼낸 신선한 크랜베리콩 또는 볼로티콩 4컵(꼬투리에 든 상태로 약 1.1kg)

햄 225g 또는 컨트리 햄 115g, 잘게 썰기

부르르 끓어오르면 불을 줄이고 뚜껑을 반만 덮어서 콩이 아주 부드러워지고 크림 같은 질감으로 변하며 국물은 걸쭉한 콩 '그레이비' 상태가 될 때까지 뭉근히 끓인다. 끓이는 시간은 콩의 상태에 따라 적당히 조절하되, 30분 정도가 지나면 다 익었는지 확인한다. 다음으로 간을 하고 맛을 낸다.

소금

다음과 함께 낸다.

남부식 옥수수 빵

남부식 채소 찜

바할리 가토(Baghali Ghatogh, 이란식 파바콩 달걀 스튜)

4인분

상당수의 이란 요리는 사브지(sabzi)라고 부르는 신선한 허브를 다량으로 사용한다. 이 스튜도 예외는 아니다. 딜을 넣을 때 절대 아끼지 말자. 처음에는 너무 많이 넣는 것처럼 보일지 모르지만, 뭉근히 끓이는 과정에서 숨이 죽기 마련이며 스튜에 근사한 허브 향을 더해준다.

다음을 꼬투리에서 꺼내 얇은 막을 벗기거나 그냥 사용한다.

꼬투리에 든 파바콩 1.3kg 또는 냉동 파바콩이나 리마콩 400g짜리 1봉지

콩은 약 2컵 분량이 나온다. 속이 깊은 프라이팬이나 볶음용 팬을 중불에 올리고 다음을 둘러 가열한다.

올리브유 2큰술

콩을 넣고 저으면서 밝은 녹색이 될 때까지 약 4분간 조리한다. 다음을 넣고 젓는다.

마늘 3쪽, 다지기

강황 가루 ½작은술

소금 ½작은술

향긋한 마늘 냄새가 날 때까지 약 1분 정도 볶는다. 다음을 넣고 젓는다.

채소 또는 닭 육수나 국물 2컵 또는 물 2컵

굵게 썬 딜 1컵

부르르 끓어오르면 중약불로 줄이고 뚜껑을 덮어 콩이 부드러워질 때까지 10~15분간 뭉근히 끓인다. 뚜껑을 열고 스튜에 움푹한 공간 4개를 만든다. 다음을 한 번에 하나씩 작은 그릇이나 1인용 내열 용기에 깨뜨려 넣은 다음 움푹

한 공간에 살며시 밀어 넣는다.

대란 4개

프라이팬의 뚜껑을 덮고 달걀이 아주 살짝 익을 때까지 또는 원하는 만큼 익을 때까지 4~6분간 조리한다. 다음을 곁들여 스튜를 낸다.

바스마티 쌀밥

다음을 홀홀 뿌린다.

굵게 썬 딜

로마식으로 조리한 파바콩

3~4인분

다음을 꼬투리에서 꺼내 얇은 막을 벗기거나 그냥 사용한다.

꼬투리에 든 파바콩 1.3kg 또는 냉동 파바콩이나 리마콩 400g짜리 1봉지

콩은 약 2컵 분량이 나온다. 커다란 프라이팬을 중불에 올리고 다음을 둘러 가열한다.

올리브유 2큰술

다음을 넣고 저어가면서 부드러워질 때까지 약 4분간 볶는다.

양파 작은 것 ½개, 잘게 썰기

(베이컨 또는 판체타 2조각, 깍둑썰기하기)

(굵게 빻은 고춧가루 ½작은술)

콩을 넣고 다음을 붓는다.

닭 육수나 국물 또는 물 ¾컵

뚜껑을 열고 가끔 저으면서 콩이 부드러워질 때까지 뭉근히 삶는다. 삶는 시간은 콩의 상태와 크기에 따라 적당히 조절한다. 콩이 다 익을 때쯤이면 국물이 콩에 버무린 소스 정도로 졸아들었을 것이다. 필요하면 강불로 올려서 국물을 더 바짝 졸여도 좋다. 내기 전에 다음을 넣어 섞는다.

굵게 썬 파슬리 1큰술

레몬즙 1큰술

소금과 흑후추 적당량

말린 콩 및 콩과 식물에 대해

시판되는 말린 콩과 완두콩 종류는 수십 가지가 넘는다. 여기에는 **누에콩**이라고도 부르는 **파바콩**, **거북콩**이라고도 부르는 **검은콩**, **볼로티콩**이라고도 부르는 **크랜베리콩**, **적화 강낭콩**(scarlet runner), **붉은콩**, **강낭콩**, **동부콩**(광저기cowpea 또는 **강두**field pea라고 부르기도 한다.), **메주콩**, **핀토콩**, 가르반조(garbanzo)라고도 부르는 **병아리콩**, **플래절렛**, **렌틸콩**, **테파리콩**(tepary bean), **그레이트 노던**, **네이비**, **카넬리니**, **팥** 등이 포함된다. 애호가의 관점에서 각 품종은 저마다의 매력을 가지고 있다.

종류와 상관없이 말린 콩을 잘 씻은 후 잡티 및 크기가 작거나 쪼개지거나 색이 변한 콩을 골라내고 손질한다. 조리 시간을 절약하고 싶은 경우, 미리 콩을 물에 담가 불려두면 조리 시간이 거의 절반으로 줄어든다.

말린 콩을 불리려면 그릇에 콩을 넣고 콩의 3~4배 분량의 물을 부어 조리대에 하룻밤 둔다. 물 위에 뜨는 것은 전부 걷어낸다. 상황에 따라 물을 따라낸 다음 깨끗한 물을 다시 부어서 조리하기도 한다. 하지만 이 과정이 꼭 필요한 것은 아니며 콩을 불렸던 물에 그대로 조리해도 상관없다.

콩에 물을 붓고 5분간 삶은 다음 불에서 내려 1시간 정도 두는 **빠른 불리기 방법**도 있다. 이 방법의 단점은 콩을 충분히 불리는 데 필요한 시간과 불리지 않은 콩을 사용해서 그냥 조리하는 시간 사이에 큰 차이가 없다는 것이다. 빠른 불리기 방법은 조리 시간을 약 30분 정도 단축할 뿐이다. 따라서 우리는 콩을 하룻밤 불렸다가 사용하거나, 아니면 말린 콩을 불리지 않고 그냥 조리하는 편이 낫다고 생각한다.

콩 삶는 물에 소금을 넣으면 콩의 식감이 질겨진다고 생각하는 사람이 많다. 이는 사실이 아니다. 소금물에 조리한 콩은 부드러워지기까지 시간이 좀 더 오래 걸리지만 그만큼 골고루 간이 밴다. 우리는 콩이 살짝 부드러워질 때까지 은근히 끓이다가 소금을 넉넉히 넣고(콩 450g당 1작은술 정도) 크림 같은 질감이 되도록 부드러워질 때까지 계속 삶는 방법을 권장한다.

반면 산성 재료를 넣으면 확실히 콩을 부드럽게 삶는 데 시간이 오래 걸리거나 좀처럼 부드러워지지 않으므로 토마토, 감귤류즙, 생선, 당밀, 기타 산성 재료는 조리가 거의 끝나서 콩이 충분히 부드러워진 후에 넣는다. 보스턴식 베이크드 빈스를 만들 때는 이 원칙을 거꾸로 응용하면 편리하다. 미리 조리해둔 콩을 오븐에 몇 시간씩 구워도 흐물흐물해지지 않는 이유는 당밀과 토마토를 첨가해 콩이 물러지는 것을 방지하기 때문이다.

콩 통조림은 신선한 콩 대신 다양한 레시피에 사용할 수 있지만 식감이 연하고 풍미도 다소 떨어진다. 통조림에 든 콩을 한 번 씻어주면 맛이 좋아질 뿐만 아니라 과도한 염분을 제거할 수 있으므로 특히 콩 샐러드에 유용하다. 그렇다고는 해도 우리 집에서는 콩 통조림 국물을 칠리나 스튜에 넣어 걸쭉하게 농도를 맞추는 경우가 많다.

기억해야 할 점은 ▶ 말린 콩, 완두콩 또는 렌틸콩 1컵을 조리하면 2~2½컵으로 불어난다는 사실이다. ▶ 425~450g짜리 통조림 1개에는 말린 콩 약 1½컵 분량이 들어 있다. 450g짜리 1봉지 안에 들어 있는 콩의 부피는 품종에 따라 약간씩 다르지만 ▶ 일반적으로 말린 콩 450g은 2½컵 정도 된다.

아래에 소개하는 레시피 외에도 속이 든든해지는 콩 수프에 대해 항목과 매클레이드의 록캐슬 칠리, 콩 딥 등의 레시피를 참고한다.

말린 콩을 조리하려면 콩이 충분히 잠길 만큼 물을 붓고 부르르 끓어오를 때까지 가열한다. 취향에 따라 콩 삶는 물에 약간의 올리브유, 월계수 잎, 양파 ½개, 마늘 몇 쪽을 넣어도 좋다. 불을 줄이고 뚜껑을 덮은 후 부드러워질 때까지 은근히 삶는다. 콩을 삶는 데 필요한 시간은 콩의 재배지와 수확 후 시간이 얼마나 지났는지(요리하는 사람은 보통 이 두 가지 변수를 알기 힘들다.) 그리고 삶을 때 사용하는 물의 종류에 따라 달라지며, 조리할 때 사용하는 물에 대한 자세한 내용은 물 항목을 참고한다. 병아리콩은 일반적으로 가장 단단한 콩으로 꼽히므로 제대로 삶으려면 3시간 정도 걸리기도 한다. 말린 리마콩을 불린 것과 불릴 필요가 없는 렌틸콩은 30분 정도만 삶아도 충분하다.

▲ 고도가 높은 지역에서는 말린 콩을 불리고 조리하는 데 시간이 더 오래 걸린다. 해발 1000m 고도를 넘어가면 차이가 눈에 띄게 나타나며 최대 2배 정도 오래 삶아야 할 수도 있다.

압력 조리는 말린 콩을 삶을 때 시간을 크게 절약할 수 있는 좋은 방법이며, 우리는 압력솥의 가장 효과적인 활용법 중 하나가 바로 콩 삶기라고 생각한다. 슬로 쿠커를 사용해서도 말린 콩을 삶을 수 있지만 붉은 강낭콩은 반드시 먼저 애벌로 삶아서 슬로 쿠커에 조리해야 한다. ▶ 붉은 강낭콩에는 심각한 위장 질환을 일으킬 수 있는 피토헤마글루티닌이라는 독성 물질이 상당량 들어 있다. 이 독성 물질을 제거하려면 붉은 강낭콩을 팔팔 끓는 물에 10분 이상 삶은 후 뭉근히 끓이거나 슬로 쿠커로 조리해야 한다.

말린 콩을 압력 조리하려면 불리지 않은 콩을 압력솥에 넣고 콩이 충분히

잠기도록 물을 붓는다. 압력 조리 시간은 콩의 크기와 종류에 따라 다르지만, 검은콩이나 동부콩처럼 알이 작은 콩이라면 15psi에서 20분간 조리로 시작한다. 병아리콩처럼 단단한 콩이라면 35분 조리로 시작한다. 10분 정도 그대로 두어 자연스럽게 압력이 내려가도록 한 다음 압력 마개를 열어서 압력을 완전히 뺀다.

멕시코식 삶은 콩(Frijoles de la Olla)

8인분

전통적으로 흙으로 빚은 냄비에 넣어 요리하지만 집에 있는 아무 냄비나 사용해도 똑같이 근사한 맛을 느낄 수 있는 콩 요리다.

상황에 따라 냄비에 다음을 넣고 하룻밤 동안 불린다.

　　말린 핀토콩이나 검은콩 450g, 씻어서 잡티를 골라내기

물을 따라내고 콩을 다시 냄비에 넣은 후 콩 위로 2.5cm쯤 올라오도록 물을 붓는다. 냄비에 담긴 콩에 다음을 추가한다.

　　양파 중간 크기 1개, 4등분하기

　　마늘 2쪽, 으깨기

　　에파소테 또는 오레가노 잔가지 3개

　　(뉴멕시코 또는 과히요 등의 말린 칠리 고추 1개)

　　(말린 아보카도 잎 1장)

부르르 끓어오르면 불을 줄이고 뚜껑을 반만 덮어서 콩이 부드러워지기 시작할 때까지 약 30분에서 1시간 정도 삶는다. 다음을 넣는다.

　　소금 1작은술

콩이 완전히 부드러워지면서 크림 같은 질감이 될 때까지 약 15분간 더 삶는다. 콩을 조금 덜어서 감자 으깨는 도구로 으깨거나 콩을 1컵 덜어서 푸드 프로세서에 넣고 퓌레 상태로 만든 다음 다시 냄비에 넣어 젓는다. 다음과 함께 낸다.

　　따뜻한 옥수수 토르티야

　　크레마 또는 사워크림

　　잘게 부순 코티하 치즈 또는 잘게 썬 체더, 몬터레이 잭, 오악사카 치즈

토스카나식 콩 요리

6~8인분

토스카나 사람들이 콩을 얼마나 좋아하는지, 이탈리아의 다른 지역에서는 토스카나 사람들을 '콩 먹는 사람들'이라는 뜻의 만자파졸리(mangiafagioli)라고도 부른다. 우리도 만자파졸리의 당당한 일원이 될 자격이 있다고 생각한다.

상황에 따라 다음을 하룻밤 동안 불린다.

　　카넬리니, 핀토 또는 크랜베리 등의 말린 콩 450g, 씻어서 잡티를 골라내기

물을 따라내고 콩을 한쪽에 둔다. 커다란 냄비를 중불에 올리고 다음을 부어서 뜨겁게 가열한다.

　　올리브유 ¼컵

다음을 넣고 향긋한 냄새가 날 때까지 튀긴다.

　　신선한 세이지 잎 12장

　　마늘 3쪽, 반으로 자르기

　　굵게 빻은 고춧가루 ¼작은술 또는 적당량

냄비에 콩을 넣고 재료 위로 5cm쯤 올라오도록 물을 붓는다. 다음 재료가 있다면 넣어도 좋다.

　　(파르메산 치즈 껍질 1개)

부르르 끓어오르면 불을 줄이고 뚜껑을 반만 덮어서 30분간 뭉근히 삶는다. 다음으로 간을 하고 맛을 낸다.

　　소금과 흑후추

콩이 부드러워질 때까지 15~20분간 더 뭉근히 삶는다. 콩을 조금 덜어서 감자 으깨는 도구로 으깨거나 콩을 1컵 덜어서 푸드 프로세서에 넣고 퓌레 상태로 만든다. 으깬 콩을 다시 냄비에 넣고 저은 다음 국물이 살짝 걸쭉해질 때까지 뭉근히 끓인다. 따뜻하게 또는 실온 상태로 내고, 접시에 각각 다음을 뿌린다.

　　엑스트라 버진 올리브유 약 1작은술(총 2~3큰술)

풀 메다메스(Ful Medames, 파바콩을 뭉근히 삶은 요리)

2인분

이집트 사람들은 이 간단한 콩 요리를 아침, 점심 또는 저녁으로 매우 즐겨 먹는다. 시라지 또는 이스라엘식 샐러드와 함께 내면 썩 잘 어울린다. 통조림 파바콩을 **말린 파바콩 1컵**으로 대체할 수 있다. 취향에 따라 얇은 막을 벗겨내고 파바콩이 잠길 만큼 물을 넉넉히 부은 후 아주 부드러워질 때까지 뭉근히 삶아서 레시피에 따라 조리한다.

중간 크기의 편수 냄비에 다음을 넣고 섞은 후 10분간 뭉근히 삶는다.

　　껍질을 벗긴 파바콩 통조림 425~567g짜리 1개, 국물도 사용

　　엑스트라 버진 올리브유 2큰술

삶은 콩을 크게 한 숟가락 덜어서 으깬 다음 다시 냄비에 넣고 섞는다. 다음을 넣는다.

　　마늘 4쪽, 다지기

　　레몬즙 1큰술

5분간 뭉근히 끓인다. 맛을 보고 필요하면 소금이나 레몬즙을 좀 더 넣어 간을 맞춘다. 다음 재료 중 선호하는 것을 가니시로 곁들여 낸다.

　　엑스트라 버진 올리브유

　　커민 가루

　　마라시, 알레포, 우르파 또는 굵게 빻은 고춧가루

　　요구르트 또는 라브네(labneh, 중동식 크림치즈 — 옮긴이)

　　잘게 부순 페타 치즈

　　굵게 썬 파슬리

팔라펠(Falafel, 병아리콩 경단)

12개

I. 튀김

다음을 최소 12시간 또는 하룻밤 동안 불린다.

　　말린 병아리콩 1¼컵, 씻어서 잡티를 골라내기

물기를 완전히 뺀 다음 푸드 프로세서에 넣어 잘게 썬다. 다음을 넣고 입자가 성긴 퓌레 상태가 될 때까지 간다.

　　굵게 썬 양파 ½컵

　　파슬리 잎, 꾹 눌러 담아 ¼컵

　　마늘 2쪽, 굵게 썰기

　　커민 가루 2작은술

　　소금 1½작은술

　　고수씨 가루 ½작은술

베이킹소다 ½작은술

강황 가루 ½작은술

카옌 고춧가루 ¼작은술

그릇에 옮겨 담고 다음을 넣어 섞는다.

중력분 또는 병아리콩 가루 2큰술

손에 물을 묻히고 반죽으로 동그란 경단 12개를 만든다. 15분간 둔다. 깊은 프라이팬에 기름을 다음 높이까지 붓고 뜨겁게 가열한다.

식물성 기름 1.2cm

팔라펠을 몇 번에 나눠서 기름에 넣고 가끔 뒤집어주면서 황금색으로 익을 때까지 6~8분간 튀긴다. 키친타월에 올려서 기름을 뺀다.

II. 구이

버전 I의 반죽을 준비한다. 오븐을 190℃로 예열한다. 오븐 팬에 기름을 살짝 바른다. 위의 설명대로 팔라펠을 빚은 후 오븐 팬에 올린다. 둥근 경단 모양으로 만들어도 좋고 약간 납작하게 패티 모양으로 빚어도 좋다. 솔로 올리브유를 발라 오븐에 넣은 후 중간에 한 번 뒤집고, 패티 모양의 팔라펠은 기름을 넉넉히 발라주면서 갈색으로 바삭하게 익을 때까지 15~20분간 굽는다.

페이조아다(Feijoada, 브라질식 검은콩 스튜)

8인분

고기와 콩을 넣어 오랜 시간 뭉근히 끓이는 이 스튜는 살이 많이 붙은 육류 부속 부위를 넣어서 만들 수 있다. 이 레시피에 소개한 육류 대신 돼지 갈빗살, 돼지 혀, 카르네 세카(carne seca, 말린 소고기) 또는 콘비프를 넣어도 맛있다. 다만 스튜가 너무 짜지 않도록 염장 고기와 생고기를 적절히 조합해 사용한다. 페이조아다는 슬로 쿠커로 조리할 수도 있다. 모든 재료를 섞은 다음 저온으로 맞춰서 8~10시간 또는 고기가 아주 부드러워질 때까지 조리한다. 식탁에 올리기 직전에 갈색으로 볶은 양파와 마늘을 넣고 젓는다. 페이조아다에 전통적으로 곁들이는 가니시는 볶은 카사바 밀가루와 베이컨 및 양파 구운 것을 섞은 파로파(Farofa)다. 남미 식료품점에서 가끔 파로파 토핑을 팔기도 하지만 없으면 빼도 상관없다. 굵게 빻은 카사바 밀가루(타피오카 전분과는 다르다.)를 구할 수 있다면 직접 파로파를 만들어보자.

냄비나 더치오븐에 다음을 넣는다.

말린 검은콩 450g, 씻어서 잡티를 골라내기

반으로 자른 돼지 족 또는 훈제 돼지 발목 450g

뼈를 제거한 돼지 어깨살 450g, 2.5cm 크기의 덩어리로 자르기

(돼지 꼬리 225g)

통베이컨 225g, 1.2cm 크기의 정육면체로 자르기

월계수 잎 2장

재료 위로 2.5cm 정도 올라오도록 물을 붓는다. 중강불에 올려서 부르르 끓어오르면 중불로 줄이고 뚜껑을 반만 덮어서 뭉근히 끓인다. 처음 30분 동안은 스튜 표면에 떠오르는 불순물을 걷어내면서 끓인다. 고기가 아주 부드러워지고 콩이 잘 익을 때까지 약 2시간 정도 계속 뭉근히 끓인다. 상황에 따라 재료가 계속 물에 잠기도록 뜨거운 물을 조금씩 보충한다. 스튜가 끓는 동안 브라질식 핫소스를 준비한다. 믹서에 다음을 넣고 부드러워질 때까지 간다.

할라페뇨 고추 2개, 씨를 빼고 굵게 썰기

자색 양파 ½개, 굵게 썰기(나머지 반쪽은 따로 보관)

마늘 2쪽

라임즙 ⅓컵

소금 ½작은술

또는 할라페뇨, 양파, 마늘을 손으로 다져서 라임즙과 소금을 넣어 섞으면 약간 씹히는 맛이 있는 소스가 완성된다. 스튜가 끓는 동안 핫소스의 맛이 잘 어우러지도록 한쪽에 둔다.

스튜의 위쪽에 모인 기름을 걷어내어 보관해둔다. 스튜에 다음을 넣는다.

사슬 모양의 생초리소 소시지 또는 킬바사 225g, 1.2cm 두께의 슬라이스로 썰기

스튜가 아주 걸쭉해질 때까지 약 1시간 정도 더 뭉근히 끓인다. 중간 크기의 프라이팬을 중불에 올리고 스튜에서 걷어내 보관해둔 기름 2큰술을 넣어 데운다. 핫소스를 만들 때 남은 양파 반쪽을 얇게 저며서 프라이팬에 넣고 다음을 추가한다.

양파 큰 것 1개, 얇게 저미기

소금 ¼작은술

노릇노릇하게 익을 때까지 약 10분간 볶는다. 다음을 넣는다.

마늘 6쪽, 다지기

향긋한 냄새가 날 때까지 약 2분간 더 볶는다. 볶은 양파와 마늘을 스튜에 넣고 젓는다. 훈제 돼지 발목이나 돼지 족을 건져서(꼬리를 넣었다면 꼬리도 건져낸다.) 약간 식힌 다음 뼈를 발라내고 고기를 잘게 썬다. 고기를 다시 스튜에 넣고 섞는다. 핫소스와 다음을 곁들여 낸다.

시판 또는 수제 파로파

오렌지 슬라이스

잘게 썬 콜라드 볶음

흰쌀밥

으깬 콩 페이스트

6인분

전통적으로 엔칠라다, 부리토 또는 칠리 레예노(Chiles Rellenos, 멕시코식 고추 튀김 – 옮긴이)에 곁들이는 음식이다. 콩은 따뜻할 때 더 쉽게 으깰 수 있다.

다음을 삶는다.

말린 핀토콩 또는 검은콩 2컵, 씻어서 잡티를 골라내기

또는 다음을 준비한다.

핀토콩 또는 검은콩 통조림 425g짜리 3개

물을 따라내되, 콩 삶은 물 1컵은 보관해둔다. 커다란 프라이팬을 중강불에 올리고 다음을 둘러 가열한다.

식물성 기름, 베이컨 기름 또는 라드 2큰술

다음을 넣고 자주 저으면서 노릇노릇해질 때까지 약 10분간 볶는다.

양파 중간 크기 1개, 굵게 썰기

다음을 넣고 저어가면서 1분간 볶는다.

마늘 4쪽, 다지기

삶은 콩 1컵을 넣고 감자 으깨는 도구나 커다란 숟가락 뒷면으로 적당히 덩어리가 있는 상태로 으깬 뒤 다시 1컵을 추가하는 식으로 콩을 전부 으깬다. 다음을 넣고 젓는다.

따로 보관해둔 콩 삶은 물 1컵

중약불에 올리고 자주 저으면서 콩이 먹기에 알맞은 농도보다 약간 더 촉촉할 때까지 조리한다. 만들어두면 점점 더 꾸덕꾸덕해지기 때문이다. 콩을 으깨고 끓이는 과정은 10~15분 정도 걸린다. 다음으로 간을 하고 맛을 낸다.

소금

따뜻할 때 다음을 곁들여 낸다.

잘게 부순 코티하 치즈 또는 케소 프레스코

자메이카식 콩 스튜

4~6인분

말린 콩 대신 **강낭콩이나 붉은콩 통조림 425g짜리 2개**를 사용해도 좋다. 통조림 콩을 사용할 때는 고기를 갈색으로 익히는 과정부터 시작한다. 풍미가 상당히 비슷한 채식 요리로는 자메이카식 콩밥 레시피를 참고한다.

냄비에 다음을 넣고 물을 8컵 붓는다.

알이 작은 붉은콩 또는 강낭콩이나 핀토콩 말린 것 1½컵, 씻어서 잡티를 골라내기

부르르 끓어오르면 불을 줄이고 뚜껑을 덮어서 콩이 부드러워질 때까지 1시간~1시간 반 정도 삶는다. 물을 따라내되, 콩 삶은 물 4컵을 따로 보관한다.

커다란 편수 냄비를 중불에 올리고 다음을 둘러 가열한다.

식물성 기름 1큰술

다음을 필요에 따라 조금씩 나눠서 프라이팬에 넣고 모든 면이 갈색으로 익도록 굽는다.

뼈를 제거한 돼지 어깨살 450g, 2.5cm 크기의 정육면체로 썰기

다음을 넣고 저으면서 부드러워질 때까지 약 5분간 조리한다.

양파 큰 것 1개, 굵게 썰기

마늘 3쪽, 으깨기

소금 1작은술

삶은 콩과 따로 보관했던 콩 삶은 물(통조림 콩을 사용한다면 물 4컵)을 다음과 함께 넣는다.

고구마 중간 크기 1개, 껍질을 벗겨 정육면체로 썰기

코코넛 밀크 통조림 400ml짜리 1개

스카치 보닛 또는 하바네로 고추 1개, 다지기

타임 잔가지 3개

흑후추 ½작은술

올스파이스 가루 ¼작은술

불을 줄이고 뚜껑을 연 상태로 돼지고기가 부드러워지고 스튜가 걸쭉해질 때까지 약 1시간 반 정도 뭉근히 끓인다. 다음과 함께 낸다.

흰쌀밥

굵게 썬 고수

베이크드 빈스

6~8인분

보스턴뿐만 아니라 스웨덴에서도 널리 사랑받는 전통적인 콩 요리다.

I. 말린 콩으로 조리하기

상황에 따라 다음을 하룻밤 동안 불린다.

말린 흰콩 또는 네이비콩 1½컵, 씻어서 잡티를 골라내기

물을 따라내고 콩을 냄비에 넣은 후 물을 8컵 붓는다. 부르르 끓어오르면 불을 줄이고 뚜껑을 덮어서 콩이 부드러워질 때까지 45분~1시간 정도 은근히 삶는다.

오븐을 120℃로 예열한다. 가로세로 23cm 크기의 사각형 베이킹 접시에 기름을 바른다. 콩의 물기를 제거하고 삶은 물은 따로 보관한다. 콩을 베이킹 접시에 담고 다음을 추가하여 섞는다.

닭 육수나 국물, 맥주 또는 물 ½컵

굵게 썬 양파 ¼컵

당밀 3큰술

케첩 3큰술

드라이 머스터드 1큰술

(우스터 소스 1큰술)

(커리 가루 1작은술)

소금 1작은술

(사과 식초 ½작은술)

맨 위에 다음을 얹는다.

얇게 썬 베이컨 또는 염장 돼지고기 115g

뚜껑을 덮어서 3시간 동안 굽는다. 뚜껑을 열고 1시간 더 굽는다. 푹 익은 콩은 아주 부드러운 식감과 짭짤하고 농축된 풍미를 자랑한다. 식탁에 올리기 전까지 오븐에 넣어 따뜻하게 보관한다. 수분이 너무 적어 콩이 말라버리면 다음을 약간 넣어서 농도를 맞춘다.

뜨거운 닭 육수나 따로 보관해둔 콩 삶은 물

II. 통조림 콩으로 조리하기

오븐을 175℃로 예열한다. 가로세로 23cm 크기의 사각형 베이킹 접시에 기름을 바른다. 접시에 다음을 넣는다.

흰콩이나 핀토콩 통조림 425g짜리 2개, 국물을 따라내고 헹구기

다음을 넣고 살짝 저어서 섞는다.

케첩 또는 맛이 순한 토마토 칠리 소스 ¼컵

다진 양파 ¼컵

당밀 2큰술

갈색 설탕 2큰술

사과 식초 1큰술

(노란색 머스터드 1큰술)

(핫소스 소량씩 3번)

(베이컨 기름 2큰술)

맨 위에 다음을 얹는다.

베이컨 슬라이스 6조각

뚜껑을 덮고 30분간 굽는다. 뚜껑을 열고 30분간 더 굽는다.

카술레(Cassoulet)

8~10인분

캐서롤 냄비에 재료를 담고 빵가루를 덮어서 오븐에 굽는 이 콩 요리는 프랑스 남부에서 탄생했으며 돼지고기, 소시지, 베이컨, 오리고기, 야생 조류 또는 양고기를 섞어서 만들기도 한다. 먹다 남은 **오리고기 또는 거위고기 콩피**가 있다면 레시피의 오리 다리를 생략하고 콩피를 잘게 썰어 1½컵 정도 준비해 여러 층의 콩 사이에 넣어서 굽는다.(이때 돼지고기 밑간을 위한 소금과 후추는 절반으로 줄인다.) 원래 타르브콩(Tarbais bean)으로 만들지만 훨씬 구하기 쉬운 그레이트 노던이나 플래절렛 또는 카넬리니콩으로 대체해도 맛있다.

냄비에 다음을 넣고 섞는다.

타르브, 그레이트 노던 또는 플래절렛콩 450g, 씻어서 잡티를 골라내기

닭 육수나 물 8컵

(돼지 발목, 특히 육수 대신 물을 넣는 경우)

　　양파 중간 크기 1개, 껍질을 벗긴 후 정향 3개를 박기

　　토마토 페이스트 ¼컵

　　마늘 6쪽, 으깨기

　　타임 잔가지 6개

　　파슬리 잔가지 5개

　　월계수 잎 1장

중불에 올려서 부르르 끓어오르면 거품을 걷어낸다. 뭉근히 끓는 상태가 되도록 불을 줄이고 뚜껑을 덮어서 콩이 거의 부드러워졌지만 아직 약간 분필 가루 같은 질감이 남아 있을 때까지 약 1시간 조리한다. 콩의 애벌 조리가 거의 끝나갈 무렵, 냄비에 다음을 넣고 10분간 더 조리한다.

　　마늘 소시지 또는 브라트부르스트 340g, 포크로 몇 번 찔러 구멍을 내기

그동안 더치오븐을 중불에 올리고 다음 재료를 넣어 가끔 저으면서 기름이 빠져나오고 갈색으로 익을 때까지 조리한다.

　　판체타 또는 통베이컨 225g, 1.2cm 크기의 정육면체로 썰기

베이컨이 익어가면 다음을 준비한다.

　　뼈를 제거한 돼지 어깨살 450g, 2.5cm 크기의 덩어리로 썰기

　　오리 다리 450g

돼지 어깨살과 오리 다리에 다음으로 밑간을 한다.

　　소금 1작은술

　　흑후추 1작은술

판체타나 베이컨을 접시에 옮겨 담는다. 밑간한 돼지고기와 오리고기를 여러 번 나눠 냄비에 넣고 골고루 갈색으로 익힌다. 다 익은 고기는 판체타 또는 베이컨이 담겨 있는 접시에 옮긴다. 냄비에 남은 기름을 그릇에 붓고 한쪽에 둔다. 냄비에 다음을 붓는다.

　　화이트와인, 닭 육수 또는 물 ½컵

냄비 바닥에 붙은 갈색 조각을 긁어내면서 데글레이즈를 한 다음 냄비를 불에서 내린다.

　　오븐을 175℃로 예열한다. 콩의 애벌 조리가 끝나면 냄비에서 소시지와 돼지 발목을 건져 한쪽에 둔다. 양파, 타임, 파슬리, 월계수 잎은 건져서 버리고, 콩 삶은 물을 따라내서 따로 보관한다. 발목에서 살을 발라낸 후 잘게 썰고(뼈는 버린다.) 소시지는 두툼하게 슬라이스 형태로 썬다. 콩의 ⅓을 더치오븐(또는 3.8ℓ짜리 넓은 베이킹 접시)의 바닥에 깐다. 콩 위에 오리 다리와 돼지고기, 판체타 또는 베이컨, 소시지의 약 ⅓을 올린다. 그 위에 다시 콩을 ⅓ 정도 깔고 남은 고기를 골고루 얹은 후 마지막으로 콩 ⅓을 올린다. 콩의 표면 위로 국물이 올라올 정도로 콩 삶은 물을 넉넉히 붓는다. 따로 보관해둔 기름 2큰술과 다음을 섞는다.

　　마른 빵가루 1컵

기름에 섞은 빵가루를 콩 위에 골고루 뿌린다. 빵가루 층이 먹음직스러운 갈색이 될 때까지 약 1시간 반 동안 굽는다. 중간에 1시간 정도 지났을 때 숟가락으로 빵가루 층에 '균열'을 낸 다음 다시 골고루 넓게 펴고 살짝 눌러서 균일한 층을 만들어준다.(이렇게 하면 빵가루가 훨씬 골고루 갈색으로 익는다.) 원하는 정도로 익으면 카슐레를 오븐에서 꺼내 10분 정도 두었다가 낸다.

붉은콩 소스를 얹은 밥

6~8인분

햄을 넣어 뭉근하게 끓인 붉은콩 소스를 쌀밥에 얹어 먹는 이 요리는 루이지애나의 크레올 식문화를 대표하는 메뉴다. 뉴올리언스 출신 가수인 루이 암스트롱은 편지를 쓸 때 "붉은콩을 얹은 밥을 좋아하는 사람 올림"이라는 마무리 인사를 즐겨 사용한 것으로 유명한데, 이 일화야말로 이 요리에 대한 현지인의 애정을 잘 보여준다.

상황에 따라 다음을 하룻밤 불린 후 물을 따라낸다.

　　작은 크기의 말린 붉은콩 450g(강낭콩이나 핀토콩으로 대체 가능), 씻어서 잡티를 골라내기

콩을 커다란 냄비나 더치오븐에 넣고 다음을 추가한다.

　　훈제 돼지 발목 2개(약 680g)

　　셀러리 줄기 3개, 굵게 썰기

　　양파 큰 것 1개, 굵게 썰기

　　녹색 피망 1개, 굵게 썰기

　　마늘 5쪽, 굵게 썰기

　　신선한 타임 잔가지 5개 또는 말린 타임 1작은술

　　월계수 잎 2장

　　말린 오레가노 1작은술

　　백후추 또는 흑후추 1작은술

　　카옌 고춧가루 ½작은술

콩 위로 2.5cm 정도 올라오도록 물을 붓는다. 부르르 끓어오르면 불을 줄이고 뚜껑을 덮은 상태에서 가끔 저으면서 콩과 돼지 발목이 부드러워질 때까지 1시간~1시간 반 정도 뭉근히 끓인다. 발목을 건져낸다. 식으면 살을 발라내서 잘게 썬다. 돼지고기를 다시 냄비에 넣고 다음을 추가한다.

　　앙두이 또는 킬바사 소시지 450g, 1.2cm 두께로 어슷하게 썰기

속까지 따뜻해지도록 조리한다. 타임 잔가지를 건져내고 월계수 잎을 넣었다면 함께 건져낸다. 다음으로 간을 한다.

　　소금

다음에 얹어서 낸다.

　　쌀밥

그 위에 다음을 얹는다.

　　송송 썬 쪽파

　　타바스코 또는 루이지애나식 핫소스

동부콩을 넣은 채소 찜

4인분

이 레시피는 염장 돼지고기를 넣어 끓인 콜라드 및 돼지 발목을 넣어 삶은 동부콩이라는 두 가지 미국 남부 요리의 영향을 받은 것이다.

상황에 따라 다음을 하룻밤 불린 뒤 물을 따라낸다.

　　말린 동부콩 1½컵, 씻어서 잡티를 골라내기

커다란 냄비에 콩을 넣고 다음을 추가하여 섞는다.

　　물 6컵

　　훈제 돼지 발목 1개(약 340g)

　　양파 작은 것 1개

　　당근 작은 것 1개, 껍질을 벗기기

　　잎이 많이 달린 셀러리 줄기 1개

　　마늘 1쪽, 껍질을 벗기기

월계수 잎 1장

부르르 끓어오르면 불을 줄이고 뚜껑을 덮어서 콩이 부드러워질 때까지 약 45분간 뭉근히 끓인다. 물을 따라낼 때 콩 삶은 물 1컵은 따로 보관해둔다. 양파, 셀러리, 마늘, 월계수 잎을 건져서 버린다. 콩을 다시 냄비에 넣고 콩 삶은 물 1컵을 붓는다. 발목에서 살을 발라 잘게 썬 다음 냄비에 넣는다. 당근도 잘게 썰어서 넣는다. 다음을 넣고 젓는다.

콜라드, 겨자 잎, 순무 잎 또는 케일 1묶음, 가운데의 잎줄기를 제거하고 굵게 썰기

부르르 끓어오르면 불을 줄이고 뚜껑을 덮어서 채소가 부드러워질 때까지 10~15분 정도 끓인다. 다음을 넣어 젓는다.

레드와인 식초 또는 사과 식초 1큰술

소금 ½작은술 또는 적당량

흑후추 ¼작은술

차나 마살라(Chana Masala, 토마토 병아리콩 커리)
4인분

향신료를 통째로 튀겨서 풍미를 낸 든든한 채식 주요리다. 더욱 톡 쏘는 맛의 커리를 원할 때는 병아리콩과 함께 **타마린드 페이스트 1큰술, 아나르다나**(말린 석류씨) 가루 1큰술 또는 **암추르**(말린 망고) 가루 1작은술을 넣는다.

깊은 프라이팬 또는 냄비를 중불에 올리고 다음을 둘러 뜨거워질 때까지 가열한다.

정제 버터 또는 식물성 기름 3큰술

다음을 넣어 자주 저어가면서 향긋한 냄새가 나고 톡톡 튀어오를 때까지 1~2분간 튀긴다.

커민씨 2큰술

검은색 겨자씨 1큰술

말린 붉은색 칠리 고추 작은 것 2개 이상, 씨와 줄기를 제거하기

(아요완씨 ½작은술)

취향에 따라 다음을 넣고 조심스럽게 젓는다.(잎이 탁탁 소리를 내며 기름이 튄다.)

(신선한 커리 잎 8장)

1분 정도 더 튀기다가 다음을 넣는다.

양파 중간 크기 2개, 얇게 저미기

자주 저으면서 5분간 조리한다. 다음을 넣고 젓는다.

생강 5cm짜리 1조각, 껍질을 벗기고 잘게 썰기

마늘 6쪽, 굵게 썰기

세라노 고추 1~3개, 맛을 보면서 조절, 씨를 빼고 굵게 썰기

2분간 더 조리한다. 다음을 넣는다.

으깬 토마토 통조림 795g짜리 1개

삶은 병아리콩 3컵 또는 병아리콩 통조림 425g짜리 2개, 물을 따라내기

물 1컵

소금 1작은술

고수씨 가루 1작은술

부르르 끓어오르면 불을 줄이고 뚜껑을 반만 덮어서 병아리콩이 부드러워질 때까지 30~40분간 뭉근히 끓인다.(병아리콩 통조림을 사용한다면 30분이면 충분하다.) 다음과 함께 낸다.

바스마티 쌀밥, 난 또는 플랫브레드

굵게 썬 고수

라임 조각

(요구르트 또는 라이타)

렌틸콩과 스플릿 완두콩에 대해

렌틸콩과 스플릿 완두콩은 크기가 작으므로 다른 콩류보다 조리 시간이 훨씬 짧다. 스플릿 완두콩은 건조용으로 특별히 재배한 녹색 또는 노란색 완두콩 품종을 가리킨다. 스플릿 완두콩이라고 하면 대부분 햄을 넣은 수프를 떠올리지만, 삶아서 샐러드 또는 밥 요리에 넣거나 달에 사용하거나 질감과 풍미를 살리기 위해 채식용 칠리에 넣어도 훌륭한 역할을 한다.

어디서나 쉽게 구할 수 있는 암녹색의 렌틸콩을 녹색 렌틸콩이라고 지칭할 때도 있고 갈색 렌틸콩이라 지칭할 때도 있는데, 사실 이 콩은 두 가지 색을 모두 가지고 있다. 조리한 렌틸콩은 부드러운 식감과 순한 맛이 특징이다. 프랑스산 녹색 렌틸콩(예를 들어 르 퓌Le Puy)은 일반 렌틸콩의 약 절반 정도 크기이며 훨씬 진한 녹색에 깊은 풍미를 지니고 있다. 크기가 작은 검은색 **벨루가 렌틸콩**은 캐비아를 닮았다고 해서 이런 이름이 붙었으며 요리에 사용하면 눈에 확 띈다. **붉은색 렌틸콩**은 사실 밝은 주황색에 가까우며 쪼개거나 종피를 제거한 후 판매된다. **노란색 렌틸콩**도 종피가 없다.

노란색과 붉은색 렌틸콩은 조리했을 때 식감이 매우 부드럽기 때문에 달에 사용하기에 안성맞춤이다. 갈색 렌틸콩도 조리하면 상당히 부드러워진다. 크기가 작고 통통한 녹색 또는 검은색 렌틸콩은 비교적 모양을 잘 유지하므로 샐러드에 넣으면 잘 어울린다. ▶ 말린 렌틸콩 1컵을 삶으면 약 2½~3컵 정도 나온다.(말린 렌틸콩 450g을 조리하면 7½컵 정도의 분량이 된다.)

색깔과 관계없이 모든 렌틸콩은 흙냄새와 후추 향이 나며 다양한 양념과 잘 어울린다. 그냥 삶아서 간단하게 양념한 렌틸콩은 곁들임 음식으로 매우 훌륭할 뿐만 아니라 샐러드에 넣거나 조리한 채소 또는 밥과 조합해도 좋다. 렌틸콩으로 만드는 유명한 쌀 요리는 무쟈다라 레시피를 참고한다.

뭉근히 삶은 렌틸콩
4인분

샐러드로 먹으려면 삶은 렌틸콩에 비네그레트를 뿌려서 양념을 하고 굵게 썬 신선한 허브를 가니시로 사용한다.

다음을 씻어서 잡티를 골라낸다.

갈색 또는 녹색 렌틸콩 1컵

편수 냄비 또는 프라이팬을 중불에 올리고 다음을 부어 가열한다.

올리브유 ¼컵

다음을 넣고 저으면서 노릇노릇해질 때까지 볶는다.

양파 작은 것 1개, 얇게 저미거나 썰기

렌틸콩을 넣고 다음을 붓는다.

물 3½컵

(파슬리 잔가지 또는 셀러리 잎 2개)

(월계수 잎 1장)

부르르 끓어오르면 불을 줄이고 뚜껑을 덮어서 렌틸콩이 부드러워질 때까지 20~30분간 뭉근히 삶는다. 허브를 건져내고 다음으로 간을 하고 맛을 낸다.

소금과 흑후추

(레몬즙)

(굵게 썬 허브)

뜨겁게 또는 실온 상태로 낸다.

달(Dal, 인도식 렌틸콩 스튜)

4~6인분

달은 인도 음식에 사용되는 다양한 콩류 및 콩을 익혀서 만드는 요리를 모두 지칭하는 힌디어다. 요리사의 선택에 따라 걸쭉하게 또는 묽게 조리할 수 있다.

I. 다음을 씻어서 잡티를 걸러낸 후 커다란 편수 냄비에 넣는다.

　　노란색 스플릿 완두콩 또는 붉은색 렌틸콩 1컵

다음을 넣는다.

　　물 3컵

　　양파 작은 것 1개, 얇게 썰기

　　세라노 또는 할라페뇨 고추 2개, 씨를 빼고 잘게 썰기

　　로마 토마토 또는 플럼 토마토 1개, 깍둑썰기하기

　　마늘 2쪽, 다지기

　　생강 2.5cm짜리 1조각, 껍질을 벗겨 다지거나 강판에 갈기

　　강황 가루 ½작은술

부르르 끓어오르면 불을 줄이고 뚜껑을 덮어서 콩이 부드러워질 때까지 20~25분간 뭉근히 삶는다. 다음을 넣어 젓는다.

　　소금 ¾작은술

뚜껑을 반만 덮은 상태로 달이 스플릿 완두콩 수프 정도의 농도로 걸쭉해질 때까지 약 20분간 뭉근히 끓인다. 국자로 떠서 개인 그릇에 담고 다음으로 장식한다.

　　굵게 썬 고수

다음과 함께 낸다.

　　바스마티 쌀밥, 난 또는 플랫브레드

II. 달 타드카(Dal Tadka, 향신료를 튀겨서 조리)

우리 가족이 가장 좋아하는 렌틸콩 요리다. 통째로 튀긴 향신료와 향신료를 우려낸 기 버터 또는 기름만큼 달과 어울리는 완벽한 양념은 없다고 해도 과언이 아니다.

다음 레시피의 모든 재료를 준비한다.

　　위의 달 I 재료

고추, 마늘, 생각은 한쪽에 둔다. 레시피의 설명에 따라 렌틸콩과 양파를 뭉근히 삶고 조리한다. 한편 작은 편수 냄비나 프라이팬을 중불에 올리고 다음을 둘러 가열한다.

　　식물성 기름 또는 기 버터 3큰술

따로 둔 고추, 마늘, 생강을 넣고 다음을 추가한다.

　　커민씨 1작은술

　　고수씨 1작은술, 으깨기

　　검은색 또는 갈색 겨자씨 1작은술

　　(말린 붉은색 칠리 고추 작은 것 4개, 취향에 따라 씨를 제거)

　　(아요완씨 ¼작은술)

마늘이 타지 않도록 주의하면서 강렬한 향기가 날 때까지 약 1분간 향신료를 기름에 지글지글 튀긴다. 취향에 따라 다음을 넣고 조심스럽게(커리 잎이 탁탁 소리를 내며 기름이 튀므로) 젓는다.

　　(신선한 커리 잎 15장)

　　(아위 ¼작은술)

불을 끄고 한쪽에 둔다. 달을 뭉근히 끓여 완성한 후 개인 그릇에 담고 튀긴 향신료 혼합물을 한 숟가락씩 떠서 올린다. 버전 I의 레시피에 따라 장식해서 낸다.

소시지를 넣어 조린 렌틸콩

8~10인분

이탈리아 북부 지방의 새해맞이 요리다. 동전 모양의 렌틸콩과 소시지 슬라이스가 행운을 가져다준다고 믿는다.

소시지가 한꺼번에 들어갈 만큼 커다란 냄비에 물 2.8ℓ를 붓고 뭉근히 끓어오르도록 가열한다. 다음을 넣는다.

　　코테키노(훈제 돼지고기) 소시지 또는 사슬 모양의 이탈리아식 생소시지

　　　　680~900g, 포크로 몇 군데 구멍을 내기

뭉근히 끓어오르기 직전 상태로 유지되도록 불을 조절하고 뚜껑을 덮어서 소시지 내부 온도가 70℃에 도달할 때까지 약 45분간 조리한다. 불에서 내린 후 소시지는 꺼내지 않고 그냥 물에 담가 따뜻하게 유지한다. 그동안 커다란 편수 냄비에 물 10컵을 부어 팔팔 끓인다. 다음을 넣는다.

　　갈색 또는 녹색 렌틸콩 450g(약 2½컵), 씻어서 잡티를 골라내기

　　소금 1작은술

불을 줄이고 뚜껑을 반만 덮어서 아주 부드러워질 때까지 약 20분간 뭉근히 삶는다. 렌틸콩이 익는 동안 커다란 프라이팬을 중불에 올리고 다음을 둘러 가열한다.

　　엑스트라 버진 올리브유 3큰술

다음을 넣고 저으면서 노릇노릇해질 때까지 약 1분간 볶는다.

　　자색 양파 중간 크기 1개, 다지기

　　당근 중간 크기 1개, 다지기

　　잎이 달린 셀러리 줄기 작은 것 1개, 다지기

　　월계수 잎 1장

다음을 넣고 저으면서 30초간 더 조리한다.

　　마늘 큰 것 1쪽, 다지기

　　신선한 마저럼이나 오레가노 굵게 썬 것 2작은술 또는 말린 마저럼이나 오레가노 ½작은술

다음을 넣고 저은 뒤 중강불에서 아주 걸쭉해질 때까지 10~15분간 조리한다.

　　토마토 통조림 795g짜리 1개, 물을 따라내기

　　소시지 삶은 물 또는 닭 육수나 국물 1컵

숟가락으로 프라이팬 옆면에 토마토를 눌러서 으깬 후 잘 젓는다. 렌틸콩의 물기를 빼고 토마토 혼합물이 담긴 프라이팬에 넣은 후 10분간 조리한다. 월계수 잎을 건져낸다. 다음으로 간을 하고 맛을 낸다.

　　소금과 흑후추

렌틸콩을 서빙용 플래터에 소복하게 담는다. 소시지를 6mm 두께로 얇게 잘라서 렌틸콩 위에 가지런히 배열한다.

비트에 대해

거트루드 스타인(Gertrude Stein)의 말을 응용하자면 "비트는 비트가 비트인 것"이다.(원래는 시의 한 구절로 "장미는 장미가 장미인 것이다.[Rose is a rose is a rose]"라는 문장이다. ─ 옮긴이) 접촉하는 표면을 강렬한 진홍색으로 붉게 물들이는 비트는 흙내음이 나며 달콤한 채소다. 오늘날 마트에서는 황금색이나 주황색, 흰

색부터 사탕처럼 줄무늬가 있는 **키오자**(Chioggia)에 이르기까지 다양한 색깔의 비트 품종을 취급한다. 공처럼 동그랗거나 타원형 또는 가늘고 긴 모양을 하고 있으며, 골프공만큼 작은 것이 있는가 하면 주먹만 한 것도 있다. 제각각인 비트의 색상과 품종은 단지 겉모습 차이라고 생각하기 쉽지만 사실 성분에도 상당한 차이점이 있다. 비트의 흙내음 풍미는 지오스민(geosmin)이라는 물질에서 기인하는 것으로 알려져 있다. 키오자와 원통 모양의 품종은 일반적인 짙은 빨간색 비트보다 지오스민의 함량이 높다.(지오스민의 영향을 줄이는 방법은 아래 설명을 참고한다.)

비트를 고를 때는 잎이 노란색으로 변했거나 찢어졌거나 시들지 않은 것을 선택한다. 비트 잎은 뿌리의 신선함을 나타내는 지표이므로 잎이 촉촉하고 신선해 보이면 뿌리 역시 신선할 확률이 높다. 잎을 다 떼어내고 판매하는 비트라면 건조해 보이거나 갈라졌거나 쪼그라들었거나 꾹 눌렀을 때 쑥 들어가는 것은 피한다. 잎을 잘라내고 비트의 줄기 부분을 2.5~5cm 정도만 남긴 다음 뿌리와 잎을 따로따로 비닐봉지에 담아서 냉장고 채소 칸에 넣는다. 비트 뿌리는 냉장고에서 몇 주 정도 거뜬히 보관할 수 있다. 비트와 가까운 품종으로 잎이 무성한 근대처럼 **비트 잎**도 볶으면 아주 맛있다. 아쉽게도 조리하지 않은 비트 잎은 며칠 정도밖에 보관할 수 없다. 비트 잎의 상태가 좋다면 비트와 함께 조리하거나 마늘을 넣은 녹색 채소 조림에 활용하는 등 최대한 빨리 조리해서 먹는다.

비트는 조리하기 직전에 박박 문질러 씻는다. 껍질을 벗기거나 꼬리처럼 생긴 뿌리의 끝부분을 잘라낼 필요는 없다. 그러나 비트의 흙내음을 줄이고 싶다면 껍질과 바깥쪽 과육을 벗겨낸다.(여기에는 뿌리의 다른 부분보다 6배나 많은 지오스민이 함유되어 있다.) 붉은색 비트즙은 물이 잘 든다는 점을 잊지 말자. 비트를 손질할 때는 반드시 장갑과 앞치마를 착용하고 싱크대에서 작업하자.

비트는 뜨겁거나 차갑게, 얇게 썰거나 크기가 작은 경우 통째로, 곁들임 음식으로 내거나 샐러드에 넣어 먹는 등 다양한 방법으로 맛있게 즐길 수 있다. 껍질을 벗긴 후 얇게 저미거나 강판에 갈거나 채를 썰어서 생으로 내기도 한다.(비네그레트를 뿌려서 살짝 버무리기만 하면 된다.)

비트는 단맛이 무척 강하기 때문에 산성 재료와 조합하면 풍미가 더욱 살아난다. 감귤류즙이나 과육, 식초, 사워크림, 톡 쏘는 맛의 신선한 염소 치즈 또는 잘게 부순 페타 치즈나 블루 치즈는 모두 비트와 잘 어울리는 재료들이다. 또한 산미를 더하면 비트의 지오스민이 훨씬 순한 물질로 변하므로 흙내음도 약해지는 효과가 있다. 물론 일부 비트 애호가들은 이 흙내음 진한 풍미야말로 비트의 매력이라고 생각한다. 이 풍미와 멋지게 조화를 이루는 재료로는 양파 및 육류(고기를 넣은 보르시와 레드 플란넬 해시), 베이컨과 훈제 연어 등의 훈제 또는 염장 재료, 호두와 피스타치오를 필두로 한 구운 견과류 등이 있다. 비트는 강렬하고 자극적인 양념에도 잘 어울리므로 생강, 호스래디시, 케이퍼, 캐러웨이씨, 딜, 타라곤, 머스터드 및 루콜라나 크레송처럼 후추 향이 나는 녹색 채소와도 잘 맞는다.

붉은색 비트를 얇게 저며서 튀기면 강렬한 진홍색의 먹음직스러운 칩이 된다. 채 썰거나 잘게 썬 비트로 맛있는 채식 버거를 만들어도 좋고 라트키에 넣어도 잘 어울린다. 비트를 차갑게 먹으려면 간단한 양파 피클 및 호스래디시를 넣은 비트, 회향, 감귤류 샐러드 레시피를 참고한다.

비트를 통째로 **압력 조리하려면** 지름 6.3cm쯤 되는 비트의 껍질을 벗긴 다음 액체를 1½컵 넣고 15psi에 맞춰 15분간 압력 조리한다. 작은 비트라면 액체를 1컵으로 줄이고 12분간 조리한다. 빠른 압력 방출법으로 압력을 뺀다.

찌거나 뭉근히 삶은 비트
4인분

다음을 박박 문질러 씻고 손질한다.

　　비트 450g

손질할 때 줄기는 5cm 정도 남겨둔다. 위쪽 부분이 싱싱하면 잘라서 따로 보관한다. 비트를 찌려면 7.5cm 높이까지 부어서 끓인 물 위에 찜기를 얹고 비트를 올린 후 뚜껑을 덮는다. 또는 비트를 편수 냄비에 넣고 재료가 충분히 잠길 만큼 물을 붓는다. 부르르 끓어오르도록 가열한 후 뚜껑을 덮고 부드러워질 때까지 뭉근히 삶는다. 작고 어린 비트라면 30~40분, 커다란 비트라면 1시간 이상 삶아야 하고, 필요하면 끓는 물을 보충해준다.(특히 비트를 찌는 경우 물이 어느 정도 남았는지 신경을 써야 한다.)

비트가 다 익으면 약간 식혀서 껍질을 벗긴다. 작은 비트는 통째로 내고 큰 비트는 슬라이스 또는 웨지 모양으로 썬다. 다음을 뿌리고 뒤적이며 섞는다.

　　버터, 브라운 버터 또는 비네그레트 3큰술

또는 비트 위에 다음을 얹는다.

　　사워크림, 호스래디시 소스, 마늘과 호두 소스, 라이타, 차지키

그리고 다음 중 하나를 훌훌 뿌린다.

　　굵게 썬 파슬리, 차이브 또는 딜, 그레몰라타, 두카, 갈색으로 볶은 버터 빵가루
　　레몬즙 적당량
　　소금과 흑후추 적당량

비트 구이
4인분

오븐을 175℃로 예열한다.

가로세로 20cm짜리 정사각형 베이킹 팬에 다음을 넣는다.

　　비트 450g, 줄기를 2.5cm만 남기고 잘라내기

물 ½컵을 팬에 붓는다. 포일로 단단히 덮은 다음 비트를 얇은 꼬치나 칼끝으로 찔러보면 쉽게 들어갈 때까지 작은 비트는 약 45분, 중간 크기의 비트는 1시간, 커다란 비트는 1시간 15분 정도 굽는다.

껍질을 벗겨내고 비트를 통째로 사용하거나 둥근 모양 또는 웨지 모양으로 썬다. 다음으로 간을 하고 맛을 낸다.

　　소금과 흑후추

다음을 넣어서 뒤적이며 섞는다.

　　녹인 버터, 올리브유 또는 호두 기름 2큰술

취향에 따라 더 바삭하게 굽고 싶다면 오븐 온도를 220℃로 올리고 둥근 모양 또는 웨지 모양으로 썬 비트를 오븐에 다시 넣어 가장자리가 먹음직스러운 갈색이 될 때까지 10~15분간 굽는다. 다음을 훌훌 뿌린다.

　　다진 파슬리, 차이브 또는 딜 1큰술
　　레몬즙 또는 레드와인 식초 적당량

메건의 염소 치즈를 곁들인 비트 요리
4인분

비트를 싫어하는 사람도 맛있게 먹는다는 소문이 자자한 요리다. 주방 환기가 잘 안 된다면 발사믹 글레이즈를 직접 만들기보다는 시판 제품 ¼컵을 약불에 데워서 사용한다.

오븐을 220℃로 예열한다. 33×23cm 크기의 베이킹 접시에 다음을 넣고 뒤적

이며 섞는다.

붉은색 또는 황금색 비트 680g, 껍질을 벗기고 1.2cm 두께의 웨지 모양으로 썰기

올리브유 2큰술

소금 ½작은술

흑후추 ¼작은술

비트를 한 겹으로 깔고 물 ¼컵을 붓는다. 포일로 단단히 덮은 다음 비트가 부드러워질 때까지 약 30분간 굽는다. 포일을 벗겨낸 후 수분이 모두 증발하고 비트는 살짝 캐러멜화가 시작될 때까지 약 15분간 더 굽는다. 비트를 굽는 동안 중간 크기의 편수 냄비에 다음을 넣고 섞는다.

발사믹 식초 ½컵

메이플 시럽 ¼컵

환풍기를 켜거나 창문을 연다. 식초와 시럽 섞은 것을 부르르 끓인 후, 시럽 농도로 졸아들 때까지 약 10분 정도 저으면서 뭉근히 끓인다. 비트가 다 구워지면 발사믹 글레이즈를 살짝 뿌리고 다음을 얹는다.

잘게 부순 신선한 염소 치즈 ½컵(55g)

(구워서 굵게 썬 호두나 피스타치오 또는 두카 ¼컵)

잎과 함께 볶은 비트

4인분

반드시 싱싱하고 아삭한 비트 잎을 사용해야 한다. 비트 잎이 시들시들하면 쓰지 말고 버린다. 싱싱한 잎이 달린 비트를 구할 수 없다면 비트 잎 대신 근대를 사용해서 만들 수도 있다.

윗부분을 잘라낸다.

비트 1묶음(450~680g) 또는 중간 크기의 비트 3~4개

포크로 찌르면 쉽게 들어갈 정도로 부드러워질 때까지 비트를 찌거나 뭉근히 삶는다. 그동안 비트 줄기를 깍둑썰기하고 잎은 채 썬다. 중간 크기의 프라이팬을 중불에 올리고 다음을 둘러 가열한다.

올리브유 1큰술

비트 줄기를 넣고 부드러워질 때까지 약 5분간 볶는다. 다음을 넣는다.

마늘 3쪽, 다지기

저으면서 1분간 조리한다. 비트 잎을 넣고 다음을 추가한다.

소금 ¼작은술

잎의 숨이 죽고 부드럽게 익을 때까지 3~5분간 볶는다. 비트 잎 볶은 것을 넓은 접시에 소복이 담는다. 비트의 껍질을 벗겨내고 둥근 모양 또는 웨지 모양으로 썰어서 비트 잎 위에 얹는다. 다음을 홀홀 뿌린다.

구운 호두 또는 헤이즐넛 ⅓컵, 굵게 썰기

잘게 부순 페타 치즈 ⅓컵

레몬즙 1큰술

빵나무 열매에 대해

남태평양 원산의 빵나무 열매(breadfruit)는 18세기와 19세기에 걸쳐 카리브해 지역, 아프리카, 인도에 전파되었다. 빵나무 열매는 작은 것부터 상당히 큰 것까지 크기가 다양하며 모양은 둥글거나 길쭉하고 껍질 전체가 비늘로 덮여 있다. 연한 노란색의 과육은 약간의 섬유질이 함유되어 있으며 전분이 많고 감자와 비슷한 맛을 낸다.

설익은 빵나무 열매는 녹색을 띠며 과육은 전분이 많고 흡수력이 좋아 맛

성분을 잘 빨아들인다. 익어가는 동안 껍질은 노란색으로 변하고 과육은 잘 익은 플랜틴처럼 단맛을 띠게 된다. 짭짤한 요리에 사용하려면 설익은 상태가 가장 좋다. 가운데 심 부분을 제거하고 씨가 있다면 씨도 뺀 후 조리한다. 빵나무 열매는 일단 수확하고 나면 금세 상하므로 생과일을 찾기가 상당히 어렵다. 생과일을 구했다면 최대한 빨리 사용하고, 부득이하게 보관해야 한다면 열매를 통째로 물에 담가서 상하지 않도록 한다. 빵나무 열매를 자른 후 즉시 먹거나 조리하지 않으면 과육이 산화되어 검은색으로 변한다.

전분이 많고 설익은 빵나무 열매는 감자와 마찬가지로 부드러워질 때까지 삶아서 으깨거나 작게 잘라서 구워 먹을 수 있다. 플랜틴처럼 부드러워질 때까지 애벌로 튀긴 다음 두들겨서 납작하게 만든 뒤 한 번 더 튀겨서 토스토네(푸에르토리코 전통 요리)로 만들어도 맛있다. 이렇게 토스토네를 만들면 얇게 겹겹이 벗겨지는 페이스트리 같은 식감에 이스트로 발효시킨 빵과 감자튀김을 섞은 듯한 맛이 난다. 사모아 지역의 전통 요리 하나를 더 소개하자면 빵나무 열매를 삶거나 찐 다음 코코넛 밀크를 넉넉히 넣고 양파와 소금으로 맛을 내서 뭉근히 끓인 것이 있다. 빵나무 열매는 코코넛, 라임, 칠리 고추 등 열대 및 카리브해 지역을 대표하는 풍미와 잘 어울린다. 빵나무 열매의 과육에는 유액이 들어 있어서 식으면 왁스와 비슷한 맛이 나므로 조리 후에 바로 먹는다.

브로콜리에 대해

콜리플라워, 양배추, 겨자, 순무, 콜라드 등 배춧속에 속하는 모든 식물은 언젠가 몽우리가 생기고 다양한 크기와 풍미의 작은 꽃송이가 빽빽하게 뭉쳐 있는 꽃봉오리가 열린다. 엄밀히 말하면 이것들은 모두 브로콜리다.('싹'이라는 뜻의 이탈리아어 브로코brocco와 '돌출된'이라는 뜻의 라틴어 브로쿠스brocchus에서 유래했다.) 우리에게 익숙한 품종, 즉 푸른빛이 도는 초록색의 작은 꽃송이와 두껍고 달콤한 줄기를 가진 브로콜리는 가장 크고 연한 꽃봉오리가 열리도록 개량 재배한 것이다.

그뿐만 아니라 순무에서 열리는 잎이 무성한 '브로콜리'는 **브로콜리 라베**(broccoli rabe) 또는 **라피니**(rapini)라고 부른다. 겨자 풍미와 약간 쓴맛이 있지만 살짝 데치면 쓴맛을 어느 정도 제거할 수 있다. 이보다 크기가 작고 잘 알려지지 않은 것으로는 꽃 케일, 콜라드, 적양배추, 루꼴라, 겨자에서 열리는 '브로콜리'가 있다. 이러한 희귀 브로콜리는 직거래 장터에서 가끔 찾아볼 수 있으며 보통 해당 식물의 이름 끝에 '라피니' 또는 '라베'라는 단어를 붙여 판매한다. **스피가렐로**(spigarello)는 맛이 순한 브로콜리 라베의 연관 품종이며 작은 꽃송이가 열리지 않는다.

크기가 아주 작고 아스파라거스 풍미를 가진 **브로콜리니**와 영국의 재래 품종으로 풍미가 좋은 **보라색 싹 브로콜리**는 구웠을 때 특히 맛있다. 줄기가 두꺼운 **중국 브로콜리** 또는 **카이란**은 큼직하고 부드러운 잎에 작은 꽃송이가 가려져 있는 형태다. 맛이 아주 순하며 기름에 지지거나 볶는 요리에 가장 잘 어울린다. 잎의 식감을 보존하려면 일단 잎을 떼어내고 줄기가 부드러워질 때까지 조리한 후 나중에 잎을 넣는다. 프랙털 모양의 **로마네스코**와 **브로코플라워**라는 재미있는 이름이 붙은 품종 등을 비롯해 브로콜리와 콜리플라워 교배종도 재배되고 있다. 자세한 내용은 콜리플라워에 대해 항목을 참고한다.

일반적인 녹색 브로콜리의 경우, 진한 녹색에 보랏빛이나 푸른빛이 도는 꽃봉오리를 고른다. 노란빛이 도는 것은 너무 많이 익은 것이므로 피한다. 비닐봉지에 넣어 입구를 봉하지 않고 냉장고 채소 칸에 넣어두면 최대 3일까지 보관할 수 있다.

브로콜리를 손질하려면 두꺼운 가운데 줄기에서 작은 꽃송이를 부러뜨리거나 잘라서 분리한다. 꽃송이 중에서 다른 것보다 유독 큰 것은 적당히 잘라 크기를 균일하게 만든다. 줄기의 껍질에 섬유질이 많아 질기면 부드럽고 달콤한 속살이 나오도록 껍질을 벗긴다. 또는 줄기와 꽃송이를 분리하지 않고 브로콜리를 세로 방향으로 얇은 웨지 모양 또는 '부케' 모양으로 자를 수도 있는데, 이렇게 하면 특히 구울 때 유용하다. 꽃송이를 줄기에서 분리할 때는 이 점을 기억하자. ▶ 브로콜리 줄기도 맛있는 부분이므로 절대 버리지 않는다. 줄기를 0.6~1.2cm 두께로 어슷하게 썰거나 채 썰어서 기름에 볶거나 생으로 슬로에 넣는다.

녹색 브로콜리는 감귤류즙, 버터 또는 엑스트라 버진 올리브유, 견과류 기름, 마늘과 샬롯, 생강, 신선한 고추 또는 말린 고추, 간장, 굴 소스, 피시 소스, 피망, 치즈 그리고 커리 가루나 가람 마살라 등의 따뜻한 양념과 조합하면 잘 어울린다.

브로콜리 라베처럼 크기가 작은 '브로콜리'는 잎이 싱싱하고 줄기가 부드러운 묶음을 고른다. 비닐봉지에 넣어 입구를 봉하지 않고 냉장고 채소 칸에 넣어두면 최대 5일까지 보관할 수 있다. 꽃 케일, 콜라드, 루콜라의 연한 꽃봉오리는 마늘을 넣은 브로콜리 라베 볶음을 만들거나 통째로 굽거나 어슷하게 썰어서 볶으면 매우 맛있다.(기본 채소 볶음 레시피를 참고한다.) 줄기가 질기거나 나무 냄새가 난다면 껍질을 벗기고 2분간 데친 다음에 조리한다.

브로콜리 찜

4~6인분

위의 설명에 따라 다음을 손질한 후 작은 꽃송이 모양으로 잘라낸다.

    브로콜리 900g

줄기는 껍질을 벗기고 1.2cm 두께의 슬라이스로 썬다. 2.5cm 높이까지 부어서 끓인 물 위에 찜기를 얹고 꽃송이와 줄기 자른 것을 넣는다. 뚜껑을 덮고 브로콜리가 아주 약간 부드러워질 때까지 4~6분간 찐다. 다음으로 간을 한다.

    소금

다음을 훌훌 뿌린다.

    갈색으로 볶은 버터 빵가루

또는 다음을 넣어 버무린다.

    브라운 버터 또는 녹인 버터와 레몬즙

또는 다음 소스 중 하나를 곁들여서 낸다.

    비네그레트 아무 종류나

    선드라이드 토마토 페스토 또는 로메스코 소스

    타히니 드레싱, 라이타 또는 차지키

    올랑데즈 또는 모르네 소스

    미소 뵈르 블랑 또는 느억짬

브로콜리 구이

4인분

브로콜리를 구우면 진하고 농축된 풍미가 살아나며 올록볼록한 가장자리 부분은 바삭한 식감으로 완성된다.

오븐을 220℃로 예열한다. 다음을 준비한다.

    브로콜리 큰 것 1개 또는 보라색 싹 브로콜리, 브로콜리 라베, 그 외 작은 브로콜리
        450~680g

연하고 작은 브로콜리는 통째로 사용하고 줄기가 질기거나 딱딱하면 손질해서 껍질을 벗긴다. 커다란 브로콜리는 줄기의 껍질을 벗긴다. 꽃송이 부분을 웨지 모양으로 자르거나 브로콜리 줄기와 작은 꽃송이를 분리해 각각 한입 크기로 썬다. 브로콜리를 커다란 그릇에 담고 다음을 넣어 뒤적이며 섞는다.

    올리브유 또는 식물성 기름 2큰술

    소금 ½작은술

    (굵게 빻은 고춧가루 ¼~½작은술, 맛을 보면서 조절)

테두리 있는 오븐 팬에 브로콜리를 한 겹으로 넓게 깐다. 중간에 가끔 뒤적이면서 브로콜리가 연해지고 군데군데 그을린 자국이 보일 때까지 15~20분간 굽는다. 오븐에서 꺼내 다음을 뿌린다.

    레몬즙

    (강판에 간 파르메산 치즈 ¼컵)

또는 브로콜리 찜에 소개한 양념이나 소스와 함께 낸다.

브로콜리 케이크

4인분

밝은 녹색으로 튀긴 이 요리를 만들어서 곁들임 음식으로 자주 등장하는 브로콜리 찜 대신 기분 좋은 변화를 주면 어떨까.

다음을 살짝 부드러워질 때까지 약 4분간 찐다.

    브로콜리 중간 크기 1개(약 450g), 손질해서 작은 꽃송이 모양으로 자르기 또는
        브로콜리 꽃송이 340g

김이 나지 않을 때까지 잠깐 식힌 다음 푸드 프로세서에 넣고 굵게 썬 상태가 되도록 짧게 몇 번 작동시킨다. 또는 칼로 굵게 썰어서 그릇에 넣어도 좋다. 브로콜리에 다음을 추가한다.

    대란 2개

    마른 빵가루 ½컵

    강판에 간 파르메산, 그뤼에르 또는 숙성 체더 치즈 ½컵(55g)

    소금 ¼작은술

    흑후추 ¼작은술

푸드 프로세서를 짧게 몇 번 작동시키거나 주걱으로 잘 섞는다. ⅓컵 용량의 계량스푼을 사용해 반죽을 동글납작한 팬케이크 모양으로 빚는다. 커다란 논스틱 프라이팬을 중불에 올리고 다음을 둘러서 뜨거워질 때까지 가열한다.

    식물성 기름 2큰술

팬케이크 4개를 프라이팬에 올리고 아랫면이 갈색으로 익을 때까지 뒤집지 않고 4분간 조리한다. 뒤집어서 반대쪽 면도 갈색으로 익도록 약 4분간 더 굽는다. 접시에 옮겨 담고 나머지도 같은 방식으로 굽는다. 다음과 함께 낸다.

    레몬 조각

    사워크림, 플레인 요구르트, 호스래디시 소스

브로콜리 치즈 캐서롤

4~6인분

『조이 오브 쿠킹』의 1963년 개정판에서 매리언 할머니는 이 캐서롤에 으깬 콘플레이크와 강판에 간 로마노 치즈를 올려보라고 권했다. 우리도 전적으로 동의한다.

오븐을 220℃로 예열한다. 가로세로 23cm 크기의 정사각형 베이킹 접시에 버터를 바른다. 다음을 준비한다.

브로콜리 찜

브로콜리의 물기를 빼고 곱게 썰어서 한쪽에 둔다. 중간 크기의 편수 냄비에 다음을 넣고 녹인다.

버터 2큰술

다음을 넣고 부드러워질 때까지 볶는다.

양파 작은 것 1개, 다지기

다음을 넣고 잘 섞이도록 젓는다.

중력분 2큰술

계속 세차게 저으면서 다음을 붓는다.

우유 1컵

소금 ½작은술

뭉근히 끓어오르도록 가열한 뒤 걸쭉해질 때까지 휘저으며 조리한다. 불에서 내려 다음을 넣고 섞는다.

강판에 간 체더 치즈 1컵(115g)

브로콜리를 넣고 잘 섞는다. 혼합물을 베이킹 접시에 붓고 다음으로 덮는다.

콘플레이크 1컵, 살짝 부수기

강판에 간 로마노 치즈 ½컵(55g)

가장자리에 보글보글 기포가 올라오면서 갈색으로 익을 때까지 약 20분 정도 굽는다.

마늘을 넣은 브로콜리 라베 볶음

4인분

커다란 냄비에 물 3.8ℓ를 부어서 펄펄 끓인 후 다음을 넣는다.

소금 1½큰술

그동안 다음을 2.5cm 크기로 썬다.

브로콜리 라베 1묶음(약 450g), 취향에 따라 줄기 껍질을 벗기기

브로콜리 라베를 끓는 물에 넣어 2분간 데친 후 물을 따라내고 약간 식힌다. 잎을 꾹 눌러서 수분을 짜낸다. 커다란 프라이팬을 중불에 올리고 다음을 둘러 가열한다.

올리브유 2큰술

다음을 넣는다.

마늘 1쪽, 얇게 저미기

(말린 붉은색 칠리 고추 작은 것 1개)

브로콜리 라베를 넣고 가끔 저으면서 부드러워질 때까지 약 4분간 조리한다. 칠리 고추를 건져서 버린다. 다음으로 간을 하고 맛을 낸다.

소금과 흑후추

방울양배추에 대해

녹색 양배추를 작게 축소한 모양의 방울양배추는 겨울이 제철이다. 달콤하고 견과류 풍미가 나며 아삭아삭한 기분 좋은 식감을 가지고 있다. 또한 방울양 배추와 케일의 교배종인 케일 싹(kale sprout)이나 케일렛(kalette)이라는 채소를 취급하는 곳도 있다. 케일렛은 방울양배추보다 훨씬 잎이 무성하고 열린 구조 로 되어 있으므로 통째로 혹은 반으로 잘라서 브로콜리처럼 바삭해지도록 구 우면 아주 맛있다.

줄기에 주렁주렁 달린 상태의 방울양배추가 눈에 띈다면 다발이 작은 것을 고른다. 작을수록 어리고 단맛이 강하기 때문이다. 하나하나 따서 판매하는

방울양배추라면 크기에 비해 묵직하고 야무지게 말려 있으면서 노란색으로 변하거나 시든 부분이 없는 것을 고른다. 방울양배추는 수분을 흡수시키기 위 해 키친타월을 깐 비닐봉지에 넣은 후 봉하여 냉장고 채소 칸에 보관한다.

방울양배추를 조리하기 전에는 상처가 나거나 헐겁게 붙어 있는 겉잎을 떼 고 밑동을 다듬는다. 잘 씻어서 물기를 뺀다. 작은 방울양배추(지름 2.5cm)는 통째로 조리할 수 있다. 큼직한 방울양배추를 골고루 빨리 익히려면 위에서 아래로(가운데 줄기를 관통하도록) 반을 자른다. 물론 방울양배추를 얇게 썰거나 채를 썰어 슬로를 만들 수도 있고, 볶아서 요리할 수도 있다. 우리는 방울양배 추를 조리할 때 굽거나 볶는 등 고온 조리 방법을 선호하는데, 이렇게 해야 갈 색으로 노릇하게 익으면서 풍미도 잘 살아나고 질척이지 않는다. 방울양배추 는 아몬드, 베이컨, 버터, 파르메산 치즈, 밤, 크림, 마늘, 식초와 아주 잘 어울린 다. 가정에서 쉽게 만들 수 있는 전통적인 곁들임 음식으로는 방울양배추를 삶거나 쪄서 올랑데즈 소스를 뿌려서 내는 것이 있다.

방울양배추를 통째로 삶거나 찌려면 밑동(줄기의 끝부분)에 X자로 칼집을 넣은 다음 2.5cm 높이까지 부어서 끓인 물 위에 찜기를 올리고 방울양배추를 넣는다. 뚜껑을 덮은 상태로 찐다. 또는 편수 냄비에 물을 가득 붓고 팔팔 끓어 오르면 방울양배추를 넣어 삶아도 좋다. 살짝 부드러워질 때까지 8~10분 정도 조리한다.

방울양배추 구이

4인분

방울양배추를 고온에 조리하면 갈색으로 바삭하게 익는다.

오븐을 220℃로 예열한다. 나중에 뒤처리를 편하게 하려면 테두리 있는 오븐 팬에 유산지를 깐다. 오븐 팬에 다음을 담고 뒤적이면서 섞는다.

방울양배추 680g, 손질해서 줄기를 관통하도록 반으로 썰기

(자색 양파 1개, 1.2cm 두께의 웨지 모양으로 썰기)

마늘 5쪽, 으깨기

올리브유 3큰술

소금 ½작은술

흑후추 ¼작은술

절단면이 아래로 가도록 방울양배추를 한 겹으로 깐다. 노릇노릇하고 바삭하 게 익을 때까지 20~25분간 굽는다.

밤을 넣은 방울양배추 조림

6인분

생밤이 없으면 225g짜리 진공 포장 밤을 사용한다. 더 바삭한 식감으로 완성 하려면 이 레시피의 방울양배추, 밤, 반으로 자른 샬롯을 조금 적게 사용하고 위에 소개한 방울양배추 구이를 준비한다.

커다란 프라이팬을 중불에 올리고 다음을 넣어 녹인다.

버터 또는 베이컨 기름 2큰술

다음을 넣는다.

샬롯 작은 것 4개, 반으로 자르기 또는 방울양파 12개, 껍질을 벗기기

생밤 450g, 껍질을 벗기기

가끔 프라이팬을 흔들어가면서 샬롯과 밤이 연한 갈색으로 익을 때까지 10분 정도 조리한다. 다음을 넣고 부르르 끓어오르도록 가열한다.

방울양배추 450g, 손질해서 줄기를 관통하도록 반으로 썰기

닭 또는 채소 육수나 국물 또는 물 1컵

(드라이 베르무트 또는 드라이 셰리 3큰술)

파슬리 잔가지 3개

신선한 타임 잔가지 1개 또는 말린 타임 ¼작은술

월계수 잎 1장

소금 ¼작은술

흑후추 ⅛작은술

중불로 줄이고 뚜껑을 덮어서 방울양배추가 부드러워질 때까지 약 15분간 뭉근히 끓인다. 파슬리 잔가지와 타임 잔가지, 월계수 잎을 건져내고 낸다.

베커 방울양배추

2~4인분

마늘을 넉넉히 넣어 간단하게 만들 수 있는 이 곁들임 요리는 우리 집 추수감사절 만찬에 빠지지 않는 메뉴다.

손질해서 줄기를 관통하도록 반으로 썬다.

방울양배추 12개

중간 크기의 프라이팬을 중약불에 올리고 다음을 넣어 가열한다.

버터 3큰술

다음을 넣고 저으면서 갈색으로 변하기 시작할 때까지 볶는다.

마늘 1~2쪽 또는 취향에 따라 적당량, 으깨기

마늘을 건져낸다. 마늘 향이 우러난 버터 위에 방울양배추를 절단면이 아래로 가도록 올리고 뚜껑을 덮은 후 약불에서 부드러워질 때까지 15~20분간 조리한다. 다 익은 방울양배추를 따뜻하게 데운 큰 접시에 가지런히 담고 그 위에 남은 버터를 뿌린다. 취향에 따라 다음과 함께 낸다.

(강판에 간 파르메산 치즈)

방울양배추 그라탱

6인분

버터 대신 올리브유를 사용하고 크림을 **코코넛 밀크 통조림**으로 대체하면 채식 그라탱을 만들 수 있다. 조금 호사스러운 버전을 만들려면 프라이팬에 **베이컨 4조각**을 넣고 바삭해질 때까지 굽는다. 베이컨을 따로 보관해두고 베이컨 기름을 2큰술만 남기고 따라낸 후 레시피대로 조리한다. 맨 위에 빵가루를 얹기 직전에 잘게 부순 베이컨을 다시 넣어 젓는다.

오븐을 175℃로 예열한다. 커다란 오븐용 프라이팬에 다음을 두르고 중불에서 가열한다.

버터 또는 올리브유 2큰술

다음을 넣고 반투명하게 부드러워질 때까지 5~7분간 볶는다.

샬롯 큰 것 2개 또는 양파 중간 크기 1개, 굵게 썰기

다음을 넣어 숨이 죽으면서 밝은 녹색으로 변할 때까지 약 5분간 볶는다.

방울양배추 450g, 손질해서 채 썰기

다음을 넣어 젓는다.

소금 ¾작은술

갓 갈아낸 육두구 또는 육두구 가루 1자밤

프라이팬을 불에서 내린 후 다음을 넣어 섞는다.

헤비크림 ½컵

빵가루 토핑을 만든다. 작은 프라이팬을 중불에 올리고 다음을 둘러 가열한다.

버터 또는 올리브유 2큰술

다음을 넣고 자주 저으면서 고소한 견과류 냄새가 나고 노릇노릇해질 때까지 5~8분간 볶는다.

마른 빵가루 또는 입자가 굵은 빵가루 ⅓컵

굵게 썬 헤이즐넛 또는 아몬드 ⅓컵

소금 ¼작은술

흑후추 ¼작은술

방울양배추 위에 빵가루 혼합물을 덮고 프라이팬을 오븐에 넣은 다음 속까지 잘 익으면서 표면에 기포가 보글보글 올라올 때까지 15~20분간 굽는다.

우엉에 대해

우엉은 국화과 식물의 길고 가느다란 뿌리를 말하며, 섬유질이 많고 약간의 단맛과 흙내음이 난다. 우엉은 유럽 원산이지만 일본, 한국, 중국에서 가장 많이 먹으며 주로 볶음, 튀김, 피클, 스튜 등의 요리를 만드는 데 사용한다. 우엉 뿌리는 언뜻 그냥 나무뿌리처럼 보일지 모르지만 섬세하고 고소한 견과류 풍미를 지니고 있다.

아시아 마트나 직거래 장터에서 우엉을 찾아보자. 무른 데 없이 단단하고 빳빳한 우엉을 고른다. 아마도 흙이 묻어 있을 가능성이 크다. 씻지 않은 상태에서 촉촉한 키친타월로 감싸서 비닐봉지에 넣은 후 냉장고 채소 칸에 보관한다. 가는 실뿌리는 잘라낸다. 일단 자른 후에는 속살의 색이 금세 변하므로 산성수를 부은 그릇에 담가두었다가 최대한 빨리 사용한다.

우엉은 당근과 같은 방식으로 조리할 수 있으므로 상황에 따라 적절하게 썰거나 자른다. 채 썬 우엉을 튀겨서 채소 튀김을 만들면 무척 맛있다. 돼지감자와 마찬가지로 우엉에는 이눌린(inulin)이라는 성분이 들어 있어 생으로 먹거나 제대로 익히지 않고 먹으면 속이 부글거릴 수 있다.

긴피라 고보(Kinpira Gobo, 일본식 우엉과 당근 조림)

4인분

우엉(일본어로 고보牛蒡)을 사용하는 일본 전통 요리다. 보통 당근과 우엉을 성냥개비 모양으로 썰어서 만들지만, 우리는 얇게 저민 우엉의 식감을 선호한다. 다음을 손질해 성냥개비 모양으로 썬다.

당근 중간 크기 1개

박박 문질러 잘 씻은 다음 손질해서 비스듬한 방향으로 아주 얇게 저민다.

우엉 225g(얇게 썰어서 약 2컵)

커다란 프라이팬을 중강불에 올리고 다음을 둘러 연기가 나기 직전까지 가열한다.

식물성 기름 1큰술

당근과 우엉을 넣고 갈색으로 변하기 시작할 때까지 약 4분간 볶는다. 다음을 넣는다.

미림 2큰술

간장 2큰술

물 2큰술

뚜껑을 연 상태에서 국물이 거의 증발하고 채소에 캐러멜화가 시작될 때까지 조리한다. 우엉이 아직 서걱거린다면 물을 조금 더 부어 부드러워질 때까지 조린다. 불에서 내린 후 다음을 넣고 젓는다.

참깨 1큰술

참기름 2큰술

(시치미 고춧가루 ¼작은술)

양배추에 대해

아마도 식물계에서 가장 다채롭고 방대한 분류군에 해당할 배춧과 식물 중에서도 가장 유명한 것이 양배추다. 오래전부터 널리 사용된 양배추 종류로는 **둥근 양배추**와 잎이 부드럽고 쪼글쪼글한 **사보이 양배추**가 있다. 둥근 양배추는 1년 내내 쉽게 구할 수 있으며 단단한 녹색 품종 또는 붉은빛이 도는 보라색 품종 등 다양한 종류가 있다. 양배추를 살 때는 잎에 상처가 없고 단단한 것을 고른다. 냉장고에 넣으면 몇 주 정도는 거뜬히 보관할 수 있다. 또한 자르지 않고 통째로 실온에 두면 냉장 보관만큼은 아니더라도 금세 상하지 않는다. 사보이 양배추는 둥근 양배추를 사용하는 모든 레시피에 사용할 수 있지만 둥근 양배추보다 맛이 순하고 식감이 부드럽다. 섬세한 잎이 시들지 않도록 봉투에 넣어 냉장고 채소 칸에 보관해야 한다. 양배추가 시들해 보이면 자르거나 채를 썬 다음 얼음물에 30분 정도 담가둔다.

배추와 가까운 친척뻘인 **미치힐리**(Michihili)로 대표되는 중국 배추는 길쭉한 모양에 얇고 즙이 많으며 풍미가 진한 잎이 달려 있다. 썰어서 샐러드에 넣거나 그릴에 구운 고기에 생채소 가니시로 곁들이면 무척 잘 어울리며, 살짝 볶은 다음에도 아삭함이 남아 있는 것이 장점이다.(따라서 너무 오래 조리하지 않도록 주의한다.) 사보이 양배추와 같은 방식으로 고르고 보관한다. **청경채**는 두껍고 통통한 줄기에 얇은 녹색 잎이 달린 순한 맛의 중국 배추다. 상당히 큼직한 것이 있는가 하면 향신료 병만큼이나 자그마한 것도 있다.(이렇게 작은 것은 '어린 청경채'라고 부른다.) 커다란 청경채는 어슷하게 썰어서 기름에 볶거나 수프에 넣으면 가장 잘 어울린다.(잎은 따로 떼어두었다가 줄기가 부드러워진 후에 넣는다.) 우리는 어린 청경채를 세로로 반을 잘라서 그릴에 굽거나 프라이팬에 기름을 두르고 지지거나 절단면이 아래로 가도록 놓고 그을리는 조리법을 선호한다. 색이 밝고 단단한 청경채를 고르는 것이 좋으며 사보이 양배추와 같은 방식으로 보관한다.

양배추를 채 썰려면 가운데 심을 관통하도록 양배추를 8등분한다. 가로 방향으로 얇게 썰거나 상자형 강판의 구멍이 가장 큰 면에 문질러서 채를 썬다. 또는 일단 심을 잘라낸 후 채썰기용 칼날을 장착한 푸드 프로세서에 넣어서 채를 썰 수도 있다. 양배추 심은 은은한 단맛이 나며 생으로 먹거나 조리해서 먹으면 상큼하고 아삭한 식감을 즐길 수 있다. 가늘게 채 썰거나 잘게 썰어서 채 썬 양배추와 섞어서 사용할 수도 있고, 그냥 간식으로 먹어도 좋다.

유럽에서는 전통적으로 양배추를 조리할 때 맛이 진한 육류, 염장 또는 훈제 고기, 야생동물 고기, 뿌리채소와 조합한다. 양배추는 레드와인 또는 화이트와인, 맥주, 감귤류즙, 식초, 캐러웨이, 딜, 호스래디시, 사과, 양파, 밤, 주니퍼 열매, 사워크림과도 잘 어울린다. 세계의 다른 지역을 살펴보면 말린 칠리 고추 또는 신선한 칠리 고추, 생강, 마늘, 겨자씨, 커민, 고수씨, 강황, 피시 소스, 굴 소스, 발효 검은콩, 쓰촨식 고추장 등의 재료와 함께 양배추를 조리하는 경우가 많다.

양배추를 생으로 샐러드나 슬로에 넣으면 아삭하고 기분 좋은 식감을 더해주며, 조리거나 튀기거나 지지거나 수프에 넣어 뭉근히 끓이거나 볶아도 맛있다. 우리는 둥근 양배추를 얇은 웨지 모양으로 썰고 밑간을 한 후 살짝 검게 그을리고 가장자리는 바삭해질 때까지 그릴이나 오븐에 구워서 즐겨 먹는다. 둥근 양배추의 잎은 다른 재료를 싸 먹을 수 있을 정도로 튼튼하다. 자세한 내용은 잎으로 감싸서 조리하기 항목을 참고한다. 짭짤한 양배추 슈트루델과 에그롤 항목도 함께 살펴보자. 사우어크라우트나 김치의 형태로 발효된 양배추는 탄수화물 음식 및 육류와 함께 내는 피클로서 또는 사우어크라우트 프리터, 사우어크라우트 수프, 김치볶음밥, 김치찌개와 같은 레시피의 재료로서 완전히 새로운 맛을 낸다.

양배추 볶음

4인분

I. 베이컨과 허브를 넣어 조리하기

다음을 잘게 채 썬다.

둥근 양배추 중간 크기 1개(약 900g), 손질하고 심을 제거하기

커다란 프라이팬을 중불에 올리고 다음을 바삭하게 굽는다.

베이컨 4조각

베이컨을 키친타월에 올려 기름을 뺀다. 중강불로 올리고 베이컨 기름에 다음을 넣어 황금색으로 익을 때까지 약 5분간 볶는다.

양파 작은 것 1개, 얇게 저미기

채 썬 양배추와 다음을 넣는다.

소금 ½작은술

양배추에 살짝 아삭함이 남아 있지만 부드러워지도록 저으면서 볶는다. 잘게 부순 베이컨을 얹고 다음을 위에 뿌려서 낸다.

굵게 썬 파슬리, 타임, 타라곤, 딜 등의 허브 또는 이를 섞어서 ¼컵

레몬즙 또는 사과 식초 적당량

II. 칠리 고추와 튀긴 향신료를 넣어 조리하기

다음을 잘게 채 썬다.

둥근 양배추 작은 것 1개(약 680g), 손질하고 심을 제거하기

커다란 프라이팬이나 웍을 중불에 올리고 다음을 둘러 연기가 나기 직전까지 가열한다.

정제 버터 또는 식물성 기름 3큰술

다음을 넣어 자주 저어가면서 향긋한 냄새가 나고 톡톡 튀어오를 때까지 1~2분간 튀긴다.

겨자씨 1작은술

커민씨 ½작은술

고수씨 ½작은술

(작은 붉은색 칠리 고추 말린 것 2개, 씨와 줄기를 제거하기)

다음을 넣고 1분 정도 튀긴다.(잎이 탁탁 소리를 내며 기름이 튈 수 있으니 조심한다.)

마늘 2쪽, 얇게 저미기

(커리 잎 잔가지 1개, 줄기를 제거하고 잎만 사용)

채 썬 양배추를 재빨리 넣고 중강불로 높인다. 다음을 넣고 젓는다.

소금 ¾작은술

강황 가루 ½작은술

양배추에 살짝 아삭함이 남아 있으면서 부드러워질 때까지 5~8분간 저으면서 볶는다. 불에서 내린 후 다음을 넣고 섞는다.

레몬즙 1큰술

(굵게 썬 고수 ¼컵)

조리한 즉시 곁들임 음식이나 다음과 함께 가벼운 식사로 낸다.

달 및 바스마티 쌀밥

감자와 햄을 넣은 양배추 찜

4인분

햄 대신 조리한 콘비프 또는 파스트라미 225g을 넣으면 뉴잉글랜드 보일드 디너의 간단한 버전이 된다.

다음을 박박 문질러 씻거나 껍질을 벗긴다.

　붉은색 감자 작은 것 450g

감자를 4등분해서 커다란 편수 냄비에 넣는다. 감자가 잠길 만큼 물을 붓고 다음을 넣는다.

　소금 ½작은술

부르르 끓어오르면 다음을 넣는다.

　둥근 양배추 작은 것 1개(약 680g), 손질하고 심을 제거한 후 4등분하기

불을 줄이고 뚜껑을 덮어서 감자가 부드러워질 때까지 약 20분간 뭉근히 삶는다. 다음을 넣고 젓는다.

　훈제 햄 225g, 큼직하게 썰기

　굵게 썬 파슬리, 딜 또는 이를 섞어서 3큰술

　소금과 흑후추 적당량

채소의 물기를 빼고 커다란 접시에 담아서 내거나 개인 그릇에 담고 국물을 부어서 낸다. 다음을 곁들인다.

　레몬 조각 또는 레드와인 식초

　(갈아서 양념한 호스래디시 또는 홀그레인 머스터드)

청경채 버섯 볶음

4~6인분

작은 내열 용기에 다음을 넣는다.

　말린 표고버섯 6개

버섯 위에 다음을 붓는다.

　끓는 물 ½컵

가끔 저으면서 20분간 담가서 불린다. 그릇에서 버섯을 건지고 버섯 불린 물은 따로 보관한다. 불린 버섯을 6mm 두께로 자른다. 버섯 불린 물을 걸러서 그중 2큰술을 작은 그릇에 넣는다. 다음을 넣어 젓는다.

　사오싱주 또는 드라이 셰리 1큰술

　옥수수 전분 2작은술

　백후추 ¾작은술

다른 작은 그릇에 다음을 넣어 섞는다.

　닭 육수나 국물 1컵

　소금 ½작은술

　설탕 ½작은술

웍이나 커다란 프라이팬을 강불에 올리고 다음을 둘러 가열한다.

　땅콩기름 또는 식물성 기름 3큰술

불려서 썰어놓은 버섯을 넣고 다음을 추가한다.

　청경채 680~900g, 가로 방향으로 5cm 두께로 썰기

청경채의 숨이 죽기 시작할 때까지 3~4분간 볶는다. 닭 육수 혼합물을 넣고 뚜껑을 덮은 후 아삭함이 남아 있으면서 부드러워지도록 1~2분간 찐다. 옥수수 전분 혼합물을 잘 섞어서 프라이팬에 붓고 저으면서 보글보글 끓어오를 때까지 가열한다. 다음을 넣는다.

　참기름 2작은술

잘 저어서 즉시 낸다.

요구르트 소스를 곁들인 양배추 웨지 구이

4인분

양배추를 고온 조리하면 풍미가 근사하게 살아난다. 두카는 필수 재료는 아니지만 가능하면 맛을 위해 꼭 넣는 것이 좋다. 여러분도 일단 맛을 보면 이 책의 레시피 테스트를 도와준 분들처럼 이 요구르트 소스를 모든 종류의 채소 구이에 곁들이게 될 것이다.

오븐을 220℃로 예열한다. 다음을 2.5cm 두께의 웨지 모양으로 썰고, 잎이 흩어지지 않도록 심은 그대로 둔다.

　녹색 또는 적색 둥근 양배추 큰 것 ½개

웨지 모양의 조각이 8개 나올 것이다. 웨지를 오븐 팬에 올리고(상황에 따라 유산지를 깔아도 좋다.) 다음을 솔로 바른다.

　올리브유 ¼컵

다음을 훌훌 뿌린다.

　소금 ½작은술

　흑후추 ¼작은술

바삭해지기 시작할 때까지 20~25분간 굽는다.

양배추를 굽는 동안 요구르트 소스를 만든다. 작은 그릇에 다음을 넣고 섞는다.

　플레인 그릭 요구르트 ½컵

　(두카 또는 구워서 잘게 썬 호두 2큰술)

　올리브유 1큰술

　레몬 1개의 껍질, 강판에 곱게 갈기

　마늘 1쪽, 다지기

　소금 적당량

구운 양배추 웨지를 요구르트 소스와 함께 내고 취향에 따라 여분의 두카나 호두 다진 것을 훌훌 뿌린다. 구운 양배추에 다음을 살짝 뿌린다.

　(발사믹 식초)

양배추 그라탱

4~6인분

'호사스러운'이라는 말과 '양배추'라는 말이 같은 문장에서 쓰이는 경우는 드물지만 이 레시피만큼은 예외다. 이 요리를 겨울에 즐기거나 명절 만찬에 곁들임 음식으로 내면 썩 잘 어울린다.

오븐을 190℃로 예열한다. 23cm 크기의 정사각형 또는 원형 베이킹 접시에 버터를 바르고 다음을 훌훌 뿌린다.

　강판에 곱게 간 파르메산 치즈 ¼컵

　마른 빵가루 ¼컵

커다란 프라이팬을 중불에 올리고 다음을 둘러 가열한다.

　올리브유 또는 버터 2큰술

다음을 넣고 부드러워질 때까지 3~5분간 볶는다.

　서양대파 1대, 세로로 반 잘라서 깨끗이 씻은 후 굵게 썰기

다음을 넣은 후 수분이 거의 다 증발하고 재료가 부드러워질 때까지 볶는다.

　채 썬 양배추 6컵(약 680g)

그동안 다음을 커다란 그릇에 넣고 세게 저어서 섞는다.

　대란 2개

헤비크림 또는 우유 1컵

강판에 간 스위스, 콩테, 그뤼에르 치즈 ½컵(55g)

중력분 ¼컵

소금 1작은술

흑후추 ¼작은술

(구운 캐러웨이씨 ½작은술)

(갓 갈아낸 육두구 또는 육두구 가루 1자밤)

볶은 양배추를 넣어 섞은 다음 베이킹 접시에 붓고 맨 위에 다음으로 덮는다.

강판에 간 스위스, 콩테, 그뤼에르 치즈 ¼컵

윗면이 황금색으로 익을 때까지 40~50분간 굽는다.

적색 양배추 조림

4인분

전통적으로 칠면조, 돼지고기 또는 야생동물 고기에 곁들이는 레시피다.
다음을 얇게 채 썬다.

적색 둥근 양배추 중간 크기 1개(약 900g), 손질해서 4등분한 후 심을 제거하기

양배추를 큰 그릇에 넣고 양배추가 잠기도록 찬물을 붓는다. 커다랗고 묵직한
프라이팬이나 더치오븐을 중불에 올리고 다음을 넣는다.

베이컨 2조각, 깍둑썰기하기 또는 버터나 식물성 기름 2큰술

베이컨을 넣는다면 기름이 거의 다 빠져나올 때까지 조리한다. 다음을 넣고 저
으면서 황금색이 될 때까지 약 10분간 볶는다.

양파 중간 크기 1개, 굵게 썰기

(겨자씨 ½작은술 또는 캐러웨이씨 ¼작은술)

양배추의 물기를 잘 빼고 다음 재료와 함께 프라이팬에 넣는다.

풋사과 큰 것 1개, 껍질을 벗기고 가운데 씨 부분을 제거한 후 얇게 저미기

레드와인 식초 또는 사과 식초 ¼컵

꿀 또는 설탕 2큰술

소금 ¾작은술

뚜껑을 덮고 약불에서 가끔 저으면서 양배추가 아주 부드러워질 때까지 1시
간~1시간 반 동안 조리하고, 중간에 혼합물이 뻑뻑해 보이면 끓는 물을 조금
씩 보충한다. 반대로 양배추가 다 익었는데 국물이 너무 흥건하면 뚜껑을 열
고 국물이 흡수될 때까지 은근히 끓인다. 취향에 따라 위에 다음을 얹는다.

(구워서 굵게 썬 호두 ⅓컵)

사우어크라우트 조림

6인분

한때 사우어크라우트는 채소를 오래 보관하기 위한 보존식품 역할을 했지만,
오늘날에는 젖산의 톡 쏘는 풍미와 독특한 맛을 즐기기 위해 사우어크라우트
를 식사에 곁들이는 경우가 많다. 오래 조리면 이러한 맛이 다소 부드러워지며
여기에 와인이나 향신료, 다른 채소를 첨가해 풍미를 더 끌어올릴 수 있다.
커다란 오븐용 프라이팬을 중불에 올리고 다음을 둘러 가열한다.

버터, 베이컨 기름 또는 식물성 기름 2큰술

다음을 넣고 자주 저으면서 반투명 상태가 될 때까지 7~10분간 볶는다.

양파 중간 크기 1개 또는 샬롯 4개, 얇게 썰기

다음을 넣고 저으면서 5분간 조리한다.

물기를 뺀 사우어크라우트 4컵(900g), 시판 또는 수제

다음을 넣는다.

감자 또는 씨를 뺀 새콤한 사과 중간 크기 1개, 껍질을 벗기고 강판에 갈기

캐러웨이씨 1작은술

사우어크라우트가 잠기도록 다음을 붓는다.

채소 육수나 국물 또는 물

드라이 화이트와인 ¼컵

뚜껑을 열고 약불에 뭉근히 끓는 상태로 30분간 조리한다. 뚜껑을 덮고 30분
더 은근히 끓인다. 취향에 따라 다음으로 맛을 낸다.

(갈색 설탕 1~2큰술 또는 적당량)

사우어크라우트 프리터

4인분

우리가 사우어크라우트를 사용해 가장 즐겨 만드는 요리다. 구운 베이컨 대신
깍둑썰기한 콘비프 또는 파스트라미 115g을 사용하고 **러시안 드레싱**과 함께
내면 **루벤 프리터**가 된다. 베이컨을 사용하지 않는다면 그릇에 모든 재료를 담
고 섞는 단계부터 조리를 시작한다.

오븐을 93℃로 예열한다. 오븐 팬에 키친타월을 깐다.

취향에 따라 중간 크기의 프라이팬에 다음을 바삭해질 때까지 굽는다.

(베이컨 4조각, 6mm 크기로 썰기)

베이컨을 큰 그릇에 옮겨 담는다. 베이컨 기름을 다른 그릇에 따라내고 물을
약간 부어 프라이팬에 달라붙은 갈색 조각을 숟가락으로 긁어내면서 데글레
이즈를 한다. 프라이팬의 액체를 베이컨이 담긴 그릇에 붓고 다음을 추가한다.

물기를 뺀 사우어크라우트 2컵, 시판 또는 수제

스위스, 에멘탈 또는 그뤼에르 치즈 115g, 6mm 크기의 정육면체로 썰기

대란 2개, 잘 풀어두기

마른 빵가루 또는 입자가 굵은 빵가루 ½컵

(다진 딜 2큰술)

(캐러웨이씨 2작은술)

소금 ½작은술

흑후추 ¼작은술

베이컨 기름을 다시 프라이팬에 붓거나 다음을 두른다.

식물성 기름 2큰술

프라이팬을 중불에 올린다. 프라이팬이 뜨겁게 달아올랐을 때 사우어크라우
트 혼합물을 몇 번에 나눠 프라이팬에 떠 넣는다.(¼컵 용량의 계량스푼 사용) 납
작해지도록 주걱으로 살짝 누른 다음 바닥이 황금색으로 익을 때까지 기름에
부친다. 뒤집어서 반대쪽 면도 먹음직스러운 갈색이 될 때까지 조리한다. 키친
타월을 깐 오븐 팬에 옮긴 후 오븐에 넣어 따뜻하게 보관한다. 나머지 혼합물
도 마찬가지 방식으로 부친다. 다음을 곁들여 낸다.

사워크림 또는 플레인 요구르트

홀그레인 머스터드

오코노미야키(일본식 양배추 부침개)

2~3인분

오코노미야키는 '자기 취향에 맞게'라는 뜻이므로 이 짭짤한 부침개에 원하
는 채소와 고기를 넣어 다양하게 응용해보자. 참마는 꼭 필요하진 않지만 일
본에서는 전통적으로 사용해온 재료다. 곱게 갈면 질감이 엄청나게 끈적해지

므로 반죽이 잘 뭉쳐지는 효과가 있으며 가볍고 폭신폭신한 식감을 낸다. 시간을 절약하려면 직접 우린 다시 대신 인스턴트 다시 가루를 물에 타서 사용해도 좋다. **오코노미야키 소스**는 대추야자를 사용해서 만든 달콤짭짤한 갈색 소스다. 일본 식료품점이면 어디서든 쉽게 구할 수 있지만 돈가스 소스로 대체해도 무방하다. 일본 상표인 **큐피 마요네즈**는 일반적인 미국 마요네즈보다 단맛이 강하고 농도가 묽으며 맛이 진하다. 큐피 마요네즈를 구할 수 없다면 미국 마요네즈에 쌀 식초를 넣어 소스와 비슷한 농도가 될 때까지 희석한 뒤 설탕 1자밤을 넣고 젓는다.

중간 크기의 그릇에 다음을 넣고 세게 저어서 섞는다.

중력분 ¾컵

설탕 1작은술

베이킹파우더 ½작은술

소금 ¼작은술

묽은 반죽 상태가 되도록 다음을 조금씩 부으면서 젓는다.

다시 ¾컵

다음을 넣고 젓는다.

곱게 채 썬 녹색 양배추, 꾹 눌러 담아 2컵(약 225g)

당근 큰 것 1개, 채 썰기

쪽파 3대, 잘게 송송 썰기

(강판에 간 참마 또는 마 ⅓컵)

(붉은색 생강 초절임 ¼컵)

논스틱 프라이팬을 중불에 올리고 다음을 둘러 가열한다.

식물성 기름 1큰술

다음을 준비한다.

굵게 썬 새우 또는 깨끗하게 씻은 오징어 ½컵, 다리를 분리하고 몸통을 고리
모양으로 썰기 또는 돼지 삼겹살 4조각, 5cm 길이로 썰기

기름이 뜨겁게 달궈지면 반죽의 절반을 프라이팬에 붓는다. 새우, 오징어 또는 돼지고기 절반 분량을 부침개 위에 듬성듬성 얹는다. 아래쪽이 노릇노릇하고 단단하게 익을 때까지 약 5분간 부친 후, 뒤집어서 반대쪽도 갈색으로 잘 익도록 5분 정도 더 부친다. 접시에 옮기고 남은 반죽도 마찬가지로 조리한다. 부침개 위에 다음을 뿌린다.

오코노미야키 소스

큐피 마요네즈

가쓰오부시(말린 가다랑어포)

속을 채운 양배추 롤

롤 12개, 6인분

속을 채워서 돌돌 만 양배추 롤은 추운 날씨에 몸을 녹이기에 좋은 요리로 감자 팬케이크나 매시트포테이토와 곁들이면 근사하다. 양배추 롤은 2~3일 전에 미리 만들어두었다가 먹으면 더욱 맛있고, 냉동하면 한 달 정도 보관할 수 있다. 다소 손이 많이 가는 음식이므로 속재료와 소스를 하루 전에 준비했다가 다음날 말아서 조리하는 방법을 권장한다.

Ⅰ. 고기와 밥을 넣어 푸짐하게 조리하기

커다란 그릇에 다음을 넣고 섞는다.

다진 소고기, 양고기, 닭고기 또는 칠면조고기 450g

대란 1개

마른 빵가루 ½컵

장립종 백미 ½컵

물 ⅓컵

당근 큰 것 1개, 강판에 갈기

양파 큰 것 1개, 잘게 썰기

마늘 3쪽, 다지기

다진 파슬리, 오레가노, 타임 또는 이를 섞어서 1큰술

소금 1작은술

흑후추 ¼작은술

커다란 냄비에 물 3.8ℓ를 붓고 팔팔 끓인다. 다음을 넣는다.

소금 1½큰술

작고 날카로운 칼로 양배추 심을 제거한 후 심을 도려낸 쪽이 아래로 가도록 물에 담근다.

사보이 또는 녹색 양배추 1개(약 900g)

5분간 보글보글 삶은 후 냄비에서 건져 부드러워진 겉잎을 조심조심 뜯어낸다. 뜯어낸 겉잎으로 롤을 마는 동안 양배추를 다시 뭉근히 끓고 있는 냄비에 넣어서 나머지 잎도 부드럽게 삶는다.(또는 양배추를 통째로 24시간 얼린 뒤 해동해서 잎을 뜯어낼 수도 있다.) 잎을 유연하게 말 수 있도록 잎마다 잎줄기를 충분히 잘라낸다. 아래 그림처럼 고기 혼합물을 잎 위에 올리고 옆쪽을 먼저 접는다. 쌀이 익으면 부피가 늘어나므로 헐겁게 롤을 만다. 속재료를 모두 소진할 때까지 잎으로 싸서 만다. 양배추 롤의 이음매가 아래로 가도록 놓고 조리한다.

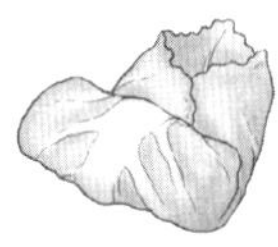

양배추 롤 만들기

남은 양배추 잎을 썰어서 1컵을 만든다. 크고 묵직한 냄비나 더치오븐을 중강불에 올리고 다음을 둘러 가열한다.

식물성 기름 3큰술

양배추 썬 것과 다음을 넣는다.

양파 중간 크기 1개, 굵게 썰기

저으면서 노릇노릇하게 익을 때까지 볶는다. 다음을 붓는다.

드라이 화이트와인 ½컵

부르르 끓어오르면 약불로 줄이고 5분간 뭉근히 끓인다. 다음을 넣는다.

으깬 토마토 통조림 795g짜리 1개

물 1컵

갈색 설탕, 꾹 눌러 담아 ¼컵

(생강 쿠키 작은 것 8개, 잘게 부수기)

레몬즙 3큰술

소금 ½작은술

부르르 끓어오르도록 가열한다. 양배추 롤의 이음매 쪽이 아래로 가도록 소스에 담근다. 소스의 양이 적어서 양배추 롤이 잠기지 않으면 물을 조금 보충한다. 불을 줄이고 뚜껑을 덮은 상태에서 양배추 롤이 바닥에 달라붙지 않도

록 30분마다 한 번씩 냄비를 흔들어준다. 1시간 반 동안 뭉근히 끓인다. 소스의 맛을 보고 필요하면 레몬즙을 더 넣어서 맛을 조절한다. 다음을 곁들여 뜨거울 때 낸다.

사워크림

II. 채식 속재료를 채우기

서양대파, 버섯, 카샤(kasha, 동유럽식 볶은 메밀) 그리고 밀을 삶아서 빻은 벌거를 재료로 사용한다. 어떤 곡물이든 같은 분량으로 대체할 수 있으므로 집에 있는 것을 사용해 다양하게 실험해보자.

커다란 프라이팬을 중강불에 올려 가열한다. 뜨거울 때 다음을 넣는다.

빻지 않은 카샤 1컵

카샤에서 구수한 냄새가 나면서 약간 색이 진해질 때까지 약 3분간 저으면서 볶는다. 커다란 그릇에 옮겨 담는다. 중불로 줄이고 프라이팬에 다음을 둘러 가열한다.

올리브유 1큰술

다음을 넣고 저으면서 버섯이 부드러워질 때까지 약 10분간 조리한다.

버섯 225g, 굵게 썰기

서양대파 큰 것 1대, 손질해서 세로로 반 자른 후 잘 씻어서 굵게 썰기

붉은색 피망 ½개, 굵게 썰기

카샤를 넣어 섞은 후 식힌다. 그릇에 다음을 넣는다.

물 또는 채소 육수나 국물 1컵

곱게 빻거나 중간 굵기로 빻은 벌거 ½컵

대란 1개, 잘 풀어두기

마늘 3쪽, 다지기

레몬 1개의 껍질, 강판에 곱게 갈기

신선한 타임 잎 1큰술 또는 말린 타임 1작은술

소금 ½작은술

흑후추 ¼작은술

완전히 어우러질 때까지 섞은 다음 **버전 I**과 같이 양배추 잎을 삶아 속을 채우고 토마토 소스를 준비해 뭉근히 끓인다.

선인장 줄기에 대해

부채선인장의 타원형 녹색 줄기를 지칭하는 **노팔**(nopal)은 살사나 샐러드에 생으로 넣어서 먹으며 피클이나 통조림 형태로 판매하기도 한다.(부채선인장 열매의 손질 방법은 206쪽 참고) 선인장 줄기는 약간 새콤한 맛이 있어서 녹색 피망과 껍질콩을 연상시킨다. 두께가 얇고 너비가 10cm 정도에 밝은 녹색을 띠며 어느 정도 뻣뻣한 줄기를 고른다. 섬유질이 많거나 노란색으로 변했거나 흐물흐물한 것은 피한다. 선인장 줄기를 씻어서 깍둑썰기하여 포장한 제품을 취급하는 마트도 있다. 가시 달린 선인장 줄기를 구할 수밖에 없다면 튼튼한 장갑이나 집게로 선인장을 다루면서 칼을 사용해 가시를 잘라낸다. 비닐봉지나 용기에 담아 냉장고에 넣으면 일주일까지 보관할 수 있다.

선인장 줄기를 조리하기 위해 손질하려면 채소 껍질 벗기는 도구로 가장자리를 깎아내고 가시가 박혔던 자리의 눈을 전부 제거한다. 두꺼운 밑동을 자르고 깨끗이 씻는다. 통째로 그릴에 굽거나(뒤에 나오는 설명 참고) 작게 썰어서 굽거나 뭉근히 끓이거나 생으로 사용한다. 일단 선인장을 자르고 나면 오크라처럼 찐득한 젤이 나온다. 생으로 사용할 때는 이 젤을 씻어내는 것이 좋다. 몰레, 타코, 멕시코식 삶은 콩 등의 요리에 넣으면 잘 어울린다.

애벌 조리하려면 편수 냄비에 물을 붓고 소금을 넣어 팔팔 끓어오르면 깍둑썰기한 선인장을 넣고 부드러워질 때까지 약 10분간 뭉근히 끓인다. 물기를 따라내고 끈끈한 느낌이 없어질 때까지 찬물에 여러 번 씻는다.

통째로 구우려면 선인장 줄기 양쪽에 두 번씩 칼집을 넣어 식물성 기름을 살짝 바른 뒤 중강불로 맞춰놓은 그릴에서 양쪽이 모두 살짝 그을리고 부드러워질 때까지 약 10분간 굽는다.

구운 선인장 줄기 샐러드

4컵, 8인분

오븐을 190℃로 예열한다. 다음을 손질하고 가시를 제거한다.

선인장 줄기 680g

가로세로 2cm 크기의 정사각형으로 자른다. 오븐 팬에 올리고 다음을 뿌려 뒤적이며 섞는다.

식물성 기름 1큰술

소금 ½작은술

가끔 저어가면서 선인장이 부드러워질 때까지 약 20분간 굽는다. 식힌 후 선인장을 그릇에 담고 다음을 추가하여 섞는다.

선호하는 종류의 살사 1½컵

소금 적당량

라임즙 적당량

서빙용 그릇에 다음을 깐다.

로메인 상추 잎

상추 위에 샐러드를 얹는다. 다음을 뿌린다.

잘게 부순 케소 아녜호 또는 코티하 치즈 ¼컵

카르둔에 대해

카르둔(Cardoon)은 아티초크와 마찬가지로 엉겅퀴과 식물이다. 두껍고 속살이 많은 줄기는 셀러리와 비슷한 모양이지만 훨씬 크고 결이 거칠며 광택이 없는 회색에 골이 깊게 파여 있다. 덜 자란 꽃보다는 부드러운 속 줄기 부분을 먹는다. 카르둔을 살 때는 아삭하고 상처가 없는 줄기를 고르고, 크기가 작을수록 좋다. 줄기의 아래쪽을 촉촉한 키친타월로 감싸서 지퍼백에 넣어 밀봉하지 않은 상태로 냉장고 채소 칸에 보관한다.

아주 어리고 부드러운 카르둔은 줄기와 줄기에 붙은 잎을 2분간 데쳐서 디핑 소스를 곁들여 내거나 바냐 카우다의 재료로 사용하면 좋다. 카르둔을 일단 뭉근히 삶은 후, 마늘과 함께 버터나 올리브유에 살짝 볶아서 강판에 간 파르메산 치즈, 신선한 허브, 레몬즙을 뿌려 먹으면 무척 맛있다. 튀김옷을 입혀서 튀기거나 아티초크처럼 빵가루를 묻혀서 프라이팬에 지져도 맛있게 즐길 수 있다. 또한 애벌 조리한 카르둔을 방울양배추 그라탱처럼 조리하거나 프리타타에 넣을 수도 있다.

카르둔을 손질하려면 질긴 겉줄기를 잘라내고 잘 씻은 후 잎을 전부 떼어낸다. 채소 껍질 벗기는 도구로 줄기를 긁어서 섬유질을 제거한다. 줄기가 질겨지는 지점 전까지 5~7.5cm 길이로 자른다. 금세 짙은 색으로 변하므로 줄기를 긁어낸 직후에 레몬즙을 넣은 물에 뭉근히 삶는 것이 가장 바람직한 기본 조리법이다. ▶ 찌는 방법은 권장하지 않는다.

뭉근히 삶은 카르둔

4인분

커다란 편수 냄비에 다음을 넣고 팔팔 끓인다.

　　물 8컵

　　레몬즙 2큰술

　　소금 1큰술

다음을 손질하여 준비한다.

　　카르둔 450g

카르둔을 끓는 물에 넣고 뚜껑을 반만 덮은 상태에서 불을 줄여 뭉근히 끓인다. 어린 카르둔은 15분 정도면 부드러워지지만 큰 것은 1시간 정도 걸린다. 필요하면 냄비에 끓는 물을 보충해가면서 삶는다. 다 삶으면 물기를 잘 뺀다. 그런 다음 카드룬에 대해 항목에서 소개한 대로 다른 요리를 만들 때 사용하거나 따뜻할 때 다음을 넣어 버무려서 낸다.

　　버터 또는 엑스트라 버진 올리브유 2큰술

　　(강판에 간 파르메산 치즈 또는 갈색으로 볶은 버터 빵가루 ¼컵)

　　굵게 썬 파슬리 1큰술

　　소금과 흑후추 적당량

당근에 대해

현재 재배되는 당근은 야생 당근(Queen Anne's lace)의 개량종이며, 생명력이 무척 끈질긴 이 잡초처럼 개량종인 당근도 냉장고에서나 냄비 안에서나 좀처럼 무르지 않고 잘 버티는 것으로 유명하다. 당근에는 베타카로틴이 풍부한데, 때로는 보관하는 동안 오히려 베타카로틴의 함량이 증가하기도 한다. 부드러워질 때까지 푹 익히면 단맛이 강해지므로 수프와 스튜의 풍미를 내는 데 빼놓을 수 없는 재료일 뿐만 아니라 조리 시간을 세심하게 맞추지 못하는 요리사에게 무척 든든한 아군이 아닐 수 없다.

　당근은 흰색에서 노란색, 주황색, 붉은색, 보라색에 이르기까지 다양한 색을 띠지만 색이 다르다고 해서 반드시 풍미가 다른 것은 아니다. 그보다는 크기가 풍미와 관련이 깊다. 커다란 당근은 단맛이 적고 쓴맛이 날 때도 있다. 작고 어린 당근은 큰 당근보다 달콤하며 맛이 순하고 사각사각 기분 좋은 식감을 가지고 있다. 작은 당근은 봄과 가을에 가장 많이 눈에 띄지만 큰 당근은 연중 쉽게 구할 수 있다. 어리고 여물지 않은 당근은 **어린 당근**이라는 이름으로 유통되기도 하는데, 일반적으로 마트에서 '어린 당근'이라는 이름을 붙여서 파는 알약 모양의 당근은 사실 어린 당근이 아니다. 멍이 든 큼직한 당근 또는 모양이 예쁘지 않은 당근을 다듬고 적당한 크기로 잘라서 균일한 모양으로 매끈하게 깎은 상품이다.

　▶ 크기와 모양에 관계없이 시들하거나 쪼글쪼글하거나 금이 있거나 흐물흐물하거나 줄기 끝에 곰팡이가 생긴 당근은 피한다. 보관하기 전에 윗부분의 녹색 잎을 잘라낸다.(이 녹색 잎의 사용법은 아래를 참고한다.) 당근은 비닐봉지에 담아 봉한 후 냉장고 채소 칸에 넣어 보관한다. 2~3주 정도는 너끈히 견딘다.

　어리고 달콤한 당근은 박박 문질러 씻거나 껍질을 벗겨서 통째로 간단한 곁들임 음식에 사용한다. 또는 나바랭 프랭타니에 같은 스튜에 넣거나 생으로 바냐 카우다 또는 생채소 전채에 사용한다. 커다란 당근은 항상 껍질을 벗긴 후 원형, 정사각형 또는 채 썬 모양으로 잘라서 사용해야 한다. 치즈 강판이나 나선 칼날로 채를 썰거나 껍질 벗기는 칼로 돌려 깎을 수도 있으며, 이러한 깎기 방법은 생으로 샐러드에 넣을 때 특히 유용하다. 당근은 몇 시간 전에 미리

손질해둘 수 있으며 자른 당근이 건조해 보일 때는 얼음물에 15분 정도 담가두면 다시 살아난다.

　대다수 유럽 요리에서 당근은 사실상 양파, 셀러리와 떼려야 뗄 수 없는 관계로, 이에 대한 자세한 내용은 미르푸아(mirepoix) 항목을 참고한다. 다른 파속 식물인 서양대파, 마늘, 샬롯도 자주 함께 사용하는 재료다. 당근은 회향, 생강, 순무, 셀러리 뿌리 등의 뿌리채소와도 잘 어울리고, 세라노 및 할라페뇨 같은 신선한 녹색 칠리 고추와 같이 조리해도 맛있다.(이 점을 활용한 맛있는 피클을 만드는 방법은 할라페뇨 피클 레시피를 참고한다.) 당근을 감귤류즙, 요구르트, 톡 쏘는 맛의 치즈와 조합하면 새콤한 맛이 단맛과 훌륭한 조화를 이룬다. 우리는 당근을 주재료로 사용한 요리를 만들 때 커민, 고수씨, 캐러웨이, 파슬리, 처빌 또는 딜 등 비슷한 식물군에 속하는 향신료로 양념하는 것을 선호한다. 오향 분말이나 커리 가루처럼 따뜻한 느낌의 혼합 향신료와 잘 어울리는가 하면, 타임, 민트, 오레가노처럼 상쾌한 느낌의 허브와도 조화롭다. 아래에 소개한 레시피 외에도 감자 또는 셀러리 뿌리와 섞어서 뿌리채소 퓌레를 만들거나 채를 썰어 라트키에 넣기도 한다.

　다발로 묶은 당근을 샀을 때 **당근 잎**이 붙어 있다면 다양한 방식으로 맛있게 활용할 수 있다. 우리는 당근 잎으로 매콤한 당근 잎 페스토를 만들거나 파슬리와 섞어서 살사 베르데에 넣는다. 크림수프를 만들 때 시금치와 적당히 섞어서 넣어도 좋고, 잘게 썰어서 당근 생강 수프의 가니시로 사용할 수도 있다. 가운데에 있는 줄기는 질기므로 깃털같이 생긴 잎만 사용한다.

　당근을 찌거나 삶으려면 끓는 물 위에 찜기를 올리고 당근을 넣거나 편수 냄비에 물을 붓고 당근을 넣은 뒤 뚜껑을 덮어서 부르르 끓어오를 때까지 가열한다. 뚜껑을 덮고 부드러워질 때까지 굵기가 2.5cm 이하의 통당근이라면 10~15분, 두껍게 썬 당근이라면 5~10분간 조리한다.

윤이 나게 조린 당근

4인분

중간 크기의 편수 냄비에 다음을 넣는다.

　　당근 450g, 얇게 썰기(작은 당근이라면 통째로 사용)

　　물이나 육수 ½컵

　　버터 2큰술

　　설탕 2큰술

　　소금 ¼작은술

　　(레몬즙 1작은술)

강불에 올려 부르르 끓어오를 때까지 가열한 후 불을 줄여서 뚜껑을 덮고 부드러워질 때까지 약 15분간 뭉근히 끓인다. 냄비 뚜껑을 열고 불을 올려서 국물이 졸아들 때까지 약 5분간 팔팔 끓인다. 다음을 훌훌 뿌린다.

　　굵게 썬 파슬리, 타라곤, 딜 또는 처빌

또는 다음을 얹는다.

　　강판에 간 그뤼에르 또는 파르메산 치즈

당근 구이

4인분

오븐을 220℃로 예열한다.

테두리 있는 오븐 팬에 다음을 넣고 뒤적이며 섞는다.

　　얇은 통당근 또는 세로로 반을 자른 중간 크기의 당근 680g

식물성 기름 1½큰술

소금 1작은술

흑후추 ½작은술

당근을 한 겹으로 깔고 황금색으로 변하면서 부드러워질 때까지 두께에 따라 30~45분간 굽는다. 취향에 따라 큼직하게 자른 후 다음을 곁들여서 따뜻할 때 낸다.

요구르트 딜 소스, 하리사, 고수 민트 처트니 또는 페스토(당근 잎이 있다면 당근 잎을 넣어 만든 것)

또는 당근에 다음을 뿌리고 살짝 버무려서 낸다.

레몬즙 1큰술

굵게 썬 허브 또는 자타, 그레몰라타, 두카 등의 혼합 양념 2큰술

검게 그을린 당근
4인분

그릴을 강불에 맞춰 준비하거나 직화 오븐을 예열하고 맨 위 칸에 받침대를 끼우거나 묵직한 프라이팬이 또는 구이 팬을 중강불에 올린다.

다음을 손질해 껍질을 벗기거나 박박 문질러서 잘 씻는다.

얇은 통당근 또는 세로로 반을 자른 중간 크기의 당근 450g

프라이팬을 사용할 경우, 프라이팬에 모두 들어가도록 당근을 가로로 자른다. 당근을 오븐 팬이나 그릇에 담고 다음을 뿌려 뒤적이며 섞는다.

식물성 기름 2큰술

소금 ½작은술

흑후추 또는 검게 그을리는 용도의 케이준 양념 ¼작은술

그릴에 구울 때는 불이 직접 닿는 곳에 당근을 놓는다.(그릴 바스켓을 사용하거나 그릴의 쇠살대와 직각이 되도록 놓는다.) 직화 오븐에서 굽는다면 오븐 팬에 당근을 넓게 펴서 얹고 직화 오븐 아래로 밀어넣어 굽는다. 팬에서 그을린다면 프라이팬에 당근을 한 겹으로 깔고, 여기저기 진한 갈색으로 변하면서 가장자리가 그을릴 때까지 약 4분간 뒤적이지 않고 굽는다. 당근을 반대로 뒤집어서 반대쪽도 갈색으로 그을도록 약 3분간 더 굽는다. 불에서 내려 포일로 덮은 다음 5분간 둔다.(잔열 때문에 계속 익는다.) 다음을 뿌려서 뒤적인 후 뜨거울 때 낸다.

비네그레트

또는 다음 중 하나를 얹어서 낸다.

잘게 부순 신선한 염소 치즈 ½컵 및 굵게 썬 파슬리나 타라곤 2큰술

차지키

콜리플라워에 대해

연한 색에 맛이 순하며 브로콜리와 가까운 품종인 콜리플라워는 꽃송이가 빽빽하게 달려 있어 꽃이 핀 양배추 같은 모양을 하고 있으며 고소한 견과류 풍미가 있다. 보라색과 주황색('체더'라고도 부른다.) 콜리플라워도 가끔 마트에서 발견할 수 있다. 브로콜리와 콜리플라워의 교배종인 **브로코플라워와 로마네스코**도 콜리플라워처럼 순한 맛과 단단한 식감을 갖고 있으며 점점 더 널리 보급되고 있다. 둘 다 연노란색 또는 연초록색을 띠며 로마네스코는 원뿔 모양의 꽃송이가 프랙털처럼 나선 형태로 자라는 것이 특징이다. 색깔과 관계없이 단단하고 꽃송이가 빽빽하게 들어차 있으면서 갈색으로 변하지 않은 콜리플라워를 골라야 한다. 작은 갈색 흠집 정도는 도려내면 모양은 다소 망가지지만 먹는 데는 지장이 없다. 지퍼백에 담아서 냉장고 채소 칸에 넣어두면 최대 5일

까지 보관할 수 있다.

콜리플라워는 통째로 또는 작은 꽃송이로 잘라서 조리한다. 또는 위에서 아래로 길쭉하게 웨지 모양으로 자른 뒤 오븐에 굽거나 지지거나 그릴에 조리하기도 한다. 아니면 가로 방향으로 큼직하고 두꺼운 스테이크 모양이 되도록 썬다.(이때 떨어져나온 꽃송이들은 나중에 사용할 수 있도록 보관해둔다.)

작은 꽃송이 모양으로 손질하려면 가운데 줄기에서 꽃송이들을 잘라낸 후 커다란 조각은 2등분 또는 4등분한다. 줄기는 두껍게 썰거나 한입 크기로 자른다. 콜리플라워 줄기는 나중에 다른 용도로 활용할 수 있는데, 꽃송이와 함께 조리하거나 조리하는 동안 간식으로 그냥 먹어도 좋다. 콜리플라워에 잎이 많이 붙어 있을 경우, 특히 먹을 수 있는 커다란 잎줄기가 달려 있다면 잎을 얇게 썰어서 청경채처럼 볶거나 남부식 채소 찜을 만들 때 넣거나 브로콜리처럼 통째로 구워 먹을 수 있다. 또는 콜리플라워를 꽃송이 모양으로 잘라서 푸드 프로세서에 넣고 짧게 몇 번 작동시켜 곱게 갈 수도 있다. 쿠스쿠스나 밥알만 하게 간 콜리플라워에 비네그레트, 허브, 얇게 저민 래디시를 넣고 뒤적여주면 독특하면서도 맛있는 샐러드로 즐길 수 있다. 이렇게 곱게 간 콜리플라워에 약간의 기름과 소금을 넣고 잠깐 볶으면 밥 대용으로 먹을 수도 있다.

맛이 조금 더 순하기는 하지만 콜리플라워도 브로콜리와 같은 방식으로 조리할 수 있다. 버터 소스를 곁들여 내는 경우가 많으며 특히 모르네 소스(오래 숙성시킨 치즈를 사용한 것이 가장 좋다.)와 무척 잘 어울린다. 커리 가루나 햄, 케이퍼, 올리브, 레몬 절임의 짭짤한 염장 풍미를 더하면 콜리플라워의 맛이 확 살아난다. 그리고 생채소 전채나 샐러드로 내도 맛있다.

콜리플라워를 찌려면 통째로 찔 경우 줄기 쪽이 아래로 가도록 찜기에 넣는다. 물이 부르르 끓어오르면 뚜껑을 덮고 살짝 부드러워질 때까지 찌는데, 통째로 찌면 최대 15분, 꽃송이 모양으로 잘라서 찌면 5~7분 정도 걸린다.

콜리플라워 웨지 구이
4인분

널찍하고 평평한 면이 생기도록 콜리플라워를 웨지 모양으로 잘라서 구우면 꽃송이 모양으로 굽는 것보다 골고루 그을릴 수 있다.

오븐을 220℃로 예열한다. 나중에 청소하기 편하도록 테두리 있는 오븐 팬에 유산지를 깐다.

다음을 세로 방향으로 잘라서 커다란 웨지 모양으로 8등분한다.

콜리플라워 큰 것 1개(약 900g)

콜리플라워를 오븐 팬에 올린다. 자르는 과정에서 떨어져나온 작은 꽃송이들은 큼직한 웨지 조각 옆에 얹어서 굽는다. 다음을 살짝 뿌린다.

식물성 기름 2큰술

모든 면에 다음을 훌훌 뿌린다.

소금 ½작은술

흑후추 ¼작은술

중간에 한 번 뒤집어주고 양쪽이 갈색으로 그을리며 부드럽게 익을 때까지 약 40분간 굽는다. 다음과 함께 낸다.

살사 베르데, 치미추리, 로메스코 소스, 비네그레트, 느억짬, 식초 대신 레몬즙을 사용한 뵈르 블랑

녹색 올리브와 레몬을 곁들인 콜리플라워 구이
4인분

얇게 썬 레몬을 콜리플라워와 함께 구우면 단맛이 강해지고 가장자리가 갈색으로 그을면서 껍질의 쓴맛이 다소 완화된다. 신선한 레몬 껍질 대신 **소금 절임 레몬 1개**를 씻은 후 껍질을 **굵게 썰어서** 사용할 수 있는데, 이 경우 구운 콜리플라워를 맛보기 전에는 소금을 추가하지 않도록 주의한다.

오븐을 220℃로 예열한다. 나중에 청소하기 편하도록 테두리 있는 오븐 팬에 유산지를 깐다. 다음을 한입 크기의 작은 꽃송이 모양으로 자른다.

콜리플라워 큰 것 1개(약 900g)

콜리플라워를 오븐 팬에 올리고 다음을 뿌려서 뒤적이며 섞는다.

레몬 1개, 꼭지와 씨를 제거하고 아주 얇게 저미기

씨를 제거하고 반으로 자른 녹색 올리브 ½컵, 카스텔베트라노 올리브 권장

올리브유 3큰술

소금 ½작은술

흑후추 또는 굵게 빻은 고춧가루 ¼작은술

콜리플라워를 골고루 펼쳐놓고 중간에 한 번 뒤적여주면서 갈색으로 부드럽게 익을 때까지 약 30분간 굽는다. 서빙 접시에 옮겨 담고 다음을 뿌려 섞는다.

레몬즙 적당량

(구운 잣, 굵게 썬 호두 또는 헤이즐넛 ¼컵)

(파슬리나 고수 등 잎이 풍성한 녹색 허브를 굵게 썬 것 2큰술)

탄두리 콜리플라워

4인분

요구르트로 양념하는 이 유명한 요리의 이름을 들으면 보통 부드러운 닭고기나 양고기 요리를 연상하지만, 육류를 콜리플라워로 대체하면 훌륭한 채식 메뉴가 된다.

커다란 그릇에 다음을 넣고 휘젓는다.

탄두리 양념장 ‖ 레시피의 ½ 분량

콜리플라워를 꽃송이 모양으로 잘라서 그릇에 담고 양념장이 골고루 묻도록 잘 버무린다.

콜리플라워 큰 것 1개(약 900g)

양념이 잘 배도록 15분 이상 또는 하룻밤 동안 재운다.

오븐을 260℃로 예열한다. 테두리 있는 오븐 팬에 포일을 깔고 살짝 기름을 바른 다음 콜리플라워를 한 겹으로 넓게 펴서 놓는다. 먹음직스러운 진한 갈색으로 부드럽게 익을 때까지 약 20분간 굽는다. 다음과 함께 낸다.

난

바스마티 쌀밥

굵게 썬 고수

브라운 버터 빵가루를 넣은 콜리플라워 볶음

4인분

콜리플라워 폴로네즈라고도 부르는 이 전통 프랑스 요리는 구운 콜리플라워 꽃송이를 사용해 만들 수 있다. 우리는 빵가루에 **마늘 1쪽을 다져서** 넣기도 한다. 가니시인 파슬리의 양을 반으로 줄이고 나머지 절반은 신선한 타라곤, 타임 또는 로즈메리를 다져서 사용해도 좋다.

콜리플라워를 꽃송이 모양으로 자르거나 줄기와 심을 제거하고 통째로 부드러워질 때까지 찐다.

콜리플라워 큰 것 1개(약 900g)

그동안 작은 프라이팬을 중불에 올리고 다음을 넣어 녹인다.

버터 4큰술

버터가 약간 갈색으로 변하고 고소한 냄새가 나기 시작하면 다음을 넣는다.

마른 빵가루 ¼컵

소금 ½작은술

흑후추 ¼작은술

빵가루를 저으면서 노릇노릇해질 때까지 약 2분간 살살 볶는다. 불에서 내린 후 다음을 넣는다.

레몬 ½개의 즙(약 1½큰술)

찐 콜리플라워를 서빙 접시에 담고 볶은 빵가루를 뿌려서 뒤적이면서 섞는다. 다음을 홀홀 뿌린다.

굵게 썬 파슬리 2큰술

(잘게 썬 완숙 달걀)

크림을 넣어 으깬 콜리플라워

4인분

이 요리는 매시트포테이토 대용으로 먹을 수 있으며 조리 시간도 훨씬 빠르고 아주 맛있다. 다음을 작은 꽃송이 모양으로 자르고 딱딱한 줄기 밑동도 잘라낸다.

콜리플라워 큰 것 1개(약 900g)

커다란 편수 냄비에 콜리플라워를 넣고 다음을 넣는다.

닭 또는 채소 육수나 국물 또는 물 1컵

마늘 2쪽, 굵게 썰기

소금 ½작은술

부르르 끓어오르면 뚜껑을 덮고 불을 줄여서 콜리플라워가 부드러워질 때까지 약 10분간 뭉근히 삶는다. 다음 재료를 추가하고 냄비에 막대형 블렌더를 넣어 곱게 으깨거나 푸드 프로세서에 옮겨 담아 퓌레 상태로 간다.

헤비크림, 사워크림 또는 플레인 요구르트 ½컵

버터 1큰술

다음으로 맛을 낸다.

흑후추 적당량

(다진 차이브)

(굵게 썬 파슬리 또는 타라곤 1큰술)

콜리플라워 그라탱

4인분

오븐을 175℃로 예열한다. 1.9ℓ 용량의 얕은 베이킹 접시에 버터를 바른다. 다음의 줄기를 제거하고 작은 꽃송이 모양으로 자른 뒤 부드러워질 때까지 찐다.

콜리플라워 큰 것 1개(약 900g)

버터를 바른 베이킹 접시에 콜리플라워를 골고루 펴서 담는다. 콜리플라워 위에 다음을 얹는다.

화이트소스 ‖ 2컵에 갓 갈아낸 육두구나 육두구 가루 ¼작은술 또는 디종 머스터드 1큰술을 섞은 것

위에 다음을 홀홀 뿌린다.

아무것도 넣지 않은 빵가루 또는 촉촉한 빵가루를 버터에 볶은 것 ½컵

강판에 간 파르메산, 그뤼에르 또는 숙성 체더 치즈 ⅓컵

기포가 보글보글 올라오고 위쪽이 갈색으로 익을 때까지 약 25분간 굽는다. 다음을 뿌려서 낸다.

　스위트 파프리카 가루

알루 고비(Aloo Gobi, 콜리플라워와 감자 커리)

4~6인분

따뜻하고 포근한 음식을 먹고 싶을 때 만드는 요리 중 하나다. 취향에 따라 향신료를 튀긴 후 **커다란 토마토 1개를 깍둑썰기**해서 넣어도 좋다.

줄기를 제거하고 작은 꽃송이 모양으로 자른다.

　콜리플라워 큰 것 1개(약 900g)

편수 냄비에 물을 붓고 소금을 넣어 팔팔 끓어오르면 콜리플라워를 넣고 5분간 삶는다. 구멍 뚫린 숟가락으로 콜리플라워를 건져 그릇에 담는다. 끓는 물에 다음을 넣고 5분간 삶는다.

　붉은색 감자 또는 골드 감자 450g, 1.2cm 크기의 정육면체로 썰기

물기를 빼고 콜리플라워가 담긴 그릇에 넣는다. 더치오븐을 중불에 올리고 다음을 둘러 가열한다.

　식물성 기름 또는 기 버터 ¼컵

다음을 넣고 부드러워질 때까지 약 5분 볶는다.

　양파 중간 크기 1개, 굵게 썰기

다음을 넣고 1분간 더 볶는다.

　마늘 4쪽, 다지기

　생강 5cm짜리 1조각, 껍질을 벗기고 다지거나 강판에 갈기

　(세라노 고추 2개, 씨를 빼고 다지기)

다음을 넣고 저으면서 겨자씨가 톡톡 튀어 오르기 시작할 때까지 조리한다.

　노란색 또는 검은색 겨자씨 1작은술

　커민씨 1작은술

취향에 따라 다음을 넣고 조심스럽게 젓는다.(잎이 탁탁 소리를 내며 기름이 튈 수 있다.)

　(신선한 커리 잎 15장)

향긋한 냄새가 날 때까지 약 30분간 조리한다. 콜리플라워, 감자와 함께 다음을 넣고 젓는다.

　커리 가루 또는 가람 마살라 1큰술

뚜껑을 덮고 채소가 부드러워질 때까지 약 5분간 끓인다. 다음으로 간을 한다.

　소금 적당량

다음과 함께 낸다.

　바스마티 쌀밥

고비 만추리언(Gobi Manchurian, 인도-중국식 콜리플라워 튀김)

4~6인분

제너럴 쏘 치킨(General Tso's chicken, 닭고기를 튀겨서 매콤달콤하게 양념한 미국식 중화요리 ― 옮긴이)만큼 유명하지는 않지만 비슷한 요리법을 활용해 더욱 매콤하게 양념한 이 요리는 인도의 중국 식당에서 처음 탄생했다. 전통적인 방법은 아니지만, 우리는 가끔 콜리플라워에 **파코라 튀김 반죽 레시피의 ½ 분량을** 입혀서 튀기기도 한다. 딥 프라잉 항목을 참고한다.

작은 그릇에 다음을 넣고 섞은 뒤 한쪽에 둔다.

　케첩 ¼컵, 시판 또는 수제

　간장 1큰술

　증류 백식초 또는 쌀 식초 1큰술

　(참기름 2작은술)

다른 작은 그릇에 다음을 넣고 섞은 뒤 한쪽에 둔다.

　찬물 ¼컵

　옥수수 전분 1큰술

다음을 손질하고 한입 크기의 꽃송이 모양으로 썬다.

　콜리플라워 중간 크기 1개(약 560g)

다음을 준비한다.

　옥수수 전분 튀김 반죽에 커리 가루 또는 가람 마살라 1큰술을 넣은 것

더치오븐, 웍 또는 크고 묵직한 편수 냄비에 기름을 다음 높이까지 붓고 190℃로 가열한다.

　식물성 기름 5cm

오븐을 93℃로 예열하고 오븐 팬에 키친타월을 깐다. 콜리플라워에 튀김옷을 골고루 묻힌 다음 몇 차례에 나눠서 노릇노릇 먹음직스러운 색으로 바삭하게 익을 때까지 약 4분간 튀긴다. 한 번에 재료를 너무 많이 넣지 않도록 주의하고 기름 온도를 자주 확인해 190℃ 전후로 유지되도록 한다. 건지거나 구멍 뚫린 숟가락으로 콜리플라워 튀김을 건져 키친타월을 깐 오븐 팬에 올려놓고 나머지를 튀기는 동안 오븐에 넣어 따뜻하게 보관한다.

커다란 편수 냄비나 웍을 중강불에 올리고 다음을 둘러 뜨겁게 가열한다.

　식물성 기름 2큰술

다음을 넣고 부드러워질 때까지 볶는다.

　양파 중간 크기 1개, 잘게 썰기

다음을 넣고 저으면서 향긋한 냄새가 나고 갈색으로 변하기 시작할 때까지 볶는다.

　세라노 고추 3~6개, 취향에 따라 씨를 빼고 썰기

　마늘 4쪽, 다지기

　생강 2.5cm짜리 1조각, 껍질을 벗기고 다지거나 강판에 갈기

케첩 혼합물을 넣고 뭉근히 끓인다. 물에 풀어둔 옥수수 전분을 섞어 소스에 붓고 잘 젓는다. 소스가 걸쭉해지면 콜리플라워를 넣어서 뒤적이며 소스를 잘 묻힌다. 다음을 넉넉히 올려서 낸다.

　굵게 썬 고수

　송송 썬 쪽파

셀러리에 대해

수많은 레시피에서 빼놓을 수 없는 재료인 셀러리는 항상 그 자체로는 그다지 관심을 받지 못하는 것 같다. 어쩌면 '통나무 위의 개미', 즉 셀러리 줄기에 땅콩버터를 바르고 건포도를 얹은 어린 시절의 '건강' 간식에 대한 애증의 기억이 남아 있기 때문일지도 모른다.(물론 우리는 좋아하지만 말이다.) 아니면 연중 쉽게 구할 수 있다는 점 때문에 딱히 소중함을 깨닫지 못할 수도 있다. 셀러리는 그 자체보다는 유명한 향미 채소 조합인 미르푸아의 필수 재료 또는 케이준 요리의 '삼위일체'라고 불리는 셀러리, 양파, 녹색 피망의 구성 요소로 더욱 잘 알려져 있다. 이유가 무엇이든, 셀러리는 은은한 짠맛부터 아삭한 식감, 톡 쏘는 맛의 잎에 이르기까지 그야말로 매력이 넘치며 언제나 권장하고 싶은 재료다.

　가장 흔히 볼 수 있는 셀러리 품종은 연한 색에 줄기가 커다랗게 자라도록 재배한 것이다. 반면 잎이 무성하게 자라도록 재배한 품종은 잎 셀러리라고 부

른다. 여기에는 길쭉한 **중국 셀러리** 및 그보다 덜 알려진 **프렌치 디낭**과 **벤투라** 품종이 포함된다. 이러한 잎 셀러리는 모두 두께가 상당히 얇고, 줄기나 골은 진한 녹색이며, 손질하지 않은 상태에서는 잎이 잔뜩 달려 있다. 잎 셀러리의 줄기는 연한 색이며 줄기가 두꺼운 품종보다 풍미가 진하다. **셀러리악**이라고도 부르는 **셀러리 뿌리**에 대해서는 아래 설명을 참고한다. **셀러리 잎, 셀러리 씨앗, 셀러리 소금**은 1022쪽에 소개되어 있다.

품종과 관계없이 크기에 비해 묵직하고 싱싱한 잎이 달려 있으면서 야무지게 보이는 셀러리 다발을 고른다. 비닐봉지에 넣어 냉장고 채소 칸에 보관한다. 손질하려면 줄기를 분리하고 흙이 묻어 있을 만한 아래쪽 부분을 가볍게 문질러서 깨끗하게 씻는다. 줄기 끝의 밑동을 잘라내고(따로 보관해두었다가 육수를 낼 때 사용할 수 있다.) 두껍고 맛이 쓰거나 질긴 겉줄기는 떼어낸다. 우리는 셀러리를 볶거나 샐러드에 넣을 때 어슷하게 써는 것을 선호하며, 샐러드에 넣을 때는 종잇장처럼 얇게 저미고 볶을 때는 0.6~1.2cm 정도의 두께로 썬다. 잘게 썰거나 얇게 저민 상태에서는 셀러리의 섬유질을 거의 느낄 수 없지만, 셀러리 줄기를 통째로 또는 큼직하게 썰어서 내면 과도나 채소 껍질 벗기는 도구로 섬유질을 벗겨내는 것이 좋다. 보관 과정에서 줄기가 시들해졌다면 또는 아주 아삭하게 내려면 식감이 탱탱하게 살아나도록 얼음물에 담가둔다.

셀러리 볶음
4인분
커다란 프라이팬을 중강불에 올리고 다음을 둘러서 가열한다.

    식물성 기름 1큰술
다음을 넣고 저으면서 향긋한 냄새가 날 때까지 약 1분간 볶는다.

    마늘 2쪽, 으깨기
    붉은색 칠리 고추(아르볼 고추 등) 말린 것 1개 또는 굵게 빻은 고춧가루 ¼작은술
다음을 넣고 저으면서 아삭함이 남아 있지만 어느 정도 부드러워지도록 약 3분간 조리한다.

    셀러리 줄기 큰 것 3개, 얇게 어슷썰기
불에서 내린 후 다음을 넣어 젓는다.

    간장 1큰술
    (참기름 1작은술)

셀러리 뿌리(셀러리악)에 대해
셀러리악(celeriac)은 옹이진 뿌리를 먹기 위해 재배하는 셀러리 품종이며 풍부한 즙과 섬세한 단맛의 풍미로 사랑받는 재료다. 너무 늦게 수확하면 질기고 딱딱해지며 제철은 가을과 겨울이다. 손질하려면 뻣뻣한 솔로 박박 문질러 씻고 잔뿌리는 모두 잘라낸다. 껍질이 울퉁불퉁하고 질기므로 채소 껍질 벗기는 도구보다는 잘 드는 과도를 사용해 껍질을 벗겨내는 것이 효율적이다.(195쪽에 그림과 함께 소개한 감귤류 껍질 벗기는 방법을 참고하여 비슷한 순서를 따른다.) 크기에 비해 묵직한 작은 뿌리 또는 중간 크기의 뿌리를 고른다. 위에 달린 줄기는 아삭하고 싱싱해야 한다. 줄기가 그대로 붙어 있는 상태로 비닐봉지에 넣어 냉장고 채소 칸에 보관한다.

셀러리 뿌리는 얇게 저미거나 리본 끈 형태로 얇게 돌려 깎거나 채를 썰어 비네그레트에 버무려 생으로 먹으면 맛있다. 드레싱과 섞은 후 셀러리 뿌리가 드레싱을 머금어 '부드러워지도록' 몇 시간 재워두거나 매콤한 중국식 슬로 레시피의 조리 방법을 따른다. 진한 풍미와 톡 쏘는 맛이 매력적인 전통 요리는

셀러리 뿌리 레물라드 레시피를 참고한다. 감자 샐러드 또는 감자 그라탱 등의 레시피에 사용하는 감자를 최대 절반까지 셀러리 뿌리로 대체해 넣을 수도 있다. 또는 웨지 모양으로 자르거나 큼직하게 잘라서 당근처럼 구울 수도 있고, 얇게 썰어서 바삭한 칩으로 튀기거나(감자 또는 뿌리채소 칩 레시피 참고), 퓌레로 만들어도 맛있다. 셀러리 뿌리를 큼직하게 또는 웨지 모양으로 썰어서 역시 웨지 모양으로 썬 양파와 함께 구이 팬에 올린 다음 맨 위에 닭고기를 얹어서 구운 요리는 우리 가족이 특히 좋아하는 메뉴다.

찌거나 삶으려면 셀러리 뿌리의 껍질을 벗기고 1.2cm 크기의 정육면체로 썬다. 찜기에 넣거나 끓는 물이 담긴 냄비에 넣고 칼로 찔러보면 부드럽게 들어갈 때까지 6~10분간 조리한다.

압력 조리하려면 5cm 크기로 자른 셀러리 뿌리에 물을 2.5cm 높이까지 붓고 15psi에 맞춰 8분간 조리한다. 빠른 압력 방출법으로 압력을 뺀다.

셀러리 뿌리 구이
4인분
셀러리 뿌리를 통째로 구우면 감자 구이와 매우 비슷한 식감이 되며 감자와 비슷한 방식으로 먹을 수 있다. 또한 감자처럼 두 번 구워서 조리할 수도 있다. 구우면 껍질까지 먹을 수 있을 정도로 부드러워진다. 먹음직스러운 갈색으로 바삭하게 익히려면 셀러리 뿌리의 껍질을 벗기고 웨지 모양으로 썰거나 큼직하게 썰어서 당근처럼 굽는다.

오븐을 175℃로 예열한다.

다음을 손질해 박박 문질러 씻고 톡톡 두드려 물기를 제거한다.

    셀러리 뿌리 중간 크기 2개(약 900g)
다음을 솔로 바른다.

    올리브유 2큰술
20cm 크기의 정사각형 구이 팬에 셀러리 뿌리를 올리고 뚜껑을 덮지 않은 상태에서 얇은 꼬치로 찔렀을 때 가운데까지 부드럽게 들어가도록 약 1시간 동안 굽는다. 30분 정도 지난 다음에 집게로 한 번 뒤집어준다.

내기 전에 셀러리 뿌리를 반으로 자른 후 버터나 소스를 잘 흡수하도록 가운데 부분을 살짝 으깬 후 다음을 뿌린다.

    녹인 버터 또는 브라운 버터 4~6큰술(버터 스틱 ½~¾개)
다음을 훌훌 뿌린다.

    소금과 흑후추 적당량
    다진 파슬리

셀터스에 대해
아스파라거스 상추 또는 **줄기 상추**라고도 하는 상추 품종인 셀터스(celtuce)는 줄기가 두껍게 자라도록 재배한 것이다. 싱싱한 셀터스는 래디시나 오이처럼 단단하고 즙이 많으며 맛은 고소한 셀러리나 마름(물밤)과 비슷하다. 우리는 껍질을 벗기고 얇게 썰어서 녹색 채소 샐러드에 넣거나 채를 썰어 비네그레트 드레싱을 뿌려 먹는다. 깍둑썰기해서 차가운 수프에 넣으면 섬세하고도 상쾌한 풍미를 더할 수 있다. 생으로 먹어도 맛있지만 볶음 요리도 잘 어울린다. 줄기의 맨 바깥쪽 껍질을 벗겨낸 후 밑동과 위에 붙은 작은 잎들을 잘라낸다. 셀터스 잎은 샐러드에 넣거나 돌돌 말아서 가늘게 썰어 셀터스 요리의 가니시로 활용할 수 있다.

밤에 대해

밤은 에너지를 지방이 아닌 탄수화물 형태로 저장한다는 점에서 견과류 중에서도 매우 독특하다. 따라서 밤은 전분 재료의 역할을 한다. 밤을 으깨거나 갈아서 곡물가루처럼 사용하는 사례도 많다. 실제로 15세기 유럽에 옥수수가 소개되면서 이탈리아식 폴렌타가 널리 보급되기 전까지는 밤을 빻아서 만든 가루로 그와 비슷한 음식을 만들어 먹었다. 이름은 비슷하지만 식물학적으로는 관련이 없는 마름(물밤)에 대해서는 303쪽을 참고한다.

햇밤은 가을에서 겨울 중반까지 시장에 나온다. 단단하면서 눌러도 들어가지 않는 밤을 고른다. 신선한 밤은 금세 마르므로 비닐봉지에 넣어 냉장고에 보관했다가 최대한 빨리 먹는다. 말린 밤, 통조림 밤, 진공 포장 밤 형태로 판매되며 햇밤이 없다면 진공 포장 밤이 가장 좋은 대체 재료다. 진공 포장 밤을 사용한다면 미리 조리되었다는 점을 잊지 말자.(하지만 여전히 딱딱하므로 좀 더 뭉근히 삶아서 사용해야 한다.) ➤ 밤 450g의 껍질을 까면 약 225g이 넘는 양, 즉 2컵 정도의 깐 밤이 나온다.

밤은 채소 대신 사용하거나 구운 고기에 곁들이거나 디저트로 내는 등(몽블랑 레시피 참고)의 다양한 방법으로 맛있게 즐길 수 있다. 밤 몇 개를 통째로 삶아서 양배추 요리에 넣을 수 있고(방울양배추 요리에 특히 잘 어울린다.) 전통적으로 스터핑에 사용되는 재료이기도 하다.

밤의 겉껍질과 속껍질을 벗기려면 평평한 아래쪽에 X자로 칼집을 낸다. 테두리 있는 오븐 팬에 올리고 220℃로 예열한 오븐에 넣어 고소한 냄새가 나면서 껍질이 말려 올라갈 때까지 15~20분간 굽는다. 또는 찜기에 넣거나 끓는 물이 담긴 냄비에 넣어 5분간 삶아도 좋다. 굽거나 삶은 밤을 한 번에 몇 개씩 꺼내 겉껍질과 속껍질을 벗긴다. 쉽게 벗겨지지 않으면 다시 냄비나 오븐에 넣는다. 밤은 따뜻할 때 손질해야 가장 쉽게 껍질을 깔 수 있으므로 껍질을 벗기지 않은 상태로 식히지 않도록 주의한다. 껍질을 벗긴 다음에는 다양한 레시피에 활용할 수 있고 그냥 통째로 먹어도 맛있다.

삶은 밤

6인분

채소처럼 삶아서 손질하려면 위에서 설명한 대로 겉껍질과 속껍질을 벗긴다.

　햇밤 680g(깐 밤 3컵)

또는 다음을 사용한다.

　진공 포장 밤 340g

커다란 편수 냄비에 물 8컵을 붓고 팔팔 끓인다. 밤과 다음 재료를 끓는 물에 넣는다.

　셀러리 줄기 2개, 굵게 썰기

　양파 작은 것 1개, 굵게 썰기

　소금 1큰술

뚜껑을 열고 과일칼로 찔러보면 쉽게 들어갈 정도로 말랑해질 때까지 햇밤은 약 30~40분간, 진공 포장 밤은 약 15분간 뭉근히 삶는다. 물기를 잘 뺀다.(셀러리와 양파는 버린다.)

다음을 뿌려서 뒤적이며 섞는다.

　버터 2~3큰술, 맛을 보면서 조절

　소금과 흑후추 또는 백후추 적당량

밤 콩포트

약 2컵

이 콩포트는 구운 가금류, 야생동물 고기, 돼지고기 요리에 곁들이면 근사하게 어울린다.

다음의 겉껍질과 속껍질을 벗긴다.

　햇밤 450g(깐 밤 2컵)

또는 다음을 사용한다.

　진공 포장 밤 225g

편수 냄비에 밤을 넣고 밤 위로 5cm 정도 올라오도록 물을 붓는다. 부르르 끓어오르면 불을 줄이고 뭉근히 삶는다. 뚜껑을 덮고 과일칼로 찔러보면 쉽게 들어갈 정도로 말랑해질 때까지 햇밤은 약 30~40분간, 진공 포장 밤은 약 15분간 뭉근히 삶는다. 밤 삶은 물 ½컵만 남기고 전부 따라낸 후 밤을 굵게 썬다. 냄비에 밤 삶은 물 ½컵을 붓고 다음 재료를 넣어 섞는다.

　설탕 ½컵

　(건포도 ½컵)

　(굵게 썬 헤이즐넛 ½컵)

　레몬 1개의 껍질, 강판에 곱게 갈기

　오렌지 ½개의 껍질, 강판에 곱게 갈기

　레몬즙 3큰술

　오렌지 주스 3큰술

　정향 2개

　통계피 1개

　생강 가루 ¼작은술

뭉근히 끓어오르도록 가열한 후 뚜껑을 열고 국물이 약간 졸아들 때까지 약 10분간 은근히 끓인다. 밤을 넣고 시럽 같은 농도가 되도록 아주 약한 불로 25분 정도 은근히 조린다. 30분 동안 그대로 둔다. 내기 전에 정향과 계피 조각을 건져낸다.

치커리와 엔다이브에 대해

컬리 엔다이브 또는 **프리제**부터 줄기가 가느다란 희귀 채소 **푼타렐라**, 그리고 보라색 **라디치오**와 **트레비소**부터 연한 색의 연관 품종인 **벨기에 엔다이브**에 이르기까지, 치커리 식물군에 속하는 모든 채소는 상쾌한 느낌의 쌉쌀한 맛을 가지고 있다. 치커리와 엔다이브는 사실 양배춧과에 속하지만, 로메인 상추와 비슷한 녹색의 **슈거로프 치커리**(가장 맛이 순한 치커리 중 하나)나 거대한 잎 양배추를 연상시키는 **에스카롤**을 제외하면 사실 양배추와 비슷하게 생긴 품종은 별로 없다. 보통 **민들레** 잎이라는 이름으로 판매되는 채소는 이탈리아산 치커리 품종이다.

교배업자와 농부들은 기분 좋을 정도로 쌉쌀한 맛을 내는 치커리를 재배하기 위해 노력하지만, 특히 성숙한 치커리는 쓴맛이 다소 강하게 느껴질 수 있다. ➤ 치커리를 얼음물에 1시간쯤 담가두면 쓴맛이 어느 정도 누그러지므로 샐러드용 녹색 채소로 사용하기에 적합하다. 특히 라디치오, 트레비소, 푼타렐라는 얼음물에 담가두면 효과가 좋으며, 줄기가 두꺼운 푼타렐라는 세로 방향으로 반을 잘라서 길게 썰어 물에 담근다. 길쭉하고 날씬하며 줄기가 가늘고 잎이 진한 녹색인 푼타렐라 품종은 쓴맛이 덜하므로 다른 부드러운 녹색 채소처럼 조리한다. ➤ 치커리의 쓴맛을 빼는 다른 방법으로는 커다란 냄비에 물을 끓여서 30초간 데치는 방법이 있는데, 이렇게 하면 샐러드에는 사용할 수 없게 된다.

모든 치커리는 잘게 찢거나 리본 끈 모양으로 얇게 썰어서 다른 녹색 채소처럼 볶을 수 있다. 벨기에 엔다이브와 라디치오는 잎이 단단하게 뭉쳐 있으므로 오븐이나 그릴에 구워도 좋다. 라디치오는 아름다운 보라색으로 요리의 색감을 확 살려준다.

치커리와 엔다이브는 쌉쌀한 맛 때문에 새콤한 재료나 맛이 진한 육류 및 숙성 햄, 케이퍼, 올리브, 안초비 등 톡 쏘는 짭짤한 풍미와 자연스럽게 잘 어울린다. 또한 신선한 칠리 고추, 고추 피클, 말린 고추와 모두 잘 어울리고, 로크포르, 파르메산, 페타 등과 같이 맛이 강한 치즈 및 완숙 또는 반숙 달걀과 조합해도 맛있다. 보관하려면 여분의 물기를 털어내고 키친타월을 깐 비닐봉지에 담아 밀봉한 후 냉장고 채소 칸에 넣어둔다.

벨기에 엔다이브 그라탱

4인분

오븐의 가운데 칸에 받침대를 끼운다. 오븐을 162℃로 예열한다. 20cm 크기의 정사각형 베이킹 접시에 버터를 살짝 바른다.

커다란 프라이팬을 중불에 올리고 다음을 넣어 녹인다.

　버터 2큰술

절단면이 아래로 가도록 프라이팬에 넣고 진한 갈색이 될 때까지 조리한다.

　벨기에 엔다이브 중간 크기 8개, 세로로 반 자르기

엔다이브를 베이킹 접시에 올리고(두 겹으로 깔아야 할 수도 있다.) 다음을 끼얹는다.

　물, 육수나 국물 또는 화이트와인 2큰술

　레몬즙 2작은술

포일로 덮고 부드러워질 때까지 약 45분간 굽는다. 엔다이브를 굽는 동안 다음을 준비한다.

　화이트소스 Ⅰ

엔다이브가 부드럽게 익으면 베이킹 접시에 남은 국물을 모두 따라낸다. 취향에 따라 엔다이브 반쪽을 다음으로 감싼다.

　(얇게 썬 햄 1조각씩, 총 16조각)

화이트소스를 엔다이브 위에 얹고 다음을 뿌린다.

　강판에 간 그뤼에르 또는 에멘탈 치즈 ½컵(55g)

직화 오븐을 켜고 베이킹 접시를 다시 오븐에 넣은 후 치즈가 녹고 갈색으로 먹음직스럽게 익을 때까지 굽는다.

그리비슈 소스를 얹은 트레비소 그릴 구이

4인분

그릴 팬을 사용하지 않고 실내에서 조리하려면 베이컨을 묵직한 프라이팬에 구운 다음 베이컨 기름을 사용해 트레비소가 갈색으로 익을 때까지 중강불에 지진다.

다음을 찬물에 1시간 담가둔다.

　트레비소 작은 것 2개, 세로 방향으로 반 자르기 또는 라디치오 큰 것 2개, 줄기를
　　관통하도록 4등분하기

다음을 준비한다.

　(베이컨 4조각, 바삭하게 구워서 잘게 부수기)

　그리비슈 소스

트레비소를 찬물에서 건져 물기를 최대한 털어낸다. 그릴의 화력을 강불에 맞

추거나 그릴 팬을 중불에 올려 뜨겁게 가열한다. 트레비소나 라디치오를 그릴이나 팬에 올려놓고 절단면이 그을어 약간 숨이 죽을 때까지 잠깐 굽는다. 개인 접시에 적당히 나눠 담고 소스, 베이컨(사용할 경우) 그리고 다음 재료를 넉넉히 얹는다.

　붉은색 래디시 4개, 얇게 저미기

　(케이퍼, 물기를 빼기)

유티카 녹색 채소 구이(매콤하게 구운 에스카롤)

4~6인분

뉴욕 북부 지역에서 탄생한 이 레시피는 곁들임 요리로도 먹을 수 있지만 따뜻하고 바삭한 빵을 곁들이면 한 끼 역할을 충분히 할 수 있을 만큼 푸짐하다. 에스카롤을 구할 수 없을 때는 컬리 엔다이브, 라디치오, 케일, 콜라드, 근대 등 단단한 조리용 녹색 채소를 활용해보자. 채소의 맛이 확 살아날 것이다.

커다란 내열 프라이팬을 중불에 올리고 다음을 둘러서 뜨겁게 가열한다.

　올리브유 2큰술

다음을 넣고 부드러워질 때까지 약 5분간 볶는다.

　양파 작은 것 1개, 깍둑썰기하기

다음을 넣고 햄이 바삭하게 익을 때까지 약 5분간 굽는다.

　프로슈토, 컨트리 햄, 살라미 또는 카피콜라 55g, 깍둑썰기하기

　마늘 4쪽, 얇게 저미기

다음을 넣고 젓는다.

　에스카롤 큰 것 1개(약 680g), 씻어서 길고 널찍하게 썰거나 손으로 뜯기

　체리 고추 또는 페페론치노 피클 ½컵, 씨를 빼고 굵게 썰기

　흑후추 ½작은술

프라이팬의 뚜껑을 덮고 중간에 한두 번 저으면서 에스카롤의 숨이 죽을 때까지 약 5분간 찐다. 그동안 받침대를 오븐의 가운데 칸에 끼우고 직화 오븐을 예열한다. 작은 그릇에 다음 재료를 넣고 섞는다.

　마른 빵가루 ¾컵

　강판에 간 파르메산 치즈 ¾컵(85g)

　(말린 오레가노 ½작은술)

　(굵게 빻은 고춧가루 ¼작은술)

프라이팬을 불에서 내린 후 빵가루 혼합물의 ⅔ 분량을 녹색 채소에 넣고 섞는다. 남은 빵가루 혼합물 ⅓ 분량에 다음을 뿌려서 뒤적이며 섞는다.

　올리브유 1큰술

올리브유를 섞은 나머지 빵가루를 녹색 채소 위에 골고루 뿌린다. 프라이팬을 직화 오븐에 넣고 치즈와 빵가루가 노릇노릇하게 익을 때까지 약 4분간 굽는다. 즉시 낸다.

라디치오 조림

4~6인분

생면 파스타와 함께 내면 근사하게 어울린다. 쓴맛을 빼려면 웨지 모양으로 자른 라디치오를 얼음물에 1시간 담갔다가 물기를 잘 빼서 사용한다.

커다란 프라이팬을 중불에 올리고 다음 재료를 넣어서 바삭바삭해질 때까지 약 5분간 굽는다.

　판체타 또는 베이컨 115g, 굵게 썰기

　(올리브유 1큰술, 판체타를 사용할 경우)

구멍 뚫린 숟가락으로 베이컨이나 판체타를 건져 접시에 담고, 상황에 따라 프라이팬에 기름을 2큰술만 남기고 따라낸다. 중강불로 올리고 다음을 넣는다.

라디치오 450g, 웨지 모양으로 4~6등분하기

양면 모두 갈색으로 익을 때까지 조리한 다음 판체타나 베이컨이 담긴 접시에 옮긴다. 필요하면 프라이팬에 올리브유를 살짝 두르고 다음 재료를 넣어 저어가면서 부드러워질 때까지 약 5분간 볶는다.

양파 중간 크기 1개, 잘게 썰기

(마늘 2쪽, 으깨기)

판체타나 베이컨, 라디치오를 다시 프라이팬에 넣고 다음을 붓는다.

드라이 화이트와인 ½컵

(씨를 빼고 굵게 썬 올리브 ⅓컵, 카스텔베트라노 올리브 권장)

중불에 올리고 중간에 라디치오를 한두 번 뒤집어주면서 와인이 다 날아갈 때까지 뭉근히 끓인다. 다음을 붓는다.

닭 또는 채소 육수나 국물, 헤비크림 또는 이를 섞어서 ½컵

프라이팬 바닥에 달라붙은 갈색 조각을 긁어내면서 약 3분간 뭉근히 끓인다. 다음을 훌훌 뿌려서 낸다.

소금과 흑후추 적당량

강판에 간 파르메산 치즈

(구운 잣)

(발사믹 식초)

칠리 고추에 대해

신선한 칠리 고추 및 구운 칠리 고추에 관한 내용은 고추에 대해 항목을, 말린 고추와 고춧가루는 1027쪽을 참고한다.

옥수수에 대해

식탁을 환하게 빛내주는 신선한 옥수수는 가장 널리 사랑받는 채소 중 하나다.(팝콘 및 시리얼로 사용되는 옥수수 유형에 대해서는 각각 50쪽과 343쪽을 참고) 오늘날 옥수수는 옥수수 시럽 같은 가공식품 및 가공 옥수수 제품으로 어디서나 쉽게 볼 수 있지만, 원래 미국 남부 및 중남미의 전통 음식이기도 하다.

단맛 나는 옥수수인 **스위트 콘**은 여름에 제철을 맞으며, 대다수 재래종 옥수수는 일단 수확하는 순간부터 당분이 전분으로 전환되므로 이상적으로는 수확 후 바로 먹어야 가장 맛있다. 그러나 1940년대의 폭탄 실험 과정에서 옥수수가 핵 방사선에 노출되면서 일어난 자연 돌연변이와 끊임없는 교배 작업 덕분에 새로운 옥수수 교배종의 당도와 보관 기간은 비약적으로 늘어났다. 이러한 스위트 콘의 교배종은 기존의 재래 품종보다 당도가 2배나 높고 당분이 전분으로 전환되는 속도도 훨씬 느리다. 따라서 옥수수알이 노란색이든 흰색이든 '버터와 설탕(노란색과 흰색이 섞인 것)'이든 관계없이, 오늘날의 스위트 콘은 장거리 운송과 몇 주간의 보관 기간을 거친 후에도 상당히 높은 단맛을 유지한다.

껍질째 판매하는 옥수수라면 껍질이 밝은 녹색을 띠고 싱싱해 보이면서 마르지 않은 것을 선택한다. 옥수수알은 통통하고 촉촉해야 한다. 뾰족한 끝부분에 있는 알이 가장 먼저 건조해지므로 옥수수수염을 살짝 젖히고 그 부분만 살펴보면 된다. 싱싱한 옥수수를 구할 수 없다면 통조림보다는 냉동 옥수수를 선택하자.

구입한 옥수수는 껍질을 벗기지 않고 보관하거나 껍질을 벗겼다면 비닐봉지에 넣고 밀봉해 냉장고 채소 칸에 보관한다. 스위트 콘의 교배종은 수확 후 몇 주 정도는 너끈히 버티도록 개량되었지만, 그래도 교배종이든 재래종이든 최대한 구매 후 빨리 먹는 것이 가장 좋다. 껍질을 벗긴 통옥수수를 냉동하면 상당히 오래 보관할 수 있다. 알을 떼어내고 남은 옥수숫대(그리고 상태가 좋은 옥수수 껍질)는 채소 육수에 활용할 수 있으며 옥수수 차우더에 넣으면 진한 옥수수 풍미를 더한다. 신선한 옥수수 껍질이나 부드럽게 삶아서 말린 옥수수 껍질은 잎으로 음식을 감싸서 조리하거나 타말레를 만들 때 활용할 수 있다.

옥수수 **깜부기** 또는 **위틀라코체**(huitlacoche)는 옥수수에 침투해 알이 부풀어 오르게 하는 곰팡이다. 대다수 미국 농부들은 이 깜부기를 병충해로 생각한다. 그러나 멕시코에서는 깜부기에 감염된 옥수수를 먹어도 안전하다고 생각할 뿐만 아니라 별미로 즐긴다. 깜부기를 접종하여 옥수수알이 거무튀튀한 색으로 커다랗게 부풀어 오르면 즉시 수확해 높은 가격에 판매한다. 한때 '멕시코산 송로버섯'이라는 이름으로 불렸으며 흔히 '옥수수 버섯'으로 번역되기도 하는 위틀라코체는 달콤하고 숲 향이 나며 맛은 버섯과 비슷하다. 소스, 타말레, 케사디야에 풍미를 더하는 데 자주 사용되고 스위트 콘 알갱이와 함께 볶아 먹기도 한다. 냉동이나 통조림 제품이 시판되고 있으며 드물기는 하지만 신선한 위틀라코체가 눈에 띌 때도 있다.

뉴멕시코를 비롯한 여러 남서부 주에서는 어린 옥수수의 껍질을 벗기지 않고 어도비 오븐(북아메리카 원주민들이 사용하던 점토 오븐 — 옮긴이)에 하룻밤 넣어둔 다음 말린다. 이렇게 말려서 약간 쪼그라든 옥수수알을 **치코스**(chicos)라고 부르며, 이 치코스는 아주 달콤하고 약간의 훈연 향이 난다. 보통 콩과 함께 말랑해질 때까지 조리하는 경우가 많고 물에 넣어 부드러워질 때까지 뭉근히 끓여 다양한 요리에 넣거나 단독으로 먹기도 한다.

옥수수를 손질하려면 우선 껍질을 벗기고 수염을 떼어낸다. 옥수숫대에서 알갱이를 떼어내려면 밑동을 평평하게 잘라 옥수수를 세로로 세울 수 있게 한다. 자르는 과정에서 우수수 떨어지는 옥수수알을 받아내기 위해 테두리 있는 오븐 팬에 옥수수를 세운다. 뾰족한 끝부분을 잡고 칼로 한 번에 2~3줄씩 위에서 아래로 썰어낸다. 잘라낸 부분을 칼등으로 한 번씩 훑어서 진한 옥수수 풍미의 즙과 옥수수알의 심 부분을 짜낸다. 알갱이의 부드러운 과육만 긁어내려면 칼끝으로 가지런히 박혀 있는 옥수수알의 중간 지점에 세로로 길게 칼집을 넣어 알을 터뜨린다. 그다음 칼등으로 옥수숫대를 세게 긁어내리면서 과육을 전부 짜내면 된다. ▶ 옥수수 1개를 손질하면 옥수수알 ½컵 또는 부드러운 과육 3~4큰술을 얻을 수 있다.

신선한 스위트 콘은 생으로 샐러드와 살사에 넣으면 아주 맛있다. 익혀서 먹을 때는 보관하는 동안 전분화가 심하게 진행된 경우가 아니라면 몇 분 정도만 조리해도 충분하다. 하지만 옥수수에 함유된 당을 캐러멜화하거나 겉면이 갈색으로 그을리도록 그릴에 구워도 무척 맛있다. 옥수수는 버터, 베이컨, 크림, 치즈, 칠리 고추, 토마토, 고춧가루, 바질, 파슬리, 고수, 라임과 잘 어울린다. 이어서 소개하는 레시피에서는 특별히 따로 언급하지 않은 한 생옥수수와 냉동 옥수수(또는 부득이한 경우 통조림)를 모두 사용할 수 있다.

삶은 옥수수

얼마나 배를 채울 것인지에 따라 1인당 옥수수 1~3개 정도의 분량을 준비한다. 스위트 콘은 대체로 옥수수알을 익히는 것이 아니라 데우기만 하면 된다는 점을 기억하자. 식사에 빵이나 롤과 함께 낼 경우, 빵에 버터를 넉넉히 바른 다음 버터 바른 표면에 옥수수를 문질러서 먹어보기를 추천한다.

다음의 껍질과 수염을 제거한다.

　　통옥수수

커다란 냄비에 물을 팔팔 끓인 후 옥수수를 하나씩 넣는다. 옥수수가 전부 들어갈 만한 찜기가 있다면 같은 시간만큼 쪄도 좋다. 뚜껑을 덮은 다음 옥수수가 뜨겁고 부드러워질 때까지 보관 기간에 따라 2~8분간 삶는다. 집게로 건져낸다. 뜨거울 때 다음과 함께 낸다.

　　버터 또는 다양한 종류의 가향 버터

　　소금과 흑후추

옥수수 구이

Ⅰ. 그릴에 굽기 전에 껍질을 까지 않은 옥수수를 물에 2시간 담가둔다. 옥수수 수염은 나중에 껍질과 함께 떨어져나오므로 굳이 손질할 필요는 없다. 그릴을 중강불로 맞춰서 준비하고 옥수수를 껍질째 불이 직접 닿는 곳에 올려놓는다. 옥수수의 모든 면이 골고루 익도록 집게로 뒤집어가면서 약 20분간 굽는다. 또는 물에 담가두었다가 230℃로 예열한 오븐에 껍질째 넣어 8~15분간 구울 수도 있다. 위의 삶은 옥수수와 같은 방식으로 낸다.

Ⅱ. 옥수수의 풍미를 농축시키고 옥수수에 들어 있는 천연 당을 캐러멜화하려면, 옥수수의 껍질과 수염을 제거한 후 아주 뜨겁게 달궈진 숯 위에 그릴 불판을 올려놓고 그 위에 얹거나 예열한 직화 오븐의 맨 위쪽 받침대에 올려서 위쪽의 불이 바로 닿도록 한다. 그릴에 구울 때는 껍질을 반대쪽으로 젖힌 다음 묶어서 손잡이로 사용할 수도 있다. 옥수수가 갈색으로 골고루 익도록 뒤집어주면서 5~7분간 그릴 또는 직화 오븐에 굽는다. 위와 같이 내거나 아래의 엘로테처럼 낸다.

엘로테(Elotes, 멕시코식 그릴에 구운 옥수수)

4인분

우리 가족이 가장 좋아하는 옥수수 요리다. 좀 더 깔끔하게 먹으려면 그냥 구운 옥수수에서 알을 떼어낸 다음 그릇에 담고 다른 재료를 넣어 뒤적이며 섞은 후 굵게 썬 고수를 훌훌 뿌린다.(이렇게 하면 멕시코식 옥수수 샐러드인 **에스키테**가 된다.)

옥수수 4개를 다음 방식으로 조리한다.

　　위에서 소개한 옥수수 구이 Ⅱ

옥수수가 다 구워지면 서빙용 플래터에 옮겨 담는다. 옥수수마다 다음을 바른다.

　　마요네즈 또는 멕시코식 크레마 2큰술(총 ½컵)

옥수수를 다음 재료 위에서 굴린다.

　　잘게 부순 코티하나 페타 치즈 또는 강판에 곱게 간 파르메산 치즈

다음으로 간을 하고 맛을 낸다.

　　고춧가루

　　라임즙

　　소금

옥수수 볶음

4인분

다음에서 옥수수알을 떼어낸다.

　　옥수수 6개(약 3컵)

프라이팬을 중불에 올리고 다음을 넣어 가열한다.

　　버터나 올리브유 2큰술 또는 베이컨 2조각

베이컨을 사용한다면 바삭하게 구워서 접시에 옮겨 담는다. 취향에 따라 다음을 프라이팬에 넣고 부드러워질 때까지 약 5분간 볶는다.

　　(할라페뇨나 세라노 고추 2개 또는 포블라노 고추 ½개, 씨를 빼고 깍둑썰기하기)

　　(마늘 2쪽, 굵게 썰기)

옥수수알을 넣고 자주 저으면서 속까지 골고루 잘 익도록 3~4분간 볶는다. 베이컨을 구워두었다면 잘게 부숴 넣고 다음 중 취향에 맞는 재료를 함께 넣어 섞는다.

　　완숙 토마토 1개, 얇게 썰기 또는 로마 토마토나 플럼 토마토 2개, 잘게
　　　깍둑썰기하기

　　굵게 썬 파슬리, 고수 또는 바질 2큰술

　　(고춧가루나 커리 가루 1자밤)

다음으로 간을 하고 맛을 낸다.

　　소금과 흑후추

　　(레몬즙 또는 라임즙)

크림 옥수수

4인분

위의 설명대로 옥수수알에 칼집을 내어 부드러운 과육을 긁어낸다.

　　옥수수 5개(약 2½컵)

중간 크기의 논스틱 프라이팬을 약불에 올리고 다음을 넣어 녹인다.

　　버터 1큰술

취향에 따라 다음을 넣고 저으면서 부드러워질 때까지 3~4분간 볶는다.

　　(얇게 썬 쪽파 또는 굵게 썬 샬롯 ¼컵)

부드러운 옥수수 과육을 다음과 함께 넣는다.

　　헤비크림 ¼컵

약불에서 한두 번 저으면서 걸쭉해질 때까지 약 2분간 조리한다. 다음을 넣고 저어도 좋다.

　　(강판에 간 파르메산 치즈 또는 잘게 부순 페타 치즈 ¼컵)

다음으로 간을 하고 맛을 낸다.

　　소금과 흑후추 또는 카옌 고춧가루

옥수수 푸딩

6인분

더 가볍고 폭신한 식감으로 완성하려면 달걀흰자와 노른자를 분리한 뒤 단단한 피크가 생기지만 마른 거품은 아닌 상태가 되도록 흰자를 잘 쳐서 거품을 낸다. 노른자를 푸딩 혼합물에 넣고 베이킹 접시에 담기 직전에 거품 낸 흰자를 넣어 살살 뒤집어가면서 가볍게 섞는다. 바닐라를 넣어 풍미를 추가하는 것은 우리 가족의 지인인 매기 그린(Maggie Green)의 아이디어였다.

오븐을 175℃로 예열한다. 20cm 크기의 정사각형 베이킹 팬 또는 1.4ℓ 용량의 베이킹 접시에 버터를 바른다.

커다란 그릇에 다음을 넣고 섞는다.

　　생옥수수, 냉동 또는 국물을 따라낸 통조림 옥수수알 2컵

　　우유 또는 하프앤드하프 ¾컵

　　대란 2개, 잘 풀어두기

녹인 버터 2큰술

중력분 1큰술

소금 1작은술

(바닐라 1작은술)

버터를 바른 베이킹 접시에 혼합물을 붓는다. 중심부가 굳을 때까지 약 1시간 정도 굽는다.

옥수수 푸딩의 추가 재료

포블라노나 뉴멕시코 칠리 고추 2개 또는 붉은색 피망 2개, 구워서 굵게 썰기

잘게 썬 몬터레이 잭, 뮌스터 또는 숙성 체더 치즈 1컵(115g)

마늘 2쪽, 다지기

양파 작은 것 1개, 깍둑썰기해서 볶기

치즈와 칠리 고추를 넣어 구운 옥수수

약 9인분

오븐을 175℃로 예열한다. 23cm 크기의 정사각형 베이킹 팬에 버터를 넉넉히 바른다.

커다란 그릇에 다음을 넣고 섞는다.

잘게 썬 몬터레이 잭 치즈 3컵(340g)

생옥수수, 냉동 또는 국물을 따라낸 통조림 옥수수알 1½컵

곱게 빻은 노란색 옥수숫가루 또는 마사 하리나 1컵

대란 6개, 잘 풀어두기

할라페뇨 3개 또는 포블라노나 뉴멕시코 칠리 고추 1개, 구워서 굵게 썰기

고춧가루 2큰술

소금 ½작은술

혼합물을 잘 긁어서 버터를 바른 팬에 붓는다. 윗면이 먹음직스러운 갈색으로 익을 때까지 약 30분간 굽는다. 썰 수 있을 정도로 단단해질 때까지 식혔다가 7.5cm 크기의 정사각형 모양으로 썬다. 다음을 곁들여 낸다.

살사, 시판 또는 수제

멕시코식 삶은 콩

서코태시(Succotash)

4인분

서코태시는 북아메리카 원주민인 나라간세트족 말로 '삶은 옥수수알'이라는 의미의 식콰태시(msickquatash)에서 유래했다. 통조림이나 냉동 옥수수알로 만들어도 무방하다.

중간 크기의 편수 냄비를 중불에 올리고 가끔 저으면서 속까지 따뜻해지도록 조리한다.

생옥수수, 냉동 또는 국물을 따라낸 통조림 옥수수알 1컵

삶은 리마콩이나 잘게 썬 껍질콩 1컵

버터 2큰술

소금 ½작은술

스위트 파프리카 가루 ⅛작은술

굵게 썬 파슬리 또는 타임 적당량

생옥수수 프리터

4인분

아래의 일화를 들려주신 분은 이 레시피를 우리 가족이 무척 좋아한다는 말을 전하자 이 책에 사용할 수 있도록 너그럽게 허락해주었다.

"여덟 형제와 함께 자란 내가 어렸을 때, 아버지는 우리에게 근사한 선물을 주겠다고 자주 약속하셨다. 취미로 수목을 재배하셨던 아버지는 뒷마당에 당밀, 메이플 시럽 또는 꿀이 가득 찬 샘을 만들고 그 샘 바로 옆에 프리터 나무를 심겠다고 말씀하시곤 했다. 우리 형제 중 하나가 맛있는 음식을 먹고 싶을 때 그냥 나무를 흔들기만 하면 프리터가 달콤한 샘물로 떨어질 테니 건져서 먹고 싶은 만큼 먹으면 된다고 말이다. 어머니는 요리 솜씨가 좋은 분이셨고, 이 근사한 프리터를 고안하셨다." 아래에 소개하는 방법이 그 어머니의 레시피를 충실히 재현한 것이기를 바란다.

그릇에 옥수수를 넣고 알갱이를 긁어낸다.

생옥수수 알갱이 2½컵(옥수수 약 5개분)

다음을 넣고 젓는다.

대란 2개의 노른자, 잘 풀어두기

중력분 2작은술

소금 ½작은술

흑후추 ¼작은술

중간 크기의 그릇에 다음을 넣고 단단한 피크가 생기지만 마른 거품은 아닌 상태가 되도록 잘 쳐서 거품을 낸다.

대란 2개의 흰자

옥수수 혼합물에 거품 낸 흰자를 넣고 몇 번 뒤적이며 섞는다. 커다란 논스틱 프라이팬을 강불에 올리고 다음을 둘러 가열한다.

버터 또는 식물성 기름 1큰술

반죽을 넉넉하게 1큰술씩 떠서 띄엄띄엄 프라이팬에 놓는다. 중불로 줄이고 중간에 한 번 뒤집으면서 양면이 모두 갈색으로 익을 때까지 한 면당 2~3분씩 부쳐낸다. 한 판을 다 구우면 프라이팬을 닦고 버터나 기름을 더 넣는다. 다음을 적당히 곁들여 즉시 낸다.

메이플 시럽 또는 꿀, 레몬 조각, 살사 아무거나, 시라지 또는 이스라엘식 샐러드, 차우차우 또는 훈연 향 토마토 잼

오이에 대해

호박과 멜론의 친척뻘인 오이는 생채소 중에서도 가장 즙이 많고 상쾌한 맛을 낸다고 해도 과언이 아니다. 썰어 먹는 **슬라이싱 오이**(또는 '버플레스burpless') 중에서 가장 흔한 품종은 껍질이 비교적 두껍다. **핫하우스 오이**라는 별칭을 가진 **영국 오이**는 길쭉하고 껍질이 얇으면서 씨가 거의 없다. 크기가 작고 **베이트 알파 오이**라고도 부르는 **페르시아 오이**(미니 오이 또는 베이비 오이라고 표기하기도 한다.)는 결이 곱고 껍질이 얇으면서 달콤하다. **일본** 및 **한국 오이**는 매우 아삭한 것이 특징이다. 길고 색이 옅은 **아르메니아 오이**는 사실 머스크멜론의 일종으로 껍질이 얇으면서 과육은 달콤하고 아삭하다. 둥글고 밝은 노란색을 띠는 **레몬 오이**와 길쭉한 타원형이며 갈색에 가까운 노란색의 **푸나 키라 오이**(poona kheera cucumber)는 독특한 모양으로 눈길을 끌 뿐만 아니라 즙이 풍부하고 맛이 좋다.(두 품종 모두 씨가 많이 들어 있다.)

피클용 오이는 아삭함을 유지하고 소금물을 잘 흡수하도록 개량한 품종이다. 일반적으로 ▶ 껍질 전체에 작은 돌기가 돋아 있는 품종이 피클에 가장 적

합다. 여기에 속하는 오이로는 흔히 **커비**(kirby)라고 불리는 전통적인 미국산 피클용 오이가 있다. 미니 오이 피클을 담그는 오이로 가장 잘 알려진 **거킨**(gherkin) 품종은 맛이 진한 피클 전용 오이다. **멕시칸 사워 거킨** 품종은 껍질이 얇고 부드러우며 손가락 한 마디 정도 되는 자그마한 크기에 수박을 닮은 모양 때문에 '마우스 멜론(mouse melon)'이라는 애칭으로 불리기도 한다.

품종에 관계없이 무르거나 멍든 부분, 상처가 없는 단단한 오이를 고른다. 껍질에는 윤기가 나야 하지만, 판매업자들이 오이 표면에 바르는 두꺼운 왁스를 윤기와 혼동하지 않도록 주의하자. 자르지 않은 오이는 실온에서 보관하고 며칠 안에 먹는다.(냉장고에 넣어두면 오히려 더 빨리 상한다.) 물론 오이를 '차갑게(cool as a cucumber, 침착하다는 뜻의 관용어구로, 오이는 주로 차갑게 먹으며 열을 내려주는 역할도 하는 데서 유래했다. ─ 옮긴이)' 즐기려면 냉장고에 넣었다가 먹는다.

오이에 왁스 처리가 되어 있거나 껍질이 아주 두껍다면 채소 껍질 벗기는 도구나 과일칼로 껍질을 깎는다. 그냥 먹어도 될 정도로 껍질이 얇다면 포크를 사용해 오이를 빙 둘러 가며 세로 방향으로 쭉 긁어서 자국을 내거나 껍질을 줄무늬 모양으로 벗겨내면 보기 좋다. 씨를 제거하려면 오이를 세로로 반을 잘라서 숟가락 끝으로 긁어낸다.

열을 가하면 오이의 식감과 풍미가 사라진다. 오이를 조리하거나 그릴에 굽는 경우가 전혀 없는 것은 아니지만, 역시 오이는 가장 아삭한 상태에서 생으로 즐기기를 추천한다. 생오이의 식감과 풍미를 최대한 살리는 요리로는 오이 샐러드, 파투시, 시라지 또는 이스라엘식 샐러드, 판차넬라, 가스파초, 차가운 오이와 요구르트 수프, 차지키, 라이타 등을 꼽을 수 있다. 오이 피클 만드는 법은 983쪽에 소개되어 있으며, 오이를 발효시켜서 피클을 만드는 방법은 절반 발효 피클 레시피를 참고한다.

가지에 대해

가지는 프랑스어로 오베르진(aubergine), 이탈리아어로 멜란차나(melanzana)라고 하며, 이 멜란차나라는 단어는 무슨 영문에서인지 '광인의 사과'라는 뜻의 라틴어에서 파생했다.(하지만 어감은 근사하다.) 세계에서 가장 보편적으로 찾아볼 수 있는 가지는 **블랙 뷰티**를 필두로 하는 **글로브** 품종으로, 보통 크기가 상당히 크고 잉크처럼 진한 보라색에 눈물방울 모양이거나 둥근 형태를 하고 있다. 그러나 **흰색 가지**도 있으며, 달걀을 닮은 식물이라는 의미의 영어 이름 에그플랜트(eggplant)는 바로 이 흰색 가지에서 유래했다. 지중해 및 아시아 전역에서 자라는 가지 중 상당수는 글로브 유형보다 크기가 작고 갈색에서 줄무늬, 녹색에 이르기까지 색깔도 다양하다. 여러 **인도산** 품종처럼 크기가 작고 둥근 것이 있는가 하면, **일본**이나 **대만** 품종처럼 길고 날씬한 것도 있다. 크기가 작은 품종은 대부분 껍질이 얇고 짧은 시간 안에 조리하는 방식에 적합하다. 예외로는 둥근 모양에 껍질이 두껍고 자그마한 **태국산 녹색 가지**를 꼽을 수 있는데, 이 녹색 가지는 씨가 많아서 주로 그린 커리 같은 요리에 넣어 푹 끓여 먹는다. 일반적으로 가지가 들어가는 레시피에는 어떤 품종이든 사용할 수 있으나, 바바 가누시, 가지 파르미지아나 또는 속을 채운 가지 롤처럼 가지의 모양이나 과육의 양이 중요한 레시피는 예외다.

가지를 살 때는 크기에 비해 묵직한 느낌의 가지를 고른다. 껍질은 팽팽하고 윤기가 나야 하며 껍질에 윤기가 없다면 오래 묵은 가지일 가능성이 크다. 꼭지는 신선하고 녹색을 띠어야 하며 줄기가 그대로 붙어 있어야 좋다. 무르거나 상처와 멍든 부분이 있는 가지는 피한다. 가지를 눌렀을 때 살짝 들어갔다가 손을 때면 다시 돌아올 정도로 탄력이 있어야 한다. 과육이 딱딱해서 눌러

도 들어가지 않는다면 덜 익은 것이고 지나치게 부드러워서 푹 들어간다면 너무 익어서 아마도 쓴맛이 날 것이다. 대체로 가느다란 아시아 품종과 450g 이하의 작은 가지 또는 중간 크기의 가지는 씨가 적고 껍질이 얇은 편이므로 재빨리 볶거나 튀김옷을 입혀 튀기는 요리에 적합하다. 글로브 품종보다 훨씬 빨리 상하므로 되도록 빨리 먹는다. 가지는 서늘하고 건조한 곳에 보관하며 최대한 빨리 사용한다. 며칠이 지나면 냉장실 온도에서 오히려 더 빨리 상한다.

가지는 기름이나 버터를 잘 흡수하는 성질을 가지고 있다. 소금에 살짝 절여 물기를 빼면 과육이 조밀해지므로 기름을 덜 흡수해 조리한 후에도 단단하고 부드러운 식감을 유지한다.

가지를 소금에 절이려면 우선 줄기와 꼭지 부분을 잘라낸다. 레시피에서 설명한 모양으로 자른 다음 노출된 부분에 소금을 넉넉히 뿌린다. 체에 받쳐 최소 30분, 최대 60분 동안 둔다. 소금을 헹궈내고 톡톡 두드려 말린다.

가지는 양고기, 토마토, 양파, 고추, 치즈, 오레가노, 마저럼, 간장, 미소 된장, 마늘과 잘 어울린다. 전자레인지나 압력솥 조리는 권장하지 않는다. 아래에 소개한 레시피 외에도 바바 가누시와 카포나타 레시피를 함께 참고한다.

가지 구이

4~6인분

Ⅰ. 통째로 굽기

가지를 통째로 구우면 과육이 부드러워지므로 딥과 퓌레에 사용할 수 있다. 뜨겁게 달군 그릴 위에 가지를 통째로 올려서 굽거나, 미리 계획을 잘 세운다면 그릴에 저녁거리를 조리한 후 잔열에 가지를 올려놓고 그을려서 독특한 훈연 풍미를 입힐 수도 있다. 그뿐만 아니라 난로 안의 타다 남은 숯에 올려놓고 구워도 별미다. 450g짜리 가지를 구우면 약 1½컵 정도의 과육이 나온다.

오븐을 200℃로 예열한다. 칼끝으로 몇 군데 길쭉하게 칼집을 넣는다.

통가지 1개

취향에 따라 칼집을 넣은 곳에 다음을 채워 넣는다.

(갸름하고 길쭉하게 자른 마늘 조각)

가지를 오븐 팬에 담고 모양이 쪼그라들 때까지 크기에 따라 30분~1시간 정도 굽는다. 체에 옮겨서 즙을 뺀 다음 반으로 잘라서 과육을 파낸다. 적당히 덩어리가 있는 상태로 두거나 곱게 으깨서 퓌레 상태로 만든다. 바바 가누시처럼 가지 딥을 만들 때 사용하거나 다음 재료로 적당히 간을 하고 맛을 낸다.

엑스트라 버진 올리브유, 녹인 버터 또는 참기름

굵게 썬 마저럼 또는 바질 등의 허브

레몬즙 또는 비네그레트 아무 종류나

플레인 요구르트

소금과 흑후추

Ⅱ. 반으로 자르거나 얇게 썰어서 굽기

반으로 자르거나 얇게 썬 가지에 솔로 기름을 발라서 구우면 다른 음식을 얹어 먹어도 맛있고 다양한 양념으로 간을 해도 좋다. 가지 구이에 케프테데스나 베커 양고기 패티를 얹으면 푸짐한 주요리로 즐길 수 있다. 얇게 썰어서 구운 가지에 대해서는 파스타 알라 노르마 레시피를 참고한다.

오븐을 200℃로 예열한다. 세로로 길쭉하게 반을 자르거나, 껍질을 벗겨서 가로 방향으로 1.2cm 두께로 썬다.

가지 중간 크기 2개(약 900g), 줄기와 꼭지를 잘라내기

세로로 반 잘라서 사용할 경우, 과육에 사선으로 평행하게 칼집을 여러 개 낸

다음 직각으로 칼집을 내서 다이아몬드 무늬를 만든다.(껍질까지 자르지 않도록 주의한다.) 반으로 자르거나 얇게 썬 가지의 절단면에 솔로 다음을 넉넉히 바른다.

올리브유

다음을 골고루 솔솔 뿌린다.

소금 ½작은술

흑후추 ¼작은술 또는 바하라트 1작은술

반으로 자르거나 얇게 썬 가지를 절단면이 위로 가도록 오븐 팬에 놓고 아주 부드러워질 때까지 얇게 썬 가지는 20~25분, 반으로 자른 가지는 약 30분간 굽는다. 간단한 곁들임 음식으로 내려면 다음으로 장식한다.

파슬리, 민트, 바질 등의 굵게 썬 허브

레몬즙이나 플레인 그릭 요구르트 또는 라브네 1덩이

또는 다음 재료 중 하나를 위에 얹는다.

라이타, 차지키, 타히니 드레싱, 저그, 타페나드 또는 토마토 소스 및 강판에 간

파르메산 치즈

미소를 발라 윤기 나게 구운 가지

4인분

이 일본식 요리는 우리 가족이 가장 좋아하는 가지 조리법 중 하나다.

오븐의 가운데 칸에 받침대를 끼워 넣는다. 오븐을 230℃로 예열한다. 오븐 팬에 기름을 살짝 바른다.

다음을 세로로 반을 자른다.

가느다란 일본 가지 4개

절단면에 솔로 다음을 넉넉히 바른다.

식물성 기름 2큰술

절단면이 아래로 가도록 오븐 팬에 놓고 가지가 살짝 부드러워지면서 가장자리가 갈색으로 변하기 시작할 때까지 15~20분간 굽는다. 그동안 작은 그릇에 다음을 넣고 부드러워질 때까지 잘 섞는다.

적미소나 백미소 ¼컵

미림 또는 화이트와인 2큰술

사케 또는 물 1큰술

오븐 팬을 꺼낸 후 절반으로 자른 가지를 뒤집어 미소 혼합물을 절단면에 골고루 바른다. 직화 오븐을 켠 후 다시 오븐 팬을 오븐에 넣어 골고루 갈색으로 익고 군데군데 그을음이 생길 때까지 약 5분간 굽는다.

가지 튀김

4인분

뒤에 소개하는 가지 파르미지아나를 만들 때는 반드시 빵가루를 입혀야 한다. 또는 이 레시피의 설명에 따라 가지의 껍질을 벗기고 적당한 크기로 썬 다음 튀김옷을 입혀서 튀길 수도 있다.(우리는 특히 파코라 튀김 반죽을 입혀서 튀기는 것을 선호한다.)

껍질을 벗겨서 1.2cm 두께로 썰거나 길쭉하고 얇은 모양으로 썬다.

가지 중간 크기 1개, 줄기와 꼭지를 잘라내기

취향에 따라 253쪽의 설명대로 가지를 소금에 살짝 절인다. 얕은 그릇에 다음을 넣고 세게 저어서 풀어둔다.

대란 3개

물 1큰술

가지에 다음을 골고루 묻힌다.

밀가루 ⅓컵

여분의 밀가루를 털어내고 달걀물에 담갔다가 흘러내리는 달걀물을 적당히 털어낸다. 다음 재료의 혼합물을 골고루 묻힌다.

마른 빵가루 1½컵

(강판에 간 파르메산 치즈 ¼~½컵[55~115g])

(잘게 부순 말린 로즈메리, 타임 또는 오레가노 1½작은술)

소금 1½작은술

흑후추 1작은술

튀김옷을 입힌 가지 슬라이스를 철망 위에 늘어놓고 최소 30분 이상 말린다.(또는 냉장고에 넣어 하룻밤 말린다.) 커다란 프라이팬을 중강불에 올리고 다음을 부어 달군다.

식물성 기름 ¼컵

프라이팬 안에서 서로 겹치지 않는 한도 내에서 가지 슬라이스를 최대한 많이 넣고 한 면당 4~5분씩 튀긴다. 접시에 옮긴다. 필요에 따라 기름을 적당히 보충해가면서 남은 가지를 몇 번에 걸쳐 모두 튀긴다.

가지 파르미지아나

4~6인분

다음을 만들거나 준비한다.

위의 가지 튀김

토마토 소스 3컵, 시판 또는 수제

오븐의 맨 위 칸에 받침대를 끼운다. 오븐을 220℃로 예열한다.

33×23cm 크기의 베이킹 접시에 토마토 소스를 절반 붓고 고르게 편다. 베이킹 접시에 가지 튀김 슬라이스를 한 겹으로 깔거나 상황에 따라 약간 겹치게 깐다. 남은 토마토 소스를 붓고 다음을 뿌린다.

말린 오레가노 2작은술

흑후추 ¼작은술

다음 두 가지 치즈를 섞어서 가지 위에 훌훌 뿌린다.

잘게 썬 모차렐라 치즈 1½컵(170g)

강판에 간 파르메산 치즈 ⅔컵(약 70g)

맨 위에 다음을 뿌린다.

굵게 썬 파슬리 2큰술

치즈가 녹아서 보글보글 기포가 올라올 때까지 약 15분간 굽는다. 즉시 낸다.

속을 채운 가지 롤

4인분

인볼티니(involtini)라는 이름으로도 불리는 이 요리는 가지 파르미지아나와 비슷한 맛을 내면서도 튀김 과정 없이 빨리 조리할 수 있어서 가지 파르미지아나를 대신할 메뉴로 적당하다. 조리 시간을 더 단축하려면 수제 소스 대신 선호하는 시판 토마토 소스를 사용하면 된다. 시판 소스를 사용한다고 해서 절대 부끄러워할 필요는 없다.

오븐을 200℃로 예열한다. 테두리 있는 오븐 팬에 기름을 살짝 바른다.

세로 방향으로 1.2cm 두께가 되도록 널찍하고 평평하게 썬다.

가지 큰 것 2개(약 1.1kg), 줄기와 꼭지를 잘라내기

평평하게 썰어놓은 가지 슬라이스를 오븐 팬 2개에 적당히 나눠 올리고 솔로

다음을 바른다.

올리브유 2큰술

다음을 홀홀 뿌린다.

소금 ½작은술

살짝 부드러워질 때까지 약 20분간 굽는다. 그동안 다음을 준비한다.

치즈 필링

토마토 소스 3컵, 시판 또는 수제

가지가 적당히 익으면 오븐에서 꺼내 식힌다. 오븐은 계속 켜둔다. 33×23cm 크기의 베이킹 접시에 기름을 살짝 바른다. 접시 바닥에 토마토 소스를 얇게 펴서 바른다. 평평한 가지 조각에 치즈 필링을 2큰술씩 얹은 후 돌돌 말아서 이음매가 아래로 가도록 놓는다. 남은 토마토 소스를 붓고 다음을 홀홀 뿌린다.

잘게 썬 모차렐라 치즈 1컵(115g)

치즈가 녹고 필링이 속까지 잘 데워지도록 약 25분간 굽는다. 오븐에서 꺼내 5분간 식힌 후 낸다. 다음을 뿌린다.

굵게 썬 파슬리

무사카(Moussaka)

6~8인분

우리는 이 무사카 위에 전통적인 베샤멜 또는 화이트소스보다 약간 묽은 요구르트와 달걀 혼합물을 얹는다.

세로 방향으로 8mm 두께가 되도록 널찍하고 평평하게 썬다.

가지 큰 것 2개 또는 중간 크기 3개(900g~1.1kg), 줄기와 꼭지를 잘라내기

얇게 자른 가지에 소금을 뿌린 다음 키친타월을 깐 오븐 팬에 올려놓는다. 30분~1시간 동안 둔다.

그동안 커다란 프라이팬을 중강불에 올리고 다음을 넣는다.

다진 양고기 또는 소고기 450g

고기가 갈색으로 익으면서 기름이 빠져나올 때까지 3~5분간 저으면서 조리한다. 구멍 뚫린 숟가락으로 고기를 떠서 그릇에 옮긴다. 프라이팬에 기름을 2큰술만 남기고 전부 따라낸다.(고기에서 기름이 너무 적게 나왔다면 올리브유를 더해 2큰술 분량을 맞춘다.) 다음을 넣고 저으면서 부드러워질 때까지 약 5분간 볶는다.

양파 큰 것 1개, 굵게 썰기

양파를 볶으면서 나무 주걱으로 프라이팬의 바닥을 긁어서 눌어붙은 갈색 조각을 떼어낸다. 다음을 넣고 저으면서 향긋한 냄새가 나도록 약 30초간 조리한다.

마늘 큰 것 2쪽, 다지기

고기를 다시 프라이팬에 넣고 다음을 추가하여 섞는다.

깍둑썰기한 토마토 통조림 410g짜리 1개

토마토 페이스트, 듬뿍 떠서 1큰술

스위트 파프리카 가루 ½작은술

설탕 ½작은술

계핏가루 ¼작은술

올스파이스 가루 ⅛작은술

월계수 잎 1장

물 ½컵 또는 고기가 살짝 덮일 만큼

소금 ½작은술

흑후추 ½작은술

뭉근하게 끓어오르도록 가열한 후 약불로 줄이고 뚜껑을 덮는다. 가끔 저으면서 혼합물이 걸쭉해지고 향긋한 냄새가 진하게 날 때까지 약 1시간 동안 끓인다. 뚜껑을 열고 프라이팬의 국물이 거의 다 졸아들도록 5~10분간 더 조리한다. 불에서 내리고 월계수 잎을 건져낸다. 맛을 보고 간을 조절한다. 약간 식힌 후 다음을 넣고 젓는다.

굵게 썬 파슬리 ½컵

대란 1개, 잘 풀어두기

오븐을 175℃로 예열한다. 33×23cm 크기의 베이킹 접시에 기름을 바른다. 소금을 뿌려둔 가지를 씻어서 톡톡 두드려 물기를 제거한다. 베이킹 접시에 가지 절반을 골고루 깔고 소스를 전부 고르게 펴서 바른다. 남은 가지 절반을 위에 얹는다. 포일로 덮어 30분간 굽는다.

그동안 그릇에 다음을 넣고 잘 저어서 섞는다.

플레인 그릭 요구르트 1¼컵

대란 4개

소금 ½작은술

스위트 파프리카 가루 1자밤

흑후추 적당량

포일을 벗겨내고 요구르트와 달걀 혼합물을 가지 위에 얹는다.

다음을 위에 골고루 뿌린다.

강판에 간 케팔로티리(kefalotyri, 파르메산과 비슷한 그리스 치즈 — 옮긴이)와 파르메산 치즈를 섞어서 ½컵 또는 파르메산 치즈만 ½컵(55g)

다시 오븐에 넣고 윗면이 황금색으로 먹음직스럽게 익을 때까지 25~30분간 더 굽는다. 따뜻하게 낸다.

회향에 대해

회향에는 두 가지 종류가 있다. 하나는 아삭하고 달콤하며 감초 향이 나는 구근을 먹는 품종이고, 다른 하나는 씨앗을 얻기 위해 재배하는 품종이다. 회향 구근은 줄기만 손질해서 팔거나 기다란 줄기와 섬세한 깃털 모양의 잎이 그대로 달린 상태로 판매한다. 우리 집의 평일 간단한 저녁 메뉴인 시칠리아식 정어리 파스타를 비롯해 다양한 요리에 회향을 넣으면 복잡다단한 단맛을 더해주는데, 사실 우리는 얇게 깎은 회향과 흰콩 샐러드처럼 결의 반대 방향으로 얇게 저며서 생으로 샐러드에 넣어 먹거나 일종의 '슬로'처럼 비네그레트에 가볍게 버무려 고기나 생선 요리에 곁들이는 것을 가장 좋아한다. 회향은 아삭아삭 기분 좋은 식감을 가지고 있으므로 간단한 피클을 만들기에 적합하고 셀러리 대신 바운드 샐러드에 넣어도 좋다.

회향은 가까운 품종인 셀러리처럼 향신료와 허브로 사용되기도 한다. 톡 쏘는 맛을 특징으로 하는 회향 씨앗은 키가 크고 가느다란 품종에서 수확하며, 다양한 요리에서 빼놓을 수 없는 재료다.(더 자세한 내용은 회향 항목의 **회향씨** 관련 내용을 참고) 깃털 모양의 회향 잎은 줄기에서 떼어내서 회향 구근을 넣는 요리에 허브로 사용하거나 생선 요리의 장식으로 사용하거나 살사 베르데에 넣어서 은은한 단맛과 복합적인 풍미를 추가하기도 하고, 미뇨네트 소스에 홀홀 뿌려서 반각 생굴과 함께 내기도 한다. **회향 꽃가루**는 고급 양념 재료이지만 복합적이고 농축된 풍미를 지니고 있으므로 조금씩 사용해야 한다. 회향 꽃가루의 사용법에 대한 자세한 내용은 1043쪽을 참고한다. 아주 어린 회향을 제외하면 회향 줄기는 보통 너무 질겨서 먹을 수 없으나 몇 가지 활용법이 있다. 남부 프랑스에서는 생선 요리를 할 때 회향 줄기를 사용한다. 줄기를 그릴의 쇠

살대 위에 가지런히 올린 다음 깨끗이 씻어서 양념한 생선을 그 위에 올려놓는다. 회향 줄기만 까맣게 그을릴 뿐 생선은 그릴에 달라붙지 않아 깔끔하게 구워지며, 회향 줄기 덕분에 섬세한 풍미가 감도는 생선 요리가 완성된다. 또한 그릴에서 고기, 생선 또는 채소를 구울 때 깃털 모양의 잎이 달린 회향 줄기를 솔처럼 사용해 소스나 버터를 바르기도 한다.

회향은 구입한 후 최대한 빨리 먹는다. 줄기와 잎을 잘라내고 구근을 비닐 봉지에 넣어 보관한다. 냉장고 채소 칸에 넣으면 최대 5일까지 보관할 수 있다.

회향을 손질하려면 구근의 질긴 겉잎을 뜯어낸다. 생으로 먹을 때는 ▶ 셀러리와 비슷한 식감을 지닌 섬유질을 쉽게 씹어 먹을 수 있도록 잘 드는 칼이나 만돌린 채칼을 사용해 결의 반대 방향으로 써는 것이 좋다.

슬라이스로 자르거나 굵게 썬 회향은 단독으로 조리하기도 하고, 다른 채소와 섞어서 찌거나 조리거나 볶아 먹기도 한다. 집에서 채소나 닭 육수를 끓일 때 회향을 조금 넣으면 근사한 풍미를 더한다. 회향을 구우면 수분이 날아가서 질겨지지만, 주의를 약간 기울이면 구워서 먹을 수도 있다. 회향은 특히 생선과 잘 어울리며 단맛이 있어서 새콤한 토마토나 감귤류, 식초, 톡 쏘는 맛의 치즈와 곁들이면 맛이 잘 어우러진다. 사과, 딜, 구운 호두나 헤이즐넛, 오렌지와도 어울림이 좋다.

회향 조림
4인분

푸짐한 곁들임 음식이다. 주요리에 활용하려면 회향을 웨지 모양으로 잘라서 리소토나 폴렌타 위에 얹거나, 파스타에 넣고 파스타 삶은 물을 조금 부어서 뒤적이며 섞는다.

다음을 손질해 심 부분이 붙어 있도록 세로로 4등분한다.

회향 구근 큰 것 2개(약 450g)

절단면에 다음을 홀홀 뿌린다.

소금 ½작은술

흑후추 ¼작은술

프라이팬을 중강불에 올리고 다음을 둘러 가열한다.

식물성 기름 2큰술

회향의 절단면이 아래로 가도록 프라이팬에 놓고 갈색으로 익을 때까지 약 4분간 조리한다. 반대쪽으로 뒤집어서 다른 쪽도 갈색으로 익도록 약 4분간 더 조리한다.

그동안 다음 재료를 잘 어우러지게 섞는다.

드라이 화이트와인, 드라이 베르무트 또는 닭 육수나 채소 육수 또는 국물 1컵

토마토 페이스트 2큰술

회향이 갈색으로 익으면 와인 혼합물을 조심스레 프라이팬에 붓고 다음을 함께 넣는다.

마늘 4쪽, 얇게 저미기

타임, 파슬리, 오레가노 또는 이를 섞어서 잔가지 6개 분량

월계수 잎 1장

(5cm 너비로 벗겨낸 레몬 또는 오렌지 껍질 1조각)

프라이팬의 뚜껑을 덮고 불을 줄여 뭉근히 끓인다. 회향을 포크로 찌르면 부드럽게 쑥 들어갈 때까지 약 20분간 조리한다. 뚜껑을 열고 허브와 감귤류 껍질을 건져낸다. 그대로 내거나 중강불로 올려서 국물이 걸쭉한 글레이즈 상태가 될 때까지 졸인다. 다음 중 선호하는 재료를 뿌려서 낸다.

레몬즙이나 오렌지즙 또는 레드와인이나 화이트와인 식초

굵게 썬 파슬리 또는 다진 차이브

잘게 썬 로마노 또는 파르메산 치즈

올리브와 바질을 곁들여 그릴에 구운 회향과 토마토
4인분

그릴을 중강불로 맞춰서 준비한다. 심 부분이 붙어 있도록 세로로 1.2cm 두께의 웨지 모양으로 썬다.

회향 구근 큰 것 2개(약 450g)

다음을 세로로 반을 자른다.

로마 토마토 또는 플럼 토마토 4개

회향과 토마토에 다음을 문지른다.

올리브유 ¼컵

소금과 흑후추

그릴에 올려놓은 후 회향이 약간 부드러워지고 토마토가 먹음직스러운 갈색이 될 때까지 한 면당 3~4분씩 굽는다. 그릴에서 꺼내 다음 재료와 함께 커다란 그릇에 담는다.

칼라마타 등의 검은색 올리브 ½컵, 씨를 제거하고 굵게 썰기

굵게 썬 바질 ⅓컵

엑스트라 버진 올리브유 ¼컵

레몬즙 2큰술

소금과 흑후추 적당량

가볍게 버무려 즉시 낸다.

고비(Fiddlehead Fern)에 대해

청나래고사리(ostrich fern)의 햇가지인 '돌돌 말린 어린잎'은 아스파라거스, 아티초크, 껍질콩을 연상시키는 풍미가 있다. 봄에 특수 농산물을 취급하는 전문점이나 직거래 장터에 가면 만날 수 있다. 밝은 녹색에 단단하게 말려 있고 모양이 야무진 것을 고른다. 요리에 사용할 때는 '꼬리' 부분이 돌돌 말린 부분과 비슷한 두께가 되도록 손질한다. 고비를 찬물에 담가서 손으로 휘휘 저어 갈색 솜털을 문질러 벗겨낸 다음 잘 헹군다. 고비를 찬물에 1시간 담가두면 쓴맛이 많이 빠진다. ▶ 고비는 절대 생으로 먹거나 덜 익혀서 먹으면 안 된다.

고비를 조리하려면 속까지 잘 익어서 부드러워질 때까지 10~15분간 소금물에 삶는다. 또는 소금물에 5분간 삶은 다음 버터와 마늘을 넣어 갈색으로 익을 때까지 약 5분간 더 볶아도 좋다. 녹인 버터나 브라운 버터 및 레몬즙 또는 올랑데즈 소스를 곁들여 낸다.

주의: 양치류 알레르기가 있는 사람들도 있다. ▶ 야생에서 고비를 따는 것은 삼간다. 돌돌 말린 모양의 양치류 식물은 여러 가지가 있지만, 식용으로 적합한 것은 청나래고사리뿐이다.

마늘에 대해

우리 집 주방에서 식탁으로 나가는 음식 중에 마늘을 사용하지 않는 것은 드물다. 보통 독자들에게 권하기는커녕 인정하기조차 민망할 정도로 마늘을 아주 넉넉하게 넣는 편이다. 굽거나 다지거나 으깨거나 납작하게 누른 마늘은 그야말로 인생을 더 즐겁게 해주는 식재료다.

마늘은 크게 **하드넥**(hardneck)과 **소프트넥**(softneck)의 두 가지 범주로 나눌 수 있다. 마트에서 가장 흔히 눈에 띄는 것이 소프트넥 마늘이다. 가장 중요한 차이점은 구근 안에 마늘이 자리 잡은 모양과 알의 크기다. 소프트넥 마늘의 구근은 마늘이 두 겹으로 배열되어 있으며 안쪽에 있는 마늘은 크기가 작다.(그리고 껍질을 벗기기 힘들다.) 하드넥 품종은 마늘 알이 상대적으로 굵고 가운데 줄기를 알들이 한 겹으로 둘러싸고 있는 형태다.

마늘은 각 성장 단계마다 훌륭한 식재료의 역할을 한다. 봄에 직거래 장터에서 눈에 띄는 **풋마늘**은 구근이 형성되기 전에 수확한 것이다. 맛이 순하고 상큼하며 일반 마늘 대신 요리에 사용할 수 있다. 좀 더 자라면 하드넥 마늘에서는 위쪽에 꽃봉오리가 달린 녹색 순이 휘어진 형태로 길게 자라는데, 이것을 **마늘종**(garlic scape 또는 whip)이라고 부른다. 위로 갈 영양분이 아래로 내려가서 더 큰 구근이 영글도록 초여름에 이 마늘종 부분을 잘라주는 경우가 많다. 마늘종도 일반 마늘 대신 요리에 사용하면 신선하고 상큼한 맛을 낸다. 어린 마늘종은 부드러운 편이지만 (섬유질이 많으므로) 익히기 전이나 익힌 후에 가로로 얇게 썰어서 내는 편이 좋다. 다 자라서 성숙한 구근이 형성된 마늘은 보통 장기 보관을 위해 아물이 작업(curing, 일정 기간 통풍이 잘되는 곳에 걸어서 말리는 것)을 한다. 말리지 않아 수분이 많은 마늘 구근은 봄이나 여름에 직거래 장터에서 찾아볼 수 있다. 일반적인 저장 마늘처럼 사용하면 된다.

코끼리마늘은 사실 마늘이 아니라 서양대파의 일종이다. 코끼리마늘의 알은 브라질너트만 하거나 그보다 크고, 맛이 아주 순하다. 코끼리마늘은 구워 먹어도 맛있고 은은한 마늘 풍미를 내고자 하는 레시피에 굵게 썰어 넣거나 다진 마늘 대신 사용할 수 있다.

풋마늘, 마늘종, 신선한 마늘 구근을 살 때는 노랗게 변하거나 시든 부분 없이 단단한 것을 고른다. 저장 마늘과 코끼리마늘 구근은 옹골찬 모양에 흰색, 보라색 또는 살짝 붉은색을 띠는 종잇장 같은 껍질이 단단하게 붙어 있어야 한다. 물컹하거나 꾹 눌렀을 때 눈에 띄게 푹 꺼지는 부분이 있는 구근은 피한다. 갈색 반점이 있거나 녹색 싹이 불쑥 튀어나온 마늘은 너무 오래된 것이므로 버린다. 아물이를 마친 마늘은 햇빛이 비치지 않는 곳에서 실온 보관한다. 풋마늘, 마늘종, 말리지 않은 신선한 마늘은 비닐봉지에 넣어 냉장고 채소 칸에서 최대 일주일 동안 보관할 수 있다.

양파 및 칠리 고추와 더불어 마늘은 우리 주방에서 가장 중요한(그리고 가장 사랑받는) 식재료에 해당한다. ▶ 마늘이 양념으로서 얼마나 중요한 역할을 하는지에 대한 자세한 내용 및 **마늘 가루와 흑마늘**에 대한 정보는 1050쪽을 참고한다.

마늘을 썰기 위해 껍질을 벗기려면 마늘 한 알마다 단단한 뿌리 부분을 도려내고 칼날의 넓적한 부분을 마늘 위에 갖다 댄다. 주먹 아랫부분으로 칼을 쾅 내리쳐서 마늘을 살짝 으깬다. 껍질이 저절로 떨어져나갈 것이다. 으깬 마늘 조각을 모아서 원하는 크기로 썬다.

마늘을 다지거나 강판에 갈거나 얇게 저미기 위해 껍질을 통째로 벗기려면 구근의 곁쪽에 해당하는 부분이 위로 오도록 마늘을 도마 위에 놓는다. 엄지손가락으로 '톡' 하는 소리가 날 때까지 적당히 힘을 주어 부드럽게 누르면 마늘 껍질이 살짝 터지기 마련이다.(너무 세게 힘을 주면 마늘이 으스러진다.) 손톱으로 뿌리 쪽부터 껍질을 벗겨내는데, 껍질은 비교적 쉽게 벗겨질 것이다. 뿌리 쪽을 잘라낸다.

마늘을 얇게 저미려면 마늘의 한쪽 끝을 살짝 잘라낸 후 평평한 쪽이 아래로 가도록 도마 위에 올리고 세로로 얇게 저민다.

마늘을 잘게 다지려면 칼날이 도마와 평행하도록 칼을 눕혀서 수평 방향으로 얇게 저미되, 완전히 끝까지 자르지는 않는다. 그다음에 칼을 도마와 수직이 되도록 잡고 세로로 몇 번 썬 다음 가로 방향으로 아주 잘게 썬다. 또는 ▶ 껍질을 벗긴 통마늘을 기다란 막대기 모양의 강판에 간다.(이렇게 하면 마늘이 소스에 잘 섞이기 때문에 우리는 마늘을 샐러드 드레싱이나 소스에 넣을 때 이 방법을 가장 즐겨 사용한다.)

마늘을 페이스트 상태로 으깨려면 칼날을 다진 마늘과 거의 평행이 되도록 잡고 마늘 조각을 누르면서 최대한 곱게 으깨질 때까지 칼을 앞뒤로 밀고 당긴다. 소금을 1자밤 뿌리면 더 쉽게 마늘을 페이스트 상태로 만들 수 있다.

마늘 으깨는 도구에 마늘을 넣고 누르면 손쉽게 '다진' 마늘을 만들 수 있다. 심지어 껍질을 까지 않은 마늘을 넣을 수 있도록 설계된 제품도 있다. 그러나 이렇게 하면 손으로 으깬 것보다 훨씬 알싸하고 향이 강하다. 토스터나 그릴에 구운 빵에 마늘을 문질러도 비슷한 효과가 난다. 물론 이렇게 강렬하고 알싸한 맛이 필요한 경우도 있다.(브루스케타 레시피 참고) ▶ 으깨거나 잘게 다진 마늘을 강불에 달군 기름에 볶을 때 자칫하다가 타버리면 톡 쏘는 매캐한 냄새가 나므로 타지 않도록 특별히 주의를 기울여야 한다. 다진 마늘이 들어간 양념에 재운 재료를 그릴이나 직화 오븐에 구울 때도 마찬가지다.(이런 상황을 피하려면 마늘을 강판에 갈아서 사용하거나 조리하기 전에 다진 마늘 알갱이를 털어내도록 권장한다.)

마늘 껍질을 까는 작업은 시간이 오래 걸리고 끈적여서 무척 성가시지만, 직접 손질한 마늘은 마트 농산물 코너에서 파는 시판 다진 마늘과 비교할 수 없을 정도로 맛이 뛰어나다. 비닐봉지나 용기에 담아 밀봉해서 파는 깐마늘은 좋은 절충안이다.(냉장고에 보관하고 되도록 빨리 사용한다.)

마늘을 좋아하는 독자라면 소파 데 아호, 마늘 40쪽을 넣은 닭고기 요리, 마늘빵, 마늘과 호두 소스, 아이올리, 마늘 피클 레시피를 절대 놓치지 말자.

마늘 구이

4~6인분

Ⅰ. 오븐에 구운 통마늘

이 요리를 첫 번째 코스 요리로 먹으려면 마늘을 으깨서 버터를 발라 구운 프랑스 빵 슬라이스에 넓게 펴 바른 후 소금을 홀홀 뿌린다. 또는 구운 마늘과 파르메산 스프레드에 넣어도 맛있다.

오븐을 200℃로 예열한다. 다음의 위쪽 ⅓을 잘라서 마늘 알을 드러낸다.

　　마늘 큰 것 4통

절단면에 다음을 살짝 뿌린다.

　　올리브유 2큰술

마늘을 한 통씩 포일로 단단히 감싸서 베이킹 접시에 놓고 부드러워질 때까지 약 45분간 굽는다. 뜨겁게 또는 실온 상태로 낸다.

Ⅱ. 프라이팬에 구운 마늘

이 방식으로 조리하면 오븐에 구운 것보다 단단하고 고소한 풍미의 마늘 구이가 완성된다. 프라이팬에 굽는 방법은 살사나 하바네로 감귤류 핫소스 등 열처리하지 않은 식탁용 소스에 마늘을 넣기 전에 매운맛을 빼는 용도로 적합하다. 묵직한 프라이팬을 중불에 올리고 다음을 넣는다.

　　속껍질을 까지 않은 마늘, 겉껍질은 제거하기

마늘 껍질이 검게 그을릴 때까지 구운 다음 뒤집는다. 모든 면이 검게 그을릴 때까지 약 15분간 굽는다. 도마에 옮겨놓고 식힌다.

마늘 콩피

약 1½컵

그야말로 '일거양득'이라고 할 수 있는 레시피다. 가니시로 사용하거나 소스에 첨가하거나 토스트 위에 바를 수 있을 정도로 살살 녹는 부드러운 마늘뿐만 아니라, 빵에 뿌리거나 파스타에 넣어 버무리거나 비네그레트와 마요네즈에 사용할 수 있는 진한 마늘 풍미의 기름까지 얻을 수 있기 때문이다.

오븐을 사용한다면 107℃로 예열한다. 다음의 껍질을 까고 손질한다.

마늘 2통에서 나온 마늘 여러 쪽

마늘을 베이킹 접시 또는 작은 편수 냄비에 넣고 다음을 붓는다.

올리브유 1컵 또는 마늘이 잠길 만큼의 분량

(타임 잔가지 3개, 작은 로즈메리 잔가지 1개 또는 월계수 잎 1장)

베이킹 접시를 오븐에 넣거나 편수 냄비를 중불에 올리고 아주 은근하게 끓는 상태로 가열한 후 불을 줄이고 마늘을 기름에 뭉근히 끓이듯이 조리한다.(잔거품이 일 수도 있지만 표면에 바글바글 올라와서는 안 된다.) 아주 부드러워질 때까지 1시간 정도 조리한다. 즉시 사용하거나 식혀서 뚜껑 있는 용기에 담은 후(마늘이 기름에 잠긴 상태인지 확인한다.) 냉장고에 넣으면 한 달 정도 보관할 수 있다.

마늘 칩

약 ½컵

바삭바삭한 이 마늘 칩을 샐러드, 크림수프, 고기나 채소 조림에 넣으면 근사한 식감과 고소한 마늘 풍미를 더할 수 있다.

가로 방향으로 아주 얇게 저민다.

마늘 2통에서 나온 마늘 여러 쪽, 껍질을 까기

마늘 슬라이스를 작은 편수 냄비에 넣고 기름을 다음 높이까지 붓는다.

식물성 기름 2.5cm

냄비를 중불에 올린 후 거품이 올라오면서 마늘이 지글지글 소리를 낼 때까지 가열한다. 마늘 슬라이스가 연한 갈색으로 노릇노릇하게 튀겨질 때까지 약 10분간 조리한다. 다 익었는지 확인하려면 마늘 조각 몇 개를 기름에서 건진 후 30초간 식힌다. 바사삭 소리를 내면서 깔끔하게 쪼개져야 한다.

고운체를 금속 그릇 위에 걸쳐놓고 기름을 부어서 거른다. 키친타월을 깐 접시에 마늘 칩을 올려놓고 기름을 뺀다. 다 식은 후 밀폐 용기에 넣으면 실온에서 최대 2주 정도 보관할 수 있다. 마늘 향이 진하게 우러난 기름은 다양한 볶음 요리에 활용한다.(뚜껑 있는 용기에 담아 한 달 정도 냉장 보관할 수 있다.)

요리에 사용하는 녹색 채소에 대해

'녹색 채소'라는 말로 묶어서 다룬다고 해도 워낙 종류가 다양하므로 한정된 지면에서 제대로 설명하기란 불가능하다. 복잡하고 다채로운 특징을 모두 설명하려면 책 한 권을 할애해도 모자랄 정도다. 그러나 녹색 채소를 다루는 방식은 종류와 관계없이 크게 다르지 않으며, 이어서 소개하는 대다수 레시피는 특정 종류의 녹색 채소를 기준으로 하더라도 다른 녹색 채소로 충분히 대체할 수 있다. **치커리, 에스카롤, 라디치오, 엔다이브** 같은 쌉쌀한 채소는 248쪽을 참고한다. 여기서 다루는 상당수의 녹색 채소는 서로 가까운 품종이지만, **양배추**라고 지칭하는 품종들은 탄력이 있고 잎이 두꺼우며 즙이 많으므로 약간 다른 손질법을 적용해야 한다. 더 자세한 내용은 양배추에 대해 항목을 참고한다.

시금치는 아마도 가장 널리 요리에 사용하는 녹색 채소일 것이다. 퓌레 상태로 갈아서 수프를 끓이거나 파이에 속재료로 넣거나(파타예르 비 사바네크) 바삭한 페이스트리 사이에 끼워 넣기도 하고(스파나코피타), 생으로 먹거나 가볍게 데친 샐러드로 만들어 먹기도 한다. 살짝 익힌 시금치를 가니시로 곁들이거나 시금치 위에 얹어서 내는 요리는 **플로렌틴**이라는 명칭이 붙는 경우가 많다. 비트와 가까운 품종인 시금치는 맛이 순한 편이지만 독특한 산미와 광물성 풍미가 있으며, 특히 시금치가 자랄수록 이런 맛이 강해진다. 다 자란 시금치는 잎이 커다랗고 쪼글쪼글해서 어린 시금치에 비해 요리에 사용하기에 적합하다. 가열해도 조직이 쉽게 물러지지 않으며 맛과 풍미도 진하다. 물론 어린 시금치도 여러 레시피에 활용할 수 있지만 뭐니 뭐니 해도 생으로 먹는 것이 가장 좋다. ▶ 냉동 시금치 258g은 신선한 시금치 약 680g을 데친 분량이다.

아마란스(카리브해식 칼라루에 사용)나 **번행초**는 식물학적으로는 시금치와 아무런 관련이 없는 품종이지만 풍미와 식감이 시금치와 비슷하다. **옹초**이라고도 불리는 **공심채**는 속이 비어 있는 긴 줄기에 작은 잎이 달려 있으며 식감이 아삭하다. 공심채 줄기는 잘게 썰거나 적당한 길이로 썰어서 데친 다음 얼음물에 담아 잘 구부러지게 만든다. 아삭하고 길쭉한 줄기가 오그라들어서 복잡하게 얽힌 상태가 되면 간단한 비네그레트에 버무려 먹을 수 있다. 아시아 마트에 가면 공심채 줄기를 얇게 썰 때 쓰는 특별한 도구를 판매하는데, 과도나 쥘리엔 껍질 벗기기 도구를 사용해도 충분하다.

근대 또는 **스위스 근대**는 비트와 가까운 또 다른 품종으로, 시장에서 붉은빛을 띠는 분홍색, 주황색, 노란색 잎맥이나 잎줄기를 가진 다양한 색의 근대를 찾아볼 수 있는 것도 그 때문이다. 근대는 순하지만 약간 쌉쌀한 풍미가 있으며 잎은 얇고 잘 찢어진다. 줄기는 널찍하고 평평하며 보통 억세지 않기 때문에 조리하기 전에 꼭 제거할 필요는 없다. 상황에 따라 줄기를 따로 잘라서 적당한 크기로 썰거나 얇은 슬라이스 형태로 썬 후 녹색 잎보다 먼저 넣어 볶거나 조린다. 생근대를 손질하는 방법은 구운 표고버섯을 얹은 참깨 샐러드 레시피를 참고한다.

양배추와 유사한 품종인 **케일**은 다양한 채소 중에서도 가장 극적으로 이미지 반전에 성공한 예다. 한때 무시당하거나 먹을 만한 채소가 못 된다는 오명을 썼던 케일은 이제 생으로 샐러드 및 스무디의 재료로 사용되거나 칩으로 변신하는가 하면, 볶음, 조림, 수프, 그라탱 등 전통적인 요리에도 다양한 방식으로 활용된다. 푸른빛이 도는 진한 녹색의 **라키나토**(카볼로 네로, 투스칸 또는 '공룡' 케일이라고도 부른다.)와 주름이 많고 분홍색 줄기가 달린 **러시아산** 품종을 가장 보편적으로 접할 수 있다. 구불구불한 잎이 달린 케일 품종들은 비교적 샐러드에 적합하지 않으나 다른 용도로는 얼마든지 활용할 수 있다. **어린 케일**은 샐러드에 넣어 먹으면 아주 맛있다. 케일은 연중 쉽게 구할 수 있지만 가장 풍미가 진하고 많이 출하되는 계절은 겨울이다. 색이 진하고 잎이 작은 것을 고른다. 잎이 아주 어린 경우를 제외하고, 섬유질이 많은 케일의 잎줄기는 조리하기 전에 259쪽의 그림처럼 제거해야 한다.

콜라드는 잎이 무성한 또 하나의 양배추 연관 품종으로 미국 남부 전역에서 널리 사랑받는 채소다. 남부 지역에서는 커다랗고 가죽처럼 매끈한 콜라드 잎을 넉넉한 묶음으로 사서 햄과 함께 끓여 스튜를 만드는데, 부드러운 녹색 건더기와 햄 맛이 잘 우러난 진한 '국물'이 일품이다. 콜라드는 녹색 채소 중에도 특히 탄성이 강해서 오랫동안 뭉근히 끓여도 식감이 크게 물러지지 않는다. 잘 구부러지도록 살짝 데쳐서 속을 채운 양배추 롤처럼 속재료를 감싸서 조리할 때 사용하기도 한다. 콜라드의 줄기와 잎줄기는 아주 질기므로 특히 짧은 시간 동안 조리할 경우 미리 제거하는 것이 좋다.(259쪽 그림 참고)

겨자 잎은 요리에 사용하는 녹색 채소 중에서도 우리 가족이 가장 좋아하는 식재료다. 잎은 얇고 부드러우며 밝은 녹색부터 보랏빛이 도는 검은색에 이르기까지 다양한 색을 띤다. 이름에서 예상할 수 있듯이 대부분의 겨자 잎은 매콤하고 톡 쏘는 '겨자' 풍미가 난다. 취향에 따라 다른 녹색 채소와 섞어서 조리하면 알싸한 맛이 다소 누그러진다. 진한 보라색을 띠는 **퍼플 오사카**를 비롯해 대부분의 어린 겨자 잎은 생으로 샐러드에 사용할 수 있을 정도로 연하다. **미즈나**와 같은 일부 품종은 다 자란 것도 생으로 먹을 수 있다. 특히 팔락 파니르 등의 요리에 사용하기에는 잎이 동그랗게 말린 품종이 가장 적합하다. 알싸한 정도와 관계없이 겨자 잎은 어느 품종이든 생으로 녹색 소스에 넣으면 톡 쏘는 악센트 역할을 한다. 우리는 치미추리나 살사 베르데에 파슬리 대신, 또는 파슬리와 섞어서 겨자 잎을 사용해 독특한 풍미를 즐긴다.

비트 잎은 풍미가 순하며 항상 비트에 붙어 있는 상태로 판매한다. 섬세하고 금세 시들기 때문에 구입 후 최대한 빨리 먹어야 한다. **래디시 잎**은 그보다 더 빨리 시들기 때문에 아주 싱싱한 상태가 아니라면 요리에 사용하기를 권장하지 않는다.(심지어 아주 싱싱한 상태라 하더라도 별로 맛있는 식재료는 아니다.) 그러나 래디시 중에서도 무와 같은 품종에는 좀 더 풍성한 잎이 달려 있다. 이러한 잎을 조리하면 기분 좋은 후추 향이 난다. 어린 **순무 잎**은 샐러드에 그냥 넣을 수 있을 만큼 연하다. 자랄수록 질기고 알싸한 맛이 강해지므로 남부식 채소 찜처럼 오랫동안 뭉근히 끓이는 요리에 적합하다. 샐러드용 순무에 달린 잎도 맛이 나쁘지 않지만, 우리가 먹는 순무 잎은 대부분 잎을 먹기 위해 특별히 재배한 품종에서 수확한 것이다.

소렐은 생으로 먹을 때 새콤한 맛이 매우 강하며 채소라기보다는 허브로 자주 활용된다. 부드러운 잎을 얇고 길쭉하게 썰어서 샐러드와 수프에 가니시로 사용하면 상큼하게 맛을 살려준다. 조리하면 풍미가 다소 순해진다. 소렐을 취급할 때는 산성 재료에 반응하지 않는 냄비와 칼을 사용한다. 생선과 가금류를 불에서 내려 얇게 썬 소렐 잎을 가니시로 곁들이거나 크림에 넣고 잠깐 은근히 끓여서 퓌레 상태로 갈아 간단한 소스를 만들거나 크림소스 시금치 또는 시금치 크림수프 등에 넣는다.

집에서 정원을 가꾸다 보면 어느 순간 **양상추**가 너무 많이 남아돌아서 닭 대신 토끼가 있으면 먹이로 줄 텐데 하는 생각을 종종 하기 마련이다. 양상추를 먹는 방법은 아삭한 잎을 씹어 먹는 것뿐만이 아니라는 사실을 모르기 때문이다. 양상추에 꽃이 피고 여름 햇빛 아래에서 쌉쌀하게 변하면 치커리와 비슷하게 조리해서 먹는다. 잎에 쓴맛이 없다면 시금치처럼 크림과 함께 조리하거나 데쳐서 먹을 수 있고, 녹색 완두콩과 함께 조리해도 맛있으며, 양배추처럼 속재료를 채워서 말거나 생선 필레를 감싸서 찔 때 사용해도 좋다.

쐐기풀이나 **램스 쿼터**(lamb's quarter), **괭이밥** 등을 비롯해 마트에서 흔히 볼 수 없는 다른 녹색 채소에 대해서는 야생 녹색 채소 조리하기 항목을 참고한다.

녹색 채소는 씻지 않고 비닐봉지에 넣어서 냉장고 채소 칸에 보관한다. 잎이 얇은 채소는 금세 시들기 마련이므로 며칠 안에 먹는다. 콜라드와 케일 등의 채소는 그보다 좀 더 오래 보관할 수 있다. ▶ 시들시들한 채소를 얼음물에 15분 정도 담가두면 싱싱하게 살아나기도 한다. 모든 녹색 채소는 조리하기 전에 깨끗하게 씻어서 모래와 흙을 제거해야 한다. 채소 탈수기나 커다란 그릇에 물을 채운다.(양이 많으면 아예 싱크대에 물을 채운다.) 채소를 물에 담그고 손으로 잎을 이리저리 저으면서 씻은 다음 건져서 체에 밭친다. 모래가 없이 맑은 물이 나올 때까지 물을 버리고 깨끗한 물을 다시 채워서 씻는 과정을 반복한다.

어리고 연한 녹색 채소는 통째로 조리하거나 잎줄기를 제거하지 않고 가로로 썰어서 조리한다. 다 자란 녹색 채소의 줄기는 억센 경우가 많다. 줄기는 섬유질이 많아서 잎보다 조리 시간이 오래 걸린다.

녹색 채소에서 줄기와 잎줄기를 제거하려면 잎을 반으로 접고 잎줄기를 따라 잘라서 줄기와 함께 떼어낸다. ▶ (케일처럼) 줄기와 잎줄기는 질기지만 잎은 부드러운 녹색 채소라면 한 손으로 줄기의 끝에서 잎을 잡고 다른 손으로 줄기를 잡는다. 한 번의 동작으로 재빨리 줄기와 잎을 반대쪽으로 쭉 잡아당긴다. 잎 부분이 한 덩어리로 잎줄기에서 분리될 것이다. 떼어낸 잎줄기는 버려도 되고, 너무 딱딱하거나 섬유질이 많지 않으면 어슷하게 얇게 썰어서 약간의 기름과 함께 프라이팬 또는 냄비에 먼저 넣고 부드러워질 때까지 볶은 후 잎 부분을 추가하는 방식으로 조리한다.

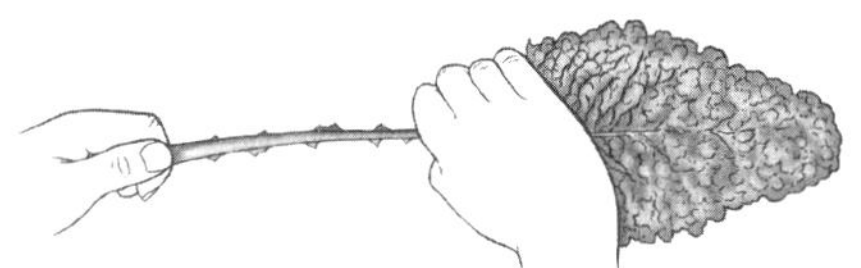

케일의 잎줄기 제거하기

시금치, 케일, 근대처럼 맛이 순한 녹색 채소는 다양한 풍미와 두루두루 잘 어울린다. 우리는 습관적으로 염장 돼지고기, 크림, 칠리 고추, 감귤류 또는 식초와 함께 조리하는 경우가 많지만, 간장과 녹인 버터를 섞어서 또는 브라운 버터를 소량 넣어 골고루 뒤적여도 맛이 근사하다.

전자레인지에 조리하려면 녹색 채소 450g을 준비해 두껍고 억센 줄기를 제거하고 손질한다. 잎을 씻은 다음 헹굴 때 묻은 물기를 털어내지 않고 그대로 2.8ℓ 용량의 전자레인지용 접시에 담는다. 뚜껑을 덮고 전자레인지를 강으로 맞춰 5~10분간 돌리되, 2분마다 한 번씩 뒤적여준다. 뚜껑을 덮은 채로 2분간 그대로 둔다.

남부식 채소 찜
8인분

전통 방식으로는 다 자란 순무와 콜라드 잎을 사용하지만, 조직이 연하든 질기든 상관없이 어떤 채소라도 진한 햄 육수에 넣어서 푹 끓이면 훌륭한 맛을 낸다. 남부의 일부 요리사들은 탄성이 좋은 녹색 채소를 염장 돼지고기와 함께 1시간 또는 그 이상 뭉근하게 끓이는 조리법을 선호한다. 여기서 우리가 권하는 방법은 먼저 염장육을 부드러워질 때까지 조리하는 것이다.

커다란 냄비에 다음을 넣어서 섞은 다음 부르르 끓어오를 때까지 가열한다.

  물 6컵

  염장 돼지고기 또는 베이컨 140g, 깍둑썰기하기 또는 훈제 돼지 발목 또는 돼지
    목뼈 450g

  (양파 작은 것 1개, 굵게 썰기 또는 마늘 몇 쪽, 으깨기)

불을 약간 줄이고 뚜껑을 반만 덮은 상태로 1시간 동안 은근히 끓인다. 다음을 잘 씻는다.

  조직이 단단한 녹색 채소 1.3kg, 콜라드와 순무 잎을 많이 쓰지만 케일이나 겨자
    잎 또는 이를 섞어서 사용해도 무방

앞의 그림처럼 잎줄기를 제거한 다음 손으로 뜯거나 굵게 썬다. 채소를 냄비에 넣고 취향에 따라 다음을 첨가한다.

(작은 붉은색 칠리 고추 말린 것 1개, 씨를 제거하기 또는 굵게 빻은 고춧가루
　½작은술)

냄비 속의 내용물이 다시 부르르 끓어오르도록 가열한 다음 불을 줄인다. 뚜껑을 반만 덮은 상태로 녹색 채소가 살짝 부드러워질 때까지 가끔 저으면서 채소의 종류에 따라 30분~1시간 동안 뭉근히 끓인다. 채소를 그릇에 담고, 냄비에서 돼지 발목을 꺼내서 살코기를 발라낸 뒤 잘게 썬다. 고기를 채소 위에 얹고 국자로 국물을 떠서 위에 붓는다. 다음과 함께 낸다.

(완다의 크랜베리콩 스튜)

남부식 옥수수 빵

식초 또는 핫소스

부드러운 녹색 채소 볶음

2~3인분

어린 녹색 채소를 가장 간단하게 조리하는 방법이다.

다음 재료를 깨끗하게 씻은 후 물기를 적당히 남겨둔다.

손질한 시금치, 근대, 어린 케일, 어린 겨자 잎 또는 이를 섞어서 꾹 눌러 담아
　12컵(약 450g)

채소를 굵게 썬 다음 커다란 프라이팬에 넣는다. 다음으로 간을 한다.

소금 ¼작은술

프라이팬을 중불에 올려서 자주 저으면서 완전히 숨이 죽되 밝은 녹색이 남아 있을 때까지 약 5분간 조리한다. 서빙용 접시에 담은 후 다음을 넣어 뒤적이며 섞는다.

엑스트라 버진 올리브유, 녹인 버터 또는 브라운 버터

레몬즙, 식초 또는 핫소스 소량

흑후추 적당량

또는 다음 재료를 위에 얹는다.

마늘과 호두 소스 또는 올랑데즈 소스

얇게 썬 완숙 달걀

잘게 부순 베이컨

갈색으로 볶은 버터 빵가루

크림소스 시금치

4인분

이 레시피에서는 묶음으로 파는 다 자란 시금치를 즐겨 사용하지만 어린 시금치로 만들어도 좋고 케일, 근대, 순무 잎으로 대체할 수도 있다.

커다란 프라이팬을 중불에 올리고 다음을 넣어 녹인다.

버터 2큰술

다음을 넣고 저어가면서 부드러워질 때까지 약 5분간 볶는다.

양파 작은 것 1개, 얇게 썰기

다음을 넣고 1분간 더 조리한다.

마늘 2쪽, 다지기

다음을 넣고 젓는다.

중력분 3큰술

프라이팬에 다음을 넣는다.

시금치(다 자란 시금치 권장) 450g, 깨끗이 씻어서 억센 줄기를 제거한 후 굵게
　썰기

헤비크림 또는 하프앤드하프 ½컵

소금 ½작은술

부르르 끓어오르도록 가열한 후 프라이팬의 뚜껑을 덮고 시금치의 숨이 죽을 때까지 조리한다. 뚜껑을 열고 저으면서 시금치가 잘 익고 국물이 걸쭉해지도록 계속 뭉근히 끓인다. 취향에 따라 다음을 올려서 낸다.

(갈색으로 볶은 버터 빵가루)

(베이컨 4조각, 바삭하게 구워서 잘게 부수기)

(완숙 달걀 2개, 굵게 썰기)

잣과 건포도를 넣은 시금치 볶음

4인분

단맛과 짠맛 그리고 잣의 고소한 버터 풍미가 완벽한 조화를 이루는 요리다.

내열 용기에 다음을 넣는다.

노란색 건포도 ⅓컵

작은 편수 냄비에 다음을 넣고 부르르 끓어오르도록 가열하면서 설탕이 녹도록 잘 젓는다.

화이트와인 식초 또는 사과 식초 ⅓컵

설탕 2작은술

겨자씨 1작은술

굵게 빻은 고춧가루 ½작은술

팔팔 끓는 식초 혼합물을 건포도 위에 붓고 뚜껑을 덮어서 다른 재료를 조리하는 동안 불린다. 커다란 프라이팬을 중불에 올리고 다음을 둘러 가열한다.

올리브유 2큰술

다음을 넣고 향긋한 냄새가 날 때까지 약 1분간 볶는다.

마늘 2쪽, 다지거나 강판에 갈기

다음을 넣는다.

다 자란 시금치 450g, 깨끗이 씻어서 억센 줄기를 잘라내기

소금 ½작은술

시금치의 숨이 죽을 때까지만 살짝 볶는다. 시금치에 원하는 만큼 건포도를 뿌려서 뒤적인 후 다음을 위에 뿌려서 낸다.

구운 잣 또는 구워서 굵게 썬 아몬드 2큰술

마늘을 넣은 녹색 채소 조림

4~6인분

다음을 깨끗하게 씻은 후 줄기 및 잎줄기를 잎에서 떼어낸다.

근대, 시금치, 케일, 순무 잎, 겨자 잎 또는 비트 잎 680g

줄기와 잎줄기를 1.2cm 길이로 썬다. 잎은 굵직하게 썬다. 씻어서 잘 헹구되, 물기는 적당히 남겨둔다.

커다란 프라이팬을 중약불에 올리고 다음을 둘러 가열한다.

올리브유 또는 식물성 기름 2큰술

다음을 넣고 기름에서 향긋한 냄새가 나면서 마늘의 색이 막 변하기 시작할 때까지 볶는다.

마늘 2쪽, 얇게 저미기

(생강 2.5cm짜리 1조각, 껍질을 벗기고 얇게 저미기 또는 안초비 필레 2개, 굵게
　썰기)

(말린 붉은색 칠리 고추 작은 것 1개, 손으로 부수기 또는 굵게 빻은 고춧가루

¼~½작은술, 맛을 보면서 조절)

썰어놓은 줄기와 잎줄기를 넣고 가끔 저으면서 살짝 부드러워지기 시작할 때까지 약 2분간 볶는다. 잎을 넣고 뚜껑을 반만 덮은 상태로 잎과 줄기가 모두 부드러워질 때까지 3~5분간 더 볶는다. 다음으로 간을 하고 맛을 낸다.

레몬즙 또는 레드와인 식초

소금

안초비를 사용하지 않는다면 다음을 몇 방울 뿌린다.

간장, 느억짬 또는 남프릭

검보 저브(Gumbo Z'herbes)

6인분

검보 저브는 사순절(기독교인이 예수의 고행을 기리는 2월부터 4월까지의 기간 — 옮긴이) 즈음에 만들어 먹는 경우가 많은데, 마침 이때는 다양한 녹색 채소를 손쉽게 구할 수 있는 시기다. 전통 레시피는 10개 이상의 다양한 녹색 채소를 사용하지만 그냥 구할 수 있는 채소로 만들면 된다. 약간 더 걸쭉하고 풍미가 진한 스튜를 끓이려면 **중력분 3큰술**을 기름에 넣고 저으면서 노란빛이 도는 갈색의 루를 만든다. 그다음 양파와 피망, 셀러리를 넣고 레시피대로 조리한다.

더치오븐 또는 수프 냄비를 중불에 올리고 다음을 둘러서 가열한다.

식물성 기름 3큰술

다음을 넣고 저으면서 부드러워질 때까지 약 10분간 볶는다.

양파 큰 것 1개, 굵게 썰기

녹색 피망 1개, 굵게 썰기

셀러리 줄기 1개, 굵게 썰기

다음을 넣고 저으면서 2분간 조리한다.

마늘 4쪽, 다지기

다진 신선한 타임 1큰술 또는 말린 타임 1작은술

소금 ½작은술

흑후추 ¼작은술

카옌 고춧가루 ¼~½작은술, 맛을 보면서 조절

다음을 넣고 강불에 올려서 뭉근히 끓어오를 때까지 가열한다.

닭 또는 채소 육수나 국물 4컵

(훈제 돼지 발목 1개)

월계수 잎 1장

다음을 한 번에 한 움큼씩 넣는다.

콜라드, 순무 잎, 겨자 잎 또는 케일 등의 녹색 채소를 섞어서 900g, 깨끗이 씻어
굵게 썰기

뭉근히 끓고 있는 육수에 채소를 한 움큼 넣고 적당히 숨이 죽으면 다시 한 움큼 넣는 식으로 반복한다. 불을 줄이고 뚜껑을 덮어서 재료가 아주 부드러워질 때까지 약 1시간 동안 뭉근히 끓인다. 다음으로 간을 하고 맛을 낸다.

소금과 흑후추

레몬즙

돼지 발목을 넣었다면 건져서 포크로 살코기를 발라낸 다음 고기를 다시 수프에 넣고 잘 젓는다. 월계수 잎은 건져낸다. 다음 위에 얹어서 낸다.

흰쌀밥

다음을 곁들인다.

핫소스

필레 가루

송송 썬 쪽파

시금치 파코라

4인분

고소한 냄새가 일품인 이 프리터는 도저히 한두 개만 먹고는 멈출 수 없는 매력이 있다. 시금치 대신 거의 모든 녹색 채소를 사용할 수 있다.(우리는 특히 케일을 선호한다.) 딥 프라잉 항목을 참고한다.

중간 크기의 그릇에 다음을 넣고 잘 섞어서 튀김 반죽을 만든다.

병아리콩 가루 1컵

물 ½컵

가람 마살라 또는 커리 가루 1큰술

소금 ½작은술

(아위 ¼작은술)

다음을 반죽 안에 넣고 뒤적여서 골고루 튀김옷을 묻힌다.

꾹 눌러 담은 시금치 2컵(약 115g), 잘 씻어서 굵게 썰기

곱게 썬 자색 양파 ½컵

세라노 고추, 씨를 빼고 잘게 다지기

더치오븐이나 묵직한 냄비에 다음 높이까지 기름을 붓고 175℃로 가열한다.

식물성 기름 3.8cm

오븐을 93℃로 예열한다. 오븐 팬에 키친타월을 깐다. 시금치와 반죽 혼합물을 한 순가락씩 듬뿍 떠서(대략 2큰술 분량) 뜨거운 기름에 조심스레 떨어뜨리고 진한 색으로 노릇노릇하게 익을 때까지 2~5분간 튀긴다. 한 번에 튀김 재료를 너무 많이 넣으면 기름 온도가 내려가므로 주의한다. 건지기나 구멍 뚫린 순가락으로 건져서 키친타월에 올려놓고 기름을 빼고 오븐에 넣어 따뜻하게 보관한다. 남아 있는 파코라 반죽도 같은 방식으로 전부 튀긴다. 다음 중 선호하는 소스 한두 가지와 함께 뜨거울 때 낸다.

고수 민트 처트니, 타마린드 처트니 또는 라이타

잘게 썬 콜라드 볶음

4인분

이 레시피에서는 조직이 단단한 콜라드를 사용하지만 뭉근히 오래 끓이는 일반적인 조리 방법보다는 비교적 가볍게 조리한다. 아주 얇게 썰어서 조리하기 때문에 짧은 시간 안에 기분 좋은 식감으로 완성된다. 브라질에서는 전통적으로 이 요리를 페이조아다에 곁들여 먹는다.

다음을 준비한다.

콜라드 잎 450g, 깨끗이 씻어서 억센 줄기와 잎줄기를 제거하기

잎을 가지런히 겹쳐 쌓은 후 원통 모양으로 단단하게 말아서 최대한 얇게 썬다. 커다란 프라이팬을 중불에 올려 다음을 두르고 가열한다.

올리브유 1큰술

다음을 넣고 향긋한 냄새가 날 때까지 약 30초간 볶는다.

마늘 2쪽, 다지기

콜라드를 넣고 살짝 부드러워지면서 밝은 녹색이 유지되도록 약 2분간 가볍게 볶는다. 다음으로 간을 한다.

소금

팔락 파니르(Palak Paneer, 생치즈를 넣은 시금치 커리)
4인분

인도의 전통 요리인 팔락 파니르는 보통 시금치로 만드는데, 우리가 먹어본 최고의 팔락 파니르는 시금치가 아닌 겨자 잎을 사용하거나 시금치, 케일 또는 순무 잎을 섞어서 만든 것이었다. 일반적으로 녹색 채소는 일단 익힌 다음 퓌레 상태로 갈아서 넣지만, 우리는 굵게 썬 녹색 채소의 투박한 식감을 선호한다.(그리고 설거짓거리도 줄어든다.) 오랫동안 뭉근히 끓이는 커리는 양고기 사그 레시피를 참고한다. 상황에 따라 수제 파니르 치즈 대신 시판 파니르 치즈 170g을 사용해도 좋다.
중간 크기의 묵직한 편수 냄비에 다음을 넣고 부르르 끓어오르도록 가열한다.

　일반 우유 4컵
냄비를 불에서 내린 후 다음을 넣는다.

　레몬즙 3큰술
우유가 몽글몽글하게 뭉치면서 응유가 액체 상태의 유장 위에 둥둥 뜨는 상태가 될 때까지 젓는다. 5분간 그대로 둔다. 고운체에 얇은 면 거즈를 두 겹으로 깔고 그릇 위에 올려놓는다. 응유와 유장을 국자로 떠서 체에 붓고 손으로 만질 수 있을 때까지 식힌다. 면 거즈의 가장자리를 잡아당겨서 응유 위로 모은 후 꾹 눌러서 최대한 물기를 짜낸다. 아직 면 거즈에 담긴 응유를 1.2~2.5cm 두께로 평평하게 편다. 접시 위에 올리고 다른 접시 하나를 위에 올려놓는다. 그 위에 통조림을 얹어서 누른 상태로 20분간 물기를 뺀 다음 완성된 파니르 치즈를 1.2cm 크기의 정육면체로 자른다.
다음을 굵게 썬다.

　다 자란 시금치 680g, 깨끗이 씻어서 억젠 줄기를 제거하기
커다란 논스틱 프라이팬을 중강불에 올리고 다음을 부어 가열한다.

　식물성 기름 또는 기 버터 ¼컵
정육면체로 자른 파니르를 넣고 가끔 프라이팬을 흔들거나 파니르를 반대쪽으로 뒤집어가면서 노릇노릇하게 익을 때까지 3~4분간 조리한다. 파니르를 접시에 옮겨 담는다. 프라이팬에 남은 기름에 다음을 넣는다.

　커민씨 1작은술

　고수씨 1작은술, 으깨기

　겨자씨 ½작은술

　말린 붉은색 칠리 고추 3개(카슈미르산 권장) 또는 굵게 빻은 고춧가루 ½작은술
겨자씨가 톡톡 튀어 오를 때까지 저으면서 약 1분간 조리한다. 다음을 넣고 부드러워질 때까지 약 1분간 볶는다.

　양파 중간 크기 1개, 얇게 저미기

　소금 ½작은술
다음을 넣고 1분간 더 볶는다.

　마늘 4쪽, 얇게 저미기
시금치가 프라이팬 밖으로 삐져나오지 않을 정도로 적당량 넣고 뚜껑을 덮은 후 숨이 죽으면 다시 시금치를 추가하는 식으로 조리한다. 손질한 시금치를 모두 담을 때까지 몇 움큼씩 넣는다. 뚜껑을 열고 물기가 전부 증발할 때까지 조리한다. 접시에 담아두었던 파니르 치즈를 넣고 즉시 낸다.

야생 녹색 채소, 순, 뿌리에 대해

먹을 수 있는 야생식물을 채집하고자 할 때는 ▶ 지역 야생식물 전문가를 찾는다. 전문가와 함께하는 채집 활동 및 워크숍은 안전하게 먹을 수 있는 야생식물이 무엇인지, 채집해도 생태계에 영향이 없는지, 언제가 제철인지 그리고 어디서 발견할 확률이 높은지 파악할 수 있는 가장 좋은 방법이다. 만약 가까운 곳에서 전문가나 관련 단체를 찾을 수 없다면 각자 사는 지역의 특성에 초점을 맞춰 설명한 식용 식물도감이 가장 믿을 만한 정보원이다. 우리가 권장하는 식물도감은 1137쪽의 참고 문헌에 소개되어 있다.

　▶ 어떤 식물인지, 먹어도 안전한지 100% 확신이 들지 않는다면 절대 야생식물을 먹어서는 안 된다. 성장 단계에 따라 식물의 외형이 상당히 달라 보일 수 있다는 점을 잊지 말자.(전문가의 조언을 듣는 것이 가장 바람직한 또 하나의 이유다.) 모든 식물에는 살이 오르고 즙이 많아져서 맛있게 먹을 수 있는 제철이 있는가 하면 먹을 수 없거나 맛이 없어지는 시기가 있다. 또한 모든 야생식물은 흙을 제거하기 위해 아주 깨끗이 씻어야 한다. 마지막으로 식용 야생식물이라고 해서 모든 부위가 먹기에 안전한 것은 아니라는 점을 반드시 기억하자. 야생식물을 먹기 전에는 충분한 조사가 필요하다. 조사할 때는 개체 수가 적기 때문에 채집해서는 안 되는 희귀 식물 또는 멸종 위기 식물을 파악한다. 그뿐만 아니라 야생식물은 절대 마구잡이로 채집해서는 안 된다.(침입성 식물은 예외다.) 채집한 것보다 많은 양을 남겨서 식물군이 스스로 재생할 수 있도록 배려한다.

　마지막으로 채집하는 것이 어떤 야생식물인지 확실히 안다고 해도 몇 가지 위험 요소는 있음을 언급해둔다. 마늘냉이나 명아주 등 일부 식용 야생식물은 침입성 품종이므로 제초제 살포 대상인 경우가 많다. 또한 잡초 옆에 자라난 토착 식물을 먹으면 의도치 않게 제초제에 노출될 가능성도 있다. 이러한 위험 요소를 줄이려면 ▶ 제초제를 사용하지 않는 것으로 확인된 지역에서만 야생식물을 채집해야 한다. 길가에서는 식물을 채집하지 않고, 음식물 쓰레기 처리장이나 오염 지역, 공장에서 멀리 떨어진 곳을 찾아보자.

야생 녹색 채소 조리하기

이렇게 위험 요소와 주의점을 늘어놓았으니 이제 몇 가지 긍정적인 점도 소개해본다. 식물 채집은 재미있을 뿐만 아니라 독특한 풍미를 지닌 재료를 구할 수 있는 좋은 방법이다. 봄에 나는 어린 녹색 식물은 샐러드에 넣어 먹으면 가장 맛있다. **별꽃, 명아주(아마란스), 잎이 평평하거나 구불거리는 수영, 램스 쿼터, 작은 질경이, 달맞이꽃, 부레끈끈이대나물, 쇠비름, 민들레 잎, 호장근, 야생 치커리, 야생 겨자, 콩다닥냉이, 고지대 냉이**(미국 일부 지역에서는 '크리시 그린creasy green'이라고도 부른다.), **광부의 상추** 등의 녹색 채소가 자라서 질겨지는 바람에 샐러드에 넣기 어렵다면, 그냥 다른 녹색 채소처럼 조리하면 된다. 야생 녹색 채소를 조리하기 전에 몇 가닥 먹어보고 얼마나 쓴맛이 강한지 가늠한다. 쓴맛이 너무 많이 나면 몇 분 정도 애벌로 삶아서 삶은 물을 따라낸 다음 레시피대로 조리한다. 데치고 조리한 후에도 일부 녹색 식물에는 쓴맛이 약간 남아 있기 마련인데, 시금치나 케일 등의 재배 채소와 함께 조리하면 쓴맛을 감출 수 있다. **쐐기풀**은 성장 단계와 관계없이 반드시 익혀서 까끌까끌한 가지를 제거해야 한다. 두꺼운 장갑을 낀 상태에서 채집하고, 부엌에서 조리하기 전에는 집게로 다룬다.

　미국 해안가를 따라 자라며 염분이 함유된, **바다콩**이라고도 불리는 **샘파이어**(samphire)는 감자 샐러드에 넣으면 짭짤한 감칠맛을 더해주고 간단한 피클로 만들면 독특하고 맛있는 가니시 역할을 한다.(바다콩은 그 자체로 충분히 짠맛이 강하기 때문에 피클용 절임 용액에 소금을 넣지 않는다.) 해안가에서 자라는 다육식물인 **미국 바다로켓**은 잎이 루콜라와 비슷한 모양을 하고 있으며 후추 향

이 난다. 생으로 먹을 수도 있지만 살짝 데쳐서 얼음물에 담갔다가 먹어야 가장 맛있게 즐길 수 있다.(바다로켓의 알싸한 싹도 간단한 피클로 만들어 케이퍼 대신 사용할 수 있다.) 바닷가에서 자라는 식물 중에서 가장 간단하게 손질해서 먹을 수 있는 것은 **해수화**의 어린잎이다. 다른 조리용 녹색 채소처럼 다루거나 익히지 않은 잎을 썰어서 믹스 그린 샐러드에 넣어도 맛있다. 어느 정도 자란 잎은 반드시 애벌로 삶아서 사용해야 한다. 미국 남부의 일부 가정에서는 **자리공**을 전통적인 봄철 설사약으로 사용하지만, 자리공 식물 전체에 독성이 있는 것으로 알려져 있다. 줄기와 잎은 깨끗한 물에 여러 번 데쳐야만 먹을 수 있는 상태가 된다. 먹을 수 있도록 손질하는 수고에 비해 풍미와 식감은 그다지 뛰어난 편이 아니므로 자리공을 굳이 식재료로 사용하는 것은 권장하지 않는다. 여기서도 야생식물을 채집하기 전에 현지 야생식물 전문가의 조언을 구하거나 식용 식물에 대한 믿을 수 있는 지침을 따르도록 다시 한 번 강조해둔다.

야생 순 조리하기

야생 순 중에서는 먹어본 사람들이 극찬하는 것들도 있는데, **야생 아스파라거스**가 대표적인 예다. 그 외의 맛있는(그리고 흔히 발견할 수 있는!) 야생 순으로는 **부들, 분홍바늘꽃, 아스클레피아스, 마디풀, 우엉, 청미래덩굴** 등을 꼽을 수 있다. 모든 순은 어렸을 때, 즉 꽃이 피기 훨씬 전에 따야 가장 맛있다. 이러한 야생 순은 모두 아스파라거스처럼 부드러워질 때까지 조리해서 먹을 수 있다. 우엉 순은 조리하기 전에 껍질을 벗겨야 한다.

야생식물의 뿌리 조리하기

몇몇 야생식물의 뿌리를 채집하는 일은 의욕이 넘치는 채집가나 발가락 사이에서 진흙이 질척거리는 느낌을 좋아하는 사람들의 몫이다. **골풀**과 **부들**은 연중 내내 뿌리를 캐서 먹을 수 있다. 뿌리줄기에서 실뿌리가 많은 작은 뿌리를 잘라내고 껍질을 벗긴다. 최소 10분 이상 애벌로 삶아서 전분을 일부 제거한 다음 깨끗한 물을 부어 삶거나 부드러워질 때까지 굽는다. 뿌리의 껍질을 벗기지 않고 숯불에 구워도 맛있다. **와파토**라고도 부르는 **싱고니움**의 덩이줄기는 가을에 채집할 수 있으며 감자처럼 튀기거나 구워도 좋고 스튜에 넣어서 뭉근히 끓여도 맛있다. 노란색 **황수련**의 길고 폭신한 뿌리는 삶아서 먹을 수 있지만, 개중에는 아주 쓴맛이 강한 것도 있다. 그럴 때 입가심 삼아 황수련의 씨를 모아서 팝콘처럼 튀겨먹으면 좋다.

땅에서 자라는 야생 뿌리채소 중에서 많은 사람이 보편적으로 좋아하는 것은 **돼지감자**다. 이는 재배 작물이기도 하다. 감자와 비슷하고 고소한 맛을 내는 **아피오스** 뿌리(미국땅콩이나 감자콩이라고 부르기도 한다.), **우엉** 뿌리 그리고 잔줄기를 모두 제거한 **원추리**의 작은 덩이줄기도 돼지감자나 감자처럼 조리할 수 있다. 꽃봉오리와 꽃을 손질하는 방법은 1059쪽을 참고한다.

히카마에 대해

갈색의 울퉁불퉁한 순무처럼 생긴 히카마(jicama)의 외형만 보면 그 안에 달콤하고 아삭하며 즙이 많은 흰색 과육이 숨어 있다고는 상상하기 어렵다. 히카마는 생채소 전채나 샐러드의 재료로 안성맞춤이며, 덤플링 속재료나 볶음 요리를 만들 때 마름(물밤) 대신 사용해도 훌륭한 역할을 한다. 히카마는 잘게 썰거나 성냥개비 모양으로 썰어서 서머 롤에 사용하거나 간단한 피클을 담가도 아주 맛있다. 히카마를 얇게 썰어 라임즙과 소금, 고운 고춧가루를 뿌리면 간식으로 간단히 먹을 수 있고, 성냥개비 모양으로 썰어서 버무리면 슬로와 비슷

한 타코 토핑으로 활용할 수 있다.

히카마를 살 때는 작거나 중간 크기의 덩이줄기 중에서 전체적으로 단단하고 크기에 비해 묵직하며 쪼글쪼글하거나 말라가는 기미가 보이지 않는 것을 고른다. 껍질을 벗기지 않고 실온에 보관한다. 박박 문질러 씻은 후 잘 드는 과일칼로 껍질을 벗긴다. 껍질 아래에 있는 얇은 섬유질 층도 함께 제거한다. 얇게 썰거나 웨지, 정사각형, 길쭉한 직사각형 또는 성냥개비 모양으로 썬다.

콜라비에 대해

독일어로 '양배추 순무'라는 뜻의 콜라비(kohlrabi)는 그야말로 딱 맞는 이름을 가지고 있다. 둥글납작한 아래쪽 줄기는 아삭하고 순무와 비슷한 맛을 내지만 순무보다 풍미가 순하다. 콜라비 잎은 다른 단단한 녹색 채소처럼 조리해서 먹을 수 있다. 콜라비의 줄기와 잎줄기는 섬유질이 너무 많아서 먹기 힘든 경우가 많으므로 잎을 사용하려면 신경 써서 손질해야 한다. 아래쪽 구근은 껍질을 벗기지 않고 공기가 통하지 않도록 비닐봉지에 넣어 냉장고 채소 칸에 보관한다. 크기가 너무 작지 않다면 과도나 채소 껍질 벗기는 도구로 질긴 껍질을 벗겨낸다.

우리는 콜라비를 생으로 사용할 때 대부분 크기가 작은 것(지름 5~7.5cm)을 선택하지만, 커다란 콜라비도 의외로 식감이 부드러울 수 있으며 이런 경우 특히 슬로에 사용하면 좋다.

콜라비는 다양한 레시피에서 전분이 없는 다른 뿌리채소 대신 사용할 수 있다. 서양대파와 베이컨을 넣은 순무 조림처럼 조리하거나 4등분해서 당근처럼 굽거나 성냥개비 모양으로 잘라서 매콤한 중국식 슬로를 만들면 맛있다. 콜라비를 잘게 썰어 그린 파파야 샐러드를 만들 때 그린 파파야 대신 사용해도 색다른 매력이 있다. 얇게 저민 콜라비를 감자와 번갈아 겹쳐놓고 감자 그라탱을 만들 수도 있다. 콜라비를 통째로 부드러워질 때까지 삶거나 쪄서 루이지애나식 차요테처럼 속을 채워도 근사하다.

콜라비는 맛이 순하며 다양한 풍미를 잘 흡수한다. 새콤한 감귤류 드레싱, 대부분의 녹색 허브, 겨자, 고춧가루, 커민, 마늘, 굵게 빻은 고춧가루와 잘 어울린다.

서양대파에 대해

서양대파(leek)는 양파과 채소 중에서도 가장 순하고 달콤한 맛을 자랑한다. 다른 양파과 재료들처럼 양념으로 사용하는 경우가 많지만, 주재료로도 충분히 근사한 역할을 한다. 서양대파는 거대한 쪽파와 비슷한 모양이며 보통 2.5~5cm 정도의 두께를 자랑하지만, 그보다 얇은 어린 서양대파도 가끔 직거래 장터에서 눈에 띈다. 서양대파의 위쪽 녹색 부분은 억세고 섬유질이 많다. 뿌리 쪽 흰 부분에도 섬유질이 많으므로 볶거나 퓌레로 만들어서 수프에 넣거나 입에서 사르르 녹을 정도로 부드러워질 때까지 조리거나 뭉근히 끓이려면 반드시 결의 반대 방향으로 썰어서 사용해야 한다.

위쪽 녹색 부분의 색이 연하고 마르지 않은 서양대파를 고른다. 흰색과 연두색 부분만 사용하므로 색이 연한 부분의 비율이 높은 것을 골라야 한다. 입구를 봉하지 않은 비닐봉지에 넣어 냉장고 채소 칸에 보관한다. ▶ 서양대파는 잎이 단단하게 뭉쳐 있으므로 사이사이에 낀 흙을 제거하기 위해 특히 깨끗이 씻어야 한다.

서양대파를 씻으려면 진한 녹색 윗부분을 잘라낸 후(대파 윗부분의 활용법은 264쪽 내용을 참고) 잔뿌리 부분만 손질해서 버리고 잎을 하나로 모아주는 부분

은 남겨둔다. 잎의 끝부분부터 시작해 세로로 반 자른다. 반쪽씩 흐르는 물에 가져다 대고 손가락으로 잎이 겹쳐 있는 부분을 벌려가면서 불순물이 전부 씻겨나갈 때까지 잘 씻는다.(흙은 대부분 서양대파가 땅 위로 솟아나기 시작하는 연두색 부분의 위쪽에 모여 있다.)

서양대파 비네그레트 같은 전통적인 레시피에는 보통 작은 서양대파를 통째로 사용하지만, ▶ 커다란 서양대파(두께 2.5cm 이상)를 사용할 때는 결의 반대 방향으로 얇게 썰어서 사용하도록 권장한다. 오랫동안 조리한 후에도 섬유질이 상당히 질기게 남아 있을 가능성이 있기 때문이다. 통째로 조리하거나 반으로 잘라서 조리한 서양대파를 먹을 때는 식탁에 잘 드는 작은 나이프를 두고 각자 결의 반대 방향으로 썰어서 먹을 수 있도록 한다.

서양대파의 윗부분은 보통 버리는 경우가 많지만 우리는 잘 씻어서 육수 주머니에 넣어둔다. 식품 건조기에 넣어서 쉽게 부서질 때까지 말린 다음 갈아서 순한 양념 가루로 활용하기도 한다. 하드넥 마늘 품종도 마늘종을 잘라서 먹듯이, 가끔 서양대파에서 잘라낸 꽃줄기를 직거래 장터에서 판매하기도 한다. 결의 반대 방향으로 썰어 다양한 레시피에서 양파 대신 활용하면 좋다.

서양대파는 다양한 식재료와 잘 어울리지만 특히 레몬, 버터, 치즈, 크림, 버섯, 감자, 마늘, 햄, 베이컨, 타임, 파슬리, 차이브와 함께 사용하면 좋다. 전통적으로 사랑받는 조합으로는 서양대파 타르트, 감자와 서양대파 수프, 코카리키 등의 레시피를 참고한다.

서양대파 조림

4인분

커다란 프라이팬 또는 더치오븐을 중강불에 올리고 뭉근히 끓어오르도록 가열한다.

 닭 육수 또는 국물 ¾컵

 버터 2큰술

 (소금 ¼작은술, 육수에 간이 되어 있지 않을 경우)

 흑후추 ¼작은술

다음을 절단면이 아래로 가도록 프라이팬에 넣는다.

 서양대파 큰 것 4대, 손질해서 세로로 반 자른 후 깨끗이 씻기

대파의 녹색 부분은 육수용으로 보관하거나 버린다. 중약불로 줄이고 뚜껑을 덮는다. 칼로 서양대파를 찔러보면 부드럽게 쑥 들어갈 때까지 약 15분간 뭉근히 끓인다. 뚜껑을 열고 중불로 올려서 서양대파가 노릇노릇하게 익고 국물이 거의 다 증발할 때까지 약 5분간 더 조리한다. 그동안 작은 프라이팬을 중불에 올리고 다음을 넣어 녹인다.

 버터 1큰술

다음을 넣고 자주 저으면서 노릇노릇해질 때까지 볶는다.

 입자가 굵은 빵가루 ½컵

서양대파를 절단면이 위로 가도록 서빙용 접시에 옮겨 담고 다음과 함께 빵가루를 얹는다.

 (구워서 굵게 썬 헤이즐넛)

 레몬즙 약간

멜티드 리크(Melted Leek)

4인분

맛있는 곁들임 음식이자 피자나 크로스티니에 토핑으로 올려도 근사하다. 또

는 캐러멜화한 양파처럼 사용해도 좋다.

커다란 프라이팬을 중약불에 올리고 다음을 넣어 녹인다.

 버터 2½큰술

다음을 넣고 부드러워지기 시작할 때까지 4~5분간 조리한다.

 서양대파 큰 것 3대, 손질해서 세로로 반 자른 후 깨끗이 씻어서 얇게 썰기

다음을 넣는다.

 닭 또는 채소 육수나 국물 1컵 또는 물 1컵

 소금 ¼작은술

 신선한 타임 잔가지 1개 또는 말린 타임 ¼작은술

뚜껑을 덮고 서양대파가 부드러워질 때까지 약 5분간 뭉근히 끓인다. 뚜껑을 열고 중강불로 올린 후 다음을 붓는다.

 드라이 화이트와인 ¼컵

국물이 절반으로 줄어들 때까지 10~15분간 팔팔 끓인다. 다음을 넣고 젓는다.

 헤비크림 2큰술

 (커리 가루 ½작은술 또는 갓 갈아낸 육두구나 육두구 가루 1자밤)

크림이 잘 어우러질 때까지 조리한다. 타임 잔가지를 넣었다면 건져내고 다음으로 간을 하고 맛을 낸다.

 소금과 흑후추

취향에 따라 다음으로 장식한다.

 (다진 차이브 또는 굵게 썬 파슬리)

서양대파 비네그레트

4인분

전통적으로 프랑스 코스 요리의 첫 순서를 장식하는 이 요리는 가능하면 어리고 얇은 서양대파로 만든다. 서양대파를 조리한 국물은 머스터드 비네그레트로 활용할 수 있다.

다음을 손질해 깨끗이 씻는다.

 어린 서양대파 16대(약 2cm 두께) 또는 커다란 서양대파 4대, 손질해서 세로로
  4등분한 후 깨끗이 씻기

커다란 프라이팬을 중강불에 올리고 다음을 부어서 뜨겁지만 연기는 나지 않을 때까지 가열한다.

 올리브유 ¼컵

서양대파를 몇 번에 나눠서 넣고 뒤집어가면서 노릇노릇하게 익을 때까지 약 10분간 튀기듯이 조리한다. 조리가 모두 끝나면 대파를 전부 프라이팬에 넣고 다음을 붓는다.

 닭 육수 또는 국물 1컵

 드라이 화이트와인 ¼컵

뚜껑을 덮고 가끔 뒤적이면서 서양대파가 부드러워질 때까지 약 8분간 조리한다. 서빙용 플래터에 옮겨 담는다. 프라이팬에 다음을 붓는다.

 닭 육수 또는 국물 ¼컵

 레드와인 식초 2작은술 또는 적당량

저으면서 3분간 끓인다. 불에서 내린 후 다음을 넣고 젓는다.

 다진 파슬리 2작은술

 디종 머스터드 1작은술

 소금과 흑후추 적당량

비네그레트를 대파 위에 붓고 식힌다. 다음으로 장식해서 실온 상태로 낸다.

다진 차이브

(완숙 달걀 1개, 중간 굵기의 체에 놓고 눌러서 으깨기)

서양대파 그라탱

4인분

오븐을 190℃로 예열한다. 33×23cm 크기의 베이킹 접시에 버터를 바른다. 다음을 준비한다.

서양대파 중간 크기 또는 큰 것 4대, 손질해서 세로로 반 자르고 깨끗이 씻기

최대한 물기를 털어내고 절단면이 아래로 가도록 베이킹 접시에 담는다. 다음을 홀홀 뿌린다.

소금 ½작은술

흑후추 ¼작은술

서양대파 위에 다음을 붓는다.

헤비크림 1컵

포일로 덮은 후 서양대파가 부드러워질 때까지 약 30분간 굽는다. 포일을 걷어내고 다음을 홀홀 뿌린다.

강판에 곱게 간 파르메산 치즈 ¼컵

다시 오븐에 넣고 갈색으로 익을 때까지 약 15분간 더 굽는다.

로메스코 소스를 곁들인 서양대파 그릴 구이

4인분

파의 일종인 **칼소트**(Calçot)로 만드는 전통적인 스페인 요리다. 미국에서는 칼소트를 구하기가 쉽지 않으므로 커다란 쪽파 또는 작은 서양대파를 사용하거나 큰 서양대파를 반으로 잘라서 데친 후 사용해도 좋다. 스페인에서는 그릴에 구운 칼소트를 구운 양고기, 소시지, 콩과 함께 내며 레드와인을 넉넉하게 곁들인다.

다음을 준비한다.

어린 서양대파나 칼소트 12대 또는 큰 서양대파 4대, 손질해서 세로로 반 자르고
깨끗이 씻기, 또는 큰 쪽파 4묶음

큰 서양대파를 반 잘라서 사용할 경우, 잔뿌리 부분만 잘라내고 잎을 하나로 모아주는 부분은 남겨둔 채로 5분간 데친다. 그릴을 강불로 맞춰서 준비한다. 서양대파나 쪽파에 다음을 살짝 바른다.

올리브유

모든 면이 검게 그을릴 때까지 그릴에서 구운 다음 상황에 따라 대파를 불이 닿지 않는 곳으로 옮겨서 굽는 작업을 마무리한다. 신문이나 종이봉투로 감싸서 5분간 식힌다. 다음과 함께 낸다.

로메스코 소스

그을린 겉껍질을 벗겨내고 대파의 속살을 소스에 찍어 먹는다.

글래모건(Glamorgan, 서양대파와 치즈로 만든 채식용 '소시지')

4인분

웨일스 특산물인 이 요리는 달걀과 빵가루의 뭉치는 성질을 이용해 소시지 모양의 케이크로 만든 것이다. 진짜 소시지라고 생각하는 사람은 없겠지만 머스터드를 발라서 에일을 곁들이면 상당히 맛이 좋다.

커다란 프라이팬을 중불에 올리고 다음을 넣어 녹인다.

버터 1큰술

다음을 넣고 가끔 저으면서 부드러워질 때까지 약 4분간 볶는다.

서양대파 큰 것 1대, 손질해서 세로로 반 자르고 깨끗이 씻은 후 얇게 썰기

그동안 중간 크기의 그릇에 다음을 넣고 섞는다.

강판에 간 케어필리(웨일스산 흰색 치즈 — 옮긴이) 또는 화이트 체더 치즈
1½컵(170g)

생빵가루 ¾컵

대란 2개, 잘 풀어두기

신선한 타임 잎 1큰술 또는 말린 타임 1작은술

드라이 머스터드 1작은술

소금 ½작은술

흑후추 ¼작은술

서양대파를 넣고 저어서 재료들이 잘 섞이게 한다. 2.5cm 두께의 길쭉한 타원형 소시지 모양으로 8개를 빚어서 30분 동안 냉장고에 넣어둔다. 작은 그릇에 다음을 깨뜨려 넣고 세게 저어 풀어둔다.

대란 2개

납작한 접시에 다음을 부어 준비해둔다.

마른 빵가루 ½컵

서양대파를 조리한 프라이팬을 깨끗이 닦은 후 중불에 올리고 다음을 둘러 가열한다.

식물성 기름 3큰술

기름이 뜨겁게 달궈지면 '소시지'에 달걀물을 묻히고 빵가루 위에 굴린 다음 프라이팬에 넣는다. 자주 뒤집으면서 전체적으로 노릇노릇하게 익도록 약 10분간 굽는다. 다음과 함께 낸다.

홀그레인 머스터드

연근에 대해

열대식물인 연의 뿌리는 통통하고 길쭉하며 마디가 있다. 주렁주렁 매달린 소시지처럼 끝에서 끝까지 연결된 상태로 자라며, 순한 맛에 아삭한 식감을 자랑하는 뿌리에는 커다란 구멍이 여러 개 뚫려 있다. 연근은 마름(물밤)처럼 조리한 후에도 단단한 조직이 살아 있다.

아시아 마트에서는 연중 신선한 연근을 구할 수 있다. 전체적으로 단단하며 물렁물렁한 부분이나 상처, 멍이 보이지 않는 담황색 연근을 고르면 된다. 연근의 크기는 식감이나 맛과 전혀 관련이 없다. 연근은 감자와 마찬가지로 햇빛이 들지 않는 서늘한 곳에 보관한다. 연근을 손질하려면 마디 부분을 잘라서 우툴두툴한 연결 부위를 다듬은 다음 껍질을 벗겨 얇게 썬다. 일단 껍질을 벗긴 후에는 색깔이 금세 변하므로 산성수를 준비해두었다가 연근을 썰자마자 얼른 담가둔다.

얇게 썬 연근은 볶음 요리에 사용하거나 감자 또는 뿌리채소 칩처럼 튀겨도 맛있다. 중국에서는 연근의 한쪽 끝을 잘라서 찹쌀을 채워 넣은 다음 부드러워질 때까지 통째로 뭉근히 삶거나 쪄서 먹는다. 조리한 후에도 아삭한 식감이 남아 있으므로 수프, 커리, 조림, 간단한 피클 등에 활용하기에도 좋다.

버섯에 대해

요리하는 사람에게 버섯은 다양한 농산물 중에서도 각별한 존재다. 두툼하고 씹는 맛이 있으며 어떤 재료와 조합해도 진한 감칠맛을 더해주기 때문이다. 아래에 소개하는 버섯 종류 중 상당수는 일반적으로 '야생'으로 알려졌지만 실

제로는 재배 작물이며, 예외라고 한다면 포르치니, 살구버섯, 송이버섯 등을 꼽을 수 있다. 버섯을 채집할 때는 ▶ 야생 버섯 채집하기 항목을 참고하는 동시에 항상 믿을 수 있는 전문가와 상의해 채집하는 버섯의 종류를 명확히 파악해야 한다. **송로버섯**에 관한 내용은 1089쪽을 참고한다.

미국의 마트에서 가장 흔히 볼 수 있는 것은 **양송이버섯**이다. **흰색**이나 갈색(또는 **크레미니**라고도 한다.)을 띠며 부드럽고 맛이 순하다. 크기가 아주 작으면 통째로 사용한다. 갈색의 **포토벨로버섯**은 양송이와 같은 종류이지만 훨씬 크게 자란 것이다.(따라서 가끔 갈색의 작은 양송이버섯에 **베이비 벨라**라는 이름을 붙여 판매하기도 한다.) 거대한 포토벨로버섯은 너비가 15cm에 달하기도 하며 고기를 씹는 것처럼 두툼하고 강렬한 풍미를 지니고 있다. 갓 부분이 큼직하고 평평하며 단단하므로 그릴이나 직화 오븐에 굽기에 적합하다.(또한 큼직하게 벌어진 주름살 부분은 양념장, 페이스트, 조미료를 듬뿍 흡수한다.) ▶ 포르치니나 곰보버섯처럼 값이 비싼 버섯의 풍미를 넉넉하게 즐기려면 이러한 버섯을 몇 개 구입한 후 저렴하고 맛이 순한 버섯과 섞어서 조리한다.

시메지, 느티만가닥버섯이라고도 불리는 **만가닥버섯**은 크기가 작은 재배종으로 흰색과 갈색 품종이 있다. 단추 모양의 갓과 얇은 밑동이 달려 있으며 작게 무리 지어 자란다. 생으로 먹거나 조리가 덜 되었을 때는 쓴맛이 나기도 하지만 일반적으로 맛이 순하며 기분 좋은 식감을 가지고 있다.

꽃송이버섯은 흰색이나 연한 노란색을 띠며 부정형으로 무리를 지어 자란다. 콜리플라워와 비슷한 모양이라고 해서 영어로 콜리플라워버섯(cauliflower mushroom)이라는 이름이 붙었다. 꽃송이버섯은 구불구불한 라자냐 파스타 모양의 엽이 조밀하게 엉켜 있는 형태다. 엽 사이의 틈이 좁아서 좀처럼 깨끗하게 씻기 어렵다. 꽃송이버섯을 씻을 때는 큼직하게 잘라서 찬물에 넣어 휘휘 저으면서 흙과 솔잎을 털어내도록 권장한다. 주로 굽거나 작게 잘라서 노릇하게 익을 때까지 볶거나 수프에 넣어서 먹는다.

꾀꼬리버섯이라고도 부르는 **살구버섯**은 완만하게 휘어진 트럼펫을 닮았다. 가끔 마트에서 눈에 띄기도 하며 야생 버섯을 채집하는 사람들 사이에서 인기 있는 품종이다. 황금색 또는 주황색이 도는 갓에 얇은 밑동이 달려 있고, 섬세한 살구 향기나 약간의 흙내음이 난다. 특히 크림과 궁합이 좋아서 토스트, 파스타, 폴렌타 등에 얹으면 두루두루 잘 어울린다. **블랙 트럼펫, 풍요의 뿔**(horns of plenty), **죽음의 트럼펫**이라는 다양한 이름으로 불리는 비슷한 모양의 검은색 버섯은 이와 가까운 품종이며 맛도 비슷하지만 살구버섯보다 과육이 얇다. **옐로풋** 살구버섯은 크기가 자그마하며, 또 다른 살구버섯 연관 품종인 **고슴도치버섯**은 갓 아래에 뾰족뾰족한 '가시'가 돋아 있어 쉽게 구별할 수 있으므로 초보 채집자들이 따기에 안성맞춤이다.

덕다리버섯(chicken of the wood)은 노란빛을 띠는 주황색 버섯으로 나무줄기나 통나무에 평평한 선반 모양으로 자란다. 이름과 맛 사이에 큰 연관이 없는 대다수 품종들과는 달리, 이 덕다리버섯은 실제로 영문명에 들어간 닭고기와 비슷한 맛이 나며 특히 어린 버섯은 고기처럼 두툼한 식감을 자랑한다. 얇은 부분은 볶거나 그릴에 구워서 먹지만 두껍고 억센 부분은 부드러워질 때까지 조려서 먹어야 한다.

팽이버섯은 아주 얇은 버섯이 조밀하게 무리 지어 자라며, 자그마한 갓이 달려 있어서 숙주와 비슷한 모양이다. 샐러드에 넣으면 보기 좋을 뿐만 아니라 약간의 단맛도 더해주는데, 우리는 다시에 넣어 푹 끓이거나 라멘 또는 미소 된장국에 넣어서 먹는 것을 선호한다. 스펀지처럼 물렁물렁한 아랫부분을 잘라내고 가닥가닥 분리해서 사용한다.

노루궁뎅이버섯은 **사자갈기털버섯** 또는 **흰색털방울버섯**이라는 별명을 가지고 있으며, 「스타트렉」에 등장하는 동물인 '트리블'을 연상시키는 모양이다. 드라마 속에서 기하급수적으로 개체 수가 증가해 골칫거리가 된 트리블처럼 노루궁뎅이버섯도 왕성하게 자란다면 얼마나 좋을까! 복슬복슬한 털이 달린 노루궁뎅이버섯은 무려 22.5kg 또는 그 이상으로 자라기도 한다. 얇고 섬세한 가시털이 아주 빽빽하게 무리를 이루고 있어서 독특한 식감을 자랑한다. 크기가 큰 개체는 밑동이 억세고 질기므로 오랫동안 조려서 부드럽게 만들어주어야 한다.(우리는 굳이 밑동을 조리하지 않는다.) 미국의 마트에서는 좀처럼 찾아보기 힘들지만 노루궁뎅이버섯은 재배 품종이다. 혹시라도 눈에 띈다면 얼른 장바구니에 담아 와서 한입 크기로 잘게 썰어서 갈색이 되도록 버터에 살짝 지진 후 레몬즙을 뿌려서 먹어보자.

랍스터버섯은 두 가지 눈에 띄는 특징을 가지고 있다. 우선 붉은빛이 도는 강렬한 밝은 주황색이 '삶은 랍스터 껍데기'를 연상시키며, 단순한 버섯이 아니라 버섯과 기생 곰팡이라는 두 가지 생명체로 이루어져 있다는 점이다. 랍스터버섯은 상당히 크게 자라며 과육이 단단하다. 랍스터 맛이 난다고 하는 사람이 있는가 하면 밍밍한 맛이라고 생각하는 사람도 있다. 우리는 랍스터버섯을 리소토에 넣거나 볶아서 먹는다.

마이다케버섯이라고도 하는 **잎새버섯**은 널리 재배되는 품종이며 식재료 전문점이나 아시아 마트에서도 점차 많이 취급하고 있다. 개중에는 깃털 같은 모양에 얇은 갓이 서로 겹친 형태로 붙어 있는 것도 있고, 두껍고 단단한 부채 모양의 갓이 달린 것도 있다. 종류와 관계없이 잎새버섯을 강불에 구우면 기분 좋은 바삭한 식감을 즐길 수 있다. 또는 예쁘게 무리 지어 자라난 잎새버섯을 골라서 진한 풍미의 국물에 데친 다음 그릇에 담아서 내도 좋다. 깃털 모양의 틈새로 소스와 양념장이 잘 스며들지만, 그 자체가 진하고 구수한 풍미를 지니고 있어 사실상 소스나 양념장이 거의 필요 없다. 우리 집 주방에서 가장 즐겨 사용하는 버섯이다.

송이버섯은 값이 비싸며 특히 일본에서 귀한 대접을 받는 버섯이다. 갓은 상당히 크게 자라지만, 아직 다 자라지 않은 둥그런 송이버섯이 최상급으로 거래된다.(씻을 필요 없이 그냥 먹는다.) 송이버섯은 특히 향이 아주 뛰어나며 소나무와 계피의 은은한 향을 풍긴다. 단단하고 때로는 쫄깃한 식감을 가지고 있고, 얇게 썰어서 밥을 지을 때 넣으면 밥 전체에 송이버섯의 섬세한 풍미가 은은하게 밴다.

곰보버섯은 식재료 전문점에서 구하거나 직접 채집할 수 있다. 원뿔 형태의 벌집 모양 갓이 달려 있으며 색깔은 가장 흔한 갈색에서부터 황금색, 검은색에 이르기까지 다양하다. 갓의 내부는 비어 있기 때문에 큼직한 곰보버섯은 속재료를 채워 넣기에 안성맞춤이다. 표면이 벌집 모양으로 올록볼록하므로 소스를 잘 빨아들인다. 안타깝게도 이렇게 요철과 틈이 많아서 그만큼 먼지와 불순물이 잘 쌓이기도 한다. 모양이 잘 잡혀 있고 조직이 튼튼하다면 압축공기 스프레이로 안팎의 먼지를 털어내기도 한다.(조직이 연한 곰보버섯을 이렇게 손질하면 부서진다.) 먼지가 많이 묻어 있다면 그릇에 물을 담고 곰보버섯을 담가서 헹군 다음 톡톡 두드려 물기를 털어내고 사용한다.

나도팽나무버섯은 일본산 재배종이며 시메지처럼 조밀하게 무리를 지어 자란다. 가장 흔한 종류는 갓에 점액질 성분이 덮여 있는 것으로 미소 된장국에 넣어 먹는 경우가 많다. 이와 유사한 품종으로 나도팽나무버섯이라는 이름을 붙여서 판매하는 것이 **개암버섯**이다. 양송이버섯 같은 모양의 건조한 갓에 길쭉하고 맛이 좋은 밑동이 달려 있다. 우리 집에서 특히 볶음이나 구이를 할 때 선호하는 버섯이다.

느타리버섯은 귀 모양 또는 굴 모양의 갓이 한 무더기로 뭉쳐 자라며 널리 재배되는 품종이다.(야생에서도 찾아볼 수 있다.) 갓의 바깥쪽은 크림색부터 회색빛이 감도는 갈색에 이르기까지 다양하며 조직은 매끄럽고 조밀하다. 가끔 일반 느타리버섯보다 훨씬 얇고 섬세하면서 분홍색이나 노란색을 띠는 품종이 보이기도 한다. **큰느타리버섯**(또는 **새송이버섯**)은 상당히 큼직하며 두껍고 긴 밑동이 달려 있다. 새송이버섯의 밑동을 가로로 평평하게(또는 두툼한 동전 모양으로) 썰어서 스테이크나 관자처럼 강불에 구워 먹을 수도 있다.

세프(cèpe) 또는 **그물버섯**이라고도 하는 **포르치니**를 모든 버섯 중에서 가장 맛있다고 생각하는 사람이 많다. 큼직한 양송이버섯과 비슷한 모양이지만 아주 두껍고 연한 색의 밑동이 달려 있으며 갓은 붉은빛이 도는 갈색이다. 갓 아래가 주름진 양송이버섯과는 달리 스펀지 같은 구멍이 뚫려 있는 것이 특징이다. 구입하거나 채집한 후에 바로 사용해야 한다. 가능하면 일단 잘라서 안에 벌레가 들어 있는지 확인한 후 사는 것이 좋은데, 바로 이런 이유로 신선한 포르치니버섯은 반으로 잘라서 판매하는 경우가 많다. 버섯 안에 들어 있는 벌레는 해롭지 않으므로 눈에 띌 때마다 그냥 도려내거나 아무도 눈치 채지 못하는 단백질 재료로 취급해도 된다. 포르치니는 전통적으로 수프와 리소토에 사용하며 파스타에 버무릴 크림소스, 라구, 간단한 볶음 요리에 넣어도 맛있다. 베이비 아티초크처럼 얇게 썰어서 밀가루를 묻힌 다음 프라이팬에 튀겨서 먹기도 한다. 큼직한 포르치니버섯은 솔로 올리브유와 레몬즙을 발라서 고기처럼 그릴 또는 직화 오븐에 구워도 좋다. 다 먹지 못할 정도로 포르치니버섯이 많다면 식품 건조기에 넣어서 말린다.

표고버섯은 우산 모양의 갈색 버섯으로 가늘고 섬유질이 많은 밑동이 달려 있다. 통나무에서 재배하는 이 버섯은 중국과 일본, 한국 요리에 폭넓게 사용되며 독특한 흙내음을 풍긴다. 단단한 식감과 진한 풍미 덕분에 볶음이나 수프에 넣으면 무척 맛있다. 다 자라지 않은 **어린 표고버섯**은 별미이며 밑동과 함께 통째로 사용하는 것이 가장 좋다. 중간 크기나 큰 표고버섯을 사용할 때는 질긴 밑동을 잘라서 육수 주머니에 넣는다.

목이버섯 또는 **운이버섯**은 젤리와 비슷한 질감의 식용 버섯 중 하나다. 다른 신선한 버섯과는 달리 목이버섯은 촉촉해 보이는 것을 골라야 한다. 위쪽은 진한 갈색이거나 검은색을 띠며 아주 얇고 생으로 먹으면 오독오독하다. 신선한 목이버섯은 좀처럼 눈에 띄지 않지만 말린 목이버섯은 여러 아시아 마트 및 식재료 전문점에서 항상 갖춰놓는 품목이다. 산라탕 같은 중국 요리에 사용하면 감칠맛을 확 끌어올려준다.

일반적으로 버섯을 고를 때는 크기에 비해 묵직하고 물기가 없으며 갓과 밑동이 단단한 것을 선택한다. 질척거리거나 쪼그라든 것, 색이 변하거나 물렁물렁한 부분이 있는 것은 피한다. 암모니아같이 고약한 냄새가 아니라 기분 좋은 흙내음이 나야 한다. 씻지 않은 버섯은 헐겁게 봉한 종이봉투에 넣거나 키친타월로 느슨하게 둘둘 말아서 보관한다. 포장된 버섯은 뜯지 않고 보관한다. 냉장고의 채소 칸이 아닌 일반 칸에 보관하고, 물방울이 맺힐 수 있는 용기에 담지 않도록 주의한다.(물기가 있으면 빨리 상한다.)

버섯은 부드러운 솔이나 축축한 헝겊으로 문질러서 닦는다. 평소에는 물로 씻을 필요까지는 없지만, 유난히 버섯이 지저분하다면 찬물에 버섯을 잠간 담가서 휘휘 저으면서 헹구는 작업을 깨끗한 물이 나올 때까지 반복한다. 씻은 다음 완전히 말려서 즉시 조리한다. 버섯의 갓 부분만 사용하는 레시피라면 갓과 밑동이 맞닿는 부분에서 잘라내되, 풍미가 진한 밑동은 버리지 않는다. 잘

게 썰어서 갓 부분을 넣는 요리에 추가해도 좋고 육수용으로 보관하거나(육수 주머니 보관하기 항목 참고) 뒤셸에 사용하기도 한다. 다 자란 표고버섯 밑동은 상당히 질기므로 육수 이외의 용도로는 사용하기 힘들다.

버섯의 보존 기간을 조금이나마 늘리려면 버섯 콩피를 만들어보자. 피클을 담그거나 말리거나 냉동하면 버섯을 오랫동안 보관할 수 있다. 냉동 버섯에 관한 정보는 943쪽을 참고한다. 냉동 버섯을 활용하려면 뭉근히 끓이는 소스, 조림, 수프에 넣거나 프라이팬에 담고 약간의 물이나 육수를 넣은 후 뚜껑을 덮어서 데우기만 하면 된다. **말린 버섯**은 소스, 수프, 스튜, 그레이비에 강렬한 버섯 풍미를 추가할 때 유용하다. 믹서 또는 향신료 전용 분쇄기에 갈아서 사용하거나 물에 담가 불려서 원상태로 복원한다. 말린 버섯 활용법에 대한 자세한 내용은 1063쪽을 참고한다. 버섯을 말리는 방법은 1004쪽에서 설명한다.

버섯은 그 자체로 또는 특정 요리의 중심 재료로 훌륭한 역할을 하며, 특히 독특한 '야생' 품종은 식탁에 화려함을 더해준다. 우리는 버섯에 크림을 넣어서 맛을 돋우거나 레몬즙 또는 과일 식초, 마늘, 샬롯, 양파, 강판에 간 경성 치즈, 타라곤, 타임 등으로 양념해서 즐긴다. 버섯은 진한 풍미가 필요한 요리에 빼놓을 수 없는 재료이며 특히 고기가 들어가지 않는 레시피에 필수적이다. 대다수 버섯은 상당히 즙이 많아서 국물이 빠져나와 갈색으로 변하기 시작할 때까지 조리하는 것이 가장 좋다. 프라이팬에 빠져나온 버섯 국물은 졸아들면서 풍미가 더 진해지며 졸아들고 남은 국물은 다른 액체 재료와 함께 다시 버섯에 흡수된다. 우리는 '국물이 빠져나온' 버섯에 마늘을 넣고 셰리주나 와인을 부어서 버섯이 다시 통통해지고 프라이팬의 국물이 확 줄어들 때까지 뭉근히 끓이는 조리법을 특히 선호한다.(참피뇨네스 알 아히요 레시피 참고) 표고버섯이나 잎새버섯처럼 얇거나 조직이 조밀한 버섯은 국물이 많이 빠져나오지 않으므로 볶음 등의 빠른 조리법에 더욱 적합하다. 양송이버섯의 갓이나 잎새버섯, 개암버섯, 살구버섯 등의 갓이 얇은 품종은 튀김옷을 입혀서 기름을 넉넉히 붓고 튀겨도 맛있다. 버섯의 특징적인 풍미가 최대한 살아나도록 덴푸라 반죽을 사용하기를 권장한다. 버섯이 들어가는 요리로는 구운 버섯 버거, 구운 버섯 라자냐, 속을 채워서 구운 버섯 코케뉴, 헝가리식 버섯 수프 레시피를 참고한다.

야생 버섯 채집하기

야생 버섯을 채집할 계획이라면 ▶ 일부 독버섯은 성장 단계에 따라 식용 버섯과 아주 비슷해 보일 수 있다는 점을 기억해야 한다. 흔히 볼 수 있으며 겉으로는 해가 없어 보이는 광대버섯속(Amanita)의 몇몇 품종은 강력한 독성을 지니고 있어서 초기 르네상스 시대의 왕족과 귀족이 사용하던 독약의 재료로 쓰였을 것으로 추정한다. 독이 있는 버섯은 많지만 생명에 위협을 가할 만큼 치명적인 독성을 가진 버섯은 드물다. 그 외의 버섯은 단순히 맛이 별로 없을 뿐이다. 그러나 냉철하게 말하자면 ▶ 대다수 식용 버섯과 다른 균류를 쉽게 구별하는 방법은 없다. 심지어 전문가조차도 한 가지 품종의 표본을 최대 10개 정도 검사해보고 나서야 최종 판단을 내리곤 한다.

몇몇 예외를 제외하면(송로버섯 포함) 야생 버섯은 날로 먹으면 안 된다. ▶ 100% 확실하게 구별할 수 있는 버섯만 먹도록 한다. 특히 초심자라면, 세상에 대담한 버섯 채집자와 경험 많은 채집자는 있을지언정 경험이 많으면서 대담한 버섯 채집자는 없다는 사실을 꼭 기억하자. 처음에는 경험이 풍부한 전문가와 함께 채집을 나가고, 각자 거주하는 지역의 믿을 만한 식물도감을 참고한다.

버섯 볶음

4인분

다음을 4등분하거나 균일한 두께로 얇게 썬다.

버섯 450g

아주 커다란 프라이팬을 중강불에 올리고 뜨겁게 달군다. 다음을 넣는다.

버터 또는 식물성 기름 3큰술

버섯을 넣고 프라이팬을 앞뒤로 흔들어 버섯에 버터나 기름을 골고루 묻힌다. 취향에 따라 다음을 넣는다.

(마늘 1쪽, 얇게 저미기)

중강불에 프라이팬을 자주 흔들어가면서 조리한다. 처음에는 버섯이 말라보이겠지만 점차 기름을 흡수한다. 버섯의 색이 변하면서 물이 나오기 시작할 때까지 팬을 계속 흔들면서 3~4분간 볶는다. 다음으로 간을 하고 맛을 낸다.

소금과 흑후추

조리한 육류, 파스타, 곡물 요리에 가니시로 사용하거나 간단하게 다음 위에 올려서 낸다.

둥글게 자른 토스트

크림소스 버섯

4인분

아주 풍미가 진한 곁들임 음식이나 소스로 활용할 수 있고, 숟가락으로 떠서 토스트 위에 올리면 호사스러운 첫 번째 코스 요리가 된다.

커다란 프라이팬을 중불에 올리고 다음을 넣어 가열한다.

버터 또는 올리브유 4큰술

다음을 넣고 저으면서 반투명 상태가 될 때까지 약 5분간 볶는다.

양파 중간 크기 ½개, 잘게 깍둑썰기하기

다음을 넣는다.

버섯 450g, 얇게 썰기

중강불로 올리고 자주 저으면서 버섯에서 물이 나왔다가 다시 흡수될 때까지 약 5분간 조리한다. 다음을 넣는다.

헤비크림 또는 크렘 프레슈 1컵

마늘 2쪽, 다지기

신선한 타임 잎 1½작은술 또는 말린 타임 ½작은술

소금과 흑후추 적당량

중불로 줄이고 소스가 약간 걸쭉해질 때까지 뭉근히 끓인다. 맛을 보고 간을 조절한 후 다음을 넣고 섞는다.

굵게 썬 파슬리 1큰술

참피뇨네스 알 아히요(Champignones al Ajillo, 마늘을 넣은 스페인식 버섯 요리)

4인분

이 전통 스페인 타파스는 우리가 아는 한 버섯을 가장 맛있게 조리한 요리 중 하나다. 프라이팬에 남은 국물은 바삭한 빵에 듬뿍 찍어서 맛있게 즐긴다. 다음을 준비한다.

버섯 450g

작은 버섯은 통째로 사용하고 큰 버섯은 반으로 자르거나 4등분한다.(한입 크기로 준비) 커다란 프라이팬을 중강불에 올리고 다음을 부어 연기가 나기 직전까지 가열한다.

올리브유 ¼컵

프라이팬에 다음을 넣는다.

마늘 3~6쪽 또는 취향에 따라 적당량, 굵게 썰거나 얇게 저미기

(굵게 빻은 고춧가루 1자밤)

마늘이 황금색으로 익을 때까지 약 30초간 조리한다. 버섯을 넣고 재빨리 마늘과 섞어서 마늘이 타지 않게 한다. 가끔 저으면서 버섯에서 물이 나올 때까지 약 5분간 조리한다. 다음을 붓는다.

드라이 셰리 또는 드라이 화이트와인 ¼컵

국물이 절반으로 줄어들 때까지 뭉근히 끓인다. 불에서 내려 다음을 넣고 버섯과 잘 섞는다.

굵게 썬 파슬리 잎 ¼컵

소금 ½작은술

흑후추 ½작은술

버섯을 얕은 그릇에 옮겨 담고 프라이팬의 국물을 적당히 나누어 붓는다. 취향에 따라 그릇마다 다음을 몇 방울씩 뿌린다.

(셰리 식초 또는 화이트와인 식초)

또는 다음과 함께 낸다.

(레몬 조각)

버섯 위에 다음을 살짝 뿌린다.

스위트 파프리카 가루, 훈제 권장

다음을 곁들여서 낸다.

신선하고 바삭한 빵, 따뜻하게 데우거나 굽기

버섯 라구

4인분

파스타, 폴렌타, 밥, 마늘을 문지른 크루통, 팝오버(popover, 달걀과 우유, 밀가루를 섞어 윗부분이 부풀어 오르게 구운 빵 ─ 옮긴이)에 얹어서 내는 소스다. 더 강렬한 풍미를 내려면 포르치니 등의 말린 버섯 14g을 물에 불린 다음 굵게 썰어서 신선한 버섯과 함께 넣는다. 버섯 불린 물은 한 번 걸러서 요리할 때 밑국물로 활용한다.

커다란 편수 냄비를 중강불에 올리고 다음을 둘러서 가열한다.

올리브유 또는 버터 2큰술

다음을 넣고 저으면서 황금색으로 익을 때까지 약 8분간 볶는다.

양파 1개, 잘게 썰기

다음을 넣고 젓는다.

버섯 450g, 얇게 썰기

버섯에서 국물이 나오기 시작할 때까지 약 5분간 조리한다. 다음을 넣는다.

마늘 2쪽, 잘게 썰기

토마토 페이스트 1큰술

굵게 썬 로즈메리, 타임, 오레가노, 마저럼 또는 이를 섞어서 1~2큰술, 맛을 보면서 조절

소금과 흑후추 적당량

혼합물이 갈색으로 변하기 시작할 때까지 저으면서 5분간 더 조리한다. 다음을 붓는다.

닭 또는 채소 육수 1½컵

부르르 끓어오르도록 가열한 후 중약불로 줄이고 10분간 뭉근히 끓인다. 다

음을 조금씩 넣으면서 잘 저어서 섞는다.

차가운 버터 2큰술, 작은 조각으로 자르기

다음을 넣는다.

발사믹 식초 1½작은술

다음으로 장식한다.

(강판에 간 파르메산 치즈)

굵게 썬 파슬리

버섯 구이

4인분

사실상 어떤 버섯이든 구우면 맛이 좋아지지만 우리가 가장 선호하는 것은 작은 표고버섯과 잎새버섯으로, 가장자리는 기분 좋은 바삭한 식감으로 완성되며 고기에 뒤지지 않는 매우 진한 풍미를 낸다. 하다못해 오래 묵은 평범한 크레미니버섯도 이 레시피대로 구우면 훨씬 맛이 좋아진다.

오븐을 220℃로 예열한다. 나중에 뒷정리를 편하게 하려면 테두리 있는 오븐팬에 유산지를 깐다.

다음을 준비한다.

버섯 450g

갓에 밑동이 붙어 있는 일반적인 모양의 버섯은 밑동을 잘라내고(표고버섯의 밑동은 질기므로 버리거나 육수를 내는 데 사용한다.) 통째로 사용하거나 반으로 썰어둔다. 크기가 아주 크면 4등분하거나 얇게 썬다. 잎새버섯은 브로콜리의 작은 꽃송이만 한 크기로 적당히 분리한다. 버섯에 다음을 넣고 뒤적이며 섞는다.

식물성 기름 2큰술

소금 ½작은술

버섯이 갈색으로 변하고 가장자리가 바삭해질 때까지 25~30분간 굽는다.

버섯 베이컨

4~6인분

구운 버섯이 고기처럼 근사한 맛을 낸다는 사실을 깨달은 우리는 한술 더 떠서 베이컨에 자주 사용하는 향신료와 양념을 버섯에 넣고 구워보았다. 그 결과 간식으로 먹거나 채식용 BLT에 얹거나 샐러드 위에 올려도 맛있는 버섯 베이컨이 탄생했다.

오븐을 175℃로 예열한다. 테두리 있는 오븐 팬 2개에 유산지를 깐다.

중간 크기의 그릇에 다음을 넣고 세게 저어서 섞는다.

올리브유 2큰술

메이플 시럽 1큰술

간장 2작은술

훈제 파프리카 가루 2작은술

일반 소금 또는 구운 소금 ½작은술

흑후추 ½작은술

마늘 가루 ¼작은술

다음 재료와 양념을 그릇에 넣고 잘 버무린다.

표고버섯 225g, 밑동을 제거하고 얇게 썰기

썰어놓은 표고버섯을 오븐 팬에 한 겹으로 깐다. 갈색으로 변하면서 손으로 만져보면 건조한 느낌이 들 때까지 30~35분간 굽는다. 굽는 시간은 쫄깃한 식감을 선호하느냐 바삭한 식감을 선호하느냐에 따라 약간 달라진다. 다 익었는

지 확인하려면 오븐에서 버섯 조각 하나를 꺼내서 식힌 다음 맛을 본다. 다 구워지면 버섯을 완전히 식힌다.

버섯 그릴 구이

6인분

그릴의 쇠살대 위에 바로 올려놓고 굽기에 가장 적합한 버섯은 포토벨로, 커다란 잎새버섯, 랍스터버섯, 덕다리버섯, 커다란 표고버섯 등이다. 크기가 작은 버섯은 그릴 바스켓 또는 그릴 팬을 사용하거나 위의 레시피를 참고해 오븐에 굽는다.

그릴을 중강불로 맞춰서 준비한다. 다음의 밑동을 제거한다.

버섯 900g

버섯을 그릇에 담고 다음 재료를 넣어 뒤적이며 버무린다.

올리브유 ¼컵

소금 ½작은술

흑후추 ½작은술

버섯을 쇠살대(또는 그릴 바스켓)에 올리고 중간에 한 번 뒤집어가면서 부드러워질 때까지 한 면당 5~8분씩 굽는다. 커다란 플래터에 옮겨 담고 다음으로 장식한다.

굵게 썬 파슬리

브루스케타처럼 마늘을 문지른 토스트 위에 올려서 내거나 곁들임 음식으로 낸다.

뒤셀(Duxelles)

약 ½컵

풍미가 농축된 이 버섯 양파 혼합물은 스크램블드에그 또는 오믈렛의 속재료로 사용하거나 닭의 껍질 아래에 채워 넣어서 요리하거나 매시트포테이토 위에 숟가락으로 떠서 듬뿍 얹거나 간단하게 토스트에 발라 먹어도 무척 맛있다. 버섯을 썰어서 물기를 전부 짜낼 필요는 없지만 물기를 잘 제거하면 프라이팬에서 갈색이 되도록 볶는 시간이 단축된다. 진균학자이자 와인 양조업자인 마이클 뷰그(Michael Beug)는 특히 이 레시피에 살구버섯 같은 야생 버섯을 사용할 경우 잘 어울리는 리슬링을 넣어 조리하도록 추천한다.

다음을 아주 잘게 썰거나 푸드 프로세서를 짧게 몇 번 작동시켜 오트밀만 한 크기로 썬다.

버섯 225g

얇은 면 보자기에 버섯을 ½컵씩 넣고 아주 세게 비틀어서 즙을 짜낸다. 꽉 눌러서 짜면 버섯이 단단하게 뭉쳐진다.

중간 크기의 프라이팬을 중강불에 올리고 다음을 넣어 거품이 가라앉을 때까지 녹인다.

버터 2큰술

다음을 넣고 부드러워질 때까지 잠깐 볶는다.

다진 샬롯, 양파 또는 쪽파 ¼컵(흰색 부분만 사용)

물기를 짠 버섯을 넣고 자주 저으면서 버섯이 갈색으로 변하기 시작하고 국물이 거의 남지 않을 때까지 5~6분간 조리한다. 다음을 넣고 젓는다.

드라이 셰리, 드라이 레드 또는 화이트와인, 마데이라 또는 포트 와인 2큰술

액체가 완전히 증발할 때까지 조리한다. 다음을 넣고 젓는다.

(헤비크림 ¼컵)

　　(레몬 ½개의 껍질, 강판에 곱게 갈기)

　　소금과 흑후추 적당량

　　말린 타임 또는 갓 갈아낸 육두구나 육두구 가루 1자밤

식힌다. 뚜껑이 달린 용기에 담아 냉장고에 넣으면 최대 10일간, 냉동실에서는 최대 3개월까지 보관할 수 있다.

버섯 콩피

약 6컵

우리는 토머스 켈러(Thomas Keller)의 요리책을 통해 버섯 콩피를 처음 알게 되었지만 그 후 여러 해에 걸쳐 레시피를 이리저리 변형해왔다. 야외에서 채집한 야생 버섯으로 만들 수 있는 보존식품 중에서도 이 레시피가 단연 최고라고 생각한다. 안티파스토 스프레드나 치즈 모둠에 곁들여 내면 좋고, 파스타에 넣어 버무리거나 폴렌타 위에 얹거나 두껍게 썬 토스트 빵 위에 넉넉하게 올려서 먹어도 맛있다.

싱크대나 큰 그릇 위에 올려둔 체에 다음을 넣어 뒤적여 섞는다.

　　버섯 900g, 큰 것은 4등분하고 억센 밑동은 잘라내기

　　소금 1큰술

1시간 동안 절인다. 살짝 눌러서 여분의 물기를 짜낸다.(헹구지 않는다.) 한쪽에 둔다. 오븐을 93℃로 예열한다.

커다란 오븐용 편수 냄비 또는 더치오븐에 다음을 넣고 섞는다.

　　올리브유 2컵

　　(샬롯 2개, 얇게 썰기)

　　마늘 4쪽, 으깨기

　　타임 잔가지 4개

　　로즈메리 잔가지 작은 것 1개

　　월계수 잎 1장

　　흑후추 ½작은술

냄비를 중불에 올리고 마늘이 약하게 지글지글 소리를 내기 시작할 때까지 기다린다. 불을 줄여 아주 은근하게 끓는 상태를 유지하면서 4분간 조리한다. 불에서 내린 후 재료가 기름에 잘 재워지도록 15분 이상 둔다.

냄비에 버섯을 넣고 뚜껑을 덮은 후 오븐에 넣어 1시간 동안 굽는다. 오븐에서 꺼내 뚜껑을 연 후 다음을 넣고 젓는다.

　　세리 식초 또는 화이트와인 식초 ¼컵

　　(훈제 파프리카 가루 1작은술)

완전히 식혀서 유리병에 담고 뚜껑을 단단히 닫아서 봉한다. 버섯은 기름에 완전히 잠긴 상태가 되어야 한다. 냉장고에 넣으면 한 달간 보관할 수 있다.

오크라에 대해

오크라는 접시꽃 및 히비스커스와 가까우며 열매를 많이 맺는 식물의 어린 꼬투리다. 생오크라는 기분 좋은 아삭한 식감과 껍질콩을 연상시키는 상쾌한 풍미가 있어서 간식 삼아 통째로 먹으면 아주 맛있다. 오크라 꼬투리는 찌거나 볶거나 통째로 튀겼을 때 아삭함을 유지한다. 그러나 일단 자르고 나면 조직이 부드러워지기 시작하고 많은 사람이 거부감을 가지는 끈적한 점액이 흘러나온다. 그러나 이 점액질에는 효용이 있다. 잘라놓은 오크라는 국물을 걸쭉하게 만드는 천연 재료의 역할을 하므로 다양한 검보 요리에 빼놓을 수 없는 존재다. 오크라를 썬 다음에도 아삭하게 즐기고 싶다면 끈적한 점액이 흘러나오

지 않게 손질하는 방법도 있다. 그중 하나는 오크라의 절단면을 구워서 재빨리 '지지는' 방법이지만 다소 번거로운 것이 단점이다. 우리는 뒤에 소개한 빈디 커쿠리를 만들어서 이 점액질을 오히려 장점으로 활용한다. 갓 썰어낸 오크라에 향신료와 밀가루 혼합물을 입혀서 튀기는 이 요리는 오크라의 끈적끈적한 절단면 덕분에 튀김옷이 더 잘 달라붙을 뿐만 아니라 더 이상 점액질이 흘러나오지 않는다.

오크라의 제철은 늦여름이지만 보통 1년 내내 마트에서 찾아볼 수 있으며 신선한 오크라가 없다면 냉동 오크라를 구입할 수 있다. 가능하면 길이가 10cm 이하인 것을 고른다.(작고 어린 꼬투리에는 섬유질이 적다.) 꼬투리는 크기에 비해 무게감이 있으면서 통통하고 상처가 없고 줄기가 붙어 있어야 한다. 비닐봉지에 넣어 밀봉한 후 냉장고 채소 칸에 두면 3일 정도 보관할 수 있다. 조리하기 전에 잘 씻어서 물기를 뺀 후 사용한다.

오크라는 토마토, 고추, 양파, 마늘, 햄, 커리 가루, 감귤류즙 또는 식초와 잘 어울린다. 오크라 피클을 담그는 방법은 984쪽을 참고한다.

오크라와 토마토 스튜

4~6인분

오크라와 토마토는 전통적인 미국 남부 요리의 조합이다. 더 진한 풍미를 내려면 작게 깍둑썰기한 컨트리 햄을 냄비에 넣거나, 베이컨 몇 조각을 프라이팬에 구운 다음 베이컨 기름을 사용해 양파를 볶고 식탁에 올리기 직전에 잘게 부순 베이컨을 훌훌 뿌려서 낸다.

커다란 편수 냄비 또는 더치오븐을 중불에 올리고 다음을 둘러서 가열한다.

　　올리브유 또는 식물성 기름 3큰술

다음을 넣고 양파가 부드러워지면서 가장자리가 갈색으로 변하기 시작할 때까지 약 10분간 저으면서 볶는다.

　　양파 중간 크기 2개, 굵게 썰기

다음을 넣고 저으면서 1분간 더 볶는다.

　　마늘 2쪽, 다지기

다음을 넣는다.

　　신선한 토마토 450g, 깍둑썰기하기 또는 깍둑썰기한 토마토 통조림 410g짜리

　　　1개

　　설탕 1작은술

　　소금 ½작은술

중불에 올려서 걸쭉해질 때까지 약 10분간 조리한다.(신선한 토마토는 통조림보다 걸쭉해지기까지 시간이 더 걸릴 수도 있다.) 다음을 넣는다.

　　오크라 450g, 줄기를 제거하고 1.2cm 길이로 썰기

오크라가 부드러워질 때까지 약 10분간 더 조리한다. 맛을 보고 필요하면 소금을 추가하고 다음을 첨가한다.

　　레몬즙 적당량

그릇에 다음을 담고 그 위에 오크라와 토마토 스튜를 올려서 낸다.

　　크림처럼 부드러운 그리츠, 크림처럼 부드러운 폴렌타 또는 버터밀크 비스킷

오크라 튀김

4~6인분

커다란 프라이팬에 기름을 다음 높이까지 붓고 185℃로 가열한다.

　　식물성 기름 1.2cm

기름이 달궈지는 동안 다음을 씻어서 물기를 제거한 후 줄기를 잘라내고
1.2cm 크기로 썬다.

오크라 450g

중간 크기의 그릇에 다음을 넣고 섞는다.

고운 옥수숫가루 1컵

중력분 2큰술

소금 1작은술

마늘 가루 또는 양파 가루 1작은술

카옌 고춧가루 ¼작은술

흑후추 ¼작은술

한쪽에 둔다. 중간 크기의 그릇을 하나 더 꺼내 다음을 넣고 세게 휘젓는다.

우유 ⅓컵

대란 1개

오크라를 우유 혼합물에 담갔다가 옥수숫가루 혼합물을 골고루 묻힌다. 몇 번
에 나눠서 뜨거운 기름에 넣고 가끔 저어가면서 갈색으로 익을 때까지 4~6분
간 튀긴다. 한 번에 너무 많이 넣지 않도록 주의하고 기름 온도를 계속 살피면
서 필요하면 불의 세기를 조절한다. 구멍 뚫린 숟가락으로 오크라를 건져내고
키친타월에 올려서 기름을 뺀다. 즉시 낸다.

빈디 커쿠리(Bhindi Kurkuri, 인도식 바삭한 오크라 튀김)

4인분

오크라 절단면의 끈적한 점액질 때문에 향신료와 산성 재료를 섞은 튀김옷이
잘 달라붙는다. 이렇게 튀긴 오크라는 즙이 풍부하며 양념 소스와 함께 간식
또는 전채 요리로 낸다.

커다란 그릇에 다음을 넣고 섞는다.

커리 가루 또는 가람 마살라 1작은술

인도산 붉은 고춧가루 또는 카옌 고춧가루 ¼작은술

(암추르 가루 ½작은술)

소금 ½작은술

다음을 씻어서 물기를 제거한 뒤 줄기를 잘라낸다.

오크라 450g

꼬투리를 세로로 반 잘라서 그릇에 담고 양념을 추가한 후 잘 뒤적여 섞는다.
오븐을 93℃로 예열한다. 오븐 팬에 키친타월을 깐다. 커다란 프라이팬을 중강
불에 올리고 기름을 다음 높이까지 붓는다.

식물성 기름 1.2cm

기름 온도가 175℃에 달하면 불을 줄여 온도를 유지하고, 오크라에 다음을 골
고루 묻힌다.

병아리콩 가루 ¼컵

한 번에 너무 많이 기름에 넣지 않도록 주의하면서 오크라를 몇 번에 나눠 노
릇노릇해질 때까지 약 3분간 튀긴다. 키친타월을 깐 오븐 팬에 옮기고 나머지
오크라를 튀길 동안 오븐에 넣어 따뜻하게 보관한다. 오크라를 전부 다 튀겨
서 기름을 빼면 서빙용 접시에 옮겨 담고 다음을 뿌린다.

라임즙 적당량

(차트 마살라)

뜨거울 때 낸다. 취향에 따라 다음을 곁들인다.

(라이타, 고수 민트 처트니 또는 타마린드 처트니)

양파와 샬롯에 대해

우리 집에서 요리하는 거의 모든 짭짤한 요리에는 양파가 들어간다. 양파는 그
야말로 전 세계 어느 주방에서나 쉽게 볼 수 있는 식재료. 샐러드, 살사, 렐리
시에 생으로 사용하면 알싸함을 더해준다. 익히면 새콤한 토마토 소스에 달콤
한 맛을 첨가할 수 있으며, 갈색이 될 때까지 볶으면 다양한 요리에 캐러멜과 비
슷한 깊은 맛을 더한다. 양파를 재료로 사용하는 다양한 방법 및 건조 양파 제
품에 대해서는 양념으로 사용하는 양파 항목을 참고한다. **서양대파**는 263쪽
에서 소개하고 있다.

햇양파 또는 **봄양파**는 원래 봄에 수확한 양파만을 지칭하는 말이지만 이
제는 **쪽파, 파, 대파** 등과 마찬가지로 연중 찾아볼 수 있다. 물론 **녹색 샬롯**처
럼 여전히 봄에만 즐길 수 있는 종류도 있다. 녹색 샬롯은 아주 어릴 때 수확하
거나 구근이 형성되지 않는 양파 품종이다. 일부는 구근이 생기기도 하며 가
느다랗고 일정한 두께로 자라는 것도 있다. 과육은 부드럽고 위쪽으로는 기다
란 녹색 줄기가 달려 있으며 맛이 순하거나 달콤하므로 ▶ 살사나 샐러드에 생
으로 넣어 먹기에 가장 적합한 양파 품종이다. 위쪽의 녹색 줄기 부분과 흰색
부분을 모두 먹을 수 있다. 어릴 때 수확해서 먹는 자색 품종도 여러 가지가 있
지만 가장 흔한 것은 맛이 순하고 달콤한 **트로페아**(Tropea) 또는 **터피도 양파**
(torpedo onion)로, 우리는 거의 항상 샬롯처럼 통째로 구워서 즐긴다. 위에 소
개한 품종은 전부 생으로 먹거나 다양한 볶음 요리에 활용할 수 있다. 양파의
녹색 줄기 부분도 구근 못지않게 활용도가 높고 맛도 좋다. 얇게 저미거나 썰
어서 조리 과정의 마지막에 넣어 상큼한 가니시로도 사용한다. 두꺼운 쪽파는
통째로 직화 그릴에 올려 굽거나 기름을 두르지 않은 프라이팬에 넣고 겉이 적
당히 그을면서 속은 부드럽게 익을 때까지 구우면 맛이 기가 막히게 좋다. 이
러한 조리 방식에 적합하도록 특별히 재배하는 품종도 있다. 스페인산 **칼소트**
(calçot)는 두껍고 단맛이 나며 구근이 길쭉한 품종으로, 땅에 절반을 묻은 상
태로 재배하므로 흰색 부분이 특히 커다랗고 연하게 자란다. 구운 다음 소스
를 곁들여 통째로 내기도 하고(로메스코 소스를 곁들인 서양대파 그릴 구이), 굵게
썰어서 타코, 부리토, 콩 요리, 소스, 조림 또는 살사에 넣기도 한다. 다 자란 양
파는 수확한 후 싱싱한 상태로 즉시 판매하거나 녹색 줄기 부분이 그냥 붙어
있는 상태로 출하하기도 한다. 그 외에는 장기 보관을 위해 아물이 작업을 해
서 말린다.

이렇게 말린 **보관용** 또는 **저장 양파**는 과육이 단단해지고 껍질은 종이처럼
얇으면서 알싸한 유황 풍미가 난다. 서늘하고 건조한 장소에서 몇 달 정도 보관
할 수 있으며 1년 내내 쉽게 구할 수 있다. **노란색 양파**는 가장 풍미가 진하고
일반적인 조리에 사용하기에 적합한 품종이다. 톡 쏘는 맛도 있고 일반적으로
조리하거나 피클을 담그면 가장 맛있다. **흰색 양파**는 노란색 양파보다 맛이 순
하다고 알려졌지만, 보통 요리에 넣어서 익혀 먹는다. **자색 양파**는 생으로 먹
을 수 있을 정도로 달콤하다고들 하지만 우리는 상당히 맛이 강한 편이라고 생
각한다. **단양파**는 사실 평범한 보관용 양파보다 당분 함량이 낮지만 알싸한
맛이 덜하고 과육에 황 화합물이 적게 들어 있어서 단맛이 두드러지는 편이다.
단양파에는 다양한 품종이 있는데 **버뮤다, 비달리아, 왈라왈라, 텍사스, 마우
이** 등 재배 지역의 이름을 따서 명명한 경우가 많다. 우리는 쪽파와 함께 단양
파를 가장 자주 생으로 먹으며, 얇게 저며서 샐러드, 살사, 버거, 샌드위치에 넣
는다. 두껍게 썰면 꼬치에 꽂아서 그릴에 구울 수도 있다. 흰색 양파, 자색 양
파, 단양파는 노란색 양파보다 수분이 많아 오래 보관하기 어려우므로 빨리
먹어야 한다.

방울양파는 작은 보관용 양파의 일종으로 보통 통째로 조리하거나 미니 오이와 함께 또는 단독으로 피클을 담그거나 스튜 및 조림에 넣거나 크림 또는 소스를 입혀서 윤기 나게 조리한다. 방울양파는 일일이 껍질을 벗기기가 무척 번거로우므로 냉동식품 판매대에서 껍질을 벗겨 판매하는 방울양파를 보면 저절로 손이 간다.

방울양파의 껍질을 벗기려면 뿌리 쪽을 잘라내고 그릇에 넣은 다음 양파가 잠기도록 찬물을 넉넉히 붓는다. 30분 동안 불린다. 물을 따라내고 과일칼로 종이처럼 얇은 껍질을 벗긴다.

농산물 코너에서 좀처럼 찾아보기 어려운 **미니 양파**는 방울양파보다 약간 크고 보통 오랫동안 뭉근히 끓이는 스튜와 조림에 사용한다. 이탈리아산 품종인 **치폴리니**(Cipollini) 역시 방울양파보다 조금 크며 땅딸막하고 불룩한 모양을 하고 있다. 샬롯처럼 굽거나 스튜나 조림에 넣기에 좋고 닭이나 양의 다리를 통째로 조리할 때 다른 뿌리채소와 함께 곁들이면 근사하다.

샬롯은 비교적 작은 편이지만 개중에는 방울양배추만 한 크기로 자잘한 것부터 레몬만큼 큼직한 것까지 다양한 종류가 있다. 껍질은 구리색, 황금색 또는 회색빛이 도는 갈색이다. 커다란 샬롯은 보통 2개 이상의 구근이 뭉쳐서 하나처럼 보이는 경우가 많으므로 그냥 구근을 하나씩 뜯으면 된다. 어떤 사람들은 샬롯의 풍미가 양파보다 순하다고 하지만 우리는 샬롯도 상당히 알싸한 맛을 가지고 있다고 느낀다. 샬롯은 보통 요리의 부재료로 사용되는데 통째로 구워서 먹을 수도 있고 아주 얇게 썰어서 밀가루를 묻힌 후 튀기면 멈출 수 없는 바삭한 맛의 샬롯 튀김이 된다.

산양파는 야생 양파 중에서도 특히 풍미가 강렬한 품종으로 기다란 잎이 달려 있으면서 마늘과 양파를 섞어놓은 강한 맛과 냄새를 가지고 있다. 초봄에서 봄에 이르기까지 아주 짧은 기간에만 자라며 애팔래치아 지역의 숲이 우거진 산비탈에서 손으로 채집하기도 한다. 재배하기가 매우 까다롭기로 유명하지만, 오늘날에는 전문 요리사나 집에서 요리를 즐기는 사람들이 기꺼이 비싼 가격을 주고도 구매하려고 하므로 늘어나는 수요에 부응해 널리 보급되고 있다. 산양파는 대다수 요리에서 마늘, 풋마늘 또는 쪽파 대신 사용할 수 있지만, 전통적으로 감자튀김, 번철에 구운 햄, 달걀 또는 프라이팬에 튀긴 작은 생선 요리에 곁들인다. 산양파의 풍미를 온전히 즐기려면 구근이 부드러워질 때까지 (굵게 썰거나 통째로) 버터나 베이컨 기름에 살짝 튀긴 다음 산양파 향이 우러난 기름에 감자나 달걀, 햄을 조리해보자. 녹색 채소를 얇게 썰어서 불을 끄기 직전에 추가한다. 산양파 구근에 뜨거운 소금물을 부어 간단한 피클을 담그거나 아스파라거스 피클처럼 병조림을 만들 수도 있다.

쪽파, 산양파, 다 자란 신선한 양파는 오래 보관하기 어려우므로 구매한 후 일주일 내에 사용하는 것이 좋다. 물기가 생기는 것을 막기 위해 키친타월로 감싸고 비닐봉지에 넣어 냉장고에 보관한다. 잘 말린 노란색 양파는 통풍이 잘되는 곳에 두 달 정도 보관할 수 있다. 흰색 양파, 단양파, 자색 양파는 한 달이 지나면 상하기 시작한다. 가능하면 공기가 잘 통하도록 서로 겹치지 않게 펼쳐 놓는다.

쪽파와 산양파는 깨끗이 씻어야 하므로 흐물거리는 겉껍질이나 시든 녹색 줄기 부분을 벗겨내서 버린다. 쪽파 써는 시간을 절약하려면 일단 전부 7.5~10cm 길이로 큼직하게 썬 다음 조각들을 가지런히 모아 손으로 쥐고 원하는 두께에 맞춰 가로 방향으로 썬다. ▶ 아래위로 여러 번 칼질하기보다는 잘 드는 칼을 사용해 밀어내듯이 썰어야 훨씬 깔끔하고 선명한 녹색 쪽파 조각을 얻을 수 있다. 취향에 따라 비스듬하게 썰 수도 있고, 아주 얇고 어슷하게 썰면

잘린 단면이 말의 귀처럼 보인다고 해서 중국에서는 이렇게 써는 방법을 '말의 귀'라고 부른다. 두툼한 쪽파의 흰색 부분을 곱게 썰거나 다지려면 일단 세로로 반 자르거나 4등분으로 자르되, 녹색 줄기와 연결된 부분은 그대로 두어서 흩어지지 않게 한 다음 얇게 썬다.

보관용 양파를 썰 때는 ▶ 눈물이 많이 나지 않도록 잘 드는 칼을 사용하는 것이 좋다. 칼날이 무디면 눈물을 유발하는 성분이 공기 중에 더 많이 퍼지게 된다.

보관용 양파를 고리 모양으로 썰려면 끝부분을 얇게 잘라낸 다음 종이처럼 얇은 겉껍질을 벗기고 물렁물렁하거나 변색된 부분, 반투명한 껍질까지 전부 벗겨낸다. 원하는 두께로 얇게 자르되, 양파가 굴러가지 않도록 주의한다.

보관용 양파를 볶음이나 다른 요리를 위해 초승달 모양으로 썰려면 줄기와 뿌리 끝부분을 잘라낸 다음 뿌리가 붙어 있던 부분을 관통하도록 위에서 아래로 절반 자른다. 이렇게 하면 겉껍질과 그 안의 껍질이 쉽게 벗겨진다. 반쪽씩 잡고 가로 또는 세로 방향에 맞춰 원하는 두께로 썬다.

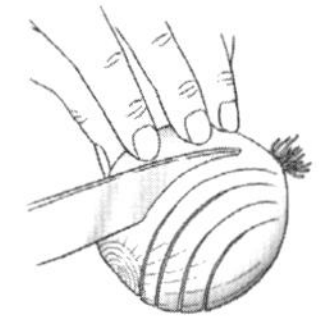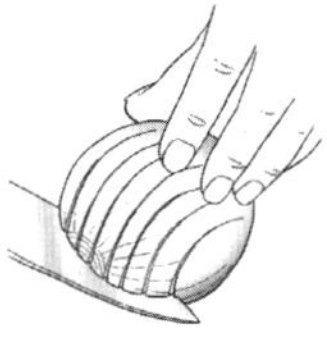

양파 깍둑썰기

보관용 양파를 굵게 썰거나 깍둑썰기하거나 다지려면 위쪽을 얇게 도려내어 양파가 도마에 평평하게 놓이게 한 다음 뿌리를 관통하도록 반으로 자른다. 뿌리가 붙어 있기 때문에 써는 동안 양파가 사방으로 흩어지지 않는다. 얇은 겉껍질을 벗기고 양파 반쪽을 절단면이 아래로 가도록 도마에 놓는다. 세로 방향으로 0.3~1.2cm 간격으로 평행하게 썰되, 뿌리 부분까지 다 자르지 않는다. 아주 곱게 깍둑썰기하려면 칼을 도마와 평행이 되도록 잡고 조심스럽게 평행하게 썰되, 이번에도 뿌리 부분까지 다 자르지 않는다. 간격은 3~6mm 정도가 적당하다. 마지막으로 방금 자른 것과 직각이 되도록 0.3~1.2cm 간격으로 뿌리 바로 앞까지 썬다. 양파 조각이 자잘한 정육면체 모양으로 떨어질 것이다. 조림이나 스튜에 넣어서 오랫동안 뭉근히 끓이는 용도가 아니라면 균일한 크기로 깍둑썰기해야 비슷한 시간에 골고루 익는다.

양파가 숨이 죽고 갈색이 아닌 반투명 상태가 될 때까지 약불에 조리한 것을 **수분을 날리면서 볶기(스웨팅)**라고 지칭한다. 이 단계에서는 양파의 맛이 순해지지만 단맛은 많이 나지 않는다. **갈색으로 볶은(브라우닝)** 양파는 중불에서 황금색이 될 때까지 양에 따라 10~15분간 조리한 것이다. 이 두 가지를 혼합해 근사한 결과물을 얻을 수 있는 조리 방법은 캐러멜화한 양파 레시피를 참고한다. 자칫 양파가 타버리면 매캐한 냄새가 나므로 양파를 갈색으로 볶거나 캐러멜화할 때는 태우지 않도록 조심한다.

앞에서 언급한 대로 양파는 어디서나 사랑받는 재료이므로 사실상 거의 모든 식재료와 잘 어울린다. 양파는 프랑스 요리에서 빼놓을 수 없는 미르푸아를 만들 때 셀러리, 당근과 함께 필수 재료로 사용된다. 또한 케이준 요리에서 가장 중요한 '삼위일체'는 양파, 셀러리, 녹색 피망을 말하며, 스페인 요리의 기본 소스인 소프리토에도 양파가 반드시 들어간다. 양파가 중요한 역할을 하는 그 외의 요리와 양념 소스로는 프랑스식 양파 수프, 자색 양파 딥, 수비즈 소

스, 자색 양파 마멀레이드, 간단한 양파 피클 레시피를 참고한다.

양파 볶음

2~4인분

강불에 재빨리 볶아서 양파가 연한 갈색으로 변하고 겉은 아삭, 속은 촉촉한 상태가 되면 오믈렛의 속재료로 넣거나 조림의 가니시로 사용하거나 매시트 포테이토, 곡물 요리, 패티 멜트, 버거, 모든 종류의 스테이크나 찹 요리에 토핑으로 얹는 용도로 다양하게 활용할 수 있다.

커다란 프라이팬을 중강불에 올리고 다음을 둘러 가열한다.

　식물성 기름 2큰술

다음을 넣고 자주 저으면서 가장자리가 연한 갈색으로 변할 때까지 10~15분간 볶는다.

　노란색, 자색, 흰색 또는 단양파 450g, 반으로 잘라서 얇게 썰거나 1.2cm 또는
　그보다 크게 깍둑썰기하기

다음을 뿌려 간간하게 간을 맞춘다.

　소금과 흑후추

캐러멜화한 양파

약 4컵

위에 소개한 양파 볶음에는 어느 정도 알싸한 맛과 식감이 남아 있지만, 캐러멜화한 양파는 부드럽게 입에서 풀어지며 이름 그대로 짭짤하면서도 달콤한 캐러멜 향을 풍긴다. 이렇게 캐러멜화한 양파는 풍미가 진하고 풍부해 모든 유형의 요리에 가니시로 사용하면 잘 어울린다. 양파를 캐러멜화하면 원래 부피의 몇 분의 일로 줄어들며 냉장고에 넣으면 며칠, 냉동실에 넣으면 몇 달 정도 보관할 수 있다.

I. 전통적인 방법

양파의 수분을 천천히 날리면서 볶는 전통적인 방법을 크게 번거롭다고 생각하지 말자. 그냥 바쁜 일상에서 잠시 쉬어가는 시간으로 삼고, 양파에서 조금씩 수분이 날아가면서 진한 구릿빛으로 변하는 동안 상념에 잠기거나 상상의 날개를 펼쳐보면 어떨까.

아주 커다란 프라이팬을 중강불에 올리고 다음을 넣어 버터가 녹을 때까지 가열한다.

　버터 2큰술
　올리브유 2큰술

다음을 넣는다.

　노란색 또는 흰색 양파 1.3kg, 얇게 썰기

다음을 훌훌 뿌린다.

　소금 1작은술

계속 저으면서 15분간 볶는다. 약불 또는 중약불로 줄이고 가끔 저으면서 양파가 부드럽게 익고 갈색으로 변할 때까지 약 40분간 계속 볶는다. 양파에서 나온 즙이 프라이팬에 자국만 남기고 거의 날아갈 즈음에 다음을 붓는다.

　드라이 화이트와인 또는 물 ½컵

저으면서 프라이팬 바닥에서 갈색 조각을 긁어낸다. 긁어낸 갈색 조각이 즉시 양파와 섞이면서 전체적으로 색이 더 진해진다. 불에서 내린 후 다음으로 간을 한다.

　소금과 흑후추 적당량

II. 간단한 방법

버전 I과 같이 대량으로 만들 필요가 없거나 양파를 제대로 캐러멜화할 시간이 없다면 그냥 **양파 볶음**을 만들되, 절반쯤 조리했을 때 **설탕 ½작은술**을 넣는다. 양파가 갈색으로 변하면 프라이팬에 **화이트와인 ¼컵**을 부어서 데글레이즈를 하고 바닥에 눌어붙은 갈색 조각을 긁어낸 다음 수분이 날아갈 때까지 저으면서 조리한다.

방울양파 크림소스 구이

4인분

이 요리는 하루 전에 미리 재료를 준비해 뚜껑을 덮어 냉장고에 넣어두었다가 다음날 구워서 낼 수 있다. 상황에 따라 신선한 방울양파 대신 껍질을 까서 판매하는 냉동 방울양파를 사용할 때는 데치고 껍질을 벗기는 과정을 생략한다. 오븐을 175℃로 예열한다. 커다란 편수 냄비에 찬물을 절반 정도 채우고 다음을 넣는다.

　방울양파 450g

부르르 끓어오르도록 가열해 1분간 데친다. 구멍 뚫린 숟가락으로 양파를 건져낸 후 껍질을 벗겨서 다시 끓는 물에 넣는다. 부드러워질 때까지 약 10분간 뭉근히 삶는다. 물을 따라내되, 양파 삶은 물 ⅓컵은 보관해둔다. 20cm짜리 얕은 베이킹 접시에 버터를 바르고 취향에 따라 바닥에 다음을 깐다.

　(버터 바른 토스트 4조각)

삶은 양파를 베이킹 접시에 옮겨 담은 후 한쪽에 둔다.

다음을 준비한다.

　화이트소스 I

화이트소스 혼합물을 양파 위에 붓고 다음을 훌훌 뿌린다.

　잘게 썬 체더 또는 스위스 치즈 1컵(115g)

치즈에서 보글보글 기포가 올라올 때까지 약 15분간 굽는다. 다음 중 선호하는 재료 한 가지 또는 전부를 훌훌 뿌린다.

　구워서 잘게 부순 베이컨
　굵게 썬 파슬리
　훈제 파프리카 가루

어니언링

4인분

갓 튀긴 뜨거운 어니언링에 소금과 함께 파프리카 가루를 뿌리거나 차트 마살라를 골고루 뿌려서 먹어보자. 딥 프라잉 항목을 참고한다.

I. 튀김옷을 입혀서 튀기는 방법

다음의 껍질을 벗기고 가로 방향으로 0.6~1.2cm의 두께로 썰어서 고리를 하나씩 분리한다.

　노란색, 자색, 흰색 또는 단양파 큰 것 4개(약 1.3kg)

다음 레시피의 설명을 참고해 튀김옷을 입히고 튀긴다.

　튀김옷을 입힌 채소 튀김

철망이나 키친타월 위에 올려놓고 기름을 뺀다. 다음을 뿌려서 간을 한다.

　소금

II. 튀김 가루를 입혀서 튀기는 방법

위의 버전 I과 같이 양파를 손질해 고리 모양으로 자른 양파에 **잘 달라붙는 빵가루나 크래커 코팅**을 묻힌다. 철망에 올려놓고 최소 20분 이상 말린 후 튀

긴다.(냉장고에 1시간 또는 하룻밤 넣어두면 더욱 좋다.) 지름 25cm의 묵직한 냄비에 다음 높이까지 기름을 붓고 175℃로 가열한다.

식물성 기름 또는 쇼트닝 7.5cm

고리 모양의 양파를 몇 번에 나눠 뜨거운 기름에 넣고 중간에 한두 번 뒤집으면서 노릇노릇해질 때까지 3~5분간 튀긴다. 양파를 한꺼번에 너무 많이 넣지 않는다. 위에서 설명한 대로 기름을 뺀 후 간을 하고 맛을 낸다.

바삭하게 튀긴 샬롯
약 3컵

바삭한 식감에 은은한 단맛이 도는 이 샬롯 튀김을 국수, 볶음, 밥, 녹색 채소를 튀기듯 볶은 요리 등에 고명으로 올려서 낸다.

작고 묵직한 편수 냄비에 다음 높이까지 기름을 붓고 162℃로 가열한다.

식물성 기름 2.5cm

큰 그릇에 다음을 넣고 뒤적이며 골고루 묻힌다.

샬롯 큰 것 4개, 껍질을 벗기고 고리 모양으로 얇게 썰기

옥수수 전분 또는 밀가루 ½컵

샬롯에 튀김 가루를 묻히면서 고리를 하나씩 분리한다. 몇 번에 나눠서 샬롯이 황금색으로 익을 때까지 튀긴다. 건지기나 구멍 뚫린 숟가락으로 건져서 키친타월을 깐 접시에 옮겨놓고 즉시 다음을 적당히 홀홀 뿌린다.

소금

(커리 가루)

튀긴 즉시 먹어야 가장 맛있지만, 식혀서 용기에 넣고 뚜껑을 꼭 닫아두면 실온에서 한 달 정도 보관할 수 있다.

단양파 그릴 구이
4인분

단양파를 구할 수 없다면 커다란 자색 양파를 사용해도 좋다. 햄버거, 소시지 또는 스테이크와 함께 그릴에 구워서 토핑으로 얹어 먹으면 아주 맛있다.

그릴을 중강불에 맞춘다.

다음의 껍질을 벗겨서 2.5cm 두께로 둥글게 썬다.

단양파 큰 것 3개

양파 슬라이스를 하나씩 잡고 조각조각 흩어지지 않도록 조심스럽게 가운데에 꼬치를 꽂는다. 다음을 문지른다.

식물성 기름 ¼컵

소금과 흑후추 적당량

중간에 한 번 뒤집으면서 겉이 약간 그을리고 부드럽게 익을 때까지 한 면당 약 6분씩 굽는다. 꼬치를 빼고 낸다.

통양파 오븐 또는 직화 구이

I. 오븐 구이
오븐을 190℃로 예열한다. 테두리 있는 오븐 팬 또는 직화 구이 팬에 포일을 깐다. 팬 위에 다음을 놓는다.

껍질을 벗기지 않은 노란색, 자색, 흰색 또는 단양파 중간 크기나 큰 것

아주 부드러워질 때까지 1시간~1시간 반 동안 굽는다. 양파의 뿌리 부분을 얇게 도려낸 다음 껍질을 벗겨서 버린다. 다음으로 적당히 간을 한다.

녹인 버터

소금과 흑후추

(강판에 간 파르메산 치즈)

II. 직화 구이
벽난로 또는 난로에서 조리하기 항목을 참고한다. 껍질을 벗기지 않고 그대로 구우면 양파의 겉껍질이 내부를 보호해주며, 조리가 끝난 후에는 겉껍질을 벗겨서 버린다.(상황에 따라 포일로 양파를 싸서 구울 수도 있다.) 다음을 잉걸불 속에 약 45분간 묻어둔다.

껍질을 벗기지 않은 양파 큰 것

양파가 부드럽게 익으면 껍질을 살짝 찢어서 김을 뺀다. 부드러운 양파 과육을 퍼내고 다음으로 적당히 간을 한다.

소금과 흑후추

다음을 곁들인다.

사워크림 또는 녹인 버터

샬롯 구이
4인분

간단하게 조리한 생선, 가금류, 육류 요리에 곁들이면 썩 잘 어울린다. 트로페아 양파와 치폴리니 양파를 구할 수 있다면 샬롯 대신 사용해도 맛이 좋다.

오븐을 220℃로 예열한다.

다음의 껍질을 벗긴다.

샬롯 작은 것 또는 중간 크기 680g

뿌리 끝을 잘라서 손질하고 개중에 큰 것이 있으면 고르게 익도록 반으로 자른다. 큼직한 베이킹 접시에 샬롯이 서로 겹치지 않도록 한 겹으로 깔고 다음을 뿌려 뒤적이며 섞는다.

식물성 기름 2큰술

소금 ½작은술

흑후추 적당량

(타임 잔가지 몇 개)

포크로 찔러보면 부드럽게 들어가면서 가장자리가 갈색으로 변할 때까지 약 30분간 굽는다. 취향에 따라 샬롯을 윤기 나게 구우려면 다음을 섞어서 솔로 바른다.

(메이플 시럽 1큰술)

(발사믹 식초 1큰술)

다시 오븐에 넣고 5분 정도 더 굽는다.

시금치와 소시지를 채워서 구운 양파
4인분

다음을 위에서 ¼ 부분만큼 잘라낸다.

노란색, 자색, 흰색 또는 단양파 중간 크기 4개

잔뿌리를 손질하되, 뿌리와 양파 과육이 만나는 부분은 남겨둔다. 껍질을 벗긴다. 잘 드는 과일칼로 양파의 중심에 있는 원뿔 모양의 심을 조심스럽게 도려낸 다음 가장자리를 빙 둘러서 0.6~1.2cm 정도를 남기고 숟가락으로 속을 전부 파낸다. 2~3겹 정도만 남은 상태가 되어야 한다. 파낸 양파 속살의 절반을 굵게 썬다. 남은 절반은 나중에 사용하거나 육수 주머니에 넣는다. 냄비에 물을 적당한 높이까지 붓고 찜 틀을 얹은 다음 속을 파낸 양파를 올려놓는다. 양파를 꼬치로 찔렀을 때 약간 힘을 주면 들어갈 정도로 부드러워질 때까지 약

15분간 찐다. 찜 틀에서 꺼내 손으로 만질 수 있을 때까지 식힌다.

오븐을 190℃로 예열한다. 양파를 가지런히 담을 수 있는 크기의 베이킹 접시에 버터를 바르고 양파를 올려놓는다.

다음을 잘게 부수어 중간 크기의 프라이팬에 넣고 중불에 올려서 갈색으로 잘 익을 때까지 조리한다.

　　돼지고기 벌크 소시지, 생초리소 소시지 또는 이탈리아식 소시지 115g

소시지에서 나온 기름을 따라내지 않고 아까 썰어둔 양파 속살을 넣어 저으면서 황금색으로 아주 부드럽게 익을 때까지 약 10분간 볶는다. 그동안 다음의 물기를 꽉 짜서 잘게 썬다.

　　냉동 시금치 285g짜리 1봉지, 해동하기 또는 신선한 시금치 680g, 데쳐서 잘게
　　　썰기

시금치를 소시지와 양파 볶은 것에 추가하고 중약불로 줄여서 5분간 조리한다. 다음을 붓는다.

　　헤비크림 ⅔컵

약 1분간 더 조리한다. 혼합물은 상당히 걸쭉한 상태가 되어야 한다.

불에서 내리고 다음을 넣어 섞는다.

　　생빵가루 ¼컵 또는 양파에 채워 넣을 스터핑이 모양을 유지할 정도의 분량
　　（갓 갈아낸 육두구 또는 육두구 가루 ⅛작은술）

　　소금과 흑후추 적당량

소시지 스터핑을 양파에 채워 넣는다. 다음을 훌훌 뿌린다.

　　생빵가루 2큰술

　　버터 1큰술, 작은 조각으로 자르기

옅은 갈색으로 익을 때까지 25~30분간 굽는다. 몇 분 정도 식혀서 낸다.

한국식 파전

커다란 부침개 1장, 2~3인분

이 푸짐한 파전은 부드러운 쪽파를 넣어 만드는 든든한 곁들임 음식 또는 전채 요리다.

중간 크기의 그릇에 다음을 넣고 잘 섞는다.

　　중력분 ½컵

　　물 ½컵

　　소금 ¼작은술

중간 크기의 프라이팬(논스틱 권장)을 중불에 올리고 다음을 둘러 가열한다.

　　식물성 기름 2큰술

프라이팬에 다음을 한 겹으로 깐다.

　　쪽파 4대, 손질해서 세로로 반 자르기

쪽파가 연한 갈색으로 익을 때까지 4~6분간 조리한다. 반죽을 쪽파 위에 붓고 바닥이 노릇노릇하게 익도록 약 5분간 지진다. 파전을 뒤집어서 반대쪽도 갈색으로 잘 익도록 약 4분간 더 지진다.

작은 그릇에 다음을 넣고 섞어서 파전과 함께 낸다.

　　간장 2큰술

　　쌀 식초 또는 증류 백식초 1큰술

　　참기름 1작은술

취향에 따라 다음을 곁들인다.

　　（김치）

야자순에 대해

야자순은 죽순처럼 작고 어린 나무순의 가장 안쪽에 있는 부드러운 심 부분이다. 상당수(하지만 전부는 아니다.) 종려나무 품종의 순을 먹을 수 있는데, **페지바예**(pejibaye) 또는 **복숭아 야자**는 전체 수명에 걸쳐 많은 순이 돋아나고 잘라내도 색깔이 변하지 않기 때문에 통조림이나 신선한 형태로 가장 흔히 볼 수 있다. 주로 하와이와 중남미에서 재배한다. 신선한 복숭아 야자의 순은 약간의 떫은 느낌과 달콤한 맛이 있다. 남미의 **주사라**(Juçara) 및 **아사이**(açaí)처럼 비교적 구하기 어려운 상업용 품종은 그보다 강한 풍미를 내는 것으로 알려져 있으며, 동남아의 코코넛 야자나무순은 맛이 더 달콤하다고 한다. 품종과 관계없이 모두 아삭하면서도 부드러운 독특한 식감을 가지고 있다. 통조림 야자순은 그보다 식감이 연하며 아티초크 하트 통조림과 맛이 약간 비슷하다.

　순의 크기는 얼마나 빨리 수확했는지에 따라 달라진다. 상당히 어리고 얇은 순이 있는가 하면 커다란 유백색 당근처럼 보이는 것도 있다. 야자순은 양파처럼 여러 겹으로 이루어져 있다. 신선한 순은 대부분 섬유질이 많은 바깥쪽 껍질을 벗겨내고 손질해서 판매한다. 살 때는 양쪽 끝이 촉촉하고 금이 가거나 겹겹이 이루어진 부분이 분리되지 않은 것을 고른다. 신선한 야자순은 매우 상하기 쉬우므로 비닐봉지에 넣어 봉한 후 냉장고 채소 칸에 보관하거나 최대한 빨리 먹는다.

　야자순은 풍미가 섬세하므로 최대한 간단하게 손질해서 먹는 것이 좋다. 신선한 생야자순을 얇게 썰어서 샐러드에 넣으면 기분 좋은 아삭한 식감을 즐길 수 있으며, 통조림이나 조리한 야자순을 녹색 채소 요리에 넣어도 부드럽고 섬세한 식감이 한층 맛을 살려준다.(루콜라와 야자순 샐러드 레시피 참고) 신선한 야자순은 얇게 썰어서 죽순, 아스파라거스, 아티초크 하트처럼 볶거나 구워서 먹을 수도 있다.

　신선한 야자순을 손질하려면 잘 씻은 다음 필요에 따라 섬유질이 많은 껍질을 전부 벗기고 부드러운 흰색 심 부분만 남긴다. 생으로 샐러드에 넣으려면 가로 방향으로 0.6~1.2cm 두께가 되도록 둥글게 썰어서 얼음물에 1시간 담가둔다. 물에서 건져 톡톡 두드려 물기를 제거한다.

　야자순을 찌려면 물을 팔팔 끓인 뒤 찜 틀을 얹고 야자순을 통째로 넣은 다음 뚜껑을 덮고 칼로 찌르면 부드럽게 들어갈 때까지 5~10분간 찐다. 식히거나 바로 썰어서 레몬즙과 녹인 버터 또는 엑스트라 버진 올리브유를 살짝 뿌린 다음 굵게 썬 파슬리를 솔솔 뿌려서 따뜻할 때 낸다.

파스닙과 파슬리 뿌리에 대해

파스닙(parsnip)은 색이 연한 당근을 닮았으며 고소한 풍미와 단맛으로 사랑받는 채소로 겨울 첫서리가 내린 후 당도가 급격히 증가한다. 그러나 당근과 달리 전분 함량이 높고 조리하면 크림처럼 부드러운 질감으로 변하므로 으깨서 사용하기에 좋다. 흠집이 없고 작거나 중간 크기 정도의 뿌리를 고른다.

　일부 마트에서는 **파슬리 뿌리**, 즉 **함부르크 파슬리**라는 품종을 취급하기도 한다. 작은 파스닙을 닮았지만 단맛이 덜하며 셀러리 뿌리의 짭짤한 느낌을 연상시키는 맛을 낸다. 이 뿌리채소를 최대한 활용하려면 싱싱한 녹색 줄기가 달린 것을 고른다. 우리 가족의 지인이자 요리책 저자인 다이앤 모건(Diane Morgan)은 이 파슬리 뿌리의 껍질을 벗겨서 깍둑썰기한 다음 닭고기 수프에 넣어 뭉근히 끓인 후(베커 닭고기 수프 레시피 참고), 허브 향이 나면서 둥글게 말려 있는 위쪽 녹색 부분을 가니시로 얹어서 내는 걸 권장한다.

　파스닙과 파슬리 뿌리를 비닐봉지에 담아서 잘 봉한 다음 냉장고 채소 칸에

넣어두면 최대 3주까지 보관할 수 있다. 사용하기 전에 박박 문질러 깨끗이 씻은 후 채소 껍질 벗기는 도구로 껍질을 제거하고 줄기 끝을 잘라낸다.(파스닙은 공기 중에 노출되는 순간 변색이 시작된다.) 크기가 큰 파스닙을 손질하려면 2등분 또는 4등분해서 섬유질이 많은 심 부분을 잘라낸다.

파스닙과 파슬리 뿌리는 당근과 비슷하게 활용한다. 크기가 작은 파스닙과 대부분의 파슬리 뿌리는 통째로 또는 반으로 자른 뒤 소스를 발라 윤이 나게 조리하거나 굽거나 조림을 만든다. 리본 끈 형태로 얇게 돌려 깎아서 생으로 샐러드에 넣어도 좋고(얇게 깎은 당근 샐러드), 정육면체, 슬라이스, 성냥개비 모양으로 썰어서 소테, 수프, 볶음, 해시, 피클, 슬로에 사용해도 맛있다. 얇게 썰어서 튀기면 칩으로도 즐길 수 있다. 삶은 파스닙과 감자를 동일 분량으로 섞어서 으깨면 로스트 비프나 돼지고기 구이의 곁들임 음식으로 근사하게 어울리며, 파스닙을 잘게 썰어서 라트키 레시피와 비슷하게 활용해도 좋다.

찌거나 삶으려면 끓는 물 위에 찜 틀을 놓고 파스닙을 올려놓거나 편수 냄비에 파스닙을 넣고 잠길 정도로 충분히 물을 부은 다음 뚜껑을 덮어서 부르르 끓어오를 때까지 가열한다. 이렇게 뚜껑을 덮은 상태로 부드러워질 때까지 두께 2.5cm 이하의 통파스닙은 10~15분, 도톰하게 썬 파스닙은 5~10분간 찌거나 삶는다.

파스닙을 **통째**로 **압력 조리하려면** 물을 2.5cm 높이까지 부은 후 15psi에 맞추고 10분간 압력 조리한다. 파스닙이 아주 크다면(지름 2.5cm 이상) 세로로 반을 자른다. 압력은 빠른 압력 방출법으로 뺀다.

파스닙 치즈 그라탱
6~8인분

달콤한 파스닙에 크림소스를 입히고 말랑하게 녹인 치즈를 가득 덮은 이 그라탱은 살이 에이도록 추운 겨울밤에 따뜻하고 든든하게 먹을 수 있는 요리다.
오븐을 175℃로 예열한다. 33×23cm 크기의 베이킹 접시에 버터를 바른다. 다음의 껍질을 벗기고 손질한다.

> 파스닙 800g

얇은 파스닙은 세로로 반 잘라서 그대로 사용한다. 큰 파스닙은 대략 1.2cm 두께의 기다란 직사각형 모양이 되도록 세로 방향으로 잘라 손질한다.
파스닙의 심이 너무 단단하면 잘라낸다. 손질한 파스닙을 한쪽에 두고 다음을 준비한다.

> 양파 1개 또는 서양대파 큰 것 1대, 손질해서 반으로 자른 후 깨끗이 씻어서 얇게
>   썰기
> (얇게 썬 프로슈토 115g, 약 6조각)
> 강판에 간 스위스 치즈 1¼컵(140g)

중간 크기의 그릇에 다음을 넣고 섞는다.

> 헤비크림 1½컵
> 다진 신선한 타임이나 마저럼 1큰술 또는 말린 타임이나 마저럼 1작은술
> 소금 1작은술
> 다진 신선한 세이지 또는 로즈메리 ½작은술 또는 말린 세이지 또는 로즈메리
>   ¼작은술
> 흑후추 ½작은술

베이킹 접시의 밑바닥에 양파를 골고루 깔고 그 위에 파스닙을 올린다. 프로슈토를 넣는다면 파스닙 위에 올리고 치즈를 훌훌 뿌린다. 모든 재료 위에 크림 혼합물을 붓는다. 윗면이 황금색으로 익고 파스닙이 부드러워질 때까지

45~55분간 굽는다. 취향에 따라 반쯤 구워졌을 때 다음을 뿌리고 남은 시간 동안 마저 굽는다.

> (오 그라탱 II)

완두콩에 대해

많은 이들에게 라일락과 개똥지빠귀는 올해도 봄이 찾아왔다는 반가운 신호다. 물론 그것도 좋지만, 가장 기쁜 소식은 환한 연두색에 약간의 단맛이 감도는 맛있는 완두콩이 시장에 나올 때가 되었다는 것이다. **경협종 완두**(field pea) 같은 일부 품종은 보관을 위해 말린 것이며, 이러한 완두콩의 손질 방법은 말린 콩 및 콩과 식물에 대해 항목을 참고한다. 녹색 완두콩에는 껍질을 까서 먹는 **일반 완두**와 **꼬투리째 먹는 완두**의 두 가지 유형이 있다.

영국 완두 또는 간단하게 **녹색 완두**라고도 부르는 일반 완두는 가장 보편적인 품종이다. 달콤하고 통통하며 가장 맛있는 계절은 봄이다. 특히 ▶ 수확 직후에 조리하거나 냉동하면 제철의 맛을 한껏 즐길 수 있다. 완두콩에 들어 있는 천연 당분은 저장 기간이 길어지면 전분으로 전환된다. 다행히도 껍질을 까서 먹는 완두콩은 냉동 보관에 적합하며, 우리는 묵은 생완두보다는 냉동 완두콩을 선호한다. 냉동 완두콩은 신선한 완두콩 대신 사용할 수 있으며 ▶ 해동하지 않고 바로 조리한다. 통조림 완두콩도 시판되고 있지만 식감이 상당히 무르고 풍미가 다소 밋밋하므로 생완두나 냉동 완두를 사용할 수 없는 부득이한 경우에만 선택한다. 가정에서 완두콩을 냉동하려면 채소 냉동에 대해 항목을 참고한다.

밝은 연두색에 단단하고 통통한 완두가 끝에서 끝까지 빼곡히 들어 있는 중간 크기의 꼬투리를 고른다. 흠집이 있거나 부풀어 오른 완두 및 통통하거나 볼록 튀어나오지 않은 완두는 피한다. 일반 완두를 꼬투리째 비닐봉지나 용기에 넣어 냉장고에 보관하거나 되도록 빨리 사용한다. 완두콩은 크림, 민트, 파슬리, 처빌, 타임, 양파, 베이컨 또는 햄과 잘 어울린다.

완두콩의 껍질을 벗기려면 잘 씻어서 줄기가 붙어 있던 부분을 툭 부러트린 뒤 두꺼운 섬유질 끈을 아래로 쭉 잡아당기면 지갑이 열리듯이 꼬투리가 벌어진다. 완두콩을 꺼낸 후에 다시 씻을 필요는 없다. ▶ 완두콩이 알차게 들어 있는 꼬투리 450g을 까면 1¼~1½컵 정도 나온다.

꼬투리째 먹는 품종 중에는 **슈거 스냅**(sugar snap, 깍지콩)이라는 달콤한 이름이 붙은 품종이 가장 단맛이 강하고 통통하며 완두 자체의 크기도 크다. 일반 완두처럼 봄에 가장 맛이 좋고 늦게 수확하거나 오랫동안 보관하면 전분 함유량이 많아진다. ▶ 최대한 빨리 먹는다. 우리는 생깍지콩을 간단한 채소 간식이나 생채소 전체 플레이트로 즐긴다. 통통하고 단단하며 흠집이나 말라버린 부분이 없는 깍지콩을 고른다. **깍지완두**(snow pea)는 깍지콩보다 평평하고 폭이 넓으면서 보관 기간도 비교적 긴 편이다. 중국 요리에 자주 사용되지만, 이 품종의 원산지는 사실 네덜란드다. 우리는 아주 짧은 시간에 조리해서 먹는 것을 선호하며 두툼한 식감과 상쾌한 풍미 덕분에 볶음 요리에 빼놓으면 아쉬운 재료다. 퍼석해 보이거나 흐느적거리는 깍지완두는 골라낸다.

대부분의 깍지콩과 깍지완두는 줄기와 끈을 제거하고 먹어야 한다. 깍지완두는 봉합선 쪽에서만 끈을 제거하면 되지만 깍지콩은 양쪽의 끈을 모두 제거해야 한다. 깍지콩과 깍지완두를 생으로 샐러드에 넣거나 소테 또는 볶음 요리에 넣을 때는 통째로 또는 한입 크기나 얇은 슬라이스로 썰어서 넣는다.

완두순은 영국 완두, 깍지콩 또는 깍지완두 덩굴에서 새로 돋아난 녹색의 덩굴손을 잘라낸 것으로, 아시아 마트에서 쉽게 구할 수 있으며 계절에 따라

직거래 장터에서도 눈에 띈다. 얇고 부드러운 줄기가 달린 것은 보통 생으로 가니시에 사용하거나 샐러드에 넣어 먹는다. 또한 볶음 요리를 마무리하기 직전에 넣거나 수프를 다 끓인 다음 내기 직전에 넣어 섞기도 하고, 다른 연한 녹색 채소처럼 조리해도 좋다.(요리에 사용하는 녹색 채소에 대해 참고) 금세 상하는 편이므로 즉시 사용하는 것이 좋다. 키친타월로 감싸서 비닐봉지에 넣고 냉장고에 보관해야 한다.

일반 완두와 꼬투리째 먹는 완두를 찌려면 껍질을 벗기거나 섬유질 끈을 제거한 뒤, 팔팔 끓는 물 위에 찜 틀을 올리고 완두를 넣는다. 뚜껑을 덮고 부드러워질 때까지 약 5분간 찐다. 전분 함량이 높은 묵은 완두콩이라면 약 10분 정도로 찌는 시간을 늘려야 한다.

완두콩 조림

2인분

생완두콩의 껍질을 벗겨서 사용할 때 프라이팬에 꼬투리 2~3개를 넣으면 풍미가 더 진하게 우러난다. 생완두콩이 없다면 **해동하지 않은 냉동 완두콩 285g 짜리 1봉지**로 대체할 수 있다.

다음을 씻고 껍질을 벗긴다.

꼬투리에 든 영국 완두 또는 일반 완두 900g(껍질을 깐 완두콩 약 2컵)

프라이팬에 물을 6mm 높이로 붓고 중강불에 올려서 팔팔 끓어오를 때까지 가열한다. 오래 묵어서 전분 함량이 높은 완두를 사용한다면 다음을 넣는다.

(설탕 1자밤)

완두콩을 프라이팬에 넣고 뚜껑을 덮은 후 불을 줄여서 부드러워질 때까지 완두콩의 보관 상태에 따라 5~15분 정도 뭉근히 삶는다. 물이 거의 졸아들면 적당히 물을 보충하면서 끓인다. 완두콩이 다 익은 후 꼬투리를 넣었다면 건져서 버리고 남은 물을 따라낸다. 다음으로 간을 하고 맛을 낸다.

버터 또는 크림

(다진 파슬리 또는 민트)

소금과 흑후추

깍지완두 볶음

4인분

매리언 할머니는 이 책의 집필을 위한 조사차 신시내티 시내의 도서관을 자주 드나들 때 근처의 중국 음식점에서 정기적으로 점심을 먹었다. 그 식당의 요리사는 주변 마트에서 구할 수 없는 깍지완두를 항공편으로 조달했는데, 매리언 할머니는 이 레시피에 따라 간단하게 조리한 깍지완두를 일주일에도 몇 번씩 맛있게 먹었다고 한다. 깍지완두 대신 깍지콩을 사용할 수도 있지만 조리 시간을 약간 늘려야 한다.

줄기와 끈을 제거한다.

깍지완두 450g

통째로 사용하거나 한입 크기로 어슷하게 썬다. 웍이나 커다란 프라이팬을 강불에 올리고 다음을 둘러서 거의 연기가 나기 시작할 때까지 뜨겁게 달군다.

식물성 기름 1큰술

다음을 넣는다.

껍질을 벗겨서 다진 생강 1큰술

30초간 생강을 볶은 다음 깍지완두를 넣고 반들반들하게 기름으로 코팅될 때까지 세게 저으면서 볶는다. 다음을 뿌린다.

소금 ½작은술

깍지완두가 아삭하면서도 부드러워질 때까지 1~2분 더 볶는다.

취향에 따라 다음을 넣는다.

(간장 소량)

프로슈토와 양파를 곁들인 완두콩 요리

4~6인분

다음 완두콩의 껍질을 벗기거나 냉동 완두콩을 준비한다.

꼬투리를 벗기지 않은 영국 완두 또는 일반 완두 900g(껍질을 깐 완두콩 약 2컵 또는 냉동 완두콩 285g짜리 1봉지)

커다란 프라이팬을 중불에 올리고 다음을 둘러 가열한다.

올리브유 3큰술

다음을 넣고 프라이팬을 가끔 흔들면서 연한 갈색이 될 때까지 볶는다.

방울양파 24개, 껍질을 벗기기(또는 냉동 방울양파를 해동해서 사용)

다음을 넣는다.

물 3큰술

뚜껑을 덮고 중약불에서 양파가 부드러워질 때까지 약 5분간 조리한다. 껍질을 벗긴 완두콩 또는 냉동 완두콩을 다음과 함께 넣고 젓는다.

프로슈토 또는 햄 115g, 잘게 깍둑썰기하기

(생완두콩을 사용하면 물 1~2작은술)

소금과 흑후추 적당량

뚜껑을 덮고 완두콩이 부드러워질 때까지 생완두는 5~8분, 냉동 완두는 3~5분간 조리한다.

완두콩과 리코타 토스트

2~4인분

이 토스트는 전채 요리로 내거나 작게 잘라서 카나페로 먹기도 하지만, 우리는 가벼운 점심으로 즐겨 먹는다. 생완두콩 대신 **냉동 완두콩 1컵을 해동해서** 사용할 수도 있으나 이 간단한 레시피는 생완두콩으로 만들 때 가장 맛있다.

다음의 껍질을 벗긴다.

꼬투리에 든 영국 완두 또는 일반 완두 450g(껍질을 깐 완두콩 약 1컵)

부드러워질 때까지 약 5분간 찐다. 한쪽에 둔다. 중간 크기의 그릇에 다음을 넣고 섞는다.

일반 우유로 만든 리코타 치즈 225g

레몬 1개의 껍질, 강판에 곱게 갈기

엑스트라 버진 올리브유 1큰술

레몬즙 1큰술

다진 타임 1작은술

소금과 흑후추 적당량

위의 혼합물을 다음에 적당히 나눠서 바른다.

두껍게 썬 시골풍 빵 또는 사워도 빵 4조각, 노릇하게 굽기

그 위에 완두콩을 얹고 다음을 살짝 뿌린다.

엑스트라 버진 올리브유

취향에 따라 다음으로 장식한다.

(연한 완두순, 완두싹, 무순 등의 작은 녹색 채소 또는 루콜라)

고추에 대해

고추는 가짓과의 관목 중에서 재배용으로 개량된 다섯 가지 종의 열매를 지칭하며 볼리비아가 원산지다. 아메리카 대륙 전역에 널리 퍼지고 뒤이어 유럽과 아시아에 전파된 이래, 고추는 엄청나게 다양해졌다. 과육이 많고 맛이 순해 채소로 널리 쓰이는 고추가 있는가 하면, 매운맛이 아주 강해 채소보다는 향신료처럼 요리에 소량씩 사용하는 고추도 있다. 맛이 부드러운 품종은 1931년에 발행된 『조이 오브 쿠킹』 초판부터 주요 채소로 다루었는데, 매운 칠리 고추는 사람들의 집단적인 미각이 이들 품종의 불타는 열감에 적응하고 칠리 고추가 가진 다양한 풍미를 더욱 선호하게 되면서 점점 더 인기를 얻고 있다.

더 자세히 설명하기 전에 머릿속에 의문이 떠오르는 이들도 있을 것이다. '고추(pepper)'가 맞는가, 아니면 '칠리 고추(chile)'가 맞는가? 이 두 가지 용어는 서로 바꿔서 사용할 수 있지만, 이 책에서는 대부분의 말린 고추와 남미 요리에 사용되는 고추를 '칠리 고추'라고 지칭한다. 이 말은 나와틀족 단어인 '칠리(chilli)'에서 따온 스페인어다. 그 외의 모든 다른 종류에는 '고추'라는 명칭을 사용하려고 노력했으며, 이 단어는 스페인 사람들이 자신들에게 익숙했던 또 하나의 매콤한 식재료인 통후추(peppercorn)와 고추를 포괄적으로 아울러 일컫던 말이다. 다양한 종류의 말린 칠리 고추 및 칠리 고추를 굽고 물에 불리고 곱게 가는 방법에 대해서는 1029쪽을 참고한다.

고추는 배고픈 포유류의 먹이가 되지 않도록 다양한 화합물을 만들어내는데, 이를 통틀어서 캡사이신 또는 캡사이시노이드라고 부른다. 고추에서 매운맛이 나는 것은 바로 이 물질 때문이다. 대부분의 고추는 씨가 붙어 있는 안쪽의 흰색 과육 부분에 캡사이신이 집중적으로 몰려 있다. 많은 요리사가 고추의 씨앗과 흰색 부분을 제거한 후 요리에 사용하는 이유도 바로 이 때문이다.(그뿐만 아니라 씨앗과 흰색 부분은 감귤류의 '중과피'처럼 약간 쓴맛이 난다.) 그러나 최근에 과학자들은 고스트나 스코피언 등 소위 어마어마하게 매운 품종의 경우 과육의 안쪽 벽에도 씨 주변만큼이나 많은 캡사이신이 들어 있다는 사실을 발견했다. 따라서 캡사이신이 많은 부분을 최대한 제거하기 위해 굳이 피부나 눈이 심각하게 따가운 것을 감수하면서까지 무시무시하게 매운 고추의 안쪽을 파낼 필요가 없다는 뜻이니 다행이라고 해야 할 것이다. 매운 고추를 다룰 때는 ▶ 아직 다 자라지 않아 녹색일 때 상대적으로 맛이 훨씬 순하며, 막 익기 시작해 붉은색이나 주황색 또는 노란색으로 변할 때 가장 강렬하게 매운맛을 발현한다는 사실을 기억하자.

단맛이 나는 고추 중에서도 가장 흔히 볼 수 있는 종류인 피망은 녹색, 빨간색, 주황색, 노란색 또는 진한 보라색을 띤다. 구우면 풍미가 변하며 과육이 부드러워진다. 과육이 두껍고 큼직하므로 속에 재료를 채우는 용기로 사용하기에 좋고, 다른 향미 채소와 함께 깍둑썰기해서 수프, 스튜, 조림, 곡물 요리는 물론, 특히 스페인 및 케이준 요리에 넣으면 아주 잘 어울린다. 과육이 실하고 단맛과 매운맛을 동시에 가지고 있는 피미엔토(pimiento)는 보통 붉은색으로 잘 익은 상태로만 판매하며 통조림 제품으로도 판매된다. 스페인산 피키요 고추(piquillo pepper)는 피미엔토와 매우 비슷하지만, 구이 또는 병조림 이외의 형태로는 시중에서 눈에 잘 띄지 않는다.

다양한 종류의 뉴멕시코 칠리 고추는 전부 1950년대에 맛이 순하고 커다란 고추를 생산하기 위해 개량한 단일 재배종에서 파생했다. 보통 연두색이나 진한 녹색 상태일 때 수확한다. 대부분 과육이 중간 두께 또는 아주 두꺼운 편이며 맛이 순하지만 ('바커스 핫Barker's Hot' 또는 '룸브레Lumbre' 등) 일부 품종은 매운맛이 꽤 강한 편이다. 그 외의 뉴멕시코 칠리 고추로는 맛이 순하고 연한

녹색의 애너하임(Anaheim), 뉴멕시코주의 해치라는 도시 근교에서 자라는 해치 칠리 고추(Hatch chile), 크기가 매우 크고 맛이 순한 빅 짐(Big Jim) 등의 품종을 꼽을 수 있다. 뉴멕시코주 북부에서 재배되는 최상급 토착종은 치마요 칠리 고추(Chimayo chile)라고 불리는 것으로, 다른 칠리 고추들과는 다른 재배종에서 파생했으며 보통 붉은색으로 변했을 때 수확한다. 마트 판매대에서 눈에 띄는 '녹색 칠리 고추'라는 라벨의 통조림에 들어 있는 것은 대부분 맛이 순한 뉴멕시코 품종이다. 굽거나 껍질을 벗겨서 사용하며 칠리 레예노를 만들 때 우리 가족이 가장 선호하는 고추다. 또한 깍둑썰기해서 스튜나 소스, 옥수수 빵, 타말레, 소페, 포솔레에 넣어도 좋다.

과육이 얇고 연한 녹색을 띠는 쿠바넬 고추(Cubanelle pepper)와 자그마한 붉은색의 지미 나델로(Jimmy Nardello)는 양파 및 소시지와 함께 튀겨서 먹으면 아주 맛있다.(그래서 이탈리아 튀김용 고추라는 이름으로 불리는 경우가 많다.) 바스크 지방, 특히 에스플레트라는 곳에서 재배하는 에스플레트 고추(Espelette pepper) 등의 몇몇 종류도 튀김에 적합하지만, 보통 튀김보다는 잘 익은 고추를 수확해 말린 후 갈아서 고춧가루로 만든다. 연한 노란색이나 주황빛이 도는 붉은색에 아삭한 바나나 고추는 단맛부터 강렬하게 톡 쏘는 맛까지 다양한 풍미를 내며 아마도 얇게 썰어서 피클을 만드는 형태로 잘 알려져 있을 것이다. 이탈리아어로 '매운 고추'라는 일반적인 의미의 페페론치노(pepperoncino)라는 고추는 중간 정도의 열감에 피클 형태로 자주 접한다는 점에서 바나나 고추와 비슷하지만, 꼭지와 함께 통째로 피클을 만든다는 차이점이 있다. 맛이 비교적 순하고 과육이 얇으며 안티파스토와 함께 내기에 안성맞춤이다.

그 외의 작은 녹색 고추 중에서 최근에 크게 주목받고 있는 품종이 파드론(padrón)과 꽈리고추다. 두 가지 모두 과육이 얇고 상대적으로 풍미가 순하지만, 가끔 열감이 확 치고 올라왔다가 사라져 깜짝 놀라기도 한다. 파드론과 꽈리고추는 보통 군데군데 검게 그을릴 때까지 통째로 강불에 잠깐 볶아서 전채 요리 또는 곁들임 음식으로 낸다.

포블라노(poblano) 고추는 진한 녹색에 맛이 진하고 상대적으로 순하다. 양파, 마늘과 함께 튀겨서 엔칠라다 속재료로 사용하거나 콩을 뭉근히 삶기 전에 넣거나(멕시코식 삶은 콩) 옥수수 볶음에 사용한다. 구워서 껍질을 벗긴 다음 수프, 소스, 스튜에 넣거나 통째로 칠리 레예노를 만들 때 사용할 수 있지만, 과육이 얇아서 쉽게 찢어지기 때문에 껍질을 벗기는 작업은 다소 번거롭다. 칠라카 칠리 고추(Chilaca chile)는 포블라노와 가까운 품종이지만 더 날씬하다. 포블라노보다 열감이 강하며 우리가 보기에는 풍미도 뛰어나다.

카엔 고추는 길쭉하고 날씬하다. 직거래 장터에서 생고추를 팔기도 하지만 대다수 소비자에게는 향신료로 더욱 익숙한 재료다. 말려서 곱게 간 형태로 유럽 및 북아메리카 전역에 보급된 최초의 고추 품종 중 하나다. 과육이 통통한 것은 쿠바넬이나 포블라노처럼 볶아서 먹을 수 있는데, 과육이 얇은 것은 매운맛도 강한 경향이 있으므로 사용할 때 주의해야 한다. 카옌 고추와 비슷한 홀랜드 핑거 핫(Holland finger hot)은 길쭉하고 과일 향이 나며 녹색과 붉은색 고추가 모두 시판된다. 한국과 동남아시아 지역에서 즐겨 먹으며 스리라차 소스의 재료로 적합하다. 체리 고추는 탁구공만 한 크기에 동그란 모양 때문에 체리라는 이름이 붙었으며 녹색 또는 붉은색 고추를 통째로 사용해 피클을 담근다. 순한 맛에서 매콤한 맛까지 맵기가 다양하고 약간 단맛을 가지고 있으며 씨가 많고 껍질이 질기다. 가장 흔히 볼 수 있는 체리 고추는 이탈리아의 칼라브리아 지역 원산이지만 같은 지역에서 생산되는 카옌 고추는 날씬하고 매운맛이 아주 강하다. 자그마하고 매운 이 품종은 말리거나 빻아서 판매하며,

소금에 절이거나 피클 또는 기름에 절인 형태로도 찾아볼 수 있다.

신선한 녹색 **할라페뇨**는 사실상 어디서나 쉽게 구할 수 있으며 맛이 순한 것부터 엄청나게 매운 것까지 다양하다. 경험상 지름 2.5cm 이상의 큼직한 할라페뇨는 케이준 요리를 만들 때 피망 대신 사용할 수 있고, 피망보다 아주 약간 더 매콤한 맛으로 완성된다. 잘 익은 붉은색 할라페뇨는 훈연해서 말리거나(치폴레) 아도보 소스에 넣고 뭉근히 끓여서 사용한다. 녹색 할라페뇨는 살사부터 수프와 스튜에 이르기까지 다양한 요리에 양념으로 사용할 수 있으며, 심지어 속을 채워 조리하거나 튀김 또는 구이를 해도 맛있다. 그뿐만 아니라 피클을 담가도 맛이 좋다. 타케리아 피클과 고추 피클 레시피를 참고한다.

할라페뇨와 비슷한 열감을 가지고 있는 다른 고추로는 은은한 연둣빛이 도는 노란색의 **헝가리 왁스 고추**를 꼽을 수 있다. 이 고추는 볶음이나 피클에 사용하면 맛있다. 프레스노 칠리 고추(Fresno chile)는 형태와 열감이 할라페뇨와 비슷하지만 좀 더 삼각형에 가까운 모양에 은은한 꽃향기가 나면서 항상 붉은색으로 잘 익은 상태로 판매한다. 우리는 이 고추를 스리라차에 넣어서 즐긴다. **세라노 칠리 고추**(Serrano chile)도 풍미가 할라페뇨와 비슷하지만 새끼손가락 정도의 작은 크기에 날씬하며 매운맛도 더 강하다.

꽈리 모양의 **하바네로**는 어마어마하게 매운맛을 내는 동시에 과일과 꽃을 연상시키는 풍미가 있어서 감귤류즙과 환상적인 궁합을 자랑한다.(하바네로 감귤류 핫소스 레시피 참고) 매운맛이 할라페뇨의 거의 10배에 달한다. 녹색 또는 노란색이나 밝은 주황색, 붉은색으로 잘 익은 상태로 판매하는 하바네로는 살사, 소스, 양념류에 사용한다. **하바나다**(habanada)라는 재미있는 이름이 붙은 하바네로의 파생 품종은 하바네로의 과일, 꽃 풍미를 전부 가지고 있으면서도 매운맛은 전혀 없다.(직거래 장터에서 찾아보자.) 자메이카산 **스카치 보닛 고추**(Scotch bonnet pepper)는 모양과 색깔이 하바네로와 아주 흡사해서 종종 혼동되지만, 쪼글쪼글한 표면의 주름과 좀 더 강한 단맛으로 구분할 수 있다. 스카치 보닛 고추는 자메이카식 저크 페이스트 및 자메이카식 콩밥 같은 몇몇 요리에서 중요한 역할을 한다.(하바네로로 대체해도 맛이 근사하다.)

만사노(Manzano) 또는 **페론 고추**는 남아메리카 원산이지만 현재는 멕시코에서 재배된다. 만사노는 둥그런 랜턴 모양이며 작은 레몬 정도의 크기로, 익어가면서 색깔이 노란색에서 주황색으로 바뀐다. 우리가 경험한 바로는 대부분 검은색 씨가 들어 있는 유일한 품종이다. 피망처럼 과육이 두툼하지만, 하바네로처럼 열대 과일과 꽃의 풍미가 있고 하바네로보다는 매운맛이 덜하다. 덜 매운 맛을 선호하거나 두툼한 과육으로 씹는 맛을 더하고자 할 때 하바네로 대신 사용한다. 살사 및 하바네로 감귤류 핫소스 레시피를 참고한다. 만사노를 제외하면 다른 남아메리카 고추는 타이노족(서인도 제도의 인디언 부족 — 옮긴이) 말로 '고추'를 나타내는 아히(ají)라는 이름으로 불린다. 이들 중 북아메리카에서 가장 쉽게 찾아볼 수 있는 것은 날씬하고 과일 풍미를 내며 적당한 매운맛을 지닌 노란색 **아히 아마리요**(ají amarillo)다.

'태국 칠리 고추'라는 일반적인 이름으로 통하는 고추들은 몇 가지 종류로 나뉜다. 그중 가장 흔한 것은 작고 강렬한 맛을 내는 **버즈아이 칠리 고추**(bird's eye chile)로 녹색 또는 붉은색 고추가 시판된다. 연두색이나 노란빛이 도는 주황색 또는 붉은색을 띠는 **타바스코 고추**도 이와 비슷하며 식초에 절인 양념이나 루이지애나식 발효 핫소스의 형태로 가장 널리 사용된다. 아주 강한 매운맛을 자랑한다.

얼얼하도록 매운 고추가 점점 인기를 얻으면서 한층 더 매운 품종을 찾거나 재배하려는 노력도 더욱 추진력을 얻게 되었다. 한때 세계에서 가장 매운 고추로 알려졌던 하바네로도 이보다 15배 이상 매운 **고스트 고추**(부트 졸로키아 bhut jolokia라고도 부른다.)에 왕좌를 내주고 말았다. 그 후에도 **트리니다드 마루가 스코피언**(Trinidad Maruga Scorpion, 캡사이신 함량이 할라페뇨의 최대 24배), **캐롤라이나 리퍼**(Carolina reaper, 최대 32배) 등이 차례로 등장했다. 물론 요리사의 관점에서 보면 이러한 고추들은 식재료로서 거의 쓸모가 없으며 어디까지나 먹는 사람의 '자발적인 선택'하에 섭취해야 한다. 이러한 고추는 극도로 조심해서 다뤄야 한다. 긍정적인 점을 꼽자면 앞서 설명한 것처럼 과육에도 씨나 안쪽의 흰색 부분만큼 많은 캡사이신이 들어 있으므로 굳이 씨를 제거할 필요가 없다는 것이다.

매운 정도나 크기와 관계없이, 고추를 살 때는 통통하고 단단하며 꼭지가 싱싱한 것을 고르고 물렁물렁하거나 반투명하거나 마른 부분이 있는 것은 피한다. 씻지 않고 키친타월로 둘둘 말아서 비닐봉지나 용기에 담은 후 냉장고에 넣으면 최대 2주 동안 보관할 수 있다.

▶ 맛이 아주 순한 고추를 제외하면, 모든 고추를 손질할 때는 항상 장갑을 껴야 하고 손질 직후에 비누로 손을 깨끗이 씻는다.

피망에 속재료를 채워서 요리하기 위해 씨를 빼려면 위쪽의 꼭지 부분을 둥글게 도려내고 줄기와 씨를 제거한 후 안쪽에 있는 흰색 막을 긁어낸다.

뉴멕시코, 할라페뇨 또는 포블라노 고추에 속재료를 채워서 요리하기 위해 씨를 빼려면 레시피에 따라 구워서 껍질을 벗긴 후 한쪽에 세로로 절개선을 넣고 숟가락으로 씨와 흰색 막을 조심스레 긁어낸다.

매운 고추에서 씨 빼기

세라노보다 큰 고추의 씨를 빼고 얇게 저미거나 칩 모양으로 썰거나 깍둑썰기하려면 고추를 옆으로 눕혀서 씨가 있는 중심부의 바로 왼쪽 또는 오른쪽까지 세로 방향으로 길쭉하게 썬다. 절단면이 위로 가도록 고추를 돌려놓은 다음 씨가 있는 부분의 옆쪽까지 다시 한 번 썬다. 줄기와 씨가 붙어 있는 심 부분에서 과육을 전부 잘라낼 때까지 이 작업을 반복한다. 심 부분을 버리고 평평하게 썰어낸 고추 과육을 원하는 만큼 얇게 썬다. 길쭉하고 얇게 썬 조각을 돌려서 적당한 크기로 깍둑썰기한다.

고추를 고리 모양으로 썰려면 가로 방향으로 원하는 두께로 얇게 썬 다음 조각을 잡고 씨와 흰색 부분을 밀어서 떼어낸다.

고추 구이

고추 '구이'란 보통 강불에 올려 껍질을 태운 다음 껍질을 벗겨내는 것을 의미한다. 이렇게 구우면 과육이 부드러워지고 매운맛이 다소 순해지며 구미를 돋우는 훈연 풍미가 생겨난다.

I. 직화 오븐 또는 그릴에 굽기

커다란 피망이나 뉴멕시코 고추를 대량으로 구울 때 우리가 선호하는 방법이다. 이미 그릴에 불을 붙인 상태라면 아래에 소개한 방법보다 고추를 숯불 위에 직접 올려놓고 태우듯이 굽는 것이 더 편할 수도 있다.

테두리 있는 오븐 팬이나 직화 팬에 포일을 깔고 다음을 올려놓는다.

통고추

직화 오븐을 예열하고 고추가 불에서 10cm 정도 떨어진 적당한 위치에 오븐 받침대를 끼운다. 집게로 뒤집어가면서 껍질이 군데군데 터지거나 전체적으로 거뭇거뭇하게 그을릴 때까지 고추를 직화로 굽는다. 고추의 껍질이 두꺼워서 벗겨야 한다면 일단 고추를 종이봉투나 그릇에 옮겨 담는다. 종이봉투를 접거나 봉해서(또는 그릇 위에 뚜껑이나 접시를 덮어서) 10분 정도 식힌다. 껍질을 벗긴 다음(문지르면 쉽게 벗겨진다.) 씨를 빼고 원하는 대로 사용한다. 고추 구이를 밀폐 용기에 넣어 냉장고에 보관하면 최대 일주일까지 먹을 수 있다. 냉동실에 넣어두면 6개월 정도는 거뜬히 보관할 수 있지만, 냉동할 생각이라면 아직 따뜻할 때 껍질을 벗기지 않고 통째로 냉동용 봉투에 넣어서 보관한 후 실제로 사용하기 위해 해동했을 때 껍질을 벗기고 씨를 뺀다. 냉동했던 고추는 다소 식감이 부족하지만 소스나 수프, 스튜에 사용하기에는 아무런 지장이 없다.

II. 프라이팬에 굽기

살사를 비롯한 여러 요리에 사용하기 위해 작고 껍질이 얇은 칠리 고추를 구울 때 가장 적합한 방법이다. 껍질이 종잇장처럼 얇으므로 이러한 고추는 껍질을 벗기지 않고 사용하도록 권장한다.

기름을 두르지 않은 프라이팬이나 번철을 중불에 올린다. 다음을 한 겹으로 깐다.

할라페뇨, 세라노, 하바네로 또는 기타 작은 칠리 고추

칠리 고추를 뒤집어가면서 살짝 그을리고 부드러워질 때까지 약 10분간 굽는다. 불에서 내린 후 약간 식혀서 꼭지를 잘라내고 (취향에 따라) 씨를 뺀다.

III. 조리용 토치로 굽기

가장 효율성은 떨어지지만 구운 고추가 1~2개 정도만 필요할 때 가장 편리한 방법이기도 하다. 가스버너를 가장 센 불로 켜놓고 기다란 쇠집게를 사용해 통고추를 직접 불꽃에 가져다 댄다. 또는 스테인리스스틸 프라이팬 또는 테두리가 있고 코팅하지 않은 오븐 팬에 고추를 놓고 가정용 레인지 위에 올린 다음 프로판 토치로 조심스럽게 껍질을 태운다. 어느 방법을 사용하든, 고추를 쇠집게로 자주 뒤집어서(그리고 토치의 불꽃을 이리저리 움직여서) 골고루 그을리게 한다. 버전 I의 설명대로 뚜껑을 덮어서 잠시 식혔다가 껍질을 벗긴다.

속을 채워서 구운 피망

4인분

미국에서 전통적으로 사랑받는 요리다. **단단한 두부의 물기를 짜서 잘게 부순 것 또는 잘게 부수어 양념한 템페 225g**을 고기 대신 사용하면 채식 버전으로 만들 수 있다. 또는 그냥 밥의 분량을 2컵으로 늘려도 된다. 피망이 아주 크면 줄기를 관통하도록 세로로 반 잘라서 사용한다.(줄기는 속재료가 빠지지 않게 잡아주는 역할을 하므로 완전히 제거하지 않는다.)

오븐의 가운데 칸에 받침대를 끼우고 190℃로 예열한다. 피망이 넉넉하게 들어갈 만한 크기의 베이킹 접시에 기름을 바른다. 속재료를 넣을 수 있도록 다음을 손질한다.

피망 중간 크기 4개

피망이 똑바로 서지 않으면 바닥 부분을 평평하게 살짝 도려내되, 구멍이 뚫리지 않도록 주의한다. 끓는 물 위에 받침대나 찜 틀을 올려놓고 피망을 넣어 부드러워질 때까지 약 10분간 찐다. 한쪽에 둔다. 커다란 프라이팬을 중불에 올리고 다음을 둘러 가열한다.

올리브유 또는 식물성 기름 2큰술

다음을 프라이팬에 넣고 숟가락으로 젓거나 뭉쳐진 고깃덩어리를 부수면서 연한 갈색이 될 때까지 10분간 볶는다.

다진 소고기, 양고기 또는 돼지고기, 또는 초리소 소시지(시판 또는 수제) 225g

양파 작은 것 1개, 잘게 썰기

불에서 내린 후 다음을 넣어 섞는다.

쌀밥 또는 그 외의 익힌 곡물 1컵

토마토 중간 크기 1개, 잘게 썰기 또는 깍둑썰기한 토마토 통조림 ½컵, 국물을 따라내기

대란 2개, 잘 풀어두기

마늘 1쪽, 다지기

말린 타임 또는 오레가노 1작은술, 잘게 부수기

(우스터 소스 적당량)

(굵게 빻은 고춧가루 적당량)

소금과 흑후추 적당량

피망에 고기로 만든 속재료를 채워 넣고 베이킹 접시 위에 가지런히 놓는다. 맨 위에 다음을 뿌린다.

오 그라탱 I 또는 II

피망이 부드러워지면서 속은 뜨겁고 단단해질 때까지 약 25분간 굽는다. 취향에 따라 직화 오븐에 넣어 윗면을 갈색으로 굽는다.

라하스 콘 크레마(Rajas con Crema, 크림소스를 곁들인 포블라노 구이)

6~8인분

토르티야 칩이나 살사를 곁들여 단독으로 먹어도 좋고 타코, 부리토, 엔칠라다, 소페 등의 속재료로 활용해도 잘 어울리는 전통 레시피다.

앞의 설명대로 굽는다.

포블라노 또는 칠라카 칠리 고추 900g

다 구워지면 껍질을 벗겨서 씨와 줄기를 제거한 뒤 두껍고 길쭉하게 썬다. 커다란 프라이팬을 중강불에 올리고 다음을 둘러서 뜨겁게 달군다.

식물성 기름 2큰술

다음을 넣고 갈색으로 변하기 시작할 때까지 5~8분간 볶는다.

양파 큰 것 1개, 얇게 썰기

(마늘 2쪽, 으깨기)

길쭉한 고추 조각을 넣고 다음을 추가한다.

멕시코식 크레마 ½컵

우유 또는 물 ½컵

말린 오레가노 2작은술

소금 ½작은술

혼합물이 뭉근히 끓어오르면 중약불로 낮추고 고추와 양파가 부드러워질 때까지 약 5분간 조리한다. 불에서 내린 후 다음을 넣고 섞는다.

잘게 썬 오악사카 또는 몬터레이 잭 치즈 ½컵(55g)

꽈리고추 또는 파드론 고추 구이

4인분

풍미가 진한 이 고추 요리는 전체 요리로 내는 경우가 많지만, 우리는 여름에 곁들임 음식으로 즐기기도 한다.

크고 묵직한 프라이팬(무쇠 팬 등)을 중강불에 올리고 다음을 둘러 가열한다.

　식물성 기름 1큰술

기름이 뜨겁게 달아올랐을 때 다음을 넣는다.

　꽈리고추 또는 파드론 고추 225g

가끔 뒤적여가면서 고추가 부드럽게 익고 여기저기 검게 그을릴 때까지 약 4분간 조리한다. 다음으로 적당히 간을 한다.

　소금

　레몬 또는 라임즙

칠리 레예노(Chiles Rellenos)

6인분

보통 칠리 고추에 간단하게 치즈를 채워서 튀기는 경우가 많지만, 취향에 따라 얼마든지 다른 재료를 채워서 조리할 수 있다. 치즈 분량의 최대 절반까지 옥수수 알갱이, 피카디요, 카르니타스 조림, 멕시코식 삶은 콩으로 대체할 수 있다. 제대로 배부르게 먹고 싶다면 속을 채운 이 고추 튀김을 부리토 속재료로 사용해보자. 우리가 이 레시피에 가장 선호하는 칠리 고추는 뉴멕시코 품종 중 하나인 빅 짐이며, 여의치 않다면 애너하임을 사용해도 맛은 크게 뒤지지 않는다. 포블라노로 대체할 수도 있지만 과육이 얇아서 겉껍질을 벗겨내기가 번거롭다. 딥 프라잉 항목을 참고한다.

다음을 굽는다.

　녹색 뉴멕시코 또는 애너하임 칠리 고추 큰 것 6개

검게 그을린 칠리 고추 껍질을 벗긴다. 고추의 한쪽에 길쭉하게 칼집을 내고 씨를 제거한다. 톡톡 두드려 물기를 제거한다. 오븐을 93℃로 예열한다. 중간 크기의 그릇에 다음을 넣고 섞는다.

　굵게 썬 몬터레이 잭, 순한 체더 또는 오악사카 치즈 2컵(225g)

　쪽파 2대, 다지기

칠리 고추에 치즈 혼합물로 속을 채운다. 달걀 3개로 다음을 만들고, 취향에 따라 달걀흰자 거품을 추가해 섞어도 좋다.

　맥주 튀김 반죽

큼직하고 깊은 프라이팬이나 더치오븐에 기름을 다음 높이까지 붓고 175℃로 가열한다.

　식물성 기름 5cm

한 번에 고추 1개씩 튀김 반죽에 담그고 숟가락으로 반죽을 끼얹으며 골고루 묻힌다. 고추를 꺼내서 여분의 반죽을 털어낸 다음 조심스럽게 기름에 넣는다.(생선 뒤집개를 사용하면 좋다.) 한 번에 고추 3개씩 양쪽이 모두 노릇노릇해질 때까지 한 면당 약 4분씩 튀긴다. 튀김옷이 떨어져 고추 과육이 드러나면 숟가락으로 그 부분에 반죽을 조금 얹은 후 다시 뒤집어서 튀긴다. 다 튀겨지면 키친타월을 깐 오븐 팬에 옮겨 담고 포일로 느슨하게 덮어서 남은 고추를 튀길 동안 오븐에 넣어 따뜻하게 보관한다. 다음을 위에 얹어서 낸다.

　뉴멕시코식 칠리 고추 소스 또는 시판 녹색 칠리 고추 소스

　멕시코식 아도보 II, 국물을 넉넉히 넣어 만들기

　살사 아무거나

플랜틴에 대해

다양한 바나나 품종을 포괄적으로 일컫는 플랜틴은 크기가 매우 크고 전분 함량이 높다는 점에서 생으로 먹는 바나나와 구분된다. ▶ 플랜틴은 반드시 조리해서 먹어야 한다. 플랜틴은 연중 시장에서 볼 수 있으며 녹색의 설익은 상태뿐만 아니라 반쯤 익거나 농익어서 껍질에 검은 얼룩이 생긴 플랜틴도 먹을 수 있다. 녹색 플랜틴은 단단하고 전분 함량이 높아서 감자와 비슷한 느낌이다. 얇게 썰어서 아래에 소개한 토스토네처럼 튀기면 가장 맛있고, 감자처럼 부드러워질 때까지 뭉근히 끓이거나 구워도 맛있다. 얼룩이 생긴 노란색 플랜틴은 중간쯤 숙성된 것으로 크림같이 부드러운 식감에 약간 단맛이 난다. 녹색 플랜틴과 비슷한 방법으로 조리하거나 통째로 구워 먹는다. 다 익은 검은색 플랜틴은 가장 단맛이 강하며 바나나와 비슷한 맛이 난다. 부드럽지만 약간의 단단함이 남아 있고 바나나보다 다소 전분 함량이 높다. 덜 익은 플랜틴을 숙성하려면 종이봉투에 넣어서 실온에 보관한다.

잘 익은 플랜틴은 껍질이 쉽게 벗겨지지만 녹색 플랜틴은 껍질이 잘 벗겨지지 않는 경우도 있다. 다른 모든 바나나와 마찬가지로 플랜틴도 일단 껍질을 벗기거나 자르면 과육이 금세 진한 색으로 변하므로 조리하기 직전에 껍질을 벗기고 끈처럼 길게 늘어지는 섬유질을 떼어낸다.

녹색 플랜틴의 껍질을 벗기려면 껍질만 갈라지도록 세로로 칼집을 넣는다. 가로로 큼직하게 몇 등분으로 자른 다음 칼집을 넣은 곳을 잡고 껍질을 벗긴다. 노란색 플랜틴과 완전히 익은 검은색 플랜틴은 바나나처럼 쉽게 껍질을 벗길 수 있다.

녹색 플랜틴을 뭉근히 삶으려면 5cm 크기로 썰어서 껍질을 벗기고 플랜틴이 잠길 만큼 물을 넉넉히 부어서 과육이 아주 부드러워질 때까지 약 30분 정도 삶는다. 물을 따라내고 버터와 소금, 후추를 뿌려 뒤적이거나 매시트포테이토처럼 조리한다.

플랜틴 구이

오븐을 200℃로 예열한다. 플랜틴을 한 겹으로 깔 수 있을 만한 베이킹 접시에 기름을 바른다.

아래와 윗부분을 잘라내고 껍질에 세로로 칼집을 넣어 껍질을 벗긴다.

　갈색 또는 검은색의 잘 익은 플랜틴

준비해놓은 베이킹 접시에 한 겹으로 깔고 과육에 포크를 찔러보면 부드럽게 들어갈 때까지 약 40분간 굽는다. (감자 구이처럼) 다음을 곁들여 낸다.

　버터

취향에 따라 다음을 뿌려서 맛을 낸다.

　(라임즙과 핫소스 또는 하바네로 감귤류 핫소스)

플랜틴 튀김

6인분

아소파오 데 포요, 자메이카식 콩밥, 멕시코식 삶은 콩 또는 모든 종류의 닭고기와 돼지고기 구이에 곁들이면 잘 어울린다. 핫소스를 함께 내는 것을 잊지 말자.

I. 토스토네(Tostone)

두 번 튀겨서 만드는 이 전통 요리에는 전분 함량이 높은 녹색 플랜틴이 가장 알맞다. 절반쯤 익은 노란색 플랜틴을 사용하면 크림처럼 부드러운 식감으로 완성된다. 위의 설명대로 이 바삭한 플랜틴 칩을 곁들임 요리로 먹거나 옥수수 토르티야 대신 토스타다 베이스로 낸다. 딥 프라잉 항목을 참고한다.

다음의 껍질을 벗기고 2.5cm 두께로 어슷하게 썬다.

녹색 플랜틴 680g(중간 크기 약 6개)

튀김기나 깊고 묵직한 냄비 또는 더치오븐에 기름을 다음 높이까지 붓고 162℃가 되도록 가열한다.

식물성 기름 5cm

플랜틴 조각이 황금색이 될 때까지 한 면당 약 3분씩 튀긴다. 한꺼번에 튀김 재료를 너무 많이 넣지 않도록 주의한다. 키친타월에 올려놓고 기름을 잘 뺀다. 플랜틴 튀김을 오븐 팬에 한 겹으로 깐 다음 유리잔 바닥으로 하나씩 꾹 눌러서 6mm 두께가 되도록 고르게 편다. 기름 온도를 175℃로 다시 올리고 플랜틴을 넣어 황금색으로 바삭해질 때까지 약 2~3분간 다시 튀긴다. 키친타월에 올려서 기름을 잘 뺀 후 다음을 훌훌 뿌려서 즉시 낸다.

굵은 소금 적당량

II. 프라이팬에 튀기기

잘 익은 플랜틴은 더욱 달콤하고 식감이 부드럽다. 따라서 우리는 얇게 썰어 프라이팬에 튀기는 방법을 선호한다.

아래와 윗부분을 잘라내고 껍질에 세로로 칼집을 넣어서 껍질을 벗긴다.

잘 익은 플랜틴 680g(중간 크기 약 6개)

6mm 두께의 슬라이스로 썬다. 큼직한 논스틱 프라이팬을 중불에 올리고 다음을 둘러 가열한다.

버터 또는 식물성 기름 2큰술

플랜틴 조각을 프라이팬에 한 겹으로 깔 수 있는 분량만큼 넣고 중간에 한 번 뒤집으면서 양쪽이 모두 황금색으로 익을 때까지 8~10분간 튀긴다. 접시에 옮겨 담고 남은 플랜틴을 모두 튀길 때까지 따뜻하게 보관한다. 튀기다가 버터나 기름이 모자라면 적당히 보충한다.

다음을 훌훌 뿌려 간을 한다.

굵은 소금

(흑후추)

(굵게 썬 고수)

감자에 대해

16세기 유럽인들은 안데스산맥 원산의 감자를 처음 접했을 때 악마의 작물이라고 부를 정도로 의혹의 눈길을 보냈다. 하지만 그 후 감자는 인기를 회복하는 것에 그치지 않고 세계에서 네 번째로 많이 생산되는 작물로 우뚝 섰다. 미국에서는 가장 많이 소비되는 채소다. 고구마는 297쪽을 참고한다.

완전히 자란 감자는 덩굴이 시들 때까지 그대로 두어 땅속에 묻힌 덩이줄기가 몇 주 정도 아물이(curing) 과정을 거치도록 한다. **햇감자**는 감자 덩굴이 아직 녹색이고 작고 껍질이 얇은 덩이줄기가 열렸을 때 수확한다. 미국 마트에서 '햇감자'라는 이름으로 판매하는 대다수 감자는 껍질이 붉은색인 점질(왁시waxy) 감자다.(뒤에 나오는 설명 참고) 어떤 감자든 어릴 때 수확할 수 있고 특히 요즘은 직거래 장터에서 다양한 종류가 눈에 띈다. 중간 크기의 감자는 **프티**(petite), **펄**(pearl), **크리머**(creamer)라는 이름으로 판매되기도 한다. **손가락감자**(Fingerling potato)는 손가락 길이로 날씬하게 자라는 품종의 성숙한 덩이줄기다.

마트에서 판매하는 감자는 대부분 붉은색, 노란색 또는 갈색 껍질을 가지고 있지만(속살은 노란색이나 흰색), 보라색이나 검은색 껍질에 속살도 그에 걸맞게 푸른색을 띠는 품종도 있다. 또한 겉은 평범한 감자처럼 보이지만 잘라보면 분홍색 속살이 들어 있는 것도 있다. 조리했을 때 이런 독특한 특징이 사라지는 품종이 있는가 하면 조리 후에도 색이 유지되는 종류도 있다. 크기와 색깔을 제외하면, 감자는 조리 과정에서 어떻게 변하느냐에 따라 크게 세 가지 종류로 나뉜다.

점질 또는 **왁시 감자**는 상대적으로 수분과 당분이 많고 전분 함량이 낮다. 사실상 모든 **붉은색 감자**와 **프렌치**, **라 라테**(La Ratte), **러시안 바나나**를 비롯한 대부분의 손가락감자는 점질 감자다. 점질 감자는 깍둑썰기하거나 얇게 썰었을 때 모양이 잘 유지되므로 감자 샐러드를 만들거나 오래 끓인 다음에도 어느 정도 단단하게 모양을 유지해야 하는 수프 및 스튜에 사용하면 가장 좋다. 우리는 알이 작은 점질 감자를 통째로 굽거나 으깨거나 프라이팬에 튀겨서 즐겨 먹는다.

분질 감자는 수분과 당분이 적게 들어 있으며 전분 함량이 높다. 조리하면 수분이 날아가고 폭신해진다. 분질 감자 중에서 가장 유명한 품종은 갈색의 까끌까끌한(그리고 아주 맛있는) 껍질을 가지고 있으면서 모양이 길쭉한 **러셋** 또는 **아이다호 감자**다. 통째로 굽기에 가장 좋으며, 아주 포슬포슬한 매시트포테이토나 감자튀김, 감자 수플레, 비시수아즈 등의 걸쭉한 수프 또는 스코달리아 같은 소스에 사용해도 좋다.

다용도 감자는 수분과 전분 함량이 중간 정도이며 삶기, 굽기, 튀기기, 스튜, 샐러드, 수프에 두루두루 잘 어울린다. **유콘 골드**는 얇고 매끈한 황금색 껍질에 노란색 속살을 가지고 있다. 그 외의 다용도 감자로는 손가락감자에 해당하는 **옐로 핀**과 **버터핑거, 케네벡, 카타딘, 레드 골드, 퍼플 페루비안** 등을 꼽을 수 있다.

감자를 고를 때는 단단하고 크기에 비해 묵직하며 껍질이 팽팽하고 흠집이나 검은 반점, 갈라진 부분, 곰팡이 또는 다른 부패의 흔적이 없는 것을 선택한다. 싹이 난 것은 물렁거리고 맛이 떨어지므로 피한다. 서리를 맞은 감자는 질척거릴 뿐만 아니라 잘랐을 때 껍질 안쪽에 검은색 고리 무늬가 생기므로 사용하지 않는다. 군데군데 녹색이 보이면 햇빛에 노출되어 쓴맛이 나는 감자이므로 (심지어 약간 독성을 띠기도 하므로) 피한다. 사실 감자와 관련해서는 모든 녹색 부분을 먹어서는 안 된다. ➤ 감자의 덩굴과 잎에는 독성 물질이 들어 있다.

감자는 씻지 않은 상태로 서로 겹치지 않도록 서늘하고 공기가 잘 통하면서 햇빛이 비치지 않는 곳에서 실온 보관한다. 햇감자는 구입 후 일주일 내에 사용해야 하며, 다 자란 감자는(손가락감자 포함) 제대로 보관하기만 하면 몇 주, 심지어 몇 달 정도는 끄떡없다. ➤ 근처에 양파가 있으면 더 빨리 상하므로 양파와 함께 보관하면 안 된다.

감자는 버터, 헤비크림이나 사워크림, 치즈(사실 유제품이라면 어떤 것이든), 차이브, 딜, 양파, 마늘, 로즈메리, 세이지, 베이컨과 환상적인 궁합을 자랑한다. 다른 삶은 채소와 다양한 비율로 섞어 으깨서 먹기도 한다.(뿌리채소 퓌레 레시피 참고)

조리하기 위해 감자를 손질하려면 우선 숟가락이나 과일칼로 감자의 눈이나 막 솟아나기 시작한 **싹**을 도려낸다. 감자의 껍질은 풍미와 영양분이 풍부하지만, 반드시 껍질을 벗겨서 조리해야 한다면 감자 칼(swivel peeler)을 사용하는 것이 가장 효과적이다. 감자의 속살이 공기 중에 노출되면 금세 갈색으로 변하므로 껍질을 깎은 후에는 찬물에 담가둔다.

만돌린 채칼은 폼 애나(Pommes Anna)를 만들기 위해 종잇장처럼 얇게 썰거나 감자튀김을 만들기 위해 길쭉하고 고르게 써는 등, 생감자를 균일한 크기로 빠르게 썰 수 있는 도구다. 손으로 잡고 작동시키는 전동 믹서는 감자를 으깰 때 가장 보편적으로 사용하는 도구이며 아주 편리하다. 한 지인은 뭐니 뭐니 해도 반죽기가 최고라고 엄지손가락을 치켜든다. ➤ 삶은 감자를 푸드 프로세서에 넣어 돌리면 다소 기분 나쁘게 끈적거리는 느낌이 들기 때문에 감자 퓌레를 만들 때는 푸드 프로세서를 사용하지 않는다.

우리는 번거롭게 가전제품을 찬장에서 꺼낼 필요가 없다는 이유로 **감자 으깨는 도구**(potato masher)도 즐겨 사용한다. **포테이토 라이서**(potato ricer)는 작은 구멍이 뚫려 있는 용기 부분에 삶은 감자 조각을 넣고 지렛대처럼 꾹 눌러서 으깨는 도구이며, 가볍고 고른 질감의 매시트포테이토를 만들기에 가장 좋다. 용기의 용량이 최소 2컵 이상 되고 견고한 금속으로 된 제품을 고른다. 감자를 밀어내는 구멍의 크기를 조절할 수 있도록 용기에 끼우는 원반이 두 종류 들어 있는 라이서도 있다. 하나는 곱고 매끄럽게 으깰 수 있도록 작은 구멍이 나 있고, 다른 하나는 슈페츨레를 만들 때 사용하거나 삶은 시금치 또는 다른 채소의 물기를 짜낼 때 쓸 수 있도록 큼직한 구멍이 뚫려 있다.

포테이토 라이서

이어서 소개하는 레시피 외에도 콘비프 해시, 훈제 연어 해시, 아침 식사용 채소 해시, 바삭한 포테이토 스킨, 감자와 서양대파 수프, 감자 샐러드, 감자 뇨키, 감자 또는 뿌리채소 칩, 버터밀크 감자 빵 레시피를 참고한다.

전자레인지에 조리하려면 중간 크기의 분질 감자 4개의 껍질을 벗기고 4등분한 다음 1.9ℓ 용량의 베이킹 접시에 겹치지 않게 놓는다. 뚜껑을 덮고 전자레인지를 강에 맞추고 3분 30초씩 두 번 정도 돌려서 부드러워질 때까지 7~9분간 조리한다. 뚜껑을 덮은 채로 3분간 그대로 둔다. 포슬포슬한 식감을 내려면 전자레인지 조리 직후에 바로 으깬다.

압력 조리하려면 커다란 감자(지름 6.3cm)를 통째로 압력솥에 넣고 물을 2.5cm 높이로 부은 다음 15psi에 맞춰 15분간 조리한다. 지름 3.8cm 정도의 자잘한 감자는 10분 정도만 조리하면 된다. 10분간 자연스럽게 압력이 내려가도록 그대로 두었다가 마개를 열어 압력을 완전히 빼낸다.

삶은 감자

6인분

감자는 쪄도 맛있는데 ▶ 다 익기 전에 팬이 말라붙지 않도록 물을 넉넉히 부어야 한다.

(상황에 따라) 박박 문질러 씻거나 껍질을 벗긴다.

감자 900g

시간을 단축하려면 커다란 감자를 4등분해서 조리한다. 러셋 감자는 절단면이 부서지기 쉬우므로 주의해서 살핀다. 냄비에 감자를 넣고 감자 위로 몇 센티미터 이상 올라오도록 물을 넉넉히 붓는다. 물 1ℓ마다 다음을 추가한다.

소금 ½작은술

강불에 냄비를 올려 부르르 끓어오르면 불을 줄이고 뭉근히 끓는 상태를 유지하면서 감자가 부드러워질 때까지 삶는다. 작은 붉은색 감자는 약 10분 정도, 4등분한 큰 감자는 약 15분 정도면 익는다. 커다란 감자를 통째로 삶는다면 40분 정도 걸릴 수도 있다. 물기를 잘 뺀다. 그대로 낼 경우 상황에 따라 커

다란 감자는 한입 크기로 썰고 다음을 넣고 뒤적여서 맛을 낸다.

녹인 버터 2~3큰술

(굵게 썬 파슬리, 차이브, 딜 또는 이를 섞어서 3~4큰술)

(껍질을 벗겨서 강판에 간 호스래디시)

소금과 흑후추

매시트포테이토

6인분

매시트포테이토를 만들기에 가장 좋은 품종은 분질 또는 러셋 감자이고 그 다음이 골드 감자다. 경험상 감자를 삶거나 전자레인지에 돌리기보다는 오븐에 구워서 조리해야 가장 포슬포슬한 식감을 얻을 수 있다. 굽는 것은 삶는 것이나 전자레인지로 조리하는 것보다 시간이 오래 걸리지만, 온도가 200℃ 이하라면 다른 구이 요리, 캐서롤, 기타 요리를 할 때 옆에 놓고 같이 구워도 좋다.(굽는 시간은 재료마다 다르므로 포크로 찔러보면서 얼마나 부드러워졌는지 확인한다.) 취향에 따라 크림 또는 우유 대신 버터밀크, 사워크림, 크렘 프레슈를 사용해도 좋지만, 이러한 재료를 버터와 함께 가열하면 분리되어 몽글몽글 덩어리가 생기므로 주의한다.

부드러워질 때까지 위의 설명대로 삶거나 굽는다.

감자 900g(중간 크기 약 6개), 껍질을 벗겨서 큼직하게 썰기(구울 때는 껍질을 벗기지 않고 통째로 굽는다.)

그동안 작은 편수 냄비를 중약불에 올리고 다음을 넣어 가열한다.

헤비크림, 하프앤드하프 또는 우유 ½컵

버터 6큰술

소금 ½작은술

흑후추 또는 백후추 ¼작은술

재료가 보글보글 끓어오르기 전까지 데운다. 삶은 감자로 조리할 경우, 싱크대에 걸쳐놓은 체에 담고 잠깐 헹궈서 여분의 전분을 씻어낸다. 감자를 냄비에 다시 넣고 중불에 올려서 파슬파슬하게 마를 때까지 흔들어준다. 구운 감자를 사용할 때는 손으로 만질 수 있을 때까지 식혀서 껍질을 살살 벗기거나 절반으로 잘라서 속살을 떠낸 후 커다란 그릇에 담는다. 뜨거운 감자를 으깨거나 포테이토 라이서에 넣고 꾹 눌러서 짠다.(라이서를 사용한다면 삶은 감자의 껍질을 벗기지 않고 큼직하게 썰어서 넣어도 된다. 껍질은 라이서 안에 남기 때문이다.) 크림 혼합물을 으깬 감자에 넣고 적당히 섞일 정도로만 접어주듯이 뒤적인다.(감자를 너무 많이 저으면 끈끈해진다.) 으깬 감자가 뻑뻑해 보이면 뜨거운 크림이나 우유를 조금 더 넣는다. 맛을 보고 필요하면 소금과 후추를 적당히 넣는다. 서빙용 접시에 담고 즉시 낸다. 취향에 따라 다음을 위에 얹어도 좋다.

(말랑하게 녹인 버터 2큰술)

매시트포테이토를 (내열) 접시에 담고 포일로 덮어서 따뜻한 오븐에 넣어두면 30분 정도 뜨겁게 보관할 수 있다.

매시트포테이토의 추가 재료

뜨거운 버터와 크림에 잘게 썬 쪽파 4대, 얇게 썬 차이브 ¼컵 또는 잘게 썬 산양파 6대를 넣으면 아일랜드 전통 요리인 **챔프**(Champ)를 만들 수 있다. 여기에 **굵게 썬 쐐기풀 115g**을 추가하기도 한다. 장갑을 끼거나 집게를 사용해 쐐기풀을 뜨거운 크림에 넣고 뚜껑을 덮어서 몇 분간 조리한 다음 매시트포테이토에 넣어서 섞는다. 감자와 루타바가를 1:1로 섞어서 챔프 레시피대로 조리하

면 스코틀랜드 전통 요리인 **클랩샷**(Clapshot)이 완성된다.

이러한 전통적 조합 외에도 매시트포테이토에 다채로운 재료를 첨가해 풍미를 더할 수 있다. 우리가 좋아하는 조합을 몇 가지 소개한다.

구운 마늘 Ⅰ 2통, 껍질을 까서 한 쪽씩 분리하기

사프란 2자밤, 으깨서 따뜻한 닭 육수나 국물, 온수 2큰술에 10분간 담가두기

파슬리나 차이브처럼 순한 허브를 곱게 썬 것 ¼컵 또는 다진 로즈메리, 세이지, 타임 2큰술

뒤셀 최대 1컵

양파 볶음 또는 캐러멜화한 양파 최대 1컵

강판에 간 스위스, 그뤼에르 또는 체더 치즈 최대 1컵(115g), 또는 연성 염소 치즈 ½컵(55g)

콜캐넌(Colcannon, 케일이나 양배추, 쪽파를 넣은 매시트포테이토)

6~8인분

아일랜드에서 즐겨 먹는 감자 요리다. 영국에서는 먹다 남은 콜캐넌이나 매시트포테이토에 양배추를 섞어서 납작한 부침개 모양으로 빚어 기름에 지져 먹기도 하는데, 조리할 때 지글지글 소리가 난다고 해서 '**버블 앤드 스퀴크**(bubble and squeak)'라고 부른다.

커다란 편수 냄비나 더치오븐에 다음을 넣고 감자가 살짝 잠길 정도로 찬물을 붓는다.

유콘 골드 또는 다용도 감자 900g, 껍질을 벗기고 3.8cm 크기의 덩어리로 썰기

부르르 끓어오르면 뚜껑을 덮고 불을 줄여서 얌전히 끓는 상태를 유지하며 10분간 삶는다. 뚜껑을 열고 감자 위에 다음을 쌓아올린다.

쪽파 2묶음 또는 서양대파 중간 크기 2대, 손질해서 세로로 반 자르고 깨끗이 씻은 후 얇게 썰기

케일 1묶음, 손질하기 또는 녹색 양배추 작은 것 1통(약 450g), 심을 제거하고 2.5cm 크기로 썰기

다시 냄비 뚜껑을 덮고 감자가 부드럽게 익을 때까지 약 5분간 더 삶는다. 물을 따라내고 감자, 쪽파나 서양대파, 케일 또는 양배추를 다시 냄비에 넣는다. 약불에 올려놓고 다음 재료를 넣으면서 감자와 채소를 으깬다.

우유 또는 하프앤드하프 ½컵, 따뜻하게 데우기

버터 스틱 ½~1개(55~115g), 맛을 보면서 조절, 말랑하게 녹이기

(다진 차이브 ¼컵)

소금 ¾작은술

흑후추 ¼작은술

적당히 덩어리가 있을 정도로 으깬 다음 맛을 보고 간을 조절한다.

대용량 매시트포테이토 캐서롤

18~20인분

한꺼번에 많은 사람에게 매시트포테이토를 대접할 수 있는 레시피이며, 최대 2일 전부터 만들어놓을 수 있어서 손님이 들이닥치기 직전까지 김이 나는 부엌에서 감자 부스러기와 씨름할 필요가 없다. 6인분 정도로 만들 때는 이 레시피의 분량을 다시 ⅓로 줄이고 감자는 23cm짜리 파이 팬에 굽는다. 매시트포테이토 대신 콜캐넌 레시피의 3배 분량을 준비하고 잘게 썬 체더 치즈를 올리면 **럼블디섬스**(Rumbledethumps)라는 요리가 된다.

다음을 준비한다.

매시트포테이토 레시피의 3배 분량

취향에 따라 다음을 넣고 뒤적이며 섞는다.

(매시트포테이토의 추가 재료 중 선호하는 것 아무거나)

오븐을 190℃로 예열한다. 33×23×5cm 크기의 베이킹 접시에 버터를 넉넉히 바른다. 매시트포테이토에 다음을 넣고 뒤적이며 섞는다.

강판에 간 체더 치즈 1½컵(170g)

버터를 바른 베이킹 접시에 매시트포테이토를 골고루 펴서 바른다. 작은 그릇에 다음을 넣고 섞는다.

강판에 간 체더 치즈 ½컵(55g)

마른 빵가루 ½컵

소금 ½작은술

흑후추 ½작은술

치즈 혼합물을 감자 위에 훌훌 뿌린다. 그 위에 다음을 여기저기 흩뿌린다.

버터 2큰술, 작은 조각으로 자르기

윗면이 노릇노릇하게 익을 때까지 약 30분간 굽는다. 또는 상황에 따라 뚜껑을 덮어서 냉장고에 최대 2일 정도 보관할 수 있다. 먹기 전에 오븐을 175℃로 예열하고 베이킹 접시를 포일로 덮는다. 45분간 구운 다음 포일을 걷어내고 윗면이 갈색으로 익을 때까지 약 15분간 더 굽는다.

매시트포테이토 프라이팬 지짐

4인분

먹다 남은 매시트포테이토를 데워 먹기에 딱 좋은 레시피다.

그릇에 다음을 넣는다.

매시트포테이토 2컵

다음을 잘 풀어서 넣는다.

대란 2개

취향에 따라 다음 중 하나를 넣는다.

(양파 또는 버섯 볶음 ½컵)

(쪽파 5대, 얇게 썰기)

(굵게 썬 타임, 파슬리 또는 차이브 2큰술)

커다란 논스틱 프라이팬을 중불에 올리고 다음을 둘러 가열한다.

버터, 올리브유 또는 식물성 기름 2큰술

감자 반죽을 한 숟가락 듬뿍 떠서 납작한 부침개 모양으로 만든 다음 먹음직스러운 갈색이 될 때까지 한 면당 5분씩 지진다. 키친타월에 올려놓고 기름을 뺀다. 뜨거울 때 낸다.

감자 그라탱(스캘럽트 포테이토Scalloped Potatoes)

6~8인분

프랑스 전통 요리인 **그라탱 도피누아**(Gratin Dauphinois)는 얇게 썬 생감자와 크림 외에는 다른 재료가 거의 들어가지 않으며 오븐에 넣어서 물기를 날리고 갈색으로 구워 치즈와 비슷한 풍미를 낸다. 아래에 소개하는 레시피에는 치즈가 넉넉히 들어간다.(프랑스 레시피의 전통을 깨고 싶지 않다면 치즈를 생략해도 좋다.) 더 다채로운 풍미를 즐기려면 감자를 한 겹 깔아놓은 후 **얇게 썬 중간 크기 양파 1개** 또는 **깍둑썰기한 햄 115g**을 훌훌 뿌려서 올리거나 두 가지를 섞어서 올린다.

오븐을 175℃로 예열한다. 30cm 크기의 그라탱 접시나 2.8ℓ 용량의 얕은 베이

킹 접시에 버터를 바른다.

다음을 중간 크기의 그릇에 넣고 세게 저어서 잘 섞는다.

하프앤드하프 또는 헤비크림 2컵

(신선한 타임 잎 1큰술 또는 다진 신선한 로즈메리나 세이지 1작은술)

(마늘 2쪽, 다지기)

소금 1작은술

흑후추 ¼작은술

(갓 갈아낸 육두구 또는 육두구 가루 1자밤)

다음을 준비한다.

강판에 간 스위스, 그뤼에르, 숙성 체더 또는 파르메산 치즈 1컵(115g)

칼이나 만돌린 채칼로 다음을 3mm 두께의 슬라이스로 썬다.

러셋 또는 다용도 감자 1.1kg, 취향에 따라 껍질을 벗기기

버터를 바른 그라탱 접시에 감자 슬라이스를 한 겹으로 깔고 그 위에 크림 혼합물을 ¼가량 부은 후 치즈 ¼을 홀홀 뿌린다. 같은 작업을 세 번 반복하고 치즈를 뿌려 마무리한다. 윗면이 황금색으로 익고 감자가 부드러워질 때까지 45분~1시간 정도 굽는다.

취향에 따라 절반 정도 구워졌을 때 다음을 뿌린다.

(오 그라탱 II)

감자 구이

가장 맛있는 감자 구이는 먹을 때 포슬포슬 잘 부서져야 하므로 러셋 감자처럼 전분이 많은 분질 품종을 사용한다. 물론 점질이나 다용도 감자도 구울 수 있으며 굽는 시간도 대략 절반으로 단축되지만, 절대 분질 감자처럼 포슬포슬 부서지게 완성되지는 않는다. 감자를 포일로 감싸면 수분이 날아가지 못하고 안에 갇히므로 포슬포슬해지지 않는다. 속을 파내고 양념을 얹어서 구운 감자를 만들고자 한다면 익힌 감자의 속살을 퍼내서 그릇에 넣고 버터, 소금, 후추로 간을 한 후 다시 감자 껍질에 채워 담고 잘게 썬 체더 치즈, 사워크림, 굵게 썬 차이브나 쪽파, 잘게 부순 바삭한 베이컨을 얹는다.

오븐을 200℃로 예열한다. 다음을 박박 문질러 씻는다.

러셋 감자

포크로 감자에 6~8군데 정도 찔러서 숨구멍을 내고 감자를 오븐 받침대 위에 바로 올려놓는다. 포크로 찔러보면 부드럽게 들어갈 때까지 크기에 따라 40~60분간 굽는다. 상황에 따라 내기 전에 감자마다 가운데에 칼집을 길게 넣고 양쪽에서 쥐어짜면서 포크로 감자 속살이 푸짐하게 삐져나오도록 해도 좋다. 다음 중 선호하는 재료를 올려서 즉시 낸다.

버터, 사워크림 또는 모르네 소스

굵게 썬 차이브, 얇게 썬 쪽파, 양파 볶음 또는 바삭하게 튀긴 샬롯

다진 파슬리 또는 고수

바삭하게 구운 베이컨 또는 갈색으로 볶은 생초리소 소시지, 기름을 빼고 잘게

부수기

두 번 구운 감자

4인분

속을 채워서 두 번 구워내는 요리다. 마음껏 창의력을 발휘해 치즈와 양념 재료를 선택해보자.

위의 설명대로 다음을 굽는다.

러셋 감자 작은 것 4개 또는 큰 것 2개(900g~1.1kg)

그동안 작은 그릇에 다음을 넣고 섞는다.

강판에 간 숙성 체더 치즈 ½컵(55g)

버터 4큰술, 말랑하게 녹이기

사워크림 ¼컵

(베이컨 4조각, 바삭하게 구워서 잘게 부수기)

쪽파 2대, 잘게 다지기

소금 ¾작은술

흑후추 ½작은술

감자가 부드럽게 익으면 꺼내고 오븐은 그대로 켜둔다. 감자를 세로로 반을 잘라서 6mm 두께의 껍질만 남기고 속살을 파낸다. 감자 속살을 치즈 혼합물과 잘 섞는다. 감자 껍질을 베이킹 접시에 늘어놓고 치즈와 감자를 섞은 속재료를 채워 넣는다. 치즈가 녹으면서 감자가 갈색으로 익을 때까지 15~20분간 굽는다. 취향에 따라 직화 오븐에 넣어 윗부분이 더 노릇노릇해지도록 잠깐 구워도 좋다.

더치스 포테이토(Duchess Potato, 공작부인의 감자 요리)

8인분

오븐을 200℃로 예열한다. 오븐 팬에 버터를 바른다.

부드러워질 때까지 다음을 삶는다.

러셋 감자 중간 크기 8개(약 1.3kg), 껍질을 벗기고 4등분하기

감자 삶은 물을 따라내고 감자를 다시 뜨거운 냄비에 넣어 휘휘 흔들어주면서 물기를 날린다. 커다란 그릇을 받쳐놓고 포테이토 라이서를 사용해 감자를 으깬다. 감자가 아직 뜨거울 때 다음을 넣는다.

헤비크림 ½컵

버터 4큰술, 말랑하게 녹이기

대란 노른자 2개, 잘 풀어두기

(드라이 머스터드 소량)

소금과 흑후추 적당량

페이스트리 짤주머니에 세로로 홈이 파인 커다란 깍지나 별 모양의 깍지를 끼우고 혼합물을 채워 넣는다. 오븐 팬 위에 감자 혼합물을 짜서 지름 10cm 정도의 봉긋한 모양을 8개 만든다. 황금색이 될 때까지 약 20분간 굽는다. 한꺼번에 낸다.

썰어서 구운 감자

4~5인분

오븐을 230℃로 예열한다. 오븐의 맨 위 칸에 받침대를 끼운다.

커다란 편수 냄비나 일반 냄비에 다음을 넣는다.

러셋 또는 골드 감자 1.1kg, 5cm 크기로 썰기

소금 1큰술

감자가 잠길 정도로 찬물을 붓는다. 강불로 부르르 끓어오를 때까지 가열한 후 중약불로 줄이고 뚜껑을 덮어서 감자가 막 부드러워지기 시작할 때까지 15~20분간 뭉근히 삶는다. 감자를 체에 밭쳐 물기를 충분히 제거한 후 커다란 그릇에 옮겨 담는다. 다음을 넣는다.

올리브유 또는 식물성 기름, 닭기름, 오리기름 또는 베이컨 기름 3큰술

다진 신선한 로즈메리 1큰술

파프리카 또는 훈제 파프리카 가루 1작은술

감자를 뒤적이면서 기름과 양념을 골고루 묻힌다. 가장자리 부분이 부서져도 상관없다. 감자를 커다란 오븐 팬에 옮겨 담고 한 겹으로 잘 편다. 중간에 뒤적이지 않고 20분간 굽는다. 금속 주걱을 사용해 감자를 반대쪽으로 뒤집은 다음 진한 갈색으로 바삭하게 익을 때까지 약 20분간 더 굽는다.

아코디언 감자(Hasselback Potato)
4인분

1940년대에 스톡홀름의 하셀바켄 레스토랑(Hasselbacken Restaurant)에서 탄생한 이 감자 요리는 맛있고 든든할 뿐만 아니라 접시 위에서도 근사한 모양을 뽐낸다.

오븐을 200℃로 예열한다. 다음을 준비한다.

골드 감자 중간 크기 또는 러셋 감자 작은 것 4개(약 900g)

감자가 뒤뚱거리지 않고 도마에 안정되게 놓이도록 감자의 평평한 면을 세로로 살짝 도려낸다. 감자를 하나씩 도마에 올려놓고 감자의 길쭉한 면 양쪽에 나무 꼬치나 납작한 젓가락을 하나씩 받쳐놓는다. 감자를 가로로 아주 얇게 썰되, 끝까지 자르지는 않는다.(칼이 나무 꼬치나 젓가락에 닿으므로 바닥까지 전부 썰리는 것을 방지해준다.) 감자를 모두 이렇게 손질한 후 베이킹 접시에 올린다.

취향에 따라 다음을 최대한 얇게 저민다.

(마늘 4쪽)

감자 하나에 마늘 1쪽씩, 얇게 썬 감자 켜켜이 마늘 편을 끼워 넣는다. 감자에 다음을 훌훌 뿌린다.

소금 ½작은술

흑후추 ¼작은술

감자 위에 다음을 얹는다.

타임 잔가지 4개, 세이지 잎 8개 또는 다진 로즈메리 1큰술

버터 3큰술, 작은 조각으로 자르기

또는 감자에 다음을 뿌린다.

올리브유 3큰술

감자가 갈색으로 부드럽게 익을 때까지 50~60분간 굽는다. 잘 익었는지 확인하려면 꼬치로 감자를 찔러본다.

바삭하게 구운 납작 감자
4인분

우리는 이 감자 요리가 스테이크의 곁들임 음식으로 최고라고 생각한다.(특히 감자튀김이 너무 번거로울 경우) 지름 약 3.8cm 이하의 작은 감자를 사용한다. 더 바삭하게 완성하려면 삶아서 납작하게 누른 감자를 5cm 높이까지 부어서 190℃로 달군 기름에 넣고 황금색이 될 때까지 튀겨서 조리한다.

오븐을 230℃로 예열한다. 커다란 편수 냄비나 일반 냄비에 다음을 넣는다.

작은 붉은색 감자 또는 손가락감자 680g

감자가 잠길 정도로 물을 넉넉히 붓고 부르르 끓어오를 때까지 가열한 다음 불을 줄인다. 칼로 감자를 찔러보면 쉽게 쑥 들어갈 때까지 10~15분간 뭉근히 삶는다. 물을 따라내고 10분간 식힌다. 기름을 살짝 바른 오븐 팬에 감자를 올리고 유리잔의 바닥으로 꾹 눌러서 납작하게 으깬다. 솔로 다음을 넉넉하게 바른다.

올리브유 또는 녹인 버터

그리고 다음을 훌훌 뿌린다.

소금과 흑후추

감자의 바닥이 갈색으로 변하기 시작할 때까지 15~20분간 굽는다. 주걱으로 감자를 뒤집어서 반대쪽 면도 갈색으로 익도록 약 15분 정도 더 굽는다. 취향에 따라 다음을 곁들여 낸다.

(로메스코 소스)

폼 애나(Pommes Anna)
6~8인분

우리는 매리언 할머니에게서 구리로 만든 근사한 폼 애나 전용 팬을 물려받았지만, 평소에는 묵직한 뚜껑이 달린 오븐용 프라이팬을 즐겨 사용한다. 만돌린 채칼을 사용하면 감자를 아주 쉽게 얇은 슬라이스로 썰 수 있다.

오븐의 가운데 칸에 받침대를 끼우고 220℃로 예열한다. 다음을 준비한다.

버터 스틱 2개(225g), 정제하기 또는 버터 스틱 1½개(170g), 녹이기

중간 크기의 오븐용 프라이팬이나 폼 애나 전용 팬에 녹인 버터를 6mm 높이로 붓는다. 중약불 또는 약불에 올려놓고 다음을 여러 겹으로 차곡차곡 쌓아 올린다.

러셋 감자 1.1~1.3kg, 껍질을 벗겨서 3mm 두께로 얇게 썰기

가장 아래층은 감자 조각이 서로 겹치면서 예쁜 모양이 되도록 특히 신경 써서 쌓는다. 감자를 쌓는 중간중간에 층마다 다음을 뿌린다.

소금과 흑후추 적당량

(녹인 버터)

감자를 팬에 전부 쌓은 후 바닥이 바삭바삭하게 껍질처럼 굳어가기 시작하면 약간 크기가 작은 프라이팬의 바닥에 버터나 기름을 살짝 바르고 위에서 꾹 눌러서 감자를 압축시킨다. 포일로 단단히 덮거나 폼 애나 전용 팬의 뚜껑을 덮는다. 팬에서 떨어지는 즙을 받아낼 수 있도록 오븐 팬을 깔고 오븐에 넣는다. 20분간 구운 다음 뚜껑을 열고 한 번 더 위에서 감자를 꾹 눌러준다. 뚜껑을 열고 가장자리가 갈색으로 바삭하게 익을 때까지 20~25분간 더 굽는다. 감자가 떨어지지 않도록 프라이팬이나 뚜껑으로 꾹 누른 상태에서 팬을 기울여서 감자에 흡수되지 않은 여분의 버터를 따라낸다. 낼 때는 얇은 금속 주걱으로 가장자리를 팬에서 분리한 후 접시에 뒤집어놓고 웨지 모양으로 자른다. 가끔 바닥이 프라이팬에 달라붙어서 잘 떨어지지 않을 수도 있다. 당황하지 말자! 주걱으로 프라이팬 바닥에 달라붙은 감자 조각을 떼어낸 후 접시에 뒤집어서 담아놓은 폼 애나의 위쪽, 즉 원래 위치에 조심스레 되돌려놓는다. 아무도 눈치채지 못할 것이다.

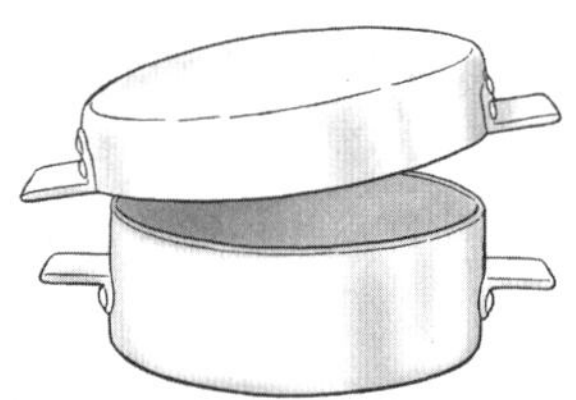

폼 애나 전용 팬

감자 쿠글(Potato Kugel)
8~10인분

잘게 썬 감자로 만든 이 캐서롤은 유대계 미국인들이 오래전부터 즐겨 먹던 요

리로 신선한 허브, 양파 볶음, 커리 가루를 비롯해 사실상 매시트포테이토의 추가 재료 중 어떤 것을 넣어도 맛있다. 우리는 간단하고 깔끔하게 조리할 수 있는 아래의 전통 레시피를 좋아한다.

오븐을 190℃로 예열한다. 33×23cm 크기의 베이킹 접시에 다음을 넉넉히 바른다.

　　녹인 닭기름(슈말츠), 오리기름 또는 식물성 기름 3큰술

푸드 프로세서에 강판 칼날을 끼우거나 상자형 강판의 구멍이 큰 면을 사용해 다음을 성기게 간다.

　　러셋 감자 1.3kg(큰 것 3~4개), 껍질을 벗기기

감자를 즉시 찬물에 담근다. 다음을 강판에 간다.

　　양파 큰 것 1개

찬물을 따라버린 후 감자를 주방 행주 2장에 펼쳐놓고 여분의 물기를 잘 제거한다. 감자를 찬물에 담가놓을 때 사용했던 그릇의 물기를 닦아낸 후 다음을 넣고 세게 저으면서 섞는다.

　　대란 4개

　　밀가루 또는 감자전분 ⅓컵

　　소금 1작은술

　　흑후추 ½작은술

밀가루에 감자와 양파를 넣고 저어가면서 섞는다. 베이킹 접시에 옮겨 담고 평평하게 골고루 편다. 위에 다음을 뿌린다.

　　닭기름, 오리기름 또는 식물성 기름 2큰술

감자가 부드러워지면서 노릇하게 익을 때까지 약 1시간 굽는다. 10분 정도 식혔다가 낸다.

프라이팬에 지진 감자

4인분

이 레시피에 햇감자를 사용하면 **리옹식 감자 요리**가 된다. 감자를 깍둑썰기하고 **고춧가루 1작은술**로 맛을 낸 다음 아침 식사에 곁들여 내면 **홈 프라이**(Home Fries)라고 불러도 손색이 없다. 오븐을 사용하려면 '프렌치프라이' 스타일 감자 오븐 구이 레시피를 참고한다.

취향에 따라 감자의 껍질을 벗긴다.

　　붉은색 감자 또는 다른 점질 감자 680g

작은 감자는 4등분하거나 1.2cm 두께의 슬라이스로 썬다. 감자의 알이 굵다면 가로세로 1.2cm 크기의 정육면체로 썬다. 중간 크기의 편수 냄비에 감자를 넣고 감자가 잠길 정도로 찬물을 붓는다. 냄비에 다음을 추가한다.

　　소금 2작은술

부르르 끓어오르도록 가열해 5분간 삶는다. 삶은 물을 따라내고 주방 행주 위에 잘 펼쳐서 남은 물기를 닦아낸다. 커다란 프라이팬을 중불에 올리고 다음을 넣어 녹인다.

　　버터, 정제 소기름 또는 오리기름 2큰술

다음을 넣고 저어가면서 갈색으로 익을 때까지 볶는다.

　　양파 작은 것 1개, 얇게 저미기

작은 그릇에 옮겨서 한쪽에 둔다. 같은 프라이팬을 다시 중불에 올리고 다음을 넣어 녹인다.

　　버터(버터 스틱 ½개), 정제 소기름 또는 오리기름 ¼컵

감자를 넣고 한쪽 면이 갈색으로 먹음직스럽게 익을 때까지 뒤적이지 않고 약

10분간 지진다. 금속 집게로 감자를 반대쪽으로 뒤집은 다음 반대쪽도 갈색으로 익도록 약 10분간 더 지지되, 너무 타지 않도록 적당히 불을 조절한다. 양파를 다시 프라이팬에 넣고 다음을 추가한다.

　　굵게 썬 파슬리 2큰술

　　소금 ½작은술

　　흑후추 ½작은술

양념이 배도록 뒤적이며 섞는다. 뜨겁게 낸다.

해시 브라운 감자

4인분

대표적인 아침 식사용 요리다. 잘게 채 썬 감자의 식감을 선호한다면 뒤에 소개하는 감자 뢰스티 레시피를 참고한다.

중간 크기의 그릇에 다음을 넣고 섞는다.

　　잘게 깍둑썰기한 다용도 감자 3컵

　　양파 작은 것 ½개, 강판에 갈기

　　굵게 썬 파슬리 1큰술

　　소금 ½작은술

　　흑후추 ¼작은술

논스틱 프라이팬을 중불에 올리고 다음을 둘러서 가열한다.

　　정제한 베이컨 기름 또는 기타 지방 3큰술

감자 혼합물을 프라이팬에 얇게 펴고 주걱으로 넓적한 모양이 되도록 꾹 누른다. 바닥에 달라붙지 않도록 가끔 프라이팬을 흔들면서 천천히 감자를 지진다. 바닥이 갈색으로 잘 익으면 널찍한 부침개 모양의 감자를 반으로 잘라서 주걱 2개로 1조각씩 뒤집는다. 감자 조각이 흩어지면 다시 동그랗게 잘 모아서 주걱으로 잘 누른다. 감자 위에 다음을 골고루 뿌린다.

　　헤비크림 ¼컵

반대쪽도 갈색이 되도록 지진다. 아주 뜨거운 상태로 낸다.

라트키(Latkes, 감자 팬케이크)

지름 7.5cm 정도의 감자 팬케이크 약 14개

러셋 감자는 전분 함량이 높으므로 모양이 흩어지지 않고 비교적 잘 유지된다. 레시피에서 감자 분량의 절반 정도는 셀러리 뿌리, 파스닙, 고구마, 채 썬 당근으로 대체할 수 있다.

다음을 깨끗한 주방 행주로 감싸고 꾹 쥐어짜서 최대한 수분을 제거한다.

　　러셋 감자 450g(중간 크기 약 2개), 껍질을 벗기고 채 썰기(약 2컵)

　　양파 중간 크기 1개, 강판에 갈기

그릇에 다음을 넣고 섞는다.

　　대란 2개, 잘 풀어두기

　　중력분 또는 마초 가루 3큰술

　　소금 1¼작은술

오븐을 93℃로 예열한다. 커다랗고 묵직한 프라이팬을 중강불에 올리고 기름을 다음 높이까지 부어 뜨겁게 달군다.

　　식물성 기름 또는 버터 6mm 이상

감자 반죽을 한 숟가락씩 듬뿍 떠서 적당한 간격으로 프라이팬에 올리고 지름 7.5cm, 두께 6mm 정도의 팬케이크 모양으로 매만진다. 바닥이 갈색으로 익을 때까지 약 4분간 지진 다음, 타는 것을 방지하기 위해 중불로 줄인다. 뒤집어서

반대쪽도 잘 익도록 약 4분간 더 지진다. 키친타월을 깔아놓은 접시나 테두리 있는 오븐 팬에 옮겨 담고 나머지 반죽을 전부 지질 때까지 오븐에 넣어 따뜻하게 보관한다. 다음을 곁들여 즉시 낸다.

사과 소스

사워크림 또는 그릭 요구르트

다진 차이브

감자 뢰스티(Potatoes Rösti)

4인분

뢰스티는 한마디로 거대한 감자 부침개다. 이 레시피에는 반드시 전분 함량이 높아서 채 썬 감자가 흩어지지 않는 러셋 감자를 사용해야 한다. 다이너 식당 스타일의 **채 썬 감자 해시 브라운**을 만들 때는 한쪽 면이 갈색이 되도록 익힌 후 부침개를 여러 조각으로 자르거나 '해체해서' 원하는 정도로 익을 때까지 뒤적이며 지진다.

상자형 강판을 주방 행주 위에 올려놓고 구멍이 큰 면으로 굵게 채를 친다.

러셋 감자 450g(감자 약 2개), 취향에 따라 껍질을 벗겨서 사용

주방 행주를 한 장 더 올려서 채 썬 감자의 물기를 꼼꼼히 제거한다. 감자를 그릇에 옮겨 담고 다음을 넣어 뒤적이며 섞는다.

(강판에 간 양파 2큰술)

소금 ¾작은술

흑후추 ½작은술

커다란 프라이팬(무쇠 팬을 사용하면 가장 바삭한 껍질이 생긴다.)을 중불에 올리고 다음을 둘러서 가열한다.

식물성 기름, 오리기름이나 거위기름, 닭기름 또는 베이컨 기름 3큰술

연기가 나기 직전까지 기름이 달궈지면 채 썬 감자를 넣고 주걱으로 프라이팬의 바닥이 완전히 덮이도록 고르게 펼친다. 바닥이 진한 색으로 노릇노릇하게 익을 때까지 12~15분간 지진다. 주걱으로 프라이팬에서 감자 부침개를 떼어낸다. 접시를 바닥에 밀어 넣어서 부침개를 접시에 옮겨 담은 다음 조심조심 다시 프라이팬에 반대쪽으로 뒤집는다. 나머지 면도 황금색으로 익을 때까지 8~10분간 조리한다. 앞에 소개한 라트키와 같은 방식으로 내거나 다음을 곁들여 낸다.

사워크림 또는 호스래디시 소스

온훈법으로 훈연한 연어, 잘게 부수기

굵게 썬 딜, 파슬리, 타라곤 또는 이를 섞은 것

레몬 조각

수플레 또는 퍼프 감자

6인분

이 요리의 유래라고 알려진 일설에 따르면, 루이 14세는 네덜란드와의 전쟁을 치르면서 자신의 요리사에게 미리 수행원을 보내 저녁으로 어떤 요리를 먹고 싶은지 자세히 전달했다. 길이 극도로 험난해 루이 14세 일행의 도착 시각은 자꾸 늦어졌지만 요리사는 왕이 주문한 대부분의 정교한 메뉴를 비교적 괜찮은 상태로 보관할 수 있었다. 다만 루이 14세 일행이 소란스럽게 궁정으로 들어서는 순간 감자튀김이 완전히 눅눅해져 있는 것을 발견하고는 경악에 빠졌다. 요리사가 허겁지겁 감자튀김을 다시 팔팔 끓는 기름에 담그고 미친 듯이 프라이팬을 흔들자 세상에! 감자가 불룩하게 부풀어 올라 속은 비어 있고 겉

은 바삭한 상태가 된 것이다.

뭐라도 식탁에 올릴 수 있다는 생각에 안도한 요리사는 미처 부풀어 오르지 않은 감자 조각을 적잖이 골라내서 거리낌 없이 버렸다. 심지어 이 레시피로 매일 요리하는 전문가들도 10% 정도는 제대로 부풀지 않을 것이라고 예상할 정도다. 이 요리를 인기 메뉴로 내는 식당들은 이렇게 참담한 실패율을 개선하기 위해 감자를 묵혀서 수분 함량을 낮춘다. 꼬챙이로 찔러도 쉽게 들어가지 않거나 좀처럼 손톱으로 껍질을 벗겨낼 수 없을 정도로 묵은 감자가 가장 적합하다고 한다. 딥 프라잉 항목을 참고한다.

박박 문질러 씻은 다음 껍질을 벗긴다.

러셋 감자 큰 것 8개

감자를 커다란 직육면체로 다듬은 후 세로 방향으로 3mm 두께의 널빤지 모양으로 썬다.(만돌린 채칼이 가장 편하다.) 그림과 같이 균일한 두께의 널찍한 감자 슬라이스를 모서리가 둥근 직사각형으로 만들거나 타원형으로 다듬는다. 감자 슬라이스를 얼음물에 25분 이상 담가둔다. 물을 따라내고 물기를 완전히 제거한다. 그동안 우묵한 편수 냄비나 볶음 팬에 기름을 다음 높이까지 붓고 135℃로 가열한다.

소기름, 라드 또는 식물성 기름 7.5cm

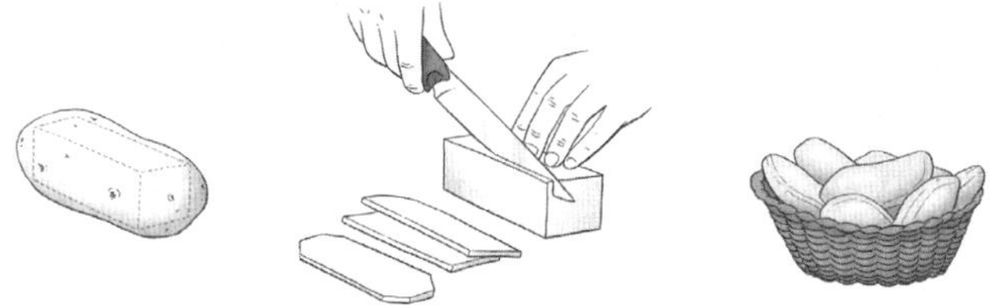

수플레 또는 퍼프 감자를 만들기 위해 감자 손질하기

전체 분량을 몇 번에 나눠 감자 슬라이스를 하나씩 기름에 넣는다. 한꺼번에 감자를 너무 많이 넣지 않도록 주의한다. 감자 슬라이스는 기름 아래로 가라앉을 것이다. 초보자라면 여기서부터 위험할 수 있으니 조심해야 한다! 몇 초 후 감자 슬라이스가 기름 위로 떠오르면 냄비를 앞뒤로 계속 흔든다. 이렇게 하면 일종의 파도 같은 움직임이 생겨서 기름 위에 둥둥 떠다니는 감자 슬라이스에 계속해서 기름을 끼얹는 것과 같은 효과를 내게 된다. 중간에 한 번 이상 뒤집어주고 감자 슬라이스의 가운데 부분이 투명해지기 시작해질 때까지 계속 튀긴다. 키친타월에 올려서 기름을 뺀다. 두 번째로 튀기기 전에 감자를 최대 4시간 동안 냉장고에 보관할 수 있지만, 미리 꺼내서 냉기를 빼고 실온 상태가 된 후에 튀겨야 한다. 한꺼번에 두 번 연속으로 튀기려면 처음 튀긴 다음에 5분간 식히고 기름을 빼서 다시 튀긴다.

음식을 차릴 시간이 다가오면 기름을 195℃로 달군다. 다시 감자 슬라이스를 하나씩 기름에 넣고 위의 설명대로 냄비를 앞뒤로 흔든다. 감자는 즉시 봉긋하게 부풀어 오를 것이다. 노릇노릇해질 때까지 튀긴다. 키친타월에 올려 기름을 뺀다. 다음을 적당량 훌훌 뿌린다.

소금

퍼프 감자를 즉시 내되, 그림처럼 바구니에 담아서 내면 바삭함이 오래 유지된다. 감자가 별로 바삭하지 않으면 다시 기름에 넣고 몇 초간 더 튀긴다. 기름을 뺀다.

감자튀김

4~6인분

I. 두 번 튀기기

대량으로 바삭바삭한 감자튀김을 만들 수 있는 검증된 방법이다. 첫 번째로 튀길 때는 감자를 익히는 동시에 수분을 날리고, 두 번째는 더 높은 온도에서 표면이 갈색으로 바삭하게 익도록 튀긴다. 양이 많아서 여러 번 나눠서 튀겨야 할 때는 일단 낮은 온도에서 애벌로 전부 튀겨놓는다. 이 상태에서 2시간까지 보관할 수 있으며 내기 직전에 기름 온도를 높여 노릇하게 튀긴다. 딥 프라잉 항목을 참고한다.

그릇에 찬물을 넉넉하게 붓고 다음을 30분간 담가둔다.

> 분질 감자 큰 것 4개, 껍질을 벗기고 5.7×1×1cm 크기의 길쭉한 막대 모양으로
> 썰기

물을 따라내고 주방 행주로 여분의 전분과 수분을 꼼꼼히 제거한다. 그동안 튀김냄비나 깊고 묵직한 냄비 또는 더치오븐에 기름을 다음 높이로 붓고 175℃가 되도록 가열한다.

> 식물성 기름 7.5cm

전체 분량을 몇 번에 나눠서 튀긴다. 감자를 한 번에 약 1컵씩 넣고 기름이 팔팔 끓다가 가라앉을 때까지 약 2분간 튀긴다. 구멍 뚫린 순가락으로 감자를 건져서(아직 흐물흐물한 상태다.) 키친타월에 올려놓고 기름을 뺀다. 최소한 5분 이상 식혔다가 두 번째로 튀기는데, 애벌로 튀긴 상태에서 최대 2시간 정도 보관할 수 있다.

두 번째로 튀길 때는 기름 온도를 185℃로 맞춘다. 감자가 노릇노릇 바삭하게 익을 때까지 2~3분간 튀긴 후 키친타월에 올려놓고 기름을 뺀다. 감자튀김이 눅눅해지지 않게 하려면 위를 덮지 않는다. 다음을 홀홀 뿌린다.

> 소금

즉시 낸다.

II. 차가운 기름에 넣어서 튀기기

프랑스 요리사 조엘 로부숑(Joël Robuchon)이 처음 대중에 소개한 방법으로, 재료를 조금씩 '차가운 기름에 넣어' 튀기기 때문에 이보다 더 쉬울 수는 없다. 온도계가 필요 없고 일반 감자튀김보다 기름도 적게 필요하므로 오리기름, 라드 또는 정제 소기름 등의 색다른 기름도 사용할 수 있다. 유일한 단점을 꼽자면 튀김 기름을 한 번밖에 쓸 수 없다는 점이다. 온도계를 꽂아서 관찰하면 기름이 처음에는 물 끓는 온도까지만 올라가는 것을 볼 수 있다. 감자의 수분이 전부 날아가고 나면 기름 온도가 더 올라가서 감자가 갈색으로 튀겨진다. 이 레시피에서는 조리가 끝날 때까지 기름 온도가 일반적인 튀김 온도만큼 높게 올라가지 않기 때문에 엑스트라 버진 올리브유처럼 발연점이 그다지 높지 않은 기름도 사용할 수 있다.

이 레시피에는 유콘 골드 감자를 권장하며, 취향에 따라 껍질을 벗긴 후 버전 I의 설명대로 감자를 썬다. 편수 냄비나 일반 냄비의 바닥에 감자를 평평하게 한 겹으로 깐다. 높이가 5cm를 넘지 않도록 얄팍하게 깔아야 한다.(냄비의 크기가 크면 한꺼번에 더 많은 감자를 넣을 수 있다.) 감자 위로 2.5cm 정도 올라오도록 기름이나 녹인 라드, 정제 소기름 또는 오리기름을 넉넉히 붓는다. 냄비를 강불에 올려서 감자와 기름이 뭉근히 끓어오를 때까지 가열한다. 중불로 줄인다. 냄비를 흔들거나 중간에 가끔 얌전히 저으면서 감자가 바삭하고 노릇노릇하게 익을 때까지 약 25분간 튀긴다. 냄비를 불에서 내린 후 건지기나 구멍 뚫린 순가락으로 건져낸다. 키친타월에 올려놓고 기름을 뺀 다음 즉시 소금을 홀홀 뿌린다.

III. 얇은 감자튀김

감자를 5mm 이하 두께의 가느다란 모양으로 썰어서 버전 I의 레시피대로 튀긴다. 만돌린 채칼이나 다른 채소 자르는 도구를 사용하면 편리하게 썰 수 있는데, 칼이나 푸드 프로세서를 사용해도 좋다. 두 번째 튀길 때는 2~3분쯤 지나 갈색으로 튀겨져야 한다. 너무 빨리 갈색으로 변하면 흐물흐물하게 늘어지므로 주의한다.

감자튀김의 추가 재료

전통적으로 사랑받는 감자튀김 양념은 맥아 식초다. 또는 뜨거울 때 약간의 송로버섯 기름(트러플 오일)을 뿌려서 뒤적인 후 소금을 뿌려도 맛있다.(그 외에도 강판에 간 파르메산 치즈, 흑후추, 다진 허브 등을 취향에 따라 사용한다.)

감자튀김을 찍어 먹는 용도로는 간단한 케첩을 따라갈 소스를 찾기 어렵지만, 아이올리, 아도보 소스에 절인 치폴레 고추로 풍미를 낸 마요네즈, 랜치 드레싱도 썩 잘 어울린다.

감자튀김은 다양한 토핑을 얹어서 먹는 기본 토대로도 훌륭한 역할을 한다. 칠리 치즈 프라이를 만들 때는 감자튀김에 칠리 콘 카르네를 국자로 넉넉히 떠서 얹고 그 위에 송송 썬 쪽파와 잘게 썬 체더 치즈를 뿌린다. 감자튀김과 진득한 소스가 어우러진 푸틴이라는 캐나다 퀘벡 지역의 전통 음식을 만들 때는 감자튀김 위에 작게 썬 치즈 커드(치즈를 만드는 과정에서 유청이 분리되고 남은 덩어리 — 옮긴이)를 얹은 다음 치즈가 전부 덮일 정도로 벨루테 소스를 넉넉히 끼얹는다. 뉴저지와 뉴욕시 전역의 다이너 식당에서 판매하며 푸틴을 미국식으로 해석한 요리인 디스코 프라이는 치즈 커드 대신 잘게 썬 모차렐라 또는 체더 치즈를 올린다. 물론 홍합 찜과 감자튀김도 항상 우리 머릿속을 떠나지 않는 메뉴다.

조조(Jojos, 웨지 감자튀김)

4인분

미 태평양 연안 북서부 지방에서 애정을 담아 조조라고 부르는 이 레시피는 압력솥에 닭을 튀겨서 파는 식당에서 탄생했다. 한마디로 튀김옷을 입혀서 넉넉한 기름에 튀긴 감자를 지칭하며, 일반적으로 닭과 함께 감자를 튀긴다. 딥 프라잉 항목을 참고한다.

감자마다 세로 방향으로 잘라서 웨지 모양으로 8조각씩 만든다.

> 러셋 감자 900g, 껍질을 벗기지 않은 것(중간 크기 감자 약 3개)

찜 틀에 여러 층으로 겹쳐놓아 절단면이 전부 노출되게 한다. 5분간 찐다. 그동안 작은 그릇에 다음을 넣고 세게 저어서 섞는다.

> 소금 1½작은술
>
> 양파 가루 1½작은술
>
> 마늘 가루 1½작은술
>
> 훈제 파프리카 가루 1½작은술
>
> 흑후추 ½작은술
>
> 카옌 고춧가루 ½작은술
>
> 말린 타임 ½작은술

찐 웨지 감자를 약간 식힌 후 큰 그릇에 옮겨 담는다. 감자 위에 양념을 조금씩 뿌리면서 그릇을 앞뒤로 흔들어서 뒤적이며 섞는다. 감자에 양념이 골고루 묻으면 껍질 부분이 아래로 가도록 접시나 오븐 팬에 늘어놓고 김을 빼면서 식힌

다. 가능하면 뚜껑을 덮지 않고 1시간 정도 이렇게 식히면 좋다.

오븐을 93℃로 예열한다. 튀김기나 깊고 묵직한 냄비 또는 더치오븐에 기름을 다음 높이까지 붓고 185℃가 되도록 가열한다.

식물성 기름 5cm

웨지 감자 약 ⅓ 분량을 넣고 황금색이 될 때까지 약 5분간 튀긴다. 오븐 팬에 철망을 놓고 튀긴 웨지 감자를 올려서 남은 감자를 튀기는 동안 오븐에 넣어 따뜻하게 보관한다. 다음을 곁들여 낸다.

랜치 드레싱, 크리미 블루 치즈 드레싱 또는 케첩

'프렌치프라이' 스타일 감자 오븐 구이

4인분

루타바가, 고구마, 순무도 이 방식으로 조리할 수 있다.

오븐을 230℃로 예열한다.

껍질을 벗기고 세로로 1.2cm 두께의 기다란 직사각형 모양으로 썬다.

분질 감자 중간 크기 4개(약 450g)

찬물에 10분 정도 담가두었다가 물을 따라내고 키친타월로 감싸서 물기를 잘 제거한다. 감자에 다음을 넣고 뒤적이며 섞는다.

식물성 기름 또는 베이컨 기름 2큰술

소금 ½작은술

오븐 팬에 감자를 넓게 깔고 중간에 몇 번 뒤집으면서 황금색으로 익을 때까지 30~40분간 굽는다. 취향에 따라 다음을 훌훌 뿌린다.

(파프리카 가루 또는 흑후추)

래디시에 대해

다양한 채소가 포진해 있는 양배춧과 중에서도 알싸한 맛으로 잘 알려진 래디시는 화려한 색감과 아삭한 식감 그리고 은은한 후추 향이 감도는 풍미로 사랑받는다. 래디시는 한때 식욕 촉진제로 높은 평가를 받았으며 하루를 시작하기 전에 래디시를 한 움큼씩 먹는 사람도 적지 않았다. 마트에서 흔히 찾아볼 수 있는 동글동글하고 맛이 순한 빨간색의 **체리 벨**(cherry belle)뿐만 아니라 당근 모양의 **아이시클**(icicle) 또는 붉은색이나 흰색을 띠는 **프렌치 브렉퍼스트** 품종도 시도해보자. 우리는 자잘한 래디시라면 무엇이든 말랑하게 녹인 버터(또는 가향 버터) 및 박편형 바닷소금과 함께 낸다. 또는 생채소 전채 플래터의 재료 중 하나로 사용하기도 한다.

흰무 또는 무는 래디시 중에서도 가장 크기가 큰 품종이다. 김치의 재료로 자주 사용되는 한국의 **조선무**는 흰무와 비슷하지만 좀 더 둥그스름하고 땅딸막한 모양이며 아래뿌리 쪽은 껍질이 흰색이고 잎 쪽으로 갈수록 녹색을 띤다. 이러한 품종 중에서 큼직한 것은 450g 또는 그 이상도 쉽게 나간다. 크기가 크기 때문에 성냥개비 모양으로 썰기에도 수월하다. 샐러드에 넣고 버무리거나 반미의 속재료로 넣거나 베트남식 비빔 쌀국수 위에 뿌리면 무척 잘 어울리고, 간단한 피클과 슬로(특히 매콤한 중국식 슬로)를 만들기에도 좋다. 껍질을 벗기고 강판에 갈아서 라이타에 넣으면 독특한 풍미가 살아난다.

청피홍심무라고도 부르는 **과일무**는 아시아 품종으로 껍질은 연한 녹색과 흰색이며 과육은 붉은빛이 도는 분홍색이다. 흰무보다 약간 더 단단하고 물기가 적은 이 과일무는 뿌리채소 중에서도 모양이 예쁜 품종이므로 샐러드나 생채소 전채 플래터에 넣으면 색감이 화려해진다.

검은색 래디시는 다른 래디시 품종들보다 매운맛이 강하며 과육은 가장 단

단하고 물기가 적다. 가느다랗게 뻗어서 끝으로 갈수록 뾰족해지거나 아주 동그란 모양을 하고 있는데, 껍질은 짙은 색에 비늘 같은 무늬가 나 있고 과육은 눈처럼 희다. 얇게 썰어서 채소 샐러드에 넣어 먹는 것이 가장 보편적이지만, 우리는 사우어크라우트로 발효시켜서 즐기거나 버터나 사워크림을 듬뿍 바른 호밀 흑빵 또는 짙은 색의 호밀빵 토스트에 얹어서 먹는 것을 선호한다.

래디시를 고를 때는 단단하고 흠집이 없는 것을 선택한다. 녹색 줄기까지 사용하려면 색이 밝고 아삭한 줄기가 달린 것을 고른다. 시판 붉은색 래디시에 달린 잎은 시들시들하고 신통치 않은 경우가 많으므로 그냥 잘라서 버린다. 래디시 자체가 단단하고 흠집이 없다면 줄기가 시들었다고 해서 구입을 주저할 필요는 없다. 뿌리에 붙어 있는 잎을 잘라서 버리거나 구멍 뚫린 채소용 비닐 봉지에 넣어서 냉장고 채소 칸에 보관한다. 래디시의 아삭한 맛이 떨어졌을 때 썰어서 얼음물에 담가두면 아삭한 식감이 살아난다.

아래에 소개한 레시피 외에도 순무와 같은 방식으로 래디시를 조리할 수 있다. 검은색 래디시처럼 물기가 적은 품종은 튀겨서 칩을 만들거나 셀러리 뿌리 대신 사용할 수 있고, 특히 셀러리 뿌리 레물라드에 사용하면 맛있다.

쪽파를 곁들인 래디시 조림

4인분

래디시 줄기의 상태가 괜찮다면 적당한 크기로 썰어서 프라이팬의 뚜껑을 열 때 추가한다. 이 레시피는 작고 부드러운 순무로도 만들 수 있다.

줄기와 잎을 손질하고 너무 긴 실뿌리도 잘라낸다.

래디시 2묶음(약 450g), 박박 문질러서 깨끗이 씻기

크기가 큰 래디시는 반으로 썰거나 4등분한다. 커다란 프라이팬을 중불에 올리고 다음을 넣어 녹인다.

버터 2큰술

다음을 넣고 저으면서 부드러워질 때까지 약 4분간 볶는다.

쪽파 8대, 흰색 부분만 사용, 1.2cm 크기로 썰기(녹색 부분은 얇게 썰어서 따로 보관)

래디시를 넣고 다음을 붓는다.

닭 육수 또는 국물 ½컵

프라이팬의 뚜껑을 덮고 4분간 뭉근히 끓인다. 뚜껑을 열고 중강불로 올린 다음 프라이팬을 앞뒤로 몇 번 저어주면서 팔팔 끓여 국물을 자작하게 조린다. 따로 보관해둔 쪽파의 녹색 부분을 넣어서 저은 후 다음을 넣어 간을 한다.

소금

레몬즙

완두콩과 래디시 미소 버터 볶음

4인분

은은한 단맛이 도는 완두콩과 후추 풍미의 아삭한 래디시는 백미소 및 버터와 완벽한 궁합을 자랑한다.

작은 그릇에 다음을 넣고 포크로 으깨듯이 섞는다.

버터 2큰술, 말랑하게 녹이기

백미소 2큰술

한쪽에 둔다. 래디시의 녹색 부분과 기다란 실뿌리를 잘라낸다.

래디시 1~2묶음(약 285g), 박박 문질러서 깨끗이 씻기

크기가 큰 래디시는 4등분하고 작은 것은 반으로 자른다. 커다란 프라이팬을

중불에 올리고 미소와 버터 섞은 것을 녹인다. 절단면이 아래로 가도록 래디시를 프라이팬에 넣는다. 중약불로 줄여서 래디시의 절단면이 갈색으로 변하기 시작할 때까지 약 10분간 지진다.

래디시가 갈색으로 익으면서 미소와 버터 혼합물이 먹음직스러운 냄새를 풍기기 시작하면 중강불로 올린다. 프라이팬에 다음을 넣는다.

> 냉동 또는 생완두콩 340g
>
> 흑후추, 분쇄기를 몇 번 돌린 분량

저으면서 완두콩이 밝은 녹색으로 익을 때까지 약 2분간 더 볶는다. 딱딱한 생완두콩을 사용한다면 물이나 드라이 화이트와인을 소량 붓고 뚜껑을 덮어서 완두콩이 부드러워지고 속까지 잘 익도록 몇 분간 뭉근히 끓여도 좋다. 다음을 곁들여 낸다.

> 굵게 썬 파슬리
>
> 레몬즙

루타바가에 대해

루타바가(rutabaga)는 연한 노란색과 보라색이 섞인 껍질과 크림색 또는 노란색 과육을 가지고 있으며 자몽만 한 크기까지 자란다. '뿌리 주머니(root bag)'라는 뜻의 스웨덴 단어에서 유래한 루타바가는 **스웨덴 순무, 닙**(neep, 우리가 가장 좋아하는 이름), **노란색 순무, 순무 양배추**라고 부르기도 한다. 추운 나라에서 즐겨 먹으며 첫서리가 내린 후 단맛이 강해진다.

루타바가는 비닐봉지에 넣지 않고 서늘하고 건조한 장소에 두거나 냉장고에 넣으면 몇 주 정도 보관할 수 있다. 때로는 루타바가의 유통 기한을 늘리기 위해 식용 왁스로 코팅하기도 한다. 왁스와 질긴 껍질은 채소 껍질 벗기는 도구로 제거하면 되는데, 껍질이 두꺼운 편이라 같은 부분을 몇 번씩 깎아내야 비로소 과육이 드러난다. 또는 루타바가를 반으로 잘라서 절단면이 아래로 가도록 도마 위에 놓고 칼로 껍질을 벗기는 방법도 있다.

▶ 루타바가는 순무와 비슷한 방법으로 조리하면 되지만, 부드러워지도록 조리하는 데 순무보다 더 오랜 시간이 걸릴 수도 있다. 달콤하면서도 후추 향 감도는 루바타가의 과육은 버터, 크림, 베이컨, 레몬, 세이지, 타임과 썩 잘 어울린다. 감자와 섞어서 으깨면 영국인이 사랑해 마지않는 **닙스 앤드 태티스**(Neeps and Tatties)라는 요리가 된다. 루타바가는 껍질을 벗겨서 강판에 간 다음 감자와 섞어서 라트키를 만들 수도 있다. 또는 감자와 서양대파 수프를 만들 때 감자 분량의 절반을 루타바가로 대체하거나, 콜리플라워 또는 브로콜리 크림수프 레시피처럼 익혀서 퓌레로 만들기도 한다.

서양우엉과 쇠채

서양우엉(salsify)이라고 불리는 뿌리채소에는 두 가지가 있다. 둘 다 상춧과에 속하며 돼지감자 및 우엉의 연관 품종이다. **흰색 서양우엉** 또는 **양쇠채**(oyster plant)라고 불리는 채소는 커다란 베이지색 당근에 가는 잔뿌리가 다닥다닥 붙어 있는 모양새다. **검은색 서양우엉** 또는 **쇠채**는 길고 날씬하며 껍질 색이 진해 우엉과 비슷한 모양을 하고 있다. 두 종류는 식감과 풍미에서 거의 차이가 없으며, 흰색이나 크림색의 과육은 은은한 아티초크 맛과 (아마도) 이름처럼 굴 맛이 난다고들 한다. 단단하고 흠집이 없는 뿌리를 고르고, 비닐봉지에 넣어 봉하지 않은 상태로 냉장고 채소 칸에 보관한다. 변색을 방지하려면 껍질을 벗겨서 자른 후 산성수에 담가둔다.

껍질을 벗겨서 익힌 서양우엉은 버터, 소금, 후추, 말린 육두구 껍질이나 육

두구 가루 1자밤을 넣어 으깬다.(뿌리채소 퓌레 레시피 참고) 큼직하게 썰어 당근처럼 굽거나 반질반질 윤기 나게 조릴 수 있으며, 아래에 소개하는 레시피처럼 부드러우면서도 아삭함이 남아 있는 정도로 익혀서 버터를 넣고 갈색이 될 때까지 볶아도 맛있다. 서양우엉을 자잘하게 썰거나 깍둑썰기하면 스튜, 차우더, 조림에 넣어서 끓여도 좋고, 콜리플라워 또는 브로콜리 크림수프 레시피의 설명대로 부드럽게 삶아서 퓌레를 만들어도 좋다. 서양우엉을 삶아서 그라탱을 만들 수도 있다.(파스닙 치즈 그라탱 레시피 참고)

허브를 넣은 서양우엉

4인분

중간 크기의 편수 냄비에 다음을 넣고 부르르 끓어오르도록 가열한다.

> 물 8컵
>
> 레몬즙 또는 증류 백식초 2큰술
>
> 소금 1작은술

다음의 껍질을 벗기고 7.5cm 길이로 썬다.

> 서양우엉 900g

우엉을 끓는 물에 넣는다. 다시 부르르 끓인 다음 불을 줄이고 뚜껑을 덮지 않고 보글보글 끓는 상태를 유지한다. 칼로 서양우엉을 찔러보면 부드럽게 들어갈 때까지 10~20분간 끓인다. 물을 따라내고 즉시 다음을 넣어 뒤적이며 섞는다.

> 엑스트라 버진 올리브유, 녹인 버터 또는 브라운 버터 ¼컵
>
> 굵게 썬 파슬리 ¼컵 또는 굵게 썬 타라곤 2큰술
>
> (구워서 굵게 썬 헤이즐넛 ¼컵)
>
> (다진 차이브 1큰술)
>
> 레몬즙 또는 화이트와인 식초 적당량

샬롯

양파와 샬롯에 대해 항목을 참고한다.

시금치

요리에 사용하는 녹색 채소에 대해 항목을 참고한다.

호박에 대해

호박은 멜론, 오이와 함께 박과에 속한다. 우리는 두 가지 이유로 호박을 다른 박과 식물과 구분한다. 우선 호박은 멜론보다 단맛이 약하고, 보통 조리해서 먹는 것을 선호한다. 물론 상당수 호박은 생으로도 충분히 먹을 수 있지만 말이다.(페스토와 애호박을 넣은 밀 샐러드 레시피 참고) 호박은 여름 호박과 겨울 호박의 두 가지 종류로 나뉜다. 여름 호박은 과육에 즙이 많고 부드러운 어릴 때 수확해야 가장 맛있다. 겨울 호박은 과육이 조밀해지고 완전히 자란 가을에 수확해야 좋다.(이름 그대로 겨우내 보관할 수 있다.) 뒤에 소개하는 레시피에는 대부분 사용할 호박 품종의 이름을 구체적으로 표기했지만, 크기가 비슷하거나 똑같은 모양으로 썰기만 한다면 일반적으로 여름 호박끼리 서로 대체해서 사용할 수 있으며 겨울 호박도 마찬가지다.

여름 호박은 보통 맛이 아주 순하고 껍질이 얇다. 호박을 요리해본 사람이면 누구나 인정하듯이 여름 호박에는 수분이 아주 많이 함유되어 있다. 1년 내내 마트에서 만날 수 있는 **애호박**(zucchini)에는 날씬한 이탈리아산 **코코젤리**(cocozelle), 중동의 **쿠사**(cousa) 등 여러 친척 품종들이 있다. **패티팬 호박**

(pattypan squash)은 옆면이 올록볼록하며 지름 5~12.5cm 정도의 팽이 모양이다. **옐로 크룩넥**(yellow crookneck)은 밝은 노란색을 띠며 껍질이 울퉁불퉁하고 목 부분은 날씬하게 곡선으로 휘어 있다. 직거래 장터에서는 애호박과 패티팬 품종을 **미니 호박** 형태로 자주 볼 수 있는데, 이들 호박은 오븐에 굽거나 볶아서 즐길 수 있고 통째로 그릴에 구워도 맛있다.

여름 호박을 살 때는 항상 만져보았을 때 단단하며 크기에 비해 묵직한 것을 골라야 한다. 호박 속을 파내고 재료를 채워 넣고자 할 때는 작은 것을 선택한다. 어린 호박은 굳이 껍질을 벗길 필요가 없다. 껍질이 질기거나 주름진 것 또는 줄기가 검은색으로 변한 것은 피한다. 구입 후 며칠 내에 사용한다.

겨울 호박 품종은 가을에서 초봄까지 시장에 선을 보이지만, 일부 품종은 인기가 많아 연중 쉽게 구할 수 있다. 가장 보편적인 겨울 호박으로는 진한 녹색 또는 주황색을 띠는 **도토리호박**, 길쭉하고 과육이 주황색인 **땅콩호박**(butternut), 안에 국수처럼 가는 노란색 섬유질 과육이 들어 있는 **스파게티호박** 등을 꼽을 수 있다. 그 외에도 **바나나호박, 단호박, 허바드, 버터컵** 또는 **터번, 커쇼, 델리카타** 등 시장에서 볼 수 있는 겨울 호박은 대부분 땅콩호박이나 늙은호박을 연상시킬 만큼 과육이 부드럽고 달콤하며 맛이 풍부하다. **늙은호박**(pumpkin)은 겨울 호박 중에서 둥그런 모양에 과육이 주황색인 품종을 지칭한다. 미국인들은 이 호박을 보면 대부분 파이나 수프를 가장 먼저 머릿속에 떠올리지만, 다른 겨울 호박과 마찬가지로 활용도가 다양한 채소다.

델리카타 품종을 제외하면 겨울 호박은 껍질이 매우 딱딱하며, 눌렀을 때 단단하지 않은 호박은 피해야 한다.(군데군데 질척한 부분이 보이면 상했다는 표시다.) 비닐봉지에 넣지 않은 상태로 햇빛이 들지 않으면서 건조하고 서늘한 곳에 보관하면 한 달이 지나도 잘 상하지 않는다.(껍질이 얇은 델리카타는 구입 후 몇 주 안에 사용해야 한다.) 겨울 호박을 다양한 방법으로 조리하거나 으깨서 비닐봉지에 담아 냉동하면 몇 달 정도 보관할 수 있다.

다양한 이유로 여름 호박이나 겨울 호박의 분류에 좀처럼 딱 맞아떨어지지 않는 변종 호박들도 있다. 서양배 모양에 연두색 또는 진한 녹색을 띠는 **차요테**(chayote)는 **미를리통**(mirliton) 또는 **크리스토페네**(chistophene)라고도 불리며, 다른 여름 호박보다 훨씬 단단하고 조밀한 질감을 가지고 있으면서 조리 시간도 약간 더 길다. 대부분은 껍질이 매끈하고 세로로 깊은 골이 나 있지만 뾰족한 가시로 뒤덮인 것도 가끔 눈에 띈다. 차요테는 가운데에 커다란 씨가 하나 들어 있다는 점에서 호박 중에서도 독특하다. 이 씨앗은 제거하거나 호박과 같이 조리할 수 있다.(먹을 수 있으며 맛도 좋다.) 차요테를 비닐봉지에 담아서 냉장고 채소 칸에 넣으면 일주일 이상 충분히 보관할 수 있다.

녹색에 세로로 기다란 골이 파여 있는 또 하나의 청개구리 호박은 **여주**(bitter melon)로, 여름 호박과 식감이 비슷하지만 늦가을에서 겨울에 걸쳐 수확한다. 품종에 따라서 골이 납작하고 비교적 매끈한 것이 있는가 하면 눈에 띄게 돌출되어 울퉁불퉁한 것도 있다. 노랗게 변색할 기미가 보이지 않는 싱싱한 녹색 여주를 고른다. 여주는 다른 여름 호박과 같은 방식으로 조리할 수 있지만, 쓴맛이 두드러지므로 다른 강한 풍미로 쓴맛을 눌러줘야 한다. 중국, 인도, 동남아시아에서는 여주를 볶음, 커리, 피클, 스튜에 사용한다. **동과**(Winter melon)는 먹을 수 없는 두꺼운 녹색 껍질 덕분에 외관은 겨울 호박을 닮았지만 여름에 수확하는 호박이며 단단하고 오이 같은 풍미의 과육은 주로 수프에 사용한다. 영어 명칭에 '멜론'이라는 단어가 들어 있지만 단맛이 없고 생으로 먹지도 않는다.

여름 호박을 손질하려면 일단 깨끗이 씻어서 작게 썬다. 호박이 아주 연하거나 작으면 통째로 사용해도 좋다. 여름 호박으로 국수와 비슷한 요리를 만들 때는 스파게티호박과 호박 국수에 대해 항목을 참고한다.

차요테를 손질하려면 채소 껍질 깎는 도구(차요테에 가시가 달려 있다면 칼을 사용)로 껍질을 벗겨낸다. 물론 속에 재료를 채워서 구울 용도로 사용할 때는 껍질을 그대로 둔다. 반으로 자른 다음 씨를 빼고 용도에 따라 얇게 썰거나 깍둑썰기한다.

겨울 호박을 손질하려면 일단 깨끗이 씻는다. 통째로 굽거나 큼직하게 썰어서 구울 계획이라면 껍질은 그대로 둔다. 그 외 다른 방법으로 조리하려면 호박을 반으로 가르거나 아주 큰 호박이라면 여러 조각으로 잘라서 껍질을 벗긴다. 겨울 호박은 껍질이 두껍고 단단하며 과육도 조밀하므로 자르기가 쉽지 않다. 우리는 주로 잘 드는 큼직한 칼을 사용하지만 톱니 칼을 선호하는 사람들도 있다. 호박이 굴러다니지 않도록 두꺼운 행주 위에 올려놓고 신중하게 천천히 자른다. 톱니 칼을 사용할 때는 너무 꾹 누르지 않고 껍질 윗부분부터 톱질하듯 천천히 자른다. 일단 칼이 2.5cm 정도 들어가면 약간 더 힘을 주어 누르면서 남은 과육까지 잘라낸다. 톱니가 없는 일반 칼을 사용한다면 호박의 가운데에 칼끝으로 구멍을 뚫은 다음 조심스럽게 칼을 꽂아 넣는다. 일단 절개 부분에서 칼이 빠져나오지 않을 정도로 들어가면 힘을 주어 칼을 쑥 밀어 넣고 칼 손잡이를 아래쪽으로 내려서 과육을 쪼갠다. 필요하면 칼을 뺀 후 다른 쪽에서 자르는 작업을 반복한다. 씨와 섬유질을 제거하고 채소 껍질 벗기는 도구나 과일칼로 껍질을 깎는다. 호박을 큼직한 덩어리나 정육면체 또는 슬라이스 모양으로 썬다.

호박은 풍미가 섬세하므로 조리에 사용할 때 창의력을 발휘하면 좋은 결과를 얻을 수 있다. 세로로 길게 썰어서 과육을 퍼내 '배' 모양으로 만든 다음 우묵한 부분에 맞게 양념한 속재료를 채워도 좋고, 강불에 굽거나 볶아서 깊은 풍미와 식감을 살려도 좋다. 모든 호박은 버터, 크림, 마늘, 톡 쏘는 맛의 짭짤한 치즈, 타임, 세이지, 돼지고기, 구운 견과류(또는 그 안에 포함된 씨앗)와 아주 잘 어울린다. 겨울 호박은 굽거나 으깨거나 수프 또는 스튜, 그라탱, 짭짤한 타르트에 넣거나 다른 채소와 섞어서 퓌레로 사용하는 경우가 많다. 차요테는 다른 겨울 호박처럼 속을 채워서 굽거나 깍둑썰기해서 수프나 스튜에 넣기도 하고, 찐 다음에 양념을 해서 먹기도 한다. 여름 호박은 여름 느낌이 나는 풍미와 잘 어울리며 특히 토마토, 양파, 후추, 마늘 및 오레가노와 파슬리, 바질 등의 신선한 허브와 궁합이 좋다.

겨울 호박의 씨를 구우려면 50쪽을 참고한다.

호박으로 국수를 만들려면 295쪽을 참고한다.

여름 호박을 찌려면 얇게 썰거나 깍둑썰기해서 찜 틀에 넣는다. 일반 냄비나 편수 냄비에 물을 2.5cm 높이로 붓고 찜 틀을 올려놓는다. 물이 부르르 끓어오르면 뚜껑을 덮고 부드러워질 때까지 애호박 슬라이스는 약 5분, 차요테 슬라이스는 15분 정도 찐다.

도토리호박을 통째로 전자레인지에 조리하려면 잘 드는 칼로 호박을 4~5군데 찌른다. 키친타월 위에 올려놓고 강에 맞춰서 부드러워질 때까지 7~10분 정도 돌리는데, 4분쯤 지나면 호박을 한 번 뒤집어준다. 스파게티호박을 전자레인지로 조리하려면 295쪽을 참고한다.

압력 조리하려면 겨울 호박을 2.5cm 크기의 정육면체 또는 슬라이스로 썰어서 넣고 물을 2.5cm 높이로 부은 다음 15psi에 맞춰서 5분간 조리한다. 압력은 빠른 압력 방출법으로 뺀다. 여름 호박은 조직이 연해서 압력솥 조리에 적합하지 않다.

여름 호박 볶음

4인분

1.2cm 크기로 썬다.

　여름 호박 680g(중간 크기 호박 약 3개)

커다란 프라이팬을 중강불에 올리고 다음을 둘러서 연기가 나기 직전까지 달군다.

　식물성 기름 2큰술

호박을 다음과 함께 넣는다.

　소금 ½작은술

가끔 저으면서 갈색으로 부드럽게 익을 때까지 약 7분간 볶는다. 다음을 넣고 젓는다.

　쪽파 3대, 얇게 썰기

　흑후추 ½작은술 또는 적당량

1분 정도 더 볶다가 서빙용 그릇 또는 접시에 옮겨 담고 다음을 살짝 뿌린다.

　레몬즙 적당량

여름 호박 캐서롤

6인분

캐서롤을 만들 때 가장 큰 불만 사항은 설거짓거리가 너무 많이 나온다는 것이다. 우리는 호박을 양파, 마늘과 함께 프라이팬에 넣어 '찌는' 방식으로 조리하도록 이전의 레시피를 수정했는데, 이렇게 하면 설거지할 냄비가 하나 줄어든다. 이 레시피에서는 양념을 간단히 넣지만 굵게 썬 타임이나 파슬리 또는 커리 가루처럼 혼합 향신료를 추가해 얼마든지 색다른 풍미를 살려도 좋다. 오븐을 175℃로 예열한다. 1.9ℓ 용량의 베이킹 접시에 버터를 살짝 바른다. 커다란 프라이팬을 중강불에 올리고 다음을 둘러 가열한다.

　버터 또는 올리브유 2큰술

다음을 넣고 저으면서 황금색으로 부드럽게 익을 때까지 약 7분간 볶는다.

　양파 작은 것 1개, 잘게 깍둑썰기하기

　(할라페뇨 고추 1~2개, 맛을 보면서 조절, 씨를 빼고 깍둑썰기하기)

다음을 넣는다.

　여름 호박 680~900g, 1.2cm 크기의 정육면체로 썰기

　마늘 2쪽, 다지기

　육수, 드라이 화이트와인, 드라이 베르무트 또는 물 2큰술

프라이팬의 뚜껑을 덮고 호박이 부드러우면서도 아삭함이 살짝 남아 있는 정도로 익을 때까지 7~9분간 조리한다. 뚜껑을 열고 남은 국물을 날려버린다. 중간 크기의 그릇에 옮기고 5분간 식힌다. 다음을 넣는다.

　강판에 간 체더, 몬터레이 잭 또는 스위스 치즈 1컵(115g)

　사워크림 또는 헤비크림 ⅓컵

　대란 2개, 잘 풀어두기

　(강판에 간 파르메산 치즈 2큰술)

　(카옌 고춧가루 ¼작은술)

　소금 ½작은술

　흑후추 또는 백후추 적당량

호박 혼합물을 버터 바른 베이킹 접시에 넓게 펴서 깐다. 작은 그릇에 다음을 넣고 섞어서 호박 혼합물 위에 홀홀 뿌린다.

　마른 빵가루, 입자가 굵은 빵가루 또는 크래커 가루 ½컵

　파프리카 가루 ½작은술(스위트 또는 훈제)

다음을 여기저기 뿌린다.

　버터 1큰술, 작은 조각으로 자르기

윗면이 지글거리면서 황금색으로 익을 때까지 약 35분간 굽는다.

속을 채운 애호박 구이

2~4인분

오븐을 200℃로 예열한다. 다음을 세로로 반 자른다.

　애호박 중간 크기 4개(약 680g)

1.2cm 두께의 껍질 부분만 남기고 과육을 파서 주방 행주에 올려놓는다. 과육을 꽉 짜서 물기를 뺀 다음 한쪽에 둔다.

작은 프라이팬을 중강불에 올리고 다음을 넣어 녹인다.

　버터 2큰술

다음을 넣고 저으면서 황금색이 될 때까지 약 7분간 볶는다.

　잘게 썬 양파 ¼컵

중불로 줄이고 호박 과육과 다음을 넣는다.

　마늘 2쪽, 다지기

저으면서 2분간 더 볶는다. 호박과 양파 볶은 것을 그릇에 옮겨 담고 다음을 추가한다.

　마른 빵가루 또는 생빵가루 ½컵

　강판에 간 파르메산 치즈 ⅓컵(55g)

　곱게 썬 파슬리, 바질, 타라곤 또는 이를 섞어서 ¼컵

　대란 1개, 잘 풀어두기

　소금 ½작은술

　흑후추 ¼작은술

모든 재료를 잘 섞어서 애호박의 속을 파낸 부분에 숟가락으로 떠 넣는다. 베이킹 접시에 나란히 놓고 다음을 홀홀 뿌린다.

　강판에 간 파르메산 치즈

부드러워질 때까지 크기에 따라 20~25분간 굽는다.

루이지애나식 차요테

6인분

이 레시피에서 소개한, 햄과 새우를 듬뿍 넣은 알싸한 맛의 속재료는 커다란 애호박에도 잘 어울린다. 애호박을 사용할 때는 삶는 단계를 건너뛰고 위의 레시피 설명에 따라 구우면 된다. 취향에 따라 새우 대신 **삶은 게살 또는 민물가재 꼬리살 85g**을 사용해도 좋다.

호박이 잠기도록 소금물을 넉넉히 부어서 부드럽지만 어느 정도 단단한 식감이 남아 있을 때까지 6~10분간 삶는다.

　차요테 3개, 반으로 잘라서 씨를 빼기

삶은 물을 따라낸 후 호박을 철망에 거꾸로 올려놓고 식힌다. 약 1cm 두께의 껍질 부분만 남기고 과육을 파낸다. 속을 채워 넣을 차요테 껍질을 톡톡 두드려 물기를 털어낸 다음 33×23cm 크기의 베이킹 접시에 놓는다. 차요테 과육은 굵게 썬다.

오븐을 190℃로 예열한다.

커다란 논스틱 프라이팬을 중강불에 올리고 다음을 둘러 가열한다.

　식물성 기름 1큰술

다음을 넣고 중간에 한 번 뒤집어가면서 연한 분홍색이 될 때까지 약 2분간 굽는다.

> 새우 큰 것 6마리(약 85g), 껍질을 까고 내장을 제거하기

새우를 꺼내서 식힌다. 차요테 과육을 프라이팬에 넣고 다음을 추가한다.

> 잘게 깍둑썰기한 붉은색 피망 1/3컵
>
> 굵게 썬 파슬리 1/3컵
>
> 잘게 깍둑썰기한 햄 1/4컵
>
> 쪽파 1대, 굵게 썰기
>
> 마늘 1쪽, 다지기
>
> 굵게 썬 신선한 타임 1작은술 또는 말린 타임 1/4작은술
>
> 소금과 흑후추 적당량
>
> 카옌 고춧가루 1자밤

채소가 부드러워질 때까지 저으면서 약 4분간 조리한다. 그동안 새우를 잘게 썬다. 프라이팬을 불에서 내리고 새우를 넣어 섞는다. 차요테 껍질에 속재료를 적당히 나눠 담고 다음을 훌훌 뿌린다.

> 마른 빵가루 1/4컵
>
> 버터 2큰술, 작은 조각으로 자르기

속까지 잘 데워지고 윗부분이 갈색으로 먹음직스럽게 익을 때까지 약 35분간 굽는다.

애호박 부채 구이

4인분

메건은 어렸을 때 엄마가 이 요리를 자주 만들어주셨다고 하는데, 아마도 딸이 녹색 채소를 거부감 없이 먹을 수 있게 하려는 배려였을 것이다. 예쁜 부채 모양으로 펼친 애호박과 진한 치즈 풍미의 바삭한 토핑이 어우러진 이 애호박 요리는 어른과 아이 모두가 좋아한다.

오븐을 200℃로 예열한다. 커다란 오븐 팬에 기름을 바른다. 다음을 씻어서 물기를 제거한다.

> 미니 애호박 또는 작은 애호박 450g(크기 15cm 이하의 애호박을 사용)

꽃이 붙어 있던 끝부분부터 시작해 세로 방향으로 얇게 슬라이스로 썬다. 줄기 끝까지 전부 자르지 않도록 주의해 얇은 조각이 서로 분리되는 것을 방지한다. 얇게 자른 슬라이스들을 부채 모양으로 조심스럽게 편다. 몇 개는 줄기 끝부분에서 약간 찢어질 수도 있다.(만드는 사람 빼고는 아무도 모를 것이다.) 부채 모양으로 펼친 애호박을 오븐 팬에 올린다.

그릇에 다음을 넣고 섞는다.

> 버터 풍미의 크래커 가루 또는 입자가 굵은 빵가루 1/2컵
>
> 강판에 간 로마노 또는 파르메산 치즈 1/4컵
>
> 훈제 파프리카 1/2작은술
>
> 흑후추 1/4작은술
>
> 소금 1/4작은술

빵가루 혼합물을 애호박 위에 골고루 뿌린다. 그 위에 다음을 군데군데 얹거나 살짝 뿌린다.

> 버터 2큰술, 작은 조각으로 썰기 또는 올리브유 2큰술

부드러워질 때까지 애호박의 크기에 따라 15~25분간 굽는다.

겨울 호박 구이

I. 통째로 굽기

오븐을 190℃로 예열한다.

다음을 박박 문질러 씻는다.

> 도토리호박 또는 기타 작은 겨울 호박

호박마다 4~5군데 깊은 칼집을 넣는다. 베이킹 접시나 테두리 있는 오븐 팬 위에 호박을 놓는다. 얇은 칼로 과육을 찔러보면 부드럽게 쑥 들어갈 때까지 크기와 종류에 따라 45분~1시간 30분 정도 굽는다.

줄기 끝을 관통하도록 반으로 잘라서 씨와 섬유질을 떼어내고 다음을 곁들여서 낸다.

> 버터
>
> 소금과 흑후추
>
> 차이브, 오레가노, 타임 또는 튀긴 세이지 잎을 곱게 썬 것

II. 큼직하게 썰어서 굽기

오븐을 190℃로 예열한다.

다음을 2등분 또는 4등분하거나 평평한 널빤지 모양으로 썬다.

> 커다란 겨울 호박

씨와 섬유질을 전부 제거한다. 절단면이 위로 가도록 호박을 오븐 팬에 늘어놓는다. 팬에 6mm 높이로 물을 붓고 포일로 덮는다. 얇은 칼로 찔러보면 부드럽게 들어갈 때까지 30~45분간 굽는다. 상황에 따라 절반쯤 구워졌을 때 포일을 걷고 솔을 사용해 호박에 다음을 바른다.

> (버터 또는 식물성 기름)

또는 다음 중 하나를 뿌린다.

> (갈색 설탕과 육두구 또는 다른 향신료)
>
> (강판에 간 파르메산 치즈와 훈제 파프리카 가루)

과육을 파낸 껍질에 담아서 내거나 작게 자르거나 으깨서 사용한다.

III. 슬라이스 형태로 썰거나 작게 잘라서 굽기

오븐을 190℃로 예열한다.

껍질을 벗기고(델리카타 품종은 제외) 씨를 뺀 다음 1.2cm 크기의 조각이나 슬라이스로 썬다.

> 겨울 호박 아무거나

커다란 오븐 팬에 담고 다음을 뿌려서 뒤적이며 섞는다.

> 올리브유 또는 식물성 기름
>
> 소금과 흑후추 적당량

호박이 노릇노릇하고 부드럽게 익을 때까지 25~30분간 굽는다.

으깬 겨울 호박

손질하지 않은 호박 450g을 조리하면 먹을 수 있는 과육은 대체로 370g 정도 나오고, 구워서 퓌레 상태로 으깨면 1¾컵 정도가 된다.

다음을 준비한다.

> 겨울 호박 구이 I 또는 II

호박 과육을 파낸 후 포크나 감자 으깨는 도구로 과육을 으깬다. 으깬 호박 1컵당 다음을 추가한다.

> 버터 1큰술
>
> 소금 1/4작은술

다음을 넉넉하게 넣는다.

따뜻한 헤비크림

헤비크림을 잘 섞어주면 부드럽고 매끄러운 퓌레가 된다. 그대로 먹어도 좋고, 달콤하게 즐기려면 으깬 고구마처럼 양념해도 좋다. 짭짤한 맛을 선호한다면 매시트포테이토의 추가 재료를 참고해 취향에 맞는 재료를 넣는다.

소시지와 사과를 채운 땅콩호박 구이

4인분

오븐을 190℃로 예열한다. 호박이 넉넉하게 들어갈 만한 커다란 베이킹 접시에 기름을 바른다. 다음을 세로로 반 자른 뒤 씨와 섬유질을 제거한다.

　땅콩호박 2개(1개당 약 450g)

호박의 절단면이 위로 가도록 베이킹 접시에 늘어놓고 솔로 다음을 바른다.

　식물성 기름 1큰술

뚜껑이나 포일을 덮고 부드러워지기 시작할 때까지 30~40분간 굽는다. 오븐에서 꺼내 잠깐 식힌다. 오븐은 계속 켜둔다.

다음을 준비한다.

　기본 빵 스터핑 또는 드레싱 레시피의 ½ 분량, 소시지와 사과로 만들기

호박이 식으면 1cm 두께의 껍질 부분만 남기고 과육을 거의 다 파낸다. 호박 과육을 스터핑에 넣은 다음 최대한 호박이 부서지지 않도록 살살 섞는다. 호박 과육을 파낸 부분에 스터핑을 봉긋하게 채워 넣는다. 호박 반쪽마다 다음을 뿌린다.

　버터 1큰술, 작은 조각으로 자르기

　진한 갈색 설탕 1큰술

위를 덮지 않은 상태로 호박이 아주 뜨거워지면서 윗면이 갈색으로 바삭하게 익을 때까지 20~25분간 굽는다. 몇 분 정도 식혔다가 낸다.

호박 커리

4~6인분

겨울 호박의 단맛이 태국 커리의 톡 쏘는 알싸함 및 허브 풍미와 멋진 조화를 이루는 요리다. 간을 한 호박을 퓌레 상태로 으깨서 육수나 물을 적당량 넣어 희석하기만 하면 속이 든든해지는 수프로 간단하게 응용할 수 있다.

다음을 준비한다.

　늙은호박 작은 것 1개 또는 땅콩호박 등의 겨울 호박 중간 크기 1개(약 680g),
　　껍질을 벗기고 2.5cm 크기로 썰기

커다란 프라이팬을 중불에 올리고 다음을 둘러서 가열한다.

　식물성 기름 2큰술

다음을 넣고 저으면서 부드러워질 때까지 약 5분간 볶는다.

　양파 작은 것 1개, 얇게 썰기

　붉은색 피망 1개, 얇게 썰기

다음을 넣고 향긋한 냄새가 날 때까지 볶는다.

　마늘 4쪽, 다지기

　레드 또는 그린 태국 커리 페이스트 2큰술, 시판 또는 수제

　생강 2.5cm짜리 1조각, 껍질을 벗겨서 다지기

　(태국 고추 또는 세라노 칠리 고추 2개, 씨를 빼고 다지기)

　소금 ½작은술

호박을 넣고 다음을 붓는다.

　코코넛 밀크 통조림 400ml짜리 1개

뭉근히 끓어오르도록 가열한 다음 뚜껑을 덮고 불을 줄여서 호박이 부드러워질 때까지 약 20분간 뭉근히 삶는다. 다음을 넣는다.

　피시 소스 1~2큰술, 맛을 보면서 조절

　갈색 설탕 또는 코코넛 슈거 1큰술

　라임즙 1큰술 또는 적당량

다음 위에 끼얹어서 낸다.

　따뜻한 쌀밥

다음으로 장식한다.

　굵게 썬 고수 또는 태국 바질

　얇게 썬 샬롯

스파게티호박과 호박 국수에 대해

우선 호박 국수를 실제로 만들기 전에 결과물에 대해 어느 정도 현실적인 기대치를 갖자. 사실 호박 국수는 밀가루나 다른 곡물로 만든 국수만큼 배가 든든하거나 맛있지는 않다. 호박으로 국수를 만드는 데에는 두 가지 방법이 있다. 우선 **나선 슬라이서**(채소 제면기spiralizer)나 **쥘리엔 필러**(julienne peeler)를 사용해 호박을 아주 얇고 가늘게 돌려 깎는 것이다. 애호박부터 껍질을 벗기고 씨를 뺀 후 큼직하게 자른 땅콩호박 그리고 늙은호박에 이르기까지 다양한 유형의 호박에 이 방법을 사용할 수 있다. 심지어 근처 마트에서 시판 호박 국수를 발견할 수도 있다. 생으로 얇게 썰어낸 여름 호박 국수는 샐러드(페스토와 애호박을 넣은 밀 샐러드 레시피 참고)에 넣거나 참깨 국수와 같이 차가운 면을 사용하는 요리에 일반 면 대신 활용할 수 있다. 또는 팟타이나 차우멘 등 프라이팬에 볶는 국수 요리에 사용하기도 한다. 여름 호박 국수는 뜨거운 프라이팬에 기름을 살짝 두르고 아주 잠깐 볶아내기만 하면 된다. 다진 마늘, 향신료 또는 허브를 넣으면 풍미가 더욱 살아난다. 겨울 호박 국수는 그보다 탄력이 강하고 조직이 단단하다. ▶ 호박 국수를 체에 밭쳐서 소금으로 살짝 버무린 다음 (450g당 소금 약 ½작은술) 30분 정도 물기를 빼면 조직이 더 단단해지고 조리 후에도 식감이 유지된다.

호박 국수를 만드는 두 번째 방법은 **스파게티호박**을 사용하는 것이다. 이 겨울 호박의 과육은 기다란 섬유질로 이루어져 있어서 익히면 진짜 스파게티 같은 모양이 되므로 스파게티 대신 파스타에 사용할 수 있다. ▶ 기다란 국수를 뽑으려면 스파게티호박을 가로 방향으로 잘라서 사용한다.

스파게티호박을 구우려면 가로로 반 잘라서 씨와 가느다란 섬유질을 제거한 후 호박에 기름을 살짝 발라 절단면이 아래로 가도록 오븐 팬에 놓는다. 190℃의 오븐에 넣고 완전히 부드러워질 때까지 굽는다. 구운 호박을 뒤집어서 포크로 섬유질 국수를 떼어낸다.

스파게티호박을 전자레인지에 조리하려면 칼끝으로 호박에 몇 군데 숨구멍을 내고 전자레인지에 넣은 후 강에 맞춰서 약 15분 정도 돌린다. 손가락으로 눌렀을 때 부드럽게 쑥 들어갈 정도가 되어야 한다. 자르기 전에 10분 정도 식힌다. 익은 호박을 가로로 반 자른 다음 씨와 가느다란 섬유질을 제거하고 포크로 호박국수를 긁어서 그릇에 담는다. 우리는 이렇게 만든 호박 국수를 버터와 치즈를 넣은 페투치네 또는 스파게티 카르보나라 레시피에 따라 조리하는 것을 선호한다.

호박꽃에 대해

암꽃에서는 호박이 열리지만 수꽃(암꽃보다 많이 핀다.)은 호박이 열리지 않으

므로 식용으로 좋다. 호박꽃은 아주 섬세하고 근사한 풍미를 가진 식재료다. 여름에 직거래 장터에서 살 수 있고 식재료 전문점이나 라틴계 식료품점에서도 가끔 찾아볼 수 있다. 호박꽃을 직접 딸 때는 살충제를 뿌리지 않은 꽃인지 확인한다. 꽃이 다 지고 떨어진 후에 주울 수도 있지만 되도록 싱싱할 때 직접 호박 덩굴에서 따는 것이 좋다.

호박꽃에 먼지가 많이 묻어 있는 경우가 아니라면 물에 씻지 않고 사용한다. 줄기를 잘라내고 꽃받침(꽃과 줄기를 연결하는 바깥의 녹색 꼭지 부분)도 질겨 보이면 떼어낸다. 안에 속재료를 채워서 요리할 계획이라면 암술을 떼어내고 혹시 벌레가 있는지 잘 살핀다. 호박꽃은 따거나 구입한 즉시 사용해야 한다. 여의치 않다면 용기에 넣고 뚜껑을 닫아서 냉장고에 넣어 하루 정도 보관할 수 있다.

호박꽃은 보통 리코타나 신선한 염소 치즈 등의 연성 치즈를 속에 채워서 조리한다. 굵게 또는 길게 썰어서 프리타타에 넣거나 파스타에 넣어 뒤적이거나 옥수수 차우더의 가니시로 사용한다. 버터나 올리브유에 다진 마늘과 허브를 약간 넣고 휙 볶아내면 곁들임 요리로 근사하며, 짭짤한 크레이프의 속재료로 넣어 접어서 만들거나 케사디야의 필링으로 추가해도 맛있다.

치즈와 허브를 채워 넣은 호박꽃 튀김

4인분

묽은 토마토 소스를 붓고 그 위에 얹어서 낸다. 튀기지 않고 **구우려면** 속을 채운 호박꽃에 튀김옷을 입히지 않고 기름을 바른 베이킹 접시에 나란히 늘어놓은 후 175℃의 오븐에 넣어 속까지 잘 익도록 약 20분간 굽는다.

암술을 제거하고 줄기는 떼어내지 않는다.

　호박꽃 큰 것 12개

작은 그릇에 다음을 넣고 섞는다.

　신선한 염소 치즈, 리코타 또는 잘게 썬 모차렐라나 몬터레이 잭 치즈 ¾컵(85g)

　강판에 간 파르메산 치즈 ½컵(55g)

　굵게 썬 파슬리 1큰술

　굵게 썬 바질 1큰술 또는 굵게 썬 타임 2작은술

　마늘 1쪽, 다지기

　소금 ¼작은술

　흑후추 적당량

호박꽃의 꽃잎을 조심스럽게 벌려서 치즈 혼합물을 약 1큰술씩 채워 넣는다. 꽃잎의 끝부분을 모아서 비틀면 속재료가 빠져나오지 않는다. 속을 채운 호박꽃을 한 번에 하나씩 다음에 담근다.

　대란 1개, 가볍게 풀어두기

다음을 골고루 묻힌다.

　밀가루

여분의 밀가루를 털어낸다. 중간 크기의 프라이팬을 중불에 올리고 기름을 다음 높이까지 부어서 가열한다.

　올리브유 1.2cm

한 번에 호박꽃 3~4개씩 기름에 넣고 가끔 뒤집어가면서 황금색으로 익을 때까지 2~4분간 튀긴다. 키친타월에 올려놓고 잠깐 기름을 뺀다. 즉시 낸다.

돼지감자(예루살렘 아티초크)에 대해

번지수가 틀린 이름을 겨루는 대회가 열린다면 아마도 '예루살렘 아티초크' 가 대상을 타지 않을까. 돼지감자(sunchoke)는 심지어 아티초크처럼 엉겅퀴과에 속하지도 않고, 해바라기속 식물의 덩이줄기다. 그리고 '예루살렘'은 아마도 '해가 있는 쪽으로 고개를 돌리는', 즉 해바라기를 지칭하는 이탈리아 단어 지라솔(girasole)이 제멋대로 변형된 형태일 가능성이 크다.

돼지감자를 살 때는 껍질의 색이 고르고 과육에 밀착되어 있으면서 단단하고 변색이나 곰팡이의 흔적이 보이지 않는 것을 고른다. 비닐봉지에 넣어 입구를 봉하지 않고 냉장고 채소 칸에 보관한다. 돼지감자는 아주 얇게 썰어서 생으로 샐러드에 넣어 먹을 수 있지만 되도록 생으로 먹는 것은 권장하지 않는다. 돼지감자에는 소화가 안 되는 이눌린이라는 섬유질 성분이 풍부하게 들어 있어서 어지간히 오래 조리해 먹지 않는 이상 속이 불편해질 수 있기 때문이다.

일단 썰고 나면 돼지감자의 과육은 금세 색이 변한다. 샐러드에 넣으려면 슬라이스로 얇게 썰자마자 신맛이 나는 드레싱에 버무리거나 조리하기 전까지 최장 30분 정도 산성수에 담가서 보관한다.

감자를 비롯한 다른 뿌리채소와 마찬가지로 돼지감자도 얇게 썰어 튀겨서 칩으로 만들거나 아래에 소개한 레시피처럼 굽거나 으깨거나 퓌레 상태로 갈거나(뿌리채소 퓌레) 당근처럼 윤기 나게 조리면 맛있다. 특히 레몬, 버터, 크림, 마늘, 타라곤과 훌륭한 어울림을 자랑한다.

압력 조리하려면 껍질을 벗기고 반으로 썬 다음 물을 1컵 붓고 15psi에 맞춰 10분간 조리한다. 압력은 빠른 압력 방출법으로 뺀다.

돼지감자 마늘 버터 볶음

6인분

다음을 씻어서 껍질을 벗긴 후 2.5cm 크기로 썬다.

　돼지감자 680g

찌거나 소금을 넉넉히 넣은 물에 담가서 부드러워질 때까지 삶는다. 15분 정도 지나면 포크로 찔러보고 다 익었는지 확인한다. 물을 따라낸다.

그동안 작은 프라이팬에 다음을 넣고 녹인다.

　버터 3큰술

다음을 넣고 향긋한 냄새가 나지만 갈색으로 변하지 않을 때까지 볶는다.

　마늘 2쪽, 다지기

물기를 뺀 돼지감자를 프라이팬에 넣고 저으면서 버터를 골고루 묻힌다. 불에서 내린 후 다음을 넣고 섞는다.

　굵게 썬 파슬리 2큰술

　레몬즙 1큰술

　소금과 흑후추 적당량

바삭한 돼지감자 구이

4인분

우리는 돼지감자를 종이처럼 얇게 썰어서 생으로 먹거나 퓌레 상태로 갈아서 수프로 만들거나 조리는 등 상상할 수 있는 모든 방법으로 요리해서 먹어보았다. 하지만 뭐니 뭐니 해도 가장 좋아하는 조리법은 돼지감자를 구워서 영국인의 지혜에 따라 맥아 식초를 몇 방울 떨어뜨려 먹는 것이다.

오븐을 200℃로 예열한다. 다음을 세로로 반 자른다.

　돼지감자 450g, 박박 문질러서 깨끗이 씻기

넓적하고 울퉁불퉁한 돼지감자의 두께는 약 1.2cm 정도여야 한다. 만약 돼지감자가 그보다 크다면 적당히 맞춰 자른다. 테두리 있는 커다란 오븐 팬에 돼지감자를 놓고 다음을 뿌려서 뒤적인다.

올리브유 2큰술

(타임 잎 또는 다진 로즈메리 1큰술)

소금 ½작은술

흑후추 ½작은술

돼지감자의 절단면이 아래로 가도록 한 겹으로 깔고 노릇노릇한 색으로 부드럽게 익을 때까지 약 45분 정도 굽는다. 다음과 함께 낸다.

맥아 식초

고구마와 얌에 대해

식물학적으로 감자(potato)와 고구마(sweet potato)는 연관이 없는 품종이다. 그러나 감자와 고구마 사이의 혼동은 먼 옛날에 시작되었다. 감자를 지칭하는 영어 단어 '포테이토'는 '고구마'를 나타내는 타이노족 말에서 유래했다. 오랫동안 고구마를 말로만 들었던 스페인 사람들은(그리고 다른 유럽 사람들도) 수십 년 후 오늘날 감자에 해당하는 덩이줄기를 처음 접했을 때 그동안 이야기로만 들어왔던 고구마로 착각했다. 그 후 달지도 않은 가짜 고구마에 포테이토라는 이름이 정착된 것이다. 심지어 더욱 혼란스럽게도 단맛이 강하고 수분이 많으면서 과육이 주황색인 고구마 품종이 얌(yam, 뒤에 나오는 설명 참고)이라는 이름으로 판매되는 경우가 많은데, 사실 얌은 고구마와는 아무런 관련이 없는 뿌리채소다. 이렇게 헷갈리는 이름에도 불구하고 고구마는 누구나 좋아하는 채소다. 유럽의 식민지 개척자와 교역자들은 보관이 쉽고 영양이 풍부한 고구마를 아프리카와 동아시아 항해에 가져갔다.(신기하게도 폴리네시아와 뉴질랜드에는 훨씬 전에 전파되었다.) 현재 고구마는 기후 조건이 적합한 곳이라면 어디서나 주식용 작물로 재배된다.

고구마는 부드럽고 수분이 많으며 과육이 달콤한 종류와 단단하고 전분 함량이 높은 종류로 나뉜다. 세계 대다수 지역에서 전분이 많은 고구마 품종을 선호한다. 껍질이 붉고 과육의 색이 연한 **보니아토**(boniato) 품종은 가장 수분이 적고 단맛이 약하며 감자튀김 레시피대로 튀겨서 먹거나 통째로 구워서(감자 구이 레시피 참고) 먹으면 가장 맛있다. **일본산** 또는 **고토부키 고구마**는 붉은 빛이 도는 갈색 껍질에 과육이 단단하고 은은한 단맛이 난다. 흰색 과육의 **해나**(Hannah) 품종은 조리하면 노란색으로 변하며, **오키나와산 고구마**는 속살이 화려하고 밝은 보라색이다. 두 가지 품종 모두 상당히 단단한 편이지만 단맛도 매우 강하다.

부드럽고 수분이 많은 고구마 품종은 명절마다 사랑받는 캐서롤이나 파이에 사용하기에 안성맞춤이다. 과육이 주황색인 **보르가드, 코빙턴, 캐롤라이나 루비, 주얼, 가닛** 품종은 갈색 또는 붉은빛이 도는 보라색 껍질로 둘러싸여 있다. **오헨리, 낸시 홀, 저지 옐로** 등의 품종은 황갈색 껍질 속에 노란색이나 연한 크림색의 과육이 들어 있다. 과육이 주황색인 품종, 특히 주얼이나 가닛처럼 껍질이 얇은 품종은 주로 얌이라는 이름을 붙여서 판매한다. 통조림 고구마도 얌으로 판매하는 경우가 흔하다. 독성이 들어 있는 감자 덩굴과는 달리 **고구마 줄기와 잎**은 충분히 먹을 수 있다. 신선한 잎이나 얇은 줄기를 골라서 다른 연한 녹색 채소의 레시피에 따라 조리한다.

앞서 언급한 바와 같이 **얌**은 고구마와 연관이 없는 덩이줄기이며 연한 색이나 보라색의 아삭한 과육을 가지고 있다. 감자 및 고구마와 마찬가지로 얌 중에는 전분 함량이 상대적으로 높은 품종이 있다. 대부분의 노란색 및 흰색 품종은 감자와 비슷하게 조리한다. 달콤하고 수분이 많으며 **우베 얌**(ube yam)이

라고 부르는 **보라색 얌**은 디저트나 아이스크림에 자주 사용된다. 그 외의 전분이 많은 품종은 잡채 등의 재료로 사용되는 당면으로 변신하기도 한다. 일부 얌 품종은 잘게 썰거나 퓌레 상태로 으깨면 아주 끈적해진다. **마** 또는 **참마**는 길고 날씬하며 잔뿌리가 많고 껍질이 연한 품종으로, 잘게 썰어서 오코노미야키에 넣으면 반죽이 잘 흩어지지 않는다. 이렇게 생으로 먹을 수 있는 점액질의 품종을 제외하면 ▶ 대다수 얌 품종에는 조리하면 사라지는 피부 자극 성분이 들어 있으므로 반드시 껍질을 벗기고 익혀서 먹어야 한다.

고구마와 얌을 살 때는 단단하고 크기에 비해 묵직하며 물렁물렁하거나 갈라진 부분, 변색되거나 곰팡이 핀 부분이 없는 것을 고른다. 서늘하고 공기가 잘 통하며 햇빛이 들지 않고 건조한 곳에 보관한다. 고구마는 잘라도 색이 변하지 않지만 얌은 갈색으로 변하기 시작한다. 일부 고구마의 껍질은 얇고 맛있으므로 벗겨내지 않고 사용한다. 껍질이 두꺼울 뿐만 아니라 껍질 아래 섬유질 층이 자리 잡은 품종도 있다. 이러한 고구마 품종 및 모든 얌은 조리 전이나 후에 껍질을 벗겨서 먹도록 권장한다. 얌의 껍질을 벗기거나 자를 때는 혹시 모르는 피부 자극을 방지하기 위해 장갑을 착용한다.

수분이 적고 전분 함량이 높은 고구마는 대부분의 감자 조리법에 응용할 수 있다. 감자와는 달리 ▶ 고구마는 약불로 오랫동안 조리하면 더욱 달콤해진다. 달콤한 주황색 과육의 고구마 품종을 오렌지, 파인애플, 사과, 피칸, 계피, 육두구, 갈색 설탕, 마시멜로 등 다른 달콤한 재료나 디저트에 자주 사용하는 재료와 조합하는 것을 좋아하는 사람들이 많다. 우리는 고구마 그 자체만으로도 단맛이 충분하다고 생각하기 때문에 단맛과 적당한 균형을 이루는 칠리 고추, 고수, 쪽파, 파르메산, 마늘, 레몬, 라임, 백미소, 코코넛 밀크 등의 재료와 조합하는 것을 선호한다. 얌은 대다수 고구마보다 맛이 훨씬 밋밋한 편이므로 대부분의 양념에 두루두루 잘 어울린다.

전자레인지에 조리하려면 중간 크기의 통고구마 최대 4개를 몇 군데 찔러서 숨구멍을 낸다. 전자레인지 안에 키친타월을 깔고 자전거 바큇살 모양처럼 고구마를 둥글게 배치한다. 강으로 맞춰서 고구마 2개라면 5~9분, 4개라면 10~13분 정도 조리하되, 중간에 5분 정도 지나면 한 번 뒤집어서 위치를 바꿔 준다. 키친타월로 덮어서 5분간 둔다.

고구마를 삶으려면 박박 문질러 씻은 다음 통째로 삶거나 조리 시간을 단축하려면 2.5cm 두께로 잘라서 삶는다. 고구마를 냄비에 넣고 고구마가 잠길 정도로 물을 부은 다음 강불에 올려 부르르 끓어오를 때까지 가열한다. 불을 줄이고 바글바글 끓는 상태를 유지하면서 고구마가 부드러워질 때까지 작게 자른 고구마라면 약 10분, 통고구마라면 25~35분 정도 조리한다.

고구마를 구우려면 오븐을 200℃로 예열한다. 박박 문질러 씻은 후 물기를 털어낸 고구마에 칼끝으로 몇 군데 구멍을 낸다. 고구마에서 떨어지는 즙을 받아낼 수 있도록 아래에 오븐 팬을 깔고 철망 받침대에 고구마를 바로 올려서 아주 부드러워질 때까지 45분~1시간 동안 굽는다.

압력 조리하려면 큼직한 통고구마를 넣고 물을 2.5cm 높이로 부은 다음 15psi에 맞춰서 15분 정도 압력 조리한다. 압력은 빠른 압력 방출법으로 뺀다.

으깬 고구마

4~6인분

위의 설명에 따라 아주 부드러워질 때까지 삶거나 굽는다.

고구마 900g, 박박 문질러 씻기

손으로 만질 수 있을 정도로 식힌다. 껍질을 벗기고 눌러서 으깨거나 포테이토

라이서 또는 식품 분쇄기에 넣고 갈아서 그릇에 담는다. 다음을 넣는다.

　녹인 버터 4큰술 또는 적당량

　소금 적당량

다음을 넣어 희석한다.

　따뜻한 헤비크림 또는 오렌지 주스

짭짤하고 감칠맛 나게 양념하려면 매시트포테이토의 추가 재료를 참고한다. 달콤한 맛을 선호한다면 다음 재료 중 취향에 맞는 것을 넣어 맛을 낸다.

　굵게 썬 파인애플 ½컵 또는 적당량

　굵게 썬 피칸 ½컵 또는 구워서 굵게 썬 검은색 호두 ¼컵

　깍둑썰기한 설탕 절임 생강 3큰술 또는 생강 가루 ½작은술

　갈색 설탕 2큰술

　버번 또는 드라이 셰리 1큰술

　강판에 곱게 간 오렌지 또는 레몬 껍질 1작은술

　정향 가루 1자밤 또는 계핏가루 ½작은술

포크나 거품기, 전기 믹서로 폭신폭신 가벼운 느낌이 날 때까지 세게 젓는다. 즉시 내거나 버터를 바른 베이킹 접시에 담아두었다가 내기 직전에 190℃의 오븐에 넣어 데운다.

고구마 푸딩

12~15인분

이 호사스러운 캐서롤은 메건의 할머니가 전수해주신 레시피다. 명절 만찬에 곁들임 음식으로 내기도 하지만 사실 거의 디저트라고 생각해도 무방하다. 오븐을 175℃로 예열한다. 중간 크기의 그릇에 다음을 넣고 섞는다.

　으깬 고구마 4컵(고구마 약 1.3kg 분량)

　갈색 설탕, 꾹 눌러 담아 ½컵

　하프앤드하프 또는 헤비크림 ½컵

　버터 4큰술, 녹이기

　대란 2개

　계핏가루 1작은술

　바닐라 1작은술

　소금 ½작은술

고구마 혼합물을 23cm의 정사각형 베이킹 접시에 넣고 평평하게 잘 편다. 다른 그릇에 다음을 넣고 섞는다.

　갈색 설탕, 꾹 눌러 담아 ½컵

　굵게 썬 피칸 ½컵

　잘게 썬 코코넛 ½컵

　중력분 ⅓컵

　버터 4큰술, 녹이기

토핑 혼합물을 고구마 위에 홀홀 뿌린다. 윗면이 갈색으로 익을 때까지 약 1시간 굽는다. 약간 식혀서 낸다.

두 번 구운 고구마

6인분

다른 풍미로 응용하려면 맨 위에 버터를 듬뿍 얹고 갈색 설탕과 육두구, 피칸 또는 검은색 호두를 적당량 올린 다음 셰리 대신 버번이나 바닐라 1작은술을 사용한다. 빵가루나 버터 토핑을 마시멜로로 대체할 수도 있다.

다음을 부드러워질 때까지 굽는다.

　고구마 큰 것 3개, 박박 문질러 씻기

오븐 온도를 190℃로 낮춘다. 고구마를 세로로 반 자른 다음 6mm 정도 두께의 껍질만 남기고 과육을 거의 다 파내서 그릇에 담는다. 짭짤한 맛을 선호한다면 고구마를 두 번 구운 감자의 레시피대로 양념한다. 달콤한 요리를 선호한다면 으깬 고구마 레시피에 소개한 재료를 적당히 섞어서 사용하거나 다음을 추가한다.

　버터 2큰술, 말랑하게 녹이기

　헤비크림 ¼컵, 따뜻하게 데우기

　소금 ½작은술

　(드라이 셰리 2큰술)

포크를 사용해 폭신폭신해질 때까지 세게 젓는다. 고구마 껍질에 혼합물을 채운 다음 오븐 팬에 올린다. 취향에 따라 맨 위에 다음을 얹는다.

　(오 그라탱 II)

고구마가 갈색으로 익을 때까지 약 20분간 굽는다.

달콤한 고구마 구이

4인분

다음을 약간 부드러워지기 시작할 때까지 삶는다.

　고구마 중간 크기 5개

오븐을 190℃로 예열한다. 33×23cm 크기의 베이킹 접시에 기름을 바른다. 삶은 고구마의 물기를 털어내고 껍질을 벗겨서 1.2cm 두께의 널찍한 판자 모양으로 썬다. 고구마를 베이킹 접시에 넣고 다음을 적당히 뿌려 간을 한다.

　소금

다음을 홀홀 뿌린다.

　갈색 설탕, 꾹 눌러 담아 ¾컵

　레몬즙 1½큰술

　생강 가루 ½작은술

　(레몬 1개의 껍질, 강판에 곱게 갈기)

다음을 군데군데 얹는다.

　버터 2큰술

뚜껑을 덮지 않은 상태에서 반질반질 윤기가 날 때까지 약 20분간 굽는다.

고구마 튀김

4인분

고구마를 튀길 때는 감자를 기준으로 생각해서는 안 된다. 고구마는 감자보다 전분 함량이 적고 감자처럼 바삭바삭한 튀김이 되지는 않는다. 이 레시피에는 달콤하고 수분이 많은 주황색 고구마와 비교적 전분이 많이 들어 있는 보니아토 고구마를 모두 사용할 수 있다.(이 경우 좀 더 바삭하고 튀김 느낌이 강한 결과물이 된다.) 오븐에 조리하려면 '프렌치프라이' 스타일 감자 오븐 구이 레시피를 따른다. 딥 프라잉 항목을 참고한다.

1cm 두께의 기다란 막대기 모양으로 썬다.

　고구마 큰 것 4개, 박박 문질러 씻은 다음 취향에 따라 껍질을 벗기기

튀김기나 깊고 묵직한 냄비 또는 더치오븐에 기름을 다음 높이까지 붓고 185℃가 되도록 가열한다.

　식물성 기름 7.5cm

전체 분량을 몇 번에 나눠 고구마를 적당량씩 기름에 넣고 노릇노릇해질 때까지 튀긴다. 키친타월에 올려서 기름을 뺀다. 다음을 적당량 훌훌 뿌린다.

　소금

곁들이는 양념은 감자튀김의 추가 재료 항목을 참고한다.

땅콩을 넣은 고구마 스튜

6인분

커다랗고 묵직한 편수 냄비를 중불에 올리고 다음을 부어서 가열한다.

　식물성 기름 ¼컵

다음을 넣고 저으면서 채소가 부드럽지만 갈색으로 변하지는 않을 때까지 7~10분간 볶는다.

　양파 큰 것 1개, 굵게 썰기

　붉은색 피망 1개, 굵게 썰기

　할라페뇨 또는 세라노 고추 1개, 씨를 빼고 굵게 썰기

다음을 넣고 저으면서 1분간 더 볶는다.

　마늘 4쪽, 다지기

　생강 2.5cm짜리 1조각, 껍질을 벗겨서 다지기

　고춧가루 1큰술

　커민 가루 1작은술

　굵게 빻은 고춧가루 ½작은술

다음을 넣고 채소가 간신히 잠길 정도로 물을 붓는다.

　고구마 680g(중간 크기 약 2개), 껍질을 벗기고 2.5cm 크기로 썰기

부르르 끓어오르면 불을 줄이고 뚜껑을 덮어서 가끔 저으면서 고구마가 살짝 부드러워질 때까지 30~35분간 뭉근히 끓인다. 다음을 추가한다.

　애호박 작은 것 2개(지름 2.5cm 정도), 얇게 썰기

15분간 더 뭉근히 끓인다. 작은 그릇에 다음을 넣는다.

　땅콩버터 ½컵(땅콩이 씹히는 것 또는 부드러운 것)

　토마토 페이스트 ⅓컵

땅콩버터와 토마토 페이스트가 담긴 그릇에 스튜 국물을 1컵 붓고 멍울이 없어지도록 저은 다음 전부 스튜에 다시 붓는다. 15분간 더 뭉근히 끓인다. 다음을 적당량 넣어 간을 한다.

　소금

다음과 함께 낸다.

　재스민 또는 바스마티 쌀밥

　굵게 썬 고수

　굵게 썬 쪽파

　라임 조각

타로에 대해

'타로(taro)'는 전분이 많이 들어 있는 다양한 열대식물의 뿌리를 지칭할 때 사용하는 폴리네시아 말이다. 비교적 널리 재배되는 품종 두 가지는 **타로토란** 또는 **토란**이라고도 부르는 타로, 그리고 **말랑가**(malanga) 또는 **야우티어**(yautia)라고도 부르는 아메리칸 타로다. 두 가지 모두 전 세계 열대 지방에 분포되어 있으므로 품종도 다양하고 지칭하는 이름도 여러 가지다. 이러한 다양성에도 불구하고, 모든 타로는 감자와 마찬가지로 전분이 많고 맛이 순하며 은은한 단맛과 고소함 속에 약간의 흙내음이 느껴진다. ▶ 타로는 반드시 조리해서 먹

어야 한다. 가장 흔히 볼 수 있는 품종은 잔뿌리가 많은 갈색 껍질 안에 흰색 또는 연보라색 과육이 들어 있는 품종으로, 조리하면 회색빛을 띠거나 보라색으로 변한다. 타로는 채소처럼 활용하거나 푸딩 및 당과류의 베이스로 사용한다. 타로 잎은 남부식 채소 찜처럼 스튜로 만들어서 먹을 수 있다. ▶ 타로 잎을 날로 먹거나 덜 익혀서 먹으면 안 된다.

물렁물렁하고 쪼글쪼글한 부분 및 흠집이 없고 단단한 타로를 고른다. 타로 뿌리를 통째로 구운 다음 껍질을 벗기거나 먼저 채소 껍질 벗기는 도구로 껍질을 깎은 다음 썰어서 조리해도 좋다. 생타로를 손질할 때 ▶ 타로 과육에 노출되면 피부 자극이 생길 수 있으므로 장갑을 착용한다.

전분 함량이 높은 타로 과육은 감자처럼 잘 뭉치는 성질이 있으며, 껍질을 벗긴 후 상자형 강판으로 잘게 채 썰어서 라트키를 만들어도 좋다. 또한 얇게 썬 타로를 튀겨서 칩으로 만들거나 정육면체로 썰어서 부드러워질 때까지 익힌 다음 프라이팬에 지져도 맛있다.(프라이팬에 지진 감자 레시피 참고)

타로를 구우려면 듬성듬성 난 잔뿌리를 제거하고 15분간 애벌로 삶은 다음 통째로 조리하거나 껍질을 벗겨서 큼직하게 썬다. 190℃의 오븐에 넣어 부드러워질 때까지 굽는다.

타로를 삶으려면 껍질을 벗겨서 2.5cm 크기로 썬 다음 냄비에 넣는다. 타로가 잠길 정도로 찬물을 붓고 강불에 올려 부르르 끓어오르면 불을 줄이고 부드러워질 때까지 20~25분간 뭉근히 삶는다. 물기를 뺀다.

포이(Poi)

약 5컵

사우어크라우트와 비슷한 맛이 나지만 퓌레 상태로 곱게 갈아서 약간 끈끈한 질감을 가진 하와이 전통 음식이다.

위의 설명대로 삶는다.

　타로 뿌리 1.1kg, 껍질을 벗기고 2.5cm 크기의 정육면체로 썰기

삶은 타로를 커다란 그릇에 넣고 감자 으깨는 도구로 전분질의 페이스트 상태가 될 때까지 으깬다. 손으로 조금씩 물을 넣으면서 섞는다.

　물 2½컵

덩어리와 섬유질을 제거하려면 포이를 고운체에 한 번 거른다. 소금으로 적당히 간을 해서 내거나 뚜껑을 덮어서 2~3일 정도 시원한 곳에 두고 발효시켜 새콤한 맛을 낸다.

토마티요에 대해

토마티요(tomatillo)는 자그마한 토마토를 닮았지만 가까운 품종인 꽈리처럼 종잇장 같이 얇은 겉껍질에 둘러싸여 있다. 노란색에서부터 밝은 녹색, 진한 보라색까지 다양한 색을 띠는 토마티요는 퍼석한 과육과 작은 씨가 들어 있으며, 토마티요의 씨는 토마토보다 수가 많고 아삭아삭하다. 기분 좋은 새콤한 맛을 내며 살사와 소스, 수프, 조림 요리에 상쾌한 풍미를 더해준다.

토마티요는 미국의 대형 마트에서 연중 찾아볼 수 있다. 단단하고 겉껍질 속에 과육이 옹골차게 들어 있는 것을 고른다. 구입한 후에는 씻지 않고 겉껍질을 벗기지 않은 상태 그대로 냉장고 채소 칸에 보관하면 몇 주 정도 두고 먹을 수 있다. 손질하려면 종이처럼 얇은 겉껍질을 벗겨내고 깨끗이 씻는다.(토마티요의 표면은 끈적끈적하지만 조리하면 끈끈함이 없어진다.)

토마티요를 조리하면, 특히 구우면 독특한 풍미가 강해지고 천연의 단맛이 부각된다. 생으로 퓌레처럼 갈아서 살사에 넣기도 하지만, 이렇게 하면 펙틴

함량이 많아서 살사 소스가 아주 걸쭉해진다는 점을 잊지 말자. 우리는 살사를 만들 때 구운 토마티요와 생토마티요를 적당히 섞어서 사용하는 것을 선호한다.(살사 베르데 크루다 레시피 참고) 토마티요는 아보카도, 칠리 고추, 고수, 라임, 커민, 고수씨 등 멕시코 요리의 단골 재료들과 조합하는 경우가 가장 많다. 토마티요의 톡 쏘는 맛은 돼지 어깨살과 같이 기름지고 맛이 진한 육류와 근사한 조화를 이루며(특히 그린 몰레에 사용할 경우), 흰살생선의 순한 맛을 보완하는 역할을 한다. 녹색 채소 포솔레, 구운 토마티요 시금치 소스, 치킨 칠리 베르데 레시피를 참고하자.

토마티요를 구우려면 기름을 두르지 않은 프라이팬을 뜨겁게 달궈서 칠리 고추를 굽듯이 모든 면이 갈색으로 익도록 조리한다. 하지만 토마티요 여러 개의 껍질을 벗겨서 테두리 있는 오븐 팬에 올려놓고 직화 오븐의 열원 바로 아래에 넣어 군데군데 터지고 색이 진해지면서 한쪽 면이 말랑해질 때까지 6~10분 정도 굽는 것이 훨씬 편리하다.

토마토에 대해

여름 토마토는 우리 가족이 가장 소중하게 여기는 정원의 보물이며, 아마도 가장 풍부한 상상력을 발휘하게 하는 채소이기도 하다.(꼬투리 잡기 좋아하는 식물학자라면 토마토는 엄밀히 말해 과일이라고 주장하겠지만 말이다.) **슬라이싱**(slicing) 또는 **비프스테이크 토마토**(beefsteak tomato)는 가장 크게 자라는 품종이다. 토마토의 크기와 모양, 색깔은 놀라울 정도로 다양하다. 토마토 이모티콘처럼 동그랗고 빨간 교배종이 있는가 하면, 재래종 또는 '에어룸' 품종처럼 울퉁불퉁 튀어나오거나 주름이 있는 토마토도 있다. 밝은 노란색, 주황색, 녹색 줄무늬(그린 지브라), 그리고 고급 품종인 **체로키 퍼플**과 **블랙 크림**처럼 진한 녹색이 도는 보라색 등 그야말로 색도 가지각색이다. 슬라이싱 토마토를 익혀서 조리하는 사람들도 있지만, 우리는 얇게 썰어서 품질 좋은 올리브유를 살짝 뿌려 그냥 먹거나 샐러드에 넣거나 샌드위치의 속재료로 활용해야 가장 맛있다고 생각한다. 제철에 맛이 진하고 즙이 풍부해지며, 제철이 지나면 즙이 적어지고 과육에서는 퍼석한 느낌이 나기도 한다.(제철이 아닌 토마토를 더 맛있게 먹는 방법은 뒤에 나오는 설명을 참고한다.)

플럼 토마토는 두껍고 씹는 맛이 풍부한 과육, 높은 산미, 풍부한 맛으로 사랑받는 품종이다. 토마토 페이스트나 소스를 만들기에 가장 적합하기 때문에 **소스 또는 페이스트 토마토**라고 불리기도 한다. 그러나 이러한 별명들은 활용도가 다채로운 플럼 토마토에게 그다지 어울리지 않는다. 플럼 토마토는 수프, 스튜를 비롯해 다양한 요리에 걸쭉한 질감과 새콤달콤한 풍미를 돋우며, 살사와 샐러드에 사용해도 맛있다. 날씬한 **로마** 토마토는 플럼 토마토 중에서 가장 보편적인 품종이지만(가장 고급 품종은 산 마르차노다.) 직거래 장터에 가보면 둥그스름한 **아미시 페이스트**(Amish paste) 품종이나 표면에 골이 있는 **코스톨루토 제노베제**(Costoluto Genovese) 등과 같이 다양한 모양과 색깔의 플럼 토마토를 만날 수 있다.

방울, 대추, 서양배 토마토는 크기가 자그마하고 연중 쉽게 구할 수 있는데, 대부분 슬라이싱 토마토만큼 즙이 풍부하다. 우리는 보통 이렇게 작은 토마토를 슬라이싱 토마토처럼 생으로 샐러드나 살사에 넣어서 즐기지만, 통째로 굽거나 뭉근히 끓이는 소스에 넣어도 맛있다. 일반적으로 다른 품종보다 당도가 높고 산미가 강하며, 특히 노란색을 띠는 주황색의 **선 골드**(Sun Gold)는 단맛과 새콤한 맛이 기가 막힌 조화를 이룬다.

가까운 농장이나 정원에서 키운 토마토는 잘 익었을 때 수확할 수 있으므로 먼 곳에서 운송해야 하는 토마토보다 맛이 좋다. 토마토는 색이 변하고 약간 말랑해지면서 향긋한 냄새가 나기 시작할 때 딴다. 잘 익은 토마토만큼 자란 크기에 아직 녹색인 토마토를 따서 창턱에 두면 어느 정도 익기는 하겠지만 아무래도 덩굴에 달린 상태로 잘 익은 토마토의 맛에는 미치지 못한다. 설익은 작은 토마토를 따면 좀처럼 잘 익지 않는다. **녹색 토마토**는 튀겨먹는 토마토로 가장 유명한데, 사과와 섞어서 사과파이를 만들거나 양배추 대신 차우차우에 활용할 수도 있다.

▶ **제철이 아닌 슬라이싱 토마토를 더 맛있게 먹으려면** 토마토를 얇게 썰어서 기름과 식초 약간, 소금 1자밤 그리고 취향에 맞는 양념을 섞은 양념장에 30분 정도 재운다. 기름과 소금이 토마토의 조직을 부드럽게 하고 수분을 추출하므로 즙이 풍부해진다. 식초의 영향으로 풍미가 살아나고 토마토 본연의 단맛이 살아난다. 이렇게 양념장에 재우면 도저히 못 먹을 정도로 형편없는 토마토가 아닌 이상 그럭저럭 샌드위치에 넣거나 토마토를 주재료로 하지 않는 샐러드에 사용할 수 있는 상태가 된다.

토마토를 살 때는 크기에 비해 묵직하고 단단한 것을 고른다. 줄기 꼭지 주변의 상처는 크게 신경 쓸 필요가 없지만 꼭지에 달린 줄기와 잎은 싱싱해 보여야 한다. 앞에서 설명한 것처럼 플럼, 방울, 대추 토마토는 슬라이싱 토마토와는 달리 제철이 아니라도 맛이 나쁘지 않다. 온실 재배 기술이 점점 발전하고 있지만 겨울에 출하되는 슬라이싱 토마토에는 어느 정도 기대치를 낮추는 것이 좋다. '덩굴 숙성'이라는 이름을 붙여서 덩굴에 매달린 상태로 판매하는 토마토를 보고 속지 말자. 이러한 토마토는 단순히 녹색일 때 덩굴째 수확한 것이므로 일반 토마토에 비해 별다른 장점이 없다. 잘 익은 토마토를 서로 겹치지 않게 꼭지가 아래쪽으로 가도록 햇빛이 비치지 않는 곳에 두면 실온에서 5~6일 정도 보관할 수 있다. 빠른 시일 안에 먹을 수 없는데 토마토가 계속 익어간다면, 냉장고에 넣어서 되도록 빨리 사용하고 먹을 때는 미리 꺼내서 실온 상태로 즐긴다.

생토마토, 통조림 토마토, 익힌 토마토, 토마토 페이스트 또는 소스 등 형태를 막론하고 토마토는 그야말로 헤아릴 수 없이 다양한 요리에 사용된다. 간단한 BLT에서부터 복잡하고 맛이 풍부한 라구에 이르기까지 토마토의 산미는 버터, 올리브유, 기름진 육류와 완벽한 조화를 이룬다. 식초, 감귤류즙 또는 짭짤하고 알싸한 케이퍼 및 올리브와 함께 사용하면 토마토의 새콤달콤한 맛이 더욱 살아난다. 먼 친척뻘 되는 품종인 후추, 가지, 그뿐만 아니라 오이나 여름호박과도 궁합이 좋다. 연성 치즈와 숙성 치즈, 양파, 마늘, 대부분의 신선한 허브는 토마토를 주재료로 한 요리에 잘 어울린다. 이어서 소개하는 레시피 이외에 토마토를 중심으로 한 요리로는 토마토 소스, 살사, 채소 샐러드, 파파 알 포모도로, 토마토 수프, 가스파초, 차갑게 내는 신선한 토마토 크림수프, 토마토 코블러, 토마토 리코타 타르트 레시피를 참고한다. 토마토 보존식품에 대해서는 토마토와 토마티요를 병조림하는 방법, 토마토 케첩, 훈연 향 토마토 잼 항목을 참고한다. 토마토를 양념으로 사용하는 자세한 방법은 토마토 페이스트 레시피를 참고한다.

수십 년 전에는 대다수 요리 전문가들이 토마토의 껍질, 즙, 씨를 풍미와 식감에 방해가 되는 요소라고 여겼다. 그러나 다른 수많은 지식처럼 세월이 지나면서 이러한 생각도 근거 없는 것으로 드러났다. 최근 연구에 따르면 토마토의 근사한 풍미는 상당 부분 씨를 둘러싸고 있는 젤리 같은 물질에서 나온다. 토마토 껍질은 조리하는 동안 질겨지지만, 항산화제인 리코펜의 함량이 높다. 토마토 껍질에 영양 성분이 많다고 알려졌음에도 불구하고 병조림을 만들 때는 여전히 껍질을 벗겨내는 것이 일반적이며, 소스와 수프를 만들 때도 치아에 불쾌하게 끼지 않도록 껍질을 제거한다.

토마토 껍질을 한 번에 하나씩 벗기려면 토마토마다 바닥에 X자로 칼집을 넣는다. 물이 팔팔 끓는 냄비에 하나씩 넣어서 15초간 데친다. 구멍 뚫린 숟가락으로 건져낸 다음 얼음물에 담가서 더 익지 않도록 한다. 칼끝으로 껍질을 잡아당겨서 벗긴다. 껍질이 잘 떨어지지 않으면 토마토를 다시 끓는 물에 10초간 담갔다가 같은 작업을 반복한다.

토마토의 껍질을 대량으로 벗기려면 오븐 팬에 가지런히 늘어놓고 냉동한 다음 실온에 놓고 해동한다.(껍질이 쉽게 벗겨질 것이다.) 시간을 단축하고 싶다면 구이 팬에 토마토를 한 겹으로 늘어놓고 끓는 물을 붓는다. 토마토가 식을 때까지 기다렸다가 껍질을 벗겨내고 줄기와 흠집, 녹색 부분을 도려낸다.

토마토의 씨를 제거하려면 수평으로 가운데를 자른 다음 적당히 힘을 주면서 짜서 여분의 즙과 씨앗을 빼낸다. 껍질을 벗기고 씨를 제거한 토마토를 곱게 깍둑썰기하면 전통적인 프랑스 요리 재료인 **토마토 콩카세**(Tomato Concassé)가 되며, 간단한 소스에 사용하거나 닭과 생선 요리의 가니시로 활용할 수 있다.

방울토마토, 대추토마토 또는 서양배토마토 여러 개를 한꺼번에 반으로 자르려면 1ℓ짜리 요구르트 용기의 납작한 플라스틱 뚜껑을 뒤집어서 조리대 위에 놓는다. 요구르트 뚜껑 위에 방울토마토를 한 겹으로 깔고 그 위에 요구르트 뚜껑을 하나 더 덮는다. 한 손으로 위쪽 뚜껑을 지그시 누르면서 살짝 압력을 가한다. 잘 드는(또는 톱니 모양의) 칼을 사용해 수평 방향으로 조심스럽게 토마토의 가운데를 자른다. 위쪽을 누르고 있는 손을 베지 않도록 조심한다.

토마토 스튜 또는 토마토 크레올

6인분

『조이 오브 쿠킹』 초판부터 빠지지 않는 레시피다. 취향에 따라 '케이준 요리의 삼위일체' 사용량을 적당히 줄이면 더 순한 맛의 토마토 스튜를 만들 수 있다. 신선하고 즙이 많은 슬라이싱 토마토는 조리하는 과정에서 국물이 충분히 나온다. 즙이 적고 과육이 조밀한 플럼 토마토를 사용한다면 육수나 물을 ½컵 넣는다.

커다란 프라이팬을 중불에 올리고 다음을 넣어 녹인다.

    버터 4큰술

다음을 넣고 저으면서 부드러워질 때까지 볶는다.

    양파 큰 것 1개, 굵게 썰기
    붉은색 또는 녹색 피망 1개, 굵게 썰기
    셀러리 줄기 2개, 굵게 썰기

다음을 넣는다.

    신선한 토마토 900g, 취향에 따라 껍질을 벗기고 얇게 썰거나 반으로 자르거나
        굵게 썰기 또는 통토마토 통조림 800g짜리 1개
    (마늘 4쪽, 다지기)
    갈색 설탕 2작은술
    소금 ¾작은술
    (커리 가루 ¾작은술)
    스위트 파프리카 가루 ¼작은술

강불에 올려서 뭉근히 끓어오르면 불을 살짝 줄여서 보글보글 끓는 상태로 유지한다. 가끔 저으면서 부드러워질 때까지 15~20분간 조리한다. 취향에 따라 다음을 넣는다.

    (헤비크림 ¼컵)

너무 묽으면 다음 재료를 넣어 걸쭉하게 농도를 맞춘다.

    (마른 빵가루 ¼컵)

걸쭉하고 매끄러운 질감이 될 때까지 잠깐 뭉근히 끓인다. 맛을 보고 필요하면 소금과 후추를 추가한다. 뜨거울 때 다음 위에 얹어서 낸다.

    토스트, 흰쌀밥, 크림처럼 부드러운 그리츠 또는 버터밀크 비스킷

취향에 따라 다음을 곁들인다.

    (구운 베이컨)

또는 씨를 제거한 피망에 이 혼합물을 속재료로 채운다.

녹색 토마토 튀김

6인분

녹색 토마토 튀김을 즐겨 먹는 미국 남부에서는 마트에서 가끔 녹색 토마토가 눈에 띄기도 하는데, 이 레시피는 집 정원에서 늦가을이 되어서까지 익지 않고 덩굴에 매달려 있는 녹색 토마토를 버리기 아까워하는 사람들에게 가장 유용하다. 전통적인 요리법을 약간 응용해보고 싶다면 녹색 토마토 튀김으로 BLT 샌드위치를 만들어보자. 우선 베이컨을 구운 다음 베이컨에서 나온 기름으로 토마토 슬라이스를 튀긴다.

가운데 심을 제거하고 가로 방향으로 1.2cm 두께의 슬라이스로 썬다.

    녹색 슬라이싱 토마토 900g

얕은 그릇에 다음을 넣고 섞는다.

    고운 옥수숫가루 1컵
    중력분 ½컵
    (다진 파슬리 1큰술)
    (다진 타임 1큰술)
    스위트 파프리카 가루 1작은술
    소금 1작은술
    흑후추 1작은술

토마토 슬라이스를 하나씩 다음에 담근다.

    우유 또는 버터밀크 1컵

옥수숫가루 혼합물을 골고루 묻힌 다음 여분의 가루를 털어내고 접시에 둔다. 커다란 프라이팬에 다음 높이까지 기름을 붓고 물방울을 떨어뜨렸을 때 지글지글 소리가 나도록 뜨겁게(약 175℃) 달군다.

    식물성 기름 또는 베이컨 기름 1.2cm

한 겹으로 넣을 수 있을 만큼 최대한 토마토를 넣고 중간에 한 번 뒤집으면서 황금색으로 바삭하게 익을 때까지 2~3분간 튀긴다. 키친타월에 올려서 기름을 뺀다. 남은 토마토도 같은 방법으로 튀긴다. 그대로 내거나 취향에 따라 다음을 곁들여 낸다.

    (랜치 드레싱, 아이올리 또는 레물라드 소스)

프로방스식 토마토 요리

4인분

오븐을 175℃로 예열한다. 33×23cm 크기의 베이킹 접시에 기름을 살짝 바른다. 작은 그릇에 다음을 넣고 섞는다.

    생빵가루 ½컵
    강판에 간 파르메산 치즈 2큰술

굵게 썬 파슬리 2큰술

굵게 썬 바질 2큰술

마늘 2쪽, 잘게 썰기

올리브유 2작은술

가로 방향으로 반 자른 다음 살짝 눌러서 씨를 빼낸다.

단단하고 잘 익은 슬라이싱 토마토 중간 크기 4개

절단면이 위로 가도록 베이킹 접시 위에 나란히 놓고 다음을 적당히 뿌려 간을 한다.

소금과 흑후추

숟가락으로 빵가루 혼합물을 떠서 토마토 위에 얹은 다음 조심스럽게 누르면서 토마토 반쪽 위로 봉긋하게 올라오도록 모양을 잡는다. 위에 다음을 살짝 뿌린다.

올리브유

빵가루가 황금색으로 익고 토마토가 부드러워질 때까지 약 50분간 굽는다.

토마토 직화 오븐 구이

4인분

곁들임 음식으로 내거나 얇게 잘라서 마늘을 문지른 토스트 위에 올려 먹거나 다른 재료와 섞어서 피타 또는 바삭한 빵을 찍어 먹는 시골풍 딥으로 활용해도 좋다.

오븐의 위쪽 열원에서 12cm 정도 떨어진 위치에 받침대를 끼우고 직화 오븐을 예열한다. 테두리 있는 오븐 팬에 기름을 살짝 바른다. 다음의 심을 제거하고 1.2~2cm 두께의 슬라이스로 썬다.

단단하고 잘 익은 토마토 900g

다음으로 간을 한다.

소금 ½작은술

흑후추 ¼작은술

토마토를 오븐 팬에 담는다. 취향에 따라 다음을 홀홀 뿌린다.

(강판에 간 파르메산 치즈 또는 잘게 부순 페타 치즈 ½컵[55g])

다음을 살짝 뿌린다.

올리브유 2큰술

윗면이 황금색으로 변하면서 속까지 충분히 익도록 약 5분간 굽는다. 다음 중 취향에 맞는 재료를 뿌리거나 섞는다.

칼라마타 또는 카스텔베트라노 등 씨를 빼고 굵게 썬 올리브 ½컵

굵게 썬 허브, 파슬리, 타임, 오레가노, 바질, 타라곤 또는 이를 섞은 것

치즈를 사용하지 않을 때는 다음을 곁들여 낸다.

레물라드 소스 또는 차지키

천천히 구운 토마토

2~4인분

약불로 은근하게 구우면 토마토의 풍미가 농축되면서 매끄러운 식감과 달콤한 맛을 낸다. 이 상태라면 그냥 칼로 자르기만 해도 씹는 맛이 있는 진한 소스가 된다. 파스타에 넣어 섞거나 피자에 사용한다.

오븐을 120℃로 예열한다. 테두리 있는 오븐 팬에 유산지를 깐다. 오븐 팬에 다음을 넓게 펴서 담는다.

토마토 900g, 2cm 두께의 슬라이스로 썰기

다음을 섞는다.

설탕 1작은술

소금 ½작은술

흑후추 ¼작은술

섞은 양념을 토마토 위에 홀홀 뿌린다. 그 위에 다음을 살짝 뿌린다.

올리브유

다음을 홀홀 뿌린다.

굵게 썬 바질, 타임 또는 선호하는 허브

2시간 동안 굽는다. 실온 상태로 식힌다.

스캘럽트 토마토(Scalloped Tomatoes)

8~10인분

여름에 풍부하게 나는 싱싱한 토마토를 활용할 수 있는 전통 요리다.

오븐을 175℃로 예열한다. 25cm 크기의 얕고 둥그런 베이킹 접시나 키시 접시 또는 파이 팬에 기름을 바른다. 다음의 껍질을 벗기고 반으로 자른 후 취향에 따라 씨를 뺀다.

토마토 1.3kg

토마토를 6mm 크기로 썬다.(약 4컵 정도 나온다.) 커다란 프라이팬을 중불에 올리고 다음을 넣어 녹인다.

버터 2큰술

다음을 넣고 계속 저으면서 고소한 냄새가 나고 먹음직스러운 색으로 변할 때까지 4~6분간 볶는다.

마른 빵가루 1½컵

볶은 빵가루를 긁어서 그릇에 옮겨 담고 한쪽에 둔다. 프라이팬을 중불에 올리고 다음을 넣는다.

버터 3큰술

거품이 가라앉을 때까지 가열한 후 다음을 넣는다.

양파 중간 크기 1개, 잘게 썰기

붉은색 또는 녹색 피망 큰 것 1개, 잘게 썰기

가끔 저으면서 채소가 부드러워지고 갈색으로 변하기 시작할 때까지 약 10분간 볶는다. 빵가루를 넣어둔 그릇에 채소를 담고 다음을 추가한다.

설탕 1큰술

소금 ¾작은술

흑후추 ½작은술

잘 섞는다. 빵가루 혼합물의 절반을 베이킹 접시 바닥에 넓게 깐다. 그 위에 토마토를 균일한 두께로 얹고 다음을 살짝 뿌린다.

소금과 흑후추

절반 남은 빵가루 혼합물을 토마토 위에 붓고 평평하게 편다. 가운데에 들어 있는 토마토가 지글지글 끓어오르고 위쪽 토핑은 진한 갈색이 될 때까지 약 40분간 굽는다.

다음을 홀홀 뿌린다.

굵게 썬 파슬리

속을 채워서 뜨겁게 구운 토마토

오븐을 175℃로 예열한다. 꼭지가 달린 쪽을 도려내고 속을 파내서 속재료를 담을 수 있는 공간을 만든다.

단단하고 잘 익은 중간 크기 토마토

소금을 살짝 뿌린 후 뒤집어서 철망에 올려놓고 약 15분간 물기를 뺀다. 토마토 용기에 다음 재료 조합 중 선호하는 것으로 채운다.

치즈(신선한 염소 치즈, 모차렐라 또는 리코타)와 빵가루, 다진 허브

갈색으로 볶은 다진 양고기, 잣, 쌀밥

소시지, 양파, 세이지 스터핑 또는 초리소와 칠리 고추를 넣은 쌀 드레싱

야생 쌀과 버섯 볶음, 케이준 더티 라이스 또는 익힌 곡물 아무거나, 허브와 소금 적당량으로 간을 한 것

버섯 필링 또는 고기와 시금치 필링, 리코타 치즈를 섞은 것

크림소스 시금치, 옥수수 볶음 또는 크림 옥수수, 바삭하게 구워서 잘게 부순 베이컨

맨 위에 다음을 얹는다.

오 그라탱 II 또는 III 또는 강판에 간 파르메산이나 로마노 치즈

속을 채운 토마토를 오븐 팬에 올리고 갈색으로 부드럽게 익을 때까지 약 30분간 굽는다. 토마토가 다소 농익었다면 모양을 유지할 수 있도록 머핀 틀에 기름을 듬뿍 바르고 하나씩 넣어서 굽는다.

순무에 대해

겨자 및 양배추와 매우 가까운 채소인 순무는 흰색 과육이 달콤하고 알싸한 맛을 내는 뿌리채소다. 지름 5~7.5cm 크기의 순무가 가장 흔하고 보통 녹색 잎을 떼어낸 상태로 판매한다. 재배 과정에서 공기에 노출되면 보라색으로 물이 들며 대부분 아주 단단하고 결이 고우면서 껍질이 두껍다. 일반적으로 여름에 녹색 잎이 달린 채로 출하되는 어린 순무는 훨씬 즙이 풍부하고 연하다. 흰색의 **하쿠레이** 또는 **도쿄** 등의 일부 품종은 래디시와 비슷해 맛이 순하고 껍질이 부드럽다.

순무는 추운 계절에 수확한 것이 당도가 높고 맛이 순하다. 단단하고 흠집이 없으며 크기에 비해 묵직한 뿌리를 고른다. 비닐봉지에 넣어서 봉하지 않은 상태로 냉장고 채소 칸에 보관한다. 녹색 잎이 붙어 있으면 잘라내서 따로 보관한다. 어린 순무는 구입 후 일주일 이내에 먹어야 하지만 다 자란 순무는 한 달 정도는 보관할 수 있다.

어린 순무를 손질하려면 그냥 깨끗하게 씻어서 원하는 크기로 썰면 된다. 다 자란 순무라면 질긴 껍질을 벗겨내고 나무처럼 딱딱한 부분을 도려낸다. 슬라이스, 웨지, 정사각형 또는 성냥개비 모양으로 썬다. 순무 450g을 익히면 약 2컵 정도의 분량이 된다. 루타바가와 다 자란 순무를 익히면 흙내음 비슷한 풍미가 있기 때문에 레시피에서 서로 바꿔 사용할 수 있다.

작고 연한 순무는 생채소 전체로 내거나 슬라이스 또는 채 썰어서 샐러드에 넣거나 살짝 볶아서 먹거나 래디시와 비슷하게 조리한다. 다 자란 순무는 다른 뿌리채소와 섞어서 찜이나 퓌레를 만들기도 한다. 독일의 소박한 요리인 **힘멜 운트 에르데**(Himmel und Erde, 독일어로 천국과 지상이라는 뜻 — 옮긴이)는 순무, 감자, 사과를 으깨서 만든다. 순무는 4등분해서 양고기, 소고기 또는 송아지고기 구이의 가장자리에 곁들여 조리하면 특히 맛있다.(구이용 채소에 대해 항목을 참고) 연관 품종인 양배추 및 겨자와 마찬가지로 순무의 녹색 줄기와 잎은 맛이 좋다. 어리고 연한 녹색 잎은 샐러드에 사용하거나 살짝 데쳐서 먹기도 하고, 조직이 질기고 성숙한 녹색 채소와 섞어서 남부식 채소 찜을 만들기도 한다. 순무의 알싸한 맛은 크림과 버터 또는 따뜻한 느낌을 주는 커리 향신료로 중화할 수 있다. 순무의 단맛은 레몬, 식초 또는 톡 쏘는 숙성 치즈와 훌륭

한 조화를 이룬다. 훈제 또는 염장 돼지고기, 타임, 파슬리, 처빌도 순무와 잘 어울리는 식재료다.

다 자란 순무를 **삶거나 찌려면** 껍질을 벗기고 1.2cm 두께의 슬라이스로 썬 다음 소금을 넣은 물에 담가서 부드러워질 때까지 약 10분간 뭉근히 삶거나 찐다.

압력 조리하려면 다 자란 순무를 통째로 압력솥에 넣고 물을 2.5cm 높이로 부은 다음 15psi에 맞춰 8분간 조리한다. 10분간 자연 압력 배출법으로 압력을 뺀 다음 마개를 열어서 남은 압력을 완전히 뺀다.

서양대파와 베이컨을 넣은 순무 조림

4인분

커다란 프라이팬을 중불에 올리고 다음을 바삭하게 굽는다.

베이컨 4조각, 깍둑썰기하기

베이컨을 키친타월을 깐 접시에 옮겨 담아 기름을 빼고 한쪽에 둔다. 프라이팬에 기름을 3큰술만 남기고 전부 숟가락으로 떠낸다. 중강불로 올리고 절단면이 아래로 가도록 다음을 프라이팬에 놓는다.

순무 680g, 껍질을 벗기고 1.2cm 두께의 웨지 모양으로 썰기

한쪽 면이 갈색으로 익을 때까지 약 7분간 조리한다. 다음을 넣는다.

서양대파 2대, 손질해서 세로로 반 자르고 깨끗이 씻어서 얇게 썰기

마늘 4쪽, 굵게 썰기

중불로 줄이고 저으면서 서양대파가 부드러워질 때까지 약 5분간 조리한다. 베이컨을 굵게 썰어서 넣고 다음을 붓는다.

닭 육수나 국물 또는 화이트와인 1컵

(굵게 빻은 고춧가루 ¼작은술)

불을 줄이고 프라이팬의 뚜껑을 덮어서 순무가 살짝 부드러워질 때까지 15~20분간 뭉근히 조린다. 다음을 넣고 섞는다.

레몬즙 또는 식초 적당량

굵게 썬 파슬리 또는 타임

소금과 흑후추 적당량

마름에 대해

물밤이라고도 하는 **마름**(Chinese water chestnut)은 사실 밤과는 전혀 관련이 없으며 모기골이라는 식물의 줄기 끝이 비대해진 것을 지칭한다. 모양과 색은 밤과 비슷하다. **마름쇠**(caltrop)라고도 알려진 **뿔 달린 마름**은 다른 수중 식물의 반들거리는 씨앗이며 최대 4개의 날카로운 뿔이 달려 있다. 연근이나 죽순처럼 오래 조리거나 삶아도 아삭한 식감이 남아 있기 때문에 통조림 마름을 요리에 넣으면 식감이 다채로워지는 효과가 있다. 신선한 마름은 통조림 마름의 밋밋하고 단순한 아삭함과는 비교할 수 없는 섬세한 풍미를 지니고 있다.

물렁거리거나 누렇게 변한 부분이 없는 단단한 마름을 고른다. 껍질을 벗기지 않고 물에 담가서 보관하면 최대 2주 후에도 먹을 수 있다. 통조림 마름을 따서 전부 사용하지 않았다면, 남은 마름을 깨끗한 물에 담가 냉장고에 넣으면 일주일 정도 보관할 수 있다. 쇳내가 난다면 1분간 끓인 다음 물기를 뺀다.

마름은 진흙탕 물에서 자라므로 생마름은 반드시 깨끗이 씻어서 껍질을 벗겨야 한다. 잘 드는 칼로 껍질을 벗긴 다음 갈색 부분은 전부 도려낸다. 흰색의 아삭한 과육이 공기와 접촉하면 색이 변하므로 껍질을 벗긴 마름을 즉시 조리하지 않을 경우 산성수에 담가둔다. 얇게 썰어서 볶음이나 다양한 요리에 사

용한다. 생마름도 먹을 수는 있지만 ▶ 겉껍질에 수인성 기생충이 붙어 있을 가능성이 있으므로 생으로 먹는 것은 권하지 않는다. 샐러드에 사용하거나 덤플링 필링에 넣을 때는 ▶ 생마름을 최소한 5분 이상 삶는다. 물기를 빼고 식힌 다음 용도에 따라 깍둑썰기하거나 얇게 썬다. 얇게 썬 마름과 자두 또는 닭 간을 베이컨으로 둘둘 말아서 루마키를 만들거나 굵게 썰어서 다진 고기와 섞어 완탕에 아삭한 식감을 더하는 데 사용한다.

얌

고구마와 얌에 대해 항목을 참고한다.

유카에 대해

전분 함량이 높은 뿌리채소 유카는 **카사바**(cassava) 또는 **마니옥**(manioc)이라고도 하며, 이 유카를 정제한 것이 바로 **타피오카**다. 생산량이 풍부한 '쓴맛' 품종은 시안화물 성분을 제거한 후 가루 형태로 빻아서 사용하고, 마트에서 자주 볼 수 있는 '단맛' 품종은 채소처럼 조리해서 먹는다. 나무껍질 같은 갈색 껍질 안에 들어 있는 순백색의 과육은 조리하면 노란빛을 띠거나 거의 반투명 상태가 되며, 진한 버터 풍미에 포슬포슬하게 부서지는 감자와 비슷한 질감을 가지고 있다. 스튜에 넣거나 마늘로 향을 낸 올리브유 또는 신선한 살사를 곁들이면 아주 맛있다.

뿌리채소인 유카는 비교적 보관 기간이 짧으므로 왁스로 코팅해서 판매하는 경우가 많다. 뿌리가 단단하고 표면에 곰팡이나 물렁거리는 부분, 깨진 곳이 없어야 한다. 과육에 검은색 줄이 생긴 것은 버린다. 실온의 서늘한 곳이나 냉장고 채소 칸에 넣어 보관하고, 최대한 빨리 먹는다. 또는 생유카의 껍질을 까서 큼직하게 자른 뒤 비닐랩으로 감아서 냉동하면 한 달 정도 두고 먹을 수 있다.

▶ 유카는 반드시 껍질을 벗겨서 먹어야 한다. 물론 왁스 코팅 때문이기도 하지만, 유카의 껍질에는 소량의 시안화물이 들어 있을 수 있기 때문이다. 유카를 7.5cm 두께로 큼직하게 토막 낸 후 각 조각을 도마 위에 똑바로 세워놓고 칼로 겉껍질과 분홍색이 도는 속껍질을 잘라낸다. 껍질을 벗겨낸 후에는 세로로 반을 잘라서 뿌리의 중심부를 관통하는 얇은 섬유질 심을 떼어낸다. 잘 씻어서 찬물에 담가둔다.

▶ 유카는 반드시 익혀 먹어야 한다. 유카는 감자보다 열량이 높고 조금만 먹어도 상당히 배가 부르다. 이어서 소개하는 간단한 레시피 외에도, 유카를 부드러워질 때까지 뭉근히 삶아서 으깨거나 막대기 모양 또는 기다란 직사각형으로 썰어서 프라이팬에 지진 감자나 감자튀김처럼 조리해도 좋다. 또는 얇게 썬 유카를 튀겨서 칩을 만들어도 맛있다.

감귤류와 마늘을 곁들인 유카

6인분

위의 설명대로 7.5cm 두께로 큼직하게 잘라서 껍질을 벗긴 후 반으로 자르고 심을 제거한다.

유카 1.3kg

유카를 1.2cm 두께의 슬라이스나 정육면체로 썬다. 깨끗이 씻어서 냄비에 넣은 후 유카가 잠길 정도의 찬물을 붓는다. 다음을 추가한다.

소금 ½작은술

부르르 끓어오르면 불을 줄이고 뚜껑을 덮어서 유카를 포크로 찔러보면 쉽게

쑥 들어갈 때까지 15~20분간 뭉근히 삶는다. 그동안 다음을 준비한다.

모조

유카가 부드럽게 삶아지면 물기를 잘 빼고 서빙용 그릇에 옮겨 담는다. 모조를 적당량 넣고(유카에 끼얹기 전에 모조를 식힐 필요는 없다.) 다음을 뿌린다.

굵게 썬 고수

굵게 썬 쪽파

소금 적당량

즉시 낸다.

두부, 템페, 기타 식물 단백질에 대해

속이 든든하고 단백질이 풍부한 육류 대체품 중 상당수는 채소와 콩류를 가공해서 만든다. 이들 중 대표적인 두부와 템페는 수 세기 전에 각각 중국과 인도네시아에서 처음 등장했다. 이러한 식물 단백질은 동물 단백질의 대체재일 뿐만 아니라 그 자체로도 맛있게 즐길 수 있다. 그 외에 특별한 맛이 없는 밀 글루텐을 압착한 제품도 있으며, 채식주의자들은 이러한 제품을 고기 대용품으로 먹는다. 벤저민 프랭클린이 1770년에 쓴 서신에 두부가 등장하기는 하지만 실제로 두부와 템페가 미국 대중에 보편화된 것은 1970년대에 들어서다. 또한 그즈음에는 현대적인 산업형 농업이 정착되면서 밀가루와 유류를 생산하고 남은 여분의 단백질 및 전분으로 만든 제품이 소개되기 시작했다. 이러한 제품 중 상당수는 고기를 대체하거나 보완하려는 분명한 목적으로 생산된 것이었다. **콩 단백질로 만든 고기 대용품**(Textured vegetable protein, TVP)과 버섯의 균류로 만들어내는 **인조 소고기**(mycoprotein)는 특히 고기처럼 씹는 맛을 내기 위해 특별히 개발되었다.

채식주의, 완전 채식주의(비건) 그리고 채식 위주의 식생활에 대한 일반적인 관심이 더욱 높아지면서 시중에는 헤아릴 수 없이 많은 새로운 유사 육류 제품이 선을 보이는 추세다. 그중 일부는 전통적인 접근 방식대로 가공 후 남은 단백질과 전분을 활용한 것이 있고, 그 외에 덜 익은 잭프루트를 양념에 재운 것처럼 자연에서 찾은 다른 대체재를 활용한 것도 있다. 생태학적으로 지속 가능한 육류 대용품을 개발하기 위한 첨단 연구와 '파격적인' 시도의 결과로 탄생한 제품도 있다. 채소와 곡류를 사용한 버거 패티는 다진 소고기로 만든 패티의 맛뿐만 아니라 피가 배어 나오는 모양새까지 재현하고 모방한다. 그보다 중요한 것은 연구실에서 육류를 '재배'하는 방법에 대한 논의도 활발히 이루어지고 있다는 점이다.

육류 대체품은 끊임없는 혁신이 이루어지는 활발한 연구 영역이므로, 이 책에서는 보편적으로 소비되는 식물 단백질만 몇 가지 소개하고자 한다.

두부

두부는 미국에서 부당하게 악역 취급을 받고 있다. 일반적으로 밋밋하고 맛없는 음식으로 간주하는 이 콩 단백질 덩어리를 보면서 식료품 협동조합 및 1970년대의 형편없는 채식 요리를 떠올리는 사람이 많다. 그러나 미국에서의 안타까운 역사와는 대조적으로 두부는 동아시아 전역에서 사랑받는 식재료이며 요리의 빛나는 주재료이자 다른 맛있는 재료를 돋보이게 하는 조연의 역할도 훌륭하게 해낸다. 또한 가게에서 갓 만든 두부를 바로 먹지 않는 이상, 직접 만든 두부보다 맛있는 두부는 없다. 두부를 만드는 작업은 다소 손이 많이 가지만 과정 자체는 상당히 간단하다. ▶ 두부를 직접 만들고자 한다면 1080쪽을 참고하자.

빈 커드(bean curd)라고도 불리는 일반 두부는 치즈와 비슷한 방법으로 만든다. 두유에 산성염이나 무기염을 넣으면 몽글몽글하게 응고되면서 덩어리가 생긴다. 이렇게 생긴 덩어리를 잘게 부수고 물을 뺀다. 이 상태에서 손을 더 대지 않으면 수프와 비슷한 농도에서부터 살짝 굳은 정도까지 다양한 질감을 지닌 **연두부** 또는 **순두부**가 된다. 퓌레처럼 곱게 갈면 요구르트 정도로 부드러운 농도가 되므로 크림수프, 소스, 딥, 샐러드 드레싱, 비건 초콜릿 푸딩 등에 사용할 수 있다.

덩어리가 생긴 두부를 틀에 넣고 꽉 누르면 조직이 훨씬 조밀해진다. 압착한 두부는 **부드러운 두부, 단단한 두부, 아주 단단한 두부, 고단백 두부** 등의 다양한 종류로 나뉜다. 단단한 두부는 **훈연**하여 색다른 풍미를 즐길 수도 있다. 또 하나의 맛있는 두부 제품인 **구운 두부**는 납작한 사각형 모양의 두부를 작게 진공 포장해서 판매한다.(실제로 구운 것이 아니라 압축해서 향신료, 설탕, 간장으로 양념한 제품이다.) 부드러운 두부는 순두부보다는 조직이 단단하지만 그래도 상당히 무른 편이다. 수프에 넣어도 좋고 자주 젓거나 뒤집을 필요가 없는 요리에 활용한다. 단단한 두부와 아주 단단한 두부는 볶음 요리에 적합하며 쉽게 눈에 띄지 않는 고단백 두부도 달콤짭짤한 양념이 입맛을 돋운다. 부드러운 두부와 단단한 두부는 손으로 눌러도 비교적 모양을 잘 유지하며 물기를 빼면 단단해진다.(아래 설명을 참고) 납작하게 누른 두부를 얼렸다가 녹이면 질감이 더 단단해진다.

아시아계 마트를 간다면 **두부의 껍질**에 해당하는 **유부**를 찾아보자. 두유를 뭉근히 끓일 때 표면에 떠오르는 막을 건져서 만든 유부는 아주 얇아서 가볍고 쫄깃한 식감을 가지고 있으며 노란빛을 띤다. 신선한 유부, 냉동 유부 또는 말린 유부 등 다양한 제품이 시판되고 있다. 볶음 요리에 넣거나 주머니처럼 속에 재료를 넣어서 활용할 수 있다. 때로는 한입 크기의 조각을 모아서 **유부 주머니**를 만들기도 하며, 이 유부 주머니는 수프나 매콤한 쓰촨식 훠궈 등의 요리에 넣고 뭉근히 끓이면 잘 어울린다.

두부로 다양한 식감과 풍미를 낼 수 있고 활용 방법이 무궁무진하다고 해서 꼭 복잡하고 손이 많이 가는 요리를 만들어야 한다고는 생각하지 말자. 예를 들어 바삭하게 튀긴 샬롯처럼 바삭한 식감의 재료를 간단히 곁들인다든지, 프라이팬에 지지거나 튀김옷을 입힌 다음 튀겨서 바삭하게 요리하는 것만으로도 두부의 식감에 변화를 줄 수 있다.

두부의 포장 단위는 매우 다양하다는 점을 기억하자. 이어서 소개하는 레시피에서는 표시된 용량에 가장 가까운 크기의 두부를 사용하면 된다. 두부는 포장을 뜯지 않고 냉장고에 보관한다. 일단 포장을 뜯은 다음에는 채워져 있는 물을 전부 따라내고 다시 깨끗한 물을 부어서 보관하며, 물은 매일 갈아준다. 구입할 때 얼마나 신선했는지에 따라 냉장고에서 일주일 정도 보관할 수 있다.

450g짜리 두부 1모를 압착해 물기를 짜내려면 두께를 고르게 썰거나 가로 방향으로 널찍하게 두께가 2.5cm 정도 되도록 반으로 썬다. 깨끗한 도마에 한 겹으로 올린다. 도마의 한쪽 끝을 싱크대에 걸쳐놓거나 오븐 팬 위에 놓고 한쪽 가장자리에 ¼컵짜리 계량컵을 받쳐놓아 물기가 빠질 수 있게 한다. 다른 도마나 평평한 모양의 무거운 물건을 두부 위에 올려놓고 10분간 누른다. 두부의 옆쪽이 살짝 삐져나올 정도가 되어야 하며, 너무 무거운 것을 올리면 두부가 압착되기 전에 쪼개져버리므로 주의한다. 10분 후 하중이 골고루 가해지도록 조심조심 무게를 조금 더 얹는다. 커다란 통조림 2~3개를 넣은 무쇠 팬이나 더치오븐 또는 묵직한 프라이팬을 몇 개 겹쳐서 올려놓으면 된다. 30분이 지난 후 아래에 깔린 두부가 얼마나 단단해졌는지 살핀다. 상황에 따라 두부

를 뒤집고 다시 무거운 것을 올려놓은 후 15~30분간 더 눌러도 좋다. 압착한 두부는 물에 담가서 냉장고에 보관한다. 이렇게 압착한 두부는 물에 담가 보관해도 물을 다시 흡수하지 않으며 물만 매일 갈아주면 2~3일 정도 보관할 수 있다. 일부 레시피에는 압착 두부를 사용하도록 언급하고 있지만, 반드시 압착 작업이 필요한 것은 아니며 단지 식감을 조금 더 살리기 위함이다.

두부를 냉동하면 수분이 더욱 말끔히 제거된다. 단단한 두부 또는 아주 단단한 두부를 압착하여 덩어리째 얼린다.(3시간 이상) 해동한 다음 손바닥 사이에 놓고 조심스레 눌러서 물기를 꾹 짜낸다. 해동한 냉동 두부는 깍둑썰기해서 다른 두부와 같은 방식으로 조리할 수 있지만, 수분이 쫙 빠졌기 때문에 식감이 쫄깃하고 양념장이나 소스를 더욱 잘 흡수한다. 또한 쉽게 부서지므로 샐러드에 삶은 달걀흰자 대신 사용하거나 소스나 필링에 다진 고기 대신 넣으면 비슷한 식감을 낸다.

튀겼을 때 아주 바삭한 식감이 나도록 두부를 소금물에 절이려면 두부를 깍둑썰기하거나 평평하게 썰어서 그릇에 넣는다. 물을 팔팔 끓이고 1ℓ당 소금 1큰술을 넣어 소금물을 만든 후 두부 위에 붓는다. 15분 이상 두부를 소금물에 절인 다음 꺼내서 표면에 묻은 여분의 물기를 닦아낸다.

두부를 양념에 재우려면 압착 및/또는 냉동한 두부를 깍둑썰기하거나 평평하게 썰어서 편수 냄비에 넣는다. 선호하는 양념장을 붓는다. 두부가 양념장에 잠기지 않으면 물을 조금 부어서 잠기도록 한다. 중불에 올려서 뭉근히 끓어오르면 불을 줄이고 양념장이 얌전하게 보글보글 끓는 상태로 15분간 조리한다. 불에서 내리고 식힌다.(양념장에 담긴 채로 하룻밤 냉장고에 넣어두면 가장 좋다.) 양념장에서 건져 물기를 닦아서 조리한다. 남은 양념장은 소스를 만들 때 활용하거나 보관해두었다가 나중에 두부를 양념할 때 다시 사용한다.

두부를 훈연하려면 1128쪽을 참고한다.

두부로 치즈를 만들려면 두부 미소즈케 레시피를 참고한다.

마파두부(쓰촨식 두부 요리)
4인분

이 요리는 전통적으로 두부와 다진 소고기 또는 돼지고기를 넣어서 만든다. 그러나 우리는 고기를 빼고 채식 버전으로 만들어서 즐기는 경우가 많다.

커다란 프라이팬을 중불에 올리고 다음을 둘러서 따뜻하게 데운다.

식물성 기름 1큰술

취향에 따라 다음을 넣는다.

(다진 소고기 또는 돼지고기 225g)

나무 숟가락으로 뭉친 고기를 부수면서 고기가 완전히 익어 바삭한 식감이 날 때까지 약 5분간 볶는다. 프라이팬에 다음을 넣는다.

쓰촨식 고추장 2큰술

(발효 검은콩 1큰술, 헹구기)

생강 2.5cm짜리 1조각, 껍질을 벗기고 다지기

마늘 3쪽, 다지기

(카옌 고춧가루 ¼작은술)

저으면서 향긋한 냄새가 날 때까지 약 1분간 볶는다. 프라이팬에 조심스럽게 다음을 붓는다.(사방으로 튈 수 있으니 주의한다.)

닭 또는 채소 육수나 국물 1컵

간장 1큰술

즉시 프라이팬에 다음을 넣는다.

연두부 또는 부드러운 두부 400g, 1.2cm 크기로 깍둑썰기하기

두부를 젓지 않고 약 3분간 뭉근히 끓인다. 두부를 프라이팬의 한쪽으로 밀어 놓고 소스에 다음을 넣어 젓는다.

옥수수 전분 1큰술을 찬물 2큰술에 넣어 녹인 것

소스가 걸쭉해지면 두부를 살살 젓는다. 불에서 내린 후 다음을 훌훌 뿌린다.

쓰촨산 고춧가루 ½작은술

쪽파 1대, 얇게 썰기

두부 스크램블

2인분

영양 효모와 선택 재료인 검은 소금을 넣으면 두부에서 스크램블드에그의 짭짤한 유황 풍미가 난다. 이 레시피를 기본 토대로 해서 다양한 종류의 아침 식사용 스크램블 요리로 응용해보자. 선호하는 채소를 넣고 페스토를 첨가해 젓거나 굵게 썬 포블라노 고추와 양파를 넣고 고춧가루를 톡톡 뿌린 후 아보카도와 살사를 얹어 마무리해도 맛있다.

물을 따라내고 톡톡 두드려 물기를 제거한 다음 굵게 부숴 그릇에 담는다.

부드러운 두부 또는 단단한 두부 400g

두부에 다음을 넣고 섞는다.

영양 효모 2큰술

소금 ½작은술

강황 가루 ½작은술

(검은 소금 ⅛큰술)

커다란 프라이팬을 중불에 올리고 다음을 둘러 따뜻하게 데운다.

식물성 기름 1큰술

다음을 넣고 채소가 부드러워질 때까지 볶는다.

굵게 썬 채소(붉은색 피망, 양파, 버섯 등) 또는 스크램블드에그의 추가 재료 Ⅰ 중 선호하는 것 ½컵

두부를 넣고 섞은 후 건드리지 않고 5분간 조리하다가 마지막에 한 번 골고루 저어서 낸다.

아게다시 도후(소스를 얹은 일본식 두부 튀김)

4인분

주로 전채 요리로 내는 이 요리는 그야말로 대조의 미학을 보여준다. 부드럽고 맛이 순한 두부에 옥수수 전분을 입혀 바삭하게 튀긴 다음 짭짤하고 풍미가 진한 국물에 담근다. 이 요리와 채소 덴푸라를 함께 준비하면 튀김용 기름을 최대한 활용할 수 있다. 채식 버전은 다시 대신 다시마와 표고버섯을 우려낸 국물을 사용한다. 딥 프라잉 항목을 참고한다.

다음을 2.5cm 크기로 깍둑썰기한다.

연두부 또는 부드러운 두부 400g

다음을 뿌리고 살살 뒤적인다.

옥수수 전분 ½컵

한쪽에 둔다. 깊고 묵직한 냄비나 더치오븐에 기름을 다음 높이까지 붓고 185℃로 가열한다.

식물성 기름 5cm

작은 편수 냄비에 다음을 넣고 섞는다.

다시 1컵

간장 2큰술

미림 2큰술

약불에 올려서 은근히 가열하면서 두부를 튀기는 동안 따뜻하게 유지한다. 기름이 뜨거워지면 두부를 두 번에 나눠서 연한 갈색으로 바삭하게 익을 때까지 약 5분간 튀긴다. 작은 그릇에 적당히 나눠 담고 다시 국물을 국자로 떠서 그릇에 부은 후 다음을 위에 얹는다.

가쓰오부시(말린 가다랑어포)

얇게 썬 쪽파

프라이팬에 바삭하게 지진 두부

4인분

Ⅰ. 이 간단한 요리를 만들 때는 바삭한 식감을 내기 위해 굳이 두부에 다른 재료를 묻힐 필요가 없다. 볶음 요리에 넣을 두부를 준비하기에 딱 알맞은 조리법이다.

가로로 썰어서 균일한 크기의 슬라이스 8개를 만든다.

단단한 두부 또는 아주 단단한 두부 400g

상황에 따라 압착하고 냉동한 후 15분 이상 소금물에 절인다. 커다란 프라이팬을 중불에 올리고 다음을 둘러 가열한다.

식물성 기름 2큰술

필요하면 분량을 적당히 나눠서 두부의 바닥이 갈색으로 익을 때까지 약 4분간 지지고, 반대쪽으로 뒤집어서 나머지 면도 갈색으로 익도록 4분 정도 더 지진다. 두 번에 나눠서 부칠 때는 한 번 부쳐낸 다음 프라이팬을 닦고 기름을 보충한다.

Ⅱ. 향신료를 넣은 옥수숫가루를 입혀 바삭한 식감과 풍미를 내는 방법이다.

가로로 썰어서 균일한 크기의 슬라이스 8개를 만든다.

아주 단단한 두부 400g

상황에 따라 압착하고 냉동하거나 양념에 재운다. 또는 톡톡 두드려 물기를 털어낸다. 얕은 그릇에 다음을 넣고 세게 저어서 섞는다.

옥수수 전분 ¼컵

찬물 ¼컵

얕은 그릇을 하나 더 준비해 다음을 넣고 세게 젓는다.

고운 옥수숫가루 ½컵

고춧가루 또는 커리 가루 1큰술

소금 1작은술

훈제 파프리카 가루 1작은술

설탕 1작은술

먼저 옥수수 전분을 푼 물에 두부를 담갔다가 옥수숫가루 혼합물을 골고루 묻힌 다음 **버전 Ⅰ**처럼 지진다.

양념 두부 구이

4인분

취향에 따라 다음을 압착한다.

매우 단단한 두부 400g

다음을 준비한다.

태국식 레몬그라스 양념장, 베트남식 양념장, 발칸식 양념장, 베커 닭고기 또는 돼지고기 양념장 또는 레몬 양념장

두부를 가로로 평평하게 1.2cm 두께로 썰고 널찍한 편수 냄비에 넣는다.(두부를 여러 겹으로 담아도 상관없다.) 양념장을 두부에 붓는다. 두부가 양념장에 잠기지 않으면 잠길락 말락 할 정도로 물을 추가한다. 중강불에 올려서 부르르 끓어오르도록 가열한 다음 뚜껑을 덮고 불을 줄여서 15분간 뭉근히 조린다. 불에서 내린다. 양념이 밴 두부를 즉시 사용하거나 완전히 식혀서 뚜껑을 덮은 후 하룻밤 냉장고에 넣어둔다.

오븐을 220℃로 예열한다. 오븐 팬에 기름을 살짝 바른다.

양념장에서 두부를 건져서(남은 양념장은 보관했다가 다시 사용한다.) 여분의 양념을 털어내고 오븐 팬에 놓는다. 두부가 단단해지고 갈색으로 변하기 시작할 때까지 약 20분간 굽는다.

템페

템페(Tempeh)는 부분적으로 익힌 콩에 특별한 종류의 곰팡이를 배양한 인도네시아의 발효식품이다. 콩이 발효되면서 곰팡이의 작용으로 떡처럼 뭉치며, 고소한 풍미와 단단하면서 고기와 비슷한 식감이 생긴다. 전통적으로 대두로 만들며 지금도 대두가 가장 보편적으로 사용되는데, 다른 콩류나 곡류(또는 여러 종류를 섞어서)로 만든 템페도 비교적 쉽게 찾아볼 수 있다. 두부만큼 활용도가 높지는 않지만 템페는 무척 맛이 좋으며 짭짤하고 확실한 자체 풍미를 지니고 있다. 맛이 단조로운 템페도 양념장을 잘 흡수한다. 이러한 특징 때문에 육류, 가금류, 생선을 얇게 썰거나 깍둑썰기해서 사용하는 다양한 요리를 채식으로 응용할 때 단백질 대체재로 가장 많이 쓰이는 재료. 잘게 부숴 갈색으로 볶은 템페를 다진 고기 대신 사용하면 훌륭한 역할을 한다.

포장을 뜯지 않거나 비닐랩으로 단단하게 감싼 템페는 냉장고에 넣으면 10일 정도 보관할 수 있다. 저온 살균을 하지 않은 템페를 구한다면(시판되는 템페는 사실상 전부 저온 살균 처리를 거친 것이다.) 보관 기간이 3일 정도로 아주 짧다는 점을 기억하자. 다행히 모든 템페는 냉동 보관에 적합하며 단단하게 감싸서 냉동실에 넣으면 최대 3개월까지 두고 먹을 수 있다. 템페의 포장지에는 신선도 보증 기간이 표시되어 있어야 한다. 흰색 곰팡이가 피어 있는 것은 정상이지만 ▶ 끈적거리거나 색이 진한 곰팡이가 보이는 것, 코를 찌르는 암모니아 냄새가 나는 것은 피해야 한다.

템페는 반드시 조리해서 먹어야 하며 일반적으로 슬라이스, 길쭉한 조각, 정육면체 모양으로 잘라서 사용한다. 잘게 부수어 메건의 비건 칠리 같은 요리에 사용하면 다진 소고기나 소시지의 대체재로 훌륭하다. 템페를 만들 때는 콩과 곡류를 부분적으로만 익혀서 곰팡이를 배양하기 때문에 ▶ 템페를 살짝 쪄서 양념장에 재우거나 그릴에 굽거나 볶음처럼 짧은 시간에 조리하는 요리에 사용하면 훨씬 맛이 좋아진다.

템페를 찌려면 취향에 따라 템페를 통째로 준비하거나 슬라이스 또는 정육면체 모양으로 썬다. 팔팔 끓는 물 위에 찜 틀을 얹고 템페를 넣은 다음 뚜껑을 덮고 10분간 찐다.

삼발 고렝 템페

4인분

이 인도네시아 요리는 프라이팬에 지진 템페를 다양한 향신료를 섞은 페이스트에 넣어서 혼합물이 농축되어 수분이 거의 다 날아갈 때까지 뭉근히 끓인다. 단맛이 나는 간장을 구할 수 없다면 그냥 일반 간장이나 타마리 2작은술에 갈색 설탕 2작은술을 섞어서 사용한다.

푸드 프로세서에 다음 재료를 넣고 곱게 갈릴 때까지 짧게 몇 번 작동시킨다.

　토마토 중간 크기 1개, 굵게 썰기

　샬롯 큰 것 1개, 큼직하게 썰기

　마늘 4쪽, 굵게 썰기

　신선한 붉은색 칠리 고추(프레스노 권장) 2개, 줄기와 씨를 빼기 또는 칠리 고추
　　마늘 페이스트 1큰술

　생강 또는 양강근 2.5cm짜리 1조각, 껍질을 벗겨서 굵게 썰기

　팜 슈거 또는 진한 갈색 설탕 1큰술

　달콤한 간장(케찹 마니스) 1큰술

　(새우 페이스트, 구워서 만든 것 ½작은술)

한쪽에 둔다. 커다란 프라이팬을 중강불에 올리고 다음을 둘러 가열한다.

　식물성 기름 ¼컵

다음을 넣고 가끔 저으면서 노릇노릇해질 때까지 약 8분간 볶는다.

　템페 400~450g, 1.2cm 크기로 깍둑썰기하기

접시에 옮겨 담는다. 토마토 혼합물을 프라이팬에 넣고 자주 저으면서 걸쭉해질 때까지 약 4분간 뭉근히 끓인다. 템페를 토마토 소스에 넣고 저으면서 소스를 골고루 묻힌 다음 속까지 잘 익고 소스에 물기가 거의 없어질 때까지 약 4분간 조리한다. 다음 위에 끼얹어서 낸다.

　흰쌀밥

잘게 부수어 양념한 템페

4인분

잘게 부순 템페는 다진 고기 대신 사용해도 훌륭하다. 이 레시피에서는 템페를 이탈리아식 소시지처럼 양념하므로 토마토 소스의 기본 토대로 활용해도 손색이 없다. 다른 요리에 활용하고 싶다면 피카디요, 향신료를 넣은 타코용 다진 고기, 나초 또는 슬로피 조 등의 레시피에 다진 고기 대신 적당한 분량의 템페를 사용해보자.

손으로 성기게 부순다.

　템페 340g(취향에 따라 앞의 설명대로 찌기)

중간 크기의 프라이팬을 중불에 올리고 다음을 둘러 따뜻하게 데운다.

　식물성 기름 또는 올리브유 3큰술

다음을 넣고 향긋한 냄새가 날 때까지 약 30초간 볶는다.

　마늘 3쪽, 다지기

템페를 넣고 자주 저으면서 갈색으로 익을 때까지 8~10분간 볶는다. 다음을 넣고 젓는다.

　말린 오레가노 1작은술

　굵게 빻은 고춧가루 ½작은술

　(회향씨 ½작은술)

　소금 ½작은술

계속 저으면서 모든 재료가 완전히 섞이고 맛있는 냄새를 풍기며 갈색으로 잘 익을 때까지 약 2분간 더 조리한다.

달콤하게 조린 타마린드 템페

2~3인분

끈적한 질감의 새콤달콤한 이 요리는 우리 가족이 가장 좋아하는 템페 레시피 중 하나다. 조리 시간도 짧으므로 쌀밥과 브로콜리 구이를 곁들여 주중 저녁

에 건강한 집밥으로 즐기기에 좋다.

작은 그릇에 다음을 넣고 섞는다.

　오렌지즙 3큰술

　라임즙 2큰술

　물 1큰술

　코코넛 슈거 또는 갈색 설탕 1큰술

　타마린드 페이스트 1큰술

　마늘 2쪽, 강판에 갈거나 다지기

　생강 2.5cm짜리 1조각, 껍질을 벗겨서 강판에 갈거나 다지기

　팔각 2개

　소금 ¼작은술 또는 피시 소스 2작은술

다음을 1.2cm 두께로 길쭉하게 썬다.

　템페 225g(취향에 따라 찌기)

커다란 프라이팬을 중불에 올리고 다음을 둘러 따뜻하게 데운다.

　식물성 기름 또는 코코넛 기름 2큰술

프라이팬에 템페를 넣고 노릇노릇하게 익을 때까지 약 5분간 지진다. 템페를 뒤집어서 반대쪽도 갈색으로 지진다. 타마린드 소스를 프라이팬에 넣고 걸쭉해질 때까지 약 3분 정도 뭉근히 끓이되, 중간에 템페를 한 번 뒤집어주면서 양쪽이 전부 캐러멜화되게 한다. 템페가 진한 적갈색을 띠면 불에서 내린다. 취향에 따라 다음을 홀홀 뿌린다.

　(참깨)

다음과 함께 낸다.

　코코넛 라이스

TVP(콩 단백질로 만든 고기 대용품)

두부 및 템페와 달리 **콩 단백질로 만든 고기 대용품**, 즉 TVP는 현대의 산업형 농업이 낳은 산물이다. **콩고기** 또는 **콩 덩어리**라고도 부르며 단백질이 풍부한 이 육류 대용품은 콩기름 생산 과정의 주요 부산물인 탈지 대두를 잡아 늘이고 압출 성형하고 부풀리는 등 고도로 가공하여 쫄깃한 식감을 구현한 것이다. 말린 덩어리, 슬라이스, 박편, 과립 형태로 판매하며 밀폐 용기에 넣어 실온에 보관하면 최소한 1년 이상 두고 먹을 수 있다. 또한 콩고기를 물에 불려서 냉장 및 냉동 육류 대용품처럼 사용하는데, 양념 및 다음에 소개하는 밀 글루텐 등의 재료를 추가해 식감을 보강하는 경우가 많다.

　말린 콩고기는 반드시 액체 재료를 추가해서 조리해야 하고 상당히 진하게 양념하지 않으면 밋밋하고 단조로운 맛을 낸다. 과립이나 박편 형태의 콩고기는 조리하면 부피가 2배로 불어나면서 다진 고기와 비슷한 식감을 낸다. 다진 고기 450g을 대체할 만한 분량이 필요하면 콩고기 1컵을 불려서 사용한다. 단독으로 사용하거나 다진 고기와 적당히 섞어서 미트로프, 스파게티 소스, 칠리, 타코, 슬로피 조를 비롯해 다짐육을 사용하는 레시피라면 무엇에든 활용할 수 있다. 콩고기로 만든 미트로프는 진짜 고기로 만든 것에 비해 부드럽지만, 하룻밤 냉장고에 넣어두면 단단해져서 고기와 비슷한 식감이 된다.

채식용 디너 로프

6인분

이 로프는 하룻밤 묵혀두었다가 다음날 먹으면 풍미가 더욱 근사해진다. 먹다 남은 로프로 샌드위치를 만들어도 아주 맛있다.

오븐을 175℃로 예열한다. 23×12.5cm 크기의 로프 팬에 기름을 바른다.

커다란 그릇에 다음을 넣고 섞는다.

　콩고기 1컵

　토마토 소스 통조림 425g짜리 1개

　검은콩이나 핀토콩 통조림 425g짜리 1개, 국물을 따라내고 헹구기

　물 ¾컵

　대란 1개, 잘 풀어두기

　양파 작은 것 1개, 굵게 썰기

　할라페뇨 고추 작은 것 1개, 씨를 빼고 다지기 또는 통조림 칠리 고추 2개, 국물을 따라내고 굵게 썰기

　마른 빵가루 ¾컵

　중력분 ⅓컵

　잘게 썬 고수 ¼컵

　고춧가루 1큰술

　마늘 3쪽, 다지기 또는 마늘 가루 1작은술

　커민 가루 1½작은술

　소금 1작은술

모든 재료를 잘 섞어서 로프 팬에 담는다. 포일로 느슨하게 덮어서 45분간 굽는다. 포일을 걷어내고 모양이 잘 잡힐 때까지 약 30분간 더 굽는다. 팬에 들어 있는 상태로 철망에 5분간 올려놓았다가 서빙용 플래터에 거꾸로 뒤집어서 빼낸다.

밀 글루텐 또는 세이탄

16세기 중국에서 처음 등장한 밀 글루텐(wheat gluten)은 가장 역사가 깊은 식물성 고기 대용품으로, 채식을 하는 불교 승려들에게 부족한 단백질을 보충해주는 역할을 했다. 다만 밀 글루텐에는 동물 단백질이나 두부, 템페에 함유된 필수 아미노산 리신이 들어 있지 않다. **세이탄**(seitan) 또는 **밀고기**라고도 하는 이 단단한 단백질은 밀가루 반죽을 치대서 글루텐을 형성한 다음 물에 씻어 전분을 제거해서 만든다. 집에서 가장 간편하게 세이탄을 만드는 방법은 밀 글루텐 가루인 **활성 밀 글루텐**을 불려서 풍미를 가미하는 것이다. 또는 양념해서 바로 먹을 수 있는 상태로 판매하는 세이탄 제품을 구입할 수도 있다.

　세이탄은 조리하면 부풀어 오르고 풍미를 흡수하며 단단해진다. 작은 덩어리나 둥글납작한 커틀릿 모양의 세이탄은 프라이팬에 지지거나 얇게 튀김옷을 입혀서 기름을 넉넉히 사용해 튀기면 바삭하고 맛있는 식감으로 완성된다. 얇은 세이탄 슬라이스에 소스를 부어 뭉근히 끓이면 고기 조림과 비슷한 식감이 나지만 ▶ 너무 오래 조리하면 쓴맛이 우러나온다. 세이탄을 푸드 프로세서에 넣어서 잘게 썰거나 고기 다지는 기계에 넣어서 갈면 다진 고기 대용으로 소스나 피카디요 등의 요리에 사용할 수 있다. 물론 글루텐 알레르기나 글루텐 과민증, 특히 소아지방병증이 있는 사람은 밀 글루텐을 멀리해야 한다.

세이탄

약 4컵 또는 680g

커다란 그릇에 다음을 넣고 섞는다.

　활성 밀 글루텐 2컵

　차가운 채소 또는 버섯 육수나 국물 1컵, 시판 또는 수제

　간장 또는 타마리 ¼컵

(커리 가루, 고춧가루, 오향 분말 또는 커민, 고수씨, 말린 타임, 양파와 마늘 가루
　　등의 향신료 가루를 섞어서 최대 2큰술)

마른 재료에 수분이 스며들어 완전히 촉촉해질 때까지 섞은 다음 반죽에 탄
력이 생기면서 잘 뭉치도록 약 5분간 치댄다. 반죽을 통나무 모양으로 빚어서
2.5~5cm 크기의 정육면체 또는 큼직한 덩어리로 썬다. 다음을 중간 크기의 편
수 냄비에 넣고 은근히 끓인다.

　　채소 또는 버섯 육수나 국물 4컵, 시판 또는 수제

썰어놓은 세이탄을 넣고 뚜껑을 덮어서 45분간 은근히 끓인다. 세이탄이 불어
서 육수 위로 떠오를 것이다.(정상이다.) 바로 먹을 예정이라면 구멍 뚫린 숟가
락으로 세이탄을 건져낸다. 약간 식힌 후 손에 쥐고 눌러서 세이탄이 흡수한
국물을 약간 짜낸다. 또는 냄비째 식힌 다음 용기에 세이탄을 넣고 국물을 부
어서 뚜껑을 덮은 후 냉장고에 넣어두면 5일간 보관할 수 있다.

쿵 파오 세이탄(Kung Pao Seitan)

4인분

다음을 1.2cm 크기로 깍둑썰기한다.

　　세이탄 450g, 시판 또는 수제

세이탄을 중간 크기의 그릇에 넣고 다음을 넣어 뒤적이며 섞는다.

　　간장 2작은술

　　사오싱주 또는 드라이 셰리 2작은술

　　옥수수 전분 1½작은술

10분간 그대로 둔다. 작은 그릇에 다음을 넣고 세게 저어서 섞는다.

　　간장 1큰술

　　증류 백식초 2작은술

　　사오싱주 또는 드라이 셰리 2작은술

　　설탕 2작은술

　　참기름 1작은술

　　옥수수 전분 1작은술

　　쓰촨산 고춧가루 또는 흑후추 ½작은술

한쪽에 둔다. 커다랗고 묵직한 프라이팬을 중강불에 올리고 다음을 둘러서 가
열한다.

　　식물성 기름 2큰술

다음을 넣고 향긋한 냄새가 날 때까지 15~30초 정도 잠깐 볶는다.

　　아르볼이나 카슈미르 등의 붉은색 칠리 고추 말린 것 8개

세이탄을 넣고 섞은 다음 연한 갈색이 될 때까지 3~4분간 볶는다. 다음을 넣
고 젓는다.

　　쪽파 4대, 손질해서 2.5cm 길이로 썰기

　　마늘 3쪽, 다지기

　　생강 2.5cm짜리 1조각, 껍질을 벗겨서 강판에 갈기

계속 저으면서 아주 먹음직스러운 냄새가 날 때까지 약 30초간 조리한다. 아까
만들어둔 소스를 골고루 잘 저은 다음 프라이팬에 부어서 세이탄과 다른 재료
에 골고루 묻힌다. 프라이팬을 불에서 내린 후 다음을 넣어서 젓는다.

　　무염 구운 땅콩 ⅓컵

다음과 함께 낸다.

　　흰쌀밥

피칸과 체더 '소시지' 패티

패티 8개

이 패티는 1930년대의 '치즈, 견과류, 빵' 레시피를 기반으로 한 것이다. 이 레
시피를 패티 형태로 만들면 구웠을 때 먹음직스러운 갈색으로 변하며 바삭바
삭한 식감을 내므로 훨씬 맛있다.

다음을 푸드 프로세서에 넣고 짧게 몇 번 작동시켜서 곱게 간다.

　　구운 피칸 1½컵

곱게 간 피칸을 중간 크기의 그릇에 옮겨 담는다. 작은 프라이팬을 중불에 올
리고 다음을 둘러서 가열한다.

　　식물성 기름 1큰술

다음을 넣는다.

　　양파 중간 크기 ½개, 잘게 썰기

저으면서 양파가 부드러워질 때까지 약 5분간 볶는다. 양파를 피칸이 들어 있
는 그릇에 옮겨 담고 다음을 추가한다.

　　생빵가루 1컵

　　잘게 썬 숙성 체더 치즈 1컵(115g)

　　대란 1개

　　갈색 설탕 1작은술

　　소금 ¾작은술

　　흑후추 ½작은술

　　훈제 파프리카 가루 또는 치폴레 고춧가루 ½작은술

　　말린 세이지 ½작은술

　　말린 타임 ½작은술, 잘게 부수기

모든 재료를 잘 섞은 뒤 패티 1개당 반죽 약 ¼컵 분량을 사용해 빚는다. 패티
는 뚜껑 있는 용기에 넣어 냉장고에서 3일, 냉동실에서 3개월 정도 보관할 수
있다. 먹기 전에 중간 크기의 프라이팬에 다음을 두르고 달군다.

　　식물성 기름 1큰술

패티를 프라이팬에 올리고(냉동 패티는 해동하지 않고 사용한다.) 한쪽 면이 갈색
으로 익을 때까지 구운 다음 뒤집어서 반대쪽도 갈색으로 익힌다.

파스타, 국수, 덤플링

링귀네에서부터 로메인, 소바에 이르기까지, 국수는 전 세계의 주식 중에서도 가장 방대하고 풍부한 범주에 해당한다. 거의 모든 문화권에서 녹말과 물을 반죽해 다양한 형태의 국수나 덤플링을 만드는 전통을 찾아볼 수 있다. 맛있고 편리하면서도 영양이 풍부하며, 집에 있는 재료에 손쉽게 응용할 수 있어서 무궁무진한 아이디어와 창의력을 발휘할 수 있다. 국수 만들기의 기원은 확실히 알려지지 않았지만 최소 4000년 전의 중앙아시아와 중국으로 거슬러 올라가는데, 오늘날 미국인의 국수 사랑은 아무래도 이탈리아 요리에 기인한 바가 크다. 하지만 일본의 라멘, 베트남의 비빔 쌀국수, 팟타이, 참깨 국수나 차우멘 등의 미국식 중국 요리도 어느덧 일상생활에 익숙하게 자리 잡은 것을 보면 동아시아 전역에서 엄청나게 다채로운 형태로 발전한 국수 요리를 점점 더 많은 사람이 즐기고 있음을 알 수 있다.

파스타와 국수에 대해

생파스타와 건조 파스타 및 국수는 성격이 상당히 달라서 어느 한쪽이 더 낫다고 단정하기는 어렵다. **건조 파스타**는 일반적으로 듀럼밀과 물로 만든다. 길고 얇은 스파게티부터 짧고 속이 비어 있는 지티에 이르기까지 그야말로 다양한 모양의 파스타가 있다. 오늘날에는 많은 식료품점에서 통곡물 파스타뿐만 아니라 스펠트나 파로 등 쉽게 볼 수 없는 밀 품종으로 만든 파스타도 갖춰놓는 추세다. 쌀, 옥수수, 퀴노아 등의 곡물, 감자처럼 전분이 많은 채소, 병아리콩과 대두, 검은콩, 렌틸콩 등의 콩류로 만든 무글루텐 파스타도 쉽게 찾아볼 수 있다. 건조 파스타는 편리하고 가격이 저렴하며 일정한 맛이 보장되고 장기간 보관할 수 있으므로 시간이 없을 때나 마땅한 메뉴가 떠오르지 않을 때를 위해 찬장에 비축해두면 좋다.

생파스타는 보통 달걀과 부드러운 밀을 제분해서 만든 밀가루로 만든다. 집에서 생파스타를 만들려면 다소 시간이 걸리기는 하지만 생각만큼 어렵지는 않으며, 시간만 있다면 그만한 노력을 투자할 가치가 충분하다. 물론 가정에서 파스타를 만두피처럼 활용해 속을 채워 요리하려면 반드시 생파스타가 필요하다. 생파스타는 건조 파스타보다 빨리 익고 식감이 부드러우면서 소스도 더

욱 잘 '달라붙는다.'

에그누들, 즉 달걀 국수는 동유럽 요리에서 빼놓을 수 없는 주식이며 달걀과 밀가루로 만들어서 폭이 넓고 길이가 짧은 직사각형 모양으로 썬다. 건조 국수 형태로 쉽게 구할 수 있지만 가정에서 직접 생면을 뽑아도 무척 맛있다.

아시아 국수는 이탈리아 파스타만큼이나 다양한 종류를 자랑한다. 밀, 메밀, 쌀 또는 녹말 등으로 만들며 대부분 생면 또는 건조 형태로 판매한다. 실처럼 가느다란 쌀국수부터 두껍고 쫄깃한 우동에 이르기까지 굵기가 다양하며 평평한 국수, 넓적한 국수, 둥그런 국수 등 생김새도 가지각색이다. 쌀국수는 보통 흰색에 가까운 연한 색이지만 투명한 것도 있고, 밀국수는 반죽에 달걀을 첨가했는지에 따라 불투명하거나 노란색을 띤다. 또한 한국 요리에 사용되는 당면처럼 투명하면서도 갈색빛이 도는 고구마 전분 국수도 있다.(아시아 국수에 대해 항목 참고)

파스타 조리에 대해

파스타는 비교적 빨리 익으며 조리하자마자 먹어야 가장 맛있으므로 파스타를 삶기 시작하기 전에 소스를 완성한다. 파스타 삶은 물을 따라내기 위해 커다란 체를 싱크대에 걸쳐놓고, 가능하면 서빙용 그릇이나 접시를 오븐에 넣어 따뜻하게 데워두는 등 다른 모든 준비를 마쳐야 한다. 파스타를 조리할 때는 적당한 분량을 가늠한다. ▶ 주요리로 낸다면 1인분당 건조 파스타 85g 또는 생파스타 115g 정도가 좋다.

파스타나 국수가 달라붙는 것을 방지하려면 끓는 물에서 파스타가 자유롭게 움직일 수 있도록 충분한 양의 물을 붓고 소금을 넣어 팔팔 끓인다. 일반적으로(예외는 프라이팬 하나로 만드는 토마토와 허브 파스타 레시피 참고) ▶ 생 또는 건조 파스타 450g당 물 3.8ℓ와 소금 2큰술을 기준으로 한다. 우리는 섬세하고 은은한 풍미를 위해 파스타 삶는 물에 월계수 잎을 넣기도 한다.

소금물이 팔팔 끓으면 파스타를 한꺼번에 넣는다. 너무 길어서 냄비에 바로 들어가지 않으면 끓는 물에 잠긴 부분이 부드러워질 때까지 몇 초간 기다렸다가 꾹 눌러서 전부 넣고 젓는다. 파스타를 한 번 휘휘 저은 다음 냄비 뚜껑을

반만 덮고 다시 팔팔 끓인다. ▶ 뚜껑을 완전히 덮으면 끓어 넘치므로 주의한다. 물이 다시 끓어오르면 뚜껑을 연다. 파스타가 달라붙지 않도록 자주 젓는다.

어떤 파스타를 사용하든 관계없이 ▶ 너무 오래 삶지 않는다. 건조 파스타의 포장지에 표기된 권장 조리 시간은 대부분 정확하지만, 한 번이 아니라 여러 번 냄비에서 파스타 한 가닥을 집어서 맛보기를 권장한다. 가장 완벽한 식감은 이탈리아어로 치아에 느껴진다는 의미의 **알 덴테**(al dente)로, 부드럽지만 씹었을 때 약간의 저항감이 느껴지는 탄탄한 식감이다. 잊지 말아야 할 점은 ▶ 생 파스타는 건조 파스타보다 훨씬 빨리 익는다는 것이며, 자세한 내용은 삶은 파스타 또는 에그누들 레시피를 참고한다. 취향에 따라 끓는 물에 파스타를 중간까지만 삶은 다음 아주 은근하게 끓는 토마토 소스에 넣어서 적당한 익힘 상태로 완성할 수도 있다. 이렇게 하면 파스타가 익는 동안 소스를 약간 흡수하는 동시에 소스는 파스타에 붙어 있던 녹말 때문에 진하고 걸쭉해진다.

파스타를 다 삶으면 ▶ 파스타 삶은 물을 소량 떠서 보관해둔다. 녹말이 녹아 있는 이 물은 소스를 희석하고 걸쭉하게 만들며, 소스가 파스타에 잘 달라붙게 한다. 특히 마늘과 올리브유 또는 채소 볶음을 기반으로 한 소스에 농도 조절을 위해 기름을 더 넣으면 소스가 지나치게 느끼해지므로 파스타 삶은 물이 무척 유용하다.

체에 냄비의 내용물을 전부 쏟아붓고 체를 흔들어서 파스타에서 물기를 대부분 털어낸다. ▶ 파스타를 하나하나 분리하고자 할 때나(예를 들어 라자냐) 샐러드에 넣어서 차갑게 먹을 때를 제외하면 파스타를 헹구지 않고 사용한다. 파스타 삶은 물과 마찬가지로 헹구지 않은 파스타에 붙어 있는 녹말은 소스와 뜨거운 파스타가 잘 어우러지게 하는 역할을 한다.

▶ 필요한 경우 따로 덜어둔 파스타 삶은 물을 조금 넣어서 소스를 희석한다. 위의 설명에 따라 물기를 뺀 파스타를 즉시 소스에 부어서 섞거나 뜨거운 파스타와 소스를 따뜻하게 데워둔 서빙용 그릇에 담고 뒤적이듯 섞는다. ▶ 파스타가 소스의 바다에 빠져서 헤엄칠 정도가 아니라 소스에 촉촉하게 젖는 정도가 적당한 비율이라는 점을 기억하자. 소스뿐만 아니라 파스타도 맛을 보는 것이 좋다.

파스타용 소스

파스타는 간단한 재료에 버무리거나 오랫동안 뭉근히 끓인 라구와 함께 내는 등 다양한 소스를 곁들일 수 있다. 전통적인 소스로는 페스토, 마리나라 소스, 푸타네스카 소스, 볼로네제 소스 등을 꼽을 수 있다. 천천히 오래 조리하는 전통 라구는 푸짐한 소고기 라구 레시피를 참고한다. 버터 소스와 가향 버터 중 상당수도 파스타에 곁들이면 근사하다. ▶ 파스타 1인분당 오일 또는 버터로 만든 소스 ¼컵이 적당하며, 가벼운 토마토 소스라면 최대 ½컵을 준비한다.

그러나 파스타 소스에는 한계가 없다. 파스타의 매력 중 하나는 어떠한 잡다한 재료도 그럴듯한 저녁 식사로 변신할 수 있다는 점이다. 이 책에 실린 레시피 중에는 손쉽게 파스타 요리로 활용할 수 있는 것이 많다. 예를 들어 「채소」장의 베이비 아티초크와 완두콩 조림, 로마식으로 조리한 파바콩, 마늘을 넣은 브로콜리 라베 볶음, 프로방스식 라타투이는 간단하게 파스타 요리로 응용할 수 있다. 요리가 파스타와 잘 어우러지고 섞이도록 파스타 삶은 물을 조금 넣거나 치즈를 넉넉히 갈아 넣으면 더 좋다.

그 외에도 파스타에 활용하기 좋은 레시피로는 토마토 소스에 끓인 갑각류 모둠, 버섯 라구, 천천히 구운 토마토, 버섯과 녹색 채소를 넣은 갑각류 찜 등이 있다. 에그누들은 에그누들의 추가 재료 항목을 참고한다.

파스타와 소스 조합하기

파스타의 모양은 수백 가지가 넘는다. 이토록 다양한 선택지가 있으므로 파스타와 소스를 조합할 때는 기본적인 법칙을 기억해두는 것이 좋다. ▶ 펜네처럼 큼직하거나 리가토니처럼 넓고 두꺼운 파스타는 풍미가 진하면서 한입 크기의 채소나 고기가 씹히는 소스와 조합한다. 가볍고 얇은 엔젤헤어는 좀 더 가벼운 소스와 잘 어울린다. 크림이나 버터 소스는 에그누들과 궁합이 가장 좋다. 물론 법칙에는 언제나 예외가 있기 마련이다. 예를 들어 페스토는 리가토니와 엔젤헤어에 모두 잘 어울린다.

시판 파스타 소스에 첨가할 수 있는 풍미 재료

시판 소스를 사용하면 파스타로 한 끼를 간단히 차릴 수 있다. 되도록 가장 간단한 소스를 구입하고, 농축제와 설탕이 많이 들어 있는 제품은 피한다. 시판 소스에 넣기만 해도 풍미를 확 끌어올리는 재료를 소개한다.

엑스트라 버진 올리브유 약간과 흑후추 소량

버섯 1줌, 얇게 썰어서 볶기

씨를 뺀 올리브와 물기를 뺀 케이퍼, 굵게 썰기

참치 통조림 1개 또는 비닐 포장 1팩, 기름이나 물기를 빼기

굵게 썬 안초비

파슬리, 바질, 타임 및/또는 로즈메리 등의 다진 허브 섞은 것

올리브유에 볶은 다진 마늘 및/또는 양파

갈색으로 볶아서 잘게 부순 이탈리아식 소시지 또는 양념한 다진 고기

파스타의 추가 재료

아래에 소개한 파스타에 잘 어울리는 재료 목록은 특히 소스를 만들기 귀찮을 때 갓 삶은 뜨거운 파스타에 넣어 버무릴 수 있는 재료들이다. 가장 맛있는 파스타를 즐기려면 아래의 목록에서 서로 잘 어울리는 재료를 선택한다. 예를 들어 리코타, 레몬 껍질, 신선한 허브를 엔젤헤어 파스타와 조합하거나 훈제 연어와 케이퍼, 크렘 프레슈와 차이브를 페투치네에 곁들이는 식이다.

엑스트라 버진 올리브유 또는 녹인 버터

헤비크림, 일반 우유나 그릭 요구르트 또는 크렘 프레슈

신선한 염소 치즈, 리코타 또는 기타 연성 치즈

오레가노, 타임, 마저럼, 파슬리, 차이브 또는 민트 등의 허브, 굵게 썰기

강판에 곱게 간 레몬 껍질 또는 레몬즙

선드라이드 토마토, 올리브 또는 케이퍼, 굵게 썰기

훈제 연어, 안초비 또는 통조림이나 비닐 포장 참치, 굵게 썰기

로마노 또는 파르메산 등의 경성 치즈, 강판에 갈기

햄, 프로슈토 또는 살라미, 굵게 썰기

애호박 볶음, 가지 구이, 붉은색 피망 구이, 삶은 완두콩 또는 버섯 볶음

파스타용 치즈에 대해

파스타와 치즈의 조합은 버터와 치즈를 넣은 페투치네처럼 아무리 간단한 것이라도 근사한 맛을 자랑하므로 이 두 가지를 떼놓고 생각할 수 없다. 풍미를 최대한 살리려면 ▶ 썰어놓은 치즈가 아니라 치즈를 통째로 구입해 사용한다. 두꺼운 파스타를 사용한 요리에는 상자형 강판의 구멍이 가장 큰 면으로 치즈를 갈아서 넣는다. 섬세한 소스를 곁들인 얇은 파스타에는 손에 잡고 쓰는 작고 길쭉한 치즈 강판이나 껍질 칼을 사용한다.

그러나 모든 파스타 요리에 치즈를 갈아서 얹어야 한다고 생각할 필요는 없다. 대다수 해산물 파스타처럼 치즈를 얹지 말아야 더 맛있는 파스타도 있다. 올리브, 케이퍼 또는 굵게 빻은 고춧가루가 들어간 양념이 강한 소스에는 치즈를 사용할 필요가 없다.(하지만 우리가 감히 옳고 그름을 판단할 수는 없다.) 일반적으로 파스타에 치즈 대신 사용해 기분 좋은 바삭한 식감을 더할 수 있는 재료로는 갈색으로 볶은 버터 빵가루가 있다.

파르메산 치즈는 소젖으로 만든 경성 치즈로, 짭조름한 맛과 고소한 풍미가 있으며 파스타에 잘 어울리는 치즈로는 그야말로 첫손가락에 꼽는다. **그라나 파다노, 드라이 잭, 아시아고, 로마노** 치즈도 파스타에 곁들이거나 버무리면

아주 잘 어울린다.

리코타 치즈는 보통 라자냐에 많이 넣는데 그 외의 파스타 요리에 사용해도 훌륭하다. 우리는 지방을 제거하지 않은 우유로 만든 리코타나 일부 마트의 치즈 판매대에 놓여 있는 아주 신선한 리코타 치즈를 선호한다.(물론 직접 만들어 사용하면 금상첨화다.) **리코타 살라타**는 단순히 리코타 치즈의 물기를 빼고 잘 압착하여 소금 간을 한 것으로, 단단하고 물기가 없으면서 짭짤하고 아주 쉽게 부서진다. 파르메산 치즈처럼 파스타 요리의 토핑으로 사용한다.

여기까지 소개한 내용은 어디까지나 권장 사항에 불과하다. 여러 치즈로 다양하게 실험해보자. 예를 들어 잘게 부순 고르곤졸라 치즈를 진한 크림소스 파스타에 얹으면 치즈의 톡 쏘는 맛이 상큼하고 짭짤한 풍미를 더한다. 오븐에 구워서 완성하는 파스타 요리에 흰색 숙성 체더 치즈나 숙성하지 않은 하우다 치즈를 토핑으로 얹는다든지, 라자냐에 모차렐라만 사용하는 대신 모차렐라와 훈제 프로볼로네를 절반씩 섞어서 사용할 수도 있다. 한마디로 말해 냉장고에 있는 치즈나 마트에서 눈에 띄는 치즈로 마음껏 창의력을 발휘할 수 있다는 의미다.

먹다 남은 파스타에 대해

소스를 버무렸든 버무리지 않았든, 먹다 남은 삶은 파스타는 프라이팬이나 캐서롤에 넣어서 데우거나 프리타타를 만들 때 사용할 수 있다. 프라이팬에 조리하려면 올리브유나 버터를 살짝 두르고 중불에 맞춘 후 파스타가 갈색으로 변하면서 바삭하고 쫄깃한 식감이 나도록 지진다. 물을 소량 넣으면 타거나 눌어붙는 것을 방지할 수 있다. 마늘을 넣고 조리한 케일, 근대, 시금치, 달걀 프라이, 소스를 파스타에 곁들이거나 그냥 치즈만 약간 뿌려서 조리해도 간단하게 한 끼를 차릴 수 있다. 좀 더 손이 많이 가는 요리로는 프리타타 디 스캄마로 레시피를 참고한다. 먹다 남은 토마토 소스와 삶은 파스타는 대부분 먹다 남은 파스타 캐서롤로 활용할 수 있다. 소스를 얹지 않은 삶은 파스타 남은 것에 신선한 재료를 추가하려면 앞에 소개한 파스타의 추가 재료 항목을 참고한다.

프리타타 디 스캄마로(Frittata di Scammaro)

4인분

파스타를 부침개처럼 지져서 만드는 이 요리는 프리타타라는 이름이 붙었음에도 불구하고 달걀이 들어가지 않는다. 파스타를 갈색으로 지질 때는 인내심이 필요하다. 너무 빨리 익히려고 하면 황금색으로 먹음직스럽게 구워지기 전에 양념이 타버린다. 먹다 남은 파스타를 활용하기에 가장 좋다.

다음을 준비한다.

삶은 스파게티 또는 엔젤헤어 파스타 450g(건조 파스타 225g 분량)

커다란 논스틱 프라이팬을 중불에 올리고 다음을 부어서 아주 뜨겁게 달군다.

올리브유 ⅓컵

다음을 넣고 저으면서 마늘에서 향긋한 냄새가 날 때까지 약 1분간 볶는다.

검은색 올리브 ½컵, 씨를 빼고 굵게 썰기

잣 ⅓컵

노란색 건포도 ¼컵

물기를 뺀 케이퍼 3큰술

안초비 필레 4개, 굵게 썰기

마늘 3쪽, 굵게 썰기

굵게 빻은 고춧가루 ½작은술

삶은 파스타를 넣고 뒤적이면서 올리브 혼합물과 섞는다. 중약불로 줄이고 건드리지 않으면서 파스타가 황금색으로 노릇노릇하게 익을 때까지 약 15분간 지진다. 부침개처럼 뭉친 파스타를 뒤집어서 반대쪽 면도 갈색으로 익도록 약 15분간 더 지진다. 웨지 모양으로 자른 후 다음을 곁들여 낸다.

> 레몬 조각

> 굵게 썬 파슬리

먹다 남은 파스타 캐서롤

4인분

이 레시피에 미트 소스를 사용하고 **잘게 썬 체더 치즈나 모차렐라 1컵**(115g)을 올리면 미 중서부 지방에서 **조니 마르제티**(Johnny Marzetti)라고 부르는 파스타 요리가 된다.

오븐을 190℃로 예열한다. 20~23cm 크기의 정사각형 베이킹 접시에 버터를 바른다. 편수 냄비에 다음을 넣고 데운다.

> 마리나라 소스, 고기 듬뿍 토마토 소스 또는 푸타네스카 소스 등의 파스타 소스
> 　3컵

소스에 다음을 넣고 섞는다.

> 먹다 남은 파스타 4컵

파스타와 소스 섞은 것을 베이킹 접시에 붓는다. 다음을 훌훌 뿌린다.

> 마른 빵가루 ¼컵

> 파르메산 치즈 ¼컵

다음을 듬성듬성 얹는다.

> 버터 2큰술, 작은 조각으로 자르기

윗면이 갈색으로 익을 때까지 약 30분간 굽는다.

생파스타 만들기에 대해

갓 뽑아낸 달걀 파스타는 가볍고 섬세한 식감과 진한 풍미를 지니고 있다. 건조 파스타보다 소스를 잘 흡수하며 삶는 시간도 짧다. 생파스타를 만들 때는 일반적으로 중력분을 사용한다. 그러나 세몰리나 밀가루, 통밀가루, 00 밀가루(파스타와 피자 반죽용으로 특별히 제분한 아주 고운 이탈리아산 밀가루) 등으로도 얼마든지 파스타를 만들 수 있다. 전란, 달걀노른자 또는 물을 넣어 밀가루를 촉촉하게 적시고 때로는 소금과 올리브유를 넣기도 한다. 생파스타 반죽은 손으로 쉽게 만들 수 있으며 푸드 프로세서나 반죽기를 사용하면 더욱 편리하다. 반죽을 넓게 펴려면 밀대나 파스타 제면기가 필요하다. 수제 파스타에 시금치 또는 신선한 허브를 섞거나, 생파스타 반죽 레시피에 강판에 곱게 간 레몬 껍질, 토마토 페이스트 ¼컵, 삶아서 퓌레 상태로 간 비트 ¼컵 또는 오징어 먹물 1큰술을 추가해서 풍미와 알록달록한 색감을 더해도 좋다. 이때 레시피의 밀가루 분량은 조절할 필요가 없지만, 반죽을 넓게 펼 때 달라붙지 않도록 밀가루를 몇 자밤 더 넉넉히 뿌리는 것이 좋다. ▶ 파스타를 주요리로 낸다면 생파스타 450g으로 4인분을 만들 수 있다.

　▶ 파스타 반죽을 완성한 후 비닐랩으로 싸서 30분 이상 숙성하면 훨씬 손쉽게 반죽을 다룰 수 있다. 더 오래 숙성하려면 반죽을 비닐랩으로 단단히 감싸서 냉장고에 넣어 최대 24시간, 냉동실에 넣어 최대 3개월간 보관할 수 있다.(냉동실에 넣어두었다면 냉장고로 옮겨서 하룻밤 해동한다.) 말랑한 식감의 파스타를 만드는 요령은 밀대로 계속 얇게 밀면서 반죽을 조심스럽게 늘이고 잡아당기는 것이다. 밀대를 사용하든 파스타 제면기를 사용하든 ▶ 한 번에 파스타

반죽의 ¼ 분량씩 밀고 나머지는 랩을 느슨히 덮어둔다.

손으로 파스타 반죽 밀기

널찍한 작업대에 밀가루를 살짝 뿌리고 반죽의 ¼ 분량을 떼어낸 후 이쪽저쪽으로 돌리면서 밀대로 밀어 반죽을 넓게 편다. 가끔 반죽을 뒤집으면서 원하는 두께가 될 때까지 계속 민다. ▶ 페투치네처럼 **리본 끈 형태의 기다란 파스타**를 만들 때는 3mm 정도, 즉 손에 감았을 때 손의 굴곡이 드러날 정도의 두께여야 한다. 카넬로니 오븐 구이처럼 속을 채운 푸짐한 파스타도 이 정도 두께면 충분하다. ▶ **토르텔리니와 라비올리**를 비롯해 속을 채워서 조리하는 파스타 종류는 손이 비쳐 보일 정도로 최대한 얇게 밀어야 한다.

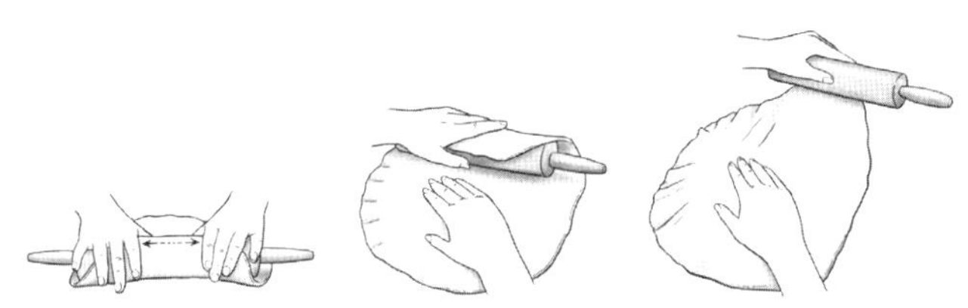

손으로 파스타 반죽 밀기

파스타 제면기로 파스타 반죽 밀기

파스타의 롤러를 가장 넓게 맞춘다. 한 번에 파스타 반죽을 ¼ 분량씩 떼어서 작업한다. 반죽에 밀가루를 살짝 뿌리고 두 번씩 롤러에 넣어서 얇게 펴되, 롤러에 넣을 때마다 반죽을 한두 번씩 접어준다. 반죽이 롤러에 달라붙을 것 같으면 밀가루를 조금 뿌린다. ▶ 반죽이 롤러를 통과하면 손바닥으로 반죽을 받치면서 받아낸다. 반죽이 한 단계 얇게 나오도록 롤러를 설정하고 미는 작업을 반복한다. ▶ 제면기로 계속 밀면 덩어리지고 군데군데 구멍이 뚫려 있던 반죽이 매끄럽고 널찍하게 펼쳐진다. 이 상태가 되면 반죽이 롤러에서 빠져나올 때 살살 늘이기 시작한다. 롤러의 간격을 점점 좁히면서 파스타 반죽이 원하는 두께가 될 때까지 민다.

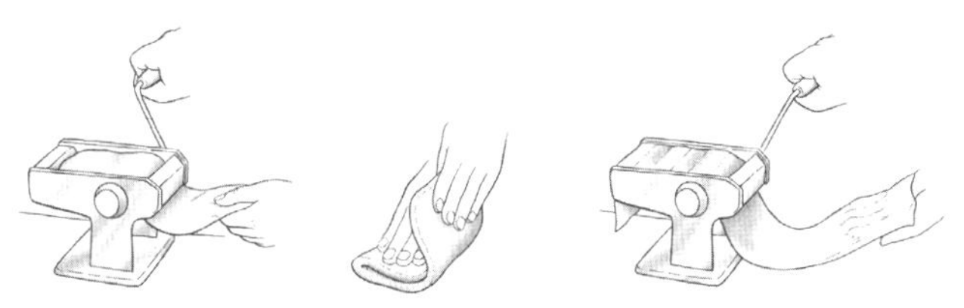

파스타 제면기로 파스타 반죽 밀기

파스타 썰기 및 모양 만들기

손으로 파스타를 썰려면 ▶ 잘 드는 칼, 피자 커터 또는 페이스트리 절단기를 사용한다. 라비올리나 카넬로니처럼 **속을 채워서 조리하는 파스타**는 널찍한 파스타 반죽을 약 10cm 너비로 길쭉하게 자르거나 파스타 제면기에서 나온 너비 그대로 사용한다. 기다란 반죽을 가로로 한 번 더 잘라서 10cm 크기의 정사각형으로 만들면 **카넬로니**가 된다. 속재료를 채우고 잘라서 **라비올리와 토르텔리니**를 만드는 방법은 335쪽의 그림을 참고한다. ▶ 반죽을 갓 만들어 촉촉할 때 속을 채워야 쉽게 접어서 봉할 수 있다.

　속을 채우지 않는 형태의 파스타를 만들려면 가죽처럼 탄력이 느껴지지만

굳어버리지 않도록 밀가루를 살짝 뿌린 작업대에 넓게 편 파스타 반죽을 약 20분간 올려놓는다. **라자냐**를 만들 때는 넓은 반죽을 베이킹 접시에 맞는 크기 또는 30×10cm의 직사각형으로 자른다. **파르팔레**는 페이스트리 절단기나 피자 커터로 3.8×2.5cm 크기의 직사각형으로 자른 다음 가운데를 오므려 붙여서 나비 모양으로 만든다.

페투치네를 비롯한 리본 끈 모양 파스타를 만들려면 널찍한 반죽을 긴 파스타 가닥으로 자를 수 있는 편리한 커터 기능을 가진 제면기를 사용한다. 손으로 썰 때는 밀가루를 넉넉히 뿌린 파스타 반죽을 살살 말아서 잘 드는 칼로 원하는 두께가 되도록 썬다. **페투치네**는 6mm, **탈리아텔레**는 1cm, **파파르델레**는 2cm를 기준으로 한다. 썰어낸 파스타 가닥을 살살 분리하고 서로 달라붙지 않도록 밀가루를 뿌린다. 바로 삶거나 말려서 보관한다.(아래 설명 참고)

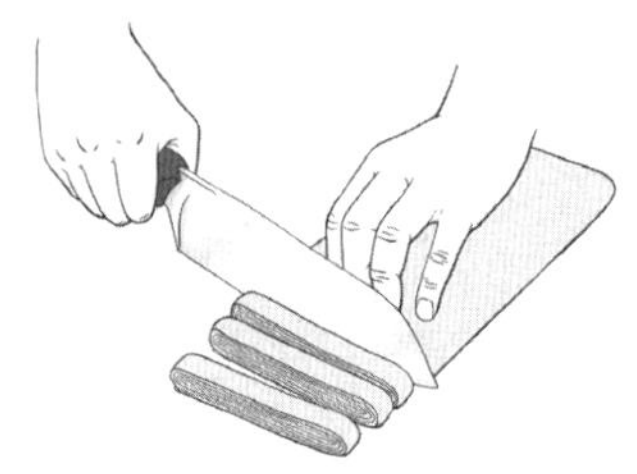

생파스타를 손으로 썰기

생파스타 보관하기

리본 끈 모양의 생파스타를 보관하려면 파스타 건조대에 널거나(여의치 않다면 빨래 건조대라도 사용할 수 있다.) 한 번에 1인분에 해당하는 몇 가닥을 느슨하게 감아서 뭉친다. 뭉친 파스타를 철망에 올려놓고 말려두었다가 필요할 때 사용한다.

리본 끈 모양의 파스타나 속을 채워서 먹는 파스타를 냉장 보관하려면 커다란 오븐 팬에 밀가루를 뿌리고 파스타 가닥(또는 1인분씩 말아놓은 뭉치)이 서로 닿지 않도록 넓게 펼쳐놓는다. 비닐랩으로 덮어서 냉장고에 넣는다. 24시간 이내에 사용한다.

생파스타를 냉동하려면 커다란 오븐 팬에 유산지나 포일을 깐다. 페투치네나 다른 리본 끈 모양의 파스타를 1인분 분량씩 말아서 가지런히 올린다. 파르팔레, 라비올리 및 다른 모양의 파스타는 서로 닿지 않도록 넓게 펼쳐놓는다. 속을 채우지 않는 파스타는 딱딱해질 때까지 약 2시간 정도 냉동하고, 속을 채우는 파스타는 하룻밤 냉동한다. 파스타를 튼튼한 냉동 지퍼백에 조심스레 넣고 봉하되, 부서지지 않도록 공기를 약간 채운다. 이렇게 해서 냉동실에 넣으면 2개월까지 먹을 수 있다. ▶ 냉동 파스타는 해동하지 않고 그대로 사용할 수 있다.(속을 채워서 사용하는 파스타는 조리 시간을 몇 분 더 늘린다.)

오랫동안 찬장에 보관하려면 파스타가 쉽게 부서질 정도로 완전히 건조해 비닐봉지에 담아 밀봉해서 보관한다. 식품 건조기에 넣어서 파스타를 말릴 수도 있다. ▶ 비닐봉지에 담기 전에 완전히 말리지 않으면 곰팡이가 생기므로 주의한다. 말린 파스타는 약해서 부서지기 쉬우므로 조심스럽게 다룬다.

생파스타 반죽

약 450g, 첫 번째 코스 요리 6인분 또는 주요리 4인분

생파스타 만들기에 대해 항목을 참고한다. 달걀노른자를 더 많이 사용하면 더 맛이 진한 파스타를 만들 수 있다. 달걀흰자가 많아서 처리해야 할 경우, 아래 레시피의 달걀 대신 달걀흰자 ½컵을 사용한다.

손으로 반죽할 경우 깨끗한 작업대에 다음을 봉긋하게 쌓는다.

　　중력분 2컵

밀가루 가운데에 홈을 파고 다음을 넣는다.

　　대란 3개 또는 대란 2개와 달걀노른자 3개

　　(소금 ½작은술)

　　(엑스트라 버진 올리브유 1작은술)

포크로 달걀을 살살 풀면서 주변의 밀가루와 달걀이 잘 어우러지고 약간 걸쭉해지도록 섞는다. 손가락 끝으로 밀가루와 달걀을 뭉치면서 모든 재료를 잘 섞어 뻣뻣하지 않은 부드러운 반죽을 만든다. 반죽이 너무 건조하거나 부서질 것 같으면 상황에 따라 물을 조금 첨가해서 반죽해도 좋다. 너무 질척이거나 달라붙으면 밀가루를 조금 더 넣는다. 반죽이 달라붙으면 반죽 주걱으로 떼어내서 뒤집는다. 반죽이 매끈하고 말랑말랑해질 때까지 약 10분간 치댄다.

푸드 프로세서를 사용한다면 모든 재료를 다 섞어서 부드러운 반죽 형태가 될 때까지 1분 정도 짧게 몇 번 작동시킨다. 프로세서에서 꺼내 위의 설명대로 5분간 치댄다.

반죽기를 사용한다면 반죽용 날을 끼우고 저속으로 설정해 재료가 한데 뭉치고 반죽 형태가 될 때까지 섞는다. 중속으로 올리고 2~3분간 치댄다. 반죽기에서 꺼낸 다음 위의 설명대로 5분간 치댄다.

반죽을 4개로 나누고 각각 비닐랩으로 느슨하게 싸거나 그릇을 뒤집어 덮어둔다. 반죽을 밀기 전에 실온에서 30분 이상 숙성시킨다. 앞의 설명에 따라 널찍하게 밀어서 원하는 크기로 잘라 사용한다.

세몰리나 파스타

약 450g, 첫 번째 코스 요리 6인분 또는 주요리 4인분

라자냐와 넓은 리본 끈 모양 파스타를 만들 때 우리가 가장 선호하는 반죽이다. 세몰리나 밀가루는 다소 성기므로 너무 얇게 밀면 반죽이 찢어지기 때문에, 파스타 제면기로 반죽을 밀 때는 가장 얇은 두께로 맞추지 않도록 주의한다. 위의 생파스타 반죽을 만들되, 중력분 1컵 대신 **세몰리나 밀가루 1컵**을 사용한다.

통밀 파스타

약 450g, 첫 번째 코스 요리 6인분 또는 주요리 4인분

생파스타 반죽을 만들되, 중력분 1컵 대신 **통밀가루 1컵**을 사용한다. 이 반죽을 만들 때는 액체 재료를 조금 더 넣어야 할 수도 있다. 반죽이 건조하고 부서질 것 같으면 물 1~2작은술을 추가한 뒤 재료가 잘 섞이고 반죽이 매끄러워질 때까지 치댄다.

시금치 파스타

약 450g, 첫 번째 코스 요리 6인분 또는 주요리 4인분

손질해서 씻은 신선한 시금치 또는 냉동 시금치 285g을 데친다. 물을 따라내고 주방 행주에 올려놓은 후 꾹 눌러서 시금치에서 물기를 최대한 짜낸다. 데친 시금치를 아주 잘게 다진다. 이렇게 하면 시금치가 약 ½컵 정도 나온다.(약간 많거나 적어도 상관없다.) **생파스타 반죽**을 만들되, 밀가루에 달걀을 넣을 때 시금치도 함께 넣는다.

허브 파스타

약 450g, 첫 번째 코스 요리 6인분 또는 주요리 4인분

풍미가 강한 허브 다진 것 ¼컵(세이지, 로즈메리, 타임, 오레가노 또는 마저럼)이나 **맛이 순한 허브 다진 것 ½컵**(바질, 차이브, 파슬리 또는 쪽파)을 준비한다. 생파스타 반죽을 만들되, 밀가루에 달걀을 넣을 때 허브도 함께 넣는다.

생에그누들 반죽

약 450g, 첫 번째 코스 요리 6인분 또는 주요리 4인분

독일식의 다용도 국수 레시피다.

손으로 반죽할 경우 커다란 그릇이나 조리대에 다음을 붓고 섞어서 봉긋한 모양으로 쌓는다.

　중력분 2컵

　소금 1작은술

밀가루 가운데에 홈을 판다. 다음을 살짝 풀어서 홈에 붓는다.

　대란 1개

　대란의 노른자 4개

포크로 달걀을 탁탁 쳐서 풀면서 주변의 밀가루와 섞어서 약간 걸쭉해지게 만든다. 손가락 끝으로 밀가루와 달걀을 뭉치면서 모든 재료를 잘 섞어 뻣뻣하지 않은 부드러운 반죽을 만든다. 필요하면 다음을 추가한다.

　물 1~2큰술

푸드 프로세서를 사용한다면 반죽을 너무 오래 섞지 않도록 주의하면서 모든 재료를 넣고 잘 섞일 때까지 15~20초간만 작동시킨다. 일단 반죽이 하나로 뭉치면 밀가루를 살짝 뿌린 작업대에 놓고 약 5분간 치대서 부드러운 반죽을 만드는데, 필요하면 반죽이 들러붙지 않도록 밀가루를 조금씩 추가한다.

반죽기를 사용한다면 반죽용 날을 끼우고 저속으로 설정해 재료가 한데 뭉치고 반죽 형태가 될 때까지 섞는다. 중속으로 올리고 2~3분간 또는 부드러워질 때까지 치댄다.

반죽으로 4개로 나누고 각각 비닐랩으로 느슨하게 싸거나 그릇을 뒤집어 덮어둔다. 시간이 있다면 반죽을 밀기 전에 실온에서 30분 이상 숙성시킨다.

반죽을 넓게 밀고 313쪽의 설명에 따라 약 3mm 두께의 얇은 국수 또는 약 1.2cm 너비의 굵은 리본 끈 모양으로 썬 다음 5cm 길이로 썬다.

삶은 파스타 또는 에그누들

약 450g, 첫 번째 코스 요리 6인분 또는 주요리 4인분

커다란 냄비에 다음을 넣고 팔팔 끓인다.

　물 3.8ℓ

　소금 2큰술

　(월계수 잎 1장)

다음을 넣는다.

　건조 파스타 340g 또는 생파스타나 에그누들 450g

다시 팔팔 끓이고 자주 저으면서 국수가 탄력을 유지하면서도 부드러워질 때까지 삶는다. 생파스타나 아주 얇은 국수를 삶는다면 약 30초가 지났을 때 익었는지 맛을 보고, 얇은 건조 파스타라면 4분 후, 마카로니를 비롯한 튜브 모양의 짧은 파스타는 8분 후에 맛을 본다. 파스타 삶은 물을 1컵 덜어서 보관해두고 커다란 체에 파스타를 부어서 물을 따라낸다.(차게 먹을 계획이라면 찬물에 헹군다.) 서빙용 그릇이나 빈 냄비에 즉시 옮겨 담고 소스를 넣어 뒤적이며 섞는

다.(필요하면 파스타 삶은 물을 조금 넣는다.)

버터와 치즈를 넣은 페투치네

4인분

I. 흰색 파스타 또는 버터 소스 페투치네라고 부르기도 한다. 로마노 치즈와 갓 갈아낸 흑후추를 넉넉히 넣어서 만들면 **후추 치즈 파스타**(cacio e pepe)로 응용할 수 있다.

큰 냄비에 물을 붓고 소금을 넣은 후 팔팔 끓어오르면 다음을 넣고 삶는다.

　건조 페투치네 또는 탈리아텔레 340g, 또는 생파스타 450g

파스타 삶은 물 ½컵을 보관해둔다. 파스타 삶은 물을 따라내고 서빙용 그릇에 옮겨 담거나 파스타 삶은 냄비에 다시 넣고 파스타 삶은 물과 함께 다음을 넣어 뒤적이며 섞는다.

　강판에 간 파르메산 또는 로마노 치즈 1½컵(170g)

　버터 4큰술(버터 스틱 ½개), 말랑하게 녹이기

　흑후추 적당량

II. 페투치네 알프레도

위의 버전 **I**처럼 파스타를 삶는다. 그동안 커다란 프라이팬을 중불에 올리고 다음을 넣어 녹인다.

　버터 4큰술(버터 스틱 ½개)

파스타의 물기를 빼고 다음 재료와 함께 프라이팬에 넣는다.

　헤비크림 1컵

　강판에 간 파르메산 치즈 1컵(115g)

　소금과 흑후추 적당량

약불을 유지하면서 파스타에 소스가 골고루 묻을 때까지 잘 뒤적이며 섞는다.

프로슈토와 완두콩을 넣은 페투치네

위의 페투치네 알프레도를 만들되, 버터 분량을 1큰술로 줄인다. 프라이팬에 버터를 넣어서 녹인 다음 **굵게 썬 프로슈토 115g**을 넣고 바삭해질 때까지 볶는다. 프라이팬에 크림을 붓고 뭉근하게 끓도록 가열한다. **생완두콩 또는 냉동 완두콩 1컵**을 넣어서 섞은 뒤 2분간 조리한다. 파스타와 파르메산 치즈, 소금, 후추를 넣어 잘 섞는다.

스파게티 카르보나라

4인분

큰 냄비에 물을 붓고 소금을 넣은 후 팔팔 끓어오르면 다음을 넣고 삶는다.

　건조 스파게티 또는 링귀네 340g, 또는 생파스타 450g

그동안 작은 프라이팬을 중불에 올리고 가끔 저으면서 갈색이 될 때까지 조리한다.

　깍둑썰기한 베이컨, 판체타 또는 관찰레(이탈리아산 돼지 볼살 베이컨 — 옮긴이) 170g

취향에 따라 다음을 프라이팬에 부어 데글레이즈를 한다.

　(드라이 화이트와인 소량)

바닥에 눌어붙은 갈색 조각을 긁어낸다. 프라이팬을 한쪽에 둔다. 작은 그릇에 다음을 넣고 탁탁 치면서 섞는다.

　강판에 간 파르메산 또는 로마노 치즈 ⅔컵(약 85g)

　대란 3개

　소금 ¼작은술

흑후추 ¼작은술

파스타 삶은 물 ½컵을 보관해둔다. 불에서 내리고 물을 따라낸 후 뜨거운 냄비에 파스타를 다시 넣는다. 즉시 뜨거운 베이컨과 기름 및 치즈 혼합물을 냄비에 넣고 골고루 버무린다. 파스타에 남은 열기 때문에 달걀이 익을 것이다. 필요하면 파스타 삶은 물을 조금 부어서 소스를 희석한다. 맛을 보고 취향에 따라 소금과 흑후추를 더 넣는다.

스파게티 알리오 에 올리오(마늘과 올리브유를 넣은 스파게티)

4인분

올리브유와 마늘을 넣은 이 간단한 소스는 가장 순수한 파스타 본연의 맛을 즐길 수 있는 방법이다.

큰 냄비에 물을 붓고 소금을 넣은 후 팔팔 끓어오르면 다음을 넣고 삶는다.

건조 스파게티 또는 링귀네 340g, 또는 생파스타 450g

그동안 커다란 프라이팬을 중불에 올리고 다음을 둘러 가열한다.

올리브유 3큰술

다음을 넣고 저으면서 향긋한 냄새가 날 때까지 약 2분간 볶는다.

마늘 큰 것 3쪽, 얇게 저미기

(붉은색 칠리 고추 말린 것 1개)

고추를 넣었다면 건져낸다. 파스타 삶은 물 ½컵을 남기고 나머지는 따라낸다. 뜨거운 파스타와 파스타 삶은 물을 프라이팬에 넣은 후 뒤적인다. 다음을 적당량 뿌려서 간을 한다.

소금과 흑후추

마카로니 앤드 치즈

곁들임 음식 6~8인분

Ⅰ. 치즈를 듬뿍 넣은 찐득한 크림 질감의 레시피다.

큰 냄비에 물을 붓고 소금을 넣은 후 팔팔 끓어오르면 다음을 넣고 삶는다.

엘보 마카로니 2컵(225g)

물을 따라내고 마카로니를 다시 냄비에 넣는다. 다음을 추가한다.

버터 4큰술(버터 스틱 ½개), 말랑하게 녹이기

잘 섞이도록 젓는다. 다음을 넣고 잘 젓는다.

연유 통조림 340g짜리 1개

잘게 썬 장기 숙성 체더 치즈 3컵(340g)

대란 2개, 가볍게 풀어두기

소금 ½작은술 또는 적당량

(카옌 고춧가루 ¼작은술)

냄비를 약불에 올리고 계속 저으면서 소스가 부드러워지고 파스타에서 김이 날 때까지 약 10분간 조리한다. 소스는 눈에 띄게 걸쭉해져야 한다. 5분 정도 끓인 후에도 소스가 여전히 묽으면 불을 약간 올려서 조리하는데, 너무 센 불로 끓이면 소스가 분리되므로 주의 깊게 살펴본다.

Ⅱ. 마카로니 앤드 치즈 오븐 구이를 준비하되, 오븐을 예열하거나 베이킹 접시에 기름을 바르는 과정을 생략한다. 치즈는 전부 한꺼번에 소스에 넣어서 젓는다. 파스타를 삶은 후 소스에 넣고 저어서 굽지 않은 상태로 낸다. 취향에 따라 맨 위에 빵가루를 훌훌 뿌려도 좋다.

마카로니 앤드 치즈 오븐 구이

곁들임 음식 6~8인분

오랫동안 사랑받는 마카로니 앤드 치즈를 더 맛있게 즐길 수 있도록 응용한 레시피다. 소스를 미리 만들어두었다가 갓 삶은 마카로니와 섞어서 굽거나 하루 전에 모든 재료를 섞어놓고 당일에 구워도 된다.

오븐을 175℃로 예열한다. 속이 깊은 20~23cm 크기의 사각형 베이킹 접시에 기름을 바른다. 다음을 준비한다.

화이트소스 Ⅰ 2컵

다음을 넣고 젓는다.

양파 중간 크기 ½개, 다지기

월계수 잎 1장

스위트 파프리카 가루 ¼작은술

자주 저으면서 15분간 은근히 끓인다. 다음을 준비한다.

강판에 간 숙성 체더 또는 콜비 치즈 2컵(225g)

소스를 불에서 내리고 월계수 잎을 건져낸 다음 치즈 ⅔ 분량을 넣어서 젓는다. 나머지 치즈는 보관해둔다. 다음을 적당량 넣어 간을 한다.

소금과 흑후추

그동안 커다란 냄비에 물을 붓고 소금을 넣은 후 팔팔 끓어오르면 다음을 넣은 뒤 부드러우면서도 어느 정도 단단함이 남아 있을 때까지 삶는다.

엘보 마카로니, 스몰 셸 또는 투베티 2컵(225g)

삶은 물을 따라내고 파스타를 다시 뜨거운 냄비에 넣는다. 소스를 넣고 젓는다. 기름을 발라둔 베이킹 접시에 파스타와 소스 혼합물을 붓고 남은 치즈를 훌훌 뿌린다. 맨 위에 다음을 뿌린다.

갈색으로 볶은 버터 빵가루

빵가루가 연한 갈색이 될 때까지 약 30분간 굽는다. 5분간 두었다가 낸다.

김치 마카로니 앤드 치즈

마카로니 앤드 치즈 Ⅰ 또는 Ⅱ를 만들고, 시판 또는 직접 만든 김치 1컵의 국물을 꼭 짜서 굵게 썬 후 마지막 단계에 넣어 섞는다. 굵게 송송 썬 쪽파를 뿌려 장식한다.

대용량 마카로니 앤드 치즈

곁들임 음식 14~16인분

아래에 소개한 선택 재료는 극히 일부일 뿐이다. 생초리소(잘게 부수어 갈색으로 볶은 것), 양파 볶음, 구운 마늘, 블루 치즈 또는 버섯 라구를 넣어도 상당히 맛이 좋다.

큰 냄비에 물을 붓고 소금을 넣은 후 팔팔 끓어오르면 다음을 넣고 삶는다.

엘보 마카로니, 스몰 셸 또는 투베티 450g

오븐을 162℃로 예열한다. 23cm 크기의 사각형 베이킹 팬 2개에 기름을 바른다. 다음을 준비한다.

강판에 간 체더, 그뤼에르, 아시아고 등의 숙성 치즈 또는 이를 섞어서 4컵(450g)

마른 빵가루 1½컵

치즈 절반과 빵가루 1컵을 그릇에 넣고 다음을 추가해 섞는다.

버터 4큰술(버터 스틱 ½개), 녹이기

빵가루 혼합물을 한쪽에 둔다. 파스타가 다 삶아지면 물을 따라내고 파스타를 다시 냄비에 넣은 후 다음을 넣어 섞는다.

　　대란 7개, 풀어두기

　　우유 1¾컵

　　(굵게 썬 올리브 ½컵)

　　(굵게 썬 햄 ½컵)

　　(굵게 썬 구운 붉은색 피망 병조림 또는 피미엔토 ⅓컵)

　　(씨를 빼고 잘게 썬 할라페뇨 고추 ¼컵)

　　(굵게 송송 썬 쪽파 ½컵)

　　소금 1작은술

　　흑후추 ½작은술 또는 적당량

남은 치즈와 빵가루를 넣어서 섞는다. 기름을 발라둔 베이킹 팬에 혼합물을 적당히 나눠 담는다. 따로 보관해둔 빵가루 혼합물로 덮는다. 노릇노릇하게 익을 때까지 약 25분간 굽는다.

신선한 허브를 넣은 페투치네

4인분

큰 냄비에 물을 붓고 소금을 넣은 후 팔팔 끓어오르면 다음을 넣고 삶는다.

　　건조 페투치네 또는 탈리아텔레 340g, 또는 생파스타 450g

그동안 따뜻하게 데운 서빙 그릇에 다음을 문지른다.

　　마늘 1쪽, 반으로 자르기

그릇에 다음을 넣고 섞는다.

　　엑스트라 버진 올리브유 ¼컵

　　굵게 썬 신선한 허브 약 1컵(오레가노, 타임, 바질, 타라곤, 파슬리, 세이지, 민트,
　　　　차이브 등 취향에 따라 적당히 섞어서 사용)

　　강판에 간 파르메산 치즈 1컵(115g)

　　소금과 흑후추 적당량

파스타 삶은 물을 ½컵 보관해둔다. 물을 따라내고 삶은 파스타를 그릇에 넣은 후 허브 혼합물과 파스타 삶은 물을 추가한다. 치즈가 말랑말랑하게 녹으면서 올리브유와 허브가 소스와 비슷한 질감이 될 때까지 섞는다.

파스타 프리마베라

4인분

제철 채소라면 무엇이든 아래에 소개한 채소 대신 사용할 수 있으며, 비슷한 크기로 썰어서 넣기만 하면 된다. 깍지콩, 삶은 베이비 아티초크, 껍질콩, 쪽파, 애호박 또는 파바콩 등을 넣어 만들어보자.

커다란 냄비에 다음을 붓고 팔팔 끓인다.

　　물 3.8ℓ

　　소금 2큰술

다음을 넣어 1분간 데친다.

　　아스파라거스 작게 1묶음(약 340g), 손질해서 줄기는 깍둑썰기하고 끝부분은
　　　　그대로 두기

　　브로콜리 작게 1줌(약 225g), 작은 꽃봉오리 모양으로 썰기, 줄기는 나중에
　　　　사용하기 위해 보관

구멍 뚫린 숟가락으로 채소를 건져 체에 담고 찬물로 헹궈서 잔열에 더 익지 않도록 한다. 채소 데친 물은 따뜻하게 보관한다.

커다란 프라이팬을 중불에 올리고 다음을 넣어 가열한다.

　　올리브유 2큰술

　　버터 3큰술

다음을 넣고 저으면서 부드러워질 때까지 약 5분간 볶는다.

　　양파 큰 것 1개, 잘게 썰기

데친 아스파라거스와 브로콜리를 다음 재료와 함께 프라이팬에 넣는다.

　　생완두콩 또는 해동한 냉동 완두콩 1컵

　　소금과 흑후추 적당량

채소가 부드러워질 때까지 저으면서 조리한다. 그동안 채소 데친 물을 불에 올려놓고 다시 팔팔 끓인다. 다음을 넣고 부드럽지만 어느 정도 단단한 느낌이 남아 있을 때까지 삶는다.

　　건조 페투치네 또는 탈리아텔레 340g, 또는 생파스타 450g

파스타를 삶는 동안 채소가 들어 있는 프라이팬에 다음을 붓고 저은 다음 약간 졸아들 때까지 은근히 끓인다.

　　헤비크림 1컵

파스타가 다 삶아지면 물기를 빼고 소스에 넣은 후 다음을 추가한다.

　　바질 잎 12장, 굵게 썰기

　　강판에 간 파르메산 치즈 ½컵(55g)

약불에서 소스가 잘 어우러지도록 뒤적이며 섞는다. 뜨겁게 낸다.

파스타 알라 노르마(가지와 토마토 소스 파스타)

4인분

가지를 얇게 썰어서 다음을 만든다.

　　가지 구이 II

커다란 프라이팬을 중불에 올리고 다음을 둘러서 뜨겁게 달군다.

　　올리브유 2큰술

다음을 넣고 향긋한 냄새가 날 때까지 약 1분간 볶는다.

　　마늘 2쪽, 굵게 썰기

　　굵게 빻은 고춧가루 ½작은술

다음을 넣고 저으면서 뭉근히 끓어오르도록 가열한 후, 가끔 저으면서 걸쭉해질 때까지 은근히 끓인다.

　　통토마토 통조림 795g짜리 1개, 토마토는 굵게 썰고 국물도 함께 사용

다음을 넣고 젓는다.

　　바질 잎 8장, 손으로 찢기

　　소금과 흑후추 적당량

커다란 냄비에 물을 붓고 소금을 넣은 후 팔팔 끓어오르면 다음을 넣고 부드럽지만 어느 정도 단단한 느낌이 남아 있을 때까지 삶는다.

　　건조 스파게티 또는 지티 340g

파스타 삶은 물 ½컵을 보관해둔다. 파스타의 물기를 뺀 후 따뜻하게 데운 서빙 그릇에 담고 토마토 소스와 파스타 삶은 물을 넣어 뒤적이면서 섞는다.

다음을 넣는다.

　　강판에 간 리코타 살라타 또는 페코리노 로마노 치즈 ½컵(55g)

다시 뒤적이며 잘 섞는다. 가지를 굵직하게 썰어서 파스타 위에 얹어서 낸다.

시칠리아식 정어리 파스타(정어리와 회향을 넣은 파스타)

4인분

평소에 정어리를 선호하지 않는다면 이 파스타를 '정어리 입문 요리'로 생각해 보자.

작은 그릇에 다음을 넣고 섞은 후 한쪽에 둔다.

　　드라이 화이트와인 ½컵 또는 따뜻한 물 ¼컵

　　사프란 가닥 ½작은술

중간 크기의 프라이팬을 중불에 올리고 다음을 둘러서 뜨겁게 달군다.

　　올리브유 2큰술

다음을 넣고 저으면서 골고루 갈색이 될 때까지 볶는다.

　　마른 빵가루 ½컵(굵은 빵가루 권장)

　　소금 ¼작은술

　　(레몬 1개의 껍질, 강판에 곱게 갈기)

빵가루와 소금 섞은 것을 접시에 옮겨 담고 한쪽에 둔다. 커다란 냄비에 물을
붓고 소금을 넣은 후 팔팔 끓어오르면 다음을 넣어 부드럽지만 어느 정도 단
단한 느낌이 남아 있을 때까지 삶는다.

　　건조 부카티니 또는 스파게티 225g

파스타 삶은 물 ½컵을 보관해둔다. 파스타의 물기를 뺀 후 한쪽에 둔다. 파스
타를 삶았던 냄비를 다시 불에 올리고 다음을 두른다.

　　올리브유 3큰술

다음을 넣고 저으면서 부드러워질 때까지 약 8분간 볶는다.

　　회향 구근 작은 것 1개, 얇게 썰기, 꼭지 부분은 보관

　　양파 작은 것 1개, 얇게 썰기

다음을 넣고 향긋한 마늘 향이 날 때까지 약 1분간 볶는다.

　　노란색 건포도 또는 말린 커런트 ¼컵

　　잣 ¼컵

　　마늘 2쪽, 다지기

　　(안초비 필레 3개, 씻어서 굵게 썰기)

사프란을 우려낸 와인 또는 물을 냄비에 붓고 국물이 절반으로 줄어들 때까지
졸인다. 다음을 넣는다.

　　품질 좋은 정어리 통조림 115g짜리 2개(훈제하지 않은 것), 국물을 따라내고 사용

파스타와 파스타 삶은 물을 넣고 집게로 뒤적이면서 섞는다. 재료가 서로 어우
러지고 골고루 잘 익을 때까지 끓인다. 위에 빵가루와 다음을 얹어서 낸다.

　　회향 잎, 굵게 썰기

　　(강판에 간 로마노 치즈)

프라이팬 하나로 만드는 토마토와 허브 파스타

4인분

이탈리아 가정 요리를 기반으로 한 이 요리는 최근에 '발굴한' 레시피로, 파스
타는 반드시 물을 많이 붓고 삶아야 한다는 일반 상식에 정면으로 도전장을
내민다. 건더기가 많이 들어 있는 푸짐한 파스타를 만들려면 **시판 또는 수제
이탈리아식 소시지 225g**을 잘게 부수어 갈색으로 볶은 다음 접시에 옮겨놓
고 소시지에서 나온 기름(필요하면 올리브유를 조금 추가)으로 양파와 마늘을 볶
는다. 레시피에 따라 조리하다가 바질과 치즈를 넣을 때 볶아놓은 소시지를 함
께 넣는다.

깊고 커다란 프라이팬을 중불에 올리고 다음을 둘러 뜨겁게 달군다.

　　올리브유 3큰술

다음을 넣고 저으면서 부드러워질 때까지 약 5분간 조리한다.

　　양파 중간 크기 1개, 얇게 썰기

　　소금 ½작은술

다음을 넣고 1분간 더 조리한다.

　　마늘 3쪽, 얇게 썰기

　　굵게 빻은 고춧가루 ½작은술

　　말린 오레가노 ½작은술 또는 다진 신선한 오레가노 1작은술

다음을 넣고 젓는다.

　　토마토 페이스트 2큰술

토마토 페이스트가 프라이팬의 바닥에 달라붙어서 갈색으로 변하기 시작하
면 다음을 붓는다.

　　드라이 화이트와인, 물 또는 닭 육수나 채소 육수 ½컵

프라이팬에 달라붙은 갈색 조각을 긁어낸다. 다음을 넣는다.

　　물 또는 닭 육수나 채소 육수 3컵

　　로마 또는 플럼 토마토 3개, 굵게 썰기 또는 깍둑썰기한 토마토 통조림 410g짜리
　　　1개

　　(안초비 필레 4개, 다지기)

팔팔 끓어오르면 다음을 넣는다.

　　건조 스파게티, 링귀네, 페투치네 또는 부카티니 340g

가끔 저으면서 파스타가 부드러워질 때까지 7~10분 정도 삶되, 삶는 시간은 파
스타의 모양에 따라 적당히 조절한다. 파스타가 삶아지기 전에 국물이 증발해
버리면 물이나 육수를 조금 더 넣고 계속 삶는다. 불에서 내린 후 다음을 넣고
젓는다.

　　신선한 바질 잎 10장 또는 적당량

　　강판에 간 파르메산 치즈 최대 ¾컵(85g)

　　소금과 흑후추 적당량

연어와 아스파라거스를 넣은 페투치네

4인분

시금치 페투치네를 사용하면 보기에도 근사한 파스타 요리가 된다.

커다란 냄비에 다음을 넣고 팔팔 끓인다.

　　물 3.8ℓ

　　소금 2큰술

다음을 넣고 부드럽지만 어느 정도 단단한 식감이 남아 있을 때까지 굵기에
따라 1~4분간 데친다.

　　아스파라거스 450g, 딱딱한 끝부분을 잘라내고 2.5cm 길이로 썰기

구멍 뚫린 숟가락으로 아스파라거스를 건져서 체에 담고 찬물로 헹궈서 잔열
에 더 익지 않도록 한다. 끓는 물에 다음을 넣고 부드럽지만 어느 정도 단단한
식감이 남아 있을 때까지 삶는다.

　　건조 페투치네 340g 또는 생파스타 450g

그동안 커다란 프라이팬을 중불에 올리고 다음을 넣어서 녹인다.

　　버터 3큰술

아스파라거스를 넣고 버터가 골고루 묻도록 약 1분간 볶는다. 다음을 넣어 골
고루 잘 익도록 끓인다.

　　헤비크림 1컵

　　레몬 1개의 껍질, 강판에 곱게 갈기

삶은 파스타의 물기를 빼고 다음과 함께 프라이팬에 넣는다.

　　얇고 길쭉하게 자른 훈제 연어 또는 생연어를 익혀서 잘게 부순 것 115g

　　다진 차이브 ¼컵

굵게 썬 파슬리 ¼컵

(물기를 뺀 케이퍼 2~3큰술, 맛을 보면서 조절)

소금과 흑후추 적당량

잘 섞이도록 뒤적인 후 뜨겁게 낸다.

조개 소스를 곁들인 링귀네

4~6인분

선택 재료인 토마토를 넣으면 붉은색 조개 소스를 만들 수 있다. 조개 통조림을 사용한다면, 잘게 썬 조개 통조림이나 일반 조개 통조림 185g짜리 4개를 국물까지 전부 삶은 파스타에 넣는다.

커다란 냄비를 중강불에 올리고 다음을 둘러서 가열한다.

올리브유 1큰술

다음을 넣고 저으면서 양파가 부드러워질 때까지 3~5분간 볶는다.

양파 작은 것 1개, 굵게 썰기

마늘 1쪽, 얇게 썰기

말린 오레가노 ½작은술

(굵게 빻은 고춧가루 1자밤)

강불로 올리고 다음을 넣는다.

(새끼 대합 등) 알이 작은 조개 1.8kg, 박박 문질러 씻기

드라이 화이트와인 1컵

냄비 뚜껑을 덮고 조개가 입을 벌릴 때까지 조리한다. 조개와 국물을 커다란 그릇에 붓고 약간 식힌다. 조개 국물을 흘리지 않도록 그릇 위에서 조개껍데기를 깐다. 조개에 모래가 있으면 국물에 헹군다. 껍데기를 깐 조갯살을 작은 그릇에 담고 국물을 체에 걸러서 모래를 제거한 후 한쪽에 둔다.

커다란 프라이팬에 다음을 두르고 가열한다.

올리브유 2큰술

다음을 넣고 저으면서 몇 분간 볶는다.

(토마토 큰 것 1개, 굵게 썰기)

마늘 큰 것 1쪽, 다지기

국물을 넣고 약 1컵 정도로 졸아들 때까지 뭉근히 끓인다. 그동안 커다란 냄비에 물을 붓고 소금을 넣은 후 팔팔 끓어오르면 다음을 넣고 삶는다.

건조 링귀네 또는 스파게티 450g

조개와 조개에서 나온 국물을 프라이팬에 넣고 저은 후 다음을 추가해 섞는다.

버터 2큰술

굵게 썬 파슬리 ¼컵

파스타의 물기를 빼고 소스에 넣은 후 뒤적여가며 소스를 골고루 묻힌다. 다음을 적당량 넣어 간을 한다.

소금과 흑후추

보드카 소스를 곁들인 펜네

4~6인분

커다란 프라이팬을 중불에 올리고 다음을 둘러서 가열한다.

버터 또는 올리브유 3큰술

다음을 넣고 저으면서 부드러워질 때까지 약 5분간 볶는다.

양파 1개, 잘게 썰기

다음을 넣고 저으면서 향긋한 냄새가 날 때까지 약 1분간 볶는다.

마늘 큰 것 2쪽, 다지기

다음을 넣고 젓는다.

통토마토 통조림 795g짜리 1개, 국물을 따라내고 굵게 썰기

보드카 ¼컵

굵게 빻은 고춧가루 ¼작은술

거품이 보글보글 올라오는 상태로 10분간 뭉근히 끓인다. 다음을 넣고 골고루 따뜻해지도록 젓는다.

헤비크림 ½컵

그동안 커다란 냄비에 물을 붓고 소금을 넣은 후 팔팔 끓어오르면 다음을 넣고 삶는다.

건조 펜네 450g

소스에 다음을 넣고 젓는다.

(바질 잎 12장, 굵게 썰기)

소금과 흑후추 적당량

파스타의 물기를 제거하고 소스에 넣는다. 취향에 따라 다음을 추가한다.

(강판에 간 파르메산 치즈 ½컵[55g])

골고루 뒤적이면서 파스타와 소스를 잘 섞는다.

탈리아텔레 녹색 채소 볶음

4인분

큰 냄비에 물을 붓고 소금을 넣은 후 팔팔 끓어오르면 다음을 넣고 삶는다.

건조 탈리아텔레 또는 페투치네 340g, 또는 생파스타 450g

그동안 커다란 프라이팬을 중불에 올리고 다음을 둘러서 가열한다.

올리브유 3큰술

다음을 넣고 저으면서 약간 갈색으로 변하기 시작할 때까지 볶는다.

양파 작은 것 ½개, 굵게 썰기

마늘 4쪽, 굵게 썰기

굵게 빻은 고춧가루 ½작은술

강불로 올리고 다음을 넣는다.

루콜라 잎이나 굵게 썬 시금치, 케일 또는 겨자 잎 넉넉하게 3줌(약 140g)

소금과 흑후추 적당량

저으면서 녹색 채소의 숨이 죽을 때까지 볶는다. 파스타 삶은 물 ½컵을 보관해둔다. 파스타의 물기를 빼고 프라이팬에 넣어 뒤적이면서 녹색 채소와 섞은 후 다음을 넣는다.

강판에 간 로마노 또는 파르메산 치즈 또는 잘게 부순 신선한 염소 치즈 ½컵(55g)

치즈와 함께 파스타 삶은 물을 넣어서 걸쭉한 소스 질감으로 마무리한다.

파스타와 흰콩 수프

4인분

여기에 소개하는 레시피는 파스타와 콩을 넣어서 수프라기보다는 걸쭉한 스튜에 가깝게 끓여낸 것이다. 좀 더 묽은 농도로 끓이려면 육수나 국물 또는 물을 더 넣는다. 취향에 따라 육수와 함께 파르메산 치즈 껍질을 넣어도 좋다.

커다란 편수 냄비를 중불에 올리고 다음을 둘러서 가열한다.

올리브유 2큰술

다음을 넣고 저으면서 양파가 노릇노릇해질 때까지 약 8분간 볶는다.

양파 중간 크기 1개, 잘게 썰기

당근 1개, 잘게 썰기

잎이 달린 셀러리 줄기 1개, 잘게 썰기

다음을 넣고 섞는다.

마늘 큰 것 2쪽, 다지기

마늘을 1분간 볶다가 다음을 넣는다.

카넬리니, 볼로티 또는 그레이트 노던 품종의 콩 통조림 440g짜리 2개, 국물을

따라내고 헹구기 또는 삶은 흰콩 3컵

깍둑썰기한 토마토 통조림 410g짜리 1개

숟가락 뒷면으로 콩을 살짝만 으깬다. 다음을 붓는다.

닭 육수나 채소 육수 또는 국물 2컵

뭉근히 끓어오르도록 가열한 다음 뚜껑을 반만 덮고 불을 줄여서 5분간 뭉근
히 끓인다. 다음을 넣고 젓는다.

엘보 마카로니, 디탈리니 또는 다른 짧은 파스타 1컵(115g)

파스타가 부드러워질 때까지 끓인다. 필요하면 육수, 국물 또는 물을 넣어서
소스의 농도를 묽게 한다. 다음을 적당량 넣어 간을 한다.

소금과 흑후추

내기 직전에 다음을 넣고 섞는다.

강판에 간 로마노 치즈 ¼컵

다진 파슬리 2큰술

국자로 떠서 그릇에 담고 강판에 간 치즈와 함께 낸다.

소시지와 브로콜리 라베를 넣은 오레키에테

4~6인분

커다란 프라이팬을 중불에 올리고 다음을 둘러서 가열한다.

올리브유 1큰술

다음을 넣는다.

시판 이탈리아식 소시지 450g, 케이싱을 벗겨서 사용 또는 수제 이탈리아식

소시지 450g

숟가락으로 소시지를 부수면서 먹음직스러운 갈색이 될 때까지 약 8분간 볶
는다. 다음을 넣고 저으면서 1분간 더 볶는다.

마늘 큰 것 3쪽, 다지기

굵게 빻은 고춧가루 ¼작은술

다음을 넣고 젓는다.

브로콜리 라베 크게 1묶음, 손질해서 굵게 썰기

뚜껑을 덮고 살짝 부드러워질 때까지 약 5분간 조리한다. 다음을 적당량 넣어
간을 한다.

소금과 흑후추

그동안 커다란 냄비에 물을 붓고 소금을 넣은 후 팔팔 끓어오르면 다음을 넣
고 삶는다.

오레키에테 또는 카바텔리 450g

파스타 삶은 물 ½컵을 보관해둔다. 파스타의 물기를 제거하고 프라이팬에 넣
은 후 파스타 삶은 물을 추가해 약불에서 뒤적이면서 섞는다. 다음을 훌훌 뿌
려서 낸다.

강판에 간 로마노 치즈

로제야트 데 피데오스(Rossejat de Fideos, 스페인식 볶음국수)

4인분

파에야와 비슷하지만 쌀 대신 짧은 국수를 볶아서 만든다. 여기서는 비교적 간
단한 버전을 소개하는데, 초리소나 다양한 생선과 갑각류, 닭 넓적다리살, 심
지어 토끼고기를 넣어도 잘 어울리며 더욱 푸짐하게 완성된다. 직접 우려낸 진
한 풍미의 육수를 사용하면 그야말로 환상적인 맛을 즐길 수 있다. 파스타를
작은 조각으로 쪼갤 때 깔끔하게 작업하려면 종이봉투에 넣고 부순다.

오븐 팬에 키친타월을 깐다. 커다란 프라이팬이나 더치오븐을 중불에 올리고
다음을 둘러서 가열한다.

올리브유 ¼컵

다음을 넣고 가끔 저으면서 진한 갈색이 될 때까지 골고루 볶는다.

건조 피데오스(스페인식 국수 — 옮긴이) 또는 엔젤헤어 파스타를 2.5cm 길이로 부순

것 340g

볶은 파스타를 키친타월을 깐 오븐 팬에 옮겨놓는다. 프라이팬을 다시 불에
올리고 다음을 두른다.

올리브유 1큰술

기름이 뜨겁게 달궈지면 다음을 넣고 저으면서 부드러워질 때까지 볶는다.

양파 중간 크기 ½개, 깍둑썰기하기

붉은색 피망 ½개, 깍둑썰기하기

다음을 넣고 저으면서 향긋한 냄새가 날 때까지 약 1분간 볶는다.

마늘 4쪽, 굵게 썰기

훈제 파프리카 가루 1작은술

다음과 함께 볶은 국수를 넣고 젓는다.

닭 육수, 새우 육수 또는 조개즙 3컵

로마 또는 플럼 토마토 2개, 상자형 강판의 구멍이 큰 면으로 성기게 갈기

뭉근히 끓어오르도록 가열한 다음 뚜껑을 연 상태에서 손을 대지 않고 국수
가 육수를 거의 다 흡수할 때까지 10~15분간 조리한다. 다음으로 간을 한다.

소금

국수가 국물을 전부 빨아들이면 프라이팬에 육수나 물을 소량 추가한다. 파스
타 위에 다음을 얹는다.

대하 340g(450g당 30마리 이하 등급), 껍질을 까고 내장을 빼기 또는 껍데기를

까지 않은 홍합이나 조개 또는 이를 섞어서 450g

프라이팬의 뚜껑을 덮고 중약불로 줄여서 새우가 속까지 잘 익거나 홍합 또는
조개의 껍데기가 벌어질 때까지 3~5분간 찐다. 다음을 얹어서 낸다.

굵게 썬 파슬리

아이올리

버터에 버무린 에그누들

곁들임 음식 6~8인분

큰 냄비에 물을 붓고 소금을 넣은 후 팔팔 끓어오르면 다음을 넣고 삶는다.

건조 에그누들 340g 또는 생에그누들 450g

삶은 물을 따라내고 에그누들을 다시 냄비에 넣는다. 다음을 추가한다.

버터 스틱 1개(115g), 부드럽게 녹이거나 가열해서 브라운 버터로 만들기

소금과 흑후추 적당량

에그누들을 뒤적이면서 버터를 골고루 묻힌다.

에그누들의 추가 재료

버터에 버무린 에그누들을 만들고, 다음 중 선호하는 재료 한 가지 또는 여러 가지를 첨가한다.

굵게 썬 차이브, 파슬리 또는 딜 최대 ½컵

갈색으로 볶은 버터 빵가루 1컵

구워서 굵게 썬 호두 최대 ½컵

베이컨 최대 4조각, 바삭하게 구워서 잘게 부수기

코티지 치즈, 사워크림, 플레인 그릭 요구르트 또는 크렘 프레슈 225g

포피시드 2큰술

마늘 2쪽, 다지기

또는 버터에 버무린 에그누들을 다음과 함께 낸다.

뵈프 부르기뇽

비프 스트로가노프

치킨 파프리카

코코뱅

할루슈키(Haluski, 볶은 양배추와 국수)

곁들임 음식 6인분

버터를 넉넉히 넣은 이 간단한 폴란드 전통 음식을 먹으면 몸도 마음도 따뜻해진다. 아래에 소개한 것은 채식 버전이지만, 프라이팬에 구운 칼바사 소시지 슬라이스나 구워서 잘게 부순 베이컨을 넣어도 잘 어울린다. 베이컨을 넣는다면 양파를 볶을 때 버터 대신 베이컨 기름을 사용한다.

더치오븐을 중불에 올리고 다음을 넣어 녹인다.

버터 4큰술(버터 스틱 ½개)

다음을 넣는다.

양파 큰 것 1개, 얇게 썰기

양파가 부드러워지면서 살짝 갈색으로 변하기 시작할 때까지 약 20분간 볶는다. 양파의 색이 너무 진해지면 불을 줄인다.

다음을 넣는다.

버터 4큰술(버터 스틱 ½개)

버터가 녹으면 다음을 넣는다.

녹색 양배추 680g, 잘게 썰기(꾹 눌러 담아 약 9컵)

소금 ½작은술

뚜껑을 덮고 양배추의 숨이 죽도록 5분간 찐다. 뚜껑을 열고 가끔 저으면서 양배추가 아주 부드러워지고 갈색으로 변하기 시작할 때까지 15분간 더 조리한다. 양배추를 익히는 동안 커다란 냄비에 물을 붓고 소금을 넣은 후 팔팔 끓어오르면 다음을 넣고 부드러워질 때까지 삶는다.

폭이 넓은 건조 에그누들 225g

에그누들의 물기를 빼고 양배추 혼합물에 넣은 다음 뒤적이면서 잘 섞는다. 다음을 넉넉히 넣어서 맛을 낸다.

흑후추

아시아 국수에 대해

4000년에 걸쳐 창의력을 발휘하고 레시피를 개선하며 가다듬은 결과, 중국과 일본, 태국, 베트남, 한국의 요리사들은 놀라울 정도로 다양한 국수 요리를 고안해냈다. 야키소바, 참깨 국수, 팟타이, 로메인, 라멘을 비롯한 상당수 아시아 국수 요리는 이제 미국에서도 즐겨 먹는 음식이 되었다. 엄청난 대륙 크기만큼이나 방대하고 다채로운 요리 문화를 자랑하는 아시아의 국수와 국수 요리는 이 주제만을 다룬 책들도 다양하게 출간되어 있을 정도로 넓고 깊은 범주다. 아래와 같이 간략하게 다룬다고 해서 이 항목이 그저 구색만 갖춘다거나 지극히 한정된 지면만으로도 충분히 소개할 수 있다는 의미는 아니다. 그보다는 아시아의 국수 요리가 세련되고 높은 수준을 자랑하며 지중해 및 동유럽의 국수 요리와는 차별화되는 기술과 재료를 사용한다는 사실을 보여주려는 의미가 크다.

아시아 국수는 밀가루 또는 쌀가루, 녹두나 고구마 전분, 메밀 등 사용하는 곡물가루나 전분의 유형에 따라 분류할 수 있다. ▶ 대체할 수 있는 국수를 찾을 때는 같은 전분 유형으로 만든 것을 고른다.

▶ 볶음이나 지짐 요리를 하기 전에, 국수를 부드럽지만 어느 정도 단단한 식감이 남아 있도록 삶은 다음 완전히 식을 때까지 찬물에 헹구고 물기를 잘 빼서 사용한다.

미엔(mien, 麵)이라고 하는 **중국식 에그누들**은 부드러운 밀가루와 달걀로 만든다. 연한 노란색을 띠는 것도 있다. **로메인 국수**는 3mm 정도 두께에 스파게티와 비슷한 모양이며 일단 삶아서 볶음, 지짐 또는 차가운 국수 요리에 사용한다. **차우멘 국수**는 로메인보다 가늘며 애벌로 삶아서 판매하는 경우가 많으므로 지지거나 튀기기 전에 삶을 필요가 없다. **완탕 국수**는 노란색의 탄력 있는 면으로, 아주 가늘고 둥글거나 평평하고 납작한 모양을 하고 있다. 주로 수프를 끓일 때 많이 사용한다.

쌀국수는 보통 건조 형태로 판매하지만, 생쌀국수도 특히 아시아 식재료를 두루 취급하는 식료품점에서 비교적 쉽게 구할 수 있다. 일반적으로 생쌀국수는 1~2분 정도만 삶으면 충분하다. 생쌀국수나 건조 쌀국수 중에는 물에 넣어서 불리기만 하면 되는 것들도 있다. 국수가 잠길 만큼 뜨거운 수돗물을 넉넉히 부어서 부드러워질 때까지 10분 정도 불린 다음(국수를 물에 담가둘 때 서로 붙지 않도록 젓가락으로 가닥가닥 흩트려놓는다.) 물기를 빼고 수프 또는 볶음 요리에 넣는다. 가장 보편적으로 사용하는 것은 가느다란 건조 쌀국수다.('라이스 스틱rice sticks' 또는 '라이스 버미셀리rice vermicelli'라는 이름으로 판매되는 경우가 많다.) 차우펀 같은 요리에 잘 어울리는 폭이 넓고 두꺼운 쌀국수도 한번 찾아보자.

녹말 국수로는 투명한 셀로판 국수(녹두나 감자 전분 사용), 일본의 실곤약(곤약 전분 사용) 그리고 우리 가족이 가장 좋아하는 한국의 당면(고구마 전분) 등이 있다. 이러한 국수는 모두 볶음 요리에 사용하거나 바삭하게 튀기거나 수프에 넣어도 두루두루 잘 어울린다.

일본의 **소바**는 밀가루와 메밀가루(또는 메밀 100%)로 만들어 은은하고 고소한 풍미가 있으면서 회색빛이 돈다. 소바는 단독으로 어엿한 한 코스의 역할을 하며, 차갑게 헹궈서 네모난 나무 용기에 담고 다시에 간장과 미림으로 간을 해서 만든 찍어 먹는 소스와 함께 내는 것이 전통적인 방식이다. 소바를 야키소바와 혼동하지 말자. 야키소바는 차우멘과 비슷하며 야키소바 면이나 라멘 국수, 돼지고기, 채소, 풍미가 진한 소스로 만든 일본식 볶음면이다.(차우멘 레시피 참고)

우동은 길쭉하고 통통한 일본의 국수로 밀가루를 사용해서 만든다. 보통 우동 국물을 붓고 송송 썬 쪽파와 시치미를 홀홀 뿌려서 내지만 푸짐한 이 국수를 아래에 소개한 차우멘처럼 볶아 먹어도 꽤 맛있다. **소면**은 엔젤헤어 파스타 정도 되는 굵기의 가는 국수로 소바처럼 차갑게 먹기도 한다. **라멘**은 알칼리성 간수를 넣어서 만들기 때문에 탄력 있고 쫄깃한 식감이 특징이다. 생면이나 건조 면의 형태로 판매한다. 대학생이나 식욕이 왕성한 청소년이라면 누구나 공감하겠지만, 간단하게 끓여 먹을 수 있는 라멘은 맛있고 편리하며 경제적이다. 그렇다고는 해도 우리는 역시 마트의 냉장 또는 냉동식품 판매대에서 점점 자주 눈에 띄는 생면을 선호한다. 급할 때는 비슷한 **야키소바 면**을 사용해도 좋다. 라멘은 보통 진한 국물을 넉넉히 붓고 다양한 육류, 채소, 고명을 얹어서 뜨겁게 낸다. 여름에는 가벼운 느낌의 국물을 자작하게 붓고 오이, 토마토 등의 상큼한 고명을 곁들여 차갑게 먹는다. 하와이의 **사이민 국수**는 라멘과 아주 비슷하지만 달걀 함량이 높아 식감이 단단하다.

로메인(Lo Mein, 중국식 볶음면)

4인분

이 레시피에는 중국식 에그누들 생면이 가장 잘 어울리지만, 스파게티 모양의 국수라면 어떤 것이든 아쉬운 대로 사용할 수 있다. 거의 모든 고기와 채소의 조합이 잘 어울리는 요리다. 상황에 따라 먹다 남은 고기를 활용해도 좋다. 그냥 얇게 썰어서 조리의 마지막 단계에 넣은 다음 골고루 따뜻해지도록 데우기만 하면 된다.

다음 중 하나를 준비한다.

　뼈와 껍질을 제거한 닭 넓적다리살이나 가슴살, 돼지 등심 또는 생삼겹살 225g,
　　얇게 썰기

　껍질을 깐 새우나 관자 225g, 굵게 썰기

　아주 단단한 두부 225g, 1.2cm 크기로 깍둑썰기하기

작은 그릇에 다음을 넣고 섞는다.

　닭 육수나 채소 육수 또는 국물 ½컵

　굴 소스 또는 해선장 3큰술

　간장 2큰술

　설탕 1큰술

　참기름 2작은술

커다란 냄비에 소금을 넣지 않고 물을 팔팔 끓인 후 다음을 넣어 부드러워지기 시작할 때까지 삶는다.

　건조 로메인이나 차우멘 국수 또는 스파게티 285g

물을 따라내고 흐르는 찬물에 헹군 다음 다시 물기를 뺀다. 웍이나 커다란 프라이팬을 중강불에 올린다. 팬이 뜨겁게 달구어졌을 때 다음을 두른다.

　식물성 기름 2큰술

기름이 골고루 퍼지도록 팬을 빙글빙글 돌리면서 연기가 나기 직전까지 기름을 달군다. 고기, 갑각류 또는 두부를 넣고 볶는다. 갑각류가 불투명해질 때까지, 또는 두부나 삼겹살이 약간 바삭하게 익을 때까지 조리한다. 프라이팬에 다음을 넣는다.

　잘게 썬 배추, 꾹 눌러 담아 2컵(115g)

　당근 중간 크기 1개, 채 썰기

　쪽파 3대, 5cm 길이로 썰기

　버섯 115g, 얇게 썰기

　마늘 1쪽, 다지기

채소가 부드러워질 때까지 약 2분간 볶는다. 프라이팬의 옆면을 타고 내려가도록 육수와 양념 혼합물을 붓고 저은 다음 1분간 끓인다. 삶아놓은 국수를 넣고 육수 및 건더기 재료와 잘 섞으면서 골고루 데워지도록 뒤적인다. 취향에 따라 다음을 넣고 약 30초간 더 조리한다.

　(숙주 ¾컵)

뜨겁게 낸다.

차우멘

4인분

커다란 논스틱 프라이팬이나 길이 잘 든 웍을 사용해 **로메인**을 만든다. 고기나 두부, 채소를 조리한 후 육수를 붓기 전에 접시에 옮겨 담고 한쪽에 둔다. 프라이팬에 **식물성 기름 2큰술**을 두르고 뜨겁게 달궈졌을 때 삶은 국수를 넣는다. 국수가 연한 갈색으로 바삭하게 익을 때까지 젓지 않고 약 4분간 지진다. 육수 혼합물을 붓고 주걱으로 프라이팬에 달라붙은 국수를 떼어낸 다음 뒤적이며 국물과 국수를 잘 섞는다. 접시에 담아두었던 고기 또는 두부와 채소를 다시 프라이팬에 넣고 뒤적이며 섞는다.

　야키소바를 만들려면 건조 야키소바 면 또는 라멘 국수를 사용하고, 취향에 따라 (파래 가루[아오노리]) 및 (붉은색 생강 초절임 또는 생강 피클)로 장식한다.

소고기 차우펀

4인분

일반적으로 국숫집에서는 폭이 넓은 쌀국수를 프라이팬에 지져서 사용한다. 뜨거운 물을 넉넉히 붓고 국수를 담가서 부드러워질 때까지 약 10분간 불린다.

　1.2cm 너비의 건조 쌀국수 225g

중간 크기의 그릇에 다음을 넣고 섞는다.

　간장 2작은술

　옥수수 전분 1작은술

결의 반대 방향으로 아주 얇게 썬다.

　옆양지 스테이크 225g

고기를 간장 혼합물에 넣어서 뒤적인 후 15분간 재운다.

작은 그릇에 다음을 넣고 세게 저어서 잘 섞는다.

　닭 육수 또는 국물 ½컵

　굴 소스 ¼컵

　사오싱주 또는 드라이 화이트와인 2큰술

　간장 2큰술

　참기름 2작은술

　설탕 2작은술

　옥수수 전분 2작은술

한쪽에 둔다. 불려놓은 국수의 물기를 최대한 뺀다. 웍이나 커다란 프라이팬을 강불에 올리고 가열한다. 팬이 뜨겁게 달궈졌을 때 다음을 붓는다.

　식물성 기름 ¼컵

기름이 골고루 퍼지도록 팬을 빙글빙글 돌리면서 연기가 나기 직전까지 아주 뜨겁게 달군다. 국수를 넣고 가끔 젓거나 뒤적이면서 국수가 여기저기 연한 갈색을 띠도록 조리한다. 국수를 접시에 옮겨 담고 프라이팬을 깨끗이 닦아낸다. 프라이팬을 다시 뜨겁게 달군다. 다음을 붓는다.

　식물성 기름 2큰술

기름이 골고루 퍼지도록 팬을 빙글빙글 돌리면서 연기가 나기 직전까지 아주 뜨겁게 달군다. 얇게 썬 소고기를 넣고 조각들이 서로 떨어지도록 재빨리 뒤집어가면서 약 20초간 볶는다. 다 볶으면 국수 접시에 옮겨 담는다. 프라이팬을 다시 뜨겁게 달군다. 다음을 붓는다.

식물성 기름 2큰술

기름이 골고루 퍼지도록 팬을 빙글빙글 돌리면서 연기가 나기 직전까지 아주 뜨겁게 달군다. 다음을 넣고 잠깐 젓는다.

발효 검은콩 2작은술

마늘 2쪽, 다지기

생강 2.5cm짜리 1조각, 껍질을 벗기고 강판에 갈거나 다지기

다음을 넣고 1분간 뒤적이며 볶는다.

껍질콩 225g, 손질해서 5cm 길이로 썰기

프레스노, 세라노 또는 할라페뇨 고추 1~3개, 맛을 보면서 조절, 씨를 빼서 얇고 길쭉하게 썰기

쪽파 4대, 5cm 길이로 썰기

소고기와 국수를 다시 프라이팬에 넣고 모든 재료가 완전히 섞이도록 뒤적인다. 육수와 옥수수 전분 섞은 것을 넣고 소스가 걸쭉해지면서 국수에서 반질반질 윤이 날 때까지 젓는다. 서빙용 접시에 담는다.

참깨 국수

6인분

이 국수는 파티나 포틀럭 모임을 위해 준비하기에 좋은 메뉴다. 미리 만들어놓을 수 있고 보관도 어렵지 않으며 실온 상태로 먹어야 가장 맛있다. 이 요리는 중국산 참깨 페이스트를 사용해야 가장 맛있지만, 그보다 구하기 쉬운 타히니 소스를 사용해도 잘 어울린다.

커다란 그릇에 다음을 넣고 세게 저어서 잘 섞는다.

간장 3큰술

물 2큰술

쌀 식초 2큰술

부드러운 무가당 땅콩버터 2큰술

참깨 페이스트 또는 타히니 2큰술

설탕 2큰술

참기름 1큰술

(고추 마늘 페이스트, 스리라차 또는 삼발 올렉 1큰술)

(쓰촨식 고운 고춧가루 또는 오향 분말 ½작은술)

마늘 1쪽, 다지기

생강 2.5cm짜리 1조각, 껍질을 벗기고 다지거나 강판에 갈기

한쪽에 둔다. 커다란 냄비에 소금을 넣지 않고 물을 팔팔 끓여서 다음을 넣고 부드러워질 때까지 삶는다.

중국식 건조 에그누들 또는 스파게티 450g

체에 밭쳐 물을 따라내고 차가워질 때까지 찬물에 헹군다. 다시 물기를 잘 빼고 소스가 담긴 그릇에 넣은 후 다음을 추가한다.

오이 1개, 껍질과 씨를 제거한 후 채 썰기

당근 2개, 채 썰기

모든 재료를 뒤적이며 잘 섞는다. 간장을 추가해 간을 맞추고 다음으로 장식한다.

쪽파 3대, 얇게 썰기

굵게 썬 구운 땅콩 또는 볶은 참깨

탄탄미엔(매콤한 쓰촨식 국수)

4인분

커다란 냄비에 소금을 넣지 않고 물을 팔팔 끓여서 다음을 넣고 부드러워질 때까지 삶는다.

중국식 건조 에그누들 또는 스파게티 340g

삶은 물을 따라내고 찬물로 헹군 후 다시 물기를 잘 뺀다. 한쪽에 둔다. 작은 그릇에 다음을 넣고 섞는다.

닭 육수나 국물 또는 물 ¼컵

간장 2큰술

고추기름 2큰술

사오싱주 또는 드라이 셰리 2큰술

중국 흑식초 또는 무첨가 쌀 식초 1큰술

참깨 페이스트 또는 타히니 2작은술

참기름 2작은술

설탕 2작은술

쓰촨식 고운 고춧가루 ½작은술

한쪽에 둔다. 웍이나 커다란 프라이팬을 중불에 올려서 가열한다. 뜨겁게 달궈졌을 때 다음을 두른다.

땅콩기름 또는 식물성 기름 2큰술

기름이 골고루 퍼지도록 팬을 빙글빙글 돌리면서 연기가 나기 직전까지 달군다. 다음을 넣고 마늘이 연한 갈색이 되도록 볶는다.

생강 5cm짜리 1조각, 껍질을 벗기고 다지기

마늘 2쪽, 다지기

다음을 넣고 덩어리를 부숴가면서 분홍색이 사라지고 갈색으로 변하기 전까지 볶는다.

다진 돼지고기 450g

고기에서 나온 기름을 따라낸다. 소스를 붓고 2분간 조리한다. 국수를 서빙용 그릇에 담고 국수 위에 돼지고기 소스를 붓는다. 다음을 곁들여 낸다.

굵게 썬 구운 땅콩

곱게 송송 썬 쪽파

카오소이까이(Khao Soi Gai, 태국식 닭고기 커리 국수)

4인분

마음이 푸근해지는 근사한 태국 북부 지방 요리다. 부드러운 에그누들과 저절로 부스러질 정도로 부드러운 닭고기에 코코넛 커리 국물을 넉넉히 붓고, 취향에 따라 바싹 튀긴 국수를 얹어 바삭한 식감을 더한다. 향신료에 얼마나 익숙한지 그리고 사용하는 커리 페이스트가 얼마나 매운지에 따라 커리 페이스트의 양을 적절히 조절한다. **겨자 잎 피클**은 꼭 필요한 가니시는 아니지만 진한 국물에 상큼한 맛과 복합적인 풍미를 더하므로 넣으면 좋다. 통통하고 잎이 두툼한 겨자 잎 품종으로 만든 이 피클은 대다수 아시아 마트에서 작은 통조림이나 비닐 파우치에 들어 있는 형태로 구할 수 있다.

커다란 냄비에 소금을 넣지 않고 물을 팔팔 끓여서 다음을 넣어 부드러워지기 시작할 때까지 삶는다.

중국식 건조 에그누들이나 얇은 에그누들 225g, 또는 생면 완탕 국수 450g

삶은 물을 따라내고 찬물로 헹군 후 다시 물기를 잘 뺀다. 한쪽에 둔다. 커다란 프라이팬이나 편수 냄비를 중불에 올리고 다음을 둘러 가열한다.

식물성 기름 2큰술

다음을 넣고 저으면서 향긋한 냄새가 나고 약간 짙은 색으로 변할 때까지 튀긴다.

시판 또는 수제 옐로 커리 페이스트 또는 레드 커리 페이스트 2~3큰술

다음을 넣는다.

닭 다리 4개, 넓적다리와 아랫다리를 분리하기 또는 뼈 있는 닭 넓적다리살 1.1kg

코코넛 밀크 통조림 400ml짜리 1개

닭 육수 또는 국물 2컵

갈색 설탕 또는 팜 슈거, 꾹 눌러 담아 ¼컵

커리 가루 2큰술

부르르 끓어오르면 불을 줄이고 닭이 속까지 부드럽게 잘 익도록 약 30분간 뭉근히 끓인다. 수프에 바삭한 토핑을 얹으려면 삶은 국수를 한 움큼 집어서 따로 보관해두고 나머지를 개인 그릇에 나눠 담는다. 작고 우묵한 편수 냄비에 기름을 다음 높이까지 붓고 175℃로 가열한다.

(식물성 기름 5cm)

따로 보관해둔 국수 한 움큼의 물기를 완전히 제거하고 둥글게 뭉쳐서 ‘둥지’ 모양 4개를 만든다. 한 번에 하나씩 냄비에 넣고 황금색으로 바삭하게 익을 때까지 약 2분간 튀긴다. 키친타월을 깐 접시에 올려놓고 기름을 뺀다. 국물 맛을 보고 다음을 넣는다.

피시 소스 1~2큰술 또는 적당량

국수 위에 국물을 붓고 튀긴 국수를 준비했다면 토핑으로 얹는다. 다음을 곁들여 낸다.

라임 조각

기름에 튀긴 태국식 칠리 고추 페이스트 또는 삼발 올렉

얇게 썬 샬롯

굵게 썬 고수

(칠리 고추를 우려낸 피시 소스)

(굵게 썬 겨자 잎 피클, 레시피 설명 참고)

팟타이

2~3인분

이 레시피의 분량을 2배로 늘려서 조리할 때는 재료가 너무 많아서 프라이팬에 넘치므로 팬도 2개를 사용해야 한다. 타마린드 페이스트는 대부분의 아시아 마트에서 통이나 병 또는 짜서 쓰는 튜브 형태로 판매한다. 씨가 들어 있는 벽돌 형태의 타마린드 페이스트밖에 구할 수 없거나 대용품이 필요한 경우에는 타마린드에 대해 항목을 참고한다.

뜨거운 물을 넉넉히 붓고 다음을 담가서 부드러워질 때까지 약 30분간 불린다.

평평하고 가느다란 건조 쌀국수(‘팟타이 누들’이라는 이름으로 판매) 225g

그동안 작은 그릇에 다음을 넣고 잘 섞는다.

피시 소스 3~4큰술, 맛을 보면서 조절

팜 슈거 또는 갈색 설탕 3큰술

라임즙 2큰술

씨 없는 타마린드 페이스트 2큰술, 물 2큰술에 개기

웍이나 커다란 프라이팬을 중강불에 올리고 뜨겁게 달군다. 취향에 따라 다음을 넣고 바삭해질 때까지 덖는다.

(작은 말린 새우 2큰술, 씻어서 물기를 빼기)

덖은 새우를 굵게 썰어서 한쪽에 둔다. 뜨거운 프라이팬에 다음을 두른다.

식물성 기름 1큰술

기름이 골고루 퍼지도록 팬을 빙글빙글 돌린 후 다음을 넣고 세게 저으면서 몽글몽글하게 익힌다.

달걀 3개, 잘 풀어두기

익힌 달걀을 접시에 옮겨 담는다. 프라이팬을 다시 뜨겁게 달궈 다음을 두른다.

식물성 기름 2큰술

기름이 골고루 퍼지도록 팬을 빙글빙글 돌리면서 연기가 나기 전까지 달군다. 다음을 넣고 계속 저으면서 연한 갈색이 되도록 볶는다.

단단한 두부 170g, 1.2cm 크기로 깍둑썰기하기

두부를 달걀이 담긴 접시에 옮겨 담는다. 프라이팬에 다음을 넣고 분홍색으로 속까지 잘 익도록 약 2분간 조리한다.

대하 225g, 껍질을 벗기고 내장을 제거한 뒤 세로로 반 가르기

덖어놓은 말린 새우가 있다면 이 단계에서 넣는다. 국수의 물기를 잘 빼고 프라이팬에 넣은 다음 뒤적이면서 기름을 골고루 묻힌다. 피시 소스 혼합물을 붓고 잘 섞는다. 달걀과 두부를 다시 프라이팬에 넣고 다음을 추가한다.

숙주 2컵

쪽파 4대, 5cm 길이로 썰기

굵게 빻은 고춧가루 ½작은술

재료를 뒤적이며 국수와 잘 어우러지도록 섞으면서 2분간 조리한다. 다음과 함께 낸다.

라임 조각

굵게 썬 고수

굵게 썬 구운 땅콩

(얇게 썬 바나나꽃)

꾸웨이띠오 쿠아까이(Kuaytiaw Khua Kai, 닭고기와 로메인을 넣은 태국식 볶음 쌀국수)

2인분

팟타이와 마찬가지로 레시피의 분량을 늘릴 때는 재료가 넘치지 않게 프라이팬을 2개 사용한다. 취향에 따라 건조 국수 대신 생쌀국수 340g(센야이sen yai 또는 차우편 국수라고도 한다.)을 사용해도 좋다. 생쌀국수는 불리거나 삶을 필요 없이 그대로 사용한다.

따뜻한 물에 30분간 불린다.

폭이 넓은(너비 1.2cm 이상) 건조 쌀국수 170g

물기를 잘 뺀다. 냄비에 물을 붓고 팔팔 끓어오르면 국수를 넣고 1분간 삶는다. 물기를 잘 빼고 찬물에 헹군다. 작은 그릇에 다음을 넣고 세게 저어서 섞은 다음 한쪽에 둔다.

대란 2개

굴 소스 2큰술

간장 2큰술

설탕 1큰술

곱게 간 백후추 ¼작은술

웍이나 커다란 프라이팬을 중강불에 올리고 다음을 둘러 가열한다.

식물성 기름 또는 돼지기름 2큰술

프라이팬에 다음을 넣고 자주 저으면서 볶는다.

뼈와 껍질을 제거한 닭 넓적다리살 225g, 얇게 썰기

2분 정도 볶아서 속까지 충분히 익으면 접시에 옮겨 담고 한쪽에 둔다. 프라이팬에 국수를 넣고 젓지 않으면서 2분간 지진다. 달걀 혼합물을 넣는다. 국수가 갈색으로 변하기 시작하면 반대쪽으로 뒤집는다. 닭고기를 다시 프라이팬에 넣고 다음을 추가한다.

쪽파 2대, 얇게 썰기

큼직하게 썬 로메인 상추 1½컵

주걱으로 서로 달라붙은 국수를 부수면서 모든 재료를 잘 섞는다. 즉시 다음 위에 얹어서 낸다.

큼직한 로메인 상추 잎 몇 장

다음을 곁들인다.

칠리 고추를 우려낸 피시 소스

태국산 칠리 고춧가루 또는 굵게 빻은 고춧가루

백식초

우동

4~6인분

갓 삶은 우동 국수에 진한 풍미의 국물을 붓고 쪽파와 시치미 고춧가루를 얹어서 먹는 우동은 너무나 간단하고도 맛있다.

커다란 냄비를 중불에 올리고 뭉근히 끓인다.

다시 또는 닭 육수나 국물 8컵

간장 ½컵

미림 ½컵

커다란 냄비에 소금을 넣지 않고 물을 팔팔 끓여서 다음을 넣고 부드러워질 때까지 삶는다.

건조 우동면 450g

면의 물기를 빼고 개인 그릇에 적당히 나눠서 담는다. 취향에 따라 각 그릇에 다음을 넣는다.

(수란 1개, 달걀 총 4~6개)

다음을 홀홀 뿌린다.

얇게 썬 쪽파

간을 맞춘 우동 국물을 국자로 떠서 그릇마다 1½~2컵씩 붓는다. 다음을 적당량 홀홀 뿌려서 맛을 낸다.

시치미 고춧가루

간장 라멘

4~6인분

커다란 편수 냄비를 중불에 올리고 은근히 끓어오르도록 가열한다.

가금류 육수, 다시 또는 버섯 육수 II 10컵

간장 ½컵

미림 ½컵

사케 ¼컵

마늘 2쪽, 강판에 갈기

생강 2.5cm짜리 1조각, 껍질을 벗겨서 강판에 갈거나 다지기

커다란 냄비에 소금을 넣지 않고 물을 팔팔 끓여서 다음을 넣고 부드러워질 때까지 삶는다.

라멘 생면이나 냉동 면 680g 또는 건조 면 450g

삶은 국수를 그릇에 적당히 나누어 담고 간을 맞춘 국물을 붓는다. 다음 중 선호하는 재료를 토핑으로 얹는다.

돼지고기 차슈, 구운 돼지고기, 다진 돼지고기 볶은 것 또는 단단한 두부

참기름 및/또는 고추기름

얇게 썬 쪽파

옥수수 알갱이, 죽순, 김치, 조리한 버섯 또는 생팽이버섯

시치미 고춧가루

구운 김

완숙 달걀, 노른자가 꾸덕꾸덕하게 흐르거나 살짝 익을 정도로 삶기

된장 라멘

간장 라멘을 만들되, 간장 대신 적미소 ½컵을 사용하고 미림의 양을 ¼컵으로 줄이며 참기름 2작은술을 추가한다.

차가운 소바

4인분

메밀국수를 먹는 가장 보편적인 방법이며, 차가운 국수에 맵고 알싸한 양념 재료를 곁들여 매력적인 조화를 즐긴다. 취향에 따라 덴푸라 튀김옷을 입힌 새우 튀김이나 채소 튀김을 함께 내기도 한다.

중간 크기의 편수 냄비를 중불에 올리고 다음을 은근하게 끓인다.

다시 2½컵

간장 ½컵+2큰술

미림 ¼컵

설탕 1작은술

불에서 내려 실온 상태로 식힌다. 가위로 다음을 아주 얇게 자른다.

구운 김 1장

접시에 다음을 각각 소복하게 담는다.

얇게 썬 쪽파 ½컵

강판에 간 무 ⅓컵

고추냉이 페이스트 2큰술

커다란 냄비에 소금을 넣지 않고 물을 팔팔 끓여서 다음을 넣고 부드러워지기 시작할 때까지 삶는다.

메밀국수 340g

국수를 다 삶으면 체에 밭쳐 물을 따라낸 후 차가워질 때까지 찬물로 헹구고, 손으로 국수를 휘휘 저으면서 잘 씻는다. 국수를 개인 그릇 4개에 적당히 나눠 담는다. 그릇마다 잘게 자른 김을 솔솔 뿌린다. 소스를 자그마한 그릇 4개에 나눠 담고 국수 그릇 옆에 하나씩 둔다. 고추냉이가 담긴 접시는 모든 사람이 쉽게 집을 수 있는 위치에 놓는다. 먹을 때는 약간의 쪽파, 간 무, 고추냉이를 소스에 넣은 다음 국수를 한입 분량씩 소스에 적셔서 먹는다.

잡채(한국식 당면 요리)

곁들임 요리 4인분 또는 주요리 2인분

전통적으로 잡채는 여러 사람이 모여서 다 같이 나눠 먹는 곁들임 음식의 형태로 내지만 채식 주요리로도 손색이 없다. 이 레시피를 쓰는 데 도움을 준 지인 박여진 씨에게 감사의 말을 전한다.

커다란 프라이팬을 중강불에 올리고 다음을 둘러서 가열한다.

식물성 기름 1큰술

다음을 넣고 저으면서 부드러워지기 시작할 때까지 약 5분간 볶는다.

양파 큰 것 ½개, 얇게 썰기

소금 1자밤

양파 볶은 것을 커다란 그릇에 옮겨 담는다. 프라이팬에 다음을 넣는다.

표고버섯 115g, 밑동을 떼어내고 얇게 썰기(슬라이스 약 1½컵 분량)

소금 1자밤

부드러워질 때까지 약 5분간 조리한다. 필요하면 프라이팬에 기름을 조금 더 두른다. 볶은 버섯을 양파가 담긴 그릇에 담는다. 프라이팬에 다음을 넣는다.

식물성 기름 1큰술

당근 큰 것 1개, 성냥개비 크기로 썰기

소금 1자밤

살짝 부드러워지기 시작할 때까지 약 4분간 볶는다. 양파와 버섯이 담긴 그릇에 담는다. 커다란 냄비에 물을 붓고 소금을 넣은 후 팔팔 끓어오르면 다음을 넣는다.

시금치 1묶음(성기게 담아 2컵 정도), 깨끗이 헹구기

1분간 데친 후 구멍 뚫린 숟가락이나 건지기로 시금치를 건져 체에 옮겨 담고 물을 뺀다. 손으로 다룰 수 있을 정도로 식으면 시금치를 꽉 짜서 물기를 제거한 후 다른 채소들이 담긴 그릇에 담는다.

끓는 물에 다음을 넣는다.

고구마 전분 국수(당면) 115g

냄비 뚜껑을 덮고 불에서 내린 다음 당면이 부드러워질 때까지 7~8분간 뜨거운 물에 담가서 불린다. 물을 따라내고 당면을 체에 밭쳐 흔들면서 물기를 잘 털어낸다. 당면을 채소가 담긴 그릇에 담는다. 다음을 넣는다.

간장 2큰술

참기름 1큰술

모든 재료를 뒤적이면서 잘 섞은 후 맛을 보고 필요하면 간장이나 참기름을 조금 더 넣는다. 다음을 홀홀 뿌려서 낸다.

참깨

굵게 썬 쪽파

분(Bún, 베트남식 비빔 쌀국수)

4인분

그릴이나 오븐, 직화로 구운 고기를 얹으면 기가 막히게 잘 어울리며, 특히 베트남식 돼지고기 그릴 구이, 소고기 케밥, 소금과 후추 반죽을 사용한 새우 또는 오징어 튀김, 프라이팬에 바삭하게 지진 두부, 달콤하게 조린 타마린드 템페와 궁합이 좋다. 또는 원하는 단백질 재료를 베트남식 양념장에 재워두었다가 굽거나 볶거나 그릴에 구워서 얹어도 좋다.

다음을 준비해 한쪽에 둔다.

느억짬

따뜻한 물에 30분간 또는 부드러워질 때까지 담가서 불린다.

가느다란 건조 쌀국수 340g

국수의 물기를 잘 빼고 그릇 4개에 나눠 담는다. 국수 위에 다음을 얹는다.

잘게 썬 양상추, 로메인 또는 배춧잎 2컵

오이 큰 것 1개, 껍질을 벗기고 씨를 제거한 후 얇게 썰기

당근 큰 것 1개, 잘게 채 썰기

무 또는 붉은색 래디시 115g, 잘게 채 썰거나 얇게 슬라이스하기

쪽파 5대, 굵게 송송 썰기

채소의 위에 다음을 얹는다.

닭고기, 돼지고기, 소고기, 두부, 새우 또는 이를 섞어서 450g, 조리해서 한입 크기로 썰기

숟가락으로 끼얹어서 먹을 수 있도록 느억짬을 함께 내고, 다음 가니시 중 선호하는 재료를 곁들인다.

라임 조각

숙주 또는 무순

고수, 민트, 차조기 등 다양한 허브 잔가지

삼발 올렉 또는 스리라차 소스

구워서 굵게 썬 땅콩

덤플링에 대해

덤플링은 반죽을 다양한 모양으로 빚어서 만든 덩어리를 지칭하며, 반죽만큼이나 종류가 다양하다. 덤플링은 대부분 간단하게 만들 수 있을뿐더러 뭉근히 끓이는 요리에 넣기만 하면 되므로 국물, 수프, 스튜에 곁들이기에 이상적인 재료. 제멋대로인 레시피처럼 보이겠지만 우리는 삶은 덤플링을 갈색으로 바삭하게 익힐 때까지 버터에 볶아서 으깬 마늘이 있다면 넣고 허브와 치즈를 뿌려서 섞어 먹는 것을 선호한다.(슈페츨레, 감자 뇨키, 말파티 등은 특히 이렇게 해서 먹으면 맛있다.) 물론 파스타처럼 삶아서 푸짐한 토마토 소스 또는 라구를 얹어 먹어도 좋다. 속을 채운 덤플링, 즉 만두에 대한 자세한 내용은 335쪽을 참고한다.

대부분 드롭 비스킷(숟가락으로 떠 넣을 수 있을 정도로 묽은 반죽으로 만든 비스킷 ─ 옮긴이)과 비슷한 형태인 드롭 덤플링은 조리하는 동안 부피가 꽤 늘어난다. 물이나 육수에 넣고 삶아도 좋지만 우리는 수프나 스튜, 프리카세 위에 둥둥 띄워서 뭉근히 끓이는 것을 선호한다.

덤플링을 조리할 때는 폭이 넓은 냄비에 수프, 국물, 그레이비 또는 스튜를 넉넉히 담아 뭉근히 끓인다. 덤플링 반죽을 숟가락으로 쉽게 떠 넣으려면 우선 숟가락을 국물에 담갔다가 반죽을 한 숟가락 가득 떠낸 다음 조심스럽게 냄비에 떨어뜨린다. ▶ 덤플링을 한 번에 너무 많이 넣지 않도록 주의한다. 뚜껑을 덮고 해당 레시피에 따라 조리한다. 너무 세게 끓이면 덤플링이 질척거리거나 심지어 풀어져버리므로 국물은 항상 뭉근히 끓는 상태를 유지해야 한다. 덤플링이 말랑하게 부풀어 오르면 케이크를 구울 때처럼 나무 이쑤시개를 찔러보고 질척한 반죽이 묻어나오지 않으면 다 익은 것이다. 다 익으면 즉시 식탁에 올려야 하고 너무 오래 끓이면 붇기 마련이다. 드롭 덤플링에 곁들일 수 있는 재료로는 파슬리를 비롯한 다양한 허브, 치즈 또는 강판에 간 양파 등이 있다. 또한 마초 경단 수프 레시피도 참고한다.

슈페츨레 같은 반죽 덤플링과 감자 뇨키를 비롯한 파스타 형태의 덤플링 역시 물이나 국물에 팔팔 끓이기보다는 뭉근히 끓여야 더 맛있다. 드롭 덤플링처럼 수프나 스튜 위에 둥둥 띄워서 익히는 것이 아니라 냄비에 소금을 넣은 물을 뭉근히 끓이다가 덤플링을 넣어 삶아낸다. 버터나 선호하는 파스타 소스를 넣어 섞어서 먹어도 좋지만, 역시 노릇노릇하게 버터에 볶아서 먹는 것이 가장 맛있다.

덤플링

6~8인분

그릇에 다음을 넣고 세게 저어서 섞는다.

　　중력분 2컵

　　베이킹파우더 1큰술

　　소금 ¾작은술

작은 편수 냄비에 다음을 붓고 뭉근히 끓어오르도록 가열한다.

　　우유 1컵

　　버터 3큰술

우유와 버터 섞은 것을 마른 재료에 붓는다. 포크로 섞거나 재료가 잘 섞이도록 잠깐 치댄다. 취향에 따라 다음을 넣고 섞는다.

　　(곱게 썬 파슬리 ¼컵 또는 다진 차이브 2큰술)

반죽을 한 숟가락씩 듬뿍 떠서 뭉근히 끓는 육수, 국물 또는 스튜 위에 조심스레 떨어뜨린다. 덤플링은 서로 닿을락 말락 하는 정도로 간격을 유지해야 한다. 뚜껑을 덮고 10분간 은근히 끓인다. 냄비의 크기에 따라서 덤플링을 여러 번 나눠 삶아야 할 수도 있다. 삶아서 즉시 낸다.

파리나 덤플링 코케뉴

6인분

매리언 할머니가 가장 좋아했던 레시피다. 곡물가루를 지칭하는 파리나(farina)는 '크림 밀(cream of wheat)'이라는 상품명으로 판매되는 경우가 많다. 이 덤플링은 보통 수프에 넣어 뭉근히 끓여서 먹지만 육수나 국물 또는 물에 뭉근히 삶아서 그레이비와 함께 내기도 한다. 삶아서 물기를 뺀 다음 기름을 바른 베이킹 접시에 담고 토마토 소스를 넉넉히 얹어서 조리해도 좋다. 토마토 소스 위에 강판에 간 파르메산 치즈 ¼컵을 뿌리고 버터 1큰술을 잘게 잘라서 얹은 다음 175℃의 오븐에서 약 15분간 굽는다.

중간 크기의 편수 냄비에 다음을 붓고 부르르 끓어오르도록 가열한다.

　　우유 2컵

다음을 넣고 저은 뒤 걸쭉해질 때까지 약 5분간 뭉근히 끓인다.

　　파리나 ½컵

　　버터 1큰술

　　소금 ½작은술

　　스위트 파프리카 가루 ⅛작은술

　　(갓 갈아낸 육두구 또는 육두구 가루 ⅛작은술)

불에서 내리고 다음을 한 번에 하나씩 깨뜨려 넣어 세게 저어준다.

　　대란 2개, 실온 상태로 준비

혼합물의 열 때문에 달걀이 금세 굳으면서 익는다. 손에 찬물을 묻힌다. 반죽을 1작은술 분량만큼 떼어서 작은 공 모양으로 뭉친 다음 뭉근히 끓는 육수, 국물 또는 스튜에 넣는다. 뚜껑을 덮고 약 2분간 삶는다. 냄비의 크기에 따라 반죽을 여러 번 나눠 삶아야 할 수도 있다. 즉시 낸다.

옥수숫가루 덤플링

4~6인분

우리는 켄터키주 작은 마을에서 덤플링을 곁들인 닭고기 요리를 주문해 그야말로 깃털처럼 가볍고 폭신폭신한 덤플링을 맛보고는 그 이상의 덤플링은 없다고 생각했다. 호텔의 여주인은 지겹다는 듯이 말했다. "아, 그거요. 우리 주방

장이 술에 취하면 항상 그렇답니다."

그릇에 다음을 넣고 섞는다.

　　중력분 ¾컵

　　고운 옥수숫가루 ½컵

　　(강판에 간 양파 또는 다진 쪽파 2큰술)

　　베이킹파우더 1작은술

　　소금 ½작은술

　　흑후추 ¼작은술

작은 편수 냄비에 다음을 붓고 뭉근히 끓어오르도록 가열한다.

　　물 또는 우유 ⅓컵

　　버터 또는 베이컨 기름 1큰술

우유 혼합물을 밀가루 혼합물에 붓고 식을 때까지 잘 섞는다. 다음을 넣는다.

　　달걀노른자 3개

달걀노른자와 반죽이 잘 섞이도록 치댄다. 반죽을 한 숟가락씩 떠서 뭉근히 끓고 있는 육수, 국물 또는 스튜에 조심스럽게 넣는다. 덤플링을 약 15분간 뭉근히 삶는다. 냄비의 크기에 따라서 덤플링을 여러 번 나눠 삶아야 할 수도 있다. 즉시 낸다.

부터클뢰세(Butterklöße, 버터 덤플링)

4인분

다음을 중간 크기의 그릇에 넣고 손에 들고 사용하는 전기 반죽기로 부드러워질 때까지 젓는다.

　　버터 2큰술, 말랑하게 녹이기

다음을 넣고 세게 젓는다.

　　대란 2개, 살짝 풀어서 실온 상태로 준비

다음을 넣고 젓는다.

　　중력분 ½컵

　　소금 ¼작은술

1작은술 분량만큼 반죽을 떠서 뭉근히 끓고 있는 육수, 국물 또는 스튜에 조심스레 넣는다. 뚜껑을 덮고 약 5분간 뭉근히 삶는다. 냄비의 크기에 따라서 덤플링을 여러 번 나눠 삶아야 할 수도 있다. 즉시 낸다.

카르토펠클뢰세(Kartoffelklöße, 감자 덤플링)

6~8인분

폭신하고 부드러워서 구이 및 그레이비와 특히 잘 어울리는 덤플링이다. 전통적으로 사우어브라텐과 함께 낸다. 덤플링 가운데에 작은 파슬리 조각을 하나씩 넣는 요리사들도 있다.

커다란 냄비에 다음을 넣는다.

　　러셋 감자 1.1kg, 껍질을 벗기고 4등분하기

감자가 잠기도록 물을 붓고 부르르 끓어오르면 불을 줄여서 감자가 부드러워질 때까지 약 20분간 뭉근히 삶는다. 물을 따라내고 감자를 포테이토 라이서로 으깨거나 체에 넣고 숟가락 뒷면으로 꾹꾹 눌러서 으깬 후 오븐 팬에 담는다. 온기가 약간 남아 있을 때까지 감자를 식힌다. 감자를 오븐 팬에 담은 상태로 다음을 넣어 섞는다.

　　대란 2개

　　중력분 1컵

소금 1½작은술

재료가 잘 섞이고 폭신폭신해질 때까지 포크로 젓는다. 반죽을 살살 굴려 지름 2.5cm의 공 모양으로 빚는다. 중간 크기의 편수 냄비에 다음을 붓고 뭉근히 끓어오르도록 가열한다.

물 3.8ℓ

분량에 따라 여러 번 나눠 삶는다. 덤플링을 물에 넣고 약 10분간 은근히 삶은 후 구멍 뚫린 숟가락으로 건져서 데워놓은 서빙용 접시에 담는다. 그릇에 다음을 넣고 섞는다.

버터 스틱 1개(115g) 또는 뜨거운 베이컨 기름 ½컵

마른 빵가루 1컵

버터나 기름에 섞은 빵가루를 덤플링 위에 훌훌 뿌려서 낸다.

감자 뇨키

Ⅰ. 전통 방법

약 200개, 첫 번째 코스 요리 18인분 또는 주요리 10인분

감자 뇨키는 파스타처럼 삶아서 소스에 버무려 첫 번째 코스 요리로 내거나 일품요리로 즐기는 것이 일반적이다. 일단 뇨키를 속까지 잘 익도록 삶은 다음 버터와 마늘을 넣고 살짝 볶아서 파르메산 치즈, 흑후추, 굵게 빻은 고춧가루, 굵게 썬 신선한 허브를 훌훌 뿌려 먹어도 무척 맛있다.

오븐을 200℃로 예열한다. 다음을 박박 문질러 깨끗이 씻는다.

러셋 감자 900g

포크로 감자를 10군데 남짓 찔러서 구멍을 낸다. 오븐 받침대에 감자를 바로 올려놓고 포크로 찔러보면 쉽게 들어갈 때까지 1시간 정도 굽는다. 감자가 뜨거울 때 세로로 반 갈라서 속살을 떠낸 다음 포테이토 라이서나 가장 가는 칼날을 끼운 식품 분쇄기에 담는다. 감자를 으깨거나 갈아서 오븐 팬에 담고 김이 최대한 빠져나가도록 넓게 펴놓는다. 김이 다 빠지면 다음을 감자에 골고루 뿌린다.

중력분 1⅓컵

달걀노른자 2개, 풀어두기

소금 1작은술

반죽 스크래퍼나 고무 주걱으로 이리저리 뒤집어가면서 모든 재료를 으깬 감자와 잘 섞는다. 밀가루를 뿌린 작업대에 반죽을 올리고 부드러워질 때까지 잠깐 치댄다. 커다란 냄비에 물을 10cm 높이로 붓고 소금을 넉넉히 넣어 뭉근히 끓인다. 다음을 준비한다.

녹인 버터 또는 엑스트라 버진 올리브유 3큰술

반죽을 2큰술 정도 떠서 돌돌 굴리면서 지름 2cm의 통나무 형태로 만든다. 가로 방향으로 2cm 크기로 썬다. 반죽을 하나씩 잡고 포크의 날로 꾹 누르면서 살짝 굴려준다. 이렇게 하면 뇨키가 자연스레 둥글게 말리면서 한쪽은 쑥 들어가고 반대쪽은 포크 자국이 생긴다. 뭉근히 끓는 물에 뇨키를 몇 개 넣고 둥둥 뜰 때까지 약 2분간 삶아서 먹어본다. 단단한 모양을 유지하면서 씹었을 때 쫄깃한 식감이 나야 한다. 너무 물렁거리거나 풀어진다면 반죽에 다음을 넣고 치댄다.

(중력분 최대 3큰술)

(풀어둔 달걀)

다시 반죽을 삶아서 먹어본다. 반죽이 알맞게 완성되면 전체 반죽을 3~4개로 나눠 각각 2cm 두께의 밧줄 형태로 돌돌 민다. 밧줄 모양의 길쭉한 반죽을

2cm 크기로 썰고 앞의 설명에 따라 포크로 모양을 낸 뒤 밀가루를 살짝 뿌린 오븐 팬에 담아둔다. 냄비의 물을 다시 뭉근히 끓인다. ▶ 물이 팔팔 끓지 않도록 주의한다. 만들어놓은 뇨키의 ⅓ 또는 절반 분량을 냄비에 넣고 뚜껑을 연 상태로 뭉근히 삶다가 뇨키가 둥둥 뜨면 구멍 뚫린 숟가락이나 그물국자로 건져서 널찍한 그릇에 옮겨 담는다. ▶ 뇨키는 다 삶았을 때 절대 냄비째 체에 쏟아부어 물을 따라내면 안 된다. 소량의 녹인 버터를 뇨키 위에 뿌린다. 뒤적이면서 뇨키와 버터를 섞는다. 반죽해놓은 뇨키를 전부 삶을 때까지 이 작업을 반복한다. 뜨거울 때 다음을 곁들여 낸다.

녹인 버터 또는 올리브유와 강판에 간 파르메산 치즈, 토마토 소스 또는 페스토

뇨키를 미리 만들어두려면 밀가루를 살짝 뿌린 오븐 팬에 삶지 않은 뇨키를 넓게 늘어놓고 딱딱해질 때까지 냉동한 다음 냉동용 지퍼백이나 용기에 담아서 보관한다. 한 달 정도는 냉동실에 두었다가 먹을 수 있다. 냉동 뇨키를 꺼내서 바로 조리하되, 생뇨키의 조리 시간보다 약 1분 정도 더 오래 삶는다.

Ⅱ. 간단 방법

약 60개, 4인분

인스턴트 감자 가루를 사용하면 만드는 데 몇 시간이나 걸리는 뇨키가 15분 만에 간단하게 완성된다. 어떤 점에서든 직접 감자를 삶아서 만든 뇨키만큼 맛있다고 할 수는 없지만, 이렇게 만든 뇨키도 나름대로 맛이 좋으며 특히 초보자라면 뇨키 만드는 법을 연습하기에 좋은 절충안이다.

중간 크기의 그릇에 다음을 넣는다.

매시트포테이토용 인스턴트 감자 가루 1컵

감자 가루 위에 다음을 붓는다.

끓는 물 1컵

감자 가루와 물이 섞이도록 저은 후 다음 재료를 넣고 섞는다.

중력분 1컵

대란 1개

소금 ¾작은술

혼합물이 부드러워질 때까지 잠깐 치댄 후 **버전 Ⅰ**의 설명에 따라 뇨키 모양으로 빚어서 조리한다. 필요하면 작업대 표면에 밀가루를 조금씩 뿌려가면서 만든다.

말파티(Malfatti, 시금치 리코타 뇨키)

곁들임 음식 5인분

말파티는 '형편없이 만들었다'라는 뜻이므로, 완성된 말파티가 약간 투박해 보인다면 제대로 만든 것이다. 숟가락 2개를 사용해 모양을 잡는 방법에 대해서는 완자 만들기 항목을 참고하면 좋지만, 모양이 다소 일그러지더라도 신경 쓸 필요는 없다. 상황에 따라 생시금치 대신 **냉동 시금치 285g짜리 1봉지를 해동해서 꾹 눌러 물기를 짜낸 후** 사용해도 좋다.

팔팔 끓는 물에 다음을 넣고 숨이 죽을 때까지 1분 이내로 데친다.

신선한 시금치 450g

시금치를 건져서 얼음물에 담가 식힌 후 물기를 잘 털어낸 다음 깨끗한 주방 행주 위에 놓고 비틀어서 물기를 최대한 짜낸다. 시금치를 잘게 썰어 중간 크기의 그릇에 담는다. 다음을 넣고 섞는다.

일반 우유로 만든 리코타 치즈 450g

중력분 1컵

강판에 곱게 간 로마노 또는 파르메산 치즈 ½컵(55g)

대란 2개

소금 ½작은술

흑후추 ½작은술

커다란 냄비에 물을 붓고 소금을 넣어 뭉근히 끓인다. 숟가락으로 뇨키 반죽을 1큰술 정도 떼어낸다. 숟가락을 하나 더 사용해 반죽을 갸름한 달걀형이나 공 모양으로 빚은 후 뭉근히 끓는 물에 넣는다. 한 번에 반죽을 몇 개씩 넣고 물에 둥둥 떠오를 때까지 삶는다. 뇨키에 들어 있는 시금치 조각 일부가 떨어져나오는 것은 자연스러운 현상이다. 물이 절대 팔팔 끓지 않도록 주의한다. 구멍 뚫린 숟가락으로 다 삶은 뇨키를 건져서 접시에 담고 나머지 뇨키 반죽도 전부 같은 방법으로 삶는다. 먹기 전에 뇨키에 다음을 얹어서 낸다.

녹인 버터 또는 브라운 버터

빵가루

또는 기름을 살짝 바른 베이킹 접시에 뇨키를 넣고 버터와 강판에 곱게 간 파르메산 치즈를 솔솔 뿌린 다음 옅은 갈색이 될 때까지 200℃에서 약 15분간 굽는다.

로마식 구운 뇨키

곁들임 음식 5인분

폴렌타를 사용하는 비슷한 요리로는 폴렌타 튀김 레시피를 참고한다. 뇨키를 잘라내고 나면 반죽 조각이 남는다. 이 조각들을 작은 접시에 담고 위에 치즈를 뿌려서 레시피에 따라 굽는다. 이렇게 하면 요리하는 도중에 간식으로 즐기거나 남겨두었다가 나중에 맛있게 먹을 수 있다.

중간 크기의 편수 냄비에 다음을 넣고 부르르 끓어오르도록 가열한다.

우유 2½컵

소금 1작은술

중약불로 줄이고 우유를 계속 저으면서 다음 재료를 조금씩 넣는다.

세몰리나 밀가루 1컵

우유와 밀가루 혼합물이 폴렌타처럼 아주 걸쭉해질 때까지 젓는다. 오래 젓지 않아도 순식간에 걸쭉한 상태가 된다. 불에서 내린 후 다음을 넣어 섞는다.

강판에 곱게 간 파르메산 치즈 ½컵(55g)

대란 1개, 풀어두기

테두리 있는 오븐 팬에 기름을 바르고 세몰리나 혼합물을 부어서 넓게 편다. 비닐랩으로 덮은 다음 손으로 만질 수 있을 때까지 식힌다. 손으로 혼합물을 꾹꾹 눌러서 1.2cm 두께로 고르게 편다. 랩을 덮어서 약 2시간 정도 단단해질 때까지 냉장고에 넣어둔다.

오븐을 200℃로 예열한다. 23cm 크기의 사각형 베이킹 접시에 기름을 바른다. 지름 5cm짜리 원형 쿠키 또는 비스킷 커터나 유리컵을 사용해 세몰리나 혼합물을 둥글게 잘라낸 후 서로 살짝 겹치도록 베이킹 접시에 가지런히 올린다. 위에 다음을 얹는다.

강판에 곱게 간 파르메산 치즈 ½컵(55g)

버터 2큰술, 작은 조각으로 자르기

노릇노릇해질 때까지 약 25분간 굽는다.

브라운 버터와 세이지를 넣어 구운 누디

곁들임 음식 4인분

누디(gnudi)는 투박하게 만든 치즈 뇨키라고 생각하면 된다.

오븐을 200℃로 예열한다. 20~23cm 크기의 베이킹 접시나 파이 접시에 버터를 바른다. 중간 크기의 그릇에 다음을 넣고 섞는다.

일반 우유로 만든 리코타 치즈 1컵

강판에 곱게 간 로마노 또는 파르메산 치즈 ½컵(55g)

중력분 ⅓컵

대란 1개

소금 ¼작은술

(갓 갈아낸 육두구 또는 육두구 가루 1자밤)

반죽을 1큰술씩 듬뿍 떠서 숟가락 2개를 사용해 울퉁불퉁한 모양의 덤플링으로 빚어서 베이킹 접시에 놓는다.

버터 4큰술로 다음을 만든다.

브라운 버터

버터가 갈색으로 변하면 불에서 내린 후 다음을 넣는다.

잘게 썬 세이지 2큰술

버터에서 거품이 나기 시작할 것이다. 거품이 어느 정도 잦아들면 버터를 누디 위에 붓는다. 갈색으로 먹음직스럽게 익을 때까지 15~20분간 굽는다. 다음을 위에 얹어서 낸다.

강판에 곱게 간 파르메산 또는 로마노 치즈

뇨키 파리지엔

6인분

설탕을 빼고 다음을 만든다.

슈 페이스트

다음을 넣고 젓는다.

강판에 곱게 간 파르메산 치즈 ½컵(55g)

(신선한 타임 잎 또는 다진 차이브 최대 2큰술)

(흑후추 ½작은술)

커다란 냄비에 물을 붓고 끓인다. 반죽을 지퍼백이나 페이스트리용 짤주머니에 넣는다. 한쪽 모서리에 약 2.5cm 크기의 구멍을 뚫는다.(짤주머니를 사용할 때는 깍지를 끼울 필요가 없다.) 반죽이 담긴 지퍼백이나 짤주머니를 냄비 위에서 들고 얌전히 눌러서 짠다. 반죽이 2.5cm 정도 빠져나왔을 때 잘 드는 칼이나 가위로 자르면 반죽이 끓는 물 속으로 떨어진다. 이 작업을 반복해 뇨키 15개 정도를 물에 넣고 삶는다. 뇨키가 물 위에 둥둥 떠오르면 2분 정도 더 삶다가 구멍 뚫린 숟가락으로 건져서 접시나 오븐 팬에 옮겨 담는다. 남은 반죽도 같은 방법으로 삶는다.

커다란 프라이팬(논스틱 권장)을 중불에 올리고 다음을 넣어 녹인다.

버터 1큰술

뇨키 절반을 넣고 가끔 저으면서 연한 갈색이 될 때까지 볶는다. 서빙용 접시에 담고 나머지 뇨키를 넣은 후 버터를 추가해서 마찬가지로 볶는다. 다음을 얹는다.

강판에 곱게 간 파르메산 치즈 ½컵(55g)

또는 베이킹 접시에 뇨키와 다음 재료를 번갈아 여러 층으로 깐다.

선호하는 토마토 소스

위에 다음을 훌훌 뿌린다.

강판에 간 파르메산 치즈

속까지 따뜻해지고 치즈가 녹을 때까지 190℃에서 약 20분간 굽는다.

슈페츨레(Spätzle)

곁들임 음식 4~5인분

독일식 달걀 덤플링인 슈페츨레는 굴라시나 스튜와 함께 내는 경우가 많은데 특히 비너슈니첼이나 사우어브라텐에 곁들이면 근사하게 어울린다. 물 대신 우유를 사용하면 약간 더 걸쭉하고 풍미가 진한 덤플링이 된다. 취향에 따라 삶은 슈페츨레를 가장자리가 바삭해지도록 버터에 볶아도 맛있다.

그릇에 다음 재료를 넣고 섞는다.

> 중력분 1½컵
>
> 소금 ¾작은술
>
> 베이킹파우더 ½작은술
>
> 갓 갈아낸 육두구 또는 육두구 가루 1자밤

작은 그릇에 다음을 넣고 탁탁 치면서 섞는다.

> 대란 2개
>
> 물이나 우유 ½컵

달걀과 우유 섞은 것을 밀가루 혼합물에 붓는다. 나무 숟가락으로 잘 저어서 어느 정도 탄력이 있는 반죽을 만든다. 커다란 편수 냄비에 다음을 붓고 뭉근히 끓어오를 때까지 가열한다.

> 소금을 넣은 물 또는 닭 육수나 국물 6컵

숟가락으로 반죽을 조금씩 떼어 잔잔하게 끓는 국물에 넣거나 반죽을 체, 포테이토 라이서 또는 슈페츨레 메이커에 넣고 꾹 눌러서 길쭉한 반죽을 떨어뜨리면 가지각색의 모양으로 부풀어 오른다. 슈페츨레가 끓는 물 위에 둥둥 떠오르면 다 익은 것이다. 섬세하고 폭신하며 약간 쫄깃한 식감이 있어야 한다. 우선 슈페츨레 몇 개를 삶아서 먹어본 후 두껍고 뻑뻑하게 느껴진다면 반죽에 물이나 우유를 조금 더 넣어서 섞는다. 체나 구멍 뚫린 숟가락으로 냄비에서 다 익은 슈페츨레를 건져낸다. 다음을 홀홀 뿌려서 낸다.

> 녹인 버터 또는 갈색으로 볶은 버터 빵가루 ⅓컵

또는 얕은 베이킹 접시에 옮겨 담고 직화 오븐을 예열한다. 슈페츨레 위에 다음을 얹는다.

> 강판에 간 스위스, 에멘탈, 하우다 등의 순한 맛 치즈 ¼컵

치즈가 녹을 때까지 직화 오븐에서 약 1분간 굽는다.

파스타와 국수 오븐 구이에 대해

삶은 파스타나 국수에 소스, 고기, 채소 또는 치즈를 넣고 섞으면 맛있는 캐서롤을 간단하게 만들 수 있다. 아래에 소개하는 파스티치오와 쿠글 등의 전통 요리를 시도해보거나 집에 있는 남은 음식 또는 다른 재료를 추가해 즉흥적으로 캐서롤을 만들어보자. 굽기 직전 상태로 미리 재료를 준비해서 냉장고에 넣어두었다면 ▶ 굽는 시간을 최소 15분 정도 늘린다. 캐서롤의 윗부분이 너무 빨리 갈색으로 변하거나 촉촉한 파스타 구이를 선호한다면 ▶ 굽는 내내 또는 도중에 베이킹 접시 위에 포일을 덮어서 굽는다. 미국에서 오랫동안 사랑받는 요리이자 몸도 마음도 따뜻해지는 참치 채소 캐서롤 레시피는 573쪽을 참고한다.

파스티치오(Pastitsio)

8~12인분

이 그리스식 캐서롤은 만드는 데 시간이 다소 오래 걸리지만 몇 단계로 나눠서 준비할 수 있다. 게다가 미리 재료를 전부 손질하고 굽기 직전 상태로 준비해

하루 동안 냉장고에 넣어두었다가 구우면 맛이 더 좋다.

다음을 준비한다.

> 화이트소스 ㅣ 3컵

중간 크기의 편수 냄비를 중불에 올리고 다음을 둘러서 가열한다.

> 올리브유 1큰술

다음을 넣고 저으면서 부드러워지기 시작할 때까지 약 5분간 볶는다.

> 양파 큰 것 1개, 굵게 썰기

다음을 넣는다.

> 다진 양고기 또는 소고기 450g
>
> 마늘 2쪽, 다지기

뭉친 고기를 부수면서 분홍색이 없어질 때까지 볶는다. 다음을 넣고 젓는다.

> 깍둑썰기한 토마토 통조림 410g짜리 1개
>
> 드라이 레드와인 ½컵
>
> 토마토 페이스트 1큰술
>
> 소금 1½작은술
>
> 계핏가루 1작은술
>
> 말린 오레가노 1작은술
>
> 흑후추 ½작은술

뚜껑을 열고 15분간 뭉근히 끓인다. 불을 끄고 다음을 넣어 젓는다.

> 다진 파슬리 ¼컵

그동안 커다란 냄비에 물을 붓고 소금을 넣어서 팔팔 끓으면 다음을 넣고 약간 덜 익을 때까지 삶는다.

> 엘보 마카로니, 펜네 또는 다른 작은 파스타 450g

파스타의 물기를 털어내고 고기를 넣어 만든 소스와 섞는다.(소스에 버무린 파스타와 화이트소스를 용기에 담고 뚜껑을 덮어서 각각 냉장고에 넣어두면 2일 정도 보관할 수 있다.)

오븐을 190℃로 예열한다. 33×23cm 크기의 베이킹 접시에 기름을 바른다. 파스타와 소스 혼합물을 숟가락으로 떠서 베이킹 접시에 담는다. 커다란 그릇에 화이트소스를 붓고 다음을 넣어서 섞는다.

> 대란 4개, 풀어두기
>
> 강판에 간 파르메산 치즈 ½컵(55g)
>
> 잘게 부순 페타 치즈 ½컵

화이트소스를 파스타 위에 붓는다. 그 위에 다음을 홀홀 뿌린다.

> 강판에 간 파르메산 치즈 ½컵(55g)

소스가 굳으면서 황금색으로 익을 때까지 35~40분간 굽는다. 오븐에서 꺼내 10분간 두었다가 썰어서 낸다.

버섯 호두 국수 쿠글

곁들임 음식 10~12인분

쿠글(Kugel)은 유대인들이 전통적으로 명절에 즐기는 캐서롤의 일종으로, 달콤한 맛 또는 짭짤한 맛으로 만들며 레시피도 헤아릴 수 없이 다양하다. 여기에 소개하는 레시피 이외의 짭짤한 버전은 감자 쿠글 레시피를 참고한다. 윗부분이 바삭하지 않은 쿠글을 선호한다면 포일을 씌워서 굽는다.

오븐을 175℃로 예열한다. 33×23cm 크기의 베이킹 접시에 기름을 바른다.

커다란 프라이팬을 중강불에 올리고 다음을 둘러서 가열한다.

> 식물성 기름 ½컵

다음을 넣고 저으면서 노릇노릇해질 때까지 약 10분간 볶는다.

　　양파 중간 크기 2개, 얇게 썰기

구멍 뚫린 숟가락으로 양파를 떠서 그릇에 옮겨 담는다. 프라이팬에 남은 기름에 다음 재료를 추가한다.

　　포토벨로버섯 큰 것 1개, 밑동을 제거하고 갓 부분을 2.5cm 크기로 썰기

　　양송이버섯 225g, 얇게 썰기

　　소금과 흑후추 적당량

주걱으로 저으면서 버섯이 갈색으로 익을 때까지 약 10분간 조리한다. 프라이팬을 한쪽에 둔다. 그동안 커다란 냄비에 물을 붓고 소금을 넣은 뒤 팔팔 끓어오르면 다음을 넣고 삶는다.

　　건조 에그누들 340g

국수의 물기를 빼고 그릇에 담는다. 다음을 넣어 잘 저으면서 섞는다.

　　대란 5개, 잘 풀어두기

양파와 버섯 볶은 것을 프라이팬에 남은 기름과 함께 그릇에 넣고 다음을 추가해서 젓는다.

　　구워서 큼직하게 썬 호두 ¾컵

모든 재료의 혼합물을 베이킹 접시에 붓고 연한 갈색으로 익을 때까지 35분간 굽는다. 오븐에서 꺼내 10분간 두었다가 낸다.

달콤한 국수 쿠글

곁들임 음식 12~14인분

오븐을 162℃로 예열한다. 33×23cm 크기의 베이킹 접시에 기름을 바른다. 커다란 그릇에 다음을 넣고 저어서 섞는다.

　　사워크림 2컵

　　코티지 치즈 450g

　　크림치즈 450g, 말랑하게 젓기

　　대란 3개

　　설탕 ½컵

　　바닐라 2작은술

　　계핏가루 1작은술

　　소금 ½작은술

커다란 냄비에 물을 붓고 소금을 넣어서 팔팔 끓으면 다음을 넣고 약간 덜 익을 때까지 삶는다.

　　건조 에그누들 450g

국수의 물기를 빼고 치즈 혼합물에 넣은 다음 잘 섞는다. 기름을 발라둔 베이킹 접시에 붓는다. 1시간 반 정도 굽는다. 그동안 작은 그릇에 다음을 넣고 잘 섞는다.

　　(검은색 또는 노란색 건포도 ¾컵)

　　진한 갈색 설탕, 꾹 눌러 담아 ½컵

　　구워서 굵게 썬 호두 ½컵

　　중력분 2큰술

　　계핏가루 2작은술

　　버터 2큰술, 말랑하게 녹이기

캐서롤 위에 홀홀 뿌린다. 갈색으로 먹음직스럽게 익을 때까지 30분간 더 굽는다. 오븐에서 꺼내 10분간 두었다가 낸다.

마니코티 또는 셸 오븐 구이

8인분

마니코티(Manicotti)는 큼직한 원통형 파스타로 속에 재료를 채워서 조리한다. 치즈가 덜 들어간 속재료를 넣었다면, 토마토 소스와 모차렐라 대신 **화이트 소스 I 3컵과 잘게 썬 파르메산 치즈 1컵(115g)**을 토핑으로 얹어보자.

다음을 만들어서 준비한다.

　　선호하는 토마토 소스 3컵

　　선호하는 파스타 속재료 4컵

오븐을 175℃로 예열한다. 33×23cm 크기의 베이킹 접시에 기름을 바른다. 커다란 냄비에 물을 붓고 소금을 넣어서 팔팔 끓으면 다음을 넣고 약간 부드러워지기 시작할 때까지 삶는다.

　　마니코티 또는 점보 셸 450g

파스타의 물기를 뺀다. 파스타에 속재료를 채우고 기름을 바른 베이킹 접시에 가지런히 놓는다.(여기까지 준비해두고 뚜껑을 덮어서 냉장고에 넣으면 최대 24시간 보관할 수 있다.) 숟가락으로 토마토 소스를 떠서 파스타 위에 얹은 뒤 다음을 홀홀 뿌린다.

　　잘게 썬 모차렐라 치즈 2컵(225g)

　　강판에 간 파르메산 또는 로마노 치즈 ½컵(55g)

포일로 덮고 속까지 잘 익도록 약 40분간 굽는다. 오븐에서 꺼내 10분간 두었다가 낸다.

카넬로니 또는 크레스펠레 오븐 구이

8인분

카넬로니를 사용할 경우, 선호하는 생파스타 반죽을 해당 레시피 분량만큼 준비해 밀대로 넓게 편 다음 10cm 크기의 정사각형으로 자른다. 네모난 파스타는 삶지 않고 그대로 사용한다. 크레스펠레를 만들 경우, **짭짤한 크레이프를 해당 레시피 분량만큼** 준비한다. 소스와 속재료, 베이킹 접시는 **마니코티 또는 셸 오븐 구이**의 레시피에 따라 준비한다. 사각형 카넬로니의 한쪽 가장자리에 또는 크레이프의 가운데에 속재료를 ¼컵 정도 펴서 바른다. 원통형으로 돌돌 말아서 이음매가 아래로 가도록 기름을 바른 베이킹 접시에 가지런히 놓는다. 소스와 치즈를 듬뿍 얹어 레시피에 따라 굽는다.

라자냐

8~12인분

다음을 준비한다.

　　선호하는 토마토 소스 7~8컵

　　리코타 치즈 425g

　　모차렐라 치즈 450g, 잘게 썰기

　　강판에 간 파르메산 치즈 1컵(115g)

오븐을 190℃로 예열한다. 33×23cm 크기의 베이킹 접시, 33×23×5cm 크기의 베이킹 팬 또는 라자냐 팬에 기름을 바른다. 다음을 준비한다.

　　건조 라자냐 면 340g 또는 선호하는 생파스타 반죽 450g, 넓적하게 밀어서
　　　　10×30cm 크기로 자르기

건조 면을 사용할 경우 큰 냄비에 물을 붓고 소금을 넣어 팔팔 끓으면 라자냐 면을 넣고 약간 부드러워질 때까지 삶는다. 물을 따라내고 찬물에 헹군 다음 물기를 닦아낸다. 생라자냐 면은 삶지 않고 그대로 사용한다. 기름을 바른 팬

의 바닥에 소스를 얇게 펴서 바른다. 소스 위에 서로 약간씩 겹치도록 한 겹으로 라자냐 면을 깐다. 리코타 치즈 ⅓ 분량을 그 위에 펴서 바른다. 리코타 치즈 위에 모차렐라 치즈 ¼ 분량을 얹고 파르메산 치즈 ¼컵을 훌훌 뿌린다. 맨 위에 얹을 소스 2컵 정도는 따로 보관해두고 남은 소스의 약 ⅓ 분량을 숟가락으로 떠서 담는다. 면을 한 겹 더 깔고 치즈와 소스를 얹는 식으로 반복해 면이 네 겹, 속재료가 세 겹이 되도록 차곡차곡 담는다. 따로 보관해둔 소스 2컵을 맨 위에 넓게 펴서 바른다. 남은 모차렐라와 파르메산 치즈를 훌훌 뿌린다. 소스가 흘러내릴 경우를 대비해 팬 아래에 오븐 팬을 깔고 포일로 헐겁게 덮어서 30분간 굽는다. 포일을 벗기고 황금색으로 변하면서 치즈가 보글거리며 익을 때까지 20~25분간 더 굽는다. 오븐에서 꺼내 15분간 두었다가 낸다.

라자냐 볼로네제
8~10인분

상황에 따라 화이트소스와 볼로네제 소스는 하루 전날 준비해놓아도 좋다. 다음을 만들어서 준비한다.

볼로네제 소스 4컵

화이트소스 ｜ 3컵

강판에 간 파르메산, 로마노, 아시아고 또는 드라이 잭 치즈 1컵(115g)

오븐을 175℃로 예열한다. 33×23cm 크기의 베이킹 접시, 33×23×5cm 크기의 베이킹 팬 또는 라자냐 팬에 기름을 바른다. 다음을 준비한다.

건조 라자냐 면 340g 또는 시금치 파스타 반죽 450g, 넓적하게 밀어서 10×30cm
    크기로 자르기

건조 면을 사용할 경우 커다란 냄비에 물을 붓고 소금을 넣어 팔팔 끓으면 라자냐 면을 넣고 약간 부드러워질 때까지 삶는다. 물을 따라내고 찬물에 헹군 다음 물기를 닦아낸다. 생라자냐 면은 삶지 않고 그대로 사용한다. 상황에 따라 볼로네제 소스를 따뜻하게 데워서 사용해도 좋다. 기름을 바른 팬의 바닥에 볼로네제 소스 1컵을 펴서 바른다. 소스 위에 서로 약간씩 겹치도록 한 겹으로 라자냐 면을 깐다. 맨 위에 얹을 화이트소스 ¾컵 정도를 따로 보관해두고, 화이트소스 ¾컵을 라자냐 면 위에 넓게 펴서 바른 다음 볼로네제 소스 1컵을 그 위에 얹는다. 치즈 ¼컵을 훌훌 뿌린다. 면을 다시 한 겹 얹는다. 이런 식으로 라자냐 면이 네 겹, 속재료가 세 겹이 되도록 차곡차곡 담은 후 제일 마지막에 얹은 면 위에 따로 보관해둔 화이트소스와 치즈 ¼컵을 얹는다. 소스가 흘러내릴 경우를 대비해 팬 아래에 오븐 팬을 깔고 포일로 헐겁게 덮어서 30분간 굽는다. 포일을 벗기고 황금색으로 변하면서 치즈가 보글거리며 익을 때까지 20~25분간 더 굽는다. 오븐에서 꺼내 15분간 두었다가 낸다.

구운 버섯 라자냐

최고의 풍미를 내려면 일반 양송이버섯에 표고버섯, 살구버섯, 잎새버섯, 곰보버섯, 느타리버섯 등 다른 버섯 품종을 섞어서 사용한다. 하지만 양송이버섯만 사용해도 아주 맛있다! 테두리 있는 오븐 팬 2개를 사용해 다음을 만든다.

버섯 구이 레시피 2배 분량

버섯이 골고루 익도록 중간 정도 구워졌을 때 오븐 팬의 위치를 바꾸고 반대쪽으로 돌려준다. 버섯을 굽는 동안 중간 크기의 편수 냄비에 다음을 넣고 김이 나도록 가열한다.

일반 우유 4컵

말린 포르치니버섯 28g

뚜껑을 덮고 불에서 내린다. 커다란 편수 냄비를 중불에 올리고 다음을 넣어 녹인다.

버터 스틱 1개(115g)

다음을 넣고 세게 젓는다.

중력분 ½컵

밀가루가 황금색이 될 때까지 약 5분간 버터에 지글지글 볶는다. 포르치니버섯을 우려낸 우유를 조금씩 부으면서 세게 젓는다.(포르치니버섯은 건져내지 않아도 된다.) 뭉근히 끓어오르도록 가열하고 자주 저으면서 걸쭉해질 때까지 약 5분간 조리한다. 불에서 내린다. 버섯이 다 구워지면 살짝 식혀서 굵직하게 썰고 다음 재료와 함께 우유 혼합물에 넣어서 젓는다.

신선한 타임 잎 2큰술

다음을 적당량 넣어 간을 한다.

소금과 흑후추

오븐을 190℃로 예열한다. 33×23cm 크기의 베이킹 접시, 33×23×5cm 크기의 베이킹 팬 또는 라자냐 팬에 기름을 바른다. 다음을 준비한다.

치즈 필링

다음을 준비한다.

건조 라자냐 면 340g 또는 선호하는 생파스타 반죽 450g, 넓적하게 밀어서
    10×30cm 크기로 자르기

건조 면을 사용할 경우 커다란 냄비에 물을 붓고 소금을 넣어 팔팔 끓으면 라자냐 면을 넣고 약간 부드러워질 때까지 삶는다. 물을 따라내고 찬물에 헹군 다음 물기를 닦아낸다. 생라자냐 면은 삶지 않고 그대로 사용한다. 기름을 바른 팬의 바닥에 버섯 소스를 얇게 펴서 바른다. 소스 위에 서로 약간씩 겹치도록 라자냐 면을 깐다. 리코타 치즈 혼합물 ⅓ 분량과 버섯 소스 ¼ 분량을 그 위에 얹는다. 이 작업을 세 번 반복하고 마지막으로 얹은 파스타 위에 남은 버섯 소스를 전부 끼얹는다. 다음을 훌훌 뿌린다.

강판에 간 파르메산 치즈 ¼컵

포일로 덮어서 30분간 굽는다. 포일을 벗기고 진한 갈색으로 변하면서 치즈가 보글거리며 익을 때까지 약 15분 정도 더 굽는다. 오븐에서 꺼내 15분간 두었다가 낸다.

구운 채소 라자냐
8~12인분

고기가 들어가지 않는 이 라자냐는 사용할 채소를 하루 전에 손질해서 용기에 담아 냉장고에 보관해둘 수 있다.

오븐을 230℃로 예열한다. 커다란 그릇에 다음을 넣는다.

가지 900g, 세로로 4등분하고 1.2cm 두께의 슬라이스로 썰기

애호박 450g, 1.2cm 두께의 슬라이스로 썰기

붉은색 피망 2개, 1.2cm 두께의 슬라이스로 썰기

마늘 1통, 껍질을 까지 않고 1쪽씩 분리하기

채소에 다음을 넣고 뒤적이면서 골고루 묻힌다.

올리브유 ¼컵

소금 1작은술

흑후추 ½작은술

테두리 있는 오븐 팬 2개를 준비해 채소를 적당히 나눠 담고 겹치지 않게 한 겹으로 깐다. 20분간 굽는다. 주걱으로 채소를 뒤적이면서 갈색으로 부드럽게

익을 때까지 30분 정도 더 굽는다. 그동안 다음을 만들거나 준비한다.

　선호하는 토마토 소스 3컵

　잘게 썬 모차렐라 치즈 4컵(450g)

　강판에 간 파르메산 치즈 ½컵(55g)

오븐 온도를 190℃로 낮춘다. 33×23cm 크기의 베이킹 접시, 33×23×5cm 크기의 베이킹 팬 또는 라자냐 팬에 기름을 바른다. 다음을 준비한다.

　건조 라자냐 면 340g 또는 선호하는 생파스타 반죽 450g, 넓적하게 밀어서

　　10×30cm 크기로 자르기

건조 면을 사용할 경우 커다란 냄비에 물을 붓고 소금을 넣어 팔팔 끓으면 라자냐 면을 넣고 약간 부드러워질 때까지 삶는다. 물을 따라내고 찬물에 헹군 다음 물기를 닦아낸다. 생라자냐 면은 삶지 않고 그대로 사용한다. 구운 마늘의 껍질을 벗기고 굵게 썬다. 다음을 준비한다.

　치즈 필링

썰어둔 마늘을 필링에 넣고 섞는다. 기름을 바른 팬의 바닥에 토마토 소스를 얇게 펴서 바른다. 소스 위에 서로 약간씩 겹치도록 라자냐 면을 한 겹으로 깐다. 치즈 필링 ⅓ 분량을 그 위에 펴서 바른다. 구운 채소 ⅓ 분량을 숟가락으로 떠서 얹고 치즈 필링 위에 모차렐라와 파르메산 치즈 ¼ 분량을 홀홀 뿌린다. 그 위에 소스 ½컵을 붓는다. 라자냐 면을 한 겹 더 깔고 같은 작업을 반복해 면이 네 겹, 속재료가 세 겹이 되도록 차곡차곡 담는다. 남은 소스를 맨 위에 넓게 펴서 바르고 남은 모차렐라와 파르메산 치즈를 뿌린다. 소스가 흘러내릴 경우를 대비해 팬 아래에 오븐 팬을 깔고 포일로 헐겁게 덮어서 30분간 굽는다. 포일을 벗기고 황금색으로 변하면서 치즈가 보글거리며 익을 때까지 20~25분간 더 굽는다. 오븐에서 꺼내 15분간 두었다가 낸다.

속을 채운 파스타에 대해

파스타에 직접 만든 속재료, 즉 필링(filling)을 채우면 소스에 버무리거나 진한 국물에 넣고 끓여서 먹을 수 있는 근사한 요리가 된다. 속을 채운 파스타는 품이 많이 들지만 필링을 다양한 방법으로 양념하거나 독특한 조합을 만들 수 있다는 장점도 있다. 아래에 소개하는 필링 외에도 마음껏 창의력을 발휘할 수 있으며, 먹다 남은 구이 요리나 스튜를 큼직하게 썰어서 간을 맞춘 후 파스타 필링으로 사용해도 좋다. 대부분 ▶ 필링과 소스를 하루 전에 만들어서 냉장고에 넣어두었다가 먹기 전에 파스타에 채워 조리할 수 있다. 시금치 리코타 스터핑 레시피도 함께 참고한다.

　파스타에 필링을 채울 때는 ▶ 반죽이 아직 촉촉할 때 채워서 모양을 잡아야 하므로 파스타 반죽을 밀기 전에 미리 필링을 준비한다. 속을 채울 파스타는 손이 비쳐 보일 정도로 최대한 얇게 반죽을 밀어야 하며 작업하는 동안 비닐랩으로 덮어서 촉촉하게 유지한다. 파스타가 너무 말라버리면 속을 채운 후 봉하기 어렵다.

　▶ 속을 채운 파스타를 냉동하려면 포일이나 유산지를 간 오븐 팬 위에 삶지 않은 파스타를 서로 닿지 않도록 놓는다. 하룻밤 냉동실에서 얼린 다음 냉동용 지퍼백에 옮겨 담아서 냉동실에 보관한다. 이렇게 하면 필요한 만큼 꺼내서 바로 뭉근히 끓는 물, 국물, 수프에 넣어 조리할 수 있다. 냉동실에서 최대 3개월 정도 보관할 수 있다.

　속을 채운 파스타를 조리하려면 물에 소금을 넣고 뭉근히 끓이다가 파스타를 넣어 삶는다. ▶ 속을 채운 파스타는 대부분 다 익으면 물 위로 둥둥 떠오른다. 냉동했던 파스타라면 1~2분 정도 더 오래 삶아야 하고, 익히지 않은 육류

또는 가금류로 속을 채운 파스타도 조리 시간을 조금 넉넉하게 잡는다. ▶ 속을 채운 파스타를 조리할 때는 터지지 않도록 뭉근히 끓는 상태를 유지한다.

　속을 채운 파스타는 버터, 토마토, 육류, 크림 또는 화이트소스와 잘 어울린다. 먹는 사람의 취향 및 다른 메뉴와의 조화를 고려해 파스타와 소스를 조합한다. 소스는 필링과 대조되는 느낌으로 선택하는 것이 일반적이다. 어울리는 소스에 대한 권장 사항은 개별 레시피를 참고한다.

치즈 필링

약 2¼컵

마니코티 또는 점보 셸 같은 건조 파스타뿐만 아니라 카넬로니, 라비올리 또는 토르텔리 등의 생파스타에도 채워 넣을 수 있는 간단하고도 무척 맛있는 필링이다. 취향에 따라 잘게 썬 프로슈토와 오레가노, 마저럼, 타임 등의 신선한 허브를 적당량 추가해도 좋다. 치즈 필링을 채운 파스타는 토마토 소스, 페스토 또는 푸짐한 소고기 라구와 환상적인 조화를 자랑한다.

중간 크기의 그릇에 다음을 넣고 완전히 어우러지도록 잘 섞는다.

　리코타 치즈 425g

　강판에 간 파르메산 치즈 ½컵(55g)

　대란 2개

　다진 파슬리 2큰술

　소금 ½작은술

　흑후추 ½작은술

　(갓 갈아낸 육두구 또는 육두구 가루 ¼작은술)

사용할 때까지 차갑게 보관한다. 뚜껑을 덮어서 냉장고에 넣어두면 2일 정도 보관할 수 있다.

버섯 필링

약 2¾컵

버섯 필링을 채운 파스타는 크림소스 또는 간단한 토마토 소스와 근사하게 어울린다. 다음을 씻어서 뜨거운 물에 담가 부드러워질 때까지 20분 정도 불린다.

　포르치니 등의 말린 버섯 30g

커다란 프라이팬을 중불에 올리고 다음을 둘러서 가열한다.

　올리브유 2큰술

다음을 넣고 저으면서 양파가 갈색으로 익을 때까지 볶는다.

　양파 중간 크기 1개, 잘게 썰기

　월계수 잎 2장

불린 버섯을 건져 물기를 짜내고 잘게 썬다. 버섯 불린 물은 따로 보관해둔다. 버섯을 다음과 함께 프라이팬에 넣는다.

　신선한 버섯 아무거나 340g, 굵게 썰기

버섯을 2분간 볶는다. 다음을 넣는다.

　드라이 레드와인 ⅓컵

　토마토 페이스트 2큰술

　마늘 2쪽, 다지기

부르르 끓여서 프라이팬의 액체가 거의 다 사라질 때까지 계속 조리한다. 물에 적신 키친타월을 고운체에 깔고 버섯 불린 물을 부어서 걸러낸 물이 프라이팬에 바로 떨어지게 한다. 다음을 추가하고 액체가 증발할 때까지 팔팔 끓인다.

　닭 육수나 국물 ½컵

다음을 적당량 넣어 간을 맞춘다.

　소금과 흑후추

불에서 내려 식히고 월계수 잎은 건져서 버린다. 다음을 넣고 섞는다.

　강판에 간 파르메산 치즈 ½~1컵(55~115g), 맛을 보면서 조절

완성된 필링은 뚜껑을 덮어서 냉장고에 넣으면 최대 3일간 보관할 수 있다.

고기와 시금치 필링

약 2컵

우리가 라비올리용으로 가장 선호하는 필링이며 토르텔리니에도 썩 잘 어울린다. 이 필링을 넣은 파스타는 버터와 치즈 또는 토마토 소스와 함께 낸다. 채식용 필링을 만들 때는 갈색으로 볶은 고기 대신 **잘게 썬 버섯 볶음** 또는 **잘게 부수어 양념한 템페** 1컵을 사용한다.

중간 크기의 프라이팬을 중강불에 올리고 다음을 둘러서 가열한다.

　버터 또는 올리브유 2큰술

버터나 기름이 뜨겁게 달궈지면 다음을 넣는다.

　송아지고기 또는 기름기 없는 돼지고기 다짐육 225g

자주 저어 뭉친 고기를 부수면서 갈색으로 골고루 익을 때까지 4~5분간 볶는다. 다음을 붓고 젓는다.

　드라이 화이트와인 ¼컵

부르르 끓어오르도록 가열한 뒤 프라이팬의 바닥에 붙은 갈색 조각을 긁어낸다. 불에서 내려서 식힌다. 그릇에 다음을 넣고 섞는다.

　냉동 시금치 ½컵, 해동한 후 꽉 짜서 물기를 제거하고 굵게 썰기

　대란 2개

　생빵가루 ¼컵, 살짝 볶기

　강판에 간 로마노 또는 파르메산 치즈 ½컵(55g)

　잘게 썬 파슬리 2작은술

　말린 바질, 마저럼 또는 오레가노 ½작은술

　마늘 1쪽, 다지기

　소금과 흑후추 적당량

다음을 넣고 젓는다.

　뻑뻑한 페이스트 상태가 되도록 적당량의 육수나 국물, 크림 또는 그레이비

완성된 필링은 뚜껑을 덮어서 냉장고에 넣으면 최대 2일간 보관할 수 있다.

세 종류의 고기를 넣은 필링

약 4컵

라비올리, 토르텔리니 또는 카넬로니의 속을 채울 때 사용한다. 토마토 소스 또는 구운 붉은 피망 소스와 함께 낸다.

중간 크기의 프라이팬을 중강불에 올리고 다음을 둘러서 가열한다.

　버터 또는 올리브유 2큰술

버터나 기름이 뜨겁게 달궈지면 다음을 넣는다.

　다진 닭고기, 칠면조고기, 돼지고기 또는 이를 섞어서 340g

　양파 작은 것 ½개, 잘게 썰기

　소금 ¼작은술

　흑후추 ¼작은술

자주 저어 뭉친 고기를 부수면서 갈색으로 골고루 익을 때까지 약 5분간 볶는다. 다음을 붓고 젓는다.

　드라이 화이트와인 ¼컵

부르르 끓어오르도록 가열한 뒤 프라이팬의 바닥에 붙은 갈색 조각을 긁어낸다. 불에서 내려서 식힌다. 프라이팬의 고기와 양파 혼합물을 모아서 푸드 프로세서에 넣고 다음을 추가한다.

　강판에 간 파르메산 치즈 1½컵(170g)

　모르타델라 또는 볼로냐 소시지 115g, 굵게 썰기

　프로슈토 85g, 굵게 썰기

　갓 갈아낸 육두구 또는 육두구 가루 1자밤

곱게 썰리면서 모든 재료가 잘 섞일 때까지 푸드 프로세서를 작동시킨다. 맛을 보고 간을 조절한다. 완성된 필링은 뚜껑을 덮어서 냉장고에 넣으면 최대 2일간 보관할 수 있다.

겨울 호박 필링

약 1¾컵

라비올리 또는 토르텔리니의 속을 채울 때 사용한다. 우리는 이 필링을 넣은 파스타에 브라운 버터와 세이지를 넣어 구운 누디 레시피에서 소개한 브라운 버터와 세이지 혼합물을 곁들여 먹는 것을 즐긴다.

오븐을 190℃로 예열한다. 베이킹 팬에 포일을 깐다.

다음을 세로로 반 자른다.

　땅콩호박 중간 크기 1개(680g)

씨와 가느다란 막을 파낸다. 반쪽짜리 호박의 절단면이 아래로 가도록 팬에 놓는다. 칼로 찔러보면 부드럽게 쑥 들어갈 때까지 1시간 정도 굽는다. 약간 식혀서 과육을 떠낸 다음 포테이토 라이서 또는 식품 분쇄기에 넣어서 으깨거나 푸드 프로세서에 넣고 부드러운 퓌레 상태가 되도록 간다. 이렇게 하면 으깬 호박 약 1½컵 정도 나온다.(약간 더 많거나 적어도 상관없다.) 호박과 다음 재료를 섞는다.

　강판에 간 파르메산 치즈 ½컵(55g)

　갓 갈아낸 육두구 또는 육두구 가루 ⅛작은술

　소금 적당량

완성된 필링은 뚜껑을 덮어서 냉장고에 넣으면 최대 4일간 보관할 수 있다.

라비올리

40개, 8인분

다른 파스타와 마찬가지로 잘 어울리는 소스를 곁들여 내는 경우가 많지만, 라비올리를 버터나 기름에 가장자리가 바삭해질 정도로 지진 다음 신선한 허브와 강판에 간 파르메산 치즈로 양념해도 무척 맛있다.

다음을 준비한다.

　생파스타 반죽, 넓적하게 밀어서 10cm 너비의 긴 시트 모양으로 자르기

　선호하는 파스타 필링 1¼컵

작업대 위에 밀가루를 살짝 뿌리고 파스타 시트의 긴 쪽이 요리하는 사람과 평행하도록 놓는다. 시트의 절반에 필링을 ½작은술씩 떠서 2.5cm 간격으로 얹는다. 손가락에 물을 적셔서 필링을 얹은 곳 주변에 물을 바른다. 파스타 시트의 나머지 절반을 그 위로 접고, 필링을 얹은 곳에 공기가 들어가지 않도록 잘 덮는다. 손의 옆면으로 필링을 얹은 곳 사이를 꾹 눌러서 봉한다. 피자 커터나 페이스트리 자르는 도구로 시트를 정사각형이나 직사각형으로 자르고, 조각마다 잘 봉해졌는지 확인한다.(라비올리를 동그랗게 자르려면 쿠키 커터나 비스킷

커터를 사용한다.) 라비올리가 서로 닿지 않도록 밀가루를 뿌린 오븐 팬 위에 올려놓는다. 남은 파스타와 필링으로 같은 작업을 반복한다. 가끔 라비올리를 뒤집어주면서 실온에 45분~1시간 정도 두었다가 조리한다.

라비올리를 삶으려면 커다란 냄비에 다음을 넣고 부르르 끓어오를 때까지 가열한다.

　물 3.8ℓ

　소금 2큰술

냄비에 라비올리를 넣되, 한꺼번에 너무 많이 넣지 않도록 주의하고 필요하면 전체 분량을 여러 번 나눠서 삶는다. 불을 줄이고 뭉근히 끓는 상태를 유지하면서 라비올리가 위로 떠오를 때까지 2~3분간 삶는다. 냉동 라비올리는 1~2분 정도 더 오래 삶아야 한다.

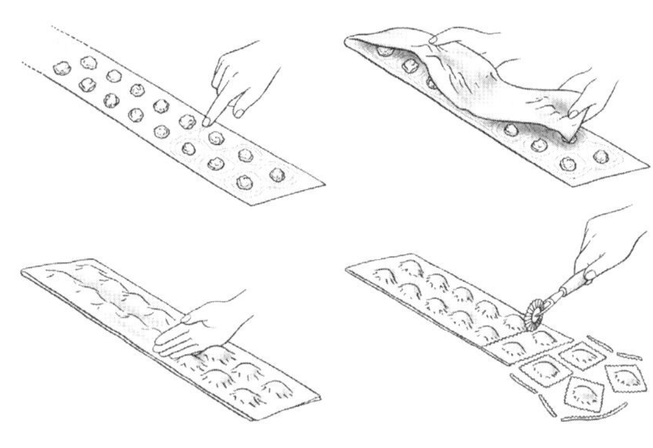

라비올리 만들기

토르텔리니

48개, 8인분

토르텔리니는 전통적으로 고기 필링을 넣어서 먹지만 버섯이나 겨울 호박 필링, 치즈 필링도 훌륭하게 어울린다. 이 레시피의 2~3배 분량으로 넉넉하게 만들어서 남은 토르텔리니는 냉동해두면 좋다.

다음을 준비한다.

　생파스타 반죽, 넓적하게 밀어서 10cm 너비의 긴 시트 모양으로 자르기

　선호하는 파스타 필링 1½컵

지름 5cm짜리 원형 커터로 반죽을 동그랗게 잘라낸다. 잘라낸 반죽의 가운데에 필링을 ¼작은술씩 얹고 반으로 접은 다음 가장자리를 눌러서 봉한다. 반달 모양 파스타의 양쪽 끝을 오므려 맞붙이면 동그랗고 통통한 모양이 된다. 밀가루를 뿌린 오븐 팬에 모양을 잡은 토르텔리니를 가지런히 놓고 촉촉한 주방 행주로 살짝 덮어둔다. 남은 반죽과 필링으로 같은 작업을 반복한다. 동그란 모양으로 잘라내고 남은 반죽 조각은 모아두었다가 뭉쳐서 다시 넓게 밀어 사용할 수 있다. 반죽이 말라서 잘 붙지 않으면 손가락에 물을 약간 묻혀서 가장자리를 적셔준 다음 봉한다. 토르텔리니를 45분~1시간 정도 오븐 팬에 두었다가 조리한다. **라비올리**와 같은 방법으로 삶는다.

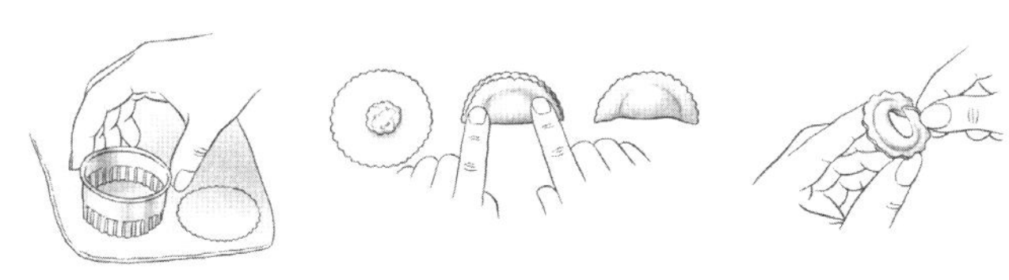

토르텔리니 만들기

속을 채운 덤플링(만두)에 대해

중부 유럽과 동유럽 지역에서는 고기, 양배추, 버섯, 치즈 외에도 매우 다양한 재료를 덤플링 속재료로 사용한다. 크레플락과 피에로기처럼 익힌 재료를 필링으로 사용하는 덤플링이 있는가 하면 양념한 생고기를 넣는 덤플링도 있다. 간단히 재료를 우려낸 국물로 만든 수프에 속을 채운 덤플링을 넣으면 맛이 확 살아나는데, 우리는 뭉근히 삶은 다음 프라이팬에 지진 덤플링에 녹인 버터를 곁들이거나 사워크림에 딜을 넣고 식초를 살짝 뿌린 소스를 곁들여 먹는 것을 특히 좋아한다.

아시아식 덤플링은 일반적으로 고기, 생선 또는 채소를 얇은 피로 싸서 만들며, 찌거나 수프에 넣어 뭉근히 끓이거나 튀겨서(군만두, 완탕 튀김 레시피 참고) 먹을 수 있다. 속을 채운 파스타처럼 속을 채운 덤플링도 넉넉히 만들어 냉동실에 보관해두면 급할 때 요리에 사용할 수 있어서 든든하다. 냉동 방법은 속을 채운 파스타에 대해 항목을 참고한다.

감자와 치즈 필링

약 2½컵

커다란 냄비에 다음을 넣는다.

　러셋 감자 450g, 껍질을 벗기고 4등분하기

감자가 잠기도록 찬물을 넉넉히 붓고 부르르 끓어오르도록 가열한 다음 불을 줄이고 감자가 부드러워질 때까지 약 20분간 뭉근히 삶는다. 물을 따라내고 감자를 으깨거나 포테이토 라이서에 넣고 눌러 짜서 그릇에 담는다. 다음을 넣어 섞는다.

　버터 3큰술, 말랑하게 녹이기

　강판에 간 숙성 체더 또는 파르메산 치즈 ½컵(55g)

　(양파 작은 것 ½개, 다져서 볶기)

　소금과 흑후추 적당량

완전히 식혀서 사용한다.

사우어크라우트 버섯 필링

약 2컵

커다란 프라이팬을 중불에 올리고 다음을 둘러서 가열한다.

　버터 또는 올리브유 2큰술

다음을 넣고 저으면서 부드러워질 때까지 볶는다.

　양파 중간 크기 1개, 잘게 썰기

다음을 넣고 저으면서 부드러워질 때까지 볶는다.

　잘게 썬 버섯 1컵

그릇에 옮겨 담고 다음을 넣어 섞는다.

　사우어크라우트 1컵, 물기를 빼고 굵게 썰기

　소금과 흑후추 적당량

완전히 식혀서 사용한다.

달콤한 치즈 필링

약 2컵

중간 크기의 그릇에 다음을 넣고 섞는다.

　코티지 또는 파머 치즈 340g, 물기를 빼기

　대란 2개, 풀어두기

녹인 버터 1큰술

설탕 2큰술

소금 ½작은술

갓 갈아낸 육두구 또는 육두구 가루 ¼작은술

차갑게 식혀서 사용한다.

시큼한 체리 필링

약 2컵

이 레시피 대신 시큼한 체리 프리저브를 필링으로 사용할 수도 있다.

중간 크기의 편수 냄비에 다음을 넣고 섞는다.

씨를 뺀 시큼한 생체리 또는 냉동 체리 450g(약 2컵)

설탕 ½컵

부르르 끓어오르도록 가열해 과즙이 졸아들어 물기가 거의 보이지 않을 때까지 약 15분간 조리한다. 작은 그릇에 다음을 넣고 섞는다.

옥수수 전분 1큰술

찬물 2큰술

물에 갠 옥수수 전분을 체리에 붓고 젓는다. 걸쭉해지도록 약 1분간 끓인다. 불에서 내려 식힌다.

바레니키 또는 피에로기(Vareniki or Pierogi)

36개, 4~6인분

우크라이나의 **바레니키**와 폴란드의 **피에로기**는 반죽을 둥글게 잘라서 필링을 넣고 반달 모양으로 접어서 만든 덤플링이다. 필링은 짭짤한 다진 고기와 양배추부터 감자와 치즈 그리고 약간 달콤한 파머 치즈와 베리류에 이르기까지 다양하며, 특히 치즈와 과일을 넣은 것은 디저트로 많이 먹는다. 버터에 볶아서(또는 버터에 버무려서) 사워크림을 얹으면 맛이 좋다. 든든한 첫 번째 코스 요리나 가벼운 주요리로 낸다.

다음을 준비한다.

생파스타 반죽 또는 생에그누들 반죽

앞에 소개한 덤플링 필링 중 선호하는 것 또는 메밀 필라프

반죽을 네 덩어리로 나누어 세 덩어리는 그릇에 담아 비닐랩을 단단히 씌워둔다. 파스타 제면기나 밀대로 반죽 한 덩어리를 1.5mm 정도의 두께로 최대한 얇게 민다. 지름 7.5cm짜리 원형 커터로 반죽을 동그랗게 잘라낸다. 필링을 1작은술 듬뿍 떠서 반죽의 가운데에서 약간 벗어난 위치에 올리고 반죽을 반으로 접어 반달 모양으로 만든 다음 가장자리를 봉한다. 반달 모양 반죽의 양쪽 끝을 오므려 맞붙이면 동그랗고 통통한 모양이 된다. 밀가루를 뿌린 오븐 팬에 모양을 잡은 덤플링을 가지런히 놓고 촉촉한 주방 행주로 살짝 덮어둔다. 남은 반죽과 필링으로 같은 작업을 반복한다. 동그란 모양으로 잘라내고 남은 반죽 조각은 모아두었다가 뭉쳐서 다시 넓게 밀어 사용할 수 있다. 반죽이 말라서 잘 붙지 않으면 손가락에 물을 약간 묻혀서 덤플링의 가장자리를 적셔준 다음 봉한다. 덤플링을 45분 정도 두었다가 조리한다. 조리하려면 수프에 넣거나(예를 들면 든든한 만둣국), 커다란 냄비에 다음을 붓고 뭉근히 끓인다.

소금을 넣은 물 3.8ℓ

한꺼번에 너무 많이 넣지 않도록 주의하면서 덤플링을 몇 번에 나눠서 넣고 불을 줄여 덤플링이 떠오를 때까지 2~3분간 뭉근히 삶는다. 체나 구멍 뚫린 숟가락으로 조심스럽게 건져서 따뜻하게 데운 그릇에 옮겨 담는다. 남은 덤플링도 같은 방법으로 삶는다. 덤플링 위에 다음을 끼얹는다.

녹인 버터 2~4큰술, 맛을 보면서 조절

다음과 함께 낸다.

양파 볶음

사워크림 또는 코티지 치즈

(갈색으로 볶은 버터 빵가루)

크레플락(Kreplach)

36개, 6인분

유대인들이 즐겨 먹는 덤플링인 크레플락은 전통적으로 푸짐한 닭고기 또는 소고기 국물에 넣어 삶아서 만든다. 특히 국물을 우려낸 닭고기나 소고기를 잘게 다져서 양파 볶음과 섞어 만든 필링으로 덤플링의 속을 채우면 재료를 알뜰히 활용할 수 있을뿐더러 맛도 좋다. 그 외 자주 사용되는 필링으로는 먹다 남은 소고기 찜이나 새콤달콤하게 조린 소고기 윗양지 등이 있다. 레시피의 재료에서 닭고기 또는 다진 소고기 대신 먹다 남은 고기를 잘게 다져서 1컵 정도 넣으면 된다.

그릇에 다음을 넣고 잘 섞는다.

양파 볶음 1컵, 잘게 다지기

갈색으로 볶은 다진 소고기 225g, 기름기 따라내기 또는 익혀서 곱게 썬 닭고기 1컵

달걀노른자 1개

굵게 썬 파슬리, 딜, 타임 또는 이를 섞어서 2큰술

소금 ¾작은술

흑후추 ¾작은술

다음을 준비한다.

생파스타 반죽 또는 생에그누들 반죽

반죽을 네 덩어리로 나누어 세 덩어리는 그릇에 담아 비닐랩을 단단히 씌워둔다. 파스타 제면기나 밀대로 반죽 한 덩어리를 1.5mm 정도의 두께로 최대한 얇게 민다. 반죽을 7.5cm 크기의 정사각형으로 잘라낸다. 필링을 1작은술 듬뿍 떠서 정사각형 반죽의 가운데에서 약간 벗어난 위치에 올리고 반죽을 반으로 접어 삼각형 모양으로 만든다. 손가락으로 가장자리를 누른 다음 포크의 날로 다시 꾹 눌러서 봉한다. 남은 반죽과 필링으로 같은 작업을 반복한다. **바레니키 또는 피에로기**와 같은 방법으로 조리한다.

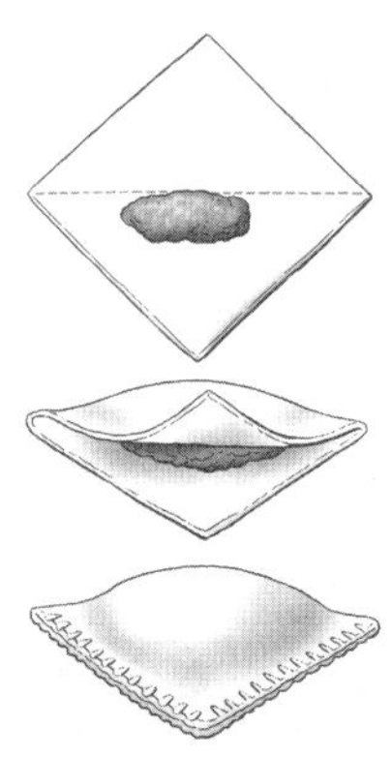

크레플락 필링 넣기와 접기

펠메니(Pelmeni)

약 100개, 8~10인분

러시아에서 널리 사랑받는 펠메니는 전통적으로 시베리아에서 겨울 사냥을 떠날 때 가지고 다녔던 음식으로, 자루에 담아 눈 속에 묻어두고 몇 달씩 보관하면서 먹었다. 우리는 펠메니를 사워크림과 곁들여 즐겨 먹지만 국물에 넣고 끓여 먹어도 근사하다. 만들 때 상당히 품이 많이 들기 때문에 친구나 가족의 손을 빌릴 수 있으면 좋다. 펠메니를 냉동하는 방법은 314쪽을 참고한다.

다음을 준비한다.

　생파스타 반죽

중간 크기의 그릇에 다음을 넣고 섞어서 필링을 만든다.

　다진 소고기 225g

　다진 돼지고기 225g

　양파 작은 것 1개, 다지기

　(다진 딜 1~2큰술, 맛을 보면서 조절)

　(마늘 2쪽, 다지기)

　소금 ¾작은술

　흑후추 ½작은술

반죽을 미는 동안 필링은 냉장고에 넣어둔다. 반죽을 네 덩어리로 나누어 세 덩어리는 그릇에 담아 비닐랩을 단단히 씌워둔다. 파스타 제면기나 밀대로 반죽 한 덩어리를 1.5mm 정도의 두께로 최대한 얇게 민다. 지름 5~7.5cm짜리 원형 커터로 반죽을 동그랗게 잘라낸다. 필링을 1작은술 듬뿍 떠서 동그란 반죽의 가운데에서 약간 벗어난 위치에 올리고 반죽을 반으로 접어 가장자리를 봉한다. 반달 모양 반죽의 양쪽 끝을 오므려 맞붙이면 동그랗고 통통한 모양이 된다. 밀가루를 뿌린 오븐 팬에 모양을 잡은 펠메니를 가지런히 놓고 촉촉한 주방 행주로 살짝 덮어둔다. 남은 반죽과 필링으로 같은 작업을 반복한다. 동그란 모양으로 잘라내고 남은 반죽 조각은 모아두었다가 뭉쳐서 다시 넓게 밀어 사용할 수 있다. 반죽이 말라서 잘 붙지 않으면 손가락에 물을 약간 묻혀서 가장자리를 적셔준 다음 봉한다. 펠메니를 45분 정도 두었다가 조리한다. 조리하려면 커다란 냄비에 다음을 붓고 뭉근히 끓인다.

　소금을 넣은 물 3.8ℓ

한꺼번에 너무 많이 넣지 않도록 주의하면서 냄비에 한 겹으로 깔리도록 펠메니를 넣고 삶는다. 펠메니가 둥둥 떠오르면 1분간 더 삶는다. 냉동한 펠메니는 삶는 시간을 1분 더 늘린다. 구멍 뚫린 순가락으로 건져내고 남은 펠메니도 같은 방법으로 삶는다. 다음과 함께 낸다.

　녹인 버터

　사워크림

　백식초

완탕

약 35개, 6~8인분

완탕은 가정에서도 쉽고 재미있게 만들 수 있다. 일단 완탕을 만들어두면 냉동했다가 나중에 조리할 수 있다. 완탕을 조리할 때는 터지지 않도록 아주 뭉근히 끓는 물에 삶는다.

푸드 프로세서에 다음을 넣고 곱게 썬 상태가 되도록 짧게 몇 번 작동시킨다.

　뼈와 껍질을 제거한 닭 가슴살, 껍질을 까고 내장을 제거한 새우 또는 다진 돼지고기 225g

잘게 썬 고기를 그릇에 옮겨 담고 다음을 넣는다.

　통조림 마름(물밤) 8개, 다지기

　쪽파 1대, 얇게 썰기

　생강 2.5cm짜리 1조각, 껍질을 벗겨서 다지기

　옥수수 전분 1큰술

　간장 1큰술

　사오싱주 또는 드라이 셰리 1큰술

　참기름 1작은술

　고추기름 ½~2작은술, 적당히 조절

　설탕 1작은술

　소금 ½작은술

　흑후추 ⅛작은술

작은 그릇에 다음을 넣고 섞어서 달걀물을 만든다.

　대란 1개

　물 1큰술

다음을 준비한다.(마르지 않도록 덮어둔다.)

　네모난 완탕피 35개

전체 분량을 몇 번에 나눠 작업한다. 완탕피의 한쪽 모서리가 만드는 사람을 향하도록 완탕피 10개를 가지런히 늘어놓는다. 완탕피마다 솔로 달걀물을 살짝 바른다. 아래 그림과 같이 속재료 1작은술을 완탕피의 가운데에 얹는다. 아래쪽 모서리를 들어 올려서 위쪽 모서리와 겹치도록 반으로 접으면 삼각형이 된다. 가장자리를 꽉 눌러서 봉하고 공기를 전부 빼낸다. 그다음 바깥쪽으로 뻗은 양쪽 모서리를 가운데로 모아 꾹 눌러서 봉한다. 조리하는 방법은 든든한 만둣국 또는 완탕 튀김 레시피를 참고한다. 속을 채운 파스타에 대해 항목의 설명에 따라 완탕을 냉동 보관할 수도 있다.

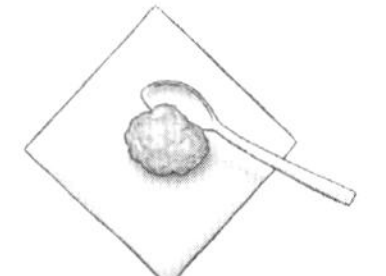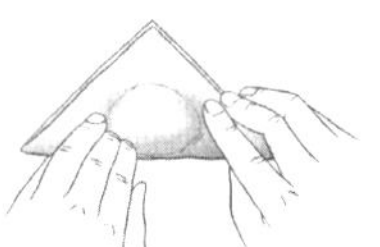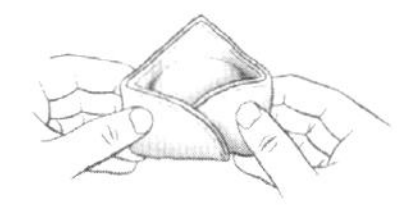

완탕 만들기

채소 완탕

약 30개, 4~6인분

커다란 프라이팬을 중불에 올리고 다음을 둘러서 가열한다.

　식물성 기름 1큰술

다음을 넣고 저으면서 채소의 숨이 죽을 때까지 약 5분간 볶는다.

　표고버섯 140g, 밑동을 떼어내고 갓 부분을 잘게 썰기(약 1½컵)

　양송이버섯 140g, 잘게 썰기(약 2컵)

　단단한 두부 225g, 물기를 짜고 잘게 부수기

　쪽파 2대, 잘게 썰기

　얇게 썬 배추 ½컵

　생강 2.5cm짜리 1조각, 껍질을 벗겨서 다지기

그릇에 옮겨 담고 속재료를 식힌다. **완탕** 레시피에 따라 속재료에 적당히 양념을 하고 완탕피에 달걀물을 묻힌 다음 속재료를 얹고 접어서 모양을 만든다.

해산물 또는 돼지고기 슈마이

32개, 4~6인분

커다란 그릇에 다음을 넣고 골고루 잘 섞는다.

껍질을 까고 내장을 제거한 새우와 곱게 썰거나 다진 돼지고기 450g

대란 1개

생강 5cm짜리 1조각, 껍질을 벗겨서 다지기

다진 고수 2큰술

옥수수 전분 1큰술

쪽파 1대, 다지기

참기름 1큰술

쌀 식초 1큰술

소금 ½작은술

다음을 준비한다.

동그란 완탕피 32개

완탕피를 작업대 위에 놓고 가운데에 소를 1큰술 얹는다. 그림과 같이 소를 부분적으로 감싸도록 완탕피를 모아서 올린 다음 가장자리를 따라 주름을 잡으면서 컵 모양으로 만든다. 소의 윗부분은 밖으로 노출되어 완탕피와 같은 높이가 되어야 한다. 슈마이를 작업대에 톡톡 두드려 바닥을 평평하게 만든다. 기름을 살짝 바른 접시에 올려놓고 남은 완탕피와 소로 같은 작업을 반복한다. 이렇게 만든 슈마이의 절반을 서로 닿지 않도록 적당한 간격을 두고 기름을 바른 찜 틀에 넣는다. 커다란 냄비에 물을 2.5~5cm 높이로 붓고 팔팔 끓인 다음 찜 틀을 올리고 뚜껑을 덮어서 슈마이가 속까지 잘 익도록 약 10분간 찐다. 접시에 옮겨 담고 따뜻하게 보관한다. 남은 슈마이도 같은 방법으로 찐다. 다음과 함께 뜨거울 때 낸다.

간장

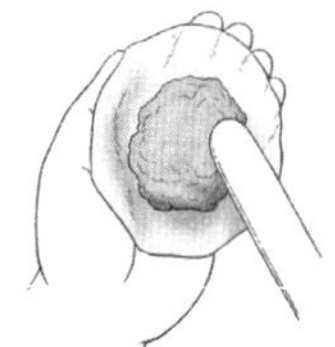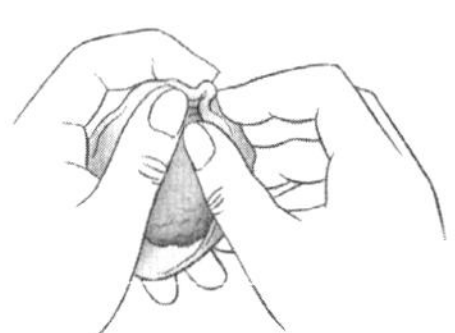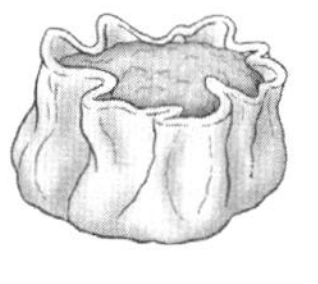

슈마이 만들기

바오(Bāo, 중국식 왕만두)

16개

다음 레시피에 사용되는 반죽을 준비한다.

하드 롤빵, 쇼트닝 대신 기름을 사용하고 달걀흰자는 생략해서 만들기

반죽을 한 번 부풀린다. 다음을 준비한다.

굵게 썬 돼지고기 차슈, 완탕이나 채소 완탕의 속재료 또는 돼지고기와 버섯을 넣은 양상추 쌈의 속재료 약 1½컵

유산지를 7.5cm 크기의 정사각형 16개로 자르고 한쪽에 둔다. 반죽을 절반으로 나누고 절반은 마르지 않도록 비닐랩으로 잘 덮어둔다. 나머지 절반을 30cm 정도 길이의 길쭉한 통나무 모양으로 만든다. 반죽을 8조각으로 나눈다. 각 조각을 작업대 위에 놓고 손바닥으로 돌돌 굴려서 공 모양으로 빚는다. 밀대(자그마한 원통 모양의 밀대가 가장 좋다.)로 각 조각을 지름 12.5cm 정도의 크

기로 둥글게 밀되, 가운데를 가장자리보다 약간 더 도톰하게 만든다. 동그란 반죽을 손바닥에 올려놓고 소를 1큰술 듬뿍 떠서 가운데에 얹는다. 반죽을 잡은 손의 엄지손가락으로 소를 누르면서 다른 손으로 반죽의 가장자리를 따라 주름을 잡는다. 마지막 주름을 잡은 다음 가운데를 모아 '상투' 모양으로 살짝 비틀어서 봉한다. 이렇게 소를 채워서 만든 왕만두를 사각형으로 자른 유산지에 올려놓고, 나머지 반죽과 소로 만두를 전부 다 빚는 동안 축축한 주방 행주로 덮어둔다.

왕만두를 대나무 찜통에 넣고 뚜껑을 덮어서 폭신폭신하게 부풀어 오르도록 30분간 둔다. 프라이팬이나 웍에 물을 1.2cm 높이로 붓고 찜통을 올린다. 찜통은 물에 잠기지 않도록 얹어야 한다. 찜통의 위쪽으로 김이 나기 시작하면 타이머를 15분으로 맞춘다. 15분이 지나면 조심스레 찜통을 분리해 왕만두를 즉시 식탁에 올린다. 남은 왕만두는 냉장고에 넣으면 4일, 냉동실에 넣으면 2개월 정도 보관할 수 있다. 데울 때는 찌거나 전자레인지에 넣고 돌린다.

곡물

현재 우리가 알고 있는 문명은 선조들이 곡물을 재배하기 시작하면서 탄생했다. 곡물의 매력 중 하나는 영양분이 풍부하다는 것이다. 그뿐만 아니라 조건만 맞으면 상당히 긴 시간 보관할 수 있으므로 수확 후에도 오랫동안 식량의 역할을 한다. 오늘날 우리가 곡물에 많은 관심을 두는 것은 영양과 뛰어난 보관성 외에도 곡물이 세계 대다수 지역의 식문화에 너무나 굳건히 자리 잡고 있으며 곡물이 빠진 식사 자체를 상상할 수 없기 때문이다.

진짜 곡물은 전부 풀에서 열린 열매다. 물론 이번 장에서는 몇 가지 **유사 곡물**(pseudocereal)도 함께 다룬다. 메밀, 퀴노아, 아마란스 등이 이러한 유사 곡물에 해당한다. 진짜 곡물은 아니지만 손질하고 활용하는 방법이 곡물과 매우 비슷하다.

통곡물 알갱이는 **베리**(berry)나 **그로트**(groat)라는 이름으로 불리기도 한다. 대다수 곡물은 오른쪽 그림의 밀 알갱이처럼 **겨, 배아, 배유**라는 세 가지 요소로 구성되어 있다. 딱딱한 겉껍질인 겨에는 곡물의 비타민, 무기질, 섬유질이 대부분 들어 있다. 배아는 곡물 알갱이 중에서도 아주 작은 부분에 불과하지만, 단백질 대부분과 모든 지방이 바로 이 배아에 함유되어 있다. 배유는 대부분 전분으로 이루어져 있으며 약간의 단백질이 포함되어 있다. 대부분의 영양 성분과 진하고 고소한 풍미는 겨와 배아에 들어 있다. 그러나 곡물을 도정할 때 겨와 배아의 일부 또는 전부를 제거하는 것이 일반적인 관행이다. 이렇게 겨와 배아를 제거한 곡물은 **정백**(pearled) 또는 **반정백**(semi-pearled)이라고 지칭하는 경우가 많다. 예를 들어 백미나 흰 밀가루의 원재료로 사용되는 밀 알갱이는 배유로만 이루어져 있다. 반정백 곡물은 도정 과정에서 겨를 일부 남겨두므로 현미, 적미, 흑미 등과 같이 각각 독특한 색을 띤다.

영양 측면에서 보면 통곡물이 가장 좋다. 정백 곡물과 알갱이 또는 이러한 곡물로 만든 음식에 비타민 B와 철분을 강화하거나 도정 과정에서 깎여나간 영양 성분을 보충하기도 하지만, 통곡물에만 들어 있는 비타민 E와 섬유질은 일반적으로 보강되지 않는다.

편의성 측면에서 보면 정백 곡물이 월등히 뛰어나다. 아주 오랫동안 보관할 수 있으며 딱딱한 겨가 제거된 상태이므로 조리 시간도 절반 이상으로 단축된

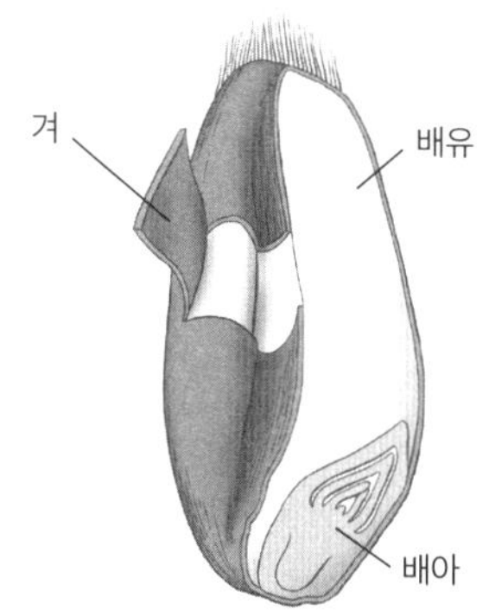

밀 알갱이의 세 가지 기본 구성요소

다. 반정백 곡물은 통곡물보다 빨리 익는 동시에 영양 성분과 고소한 풍미가 일부 남아 있어서 통곡물과 정백 곡물의 장점을 모두 가진 절충안이다. 다만 반정백 곡물은 통곡물만큼 빨리 상한다.

곡물 구입 및 보관에 대해

통곡물이나 도정한 곡물은 모두 벌레와 산패에 취약하다. 통밀 및 현미와 같은 통곡물은 지방 함량이 높은 배아 부분이 그대로 붙어 있기 때문에 백미나 다른 정백 곡물보다 쉽게 산패된다. 따라서 우리는 ▶ 통곡물을 소량씩 구입하고 공기가 통하지 않는 밀폐 용기에 넣어 서늘하고 습기가 없는 찬장이나 냉장고, 냉동실에 보관하도록 권장한다. 밀의 배아와 메밀을 제외하면 대다수 곡물은 ▶ 찬장에서 최대 6개월, 냉동실에서 최대 1년 정도 보관할 수 있다. 가장 좋은 품질을 원한다면 3개월 이내에 먹을 수 있는 양으로 조금씩 사는 것이 좋다. 조리하기 전에 좋지 않은 냄새가 나고 조리했을 때 쌉쌀한 맛이 난다면 산패되었다는 증거다. 생곡물이 서로 뭉쳐 있다면 벌레가 먹었거나 상했다는 신호이므로 아까워도 즉시 버리는 것이 좋다.

조리를 위해 곡물 손질하기

예전 요리책에서는 보통 곡물을 씻어서 잡티와 먼지를 제거하도록 권장했지만, 요즘에는 대다수 곡물이 깨끗하게 세척된 상태로 판매되므로 굳이 씻을 필요는 없다. 겉껍질에 사포닌이 다량 함유된 퀴노아조차도 매장에 진열하기 전에 세척 처리를 하므로 씻는 과정을 건너뛰어도 좋다. 하지만 곡물을 씻어도 해가 될 일은 없으며, 특히 근교의 소규모 재배업자가 판매하는 곡물을 샀다면 씻어서 먼지나 왕겨, 기타 잡티를 제거해주는 것이 좋다. 다른 이유로 곡물을 씻는 것이 더 바람직한 예도 있다. 예를 들어 쌀을 씻으면 표면에 붙은 전분이 씻겨나가므로 쌀알이 서로 잘 달라붙지 않는다.

곡물을 씻으려면 그릇에 담아 곡물이 잠기도록 물을 넉넉히 부은 다음 손으로 잠깐 휘휘 젓는다. 물을 따라내고 곡물이 잠기도록 깨끗한 물을 부어 휘휘 젓고 다시 물을 따라낸다. 따라내는 물이 비교적 깨끗해지고 잡티가 둥둥 뜨지 않을 때까지 이 작업을 반복한다.

통밀, 통호밀, 파로, 카무트, 스펠트, 통귀리 등의 통곡물을 물에 담가서 불려두면 조리 시간을 최대 절반까지 단축할 수 있으며 식감도 좋아진다.

딱딱한 통곡물을 불리려면 곡물 위로 5cm 정도 올라오도록 물을 붓고 8시간 또는 하룻밤 동안 담가서 불린다. 조리 시간을 더 단축하려면 곡물에 끓는 물을 부어서 하룻밤 둔다. 불린 물을 그대로 사용해 조리할 수도 있지만, 이렇게 하면 전분 함량이 높아서 조리 도중에 곡물 알갱이가 서로 달라붙기 쉽다.

통곡물을 즐기는 또 다른 방법은 발아시켜서 먹는 것이다. 과학 연구에 따르면 통곡물을 발아시키면 영양 성분이 몸에 더 쉽게 흡수되며, 항산화제와 식이섬유의 함량이 높아지고 곡물을 섭취했을 때 혈당도 더디게 올라갈 가능성이 있다. 발아 곡물을 사용할 때는 익힌 곡물처럼 다루어야 한다. 오븐 구이, 볶음, 샐러드에 넣거나 죽으로 끓여서 낸다.

통곡물을 발아시키려면 1082쪽을 참고한다.

조리하기 전에 곡물을 볶으면 풍미가 진해지고 서로 뭉치지 않는다.

가정용 레인지에서 곡물을 볶으려면 묵직한 편수 냄비나 프라이팬에 곡물을 넓게 펴서 넣고 중불에 올려 자주 저으면서 고소한 냄새가 날 때까지 볶는다. 아마란스, 기장, 테프 등과 같이 알갱이가 작은 곡물은 너무 그슬리지 않도록 주의한다. ▶ 약간의 기름이나 버터를 프라이팬에 둘러서 달군 다음에 곡물을 볶으면 풍미가 다채로워지고 알갱이가 서로 달라붙지 않기 때문에 요리했을 때 더욱 폭신폭신한 식감으로 완성된다.

곡물을 오븐에 넣어서 구우려면 오븐 팬에 넓게 펴서 깔고 175℃로 예열한 오븐에 넣어 중간에 한 번 섞어주면서 10분간 굽는다.

곡물 조리하기에 대해

이번 장에서 다루는 모든 곡물의 조리 지침은 363~367쪽의 곡물 조리 기준표를 참고한다. 곡물 조리에는 기본적으로 네 가지 방법이 있다. 첫 번째는 **흡수식**이다. 곡물이 흡수할 수 있을 정도로만 액체를 붓고 팔팔 끓어오르도록 가열한 후 뚜껑을 덮고 불을 줄여 곡물이 부드러워지면서 모든 액체를 흡수할 때까지 은근히 끓이는 것이다. 이 방법으로 조리할 때는 곡물이 액체를 대부분 흡수한 다음에 불에서 내려 뚜껑을 덮은 채로 몇 분간 뜸을 들여 완성하는 경우가 많다. 대다수 곡물은 조리한 후에 고슬고슬하게 뒤적여주면 맛이 더 좋아진다. 포크를 냄비 바닥까지 찔러 넣어 아래쪽에 있는 곡물을 위쪽으로 살살 퍼낸다. 바로 먹지 않는다면 뚜껑을 덮어둔다. 냄비를 불에서 내린 다음 포크로 저어주기 전이나 후에 뚜껑을 덮어서 5~10분간 두면 곡물이 마지막 남은

수분을 흡수해서 더욱 통통해진다.

곡물이 흡수할 수 있는 양보다 더 많은 액체를 붓고 풀기가 생기면서 잘게 부서질 때까지 계속 끓이면 **죽**이 된다. 죽을 만들 때 정백 곡물, 으깬 곡물, 납작하게 누른 곡물, 제분한 곡물을 사용하면 조리 시간을 크게 단축할 수 있다.

곡물을 조리하는 두 번째 방법은 **파스타 방식**으로, 물을 넉넉하게 붓고 부드러워질 때까지 뭉근하게 끓인 다음 물을 따라내는 것이다. 이 방법에는 두 가지 중요한 장점이 있다. 우선 액체나 곡물의 양을 계량할 필요가 없으며, 그냥 타이머를 맞춰놓고 곡물이 부드럽게 익었을 때 물기를 빼면 된다. 또 한 가지 장점은 호미니 또는 통밀처럼 거친 통곡물을 조리할 경우 곡물이 부드러워질 때까지 조리하는 동안 증발할 액체의 양에 대해 크게 신경 쓸 필요가 없다는 점이다. 찰기가 많아서 서로 뭉치는 상태가 아니라 알갱이가 와글와글 살아 있도록 조리해야 할 때도 이 두 번째 방법이 가장 적합하다.(곡물 표면의 전분이 씻겨나간다.) 대다수 곡물은 이 방식으로 조리할 수 있지만 아마란스나 테프처럼 알이 작은 곡물에는 권하지 않는다.

세 번째 조리 방법은 **리소토 방식**으로, 곡물을 기름이나 버터에 볶은 다음 풍미가 진한 액체 재료를 부어서 끓이다가 곡물이 액체를 전부 흡수하면 액체를 조금씩 더 추가하는 것이다. 곡물이 부드러워지고 전분이 빠져나와 크림처럼 매끄러운 상태가 될 때까지 이 작업을 반복한다. 이 방법은 다소 손이 많이 가지만 훌륭한 결과물을 얻을 수 있으며, 특히 풍미가 뛰어난 액체를 사용하면 아주 근사한 맛으로 완성된다. 계속 저을 필요 없이 간단하게 리소토를 만드는 방법은 압력솥 조리 리소토 항목을 참고한다. 일반적으로 리소토는 특정 유형의 쌀로 만들지만, 퀴노아, 메밀, 귀리, 정백 보리, 파로로 조리해도 맛있다.

마지막 조리 방법은 곡물을 **찌는 방식**이다. 레시피에서 가끔 눈에 띄는 '찐쌀(steamed rice)'이라는 말은 사실 잘못된 용어로, 보통 흡수법으로 조리한 쌀밥을 지칭한다. 끈기가 많은 찹쌀은 반드시 쪄서 조리해야 하는데, 이 말은 끓는 물을 부어서 조리하는 것이 아니라 끓는 물 위에 올려놓고 찐다는 의미다.

통곡물의 단점으로 자주 꼽히는 것은 조리하는 데 시간이 너무 오래 걸린다는 점이다. 그래서 주중 저녁으로 준비하기는 어렵다고들 한다. 이 문제를 해결하는 몇 가지 방법이 있다. 그중 하나는 통곡물을 불려두는 것이다. 이렇게 하면 통곡물의 조리 시간이 크게 단축된다. 두 번째는 통곡물을 더욱 편리하게 조리할 수 있는 다양한 가전제품을 활용하는 것이다. 밥솥을 사용하면 언제든지 잘 익힌 통곡물을 먹을 수 있다. 레인지용 또는 전기 압력솥은 통밀과 겉보리처럼 오래 익혀야 하는 곡물을 조리할 때 특히 효과적이며 조리 시간도 절반 정도로 줄일 수 있다. 대략적인 조리 시간은 곡물 조리 기준표를 참고하되, 자세한 내용은 제조업체의 사용 설명서를 확인한다. 단단한 곡물을 슬로쿠커에 넣고 온종일 뭉근히 끓일 수도 있다. ▶ 약불로 맞춰놓으면 부드러워질 때까지 6~8시간 정도 걸린다.

마지막으로 그냥 주말에 한꺼번에 조리해두었다가 주중 내내 먹는 방법이 있다. 또는 커다란 냄비 가득 조리해서 한 끼 분량씩 냉동해도 좋다. 현미, 통밀, 호미니 등 단단하고 오래 조리해야 하는 곡물은 냉동을 권장하며, 부드러운 쌀이나 아마란스, 퀴노아 같은 작은 곡물은 되도록 냉동하지 않는 것이 좋다. 오늘 먹어야겠다 싶으면 그냥 아침에 냉동실에서 꺼내놓는다. 저녁때쯤이면 적당히 녹으므로 살짝 데워서 간만 맞추면 된다.

곡물을 섞어서 조리하기에 대해

한 요리에 2~3가지의 곡물을 사용하면 풍미와 식감이 다채로워진다. 대략 비

숫한 양의 액체를 사용해 비슷한 시간 안에 조리할 수 있는 곡물끼리 섞는 것이 좋다. 몇 가지 예로는 현미와 정맥 보리, 벌거와 메밀, 옥수숫가루와 아마란스, 겉보리와 통밀 등이 있다. 조리 시간이 다른 곡물을 섞어서 사용할 때는 순서대로 냄비에 넣는다. 곡물을 섞어서 조리하면 수분 증발량이 적어지므로 따로따로 조리할 때보다 물을 적게 넣어도 된다. 두 가지 곡물이 충분히 들어갈 만큼 커다란 냄비를 사용하고, 조리가 거의 끝나갈 즈음에는 곡물이 부드러워질 때까지 한 번에 물 ¼컵씩 보충한다. 우리가 가장 선호하는 조합은 버터와 간장에 비벼 먹는 통밀 현미밥이다.

곡물 뻥튀기에 대해

팝콘은 누구에게나 친숙한 뻥튀기 간식이다. 옥수수 이외의 다른 곡물을 사용한 뻥튀기가 팝콘의 아성을 위협할 가능성은 지극히 희박하지만, 대다수 곡물을 뻥튀기 형태로 즐길 수 있다는 점은 언급해두자. 쌀 뻥튀기나 밀 뻥튀기는 가까운 마트에서 쉽게 구할 수 있다.(아침 식사용 시리얼 판매대에서 찾아보자.) 수수 뻥튀기를 비롯한 몇몇 종류는 인도 식료품점 등의 전문점에서 판매한다. 퀴노아, 아마란스, 카무트 등의 곡물 뻥튀기는 인터넷으로 구할 수 있다.

몇 가지 곡물은 집에서도 쉽게 뻥튀기를 만들 수 있다. 팝콘이 가장 보편적이지만, 야생 쌀을 사용해서 뻥튀기를 만들어보자. 프라이팬을 중강불에 올리고 기름을 살짝 둘러서 달구다가 야생 쌀을 한 줌 넣는다.(야생 쌀 혼합곡을 사용하지 않도록 주의한다.) 프라이팬을 흔들면서 기름을 골고루 묻힌 다음 뚜껑을 덮는다. 야생 쌀이 금세 튀겨지기 시작할 것이다. 톡톡 튀어오르는 소리가 확 줄어들면 뚜껑을 열고 키친타월을 깐 접시에 옮겨 담은 후 소금을 홀홀 뿌린다. 이 방법으로 흑미('금단의 쌀Forbidden Rice'이라는 상품명으로도 판매된다.)와 아마란스로 뻥튀기를 만들어도 맛있다.

팝콘을 제외한 대부분의 곡물 뻥튀기는 단독으로 먹기에 적합하지 않지만 다양한 방식으로 활용할 수 있다. 뻥튀기를 샐러드에 홀홀 뿌리면 크루통 대신 바삭한 식감을 더해주며, 그래놀라에 섞거나 채소 요리의 가니시로 사용해도 훌륭하다.(겨울 호박 구이에 얹은 바삭한 야생 쌀 뻥튀기를 생각해보자.) 야생 쌀 뻥튀기를 바크 초콜릿 위에 홀홀 뿌렸더니 근사하게 어울렸다. 인도에는 곡물 뻥튀기를 주재료로 한 다양한 간식이 있으며 인도 식료품점에서 여러 제품을 찾아볼 수 있다. **벨 푸리**(bhel puri)는 양념한 쌀 뻥튀기, 병아리콩, 익힌 감자, 굵게 썬 자색 양파, 고수, 토마토 향신료를 섞고 플레인 요구르트와 다양한 처트니, 차트 마살라를 얹어서 먹는 인기 만점의 인도 길거리 음식이다.

곡물 다양하게 활용하기

곡물은 익혀서 양념한 후 채소와 단백질 요리에 곁들이는 것이 가장 보편적인 조리 방법이며 저녁 식탁을 든든하게 채워준다. 그러나 이러한 기본적인 역할 외에도 곡물은 놀라울 정도로 활용도가 높다. 이번 장에서 소개하는 레시피와 더불어 곡물로 더 다채로운 식사를 차릴 수 있도록 몇 가지 활용 전략을 소개한다.

차갑거나 미지근한 곡물은 샐러드로 변신할 수 있다. 곡물과 쌀을 사용한 샐러드에 대해 항목에서 구체적인 아이디어를 참고하거나 집에 있는 재료를 넣어 즉흥적으로 만들어보자. 조리한 곡물에 샐러드 드레싱이나 비네그레트, 거의 모든 종류의 익힌 채소(구운 채소를 사용하면 더욱 진한 풍미를 즐길 수 있다.), 신선한 허브, 잘게 부순 페타나 갈색으로 구워서 깍둑썰기한 할루미, 강판에 곱게 간 파르메산 등의 치즈를 곁들여 버무린다. 차가운 파로, 보리 또는 카무트에 얇게 썬 회향, 사과, 딜을 넣고 섞어서 허브 요구르트 드레싱을 뿌리면 근사한 샐러드가 탄생한다.

곡물은 덮밥 등의 일품요리로도 훌륭한 역할을 한다. 익혀서 양념한 곡물에 구운 닭고기나 구운 두부 등의 단백질 재료, 익힌 채소나 생채소, 구운 견과류나 씨앗, 간단한 소스, 드레싱 또는 비네그레트를 얹어서 먹는다.

먹다 남은 곡물은 볶음밥을 만들거나 프라이팬에 지져서 부침개와 비슷한 형태로 활용할 수 있다. 익힌 곡물에 허브, 향신료, 치즈, 양파 볶음, 굵게 썰거나 강판에 간 채소 등의 풍미 재료를 넣고 모든 재료가 잘 뭉치도록 도와주는 달걀이나 밀가루를 추가해서 잘 섞는다.(구체적인 요리는 파르메산 치즈와 선드라이드 토마토를 넣은 기장 부침개 레시피를 참고한다.) 양념 소스와 곁들여 내거나 소페처럼 위에 다른 재료를 얹어서 낸다. 그 외 남은 곡물을 근사한 요리로 활용하는 방법으로는 칠리 고추를 곁들인 치즈 기장 스푼브레드, 폴렌타 튀김 등을 꼽을 수 있다.

국물을 우려서 수프를 끓이다가 마무리하기 몇 분 전에 익힌 곡물을 넣어 섞어도 맛있다. 익히지 않은 곡물을 넣을 때는 곡물이 익는 시간을 가늠해서 뭉근히 끓는 국물에 미리 넣어 끓인다. 이렇게 하면 수프가 걸쭉해지는 효과도 있다. 또는 곡물에 양념과 허브를 넣고 섞은 후 생선, 반으로 자른 도토리호박 또는 델리카타호박, 포토벨로버섯 또는 토마토로 만든 용기에 채워 넣고 모든 재료가 속까지 잘 익고 부드러워질 때까지 구워도 좋다.(구체적인 재료 조합은 곡물 스터핑과 드레싱에 대해 항목을 참고한다.)

익힌 곡물을 머핀, 즉석 발효 빵, 팬케이크 등의 구움 요리 반죽에 섞어서 굽기도 한다. 귀리를 끓여서 죽 상태로 만든 오트밀은 널리 사랑받는 전통적인 아침 식사 메뉴지만, 곡물이라면 종류를 막론하고 대부분 죽으로 만들어 먹을 수 있다. 벌거, 퀴노아 또는 기장 등 빨리 조리할 수 있는 곡물을 준비해 즉석에서 죽을 끓이거나, 미리 곡물을 익혀두었다가 약간의 우유나 우유 대체 음료를 조금 붓고 데워서 먹는다. 계피나 카르다몸 등의 향신료를 넣은 다음 바닐라 추출물을 몇 방울 떨어뜨린다. 죽을 끓이면서 꿀이나 굵게 썬 대추야자 등의 달콤한 재료를 넣거나, 죽이 완성된 후에 꿀, 잼, 생과일 또는 말린 과일, 요구르트 한 숟가락, 구운 견과류 또는 씨앗 등을 올려서 먹는다. 짭짤한 아침 식사용 죽으로는 쌀죽 레시피를 참고하고, 굵게 빻은 옥수수나 테프, 납작하게 누른 귀리처럼 다른 곡물로 끓인 죽에도 쌀죽 레시피의 권장 토핑 재료를 얹어서 먹어보자.

조리한 곡물을 보관하고 데우기

조리한 곡물을 데우면 원래와 비슷한 상태로 돌아간다. 익힌 곡물은 대부분 최대 3일 정도 냉장 보관할 수 있으며 육수나 다른 상하기 쉬운 재료를 사용하지 않고 그냥 맹물로 조리했다면 며칠 정도 더 오래 두고 먹을 수 있다. 우리는 시간이 오래 걸리는 곡물을 조리할 때 양을 넉넉히 잡아서 남은 것을 냉동한다. 이 방법은 통밀이나 호미니처럼 단단한 곡물을 조리할 때 특히 유용하다.

전자레인지를 사용해서 데우려면 개인 접시에 넓게 펴서 담고 비닐랩이나 물을 적신 키친타월을 덮어서 강으로 1인분당 1~2분씩 돌린다. 우묵한 그릇에 담아서 데울 때는 맨 위에 물을 살짝 뿌리고 비닐랩이나 뚜껑을 덮어서 강으로 1컵당 1분 30초씩 데운다. 전자레인지에서 꺼내 잘 저어서 낸다.

가정용 레인지에서 데우려면 편수 냄비에 물을 3mm 높이로 붓고 곡물을 넣어 잘 저은 다음 뚜껑을 덮어서 뜨거워질 때까지 중불로 뭉근히 끓인다. 또는 프라이팬에 차가운 곡물 3컵당 식물성 기름 1~2큰술을 두르고 곡물을 넣어 저으면서 골고루 뜨거워질 때까지 데운다. 남은 곡물을 활용하기 위한 아이디어는 곡물 다양하게 활용하기 항목을 참고한다.

아마란스에 대해

아마란스(amaranth)는 열대 아메리카 원산으로 5000년보다 더 전에 아스텍인이 재배했던 식물이다. 키가 크고 잎이 무성하며 자홍색이나 황금색 또는 녹색의 화려한 꽃이 피었다가 지면 헤아릴 수 없이 많은 작은 씨앗이 열린다. 아마란스는 엄밀히 말하면 곡물로 분류되지 않고 유사 곡물에 해당한다.

황금색에 검은 점이 박힌 자잘한 아마란스씨는 기분 좋은 아삭한 식감과 고소한 풍미가 있으면서 약간의 후추 향도 풍긴다. 아마란스씨를 조리하면 반들반들 윤이 나는데 끓이면 죽과 비슷한 형태가 되고 아주 걸쭉해진다.(냄비 바닥에 잘 달라붙으므로 자주 젓는다.) 달콤하게 맛을 내고 양념한 아마란스는 맛도 좋고 아침 식사용 죽으로 훌륭하다. 재료를 걸쭉하게 만드는 성질이 있으므로 수프에 넣어서 활용할 수도 있다.(뭉근히 끓는 국물에 넣기만 하면 된다.) 아마란스를 조리하는 과정에서 약간의 풀 냄새가 날 수도 있지만 금세 사라진다.

생아마란스를 반죽에 넣고 섞어서 오븐 구이 요리에 바삭한 식감을 더할 수도 있다. 먹다 남은 아마란스를 팬케이크, 즉석 발효 빵 또는 머핀에 넣어도 좋다. 아마란스를 납작하게 눌러서 납작귀리처럼 조리할 수도 있다. 또한 야생 쌀처럼 뻥튀기로 만들어도 맛있다.(곡물 뻥튀기에 대해 항목 참고) 아마란스 잎에 대해서는 258쪽을, 아마란스 가루는 1046쪽을 참고한다. 아마란스에는 글루텐이 들어 있지 않다.

보리에 대해

보리는 소박해 보이는 곡물이지만 아주 명예로운 역사를 가지고 있다. 13세기에 에드워드 2세는 보리 낟알 3개의 끝에서 끝까지 길이를 1인치(2.5cm)로 정하여 영국 도량형의 표준을 세웠으며, 이 기준에 따라 모든 길이를 측정하게 되었다. 미국인에게 보리는 아마도 소고기 보리 수프나 스코틀랜드식 수프의 형태로 가장 익숙할 것이다. 그러나 보리는 구운 견과류 풍미와 기분 좋은 쫄깃한 식감을 가지고 있으므로 특히 보리, 버섯, 아스파라거스를 넣은 따뜻한 샐러드 등의 곁들임 음식으로 활용하면 아주 맛있다.

보리는 정백 보리, 애벌 찧은 보리, 겉보리의 세 가지 형태로 판매한다. 보통 **정백**(또는 **정백한**) 보리라는 이름으로 시판되는 황백색의 타원형 보리는 겉껍질과 겨, 배아를 제거하고 배유 부분만 남긴 것이다. 이렇게 하면 보리의 영양 성분이 대부분 깎여나가지만 조리 시간이 단축되며 애벌 찧은 보리나 겉보리보다 식감이 매끄럽다. 보리는 모든 곡물 중에서도 섬유질 함량이 가장 높으므로 정백 보리도 상대적으로 섬유질이 많은 편이다. 스카치 또는 **애벌 찧은 보리**는 겨를 약간 더 남겨놓고 도정하므로 섬유질, 칼륨, 비타민 B가 어느 정도 보존된다. 애벌 찧은 보리는 불려서 조리해야 하며 정백 보리보다 식감이 쫄깃하다. **통보리** 또는 **겉껍질을 벗긴 보리**라고도 부르는 **겉보리**는 먹을 수 없는 겉껍질만 제거한 것이므로 영양분이 가장 풍부하다. ▶ 겉보리도 불려서 조리할 수 있으며 익는 시간도 오래 걸린다. 정백 보리나 애벌 찧은 보리보다 식감이 단단하고 와글거린다. 보리를 간단히 조리할 수 있는 형태로 가공해서 판매하는 제품으로는 **보리 그리츠**와 **납작보리**, 즉 **보리 플레이크**가 있다. 납작보리는 납작하게 누른 귀리와 모양이 비슷하며 같은 방식으로 조리할 수 있다.(곡물 조리 기준표 참고) 이러한 가공 보리는 보통 아침 식사용 시리얼을 만들 때 사용한다. 보릿가루는 1046쪽을 참고한다.

버섯을 넣은 보리 '리소토'

첫 번째 코스 요리 6~8인분 또는 주요리 4인분

정백 보리를 리소토 방식으로 조리하면 국물이 걸쭉해지며 진하고 매끄러운 식감으로 완성된다.(애벌 찧은 보리나 겉보리는 사용할 수 없다.)

속이 깊은 커다란 프라이팬을 중불에 올리고 다음을 넣어서 거품이 잦아들 때까지 녹인다.

버터 4큰술(버터 스틱 ½개)

다음을 넣고 저으면서 부드럽지만 갈색으로 변하지 않도록 약 7분간 볶는다.

양파 큰 것 1개, 잘게 썰기

다음을 넣고 저으면서 부드러워질 때까지 볶는다.

표고버섯 225g, 밑동을 제거하고 갓 부분을 깍둑썰기하기

다음을 넣고 버터가 골고루 묻을 때까지 젓는다.

정백 보리 1컵

다음을 넣고 저으면서 재료가 액체를 빨아들일 때까지 약 3분간 조리한다.

드라이 화이트와인 ⅔컵

마늘 2쪽, 다지기

(소금 ½작은술, 간을 하지 않은 국물을 사용할 경우)

흑후추 ½작은술

그동안 중간 크기의 편수 냄비에 다음을 붓고 부르르 끓어오르도록 가열한 다음 불을 줄여서 뭉근히 끓인다.

닭 국물 8컵, 되도록 간을 하지 않은 것 사용

국물 2컵을 보리 위에 붓고 젓는다. 얌전히 보글보글 끓는 상태를 유지하며 가끔 저으면서 국물이 거의 다 흡수될 때까지 8~9분 정도 조리한다. 남은 국물을 한 번에 ½컵씩 붓되, 일단 부은 국물이 다 흡수되면 다시 ½컵을 부어서 여러 번 저어주는 작업을 반복한다. 국물을 ½컵씩 부을 때마다 흡수되는 데 4~5분 정도 걸리므로 보리가 부드러워질 때까지 총 45~55분 정도 소요된다. 국물을 전부 넣고 끓였는데도 아직 보리가 부드럽게 익지 않았다면 뜨거운 물을 부어서 마무리한다. 취향에 따라 다음을 넣고 젓는다.

(강판에 간 파르메산 치즈 ½~1컵[55~115g])

다음으로 장식한다.

굵게 썬 파슬리 2~3큰술 또는 굵게 썬 타임 1~2작은술

이 리소토는 4일 전부터 미리 만들어둘 수 있다. 완전히 식힌 다음 뚜껑을 덮어서 냉장고에 보관한다. 데울 때는 프라이팬을 약불에 올리고 리소토를 넣은 뒤 물을 약간 추가해 자주 젓는다.

메밀에 대해

메밀은 유사 곡물이며 식물 분류상 밀보다 루바브와 소렐에 가까운 품종이다. 이름에 밀이라는 글자가 들어가기는 하지만 무글루텐 식단을 실천하는 사람들도 안심하고 먹을 수 있다. 통메밀은 섬세한 견과류 풍미가 있으며, 굵게 나 볶아서 **카샤**(kasha)로 만들면 구수한 풍미가 더 진해진다. 메밀을 단독으로 조리하면 쫄깃한 식감을 낸다. 잘 엉겨 붙는 성질이 있으며 달걀과 섞은 뒤 프라이팬에 볶아서 조리하는 경우가 많다. 생메밀과 카샤는 모두 다양한 굵기로 빻아서 판매하는데, 굵기에 따라 까슬까슬한 죽에서부터 매끄러운 죽에 이르기까지 다양한 식감이 나온다. 메밀은 영양 만점의 아침 식사로 먹어도 좋고, 옥수숫가루 대신 폴렌타 레시피에 활용해도 잘 어울린다. ▶ 다른 곡물과 마찬가지로 메밀을 국물에 넣어 조리하면 풍미가 살아나고 맛이 진해진다. 관련 요

리는 속을 채운 양배추 롤 Ⅱ 레시피를 참고한다. **메밀가루**는 빵과 팬케이크를 만들 때 사용한다. 참고할 수 있는 레시피로는 메밀 크레이프, 메밀 블리니, 메밀 옥수수 빵, 메밀 팬케이크 등이 있다. 일본의 메밀국수, 즉 소바는 325쪽을 참고한다.

카샤 바니시키스(Kasha Varnishkes, 카샤를 넣은 보타이 파스타)
곁들임 음식 8인분 또는 주요리 4인분
카샤 바니시키스는 동유럽 전통 요리다. 아스파라거스, 브로콜리 또는 다른 신선한 채소를 데쳐서 넣고 비네그레트로 버무리면 훌륭한 샐러드로 변신한다. 커다란 논스틱 프라이팬을 중강불에 올리고 다음 재료를 전부 넣은 뒤 자주 저으면서 양파가 갈색으로 익을 때까지 약 10분간 볶는다.

> 정제한 닭기름 또는 식물성 기름 3큰술
>
> 양파 큰 것 2개, 굵직하게 썰기
>
> (얇게 썬 버섯 2컵)
>
> 소금과 흑후추 적당량

다음을 넣고 1분간 더 볶는다.

> 마늘 2쪽, 다지기

커다란 그릇에 옮겨 담는다. 프라이팬을 문질러 닦고 한쪽에 둔다. 그동안 커다란 냄비에 물을 붓고 소금을 넣어 팔팔 끓어오르면 다음을 넣고 알 덴테 상태로 삶는다.

> 보타이 파스타 1½컵(170g)

물을 따라내고 양파 혼합물을 넣어 섞는다. 논스틱 프라이팬에 다음을 넣는다.

> 통메밀 1컵

물 대신 다음을 사용해 곡물 조리 기준표에 따라 조리한다.

> 닭 국물 2컵

파스타 혼합물을 넣고 섞는다. 맛을 보고 간을 조절한다. 혼합물에 국물이 부족해 보이면 다음을 붓는다.

> (닭 국물 또는 물 ¼컵)

다음을 훌훌 뿌린다.

> 굵게 썬 파슬리 2큰술

메밀 필라프
약 3½컵, 4~6인분
이 간단한 곁들임 음식은 피에로기의 필링으로도 활용할 수 있다.
커다란 편수 냄비를 중불에 올리고 다음을 둘러서 가열한다.

> 버터 또는 식물성 기름 1큰술

취향에 따라 다음을 넣고 저으면서 부드러워질 때까지 약 1분간 볶는다.

> (마늘 1쪽, 다지기 또는 다진 샬롯이나 양파 2큰술)

다음을 넣고 저으면서 황금색으로 익을 때까지 약 3분간 볶는다.

> 통메밀 1컵

다음을 넣고 젓는다.

> 팔팔 끓는 닭 국물 또는 물 2컵
>
> 소금 ½작은술

뚜껑을 덮고 약불에서 메밀이 부드러워지고 국물을 빨아들일 때까지 약 15분간 조리한다. 뚜껑을 덮고 5분간 둔다. 내기 전에 뒤적이며 저어준다.

벌거
밀에 대해 항목을 참고한다.

옥수숫가루, 호미니, 그리츠에 대해
이들 제품은 모두 **사료용 옥수수** 품종으로 만들며, 옥수숫대째 생으로 먹거나 채소처럼 조리하는 스위트 콘(감미종이라고도 한다. — 옮긴이)보다 전분 함량이 높고 당분이 적게 들어 있다. 사료용 옥수수에는 몇 가지 종류가 있다. 알갱이가 말의 어금니를 닮았다고 해서 **마치종**(dent corn, 영어로는 알갱이가 움푹 파였다는 뜻이다. — 옮긴이)이라는 이름이 붙은 품종은 말려서 옥수숫가루 또는 호미니로 가공하기 위해 재배한다. **경립종**은 마치종보다 수분이 더 적고 단단하며(가을에 눈에 띄는 알록달록한 '인디언 옥수수'가 경립종에 해당한다.) 폴렌타를 만들 때 사용된다. **연립종**은 옥수수 분말을 만들기 위해 재배하는 품종이다.

　호미니(hominy)는 옥수수를 소석회나 알칼리 액으로 처리해 겉껍질을 벗겨내고 알갱이를 약간 부드럽게 만든 후 씻어서 말린 것이다. **포솔레**(posole)라는 멕시코식 이름으로 많이 판매되는데, 포솔레는 호미니를 듬뿍 넣은 스튜를 지칭하는 말이기도 하다. 말린 호미니는 흰색, 노란색, 파란색, 붉은색 등 알록달록한 색깔을 띠며 통호미니, 으깬 호미니 그리고 가루 호미니의 형태로 판매한다. 말린 통호미니는 하룻밤 불려두었다가 사용하면 좋고, 아주 부드러워지도록 조리하려면 매우 오랫동안 끓여야 한다. 다행히 익힌 통호미니도 냉동 및 통조림으로 시판되므로 편리하게 사용할 수 있다. 갓 가공 처리한 호미니는 빻아서 **마사**(masa), 즉 옥수수 토르티야용 반죽을 만든다. 마사를 말려서 곱게 빻은 가루를 **마사 하리나** 또는 인스턴트 마사라고 부른다. 옥수수 토르티야를 직접 만들 때 신선한 마사를 사용하면 근사한 풍미와 벨벳처럼 부드러운 식감을 즐길 수 있으므로 구해볼 만한 가치가 있다.

　마트에서 판매되는 **옥수숫가루**는 대부분 옥수수 알갱이의 겉껍질을 벗기고 배아를 깎아내서 빻은 후 가공 과정에서 깎여나간 영양 성분을 강화한 것이다. 통옥수수로 만든 옥수숫가루는 겨와 배아가 전부 또는 약간 남아 있다. 배유를 제거하고 빻은 옥수숫가루보다 섬유질과 무기질 함량이 높으며 풍미도 진하다. 보통 맷돌로 간다. **굵게 빻은 옥수숫가루, 중간 굵기로 빻은 옥수숫가루, 곱게 빻은 옥수숫가루**는 일부 레시피에서 서로 바꿔 사용할 수 있지만, 조리 과정에서 각각 다른 반응을 보인다는 점을 기억하자. 예를 들어 곱게 빻은 옥수숫가루는 중간 굵기 또는 굵게 빻은 옥수숫가루보다 액체를 빨리 흡수하며, 굵게 빻은 옥수숫가루를 오븐 구이 요리에 사용하면 너무 딱딱하거나 와글와글한 식감이 나기 때문에 바람직하지 않다. **노란색, 흰색, 파란색 옥수숫가루**는 서로 대체해서 사용할 수 있다.

　여기서는 다양한 옥수숫가루 중에서도 두 가지 특별한 종류를 언급해둔다. 미국 남부 지방에서 널리 사랑받는 **그리츠**(grits)는 보통 마치종 옥수수를 말린 후 빻아서 만든다. 그리츠는 다양한 형태로 가공 및 포장해서 판매한다. **전통식 그리츠**는 굵게 빻은 것, **간단 조리용 그리츠**는 그보다 곱게 빻은 것 그리고 **인스턴트 그리츠**는 사전에 조리해서 말린 것이다. **호미니 그리츠**는 알칼리로 처리해 말린 옥수수를 빻아서 만든다.(다만 알칼리 처리하지 않은 옥수수로 만든 그리츠에도 '호미니'라는 명칭이 붙기도 한다는 점을 기억하자.) **맷돌로 간 그리츠**는 배아가 포함되어 있어 보관 기간이 짧지만 영양이 풍부하고 풍미도 훨씬 진하다. 그리츠는 단독으로 끓여도 맛있지만 버터나 달걀 프라이를 얹어서 먹거나 캐서롤에 넣어서 오븐에 굽거나 뒤에 소개하는 폴렌타 또는 그리츠 치즈 오븐 구이의 레시피처럼 조리해도 근사하다.

폴렌타(polenta)는 일반적으로 한 번 빻아서 만드는 그리츠와는 달리 여러 번 빻아서 질감이 더욱 균일하고, 경립종 옥수수만을 사용한다는 것이 차별점이다. 길쭉한 통나무 형태로 포장되어 있으며 바로 얇게 썰어서 노릇노릇하게 구워서 조리할 수 있도록(폴렌타 튀김 레시피 참고) 익혀서 나온 폴렌타 제품도 마트에서 구할 수 있다.

많은 소규모 농장과 방앗간에서 직접 만든 옥수숫가루, 폴렌타, 그리츠를 판매하는데, 이러한 제품은 가공 방법에 따라 무척 다양한 특징을 지닌다. 이렇게 소규모로 판매하는 곳들을 찾아보기를 적극적으로 권장한다. 다만 이런 제품에는 아무리 몇 시간을 뭉근히 끓여도 부드러워지지 않는 겉껍질 조각이 섞여 있을 수도 있다는 점을 기억하자. 조리하기 전에 겉껍질을 건져내려면 그리츠나 폴렌타에 찬물을 넉넉히 붓고 손으로 골고루 휘휘 저은 다음 쭉정이나 겉껍질이 떠오르도록 15분간 그대로 둔다. 둥둥 떠오른 겉껍질을 거름망이나 숟가락으로 건져내고 레시피대로 조리한다.(옥수수 풍미를 최대한 만끽하고 싶다면 겉껍질을 걸러낼 때 썼던 물을 그대로 사용한다.)

폴렌타, 그리츠 또는 옥수숫가루로 죽을 만들 때 뭉치는 것을 방지하려면 ▶ 냄비에 물이나 육수를 넣고 팔팔 끓이다가 옥수숫가루를 아주 조금씩 넣으면서 계속 세게 젓고, 옥수숫가루를 다 넣고 조리하는 동안에도 자주 젓는다. 또는 옥수숫가루를 미리 찬물에 섞어두었다가 끓는 물이나 육수에 조금씩 흘려 넣는다. 옥수숫가루를 얼마나 곱게 빻았는지에 따라 조리 시간이 달라진다.

다른 장에서 소개한 맛있는 옥수숫가루 레시피로는 메건의 남부식 옥수수빵, 인디언 푸딩, 겉은 바삭하고 속은 부드러운 스푼브레드, 치킨 타말레 파이, 조니케이크, 옥수숫가루 덤플링, 옥수숫가루 와플, 허시퍼피, 옥수숫가루 팬케이크 등이 있다.

옥수수죽

3½~4컵, 4~6인분

중간 크기의 편수 냄비에 다음을 붓고 부르르 끓어오르도록 가열한다.

　물 4컵 또는 물과 우유 2컵씩

　소금 1작은술

팔팔 끓는 물에 다음을 조금씩 균일하게 흘려 넣는다.

　흰색 또는 노란색 고운 옥수숫가루 1컵

매끄러워질 때까지 젓는다. 중약불로 줄이고 뚜껑을 덮는다. 자주 저으면서 옥수숫가루에서 생옥수수 맛이 나지 않을 때까지 30분 정도 끓인다. 죽이 너무 뻑뻑하면 물을 조금 더 보충한다. 그릇에 담고 위에 다음을 뿌린다.

　녹인 버터

　당밀, 메이플 시럽, 수수 시럽 또는 꿀

크림처럼 부드러운 폴렌타

약 4컵, 4~6인분

오랫동안 뭉근히 끓이면 부드럽고 매끄러운 식감을 지닌 전통 스타일의 폴렌타가 된다. 조리 시간을 단축하려면 폴렌타를 조리하기 전날 밤이나 당일 아침에 커다란 편수 냄비에 물이나 국물 1½컵을 붓고 팔팔 끓이다가 폴렌타를 넣고 세게 휘젓는다. 뚜껑을 덮고 최대 12시간 그대로 둔다. 조리할 때가 되면 편수 냄비에 물 또는 국물 2½컵을 마저 붓고 잘 저으면서 뭉친 폴렌타를 풀어준다. 걸쭉해지면서 옥수숫가루에서 생옥수수 맛이 나지 않을 때까지 10~12분 정도 끓인다.

커다란 편수 냄비에 다음을 넣고 부르르 끓어오르도록 가열한다.

　닭 육수나 물 또는 국물 4컵

　버터 3큰술

끓임없이 저으면서 다음을 아주 천천히 조금씩 넣는다.

　폴렌타 1컵

약불로 줄이고 나무 숟가락으로 자주 저어준다. 폴렌타가 걸쭉해지고 저을 때마다 가운데로 모여들며 옥수숫가루에서 생옥수수 맛이 나지 않을 때까지 10~12분 정도 끓인다. 다음을 넣어서 섞는다.

　강판에 간 파르메산 치즈 ½컵(55g)

　소금 1작은술 또는 적당량

베커 시골풍 폴렌타

약 4컵, 4인분

폴렌타를 짧은 시간에 조리해서 맛있고 재미있는 식감으로 완성하는 레시피다. 몇몇 미국산 폴렌타 제품은 거의 5분 안에 금세 완성할 수 있으며, 이탈리아산 폴렌타는 그보다 시간이 좀 더 오래 걸린다.

커다란 편수 냄비를 중불에 올리고 다음을 넣어서 녹인다.

　버터 3큰술

다음을 넣고 반투명한 상태가 될 때까지 볶는다.

　양파 중간 크기 ½개, 잘게 썰기

다음을 붓고 부르르 끓어오를 때까지 가열한다.

　닭 육수 또는 국물 4컵

다음을 천천히 조금씩 넣으면서 계속 세게 젓는다.

　폴렌타 1컵

　소금 ¼작은술

아주 뭉근히 끓는 상태를 유지하도록 불을 조절하고 세게 저으면서 폴렌타에서 생옥수수 맛이 나지 않을 때까지 5~10분 정도 끓인다. 다음을 넣고 젓는다.

　강판에 간 파르메산 치즈 ½컵(55g)

폴렌타 또는 그리츠 치즈 오븐 구이

6~8인분

오븐을 175℃로 예열한다. 1.9ℓ 용량 또는 23cm 크기의 정사각형 베이킹 접시에 버터를 바른다.

커다란 편수 냄비를 중불에 올리고 다음을 넣어서 녹인다.

　버터 4큰술(버터 스틱 ½개)

다음을 넣고 저으면서 반투명한 상태가 될 때까지 약 5분간 볶는다.

　양파 중간 크기 ½개, 잘게 썰기

다음을 넣고 저은 다음 1분간 볶는다.

　마늘 1쪽, 다지기

다음을 붓고 부르르 끓어오를 때까지 가열한다.

　물, 채소 육수 또는 닭 육수나 국물 2컵

　일반 우유 2컵

세게 저으면서 다음을 조금씩 넣는다.

　폴렌타 또는 전통식 그리츠나 맷돌로 간 그리츠 1컵

　소금 1작은술

세차게 팔팔 끓어오르면 불에서 내린다. 다음을 넣고 젓는다.

강판에 간 체더, 폰티나 또는 그뤼에르 치즈 1½컵(170g)

　(강판에 간 파르메산 치즈 ½컵[55g])

다음을 넣고 저으면서 잘 섞는다.

　달걀 2개, 풀어두기

　(잘게 썬 타임 또는 오레가노 2큰술)

　(카옌 고춧가루 ¼작은술)

미리 준비해둔 베이킹 접시에 혼합물을 붓는다. 윗면이 노릇노릇해지면서 단단하게 익을 때까지 약 1시간 정도 굽는다.

폴렌타 또는 그리츠 수플레 오븐 구이

폴렌타 또는 그리츠 치즈 오븐 구이를 만들되, 달걀의 흰자와 노른자를 분리해 노른자만 선택 재료인 타임 또는 오레가노 및 카옌 고춧가루와 함께 넣어 젓는다. 흰자는 부드러운 피크가 생길 때까지 거품을 내서 혼합물을 베이킹 접시에 붓기 직전에 폴렌타나 그리츠에 넣고 몇 번 뒤적이면서 섞어준다. 위의 레시피대로 굽는다.

폴렌타 튀김

4인분

아래에 소개하는 것처럼 앙트레로 내는 방법뿐만 아니라, 황금색을 띠는 바삭한 삼각형 폴렌타 튀김 위에 구운 고추를 얹거나 파르메산 치즈 및 흑후추를 솔솔 뿌려도 좋다. 전채 요리로 내거나 수프, 스튜 또는 고기 조림에 곁들여도 썩 잘 어울린다. 최대 3일 전에 폴렌타를 미리 조리해서 냉장고에 넣어두었다가 튀겨낼 수도 있다. 물론 먹다 남은 폴렌타(또는 그리츠) 소량을 작은 그릇에 넣어 모양이 굳을 때까지 냉장고에서 식혔다가 튀겨도 된다.

I. 프라이팬에 튀기기

다음을 준비한다.

　크림처럼 부드러운 폴렌타, 파르메산 치즈 2큰술을 넣어 만들기

33×23cm 크기의 베이킹 접시에 기름을 살짝 바른다. 베이킹 접시에 폴렌타를 넣어 골고루 넓게 펴고 약간 식힌다. 뚜껑을 덮어서 차갑고 단단해질 때까지 1시간 반 이상 냉동실에 넣어둔다. 튀길 준비가 되면 폴렌타를 7.5cm 크기의 정사각형으로 자른 후 대각선으로 한 번 더 잘라서 삼각형 모양으로 만든다. 번철이나 크고 묵직한 프라이팬에 다음을 둘러서 가열한다.

　올리브유 ¼컵 또는 버터 4큰술

삼각형으로 자른 폴렌타를 조심스럽게 프라이팬에 넣되, 한꺼번에 너무 많이 넣지 않는다.(필요하면 몇 번에 나눠 튀긴다.) 양면이 모두 갈색으로 먹음직스럽게 익을 때까지 튀긴다. 키친타월에 올려서 기름을 뺀다. 다음을 얹어서 낸다.

　마늘을 넣은 브로콜리 라베 볶음, 토마토 소스, 볼로네제 소스, 버섯 라구 또는

　　푸짐한 소고기 라구

II. 오븐에 조리하기

위의 버전 I 설명에 따라 폴렌타를 조리해서 식힌 후 썬다. 오븐을 220℃로 예열한다. 오븐 팬에 유산지를 깔고 솔을 사용해 유산지와 폴렌타에 다음을 살짝 바른다.

　올리브유

폴렌타를 조심스럽게 오븐 팬에 옮겨 담는다. 바닥이 갈색으로 익을 때까지 약 15분간 굽는다. 뒤집어서 반대쪽도 갈색이 되도록 약 10분간 더 굽는다. 버전 I의 설명과 같이 낸다.

크림처럼 부드러운 그리츠

약 3컵, 4인분

사우스캐롤라이나식 전통 요리인 새우와 그리츠는 387쪽을 참고한다.

I. 가정용 레인지로 조리하기

바닥이 묵직한 편수 냄비에 다음을 붓고 부르르 끓어오르도록 가열한다.

　물 3¾컵

　우유, 크림 또는 하프앤드하프 1½컵

　버터 3큰술

　소금 ½작은술

세게 저으면서 다음을 조금씩 넣는다.

　전통식 그리츠 또는 맷돌로 간 그리츠 ¾컵

다시 부르르 끓어오르면 중약불로 줄이고 가끔 저으면서 그리츠가 눈에 띄게 걸쭉해질 때까지 약 20분간 뭉근히 끓인다. 약불로 줄인다. 가끔 저으면서 그리츠가 부드러워지되 줄줄 흐르지 않는 상태가 되도록 약 40분 정도 더 조리한다.

II. 슬로 쿠커로 조리하기

중간 크기의 편수 냄비에 다음을 붓고 막 끓어오르기 시작할 때까지 가열한다.

　물 3컵

　우유, 크림 또는 하프앤드하프 1컵

저온으로 설정한 슬로 쿠커에 붓는다. 다음을 넣고 세게 젓는다.

　맷돌로 간 그리츠 ¾컵

다음을 넣고 젓는다.

　버터 3큰술, 잘게 깍뚝썰기하기

　소금 ½작은술

뚜껑을 덮고 1시간마다 저어주면서 크림처럼 아주 매끄럽고 부드럽게 익을 때까지 약 6시간 조리한다.

녹색 채소 포솔레

8~10인분

채식용 포솔레를 만들 때는 닭고기 대신 **핀토콩 통조림 425g짜리 2개를 국물을 따라내고 사용**한다. 뭉근히 끓이는 시간은 30분으로 줄인다. 돼지고기를 넣어서 만든다면 닭고기와 감자를 빼고 돼지 어깨살 900g을 깍둑썰기하여 얼큰한 포솔레를 만들 때처럼 갈색으로 익힌 후 양파를 넣는다. 레시피의 설명에 따라 고기가 연해질 때까지 1시간 반~2시간 동안 뭉근히 조리한다.

다음을 준비한다.

　말린 호미니 450g(약 3컵)을 익힌 것 또는 호미니 통조림 710g짜리 2개, 국물을 따라내기

믹서에 다음을 넣고 곱게 간다.

　토마티요 450g, 겉껍질을 벗기고 굵게 썰기

　소렐, 크레송, 쇠비름 작게 1묶음, 굵게 썰기

　세라노 고추 6개 또는 할라페뇨 고추 3개, 맛을 보면서 조절, 씨를 빼고 굵게 썰기

　구운 호박씨 ½컵

　물 ¾컵

크고 묵직한 수프 냄비를 중불에 올리고 다음을 둘러서 가열한다.

　식물성 기름 2큰술

다음을 넣고 가끔 저으면서 부드러워질 때까지 6~8분간 볶는다.

양파 큰 것 1개, 굵게 썰기

다음을 넣고 저으면서 향긋한 냄새가 날 때까지 약 30초간 볶는다.

마늘 큰 것 4쪽, 다지기

중강불로 올리고 토마티요 혼합물을 붓는다. 혼합물이 녹색으로 변하면서 보글보글 얌전히 끓는 상태가 될 때까지 약 5분간 저으면서 조리한다. 다음 재료와 함께 호미니를 넣는다.

닭 육수나 채소 육수 또는 국물 12컵

껍질을 제거한 닭 다리 3개(약 900g), 넓적다리와 아랫다리 모두 포함

(붉은색 감자 450g, 깍둑썰기하기)

(에파소테 잔가지 큰 것 2개, 굵게 썰기 또는 말린 오레가노 1½작은술)

부르르 끓어오르도록 가열한다. 뚜껑을 덮고 불을 줄여서 닭이 속까지 잘 익고 감자가 부드러워질 때까지 약 40분간 뭉근히 끓인다. 냄비에서 닭 다리를 꺼내 손으로 만질 수 있을 정도로 식힌다. 닭의 뼈를 발라서 살코기는 잘게 썰고 뼈는 육수용으로 보관한다. 살코기를 다시 냄비에 넣고 다음을 적당량 넣어 간을 한다.

소금

뚜껑을 덮지 않고 10분간 뭉근히 끓인다. 맛을 보고 간을 조절한다. 다음을 따로 담아서 각자 덜어 먹을 수 있도록 함께 낸다.

다진 자색 양파 또는 송송 썬 쪽파

깍둑썰기한 아보카도

굵게 썬 고수

잘게 부순 토르티야 칩 또는 돼지 껍질 튀긴 것

잘게 썬 로메인 상추

얇게 썬 붉은색 래디시

라임 조각

얼큰한 포솔레

8~10인분

다음을 준비한다.

말린 호미니 450g(약 3컵)을 익힌 것 또는 호미니 통조림 710g짜리 2개, 국물을 따라내기

다음의 씨와 줄기를 제거한다.

과히요, 안초, 뉴멕시코 등 너무 맵지 않은 붉은색 칠리 고추 말린 것 115g(섞어서 사용하면 더 좋다.)

칠리 고추를 프라이팬 또는 오븐에 넣고 말랑말랑해지되 완전히 까맣게 타지 않도록 굽는다. 구운 고추를 그릇에 담고 고추가 잠길 만큼 따뜻한 물을 붓는다. 고추가 위로 떠오르지 않도록 접시나 그릇으로 눌러 20분 동안 불린다. 그동안 다음을 준비한다.

돼지고기 어깨살 900g, 손질해서 2.5cm 크기의 정육면체로 썰기

돼지고기에 다음을 훌훌 뿌린다.

소금 1작은술

크고 묵직한 수프 냄비를 중강불에 올리고 다음을 둘러서 가열한다.

식물성 기름 2큰술

돼지고기를 몇 번에 나눠 넣고 모든 면이 갈색으로 익도록 볶는다. 돼지고기를 전부 볶으려면 약 20분 정도 걸린다. 볶은 돼지고기를 접시에 옮겨 담고 냄비에 기름을 2큰술만 남기고 전부 따라낸다. 다음을 넣고 저으면서 양파가 부드

러워질 때까지 약 6분간 조리한다.

양파 큰 것 1개, 얇게 저미기

마늘 4쪽, 으깨기

다음 재료와 함께 돼지고기를 다시 냄비에 넣는다.

닭 육수나 물 또는 국물 10컵

말린 오레가노 1큰술

커민 가루 1작은술

월계수 잎 1장

강불로 올린다. 냄비의 내용물을 끓이는 동안 물에 불려둔 고추를 건져서 믹서에 넣고 다음을 추가한다.

닭 육수나 물 또는 국물 2컵

고추가 부드러운 페이스트 상태가 되도록 곱게 간다. 돼지고기가 끓고 있는 냄비 위에 고운체를 올리고 고추 페이스트를 부어서 찌꺼기를 걸러내면서 냄비에 넣는다. 고추 페이스트를 잘 저어서 섞는다. 부르르 끓어오르면 불을 줄이고 뚜껑을 반만 덮어서 돼지고기가 연해질 때까지 약 1시간 반 정도 뭉근히 끓인다. 월계수 잎을 건져서 버린다. 녹색 채소 포솔레 레시피에서 소개한 가니시와 함께 낸다.

닭고기와 치즈 타말레

16개

타말레(tamale)는 옥수수 껍질이나 바나나 잎(자세한 내용은 347쪽 참고)으로 싸서 굽거나 찔 수 있다.(옥수수 껍질이나 바나나 잎을 둘 다 구할 수 없다면 유산지를 20×25cm 크기로 잘라서 사용한다.) 이 레시피를 변형하려면 피카디요, 잘게 썬 카르니타스 조림 또는 먹다 남은 닭고기를 잘게 썰어서 레드 몰레나 그린 몰레에 버무린 것 2½컵을 사용한다. 멕시코식 삶은 콩과 치즈로 채식용 타말레를 만들 수도 있다. 타말레를 만들기 전에 소금과 향신료로 속재료에 적당히 간을 한다. **신선한 마사를 사용할 경우** 마사 하리나와 액체 혼합물 대신 신선한 마사 4컵(900g)을 준비해 레시피대로 쇼트닝이나 라드와 잘 섞은 다음 베이킹파우더와 소금을 추가한다.

그릇에 따뜻한 물을 붓고 다음을 넣어 푹 담근다.

말린 옥수수 껍질 약 115g

부드럽게 잘 구부러지는 상태가 되도록 약 1시간 담가둔다.(상황에 따라 하룻밤 담가두어도 상관없다.)

접시에 다음을 넣고 섞는다.

커민 가루 1작은술

칠리 고춧가루 1작은술

소금 1작은술

카옌 고춧가루 ½작은술

다음에 양념 가루를 골고루 묻힌다.

뼈와 껍질을 제거한 닭 넓적다리살 560g(넓적다리 약 5개)

커다란 프라이팬을 중불에 올리고 다음을 둘러서 가열한다.

식물성 기름 2큰술

닭 넓적다리살을 프라이팬에 넣고 양쪽이 모두 연한 갈색이 되도록 지진 후 뚜껑을 덮고 중약불에서 속까지 잘 익도록 약 10분간 조리한다. 접시에 옮겨 담는다. 프라이팬에 다음을 넣고 저으면서 부드러워질 때까지 약 5분간 볶는다.

양파 중간 크기 1개, 얇게 저미기

다음을 넣고 저으면서 2분간 더 볶는다.

할라페뇨 또는 세라노 고추 1~2개, 씨를 빼고 잘게 썰기

양파와 고추를 중간 크기의 그릇에 옮겨 담는다. 닭고기를 잘게 썰어서 양파가 담긴 그릇에 넣고 한쪽에 둔다.

커다란 그릇에 다음을 넣고 잘 섞이도록 젓는다.

마사 하리나 3컵

베이킹파우더 2¼작은술

소금 1½작은술

다음을 천천히 조금씩 흘려 넣으면서 잘 섞이도록 젓는다.

닭 육수 또는 물 2½컵, 김이 나도록 데우기

커다란 그릇을 하나 더 꺼내서 다음을 넣고 전기 반죽기를 고속으로 맞춰 거품이 나도록 약 2분간 작동시킨다.

라드 또는 식물성 쇼트닝 1컵(225g)

반죽기가 고속으로 돌아가는 동안 마사 혼합물을 한 번에 골프공 크기만큼 천천히 넣는다. 마사를 전부 다 넣고 반죽의 점도가 폭신폭신한 매시트포테이토와 비슷해질 때까지 계속 반죽기를 작동시킨다. 이론상으로는 반죽을 ½작은술 떠서 컵에 담긴 찬물에 떨어뜨렸을 때 둥둥 떠올라야 완성이지만, 그렇지 않다고 해도 타말레를 맛있게 즐기는 데에는 큰 지장이 없다.

옥수수 껍질의 물기를 빼고 톡톡 두드려 말린다. 가장 큰 껍질 16장을 골라서 한쪽에 둔다.

다음을 준비한다.

강판에 간 몬터레이 잭, 페퍼 잭 또는 오악사카 치즈 1½컵(170g)

찜 틀 또는 크기 조절이 가능한 찜기를 속이 깊은 육수 솥에 넣거나 타말레 찜기를 사용한다. 솥이나 찜기의 바닥에 물을 2.5~5cm 높이로 붓는다.(찜 틀이나 받침대의 아랫부분이 물에 닿으면 안 된다.) 솥이나 찜기의 바닥과 옆면에 남은 옥수수 껍질의 ⅔ 분량을 깐다.

타말레를 만들려면 까슬한 부분이 위로 향하도록 옥수수 껍질 1장을 작업대에 올려놓고 뾰족한 끝부분을 만드는 사람 쪽으로 가까이 잡아당긴다. 옥수수 껍질의 넓은 부분에 마사 반죽 ¼컵을 얇게 깔고 뾰족한 끝부분에는 아무것도 얹지 않는다. 널찍하게 편 마사의 가운데에 수직으로 길게 닭고기 소를 2큰술 얹고 치즈를 1½큰술만큼 훌훌 뿌린다. 옥수수 껍질의 양옆을 접어서 속재료를 감싸고(옥수수 껍질이 속재료를 감싸기에 너무 작으면 껍질을 1장 얹어서 감싼다.) 뾰족한 끝부분을 위로 접는다. 취향에 따라 타말레를 조리용 실로 묶어서 고정하거나 묶지 않고 그냥 둔다. 뚫려 있는 부분이 위로 가도록 찜기에 타말레를 세워서 넣는다. 나머지 타말레를 만드는 동안 찜기에 넣어서 보관한다.

타말레를 찜기에 다 넣으면 남은 옥수수 껍질로 위를 덮는다. 뚜껑을 덮고 부르르 끓어오르도록 가열한 뒤 중불에서 옥수수 껍질이 쉽게 벗겨질 때까지 1시간 정도 찐다. 필요하면 중간에 물을 보충해가면서 찐다.

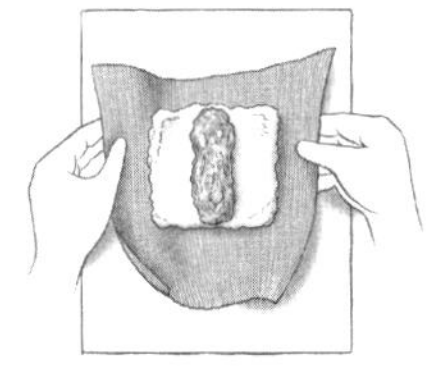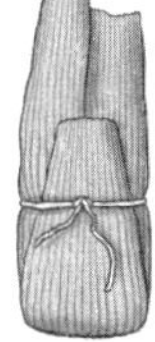

타말레 만들기

불에서 내린 후 뚜껑을 덮은 상태로 5분간 뜸을 들였다가 낸다. 완전히 식혀서 냉장고에 넣으면 며칠 정도 보관할 수 있으며 냉동실에서는 3개월 정도 보관할 수 있다. 냉장이나 냉동 보관했던 타말레는 찜기에 넣고 데워서 낸다.

바나나 잎 타말레

대다수 미국인에게는 옥수수 껍질로 만든 타말레가 익숙하지만 오악사카나 유카탄반도 등의 멕시코 열대 지방에서는 바나나 잎으로 만든 타말레를 즐겨 먹는다. 바나나 잎은 대부분 멕시코 및 아시아 식료품점의 냉동 코너에서 구할 수 있다. 더 자세한 정보는 바나나 잎 항목을 참고한다.

시판 바나나 잎 450g짜리 1묶음을 준비한다. 냉동 상태라면 실온에 꺼내 놓고 해동하거나 흐르는 따뜻한 물에 녹인다. 선호하는 속재료와 마사 반죽을 만들어서 모든 준비를 마친다.

바나나 잎을 펼쳐서 젖은 행주로 닦은 다음 부엌 가위로 20×25cm 크기의 직사각형 16장으로 자른다. 가운데의 잎줄기와 갈색으로 변한 바깥쪽 끝부분은 잘라서 버린다.(또는 잎줄기를 보관해두었다가 타말레를 묶을 때 사용한다.)

잘라낸 바나나 잎을 가스 불 위에 잠깐 갖다 대거나 기름을 두르지 않은 프라이팬에 바나나 잎을 넣고 중불에 올려서 부드럽게 데운다. 적당히 데워지면 바나나 잎의 색깔이 약간 변해 올리브처럼 녹색이 된다. 양면 모두 몇 초간 데우면 된다. 속재료를 채우고 닭고기와 치즈 타말레 레시피의 설명대로 잎을 접는다. 타말레를 묶어서 고정하거나 묶지 않고 그대로 두었다가 찜기에 넣을 때 다닥다닥 붙여서 담는다. 위의 설명대로 찐다.

세 자매 타말레(Three Sisters Tamale)

16개

여기서 '세 자매'란 북아메리카의 세 가지 토착 주식 작물이자 함께 섞어서 재배하면 잘 자라는 옥수수, 콩, 호박을 의미한다. 이 세 가지 재료는 타말레 속에서도 사이좋게 어우러진다.

커다란 프라이팬을 중불에 올리고 다음을 둘러서 가열한다.

식물성 기름 2큰술

다음을 넣고 가끔 저으면서 양파가 부드러워지고 호박이 살짝 말랑해질 때까지 약 8분간 볶는다.

양파 중간 크기 1개, 얇게 저미기

여름 호박 중간 크기 1개(약 225g), 1.2cm 크기의 조각으로 자르기

다음을 넣고 젓는다.

핀토콩이나 검은콩 익힌 것 또는 통조림 1컵, 국물을 따라내고 헹구기

옥수수 알갱이 ½컵

커민 가루 1작은술

고수씨 가루 1작은술

말린 오레가노 1작은술

소금 ¾작은술

한쪽에 둔다. 다음을 준비한다.

말린 옥수수 껍질 약 115g, 물에 담가서 불리기 또는 시판 바나나 잎 450g짜리 1묶음, 위의 설명대로 손질하기

강판에 간 몬터레이 잭, 페퍼 잭 또는 오악사카 치즈 1½컵(170g)

다음을 준비한다.

닭고기와 치즈 타말레에 사용한 마사 반죽

타말레에 속을 채우고 말아서 레시피 설명대로 찐다.

쿠스쿠스

밀에 대해 항목을 참고한다.

외알밀, 에머밀, 파로

밀에 대해 항목을 참고한다.

율무에 대해

율무(job's tear)는 옥수수와 가까운 아시아 원산의 목초 품종을 재배용으로 개량한 것이다. 율무는 **이인**(coix seed)이나 **애들라이**(adlay)라는 별칭을 가지고 있고 **중국산 정백 보리**라는 이름으로도 불리기 때문에 혼동을 불러오지만, 사실 보리와는 연관이 없는 품종이다. 일본에서는 율무를 **하토무기**라고 부르며 반정백 처리한 종류는 **유키 하토무기**라고 일컫는다. 율무는 완두콩만 한 크기에 옥수수 알갱이를 닮은 모양이다.(크기가 더 작은 것도 있다) 옥수수와 쌀을 연상시키는 섬세하고 고소한 풍미를 지닌 율무는 단백질 함량이 매우 높다. 포솔레를 만들 때 호미니 대신 사용해 조리 시간을 단축하거나 현미와 함께 조리해 곁들임 음식으로 낸다. 유기농 식료품점이나 아시아 마트에서 율무를 찾아보자.

카무트 또는 호라산 밀

밀에 대해 항목을 참고한다.

기장에 대해

재배 역사가 가장 긴 곡물 중 하나로 꼽히는 기장(millet)은 중국, 독일, 러시아, 인도, 아프리카에서 널리 소비된다. 알이 작고 둥글며 연한 황금색이나 붉은색을 띠는 기장은 글루텐이 들어 있지 않으며 항상 겉껍질을 벗긴 상태로 판매한다. 조리하면 쿠스쿠스처럼 폭신폭신한 식감과 섬세한 풍미가 살아나므로 곁들임 음식으로 즐기면 좋다. 크림이나 우유 및 설탕으로 맛을 더해 죽을 끓일 수도 있다. 수프에 넣거나 곡물 샐러드 또는 스터핑에 활용하기도 한다. 조리하지 않고 생으로 오븐 구이 요리나 그래놀라에 넣으면 기분 좋은 식감을 더해주므로 더욱 맛있게 즐길 수 있다. ▶ 곡물을 약간의 기름 또는 버터에 먼저 볶아서 사용하면 더 풍부하고 진한 풍미가 살아난다.

사프란 기장

4인분

이 레시피는 우리 가족의 지인이자 요리책 저자인 마리아 스펙(Maria Speck)이 제공한 것이다. 각각의 재료를 단독으로 먹을 때보다 함께 모아놓았을 때 훨씬 맛이 좋아지는 요리 중 하나다.

중간 크기의 편수 냄비를 중불에 올려서 가열한다. 뜨거울 때 다음을 넣는다.

　기장 1컵

　사프란 가닥, 성기게 담아서 ¼작은술

기장이 따닥따닥 소리를 내면서 고소한 냄새를 풍기고 황금색으로 변하기 시작할 때까지 자주 저으면서 2~3분간 볶는다. 사프란이 타버리지 않도록 잘 살핀다. 다음을 넣는다.

　물 1¾컵

　소금 ½작은술

물이 밖으로 튀기 마련이므로 조심한다. 부르르 끓어오를 때까지 가열한다. 불을 줄이고 뚜껑을 덮어서 뭉근히 끓는 상태를 유지하면서 액체가 전부 흡수될 때까지 15~20분간 끓인다. 알갱이의 식감이 너무 오독오독하면 물을 몇 큰술 더 넣고 몇 분간 더 끓인다.

불에서 내린 다음 기장 위에 다음을 골고루 뿌린다.

　버터 2큰술, 작은 조각으로 자르기

뚜껑을 덮고 5분간 둔다. 포크로 잘 저어서 즉시 낸다.

칠리 고추를 곁들인 치즈 기장 스푼브레드

6인분

『조이 오브 쿠킹』의 이전 개정판에서 가져온 이 레시피는 대부분의 익힌 곡물과 잘 어울린다. 추가할 수 있는 재료도 다양하다. 체더 대신 그뤼에르나 스위스 치즈를 넣거나 깍둑썰기한 햄 또는 멜티드 리크를 넣고 섞어도 맛있다.

오븐을 175℃로 예열한다. 20~23cm 크기의 정사각형 오븐 팬에 기름을 살짝 바른다.

중간 크기의 그릇에 다음을 넣고 섞는다.

　버터밀크 2컵

　익힌 기장 1컵

　잘게 썬 체더 치즈 1컵(115g)

　깍둑썰기한 녹색 칠리 고추(순한 맛 또는 매운 맛) 통조림 115g짜리 1개, 국물을
　　따라내기

　대란 2개, 풀어두기

　노란색 또는 흰색 옥수숫가루 ¼컵, 곱게 빻거나 중간 굵기로 빻기

　쪽파 2대, 잘게 썰기

　녹인 버터 또는 올리브유 2큰술

　소금 ¾작은술

　베이킹소다 ½작은술

모든 재료를 잘 섞어서 기름을 바른 베이킹 접시에 넣고 혼합물이 굳으면서 갈색으로 익을 때까지 약 40분간 굽는다.

파르메산 치즈와 선드라이드 토마토를 넣은 기장 부침개

4~6인분

부드러운 녹색 채소 볶음 및 달걀 프라이와 함께 내서 채식용 앙트레로 즐길 수 있는 요리다. 기장 반죽은 2일 전에 미리 만들어둘 수 있다.

키친타월로 다음을 가볍게 눌러서 닦아낸다.

　기름에 재워둔 선드라이드 토마토 ¼컵, 깍둑썰기하기

커다란 프라이팬이나 큼직하고 널찍한 편수 냄비를 중불에 올리고 다음을 둘러서 가열한다.

　올리브유 2큰술

다음을 넣고 1분간 볶는다.

　잘게 썬 양파 ¼컵

다음을 넣고 저으면서 양파와 기장이 황금색으로 익을 때까지 중불에서 약 4분간 조리한다.

　기장 ⅓컵

　백미 ⅓컵

다음을 넣고 향긋한 냄새가 날 때까지 30초 정도 볶는다.

마늘 1쪽, 다지기

선드라이드 토마토를 넣고 다음을 붓는다.

닭 육수나 채소 육수 또는 국물 2컵

부르르 끓어오르도록 가열한 다음 중약불로 줄인다. 뚜껑을 덮어서 국물이
전부 흡수되고 기장이 부드러워질 때까지 25~30분간 조리한다. 뚜껑을 열고
저어서 덩어리로 뭉친 곡물을 풀어준다. 약간 식힌다. 다음을 넣는다.

강판에 간 파르메산 치즈 ¼컵

대란 2개, 풀어두기

잘 섞일 때까지 젓는다. 손에 찬물을 묻히고 기장 혼합물을 ⅓컵 분량씩 떼어
서 지름 7.5cm, 두께 1.2cm의 작은 패티 모양으로 빚는다. 접시에 담아 냉장고
에 넣어서 1시간 정도 완전히 식힌다.

커다란 논스틱 프라이팬에 다음을 두르고 뜨거워질 때까지 달군다.

올리브유 또는 식물성 기름 1큰술

기장 부침개의 한쪽 면이 갈색으로 익도록 약 4분간 기름에 지진다. 뒤집어서
반대쪽도 갈색이 될 때까지 지진다.

귀리에 대해

새뮤얼 존슨(Samuel Johnson)은 1755년에 펴낸 사전에서 귀리를 "영국에서는
보통 말이 먹고, 스코틀랜드에서는 사람이 먹는 곡물"이라고 정의했다. 이 말
에 스코틀랜드의 어떤 독설가는 이렇게 응수했다. "그래서 영국 말들이 그렇
게 근사하고 스코틀랜드 사람들이 그렇게 멋지군." 영양 성분의 관점에서 보면
그의 이 신랄한 발언은 어느 정도 정곡을 찌른다. 귀리는 영양소가 풍부하며
섬유소도 다량 함유되어 있어서 소화를 돕고 콜레스테롤을 낮춘다. 귀리에는
글루텐이 들어 있지 않지만, 밀을 처리하는 시설에서 가공하는 경우가 많으므
로 교차 오염이 흔하게 발생한다. 무글루텐 식단을 실천하고 있다면 인증 받은
무글루텐 귀리를 구입해보자.

통낟알이든 으깬 것이든 납작하게 누른 것이든, 모든 귀리는 깎아내지 않은
통곡물이며 배아가 붙어 있다. **통귀리**는 통밀과 비슷한 방법으로 조리한다. **납
작귀리**는 한 번 찐 다음 박편 형태로 납작하게 누른 것이다. 납작귀리에는 가
장 알갱이가 큼직한 **전통식 귀리**부터 통귀리를 작게 쪼개서 납작하게 누른 **간
편 조리 귀리** 그리고 아주 잘게 쪼개서 종잇장처럼 납작하게 누른 다음 미리
조리한 **인스턴트 귀리**가 있다. 이 세 종류 모두 5분 이하로 조리할 수 있다. **귀
리 그로트**는 통귀리의 겉껍질을 벗긴 것이다. 귀리 그로트도 '스틸컷(steel-cut,
아일랜드식 오트밀이나 스코틀랜드식 귀리라고도 부른다.)'이나 납작하게 누른 '롤
드(rolled)' 형태로 판매한다. 귀리 그로트는 납작귀리보다 조리하는 데 시간이
오래 걸리며 죽을 끓이면 쫄깃하게 씹히는 식감을 즐길 수 있다. **귀리기울**(oat
bran)은 귀리 알갱이의 바깥쪽 층만을 분리한 것이다. 으스러뜨린 형태로 판매
하며 시리얼로 먹는 경우가 많다.

종류와 관계없이 조리한 귀리에 말린 과일이나 생과일, 향신료, 갈색 설탕이
나 메이플 시럽, 우유 또는 크림을 넣으면 아주 잘 어울린다. 더 다양한 귀리 요
리는 귀리 건포도 쿠키, 게타, 귀리 팬케이크, 귀리 케이크, 귀리 빵 코케뉴 레
시피를 참고한다. 귀리가루는 1047쪽에서 확인할 수 있다.

메건의 씨앗 가득 올리브유 그래놀라

9½컵

'바싹 익을' 때까지 구워서 조리하는 이 그래놀라는 다채로운 풍미를 자랑하
며 달콤하다기보다는 짭짤한 맛에 가깝다. 그래놀라를 그다지 좋아하지 않는
사람에게도 또 권해볼 만하다.

오븐을 162℃로 예열한다. 큼직한 오븐 팬 2개에 기름을 살짝 바른다.(또는 나
중에 뒷정리하기 쉽도록 오븐 팬 2개에 유산지를 깐다.)

커다란 그릇에 다음을 넣고 뒤적이면서 섞는다.

전통식 납작귀리 3컵

호박씨 ¾컵

해바라기씨 ¾컵

호두나 피칸 ¾컵, 굵직하게 썰기

참깨 ½컵

(카카오닙스 ½컵)

작은 그릇에 다음을 넣고 저어서 잘 섞는다.

올리브유 ⅓컵

갈색 설탕, 꾹 눌러 담아 ⅓컵

메이플 시럽 ¼컵

수수 시럽 또는 당밀 ¼컵

소금 ¾작은술

젖은 재료를 마른 재료에 붓고 완전히 섞일 때까지 잘 젓는다. 준비해둔 오븐
팬에 그래놀라 반죽을 얇게 펴서 간다. 15분마다 그래놀라를 저어주고 팬의
앞뒤 방향을 바꾸거나 받침대 위치를 바꿔가면서 그래놀라가 진한 갈색으로
반질반질하게 익을 때까지 1시간 정도 굽는다. 완전히 식힌 다음 밀폐 용기에
담아두면 실온에서 최대 한 달 정도 보관할 수 있다.

저당 그래놀라

5컵

바삭한 식감이 특징인 이 그래놀라는 설탕의 양을 줄이고 잘 익은 바나나 퓌
레를 넣어서 만든다. 완성된 그래놀라는 은은한 단맛이 나며 바나나 풍미는
그다지 느껴지지 않는다.

오븐을 162℃로 예열한다. 큼직한 오븐 팬에 기름을 살짝 바르거나 유산지를
깐다.

커다란 그릇에 다음을 넣고 뒤적이면서 섞는다.

전통식 납작귀리 2½컵

퀴노아 ½컵

기장 ½컵

호박씨 ½컵

피칸 ½컵, 굵직하게 썰기

계핏가루 1작은술

갓 갈아낸 육두구 또는 육두구 가루 ½작은술

카르다몸 가루 ½작은술

소금 ½작은술

믹서에 다음을 넣고 부드러워질 때까지 간다.

잘 익은 바나나 큰 것 1개

메이플 시럽 ¼컵

올리브유 또는 녹인 코코넛 기름 ¼컵

젖은 재료를 마른 재료에 붓고 완전히 섞일 때까지 잘 젓는다. 준비해둔 오븐
팬에 그래놀라 반죽을 얇게 펴서 간다. 15분마다 그래놀라를 저어주면서 노

릇노릇하게 익을 때까지 50분~1시간 정도 굽는다. 완전히 식힌다. 밀폐 용기에 담아두면 실온에서 최대 한 달 정도 보관할 수 있다.

뮤즐리
2~4인분

스위스 오트밀이라고도 부르는 뮤즐리는 19세기 말에 스위스의 의사가 개발한 것이다. 실온 상태로 먹거나 따뜻하게 데워서 우유, 요구르트, 크림과 함께 또는 얇게 저민 과일을 얹어 먹는다.

취향에 따라 귀리를 불리기 전에 구워서 사용해도 좋다. 오븐을 175℃로 예열한다. 테두리 있는 오븐 팬에 다음을 넓게 펴서 깐다.

　전통식 납작귀리 1컵

고소한 냄새가 나면서 연한 갈색으로 익을 때까지 약 10분간 굽는다. 완전히 식힌다. 또는 굽지 않고 바로 불려도 상관없다. 귀리를 그릇에 담고 다음을 넣는다.

　끓는 물 1컵
　소금 ¼작은술

귀리가 잠기도록 물을 넉넉히 붓고 하룻밤 불린다. 다음을 넣고 섞어서 낸다.

　굵게 썬 말린 과일 최대 ½컵
　구워서 굵게 썬 호두, 아몬드 또는 피스타치오 ⅓컵
　(강판에 간 새콤한 사과 ½컵)
　(납작하게 누르거나 잘게 썰어서 구운 무가당 코코넛 ¼컵)
　꿀이나 갈색 설탕 2큰술 또는 적당량

베이크드 오트밀
6인분

가족의 입맛에 맞게 과일, 견과류, 감미료를 넣어 다양하게 응용해보자. 오븐을 190℃로 예열한다. 20cm 크기의 정사각형 베이킹 접시에 버터를 바른다. 중간 크기의 그릇에 다음을 넣고 섞는다.

　전통식 납작귀리 2컵
　우유 또는 우유 대체품 2컵
　신선한 베리 또는 냉동 베리 1컵, 또는 굵게 썬 말린 과일 ½컵
　(구운 호박씨 또는 해바라기씨, 호두 또는 아몬드 ½컵)
　꿀, 메이플 시럽 또는 갈색 설탕, 꾹 눌러 담아 ⅓컵
　녹인 버터 또는 코코넛 기름 4큰술(버터 스틱 ½개)
　대란 1개
　계핏가루 1작은술
　(바닐라 1작은술)
　소금 ½작은술

베이킹 접시에 재료를 붓고 윗면이 황금색이 되면서 굳을 때까지 약 30분간 굽는다.

호박을 넣은 베이크드 오트밀

베이크드 오트밀을 만들되, 우유 1컵 대신 호박, 고구마 또는 겨울 호박 퓌레 1컵을 넣는다. 생강 가루 1작은술, 올스파이스 가루 ¼작은술, 정향 가루 ⅛작은술을 추가한다. 생과일 대신 건포도, 커런트 또는 노란색 건포도 ½컵을 넣어서 섞는다. 레시피대로 굽는다.

전날 밤에 끓여둔 스틸컷 오트밀
4인분

때로는 아침에 스틸컷 오트밀을 끓이기가 다소 부담스러울 수 있다. 이 방법을 사용하면 다음 날 훨씬 편리하게 아침을 준비할 수 있다. 오트밀을 데우기만 하면 되기 때문이다.

중간 크기의 편수 냄비에 다음을 넣고 섞는다.

　물 3컵
　스틸컷 오트밀 1컵
　소금 ¼작은술

부르르 끓어오르도록 가열해 뚜껑을 덮고 불에서 내린다. 그 상태로 하룻밤 둔다. 아침에 오트밀을 데운 다음 선호하는 토핑을 얹어 먹는다.

퀴노아와 카니와에 대해

아마란스, 메밀과 같이 퀴노아도 곡물처럼 조리해서 먹는 유사 곡물이다. 잉카 농부들이 안데스 지역에서 수천 년간 재배해온 퀴노아는 짧은 시간에 조리할 수 있고 무기질이 풍부하며 가장 양질의 식물 단백질원 중 하나다. 사실 퀴노아에는 모든 필수 아미노산이 포함되어 있으므로 퀴노아를 먹으면 완전 단백질을 섭취할 수 있다. 퀴노아와 아주 가까운 품종인 **카니와**(canihua 또는 kaniwa)는 또 하나의 유사 곡물로, 퀴노아와는 조금 다른 방식으로 조리한다.(곡물 조리 기준표 참고)

한때 퀴노아는 흐르는 찬물에 잘 헹궈서 쓴맛이 나는 사포닌을 씻어내야 했지만, 오늘날의 퀴노아는 거의 전부 세척 후 판매한다. 소규모 농장에서 퀴노아를 샀다면 씻어야 할 수도 있다. 퀴노아를 조리하면 뭉쳐 있던 알갱이가 풀어지면서 반투명 상태가 된다. 본격적으로 조리하기 전에 버터 또는 기름을 두르거나 아무것도 두르지 않은 상태에서 한 번 볶아서 사용하면 가장 근사한 풍미를 즐길 수 있다. 여기에 구운 피칸이나 다른 견과류를 곁들여 필라프를 만들면 무척 맛이 좋다. 다양한 색깔의 퀴노아가 재배되지만 흔히 볼 수 있는 것은 황금색, 붉은색, 검은색의 세 가지다. 레시피에서는 서로 바꿔 사용할 수 있다. 또한 납작하게 누른 **퀴노아 플레이크**를 구할 수 있다면 거의 인스턴트에 가까울 정도로 금세 조리해 단백질이 풍부한 아침 식사로 즐길 수 있다.

퀴노아는 아침 식사용 죽이나 샐러드 기본 재료(브로콜리와 페타 치즈를 넣은 퀴노아 샐러드 레시피 참고)로 활용해도 좋다. 그뿐만 아니라 필라프나 타불레를 만들 때 벌거 또는 쌀 대신 사용할 수도 있다. 먹다 남은 퀴노아는 잘 뭉치도록 달걀과 섞어서 작은 패티 모양으로 빚은 다음 팬에 기름을 두르고 지져서 먹어도 무척 맛있다.

주얼드 퀴노아(Jeweled Quinoa)
4~6인분

맛뿐만 아니라 미적으로도 훌륭한 레시피다. 주황색 호박, 분홍색 석류씨 그리고 녹색 허브와 피스타치오를 넣어 눈과 입이 모두 즐겁다.

오븐을 220℃로 예열한다. 테두리 있는 커다란 오븐 팬에 다음을 넣고 뒤적이면서 섞는다.

　땅콩호박 작은 것 1개(약 680g), 껍질을 벗기고 씨를 제거한 후 2cm 크기로
　　깍둑썰기하기
　식물성 기름 2큰술
　소금 ½작은술

흑후추 ½작은술

갈색으로 익으면서 부드러워질 때까지 25분 정도 굽는다.

그동안 커다란 편수 냄비를 중불에 올리고 다음을 둘러서 가열한다.

버터 또는 올리브유 2큰술

다음을 넣고 저으면서 부드러워질 때까지 6~8분간 볶는다.

양파 작은 것 1개, 깍둑썰기하기 또는 서양대파 작은 것 1대, 세로로 반 자르고
깨끗이 씻어서 얇게 저미기

다음을 넣고 섞은 뒤 가끔 저으면서 고소한 냄새가 날 때까지 골고루 볶는다.

퀴노아 1컵

다음을 넣는다.

소금을 넣지 않은 닭 육수나 국물 또는 물 1½컵

소금 ½작은술

부르르 끓어오르도록 가열한 뒤 약불로 줄여서 뚜껑을 덮고 부드러워질 때까지 약 15분간 뭉근히 끓인다. 불에서 내린 후 5분간 뜸을 들인다. 퀴노아를 커다란 그릇에 옮겨 담고 호박을 넣고 뒤적이면서 섞는다. 다음을 넣고 젓는다.

석류씨 ½컵

파슬리, 딜, 민트, 차이브 또는 이를 섞어서 사용, 굵게 썰어서 꾹 눌러 담아 ½컵

내기 전에 다음을 훌훌 뿌린다.

잘게 부순 페타 치즈 ⅓컵

구워서 굵게 썬 피스타치오 또는 구운 호박씨 ¼컵

퀴노아 필라프

약 3컵, 4인분

메밀 대신 **퀴노아 1컵**을 사용해 **메밀 필라프**의 레시피대로 조리한다.

쌀에 대해

아시아와 아프리카 원산의 야생 벼를 개량하여 재배하는 쌀은 전 세계 주방에서 빼놓을 수 없는 식재료다. **백미**는 겉껍질인 겨와 지방 함량이 높은 배아를 깎아낸 것이다. 조리 시간이 짧고 매우 오랫동안 보관할 수 있으며 일반적인 찬장 온도에서 1년 혹은 그 이상 신선한 상태를 유지한다. **현미**는 쌀의 비타민, 무기질, 고소한 풍미가 대부분 포함된 겨와 배아를 깎아내지 않은 쌀이다. 다만 겨가 붙어 있으면 조리 시간이 훨씬 오래 걸리고 배아에 함유된 지방은 산패하기 쉬우므로 현미는 백미보다 보관 기간이 짧다. 그러므로 현미는 가능하면 냉장 보관하고 몇 달 안에 먹도록 권장한다. 요즘은 **하이가**(haiga) 또는 **배아미**라고 부르는 중간 형태도 시판되고 있으며, 이러한 '반도정' 쌀은 겨만 제거한 것이다.(배아는 그대로 남아 있다.) 황갈색의 하이가는 맛과 영양을 모두 챙길 수 있는 편리한 절충안이다. 부분 도정한 쌀이므로 풍미와 영양분은 백미보다 풍부하며 겨를 제거했기 때문에 현미보다 훨씬 빨리 조리할 수 있다.

처리 방법의 차이 외에도, 1500년의 재배 역사를 거치는 동안 전 세계에서 다양한 쌀 품종이 탄생했다. **장립종 쌀**은 아밀로펙틴, 즉 쌀알이 끈끈하게 서로 뭉치게 하는 전분의 함량이 낮다. 따라서 장립종 쌀을 조리하면 알알이 흩어지고 고슬고슬한 식감으로 완성된다. 산스크리트어로 '향기의 여왕'이라는 뜻의 **바스마티 쌀**은 매력적인 향기와 풍미를 지니고 있다. 인도식 필라프(또는 풀라오pulao)의 특징인 폭신한 식감과 향기도 바스마티 쌀을 쓰기 때문이다. 또 하나의 장립종 쌀인 **재스민 쌀**은 조리하면 밀도가 조밀해지고 은은하면서 향기로운 냄새가 난다. 진한 향미를 내도록 개량한 미국산 교배종 쌀 몇 종류도

점차 널리 보급되기 시작했다. 여기에는 텍사스에서 재배한 바스마티 쌀인 **텍스마티**, 캘리포니아에서 재배되며 붉은색을 띠는 갈색 장립종 쌀인 **웨하니**, 견과류 풍미가 난다고 해서 **루이지애나 피칸** 또는 **팝콘 쌀**이라고 부르는 품종도 모두 여기에 해당한다. 사우스캐롤라이나에서 재배하는 독특한 장립종 품종인 **캐롤라이나 골드**는 시판되는 품종 중에서 유일하게 야생 아프리카산 벼에서 파생된 것이다.(쉽게 볼 수 있는 품종들은 모두 중앙아시아산 벼에 기원을 두고 있다.) 이 품종은 향기가 진한 편은 아니지만 미국 남부의 쌀 재배업자들은 **찰스턴 골드**라는 향이 진한 연관 품종을 개발하기도 했다.

단립종 또는 **중립종** 쌀은 타원형이나 거의 원형에 가까운 모양이며 조리하면 부드럽고 촉촉한 밥이 된다. 여기에 속하는 품종으로는 일본과 중국의 백미, **칼라스파라, 봄바, 발렌시아** 등의 파에야용 쌀, 리소토용 쌀, **태국의 찰기 있는 쌀**이나 **찹쌀**(glutinous rice) 등이 있다.(찹쌀의 영문명은 'glutin'으로 시작하지만 찹쌀에는 글루텐이 들어 있지 않다.) 일반적으로 중립종과 단립종 쌀은 아밀로펙틴 전분 함량이 높으므로 조리하면 장립종보다 '찰기 있는' 밥이 된다. 이러한 성질은 초밥, 하와이식 주먹밥인 무수비, 리소토, 푸딩 등의 요리를 만들 때 아주 요긴하다. **아르보리오와 카르나롤리** 같은 이탈리아산 리소토용 쌀에 관한 내용은 리소토에 대해 항목을 참고한다.

적미와 흑미는 겨가 전부 또는 일부분 남아 있기 때문에 독특한 색깔을 띤다. 다양하게 도정하므로 현미보다 빨리 익는 종류가 있는가 하면 현미만큼 오랫동안 뭉근히 끓여야 하는 것도 있다. 쌀이 어느 정도 도정되었는지 모른다면 소량으로 테스트를 해본다. **태국 흑미**는 장립종 찹쌀이며 삶기보다는 쪄서 조리해야 한다.

야생 쌀은 엄밀히 말해 쌀이 아니라 미국산 목초에서 열리는 씨앗이다. 야생 쌀에 대해 항목을 참고한다.

파보일드(parboiled) 또는 '**가공**' 쌀은 겨와 배아를 제거하기 전에 증기 압력으로 특수 처리하여 겨와 배아의 영양 성분 중 일부를 남아 있는 배유 부분으로 옮긴 것이다. 이러한 가공 쌀은 조리했을 때 일반 백미보다 찰기가 적고 덜 뭉친다. 또한 백미보다 물을 조금 많이 넣고 약간 더 오래 조리해야 하지만 백미만큼 오래 보관할 수 있다. **인스턴트 쌀**은 백미나 현미를 조리한 다음 건조해서 포장한 것이다. 일반적인 쌀에 비해서는 풍미가 떨어지지만 몇 분 안에 조리할 수 있어 편리하다.

쌀알은 도정 과정에서 쉽게 깨지는 경향이 있으므로 부지런한 요리사들(그리고 도정업자들)은 먹는 데 아무런 지장이 없는 이 쌀 조각, 즉 '깨진 쌀'을 활용하는(또는 상품화하는) 여러 방법을 고안해냈다. **깨진 쌀**을 균일한 형태로 가공해 **쌀 그리츠, 쌀 쿠스쿠스** 또는 **쌀 폴렌타** 등의 형태로 판매하기도 한다. 쌀이 깨지는 과정에서 쌀알에 포함된 전분이 노출되므로 이러한 형태의 곡물에 물을 부어 조리하면 농도가 진해진다. 따라서 특히 푸딩이나 쌀죽 등을 만들 때 유용하다. 또는 시판되는 형태 그대로 간단하게 그리츠, 폴렌타, 쿠스쿠스처럼 조리해도 좋다.

일부 수입 쌀과 대량으로 구입한 쌀은 반드시 씻어서 조리해야 한다. 씻으면 쌀의 표면에 붙어 있는 전분이 대부분 씻겨나가므로 한 알 한 알 살아 있는 밥을 지을 수 있다. 그러나 리소토 등과 같이 크림처럼 부드러운 농도를 내야 하는 레시피나 파보일드 쌀은 세척을 권장하지 않는다.

흡수법을 활용한 기본 조리 지침은 곡물 조리 기준표를 참고한다. ▶ 쌀알이 각각 흩어지는 형태를 선호한다면 쌀을 파스타처럼 조리할 수도 있다. 커다란 냄비에 물을 붓고 소금을 넣은 다음 팔팔 끓어오르면 쌀을 넣고 부드러워

질 때까지 끓인다. 물을 따라내고 식탁에 올린다. 밥솥은 흰쌀밥이나 현미밥을 아주 간단하게 지을 수 있는 편리한 가전제품이다. 제조업체의 설명서에 따라 사용한다. 오래 익혀야 하는 현미도 압력솥을 사용하면 조리 시간을 몇 분의 일로 단축할 수 있다.(곡물 조리 기준표의 현미 항목 참고)

쌀을 사용한 요리로는 붉은콩 소스를 얹은 밥, 아소파오 데 포요, 아로스 콘 포요, 닭고기와 올리브를 넣은 쌀 샐러드, 대추야자와 오렌지를 넣은 현미 샐러드, 속을 채워서 구운 피망, 치킨 라이스 캐서롤 등이 있고, 곡물 스터핑과 드레싱에 대해 항목을 참고한다.

쌀 오븐 구이

4인분

이 레시피는 간단하게 2배 분량으로 늘릴 수 있다. **현미 오븐 구이**를 만든다면 백미 대신 현미를 사용하고 닭 육수나 물의 양을 2½컵으로 늘려서 45분간 굽는다.(한 애독자는 현미 대신 현미와 야생 쌀을 3:1의 비율로 섞어서 사용하는 방법을 추천했다.)

오븐을 175℃로 예열한다. 더치오븐이나 지름 25cm짜리 뚜껑 있는 오븐용 프라이팬을 중불에 올리고 다음을 둘러서 가열한다.

버터 또는 올리브유 1~3큰술(버섯을 넣는다면 기름을 조금 더 넉넉히 사용)

다음을 넣고 저으면서 부드러워질 때까지 약 5분간 조리한다.

(버섯 170g, 굵게 썰기)

양파 중간 크기 ½개, 굵게 썰기

(마늘 1쪽, 다지기)

다음을 넣고 다른 재료와 골고루 섞이도록 젓는다.

장립종 백미 1컵

다음을 넣는다.

닭 육수나 물 1½컵

소금 ¼작은술

부르르 끓어오르도록 가열한다. 뚜껑을 덮고 오븐에 넣어 쌀이 부드러워지면서 국물을 흡수할 때까지 약 20분간 굽는다. 뚜껑을 덮은 상태로 5분간 뜸을 들인 후 낸다.

쌀 필라프

4인분

필라프를 만들 때는 쌀을 버터나 기름에 잠깐 볶다가 국물이나 물을 붓는데, 이렇게 하면 쌀알이 서로 붙지 않고 고슬고슬하면서 풍미도 진해진다. 더욱 근사한 풍미를 즐기려면 연한 갈색이 될 때까지 쌀을 볶아서 사용한다.

커다란 편수 냄비를 중약불에 올리고 다음을 넣어서 녹인다.

버터 2큰술

다음을 넣고 저으면서 황금색이 될 때까지 약 8분간 볶는다.

양파 중간 크기 ½개, 굵게 썰기

다음을 넣고 쌀의 가장자리 부분이 반투명해질 때까지 저으면서 조리한다.

바스마티 쌀 또는 다른 장립종 쌀 1컵

다음을 붓고 젓는다.

닭 국물 또는 물 1½컵

(소금 ½작은술, 소금을 넣지 않은 국물이나 물을 사용할 경우)

부르르 끓어오르도록 가열한다. 한 번 저은 다음 뚜껑을 덮고 쌀이 국물을 다

흡수해 부드러워질 때까지 약 15분간 약불에서 끓인다. 불에서 내린 후 뚜껑을 덮은 상태에서 5분간 뜸을 들였다가 낸다. 다음을 홀홀 뿌린다.

구워서 굵게 썬 호두 2큰술 또는 굵게 썬 파슬리 2큰술

무쟈다라(Mujadara, 갈색으로 볶은 양파를 얹은 렌틸콩과 밥)

6인분

무쟈다라는 레반트(팔레스타인과 시리아, 요르단, 레바논 등을 아우르는 지역 — 옮긴이) 전역에서 사랑받는 간단하고 소박하며 든든한 요리로, 특히 시리아와 레바논의 그리스 정교도들이 사순절 주식으로 먹는다. 무쟈다라는 담백해 보일 수도 있지만 갈색으로 부드럽게 볶은 양파를 넉넉하게 얹으면 더 푸짐하고 맛있게 즐길 수 있다. 우리는 조리 과정을 단순화하기 위해 렌틸콩과 쌀을 함께 익히는데, 렌틸콩을 애벌로 삶은 후 쌀과 섞어서 비슷한 시간에 익도록 한다. 다음을 준비한다.

양파 큰 것 3개, 얇게 저미기

커다란 프라이팬을 중불에 올리고 다음을 둘러서 가열한다.

식물성 기름 2큰술

양파 ⅔ 분량을 넣고 골고루 기름이 묻도록 저은 후 다음을 홀홀 뿌린다.

소금 ½작은술

가끔 저으면서 양파가 짙은 색으로 노릇노릇하게 익을 때까지 약 20분간 볶은 다음 상황에 따라 양파가 타지 않게 불을 줄인다.

그동안 커다란 편수 냄비를 중불에 올리고 다음을 둘러서 가열한다.

식물성 기름 2큰술

남은 양파를 넣고 가끔 저으면서 반투명 상태가 되도록 6~8분간 볶는다. 다음을 넣고 저으면서 1분간 조리한다.

마늘 3쪽, 다지기

커민 가루 1½작은술

소금 1작은술

고수씨 가루 1작은술

올스파이스 가루 1작은술

계핏가루 ½작은술

다음을 넣는다.

녹색 렌틸콩 1컵(르퓌 렌틸콩 권장)

물 4½컵

부르르 끓어오르면 불을 약간 줄이고 뚜껑을 덮어서 얌전하게 보글보글 끓는 상태로 12분간 조리한다. 다음을 넣고 젓는다.

단립종 또는 장립종 백미 2컵

뚜껑을 덮고 중약불로 줄여서 쌀과 렌틸콩이 부드러워질 때까지 약 20분간 뭉근히 끓인다. 불에서 내려 5~10분간 뜸을 들인 후 포크로 젓는다. 렌틸콩과 밥을 접시에 소복이 담고 갈색으로 볶은 양파를 위에 얹는다. 다음과 함께 낸다.

플레인 요구르트

굵게 썬 파슬리, 딜 또는 고수

베커 쌀과 국수 필라프

4~5인분

가느다란 에그누들을 구할 수 있다면 엔젤헤어 파스타 대신 에그누들을 사용해보자. 파스타를 작은 조각으로 쪼갤 때 깔끔하게 작업하려면 종이봉투에 넣

고 부순다.

크고 널찍한 편수 냄비나 속이 깊은 프라이팬을 중불에 올리고 다음을 넣어 섞은 뒤 파스타가 갈색이 될 때까지 볶는다.

　　버터 2큰술

　　샬롯 2개 또는 양파 중간 크기 ½개, 다지기

　　엔젤헤어 파스타 55g, 2.5cm 길이로 부수기(약 ½컵)

다음을 넣고 저으면서 쌀의 가장자리 부분이 반투명해질 때까지 볶는다.

　　장립종 백미 1컵

다음을 붓고 부르르 끓어오르도록 가열한다.

　　닭 국물 2컵

　　(소금 ½작은술, 소금을 넣지 않은 국물을 사용할 경우)

약불로 줄이고 뚜껑을 덮어서 20분간 뭉근히 끓인다. 불에서 내린 후 뚜껑을 덮어서 5분간 뜸을 들인 후 낸다. 포크로 잘 젓는다.

스패니시 라이스

4~6인분

오븐을 175℃로 예열한다. 더치오븐이나 지름 25cm짜리 오븐용 프라이팬을 중불에 올리고, 다음을 넣어 양파가 황금색으로 익을 때까지 약 8분간 볶는다.

　　식물성 기름 1큰술

　　베이컨 2조각, 다지기

　　양파 중간 크기 ½개, 굵게 썰기

　　녹색 피망 ½개, 굵게 썰기

　　마늘 1쪽, 다지기

다음을 넣고 다른 재료와 잘 섞이도록 젓는다.

　　장립종 백미 1컵

다음을 넣고 부르르 끓어오르도록 가열한다.

　　닭 육수 또는 국물 1¾컵

　　깍둑썰기한 토마토 통조림 1컵, 국물을 따라내기

　　스위트 또는 핫 파프리카 가루 ½작은술

　　소금 ¼작은술

　　흑후추 ¼작은술

한 번 젓고 뚜껑을 덮어서 오븐에 넣는다. 쌀이 국물을 다 흡수하고 부드러워질 때까지 약 25분간 굽는다. 뚜껑을 열고 5분간 그대로 두었다가 낸다.

호핑 존(Hoppin' John)

6~8인분

미국 남부에서는 전통적으로 새해 첫날에 한 해의 행운을 바라는 의미로 호핑 존을 먹는다. 더 간단하게 만들고 싶을 때는 동부콩 통조림 425g짜리 2개를 준비해 국물을 따라내고 콩을 씻어서 사용한다. 쌀에 완두콩과 햄을 추가하고 레시피에 따라 조리한다.

다음을 씻고 잡티를 골라낸 뒤 6~8시간 동안 물에 담가서 불린다.

　　말린 동부콩 225g(약 1¼컵)

물을 따라내고 깨끗이 씻는다. 오븐용 냄비나 더치오븐에 콩을 넣고 다음을 추가한다.

　　물 3컵

　　양파 큰 것 1개, 굵게 썰기

　　깍둑썰기한 훈제 햄 ½컵

　　(마늘 2쪽, 다지기)

　　말린 타임 ½작은술

　　굵게 빻은 고춧가루 ½작은술

　　월계수 잎 2장

뭉근히 끓어오르도록 가열한 뒤 뚜껑을 열고 콩이 부드러워질 때까지 묵은 정도에 따라 30~50분간 은근히 삶는다. 물을 따라내고 삶은 물은 따로 보관한다.(냄비를 한쪽에 둔다.) 월계수 잎은 건져서 버린다. 콩과 햄을 그릇에 옮겨 담고 다음을 적당량 넣어 간을 한다.

　　소금과 흑후추

뚜껑을 덮고 한쪽에 둔다. 다음 재료에 보관해둔 콩 삶은 물을 추가해 2½컵 분량을 만든다.

　　닭 육수 또는 국물 ½~1¼컵

오븐을 162℃로 예열한다. 콩 삶을 때 사용했던 냄비를 중불에 올려놓고 다음을 넣는다.

　　버터 2큰술

　　베이컨 2~4조각, 깍둑썰기하기

베이컨에서 기름이 거의 다 빠져나오고 바싹 익을 때까지 저으면서 조리한다. 다음을 넣고 젓는다.

　　장립종 백미 1¼컵

　　소금 1작은술

쌀에 기름이 골고루 묻도록 저으면서 약 1분간 볶는다. 콩 삶은 물, 콩과 햄 혼합물을 넣고 뭉근히 끓도록 가열한다. 한 번 저어주고 뚜껑을 덮은 다음 오븐에 넣어 쌀이 국물을 흡수할 때까지 20~25분간 굽는다. 다음을 훌훌 뿌린다.

　　다진 파슬리 ¼컵

밥알이 고슬고슬하게 살아나고 재료가 잘 섞이도록 포크로 살짝 젓는다. 뚜껑을 열고 10분 동안 그대로 두었다가 낸다. 호핑 존은 하루 전에 미리 만들어서 뚜껑을 덮어 냉장고에 넣어둘 수 있다. 미리 꺼내서 실온 상태가 되면 젓지 않고 뚜껑을 덮은 후 135℃로 맞춘 오븐에 넣어서 따뜻하게 데운다.

자메이카식 콩밥

6~8인분

크림처럼 부드러운 코코넛 밀크에 꽃내음과 매콤한 맛이 특징인 스카치 보닛 고추를 넣어 맛뿐만 아니라 포만감을 느낄 수 있는 요리다. 자메이카식 저크 치킨이나 가이아나식 고추 수프 등의 카리브해 요리와 함께 낸다.

중간 크기의 편수 냄비를 중불에 올리고 다음을 둘러서 가열한다.

　　식물성 기름 1큰술

다음을 넣고 저으면서 향긋한 냄새가 날 때까지 약 1분간 볶는다.

　　쪽파 3대, 굵게 썰기

　　마늘 2쪽, 다지기

다음을 넣고 부르르 끓어오를 때까지 가열한다.

　　코코넛 밀크 통조림 400ml짜리 1개

　　소금을 넣지 않은 닭 육수나 국물 또는 물 1½컵

　　타임 잔가지 2개

　　스카치 보닛 또는 하바네로 칠리 고추 1개, 다지기

　　소금 1작은술

　　흑후추 ½작은술
다음을 넣고 젓는다.
　　동부콩이나 강낭콩 통조림 425g짜리 2개 또는 삶은 동부콩이나 강낭콩 3컵, 물을
　　　　따라내고 헹구기
　　장립종 백미 2컵
다시 부르르 끓어오르도록 가열한다. 한 번 젓고 약불로 줄여서 뚜껑을 덮은
상태로 쌀이 부드러워지면서 국물을 흡수할 때까지 약 20분간 뭉근히 끓인
다. 불에서 내린 후 뚜껑을 덮고 10분간 뜸을 들인다. 타임 잔가지를 건져내고
포크로 저어서 낸다.

치킨 잠발라야

6~8인분
다음을 준비한다.
　　뼈 있는 절단 닭 1.1kg
다음으로 닭에 밑간한다.
　　소금 1작은술
　　흑후추 ½작은술
커다란 프라이팬이나 더치오븐을 중불에 올리고 다음을 둘러서 가열한다.
　　식물성 기름 2큰술
닭을 넣고 중간에 한 번 뒤집으면서 양쪽 면이 모두 갈색으로 익도록 10분 정
도 지진다. 닭을 접시에 옮겨 담는다. 프라이팬에 다음을 넣고 갈색이 될 때까
지 볶는다.
　　앙두이 소시지 340g, 얇게 저미기 또는 훈제 햄 225g, 깍둑썰기하기
닭이 담긴 접시에 옮겨 담는다. 닭고기와 소시지에서 나온 육즙을 2큰술만 남기
고 모두 따라낸다. 다음을 넣고 저으면서 부드러워질 때까지 약 8분간 볶는다.
　　양파 중간 크기 1개, 굵게 썰기
　　녹색 피망 중간 크기 1개, 깍둑썰기하기
　　셀러리 줄기 1개, 굵게 썰기
　　마늘 3쪽, 다지기
다음을 넣고 재료가 잘 어우러지도록 골고루 저으면서 2분간 조리한다.
　　장립종 백미 1컵
　　토마토 페이스트 2큰술
　　카옌 고춧가루 ¼~1작은술, 맛을 보면서 조절
다음을 넣고 젓는다.
　　닭 육수나 국물 또는 물 2컵
　　깍둑썰기한 토마토 통조림 410g짜리 1개
　　소금 ½작은술
　　말린 타임 ½작은술
　　월계수 잎 1장
닭고기와 앙두이 소시지를 다시 프라이팬에 넣는다. 뚜껑을 덮고 중약불에서
국물이 다 흡수되고 닭고기가 속까지 잘 익도록 약 20분간 조리한다. 뚜껑을
열고 소스가 걸쭉해질 때까지 5~8분간 더 조리한다. 월계수 잎을 건져낸다. 다
음을 넣고 저어서 낸다.
　　굵게 썬 파슬리 ¼컵

케이준 더티 라이스(Cajun Dirty Rice)

6~8인분
닭의 모래주머니를 구할 수 없거나 좋아하지 않으면, 모래주머니 대신 **굵직하
게 썬 버섯 340g**을 양파, 셀러리, 피망과 함께 넣는다. 닭 간도 빼고 싶다면 **버
섯 340g**과 **다진 돼지고기, 소시지 또는 타소 햄 450g**을 사용한다.
다음을 손질해서 톡톡 두드려 물기를 털어낸다.
　　닭 모래주머니 450g
더치오븐이나 커다란 편수 냄비를 중불에 올리고 다음을 둘러서 가열한다.
　　식물성 기름 2큰술
닭 모래주머니를 넣고 골고루 갈색으로 익도록 약 10분간 볶는다. 접시에 옮겨
담는다. 냄비에 다음을 넣고 중간에 한 번 뒤집으면서 갈색이 될 때까지 약 8분
간 볶는다.
　　닭 간 225g, 깨끗이 씻어서 톡톡 두드려 물기를 털어내기
볶은 모래주머니와 함께 한쪽에 둔다. 냄비에 다음을 넣는다.
　　다진 돼지고기, 벌크 소시지, 굵게 썬 앙두이 소시지 또는 굵게 썬 타소 햄 225g
숟가락으로 뭉친 고기를 부수면서 갈색으로 골고루 익을 때까지 약 6분간 조
리한다. 다음을 넣고 젓는다.
　　양파 중간 크기 1개, 굵게 썰기
　　셀러리 줄기 1개, 굵게 썰기
　　녹색 피망 ½개 또는 할라페뇨 3~5개, 씨를 빼고 굵게 썰기
냄비 바닥에 달라붙은 갈색 조각을 긁어내면서 부드러워질 때까지 약 5분간
조리한다. 모래주머니와 간을 잘게 썰고 다음 재료와 함께 다시 냄비에 넣는다.
　　마늘 5쪽, 굵게 썰기
　　말린 타임 2작은술
　　소금 1작은술
　　(카옌 고춧가루 ¼~½작은술, 맛을 보면서 조절)
가끔 저으면서 3분간 더 조리한다. 다음을 넣는다.
　　닭 육수나 국물, 돼지고기 육수 또는 물 3컵
　　장립종 백미 1½컵
저으면서 부르르 끓어오를 때까지 가열한 다음 중약불로 줄이고 뚜껑을 덮는
다. 쌀이 부드러워지고 국물을 흡수할 때까지 약 15분간 뭉근히 끓인다. 불에
서 내린 후 5분간 뜸을 들인다. 다음을 넣고 젓는다.
　　쪽파 4대, 얇게 저미기
　　잘게 썬 파슬리 ½컵
다음과 함께 낸다.
　　핫소스

볶음밥

4인분
먹다 남은 밥을 활용해서 맛있게 만드는 레시피다. 수분이 날아간 찬밥을 사
용해야 달달 볶아서 갈색의 먹음직스러운 볶음밥을 만들기 쉽다. 갓 지은 밥으
로 볶음밥을 더 맛있게 만들려면 밥을 오븐 팬에 넓게 펴서 깔고 김이 나지 않
을 때까지 10분가량 수분을 날린다. 볶음밥에 추가할 수 있는 재료는 이어서
소개한 볶음밥의 추가 재료 항목을 참고한다.
다음을 세게 저어서 섞는다.
　　달걀 4개

소금 ½작은술

커다란 논스틱 프라이팬이나 웍을 중불에 올리고 뜨겁게 달군다.
프라이팬을 기울여가면서 다음을 부어서 프라이팬에 기름을 골고루 묻힌다.

식물성 기름 1큰술

달걀을 한꺼번에 넣는다. 달걀이 응고되기 시작하면 가장자리로 흘러나온 달걀을 중간으로 밀고 프라이팬을 기울여 아직 익지 않은 달걀을 골고루 편다. 달걀이 모두 익으면 큼직한 덩어리로 부순 다음 그릇에 옮겨 담는다. 프라이팬에 다음을 두르고 중강불에 올려서 가열한다.

식물성 기름 2큰술

다음을 넣고 향긋한 냄새가 날 때까지 약 1분간 볶는다.

생강 2.5cm짜리 1조각, 껍질을 벗겨서 다지기

마늘 2쪽, 다지기

다음을 넣고 자주 저으면서 냉동 완두콩이 녹고 당근이 부드러워질 때까지 약 3분간 볶는다.

당근 1개, 잘게 깍둑썰기하기

냉동 완두콩 ½컵

다음을 넣고 자주 저으면서 밥이 잘 데워지도록 약 3분간 볶는다.

찬밥 3~4컵

익혀둔 달걀을 넣고 다음을 추가해 볶는다.

쪽파 3대, 얇게 저미기

간장 2큰술 또는 적당량

참기름 2작은술 또는 적당량

볶음밥의 추가 재료

다음 중 선호하는 재료를 위의 레시피에서 당근과 완두콩을 넣을 때 함께 넣어 조리한다.

곱게 채 썬 녹색 양배추 또는 적색 양배추 ½컵

브로콜리, 껍질콩, 호박 또는 옥수수 등 조리해서 먹다 남은 채소 ½컵,
　　깍둑썰기하거나 한입 크기로 썰어서 사용

옥수수나 껍질콩 등의 냉동 채소를 해동한 것 ½컵

깍둑썰기한 중국식 소시지 또는 훈제 햄 ½컵

조리한 닭고기, 돼지고기 또는 생선을 굵게 썬 것 또는 익힌 새우 1컵

굵게 썬 땅콩이나 캐슈 ¼컵 또는 참깨 1큰술

김치볶음밥

4인분

불맛이 나는 매콤한 김치볶음밥에 달걀 프라이를 얹으면 아침 또는 점심으로 즐기기에 안성맞춤이다.

커다란 프라이팬을 중불에 올리고 다음을 넣는다.

베이컨 6조각

베이컨에서 기름이 빠져나오면서 갈색으로 바삭하게 익을 때까지 약 5분간 굽는다. 키친타월을 깐 접시에 베이컨을 옮겨 담는다. 프라이팬에 베이컨 기름을 2큰술만 남기고 전부 따라낸 후 다음을 넣는다.

국물을 꼭 짜낸 김치 1½컵, 굵직하게 썰기

저으면서 3분간 볶는다. 구워놓은 베이컨을 굵직하게 썰어서 다음 재료와 함께 프라이팬에 넣는다.

흰쌀밥 4컵(단립종 권장)

재료가 잘 섞이도록 저으면서 주걱 뒷면으로 김치볶음밥을 프라이팬에 살짝 누른다. 가끔 저으면서 밥이 먹음직스러운 갈색을 띠도록 6~8분간 볶는다. 접시나 그릇에 옮겨 담고 취향에 따라 그릇마다 다음을 얹는다.

(달걀 프라이 1개, 오버 이지 또는 서니사이드업 권장)

다음을 얹어서 낸다.

얇게 저민 쪽파

참기름 소량

볶은 참깨

쌀죽

4인분

중국의 콘지(congee) 및 이와 유사한 음식인 태국의 족(jok), 한국의 죽은 아주 연약한 위장도 부드럽게 감싸주는 음식이다. 주로 아침으로 먹으며 심하게 감기를 앓았을 때 회복식으로 많이 먹는다. 쌀죽에 선호하는 토핑을 자유롭게 얹어서 낸다. 우리는 익힌 닭고기, 쪽파, 참기름, 간장의 조합을 좋아한다.

고운체에 다음을 넣고 잘 씻는다.

단립종 백미 또는 깨진 쌀 1컵

쌀을 커다란 편수 냄비에 옮겨 담고 다음을 추가한다.

소금을 넣지 않은 닭 육수나 국물 또는 물, 또는 이를 섞어서 6컵

소금 ½작은술

부르르 끓어오르면 중약불로 줄이고 뚜껑을 반만 덮어서 가끔 저어준다. 쌀알이 부풀었다가 터져서 풀어지고 국물이 걸쭉해질 때까지 1시간 정도 뭉근히 끓인다. 죽이 거의 다 되어갈수록 밥알이 냄비 바닥에 눌어붙지 않도록 더욱 자주 젓는다. 필요하면 물을 더 넣어 묽은 죽을 만든다.

국자로 떠서 그릇에 담고 다음 중 선호하는 토핑을 얹어서 아주 뜨겁게 낸다.

얇게 저민 쪽파 또는 바삭하게 튀긴 샬롯

참기름 및/또는 간장 약간

굵게 썬 구운 땅콩

깍둑썰기한 겨자 잎 피클

얇게 저민 중국식 소시지 또는 깍둑썰기한 익힌 닭고기

반숙 달걀, 수란 또는 달걀 프라이

기름에 튀긴 태국식 칠리 고추 페이스트(아주 조금만 사용한다!) 또는 바삭하게
　　씹히는 중국식 매운 고추기름

페르시안 라이스

4~6인분

전통적인 페르시안 라이스는 바닥에 맛있는 누룽지, 즉 타디그(tahdig)가 생기도록 묵직한 냄비를 불 위에 올려서 천천히 조리한다. 이 누룽지를 긁어서 부드럽게 조리한 밥 위에 얹어서 내거나 다른 요리에 활용한다. 아래의 레시피는 간단한 버전으로, 쌀을 논스틱 프라이팬에 넣어 구운 다음 커다란 팬케이크처럼 뒤집어서 바삭한 누룽지가 위로 올라가고 부드러운 밥이 아래로 내려가게 만든 것이다.

오븐을 175℃로 예열한다. 커다란 냄비에 다음을 붓고 부르르 끓어오르도록 가열한다.

물 2.8ℓ

소금 1큰술

다음을 넣고 젓는다.

바스마티 백미 2컵

통계피 1개

정향 3개

검은색 통후추 6개

카르다몸씨 ¼작은술(깍지 3개 정도에서 꺼낸 것)

뚜껑을 열고 가끔 저으면서 쌀이 거의 부드러워질 때까지 10분 정도 끓인다. 물을 따라내고 사용할 때까지 체에 밭쳐둔다.(향신료는 꺼내지 않고 밥과 함께 그대로 둔다.) 오븐용 논스틱 프라이팬을 중불에 올리고 다음을 넣어서 녹인다.

버터 스틱 1개(115g)

버터 3큰술을 따로 담아서 한쪽에 둔다. 프라이팬에 다음을 넣는다.

양파 중간 크기 1개, 얇게 저미기

사프란 가닥 ¼작은술

양파가 황금색이 되도록 약 8분간 저어준다. 프라이팬에 양파를 균일한 두께로 넓게 편다. 밥에 다음을 넣고 젓는다.

말린 살구 2큰술, 깍둑썰기하기

말린 달콤한 체리나 시큼한 체리, 깍둑썰기하기 또는 노란색 건포도 2큰술

소금 1작은술

숟가락으로 밥을 떠서 양파 위에 얹는다. 커다란 숟가락의 뒷면으로 밥을 고르게 펴고 힘을 주어 꾹꾹 누른다. 따로 덜어두었던 버터를 위에 골고루 바른다. 포일을 두 겹으로 둘러서 덮고 가장자리를 여민다. 오븐에 넣어 1시간 동안 굽는다.

오븐에서 꺼낸 다음 뚜껑을 덮은 상태로 10분간 뜸을 들인다. 뚜껑을 열고 커다란 원형 접시를 프라이팬 위에 뒤집어서 얹는다. 주방 행주로 손을 감싸고 프라이팬을 뒤집어서 밥을 접시에 떨어뜨린다. 다음을 훌훌 뿌린다.

굵게 썬 피스타치오 ¼컵

코코넛 라이스

4~6인분

커다란 편수 냄비에 다음을 넣고 부르르 끓어오르도록 가열한다.

코코넛 밀크 통조림 1컵

물 1컵

재스민 쌀 1컵

소금 ¾작은술

한 번 저은 다음 뚜껑을 덮고 아주 약한 불에서 쌀이 국물을 흡수하고 부드러워질 때까지 약 20분간 조리한다. 취향에 따라 밥 위에 다음을 뿌린다.

(잘게 썰거나 납작하게 눌러서 구운 무가당 코코넛 ⅓컵)

(고수 잎)

인도식 레몬 라이스

4인분

풍미가 진한 남부 인도식 밥 요리로 향미 씨앗, 향신료, 신선한 커리 잎을 듬뿍 넣어서 만든다. 쉽게 접할 수 없는 재료도 있지만 인도 식료품점에 가면 대부분 구할 수 있다. 먹다 남은 밥 3½~4컵을 잘 데워서 사용해도 좋다.

다음으로 밥을 짓는다.

재스민 쌀 1½컵

조리해둔 밥이 아직 따뜻할 때 커다란 프라이팬을 중불에 올리고 다음을 둘러서 연기가 나기 직전까지 달군다.

식물성 기름 2큰술

다음을 넣고 가끔 저으면서 갈색이 되도록 볶는다.

생땅콩 3큰술

다음을 넣고 가끔 저으면서 겨자씨가 톡톡 튀기 시작할 때까지 조리한다.

차나 달(병아리콩 쪼갠 것), 우라드 달(검은색 렌틸콩) 또는 노란색 렌틸콩 쪼갠 것 2작은술

갈색 또는 노란색 겨자씨 1작은술

(커민씨 ½작은술)

다음을 넣고 조심스럽게 젓는다.(잎이 탁탁 소리를 내며 기름이 튈 수 있다.)

신선한 커리 잎 15장

세라노 고추 2개, 씨를 빼고 다지기

(붉은색 인도 칠리 고추 말린 것 3개)

강황 가루 1작은술

소금 ¾작은술

(아위 1자밤)

다음을 넣고 젓는다.

레몬즙 2큰술

즉시 따뜻한 밥을 넣어서 양념과 잘 섞는다. 불에서 내린 후 다음으로 장식해서 낸다.

굵게 썬 고수

발렌시아식 파에야

6인분

파에야라는 이름은 발렌시아 지방의 이 전통 요리를 만들기 위해 보편적으로 사용하는 널찍하고 얕은 팬(파에예라paellera)에서 유래한 것이다. 진짜 발렌시아식 파에야는 닭고기, 토끼고기, 달팽이를 넣어서 만들지만 이 레시피에서는 달팽이를 제외했다.

작은 그릇에 다음을 넣고 한쪽에 두고 우려낸다.

사프란 가닥 ¼작은술

따뜻한 물 ½컵

지름 30~35cm 정도의 파에야 팬이나 커다란 프라이팬을 중불에 올리고 다음을 부어서 가열한다.

올리브유 ¼컵

다음을 몇 번에 나누어 넣고 갈색으로 익힌다.

뼈 있는 닭 넓적다리살 450g

토끼고기 450g, 먹기 좋은 크기로 썰기(또는 닭 다리로 대체)

닭고기와 토끼고기가 갈색으로 익으면 접시에 옮겨 담는다. 팬에 기름을 2큰술만 남기고 전부 따라낸다. 다음을 넣는다.

토마토 3개, 껍질을 벗기고 굵게 썰기

양파 중간 크기 1개, 굵게 썰기

자주 저으면서 짙은 갈색으로 농축될 때까지 약 15분간 조리한다. 다음을 넣고 젓는다.

스페인산 피멘톤(pimentón, 파프리카 가루와 비슷한 스페인 향신료 ─ 옮긴이) 또는 훈제

스위트 파프리카 가루 2작은술

사프란과 우려낸 물을 팬에 붓고 다음을 함께 넣는다.

소금을 넣지 않은 뜨거운 닭 육수 또는 국물 4컵

소금 1작은술

닭고기와 토끼고기를 팬에 다시 넣는다. 뚜껑을 열고 10분간 뭉근히 끓인다. 또다시 닭고기와 토끼고기를 꺼낸다. 팬에 다음을 넣는다.

발렌시아 또는 봄바 쌀 2컵

냉동, 통조림 또는 삶은 버터콩이나 베이비 리마콩 1컵

껍질콩 225g, 손질해서 2.5cm 길이로 썰기

로즈메리 잔가지 7.5cm짜리 1개

재료가 골고루 섞이도록 잘 젓고 닭고기와 토끼고기를 쌀 속에 군데군데 끼워 넣는다. 뚜껑을 덮지 않고 중약불에 올려 젓지 않으면서 쌀이 부드럽게 익고 국물을 흡수할 때까지 20~25분간 조리한다. 쌀이 다 익기 전에 국물이 전부 증발해버리면 필요한 만큼 뜨거운 육수나 물을 보충한다. 완성되기 5분 전에 중강불로 올려서 밑부분이 갈색으로 익도록 조리한다. 태우지 않도록 조심하되, 팬의 바닥에 진한 갈색 누룽지가 생기면 좋다. 불에서 내린 후 10분 동안 뜸을 들인다. 로즈메리 잔가지를 건져낸다. 내기 전에 닭고기와 토끼고기의 살을 발라서 골고루 얹는다.

갑각류 파에야

위의 발렌시아식 파에야를 만들되, 토끼고기와 로즈메리를 빼고 닭 육수 대신 생선 육수나 갑각류 육수를 사용한다. 취향에 따라 양파와 토마토를 넣을 때 (깍둑썰기한 스페인식 초리소 115g)을 추가해도 좋다. 쌀을 12분 정도 조리한 뒤 밥 위에 **껍질을 벗기고 내장을 제거한 대하 450g**을 동그런 모양으로 배열한다. 뚜껑을 열고 10분간 더 조리한다. **박박 문질러 씻고 수염을 제거한 홍합 18개**를 밥 위에 올리고 살짝 눌러서 박아 넣은 후 홍합이 입을 벌릴 때까지 약 5분간 끓인다. 레시피에 따라 조리한다. **레몬 조각**을 올려서 낸다.

밥(아무 재료도 넣지 않은 흰밥)

6½컵

모든 초밥(식초로 양념한 밥) 요리의 기본 재료가 되는 밥이다.

다음을 그릇에 넣고 쌀이 잠기도록 찬물을 붓는다.

단립종 또는 중립종 쌀 3컵('초밥용 쌀'이라는 이름으로 판매하기도 한다.)

손가락으로 쌀을 세게 휘휘 저으면서 씻은 후 물을 따라낸다. 거의 맑은 물이 나올 때까지 이 작업을 반복한다. 보통 서너 번 정도 씻으면 된다. 마지막으로 씻은 다음 물기를 잘 뺀다. 바닥이 묵직하고 옆면이 수직으로 올라온 냄비에 쌀을 넣고 다음을 붓는다.

찬물 3컵+2큰술

쌀을 10분간 불린다. 김이 새지 않도록 냄비 뚜껑을 꼭 덮고 강불에 부르르 끓어오를 때까지 가열한다. 뚜껑을 열어서 끓는지 확인하지 말고, 김 때문에 뚜껑이 달그락거리며 움직이는지 잘 살펴본다. 5분 정도 지나면 끓어오를 것이다. 중불로 줄이고 쌀이 물을 빨아들일 때까지 약 5분간 끓인다. 다시 강불로 올리고 30초간 가열하면서 물기를 날린다. 냄비를 불에서 내린 후 뚜껑을 덮은 상태로 최소 10분, 최대 30분간 뜸을 들인다. 분량을 줄여서 만들 때는 다음 기준을 참고한다.

쌀 1컵에 물 1컵+1½큰술을 부으면 넉넉하게 밥 2컵

쌀 2컵에 물 2컵+2큰술을 부으면 넉넉하게 밥 4컵

초밥용 밥

6½컵

식초로 양념한 밥을 지칭하며 초밥을 만들 때 꼭 필요한 재료다. 반드시 갓 지은 따뜻한 밥을 사용해야 양념된 식초를 잘 흡수한다.

작은 편수 냄비에 다음을 넣고 섞는다.

쌀 식초 1컵

설탕 2큰술

소금 1작은술

불에 올리고 설탕과 소금이 녹을 때까지 젓는다. 불에서 내린 후 한쪽에 둔다. 다음을 준비한다.

밥

넓찍한 그릇에 뜨거운 밥을 넓게 편다. 빳빳한 종이로 부채질을 하면서 주걱이나 숟가락으로 밥을 뒤적여서 식힌다. 밥에서 김이 나지 않을 정도로 식으면 양념한 식초 6큰술을 한 번에 1큰술씩 뿌리면서 주걱으로 살살 뒤적이고 섞어준다. 식초 6큰술을 다 넣은 후 맛을 보면서 간이 맞도록 다시 1큰술씩 식초를 추가한다. 취향에 따라 최대 6큰술까지 식초를 더 넣을 수 있다. 밥이 마르지 않도록 축축한 천으로 덮어두었다가 사용한다.

말이 초밥(초밥 롤)

10개, 5~10인분

이 레시피의 재료는 게살, 참치 또는 연어 롤 5개와 채소 롤 5개, 또는 채소 롤 10개를 만들 수 있는 분량이다. 생선이나 게살 롤 10개를 만들려면 분량을 2배로 늘려야 한다. 생김은 1장씩 직화 오븐에 넣고 몇 초 정도 굽거나 가스 불에 앞뒤로 몇 번 갔다 대면서 약간 바삭해지고 구수한 냄새가 나도록 굽는다. 생선을 다룰 때의 식품 안전 관련 정보는 날생선 식탁에 올리기 항목을 참고한다.

다음을 준비한다.

초밥용 밥

다음을 준비하고 필요하면 18×12.5cm 크기의 직사각형으로 자른다.

구운 김 10장

다음을 준비한다.

(게살 140g, 18×0.6cm 크기의 게맛살 5개 또는 초밥용 생참치나 연어 115g, 6mm 두께로 길쭉하게 저미기)

오이 1개, 껍질을 벗겨서 씨를 빼고 18×0.6cm 크기로 길쭉하게 썬 것 10조각

아보카도, 껍질을 벗겨서 씨를 빼고 세로 방향으로 얇고 길게 저민 것 20조각, 갓 짜낸 레몬즙에 담가두기

(당근 큰 것 1개, 채 썰기)

쪽파 5대, 손질해서 각각 세로로 반 자르기

참깨 1½큰술

무순 ½컵

대나무로 된 김발을 작업대 위에 올리고 결이 수평이 되도록 놓는다. 김 1장을 들어서 매끈한 면이 아래로 가고 기다란 쪽이 몸 가까이 오도록 놓는다. 김 윗부분의 2.5cm 정도만 남기고 밥 ½컵을 김 전체에 얇고 넓게 펼쳐서 간다.

게살, 참치 또는 연어 롤을 만들려면 게살 30g, 길게 자른 게맛살 1개, 길게 저민 참치나 연어 1조각을 밥의 중간 부분에 가지런히 놓는다. 길게 썬 오이 1조각,

아보카도 2조각도 김의 폭에 맞춰 올리고, (사용한다면) 길쭉하게 채 썬 당근을 잘 맞춰서 올린 다음 반으로 잘라놓은 쪽파를 얹는다.

채소 롤을 만들려면 밥 위에 참깨를 훌훌 뿌린다. 오이 1조각과 아보카도 2조각을 김의 폭에 맞춰 올리고, (사용한다면) 길쭉한 당근을 잘 맞춰서 올린 다음 반으로 잘라놓은 쪽파를 얹는다. 마지막에 무순을 얹어서 마무리한다.

몸에서 가까운 쪽부터 시작해 빈틈없이 야무지게 말리도록 김발을 골고루 꾹꾹 누르면서 김을 만다. 김의 맨 위쪽까지 계속 말아서 꽉 누른다. 롤을 최대한 단단하게 말아야 한다. 김의 끝부분이 잘 달라붙도록 앞뒤로 살짝 굴린다. 이음매 부분이 아래로 가도록 쟁반에 놓고 비닐랩으로 덮은 뒤 먹기 전까지 냉장고에 보관한다. 초밥용 밥이 조금 남을 것이다.

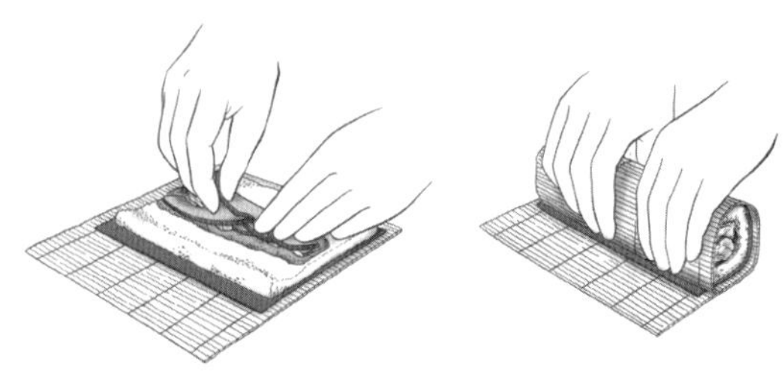

말이 초밥 말기

롤이 각각 일정한 두께가 되도록 8조각으로 자른다. 다음과 함께 낸다.

> 생강 피클, 시판 또는 수제
>
> 간장
>
> 고추냉이 페이스트

먹을 때는 간장에 고추냉이를 적당히 섞어서 초밥을 찍어 먹는다.

리소토에 대해

이탈리아 북부의 전통적인 쌀 요리인 리소토는 깜짝 놀랄 정도로 만들기 쉽다. 조리 방법 자체는 너무나 간단하다. 뭉근히 끓는 육수나 국물에 쌀을 천천히 넣으면서 저어주기만 하면 된다. 쌀은 뜨거운 국물을 흡수하면서 팽창하고, 계속 저으면서 발생하는 마찰로 쌀의 바깥쪽 층이 부드러워지면서 전분이 빠져나와 크림처럼 매끄러운 농도가 된다.

아르보리오, 비알로네 나노, 발도, 카르나롤리 등의 중립종 쌀에는 전통적인 리소토의 질감을 내는 데 꼭 필요한 전분이 알맞은 비율로 함유되어 있다. 상황이 여의치 않으면 이러한 품종들 대신 칼로스 쌀을 사용해도 상당히 괜찮은 리소토를 만들 수 있다. 아르보리오 쌀은 가운데 부분이 딱딱해서('심'이라고 부른다.) 오랫동안 조리한 후에도 씹었을 때 단단한 식감이 느껴지는 알 덴테 상태를 유지하는 것으로 잘 알려져 있다.

리소토는 일반적으로 닭 육수나 국물로 만들지만, 풍미가 진한 채소 육수도 사용할 수 있다. 널찍하고 얇으면서 바닥이 묵직한 냄비를 사용한다. 리소토는 뭉근히 끓는 상태로 조리하면서 뜨거운 육수를 한 번에 ½~1컵씩 붓는다. 조리하는 동안 자주 맛을 보면서 쌀의 익은 정도와 농도를 확인하고, 육수를 처음 넣은 시점부터 약 20분 정도의 조리 시간을 기준으로 삼는다. 완성된 리소토를 불에서 내린 다음 몇 분간 뜸을 들였다가 낸다.

원래 리소토는 쌀로 만드는 음식이지만 이 조리법을 다른 곡물로 응용할 수도 있다. 보리, 파로, 스펠트, 퀴노아, 외알밀은 모두 리소토처럼 조리해서 맛있게 즐길 수 있는 곡물이다. 파로, 스펠트, 외알밀 등 아주 단단한 곡물을 이 방

식으로 조리할 때는 하룻밤 불려서 사용하면 좋다. 또한 불렸던 곡물의 ¼ 분량을 푸드 프로세서에 넣고 으깨면 전분이 더욱 잘 빠져나온다. 이처럼 단단한 곡물을 부드러워질 때까지 조리하려면 곡물 1컵당 육수는 최대 7컵을 사용한다는 점을 참고하자. 그렇게 끓인 다음에도 약간의 쫄깃한 식감이 남아 있다. 보리는 쌀과 비슷한 양의 육수를 부어서 조리한다. 퀴노아는 쌀에 사용하는 육수의 절반 정도면 충분하다.

사용하는 곡물의 종류와 관계없이 리소토의 풍미를 내는 방법은 무척 다양하다. 우선 다진 양파, 샬롯 또는 서양대파와 얇게 썬 버섯을 볶는 작업부터 시작한다. 늙은호박, 고구마 또는 길쭉한 호박으로 만든 퓌레를 뭉근히 끓는 육수에 넣고 섞으면 가을의 풍미를 만끽할 수 있는 리소토가 되고, 세이지 잎 튀김을 위에 얹으면 근사하다. 리소토 조리가 거의 끝나갈 즈음 완두콩, 아스파라거스, 작은 꽃송이 모양으로 자른 브로콜리, 굵게 썬 애호박 등 조리 시간이 짧은 채소를 넣고 젓는다. 또는 깍둑썰기해서 구운 겨울 호박, 통째로 구운 방울토마토, 그리고 작은 사치를 부리고 싶다면 대패로 깎아낸 송로버섯 등의 다채로운 토핑을 얹어서 더 깊은 풍미를 낼 수도 있다. 참가리비 관자 지짐 몇 개를 얹고 발사믹 글레이즈를 몇 방울 떨어뜨린 다음 루콜라 한 줌을 얹으면 근사한 주요리로 낼 수 있는 리소토가 된다.

리소토

곁들임 요리 6인분 또는 주요리 4인분

전통적으로 오소 부코 등의 고기 조림과 함께 내는 **밀라노식 리소토**를 만들 때는 **사프란을 넉넉히 3자밤** 집어 뜨거운 국물 1컵에 10분간 담가두었다가 와인을 넣은 다음 쌀에 붓고 젓는다. 아래의 레시피대로 조리한다.

편수 냄비에 다음을 붓고 가열해 뭉근히 끓을락 말락 한 상태를 유지한다.

> 닭 국물 8컵

크고 묵직한 편수 냄비를 중약불에 올리고 다음을 둘러서 가열한다.

> 버터 또는 올리브유 2큰술

다음을 넣고 저으면서 부드럽게 익되 갈색으로 변하기 전까지 볶는다.

> 양파 중간 크기 1개, 다지기
>
> (소금 1작은술, 소금을 넣지 않은 닭 국물을 사용할 경우)

다음을 넣고 젓는다.

> 아르보리오 또는 다른 리소토용 쌀 2컵

쌀알에 기름이 골고루 묻고 전체적으로 불투명해질 때까지 3~5분간 계속 저으면서 조리한다. 취향에 따라 다음을 넣는다.

> (드라이 화이트와인 ½컵)

쌀이 와인을 빨아들일 때까지 젓는다. 국물을 1컵씩 붓고 젓다가 다 흡수되면 다시 1컵을 붓는 식으로 조리한다. 조리하는 동안 계속 저으면서 뭉근히 끓는 상태를 유지한다. 국물 6컵을 부어서 흡수시킨 후, 남은 국물을 ½컵씩 부으면서 쌀알을 떠서 맛을 본다. 쌀이 부드럽게 익었지만 약간의 '씹는 맛'이 느껴질 때까지 조리한 후 리소토를 불에서 내린다. 크림처럼 부드럽지만 뻑뻑하지는 않아야 한다. 다음을 넣고 뒤적이며 섞는다.

> 강판에 간 파르메산 치즈 1~1½컵(115~170g), 맛을 보면서 조절
>
> 버터 2큰술

다음을 적당량 뿌려서 간을 맞춘다.

> 소금과 흑후추

리시 에 비시(Risi e Bisi, 완두콩 리소토)

곁들임 음식 8~10인분 또는 주요리 6~8인분

리소토 레시피대로 조리하고, 양파를 넣을 때 **다진 판체타 55g**을 함께 넣는다. 국물이 반 정도 흡수되었을 때 **생완두콩이나 냉동 완두콩 680g, 굵직하게 썬 파슬리 ½컵, 굵게 썬 회향 줄기 2큰술 또는 회향씨 가루 1작은술**을 추가한다. 레시피에 따라 계속 조리한다. 파르메산, 버터, 흑후추를 듬뿍 넣어서 마무리한다.

버섯 리소토

첫 번째 코스 요리 6~8인분 또는 주요리 4~6인분

특히 곰보버섯이나 살구버섯 등의 야생 버섯을 넣으면 든든한 주요리용 리소토로 먹을 수 있다.

뜨거운 물을 넉넉히 붓고 다음을 담가서 20분간 불린다.

　말린 포르치니버섯 ½컵(약 14g)

버섯을 건져서 굵직하게 썰고 버섯 불린 물은 따로 보관해둔다. 편수 냄비에 다음을 붓고 뭉근히 끓을락 말락 한 상태를 유지한다.

　닭 국물 8컵

커다란 편수 냄비를 중불에 올리고 다음을 둘러서 가열한다.

　올리브유 2큰술

썰어놓은 포르치니를 넣고 다음을 추가한다.

　버섯 450g, 얇게 썰기

　샬롯 2개, 다지기

가끔 저으면서 연한 갈색이 될 때까지 볶는다. 다음을 넣고 젓는다.

　아르보리오 또는 다른 리소토용 쌀 2컵

쌀알에 기름이 골고루 묻고 거의 불투명해질 때까지 3~5분간 계속 저으면서 조리한다. 버섯 불린 물을 넣고 증발할 때까지 끓인다. 다음 레시피대로 조리해서 마무리한다.

　리소토

생옥수수 리소토

첫 번째 코스 요리 6~8인분 또는 주요리 4~6인분

우리 집에서는 황금색의 이 먹음직스러운 리소토에 볶은 살구버섯과 참가리비 관자 지짐을 얹어서 내는 경우가 많다. 취향에 따라 **옥수숫대 우린 물**을 준비해 닭 국물 대신 넣거나 닭 국물과 섞어서 사용해도 좋다. 옥수수알을 다 발라낸 옥수숫대를 냄비에 넣고 잠길 정도로 물을 넉넉히 붓는다. 부르르 끓어오르면 불을 줄이고 45분간 뭉근히 끓인 다음 걸러낸다.

중간 크기의 편수 냄비에 다음을 붓고 뭉근히 끓인다.

　닭 국물 8컵

다음을 준비한다.

　옥수수 알갱이 2컵(옥수수 큰 것 3개 분량)

푸드 프로세서에 옥수수 알갱이 1컵을 넣고 퓌레 상태로 간다. 한쪽에 둔다.

크고 묵직한 편수 냄비를 중불에 올리고 다음을 둘러서 가열한다.

　버터 또는 올리브유 3큰술

다음을 넣고 저으면서 반투명해질 때까지 약 5분간 볶는다.

　샬롯 중간 크기 1개 또는 양파 작은 것 1개, 잘게 썰기

다음을 넣는다.

　아르보리오 또는 다른 리소토용 쌀 2컵

쌀알에 기름이 골고루 묻고 거의 불투명해질 때까지 3~5분간 계속 저으면서 조리한다. 취향에 따라 다음을 넣는다.

　(드라이 화이트와인 ½컵)

쌀이 와인을 빨아들일 때까지 젓는다. 국물을 1컵씩 붓고 젓다가 다 흡수되면 다시 1컵을 붓는 식으로 조리한다. 조리하는 동안 계속 저으면서 뭉근히 끓는 상태를 유지한다. 국물 6컵을 부어서 흡수시킨 후, 퓌레 상태로 간 옥수수를 넣는다. 남은 국물을 ½컵씩 부으면서 쌀알을 떠서 맛을 본다. 쌀이 부드럽게 익었지만 약간의 '씹는 맛'이 느껴질 때까지 조리한 후 리소토를 불에서 내린다. 크림처럼 부드럽지만 뻑뻑하지는 않아야 한다. 부드러운 리소토에 남은 옥수수 알갱이를 넣고 젓는다. 다음을 넣어 섞는다.

　소금과 흑후추 적당량

취향에 따라 다음을 위에 뿌린다.

　(강판에 간 파르메산 치즈)

압력솥 조리 리소토

이 방법은 어느 리소토 레시피에나 활용할 수 있다. 예를 들어 앞에 소개한 버섯 리소토를 만든다면 버섯과 샬롯을 볶아서 넣고 쌀과 국물을 추가한다. 역시 앞에 소개한 리시 에 비시를 만든다면 쌀이 완전히 다 익은 후에 완두콩을 넣고 젓는다. 쌀 2컵당 국물 약 4컵이 필요하다는 점만 기억하자.

압력솥을 중불에 올리거나 전기 압력솥을 볶음 기능으로 설정한다. 레시피에 따라 버터나 기름에 양파를 볶은 후 쌀을 넣어서 살짝 볶는다. 와인을 넣고(사용할 경우) 와인이 다 흡수될 때까지 조리한다. **닭 국물을 4컵**만 넣고 압력솥 뚜껑을 덮은 뒤 밀폐해서 압력을 올린다. 7분간 압력 조리한다. 압력 마개를 열어서 빠른 배출법으로 압력을 낮추고 김을 전부 뺀다. 김이 다 빠지면 압력솥 뚜껑을 열고 레시피대로 파르메산 치즈와 버터를 넣어서 젓는다. 맛을 보고 소금과 흑후추로 간을 한다.

호밀에 대해

호밀은 강렬한 풍미의 빵과 알싸한 위스키의 재료로 사용되지만, 통곡물 상태일 때는 의외로 순한 풍미를 지니고 있다. 길쭉하고 회색빛이 도는 갈색의 호밀 알갱이는 **통호밀**이라는 이름으로 판매되기도 하며, 쫄깃하게 씹힐 정도로 부드럽게 조리하려면 상당히 오랫동안 뭉근히 끓여야 하므로 하룻밤 불려서 사용하면 좋다. 통밀이 들어가는 레시피에서 통밀 대신 통호밀을 넣을 수 있다. 통호밀을 곡물 샐러드에 사용하면 모양을 잘 유지하며 기름과 육즙을 받아내도록 가금류 구이의 아래쪽에 깔아서 따뜻하게 내기도 한다. 또한 **호밀 플레이크**, 즉 납작하게 누른 **납작호밀**의 형태로도 판매하는데, 납작귀리와 모양이 비슷하며 조리 방법도 같다. 호밀 플레이크는 보통 아침 식사용 죽이나 그래놀라를 만들 때 사용한다. 호밀가루에 대해서는 1049쪽을 참고한다.

호밀 필라프

약 2½컵, 4인분

메밀 필라프의 레시피대로 조리하되, 메밀 1컵 대신 **넉넉한 물에 담가서 하룻밤 불린 통호밀 1컵**을 사용한다. 액체 재료의 양을 2½컵으로 늘리고 조리 시간도 25~30분으로 넉넉하게 잡는다.

수수 또는 마일로에 대해

수수는 이집트 원산으로 오늘날에는 아프리카, 인도, 아시아, 아메리카 대륙에서 널리 재배되는 매우 중요한 주식 작물이다. 튼튼하고 가뭄과 혹서에 강한 곡물이며 통곡물, 가루, 감미료의 형태로 사용된다.

통수수는 부드러워질 때까지 뭉근히 삶아서 곁들임 음식으로 내거나 샐러드 또는 수프에 사용한다. 시판되는 수수는 두 가지 종류가 있다. 식료품 전문점에서는 일반적으로 황갈색이나 연한 갈색의 겨가 대부분 붙어 있는 통수수를 판매한다. 아시아 마트에 가면 색이 연한 정백 수수를 쉽게 찾아볼 수 있다. 겨가 붙어 있는 통수수를 오랫동안 조리하면 알알이 살아 있어 맛있는 수수를 즐길 수 있다. 정백 수수를 조리하면 전분이 녹아 나와 국물이 걸쭉해지며 통수수보다 훨씬 빨리 부드러워진다.(조리 시간은 곡물 조리 기준표를 참고한다.)

옥수수만큼 완전히 펑펑 소리를 내면서 터지지는 않지만, 색이 진한 통수수는 팝콘처럼 튀겨서 먹을 수 있다. 또한 납작하게 누른 플레이크나 수숫가루의 형태로 판매하기도 한다. 수수 시럽은 1079쪽을 참고한다. 수수는 글루텐이 들어 있지 않은 곡물이다.

스펠트

밀에 대해 항목을 참고한다.

테프에 대해

테프(teff)는 포피시드만큼이나 아주 크기가 작다. 암하라어(에티오피아의 공용어 ― 옮긴이)로 '잃어버렸다'라는 뜻의 이름이 붙은 것도 어쩌면 크기 때문일 것이다. 가볍고 고소한 풍미와 바삭한 식감을 갖고 있으며 조리할 때 당밀과 비슷한 냄새가 난다. 단백질과 칼슘이 풍부하며(테프는 곡물 중에서 칼슘 함량이 가장 높다.) 배유에 비해 겨의 구성 비율이 높아서 섬유질도 많다. 테프는 에티오피아의 주식 곡물로 가장 잘 알려져 있는데, 에티오피아에서는 테프 가루로 스펀지처럼 말랑말랑하고 톡 쏘는 맛을 가진 플랫브레드 인제라(injera)를 만들어 먹는다. 미국에서는 테프를 가루와 통곡물 형태로 판매하며 다양한 무글루텐 제품에 사용한다. 테프의 알갱이는 원래 잘 뭉치는 성질이 있다. 채소 조림이나 채소 구이를 위에 얹어서 폴렌타와 비슷한 곁들임 음식으로 내거나 죽을 끓여서 따뜻하게 데운 우유와 메이플 시럽을 넣어 아침으로 먹는다. 죽처럼 끓인 테프(테프와 물의 비율은 1:3)를 따뜻할 때 베이킹 팬에 넓게 펴서 담고 냉장고에 넣어 굳힌 후 정사각형 또는 삼각형으로 썰어서 폴렌타처럼 굽거나 튀긴다.(폴렌타 튀김 레시피 참고) 테프 가루에 관한 내용은 1047쪽을 참고한다.

라이밀에 대해

밀(라틴어로 트리티쿰*triticum*)과 호밀(라틴어로 세칼레*secale*)의 교배종인 라이밀(*triticale*)은 100년 이상 전에 스코틀랜드에서 개발된 품종이다. 통라이밀은 통밀보다 약간 더 크고 맛은 순하며 물에 불려서 통밀과 같은 방식으로 조리할 수 있다. 곡물 조리 기준표를 참고한다. 라이밀은 통밀, 스펠트, 호밀을 사용하는 모든 레시피에 대신 사용할 수 있다. 프라이팬이나 오븐에서 라이밀을 일단 볶거나 구워서 사용하면 섬세한 풍미를 한층 더 끌어낼 수 있다.

밀에 대해

밀은 현대의 붉은색 밀과 흰색 밀뿐만 아니라 파로, 스펠트, 외알밀, 카무트 등을 비롯한 여러 고대 밀 품종까지 모두 아우르는 광범위한 곡물군이다. 쿠스

쿠스, 벌거, 프리카 등의 형태로 가공한 것도 여기에서 다룬다. 대부분의 통밀은 비슷한 방식으로 조리할 수 있으며 레시피에서 서로 바꿔 사용할 수 있다. 이어서 소개하는 레시피 외에도 다양한 통밀을 페스토와 애호박을 넣은 밀 샐러드에 사용해보자.

통밀, 파쇄 밀, 벌거, 프리카, 쿠스쿠스

가공하지 않은 밀 알갱이를 **통밀**이라고 한다. 마트에서 가장 흔히 볼 수 있는 통밀은 붉은색의 경질 겨울 밀이지만, 단백질 함량이 낮고 더 순한 맛의 흰색 경질 겨울 밀이 가끔 눈에 띄기도 한다. '경질밀'과 '연질밀'의 가장 큰 차이는 단백질 함량과 글루텐의 강도다. 경질밀은 단백질이 많고 글루텐 강도가 높아서 제빵용 밀가루로 제분하는 경우가 많으며, 연질밀은 페이스트리를 만들기에 더 적합하다. 이러한 여러 종류의 통밀은 모두 조리 시간이 비슷하다. **듀럼밀**은 가장 단단한 품종이며 고운 듀럼밀가루 또는 **세몰리나**라고 부르는 굵게 빻은 밀가루로 제분한다. 밀가루에 대한 자세한 내용은 1047쪽을 참고한다.

제분한 통밀은 **파쇄 밀**이라고 부른다. 굵게 빻은 밀은 백미처럼 조리해 샐러드와 필라프에 사용할 수 있다. 곱게 빻은 밀은 빵 반죽에 넣어 식감을 살린다. 제분 형태와 관계없이 파쇄 밀은 한 번 볶아서 사용하면 맛이 더 좋다. 통밀을 쪄서 말린 다음 제분한 것을 **벌거**(bulgur)라고 하며 곱게 빻은 것, 중간 굵기로 빻은 것, 굵게 빻은 것의 세 가지 종류가 있다. 곱게 빻은 벌거와 중간 굵기로 빻은 벌거는 타불레의 주재료로 사용되며 벌거가 잠길 정도로 끓는 물을 넉넉히 붓고 뚜껑을 덮어서 말리기 전의 상태로 복원해주기만 하면 되므로 아주 편리하다. 굵게 빻은 벌거는 뭉근히 끓여서 조리해야 한다. 일단 다 익으면 버터를 넣고 잣이나 굵게 썬 말린 과일을 듬뿍 뿌려서 푸짐한 곁들임 음식으로 내는 경우가 많다. **프리카**(freekeh)는 밀(일반적으로 스펠트)이 아직 녹색일 때 수확해서 바짝 말린 것이다. 보통 연기를 내며 타오르는 불 위에서 말리는 작업을 하므로 프리카에서는 약간의 훈연 향을 느낄 수 있다. 가끔 통곡물 형태로 판매하기도 하지만, 마트에서 판매하는 프리카는 대부분 파쇄한 것으로 굵게 빻은 벌거와 비슷한 모양이다.

쿠스쿠스(couscous)는 듀럼밀가루를 계속 저으면서 물을 조금씩 끼얹어 작은 알갱이 모양으로 만든 것이다. 밀가루와 물 혼합물을 체로 걸러서 균일한 크기로 가공한다. 쿠스쿠스를 만들 때는 일반적으로 세몰리나를 많이 사용하지만, 통밀이나 스펠트 등의 밀가루로도 만들 수 있다. 쿠스쿠스는 벌거뿐만 아니라 퀴노아처럼 밀이 아닌 다른 작은 곡물 대신 사용할 수도 있으며 수프와 샐러드에 넣으면 맛있다. 가향 버터와 굵게 썬 신선한 허브 또는 깍둑썰기한 익힌 채소로 맛을 낸 쿠스쿠스를 그대로 곁들임 음식으로 내기도 한다. 쿠스쿠스는 북부 아프리카 요리의 핵심 재료이자 지중해 지역 전역에서 널리 소비된다. 미국에서 일반적으로 판매하는 쿠스쿠스는 한 번 찐 다음 말려서 포장한 것이므로 그냥 끓는 물을 부어서 원래대로 불리기만 하면 된다. **간편 조리, 반조리** 또는 **인스턴트** 등의 이름으로 판매된다. 찌는 과정을 거치지 않은 쿠스쿠스는 알갱이의 크기가 다양하며 더 오래 조리해야 한다. **이스라엘식 쿠스쿠스**는 사실 치댄 반죽으로 만든 작은 파스타로, 대략 보리알만 한 크기다. 파스타처럼 넉넉한 물에 소금을 넣고 펄펄 끓이다가 쿠스쿠스를 넣고 삶아서 조리하며 특히 필라프를 만들 때 사용하기 좋다.

파로(스펠트, 에머밀, 외알밀)

파로(farro)가 하나의 곡물 유형이라고 생각하는 사람이 많지만 파로라는 말은

사실 세 가지 유형의 고대 밀을 지칭할 때 사용하는 용어다. 이탈리아의 파로 그란데는 미국에서 말하는 **스펠트**(spelt)이며, 파로 메디오는 **에머밀**(emmer), 파로 피콜로는 **외알밀**(einkorn)이다. 미국에서 '파로'라는 라벨이 붙어 있는 곡물을 선택하면 아마도 에머밀을 사게 될 확률이 높다.

이 세 가지 파로는 모두 통곡물 형태로 판매한다. 레시피에서 서로 바꿔 사용할 수 있고 통밀 대신 사용할 수도 있지만 사실 이 세 종류의 조리 시간은 크게 차이가 난다. 외알밀의 조리 시간은 스펠트의 절반도 되지 않는다. 가끔 반정백 상태로 가공한 에머밀과 스펠트가 눈에 띄기도 한다. 이러한 반정맥 곡물은 겨 일부를 깎아내거나 긁어낸 것이므로 조리 시간은 짧아지고 곡물 안의 전분이 노출되어 국물이 걸쭉해진다. 이렇게 다양한 파로 곡물의 조리 시간을 비교하려면 곡물 조리 기준표를 참고한다. 정백한 에머밀과 스펠트는 리소토처럼 조리할 수 있다.(파로토 레시피 참고)

스펠트는 단백질 함량이 매우 높고(무게 기준으로 최대 17%) 통곡물 및 가루 형태로 쉽게 구할 수 있다. 가장 역사가 깊은 밀로 알려진 외알밀은 최대 3만 년 전부터 인류가 채집했을 가능성이 있다. 다른 밀 품종과 마찬가지로 외알밀은 순한 풍미와 약간의 견과류 향을 지니고 있으며 통곡물은 쫄깃쫄깃 씹히는 맛을 즐길 수 있다.

카무트 또는 호라산밀

호라산(Khorasan)은 모든 밀 관련 품종 중 가장 크기가 크며 호라산 밀알은 현대 밀의 최소 2배에 가까운 크기를 자랑한다. 오늘날의 이란과 아프가니스탄에 해당하는 호라산 지역에서 이름을 따왔다. '카무트(Kamut)'는 사실 호라산밀 상품의 상표명으로, 카무트 상표는 이 곡물이 유기농 방식으로 재배되었으며 교배하거나 유전자 조작을 하지 않았음을 나타낸다. 카무트가 미국에 상륙한 것은 1950년대이지만 정식 상표로 등록된 것은 1990년이다. 호라산밀은 일반적인 통밀보다 영양분이 풍부하며 버터 및 견과류 풍미를 느낄 수 있다. 통밀이나 통호밀, 스펠트, 에머밀과 같은 방식으로 조리한다.

양파 볶음과 말린 과일을 넣은 통밀 밥
4~6인분

커다란 프라이팬을 중불에 올리고 다음을 둘러서 가열한다.

    버터 또는 올리브유 2큰술

다음을 넣고 저으면서 황금색이 될 때까지 8~10분간 볶는다.

    양파 중간 크기 1개, 굵게 썰기

다음을 넣고 젓는다.

    익힌 통밀, 스펠트, 카무트 또는 이를 섞어서 3컵
    깍둑썰기한 말린 살구나 씨를 뺀 말린 자두, 검은색이나 노란색 건포도, 말린
      커런트, 체리 또는 크랜베리 등의 말린 과일을 섞어서 1컵
    통계피 1개
    닭 국물 또는 물 ½컵

뚜껑을 덮고 약불에서 한두 번 저어가면서 약 10분간 조리한다. 다음을 적당량 넣어서 간을 한다.

    소금과 흑후추

취향에 따라 다음을 훌훌 뿌린다.

    (껍질을 벗긴 아몬드, 호두 또는 피칸을 구워서 굵게 썬 것 ¼컵)

버터와 간장에 비벼 먹는 통밀 현미밥
4인분

우리가 제일 좋아하는 곡물을 조합한 요리다. 버터와 간장을 넣어서 진하고 짭짤한 풍미를 살린다.

중간 크기의 편수 냄비에 다음을 넣고 부르르 끓어오르도록 가열한다.

    물 3컵
    소금 ½작은술

다음을 넣고 젓는다.

    통밀 ⅓컵

불을 줄이고 뚜껑을 덮어서 20분간 뭉근히 끓인다. 다음을 넣고 젓는다.

    장립종 현미 ½컵

뚜껑을 덮어서 통밀과 현미가 모두 부드럽게 익을 때까지 약 40분간 뭉근히 끓인다. 불에서 내린 다음 뚜껑을 덮은 상태로 10분간 뜸을 들인다. 다음을 넣고 잘 섞는다.

    버터 1큰술
    간장 1큰술

녹색 채소, 병아리콩, 할루미 치즈를 넣어서 조리한 프리카

4인분

프리카의 은은한 훈연 풍미가 갈색으로 먹음직스럽게 구운 할루미 치즈와 기가 막히게 어울리는 요리다.

364쪽 곡물 조리 기준표의 설명에 따라 조리한다.

    파쇄 프리카 ¾컵

프리카를 조리하는 동안 커다란 프라이팬을 중불에 올리고 다음을 둘러서 가열한다.

    올리브유 2큰술

다음을 넣는다.

    할루미 치즈 225g, 1.2cm 크기의 정육면체로 자르기

가끔 뒤집어가면서 골고루 갈색으로 익을 때까지 지진다. 접시에 옮겨 담고 프라이팬에 다음을 넣는다.

    병아리콩 통조림 425g짜리 1개, 국물을 따라내고 헹구기

가끔 저으면서 병아리콩이 갈색으로 익기 시작할 때까지 약 5분간 조리한다. 다음을 넣고 젓는다.

    마늘 2쪽, 다지기
    커민씨 1작은술

저으면서 향긋한 냄새가 날 때까지 약 1분간 조리한다. 프라이팬에 다음을 넣는다.

    어린 시금치나 잘게 썬 케일, 콜라드 또는 근대 등의 녹색 채소, 꾹 눌러 담아 2컵

저으면서 채소의 숨이 죽기 시작할 때까지 약 4분간 볶는다.

프리카가 다 익으면 프라이팬에 넣고 병아리콩 및 녹색 채소와 섞은 다음 저으면서 모든 재료를 속까지 잘 익히고 프리카에 남아 있는 수분을 전부 날린다. 할루미 치즈를 넣고 젓는다. 다음으로 간을 하고 맛을 낸다.

    레몬즙 2큰술
    소금과 흑후추 적당량

파로토(Farrotto)

6인분

파로 통곡물은 이 방법으로 조리하기에 적합하지 않으므로 사용하는 파로의 라벨에 '반정백'이라고 표기되어 있는지 반드시 확인하자.(또는 곡물에 연한 부분이나 깎여나간 곳이 있는지 살펴본다.)

리소토의 레시피대로 조리하되, 쌀 대신 **반정백 파로 2컵**을 사용한다. 국물은 8컵 전부 사용해야 할 수 있다.

잣과 건포도를 넣은 쿠스쿠스

6~8인분

이 레시피에는 벌거를 사용할 수도 있으며 약간 변형해 쿠스쿠스와 벌거를 섞어서 넣어도 무척 맛있다.

커다란 그릇에 다음을 넣고 뒤적이며 섞는다.

익힌 쿠스쿠스 3컵(익히지 않은 쿠스쿠스 약 1⅓컵)

비네그레트 적당량

다음을 넣고 뒤적이면서 섞는다.

구운 잣 ¼컵

노란색 피망 1개, 잘게 깍둑썰기하기

말린 살구 6개, 굵게 썰기

노란색 건포도 ⅓컵

굵게 썬 고수나 파슬리 또는 다진 차이브 2큰술

다음을 적당량 넣어서 간을 맞춘다.

소금

닭고기, 레몬, 올리브를 곁들인 쿠스쿠스

6~8인분

올리브를 넣은 스튜와 소금 절임 레몬을 넣은 스튜, 즉 모로코의 전통적인 닭고기 스튜 두 가지를 합체한 레시피다. 소금 절임 레몬을 구할 수 없다면 직접 만들어보기를 권한다.

커다란 지퍼백이나 그릇에 다음을 넣고 섞는다.

뼈 있는 절단 닭 1.8kg(취향에 따라 껍질을 벗겨서 사용)

마늘 큰 것 2쪽, 다지기

올리브유 2큰술

으깬 고수씨 1작은술

소금 1작은술

커민 가루 ½작은술

생강 가루 ½작은술

스위트 파프리카 가루 ½작은술

흑후추 ½작은술

으깬 사프란 가닥 1자밤

뚜껑을 덮고 냉장고에 넣어서 최소 1시간, 최대 24시간 동안 재워둔다. 가끔 지퍼백이나 그릇에 담긴 닭을 뒤적여 이리저리 옮겨준다.

닭을 꺼낸다. 더치오븐이나 크고 묵직한 냄비에 다음을 두르고 가열한다.

식물성 기름 2큰술

한꺼번에 너무 많이 넣지 않도록 주의하면서 몇 번에 나눠 닭의 양면이 갈색으로 익을 때까지 지진다. 다음을 넣는다.

물 2컵

서양대파 큰 것 1대, 손질해서 반 자르고 깨끗이 씻어서 얇게 저미기

중강불에 올리고 구멍 뚫린 숟가락으로 위에 떠오르는 거품을 걷어내면서 뭉근히 끓어오를 때까지 가열한다. 불을 줄이고 뚜껑을 덮어서 닭이 부드러워지도록 약 40분간 은근히 끓인다. 다음을 넣는다.

소금 절임 레몬 1개, 두꺼운 슬라이스로 썰기

녹색 올리브 ⅔컵, 씨를 빼고 반 자르기

닭고기가 뼈에서 분리될 때까지 10~15분 정도 더 뭉근히 끓인다.

그동안 364쪽의 설명에 따라 다음을 조리하되, 선택 재료인 버터나 기름은 사용하지 않는다.

쿠스쿠스 2½컵

커다란 서빙 그릇에 옮겨 담고 다음을 넣어 뒤적이면서 섞는다.

올리브유 1큰술

닭고기와 소금 절임 레몬, 올리브를 쿠스쿠스 위에 보기 좋게 올린다. 냄비에 남은 국물을 팔팔 끓여서 절반으로 졸인다. 다음을 넣고 젓는다.

레몬즙 ¼컵, 또는 맛을 보면서 추가

굵게 썬 파슬리 ¼컵

맛을 보고 양념과 간을 조절한다. 소스를 닭고기 위에 붓고 다음을 올려서 장식한다.

굵게 썬 파슬리 2큰술

이스라엘식 쿠스쿠스 필라프

4인분

편수 냄비를 중불에 올리고 다음을 둘러서 가열한다.

버터 또는 식물성 기름 2큰술

다음을 넣고 저으면서 부드러워지되 갈색으로 변하지 않을 때까지 볶는다.

샬롯 1개, 다지기

다음을 넣고 섞는다.

이스라엘식 쿠스쿠스 1컵

저으면서 연한 갈색이 될 때까지 약 3분간 조리한다. 다음을 넣는다.

닭 국물이나 채소 국물 또는 물 1¾컵

소금 ½작은술

부르르 끓어오르도록 가열한 다음 불을 줄이고 뚜껑을 덮는다. 쿠스쿠스가 어느 정도 부드럽지만 단단한 느낌이 남아 있으면서 국물을 빨아들일 때까지 15~18분간 뭉근히 끓인다.

야생 쌀에 대해

야생 쌀은 미국 오대호 지역 원산의 목초에서 열리는 씨앗이다. 오늘날 흔히 볼 수 있는 야생 쌀은 대부분 재배한 것이다. ▶ 조리하기 전에 야생 쌀이 잠기도록 찬물을 부어 물 위에 둥둥 뜨는 쭉정이를 걷어내고 사용하는 것이 좋다. 야생 쌀은 고소한 풍미와 쫄깃한 식감을 가지고 있으므로 버섯 및 야생동물 고기와 잘 어울린다. 야생 쌀 드레싱, 소시지를 넣은 야생 쌀 샐러드 레시피를 참고한다. 조리 방법은 366쪽에 소개한다. 야생 쌀로 뻥튀기를 만들려면 곡물 뻥튀기에 대해 항목을 참고한다.

야생 쌀과 버섯 볶음

4~6인분

다음을 조리한다.

    야생 쌀 1컵

쌀을 익히는 동안 다음을 준비한다.

    버섯 볶음, 버섯 아무 종류나 사용 가능

조리한 야생 쌀을 버섯 볶음에 넣고 섞은 후 다음을 적당량 넣어서 간을 한다.

    소금과 흑후추

다음을 홀홀 뿌린다.

    굵게 썬 파슬리 ¼컵

    (구운 아몬드 슬라이스 ¼컵)

곡물 조리 기준표

곡물	액체의 양	조리 방법	조리한 결과물의 양
	(따로 명기하지 않는 한 물이나 육수 또는 국물을 사용한다.)	곡물을 먼저 볶아서 사용하면 더욱 진한 풍미를 낼 수 있다. 따로 명기하지 않는 한, 이 표의 기준이 되는 양에는 뚜껑이 꼭 맞는 1.9ℓ짜리 작은 냄비나 편수 냄비를 사용한다. 압력솥으로 조리할 때는* 항상 제조업체의 설명서를 참고한다.	
아마란스 1컵	3컵	아마란스와 액체 재료, 소금 ½작은술을 냄비에 넣어 부르르 끓인다. 약불로 줄이고 뚜껑을 덮어서 20~25분간 조리한다.	3컵, 3~4인분
보리, 그리츠 1컵	물 3컵 또는 우유 1½컵과 물 1½컵을 섞은 것	액체 재료와 (소금 ½작은술)을 냄비에 넣어 부르르 끓인 다음 저으면서 그리츠를 조금씩 넣는다. 약불로 줄이고 뚜껑을 덮어서 액체가 흡수될 때까지 10~15분간 조리한다.	3컵, 4인분
보리, 정백 1컵	단단하고 쫄깃한 식감은 3컵, 부드러운 식감은 4컵, 압력 조리는 6컵	보리와 액체 재료, 소금 ½작은술을 냄비에 넣어 부르르 끓인다. 약불로 줄이고 뚜껑을 덮어서 약 30분간 조리한다. 남은 액체는 따라낸다. **압력솥으로 조리할 때는*** 보리와 액체 재료를 압력솥에 넣고 ▶ 기름 2큰술을 추가해 압력을 올린 후 보리가 부드러워질 때까지 조리한다. 가정용 레인지에 올려서 조리하는 압력솥은 약 15분, 전기 압력솥은 약 10분 정도 걸린다. 불에서 내린 후 자연스럽게 압력이 내려가도록 10분간 뜸을 들이다가 빠른 배출법으로 압력을 뺀다. 남은 액체는 따라낸다.	3½컵, 4~6인분
보리, 납작보리 또는 플레이크 1컵	2컵	액체 재료와 (소금 ½작은술)을 냄비에 넣어 부르르 끓인다. 보리 플레이크를 넣고 저은 다음 불을 줄이고 뚜껑을 덮어서 가끔 저으면서 5~7분간 뭉근히 끓인다. 불에서 내린 후 2분간 뜸을 들인다.	2½컵, 2인분
보리, 애벌 찧은 보리 또는 겉보리 1컵	4컵, 압력 조리는 6컵	보리와 액체 재료를 냄비에 넣어 부르르 끓인다. 약불로 줄이고 뚜껑을 덮어서 약 50분간 조리한다. 남은 액체는 따라낸다. **압력솥으로 조리할 때는*** 보리와 액체 재료를 압력솥에 넣고 ▶ 기름 2큰술을 추가해 압력을 올린 후 조리한다. 가정용 레인지에 올려서 조리하는 압력솥은 약 20분, 전기 압력솥은 약 25분 정도 걸린다. 불에서 내린 후 자연스럽게 압력이 내려가도록 10분간 뜸을 들이다가 빠른 배출법으로 압력을 뺀다. 남은 액체는 따라낸다.	3컵, 3~4인분

* 곡물을 압력 조리할 때는 재료를 압력솥 용량의 절반 이상 채우지 않는다. 항상 압력솥의 사용 설명서에 있는 사용법과 지침을 확인하고, 곡물을 1컵 이상 조리할 때는 기름의 양도 이와 비례하도록 늘린다. ▶ 기름 넣는 것을 절대 잊지 말자! 곡물에서 거품이 나오면 압력솥에서 압력이 제대로 배출되기 어려우므로 거품 발생을 방지하기 위해 기름이 꼭 필요하다.

곡물	액체의 양	조리 방법	조리한 결과물의 양
메밀, 통곡물 1컵	2컵	액체 재료와 **소금 ½작은술, 버터나 기름 1~2큰술**을 냄비에 넣어 부르르 끓인다. 저으면서 메밀을 조금씩 넣고 다시 부르르 끓인다. 불을 줄이고 뚜껑을 덮어서 약 10분간 조리한다. 뚜껑을 덮은 상태로 5분간 뜸을 들였다가 포크로 뒤적인다.	3컵, 3~4인분
벌거, 곱게 빻은 것 또는 중간 굵기로 빻은 것 1컵	2½컵	벌거를 그릇에 담는다. 액체 재료와 **소금 ½작은술**을 냄비에 넣어 부르르 끓인다. 벌거가 담긴 그릇에 끓는 액체 재료를 조금씩 부으면서 젓는다. 접시를 뒤집어서 뚜껑처럼 얹어놓고 액체가 흡수될 때까지 약 30분간 둔다. 남은 액체는 따라낸다.	3컵, 4인분
벌거, 굵게 빻은 것 1컵	1½컵	벌거와 액체 재료, **소금 ½작은술**, (버터 2큰술)을 냄비에 넣어 부르르 끓인다. 약불로 줄이고 뚜껑을 덮어서 15분간 조리한 후 불을 끄고 15분간 뜸을 들인다. 포크로 뒤적인 다음 낸다.	2½컵, 3~4인분
카니와 1컵	3컵	액체 재료와 **소금 ½작은술**을 냄비에 넣어 부르르 끓인다. 카니와를 넣고 저은 다음 약불로 줄이고 뚜껑을 덮어서 액체가 흡수될 때까지 약 15분간 조리한다.	4컵, 5인분

옥수숫가루, 그리츠, 폴렌타
343쪽 참고

곡물	액체의 양	조리 방법	조리한 결과물의 양
쿠스쿠스, 알이 고운 것 1컵	1¼컵	액체 재료와 **소금 ½작은술, 버터나 기름 1큰술**을 냄비에 넣어 부르르 끓인다. 쿠스쿠스를 넣고 저은 다음 뚜껑을 덮고 불을 끈다. 10분간 뜸을 들인다. 포크로 뒤적인 다음 낸다.	3컵, 3~4인분
쿠스쿠스, 정백 또는 이스라엘식 1컵	1½컵	액체 재료와 **소금 ½작은술**을 냄비에 넣어 부르르 끓인다. 쿠스쿠스를 넣고 저은 다음 약불로 줄이고 뚜껑을 덮어서 10분간 뭉근히 끓인다. 남은 액체가 있으면 따라낸다.	2컵, 3~4인분
외알밀 통곡물 1컵	2컵	외알밀과 액체 재료, **소금 ½작은술**을 냄비에 넣어 부르르 끓인다. 불을 줄이고 뚜껑을 덮어서 20~25분간 뭉근히 끓인다. 남은 액체가 있으면 따라낸다.	2컵, 3~4인분
에머밀 또는 파로, 반정백 및 통곡물 1컵	2컵	에머밀과 액체 재료, **소금 ½작은술**을 냄비에 넣어 부르르 끓인다. 약불로 줄이고 뚜껑을 덮는다. 반정백 에머밀은 20분, 통곡물 에머밀은 45~50분간 조리한다. 남은 액체가 있으면 따라낸다.	2½컵, 4인분
프리카, 파쇄 또는 통곡물 1컵	2½컵	프리카와 액체 재료, **소금 ¼작은술**을 냄비에 넣어 부르르 끓인다. 불을 줄이고 뚜껑을 덮어서 파쇄 프리카는 20분, 통곡물 프리카는 35~40분간 뭉근히 끓인다.	3컵, 4인분
호미니, 통곡물 또는 파쇄 1컵	가정용 레인지 조리 또는 압력 조리 8컵	조리 시간을 단축하려면 호미니가 잠기도록 넉넉하게 물을 붓고 8시간 이상 불린다. 불린 물은 버린다. 호미니와 액체 재료를 냄비에 넣어 부르르 끓인다. 불을 줄이고 뚜껑을 덮어 호미니가 부드럽게 익으면서 와글와글한 식감이 사라질 때까지 1시간 반~2시간 정도 뭉근히 끓인다. (불리지 않았다면 더 오래 끓인다.) 물을 따라낸다. **압력솥으로 조리할 때는*** 호미니를 불리는 과정을 생략한다. 호미니와 액체 재료를 압력솥에 넣고 ▶ **기름 1큰술**을 추가해 압력을 올리고 조리한다. 가정용 레인지에 올려서 조리하는 압력솥은 약 45분~1시간, 전기 압력솥은 약 1시간 5분 정도 걸린다. 불에서 내린 후 자연스럽게 압력이 내려가도록 10분간 뜸을 들이다가 빠른 배출법으로 압력을 뺀다. 남은 액체는 따라낸다.	3컵, 3~4인분

* 곡물을 압력 조리할 때는 재료를 압력솥 용량의 절반 이상 채우지 않는다. 항상 압력솥의 사용 설명서에 있는 사용법과 지침을 확인하고, 곡물을 1컵 이상 조리할 때는 기름의 양도 이와 비례하도록 늘린다. ▶ 기름 넣는 것을 절대 잊지 말자! 곡물에서 거품이 나오면 압력솥에서 압력이 제대로 배출되기 어려우므로 거품 발생을 방지하기 위해 기름이 꼭 필요하다.

곡물	액체의 양	조리 방법	조리한 결과물의 양
율무 1컵	2½컵	율무와 액체 재료, **소금 ½작은술**을 냄비에 넣어 부르르 끓인다. 불을 줄이고 뚜껑을 덮어서 30~50분간 뭉근히 끓인다.	2½컵, 3~4인분
카무트 또는 호라산 통곡물 1컵	3컵, 압력 조리는 6컵	조리 시간을 단축하려면 통곡물이 잠기도록 넉넉하게 물을 붓고 8시간 이상 불린다. (불린 물은 조리에 다시 사용한다.) 통곡물과 액체 재료를 냄비에 넣어 부르르 끓인다. 불을 줄이고 뚜껑을 덮어서 통곡물이 액체를 빨아들일 때까지 물에 불린 곡물은 45분, 불리지 않은 곡물은 1시간 25분~1시간 30분 정도 뭉근히 끓인다. **압력솥으로 조리할 때는*** 통곡물을 불리는 과정을 생략한다. 통곡물과 액체 재료를 압력솥에 넣고 ▶ **기름 1큰술**을 추가해 압력을 올리고 조리한다. 가정용 레인지에 올려서 조리하는 압력솥은 약 35분, 전기 압력솥은 약 40분 정도 걸린다. 불에서 내린 후 자연스럽게 압력이 내려가도록 10분간 뜸을 들이다가 빠른 배출법으로 압력을 뺀다. 남은 액체는 따라낸다.	2½컵, 3~4인분
카샤, 통곡물 1컵	2컵	메밀 통곡물과 같은 방식으로 조리한다.	3컵, 3~4인분
카샤, 빻은 것 1컵	물 2컵 또는 물 1컵과 우유 1컵	액체 재료와 (소금 ½작은술)을 냄비에 넣어 부르르 끓인 다음 저으면서 빻은 카샤를 조금씩 넣는다. 약불로 줄이고 뚜껑을 덮어서 가끔 저으면서 액체가 흡수될 때까지 약 10분간 조리한다.	2½컵, 2인분
기장 1컵	2컵	액체 재료와 **소금 ½작은술**을 냄비에 넣어 부르르 끓인 다음 저으면서 기장을 조금씩 넣는다. 약불로 줄이고 뚜껑을 덮어서 20분간 조리한다. 뚜껑을 덮은 상태에서 5분간 뜸을 들인다.	3½컵, 4~6인분
귀리, 통곡물 1컵	3컵	귀리와 액체 재료, **소금 ½작은술**을 냄비에 넣어 부르르 끓인다. 약불로 줄이고 뚜껑을 덮어서 조리한다. 부드럽지만 씹는 맛이 남아 있도록 조리하려면 35분, 오트밀처럼 죽과 같은 상태가 되도록 조리하려면 1시간이 소요된다.	2½컵, 3~4인분
귀리, 스틸컷 1컵	물 4컵 또는 물 2컵과 우유 2컵	액체 재료를 냄비에 넣어 부르르 끓인 다음 귀리를 (소금 ½작은술)과 함께 넣는다. 불을 줄이고 뚜껑을 연 상태에서 20분간 조리하되, 귀리가 냄비 바닥에 눌어붙지 않도록 자주 젓는다.	3컵, 3~4인분
귀리, 납작귀리 (전통식 또는 간편 조리) 1컵	물 2컵 또는 물 1컵과 우유 1컵	액체 재료를 냄비에 넣어 부르르 끓인 다음 귀리를 (소금 1자밤) 및 (건포도 ⅓컵)과 함께 넣는다. 불을 줄이고 뚜껑을 연 상태에서 자주 저어주면서 뭉근히 끓인다. '간편 조리' 납작귀리는 약 3분, '전통식' 납작귀리는 약 5분간 조리한다.	2½컵, 2~3인분
퀴노아 1컵	1½컵	액체 재료와 **소금 ½작은술**을 냄비에 넣어 부르르 끓인다. 퀴노아를 넣고 저은 다음 약불로 줄이고 뚜껑을 덮어서 액체가 흡수될 때까지 약 15분간 조리한다.	3½컵, 4인분
쌀, 흑미(찰기 없는 쌀) 1컵	2컵	쌀과 액체 재료, (소금 ½작은술)을 냄비에 넣어 부르르 끓인다. 약불로 줄이고 뚜껑을 덮어서 35~40분간 조리한다. 포크로 뒤적인 다음 뚜껑을 덮은 상태로 5분간 뜸을 들인 후 낸다.	3컵, 4인분
쌀, 현미 1컵	2컵, 압력 조리는 6컵	쌀을 잘 씻고 물기를 뺀다. 쌀과 액체 재료를 냄비에 넣어 부르르 끓어오르도록 가열한 후 1분간 끓인다. 약불로 줄이고 뚜껑을 덮어서 장립종과 중립종은 35~40분, 단립종 현미는 45~50분간 뭉근히 끓인다. 불에서 내려 10분간 뜸을 들인다. 포크로 뒤적인 다음 뚜껑을 덮은 상태로 다시 5분간 뜸을 들인 후 낸다. **압력솥으로 조리할 때는*** 쌀과 액체 재료를 압력솥에 넣고 ▶ **기름 1큰술**을 추가해 압력을 올리고 조리한다. 가정용 레인지에 올려서 조리하는 압력솥은 약 17분, 전기 압력솥은 약 20분 정도 걸린다. 불에서 내린 다음 자연스럽게 압력이 내려가도록 10분간 뜸을 들이다가 빠른 배출법으로 압력을 뺀다. 남은 액체는 따라낸다.	3컵, 4인분

* 곡물을 압력 조리할 때는 재료를 압력솥 용량의 절반 이상 채우지 않는다. 항상 압력솥의 사용 설명서에 있는 사용법과 지침을 확인하고, 곡물을 1컵 이상 조리할 때는 기름의 양도 이와 비례하도록 늘린다. ▶ 기름 넣는 것을 절대 잊지 말자! 곡물에서 거품이 나오면 압력솥에서 압력이 제대로 배출되기 어려우므로 거품 발생을 방지하기 위해 기름이 꼭 필요하다.

곡물	액체의 양	조리 방법	조리한 결과물의 양
쌀, 하이가 또는 반도정 1컵	1¼컵	곡물이 잘 뭉치지 않고 고슬고슬하게 분리되도록 물을 몇 번 갈아주면서 쌀을 씻고 물기를 뺀다. 쌀과 액체 재료, (소금 ½작은술), (버터 2큰술)을 냄비에 넣어 부르르 끓인다. 약불로 줄이고 뚜껑을 덮어서 15분간 조리한다. 불에서 내려 5분간 뜸을 들인다. 포크로 뒤적인 다음 뚜껑을 덮고 다시 5분간 뜸을 들인 후 낸다.	2½컵, 2~3인분
쌀, 파보일드 또는 가공 1컵	1½컵	쌀과 액체 재료, (소금 ½작은술), (버터 2큰술)을 냄비에 넣어 부르르 끓인다. 약불로 줄이고 뚜껑을 덮어서 25분간 조리한다. 불에서 내려 5분간 뜸을 들인다. 포크로 뒤적인 다음 뚜껑을 덮고 다시 5분간 뜸을 들인 후 낸다.	3½컵, 4인분
쌀, 적미(찰기 없는 쌀) 1컵	2컵	쌀과 액체 재료, (소금 ½작은술)을 냄비에 넣어 부르르 끓인다. 약불로 줄이고 뚜껑을 덮어서 18~22분간 조리한다. 포크로 뒤적인 다음 뚜껑을 덮고 다시 5분간 뜸을 들인 후 낸다.	2½컵, 2~3인분
쌀, 찰기 있는 쌀 또는 찹쌀 1컵	-	쌀 위로 7.5cm 정도 올라오도록 따뜻한 수돗물을 붓고 3시간 이상 불린다. 편수 냄비에 물을 2.5cm 높이로 붓고 찜통을 올려놓는다. 불린 쌀을 찜통에 넣고 냄비 뚜껑을 꼭 덮은 후 쌀이 부드러워질 때까지 흰 찹쌀은 약 20분, 붉은 찹쌀이나 검정 찹쌀은 약 35분 정도 찐다.	2½컵, 2~3인분
쌀, 백미 1컵	중립종과 단립종은 1¼컵, 장립종은 2컵	곡물이 잘 뭉치지 않고 고슬고슬하게 분리되도록 물을 몇 번 갈아주면서 쌀을 씻고 물기를 뺀다. 쌀과 액체 재료, (소금 ½작은술), (버터 2큰술)을 냄비에 넣어 부르르 끓인다. 약불로 줄이고 뚜껑을 덮어서 15분간 조리한다. 불에서 내려 5분간 뜸을 들인다. 포크로 뒤적인 다음 뚜껑을 덮고 다시 5분간 뜸을 들인 후 낸다.	2½컵, 2~3인분
야생 쌀 1컵	3컵	쌀을 씻고 물기를 뺀다. 쌀과 액체 재료, 소금 ½작은술을 냄비에 넣어 부르르 끓인다. 약불로 줄이고 뚜껑을 덮어서 쌀이 부드러워지고 알갱이가 벌어져서 흰색 속살이 보일 때까지 35분~1시간 조리한다.	3컵, 4인분
통호밀 1컵	3컵, 압력 조리는 6컵	조리 시간을 단축하려면 통호밀이 잠기도록 넉넉하게 물을 붓고 8시간 이상 불린다. (불린 물은 조리에 다시 사용한다.) 통호밀과 액체 재료를 냄비에 넣어 부르르 끓인 다음 불을 줄이고 뚜껑을 덮어서 통호밀이 액체를 빨아들일 때까지 불린 곡물은 25~30분, 불리지 않은 곡물은 40분간 뭉근히 끓인다. **압력솥으로 조리할 때는*** 통호밀을 불리는 과정을 생략한다. 통호밀과 액체 재료를 압력솥에 넣고 ▶ **기름 1큰술**을 추가해 압력을 올리고 조리한다. 가정용 레인지에 올려서 조리하는 압력솥은 약 20분, 전기 압력솥은 약 25분 정도 걸린다. 불에서 내린 후 자연스럽게 압력이 내려가도록 10분간 뜸을 들이다가 빠른 배출법으로 압력을 뺀다. 남은 액체는 따라낸다.	2½컵, 4인분
수수 1컵	2½컵, 압력 조리는 6컵	수수와 액체 재료, **소금 ½작은술**을 냄비에 넣어 부르르 끓인다. 불을 줄이고 뚜껑을 덮어서 뭉근히 끓인다. 연한 색의 정백 수수는 25분, 황갈색의 통수수는 45분간 조리한다.(이 두 가지의 자세한 차이점은 360쪽을 참고한다.) **통수수를 압력솥으로 조리할 때는*** 통수수와 액체 재료를 압력솥에 넣고 ▶ **기름 1큰술**을 추가해 압력을 올리고 조리한다. 가정용 레인지에 올려서 조리하는 압력솥은 약 25분, 전기 압력솥은 약 30분 정도 걸린다. 불에서 내린 다음 자연스럽게 압력이 내려가도록 10분간 뜸을 들이다가 빠른 배출법으로 압력을 뺀다. 남은 액체는 따라낸다. 정백 수수는 압력 조리에 적합하지 않다.	2½~3컵, 4인분

* 곡물을 압력 조리할 때는 재료를 압력솥 용량의 절반 이상 채우지 않는다. 항상 압력솥의 사용 설명서에 있는 사용법과 지침을 확인하고, 곡물을 1컵 이상 조리할 때는 기름의 양도 이와 비례하도록 늘린다. ▶ 기름 넣는 것을 절대 잊지 말자! 곡물에서 거품이 나오면 압력솥에서 압력이 제대로 배출되기 어려우므로 거품 발생을 방지하기 위해 기름이 꼭 필요하다.

곡물	액체의 양	조리 방법	조리한 결과물의 양
스펠트 통곡물 1컵	3컵, 압력 조리는 6컵	조리 시간을 단축하려면 통곡물이 잠기도록 넉넉하게 물을 붓고 8시간 이상 불린다. (불린 물은 조리에 다시 사용한다.) 통곡물과 액체 재료를 냄비에 넣어 부르르 끓인다. 불을 줄이고 뚜껑을 덮어서 통곡물이 액체를 빨아들일 때까지 불린 곡물은 45~55분, 불리지 않은 곡물은 1시간 15분간 뭉근히 끓인다. 정백 스펠트는 불릴 필요가 없으며 조리 시간도 20~25분 정도로 훨씬 짧다. **압력솥으로 조리할 때는*** 통곡물을 불리는 과정을 생략한다. 통곡물과 액체 재료를 압력솥에 넣고 ▶ **기름 1큰술**을 추가해 압력을 올리고 조리한다. 가정용 레인지에 올려서 조리하는 압력솥은 약 35분, 전기 압력솥은 약 40분 정도 걸린다. 불에서 내린 다음 자연스럽게 압력이 내려가도록 10분간 뜸을 들이다가 빠른 배출법으로 압력을 뺀다. 남은 액체는 따라낸다.	2~2½컵, 4인분
테프 1컵	씹는 맛이 있도록 조리할 경우 2½컵, 죽을 만들 경우 3컵	액체 재료와 **소금 ½작은술**을 냄비에 넣어 부르르 끓인다. 저으면서 테프를 조금씩 넣고, 불을 줄인 다음 뚜껑을 덮어서 약 15분간 뭉근히 끓인다.	2½~3컵, 2~4인분
라이밀 1컵	3컵, 압력 조리는 6컵	조리 시간을 단축하려면 라이밀이 잠기도록 넉넉하게 물을 붓고 8시간 이상 불린다. (불린 물은 조리에 다시 사용한다.) 라이밀과 액체 재료, **소금 ½작은술**을 냄비에 넣어 부르르 끓인다. 불을 줄이고 뚜껑을 덮어서 라이밀이 액체를 빨아들일 때까지 불린 곡물은 30~45분, 불리지 않은 곡물은 1시간 15분간 뭉근히 끓인다. **압력솥으로 조리할 때는*** 라이밀을 불리는 과정을 생략한다. 라이밀과 액체 재료를 압력솥에 넣고 ▶ **기름 1큰술**을 추가해 압력을 올리고 조리한다. 가정용 레인지에 올려서 조리하는 압력솥은 약 25분, 전기 압력솥은 약 30분 정도 걸린다. 불에서 내린 다음 자연스럽게 압력이 내려가도록 10분간 뜸을 들이다가 빠른 배출법으로 압력을 뺀다. 남은 액체는 따라낸다.	2~2½컵, 4인분
통밀, 경질 또는 연질 1컵	3컵, 압력 조리는 6컵	조리 시간을 단축하려면 통밀이 잠기도록 넉넉하게 물을 붓고 8시간 이상 불린다. (불린 물은 조리에 다시 사용한다.) 통밀과 액체 재료를 냄비에 넣어 부르르 끓인다. 불을 줄이고 뚜껑을 덮어서 통밀이 액체를 빨아들일 때까지 불린 곡물은 40~45분, 불리지 않은 곡물은 1시간 동안 뭉근히 끓인다. **압력솥으로 조리할 때는*** 통밀을 불리는 과정을 생략한다. 통밀과 액체 재료를 압력솥에 넣고 ▶ **기름 1큰술**을 추가해 압력을 올리고 조리한다. 가정용 레인지에 올려서 조리하는 압력솥은 약 30분, 전기 압력솥은 약 35분 정도 걸린다. 불에서 내린 다음 자연스럽게 압력이 내려가도록 10분간 뜸을 들이다가 빠른 배출법으로 압력을 뺀다. 남은 액체는 따라낸다.	2~2½컵, 4인분

* 곡물을 압력 조리할 때는 재료를 압력솥 용량의 절반 이상 채우지 않는다. 항상 압력솥의 사용 설명서에 있는 사용법과 지침을 확인하고, 곡물을 1컵 이상 조리할 때는 기름의 양도 이와 비례하도록 늘린다. ▶ 기름 넣는 것을 절대 잊지 말자! 곡물에서 거품이 나오면 압력솥에서 압력이 제대로 배출되기 어려우므로 거품 발생을 방지하기 위해 기름이 꼭 필요하다.

갑각류

갑각류를 조리할 때만큼 부엌에서 바다 내음을 마음껏 만끽할 수 있는 경우도 드물다. 갑각류라고 통칭해서 부르지만 사실 이번 장에서 다루는 것은 갑각류와 연체동물이라는 두 가지 주요 생물군의 먹을 수 있는 부분이다.

딱딱한 갑옷으로 둘러싸인 **갑각류**는 다리가 달려 있고 때로는 큼직한 집게발을 가진 것도 있으며 게, 랍스터, 새우, 민물가재 등이 여기에 포함된다. **연체동물**은 포식 동물의 공격을 막고 물의 흐름을 조절할 수 있게 해주는 보호 껍데기 속에서 사는 생물이다. 껍데기 두 개가 달린 굴, 조개, 가리비, 홍합 등을 통칭해서 **쌍각류 조개**라고 부르며, 껍데기가 하나인 소라, 전복, 쇠고둥, 달팽이는 **복족류**라고 부른다. 연체동물 중에서 가장 발달한 형태는 오징어, 문어, 갑오징어 등의 **두족류**다. 이러한 두족류는 약 5억 년 전에 껍데기 밖으로 나와서 진화했지만 아직도 원시적 껍데기의 흔적이 남아 있다.(오징어와 갑오징어의 '뼈'가 여기에 해당한다.)

거북이와 개구리는 갑각류는 아니지만 서식지, 손질 방법, 식감에서 유사점이 있으므로 요리법에서는 전통적으로 갑각류와 함께 묶어서 다룬다.

갑각류의 안전 섭취

흔치는 않지만 갑각류에는 식중독을 일으키는 오염물질이 들어 있을 가능성이 있다. 갑각류를 날로 섭취했을 때 식중독을 유발하는 가장 큰 원인은 비브리오 박테리아다. 비브리오 패혈균과 위험도가 약간 낮은 장염 비브리오균은 따뜻한 물에서 왕성하게 번식하며 대다수 갑각류를 오염시키지만, 가장 흔히 볼 수 있는 사례는 생굴을 섭취하고 비브리오에 감염된 경우다. ▶ 짧은 시간 동안 익히면 비브리오 박테리아를 죽일 수 있다.

갑각류 식중독이 생기는 두 번째 원인은 조류 대증식 현상이다. 특정 종류의 조류가 생산하는 신경독이 갑각류에 축적되는데, ▶ 이러한 신경독은 조리해도 중화되지 않는다. 가장 악명 높은 것이 미국 동해안과 멕시코만을 따라서 형성되는 '적조'와 잔잔한 태평양 해안을 따라 급격하게 증식하며 도모산(domoic acid)이라는 신경독소를 생성하는 조류다.

이렇게 위험한 오염물질을 피하려면 ▶ 갑각류를 반드시 믿을 만한 곳에서 구입해야 한다. 식품 안전성이 의심된다면 껍데기를 까지 않은 모든 굴, 조개, 홍합, 가리비의 포장 용기에 부착하도록 법으로 규정되어 있는 꼬리표를 보여 달라고 요청하자. 꼬리표에는 채취한 날짜와 장소뿐만 아니라 채취한 사람의 등록 번호 또는 식별 번호도 표기되어 있다. ▶ 직접 갑각류를 채집할 때는 만반의 주의를 기울인다. 주 당국은 해변 폐쇄에 대한 정보를 주기적으로 웹사이트에 게시하므로 반드시 확인하고 권고 사항을 따라야 한다. 정기적으로 수질을 검사하고 해로운 박테리아가 법적 규제 한도 이상으로 발견되지 않는 한, 식중독 위험을 최소로 줄일 수 있다.

신선한 갑각류 구입하기 및 보관하기

한 번 더 강조해둔다. 갑각류는 반드시 믿을 수 있는 곳에서 구입해야 한다. 랍스터와 가끔 눈에 띄는 살아 있는 게, 민물가재를 제외하면 가장 흔히 생물로 판매되는 갑각류는 쌍각류 조개다. ▶ 껍데기를 까지 않은 살아 있는 쌍각류 조개를 살 때는 껍데기가 단단하게 맞물려 있고(또는 건드렸을 때 입을 닫는 것) 껍데기가 옆으로 밀리지 않는 것을 고른다. 손으로 건드려도 입을 벌리고 있는 것은 죽은 조개이며 이미 상했거나 금세 상하기 마련이다.

▶ 생물 갑각류는 그릇이나 우묵한 쟁반 또는 테두리 있는 오븐 팬에 넣고 축축한 헝겊을 덮어서 되도록 4.5℃ 이하의 냉장고에 보관한다. 최대한 빨리 먹어야 하며 2일 이상 보관하지 않는다. 게와 랍스터는 냉장고에 넣으면 얌전해지지만 움직이지 않도록 뚜껑이 열리지 않는 용기에 보관한다. 굴은 오목한 면이 아래로 가도록 보관한다. 갑각류는 물에 담가놓지 말아야 하고(산소가 부족해서 죽어버린다.) 냉장용 상자에 넣어 얼음 위에 올려 보관할 때는 얼음 녹은 물에 잠기지 않도록 주의한다. 비닐봉지에 담아서 보관할 때는 갑각류가 숨을 쉴 수 있도록 입구를 약간 열어둔다.(또는 위쪽에 구멍을 뚫는다.) 갑각류를 통째로 냉동하거나 껍데기를 까서 냉동 보관할 수는 있지만 냉동한 후에는 반드시 조리해서 먹어야 한다. 냉동 또는 가공 갑각류 제품을 구입할 때의 참고사항은 개별 갑각류 항목을 확인한다.

갑각류가 싱싱한지 확신할 수 없다면 조심하는 것이 최선이다. ▶ 냄새가 이

상하거나 제대로 냉장 보관하지 않았다면 버려야 한다.

생물 갑각류 식탁에 올리기

생물 갑각류는 섬세한 풍미와 식감을 자랑한다. 그중에서도 특히 굴은 그윽한 바다 내음을 마음껏 즐길 수 있다. ▶ 갑각류를 날로 먹는다면 반드시 믿을 수 있는 곳에서 구입하고(갑각류의 안전 섭취 항목을 참고), 살아 있는 상태에서 껍데기를 까야 하며, 차갑게 보관해야 하고, 즉시 먹어야 한다. 생물 갑각류를 안전하게 취급하지 않으면 식중독을 일으킬 수 있다. ▶ 임산부나 면역력이 약한 사람이 있다면 생물 갑각류 섭취를 피하도록 권한다.(저온 살균한 굴이 있다면 좋은 대체재가 된다.)

껍데기 반쪽에 담아서 내는 생조개

안에 들어 있는 국물이 최대한 흐르지 않도록 조심스럽게 조개 껍데기를 깐다. 껍데기 까는 방법은 개별 갑각류 항목을 참고한다. 껍데기 반쪽에 담긴 생조개를 잘게 부순 얼음 위에 올리고 살짝 눌러서 뒤집히지 않게 한다. 곁들이는 소스는 가운데에 둔다. 1인당 조개 5~6개와 소스 ¼컵 정도를 기준으로 삼는다. 관자를 생으로 낼 때는 관자 세비체 레시피를 참고한다.

생조개를 낼 때는 다음과 같은 조개를 고른다.

　　생굴, 하드셸 조개 또는 홍합

우리가 선호하는 소스는 다음과 같다.

　　베커 칵테일 소스

　　모든 종류의 미뇨네트 소스

　　타바스코나 다른 핫소스

다음을 곁들여서 낸다.

　　레몬 조각, 껍질을 벗겨서 강판에 간 생호스래디시

　　오이스터 크래커, 쌀 크래커, 소다 크래커 또는 호밀 크래커

　　엔다이브 또는 라디치오 잎

갑각류 조리하기에 대해

오랫동안 뭉근히 끓이는 오징어와 문어를 제외하면, 대다수 갑각류는 조금만 한눈을 팔아도 너무 익어서 질겨지므로 최대한 간단하게 조리한다. 하지만 임산부나 면역력이 약한 사람이 먹을 음식이라면 굴이나 다른 갑각류의 껍데기가 벌어지고 속살이 단단하게 익으며 불투명해질 때까지 충분히 익혀야 한다. 안전을 위해 저온 살균 갑각류를 구입하는 것도 좋은 방법이다.

다양한 갑각류에 적용되는 또 하나의 유용한 팁이 있다. 껍데기에 들어 있는 굴, 홍합, 조개 등의 쌍각류를 조리할 때는 조리하거나 껍데기를 까는 과정에서 흘러나오는 짭짤한 국물에 아주 맛있는 풍미가 있다는 점을 기억하자. 항상 그 국물을 흘리지 말고 모아두어야 한다. 갑각류를 찔 때 갑각류에서 빠져나온 국물이 아래쪽 물과 합쳐지면 거의 그 자체가 소스나 국물 역할을 할 수 있을 정도다. 레몬즙을 살짝 뿌리고 약간의 신선한 허브를 얹은 후 식탁에 올리기 직전에 버터나 크림을 넣어서 걸쭉한 농도로 만들어주기만 하면 된다. 더 농축된 풍미를 즐기고 싶다면 갑각류 국물이 확 졸아들 때까지 뭉근히 끓인 다음 추가 재료를 넣어서 마무리한다.

새우, 게, 랍스터의 껍데기에는 다양한 풍미 성분이 들어 있는데, 향신료와 함께 물에 넣고 잠깐 뭉근히 삶거나(새우 또는 갑각류 육수 레시피 참고) 새우나 랍스터 버터를 만들 때처럼 버터와 함께 은근히 가열하면 이러한 풍미 성분을 추출할 수 있다. 갑각류 껍데기를 먼저 오븐에 넣어 구운 다음 뭉근히 삶거나 우려내면 더욱 그윽하고 깊은 풍미를 즐길 수 있다.

어떤 방법을 사용하든, 풍미가 조금 부족하다 싶으면 간단하게 풍미를 끌어올리는 비결이 있다는 점을 기억하자. 다양한 요리의 국물에 병에 든 시판 조개즙을 넣으면 맛이 진해진다.

아래에 소개하는 레시피들은 여러 종류의 갑각류를 섞어서 사용하거나 다양한 유형의 갑각류에 응용할 수 있다. 활용성이 뛰어난 이들 레시피 이외의 다른 갑각류 요리는 부야베스, 초피노, 갑각류 파에야, 로제야트 데 피데오스 등의 레시피를 참고한다.

토마토 소스에 끓인 갑각류 모둠

4~6인분

조개나 홍합을 주재료로 사용한다면 레시피에 기재된 것보다 갑각류의 분량을 늘려서 조리한다. 파스타에 얹어 먹을 수 있도록 촉촉하게 조리하려면 토마토를 조금 더 넣거나 파스타 삶은 물 ½컵을 추가한다. 또는 아래의 레시피대로 만들어서 바게트와 함께 낸다.

크고 묵직한 프라이팬을 중불에 올리고 다음을 넣어 섞는다.

　　올리브유 3큰술

　　마늘 3쪽, 굵직하게 썰기

　　굵게 빻은 고춧가루 ½작은술

향긋한 냄새가 날 때까지 볶는다. 다음을 추가한다.

　　껍질을 벗겨서 굵게 썬 토마토 3컵 또는 으깬 토마토 통조림 795g짜리 1개

　　(드라이 화이트와인 ⅓컵)

　　굵게 썬 신선한 오레가노 1작은술 또는 말린 오레가노 ½작은술

뭉근히 끓어오르도록 가열한 후 가끔 저으면서 토마토가 풀어질 때까지 조리한다. 다음을 적당량 넣어 간을 한다.

　　소금과 흑후추

다음을 넣고 젓는다.

　　껍질을 까고 내장을 제거한 새우, 깨끗하게 씻은 오징어, 박박 문질러 씻고 수염을 제거한 홍합, 박박 문질러 씻은 하드셸 조개, 익힌 쇠고둥 또는 문어 등 다양한 갑각류를 섞어서 900g~1.8kg, 한입 크기로 썰어서 사용

프라이팬의 뚜껑을 덮고 중약불로 줄인다. 갑각류가 잘 익고(익힌 쇠고둥이나 문어는 속까지 잘 데워지고) 홍합이나 조개의 입이 벌어질 때까지 5~10분간 조리한다. 다음으로 장식해서 낸다.

　　굵게 썬 파슬리나 바질

버섯과 녹색 채소를 넣은 갑각류 찜

4인분

조개나 홍합을 주재료로 사용한다면 레시피에 기재된 것보다 갑각류의 분량을 늘려서 조리한다.

크고 묵직한 프라이팬에 다음을 넣어 섞는다.

　　올리브유 ¼큰술

　　버섯 115g, 굵게 썰기

　　마늘 3쪽, 굵게 썰기

중불에 올려서 버섯이 부드러워지기 시작할 때까지 약 5분간 조리한다. 다음을 넣는다.

굵게 썬 케일, 근대, 콜라드, 겨자 잎, 민들레 잎 등의 녹색 채소, 꾹 눌러 담아 1컵
조개즙 2컵 또는 조개즙 1컵과 드라이 화이트와인 1컵을 섞은 것

불을 올리고 5분간 또는 녹색 채소가 부드러워질 때까지 뭉근히 끓인다. 다음을 넣고 젓는다.

껍질을 까고 내장을 제거한 새우, 깨끗하게 씻은 오징어, 박박 문질러 씻고 수염을
제거한 홍합, 박박 문질러 씻은 하드셸 조개, 익힌 쇠고둥 또는 문어 등 다양한
갑각류를 섞어서 900g~1.8kg, 한입 크기로 썰어서 사용

프라이팬의 뚜껑을 덮고 중약불로 줄인다. 갑각류가 잘 익고(익힌 쇠고둥이나 문어는 속까지 잘 데워지고) 홍합이나 조개의 입이 벌어질 때까지 5~10분간 조리한다. 다음을 적당량 넣어 간을 한다.

소금과 흑후추

숟가락으로 갑각류, 버섯, 녹색 채소를 떠서 서빙용 그릇에 담고 건더기 위에 국물을 적당량 붓는다. 다음을 뿌려서 낸다.

엑스트라 버진 올리브유

갑각류 튀김

4인분

딥 프라잉 항목을 참고한다.

Ⅰ. 밀가루 또는 빵가루를 입혀서 튀기기

다음을 준비한다.

껍데기 깐 조개, 껍데기 깐 굴, 껍질을 까고 내장을 제거한 새우, 양쪽 껍데기가
붙어 있는 부분을 제거한 가리비 관자, 깨끗하게 씻은 오징어 등 다양한
갑각류를 섞어서 680~900g, 적당한 크기로 썰어서 사용

썰어놓은 갑각류 조각을 톡톡 두드려 물기를 뺀 후 다음을 골고루 묻힌다.

밀가루 코팅 또는 잘 달라붙는 빵가루나 크래커 코팅

테두리 있는 오븐 팬 위에 받침대를 올리고 갑각류를 얹어서 30분 이상 물기를 말린 후 튀긴다.(냉장고에 1시간 정도 넣어두면 더욱 바삭한 튀김을 즐길 수 있다.) 깊고 묵직한 냄비나 더치오븐을 중강불에 올리고 기름을 다음 높이까지 부어서 185℃로 가열한다.

식물성 기름 5cm

한꺼번에 너무 많이 튀기지 않도록 주의하면서, 갑각류를 몇 조각씩 기름에 넣고 가끔 저어가면서(큰 조각은 뒤집어가면서) 노릇노릇하게 익을 때까지 튀긴다. 키친타월에 올려놓고 기름을 뺀다. 다음 중 선호하는 소스를 곁들여서 낸다.

레몬 조각과 핫소스
타르타르 소스, 아이올리 또는 풍미 재료를 넣은 마요네즈
마리나라 소스 또는 베커 칵테일 소스

Ⅱ. 튀김옷을 입혀서 튀기기

다음을 준비한다.

껍데기 깐 조개, 껍데기 깐 굴, 껍질을 까고 내장을 제거한 새우, 양쪽 껍데기가
붙어 있는 부분을 제거한 가리비 관자, 깨끗하게 씻은 오징어 등 다양한
갑각류를 섞어서 680~900g, 적당한 크기로 썰어서 사용

썰어놓은 갑각류 조각을 톡톡 두드려 물기를 털어낸다. 깊고 묵직한 냄비나 더치오븐을 중강불에 올리고 기름을 다음 높이까지 부어서 185℃로 가열한다.

식물성 기름 5cm

기름이 달궈지는 동안 중간 크기의 그릇에 다음을 준비한다.

맥주 튀김 반죽, 덴푸라 튀김 반죽, 파코라 튀김 반죽 또는 옥수수 전분 튀김 반죽

튀김 반죽 몇 방울을 기름에 떨어뜨려서 온도를 확인한다. 반죽이 살짝 가라앉았다가 다시 떠오르면서 금세 부풀어 오르지만 바로 갈색으로 변하지 않는다면 적당한 온도다. 전체 분량을 몇 차례로 나눠 갑각류를 하나씩 튀김 반죽에 담갔다가 기름에 넣는다. 한꺼번에 너무 많이 넣지 않도록 주의한다. 건드리지 않고 약 1분간 튀긴 후, 뒤집어서 갑각류가 불투명해지고 튀김옷이 아주 연한 갈색으로 바삭해질 때까지 1분 정도 더 튀긴다. 키친타월에 올려놓고 기름을 뺀다. 다음 중 선호하는 소스를 곁들여서 낸다.

레몬 조각과 핫소스
타르타르 소스, 레물라드 소스, 아이올리 또는 풍미 재료를 넣은 마요네즈
마리나라 소스 또는 베커 칵테일 소스 또는 덴푸라용 디핑 소스

프라이팬에 튀긴 갑각류

편의성 측면에서 보면 기름을 적게 사용해서 튀기는 것이 편리하며, 버터나 올리브유처럼 대량으로 쓰기에는 적합하지 않은 지방 재료도 튀김에 사용할 수 있다. 라드나 베이컨 기름처럼 풍미가 진한 기름을 사용하고 싶다면 갑각류의 섬세한 풍미를 가리지 않도록 식물성 기름처럼 개성이 강하지 않은 기름과 섞어서 사용한다.

커다란 프라이팬을 중강불에 올린다. **갑각류 튀김 레시피의 버전 Ⅰ** 설명에 따라 갑각류를 손질해서 준비한다. 프라이팬에 **식물성 기름이나 버터 ½컵**을 넣는다. 기름에서 연기가 나기 직전에 밀가루나 빵가루를 묻힌 갑각류를 넣고 튀긴다. 한꺼번에 너무 많이 넣지 않도록 주의해야 하며, 양이 많으면 몇 번에 나눠서 튀긴다. 중간에 한두 번 정도 얌전히 뒤집으면서 황금색이 될 때까지 튀긴다. 키친타월에 올려놓고 기름을 뺀 후 위에 소개한 양념 소스 및 가니시 중 선호하는 것과 함께 낸다.

굴에 대해

조너선 스위프트(Jonathan Swift)는 이렇게 말했다. "굴을 최초로 먹은 사람은 참 대담한 사람이다." 우리가 보기에도 굴의 껍데기를 깔 생각을 했다는 것만으로도 여간 의지가 굳은 사람이 아니었다는 생각이 든다. 굴은 시기와 관계없이 먹을 수 있으나 산란기를 피해서 먹으면 가장 좋은 풍미와 단단한 식감을 즐길 수 있다. 자연산 굴은 여름에 산란기를 맞지만, 여름에 판매되는 양식 굴은 대부분 중성화해서 재배한 것이므로 1년 내내 좋은 품질을 유지한다. 식중독을 일으키는 박테리아는 따뜻한 물에서 더욱 왕성하게 번식하므로 다른 쌍각류 조개와 마찬가지로 여름에 굴을 먹을 때는 반드시 믿을 만한 곳에서 구입하거나 채취해야 한다.(갑각류의 안전 섭취 항목 참고) 껍데기를 까지 않은 굴은 반드시 살아 있어야 한다.(예외는 371쪽을 참고) 껍데기가 깨졌거나 건드려도 껍데기가 금세 닫히지 않는 굴은 버린다. 굴에는 납작한 껍데기와 우묵하게 들어간 큰 껍데기가 양쪽으로 달려 있으며 이 깊숙이 '파인' 껍데기에 굴을 얹어서 생으로 또는 구워서 낸다.

굴의 품종은 매우 다양하지만 미국에서 보편적으로 언급되는 종류는 **대서양굴, 참굴, 유럽납작굴, 크기가 작은 구마모토굴, 아주 자그마하며 희귀한 올림피아굴**, 이렇게 다섯 가지다. **웰플리트, 친커티그, 블루 포인트, 블롱, 웨스트콧 베이, 말피크, 애팔래치콜라, 브레턴 사운드, 하마하마, 스쿠컴, 매드 리버, 마렌** 등과 같이 다양한 서식지를 나타내는 다채로운 이름의 굴도 전부 이 다섯 가지 주요 품종에 포함된다. 이러한 지리적 명칭은 단순히 형식상의 분류가 아니다. 바닷물의 염분, 무기질 함량, 온도는 굴의 식감과 맛에 영향을 미치므

로 어느 바다에서 자랐느냐에 따라 굴의 풍미가 달라지기 때문이다.

껍데기를 까거나 조리하기 위해 **굴을 손질하려면** 흐르는 물에 굴을 갖다 대고 뻣뻣한 솔로 박박 문질러 씻는다.

굴의 껍데기를 까려면 우선 작고 튼튼한 굴 까는 칼과 주방 행주를 준비한다. 주방 행주를 절반으로 접어서 평평한 작업대 위에 깔고, 굴의 '우묵한' 쪽이 아래로 가면서 껍데기가 서로 붙어 있는 부분이 칼을 쥔 손을 향하도록 주방 행주 위에 굴을 올려놓는다. 행주를 굴 위로 접은 다음 한 손으로 굴을 잡고 굴 까는 칼의 끝부분을 껍데기가 서로 붙어 있는 부분에 45도 각도로 찔러 넣는다. 굴 껍데기를 벌릴 정도로 힘을 받을 수 있는 위치까지 칼끝을 천천히 밀어 넣은 다음 옆으로 비틀어서 양쪽 껍데기를 분리한다. 위쪽 껍데기를 살짝 들어올려서 칼날을 넣은 다음 칼을 위쪽 껍데기와 굴 사이로 한 바퀴 돌려서 양쪽과 연결된 질긴 힘살(폐각근)을 잘라낸다. 위쪽 껍데기를 제거하고 굴 안의 국물이 쏟아지지 않도록 주의하면서 굴과 아래쪽 껍데기 사이에 칼을 넣어서 분리한다. 굴 까는 칼이 없다면 납작한 드라이버를 사용해도 좋다.

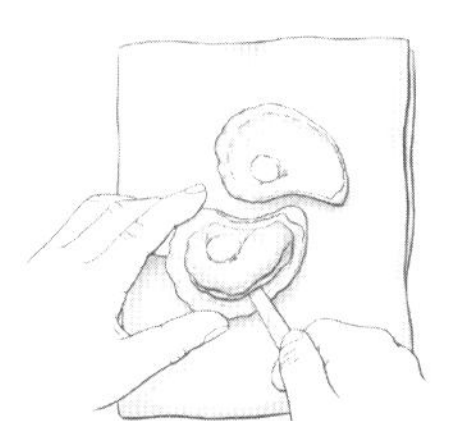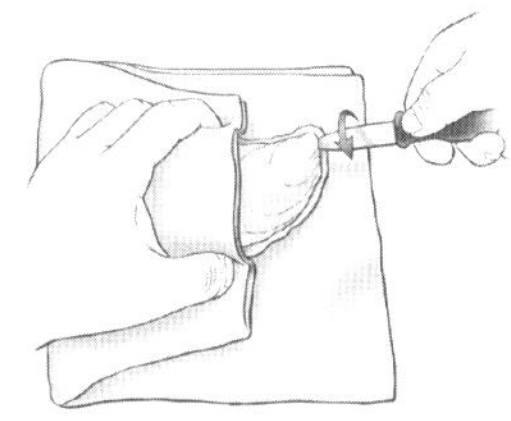

굴 껍데기 까기

요령이 생기기 전까지는 굴 껍데기 까기가 좀처럼 쉽지 않다. 도저히 마음먹은 대로 되지 않는다면 맛을 좀 희생하더라도 편리한 방법을 택하고 싶을 것이다. 만약 그렇다면 굴을 200℃의 오븐에 넣고 크기에 따라 5~7분 정도 구운 다음 얼음물에 살짝 담갔다가 물기를 뺀다. 이렇게 하면 굴 껍데기는 훨씬 쉽게 벌릴 수 있지만 조리 과정에서 굴과 껍데기를 연결하는 근육 부분이 질겨지므로 굴 속살을 껍데기에서 떼어내기가 더 어려울 수 있다. 절충안은 60℃의 온수에 5~7분간 담가두었다가 바로 얼음물에 넣어서 껍데기를 까는 것이다.(이 작업에는 수비드 조리기가 안성맞춤이다.)

일단 껍데기를 까고 나면 칼로 조심스레 속살을 분리하고 ▶ 깨진 껍데기 조각이 붙어 있는지 살펴본다. 굴을 껍데기에서 분리한 상태로 사용한다면 체에 밭쳐 껍데기에 고인 국물을 따로 보관한다. 굴에 서걱거리는 모래가 있다면 다른 그릇에 담아서 헹궈도 좋다. 굴 국물을 소스에 사용하기 전에 모래가 있는지 잘 살핀다. 모래 때문에 지분거린다면 체에 얇은 면 거즈 두 장 또는 얇은 주방 행주 한 장을 깔고 걸러서 사용한다.

멕시코 연안 지역의 일부 굴 양식업자들은 생물로 유통되는 통굴의 비브리오 식중독 유발 위험을 사실상 없애버리는 저온 살균 기술을 도입하기 시작했다. 저온 살균 처리를 거치면 박테리아뿐만 아니라 굴도 죽어버리기 때문에 껍데기를 쉽게 깔 수 있다. 따라서 껍데기 속의 국물이 빠져나가지 않도록 고무 밴드나 테이프 등으로 묶어서 판매한다. 지금까지 죽은 갑각류를 생으로 먹어도 안전하다고 알려진 경우는 이 저온 살균 통굴이 유일하다. 다른 생물 갑각류와 마찬가지로 저온 살균한 통굴은 반드시 냉장고에 보관해야 하며 저온 살균 시점부터 2주 이내에 먹어야 한다.(구입처에서 '소비 기한'을 확인한다.)

깐 굴을 산다면 껍데기 조각을 모두 제거한다. 통통하고 유백색을 띠면서

국물은 뿌옇지 않고 맑아야 하며, 시큼하거나 불쾌한 냄새가 나지 않아야 한다. 6인분 식사를 준비한다면 ▶ 물기를 빼지 않은 깐 굴 1ℓ 분량을 기준으로 삼는다. 종류에 따라 굴의 크기도 다양하므로 껍데기에 들어 있는 상태에서는 굴의 양을 가늠하기 어렵다. 예를 들어 중간 크기의 대서양굴 6개는 자그마한 올림피아굴 20개에 해당한다.

생굴을 보관하려면 신선한 갑각류 구입하기 및 보관하기 항목을 참고한다. 깐 굴은 뚜껑 있는 용기에 넣고 굴 국물을 부어서 냉장고에 보관한다. 싱싱한 깐 굴을 산다면 이러한 방식으로 냉장고에서 최대 3일, 냉동용 비닐백에 넣어서 얼리면 몇 달 정도 보관할 수 있다.

우리는 껍데기 반쪽에 담은(반각) 생굴에 간단하게 레몬과 호스래디시만 얹은 것을 따라갈 굴 조리법은 없다고 생각한다. 빵가루를 입혀서 프라이팬에 튀겨도 꽤 맛있다. 조개처럼 입이 벌어질 때까지 10~20분간 쪄서 먹는 방법도 있다. 다른 굴 요리법으로는 행타운 프라이, 말을 탄 천사, 굴 스튜, 오이스터 록펠러, 해산물 검보 등의 레시피를 꼽을 수 있다.

굴 직화 오븐 구이

1인당 6개

금속으로 된 파이 접시나 오븐 팬에 다음을 두껍게 깐다.

　암염

열원에서 12.5cm 아래 지점에 받침대를 끼운다. 직화 오븐을 예열한다. 앞의 설명대로 솔로 박박 문질러 씻은 다음 껍데기를 까고 속살을 껍데기 반쪽에 올려놓는다.

　굴

굴을 암염 위에 놓고 가장자리가 쪼그라들기 시작할 때까지 약 2분간 직화로 굽는다. 다음으로 장식한다.

　다진 파슬리 또는 레몬과 파슬리 버터

다음을 곁들여 낸다.

　레몬 조각, 껍질을 벗기고 강판에 간 생호스래디시

굴 그릴 구이

1인당 6개

반각 굴을 숯불 그릴에 바로 올려서 구우면 질겨지지 않고 맛있게 구울 수 있는데, 구마모토굴이나 올림피아굴처럼 씨알이 작은 품종의 굴을 구울 때는 그릴 위에 포일을 깔고 굴을 올린다.(그리고 1인분을 굴 12개로 늘린다.)

그릴을 강불로 맞춰서 준비하고 솔로 박박 문질러 깨끗이 씻는다.

　굴

오목한 부분이 아래로 가도록 그릴의 쇠살대 위에 굴을 놓는다. 굴의 껍데기가 저절로 열릴 때까지 굽는다. 국물이 쏟아지지 않도록 조심조심 불에서 내린다. 다음과 함께 낸다.

　레몬 조각

　녹인 버터

　핫소스

반각 굴 오븐 구이

4인분

이 레시피와 비슷한 전통 요리는 오이스터 록펠러 레시피를 참고한다.

오븐을 245℃로 예열한다. 다음을 박박 문질러 깨끗이 씻은 다음 껍데기를 까고 속살은 껍데기 반쪽에 담아둔다. 껍데기에 고인 국물은 따로 보관한다.

씨알이 굵은 굴 24개

따로 보관했던 굴 국물을 사용해 다음을 만든다.

아래에 소개한 크림소스 굴에 사용하는 소스, 레시피의 2배 분량

굴에 소스를 1큰술씩 얹는다. 다음을 홀홀 뿌린다.

마른 빵가루

빵가루가 황금색이 될 때까지 약 10분간 굽는다. 다음을 위에 뿌린다.

굵게 썬 처빌 또는 파슬리

굴 모스카

2~3인분

뉴올리언스의 전통적인 굴 요리다. 취향에 따라 굴을 껍데기 반쪽에 담고 빵가루 혼합물을 얹어서 레시피대로 구워도 좋다.

오븐을 245℃로 예열한다. 작은 베이킹 접시나 그라탱 접시(굴을 한 겹으로 깔 수 있을 정도의 크기)에 버터를 바르고 다음을 넣는다.

씨알이 굵은 굴 12개, 껍데기를 까고 물기를 빼기

중간 크기의 프라이팬을 중불에 올리고 다음을 부어서 연기가 나기 직전까지 달군다.

올리브유 ⅓컵

다음을 넣고 저으면서 향긋한 냄새가 날 때까지 약 1분간 조리한다.

쪽파 2대, 얇게 저미기

마늘 3쪽, 다지기

불에서 내린 후 다음을 넣어 젓는다.

고운 마른 빵가루 또는 입자가 굵은 빵가루 ½컵

강판에 곱게 간 페코리노 로마노 치즈 ⅓컵

말린 오레가노 ½작은술 또는 다진 신선한 오레가노 1작은술

굵게 빻은 고춧가루 ½작은술

흑후추 ¼작은술

소금 ¼작은술

(카옌 고춧가루 ⅛작은술)

빵가루 혼합물을 굴 위에 홀홀 뿌리고 다음을 뿌린다.

레몬즙 1큰술

치즈가 보글보글 끓어오르면서 갈색으로 익을 때까지 15~20분간 굽는다.

굴 그라탱(스캘럽트 오이스터Scalloped Oysters)

6인분

오븐을 175℃로 예열한다. 33×23cm 크기의 베이킹 접시에 버터를 바른다. 다음을 준비한다.

굴 1ℓ, 껍데기를 까고 국물을 보관(씨알이 굵은 굴 약 32개)

다음을 섞는다.

굵게 부순 소다 크래커 2컵

마른 빵가루 1컵

버터 스틱 1½개(170g), 녹이기

작은 그릇에 다음을 넣고 섞는다.

헤비크림 1컵

갓 갈아낸 육두구 또는 육두구 가루 1자밤

소금과 흑후추 적당량

(셀러리 소금 적당량)

버터를 바른 그라탱 접시에 빵가루 혼합물을 얇게 한 겹으로 깐다. 굴 절반 분량을 그 위에 얹는다. 크림 혼합물 절반을 붓는다. 남은 빵가루 혼합물을 ¾ 분량 정도 골고루 뿌린 다음 남은 굴을 전부 얹는다. 남아 있는 크림 혼합물을 굴 위에 모두 붓고 빵가루 남은 것으로 그 위를 덮는다. 윗면이 황금색으로 익고 소스가 보글보글 끓을 때까지 20~25분 정도 굽는다.

크림소스 굴

소스를 붓고 뭉근히 끓여서 만드는 요리지만 뉴욕 사람들은 이를 굴 프라이팬 구이라고 부른다. 깐 굴을 샀는데 굴 국물이 별로 들어 있지 않다면 **조개즙 ½컵**을 넣어서 풍미를 보강한다. 소스를 한 방울도 빠짐없이 흡수하도록 개인 그릇에 토스트 1조각을 넣은 후 굴을 담는다.

다음의 물기를 따라내고 굴 국물은 따로 보관한다.

굴 475ml(씨알이 굵은 굴 약 16개), 껍데기를 까기

굴을 한쪽에 두고 굴 국물을 고운체에 걸러서 중간 크기의 편수 냄비에 붓는다. 다음을 넣고 중강불에서 뭉근히 끓인다.

헤비크림 또는 하프앤드하프 1컵

버터 2큰술

일반 소금 또는 셀러리 소금 ½작은술

스위트 파프리카 가루 또는 카옌 고춧가루 ¼작은술

(커리 가루 1작은술)

굴을 넣고 속까지 잘 익도록 1~2분간 조리하되, 소스가 부르르 끓어오르지 않도록 적당히 불을 조절한다. 구멍 뚫린 숟가락으로 굴을 떠서 서빙용 그릇에 담는다. 취향에 따라 다음 재료를 적당히 섞어서 소스에 간을 한다.

(순한 맛의 토마토 칠리 소스 2큰술)

(레몬즙 1작은술)

(우스터 소스 ½작은술)

소스를 개인 그릇에 적당히 나눠 담고 다음을 곁들여서 즉시 낸다.

버터를 발라서 따끈하게 구운 토스트

다음을 넉넉하게 뿌린다.

굵게 썬 파슬리

홍합에 대해

달콤하고 맛이 좋으며 쉽게 접할 수 있는 홍합은 '가난한 사람들의 굴'이라고 불리기도 한다. ▶ 싱싱한 홍합은 껍데기를 까서 생으로 먹을 수 있지만 금세 상해버리므로 주의해서 다뤄야 한다. 생으로 먹는 방법 외에도 쪄서 먹거나 생굴 또는 조개처럼 껍데기를 깐 후 껍데기 반쪽에 담아서 낼 수도 있다.

싱싱한 홍합을 고르고 보관하는 방법은 신선한 갑각류 구입하기 및 보관하기 항목을 참고한다. 끝부분이 녹색인 **뉴질랜드홍합**은 색깔 때문에 쉽게 구별되며 미국 해안가에서 흔히 볼 수 있는 **진주담치** 및 **지중해담치**보다 크다. 뉴질랜드홍합은 다른 품종보다 약간 더 질기다고 말하는 사람들도 있다. 굴과 마찬가지로 워싱턴주의 펜 코브나 캐나다 동부의 **프린스 에드워드 아일랜드** 등의 일부 홍합 양식장은 계절과 관계없이 품질 좋은 홍합을 출하하는 것으로 유명하다.

조리하기 위해 홍합을 손질하려면 흐르는 물에 굴을 갖다 대고 뻣뻣한 솔로 박박 문질러 씻는다. 일부 홍합에는 바위에 달라붙을 수 있게 해주는 짙은 색의 섬유질 뭉치, 즉 **수염**이 달려 있다. 이 수염을 제거하면 홍합이 금세 죽어 버리므로 조리하기 직전에 수염을 제거해야 한다. 홍합 껍데기가 경첩처럼 붙어 있는 부분 근처에 삐져나온 짙은 색의 섬유질 수염을 잡고 앞뒤로 움직이면서 빠질 때까지 잡아당긴다. 취향에 따라 조개와 마찬가지로 껍데기를 까서 사용해도 좋다.

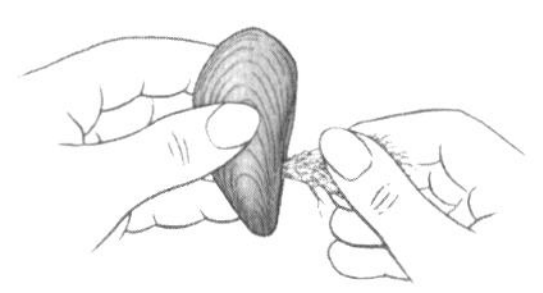

홍합 수염 제거하기

홍합은 미리 삶아서 껍데기를 깐 형태로도 판매하며 생홍합을 껍데기째 진공 포장해서 냉동한 제품도 있다. 삶아서 깐 홍합살은 절대 오래 익혀서는 안 되므로 그냥 데우는 수준으로만 조리한다. 껍데기째 냉동한 홍합은 싱싱한 홍합처럼 조리 과정에서 입을 벌리며, 해동하지 않고 그대로 찔 수 있다.(냉동 홍합을 생으로 먹는 것은 권장하지 않는다.)

▶ 4인분을 준비한다면 껍데기를 깐 홍합 1ℓ 또는 껍데기를 까지 않은 홍합 2.8ℓ(약 2.7kg) 정도를 준비한다. 껍데기를 깐 다음 튀기거나 볶아서 먹을 수 있다. 그 외의 홍합 활용 레시피로는 빌리비(홍합 크림수프)와 해산물 파에야를 꼽을 수 있다. 조개 소스를 곁들인 링귀네나 클램 카지노 등의 요리에 조개 대신 홍합을 사용해도 맛있다. 물론 굴처럼 그릴에 구워도 근사하다.

홍합 찜
4인분

다양한 액체 재료에 홍합을 넣고 찌면 맛있는 국물을 듬뿍 머금은 오동통한 홍합을 즐길 수 있다. 다 먹은 홍합 껍데기를 담을 수 있도록 식탁에 빈 그릇을 함께 내는 것을 잊지 말자.

I. 물 마리니에르(Moules Marinière, 와인 홍합 찜)

다음을 위의 설명대로 박박 문질러 씻고 한쪽에 둔다.

　홍합 2.7kg

다음 재료를 커다란 냄비에 넣고 강불에 올려서 부르르 끓인 다음 3분간 조리한다.

　드라이 화이트와인 2컵

　다진 파슬리 ¼컵

　샬롯 2개, 다지기

　마늘 3쪽, 굵게 썰기

　(타임 잔가지 4개)

　(월계수 잎 1장)

　소금 ½작은술

홍합을 넣고 뚜껑을 덮은 후 냄비를 가끔 흔들어가면서 홍합이 입을 벌릴 때까지 8~10분간 끓인다. 서빙용 그릇에 홍합을 적당히 나눠 담는다. 타임과 월계수 잎을 넣었다면 건져서 버리고, 국물에 다음을 넣는다.

　버터 스틱 1개(115g)

　(디종 머스터드 1큰술)

　(케이퍼 1큰술)

버터가 녹을 때까지 저은 다음 홍합 위에 소스를 붓는다.

다음을 얹는다.

　레몬즙

　다진 파슬리

다음과 함께 낸다.

　바삭바삭한 빵

이 레시피를 응용해 **물 프리트**(Moules Frites, 홍합 찜과 감자튀김을 합친 요리 ― 옮긴이)라는 전통 요리를 만들 때는 홍합 찜을 다음과 함께 낸다.

　감자튀김, 아이올리

홍합 껍데기를 숟가락처럼 사용해 국물을 마지막 한 방울까지 떠먹는다.

II. 태국식 홍합 찜

홍합 찜 I을 준비하되, 화이트와인 혼합물 대신 다음을 섞어서 사용한다.

　코코넛 밀크 통조림 400ml짜리 1개

　레몬그라스 줄기 2개, 바깥쪽 질긴 잎을 제거하고 줄기의 부드러운 부분을 저미기

　(마크럿 라임 잎 5장, 손으로 찢기)

　태국산 칠리 고추 1~2개, 맛을 보면서 조절, 얇게 썰기

　마늘 3쪽, 굵게 썰기

　샬롯 2개, 잘게 썰기

　소금 ½작은술

위의 설명대로 홍합을 조리하고 다음을 얹는다.

　라임즙 적당량

　굵게 썬 고수

다음과 함께 낸다.

　재스민 또는 단립종 흰쌀밥

III. 이탈리아식 홍합 찜

홍합 찜 I을 준비하되, 화이트와인 혼합물 대신 다음을 섞어서 사용한다.

　깍둑썰기한 토마토 통조림 410g짜리 1개

　회향 구근 ½개, 얇게 저미기

　다진 파슬리 ¼컵

　마늘 3쪽, 잘게 썰기

　7.5cm 길이로 벗겨낸 오렌지 껍질, 채소 껍질 벗기는 도구 사용

　소금 ½작은술

　사프란 가닥 ¼작은술

위의 설명대로 홍합을 조리하고 다음을 뿌린다.

　엑스트라 버진 올리브유

다음과 함께 낸다.

　삶은 링귀네, 부카티니 또는 스파게티

IV. 사과주와 크림을 넣은 홍합 찜

홍합 찜 I을 준비하되, 화이트와인 혼합물 대신 다음을 섞어서 사용한다.

　드라이 발효 사과주 2컵

　헤비크림 또는 크렘 프레슈 ¼컵

　샬롯 2개, 얇게 저미기

　마늘 3쪽, 잘게 썰기

　소금 ½작은술

흑후추 ½작은술

앞의 설명대로 홍합을 조리하고 다음을 얹는다.

다진 차이브

다음과 함께 낸다.

바삭바삭한 빵

홍합 버터 오븐 구이

1인당 10~12개

오븐을 230℃로 예열한다. 테두리 있는 커다란 오븐 팬에 다음을 한 겹으로 놓는다.

홍합, 박박 문질러 씻고 수염을 제거하기

오븐에 넣어 너무 오래 굽지 않도록 주의하면서 홍합의 입이 벌어질 때까지만 굽는다. 홍합에서 떨어지는 국물을 받아낼 수 있도록 아래에 그릇을 놓고 홍합의 위쪽 껍데기를 떼어낸다. 굽는 동안 오븐 팬에 흘러나온 홍합 국물도 걸러서 그릇에 붓는다. 다음을 작은 접시에 담아서 아래쪽 껍데기에 담긴 홍합과 함께 낸다.

녹인 버터(취향에 따라 다진 마늘로 풍미를 더하기)

홍합 국물은 컵에 담아서 다음으로 장식한 후 홍합과 함께 낸다.

레몬 조각

홍합 국물은 그대로 맛있게 마실 수 있지만, 컵에 지분거리는 모래가 남아 있을 수 있으므로 다 마시지 않도록 주의한다.

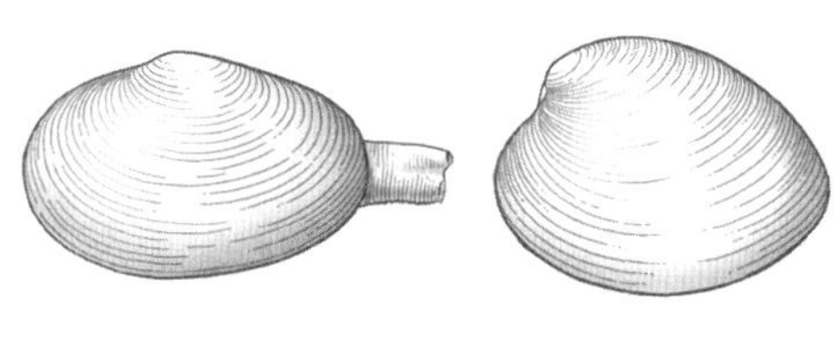

소프트셀 조개   하드셀 조개

조개에 대해

조개에는 수십 가지 품종이 있으나 크게 **소프트셀**(soft-shell)과 **하드셀**(hard-shell)의 두 가지 유형으로 나뉜다. 조개는 껍데기를 까지 않은 생물 상태로 판매하거나 껍데기를 까서 냉동 또는 통조림으로 가공한 형태로 판매한다. 생물 조개를 고르고 보관하는 방법은 신선한 갑각류 구입하기 및 보관하기 항목을 참고한다.

▶ 조개 찜을 만든다면 1인분에 껍데기를 까지 않은 조개 900g(약 1ℓ) 정도의 분량을 기준으로 한다. 껍데기에 들어 있는 조개 7.5ℓ를 까면 조갯살 약 1ℓ 정도 나온다.

급할 때는 통조림 조개도 유용하게 사용할 수 있으므로 항상 식료품 찬장에 비치해두는 것이 좋다. 잘게 썬 것, 굵직하게 썬 것, 통조갯살 형태의 통조림이 있으며 생조개가 없을 때 차우더에 넣으면 좋다. 냉동 조갯살과 껍데기째 진공 포장한 냉동 조개도 있다. 냉동 조갯살은 차우더에 넣기에 알맞고 껍데기째 냉동한 조개는 쪄서 먹거나 다른 방법으로 조리해서 먹는다. 냉동했던 조개는 생으로 먹지 않는다.

소프트셀 또는 우럭조개

우럭조개(longneck clam)라고도 불리는 **소프트셀** 조개는 쪄서 먹기에 가장 좋으므로 **찜조개**라고도 한다. 대서양 원산인 우럭조개는 미 서부 해안가에서 쉽게 찾아볼 수 있으며 해당 지역 원산인 **맛조개**, **왕우럭조개**, **코끼리조개**와 함께 서식한다. 모든 소프트셀 조개에는 모래가 많이 들어 있으므로 반드시 해감해야 한다.(아래 설명 참고) 껍데기는 비교적 쉽게 깔 수 있지만 ▶ 소프트셀 조개는 절대 생으로 먹어서는 안된다.(코끼리조개 회는 예외다.) 크기가 작은 품종은 보통 찌거나 기름에 튀겨서 먹는다.

껍데기를 까기 전에 **소프트셀 조개를 해감하려면** ▶ 솔로 박박 문지르고 찬물을 몇 번 갈아가면서 씻은 다음 물 3.8ℓ당 소금 ½컵을 넣은 차가운 소금물에 3~12시간 담가둔다. 모래를 완전히 제거하려면 조리한 다음에 조개를 한 번 더 헹궈야 할 수도 있다. 작은 소프트셀 조개는 통째로 쪄서 먹을 수 있으며 물을 뿜어내는 수관부의 질긴 껍질은 손가락으로 잡아서 뗀다.

소프트셀의 껍데기를 까려면 잘 드는 작은 칼을 위쪽 껍데기 아래에 찔러 넣어 한 바퀴 돌린다. 조개의 국물을 받아낼 수 있도록 아래에 그릇을 놓고 껍데기를 분리한다. 아래쪽 껍데기에서 조갯살을 떼어낸다. 수관부에 칼집을 넣어서 떼어낸다. 맛조개나 크기가 큰 조개는 ▶ 진한 색의 내장 부분을 찾아서 잘라내거나 긁어낸다. 일부 조개에는 소화를 도와주는 '당면체'라는 투명한 관이 들어 있다. 만약 당면체가 보이면 조리하기 전에 제거한다.

코끼리조개와 왕우럭조개 수관부의 질긴 껍질을 제거하려면 수관부를 잘라내서 끓는 물에 1분간 데친다. 식으면 껍질을 떼어낸다. 수관부의 가운데 부분을 반으로 잘라서 책처럼 양옆으로 펼친 다음 안쪽을 헹군다.

하드셀 조개

대서양 연안에서 가장 흔히 볼 수 있는 하드셀 조개는 **백합류**다. 백합류 조개는 크기에 따라 분류된다. **새끼 대합**과 **중간 대합**은 가장 크기가 작은 품종으로 450g당 평균 8~12개 정도 되고 쪄서 먹기에 가장 좋다. 백합의 일종인 **체리스톤**은 지역에 따라서 작은 조개 또는 중간 크기의 조개를 의미한다. **대합과 차우더조개**는 큼직하고(450g당 2~4개!) 가격이 저렴하므로 (이름에서 짐작하는 대로) 차우더를 만들 때 사용하면 가장 좋다. **북대서양 대합**은 바다에 서식하는 백합 조개로 짭짤한 풍미를 진하게 느낄 수 있다. **북방대합**은 삼각형 모양의 큼직한 조개로 모든 하드셀 조개 중에서도 가장 모래가 많이 들어 있다. 얇고 길쭉하게 잘라서 생으로 먹거나 튀겨서 먹으며, 차우더와 국물에 사용하기도 한다.

태평양 연안에서는 **바지락조개**가 가장 널리 양식된다. 태평양 원산 **개조개**는 크기가 작고 즙이 풍부한 조개로 잘 알려져 있다. 그 외의 태평양 토착 품종으로는 연하고 달콤한 맛이 나는 **피스모**와 **태평양 새끼 대합** 등이 있다. 이러한 품종은 전부 쪄서 먹거나 껍데기 반쪽에 담아서 생으로 먹기에 좋다.

새조개는 조개와 비슷한 몇 가지 연체동물을 지칭하는 용어다. 대부분 상

하드셀 조개의 껍데기 까는 법

당히 크기가 작고 모래가 많이 들어 있는 경향이 있다.

하드셀 조개의 껍데기를 까려면 우선 흐르는 물에 갖다 대고 솔로 박박 문지르면서 깨끗이 씻는다. ▶ 새조개와 북방대합을 제외하면 하드셀 조개에는 일반적으로 모래가 많지 않으므로 해감할 필요가 없다.(새조개와 북방대합은 앞에 소개한 소프트셀 조개의 해감법을 참고한다.) 조심스럽게 양쪽 껍데기 사이에 칼을 끼우고 374쪽의 그림처럼 칼날을 조개 안쪽으로 밀어 넣는다. 조개 입을 벌리고 나서 양쪽 껍데기를 연결하는 근육을 잘라내는데, 흘러내리는 조개 국물을 받아낼 수 있도록 아래에 그릇을 놓고 작업한다. 특히 크기가 큰 하드셀 조개는 껍데기를 까기가 쉽지 않다. 시간이 넉넉하면 오븐 팬에 넓게 펴서 깔고 몇 시간 정도 냉동실에 넣어두었다가 냉장고에서 해동하면 조금 더 쉽게 깔 수 있다. 시간이 없고 조개를 어차피 익혀서 먹을 계획이라면 오븐 팬에 올려 놓고 175℃의 오븐에서 조개가 입을 벌릴 때까지 굽는다.

▶ 씨알이 굵은 조개는 내장 부분을 갈라서 속에 있는 것을 긁어낸다. 커다란 하드셀 조개는 질긴 위쪽 살을 연한 아랫부분에서 분리해 굵게 썰거나 곱게 다지거나 얇고 길쭉하게 잘라서 크림소스에 버무리거나 그라탱을 만들거나 튀기거나 차우더에 넣어 먹는다.

그 외의 조개 요리는 클램 카지노, 조개 소스를 곁들인 링귀네, 부야베스 등의 레시피를 참고한다.

조개 찜
4인분

종류와 관계없이 선호하는 조개를 쪄서 먹을 수 있지만 일반적으로 소프트셀 조개를 조개 찜에 많이 사용한다. 가장 큰 이유는 소프트셀 조개에서 모래를 완전히 해감하기가 어렵기 때문이다. 조개를 쪄낸 국물에서 모래를 걸러낸 후 조갯살을 하나씩 담가서 헹궈 먹으면 진한 풍미를 마음껏 즐길 수 있다. 하드셀 조개는 소프트셀만큼 모래가 많이 들어 있지 않으므로 ▶ 홍합과 같은 방식으로 찐다.

커다란 냄비에 물을 약 2.5cm 높이로 붓고 다음을 넣는다.

작은 소프트셀 조개 1.9ℓ(약 1.8kg)

뚜껑을 덮고 강불로 올려서 냄비를 가끔 흔들어가면서 조개가 전부 입을 벌릴 때까지 5~10분간 조리한다. 너무 오래 찌면 조개가 질겨지므로 주의한다. 그동안 작은 편수 냄비를 약불에 올리고 다음을 넣어서 녹인다.

버터 스틱 2개(225g)

(마늘 3쪽, 다지기)

조개가 다 익으면 구멍 뚫린 숟가락으로 조개를 건져서 커다란 그릇에 담는다. 국물을 한 번 거른 후 다음을 적당량 넣어서 간을 맞춘다.

소금과 흑후추

버터를 개인 접시에 부어서 한 명당 하나씩 제공한다. 조개 국물은 컵에 담고 다음으로 장식해 조개 찜과 함께 낸다.

레몬 조각

먹을 때는 수관부를 잡고 껍데기에서 조갯살을 떼어낸다. 수관부의 질긴 겉껍질을 벗긴다. 조갯살을 조개 국물에 헹궈서 모래를 씻어낸 다음 버터에 찍어 먹는다. 조개 국물은 그대로 마셔도 맛있지만 모래가 남아 있기 때문에 고운체에 걸러서 낸다.(또는 컵에 담긴 국물을 끝까지 마시지 않는다.)

소프트셀 조개 오븐 구이
4인분

오븐을 220℃로 예열한다. 다음을 솔로 박박 문질러 씻고 해감한다.

작은 소프트셀 조개 1.9ℓ(약 1.8kg)

조개가 굴러다니지 않도록 오븐 팬에 포일을 구겨서 깔거나 다음을 간다.

암염

조개를 포일이나 소금 위에 가지런히 놓는다. 조개의 입이 벌어질 때까지 약 15분간 굽는다. 국물을 받아낼 그릇을 아래에 놓고 조개의 위쪽 껍데기를 떼어낸다. 껍데기 반쪽에 담긴 상태로 개인 접시에 얹어서 내며, 다음 중 선호하는 소스를 곁들인다.

녹인 버터 또는 가향 버터 아무거나

베커 칵테일 소스

다음으로 장식한다.

레몬 조각

속을 채운 조개 오븐 구이(스터피stuffies)
5인분

이 레시피는 보통 450g당 평균 2~3개 정도 되는 큼직한 대합이나 차우더조개를 사용해서 만든다. 그러나 그보다 작은 새끼 대합을 구할 수 있다면 새끼 대합으로 만들어도 아주 맛있게 즐길 수 있다.

오븐을 190℃로 예열한다. 다음을 준비한다.

파슬리와 빵가루 스터핑 또는 생선용 베이컨 스터핑

큰 냄비에 물을 1.2cm 높이로 붓고 부르르 끓인다. 냄비에 다음을 넣는다.

하드셀 조개 2.3kg, 박박 문질러 씻기

조개의 입이 벌어질 때까지만 2~5분 정도 잠깐 찐다. 조개를 냄비에서 건지고 국물은 따로 보관한다.

커다란 조개를 사용한다면 껍데기를 깐 후 요리를 낼 때 쓸 껍데기를 한쪽씩 남겨둔 다음, 조갯살을 굵게 썰어서 스터핑에 넣어 섞는다. 조갯살을 넣은 스터핑을 조개껍데기에 소복하게 담고 오븐 팬에 올린다.

새끼 대합을 사용한다면 위쪽 껍데기를 떼어내고 안의 조갯살은 그대로 둔다. 조개마다 스터핑을 1작은술씩 떠서 얹은 다음 오븐 팬에 가지런히 놓는다.

스터핑이 진한 갈색으로 익을 때까지 새끼 대합은 약 1분, 대합과 차우더조개는 약 20분간 굽는다. 다음과 함께 낸다.

레몬 조각과 핫소스

클램베이크(Clambake, 조개 및 해산물 모둠 해초 찜)
사용하는 조개의 크기와 관계없이, 하루 전날 조개를 사서 박박 문질러 깨끗이 씻고 모래를 제거한다. 야외에서 대량으로 구울 때는 버전 I의 레시피를, 집에서 조촐하게 구울 때는 버전 II의 레시피를 참고한다.

구울 재료 외에도 클램베이크를 만들 때는 해초가 필요하다. 일반적으로 거의 모든 종류의 해초를 사용할 수 있다. 그러나 해초에는 독소가 쌓이기 쉬우므로 오염이 우려되는 지역에서 채취한 해초는 사용하지 않는다. I의 레시피대로 만들 때는 불을 큰 규모로 피우므로 상당량의 장작과 커다란 돌 약 15개, 열과 수증기가 구덩이 안에 갇히도록 음식 위에 덮을 수 있는 캔버스 재질의 커다란 방수포가 필요하다.

I. 약 20인분

구덩이 안에서 조리하기 항목을 참고한다.

모래사장에 깊이 60cm, 너비 60cm, 길이 90cm 정도의 구덩이를 판다. 구덩이의 바닥에 매끈매끈하고 커다란 돌을 깔고 돌 위에서 불을 활활 피운다. 장작을 계속 넣으면서 1~2시간 정도 불을 피운 다음, 장작이 전부 타서 숯이 될 때까지 약 2시간 정도 내버려둔다.

다음을 준비한다.

감자나 고구마 1.3kg, 박박 문질러 씻기

껍질을 벗기지 않은 양파 큰 것 900g

뼈 있는 닭 넓적다리 12개

껍질을 벗기지 않은 옥수수 24개, 수염 제거하기

(이탈리아, 링귀사, 앙두이 등의 매콤한 소시지 1.3kg, 면 거즈로 둘둘 말기)

새끼 대합 또는 체리스톤 조개 7.5ℓ(약 7.3kg), 박박 문질러 씻고 헹구기

(홍합 7.5ℓ[약 5.4kg], 박박 문질러 씻고 수염 제거하기)

장작이 전부 숯으로 변하면 바닥에 깔아놓은 돌 위에 숯을 골고루 펼치고 그 위에 해초를 15~20cm 두께로 깐다. 구울 재료를 위에 나열한 순서대로 해초 위에 차곡차곡 쌓고, 재료 사이사이에는 해초를 얇게 한 겹씩 깐다. 재료를 면 거즈에 담아 둘둘 말아서 큼직한 꾸러미 형태로 조리할 수도 있다.

다음을 올린다.

생물 랍스터 450g짜리 12마리, 죽이기

랍스터 위에 해초를 7.5~10cm 두께로 깐다. 제일 마지막에 얹은 해초 위에 바닷물을 약 8컵 붓는다. 바닷물을 흠뻑 적신 커다란 방수포로 구덩이를 완전히 덮는다. 방수포의 가장자리를 커다란 돌로 눌러서 움직이지 않도록 한다. 구덩이 아래에서 재료가 수증기에 익어가면 방수포가 위로 불룩하게 부풀어 오르는데, 이것은 '클램베이크'가 제대로 만들어지고 있다는 신호다. 1시간~1시간 반 정도 계속 조리한다. 얼마나 익었는지 확인하려면 모래가 구덩이 안으로 들어가지 않도록 방수포의 한쪽 모서리를 살짝 들춰 랍스터가 익었는지 확인한다. 만약 랍스터가 익었다면 모든 재료가 딱 알맞게 익은 것이다. 묶어서 넣어둔 재료와 랍스터를 구덩이에서 꺼내 뜨거울 때 먹는다. 키친타월을 넉넉히 준비하고 다음과 함께 낸다.

녹인 버터

II. 8인분

19ℓ 용량의 육수 솥을 가정용 레인지나 실외 그릴에 올려서 조리하면 가정에서도 '클램베이크'를 만들 수 있다.

집에 있는 가장 큰 솥에 물 4컵을 붓고 부르르 끓어오르도록 가열한다. 다음을 넣는다.

작은 붉은색 감자 900g

뼈 있는 닭 넓적다리 8개

솥의 뚜껑을 덮고 불을 줄여서 20분간 은근히 끓인다. 다음을 넣는다.

생물 랍스터 680g짜리 6마리, 죽이기

뚜껑을 덮고 8분간 더 끓인다. 랍스터 위에 다음을 얹는다.

옥수수 8개, 껍질을 떼어내기

10분간 뚜껑을 덮고 조리한다. 다음을 넣는다.

작은 조개 3.8ℓ(약 225g), 박박 문질러 씻기

뚜껑을 덮고 조개의 입이 벌어질 때까지 5~10분간 더 찐다. 다음과 함께 낸다.

녹인 버터

조개 또는 홍합 굴 소스 볶음

4인분

다음을 준비한다.

새끼 대합 또는 홍합 1.8kg, 박박 문질러 씻고 홍합은 수염을 제거하기

웍이나 커다란 프라이팬을 강불에 올리고 다음을 둘러 가열한다.

식물성 기름 2큰술

다음을 넣는다.

마늘 2쪽, 다지기

생강 2.5cm짜리 1조각, 껍질을 벗기고 다지기

조개나 홍합을 넣는다. 뚜껑을 덮어서 2분간 조리한다. 뚜껑을 열고 저으면서 조개나 홍합의 입이 벌어질 때까지 몇 분 정도 더 조리한다. 다음을 넣는다.

간장 2큰술

굴 소스 2큰술

사오싱주, 드라이 셰리 또는 사케 1큰술

송송 썬 쪽파 2큰술

재료를 저으면서 약 30분간 조리한다. 다음을 넣고 젓는다.

병에 든 시판 조개즙 또는 물 ¼컵

조개나 홍합을 서빙용 접시에 옮겨 담고 소스를 그 위에 부은 후 다음으로 장식한다.

다진 쪽파와 고수

다음과 함께 낸다.

밥

태국식 조개탕

4~6인분

내열 용기에 다음을 넣는다.

얇거나 넓적한 건조 쌀국수 또는 라이스 버미셀리 225g

국수가 잠기도록 끓는 물을 국수 위로 붓는다. 쌀국수가 부드러워지면 집게로 눌러서 물 아래로 밀어 넣는다. 그대로 두고 불리면서 국수가 부드러워질 때까지 몇 분마다 확인한다. 넓적한 쌀국수를 사용한다면 최대 10분 정도 불려야 하지만 아주 얇은 쌀국수는 그보다 훨씬 빨리 부드러워진다. 불린 물을 따라 내고 찬물에 헹군다. 한쪽에 둔다.

묵직한 냄비나 더치오븐을 중강불에 올리고 다음을 둘러서 연기가 나기 직전까지 달군다.

식물성 기름 2큰술

다음을 넣고 저으면서 약 15초간 볶는다.

마늘 8쪽, 얇게 저미기

레몬그라스 줄기 1개, 부드러운 흰색 부분만 얇게 저미기

(마크럿 라임 잎 3장)

굵게 빻은 고춧가루 1작은술 또는 붉은색 태국산 칠리 고추 말린 것 2개

다음을 넣고 부르르 끓어오르도록 가열한다.

코코넛 밀크 통조림 400ml짜리 1개

갈색 설탕 또는 팜 슈거 1큰술

다음을 넣는다.

작은 하드셀 조개 1.3kg, 박박 문질러 씻기

다시 부르르 끓인 다음 중불로 줄이고 뚜껑을 덮어서 조개의 입이 벌어질 때

까지 3~5분간 조리한다. 다음을 넣고 젓는다.

　고수 잎 ½컵

　피시 소스 2큰술 또는 소금 적당량

국수를 개인 그릇에 적당히 나눠 담고 조개를 얹은 후 국물을 붓는다. 다음과 함께 낸다.

　라임 조각

가리비에 대해

코키유 생 자크(coquilles St. Jacques)라는 프랑스 요리로 잘 알려진 이 근사한 연체동물은 스페인 산티아고 데 콤포스텔라에 있는 성 야고보 성지의 전통적인 상징이기도 하다. 이곳을 방문하는 순례자들은 속죄와 고행의 의미로 가리비를 먹으며(물론 실제로 고행이라기보다는 상징적인 행위다.) 먹은 다음에는 조개 껍데기를 모자에 단다. '스캘럽트(scalloped)'라는 조리 용어도 가리비에서 따온 것이며, '스캘럽트'란 원래 해산물에 크림소스를 버무려서 구운 다음 껍데기에 담아서 내는 요리를 지칭한다.

　시장에서 껍데기를 까지 않은 가리비는 거의 찾아볼 수 없으며 대부분 가리비의 움직임을 제어하는 폐각근의 먹을 수 있는 부분만 잘라낸 것, 즉 관자의 형태로 판매한다. 폐각근에는 바다의 오염물이 축적되지 않으므로 관자는 생으로 먹기에 가장 안전한 해산물이다.(관자 세비체 레시피 참고) 하지만 다른 모든 갑각류와 마찬가지로 관자도 매우 쉽게 상하므로 생굴이나 조개를 다룰 때처럼 주의해야 하며, 믿을 수 있는 곳에서만 구입하고 최대한 빨리 먹는다.

　크기가 작고 부드러우며 연한 분홍색이나 황갈색을 띠는 **해만가리비**, 그중에서도 희소가치가 높고 값이 비싼 뉴잉글랜드 해안가의 자연산 해만가리비를 선호하는 사람들도 있다. **칼리코가리비**는 해만가리비보다 더 작고 100개 정도를 모아도 450g밖에 나가지 않는다. 달큼하고 섬세한 맛을 가지고 있지만 ▶ 너무 오래 조리하지 않도록 매우 주의해야 한다. 크기가 워낙 작아서 어떤 조리법이든 1분 정도만 조리하면 된다. 우리는 큼직하고 단단한 **참가리비**를 선호한다.(450g당 30개에서 10개 이하까지 다양하다.) 다른 가리비와 마찬가지로 달콤하고 즙이 많지만 좀 더 식감이 살아 있고 조리하기도 쉽다. 씨알이 굵은 참가리비는 특히 그릴 구이, 직화 오븐 구이, 기름에 지지기 등과 같이 강불로 짧은 시간에 완성하는 조리법에 적합하다.

　가리비의 껍데기를 까려면 일단 솔로 박박 문질러 잘 씻는다. 가리비는 자연적으로 입을 벌리고 있으므로 껍데기를 까기도 쉽다. 날카로운 칼로 껍데기를 벌리고 관자 부분을 잘라낸다.(붉은색이나 흰색의 알집이 있다면 함께 잘라낸다.) ▶ 껍데기에 남아 있는 다른 부분은 전부 버린다.

　직접 껍데기를 깐 가리비든, 껍데기를 깐 상태로 산 가리비든, 관자의 옆쪽에 붙어 있는 질긴 '연결 부위'(힘줄이라고 부르기도 한다.)를 제거한다.

　관자는 달콤하고 싱싱한 냄새가 나야 한다. 때로는 방부제를 푼 물에 관자를 담가서 유통 기한을 늘리기도 하는데 이렇게 하면 해동했을 때 원래보다 무게가 많이 나간다. ▶ 따라서 가능하면 꼭 방부액에 담그지 않은 '드라이팩' 관자를 구입한다. 드라이팩 관자는 수분 함량이 적으므로 맛이 훨씬 깔끔하고 기름에 지질 때도 보기 좋게 갈색으로 익는다. 포장에 '수분 첨가'라는 문구가 적혀 있는 관자는 피한다. 참가리비 관자의 원래 색깔은 황백색이나 아주 연한 주황색, 분홍색, 황갈색이다. 따라서 관자가 눈처럼 흰색을 띤다면 물에 담가 보관했을 확률이 높으므로 주의한다. 개별 급속 냉동(IQF) 처리한 참가리비 관자는 풍미가 비교적 잘 보존되어 있으므로 추천한다.

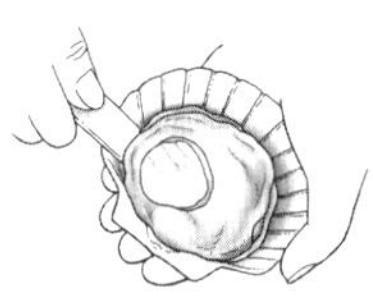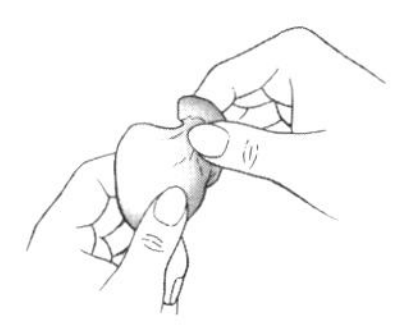

가리비 껍데기 까기 및 '연결 부위' 제거하기

　▶ 1인분에 관자 150g 정도의 분량을 기준으로 삼는다. 기름에 지지거나 그릴에 굽거나 직화 오븐에 구운 참가리비 관자는 레몬을 살짝 짜서 즙을 뿌리거나 비네그레트, 뵈르 블랑 또는 브라운 버터만 곁들여도 무척 맛있다. 소스를 조금만 넣어서 버무린 파스타나 루콜라, 크레송, 라디치오 등 맛이 강한 녹색 채소 위에 올려서 내도 근사하다. 해만가리비나 깍둑썰기한 참가리비 관자를 볶음밥, 차우더, 비스크 또는 똠얌꿍(새우 대신 관자를 사용)과 같은 맑은 수프에 넣어도 썩 잘 어울리는데 ▶ 관자는 조리가 거의 끝난 시점에 넣어야 한다. 크기가 작은 해만가리비를 사용하는 레시피에 참가리비 관자를 넣으려면 조리하기 전에 얇게 썰거나 깍둑썰기한다. **말린 관자**는 1076쪽을 참고한다.

관자 세비체

4인분

세비체는 새콤한 드레싱에 재운 생갑각류나 생선을 의미한다. 엄밀히 말해 조리라고는 할 수 없지만 산성 드레싱 때문에 갑각류가 불투명하게 변하며 단단해진다.

중간 크기의 그릇에 다음을 넣는다.

　해만가리비 또는 참가리비의 통관자 450g, 위의 설명대로 옆쪽의 '연결 부위'를
　　제거하고 작은 조각으로 썰기

다음을 넣어서 뒤적이며 버무린다.

　레몬즙 ¼컵

　라임즙 ¼컵

　세라노 고추나 붉은 태국산 매운 생고추 1~2개, 아주 얇게 저미기

　(자색 양파 중간 크기 ¼개, 종잇장처럼 얇게 저미기)

　소금 ¼작은술

냉장고에 넣고 가끔 뒤적이면서 최소 2시간 또는 하룻밤 재운다.

다음을 얹는다.

　굵게 썬 고수

　엑스트라 버진 올리브유 몇 방울

다음과 함께 낸다.

　토스타다 또는 토르티야 칩

　얇게 저민 아보카도

관자 뫼니에르(Scallops Meunière)

4인분

다음을 키친타월 사이에 올려놓고 물기를 닦아낸다.

　해만가리비 또는 참가리비 관자 450g, 위의 설명대로 옆쪽의 '연결 부위'를
　　제거하기

관자에 다음을 골고루 묻힌다.

　잘 달라붙는 빵가루나 크래커 코팅

관자를 철망에 올려놓고 약 15분간 말린다. 크고 묵직한 프라이팬을 중강불에 올리고 다음을 넣어서 녹인다.

　버터 4큰술(버터 스틱 ½개)

버터가 녹아서 뜨거워지면 관자를 넣고 해만가리비는 자주, 참가리비는 한 번 뒤집어주면서 양면이 골고루 갈색으로 익을 때까지 지진다. 해만가리비는 약 3분, 참가리비는 약 5분간 조리한다. 관자가 다 익기 직전에 다음을 홀홀 뿌린다.

　갓 짜낸 레몬즙

　잘게 썬 파슬리

　소금과 흑후추 적당량

취향에 따라 다음과 함께 낸다.

　(프로방스식 토마토 요리)

코키유 생 자크(Coquilles St. Jacques, 참가리비 그라탱)
2인분

소스는 몇 시간 전에 미리 만들어서 냉장고에 넣어둘 수 있다. 냉장고에서 꺼내 뭉근하게 데워서 사용한다.

그릇에 다음을 넣고 잘 섞는다.

　생빵가루 ½컵

　강판에 간 파르메산 치즈 3큰술

　녹인 버터 2큰술

　다진 파슬리 1큰술

　굵게 썬 타임 1작은술

　소금 ⅛작은술

　흑후추 적당량

중간 크기의 프라이팬을 중불에 올리고 다음을 넣어 녹인다.

　버터 1큰술

다음을 넣고 저으면서 부드럽지만 갈색으로 변하지 않을 때까지 약 2분간 볶는다.

　샬롯 2개, 다지기

　마늘 2쪽, 다지기

다음을 넣고 가끔 저으면서 버섯이 부드러워질 때까지 약 7분간 볶는다.

　작은 버섯 225g, 4등분하기

　소금 1작은술

다음을 붓는다.

　드라이 화이트와인 ¼컵

불의 세기를 올리고 와인이 거의 다 증발할 때까지 약 3분간 뭉근히 끓인다. 다음을 넣는다.

　헤비크림 1컵

얌전히 보글보글 끓어오르도록 가열한 다음 걸쭉해질 때까지 약 5분간 끓인다. 직화 오븐을 예열한다. 소스가 뭉근히 끓도록 불을 줄이고 다음을 넣는다.

　참가리비 관자 340g, 옆쪽의 '연결 부위'를 제거하고 가로로 절반 자르기

반투명했던 관자가 불투명해질 때까지 약 1분 30초 정도 조리한다. 불에서 내리고 다음을 넣어서 젓는다.

　레몬즙 1작은술

관자와 소스 혼합물을 숟가락으로 떠서 가리비 껍데기나 1인용 그라탱 접시에 담는다. 빵가루 혼합물을 관자와 소스 위에 홀홀 뿌린다. 윗면이 노릇노릇하게 익고 가장자리가 보글보글 끓어오를 때까지 약 1분 30초 정도 직화 오븐에서 굽는다.

참가리비 관자 지짐
4인분

우리는 관자를 조리할 때 이 간단한 조리법을 가장 선호한다. 관자의 풍미와 식감이 잘 보존될 뿐만 아니라 황금색으로 바삭하게 익은 관자의 표면이 크림처럼 부드럽고 달콤한 속살과 아주 근사하게 대조를 이루기 때문이다.

다음을 키친타월에 올려놓고 톡톡 두드려 물기를 제거한다.

　드라이팩 참가리비 450g, 옆쪽의 '연결 부위'를 제거하기

양면에 다음을 살짝 뿌려서 약하게 간을 한다.

　소금

기름이 뜨거워지는 동안 관자를 접시에 올려놓는다. 커다란 프라이팬을 중강불에 올리고 다음을 넣어서 연기가 나기 시작할 때까지 달군다.

　식물성 기름 또는 정제 버터 1큰술

얼른 관자를 집어서 톡톡 두드려 다시 물기를 제거하고 프라이팬에 넣는다. 한꺼번에 너무 많이 넣지 않도록 주의한다. 뒤집지 않고 바닥이 노릇노릇하게 익을 때까지 1분~1분 30초 정도 지진다. 주걱으로 뒤집어서 반대쪽도 갈색으로 익을 때까지 약 1분간 더 지진다. 취향에 따라 다음을 곁들여서 낸다.

　(뵈르 블랑, 치미추리, 살사 베르데 또는 페스토)

전복에 대해

전복은 껍데기가 하나만 달린 복족류에 해당한다. 미국에서 쉽게 접할 수 있는 전복은 오스트레일리아, 일본, 멕시코, 페루에서 수입한 것으로, 껍데기를 까고 납작하게 두드려서 바로 조리에 사용할 수 있다. 개체 보호를 위해 알래스카와 캘리포니아 해변 원산의 자연산 전복은 너비가 18cm 이상 되는 것만 채취할 수 있도록 규정되어 있다. 양식 전복은 그보다 크기가 작으며 해저의 '바다 목장'이나 통제된 시설에서 양식한다. 전복의 살은 통조림 또는 납작하게 두드려서 냉동한 상태로 판매한다.(우리는 냉동을 선호한다.)

통전복을 손질하려면 껍데기와 살 사이에 칼을 끼워 넣고 한 바퀴 돌려서 먹을 수 있는 커다란 폐각근, 즉 '발' 부분을 분리해낸다. 껍데기를 깐 전복은 폐각근 위에 내장이 빙 둘러서 붙어 있는 형태다.(껍데기에서 가장 가까운 부분) 고리 모양의 이 내장을 잘라내고 발의 가장자리에 있는 머리도 떼어낸다. 검은색을 띠는 발의 가장자리 부분은 먹을 수 있지만 사용하지 않으려면 간단히 제거할 수 있다. 씨알이 굵은 자연산 전복은 살이 연해지도록 여러 번 두들겨야 하며, 크기가 작은 양식 전복은 두들길 필요가 없거나 살짝만 두들겨도 충분하다.

전복을 두들기려면 전복살을 통째로 사용하거나 결의 반대 방향으로 얇고 납작하게 썬다. 전복살의 위아래에 비닐랩을 깔고 고기 망치를 사용해 전체적으로 골고루 두들긴다. 전복살이 살바도르 달리의 흐물흐물한 시계처럼 보인다면 조리에 사용할 준비가 된 것이다. 그 이상 두들기면 식감이 지나치게 부드러워진다. 납작하게 썬 전복을 두들겨서 빵가루를 입혀 기름에 지지는 방법 외에도(이어서 소개한 레시피 참고), 얇게 저민 전복을 풍미가 진한 국물이나 소스에 넣어서 부드러워질 때까지 끓이면 무척 맛있다. 또는 납작하게 두들겨서 굵게 썬 전복을 차우더에 넣어도 별미다. ▶ 전복 450g은 2~3인분 정도에 해당한다.

기름에 지진 전복

2~3인분

전복을 결의 반대 방향으로 2cm 두께로 썬 다음 앞의 설명대로 두들긴다.

　　전복 450g

다음을 골고루 묻힌다.

　　잘 달라붙는 빵가루나 크래커 코팅

묵직한 프라이팬을 중강불에 올리고 다음을 넣어서 달군다.

　　식물성 기름 또는 정제 버터 2큰술

전복을 넣고 한 면당 1~2분씩 지진다. 다음으로 장식해서 낸다.

　　레몬 조각

게에 대해

간단하게 조리한 게를 식탁에 올리면 그야말로 호사스러운 한 끼를 즐길 수 있으며 사실 그 이상 맛을 끌어올리기도 쉽지 않다. 식탁에 함께 내는 녹인 버터나 레몬즙 정도를 제외하면, 진한 버터 풍미의 대짜은행게 살이나 바위게의 집게발에 별다른 양념이나 추가 재료가 필요 없다고 생각하는 사람이 많다.

물론 게에 간단한 조리법이 어울린다고 해서 창의력을 발휘할 여지가 없는 것은 아니다. 게 요리 레시피는 거의 모든 품종에 응용할 수 있지만, 게의 종류와 게살을 발라낸 부위에 따라 색깔과 맛, 식감이 달라지기도 한다. 일반적인 기준을 소개하자면 몸통에서 발라낸 게살은 결이 고운 편이며 다리와 집게발에서 발라낸 살은 몸통 살보다 색이 진하고 풍미가 강하다.

살아 있는 게를 살 때는 가장 활발해 보이면서 수조에서 꺼냈을 때 힘차게 움직이는 것을 골라야 한다. 게를 비닐봉지에 넣어서 운반한다면 숨을 쉴 수 있도록 구멍을 뚫는다. 게 1마리에서 발라낼 수 있는 게살의 양은 379~380쪽의 개별 품종 항목을 참고한다. 필요하면 임시로 얼음을 채워서 보관할 수 있으며, 축축한 수건을 덮고 떨어지는 물기를 받아낼 수 있도록 아래에 쟁반을 받쳐서 최대한 빨리 냉장고에 넣는다. 살아 있는 게는 구입한 당일에 조리해야 한다. 하룻밤 냉장고에 넣어두어야 한다면 조리하기 전에 죽은 게가 없는지 확인해야 한다.(차가운 온도 때문에 움직임이 둔해질 수 있다.)

조리하기 전에 게를 죽이려면 우선 냉동실에 약 2시간 정도 넣어서 얌전하게 만들면 쉽게 작업할 수 있다. 배딱지가 아래로 가도록 게를 도마 위에 놓는다. 움직이지 않도록 단단히 잡은 상태에서 큼직한 칼의 끝부분을 게의 양쪽 눈 사이, 약간 뒤쪽 지점에 갖다 대고 정통으로 찔러 넣는다. 게 머리를 바로 잘라낸다.

껍데기를 까지 않은 상태로 쪄서 파는 게도 쉽게 구할 수 있다. 통으로 찐 게는 크기에 비해 묵직한 느낌이 들어야 하며, 달콤한 냄새가 나면서 깨진 부분이 없는 동시에 모든 집게발과 다리가 달려 있어야 한다. 통째로 찐 게는 조리한 시점에서 3일 이내에 먹어야 한다.

냉동 통게 및 게 다리는 보통 조리해서 냉동한 것이며 제대로 보관하면 6개월 정도는 거뜬히 먹을 수 있다. 냉동 게는 냉동상이 없어야 하고 노출된 살이 흰색을 띠면서 축축해 보여야 한다. 냉동 게는 그릇이나 접시에 담아서 냉장고에 넣어 해동한다.

인생에서 중요한 것은 목적지가 아니라 여정이라고 하는 말을 자주 듣기는 하지만, **발라낸 게살**은 시간(또는 인내심)이 별로 없을 때 아주 편리한 재료다. 많은 해산물 판매장에서 싱싱한 게를 쪄서 바로 발라낸 게살을 취급하고 있다. 처리 과정을 최소한으로 하여 천연 그대로의 단맛과 섬세한 식감을 잘 보존하고 있으므로 가장 추천하는 재료다. 저온 살균 처리해 통조림에 담거나 진공 비닐 포장해서 냉동한 게살은 갓 발라낸 게살을 구할 수 없을 때 좋은 차선책이다. 신선한 저온 처리 게살은 반드시 냉장고나 냉동실에 보관해야 한다. 멸균 처리해 실온에서 보관할 수 있는 게살 통조림은 보통 품질이 떨어지는 편이다. 통조림을 개봉한 후에는 냉장 보관하고 며칠 안에 다 먹어야 한다. ▶ 종류와 관계없이, 게살에서 작은 껍데기 조각과 연골을 골라내고 냉장고에 보관한다.

미국에서 판매하는 게살은 대부분 대서양 청색꽃게에서 살을 발라내 품질 등급을 매긴 것이다.(다른 게에서 발라낸 게살은 등급을 매기지 않는다.) 등급 체계는 게살 덩어리의 크기를 기준으로 한다. **콜로살**(colossal)과 **점보 럼프**(jumbo lump)가 가장 높은 등급이며 그다음이 **백핀**(backfin)으로, 이러한 등급의 게살은 전부 부스러지지 않은 큼직한 몸통 근육으로 구성된다. **스페셜** 또는 **플레이크**는 그보다 덩어리가 작은 몸통 살이다. **집게발**은 말 그대로 집게발에서 발라낸 살로, 연한 갈색을 띤다고 해서 품질이 크게 떨어지는 것은 아니다. 대부분 스페셜 등급 정도의 게살이면 어디에나 사용해도 무난하다. 상식과 예산에 맞게 선택하자.

찐 게에서 살을 발라내려면 게의 등딱지가 아래로 가도록 놓고 넓적한 면을 단단히 잡은 다음 아래쪽에 있는 뾰족한 딱지 부분, 즉 **배딱지**를 들어올린다. 배딱지를 천천히 옆으로 비틀면서 혈관까지 함께 떼어낸다. 몸통에 붙은 커다란 집게발을 잡아당겨서 빼고 호두 까는 도구나 나무망치, 밀대 등으로 살살 두들겨 깨서 게살을 발라낸다. 그 외의 다리를 뽑아서 하나씩 관절을 구부려 부러뜨린 다음 위쪽 다리에서 게살을 발라낸다. 게딱지를 떼어낸 후 안쪽을 깨끗이 씻고 솜털 같은 아가미('죽은 사람의 손가락'이라고 부르기도 한다.)를 제거한다. 몸통을 둘로 쪼개 게살을 발라내고 껍데기 조각이나 연골을 골라낸 후 **내장**(소화샘)과 **알**을 빼낸다. 취향에 따라 내장을 따로 보관했다가 게 요리에 곁들일 소스에 넣어 진한 풍미를 살려도 좋다. 적조 현상이 있는 지역에서 잡은 게의 내장은 먹지 않는 것이 좋다. 게는 쌍각류 조개를 먹이로 삼는데, 쌍각류 조개에는 신경독이 들어 있을 가능성이 있기 때문이다.(게살은 먹어도 안전하다.) 게알은 전통적으로 찰스턴식 암게 수프에 넣어서 먹는다. 게 껍데기는 새우나 랍스터 버터를 만들 때 새우 또는 랍스터 껍데기 대신 사용할 수 있다.

재료를 채워서 조리하기 위해 게딱지를 손질하려면 큼직하고 부서진 곳이 없는 게딱지를 골라서 솔로 박박 문질러 깨끗이 씻는다. 커다란 냄비에 게딱지를 넣고 게딱지가 잠기도록 물을 충분히 부은 뒤 베이킹소다 1작은술을 넣는다. 부르르 끓인 다음 물을 따라내고 헹궈서 말린다. 이렇게 손질한 게딱지에 재료를 채워서 조리한다.

대서양 청색꽃게

육지에서는 깜짝깜짝 잘 놀라 웃음을 자아내지만 바다에만 들어가면 유유히 헤엄쳐 다니는 대서양의 청색꽃게는 미국에서 시판되는 신선한 게살의 대부분을 공급한다. 게살 등급은 위의 설명을 참고한다. 일반적으로 게살이 많이 들어 있다는 이유로, '지미(jimmy)'라고 부르는 수게를 '수크(sook, 암게)'보다 선호한다. 380쪽의 그림과 같이 암게는 수게보다 배딱지 부분이 더 넓고 튀어나와 있다. 대서양 청색꽃게는 1마리당 평균적으로 140g 정도의 무게가 나간다. ▶ 대서양 청색꽃게 생물 무게의 약 15% 정도가 게살이다. 청색꽃게 450g(약 3마리)을 발라내면 약 65g의 게살을 얻을 수 있다.

털갈이하는 시기에 잡은 대서양 청색꽃게는 껍데기가 부드러우므로 **소프트셸 크랩**이라는 이름으로 판매한다. 생물을 구입한다면 아주 활발하게 움직

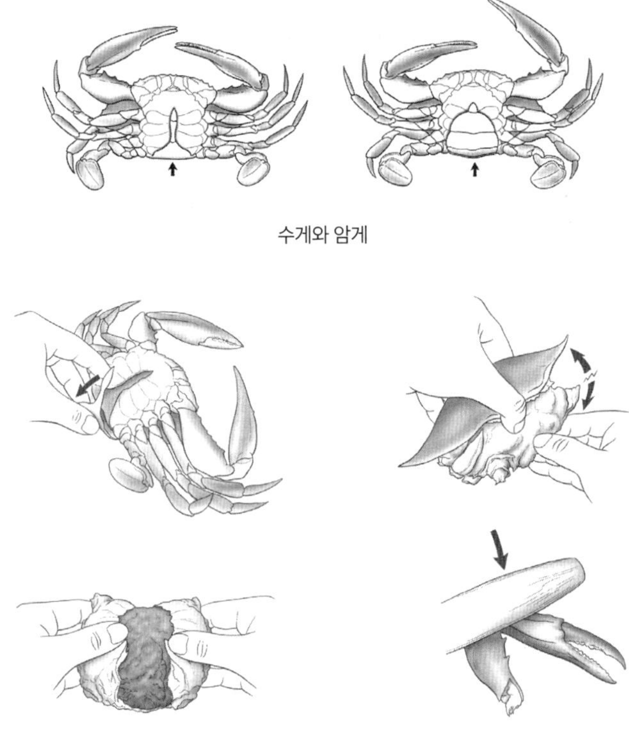

수게와 암게

하드셸 크랩에서 게살 발라내기

이지는 않더라도 싱싱한 냄새가 나야 한다. 소프트셸 크랩은 찌거나 냉동한 상태로도 판매한다. 소프트셸 크랩은 껍데기가 딱딱한 하드셸 크랩과 상당히 다른 방법으로 손질해서 먹는다.

소프트셸 크랩을 조리하기 위해 손질하려면 찬물을 몇 번 갈아주면서 깨끗하게 씻는다. 주방용 가위로 눈과 입을 잘라낸다. 게딱지의 양쪽 옆에 있는 뾰족한 부분을 들어올려서 떼어내고 아가미를 제거한다. 등이 아래로 가도록 돌려놓고 배딱지를 들어올린 후 넓적한 부분을 단단히 잡아서 천천히 비틀어 떼어낸다. 소프트셸 크랩은 거의 모든 부위를 먹을 수 있다. 보통 빵가루를 묻혀서 프라이팬에 지지거나 기름을 넉넉히 붓고 튀긴다.

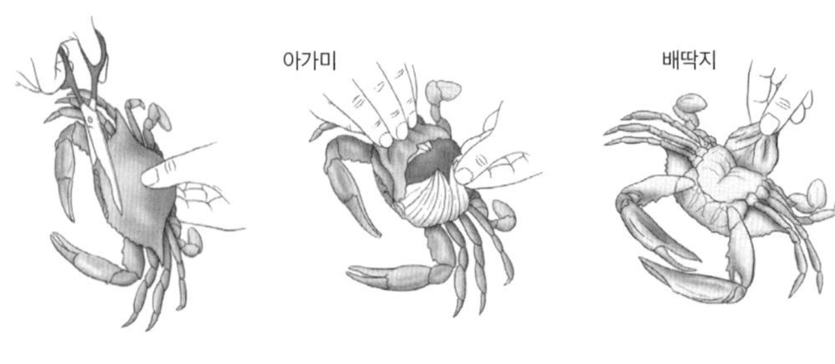

소프트셸 크랩 손질하기

대짜은행게

미국 서부 해안이 원산지인 대짜은행게는 랍스터를 연상시키는 달콤한 맛으로 인기가 높다. 남획을 막기 위해 게딱지의 너비가 15cm 이상 되는 수컷만 잡을 수 있다. 이 정도 크기의 게는 평균 680g~1.1kg 정도의 무게가 나가며, 그중 25%가 게살이다. **활게**(Jonah crab)는 대짜은행게와 가까운 품종으로 미 동부 해안에 서식하며 게살은 갈색이 돌고 집게발 끝이 검은색이다. **대서양바위게**

(또는 '피키토 크랩peekytoe crab')는 크기가 조금 작지만 식감과 풍미가 비슷하다. 대짜은행게를 사용하는 요리는 초피노 레시피를 참고한다.

킹크랩

대부분 알래스카 바다에서 잡히는 킹크랩은 거대한 몸집에 연한 붉은색을 띤다. 남획을 방지하기 위해 엄격한 규정을 따라야 하는 미국 어선들이 잡은 게를 구입하도록 권장한다. 킹크랩의 서식지와 가까운 곳에 살지 않는 한 통째로 판매하는 생물 킹크랩을 접할 가능성은 많지 않다. 킹크랩은 보통 다리를 떼어내서 찐 다음 냉동해서 판매한다. 냉동 킹크랩은 냉장고에서 하룻밤 해동한다. 이미 익은 상태이므로 차갑게 내거나 직화 오븐 구이, 찜, 그릴 구이 등의 방법으로 살짝 데워서 먹는다. **대게**는 킹크랩보다 크기가 작고 가격도 저렴하며, 역시 익힌 다음 냉동해서 판매한다. 대게는 킹크랩과 비슷한 방법으로 손질해서 먹을 수 있다.

바위게

플로리다 원산이며 연한 색의 게살과 아주 섬세한 식감 및 풍미를 특징으로 하는 바위게는 집게발 때문에 높은 평가를 받는다. 바위게를 잡아서 한쪽 또는 양쪽 집게발을 떼어낸 후 원래 서식지로 방생하면 집게발이 다시 자라난다. 바위게는 익힌 상태로 판매하기 때문에 따로 조리 과정이 필요 없다. 집게발 껍데기를 깨뜨려서 게살을 발라내거나 킹크랩처럼 데워서 먹는다.

소프트셸 크랩 튀김

1인당 2~3마리

딥 프라잉 항목을 참고한다. 프라이팬에 지진 소프트셸 크랩은 소프트셸 크랩 튀김 샌드위치 레시피를 참고한다.

다음을 키친타월 사이에 올려놓고 물기를 닦아낸다.

   소프트셸 크랩, 깨끗하게 손질하기

게에 다음을 골고루 묻힌다.

   잘 달라붙는 빵가루나 크래커 코팅

깊고 묵직한 냄비나 더치오븐을 중강불에 올리고 기름을 다음 높이까지 부어서 185℃로 달군다.

   식물성 기름 5cm

한꺼번에 너무 많이 넣지 않도록 주의하면서, 게를 몇 개씩 넣고 노릇노릇하게 익을 때까지 중간에 한 번 뒤집어가면서 3~5분간 튀긴다. 키친타월에 올려놓고 기름을 뺀다. 다음을 적당량 뿌려 간을 한다.

   소금과 흑후추

다음과 함께 낸다.

   타르타르 소스, 레물라드 소스 또는 파슬리와 브라운 버터

소프트셸 크랩 그릴 또는 직화 오븐 구이

4인분

그릴을 중강불로 맞춰서 준비하거나 직화 오븐을 예열하고 열원에서 5~7.5cm 떨어진 위치에 오븐 받침대를 끼운다.

작은 그릇에 다음을 넣고 섞는다.

   버터 4큰술(버터 스틱 ½개), 녹이기 또는 올리브유

   (마늘 1쪽, 다지거나 강판에 갈기)

(카옌 고춧가루 1자밤)

소금과 흑후추 적당량

솔로 버터 혼합물을 아래위에 바른다.

소프트셀 크랩 8마리, 깨끗이 손질해서 톡톡 두드려 물기를 제거하기

그릴이나 직화 오븐에 넣어 단단해질 때까지 한 면당 4분씩 굽고, 특히 집게발을 비롯한 껍데기가 타지 않도록 주의한다. 소프트셀 크랩은 다른 게들처럼 껍데기가 붉은색으로 변하지 않는다. 다음과 함께 낸다.

레몬 또는 라임 조각과 핫소스, 또는 녹인 버터

청색꽃게 찜

1인당 8~10마리

손이 더러워져도 신경 쓰지 않고 맛있게 즐기는 이 전통적인 요리는 식탁에 신문지를 깔고 꽃게 찜이 가득 든 그릇을 가운데에 놓는다. 게 껍데기를 부술 수 있도록 작은 망치, 펜치, 호두 까는 도구 등을 함께 낸다. 살을 발라내는 용도로 나무 꼬챙이, 해산물용 포크, 호두알 파내는 도구를 식탁에 놓는다. 화기애애한 분위기와 키친타월 한 롤 또는 물티슈 한 상자만 있으면 그야말로 최고의 식사를 즐길 수 있다.

아주 커다란 육수 솥에 찜 틀을 끼운다. 솥에 다음을 붓는다.

사과 식초 2컵

(맥주 360ml)

솥의 바닥과 찜 틀 아래쪽 사이의 2/3 지점까지 오도록 물을 붓는다. 식초 물이 부르르 끓어오르도록 가열한다. 찬물을 틀어놓고 다음을 씻는다.

살아 있는 대서양 청색꽃게 24마리

찜 틀에 최대 6층으로 게를 쌓아올리고, 각 층 사이에 다음을 뿌린다.

코셔 소금 1큰술(최대 6큰술)

(게 찜용 시즈닝 또는 체서피크 베이 시즈닝[최대 6큰술])

불을 줄여 보글보글 끓는 상태를 유지하면서 뚜껑을 꼭 덮어둔다. 게가 밝은 분홍색으로 변하고 게 다리가 쉽게 뽑혀 나올 때까지 15~20분간 찐다. 다음과 함께 낸다.

녹인 버터

레몬 조각

데치거나 삶은 게

대서양 청색꽃게는 1인당 8~10마리, 대짜은행게는 1인당 680g

게 전용 가위나 호두 까는 도구, 냅킨 여러 장, 녹인 버터와 레몬만 곁들여서 간단하게 낸다. 또는 살을 발라내서 다른 레시피에 활용하기도 한다.

커다란 냄비의 2/3 지점까지 다음을 붓는다.

물

강불에 올려서 부르르 끓인다. 다음을 넣는다.

물 1ℓ당 소금 1큰술

끓는 물의 온도가 갑자기 내려가지 않도록 다음을 집게로 집어서 하나씩 끓는 물에 조심스레 넣는다.

살아 있는 하드셀 크랩, 깨끗이 씻기

뭉근히 끓는 상태가 되도록 불을 줄이고 15분 정도 또는 게 다리가 쉽게 뽑혀 나올 때까지 삶는다. 게를 큰 접시에 옮겨 담고 다음을 곁들여서 통째로 낸다.

녹인 버터와 레몬 조각

먹을 때는 집게발을 비틀어서 떼어내고 한쪽에 둔다. 등딱지가 아래로 가도록 게의 몸통을 돌리고 필요하면 날카로운 칼을 사용해 배딱지를 제거한다. 책을 펼치듯이 게딱지를 벌려서 떼어내고 아가미를 제거한다. 몸통을 반으로 잘라서 게살을 발라낸다. 녹색의 내장은 먹는 사람의 선호도에 따라 게살과 함께 먹거나 버린다. 집게발에 들어 있는 살은 호두 까는 도구로 발라낼 수 있다.

크랩 케이크

4인분

커다란 그릇에 다음을 넣고 섞는다.

마요네즈 1/4컵

대란 1개

다진 파슬리 2큰술

디종 머스터드 1큰술

(게 찜용 시즈닝 또는 체서피크 베이 시즈닝 1작은술)

(카옌 고춧가루 1/4작은술)

소금 1/4작은술

흑후추 1/4작은술

다음을 넣고 게살과 양념장이 골고루 어우러질 정도로만 살살 섞는다.

게살 덩어리 450g, 껍데기 조각과 연골을 골라내기

생빵가루 또는 마른 빵가루 1/2컵

게살과 빵가루, 양념 혼합물을 빚어서 동글납작한 팬케이크 모양으로 8개를 만든다. 파라핀지를 깐 접시에 케이크를 올려놓는다. 취향에 따라 랩을 씌워서 최대 8시간 정도 냉장고에 넣어두어도 좋다.

오븐을 93℃로 예열한다. 커다란 프라이팬을 중불에 올리고 다음을 넣어 가열한다.

버터 4큰술(버터 스틱 1/2개), 정제 버터 또는 식물성 기름

기름이 뜨거워졌을 때 크랩 케이크 4개를 프라이팬에 넣는다. 중약불로 줄이고 양쪽 면이 골고루 갈색으로 익도록 한 면당 5분씩 지진다. 나머지를 조리하는 동안 완성된 크랩 케이크는 오븐에 넣어 따뜻하게 보관한다. 다음을 곁들여 뜨겁게 낸다.

레몬 조각

아이올리, 레물라드 소스 또는 풍미 재료를 넣은 마요네즈

싱가포르식 칠리 크랩

2인분

물티슈를 꺼내자! 이 요리는 맛이 기가 막힐 뿐만 아니라 손에 마구 묻히면서 지저분하게 먹어야 제맛이다. 취향에 따라 게 대신 랍스터를 사용해도 좋다. 미국풍 랍스터 레시피를 참고해 랍스터를 잘라서 사용한다.

중간 크기의 그릇에 다음을 넣고 섞은 후 한쪽에 둔다.

순한 맛의 토마토 칠리 소스 또는 케첩 1/3컵

물 1/4컵

칠리 마늘 소스, 스리라차 소스 또는 삼발 올렉 1큰술

쌀 식초 1큰술

갈색 설탕 1큰술

간장 1큰술

다음을 준비한다.

살아 있는 대짜은행게 1마리(900g~1.3kg), 조리하기 직전에 죽이기

집게발을 비틀어서 떼어내고 한두 번 두들겨서 게살이 노출되게 한다. 게딱지, 아가미, 내장은 잘라서 버리고 몸통을 4조각으로 자른다. 웍이나 커다란 프라이팬을 강불에 올리고 다음을 둘러서 연기가 나기 직전까지 달군다.

식물성 기름 2큰술

다음을 넣고 부드러워질 때까지 약 2분간 볶는다.

샬롯 큰 것 1개, 다지기

마늘 3쪽, 다지기

생강 2.5cm짜리 1조각, 껍질을 벗기고 다지기

(붉은색 매운 생고추 1개, 다지기)

(발효 검은콩 1큰술)

칠리 소스 혼합물을 넣고 부르르 끓어오르도록 가열한다. 큼직하게 자른 게를 넣고 저어서 소스를 골고루 묻힌다. 5분간 뭉근히 끓인다. 다음을 넣고 저은 후 팔팔 끓여서 소스를 걸쭉하게 졸인다.

찬물 1큰술에 옥수수 전분 2작은술을 넣어 섞은 것

프라이팬을 불에서 내린다. 다음을 넣고 저어서 섞는다.

달걀노른자 1개, 풀어두기

게를 서빙용 접시에 옮겨 담고 그 위에 소스를 부은 후 다음을 얹는다.

쪽파 2대, 송송 썰기

다음과 함께 낸다.

바삭바삭한 빵 또는 흰쌀밥

랍스터에 대해

미국 본토에서 접할 수 있는 랍스터에는 두 종류가 있다. **노던 랍스터**(Northern lobster)라고 불리는 **아메리칸 랍스터**는 캐나다에서 캐롤라이나주에 걸쳐서 잡히며 메인 랍스타라는 이름으로도 잘 알려져 있다. 전체적으로 푸른색이 도는 녹색과 붉은색을 띠며 짙은 갈색 무늬가 있어 얼룩덜룩하게 보인다.

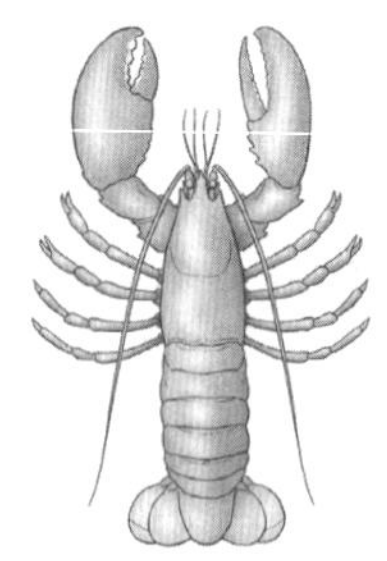

아메리칸 또는 노던 랍스터

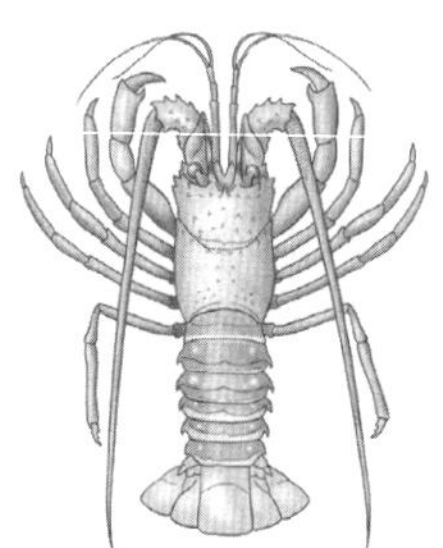

가시 랍스터 또는 록 랍스터

가시 랍스터, 록 랍스터 또는 **닭새우**라고 불리는 또 하나의 랍스터 품종은 플로리다와 캘리포니아, 오스트레일리아와 뉴질랜드, 남아프리카, 지중해 지역에서 잡힌다. 수염이 무척 길지만 집게발은 없고, 살은 대부분 묵직한 꼬리 부분에 들어 있다. 가시 랍스터는 '한류', 즉 차가운 바다에서 잡은 것이 꼬리의 풍미가 좋다고 알려져 있다. 황갈색에서 붉은빛이 도는 주황색, 적갈색까지 다양한 색을 띠며 연한 색의 반점이 있다. 가시 랍스터의 꼬리는 보통 냉동해서 판매한다.

미국에서는 좀처럼 찾아보기 힘든 **노르웨이 랍스터**는 가시 랍스터와 가까

운 품종으로 프랑스에서는 **랑구스틴**(langoustine)이라고 불린다. 이탈리아에서는 **스캠포**(scampo, 스캠피scampi라는 복수형으로 널리 쓰인다.)라는 이름으로 잘 알려진 식재료다. **유럽 랍스터**는 미국의 노던 랍스터와 상당히 비슷하지만 수확량이 적어서 미국으로 수출되지 않는다.

종류와 관계없이 대다수 랍스터는 비슷한 조리법을 사용하며 같은 방식으로 잘라서 손질한다. 하지만 아메리칸 랍스터는 손질이 조금 더 까다로우므로 아래에 자세히 설명한다.

어떤 이들은 암컷 랍스터의 풍미가 더 뛰어나다고 한다. 하지만 이는 보통 암컷에 **코럴**(coral)이라고 하는 **알**이 들어 있어서 랍스터 살과 함께 먹거나 소스에 사용할 수 있기 때문이다. 수컷과 암컷을 구별하려면 배쪽의 몸통과 꼬리가 만나는 부분에 지느러미처럼 붙어 있는 부드러운 부속기관을 살펴보면 된다. 수컷은 이 부속기관이 앙상한 뼈와 같은 모양을 하고 있다. 또한 암컷 랍스터는 꼬리의 폭이 조금 더 넓지만 수컷은 집게발이 크다. 암수를 막론하고 랍스터의 배 속에 들어 있는 녹색 물질은 **터맬리**(tomalley, 간췌장)라고 부르며, 식욕을 돋우는 생김새는 아니지만 맛은 훌륭하다. ► 그러나 적조 현상이 있을 때는 이를 섭취하지 않는 것이 좋다. 랍스터는 여과 섭식 동물(물속의 유기물, 미생물을 여과 섭취하는 동물 — 옮긴이)은 아니지만 적조로 인해 신경독 오염에 노출된 쌍각류 조개를 먹이로 삼기 때문이다. 이러한 신경독이 랍스터의 간췌장에 축적된다. 랍스터 살은 신경독의 영향을 받지 않으므로 먹어도 안전하다.

► 생랍스터를 살 때는 랍스터를 수조에서 꺼냈을 때 '살아 있으면서 활발하게 움직이는지' 꼭 확인해야 한다. 1인분에 680g~1.1kg 정도의 무게를 기준으로 삼는다. ► 1.1kg짜리 랍스터를 삶아서 살을 발라내면 약 2컵 분량이 된다. 큼직한 랍스터는 살이 질기다고 말하는 사람들도 있지만 이는 사실이 아니다. 오히려 몸집이 큰 랍스터가 더 좋다는 주장도 충분히 설득력이 있다. 일단 큰 랍스터는 작은 랍스터보다 살이 더 실하게 들어 있다. 랍스터가 클수록 집게발이나 몸통 구석구석까지 살이 꽉꽉 들어차 있으므로 더욱 기분 좋게 즐길 수 있다. 랍스터 살이 질기거나 힘줄이 많다고 느껴진다면 크기 때문이라기보다 너무 오래 조리했기 때문일 확률이 높다. 커다란 랍스터의 단점으로는 골고루 익히기가 어렵다는 점을 꼽을 수 있다.

조리할 때까지 살아 있는 랍스터를 보관하려면 젖은 신문지로 감싸거나 축축한 수건으로 덮어서 테두리 있는 오븐 팬에 담아 냉장고에 넣는다. 랍스터는 얼음에 바로 올려놓거나 물에 담가서 보관하지 않는다. 랍스터의 집게발은 움직이지 않도록 작은 나뭇조각을 끼워놓거나 고무밴드로 묶어두어야 한다. 조리하기 전에 아직 살아 있는지 살펴보고 랍스터를 들어올려서 꼬리를 쭉 펴면 다시 원상태로 구부러지는지 확인한다. 랍스터를 씻으려면 등을 단단히 잡고 흐르는 찬물에 씻는다. 상황에 따라 조리하기 전에 랍스터를 절반으로 자르거나 여러 조각으로 잘라야 할 경우가 있다.

조리하기 전에 랍스터를 죽이려면 우선 냉동실에 2시간 정도 넣어두고 얌전하게 만들면 쉽게 작업할 수 있다. 배가 아래로 가도록 랍스터를 도마에 놓는다. 움직이지 않게 단단히 잡은 상태에서 랍스터의 머리 바로 뒤쪽에 있는 십자선 부분을 찾아서 383쪽의 그림처럼 큼직한 칼의 끝부분을 정통으로 찔러 넣는다. 칼을 아래로 내려 머리를 잘라내면 랍스터를 바로 죽일 수 있다.

► 직화, 그릴, 오븐 구이 등 액체 재료 없이 가열하는 조리 방법은 랍스터 살이 껍데기에 달라붙기 쉽다. 일단 1분 정도 찌거나 삶는 등 살짝 익혀 조리하면 살이 껍데기에 붙는 것을 방지할 수 있다.

껍데기째 조리해서 파는 랍스터를 살 때는 선명한 붉은색을 띠면서 신선한

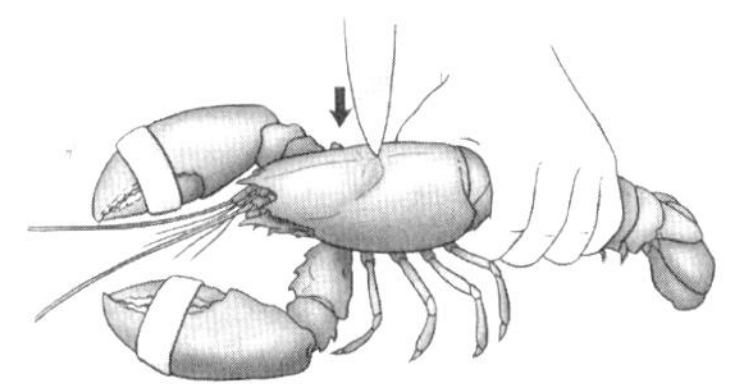

조리하기 전에 랍스터를 죽이려면
날카롭고 묵직한 칼로 머리 뒤쪽을 찌른다.

바다 냄새가 나는지 확인한다. ▶ 익혀서 파는 랍스터도 생물 랍스터와 마찬가지로 가장 중요한 것은 꼬리인데, 잡아당겼다가 놓으면 다시 몸통 아래로 말려 들어가야 한다. 이는 랍스터가 조리하기 직전까지 살아 있었다는 증거이며 꼬리가 말리지 않는 랍스터는 피한다.

　　▶ 애벌로 삶았거나 완전히 익힌 랍스터에서 살을 발라내려면 우선 집게발을 비틀어서 떼어낸다. 호두 까는 도구나 밀대, 묵직한 칼등으로 커다란 집게발과 관절을 내려쳐서 깬다. 집게발은 안쪽의 툭 튀어나온 부분의 껍데기를 두들긴다. 이렇게 하면 커다란 집게발 부분에 있는 살을 통째로 발라낼 수 있다. 작은 집게발도 두들겨서 껍데기를 깨면 살이 빠져나온다. 집게발의 좁은 내부에 들어 있는 살을 발라낼 때는 나무 꼬치가 편리하다. 꼬리와 몸통을 잡고 비틀어서 분리한다. 꼬리를 작업대 위에 놓고 껍데기가 갈라질 때까지 살짝 누르면서 앞뒤로 굴린다. 꼬리 부분에 있는 살이 통째로 깔끔하게 떨어져나와야 한다. 상황에 따라 반을 가르듯이 가위로 꼬리의 아랫면을 세로로 잘라서 벌려주면 살을 좀 더 쉽게 발라낼 수 있다.

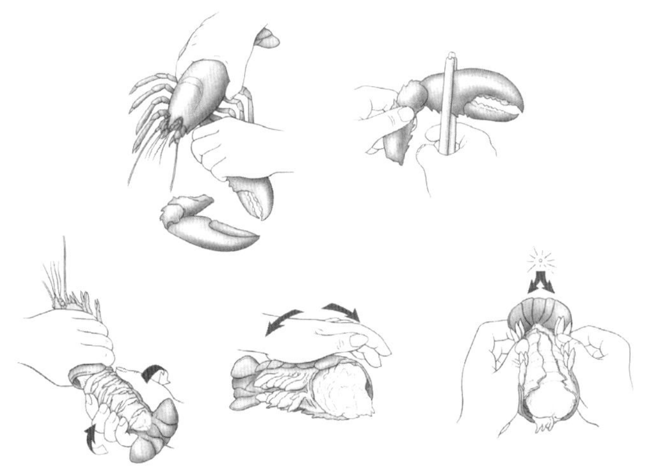

랍스터의 집게발을 떼어내고 껍데기를 깬다. 랍스터 꼬리를 비틀어서
분리한다. 손으로 누르면서 꼬리를 굴린 다음 껍데기를 벗긴다.

다리 8개를 떼어낸다. 큰 랍스터는 작은 다리에도 살이 실하게 들어 있다. 다리를 반으로 부러뜨려서 나무 꼬치로 살을 발라낸다. 또는 자르지 않고 통째로 열려 있는 쪽을 입에 물고 속에 들어 있는 살을 빨아먹어도 좋다.

　　랍스터의 몸통에도 약간의 살이 들어 있다. 꼬리와 몸통이 만나는 부분의 딱지를 들어올리면 바로 떨어져나올 것이다. 몸통을 세로로 반 가르고 아가미와 다리 사이의 살을 발라낸다. 취향에 따라 간췌장과 알도 떼어낸다. 랍스터 껍데기는 랍스터 버터를 만들 때 사용할 수 있다.

비싼 몸값을 자랑하는 랍스터를 조리하는 다른 방법은 랍스터 롤, 랍스터 비스크, 랍스터 샐러드 비네그레트, 랍스터 또는 새우 샐러드 레시피를 참고한다.

랍스터 찜

가정에서 랍스터를 요리하기에 가장 쉬운 방법이며 랍스터 풍미가 진하게 농축된 국물도 함께 얻을 수 있으므로 소스에 넣어서 활용하면 좋다. 상황에 따라 랍스터를 우선 냉동실에 약 2시간 정도 넣어서 얌전하게 만든 후에 조리할 수도 있다.

깊은 육수 솥에 다음을 붓고 강불에 올려서 부르르 끓인다.

　　물 3.8cm

　　(화이트와인 1컵 이상)

다음을 넣는다.

　　살아 있는 랍스터

뚜껑을 덮고 그 위에 묵직한 것을 올려서 수증기나 랍스터가 빠져나오지 못하게 한다. 선명한 붉은색이 될 때까지 찐다. 680g짜리 랍스터 기준으로 약 10분 정도 쪄야 하며 450g이 추가될 때마다 3분씩 찌는 시간을 늘린다. 집게로 랍스터를 꺼낸다. 샐러드, 오르되브르 또는 소스로 버무린 요리에 사용할 커다란 랍스터라면 바로 얼음물에 넣어 잔열로 익는 것을 방지한다.

다음과 함께 낸다.

　　(랍스터 찜 국물을 담은 개인 그릇)

　　녹인 버터

　　레몬 조각

모든 사람에게 넉넉한 양의 냅킨과 게 가위 또는 호두 까는 도구 그리고 앞치마를 제공한다. 랍스터 살을 발라내는 방법은 왼쪽 그림을 참고한다.

삶은 랍스터

랍스터를 찌지 않고 삶는 이유는 딱 하나다. 대량의 랍스터를 여러 차례에 걸쳐 조리하다 보면 마지막으로 조리할 때쯤 진한 랍스터 육수가 생긴다. 이런 드문 경우가 아니라면 언제나 빠르고 쉽게 만들 수 있는 랍스터 찜 조리법을 권한다. 상황에 따라 랍스터를 우선 냉동실에 약 2시간 정도 넣어서 얌전하게 만든 후에 조리할 수도 있다.

크고 묵직한 냄비에 나중에 랍스터를 넣었을 때 완전히 잠길 정도로 물을 충분히 붓는다. 물 1ℓ당 다음을 추가한다.

　　소금 1큰술

물을 팔팔 끓인다. 물이 튀지 않도록 조심하면서 다음을 머리부터 끓는 물에 넣는다.

　　살아 있는 랍스터 680g~1.1kg

뚜껑을 덮고 그 위에 묵직한 것을 올린 후 다시 팔팔 끓도록 가열한다. 물이 끓어오르면 즉시 불을 줄이고 랍스터가 선명한 붉은색이 될 때까지 뭉근히 삶는다. 680g짜리 랍스터 기준으로 약 8분 정도 삶아야 하며 450g이 추가될 때마다 3분씩 삶는 시간을 늘린다. 다 삶으면 물을 따라낸다.

다음과 함께 낸다.

　　녹인 버터

　　레몬 조각

모든 사람에게 넉넉한 양의 냅킨과 게 가위 또는 호두 까는 도구 그리고 앞치마를 제공한다. 랍스터 살을 발라내는 방법은 왼쪽 그림을 참고한다.

랍스터 그릴 또는 직화 오븐 구이

2인분

상황에 따라 랍스터를 우선 냉동실에 약 2시간 정도 넣어서 얌전하게 만든 후에 조리할 수도 있다.

그릴을 중강불로 맞춰서 준비하거나 직화 오븐을 예열한다. 다음을 준비한다.

　살아 있는 랍스터 680g짜리 2마리

383쪽의 설명대로 랍스터의 머리 부분에 칼을 찔러 넣어 죽인다. 랍스터의 방향을 바꿔 머리에서 꼬리까지 반으로 자르고 껍데기를 양쪽으로 벌려서 랍스터를 책처럼 평평하게 펼친다. 머리 쪽에 붙어 있는 주머니와 꼬리 혈관을 제거한다. 직화로 굽는다면 (암컷의 경우) 알과 간췌장을 떼어낸 후 다음 재료와 섞어 스터핑을 만들어도 좋다.

　(생빵가루 2큰술)

　(레몬즙 또는 드라이 셰리 2작은술)

랍스터의 내장을 떼어낸 곳에 스터핑을 채워 넣는다. 노출된 랍스터 살에(스터핑을 넣는다면 스터핑에도) 솔로 다음을 바른다.

　녹인 버터 또는 올리브유

다음을 적당량 뿌려 간을 한다.

　소금과 흑후추

스터핑을 채우지 않고 그릴이나 직화로 구울 경우, 그릴의 불이 닿지 않는 곳에 껍데기가 아래로 가도록 올려놓고 굽거나 껍데기가 위를 향하도록 오븐 팬에 올려 직화 오븐에 넣어서 10분 정도 굽는다. 스터핑을 채워서 직화 오븐에 굽는다면 껍데기가 아래로 가도록 오븐 팬에 올려놓고 10분 정도 굽는다. 다음과 함께 낸다.

　레몬 조각

　녹인 버터

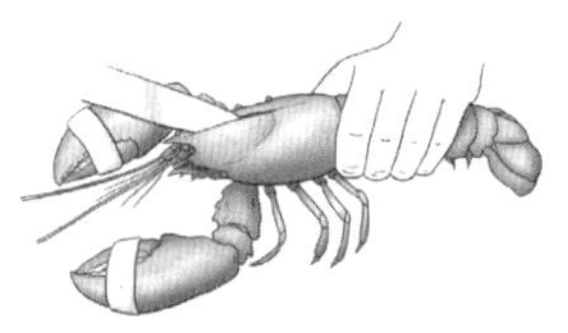 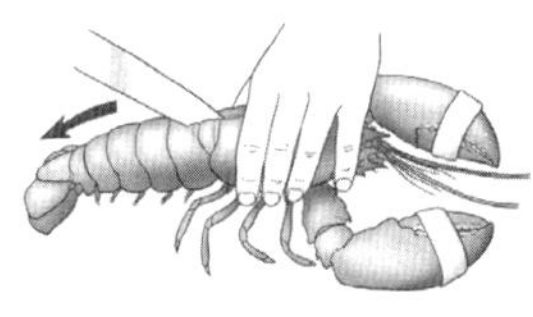

머리 앞쪽을 반으로 자르기. 랍스터를 2등분하려면
칼을 몸통과 꼬리 쪽으로 움직이면서 반으로 자른다.

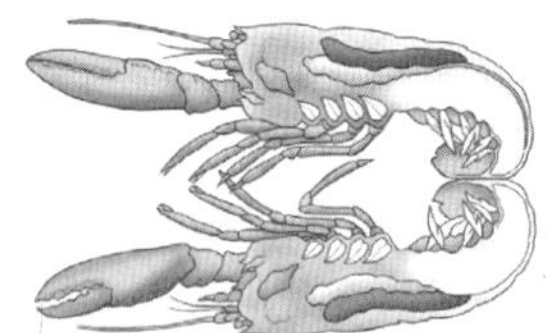

반으로 자른 랍스터

미국풍 랍스터(또는 아르모리켄Armoricaine)

2인분

상황에 따라 랍스터를 우선 냉동실에 약 2시간 정도 넣어서 얌전하게 만든 후에 조리할 수도 있다. 비슷한 방식으로 조리하지만 양념이 조금 더 강한 요리로는 싱가포르식 칠리 크랩 레시피를 참고한다.

흐르는 즙을 받아낼 수 있도록 테두리 있는 오븐 팬에 다음을 놓는다.

　살아 있는 랍스터 680g짜리 2마리

383쪽의 설명대로 랍스터의 머리 부분에 칼을 찔러 넣어 죽인다. 몸통과 등에서 시작해 꼬리까지 껍데기를 반으로 자른다. 집게발을 잘라내고 한두 번 두들겨 안에 있는 살을 노출한다. 머리 쪽에 붙어 있는 주머니와 꼬리 혈관을 제거한다. 취향에 따라 (암컷의 경우) 알과 간췌장은 따로 보관했다가 소스에 활용한다. 반으로 자른 꼬리를 몸통과 분리한다. 커다란 프라이팬을 중불에 올리고 다음을 넣어서 녹인다.

　버터 3큰술

다음을 넣고 부드러워질 때까지 조리한다.

　샬롯 2개, 굵게 썰기

　마늘 2쪽, 다지기

자른 랍스터를 껍데기째 넣는다. 자주 저으면서 껍데기가 붉은색으로 변할 때까지 약 4분간 볶는다. 프라이팬에 다음을 넣는다.

　코냑 또는 브랜디 3큰술

플랑베 방식으로 알코올을 날린다. 프라이팬에 다음을 넣고 불을 끈다.

　드라이 화이트와인 1컵

　생선 육수나 물 ½컵

　토마토 퓌레 ¾컵

따로 보관해둔 랍스터 국물을 붓고 알과 간췌장을 사용한다면 이때 추가한다. 약 15분간 뭉근히 끓인다. 그동안 포크를 사용해 페이스트 형태가 될 때까지 다음을 으깨서 섞는다.

　버터 2큰술

　밀가루 2큰술

랍스터 조각을 서빙용 접시에 옮겨 담는다. 버터와 밀가루 혼합물을 소스에 넣고 다음 재료를 추가해 세게 저으면서 섞는다.

　굵게 썬 타라곤 1큰술

　소금과 흑후추 적당량

소스가 걸쭉해지도록 잠깐 뭉근하게 끓인다. 뜨거운 소스를 랍스터 위에 붓고 다음으로 장식한다.

　굵게 썬 파슬리

속을 채운 랍스터 오븐 구이

2인분

상황에 따라 랍스터를 우선 냉동실에 약 2시간 정도 넣어서 얌전하게 만든 후에 조리할 수도 있다.

오븐을 190℃로 예열한다. 중간 크기의 그릇에 다음을 넣고 섞는다.

　갈색으로 볶은 버터 빵가루 1½컵

　굵게 썬 파슬리 ¼컵

　마늘 1쪽, 다지기

　소금 ½작은술

　흑후추 ½작은술

　올리브유 2큰술

랍스터 그릴 또는 직화 구이 레시피의 설명대로 다음을 세로로 반 자르되, 테두리 있는 오븐 팬 위에서 작업해 랍스터 국물을 받아낸다.

　살아 있는 랍스터 680g~900g짜리 2마리

머리 쪽에 붙어 있는 주머니와 꼬리 혈관을 제거한다. 스터핑에 랍스터 국물 2큰술을 넣어 촉촉하게 만들고, 취향에 따라 풍미가 진한 간췌장을 함께 넣어도 좋다. 반으로 자른 랍스터 몸통과 꼬리의 빈 곳에 스터핑을 채우고 살짝 누른다. 오븐 팬에 다음을 붓는다.

  드라이 화이트와인 ¾컵

스터핑이 아주 뜨거워지고 윗면이 갈색으로 익으면서 꼬리살을 손가락으로 눌러보면 단단한 느낌이 날 때까지 30~35분간 랍스터를 굽는다. 굽는 도중에 오븐 팬에 떨어진 국물을 집게발에 두세 번 발라준다. 스터핑이 너무 말라보이면 팬에 떨어진 국물로 촉촉하게 적시되, 한 번에 1~2작은술 이상 얹으면 스터핑이 질척거리므로 주의한다.

랍스터 테르미도르(Lobster Thermidor)

2인분

전통적으로 베샤멜 소스로 조리하지만 크렘 프레슈를 사용하면 재료 준비 과정이 훨씬 간단해지고 맛도 그럴듯하다.

그릇에 다음을 넣어 섞는다.

  크렘 프레슈 또는 베샤멜 소스 II ½컵

  디종 머스터드 1큰술

  (드라이 셰리, 마데이라 또는 코냑 1큰술)

  (다진 타라곤, 처빌 또는 타임 ¼작은술)

한쪽에 둔다. 간췌장과 알은 떼어내서 버리고 다음을 만든다.

  랍스터 직화 구이 2마리, 속을 채우지 않고 굽기

랍스터가 다 익으면 오븐에서 꺼내고 직화 오븐은 그대로 켜둔다. 몸통과 꼬리에서 조심스럽게 살을 발라내고 껍데기는 그대로 둔다. 집게발을 떼어내고 두들겨서 껍데기를 깨뜨려 살을 발라낸다. 랍스터 살을 깍둑썰기하고 오븐 팬에 모인 랍스터 국물과 함께 크렘 프레슈 혼합물에 넣어서 섞는다. 포일을 넉넉하게 잘라서 구긴 다음 랍스터를 구울 때 사용했던 오븐 팬에 넓게 펴서 깐다. 절단면이 위로 가도록 랍스터 껍데기를 포일에 끼워 넣고 크렘 프레슈 소스에 버무린 랍스터 살을 채운다. 취향에 따라 다음을 훌훌 뿌린다.

  (잘게 썬 그뤼에르 치즈)

다시 직화 오븐에 넣어서 윗면이 연한 갈색으로 익을 때까지 굽는다.

뉴버그풍 랍스터(Lobster Newburg)

4인분

랍스터 대신 덩어리가 큼직한 게살 2컵을 사용할 수도 있다.

다음을 찌거나 삶는다.

  살아 있는 랍스터 680~900g짜리 2마리

랍스터 살을 발라내서 깍둑썰기한다.(2컵 정도 나온다.) 중간 크기의 프라이팬을 중강불에 올려서 다음을 넣고 부글부글 끓을 때까지 가열한다.

  버터 4큰술(버터 스틱 ½개)

  마데이라 또는 드라이 셰리 ¼컵

  헤비크림 ½컵

2분간 조리한 후 중약불로 줄인다. 소스가 보글거리며 끓기 직전에 다음을 천천히 넣고 세게 젓는다.

  달걀노른자 3개

계속 세게 저으면서 걸쭉해질 때까지 조리한다. 다음을 적당량 넣어 간을 한다.

  소금

깍둑썰기한 랍스터 살을 넣고 저은 뒤 속까지 잘 데워지도록 잠깐 조리한다. 다음의 위에 얹어서 즉시 낸다.

  버터를 발라서 구운 따끈한 토스트

취향에 따라 랍스터 소스를 듬뿍 얹은 토스트에 다음을 살짝 뿌린다.

  (훈제 파프리카 가루)

새우에 대해

갑각류 중에서도 몸집이 자그마한 새우는 미국에서 가장 인기 있는 해산물이다. 높은 수요에 부응하면서도 부담 없는 가격을 유지하기 위해 미국은 새우 양식을 하는 아시아와 남아메리카에서 미국 내 새우 소비량의 대부분을 수입한다. 예산에 여유가 있다면 캐롤라이나주에서 멕시코만에 걸쳐 서식하는 갈색, 흰색, 분홍색 난류성 새우나 태평양 연안의 한류성 도화새우 또는 자그마한 해만새우 등과 같이 미국 해안에서 잡히는 최고급 품종을 구해보자. 새우의 품종에 따라 약간의 풍미와 식감 차이는 있지만 민물새우를 포함한 모든 새우 품종은 레시피에서 서로 바꿔서 사용할 수 있으며, 새우의 크기를 고려해 분량과 조리 시간만 조절하면 된다. **왕새우**(prawn)는 사실 생물학적으로 다른 품종에 해당하지만 커다란 새우를 지칭할 때 자주 사용되는 용어다.

새우를 살 때는 검은 반점이 없는 것을 고른다.(물론 원래부터 반점이 있는 새우와 타이거새우는 예외다.) 상대적으로 건조해 보이고 단단해야 하며, 끈적거리거나 '까끌까끌하면' 안 된다. 암모니아 냄새나 비린내가 심하게 나는 것은 피한다. 새우는 거의 전부 잡은 직후에 냉동해서 유통한다. 새우 산지로 유명한 지역에 살지 않는 한, 냉동 새우는 해산물 판매대에 진열된 생새우만큼이나 '싱싱하다'고 봐도 좋다. 생새우도 어차피 냉동했다가 녹인 것이므로 금세 품질이 떨어지기 때문이다. 개별 급속 냉동(IQF) 처리한 새우는 필요할 때마다 꺼내서 해동 후 사용할 수 있다.

새우는 크기 또는 무게당 마릿수를 기준으로 하여 판매된다. U10 새우는 450g당 10마리 이하로 아주 큰 것이다. 450g당 50~60마리에 해당하는 **50/60미**는 상당히 작은 것이다. 껍질을 까지 않은 새우를 사서 직접 손질하는 것이 좋다는 점을 고려할 때(새우 껍질로 훌륭한 육수를 만들 수 있다. 육수를 만들 수 있을 만큼의 분량이 모일 때까지 새우 껍질을 지퍼백에 넣어서 냉동실에 보관한다.) 예산이 허락하는 한도 내에서 가장 씨알이 굵은 새우를 사기를 권한다. 비용과 크기가 적당하며 비교적 쉽게 껍질을 까고 손질할 수 있다는 점에서 450g당 **16/20미** 또는 **26/30미** 정도의 새우를 권장한다.

흔하지는 않지만 **머리까지 붙어 있는 통새우**를 판매하는 매장들도 있다. 유달리 비위가 약한 편이 아니라면 진한 풍미를 맛볼 수 있는 새우 머리는 훌륭한 식재료가 된다.(하지만 새우 머리에는 날카로운 '코', 즉 이마뿔이 달려 있어서 주의해야 하며 조리하기 전에 잘라내야 한다.) 누구나 보편적으로 즐길 수 있는 요리를 선호할 경우, 뭉근히 끓이는 육수나 수프, 소스에 새우 머리를 넣으면 기가 막힌 풍미를 낼 수 있다는 점을 기억하자.(남은 새우 머리는 지퍼백에 보관했다가 나중에 사용한다.) 다만 머리까지 붙은 새우는 상당히 빨리 상한다. 통새우를 살 때는 흐느적거리지 않는지 반드시 확인하고 최대한 빨리, 가능하면 구입한 당일에 사용하면 좋다. 특히 도화새우는 죽은 후 몇 시간 내에 머리를 제거하거나 즉시 조리해야 한다.

통새우 1.3kg의 머리를 제거하면 껍질을 까지 않은 새우 약 900g이 나온다. 껍질을 까면 무게는 약 680g으로 줄어든다. ► 1인분에 통새우 450g, 껍질을 까지 않은 새우 340g 또는 껍질을 깐 새우 150~225g의 분량을 기준으로 삼는다.

그릴 또는 직화 오븐에 굽거나 삶는 용도라면 ▶ 껍질은 새우살이 마르지 않게 해주며 진한 풍미를 보존해주기 때문에 껍질째 사서 조리하는 것이 좋다. 조리 전후와 관계없이 새우 껍질은 비교적 쉽게 깔 수 있다. 살짝 잡아당기기만 해도 몸통을 둘러싼 껍질이 꼬리와 분리된다. 새우의 가느다란 창자관, 즉 '내장'에서는 다소 쓴맛이 나기 때문에 특히 크기가 큰 새우는 내장을 제거하는 것을 권장하지만 그냥 사용해도 큰 상관은 없다.

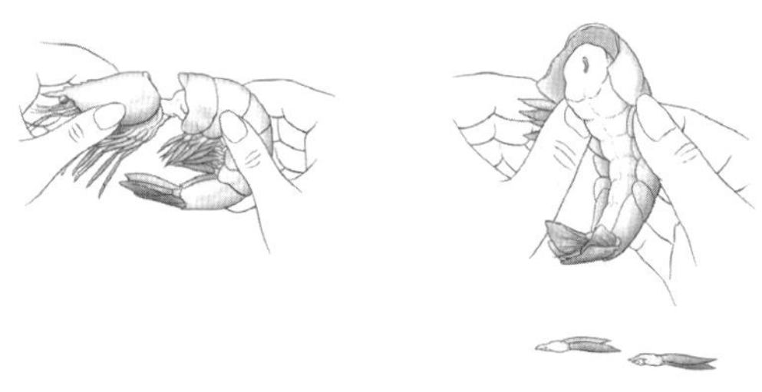

새우 껍질 벗기기

새우의 내장을 제거하려면 껍질을 깐 새우의 등에 칼집을 살짝 넣은 후 흐르는 물에 갖다 대고 작은 칼의 칼끝이나 내장 제거 도구로 내장을 빼낸다. 내장만 제거하고 껍질째 조리하여 진한 풍미를 살리려면, 작은 가위로 새우 등껍질을 가르고 새우살에 살짝 칼집을 넣어 껍질은 벗겨내지 않고 내장만 빼낸다.

새우를 나비처럼 평평하게 손질하려면 껍질을 깐 새우나 까지 않은 새우를 작업대에 옆으로 놓는다. 꼬리에서 약 6mm 떨어진 지점부터 시작해 새우의 구부러진 배 쪽으로 칼집을 넣되(새우의 다리 사이로) 새우살이나 껍질을 완전히 반으로 자르지는 않는다. 손가락으로 새우의 배를 양쪽으로 펼치고 손바닥으로 납작하게 눌러서 거의 평평한 모양이 되도록 한다.

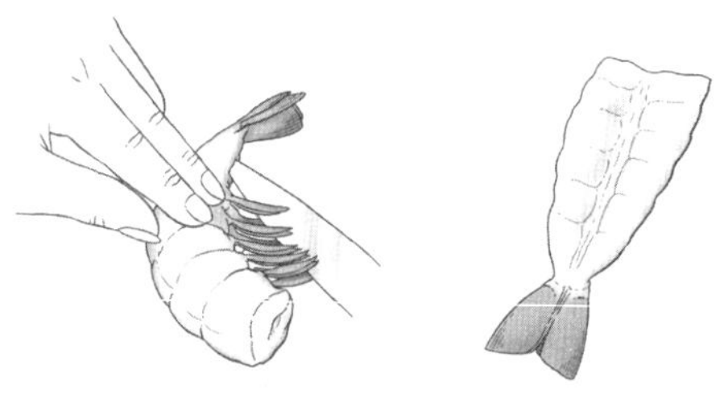

새우를 나비 모양으로 평평하게 손질하기

▶ 새우를 튀기는 방법은 갑각류 튀김 레시피와 프라이팬에 튀긴 갑각류 항목을 참고한다. 더 다양한 새우 요리는 사테, 그릴 또는 직화 오븐에 구운 새우 코케뉴, 케이준 팝콘 새우, 새우 피클, 로제야트 데 피데오스, 팟타이, 똠얌꿍, 해산물 파에야, 랍스터 또는 새우 샐러드, 맬러리의 새우 샐러드 레시피를 참고한다. **말린 새우**에 관한 내용은 1076쪽에서 소개한다.

간단한 새우 프라이팬 구이
2인분

품질이 좋고 싱싱한 새우는 간단하게 조리해서 버터와 레몬즙을 곁들여 먹는 것이 가장 맛있다.
커다란 논스틱 프라이팬에 다음을 넣는다.

　껍질을 까지 않은 새우 450~680g, 내장을 제거하기

뚜껑을 덮고 중불이나 중강불에 올려 새우 자체에서 나오는 국물만으로 2분간 조리한다. 뚜껑을 열고 저은 다음 새우 껍질이 분홍색으로 변하고 살이 불투명해질 때까지 2분간 더 조리한다. 식탁에 신문지를 깔고 키친타월을 준비한 후 다음을 곁들여서 즉시 낸다.

　녹인 버터
　레몬 조각

향신료를 발라 검게 구운 새우
4인분

화재경보기가 한 번쯤 울려야 제대로 요리한 것 같은 기분이 드는 사람들에게 알맞은 근사한 요리다.
다음을 준비한다.

　검게 그을리는 용도의 케이준 양념

그릇에 다음을 넣고 양념을 넣어 뒤적이며 버무린다.

　껍질을 까지 않은 새우 900g~1.1kg(26/30미 또는 그보다 큰 것 권장), 내장을
　　제거하기

환풍기를 틀어놓고 창문을 연다. 커다란 프라이팬을 강불에 올리고 다음을 둘러서 가열한다.

　식물성 기름 2큰술

기름에서 연기가 나기 시작할 때 새우를 한 겹으로 깔고 중간에 한 번 뒤집어주면서 새우 껍질이 분홍색으로 변하고 살이 불투명해질 때까지 한 면당 약 1분씩 조리한다. 다음과 함께 낸다.

　레몬 조각

소금과 후추 반죽을 사용한 새우 또는 오징어 튀김
4인분

새우로 만들면 껍질까지 통째로 먹는다. 우리는 특히 튀겼을 때 바삭바삭해지는 새우 다리를 좋아한다. 머리까지 붙어 있는 통새우를 튀기면 그야말로 천상의 맛이다. 딥 프라잉 항목을 참고한다.
중간 크기의 그릇에 다음을 넣고 세게 저어서 섞는다.

　밀가루 ⅓컵
　옥수수 전분 ⅓컵
　흑후추 또는 쓰촨식 고춧가루 2작은술
　소금 1작은술
　베이킹소다 ½작은술

밀가루 혼합물에 다음을 넣고 뒤적이며 잘 묻힌다.

　껍질을 까지 않은 새우 900g~1.1kg, 내장을 제거하기, 머리와 껍질이 모두 붙어
　　있는 통새우 1.8kg(날카로운 이마뿔을 잘라내기), 또는 오징어 680g, 깨끗이
　　씻어서 한입 크기로 썰기

여분의 밀가루를 털어낸다. 오븐 팬에 철망을 올리고 새우를 그 위에 얹어서 기름을 달구는 동안 냉장고에 보관한다. 깊고 묵직한 냄비나 더치오븐에 기름을 다음 높이까지 붓고 185℃로 가열한다.

　식물성 기름 5cm

전체 분량을 두 번에 나눠서 튀긴다. 새우나 오징어를 조심스럽게 기름에 넣고 노릇노릇 바삭해질 때까지 2~3분간 튀긴다. 키친타월을 깐 오븐 팬에 철망을 놓고 건지거나 구멍 뚫린 숟가락으로 새우를 건져서 철망에 올려 기름을 뺀다.

취향에 따라 다음을 조금 더 훌훌 뿌린다.

　(흑후추 또는 쓰촨산 고춧가루)

데치거나 '삶은' 새우

4인분

이 레시피에서는 쿠르 부용이라는 깊은 풍미를 지닌 국물을 만든 후 이 국물을 사용해 새우를 데친다. 그러나 취향에 따라 그냥 소금물에 데쳐도 좋다.

커다란 편수 냄비에 다음을 넣고 섞는다.

　셀러리 줄기 2개, 5cm 길이로 자르기

　양파 중간 크기 1개, 8등분하기

　레몬 작은 것 1개, 4등분하기

　파슬리 ⅓묶음

　검은색 통후추 8개

　월계수 잎 2장

　소금 1큰술

　카옌 고춧가루 ½작은술

　물 10컵

부르르 끓어오르도록 가열한 후 불을 줄이고 뚜껑을 연 상태로 10분간 뭉근히 끓인다. 국물을 걸러서 다시 냄비에 붓는다. 다음을 넣는다.

　껍질을 까지 않은 새우 900g~1.1kg, 내장을 제거하기

국물이 다시 끓어오르도록 가열한 후 불을 줄이고 뚜껑을 연 상태로 새우가 분홍색으로 변하면서 살이 단단해질 때까지 2~3분간 뭉근히 삶는다. 새우를 즉시 건져서 접시 위에 올려놓고 식힌다. 취향에 따라 다음과 함께 낸다.

　(베커 칵테일 소스, 레물라드 소스 또는 타르타르 소스)

베커 바비큐 새우

4인분

바삭바삭한 빵을 이 소스에 찍어 먹으면 새우는 별로 신경도 쓰이지 않을 정도로 맛있다. 머리와 껍질이 그대로 붙어 있는 통새우를 구할 수 있다면 가장 좋다. 물론 먹을 때 손님들이 다소 지저분해진다는 점을 개의치 않는다면 말이다.(냅킨을 넉넉히 준비한다.)

향신료 분쇄기나 커피 원두 분쇄기로 다음을 간다.

　말린 로즈메리 2작은술

　말린 오레가노 1작은술

　굵게 빻은 고춧가루 1작은술

　스위트 파프리카 가루 1작은술

　검은색 통후추 1작은술

　소금 1작은술

커다란 프라이팬을 중불에 올리고 다음을 넣어서 녹인다.

　버터 4큰술(버터 스틱 ½개)

향신료 혼합물을 넣고 다음을 추가한다.

　마늘 4쪽, 다지기

저으면서 2분간 볶는다. 다음을 넣고 한두 번 정도 저으면서 4~5분간 또는 새우가 분홍색으로 익을 때까지 조리한다.

　껍질을 까지 않은 큼직한 새우 900g(26/30미 이상), 껍질을 벗기고 내장을

　　제거하기 또는 머리와 껍질이 모두 붙어 있는 통새우 1.3kg(날카로운 이마뿔을

　　잘라내기)

새우를 그릇에 옮겨 담는다. 프라이팬에 다음을 붓는다.

　닭 육수나 국물 ½컵

　맥주 ½컵

강불에 올려서 부르르 끓인 다음 1분 30초~2분간 조리한다. 불에서 내린 후 새우를 다시 프라이팬에 넣어 속까지 잘 데운다.

다음으로 양념을 한다.

　다진 파슬리 2큰술

　레몬즙 2큰술

다음과 함께 낸다.

　따뜻하고 바삭바삭한 빵

새우와 그리츠

4인분

다음을 만든다.

　크림처럼 부드러운 그리츠

다음을 준비한다.

　껍질을 까지 않은 새우 680g(26/30미 이상), 껍질을 벗기고 내장을 제거한 후

　　껍질은 모아두기

새우를 한쪽에 두고 새우 껍질을 편수 냄비에 넣은 후 다음을 붓는다.

　물 2½컵

부르르 끓어오르도록 가열한 후 불을 줄이고 국물이 절반으로 줄어들 때까지 뭉근히 끓인다. 국물을 걸러서 그릇에 담고 새우 껍질을 꾹꾹 눌러서 국물을 전부 짜낸다. 새우 껍질은 버리고 우려낸 국물만 한쪽에 둔다. 커다란 프라이팬을 중불에 올리고 다음을 넣어서 기름이 다 빠져나올 때까지 5~7분간 조리한다.

　베이컨 4조각, 가로 방향으로 1.2cm 두께로 썰기

다음을 넣고 옅은 갈색이 될 때까지 볶는다.

　양파 중간 크기 1개, 잘게 썰기

다음을 넣고 저으면서 향긋한 냄새가 날 때까지 볶는다.

　마늘 2쪽, 다지기

다음을 넣고 저으면서 연한 갈색이 될 때까지 약 1분간 볶는다.

　중력분 2큰술

한쪽에 두었던 새우 껍질 우려낸 국물을 조금씩 부으면서 저은 후, 다음을 넣고 섞는다.

　(씨를 빼고 껍질을 벗겨서 굵게 썬 토마토 1½컵 또는 깍둑썰기한 토마토 통조림

　　410g짜리 1개)

　소금 ¼작은술

　카옌 고춧가루 ⅛작은술 또는 적당량

뭉근히 끓어오르도록 가열한다. 한쪽에 두었던 새우를 넣고 가끔 저으면서 새우가 분홍색으로 익고 국물이 약간 걸쭉해질 때까지 약 5분간 조리한다. 다음을 넣고 젓는다.

　헤비크림 또는 하프앤드하프 ¼컵

새우를 그리츠 위에 얹어서 낸다. 다음을 훌훌 뿌린다.

　굵게 썬 파슬리 2큰술

카마로네스 알라 디아블라(Camarones a la Diabla, 새우 매운 소스 조림)

4인분

매운맛을 조금 순화하려면 아르볼 칠리 고추의 양을 줄인다. 말린 칠리 고추를 구할 수 없다면 **아도보 소스에 절인 치폴레 통조림의 고추 3개**를 꺼내서 사용하되, 씨는 제거하고 넣는다.

중간 크기의 편수 냄비에 다음을 넣고 섞는다.

  로마 또는 플럼 토마토 3개, 4등분하기

  양파 중간 크기 ½개, 굵직하게 썰기

  마늘 4쪽, 껍질을 벗기기

  아르볼 칠리 고추 말린 것 4~6개, 맛을 보면서 조절, 꼭지를 따고 사용

  과히요 칠리 고추 말린 것 3개, 꼭지를 따고 씨를 빼기

  소금 ½작은술

  물 ¾컵

부르르 끓어오르도록 가열한 다음 뚜껑을 덮고 양파와 칠리 고추가 부드러워질 때까지 약 15분간 뭉근히 끓인다. 막대형 블렌더로 부드러운 퓌레 상태가 될 때까지 간다.(또는 푸드 프로세서나 일반 믹서에 넣어서 간다.) 다음을 적당량 넣어 간을 한다.

  소금

한쪽에 둔다. 커다란 프라이팬을 중강불에 올리고 다음을 둘러서 뜨거워질 때까지 달군다.

  식물성 기름 2큰술

소스와 다음을 넣는다.

  껍질을 까지 않은 중간 크기의 새우 900g, 껍질을 까고 내장을 제거하기

새우가 분홍색으로 변하고 살이 단단하게 익을 때까지 몇 분 정도 뭉근히 끓인다. 새우와 함께 소스를 넉넉하게 담아서 다음과 함께 낸다.

  흰쌀밥

  라임 조각

  굵게 썬 고수

새우 크레올

6인분

묵직한 프라이팬을 중불에 올리고 다음을 넣은 후 자주 저으면서 연한 갈색이 될 때까지 볶는다.

  식물성 기름 또는 버터 ¼컵

  중력분 ¼컵

다음을 넣고 부드러워질 때까지 약 8분간 볶는다.

  양파 1개, 굵게 썰기

  셀러리 줄기 1개, 굵게 썰기

  녹색 피망 ½개, 굵게 썰기

다음을 넣고 향긋한 냄새가 날 때까지 약 2분간 볶는다.

  마늘 3쪽, 다지기

  말린 타임 2작은술

  월계수 잎 1장

  카옌 고춧가루 ¼~½작은술, 맛을 보면서 조절

  소금 ½작은술

  흑후추 ½작은술

다음을 넣고 저어서 섞는다.

  으깬 토마토 통조림 1컵

  새우나 닭 육수 또는 물 1컵

  토마토 페이스트 2큰술

뚜껑을 덮고 중약불에 올려서 20분간 뭉근히 끓인다. 다음을 넣는다.

  껍질을 까지 않은 중간 크기 또는 큼직한 새우 680g, 껍질을 벗기고 내장을
    제거하기

새우가 분홍색으로 변하고 살이 단단하게 익을 때까지 약 5분간 조리한다. 불에서 내린 후 소스를 맛보고 간을 맞춘다. 월계수 잎은 건져낸다. 다음과 함께 낸다.

  흰쌀밥

  핫소스

  굵게 썬 파슬리

카마로네스 알 모호 데 아호(Camarones al Mojo de Ajo, 마늘 감귤류 소스에 조리한 새우)

4인분

천천히 캐러멜화한 마늘, 라임즙, 칠리 고추로 만든 전통적인 모호 데 아호 소스를 더욱 간단하게 만들 수 있는 레시피다.

큰 프라이팬을 중불에 올리고 다음을 부어서 연기가 나기 직전까지 가열한다.

  식물성 기름 ¼컵

다음을 넣고 저으면서 황금색이 될 때까지 볶는다.

  마늘 8쪽, 잘게 썰기

다음을 넣고 저은 후 30초간 조리한다.

  굵게 빻은 고춧가루 ½작은술

다음을 넣는다.

  라임즙 ⅓컵

  오렌지즙 ⅓컵

뭉근히 끓어오르도록 가열해 액체의 양이 ¼로 줄어들 때까지 졸인다. 걸쭉해지면서 시럽과 비슷한 질감이 될 것이다. 다음을 넣는다.

  껍질을 까지 않은 중간 크기 새우 900g, 껍질을 벗기고 내장을 제거하기

  소금 ½작은술

가끔 저으면서 새우가 분홍색으로 변하고 살이 단단하게 익을 때까지 3~4분간 조리한다. 다음과 함께 낸다.

  바삭바삭한 빵

코코넛 슈림프

4인분

새우와 맥주 튀김 반죽으로 **갑각류 튀김 Ⅱ**를 만들되, 맥주 대신 **오렌지즙**을 사용한다. 새우를 반죽에 담갔다가 **잘게 썬 무가당 코코넛 3컵**과 **마른 빵가루 1컵**을 섞은 것 위에 올려놓고 꾹꾹 누르면서 코코넛과 빵가루를 골고루 묻힌다. 레시피의 설명에 따라 튀긴다. 취향에 따라 (과일 살사)와 함께 낸다.

새우 스캠피

4인분

1950년대에 이탈리아계 미국인들이 경영하는 식당을 중심으로 대중화된 이

요리는 대표적인 새우 요리라고 부를 만하며, 해만가리비나 오징어를 깨끗이 씻어서 썬 것 또는 데친 문어로 만들어도 아주 맛있다.

커다란 프라이팬을 중불에 올리고 다음을 넣어서 섞는다.

  올리브유 3큰술

  마늘 3쪽, 다지기

  굵게 빻은 고춧가루 ½작은술

  소금 ¼작은술

저으면서 향긋한 냄새가 날 때까지 약 1분간 볶는다. 중강불로 올리고 다음을 붓는다.

  드라이 화이트와인 또는 닭 국물 ½컵

액체가 절반으로 줄어들 때까지 약 3분 정도 팔팔 끓인다. 다음을 넣는다.

  껍질을 까지 않은 큼직한 새우 900g, 껍질을 벗기고 내장을 제거하기

가끔 저으면서 새우가 분홍색으로 변하고 살이 단단하게 익을 때까지 약 5분간 조리한다. 다음을 훌훌 뿌린다.

  다진 파슬리 ¼컵

  레몬즙 1큰술

다음과 함께 낸다.

  바삭바삭한 빵, 크림처럼 부드러운 폴렌타 또는 삶은 링귀네나 부카티니

새우나 관자 그릴 또는 직화 오븐 구이

4인분

Ⅰ. 기본 굽기

양념 재료를 선택할 때는 마음껏 창의력을 발휘해도 좋다. 이 레시피에서 소개하는 간단한 양념 및 손질 방법 대신 다양한 페이스트와 가루 양념으로 응용해보자.

그릴을 강불로 맞춰서 준비하거나 직화 오븐을 예열하고 오븐 받침대를 열원에서 최대한 가까운 곳에 끼운다. 얕은 그릇에 다음을 넣고 뒤적이면서 새우에 양념을 골고루 묻힌다.

  껍질을 벗기고 내장을 제거한 큼직한 새우, '연결 부위'를 제거한 참가비리 또는

     이를 섞어서 900g

  올리브유 2큰술

  소금 1작은술

  흑후추, 스위트 파프리카 가루 또는 고춧가루 1작은술

  (셰리 식초 1큰술)

그릴에 구울 때는 새우나 가리비 관자를 꼬치에 끼워서(또는 그릴용 철망 바구니를 사용해서) 불 속으로 떨어지지 않도록 한다. 그릴이나 직화 오븐에서 새우의 한쪽 면이 분홍색으로 익을 때까지 약 2분간 구운 다음 뒤집는다. 관자는 한쪽 면이 불투명해질 때까지 2~3분간 구운 다음 뒤집는다. 반대쪽도 분홍색 또는 불투명하게 변할 때까지 그릴이나 직화 오븐에서 굽는다. 새우나 관자를 하나 꺼내 잘라보고 속까지 잘 익었는지 확인한다. 다음으로 장식해서 낸다.

  레몬 조각, 다진 파슬리나 고수, 엑스트라 버진 올리브유

또는 다음을 뿌려서 뒤적이며 섞는다.

  레몬즙으로 만들고 신선한 허브로 풍미를 낸 비네그레트 또는 치미추리

Ⅱ. 글레이즈를 발라서 윤기 나게 굽기

다음을 준비한다.

  해선장 생강 글레이즈, 글레이즈 상태로 졸인 데리야키 양념장, 치폴레 바비큐

  소스 또는 베트남식 캐러멜 소스

그릴이나 직화 오븐을 예열하고 새우를 **버전 Ⅰ**의 설명에 따라 양념한다. 2분간 구운 후, 새우나 관자를 뒤집기 전에 윗면에 선호하는 글레이즈 소스를 솔로 바른다.(베트남식 캐러멜 소스를 사용한다면 소량만 바른다.) 반대쪽으로 뒤집어 2분간 더 굽는다. 또다시 뒤집고, 새우나 관자를 그릴의 불이 닿지 않는 곳으로 옮기거나 직화 오븐의 받침대를 오븐의 가운데 칸에 끼운 후 솔로 글레이즈를 한번 더 바른다. 새우나 관자를 뒤집고 1분 정도마다 한 번씩 글레이즈를 덧바르면서 먹음직스럽게 윤이 나고 속까지 잘 익도록 3~4분 정도 더 굽는다. 다음과 함께 낸다.

  다진 쪽파

새우 파히타

스테이크 파히타를 만들되, 스테이크 대신 **껍질을 벗기고 내장을 제거한 새우** 680g을 사용한다. 30분~1시간 정도 양념장에 재운다. 새우가 분홍색으로 변하고 살이 단단하게 익을 때까지 4~5분간 직화 오븐에 굽거나 기름에 살짝 볶는다. 또는 1시간 정도 물에 담가둔 대나무 꼬치에 새우를 끼워서 새우나 관자 그릴 또는 직화 오븐 구이 레시피의 설명대로 그릴에 굽는다.

속을 채운 점보 새우 오븐 구이

4인분

속을 채울 재료에는 굳이 비싼 큰 새우를 사용할 필요가 없으므로 이 레시피에는 두 가지 서로 다른 크기의 새우를 사용한다. 하지만 복잡하게 장을 보기 싫다면 그냥 점보 새우를 넉넉히 사도 상관없다.

받침대를 오븐 맨 위 칸에 끼운다. 오븐을 230℃로 예열한다. 새우를 나비 모양으로 납작하게 손질한다.

  껍질을 까지 않은 새우 900g(16/20미 또는 그보다 큰 것)

다음을 준비한다.

  속을 채운 랍스터 오븐 구이의 스터핑, 갈색으로 볶은 버터 빵가루 대신

     생빵가루를 사용하고 올리브유 대신 녹인 버터 6큰술을 사용해서 만들기

다음을 넣고 젓는다.

  작은 새우 115g, 껍질을 까고 굵게 썰기

얕은 베이킹 접시에 커다란 새우를 한 겹으로 가지런히 놓고 스터핑을 얹은 다음 스터핑이 새우에 달라붙도록 살짝 누른다. 베이킹 접시의 바닥이 살짝 덮이도록 새우 주변에 다음을 붓는다.

  드라이 화이트와인 또는 닭 육수나 국물

새우가 아주 뜨거워질 때까지 10~12분간 굽는다. 즉시 낸다.

태국식 새우 커리

4인분

우리는 이 커리를 아주 매콤하고, 새콤하고, 짭짤하고, 단맛이 약간 감돌게 완성하는 것을 선호하지만 각자의 취향에 따라 양념을 조절해도 상관없다.

커다란 프라이팬을 중불에 올리고 다음을 둘러서 가열한다.

  식물성 기름 1큰술

다음을 넣고 저으면서 향긋한 냄새가 날 때까지 약 2분간 볶는다.

  레드 커리 또는 그린 커리 페이스트 3큰술, 시판 또는 수제

다음을 넣고 젓는다.

노란색 또는 빨간색 피망 1개, 얇고 길쭉하게 썰기

샬롯 큰 것 1개 또는 양파 중간 크기 ½개, 얇게 저미기

마늘 2쪽, 다지기

단단한 주걱으로 프라이팬 바닥에 갈색으로 달라붙은 커리 페이스트를 긁어가면서 채소가 부드러워지기 시작할 때까지 약 5분간 조리한다. 다음을 넣고 섞는다.

코코넛 밀크 통조림 400ml짜리 1개

피시 소스 1~2큰술, 맛을 보면서 조절

팜 슈거 또는 갈색 설탕 1큰술

혼합물이 뭉근히 끓어오르도록 가열한 후 다음을 넣는다.

껍질을 까지 않은 새우 680g, 껍질을 까고 내장을 제거하기

새우가 분홍색으로 변하면서 살이 단단해질 때까지 2~3분간 조리한다. 다음을 넣고 젓는다.

라임즙 2큰술

(태국 바질 잎 15장)

맛을 보고 소금이나 피시 소스 또는 라임즙을 적당량 추가해 간을 맞춘다. 다음과 함께 낸다.

흰쌀밥

굵게 썬 고수

새우 또는 민물가재 에투페

4~6인분

커다란 프라이팬이나 더치오븐을 중불에 올리고 다음을 넣어서 녹인다.

버터 6큰술

다음을 조금씩 넣으면서 세게 젓는다.

중력분 ¼컵

계속 저으면서 루의 색이 밀크 초콜릿 정도로 진해질 때까지 약 20분간 조리한다. 다음을 넣고 젓는다.

양파 중간 크기 1개, 굵게 썰기

셀러리 줄기 2개, 굵게 썰기

녹색 피망 작은 것 1개, 굵게 썰기

저으면서 채소가 부드러워질 때까지 5~6분간 조리한다. 루는 색깔이 계속 진해져서 짙은 적갈색이 된다. 다음을 넣는다.

마늘 4쪽, 굵게 썰기

말린 타임 1작은술

소금 1작은술

카옌 고춧가루 ½작은술

잘 저은 다음 1분간 더 조리한다. 다음을 넣고 젓는다.

닭 육수, 새우 껍질로 만든 새우 육수나 갑각류 육수 또는 물 2컵

토마토 페이스트 2큰술

우스터 소스 1큰술

핫소스 ¼큰술 또는 적당량

계속 저으면서 소스가 뭉근히 끓어오를 때까지 가열한다. 다음을 넣는다.

껍질을 벗기고 내장을 제거한 새우, 중간 크기나 큰 것 또는 민물가재

꼬리살(머리가 달린 민물가재 4.5kg에서 꼬리를 떼어낸 것) 900g

다시 뭉근히 끓어오르도록 가열한다. 불을 줄이고 소스가 약전히 보글보글 끓

으면 뚜껑을 덮고 새우나 민물가재가 분홍색으로 변하고 살이 단단하게 익을 때까지 약 10분간 조리한다. 다음을 넣는다.

쪽파 4대, 잘게 썰기

굵게 썬 파슬리 ¼컵

다음을 적당량 넣어 간을 한다.

소금과 흑후추

핫소스

다음과 함께 낸다.

밥

민물가재에 대해

이르마 할머니의 부모님은 당신들이 유럽에서 그토록 즐겨 드셨던 민물가재(에크레비스*Écrevisses*)를 미주리의 개울에서 발견했을 때 무척이나 기뻐하셨다고 한다. 민물에서 서식하며 랍스터를 닮은 이 자그마한 갑각류는 진홍색으로 먹음직스럽게 익힌 후 김이 모락모락 나는 상태에서 식탁에 푸짐하게 쌓아놓고 먹는다. 딜을 가니시로 곁들이거나 민물가재 육수에 잘박잘박하게 삶아서 즐기는 형태(알라 나지*à la nage*)가 가장 보편적이다. 껍질을 깐 민물가재의 꼬리는 헤아릴 수 없이 다양한 조합과 소스에 활용되지만, 애호가들은 강한 양념이나 복잡한 손질을 거치지 않은 오 나튀렐(*au naturel*) 상태를 즐기며, 특히 풍미가 넘치고 즙이 풍부한 머리까지 한꺼번에 먹는 것을 선호한다. 미국 전역의 담수가 흐르는 개울이나 늪에서 잡히기는 하지만 상업적으로 유통되는 민물가재는 대부분 루이지애나에서 양식을 하며 한겨울에서 봄에 이르기까지 생물로 판매한다. 그중 일부는 가공해 냉동 상태로 판매하기도 한다. 북아메리카 원산 품종은 아주 커다란 새우만 한 크기로 450g에 15~20마리 정도 된다. 그러나 모든 민물가재가 새우만큼 작은 것은 아니다. 오스트레일리아에서 나는 민물가재는 한 마리에 4.5kg 이상의 덩치를 자랑하기도 한다.

민물가재를 생물로 산다면 죽은 것은 골라내서 버린다. 작은 민물가재라면 살을 발라냈을 때 전체 무게의 약 20%로 줄어든다. ▶ 즉 작은 민물가재 1.8~2.3kg의 살을 발라내면 약 450g이 나온다. 몸집이 크고 다 자란 민물가재는 커다란 집게발이 달려 있으며 꼬리 부분의 살이 전체 무게의 8%밖에 차지하지 않는 경우도 있다. 평균적으로 1인분에 1.3~1.8kg 정도의 생물 민물가재를 구입한다.

가끔 해산물 시장에서는 익히지 않은 싱싱한 민물가재 꼬리의 껍데기를 까서 판매하기도 한다. 이렇게 껍데기를 깐 민물가재 꼬리는 구입한 즉시 조리해야 한다. 민물가재를 통으로 애벌 조리한 후 냉동해서 팔기도 하며, 마찬가지로 껍데기를 깐 민물가재 꼬리도 익히거나 냉동해서 판다. 안타깝게도 이렇게 익혀서 냉동하면 더 쉽게 상하기 마련이므로 가공 후 6개월 이내에 사용해야 한다. ▶ 생물 또는 냉동 민물가재 꼬리 450g짜리 포장은 3인분에 해당한다.

▶ 싱싱한 민물가재는 금세 상해버리므로 최대한 빨리 먹어야 한다. 바로 먹을 수 있는 상황이 아니라면 축축한 헝겊이나 키친타월로 덮어서 냉장고에 넣어두면 되지만, 아무리 길어도 하루 이상은 보관할 수 없다. 다른 생물 갑각류와 마찬가지로 민물가재를 넣은 비닐봉투나 아이스박스는 살짝 열어두어야 질식해서 죽는 것을 방지할 수 있다.

민물가재를 씻으려면 찬물을 여러 번 갈아주면서 맑은 물이 나올 때까지 헹군다. 깨끗한 수돗물에 보관했던 가재를 구입했다면 소화관, 즉 '내장'이 제거된 상태일 확률이 높다. 만약 내장이 그대로 붙어 있다면 판매자가 하는 것처

럼 물에 담그고 6시간마다 물을 갈아주면서 내장을 제거한다. 조리하기 전에 내장을 제거하고 싶지만 오랫동안 물에 담가둘 시간이 없다면 잘 드는 칼로 머리를 반으로 쪼개서 순식간에 죽인 후 내장을 제거하거나 2시간 동안 냉동한 후 손질한다. 민물가재 파이나 새우 또는 민물가재 에투페 등의 요리에 민물가재의 꼬리살을 사용한다면, 가장 손쉬운 방법은 우선 익힌 다음 꼬리를 비틀어서 몸통에서 분리한 후 껍데기를 벗기고 새우와 같은 방법으로 내장을 제거하는 것이다.

삶은 민물가재

1인당 약 12마리

다음을 준비한다.

> 싱싱한 민물가재를 앞의 설명대로 깨끗이 씻기 또는 머리와 껍데기가 그대로 붙어 있는 냉동 민물가재

커다란 냄비에 물을 넉넉히 붓고 다음을 넣는다.

> 서양대파 1개, 반으로 잘라서 씻기 또는 양파 작은 것 1개, 굵게 썰기
>
> 파슬리 잔가지
>
> 당근 1개, 굵게 썰기
>
> (증류 백식초 또는 사과 식초 3큰술)

부르르 끓어오르도록 가열한다. 팔팔 끓는 물의 온도가 갑자기 내려가지 않도록 민물가재를 한 마리씩 넣고 껍데기가 붉은색으로 변할 때까지 5~7분 이내에 삶는다. 다음을 넉넉하게 곁들여서 껍데기째 낸다.

> 녹인 버터

다음으로 맛을 낸다.

> 다진 딜 또는 검게 그을리는 용도의 케이준 양념

민물가재는 손으로 먹기 때문에 냅킨과 손 씻을 물을 함께 낸다. 꼬리와 몸통을 분리한 후 양쪽 손의 엄지와 검지로 꼬리를 잡고 구부러진 쪽으로 힘껏 눌러서 꼬리 쪽의 껍데기를 깨면 속살이 빠져나온다.

케이준 스타일로 삶은 민물가재

8인분

루이지애나 토박이들은 민물가재를 삶아 먹을 때 1인당 1.8~2.3kg 이하의 양이 적당하다는 말에 코웃음을 칠지도 모르겠지만, 가정에서 삶을 때는 이 정도 분량이 적당하다고 본다.

커다란 육수 솥에 4.7ℓ의 물을 붓고 다음을 넣는다.

> 양파 큰 것 2개, 4등분하기
>
> 레몬 2개, 4등분하기
>
> 게 찜용 시즈닝 170g짜리 1개
>
> 소금 ¼컵
>
> 타바스코 소스 ¼컵
>
> 마늘 1통, 가로로 절반 자르기

부르르 끓어오르도록 가열한 후 10분간 삶는다. 다음을 넣고 10분간 뭉근히 삶는다.

> 붉은색 감자 작은 것 900g

다음을 넣고 5분간 뭉근히 끓인다.

> 옥수수 3개, 껍데기를 벗기고 7.5cm 길이로 썰기
>
> 앙두이 또는 케이준 스타일 부댕(boudin) 소시지, 1.2cm 길이로 썰기

다음을 넣은 후 선명한 붉은색으로 변하고 속까지 잘 익도록 약 5분간 뭉근히 삶는다.

> 민물가재 4.5kg, 앞의 설명대로 생물 가재를 통째로 씻기 또는 통째로 냉동한 가재를 해동하기

구멍 뚫린 숟가락으로 민물가재, 소시지, 채소를 건져서 커다란 접시에 옮겨 담는다. 식탁에 신문지를 깔고 민물가재 삶은 국물 및 다음 재료와 함께 낸다.

> 바삭바삭한 빵
>
> 말랑하게 녹인 버터
>
> 타바스코 소스

문어, 오징어, 갑오징어에 대해

먹물을 뿜어내는 이들 연체동물은 두족류라고 부르는 독특한 모양의 해양 생물군에 속한다. 종류를 막론하고 먹을 수 있는 긴 다리가 달려 있고 몸통은 주머니처럼 재료를 담을 수 있는 형태이며, 먹물주머니가 있어 바닷속에서 급하게 도망가야 할 때 먹물을 분사해 보호막을 친다. **문어**와 **오징어**는 미국 동부와 서부에서 모두 흔하게 볼 수 있다. **갑오징어**는 갑옷 같은 커다란 뼈가 들어 있다는 점 외에는 주방에서 오징어와 거의 비슷하게 활용되며 유럽이나 아시아, 남태평양에서 수입한다.

오징어류는 보통 잡은 직후 냉동했다가 해동해서 판매한다. 통통하고 윤기가 나면서 싱싱한 냄새가 난다면 냉동한 후 해동했다고 해서 품질이 크게 떨어지지는 않는다. 냉동 오징어는 최대 3개월 정도 보관할 수 있다. 시판되는 문어는 보통 마리당 450g~1.8kg 정도의 무게가 나가며, 900g짜리가 가장 이상적이다. 오징어와 갑오징어는 작은 것(20cm 이하)이 부드러우므로 구입할 때 참고한다. 오징어를 나타내는 **칼라마리**(calamari)라는 이탈리아어도 상당히 보편적으로 사용된다. ▶ 1인분에 225g의 분량을 기준으로 삼는다.

일반적으로 오징어와 갑오징어는 아주 짧은 시간 동안(2분 이하) 익혀서 연하면서도 적당히 씹는 맛이 있도록 조리하거나(내부 온도가 54℃ 이하인 '레어' 상태가 좋지만 오징어의 내부 온도를 재기는 쉽지 않다.) 콜라겐이 분해되어 젤라틴으로 변할 때까지 오랫동안(30분 이상) 조리한다. 이 두 가지 방식을 적용하지 않고 어중간하게 조리하면 오징어가 딱딱하고 질겨진다. 문어는 대부분 살짝 조리해서 먹기에 너무 질기므로 일단 애벌로 조리해서 연하게 만든 후에 볶거나 그릴에 굽거나 튀겨야 한다. 망치로 두들기거나 바위에 내려치는 만큼의 극적인 효과는 없지만 편하고 확실하게 문어를 부드럽게 만드는 방법은 뭉근히 삶는 것이다.

문어를 애벌로 삶으려면 문어가 잠길 만큼 물을 넉넉히 붓고 소금 1큰술, 월계수 잎 1장, 으깬 마늘 2쪽, 검은색 통후추 몇 알을 넣고 뭉근히 삶는다. 45분 정도 삶은 후 칼로 찔러서 얼마나 연해졌는지 확인한다. ▶ 거의 힘을 주지 않아도 칼이 쑥 들어갈 정도면 다 익은 것이다. 이 상태가 되기까지 최대 2시간이 걸리기도 한다. 또는 문어를 가정용 레인지에 사용하는 압력솥 또는 전기 압력솥에 넣고 압력을 최대로 높여서 15분간 조리할 수도 있다. 10분 정도 압력이 저절로 내려가게 한 다음 밸브를 열어서 빠른 배출법으로 증기를 빼낸다. 15분간 조리한 후에도 문어가 여전히 질기면 압력솥으로 5분간 더 조리한다.

오징어류는 보통 깨끗하게 씻어서 판매하지만, 그렇지 않은 경우라도 쉽게 손질할 수 있다.

생물 문어를 손질하려면 먹물주머니를 터뜨리지 않도록 조심하면서 입과 눈을 떼어낸다. 머리를 잘라내고 안팎을 뒤집은 다음 속을 잘 헹군다. 단단한

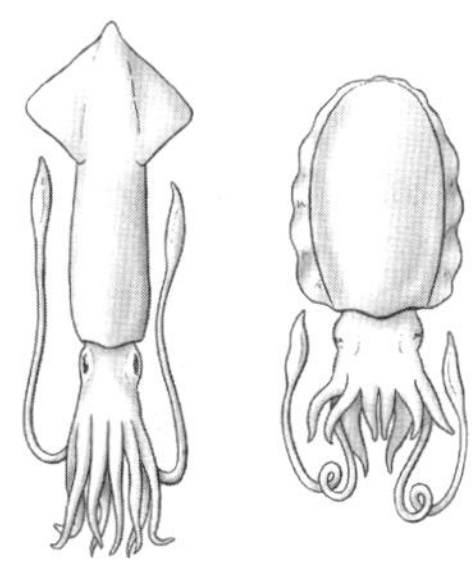

오징어와 갑오징어

부리는 몸통이 벌어진 쪽으로 밀어내서 제거한다. 흐르는 물에 갖다 대고 골고루 문지르면서 빨판에서 진흙을 씻어낸다. 문어의 껍질은 먹을 수 있지만 대부분 조리하는 도중에 벗겨져 나간다.

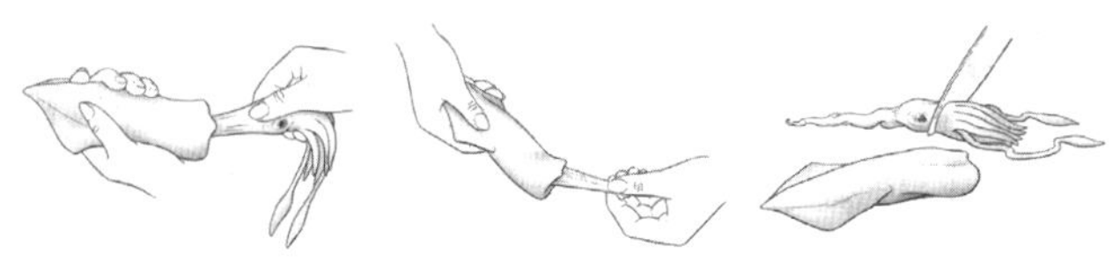

오징어 손질하기

오징어를 손질하려면 한 손으로 머리를 잡고 나머지 한 손은 몸통 깊숙이 넣어 내장을 잡은 후 천천히 잡아당기면서 반투명한 내장도 함께 뽑아낸다. 머리를 손으로 만지면서 딱딱한 부분을 찾는다. 이것이 바로 오징어 부리다. 부리를 제거하고 눈 아래에 있는 촉수(다리)를 잘라낸다. 지느러미를 잘라내고 무딘 칼날로 보랏빛이 도는 껍질을 몸통에서 긁어낸다. 몸통을 안팎으로 뒤집어 안에 남아 있는 것을 전부 긁어낸다. 오징어의 몸통과 다리를 씻는다. 몸통을 주머니처럼 사용해 재료를 채워 넣어도 좋고(다리는 굵게 썰어서 스터핑으로 사용할 수 있다.) 둥근 고리 모양으로 얇게 썰거나 다리는 한입 크기로 잘라서 조리해도 좋다. 그릴 또는 직화 오븐에 굽거나 불에 살짝 구우려면 나비처럼 몸통을 납작하게 펴서 평평하게 놓고 잘 드는 칼을 사용해 마름모꼴로 칼집을 넣는다. 이렇게 간단히 손질해주면 오징어가 한쪽으로 말리지 않으면서 양념장을 비롯한 다양한 양념이 잘 달라붙는다.

갑오징어의 손질법은 오징어와 동일하고, 내장을 빼내기 쉽도록 일단 몸통을 세로로 자르는 작업부터 시작하는 것이 유일한 차이점이다. 칼로 뼈를 잘라내야 할 수도 있다.

▶ 오징어나 갑오징어에 들어 있는 자그마한 회색 먹물주머니는 조심스럽게 잘라내고, 안에 들어 있는 먹물은 짭짤한 풍미를 더하거나 먹물처럼 진한 색을 내기 위해 리소토와 파에야, 로제야트 데 피데오스, 생파스타 반죽 등의 요리에 활용한다.

오징어는 기름을 넉넉히 붓고 튀기면 아주 맛있다. 특히 아이올리나 마리나라 소스를 곁들이면 훌륭하다. 소금과 후추 반죽을 사용한 새우 또는 오징어 튀김 레시피도 참고하자.

그릴에 굽거나 그을린 오징어

4인분

그릴을 아주 센 불에 맞춰서 준비하거나 무쇠 팬을 중강불에 올린다. 얕은 그릇에 다음을 넣고 뒤적이면서 골고루 묻힌다.

　오징어 900g, 손질해서 다리를 떼어내고 몸통은 세로로 반 가르기

　올리브유 2큰술

　(셰리 식초 또는 기타 식초 1큰술)

　소금 ½작은술

그릴이나 프라이팬이 뜨겁게 달궈지면 오징어를 올리고 살이 단단해지면서 가볍게 그을릴 때까지 약 1분, 최대 2분간 굽는다. 반대쪽으로 뒤집어 1분 더 굽는다. 너무 오래 구우면 오징어가 질겨지므로 주의한다. 다음을 곁들여서 즉시 낸다.

　레몬 조각과 다진 파슬리, 살사 베르데 또는 신선한 허브로 풍미를 더한
　　비네그레트

속을 채워서 조리한 오징어

6인분

다음을 깨끗이 손질한다.

　12.5cm짜리 오징어 12마리

다리는 굵게 썰어서 한쪽에 둔다.

오븐을 200℃로 예열한다. 다음을 준비한다.

　파슬리와 빵가루 스터핑, 레시피의 ½ 분량

썰어둔 오징어 다리를 넣고 섞는다. 오징어 몸통 하나당 스터핑을 2큰술씩 채운다. 베이킹 접시에 서로 겹치지 않게 가지런히 놓는다. 중간 크기의 그릇에 다음을 넣고 섞는다.

　드라이 화이트와인 ½컵

　물 ½컵

　올리브유 ¼컵

　토마토 소스 또는 으깬 토마토 통조림 ¼컵

　잘게 썬 파슬리 ¼컵

　소금 ¼작은술

속을 채운 오징어 위에 붓는다. 오징어가 연해질 때까지 약 30분간 굽는다. 뜨겁게 또는 차갑게 낸다.

문어 양념 그릴 구이

4인분

다음을 애벌로 삶아서 준비한다.

　문어 900g~1.1kg짜리 1마리, 깨끗하게 손질하기

다리와 몸통을 분리한다. 커다란 그릇에 다음을 넣고 섞는다.

　올리브유 ⅓컵

　레드와인 식초 ⅓컵

　오레가노 잔가지 6개

　(타임 잔가지 몇 개)

　마늘 3쪽, 으깨기

　굵게 빻은 고춧가루 ½작은술

　소금 ½작은술

삶은 문어를 넣고 뒤적여서 양념을 골고루 묻힌다. 양념에 재운 상태로 2~24시간 동안 냉장고에 넣어둔다.

　그릴을 강불로 맞춰서 예열한다. 양념에 재운 문어를 꺼내서 여분의 양념을

털어낸다. 그릴에 올려놓고 양면이 먹음직스럽게 그을릴 때까지 한 면당 약 6분씩 굽는다. 도마에 옮겨놓는다. 다리는 그대로 먹거나 1.2cm 두께로 썰어서 낸다. 몸통은 얇고 길게 썰거나 한입 크기로 썬다. 취향에 따라 다음을 곁들여서 낸다.

  (얇게 깎은 회향과 흰콩 샐러드)

또는 다음을 깔고 그 위에 올려서 낸다.

  (루콜라 및 문어 양념에 버무린 삶은 알감자)

다음과 함께 낸다.

  바삭바삭한 빵

  엑스트라 버진 올리브유 소량

  레몬 조각

문어 포케(한국식 문어 포케)

4인분

원래 생물 참치를 사용해 만드는 하와이 요리 '포케'(참치 또는 연어 포케 레시피 참고)를 문어에 응용한 요리로, 톡 쏘는 맛의 김치를 넣어서 조금 더 매콤하게 만든다. 이 요리는 여름 전채 요리나 주요리와 함께 내면 근사하게 어울린다.

다음을 만들거나 구입한다.

  삶은 문어 450g, 1.2cm 크기의 정육면체로 썰기

중간 크기의 그릇에 다음을 넣고 세게 저어서 섞는다.

  타마리 또는 간장 3큰술

  고추장 1큰술

  참기름 1큰술

삶은 문어와 함께 다음을 넣고 저어서 섞는다.

  잘게 썬 김치와 김칫국물 ½컵

  쪽파 2대, 얇게 저미기 또는 잘게 썬 단양파 ¼컵

  참기름 1작은술

양념장에 재운 상태로 뚜껑을 덮어서 최소 10분 이상, 최대 하루 정도 냉장고에 넣어둔다. 다음 위에 얹어서 낸다.

  단립종 쌀밥

소라와 골뱅이에 대해

소라와 골뱅이는 복족류, 즉 커다란 바다 달팽이로 분류된다. ▶ 현재 소라는 멸종 위기종으로 지정되어 있으므로 미국 해역에서 살아 있는 소라를 채취하는 것은 불법이다. 시장에 유통되는 소라는 대부분 카리브 제도에서 채취한 것이다. 온라인 쇼핑몰에서 합법적으로 채취한 소라를 주문할 수 있는데, 이는 대부분 양식이며 소라를 삶은 후 냉동해서 판매한다. 생물 소라가 있다면 ▶ 껍질째 끓는 물에 넣고 5분간 데친다. 일단 익히고 나면 포크나 꼬치로 살의 끝부분을 잡고 상당한 양(115g 정도)의 속살을 쉽게 발라낼 수 있다. 소라와 골뱅이는 같은 방식으로 조리한다. 두 종류 모두 날로 먹거나 최소한으로 조리해서 먹으면 연하고 맛있다. 물론 오징어처럼 살이 질겨졌다가 다시 연해질 때까지 아예 오랫동안 조리해서 먹는 경우도 많다.

  소라와 골뱅이는 푹 삶거나 스튜를 끓이거나 문어처럼 애벌로 삶거나 튀겨서 먹을 수 있다. 맛이 순하고 달큼하며 조개를 연상시키는 풍미를 지니고 있어서 차우더와 파스타에 조개 대신 사용할 수 있다.

소라 또는 골뱅이 샐러드

4인분

다음의 살을 발라내서 주황색 부분과 색이 진한 부분을 잘라내고 손질한다.

  소라 또는 골뱅이 4마리, 큼직하게 썰기(2컵)

커다란 편수 냄비에 물을 붓고 팔팔 끓인다. 소라를 넣고 30분간 뭉근히 끓인다. 물을 따라낸다.

커다란 그릇에 다음을 넣고 섞는다.

  토마토 큰 것 1개, 굵게 썰기

  자색 양파 ½개, 굵게 썰기

  붉은색 피망 ½개, 굵게 썰기

  오이 ½개, 굵게 썰기

  할라페뇨 또는 하바네로 고추 1개, 씨를 빼고 다지기

  굵게 썬 고수 ¼컵

  라임즙 ¼컵

  오렌지즙 2큰술

  올리브유 2큰술

  소금과 흑후추 적당량

소라 또는 골뱅이를 넣고 뒤적이면서 섞는다. 다음 위에 얹어서 낸다.

  로메인 상추 잎

게맛살과 랍스터 맛살(연육)에 대해

게 다리 모양의 맛살이나 큼직한 랍스터 맛살의 형태로 판매하는 **연육**(surimi, 생선 살에 소금을 넣고 갈아서 으깬 것 – 옮긴이)은 흰살생선(보통 명태를 사용하지만 다른 생선으로 만들기도 한다.)의 포를 떠서 가공한 것으로, 게살처럼 보이도록 모양을 빚고 윗부분을 불그스름하게 물들인 것이다. 연육은 샐러드, 크림처럼 부드러운 딥, 수프 등 마요네즈를 사용한 레시피에 진짜 게살 대신 사용하면 좋다. 랍스터 또는 새우 샐러드, 뜨거운 게살 딥, 말이 초밥(초밥 롤) 등의 레시피를 참고한다.

거북이에 대해

미국에서 합법적으로 먹을 수 있는 거북이는 양식 재배한 민물거북과 몇 가지 종류의 야생 민물거북뿐이다. ▶ 바다거북은 1973년부터 멸종 위기종으로 지정되었으며, 예전에는 수프에 넣어서 부드러운 살을 즐길 수 있는 식재료로 사랑받던 **후미거북**도 현재는 미국 동부 해안에 있는 모든 주에서 법으로 보호받고 있다. 북아메리카 대륙의 온대 지역에서 가장 보편적으로 포획하거나 양식해서 식용으로 삼는 거북은 **늑대거북**을 비롯한 **민물거북**으로, 노스다코타에서 플로리다에 이르는 지역의 호수와 개울에 다수 서식한다. 늑대거북이라는 이름에 걸맞게 상당히 사나운 성질을 가지고 있으며 금세 흥분하고 사람을 물어서 고약한 상처를 남기기도 한다.

  ▶ 가정에서 살아 있는 거북이를 손질하는 것은 권하지 않는다. 그래도 도전해보고 싶은 독자가 있다면 한 가지 주의점을 말해둔다. 거북이의 몸속에는 독소가 축적될 수 있으므로 거북이를 직접 잡는다면 깨끗하고 오염이 없는 지역에서 자란 것인지 반드시 확인한다. 특히 **동부상자거북**은 독버섯을 먹이로 삼기 때문에 직접 손질하면 매우 위험하다. 대다수 요리는 인터넷 쇼핑몰에서 판매하는 익힌 거북이 통조림이나 생으로 냉동한 거북이로도 충분하며, 이러한 가공품으로도 젤라틴이 풍부한 맛있는 거북이 고기를 즐길 수 있다.

거북이 수프

4~6인분

묵직한 편수 냄비를 중불에 올리고 다음을 넣어서 녹인다.

　버터 2큰술

다음을 넣고 갈색으로 익을 때까지 약 7분간 볶는다.

　통조림 또는 해동한 냉동 거북이 고기 450g, 1.2cm 크기로 깍둑썰기하기

다음을 넣고 채소가 부드러워질 때까지 약 5분간 조리한다.

　양파 1개, 굵게 썰기

　셀러리 줄기 3개, 굵게 썰기

　마늘 3쪽, 다지기

　할라페뇨 고추 1개, 다지기

　녹색 피망 ½개, 굵게 썰기

　말린 오레가노 1½작은술

　말린 타임 1½작은술

　월계수 잎 2장

다음을 넣고 부르르 끓어오르도록 가열한다.

　소 육수나 송아지 육수 또는 국물 4컵

불을 줄이고 25분간 뭉근히 끓인다. 그동안 작은 편수 냄비에 다음을 넣고 녹인다.

　버터 4큰술(버터 스틱 ½개)

다음을 넣고 섞은 뒤 중불에 올려 저으면서 노릇노릇하게 색이 변할 때까지 약 8분간 볶는다.

　중력분 ¼컵

잘 저으면서 루를 조금씩 수프에 붓고, 다 부은 다음에는 가끔 저으면서 20분간 더 뭉근히 끓인다. 다음을 넣고 10분간 더 뭉근히 끓인다.

　껍질을 벗기고 굵게 썬 토마토 1½컵

　드라이 셰리 ¾컵

　핫소스 1큰술

　우스터 소스 1½작은술

　레몬 ½개의 즙

월계수 잎을 건져낸다. 다음을 적당량 넣어 간을 한다.

　소금과 흑후추

다음으로 장식한다.

　크레송

　굵게 썬 완숙 달걀

달팽이에 대해

로마인들은 달팽이를 무척 즐겨 먹었으며 '밑간'을 한다는 명목하에 월계수 잎, 와인, 매콤한 수프 등의 특별한 먹이를 주면서 한곳에 모아서 키웠다. 이 전통은 지금까지 이어지고 있으며 현재 유통되는 달팽이는 대부분 양식한 것이다. 달팽이를 직접 여러 마리 잡았다면 이렇게 해보자. 10일에서 2주 정도 달팽이에게 양상추 잎을 먹이되, 며칠에 한 번씩 오래된 잎을 꺼내고 새 잎으로 갈아준다. ▶ 그다음 미끈거리는 물질이 전부 떨어져나갈 때까지 야생 달팽이(또는 구입한 양식 달팽이)를 박박 문질러 씻는다.

커다란 스테인리스스틸 또는 에나멜 냄비에 다음을 넣는다.

　커다란 달팽이 50마리, 깨끗이 문질러 씻기

다음을 섞어서 소금을 녹인다.

　물 3.8ℓ

　증류 백식초 ¼컵

　소금 ½컵

달팽이가 잠기도록 식초와 소금을 넣은 물을 넉넉히 붓는다. 냄비에 넣어 휘휘 저으면서 씻는데, 맑은 물이 나올 때까지 이 모든 과정을 반복한다. 이렇게 씻은 후 껍데기 밖으로 머리가 나오지 않은 달팽이는 건져서 버리고 나머지 달팽이의 물기를 제거해 다시 냄비에 넣는다.

달팽이가 잠길 만큼 넉넉하게 붓는다.

　끓는 물

냄비를 강불에 올려 5분간 달팽이를 삶는다. 물을 따라내고 식힌 다음 작은 포크로 껍데기에서 달팽이 살을 발라내고 껍데기는 따로 보관한다. 달팽이 몸통의 윗부분을 엄지와 검지로 잡고 몸통의 아랫부분에 있는 통통한 내장관을 잡아당겨서 떼어낸다. 내장은 버린다. 달팽이를 중간 크기의 편수 냄비에 옮겨 담고 다음을 붓는다.

　연한 육수나 국물 또는 물 2컵

　드라이 화이트와인 2컵

부르르 끓어오르도록 가열한 후 불을 줄이고 뚜껑을 덮어서 부드러워질 때까지 3시간 정도 뭉근히 삶는다. 조리가 끝나기 30분 전에 다음을 넣는다.

　파슬리 잔가지 4개

　타임 잔가지 3개

　월계수 잎 1장

　흰색 또는 검은색 통후추 ¼작은술

　(정향 2개)

　마늘 2쪽, 으깨기

국물에 잠긴 상태로 달팽이를 식혀서 냉장고에 넣어두면 3일 정도 보관할 수 있다. 국물을 따라내고 아래의 레시피나 다른 레시피에 활용한다.

달팽이 버터 오븐 구이

8인분

위의 설명에 따라 달팽이를 손질하거나 다음을 준비한다.

　(통조림 달팽이 50마리, 국물을 따라내고 헹구기)

　(달팽이 살을 발라낸 빈 달팽이 껍데기 50개, 깨끗하게 씻기)

다음을 준비한다.

　달팽이 버터, 레시피의 3배 분량

수건으로 달팽이와 껍데기의 물기를 닦아서 말린다. 달팽이 껍데기에 버터를 1작은술씩 채워 넣는다. 달팽이 살을 하나씩 껍데기에 넣는다. 껍데기가 벌어진 부분에는 허브 버터만 보이도록 달팽이 살 위에 다시 버터를 넉넉히 얹는다. 냉장고에 보관했다가 나중에 사용할 수도 있고, 즉시 구워도 좋다. 오븐을 220℃로 예열한다. 베이킹 접시에 다음을 넓게 펴서 깐다.

　암염

달팽이를 베이킹 접시에 가지런히 올리고 가볍게 눌러서 소금에 살짝 묻히게 한다. 달팽이가 뜨겁게 달아오를 때까지 5~7분간 굽는다. 달팽이 요리 전용 접시에 담아서 낸다.

개구리 다리에 대해

연한 분홍색에 살이 실하게 붙은 개구리 다리는 식감과 맛이 닭고기와 비슷하다는 평가를 받는데, 달콤한 맛을 보존하기 위해 가볍게 조리해야 한다. 대부분 엉덩이에 다리가 두 개씩 붙어 있는 상태로 냉동해서 판매하며 별도의 손질 없이 바로 조리할 수 있다. 싱싱한 개구리 다리는 봄여름에 미국 남부와 중서부에서 수확하며 이 시기에는 개구리 '사냥'을 나서는 사람들도 있다. ▶ 1인분에 커다란 개구리 다리 2~3개나 작은 개구리 다리 6개 정도의 분량을 기준으로 삼는다.

개구리 다리를 조리하기 위해 손질하려면 우선 발을 잘라서 버리고 몸통 가까이에 붙어 있는 뒷다리를 잘라낸다. 개구리는 이 뒷다리 부분만 먹는다. 뒷다리를 찬물에 씻는다. 장갑을 끼고 위쪽부터 시작해 껍질을 벗겨낸다. 과학자 갈바니(Galvani)는 개구리 다리에 경련을 일으키는 실험을 하다가 전류를 발견했는데, 그의 이름을 붙여 이를 갈바닉 전류라고 한다. 따라서 주방에서 과학 실험을 하고 싶지 않다면 껍질을 벗기기 전에 개구리를 차갑게 식히자.

개구리 다리 조림

2인분

필요하면 위의 설명에 따라 깨끗이 씻어서 껍질을 벗긴다.

큼직한 개구리 다리 8개

얕은 그릇에 다음을 넣고 섞는다.

밀가루 ½컵

소금 ½작은술

흑후추 ½작은술

개구리 다리를 양념 밀가루에 훑으면서 골고루 묻힌다. 커다란 프라이팬을 중불에 올리고 다음을 둘러서 가열한다.

버터 또는 식물성 기름 3큰술

개구리 다리를 넣고 갈색으로 익을 때까지 한 면당 약 4분씩 지진다. 개구리 다리를 접시에 옮겨 담는다. 프라이팬에 다음을 넣고 부드러워질 때까지 조리한다.

양파 중간 크기 ½개, 굵게 썰기

소금 ¼작은술

흑후추 ¼작은술

개구리 다리를 다시 프라이팬에 넣고 다음을 붓는다.

닭 육수 또는 국물 ¾컵

부르르 끓어오르도록 가열한 후 불을 줄이고 뚜껑을 꼭 덮어서 10분간 뭉근히 끓인다. 그동안 작은 프라이팬에 다음을 넣고 녹인다.

버터 2큰술

다음을 넣고 버터에 볶는다.

마른 빵가루 ½컵

(곱게 썬 헤이즐넛 ¼컵)

개구리 다리를 서빙용 접시에 담는다. 프라이팬에 육수와 양파 혼합물이 보글보글 끓어오르면 다음을 넣고 젓는다.

헤비크림 2큰술

소스가 걸쭉해질 때까지 잠깐 끓인 후 개구리 다리 위에 소스를 끼얹는다. 다음과 함께 빵가루를 훌훌 뿌린다.

굵게 썬 파슬리

개구리 다리 튀김

딥 프라잉 항목을 참고한다.

깨끗이 씻은 다음 고관절 부분을 절반으로 자른다.

개구리 다리

다음을 골고루 묻힌다.

잘 달라붙는 빵가루나 크래커 코팅

접시나 받침대 위에 올려놓고 1시간 정도 말린다. 깊고 묵직한 냄비나 더치오븐에 기름을 다음 높이까지 붓고 185℃로 가열한다.

식물성 기름 5cm

개구리 다리를 넣고 중간에 한 번 뒤집으면서 황금색으로 익을 때까지 튀긴다. 키친타월을 깐 접시에 올려놓고 기름을 뺀다. 다음과 함께 낸다.

타르타르 소스

생선

바닷가의 임시 건물과 교외의 깔끔한 일식집에서부터 지역 사회의 생선 튀김 축제와 각 가정의 주방에 이르기까지, 생선을 조리하고 식탁에 내는 방법은 우리가 잡아서 먹는 수많은 생선의 종류만큼 다채롭다. 안타깝게도 지난 수십 년간 생선 소비량은 다소 감소 추세를 보였다. 마구잡이식 남획이 한때 풍족했던 어장을 고갈시키고 생태계에 위협을 가하고 있다. 이러한 상황에서 기후 변화와 해양 온난화는 해양 생태계에 더욱 큰 어려움을 안긴다. 바꿔 말하면 예전처럼 편안한 마음으로 생선을 사 먹을 수 없게 되었다는 의미다. 이제는 생선 판매대에서 여러 요소를 고려해 선택해야 한다. 환경을 생각하는 올바른 생선 구입 방법에 대해서는 지속 가능성, 수산물 이력제, 어류 사기 항목을 참고한다.

생선은 훌륭한 단백질 공급원이지만 연약한 생선 살을 너무 오래 조리하거나 망쳐버릴까 봐 부담스러워하거나 아예 생선 요리 자체를 포기하는 사람이 많다. 그러나 몇 가지 기본적인 원칙만 지키면 생선은 아주 쉽고 빠르게 조리할 수 있으며, 영양소가 풍부하고 환경을 생각하면서도 아주 맛있게 즐길 수 있는 식재료라는 점을 반드시 기억하자.

믿을 수 있는 생선 가게는 생선을 구입하고 조리하는 데 가장 든든한 지원군이다. 일반 소비자들은 아마도 풍부하게 잡히는 여러 종류의 생선이 익숙하지 않을 것이다. 하지만 생선 가게를 신뢰할 수 있는 정보원으로 생각하고, 생소하다고 무조건 피하기보다는 새로운 생선을 먹어볼 기회로 삼자. 그뿐만 아니라 이번 장에 실린 레시피를 철저히 따라야 한다고 생각할 필요도 없다. 예산에 따라, 얼마나 쉽게 구할 수 있는지에 따라 다른 생선으로 대체해도 상관없다. 서로 대체할 수 있는 비슷한 종류의 생선에 대한 지침은 요리에 자주 사용하는 생선 항목을 참고한다.

생선의 안전 섭취 및 영양

생선은 단백질과 오메가3 지방산이 풍부하게 함유되어 있어서 전반적으로 훌륭한 영양 공급원이다. 그러나 문제는 생선에 쌓인 수은, 산업용 화학 물질, 살충제 등의 **오염 물질**로 인한 위험이다. 수은을 비롯한 여러 중금속이 크릴새우를 먹는 아주 작은 생선의 몸속에 쌓이고, 다시 커다란 생선이 이 작은 생선을 잡아먹는다. 그보다 더 큰 생선이 작은 생선을 잡아먹을 때쯤 되면 조금씩 쌓인 수은이 전부 먹이 사슬을 통해 전달되므로 생태계의 최정상에 있는 육식 동물의 몸에 축적된다. 시간이 흐르면서 수명이 긴 포식 어류의 몸에 축적된 수은의 농도는 상당히 높아진다. 이것을 생물 축적이라고 부른다.

따라서 ▶ 상어, 황새치, 왕고등어, 옥돔, 청새치, 오렌지 러피, 눈다랑어, 황다랑어 등 몸집이 크거나 수명이 긴 포식성 어류는 먹지 않는 것이 최선이다.(또는 섭취량을 엄격하게 제한한다.) 생선을 살 때 참고할 만한 좋은 기준은 먹이 사슬의 아래쪽에 있는 생선을 사는 것이다. 작은 생선은 몸에 해로운 수은이나 다른 독소도 훨씬 적게 들어 있을 가능성이 크다. 또 하나의 현명한 전략은 선호하는 한 가지 종류만 고집하기보다는 여러 곳에서 구입한 다양한 종류의 생선을 먹는 것이다.

▶ 가장 최근의 FDA 권고 사항에 따르면 성인의 경우 수은이 적게 들어 있는 생선이나 갑각류를 일주일에 2~3인분 정도, 어린이는 1~2인분 정도 먹으면 적당하다. 수은이 적게 들어 있는 생선에는 연어, 명태, '라이트' 참치 통조림, 틸라피아, 메기, 대구 등이 해당한다. 가정의 식료품 찬장에서 쉽게 찾아볼 수 있는 살코기 참치 통조림 등의 몇몇 품목은 사실 수은 함량이 꽤 높지만, 적당히 섭취하는 한 큰 문제는 없다.(일주일에 1인분 정도)

생선에는 기생충이 서식하고 있는 경우도 많다. 생선을 냉동하거나 조리하면 보통 기생충이 죽기 마련이다. 바닷물고기에 기생하는 대다수 기생충은 사람에게 감염되지 않으므로 살아 있는 기생충을 삼키더라도 몸속의 소화 기관에서 죽는다. 그러나 민물고기에는 촌충이라는 기생충이 들어 있는 경우가 있으며, 이 촌충은 대다수 바닷물고기 기생충과는 달리 사람에게 감염된다. 날로 먹을 수 있다는 의미의 '초밥 등급(sushi grade)'이라는 이름을 붙여 판매되는 생선은 기생충을 죽이기 위해 아주 낮은 온도에서 일정 기간 냉동한 것이다. 참치는 매우 드문 예외로, 참치의 살에는 기생충이 서식하지 않는다. 다른 모든 생선의 경우 ▶ 익히지 않고 날로 먹으려면 반드시 초밥 등급인지 확인한 후 구입한다.

직접 낚은 생선은 ▶ 7일 이상 -20℃에서 냉동 보관할 수 있는 상황이 아니라면 날로 먹지 않는다.(정확한 냉동고 온도계로 확인한다.) 대다수의 수직형 가정용 냉동고로는 이 정도까지 온도를 낮출 수 없다는 점을 기억하자.(상자형 냉동고는 제품 유형이나 모델에 따라서 가능하다.)

생선 구입하기 및 보관하기

이번 장의 시작 부분에도 언급했지만, 현재 번성하던 어장의 상당수가 고갈된 상태이므로 요리에 사용할 생선을 선택할 때 여러 요소를 충분히 고려해서 결정하기를 권한다. 지속 가능한 생선 선택 방법, 수산물 이력제, 양식 또는 자연산 생선에 대한 자세한 내용은 420쪽을 참고한다. 어디서 사든 관계없이 싱싱하고 좋은 품질의 생선을 먹을 수 있는 간단한 원칙 몇 가지를 소개한다. 우선 ▶ 생선을 먹을 당일 또는 아무리 빨라도 바로 전날에 사야 한다. 계획이 바뀌었거나 바로 조리할 수 있는 상황이 아니라면 냉동한다.(아래 내용 참고)

▶ 1인분에 해당하는 분량은 다음과 같다. 손질하지 않은 생선 340g, 머리와 꼬리, 지느러미를 떼어낸 생선 225g, 스테이크나 필레 상태로 발라낸 생선 170g을 기준으로 한다.

싱싱한 생선은 먹음직스럽게 윤이 나야 하고 아가미는 분홍색이나 밝은 빨간색을 띤다. 눈은 투명하며 쑥 들어가 있지 않아야 하고 살은 단단하면서 거의 반투명에 가깝다. 또한 분홍색 반점(보통 이는 멍이다.)이나 갈색 반점(부패를 나타낸다.)이 없어야 한다. 생선 살이 건조해 보이거나 분필 같은 질감이 느껴진다면 수분 손실이나 냉동상을 입었을 확률이 높다. 생선에서는 오이를 연상시키는 바다 냄새가 나야 한다.(물론 어느 정도는 비린내가 나겠지만 싱싱한 냄새가 나야 한다.) ▶ 생선은 잡자마자 내장을 빼서 손질한다. 냉동 보관 탱크에서 바로 꺼낸 것이 아닌 이상, 내장을 손질하지 않은 생선은 피한다.

생선을 구입한 후에는 얼음을 채워서 포장하거나 아이스박스에 담아서 집에 가져온다. 가정용 냉장고는 생선을 최적의 상태로 보관할 수 있는 온도까지 내려가지 않으므로 ▶ 필레와 스테이크는 가게에서 얼음을 넣어 포장해준 그대로 냉장고에 넣는다. 손질하지 않은 통생선은 얼음 위에 바로 올려놓고 보관할 수도 있다. 커다란 체에 얼음을 가득 담고 큼직한 그릇 위에 올려놓거나 커다란 베이킹 접시 또는 구이 팬에 얼음을 채워서 통생선을 올려놓으면 조금 더 오래 보관할 수 있다.

냉동 생선

대형 어선은 한 번 배를 띄우면 몇 주씩 조업하므로 배에서 바로 얼린 생선은 그냥 냉동 보관한 생선보다 더 싱싱하기 마련이다. 잡은 직후에 급속 냉동했다면(그리고 천천히 자연 해동했다면) 냉동 생선은 상당히 좋은 품질을 유지한다. 손상이 없고 꽝꽝 얼어 있는 생선을 선택한다. 찢어지거나 모양이 이상하거나 냉동상의 흔적이 있거나 커다란 얼음 결정이 보이는 것은 피한다. 가장 품질이 좋은 것은 진공 포장하거나 얼음 막을 입혀서 냉동상을 방지한 것이다. 냉동 생선은 미리 냉장고에 넣어두거나 흐르는 찬물에 해동한 다음 조리해야 한다. ▶ 일단 해동한 냉동 생선은 절대 다시 냉동해서는 안 되므로 당일에 조리해서 먹는 것이 가장 좋다.

가정에서 생선을 냉동하려면 진공 포장을 하거나 냉동용 지퍼백에 넣어서 공기 치환법으로 공기를 뺀 다음 얼음 소금물에 넣어서 급속 냉동하는 것을 적극 추천한다. 산업용 송풍 냉동기만큼 효과적이지는 않지만 가정에서 생선의 질감을 보존할 수 있는 가장 좋은 방식이다. 커다란 그릇이나 싱크대의 마개를 막아놓고 얼음 450g, 소금 ½컵, 찬물 ½컵으로 소금물을 만든다.(생선을 대량으로 냉동할 때는 분량을 2~3배로 늘린다.) 지퍼백에 넣은 생선을 얼음 소금물에 담근 후 딱딱하게 얼면 냉동실에 넣는다.

얼음 막을 입혀서 생선을 냉동하려면 944쪽을 참고한다.

생물 또는 갓 잡은 생선 보관하기에 대해

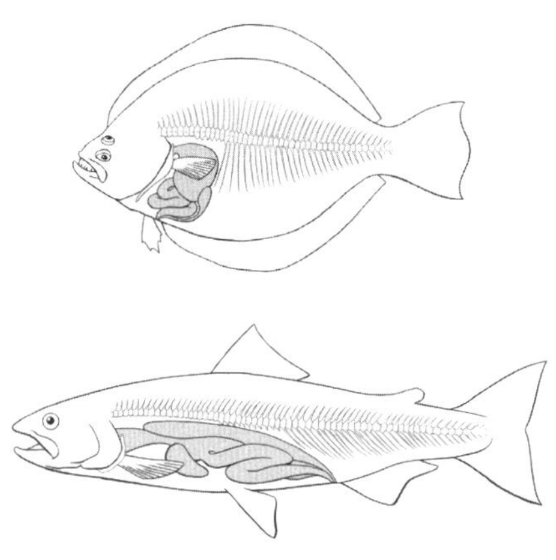

몸통이 납작한 생선과 둥그런 생선의 내장 및 척추뼈 위치

낚시 애호가라면 아침에 잡은 생선을 요리해서 먹으면서 낚시터에서 보낸 하루를 뿌듯하게 마무리하고 싶을 것이다. 그러나 현실은 그렇게 간단하지 않다. 생선은 극도로 상하기 쉬우므로 제대로 손질해서 품질이 유지되도록 많은 주의를 기울여야 한다. 일반적으로 다음과 같은 생선 손질 순서를 권장한다. 우선 생선을 즉시 죽이고(아래 설명 참고) 피를 뺀 후, 껍질째 조리할 것인지를 결정하고, 상황에 따라 비늘을 제거한 후 내장을 빼고, 사후 경직이 끝난 이후까지 기다릴 것인지 판단한다.(398쪽 참고)

생선 죽이기

낚시 바구니는 사뭇 낭만적인 낚시 용품이기는 하지만 잡은 생선은 절대 바구니에서 그냥 질식해서 죽도록 내버려두면 안 된다. 오랜 시간에 걸쳐 고통스럽게 죽이는 것은 비인도적일 뿐만 아니라 생선의 품질에도 영향을 미치며 맛과 식감도 떨어진다. 일단 생선을 잡으면 뭉툭한 물건으로 머리를 쳐서 기절시킨 다음 아가미 한쪽에 칼을 찔러 넣고 척추뼈 쪽을 향해 앞쪽으로 잘라서 대동맥을 끊는다. 그다음 생선을 뒤집어서 반대쪽 아가미까지 함께 잘라낼 수도 있다. 특히 크기가 큰 생선이라면 꼬리 위쪽에 칼을 찌르고 척추뼈를 끊어서 그 부위에 있는 동맥도 노출시킨다. 바구니에 찬물을 붓고 생선을 담가서 피를 다 빼낸다.

사후 경직이 일어나면 생선은 뻣뻣하게 굳고 구부러지지 않으며, 필레를 떠서 조리하면 둥글게 말리면서 살은 매우 단단해진다. 일반적으로 생선은 죽은 후 최소 1시간에서 8시간 사이에 사후 경직 상태에 들어간다. 사후 경직이 시작되는 정확한 시간은 다양한 요인에 따라 크게 달라지지만, 일반적으로 살아 있을 때의 상태가 좋을수록, 빨리 잡아서 신속하게 손질할수록, 손질 후 보관을 제대로 할수록 사후 경직이 늦게 시작된다. 사후 경직이 끝날 때까지 기다리려면 상당한 인내심이 필요하지만 훨씬 맛있게 먹을 수 있다. 기다리지 않고 먹

을 수 있는 유일한 방법은 사후 경직이 시작되기 전에 조리하는 것인데, 그래도 사후 경직 후에 먹는 것보다는 다소 질기다. 사후 경직이 풀리기를 기다리는 동안에는 얼음 위에 올려서 아주 차갑게 보관한다. 사후 경직이 풀리려면 8시간에서 며칠 정도 걸린다.

▶ 생선의 사후 경직이 풀리기 전에는 필레로 뜨지 않는다. 사후 경직이 시작되기 전에 포를 뜰 수도 있지만, 조리 과정에서 필레가 약간 수축할 수 있다. 사후 경직 전에 떠낸 필레를 찬물에 넣거나 얼음에 닿게 하면 더 심하게 수축하므로 찬물이나 얼음에 닿지 않도록 주의한다.

조리하기 위해 생선을 손질하기

껍질을 벗긴 생선 필레가 필요하다면 굳이 둥그런 생선의 비늘을 제거하거나 지느러미를 자르거나 내장을 빼낼 필요는 없다. 다른 단계를 건너뛴 후 둥그런 생선을 필레로 뜨는 방법을 참고하고 비늘 사이로 칼질을 할 때 특히 주의를 기울이면 된다.(비늘이 아주 크면 등 부분의 비늘을 제거하고 칼질을 하면 편하다.)

생선의 비늘 제거하기

대다수 생선 품종에는 제대로만 조리하면 바삭하고 맛있게 즐길 수 있는 껍질이 붙어 있다. 껍질까지 맛있게 먹으려면 내장을 빼기 전에 생선의 비늘을 제거해야 한다.(쉽게 비늘을 벗길 수 있다.) 그러나 껍질을 먹지 않을 예정이라면 굳이 비늘을 제거할 필요는 없으므로 건너뛴다. 잊지 말아야 할 점은 ▶ 고등어와 작은 송어를 비롯한 일부 생선의 비늘은 그냥 먹어도 거슬리지 않으므로 그대로 조리해도 상관없다.

생선의 비늘을 제거하려면 비늘을 제거하는 동안 지느러미에 찔리지 않도록 주방 가위로 잘라낸다. 가슴지느러미는 양쪽에 얕게 칼집을 넣어 뽑아낸다. 이렇게 하면 지느러미 뒤쪽에 있는 뼈까지 뽑혀 나온다. 가능하면 실외에서 비늘을 제거하는 것이 좋고, 생선이 작다면 부엌 싱크대에 물을 적당히 채우고 생선을 담가서 물속에서 비늘을 제거하기를 권장한다. 비늘을 제거할 생선이 크다면 평평한 조리대에 신문지를 여러 겹으로 깔고 작업한다. 생선이 젖어 있으면 더욱 손쉽게 비늘을 벗길 수 있으므로 생선을 찬물에 살짝 씻는다. 칼을 잡지 않은 손으로 생선의 꼬리 아래쪽 근처나 머리를 잡고 단단히 고정한다. 생선이 많이 미끈거리면 행주를 사용해 밀리지 않도록 꽉 잡는다. 꼬리 부분에 ▶ 버터 나이프나 생선 비늘 제거기를 갖다 대고 꼬리에서 머리 쪽으로 비늘을 긁어내는데, 짧게 여러 번 긁어서 비늘이 사방으로 튀는 것을 최대한 방지한다. 생선 머리 주변의 비늘도 제거한다.

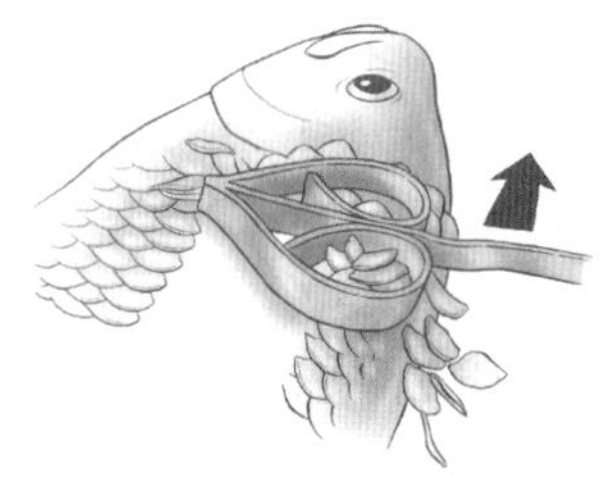

생선 비늘 제거하기

생선의 내장 제거하기

▶ 모든 생선은 잡은 후 최대한 빨리 내장을 제거해야 한다. 민물고기는 특히 기생충에 취약해 순식간에 기생충이 내장에서 살로 옮겨갈 수 있기 때문이다.

즉시 내장을 제거할 수 없는 상황일 경우 생선을 얼음물에 담가두면 기생충이 옮겨가는 속도가 훨씬 느려지므로 몇 시간 정도의 여유를 확보할 수 있다.

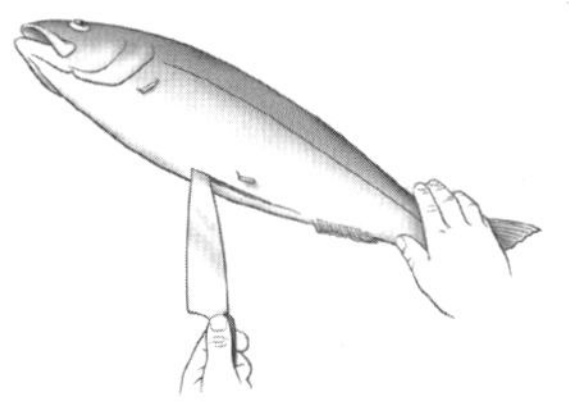

둥그런 생선의 내장 제거하기

둥그런 생선의 내장을 제거하려면 아주 잘 드는 칼을 배에 찔러 넣고 항문부터 아가미 바로 아래까지 쭉 가른다. 절개 부위를 펼쳐서 열고 내장을 한 번에 꺼낸다. 척추뼈에 붙어 있는 콩팥을 긁어낸다. 종류에 따라서 몸속에 부레라는 작은 흰색 주머니가 있는 생선도 있는데, 이것 역시 떼어낸다. 아가미를 손으로 떼어내거나 주방 가위로 잘라낸다. 생선의 안팎을 찬물로 깨끗이 씻는다. 생선을 통째로 조리할 예정이라면 이제 손질이 끝났으므로 바로 조리를 시작해도 좋다.

빙어, 정어리, 안초비, 스프랫(청어과의 작은 물고기 — 옮긴이) 등의 **아주 작은 둥그런 생선의 내장을 제거하려면** 가위로 머리에서 항문 바로 아래까지 자른다. 생선의 머리를 잡고 항문 쪽으로 한 번에 쭉 잡아당긴다. 이렇게 하면 머리와 함께 내장이 거의 전부 빠져나오고, 껍질로 붙어 있는 자그마한 생선 필레 두 장만 남는다.

제거한 내장은 즉시 꼼꼼히 싸서 버린다. 생선 내장에서는 고약한 냄새가 난다. 쓰레기를 바로 버릴 예정이 아니라면 생선 내장과 부속물을 비닐봉지에 넣어서 잘 봉한 다음 테두리 있는 오븐 팬에 담아 쓰레기 버리는 날까지 냉동실에 넣어둔다.

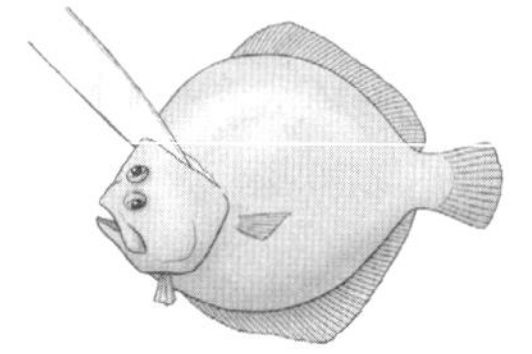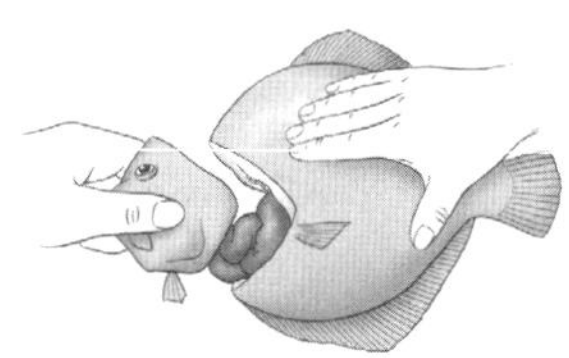

납작한 생선의 내장 제거하기

납작한 생선의 내장을 제거하려면 가장 쉬운 방법은 우선 머리를 잘라내는 것이다. 머리와 아가미 주변에 V자 모양으로 칼집을 넣는다. 머리를 잡고 살짝 비틀면서 몸통에서 떼어낸다. 내장은 머리와 함께 떨어져나온다. 머리를 그대로 남겨두고 내장만 제거하려면 가슴지느러미 바로 아래부터 반원 모양으로 절개한다. 절개부 위쪽을 들어올리고 내장을 꺼낸다. 납작한 생선을 살 때는 반드시 내장을 손질한 것을 고른다.

둥그런 생선을 조리하기 위해 손질하기

머리와 꼬리, 지느러미를 제거하려면 우선 빗장뼈 위쪽의 머리에 칼집을 넣고 척추뼈를 작업대의 가장자리에 갖다 댄 후 구부려서 부러뜨린다. 가슴지느러미가 달려 있었다면 머리와 함께 떨어져나갈 것이다. 배에 있는 지느러미는 주변을 톱질하듯 썰어서 잘라낸다. 꼬리를 제거하려면 바로 위에서 자른다. 손질한 찌꺼기 중에서 쓸 만한 것, 특히 생선의 머리는 따로 보관했다가 생선 육수나 퓌메에 사용한다. 크기가 큰 둥그런 생선의 목 부분과 꼬리에는 살이 제법 붙어 있으므로 버리지 않고 보관한다. 양념해서 오븐 또는 그릴에 구운 다음 갈비를 뜯어 먹듯이 뼈에서 살을 발라내서 먹는다.

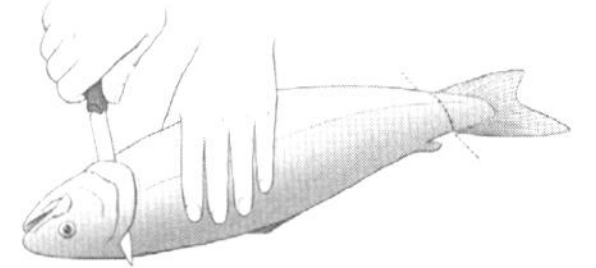
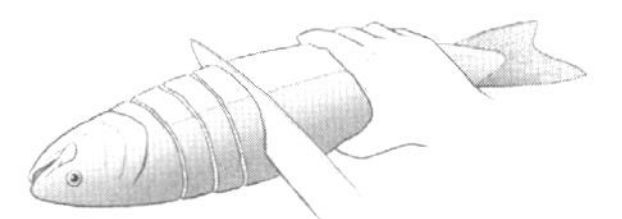

머리와 꼬리 제거하기   둥그런 생선을 스테이크 모양으로 자르기

커다란 크기의 둥그런 생선을 스테이크 모양으로 자르려면 먼저 398쪽의 설명대로 비늘을 제거하고 내장을 뺀다. 잘 드는 칼을 사용해 머리와 가까운 쪽부터 가로 방향으로 위의 그림처럼 최소한 2.5cm 이상의 균일한 두께로 썬다. 상황에 따라 가늘고 잘 드는 칼로 아래 그림처럼 각 스테이크의 갈비뼈 바로 안쪽을 잘라내기도 한다. 갈비뼈를 잡아당겨 가위로 잘라서 떼어내거나 가운데에 있는 척추뼈 부분도 조심스럽게 같이 떼어낸다. 스테이크의 크기가 아주 크다면 필레 부분을 척추뼈에서 갈비뼈까지 한 번에 잘라서 뼈 없는 조각 2개로 만든다. 상황에 따라 아래의 그림처럼 얇은 뱃살 부분을 잘라내기도 한다. 우리는 그릴에 구울 생선을 손질할 때 이 방법을 선호한다. 스테이크는 필레만큼 잘 부서지지 않으며 더 두껍게 자를 수 있으므로 오래 조리해도 걱정 없이 조금 더 여유 있게 갈색으로 구울 수 있다. 참치와 황새치, 파란농어 등 활발하게 움직이며 헤엄을 많이 치는 생선에는 맛이 강하고 붉은빛이나 보랏빛이 도는 **블러드라인**(bloodline)이라는 근육이 있다. 취향에 따라 이 부분을 잘라내고 조리해도 상관없다.

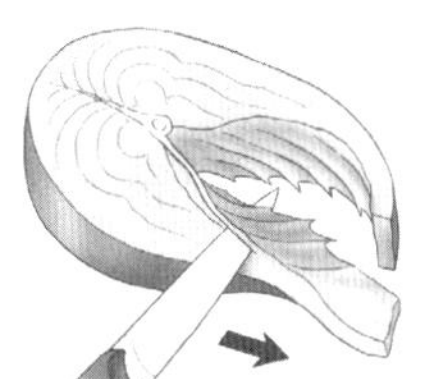
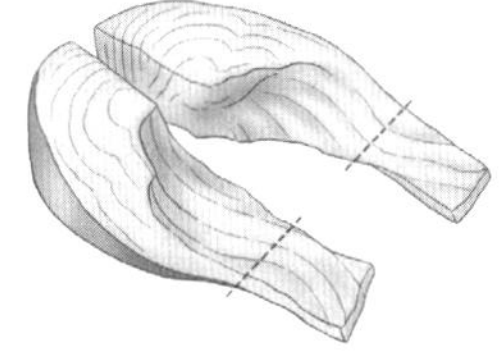

생선 스테이크에서 갈비뼈 제거하기(왼쪽)
두 조각으로 잘라서 뱃살 부분 잘라내기(오른쪽)

둥그런 생선을 필레로 뜨려면 작업대 위에 신문지나 갈색 포장지를 여러 겹 깔고 생선을 올려놓는다. 머리 뒤쪽을 빙 둘러 절개하고 앞쪽이나 뒤쪽의 꼬리 바로 앞을 자른 다음 등지느러미와 척추뼈의 한쪽 옆에 칼을 넣고 아래까지 쭉 절개선을 넣는다. 그다음 목뼈 뒤쪽에 칼을 대고 각도를 약간 기울여서 자른다. 칼날이 생선과 평행을 이루며 칼이 꼬리를 향해 나아가고, 칼끝은 척추뼈를 가리키는 상태에서 미끄러지듯이 척추뼈를 따라 꼬리까지 쭉 잘라서 넓적하게 필레를 뜬다. 자를 때는 칼날을 척추뼈에 꾹 누르고 잘라서 최대한 뼈에 붙은 살을 많이 떠낸다. 필레는 깔끔하게 1장으로 떨어져야 한다. 생선을 반대쪽으로 뒤집어 같은 방식으로 두 번째 필레를 뜬다. 필요하면 손가락으로 필

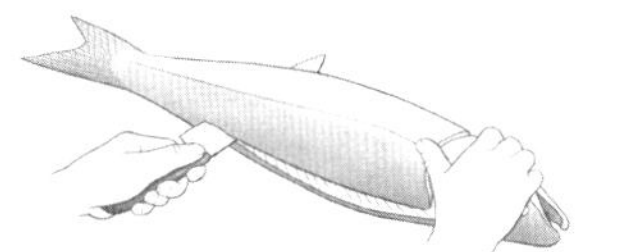
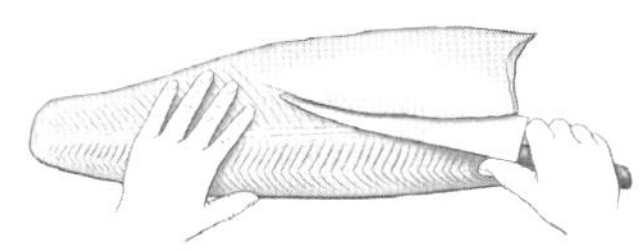

둥그런 생선의 필레 뜨기   갈비뼈 발라내기

레의 표면을 문지르면서 살에 박혀 있는 **잔가시**를 찾아서 핀셋이나 끝이 가느다란 펜치로 뽑아낸다.

▶ 척추뼈에 살이 좀 더 많이 남더라도 훨씬 빠르고 쉽게 필레를 뜨려면, 우선 생선의 내장을 제거하고 빗장뼈 뒤쪽으로 칼을 넣어서 척추뼈까지 자른다. 칼날이 척추뼈와 평행하도록 칼의 방향을 돌린다. 빗장뼈를 단단히 잡고 목에서 꼬리까지 갈비뼈 사이를 가르면서 길게 자른다. 커다란 농어나 도미의 갈비뼈와 척추뼈를 다룰 때는 더 세심하게 주의를 기울여야 한다. 필레를 뜨기 위해 머리 뒤쪽에 칼집을 넣은 후, 위의 왼쪽 그림처럼 칼을 갈비뼈에 갖다 대고 아래로 길게 절개한다. 이렇게 한쪽 필레를 떠낸 후, 껍질이 아래로 가도록 필레를 뒤집어놓고 오른쪽 그림처럼 조심스럽게 갈비뼈를 발라낸다. 크기가 작은 생선의 필레를 통째로 떴을 때는 이 방법으로 쉽게 뼈를 제거할 수 있지만, 연어처럼 커다란 생선은 적당한 크기로 잘라서(예를 들면 칼보다 짧은 길이로) 갈비뼈를 발라내도록 권장한다.

통으로 뜬 필레의 껍질을 벗기려면 껍질이 아래로 가도록 도마 위에 놓는다. 칼을 잡지 않은 손으로 꼬리 부분을 단단히 고정하고 꼬리의 끝에서 약 1cm 지점에 칼집을 넣는다. 그다음 칼날이 껍질과 평행하도록 칼을 옆으로 눕힌다. 칼날의 각도가 약간 아래쪽을 향하게 기울여서 잡고 그림과 같이 밑으로 쭉 밀어가면서 껍질과 살을 분리하되, 칼날이 최대한 껍질과 가까운 곳을 자르고 지나가도록 한다. 나머지 한 손은 꼬리 끝쪽의 껍질을 잡아서 평평하게 고정한다. 이렇게 껍질을 벗긴 후 연어처럼 아주 두꺼운 필레는 가로 방향으로 3.8~5cm 정도 너비가 되도록 자르는데, 이 조각 하나가 1인분으로 적당하다.

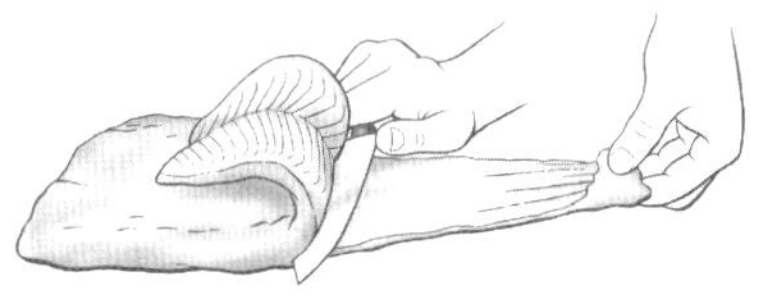

필레의 껍질 벗기기

둥그런 생선을 통째로 조리하기 위해 손질하려면 비늘을 벗기고(껍질까지 먹는 경우) 내장과 지느러미를 제거한 후 뼈는 나중에 식탁에서 발라내면서 먹기 때문에 따로 손질하지 않는다. 물론 식탁에 앉은 사람들에게 먹을 때 뼈나 잔가시를 주의하라고 언급하거나 필레로 떠서 내면 더욱 좋다.(통째로 조리한 생선을 식탁에 올리는 방법에 대해 항목을 참고)

생선을 나비처럼 평평하게 펴서 손질하면 훨씬 먹기 편하고 특히 속재료를 채우기에 좋다. 생선의 배를 갈라서 갈비뼈와 척추뼈를 제거하면 필레 2장이 등 쪽에서 붙어 있는 형태가 된다. 속에 재료를 채워서 조리할 때는 이 상태 그대로 사용하면 되고, 그 외의 경우에는 머리와 꼬리를 잘라서 생선을 평평하게 편 후 커다란 필레 1장처럼 조리한다.

둥그런 생선을 납작하게 펴서 손질하려면 앞의 설명대로 비늘을 긁어내고

내장과 지느러미를 제거한다. 생선의 배가 주로 사용하는 손 쪽을 향하고 꼬리는 먼 쪽을 향하도록 생선을 옆으로 놓는다. 생선의 꼬리부터 시작해 위쪽 필레를 갈비뼈에서 조심스럽게 분리해낸다. 칼날을 최대한 갈비뼈에 가깝게 가져다 대면서 세로로 길게 잘라낸다. 다시 꼬리 쪽부터 시작해 갈비뼈의 아랫부분과 아래쪽 필레 사이를 자른다. 이 시점에서 취향에 따라 꼬리와 머리를 썰어내기도 한다. 또는 주방 가위로 머리와 꼬리 쪽에서 척추뼈를 잘라내도 좋다. 생선을 책처럼 펼치고 필레를 납작하게 해서 갈비뼈가 가운데로 솟아오르게 한다. 머리에서 시작하든 꼬리에서 시작하든 관계없이, 한 손의 검지와 중지를 갈비뼈의 양쪽에 놓고 필레가 움직이지 않도록 손가락으로 고정한 후 다른 손으로 갈비뼈를 꽉 잡아서 당긴다. 척추뼈까지 함께 떨어져나올 것이다. 손가락을 조금 아래로 움직여서 다시 아래쪽 뼈를 잡아당긴다. 척추뼈가 완전히 떨어져나올 때까지 이 작업을 반복한다. 상황에 따라 399쪽의 설명대로 잔가시를 제거한다.

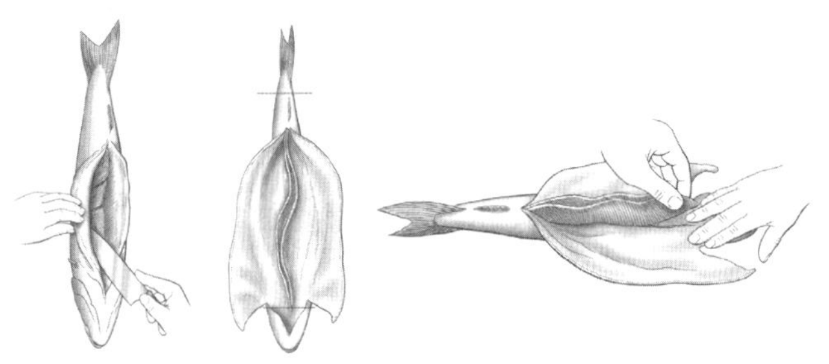

둥그런 생선을 납작하게 펴서 손질하기

납작한 생선을 조리하기 위해 손질하기
납작한 생선은 아래위 양쪽에서 각각 필레 2장씩 떠낼 수 있으므로 1마리당 총 4장의 필레가 나온다. 넙치처럼 작고 납작한 생선의 껍질은 대부분 맛있게 먹을 수 있지만, 광어처럼 커다란 생선은 껍질이 질기므로 굳이 따로 보관했다가 먹을 필요는 없다.

납작한 생선의 필레를 뜨려면 몸통 가운데 부분에서 목부터 꼬리까지 이어지는 희미한 선(옆줄)을 찾아낸다. 이 옆줄이 척추뼈의 위치를 나타내며, 바로 이 위치를 기준으로 하여 필레를 2장으로 분리한다. 길고 잘 드는 회칼로 척추뼈를 따라서 갈비뼈에 도달할 때까지 살을 절개한 후 목에서 꼬리까지 저민다. 칼을 필레 1장의 아래로 밀어 넣고 뼈에서 아주 가까운 위치를 잘라낼 수 있도록 칼날을 비스듬히 기울인 후 생선의 가장자리를 향해서 칼을 움직이면서 천천히 필레를 뼈에서 분리한다. 나머지 필레도 같은 방법으로 떠내고 뒤집어서 반대쪽도 똑같이 작업한다. 몸통의 위쪽 부분(눈이 달린 쪽)에서 떠낸 필레가 배에서 떠낸 필레보다 약간 두껍다. 상황에 따라 둥그런 생선을 통으로 필레로 뜨는 방법의 설명대로 껍질을 벗긴다.

납작한 생선을 통째로 조리하기 위해 껍질을 벗기려면 꼬리 위쪽의 껍질에 깊숙하게 절개선을 넣는다. 껍질을 약 2cm 정도 벗긴다. 떨어져나온 껍질 끝을

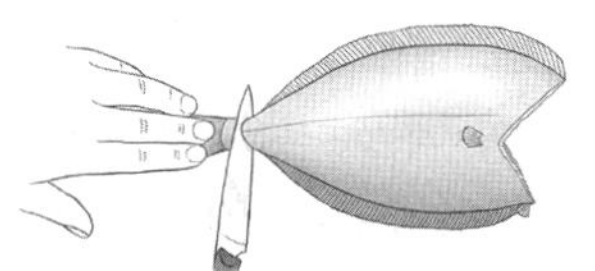 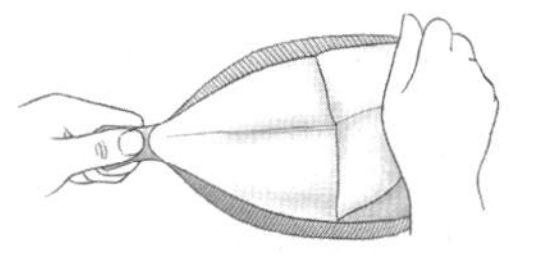

납작한 생선의 껍질 벗기기

한 손으로 단단히 잡고 다른 손으로 꼬리를 바닥에 누른 후 머리 쪽으로 조금씩 껍질을 벗겨나간다.

중간 크기의 납작한 생선으로 속을 채울 수 있는 '주머니'를 만들려면 머리를 잘라내고 내장을 제거한다. 아주 길고 얇으면서 잘 드는 칼을 머리가 달려 있던 공간에 찔러 넣고 척추뼈의 아래쪽이나 위쪽을 잘라서 살과 뼈를 분리하되, 최소한의 칼질만으로 몸통 안쪽으로 꼬리까지 자른다.(껍질에 구멍이 나지 않게 조심한다.) 아래쪽과 위쪽 모두 이런 방식으로 척추뼈와 살을 분리한다. 가위를 둘 중 한쪽으로 넣어서 척추뼈와 지느러미 사이의 중간쯤 되는 지점의 뼈를 자른다. 이렇게 하면 생선 뼈가 3조각으로 분리된다. 그중 2개는 바깥쪽 지느러미에 붙어 있고 나머지 하나는 꼬리와 연결되어 생선의 몸통 중심부에 붙어 있다. 가위로 양쪽의 날카로운 지느러미를 잘라내고 양말을 뒤집듯이 생선의 안팎을 뒤집는다. 가위로 꼬리에 붙어 있는 척추뼈를 최대한 꼬리에 가깝게 잘라내고 생선 살이나 껍질에 상처가 나거나 뚫리지 않도록 조심하면서 바깥쪽 가장자리에 달린 뼈 2개를 최대한 끝까지 자른다. 생선을 다시 뒤집어서 원래 상태로 만든다. 이렇게 하면 속재료를 채울 준비가 다 된 것이다.

생선을 양념에 재우고 소금물에 절이는 방법에 대해
소고기나 돼지고기, 닭고기와 달리 생선의 살은 근섬유가 아주 짧고 결합 조직이 적다. 두툼한 소고기 스테이크와 두툼한 생선 스테이크를 비교해보면 차이를 쉽게 느낄 수 있다. 소고기 스테이크는 단단하고 잘 구부러지지 않지만, 생선 스테이크는 좀 더 부드럽고 유연하므로 거칠게 다루면 그만큼 손상되기 쉽다. 따라서 가정에서 요리할 때 생선은 훨씬 부드럽게 다뤄야 하고 너무 오래 조리하지 않도록 주의해야 한다. 또한 하루 정도는 양념에 재워 보관해도 끄떡없는 육류와 달리 ▶ 생선은 30분~1시간 정도만 재워도 충분하다. 세비체를 만드는 경우를 제외하면, ▶ 절대 산성이 아주 강한 양념을 사용하지 않도록 주의한다. 생선은 강한 산성과 만나면 살이 질기고 건조해지기 때문이다.

대다수 생선은 **소금물에 절이면** 맛이 좋아진다. 소금이 생선에 전체적으로 스며들어 밑간이 될 뿐만 아니라 세포벽이 강화되며 살이 차지고 단단해진다.(그릴 구이 등의 조리 방법에 매우 좋다.) 게다가 흰색 알부민(생선을 조리할 때 지저분하게 빠져나오는 흰색의 끈적끈적한 물질)이 형성되는 것을 방지하는 효과도 있다. 특히 살이 분홍빛이라서 흰색 알부민이 두드러지게 눈에 띄는 연어를 소금물에 절이면 효과가 확실하다. 생선을 통으로 소금물에 절여도 되지만 꼭 그럴 필요는 없다. 생선의 껍질, 머리, 꼬리가 붙어 있으면 모양이 더욱 잘 잡히고 상처가 있거나 알부민이 빠져나와도 어지간하면 크게 티가 나지 않는다.

생선을 절일 소금물을 만들려면 중간 크기의 그릇에 찬물 2컵, 소금 1½큰술, 설탕 1½큰술을 넣고 소금과 설탕이 녹을 때까지 잘 젓는다. 생선이 소금물에 완전히 잠기게 하려면 위의 분량을 2~3배로 늘려서 소금물을 넉넉하게 만들거나, 생선 스테이크 또는 필레를 3.8ℓ짜리 지퍼백에 넣고 소금물을 부은 다음 최대한 공기를 많이 빼낸다. 오븐 팬이나 베이킹 팬 위에 지퍼백을 평평하게 올리고 냉장고에 넣어서 얇은 필레는 15분, 두꺼운 필레나 스테이크(두께 2.5cm 이상)는 최대 1시간 정도 절인다. 생선을 조리하기 전에 톡톡 두드려 물기를 제거하고 소금물은 버린다.

▶ 우리는 소금물에 절이는 방법보다 상대적으로 간편한 **소금에 절이는 방법**을 선호한다. 생선에 전체적으로 소금을 뿌리고(때로는 설탕을 함께 뿌리기도 한다.) 소금이 녹으면서 생선 살에 스며들도록 짧은 시간 동안 내버려둔다. 소금물에 절일 때와 마찬가지로 생선을 소금에 절이면 밑간이 알맞게 되고 살이

단단해지는 동시에 알부민의 형성을 막아준다. 또한 소금물을 만들 필요가 없으므로 훨씬 빨리 절일 수 있으며 생선의 풍미가 희석될 염려도 없다.

  생선 필레나 스테이크를 소금에 절이려면 가장 간단한 방법은 생선의 모든 면에 코셔 소금을 넉넉하게 뿌리는 것이다. 소금의 분량을 정확하게 맞춰서 뿌리고 약간의 단맛을 살리고 싶다면 생선 필레나 스테이크 450g당 일반 식탁용 소금 ¾작은술(또는 다이아몬드 코셔 소금 1½작은술)과 설탕 ¾작은술을 섞어서 뿌린 후 테두리 있는 오븐 팬이나 접시를 받친 철망에 올려서 냉장고에 넣는다. 흐르는 찬물에 생선을 잘 씻은 후 톡톡 두드려 물기를 빼고 조리한다.

날생선 식탁에 올리기

전 세계 각지에서 많은 사람이 날생선을 즐긴다. 싱싱한 생선의 식감과 풍미를 만끽하기에 날로 먹는 것 이상의 좋은 방법은 상상하기 어렵다. 아마도 미국인에게 가장 익숙한 날생선 음식은 **초밥** 또는 날생선을 한입 크기로 썰어서 간장과 가니시를 곁들여 내는 **회** 등의 유명한 일본식 요리일 것이다. 그보다는 덜 알려졌지만 **다타키**라는 일본 음식이 있는데, 이는 생선 스테이크나 허릿살(보통 참치를 사용)의 겉면을 강불에 살짝 굽고 속은 날생선의 상태로 조리한 것이다. 레어 상태로 구운 생선을 적당한 두께로 썰고 간 무와 폰즈 소스를 끼얹어서 먹는다. 이탈리아의 **페세 크루도**(pesce crudo)는 날생선을 얇게 저민 후 품질 좋은 올리브유, 레몬즙, 소금을 얹어서 간단하게 먹는 요리다. **카르파초**는 주로 참치를 사용한 이탈리아식 날생선 요리를 지칭하는 또 다른 용어다. **타르타르**는 원래 잘게 다진 소고기 육회를 지칭하는 프랑스어지만 레스토랑 메뉴에서 생선에 이 이름을 붙이는 경우도 가끔 눈에 띈다.(이때도 대부분 참치를 의미한다.) **포케**는 날생선을 다양한 양념에 버무린 하와이식 요리다. **세비체**는 페루의 특선 요리로 날생선을 감귤류즙 등이 들어간 새콤한 양념장에 재워 단단하고 차진 생선 살을 즐긴다.

  보통 가정에서 날생선을 먹으려면 기생충 감염의 위험이 없는 참치가 가장 적당하다. 그 외 다른 생선을 날로 먹으려면 ▶ 모든 기생충이 죽을 정도의 낮은 온도에서 충분히 냉동 처리했는지를 반드시 확인해야 한다.(생선의 안전 섭취 및 영양 항목 참고) 민물고기는 날로 먹는 요리에 사용하는 것을 권장하지 않는다. 마찬가지로 ▶ 대구과에 속하는 모든 생선도 날로 먹지 않는다.(대구과 생선의 목록은 대구 항목을 참고한다.)

  날로 먹을 생선을 샀다면 가게에서 집으로 가져오는 동안에도 가능하면 얼음을 채워서 아주 차갑게 보관한다. 구입한 당일에 먹을 수 있도록 계획을 세우고, 실제로 손질해서 조리할 때까지 얼음이 들어 있는 원래 포장지를 풀지 않고 그대로 보관한다. 세비체와 포케 등 양념에 재운 요리를 제외하면 날생선 요리에 사용하는 생선은 전부 ▶ 소금물 또는 소금에 절여서 준비하도록 권한다. 적당히 밑간이 될 뿐만 아니라 소금에 절이면 살이 단단해지므로 썰기도 쉽고 식감도 쫄깃해진다. 날생선을 다룰 때는 칼과 도마 등의 조리 도구를 아주 깨끗하게 씻어서 사용하고, 먹기 전에 날생선을 오랫동안 실온에 내버려둬서는 안 된다. 평상시 우리는 먹다 남은 음식을 다양하게 활용하는 것을 좋아하지만 날생선만큼은 그 자리에서 전부 다 먹을 수 있는 양만 준비한다.

세비체

6인분

세비체는 날생선이나 갑각류를 감귤류즙에 재워서 먹는 요리다. 엄밀히 말해서 생선을 익히는 것은 아니지만, 양념에 들어 있는 산성 성분 때문에 생선 살

이 불투명하게 변하고 단단해진다. 세비체는 취향에 따라 토스타다나 토르티아 칩과 함께 낸다. ▶ 싱싱한 생선을 고르고 안전하게 취급하는 방법은 날생선 식탁에 올리기 항목을 참고한다.

다음의 껍질과 뼈, 가시를 제거한다.

  농어, 광어, 넙치, 도미 등 싱싱하고 살이 단단한 생선 필레 450g

2cm 크기의 정육면체로 썰어서 유리그릇이나 스테인리스스틸 그릇에 넣고 다음을 부어서 뒤적인다.

  신선한 라임즙 1컵

뚜껑을 덮고 30분간 냉장고에 넣어둔다. 구멍 뚫린 숟가락으로 생선 살을 건져서(라임즙은 따로 보관한다.) 다른 그릇에 옮겨 담은 후 다음을 넣어서 섞는다.

  굵게 썬 고수 2큰술

  할라페뇨 고추 1~2개, 맛을 보면서 조절, 씨를 빼고 다지기

  올리브유 1½큰술

  말린 오레가노 1작은술

  소금 ½작은술 또는 적당량

  (설탕 ½~1작은술, 맛을 보면서 조절)

보관해둔 라임즙을 생선에 적당량 붓는다. 간을 맞추고 먹기 전까지 냉장고에 넣어둔다. 다음으로 장식해서 낸다.

  고수 잔가지

  깍둑썰기한 아보카도

  피코 데 가요

참치 또는 연어 포케

4인분

'포케(Poke)'라고 하는 이 간단한 하와이식 요리는 매우 다양한 형태로 응용할 수 있지만 원래 레시피는 날생선과 소금, 쿠쿠이넛 또는 캔들넛이라고도 부르는 견과류 구운 것이나 가루, 그리고 상황에 따라 해초를 넣어서 만든다. ▶ 싱싱한 생선을 선택하고 안전하게 취급하는 방법은 날생선 식탁에 올리기 항목을 참고한다. 삶은 문어를 사용해 매콤하게 만든 버전은 문어 포케(한국식 문어 포케) 레시피를 참고한다. 중간 크기의 그릇에 다음을 넣고 섞는다.

  초밥 등급 아히 참치(황다랑어) 또는 연어 450g, 1.2cm 크기의 정육면체로 썰기

  타마리 또는 간장 3큰술

  쪽파 2대, 얇게 저미기 또는 잘게 썬 단양파 ¼컵

  참기름 1큰술

  참깨 1작은술

  (굵게 빻은 고춧가루 1작은술 또는 붉은색 매운 생고추 1개, 얇게 저미기)

뚜껑을 덮고 냉장고에 넣어서 최소 10분, 최대 하루 동안 재웠다가 낸다. 취향에 따라 먹기 직전에 다음을 넣고 섞는다.

  (아보카도 1개, 씨를 빼고 깍둑썰기하기)

  (후리카케 또는 잘게 부순 김)

생선 조리하기에 대해

조리하기 전에 항상 생선을 톡톡 두드려 물기를 제거한다. 싱싱한 냄새가 난다면 꼭 생선을 물에 씻을 필요는 없다. 다소 좋지 않은 냄새가 나면 찬물에 잘 씻는다.(씻은 다음에도 악취가 심하면 먹지 말고 버린다.) 종류와 관계없이 생선을 조리할 때 가장 중요한 점은 너무 오래 조리하지 않는 것이다.

생선이 다 익었는지 확인하려면 생선 살의 가장 두꺼운 부분에 온도계를 비스듬히 찔러 넣어서 온도를 확인한다. ▶ 안전하게 먹을 수 있는 최저 온도는 49℃이고 이 상태를 레어라고 부른다. 생선 내부 온도가 52℃면 미디엄 레어, 54~57℃면 미디엄, 63℃는 웰던이다. 일단 생선을 불에서 내린 후 가만히 두기만 해도 온도가 올라가는 경우가 있지만(이를 잔열 조리라고 부른다.) 생선은 육류나 가금류만큼 온도 변화가 급격하지 않다.

생선을 자주 조리하다 보면 눈으로 보거나 만져보기만 해도 익은 정도를 파악할 수 있다. ▶ 살이 단단해지고 결이 분리되기 시작하면서 불투명해진다. 생선이 거의 다 익은 것 같으면 얇은 칼로 필레나 스테이크의 결 사이를 얌전히 찔러본다. 연어와 황새치, 참치 등을 레어로 즐기는 편이라면 속이 아직 날생선처럼 투명하게 보일 때 불을 끈다.

생선이 크든 작든, 몸통이 둥그렇든 납작하든, 수분을 최대한 보존해 촉촉하게 마무리할 수 있는 조리 방법을 선택한다. 일반적으로 지방이 적은 생선은 국물과 함께 뭉근히 끓이고 지방을 조금 보충해서 먹는 것이 맛있다.(조리 도중에 기름을 넣거나 곁들이는 소스에 기름을 사용한다.) 은대구나 왕연어처럼 기름기가 많은 생선은 매우 다양한 방법으로 조리할 수 있으며, 어떤 의미에서는 생선 자체의 기름으로 조리한다고 해도 과언이 아니다. 지방이 풍부한 생선은 다소 오래 조리하더라도 촉촉하고 즙이 많은 상태를 유지하므로 생선 요리 경험이 많지 않은 사람도 다루기가 쉬운 편이다.

이번 장에서 다루는 생선 요리 외에도 생선과 갑각류 수프, 차가운 샌드위치와 따뜻한 샌드위치의 생선과 갑각류 권장 조합, 니수아즈 샐러드, 시칠리아식 정어리 파스타 등의 레시피를 참고한다. 생선을 훈제하려면 온훈법으로 훈연한 연어 레시피를 참고한다.

생선에 곁들이는 소스

생선에 곁들이는 용도로는 가볍고 간단한 소스가 제일 잘 어울린다. 가장 간단한 형태로는 브라운 버터나 좋은 올리브유를 살짝 뿌리고 파슬리, 타라곤, 차이브, 처빌 등의 신선한 허브를 썰어서 훌훌 뿌리는 방법이 있다.

생선 요리와 함께 자주 사용되는 뵈르 블랑은 진하지만 재료의 맛을 압도하지 않는 소스이므로 광어처럼 맛이 순한 생선에 적합하다. 여기에 짭짤하고 강렬한 맛의 미소 페이스트를 첨가하면 연어나 고등어처럼 풍미가 진한 생선과 환상적인 궁합을 자랑한다.(미소 뵈르 블랑 레시피 참고) 맛이 진한 생선에는 그리비슈 소스나 비네그레트처럼 톡 쏘는 신맛을 내는 소스를 곁들이기도 한다. 화이트와인 소스와 라비고트 소스는 종류를 불문하고 거의 모든 생선과 잘 어울린다.

허브를 넉넉히 사용한 소스도 대다수 생선과 어울림이 좋다. 살사 베르데, 모조, 치미추리, 젠의 바질 향 기름, 샤르물라, 저그 등의 소스를 생선에 곁들여보자. 크림을 사용해 차갑게 만들지만 상큼한 느낌을 주는 차지키나 허브 요구르트 드레싱도 생선의 맛을 살려준다. 여름에 생선을 그릴에 구웠다면 어떤 종류의 살사를 곁들이든 상쾌한 맛을 내는데, 그중에서도 피코 데 가요와 과일 살사가 특히 좋다. 토마토 올리브 렐리시도 그릴 또는 직화 오븐에 구운 생선에 근사하게 어울리는 소스다.

통째로 조리한 생선을 식탁에 올리는 방법에 대해

통째로 조리한 둥그런 생선의 뼈를 발라내려면 우선 생선의 한쪽 면에서 껍질을 벗긴다. 좁은 칼날로 척추뼈의 양쪽을 머리에서 꼬리까지 일직선으로 자른

다. 이 절개선의 양쪽에서 6.3~7.5cm 너비로 살을 잘라서 떠내면 뼈에서 살이 분리된다. 위쪽의 살을 전부 발라낸 후 칼이나 포크의 뒷면으로 아래쪽 필레를 누르고 꼬리 쪽부터 시작해 등뼈를 들어올리면서 떼어낸다. 이렇게 뼈를 제거하고 난 뒤 아래쪽 필레의 살을 떠낸다.

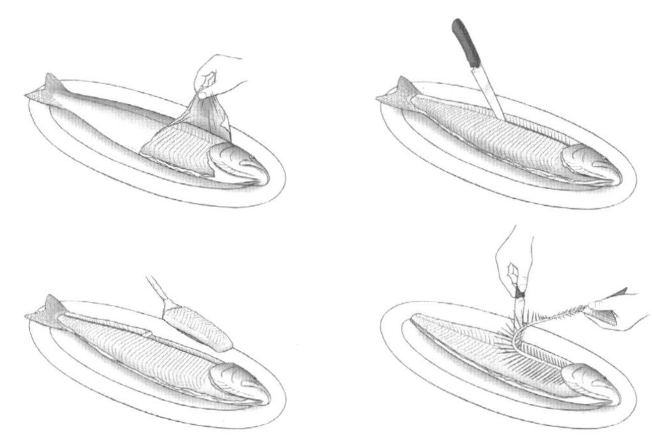

통째로 조리한 둥그런 생선의 뼈를 발라내기

통째로 조리한 납작한 생선의 뼈를 발라내려면 칼이나 주걱으로 위쪽과 아래쪽 가장자리를 따라 작은 가시를 떼어낸다. 생선의 척추뼈 양쪽을 잘라서 위쪽의 필레 2장을 분리한다. 등뼈에서 시작해 얇은 주걱을 필레 밑으로 찔러 넣어 필레를 뼈에서 분리한 후 접시에 옮겨 담는다. 목 부분에서 등뼈를 자른 다음 통째로 들어올려서 버린다. 이렇게 하면 등뼈 아래에 있던 살이 노출된다. 생선 살과 아래쪽 껍질 사이에 주걱을 끼워 넣어 살을 분리한 다음 서빙용 접시에 담는다.

생선 오븐 구이에 대해

오븐에서 건식으로 굽는 방법에 해당하는 로스팅(roasting)과 베이킹(baking)은 큼직하고 두꺼운 생선 필레나 생선을 통째로 조리할 때 특히 편리하다. 베이킹 접시나 테두리 있는 오븐 팬을 사용하면 어지간히 큰 생선이 아니고서야 대부분 담을 수 있으며, 조리 도중에 방향을 돌려주거나 움직일 필요도 없다. 커다란 생선을 통째로 조리할 때 껍질에 서너 군데 칼집을 넣어주면 열이 속까지 잘 침투하고 양념이 맛있게 잘 배며 생선 껍질이 터지는 것도 방지할 수 있다.

175℃ 이하의 낮은 온도에서 베이킹 방식으로 구우면 두꺼운 부분도 속까지 고르게 익는다는 장점이 있고 생선을 너무 오래 조리할 위험도 다소 줄어든다. 강불에 로스팅 방식으로 구우면 조리 시간을 단축할 수 있으며 갈색으로 먹음직스럽게 익으면서 맛도 풍부해진다. 보통 로스팅은 두껍게 잘라낸 생선에 적합하다. 얇은 스테이크와 필레도 로스팅으로 구울 수는 있지만 갈색으로 변할 때까지 굽지 않아야 한다.(너무 오래 익힐 위험이 있을뿐더러 갈색으로 변하기 전에 말라버린다.) 채소와 생선을 같은 팬에 올려 구울 수도 있지만, 아스파라거스나 방울토마토, 작은 꽃송이 모양으로 자른 브로콜리처럼 비교적 빨리 익는 채소를 사용하거나 생선 불랑제르 레시피처럼 애벌로 조리해서 넣는다.

천천히 구운 생선

4인분

커다란 생선을 통째로 조리하거나 큼직한 필레를 구울 때 이 방법을 사용한

다.(각각 1인분에 340g과 170g을 기준으로 한다.) 둥그런 생선에 속을 채워서 구울 경우 평평하게 펼쳐서 손질하고 굽는 시간을 10분 정도 늘린다. 속을 채울 스터핑으로는 파슬리와 빵가루 스터핑, 생선용 베이컨 스터핑, 녹색 허브 스터핑 등을 추천한다. 이 조리 방법으로는 껍질을 바삭하게 구울 수 없으므로 우리는 굳이 비늘을 제거하지 않는다.(식탁에 올리기 전에 껍질을 벗기거나 먹는 사람이 각자 껍질을 벗기고 먹는다.)

조리에 알맞게 다음을 손질한다.

통생선 1.3kg 또는 생선 필레 680g

필레를 사용할 때는 취향에 따라 소금 또는 소금물에 절인다. 생선을 통째로 사용한다면 양면 껍질에 칼집을 몇 군데 낸다.

오븐을 162℃로 예열한다. 톡톡 두드려 물기를 제거하고 다음을 넉넉히 문지른다.(생선을 통째로 사용한다면 안팎으로 골고루 바른다.)

올리브유, 부드럽게 녹인 버터 또는 가향 버터 아무 종류나

소금(소금이나 소금물에 절였다면 생략)과 흑후추

기름을 바른 받침대를 베이킹 접시나 테두리 있는 오븐 팬에 놓고 그 위에 생선을 통째로 올린다. 필레를 사용한다면 베이킹 접시나 테두리 있는 오븐 팬에 기름을 바르고 필레를 바로 얹는다. 또는 취향에 따라 다음을 깔고 생선을 올려도 좋다.

(회향 잎, 허브 잔가지 또는 얇게 저민 레몬 슬라이스)

오븐에 넣고 생선의 두께에 따라 15~30분간 베이킹 방식으로 굽는다. 살이 전체적으로 단단해지고 불투명하게 변하거나 내부 온도가 52~54℃에 도달해야 한다. 결이 촘촘한 생선이라면 54℃까지는 익혀야 한다.(생선이 다 익었는지 확인하는 방법은 402쪽을 참고한다.) 서빙용 접시에 옮겨 담는다. 생선을 통째로 식탁에 올리려면 402쪽을 참고한다. 다음으로 장식한다.

레몬 조각

파슬리, 바질 또는 타라곤 잔가지

또는 다음과 함께 낸다.

화이트와인 소스, 뵈르 블랑, 살사 베르데, 저그, 그리비슈 소스 또는 살사

강불에 구운 생선

4인분

아래의 재료에 소개한 것보다 큰 필레도 이 레시피로 조리할 수 있다. 그러나 1.3kg 이상의 생선을 통째로 굽는다면 속이 익기도 전에 겉이 타버리는 걸 방지하기 위해 위에 소개한 천천히 굽는 방법으로 조리하자. 2.5cm보다 두께가 얇은 필레에는 이 방법을 권장하지 않는다. 얇은 필레는 오븐에서 튀기듯이 굽거나 프라이팬에 지지는 조리법이 좋다.

필요하면 다음의 비늘을 벗기고 조리에 알맞게 손질한다.

통생선 1.3kg 또는 생선 필레 680g

필레를 사용한다면 취향에 따라 소금 또는 소금물에 절인다.

오븐을 245℃로 예열한다. 생선에 다음을 골고루 문지른다.

식물성 기름

소금(소금이나 소금물에 절였다면 생략)과 흑후추

생선을 통째로 사용한다면 양면에 칼집을 몇 군데 낸다. 취향에 따라 생선에 다음을 채워 넣는다.

(얇게 저민 레몬이나 라임 슬라이스 몇 개)

(파슬리, 타임, 타라곤, 오레가노 또는 고수 잔가지 몇 개)

기름을 바른 받침대를 베이킹 접시에 놓고 그 위에 생선을 통째로 올린다. 필레를 사용한다면 베이킹 접시나 테두리 있는 오븐 팬에 기름을 바르고 필레를 바로 얹는다. 오븐에 넣고 생선의 두께에 따라 10~20분간 로스팅 방식으로 굽는다. 살이 전체적으로 단단해지고 불투명하게 변하거나 내부 온도가 52~54℃에 도달해야 한다. 결이 촘촘한 생선이라면 54℃까지는 익혀야 한다.(생선이 다 익었는지 확인하는 방법은 402쪽을 참고한다.) 천천히 구운 생선 레시피의 설명에 따라 가니시를 곁들여서 낸다.

포피에트(Paupiettes, 속을 채워서 조리한 생선 필레)

4인분

다음을 준비한다.

파슬리와 빵가루 스터핑

오븐을 175℃로 예열한다. 다음을 준비한다.

껍질을 벗긴 서대기나 파란농어 필레 또는 그 외의 얇은 생선 필레 4장

225g 용량의 오븐용 틀이나 1인용 내열 용기 4개에 다음을 바른다.

버터

내열 용기에 필레를 깐다. 필레는 접었을 때 뚜껑처럼 위에 덮일 만큼 길어야 한다. 필레 위에 스터핑을 채우고 필레를 접어서 위를 덮는다. 내열 용기를 중탕냄비나 뱅마리(bain-marie)에 넣는다. 전체적으로 살이 단단해지고 불투명하게 변할 때까지 약 30분간 굽는다. 포피에트를 내열 용기에서 꺼낸 후 뜨거운 접시에 담는다. 다음으로 장식한다.

레몬 조각

파슬리나 크레송 잔가지

다음과 함께 낸다.

레몬즙으로 만든 뵈르 블랑 또는 화이트와인 소스

생선 파피요트(Fish en Papillote, 유산지에 싸서 구운 생선)

이 방법으로 조리하면 아무리 지방이 적은 생선도 촉촉해진다. 때에 따라 유산지 대신 포일을 사용할 수도 있다. 다양한 풍미를 추가하기 위한 레시피 응용 방법은 생선 파피요트의 추가 재료 항목을 참고한다.

오븐을 220℃로 예열한다. 1인분 기준은 큼직한 사각형으로 자른 유산지에 다음 분량의 생선을 올린 것이다.

170~225g짜리 생선 필레 1장

다음을 훌훌 뿌린다.

소금과 흑후추

다음을 군데군데 얹거나 뿌린다.

버터 또는 올리브유 ½큰술

유산지를 위쪽으로 접고 가장자리로 주름을 잡듯이 여러 번 접어서 벌어지지 않게 한다. 유산지가 갈색으로 변하고 봉긋하게 부풀어 오를 때까지 약 15분간 굽는다. 오므렸던 유산지를 펼쳐서 생선 살이 전체적으로 단단해지고 불투명하게 변했는지, 내부 온도가 52~54℃에 도달했는지 확인한다. 결이 촘촘한 생선이라면 54℃까지는 익혀야 한다.(생선이 다 익었는지 확인하는 방법은 402쪽을 참고한다.) 즉시 낸다.

생선 파피요트의 추가 재료

1인분당 다음 재료의 조합을 제시된 분량만큼 유산지 꾸러미 안에 넣는다.

얇게 썬 서양대파 2큰술, 화이트와인 2작은술, 신선한 허브 ½작은술(타임,
　　타라곤, 세이버리, 처빌) 및 마늘 ½쪽, 얇게 저미기

다진 샬롯 1큰술, 얇게 썬 버섯 ¼컵, 헤비크림 2작은술 및 다진 파슬리나 차이브
　　2작은술

익힌 야생 쌀 ⅓컵, 마늘 ½쪽, 얇게 저미기, 얇게 저민 레몬 슬라이스 2개

반으로 자른 방울토마토 ¼컵, 씨를 빼고 얇게 저민 녹색 올리브 2큰술 및 작은
　　케이퍼 1작은술

재스민 쌀밥 ⅓컵, 얇은 라임 슬라이스 2개, 마늘 1쪽, 얇게 저미기, 다진
　　레몬그라스 1작은술, 고수 잔가지 2개, 굵게 빻은 고춧가루 ¼작은술 또는
　　태국산 칠리 고추 ½개, 얇게 저미기, 피시 소스 약간

삶은 쿠스쿠스 ⅓컵, 샤르물라 2큰술, 아주 얇게 저민 자색 양파 ¼컵

오븐 프라이드 생선 필레

4인분

풍미가 근사한 이 생선 필레 요리는 주중 저녁에도 간단히 만들어서 식탁에
올릴 수 있으며 저렴한 흰살생선을 사용할 수 있다.

받침대를 오븐 맨 위 칸에 끼운다. 오븐을 260℃로 예열한다. 오븐 팬에 기름을
살짝 바른다. 다음을 준비한다.

　　대구, 청색농어, 농어 또는 그 외 결이 있는 흰살생선 필레 680g, 톡톡 두드려
　　　물기를 제거하기

얕은 그릇에 다음을 붓는다.

　　우유 또는 버터밀크 ½컵

얕은 그릇을 하나 더 준비해 다음을 넣고 섞는다.

　　마른 빵가루 또는 입자가 굵은 빵가루 1컵

　　강판에 곱게 간 파르메산 치즈 ½컵(55g)

　　스위트 파프리카 또는 훈제 파프리카 가루 1작은술

　　마늘 가루 1작은술

　　양파 가루 1작은술

　　소금 ¾작은술

　　흑후추 ½작은술

　　카옌 고춧가루 ¼작은술

생선 필레를 우유에 담갔다가 건져서 빵가루 혼합물을 골고루 묻히고, 빵가루
가 잘 붙도록 손바닥으로 꾹꾹 누른다. 필레를 오븐 팬에 올리고 다음을 살짝
뿌린다.

　　올리브유 또는 녹인 버터 2큰술

필레의 두께에 따라 8~12분간 높은 온도에서 굽는다. 살이 전체적으로 단단
해지고 불투명하게 변하거나 내부 온도가 52~54℃에 도달해야 한다. 결이 촘
촘한 생선이라면 54℃까지는 익혀야 한다.(생선이 다 익었는지 확인하는 방법은
402쪽을 참고한다.) 다음을 곁들여서 뜨겁게 낸다.

　　살사 베르데 또는 타르타르 소스

　　레몬 조각

베라크루스식 도미

4인분

구할 수만 있다면 '진짜' 계피(실론이나 카넬라)를 사용한다. 이 레시피대로 생선
과 소스를 섞어서 오븐에 굽는 대신, 그릴이나 직화 오븐에 굽거나 프라이팬에

지져서 토마토 소스를 곁들여 내도 좋다. 농어, 대구, 우럭 등 살이 단단한 흰살
생선이라면 무엇이든 이 레시피에 활용할 수 있다.

다음을 준비한다.

　　베라크루스식 토마토 소스

소스를 끓이는 동안 오븐을 200℃로 예열한다. 33×23cm 크기의 베이킹 접시
를 준비한다. 필요하면 다음의 비늘을 제거하고 조리에 알맞게 손질한다.

　　900g~1.1kg 무게의 붉돔 통째로 1마리 또는 680~900g 무게의 붉돔 필레,
　　　4등분하기

베이킹 접시의 바닥에 소스를 얇게 펴서 깔고 그 위에 생선을 얹는다. 남은 소
스를 생선 위에 전부 붓고 생선이나 필레의 두께에 따라 15~20분간 굽는다.
살이 불투명해지고 포크로 찔렀을 때 생선의 결이 분리되면 다 익은 것이다.

생선 불랑제르(Fish Boulangère, 감자와 방울양파를 곁들여 구운 생선)

4인분

필요하면 다음의 비늘을 제거하고 조리에 알맞게 손질한다.

　　1.3kg 무게의 대구 통째로 1마리 또는 대구, 해덕, 광어의 몸통 필레 680g

오븐을 175℃로 예열한다. 얕은 베이킹 접시에 버터를 바른다.

중간 크기의 편수 냄비에 다음을 넣는다.

　　골드 감자 또는 붉은색 감자 작은 것 16개, 취향에 따라 껍질을 벗기기

　　감자가 잠길 만큼의 넉넉한 물

곤죽이 되지 않는 한도 내에서 부드러워질 때까지 15~20분간 뭉근히 삶는다.
다 삶아지기 5분 전에 다음을 넣는다.

　　방울양파 12개, 껍질을 벗기기

물을 따라내고 감자와 양파를 그릇에 옮겨 담는다. 생선을 톡톡 두드려 물기
를 제거하고 기름을 바른 베이킹 접시에 넣는다. 감자와 양파에 다음을 넣고
뒤적이며 섞는다.

　　버터 2큰술, 녹이기

　　다진 신선한 타임 1작은술 또는 말린 타임 ½작은술

　　소금 ½작은술

　　흑후추 ¼작은술

채소를 생선 주위에 놓는다. 솔을 사용해 생선에 다음을 바른다.

　　버터 2큰술, 녹이기

다음을 훌훌 뿌린다.

　　소금과 흑후추

생선의 두께에 따라 20~30분간 굽는다. 살이 전체적으로 단단해지고 불투명
하게 변하거나 내부 온도가 52~54℃에 도달해야 한다. 결이 촘촘한 생선이라
면 54℃까지는 익혀야 한다.(생선이 다 익었는지 확인하는 방법은 402쪽을 참고한다.)
베이킹 접시에 담긴 채로 낸다. 통째로 조리한 생선을 식탁에 올리는 방법은
402쪽을 참고한다. 다음으로 장식한다.

　　굵게 썬 파슬리

　　레몬 조각

소금 옷을 입혀서 구운 생선

4인분

굵은 소금 옷을 입혀서 생선을 굽는 것은 가장 섬세하고 간단하면서도 기가
막힌 맛을 즐길 수 있는 조리법이다. 생선을 둘러싼 소금 옷이 촉촉한 '오븐' 역

할을 해서 전체적으로 골고루 은근하게 굽는 효과가 있기 때문이다.
조리에 알맞게 다음을 손질한다.

　　1.3kg 무게의 붉돔, 유럽농어, 농어, 도미류, 우럭 등의 생선 통째로 1마리 또는
　　　　연어의 몸통 필레 900g

오븐을 260℃로 예열한다. 오븐 팬의 바닥에 생선을 놓을 수 있을 만큼의 크기로 다음을 1.2cm 높이로 깐다.

　　암염 또는 아이스크림 소금

생선을 톡톡 두드려 물기를 제거하고 소금 위에 얹는다. 생선의 모든 표면이 6mm 이상 소금으로 완전히 덮이도록 생선 위와 주변에 소금을 넉넉히 붓는다. 30분간 굽는다. 소금 옷 안으로 온도계를 찔러 넣어 생선의 가장 두꺼운 부분의 내부 온도를 잰다. 내부 온도가 49℃에 도달하면 꺼낼 때가 된 것이다. 이 온도에 도달하려면 보통 10~15분 정도 걸린다. 오븐 팬을 오븐에서 꺼낸 다음 5분간 뜸을 들인다.(소금 옷 안에 있는 생선은 계속 익는다.)

　소금 옷을 깨고 조심스럽게 생선을 꺼내서 소금을 전부 털어낸다. 주걱으로 생선을 서빙용 플래터에 옮겨 담는다. 생선을 통째로 내려면 402쪽을 참고한다. 다음을 살짝 뿌린다.

　　엑스트라 버진 올리브유

다음과 함께 낸다.

　　레몬 조각

생선 찜, 데침, 조림, 수비드 조리에 대해

살이 연하고 지방이 적은 생선의 풍미를 최대한 보존하고 촉촉하게 조리하려면 제목에서 언급한 수분을 사용해 조리하는 방법들이 가장 적합하다. 생선 수프와 차우더는 108쪽을 참고한다. **찜**은 살이 연하고 맛이 순한 생선을 조리하기에 가장 좋다. 생선을 찔 때 사용하는 국물에 향이 좋은 재료를 첨가해 생선에 풍미를 더하는 경우가 많다. 필레나 통째로 손질한 작은 생선은 찜통에 넣어서 찌거나 회향 잎, 레몬 슬라이스, 해초 같은 향미 재료 위에 얹어서 찐다. 특히 살이 부드러운 생선이라면 찜통에 들어갈 만한 서빙용 접시에 향미 재료를 깔고 그 위에 생선을 얹어서 그대로 쪄도 좋다. 대나무 찜기에 양배추 잎이나 부드럽게 불린 다시마를 깔고 찌는 방법도 있다.

　데침은 약하게 보글보글 끓는 국물에 생선을 넣고 은근히 조리하는 것이다. 국물로는 와인, 육수, 버터, 올리브유 또는 이를 섞어서 사용할 수 있다. 전용 용기인 타원형의 생선 데침기도 있지만 꼭 필요한 도구는 아니다. 생선 필레는 옆면이 높은 프라이팬에 넣어 데치거나 베이킹 접시에 담아 오븐에 넣어 간단하게 데칠 수 있다. 1.2cm 두께의 필레라면 국물이 아주 뭉근하게 끓거나 끓을락 말락 한 상태에서 약 5분간 데친다. 데침용 국물로 생선이나 갑각류 육수를 사용하면 나중에 국물을 약간 떠서 그대로 또는 더 바짝 졸여서 생선과 함께 내는 소스에 넣기도 한다.(쿠르 부용 레시피 참고, 다소 신맛이 강할 수도 있다.) 데침용 국물을 체에 걸러서 널찍한 편수 냄비에 붓고 원하는 농도로 걸쭉해질 때까지 뭉근히 끓인다. 불에서 내린 후 버터를 넣고 잘 저어서 소스의 풍미를 살리고 간을 맞춘다.

　조림은 생선을 국물에 담가서 아주 낮은 온도로 천천히 조리하는 방법이므로 언뜻 보기에 데침과 매우 비슷하다. 데침과 조림의 가장 큰 차이점은 조림의 경우 풍미가 훨씬 진한 국물을 소량만 사용해서 조리한다는 점이며, 이 조림 국물이 소스 역할을 한다. 그러나 생선 조림은 고기 조림과는 사뭇 다르다. 소갈비를 조릴 때는 여러 시간 동안 조리해야 하지만 생선 조림은 그보다 훨

씬 짧은 시간에 완성되며, 10분도 채 걸리지 않는 경우가 많다. 조림 국물로는 토마토 소스에서부터 태국식 코코넛 커리 소스에 이르기까지 다양한 국물을 사용할 수 있다. 다만 국물을 처음 부을 때부터 진한 풍미를 지니고 있어야 한다.(아니면 레몬과 케이퍼를 넣은 생선 필레 조림처럼 다 조린 다음 양념을 강하게 해야 한다.) 조림은 파스타나 국수, 쌀밥이나 기타 삶은 곡물, 폴렌타나 그리츠 또는 구운 빵 위에 얹어서 낸다.

　생선을 **수비드**로 조리하는 것은 데치는 방법과 약간 비슷하지만, 훨씬 정밀하게 온도를 조절하며 생선 자체에서 나온 국물로 조리한다는 차이점이 있다.

　생선 필레와 스테이크를 수비드로 조리하려면 냄비나 커다란 용기에 물을 넉넉히 붓고 침수 순환 방식의 수비드 조리기를 원하는 온도로 맞춰서 중탕용 물을 데운다. 49~52℃로 맞추고 조리하면 레어나 미디엄 레어로, 54℃로 맞추면 결이 살아 있는 미디엄 상태로 익는다. 물이 따끈하게 데워지는 동안 생선 필레를 냉동용 지퍼백이나 진공 포장지에 한 겹으로 넣는다. 지퍼백마다 약간의 올리브유나 버터를 넣은 다음 소금, 후추, 허브, 레몬 슬라이스나 레몬 껍질 조각 등의 양념 재료를 넣는다.(생선을 소금 또는 소금물에 절여서 사용할 경우 소금을 더 넣을 필요는 없다.) 지퍼백을 여미고 공기 치환 방식으로 최대한 공기를 빼낸 후 중탕 용기에 넣는다. 두께 1.2cm의 필레나 스테이크를 수비드 방식으로 조리하려면 약 30분 정도 걸린다. 2.5cm라면 40분 정도, 3.8cm의 필레나 스테이크는 약 1시간 동안 조리한다. 다른 조리 방법과는 달리 수비드로 조리할 때는 생선을 너무 오래 익힐 위험이 없으며 먹기 전에 최대 30분까지 중탕 용기에 담가두어도 상관없다. 진공 포장해서 냉동했던 생선을 냉동실에서 꺼내 바로 중탕 용기에 넣는다면 조리 시간을 2배로 늘린다. 수비드로 익힌 생선 필레의 껍질을 바삭하게 조리하려면 일단 생선을 지퍼백에서 꺼낸다. 프라이팬을 중강불에 올리고 식물성 기름을 살짝 두른 다음 아주 뜨거워질 때까지 달군다. 껍질이 아래쪽으로 가도록 생선을 올리고 건드리지 않으면서 껍질이 갈색으로 익으면서 바삭해질 때까지 30초~1분 정도 조리한다. 접시에 담을 때 바삭한 껍질을 강조하고 싶다면 필레의 껍질이 위로 오게 한다. 수비드 조리에 대한 더 자세한 내용은 1114쪽을 참고한다.

데친 생선

4인분

만들기 쉬울 뿐만 아니라 생선을 촉촉하게 조리할 수 있으며 통생선, 스테이크, 필레 등 모든 형태의 생선에 적용할 수 있는 레시피다. 국물을 최대한 적게 사용하려면 생선이 딱 알맞게 들어가는 자그마한 팬을 사용한다.(국물이 적어야 생선의 독특한 풍미가 덜 희석되며 국물의 풍미도 훨씬 진해지므로 소스를 만들 때 더욱 유용하다.)

필요하면 다음의 비늘을 벗기고 조리에 알맞게 손질한다.

　　통생선 1.3kg 또는 생선 스테이크나 필레 680~900g

생선이 낙낙히 들어갈 만한 크기의 팬이나 속이 깊은 프라이팬에 생선을 놓는다. 생선이 잠길락 말락 할 정도로 찬물을 붓는다. 생선을 꺼내고 물에 다음을 넣는다.

　　소금 1큰술

팬을 강불에 올려서 부르르 끓어오르면 생선을 다시 팬에 넣고 즉시 불을 끈다. 뚜껑을 덮은 다음 2.5cm 두께의 생선이나 필레라면 10분 정도 저절로 익도록 내버려둔다. 그보다 얇은 생선이라면 약 7분 정도 지났을 때 다 익었는지 확인한다. 2.5cm보다 더 두껍다면 15분 정도는 기다려야 할 수도 있다. 살이

전체적으로 단단해지고 불투명하게 변하거나 내부 온도가 52~54℃에 도달해야 한다. 결이 촘촘한 생선이라면 54℃까지는 익혀야 한다.(생선이 다 익었는지 확인하는 방법은 402쪽을 참고한다.) 생선을 건져서 물기를 잘 뺀 다음 즉시 내거나 나중에 먹을 예정이라면 냉장고에 보관한다. 먹기 전에 미리 꺼내서 껍질을 벗기고 실온 상태로 낸다. 다음을 적당량 뿌려서 간을 맞춘다.

소금과 흑후추

다음 중 선호하는 소스를 하나 이상 곁들인다.

마요네즈, 스칸디나비아식 머스터드 딜 소스, 뵈르 블랑, 허브 요거트 드레싱 또는 녹색 여신 드레싱

생선 데침용 국물

다음 액체 재료 중 선호하는 것을 사용한다.

쿠르 부용

생선 육수 또는 퓌메

간단한 해산물 육수

새우 또는 갑각류 육수

다시

화이트와인, 레드와인 또는 사케와 물을 1:1의 비율로 섞은 것

생선을 데치기 전에 다음 재료 중 선호하는 것을 데침용 국물에 넣어서 5분간 뭉근히 끓여 풍미를 낸다.

잘게 깍둑썰기한 양파나 샬롯 또는 얇게 저민 서양대파

잘게 깍둑썰기한 당근, 셀러리 또는 회향

월계수 잎, 타임 잔가지 또는 회향 잎

레몬그라스 줄기 1개, 손질 후 칼등으로 쳐서 향긋한 냄새가 날 때까지 짓이기기

으깬 검은색 통후추

레몬 또는 오렌지 껍질, 채소 껍질 벗기는 도구로 얇고 길게 벗기기

으깬 마늘

다시마 1조각

말린 칠리 고추

데친 생선 완자(Poached Fish Quenelles)

4인분

'커넬(quenelle)'은 생선 완자의 럭비공 같은 모양을 지칭하는 프랑스어다. 이 레시피에 사용하는 모든 재료는 아주 차갑게 보관해야 한다. 가능하면 푸드 프로세서의 용기와 칼날을 15분간 냉동실에 넣어두었다가 사용한다.

푸드 프로세서에 다음을 넣고 섞는다.

깨끗하게 손질한 강꼬치고기, 서대기 또는 그 외 연한 흰살생선 450g, 껍질을 벗겨내기

아주 차갑게 식힌 헤비크림 1컵

생빵가루 1컵

대란 흰자 3개

레몬즙 1큰술

소금 ½작은술

흑후추 ¼작은술

강판에 간 육두구 1자밤

혼합물이 아주 부드러운 페이스트 상태가 될 때까지 푸드 프로세서 용기의 옆

면을 긁어주면서 1분 정도 갈아준다. 뚜껑을 덮어서 하룻밤 냉장고에 보관한다. 혼합물이 아주 단단해져야 한다.

완자에 소스를 부어서 직화 오븐에 구울 때는 오븐 팬, 커다란 프라이팬 또는 1인용 그라탱 접시에 버터를 넉넉하게 바르고 직화 오븐을 예열한다. 넓고 얕은 팬에 다음을 붓고 아주 은근하게 끓어오를 때까지 가열한다.

생선 육수 또는 퓌메, 간단한 해산물 육수 또는 소금물

생선 혼합물로 커넬이라고 하는 럭비공 모양의 완자를 빚어서 뭉근히 끓는 국물에 하나씩 떨어뜨린다. 중간에 완자를 한 번씩 뒤집으면서 8분간 은근히 데친다. 구멍 뚫린 숟가락으로 완자를 건져서 키친타월이나 주방 행주를 깐 오븐 팬에 올려놓고 질척하게 묻은 국물을 닦아낸다. 다음 소스에 버무려서 낸다.

알망드 소스 또는 화이트와인 소스

직화 오븐에 굽는 경우, 직화 오븐을 예열하고 오븐 받침대를 열원에서 15cm 떨어진 위치에 끼운다. 완자를 버터 바른 베이킹 접시에 담고 완자가 덮이도록 소스를 붓는다. 보글보글 끓어오르며 갈색으로 익을 때까지 2~4분간 굽는다.

게필테 피시(Gefilte Fish)

10인분

푸드 프로세서에 다음을 넣고 곱게 갈릴 때까지 짧게 여러 번 작동시킨다.(게필테 피시는 생선 경단을 젤라틴으로 굳힌 유대인 요리다. ─ 옮긴이)

흰살생선, 청색농어, 전갱이, 연어, 강꼬치고기 및/또는 잉어 등 지방이 적은 생선과 많은 생선을 적당히 섞어서 1.3kg, 껍질을 벗기고 2.5cm 두께로 썰기

양파 큰 것 1개, 굵게 썰기

셀러리 줄기 1개, 굵게 썰기

굵게 썬 파슬리 ¼컵

혼합물을 그릇에 옮겨 담고 다음을 넣어서 젓는다.

대란 3개, 잘 풀어두기

마초 가루 3큰술

소금 1큰술

흑후추 또는 백후추 1큰술

설탕 1큰술

다음을 한 번에 ¼컵씩 넣어 접어주듯이 섞어서 폭신폭신한 질감을 만든다.

얼음물 1컵

손을 차가운 물에 담갔다가 혼합물을 적당히 떼어내서 지름 2.5cm의 동그란 경단 모양으로 빚는다. 커다란 냄비에 다음을 붓고 뭉근히 끓어오르도록 가열한다.

수제 또는 시판 생선 육수 3.8ℓ

생선 경단을 육수에 얌전히 떨어뜨리고(경단이 부풀어 오를 충분한 공간이 있어야 한다.) 다음을 넣는다.

당근 1개, 껍질을 벗기기

뚜껑을 덮고 30분간 뭉근히 끓인다. 구멍 뚫린 숟가락으로 경단을 건져서 라자냐 팬처럼 옆면이 높은 커다란 베이킹 접시에 겹겹이 쌓는다. 당근은 둥근 슬라이스로 얇게 썰어서 따로 보관해둔다. 육수도 버리지 않는다. 다음을 준비한다.

코셔 젤라틴 2봉지(4½작은술)

다음을 붓고 젤라틴을 훌훌 뿌린다.

찬물 ½컵

젤라틴이 말랑해지도록 5분간 둔다. 보관해둔 육수 중에서 8컵을 그릇에 담고 젤라틴을 부어서 완전히 녹을 때까지 젓는다. 젤라틴을 녹인 육수를 생선 경단 위에 붓는다. 남은 육수가 있다면 냉동 보관한다. 육수를 부은 경단이 담긴 그릇의 뚜껑을 덮어서 굳을 때까지 약 2시간 정도 냉장고에 넣어둔다. 생선 경단과 육수 젤리를 그릇에 담고 당근 슬라이스를 얹어서 차갑게 낸다. 다음을 함께 낸다.

　　껍질을 벗겨서 강판에 간 신선한 호스래디시 또는 갈아서 양념한 호스래디시

　　딜 잔가지

레몬과 케이퍼를 넣은 생선 필레 조림
4인분

이 요리의 조림 국물에 버터, 레몬즙, 허브를 넣어서 저으면 손쉽고 간단하게 소스가 완성된다. 신뢰할 만한 이 소스 레시피를 응용할 수 있는 방법은 무궁무진하다. 뵈르 블랑 레시피와 가향 버터에 대해 항목에서 다양한 아이디어를 얻을 수 있다.

오븐을 175℃로 예열한다. 생선이 알맞게 들어갈 만한 크기의 베이킹 접시에 다음을 넣는다.

　　해덕, 농어, 틸라피아 또는 그 외의 생선 필레 680~900g

생선에 다음을 훌훌 뿌린다.

　　소금 ½작은술

　　흑후추 ¼작은술

베이킹 접시에 다음을 붓는다.

　　드라이 화이트와인 또는 닭이나 생선 육수 ½컵

뚜껑이나 포일로 단단히 덮어서 생선의 두께에 따라 15~25분간 굽는다. 살이 전체적으로 단단해지고 불투명하게 변하거나 내부 온도가 52~54℃에 도달해야 한다. 결이 촘촘한 생선이라면 54℃까지는 익혀야 한다.(생선이 다 익었는지 확인하는 방법은 402쪽을 참고한다.) 생선을 접시에 담고 뚜껑을 덮어서 따뜻하게 유지한다. 베이킹 접시에 남아 있는 국물에 다음을 넣고 녹을 때까지 잘 젓는다.

　　버터 3큰술, 작은 조각으로 자르기

다음을 넣고 젓는다.

　　물기를 뺀 작은 케이퍼 2큰술

　　다진 타라곤 또는 차이브 1큰술

　　레몬즙 2작은술

　　소금과 흑후추 적당량

소스를 생선 위에 붓는다.

중국식 생선 찜
2~4인분

주중 저녁의 단골 메뉴로 삼을 만큼 조리 시간이 짧지만 그야말로 우아하게 즐길 수 있는 레시피다. 재빨리 조리하고 간단한 소스를 얹어서 먹기 때문에 생선의 섬세한 풍미가 두드러진다. 생선을 통째로 조리하면 2~3인분 정도 되지만, 생선 스테이크라면 전부 살로 이루어져 있으므로 4인분이 된다.

작은 그릇에 다음을 넣고 섞는다.

　　사오싱주 또는 드라이 셰리 2큰술

　　간장 2큰술

　　참기름 1큰술

　　쪽파 2대, 다지기

　　마늘 2쪽, 길쭉하고 얇게 썰기

　　설탕 ½작은술

생선이 딱 알맞게 들어갈 만한 내열 접시에 다음을 놓는다.

　　광어 또는 다른 흰살생선의 필레나 스테이크 450g짜리 2개, 또는 바다배스나

　　　농어 등 680~900g 정도 되는 통생선, 비늘을 제거하고 손질하기

생선을 통째로 사용할 때는 양쪽 면에 칼집을 2~3개 넣는다. 소스를 생선 위에 붓는다. 생선에 다음을 뿌린다.

　　쪽파 2대, 세로로 반 잘라서 얇고 길쭉하게 썰기

　　생강 2.5cm짜리 1조각, 껍질을 벗겨서 얇고 길쭉하게 썰기

상황에 따라 뚜껑을 덮어서 냉장고에 넣어 최대 2시간 정도 양념장에 재워도 좋다. 조리할 때는 커다란 솥의 바닥에 받침대를 놓는다.(또는 대나무 찜기를 사용) 생선을 접시째로 받침대 위에 올리고 냄비 뚜껑을 덮은 뒤 물이 부르르 끓어오를 때까지 가열한다. 생선이 속까지 잘 익도록 두꺼운 스테이크는 10~12분, 통째로 조리할 때는 12~15분 또는 내부 온도가 54℃가 될 때까지 찐다. 접시에 잘박잘박하게 담긴 국물과 함께 생선을 낸다.

버터 또는 올리브유에 데친 생선
4인분

진한 버터나 올리브유의 풍미를 생선에 담아내는 근사한 레시피다. 광어, 대구, 민물배스 등 지방이 적은 생선이나 연어 중에서도 기름이 적은 부위에 가장 적합한 조리법이다. 가리비 관자를 사용해서 만들어도 좋다.

다음을 소금으로 절인다.

　　껍질을 제거한 생선 필레 680~900g

오븐을 162℃로 예열한다. 생선이 딱 알맞게 들어갈 만한 베이킹 접시에 다음을 넣는다.

　　버터 스틱 4개(450g), 녹이기 또는 올리브유 2컵

　　(타임 잔가지 8개)

　　(마늘 3쪽, 으깨기)

소금에 절인 생선을 물에 헹구고 톡톡 두드려 말린다. 생선을 베이킹 접시에 넣고 두께에 따라 20~30분간 굽는다. 살이 전체적으로 불투명하게 변하고 내부 온도가 54~57℃에 도달해야 한다. 생선을 건져서 여분의 기름을 털어내고 즉시 낸다. 남은 기름은 걸러서 냉장고에 넣거나 냉동한다. 이렇게 보관했다가 데침이나 볶음 요리를 할 때 다시 활용할 수 있다.

생선 커리
4인분

이 커리는 코코넛 밀크로 걸쭉하게 끓인 커리보다 농도가 약간 묽지만 지방을 적게 사용하므로 커리 페이스트와 생선의 풍미를 더욱 잘 느낄 수 있다. 코코넛 밀크를 사용한 커리는 태국식 새우 커리 레시피를 참고할 수 있으며 살이 단단한 흰살생선을 큼직하게 썰어서 이 레시피에 사용해도 좋다.

깊고 커다란 프라이팬을 중불에 올리고 다음을 둘러서 연기가 나기 직전까지 달군다.

　　식물성 기름 2큰술

다음을 넣는다.

　　레드, 그린 또는 옐로 커리 페이스트 3큰술, 수제 또는 시판

(말린 새우 가루 1큰술 또는 안초비 필레 6개, 다지기)

페이스트가 기름에 닿으면 여기저기 튀므로, 튀는 것을 막아주는 가림막을 세워두면 좋다. 계속 저으면서 기름이 커리 페이스트의 색으로 물들고 아주 향긋한 냄새가 날 때까지 약 2분간 페이스트를 튀긴다. 다음을 넣고 섞는다.

생선 육수나 닭 육수 또는 국물 1½컵

프라이팬의 바닥에 달라붙은 갈색 조각을 긁어낸다. 뭉근히 끓어오르도록 가열한 후 다음을 넣는다.

라임즙 2큰술

피시 소스 적당량

뭉근히 끓는 육수에 다음을 넣는다.

살이 단단한 흰살생선 필레 또는 스테이크 680g(껍질과 뼈를 제거), 5cm 크기로
    큼직하게 썰기

껍질콩, 완두콩, 피망, 애호박, 죽순 등 한입 크기로 썬 채소 1컵

두꺼운 생선은 중간에 한 번 뒤집으면서 속까지 잘 익도록 5~7분 정도 뭉근히 끓인다. 다음 위에 얹어서 낸다.

단립종 쌀밥 또는 쌀국수

생선을 전자레인지에 조리하는 방법에 대해

적은 양의 생선을 조리할 때는 전자레인지도 훌륭하게 역할을 해낸다. 활용 방법은 간단하다. 우선 전자레인지에 생선을 여러 번 조리해 어느 정도 시간이 걸릴지 판단하는 감을 익힌다.(또는 30초마다 전자레인지 문을 열어보는 방법이 있다.) ▶ 생선을 작게 잘라서 조리하고 한 번에 450g 이상은 넣지 않되, 그보다 양이 적으면 더 좋다. 국물을 많이 사용하지 않고, 추가 재료도 많이 넣지 않는다. 다른 재료를 많이 넣을수록 골고루 익지 않을 확률이 커진다. 생선 파피요트도 전자레인지로 조리할 수 있다.(한 번에 한 덩어리씩, 알루미늄 포일은 사용하지 않는다.)

전자레인지에 조리한 생선 필레
2인분

이 레시피에는 대구, 퍼치(농엇과의 민물고기 — 옮긴이), 송어 등 결이 촘촘한 흰살생선이 아주 잘 어울린다.

가장 두꺼운 부분이 바깥쪽으로 가도록 접시에 가지런히 배열한다.

생선 필레 225~340g, 최대 2.5cm의 두께로, 가능하면 2조각으로 잘라서 씻은
    다음 톡톡 두드려 물기를 제거하기

다음으로 간을 한다.

소금 ¼작은술

흑후추 ¼작은술

다음을 살짝 뿌린다.

생선 육수, 드라이 화이트와인, 레몬즙이나 라임즙 1큰술

접시로 덮거나 비닐랩으로 씌워서 덮는다. 전자레인지를 강에 맞추고 3분간 조리하되, 넙치 같은 납작한 생선은 2분, 필레의 두께가 2.5cm에 달하면 4분으로 조리 시간을 적당히 조절한다. 내부 온도가 54℃에 도달하고 결이 분리되면서 불투명하게 변해야 한다.(생선이 다 익었는지 확인하는 방법은 402쪽을 참고한다.) 생선이 거의 다 익었으면 뚜껑을 덮어서 1분 정도 가만히 두고 잔열로 익혀서 마무리한다. 아직 덜 익었다면 다시 전자레인지를 1~2분 정도 짧게 돌려서 너무 많이 익지 않게 한다. 생선 위에 다음을 뿌린다.

엑스트라 버진 올리브유 또는 녹인 버터

다음과 함께 낸다.

레몬 조각

굵게 썬 신선한 허브

생선 그릴 구이 및 직화 오븐 구이에 대해

중국의 철학자 노자는 "큰 나라를 다스리는 것은 작은 생선을 굽는 것과 같다."라는 말을 남겼다. 이 말은 두 가지 모두 아주 섬세하게 다루어야 한다는 의미다. 심오한 뜻을 담은 말이지만, 우리는 생선을 그릴이나 직화 오븐에 구울 때만큼은 노자의 말에 동의하지 않는다. 강렬한 불꽃이 생선의 표면을 까맣게 태우고, 그릴을 사용한다면 약간의 훈연 향까지 더해준다. 생선 필레와 스테이크를 소금물이나 소금에 절여서 그릴이나 직화 오븐에 구우면 살이 단단해지고 밑간이 되어 더 맛있는 생선 구이를 완성할 수 있다. 그릴에 굽기 전에 잠깐 양념장에 재우거나 양념을 문질러 발라도 맛있다. 우리는 샤르물라와 저크 향신료 양념을 즐겨 사용한다.

직화 오븐에 굽는 것은 비교적 간단하다. 필레를 굽거나 생선의 배를 갈라서 통째로 구울 때는 직화 오븐의 열원에서 5~7.5cm 떨어진 위치에 생선을 넣을 수 있도록 오븐 받침대를 적당한 곳에 끼운다. 두꺼운 생선 스테이크나 통째로 굽는 두꺼운 생선이라면 열원에서 15cm 떨어진 곳에 받침대를 끼운다. 직화 오븐을 5분 이상 예열하고 기름을 살짝 바른 오븐 팬이나 직화 구이용 팬 또는 무쇠 팬에 생선을 얹는다. 생선에 식물성 기름이나 정제 버터를 발라서 문지른다. 필레에 껍질이 붙어 있다면 껍질이 아래쪽으로 가게 놓는다. 필레는 굽는 도중에 뒤집지 않아도 된다. 두꺼운 스테이크와 통째로 굽는 생선은 한 번 이상 뒤집어주면서 구워야 한다. 직화 오븐에 굽기 좋은 생선은 광어나 연어 스테이크, 서대기, 배를 가른 청어, 고등어, 바다송어 등이다. 황새치 스테이크는 버터를 여러 번 넉넉히 발라가면서 구워야 하며 금세 말라버리므로 주의한다. 직화 구이에 대한 더 자세한 내용은 1110쪽을 참고한다.

그릴에 구울 때는 노자의 조언에 좀 더 귀를 기울이는 것이 좋다. 생선이 그릴의 쇠살대에 쉽게 달라붙으므로 반드시 요령이 필요하다. 껍질이 붙어 있는 필레나 통째로 굽는 생선 또는 황새치, 연어, 참치 등 살이 단단한 생선을 두꺼운 스테이크로 썰어서 사용한다. 명태나 대구처럼 살이 연한 흰살생선은 널찍한 잎이나 깃털 모양의 잎 또는 널빤지를 사용하지 않는 한 그릴에 굽기가 매우 까다롭다.(널빤지 위에서 구운 생선 레시피 참고) 그릴에 굽는 생선의 종류와 관계없이, 쇠살대를 꼼꼼하게 청소한 후 붓으로 식물성 기름을 얇게 바른다. ▶ 그릴의 불을 피우는 방법에 대해서는 1122쪽을 참고한다.

생선을 통째로 그릴에 구울 때는 골고루 익히기 위해 최소 한 번 이상 뒤집어주어야 한다. 껍질을 먹지 않는다면 비늘을 제거할 필요는 없다. 오히려 비늘이 붙어 있으면 생선의 모양이 좀 더 잘 잡히기 때문에 수월하게 뒤집을 수 있다. 고등어와 병어돔, 붉돔, 송어 등 단단하고 자그마한 생선은 비교적 쉽게 통째로 구울 수 있지만, 뒤집개를 아래에 끼워 넣을 때는 집게로 생선 몸통을 잡아주는 것이 좋다. 생선을 굽기에 적합한 모양의 그릴 바구니는 특히 뒤집개나 주걱으로 받치기 어려운 커다란 생선을 구울 때 편리하다.

▶ 우리가 그릴 구이용으로 가장 선호하는 것은 두꺼운 생선 스테이크다. 스테이크 모양으로 자르는 생선은 원래 살이 단단한 편이며 근육의 결이 잡혀 있어서 그릴 망에 잘 달라붙지 않고 결대로 부서지지 않는다. 한마디로 두꺼운 생선 스테이크는 소고기 스테이크를 레어로 구울 때처럼 조리하면 된다.

두껍고 껍질이 붙어 있는 필레는 뒤집으려고만 하지 않는다면 비교적 쉽게 그릴에 구울 수 있다. ▶ 필레가 흩어지지 않도록 껍질이 붙어 있는 상태로(껍질까지 먹는 경우 비늘을 제거한다.) 껍질이 아래쪽으로 가도록 그릴에 올려놓고 뒤집지 않은 상태에서 그대로 끝까지 굽는다.(껍질 쪽이 덜 달라붙는다.) 껍질이 원하는 만큼 갈색으로 익으면 그릴의 불꽃이 직접 닿지 않는 곳으로 옮겨서 뚜껑을 덮고 조리를 마무리한다. 둥그런 모양에 뚜껑이 달린 케틀 그릴을 사용하면 굳이 커다란 필레를 들어서 옮길 필요 없이 그릴 망 전체를 돌려서 필레가 숯에 닿지 않게 하면 된다. 자칫 잘못해서 껍질이 그릴 망에 단단히 달라붙었다면 주걱으로 필레의 살만 떠서 접시에 담는다.

정어리처럼 작은 생선의 필레는 껍질이 붙어 있는 상태에서 꼬치에 꽂아 그릴에 굽는다. ▶ 틸라피아, 서대기, 대구 등 얇고 살이 부드러운 필레는 물을 적신 널빤지, 바나나 잎 또는 무화과 잎, 해초, 회향 잎 등의 재료를 아래에 깔고 굽지 않는 이상 그릴에 굽기가 거의 불가능하다. 이렇게 다른 재료 위에 얹어서 구운 필레는 먹음직스러운 그릴 자국이 생기지는 않지만 훈연 향은 잘 배어든다.(아래에 깔린 잎에서 나온 향도 스며든다.) 또는 생선 파피요트처럼 살이 연한 생선의 필레를 포일 주머니로 싸서 굽는 방법도 있다.(그릴에는 유산지를 사용하지 않는다.)

그릴 또는 직화 오븐에 구운 통생선
4인분

생선 그릴 구이 및 직화 오븐 구이에 대해 항목을 참고한다. 송어, 고등어, 은대구 등은 거의 비늘이 없다시피 하므로 이 레시피대로 구우면 좋다. 비늘이 있는 생선을 굽더라도 껍질 먹는 것 자체를 선호하지 않으면 비늘 그대로 구워도 상관없다. 나비처럼 납작하게 펴서 손질한 다음 껍질 쪽이 아래로 가도록 올려놓고 그대로 끝까지 구우면 굽는 시간을 단축할 뿐만 아니라 뼈와 가시가 없는 생선을 즐길 수 있다. **커다란 생선을 구우려면** 그릴을 반으로 나눠 한쪽에만 숯을 쌓고, 위의 설명에 따라 숯이 있는 쪽에서 생선의 양쪽을 구운 다음 숯이 없는 쪽으로 옮겨놓는다. 뚜껑을 덮고 내부 온도가 52~54℃에 도달할 때까지 조리한다.

필요한 경우 비늘을 제거하고 조리에 알맞게 손질한다.

450~680g 무게의 고등어, 송어, 은대구 등의 통생선 4마리

그릴을 중강불로 맞춰서 준비하거나 직화 오븐을 예열한다.(오븐 받침대는 열원에서 15cm 떨어진 곳에 끼운다.) 생선을 톡톡 두드려 물기를 제거한 후 솔로 다음을 바른다.

식물성 기름 1큰술

생선의 안팎에 다음을 훌훌 뿌린다.

소금과 흑후추

그릴에 구우려면 생선을 그릴의 불꽃이 있는 곳에 올려놓고 5분간 구운 다음 조심스럽게 뒤집어서 다 익을 때까지 약 10분간 더 굽는다. 직화 오븐에 구우려면 테두리 있는 오븐 팬에 기름을 바르고 생선을 올려 직화 오븐에 넣는다. 중간에 한 번 뒤집으면서 생선이 전체적으로 단단해지고 불투명해지면서 양쪽 모두 갈색으로 익을 때까지 총 10분 정도 굽는다. 내부 온도가 52~54℃에 도달할 때까지 조리한다. 다음을 곁들여서 즉시 낸다.

레몬 조각, 살사 베르데 또는 샤르물라

그릴 또는 직화 오븐에 구운 베이컨 말이 송어 통구이
4인분

송어를 직접 잡았다면 그보다 더 좋은 재료는 없다. 기름이 쪽 빠지면서 바삭해지도록 베이컨을 구우려면 절대 강불에서 급하게 조리해서는 안 된다. 그릴을 아주 뜨겁게 달궈서 조리하는 것도 나름 멋이 있지만, 여기서만큼은 간접 조리를 고수해야 한다. 직화 오븐을 사용한다면 베이컨에서 빠져나온 기름을 데친 시금치 샐러드에 넣으면 좋다. 생선 그릴 구이 및 직화 오븐 구이에 대해 항목을 참고한다.

조리에 알맞게 다음을 손질한다.

송어 통째로 4마리(각각 340~450g 정도)

상황에 따라 넓적하게 펴서 뼈를 제거하고 손질한다.

그릴을 중강불로 맞춰서 준비하거나 직화 오븐을 예열한다.(오븐 받침대는 열원에서 15cm 떨어진 곳에 끼운다.) 생선을 톡톡 두드려 물기를 제거한 후 다음을 훌훌 뿌린다.

소금과 흑후추

생선 1마리당 다음을 둘둘 만다.

베이컨 슬라이스 2장(총 베이컨 8장)

단단한 이쑤시개나 매끄럽게 손질한 나무 꼬치, 조리용 면실로 베이컨을 묶는다. 그릴에 구울 때는 생선을 그릴의 불꽃이 닿지 않는 곳에 올린다. 그릴의 뚜껑을 덮고 약 8분간 굽되, 베이컨이 타지 않도록 주의한다. 뚜껑을 열고 가끔 뒤집으면서 베이컨이 바삭해지고 생선 살은 단단해지며 전체적으로 불투명해질 때까지 12~15분간 더 굽는다.

직화 오븐에 구우려면 테두리 있는 오븐 팬에 기름을 바른 받침대를 놓고 그 위에 송어를 올린 후 직화 오븐에 넣는다. 5분마다 한 번씩 뒤집으면서 베이컨이 바삭해지고 생선이 잘 익을 때까지 15~20분간 굽는다. 필요하면 직화 오븐에 끼운 받침대의 위치를 아래로 조정한다. 생선의 내부 온도는 52~57℃가 되어야 한다.

속을 채운 송어 그릴 구이
4인분

이 레시피는 직화 오븐 구이에 응용할 수 있으며, 그릴 또는 직화 오븐에 구운 통생선 레시피를 따른다. 송어는 통째로 굽기에 가장 적합한 생선 중 하나다. 생선의 속살에 양념 페이스트를 듬뿍 발라서 밑간하거나 풍미가 진한 빵가루 혼합물을 채워서 굽는다. 생선 그릴 구이 및 직화 오븐 구이에 대해 항목을 참고한다.

다음 중 하나를 준비한다.

그린 커리 페이스트, 멕시코식 아도보 I, 자메이카식 저크 페이스트 또는 중국식 검은콩 소스 ½컵 또는 하리사 I ⅓컵

페스토, 샤르물라 또는 살사 베르데 1컵

파슬리와 빵가루 스터핑 1½컵

그릴을 중강불로 맞춰서 준비한다. 조리에 알맞게 다음을 손질한다.

작은 송어 4마리(마리당 340g 정도)

상황에 따라 넓게 펴서 뼈를 제거하고 손질한다. 안팎을 톡톡 두드려 물기를 제거한다. 다음을 훌훌 뿌린다.

소금과 흑후추

송어의 몸통 안에 페이스트 또는 스터핑을 ¼ 분량씩 채워 넣는다. 송어 1마리

당 조리용 면실 3가닥씩 사용해 속재료가 빠져나오지 않도록 묶는다. 송어를 그릴에 올려 노릇노릇하게 익으면서 껍질이 터지기 시작하고 전체적으로 불투명해질 때까지 한 면당 4~5분 정도 굽는다. 생선의 내부 온도는 52~54℃가 되어야 한다.

향신료를 바른 생선 그릴 또는 직화 오븐 구이

4인분

생선에 향신료를 발라서 그릴이나 직화 오븐에 구우면 아주 근사한 풍미를 즐길 수 있다. 생선이 익어가면서 겉에 묻은 향신료가 진한 풍미의 단단한 껍질 층을 형성하므로 속살은 더 촉촉하고 부드럽게 익는다. 생선 그릴 구이 및 직화 오븐 구이에 대해 항목을 참고한다.

필요하면 다음의 비늘을 제거하고 조리에 알맞게 손질한다.

　　680~900g 무게의 생선 2마리 또는 225g짜리 생선 필레나 스테이크 4개,
　　　　약 3.8cm 두께로 자르기

톡톡 두드려 물기를 제거하고 다음 중 하나를 넉넉히 바른다.

　　남부식 바비큐용 가루 양념 레시피의 ½ 분량

　　검게 그을리는 용도의 케이준 양념

　　저크 향신료 양념

　　고춧가루, 시판 또는 수제

양념을 전부 다 사용할 필요는 없다. 생선에 양념을 발라서 한쪽에 둔다. 그릴을 중강불로 맞춰서 준비하거나 직화 오븐을 예열한다.(생선의 두께가 2.5cm 이하라면 열원에서 7.5cm 떨어진 위치, 생선의 두께가 2.5cm 이상이라면 열원에서 15cm 떨어진 위치에 오븐 받침대를 끼운다.) 그릴에 구울 때는 그릴 받침대에 기름을 바른다. 직화 오븐에 굽는다면 오븐 팬에 기름을 바르고 생선을 얹는다. 그릴의 불꽃이 직접 닿지 않는 곳에 생선을 올리거나 직화 오븐에 넣고 생선의 두께에 따라 한 면당 5~10분 정도 또는 전체적으로 불투명해지면서 내부 온도가 54℃에 도달할 때까지 굽는다. 즉시 식탁에 올린다.

생선 스테이크 그릴 구이

4인분

이 레시피는 직화 오븐에 쉽게 응용할 수 있다. 우리는 참치 스테이크를 그릴에 구워서 빵 위에 얹은 다음 고추냉이를 넣은 마요네즈, 양상추, 토마토, 아보카도를 올려서 즐겨 먹는다. 생선 그릴 구이 및 직화 오븐 구이에 대해 항목을 참고한다.

다음을 준비한다.

　　참치, 황새치 또는 연어 등 살이 단단한 생선 스테이크 680~900g, 3.8~5cm 두께
　　　　권장

상황에 따라 소금에 절인 후 소금을 씻어내고 톡톡 두드려 물기를 제거한다. 그릴을 중강불로 맞춰서 준비한다. 솔로 생선에 다음을 바른다.

　　식물성 기름 2큰술

취향에 따라 다음을 홀홀 뿌린다.

　　(소금, 생선을 미리 소금에 절이지 않은 경우)

　　(흑후추 또는 가루 양념)

그릴의 불꽃이 직접 닿는 곳에 생선을 올리고 중간에 한 번 뒤집으면서 레어로 익힐 경우(52℃) 한 면당 4~5분, 미디엄 레어(54℃)로 익힐 경우 한 면당 5~7분, 미디엄(57℃)으로 익힐 경우 한 면당 7~9분간 굽는다. 취향에 따라 뒤집을 때마

다 다음을 발라준다.

　　(레몬 ½개의 즙)

다음으로 장식한다.

　　레몬 조각과 굵게 썬 허브

또는 다음과 같이 풍미가 진한 소스를 곁들여서 낸다.

　　샤르물라 또는 살사

참치 스테이크라면 다음 양념을 곁들여서 내는 것을 권장한다.

　　작은 종지에 담은 간장이나 폰즈 소스

　　고추냉이 페이스트 1큰술

　　생강 피클

비네그레트를 곁들인 생선 케밥

4인분

생선 그릴 구이 및 직화 오븐 구이에 대해 항목과 꼬치에 끼워 조리하기 항목을 참고한다.

다음을 3.8cm 크기로 깍둑썰기한다.

　　황새치나 참치 등 두껍고 살이 단단한 생선 스테이크 또는 필레 680~900g

상황에 따라 소금물에 절인다. 대나무 꼬치를 사용한다면 30분 이상 물에 담가둔다.

그릴을 중강불로 맞춰서 준비하거나 직화 오븐을 예열한다.(열원에서 15cm 떨어진 위치에 오븐 받침대를 끼운다.) 그릴 받침대에 기름을 바른다.

커다란 그릇에 다음을 준비한다.

　　신선한 허브를 넣은 비네그레트

깍둑썰기한 생선 살을 톡톡 두드려 물기를 제거하고 그릇에 넣은 뒤 다음을 추가한다.

　　잘 익은 단단한 천도복숭아 또는 복숭아 2개, 씨를 빼고 4등분한 후 다시 가로로
　　　　반 자르기

　　붉은색 피망 2개, 4등분한 후 다시 가로로 반 자르기

　　자색 양파 2개, 웨지 모양으로 8등분하기

재료를 뒤적이면서 섞은 후 금속 또는 나무 꼬치 8개에 골고루 끼운다. 꼬치 1개당 재료를 너무 많이 꽂지 않도록 주의한다. 직화 오븐에 구울 때는 기름을 살짝 바른 오븐 팬에 꼬치를 담는다. 꼬치를 그릴의 불꽃이 직접 닿는 곳에 올리거나 직화 오븐에 넣고 한쪽이 갈색으로 익으면 뒤집고, 남은 양념을 가끔 솔로 발라가면서 10~15분간 굽는다. 다 구워지면 즉시 낸다.

생선 스테이크 데리야키 그릴 구이

4인분

촉촉하고 맛있는 데리야키를 만드는 비결은 그릴에서 거의 다 구워갈 때쯤 양념 소스를 여러 번 덧발라서 타지 않게 진한 갈색으로 굽는 것이다. 장어와 뼈 없는 닭 가슴살, 닭 넓적다리살을 조리할 때도 이렇게 소스를 발라서 구우면 좋다. 생선 그릴 구이 및 직화 오븐 구이에 대해 항목을 참고한다.

다음을 준비한다.

　　데리야키 양념장

베이킹 접시나 지퍼백에 다음을 넣는다.

　　170~225g 무게의 연어, 참치 또는 다른 생선 스테이크 4개, 2.5cm보다 두껍게
　　　　잘라서 톡톡 두드려 물기를 제거하기

양념장을 붓고 생선을 뒤집어가면서 골고루 묻힌다. 중간에 한 번 뒤집으면서 약 15분간 재운다. 양념장에서 생선을 건진 후 톡톡 두드려 물기를 제거한다. 양념장을 편수 냄비에 붓고 중불에 올려서 저으면서 절반으로 졸아들 때까지 끓인다. 졸아든 양념장의 절반을 서빙용 그릇에 붓는다.

그릴을 강불로 맞춰서 준비하고 그릴 받침대에 기름을 바르거나 직화 오븐을 예열한다.(열원에서 5~7.5cm 떨어진 위치에 오븐 받침대를 끼운다.) 직화 오븐을 사용한다면 테두리 있는 오븐 팬에 기름을 살짝 바르고 생선을 올린다. 생선이 갈색으로 익기 시작할 때까지 그릴 또는 직화 오븐에서 2분간 굽는다. 반대쪽으로 뒤집고 2분간 더 굽는다. 생선을 그릴의 불꽃이 닿지 않는 곳으로 옮기거나 직화 오븐의 받침대를 한 단 아래로 옮긴다. 남은 데리야키 소스를 생선에 바르고 소스를 바른 면이 불을 향하도록 돌려놓은 후 양념장이 마를 때까지 약 1분간 굽는다. 반대쪽에도 데리야키 양념장을 바르고 불을 향하도록 돌려놓은 후 양념장이 마를 때까지 굽는다. 이쯤 되면 생선은 다 익었거나 거의 다 익은 상태가 되며 내부 온도가 52~54℃에 도달한다. 조금 더 구워야 한다면 양념장을 바르고 굽는 과정을 한두 번 더 반복한다. 따로 그릇에 담아둔 데리야키 양념장과 함께 낸다.

널빤지 위에서 구운 생선(Planked Fish)
4인분

이 조리법은 다양한 양념으로 응용할 수 있지만, 삼나무처럼 향이 진한 나무를 사용한다면 창의력 발휘를 조금 자제해 생선에 배어드는 그윽한 나무 향을 즐겨보자. 우리는 삼나무 널빤지 위에 딱 알맞게 올라가는 큼직한 연어 필레를 즐겨 사용한다. 와인을 몇 병 땄다면 널빤지를 물 대신 와인에 담갔다가 사용해도 좋다. 나무판자에 얹어서 조리하기 항목을 참고한다.

6시간 이상 물에 담가둔다.

　15×30cm 크기의 오리나무, 히커리, 단풍나무 또는 삼나무 등의 다듬지 않은
　　널빤지

다음을 준비한다.

　연어, 검은 바다배스, 광어, 아귀 등의 생선 필레나 스테이크 680~900g

생선에 다음을 바른다.

　올리브유 또는 녹인 버터

다음으로 간을 한다.

　소금과 흑후추

그릴을 강불로 맞춰서 준비한다. 널빤지를 그릴 위에 올려 연기가 나기 시작할 때까지 달군다. 널빤지 가운데에 껍질이 밑으로 가도록 생선을 놓는다. 그릴의 뚜껑을 덮고 전체적으로 불투명해질 때까지 생선의 두께에 따라 10~15분간 굽는다. 내부 온도는 대략 52℃ 정도 되어야 한다. 다음과 함께 낸다.

　레몬 조각

생선 필레 그릴 또는 직화 오븐 구이
4인분

그릴에 굽는다면 두께 2.5cm 이상의 껍질이 붙어 있는 필레만 사용해야 한다. 파란농어나 은대구처럼 지방이 많은 생선의 필레를 그릴이나 직화 오븐에 굽는다면 따로 기름을 바를 필요가 없다. 생선 그릴 구이 및 직화 오븐 구이에 대해 항목을 참고한다. 그릴을 반으로 나눠 한쪽에만 숯을 쌓고 강불로 맞춰서 준비하거나 직화 오븐을 예열한다.(생선의 두께가 2.5cm 이하라면 열원에서 7.5cm

떨어진 위치, 생선의 두께가 2.5cm 이상이라면 열원에서 15cm 떨어진 위치에 오븐 받침대를 끼운다.) 오븐 팬이나 얕은 구이 팬에 기름을 바른다. 다음을 준비한다.

　생선 필레 680~900g, 껍질이 붙어 있거나 껍질을 제거한 필레 1장 또는 여러 장,
　　톡톡 두드려 물기를 제거하기

솔로 다음을 바른다.

　올리브유 또는 녹인 버터 2큰술

다음을 홀홀 뿌린다.

　소금과 흑후추

그릴에 구우려면 불꽃이 직접 닿는 곳에 껍질이 밑으로 가도록 생선을 올리고 그대로 4분간 굽는다. 두께가 1.2cm 이하인 필레는 겉면이 불투명해지면 다 익은 것이다. 1.2cm 이상의 필레는 6분 후에 확인한다. 2.5cm 정도까지는 이쯤 되면 대부분 익는다. 그보다 더 두꺼운 필레는 몇 분 정도 더 구워야 한다. 3.8cm 이상의 두툼한 필레는 한 번 뒤집어서 전체적으로 살이 단단해지고 불투명하게 변할 때까지 5~6분간 더 구워야 한다. 필요하면 생선을 그릴의 불꽃이 직접 닿지 않는 곳으로 옮기거나 직화 오븐의 받침대를 한 단 아래로 옮겨서 조리를 마무리한다.

직화 오븐에 구우려면 기름을 바른 오븐 팬에 껍질이 밑으로 가도록 생선을 올리고 직화 오븐에 넣는다. 4분간 굽는다. 내부 온도가 52~54℃에 도달해야 한다.

다음을 뿌린다.

　신선한 레몬즙

다음과 함께 낸다.

　생선에 곁들이는 소스 중에서 선호하는 것

허브를 곁들인 생선 필레 그릴 또는 직화 오븐 구이

생선 필레 그릴 또는 직화 오븐 구이의 재료를 준비한다. **굵게 썬 허브(파슬리, 처빌, 바질, 타임 및 회향 잎을 적당히 섞어서) 2컵**을 올리브유나 녹인 버터에 넣고 젓거나, 올리브유 또는 버터 대신 **샤르물라**를 사용한다. 필레의 두께가 1.2cm 이하라면 이 허브 페이스트를 생선 위에 발라서 직화 오븐에 굽는다. 그보다 두꺼운 필레는 일단 올리브유나 녹인 버터를 문질러서 굽고, 생선이 다 익기 3~4분 전에 허브 페이스트를 발라서 마무리한다.

빵가루를 입힌 생선 필레 직화 오븐 구이

생빵가루와 올리브유 또는 버터 3큰술을 넣어서 갈색으로 볶은 **버터 빵가루**를 만든다. **생선 필레 그릴 또는 직화 오븐 구이** 레시피의 설명대로 생선을 직화 오븐에 굽는다. 생선 필레의 두께가 1.2cm 이하라면 올리브유나 버터를 생략하고 빵가루 혼합물을 입혀서 직화 오븐에 굽는다. 그보다 두꺼운 필레는 약간의 올리브유나 녹인 버터를 문질러서 굽다가 다 익기 3~4분 전에 빵가루 혼합물을 입혀서 마무리한다. **파슬리와 레몬 조각** 또는 생선에 곁들이는 소스 중 선호하는 것과 함께 낸다.

은대구 미소즈케(미소 된장 절임)
4인분

이 요리는 원래 가스즈케(술지게미 절임)라고 부르며, 사케를 양조하고 남은 부산물인 술지게미로 만든다. 상대적으로 미소가 훨씬 구하기 쉬우므로 이 레시피에는 미소를 사용하는데, 가끔 일본 식료품점에서 술지게미를 팔기도 한다.

술지게미를 사용하려면 아래에 소개한 양념장 대신 술지게미 ½컵, 미림 ¼컵, 물 ¼컵, 갈색 설탕 2큰술, 백미소 2큰술, 간장 또는 타마리 1큰술을 섞어서 사용한다. 은대구 대신 지방이 적당히 오른 품질 좋은 연어 필레(왕연어나 치누크 연어 권장)로 만들어도 맛있다.

3.8ℓ짜리 지퍼백에 다음을 넣는다.

은대구 필레 680~900g, 4조각으로 자르기

그릇에 다음을 넣고 부드러워질 때까지 잘 섞는다.

백미소 ¼컵

미림 ¼컵

사케 ¼컵(여과하지 않은 것 권장)

간장이나 타마리 1큰술

설탕 1큰술

양념장을 싹싹 긁어서 지퍼백에 넣고 조심스럽게 공기를 뺀 다음 봉한다. 필레에 양념장이 골고루 묻도록 조물조물 문지른다. 지퍼백을 그릇에 담아 1시간 이상 또는 하룻밤 냉장고에 넣어두고 재운다.

직화 오븐을 10분간 예열하고 오븐 받침대를 열원에서 최대한 가까운 위치에 끼운다.

그동안 지퍼백에서 생선 필레를 꺼내 키친타월로 여분의 양념장을 닦아낸다. 테두리 있는 오븐 팬에 포일을 깔고 껍질이 아래로 가도록 놓는다.

생선의 겉면이 먹음직스러운 갈색으로 변하고 포크로 찔러보면 결대로 벌어질 때까지 직화로 굽는다. 2.5cm 두께의 필레는 5~6분 정도 걸린다. 오븐에서 꺼낸다. 굽는 동안 잔가시는 필레 밖으로 삐져나오므로 잔가시를 제거한다. 우리는 이 생선 요리에 다음을 곁들여 먹는다.

단립종 쌀밥(취향에 따라 쌀 식초를 약간 넣어 섞기)

새싹이나 부드러운 녹색 채소

생선을 그을리듯 굽기, 재빨리 볶기, 프라이팬에 지지기에 대해

세 가지 모두 가정용 레인지 위에서 기름을 아주 소량 또는 적당량 사용해서 생선을 조리하는 방법이다. ▶ 반드시 생선을 조리하는 온도에서도 변성되지 않는 기름을 사용해야 한다. 발연점이 높은 정제 식물성 기름이나 정제 버터는 높은 온도로 조리하기에 적합하다. 표면에 묻은 수분 때문에 기름이 튀지 않도록 생선의 물기를 꼼꼼히 제거한다. 또한 기름 때문에 화상을 입을 위험을 최대한 방지하고 레인지 주변에 기름이 튀는 것을 방지하기 위해 가림막을 세우기를 권한다. 이러한 조리법에 유용한 또 하나의 조리 도구는 구멍 뚫린 생선 뒤집개다. 생선을 반대쪽으로 뒤집을 때 생선 살이 흩어지지 않게 받쳐주며 얇고 잘 구부러지므로 연약한 필레 아래에 쉽게 끼워 넣을 수 있다.

그을리듯 굽기는 세 가지 방법 중 가장 적은 기름을 사용해 가장 뜨거운 온도에서 조리한다. 두꺼운 생선 필레의 껍질을 갈색으로 그을리면서 바삭하게 조리할 때, 생선 스테이크를 레어나 미디엄 레어로 조리할 때 또는 수비드 조리법으로 익힌 생선의 껍질을 갈색으로 구울 때 이 방법을 사용한다. 생선을 그을리듯 구우려면 무쇠 팬처럼 무거운 프라이팬을 사용하고 환풍기가 작동하고 있는지 확인한다.(혹은 주방에 환기가 잘 되는지 확인한다.) 그을리듯 구우려면 생선의 두께가 2.5cm 이상 되어야 한다. 프라이팬을 중강불 또는 강불에 올려서 아주 뜨거워질 때까지(물을 몇 방울 튀기면 쉬익 소리가 나면서 즉시 증발할 정도로) 달군 후 발연점이 높은 기름을 소량 두른다. 생선을 프라이팬에 넣고 진한 갈색이 될 때까지 그을리듯 구운 다음, 뒤집어서 반대쪽도 마저 굽는다. 전체

조리 시간은 한 면당 아무리 길어도 몇 분을 넘지 않아야 한다. 생선에 케이준 향신료 섞은 것을 발라서 구우면 생선을 검게 그을릴 수 있다. 프라이팬 구이는 그을리듯 굽기와 매우 비슷한 방법이며 껍질이 붙어 있는 두꺼운 생선 필레나 송어와 같은 작은 생선을 통째로 구울 때 이 방법을 활용하면 좋다. 오븐을 175~190℃ 정도의 중간 온도로 예열한다. 앞서 설명한 대로 필레의 껍질이 붙어 있는 쪽이나 통생선의 한쪽을 그을리듯 구운 다음, 프라이팬을 오븐에 넣어서 조리를 마무리한다. 필레는 껍질이 아래로 가게 놓은 상태에서 끝까지 굽고, 통생선은 오븐에 넣기 전에 한 번 뒤집어야 한다.

재빨리 볶기는 그을리듯 굽기보다 약간 낮은 온도에서 조리하며 살이 단단한 생선에 가장 적합하다. 조리하는 온도가 아주 높지 않기 때문에 버터를 사용해서 볶을 수 있다. 조리하는 동안에 버터가 갈색으로 변하면서 생선에 고소하고 진한 풍미를 더한다. 생선이 다 익은 후에는 프라이팬에 남은 국물로 소스를 만들 수 있다. 프라이팬에 지지기는 생선 스테이크, 생선 필레, 통째로 손질한 작은 생선에 적용할 수 있다. 온도를 꽤 높게 유지하면서 프라이팬에 기름을 얇게 두른다. 프라이팬에 생선을 지질 때는 발연점이 높은 기름을 사용하는 것이 가장 좋다.

재빨리 볶거나 프라이팬에 지지기 전에 생선에 밀가루 또는 빵가루를 묻혀서 조리하면 바삭바삭한 식감을 즐길 수 있으며 더 빨리 먹음직스러운 갈색으로 익는다.(특히 빨리 익는 생선을 조리할 때 유용하다.) 우유, 버터밀크 또는 잘 풀어둔 달걀이나 달걀흰자에 담갔다가 밀가루나 다른 곡물가루를 묻히면 가루가 더 잘 달라붙는다. 생선에 입히는 가루는 곱게 빻은 옥수숫가루나 소금과 후추로 간을 한 밀가루처럼 간단하게 준비해도 좋다. 또는 고운 옥수숫가루와 밀가루를 3:1로 섞어서 사용하기도 한다. 더 바삭한 식감을 선호한다면 잘 달라붙는 빵가루나 크래커 코팅을 사용해보자.(우리는 입자가 굵은 빵가루를 선호한다.) 재료에 입히는 빵가루나 튀김 가루에 대해서는 703쪽을 참고한다.

프라이팬에 지진 생선 필레 또는 스테이크
4인분

우리가 연어 필레를 조리할 때 가장 선호하는 방법이다. 대부분 껍질 쪽을 기름에 지지므로 껍질이 바삭하고 맛있게 익는다.

다음을 준비한다.

두께 2.5cm 이상의 껍질이 붙어 있는 생선 필레 또는 스테이크 680~900g

상황에 따라 소금물 또는 소금에 절이고 톡톡 두드려 물기를 제거한다. 다음을 훌훌 뿌린다.

소금(절이지 않은 경우)과 흑후추

커다란 프라이팬을 중강불에 올리고 다음을 둘러서 연기가 나기 직전까지 가열한다.

식물성 기름 2큰술

필레: 껍질이 아래로 가도록 프라이팬에 생선을 올리고 처음 30초간은 뒤집개로 살짝 누르면서 조리한다. 껍질이 진한 갈색이 될 때까지 5~7분간 지진다. 생선을 반대쪽으로 뒤집어서 미디엄 레어나 미디엄은 약 1분, 웰던은 약 2분 정도 더 지진다.

스테이크: 생선을 프라이팬에 올리고 4분간 지진 다음 뒤집어서 내부 온도가 52~54℃에 도달할 때까지 약 4분간 더 지진다. 취향에 따라 다음과 함께 낸다.

(살사 베르데, 요구르트 딜 소스 또는 과일 살사)

빵가루를 입혀서 프라이팬에 지진 생선

4인분

빙어나 정어리처럼 아주 작은 생선에서부터 병어, 블루길, 크래피, 개복치 등의 중간 크기 생선, 그리고 민어와 도미류에 이르기까지 모든 생선에 응용할 수 있는 기본 레시피다. 쌀가루와 옥수수 전분을 사용하면 바삭한 식감을 즐길 수 있다. 더 바삭하게 씹는 맛을 더하려면 잘 달라붙는 빵가루나 크래커 코팅을 사용해보자. 생선을 그을리듯 굽기, 재빨리 볶기, 프라이팬에 지지기에 대해 항목을 참고한다.

필요하면 내장과 비늘을 제거한 뒤 조리에 알맞게 손질한다.

　작은 통생선 1.8kg 또는 넙치나 서대기 등의 흰살생선 680g, 1.2cm 두께의
　　필레로 뜨기

얕은 접시에 다음을 붓는다.

　우유나 버터밀크 1컵 또는 생선이 잠길 만큼

생선을 넣고 15분간 담가둔다. 얕은 그릇에 다음을 넣고 섞는다.

　고운 옥수숫가루, 밀가루, 쌀가루, 옥수수 전분 또는 이를 적당히 섞어서 1컵

　소금 1작은술

　흑후추 1작은술

우유에 담갔던 생선을 건져서 여분의 우유를 털어내고 가루를 묻힌 다음 접시에 놓는다. 커다란 프라이팬을 중강불에 올리고 다음을 둘러서 190℃로 가열한다.

　식물성 기름(취향에 따라 베이컨 기름과 섞어도 좋다.) 또는 라드 ½컵

기름이 뜨겁게 달궈지면 생선을 조금씩 넣어서 중간에 한 번 뒤집어주고 양면이 전부 갈색으로 익을 때까지 지진다. 바글바글 끓어오르되 생선에 묻힌 코팅을 태우지 않을 정도로 기름 온도를 유지한다. 생선의 양쪽 면이 황금색으로 변하면 대부분 익었다고 봐도 좋지만, 큼직한 생선은 속까지 살펴보면서 살이 전체적으로 단단해지고 불투명하게 변했는지 확인한다. 키친타월에 올려놓고 기름을 뺀다. 다음을 곁들여서 뜨겁게 낸다.

　다진 파슬리와 레몬 조각, 피코 데 가요 또는 타르타르 소스

빙어 또는 안초비 볶음

4인분

전채 요리나 맥주 안주로 기가 막힌 레시피다. 녹색 채소 샐러드와 함께 내면 점심으로도 훌륭하다. 생선을 그을리듯 굽기, 재빨리 볶기, 프라이팬에 지지기에 대해 항목을 참고한다.

조리에 알맞게 손질한다.

　빙어 또는 싱싱한 안초비 680g

얕은 접시에 다음을 붓는다.

　우유나 버터밀크 1컵 또는 생선이 잠길 만큼

얕은 그릇에 다음을 넣고 섞는다.

　고운 옥수숫가루나 밀가루 또는 이를 적당히 섞어서 1컵

　소금 1작은술

　흑후추 1작은술

오븐을 93℃로 예열한다. 커다란 프라이팬을 중불에 올리고 다음을 넣어서 가열한다.

　버터 4큰술(버터 스틱 ½개) 또는 올리브유 4큰술

기름이 뜨겁게 달궈지면 생선을 우유에 담갔다가 가루를 묻혀서 몇 번에 나눠

프라이팬에 넣는다. 가끔 뒤집으면서 양쪽 면이 모두 노릇하게 익고 살이 단단하면서 불투명해질 때까지 총 6~8분간 지진다. 키친타월을 깐 접시에 올려서 기름을 뺀 다음 오븐에 넣어 따뜻하게 보관한다. 기름이 부족하면 버터나 올리브유를 더 붓고 남은 생선을 지진다. 다음을 곁들여서 아주 뜨겁게 낸다.

　레몬 조각

　(아이올리, 레물라드 소스 또는 타르타르 소스)

민물송어 뫼니에르(Brook Trout Meunière)

4인분

생선을 그을리듯 굽기, 재빨리 볶기, 프라이팬에 지지기에 대해 항목을 참고한다. 다음을 준비한다.

　민물송어 4마리, 1마리당 225g 정도

지느러미를 잘라내고 머리와 꼬리는 그대로 둔다. 접시에 다음을 넣고 잘 저어서 완전히 섞는다.

　밀가루 1컵

　소금 1작은술

　흑후추 ½작은술

송어에 양념한 밀가루를 묻힌다. 커다란 프라이팬을 중강불에 올리고 다음을 넣어서 가열한다.

　정제 버터 ¼컵

버터가 뜨겁게 달궈지면 송어를 넣고 중간에 한 번 뒤집어준다. 살이 단단해지고 먹음직스러운 갈색으로 익을 때까지 한 면당 약 3분씩 조리한다. 뜨겁게 데운 접시에 옮겨 담는다. 프라이팬에 남은 기름에 다음을 넣는다.

　버터 3큰술

갈색이 되도록 가열한다. 생선에 다음을 홀홀 뿌린다.

　굵게 썬 파슬리

브라운 버터를 생선 위에 붓는다. 다음으로 장식한다.

　레몬 조각

블랙 버터를 곁들여 프라이팬에 지진 홍어

4인분

생선을 그을리듯 굽기, 재빨리 볶기, 프라이팬에 지지기에 대해 항목을 참고한다. 오븐을 93℃로 예열한다. 접시에 다음을 넣고 잘 저어서 완전히 섞는다.

　밀가루 1컵

　소금 1작은술

　흑후추 ½작은술

다음에 밀가루 혼합물을 묻힌다.

　뼈를 제거한 홍어 날개살 170g짜리 4개

홍어 날개살 4개가 한꺼번에 넉넉하게 들어갈 정도로 커다란 프라이팬을 중강불에 올려 가열한다. 다음을 넣고 거품이 잦아들 때까지 녹인다.

　버터 3큰술

양쪽 면이 갈색으로 익도록 한 면당 2~3분씩 조리한다. 홍어 날개살의 결이 분리되기 시작하면 다 익은 것이다. 커다란 접시에 옮겨 담고 오븐에 넣어서 따뜻하게 보관한다. 프라이팬을 닦고 다시 중불에 올린다. 다음을 넣는다.

　버터 3큰술

우유의 고형분이 프라이팬 바닥에 가라앉으면서 갈색으로 변할 때까지 가열

한 다음 불을 끄고 다음을 넣어서 섞는다.

 물기를 뺀 케이퍼 2큰술

 화이트와인 식초 1큰술

약 10초간 자글자글 끓인다. 소스를 홍어 위에 붓고 다음으로 장식한다.

 다진 파슬리

후추를 두껍게 발라서 튀기듯이 구운 생선 스테이크

4인분

취향에 따라 생선을 조리한 후 프라이팬에서 소스를 만들 때 와인 대신 닭 육수 ¾컵과 레몬즙 2큰술을 넣어도 좋다. 레시피에 따라 소스를 졸인다. 생선을 그을리듯 굽기, 재빨리 볶기, 프라이팬에 지지기에 대해 항목을 참고한다.

다음을 소금에 절인다.

 두꺼운 참치 또는 황새치 스테이크 4개(1개당 약 170~225g)

소금을 씻어내고 톡톡 두드려 물기를 제거한다. 잘 달라붙도록 꾹꾹 누르면서 스테이크의 양쪽 면에 다음을 묻힌다.

 굵게 으깬 검은색 통후추 또는 검은색, 흰색, 분홍색, 녹색 통후추를 으깨서 섞은

 것 2큰술

미처 달라붙지 않은 후추는 조리하는 동안 생선 위에 훌훌 뿌린다. 커다란 프라이팬을 중강불에 올리고 다음을 둘러서 가열한다.

 식물성 기름 2큰술

기름이 뜨겁게 달궈지면 프라이팬에 스테이크를 올리고 내부 온도가 52~54℃에 도달할 때까지 한 면당 2~3분씩 갈색으로 굽는다. 이렇게 하면 레어나 미디엄 레어가 된다. 따뜻하게 데운 접시에 옮겨 담고 불은 중불로 줄인다. 프라이팬에 다음을 넣는다.

 드라이 레드와인 또는 화이트와인 1컵

 샬롯 작은 것 1개, 다지기

저으면서 와인의 ⅓ 정도가 졸아들고 샬롯이 부드러워질 때까지 약 2분간 조리한다. 불을 끈 다음 골고루 저으면서 다음을 조금씩 넣는다.

 버터 2큰술, 작은 조각으로 자르기

다음을 넣는다.

 다진 신선한 타라곤 1큰술 또는 말린 타라곤 1자밤, 또는 다진 파슬리 2큰술

 소금 적당량

소스를 떠서 스테이크에 끼얹은 후 낸다.

검게 그을린 생선 스테이크 또는 필레

4인분

검게 그을린 생선 요리는 원래 홍민어(redfish)로 만든다. 이 레시피의 향신료 배합과 조리 기술을 고안한 사람은 뉴올리언스 출신의 요리사 폴 프루덤(Paul Prudhomme)이다. 황새치, 붉돔, 농어, 메기 등 살이 단단한 생선의 스테이크나 필레라면 무엇이든 사용할 수 있다. 이 요리를 만들기 전에는 주방 환풍기가 제대로 작동하는지 반드시 확인해야 한다. 그리고 화재경보기를 꺼놓는다.(물론 조리 후 다시 켜는 것을 잊지 말자!)

검게 그을리기 항목을 참고한다. 다음을 준비한다.

 검게 그을리는 용도의 케이준 양념

커다란 무쇠 팬을 강불에 올린다. 환풍기를 켠다. 다음을 준비한다.

 정제 버터 ½컵

 살이 단단한 생선의 필레 또는 스테이크 680~900g, 톡톡 두드려 물기를

 제거하기

5~8분 정도 달궈서 팬이 상당히 뜨거워지면 생선의 양쪽 면에 버터를 살짝 바른 다음 케이준 양념에 올려놓고 뒤집어가면서 골고루 묻힌다. 생선을 팬에 넣고 버터를 약간씩 뿌린다. 중간에 한 번 뒤집으면서 생선의 두께에 따라 3~6분간, 또는 살이 전체적으로 단단해지고 불투명하게 변할 때까지 조리한다. 다음을 곁들여서 낸다.

 레몬 조각

프라이팬에 지진 연어 케이크

4~6인분

연어의 뼈와 껍질을 꼭 제거할 필요는 없지만, 깔끔하게 부치려면 손질해도 상관없다. 취향에 따라 케이크를 약간 더 큼직하게 만들어서 빵 위에 얹어 연어 버거로 즐겨도 좋다. 이렇게 하면 적은 비용으로 간단하게 근사한 저녁 한 끼를 차릴 수 있다.

커다란 그릇에 다음을 넣고 섞는다.

 연어 통조림 425g짜리 2개, 국물을 따라내기

 고운 빵가루나 크래커 가루 ½컵

 잘게 썬 숙성 체더 치즈 ½컵(55g)

 대란 2개, 풀어두기

 다진 신선한 타임 2큰술 또는 말린 타임 1작은술

 소금 ¼작은술

 흑후추 ¼작은술

커다란 프라이팬(논스틱 권장)을 중불에 올리고 다음을 둘러서 가열한다.

 식물성 기름 1큰술

반죽을 한 번에 ⅓컵씩 떠서 연어 패티를 빚는다. 중간에 한 번 뒤집어가면서 갈색으로 단단하게 익을 때까지 한 면당 3~4분씩 지진다.

다음과 함께 낸다.

 요구르트 딜 소스

프라이팬에 지진 청어알

2인분

청어알은 자그마한 알들이 주머니에 들어 있는 형태로, 막으로 둘러싸여 있어서 흩어지지 않는다. 보통 초승달 모양의 주머니 2개가 붙어 있는 모양이며 주머니 하나가 1인분에 해당한다. 맛이 아주 진하고 든든하다. 풍미가 섬세해 생선의 느낌은 크게 나지 않으면서 조밀한 조직과 쫄깃한 식감을 자랑한다. 청어 떼가 이동하는 초봄에만 맛볼 수 있는 제철 식재료. 불에서 내린 후에도 계속 익으므로 너무 오래 조리하지 않도록 주의한다.

익을수록 가운데 부분은 색이 진해지며 골고루 분홍색으로 변하지는 않는다. 생선을 절일 때 사용하는 소금물을 준비한다. 붙어 있는 주머니를 조심스럽게 분리하고 톡톡 두드려 물기를 제거한다.

 청어알 1쌍

청어알을 2시간 동안 소금물에 절였다가 물을 따라내고 톡톡 두드려 물기를 제거한다. 접시에 다음을 넣고 잘 섞는다.

 밀가루 1컵

 소금 1작은술

청어알에 밀가루 혼합물을 묻힌다. 묵직한 프라이팬을 중불에 올리고 다음을 넣어서 가열한다.

버터 또는 베이컨 기름 3큰술

기름이 뜨겁게 달궈지면 청어알을 넣고 중간에 한 번 뒤집어준다. 양쪽 면이 모두 노릇노릇하게 익으면서 눌러보면 단단한 탄력이 느껴질 때까지 한 면당 약 3분씩 지진다. 청어알이 아주 크면 양쪽을 다 익히는 데 8분 정도 걸릴 수도 있다. 다음 위에 얹어서 낸다.

따뜻한 토스트

다음으로 장식한다.

레몬 조각

굵게 썬 파슬리

생선의 딥 프라잉과 섈로 프라잉에 대해

미국의 여러 지역에서는 아직도 생선 요리라고 하면 가장 먼저 반죽을 입혀서 튀기는 것을 떠올린다. 물론 계속 먹으면 물리겠지만 생선 튀김의 매력만큼은 부정하기 어렵다. 바삭한 튀김옷과 폭신폭신한 반죽을 사용해 대조되는 식감과 다채로운 풍미를 즐길 수 있으며 튀김이라는 방법 자체가 생선을 아주 촉촉하게 조리하는 데 적합하다.

튀김에 가장 알맞은 생선은 대구, 광어, 도다리, 돔발상어, 농어, 고등어 등의 결이 뚜렷한 흰살생선이다. 또는 안초비, 청어, 전갱이, 빙어 등의 작은 생선을 통째로 튀겨도 맛있다. 생선에 밀가루나 빵가루를 묻혀서 튀겼을 때 가장 바삭한 튀김 요리를 즐길 수 있다. 딥 프라잉 방법으로 생선을 튀길 때는 튀김 반죽을 입혀서 튀기는 것이 좋다. 다양한 튀김옷에 대해서는 튀김 재료에 튀김옷 입히기에 대해 및 튀김 재료에 가루 묻히기에 대해 항목을 참고한다.

딥 프라잉(deep-frying)으로 튀길 경우, 생선이 완전히 잠길 정도로 기름을 넉넉히 부어야 한다. 생선에 튀김 반죽을 입혀서 튀긴다면 반드시 딥 프라잉을 해야 한다. 뜨거운 기름에 완전히 담가야 튀김 반죽이 즉시 생선에 달라붙으며 균일한 튀김옷 층을 형성한다. 얇은 필레는 옆면이 높은 프라이팬에 딥 프라잉을 할 수 있으며 두툼하게 썬 생선이나 작은 생선을 통째로 튀길 때는 더치오븐이나 묵직하고 깊은 냄비를 사용한다. 생선을 튀길 때는 기름 온도를 잘 맞추는 것이 무엇보다 중요하다. 온도가 너무 낮으면 기름이 흠뻑 스며들어서 눅눅한 튀김이 되고, 온도가 너무 높으면 생선이 제대로 익기도 전에 튀김옷이 타버릴 위험이 있다. ▶ 생선을 큼직하게 잘라서 튀긴다면 175℃가 가장 적합하다. 작은 생선은 그보다 약간 높은 온도로 최대 190℃ 정도에서 튀긴다. 발연점이 높은 기름을 사용해야 튀김에서 탄내가 나는 것을 방지할 수 있다. 생선을 튀겨낸 기름은 다시 사용하지 않는다. 딥 프라잉 항목을 참고한다.

많은 양의 기름을 사용하는 딥 프라잉이 부담스럽거나 기름을 낭비한다는 생각이 든다면 **섈로 프라잉**(shallow-frying)을 고려해보자. 재료를 기름에 완전히 담가서 튀기는 것이 아니라 생선의 옆면 중간까지 올라올 정도로만 기름을 사용한다. 따라서 양쪽 모두 골고루 갈색으로 익히고 속까지 잘 튀기려면 신경 써서 뒤집어야 한다. 옆면이 높은 프라이팬이나 깊은 냄비를 사용해야 기름이 밖으로 튀는 것을 어느 정도 방지할 수 있다. 딥 프라잉은 굳이 뒤집지 않아도 갈색으로 골고루 잘 익는다는 장점이 있지만, 우리는 생선에 빵가루나 밀가루를 묻혀서 튀길 때 기름을 적게 사용하는 섈로 프라잉을 선호한다. ▶ 튀김 반죽을 입혀서 튀길 때는 섈로 프라잉을 권장하지 않는다. 기름 위로 나온 부분의 튀김 반죽이 생선에 달라붙지 않고 서서히 기름 쪽으로 흘러내리기 때문에

윗부분의 반죽이 잘 벗겨진다.

생선을 여러 번 나눠 튀길 때는 '테스트용'으로 일단 하나를 튀겨서 시간이 얼마나 걸리는지 확인한 후 기름 온도와 생선 또는 필레의 크기를 일정하게 유지하면서 튀긴다. 생선을 한꺼번에 너무 많이 넣으면 기름 온도가 내려가므로 주의한다. 필레나 생선이 아주 두껍지 않은 한, 겉이 갈색으로 익을 때쯤 보통 속까지 잘 익기 마련이다. 생선이 다 튀겨졌는지 확인하려면 식품 온도계로 내부 온도가 52~54℃에 도달했는지 재거나 여러 조각으로 잘라서 살이 불투명하게 변하고 찔렀을 때 결대로 분리되는지 살펴본다.

생선 튀김

1인당 약 150g 정도, 뼈 없는 생선으로 준비

메기, 도미, 흑돔, 돔발상어, 농어, 광어 등 살이 단단한 생선은 모두 좋은 튀김 재료다. 생선의 딥 프라잉과 섈로 프라잉에 대해 항목을 참고한다.

I. 딥 프라잉

다음을 준비한다.

생선 필레나 큼직하게 자른 조각 또는 깨끗하게 손질한 작은 생선

튀김기나 깊고 묵직한 냄비 또는 더치오븐을 중강불에 올리고 기름을 다음 높이까지 부어서 188℃로 가열한다.

땅콩기름이나 카놀라유 등의 식물성 기름 7.5cm

생선에 다음을 골고루 묻힌다.

맥주 튀김 반죽, 덴푸라 튀김 반죽, 파코라 튀김 반죽, 밀가루 코팅 또는 잘 달라붙는 빵가루나 크래커 코팅

생선을 조심스럽게 뜨거운 기름에 넣고 노릇노릇하게 익을 때까지 5~8분 정도 튀긴다. 한꺼번에 튀김 재료를 너무 많이 넣지 않도록 주의한다. 키친타월이나 신문지 위에 올려놓고 기름을 뺀다. 다음을 곁들여 아주 뜨거울 때 낸다.

타르타르 소스, 고수 민트 처트니, 라이타, 베커 칵테일 소스 또는 플라랏프릭 소스

II. 섈로 프라잉

다음을 준비한다.

생선 필레나 큼직하게 자른 조각 또는 깨끗하게 손질한 작은 생선

옆면이 높고 묵직한 프라이팬 또는 더치오븐에 기름을 다음 높이까지 부어서 188℃로 가열한다.

땅콩기름이나 카놀라유 등의 식물성 기름 2~2.5cm

생선에 다음을 골고루 묻힌다.

밀가루 코팅 또는 잘 달라붙는 빵가루나 크래커 코팅

한꺼번에 튀김 재료를 너무 많이 넣지 않도록 주의하면서 생선의 양쪽 면이 모두 노릇하게 익을 때까지 중간에 한 번 뒤집으면서 5~8분 정도 튀긴다. 키친타월이나 신문지 위에 올려놓고 기름을 뺀다. 버전 I처럼 아주 뜨거울 때 낸다.

남부식 메기 튀김

4인분

단단한 메기 필레를 튀겨서 먹으면 아주 맛있다. 생선 튀김을 허시퍼피(반죽을 동그랗게 튀겨서 먹는 곁들임 요리 — 옮긴이)와 함께 내려면 먼저 반죽을 튀겨서 키친타월을 깐 접시나 테두리 있는 오븐 팬에 올려놓고 기름을 뺀 후 생선을 튀기는 동안 93℃의 오븐에 넣어서 따뜻하게 보관한다. 생선의 딥 프라잉과 섈로 프라잉에 대해 항목을 참고한다.

다음을 준비한다.

메기 필레 680~900g, 톡톡 두드려 물기를 제거하기

튀김기나 깊고 묵직한 냄비 또는 더치오븐을 중강불에 올리고 기름을 다음 높이까지 부어서 175℃로 가열한다.

　　땅콩기름이나 카놀라유 등의 식물성 기름 5cm

넓찍하고 얇은 접시에 다음을 넣고 섞는다.

　　고운 옥수숫가루 1컵

　　(고춧가루 1큰술)

　　소금 1작은술

　　흑후추 ½작은술

생선 필레에 양념한 옥수숫가루를 골고루 묻히고 가루가 생선에 잘 달라붙도록 꼭꼭 누른다. 필레를 하나씩 조심스럽게 뜨거운 기름에 넣되, 한꺼번에 너무 많이 넣지 않도록 주의한다. 생선은 튀기는 데 시간이 오래 걸리지 않으므로 분량이 좀 많다 싶으면 몇 번에 나눠서 튀겨도 좋다. 필레를 튀기는 동안 서로 달라붙지 않도록 한두 번씩 살짝 젓는다. 4~5분 정도 튀겨서 노릇노릇해지면 건져서 키친타월에 올려놓고 기름을 뺀다. 다음을 곁들여 즉시 낸다.

　　허시퍼피

　　타르타르 소스

　　레몬 조각

플라랏프릭(Pla Raad Prik, 타마린드 마늘 소스를 곁들인 태국식 생선 튀김)

2~3인분

보기에도 근사한 이 요리는 생선 튀김에 타마린드, 마늘, 태국산 칠리 고추로 만든 톡 쏘는 맛의 매콤한 소스를 얹은 것이다. 소스가 워낙 맛있어서 다른 재료에도 곁들여 먹고 싶은 생각이 들 것이다. 튀김 재료에 빵가루나 튀김 가루를 골고루 묻히는 요령은 703쪽을 참고한다. 생선의 딥 프라잉과 섈로 프라잉에 대해 항목을 참고한다.

작은 편수 냄비를 중강불에 올리고 다음을 둘러서 가열한다.

　　식물성 기름 1큰술

다음을 넣고 저으면서 부드러워질 때까지 볶는다.

　　작은 샬롯 2개, 다지기

　　마늘 3쪽, 다지기

　　붉은색 또는 녹색 태국 칠리 고추 2~4개, 맛을 보면서 조절, 취향에 따라 씨를

　　　빼고 다지기

다음을 넣고 젓는다.

　　타마린드 페이스트 2큰술, 물 ¼컵에 개기

　　팜 슈거 또는 갈색 설탕, 꾹 눌러 담아 3큰술

　　피시 소스 1큰술

타마린드 마늘 소스를 불에서 내린다. 맛을 보고 필요하면 다음을 넣는다.

　　소금

다음을 준비한다.

　　680~900g 무게의 붉돔, 틸라피아 또는 송어 통째로 1마리, 필요에 따라 비늘을

　　　제거하기

잘 드는 칼로 생선의 양쪽 면에 등지느러미에서 배까지 깊숙이 칼집을 몇 군데 넣는다. 웍이나 깊고 묵직한 냄비 또는 더치오븐에 기름을 다음 높이까지 부어서 175℃로 가열한다.

　　식물성 기름 5cm

커다란 접시나 얇은 베이킹 접시에 다음을 넣고 섞는다.

　　옥수수 전분이나 쌀가루 ½컵

　　소금 1½작은술

　　백후추 1작은술

생선의 양쪽 면에 양념한 옥수수 전분을 골고루 묻힌다. 기름이 뜨겁게 달아오르면 조심스럽게 생선을 기름에 넣고 4분간 튀긴 다음 집게로 뒤집어 속까지 잘 익도록 4분간 더 튀긴다. 생선을 기름에서 건져 키친타월 위에 올려놓고 기름을 뺀다. 타마린드 마늘 소스를 끼얹어서 통째로 낸다.

피시 앤드 칩스

4인분

미국 동부 해안 지방에서는 전통적으로 돔발상어(dogfish, '망토상어'나 '모래상어'라는 이름으로 판매하기도 한다.)를 사용해서 만들지만, 서부 해안 지방에서 고급 '피시 앤드 칩스'를 만들 때 쓰는 생선은 광어다. 대구와 해덕으로 만든 피시 앤드 칩스도 흔히 볼 수 있다. 흰살생선이라면 종류와 관계없이 사용할 수 있지만 되도록 살이 단단해서 잘 부서지지 않는 생선의 필레를 권한다. 생선의 딥 프라잉과 섈로 프라잉에 대해 항목을 참고한다.

오븐을 93℃로 예열한다. 감자튀김보다 약간 큼직하게, 되도록 두껍고 길게 썬다.

　　러셋 감자 큰 것 4개, 껍질을 벗기기

감자를 찬물에 30분간 담가둔다.

다음을 준비한다.

　　맥주 튀김 반죽

반죽을 한쪽에 둔다. 튀김기나 깊고 묵직한 냄비 또는 더치오븐을 중강불에 올리고 기름을 다음 높이까지 부어서 165℃로 가열한다.

　　땅콩기름이나 카놀라유 등의 식물성 기름 7.5cm

찬물에 담가둔 감자를 건져서 물기를 뺀다. 감자를 약 1컵씩 뜨거운 기름에 넣고, 기름이 요란하게 튀지 않을 때까지 약 2분간 튀긴다. 구멍 뚫린 숟가락으로 감자를 건져서 갈색 종이봉투나 키친타월에 올려놓고 기름을 뺀다. 감자를 다 튀긴 후 기름 온도를 185℃로 올린다. 튀김 반죽을 잘 젓는다. 다음을 한 번에 한 조각씩 튀김 반죽에 넣어서 골고루 묻힌 다음 여분의 반죽을 털어낸다.

　　돔발상어, 광어 또는 그 외의 흰살생선 필레 680g, 톡톡 두드려 물기를 제거하기

조심스럽게 생선을 기름에 넣는다. 필요하면 불을 조절하면서 기름 온도를 일정하게 유지한다. 겉이 노릇노릇하게 변하면 다 익은 것이다. 키친타월에 올려놓고 기름을 뺀 후 오븐에 넣어서 따뜻하게 보관한다.

　　감자튀김을 마무리하려면 한 번 튀겨놓은 감자를 조금씩 기름에 넣어서 노릇노릇해질 때까지 2~3분간 다시 튀긴다. 키친타월에 올려놓고 기름을 뺀다. 넓찍한 플래터에 감자와 생선 튀김을 가지런히 올려놓고 다음과 함께 낸다.

　　맥아 식초

　　레몬 조각

　　타르타르 소스

태국식 피시볼 튀김

4인분

진한 향기와 함께 바삭하고 매콤하며 상큼한 맛을 즐길 수 있는 요리다. 식초를 넉넉히 넣은 매콤한 콜슬로나 그린 파파야 샐러드와 함께 낸다. 취향에 따라 반죽을 더 납작하게 빚어서 섈로 프라잉 방식으로 중간에 한 번 뒤집어주

면서 튀겨도 좋다. 생선의 딥 프라잉과 섈로 프라잉에 대해 항목을 참고한다.

푸드 프로세서에 다음을 넣고 섞는다.

샬롯 1개, 굵게 썰기

마늘 2쪽, 굵게 썰기

생강이나 양강근 1.2cm짜리 1조각, 껍질을 벗기고 굵직하게 썰기

피시 소스 2큰술

라임 1개의 껍질, 강판에 곱게 갈기

굵게 빻은 고춧가루 1작은술

설탕 1작은술

소금 ½작은술

곱게 썰릴 때까지 짧게 여러 번 작동시킨다. 다음을 넣는다.

흰살생선 필레 450g, 톡톡 두드려 물기를 제거하고 2.5cm 크기로 썰기

대란 1개

페이스트 상태가 되도록 간다. 다음을 넣고 푸드 프로세서를 짧게 몇 번 작동시켜서 섞는다.

다진 고수 2큰술

쪽파 2대, 굵직하게 썰기

그릇에 옮겨 담는다. 튀김기나 깊고 묵직한 냄비 또는 더치오븐을 중강불에 올리고 기름을 다음 높이까지 부어서 188℃로 가열한다.

땅콩기름이나 카놀라유 등의 식물성 기름 5cm

생선 살 반죽이 부드러워지도록 치댄 다음 지름 2.5cm의 공 모양으로 빚는다. 뜨거운 기름에 조심스럽게 넣고 필요하면 불을 조절해 일정한 온도를 유지한다. 분량에 따라 몇 번에 나눠서 진한 갈색이 될 때까지 2~3분간 튀긴다. 키친 타월에 올려놓고 기름을 뺀다. 다음을 가니시로 얹어서 낸다.

고수, 민트 및/또는 태국 바질

라임 조각

에스카베슈(Escabeche, 양념장을 얹은 스페인식 생선 튀김)

4인분

살이 단단한 흰살생선이 가장 잘 어울리지만 정어리와 고등어를 사용해도 맛이 좋다. 생선의 딥 프라잉과 섈로 프라잉에 대해 항목을 참고한다.

작은 편수 냄비에 다음을 넣고 섞는다.

화이트와인 식초 ½컵

물 ½컵

마늘 2쪽, 다지기

할라페뇨 고추 또는 다른 칠리 고추 작은 것 1개, 씨를 빼고 다지기

설탕 1½작은술

커민 가루 ½작은술

소금 ½작은술

흑후추 ¼작은술

강불에 올려 부르르 끓인 후 불에서 내린다. 접시에 다음을 넣고 잘 섞는다.

밀가루 ½컵

소금 ½작은술

흑후추 ¼작은술

다음에 양념한 밀가루를 골고루 묻힌다.

껍질을 벗긴 대구, 도미 또는 광어 필레 450g

커다란 프라이팬을 중강불에 올리고 다음을 부어서 연기가 나기 전까지 뜨겁게 달군다.

식물성 기름 ¼컵

필레를 기름에 넣어서 겉이 노릇노릇해지고 속은 불투명해질 때까지 두께에 따라 한 면당 3~4분씩 튀긴다. 건져서 폭이 넓고 얕은 그릇에 옮겨 담는다. 튀김 위에 식초 양념장을 끼얹고 다음을 훌훌 뿌린다.

굵게 썬 고수 ¼컵

라임즙 2큰술

생선이 완전히 식어서 양념이 생선에 잘 배어들 때까지 둔다. 실온 상태로 낸다.

작은 생선 튀김

한입에 먹기 좋은 크기로 튀겨내는 이 생선 튀김은 전채 요리로 먹어도 근사하고 프리토 미스토의 일부로 식탁에 올려도 잘 어울린다.

생선의 딥 프라잉과 섈로 프라잉에 대해 항목을 참고한다. 다음을 준비한다.

뱅어, 빙어 또는 싱싱한 안초비, 통째로 손질하기 또는 신선한 정어리 필레

뱅어는 워낙 작은 생선이므로 내장까지 통째로 다 먹을 수 있다. 빙어와 안초비는 내장을 빼고 머리를 잘라낸다. 튀김기나 깊고 묵직한 냄비 또는 더치오븐을 중강불에 올리고 기름을 다음 높이까지 부어서 190℃로 가열한다.

땅콩기름이나 카놀라유 등의 식물성 기름 5cm

중간 크기의 그릇에 다음을 넣고 섞는다.

고운 옥수숫가루, 밀가루, 쌀가루 또는 옥수수 전분 1컵

소금 1작은술

흑후추 1작은술

생선에 양념 가루를 살짝 묻히고 여분의 가루를 털어낸다. 여러 번에 나눠서 바삭하고 노릇노릇해질 때까지 2~3분 정도 튀긴다. 다음으로 장식한다.

레몬 조각

훈연 및 보존 처리한 생선에 대해

인류의 오랜 역사에 걸쳐 어부들은 냉장고가 없던 환경에서 생선을 오래 보관하기 위해 여러 방법을 고안해왔다. 오늘날에는 생선을 보관하는 데 반드시 훈연, 건조, 염장, 식초 절임 등의 방법을 동원할 필요는 없지만, 이러한 보존 과정에서 생기는 풍미와 질감은 상당히 매력적이며 충분히 시도해볼 가치가 있다. 루테피스크(lutefisk), 수르스트뢰밍(Surströmming), 하우카르들(hákarl) 같이 거부감을 불러일으킬 수 있어서 대다수에게는 맞지 않는 생선 보존식품은 여기서 다루지 않지만, 독특하고 색다른 풍미가 궁금하다면 과감하게 도전해보기를 권한다. 주로 양념이나 레시피 재료로 사용되는 보존 처리 생선의 유형은 안초비, 가다랑어, 보타르가, 건어물 항목을 참고한다.

록스(lox)라는 베이글 토핑 재료로 많은 이들에게 사랑받는 염장 연어는 순한 풍미와 섬세한 식감을 갖고 있다. 마트에서 쉽게 구할 수 있지만 손질 방법이 워낙 간단해서 가정에서도 쉽게 만들 수 있다. 록스의 전신에 해당하는 북유럽의 소박한 전통 음식 **그라블락스**(gravlax)는 허브와 기타 향미 재료로 풍미를 내는 경우가 많다. 부지런한 북유럽 어부들이 처음 고안했을 때는 생선을 부분 발효시켜서 땅에 묻는 이 보존 방법이 매우 효과적이라고 알려졌지만, 사실 그라블락스와 록스는 비교적 잘 상하는 편이므로 일주일 이상 두고 먹는 것은 권하지 않는다. **청어 절임** 같은 염장 제품은 훨씬 더 오래 보관할 수 있다.

소금에 절인 해덕과 청어 그리고 록스는 냉훈법으로 훈연하는 경우가 많다.

냉훈법을 사용하면 아주 섬세한 풍미와 식감이 살아나지만 낮은 온도에서 처리하기 때문에 생선이 익지 않는다. 냉훈법으로 처리한 염장 연어는 **노바 록스**, 해덕은 **피넌 해디**(finnan haddie)라고 부른다. 청어를 냉훈법으로 처리한 것은 **키퍼**(Kipper)라고 하는데, 이 말은 사실 훈연한 모든 생선을 가리키는 일반적인 용어다.(더 자세한 내용은 423쪽 참고) ▶ 안전상의 우려 때문에 가정에서 생선을 냉훈법으로 훈연하는 것은 권장하지 않는다.

온훈법은 훈연 처리 과정에서 생선을 완전히 익힌다. 온훈법은 특히 연어나 은대구처럼 지방이 많고 먼 거리를 이동하는 생선이나 송어, 철갑상어, 처브 등의 민물고기에 특히 적합한 훈연 방식이다. 실제로 연어가 풍부하게 잡히는 태평양 연안 북서부 지방에서 가장 보편적으로 사용하는 생선 훈연법이기도 하다. 온훈법으로 처리한 생선은 바로 먹을 수 있으며 조리한 생선과 비슷한 기간 동안 보관할 수 있다. 훈연한 생선은 그릇에 담아 뚜껑을 덮어서 냉장고에 보관하고, 훈연 또는 구입한 후 일주일 내에 먹는다.

생선에 소금을 많이 뿌려서 염장한 후 돌처럼 딱딱해질 때까지 바람에 말리면 훨씬 오랫동안 보존할 수 있다. **염장 고등어**와 **청어**도 가끔 눈에 띄지만, 가장 선호도가 높고 쉽게 구할 수 있는 것은 **염장 대구**다.(오늘날 대구의 남획 때문에 해덕을 비롯한 다른 흰살생선으로 만들기도 한다.) 이러한 염장 생선은 모두 필레를 떠서 뼈를 제거한 형태로 판매하지만 조리하기 전에 반드시 물에 담가 소금기를 빼고 부드럽게 불려야 한다. 염장 대구로 만드는 맛있는 전채 요리는 브랑다드 드 모뤼 레시피를 참고한다. 염장 대구 크로켓 레시피는 700쪽에서 소개한다.

염장 생선의 소금기를 빼려면 생선을 물에 담근 후 깨끗한 물을 몇 번 갈아주면서 냉장고에서 24~48시간 동안 불렸다가 사용한다.

염장 대구의 살을 발라내려면 소금기를 뺀 생선을 간을 하지 않은 차가운 쿠르 부용 또는 그냥 맹물에 담가서 부르르 한 번 끓인 다음 불을 줄여서 25분간 뭉근히 끓인다. 물을 따라내고 껍질과 뼈를 모두 제거한 뒤 살을 결대로 발라낸다. 말린 염장 대구 450g의 살을 발라내면 약 2컵 정도 나온다.

그라블락스(염장 연어)

15인분

스웨덴의 전통적인 연어 염장법을 활용해 가정에서도 쉽게 만들 수 있다. 아주 싱싱한 생선을 사용해야 한다. 뚜껑을 덮어 냉장고에 보관하면 며칠 정도는 맛있게 먹을 수 있다. 훈연 및 보존 처리한 생선에 대해 항목을 참고한다. 염장만으로는 기생충이 죽지 않으므로 날생선으로 먹거나 세비체를 만들 때처럼 ▶ 냉동(또는 '초밥 등급') 연어만을 사용해야 한다. 갓 잡은 연어를 염장하려면 이 방법 대신 온훈법을 따른다.(온훈법으로 훈연한 연어 레시피 참고)

껍질은 벗기지 않고 큼직한 필레 2조각으로 자른다.

  1.8~2.3kg짜리 통연어, 내장을 제거하고 깨끗하게 손질하기

잘 드는 칼을 사용해 2.5cm 정도의 간격으로 가능한 한 살까지 닿지 않도록 껍질에 얕게 칼집을 낸다. 중간 크기의 그릇에 다음을 넣고 섞는다.

  다이아몬드 코셔 소금 2컵

  설탕 1컵

  흑후추 1큰술

  (회향 가루 1큰술)

  (고수씨 가루 1큰술)

  (레몬 2개의 껍질, 채소 껍질 벗기는 도구로 껍질을 벗겨 얇고 길쭉하게 자르기)

  (라임 2개의 껍질, 채소 껍질 벗기는 도구로 껍질을 벗겨 얇고 길쭉하게 자르기)

이 양념 가루를 필레에 전체적으로 골고루 문지른다. 살이 위로 가도록 필레를 놓고 살 위에 다음을 올린다.

  굵게 썬 딜 2컵, 줄기까지 사용

  (비트 중간 크기 2개, 잘게 썰기)

취향에 따라 다음을 살짝 뿌린다.

  (아쿠아비트 또는 레몬 풍미의 보드카나 일반 보드카)

딜을 얹은 필레 위에 두 번째 필레를 살이 아래로 가도록 얹는다. 남은 설탕 혼합물을 겉면에 뿌리고 비닐랩으로 여러 겹 최대한 단단하게 감는다. 큼직한 접시나 오븐 팬에 담고 도마나 다른 오븐 팬을 그 위에 올린 후 1.8kg 정도의 통조림이나 다른 무거운 물건을 올려놓는다. 하루에 한 번씩 위에 올린 물건을 치우고 비닐랩으로 싼 연어를 뒤집은 다음 다시 무거운 물건을 올려놓는다. 생선 살이 불투명해지면 그라블락스가 완성된 것이다. 비닐랩을 제거하고 남은 소금을 씻어낸다. 톡톡 두드려 물기를 제거한다. 얇게 저민다.

온훈법으로 훈연한 연어

900g

이 레시피는 훈연하려는 연어의 양에 따라 분량을 적당히 조절할 수 있다. 은대구, 철갑상어, 고등어도 이 방법으로 훈연하면 아주 맛있다. 훈연 항목을 참고한다.

중간 크기의 그릇에 다음을 넣고 섞는다.

  찬물 4컵

  갈색 설탕, 꾹 눌러 담아 ½컵

  피클용 또는 식탁용 소금 ¼컵 또는 다이아몬드 코셔 소금 ¼컵

소금과 설탕이 잘 녹을 때까지 젓는다. 생선용 핀셋이나 깨끗한 펜치로 다음의 뼈와 가시를 제거한다.

  껍질이 붙어 있는 연어 필레 900g

연어가 딱 알맞게 들어갈 만한 크기의 유리, 에나멜 또는 스테인리스스틸 팬에 연어를 넣는다. 또는 3.8ℓ짜리 두꺼운 지퍼백에 연어를 넣고 혹시 샐 경우를 대비해 지퍼백을 큰 그릇에 담는다. 연어 위로 소금물을 붓고 팬의 뚜껑을 덮거나 지퍼백을 봉한 다음 8시간 동안 냉장고에 보관한다. 연어가 소금물에 완전히 잠기지 않으면 가끔 뒤집어준다. 소금물에 다 절여지면 연어를 톡톡 두드려 물기를 제거하고 껍질이 아래로 가도록 철망에 올린 다음 뚜껑을 덮지 않은 상태로 냉장고에 넣어 만져보면 건조한 느낌이 들 때까지 8~12시간 정도 둔다. 훈연기나 그릴에서 간접 조리를 할 수 있도록 준비하고 93℃로 가열한다.(큼직한 팬에 물을 담아서 아래에 두면 좋다.) 숯에 다음을 추가한다.

  오리나무, 사과나무, 피칸, 단풍나무 또는 그 외 단단한 나무를 작게 자른 것 1조각

훈연기나 그릴의 불꽃이 직접 닿지 않는 위치에 껍질이 아래로 가도록 연어를 올려놓는다. 45분간 훈연한 후 취향에 따라 연어에 다음을 가볍게 바른다.

  (메이플 시럽 또는 따뜻하게 데운 꿀)

시럽을 사용한다면 15분마다 발라주면서 내부 온도가 63℃에 도달할 때까지 계속 훈연하되, 그 이상으로 올라가지 않도록 주의한다. 훈연기에서 연어를 꺼내 완전히 식힌다. 랩으로 단단히 감싸서 냉장고에 넣으면 10일간, 진공 포장해서 냉동실에 넣으면 6개월간 보관할 수 있다.

훈제 연어 해시

4인분

많은 이들이 그리워하는 오리건주 힐스데일의 쓰리 스퀘어 그릴(Three Square Grill)을 운영하던 요리사 데이비드 바버(David Barber)가 고안한 맛있는 아침 또는 브런치 요리다. 스칸디나비아식으로 응용하려면 피망과 타바스코 소스, 우스터 소스를 뺀다. 그리고 연어에 갈아서 **양념한 호스래디시 1큰술, 홀그레인 머스터드 1큰술, 물기를 뺀 케이퍼 3큰술**을 넣고 잘 섞는다. 개인 그릇에 담고 사워크림이나 크렘 프레슈를 1~2큰술씩 얹어서 낸다.

부드러워질 때까지 삶는다.

　　붉은색 감자 680g

삶은 물을 따라내고 만질 수 있을 정도로 식힌다. 작은 감자는 유리잔으로 납작하게 으깬다. 큰 감자는 2.5cm 크기로 깍둑썰기한다. 커다란 프라이팬을 중불에 올리고 다음을 둘러서 가열한다.

　　식물성 기름 2큰술

다음을 넣고 저으면서 피망이 부드러워질 때까지 약 7분간 볶는다.

　　붉은색 피망 ½개, 굵게 썰기

　　양파 중간 크기 1개, 굵게 썰기

감자를 넣고 저은 후 주걱으로 꾹꾹 누르고, 더 이상 손을 대지 않은 채로 갈색으로 익을 때까지 약 10분간 조리한다. 바닥에 눌어붙은 감자를 긁어서 몇 번 젓고 다시 꾹꾹 눌러서 갈색으로 익을 때까지 10분간 조리한다.

다음을 넣고 잘 섞는다.

　　온훈법으로 훈연한 연어 170g, 잘게 부수기

　　타바스코 소스 소량

　　우스터 소스 소량

다음을 적당량 넣어서 간을 한다.

　　소금과 흑후추

서빙용 접시에 적당히 나눠 담고 다음을 각 접시에 올린다.

　　달걀 프라이 또는 수란 4개

다음으로 장식한다.

　　다진 파슬리

　　(레몬 조각)

염장 청어와 감자

4인분

다음을 물이나 우유에 담가서 하룻밤 불린다.

　　큼직한 염장 청어(훈제 청어) 2마리

물기를 제거하고 필레 2장으로 나눈다. 껍질과 뼈를 제거한다. 필레를 2.5cm 두께로 썬다. 오븐을 190℃로 예열한다. 23cm 크기의 정사각형 베이킹 접시에 버터를 바른다.

다음을 아주 얇게 저민다.

　　붉은색 감자 6개, 취향에 따라 껍질을 벗기기

　　양파 중간 크기 1개

버터를 바른 베이킹 접시에 감자부터 시작해서 양파, 청어를 번갈아 한 겹씩 깔고, 맨 위를 감자로 마무리한다.

그 위에 다음을 붓는다.

　　오 그라탱 II

감자가 부드러워질 때까지 약 45분간 굽는다.

케저리(Kedgeree)

4인분

중간 크기의 편수 냄비에 다음을 넣고 부르르 끓인다.

　　헤비크림 ½컵

다음을 넣고 2분간 뭉근히 끓인다.

　　커리 가루 1작은술

　　소금 ½작은술

　　카옌 고춧가루 ¼작은술

다음을 넣고 골고루 데워지도록 조리한다.

　　바스마티 또는 재스민 쌀밥 3컵

그동안 다음의 흰색과 녹색 부분을 분리해 얇게 저민다.

　　쪽파 4대

쪽파의 흰색 부분과 다음 재료를 쌀밥 혼합물에 넣고 뒤적이며 섞는다.

　　실온 상태의 훈제 해덕 또는 송어 필레 225g, 1.2cm 크기로 부수기

케저리를 서빙용 접시에 담는다. 맨 위에 쪽파의 녹색 부분과 다음을 얹는다.

　　완숙 달걀 3개, 굵게 썰기

어란과 이리에 대해

생선 암컷의 몸 안에 들어 있는 알은 **어란** 또는 **단단한 알**이라고 부르며, 수컷의 몸에 들어 있는 정액 덩어리는 와글와글하기보다는 크림처럼 부드러운 질감을 가지고 있으므로 **이리** 또는 **부드러운 알**이라고 한다. 어란과 이리는 둘 다 요리에 사용하지만, 어란이 훨씬 더 보편적인 식재료다. 어란은 소금물에 살짝 절여서 간을 맞추고 단단하게 만든다. **캐비아**를 비롯한 일부 어종의 어란은 생선 그 자체보다 훨씬 귀한 취급을 받는다. **청어알**은 414쪽을 참고한다.

청어, 고등어, 넙치, 연어, 잉어, 대구 등의 어란이나 이리를 프라이팬에 지진 청어알과 같은 레시피대로 조리해 먹을 수도 있다. 연어의 이리는 반드시 정맥을 제거하고 사용해야 한다. 특히 어란은 카나페, 데빌드 에그, 속을 채운 감자 등 전채 요리에 토핑으로 얹으면 보기도 좋고 맛도 좋다. 또는 초밥에 사용하기도 한다.(특히 대구알, 날치알, 청어알 또는 연어알)

어란을 구입할 때는 저온 살균을 하지 않고 냉장 보관한 저염 어란을 선택하도록 권한다.

요리에 자주 사용하는 생선

생선을 구입하고 조리하는 방식이 점점 변하고 있다. 상업적 어업이 등장한 이후, 우리는 생선 요리에 선택적으로 접근해왔다. 대양의 풍부한 자원을 믿고 연어나 참치 같은 몇 가지 인기 어종이 무한대로 공급되리라 생각했다. 그러나 상황은 빠르게 변하고 있다. 자연 자원에는 한계가 있다는 뼈아픈 현실에 맞닥뜨렸으며, 앞으로는 즐겨 먹는 생선을 구할 수 없을지도 모른다. 이제는 수산물 코너에 가서 특정 어종을 찾는 이전의 생선 소비 방식을 버리고 상황에 맞는 실용적인 소비 방식을 택해야 한다. 즉 예전처럼 어종을 미리 정해놓고 사는 것이 아니라 어떤 생선이 풍부하게 잡히는지에 따라 무엇을 사서 어떻게 조리할 것인지를 결정해야 한다. 너무 비관적으로 들릴 수도 있겠지만 우리가 오랫동안 편협한 시각으로 특정 일부 어종만 선호해왔던 것은 엄연한 사실이다. 요리하는 사람이 조리법을 잘 모른다거나 단순히 생소하다는 이유로 외면을 받았던 맛있는 생선들도 헤아릴 수 없이 많다. 따라서 우리는 이 문제에 대처하기 위해 아래와 같은 지침을 마련했다. 이번 장의 내용을 통해 이미 좋아하고 자주 먹는 생선과 앞으로 점차 입맛을 들여갈 생선을 비교해보자. 종이 달라도 레시피에서 서로 바꿔서 사용할 수 있는 생선들이 많으며, 남획의 위험이 있는 인기 어종을 더욱 풍부하게 잡히는 다른 품종으로 대체하다 보면 환경에 대해 많은 것을 배울 수 있을 뿐만 아니라 식비도 절약할 수 있다.

지속 가능성, 수산물 이력제, 어류 사기

몇 가지 어종에 대한 소비자의 수요가 높으므로 가장 인기 있는 어종의 개체 수는 점차 줄어드는 추세다. 안타깝게도 지극히 예외적인 경우를 제외하고는 특정 어종을 지목해 "이 생선은 절대 소비해서는 안 된다."라고 간단하게 말할 수는 없다. 한 지역에서 남획되는 생선이 다른 지역에서는 풍부하게 서식하며 지속 가능한 방식으로 잘 관리될 가능성도 있기 때문이다. 마찬가지로 같은 지역에서 같은 어종을 잡는다고 해도 환경을 생각하는 방식으로 조업하는 업자가 있는가 하면 환경에 큰 피해를 주는 업자도 있다.

한때 줄어드는 수산 자원에 대한 우려를 해결해줄 만병통치약으로 주목받았던 양식도 복잡하기는 마찬가지다. **양식 어류**의 생태학적 영향은 사용하는 먹이와 폐기물의 처리 방식에 따라 같은 어종 사이에서도 크게 달라진다. 양식장의 위치도 매우 중요한 요소다. 2017년에 25만 마리의 대서양 양식 언어가 수중에 설치된 망을 탈출해 자연산 연어가 살아남기 어려운 퓨젓사운드 만으로 유입된 사건은 양식장의 위치가 얼마나 중요한지를 보여주는 좋은 사례다.

설상가상으로 지난 몇 년간 여러 건의 상세한 연구와 조사를 통해 수산업계에 만연한 **어류 사기**의 실체가 밝혀지기도 했다. 어류 사기란 인기 어종의 이름을 붙여 비인기 어종을 판매하거나 일반적인 방식으로 잡은 어류를 지속 가능한 방식으로 잡았다고 속여서 판매하는 것이다. 현재 수산업계 전체에 걸쳐 **수산물 이력제**를 도입함으로써 가공업체, 유통업체, 소매업체, 소비자가 특정 생선이 어디서 잡혔고 어떤 공급 사슬을 따라 시장까지 왔는지를 파악할 수 있게 하려는 노력이 진행되고 있다.

이 모든 이야기를 한 이유는 하나다. 아무리 기록을 더욱 잘 보관하고 책임감 있는 조업 방식을 따르며 공급 사슬을 투명하게 관리한다고 해도, 전 세계에는 너무나 많은 어장과 조업 관행, 다양한 국제 규정이 존재한다. 시장도 빠르게 변하기 때문에 바람직한 생선 구매 관례를 일괄적으로 정의하기란 거의 불가능에 가깝다. 그나마 괜찮은 접근 방식이라면 관련 규정을 준수하는 나라, 예를 들면 미국 어장에서 잡은 생선을 구매하는 것이다. 하지만 이것도 말만큼 쉬운 일은 아니다. 미국 어장에서 잡히는 해산물은 대부분 수출되며 미국에서 소비하는 해산물은 거의 전부 수입한 것이기 때문이다. 하지만 시장에서 미국산과 수입산을 확실히 구별할 수 있다면 미국산을 선택하도록 하자.

이 모든 점을 고려하면, 해산물에 대해 잘 알고 있는 전문가에게 가장 최근 상황에 대한 조언을 구하는 것이 좋다. 소규모 생선 가게와 일부 마트에서는 소비자에게 어떤 생선이 수산 자원과 해양 생태계에 악영향을 적게 미치는 방법으로 채집 또는 양식되었는지 알려줌으로써 이러한 문제에 적극적으로 대처하기도 한다. 지속 가능한 방법으로 양식하거나 조업한 해산물임을 표기하는 라벨도 몇 가지 있는데, 그중 가장 알아보기 쉬운 것은 ▶ 해양관리협의회(www.msc.org)의 지속 가능 수산물 인증(Certified Sustainable Seafood) 라벨이다. 세계양식책임관리회(www.asc.org)와 우수양식기준(www.bap.org)의 인증을 비롯해 지속 가능한 방식으로 양식한 해산물의 인증 프로그램도 몇 가지 운영

되고 있다. 그러나 이러한 인증 라벨의 기준은 각각 다르다는 점에 유의하자. 못 보던 라벨이 눈에 띈다면 어느 정도 조심스럽게 접근하고, 해당 라벨이 어떤 기준으로 부여되는지 찾아보는 것이 좋다. 지속 가능한 해산물 선택을 위한 목록은 앞서 언급한 웹사이트에서 확인할 수 있으며 ▶ 몬터레이 베이 수족관의 수산물 감시 웹사이트(www.seafoodwatch.org)를 방문하여 대화식 가이드를 이용해 지속 가능한 어류에 대한 지침을 살펴봐도 좋다. 해산물 판매대에서 즉시 검색해보고 현명한 선택을 할 수 있도록 스마트폰 앱도 출시되어 있다.

안초비

안초비는 크기가 아주 작고 살이 부드러우며 여과 섭식을 하는 바닷물고기다. 흔하지는 않지만 운 좋게 신선한 안초비를 구했다면 빵가루를 입혀서 통째로 튀기거나 올리브유, 마늘, 허브를 넣고 살짝 볶아서 먹어보자. 양이 많아서 어떻게 다 먹어야 할지 잘 모르겠다면 에스카베슈를 만들어도 좋다.

통조림에 들어 있는 염장 제품을 지칭할 때 사용되는 '안초비'라는 용어는 특정 어종을 나타내는 것이 아니라 약 20종 정도의 작은 생선이나 새끼 생선을 통칭하는 말이다. 통조림 안초비는 한 번 헹궈서 소금과 기름을 씻어내야 하며, 소스나 수프, 스튜, 라구 등의 풍미를 돋우는 데 사용한다. 안초비를 소량만 사용하면 독특하면서도 형언할 수 없는 풍미를 내며, '생선'을 연상시키지 않는다. 주로 스페인에서 수입하는 식초에 절인 화이트 안초비는 특히 섬세한 맛을 낸다.(씻지 않고 바로 사용한다.) 품질 좋은 구운 빵과 올리브유를 곁들여서 낸다. 보존 처리한 안초비를 식재료로 사용하는 방법에 대한 자세한 내용은 1013쪽을 참고한다.

북극 곤들매기

북극 곤들매기는 연어 및 송어와 가까운 품종으로 지방 함량이 비슷하고 풍미가 진한 분홍색 또는 상아색의 단단한 살을 가지고 있으며 모든 종류의 조리법에 두루 잘 어울린다. 시장에 유통되는 곤들매기는 대부분 양식이지만 알파인 레이크와 북극해 연안 지방에서는 자연산 북극 곤들매기를 찾아볼 수 있다. 북극 곤들매기의 일부 품종은 연어처럼 산란을 위해 바다 상류로 이동한다. **돌리 바든**(Dolly Varden)과 **살기**(grayling)도 유사한 어종이다.

배스

배스는 서로 연관이 없는 다양한 어종을 통칭하는 일반적인 판매 용어로 사용되는 경우가 많다. 대양에서 잡은 진짜 배스는 단맛이 감돌고 살이 비교적 단단한 흰살생선으로 통째로 먹거나 필레로 떠서 조리하기에 아주 좋다. **검은색 바다배스**는 1.3kg 이하의 크기가 흔하지만 무게가 더 나가는 것도 있다. **줄무늬배스**(체서피크에서는 **볼락**rockfish이라고 부르는 경우가 많다.)는 미국 동부 연안에서 가장 즐겨 먹는 생선 중 하나이며 보통 양식을 하지만 수산 자원을 관리하려는 노력 덕분에 자연산의 개체 수도 회복세를 보이는 추세다. **유럽배스** 또는 **바다배스**라고도 불리는 **브란지노**(branzino)는 최근에 미국에서도 주목받고 있으며, 지중해 지역에서는 오랫동안 관자를 연상시키는 단단하고 은은한 단맛의 흰살생선으로 사랑받았다. 통째로 올리브유에 지져서 먹는다. **배러먼디**(barramundi), 즉 **아시아 바다농어**는 맛이 순하고 결이 두드러지는 흰살생선으로 태국에서 인기 있는 생선이자 널리 양식되는 어종이다. 생선을 찐 다음 라임즙, 피시 소스, 마늘, 칠리 고추, 고수로 만든 톡 쏘는 맛의 향긋한 소스를 뿌려서 먹으면 아주 맛있다. 421쪽의 **칠레배스** 항목도 함께 참고하자. **흰색 바**

다배스는 민어 항목에서 다룬다.

　　농어도 방대한 바다배스과에 속하는 어종이다. 농어는 남부 대서양, 멕시코만, 남태평양에 서식하며 여름에 많이 잡힌다. **검은농어**와 '**개그**(gag, 재갈이라는 뜻이 있다. — 옮긴이)'라는 이상한 이름의 품종은 둘 다 검은농어라는 이름을 붙여 판매한다. 이 두 가지는 매우 흡사한 어종이므로 재갈농어라는 잘못된 이름이 붙어 있다고 해도 어차피 비슷한 생선을 구입하는 셈이다. **붉은농어**는 검은농어보다 살이 연하고 맛이 순하므로 조리할 때 더 선호되는 어종이다. 농어는 대부분 두툼한 흰색 필레의 형태로 판매한다. 담백하고 맛이 좋으며 살이 단단하고 결이 두드러지므로 데침, 조림을 비롯해 대부분의 조리법에 잘 어울린다.

　　도미는 풍미가 달콤하고 살이 단단하면서 씹히는 맛이 있어 선호되는 어종이다. 인기가 높은 붉은색 껍질의 **붉돔**은 지방이 적고 흰색 살을 지닌 품종으로, 달콤한 맛을 내며 조리하면 큼직한 결이 생긴다. **노랑꼬리물퉁돔**은 전체적으로 회색을 띠며 머리에서 꼬리까지 노란색 줄무늬가 두드러진다. 맛이 순하고 살은 분홍빛이 돈다. 그 외 **비라이너**(beeliner)라고 불리는 **주색돔**과 **맹그로브돔**도 인기 품종이다. 작은 도미는 통째로 그릴에 굽거나 팬에 지지기에 적당하고 베라크루스식 도미 레시피에 사용해도 맛있다.

　　장문볼락(체서피크에서 흔히 볼락이라고 부르는 줄무늬 배스와 혼동하지 말자.)은 10여 개의 연관 품종을 지칭하는 용어다. **태평양도미**라는 이름으로 판매되기도 하는 이 어종은 가격이 저렴하고 미국 서부 연안 지방에서 쉽게 찾아볼 수 있으며 진짜 도미보다 살이 부드럽다. 지방이 아주 적은 흰살생선으로 조리하면 가는 결이 생기며 모든 조리 방법에 잘 어울린다.

　　작은입배스와 **큰입배스**는 미국에서 담수 낚시를 즐기는 애호가들에게 가장 인기 높은 어종이다. 살이 적당히 단단해서 직화 오븐이나 그릴 조리, 프라이팬에 지지기, 구이, 볶음 요리에 잘 어울린다. 둘 중에서는 수온이 더 낮은 물에 서식하는 작은입배스가 더 맛있다.

흑돔

양놀래기과에서 가장 인기 있는 바다낚시 어종인 흑돔은 늦봄과 이른 가을에 미국 동부 해안의 일부 시장에서 볼 수 있다. 아주 단단하고 기름이 적은 흰살생선으로 반드시 껍질을 벗겨서(껍질에서 쓴맛이 날 수 있다.) 직화 오븐 구이, 볶기, 데치기, 튀기기 등의 방법으로 조리해서 먹는다. 차우더를 끓일 때 가장 적합한 어종 중 하나다. 흑돔의 연관 품종으로는 **놀래기**와 **세동가리흑돔**이 있다.

파란농어

낚시꾼들 사이에서 인기가 높으며 여름에 미국 동부 해안 지방의 시장에서 자주 볼 수 있다. 파란농어는 살이 많고 기름이 통통하게 오른 바닷물고기로, 잡은 직후에 깨끗하게 손질해 아주 차갑게 보관했다가 가장 싱싱할 때 조리해야 한다. 1.3kg 이하의 작고 어린 생선은 육즙이 풍부하고 통통하며 다양한 방법으로 조리할 수 있다. 그보다 큰 파란농어는 그릴이나 직화 구이 또는 온훈법에 가장 적합하다.

버펄로 피시

버펄로 피시는 종종 잉어와 혼동하는 커다란 어종으로 미국 동남부의 강과 개울에 서식한다. 우리는 테네시 동부에 살 때 봄마다 동네 사람들이 '버펄로의 이동'을 지켜보기 위해 모여드는 광경을 보고 이 물고기가 얼마나 많은지 체감했다. 버펄로 피시가 리틀테네시강의 지류에 떼를 지어 모여들면 현지인들은 낚시나 작살, 총으로 엄청난 양을 잡아 올린다. 안타깝게도 죽은 생선은 대부분 강둑에 버리고 가기 때문에 썩어버리는 경우가 많지만, 정원의 비료로 활용하는 사람들도 있다. 상당히 뼈가 많은 생선이며 아래의 잉어와 비슷하게 손질할 수 있다.

병어

병어는 자그마한 바닷물고기로 껍질을 벗기지 않고 통째로 조리해야 가장 맛있다. 껍질은 은색으로 반짝이며 따로 비늘을 벗길 필요가 없다. 병어 살은 연하고 황백색을 띠며 상당히 맛이 좋고 지방이 적당히 들어 있다. 통째로 프라이팬에 지지면 맛있게 즐길 수 있다.

잉어

부드러운 지느러미를 살랑거리며 유유히 움직이는 이 근사한 민물고기는 연못이나 아시아 해산물 시장의 수조에서 헤엄치는 모습이 무척 아름답다. 수온이 낮은 곳에서 잡은 잉어는 아주 깔끔한 맛이 나며, 수온이 높은 곳에서 잡은 잉어는 살이 다소 흐물흐물하다. 잉어는 비늘을 벗기기가 매우 까다롭고 껍질이 맛이 없으므로 반드시 껍질을 벗겨서 조리한다. 어류 전문가인 바턴 시버(Barton Seaver)는 잉어를 끓는 물에 30초간 데친 다음 껍질과 껍질 아래의 지방층을 문질러서 벗겨내는 방법을 추천한다. 잉어는 뼈가 많고 약간 흙내음이 나기 때문에 식용으로 선호하는 어종은 아니다. 실제로 잉어에는 비트의 흙내음 성분인 지오스민이 들어 있는데, 특히 껍질과 색이 진한 속살에서 높은 농도로 발견된다. **일반 잉어**와 **강청어**, **백련어**, **대두어**, **초어**를 포함한 **아시아잉어**는 미국에서 침입종으로 간주되며 미 중서부의 강과 개울을 장악하고 있다. 잉어는 강한 풍미를 다스리는 방법으로 조리하는 것이 가장 좋다. 레드와인에 향미 재료를 많이 넣고 조림이나 스튜를 만들거나 하루 동안 소금물에 절여서 조리한다. 중국에서는 잉어를 통째로 찌거나 튀겨서 먹는다. 잉어는 아주 맛이 좋은 생선이라고는 할 수 없지만, 개체 수가 많으므로 보편적인 식재료로 충분히 고려해볼 만하다. 게필테 피시에는 전통적으로 잉어를 사용한다.

메기

메기는 다양한 어종을 가리키는 일반적인 용어로, 이들 대부분은 얼굴에 기다란 수염처럼 보이는 감각기관이 달려 있다. 미국에서 가장 선호하는 자연산 또는 양식 어종으로는 **얼룩메기**, **넓적머리메기**, **흰메기**, **청메기** 등이 있다. **스와이**, **트라**, **바사**, **가이양** 등의 흑점메기 어종을 포함한 아시아메기도 미국에서 널리 양식하거나 수입하여 소비한다. **개프톱세일메기**(gafftopsail catfish)처럼 맛이 좋아도 식용으로 선호하지 않는 바다메기도 있다. 자연산 메기는 잉어처럼 흙내음이 나지만 제대로 손질해서 조리하면 맛있게 즐길 수 있다. 시장에서 눈에 띄는 메기는 대부분 양식이며 깔끔하고 순한 맛과 조밀하고 두툼한 살을 가지고 있으므로 프라이팬에 지지거나 튀김, 그릴이나 직화 오븐 구이, 볶음, 조림 요리에 사용하면 좋다. 동남아시아와 미국 남부 지방에서는 메기알을 많이 먹는다.

칠레배스(비막치어)

엄밀히 말해서 배스는 아니지만 배스라는 이름이 붙은 이 맛있는 흰색 바닷물고기는 1990년대 말에 큰 인기를 끌면서 서식지인 남아메리카 해역에서 남획

되었다. 그 후 여러 지역의 칠레배스 어장을 엄격하게 통제해 지금은 개체 수가 어느 정도 회복된 상태다. (전부는 아닌) 일부 어장은 몬터레이 베이 수족관의 지속 가능한 방식으로 잡을 수 있는 어종 명단에 등재되어 있다. '칠레배스'는 1970년대에 수산물 상인이 지어낸 것으로 적합한 명칭은 아니다. 비막치어는 매우 폭넓은 범위의 원양 어종으로 한국에서부터 남아프리카, 오스트레일리아, 프랑스, 그리고 **남극대구**의 경우 로스해에 이르기까지 다양한 지역에서 잡힌다.

대구

대서양대구의 공급은 줄어들고 있지만 **명태, 범노래미, 남방대구, 민대구, 커스크, 해덕**도 대구과에 포함되는 어종이다. 대구새끼(scrod)는 대구과 어종 중에서 900g 이하에 해당하는 생선을 통틀어서 지칭하는 용어다. 바닷물고기인 대구는 대체로 섬세한 풍미와 정도는 다르지만 비교적 단단한 흰살을 가지고 있으며 조리하면 큼직한 결로 분리된다.(남방대구와 범노래미는 살이 좀 더 연하다.) **태평양대구**는 사실상 대서양대구와 차이가 없으며 개체 수가 풍부해 지금도 지속 가능한 방식으로 잡을 수 있다. 마찬가지로 피시 스틱(가느다란 모양의 생선 튀김 − 옮긴이)을 만들 때 사용하는 **태평양명태**도 방대한 어장을 자랑한다. **모캐**(burbot)는 대구과 어종 중에서 내륙에 서식하는 유일한 민물고기다. **일파우트, 링, 머라이어** 그리고 변호사라는 뜻의 **로이어**(lawyer)라는 재미있는 이름으로도 불리는 모캐는 볼품은 없어도 맛이 좋으며 깊고 차가운 호수에 서식한다.

　대구는 다양하게 조리할 수 있지만 살이 너무 연하고 기름이 적어서 그릴에 굽기에는 적합하지 않다. **염장 대구**는 소금에 절여서 상당히 딱딱해질 때까지 말린 것으로 포르투갈, 프랑스, 스페인, 이탈리아 요리에 사용되는 인기 식재료다. 염장 대구를 살 때는 하얗고 두꺼우며 단단한 필레를 고른다. 염장 대구를 활용하는 방법은 훈연 및 보존 처리한 생선에 대해 항목을 참고한다.

　해덕의 배를 갈라서 훈연한 **피넌 해디**는 스코틀랜드에서 탄생했다. 크림소스를 곁들여 버터를 발라주면서 직화 오븐에 굽거나 우유를 붓고 뭉근히 끓이면 풍미가 다소 누그러져서 부드러운 맛을 즐길 수 있다. **검은대구**에 대해서는 은대구 항목을, **범노래미**는 423쪽을 참고한다.

민어(스팟Spot, 스팟핀Spotfin)

크로커(croaker, 깍깍대는 소리 − 옮긴이)와 **드림**은 모두 민어를 지칭하는 말로, 두 가지 모두 이 생선이 물속에서 내는 소리를 나타낸다. **캘리포니아 흰색 바다배스**도 민어의 품종 중 하나다. 일반적으로 시중에 보이는 민어는 체서피크 베이 주변 지역의 시장에서 판매하는 진짜 민어가 아니라 **레드 드림**, 즉 **홍민어**일 확률이 높다. **블랙 드림**은 새끼일 때 **퍼피 드림**이라는 이름으로 불리며 맛이 좋지만, 다 자란 블랙 드림은 벌레가 많이 들어 있는 것으로 악명이 높다. **개꼴고기**(weakfish)는 민어로 분류되지만 모양은 레드 드림이나 블랙 드림과 사뭇 다르다. 개꼴고기는 **바다송어**라고 부르기도 하며 남쪽에서 서식하는 연관 어종으로는 **민물송어** 또는 **점박이바다송어**가 있다. 이름에서도 알 수 있듯이 조직이 조밀하고 섬세한 풍미가 송어와 매우 비슷하며 식재료로도 훌륭하다. 또한 미국 동남부의 시장에서는 **스팟**이라는 작은 민어가 눈에 띄며, 텍사스에서는 **화이팅**(whiting)이라는 이름의 민어를 찾아볼 수 있다. 내륙 지방에도 식용으로 선호되지는 않지만 맛있는 민물민어가 서식하고 있다. 모든 민어는 달콤하고 맛이 순한 흰살생선이며 지방이 적다. 대부분 바닷물고기로 프라이팬 지짐, 튀김, 조림, 구이 등 다양한 방법으로 조리할 수 있다. 홍민어는 전통

적으로 검게 그을린 생선 스테이크 또는 필레를 만들 때 사용하며, 홍민어의 뼈는 생선 육수나 퓌메를 우려낼 때 넣으면 아주 좋다. 기생충에 쉽게 감염되므로 절대 민어는 날로 먹지 않는다.

도리

생 피에르(St. Pierre)라는 이름으로도 알려진 도리(dory)는 납작하고 독특한 모양의 바닷물고기로, 아래턱이 툭 튀어나와 있고 몸의 양면에 성 베드로의 지문을 나타낸다는 검은 반점이 있다. 유럽산 **존 도리**(John Dory)가 가장 유명하지만 **버클러**(buckler) 또는 **실버 도리**라는 이름의 미국산 연관 품종도 있다. 살이 단단하면서 기름이 적고 맛있는 흰살생선으로, 뼈가 많아 필레로 떠서 손질해야 한다.(뼈는 생선 육수 또는 퓌메를 끓일 때 유용하다.) 데치거나 볶거나 천천히 구워서 조리하면 가장 좋고, 부야베스 등의 해산물 스튜에 넣어도 맛있다.

장어

장어는 서대서양의 사르가소해에서 알을 낳은 후 미국, 유럽 또는 아이슬란드의 민물 보금자리로 돌아가 어미들이 서식했던 강과 개울에서 성장하는 바닷물고기다. 이 여정은 최대 2년이라는 시간이 걸린다. 장어는 살이 단단하고 부드러우며 기름기가 많아 식용으로 인기가 높다. 그을리거나 직화 오븐에 굽거나 조리거나 그릴에 굽거나 훈연하면 맛있게 즐길 수 있다.

　대다수 요리사는 껍질을 벗기고 손질한 장어를 선호하지만 직접 장어를 손질해보고 싶은 용감한 독자가 있다면 다음 방법을 권한다. 소금이 담긴 양동이에 장어를 넣어서 죽인다. 이렇게 하면 표면의 미끌미끌한 물질도 사라져서 좀 더 쉽게 손으로 잡을 수 있다. 그다음 장어를 손질하기 위해 박아놓은 못에 장어의 머리를 찔러 넣는다. 머리 근처의 작은 지느러미 바로 아래에서 빙 둘러가며 껍질에 칼집을 넣는다. 펜치로 단단히 잡고 껍질을 장갑처럼 통째로 벗겨낸다. 흰색의 배를 가르고 껍질 가까이에 있는 내장을 제거해 깨끗하게 손질한다.

넙치

납작한 바닷물고기인 넙치는 살이 희고 연해서 보통 필레를 떠서 판매하며, 때로는 서대기라는 이름으로 유통되기도 한다. **회색서대기**는 사실 모양이 길쭉하고 살이 아주 부드러운 넙치의 한 종류다. 커다란 넙치는 **레몬서대기** 또는 **바다넙치**라고 부르기도 한다. **플루크**(fluke), 즉 **여름넙치**는 **남부넙치** 및 **걸프넙치**와 매우 가까운 어종이다. 낚시 애호가들이 곧잘 잡아 올리는 플루크는 9kg 이상 나가기도 하지만 대부분 2.3kg 정도의 크기다. 넙치는 튀겨서 먹는 방법이 가장 유명하고 맛도 좋은데 오븐 구이나 볶음에도 잘 어울린다. 플루크의 흰살은 두껍고 결이 뚜렷하며 특히 다른 재료의 풍미를 잘 흡수한다. 플루크는 양념에 재우거나 소스와 함께 조리하면 근사한 맛을 즐길 수 있으며 그릴에 굽거나 프라이팬에 지지거나 볶거나 굽는 방법 모두 잘 어울린다. 아주 가까운 어종인 **가주넙치**도 같은 방법으로 조리할 수 있다.

광어

대서양광어와 태평양광어는 전 세계의 납작한 생선 중에서 가장 큰 어종이며, 씨알이 굵은 광어는 볼살만 해도 받침 접시만 한 크기다. 흰색의 살은 단단하고 결이 뚜렷하며 지방이 적고 맛이 아주 순하다. 지방이 워낙 적기 때문에 찜, 데침 또는 파피요트처럼 습식 조리법으로 요리하면 더욱 맛있게 즐길 수 있다.

광어로 만든 피시 앤드 칩스를 최고로 꼽는 사람이 많다. 가주넙치(California halibut)는 영어 이름에 광어(halibut)라는 단어가 들어 있지만 사실 넙치의 한 종류다.

청어

청어는 자그마하고 기름진 바닷물고기로 살은 진한 색과 강한 풍미를 갖고 있다. 청어는 정어리로 유통되기도 하지만 대부분 보존 처리를 하거나 훈제해서 판매한다. 싱싱한 청어는 그릴이나 직화 오븐 조리, 구이, 튀김에 적합하다. 청어에는 잔뼈가 헤아릴 수 없이 많다. 잘 드는 칼로 청어의 등 쪽을 반으로 가른 다음 등뼈를 들어올려서 조심스럽게 꺼내면 잔뼈가 대부분 함께 딸려 나온다. 잘 씻어서 통째로 조리하거나 반으로 잘라서 조리한다.

키퍼 청어는 염장해서 배를 가른 뒤 붉은색을 띨 때까지 냉훈법으로 훈연한 것이다.(붉은 색소를 사용해 인공적으로 색을 내기도 한다.) 약간 통통하고 부풀어 오른 듯한 모양 때문에 **블로터**(bloater, 부풀었다는 뜻 ― 옮긴이)라는 이름이 붙은 훈제 청어는 키퍼 청어보다 소금을 적게 써서 짧은 시간 동안 훈연한 것으로, 빵과 버터에 곁들여 차갑게 먹거나 버터를 넣어서 직화 오븐에 굽는다.

양념에 재운 청어는 다양한 형태로 유통된다. **롤몹**(rollmop)은 뼈를 제거한 싱싱한 청어 살을 오이 등의 재료에 돌돌 말아서 이쑤시개로 고정한 후 식초에 절인 것이다. **비스마르크 청어**는 껍질을 벗기지 않은 청어 필레를 주로 양파와 함께 식초에 절인 것으로, 설탕을 첨가하기도 한다. **마트예스**(matjes) 또는 **버진 청어**(virgin herring)는 식초와 설탕을 넣은 새콤달콤한 소금물에 청어를 절인 것이다.

전갱이

전갱이에는 모두 21가지 어종이 있는데 전부 바닷물고기다. 전갱이는 살이 단단하고 풍미가 진하며 기름이 많으므로 그릴 구이나 볶음 요리에 잘 어울린다. 전갱잇과에서 가장 잘 알려진 어종 중 하나는 **병어돔**이다. 450g~1.3kg 정도의 무게가 나가며 껍질이 은색인 병어돔은 그릴에 굽거나 프라이팬에 지지거나 빠르게 볶아서 먹으면 가장 맛있다. 멕시코만 지역의 인기 어종인 **잿방어**는 그릴 구이, 오븐 구이, 훈제 또는 서서히 구워내는 바비큐 방식으로 조리하면 아주 맛있다. 커다란 잿방어는 기생충이 들어 있을 확률이 높으므로 속까지 잘 익혀야 한다. 태평양에 서식하는 바닷물고기인 **방어**는 초밥 레스토랑에서 높은 인기를 누리는 어종으로, 일본어로 **하마치**라고 부른다.

범노래미와 링

범노래미(lingcod)는 이름에 대구(cod)라는 단어가 들어가지만 대구와는 연관이 없는 어종이라 혼동하기 쉽다.(쥐노래미과에 속한다.) 길쭉하고 성질이 사나우며 이빨이 날카로운 이 어종은 북태평양에 서식한다. 지방이 많지 않은 살은 반투명한 푸른색을 띠지만 조리하면 흰색으로 변한다. 범노래미는 살이 단단해서 그릴 구이, 수프, 스튜에 잘 어울리며 튀겨서 피시 앤드 칩스로 즐겨도 아주 맛있다. **블루 링**(blue ling)은 대구와 같은 목(目)으로 분류되며 대구의 일종으로 소개하는 경우가 많다. **링**(common ling)은 대서양에 사는 대구와 비슷한 어종이며 스칸디나비아 지역에서 잿물을 써서 만드는 말린 생선, 즉 **루테피스크**의 재료로 널리 사용된다.

고등어

고등어는 참치와 같은 과의 바닷물고기지만 대부분 참치보다 훨씬 작으므로 손질 및 조리 방법도 다르다. 고등어는 풍미가 강한 것으로 유명하므로 제대로 손질하는 것이 무엇보다 중요한데, 일단 깨끗이 손질해 올바른 방법으로 보관하기만 하면 기가 막힌 맛을 즐길 수 있다. 사실상 **대서양처브고등어** 및 **태평양처브고등어**와 같은 어종인 **대서양고등어**는 가장 흔히 접하는 고등어로, 식감이 부드럽고 지방 함량이 높으며 살에서는 단맛도 느낄 수 있다. 그릴 구이, 훈제, 직화 오븐 구이, 빠르게 볶기 등의 요리에 아주 잘 어울린다. **삼치**는 맛이 순한 생선으로 초밥을 비롯해 다양한 조리법으로 맛있게 즐길 수 있다. **왕고등어**는 스테이크 형태로 손질해서 판매하는 경우가 많으며 살이 조밀하고 결이 뚜렷하므로 양념에 재워 그릴에 굽기에 안성맞춤이다. 또한 훈연 처리하기에 가장 좋은 고등어 어종이기도 하다. **꼬치삼치**(wahoo)의 살은 참치처럼 연한 분홍색을 띠며 조리하면 흰색으로 변한다. 그릴에 굽거나 살짝 그을리면 무척 맛있다. 감귤류즙이나 식초를 곁들이면 고등어 살의 기름진 맛이 깔끔하게 중화되므로 더욱 맛있게 즐길 수 있다.

마히마히(만새기)

마히마히(mahi-mahi)는 만새기(dolphinfish 또는 dorado)라는 이름으로도 불리지만 해양 포유동물인 돌고래와는 전혀 관련이 없으며, 주로 남대서양과 멕시코만, 태평양에서 잡힌다. 어부들이 선호하는 어종으로 따뜻한 계절에 가장 많이 잡힌다. 황백색을 띠는 살은 맛이 순하고 단단해서 다양한 조리법에 잘 어울리는데, 특히 그릴에 구우면 아주 맛있다.

아귀(앵글러피시Anglerfish, 러트Lotte)

다소 무섭고 험악한 얼굴을 한 이 바닷물고기는 '가난한 사람의 랍스터'라고 불리기도 한다. 물론 맛은 진짜 랍스터와 전혀 다르지만, 랍스터 살을 연상시키는 짭조름한 단맛을 어느 정도 느낄 수 있으며 그 자체로도 무척 맛있는 생선이다. 아귀의 꼬리 필레를 감싸고 있는 얇은 회색 막은 반드시 벗겨내고 조리해야 살이 휘어지지 않는다. 아귀는 그릴 구이, 직화 오븐 구이, 로스팅, 빠르게 볶기, 조림에 잘 어울린다. 아귀의 간은 일본에서 고급 식재료로 인정받으며 비단처럼 부드럽고 맛이 진해 푸아그라를 연상시킨다. 아귀의 뼈는 육수를 낼 때 아주 훌륭한 역할을 한다.

숭어

숭어와 은숭어는 아주 싱싱할 때 먹으면 무척 맛있고 둘 다 무게는 1.8kg 이하다. 남부 대서양 연안과 멕시코만에 이르는 지역에서 주로 잡힌다. 숭어는 살이 단단하고 지방이 많으므로 그릴 구이를 해도 살이 잘 부서지지 않으며 특히 온훈법으로 처리하기에 알맞은 생선인데, 사실상 직접 불에 올려서 가열하는 조리법이라면 무엇이든 잘 어울린다. 이탈리아에서는 숭어알을 염장해서 말린 것을 **보타르가**(bottarga)라고 부르며 강판에 갈아서 파스타 요리에 얹는 용도로 널리 사용한다. 파스타에 보타르가를 얹으면 짭짤하고 진한 풍미와 감칠맛이 살아난다.(보타르가의 활용법에 대한 자세한 내용은 1016쪽을 참고한다.)

오렌지 러피

오스트레일리아와 뉴질랜드에서 수입하는 오렌지 러피의 껍질 없는 필레는 단단하고 지방이 적은 흰살생선이다. 프라이팬에 지지거나 습식 조리법으로 요리한다. 맛이 순하며 대구나 서대기 필레 대신 사용하기에 좋다. 바닷물고기인 오렌지 러피는 비교적 단단한 편이므로 그릴에 굽는 방법을 제외한 대부분의 조리법을 따를 때 모양을 잘 유지한다.

튀김용 민물고기

이 항목에서는 새끼일 때 잡는 작은 생선들을 따로 다룬다. **개복치**(브림bream이라고도 한다.), **블루길**, **크래피**, **황소머리메기**, **록배스** 등이 여기에 해당하며 대부분 민물고기다. 미국의 낚시 애호가들이 가장 많이 잡는 생선들이며 미국 전역의 호수와 연못에서 쉽게 잡을 수 있다. 잡았다가 다시 놓아주는 경우가 아니라면 프라이팬에 지져서 먹어보자. 몸통이 자그마하며 다양한 어종으로 구성된 **태평양 망상어류**도 프라이팬에 지져 먹으면 맛있다.

퍼치

진짜 퍼치(perch, 농어과의 민물고기 ― 옮긴이) 중에서 비교적 쉽게 주변에서 찾아볼 수 있는 것은 두 종류다. **월아이**(walleye, 월아이 파이크walleye pike라는 이름으로 잘못 불리기도 한다.)는 뼈가 별로 많지 않고 풍미가 섬세하며 살이 담백하고 단맛이 나므로 굽기, 프라이팬에 지지기, 조림에 적합하다. 가까운 어종인 **소거**(sauger)도 마찬가지 방법으로 조리한다. **옐로 퍼치**는 낚시꾼들이 선호하는 인기 어종으로, 껍질을 벗겨서 담백한 살을 프라이팬에 지지거나 조려서 먹는다. 월아이와 퍼치는 모두 민물고기다.

파이크

노던 파이크(northern pike)는 지방이 적고 단맛이 나는 민물고기로 큼직한 것은 무려 30kg에 달한다. 파이크는 뼈가 많은 생선이며 몸집이 클수록 뼈를 찾아서 제거하기가 쉽다. **머스컬런지**(muskellunge)는 파이크 중에서도 가장 몸집이 크고 인기 낚시 어종이지만 잡아서 먹는 경우는 드물다. 파이크와 가까운 어종으로 몸집이 작은 **피커럴**(pickerel)은 미국 동부의 호수와 강에 서식한다. 파이크와 피커럴의 살은 지방 함량이 아주 낮고 적당히 단단해서 프라이팬에 지지기, 굽기, 빠르게 볶기 등의 조리법에 적합하다. 수프와 차우더에 넣어도 아주 맛있다.

포기

포기(porgy)는 **시 브림**(sea bream, 프랑스어로 **도라드**dorade, 이탈리아어로 **오라토**orato), **그런트**(grunt), **스컵**(scup) 등의 이름으로도 불리며 지방이 적고 결이 뚜렷한 바닷물고기로, 뼈가 많은 편이지만 그 대신 순하고 섬세한 맛을 즐길 수 있다. **양머리돔**(sheepshead)도 같은 분류에 속하며 살은 갑각류와 비슷한 맛을 낸다. 포기는 빠르게 볶거나 통째로 그릴에 굽거나 오븐에 구워 먹으면 맛있다.

노랑촉수

노랑촉수(red mullet)는 진짜 숭어(mullet)와는 연관이 없는 어종이며 유럽에서 수입되는 바닷물고기다. 단단하고 지방이 적으며 맛이 좋은 흰살생선으로 대부분의 조리법에 어울리지만 특히 프라이팬에 지지거나 그릴에 굽거나 직화 오븐에 조리하면 맛있게 즐길 수 있다.

은대구(알래스카대구, 검은대구)

바닷물고기이며 가끔 **병어**와 혼동되기도 하는 은대구(sablefish)는 사실 대구가 아니다. 풍미가 진하면서 지방 함량이 높고 부드러운 살이 특징이며, 조리하면 얇은 흰색 결이 생긴다. 기름기가 많아서 훈제 또는 직화 오븐 구이에 가장 적합하다.(은대구 미소즈케 레시피 참고)

연어

대다수 연어는 산란을 위해 강을 거슬러 올라가는 소하성(遡河性)이라는 습성을 가지고 있으므로 성어가 되면 바다에서 서식하다가 알을 낳기 위해 민물인 강과 개울로 돌아온다. 연어는 크게 대서양과 태평양 어종으로 나눌 수 있다. 살은 연한 산호색이나 주황색을 띤다. 드물지만 살이 흰 연어도 있다. 태평양 연어에는 다섯 종류가 있으며 시중에 유통되는 것은 대부분 자연산이다. **치누크**(chinook) 또는 **왕연어**는 가장 크기가 크고 지방 함량이 높으며, **코호**(coho) 또는 **은연어**가 그 뒤를 잇는다. **홍연어**의 살은 거의 형광에 가까운 화려한 붉은빛을 띤다. 태평양 연어의 살은 어종과 관계없이 대서양 양식 연어보다 풍부하고 진한 맛을 자랑한다. 크기가 작은 **곱사연어**와 **첨**(chum) 또는 **케타연어**(keta salmon)는 지방 함량이 높고 육즙이 풍부한 치누크나 코호만큼 선호되는 품종은 아니지만 상당히 맛있고 가격도 부담 없다. 또한 오대호 지역에는 회귀하지 않는 내륙 홍연어, 즉 **코카니**(kokanee) 어장뿐만 아니라 치누크 어장이 있어 전국의 낚시꾼들이 모여든다. 곱사연어나 첨연어를 껍질째 조리하면 살이 말라버리지 않으며 껍질 바로 아래에 있는 지방에서 더욱 진한 풍미가 나온다. 연어는 미국에서 가장 인기 있는 생선으로 꼽을 수 있다. 연어의 종류와 부위에 따라 거의 모든 조리 방법을 따를 수 있지만, 지방 함량이 높아서 기름을 많이 사용하는 튀김보다는 다른 조리법을 따르는 것이 좋다. 일반적으로 연어 스테이크는 그릴 구이에 가장 적합하고 필레는 기름을 살짝 두르고 빠르게 볶거나 그을리듯 구우면 가장 맛있다. 그보다 손이 많이 가는 섬세한 조리법으로는 데침이나 파피요트 등이 있다. 연어를 훈연할 때는 온훈법이나 냉훈법을 모두 활용할 수 있으며 그라블락스처럼 염장을 해도 맛있게 즐길 수 있다.

정어리

진짜 정어리는 청어과의 어종을 지칭하지만, 통조림으로 가공해 정어리라는 이름을 붙여 판매하는 작은 은색 생선은 20종이 넘는다. 유럽산 수입 정어리는 미국 대서양에서 잡은 정어리보다 큼직하고 풍미가 진하며, 미국산은 주로 통조림으로 가공한다. 싱싱한 정어리는 흐르는 물에 문지르면서 비늘을 벗기고 아가미와 내장을 제거한 후 통째로 조리하거나 배 속에 재료를 채워서 조리한다. 그릴에 굽거나 프라이팬에 지지면 아주 맛있게 먹을 수 있다. 레몬 조각을 곁들여 내거나 에스카베슈 레시피에 따라 상큼하게 조리하면 기름지고 진한 풍미가 중화된다. 우리는 품질 좋은 통조림 정어리를 구운 빵에 얹고 살사베르데를 뿌려서 먹거나 완숙 달걀과 함께 샐러드에 얹은 다음 감귤류 드레싱을 뿌려서 먹는 것을 즐긴다.

미국청어

청어알로 더 유명한 **미국청어** 또는 가까운 품종인 **전어**는 살이 달콤하고 지방이 풍부하며 부드럽다. 청어는 수많은 잔뼈를 잘 발라낼 수 있는 전문가가 손질한 필레 상태로 구입하는 것이 좋다. 훈제에 아주 적합하며 뼈를 제거하고 살을 발라서 생선 케이크로 부쳐서 먹어도 무척 맛있다. 봄에 많이 잡히는 미국청어의 전통적인 조리 방식은 통째로 널빤지에 올려서 굽는 것이다. 소하성 어종으로 바닷물과 민물에서 모두 살 수 있다.

상어

상어는 보통 스테이크 형태로 판매하며 흰색의 살은 달콤한 맛을 낸다. 식용으로 가장 인기 있는 어종은 **청상아리와 환도상어**다. 회색의 거친 껍질과 색이 진한 살 부분 또는 혈관은 보통 제거하고 조리한다. 단단한 살은 황새치를 연상시키며 조리 방법을 크게 가리지 않는 편이지만 특히 그릴 및 직화 오븐 구이에 적합하다. 열을 가해도 모양이 잘 유지되기 때문에 케밥을 만들 때 사용하면 아주 좋다. 캘리포니아의 **레오파드상어**나 남동부 지역의 **보닛헤드상어**처럼 몸집이 작은 상어는 낚시 어종으로도 인기가 높다. 가시가 있는 **돔발상어**는 피시 앤드 칩스의 재료로 널리 사용된다. 종류와 관계없이 상어를 차우더와 스튜에 넣어도 썩 잘 어울린다. 암모니아 냄새가 나지 않는 연한 색의 상어 살을 고르고, 금세 말라버리기 때문에 너무 오래 조리하지 않도록 주의한다.

홍어(가오리ray)

홍어는 필레를 떠서 껍질을 벗긴 것을 사거나, 가운데의 물렁뼈를 기준으로 양쪽의 살을 뜬 다음 둥그런 생선의 필레처럼 직접 껍질을 벗겨서 사용한다. 단단하고 지방이 적으며 맛이 풍부하므로 프라이팬에 지지거나 튀김, 데침에 사용하면 좋다. 연골로 이루어진 뼈를 발라내지 않고 그대로 데침용 국물에 넣으면 국물이 부드럽고 진해진다. 홍어가 식으면 서서히 젤리처럼 굳으므로 입에 넣으면 끈적끈적한 느낌이 난다. 이렇게 굳는 것을 방지하기 위해 홍어를 조리할 때는 비네그레트나 간단하게 레몬즙 또는 식초 등의 산성 재료를 살짝 곁들이면 좋다.

빙어

빙어는 아주 자그마한 민물고기다. 몸통은 날씬하고 거의 반투명에 가까우며 순하고 단맛이 난다. 기름을 넉넉히 넣고 튀겨서 통째로 먹으면 바삭바삭하고 맛있는 간식으로 안성맞춤이다. 작고 수명이 짧은 빙어의 일종인 **율라칸**(eulachon)은 풍미가 진하고 아주 기름진 맛을 즐길 수 있다. 지방 함량이 얼마나 높은가 하면 일부 태평양 연안 북서부 지방 사람들이 율라칸을 말려서 양초로 사용하기 때문에 **캔들피시**라는 별명이 붙을 정도다. **색줄멸**이라는 비슷한 어종은 여름의 특정한 시기에 남부 캘리포니아 해변에서 접할 수 있다. 작은 빙어는 통째로 프라이팬에 지지거나 튀겨서 먹으면 좋다. 지방이 많은 율라칸은 온훈법으로 훈연할 수 있다.

서대기

서대기라고도 불리는 **도버서대기**는 유럽에서 수입하는 바닷물고기로 그만큼 높은 몸값을 자랑한다. 살이 단단하고 섬세한 풍미를 지닌 이 생선은 워낙 인기가 많아서 다소 맛이 떨어지는 태평양넙치를 도버서대기라고 속여서 팔기도 할 정도다. 조리하기 전에 질긴 껍질을 제거한다. 그릴에 굽거나(통째로 구울 때만) 살짝 볶거나 오븐에 굽거나 짧은 시간 동안 부드럽게 조려서 먹는다. 미국 연안에서 잡히며 서대기라고 부르는 납작한 생선은 사실 넙치다. 진짜 서대기는 유럽의 바다에서만 서식한다. 살이 단단한 흰살생선이라면 어떤 것이든 서대기를 사용하는 전통적인 레시피에 대신 사용할 수 있다.

황새치

해산물 식당이나 매장 벽에 걸려 있는 엄청나게 긴 주둥이를 가진 이 생선을 본 경우가 아니라면, 아마도 황새치를 통째로 접할 일은 없을 것이다. 거대한 황새치는 작은 조각으로 해체해서 판매하며, 가장 흔히 볼 수 있는 것은 가운데 척추를 중심으로 소용돌이 무늬의 살 4조각이 대칭 형태로 붙어 있는 스테이크다. 배에서 잘라낸 스테이크나 살은 다른 부위보다 훨씬 기름이 많으며 조림으로 만들면 아주 맛있다. 황새치를 구입할 때 가장 유심히 살펴봐야 할 부분은 혈관으로, 선명한 붉은색에 살짝 갈색이 돌아야 한다. 생선이 싱싱하지 않다면 혈관이 흐릿하고 탁하게 보인다. 단단하고 풍미가 진한 황새치는 그릴이나 직화 오븐 구이, 로스팅, 프라이팬에 지지기 등 고열 조리에 알맞다. 황새치를 너무 오래 조리하면 건조하고 식감이 거칠어지므로 주의한다.

틸라피아

아프리카 원산이며 시중에 유통되는 대다수 틸라피아는 양식이다. 맛이 순하고 여러 용도로 두루 사용할 수 있는 바닷물고기 또는 민물고기이며 지방이 적고 살이 상당히 단단하다. 인기 어종은 아니지만 어디서나 쉽게 접할 수 있고 가격이 저렴하면서 맛과 식감도 나쁘지 않다. 데침, 오븐 구이, 튀김 또는 볶음에 사용한다.

옥돔

옥돔은 살이 희고 단단한 바닷물고기로 지방이 적고 갑각류를 연상시키는 섬세한 풍미를 지니고 있다. 옥돔은 미국 동부 연안이나 멕시코만에서 연중 잡히는 어종이다. 필레나 스테이크의 형태로 판매하며 가격도 비교적 저렴하다. 특히 조림을 만들면 맛있지만 대체로 어떤 조리법이든 잘 어울린다.

송어

연어과의 일종인 송어는 대부분 연어보다 맛이 순하고 지방이 적다. 양식 송어는 어느 정도 품질의 차이가 있지만 대체로 맛이 좋은 편이다. 양식 송어는 거의 전부 **무지개송어**인데 북아메리카에는 그 외에도 다양한 야생종이 서식한다. 미국 동부에서는 **민물송어**를, 중서부에서는 **호수송어**를 선호하며, 이 두 가지는 모두 진짜 송어가 아니라 곤들매기다. 특히 기름이 먹음직스럽게 오른 송어는 소금물에 절여서 온훈법으로 훈연하면 아주 맛있다. 사실 호수송어를 조리할 때는 이만한 방법이 없다. 자연산 무지개송어가 바다로 이동하면 **강철머리송어**가 되며, 같은 속(屬)에 속한 연어의 일종으로 혼동하는 경우가 많다. **브라운송어, 컷스로트송어**(cutthroat trout), **황소송어, 황금송어**를 비롯한 모든 송어는 통째로 그릴에 굽거나(생선 바구니가 있다면 담아서) 직화 오븐에 굽거나 프라이팬에 지지거나 로스팅 방법으로 조리하면 맛있다. 송어 중에서 바다에 주로 서식하는 종류는 강철머리송어뿐이지만, 유럽에는 '**연어송어**'라고 부르는 소하성 브라운송어가 있으며 브리티시컬럼비아에도 소하성의 컷스로트송어가 있다.

참치

널리 분포하면서 다양한 특징을 가진 참치는 부어과(pelagic fish, 바다의 표층 또는 중층에 사는 어류의 총칭 ─ 옮긴이)에 속하며, 최대 680kg까지 달하는 거대한 낚시 어종인 참다랑어부터 훨씬 작은 가다랑어와 날개다랑어에 이르기까지 크기도 가지각색이다. 이러한 작은 참치는 통조림이나 파우치 형태로 가공해서 먹는 경우가 많다.

살이 거의 반투명에 가까운 붉은색을 띠는 **참다랑어**는 초밥이나 회, 참치 타르타르 등의 형태로 날로 즐긴다. 참다랑어의 살은 아주 센 불(그릴 구이, 프라이팬 지짐 또는 그을리듯 굽는 시어링)에 조리해도 모양이 유지될 만큼 단단하다. 생선이 아주 싱싱하다면 겉면만 살짝 익히고 가운데는 붉은색이 남아 있을 정도로 조리해서 진한 풍미를 느껴보자. 현재는 참다랑어의 개체 수가 감소세를 보여 엄격하게 관리되고 있다. 따라서 참다랑어를 발견하더라도 사지 않는 것이 좋다. 예외라 한다면 자연산 참다랑어의 남획 문제를 어느 정도 해결해줄 것으로 기대를 모으는 양식 참다랑어를 꼽을 수 있다. 다만 양식 참다랑어는 높은 몸값을 자랑하며 쉽게 접할 수 있는 어종도 아니다.

참다랑어의 가까운 친척뻘인 **눈다랑어**는 진한 맛과 선명한 붉은 살이 특징이며 그릴에 구우면 맛이 근사하다. **가다랑어**는 모든 참치 어종 중에서 가장 개체 수가 많고 대부분 4.5kg 이하에 살은 맛이 진하다. 대다수 가다랑어는 통조림 가공을 거치지만 가끔 시장에서 통째로 유통되는 작은 가다랑어가 눈에 띄기도 한다. 일본에서는 이 어종을 사용해 가쓰오부시, 즉 가다랑어포를 만든다. 가다랑어를 말려서 대패로 얇게 밀어낸 가다랑어포는 오코노미야키 위에 얹거나 다시를 끓일 때 사용하면 마법처럼 풍부한 감칠맛이 우러난다. 가다랑어는 포케로 만들어도 아주 맛있다. **검정지느러미가다랑어**는 가다랑어와 매우 가까운 인기 낚시 어종이다. **아히**라는 이름으로도 널리 알려진 **황다랑어**는 보통 허릿살 부분이 유통되는데(허릿살을 통째로 사면 미리 잘라놓은 스테이크보다 더 싱싱하다.) 이 허릿살을 스테이크 형태로 두껍게 썰어서 먹거나 얇게 저며서 초밥에 사용한다. **날개다랑어**는 북태평양 지역의 고급 참치 어종으로 황다랑어와 같은 방식으로 조리할 수 있다. 온혈동물인 참치는 잡혔을 때 엄청나게 저항하므로 몸속에서 자체적으로 '익는' 현상이 일어난다. 일반 소비자에게는 큰 문제가 되지 않는 수준이지만 참치를 살 때는 항상 색이 고른지, 혈관 근처에 회색으로 변한 부분은 없는지 확인한다. 살코기 중에 색이 진한 부분은 강한 요오드 냄새가 나므로 잘라내고 조리하는 것이 좋다.

가자미

납작한 바닷물고기인 가자미는 유럽산 인기 어종으로, 프랑스 요리에 사용하는 가자미 냄비(튀르보티에르turbotière)는 바로 이 가자미의 다이아몬드 형태를 본뜬 것이다. 진짜 가자미는 살이 단단하고 섬세한 풍미를 지닌 흰살생선으로 미국에서 구하려면 상당히 비싸다. 여름넙치와 같은 방법으로 조리할 수 있다.

화이트피시

화이트피시는 연어와 가까운 민물고기로 껍질은 은색이고 살코기는 맛이 순하며 훈연해서 먹으면 맛있다. 지방이 많아서 튀김에는 적합하지 않다. 화이트피시의 알은 고급 식재료로 인기가 높다.

가금류와 야생 조류

가금류는 닭, 칠면조, 집오리, 거위, 뿔닭, 타조, 에뮤, 새끼 비둘기 등과 같이 농장에서 사육하는 조류를 일컫는 용어다. 엽조(獵鳥, 사냥감 새)라고도 하는 **야생 조류**는 주로 사냥으로 잡으며 시중에 잘 유통되지 않는 꿩, 자고새, 뇌조, 메추라기, 다양한 크기의 비둘기, 멧도요와 도요새 및 들오리, 야생 거위, 야생 칠면조 등을 지칭한다. 야생 조류로 분류되는 들오리, 거위, 칠면조는 사육되는 종류와는 전혀 다르다. 사육장에서 기르는 꿩과 메추라기, 일부 유럽산 자고새와 뇌조 품종이 있기는 하지만 이들 조류는 원래 엽조로 분류하기 때문에 야생 조류 항목에서 다룬다.

가금류 구입에 대해

마트에서 판매하는 가금류는 대부분 코니시 교배종 닭과 흰넓은가슴칠면조의 두 가지 품종이다. 통통하고 지방이 적으며 가슴살이 많은 이 품종들은 대규모 사육에 매우 적합하며, 사육 기술의 발전으로 다 자라는 데 걸리는 시간은 계속해서 단축되는 반면 한 마리에서 나오는 고기의 양은 점점 더 많아지는 추세다. 실제로 1925년의 닭 사육과 비교해보면 오늘날의 코니시 교배종 닭은 당시에 사육되던 닭에 비해 절반도 되지 않는 시간에 2.5배의 거대한 몸집으로 자란다. 일반 마트의 가금류 판매대는 거의 전부 사육된 닭이나 칠면조가 차지하고 있으므로 아무거나 골라도 별다른 차이가 없다.

그러나 소규모 농장에서 기르는 가금류, 특히 해당 가금류가 **재래종**이거나 **헤리티지 품종**이라면 흔히 볼 수 있는 닭이나 칠면조와는 상당히 다른 특징을 지니고 있다. 재래종 가금류는 살코기의 색이 진하고 다리가 큼직하며 가슴 부분의 살이 적은 편이다. 맛도 대규모 사육 품종과는 비교할 수 없다. **자연 방목**(free-range 또는 free-roaming)이라는 라벨을 붙여서 판매하려면 반드시 가금류를 야외에서 사육해야 하지만, 기준이 야외 사육뿐이라는 것이 문제다. 먹이라고는 찾아볼 수 없는 좁은 야외 자갈밭에서 사육한 가금류에도 자연 방목이라는 라벨을 붙일 수 있기 때문이다. 목초지에서 사육하면 가금류의 맛과 크기가 달라지기 때문에 **목초지 사육**(pastured 또는 pasture-raised)이라는 라벨은 좀 더 믿을 수 있는 기준이 된다. 목초지에서 기른 가금류는 마트에서 흔히 보이는 가금류보다 크기가 작고, 풀과 벌레를 먹고 자라기 때문에 지방과 껍질이 노란색을 띠기도 한다.(하지만 지방과 껍질이 노란색이라는 것만으로는 목초지에서 자랐다는 증거가 되지 않는다.)

유기농 가금류는 항생제를 사용하지 않고 반드시 인증을 받은 유기농 사료를 먹여서 키워야 한다. 유기농 사료에는 축산 부산물이나 유전자 조작 곡물을 사용할 수 없다. '자연산'이라는 용어는 아무런 기준 없이 사용되므로 사실상 의미가 없다. 현재의 USDA 표준에 따르면 가금류에는 호르몬을 주입할 수 없으므로 가금류에 '**무호르몬**'이라는 라벨이 붙은 것은 사실상 물병에 '무탄수화물'이나 '무지방'이라고 표기한 것이나 마찬가지다.

공기 냉각 가금류는 도살한 후 일반적인 물 냉각 방식이 아니라 차가운 공기로 냉각시킨 것이다. 물 냉각 방식으로 처리한 닭은 어느 정도 물을 흡수하므로 공기 냉각 처리한 닭보다 맛이 다소 떨어지고 박테리아 오염 확률이 높다. 한편 소금, 육수, 때로는 기름을 섞은 용액을 주입한 **배스팅**(basted) 또는 **자체 배스팅** 닭과 칠면조도 있다. 배스팅 처리한 가금류는 염지 가금류와 마찬가지로 구웠을 때 촉촉함이 유지되지만 식감은 다소 떨어진다. 일반적으로 이러한 라벨이 붙어 있는 가금류나 포장에 무게의 일정 비율이 '용액' 또는 '물 첨가'로 표기된 제품은 피하는 것이 좋다.

유대인이 먹을 수 있는 **코셔 가금류**는 상처 난 곳이나 병이 없어야 하며 세치타(shechita)라고 하는 특별히 훈련된 사람이 특별한 방식으로 도축해야 한다. 그다음 피를 빼고 소금을 뿌려서 남은 피까지 전부 빼낸다. **할랄 가금류**는 반드시 목 부분을 단번에 그어서 도축한 다음 피를 모두 빼내야 한다는 점에서 코셔와 손질 방법이 비슷하다. 그러나 할랄 가금류에는 소금을 뿌릴 필요가 없다. 코셔 가금류는 너무 짠맛이 강해지는 것을 방지하기 위해 소금물에 절이지 않고 사용한다.

가금류의 종류나 사육 및 도축 방법과 관계없이 포장재 안에 물이 너무 많거나 끈적거리거나 좋지 않은 냄새가 난다면 상했는지 의심해봐야 한다.

▶ 1인분당 뼈를 발라낸 가금류 225g, 뼈 있는 가금류 340g 정도의 분량을 기준으로 삼는다. 가금류를 통째로 사용한다면 ▶ 1인분당 450g 정도가 적당

하다. 가금류의 크기가 클수록 뼈 대비 살의 비율이 높다는 점을 잊지 말자.

바운드 샐러드, 캐서롤, 엔칠라다 등을 만들 때 뼈를 제거한 가금류 450g을 조리하면 약 340g의 살코기가 나온다는 점을 기억하자.(또는 깍둑썰기하거나 잘게 썬 닭고기 약 2컵) 뼈가 있는 가금류 450g을 조리하면 225g 정도의 살코기를 얻을 수 있다.(또는 깍둑썰기하거나 잘게 썬 닭고기 약 1컵)

▶ 특정 가금류에 대한 더 구체적인 정보는 닭에 대해, 칠면조에 대해, 오리와 거위에 대해 항목을 참고한다.

가금류의 보관 및 안전한 손질법에 대해

익히지 않은 가금류는 냉장고의 가장 안쪽이나 제일 아래 칸에 보관한다. ▶ 오염 확률을 낮추려면 포장된 가금류를 테두리 있는 오븐 팬에 담아서 보관하고, 냉장고 안의 다른 식재료, 특히 샐러드용 녹색 채소나 생과일처럼 날로 먹는 음식이 닿지 않도록 주의한다. ▶ 가금류는 구입한 후 며칠 안에 조리하거나 냉동해야 한다. 일단 해동한 가금류는 절대 다시 냉동하지 않는다.

냉동실 온도가 -17℃ 이하라면 가금류를 냉동해서 몇 달 정도는 충분히 보관할 수 있지만 가장 좋은 맛과 식감을 즐기려면 한 달 안에 조리하는 것이 좋다. 냉동한 가금류는 ▶ 냉장고나 찬물에 넣어서 해동해야 하므로, 칠면조처럼 아주 커다란 가금류를 조리할 때는 항상 미리 사다 놓아야 한다. 이론상으로는 가금류를 통째로 구울 때 해동하지 않고 그대로 구울 수 있지만, 가장 맛있게 즐기려면 해동해서 굽는 것이 좋다.(또한 이렇게 하면 꽝꽝 얼어붙은 가금류 배속에서 내장을 긁어낼 필요가 없어서 좋다.) 속을 채워서 통째로 냉동한 가금류를 사는 것은 권장하지 않지만, 어쩔 수 없이 써야 한다면 미리 해동하지 않고 제조업체의 설명을 참고해서 조리한다.

냉동 가금류를 해동하려면 원래 포장 그대로 테두리 있는 오븐 팬에 담아서 냉장고에 넣어둔다. 1.8~2.3kg 정도의 크기라면 하루 동안 해동하면 된다. 실제로 해동되기 전에 다 녹은 것처럼 보일 수도 있다. 살을 만져보면 부드럽고 말랑말랑하며 다리와 날개의 관절 부분이 자유롭게 움직여야 완전히 다 녹은 것이다. 가금류를 통째로 냉장고에 넣어서 해동했는데도 구워야 하는 날까지 여전히 뻣뻣하고 차갑다면, 싱크대나 커다란 그릇에 차가운 수돗물을 가득 채우고 다 녹지 않은 가금류를 담가서 해동 시간을 단축할 수 있다. 물이 새지 않도록 잘 포장되어 있다면 원래 포장지 그대로 찬물에 넣고, 그렇지 않다면 가금류를 지퍼백에 옮겨 담고 공기 치환 방식으로 공기를 최대한 빼낸 후 지퍼백을 단단히 봉해서 넣는다. 싱크대에 넣고 무거운 냄비로 꾹 눌러서 물에 완전히 잠기도록 한다. 가금류의 무게에 따라 1~8시간 동안 해동하고, 중간에 물을 자주 갈아주면서 한 번씩 뒤집는다.

▶ 날가금류는 매우 상하기 쉬우며 조심해서 손질해야 한다. 가장 흔한 위생상의 위험은 가금류를 잘못 손질해 손이나 조리대 표면이 살모넬라균으로 오염되는 것이다. 살모넬라는 권장 내부 온도(74℃ 이상)까지 조리하면 완전히 죽일 수 있지만, 가금류에서 나온 육즙이 손이나 도마, 싱크대, 조리대 또는 칼에 잔여물을 남기고 다시 이 잔여물이 생으로 먹거나 살짝 익혀서 먹는 음식과 접촉하면 오염이 발생할 수 있다. 날가금류를 손질한 후에는 ▶ 반드시 뜨거운 비눗물로 가금류나 육즙이 닿은 모든 주방용품과 손을 깨끗이 씻어야 한다. 식중독 위험을 확실하게 방지하려면 살균 용액으로 모든 표면을 닦는다. ▶ 앞치마나 행주에 손을 문질렀다면 즉시 새것으로 교체한다.

▶ 가금류는 물로 씻지 않는다. 물로 씻으면 깨끗해질 것 같지만, 가금류의 노출된 표면은 조리 과정에서 안전하게 먹을 수 있는 상태가 된다. 그보다 중요

한 것은 가금류를 씻다가 물이 튀면 오염된 물이 넓은 면적에 퍼질 우려가 있다는 점이다. 따라서 그냥 포장지 안이나 배 속에 고여 있는 액체를 따라내고 키친타월로 물기를 닦아내면 된다.

날가금류를 토막 내는 방법에 대해

생닭이나 칠면조 등을 직접 토막 내면 식비를 절약할 수 있을 뿐만 아니라 원하는 대로 부위를 자를 수 있다. 또한 등뼈나 목 등의 부위는 육수 주머니에 활용할 수 있다. 관절 부위마다 칼날을 밀어 넣을 정확한 위치를 찾아내기 위해서는 어느 정도 연습이 필요하지만, 약간의 연습이라도 큰 도움이 된다. ▶ 토막 내는 동안 미끄러지지 않도록 키친타월로 가금류를 단단히 잡는다. 작은 엽조를 조리에 적합하게 손질하는 방법은 야생 조류 매달기, 털 뽑기, 손질하기에 대해 항목을 참고한다.

뼈 있는 가금류 토막 내기

이 방법은 튀김, 조림, 로스팅, 그릴 구이 등에 알맞게 가금류 1마리를 8~10조각으로 잘라내는 것이다. 껍질 없이 조리하려면 먼저 토막 낸 후 조각마다 껍질을 벗겨낸다. 토막 내는 순서는 크게 중요하지 않지만 우리는 날개와 창사골(wishbone, 가슴 부분의 V자형 뼈 ─ 옮긴이) 부분을 먼저 잘라내고 다리를 손질한 후 등뼈와 가슴살 순서로 작업하는 것을 선호한다.

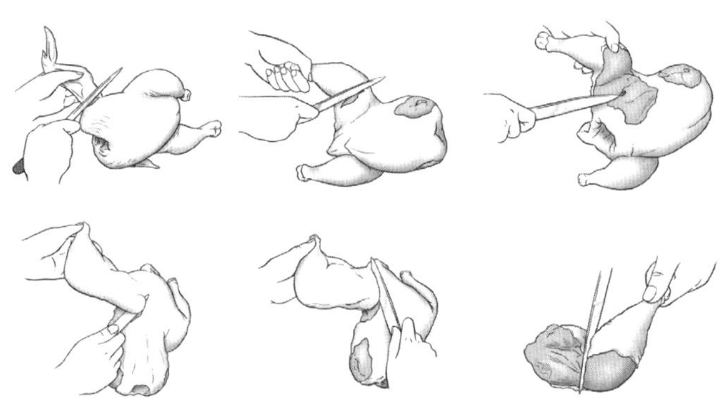

날개와 다리 잘라내기 및 넓적다리와 다리 분리하기

날개를 잘라내려면 한쪽 날개를 손으로 잡은 다음 들어올려서 껍질을 팽팽하게 잡아당긴다. 날개와 가슴이 만나는 곳에 작은 절개선을 넣고 관절의 위치를 확인한다. 한 손으로 날개를 잡고 다른 손으로는 가금류의 몸통을 잡은 상태에서 날개뼈가 연결부에서 빠져나올 때까지 관절을 반대 방향으로 구부린다. 벌어진 공간에 칼을 넣어서 날개를 잘라낸다. 반대쪽 날개도 마찬가지로 자른다. 날개를 봉(drumette), 윙(flats 또는 wingette), 날개 끝(tip)으로 손질하려면 430쪽을 참고한다.

가금류의 가슴살을 좀 더 쉽게 잘라내려면 날개 관절에서 가슴의 중심부를 지나 목 근처까지 뻗어 있는 가느다란 V자 형태의 창사골을 제거한다. 등이 아래로 가도록 가금류를 놓는다. 가슴뼈를 찾아서 칼끝으로 양옆에 칼집을 넣은 다음 손가락으로 잡아당겨서 칼로 잘라낸다.

다리를 잘라내려면 한쪽 다리를 잡고 힘을 주어 바깥쪽 아래로 잡아당긴다. 넓적다리 위쪽이 등뼈와 만나는 부분의 관절을 찾아 평평해진 껍질 부분에 칼집을 넣는다. 날개를 잘라낼 때처럼 한 손은 다리를, 다른 한 손은 몸통

을 잡고 넓적다리뼈의 끝부분이 연결부에서 빠져나올 때까지 관절을 반대 방향으로 구부린다. 다리를 들어올린 상태에서 위쪽부터 시작해 최대한 등뼈와 가까운 위치에서 넓적다리 껍질과 살을 자른다. 이렇게 자르다 보면 닭의 무게 때문에 자연스럽게 다리가 분리된다. 되도록 넓적다리에 붙어 있는 **엉덩잇살**(고관절 바로 윗부분의 등뼈 옆에 있는 작은 살점)도 함께 잘라낸다.

아랫다리와 넓적다리를 분리하려면 안쪽이 위로 가도록 다리를 도마 위에 놓고 무릎 관절의 위치를 찾는다. 무릎 관절 바로 위에는 지방층이 얇게 자리잡고 있다. 살을 잘라서 관절을 드러낸 후 다리를 양손으로 잡고 관절을 반대쪽으로 꺾어서 연결부를 분리한다. 벌어진 틈으로 칼을 밀어 넣어 연골과 남아 있는 살을 분리한다.

커다란 칠면조 다리(및 여러 야생 조류의 다리)에는 질긴 **힘줄**이 있다. 대다수는 힘줄 주변을 뜯어 먹는 것을 전혀 번거로워하지 않는다. 굳이 힘줄을 제거하고 싶다면 우선 다리 아래쪽 근처의 뼈 주위에 있는 살을 자른다. 잘라낸 곳 아래쪽에 있는 살과 껍질을 칼등으로 긁어서 노출된 살점 안에 있는 흰색 힘줄을 찾는다. 펜치로 힘줄을 뽑아낸다.

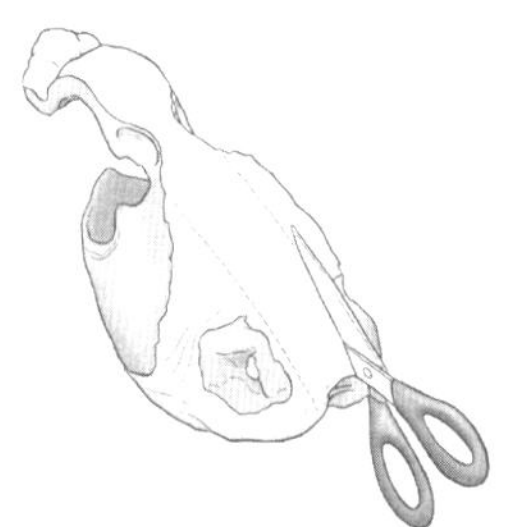

등에서 가슴살 분리하기

등뼈를 제거하려면 묵직하고 날카로운 칼이나 주방 가위로 갈비뼈의 양쪽을 자른다. 등 부위는 육수 솥이나 육수 주머니에 넣어 육수를 우려낼 때 사용한다.

뼈를 발라내지 않고 **가슴살을 분리하려면** 두 가지 방법이 있다. 첫 번째는 간단하고 단순하지만 튼튼한 칼이 필요하다. 가슴 부위의 껍질이 위로 가도록 놓고 가운데를 관통하는 가슴뼈의 불쑥 튀어나온 부분을 찾는다. 가슴뼈 한쪽의 껍질과 살을 자르되, 가슴이 두툼한 부분에서 얇은 부분으로 잘라나간다. 자른 부분 아래에 있는 뼈에 칼날을 갖다 대고 칼등에 힘을 주고 눌러서 뼈를 부러뜨린다. 반대쪽도 마찬가지로 작업한다.

두 번째 방법은 우선 반대쪽에서 등뼈의 불쑥 튀어나온 부분을 제거하는 것이다. 가슴 부위의 껍질이 위로 가도록 돌려놓고 세로로 뻗은 가슴뼈의 양옆 중 한쪽의 평평한 안쪽에 칼집을 넣는다. 엄지손가락을 갈비뼈에 올려놓고 양손으로 가슴을 꽉 잡은 다음 반대쪽으로 구부려서 가슴뼈를 3조각으로 부러뜨린다. 가슴뼈의 뾰족하게 튀어나온 부분이 주로 쓰는 손 쪽으로 가도록 돌려놓는다. 다른 쪽 손으로 뼈가 부러진 부분의 양쪽에 있는 가슴살 중 하나를 단단히 잡은 후 분리된 뼈의 가운데 부분을 잡아당긴다. 가슴뼈의 불쑥 튀어나온 부분이 있었던 곳의 껍질을 칼로 잘라낸다.

마지막으로 양쪽으로 분리된 가슴에 붙어 있는 가슴뼈의 삐죽 튀어나온 부분을 떼어내거나 잘라낸다. 취향에 따라 반으로 자른 가슴 부위의 중간 지점에 있는 갈비뼈 사이를 가로로 잘라서 가슴살을 총 4조각으로 나눈다.

배 가르기(나비 모양으로 평평하게 손질하기) 및 세로로 분리하기

가금류의 등뼈를 잘라서 나비처럼 납작하게 손질하면 조리할 때 더욱 골고루 익는다. 이 손질법은 가금류를 로스팅 방법으로 굽거나 작은 가금류를 껍질이 아래로 가도록 팬에 올리고 갈색으로 익힐 때 특히 유용하다.(벽돌로 눌러서 구운 닭 레시피 참고) 납작하게 손질한 가금류의 가운데를 자른 뒤 다리와 가슴살 조각을 꼬치에 끼우면 그릴에서 구울 때 더욱 편리하게 다룰 수 있다. 닭과 코니시 닭의 날개와 고관절은 비교적 쉽게 자를 수 있다. 칠면조 관절을 자르는 것은 좀 더 기술이 필요하며 힘도 많이 든다.

가금류의 배를 갈라서 나비 모양으로 평평하게 손질하려면 가위나 묵직한 칼로 등뼈 양옆의 갈비뼈를 자른다. 칼날이 넓적다리와 날갯죽지에 닿으면 한 손으로 칼 뒤쪽의 몸통을 단단히 잡고 칼을 비틀어서 칼날로 등뼈를 밀어낸다. 조심스럽게 힘을 주면서 관절의 연결부를 분리한 다음 벌어진 부분을 자른다. 가슴이 아래로 가도록 돌려놓고 칼로 가슴뼈의 가운데 부분에 세로로 길게 칼집을 낸다. 가슴이 위로 가도록 놓은 다음 가슴의 가운데 부분에 손바닥을 대고 세게 힘을 주면서 납작해지도록 누른다.

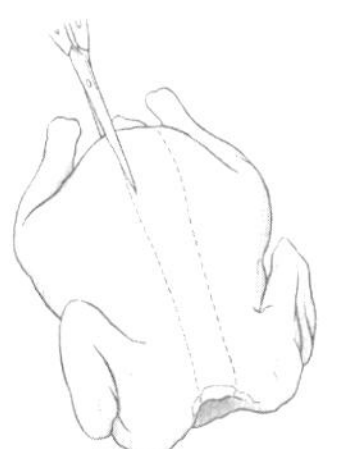

닭을 나비 모양으로 평평하게 손질하기

새끼 비둘기나 자고새처럼 몸집이 아주 작은 새는 가슴 부분이 위로 가도록 놓고, 내장을 빼낸 몸통 공간에 칼날이 등뼈의 한쪽으로 들어가도록 칼을 밀어 넣는다. 칼이 갈비뼈를 부러뜨릴 때까지 가슴(및 그 아래의 칼)을 힘주어 누른다. 칼날을 등뼈의 반대쪽으로 밀어 넣고 그쪽 갈비뼈도 마찬가지로 부러뜨려서 등뼈를 분리한다. 위의 설명대로 납작하게 누른다.

가금류를 세로로 분리하려면 위의 설명처럼 등뼈를 잘라내고 납작하게 편다. 가슴뼈의 양옆 중 한쪽을 잘라서 절반으로 쪼갠다. 기다란 꼬치 1~2개를 넓적다리와 가슴에 꽂아서 가슴과 다리를 고정한다.(이렇게 하면 가금류를 그릴에 구울 때 훨씬 다루기 편하다.)

순살 발라내기

가슴살의 뼈를 발라내려면 우선 앞의 설명에 따라 날개와 창사골, 다리, 등뼈를 제거한다. 가슴뼈의 한쪽에 칼을 대고 두꺼운 쪽에서 얇은 쪽까지 이어지도록 세로로 길게 칼집을 넣는다. 칼날이 바깥쪽을 향하도록 잡고 갈비뼈를 따라 썰어서 가슴살을 뼈에서 분리해낸다. 반대쪽도 같은 방법으로 작업한다. 상황에 따라 껍질을 벗겨도 좋다.

취향에 따라 잘라낸 가슴살에 느슨하게 연결된 **안심**을 벗겨낼 수도 있다. 안심은 가슴뼈 양쪽에 기다랗게 달린 날씬한 근육으로, 흰색 힘줄이 들어 있다. 우리는 힘줄이 있어도 별로 신경을 쓰지 않지만 거슬린다면 쉽게 제거할 수 있다.

닭 안심에서 흰색 힘줄을 제거하려면 안심의 두꺼운 쪽에 겉으로 삐져나온

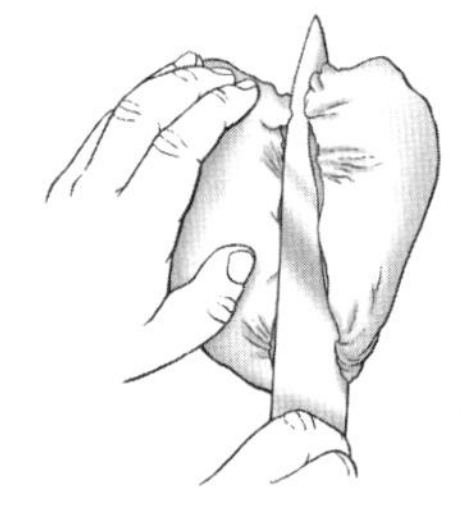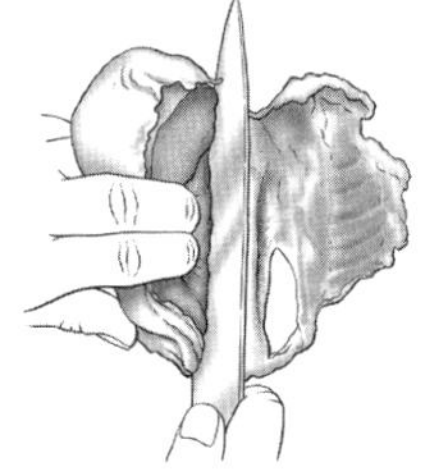

닭 가슴살에서 뼈를 발라내기

힘줄 끝부분을 잡아당긴 후 도마에 대고 손가락으로 꾹 누른다. 칼날을 손가락 옆에 갖다 대고 힘줄의 길이만큼 쭉 긁으면 살코기는 밀려나고 힘줄만 도마에 남는다.

커틀릿으로 손질하려면 뼈를 발라내고 껍질을 벗긴 가슴살을 준비한다. 가슴살을 큼직한 커틀릿 1장으로 만들 때는 프라이팬에 튀긴 치킨 커틀릿 레시피를 참고한다. 그보다 작은 커틀릿(또는 커다란 가슴살)을 손질하려면 아주 잘 드는 칼을 도마와 45도 각도가 되도록 잡고 가슴살을 1.2cm 두께에 맞춰 세로로 길쭉하게 썬다.(가슴살을 20분 정도 냉동실에 넣어두면 더욱 수월하다.) 길쭉하게 썬 가슴살의 위아래에 파라핀지나 비닐랩을 깔고 6mm 두께가 되도록 두드려서 편다.(두드릴 때의 요령은 잘게 썰기, 다지기 및 두드려서 펴기 항목을 참고)

넓적다리살의 뼈를 발라내려면 너덜너덜하게 달린 기름과 껍질을 떼어내고 손질한다. 조리대에 껍질이 아래로 가도록 놓는다. 가운데 있는 뼈에 닿을 때까지 깊숙하게 칼질을 한다. 칼날로 살을 옆으로 벌리면 조금씩 뼈가 드러나는데, 양쪽을 번갈아 가며 항상 칼날이 뼈 쪽을 향하도록 잘라서 살을 깔끔하게 뼈에서 분리한다. 뼈 아래로 칼을 밀어 넣은 다음 조금씩 잘라서 아래쪽 살을 발라내고, 조심스럽게 위아래 양쪽에서 세로 방향으로 썰어 뼈의 양쪽 끝부분을 살에서 분리한다. 아랫다리는 뼈를 발라내기가 상당히 까다롭지만 넓적다리와 비슷한 방법으로 손질할 수 있다. 굳이 살을 발라낸다면 손가락이나 펜치로 힘줄도 함께 떼어내는 것이 좋다.

봉과 윙

가금류 날개를 손질하려면 첫 번째와 두 번째 관절에서 분리하는 것이 좋다. 세 조각으로 분리했을 때 몸통에 가장 가까이 붙어 있는 부위를 **봉**이라고 하며, 날개 중에서도 가장 살이 많고 흔히 손가락으로 집어서 먹는 부위다. 날개의 가운데 부분은 **윙**이라고 부른다. 윙에는 뼈 2개가 세로로 길게 자리 잡고 있지만 비교적 살이 많은 부위다. 마지막으로 대부분 연골, 껍질, 지방으로 이루어진 **날개 끝** 부위가 있다. 취향에 따라 날개 끝을 잘라내고 먹는다.(이 날개 끝은 보관해두었다가 육수를 낼 때 사용할 수 있다.) 우리는 윙에 붙어 있는 날개 끝을 잘라내지 않고 갈색으로 바삭하게 익혀서 즐긴다.

가금류의 뼈를 통째로 발라내기에 대해

가금류의 뼈를 통째로 발라낸 후 배 속에 재료를 채워서 원래 모양대로 손질하는 것은 생각보다 어렵지 않다. ▶ 뼈를 발라내는 동안 처음 자를 때를 제외하고는 껍질에 구멍이 뚫리지 않도록 주의한다. ▶ 칼끝은 항상 뼈 쪽을 향하도록 잡는다.

가슴이 아래쪽으로 가도록 가금류를 도마 위에 놓는다. 양쪽 날개의 관절

두 마디를 잘라내고(날개 끝과 바로 옆에 붙어 있는 윙 부분) 나중에 육수에 사용할 수 있도록 보관한다. 잘 드는 작은 칼로 창사골이 있는 부분의 가슴 앞쪽에 칼집을 두 번 넣는다. 손가락으로 창사골을 빼낸다.

그다음 등뼈를 따라서 세로 방향으로 기다랗게 껍질과 살을 자른다. 가금류를 한쪽으로 돌려놓고 껍질을 뒤로 잡아당기면 어깨 부분의 살이 드러난다. 날개 쪽의 봉을 이리저리 움직이면서 관절 부위를 찾아낸 다음 관절 중심부에 칼을 넣어 끝까지 잘라낸다. 다른 쪽도 같은 방식으로 작업한다.

다리가 아래로 가도록 가금류를 앉히듯 놓는다. 자주 쓰는 손으로 한쪽 날개의 봉을 잡고 다른 손은 가금류의 등뼈를 단단히 잡는다. 아래에 있는 꼬리 방향으로 봉을 잡아당기면 가슴이 뼈대에서 쉽게 떨어져 나온다. 엉덩잇살(넓적다리와 등뼈가 만나는 위치의 작은 살점)이 보일 때까지 계속 잡아당긴다. 반대쪽도 마찬가지로 떼어낸다.

가슴뼈의 양쪽에 손가락을 하나씩 넣고 잡아당겨서 가슴뼈 아래쪽에 있는 가슴살을 분리해낸다. 안심은 아직 몸통에 붙어 있는 상태다. 이 시점에서 뼈대에 붙어 있는 살은 넓적다리뿐이다. 가금류를 옆쪽으로 돌려놓는다. 넓적다리를 잡고 등뼈 쪽으로 칼질을 해서 엉덩잇살을 분리한다. 그다음 다리를 안쪽에서 바깥쪽으로 구부려 고관절을 연결부에서 분리하고, 껍질과 살을 뼈대에서 떼어낸다. 반대쪽도 마찬가지로 작업한다. 가슴뼈의 양쪽을 손가락으로 더듬으면서 안심을 떼어내서 따로 보관해둔다. 다리를 제외하면 살과 껍질이 뼈대에서 완전히 분리된 상태가 되어야 한다.

다리뼈를 제거하려면 고관절을 찾아서 칼로 넓적다리살의 일부를 뼈에서 긁어낸다. 이렇게 하면 손으로 잡을 수 있는 공간이 생긴다. 뼈가 드러난 부분을 잡고 작은 칼의 칼등을 갖다 댄 후 넓적다리가 아랫다리와 만나는 관절 부분까지 살을 아래로 쭉 긁어낸다. 관절 부분을 조심스럽게 빙 둘러가며 자른 후 다시 칼등으로 아랫다리의 끝까지 살을 긁어낸다. 이렇게 하면 다리의 안팎이 뒤집힌다. 다시 올바른 방향으로 뒤집은 다음 칼등으로 방금 살을 긁어낸 부분(아랫다리의 거의 끝부분)의 다리뼈를 부러뜨린다. 다리뼈가 부러지면 살에서 쉽게 떨어져 나온다.(아랫다리뼈의 제일 끝부분은 조리한 후에 제거할 수 있다. 조리하기 전에 뜯어내려고 하면 껍질이 찢어질 우려가 있다. 껍질은 조리하는 도중에 오그라들기 마련이다.) 반대쪽도 마찬가지로 살을 발라낸다.

이제 남은 뼈는 몸통에서 가장 가까운 날개 부위의 관절뿐이다. 이 뼈를 제거하려면 작은 칼로 관절 주위를 빙 둘러가며 자른 다음 칼등으로 살을 긁어낸다. 뼈를 쭉 잡아당겨서 꺼낸다. 이렇게 하면 날개의 안팎이 뒤집힌다. 다시 올바른 방향으로 뒤집고 반대쪽도 마찬가지로 살을 발라낸다. 이렇게 뼈를 통째로 발라낸 가금류는 속을 채우고 잘 묶어서 조리하면 된다. 설명을 읽어도 잘 모르겠다면(또는 엄두가 나지 않는다면) 인터넷에서 자크 페팽(Jacques Pépin, 프랑스의 세계적인 요리사 — 옮긴이)이 『요리의 기술(La Technique)』의 내용을 직접 시연하는 동영상을 찾아보기를 추천한다.

가금류 염지에 대해

가금류를 소금물에 담가서 **염지**하면 조리 과정에서 촉촉함이 유지되며 전체적으로 밑간이 잘 밴다. **건식 염지**는 가금류의 표면에 소금을 뿌린 다음 뚜껑을 덮지 않고 냉장고에 넣어서 크기에 따라 몇 시간에서 최대 이틀에 걸쳐 절이는 것을 의미한다.

솔직히 말하자면 우리는 가금류를 소금물에 담가서 염지하는 경우가 거의 없다. 냉장고 공간을 많이 차지할 뿐만 아니라(또는 아이스박스가 더러워지거나

염지액이 출렁대다가 밖으로 넘치면 냉장고에 있는 다른 식재료에 교차 오염이 발생할 우려가 있기 때문이다. 번거로움과 안전 문제를 제외하더라도, 소금물에 절이면 가금류의 껍질이 갈색으로 익지 않으며 식감이 '델리 미트(샌드위치 등의 속재료로 사용하는 가공육 — 옮긴이)'처럼 단단해진다.(물론 촉촉하고 육즙이 많아서 이런 식감을 선호하는 사람들도 많다.) 우리는 소금물 염지 대신 건식 염지를 자주 한다. 공간을 훨씬 적게 차지하고 살코기의 식감도 변하지 않으며 소금이 껍질의 수분을 빼앗아가므로 표면이 갈색으로 노릇노릇하게 잘 익는다.
► '자체 배스팅(self-basting)' 처리한 가금류나 코셔 가금류는 이미 소금을 뿌린 상태이므로 방법을 막론하고 염지하지 않는다.

  가금류를 염지하려면 아주 차가운 물 3.8ℓ당 식탁용 소금 ¾컵이나 다이아몬드 코셔 소금 1½컵을 넣는다. 반드시 가금류가 완전히 잠길 만큼 넉넉한 크기의 용기나 스테인리스스틸 냄비를 사용한다. 필요한 소금물의 양은 어떤 용기를 사용하느냐에 따라 달라진다. 6.8~11.3kg 무게의 칠면조라면 7.6ℓ 정도의 소금물을 준비한다. 닭을 통째로 염지한다면 보통 3.8ℓ 정도면 충분하다. 닭 가슴살 4개를 염지한다면 소금물 약 1ℓ를 준비한다. 반드시 냉장고에 넣고 칠면조는 12~24시간, 통닭은 12시간, 토막 낸 닭은 30분~1시간 정도 염지한다. 또한 소금물에 으깬 통후추, 올스파이스, 갈색 설탕, 사과 주스, 월계수 잎 등의 재료를 넣어서 다양한 풍미를 실험해보는 것도 좋다. 이러한 재료의 풍미가 고기 내부로까지 침투하지는 않지만 표면과 배 속에는 배어든다. 염지가 끝나면 소금물을 따라낸다. 가금류를 소금물에서 건진 후 톡톡 두드려 최대한 물기를 제거한다. 시간이 있다면 테두리 있는 오븐 팬에 철망을 놓고 가금류를 올린 후 뚜껑을 덮지 않은 상태로 냉장고에 최대 24시간 정도 넣어두면서 껍질을 말린다. 이렇게 하면 껍질이 좀 더 갈색으로 잘 익는다.

  가금류를 건식 염지하려면 가금류 450g당 식탁용 소금 ¾작은술 또는 다이아몬드 코셔 소금 1½작은술의 비율로 가금류의 살과 껍질에 소금을 넉넉히 뿌린다. 칠면조를 통째로 건식 염지한다면 450g당 식탁용 소금 ½작은술 또는 다이아몬드 코셔 소금 1작은술을 사용한다.(골고루 뿌리기 쉬운 코셔 소금이 더 좋다.) 테두리 있는 오븐 팬에 철망을 놓고 가금류를 올린 후 뚜껑을 덮지 않은 상태로 냉장고에 넣는다. 닭은 24시간 정도 지나면 밑간이 잘 밴다. 칠면조는 48시간 정도 걸린다.

  ► 염지 또는 건식 염지한 가금류에 채워 넣을 스터핑 및 염지한 가금류에서 나온 육즙으로 만든 팬 그레이비 또는 소스에는 소금을 적게 쓰거나 아예 넣지 않는다. 염지용 소금물이 배 속에 남아 있으면 스터핑이나 그레이비가 너무 짜게 되므로 배 속을 골고루 톡톡 두드려 물기를 잘 제거한다.

가금류에 스터핑 채워 넣기 및 통째로 묶기에 대해

스터핑을 가금류의 배 속보다는 캐서롤 접시에 넣어서 굽는 것을 훨씬 선호한다면 스터핑과 드레싱에 대해 항목을 참고한다. ► 스터핑은 항상 가금류를 굽기 직전에 채워야 한다. 다소 번거롭지만 안전하게 조리할 수 있는 유일한 방법이다.(배 속에 스터핑을 채워서 냉장고에 넣어두면 냉기가 스터핑까지 잘 닿지 않을 가능성이 있다. 또한 일단 스터핑이 차가워지면 가금류가 다 익어도 스터핑이 속까지 골고루 익지 않는다.)

  하지만 그래도 스터핑을 채워서 준비해놓고 싶다면 가금류를 커다란 프라이팬에 넣고 스터핑을 뜨겁게 또는 실온 상태로 준비한다. 배 속과 목의 비어 있는 공간에 스터핑을 여유 있게 채운다. 스터핑은 조리 과정에서 부피가 늘어나므로 공간의 ¾ 정도만 채운다. 목 부위의 껍질로 목 부분에 채운 스터핑을

덮는다.(상황에 따라 작은 꼬치를 꽂아서 고정해도 좋다.) 또한 배 속에 채운 스터핑이 빠져나오지 않도록 아랫다리를 배 위로 한데 모아서 묶는다.

  통째로 묶기가 꼭 필요한 경우는 거의 없지만 통째로 묶으면 모양이 예쁘게 잡히고 다루기도 편하다. 아랫다리를 한데 모아 묶어서 몸통 가까운 위치에 고정한다. 그림처럼 날개를 뒤로 젖혀서 실을 몇 번 감고 가슴 앞쪽에 묶는다.

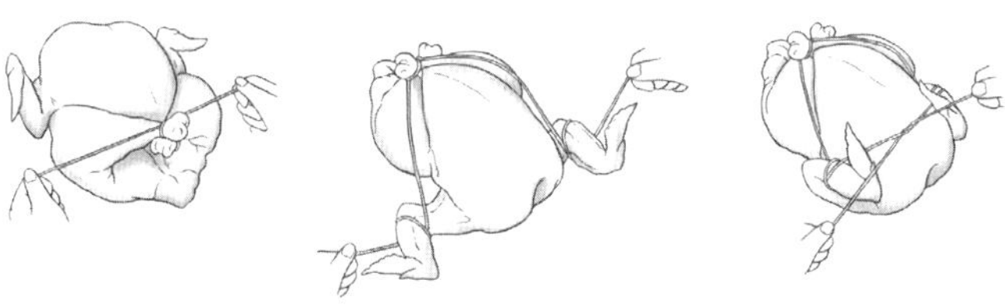

닭을 통째로 묶는 방법

가금류 살 저미기에 대해

가금류를 구워서 레스팅(resting, 고기를 구운 뒤 바로 자르지 않고 잠시 두면서 잔열로 골고루 익히는 것 — 옮긴이)한 다음, 살을 저미기 전에 모든 스터핑을 긁어서 한쪽에 둔다. 우리는 주방에서 가금류의 살을 저민 다음 커다란 플래터에 색이 진한 살(다리 등의 색이 진한 부위 — 옮긴이)과 흰색 살(가슴살 등의 색이 연한 부위 — 옮긴이)을 가지런히 얹어서 내기를 적극 권한다. 칠면조처럼 커다란 가금류는 일단 한쪽부터 저민 다음 상황에 따라 다른 쪽을 저민다. 식탁에서 바로 가금류를 저민다면 따뜻하게 데운 커다란 서빙용 플래터에 가슴이 위로 가도록 놓고 신선한 허브 및 가금류와 같이 구운 채소를 얹어서 낸다.

  식탁에서 가금류의 살코기를 저미는 작업은 섬세한 기술이 필요한 일종의 예술이라고 해도 과언이 아니다. 꼭 필요한 것은 큼직하고 잘 드는 칼이다. 손잡이가 길고 끝이 두 갈래로 갈라진 포크는 전통적으로 식탁에서 가금류를 저밀 때 사용하는 도구인데, 여의치 않다면 단단한 집게도 충분히 그 역할을 대신한다.

  다리를 잘라내려면 저미기용 포크나 집게로 아랫다리를 꽉 잡고 다리를 몸통에서 먼 쪽으로 잡아당긴다. 등뼈를 향해 아래쪽으로 잘라서 고관절 부분이 드러나게 한다. 다리를 떼어낼 때는 칼날을 관절의 가운데에 갖다 대고 칼을 비틀어서 연결부를 분리한다. 오리나 거위를 저밀 때는 다리 관절이 구조상 몸통의 훨씬 아래쪽에 위치하며 안쪽으로 쑥 들어가 있으므로 관절을 잘라내기가 어렵다.(정 마음먹은 대로 되지 않는다면 주방 가위를 사용해보자.) 일단 관절이 분리되면 이번에도 넓적다리와 아랫다리 사이에 있는 관절의 가운데에 칼날을 갖다 대고 살짝 비틀어 관절을 잘라낸다.

  마찬가지 방법으로 날개를 잘라낸다. 가금류의 크기가 크면 날개의 두 번째 관절도 분리한다.

  주방에서 가슴살을 얇게 저미려면 가슴뼈 바로 옆까지 가슴살을 세로로 길게 자른다. 가슴뼈의 반대 방향을 향하도록 칼을 돌려서 칼날로 갈비뼈를 밀어내듯이 힘을 주면 가슴살이 한 덩어리로 떨어져 나온다. 이렇게 가슴살을 잘라낸 후 가로 방향으로 얇게 저민다. 닭처럼 몸집이 작은 가금류는 같은 방식으로 가슴살을 잘라낸 후 가로로 절반 잘라서 2인분의 가슴살로 손질한다.
  식탁에서 커다란 가금류의 가슴살을 얇게 저미려면 목에서 가장 가까운 부위에서 시작해 432쪽의 그림처럼 접시와 수평 방향이 되도록 칼을 잡고 가로로 깊숙이 절개한다. 그다음 칼을 수직으로 돌려서 세로로 얇게 저미고,

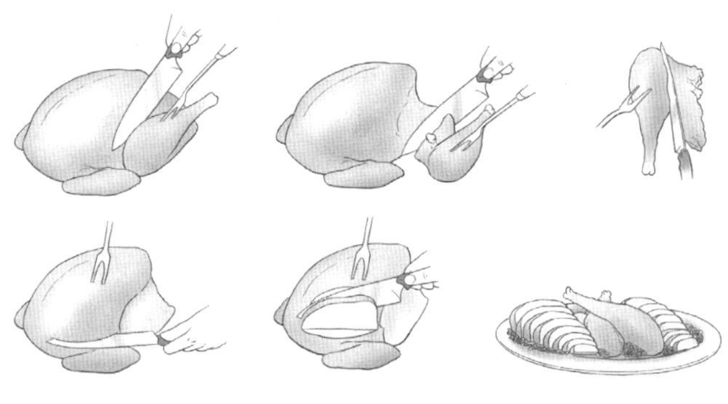

가금류 살 저미기

한 조각씩 썰어서 서빙용 플래터에 가지런히 놓는다.

넓적다리에서 살을 저미려면 다리뼈의 양쪽에서 큼직하게 살을 잘라낸다. 닭의 넓적다리는 그냥 이 상태로 먹을 수 있다. 뼈 없는 큼직한 넓적다리살은 칼과 포크로 쉽게 잘라서 먹을 수 있으며, 살이 실하게 붙은 다리뼈는 손으로 잡고 먹는다. 그보다 큰 칠면조 넓적다리는 양쪽에서 큼직하게 잘라낸 살을 가로 방향으로 얇게 썬다.(그리고 뼈에 붙은 살도 최대한 저민다.)

커다란 아랫다리에서 살을 저미려면 두 가지 방법이 있다. 그대로 식탁에 올려서 각자 알아서 먹게 하는 방법을 제외하면, 가장 쉬운 방법은 노출된 뼈를 붙잡고 포크로 살을 '뜯어내는' 것이다. 이렇게 하면 다리의 질긴 힘줄은 뼈에 그대로 붙어 있고 살만 떨어져 나온다. 좀 더 보기 좋게 잘라내려면 우선 뼈가 노출된 부분 근처에 있는 살에 빙 둘러서 칼집을 넣고 힘줄을 잡아서 뜯어낸다.(펜치를 사용하면 좋다.) 일단 힘줄을 제거하고 나면 밖으로 드러난 뼈를 잡고 다리를 돌려가면서 세로 방향으로 살을 저민다.

색이 진한 살과 흰색 살을 서빙용 플래터에 가지런히 배열해서 먹는 사람이 좋아하는 부위를 쉽게 찾아 먹을 수 있게 한다.

가금류 조리에 대해

레시피마다 권장 조리 시간이 있지만 이는 어디까지나 근사치에 불과하다. 가장 확실하게 다 익었는지 확인하는 방법은 정확한 육류 온도계를 사용하는 것뿐이다.

▶ 모든 가금류 고기는 내부 온도가 74℃에 도달했을 때 안전하게 먹을 수 있다. USDA에서 권장하는 최저 내부 온도는 특정 온도에 짧은 시간 동안 노출되었을 때 죽는 병원균과 박테리아의 비율을 기준으로 삼은 것이다. ▶ 74℃는 닭과 칠면조 가슴살을 조리할 때 우리가 권장하는 최고 온도이며, 내부 온도가 그 이상으로 올라가면 살이 말라버리고 질겨진다. 거위와 오리 가슴살을 조리할 때는 전혀 다른 기준을 따라야 한다. 자세한 내용은 458쪽을 참고한다.

안타깝게도 '안전한' 온도가 반드시 '이상적인' 온도인 것은 아니다. 특히 가금류에서 색이 진한 살, 즉 넓적다리와 아랫다리를 74℃로 조리하면 설익고 질깃한 식감이 난다. ▶ 모든 가금류의 넓적다리와 아랫다리는 내부 온도가 최소 80~82℃까지 올라가도록 조리해야 부드럽고 육즙이 풍부하게 완성된다. 오리고기 또는 거위고기 콩피에서 설명한 바와 같이 색이 진한 부위는 너무 익힐 자체가 없으므로 이 온도 이상으로 올라갈까 봐 걱정할 필요가 없다.

가슴살은 섬세하고 색이 진한 살은 둔감한 편이므로 가금류를 통째로 구울 때는 두 군데 모두 온도를 확인하도록 권장한다. 오븐을 열고 가금류를 꺼내 가슴의 가장 두꺼운 부분과 넓적다리의 안쪽 근육 부분에 온도계를 찔러

넣되, 온도계 끝이 뼈에 닿지 않도록 주의한다. 안전하게 먹을 수 있는 최종 내부 온도에 맞추려면 가슴살은 68~70℃, 넓적다리는 74~77℃가 되었을 때 오븐에서 꺼낸다.(밖으로 꺼내서 레스팅하는 동안 잔열로 골고루 익으면서 가슴살과 넓적다리살의 온도가 각각 74℃와 80℃에 도달한다.) ▶ 가슴살은 다 익었는데 다리가 아직 익지 않았다면 관절 부분을 잘라서 다리를 분리한 후 다시 오븐에 넣어 조리를 마무리한다.(다 익은 나머지 부위는 포일로 살짝 덮어서 레스팅하고 따뜻하게 보관한다.) 이 방법에 대한 자세한 내용 및 가슴과 다리 부위를 골고루 익히는 다른 방법에 대해서는 닭 구이에 대해, 칠면조 구이에 대해, 오리와 거위 구이에 대해 항목을 참고한다.

육류 온도계가 없다면 넓적다리를 찔러서 맑은 육즙이 흘러나오는지 확인하거나 아랫다리를 움직여보면서 고관절이 분리되는지 확인한다. 이러한 방법들은 정확한 온도계를 대체할 수 없지만, 급할 때 그나마 도움이 된다. 때로는 다 익은 후에도 뼈 근처의 살이 붉은색을 띨 수 있다. 이는 뼈에 있는 적혈구가 근처의 살에 스며들어 사뭇 덜 익은 것처럼 보이는 현상이다. 따라서 걱정할 필요는 없으며 안전하게 먹을 수 있다.

스터핑을 채워서 구운 가금류의 경우 ▶ 스터핑 가운데 부분의 온도가 74℃ 이상으로 올라가야 한다. 가금류 자체는 다 익었는데 스터핑의 내부 온도가 74℃에 도달하지 않았다면 스터핑을 파내서 버터를 바른 베이킹 접시에 담은 후 가금류를 레스팅하는 동안 다시 오븐에 넣어서 굽는 것이 가장 좋다.

닭에 대해

오늘날 우리가 소비하는 닭은 인도와 동남아시아 원산 야생 조류의 먼 자손뻘이다. 닭은 다른 모든 날개 달린 동물(그뿐만 아니라 날개 없는 동물까지 포함해)을 제치고 세계에서 가장 인기 있는 동물 단백질로 당당히 자리매김하고 있다. 미국에서 사육하는 식용 닭 품종 중 가장 보편적인 것은 가슴이 큼직하게 발달하고 성장이 빠른 코니시 교배종이다. 여러 소규모 농장에서 선호하는 헤리티지 품종은 다리가 더 크고 가슴이 작은 편이다. 닭에 붙는 유기농 및 자연 방목 라벨의 기준은 가금류 구입에 대해 항목을 참고한다. 일반적으로 ▶ 통닭 450g, 뼈 있는 절단 닭 340g, 뼈를 제거한 닭 225g을 1인분 기준으로 삼는다.

시중에 가장 많이 유통되는 크기의 닭은 **브로일러 프라이어**(broiler-fryer, 통닭용 닭)다. 브로일러의 평균 무게는 2.2kg 정도지만 닭을 브로일러 또는 프라이어로 분류하는 유일한 기준은 무게가 아닌 나이다. 브로일러는 반드시 10주 이하의 어린 닭이어야 한다. 8~12주 사이에 도축한 2.3kg 이상의 닭은 **로스터**(roaster, 구이용 닭)라는 이름으로 판매되기도 한다. 크기 때문에 먹을 수 있는 인원수가 달라진다는 점을 제외하면 브로일러와 로스터 사이에는 별다른 차이가 없다. 둘 다 로스팅 방법으로 굽거나 튀기거나 베이킹 방법으로 굽거나 프리카세 또는 스튜에 사용한다. 주방에서 조리할 때의 유일한 차이점이라면 두꺼운 가슴살과 유난히 큰 닭 다리를 속까지 익히는 데 시간이 오래 걸린다는 점뿐이다.

루스터(rooster, 장닭)와 **노계**(stewing hen)는 그보다 훨씬 나이가 많은 닭이다. 사실 루스터나 노계는 직거래 장터 또는 아시아 식료품점에 가야 구할 수 있다. 색이 진한 살은 질기기만 풍미가 매우 진하다. 구이나 튀김 요리에는 적합하지 않지만 노계를 사용해 조림, 프리카세, 수프를 만들면 아주 맛이 좋다. 조림과 스튜 레시피에 나이 많은 닭을 사용하려면 조리 시간을 권장 시간의 2배로 늘린다.(원래의 권장 시간이 지난 다음에는 몇 번에 걸쳐 맛을 보면서 선호하는 식감이 있는지 확인한다.)

영계(poussin)와 코니시 닭(Cornish hen)은 무게 450~900g 정도의 가장 작은 닭이다. 영계는 품종과 관계없이 모든 어린 닭을 지칭하지만, 코니시 닭은 반드시 5주가 되기 전에 도축한 코니시 교배종 닭이어야 한다. 코니시 닭을 '엽조 암탉(game hen)'이라는 이름으로 판매하기도 하는데 이는 완전히 잘못된 말이다. 일단 코니시 닭은 엽조가 아니며 암탉만을 지칭하지도 않기 때문이다. 송아지고기와 마찬가지로 어린 닭의 고기는 부드럽고 색이 연하다. 크기가 작으므로 다 자란 큰 닭보다 훨씬 빨리 익고 특히 고온 로스팅, 직화 오븐 구이 또는 그릴 구이에 적당하다. 작은 닭은 한 끼 식사용 닭으로 사용하기에 좋다. 900g짜리 닭은 2명이 먹기에 딱 맞다.

거세 수탉(capon)은 말 그대로 어린 수탉을 거세한 것이다. 수탉에게는 안타까운 일이지만 거세 수탉은 2.7~5.4kg까지 성장하므로 넉넉하게 8명 이상 충분히 즐길 수 있어 먹는 사람에게는 큰 이득이다. 전통적으로 거세 수탉은 우유나 귀리죽을 먹여서 키우므로 살이 아주 하얗고 부드럽다. 통째로 로스팅하는 조리법이 잘 어울린다.

절단 닭 부위를 사용하는 레시피라면 아랫다리, 넓적다리, 가슴 또는 이를 적당히 섞어서 사용한다. 통닭을 사서 직접 토막 낼 때는 레시피에서 권장하는 뼈 있는 닭 부위의 무게보다 285g 정도 더 나가는 것을 고르자. 통닭을 토막 내고 뼈를 발라서 조리하는 레시피에 사용할 때는 레시피에 필요한 순살 닭고기 무게의 1.5배 정도 나가는 통닭을 고른다. 날가금류를 토막 내는 방법에 대해 항목을 참고한다.

닭 가슴살은 색이 연하고 지방이 적으며 결이 조밀한 살코기로 구성되어 있다. 보통 통째로 판매하거나(뼈 있는 가슴살 두 덩어리가 가슴뼈로 연결된 형태) 절반으로 잘라서 판매한다. 우리는 로스팅 또는 그릴 구이용으로 뼈 있는 가슴살을 선호한다. 하지만 빨리 조리할 수 있고 활용도가 높으면서 손질도 간단한 뼈 없는 가슴살을 선호하는 사람들이 많다. 안쪽의 가슴 근육, 즉 안심은 포장지에서 꺼내 바로 튀김옷을 입혀서 튀길 수 있다.(치킨 핑거 레시피 참고) 편리한 동시에 ▶ 닭 가슴살은 자칫 너무 오래 조리하기 쉽다. 가슴살은 딱 74℃가 되도록 조리해야 하며, 그보다 더 조리하면 퍽퍽하고 단단해져서 맛이 좋지 않다. 염지를 하면 이를 어느 정도 방지할 수 있지만 그만큼 번거로우므로 편의성이 떨어진다.

닭 다리는 그와 반대로 사실상 너무 오래 조리할까 봐 걱정할 필요가 없다.(또한 풍미도 훨씬 진하다.) 내부 온도가 88℃ 이상으로 올라가더라도 색이 진한 다리살은 연하고 촉촉하게 즐길 수 있다. 따라서 너무 오래 익히는 것이 아닌지 걱정할 필요 없이 취향에 따라 갈색이 될 때까지 조리할 수 있고, 고기가 야들야들해져서 뼈에서 저절로 떨어져 나올 때까지 천천히 훈제하거나 스튜를 끓여도 좋다. 아랫다리는 손으로 잡고 먹기 편하도록 손잡이가 달린 모양이므로 특히 튀김에 적합하다. 조림이나 스튜를 만들면 뼈에서 살을 쉽게 발라낼 수 있으며 힘줄과 연골은 그대로 뼈에 붙어 있으므로 통째로 버리면 된다. 닭의 넓적다리는 뼈를 쉽게 발라내서 정사각형이나 길쭉한 모양으로 썰어서 사용할 수 있으므로 더욱 활용도가 높다. 최근에는 뼈와 껍질을 제거한 넓적다리 순살을 많이 판매하므로 닭 가슴살 대신 볶음에 사용하면 간단하게 맛있는 요리를 만들 수 있다. 그래서 우리 집에서도 특히 조림과 스튜에 닭 넓적다리를 즐겨 사용한다. 그릴에 굽거나 로스팅한 다음에는 닭 넓적다리뼈의 양쪽에 있는 두툼한 살을 저미서 '포크와 나이프로 먹을 수 있는' 순살 부위로 손질하고, 가운데의 뼈 있는 부분은 갈비처럼 잡고 뜯어 먹는다.

대다수 미국인은 닭 날개라는 말을 들으면 매콤한 양념을 잔뜩 발라 구워서 한꺼번에 10여 개씩 맛있게 즐기는 버펄로 윙을 떠올린다.(버펄로 치킨 윙 레시피 참고) 사육하는 닭은 날지 못하므로 닭 날개 부위의 살은 흰색 가슴살과 비슷하다. 그러나 날개는 껍질과 연골 비율이 높으므로 우리는 연골이 부드러워지고 껍질이 바삭해질 때까지 튀기거나 구워서 먹는 경우가 많다. 또한 날개에는 연골이 많으므로 고기 육수를 끓일 때 넣으면 농도와 풍미가 진해진다.

다진 닭고기에 대해서는 가금류 다짐육에 대해 항목을 참고한다. 닭 내장, 간, 모래주머니, 발은 가금류 부속 고기 또는 내장에 대해 항목에서 다룬다.

닭 구이(로스팅)에 대해

얇은 구이 팬, 테두리 있는 오븐 팬, 오븐용 프라이팬에 담아서 로스팅하기에 가장 적합한 것은 통닭이다. 닭이 크면 '보조' 손잡이가 하나 더 달린 커다란 프라이팬을 사용한다.(또는 두꺼운 오븐용 장갑으로 프라이팬의 밑을 받친다.) 일부 요리사들은 닭을 세워서 꽂을 수 있는 구이용 받침대를 선호한다. 바닥에는 원형의 널찍한 받침대가 있고 지지대가 위로 솟아 있어서 닭의 배 속에 딱 맞게 들어간다. 이 구이용 받침대를 사용하면 닭의 모든 표면이 오븐 벽에서 반사되어 나오는 열에 노출되므로 닭이 골고루 갈색으로 익는다. 배 속을 벌려줌으로써 뜨거운 공기가 닭의 몸통 안에서 순환되어 조리 시간이 좀 더 단축되는 효과도 있다.

바삭하게 갈색으로 익은 껍질을 선호한다면 오븐 온도를 더 높여서 조리하고 작은 닭을 사용하는 것이 좋다. 커다란 닭은 낮은 온도에서 조리해야 더 골고루 익는다. 닭을 눌러서 납작하게 손질하면 더욱 쉽게 갈색으로 익은 껍질을 즐길 수 있다.(특히 닭이 큰 경우) 닭을 납작하게 손질하면 굽는 시간이 단축되고 껍질이 골고루 갈색으로 변하며 다리도 더욱 빨리 익으므로 가슴살과 거의 비슷한 시간에 익는다.

닭을 토막 내서 로스팅하면 다 익은 조각을 오븐에서 쉽게 꺼낼 수 있으므로 위에 설명한 모든 문제가 해결된다. 가슴살, 그중에서도 특히 껍질이 붙은 가슴살을 사용해도 맛있지만 우리가 선호하는 부위는 넓적다리다. 넓적다리의 색이 진한 살은 전체적으로 바삭하고 진한 갈색이 될 때까지 구워도 촉촉함을 유지하며 부드러운 육질을 즐길 수 있다.

로스트 치킨

로스트 치킨 레시피를 변형하고 응용하는 방법은 무한하지만 여기서는 가장 쉽고 유용한 방법을 두 가지 소개한다. 풍미를 더하려면 가슴과 넓적다리 주변의 껍질을 들어올리고 닭 직화 오븐 구이 또는 그릴 구이의 추가 재료 항목에서 소개한 다양한 양념을 껍질 아래쪽 살에 문지른다.

I. 고온 조리

4~6인분

껍질이 갈색으로 바싹 익도록 조리하기에 가장 적합한 방식이다. 재료에 표기한 것처럼 작은 닭을 사용한다.(또는 큰 닭을 납작하게 손질해서 사용)

다음에서 목과 내장을 제거한다.

  1.3~2.3kg짜리 닭 1마리

상황에 따라 납작하게 손질한다. 닭 전체에 다음을 골고루 문지른다.

  소금 2작은술~1큰술(1.3~1.8kg 정도의 작은 닭이면 소금 양을 줄이기)

  흑후추 ¾작은술

취향에 따라 껍질을 더 바싹 익히고 간이 골고루 잘 배게 하려면 테두리 있는 오븐 팬에 받침대를 놓고 닭을 올린 후 위를 덮지 않은 상태로 냉장고에서 하룻밤 보관했다가 굽는다.

받침대를 오븐 가운데에 끼운다. 오븐을 230℃로 예열한다. 취향에 따라 닭의 배 속에 다음을 넣는다.

　　(파슬리, 타라곤, 타임, 로즈메리, 세이지 잔가지 또는 이를 섞어서 6개)

　　(레몬 작은 것 1개, 4등분하기)

닭이 들어갈 정도로 넉넉한 크기의 구이 팬이나 오븐용 프라이팬에 받침대를 놓고 가슴이 위쪽으로 가도록 닭을 올린다. 내부 온도가 가슴 부위는 68℃, 넓적다리의 가장 두꺼운 부분은 77℃에 도달할 때까지 로스팅한다. 납작하게 손질한 닭을 조리한다면 35분이 지난 시점부터 얼마나 익었는지 확인하기 시작한다. 작은 닭을 통째로 조리한다면 50분 정도 구우면 다 익기도 한다. 큰 닭은 최대 1시간 반까지 걸린다. 닭을 플래터에 옮겨 담고 10~15분 정도 레스팅한 후 살을 저민다.

II. 저온 조리

커다란 닭(또는 거세 수탉)과 속에 재료를 채운 닭을 골고루 조리해야 할 때 선호하는 방법이다.

취향에 따라 다음 재료를 뜨겁게 또는 실온 상태로 준비한다.

　　(기본 빵 스터핑 또는 드레싱 레시피의 ½ 분량 또는 기본 옥수수 빵 스터핑 또는
　　드레싱 레시피의 ½ 분량)

버전 I의 설명에 따라 다음을 로스팅에 맞게 간하고 손질한다.

　　1.3~3.6kg짜리 닭 1마리

받침대를 오븐의 가운데 칸에 끼운다. 오븐을 175℃로 예열한다.

스터핑을 사용한다면 닭의 배 속에 공간을 적당히 남기고 여유 있게 채운다. 내부 온도가 가슴 부위는 68℃, 넓적다리의 가장 두꺼운 부분은 77℃에 도달할 때까지 닭의 크기에 따라 1시간~2시간 45분 정도 로스팅한다. 스터핑을 채워서 굽는 닭은 스터핑의 내부 온도가 74℃까지 올라가야 한다. 닭은 속까지 잘 익었는데 스터핑이 덜 익었다면 스터핑을 파내서 베이킹 접시에 담은 후 닭을 레스팅하는 동안 다시 오븐에 넣어 굽는다. 닭을 10~15분간 레스팅한 후 살을 저민다. 취향에 따라 닭을 레스팅하는 동안 직화 오븐을 예열했다가 몇 분 정도 다시 넣어서 껍질을 갈색으로 구워도 좋다.(한눈팔지 말고 잘 지켜보자!)

채소를 곁들인 로스트 치킨

4~8인분

채소가 갈색으로 부드럽게 익으려면 약 45분 정도 걸리므로 오븐 온도와 대략적인 닭의 조리 시간을 고려해 닭을 먼저 로스팅하다가 적당한 시점에 채소를 추가해야 할 수도 있다. 우리는 그냥 채소를 닭과 함께 넣고 오래 구워서 먹는 경우도 많다. 채소가 캐러멜화되고 닭에서 나온 기름 때문에 바삭해지므로 일반적인 기준으로는 너무 오래 익혔더라도 아주 맛있게 즐길 수 있다. 닭이 크면 채소의 양도 넉넉히 늘려서 로스팅한다.

로스트 치킨 I 또는 II처럼 통닭을 밑간해서 손질한다. 커다란 구이 팬에 다음을 넣고 뒤적이며 섞는다.

　　붉은색 감자 또는 골드 감자 중간 크기 2~3개, 4등분하기

　　당근 중간 크기 2~3개, 세로로 반 잘라서 2.5cm 두께로 썰기 또는 셀러리 뿌리

　　　중간 크기 1개, 껍질을 벗기고 2.5cm 두께의 웨지 모양으로 썰기

　　양파 작은 것 또는 샬롯 큰 것 2~3개, 세로로 4등분하기

　　식물성 기름 1큰술

채소 위에 구이용 받침대를 놓고 닭을 올린다. 위의 버전 I이나 II에 따라 로

스팅한다. 조리하는 도중에 채소를 한두 번 뒤적인다.(설거짓거리가 늘어나긴 하지만 테두리 있는 다른 오븐 팬에 닭을 잠깐 옮겨놓거나 아예 구이용 받침대 전체를 옮겨놓고 채소를 뒤적이면 편리하다.) 팬에서 닭과 채소를 꺼내고 닭은 레스팅한다. 채소의 맛을 보고 필요하면 간을 한다. 팬에 갈색 조각이 달라붙어 있다면 기름을 따라내고 다음을 붓는다.

　　(뜨거운 닭 육수나 국물 ½컵)

팬에 붙은 갈색 조각을 긁어내면서 데글레이즈를 한 다음 국물을 채소 위에 붓는다.

벽돌로 눌러서 구운 닭

4인분

무거운 프라이팬이나 포일로 감싼 벽돌 등 묵직한 물건을 닭 위에 올려놓으면 껍질이 뜨거운 팬에 밀착되어 표면이 먹음직스럽게 반들반들 윤이 나게 구워진다. 작은 닭에 적합한 조리 방식이다. 조리 시간도 단축되므로 육류 온도계를 가까운 곳에 두고 바로바로 온도를 확인한다.

다음을 납작하게 손질한다.

　　1.8kg짜리 닭 1마리

가슴과 넓적다리 부근의 껍질을 들어올려 아래에 있는 살에 다음을 바른다.

　　가금류용 마늘 허브 양념(레몬은 따로 보관)

전체적으로 다음을 골고루 뿌린다.

　　소금 2작은술

　　흑후추 1작은술

껍질을 더 바삭하게 익히고 간이 골고루 잘 배게 하려면 테두리 있는 오븐 팬에 받침대를 놓고 닭을 올린 후 위를 덮지 않은 상태로 냉장고에서 하룻밤 보관했다가 굽는다. 받침대를 오븐 가운데에 끼운다. 오븐을 230℃로 예열한다. 25~30cm 크기의 오븐용(무쇠 소재 권장) 프라이팬을 중강불에 올리고 몇 분 정도 달군다. 프라이팬에 다음을 두르고 빙글빙글 돌려가면서 기름을 골고루 퍼뜨린다.

　　식물성 기름 1큰술

껍질이 아래로 가도록 닭을 프라이팬에 넣고 포일을 사각형으로 잘라서 살짝 덮은 후 묵직한 오븐용 프라이팬이나 다른 무거운 물건을 위에 올려놓는다. 건드리지 말고 5분간 지진 후 프라이팬을 오븐에 넣어 15분간 로스팅한다. 두꺼운 오븐용 장갑을 끼고 오븐에서 닭은 꺼낸 후 위에 올린 프라이팬이나 무거운 물건을 내려놓는다. 포일을 걷어내고 주걱을 닭 껍질의 아래쪽에 찔러 넣어 프라이팬 바닥에 달라붙었는지 확인한다. 껍질이 위로 가도록 조심해서 닭을 뒤집고 이번에는 위를 덮지 않은 상태로 프라이팬을 다시 오븐에 넣는다. 껍질이 진한 갈색으로 변하고 가슴 부위의 내부 온도가 68℃에 달할 때까지 20~25분간 더 로스팅한다. 닭을 플래터에 옮겨 담고 10분 정도 레스팅한다. 닭을 레스팅하는 동안 다음을 만들어도 좋다.

　　(허브 팬 소스)

또는 프라이팬을 중강불에 올리고 닭을 로스팅한 팬에 남은 육즙과 기름에 다음을 살짝 튀긴 다음 반으로 썰어서 곁들인다.

　　(두껍게 썬 시골풍 빵)

빵을 준비했다면 닭을 적당한 크기로 자른 후 빵 위에 얹어서 낸다. 팬 소스를 만들지 않았다면 닭에 문지르는 양념을 만들고 남은 레몬 1~2개의 즙을 짜서 닭 위에 뿌린 후 낸다.

코니시 닭 로스팅

4인분

받침대를 오븐 가운데에 끼운다. 오븐을 230℃로 예열한다. 10cm 정도의 간격을 두고 닭 2마리를 올릴 수 있도록 넉넉한 크기의 테두리 있는 오븐 팬이나 얕은 구이 팬에 철망 받침대를 놓는다.

다음을 준비한다.

　　코니시 닭 큰 것 2마리(각각 800g 정도), 납작하게 손질하기

가슴이 위로 가도록 받침대에 닭 2마리를 나란히 올린다. 껍질에 다음을 골고루 바른다.

　　식물성 기름 2큰술

작은 그릇에 다음을 넣고 섞는다.

　　말린 타임 1½작은술, 잘게 부수기

　　소금 1작은술

　　흑후추 1작은술

양념 혼합물을 닭의 양쪽 면에 문지른다. 넓적다리 가장 두꺼운 부분의 내부 온도가 77℃에 달하고 넓적다리를 찔러보면 맑은 육즙이 흘러나올 때까지 20~30분간 로스팅한다. 닭을 플래터에 옮겨 담고 포일로 덮어서 약 1분간 레스팅한다. 취향에 따라 팬에 남은 육즙으로 다음을 만든다.

　　(기본 팬 그레이비)

속을 채워서 글레이즈를 바른 코니시 닭 구이

4인분

글레이즈에 대해 항목에서 소개한 모든 글레이즈를 아래의 젤리 혼합물 대신 사용할 수 있다. 다음 중 하나를 만든다.

　　야생 쌀 드레싱, 향신료로 양념한 쌀 스터핑, 살구와 피스타치오를 넣은 쿠스쿠스
　　　　스터핑 또는 초리소와 칠리 고추를 넣은 쌀 드레싱(총 2컵 분량), 따뜻하게 또는
　　　　실온 상태로 준비

받침대를 오븐 가운데에 끼운다. 오븐을 220℃로 예열한다. 다음에서 목과 내장을 제거한다.

　　450~680g짜리 코니시 닭 4마리

전제적으로 다음을 훌훌 뿌린다.

　　소금

준비한 스터핑이나 드레싱을 닭 1마리당 ½컵씩 채운다. 얕은 구이 팬에 받침대를 끼우고 가슴이 위로 가도록 닭을 나란히 올린다. 25분간 로스팅한다.

작은 편수 냄비를 약불에 올리고 다음을 넣어서 부드러워질 때까지 젓는다.

　　젤리, 씨 없는 잼 또는 체에 거른 프리저브나 마멀레이드 ⅓컵

　　간장이나 발사믹 식초 2큰술

한쪽에 둔다. 오븐에서 구이 팬을 꺼내고 닭에 글레이즈를 넉넉히 바른다. 연기가 나는 것을 방지하기 위해 구이 팬에 물을 3mm 높이로 붓는다. 닭을 다시 오븐에 넣고 내부 온도가 넓적다리의 가장 두꺼운 부분은 77℃, 스터핑은 74℃에 도달할 때까지 15~20분간 로스팅한다. 글레이즈가 타기 시작하면 포일로 닭을 덮어서 굽는다. 다 익으면 플래터에 옮겨 담고 10분간 레스팅한 후 낸다.

토막 내서 조리한 로스트 치킨

4인분

닭에 대해 항목에서 설명한 바와 같이, 넓적다리와 아랫다리는 쉽게 타거나 질겨지지 않으므로 원하는 만큼 갈색으로 바싹 익을 때까지 로스팅할 수 있다. 아래에 소개한 간단한 양념 대신 닭 직화 오븐 구이 또는 그릴 구이의 추가 재료 양념 중 선호하는 것을 사용해보자. 빵가루를 입혀서 껍질을 바삭하게 조리하려면 오븐 프라이드 치킨 레시피를 참고한다.

다음을 준비한다.

　　뼈 있는 절단 닭 1.6~2kg

다음으로 닭에 간을 한다.

　　소금 1큰술

　　흑후추 1큰술

껍질을 더 바싹하게 익히고 간이 골고루 잘 배게 하려면 테두리 있는 오븐 팬에 받침대를 놓고 닭을 올린 후 위를 덮지 않은 상태로 냉장고에서 하룻밤 보관했다가 굽는다.

받침대를 오븐 가운데에 끼운다. 오븐을 230℃로 예열한다. 얕은 구이 팬이나 테두리 있는 오븐 팬에 껍질이 위로 가도록 닭을 올리고 오븐에 넣는다. 30분 정도 구운 후 가슴 부위는 내부 온도가 70℃가 되었을 때 오븐에서 꺼낸다. 넓적다리와 아랫다리는 포크로 찔렀을 때 맑은 육즙이 나오고 내부 온도가 최소 77℃에 도달하도록 약 40분간 굽는다.

버섯 위에 얹어 구운 닭 가슴살

4~6인분

껍질을 갈색으로 바싹 익히려면 커다란 프라이팬을 중강불에 올리고 식물성 기름 1큰술을 둘러서 달군 후 껍질이 아래로 가도록 닭을 올리고 갈색으로 지져서 버섯 위에 얹는다.

받침대를 오븐 가운데에 끼운다. 오븐을 200℃로 예열한다. 닭 가슴살을 한 겹으로 전부 넣을 수 있을 만한 크기의 오븐 팬이나 얕은 베이킹 접시에 기름을 살짝 바른다.

오븐 팬의 바닥에 다음을 골고루 깐다.

　　버섯(또는 여러 버섯을 섞어서) 450g, 얇게 썰기

표고버섯을 사용한다면 밑동은 떼어서 육수를 만들 때 사용한다. 팬에 다음을 넣는다.

　　드라이 화이트와인이나 저염 닭 육수 또는 이를 섞어서 1½컵

　　마늘 3쪽, 얇게 저미기

　　신선한 타임 잎 1큰술 또는 말린 타임 1작은술

　　소금 ½작은술

　　흑후추 적당량

기름이 너무 많으면 떼어내고 손질한다.

　　껍질을 벗기지 않은 뼈 있는 또는 뼈 없는 닭 가슴살 4개(약 900g)

다음으로 간을 한다.

　　소금 1½작은술

　　흑후추 ½작은술

껍질이 위로 가도록 닭 가슴살을 버섯 위에 얹는다. 솔로 다음을 살짝 바른다.

　　올리브유

위를 덮지 않고 내부 온도가 70℃에 도달할 때까지 35~45분간 베이킹 방식으로 굽는다. 구멍 뚫린 숟가락으로 버섯을 떠서 플래터에 옮겨 담고, 그 위에 껍질이 위로 가도록 닭을 가지런히 올린다. 팬에 남은 육즙을 작은 편수 냄비에 붓고 숟가락으로 기름을 걷어낸다. 다음을 넣는다.

저염 닭 육수나 국물 ½컵

헤비크림 ½컵

강불에 올려서 약 1컵 분량으로 줄어들거나 약간 걸죽해질 때까지 팔팔 끓인다. 맛을 보고 간을 조절한다. 소스 중 일부를 닭가슴살에 끼얹고 나머지는 따로 담아서 식탁에 낸다. 취향에 따라 닭 가슴살에 다음을 훌훌 뿌린다.

(다진 파슬리)

시칠리아식 닭 가슴살 말이 구이

8인분

달걀을 생략하고 닭 육수나 국물을 ⅓~⅔컵만 사용해 다음을 만든다.

이탈리아식 빵가루 스터핑 레시피의 ½ 분량

스터핑은 꽉 쥐면 동그랗게 뭉칠 정도로 수분기가 살짝만 있어야 하며, 너무 축축해지지 않도록 주의한다. 다음을 넣어서 젓는다.

기름에 절인 검은색 올리브 ¼컵, 씨를 빼고 굵게 썰기

굵게 썬 일반 건포도나 노란색 건포도 또는 말린 커런트 ¼컵

구운 잣이나 잘게 썬 호두 ¼컵

(안초비 필레 4개, 씻어서 물기를 제거하고 잘게 썰기)

물기를 뺀 작은 케이퍼 2큰술

받침대를 오븐 가운데에 끼운다. 오븐을 175℃로 예열한다. 33×23cm 크기의 베이킹 팬에 기름을 살짝 바른다.

가장자리의 기름을 뜯어내고 손질한다.

뼈를 발라내고 껍질을 제거한 닭 가슴살 8개(약 1.3kg)

닭 가슴살을 하나씩 파라핀지 사이에 끼우고 나무망치나 밀대로 두드려서 1cm 두께로 얇게 편다. 양쪽 면에 다음을 뿌려서 간을 한다.

소금 1½작은술

흑후추 1작은술

가슴살의 매끈한 부분이 아래로 가도록 조리대에 놓고 가운데에 스터핑을 ¼컵씩 얹은 다음 살짝 눌러서 뭉친다. 닭 가슴살의 양쪽 끝을 모아서 스터핑 위에 덮는다. 기름을 바른 베이킹 팬에 이음매 부분이 아래로 가도록 가지런히 놓고 다음을 바른다.

올리브유

닭 가슴살이 연한 갈색으로 익으면서 내부 온도가 70℃에 도달할 때까지 20~30분간 굽는다.

지중해식 닭 가슴살 포일 구이

4인분

파피요트 조리에 대해 항목을 참고한다. 양념은 취향에 맞게 응용할 수 있다. 한 끼 식사로 먹을 수 있는 비슷한 닭 요리는 닭고기 호보 포일 구이 레시피를 참고한다.

받침대를 오븐 가운데에 끼운다. 오븐을 230℃로 예열한다.

가장자리의 기름을 뜯어내고 손질한다.

뼈를 발라내고 껍질을 제거한 닭 가슴살 4개(약 680g)

양쪽 면에 다음을 뿌린다.

소금 1작은술

두꺼운 포일이나 유산지를 가로세로 45cm 크기로 4장 준비한다. 각각 한쪽에 기름을 살짝 바른다. 기름을 바른 면에 닭 가슴살을 하나씩 놓는다. 다음을 닭

가슴살 4개에 적당히 나눠서 얹는다.

녹색 또는 칼라마타 올리브 10개, 씨를 빼고 잘게 썰기

레몬 1개, 얇게 저미기 또는 소금 절임 레몬 1½큰술, 다지기

곱게 썬 오레가노, 타임, 파슬리 또는 이를 섞어서 2큰술

마늘 4쪽, 다지기

(굵게 빻은 고춧가루 1작은술)

닭 가슴살 위에 다음을 살짝 뿌린다.

올리브유 3큰술

포일이나 유산지를 접어서 닭 가슴살 위를 덮고 가장자리에 주름을 잡아서 단단히 봉한다. 오븐 팬에 올리고 베이킹 방식으로 20분간 굽는다. 오븐에서 꺼내 5분간 레스팅한다. 내부 온도는 74℃가 되어야 한다. 뜨거운 김에 화상을 입을 수 있으므로 조심해서 포일을 연다.

닭 직화 오븐 구이 및 그릴 구이에 대해

닭을 촉촉하고 맛있게 굽기 위해 우리는 보통 닭을 염지하거나 양념을 바르거나 양념장에 재워 직화 오븐과 그릴에 굽는다. 양념장과 글레이즈를 사용하면 금세 갈색으로 익는데(그리고 결국엔 빨리 타기 마련이다.) 닭고기를 얇게 자르거나 깍둑썰기해서 꼬치에 꽂아 구울 때는 직화 오븐이나 그릴에서 단시간에 조리하기 때문에 빨리 갈색으로 익는 것은 바람직한 현상이다. 반면에 뼈 있는 닭고기나 뼈 없는 두꺼운 가슴살에 양념장과 글레이즈를 바르고 직화 오븐이나 그릴의 불꽃이 직접 닿는 곳에 올려서 구우면 닭이 다 익을 즈음 양념장이나 글레이즈는 까맣게 타버린다. 이 문제를 해결하는 데에는 몇 가지 방법이 있다. 설탕을 많이 넣지 않은 양념장을 사용하거나, 닭고기가 속까지 다 익기 직전에 글레이즈와 소스를 바르고 반질반질 윤이 날 때까지 직화 오븐이나 그릴에 굽거나, 양념 페이스트와 향신료 가루를 껍질 밑에 발라서 타는 것을 방지하는 방법 등을 꼽을 수 있다. 또는 간단하게 닭고기가 불꽃에 직접 닿지 않도록 다른 곳으로 옮겨놓거나 포일로 감싸서 어느 정도 굽다가 다시 직화로 굽는 방법도 있다.

직화 오븐 구이: 구멍 뚫린 받침대가 있어서 고기에서 떨어지는 육즙이 그대로 흘러 아래쪽 팬에 모이는 분리형 직화 구이 팬을 반드시 사용한다. 일반적인 평평한 베이킹 팬이나 오븐 팬에 받침대를 놓고 직화 구이를 하면 고기에서 나온 기름이 직접 불에 노출되므로 연기가 나는 것은 물론 불이 날 위험이 있다. 큼직한 닭고기는 익기 전에 타버리기 쉬우므로 직화 구이에 가장 적합한 것은 작게 토막 낸 닭고기다. 직화 오븐의 종류에 따라 타지 않도록 닭고기를 불에서 멀리 떨어진 곳으로 옮겨놓아야 할 수도 있다. 두꺼운 닭고기를 직화 오븐에서 구울 때는 처음부터 불에서 멀리 떨어진 오븐 아래쪽 칸에 넣어서 구우면 좋다. 속까지 충분히 익기 전에 타기 시작한다면 불의 세기를 줄이고 닭고기를 포일로 감싸서 굽는다. 닭을 통째로 직화 오븐에 구우려면 최대한 작은 닭을 고르고 우선 납작하게 손질하거나 세로로 분리한다. ▶ 항상 뼈가 있는 쪽을 먼저 직화로 구워야 하며, 반대쪽을 먼저 구우면 껍질이 질척거린다.

그릴 구이: 절단해서 뼈와 껍질을 제거하고 간단하게 양념한 닭고기와 케밥은 처음부터 끝까지 그릴의 불꽃이 닿는 곳에 올려놓고 구울 수 있다. 페이스트, 양념장, 가루 양념 등으로 양념한 닭고기는 계속 불과 접촉하면 타버릴 수 있으므로 필요한 경우 옆으로 옮겨야 한다. 뼈와 껍질이 그대로 붙어 있는 닭은 속까지 익히는 데 시간이 오래 걸리며 기름이 떨어지므로 숯을 사용하는 그릴에 구울 때는 불꽃이 확 올라온다. 따라서 우리는 통닭 및 뼈와 껍질이 있

는 절단 닭을 구울 때 그릴의 뚜껑을 덮고 불꽃이 직접 닿지 않도록 간접 조리 방식을 권한다. 닭의 내부 온도가 6℃ 정도 더 올라가야 할 때 뚜껑을 열고 불꽃이 닿는 곳으로 옮겨서 조리를 마무리하고, 뒤집어가면서 전체적으로 갈색으로 익힌다. 껍질 때문에 불꽃이 올라오거나 표면이 타기 시작하면 다시 불이 닿지 않는 곳으로 옮겨서 간접 조리로 굽는다. 뚜껑 없는 그릴을 사용한다면 닭을 토막 내서 중불에 굽되, 불꽃이 올라올 때 재빨리 옮길 수 있도록 덜 뜨거운 공간을 마련해두거나 2단으로 된 받침대(그릴에 달려 있는 경우)의 위쪽에 올려놓는다.

닭 직화 오븐 구이 또는 그릴 구이의 추가 재료

통닭은 최대 24시간, 절단 닭은 6~12시간 동안 다음 중 선호하는 양념장에 재워 준비한다.

> 레몬 양념장, 탄두리 양념장, 발칸식 양념장, 시날로아식 양념장, 태국식
> 레몬그라스 양념장, 베커 닭고기 또는 돼지고기 양념장, 데리야키 양념장

염지할 때와 마찬가지로 양념장에 재운 닭을 톡톡 두드려 물기를 제거하면 껍질을 쉽게 갈색으로 구울 수 있다.(테두리 있는 오븐 팬에 받침대를 놓고 위를 덮지 않은 상태로 4시간~하룻밤 정도 냉장고에 넣어두면 더욱 수월해진다.)

닭은 양념장뿐만 아니라 페이스트나 가루 양념을 사용해 최대 24시간까지 재웠다가 직화 오븐 또는 그릴에 구울 수 있다. 가장 맛있고 보기 좋게 구우려면 허브와 향신료 페이스트를 껍질 아래에 발라서 양념이 타지 않게 한다. 닭고기에 특히 잘 어울리는 양념은 다음과 같다.

> 검게 그을리는 용도의 케이준 양념, 가금류용 마늘 허브 양념, 달콤한 훈연향
> 향신료 양념, 저크 향신료 양념
> 자메이카식 저크 페이스트, 지중해식 마늘 허브 페이스트, 머스터드 페이스트,
> 그린 또는 레드 커리 페이스트 또는 샤르물라

굽는 과정이 마무리되기 5분쯤 전에 다양한 글레이즈 중 선호하는 것을 발라도 좋지만, 특히 다음 글레이즈가 잘 어울린다.

> 해선장 생강 글레이즈, 버번 당밀 글레이즈, 꿀 글레이즈 I 또는 치폴레 바비큐
> 소스

조리하기 전이나 도중에 양념하지 않고 그냥 담백하게 구운 뒤 양념 소스를 곁들여서 내는 것을 선호한다면 다음 소스를 권한다.

> 모조, 저그, 치미추리, 토마토 올리브 렐리시, 구운 토마토 치폴레 살사, 앨라배마
> 화이트 바비큐 소스 또는 허니 머스터드 디핑 소스

닭 직화 오븐 구이

4인분

닭 직화 오븐 구이 및 그릴 구이에 대해 항목을 참고한다. 풍미에 변화를 주려면 위의 닭 직화 오븐 구이 또는 그릴 구이의 추가 재료 항목을 참고한다.

오븐 받침대를 직화 오븐의 열원에서 20cm 떨어진 위치에 끼운다. 직화 오븐을 예열한다. 다음을 준비한다.

> 1.6~1.8kg짜리 닭 1마리, 뼈 있는 절단 닭 1.6kg 또는 뼈 없는 절단 닭 900g

닭을 통째로 굽는다면 납작하게 손질하거나 세로로 분리하고, 열이 속까지 잘 침투하도록 양쪽 다리의 아랫다리 및 넓적다리 관절 부분 안쪽에 얕게 칼집을 넣는다. 닭을 염지하거나 양념장에 재웠다면 톡톡 두드려 물기를 제거한다. 직화 오븐 팬에 껍질이 아래로 가도록 닭을 가지런히 놓고 다음을 살짝 뿌려 문지른다.

> 식물성 기름

닭을 밑간하지 않았다면 다음을 훌훌 뿌린다.

> 소금 2작은술
> 흑후추 1½작은술

12~15분간 직화로 굽는다. 껍질이 위로 가도록 뒤집은 후 갈색으로 바싹 익을 때까지 뼈 있는 닭은 15~20분간, 뼈 없는 닭은 8~10분간 굽는다. 절단 닭을 구울 때는 일단 닭 가슴살은 내부 온도가 68℃에 달했을 때 꺼내고 넓적다리나 아랫다리는 80~82℃가 될 때까지 굽는다. 닭이 다 익기 전에 껍질이 타기 시작하면 오븐 팬을 불에서 먼 쪽으로 옮기거나 닭을 포일로 덮는다. 다 익으면 플래터에 옮겨 담고 10분간 레스팅한다.

닭 그릴 구이

4인분

닭 직화 오븐 구이 및 그릴 구이에 대해 항목을 참고한다. 닭을 굽기 전에 양념장에 재우거나 염지하거나 가루 양념을 문질러서 조리해도 좋고, 거의 다 익어갈 때쯤 글레이즈를 발라서 구워도 맛있다는 점을 기억하자. 닭 직화 오븐 구이 또는 그릴 구이의 추가 재료 항목에서 상세한 내용을 확인할 수 있다. 뼈와 껍질을 제거한 닭 가슴살을 그릴에 구울 경우 가슴살은 기름이 적어서 쉽게 마르므로 양념장에 재우거나 염지해서 굽는다.

다음을 준비한다.

> 1.6~1.8kg짜리 닭 1마리, 뼈 있는 절단 닭 1.6kg 또는 뼈 없는 절단 닭 900g

닭을 통째로 굽는다면 납작하게 손질하거나 세로로 분리해서 손질한다. 기다란 꼬치 1~2개를 넓적다리와 가슴에 꽂아서 가슴과 다리를 고정하면 굽는 동안 훨씬 다루기 편하다.

그릴을 반으로 나눠 한쪽에만 숯을 쌓고 강불에 맞춰 준비하거나 가스 그릴을 강불에 맞춰 예열한다. 닭을 염지하거나 양념장에 재워두었다면 톡톡 두드려 물기를 제거한다. 밑간하지 않은 닭이라면 다음을 훌훌 뿌린다.

> 소금 2작은술
> 흑후추 1½작은술

가스 그릴을 사용할 때는 한쪽 버너를 약불로 줄인다. 그릴의 불이 직접 닿지 않는 곳에 껍질이 위로 가도록 닭을 올리고 뚜껑을 덮어서 닭의 내부 온도가 6℃ 정도 더 올라가야 할 시점까지 조리한다. 뼈 없는 얇은 부위라면 10분, 뼈 있는 절단 닭이라면 30~40분, 납작하게 손질하거나 세로로 분리한 닭이라면 45분~1시간 정도 걸린다. 다 구워지기 5분 전에 그릴 뚜껑을 열고 껍질이 아래로 가도록 뒤집어서 불이 직접 닿는 곳으로 옮긴다. 가스 그릴을 사용한다면 중불로 줄인다. 껍질이 갈색으로 바삭하게 익을 때까지 굽고 뒤집어서 반대쪽도 갈색으로 익힌다. 절단 닭을 그릴에 구울 때, 닭 가슴살은 내부 온도가 68℃에 달했을 때 꺼내고 넓적다리나 아랫다리는 80~82℃가 될 때까지 굽는다. 납작하게 손질하거나 세로로 분리한 닭은 넓적다리의 내부 온도가 77~80℃에 달하면 다 익은 것이다. 일단 갈색으로 익히고 나면 글레이즈나 소스를 발라서 구워도 좋고, 뒤집을 때마다 다음을 뿌리면 상큼한 풍미를 더할 수 있다.

> (레몬즙)

닭을 10분간 레스팅한 후 낸다.

직화 오븐 또는 그릴 구이 바비큐 치킨

닭 직화 오븐 구이 또는 닭 그릴 구이를 만든다. 닭이 완전히 익기 2분쯤 전에

양쪽 면에 캔자스시티 바비큐 소스 또는 치폴레 바비큐 소스 1컵을 바른다. 직화 오븐이라면 껍질이 위로 가도록, 그릴이라면 껍질이 아래로 가도록 다시 닭을 넣어서 껍질과 소스가 약간 그을릴 때까지만 조리한다. 여분의 바비큐 소스를 담아서 함께 낸다.

직화 오븐 또는 그릴 구이 데리야키 치킨

닭 직화 오븐 구이 또는 닭 그릴 구이를 만든다. 절단 닭에 식물성 기름을 살짝 발라서 직화 오븐이나 그릴에 굽되, 소금과 후추는 생략한다. **데리야키 양념장**을 만들어서 작은 편수 냄비에 부은 다음 중불에서 약간 걸쭉해질 때까지 저으면서 뭉근히 끓인다. 닭이 다 구워지기 2분 전에 데리야키 소스 ¾컵을 양쪽 면에 골고루 바른다. 직화 오븐이라면 껍질이 위로 가도록, 그릴이라면 껍질이 아래로 가도록 다시 닭을 넣어서 껍질이 약간 그을릴 때까지 조리한다. 여분의 소스를 담아서 함께 낸다.

닭고기 훈제 구이

4~6인분

바비큐 항목을 참고한다. 닭을 손질해서 가슴살을 잘라내는 작업이 너무 번거롭다면 사전에 닭을 큼직하게 절단한 후 완전히 익혀서 가슴살을 떼어낸다. 물론 통닭 대신 **넓적다리 또는 통다리 1.3~2kg**을 사용하면 더 간단하다.

다음에서 목과 내장을 제거한다.

　　1.8~2.7kg짜리 닭 1마리

다음을 전체적으로 문지른다.

　　남부식 바비큐용 가루 양념 ¼컵 또는 소금 1큰술과 흑후추 1큰술

철망 받침대에 닭을 올리고 위를 덮지 않은 상태로 냉장고에 넣어 하룻밤 재운다. 훈연기를 가열하거나 간접 조리를 할 수 있도록 준비하고 110~120℃로 가열한다.(물을 담아놓는 급수 팬이 있으면 더 좋다.) 숯에 다음을 추가한다.

　　말린 히커리, 오크 또는 메스키트 나무를 작게 자른 것 1조각

훈연기나 그릴의 불꽃이 직접 닿지 않는 위치에 닭을 올리고 뚜껑을 덮어서 구우면 뚜껑에 있는 환기 구멍 때문에 연기가 닭 전체에 골고루 퍼진다. 가능하면 가슴보다 다리를 숯에서 가까운 위치에 놓고 굽는다. 환기 구멍을 조절해 적당한 온도를 유지한다. 훈연기나 그릴 내부의 습도를 유지해주는 급수 팬이 없다면 20분마다 다음을 바르면서 굽는다.

　　(기본 묽은 양념장 또는 맥주 묽은 양념장)

토막 낸 상태로 식탁에 올릴 가슴살을 촉촉하게 구우려면 약 2시간쯤 지나 가슴살의 가장 두꺼운 부분에 온도계를 찔러 넣어 68℃에 도달했을 때 닭을 꺼내서 테두리 있는 오븐 팬에 옮겨 담는다. 등뼈와 만나는 지점에서 다리를 잘라낸 다음 다리는 다시 훈연기나 그릴에 넣어 20분간 더 훈연한다.(가슴살과 날개는 포일로 덮어서 따뜻하게 보관한다.)

살코기를 뜯거나 잘게 썰어서 소스에 버무릴 계획이라면 넓적다리 안쪽 가장 두꺼운 부분의 온도가 80℃에 도달할 때까지 2시간 반~3시간 정도 통째로 훈연한다. 테두리 있는 오븐 팬에 옮겨 담고 포일로 느슨하게 덮어서 15분 이상 레스팅한다.

닭고기를 먹기 적당한 크기로 썰거나(가금류 살 저미기에 대해 항목 참고) 껍질을 떼어내고 포크로 살코기를 뜯어낸다. 취향에 따라 껍질을 굵게 썰어서 고기와 섞어도 좋다. 뜯어낸 닭고기를 다음 소스에 버무리거나 적당한 크기로 썬 닭에 다음 소스를 곁들여 낸다.

　　앨라배마 화이트 바비큐 소스 또는 치폴레 바비큐 소스

까이양(Gai Yang, 태국식 코니시 닭 그릴 구이)

4인분

닭을 진한 갈색으로 먹음직스럽게 익혀서 근사한 풍미의 살코기와 껍질을 즐길 수 있는 요리다. 통닭으로 조리할 수도 있으며, 닭 그릴 구이 레시피를 참고해 조리 시간을 조절한다.

다음을 준비한다.

　　태국식 레몬그라스 양념장

다음을 납작하게 손질한다.

　　680~800g짜리 코니시 닭 2마리

커다란 그릇에 코니시 닭과 양념장을 넣고 섞은 뒤 뚜껑을 덮어 4시간~하룻밤(권장) 냉장고에 넣어둔다.

그릴을 반으로 나눠 한쪽에만 숯을 쌓고 강불에 맞춰 준비하거나 가스 그릴을 강불에 맞춰 10분간 예열한다. 닭을 양념장에서 건져 톡톡 두들겨 물기를 제거한다.(양념장은 보관해둔다.) 꼬치를 넓적다리와 가슴의 아래쪽에 꽂아서 고정하면 그릴에 구울 때 훨씬 다루기 편하다.

가스 그릴을 사용할 때는 한쪽 버너를 약불로 줄인다. 그릴의 불이 직접 닿지 않는 곳에 껍질이 위로 가도록 닭을 올리고 뚜껑을 덮어서 20분간 굽는다. 닭에 양념장을 적당히 바른 후 불이 직접 닿는 곳으로 옮겨서 아래쪽이 갈색으로 익을 때까지 5분 정도 굽는다. 껍질이 아래로 가도록 뒤집어서 껍질이 연한 갈색으로 익을 때까지 약 1분간 더 조리한다. 가슴살의 가장 두꺼운 부분에 온도계를 찔러 넣어 70℃에 도달하면 다 익은 것이다. 더 오래 구워야 한다면 불이 직접 닿지 않는 위치로 옮겨서 뚜껑을 덮고 조리한다. 플래터에 옮겨 담고 5분간 레스팅한다. 다음을 곁들여서 낸다.

　　그린 파파야 샐러드
　　찹쌀밥

코니시 닭 직화 오븐 구이

2~4인분

열원에서 20cm 떨어진 위치에 오븐 받침대를 끼운다. 직화 오븐을 예열한다.

다음을 납작하게 손질하거나 세로로 분리한다.

　　680~800g짜리 코니시 닭 2마리

껍질에 다음을 솔로 바른다.

　　녹인 버터 또는 식물성 기름 2큰술

양쪽 면에 다음을 문지른다.

　　소금 ¾작은술
　　흑후추 ½작은술

커다란 오븐 팬에 받침대를 놓고 껍질이 아래로 가도록 닭을 올린다. 갈색으로 변하기 시작할 때까지 10~13분간 굽는다. 껍질이 위로 가도록 뒤집어서 갈색으로 익을 때까지 8~10분간 더 굽는다. 포일로 덮어 10분간 레스팅한 후 낸다.

치킨 케밥

4인분

나무나 대나무 꼬치는 30분 이상 물에 담가둔다. 거의 모든 채소를 사용할 수 있지만 당근, 감자, 콜리플라워, 브로콜리 등의 단단한 채소는 부드러워질 때

까지 쪄서 꼬치에 끼워야 한다. 닭 직화 오븐 구이 및 그릴 구이에 대해, 꼬치에 끼워 조리하기 항목을 참고한다.

커다란 그릇에 다음을 만든다.

　베커 닭고기 또는 돼지고기 양념장, 레몬 양념장, 탄두리 양념장

양념장 절반을 중간 크기의 그릇에 붓고 다음을 넣는다.

　뼈와 껍질을 제거한 닭 가슴살 또는 넓적다리살 900g, 2.5cm 크기로

　　깍둑썰기하기

뒤적이면서 양념장을 골고루 묻힌 뒤 냉장고에 넣어 30분~2시간 동안 재운다. 그릴에 구울 준비가 되면 양념장의 나머지 절반을 다음에 붓는다.

　자색 양파 큰 것 1개, 2.5cm 크기로 썰기 또는 쪽파 1묶음, 2.5cm 길이로 썰기

　작은 버섯 16개

　방울토마토 16개

　피망 1개, 2.5cm 크기의 정육면체로 썰기 또는 작은 애호박 2개, 세로로 반 잘라서

　　1.2cm 두께로 썰기

그릴을 반으로 나눠 한쪽에만 숯을 쌓고 강불에 맞춰서 준비하거나 가스 그릴을 강불에 맞춰 10분간 예열한다. 닭을 양념장에서 건져 꼬치에 끼우되, 골고루 익을 수 있도록 너무 촘촘히 꽂지 않고 사이사이에 약간의 공간을 남겨둔다. 꼬치 2개를 써서 나란히 꽂으면 뒤집기 쉽다. 채소도 같은 방식으로 꼬치에 끼운다. 가스 그릴을 사용할 때는 한쪽 버너를 중불로 줄인다. 꼬치에 끼운 닭고기와 채소를 그릴의 뜨거운 쪽에 가지런히 올리고 4분간 구운 다음 뒤집는다. 닭은 진한 갈색으로 변하고 속까지 잘 익을 때까지, 채소는 부드러워지면서 가장자리가 갈색으로 변하기 시작할 때까지 3~4분간 더 굽는다. 재료가 다 익기 전에 꼬치가 타기 시작한다면 불이 직접 닿지 않는 곳으로 옮긴다.

자메이카식 저크 치킨

8인분

닭 직화 오븐 구이 및 그릴 구이에 대해 항목을 참고한다.

커다란 그릇에 다음을 만든다.

　자메이카식 저크 페이스트

다음을 넣고 뒤적인다.

　닭 통다리 8개 또는 뼈와 껍질을 제거하지 않은 닭 가슴살 8개

잘 섞으면서 저크 페이스트를 껍질 아래에 골고루 펴 바른다. 뚜껑을 덮고 냉장고에 넣어서 2시간~하룻밤(권장) 재운다.

그릴을 반으로 나눠 한쪽에만 숯을 쌓고 강불에 맞춰 준비하거나 가스 그릴을 강불에 맞춰 10분간 예열한다. 가스 그릴을 사용할 때는 한쪽 버너를 약불로, 다른 쪽 버너를 중강불로 맞춘다. 그릴의 불이 직접 닿지 않는 곳에 껍질이 아래로 가도록 닭고기를 가지런히 올린다. 그릴 뚜껑을 덮고 20분간 굽는다. 뒤집어서 가슴살의 내부 온도가 74℃, 다리의 내부 온도가 80~82℃에 도달할 때까지 15~20분간 굽는다. 마지막 5분 동안은 그릴의 뜨거운 쪽으로 옮겨서 타지 않게 주의하면서 한두 번 뒤집어가며 갈색으로 굽는다. 다음과 함께 낸다.

　자메이카식 콩밥 또는 동부콩을 넣은 채소 찜

탄두리 치킨 또는 치킨 티카(Chicken Tikka)

4인분

인도 요리에서 '탄두리'는 숯으로 아주 센 화력을 내는 원통형 오븐, 즉 탄두르 (tandoor)에서 조리하는 음식을 말한다. 보통 향이 진하고 주황빛이 도는 밝은 노란색의 요구르트와 향신료 양념장에 고기를 재웠다가 조리한다. 아주 뜨겁게 달군 그릴에서 뚜껑을 덮고 구우면 훌륭한 탄두리 스타일 닭 구이를 만들 수 있다. 이 레시피를 응용해서 **치킨 티카**를 만들 때는 아래의 재료 대신 **뼈와 껍질을 제거한 닭 넓적다리살 또는 가슴살 900g**을 사용한다. 치킨 케밥 레시피에 따라 닭을 2.5cm 크기로 깍둑썰기하고 양념장에 재워 그릴에 굽는다. 닭 직화 오븐 구이 및 그릴 구이에 대해 항목을 참고한다.

다음에서 껍질을 제거한다.

　뼈 있는 절단 닭 1.6kg

아래 레시피의 설명에 따라 밑간을 하고 양념장에 재운다.

　탄두리 양념장 Ⅰ

냉장고에 넣어서 4~6시간 재운다.

그릴을 반으로 나눠 한쪽에만 숯을 쌓고 강불에 맞춰 준비하거나 가스 그릴을 강불에 맞춰 10분간 예열한다. 가스 그릴을 사용할 때는 한쪽 버너를 중불로 낮춘다. 그릴의 불이 직접 닿지 않는 곳에 껍질이 위로 가도록 닭고기를 가지런히 올리고 뚜껑을 덮어서 20분간 굽는다. 닭을 그릴의 뜨거운 곳으로 옮겨서 뒤집지 않고 약간 그을릴 때까지 약 3분간 굽는다. 반대쪽으로 뒤집어서 갈색으로 익을 때까지 굽고, 필요하면 불꽃이 화르르 올라오지 않도록 이리저리 움직여가면서 굽는다. 가슴살의 내부 온도가 68℃, 넓적다리 및 아랫다리의 내부 온도가 77℃에 도달하면 다 익은 것이다. 필요하면 닭을 다시 온도가 낮은 곳으로 옮겨서 뚜껑을 덮고 조리를 마무리한다.

닭고기 호보 포일 구이

6인분

그릴의 뜨거운 숯불, 여름의 캠프파이어, 겨울의 벽난로 등 계절을 가리지 않고 두루두루 활용할 수 있는 조리법이다. 닭을 활활 타는 불에 바로 넣어서 굽는 것이 아니라 주변의 잉걸불 아래에 묻어놓고 은근히 굽는다. 불을 피우지 않고 그냥 오븐을 사용할 때는 테두리 있는 오븐 팬에 포일로 감싼 닭을 올리고 175℃에서 40분간 굽는다. 인원이 많으면 이 레시피의 분량을 몇 배로 늘려서 만들 수 있지만, 넓적다리 2개씩만 포일로 감싸서 구워야 다루기가 쉽다. 취향에 따라 포일 주머니 안에 작은 꽃송이 모양으로 자른 브로콜리나 콜리플라워, 큼직하게 썬 고구마, 방울토마토 등 다른 채소를 넣어서 구울 수도 있다.

다음을 준비한다.

　레몬이나 라임 1개, 아주 얇게 저미기

커다란 그릇에 다음을 넣고 잘 뒤적이면서 섞는다.

　마늘 6쪽, 얇게 저미기

　굵게 썬 고수나 파슬리 ⅓컵

　올리브유 ¼컵

　할라페뇨 또는 세라노 고추 1개, 씨를 빼고 다지기

다음의 껍질을 제거한다.

　뼈 있는 닭 넓적다리 6개

다음을 넉넉하게 뿌린다.

　소금과 흑후추

마늘 올리브유 양념에 닭과 다음 재료를 넣고 뒤적이면서 골고루 묻힌다.

　햇감자 작은 것 12개

두꺼운 포일을 가로세로 45cm 크기의 정사각형으로 뜯어 가운데에 넓적다리 2개와 감자 4개를 놓고 레몬이나 라임 슬라이스 2~3조각을 위에 얹는다. 포일

을 1장 더 뜯어서 덮는다. 포일 2장의 가장자리를 맞대고 주름을 잡아서 단단히 고정한 후, 가운데를 향해 가장자리를 7.5~10cm 정도 돌돌 만다. 포일을 1장 더 뜯어서 이중으로 봉한다. 나머지 재료로 포일 꾸러미를 2개 더 만든다.
그릴을 강불로 맞추고 숯 무더기의 한쪽에 공간을 비워서 포일 꾸러미를 놓는다. 뜨거운 숯을 꾸러미 위쪽과 주위에 쌓는다. 30~40분 정도 굽는다. 집게로 꾸러미를 꺼내서 10분간 레스팅한다. 뜨거운 김에 화상을 입을 수 있으므로 조심해서 포일을 연다.

닭 볶음 요리에 대해

다양한 볶음 요리는 주중 저녁을 준비하는 요리사에게 구세주나 다름없다. 뼈와 껍질을 제거한 닭고기는 간단하고 빠르게 조리하는 볶음 요리에 빼놓을 수 없는 단백질 재료다. 특히 닭 가슴살은 별다른 손질이 필요 없다. 갸름하고 길쭉하게 썰거나 커틀릿 모양으로 넓적하게 두드려서 바로 사용할 수 있으며, 맛이 강하지 않아서 거의 모든 양념, 소스 또는 채소와 두루두루 잘 어울린다.

뼈를 제거한 닭 가슴살은 이렇게 많은 장점이 있지만, 우리는 가슴살 대신 껍질과 뼈를 제거한 넓적다리살도 사용해보기를 추천한다. 어디서나 쉽게 구할 수 있고 조리 방법이 훨씬 덜 까다로우며 풍미도 진하다. 물론 커틀릿 모양으로 두드렸을 때 가슴살만큼 모양이 잘 유지되지 않아서 속을 채워 조리하기에는 불편하다. 그러나 그 외의 모든 용도에는 넓적다리살이 오히려 더 좋은 부위라고 생각한다.

닭 가슴살을 두드려서 커틀릿 모양으로 만들 때의 요령은 잘게 썰기, 다지기 및 두드려서 펴기 항목을 참고한다. 아래에 소개한 것 이외의 닭고기 볶음 요리는 로메인, 꾸웨이띠오 쿠아까이 레시피를 참고한다.

프라이팬에 지지거나 볶은 닭고기

4~6인분

Ⅰ. 뼈 있는 절단 닭

뼈 있는 닭은 일단 갈색으로 겉을 익힌 후 약불에서 충분히 조리해 속까지 잘 익혀야 한다. 바삭하게 씹히는 껍질을 선호한다면 바삭한 프라이드 치킨 레시피를 참고한다.

다음을 준비한다.

　뼈 있는 절단 닭 1.6~2kg

기름기를 떼어내고 다음을 넉넉하게 뿌려서 밑간을 한다.

　소금 1큰술

　흑후추 1큰술

크고 묵직한 프라이팬을 중강불에 올리고 다음을 둘러서 가열한다.

　식물성 기름 2큰술

껍질이 아래로 가도록 닭을 프라이팬에 한 겹으로 깐다. 한 번에 다 들어가지 않으면 여러 번 나눠 조리한다. 아래쪽이 먹음직스러운 갈색으로 변하고 프라이팬에 달라붙지 않도록 약 5분간 튀기듯이 지진다. 집게로 뒤집어 반대쪽도 먹음직스러운 갈색으로 익을 때까지 5분 정도 더 조리한다. 접시나 테두리 있는 오븐 팬에 옮겨 담고 남은 닭도 마찬가지로 조리한다. 닭이 전부 갈색으로 익었다면 다시 프라이팬에 넣고 중불로 줄인다. 자주 뒤집으면서 내부 온도가 가슴살은 74℃, 넓적다리는 80℃에 도달하도록 크기와 두께에 따라 15~20분 정도 익힌다. 커다란 플래터에 닭고기를 담는다.

취향에 따라 프라이팬에 남은 육즙으로 다음을 만든다.

　(기본 팬 그레이비 또는 허브 팬 소스)

Ⅱ. 뼈 없는 가슴살 또는 넓적다리살

닭고기를 이 방법으로 조리하면 겉은 진한 밤색으로 먹음직스럽게 익으며 속은 부드럽고 촉촉해진다.

다음을 준비한다.

　뼈와 껍질을 제거한 닭 가슴살 4개 또는 뼈와 껍질을 제거한 닭 넓적다리살
　　6개(680~900g)

기름기를 떼어내고 양쪽 면에 다음을 훌훌 뿌린다.

　소금 2작은술

　흑후추 1작은술

접시 위에 다음을 얇게 펴서 깐다.

　밀가루 ¼컵

닭고기에 밀가루를 골고루 묻힌 후 여분의 밀가루를 털어낸다. 크고 묵직한 프라이팬을 중불에 올리고 다음을 넣어서 고소한 냄새가 나면서 밤색으로 변할 때까지 가열한다.

　버터 1½큰술

　올리브유 1½큰술

프라이팬을 휘휘 돌리면서 버터와 올리브유를 섞는다. 닭을 넣어 건드리지 않고 노릇노릇하게 익을 때까지 4~6분간 지진다. 반대쪽으로 뒤집어서 만져보면 단단하고 내부 온도가 가슴살은 68℃, 넓적다리는 77℃에 도달하도록 4~6분 정도 더 익힌다.

취향에 따라 프라이팬에 남은 육즙으로 다음을 만든다.

　(기본 팬 그레이비 또는 허브 팬 소스)

프라이팬에 튀긴 치킨 커틀릿

4인분

이 레시피에는 조직이 단단하고 조밀한 가슴살이 가장 좋다.(넓적다리살은 두들기면 찢어진다.) 닭고기를 두드려 커틀릿 모양으로 만들 때의 요령은 잘게 썰기, 다지기 및 두드려서 펴기 항목을 참고한다.

Ⅰ. 밀가루를 입혀서 튀기기

다음을 준비한다.

　뼈와 껍질을 제거한 닭 가슴살 4개(약 900g)

가장자리 주변의 기름기를 떼어내고 손질한다. 칼을 작업대와 수평 방향으로 잡고 닭 가슴살의 두꺼운 부분에 옆으로 칼집을 넣는다. 수평으로 반을 가르는 식으로 계속 칼질을 하되, 끝까지 자르지 않고 반대쪽 끝에서 1cm쯤 되는 지점에서 멈춘다. 책을 펴듯이 가슴살을 옆으로 펼치고 손으로 납작하게 누른다. 납작하게 손질한 가슴살을 파라핀지 사이에 끼워 나무망치나 밀대로 두드려서 0.6~1.2cm 두께로 얇게 편다. 얇게 편 가슴살이 프라이팬에 들어가기에 너무 크면 반으로 자른다.

다음을 뿌려서 간을 한다.

　소금 1½작은술

　흑후추 1작은술

접시 위에 다음을 얇게 펴서 깐다.

　밀가루 ½컵

오븐을 93℃로 예열한다. 크고 묵직한 프라이팬을 중강불에 올리고 다음을 둘러서 가열한다.

올리브유 3큰술

닭고기에 밀가루를 골고루 묻히고 여분의 밀가루를 털어낸 후 연한 갈색이 될 때까지 한 면당 2~3분씩 튀긴다. 양이 많으면 몇 번에 나눠 조리하며, 프라이팬이 말라보이면 기름을 적당히 추가한다. 먼저 조리한 커틀릿은 키친타월을 깐 접시나 오븐 팬에 옮겨 담고 오븐에 넣어 따뜻하게 보관한다. 뜨거울 때 바로 내거나 실온 상태로 낸다.

II. 치킨 밀라네제(밀라노식 치킨 커틀릿)

버전 Ⅰ처럼 닭 가슴살을 납작하게 손질하고 두들겨서 얇게 편다. 넓고 얕은 그릇에 다음을 넣고 섞는다.

　마른 빵가루 1½컵

　(강판에 간 파르메산 치즈 ¼~½컵[28~55g])

　(말린 로즈메리, 타임 또는 오레가노 1½작은술, 잘게 부수기)

　소금 1½작은술

　흑후추 1작은술

얕은 그릇에 다음을 넣고 세게 저어서 잘 푼다.

　대란 2개

　물 1큰술

접시 위에 다음을 얇게 펴서 깐다.

　밀가루 ½컵

닭고기에 밀가루를 골고루 묻힌 후 여분의 밀가루를 털어낸다. 달걀물에 담갔다가 빵가루를 묻히고 빵가루가 잘 붙어 있도록 손가락으로 살짝 몇 번 누른다. 접시에 담아서 한쪽에 둔다.

오븐을 93℃로 예열한다.

버전 Ⅰ의 설명에 따라 프라이팬에 다음을 붓고 튀긴다.

　식물성 기름 ⅓컵

III. 치킨가스

이 일본식 커틀릿은 입자가 굵은 빵가루를 사용해 먹음직스러운 황금빛 갈색으로 바삭하게 튀기는 것이 특징이다. 원래 돼지고기로 많이 만드는데, 아래 레시피의 닭고기 대신 빵가루를 입혀서 튀긴 돼지고기 춉 또는 커틀릿 레시피의 설명대로 돼지고기를 두드려 넓게 펴서 튀기면 돈가스가 된다.

버전 Ⅰ의 설명에 따라 닭 가슴살을 납작하게 펴고 얇게 두드린 후 밑간하고 밀가루를 묻힌다. 얕은 그릇에 다음을 넣고 세게 저어서 잘 푼다.

　대란 2개

　물 1큰술

다른 그릇에 다음을 붓는다.

　입자가 굵은 빵가루 1컵

밀가루를 입힌 닭고기를 달걀물에 담갔다가 빵가루를 묻힌다. 접시에 올려놓는다. 오븐을 93℃로 예열한다.

버전 Ⅰ의 설명에 따라 프라이팬에 다음을 붓고 튀긴다.

　식물성 기름 ⅓컵

다음과 함께 낸다.

　돈가스 소스

치킨 피카타(Chicken Piccata)

4~6인분

닭고기를 얇게 썰어서 조리해 소스를 얹어 먹는 이탈리아 요리다. 다음을 만

들어서 93℃로 예열한 오븐에 넣어 따뜻하게 보관한다.

　프라이팬에 지지거나 볶은 닭고기 Ⅱ 또는 프라이팬에 튀긴 치킨 커틀릿 Ⅰ

프라이팬에 기름을 1큰술만 남기고 모두 따라낸다. 프라이팬을 중불에 올리고 다음을 넣는다.

　샬롯 작은 것 1개, 다지기

부드러워질 때까지 저으면서 약 1분간 볶는다. 강불로 올리고 다음을 붓는다.

　닭 육수 또는 국물 1컵

부르르 끓어오르도록 가열한 뒤 나무 숟가락으로 프라이팬의 바닥을 긁으면서 갈색 조각을 떼어낸다. 다음을 넣는다.

　레몬즙 ¼컵

　물기를 제거한 작은 케이퍼 2큰술

소스가 약 ⅓컵 정도로 졸아들 때까지 3~4분간 팔팔 끓인다. 닭에서 흘러나온 육즙을 모아둔 것이 있다면 소스에 넣는다. 불에서 내리고 다음을 넣어서 휘휘 젓는다.

　버터 3큰술, 부드럽게 녹이기

소스를 닭고기 위에 끼얹고 즉시 낸다.

치킨 마르살라(Chicken Marsala)

4~6인분

닭고기에 마르살라 양념을 얹은 인도 요리다. 다음을 만들어서 93℃로 예열한 오븐에 넣어 따뜻하게 보관한다.

　프라이팬에 튀긴 치킨 커틀릿 Ⅰ

프라이팬을 문질러서 깨끗이 닦고 중불에 올린 후 다음을 두른다.

　식물성 기름 1큰술

다음을 넣고 저으면서 기름이 빠져나오고 갈색으로 익을 때까지 조리한다.

　깍둑썰기한 판체타 또는 베이컨 85g

작은 그릇에 옮겨 담고 한쪽에 둔다. 프라이팬에 기름을 1큰술만 남기고 모두 따라낸 후 다음을 넣는다.

　양파 작은 것 1개, 굵게 썰기

양파가 부드러워질 때까지 저으면서 약 5분간 볶는다. 중강불로 올리고 다음을 넣는다.

　양송이버섯 225g, 얇게 저미기

부드러워질 때까지 저으면서 약 5분간 볶는다. 한쪽에 두었던 판체타를 다시 프라이팬에 넣고 다음을 추가한다.

　닭 육수 또는 국물 1컵

　드라이 마르살라 와인 ⅔컵

　마늘 3쪽, 다지기

　(토마토 페이스트 1큰술)

　타임 잔가지 3개

혼합물이 원래 용량의 ¼로 줄어들 때까지 약 5분간 팔팔 끓인다. 다음을 넣는다.

　헤비크림 ¼컵

숟가락을 담그면 얇게 코팅될 정도로 걸쭉해질 때까지 약 5분간 소스를 끓인다. 타임 잔가지를 건져내고 다음을 넣어 젓는다.

　잘게 썬 파슬리 2큰술

　소금과 흑후추 적당량

레몬즙 몇 방울

숟가락으로 소스를 떠서 닭고기에 끼얹고 즉시 낸다.

치킨 파르미지아나(Chicken Parmigiana)

4인분

이탈리아계 미국인들이 전통적으로 즐겨 먹는 이 요리는 하루 전에 재료를 준비해 냉장고에 넣어두었다가 필요할 때 꺼내서 구울 수 있다. 토마토 소스를 직접 만들 시간이 없다면 즐겨 먹는 시판 토마토 소스 3컵을 사용한다.
다음을 준비한다.

토마토 소스

다음을 만든다.

프라이팬에 튀긴 치킨 커틀릿 II

받침대를 오븐의 가운데 칸에 끼운다. 오븐을 175℃로 예열한다. 33×23cm 크기의 베이킹 접시에 기름을 살짝 바른다. 숟가락으로 소스 1컵을 베이킹 접시에 떠 넣는다. 치킨 커틀릿이 서로 살짝 겹치도록 소스 위에 가지런히 놓는다.
다음을 훌훌 뿌린다.

강판에 간 파르메산 치즈 ¼컵

남은 소스를 끼얹는다. 맨 위에 다음을 뿌린다.

잘게 썬 모차렐라 치즈 1⅓컵 또는 얇게 저민 모차렐라 치즈 170g

강판에 간 파르메산 치즈 ½컵(55g)

포일로 덮어서 오븐에 넣고 속까지 뜨거워지도록 20~30분간 굽는다. 윗면을 갈색으로 구우려면 포일을 걷어내고 뜨거운 직화 오븐 아래에서 잠깐 굽는다.
다음을 뿌려서 뜨거울 때 낸다.

굵게 썬 파슬리

치킨 핑거

4인분

디핑 소스와 함께 내면 근사한 오르되브르가 되며, 특히 아이들이 아주 좋아한다. 다음을 준비한다.

뼈와 껍질을 제거한 닭 가슴살 4개(약 900g)

안심이 붙어 있으면 가슴살의 아래쪽에서 떼어내고 흰색 힘줄을 제거한다. 가슴살을 세로 방향으로 6등분한다. 밀가루를 묻히고 달걀물에 담갔다가 빵가루를 입혀서 **치킨 밀라네제** 또는 **치킨가스**의 설명에 따라 조리한다. 취향에 따라 다음을 곁들여 낸다.

(마리나라 소스, 랜치 드레싱 또는 허니 머스터드 디핑 소스)

치킨 키이우(Chicken Kieu)

4인분

뼈와 껍질을 제거한 닭 가슴살을 두드려 넓게 편 뒤 양념한 버터를 넣고 돌돌 말아서 빵가루를 입혀 튀기는 우크라이나 요리다. 실패하지 않는 비결은 닭고기를 단단하게 말고 빵가루를 골고루 묻혀서 튀길 때 버터가 흘러나오지 않게 하는 것이다. 닭고기는 하루 전에 손질해서 준비해둘 수 있다. 닭고기를 두드려서 커틀릿 모양으로 만들 때의 요령은 잘게 썰기, 다지기 및 두드려서 펴기 항목을 참고한다.
중간 크기의 그릇에 다음을 넣고 나무 숟가락 뒷면이나 전기 반죽기를 사용해 잘 저으면서 섞는다.

버터 스틱 1개(115g), 말랑하게 녹이기

레몬즙 1큰술

다진 파슬리 1큰술

(다진 차이브 1큰술)

마늘 1쪽, 다지거나 강판에 갈기

소금 ½작은술

흑후추 ¼작은술

파라핀지 위에 버터를 놓고 10×7.5cm 크기의 직사각형 모양으로 만든다. 네모난 버터를 파라핀지에 싸서 냉장고에 2시간 넣어둔다. 다음을 준비한다.

뼈와 껍질을 제거한 닭 가슴살 4개(약 900g)

가장자리의 기름기를 떼어낸다. 가슴살을 하나씩 파라핀지 사이에 끼우고 나무망치나 밀대로 얌전히 두드려 6mm 두께로 얇게 편다. 양쪽 면에 다음으로 밑간을 한다.

소금과 흑후추

차갑게 식힌 버터를 수평으로 잘라서 2.5×7.5cm 크기의 버터 조각 4개를 만든다. 매끄러운 쪽이 아래로 가도록 닭 가슴살을 조리대에 가지런히 놓는다. 닭 가슴살의 뾰족한 쪽에서 약 ⅓ 정도 올라간 지점에 버터 조각을 하나씩 얹는다. 아래 그림처럼 뾰족한 쪽을 버터 위로 덮어서 돌돌 말고 양옆을 접어서 버터를 완전히 감싼다.

넓고 얕은 그릇에 다음을 넣고 섞는다.

마른 빵가루 2컵

소금 1작은술

흑후추 1작은술

다른 그릇에 다음을 넣고 세게 저어서 잘 푼다.

대란 2개

물 1큰술

접시 위에 다음을 얇게 펴서 깐다.

밀가루 ½컵

돌돌 만 닭 가슴살의 양쪽 끝까지 밀가루를 골고루 묻히고 달걀물에 담갔다가 빵가루를 전체적으로 입힌다. 빵가루가 잘 달라붙도록 숟가락으로 톡톡 두드린다. 오븐 팬에 받침대를 놓고 말아둔 닭 가슴살의 이음매 쪽이 아래로 가도록 올린 다음 비닐랩을 헐겁게 씌워서 1~8시간 동안 냉장고에 넣어둔다.
커다란 프라이팬을 중강불에 올리고 다음을 둘러서 175~185℃로 달군다.

식물성 기름 ½컵

이음매가 아래로 가도록 말아놓은 닭 가슴살을 프라이팬에 넣고 아래쪽이 밤색으로 변할 때까지 2~3분간 튀긴다. 이쪽저쪽 뒤집어가면서 모든 면이 갈색이 되도록 각각 1~2분씩 튀긴다. 키친타월에 올려놓고 기름을 뺀 후 즉시 낸다.

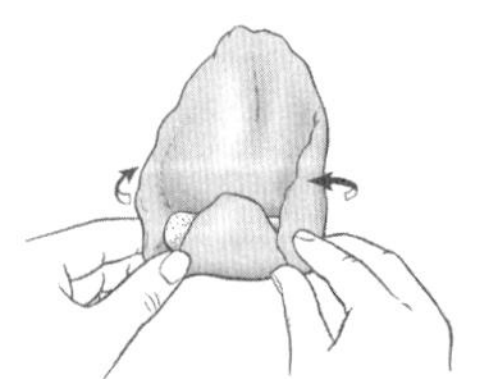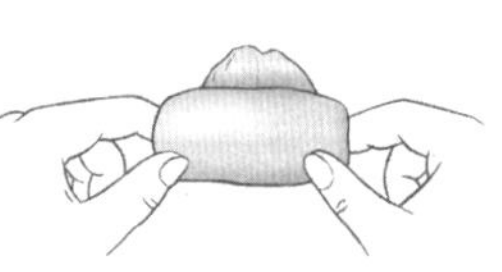

치킨 키이우 만들기

치킨 코르동 블뢰(Chicken Cordon Bleu)

4인분

닭고기로 햄과 치즈를 말아서 튀긴 요리다. 다음을 준비한다.

　　뼈와 껍질을 제거한 닭 가슴살 4개(약 900g)

가장자리의 기름기를 떼어낸다. 가슴살을 하나씩 파라핀지 사이에 끼우고 나무망치나 밀대로 두드려 약 1cm 두께로 얇게 편다. 양쪽 면에 다음으로 밑간을 한다.

　　소금 1작은술

　　흑후추 1작은술

매끄러운 쪽이 아래로 가도록 가슴살을 조리대에 가지런히 놓는다. 닭 가슴살의 절반에 다음을 올린다.

　　얇게 저민 햄 또는 프로슈토 슬라이스 1장(총 4장)

가장자리에 약간의 공간을 남기고 햄 슬라이스 위에 다음을 얹는다.

　　얇게 저민 그뤼에르 또는 다른 스위스 치즈 1장(총 4장)

닭 가슴살의 나머지 절반을 햄과 치즈 위로 덮고 가장자리를 꼭꼭 눌러서 봉한다. 넓고 얕은 그릇에 다음을 넣고 섞는다.

　　마른 빵가루 1컵

　　다진 파슬리 ¼컵

　　소금 1작은술

　　흑후추 ½작은술

얕은 그릇에 다음을 넣고 세게 저어서 잘 푼다.

　　대란 2개

　　물 1큰술

접시 위에 다음을 얇게 펴서 깐다.

　　밀가루 ¼컵

닭 가슴살의 양쪽 면에 밀가루를 골고루 묻히고 달걀물에 담갔다가 빵가루를 전체적으로 입힌다. 빵가루가 잘 달라붙도록 손가락으로 톡톡 두드린다. 접시에 얹어서 한쪽에 둔다. 크고 묵직한 프라이팬을 중강불에 올리고 다음을 둘러서 연기가 나기 직전까지 달군다.

　　식물성 기름 3큰술

돌돌 만 닭가슴살을 프라이팬에 넣고 양쪽 면이 모두 갈색으로 익을 때까지 한 면당 3~4분씩 튀긴다. 키친타월에 올려놓고 기름을 뺀 후 즉시 낸다.

닭고기 마늘 볶음

4인분

볶음 항목을 참고한다.

중간 크기의 그릇에 다음을 넣고 골고루 섞이도록 젓는다.

　　옥수숫가루 1큰술

　　사오싱주, 드라이 셰리 또는 드라이 화이트와인 1큰술

　　간장 2작은술

　　굴 소스 2작은술

　　소금 1작은술

　　설탕 1작은술

3.8×1.2cm 크기로 길쭉하고 얇게 썬다.

　　뼈와 껍질을 제거한 닭 가슴살 또는 넓적다리살 680g

간장 양념을 붓고 뒤적이며 양념을 묻힌다. 비닐랩으로 덮어서 20~30분간 재운다. 다음을 준비한다.

　　마늘 2쪽, 다지기

　　생강 2.5cm짜리 1조각, 껍질을 벗겨서 다지기

　　닭 육수 또는 국물 ⅔컵

　　손질한 깍지완두 ½컵

　　양파 중간 크기 ½개, 6mm 두께의 슬라이스로 썰기

　　쪽파 3대, 세로로 반 자르고 5cm 길이로 썰기

작은 그릇에 다음을 넣고 잘 섞는다.

　　해선장 1큰술

　　케첩 1큰술

　　참기름 2작은술

　　간장 1½작은술

　　굵게 빻은 고춧가루 ½작은술

웍이나 커다란 프라이팬을 강불에 올려서 뜨겁게 달군다. 다음을 두른다.

　　식물성 기름 2큰술

다진 마늘과 생강을 넣고 연한 갈색으로 변할 때까지 살짝 볶는다. 닭고기를 넣고 서로 달라붙지 않게 빠르게 젓거나 뒤집어준다. 얇게 썬 양파를 넣고 뒤적이면서 약 3분간 볶는다. 닭 육수를 붓고 육수가 골고루 뜨거워질 때까지 저으면서 조리한다. 깍지완두를 넣고 다시 저은 다음 뚜껑을 덮고 2분간 끓인다. 해선장 혼합물을 넣고 닭고기에 골고루 양념이 묻을 때까지 살살 젓는다. 쪽파를 훌훌 뿌리고 얌전히 저은 후 다음을 곁들여 즉시 낸다.

　　단립종 쌀밥

프라이드 치킨(닭튀김)에 대해

맛있게 잘 튀긴 프라이드 치킨이란 겉은 바삭하고 감칠맛이 나며 속은 육즙이 풍부하고 부드럽게 익은 것이다. 이렇게 이상적인 프라이드 치킨을 만들기 위해서는 몇 가지 변수에 유의해야 한다.

　　우선 닭을 튀기는 기름 온도는 닭을 넣었을 때 경쾌하게 지글지글 끓어오를 정도로 뜨거워야 하는데, 닭이 속까지 잘 익기 전에 껍질이 갈색으로 변해버릴 정도로 뜨거워서는 안 된다. 기름 온도가 튀김에 적당한지 확인할 수 있는 가장 좋은 방법은 조리용 온도계를 사용하는 것이다. 대부분 175℃ 정도가 튀김에 적합하다. 닭을 넣으면 기름 온도가 급격히 떨어지므로 원래 온도로 다시 올라갈 때까지 화력을 강불로 유지해야 한다. 기름 온도를 자주 확인하면서 너무 올라가거나 내려가지 않도록 한다. 같은 맥락에서 ▶ 한꺼번에 튀김 재료를 너무 많이 넣으면 기름 온도가 갑자기 내려가며 다시 올라갈 때까지 시간도 오래 걸리므로 주의한다.(이렇게 되면 기름기가 너무 많아서 튀김이 느끼해진다.)

　　두 번째로 고려해야 할 요소는 닭 조각이 너무 크면(특히 뼈 있는 가슴살의 경우) 겉이 갈색으로 익는 동안 속까지 충분히 익히기 어렵다는 점이다. 커다란 닭 가슴살을 가로로 반 자르면 이 문제를 어느 정도 해결할 수 있다. 조리용 온도계를 사용하고 기름 온도에 계속 신경을 쓸 뿐만 아니라 닭을 적당한 크기로 잘라서 사용하더라도, 겉면이 아주 먹음직스럽게 갈색으로 바싹 익는 동안 속은 제대로 익지 않을 때가 있다. ▶ 당황하지 말자. 오븐 팬에 기름을 바른 받침대를 놓고 닭을 올려 93℃의 오븐에 넣어서 속이 잘 익을 때까지 굽는다.

　　튀김에 사용하는 기름도 중요하다. 일부 프라이드 치킨 애호가들은 식물성 기름, 정제 버터, 라드 또는 베이컨 기름 등 여러 종류의 기름을 섞어서 사용한다. 강한 풍미를 선호하지 않는 편이라면 식물성 기름 및/또는 쇼트닝만 사용한다. 일반 버터는 유고형분이 분리되어 프라이팬의 바닥에 가라앉아 타버리기 때문에 튀김에는 절대 사용하지 않는다. 엑스트라 버진 올리브유를 비롯해 발연점이 비교적 낮은 기름도 튀김에 적합하지 않다.

프라이드 치킨에 사용할 닭은 반드시 사전에 염지하거나(가금류 염지에 대해 항목을 참고한다.) 양념장에 재워두기를 권장한다. 양념장으로는 닭의 육질이 연해지고 밑간이 잘될 뿐만 아니라 농도가 걸쭉해서 빵가루가 잘 달라붙는 버터밀크 양념장을 가장 보편적으로 사용한다. 우리가 프라이드 치킨을 재울 때 가장 편리하게 사용하는 '시판' 양념장은 딜 피클용 소금물이다. 닭고기를 재울 수 있을 만큼 충분한 분량의 소금물을 확보하려면 피클을 몇 병은 먹어야 하겠지만, 덕분에 닭을 튀겨 먹는 간격이 자동으로 길어지는 효과가 있다. 피클용 소금물을 사용해서 닭을 재울 때는 4시간을 넘기지 않도록 주의한다. 하지만 그냥 일반 소금물을 사용해도 닭에 골고루 밑간이 배고 조리하는 동안 촉촉하게 유지되는 효과가 있다.

튀김 가루로는 양념한 밀가루가 가장 간단하고 대표적이며 맛도 좋지만 다른 재료도 사용할 수 있다. 옥수수 전분이나 감자 전분을 섞어서 사용하면 껍질이 더욱 바삭해진다. 일반 마른 빵가루, 입자가 굵은 빵가루 또는 콘플레이크 시리얼을 고르게 부숴 사용하면 더 바삭바삭한 튀김을 즐길 수 있다. ▶ 튀김 가루와 빵가루 옷, 코팅에 대한 자세한 내용은 703쪽을 참고한다. 튀김 가루를 묻힌 다음 테두리 있는 오븐 팬에 철망 받침대를 놓고 닭을 올려서 위를 덮지 않은 상태로 냉장고에 넣어 1시간~하룻밤 정도 수분을 날리면 코팅이 쫀쫀하게 달라붙고 더 바삭해진다.

닭을 튀긴 다음에는 철망 받침대 위에 올려놓고 공기가 통하게 해야 기름도 빠지고 바삭한 식감이 유지된다. 종류를 막론하고 모든 프라이드 치킨은 뜨거워도 맛있고 차가워도 맛있지만 먹다 남은 프라이드 치킨은 확실히 바삭한 맛이 떨어진다. 기름을 넉넉히 넣고 튀기는 방법에 대해서는 딥 프라잉 항목을 참고한다. 보통 전채로 내는 닭튀김 요리는 버펄로 치킨 윙과 태국식 치킨 윙 레시피를 참고한다.

프라이팬에 조리한 프라이드 치킨

4~6인분

이 프라이드 치킨은 바사삭 소리를 내며 씹히는 껍질과 독특한 적갈색을 특징으로 한다. 버터밀크 양념장은 필수 재료는 아니지만 가능한 한 사용하기를 권한다. 다른 양념장이나 소금물, 튀김 가루를 사용해 레시피를 응용하려면 프라이드 치킨에 대해 항목을 참고한다.

다음을 준비한다.

뼈 있는 절단 닭 1.6~2kg

다리는 넓적다리와 아랫다리로 분리하고, 가슴살은 가로 방향으로 반 자른다. 닭을 양념장에 재워서 구우려면 다음을 준비한다.

(버터밀크 양념장)

닭을 넣고 뒤적이면서 양념장을 골고루 묻힌다. 뚜껑을 덮어 냉장고에 넣고 4시간~하룻밤 동안 재운다. 양념장에서 닭을 건져 여분의 양념장을 털어낸다. 튼튼한 지퍼백에 다음을 넣고 흔들어서 섞는다.

밀가루 1½컵

옥수수 전분 ½컵

소금 2작은술

흑후추 1작은술

(카엔 고춧가루 ¼작은술)

닭을 몇 조각씩 지퍼백에 넣고 흔들어 튀김 가루를 골고루 묻힌다. 오븐 팬에 받침대를 놓고 닭을 올린 후 실온에서 30분 정도 물기를 날리거나 냉장고에 하룻밤 넣어두면 더 바삭한 튀김을 즐길 수 있다.(냉장고에 넣어둔 닭은 미리 꺼내서 실온 상태가 되면 튀긴다.)

오븐을 93℃로 예열한다. 깊고 묵직한 프라이팬(무쇠 팬 권장)을 중강불에 올리고 기름을 다음 높이로 부어서 가열한다.

식물성 쇼트닝, 녹인 라드, 식물성 기름 또는 이를 섞어서 1.2cm

기름이 뜨겁게 달궈지면(약 175℃ 또는 작은 닭고기 조각을 기름에 넣었을 때 바글바글 끓어오를 때) 껍질이 아래로 가도록 닭 조각을 조심스럽게 뜨거운 기름에 넣는다. 한꺼번에 너무 많이 넣지 않도록 주의하고, 전체 분량에 따라 몇 번에 나눠 튀긴다. 한쪽 면이 갈색으로 익도록 10분 정도 튀기는데, 우선 5분 정도 튀기다가 확인하고 골고루 노릇하게 익지 않으면 닭을 이리저리 움직여준다. 너무 빨리 갈색으로 변한다 싶으면 불을 낮춘다. 집게로 닭을 뒤집어 반대쪽도 진한 갈색이 될 때까지 10~12분간 튀긴다. 가슴살은 내부 온도가 70℃, 넓적다리와 아랫다리는 80℃에 도달해야 다 익은 것이다. 키친타월을 깐 오븐 팬에 받침대를 놓고 튀긴 닭을 올려놓거나 갈색 종이봉투에 담아 나머지 닭을 전부 튀길 때까지 오븐에 넣어두고 따뜻하게 보관한다.

닭을 전부 튀기고 나면 프라이팬에서 기름을 따라내고 바닥에 달라붙은 갈색 조각은 그대로 둔 상태에서 우유를 부어 다음을 만들어도 좋다.

(기본 팬 그레이비)

소스를 식탁에 따로 낸다.

바삭한 프라이드 치킨

4인분

프라이드 치킨에서 살코기와 함께 바삭한 껍질을 더 많이 먹고 싶을 때 이 레시피를 시도해보자. 프라이드 치킨에 대해 및 딥 프라잉 항목을 참고한다.

다음을 준비한다.

뼈 있는 절단 닭 1.6~2kg

다리는 넓적다리와 아랫다리로 분리하고, 가슴살은 가로 방향으로 반 자른다. 중간 크기의 그릇에 다음을 넣고 세게 저어 잘 섞는다.

우유 또는 버터밀크 ½컵

대란 2개

소금 1작은술

접시에 다음을 넣고 섞는다.

밀가루 1½컵

소금 2작은술

흑후추 2작은술

닭고기를 뒤적이며 양념 밀가루를 입히고 달걀물에 담가 골고루 묻힌다. 달걀물에서 닭을 건져 여분의 달걀물을 털어낸다. 한 번 더 양념 밀가루를 입힌 다음 오븐 팬에 받침대를 놓고 닭고기를 올려서 실온에서 30분 정도 물기를 날리거나 냉장고에 하룻밤 넣어두면 더 바삭한 튀김을 즐길 수 있다.(달걀물은 닭과 함께 냉장고에 넣어두고, 둘 다 미리 꺼내서 실온 상태로 만든 후에 튀긴다.)

오븐을 93℃로 예열한다. 튀김기나 깊고 묵직한 냄비를 중강불에 올리고 다음 높이로 기름을 부어서 175℃가 되도록 가열한다.

식물성 기름, 쇼트닝, 라드 또는 이를 섞어서 7.5cm

가슴살을 뒤적이며 양념 밀가루를 입힌 다음 달걀물에 담가 골고루 묻힌다. 달걀물에서 닭을 건져 여분의 달걀물을 털어내고 다시 양념 밀가루를 입힌다. 뜨거운 기름에 닭을 넣고 겉은 고루 갈색으로 익으면서 내부 온도는 70℃에 도달할 때까지 튀긴다. 이때 집게로 닭을 여러 번 뒤집어주고 기름 온도는 160~182℃ 사이를 유지한다. 키친타월을 깐 오븐 팬에 받침대를 놓고 튀긴 닭을 올려놓거나 갈색 종이봉투에 담아 오븐에 넣어 따뜻하게 보관한다. 넓적다리와 아랫다리도 튀김옷을 두 번씩 입혀서 갈색으로 먹음직스럽게 익고 내부 온도가 80℃에 도달할 때까지 튀긴다. 취향에 따라 다음을 곁들여 낸다.

　(레물라드 소스 또는 따뜻한 꿀)

내슈빌 핫 치킨
4인분

테네시주 내슈빌에 있는 프린스 핫 치킨 섁(Prince's Hot Chicken Shack)이라는 식당에서 처음 탄생한 이 프라이드 치킨은 아주 바삭하고 매콤하며 어찌나 육즙이 풍부한지 처음 먹었을 때 말문이 막힐 정도였다. 이 요리를 제대로 즐기려면 풍미 진한 기름과 닭의 육즙을 빵이 전부 흡수할 수 있도록 프라이드 치킨을 흰 빵 위에 올려서 낸다.

오븐을 93℃로 예열한다. 다음을 만들어서 오븐에 넣어 따뜻하게 보관한다.

　바삭한 프라이드 치킨

먼저 닭을 몇 조각 튀긴 다음, 튀김 기름 ½컵을 중간 크기의 내열 용기에 조심스럽게 붓고 다음을 넣어서 세게 젓는다.

　카옌 고춧가루 1~4큰술(매운맛을 얼마나 선호하느냐에 따라 양을 조절)

　갈색 설탕 1큰술

　스위트 파프리카 가루 1작은술

　마늘 가루 1작은술

　소금 ½작은술

닭을 전부 다 튀기면 매콤한 기름을 모든 프라이드 치킨 조각에 바르고(반드시 기름을 전부 사용할 필요는 없다.) 다음과 함께 즉시 낸다.

　흰 샌드위치 빵 슬라이스, 굽지 않은 것

　얇게 저민 딜 피클

오븐 프라이드 치킨
4~6인분

다음을 준비한다.

　뼈 있는 절단 닭 1.6~2kg

커다란 닭 가슴살을 사용한다면 가로로 반씩 자른다. 다음을 준비한다.

　버터밀크 양념장

닭을 넣고 뒤적이면서 양념장을 골고루 묻힌다. 뚜껑을 덮어 4시간~하룻밤 냉장고에 넣어둔다.

받침대를 오븐 가운데에 끼운다. 오븐을 220℃로 예열한다.

넓고 얕은 그릇에 다음을 넣고 섞는다.

　입자가 굵은 빵가루 2컵

　(강판에 곱게 간 파르메산, 로마노 또는 페코리노 치즈 ½컵[55g])

　고춧가루 1작은술

　소금 1작은술

　흑후추 ½작은술

얕은 그릇에 다음을 깨뜨려 넣고 잘 푼다.

　대란 2개

얕은 그릇을 하나 더 준비해 다음을 붓는다.

　밀가루 ¾컵

양념장에서 닭을 건져 여분의 양념장을 털어낸다. 닭에 밀가루를 골고루 묻혀 달걀물에 담갔다가 빵가루를 전체적으로 입히고 빵가루가 잘 달라붙도록 손가락으로 톡톡 두드린다. 테두리 있는 오븐 팬에 받침대를 놓고 껍질이 위로 가도록 닭을 가지런히 올린다. 닭 위에 다음을 살짝 뿌린다.

　버터 스틱 1개(115g), 녹이기 또는 식물성 기름

닭 가슴살의 내부 온도가 70℃에 도달하도록 35~40분간 굽는다. 필요하면 닭 가슴살을 꺼내서 플래터에 옮겨 담고, 넓적다리와 아랫다리의 내부 온도가 80℃에 도달할 때까지 10분간 더 굽는다.

삶은 닭, 닭고기 스튜 및 조림에 대해
삶은 닭 자체는 맛이 다소 심심하다고 생각할지 모르지만 엔칠라다, 샐러드, 수프, 캐서롤 등 매우 다양한 요리의 기본 토대 역할을 할 수 있으므로 활용도가 높다. 기름을 사용해 가금류를 데치듯이 조리하는 요리는 오리고기 또는 거위고기 콩피 레시피를 참고한다. 데치기에 관한 자세한 내용은 1114쪽에 소개되어 있다.

전 세계 곳곳에서 닭고기로 만든 프리카세, 스튜, 라구를 다양한 형태로 즐긴다. 이러한 요리들은 비슷한 것 같으면서도 다른데, 모두 와인이나 육수에 닭을 넣어 조리면서 채소나 다른 추가 재료를 함께 넣는 경우가 많다는 공통점이 있다. 또한 프리카세처럼 조리기 전에 닭을 살짝 볶아서 넣기도 한다. 조림 국물은 풍미가 근사한 소스나 그레이비가 되며, 걸쭉하게 졸이거나 크림을 넣어 더 진한 맛을 낼 수도 있다. 코코뱅 같은 몇몇 조림 요리는 가르니튀르(garniture)를 따르는데, 가르니튀르란 채소를 따로 익힌 후 조림이 거의 마무리될 즈음 넣어서 신선한 풍미뿐만 아니라 부드럽게 푹 익은 고기 및 다른 채소와의 대조적인 식감을 즐길 수 있게 하는 조리법이다.

조림은 가정용 레인지 또는 오븐에서 조리할 수 있다. 오븐은 따로 신경 쓰지 않아도 온도가 일정하게 유지되므로 손이 덜 간다는 장점이 있다. 그냥 오븐을 150℃로 예열하고 재료가 담긴 냄비의 뚜껑을 덮어서 오븐에 넣은 후 정해진 시간만큼(또는 부드러워질 때까지) 조리하면 된다. 닭고기 조림은 압력 조리에도 아주 적합한 요리다.

닭고기 조림 레시피를 압력솥에 응용하려면 1119쪽을 참고한다.

닭고기 조림 요리는 쿠스쿠스, 밥, 에그누들, 삶은 감자, 슈페츨레 또는 바삭한 빵과 함께 먹으면 좋다. 이어서 소개한 레시피 외에도 가금류 수프에 대해 항목과 브런즈윅 스튜, 닭고기, 레몬, 올리브를 곁들인 쿠스쿠스, 카오소이까이 레시피를 참고한다.

삶은 닭
4인분

닭고기 또는 칠면조고기 파이, 닭고기 샐러드 또는 엔칠라다 등에 사용할 닭고기를 준비하기에 아주 좋은 방법이다. 이 방법으로 칠면조나 오리, 거위고기를 조리해도 좋다. 오리고기나 거위고기가 익었는지 확인하는 방법은 오리와 거위에 대해 항목을 참고한다.

더치오븐에 다음을 넣는다.

뼈 있는 절단 닭 1.6kg 또는 뼈와 껍질을 제거한 절단 닭 900g

당근 1개, 5cm 길이로 썰기

셀러리 줄기 2개, 5cm 길이로 썰기

닭 육수 또는 국물 2컵

양파 중간 크기 1개, 4등분하기

파슬리 잔가지 2개

타임 잔가지 2개

월계수 잎 1장

닭고기 위로 5cm 정도 올라오도록 물을 넉넉히 붓는다. 뭉근히 끓어오르도록 가열한 뒤, 국물이 거의 보글거리지 않을 정도로 불을 줄인다. 뚜껑을 반만 덮고 닭고기를 포크로 찔러보면 맑은 육즙이 나올 때까지 뼈 있는 닭은 20~25분, 뼈 없는 닭은 10분 정도 삶는다. 닭 가슴살의 내부 온도는 74℃, 넓적다리와 아랫다리는 80~82℃가 되어야 한다. 닭고기를 건져서 식힌다. 남아 있는 껍질과 뼈를 발라낸 후 한입 크기로 썰거나 찢는다. 닭 삶은 국물의 기름을 걷어내고 체에 걸러서 채소는 버린다. 이 국물은 바로 사용하거나 식혀서 냉장고 또는 냉동실에 보관했다가 이후에 다른 요리에 활용한다.

닭고기 간장 조림
4~6인분

마음이 따뜻해지는 하와이식 요리로 김이 모락모락 나는 쌀밥 위에 얹어서 먹으면 생강 풍미의 진하고 달콤한 조림 국물이 밥에 배어들어 가장 맛있게 즐길 수 있다. 이 레시피만큼 쉽고 간단하면서 만족감을 느낄 수 있는 요리도 드물다. 닭의 껍질을 벗겨서 사용하면 국물에 떠다니는 기름기가 적지만, 우리는 닭기름이 잘 녹아난 소스의 진한 맛을 즐긴다.(넓적다리의 절반만 껍질을 벗겨서 사용하는 절충안도 있다.)

더치오븐이나 커다란 편수 냄비에 다음을 넣고 섞는다.

뼈 있는 닭 넓적다리살 1.6kg, 취향에 따라 껍질을 제거하기

간장 1½컵

물 1컵

갈색 설탕, 꾹 눌러 담아 ⅔컵

생강 5cm짜리 1조각, 껍질을 벗기고 다지기

쪽파 6대, 굵게 썰기, 진한 녹색 부분은 따로 보관

마늘 4쪽, 으깨기

중강불에 올려 뭉근히 끓어오르도록 가열한 뒤, 물이 거의 보글거리지 않을 정도로 불을 줄인다. 뚜껑을 반만 덮고 넓적다리살의 내부 온도가 80℃에 도달할 때까지 약 30분간 조리한다. 넓적다리살을 테두리 있는 오븐 팬이나 플래터에 옮겨 담고 포일로 느슨하게 덮어서 따뜻하게 보관한다. 중강불로 올려서 국물이 팔팔 끓어오르면 가끔 저으면서 원래 부피의 약 절반으로 줄어들 때까지 졸인다. 취향에 따라 넓적다리살에서 껍질과 뼈를 발라내고, 다음 위에 얹어서 낸다.

단립종 흰쌀밥

맨 위에 소스를 넉넉하게 뿌린다. 따로 보관해두었던 쪽파의 진한 녹색 부분을 송송 썰어서 접시에 다음과 함께 뿌린다.

볶은 참깨

크림소스 닭고기
4~6인분

진한 크림소스에 삶아서 잘게 썬 닭고기를 넣어 조리한 이 요리는 쌀밥이나 파스타, 토스트 위에 얹어서 먹거나 고기 파이 또는 캐서롤의 기본 재료로 활용할 수 있다.

I. 삶은 닭으로 만들기
다음을 만든다.

삶은 닭

닭 삶은 국물은 따로 보관해둔다. 닭고기를 썰거나 찢은 후, 커다란 편수 냄비를 중약불에 올리고 다음을 넣어 녹인다.

버터 4큰술(버터 스틱 ½개)

다음을 넣고 부드러워질 때까지 젓는다.

중력분 ⅓컵(밥, 파스타, 토스트 위에 얹어서 낼 때) 또는 ½컵(고기 파이나
　　캐서롤에 사용할 때)

큰 동작으로 계속 저으면서 1분간 조리한다. 냄비를 불에서 내린다. 따로 보관해둔 닭 삶은 물 2컵을 넣고 부드러워질 때까지 젓는다. 다음을 넣고 섞는다.

일반 우유 또는 하프앤드하프 1½컵

냄비를 다시 불에 올리고 불의 세기를 올려 계속 저으면서 뭉근히 끓어오를 때까지 가열한다. 냄비의 안쪽 면을 긁으면서 세게 저어서 덩어리를 푼다. 1분간 뭉근히 끓인다. 삶은 닭을 넣고 다시 뭉근히 끓어오르도록 가열한 다음 1분간 더 조리한다. 불을 끄고 다음을 적당량 넣어 간을 맞춘다.

레몬즙

소금과 백후추 또는 흑후추

II. 먹다 남은 닭고기로 만들기
먹다 남은 닭고기 잘게 썬 것 4컵을 사용해 위의 버전 I을 만든다. 소스를 만들 때는 닭 삶은 국물 대신 시판 또는 수제 닭 육수 2컵을 사용한다.

마늘 40쪽을 넣은 닭고기 요리
6~8인분

이 요리를 만들 때는 전통적으로 뚜껑이 있는 캐서롤 용기를 사용한다. 따라서 속살은 육즙이 풍부하게 완성되지만 껍질은 갈색으로 익지 않는다. 우리는 껍질의 풍미를 최대한 즐기기 위해 캐서롤 용기에 넣기 전에 닭의 표면을 갈색으로 굽는 방법을 선호한다. 닭 껍질을 선호하지 않는다면 이 단계를 건너뛰어도 상관없다.

받침대를 오븐의 가운데 칸에 끼운다. 오븐을 190℃로 예열한다.

다음을 준비한다.

뼈 있는 절단 닭 1.6kg 또는 1.8kg짜리 통닭 1마리

통닭을 사용할 때는 목과 내장을 잘라내고 닭을 10조각으로 토막 낸다.(날가금류를 토막 내는 방법에 대해 항목을 참고한다.)

다음으로 닭에 밑간한다.

소금 1½작은술

더치오븐을 중강불에 올리고 다음을 둘러서 가열한다.

식물성 기름 2큰술

닭을 몇 번에 나눠 넣고 양쪽 면을 모두 갈색으로 지진다. 갈색으로 익힌 닭을 접시에 옮겨 담고 더치오븐에 다음을 넣는다.

닭 육수나 국물 2컵 또는 필요에 따라 적당량

드라이 화이트와인 1컵 또는 필요에 따라 적당량

마늘 3통, 껍질은 까지 않고 1쪽씩 분리하기

신선한 타임 잎 2작은술 또는 말린 타임 1작은술

굵게 썬 신선한 세이지 2작은술 또는 말린 세이지 1작은술

다진 신선한 로즈메리 1작은술 또는 말린 로즈메리 ½작은술

흑후추 ½작은술

부르르 끓어오르도록 가열하고, 나무 숟가락으로 더치오븐의 바닥에서 갈색 조각을 긁어낸다. 껍질이 위로 가도록 닭고기를 다시 더치오븐에 넣고 뚜껑을 덮어서 오븐에 넣는다. 20분간 굽는다. 오븐 온도를 230℃로 올리고 뚜껑을 열어서 가슴살의 내부 온도가 70℃가 될 때까지 25분 정도 조리한다. 가슴살을 접시에 옮겨놓고 넓적다리와 아랫다리의 내부 온도가 80℃에 도달할 때까지 약 10분간 더 조리한다. 닭이 전부 다 익으면 가슴살을 다시 더치오븐에 넣는다. 조리하는 동안 항상 바닥에 국물이 자작하게 있어야 하며, 필요하면 와인이나 육수를 조금 더 붓는다.

닭고기와 마늘을 건져서 따뜻하게 보관한다. 더치오븐에 남은 육즙과 국물에서 최대한 기름기를 숟가락으로 걷어낸다. 국물이 너무 묽고 풍미가 연하면 강불에 팔팔 끓여서 졸인다. 마늘 10쪽의 껍질을 까고 으깨서 페이스트 상태로 만들고 소스에 넣어 섞은 후 1분간 팔팔 끓인다. 소스를 불에서 내린다. 취향에 따라 다음을 넣고 젓는다.

(다진 파슬리 2큰술 또는 다진 타임, 타라곤 또는 로즈메리 2작은술)

다음을 적당량 넣어 간을 맞춘다.

소금과 흑후추

플래터에 닭을 가지런히 담는다. 소스를 떠서 닭고기 위에 얹고 주변에 마늘을 훌훌 뿌린다.

코코뱅(Coq au Vin, 닭고기 와인 조림)

4인분

장탉(프랑스어로 코크coq)이 나이가 들어 더 이상 울지 않으면 이 프랑스 전통 조림 요리의 주재료로 사용한다. 보통 레드와인으로 만들지만 화이트와인을 사용하고 싶다면 리슬링이나 샤르도네처럼 과일 향이 풍부한 종류를 쓰는 것이 좋다. 이 레시피는 마트에서 파는 연한 영계를 기준으로 한다. 장탉이나 노계를 사용한다면 이 레시피의 조리 시간보다 훨씬 더 오래 조려야 아주 부드럽게 익는다. 요리에 사용하고 남은 소스는 외프 앙 뫼레트를 만들 때 활용할 수 있다.

다음을 준비한다.

뼈 있는 절단 닭 1.8kg 또는 1.8~2kg짜리 통닭 1마리

통닭을 사용할 때는 목과 내장을 잘라내고 닭을 10조각으로 토막 낸다.(날가금류를 토막 내는 방법에 대해 항목을 참고한다.)

다음으로 닭에 밑간한다.

소금 2작은술

흑후추 1작은술

더치오븐을 중강불에 올리고 다음을 갈색이 될 때까지 굽는다.

두껍게 썬 베이컨 4조각, 가로 방향으로 6mm 두께로 썰기

구운 베이컨을 접시에 옮겨 담는다. 더치오븐에 겹치지 않도록 최대한 닭을 많이 넣고 양쪽 면이 모두 갈색으로 익도록 약 7분간 지진다. 접시에 옮겨 담는다. 나머지 닭도 같은 방법으로 갈색이 되도록 지진다. 더치오븐에 기름을 3큰술만 남기고 전부 따라낸다. 다음을 넣는다.

양파 중간 크기 1개, 굵게 썰기

당근 1개, 굵게 썰기

가끔 저으면서 부드러워질 때까지 10분 정도 볶는다. 다음을 넣고 젓는다.

중력분 3큰술

약불로 줄인다. 계속 저으면서 밀가루가 연한 갈색으로 변하기 시작할 때까지 5분 정도 볶는다. 다음을 넣고 젓는다.

드라이 레드와인 3컵

닭 육수 또는 국물 1컵

토마토 페이스트 2큰술

월계수 잎 2장

말린 타임 ½작은술

말린 마저럼 또는 오레가노 ½작은술, 잘게 부수기

강불로 올려 소스를 팔팔 끓이면서 계속 젓는다. 베이컨과 닭, 접시에 고여 있는 국물을 다시 더치오븐에 넣는다. 소스가 다시 부르르 끓어오르면 불을 줄여 아주 은근히 끓는 상태를 유지하면서 뚜껑을 덮고 가슴살의 내부 온도가 70℃에 도달하도록 25분 정도 조리한다. 가슴살을 접시에 옮겨 담고 넓적다리와 아랫다리의 내부 온도가 80℃에 도달할 때까지 약 10분간 더 조리한다. 닭이 전부 다 익으면 가슴살을 다시 더치오븐에 넣는다.

그동안 널찍한 프라이팬을 중강불에 올리고 다음을 넣어 녹인다.

버터 3큰술

취향에 따라 다음을 추가한다.

(방울양파 1½컵, 껍질을 벗기기)

자주 저으면서 연한 갈색으로 변하고 부드러워지기 시작할 때까지 5~8분간 볶는다. 다음을 넣는다.

버섯 225g, 얇게 썰기

버섯에서 국물이 빠져나올 때까지 저으면서 볶는다. 프라이팬을 불에서 내린다. 닭을 플래터에 옮겨 담고 포일로 덮어둔다. 월계수 잎을 건져서 버린다. 강불에서 소스를 팔팔 끓이고 숟가락으로 기름기를 떠내면서 시럽과 비슷한 농도가 되도록 졸인다. 소스에 버섯과 양파를 넣고(사용하는 경우) 골고루 데운다. 다음을 적당량 넣어 간을 맞춘다.

소금과 흑후추

소스를 닭고기 위에 붓는다. 취향에 따라 다음으로 장식한다.

(다진 파슬리)

프랑스식 닭고기 캐서롤

4~6인분

이 레시피는 원래 노계를 조리할 때를 염두에 두고 개발한 것이다. 매리언 할머니는 이 레시피를 구성하면서 이러한 자조적인 설명을 남겼다. "요란한 차림으로 젊었을 때의 매력을 되살려보려고 안간힘을 쓰는 동년배를 볼 때마다, 우리는 오래된 요리책에서 찾은 '늙은 암탉 쉬프렘(노계의 닭 가슴살 요리 ― 옮긴이)'이라는 요리를 떠올린다." 요즘에는 시판 닭이 대부분 어리고 살이 부드러우므로, 넓적다리만 사용하도록 레시피를 약간 변형했다. 만약 진짜 노계를 사용한다면 이 레시피의 권장 조리 시간보다 훨씬 더 오래 조려야 아주 부드럽게 익는다.

다음을 준비한다.

뼈 있는 닭의 넓적다리 또는 통다리 1.1kg

다음을 훌훌 뿌린다.

소금 2작은술

흑후추 1작은술

커다란 냄비나 더치오븐을 중강불에 올리고 다음을 둘러서 가열한다.

식물성 기름 2큰술

닭을 몇 번에 나눠 넣고 양면 모두 갈색으로 익도록 지진다. 접시에 옮겨 담고 한쪽에 둔다. 냄비에 다음을 넣고 양파가 반투명하게 변할 때까지 약 10분간 볶는다.

새콤한 사과 2개, 속을 파내고 굵게 썰기

셀러리 줄기 4개, 잎까지 모두 굵게 썰기

양파 1개, 굵게 썰기

파슬리 잔가지 4개

다음을 붓는다.

드라이 화이트와인 ⅓컵

냄비 바닥에 달라붙은 갈색 조각을 긁어낸다. 다음을 넣고 저어서 섞는다.

중력분 3큰술

닭을 다시 냄비에 넣고 다음을 붓는다.

닭 육수나 국물 1½컵

국물이 부르르 끓어오르면 뚜껑을 꼭 덮고 약불로 낮춰서 닭고기의 내부 온도가 80~82℃에 도달할 때까지 45분 정도 은근히 끓인다.

닭고기를 서빙용 접시에 옮겨 담고, 소스는 고운체로 걸러낸 후 중강불에 올려서 ⅔ 분량으로 줄어들 때까지 걸쭉하게 졸인다. 표면에 떠오른 기름기는 숟가락으로 걷어낸다. 불에서 내린 후 다음을 넣고 골고루 젓는다.

사워크림 또는 크렘 프레슈 ½컵

다진 타라곤 2작은술

소금과 흑후추 적당량

소스를 닭고기 위에 부어서 낸다.

태국식 옐로 치킨 커리

4인분

태국식 옐로 커리는 그린이나 레드 커리보다 맛이 순하며 옐로 커리 페이스트 (nam prik gaeng karee)를 사용해서 만든다. 옐로 치킨 커리는 보통 간단하게 감자와 양파만 넣어서 만들지만 태국 가지, 애호박, 피망 등을 포함해 다른 채소를 넣어도 무방하다. 취향에 따라 옐로 커리 대신 레드 커리 페이스트를 사용할 수도 있다. 뼈 있는 닭고기를 사용해서 만드는 비슷한 국수 요리는 카오소이 까이 레시피를 참고한다.

커다란 프라이팬을 중불에 올리고 다음을 둘러서 가열한다.

식물성 기름 또는 코코넛 기름 1큰술

다음을 넣고 저으면서 향긋한 냄새가 나고 갈색으로 변하기 시작할 때까지 볶는다.

옐로 커리 페이스트 4큰술

다음을 붓고 저은 다음 뭉근히 끓어오르도록 가열한다.

코코넛 밀크 400ml짜리 통조림 1개

닭 육수 또는 국물 ½컵

피시 소스 2큰술

다음을 넣고 젓는다.

노란색 또는 붉은색 감자 450g, 2.5cm 크기로 썰기

양파 중간 크기 1개, 얇게 저미기

뚜껑을 덮고 감자가 살짝 부드러워지기 시작할 때까지 약 10분간 조리한다. 다음을 넣고 젓는다.

뼈와 껍질을 제거한 닭 넓적다리살 450g, 3.8cm 크기로 썰기

뚜껑을 덮고 닭이 속까지 잘 익도록 약 6분간 뭉근히 끓인다. 다음을 넣고 젓는다.

라임즙 1큰술

맛을 보고 피시 소스나 소금 및 라임즙을 적당히 추가한다. 다음과 함께 낸다.

재스민 쌀밥

태국식 그린 치킨 커리

태국식 옐로 치킨 커리 레시피를 따르되, 옐로 커리 페이스트 대신 시판 또는 수제 그린 커리 페이스트를 사용한다. 감자를 생략하고 붉은색 피망 ½개 또는 프레스노 고추 3개의 씨를 빼고 큼직하게 썰어서 양파와 함께 넣는다. 닭고기를 넣을 때 녹색 태국 가지를 4등분해 225g 정도 함께 넣는다. 내기 직전에 굵게 썰거나 잘게 찢은 태국 바질 또는 스위트 바질 잎을 꾹 눌러 담아 ⅓컵을 넣고 젓는다.

치킨 파프리카

4~6인분

파프리카 소스에 조린 헝가리식 닭 요리다. 진한 풍미를 즐길 수 있으며 자잘한 감자 삶은 것이나 슈페츨레와 함께 내면 잘 어울린다.

다음을 준비한다.

뼈 있는 절단 닭 1.6~1.8kg

다리는 넓적다리와 아랫다리로 분리하고, 가슴살은 가로 방향으로 반 자른다. 다음으로 밑간을 한다.

소금 2작은술

흑후추 1작은술

커다란 프라이팬이나 더치오븐을 중강불에 올리고 다음을 둘러서 가열한다.

식물성 기름 또는 녹인 라드 2큰술

닭을 넣고 중간에 한 번 뒤집어주면서 황금색으로 익을 때까지 한 면당 5분씩 지진다. 한꺼번에 닭을 너무 많이 넣지 않고 몇 번에 나눠 조리한다. 노릇노릇하게 익은 닭을 접시에 옮겨 담고 나머지도 같은 방식으로 지진다. 프라이팬에 남은 기름에 다음을 넣는다.

양파 큰 것 1개, 얇게 저미기

불을 약간 줄이고 바닥에 달라붙은 갈색 조각을 긁어내면서 양파가 황금색으로 변하기 시작할 때까지 약 10분간 볶는다. 다음을 넣는다.

닭 육수나 국물 1½컵

헝가리산 스위트 파프리카 가루 또는 스위트와 핫 파프리카 가루를 섞어서 ¼컵

마늘 큰 것 3쪽, 다지기

월계수 잎 1장

계속 저으면서 부르르 끓어오르도록 가열한다. 닭과 접시에 고여 있는 국물을 다시 프라이팬에 넣는다. 살짝 보글거릴 정도로 불을 줄이고 뚜껑을 덮은 후 중간에 닭을 한두 번 뒤집어주면서 내부 온도가 가슴살은 70℃, 넓적다리살은

80℃가 될 때까지 25~30분 정도 끓인다.

닭을 서빙용 접시에 옮겨 담고 위를 덮어서 따뜻하게 보관한다. 월계수 잎은 건져서 버린다. 소스를 잠깐 불에서 내려놓고 표면에 떠오른 기름을 숟가락으로 걷어낸다. 다시 소스를 강불에 올려 팔팔 끓이면서 벽돌색으로 걸쭉해질 때까지 졸인다. 불을 끄고 소스에 다음을 넣어 잘 젓는다.

　　사워크림 1컵

다음을 적당량 넣어 간을 맞춘다.

　　소금과 흑후추

　　레몬즙

소스를 닭고기 위에 붓고 다음을 홀홀 뿌려서 낸다.

　　굵게 썬 딜 또는 파슬리

치킨 프리카세(Chicken Fricassee)

4~5인분

다음을 준비한다.

　　뼈 있는 절단 닭 1.6~2kg

다리는 넓적다리와 아랫다리로 분리하고, 가슴살은 가로 방향으로 뼈까지 반으로 자른다. 취향에 따라 껍질을 제거해도 좋다. 다음으로 닭에 밑간한다.

　　소금과 백후추 또는 흑후추

크고 묵직한 프라이팬을 중불에 올리고 다음을 넣어서 녹인다.

　　버터 4큰술(버터 스틱 ½개)

닭을 넣고 중간에 한 번 뒤집어주면서 황금색으로 익을 때까지 한 면당 5분씩 지진다. 한꺼번에 닭을 너무 많이 넣지 않고 몇 번에 나눠 조리한다. 노릇노릇하게 익은 닭을 접시에 옮겨 담고 나머지 닭을 같은 방식으로 지진다. 프라이팬에 남은 기름에 다음을 넣는다.

　　양파 큰 것 1개, 굵게 썰기

가끔 저으면서 양파가 부드러워지되 갈색으로 변하지는 않을 때까지 약 5분간 볶는다. 다음을 넣고 젓는다.

　　중력분 ⅓컵

저으면서 1분간 볶은 후, 중약불로 줄여서 다음을 붓고 골고루 젓는다.

　　닭 육수나 국물 1¾컵

계속 휘저으면서 강불에서 부르르 끓어오르도록 가열한다. 다음을 넣는다.

　　버섯 225g, 얇게 썰기

　　당근 중간 크기 2개, 깍둑썰기하기

　　셀러리 줄기 중간 크기 2개, 깍둑썰기하기

　　말린 타임 ½작은술

　　소금 1작은술

　　백후추 또는 흑후추 ½작은술

닭과 접시에 고여 있는 국물을 다시 프라이팬에 넣고 뭉근히 끓어오르도록 가열한다. 살짝 보글거릴 정도로 불을 줄인다. 뚜껑을 꼭 덮고 넓적다리살의 내부 온도가 80℃에 도달할 때까지 20~30분 정도 끓인다. 프라이팬의 가장자리에 모인 기름기를 걷어낸다. 취향에 따라 다음을 넣고 젓는다.

　　(헤비크림 ¼~½컵)

다음으로 간을 맞춘다.

　　소금과 백후추 또는 흑후추

　　레몬즙

치킨 덤플링

4~5인분

다음을 만든다.

　　치킨 프리카세

닭고기가 소스에 잠기도록 꾹꾹 누른다. 그 위에 다음을 한 숟가락씩 떠서 넣는다.

　　덤플링 또는 옥수숫가루 덤플링

뚜껑을 덮고 덤플링 레시피에 따라 조리한다.

치킨 카차토레(Chicken Cacciatore)

6인분

이탈리아식 닭고기 스튜로 카차토레는 이탈리아어로 '사냥꾼 스타일'이라는 뜻이다. 이 요리에는 헤아릴 수 없이 많은 버전이 있으며, 개중에는 토끼고기로 만드는 것도 있다.(요리 이름을 보면 오히려 토끼고기가 더 어울리기도 한다.) 전통적으로 크림처럼 부드러운 폴렌타와 함께 낸다.

다음을 준비한다.

　　뼈 있는 절단 닭 1.6~1.8kg, 넓적다리살 권장

다음으로 밑간을 한다.

　　소금 1½작은술

　　흑후추 1작은술

크고 묵직한 프라이팬을 중강불에 올리고 다음을 둘러서 가열한다.

　　올리브유 2큰술

닭을 넣고 중간에 한 번 뒤집어주면서 황금색으로 익을 때까지 한 면당 5분씩 지진다. 한꺼번에 닭을 너무 많이 넣지 않고 몇 번에 나눠 조리한다. 닭을 접시에 옮겨 담는다. 중불로 줄이고 프라이팬에 남은 기름에 다음을 넣는다.

　　양파 중간 크기 1개, 잘게 썰기

　　월계수 잎 1장

　　굵게 썬 신선한 로즈메리 1½작은술 또는 말린 로즈메리 부순 것 ½작은술

　　다진 신선한 세이지 1작은술 또는 말린 세이지 부순 것 ½작은술

　　굵게 빻은 고춧가루 ¼작은술

저으면서 양파가 노릇노릇해질 때까지 약 10분간 볶는다. 다음을 추가한다.

　　버섯 225g, 얇게 썰기

　　마늘 큰 것 2쪽, 다지기

버섯이 부드러워질 때까지 약 5분간 볶는다. 프라이팬에 다음을 붓는다.

　　드라이 레드와인 또는 화이트와인 ½컵

중강불로 가열하면서 부르르 끓이고 바닥에 달라붙은 갈색 조각을 긁어낸다. 닭고기를 다시 프라이팬에 넣고 와인이 거의 다 증발할 때까지 끓인다. 다음을 넣는다.

　　깍둑썰기한 토마토 통조림 410g짜리 1개

　　닭 육수 또는 국물 ½컵

　　(기름에 절인 검은색 올리브 ½컵, 씨를 빼고 얇게 저미기)

부르르 끓어오르도록 가열한 뒤 약불로 줄이고 뚜껑을 덮은 상태로 닭이 부드러워질 때까지 약 30분간 뭉근히 끓인다. 뚜껑을 열고 강불로 올려 프라이팬에 남은 국물이 약간 걸쭉해지도록 10분 정도 팔팔 끓인다. 월계수 잎을 건져서 버린다. 맛을 보고 간을 조절한다.

치킨 마렝고(Chicken Marengo)

6~8인분

프랑스식 토마토 소스 닭고기 조림이다. 전해 내려오는 일화에 따르면 전투 내내 음식을 입에 대지 않던 나폴레옹이 마렝고 전투에서 승리를 거둔 후 먹은 요리가 바로 이 치킨 마렝고였다. 근처 시골 지역에서 조달한 재료로 만든 이 요리가 어찌나 육즙이 풍부하고 맛있었던지, 나폴레옹의 요리사는 그 후 전투에서 이길 때마다 이 요리를 만들어야 했다. 우리는 치킨 마렝고를 삶은 흰콩 또는 쿠스쿠스와 함께 즐겨 먹는다.

    뼈 있는 절단 닭 1.6~1.8kg, 넓적다리살 권장

다음으로 밑간을 한다.

    소금 1½작은술

    흑후추 1작은술

더치오븐을 중강불에 올리고 다음을 둘러서 가열한다.

    올리브유 2큰술

닭을 넣고 중간에 한 번 뒤집어주면서 황금색으로 익을 때까지 한 면당 5분씩 지진다. 한꺼번에 닭을 너무 많이 넣지 않고 몇 번에 나눠 조리한다. 닭을 접시에 옮겨 담는다. 중불로 줄이고 프라이팬에 남은 기름에 다음을 넣는다.

    양파 중간 크기 1개, 얇게 저미기

양파가 부드러워질 때까지 저으면서 6~8분간 볶는다. 닭을 다시 더치오븐에 넣고 다음을 추가한다.

    깍둑썰기한 토마토 통조림 410g짜리 1개

    닭 육수 또는 국물 1컵

    드라이 화이트와인 ½컵 또는 육수나 국물 추가로 ½컵

    (브랜디 2큰술)

    마늘 2쪽, 다지기

    월계수 잎 1장

    파슬리 잔가지 4개

    말린 타임 ½작은술

뚜껑을 덮고 부드러워질 때까지 30분 정도 뭉근히 끓인다.

닭이 익는 동안 커다란 프라이팬을 중불에 올리고 다음을 넣어서 녹인다.

    버터 4큰술(버터 스틱 ½개)

다음을 넣고 부드러워지기 시작할 때까지 약 5분간 볶는다.

    방울양파 20개, 껍질을 벗기기

다음을 넣고 저으면서 국물이 나올 때까지 볶는다.

    버섯 450g, 얇게 썰기

프라이팬을 불에서 내린다. 닭고기가 다 익으면 큰 접시에 옮겨 담는다. 월계수 잎과 파슬리 잔가지를 건져서 버린 다음 소스를 팔팔 끓여서 5분간 졸인다. 다음으로 간을 맞춘다.

    소금과 흑후추

버섯과 양파를 소스에 넣고 다음을 추가해 젓는다.

    씨를 뺀 검은색 올리브 1컵, 칼라마타 권장

    레몬즙 2큰술

닭고기를 소스 및 채소와 함께 낸다. 다음으로 장식한다.

    굵게 썬 파슬리

컨트리 캡틴

4인분

이르마 증조할머니와 매리언 할머니의 지인이었던 세실리 브라운스톤(Cecily Brownstone)은 1960년대 초반에 오랫동안 사랑받아온 이 레시피를 전해주었다. 세실리 할머니의 말에 따르면 캡틴이라는 이름은 이 레시피를 미국에 들여온 배의 선장에게서 딴 것이 아니라 이 요리를 처음 선장에게 소개해준 인도 장교에게서 따온 것이다. 그 이후 이 요리의 유래에 대한 다른 이야기도 몇 가지 들었지만, 유럽과 미국 모두에서 사랑받는 요리라는 점만은 분명하다. 쌀밥 위에 얹어서 낸다.

오븐을 175℃로 예열한다. 다음을 준비한다.

    뼈 있는 절단 닭 1.6~2kg

다음으로 밑간을 한다.

    소금 1½작은술

    흑후추 1작은술

닭고기에 다음을 얇게 묻힌다.

    밀가루

커다란 오븐용 프라이팬이나 더치오븐을 중불에 올리고 다음을 넣어서 녹인다.

    버터 4큰술(버터 스틱 ½개)

닭을 넣고 중간에 한 번 뒤집어주면서 황금색으로 익을 때까지 한 면당 5분씩 지진다. 한꺼번에 닭을 너무 많이 넣지 않고 몇 번에 나눠 조리한다. 닭을 접시에 옮겨 담는다. 프라이팬에 남은 기름에 다음을 넣는다.

    깍둑썰기한 토마토 통조림 410g짜리 1개

    양파 작은 것 1개, 깍둑썰기하기

    녹색 피망 ½개, 깍둑썰기하기

    마늘 3쪽, 다지기

    커리 가루 1큰술

    말린 타임 ½작은술

뭉근히 끓어오르도록 가열하고 바닥에 붙은 갈색 조각을 긁어낸다. 껍질이 위로 가도록 닭을 다시 프라이팬 넣고 뚜껑을 연 상태로 닭이 부드러워질 때까지 약 40분간 굽는다. 소스에 다음을 넣고 섞는다.

    말린 커런트 3큰술

다음으로 장식한다.

    구워서 세로로 두툼하게 자른 아몬드

치킨 마크니 마살라(Chicken Makhini Masala)

4인분

우리 가족의 지인이자 뛰어난 요리사인 쿠스마 라오(Kusuma Rao)가 알려준 이 레시피는 영국계 인도인들이 즐겨 먹는 음식이자 **버터 치킨**이라고도 부르는 **치킨 티카 마살라**의 중간 과정에 해당한다. 이러한 요리는 모두 양념에 재운 닭을 그릴에 구워 부드럽고 진한 토마토 소스로 맛을 낸다. 두 끼에 나눠서 먹을 수 있을 정도로 충분한 양의 닭을 양념해서 버터 치킨을 만들어 먹은 다음 날에는 이 치킨 마크니 마살라로 식탁을 꾸려보자. ▶ 그냥 한 끼만 만들 때는 닭을 양념장에 재운 다음 소스를 만드는 동안 그릴 또는 오븐에 굽는다.

다음을 준비한다.

    뼈 있는 닭 넓적다리 900g, 껍질을 제거하기

닭을 다음 양념장에 재운다.

탄두리 양념장 ｜ 레시피의 ½ 분량

탄두리 치킨 레시피의 설명대로 그릴에 굽거나 오븐을 220℃로 예열하고 오븐
팬에 유산지를 깐다. 닭고기의 내부 온도가 77℃에 도달하도록 20분 정도 오
븐에 굽는다. 잘 익은 닭고기의 뼈를 발라내고 살코기를 한입 크기로 썬다. 크
고 묵직한 프라이팬을 중약불에 올리고 다음을 둘러서 가열한다.

　　식물성 기름 2큰술

다음을 넣고 가끔 저으면서 향긋한 냄새가 날 때까지 볶는다.

　　정향 3개

　　통계피 1개

　　월계수 잎 1장

　　카르다몸 깍지 3개

다음을 넣고 지글지글 소리가 나면서 갈색으로 변하기 시작할 때까지 볶는다.

　　커민씨 1작은술

다음을 넣고 진한 갈색이 될 때까지 볶는다.(최대 20분 정도 걸릴 수 있다.)

　　양파 큰 것 1개, 잘게 깍둑썰기하기

　　소금 ½작은술

다음을 넣고 저으면서 20초간 볶는다.

　　강황 가루 ½작은술

다음을 넣고 자주 저으면서 3~4분간 볶는다.

　　마늘 6쪽, 다지기

　　생강 5cm짜리 1조각, 껍질을 벗기고 다지기

또는 다음을 사용한다.

　　시판 생강 마늘 페이스트 ⅓컵

다음을 넣고 젓는다.

　　플럼 또는 로마 토마토 450g, 굵게 썰기 또는 깍둑썰기한 토마토 통조림
　　　　410g짜리 1개

　　세라노 또는 할라페뇨 고추 1~3개, 다지기, 맛을 보면서 조절

　　고수씨 가루 1큰술

　　회향 가루 2작은술

　　커민 가루 2작은술

　　카옌 고춧가루 ½~1큰술, 맛을 보면서 조절

　　소금 ½작은술

프라이팬의 바닥을 자주 긁어주면서 토마토가 완전히 뭉개지고 혼합물이 페
이스트 상태가 될 때까지 10~15분간 조리한다.(시간이 넉넉하면 물 ½컵을 부어서
다시 걸쭉한 페이스트 상태가 될 때까지 뭉근하게 끓이면 더 좋다.) 아주 부드럽고 질
감이 매끄러운 마살라를 선호한다면 계피와 월계수 잎을 건져내고 믹서에 부
어 퓌레 상태가 될 때까지 간다.

퓌레 상태가 된 소스를 다시 긁어서 프라이팬에 넣는다. 다음을 넣고 젓는다.

　　물 ⅓컵

혼합물이 뭉근히 끓어오르도록 가열한 후 다음을 넣는다.

　　가람 마살라 1작은술

　　(말린 호로파 잎 가루 1큰술)

상태를 보면서 물을 조금 보충하고 타지 않도록 프라이팬의 바닥을 계속 긁어
주면서 10분간 뭉근히 끓인다. 구운 닭고기를 다음과 함께 넣는다.

　　버터 3큰술

잘 섞이도록 저으면서 몇 분 더 뭉근히 끓인다. 취향에 따라 다음을 넣어 농도

를 조절한다.

　　(헤비크림 최대 ½컵)

맛을 보고 필요하면 소금을 더 넣는다. 다음과 함께 낸다.

　　재스민 또는 바스마티 쌀밥

　　(난)

바스크 치킨(Basque Chicken)

4~6인분

다음을 준비한다.

　　뼈 있는 절단 닭 1.6~1.8kg

더치오븐을 중강불에 올리고 다음을 둘러서 가열한다.

　　올리브유 2큰술

닭을 넣고 중간에 한 번 뒤집어주면서 황금색으로 익을 때까지 한 면당 5분씩
지진다. 한꺼번에 닭을 너무 많이 넣지 않고 몇 번에 나눠 조리한다. 닭을 접시
에 옮겨 담는다. 중불로 줄이고 프라이팬에 남은 기름에 다음을 넣는다.

　　양파 중간 크기 1개, 굵게 썰기

　　붉은색, 노란색 또는 녹색 피망 2개 또는 바스크나 이탈리아산 튀김용 고추 225g,
　　　　1.2cm 두께로 길쭉하게 썰기

　　작은 할라페뇨 고추 4개, 씨를 빼고 갸름하게 썰기

　　염지 햄(컨트리 햄, 프로슈토 또는 세라노) 115g, 1.2cm 크기로 깍둑썰기하기

　　마늘 6쪽, 굵게 썰기

　　소금 1¼작은술

　　흑후추 ½작은술

자주 저으면서 고추나 피망이 부드러워질 때까지 10분 정도 볶는다. 다음을
넣는다.

　　생토마토 900g, 굵게 썰기 또는 통토마토 통조림 795g짜리 1개, 으깨기

닭을 다시 더치오븐에 넣는다. 국물이 뭉근히 끓어오르도록 가열한 후 뚜껑을
덮고 약불이나 중약불로 줄여서 닭이 속까지 부드럽게 잘 익도록 45분 정도
뭉근히 끓인다.(넓적다리의 내부 온도는 80℃, 가슴살은 70℃가 되어야 한다.)
다음 위에 얹어서 낸다.

　　쌀밥

아로스 콘 포요(Arroz con Pollo, 닭고기를 곁들인 볶음밥)

4인분

닭고기와 밥의 전통적인 조합으로 전 세계에서 다양한 형태로 응용된다. 여기
에 소개하는 레시피는 스페인식에 가까우며, 사프란으로 은은하게 향을 낸다.
국물이 자작자작하고 올리브를 넉넉히 넣은 푸에르토리코식 버전은 아소파
오 데 포요 레시피를 참고한다.

다음을 준비한다.

　　뼈 있는 절단 닭 1.6~2kg

다음으로 밑간을 한다.

　　소금 2작은술

　　흑후추 1작은술

더치오븐을 중강불에 올리고 다음을 둘러서 가열한다.

　　식물성 기름 2큰술

닭을 넣고 중간에 한 번 뒤집어주면서 황금색으로 익을 때까지 한 면당 5분씩

지진다. 한꺼번에 닭을 너무 많이 넣지 않고 몇 번에 나눠 조리한다. 닭을 접시에 옮겨 담는다. 중불로 줄이고 프라이팬에 남은 기름에 다음을 넣는다.

양파 큰 것 1개, 굵게 썰기

(녹색 피망 1개, 깍둑썰기하기)

햄, 세라노 햄 또는 스페인식 초리소 115g, 깍둑썰기하기(약 ⅓컵)

가끔 저으면서 양파가 부드러워지기 시작할 때까지 약 5분간 볶는다. 다음을 넣고 기름이 골고루 코팅되도록 젓는다.

중립종 또는 장립종 흰쌀 2컵

다음을 넣고 저으면서 1분간 볶는다.

마늘 3쪽, 다지기

스위트 파프리카 1큰술

소금 1작은술

흑후추 ½작은술

다음을 넣는다.

닭 육수나 국물 3컵

말린 오레가노 ½작은술

사프란 가닥, 성기게 담아 ¼작은술

강불에 올려서 부르르 끓어오르도록 가열하고, 나무 숟가락으로 더치오븐의 바닥에서 갈색 조각을 긁어낸다. 닭을 다시 더치오븐에 넣고 접시에 고인 국물도 전부 붓는다. 뚜껑을 덮고 중약불에서 20분간 뭉근히 끓인다. 다음을 넣고 젓는다.

해동하지 않은 냉동 완두콩 1컵

물기를 뺀 피미엔토 또는 구운 붉은 피망 ⅓컵, 2.5cm 길이로 갸름하게 썰기

굵게 썬 녹색 올리브 ¼컵

뚜껑을 덮고 쌀이 부드러워질 때까지 약 5분 더 조리한다. 맛을 보고 간을 조절한다.

병아리콩을 넣은 치킨 타진

4~6인분

타진은 원뿔 모양의 뚜껑이 달린 조리용 토기를 지칭하는 말로, 모로코 요리에서 이 레시피처럼 짭짤한 조림을 만들 때 사용한다. 비슷한 재료를 사용하는 다른 요리는 닭고기, 레몬, 올리브를 곁들인 쿠스쿠스 레시피를 참고한다. 껍질을 떼어내고 톡톡 두드려 물기를 제거한다.

뼈 있는 절단 닭 1.6~2kg

커다란 프라이팬이나 더치오븐을 중강불에 올리고 다음을 둘러서 가열한다.

식물성 기름 또는 정제 버터 2큰술

닭을 넣고 중간에 한 번 뒤집어주면서 황금색으로 익을 때까지 한 면당 5분씩 지진다. 한꺼번에 닭을 너무 많이 넣지 않고 몇 번에 나눠 조리한다. 닭을 접시에 옮겨 담는다. 프라이팬에 남은 기름에 다음을 넣는다.

양파 큰 것 1개, 얇게 저미기

저으면서 양파가 부드러워질 때까지 6~8분간 볶는다. 다음을 넣고 섞는다.

병아리콩 통조림 425g짜리 1개, 물을 따라내고 헹구기

물 또는 닭 육수나 국물 1컵

소금 절임 레몬 중간 크기 1개, 과육은 버리고 껍질을 얇게 저미기

마늘 3쪽, 다지기

고수씨 가루 1작은술

생강 가루 1작은술

소금 ¾작은술

(사프란 가닥 ½작은술)

계핏가루 ½작은술

흑후추 ½작은술

카옌 고춧가루 ⅛~¼작은술, 맛을 보면서 조절

껍질이 위로 가도록 닭을 다시 프라이팬에 넣는다. 부르르 끓어오르도록 가열한 후 불을 줄여 뭉근히 끓는 상태를 유지하면서 뚜껑을 꼭 덮고 내부 온도가 가슴살은 70℃에 달하도록 25~30분간 조리하고, 넓적다리와 아랫다리는 80℃에 달하도록 10분 정도 더 조리한다. (상황에 따라 닭 가슴살을 건져서 접시에 담아두었다가 넓적다리와 아랫다리가 다 익었을 때 다시 프라이팬에 넣어도 좋다.) 불을 끄고 다음을 홀홀 뿌린다.

굵게 썬 파슬리, 고수 또는 이를 섞어서 ½컵

소스의 맛을 보고 필요하면 다음으로 간을 조절한다.

소금과 흑후추

다음과 함께 낸다.

흰쌀밥 또는 쿠스쿠스

치킨 칠리 베르데(Chicken Chili Verde)

4~6인분

밥, 콩, 토르티야와 함께 내거나 타말레, 부리토, 타코 또는 엔칠라다의 속재료로 활용할 수 있는 맛있는 스튜다. 닭 삶는 단계를 건너뛰고 먹다 남은 닭고기 또는 칠면조고기 2~3컵과 닭 육수 또는 국물 2컵을 사용하면 훨씬 빠르고 간단하게 만들 수 있다.

중간 크기의 냄비에 다음을 넣는다.

뼈 있는 절단 닭 1.1kg

다음을 붓는다.

닭 육수나 국물 4컵

부르르 끓어오르도록 가열한 후, 불을 줄여서 뚜껑을 반만 덮고 내부 온도가 가슴살은 70℃, 넓적다리살은 80℃에 도달할 때까지 30분 정도 뭉근히 끓인다. 불에서 내린다. 국물에서 닭을 건져내고 국물은 따로 보관한다. 손으로 다룰 수 있을 정도로 닭이 식으면 껍질과 뼈를 발라내고 살코기는 큼직한 덩어리로 손질한다. 커다란 프라이팬이나 더치오븐을 중불에 올리고 다음을 둘러서 가열한다.

식물성 기름 2큰술

다음을 넣고 가끔 저으면서 부드러워질 때까지 5분 정도 볶는다.

양파 중간 크기 1개, 굵게 썰기

마늘 3쪽, 다지기

다음을 넣고 저으면서 1분 정도 볶는다.

고춧가루 2작은술

커민 가루 1작은술

말린 오레가노 ½작은술

소금 ½작은술

닭 삶은 국물 2컵을 넣고 다음을 추가한다.

토마티요 큰 것 4개 또는 중간 크기 6개, 겉껍질을 벗기고 씻어서 깍둑썰기하기

다음의 줄기에서 잎을 떼어낸다.

고수 크게 1묶음

고수 잎과 줄기를 따로따로 잘게 썬다. 고수 줄기를 다음과 함께 프라이팬에 넣는다.

애너하임, 해치 또는 포블라노 고추 3개, 구워서 껍질을 벗기고 굵게 썰기 또는

깍둑썰기한 녹색 칠리 고추 통조림 200g짜리 1개, 물을 따라내기

(할라페뇨 고추 2개, 씨를 빼고 잘게 썰기)

뭉근히 끓어오르도록 가열한 후 뚜껑을 열고 10분간 얌전히 끓인다. 닭과 썰어놓은 고수 잎 ½컵을 넣고 다음을 추가한다.

라임즙 2큰술

속까지 골고루 데워지도록 5~10분간 뭉근히 끓인다. 다음으로 간을 맞춘다.

소금

남은 고수 잎을 얹어서 장식한다.

치킨 팅가(Chicken Tinga, 매콤한 멕시코식 닭 요리)

4~5인분

취향에 따라 말린 칠리 고추 대신 아도보 소스에 절인 통조림 치폴레 고추 3개를 사용해도 좋다. 통조림 고추를 사용할 때는 믹서에 바로 넣는다.

오븐의 열원에서 10cm 떨어진 위치에 받침대를 끼우고 직화 오븐을 예열한다. 기름을 두르지 않은 프라이팬을 중불에 올리고 다음을 넣는다.

말린 치폴레 칠리 고추 3개, 줄기와 씨를 제거하기

주걱으로 고추를 납작하게 누른다. 한두 번 뒤집어주면서 향긋한 냄새가 날 때까지 1분 남짓 굽는다. 고추를 작은 내열 그릇에 옮겨 담고 다음을 넣는다.

끓는 물, 고추가 잠길 정도의 분량

한쪽에 둔다. 그동안 오븐 팬에 다음을 올린다.

플럼 또는 로마 토마토 5개

양파 작은 것 1개, 껍질을 벗기고 웨지 모양으로 4등분하기

마늘 4쪽, 껍질을 벗기지 않고 사용

채소를 5분마다 한 번씩 뒤집으면서 직화 오븐에 굽는다. 마늘은 8~10분 정도 지나 껍질이 살짝 그을렸을 때 꺼낸다. 다른 채소는 15~20분 정도 구워서 부드러워지고 겉이 그을리면 다 익은 것이다. 마늘 껍질을 벗긴다. 토마토, 양파, 마늘을 믹서에 넣는다. 물에 불려둔 치폴레 고추도 물기를 털어내고(불린 물은 보관해둔다.) 믹서에 넣은 후 다음을 추가한다.

소금 1작은술

퓌레 상태로 간다. 커다란 프라이팬을 중불에 올리고 다음을 둘러서 연기가 나기 직전까지 가열한다.

식물성 기름 2큰술

다음을 넣고 중간에 한 번 뒤집어주면서 황금색으로 익을 때까지 한 면당 5분씩 지진다. 한꺼번에 닭을 너무 많이 넣지 않고 몇 번에 나눠 조리한다.

뼈 있는 닭 넓적다리 900g, 껍질을 제거하기

치폴레 소스를 프라이팬에 붓는다. 따로 보관해둔 치폴레 고추 불린 국물이나 물 ½컵을 믹서에 넣고 믹서에 남아 있는 소스를 헹궈 프라이팬에 붓는다. 소스가 뭉근히 끓어오르도록 가열한 후, 뚜껑을 덮고 중약불에서 닭이 속까지 잘 익도록 20분 정도 얌전히 끓인다.

닭을 건져서 도마 위에 놓고 포크 2개로 잘게 찢는다. 닭 뼈는 육수용으로 보관하거나 버리고, 잘게 찢은 살코기는 다시 소스에 넣는다. 닭고기를 타코, 부리토, 토르타, 엔칠라다에 넣거나 토스타다에 얹어서 내고, 다음을 곁들인다.

으깬 콩 페이스트

잘게 부순 코티하 치즈

깍둑썰기한 아보카도

치킨 에투페(Chicken Étouffée, 케이준식 닭고기 덮밥)

6~8인분

전통적인 케이준식 프리카세 레시피다.

루 항목을 참고한다. 다음을 준비한다.

뼈 있는 절단 닭 1.8~2.3kg

작은 그릇에 다음을 넣고 섞는다.

스위트 파프리카 가루 1작은술

말린 타임 1작은술

소금 1작은술

흑후추 ½작은술

카옌 고춧가루 ¼작은술

닭에 향신료 혼합물을 골고루 문지른다. 갈색 종이봉투에 다음을 붓는다.

밀가루 1컵

닭을 종이봉투에 넣고 흔들어 밀가루를 골고루 묻히고 여분의 밀가루를 털어낸다. 닭을 접시에 옮겨 담는다. 밀가루는 버리지 않고 보관해둔다. 커다란 프라이팬이나 더치오븐을 중불에 올리고 다음을 둘러서 가열한다.

식물성 기름 3큰술

닭을 넣고 양쪽 면이 모두 갈색으로 익도록 지진다. 한꺼번에 너무 많이 넣지 않고 몇 번에 나눠 조리한다. 닭을 접시에 옮겨 담는다. 프라이팬에 기름을 3큰술만 남기고 전부 따라낸다. 중불로 줄이고 보관해둔 밀가루 3큰술을 넣어서 젓는다. 계속 저으면서 루가 밀크 초콜릿처럼 진한 색이 될 때까지 최대 20분간 조리한다.

다음을 넣고 저으면서 채소가 부드러워질 때까지 6~8분간 조리한다.

양파 중간 크기 1개, 굵게 썰기

셀러리 줄기 1개, 굵게 썰기

붉은색 또는 녹색 피망 ½개, 굵게 썰기

굵게 썬 앙두이 소시지 또는 훈제 햄 ¼컵

다음을 넣고 1분간 조리한다.

마늘 3쪽, 잘게 썰기

다음을 넣고 계속 저으면서 뭉근히 끓어오르도록 가열한다.

닭 육수나 국물 2컵

토마토 페이스트 3큰술

우스터 소스 1큰술

핫소스 ¼작은술 또는 적당량

닭과 접시에 고인 국물을 다시 프라이팬에 넣고 뭉근히 끓어오르도록 가열한다. 뚜껑을 덮고 가끔 닭을 뒤집으면서 닭 넓적다리의 내부 온도가 82℃에 도달할 때까지 30분 정도 끓인다. 닭을 접시에 옮겨 담는다. 숟가락으로 소스의 기름기를 걷어낸다.

다음을 넣는다.

쪽파 4대, 잘게 썰기

굵게 썬 파슬리 ¼컵

소스가 걸쭉해질 때까지 팔팔 끓인다. 맛을 보고 필요하면 핫소스 및/또는 소

금을 더 넣어서 간을 맞춘다. 닭을 다시 프라이팬에 넣고 속까지 잘 데운다. 다음과 함께 낸다.

쌀밥

칠면조에 대해

벤저민 프랭클린은 딸에게 이런 편지를 보냈다. "흰머리 독수리가 미국을 대표하는 국조가 된 건 안타까운 일이야. … 칠면조가 훨씬 점잖은 데다 진짜 미국 원산 종이잖아." 오늘날 미국인의 명절 만찬에 칠면조가 가장 중요한 위치를 차지하게 되었다는 사실을 알면 아마 프랭클린도 기뻐하지 않을까.

미국에서 판매하는 거의 모든 칠면조는 흰색 또는 청동색의 넓은가슴칠면조라는 한 가지 품종이다. 이름에서 짐작할 수 있듯이 이 품종은 가슴이 매우 크고 다리가 작으며 살코기의 맛은 상대적으로 밋밋하다. 소규모 농장이나 고급 정육점에서 칠면조를 사지 않는 한 다른 품종의 칠면조를 만날 확률은 낮다. **헤리티지 품종 칠면조**는 값이 비싸지만 풍미가 진하며, 가슴이 작고 다리가 큼직하므로 색이 진한 살코기 부위를 선호하는 사람에게 꼭 알맞다. 헤리티지 품종은 마트에서 쉽게 볼 수 있는 품종보다 몸집이 작은 편이지만 그 안에서도 크기는 다양하다.

자체 배스팅 칠면조(self-basting turkeys)는 고깃국물, 식물성 기름이나 버터, 소금, 양념을 주입해 촉촉함과 풍미를 보강한 것이다. 자체 배스팅 칠면조를 오븐에 구우면 살코기에 적당히 간이 배고 어느 부위를 먹어도 촉촉하지만, 다소 질척거리고 델리에서 판매하는 가공육과 식감이 비슷하기 때문에 우리는 그다지 선호하지 않는다. 뭐니 뭐니 해도 냉동하지 않은 **냉장 칠면조**가 제일 맛있다고 단언하는 사람들도 있다. 냉장 칠면조는 특별히 주문해야 하므로 가격이 가장 비싸지만 맛에서는 눈에 띄는 차이를 느낄 수 없는 경우가 많다. **코셔 칠면조**는 사전에 소금을 뿌려서 손질한 것이므로 염지하지 않고 사용한다. 칠면조 겉면에 문지르거나 칠면조 육즙으로 팬 그레이비를 만들 때 추가하는 소금의 양은 신중하게 결정한다. **자연산 칠면조**는 한마디로 수분이나 양념을 추가하지 않고 최소한으로 가공한 칠면조를 의미한다. 여기서 '자연산'이란 칠면조의 사육 방식이나 사용하는 사료의 종류와는 아무 관련이 없다. 가금류에 **유기농** 및 **자연 방목**이라는 라벨을 붙일 수 있는 기준에 대한 자세한 내용은 가금류 구입에 대해 항목을 참고한다. **야생 칠면조**에 관한 내용은 467쪽에서 다룬다.

마트에서 파는 통칠면조는 보통 4.5~11kg 정도의 무게가 나가지만 가정에서 요리하기 위해 구매하는 칠면조의 평균 크기는 6.8kg 정도다. 얼마나 큰 칠면조를 살지 결정하려면 ▶ 대략 성인 1인분에 450g, 아이는 1인분에 225g, 그리고 상황에 따라 배부르게 먹고 조금 남길 수 있는 분량을 기준으로 한다.

절단한 칠면조를 팔기도 하지만 절단 닭처럼 어디서나 쉽게 찾아볼 수 있는 것은 아니다. **칠면조 통가슴살**은 뼈 있는 종류와 뼈 없는 종류 모두 마트의 냉동식품 판매대에서 가끔 눈에 띈다. 가슴살에 등 부위와 갈비뼈, 가슴뼈까지 붙어 있는 것은 **크라운 로스트**라고 부르기도 하며 적은 인원이 모이는 명절 만찬을 차릴 때 구워서 먹기에 적절하다. 뼈와 껍질을 제거한 칠면조 가슴살은 **칠면조 커틀릿**이라고도 부르며, 가슴살을 얇게 저미거나 두들겨서 아주 얇게 펴면 **칠면조 스칼로피네**(turkey scaloppine)가 된다. 칠면조 커틀릿은 닭, 송아지, 돼지고기 커틀릿이 필요한 레시피라면 무엇이든 대신 사용할 수 있다. 마지막으로 마트에서 **칠면조 안심**이라는 이름으로 포장해서 판매하는 부위가 있는데, 이는 가슴뼈 양쪽에 있는 가슴살을 115~170g 크기로 길쭉하게 잘라낸 것

을 말한다. 꼬치에 꽂아서 굽거나 다양한 방법으로 볶아 먹기에 좋은 부위다. 칠면조 가슴살은 최종 내부 온도가 74℃를 넘지 않도록 조리해야 하며, 그 이상으로 올라가면 마르고 뻑뻑해진다.

칠면조 다리는 닭 다리와 마찬가지로 풍미가 진하며 오랫동안 조리해 내부 온도가 꽤 높이 올라가더라도 촉촉한 식감을 유지한다. 최종 내부 온도가 최소 80℃ 이상 되도록 조리하는 것이 좋다. 칠면조 다리는 상당히 큼직하므로 통째로 팔지 않는다. **넓적다리와 아랫다리**(넓적다리가 없어도 이 부분을 그냥 '다리'라고 부르는 경우가 많다.)는 간혹 눈에 띈다. 칠면조 다리는 특히 조림, 스튜, 바비큐, 훈제에 사용하면 아주 맛있다. 가끔 마트에서 보이는 훈제 칠면조 다리는 수프, 채소 조림, 삶은 콩에 넣어서 풍미를 살리기에 훌륭한 재료다.(일종의 돼지 발목 대용품으로 생각해도 좋다.) **칠면조 날개**는 닭 날개보다 색이 연하고 치킨 윙과 비슷한 방식으로 조리할 수 있다.

마지막으로 추수감사절에 통째로 구워서 명절 만찬을 차리면 거의 불가피하게 생기기 마련인 **먹다 남은 칠면조**에 대해 간단히 언급해둔다. 보통 샌드위치나 칠면조 테트라치니를 만들어서 활용하지만, 우리는 먹다 남은 칠면조를 부리토나 엔칠라다에 넣어서 먹거나 베트남식 비빔 쌀국수에 얹거나 아소파오 데 포요에 넣거나 몰레 포블라노에 넣어서 데워 먹는 것(레드 몰레 소스에 조린 칠면조 레시피 참고)도 좋아한다. 남은 칠면조 뼈는 육수를 낼 때(가금류 육수 레시피 참고) 사용할 수 있다.(버리지 말고 꼭 육수에 활용하자!) 칠면조 뼈로 우려낸 육수와 먹다 남은 칠면조 살코기를 활용해 만든 수프와 조림은 무척 맛있어서 만족도가 높다. 치킨 누들 수프, 치킨 칠리 베르데, 간장 라멘을 비롯해 다양한 수프와 조림 레시피를 약간 변형하면 칠면조 요리로 응용할 수 있다. 육류 재료의 조리 과정을 건너뛰고 칠면조 육수로 수프 국물이나 조림 국물을 만들고, 마무리하게 직전에 칠면조고기를 넣어서 속까지 잘 데우면 된다.

칠면조 구이에 대해

모든 구이 요리 중에서도 가장 혼란스럽고, 두렵고, 그야말로 '기도문'이라도 외우고 싶을 정도로 까다로운 것이 바로 칠면조 구이다. 덕분에 수많은 요리사가 염지를 하고, 양념액을 주입하고, 오븐 온도 때문에 전전긍긍하고, 버터에 흠뻑 적신 면 거즈로 칠면조 가슴살을 덮어보고, 조리 내내 이리저리 뒤집고, 육즙이나 버터를 자꾸 발라보고, 껍질 아래에 온갖 향신료를 문질러보는 등 가지각색의 대책을 마련한다. 물론 이러한 사전 예방 조치가 '틀린' 것은 아니지만 경험에 비추어보건대 가장 간단한 레시피로 구운 칠면조가 가장 훌륭한 결과물로 이어졌다는 점만큼은 의욕만 앞선 서투른 칠면조 요리사들에게 말해주고 싶다.

우선 굽기 전에 칠면조를 소금에 절이기를 적극 권장한다. 칠면조에 소금을 넉넉하다 싶을 정도로 뿌려서 하루 정도 미리 절이면 고기에 밑간이 잘 배고 살이 촉촉해지며 껍질의 수분이 날아가므로 더욱 골고루 갈색으로 잘 익는다. 풍미를 더하고 싶다면 다진 신선한 허브, 마늘, 레몬 껍질, 올리브유를 섞어서 만든 페이스트를 껍질 아래에 바르고 소금을 뿌려서 절인다. 우리는 특히 가금류용 마늘 허브 양념을 선호한다.(껍질 아래에 바르는 다양한 양념은 닭 직화 오븐 구이 또는 그릴 구이의 추가 재료 항목을 참고한다.)

통칠면조와 큼직한 칠면조 가슴살을 사면 톡 튀어 오르는 팝업 '간이 온도계'가 들어 있는 경우가 많다. 하지만 이 팝업 장치만 믿고 칠면조가 잘 익었는지 판단하면 안 된다. ▶ 칠면조가 다 익었는지 확인할 때 가장 믿을 만한 방법은 진짜 온도계를 찔러 넣어 가슴살의 제일 두꺼운 부분은 68℃, 넓적다리의

안쪽 부분은 77℃ 이상으로 내부 온도가 올라갔는지 살펴보는 것이다.(이때 온도계가 뼈에 닿지 않도록 주의한다.) 칠면조 온도는 구운 후 20~40분간 레스팅할 때 5~8℃ 정도 계속해서 올라간다. 칠면조에 스터핑을 채워서 굽는다면 스터핑의 가운데 부분이 74℃ 이상으로 올라갔는지 반드시 확인한다.

칠면조의 가슴살은 다 익었는데 다리가 아직 익지 않았다면 관절 부분을 잘라서 다리를 분리한 후 다시 오븐에 넣어 조리를 마무리한다. 물론 이 방법의 단점은 갈색으로 반질반질하게 구운 칠면조를 통째로 저녁 식탁에 올릴 수 없다는 점이지만, 아마 식탁에 앉은 사람들은 너무 오래 익힌 가슴살을 먹느니 그 정도는 감수할 것이다. 만약 정말 시간을 잘못 맞춰 가슴살을 너무 오래 익혔다면 그레이비를 더 넉넉히 준비한다.(그리고 가슴살을 아주 얇게 저민다.)

식탁에서 살을 저밀 수 있도록 칠면조를 통째로 골고루 굽는 방법도 몇 가지 소개한다. 칠면조가 크면 강불에 구운 칠면조 레시피의 설명대로 중간에 칠면조의 방향을 바꿔가면서 굽기를 권한다. 작은 칠면조는 납작하게 손질해서 강불에 굽는 것이 좋다. 일단 납작하게 손질하면 5.4~6.4kg 정도 되는 칠면조는 표준형의 ½ 크기의 테두리 있는 오븐 팬에 딱 맞게 들어간다. 그보다 널찍한 ⅔ 또는 ¾ 크기의 테두리 있는 오븐 팬은 커다란 칠면조를 납작하게 손질해서 구울 때 사용한다. 대형 오븐 팬은 길이가 56cm에 달하므로 오븐에 들어가는지를 반드시 확인하자.

일반적으로 말하면 칠면조에 육즙이나 기름을 계속 바르면서 굽는 것은 추천하지 않는다. 오븐을 자주 열면 온도가 내려가고, 육즙이나 기름 또는 정제 버터 이외의 재료를 껍질에 바르면 갈색으로 바싹 익지 않는다. 하지만 가슴살의 색이 너무 연하고 건조해 보이면 국물을 바르면서 구워도 상관없다. 최소한 그렇게 되면 오븐에서 눈을 떼지 않을 테니 말이다.

아무리 기가 막히게 구운 칠면조도 그레이비를 곁들이지 않으면 허전하기 짝이 없을 것이다. 기껏 번거로움을 무릅쓰고 칠면조를 구웠다면 굽는 과정에서 빠져나온 육즙으로 꼭 수제 그레이비를 만들어보자. 간단한 팬 소스나 그레이비는 칠면조를 구운 팬에서 바로 만들 수 있다. 칠면조 내장 그레이비를 만들 때는 내장 육수가 필요하지만, 내장 육수는 칠면조를 굽기 하루 이틀 전에 미리 준비해도 상관없다. 칠면조를 구워낸 팬의 바닥에 남아 있는 갈색 조각과 끈끈한 갈색 국물은 맛있는 그레이비의 기본 재료가 되므로 기름을 걷어낼 때 함께 버리지 않도록 주의한다.

칠면조를 토막 내서 구우려면 토막 내서 조리한 로스트 치킨의 레시피를 참고하고, 내부 온도가 가슴살은 70℃, 넓적다리와 아랫다리는 80℃ 이상으로 올라가도록 45분~1시간 정도 굽는다.

정통 칠면조 구이

10~25인분

무게 6.8kg 이상의 칠면조를 구울 때 가장 좋은 방법이지만 그보다 작은 칠면조를 구울 때도 적용할 수 있다. 세지 않은 불로 조리하므로 칠면조가 상대적으로 골고루 익는다. 칠면조에 스터핑을 채워서 굽는 방법도 소개했지만, 스터핑을 넣을 때 칠면조와 스터핑이 동시에 속까지 다 익지는 않기 때문에 다 구운 다음 스터핑을 긁어내서 베이킹 접시에 담아 좀 더 익혀야 한다는 점을 기억하자. 칠면조에 대해 및 칠면조 구이에 대해 항목을 참고한다.

칠면조를 굽기 하루 전날쯤 상황에 따라 칠면조를 소금물이나 소금에 절인다.(소금에 절이는 방법 권장) 소금물로 염지했다면 톡톡 두드려 물기를 제거한다. 오븐 팬에 받침대를 놓고 그 위에 칠면조를 올린 후 위를 덮지 않은 상태로 냉장고에 넣어 하룻밤 말린다. 칠면조 껍질을 갈색으로 익히려면 반드시 겉에 묻은 물기를 날리고 구워야 한다.

오븐의 맨 아래 칸에 받침대를 끼운다. 오븐을 260℃로 예열한다.

칠면조에 스터핑을 채워서 굽는다면 다음을 뜨겁게 또는 실온 상태로 준비한다.

  (기본 빵 스터핑 또는 드레싱, 또는 기본 옥수수 빵 스터핑 또는 선호하는 재료를
     추가한 드레싱)

내장과 목을 제거한다.

  4.5~11kg짜리 칠면조 1마리

코셔, 자체 배스팅, 염지 칠면조가 아니라면 다음을 골고루 문지른다.

  소금

스터핑을 사용할 때는 몸통과 목 부분의 빈 공간에 채워 넣는다. 스터핑이 빠져나오지 않도록 다리를 한데 모아서 묶는다. 구이 팬이나 테두리 있는 커다란 오븐 팬에 V자 형태의 철망 받침대를 놓고 가슴이 위로 가도록 칠면조를 얹는다. 남은 스터핑은 버터를 바른 베이킹 접시에 담는다. 칠면조 껍질에 전체적으로 다음을 바른다.

  녹인 버터 3~6큰술, 칠면조의 크기에 따라 적당히 조절

칠면조를 오븐에 넣고 오븐 온도를 160℃로 바로 낮춘다. 가슴살의 내부 온도가 68℃, 넓적다리의 가장 두꺼운 부분은 내부 온도가 77℃ 이상이 될 때까지 굽는다.(스터핑은 최소 74℃가 되어야 한다.) 이렇게 구우려면 4.5kg짜리 칠면조는 2시간, 아주 커다란 칠면조는 최대 6시간 정도 걸린다. 칠면조를 커다란 플래터에 옮겨 담고 20~40분간 레스팅한 후 살을 저민다.

  ▶ 가슴살은 다 익었는데 넓적다리살이 덜 익었다면 칠면조를 오븐에서 꺼낸 다음 관절 부분을 잘라서 다리를 분리한다. 가슴살과 다른 부위를 레스팅하는 동안 테두리 있는 오븐 팬에 다리를 얹고 다시 오븐에 넣어 조리를 마무리한다. ▶ 스터핑이 덜 익었다면 숟가락으로 긁어내서 버터를 바른 베이킹 접시에 담은 후 칠면조를 레스팅하는 동안 오븐에 넣어 속까지 잘 익힌다.

칠면조를 레스팅하는 동안 상황에 따라 다음을 만든다.

  (간단한 팬 소스나 그레이비 또는 칠면조 내장 그레이비)

마지막으로 칠면조를 다 구웠는데 겉면이 원하는 만큼 갈색을 띠지 않는다면 오븐 온도를 260℃로 올리고 칠면조를 꺼내서 레스팅하는 동안 예열한다. 오븐이 충분히 예열되고 그레이비가 완성되었다면 레스팅한 칠면조를 다시 구이 팬에 담아 껍질이 갈색으로 익을 때까지 10분간 굽는다. 칠면조의 살을 저미려면 가금류 살 저미기에 대해 항목을 참고한다.

강불에 구운 칠면조

10~15인분

이 레시피대로 구우면 풍미가 진하면서 먹음직스럽게 갈색으로 익은 칠면조 구이를 완성할 수 있다. 강불에 완전히 익을 때까지 구우려면 6.8kg 이하의 칠면조를 사용하고, 칠면조에서 흘러나온 육즙이 타는 것을 방지하려면 두껍고 열이 골고루 전달되는 구이 팬을 사용해야 한다. 이 레시피에서는 칠면조에 스터핑을 채우지 않고 굽는다. 6.4kg 이하의 칠면조를 사용한다면 납작하게 손질한 후 테두리 있는 커다란 오븐 팬에 철망 받침대를 놓고 그 위에 얹어서 구워도 좋다.(칠면조를 납작하게 눌러서 손질하는 것은 만만찮은 노동이라는 점을 경고해둔다.) 납작하게 손질한 칠면조는 굽는 도중에 뒤집을 필요가 없으며 더 빨리 익는다.

칠면조에 대해 및 칠면조 구이에 대해 항목을 참고한다. 굽기 하루 전날쯤

칠면조를 소금물이나 소금에 절인다. 소금물로 염지했다면 톡톡 두드려 물기를 제거한다. 오븐 팬에 받침대를 놓고 그 위에 칠면조를 올린 후 위를 덮지 않은 상태로 냉장고에 넣어 하룻밤 말리면 좋다.

내장과 목을 제거한다.

4.5~6.8kg짜리 칠면조 1마리

오븐의 맨 아래 칸에 받침대를 끼운다. 오븐을 220℃로 예열한다.

칠면조에 전체적으로 다음을 바른다.

식물성 기름 2큰술

코서, 자체 배스팅, 염지 칠면조가 아니라면 다음을 골고루 문지른다.

소금

상황에 따라 칠면조를 통째로 묶는다. 묵직한 구이 팬에 V자 형태의 철망 받침대를 놓고 다리 한쪽이 위로 올라오도록 칠면조를 옆으로 얹는다. 한쪽으로 넘어지면 포일을 구겨서 받친다. 30분간 굽는다. 오븐에서 칠면조를 꺼낸다. 실리콘 소재의 오븐용 장갑을 끼고(또는 일반 오븐용 장갑을 포일로 감싸서 사용) 칠면조 양쪽을 잡는다. 단단한 집게를 사용하면 더 쉽게 칠면조를 들어올려서 방향을 바꿀 수 있다. 칠면조를 반대쪽으로 돌린 다음 필요하면 다시 포일로 받쳐놓는다. 30분간 굽는다. 이런 식으로 30분마다 칠면조를 돌려가면서 내부 온도가 가슴살의 가장 두꺼운 부분은 68℃, 넓적다리는 77℃ 이상이 될 때까지 1시간~1시간 반 정도 더 굽는다. 칠면조를 커다란 접시에 옮겨 담고 포일로 느슨하게 덮어서 20분 이상 레스팅한 후 살을 저민다.

▶ 가슴살은 다 익었는데 넓적다리살이 덜 익었다면 칠면조를 오븐에서 꺼낸 다음 관절 부분을 잘라서 다리를 분리한다. 가슴살과 다른 부위를 레스팅하는 동안 테두리 있는 오븐 팬에 다리를 얹고 다시 오븐에 넣어 조리를 마무리한다. 칠면조를 레스팅하는 동안 상황에 따라 다음을 만든다.

(간단한 팬 소스나 그레이비 또는 칠면조 내장 그레이비)

칠면조의 살을 저미려면 가금류 살 저미기에 대해 항목을 참고한다.

칠면조 가슴살 구이

5~9인분

칠면조에 대해 및 칠면조 구이에 대해 항목을 참고한다.

오븐의 가운데 칸에 받침대를 끼운다. 오븐을 220℃로 예열한다.

다음을 준비한다.

뼈 있는 칠면조 통가슴살 1.8~3.2kg짜리 1개

양쪽 면에 다음을 넉넉히 뿌려서 밑간을 한다.

소금과 흑후추

테두리 있는 오븐 팬이나 얕은 구이 팬에 껍질이 위로 가도록 가슴살을 얹는다. 껍질에 다음을 바른다.

녹인 버터 2큰술

칼로 찔러보면 맑은 육즙이 나오면서 가장 두꺼운 부분의 내부 온도가 68℃에 도달할 때까지 굽는다. 작은 칠면조 가슴살은 1시간이면 다 익지만 큼직한 것은 2시간 정도 걸리기도 한다. 20분간 레스팅한 후 살을 저민다. 상황에 따라 칠면조를 레스팅하는 동안 다음을 만든다.

(간단한 팬 소스나 그레이비 또는 칠면조 내장 그레이비)

칠면조 그릴 구이

12인분

숯불 그릴에 간접 조리 방식으로 칠면조를 구우면 여러 장점이 있는데, 그중에서도 가장 큰 장점은 추수감사절에 먹는 일반적인 칠면조 구이와 차별화되는 진한 풍미를 즐길 수 있다는 점이다. 그 외에도 오븐 공간을 쓰지 않으므로 원하는 만큼 곁들임 음식이나 파이를 구워낼 수 있다는 장점도 있다. 그릴 구이에는 커다란 칠면조보다 4.5~6.4kg 정도가 적합하다. 스터핑을 채워서 구울 때는 그릴보다 오븐을 사용해야 한다.

닭 직화 오븐 구이 및 그릴 구이에 대해, 칠면조에 대해, 칠면조 구이에 대해 항목을 참고한다. 칠면조를 굽기 하루 전날쯤 칠면조를 소금물이나 소금에 절인다.(소금에 절이는 방법 권장) 소금물로 염지했다면 톡톡 두드려 물기를 제거한다. 오븐 팬에 받침대를 놓고 그 위에 칠면조를 올린 후 위를 덮지 않은 상태로 냉장고에 넣어 하룻밤 말린다.

목과 내장을 제거한다.

4.5~6.4kg짜리 칠면조 1마리

코서, 자체 배스팅, 염지 칠면조가 아니라면 다음을 골고루 넉넉히 문지른다.

소금

커다란 일회용 구이 팬에 V자 형태의 받침대나 철망을 끼우고 가슴 쪽이 아래로 가도록 칠면조를 얹는다. 평평한 모양의 받침대를 사용한다면 포일을 구겨서 끼워놓아야 할 수도 있다. 칠면조의 등과 다리에 다음을 바른다.

녹인 버터 2큰술

물 ½컵을 구이 팬에 붓는다.

그릴 밑바닥의 통풍구를 전부 연다. 두껍게 쌓은 조개탄 형태의 숯에 불을 붙인 뒤 흰 재로 덮일 때까지 태운다. 숯을 절반씩 그릴의 양쪽으로 밀어놓는다. 그릴 받침대를 얹고 일회용 팬에 담긴 칠면조를 받침대의 한가운데에 올린다. 그릴의 뚜껑을 덮고 위쪽 통풍구를 완전히 연다. 1시간 동안 굽는다.

40분 정도 구웠을 때 연통 형태의 점화기에 숯을 더 많이 넣고 태운다. 1시간 정도 구운 다음 그릴에서 칠면조를 꺼낸다. 그릴 받침대를 치우고 숯을 이리저리 섞어서 새로 불을 붙인 숯을 양쪽 숯 더미에 절반씩 붓는다. 다시 그릴 뚜껑을 닫는다. 손을 데지 않도록 수건이나 장갑을 사용해 칠면조의 양쪽을 잡은 다음 가슴이 위로 올라오도록 뒤집는다. 가슴 쪽에 다음을 바른다.

녹인 버터 2큰술

일회용 구이 팬이 말라 있다면 물을 조금 더 붓는다. 칠면조를 그릴의 가운데에 올려놓고 뚜껑을 덮어서 내부 온도가 넓적다리의 가장 두꺼운 부분은 74℃, 가슴살은 최소 68℃에 도달할 때까지 60~80분간 더 굽는다. 칠면조를 커다란 접시에 옮겨 담고 포일로 느슨하게 덮어서 최소 20분, 최대 40분간 레스팅한다. 그동안 상황에 따라 다음을 만든다.

(간단한 팬 소스나 그레이비 또는 칠면조 내장 그레이비)

칠면조의 살을 저미려면 가금류 살 저미기에 대해 항목을 참고한다.

칠면조 튀김

12인분

우선 이제부터 어떤 작업을 해야 하는지 분명히 파악하기 위해 칠면조 튀김 실패 사례를 모아둔 동영상을 한 번 찾아보기를 권한다.(칠면조 튀김을 정말 만들 것인지 다시 생각해보는 것도 언제든 환영이다.) 칠면조 튀김을 하다가 처참하게 실패한 사례는 한둘이 아니지만, 그중에서도 가장 끔찍한 상황을 피하려면 절대 실내나 목재로 지은 베란다, 가연성 물건 근처, 돌출된 구조물 아래에서 칠면조를 튀기지 말아야 한다.

기름이 냄비 밖으로 흘러나오지 않도록 주의한다면 성공 확률을 좀 더 높일 수 있다. 필요한 기름의 양을 파악하려면 칠면조를 튀김용 냄비에 먼저 넣은 후 칠면조가 잠길 만큼 물을 부어서 물의 양을 기억해둔다.(38ℓ 용량의 냄비에 5.4kg 무게의 칠면조를 튀기려면 일반적으로 기름 23ℓ 정도 필요하다.)

마지막으로, 칠면조가 완전히 해동되었고 표면이 바싹 말랐는지 확인해야 한다. 소금으로 절이고 톡톡 두드려 칠면조 안팎의 물기를 모두 제거하기를 권장한다. 칠면조는 상당히 무거워서 기름이 끓고 있는 냄비에 넣거나 건져내기가 쉽지 않으므로 두 사람이 힘을 합쳐 조리하는 것이 가장 좋다.

내장과 목을 제거한다.

5.4kg짜리 칠면조 1마리

코셔, 자체 배스팅, 염지 칠면조가 아니라면 육류용 피하 주입기(고급 식료품점이나 인터넷에서 구입)를 사용해 양념을 칠면조에 주입할 수 있다. 다음 양념장을 만들어 맛이 잘 어우러지도록 1시간 정도 두었다가 고운체에 거른다.

(레몬 양념장, 발칸식 양념장, 베커 닭고기 또는 돼지고기 양념장 ¾~1컵)

체에 거른 양념장을 피하 주입기에 넣고 칠면조의 양쪽 넓적다리와 가슴살의 앞뒤에 30g씩 주입한다. 양념이 잘 배도록 테두리 있는 오븐 팬에 칠면조를 담아 냉장고에 2시간 이상 넣어둔다. 칠면조를 소금에 절이지 않았다면 껍질에 전체적으로 다음을 문질러도 좋다.

(검게 그을리는 용도의 케이준 양념, 커피 향신료 양념, 달콤한 훈연향 향신료 양념)

실외에서 38ℓ 용량의 프로판 가스용 칠면조 튀김 용기에 다음을 붓고 150℃로 가열한다.

식물성 기름 23ℓ

실리콘 장갑이나 오븐 장갑을 끼고 튀김용 그물망에 칠면조를 담아서 뜨거운 기름에 조심스럽게 넣는다. 차가운 칠면조를 뜨거운 기름에 넣으면 기름이 사방으로 튀어오르기 마련이므로 뒤로 물러선다. 기름의 온도를 175℃까지 올린 후 불의 세기를 조절해 튀김에 적당한 온도를 유지하면서 가슴살 가장 두꺼운 부분의 내부 온도가 68℃에 도달하도록 약 45분간 튀긴다. 버너의 불을 끄고 긴 손잡이가 달린 집게로 튀김용 그물망의 손잡이를 찾는다. 그물망을 냄비 위로 들어올린 상태에서 여분의 기름을 뺀 다음 칠면조가 담긴 그물망을 테두리 있는 오븐 팬에 올려놓는다. 칠면조를 커다란 접시에 옮겨 담고 포일로 느슨하게 덮어서 최소 20분, 최대 40분간 레스팅한다.

레드 몰레 소스에 조린 칠면조

6인분

풍미가 진한 이 요리를 먹을 때는 뜨거운 옥수수 토르티야를 식탁에 넉넉히 올리자. 이 레시피는 먹다 남은 칠면조고기를 활용하기에도 좋다. 뼈에서 살을 발라낸 후(껍질은 제거한다.) 소스에 넣고 골고루 잘 데우기만 하면 된다.

더치오븐에 다음을 만든다.

몰레 포블라노

오븐을 160℃로 예열한다. 다음을 준비한다.

칠면조 통다리나 넓적다리 및 아랫다리 1.1~1.3kg

칠면조 다리에 다음을 훌훌 뿌린다.

소금과 흑후추

크고 묵직한 프라이팬을 중강불에 올리고 다음을 둘러서 뜨거워질 때까지 달군다.

식물성 기름 1큰술

칠면조를 몇 번에 나눠 넣고 모든 면이 갈색으로 골고루 익도록 지진다. 겉면을 지진 칠면조 다리를 몰레 소스가 담긴 더치오븐에 넣는다. 뚜껑을 덮고 오븐에 넣어서 칠면조 다리에서 가장 두꺼운 부분의 내부 온도가 82℃에 도달하도록 40분 정도 조리한다. 몰레에서 칠면조를 건져서 잘게 썰거나 포크로 살을 뜯어낸다. 소스를 넉넉히 붓고 다음으로 장식해서 낸다.

굵게 썬 고수

라임 조각

가금류 다짐육에 대해

다진 소고기나 돼지고기 대신 다진 닭고기나 칠면조고기를 사용하면 맛도 있으면서 건강에도 좋고, 특히 칠리와 타코처럼 양념을 진하게 하는 요리에 아주 잘 어울린다. ▶ 비교적 양념을 적게 쓰는 요리에 다진 소고기 대신 다진 닭고기나 칠면조고기를 넣을 때는 양념의 양을 약간 늘린다. 소고기나 돼지고기를 사용하는 레시피에 가금류 다짐육을 사용할 때는 갈색으로 볶을 때 기름을 좀 더 넉넉히 두르는 것이 좋다.

다양한 가금류 다짐육 중에서 우리는 닭이나 칠면조보다 풍미가 진한(지방도 많은) **다진 오리고기**를 선호한다. 다진 오리고기로 버거를 만들면 맛이 근사하다. 다진 오리고기를 판매하는 곳은 많지 않으므로 오리고기를 구입해 직접 다져서 사용해야 할 확률이 높다. 자세한 방법은 가정에서 고기 다지기 항목을 참고한다. 닭고기나 칠면조고기를 다질 때는 색이 진한 살 부분을 써야 풍미가 진하고 지방 함량도 적당해서 맛있다. 가금류 껍질은 살과 함께 갈아서 쓸 수 있지만 거의 냉동에 가까울 정도로 차갑게 보관했다가 다지는 것이 좋다.

닭고기와 사과로 만든 소시지

약 900g

가정에서 소시지 만들기 항목을 참고한다. 아침으로 많이 먹는 소시지보다는 훨씬 지방이 적지만 너무 오래 익히지만 않으면 촉촉한 육즙을 즐길 수 있다.

작은 편수 냄비에 다음을 붓고 2~3큰술 분량의 시럽 상태로 졸아들 때까지 팔팔 끓인다.

사과 주스

시럽을 식힌다. 그동안 다음에서 껍질을 제거해 보관해둔다.

뼈 있는 닭 넓적다리 1kg

잘 드는 칼로 뼈에서 살코기를 발라낸다. 고기 분쇄기를 사용한다면 닭고기를 길쭉하고 갸름하게 썰고, 푸드 프로세서를 사용한다면 2.5cm 크기로 깍둑썰기한다. 썰어놓은 닭고기와 껍질을 냉동실에 30분간 넣어둔다. 다음 재료와 닭고기 및 껍질을 1cm짜리 칼날을 끼운 고기 분쇄기에 넣고 다지거나 푸드 프로세서 또는 칼로 굵직하게 썬다.

말린 사과 680g

닭과 사과 혼합물을 커다란 그릇에 옮겨 담고 차갑게 식힌 사과 시럽을 붓는다. 다음을 추가한다.

소금 2½작은술

흑후추 1작은술

말린 세이지 1작은술

말린 타임 ½작은술

계핏가루 ⅛작은술

생강 가루 ⅛작은술

손으로 혼합물을 치대거나 꾹꾹 쥐면서 잘 섞는다. **컨트리 스타일 소시지 레시피**의 설명에 따라 모양을 빚어서 조리하거나 보관한다.

칠면조고기 또는 닭고기 버거

4개

버거에 사용하기 위해 칠면조고기나 닭고기를 직접 다지려면 가정에서 고기 다지기 항목을 참고한다. 가능하면 색이 진한 살 부분을 사용해야 풍미가 진하고 더 촉촉하다. 이 레시피에 다진 오리고기를 사용해도 아주 잘 어울린다.

중간 크기의 그릇에 다음을 넣고 섞는다.

쪽파 3대, 다지기

(차가운 버터 2큰술, 작게 깍둑썰기하기)

(커리 가루, 고춧가루 또는 오향 분말 2작은술)

소금 ½작은술

흑후추 ½작은술

손으로 다음을 작은 덩어리로 쪼갠다.

다진 칠면조고기 또는 닭고기 450g

다진 고기를 그릇에 넣고 양념과 잘 섞되, 너무 오래 섞지 않도록 주의한다. 패티 4개를 만들고, 햄버거 패티 레시피에 따라 그릴 또는 직화 오븐에 굽거나 프라이팬에 지진다. 패티 중심부의 내부 온도가 74℃에 도달해야 한다. 햄버거 또는 패티 멜트와 같이 토스트나 햄버거 번 위에 얹어서 낸다.

칠면조고기 또는 닭고기 로프

4인분

미트로프를 만들되, 소고기 대신 **다진 닭고기나 칠면조고기 680g**을 사용하고 로프 가운데 부분의 온도가 74℃에 도달할 때까지 조리한다.

칠면조고기 또는 닭고기 미트볼

4인분

이탈리아식 미트볼을 만들되, 소고기 대신 **다진 닭고기나 칠면조고기 450g**을 사용하고 온도가 74℃에 도달할 때까지 조리한다.

오리와 거위에 대해

오늘날 사육되는 집오리는 거의 전부 청둥오리의 후손이라고 해도 과언이 아니다. 가장 흔히 접할 수 있는 품종은 선호도가 높은 롱 아일랜드, 즉 **베이징종오리(Pekin duck)**다. 베이징종오리는 지방이 많고 오리 품종 중에서 살이 가장 연한 색을 띠고 있어 닭고기의 색이 진한 부위와 비슷할 정도다. **루앙오리(Rouen duck)**는 청둥오리와 비슷한 프랑스산 품종이며 풍미가 진하고 베이징종오리보다 몸집이 크다. **머스코비오리(Muscovy duck)**는 몸집이 크고 나무에서 서식하는 아메리카 대륙 원산으로, 지방이 적고 살이 진하며 야생 조류의 풍미가 강하다. 베이징과 머스코비의 교배종인 **물라드오리(Moulard duck)**는 양쪽 품종의 장점을 모두 가지고 있는데, 크기가 크고 고기의 풍미가 진하며 지방 함량이 높은 것이 특징이다. 푸아그라를 만들 때 가장 선호하는 품종도 바로 이 물라드오리다.

베이징종오리와 암컷 머스코비오리는 통째로 판매하며 1.8~2.7kg 정도의 무게가 나간다. 통닭과 마찬가지로 크기가 작은 오리는 '브로일러'나 '프라이어', 큼직한 오리는 '로스터' 등의 이름으로 부르기도 한다. 통오리를 식탁 가운데에 올리면 확실히 눈길을 끄는 효과는 있지만, 각 개인 접시에 낼 때는 바삭하게 조리한 오리 가슴살이나 입에서 살살 녹게 조리한 진한 풍미의 오리 다리 콩피가 가장 열렬한 환영을 받는다. 물라드오리의 가슴살(마그레magret라고 부르기도 한다.)과 통다리 그리고 머스코비오리의 통다리는 식재료 전문점에서 구할 수 있다. 물라드와 머스코비오리를 토막 낸 부위는 아주 큼직하다. 베이징종오리의 가슴살은 넉넉한 1인분 정도 되지만 물라드오리의 가슴살은 2인분으로도 충분한 양이다. 머스코비오리의 다리는 베이징종오리 다리보다 2배 정도 크다.

거위는 몸 전체가 색이 진한 살로 이루어져 있으며 풍미는 소고기를 연상시킨다. 17세기 영국에서는 로스트 비프의 특정 부위를 거위라고 부르기도 했다. 거위는 식성이 까다롭고 성장이 더디므로 가격이 높게 형성되어 있다. 오리보다 몸집이 크지만 조리할 때 주의해야 할 점은 비슷하므로 오리와 같은 방식으로 손질한다. 통거위나 절단한 거위는 대다수 마트나 근처 농장에서 특별 주문으로 구입할 수 있다. 가장 쉽게 접할 수 있는 품종은 3.6~6.8kg 정도의 무게가 나가는 흰색 엠덴거위(Embden goose)다.

오리와 거위를 요리할 때 접하는 가장 기본적인 문제점은 두 가지다. 첫 번째로, 오리와 거위는 대부분 껍질 바로 아래에 엄청나게 많은 지방이 있다. 이 기름을 녹이면서 조리하기란 다소 까다롭지만, 몇 가지 요령을 익히면 이 문제를 해결할 수 있다. 기름을 잘 녹여서 오리고기나 거위고기 요리를 바삭하게 만들고 싶다면 오리와 거위 구이에 대해 항목을 참고한다. 가슴살을 다루는 가장 좋은 방법은 오리 가슴살 프라이팬 구이 레시피를 참고한다. 오리나 거위를 조리할 때 빠져나온 기름은 별미 중의 별미로 꼽히므로 다른 요리에 다시 활용하면 좋다.

두 번째 문제는 조금 더 골치 아프다. 거위와 오리의 가슴살은 미디엄 레어, 즉 57℃ 정도로 조리해야 최적의 식감과 풍미를 즐길 수 있다. 이것은 몇 가지 측면에서 문제가 되는데, 그중에서도 가장 심각한 문제는 USDA에서 모든 가금류를 74℃, 즉 웰던으로 조리하도록 권장한다는 점이다.(한마디로 식품 안전을 위해 가슴살을 맛없고 퍽퍽하게 조리해야 한다는 의미다.) 여기서 할 수 있는 말은 적당한 위험을 감수하고자 하는 사람만 아주 맛있는 요리를 즐길 수 있다는 것뿐이다. USDA의 지침에 따라 조리하다 보면 오리와 거위 가슴살을 싫어하게 될 것이다.

그뿐만 아니라 이로 인해 오리나 거위를 통째로 구울 때도 애로사항이 발생한다. 다른 가금류와 마찬가지로 오리와 거위 다리는 77℃ 이상 조리해야 가장 좋다. 중간에 별다른 처리를 하지 않는다면 다리가 다 익을 때쯤 가슴살은 너무 오래 조리해 퍼석퍼석해지고 만다. 이를 방지하려면 오리와 거위 구이에 대해 항목을 참고한다.

오리와 거위는 살이 많고 지방 함량이 높으므로 ▶ 통오리 또는 거위 680g 정도의 분량을 1인분 기준으로 삼는다. 오리와 거위는 닭보다 훨씬 풍미가 진하다. 고기 자체의 풍미도 진하지만 껍질 아래에 있는 지방 때문에 더욱 풍부한 맛이 나기 마련이다. 이렇게 진한 풍미 때문에 자칫 느끼할 수 있으므로 오리와 거위 요리는 머스터드, 사우어크라우트 조림처럼 산미가 있는 음식과 함께 내거나 가스트리크, 무화과와 레드와인 소스, 새콤달콤한 오렌지 팬 소스처럼 새콤하거나 과일 맛이 나는 소스를 곁들인다. 오리고기를 넉넉히 사용해 푸짐하게 차려내는 요리는 카술레 레시피를 참고한다.

오리와 거위 구이에 대해

야생 물새를 굽는 방법에 대해서는 466쪽을 참고한다. 오리와 거위를 구울 때는 다른 가금류와 마찬가지로 익는 속도가 서로 다른 가슴과 다리 부위를 동시에 구워야 한다는 어려움에 봉착한다. 설상가상으로 오리와 거위 가슴살은 안쪽이 아직 분홍색인 57℃ 정도로 구워야 가장 맛있다.(다리는 다른 가금류와 마찬가지로 77℃ 이상으로 굽는 것이 가장 좋다.) 게다가 껍질 아래에 기름이 워낙 많아서 제대로 녹여야 한다.

닭과 칠면조의 경우 이 문제를 가장 쉽게 해결하는 방법은 가슴살이 익을 때까지 통째로 구워서 다리를 떼어낸 후, 가슴 부분을 레스팅하는 동안 다리를 77℃ 이상이 될 때까지 더 굽는 것이다. 그러나 오리나 거위 등의 물새는 고관절 부분을 찾아서 다리만 잘라내기가 어려우므로 다 구운 가슴살을 저미고 다리가 그대로 붙어 있는 몸통을 다시 오븐에 넣어 마무리하는 것이 가장 좋다.(날개가 탈 것 같다면 그 부분을 포일로 감싸서 굽는다.)

사냥 애호가이자 음식 관련 저술가인 행크 쇼(Hank Shaw)는 일단 다리가 다 익으면 껍질이 아래로 가도록 가슴살을 프라이팬에 넣고 중강불에 올려서 몇 분 정도 살짝 구운 다음 내기를 권장한다. 다리가 다 익는 동안 가슴살이 어느 정도 식어서 쉽게 타지 않으며 껍질 아래에 있는 지방 때문에 바삭한 식감으로 맛있게 익는다.

오리나 거위를 어떤 방식으로 굽건 간에 여분의 지방을 떼어내야 하며 기름이 더욱 잘 녹아나오도록 껍질에 구멍을 내거나 칼집을 조심스레 넣어서 굽는다. 커다란 지방 덩어리는 잡아당겨서 떼어내고, 배를 가른 부분과 목 부분의 덜렁거리는 껍질도 잘라낸다. 그다음 전체적으로 여기저기 얕은 구멍을 내서 기름이 잘 빠져나오게 한다. 꼬치, 바늘, 얇은 칼을 껍질에 찔러 넣어 지방층까지 구멍을 내되, 고기 자체에는 구멍이 나지 않도록 주의한다.(약간 비스듬한 방향으로 구멍을 내면 고기에 상처가 나는 일을 방지할 수 있다.) 또는 가슴을 덮고 있는 껍질에 1.2cm 간격으로 평행하게 얕은 칼집을 넣는다. 아주 잘 드는 칼로 껍질과 지방 일부를 얇게 저미듯 칼집을 넣고 ▶ 가슴살은 베지 않도록 주의한다.

시간이 넉넉하면 오리나 거위를 소금에 절인다. 중국식 오리 구이를 비롯한 일부 요리에서는 오리나 거위를 아주 뜨거운 물에 담그거나 국자로 뜨거운 물을 끼얹어서 살짝 데친 다음 말려서 굽는다.

오리나 거위를 데치려면 커다란 냄비에 물을 ½~⅔ 정도 부어서 세게 팔팔 끓인다. 화상을 입지 않도록 고무장갑을 끼고 오리나 거위를 목 부위부터 절반 정도 끓는 물에 담가서 1분간 데친다. 오리나 거위를 건진 다음 물이 다시 팔팔 끓어오르면 꼬리 부위부터 절반 정도 끓는 물에 담가서 1분간 더 데친다. 물기를 빼고 톡톡 두드려 최대한 안팎의 물기를 제거한다. 구이 팬에 철망 받침대를 놓고 가슴살이 위로 가도록 올린 다음 위를 덮지 않은 상태로 냉장고에 넣어서 24~48시간 동안 물기를 날린다.

오리와 거위의 살코기는 닭이나 칠면조와 같은 방식으로 저밀 수 있지만, 다리와 날개 관절이 훨씬 등 뒤에 있어서 깔끔하게 분리하기 어렵다. 따라서 다리와 날개를 떼어내려면 어느 정도는 몸통을 붙잡고 씨름할 수밖에 없으므로 오리와 거위는 식탁에서 저미기보다는 주방에서 먹기 좋게 손질해서 내는 것이 좋다.(하지만 먼저 통째로 식탁에 내서 보여주도록 하자.)

오리와 거위에서 녹아나온 기름인 슈말츠(schmaltz)는 아주 맛이 좋으므로 절대 버리지 말자. 체에 한 번 걸러서 깨끗한 용기에 담아두면 오리고기 또는 거위고기 콩피에 활용하거나 모든 종류의 튀김, 특히 감자튀김에 사용하기에 좋다.

오리 또는 거위 구이

2~4인분

오리와 거위에 대해 항목을 참고한다. 오렌지 소스를 곁들인 오리 구이를 만들려면 오리를 구운 후 팬에 남은 육즙으로 새콤달콤한 오렌지 팬 소스를 만든다.

Ⅰ. 머스코비처럼 지방이 적은 오리

다음에서 목과 내장을 제거한다.

2~2.5kg짜리 오리 1마리

날개의 끝부분을 잘라서 내장과 함께 보관한다. 몸통 주위의 커다란 지방 덩어리는 떼어내고 덜렁거리는 껍질은 잘라낸다. 꼬치, 바늘 또는 칼끝으로 특히 넓적다리와 가슴 쪽 껍질을 중심으로 하여 전체적으로 여기저기 구멍을 낸다. 고기까지 구멍이 뚫리지 않도록 주의한다.

상황에 따라 최대 이틀간 소금에 절인다.

오븐을 230℃로 예열한다. 오리를 소금에 절이지 않았다면 다음을 넉넉히 뿌린다.

소금과 흑후추

소금에 절인 오리라면 흑후추만 뿌린다. 구이 팬에 V자 형태의 받침대를 놓거나 테두리 있는 오븐 팬에 세워서 꽂을 수 있는 가금류 구이용 받침대를 놓고 가슴이 위로 가도록 오리를 얹는다. 오븐에 넣고 즉시 온도를 175℃로 낮춘다. 450g당 약 20분을 기준으로 넓적다리의 내부 온도가 77℃에 도달할 때까지 굽는다. 상황에 따라 가슴살이 다 익어서 57℃에 도달하면 일단 오븐에서 꺼내 가슴살을 저민 다음 다시 나머지를 오븐에 넣고 마저 구워도 좋다. 다 구워진 오리는 10~15분간 레스팅한다. 굽는 과정에서 가슴살을 잘라냈다면 기름을 두르지 않은 묵직한 프라이팬을 중강불에 올리고 달군다. 껍질이 아래로 가도록 오리 가슴살을 프라이팬에 넣고 진한 갈색이 될 때까지 3~5분간 굽는다. 취향에 따라 오리를 굽는 동안 따로 모아둔 목, 내장, 날개 끝을 사용해 다음을 만든다.

(칠면조 내장 그레이비)

루를 넣어 그레이비를 걸쭉하게 하는 단계까지 만들어두었다가 오리가 다 익으면 레시피에 따라 그레이비를 완성한다. 또는 다음을 곁들여 낸다.

(간단한 오리용 오렌지 소스)

Ⅱ. 거위 또는 베이징종이나 루앙 등 지방이 많은 오리

버전 Ⅰ의 설명대로 지방을 떼어내고, 구멍을 뚫고, 소금에 절이거나 양념을 한다. 오븐을 162℃로 예열한다. 구이 팬에 V자 형태의 받침대를 놓거나 세워서 꽂을 수 있는 가금류 구이용 받침대를 놓고 가슴이 위로 가도록 오리나 거위를 얹는다. 450g당 약 20분을 기준으로 넓적다리의 내부 온도가 77℃에 도달할 때까지 굽는다. 상황에 따라 가슴살이 다 익어서 57℃에 도달하면 일단 오븐에서 꺼내 가슴살을 저민 다음 다시 나머지를 오븐에 넣고 마저 구워도 좋다. 다 구워진 오리나 거위는 10~15분간 레스팅한다. 굽는 과정에서 가슴살을 잘라냈다면 기름을 두르지 않은 묵직한 프라이팬을 중강불에 올리고 달군다. 껍질이 아래로 가도록 가슴살을 프라이팬에 넣고 진한 갈색이 될 때까지 3~5분간 굽는다.

글레이즈를 바른 오리 또는 거위 구이

2~4인분

글레이즈에 대해 항목에서 소개한 글레이즈 중 선호하는 것을 준비한다. 오리 또는 거위 구이 레시피에 따라 적당한 내부 온도가 될 때까지 굽는다. 오븐에서 오리나 거위를 꺼내고 오븐 온도를 260℃로 올린다. 오리나 거위를 올린 받침대를 테두리 있는 오븐 팬으로 잠깐 옮겨놓고 구이 팬에 고여 있는 기름을 따라낸 후 다시 받침대를 구이 팬에 얹는다. 굽는 과정에서 가슴살을 잘라냈다면 프라이팬에 따로 갈색으로 굽지 않고 원래 있던 자리에 다시 얹어놓는다. 오리나 거위에 글레이즈를 골고루 바르고 다시 오븐에 넣어 캐러멜화될 때까지 5~10분간 굽는다. 10~15분간 레스팅한 후 살을 저민다.

중국식 오리 구이

2~4인분

껍질이 바삭하고 광택제를 바른 듯이 반질반질하게 윤이 나는 이 요리는 유명한 페킹 덕(베이징 덕)과 비슷하지만 그보다 훨씬 쉽고 빠르게 만들 수 있다. 오리와 거위 구이에 대해 항목을 참고한다.

다음에서 목과 내장을 제거한다.

　2~2.3kg짜리 오리 1마리

배를 가른 부분과 목 부분에 보이는 커다란 지방 덩어리는 떼어낸다. 구이 팬에 받침대를 놓고 오리를 얹는다. 커다란 편수 냄비에 다음을 부어서 섞은 다음 자글자글 끓인다.

　물 5컵

　간장 ½컵

　꿀 ¼컵

자글자글 끓는 양념을 국자로 떠서 오리에 붓되, 오리를 이쪽저쪽으로 돌려가면서 골고루 데치듯이 끼얹는다. 양념을 다 끼얹은 다음 오리를 톡톡 두드려 물기를 제거한다. 테두리 있는 오븐 팬에 철망 받침대를 놓고 오리를 얹는다. 위를 덮지 않고 냉장고에 24~48시간 넣어둔다. 또는 서늘한 지하실이나 차고에 선풍기를 켜놓고 그 앞에 2~3시간 정도 두어도 껍질이 잘 마른다.

　살까지 닿지 않도록 조심하면서 칼끝이나 날카로운 꼬치로 오리 껍질 전체에 골고루 구멍을 낸다. 오븐의 맨 아래 칸에 받침대를 끼운다. 오븐을 220℃로 예열한다.

　구이 팬에 V자 형태의 받침대를 놓거나 세워서 꽂을 수 있는 가금류 구이용 받침대를 놓고 가슴이 위로 가도록 오리를 얹는다. 떨어지는 기름에서 연기가 나는 것을 방지하려면 구이 팬에 물 2컵을 붓는다. 20분간 구운 다음, 가슴이 아래로 가도록 돌려놓고 20분 더 굽는다. 오븐에서 오리를 꺼낸 후 오븐 온도를 175℃로 낮춘다. 구이 팬에 고여 있는 기름과 물을 전부 따라내고, 가슴이 위로 가도록 오리를 돌려놓는다.

작은 그릇에 다음을 넣고 섞는다.

　오렌지즙 ¾컵

　쌀 식초 ¼컵

　간장 3큰술

　꿀 2큰술

　(오향 분말 ½작은술)

오리에 오렌지즙 양념을 바른다. 20분간 굽는다. 가슴이 아래로 가도록 오리를 돌려놓고 양념을 바른 다음 20분간 굽는다. 다시 가슴이 위로 가도록 돌려놓고 양념을 바른 후 20분 더 굽는다. 10분간 레스팅한 후 살을 저민다.

오리 가슴살 프라이팬 구이

6인분

오리 가슴살을 가장 맛있게 즐기는 방법은 미디엄 레어로 구워서 먹는 것이다. 이 레시피는 머스코비나 물라드 품종처럼 지방이 적은 오리를 사용해야 가장 좋은 결과를 얻을 수 있다. 여기서 소개하는 프랑스식 소스 대신 몰레 포블라노를 곁들이고 라임즙과 소금으로 맛을 내도 좋다.

다음을 준비한다.

　뼈 없는 오리 가슴살 6개, 껍질을 제거하지 않은 것

잘 드는 칼로 껍질과 지방층에 1.2cm 간격으로 격자무늬 칼집을 넣는다.(그 아래의 살은 자르지 않는다.) 다음을 넉넉히 뿌린다.

　소금

크고 묵직한 프라이팬에 기름을 두르지 않은 상태로 껍질이 아래로 가도록 오리 가슴살을 넣고 중불에 올린다. 껍질이 노릇노릇하게 익을 때까지 10~15분간 굽는다. 반대로 뒤집어서 내부 온도가 레어는 54℃, 미디엄은 60℃에 도달할 때까지 2~3분간 더 굽는다. 취향에 따라 프라이팬에서 다음을 만든다.

　(허브 팬 소스, 와인과 시큼한 체리 팬 소스 또는 새콤달콤한 오렌지 팬 소스)

또는 다음과 함께 낸다.

　(간단한 오리용 오렌지 소스, 무화과와 레드와인 소스, 가스트리크)

해선장 생강 소스를 곁들인 오리 가슴살 그릴 구이

4인분

오리 가슴살을 그릴에 굽기는 쉽지 않다. 가슴살이 익으면서 녹아나온 기름이 아래로 떨어지면 불꽃이 확 솟아오르기 마련이다. 따라서 그릴을 두 부분으로 나눠 한쪽은 세게, 다른 쪽은 약하게 불을 피우는 것이 좋다. 불꽃이 솟아오르면 가슴살을 그릴의 덜 뜨거운 곳으로 옮긴다. 그릴 구이 항목을 확인한다.

그릴을 반으로 나눠 한쪽에만 숯을 쌓고 중강불로 맞춰 준비하거나 가스 그릴을 중불에 맞춰 10분간 예열하고 한쪽 버너의 불을 끈다. 작은 편수 냄비에 다음을 넣고 잘 섞는다.

　해선장 ½컵

　쌀 식초 ¼컵

　간장 1큰술

　(삼발 올렉 1큰술)

　생강 2.5cm짜리 1조각, 껍질을 벗기고 다지기

　참기름 2작은술

　쪽파 2대, 얇게 썰기

뭉근히 끓어오르도록 가열하고 가끔 저으면서 5분간 조리한다. 약불로 줄이고 뚜껑을 덮어서 따뜻하게 보관한다. 다음을 준비한다.

　뼈를 제거한 오리 가슴살 4개, 껍질을 제거하지 않은 것

껍질에 1.2cm 간격으로 격자무늬 칼집을 넣는다.(그 아래의 살은 자르지 않는다.) 다음을 훌훌 뿌린다.

　소금과 흑후추

껍질이 아래로 가도록 오리 가슴살을 그릴의 불꽃이 직접 닿는 곳에 놓고 갈색으로 익기 시작할 때까지 약 4분간 굽는다. 가슴살을 뒤집지 않고 그릴의 불꽃이 없는 쪽으로 옮긴 다음 내부 온도가 미디엄 레어 상태인 54~57℃가 될 때까지 약 5분간 더 굽는다. 접시에 옮겨 담고 10분간 레스팅한 후 사선 방향으로 얇게 썬다. 가슴살 슬라이스에 숟가락으로 소스를 끼얹어서 낸다.

페센준(Fesenjoon, 페르시아식 오리와 석류 스튜)
6인분
페센준은 페르시아식 스튜인 코레시(khoresh)의 일종으로 석류 당밀과 구운 호두 향이 나는 새콤한 소스에 오리를 넣고 푹 끓인 것이다. 이 레시피에 오리가 아닌 닭을 사용하기도 하는데, 오리 대신 닭의 통다리 또는 뼈 있는 넓적다리 1.3kg을 사용한다.(껍질과 여분의 지방은 떼어낸다.) 닭이 부드러워질 때까지 약 40분간 조린다.

오븐을 175℃로 예열한다. 오븐 팬에 다음을 넓게 펴서 깐다.

　　　호두 2컵

호두가 진한 갈색이 될 때까지 12~16분간 굽는다. 호두를 식힌 다음 푸드 프로세서에 넣고 아주 고운 가루가 되도록 간다. 커다란 프라이팬이나 더치오븐을 중불에 올리고 다음을 넣어서 녹인다.

　　　버터 4큰술(버터 스틱 ½개)

다음을 넣고 자주 저으면서 양파가 갈색으로 아주 부드럽게 익을 때까지 약 15분간 볶는다.

　　　양파 큰 것 1개, 얇게 저미기

　　　소금 1작은술

곱게 간 호두 가루와 다음을 넣고 섞는다.

　　　시판 또는 수제 석류 당밀 ¾컵

　　　닭 육수나 국물 또는 물 4컵

　　　설탕 또는 꿀 2큰술

　　　강황 가루 1작은술

부르르 끓어오르면 약불로 줄이고 뚜껑을 덮어서 가끔 저으면서 1시간 동안 뭉근히 끓인다. 이렇게 오래 끓이면 각 재료의 풍미가 어우러지며 호두에서 고소한 기름이 빠져나온다.

다음을 넣는다.

　　　오리 다리 1.3kg(커다란 다리 6개 정도), 껍질과 여분의 지방을 떼어내기

다시 뭉근히 끓어오르도록 가열한 뒤 뚜껑을 덮고 오리고기가 연하고 부드러워질 때까지 약 2시간 동안 아주 천천히 끓인다. 소스에서 오리를 건져 포일로 덮어서 따뜻하게 보관한다. 강불로 올려서 소스가 걸쭉하게 졸아들 때까지 10~15분간 팔팔 끓인다. 소스의 맛을 보고 필요에 따라 소금을 넣는다. 오리와 소스를 다음 위에 얹어서 낸다.

　　　바스마티 흰쌀밥

다음으로 장식한다.

　　　석류알

오리고기 또는 거위고기 콩피
4~6인분
먹음직스러운 갈색을 띠는 콩피는 전통적으로 카술레의 재료로 자주 사용되지만 해시를 만들 때 넣거나 푸짐하고 아삭한 녹색 채소 샐러드의 토핑으로 사용하거나 삶은 흰콩 위에 얹어도 맛있게 즐길 수 있다. 기름을 추가하지 않고 만든 콩피를 선호한다면 버전 Ⅱ를 참고한다. 그뿐만 아니라 레시피의 설명대로 다리를 양념한 다음 카르니타스 조림 레시피처럼 갈색으로 익히고 조려도 비슷한 결과를 얻을 수 있다.(레시피 설명대로 마늘, 샬롯, 감귤류 껍질, 허브를 사용한다.)

I. 전통 조리 방법

이 방법은 사실상 오리나 거위 다리를 기름에 뭉근히 삶듯이 조리하는 것이므로 먼저 오리를 소금에 절여 밑간해두어야 한다.(그렇지 않으면 간을 하기 위해 뿌린 소금이 기름에 녹아버리고 만다.) 버전 Ⅱ에서 설명한 방법은 이 단계를 건너뛰며 기름을 대량으로 사용하지 않기 때문에 좀 더 간편하다. 그러나 허브와 향신료를 우려낸 오리 기름은 활용도가 매우 높으며, 잘 보관했다가 나중에 감자 튀김이나 다시 콩피를 만들 때 활용하면 좋다는 점을 잊지 말자

다음을 준비한다.

　　　오리 또는 거위 다리 1.1~1.3kg, 껍질을 벗기지 않은 것

작은 그릇에 다음을 넣고 섞는다.

　　　식탁용 소금 1½큰술 또는 다이아몬드 코셔 소금 3큰술

　　　흑후추 1큰술

오리나 거위 다리에 소금과 후추 섞을 것을 골고루 문지른다. 그릇이나 용기에 담고 뚜껑을 꼭 덮어서 1~2일간 냉장고에 넣어둔다.

오븐을 120℃로 예열한다.

더치오븐에 다음을 넣고 섞는다.

　　　오리기름이나 거위기름, 라드, 올리브유 또는 이를 섞어서 4컵(약 680g)

　　　샬롯 2개, 저미기

　　　마늘 6쪽, 껍질을 벗기기

　　　신선한 타임 잔가지 5개 또는 말린 타임 ½작은술

　　　(레몬 또는 오렌지 껍질 2개, 채소 껍질 벗기는 도구로 길쭉하게 벗겨내기)

　　　정향 2개

　　　월계수 잎 1장

더치오븐을 약불에 올려 저으면서 기름을 녹인다. 불에서 내린다. 오리나 거위 다리를 기름에 넣는다. 다리가 기름에 완전히 잠겨야 하고, 잠기지 않으면 기름을 조금 더 넣는다. 더치오븐의 뚜껑을 덮고 오븐에 넣는다. 살이 아주 부드러워져서 포크로 찌르면 뼈에서 저절로 떨어질 때까지 2~3시간 조리한다.

　　바로 먹을 계획이 아니라면 오리나 거위 다리를 보관 용기에 넣고 체에 거른 기름을 그 위에 부어서 다리가 기름에 잠기게 한다. 실온 상태로 식혀서 냉장고에 넣어두면 최대 한 달간 보관할 수 있다. 냉동하려면 다리를 일단 실온 상태로 식힌 후 조심스레 지퍼백에 담는다. 다리가 완전히 잠기도록 기름을 넉넉히 붓고 지퍼백을 봉하면서 공기를 최대한 빼낸다. 냉동실에서 6개월간 보관할 수 있다.

　　먹을 때가 되면 다리를 기름에서 쉽게 건져낼 수 있을 때까지 데운다. 오븐의 위쪽 열원에서 15~20cm 떨어진 위치에 받침대를 끼우고 직화 오븐을 예열한다. 껍질이 위로 가도록 오리나 거위 다리를 테두리 있는 오븐 팬에 올린 후 껍질이 바삭해지고 다리가 속까지 잘 데워지도록 6~8분간 굽는다. 또는 프라이팬을 중불에 올리고 껍질이 아래로 가도록 다리를 넣은 다음 중간에 한 번 뒤집어주면서 껍질이 바삭해지고 속까지 잘 데워지도록 5~6분간 지진다. 이미 고기가 아주 부드럽게 익은 상태이므로 조심해서 뒤집는다.

Ⅱ. 수비드 조리 방법

오리나 거위 다리를 수비드 방식으로 조리하면 두 가지 장점이 있다. 우선 기름을 더 넣을 필요가 없고, 소금이 기름에 녹아나오지 않기 때문에 속까지 간이 스며들도록 하룻밤 소금에 절일 필요가 없다.

　　중탕 용기에 물을 붓고 침수 순환 방식의 수비드 조리기를 꽂아서 74℃로 예열한다. 버전 Ⅰ의 설명에 따라 오리 또는 거위 다리를 밑간하고, 기름을 제외한 모든 재료를 3.8ℓ 용량의 지퍼백 또는 진공 비닐백에 넣는다. 공기 치환법으

로 또는 진공 밀봉기를 사용해 공기를 뺀다. 지퍼백 또는 진공 비닐백을 중탕 용기에 넣고 수증기가 너무 많이 날아가지 않도록 랩으로 위를 덮은 후 12시간 동안 저온으로 조리한다. 조리가 끝난 후 완전히 식혀서 냉장고에 넣으면 한 달간, 냉동실에 넣으면 6개월간 보관이 가능하다. 먹기 전에 버전 I의 설명대로 다리를 직화 오븐에 굽거나 프라이팬에 지져서 낸다.

오리고기 또는 거위고기 리예트

6~8인분

돼지고기 리예트 레시피를 따르되, 돼지고기 대신 **오리나 거위 다리 1.6kg**을 사용해 약 1시간 반 정도 뭉근히 삶는다. 껍질을 제거하고 뼈에서 살을 발라내서 잘게 썬 다음 레시피대로 조리한다.

뿔닭에 대해

뿔닭 또는 암컷 뿔닭은 원래 아프리카에서 길들이기 시작한 품종으로 그 이후 전 세계 여러 곳에서 식용으로 사육하고 있다. 살은 연한 색을 띠며 육질이 부드럽고 지방이 적은 데다 풍미가 섬세해서 맛이 꿩과 비슷하다. 뿔닭의 지방 함량은 닭의 50% 이하이므로 굽거나 조리거나 스튜로 만들거나 볶을 때 촉촉하고 연한 육질을 유지하기 위해 보통 베이컨 등 기름이 많은 재료로 한 겹 감싸서 조리한다. 꿩이 들어가는 레시피나 닭고기 조림 또는 튀김 레시피라면 어떤 것이든 뿔닭을 사용해도 잘 어울린다. 다만 뿔닭은 보통 닭보다 몸집이 작으므로 조리 시간도 짧다는 점을 기억하자. 따라서 뿔닭은 보통 가슴이나 다리 부위 등으로 토막 낸 것보다는 통째로 판매하는 경우가 많다.(뿔닭을 토막 낼 때는 날가금류를 토막 내는 방법에 대해 항목을 참고한다.) ▶ 작은 뿔닭을 조리하면 2인분, 큼직한 뿔닭을 조리하면 4인분 정도 나온다.

뿔닭 구이

약 4인분

뿔닭은 최대 2시간 전에 손질해 굽기 직전까지 냉장고에 넣어두어도 좋다.

다음을 만든다.

칠리 고추 버터, 녹색 버터 또는 달팽이 버터 ¼컵

오븐을 230℃로 예열한다.

다음을 손질한다.

1.3kg짜리 암컷 뿔닭 1마리

껍질에 구멍이 나지 않도록 주의하면서 가슴과 넓적다리 근처의 껍질을 살짝 벗겨내고 손가락 끝으로 껍질 아래의 살에 버터를 밀어 넣는다. 남은 버터는 껍질 겉면에 문지른다. 구이 팬 위에 V자 형태의 받침대를 놓고 가슴 쪽이 아래로 가도록 뿔닭을 얹어서 20분간 굽는다. 오븐 온도를 175℃로 줄이고 가슴 쪽이 위로 가도록 뒤집는다. 상황에 따라 구이 팬에 다음을 붓는다.

(드라이 화이트와인 ½컵)

넓적다리에서 가장 두꺼운 부분의 내부 온도가 74℃에 도달하고 날카로운 것으로 넓적다리 껍질을 찔러보면 투명한 육즙이 나올 때까지 25~30분간 더 굽는다. 도마에 옮겨놓고 포일로 느슨하게 덮어서 10분간 레스팅한 후 살을 저민다. 살코기 위에 팬에 흘러나온 육즙을 부어서 낸다.

새끼 비둘기에 대해

여기서 말하는 새끼 비둘기(squab)란 농장에서 사육해 아직 제대로 날지 못하는 생후 4주째에 도축한 **비둘기**를 말한다. 새끼 비둘기고기는 색과 맛이 진하고 부드러우며 육즙이 풍부하다. 통째로 또는 배를 갈라서 오븐, 직화 오븐, 그릴 등에 굽거나 볶는 등의 다양한 레시피에 사용할 수 있다. 오리나 거위 가슴살처럼 새끼 비둘기고기도 전체적으로 미디엄 레어, 즉 57℃ 정도까지 구워야 가장 맛있다. 이 온도가 되면 육즙은 분홍색, 고기는 연한 장밋빛을 띠며 촉촉함이 유지된다. 그 이상 조리하면 간처럼 퍽퍽한 맛이 나는데, 아예 뼈에서 고기가 떨어질 때까지 푹 조리면 퍽퍽한 맛이 사라진다. 다른 가금류와는 달리 새끼 비둘기는 가슴보다 다리가 더 말라버리기 쉽다. ▶ 새끼 비둘기는 보통 340~450g 정도의 무게가 나가므로 넉넉한 1인분이 된다. 전채 요리로 조리한다면 한 마리를 나눠서 2인분으로 낼 수도 있다.

새끼 비둘기고기 그릴 또는 직화 오븐 구이

2인분

오븐의 열원에서 10cm 떨어진 위치에 받침대를 끼우고 직화 구이용 팬에 기름을 바른다. 직화 오븐을 예열한다. 또는 그릴을 중강불로 맞춰 준비한다. 다음을 납작하게 손질한다.

450g짜리 새끼 비둘기 2마리

껍질이 위로 가도록 비둘기를 직화 구이용 팬(직화 오븐에 구울 경우) 또는 조리대에 놓는다. 솔로 다음을 바른다.

녹인 버터 2큰술

다음을 홀홀 뿌린다.

소금과 흑후추

가슴살과 넓적다리의 내부 온도가 57~60℃에 도달하고 넓적다리를 찔러보면 연한 분홍색 육즙이 나올 때까지 12~18분간 직화 오븐이나 그릴에서 굽는다. 그릴에 구울 때는 중간에 비둘기를 한 번 뒤집어준다. 취향에 따라 다음 위에 얹어서 낸다.

(버터를 바른 토스트)

팬에 남아 있는 육즙을 비둘기 구이 위에 끼얹는다. 즉시 낸다.

새끼 비둘기 살미(Salmi of Squab, 와인과 버터로 맛을 낸 새고기 스튜)

4인분

라구와 비슷하면서 풍미가 강한 이 요리는 전통적인 프랑스식 살미보다 훨씬 간단하다. 진하고 맛있는 소스를 만들기 위해 덕 프레스(duck press)라는 도구를 사용해 오리의 잔해에서 피와 골수를 짜내는 다소 잔인한 과정을 건너뛰기 때문이다. 새끼 비둘기 대신 다른 야생 조류를 사용해도 좋다. 육수를 내기 위해 등뼈를 보관할 계획이 아니라면 고기와 함께 냄비에 넣어 걸쭉한 소스를 끓인 다음 식탁에 올리기 직전에 건져낸다.

등뼈를 제거하고 가슴뼈를 기준으로 하여 세로로 반 자른다.

450g짜리 새끼 비둘기 2마리

양쪽 면에 다음으로 밑간을 한다.

소금과 흑후추

커다란 프라이팬을 중강불에 올리고 다음을 둘러서 가열한다.

식물성 기름 2큰술

껍질이 아래쪽으로 가도록 새끼 비둘기를 프라이팬에 넣고 갈색으로 익을 때까지 약 5분간 지진다. 양에 따라 몇 번에 나눠 조리한다. 반대쪽으로 뒤집어서 2~3분간 더 지진다. 접시에 옮겨 담는다. 프라이팬에 다음을 넣고 저으면서 갈색으로 익기 시작할 때까지 약 8분간 볶는다.

샬롯 큰 것 1개, 얇게 저미기

버섯 450g, 얇게 썰기

신선한 타임 잎 1큰술 또는 말린 타임 1작은술

중불로 줄이고 저으면서 버섯이 부드러워질 때까지 5분 정도 볶는다. 다음을 넣고 갈색 조각을 긁어내면서 국물이 거의 다 증발할 때까지 조리한다.

코냑 또는 다른 브랜디 3큰술

다음을 넣고 절반으로 줄어들 때까지 졸인다.

드라이 레드와인 1½컵

야생동물, 소, 닭 육수 또는 국물 1½컵

기름에 지진 새끼 비둘기고기를 다시 프라이팬에 넣고 뚜껑을 덮어서 살이 저절로 뼈에서 떨어질 때까지 20~25분간 뭉근히 끓인다. 중간에 한 번 뒤집어준다. 프라이팬을 불에서 내리고 비둘기고기를 접시에 옮겨 약간 식힌다. 껍질을 벗겨내고 뼈에서 살을 발라 프라이팬에 넣는다. 다음을 넣고 젓는다.

(버터 2큰술)

소금과 흑후추 적당량

굵게 썬 파슬리 2큰술

다음 위에 얹어서 낸다.

크림처럼 부드러운 폴렌타, 삶은 파스타, 두껍게 썰어서 구운 토스트

중국식 훈제 비둘기

4인분

이 레시피에는 새끼 비둘기 대신 크기가 작은 다른 새를 사용해도 좋지만, 고기가 쉽게 말라버리기 때문에 너무 오래 조리하지 않도록 주의한다.

훈연 항목을 참고한다. 크고 얕은 프라이팬에 다음을 넣고 섞는다.

레몬 1개의 껍질, 강판에 곱게 갈기

오렌지 1개의 껍질, 강판에 곱게 갈기

연간장 ½컵

굴 소스 ⅓컵

꿀 2큰술

생강 2.5cm짜리 1조각, 껍질을 벗기고 다지기

마늘 2쪽, 다지기

흑후추 ½작은술

팬에 다음을 넣고 몇 번 뒤집으면서 양념을 골고루 묻힌다.

450g짜리 새끼 비둘기 4마리, 통째로 또는 등뼈를 제거하고 세로로 반 자르기

냉장고에 넣어 6시간~하룻밤 양념에 재운다. 양념장에서 비둘기를 건져내고 양념장은 발라서 굽는 용도로 보관해둔다. 우선 비둘기를 톡톡 두드려 물기를 제거하고, 훈연하기 전에 테두리 있는 오븐 팬에 받침대를 놓고 그 위에 비둘기를 얹은 후 위를 덮지 않은 상태로 냉장고에 몇 시간 정도 넣어두면 물기를 완전히 날릴 수 있다. 온훈법에 알맞게 훈연기나 그릴에 불을 피우고 107℃로 가열한다. 불에 다음을 추가한다.

사과나무, 벚나무, 오크나무 등 단단한 나무를 작게 자른 것 1조각

비둘기를 넣고 양념장을 여러 번 발라주면서 내부 온도가 57℃에 도달할 때까지 1시간 정도 훈연한다. 즉시 낸다.

타조와 에뮤에 대해

타조와 에뮤는 주조류(走鳥類), 즉 다리가 길고 날지 못하는 새다. 보통 활발하게 돌아다니지 않는 습성을 가진 닭이나 다른 사육 가금류와는 달리, 주조류는 오랜 세월에 걸쳐 땅 위를 잘 뛰어다니도록 진화했으며 이제는 아예 날개뼈의 구조가 퇴화해 날 수 없게 되었다. 타조와 에뮤를 조리하는 방법과 맛은 사슴고기와 매우 비슷하다. 농장에서 기른 타조와 에뮤의 고기는 진한 붉은색에 지방이 적다. 타조와 에뮤의 가장 큰 차이점은 둘 중 몸집이 작은 에뮤의 고깃결이 좀 더 조밀하다는 것이다. 서로 다른 부위를 잘라놓으면 타조와 에뮤를 구별하기가 쉽지 않지만 ▶ 가장 부드러운 부위는 팬 필레(fan fillet), **안쪽 스트립, 안심, 엉덩잇살** 등이며 다음으로 부드러운 것은 **채끝, 탑 로인**(top loin), **바깥쪽 스트립** 부위다. 짐작하는 바대로 타조나 에뮤의 다리살은 상당히 질기므로 보통 다져서 사용한다. **타조 다짐육**으로 버거를 만들면 아주 맛있지만 육즙을 보존하기 위해 미디엄 레어로 조리해야 가장 좋다. ▶ 사슴고기 레시피나 지방이 적은 소고기를 사용하는 레시피는 대부분 타조고기나 에뮤고기에 응용할 수 있다. 가장 잘 어울리는 조리법은 볶거나 미디엄 레어로 그릴에 살짝 굽는 것이다. 사슴고기 및 물소고기와 마찬가지로 너무 오래 조리하면 육질이 퍽퍽하고 질겨진다.

에뮤고기 또는 타조고기 필레

4인분

다음을 톡톡 두드려 물기를 제거한다.

타조고기 또는 에뮤고기 680g, 필레 4조각으로 썰기

다음으로 골고루 밑간한다.

소금 1½작은술

흑후추 1작은술

커다란 프라이팬에 다음을 두르고 가열한다.

식물성 기름 2큰술

필레를 프라이팬에 넣고 한 면당 3분씩 미디엄 레어로 익도록, 즉 내부 온도가 54~57℃가 될 때까지 굽는다.

다음과 함께 낸다.

허브 팬 소스 또는 마르샹 드 뱅 소스 또는 샤쇠르 소스

야생 조류에 대해

엽조와 마찬가지로 '야생 조류'라 불리는 새들은 한때 사냥으로만 잡는 새를 의미했다. 그러나 오늘날에는 다양한 종류의 야생 조류를 농장에서 사육한다. 직접 사냥하거나 마음씨 좋은 친구가 사냥한 새를 기꺼이 나눠주지 않는 한, 아마도 사육한 야생 조류를 다루게 될 확률이 높다. 미국의 마트에서 판매할 수 있는 것은 농장에서 사육하거나 유럽에서 사냥하여 수입된 야생 조류뿐이다. 오리와 거위를 조리하는 방법에 대해서는 458쪽을 참고한다.

야생 조류에는 기본적으로 물새와 육지 엽조의 두 가지 유형이 있다. **물새**에는 들오리와 거위가 포함된다. **육지 엽조**는 꿩, 다양한 크기의 비둘기, 메추라기, 멧도요, 야생 칠면조 등을 아우르는 훨씬 광범위한 범주다.

일부 들오리와 야생 거위를 제외하면 야생 조류는 닭과 칠면조보다 지방이 적다. 따라서 고기가 퍽퍽해지지 않도록 조리 과정에 특별한 주의가 필요하다. 또 한 가지 고려해야 할 중요한 사항은 야생 조류의 고기는 사육하는 가금류 고기보다 육질이 조밀하며 근육을 잇는 결합 조직도 비교할 수 없을 만큼 훨

씬 더 질기다는 점이다. 야생 조류는 엄청난 운동량을 자랑하므로 근육 조직도 그에 걸맞게 잘 발달해 있다. 들오리나 야생 거위 등의 일부 야생 조류는 거의 소와 비슷한 육질을 가지고 있다. 이렇게 자세하게 설명하는 이유는 가금류를 조리할 때 고려하는 일반적인 규칙이 엽조에는 적용되지 않는 경우가 있기 때문이다. 그뿐만 아니라 조리법과 관계없이 엽조의 맛과 식감은 마트에서 구입한 가금류 고기의 맛과 다르다는 점도 염두에 두어야 한다.

야생 조류는 자유롭게 살아가므로 실제로 잡아서 손질하기 전까지는 자세한 것을 알 수 없다. 사냥총의 방아쇠를 당기는 시점에 새가 어떤 먹이를 먹었는지, 몇 살인지, 이러한 요소들이 새의 전반적인 건강에 어떠한 영향을 미쳤는지 알 수 없다. 비위가 좋은 사람은 심지어 먹이를 일시적으로 담아두는 목 아래쪽의 먹이 주머니를 갈라서 내용물을 확인하기도 한다. 일반적으로 ▶ 곡물을 먹고 자란 새가 어란, 양서류, 갑각류, 수생 식물, 해초 등을 먹고 자란 새보다 식용에 적합하다. 따라서 강 근처나 해안가에서 새를 잡았다면 고기나 지방에서 좋지 않은 냄새가 날 확률이 높다. 반대로 곡물 밭 근처에서 잡은 새는 맛이 좋을(지방도 통통하게 올라 있을) 가능성이 크다. 고기의 색이 이상하거나 악취가 나는 등, 새가 건강해 보이지 않으면 먹지 말아야 한다.

야생 조류의 나이를 파악하려면 날개의 앞쪽 가장자리에서 커다란 날개 깃털의 앞에 숨어 있는 작은 깃털을 살펴본다. 이 깃털의 끝부분만 누런색을 띠면 1년생 이하일 확률이 높다. 깃털이 전체적으로 누런색이라면 그보다 나이가 많다. 꿩과 칠면조 다리의 불쑥 튀어나온 돌기도 나이를 파악하기에 좋은 지표다. 불쑥 튀어나온 부분이 닳았다면 나이가 많은 새다. 솜털의 존재 여부로는 나이를 짐작하기 어렵다. 시기만 다를 뿐 모든 새가 털갈이를 하며, 나이든 새도 새로운 깃털이 자란 직후에 사냥감이 될 수 있기 때문이다. 예를 들어 9월에 잡은 뇌조는 나이와 관계없이 보송보송한 솜털로 덮여 있기 마련이다.

야생 조류 매달기, 털 뽑기, 손질하기에 대해

산이나 벌판에서(또는 습지에서) 잡은 새를 다루는 방법은 어떻게 손질해서 조리할 것인지에 따라 달라진다. 가장 중요한 원칙은 사냥한 새를 서늘하고 건조한 곳에 보관해야 한다는 것이다. 엽조를 잘 다루려면 서늘하게 보관하는 것이 필수다. 새를 여러 마리 잡았다면 시원하고 햇빛이 안 드는 곳에 보관하고, 쌓아놓지 않는다. 날씨가 덥다면 얼음을 채운 아이스박스에 넣어두는 것이 좋지만, 녹은 물이 새에 닿지 않도록 주의한다.

매달기

야생 거위, 들오리, 꿩 등의 엽조를 매다는 것은 조직을 분해해 고기를 연하게 만들고 풍미를 돋우기 위해 사용해온 전통 방법이다. 물론 꼭 필요한 과정은 아니다. 새를 통째로 며칠 정도 냉장고에 넣어두어도 매다는 것과 비슷한 효과를 얻을 수 있지만, 냉장 온도에서는 조직을 분해하는 효소가 아주 느리게 작용한다. ▶ 배에 총을 맞은 새는 절대 매달지 말고 바로 털을 뽑고 손질해서 최대한 빨리 요리해야 한다.

이상하게 들릴지 모르지만 **새를 매달 때는** 내장을 제거하거나 털을 뽑아서는 안 된다. 즉시 내장을 제거해야 하는 거위와 야생 칠면조만은 예외다. 온도가 7~13℃ 사이로 유지되는 곳에 다리나 목을 묶어서 매달아놓는다. 들오리와 야생 거위는 며칠 정도만 매달아두어야 하지만 꿩을 비롯한 일부 야생 조류는 최대 일주일까지 매달아둘 수 있다. 메추라기, 작은 비둘기, 멧도요, 도요 등의 작은 새는 며칠 정도면 충분하며, 절대 일주일 이상 매달아놓지 않도록 주의한

다. 또 한 가지 고려할 요소는 새의 나이다. 어리고 고기가 연한 새는 나이가 많고 질긴 새만큼 오래 매달아둘 필요가 없다. 나이나 새의 종류 및 크기와 관계없이 하루만 매달아두어도 풍미와 식감이 좋아진다는 점을 잊지 말자. 따라서 새를 매다는 과정 자체에 거부감이 있다면 일단 하루 정도부터 시작해보자.

매달았던 새는 ▶ 반드시 물에 적시지 않고 털을 뽑거나 껍질을 벗겨서 조리할 때까지 냉장고 또는 냉동실에 보관해야 한다.

털 뽑기

새의 껍질을 벗길 계획이 아니라면 반드시 털을 뽑아서 손질해야 한다. 육지 엽조는 그냥 털 뽑기 또는 물에 적셔서 털 뽑기라는 두 방법 모두 사용할 수 있다. **물을 사용하지 않고 털을 뽑는 방법**은 ▶ 잡은 새를 48시간 이상, 되도록 72시간 정도 매달거나 냉장고에 넣어두는 것이 새의 털을 뽑을 때 가장 편리한 방법이다. 이렇게 하면 새가 사후 경직 상태에 들어가므로 더욱 쉽게 털을 뽑을 수 있다. 몸통의 깃털을 다리의 무릎 관절 및 날개의 첫 번째 관절까지 손으로 뽑는다. 종류에 따라 껍질이 얇고 연약할 수 있으므로 특히 주의한다. 큼직한 깃털을 뽑은 다음에는 집게 또는 손가락으로 솜털을 잡고 뽑아낸다. 억센 깃털을 뽑아내면 보송보송하고 작은 털만 남는다. 그다음에는 라이터나 토치로 몸통 전체를 그을려서 남아 있는 털을 제거한다.

물에 적셔서 털을 뽑는 방법은 물새를 다룰 때 가장 편리하다. 물새는 커다란 깃털 아래에 아주 조밀한 솜털 층이 자리 잡고 있으므로 가장 쉽게 모든 털을 뽑아내는 방법은 왁스를 사용하는 것이다.

육지 엽조의 털을 물에 적셔서 뽑으려면 냄비에 물을 붓고 김이 올라올 때까지 가열한 후(뭉근히 또는 팔팔 끓지 않도록 주의한다.) 한 번에 한 마리씩 약 3초 정도 새를 물에 담갔다가 꺼낸다. 물기를 털어내고 날개나 꼬리 부분의 깃털이 쉽게 뽑힐 때까지 이렇게 담그는 작업을 몇 번 반복한다. 별다른 힘을 주지 않아도 털이 쑥 뽑혀 나와야 한다. 힘을 줘야 뽑히는 상태라면 몇 번 더 뜨거운 물에 담근다. 물에서 건진 후 아직 따뜻한 상태에서 빨리 털을 뽑아야 한다.

물새의 털을 물에 적셔서 뽑으려면 우선 날개, 꼬리, 몸통의 가장 커다란 깃털부터 뽑기 시작한다. 커다란 냄비에 물을 붓고 김이 올라올 때까지 가열한 후 파라핀 왁스를 넣는다.(대다수 마트의 통조림 판매대에서 찾을 수 있다.) 새의 몸집이 크면 왁스가 더 많이 필요하다. 커다란 오리나 거위라면 약 450g짜리 왁스 한 덩어리를 사용한다. 또한 새가 충분히 들어갈 만한 큰 그릇에 얼음물을 채워서 준비해둔다. 왁스가 녹으면 새의 머리와 발을 잡고 물의 표면에 몸통을 갖다 댄 후 빙글빙글 돌려서 왁스를 골고루 묻힌다. 그다음 새를 얼음물에 완전히 담근다. 이렇게 하면 왁스가 굳는다. 몇 분 정도 물기를 말리고 왁스가 엉겨 붙은 깃털을 껍질에서 벗겨낸다.

손질하기

야생 조류를 통째로 손질하려면 일단 머리를 자르고 목 부분의 껍질을 잡아당겨서 몸통과 가까운 부분까지 목을 잘라낸다. 목 부위는 보관했다가 육수나 수프에 활용할 수 있다. 그다음 큼직한 식칼이나 가위로 발과 날개의 끝부분을 잘라낸다.(아주 작은 새라면 날개 전체를 잘라낸다.)

가슴이 위로 가도록 새를 놓고 내장까지 절개하지 않도록 주의하면서 가슴뼈 바로 아래의 몸통 부분을 가로질러 얕게 칼집을 넣는다. 항문에서 칼집을 넣은 곳까지 수직으로 절개해 T자 형태의 칼집을 만든다. 사냥터에서 내장을 제거하지 않았다면 안쪽에 손가락을 넣어 내장을 꺼낸다. 몸통을 샅샅이 훑으

면서 내장과 지방 덩어리를 전부 다 꺼냈는지 확인한다. ▶ 먹을 수 있는 야생 조류의 내장 중에서 염통은 별도의 추가적인 손질 없이 바로 조리할 수 있다. 간과 모래주머니도 먹을 수 있지만 깨끗하게 손질해야 한다.

내장을 사용할 예정이라면 우선 염통 위쪽의 지방이 빙 둘러 있는 부분을 얇게 저민다. 간에 붙어 있는 녹색 주머니, 즉 쓸개를 조심스럽게 자르거나 잡아당겨서 떼어낸 후 버린다. 찬물을 틀어놓고 이 작업을 하면 쓸개가 터지더라도 녹색 담즙이 간에 묻지 않는다. 간에 반점이 있거나 붉은색 또는 베이지색이 아니라면 먹지 않고 버린다. 모래주머니에서 창자를 잘라내고 모래주머니에 붙어 있는 지방도 제거한다. 간과 염통, 모래주머니를 조리하기 위해 손질하는 방법은 가금류 부속 고기 또는 내장에 대해 항목을 참고한다.

조리하기 전에 새의 안팎을 흐르는 물에 깨끗이 씻고 키친타월로 톡톡 두드려 물기를 제거한다. 총을 맞은 부위 주변에 피가 군데군데 고여 있는 경우도 있다. 가능하면 작고 잘 드는 칼로 살짝 긁어내거나 필요하면 아예 껍질 자체를 들어낸다.

새의 가슴살 발라내기는 작은 비둘기, 줄무늬꼬리비둘기, 메추라기, 멧도요 등의 작은 새를 손질할 때 자주 쓰는 편리한 방법이다. 이러한 새들은 몸집이 너무 작아서 사실상 가슴 이외의 부위에는 먹을 만한 살이 거의 없다시피 하다. 또한 이 방법은 바다오리처럼 물고기를 먹이로 삼는 물새를 손질할 때도 유용하다. 물고기를 먹고 사는 새들은 껍질과 기름에서 심한 비린내가 나지만, 가슴살은 훨씬 비린내가 덜해서 충분히 먹을 수 있는 부위다.

새의 가슴살을 발라내려면 가슴 부위에서 깃털을 뽑아낸 후 잘 드는 칼로 가슴뼈와 갈비뼈에서 가슴살을 한 덩어리씩 잘라낸다.(이것은 닭 가슴살의 뼈를 발라내는 작업과 매우 비슷하지만 여기서는 새 전체에서 가슴살만 발라낸다는 차이점이 있다.) 가슴살을 덮고 있는 껍질은 거의 사용하지 않는다. 자세한 내용은 개별 레시피를 참고한다.

야생 조류 조리하기

종류를 막론하고 고기가 잘 익었는지 확인하는 방법은 내부 온도를 재는 것이지만 아주 작은 새를 비롯해 일부 야생 조류의 고기는 너무 얇아서 온도계를 사용하기가 사실상 불가능하다. 따라서 이 책의 레시피에서 안내하는 권장 조리 시간을 잘 지키고, 필요하면 고기를 찔러보거나 잘라서 속을 들여다보면서 더 오래 조리해야 하는지 판단한다. 불에서 내리더라도 잔열 때문에 고기가 계속해서 익는다는 점을 잊지 말자.(새의 몸집이 클수록 레스팅하는 동안 내부 온도가 많이 올라간다.) 또 한 가지 기억해두어야 할 것은 ▶ 대다수 야생동물의 고기는 다소 레어 상태로 익혀야 더 맛있다는 점이다. 덜 익었다면 언제든 다시 불에 올려서 더 조리할 수 있지만 너무 오래 익힌 고기는 되돌릴 수 없다.

새의 나이와 먹이는 고기의 풍미에 영향을 미치며 그에 따라 조리법도 달라진다. 새의 나이를 확인하는 방법은 464쪽을 참고한다. 어린 새나 농장에서 사육한 작은 새는 오븐에 굽거나 튀기거나 그릴에 구우면 맛있다. 일반적으로 나이가 많은 새는 조림이나 스튜를 만들면 좋은 결과를 얻을 수 있다. 고기의 색이 진한 새를 사용한다면 가슴살과 다리는 서로 다른 상태로 조리해야 한다. 오리, 거위, 색이 진한 뇌조의 가슴살은 레어나 미디엄 레어로 조리하고, 다리는 부드러워질 때까지 오래 조리한다. 따라서 커다란 오리와 거위를 조리할 때 가장 만족스러운 결과를 얻으려면 중간에 가슴살을 다리에서 분리해 가슴살이 너무 오래 익는 것을 방지하는 동시에 다리는 육즙이 풍부하고 부드럽게 완성되도록 충분한 시간을 들여 익혀야 한다.(작은 오리나 다양한 크기의 비둘기는

중간에 다리를 분리하기가 쉽지 않으므로 계속 통째로 굽는다.) 다 익은 오리와 거위 가슴살을 분리했다면 바로 레스팅한다. 그다음 내기 직전에 껍질이 아래로 가도록 팬에 올리고 강불에 껍질이 바삭해지도록 그을린다.

물새의 다리는 오랫동안 천천히 조리해야 가장 맛있으므로 여러 마리의 다리를 모아두었다가 콩피를 만들 수 있다. 461쪽의 레시피를 따르면 다리를 아주 부드럽고 촉촉하면서 진한 풍미가 나도록 조리할 수 있다.

여기서 소개하는 들오리, 야생 거위, 꿩, 메추라기 등을 사용하는 레시피를 농장에서 사육한 가금류에 응용할 때는 어느 정도 주의가 필요하다. 엽조를 잡아서 직접 털을 뽑고 내장을 제거하기 전까지는 어떤 형태의 새인지 파악할 수 없다. 먹이를 많이 먹어서 통통할 수도 있고 말라서 거의 살이 없을 수도 있다. 어린 새일 수도 있고, 종류에 따라서 상당히 나이를 많이 먹은 새일 가능성도 있다. 그에 비하면 농장에서 사육한 새는 훨씬 더 품질이 일정하다. 곡물 사료를 먹여서 키웠을 테고 나이도 너무 많지 않으며 야생 조류만큼 생존을 위해 많이 움직이지도 않는다. 따라서 농장에서 키운 조류는 맛이 순하고 지방이 많으며 살이 부드럽고 근육이 덜 발달해 있다. 그러므로 일반적으로 농장에서 자란 조류는 야생 조류보다 훨씬 빨리 익으면서 맛도 순하다.

▶ 야생 조류는 무척 다양한 특징을 가지고 있으므로 제대로 조리하려면 어느 정도 판단력을 발휘해야 한다. 야생 조류를 조리할 때는 4가지를 염두에 두자. 첫 번째, 작은 새는 큰 새보다 센 불에서 조리할 수 있다. 두 번째, 야생 조류의 가슴살은 넓적다리살보다 빨리 익는다. 세 번째, 넓적다리는 대부분 조렸을 때 가장 맛있게 즐길 수 있다. 네 번째, 꿩이나 야생 칠면조처럼 커다란 새의 아랫다리는 살이 뼈에서 저절로 떨어질 때까지 천천히 오래 조리해야 좋다.

베이컨 등 기름이 많은 재료로 한 겹 감싸서 조리하는 방법은 지방이 적은 야생 조류를 다룰 때 좋은 방법이다. 기름으로 감싸서 조리하는 방법의 장점은 분명하다. 고기에 지방을 보충할 수 있으며 굽는 동안 고기를 보호하는 동시에 양념을 계속 바르는 것처럼 촉촉함을 유지할 수 있는데, 특히 껍질을 벗겨서 구울 때 이는 매우 중요하다. 반면에 껍질을 제거하지 않은 새를 기름이 많은 재료로 감싸서 조리하면 갈색으로 바싹 익지 않는다는 단점이 있다. 눈에 띄게 너무 말라 보이지 않는다면 껍질이 붙어 있는 오리와 거위를 조리할 때는 굳이 감싸서 구울 필요가 없다. 그러나 육지 엽조나 껍질을 벗긴 새를 조리한다면 기름이 많은 재료로 감싸서 조리하는 것도 충분히 고려해볼 만하다. 표면을 갈색으로 먹음직스럽게 익히려면 거의 다 익었을 때 감싼 재료를 벗겨내고 조리를 마무리해도 좋다.

기름이 많은 재료로 감싸는 방법 이외에 고려할 만한 방법은 몸통 전체에 버터를 바르거나 올리브유를 뿌려서 굽는 것이다. 가향 버터를 야생 조류에 골고루 바르거나 가슴 및 넓적다리 주변의 껍질을 살짝 들어올리고 부드럽게 녹인 버터를 껍질 아래로 밀어 넣는다. 버터를 바르면 촉촉함이 유지될 뿐만 아니라 껍질이 갈색으로 잘 익고 풍미도 좋아진다.

들오리와 야생 거위에 대해

들오리와 야생 거위의 맛은 품종과 먹이에 따라 크게 달라진다. 얕은 물에 사는 수면성 품종은 곡물을 먹을 확률이 높고 이 경우 육즙이 아주 풍부하다. 해초나 다른 먹이를 먹고 사는 오리는 곡물을 먹는 오리보다 아무래도 맛이 크게 떨어진다. 수면성 오리 품종으로는 **청둥오리, 검은오리, 고방오리, 홍머리오리, 알락오리, 쇠오리, 넓적부리오리, 미국원앙새** 등이 있다. 수생 식물을 먹고 사는 잠수성 오리에는 **흰죽지오리, 홍오리, 큰머리흰뺨오리, 흰뺨오리, 검은머**

리흰죽지오리, 댕기흰죽지오리, 줄부리오리 등이 있다. 이러한 품종 중 물고기나 갑각류를 먹고 사는 것들은 아무래도 맛이 없다. **바다비오리, 관머리비오리, 미국비오리**를 비롯해 물고기를 자주 잡아먹는 오리의 고기는 비린내가 많이 나므로 식용으로 적합하지 않다.

야생 거위도 들오리와 마찬가지로 먹이에 따라 맛이 크게 달라진다. 골프장과 공원을 엉망으로 망쳐놓는다는 오명을 쓰고 있는 **캐나다기러기**도 곡물을 많이 먹고 자랐다면 상당히 맛이 좋다. **쇠기러기**는 북아메리카에서 가장 선호도가 높은 야생 거위 품종이며 통째로 구우면 아주 근사하다. **흰기러기와 작은흰기러기**는 지방이 거의 없는 경우가 많고 털을 뽑기가 아주 힘들다. 따라서 아예 껍질을 벗겨서 조리하는 것이 좋은데 콩피에 넣으면 가장 잘 어울린다.

야생 물새의 고기가 먹을 만한지 확인하려면 지방을 한 조각 떼어 작은 프라이팬에 넣고 중강불에서 녹인다. 기름에서 이상한 냄새가 나지 않고 고소한 향을 풍기면 십중팔구 먹기에 적합한 고기다. 기름에서 비린내가 난다면 가슴살만 발라내거나 최소한 껍질과 눈에 띄는 지방을 전부 제거해서 조리한다. 주황색이나 밝은 노란색 지방도 물고기를 자주 먹었다는 증거다.

이어서 소개하는 레시피 이외의 조리 방법에 대해서는 오리와 거위에 대해 항목을 참고한다. 들오리와 야생 거위의 나이를 파악하려면 464쪽을 참고한다. 야생 조류는 농장에서 키운 오리나 거위보다 지방이 적고 몸집이 작으며 고기가 질기다는 점을 기억하고 그에 맞춰 조리하자. 오리나 거위 다리는 풍미가 진한 국물에 넣어서 부드러워질 때까지 조리면 무척 맛있다. 코코뱅이나 레드 몰레 소스에 조린 칠면조 레시피를 기본으로 하고, 닭이나 칠면조 대신 오리나 거위 다리를 넣어서 조리한다. 들오리와 야생 거위의 살은 매우 진한 색을 띠므로 디종 머스터드, 호스래디시, 사우어크라우트처럼 맛이 강한 양념과 조합하면 잘 어울린다. 오리나 거위처럼 맛이 강하고 지방 함량이 높은 고기에 산성 소스를 곁들이면 맛이 상큼하게 살아나므로 가스트리크 같은 소스가 특히 좋다. 풍미가 진한 고기에 약간의 단맛을 더해도 더 맛있게 즐길 수 있으므로 오리고기나 거위고기를 구운 과일 또는 영국식 컴벌랜드 소스와 같은 과일 소스와 함께 내도 잘 어울린다. 와인으로 만든 진한 소스와도 궁합이 좋으므로 무화과와 레드와인 소스를 참고한다. 같은 맥락에서 레드와인에 조린 야생 칠면조 또는 거위 다리도 참고하면 좋다.

들오리 구이

4인분

야생 조류는 크기가 가지각색이며 사냥을 나가서 새를 1마리밖에 잡지 못했다면 소스 분량을 반으로 줄여서 조리한다. 일반적으로 들오리와 야생 거위를 통째로 조리할 경우, 1인분에 600~680g 정도를 기준으로 삼는다.

오리와 거위 구이에 대해 및 들오리와 야생 거위에 대해 항목을 참고한다. 오븐을 260℃로 예열한다. 다음을 냉장고에서 미리 꺼내 실온 상태로 만들고 안팎을 톡톡 두드려 물기를 제거한다.

　청둥오리, 고방오리, 검은오리 등의 야생 오리 2마리(약 2.7kg)

다음을 넉넉히 뿌린다.

　소금 1½작은술

　흑후추 1작은술

오리의 안팎에 다음을 골고루 문질러 바른다.

　말랑하게 녹인 버터 또는 오리기름

구이 팬에 받침대를 놓고 오리를 얹은 후 오븐에 넣는다. 내부 온도가 54~57℃,

즉 레어나 미디엄 레어 상태가 될 때까지 굽는다. 오븐에 넣고 15분이 지난 시점부터 온도를 확인한다. 구이 팬에 고인 기름을 2큰술만 남기고 전부 떠낸다. 구이 팬을 가정용 레인지의 버너 위에 올리고 중불로 가열하면서 다음을 넣는다.

　드라이 화이트와인 ½컵

　닭 또는 송아지 육수 ½컵

　사과 식초 2작은술

　설탕 1작은술

팬의 바닥에서 갈색 조각을 긁어낸 다음 작은 편수 냄비에 국물을 전부 붓는다. 걸쭉해지면서 절반으로 졸아들 때까지 팔팔 끓인 후 불에서 내리고 취향에 따라 다음을 넣어 잘 젓는다.

　(헤비크림, 사워크림 또는 크렘 프레슈 2큰술)

소스의 간을 맞추고 오리의 살을 저민 후 소스를 곁들여 낸다.

들오리 또는 야생 거위 가슴살 구이

이 레시피에는 반드시 껍질이 붙어 있는 가슴살을 사용해야 하므로 앞의 설명대로 냄새 때문에 껍질을 벗겨서 조리해야 하는 오리나 거위에는 적합하지 않다. 들오리나 야생 거위의 크기가 워낙 가지각색이라 이 레시피에서는 몇 인분인지 명시하지 않는다. 1인분에 170g 정도의 분량을 기준으로 한다. 야생 조류 조리하기 및 들오리와 야생 거위에 대해 항목을 참고한다.

다음을 준비한다.

　뼈를 제거한 오리 또는 거위 가슴살, 껍질이 붙어 있는 것

잘 드는 칼로 껍질에 1.2cm 간격으로 격자무늬 칼집을 넣는다.(그 아래의 살은 자르지 않는다.) 다음을 넉넉하게 뿌린다.

　소금과 흑후추

묵직한 프라이팬에 다음을 두른다.

　오리 기름 또는 식물성 기름 1큰술

큼직한 오리나 거위 가슴살은 일단 껍질이 아래로 가도록 프라이팬에 넣고 중강불로 올려서 조리한다. 작은 오리 가슴살은 먼저 프라이팬을 중강불에 올려서 기름에서 연기가 나기 직전까지 달군 다음 가슴살을 넣어 조리한다. 뒤집지 않고 껍질이 바삭하고 노릇노릇하게 익을 때까지 3~12분간 조리한다.(크기가 아주 작은 오리 가슴살은 3분, 큼직한 거위 가슴살은 12분) 가슴살을 프라이팬 넣은 직후에는 껍질이 골고루 프라이팬에 닿도록 주걱으로 가슴살을 꾹 누른다. 반대로 뒤집고 내부 온도가 52~54℃가 될 때까지 1~8분간 더 굽는다.(크기가 아주 작은 오리 가슴살은 1분, 큼직한 거위 가슴살은 8분) 가슴살을 접시에 옮겨 담고 포일로 덮은 후 가슴살의 크기에 따라 2~10분간 레스팅한다. 즉시 낸다.

들오리 프리카세

4인분

야생 조류 조리하기 및 들오리와 야생 거위에 대해 항목을 참고한다.

톡톡 두드려 물기를 제거한다.

　뼈를 제거한 오리 가슴살 680g, 껍질이 붙어 있는 것

다음을 훌훌 뿌린다.

　소금 1작은술

　흑후추 ½작은술

커다란 프라이팬을 중강불에 올리고 뜨거워질 때까지 달군다. 껍질이 아래로 가도록 가슴살을 넣고 껍질이 갈색으로 바싹 익을 때까지 약 6분간 굽는다. 반

대쪽으로 뒤집어서 가슴살이 미디엄 레어 상태로 익을 때까지 2분 정도 더 굽는다. 오리 가슴살을 플래터에 옮겨 담고 뚜껑을 덮어서 따뜻하게 보관한다. 구이 팬에 기름을 2큰술만 남기고 전부 따라낸다. 다음을 넣고 저으면서 부드러워질 때까지 6~8분간 볶는다.

　서양대파 큰 것 1개, 손질한 후 깨끗이 씻어서 얇게 썰기

다음을 넣고 저으면서 버섯이 부드러워지면서 물이 나올 때까지 5분 정도 볶는다.

　버섯 225g, 얇게 썰기

다음을 넣고 뒤적이면서 채소에 골고루 묻힌다.

　중력분 2큰술

저으면서 향긋한 냄새가 날 때까지 2분 정도 더 조리한다. 다음을 넣는다.

　닭 육수 또는 국물 2컵

　굵게 썬 타임 2작은술

부르르 끓어오르면 중약불로 줄이고 국물이 절반으로 졸아들 때까지 10분 정도 뭉근히 끓인다. 다음을 넣고 세게 젓는다.

　버터 2큰술, 작게 깍둑썰기하기

다음을 적당량 넣어 소스에 간을 한다.

　소금과 흑후추

오리 가슴살을 다시 프라이팬에 넣고 속까지 따뜻해지도록 2~3분간 데운다.

글레이즈를 바른 오리 다리 그릴 구이

4~8인분

돼지 삼겹살 대신 **오리 다리 900g~1.8kg**을 사용해 **돼지고기 차슈**의 레시피대로 조리한다. 살이 부드러워질 때까지 3~4시간 동안 뭉근히 푹 삶는다. 소스에서 오리 다리를 건져내고 쪽파는 건져서 버린 다음 소스가 약간 걸쭉해지면서 시럽 농도가 되도록 졸인다. 그릴을 강불로 맞춰 준비하고 오리 다리의 모든 면이 살짝 그을리도록 총 5분 정도 그릴에 굽는다. 재스민 쌀밥과 함께 낸다.

야생 칠면조에 대해

야생 칠면조는 농장에서 사육하는 칠면조에 비해 지방이 적고 다리에 살이 많으며 가슴살은 적다. 그뿐만 아니라 고기의 색이 마트에서 판매하는 칠면조보다 훨씬 진하다. 살아 있는 야생 칠면조의 평균 무게는 수컷이 7.7kg, 암컷이 4.1kg 정도다. 수컷 야생 칠면조의 나이는 수염을 보면 알 수 있다. 3살 정도 된 칠면조는 수염의 길이가 20cm 이상이다. 수염이 그보다 짧다면 3살이 되지 않은 것이다. 암컷 야생 칠면조의 나이를 확인하는 방법은 464쪽을 참고한다.

　어린 야생 칠면조는 천천히 구워서 조리할 수 있다.(살이 빨리 말라버리고 퍽퍽해지는 편이므로 고온에서 굽는 방법은 추천하지 않는다.) 어린 수컷 칠면조를 지칭하는 제이크(jake)는 튀겨 먹으면 아주 맛있다. 나이와 관계없이 칠면조는 조리거나 삶는 방법과 썩 잘 어울리며 이렇게 하면 살이 퍽퍽해질 우려도 덜 수 있다. 나이가 많은 수컷은 훈연하거나(닭고기 훈제 구이 레시피 참고) 부드러워질 때까지 조려서 먹는 것이 가장 좋다. 몰레 포블라노처럼 풍미가 진한 소스에 넣고 조려도 좋고, 간단한 방법을 선호한다면 닭 또는 칠면조로 만든 진한 육수에 가슴살을 넣고 뭉근히 삶아도 맛있다. 야생 칠면조의 통다리나 넓적다리는 콩피의 재료로도 훌륭하다. 날개 부위의 살은 색이 연하며, 일단 부드러워질 때까지 조린 후에 그릴에 굽거나 바비큐로 조리하면 근사한 맛을 낸다. 야생 칠면조를 통째로 굽는다면 가슴살 부위를 기름이 많은 재료로 한 겹 감싸서 지방

이 적은 살을 촉촉하게 조리하는 방법을 추천한다. ▶ 야생 칠면조 요리 또는 1인분에 450~680g 정도의 분량을 기준으로 삼는다.

야생 칠면조 봉투 구이

6~10인분

맛있는 육즙을 그대로 보존하기 위해 야생 칠면조를 봉투에 넣어서 굽는 레시피다. 야생 조류에 대해 및 야생 칠면조에 대해 항목을 참고한다. 상황에 따라 칠면조를 소금물에 최대 24시간 염지해도 좋다. 오븐을 190℃로 예열한다. 커다란 구이용 봉투를 준비한다. 다음을 톡톡 두드려 물기를 제거한다.

　2.7~4.5kg짜리 야생 칠면조 1마리

다음을 골고루 문지른다.

　소금과 흑후추

칠면조에 다음을 듬뿍 바른다.

　버터 4큰술(버터 스틱 ½개), 말랑하게 녹이기

취향에 따라 칠면조 몸통에 다음을 채운다.

　(셀러리 줄기 3개, 2.5cm 길이로 썰기)

　(양파 1개, 4등분하기)

칠면조 다리를 모아서 묶는다. 칠면조를 구이용 봉투에 넣고 입구를 봉한 다음 구이 팬에 올린다. 가슴살의 내부 온도가 68℃에 도달하고 넓적다리를 찔러보면 연한 분홍색 육즙이 나올 때까지 450g당 10분 정도 굽는다. 오븐에서 꺼내 20분 정도 레스팅한 후, 구이용 봉투에서 칠면조를 꺼내서 살을 저민다. 그레이비를 곁들이고 싶다면 칠면조를 구울 때 흘러나온 육즙으로 다음을 만든다.

　(기본 팬 그레이비)

레드와인에 조린 야생 칠면조 또는 거위 다리

4인분

야생 조류 조리하기 및 야생 칠면조에 대해 항목을 참고한다.

다음을 준비한다.

　야생 칠면조 또는 거위 다리 1.1~1.6kg, 넓적다리와 아랫다리로 분리하기

닭 대신 칠면조나 거위를 사용해 다음을 만든다.

　코코뱅

살이 부드러워질 때까지 2~3시간 조리한다. 다음과 함께 낸다.

　삶은 에그누들

꿩에 대해

벌써 몇 세기에 걸쳐 유럽과 미국에서 사육해온 꿩은 엽조 중에서도 가장 인기 있는 새다. '독특한 별미'로 취급하긴 하지만 사실 꿩고기는 닭고기와 매우 비슷하다. 특히 농장에서 사육한 꿩의 분홍빛 도는 흰색 고기는 순하고 섬세한 풍미와 다소 뻑뻑한 식감까지 닭고기와 똑 닮았다.

　어린 야생 꿩은 가슴뼈가 잘 휘어지고 다리가 회색이며 날개 끝에 뾰족한 모양의 커다란 깃털이 달려 있다. 어린 수컷의 다리에는 짧고 날카로운 돌기가 솟아 있다. 나이가 많은 수컷 꿩의 돌기는 그보다 길고 많이 닳아 있다. 어린 꿩은 오븐 또는 직화 구이로 먹을 수 있고, 나이 든 꿩은 조려야 맛있다. 또는 야생 꿩을 토막 내서 색이 진한 고기와 연한 고기를 분리한 다음 따로 조리해도 좋다. 질긴 넓적다리와 아랫다리는 조리거나 스튜처럼 뭉근히 끓여야 가장 좋

다. 부드러운 가슴살은 튀기거나 그릴에 굽거나 볶거나 구워서 먹는다.

꿩 1마리는 ▶ 900g~1.8kg 정도의 무게가 나가며 조리했을 때 2인분 정도 나온다. 뼈가 작으므로 뼈 대비 고기의 비율이 높은 편이다. 다리 부위는 가슴살보다 색이 진하고 단단하며 풍미도 진하다. 꿩고기를 맛있고 부드럽게 즐기기 위해서는 ▶ 최대 일주일간 매달아놓거나 털을 뽑지 않은 상태에서 3일 정도 냉장고에 넣어두어야 한다. 꿩은 ▶ 대부분의 닭고기 레시피에서 닭 대신 사용할 수 있지만 닭보다 지방이 적어 너무 오래 익히면 살이 맛없게 퍽퍽해지므로 주의한다. 구이처럼 수분 없이 조리할 때는 우선 소금물에 절이면 퍽퍽해지는 것을 막을 수 있어서 좋다. 꿩 가슴살은 닭고기 마늘 볶음 등의 볶음 요리 레시피에 응용하면 아주 잘 어울린다.

꿩 구이
2인분

전통적으로 꿩을 통째로 구울 때는 몸통에 야생 쌀과 버섯을 채워서 굽고 샤쇠르 소스를 곁들여 낸다. 아주 싱싱하고 크기가 적당한 꿩이 있다면 이 전통 레시피 이상으로 더 맛있게 조리하는 방법은 사실상 거의 없다고 생각한다. 하지만 우리는 추가적인 재료를 따로 조리해서 옆에 곁들이는 쪽을 선호한다. 꿩의 몸통에 재료를 채우면 속까지 골고루 익히기 힘들뿐더러 속이 다 익을 때쯤이면 가슴살이 퍽퍽하게 말라버리기 마련이다.

야생 조류에 대해 및 꿩에 대해 항목을 참고한다. 상황에 따라 꿩을 최대 8시간 정도 미리 소금물에 절인다. 꿩을 소금물에서 건져서 톡톡 두드려 물기를 제거한 후 오븐 팬에 받침대를 놓고 그 위에 올려서 냉장고에 2~6시간 정도 넣어두고 껍질의 물기를 날린다.

오븐을 200℃로 예열한다. 톡톡 두드려 물기를 제거한다.

  900g~1.3kg짜리 어린 꿩 1마리

다음으로 안팎에 밑간한다.

  소금 1작은술

  흑후추 ½작은술

다음을 골고루 문질러서 바른다.

  버터 3큰술, 말랑하게 녹이기

구이 팬에 받침대를 놓고 꿩을 올려 오븐에 넣은 다음 오븐 온도를 175℃로 낮춘다. 넓적다리의 내부 온도가 68℃에 도달할 때까지 35~40분간 굽는다. 넓적다리 부분을 찔러보면 붉은색이 아니라 연한 분홍색의 육즙이 흘러나와야 한다. 포일로 느슨하게 덮어서 20분 정도 레스팅한 후 살을 저민다. 취향에 따라 다음과 함께 낸다.

  (샤쇠르 소스)

  (소시지, 양파, 세이지 스터핑 또는 야생 쌀 드레싱)

진과 주니퍼를 넣은 꿩 조림
3~4인분

이 레시피의 조림 국물에는 진이 꽤 많이 들어가지만, 소스에서 칵테일 같은 맛이 날 일은 없으니 걱정하지 않아도 된다. 야생 조류에 대해 및 꿩에 대해 항목을 참고한다.

톡톡 두드려 물기를 제거한다.

  1.3~1.6kg짜리 꿩 1마리

꿩을 다리 2조각, 가슴 4조각, 총 6조각으로 토막 낸다.(양쪽의 가슴살을 발라낸 후 가로로 반 잘라서 4조각으로 만든다.) 다음으로 밑간한다.

  소금과 흑후추

더치오븐을 중강불에 올리고 다음을 둘러서 가열한다.

  식물성 기름 2큰술

꿩고기를 넣고 양쪽 면이 모두 갈색으로 익도록 지진다. 분량에 따라 몇 번에 나눠 조리한다. 접시에 옮겨 담는다. 더치오븐에 다음을 넣고 저으면서 부드러워질 때까지 볶는다.

  샬롯 2개, 얇게 저미기

다음을 넣는다.

  닭 육수나 국물 1½컵

  진 ⅔컵

  드라이 셰리 ¼컵

  주니퍼 열매 ½작은술, 으깨기

  월계수 잎 1장

더치오븐의 바닥에 달라붙은 갈색 조각을 긁어낸다. 꿩 다리를 먼저 넣고 가슴살은 넣지 않는다. 국물이 부르르 끓어오르도록 가열한 다음 아주 은근히 끓도록 불을 줄이고 뚜껑을 덮은 상태로 30분 동안 뭉근히 끓인다. 꿩 가슴살을 넣고 뚜껑을 덮은 후 고기가 부드러워지면서 가슴살을 찔러보면 연한 분홍색이나 투명한 육즙이 나올 때까지 15분 정도 더 뭉근히 조리한다. 꿩고기를 접시에 옮겨 담고 포일로 느슨하게 덮는다.

상황에 따라 소스를 걸러서 다시 더치오븐에 부어도 좋고 그냥 월계수 잎만 건져내도 상관없다. 중강불로 올리고 시럽과 비슷한 농도가 되도록 6~8분간 소스를 졸인다. 불에서 내리고 다음을 넣어 젓는다.

  다진 파슬리 2큰술

  (버터 1큰술, 작게 깍둑썰기하기)

  소금과 흑후추 적당량

꿩고기에 소스를 곁들여서 낸다.

사과를 넣은 꿩 조림
4인분

언제 먹어도 맛있지만 특히 가을에 잘 어울리는 요리다. 야생 조류에 대해 및 꿩에 대해 항목을 참고한다.

톡톡 두드려 물기를 제거한다.

  900g~1.3kg짜리 어린 꿩 1마리

꿩을 다리 2조각, 가슴 2조각, 총 4조각으로 토막 내고 다음으로 밑간한다.

  소금과 흑후추

꿩이 넉넉하게 들어가는 묵직한 냄비나 더치오븐을 중불에 올리고 다음을 넣어서 굽는다.

  베이컨 3조각, 가로 방향으로 얇게 썰기

기름이 빠져나오고 갈색으로 익을 때까지 가끔 저으면서 조리한다. 구멍 뚫린 숟가락으로 베이컨을 건져서 그릇에 담는다. 필요하면 식물성 기름을 조금 더해 냄비에 기름 1큰술 정도 남긴다. 냄비에 꿩을 넣고 양쪽 면이 연한 갈색으로 익도록 5~7분 정도 지진다. 꿩을 접시에 옮겨 담는다. 냄비에 다음을 넣는다.

  샬롯 큰 것 2개, 얇게 저미기

  그래니 스미스 사과 2개, 껍질을 벗기고 속을 파낸 후 1.2cm 두께로 저미기

가끔 저으면서 샬롯이 부드러워질 때까지 6~8분간 조리한다. 다시 베이컨을

넣고 샬롯, 사과와 섞은 다음 냄비에 꿩 다리를 넣고(가슴살은 넣지 않는다.) 다음을 추가한다.

　닭 육수나 국물 1½컵

　브랜디, 칼바도스 또는 사과 주스 ¼컵

　사과 식초 1큰술

　신선한 타임 잎 1작은술 또는 말린 타임 ½작은술

　다진 신선한 세이지 1큰술 또는 말린 세이지 ½작은술

뭉근히 끓어오르도록 가열한 후 뚜껑을 꼭 덮고 약불에 맞춰 20분간 아주 뭉근히 끓인다. 가슴살을 넣은 후 20~25분간 더 뭉근히 끓이고, 가슴살을 찔렀을 때 연한 분홍색 육즙이 나오면 다 익은 것이다. 꿩고기를 플래터에 옮겨 담고 포일로 느슨하게 덮는다. 냄비를 중강불에 올리고 남은 육즙을 뭉근히 끓인다. 중간 크기의 그릇에 다음을 넣고 세게 저어서 섞는다.

　헤비크림 ¼컵

　중력분 2작은술

크림과 밀가루 섞은 것을 냄비의 육즙에 조금씩 부으면서 잘 섞는다. 계속 저으면서 소스가 약간 걸쭉해질 때까지 조리한다. 다음으로 간을 한다.

　소금과 흑후추

꿩고기를 소스와 함께 내고 다음을 곁들인다.

　삶은 야생 쌀 또는 감자 뇨키

자고새와 뇌조에 대해

농장에서 사육하는 자고새는 대부분 **바위자고새**라는 품종이다. 야생 자고새 중 가장 흔히 접하는 품종은 바위자고새와 **유럽자고새**다. 몸집이 자그마한 자고새는 가슴살이 부드럽고 맛이 좋으며 지방이 적어서 선호도가 높다. 꿩고기와 비슷하지만 약간 더 단단하고 손질하기가 덜 까다롭다. 농장에서 기른 자고새의 무게는 450g에 약간 못 미치므로 ▶ 먹을 때는 1인분당 1마리를 기준으로 한다. 아래에 설명하는 뇌조처럼 오븐에 굽거나 토막 내서 그릴에 굽거나 볶음 또는 조림에 활용한다. 코니시 엽조 암탉처럼 조리해도 좋다.

　뇌조는 자고새와 가까운 품종으로 사육하지 않기 때문에 진정한 엽조라 할 수 있다. 미국에서 유통되는 뇌조는 모두 수입산이다. 뇌조고기를 엽조 중에서 가장 품질이 좋은 고기로 꼽으며 자고새고기보다 풍미가 뛰어나다고 여기는 사람이 많다. 미국에서 사냥할 수 있는 뇌조는 **목도리뇌조, 청뇌조, 더스키 그루즈, 가문비뇌조, 산쑥들꿩, 멧닭, 뾰족꼬리들꿩, 초원들꿩** 등이 있다.

　뾰족꼬리들꿩과 가문비뇌조, 멧닭, 초원들꿩은 모두 고기 색이 진한 편이다. 독특하게도 초원들꿩과 산쑥들꿩은 가슴살의 색이 진하고 넓적다리살의 색이 연하다. 품종에 따라 크기도 다양해서 멧닭은 450g 이하지만 수컷 산쑥들꿩은 2.3~2.7kg까지 나가기도 한다. 새 자체의 크기와 관계없이 ▶ 1인분당 450g을 기준으로 하면 진한 풍미의 맛있는 뇌조고기를 넉넉하게 즐길 수 있다.

　다른 모든 엽조와 마찬가지로 뇌조나 자고새의 먹이와 나이는 고기의 풍미와 식감에 큰 영향을 미친다. 목도리뇌조는 이른 가을에 사과 과수원에 날아오거나 머루 등의 열매를 먹는 모습이 자주 눈에 띈다. 이렇게 과일을 먹고 자란 목도리뇌조의 고기는 특히 맛이 좋다. 가문비뇌조는 이름에서 짐작할 수 있듯이 가문비 숲에서 서식하며 뾰족한 가문비나무 잎을 먹고 산다. 따라서 가문비뇌조의 고기에서는 '가문비나무 냄새'가 난다는 좋지 않은 인식이 있다. 먹이를 구하기 힘든 늦가을과 겨울에는 가문비뇌조가 아무래도 가문비나무 잎을 많이 먹을 수밖에 없어서 이른 가을에 잡은 새보다 고기 맛이 떨어진다.

일반적으로 품종과 관계없이 ▶ 풍부하고 다양한 먹이를 골고루 섭취한 이른 계절에 잡은 새가 가장 맛있고 선호도도 높다.

　자고새나 뇌조를 구울 때 미리 소금물에 절여두면 조리 시간에 약간의 재량을 발휘할 수 있다. 오븐이나 그릴에 굽기 전에 납작하게 손질하면 전체적으로 골고루 익는다. ▶ 뇌조와 꿩은 레시피에서 서로 바꿔 사용할 수 있으며, 자고새와 메추라기도 서로 대체할 수 있다.

뇌조 구이

4인분

야생 조류에 대해 및 자고새와 뇌조에 대해 항목을 참고한다.

상황에 따라 뇌조를 최대 4시간 정도 미리 소금물에 절인 후 톡톡 두드려 물기를 제거한다. 테두리 있는 오븐 팬에 받침대를 놓고 뇌조를 올린 다음 냉장고에 4~8시간 정도 넣어둔다. 오븐을 260℃로 예열한다. 조리하기 전에 다시 톡톡 두드려 물기를 제거한다.

　450g짜리 뇌조 4마리

다음으로 안팎에 밑간한다.

　소금과 흑후추

구이 팬에 받침대를 놓고 뇌조를 올린 후 오븐에 넣는다. 넓적다리 부분을 찔러보면 연한 분홍색의 육즙이 흘러나올 때까지 10~15분간 굽는다. 뇌조를 플래터에 옮겨 담고 포일로 느슨하게 덮어서 10분 정도 레스팅한다. 다음을 만든다.

　허브 팬 소스 또는 새콤달콤한 오렌지 팬 소스

취향에 따라 다음과 함께 낸다.

　(생크랜베리 렐리시)

자고새 또는 뇌조 포트 와인 조림

2인분

야생 조류 조리하기 및 자고새와 뇌조에 대해 항목을 참고한다.

톡톡 두드려 물기를 제거한다.

　작은 자고새 또는 뇌조 2마리

주방용 가위로 등뼈를 잘라서 버리거나 육수를 내기 위해 보관해둔다. 가슴뼈를 따라서 각각 반으로 자른다. 딱 맞게 들어갈 정도로 속이 깊은 그릇이나 베이킹 접시에 반으로 자른 새를 넣는다.

다른 그릇에 다음을 넣고 섞는다.

　포트 와인 2컵

　양파 작은 것 1개, 굵게 썰기

　마늘 1쪽, 저미기

　월계수 잎 1장

　소금 ¾작은술

　흑후추 ½작은술

양념장을 새 위에 붓는다. 뚜껑을 덮고 냉장고에 24시간 보관한다. 양념장의 양이 부족해서 새가 완전히 덮이지 않으면 가끔 뒤집어준다.

오븐을 160℃로 예열한다.

　양념장에서 새를 건져서 톡톡 두드려 물기를 제거한다. 양념장을 체에 걸러서 중간 크기의 편수 냄비에 붓고 김이 날 때까지 가열한다. 자고새나 뇌조가 딱 맞게 들어가는 더치오븐을 중불에 올리고 다음을 넣어서 녹인다.

　버터 2큰술

껍질이 아래로 가도록 반으로 자른 새를 넣고 갈색으로 익을 때까지 지진다. 반대쪽으로 뒤집어서 양념장을 붓고 뚜껑을 덮어 30분간 오븐에 굽는다. 뚜껑을 열고 부드러워질 때까지 30~45분간 더 굽는다. 플래터에 새를 옮겨 담고 포일로 느슨하게 덮어둔다. 더치오븐에 남은 양념장 국물을 작은 편수 냄비에 붓고, 시럽과 비슷하게 약간 걸쭉해지면서 약 1컵 분량으로 줄어들 때까지 강불에서 졸인다. 다음으로 맛을 낸다.

　레몬즙

소스를 새 위에 끼얹는다. 다음과 함께 낸다.

　삶은 야생 쌀 또는 에그누들

뾰족꼬리들꿩, 멧닭 또는 초원들꿩 구이

1인분당 새 1마리

상황에 따라 새를 최대 4시간 정도 미리 소금물에 절인 다음 톡톡 두드려 물기를 제거한다. 오븐 팬에 받침대를 놓고 뇌조를 올려 냉장고에 4시간 정도 넣어둔다. 오븐을 150℃로 예열한다. 톡톡 두드려 물기를 제거한다.

　뾰족꼬리들꿩, 멧닭 또는 초원들꿩

다음으로 안팎에 밑간한다.

　소금과 흑후추

다음을 골고루 문질러 바른다.

　버터 1큰술, 말랑하게 녹이기

구이 팬에 받침대를 놓고 새를 올려서 미디엄 레어, 즉 고기가 연한 분홍색을 띨 정도로 35~40분간 굽는다. 새를 오븐에서 꺼내고 오븐의 온도를 260℃로 높인다. 구운 새는 포일로 느슨하게 덮어서 20분 정도 레스팅한다. 오븐이 예열되면 새를 다시 오븐에 넣어 갈색으로 익을 때까지 10분 이하로 구워서 마무리한다.

메추라기에 대해

메추라기의 고기는 단맛이 나며 연한 것이 특징이다. 폭넓게 사육되는 품종이므로 비교적 쉽게 구할 수 있다. 메추라기는 미국에서 보편적으로 소비하는 엽조 중 가장 몸집이 작아서 무게가 115~225g에 지나지 않으며, 1마리에서 얻을 수 있는 고기도 100g 남짓에 불과하다. ▶ 주요리로 먹으려면 1인당 메추라기 2마리, 전채 요리로 내려면 1마리가 적당하다. 우리는 그릴이나 구덩이에서 메추라기를 구운 후 뜨거울 때 손으로 살을 발라서 먹는 것을 선호하지만, 통째로 오븐에 굽거나 세로로 반 잘라서 직화 오븐에 굽거나 볶음 또는 조림 등 다양한 방법으로 활용할 수 있다.

'뼈를 발라낸' 메추라기는 등뼈와 가슴뼈만 발라내고 작은 날개와 다리뼈는 남겨둔 것을 말한다. 이렇게 손질한 메추라기는 어디서나 쉽게 구할 수 있으며 요리하는 사람뿐만 아니라 먹는 사람도 아주 편리하다.

야생 메추라기는 고기의 색이 연하고 맛있다. 미국에서 사냥할 수 있는 품종으로는 **밥화이트메추라기, 상투메추라기, 스케일드메추라기, 몬테수마메추라기, 산메추라기, 갬벨메추라기** 등이 있으며 모두 크기가 비슷하다. 개중에 가장 큰 산메추라기는 자고새만 하다. 농장에서 사육하는 메추라기는 보통 일본산 품종인 **일본메추라기**이며 앞서 언급한 야생 메추라기는 모두 사육 메추라기보다 몸집이 크다. 농장에서 사육한 밥화이트메추라기가 눈에 띈다면 사육 품종 중에서는 가장 품질이 좋으므로 주저하지 말고 장바구니에 넣자. 다른 야생 조류와 마찬가지로 야생 메추라기도 먹이에 따라 고기의 맛이 크게 달라지는데 마트에서 산 메추라기보다는 풍미가 강하다.

야생 및 사육 메추라기는 주방에서 같은 방식으로 손질한다. 통째로 구울 때는 다른 엽조와 마찬가지로 최대 4시간 동안 소금물에 절이면 더 맛있게 조리할 수 있다. 염지한 후에는 물기를 잘 닦아내고 오븐 팬에 받침대를 놓고 그 위에 올려 냉장고에 몇 시간 정도 넣어두면서 껍질의 물기를 날린다. 메추라기 구이는 유럽모과 프리저브나 새콤달콤한 오렌지 팬 소스, 크레송과 레몬 조각, 구운 뿌리채소, 구운 서양배나 사과, 슈페츨레나 감자 뇨키 등과 함께 낸다. 메추라기를 직화 오븐에 구울 때는 굽기 전후에 달팽이 버터나 선호하는 글레이즈를 발라준다.

매콤한 메이플 시럽을 바른 메추라기 구이

첫 번째 코스 요리 8인분 또는 주요리 4인분

전채 요리처럼 단독으로 내거나 녹색 채소 볶음과 밥을 곁들여 주요리로 낸다. 이 레시피에서 소개하는 양념장은 코니시 닭, 일반 닭, 돼지 안심에도 사용할 수 있다.

톡톡 두드려 물기를 제거한다.

　메추라기 8마리

얕은 그릇에 다음을 넣고 잘 저어서 섞는다.

　메이플 시럽 ⅓컵

　간장 ¼컵

　레드와인 식초 2큰술

　칠리 마늘 페이스트 2큰술 또는 카옌 고춧가루 ¼작은술

　마늘 8쪽, 다지거나 강판에 갈기

　오향 분말 ½작은술

메추라기에 양념장을 붓고 뒤집어가면서 골고루 묻힌다. 뚜껑을 덮고 냉장고에 넣어 4~8시간 정도 양념장에 재운다. 오븐을 260℃로 예열한다.

메추라기를 건져내고 양념장은 따로 보관한다. 톡톡 두드려 물기를 제거하고 구이 팬에 받침대를 놓고 그 위에 올린다. 날개 끝을 몸통 아래로 접어 넣고 다리를 한데 모아서 묶는다. 육질이 아직 촉촉하면서 넓적다리를 찔러보면 연한 분홍색 육즙이 흘러나올 때까지 12~20분간 굽는다.

메추라기를 굽는 동안 따로 보관해둔 양념장을 작은 편수 냄비에 붓고 팔팔 끓인다. 끈적끈적한 글레이즈 상태가 될 때까지 졸인 다음 보관한다. 메추라기가 다 익으면 글레이즈를 발라서 포일로 느슨하게 덮어 5분간 레스팅한 후에 낸다. 남은 글레이즈를 곁들인다.

작은 엽조에 대해

여기서는 **멧도요, 물닭**(바다오리가 아니라 뜸부기와 비슷한 작은 새), 다양한 크기의 **비둘기, 도요새, 뜸부기, 쇠물닭** 등 여러 종류의 새를 한꺼번에 다룬다. 도요새, 물닭, 쇠물닭은 엄밀히 말해 물새로 분류되지만, 이 새들은 크기 때문에 손질 방법이 비슷하며 1인분에 1마리 이상을 기준으로 한다는 공통점이 있다. 이러한 새의 고기는 모두 색이 진하다. 다양한 크기의 비둘기와 도요새는 엽조 중에서 인기가 많은 품종이지만 쇠물닭, 뜸부기, 물닭은 그만큼 선호도가 높지 않다. 미국멧도요는 그야말로 최고의 맛을 자랑하며 엽조를 좋아하는 애호가들이 가장 선호하는 고기다. 색이 진하고 적당히 지방이 붙은 미국멧도요의 맛은 다른 엽조와 비교할 수 없으며 ▶ 반드시 레어로 조리해야 한다. 미국멧도요는 내장과 머리까지 한꺼번에 조리해 '통째로' 내기도 한다. 미국멧도요는 유

럽 원산종보다 크기가 작은 철새로 야생으로만 서식하며 하루에 잡을 수 있는 수량이 극도로 제한되어 있다. 1인당 1마리는 끼니로도 충분하지 않기 때문에 사냥꾼들이 잡아오는 미국멧도요로는 보통 전채 요리나 오르되브르밖에 준비할 수 없다. 멧도요는 대다수 새와는 '반대로' 초원들꿩이나 산쑥들꿩처럼 가슴살의 색이 진하고 다리 부위의 색이 연한 것이 특징이다.

이러한 엽조는 통째로 조리해서 내거나 가슴살만 발라서 사용한다. ▶ 작은 새는 기름이 많은 재료로 한 겹 감싸거나 버터 또는 기름을 넉넉하게 바르거나 무화과 잎 또는 포도 잎으로 말아서 조리해야 한다. 오븐에 굽거나 꼬치에 꽂아서 그릴에 굽거나 직화 오븐에 굽는 방법이 좋으며 3~10분 정도면 속까지 잘 익는다.

작은 엽조 구이

3~6인분

작은 엽조에 대해 항목을 참고한다.

취향에 따라 밑간하고 버터를 문질러 바른 다음 직화 오븐의 열원에서 15cm 떨어진 곳에 넣고 자주 뒤집으면서 익을 때까지 4~10분간 굽는다.

오븐을 260℃로 예열한다. 톡톡 두드려 물기를 제거한다.

　　작은 엽조 6마리

다음으로 밑간한다.

　　소금과 흑후추

다음을 문질러 바른다.

　　버터 3큰술, 말랑하게 녹이기

구이 팬에 받침대를 놓고 엽조를 올린다. 새의 크기에 따라 5~12분간 굽는다. 고기를 찔러보면 연한 분홍색의 육즙이 흘러나와야 한다. 포일로 느슨하게 덮어서 5분 정도 레스팅한다.

다음을 곁들여 낸다.

　　기본 팬 그레이비 또는 와인과 시큼한 체리 팬 소스

구운 새를 다음 위에 얹어서 낸다.

　　버터를 발라서 구운 토스트

그레이비를 새 위에 끼얹고 다음으로 장식한다.

　　굵게 썬 파슬리

작은 엽조 와인 조림

3~6인분

이 레시피에는 껍질을 벗기고 토막 낸 새를 사용해도 좋다. 작은 엽조에 대해 항목을 참고한다.

오븐을 150℃로 예열한다. 다음을 준비한다.

　　작은 엽조 6마리

다음 레시피대로 와인 소스를 만든다.

　　코코뱅

새가 한 겹으로 딱 맞게 들어가는 크기의 내열 팬이나 더치오븐에 새를 가지런히 넣고 뜨거운 와인 소스를 붓는다. 뚜껑을 덮고 오븐에 넣어 부드러워질 때까지 30분 정도 굽는다. 새를 굽는 동안 코코뱅의 레시피대로 방울양파와 버섯을 조리한다. 다 구워진 새를 접시에 옮겨 담고 포일로 느슨하게 덮어둔다. 시럽과 비슷한 농도가 되도록 소스를 졸인 후 방울양파와 버섯을 넣고 젓는다. 소스를 새 위에 끼얹고 다음으로 장식한다.

　　굵게 썬 파슬리

다음과 함께 낸다.

　　삶은 에그누들 또는 토스트

작은 새 꼬치 구이

작은 엽조에 대해 항목을 참고한다.

톡톡 두드려 물기를 제거하고 소금과 후추를 뿌린 다음 말랑하게 녹인 버터를 발라서 포도 잎이나 무화과 잎으로 돌돌 만다.

　　작은 새

또는 기름이 많은 다음 재료를 아주 얇게 썰어서 작은 새의 겉을 감싼다.

　　(판체타 또는 프로슈토)

그릴을 중강불로 맞춰 준비한다. 새를 꼬치에 꽂아서 그릴에 얹고 갈색으로 익을 때까지 8~12분간 굽는다.

비둘기 국수

6인분

작은 엽조에 대해 항목을 참고한다. 이 레시피에는 껍질을 벗기고 토막 낸 새를 사용해도 좋다.

다음을 씻어서 톡톡 두드려 물기를 제거한 후 커다란 냄비에 넣는다.

　　비둘기 12마리, 통째로 또는 토막 내기

다음을 넣는다.

　　닭 육수나 물 또는 이를 섞어서 비둘기가 잠길 만큼

　　소금 1큰술

　　설탕 1큰술

끓을락 말락 하는 국물에 비둘기를 넣고 부드러워질 때까지 8~15분간 삶는다. 비둘기를 건지고 껍질이 아직 붙어 있다면 벗겨서 버린다. 적당히 식힌 다음 뼈에서 살을 발라내고 따로 보관한다. 오븐을 175℃로 예열한다.

중간 크기의 편수 냄비를 중불에 올리고 다음을 넣어서 녹인다.

　　버터 2큰술

다음을 넣고 저으면서 부드러워질 때까지 6~8분간 볶는다.

　　양파 작은 것 1개, 잘게 썰기

다음을 넣고 버섯에서 물이 나올 때까지 약 8분간 볶는다.

　　버섯 225g, 얇게 썰기

　　마늘 1쪽, 다지기

다음을 넣고 젓는다.

　　중력분 2큰술

다음을 조금씩 넣는다.

　　사워크림 1컵

　　우유 1컵

　　소금 ½작은술

　　흑후추 ¼작은술

33×23×5cm 크기의 베이킹 접시에 소스를 붓고 다음을 넣어 골고루 섞는다.

　　삶은 에그누들 4컵(건조 면 225g)

비둘기고기를 넣고 소스 및 에그누들과 잘 섞는다. 포일을 씌우고 30~40분간 굽는다. 다음을 훌훌 뿌린다.

　　굵게 썬 파슬리

로즈메리 크림소스를 곁들인 작은 새 요리
첫 번째 코스 요리 8~10인분 또는 주요리 2~4인분
전채 요리로 내거나 엔젤헤어 파스타에 얹어서 주요리로 낸다.
다음을 씻어서 톡톡 두드려 물기를 제거한 후 가슴살만 발라내거나, 뼈를 발
라냈다면 얇고 길쭉하게 썬다.

멧도요, 비둘기, 새끼 비둘기 또는 다른 작은 새

커다란 프라이팬을 중강불에 올리고 다음을 둘러서 가열한다.

식물성 기름 2큰술

새고기를 넣고 저으면서 약 1분간 볶는다. 고기는 분홍색이 가시지 않은 상태
여야 한다. 따뜻하게 데운 접시에 옮겨 담는다. 프라이팬에 다음을 넣는다.

샬롯 1개, 다지기

바닥에 달라붙은 갈색 조각을 긁어내면서 샬롯이 부드러워질 때까지 약 5분
간 볶는다. 다음을 넣고 젓는다.

아르마냑 또는 다른 브랜디 3큰술

브랜디가 절반으로 졸아들면 다음을 넣는다.

헤비크림 ½컵

굵게 썬 로즈메리 1½작은술

(주니퍼 열매 1½작은술, 으깨기)

부르르 끓어오르면 불을 줄이고 소스가 걸쭉해지면서 절반으로 졸아들 때까
지 뭉근히 끓인다.
다음으로 간을 맞춘다.

소금과 흑후추

소스를 고기 위에 끼얹는다.

가금류 부속 고기 또는 내장에 대해

어떤 이들에게 새의 **내장**(지블렛giblet, 내장육을 뭉뚱그려 지정하는 용어 — 옮긴이)
은 굽기 전에 떼어내야 하는 피투성이 주머니에 지나지 않는다. 그러나 혹자에
게는 이상하게 생긴 이 덩어리들이 추수감사절에 먹는 그레이비, 파테와 무스,
진한 육수, 케이준 더티 라이스 등의 별미를 만들 때 빼놓을 수 없는 소중한 식
재료다. 여기서는 가금류 내장육을 제대로 손질하는 방법과 함께 내장육을 맛
있게 즐길 수 있는 레시피 몇 가지를 소개한다. 녹아나온 가금류의 기름, 즉 **슈
말츠**에 대해서는 1076쪽을 참고한다. 소와 양, 염소, 돼지의 내장육을 손질하
는 방법은 내장과 다양한 부속 고기에 대해 항목을 참고한다.

간 중에서도 특히 닭의 간은 가금류 내장 가운데 가장 보편적으로 많이 쓰
이는 부위일 것이다. 소나 다른 동물의 간에 비해 맛이 순한 닭 간은 플라스틱
통에 담긴 형태로 판매한다. 마트의 가금류 판매대에 놓여 있거나 냉동식품
판매대에 숨어 있다. 갈아서 파테를 만들거나 으깨서 무스에 넣는 경우를 제
외하면, 닭 간의 가장 보편적인 조리 방법은 기름에 살짝 지져서 갈색으로 익
히거나 빵가루를 입혀서 튀기는 것이다. 갈색으로 지진 다음에는 케이준 더티
라이스 같은 음식에 넣거나 크레플락의 속을 채우는 필링으로 활용할 수 있
다. 닭 간을 사용하는 레시피에는 모두 칠면조 간을 대신 사용할 수 있지만 여
러 조각으로 잘라서 써야 한다.(닭 간보다 4배 정도 크다.) 집오리와 거위의 간으
로 만드는 호사스러운(그리고 악명 높은) 식재료는 푸아그라에 대해 항목을 참
고한다.

가금류 간을 조리하기 위해 손질하려면 우선 녹색이 도는 쓸개가 붙어 있
는지 확인하고, 있다면 떼어낸다.(찢어지지 않도록 조심히 잘라낸다.) 바깥쪽 막을

벗겨내고 지방 덩어리를 떼어낸 다음 간을 양쪽 엽으로 나눈다.

모래주머니는 제2위라고도 부르는 가금류 소화관의 일부로, 닭이 먹는 딱
딱한 씨앗과 곡물을 갈아내는 '위의 저작기' 역할을 한다. 질긴 힘줄로 연결된
반원 모양의 색이 진한 고기 두 덩어리로 구성되어 있고 주머니 안에 모래가
채워지면 이 힘줄이 연마판처럼 작동한다. 이 '저작기'에 붙어 있는 근육은 운
동량이 아주 많으므로 식감이 단단하고 툭툭 끊어진다. 살짝 볶아서 식감을
충분히 즐겨도 좋지만 부드러워질 때까지 조리거나 콩피에 사용하거나 케이준
더티 라이스처럼 잘게 썰어서 조리해도 맛있다.

모래주머니를 조리하기 위해 손질하려면 잘 드는 작은 칼로 가운데 힘줄과
양쪽 고기 부분을 분리한다. 힘줄은 버리고 고기 부분을 덮고 있는 은색 막을
살살 잘라낸다.

염통은 별다른 손질이 필요 없고 빨리 익으면서 냄새도 강하지 않다. 모래
주머니처럼 식감도 독특하지 않기 때문에 내장 중에서도 가장 취향을 덜 타는
부위다. 염통을 조리할 때의 핵심은 질겨지지 않도록 미디엄 레어로 익히는 것
이다. 재빨리 갈색으로 익히려면 닭고기 꼬치처럼 염통을 통째로 꼬치에 끼워
그릴에 굽는다.(취향에 따라 페루식 소 염통 구이인 안티쿠초스 데 코라손에 사용하는
양념장에 재워서 구워도 좋다.)

발은 날개처럼 콜라겐이 풍부하므로 가금류 육수, 국물, 스튜, 조림 국물에
넣으면 농도가 진해진다. 중국 요리 중에는 가금류의 발을 튀긴 다음에 조리
는 레시피가 많으며, '봉황의 발톱'이라는 뜻의 펑자오(凤爪)는 아주 야들야들
해질 때까지 진한 양념에 조린 요리다. 이 요리를 딤섬으로 맛있게 즐기는 사람
도 많지만 젤리 같은 식감을 그다지 선호하지 않는 사람들도 있다. 사실 우리
는 닭발 조림이야말로 문화적인 규범에 따라 음식의 식감에 대한 선호도가 달
라지는 가장 좋은 사례라고 생각한다. 뭉근히 푹 끓인 소 힘줄이나 돼지 족의
부드럽지만 단단한 식감을 선호한다면 틀림없이 닭발도 맛있게 즐길 수 있을
것이다. 그렇지 않다면 중국 요리사들의 조리 순서를 거꾸로 응용해도 좋다.
일단 부드러워질 때까지 발을 조린 다음 잘 말려서 노릇노릇하고 바삭하며 식
감이 폭신해질 때까지 기름을 넉넉히 붓고 튀기는 것이다. 또는 식물성 기름을
골고루 바르고 밑간을 해서 230℃의 오븐에 넣어 가끔 뒤집어가면서 먹음직
스러운 갈색을 띠도록 구워도 맛있다.

가금류의 발을 조리하기 위해 손질하려면 솔로 박박 문질러 깨끗하게 씻고
발톱을 잘라낸다.

내장을 좋아하고 거부감이 없는 사람이라도 가금류의 **목**과 **머리**에는 고개
를 젓는 경우가 많은데, 보기 좋지는 않아도 목과 머리 역시 유용한 식재료라
고 생각하는 사람도 있다. 내장을 제거하지 않고 통째로 판매하는 닭에는 보
통 목이 붙어 있으므로 프라이팬에 갈색으로 지지거나 특히 그레이비를 만들
기 위해 가금류 육수를 낼 때 사용하면 좋다. **오리 혀**는 일부 아시아계 마트에
서 무게 단위로 판매한다. 보통 연해질 때까지 뭉근히 끓여서 혀를 관통하는
단단한 연골을 뽑아낸다. 그다음 혀를 꼬치에 끼워서 닭고기 꼬치처럼 그릴에
굽거나 빵가루를 묻혀서 치킨 핑거처럼 프라이팬에 지지거나 봉긋하게 부풀
어 올라 씹으면 바삭바삭 소리가 날 때까지 기름을 넉넉히 두르고 튀긴다.(혀를
말려서 돼지 껍질처럼 튀겨도 좋다.)

오리 혀를 조리하기 위해 손질하려면 쿠르 부용, 화이트와인 또는 닭고기
간장 조림용 양념장에 넣어서 뭉근히 끓어오르도록 가열한 뒤 부드러워질 때
까지 30분 정도 푹 삶는다. 혀가 따뜻할 때 절단부를 꾹 눌러서 불쑥 튀어나온
연골을 단단히 잡고 뽑아낸다. 연골이 잘 뽑히지 않으면 아예 혀를 반 잘라서

옆으로 납작하게 편 다음 연골을 제거하면 된다.

볏은 닭의 머리 위에 왕관처럼 솟아 있는 붉은색 살점이다. 오랜 옛날부터 닭 요리의 장식으로 널리 사용되었다. 콜라겐이 풍부한 다른 부위들처럼 볏도 일단 뭉근하게 삶은 다음 프라이팬에 갈색으로 지지거나 황금색으로 익을 때까지 튀겨서 조리할 수 있다. 볏의 아래쪽에 있는 질긴 부분을 잘라내고 앞서 설명한 오리 혀와 같은 방법으로 손질한다.

껍질은 살코기를 '감싸고 있는' 기름기 많은 막이므로 벗겨서 버려야 하는 번거로운 부위로 간주하는 사람들이 많다. 하지만 우리는 절대 그렇게 생각하지 않는다. 가금류의 껍질은 양념을 아주 잘 흡수하며 오븐이나 그릴 구이, 튀김 요리를 하면 갈색으로 맛있게 완성된다. 그러나 가끔 껍질을 벗기고 싶다는 충동이 들 수 있다는 점은 충분히 이해한다. 특히 조림이나 프리카세 등에 닭을 껍질째 넣으면 껍질은 질척거리고 스튜 국물에는 기름이 너무 많이 떠다니므로 나중에 걸어내야 한다. 조리하고 남은 닭이나 칠면조 껍질을 활용하려면 바삭한 닭 껍질 구이(껍질을 살짝 양념해서 오븐에 넣고 바싹 구운 것)를 만들어보기를 추천한다. 이렇게 구운 다음 껍질을 벗겨서 조리한 닭 요리에 바삭한 가니시로 곁들이거나 녹색 채소 샐러드에 크루통 대신 얹어도 좋다.

닭 간 볶음

4인분

닭 간을 맛있게 볶는 요령은 프라이팬을 아주 뜨겁게 달구고 기름을 넉넉히 사용해 소량씩 볶는 것이다. 이렇게 하면 간이 연한 갈색으로 골고루 익는다.
체에 다음을 넣고 가볍게 씻는다.

　닭 간 450g

기다란 결합 조직을 제거하고 양쪽 엽을 분리한다. 톡톡 두드려 최대한 물기를 제거한다. 다음으로 간을 한다.

　소금 1작은술

　흑후추 ½작은술

커다란 프라이팬을 중강불에 올리고 다음을 넣어 연한 갈색으로 변하면서 고소한 냄새가 날 때까지 녹인다.

　버터 3큰술 또는 적당량

닭 간의 절반 분량을 프라이팬에 한 겹으로 깐다.(기름이 밖으로 튀기 마련이므로 조심한다. 가림막이 있다면 사용하자.) 그대로 1분간 지진 다음 뒤집어서 간이 단단해지고 육즙이 흘러나오기 시작할 때까지 1~2분간 더 조리한다. 접시에 옮겨 담고 나머지 간도 같은 방법으로 조리하되, 버터가 모자라면 보충한다.
중불로 줄이고 프라이팬에 남은 기름에 다음을 넣는다.

　양파 작은 것 1개 또는 샬롯 큰 것 1개, 다지기

저으면서 부드러워질 때까지 4분 정도 볶는다. 다음을 넣고 젓는다.

　드라이 화이트와인 ½컵

　닭 육수나 국물 ½컵

　다진 세이지 1큰술

부르르 끓어오르도록 가열한 후, 프라이팬의 바닥에서 갈색 조각을 긁어내고 국물이 시럽처럼 걸쭉해지면서 절반으로 줄어들 때까지 팔팔 끓이면서 졸인다. 간과 접시에 흘러나온 육즙을 다시 프라이팬에 넣고 저으면서 소스가 바글바글 끓어오를 때까지만 가열한다. 불에서 내린 후 다음을 넣고 섞는다.

　다진 파슬리 2큰술

다음으로 간을 하고 맛을 낸다.

　소금과 흑후추 적당량

　레몬즙, 화이트와인 식초 또는 셰리 식초 몇 방울

닭 간 튀김

3~4인분

체에 다음을 넣고 가볍게 씻는다.

　닭 간 450g

기다란 결합 조직을 제거하고 양쪽 엽을 분리한다. 톡톡 두드려 최대한 물기를 제거한다. 중간 크기의 그릇에 다음을 넣고 섞는다.

　밀가루 ½컵

　소금 1작은술

　흑후추 1작은술

간을 넣고 뒤적이면서 양념 밀가루를 골고루 묻힌다. 깊고 묵직한 프라이팬에 기름을 다음 높이까지 붓고 가열한다.

　식물성 기름 2.5cm

한 번에 너무 많이 넣지 않도록 주의하면서 간을 뜨거운 기름에 넣고 한쪽 면이 갈색으로 익을 때까지 3분 정도 튀긴다. 반대로 뒤집어 다른 쪽도 갈색으로 익힌다. 키친타월에 올려서 기름을 빼고 즉시 낸다.

야키토리(닭고기 꼬치)

4인분

꼬치에 끼워서 구운 닭을 지칭하는 야키토리는 닭의 내장을 빠르고 맛있게 조리할 수 있는 좋은 방법이다. 그뿐만 아니라 내장을 싫어하는 사람에게도 비교적 쉽게 권할 수 있는 내장 요리이기도 하다. 데리야키 글레이즈의 친숙한 맛이 내장육에 대한 거부감을 어느 정도 상쇄시켜준다. 물론 뼈와 껍질을 제거한 닭 넓적다리살 680g을 한입 크기로 썰어서 내장 대신 사용하면 누구나 맛있게 즐길 수 있는 꼬치 구이가 완성된다.
다음을 만들어서 걸쭉한 글레이즈 상태가 될 때까지 졸인다.

　데리야키 양념장

다음을 씻어서 톡톡 두드리며 물기를 제거한다.

　닭 염통, 오리 염통, 닭 간 또는 이를 섞어서 680g

다음으로 간을 한다.

　소금 1작은술

　흑후추 1작은술

다음을 준비한다.

　쪽파 10대, 3.8cm 길이로 썰기

그릴을 강불로 맞춰 준비한다. 나무 꼬치를 사용한다면 30cm 길이로 자른 포일 2장을 세로로 길게 접어서 3~4겹으로 만든다. 꼬치에 내장과 쪽파를 번갈아 끼운다.(나무 꼬치라면 모든 꼬치의 위와 아래에 재료를 꽂지 않은 부분을 남겨둔다.) 길쭉하게 접은 포일 2장을 그릴 아래위에 평행하게 깔아서 꼬치의 윗부분과 아랫부분은 포일 위에 놓고, 내장과 쪽파가 꽂힌 가운데 부분은 불에 노출되게 한다.(이렇게 하면 나무 꼬치가 타는 것을 방지할 수 있다.) 꼬치를 그릴 위에 놓고 중간에 한 번 뒤집으면서 6분간 굽는다. 다 구워지면 꼬치를 테두리 있는 오븐 팬에 옮기고 양쪽 면에 데리야키 글레이즈를 바른 후 다시 그릴에 올려서 한 번 뒤집으면서 1분 더 굽는다. 남은 글레이즈를 곁들여 낸다.

바삭한 닭 껍질 구이

뼈 있는 닭을 토막 내서 조림을 만들었지만 껍질은 바삭하게 즐기고 싶다면? 닭에서 껍질을 벗겨낸 후 오븐에 바싹 구워 닭고기 조림 위에 얹어서 낸다. 닭 껍질을 구우려면 겹쳐서 사용할 수 있는 테두리 있는 오븐 팬 최소 2개 또는 커다란 오븐 팬과 거기에 평평하게 끼워 넣을 수 있는 작은 오븐 팬이 필요하다. 오븐을 175℃로 예열한다. 다음을 준비한다.

닭 껍질

테두리 있는 오븐 팬에 유산지를 깔고 껍질이 서로 겹치지 않도록 쫙 펼쳐서 유산지 위에 올린다. 껍질마다 다음을 살짝 뿌린다.

소금과 흑후추 1자밤

껍질에 소금을 넉넉하게 뿌리고 싶은 마음이 들더라도 자제하자. 소금은 약간만 뿌려도 충분하다. 껍질 위에 유산지 1장을 더 깔고 테두리 있는 오븐 팬을 그 위에 올려서 껍질을 납작하게 누른다. 껍질이 노릇노릇하고 바삭해질 때까지 40분 정도 굽는다.

내장 콩피

5인분

내장은 풍미가 매우 진하고 오랫동안 천천히 조리하면 '툭툭 끊어지는' 식감이 어느 정도 부드러워진다. 심지어 힘줄도 먹을 수 있을 만큼 연해진다.(물론 그래도 손질하는 것을 선호하는 사람도 있다.) 살코기 대신 **오리나 닭 내장 손질한 것 900g**을 사용해 **오리고기 또는 거위고기 콩피** 레시피대로 만든다. 부드러워질 때까지 3~4시간 조리한 후 레시피에 따라 보관하고 갈색으로 익힌다.

푸아그라에 대해

푸아그라(foie gras)는 프랑스어로 '살찐 간'이라는 뜻으로, 실제로 강제적인 영양 공급(가바주gavage)을 통해 오리나 거위의 간을 엄청난 크기로 비대하게 살찌운 것이다. 푸아그라만큼 논란이 많은 식재료도 드물겠지만, 여전히 식도락가와 프랑스 요리의 전통을 이어가는 사람들 사이에서는 가장 높게 평가받는 식재료 중 하나다.

푸아그라는 간이라기보다는 버터에 가까울 정도로 맛이 아주 깔끔하고 순하다. A등급 푸아그라는 큼직하고 결이 매끄러우며 흠집이 없다. 가장 품질이 높은 A등급은 살짝 지지듯이 굽거나 크림처럼 부드러운 식감과 모양을 살리는 요리에 사용된다. B등급 푸아그라도 상당히 품질이 좋은 편이지만 A등급보다는 작고 덜 단단하며 색깔이 진하고 혈관이 두드러지는 편이다. B등급은 파테, 테린, 무스를 만들 때 적합한데, A등급 푸아그라처럼 두툼하게 썰어서 구워 먹을 수도 있다. C등급은 가장 품질이 낮은 것으로 테린이나 무스 등에만 사용해야 한다. 거위 푸아그라는 오리 푸아그라보다 크고 맛이 더 순하며, 미국에서는 거위 푸아그라를 찾아보기 힘들다.

푸아그라는 가게에 특별히 주문하거나 온라인으로 구입해야 하며 항상 가격이 아주 비싸다. 보통 통째로 유통되지만 때로는 큰 엽이나 (선호도가 떨어지는) 작은 엽을 따로 판매하기도 한다. 푸아그라는 일반적으로 진공 포장되어 있으며 개봉하지 않으면 몇 주 정도 보관할 수 있다.(일단 개봉한 후에는 이틀 내에 먹는다.) 푸아그라를 다룰 때는 사실상 대부분이 지방으로 이루어져 있다는 점을 기억하자. 너무 차가울 때 자르면 조각나거나 부서지기 마련이며 너무 오래 조리하면 흔적도 없이 녹아버린다.

푸아그라를 조리하기 위해 손질하려면 살짝 말랑해지도록 실온에 1시간 정도 둔다. 조심스럽게 손으로 양쪽 엽을 분리하고 손가락으로 결합 조직을 최대한 많이 떼어낸다.

팬에서 구워 먹을 A등급 푸아그라는 적당한 두께로 자르는 것 외에는 별다른 사전 손질이 필요 없다. B등급 푸아그라는 혈관을 제거하고 1시간 정도 얼음물에 담가서 피를 빼야 한다. 일단 푸아그라를 깨끗하게 손질하고 나면 비닐랩으로 단단하게 감싸서 하루 동안 냉장고에 넣어두었다가 조리한다.

푸아그라를 썰기 전에 1시간 정도 실온에 둔다.(혈관을 손질하고 물에 담그지 않은 상태로 바로 썬다면 이미 말랑한 상태가 되어 있을 것이다.) 아주 뜨거운 물이 담긴 큼직한 물통과 키친타월, 얇고 잘 드는 칼을 준비한다. 각 엽을 가로 방향으로 1.2cm 약간 넘는 두께로 썰고, 한 번 썰 때마다 칼을 뜨거운 물에 담갔다가 깨끗하게 닦아서 다시 썬다. 파라핀지를 깐 오븐 팬에 도톰하게 썬 푸아그라 슬라이스를 한 겹으로 늘어놓는다. 바로 조리할 계획이 아니라면 파라핀지를 1장 더 꺼내서 덮은 다음 냉장고에 넣어 최대 12시간까지 보관할 수 있다.

차가운 푸아그라는 전통적으로 소테른처럼 아주 단맛이 강한 화이트와인과 함께 내지만 뜨거운 푸아그라는 다른 스위트 및 세미스위트 화이트와인과도 두루 잘 어울리며 특히 독일산 리슬링과 훌륭한 조합을 자랑한다.

프라이팬에 구운 푸아그라

첫 번째 코스 요리 8~10인분

프라이팬에 구운 푸아그라는 항상 가운데를 레어 상태로 익혀서 크림처럼 부드럽게 조리한다. 조리 시간이 아주 짧으며 한꺼번에 내놓아야 하므로 시작하기 전에 모든 재료와 조리 도구, 서빙용 접시를 준비해두고 식사할 사람들도 식탁에 앉혀놓는다. 프라이팬에 구운 푸아그라는 단순하게 먹어야 한다. 작고 동그란 브리오슈 구운 것을 얇게 썰어서 그 위에 얹거나 과일 소스나 콩포트 또는 가스트리크, 무화과와 레드와인 소스처럼 새콤달콤한 소스를 곁들인다. 다음을 씻고 상황에 따라 물에 담가서 손질한다.

오리 푸아그라 통째로 1개

푸아그라가 아직 차갑다면 1시간 동안 실온에 둔다. 1.2cm 약간 넘는 두께로 썬다. 다음을 넉넉하게 뿌려 간을 한다.

소금과 흑후추

다 구운 푸아그라 슬라이스를 담을 커다란 접시를 따뜻하게 데워두고 여분의 기름을 따라낼 그릇을 준비한다. 프라이팬을 강불에 올리고 몇 분 동안 아주 뜨겁게 달군다. 푸아그라 슬라이스 4~6개를 프라이팬에 넣고(프라이팬에 닿는 순간 아주 세차게 지글지글 익을 것이다.) 아랫면이 살짝 수축하면서 프라이팬에 기름이 흘러나올 때까지 15~30초간 굽는다. 주걱으로 뒤집은 후 반대쪽도 갈색으로 익도록 15~30초간 굽되, 너무 오래 익히지 않도록 주의한다. 푸아그라를 접시에 옮겨 담고 별도로 준비한 그릇에 기름을 따라낸다. 남은 푸아그라도 같은 방식으로 조리한다. 소스를 곁들인다면(위의 설명 참고) 푸아그라에 소스를 촉촉하게 뿌리고 즉시 낸다.

푸아그라 테린

10~12인분

푸아그라라는 최고급 식재료를 맛있게 즐기는 모든 방법 중에서도 아마 이 레시피가 가장 실패 확률이 낮고 간단할 것이다. 이 레시피대로 조리하면 군더더기 없이 푸아그라의 모든 장점을 만끽할 수 있는 첫 번째 코스 요리가 완성된다. 소테른처럼 달콤한 화이트와인과 함께 먹거나 상쾌한 거품을 즐길 수 있는 샴페인을 플루트 잔에 따라서 곁들이면 더욱 고급스럽고 화려한 조합이 탄생한다.

3~4컵 분량의 테린 틀이나 작은 잔 또는 도자기 재질의 로프 팬을 준비한다.(작은 금속 팬을 사용할 수도 있는데, 옆으로 빠져나올 만큼 비닐랩을 큼직하게 잘라서 안쪽에 깐다.) 틀 윗면에 딱 맞는 크기로 두꺼운 마분지를 자른다. 마분지를 포일로 감싼 다음 비닐랩으로 여러 겹 둘둘 만다. 한쪽에 둔다.

다음을 다루기 쉬울 정도로 부드러워지도록 실온에 약 1시간 둔다.

A등급 또는 B등급 오리 푸아그라, 통째로 1개(약 680g)

양쪽 엽을 분리하고 눈에 띄는 혈관을 떼어낸다. 되도록 덩어리가 유지되도록 주의한다. 그래도 바스러지는 부분이 있겠지만 상관없다. 떨어져 나온 조각들은 틀의 틈새를 채우는 데 사용할 수 있다.

오븐을 93℃로 예열한다.

푸아그라에 다음을 홀홀 뿌린다.

소금 1½작은술

흑후추 ½작은술

테린 틀이나 로프 팬의 바닥에 다음을 붓는다.

소테른, 모스카토 다스티 또는 달콤한 화이트와인 1큰술

매끄러운 면이 아래로 가도록 푸아그라의 커다란 엽을 테린 틀에 넣는다. 다음을 뿌린다.

소테른, 모스카토 다스티 또는 달콤한 화이트와인 1큰술

매끄러운 면이 위로 가도록 푸아그라의 작은 엽을 테린 틀에 넣는다. 부서진 푸아그라 조각을 틈에 끼워 넣는다. 테린 틀의 윗면을 비닐랩으로 단단히 감싸서 봉한 다음, 구이 팬처럼 깊은 내열 팬의 바닥에 주방 행주를 깔고 그 위에 테린 틀을 놓는다. 틀의 옆면 절반까지 올라오도록 끓기 직전의 뜨거운 물을 붓고 오븐 안에 넣는다. 푸아그라의 내부 온도가 52℃에 도달하도록 1시간 반 정도 굽는다.

테두리 있는 작은 오븐 팬이나 접시 위에 틀을 올려놓는다. 포일로 감싼 마분지를 틀 안에 담긴 푸아그라 위에 올린다. 그 위에 900g~1.3kg 정도 되는 묵직한 물건을 올려놓는다. 음료수 캔 몇 개면 적당하다. 누른 상태로 30분 동안 둔다. 묵직한 물건과 마분지를 치우고 테린의 위에 떠 있는 기름을 매끄럽게 정돈한 다음 랩으로 단단하게 감아서 냉장고에 2일간 넣어둔다.

테린을 틀에서 빼내려면 접시를 위에 얹고 거꾸로 뒤집는다. 테린 틀의 바닥을 뜨거운 물에 적신 주방 행주로 감싸서 테린이 틀에서 떨어져 나올 때까지 기다린다. 틀에서 빼낸 테린을 얇은 슬라이스로 썰어서 다음을 살짝 뿌린다.

소금과 흑후추

다음과 함께 낸다.

토스트

무화과 잼 또는 무화과와 레드와인 소스

육류

『조이 오브 쿠킹』의 1975년 개정판에서 매리언 할머니는 이렇게 적었다. "단백질에 굶주린 현시대에는 육류와 육류의 역할에 대한 재평가가 필요하다. … (많은 사람이) 육류는 곡물보다 생산 비용이 훨씬 높아 낭비가 심한 식재료라고 여기며, 곡물도 적절히 조합하고 보강하면 충분한 영양을 공급해준다. 또한 육류를 섭취하는 것은 적지 않은 이들에게 윤리적인 고민을 안겨준다." 매리언 할머니가 육류 섭취에 대해 언급했던 1970년대 당시에는 이러한 우려가 지극히 변방의 의견이었을지 모르지만, 오늘날에는 비슷한 우려를 어디서나 쉽게 접할 수 있고 점차 시급한 문제로 떠오르고 있다. 생태학적, 경제적 그리고 윤리적 문제에 이르기까지 폭넓은 연구로 뒷받침되는 다양한 이유 때문이다.

우리는 적당한 양의 육류를 양심적으로 즐길 수 있는 '절충안'이 있다고 믿는다. 이는 육류 부위를 선택하는 방법뿐만 아니라 육류를 조리하고 먹는 방식을 재조명해야 함을 의미한다. 매리언 할머니가 제안한 방식을 참고해 육류를 다루는 것도 좋은 전략일 수 있다. 즉 육류를 요리의 중심 재료보다는 맛을 내거나 주재료를 뒷받침하는 보조 재료로 사용하는 것이다. 예를 들어 저렴한 부위로 커리나 라구 소스를 넉넉히 만들면 맛있는 식사를 차릴 수 있다. 다행히도 저렴하고 질긴 부위는 대부분 가장 풍미가 가득하다.(게다가 우리가 섭취하는 가축에서 가장 풍부한 부위다.) 물론 그렇다고 해서 스테이크나 촙 부위를 그릴에 먹음직스럽게 굽지 말라는 뜻은 아니다. 주중 저녁의 단골 메뉴로 삼기보다는 가끔 호사스럽게 즐기는 특별한 만찬으로 즐겨보자. 이렇게 하면 결국 식비도 절약되므로 남는 돈을 더 맛있고 윤리적으로 사육 및 도축한 육류에 투자할 수 있다.

육류 부위에 대해

육류의 다양한 부위를 지칭할 때 사용하는 용어들은 상당히 혼란스럽다. 어떤 동물이냐에 따라 똑같은 부위를 다른 이름으로 부르기도 하고, 한 부위에 여러 이름이 붙어 있기도 하며, 하나의 용어가 서로 다른 두 가지 부위를 지칭하기도 한다. 이렇게 명칭이 복잡한 것은 대부분 정육 거래의 특수성 때문이지만 최근에 업계에서 주도한 표준 상품화 노력도 별다른 도움이 되지 않았다.

각 동물의 구체적인 부위 명칭은 각각 소고기 부위, 송아지고기 부위, 양고기 부위, 돼지고기 부위 항목을 참고한다. 이러한 동물의 내장육과 부속 고기는 내장과 다양한 부속 고기에 대해 항목에서 자세히 다룬다.

모호한 명칭들은 제쳐두고 공통으로 사용되는 몇 가지 용어를 소개하자면, 로스트(roast)는 통째로 조리한 후 얇게 저미거나 잘게 썰어서 내는 큼직한 덩어리 고기를 의미한다. 스테이크(steak)도 별다른 혼동 없이 사용되는 용어다. 근육을 결의 반대 방향으로 널찍하고 얇게 또는 두껍게 썬 고기로 두께는 2~7.5cm에 달한다. 이 널찍한 스테이크에 뼈가 있다면 촙(chop)이라고 부르기도 한다. 더 얇게 썰면 커틀릿(cutlet)이라는 용어를 사용한다.

일반적으로 말해 육류 부위를 고를 때는 부드러움과 풍미 사이에서 어느 정도 절충점을 찾아야 한다. ▶ 부드러운 근육은 지방이 적으므로 그만큼 풍미도 덜하지만, 기름이 많고 풍미가 진한 부위는 다소 질기다. 육질이 가장 연한 고기는 보통 움직임이 가장 적고 힘이 덜 들어가는 부위에 자리 잡고 있다. 소와 돼지를 비롯한 네발 달린 동물의 경우 어깨와 엉덩이 사이의 척추 근처 부위다. 결합 조직이 적고 근섬유의 결이 조밀하므로 로스팅, 그릴 및 직화 오븐 구이, 겉면을 그을리는 시어링(searing), 소테(sautéing), 볶음 등 수분을 넣지 않고 빨리 조리하는 방법이 잘 어울린다. 또한 뭉근히 삶거나 수비드로 조리할 수 있다. 조리 방법과 관계없이 이렇게 연한 부위는 안전한 내부 온도나 원하는 익힘 정도에 도달할 때까지만 조리하면 된다.(481쪽 육류의 권장 최종 내부 온도표를 참고한다.)

목과 어깨, 배, 다리에서 잘라낸 부위는 결합 조직이 더 많고 근섬유의 결이 성기다. 보통 이러한 부위는 콜라겐이 풍부한 결합 조직이 분해되고 섬유질이 부드러워질 때까지 미디엄 레어 상태를 훨씬 넘어설 정도로 오랫동안 조리해야 한다. 이렇게 오래 천천히 익히려면 조림, 스튜, 찜 등과 같이 습식 조리법을 활용해야 고기가 말라버리는 것을 방지할 수 있다. 수비드 방식으로 조리하면 저온 조리의 장점도 함께 얻을 수 있으므로 금상첨화다.

물론 이러한 일반적인 원칙에도 예외는 있다. 소의 옆면에서 가장 연한 근육(대원근)은 사실 어깨뼈 옆에 숨어 있다. 심장(염통)은 끊임없이 움직이며 지방이 적은 부위로, 고온에 겉면을 그을려 익히고 레어 상태로 먹으면 맛있게 즐길 수 있다. 물론 오랫동안 효과가 증명되어온, 조리하기 전에 손질해 육질 및 식감을 변형시키는 방법도 있다. 잘게 썰기, 다지기 및 두드려서 펴기 항목을 참고한다.

육류 구입하기에 대해

미국 농무부(USDA)는 미국 소비자를 위해 두 가지 육류 관련 보호 조치를 시행하고 있다. 첫 번째로 주 경계를 넘어서 유통되는 모든 육류 제품은 매일 정부에서 안전성 및 위생 검사를 실시한다.(지역 사냥꾼과 농장주들을 위해 육류를 가공하는 '사설' 도축장은 이러한 일일 검사 대상이 아니지만, 이러한 시설도 정기적으로 검사를 받는다.) 두 번째로 일부 육류는 정부 소속 검사관들이 연방 기준에 맞춰 품질 등급을 매긴다. 동물의 종류에 따라 몇 가지 다른 기준을 적용하지만, 등급은 주로 **마블링**, 즉 근내 지방 함량에 따라 매긴다. 근육 내에 얇은 지방층이 많이 분포되어 있을수록 조리했을 때 고기가 연하고 육즙이 풍부하며 풍미도 진하다는 논리에 따른 등급 분류다. 품질 등급은 어디까지나 자발적으로 받는 것이므로 많은 육류 가공업자들이 등급을 받지 않는 쪽을 선택한다. 등급이 없다고 해서 고기의 품질이 낮은 것은 아니지만 육류의 품질을 쉽게 구별하지 못하는 구매자의 입장에서는 선택에 더욱 어려움을 겪을 수 있다. 품질 등급에 대한 자세한 내용은 이번 장의 각 육류 항목을 참고한다.

그러나 육류를 살 때 중요한 요소는 부위와 등급뿐만이 아니다. 동물이 무엇을 먹고 자랐는지, 어떤 온도에서 고기를 얼마나 오랫동안 보관했는지, 보존제 처리를 했는지, 언제 포장했는지 등은 전부 소비자가 쉽게 접할 수 없는 정보다. 따라서 최대한 경험에 의존하고 정육 판매업자의 양심을 믿을 수밖에 없다. 라벨을 꼼꼼히 읽고 궁금한 점이 있으면 판매자에게 문의해 최대한 많은 정보를 파악한다.

특정한 육류에 적용되는 라벨 용어는 이번 장의 각 육류 항목을 참고한다. 모든 육류에 적용되는 기준과 라벨 용어로는 **유기농** 인증이 있다. 이는 해당 동물이 100% 유기농 재배한 사료만을 섭취했음을 의미한다. **코셔**와 **할랄** 육류는 유대교 또는 이슬람교 율법에 맞게 손질하고 가공한 것을 나타낸다. '**자연산**'이라는 용어도 가끔 포장지에 표기되어 있지만 이는 사실상 거의 의미가 없다. 규정에 따르면 가공 과정에서 '근본적으로 변형되지' 않았으며 인공 향료, 색소, 방부제 또는 기타 인공 재료가 들어가지만 않았다면 쓸 수 있는 라벨이기 때문이다.(사실상 모든 신선육에 적용된다.)

일반적으로 ▶ 양념장에 재워 판매하는 고기, 특히 공장에서 양념장에 재운 후 진공 포장해서 판매하는 고기는 추천하지 않는다. 만약 근처 마트나 정육점에서 직접 고기를 양념해서 판다면 소량만 사서 먹어보고 양념이나 사용한 육류의 품질 측면(일단 양념에 재우면 품질을 확인하기가 어렵다.)에서 믿을 수 있는 상품인지 확인한다. ▶ 또한 바늘이 촘촘하게 박힌 자카드 연육기로 구멍을 내서 육질을 연하게 가공한 육류도 구입을 권하지 않는다. 물론 위생적인 작업을 위해 충분한 노력을 기울이겠지만 가공 과정에서 오염될 위험이 너무 크다.(이런 방식으로 연육 작업을 한 고기의 표면에는 전체적으로 규칙적인 간격의 작은 구멍이 뚫려 있다.)

정육 판매대에서 육류의 가격을 비교할 때는 뼈와 지방 함량이 가장 적은 부위에서 살코기가 가장 많이 나온다는 점을 잊지 말자. 큼직한 뼈가 들어 있고 기름기가 많은 부위가 무게 대비 단가는 낮을지 모르지만 그만큼 1인분에 사용해야 하는 양도 늘어난다. 그렇다고 해서 뼈가 있는 부위가 품질에 비해

가격이 싸지 않다는 뜻은 아니다. 실제로 그런 경우가 많다. 다만 육류를 살 때 예산이 중요한 고려사항이라면 손질한 후의 실제 살코기 분량을 따져보자.

1인분의 기준

▶ 뼈 없는 고기를 산다면 1인분에 110~150g 정도를 기준으로 한다. 다진 고기, 뼈 없는 스튜용 고기, 뼈를 발라낸 로스트와 스테이크, 안심 등 가장 다양한 부위가 여기에 해당한다. ▶ 약간의 뼈가 포함된 고기를 산다면 1인분에 150~225g 정도가 적당하다. 여기에는 립 로스트, 뼈 있는 스테이크와 촙, 넓적다리 등의 부위가 포함된다. ▶ 뼈가 많은 부위는 1인분을 340~450g 정도로 넉넉하게 잡는다. 여기에는 소갈비, 돼지갈비, 사태, 다리 관절 그리고 어깨와 가슴, 양지에서 뼈와 함께 잘라낸 부위가 포함된다.

생고기 및 조리한 고기 보관하기

생고기는 반드시 바로 조리하거나 냉동해야 한다. ▶ 생고기를 손질한 전후에는 즉시 손을 깨끗하게 씻고 조리대를 살균해 교차 오염을 방지한다. 가장 상하기 쉬운 육류로는 다진 고기, 생소시지, 내장육을 꼽을 수 있다. 이러한 고기는 구입 후 24시간 이내에 조리한다. 깍둑썰기한 고기는 48시간 이내에 사용해야 한다. 스테이크나 촙은 2~4일, 로스트는 3~5일 정도 보관할 수 있다. 진공 포장된 고기에 표기된 날짜는 언제까지 조리해야 가장 좋은 품질을 유지하는지를 나타낸다. 우리는 포장된 생고기 아래에 자그마한 쟁반을 받쳐서 생고기에서 흘러나온 육즙이 냉장고 선반이나 다른 식재료에 닿지 않게 한다.

위의 권장 시간 안에 조리할 계획이 없는 생고기는 구입 직후에 냉동해야 한다. 냉동육의 보관 기간 및 품질을 유지하는 요령은 ▶ 육류, 가금류, 생선, 해산물 냉동에 대해 항목을 참고한다. 냉동육을 안전하게 해동하는 방법은 944쪽에서 자세히 소개한다.

포장 판매하는 염지 또는 훈제 고기나 소시지는 포장지를 벗기지 않고 냉장고에서 일주일간 보관할 수 있다. 일단 포장지를 뜯으면 노출된 표면을 감싸야 한다. 상하지 않았는지 살펴보려면 만졌을 때 미끈거리지 않고 이상한 냄새가 나지 않는지 확인한다.

조리한 고기는 뚜껑 있는 용기에 담아서 냉장고에 넣어두는 것이 가장 좋고 3~4일 정도 보관할 수 있다. 로스트는 뜨거운 그레이비나 육즙을 최대한 따라 내고 따로 식힌다. 조리한 고기를 냉동실에 넣으면 2~3개월 정도 보관이 가능하지만 칠리나 라구 등의 스튜 또는 돼지 어깨살 등의 기름이 많고 부드러운 부위(젤라틴과 지방이 풍부하게 들어 있어 해동하고 데우는 과정을 거쳐도 어느 정도 맛이 유지된다.)가 아니면 냉동을 권하지 않는다. 조리한 고기, 특히 큼직한 로스트를 데우다 보면 고기가 말라서 퍽퍽해진다. 데울 때는 고기를 얇게 썰고 소스나 그레이비를 김이 날 때까지 따뜻하게 데운다. 데울 때 사용하는 소스는 해당 로스트를 먹을 때 곁들였던 소스도 좋고 새로 만든 소스도 좋다. 관련 아이디어는 육즙이나 루 없이 만드는 소스에 대해 항목과 베커 돼지고기 해시 레시피를 참고한다. ▶ 먹다 남은 고기를 활용하는 다양한 방법에 대해서는 xli쪽을 참고한다.

육류를 소금에 절이기, 양념장에 재우기, 간하기

모든 육류는 조리하기 전에 소금을 뿌려서(취향에 따라 후추도 함께) 살짝 밑간하고, 다양한 양념으로 간을 맞추면서 조리를 마무리한다. 그릴이나 구이 팬, 프라이팬 등을 사용해 건열 조리할 촙과 스테이크, 로스트는 일단 소금을 뿌

린 다음 사용하면 더 촉촉한 육즙을 즐길 수 있다. 우리는 소금을 뿌려서 오랫동안 재워두는 **건식 염지**를 선호한다.

육류를 건식으로 염지하려면 소금을 전체적으로 넉넉하게 뿌린 다음 테두리 있는 오븐 팬에 철망 받침대를 놓고 그 위에 올려 뚜껑을 덮지 않은 상태로 냉장고에 넣어둔다. 작은 부위라면 하룻밤, 큼직한 로스트라면 최대 이틀까지 절인다. 건식으로 소금에 절일 때는 **육류 450g당 식탁용 소금 1작은술 또는 다이아몬드 코셔 소금 2작은술**을 사용하도록 권장한다.(소금에 절이는 용도로 골고루 뿌리기 편리한 코셔 소금이 좋다.) 소금이 깊숙이 침투해 육류 내부의 수분과 결합하므로 조리 도중에도 촉촉함이 유지된다. 그뿐만 아니라 소금을 뿌리고 오랫동안 공기에 노출하면 육류의 표면에 있는 수분이 날아가므로 더 빨리 갈색으로 익는다.

습식 염지도 촉촉하고 육즙이 풍부한 육류 요리를 만드는 또 하나의 방법이다. 그러나 일부 육류를 소금물에 담그면 '델리 미트'처럼 식감이 뻑뻑해지며, 촉촉함을 유지한다는 측면만 보면 건식 염지에 비해 별다른 장점이 없다. 반면에 지방이 적은 돼지 등심 춉이나 로스트는 습식 염지에 적합한 부위다.

양념장에 재우기는 소금, 향미 양념 재료 그리고 식초, 와인, 레몬즙, 버터밀크, 요구르트 등 대부분 산성 재료가 들어간 양념장에 육류를 담가서 식감과 맛을 돋우는 과정을 말한다. 오랫동안 양념장의 풍미가 육류의 표면 아래로 침투한다는 것이 보편적인 상식이었다. 그러나 오늘날에는 소금 이외에는 표면에서 3mm 이상 깊숙이 침투해 간이 배고 육질을 연하게 하는 양념은 거의 없다는 사실이 알려졌다. 소의 윗양지나 업진살 부위처럼 일부 살코기는 양념장을 아주 잘 흡수해 보유하는 조직 구조를 갖고 있다. 물론 육류를 얇게 썰거나 두들겨 납작하게 펴거나 깊숙하게 칼집을 넣으면 양념장이 더욱 잘 스며든다. 이에 대한 자세한 내용은 양념장에 대해 항목을 참고한다.

육류용 피하 주입기(미트 펌프meat pump라고도 부른다.)는 큼직한 로스트에 소금물과 양념장, 기름을 골고루 주입할 때 사용하는 도구다. 특히 바비큐 애호가들 사이에서 인기가 높다. 로스트를 더욱 촉촉하게 조리하려면 진한 고깃국물을 주입한다. 지방이 거의 없는 고기라면 양념을 섞은 기름, 비네그레트 또는 녹인 버터를 주입해도 좋다. 고기 450g당 기름이나 고깃국물 ¼컵을 사용하고, 주입기의 바늘을 최대한 로스트의 중심부 가까이에 찔러 넣어 기름이나 국물을 소량 주입한다. 바늘을 절반쯤 빼고 한쪽으로 기울이면서 이리저리 움직여 작은 '공간'을 만든 후 다시 기름이나 국물을 조금 더 주입한다. 이런 식으로 몇 번 반복한 뒤 완전히 다른 지점으로 이동한다. 이렇게 하여 로스트 전체에 균일하게 액체를 주입한다. 소금물과 양념장을 주입할 때는 소금 함량에 신경 써야 한다. 일단 맛을 보고 너무 짜다 싶으면 간격을 조정해 듬성듬성 주입한다.(싱거우면 나중에라도 언제든 소금을 추가할 수 있다.) 추가하는 양념은 주입기의 바늘을 통과할 수 있을 정도로 입자가 고와야 한다.

가루 양념과 페이스트는 조리하기 직전 또는 1~2일 전에 미리 발라놓을 수 있다. 향신료 가루 또는 페이스트를 로스트나 바비큐용 고기에 문질러서 조리하면 풍미가 진하고 약간 바삭한 껍질이 생긴다. 스테이크나 춉을 의도적으로 검게 그을리는 경우가 아니라면 가루 양념이나 페이스트가 타버려서 쓴맛이 나지 않도록 주의한다.

육류에 풍미를 더하는 방법은 이뿐만이 아니다. 큼직한 로스트는 반으로 잘라서 옆으로 납작하게 편 다음, 안쪽에 향미 재료를 듬뿍 바르고 다시 말아서 묶은 뒤 조리할 수 있다.(로스트와 얇은 육류에 속재료 채우기 항목 참고) 큼직한 고깃덩어리의 표면에 여기저기 작은 칼집을 넣고 세로로 길쭉하게 썬 마늘, 안

초비 또는 향신료나 허브 혼합물을 밀어 넣어도 좋다. 조리해서 썰면 이렇게 작은 공간에 끼워 넣은 양념이 주변까지 풍미를 더해준다.

질긴 육류를 부드럽게 만들기

대부분의 질긴 육류는 결합 조직과 성긴 근섬유가 많고 근내 지방 함량이 적다. 질긴 육류를 연화하는 방법은 여러 가지가 있지만 가장 쉬운 방법은 낮은 온도에서 습열 조리 방식으로 오랫동안 천천히 조리하는 것이다. 이에 대한 일반적인 내용은 조림, 스튜, 찜과 바비큐 항목을 참고한다. 비교적 최근에 등장한 수비드 조리법은 더욱 낮은 온도로 아주 천천히 조리해 완전히 다른 결과물을 만들어낸다. 이렇게 천천히 조리한 요리는 비교적 데우거나 보관하기 쉬우므로 미리 계획을 세워서 ▶ 먹어보고 식감을 확인한 후 필요하면 더 오래 조리할 수 있도록 시간을 충분히 확보하자.

질긴 육류는 대부분 낮은 온도에서 천천히 조리하는 방법이 잘 어울리지만, 결합 조직이 거의 없고 근육의 결이 고운 부위도 지방이 너무 적어서 질깃하거나 퍽퍽해지기도 한다. 고기 속에 지방을 삽입하는 라딩, 지방 재료로 감싸서 조리하는 바딩 등의 방법을 활용하면 지방이 부족해서 생기는 문제를 어느 정도 해결할 수 있다. 물론 라딩을 해서 조리하면 좋았겠다는 사실을 깨달을 즈음이면 아마 너무 늦었을 것이다. ▶ 최악의 경우 질긴 고기를 그대로 식탁에 올려야 한다면 스테이크와 로스트를 결의 반대 방향으로 얇게 썰어서 육즙이나 진한 소스를 넉넉하게 끼얹어 먹어보자.

연육제

산성 양념장은 수분을 추가하고 조직을 분해하기 때문에 연육 효과가 있다. 그러나 너무 오래 담가두면 육류 단백질의 변성이 일어나 '식감이 나빠지거나' 질겨진다. 배, 파인애플, 키위, 파파야 등 일부 과일은 단백질 분해 효소가 들어 있으므로 천연 연육제의 역할을 한다. 이러한 과일을 양념장이나 양념 페이스트에 넣어서 사용하면 연육 효과가 있지만, 너무 오래 양념장에 담가두면 고기의 표면이 곤죽처럼 흐물흐물해진다. 파파야에 들어 있는 단백질 분해 효소 **파파인**은 가루형 시판 연육제의 유효성분이다. 시판 연육제를 사용하려면 고기 450g당 1작은술을 기준으로 조리하기 직전에 고기의 양면에 홀홀 뿌린다. 연육제를 뿌린 다음 포크로 고기를 여기저기 찔러서 전체적으로 구멍을 낸다.

잘게 썰기, 다지기 및 두드려서 펴기

이 세 가지는 고기의 근섬유를 늘이거나 끊는 방법으로 기계적인 연육 작업을 할 때 가장 보편적으로 사용된다. 고기를 잘게 써는 것과 다지는 것은 비슷해 보이지만 결과물은 상당히 다르다. **잘게 썬 고기**로 손질할 때는 일단 고기를 30분간 냉동실에 넣어두었다가 잘 드는 칼로 끈기를 발휘해 고기를 아주 잘게 썰면 된다. 이렇게 하면 이후의 조리 과정에서도 작은 고기 조각이 뭉치지 않고 서로 떨어진 형태를 유지한다. 반면 **다진 고기**, 특히 고기 가는 기계에 몇 번씩 통과시킨 고기는 한 덩어리로 뭉치게 된다. 다진 고기는 치대면 치댈수록 더욱 끈기와 탄력이 생기며 뚝뚝 끊어지는 질감이 되는데, 볼로냐와 핫도그 소시지 등의 유화형 소시지는 바로 이러한 원리를 이용해서 만든다.(이 효과에 대한 자세한 내용은 가정에서 고기 다지기 항목을 참고한다.) ▶ 품질 좋은 다진 고기를 선택하고 보관하는 방법은 533쪽에서 설명한다.

두드려서 펴기는 고기의 질긴 근섬유를 늘이고 분해하는 작업이다. 나무, **금속, 고무 재질의 망치 또는 고기 전용 망치**를 사용한다. 망치에 살짝 물을 묻

히면 두드리는 동안 고기가 덜 달라붙는다. 고기가 찢어지는 것을 방지하려면 ▶ 똑바로 내려치기보다는 비스듬한 방향으로 두드리면서 가운데부터 시작해 가장자리로 넓혀간다. ▶ 얇게 썬 송아지고기처럼 연한 부위는 아래위에 비닐 랩이나 파라핀지를 깔고 두드린다. 이렇게 하면 고기를 종잇장처럼 얇게 펴도 찢어지거나 구멍이 뚫리지 않는다. 지방을 떼어내고 막이 붙어 있다면 여러 군데 칼집을 넣어서 조리 도중에 고기가 오그라들면서 말리지 않게 한다.

큐브 및 자카드 형태로 칼집 넣기

이 두 가지 기계적 연육 방법에는 특별한 도구가 필요하다. 여기서 **큐브 형태**는 정육면체 모양으로 깍둑썰기한다는 의미가 아니라 기계로 자잘한 칼집을 넣는다는 의미이며, 지방이 적고 질긴 스테이크나 커틀릿 부위를 짧고 널찍한 칼날이 여러 개 달린 롤러 사이에 통과시킨다. 이렇게 손질한 고기로는 큐브 칼집 스테이크를 만들 수 있다. 칼날들이 고기의 근섬유를 자르기 때문에 고기가 연해지고 식감도 부드러워진다. 큐브 칼집 스테이크는 건열로 조리해도 충분할 만큼 부드럽다.(프라이드 치킨처럼 튀긴 스테이크 레시피 참고)

이와 비슷한 방법은 수십 개의 작은 칼날로 고기에 칼집을 넣는 **자카드 연육기**를 사용하는 것이다. 큐브 칼집과 마찬가지로 자카드 연육기의 칼날도 근섬유와 결합 조직을 끊어내는 역할을 한다. 안타깝게도 이 방법에는 커다란 단점이 있다. 연육 작업을 하기 전에 고기의 내부는 사실상 멸균 상태에 가깝지만, 자카드 연육기를 사용하는 동안 표면에 붙어 있는 균이 속으로 침투하게 된다. 이렇게 손질한 고기를 웰던으로 익히면 문제가 없지만 미디엄 레어로만 익힌다면 문제가 발생할 수 있다.(칼날을 타고 침투할 가능성이 있는 균은 낮은 온도에서 죽지 않는다.) ▶ 따라서 자카드 연육기는 로스트에서 갓 잘라낸 스테이크, 그중에서도 조금 전까지 공기 중에 노출되지 않았던 표면에만 사용하기를 권한다. 또는 두꺼운 스테이크와 로스트를 30초간 끓는 물에 데쳐서 표면을 살균하거나 프로판 토치로 겉면을 살짝 그을려도 좋다. ▶ 이러한 도구는 항상 사용하기 전에 살균 용액으로 꼼꼼히 씻어야 한다는 점을 잊지 말자.

라딩

라딩(larding)은 전통적으로 돼지 지방이나 베이컨을 잘게 썬 조각인 **라둔**(lardoon)을 지방이 없는 덩어리 고기에 끼워 넣는 방법을 말한다. 이렇게 하면 고기가 더 촉촉해지고 맛도 좋아진다. **라딩용 바늘**에는 두 종류가 있다. 덩어리 고기의 표면 근처에 라딩을 하기 위한 바늘은 아주 얇고 끝이 뾰족하며 반대쪽에는 라둔을 물릴 수 있는 입이 달려 있다. 아래 그림처럼 바늘의 날카로운 부분을 거의 평행에 가까운 각도로 고기에 찌르면서 라둔 조각을 끼워 넣는다. 두 번째 유형은 로스트의 가운데에 찔러 넣을 수 있는 형태이며, 거의 바늘 전체에 지방 재료를 채워 넣을 수 있는 홈이 파여 있다. 이 홈에는 라둔뿐만 아니라 가향 버터를 채워 넣어서 단단해질 때까지 냉장고에서 차갑게 식힐 수

있으므로 두 번째 유형이 좀 더 활용도가 높다. ▶ 라딩을 할 때는 고기 450g당 지방 55g을 사용한다. 육류용 피하 주입기를 사용해 가향 기름이나 지방 녹인 것을 고기에 주입하려면 육류를 소금에 절이기, 양념장에 재우기, 간하기 항목을 참고한다.

라둔

고기 900g~1.1kg에 사용하기에 충분한 양

로스트의 크기가 달라서 분량을 조절하려면 지방이 적은 고기 450g당 지방 55g을 기준으로 한다. 솔트 포크는 살짝 데쳐서 소금기를 뺀 다음 말려서 사용한다.

I. 돼지 지방

다음을 3~6mm 두께의 기다란 막대기 모양으로 썬다.

　솔트 포크, 널찍한 베이컨 또는 돼지 등 비곗살 115g

돼지고기를 그릇에 넣고 다음 중 선호하는 재료를 추가해 뒤적이며 섞는다.

　마늘 3쪽, 다지기

　파슬리, 타임, 오레가노 또는 차이브 등의 다진 허브 1큰술

　흑후추 1작은술

　브랜디 몇 큰술

　강판에 간 육두구나 정향 또는 가루 1자밤

왼쪽 그림을 참고해 얇은 라딩용 바늘로 짧은 조각을 고기의 표면 근처에 끼워 넣는다. 긴 조각은 바늘을 고기의 결과 평행한 방향으로 찔러서 로스트 전체를 관통하도록 끼워 넣을 수 있다.(나중에 고기를 결의 반대 방향으로 썰면 끼워 넣은 라둔 조각이 보인다.)

II. 가향 버터

굽는 도중에 고깃덩어리를 뒤집지 않는다면 가향 버터도 라딩을 하기에 아주 좋은 재료다. 다만 중간에 흘러나오지 않도록 반드시 사선으로 끼워 넣어야 한다. 다음을 준비한다.

　가향 버터

버터가 아직 부드러울 때 라딩용 바늘의 홈에 골고루 채워 넣는다. 바늘을 냉동실에 넣어서 버터가 단단해질 때까지 20분 정도 얼린다. 바늘을 고기의 결과 평행하게 옆쪽 중간 지점에 갖다 대고 약간 내려가는 각도로 찌른다.(이렇게 하면 버터가 잘 흘러나오지 않는다.) 바늘을 계속 밀어서 반대쪽으로 뚫고 나오기 직전까지 삽입한다. 폭이 좁은 물건(예를 들어 숟가락의 손잡이 끝)을 버터가 담긴 바늘 홈의 입구 부분에 가져다 대고 바늘을 로스트에서 쭉 뽑아내면 버터는 고기 속에 그대로 남는다. 일정한 간격으로 이 작업을 반복하고, 바늘 홈에 채워 넣은 버터를 얼리는 동안 로스트도 냉장고에 넣어둔다. 라딩용 바늘이 없으면 입구가 위로 가도록 로스트에 사선 방향으로 얇게 칼집을 넣은 후 찻숟가락으로 절개 부위에 말랑하게 녹인 버터를 채워 넣는다.

로스트와 얇은 육류에 속재료 채우기

풍미가 진한 재료를 로스트에 채워 넣는 것은 허브 페이스트로 고기의 풍미를 더하거나 스터핑으로 맛을 보강하는 데 사용해온 전통 방식이다. 돼지 등심이나 소의 채끝살, 알목심, 홍두깨살처럼 원통 형태의 길쭉하고 뼈가 없는 로스트는 **납작하게 펼치거나 Y자 형태로 절개**한 다음 속재료를 채우고 돌돌 말아서 묶는다. Y자 형태 절개는 고기의 단면을 들여다보면 거꾸로 된 Y자 모양을 닮았다고 해서 이런 이름이 붙었다.

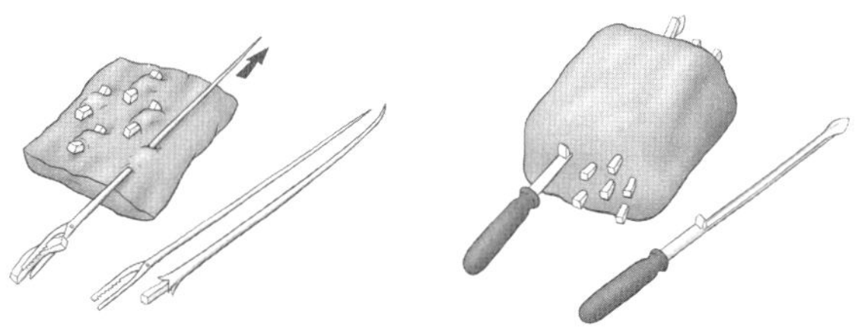

라딩용 바늘로 짧은 라둔과 긴 라둔을 고기에 끼워 넣기

로스트에 속재료를 채우기 위해 Y자 형태로 절개하려면 중앙선을 따라서 세로로 길게 자른다. 위아래의 끝에서 1.2cm 정도를 남기고 자르되, 고깃덩어리의 절반 깊이까지 칼이 들어가도록 깊숙이 절개한다. 그다음에 절개선 안쪽에 칼을 넣어서 약간 각도를 기울여 첫 번째 절개선에서 고기 표면 사이의 절반 깊이까지 잘리도록 왼쪽으로 깊숙이, 그리고 오른쪽으로 깊숙이 칼집을 넣는다. 이렇게 해서 생긴 공간에 속재료를 채워 넣고 오므린 다음 조리용 실을 5cm 간격으로 묶는다.

로스트를 납작하게 펼치려면 로스트의 짧은 면이 조리하는 사람을 향하도록 도마 위에 놓는다. 칼을 든 손에서 가장 가까운 옆면부터 시작해 1.2~2.5cm 두께로 로스트를 세로로 길게 절개한다. 일단 칼이 도마에서 1.2~2.5cm 올라온 지점에 자리 잡으면 돌려 깎듯이 칼날을 안쪽으로 밀어 넣어 로스트의 겉면과 평행하게 균일한 두께로 고기를 저민다. 칼로 저미는 동안 아직 자르지 않은 중심부는 '말려 있는 롤을 펼치듯이' 반대쪽으로 밀어낸다. 끝까지 저며서 고기가 널찍하게 펼쳐지면 망치로 두드려 균일한 두께로 펴도 좋고 그대로 사용해도 상관없다. 고기 위에 속재료를 골고루 얹되, 처음 자르기 시작했던 가장자리 부분에는 3.8~5cm 정도 재료를 얹지 않고 그대로 둔다. 마지막에 절개한 가장자리 부분부터 고기를 돌돌 말고 5cm 간격으로 묶는다. 소 양지나 업진살처럼 큼직하고 평평하며 가격이 저렴한 부위는 속재료를 채워서 조리할 수 있다. 속재료를 넣고 말아서 조린 옆양지 스테이크 레시피를 참고한다.

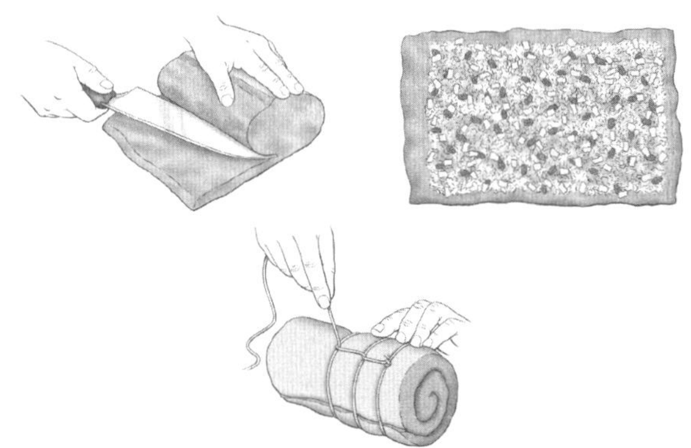

로스트를 납작하게 절개하고, 속재료를 골고루 넓게 펴서 깐 다음 둘둘 말아서 묶는다.

마지막으로 큼직한 고깃덩어리에서 잘라낸 얇은 커틀릿도 얇게 두들겨 펴서 향미 재료를 채워 돌돌 말거나 감싼 다음 묶어서 조리할 수 있다. **롤**(roll), **룰라드**(roulade), **룰라덴**(rouladen)은 속재료를 고기 위에 넓게 펴서 얹은 다음 말아낸 것을 말한다. **포피에트**(paupiette)와 **브라촐레**(braciole)는 두드려서 넓게 편 고기 위에 속재료를 얹어서 꾸러미처럼 묶은 것이다. 포피에트는 보통 속재료를 중심으로 고기의 남는 부분을 한데 모아서 묶는다. 브라촐레는 부리토처럼 양쪽 옆을 안으로 접고 돌돌 말아서 모양을 잡는다. 크든 작든, 돌돌 말았든 감싸서 묶었든 상관없이 이렇게 속재료를 넣은 다음에는 전체적으로 갈색으로 익히고 풍미가 진한 국물에 담가서 조린 후 조림 국물을 소스로 활용한다. 고기를 두들겨 펴는 방법에 관한 내용은 478쪽을 참고한다.

조리 시간과 익힘 정도

권장 조리 시간은 개별 레시피에 명시되어 있다. 꼭 기억해야 할 점은 ▶ 육류의 조리 시간은 어디까지나 근사치에 불과하다는 것이다. 육류를 조리할 때는

조리 시작 시점의 고기 온도, 모양과 두께, 커다란 뼈의 유무, 사용하는 육류 온도계나 그릴 온도계의 정확도를 비롯해 무수히 많은 요소가 관련되어 있으므로 정확한 조리 시간을 제시하는 것은 불가능에 가깝다.

그러므로(아무리 강조해도 지나치지 않을 만큼 중요하다.) ▶ 스테이크, 촙, 로스트가 잘 익었는지 확인할 때는 온도가 즉시 표시되는 정확한 온도계를 사용해야 한다.(온도계의 정확도를 확인하는 방법은 1103쪽을 참고한다.) 온도계의 탐침은 고기의 가운데 부분에 찔러 넣되, 지방이나 뼈에 가까이 닿지 않도록 주의한다. 돼지고기 촙이나 햄버거 패티처럼 두께가 얇은 재료의 온도를 측정할 때는 온도를 감지하는 부분이 재료의 가운데에 닿도록 온도계를 옆쪽에서 평행하게 찔러 넣는다. 개중에는 조리하는 동안 고기에 계속 꽂아둘 수 있도록 고안된 온도계도 있는데, 고기를 훈제하는 동안 오락가락하는 화력을 조절할 때 유용하기는 하지만 그다지 필요한 기능은 아니다.

481쪽의 표에서는 부드러운 육류 부위를 안전하게 섭취하기 위해 권장하는 최종 내부 온도를 소개한다. 여기서 '최종'이라는 용어에 주목해야 한다. 스테이크나 로스트는 조리를 마치고 불에서 내린 후 5~10분 정도 **그대로 두는 것**, 즉 **레스팅**을 하는 것이 일반적이다. 이 레스팅 과정에서 바깥쪽의 높은 열이 촙, 스테이크, 로스트의 안쪽으로 침투하면서 고기가 계속해서 '익어간다.'(이것을 **뜸들이기**carry-over cooking라고 부르기도 한다.) 고기가 두꺼울수록 조리 과정에서 열을 많이 흡수하므로 레스팅 도중에 중심부의 온도가 더 많이 올라간다.

이렇게 레스팅 과정에서 일어나는 변화 때문에 육류를 불에서 내리는 시점을 파악하기가 더 까다롭기는 하지만 일반적으로는 다음 기준을 참고하면 된다. ▶ 고기에 꽂은 온도계가 481쪽 표의 최종 온도보다 3~5℃ 정도 낮은 온도에 도달했을 때 고기를 오븐, 팬, 그릴에서 꺼낸다.(얇은 고기는 3℃, 큼직한 부위나 로스트는 5℃) 이 책에 실린 대다수 레시피는 이 점을 고려해 적절한 시점에서 꺼내도록 설명하고 있다. 자칫 잘못하여 오븐이나 그릴에 굽고 있는 고기의 온도가 표의 권장 온도까지 올라가버렸다면 ▶ 더 이상 익지 않도록 즉시 먹기 좋은 크기로 얇게 썬다.(이때 테두리 있는 오븐 팬이나 우묵한 접시를 받쳐서 흘러나오는 육즙을 받아낸다.)

이 표의 권장 온도는 부드러운 부위를 일반적인 방법으로 조리할 때 도달해야 하는 최저 온도를 나타낸다. USDA가 제시하는 권장 온도는 특정 온도에 짧은 시간 동안 노출되었을 때 잠재적인 병원균과 박테리아가 죽는 비율에 따른 것이다. 소 양지, 돼지 어깨 로스트, 양 사태 등의 질긴 부위는 완전히 부드러워지도록 이러한 권장 온도를 훌쩍 넘길 때까지 아주 오랫동안 조리해야 한다.(표에 제시된 최저 온도까지만 조리하면 안전성에는 아무 문제가 없지만 질겨서 씹기 힘들다.)

마지막으로 온도계가 없을 때 고기가 어느 정도 익었는지 확인하기 위해 오랫동안 널리 사용해온 몇 가지 방법이 있는데, 그중 하나가 스테이크나 로스트의 표면을 손가락으로 눌러보는 것이다. 고기가 부드러우면서도 탄력이 느껴지며 별다른 힘을 주지 않고도 쑥 들어가지만 금세 원래대로 돌아온다면 미디엄 레어 상태로 익은 것이다. 손가락으로 눌러도 잘 들어가지 않고 단단하면 웰던 상태다. 이보다 훨씬 믿을 만한 방법은 고기에 작은 칼집을 넣어서 안쪽이 원하는 색으로 익었는지 살펴보는 것이다.(권장 온도 표의 맨 오른쪽 열을 참고한다.) 이 방법으로 익은 정도를 확인할 때도 고기는 불에서 내린 직후에 일정 시간 동안 계속 익어간다는 점을 잊지 말자.

육류의 권장 최종 내부 온도

육류의 종류	권장 온도	색(썰었을 때)
소고기, 송아지고기, 양고기(로스트, 스테이크, 촙)		
레어	52℃*	보랏빛이 도는 진한 붉은색
미디엄 레어	57℃*	붉은빛이 도는 분홍색
미디엄	60℃*	분홍색
미디엄 웰	63℃	회색빛이 도는 분홍색
웰던	68℃	갈색빛이 도는 회색
돼지고기 신선육(생고기 또는 조리하지 않은 훈제 햄 포함)		
미디엄	63℃	연한 색, 군데군데 장밋빛
웰던	68℃	황백색
소고기, 송아지고기, 양고기, 돼지고기 다짐육 (생소시지 포함)	70℃	
사전 조리한 햄, 소시지, 핫도그	60℃	

* USDA에 따르면, 붉은색 육류를 안전하게 섭취하려면 미디엄 웰, 즉 63℃
이상으로 조리해야 한다. 그러나 우리는 소와 송아지, 양의 로스트, 촙,
스테이크의 경우 올바른 방식으로 보관하고 손질한다면 레어나 미디엄 레어
상태로 익혀도 꽤 안전하게 먹을 수 있다고 믿는다.

소고기에 대해

미국인의 닭고기 소비 증가로 인해 소고기 소비량이 다소 줄어들기는 했지
만, 소고기만큼 근사한 식재료의 대명사이자 식도락가의 열정을 불러일으키
는 동물 단백질은 없다. 두툼한 티본 스테이크는 육식의 상징이자 풍요롭고 호
사스러운 식탁을 대표한다. 그만큼 열광하는 사람이 많기 때문에 소를 교배하
고, 사육하고, 도축하고, 보관하는 작업은 고도로 세분화 및 전문화되어 있다.

일본의 **와규**와 스코틀랜드의 **앵거스 소**를 비롯한 육우 품종은 유전적으로
마블링 함유량이 높은 특징을 가지고 있어서 큰 인기를 누린다. **피에몬테 소**는
그와 반대로 지방 함량이 적으면서도 육질이 연해 선호도가 높다. 마찬가지로
대다수 **목초 사육우**는 **곡물 사육우**보다 지방이 적으며 영양 성분이 풍부하고
맛이 좋다고 알려진 경우가 많다. 여기서 몇 가지 중요한 점을 짚어두자. '목초
사육'이라는 라벨은 이제 USDA가 관장하지 않으며 이 용어는 고기의 전반적
인 품질과는 직접적인 관련이 없을뿐더러 목초 사육이라는 라벨이 붙어 있다
고 해서 목가적인 초원에서 자랐다는 의미도 아니다. 반면 고급 정육점과 도매
상점에서 판매하는 진짜 와규(때로는 **고베규**라는 잘못된 이름으로 불리기도 한다.)
는 비교적 호사스러운 생활을 누리며 볏짚 외에도 곡물과 곡물 가공품을 풍
부하게 섭취하면서 자라는 소에서 나온 고기다. 그 결과 와규는 매우 우수한
마블링 비율을 자랑한다.

소고기 도축업자는 자발적으로 USDA 품질 등급을 받도록 규정되어 있다.
등급이 없는 소고기가 반드시 품질이 떨어진다고는 할 수 없으며 품질 기준을
충족하거나 오히려 품질이 더 좋을 수도 있다. **프라임** 등급은 소고기의 모든
등급 중 약 2%에 해당하며 보통 레스토랑이나 고급 식재료 전문점에서 취급
한다. 마블링이 풍부하고 연하면서 풍미가 뛰어날 뿐만 아니라 결이 곱다. **초
이스** 등급은 품질이 좋지만 마블링의 양은 다소 적은 편이다.(일반적인 마트에서
판매하는 소고기 중 가장 높은 등급인 경우가 많다.) **셀렉트** 등급의 소고기는 비교
적 연하고 마블링은 초이스 등급보다 더 적으며 지방보다는 주로 살코기로 이

루어져 있다. 스탠더드, 커머셜, 유틸리티, 커터, 캐너 등급은 결이 거칠고 마블
링이 거의 없는 소고기에 붙는 등급이다. 이는 주로 다져서 쓰거나 육가공품
을 만들 때 사용한다.

마블링이 보기 좋게 자리 잡은 프라임 등급 소고기는 조리 방법이 크게 까
다롭지 않은 것이 특징이다. 갈비나 등심 부위의 연한 프라임 등급 고기는 유
전적으로 촉촉하고 육즙이 풍부한 성향이 있으므로 오븐이나 그릴에서 적정
수준보다 약간 더 오래 구워도 맛있게 즐기는 데는 큰 지장이 없다. 그보다 지
방이 적은 초이스 등급의 소고기는 잘 익은 시점과 너무 오래 익혀서 퍼석해지
는 시점 사이의 간격이 훨씬 짧으므로 조리 과정을 세심하게 살펴야 한다. 셀
렉트 등급 고기는 바깥쪽에 지방이 적게 분포하고 있으며 보통 육즙과 풍미가
적은 편이므로 우리는 볶음이나 카르네 아사다 등과 같이 양념장에 재워서 조
리하는 요리 또는 조림이나 스튜에 사용하는 것을 선호하는 편이다.

그 외에도 최근에 등장한 새로운 인증 체계로는 USDA의 **연함**(Tender)과
매우 연함(Very Tender) 라벨이 있으며, 반드시 스테이크와 로스트를 씹을 때
필요한 힘을 측정하는 장비 테스트를 받아야 이 라벨을 획득할 수 있다. 질이
좋은 와규는 일본식 등급 체계에 따른 라벨을 붙이기도 한다.(A1~A5까지, A5가
가장 높은 등급)

마지막으로 소고기를 보관하고 숙성하는 방법도 품질(및 가격)에 큰 영향을
미친다. **웻에이징 소고기**(wet-aged beef, 습식 숙성 소고기)는 도축한 후 최대한
빨리 가공해 비닐 팩에 진공 포장한 후 냉장 상태로 유통하는 것을 지칭하며,
시중에 판매하는 소고기는 대부분 이 웻에이징에 해당한다. 이 과정에서 육류
안에 들어 있는 효소가 단백질을 분해하기 시작하므로 고기가 더욱 연해진다.
드라이에이징 소고기(dry-aged beef, 건식 숙성 소고기)는 정밀하게 온도가 조절
되는 저장고에서 몇 주, 심지어는 몇 달 동안 보관한 것을 말한다. 소고기가 숙
성되면서 수분이 증발하고 풍미가 더욱 농축되며 효소 때문에 육질이 연해진
다. 숙성이 끝나면 말라버린 겉면은 잘라서 버린다. 증발한 수분과 잘라낸 겉
부분 때문에 드라이에이징 소고기를 손질하면 원래 무게의 ¼ 이상 줄어들기
도 한다. 이렇게 해서 탄생한 드라이에이징 소고기는 아주 근사한 풍미로 인기
가 높으며 그에 걸맞게 높은 가격이 붙는다.

소고기 부위

윗등심, 윗양지, 아랫양지, 우둔, 사태 등 가장 많이 움직이는 근육 부위는 일반
적으로 더 질기지만 맛이 풍부하다. 등심, 채끝, 안심 부위는 육질이 가장 연하
다. 육질이 질기든 연하든 관계없이 모든 부위는 각각의 매력이 있으므로 여기
서는 머리부터 꼬리까지, 로스트부터 스테이크까지 순서대로 다룬다. 염통을
포함한 내장육은 547쪽을 참고한다.

소는 반추동물이므로 **볼**과 **혀**가 계속해서 운동하기 때문에 이 부위는 질기
고 콜라겐이 풍부하게 함유되어 있다. 오랫동안 천천히 조리한 소의 볼살은 우
리가 먹어본 고기 스튜와 조림 중에서도 가장 풍미가 뛰어난 것으로 손꼽을
만했다. 우설은 특별한 손질법이 필요하므로 549쪽에서 따로 다룬다.

윗등심도 전통적으로 스튜, 조림, 찜에 주로 사용하는 부위다. 특히 **목심**을
구성하는 운동량이 많은 근육과 두껍게 가로로 자른 **암 로스트**(arm roast) 및
7본 로스트(7-bone roast, 이 부위에 들어 있는 뼈의 절단 모양 때문에 붙은 이름), **본
갈비**(chuck short rib)가 여기에 해당한다. 본갈비의 뼈를 발라낸 것을 **본갈빗살**
이라고 부른다.(길쭉하게 썰어내면 컨트리 스타일 갈빗살이라고 한다.) 그러나 윗등
심에서도 연한 스테이크와 로스트 부위를 잘라낼 수 있다. **숄더 텐더**(shoulder

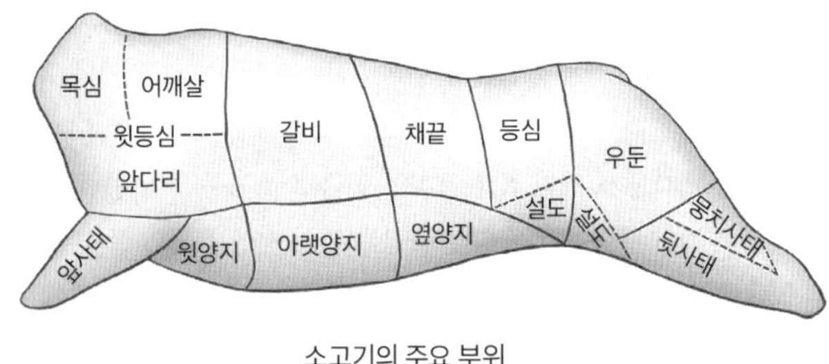

소고기의 주요 부위

tender)는 **대원근** 또는 **프티 텐더 로스트**(petite tender roast)라고도 알려져 있으며 소 전체에서도 가장 부드러운 근육 중 하나다.(연하다는 의미의 '텐더'라는 이름이 붙어 있지만 부드러움과는 거리가 먼 꾸리살chuck tender과 혼동하지 말자.) 그보다 쉽게 접할 수 있는 부위는 바로 옆에 있는 **부채살**로, 훨씬 비싼 **채끝살 스테이크**에 비견될 정도로 아주 맛있는 부위다. 부채살에는 결합 조직 한 겹이 대각선으로 지나가는데 생고기 상태에서는 좀처럼 떼어내기 어려우므로 일단 부채살을 조리해서 레스팅한 후 저며내기를 권장한다.(아니면 그냥 식사하는 사람들에게 질긴 부위가 있다고 미리 알린다.) **언더블레이드 플랩**(underblade flap)은 어깨뼈의 반대쪽에서 잘라낸 연하고 마블링이 우수한 부위로, 결의 반대 방향으로 썰어서 **덴버 스테이크**라는 이름으로 판매하기도 한다. 언더블레이드는 **알목심**을 구성하는 몇 가지 근육 중 하나이며, 알목심은 훨씬 가격이 비싼 꽃등심(rib eye)과 동일한 여러 근육으로 구성된 부위다. 꽃등심처럼 부드럽고 풍미가 진하며 통째로 굽거나 스테이크 형태로 썰어서 그릴 구이, 시어링, 팬 프라잉 또는 직화 오븐 구이 등의 방식으로 조리한다.

앞다리살을 나타내는 **앞사태**는 특히 콜라겐이 풍부하게 들어 있고 반드시 조리거나 스튜에 사용해야 한다. 스테이크처럼 가로로 썰면 오소 부코 레시피처럼 조리할 수 있다. **윗양지**는 크게 두 부위로 나뉜다. 큼지막하고 지방이 적은 **플랫** 부위(퍼스트컷)와 지방이 많고 풍미가 진한 **포인트** 또는 **데클** 부위(세컨드컷)다. 두 가지 모두 조림 요리에 활용하면 잘 어울린다.(세컨드컷 부위를 조릴 때는 거품을 꼼꼼히 걷어내야 한다.) 윗양지 훈제 구이와 파스트라미를 만들 때는 세컨드컷 부위를 사용하거나 양지머리 전체에서 포인트 근육이 붙어 있는 부분(풍미가 진하고 조리 후에도 촉촉하다.)을 큼직하게 잘라서 사용하도록 추천한다. 콘비프에는 지방이 적은 플랫 부위가 가장 적합하다.

어깨의 뒤쪽으로는 전체적으로 육질이 연하며 마블링이 우수한 **갈비** 부위가 자리 잡고 있다. 여분의 지방과 뼈를 제거하면 **스탠딩 립 로스트**, 즉 **프라임 립**이 된다. 로스트 전체에는 7개의 갈빗대가 있지만 적당한 덩어리로 잘라서 사용할 수 있는데, 뼈와 비슷하거나 그보다 얇은 두께로 잘라서 뼈 있는 **꽃등심** 또는 **카우보이 스테이크**로 손질할 수 있다. 이 로스트 덩어리에서 갈비뼈를 제거하면 **립아이 로스트**가 된다. 또한 이 부위에서 잘라낸 뼈 없는 스테이크를 **델모니코 스테이크**(Delmonico steak)라고 부르기도 한다. 소 등갈비는 15~20cm 너비로 손질해 갈빗대 4~8개 정도로 넓적하게 절단하며, 바비큐로 조리하면 아주 먹음직스럽다.(소갈비 훈제 구이 레시피 참고) 살코기는 갈빗대 사이에 있는 분량이 전부이므로 돼지갈비나 소갈비보다는 무게 대비 먹을 수 있는 양이 훨씬 적다.(따라서 가격도 훨씬 저렴하다.) 때로는 립아이 로스트의 얇은 바깥쪽 근육을 떼어내 **새우살**(rib-eye cap)이라는 이름으로 판매하기도 한다.(이 새우살을 소에서 가장 고급 부위라고 여기는 이들도 있다.)

뒷다리와 궁둥이 앞쪽에는 **채끝**이 자리 잡고 있다. 윗부분은 꽃등심과 같

은 근육으로 구성되어 있어 마블링이 우수하고 육질이 매우 연하다. 통째로 사용할 때는 **스트립**(strip) 또는 **탑 로인 로스트**(top loin roast)라고 부른다.(갈빗대는 그대로 두거나 제거하기도 한다.) 이 부위를 썰면 **뉴욕 스트립 스테이크**가 되며, 다른 말로 **캔자스시티**, **셸**(shell), **클럽 스테이크**라고 부르기도 한다. 척추뼈의 반대쪽 부위는 **안심** 또는 **필레**라고 부르며 이름 그대로 지방이 적고 결이 고운 근육 부위다. 스트립과 안심은 뼈에 붙어 있는 상태 그대로 썰어서 **티본 스테이크** 또는 **포터하우스 스테이크**(porterhouse steak)로 손질한다. 이 두 가지의 유일한 차이점은 포터하우스가 안심의 비율이 높다는 것이다.(안심이 가장 두꺼운 뒤쪽 부분에서 잘라내기 때문이다.) 로스트로 손질할 때는 골고루 익도록 안심의 가느다란 부분을 뒤로 접어서 묶기도 한다. 두툼한 가운데 부분을 큼직한 로스트나 2~3인분 분량으로 썰어낸 것을 **샤토브리앙**(Châteaubriand)이라고 한다. 안심 부위를 여러 조각으로 분리할 경우 끝부분은 버리거나 케밥에 사용하고, 가느다란 부분은 두꺼운 스테이크로 썰고(**투르네도**tournedos라고 부르기도 한다.), 널찍한 부분에서 잘라낸 스테이크는 **필레 미뇽**(filet mignons)이 된다. 마지막으로 **토시살**은 진하고 깊은 풍미를 자랑하며 육질이 연해서 그릴 구이용으로 훌륭하다. 결이 도드라지는 편이기 때문에 특히 결의 반대 방향으로 얇게 썰면 아주 맛있게 즐길 수 있다. 이보다 더 칭찬하면 안 그래도 점차 인기가 높아지는 토시살이 더 주목받게 될까 봐(그리고 더 이상 합리적인 가격에 살 수 없을까 봐) 주저하게 된다.

안심의 두꺼운 끝부분은 **등심**으로 연결된다. 갈비나 채끝보다 지방이 적고 선호도가 낮기는 하지만 등심에도 맛있는 부위가 많고 풍미도 뛰어나다. 가장 품질 좋은 스테이크는 등심의 위쪽 부분에서 잘라낸 것으로 **탑 설로인**(top sirloin) 또는 **보섭살**이라는 이름이 붙는다. 가장 바깥쪽의 근육은 **탑 설로인 캡** 또는 **쿨로트**(coulotte) 부위로, 삼각형의 로스트나 스테이크 형태(피카냐 picanha로 불리기도 한다.)로 판매되며 특히 그릴 구이용으로 인기가 많다. 나머지 부위인 **센터컷 탑 설로인**(center-cut top sirloin)은 지방이 적고 풍미와 육질이 적절하게 균형을 이루고 있다. **바텀 설로인** 또는 **바텀 버트** 부분에서는 그릴용 부위로 점점 인기가 높아지고 있는 **삼각살**, 즉 **삼각 스테이크**를 얻을 수 있다. 안심의 가장 아래쪽에는 **설로인 플랩**, 즉 **바베트**(bavette)가 있다. 옆양지 스테이크처럼 모양을 손질한 설로인 플랩은 비교적 마블링이 뛰어나며 그릴 구이에 적합하다.(특히 카르네 아사다를 만들 때 좋다.)

전통적으로 갈비(rib)와 허리(loin)의 아래쪽 부분은 미국에서 소비자의 관심을 받지 못했기 때문에 가격도 상당히 저렴하게 형성되어 있었다. 일부 부위는 아직도 싸게 살 수 있지만 대다수 맛있는 부위는 이제 상당히 널리 알려졌다. **아랫양지**는 갈비 부위의 바로 밑에 있으며 대부분의 **갈비**는 바로 이 아랫양지의 윗부분에서 잘라낸다. 갈비는 세로로 하나씩 분리하거나(영국식), 가로로 2.5cm 두께가 되도록 썰거나(플랭큰), 6mm 두께로 얇게 썰어서(한국식 LA 갈비) 사용한다. 갈비는 전통적으로 조림용 부위로 알려져 있지만 그릴에 구워도 아주 맛있고 스테이크처럼 굽거나 훈제해서 즐긴다. 그 아래에는 얇지만 지방층이 넉넉하게 들어 있으면서 맛이 좋은 **배꼽살**이 있다.(사실상 베이컨의 소고기 버전이라고 할 수 있다.) 원래 배꼽살은 소금물에 절여서 향신료를 문지른 다음 파스트라미를 만드는데, 오늘날 대다수 파스트라미는 그보다 지방이 적은 양지 부위로 만든다. **업진안살** 및 **안창살 스테이크**도 아랫양지에서 나오는 부위다. 둘 다 길쭉하고 얇으면서 마블링이 좋고 맛이 뛰어나다. 결이 성글어서 양념장을 잘 흡수하며 가루 양념도 잘 달라붙기 때문에 그릴 구이에 선호하는 부위다. 허리 아래에는 **옆양지**가 위치한다. **옆양지 스테이크**는 지방이 적고

평평하며 뼈가 없는 부위로 풍미가 아주 근사하다. 통째로 그릴에 구운 후 결의 반대 방향으로 얇게 썰거나 조린 다음 잘게 찢어서 먹는다.(로파 비에하 레시피 참고)

소의 뒤쪽에는 골반에서 시작해 뒷다리 위쪽 전체를 포괄하는 **우둔** 부위가 있다. 우둔 부위의 근육은 상당한 무게를 지탱하지만 윗등심처럼 운동을 많이 하지 않는 부위라서 지방이 적고 비교적 연하다. **우둔살**은 가장 부드러운 부위이며 지방이 적은 스테이크나 로스트로 썰어서 사용한다. 우둔살 위를 덮고 있는 얇은 근육은 **산타페 스테이크**라는 이름으로도 불리며 옆양지 스테이크처럼 통째로 그릴에 구워서 즐길 수 있다. **설도**는 주로 케밥이나 얇게 썰어서 볶는 용도, 찜, 다짐육으로 사용되지만 일부는 스테이크 형태로 썰어서 조리하기도 한다. ▶ 지방이 거의 없고 질긴 **홍두깨살 스테이크**는 그릴 또는 직화 오븐에 굽는 용도로 적합하지 않다. **도가니살**은 슬개골 윗부분을 지칭하며 **라운드 팁**(round tip) 또는 **설로인 팁**(sirloin tip)이라고 부르기도 한다.(설로인이라고 부르는 이유는 이 부위의 근육이 등심 부위까지 이어지기 때문이다.) 도가니살 및 그 위의 질긴 **설도** 부위에서 스테이크를 잘라내면 각각 **설로인 팁**과 **웨스턴 팁 스테이크**라고 부른다.(웨스턴 팁 스테이크는 양념장에 재우거나 연육 과정을 거쳐야 한다.) 이 부위의 고기는 얇게 저며서 소고기 브라촐레, 필리 치즈 스테이크 등의 레시피에 사용한다. 우둔이나 설도 부위에서 잘라낸 스테이크는 모두 연육 전용 장비를 사용해 **큐브 칼집 스테이크**로 손질할 수 있으며 칼집이 생기면서 표면적이 늘어나므로 밀가루를 입혀서 튀기기에 좋다.(프라이드 치킨처럼 튀긴 스테이크 레시피 참고) 뒤쪽 허벅지에 해당하는 **뭉치사태** 부분은 힘줄이 많아서 아주 질기므로 반드시 조림이나 스튜에 사용해야 한다. 뭉치사태 안쪽 깊은 곳에 숨어 있는 **메를로 스테이크**(merlot steak)는 연한 근육 부위이므로 그릴 구이나 시어링에 적합하다.(이 부위를 구하려면 아마도 특수 부위를 취급하는 정육점에 주문해야 할 것이다.)

마지막으로 질긴 **뒷사태**의 활용법으로는 가로로 얇게 자른 슬라이스를 구해서 오소 부코를 만들거나 뼈에서 살만 발라내서 스튜에 넣는 방법이 있다. **소꼬리와 골수가 든 뼈**를 활용하는 방법은 각각 552쪽과 554쪽을 참고한다.

소고기 로스팅에 대해

로스팅에 대한 기본 내용은 1110쪽을 참고한다. 로스팅으로 조리할 때는 되도록 원래부터 연한 부위를 사용하는 것이 좋다. 가장 선호도가 높은(그리고 가장 비싼) 부위는 스탠딩 립 로스트나 뼈를 제거한 립 로스트, 채끝살 로스트, 안심이다. 알목심 로스트는 립 로스트와 같은 유형의 근육이지만 훨씬 가격이 저렴하다. 탑 설로인, 삼각살, 설로인 팁, 우둔살 로스트도 구이용으로 고려해볼 만하다.

▶ 안심이나 등심, 우둔에서 잘라낸 로스트는 미디엄 레어 이상으로 조리하지 않는다.(지방이 적고 상대적으로 육질이 질기므로 퍽퍽해진다.) 물론 지방이 적은 로스트를 기름이 많은 재료로 감싸서 조리하면 촉촉하고 풍미가 더 진해진다.

로스트 부위를 조리하기 위해 손질하려면 톡톡 두드려 물기를 제거하고 소금과 후추로 넉넉하게 밑간한다. 시간 여유가 있다면 맛이 더 좋아지고 갈색으로 먹음직스럽게 익도록 소고기 로스트 부위를 소금에 절여 사용하기를 권한다. 또한 로스트에 가루 양념을 발라서 양념해도 좋다. 뼈 없는 립 로스트, 채끝살, 알목심, 우둔살 그리고 두꺼운 안심 부위는 납작하게 펼치거나 Y자 형태로 절개하고 속재료를 채워서 조리할 수도 있다.(로스트와 얇은 육류에 속재료 채우기 항목 참고)

조리 방법을 선택할 때는 다음을 기억하자. ▶ 로스트가 두꺼울수록 대부분의 조리 시간 동안 뭉근한 불로 조리해야 한다. 삼각살이나 쿨로트처럼 가장자리로 갈수록 얇아지는 부위도 마찬가지다. 약불로 조리하면 고기가 더 골고루 익는다.(수비드 조리도 같은 원리가 적용된다.) 어느 정도로 익힐 것인지는 취향의 문제다. 일정하게 미디엄 레어 상태로 익은 고기를 좋아하는 사람이 있는가 하면, 한 덩어리 안에서도 다양한 익힘 상태를 즐길 수 있는 고기를 선호하는 사람도 있다.(식탁에 앉은 모든 사람의 취향을 충족시키려면 다양한 상태로 익힌 로스트가 정답일 수도 있다.) 하지만 큼직한 로스트를 계속 높은 온도에서 조리하다가는 상당히 깊은 곳까지 너무 많이 익어버리므로 등심이나 우둔 부위 또는 셀렉트 등급의 소고기는 아주 질겨진다.

물론 로스트의 표면을 갈색으로 익히려면 고온으로 조리해야 한다. 안심처럼 크기가 작은 로스트 부위는 소고기 프라이팬 구이 레시피처럼 커다란 프라이팬에 고기를 넣고 잠깐 구워서 갈색으로 익힌 다음 오븐에 넣어 마무리한다. 굽기 시작할 때나 끝날 때 오븐 온도를 올려주면 서로 약간 다른 결과를 얻을 수 있다. 초반에 갈색으로 익히면 로스트가 권장 내부 온도에 도달했을 때 조리가 마무리되므로 비교적 편리하다. 마지막에 갈색으로 익히는 방법은 **리버스 시어링**(reverse searing)이라고 부르며, 약간 더 손이 많이 가고 시간이 오래 걸리지만 고기가 훨씬 골고루 익는다는 장점이 있다.

로스트의 살을 저미려면 큼직한 고기용 포크로 고기를 고정하고 뼈에서 살을 한 덩어리로 썰어낸다. 그다음 로스트의 지방 쪽이 위로 가도록 놓고 원하는 두께에 맞춰 수직으로 썬다. 립 로스트를 저미는 두 번째 방법은 아래 그림처럼 로스트를 옆으로 돌려놓고 지방이 붙어 있는 쪽에서 시작해 갈빗대 쪽으로 두껍게 썰고, 슬라이스를 하나씩 떼어내면서 갈빗대를 수직으로 하나씩 자르는 것이다.

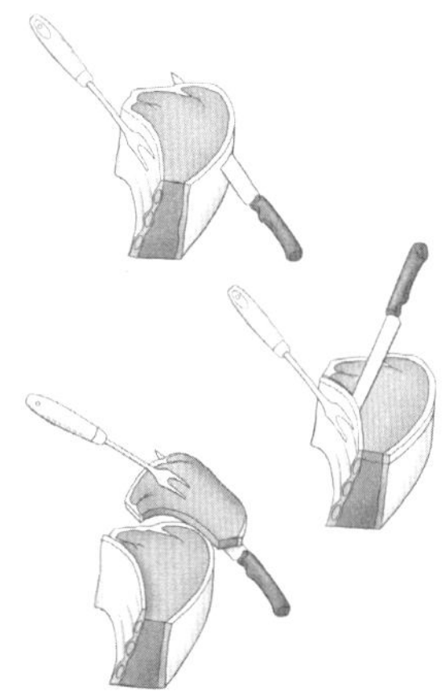

립 로스트에서 살을 저미기

주(Jus) 만들기

로스트 비프의 풍미를 돋우고 촉촉함을 살리는 간단한 방법은 로스트를 오븐에서 꺼낸 다음 팬에 흘러나온 육즙으로 재빨리 주(육즙으로 만든 맑은 소스를 지칭하며 주스라고 부르기도 한다.)를 만드는 것이다. 다 익은 로스트는 구이 팬에서 다른 그릇으로 옮기고 느슨하게 덮어서 레스팅한다. 팬에 흘러나온 육즙에 기름기가 너무 많으면 숟가락으로 떠낸다.

구이 팬을 중불에 올리고 다음을 붓는다.

풍미가 진한 육수 아무거나 ½~¾컵, 소 또는 버섯 육수 권장

부르르 끓어오르도록 가열하면서 팬 바닥에 달라붙은 갈색 조각이 전부 떨어질 때까지 나무 숟가락으로 긁는다. 다음을 적당량 넣어 간을 한다.

소금과 흑후추

이렇게 만든 묽은 소스를 얇게 저민 소고기 위에 흘리듯 뿌리거나, 이 묽은 소스를 기본 재료(또는 풍미 첨가 재료)로 사용해 더 진한 소스를 만든다. 관련된 몇 가지 옵션에 대해서는 그레이비와 팬 소스에 대해 항목을 참고한다.

로스트 비프

뼈 있는 로스트는 450g당 2인분, 뼈 없는 로스트는 450g당 3인분

이 레시피를 따르면 가장 짧은 시간에 정통 로스트 비프를 만들 수 있다. 로스트는 가운데가 분홍색이며 단단한 겉껍질 쪽으로 갈수록 미디엄에서 미디엄 웰던으로 익어야 한다. 이 방법은 갈비나 허리에서 잘라낸 마블링이 뛰어난 부위에만 사용하기를 권한다. 시간이 오래 걸리지만 균일하게 고기를 익히는 방법은 천천히 조리한 로스트 비프 레시피를 참고한다.

다음에서 6mm 두께의 지방만 남기고 지방을 전부 떼어낸다.

갈비나 허리 부위에서 잘라낸 로스트용 소고기 1덩어리, 뼈가 있거나 없는 것

로스트에 다음을 넉넉히 뿌려 간을 한다.

소고기 450g당 대략 소금 ½작은술과 흑후추 ¼작은술

얇은 구이 팬에 받침대를 놓고 지방이 붙은 쪽이 위로 가도록 로스트를 올린 다음 위를 덮지 않은 상태로 냉장고에 넣어서 1시간~2일 정도 고기 표면의 물기를 날린다.(이렇게 하면 더 빨리 갈색으로 익는다.)

구울 준비가 되면 냉장고에서 로스트를 꺼내 30분간 실온에 두고 오븐을 230℃로 예열한다.

구이 팬을 오븐에 넣고 20분간 굽는다. 오븐 온도를 150℃로 낮추고, 레어나 미디엄 레어로 마무리하려면 로스트의 가장 두꺼운 부분에 꽂은 온도계가 49~54℃를 가리킬 때까지 굽는다.(다른 익힘 정도와 그에 따른 온도는 481쪽의 표를 참고한다.) 크기가 작은 로스트는 20분 이후부터 온도를 확인하기 시작해야 하며, 두꺼운 로스트는 굽는 데 1시간 반 정도 걸리기도 한다. 다 익으면 로스트를 접시에 옮겨 담고 포일로 느슨하게 덮어서 15~20분간 레스팅한 후 살을 저민다.(레스팅 과정에서 내부 온도가 3~5℃ 정도 올라간다.) 취향에 따라 앞에 소개한 묽은 소스(주)를 만들거나 다음을 만든다.

(기본 팬 그레이비)

로스트를 3mm~1.2cm 사이의 원하는 두께로 저민다. 묽은 소스나 그레이비를 로스트 슬라이스 위에 뿌린다. 둘 다 사용하지 않는다면 다음을 곁들인다.

치미추리, 살사 베르데, 호스래디시 소스, Z.26 스테이크 소스, 베아르네즈 소스, 뫼레트 소스, 샤쇠르 소스 또는 마르샹 드 뱅 소스

천천히 조리한 로스트 비프

뼈 있는 로스트는 450g당 2인분, 뼈 없는 로스트는 450g당 3인분

레시피의 이름에서 짐작할 수 있듯이, 이 조리법은 시간이 오래 걸리지만 로스트의 중심부에서 거의 표면 근처에 이르기까지 골고루 익는다. 이 방법은 소고기 부위에 상관없이 사용할 수 있으며, 특히 속이 제대로 익기 전에 겉 부분이 웰던으로 익어버리는 두꺼운 로스트나 삼각살 및 쿨로트처럼 하나의 고깃덩어리 안에서도 두께가 다양한 작은 로스트에 적합하다.

다음에서 6mm 두께의 지방만 남기고 지방을 전부 떼어낸다.

로스트용 소고기 1덩어리, 뼈가 있거나 없는 것

로스트에 다음을 넉넉히 뿌려 간을 한다.

소고기 450g당 대략 소금 ½작은술과 흑후추 ¼작은술

얇은 구이 팬에 받침대를 놓고 지방이 붙은 쪽이 위로 가도록 로스트를 올린 다음 위를 덮지 않은 상태로 냉장고에 넣어서 1시간~2일간 고기 표면의 물기를 날린다.(이렇게 하면 더 빨리 갈색으로 익는다.)

오븐을 120℃로 예열한다. 구이 팬을 오븐에 넣고, 레어나 미디엄 레어로 마무리하려면 로스트의 가장 두꺼운 부분에 꽂은 온도계가 49~54℃를 가리킬 때까지 굽는다.(다른 익힘 정도와 그에 따른 온도는 481쪽의 표를 참고한다.) 두꺼운 로스트는 굽는 데 5시간 이상 걸리기도 한다. 삼각살은 30분 이후부터 온도를 확인하기 시작한다. 다 익으면 오븐에서 꺼내 덮지 않은 상태로 레스팅한다.(레스팅 과정에서 내부 온도가 3~5℃ 정도 올라간다.) 레스팅하는 동안 오븐 온도를 260℃로 올린다.

레스팅이 끝나면 로스트를 다시 뜨거운 오븐에 넣고 겉면이 진한 갈색이 될 때까지 10분 이상 굽는다. 취향에 따라 묽은 소스, 그레이비 또는 로스트 비프 레시피에서 설명한 소스를 만든다. 로스트를 3mm~1.2cm 사이의 원하는 두께로 저민다. 묽은 소스나 그레이비를 로스트 슬라이스 위에 뿌리거나 소스를 곁들여 낸다.

소고기 프라이팬 구이

4~5인분

두꺼운 스테이크나 작은 로스트를 프라이팬에서 갈색으로 익힌 후 중간 온도로 예열한 오븐에 넣어 마무리하면 겉은 먹음직스럽게 완성되고 속까지 골고루 잘 익는다. 두꺼운 로스트도 프라이팬에 넉넉하게 들어가면 이 방법으로 조리할 수 있다. ▶ 두께 5cm 이하의 스테이크라면 이 방법 대신 그릴 구이나 프라이팬 시어링, 소테를 추천한다.

오븐을 150℃로 예열한다. 톡톡 두드려 물기를 제거한다.

소 안심 로스트 680g짜리 1개 또는 두께 5cm 이상의 소고기 스테이크 1개

다음으로 간을 한다.

소금 ¾작은술

흑후추 ½작은술

끝으로 갈수록 얇아지는 형태의 안심을 사용할 때는 안심 끝의 얇은 '꼬리' 부분을 안쪽으로 접어서 로스트의 두께가 일정해지도록 손질한 후 5cm 간격마다 조리용 실로 묶는다. 커다란 내열 프라이팬을 중강불에 올리고 다음을 둘러서 가열한다.

식물성 기름, 베이컨 기름 또는 라드 1½작은술

소고기를 넣고 모든 면이 갈색으로 익도록 약 8분간 굽는다. 프라이팬을 오븐에 넣고, 레어나 미디엄 레어로 마무리하려면 고기의 가장 두꺼운 부분에 꽂은 온도계가 49~54℃를 가리킬 때까지 두꺼운 스테이크는 15분 정도, 안심 로스트는 20~25분 정도 굽는다.(다른 익힘 정도와 그에 따른 온도는 481쪽의 표를 참고한다.)

고기를 접시에 옮겨 담고 5~10분간 레스팅한 후 저민다. 그동안 취향에 따라 프라이팬에 흘러나온 기름을 전부 따라내고 중강불에서 다음을 만든다.

(허브 팬 소스 또는 스테이크 오 푸아브르나 다이앤 스테이크용 팬 소스)

고기를 얇게 저미며 접시에 가지런히 놓는다. 팬 소스나 접시에 고인 육즙을 소고기 슬라이스 위에 끼얹는다.(또는 로스트 비프 레시피에서 소개한 소스 중 선호하는 소스를 곁들인다.)

속재료를 채워서 구운 홍두깨살 또는 우둔살 로스트

8~10인분

가격이 저렴한 덩어리 고기에 속재료를 채워서 구우면 풍미를 한층 더할 수 있을 뿐만 아니라 고기 자체가 더 부드럽고 촉촉해지는 장점이 있다. 아래와 같이 간단하게 Y자 형태로 절개하지 않고 로스트를 납작하게 펴서 속재료를 채우고 돌돌 말아서 구우면 잘랐을 때의 단면이 소용돌이 모양으로 보기 좋게 완성된다.

중간 크기의 편수 냄비를 중불에 올리고 다음을 둘러서 가열한다.

올리브유 2큰술

다음을 넣고 저으면서 부드러워질 때까지 6~8분간 볶는다.

양파 중간 크기 2개, 굵게 썰기

다음을 넣고 저으면서 골고루 충분히 익도록 약 5분간 볶는다.

잘게 썬 판체타 또는 햄 1컵(약 115g)

데친 시금치 1컵, 물기를 잘 빼고 굵게 썰기

굵게 썬 녹색 또는 검은색 올리브 ⅓컵

마늘 2쪽, 굵게 썰기

굵게 썬 바질 2큰술

굵게 썬 파슬리 2작은술

흑후추 1작은술

소금 ½작은술

식힌 후 다음을 넣고 젓는다.

생빵가루 ⅔컵

한쪽에 둔다. 다음을 준비한다.

뼈 없는 소 홍두깨살 또는 우둔살 로스트 1.8kg짜리 1덩어리, 뭉쳐 있는 지방을
　떼어내기

480쪽의 설명대로 Y자 형태로 절개한다. 안쪽 공간에 시금치 혼합물을 채운다. 원래 모양대로 오므리고 3.8cm 간격으로 묶는다.

전체적으로 다음을 뿌려서 간을 한다.

소금 1½작은술

흑후추 1작은술

얇은 구이 팬에 받침대를 놓고 그 위에 로스트를 올린다. 오븐을 230℃로 예열한다. 소고기의 표면에 다음을 문지른다.

식물성 기름 2큰술

오븐에 넣고 15분간 굽는다. 오븐 온도를 160℃로 낮추고 로스트의 가장 두꺼운 부분에 꽂은 온도계가 49~54℃를 가리킬 때까지 굽는다.(다른 익힘 정도와 그에 따른 온도는 481쪽의 표를 참고한다.) 20~30분 정도 걸린다. 로스트를 오븐에서 꺼낸 뒤 포일로 느슨하게 덮어서 15~20분간 레스팅한 후 저민다.(레스팅 과정에서 내부 온도가 3~5℃ 정도 올라간다.) 2cm 두께로 썰어서 낸다.

소고기 웰링턴(Beef Wellington)

6~8인분

오랜 전통을 자랑하는 이 레시피는 여러 단계를 거치는 데다 몇 가지 요소를 조합해야 하지만 결과만큼은 절대 실망시키지 않는다. 가운데가 분홍색으로 알맞게 익은 촉촉한 소고기 안심이 진하고 농축된 풍미의 버섯과 푸아그라 또는 파테로 둘러싸여 있으며, 겉면을 감싸고 있는 페이스트리 껍질로 바삭한 식감까지 즐길 수 있다. 소고기 웰링턴을 제대로 만들기 위해서는 반드시 두께

가 일정한 로스트를 사용해야 한다. 조리를 위해 푸아그라를 손질하는 방법은 474쪽을 참고한다.

다음을 톡톡 두드려 물기를 제거한다.

센터컷 소고기 안심 로스트 1.3kg짜리 1개, 깨끗하게 손질하기

다음으로 간을 한다.

소금 1작은술

흑후추 1작은술

테두리 있는 오븐 팬에 받침대를 놓고 지방이 있는 쪽이 위로 가도록 로스트를 올린 다음 위를 덮지 않은 상태로 1시간~하룻밤 동안 냉장고에 넣어둔다.

묵직한 프라이팬을 중강불에 올리고 다음을 둘러서 가열한다.

식물성 기름 2큰술

기름에서 연기가 나면 안심 로스트를 프라이팬에 넣고 약 8분간 모든 면을 골고루 그을린다. 접시에 옮겨 담고 냉장고에 넣어 30분 이상 식힌다. 그동안 다음을 만든다.

뒤셀 레시피의 3배 분량(약 1½컵)

뒤셀을 레시피에 따라 조리한 후, 프라이팬에 담긴 채로 약불에서 약 5분간 더 저으면서 수분을 날린다. 중간 크기의 그릇에 옮겨 담고 다음을 추가한다.

푸아그라, 파테 드 캉파뉴, 닭 간 파테 또는 시판 간 소시지 140g(½컵),
　부드러워질 때까지 곱게 으깨기

마데이라, 셰리 또는 베르무트 3큰술

완전히 잘 어우러질 때까지 섞어서 한쪽에 둔다. 오븐의 가운데에 받침대를 끼운다. 오븐을 200℃로 예열한다.

고기를 전부 감싸고도 어느 정도 남아서 겹치도록 다음을 6mm 두께의 사각형으로 넓게 밀어서 편다.

퍼프 페이스트리 450g, 약간 차갑게 식히기 또는 35×25cm 크기의 냉동 퍼프
　페이스트리 시트 1장, 해동하기

다음을 작은 그릇에 넣고 세게 저어서 섞는다.

달걀 1개

물 1큰술

우유 1큰술

뒤셀 혼합물을 페이스트리 위에 몇 덩이 얹고 주걱으로 골고루 넓게 펴되, 페이스트리의 가장자리를 빙 둘러서 2.5cm 정도 남겨둔다. 갈색으로 그을린 안심을 페이스트리 가운데에 놓고 조심스레 페이스트리를 덮어서 꾸러미 모양으로 깔끔하게 감싼다. 여분의 페이스트리 반죽을 잘라내고 가장자리에 달걀물을 바른 후 꾹 눌러서 봉한다. 테두리 있는 오븐 팬에 기름을 살짝 바른다. 페이스트리로 감싼 소고기를 이음매가 아래로 가도록 오븐 팬에 놓고 윗면에 달걀물을 바른다. 취향에 따라 잘라낸 남은 반죽으로 예쁜 잎사귀나 소용돌이 모양을 만들어 장식해도 좋다. 김이 빠져나올 수 있도록 페이스트리 윗면에 균일한 간격으로 얌전하게 칼집을 2~3개 넣는다. 또한 이렇게 칼집을 넣으면 페이스트리에 구멍을 내지 않고도 육류용 온도계를 꽂을 수 있다. 페이스트리 껍질이 노릇노릇해지고 로스트의 가장 두꺼운 부분에 꽂은 온도계가 49~54℃를 가리킬 때까지 구우면 레어나 미디엄 레어로 완성된다.(다른 익힘 정도와 그에 따른 온도는 481쪽의 표를 참고한다.) 25분 후부터 온도를 확인하기 시작한다. 굽는 도중에 페이스트리의 색이 너무 진한 갈색으로 변하기 시작하면 포일로 느슨하게 덮어서 굽는다. 로스트를 오븐에서 꺼낸 뒤 덮지 않은 상태로 15~20분간 레스팅한다. 통째로 식탁에 올려서 톱니 칼로 2cm 두께의 슬라이

스로 썬다. 취향에 따라 다음을 곁들인다.

(뫼레트 소스, 마데이라 소스 또는 마르샹 드 뱅 소스)

윗등심 로스트 포일 구이

10~16인분

포일로 감싸서 구운 이 로스트는 누구나 부담 없이 즐길 수 있는 웰링턴의 간단한 버전이다. 격식 없는 편한 식사 자리라면 식탁에 올려 썰어내기 직전까지 포일을 벗기지 않는다. 포일을 벗기는 순간 터져 나오는 근사한 냄새가 더욱 식욕을 돋우기 마련이다.

오븐을 150℃로 예열한다. 다음을 준비한다.

7본 로스트 또는 암 로스트 등 뼈가 있는 윗등심 로스트 2.3~3.6kg짜리 1개

잘 찢어지지 않는 두꺼운 포일을 로스트를 감쌀 수 있을 만한 크기로 자른 후 그 위에 로스트를 올린다. 작은 그릇에 다음을 넣고 섞는다.

건조 양파 수프 믹스 2봉지

흑후추 1작은술

양파 수프 믹스와 후추 섞은 것 절반을 고기에 훌훌 뿌리고 고기를 반대로 뒤집어 나머지 절반을 뿌린다. 조심스럽게 포일로 로스트를 감싸고 육즙이 빠져나가지 않도록 단단히 봉한다. 구이 팬에 놓고, 미디엄 레어로 마무리하려면 로스트의 가장 두꺼운 부분에 꽂은 온도계가 52~54℃를 가리킬 때까지 3시간 반~4시간 정도 굽는다.(다른 익힘 정도와 그에 따른 온도는 481쪽의 표를 참고한다.) 로스트를 1분간 레스팅한다. 집게로 조심스레 포일을 벗겨서 김을 뺀다. 슬라이스 형태로 저며서 다음과 함께 낸다.

매시트포테이토 또는 슈페츨레

개인 그릇마다 팬에 흘러나온 육즙을 살짝 뿌린다.

소고기 그릴 구이, 직화 오븐 구이, 소테에 대해

이와 같은 고열 조리법에는 부드러운 소고기 부위를 사용해야 하며 마블링이 적당히 있다면 가장 이상적이다. 갈비나 허리 부위에서 잘라낸 스테이크를 많이 사용하지만 부채살, 업진살, 양지, 토시살, 바베트, 알목심 스테이크도 잘 어울리며 특히 그릴 구이에 적합하다. 그을리듯 굽는 시어링이나 볶음에는 뼈가 없는 스테이크를 가로로 잘라서 조리해야 표면이 평평해 프라이팬과의 접촉면적이 넓으므로 골고루 갈색으로 잘 익는다. 햄버거는 156쪽을 참고한다. 그릴을 준비하는 방법이나 볶음, 시어링, 직화 오븐 구이의 요령에 대해서는 「조리 방법과 기술」 장의 각 해당 항목을 참고한다.

일반적인 두께의 스테이크는 속까지 익히는 데 10분 안쪽의 시간이 걸리므로 ▶ 속이 너무 익기 전에 먹음직스러운 겉껍질이 생기도록 조리하려면 표면의 수분을 최대한 제거하고 고온에서 조리해야 한다. 이 원칙은 수비드로 조리한 스테이크의 표면을 갈색으로 익힐 때도 적용된다. 고온에서 조리하면 연기가 많이 나므로 ▶ 직화 오븐에서 굽거나 시어링을 할 때는 환풍기를 가장 세게 틀고 창문이나 문을 열어놓은 다음 가능하면 화재경보기도 잠깐 꺼둔다.(물론 조리를 마치고 다시 켜는 것을 잊지 말자.) 우리는 환풍기가 없는 아파트에서 살 때 주방 창문을 열고 주방 입구에 선풍기를 세게 틀어서 연기가 창밖으로 날아가게 했다. 임시방편이었지만 효과는 있었다.

스테이크를 볶으려면 팬 소스를 만들 때 사용하는 와인이나 산성 재료에 반응하지 않는 스테인리스스틸 볶음 팬 또는 프라이팬이 가장 적합하다. 시어링은 무쇠 팬이나 널찍한 번철이 이상적이다.(시어링에 그릴 팬을 사용하는 것은 추천하지 않는다.) 직화 오븐에 굽는다면 구이용 팬을 직화 오븐의 가장 위쪽에 꽂아서 사용한다.

로스트와 두꺼운 스테이크를 그릴에 구울 때는 그릴을 반으로 나눠 한쪽에만 숯을 쌓아서 불을 피우는 것이 좋다. 이렇게 하면 소고기의 겉면이 갈색으로 익었지만 속은 아직 충분히 익지 않았을 때 온도가 낮은 쪽으로 옮겨서 뚜껑을 덮고 간접 가열 방식으로 익힐 수 있다. 물론 이 과정을 반대로 할 수도 있다.(천천히 조리한 로스트 비프 레시피 참고) 로스트와 두꺼운 스테이크를 그릴의 온도가 낮은 쪽에 올리고 뚜껑을 덮어서 거의 다 익을 때까지 굽고 레스팅한 다음 불꽃이 직접 닿는 쪽으로 옮겨서 겉면을 갈색으로 굽는 것이다.

소고기를 재빨리 조리하려면 부드러운 스테이크를 큐브 모양이나 길쭉한 모양으로 썰어서 강불에 볶는 방법을 활용한다. 간단하고 편리할 뿐만 아니라 소고기를 좋아하지만 큼직한 스테이크는 다소 부담스럽고 밍밍하다고 생각하는 사람들도 맛있게 즐길 수 있다. 소고기를 고온에서 단시간 조리하기 때문에 ▶ 탑 로인이나 설로인처럼 원래부터 연한 부위를 쓰거나 토시살, 부채살, 업진살, 옆양지 스테이크 등 다소 질긴 부위를 결의 반대 방향으로 얇게 썰어서 조리해야 먹기 좋은 볶음 요리를 만들 수 있다.

소고기 로스트 그릴 구이

8~12인분

소고기 로스트를 그릴의 뜨거운 쪽에 올려서 그을린 다음 온도가 낮은 쪽으로 옮겨 뚜껑을 덮고 간접 가열 방식으로 조리하면 겉은 바삭하고 먹음직스럽게, 속은 촉촉하고 연하게 완성된다. 로스트에 레몬즙을 살짝 뿌리면 표면에 당분이 생기므로 갈색으로 맛있게 익을 뿐만 아니라 향긋한 풍미도 더할 수 있다. 안심을 사용한다면 일부러 지방을 떼어낼 필요는 없다.(지방이 근사한 숯불 구이 풍미를 추가한다.) 우리는 그릴에 구울 때 작은 로스트를 선호하지만 커다란 로스트도 이 방식으로 구울 수 있다. 특히 커다란 로스트를 골고루 익히려면 굽는 순서를 반대로 하여 그릴의 온도가 낮은 쪽에 로스트를 올리고 중강불에서 구운 다음 불꽃이 직접 닿는 뜨거운 곳으로 옮겨서 겉면을 그을리듯 굽는다.(원하는 익힘 정도까지 굽기 위해 시간이 오래 걸린다면 겉면을 갈색으로 그을리는 단계에서 뜨거운 숯을 한 번 더 보충해야 할 수도 있다.)

다음을 톡톡 두드려 물기를 제거한다.

안심 또는 삼각살 로스트 1.3~2.2kg짜리 1개

다음으로 간을 한다.

소금 1큰술

흑후추 2작은술

안심을 사용한다면 끝의 얇은 '꼬리' 부분을 로스트 위쪽으로 접어서 두께를 균일하게 다듬고 조리용 실로 5cm 간격으로 묶는다. 로스트를 받침대에 올리고 한쪽에 둔다. 그릴을 반으로 나눠 한쪽에만 숯을 쌓고 강불에 맞춰서 준비하거나 가스 그릴을 강불에 맞춰 10분간 예열한다. 가스 그릴을 사용할 경우 버너 한쪽은 약불로 줄인다. 로스트를 그릴의 뜨거운 쪽에 올리고 양쪽 면이 모두 갈색으로 익도록 한 면당 5분씩 굽는다. 로스트를 뒤집을 때마다 표면에 다음을 뿌려도 좋다.

(레몬 ½개의 즙)

로스트를 그릴의 온도가 낮은 쪽으로 옮겨서 뚜껑을 덮고, 레어나 미디엄 레어로 마무리하려면 로스트의 가장 두꺼운 부분에 꽂은 온도계가 49~54℃를 가리킬 때까지 굽는다.(다른 익힘 정도와 그에 따른 온도는 481쪽의 표를 참고한다.) 다

구운 로스트를 접시에 옮겨 담고 포일로 느슨하게 덮어서 저미기 전에 10분간 레스팅한다. 1.2cm 두께의 슬라이스로 썬다.(삼각살은 결의 반대 방향으로 썬다.) 취향에 따라 다음을 곁들여서 낸다.

　　(치미추리, 호스래디시 소스, 뫼레트 소스 또는 가향 버터)

그릴 또는 직화 오븐 구이 스테이크

4인분

그릴과 직화 오븐에 굽는 시간은 어디까지나 근사치이며 스테이크의 다양한 변수와 조리 온도에 따라 달라진다. 알맞게 익었는지 확인하는 가장 좋은 방법은 정확한 온도계를 사용하는 것이다. 레몬즙은 필수 재료는 아니지만, 스테이크에 뿌리면 레몬즙이 날아간 후 표면에 남은 당분 때문에 갈색으로 먹음직스럽게 익을 뿐만 아니라 풍미도 좋아지므로 사용해보도록 추천한다.

다음을 톡톡 두드려 물기를 제거한다.

　　2.5~5cm 두께의 소고기 스테이크 작은 것 4개 또는 큰 것 2개

다음으로 간을 한다.

　　소금 1큰술

　　흑후추 2작은술

테두리 있는 오븐 팬에 받침대를 놓고 스테이크를 올린 다음 위를 덮지 않은 상태로 1시간~하룻밤 동안 냉장고에 넣어 표면의 수분을 날린다.(이렇게 하면 더욱 빨리 갈색으로 익는다.)

　　그릴을 강불에 맞춰서 준비하거나 받침대에 구이 팬을 올리고 직화 오븐을 예열한다. 직화 오븐에 굽는 경우 2.5cm 두께의 스테이크는 열원에서 5cm 떨어진 위치에 넣는다. 스테이크가 5cm 정도의 두께라면 스테이크의 표면이 열원에서 10~12.5cm 정도 떨어지도록 받침대를 좀 더 아래쪽에 끼운다.

　　2.5cm 두께의 스테이크는 권장 조리 시간의 절반 정도 지났을 때 한 번 뒤집으면서 그릴이나 직화 오븐에 굽는다. 5cm 두께의 스테이크는 좀 더 여러 번 뒤집는다. 뒤집을 때마다 다음을 뿌려도 좋다.

　　(레몬 ½개의 즙)

레어나 미디엄 레어로 마무리하려면 스테이크의 중심부에 꽂은 온도계가 49~54℃를 가리킬 때까지 굽는다.(다른 익힘 정도와 그에 따른 온도는 481쪽의 표를 참고한다.) 아주 두꺼운 스테이크를 그릴에 굽다 보면 겉이 갈색으로 익더라도 속은 충분히 익지 않을 때가 있다. 이 경우 그릴의 온도가 낮은 쪽이나 직화 오븐의 열원에서 멀리 떨어진 곳으로 옮긴 후 속까지 충분히 익혀서 조리를 마무리한다. 5분간 레스팅한 후 낸다. 취향에 따라 다음을 곁들인다.

　　(치미추리, Z.26 스테이크 소스, 호스래디시 소스 또는 가향 버터)

카르네 아사다(Carne Asada)

4인분

스페인어로 '그릴에 구운 고기'를 뜻하는 카르네 아사다는 풍미 가득한 멕시코 요리로, 보통 업진살로 만든다. 다른 부위를 사용할 수도 있지만 업진살만큼 양념장을 잘 흡수하는 부위는 드물다. 더 매콤하게 조리하려면 이 레시피의 양념장 대신 멕시코식 아도보 Ⅰ 양념장을 스테이크에 바른다. 조리 시간을 단축하고 싶다면 아예 양념장에 재우는 과정을 건너뛰고 스테이크에 **고춧가루 2큰술**과 **소금 1작은술**을 넉넉하게 뿌린다.(또한 그릴에서 고기를 뒤집을 때마다 **라임 ½개**를 짜서 즙을 뿌린다.)

푸드 프로세서나 믹서에 다음을 넣고 섞는다.

　　오렌지즙 ½컵

　　양파 작은 것 1개, 굵게 썰기

　　굵게 썬 고수 잎과 줄기 1컵

　　라임즙 ¼컵

　　증류 백식초 또는 사과 식초 2큰술

　　간장 2큰술

　　마늘 5쪽, 굵게 썰기

　　소금 1작은술

　　커민 가루 1작은술

　　흑후추 1작은술

부드럽게 잘 섞일 때까지 작동시킨다. 큰 그릇에 옮겨 담고 다음을 추가한다.

　　업진살 스테이크, 옆양지 스테이크 또는 설로인 플랩(바베트) 450~680g

냉장고에 넣고 2시간 이상 양념장에 재우되, 5시간은 넘지 않도록 한다. 양념장에서 스테이크를 건져 여분의 양념을 털어낸다. 시간이 넉넉하면 오븐 팬에 받침대를 놓고 스테이크를 얹은 다음 위를 덮지 않은 상태로 냉장고에 넣어 1시간 정도 말리면 좋다.

　　그릴을 강불에 맞춰서 준비한다. 스테이크를 그릴의 가장 뜨거운 위치에 올리고 가끔 뒤집으면서 원하는 익힘 정도가 될 때까지 굽는다.(481쪽의 표 참고) 다 구워지면 도마에 옮겨놓고 5분간 레스팅한다. 결의 반대 방향으로 얇게 썬다. 타코, 부리토 또는 토르타에 끼워서 낸다.

스테이크 파히타(Steak Fajitas)

4인분

다음 레시피에 따라 고기를 준비하고 그릴의 불을 피운다.

　　카르네 아사다

그릴을 달구는 동안 커다란 프라이팬에 다음을 두르고 중강불에서 가열한다.

　　식물성 기름 2큰술

다음을 넣고 저으면서 갈색으로 부드럽게 익을 때까지 7분 정도 볶는다.

　　양파 중간 크기 2개, 반으로 잘라서 얇게 저미기

　　녹색 피망이나 포블라노 고추 또는 이를 섞어서 2개, 얇고 길쭉하게 썰기

　　소금 ½작은술

다음을 넣어서 뒤적이며 섞는다.

　　말린 오레가노 1작은술

불에서 내린 후 뚜껑을 덮어서 따뜻하게 보관한다. 레시피에 따라 고기를 그릴에 굽는다. 고기를 레스팅하는 동안 그릴에 다음을 얹어서 따뜻하게 데운다.

　　지름 15cm짜리 밀가루 토르티야 12장

고기를 결의 반대 방향으로 얇게 썬다. 토르티야와 함께 다음을 곁들여서 낸다.

　　피코 데 가요, 테이블 살사 또는 선호하는 살사 아무거나

　　과카몰레

　　사워크림

토르티야에 스테이크와 볶은 양파 및 피망을 얹고 원하는 소스나 토핑을 올려서 먹는다.

갈비(한국식 LA갈비 그릴 구이)

4인분

대다수 미국인은 뼈에서 살코기가 저절로 떨어질 정도로 푹 익힌 갈비 요리에

익숙하지만, 한국식 LA갈비는 갈빗대를 가로질러 가로 방향으로 얇게 자른 다음 양념장에 재워 먹음직스럽게 그을릴 때까지 그릴에 굽는다. 밥과 상추 또는 깻잎과 함께 내며, 상추에 고기 몇 점과 밥을 조금 얹은 후 **쌈**을 싸서 먹는다. 가로로 얇게 썬 LA갈비를 구할 수 없다면(한국 또는 아시아 마트에서 찾아보자.) 소고기 양지 부위 900g을 결의 반대 방향으로 널찍하게 6mm 두께로 썰어서 사용한다.(양지를 냉동실에 30분간 넣었다가 꺼내면 더 쉽게 썰 수 있다.)

다음을 준비한다.

　　갈비 1.3kg, 가로로 6mm 두께의 슬라이스로 썰기

갈비에 다음을 훌훌 뿌린다.

　　설탕 ⅓컵

설탕을 갈비 표면에 골고루 문지르고 냉장고에 1시간 넣어둔다. 그동안 중간 크기의 그릇에 다음을 넣고 잘 저어서 섞는다.

　　물 2컵

　　간장 1컵

　　마늘 큼직한 것 2쪽, 다지거나 강판에 갈기

　　갈색 설탕 1큰술

　　흑후추 1큰술

갈비를 양념장에 담근다. 뚜껑을 덮고 냉장고에 넣어 1시간~2일 정도 재우는데, 양념이 골고루 배도록 중간에 한 번씩 뒤집어준다.

　　그릴을 반으로 나눠서 한쪽에만 숯을 쌓고 강불로 맞춰서 준비한다. 양념장에서 갈비를 건진 후 여분의 양념을 털어낸다.(헹구지 않는다.) 그릴의 온도가 낮은 쪽에 올려놓고 중간에 한두 번 뒤집으면서 양쪽 면이 모두 먹음직스러운 갈색으로 익을 때까지 8분 정도 굽는다. 그릴의 뜨거운 쪽으로 옮기고 뚜껑을 덮어 5분간 더 굽는다. 구운 즉시 다음과 함께 낸다.

　　단립종 흰쌀밥

　　김치, 시판 또는 수제

　　버터 양배추, 로메인 또는 깻잎

소고기 케밥

4~6인분

케밥에 관한 자세한 내용은 꼬치에 끼워 조리하기 항목을 참고한다. 나무 꼬치에 끼울 때는 꼬치를 1시간 이상 물에 담갔다가 사용한다.

다음 중 하나를 만든다.

　　베트남식 양념장, 태국식 레몬그라스 양념장, 발칸식 양념장, 맥주 양념장 또는
　　　　선호하는 양념 페이스트나 가루 양념

다음을 가로세로 2.5cm 크기의 정육면체로 썬다.

　　뼈 없는 소고기 탑 로인, 설로인 또는 토시살 680g

그릇에 소고기를 담고 다음을 넣어서 섞는다.

　　양파 1개, 작은 웨지 모양으로 썰기

　　(피망 1개, 2.5cm 크기로 썰기)

양념장이나 양념 페이스트, 가루 양념을 넣고 뒤적이면서 골고루 묻힌다. 뚜껑을 덮고 냉장고에 넣어 2시간 이상 재운다.

　　구이 팬을 올린 받침대를 열원에서 7.5~10cm 떨어진 위치에 끼우고, 직화 오븐과 구이 팬을 예열하거나 그릴을 중강불에 맞춰 준비한다. 고기와 채소를 꼬치에 끼운다. 가끔 꼬치를 뒤집으면서 8~10분간 직화 오븐이나 그릴에 굽는다. 정육면체로 썬 소고기에 작게 칼집을 넣어서 가운데가 어느 정도 익었는지

확인한다. 불에서 내린 후에도 계속 익으므로 원하는 익힘 정도보다 약간 덜 익을 때까지 굽는다. 다음을 곁들여 즉시 낸다.

　　코코넛 라이스, 쌀 필라프 또는 바삭하게 구운 납작 감자

또는 다음의 속재료로 활용해도 좋다.

　　플랫브레드 또는 피타 샌드위치

런던 브로일(London Broil)

4~6인분

런던 브로일에는 보통 옆양지 스테이크를 사용하지만, 적지 않은 정육업자들이 두껍게 썬 윗등심 로스트나 우둔살 로스트에 런던 브로일이라는 이름을 붙여 판매하기 때문에 혼란이 일어난다. 따라서 런던 브로일은 특정 부위를 가리킨다기보다는 일종의 조리 방식으로 간주하는 것이 좋다. 보통 조림이나 스튜에 사용하는 질긴 소고기를 레어나 미디엄 레어로 직화 오븐에 살짝 구운 다음 결의 반대 방향으로 얇게 썬다. 이 두 가지 모두 연하고 촉촉하게 고기를 굽는 방법이다. ▶ 이러한 부위를 너무 오래 조리하면 질기고 퍽퍽해지므로 절대 미디엄 레어보다 더 많이 익히지 않도록 주의한다.

다음을 준비한다.

　　소고기 옆양지 스테이크 또는 3.8cm 두께의 뼈 없는 윗등심 암 로스트나 우둔살
　　　　로스트 1개(약 900g)

취향에 따라 소고기를 다음 양념장에 2시간 이상 재운다.

　　(레몬 양념장, 발칸식 양념장, 데리야키 양념장 또는 카르네 아사다용 양념장)

고기를 톡톡 두드려 물기를 제거한다. 양념장을 사용하지 않는다면 다음으로 간을 한다.

　　소금 1½작은술

　　흑후추 1작은술

오븐용 프라이팬이나 구이 팬을 올린 받침대를 열원에서 7.5~10cm 떨어진 위치에 끼우고 직화 오븐과 프라이팬을 예열한다. 프라이팬이 뜨겁게 달궈지면 소고기를 올리고 한 면을 5분간 굽는다. 반대쪽으로 뒤집고, 레어나 미디엄 레어로 마무리하려면 고기의 가장 두꺼운 부분에 꽂은 온도계가 49~54℃를 가리킬 때까지 굽는다. 3~4분 후부터는 얼마나 익었는지 확인해야 한다. 스테이크를 접시에 옮겨 담고 5분간 레스팅한 후 결의 반대 방향으로 6mm 두께가 되도록 얇게 저민다. 그릴 또는 직화 오븐 구이 스테이크 레시피에 소개한 소스 중 선호하는 소스를 곁들여서 낸다.

프라이팬에 그을리듯 구운 스테이크

4인분

시어링, 즉 겉면을 그을리듯 굽는 방법은 3.8cm보다 얇은 스테이크의 겉면을 바삭하게 갈색으로 굽기에 적합한 방법이다. 그보다 두꺼운 스테이크는 일단 시어링으로 겉면을 그을린 다음 오븐에 넣어 속까지 충분히 익힌다.(소고기 프라이팬 구이 레시피 참고) 강불로 조리하기 때문에 연기가 많이 나고 기름이 사방에 튀므로 환풍기를 켜고 창문을 열어두어야 한다. 스테이크에 팬 소스를 곁들여서 내려면 시어링보다는 불을 약간 줄여서 소테 방식으로 조리하는 것을 고려해보자.(스테이크 소테 레시피 참고) **겹게 그을린 스테이크**를 만들 때는 **검게 그을리는 용도의 케이준 양념 ¼컵**으로 양념하고 아래의 소금과 후추를 생략한다. 톡톡 두드려 물기를 제거한다.

　　소고기 스테이크 작은 것 4개 또는 큰 것 2개, 2~3.8cm 두께로 썰기

스테이크의 양쪽 면에 다음으로 간을 한다.

소금 2작은술

흑후추 1작은술

테두리 있는 오븐 팬이나 접시에 받침대를 놓고 스테이크를 올린 다음 위를 덮지 않은 상태로 냉장고에 넣어 1시간~하룻밤 동안 표면의 물기를 날린다.(이렇게 하면 더 빨리 갈색으로 익는다.)

조리할 준비가 되면 큼직한 무쇠 팬이나 번철을 중강불에 올리고 10분간 예열한다. 프라이팬이 충분히 달궈지면 냉장고에서 스테이크를 꺼낸다.(차가운 상태로 조리해야 너무 많이 익는 것을 방지할 수 있다.) 지방이 거의 없는 스테이크라면 겉면에 다음을 살짝 바른다.

(식물성 기름 또는 따뜻하게 데운 정제 베이컨 기름, 오리기름, 소기름)

스테이크를 프라이팬에 넣되, 서로 가까이 붙지 않도록 간격을 넉넉히 둔다. 뚜껑을 덮지 않고 5분 정도 그을리듯 굽는다. 반대쪽으로 뒤집어 다시 3~6분간 그을리듯 굽는다. 레어나 미디엄 레어로 마무리하려면 스테이크의 중심부에 꽂은 온도계가 49~54℃를 가리킬 때까지 굽는다.(다른 익힘 정도와 그에 따른 온도는 481쪽의 표를 참고한다.) 속까지 충분히 익기 전에 한쪽 면이 너무 진한 갈색으로 익으면 다시 뒤집어가며 익힌다. 굽는 동안 빠져나온 기름은 따라낸다. 그릴 또는 직화 오븐 구이 스테이크 레시피에 소개한 소스 중 선호하는 소스를 곁들여서 낸다.

스테이크 소테

4인분

이 방법으로 구우면 겉면이 갈색으로 맛있게 익은 스테이크가 완성된다. 그을리듯 굽는 방법보다 약간 불을 낮춰 조리하기 때문에 프라이팬 바닥에 붙은 갈색 조각이 쓴맛이 날 정도로 까맣게 타지 않으므로 이를 이용해 맛있는 팬 소스를 만들 수 있다. 스테이크에 곁들일 수 있는 더 다양한 소스에 대해서는 그레이비와 팬 소스에 대해 항목을 참고한다.

톡톡 두드려 물기를 제거한다.

소고기 스테이크 4개, 2~3.8cm 두께로 썰기

스테이크의 양쪽 면에 다음으로 간을 한다.

소금 2작은술

흑후추 1작은술

큼직한 스테인리스스틸 프라이팬을 중강불에 올려 다음을 두르고 가열한다.

식물성 기름 또는 정제한 베이컨 기름, 오리기름, 소기름 1큰술

기름에서 연기가 나기 시작하면 프라이팬에 넉넉한 간격으로 스테이크를 올린다. 레어나 미디엄 레어로 마무리하려면 한 면당 5~7분씩 또는 스테이크의 중심부에 꽂아 넣은 온도계가 49~54℃를 가리킬 때까지 굽는다.(다른 익힘 정도와 그에 따른 온도는 481쪽의 표를 참고한다.) 스테이크를 따뜻하게 데운 접시에 옮겨 담고 5분간 레스팅한 후 낸다. 취향에 따라 프라이팬에 흘러나온 기름을 따라내고 다음을 만든다.

(팬 소스)

다이앤 스테이크

4인분

레스토랑의 식탁 옆에서 스테이크에 불을 붙여 향을 내는 과정을 손님들이 즐길 수 있도록 고안한 레시피다. 이를 가정에서 재현하려면 프라이팬에 브랜디를 붓고 10초간 데운 다음 기다란 성냥이나 라이터, 프로판 토치로 불을 붙인다. 불꽃이 잦아들 때까지 프라이팬을 흔들다가 육수와 나머지 재료를 넣는다. 이 팬 소스는 사슴고기 스테이크나 돼지고기 촙에 곁들여도 맛있다.

다음을 만든다.

스테이크 소테

스테이크를 레스팅하는 동안 프라이팬에 남은 기름을 모두 따라내고 프라이팬을 다시 중강불에 올린다. 다음을 넣어서 녹인다.

버터 2큰술

다음을 넣고 저으면서 부드러워질 때까지 2분 정도 조리한다.

잘게 썬 샬롯 또는 쪽파(흰색 부분만 사용) ½컵

다음을 넣고 젓는다.

브랜디 ¼컵

소 육수나 국물 ¼컵

디종 머스터드 1큰술

레몬즙 2작은술

우스터 소스 1작은술

소금과 흑후추 적당량

바닥에 붙은 갈색 조각을 긁어내면서 1~2분간 끓인다. 스테이크에서 빠져나온 육즙을 추가한다. 취향에 따라 불에서 내린 후 다음을 조금씩 넣으면서 프라이팬을 빙빙 돌려서 녹여도 좋다.

(버터 2큰술)

다음을 넣고 젓는다.

다진 차이브 2큰술

굵게 썬 파슬리 2큰술

소스를 스테이크 위에 붓고 즉시 낸다.

스테이크 오 푸아브르(Steak au Poivre, 크림소스를 곁들인 후추 스테이크)

4인분

프랑스 요리 레스토랑의 대표 메뉴다.

톡톡 두드려 물기를 제거한다.

뼈 없는 스트립 스테이크 2개, 각각 반으로 자르기 또는 3.8cm 두께의 필레 미뇽 스테이크 4개

양쪽 면에 다음을 뿌리고 양념이 고기 속으로 파고들도록 꾹꾹 누른다.

으깬 검은색 통후추 ¼컵

소금 1큰술

큼직한 스테인리스스틸 프라이팬을 중강불에 올리고 달군다. 프라이팬이 뜨거워지면 다음을 두른다.

식물성 기름 2큰술

프라이팬에 넉넉한 간격으로 스테이크를 올리고, 레어나 미디엄 레어로 마무리하려면 한 면당 5~7분씩 또는 내부 온도가 49~54℃에 도달할 때까지 굽는다.(다른 익힘 정도와 그에 따른 온도는 481쪽의 표를 참고한다.) 스테이크를 따뜻하게 데운 접시에 옮겨 담고 느슨하게 덮어 레스팅한다. 프라이팬에 고여 있는 여분의 기름을 따라내고 다음을 넣는다.

버터 1큰술

다진 양파나 샬롯 ¼컵

저으면서 양파나 샬롯이 부드러워지기 시작할 때까지 1분 정도 볶는다. 프라

이팬을 불에서 내리고 다음을 조심스레 붓는다.

브랜디 ¼컵

프라이팬을 다시 불에 올리고 액체가 거의 다 증발할 때까지 끓인다. 다음을
붓고 절반으로 졸아들 때까지 5분 정도 조리한다.

소고기 또는 송아지고기 육수나 국물 1컵

다음을 넣고 절반으로 졸아들 때까지 4분 정도 더 조리한다.

헤비크림 ¼컵

다음을 넣고 젓는다.

굵게 썬 파슬리 2큰술

소금과 으깬 검은색 통후추 적당량

스테이크 위에 끼얹어서 즉시 낸다.

프라이드 치킨처럼 튀긴 스테이크

4인분

스테이크를 두드려 넓게 펴는 대신 **큐브 칼집 스테이크** 680g을 사용할 수 있
다. 고기를 두드려 펼 때의 요령은 478쪽을 참고한다.

다음을 두드려 8mm 두께로 얇게 편다.

소고기 설도살 또는 우둔살 스테이크 680g짜리 1개

4조각으로 자른다. 얕은 그릇에 다음을 넣고 섞는다.

밀가루 1컵

흑후추 2작은술

소금 1½작은술

카옌 고춧가루 ¾작은술

다른 얕은 그릇에 다음을 넣고 잘 섞는다.

우유 ¼컵

달걀 1개

스테이크에 양념한 밀가루를 입힌 다음 달걀 혼합물에 담갔다가 다시 양념한
밀가루를 골고루 묻힌다. 여분의 밀가루를 털어낸다. 받침대에 올려놓고 15분
간 말린다.

크고 묵직한 프라이팬을 중강불에 올리고 기름을 다음 높이까지 부어서 가열
한다.

식물성 기름, 식물성 쇼트닝 또는 라드 1.2cm

스테이크를 넣고 중간에 한 번 뒤집으면서 노릇노릇해지도록 한 면당 2~3분
씩 튀긴다. 따뜻하게 데운 접시에 옮겨 담고 느슨하게 덮어둔다. 프라이팬에 기
름을 2~3큰술만 남기고 모두 따라낸 후 프라이팬을 다시 불에 올린다. 다음을
넣고 저으면서 약 5분간 볶는다.

양파 1개, 얇게 저미기

다음을 넣고 저으면서 2~3분간 볶는다.

중력분 2큰술

다음을 붓고 부르르 끓어오르도록 가열하면서 프라이팬 바닥에 달라붙은 갈
색 조각을 긁어낸다.

우유 1컵

불을 줄이고 걸쭉해질 때까지 3~5분간 뭉근히 끓인다. 다음으로 간을 한다.

소금과 흑후추 적당량

(핫소스 몇 방울)

스테이크 위에 끼얹는다.

소고기 브로콜리 볶음

4~6인분

볶음 항목을 참고한다. 취향에 따라 브로콜리 대신 아스파라거스를 5cm 길이
로 썰어서 넣어도 좋다.

중간 크기의 그릇에 다음을 넣고 섞는다.

간장 ¼컵

사오싱주 또는 드라이 셰리 2큰술

물 1큰술

설탕 1큰술

옥수수 전분 1큰술

참기름 2작은술

다음을 넣고 뒤적이면서 섞는다.

양지 등의 뼈 없는 소고기 스테이크 450g, 결의 반대 방향으로 1.2cm 두께로
길게 썰기

위의 양념장에 20~30분 정도 재운다. 그동안 다음을 준비한다.

브로콜리 450g, 깨끗하게 손질해서 한입 크기의 꽃송이 모양으로 썰기

쪽파 6대, 5cm 길이로 썰기

붉은색 피망 1개, 얇게 저미기

얇게 썬 버섯 1컵, 표고버섯의 갓 부분 권장

작은 그릇에 다음을 넣고 섞는다.

생강 2.5cm짜리 1조각, 껍질을 벗겨서 다지기

마늘 3쪽, 다지기

(굵게 빻은 고춧가루 또는 쓰촨산 통후추 1작은술)

웍 또는 크고 묵직한 프라이팬을 강불에 올리고 다음을 둘러서 연기가 나기
직전까지 가열한다.

식물성 기름 2큰술

생강과 마늘 섞은 것을 넣고 계속 저으면서 향긋한 냄새가 나지만 갈색으로 변
하지는 않을 때까지 30초 정도 볶는다. 소고기와 양념장을 넣고 뭉친 소고기
슬라이스를 떼어내면서 갈색으로 익을 때까지 2분 정도 볶는다. 볶은 소고기
를 접시에 옮겨 담는다. 프라이팬을 깨끗이 닦고 강불에 올린 후 다음을 둘러
서 연기가 나기 직전까지 달군다.

식물성 기름 2큰술

채소를 넣고 연하지만 아삭함이 약간 남아 있도록 2분 정도 볶는다. 소고기와
접시에 고여 있는 육즙을 다시 프라이팬에 넣고 10초 정도 뒤적이면서 골고루
데운다. 다음과 함께 낸다.

흰쌀밥

스키야키

4인분

일본의 대표적인 '함께 먹는 요리'로, 제대로 차리려면 식탁에 전기 프라이팬
이나 웍을 올려놓고 조리하며 주방에서 간단하게 웍이나 묵직한 프라이팬에
끓이기도 한다. 스키야키는 전통적으로 국물에 익힌 재료를 찍어 먹을 수 있
도록 날달걀 푼 것과 함께 낸다. 일본어로 **봄의 국화**(春菊)라고 불리는 **쑥갓**을
함께 넣어서 조리하는 경우가 많다. 쑥갓은 기분 좋은 풀내음과 허브 풍미를
지니고 있으며 잎뿐만 아니라 아삭한 줄기까지 함께 사용한다. 어리고 연한 잎
(그리고 꽃)은 샐러드에 넣어서 먹을 수 있고, 다 자란 잎은 이 레시피처럼 조리

하거나 볶거나 굵게 썰어서 뜨거운 수프에 가니시로 활용한다.

다음을 20분간 냉동실에 넣어두면 더 쉽게 썰 수 있다.

뼈 없는 소고기 꽃등심 스테이크 900g

결의 반대 방향으로 3mm 두께가 되도록 얇게 저민 다음 플래터 위에 가지런히 배열한다. 다음 재료도 플래터 위에 얌전하게 늘어놓는다.

쪽파 4대, 2.5cm 길이로 어슷하게 썰기

표고버섯 8개, 밑동은 잘라내고 갓 부분만 얇게 썰기 또는 팽이버섯 1묶음

굵직하게 썬 쑥갓 잎이나 줄기 또는 굵게 썬 나파 양배추 넉넉하게 1컵

단단한 두부 약 200g, 취향에 따라 압착하여 2cm 크기의 정육면체로 썰기

통조림 죽순 ½컵, 씻어서 얇게 저미기

실곤약 400g

작은 그릇에 다음을 넣고 섞는다.

사케 ½컵

간장 ⅓컵

미림 ⅓컵

물 ½컵

설탕 2큰술

웍이나 프라이팬을 중불에 올려 다음을 두르고 연기가 나기 직전까지 달군다.

식물성 기름 2큰술

소고기를 넣고 자주 뒤적이면서 갈색으로 변하기 전까지 3분 정도 볶는다. 고기를 작은 접시에 옮겨놓는다. 사케 혼합물을 웍에 붓고 뚜껑을 덮어서 뭉근히 끓어오르도록 가열한다. 쪽파, 버섯, 양배추, 두부, 죽순, 실곤약을 빙 둘러가며 차곡차곡 웍에 배열한다. 버섯이 부드러워질 때까지 조린다. 채소는 아삭한 식감이 남아 있고 색이 변하지 않은 상태여야 한다. 재료들이 속까지 잘 익으면 젓가락으로 건져서 개인 접시에 적당히 나눠 담는다. 소고기를 다시 국물에 넣고 간을 하면서 데운다. 모든 재료를 다 먹은 다음, 취향에 따라 웍에 남은 소스에 다음을 넣는다.

(삶은 우동 115g)

소스가 우동에 잘 배도록 섞는다.

베커 몽골식 소고기 볶음

4인분

작은 그릇에 다음을 넣어서 섞는다.

간장 3큰술

해선장 또는 갈색 설탕 2큰술

쌀 식초 2큰술

물 2큰술

옥수수 전분 1큰술

삼발 올렉이나 스리라차 ½작은술 또는 핫소스 소량으로 2번 정도 뿌리는 양

커다란 프라이팬을 중불에 올리고 다음을 둘러서 가열한다.

식물성 기름 2큰술

다음을 넣고 저으면서 2분 정도 볶는다.

마늘 4쪽, 얇게 저미기

생강 2.5cm짜리 1조각, 껍질을 벗기고 얇고 가늘게 채 썰기

구멍 뚫린 숟가락으로 마늘과 생강을 건져서 접시에 담는다. 중강불로 올린 후 다음을 몇 번에 나눠 넣고 갈색으로 볶는다.

소고기 옆양지 스테이크, 업진살 스테이크, 설로인 플랩(바베트) 450g, 얇고 길쭉하게 썰기

볶은 고기를 접시에 옮겨 담고 다시 고기를 한 움큼 넣어서 볶는 식으로 조리한다. 고기를 전부 갈색으로 볶았다면 다시 한꺼번에 프라이팬에 넣고 간장 소스, 마늘, 생강을 넣는다. 중불에서 잘 저으면서 소스가 걸쭉해질 때까지 3~4분간 볶는다. 다음을 넣어서 젓는다.

쪽파 8대, 얇고 어슷하게 저미기

불에서 내리고 뚜껑을 덮어서 쪽파의 숨이 죽을 때까지 5분간 그대로 둔다. 다음 위에 얹어서 낸다.

쌀밥

비프 스트로가노프(Beef Stroganoff)

4인분

이 레시피는 전통적으로 안심을 사용하지만, 우리는 풍미가 더 진하고 가격이 저렴한 부위를 선호한다. 안심을 사용한다면 상대적으로 저렴한 팁 부분, 끝으로 갈수록 좁아지는 '꼬리' 부분 또는 설로인이나 엉덩이 쪽에서 잘라낸 부위를 찾아보자. 소고기를 덩어리째 양념하고 갈색으로 익힌 다음 길쭉하게 썰어서 다시 프라이팬에 넣으면 겉은 보기 좋게 갈색으로 익고 속까지 딱 알맞게 완성된다.

5cm 크기의 정육면체 또는 큼직한 덩어리로 썬다.

소고기 안심, 탑 로인, 설로인 팁 또는 토시살 스테이크 450g

다음으로 간을 한다.

소금 ¾작은술

흑후추 ½작은술

커다란 프라이팬을 중강불에 올리고 다음을 둘러서 가열한다.

식물성 기름 1큰술

고기를 몇 번에 나눠 넣고 모든 면이 진한 갈색으로 익도록 약 6분씩 조리한다. 도마에 옮겨 담는다. 여분의 기름을 따라내고 중불로 줄인 후 프라이팬에 다음을 넣어서 녹인다.

버터 2큰술

다음을 넣고 저으면서 부드러워질 때까지 5분 정도 볶는다.

양파 작은 것 1개 또는 샬롯 중간 크기 2개, 굵게 썰기

양파에서 나온 수분으로 프라이팬 바닥에 달라붙은 갈색 조각이 불기 시작하면 나무 주걱으로 긁어내면서 조리한다. 다음을 넣는다.

버섯 225g, 얇게 썰기

버섯에서 나온 수분이 증발할 때까지 저으면서 8분 정도 조리한다. 다음을 넣는다.

소 육수나 국물 1컵

(코냑 1큰술)

10분간 뭉근히 끓인다. 그동안 갈색으로 볶은 정육면체 모양의 소고기를 3조각으로 넓게 저미고 각각 6mm 두께로 길쭉하게 썬다. 프라이팬에서 끓고 있는 국물에 다음을 넣고 젓는다.

사워크림 ¾컵

디종 머스터드 1½작은술

고기와 흘러나온 육즙을 다시 프라이팬에 넣는다. 팔팔 끓어오르지 않도록 주의하면서 고기가 속까지 충분히 데워지되 미디엄 레어 이상으로는 익지 않도록 2분 정도 뭉근히 끓인다. 다음을 넣고 젓는다.

굵게 썬 딜, 파슬리, 차이브 또는 이를 섞어서 1큰술

소금과 흑후추 적당량

다음 위에 얹어서 즉시 낸다.

삶은 에그누들

소고기 조림, 스튜, 바비큐에 대해

조림과 스튜는 시간이 오래 걸리는 조리법으로 보이겠지만 사실은 손이 거의 가지 않는다. 저렴하고 질긴 소고기 부위를 손질해서 별다른 신경을 쓰지 않고 몇 시간 정도 푹 끓이면 아주 깊은 풍미를 지닌 진하고 걸쭉한 국물이 탄생하므로 다른 요리의 밑국물로 사용하거나 소스로 활용하기도 쉽다. 물론 압력 조리나 슬로 쿠킹 방식을 활용하면 더욱 편리하게 조리할 수 있다. 기본적인 조리 기술에 대해서는 조림, 스튜, 찜 항목을 참고한다. 바비큐는 보통 그릴 구이와 함께 묶어서 설명하는 경우가 많지만, 수분이 많은 환경에서 고기를 훈연하기 때문에 조림과도 공통점이 많다. 두 방법 모두 질긴 부위를 은근한 불로 천천히 가열해 뼈에서 저절로 떨어질 정도로 연하고 풍미가 진한 살코기로 변신시키기 때문이다. 훈연기 사용법에 관한 자세한 내용은 바비큐 항목을 참고한다.

조림과 스튜에는 윗등심, 갈비, 본갈비, 양지, 설도에서 잘라낸 부위를 권장한다. 구할 수만 있다면 목심, 볼살, 사태는 조림과 스튜에 더 잘 맞는 부위다. ▶ 레시피에서 언급한 이들 부위 대신 볼살, 뭉치사태, 사태를 사용한다면 레시피의 권장 시간보다 더 오래 조리해야 연해진다. 조림 국물의 농도를 걸쭉하게 만들려면 소꼬리를 조금 섞어서 조려보자. 소꼬리에 관한 자세한 내용은 내장과 다양한 부속 고기에 대해 항목을 참고한다.

오래 조리해서 진한 풍미를 내는 다른 많은 요리와 마찬가지로, 소고기 스튜는 만든 당일보다 1~2일 지나서 먹으면 훨씬 더 맛있다. 필요하면 액체 재료를 조금 보충해 스튜를 은근한 불에 데운다. 널찍한 그릇에 담아서 파스타, 밥, 감자, 갓 구운 빵, 덤플링 또는 비스킷과 함께 낸다.

스튜를 만들 때는 스테이크나 로스트를 사서 직접 손질하고 1.2~7.5cm 크기의 정육면체로 썰어서 사용하기를 권한다. 미리 썰어서 '소고기 스튜용 고기'라는 이름을 붙여 판매하는 포장육은 일반적으로 무게당 가격이 비쌀 뿐만 아니라 어떤 부위를 사용했는지 파악하기가 힘들다. 고기를 정육면체로 작게 썰어서 사용하면 더 빨리 익고 스튜의 농도가 더 걸쭉해지며 균일한 질감으로 완성되는데, 큼직한 덩어리로 썰면 조리한 후에도 고기의 형태가 그대로 유지된다. 크기와 관계없이 포크로 쉽게 자를 수 있을 정도로 연해질 때까지 고기를 푹 끓여야 스튜가 완성된다. 더욱 상큼한 풍미를 즐기고 싶다면 조리가 거의 끝날 즈음에 채소나 허브를 추가해 스튜가 완성될 때쯤 속까지 잘 익도록 한다. ▶ 조림이나 스튜 레시피를 슬로 쿠커에 응용하려면 1118쪽, 압력 조리에 응용하려면 1119쪽을 참고한다.

바비큐나 훈제용으로 가장 인기 있는 부위는 윗양지로, 통째로 사용하거나 마블링이 들어 있는 뾰족한 끝부분을 잘라서 사용한다. 윗양지는 다루기가 까다롭고 아주 오래 조리해야 연해지는 부위로 유명하지만 바비큐를 제대로 익히려면 반드시 다룰 줄 알아야 하는 궁극의 부위라고 할 수 있다.(게다가 제대로 훈제한 윗양지는 그야말로 환상적인 맛이다.) 바비큐를 직접 해보고 싶은 생각은 있지만 윗양지를 사용해볼 엄두가 나지 않는다면, 윗등심 로스트를 실로 묶은 다음 연해질 때까지 윗양지와 같은 방식으로 훈연할 수 있다. 소의 윗등심은 윗양지보다 마블링이 균일하다는 장점이 있으며, 그 결과 쉽게 퍽퍽해지지도 않는다. 소 등갈비와 갈비도 윗양지보다 훨씬 다루기 쉬우면서 비교적 빨리 조리할 수 있다.(소갈비 훈제 구이 레시피 참고)

소고기 찜

6~10인분

촉촉하고 연한 소고기 찜을 만들기 위한 핵심은 고기를 뭉근히 끓어오를락 말락 한 상태로 조리하는 것이다. 냄비와 뚜껑이 오븐에 사용할 수 있는 재질이라면 150℃로 예열한 오븐의 맨 아래쪽 칸에 넣어서 조리해도 좋다.

톡톡 두드려 물기를 제거한다.

뼈 없는 소 윗등심 또는 설도 로스트 1.3~2.3kg짜리 1개

다음으로 간을 한다.

소금 1½작은술

흑후추 1작은술

가능하면 테두리 있는 오븐 팬에 받침대를 놓고 로스트를 올린 다음 위를 덮지 않은 상태로 하룻밤 동안 냉장고에 넣어서 표면에 있는 수분을 날린다.(이렇게 하면 더욱 빨리 갈색으로 익는다.)

커다란 더치오븐을 중강불에 올리고 다음을 둘러서 가열한다.

식물성 기름 3큰술

로스트를 넣고 20분 정도 천천히 끈기 있게 모든 면을 갈색으로 익힌다. 먹음직스러운 진한 갈색으로 굽되, 지나치게 그을리거나 타지 않도록 주의한다. 고기를 접시에 옮겨 담는다. 더치오븐에 기름을 2큰술만 남기고 모두 따라낸 후 다음을 넣는다.

양파 2개, 굵게 썰기

셀러리 줄기 2개, 굵게 썰기

당근 1개, 굵게 썰기

(순무 1개, 굵게 썰기)

가끔 저으면서 채소의 색이 변하기 시작할 때까지 5분 정도 볶는다. 다음을 붓는다.

소나 닭 육수 또는 국물, 드라이 레드와인, 맥주, 물 또는 이를 섞어서 2컵

부르르 끓어오르도록 가열한 후 다음을 넣는다.

월계수 잎 1장

굵게 썬 신선한 타임 1½작은술 또는 말린 타임 ½작은술

로스트를 다시 더치오븐에 넣고 뚜껑을 덮는다. 불을 가장 약하게 줄여서 국물이 뭉근히 끓어오를락 말락 한 상태를 유지한다. 30분 정도마다 로스트를 뒤집으면서 포크로 찔러보면 부드럽게 들어갈 때까지 푹 끓인다. 평평한 로스트는 1시간 반~2시간 반, 둥글거나 길쭉한 형태의 로스트는 최대 4시간 정도 걸린다. 더치오븐에 항상 국물이 어느 정도 남아 있도록 신경을 쓰고 필요하면 국물을 보충한다. 포크가 부드럽게 들어갈 정도로 고기가 익으면 플래터에 옮겨 담고 포일로 덮어서 따뜻하게 보관한다. 국물의 표면에 둥둥 뜬 기름을 걷어낸 후 국물을 체에 거르고 월계수 잎을 건져낸다. 찜 국물을 그대로 내도 좋고, 걸쭉하게 졸이려면 다시 뭉근하게 끓이면서 다음을 넣는다.

(밀가루를 넣고 치댄 버터, 버터 1큰술과 중력분 1큰술로 만들기)

혼합물을 국물에 넣고 잘 섞은 다음 계속 저으면서 걸쭉해질 때까지 뭉근히 끓인다.

스트라코토(Stracotto, 이탈리아식 소고기 찜)

8~10인분

전통적으로 바롤로 와인을 넣어서 만들지만 강한 풍미의 드라이 레드와인이라면 무엇이든 잘 어울린다. 일요일에 가벼운 저녁 식사로 즐기기 좋은 레시피이며, 넉넉하게 만들어 남겨두면 일주일 내내 다양한 방법으로 맛있게 활용할 수 있다. 찜 국물은 파스타 소스로 근사하게 어울리고, 먹다 남은 고기를 팬 소스에 촉촉하게 적셔서 쫄깃한 롤빵 위에 얹으면 따뜻한 샌드위치가 된다. 냄비와 뚜껑이 오븐에 사용할 수 없는 재질이라면 가정용 레인지에서 아주 은근히 끓이면서 조리할 수 있다.

다음을 톡톡 두드려 물기를 제거한다.

> 뼈 없는 소 윗등심 또는 설도 로스트 1.8kg짜리 1개

다음으로 간을 한다.

> 소금 1½작은술
>
> 흑후추 1작은술

가능하면 테두리 있는 오븐 팬에 받침대를 놓고 로스트를 올린 다음 위를 덮지 않은 상태로 하룻밤 동안 냉장고에 넣어서 고기 표면의 수분을 날린다.(이렇게 하면 더욱 빨리 갈색으로 익는다.)

오븐을 150℃로 예열한다.

다음을 섞어서 다진다.(푸드 프로세서 사용 가능)

> 마늘 5쪽
>
> 파슬리 잎, 꾹 눌러 담아 ¼컵
>
> 신선한 세이지 잎 4장 또는 말린 세이지 1작은술
>
> 신선한 로즈메리 1큰술 또는 말린 로즈메리 1작은술

한쪽에 둔다. 더치오븐을 중강불에 올리고 다음을 둘러서 가열한다.

> 식물성 기름 3큰술

로스트를 넣고 약 20분간 모든 면을 갈색으로 익힌다. 고기를 접시에 옮겨 담고 더치오븐에 기름을 2큰술만 남기고 모두 따라낸다. 더치오븐을 다시 불에 올리고 다음을 넣는다.

> 양파 1개, 굵게 썰기
>
> 당근 1개, 굵게 썰기
>
> 셀러리 줄기 1개, 잎까지 굵게 썰기
>
> 월계수 잎 1장

저으면서 양파가 연한 갈색으로 변할 때까지 볶는다. 허브 혼합물을 넣고 저은 다음 30초간 조리한다. 다음을 붓고 더치오븐에 국물이 거의 남지 않을 때까지 팔팔 끓인다.

> 드라이 레드와인 ½컵
>
> 토마토 페이스트 2큰술

다음을 넣고 저은 다음 뭉근히 끓이면서 더치오븐의 바닥에 달라붙은 갈색 조각을 긁어낸다.

> 드라이 레드와인 2컵
>
> 소 또는 닭 육수나 국물 1컵
>
> 으깨거나 깍둑썰기한 토마토 통조림 410g짜리 1개

로스트를 더치오븐에 넣고 은근히 끓어오르도록 가열한 다음 뚜껑을 덮는다. 오븐에 넣고 고기가 아주 부드러워질 때까지 2시간 반~3시간 정도 조리한다. 고기를 플래터에 옮겨 담고 포일로 덮어서 따뜻하게 보관한다. 국물의 표면에 떠오른 기름을 걷어내고 월계수 잎을 건져낸다. 맛을 보고 간을 조절한다. 소스가 너무 묽으면 뭉근히 끓이면서 졸여서 걸쭉하게 만든다. 고기를 6mm 두께의 슬라이스로 저미고 찜 국물에 촉촉하게 적신다. 다음과 함께 낸다.

> 크림처럼 부드러운 폴렌타

사우어브라텐(Sauerbraten)

8인분

새콤달콤한 이 소고기 찜은 『조이 오브 쿠킹』 초판 때부터 빠지지 않는 레시피다. 이르마 할머니는 그레이비에 생강 쿠키를 넣을 '용기'를 내지 못했지만 우리는 생강 쿠키가 근사한 풍미를 더해준다고 생각한다.

중간 크기의 편수 냄비에 다음을 넣고 저으면서 설탕이 완전히 녹을 때까지 가열한다.

> 증류 백식초 또는 와인 식초 2컵
>
> 물 2컵
>
> 양파 중간 크기 1개, 얇게 저미기
>
> 설탕 ¼컵
>
> (캐러웨이씨 2작은술)
>
> 검은색 통후추 1작은술
>
> 정향 6개
>
> (주니퍼 열매 4개)
>
> 올스파이스 열매 4개
>
> 월계수 잎 2장

식힌 다음 잘 찢어지지 않는 커다란 지퍼백이나 큼직한 그릇에 옮겨 담는다. 다음을 넣고 뒤적이면서 양념장을 골고루 묻힌다.

> 뼈 없는 소 윗등심, 우둔 또는 설도 로스트 1.8~2.3kg짜리 1개, 뭉쳐 있는 지방을 떼어내기

뚜껑을 덮고 냉장고에 넣어 하루에 한 번씩 뒤집어주면서 2일간 재운다.

조리할 준비가 되면 고기를 건져서 톡톡 두드려 양념을 털어내고 남은 양념장은 버리지 않는다. 양념장을 체에 걸러서 건더기는 버리고 국물은 보관한다. 고기에 다음으로 간을 한다.

> 소금 2작은술
>
> 흑후추 1작은술

커다란 더치오븐을 중불에 올리고 다음을 둘러서 가열한다.

> 식물성 기름 2큰술

로스트를 넣고 약 20분간 모든 면을 갈색으로 익힌다. 고기를 꺼내고 더치오븐에 기름을 2큰술만 남기고 모두 따라낸다. 다음을 넣고 저으면서 채소가 부드러워질 때까지 5분 정도 볶는다.

> 양파 1개, 굵게 썰기
>
> 당근 1개, 굵게 썰기
>
> 셀러리 줄기 1개, 굵게 썰기

로스트와 보관해둔 양념장 절반을 넣는다.(나머지 양념장은 버린다.) 로스트 옆면의 절반 정도까지 올라오도록 다음을 넉넉히 붓는다.

> 닭 또는 소 육수나 국물

부르르 끓어오르도록 가열한 다음 불을 줄이고 뚜껑을 덮은 상태로 고기가 아주 연해질 때까지 2시간 반~3시간 정도 뭉근히 끓인다.(또는 150℃로 예열한 오븐에 넣는다.) 고기를 플래터에 옮겨 담고 뚜껑을 덮어서 따뜻하게 보관한다. 찜 국물의 표면에 떠오른 기름을 걷어내고 강불로 팔팔 끓여서 2½컵 정도로

졸인다. 다음을 넣고 섞는다.

　잘게 부순 생강 쿠키 또는 말린 호밀 빵가루 ¼컵

저으면서 소스가 걸쭉해질 때까지 5분 정도 조리한다. 취향에 따라 불에서 내린 후 다음을 넣어 잘 섞는다.

　(사워크림 ¾컵)

고기를 얇게 저미고 그레이비 및 다음을 곁들여서 낸다.

　감자 덤플링, 라트키 또는 삶은 에그누들

소고기 스튜

6~8인분

다른 모든 스튜와 마찬가지로 이 레시피도 식혀서 하룻밤 두었다가 다시 데우면 맛이 더 깊어진다. 또한 일단 식히고 나면 표면에 떠오른 기름도 훨씬 쉽게 걷어낼 수 있다.

다음을 손질하고 톡톡 두드려 물기를 제거한 후 5cm 크기의 정육면체로 썬다.

　윗등심, 윗양지 또는 설도 등 뼈 없는 소고기 스튜용 부위 900g

다음으로 간을 한다.

　소금 1작은술

　흑후추 ½작은술

다음을 골고루 묻힌다.

　밀가루 ½컵

여분의 밀가루를 털어낸다. 더치오븐을 중강불에 올리고 다음을 둘러서 가열한다.

　식물성 기름 또는 정제한 베이컨 기름이나 소기름 2큰술

고기를 몇 번에 나눠 넣고 모든 면이 갈색으로 익도록 굽는다. 한꺼번에 고기를 너무 많이 넣거나 고기가 타지 않도록 조심한다. 구멍 뚫린 숟가락으로 고기를 건져낸다. 더치오븐에 기름을 2큰술만 남기고 모두 따라낸다.(만약 기름이 거의 없다면 보충한다.) 다음을 넣는다.

　양파 1개, 굵게 썰기

　당근 1개, 굵게 썰기

　셀러리 줄기 1개, 굵게 썰기

　마늘 4쪽, 굵게 썰기

뚜껑을 덮고 중불에 올려 자주 저으면서 양파가 부드러워질 때까지 6~8분간 볶는다. 고기를 다시 더치오븐에 넣고 다음을 붓는다.

　소 또는 닭 육수나 국물, 드라이 레드와인 또는 화이트와인, 맥주 또는 이를
　　　섞어서 3컵

　월계수 잎 2장

　말린 타임, 오레가노, 세이버리, 마저럼 또는 이를 섞어서 1작은술

　소금 ½작은술

　흑후추 ½작은술

부르르 끓어오르도록 가열한 다음 불을 줄이고 뚜껑을 덮어둔다. 포크로 찔러보면 부드럽게 들어갈 때까지 1시간 반~2시간 동안 은근히 끓인다.(또는 150℃로 예열한 오븐에 넣는다.) 다음을 넣는다.

　당근 2개, 2.5cm 길이로 썰기

　붉은색 감자 또는 골드 감자 중간 크기 4개, 껍질을 벗기고 2.5cm 크기로 썰기

　(순무 작은 것 2개, 껍질을 벗기고 2.5cm 크기로 썰기)

　(파스닙 작은 것 2개, 껍질을 벗기고 2.5cm 크기로 썰기)

뚜껑을 덮고 채소가 부드러워질 때까지 35~40분간 조리한다. 더치오븐을 불에서 내린 다음 월계수 잎을 건져낸다. 상황에 따라 스튜를 식혀서 하룻밤 두어도 좋다. 스튜의 표면에 떠오른 기름을 걷어내고 중약불에 올려서 아주 뭉근히 끓는 상태로 데운다.(식혔다가 조리하는 경우) 맛을 보고 간을 조절한다. 취향에 따라 다음을 넣어서 소스를 걸쭉하게 만들 수도 있다.

　(밀가루를 넣고 치댄 버터, 버터 1큰술과 중력분 1큰술로 만들기)

저으면서 걸쭉해질 때까지 뭉근히 끓인다. 다음으로 장식한다.

　굵게 썬 파슬리

뵈프 부르기뇽(Boeuf Bourguignon)

6~8인분

강렬한 맛의 이 스튜는 깊고 진한 풍미를 특징으로 하는 프랑스 부르고뉴 지방의 요리를 대표한다. 피노 누아(부르고뉴를 대표하는 포도 품종)나 보졸레처럼 가벼운 드라이 레드와인을 사용하고, 가장 근사한 풍미를 내려면 소고기를 하룻밤 양념장에 재우기를 추천한다.

다음을 5cm 크기의 정육면체로 썬다.

　윗등심, 윗양지 또는 설도 등 뼈 없는 소고기 스튜용 부위 1.3kg

고기를 커다란 그릇에 넣고 다음을 추가한다.

　드라이 레드와인 750ml짜리 1병

　올리브유 2큰술

　양파 1개, 웨지 모양으로 썰기

　당근 1개, 두꺼운 슬라이스 모양으로 썰기

　셀러리 줄기 1개, 두꺼운 슬라이스 모양으로 썰기

　마늘 3쪽, 으깨기

　파슬리 잔가지 4개

　신선한 타임 잔가지 3개 또는 말린 타임 ½작은술

　으깬 검은색 통후추 1작은술

　월계수 잎 1장

　소금 ½작은술

잘 저어서 섞은 다음 고기에 골고루 묻힌다. 뚜껑을 덮고 냉장고에 넣어 2시간 이상 양념장에 재우는데, 가능하면 하룻밤 재워두는 것이 좋다.

　소고기를 건져서 톡톡 두드려 양념을 털어내고, 남은 양념장은 버리지 않는다. 양념장을 체에 걸러서 양념 국물과 채소를 따로 보관한다.

더치오븐을 중불에 올리고 다음을 넣는다.

　베이컨 115g, 깍둑썰기하기

베이컨이 갈색으로 익으면서 기름이 나올 때까지 볶는다. 베이컨을 접시에 건져놓고 기름은 따라내지 않는다. 더치오븐에 기름이 2큰술 정도 남아 있을 것이다. 기름이 부족하면 식물성 기름을 적당히 넣어 2큰술로 맞춘다. 고기를 몇 번에 나눠 넣고 모든 면이 갈색으로 익도록 천천히 조리한다. 고기가 다 익으면 베이컨이 담긴 접시로 옮긴다. 양념장에서 걸러낸 채소를 더치오븐에 넣고 연한 갈색이 되도록 8분 정도 볶는다. 다음을 넣고 젓는다.

　중력분 2큰술

저으면서 밀가루가 갈색으로 변하기 시작할 때까지 1분 정도 볶는다. 따로 보관해둔 양념장을 붓고 저은 후 갈색으로 구운 소고기와 베이컨을 더치오븐에 다시 넣는다. 양념장이 모자라서 소고기와 채소가 푹 잠기지 않으면 다음을 적당량 추가한다.

와인 또는 물

부르르 끓어오르도록 가열한 다음 불을 줄이고 뚜껑을 덮어둔다. 포크로 찔러보면 부드럽게 들어갈 때까지 1시간 반~2시간 동안 은근히 끓인다.(또는 150℃로 예열한 오븐에 넣는다.) 허브 잔가지와 월계수 잎을 건져낸다. 상황에 따라 스튜를 식혀서 하룻밤 두어도 좋다. 스튜의 표면에 떠오른 기름을 걷어내고 약불에 올려서 끓을락 말락 하는 상태로 데운다.(식혔다가 조리하는 경우) 그동안 커다란 프라이팬을 중불에 올리고 다음을 넣어서 녹인다.

　　버터 3큰술

다음을 넣고 자주 저으면서 연한 갈색으로 변하고 부드러워질 때까지 5~8분 정도 볶는다.

　　방울양파 2컵, 껍질을 벗기기

다음을 넣고 저으면서 버섯에서 물이 나올 때까지 볶는다.

　　버섯 225g, 얇게 썰기

버섯과 방울양파를 스튜에 넣고 다음을 추가한다.

　　굵게 썬 파슬리 ¼컵

　　소금과 흑후추 적당량

걸쭉한 소스를 선호한다면 다음을 넣고 잘 젓는다.

　　(밀가루를 넣고 치댄 버터, 버터 1큰술과 중력분 1큰술로 만들기)

저으면서 걸쭉해질 때까지 뭉근히 끓인다. 다음과 함께 낸다.

　　두껍게 썰어서 구운 바게트나 다른 바삭한 빵

카르보나드 플라망드(Carbonnade Flamande, 벨기에식 소고기 맥주 스튜)

4~6인분

다음을 톡톡 두드려 물기를 제거하고 3.8cm 크기의 정육면체로 썬다.

　　윗등심, 윗양지 또는 설도 등 뼈 없는 소고기 스튜용 부위 900g

다음으로 간을 한다.

　　소금 ½작은술

　　흑후추 ½작은술

커다란 더치오븐을 중불에 올리고 다음을 넣어서 녹인다.

　　버터 2큰술

고기를 몇 번에 나눠 넣고 모든 면이 갈색으로 익도록 굽는다. 고기를 접시에 옮긴다. 더치오븐에 기름을 2큰술만 남기고 모두 따라낸다.(만약 기름이 거의 없다면 보충한다.) 다음을 넣고 저으면서 부드러워질 때까지 8분 정도 볶는다.

　　양파 중간 크기 1개, 얇게 저미기

다음을 넣고 가끔 저으면서 2분 정도 더 볶는다.

　　중력분 2큰술

다음을 넣는다.

　　다크 라거 등의 맥주 2컵

　　마늘 1쪽, 다지기

　　설탕 ½작은술

　　소금 ½작은술

고기를 다시 더치오븐에 넣는다. 부르르 끓어오르도록 가열한 다음 불을 줄이고 뚜껑을 덮은 상태로 고기가 연해질 때까지 2시간~2시간 반 정도 뭉근히 끓인다.(또는 150℃로 예열한 오븐에 넣는다.) 고기를 플래터에 옮겨 담고 소스는 중간체에 거른다. 취향에 따라 소스에 다음을 넣고 젓는다.

　　(사과 식초 또는 셰리 식초 ½작은술)

고기를 소스 및 다음과 함께 낸다.

　　삶은 햇감자, 파슬리나 딜로 장식하기

푸짐한 소고기 라구

8~10인분

식혀서 하룻밤 두었다가 다시 데우면 맛이 더욱 깊어진다. 또한 일단 식히고 나면 표면에 떠오른 기름도 훨씬 쉽게 걷어낼 수 있다. 우리는 소고기 대신 양의 어깨 부위에서 잘라낸 촙이나 컨트리 스타일 돼지갈비로도 라구를 즐겨 만든다.(여러 고기를 섞어서 넣어도 꽤 맛있다.) 다진 고기를 사용한 라구는 볼로네제 소스 레시피를 참고한다.(또한 '라구'라는 용어를 엄격하게 적용하지 않는다면 신시내티 칠리 코케뉴나 햄버거도 일종의 라구로 생각할 수 있다.)

오븐을 150℃로 예열한다.

톡톡 두드려 물기를 제거한다.

　　윗등심, 윗양지, 목심 또는 설도 등 뼈 없는 소고기 900g, 2.5cm 크기의
　　　　정육면체로 썰기 또는 뼈 있는 갈비나 가로로 썬 사태, 또는 소꼬리 1.3kg

더치오븐이나 묵직한 냄비를 중강불에 올리고 다음을 둘러서 가열한다.

　　식물성 기름 2큰술

고기를 몇 번에 나눠 넣고 모든 면이 갈색으로 익도록 굽는다. 고기를 접시에 옮겨 담는다. 냄비에 기름을 2큰술만 남기고 모두 따라낸다.(만약 기름이 거의 없다면 보충한다.) 다음을 넣는다.

　　양파 큰 것 1개, 잘게 썰기

　　당근 중간 크기 1개, 잘게 썰기

　　셀러리 줄기 중간 크기 1개, 잎과 함께 잘게 썰기

　　마늘 4쪽, 굵게 썰기

가끔 저으면서 채소가 부드러워지도록 8~10분간 볶는다. 다음을 넣고 젓는다.

　　토마토 페이스트 2큰술

저으면서 토마토 페이스트가 갈색으로 변하고 냄비 바닥에 약간 달라붙을 때까지 조리한다. 다음을 붓는다.

　　드라이 레드와인 또는 화이트와인 1컵

부르르 끓어오르도록 가열하면서 냄비 바닥에서 갈색 조각을 긁어낸다. 다음을 넣고 젓는다.

　　통토마토 통조림 795g짜리 2개

　　말린 오레가노 1½작은술

　　굵게 빻은 고춧가루 ½작은술

　　월계수 잎 1장

　　(안초비 필레 4개, 굵게 썰기)

숟가락이나 주걱으로 토마토를 냄비 옆면에 대고 으깨면서 뭉근하게 끓어오르도록 가열한다. 고기를 다시 냄비에 넣고 뚜껑을 덮어 예열한 오븐에 넣는다. 고기가 아주 부드러워질 때까지 3~4시간 조리한다.

　　월계수 잎을 건져낸다. 뼈 있는 소고기를 사용했다면 테두리 있는 오븐 팬에 옮긴다. 손으로 다룰 수 있을 만큼 식으면 뼈에서 살코기를 발라 잘게 썰고 오돌오돌한 연골 부위는 제거한 후 고기를 다시 냄비에 넣는다. 상황에 따라 라구를 식혀서 하룻밤 두어도 좋다. 스튜의 표면에 떠오른 기름을 걷어내고 약불에 올려서 아주 얌전하게 뭉근히 끓는 상태로 데운 후(식혔다가 조리하는 경우) 다음으로 간을 조절한다.

　　소금과 흑후추

다음과 함께 낸다.

　　지티, 펜네, 파파르델레 등 삶은 파스타

개인 접시마다 다음을 뿌린다.

　　굵게 썬 파슬리, 오레가노 또는 이를 섞은 것

　　강판에 간 파르메산 또는 로마노 치즈

소고기 렌당(인도네시아식 드라이 커리)

6인분

렌당은 캐러멜화해서 진하게 농축한 코코넛 커리라고 생각하면 된다. 일단 고기가 익어서 연해지면 코코넛 밀크를 팔팔 끓여 졸인다. 수분이 전부 날아가면 고기, 설탕, 커리 페이스트, 코코넛 고형분이 코코넛 기름에 튀겨지기 시작한다. 이렇게 하면 재료의 캐러멜화가 일어나면서 스튜가 진한 갈색으로 변한다. 기가 막힌 맛을 자랑하는 이 요리의 유일한 단점이라면 ▶ 조리하는 도중에 한눈을 팔면 안 되고, 특히 거의 다 마무리될 쯤 재료가 타거나 눌지 않도록 끓임없이 확인하면서 자주 저어주어야 한다는 점이다.(또한 가림막을 사용하도록 추천한다.) 하지만 그 정도의 품을 들일 가치가 있는 맛이다.

다음을 물에 30분간 담가둔다.

　　버즈아이나 아르볼 등 작은 칠리 고추 말린 것 8개, 꼭지를 따고 씨를 제거하기

칠리 고추를 건진 후 다음과 함께 푸드 프로세서에 넣는다.

　　샬롯 225g, 굵게 썰기

　　레몬그라스 줄기 2개, 흰색 부분만 얇게 저미기

　　마늘 6쪽, 껍질을 벗기기

　　생강 2.5cm짜리 1조각, 껍질을 벗겨서 굵게 썰기

　　(양강근 2.5cm짜리 1조각, 껍질을 벗겨서 굵게 썰기)

　　강황 2.5cm짜리 1조각, 껍질을 벗겨서 굵게 썰기 또는 강황 가루 ½작은술

　　(강판에 갓 갈아낸 육두구 또는 육두구 가루 ¼작은술)

푸드 프로세서의 용기 옆면에 묻은 재료를 긁어가면서 되직한 페이스트 상태가 될 때까지 작동시킨다. 커다란 프라이팬이나 더치오븐을 중강불에 올리고 다음을 둘러서 연기가 나기 직전까지 달군다.

　　식물성 기름 3큰술

페이스트를 기름에 넣고 갈색으로 변하면서 향긋한 냄새가 날 때까지 5분 정도 튀긴다. 다음을 넣는다.

　　윗등심 로스트, 설도 또는 뼈 없는 갈빗살 900g, 2.5cm 크기의 정육면체로 썰기

소고기에 페이스트가 골고루 묻도록 잘 섞은 후 다음을 추가한다.

　　코코넛 밀크 통조림 400ml짜리 2개

　　씨를 제거한 타마린드 과육 또는 타마린드 페이스트 1큰술

　　코코넛 슈거 또는 진한 갈색 설탕 1큰술

　　레몬그라스 줄기 1개, 짓이기기

　　팔각 2개

　　5~7.5cm짜리 통계피 1개

　　정향 4개

　　녹색 카르다몸 깍지 3개, 살짝 으깨기

혼합물이 뭉근히 끓어오르도록 가열한다. 뚜껑을 덮고 약불로 줄여서 가끔 저으면서 소고기가 상당히 연해질 때까지 1시간 정도 뭉근히 끓인다. 뚜껑을 열고 중강불로 높여서 보글보글 끓어오르도록 가열한다. 코코넛 밀크의 수분이 거의 다 증발하고 페이스트와 소고기가 갈색으로 튀겨질 때까지 25~30분

간 졸인다. ▶ 액체가 졸아들기 시작하면 2분마다 저으면서 소스가 타거나 눌어붙지 않도록 프라이팬의 바닥과 옆면을 긁어준다. 재료가 톡톡 튀어오르기 마련이므로 프라이팬의 뚜껑을 반쯤 덮거나 가림막을 사용한다. ▶ 마지막 10분 동안은 중불로 줄여서 더 자주 저으면서 조리한다. 졸이는 동안 너무 세차게 끓어오르거나 프라이팬을 긁어주기도 전에 빨리 갈색으로 변한다면 불을 줄인다. 재료가 더 이상 톡톡 튀어오르지 않고 튀겨지기 시작하면 뭉친 고기를 주걱으로 부수면서 중약불에서 렌당이 적갈색을 띨 때까지 튀긴다. 고기를 한쪽으로 밀어놓고 프라이팬을 기울여 기름을 최대한 많이 따라낸다. 통째로 넣은 향신료를 골라내서 버린다. 다음을 넣고 젓는다.

　　(마크럿 라임 잎 6장, 줄기를 제거하고 아주 얇게 저미기)

　　무가당 말린 코코넛 플레이크 ¼컵, 굽기

다음으로 간을 한다.

　　소금

다음 위에 끼얹어서 즉시 낸다.

　　흰쌀밥 또는 코코넛 라이스

헝가리식 굴라시(퍼르쾰트Pörkölt)

6인분

소고기 사태를 가장 많이 사용하지만 송아지고기로 대체해서 만들 수 있으므로 취향에 따라 선호하는 고기를 선택한다.

톡톡 두드려 물기를 제거하고 2.5cm 크기의 정육면체로 썬다.

　　뼈를 제거한 소 윗등심, 윗양지 또는 설도 900g

다음을 뿌리고 뒤적이면서 섞는다.

　　소금 1작은술

　　흑후추 ½작은술

더치오븐을 중강불에 올리고 다음을 둘러서 가열한다.

　　식물성 기름 또는 베이컨 기름 ¼컵

고기를 몇 번에 나눠 넣고 모든 면이 갈색으로 익도록 굽는다. 다 익으면 고기를 접시에 옮겨 담는다. 더치오븐에 기름을 2큰술만 남기고 모두 따라낸 후(만약 기름이 거의 없다면 보충한다.) 중불로 줄이고 다음을 넣는다.

　　양파 큰 것 1개, 얇게 저미기

저으면서 5분간 볶는다. 다음을 넣고 5분간 더 조리한다.

　　헝가리산 왁스 고추 225g 또는 녹색이나 붉은색 피망 1개, 굵게 썰기

　　마늘 6쪽, 굵게 썰기

고기를 다시 더치오븐에 넣고 다음을 추가한다.

　　소 육수, 닭 육수 또는 토마토 주스 2컵

　　레드와인 1컵

　　헝가리산 스위트 파프리카 가루 ¼컵

　　토마토 페이스트 2큰술

　　말린 마저럼 1작은술 또는 말린 오레가노 ¾작은술

　　(캐러웨이씨 ½작은술)

　　월계수 잎 1장

더치오븐의 뚜껑을 덮고 부드러워질 때까지 1시간 반 정도 뭉근히 끓인다. 표면에 떠오른 기름을 걷어내고 월계수 잎을 건져낸다. 다음을 준비해 위에 얹어서 낸다.

　　슈페츨레, 감자 뇨키, 말파티 또는 삶은 햇감자

취향에 따라 각 개인 접시에 다음을 얹어서 장식한다.

　(사워크림 1덩이)

　(굵게 썬 파슬리나 딜)

가이아나식 고추 수프

6~8인분

진하고 향신료 맛이 강한 이 수프는 가이아나에서 전통적으로 크리스마스 아침에 먹는 메뉴다. 카사리프(cassareep)는 유카로 만드는 꾸덕꾸덕하고 색이 진하며 양념이 강한 당밀 형태의 시럽인데, 미국에서는 보기 힘들지만 이 스튜에 넣으면 맛이 확 좋아지므로 꼭 한번 구해보자. 카사리프는 온라인으로 주문하거나 상품 구색을 잘 갖춘 라틴계 식료품점에서 찾을 수 있다. 카사리프를 구하지 못했다면 **당밀 ⅓컵, 간장 1큰술, 우스터 소스 1큰술**을 섞어서 대체할 수 있다. 소고기 대신 돼지 어깨살 또는 어린 양이나 머튼의 어깨살을 사용해서 만들 수도 있다.

다음을 톡톡 두드려 물기를 제거한 후 3.8cm 크기의 정육면체로 썬다.

　윗등심, 윗양지 또는 설도 등 뼈를 제거한 소고기 스튜용 부위 1.3kg

다음으로 간을 한다.

　소금 1작은술

　흑후추 ½작은술

커다란 냄비나 더치오븐을 중불에 올리고 다음을 둘러서 가열한다.

　식물성 기름 1큰술

고기를 몇 번에 나눠 넣고 모든 면이 갈색으로 익도록 굽는다. 고기를 접시에 옮겨 담는다. 냄비나 더치오븐에 기름을 1큰술만 남기고 모두 따라낸다.(만약 기름이 거의 없다면 보충한다.) 다음을 넣는다.

　양파 큰 것 1개, 굵게 썰기

　마늘 4쪽, 굵게 썰기

저으면서 재료가 부드러워질 때까지 6분 정도 볶는다. 고기를 다시 냄비나 더치오븐에 넣고 다음을 추가한다.

　카사리프 ½컵(위의 설명 참고)

　하바네로 2개 또는 위리위리 고추 3~4개, 통째로 넣거나 씨를 빼고 굵게 썰기

　생강 5cm짜리 1조각, 껍질을 벗겨서 다지기

　갈색 설탕 3큰술

　7.5cm 길이의 오렌지 껍질 2개, 채소 껍질 벗기는 도구로 벗겨내기

　타임 잔가지 4개

　5~7.5cm짜리 통계피 1개

　(올스파이스 가루 ¼작은술)

　정향 3개

고기가 살짝 잠길 정도로 물을 붓는다. 부르르 끓어오르도록 가열한 뒤 불을 줄이고 뚜껑을 덮은 상태로 중약불에서 고기가 아주 연해질 때까지 3시간 정도 얌전히 끓인다. 통계피, 허브 잔가지, 오렌지 껍질(통째로 넣었다면 고추도)을 건져내고 다음을 스튜와 함께 낸다.

　바삭바삭한 흰 빵

밥 위에 얹어서 내려면 구멍 뚫린 숟가락으로 고기를 건져서 접시에 옮겨 담는다. 냄비를 중강불에 올려서 국물이 소스처럼 걸쭉해질 때까지 졸인다. 고기를 다시 냄비에 넣고 몇 분 정도 두었다가 다음과 함께 낸다.

　쌀밥, 코코넛 라이스 또는 자메이카식 콩밥

다음으로 장식한다.

　굵게 썬 고수 잎

소고기 마사만 커리

5~6인분

진한 향신료 풍미를 자랑하는 이 태국 커리는 거의 다 완성했을 때 삶아서 큼직하게 썬 감자를 넣어 즐기기도 하지만, 우리는 처음부터 감자를 소스에 넣어서 조리해 감자가 커리의 풍미를 흡수하는 동시에 국물을 걸쭉하게 하는 것을 선호하는 편이다.

깊고 묵직한 프라이팬, 냄비 또는 더치오븐에 다음을 넣고 섞는다.

　코코넛 밀크 통조림 ½컵

　마사만 커리 페이스트 ¼컵, 시판 또는 수제

시판 페이스트를 사용할 때는 다음을 추가한다.

　(5cm짜리 통계피 1개)

　(팔각 1개)

　(녹색 카르다몸 깍지 4개 또는 검은색 카르다몸 깍지 2개)

중불에 올려 자주 저으면서 바닥에 눌어붙은 커리 페이스트를 긁어준다. 코코넛 밀크가 졸아들고 코코넛 밀크에서 분리된 기름으로 커리 페이스트가 튀겨지기 시작할 때까지 끓인다. 다음을 넣고 젓는다.

　소고기 윗등심 680g, 2cm 크기의 정육면체로 썰기

　코코넛 밀크 통조림 1¼컵

　물 1컵

　샬롯 큰 것 3개, 얇게 저미기

　코코넛 슈거 또는 갈색 설탕 2큰술

　피시 소스 2큰술

　소금 ¼작은술

부르르 끓어오르도록 가열한 뒤 뚜껑을 덮고 불을 줄여서 고기가 아주 연해질 때까지 1시간 정도 얌전히 끓인다. 통으로 넣은 향신료가 있다면 건져낸다. 다음을 넣는다.

　골드 감자 또는 붉은색 감자 340g, 1.2cm 크기로 썰기

　타마린드 페이스트나 농축액 2큰술

뚜껑을 덮고 감자가 부드러워질 때까지 20~25분간 뭉근히 끓인다. 다음을 넣고 젓는다.

　무염 볶은 땅콩 ¼컵, 굵직하게 썰기

다음과 함께 낸다.

　단립종 쌀밥

다음으로 장식한다.

　굵게 썬 고수 또는 태국 바질 잎

칠리 콘 카르네(Chili con Carne)

6~8인분

소고기를 큼직하게 썰어서 양념한 후 푹 끓여서 만드는 전통적인 텍사스식 스튜다.(다진 고기를 사용해서 만드는 칠리는 534~535쪽을 참고한다.) 텍사스를 대표하는 또 다른 음식과 조합하려면 먹다 남은 윗양지 훈제 구이를 사용해보자. 이 경우 고기 조리 과정을 건너뛰고 양파와 마늘, 고추를 볶는 단계부터 시작하면 된다. 혼합물을 30분간 뭉근히 끓인 후 양지머리를 2.5cm 크기의 정육면

체로 썰어서 냄비에 넣고 30분간 더 끓인다. **프리토 파이**(Frito pie, 옥수수 칩 위에 칠리와 치즈를 얹은 것 ─ 옮긴이)나 **워킹 타코**(walking taco, 가지고 다니면서 먹을 수 있는 형태의 타코 ─ 옮긴이)를 만들 때는 옥수수 칩 작은 봉지의 한쪽을 가위로 잘라서 개봉한 다음 따뜻한 칠리를 ½국자씩 얹고 잘게 썬 양파와 치즈를 뿌려서 맛을 낸다. 핫소스와 함께 낸다.

다음을 톡톡 두드려 물기를 제거한다.

　　뼈를 제거한 소고기 윗등심 1.3kg, 지방을 떼어내고 1.2~2.5cm 크기의
　　　정육면체로 썰기

다음으로 간을 한다.

　　소금 1½작은술

커다란 프라이팬을 중강불에 올리고 다음을 둘러서 가열한다.

　　식물성 기름 2큰술

고기를 몇 번에 나눠 넣고 모든 면이 갈색으로 익도록 굽는다. 고기를 접시에 옮겨 담는다. 프라이팬에 기름을 2큰술만 남기고 모두 따라낸다.(만약 기름이 거의 없다면 보충한다.) 다음을 넣는다.

　　양파 큰 것 2개, 굵게 썰기

　　마늘 10쪽, 굵게 썰기

　　할라페뇨 고추 2~6개, 씨를 빼고 굵게 썰기

　　소금 ½작은술

자주 저으면서 채소가 연해질 때까지 6~8분간 볶는다. 다음을 넣고 섞는다.

　　칠리 고춧가루 ½컵, 시판 또는 수제

2분간 조리한다. 고기를 다시 프라이팬에 넣고 다음을 추가한다.

　　통토마토 통조림 795g짜리 1개

　　물 4컵

　　레드와인 식초 또는 사과 식초 1큰술

뚜껑을 열고 가끔 저으면서 고기가 부드러워지고 소스가 걸쭉하게 졸아들 때까지 1시간 반~2시간 정도 뭉근히 끓인다. 칠리가 은근히 끓는 동안 나무 숟가락 뒷면으로 토마토를 눌러서 으깬다. 다음으로 적당히 간을 한다.

　　소금

새콤달콤하게 조린 소고기 윗양지

6~8인분

이 요리는 조리한 직후에 먹을 수도 있지만 레시피의 설명대로 하루 전에 만들어서 냉장고에 넣어두었다가 데워서 먹으면 훨씬 더 맛있다.

오븐을 175℃로 예열한다.

다음을 톡톡 두드려 물기를 제거한다.

　　소고기 윗양지의 플랫 부위('퍼스트컷') 1.6~1.8kg짜리 1개, 지방을 떼어내고
　　　손질하기

다음으로 간을 한다.

　　소금 1½작은술

　　흑후추 1작은술

구이 팬을 중강불에 올리고 다음을 둘러서 가열한다.

　　식물성 기름 2큰술

윗양지를 한 면당 약 5분씩 골고루 갈색으로 구운 다음 접시에 옮긴다. 중불로 줄이고 필요하면 기름을 조금 추가한 후 다음을 넣는다.

　　양파 큰 것 2개, 저미기

양파가 노릇노릇해질 때까지 약 10분간 볶는다. 다음을 넣는다.

　　드라이 레드와인 ½컵

　　소 육수나 국물 ½컵

바닥에 달라붙은 갈색 조각을 긁어내면서 1분간 조리한다. 다음을 넣고 젓는다.

　　토마토로 만든 맵지 않은 칠리 소스 1컵

　　사과 식초 ½컵

　　갈색 설탕, 꾹 눌러 담아 ½컵

　　월계수 잎 1장

소스 맛을 보고 양념과 간을 조절한다. 고기를 다시 팬에 넣고 숟가락으로 소스를 끼얹는다. 포일로 단단히 덮어서 팬을 오븐에 넣어 윗양지 부위가 포크로 찔러보면 부드럽게 들어갈 때까지 2~3시간 정도 조리한다. 팬을 오븐에서 꺼낸 뒤 포일을 걷어내고 그대로 식힌 다음 냉장고에 하룻밤 넣어둔다. 다음날 월계수 잎을 건져내고 고기를 얇게 썰어서 다시 소스에 넣는다. 175℃로 예열한 오븐에 넣어 25~30분간 데운다.

윗양지 훈제 구이

10~16인분

여러 사람에게 대접할 때는 '통째로' 정형한 윗양지 덩어리를 특별 주문해보자. 4.5~6.8kg 정도의 무게로 12인분 이상을 한꺼번에 만들 수 있다. 윗양지를 통째로 훈제하는 것은 까다롭기로 악명 높은 데다 제대로 바비큐를 완성하려면 16시간 이상 걸리기도 한다. 따라서 손님들이 들이닥치기 최소 20시간 전에는 쇠살대에 윗양지를 통째로 올려놓아야 안전하다. 조리가 빨리 끝나면 포일로 단단하게 감싸서 테두리 있는 오븐 팬에 담고 가장 낮은 온도로 맞춰놓은 오븐에 넣어서 따뜻하게 보관한다. 물론 윗양지 부위를 작게 자른 것은 훨씬 다루기 쉽다. 가장 쉽게 구할 수 있는 것은 2.7~3.6kg 정도 되는 윗양지 플랫, 즉 '퍼스트컷'이다. 하지만 이 플랫 부위는 기름이 거의 없으므로 우리는 마블링이 어느 정도 있는 끝부분인 '세컨드컷'을 찾아보기를 추천한다. 1.3~1.8kg 정도로 비교적 크기가 작은 편이므로 사람이 많다면 2~3덩어리 정도 필요하다. 가능성은 별로 없겠지만 만에 하나 먹다 남은 고기가 있다면 2.5cm 크기의 정육면체로 썰어서 칠리 콘 카르네를 만들 때 사용해보자.

바비큐 항목을 참고한다. 6mm 정도의 지방만 남기고 모두 떼어낸다.

　　통째로 정형한 소 윗양지 1덩어리, 윗양지 플랫('퍼스트컷') 1덩어리 또는 윗양지
　　　끝부분('세컨드컷') 2~3덩어리

다음을 골고루 발라서 문지른다.

　　남부식 바비큐용 가루 양념이나 커피 향신료 양념 ½컵 또는 450g당 소금과
　　　흑후추 ½작은술씩

테두리 있는 오븐 팬에 받침대를 놓고 고기를 얹은 다음 위를 덮지 않은 상태로 냉장고에 최대 2일간 넣어둔다.

　　훈연기나 바비큐용 그릴을 107~120℃로 가열한다.(물을 담아놓는 급수 팬이
　　있으면 더 좋다.) 숯에 다음을 추가한다.

　　말린 히커리, 오크 또는 메스키트 나무를 작게 자른 것 1조각

훈연기나 그릴의 불꽃이 직접 닿지 않는 위치에 윗양지를 올리고 뚜껑을 덮어서 구우면 뚜껑에 있는 환기 구멍 때문에 연기가 고기 전체에 골고루 퍼진다. 환기 구멍을 조절해 적당한 온도를 유지한다.(온도 조절이 쉽지 않으므로 어느 정도 연습이 필요하며, 최악의 경우 아예 숯을 새로 부어야 할 수도 있다.) 처음 4시간 정도는 1시간마다 작은 히커리 나무 조각을 하나씩 추가해도 좋다. 훈연기나 그

릴 안의 습도를 유지해주는 급수 팬이 없다면 20분마다 다음을 바르면서 굽는다.

(기본 묽은 양념장 또는 맥주 묽은 양념장)

윗양지 가장 두꺼운 부분의 내부 온도가 93~96℃에 도달할 때까지 또는 고기를 포크로 살짝 찔러보면 결대로 쉽게 찢어질 때까지 훈연한다. 이렇게 하려면 윗양지 플랫이나 끝부분은 10~14시간, 통째로 굽는 윗양지는 최대 20시간 정도 걸린다. 시간을 조금이나마 단축하려면 내부 온도가 65℃에 도달했을 때 윗양지를 포일로 두껍게 칭칭 감아서 다시 훈연기에 넣고 조리를 마무리한다.(다만 이렇게 하면 양념을 문지른 표면의 '나무껍질'처럼 바삭바삭한 식감을 충분히 즐기기 어렵다는 점을 기억하자.)

윗양지가 부드럽게 익으면 테두리 있는 오븐 팬이나 커다란 플래터에 옮겨 담고 포일을 사용했다면 벗겨낸 후(육즙은 버리지 말고 보관한다!) 15분 이상 레스팅한다. 결의 반대 방향으로 얇게 썰어서 다음과 함께 낸다.

치폴레 바비큐 소스, 캔자스시티 바비큐 소스 또는 선호하는 기타 소스

포일로 감싸서 구웠다면 포일 안쪽에 고여 있는 육즙을 꼭 소스에 넣고 섞어준다. 샌드위치로 먹으려면 식탁에 바비큐 소스를 놓고 다음을 제공한다.

따뜻하게 데운 햄버거 번이나 부드러운 흰 빵 10~16개

콜슬로

브레드 앤드 버터 피클, 고추 피클 또는 타케리아 피클

또는 토스트와 콜슬로에, 다음 중 선호하는 메뉴 두 가지 이상을 곁들여서 '고기와 세 가지 곁들임 음식(meat-and-three)' 형태로 대접할 수도 있다.

남부식 채소 찜, 멕시코식 삶은 콩

크림처럼 부드러운 감자 샐러드, 독일식 감자 샐러드

소갈비 훈제 구이

5~6인분

윗양지 훈제 구이보다 훨씬 덜 까다롭고 빨리 조리할 수 있으며 맛도 좋은 요리다. 기다랗고 두꺼운 뼈가 무게의 대부분을 차지하기 때문에 레시피에 표기된 등갈비의 어마어마한 양 때문에 주저할 필요는 없다. 사람이 많아서 분량을 늘릴 때는 훈연기에 널찍한 등갈비가 필요한 만큼 충분히 들어가는지 확인해야 한다.

바비큐 항목을 참고한다. 톡톡 두드려 물기를 제거한다.

소 등갈비 4.5~5.5kg(뼈 7개가 붙어 있는 널찍한 등갈비 약 2대) 또는 소갈비 1.8~2.3kg, 여러 개의 뼈가 붙어 있는 널찍한 갈비나 갈비뼈를 하나씩 분리한 형태

등갈비를 준비했다면 갈비의 오목한 쪽에 붙어 있는 막을 반드시 제거하고 사용한다. 갈비에서 이 막을 벗겨내려면 518쪽을 참고한다. 갈비를 준비했다면 고기가 붙어 있는 쪽에서 아주 얇은 지방층만 빼고 지방을 전부 떼어낸다. 전체적으로 양념을 골고루 문지른다.(갈비는 양념을 더 적게 사용한다.)

남부식 바비큐용 가루 양념이나 커피 향신료 양념 ⅓~½컵, 또는 소금과 흑후추 각각 1~2큰술씩

테두리 있는 오븐 팬에 받침대를 놓고 고기를 얹은 다음 위를 덮지 않은 상태로 냉장고에 하룻밤 또는 최대 2일간 넣어둔다. 훈연기나 바비큐용 그릴을 150℃로 가열한다.(물을 담아놓는 급수 팬이 있으면 더 좋다.) 숯에 다음을 추가한다.

말린 히커리, 오크 또는 사과나 체리 등 과일나무를 작게 자른 것 1조각

훈연기나 그릴의 불꽃이 직접 닿지 않는 위치에 갈비를 올리고 뚜껑을 덮어서 구우면 뚜껑에 있는 환기 구멍 때문에 연기가 고기 전체에 골고루 퍼진다. 환기 구멍을 조절해 적당한 온도를 유지한다.(온도 조절이 쉽지 않으므로 어느 정도 연습이 필요하며, 최악의 경우 아예 숯을 새로 부어야 할 수도 있다.) 처음 4시간 정도는 1시간마다 작은 히커리 나무 조각을 하나씩 추가해도 좋다. 훈연기나 그릴 안의 습도를 유지해주는 급수 팬이 없다면 2시간마다 다음을 바르면서 굽는다.

(기본 묽은 양념장 또는 맥주 묽은 양념장)

갈비가 부드럽게 익고 뼈가 헐거워져서 움직일 때까지 등갈비는 4시간, 갈비는 최대 9시간 정도 조리한다. ▶ 갈비는 조리 시간을 단축하기 위해 포일로 덮어서 조리하지 않는다. 취향에 따라 완성되기까지 1시간 정도 남았을 때 다음 소스를 발라서 계속 조리한다.

(캔자스시티 바비큐 소스, 치폴레 바비큐 소스, 켄터키식 머튼 딥)

브런즈윅 스튜

10인분

훈제 조리법을 사용하는 미국 남부 지방의 전통 요리이며 원래는 사냥한 작은 동물의 고기로 만든다. 남부 출신의 유머 작가인 로이 블런트 주니어(Roy Blount Jr.)는 "옥수수를 지고 가던 작은 포유동물이 바비큐 진창에 빠지면 브런즈윅 스튜가 탄생한다."라는 말로 이 요리를 묘사했다. 재료를 좀 더 쉽게 구할 수 있도록, 여기서 소개하는 레시피는 닭고기와 먹다 남은 훈제 고기를 사용한다.(노스캐롤라이나 요리의 특징이다.) 가족 중 사냥을 즐기는 사람이 있다면 토끼나 다람쥐 등의 고기를 닭고기 대신 사용할 수 있지만, 야생동물의 고기를 연하게 조리하려면 보통 시간이 더 많이 걸린다는 점을 기억하자.

다음의 껍질을 제거한다.

뼈 있는 닭 넓적다리나 통다리 1.1kg

다음으로 간을 한다.

소금 1½작은술

흑후추 ½작은술

더치오븐을 중강불에 올리고 다음을 둘러서 가열한다.

베이컨 기름 또는 식물성 기름 2큰술

닭고기를 넣고 모든 면을 갈색으로 굽는다. 닭고기를 접시에 옮긴다. 더치오븐에 적당량의 기름이나 지방을 둘러서 2큰술 정도 만든 다음 중불로 줄인다. 다음을 넣는다.

양파 큰 것 1개, 굵게 썰기

셀러리 줄기 2개, 굵게 썰기

가끔 저으면서 채소가 부드러워질 때까지 6~8분간 볶는다. 닭고기에서 빠져나온 육즙과 함께 닭고기를 다시 더치오븐에 넣고 다음을 추가한다.

통토마토 통조림 795g짜리 1개, 굵게 썰기, 국물까지 함께 사용

생 또는 냉동 리마콩 3컵

훈제한 윗양지, 돼지 어깨살, 양고기, 갈빗살 등 먹다 남은 바비큐 고기 2컵, 굵게 썰기

닭 육수나 국물 또는 물 2컵

깍둑썰기한 붉은색 감자 또는 골드 감자 1컵

(바비큐 소스 1컵, 시판 또는 수제)

마늘 3쪽, 다지기

월계수 잎 2장

카옌 고춧가루 ¼작은술

부르르 끓어오를 때까지 천천히 가열한다. 일단 끓으면 바로 불을 줄이고 45분 정도 뭉근히 끓인다. 닭고기를 도마에 옮겨놓고 뼈를 발라낸 후 포크 2개로 살코기를 잘게 찢는다. 닭고기를 다시 스튜에 넣고 다음을 추가한다.

　　생 또는 냉동 옥수수 알갱이 3컵

　　(얇게 저민 오크라 1컵, 생 또는 냉동)

뚜껑을 덮지 않고 10분간 뭉근히 끓인다. 월계수 잎을 건져낸다. 다음으로 스튜의 간을 맞춘다.

　　소금, 흑후추, 카옌 고춧가루 적당량

　　우스터 소스 소량으로 몇 번 뿌리는 양

　　핫소스 소량으로 몇 번 뿌리는 양

소고기 브라촐레(Beef Braciole)

4인분

이탈리아 특선 요리인 브라촐레는 소의 엉덩이, 우둔 또는 설도 부위를 썰어낸 후 두드려서 얇게 편 고기로 만들어야 가장 맛있다. 돼지고기나 송아지고기 커틀릿을 얇게 펴서 사용할 수도 있다. 얇게 편 고기마다 속재료를 채우고 둘둘 말아 묶어서 와인, 육수, 토마토를 섞은 국물에 조린다. 고기를 얇게 펴는 요령에 대해서는 478쪽을 참고한다.

정육점에서 다음을 사거나 큼직한 로스트를 사서 얇게 썬다.

　　엉덩이, 우둔 또는 설도 스테이크, 6mm 두께로 썬 슬라이스 4장(각각 115~140g)

고기가 찢어지지 않도록 조심하면서 슬라이스를 약 3mm 두께로 얇게 두드려 편다. 지방이 많으면 떼어내고 톡톡 두드려 물기를 제거한다. 다음으로 간을 한다.

　　소금 ½작은술

　　흑후추 ½작은술

중간 크기의 그릇에 다음을 넣고 섞는다.

　　생빵가루 1컵

　　다진 소고기, 송아지고기, 돼지고기 115g

　　강판에 간 파르메산 치즈 ½컵(55g)

　　굵게 썬 파슬리 ¼컵

　　잘게 썬 프로슈토 또는 햄 ¼컵

　　대란 1개, 가볍게 풀어두기

속재료를 고기 위에 균일하게 펼쳐서 얹되, 가장자리를 빙 둘러서 2.5cm 간격은 남겨둔다. 옆쪽을 안으로 밀어 넣어가면서 단단하게 돌돌 만다. 조리용 실로 가로세로 야무지게 묶는다. 이렇게 말아놓은 고기에 다음을 묻힌다.

　　밀가루 ½컵

크고 묵직한 프라이팬을 중강불에 올리고 다음을 둘러서 가열한다.

　　올리브유 2큰술

묶어둔 고기를 프라이팬에 넣고 조심스레 모든 면을 갈색으로 굽는다. 구멍 뚫린 숟가락으로 고기를 건져낸다. 프라이팬에 기름을 2큰술만 남기고 모두 따라낸다.(만약 기름이 거의 없다면 보충한다.) 프라이팬에 다음을 넣는다.

　　잘게 썬 양파 ½컵

　　잘게 썬 당근 ¼컵

　　다진 마늘 2작은술

뚜껑을 덮고 중불에서 5분간 조리한다. 다음을 넣고 부르르 끓어오르도록 가열한다.

　　소 육수나 국물 ½컵

　　드라이 레드와인 ½컵

　　토마토 퓌레 ½컵 또는 토마토 페이스트 2큰술

　　월계수 잎 1장

고기를 다시 프라이팬에 넣고 불을 줄인 후 뚜껑을 덮는다. 포크로 찔러보면 부드럽게 들어갈 때까지 1시간~1시간 반 동안 뭉근히 끓인다.

고기를 플래터에 옮겨놓고 뚜껑을 덮어서 따뜻하게 보관한다. 월계수 잎을 건져낸다. 액체의 표면에 떠오른 기름을 건져낸다. 필요하면 강불에 팔팔 끓여서 시럽 농도가 될 때까지 졸인다. 다음으로 간을 한다.

　　소금과 흑후추

고기를 묶은 실을 풀고 고기를 2.5cm 두께로 자르거나 통째로 낸다. 소스를 고기 위에 끼얹는다.

로파 비에하(Ropa Vieja, 쿠바식 잘게 찢은 소고기 조림)

6~8인분

이 요리의 이름은 스페인어로 '낡은 옷'이라는 뜻이며, 잘게 찢은 소고기 및 얇게 썬 양파와 피망이 낡은 옷처럼 보인다고 해서 붙은 이름이다. 푸에르토리코식 아소파오 데 포요, 베라크루스식 도미와 마찬가지로 이 요리는 토마토와 따뜻한 느낌의 향신료, 톡 쏘는 맛의 올리브를 조합한 것이다. 밥이나 토스토네, 멕시코식 삶은 콩과 함께 낸다. 먹다 남은 것은 샌드위치로 활용해도 아주 맛있다.

결과 평행한 방향으로 7.5cm 두께로 썬다.

　　지방을 떼어낸 옆양지 스테이크, 설도 또는 지방이 적은 윗양지 900g

톡톡 두드려 물기를 제거한 후 다음을 골고루 뿌린다.

　　소금 1작은술

커다란 오븐용 프라이팬이나 더치오븐을 중강불에 올리고 다음을 둘러서 가열한다.

　　식물성 기름 또는 정제 소기름 2큰술

고기를 몇 번에 나눠 넣고 모든 면을 갈색으로 굽는다. 플래터에 옮겨 담고 프라이팬에 남아 있는 기름은 1큰술만 남기고 버린다. 중불로 줄이고 오븐을 150℃로 예열한다. 프라이팬에 다음을 넣는다.

　　양파 큰 것 2개, 얇게 저미기

　　피망 큰 것 2개, 모든 색깔 사용 가능, 얇게 저미기

양파와 피망이 부드러워질 때까지 7분 정도 볶는다. 다음을 붓고 바닥에 달라붙은 갈색 조각을 긁어낸다.

　　드라이 레드와인 또는 화이트와인 1컵

소고기를 다시 프라이팬에 넣고 다음을 추가한다.

　　깍둑썰기한 토마토 통조림 410g짜리 1개

　　마늘 6쪽, 으깨기

　　토마토 페이스트 2큰술

　　말린 오레가노 2작은술

　　커민 가루 1½작은술

　　올스파이스 가루 ¼작은술

　　월계수 잎 2장

　　5cm짜리 통계피 1개, 카넬라 권장

강불에 올려 뭉근히 끓어오르도록 가열한 후 프라이팬의 뚜껑을 꼭 덮어서

오븐에 넣는다. 소고기가 포크로 쉽게 찢어질 때까지 1시간 반~2시간 정도 조리한다.

오븐에서 프라이팬을 꺼낸 후 고기를 도마 위에 올린다. 계피와 월계수 잎은 건져낸다. 조림 국물의 표면에 둥둥 뜬 기름은 걷어낸다. 일단 식힌 다음 포크로 고기를 아주 얇게 찢은 후 다시 소스에 넣어서 젓고 다음을 추가한다.

굵게 썬 녹색 올리브 1컵

중약불에 올려서 저으면서 속까지 따뜻해지도록 5분간 또는 보글보글 끓어오를 때까지 데운다. 다음으로 간을 한다.

소금과 흑후추

레몬즙 또는 증류 백식초

다음으로 장식한다.

굵게 썬 파슬리나 고수 잎

갈비찜

4인분

대부분이 뼈로 이루어진 등갈비와는 달리 갈비는 맛이 진한 살코기가 상당히 많이 붙어 있다. 우리는 이 레시피에 영국식으로 손질한 갈비를 선호하지만 여의치 않으면 플랭크 부위도 사용할 수 있다.

오븐을 150℃로 예열한다.

다음을 톡톡 두드려 물기를 제거한다.

소갈비 1.3kg, 뭉쳐 있는 지방을 떼어내기

다음으로 간을 한다.

소금 1작은술

흑후추 ½작은술

더치오븐이나 오븐용 프라이팬을 중강불에 올리고 다음을 둘러서 가열한다.

식물성 기름, 소기름 또는 베이컨 기름 2큰술

갈비를 몇 번에 나눠 넣고 모든 면을 진한 갈색으로 굽는다. 접시에 옮겨 담는다. 프라이팬에 남아 있는 기름은 2큰술만 남기고 버린다. 중불로 줄이고 다음을 넣는다.

양파 2개, 굵게 썰기

셀러리 줄기 2개, 굵게 썰기

당근 큰 것 1개, 굵게 썰기

마늘 6쪽, 살짝 으깨기

프라이팬 바닥에 달라붙은 갈색 조각을 긁어내면서 채소가 연한 갈색이 될 때까지 10분 정도 볶는다. 다음을 넣는다.

소 육수, 가금류 육수, 드라이 화이트와인, 레드와인 또는 이를 섞어서 2컵

타임, 로즈메리, 오레가노, 파슬리 또는 이를 섞은 잔가지 5개

월계수 잎 2장

(말린 포르치니버섯 15g, 굵직하게 썰기)

갈비를 다시 프라이팬에 넣고 강불에 올려 부르르 끓어오를 때까지 가열한다. 프라이팬의 뚜껑을 덮고 오븐에 넣는다. 갈비를 포크로 찔러보면 쑥 들어갈 때까지 2시간 정도 조리한다.

갈비를 플래터에 옮겨 담고 뚜껑을 덮어서 따뜻하게 보관한다. 국물 표면에 뜬 기름기를 걷어내고 허브를 건져낸다. 소스를 걸쭉하게 졸이려면 강불에 올려서 원하는 농도가 될 때까지 자글자글 끓인다. 다음으로 간을 한다.

소금과 흑후추

레드와인 식초 또는 셰리 식초

소스를 갈비에 붓고 다음을 얹는다.

굵게 썬 파슬리

(바삭하게 튀긴 샬롯)

다음과 함께 낸다.

크림처럼 부드러운 폴렌타 또는 매시트포테이토

속재료를 넣고 말아서 조린 옆양지 스테이크

4~6인분

소용돌이 모양이 생기도록 고기를 돌돌 말아서 조리한 이 요리는 『조이 오브 쿠킹』 1936년판부터 빠지지 않고 등장한다.

다음을 톡톡 두드려 물기를 제거한다.

900g~1.1kg짜리 옆양지 스테이크 1개

삐죽한 부분이 조리하는 사람을 향하고 고기가 얇은 쪽이 칼을 든 손을 향하도록 옆양지 스테이크를 도마 위에 올려놓는다. 칼을 도마와 평행하게 잡고 수평으로 고기에 조심스레 칼집을 넣되, 반대쪽 끝에서 1.2cm는 남겨둔다. 책을 펼치듯 고기를 양옆으로 펴고 두들겨서 균일한 두께로 만든다.

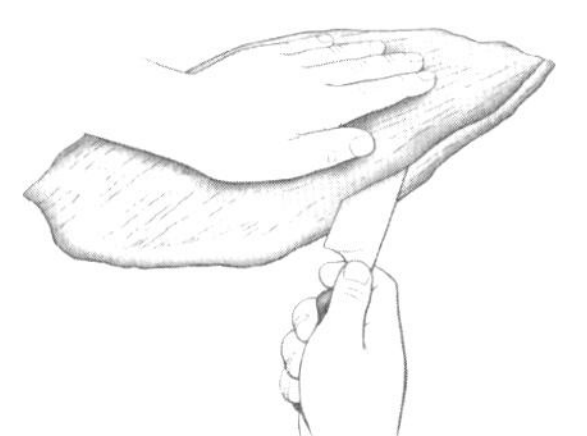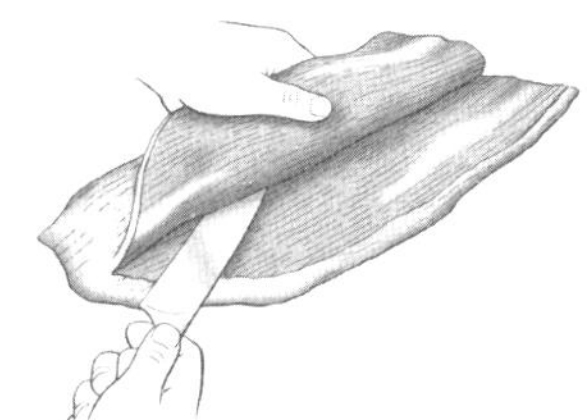

옆양지 스테이크에 칼집을 넣은 후 책처럼 펼쳐서 속재료를 넣을 수 있도록 손질하기

고기의 양쪽 면에 다음을 뿌려서 간을 한다.

소금 1작은술

더치오븐이나 커다란 프라이팬을 중불에 올리고 다음을 넣어서 녹인다.

버터 4큰술(버터 스틱 ½개)

다음을 넣고 황금색으로 익으면서 연해질 때까지 볶는다.

양파 작은 것 1개, 잘게 썰기

셀러리 줄기 1개, 잘게 썰기

마늘 2쪽, 다지기

볶은 채소를 그릇에 옮겨 담고 다음을 넣어서 섞는다.

마른 빵가루 1컵

대란 1개, 풀어두기

굵게 썬 파슬리 2큰술

스위트 파프리카 가루 1작은술

우스터 소스 1작은술

드라이 머스터드 ¼작은술

속재료를 스테이크 위에 골고루 펴서 얹는다. 삐죽한 쪽부터 시작해 스테이크를 돌돌 말아서 5cm 간격으로 묶는다. 오븐을 150℃로 예열한다.

프라이팬을 닦아내고 중강불에 올린 후 다음을 둘러서 달군다.

식물성 기름 3큰술

뜨겁게 달궈진 기름에 돌돌 만 스테이크를 넣고 모든 면을 갈색으로 굽는다.

접시에 옮겨 담고 중불로 줄인다. 기름에 다음을 넣고 잘 저어서 섞는다.

중력분 2큰술

밀가루에서 고소한 냄새가 날 때까지 2분 정도 볶는다. 다음을 조금씩 넣으면서 잘 젓는다.

드라이 레드와인, 소 육수, 토마토 주스 또는 이를 섞어서 2컵

소금 ¼작은술

뭉근히 끓어오르도록 가열한다. 소스가 걸쭉해지면 스테이크를 다시 프라이팬에 넣고 숟가락으로 고기에 소스를 끼얹는다. 뚜껑을 덮고 고기의 내부 온도가 54~57℃에 도달하도록 1시간 정도 오븐에 굽는다.

고기를 10분간 레스팅한다. 1.2cm 두께의 슬라이스 형태로 썰어서 서빙용 접시에 가지런히 올린다. 소스 적당량을 고기에 끼얹고, 남은 소스는 그레이비 용기나 그릇에 담아서 함께 낸다.

콘비프(Corned Beef)

8~10인분

여기서 '콘(corned)'이라는 말은 예전에 큼직한 소 윗양지 덩어리를 염지할 때 사용하던, 옥수수 알갱이만 한 굵기의 소금 결정을 지칭하는 말이다. 대다수 마트에서는 콘비프를 진공 포장 형태로 판매하는데, 포장 안에는 염지할 때 사용한 소금물과 양념이 소량 들어 있다. 집에서 직접 콘비프를 만들 때는 997쪽을 참고한다. **뉴잉글랜드 보일드 디너**를 차릴 계획이라면, 콘비프를 만들 때 사용했던 국물에 껍질을 벗겨서 큼직하게 썬 파스닙, 순무, 감자, 당근, 작은 양파, 양배추 웨지 등 여러 가지 단단한 채소를 넣고 부드러워질 때까지 뭉근히 끓인다. 먹다 남은 콘비프는 샌드위치로 만들면 아주 근사하며(루벤 샌드위치 레시피 참고) 해시로 응용해도 맛있게 즐길 수 있다.

흐르는 물로 표면에 묻은 소금물을 잘 씻어낸다.

콘비프 윗양지 1.8kg짜리 1개, 시판 또는 수제

윗양지를 커다란 냄비에 넣고 고기가 잠길 정도로 물을 부은 후 다음을 추가한다.

검은색 통후추 20개

월계수 잎 2장

부르르 끓어오르면 불을 줄이고 뚜껑을 덮어둔다. 포크로 찔러보면 가운데까지 쑥 들어갈 때까지 3시간 정도 뭉근히 조리한다.

고기를 건져 15분간 레스팅한다. 더 먹음직스럽게 완성하려면 콘비프의 겉면에 다음을 바른 후 오븐 팬에 올려 175℃의 오븐에 넣어서 갈색으로 반질반질하게 익을 때까지 15분간 굽는다.

(갈색 설탕 글레이즈 또는 꿀 글레이즈)

윗양지를 결의 반대 방향으로 얇게 썰어서 플래터에 옮겨 담는다. 다음과 함께 낸다.

호스래디시 소스 또는 갈아서 양념한 호스래디시

알이 굵은 홀그레인 머스터드 또는 매콤한 영국식 머스터드

삶은 감자

콘비프 해시

4~5인분

우리 가족이 좋아하는, 큼직한 건더기가 씹히는 해시다. **레드 플란넬 해시**를 만든다면 감자의 절반 분량을 **삶아서 껍질을 벗긴 후 1.2cm 크기의 정육면체**

모양으로 썬 비트 225g으로 대체한다.

크고 묵직한 프라이팬을 중강불에 올리고 다음을 둘러서 가열한다.

식물성 기름 또는 소기름 3큰술

다음을 넣고 저으면서 양파가 갈색으로 변하기 시작할 때까지 5분 정도 볶는다.

양파 큰 것 1개, 굵게 썰기

(할라페뇨 고추 2개, 씨를 빼고 깍둑썰기하기)

다음을 넣고 저으면서 5분간 볶는다.

붉은색 감자 또는 골드 감자 450g, 삶아서 2.5cm 크기로 큼직하게 자르기(약 3컵)

다음을 넣고 저으면서 감자와 고기의 가장자리가 갈색으로 익을 때까지 약 5분간 볶는다.

익힌 콘비프 2~3컵, 굵직하게 썰거나 깍둑썰기하기

다음을 넣고 젓는다.

소나 닭 국물 또는 물 3큰술

(케첩이나 토마토로 만든 맵지 않은 칠리 소스 2큰술)

(말린 타임이나 세이지 ½작은술)

소금과 흑후추 적당량

중불로 줄인다. 주걱의 가장자리로 감자를 살짝 으깬다. 자주 저으면서 모든 재료가 먹음직스러운 갈색으로 익을 때까지 10분 정도 조리한다. 주걱의 뒷면으로 해시를 꾹꾹 눌러서 팬케이크 모양으로 만든 다음 가끔 눌러주면서 바닥이 진한 갈색으로 익을 때까지 10~15분간 굽는다. 납작하게 누른 감자 아래에 주걱을 밀어 넣어 프라이팬 바닥에서 분리한 후 서빙용 접시에 옮겨 담거나 접시를 프라이팬 위에 올리고 뒤집어서 접시에 담은 다음 웨지 모양으로 썬다. 다음을 홀홀 뿌린다.

굵게 썬 파슬리

취향에 따라 다음과 함께 낸다.

(달걀 프라이 또는 수란)

송아지고기에 대해

송아지고기는 3~5개월 된 어린 소의 고기다. 한때는 가격이 저렴하고 식료품점에서 흔히 구할 수 있었지만 가장 인기가 높았던 1940년대 이후 선호도가 급격히 떨어지고 말았다. 전통적으로 송아지는 우유만 먹이고 근육이 발달하지 않도록 움직임을 억제하면서 키우므로 고기의 색이 연하고 맛이 밋밋하다는 좋지 않은 인식이 있었다. 송아지고기 요리를 고려할 때는 다음 두 가지를 염두에 두자. 우선 요즘에는 예전처럼 송아지를 가둬서 키우지 않으며, 우유도 더욱 영양 균형이 맞는 사료로 대체하거나 보충해서 먹인다. 두 번째로, 송아지고기용으로 사육하는 송아지는 대부분 우유를 생산하지 못하는 젖소의 수컷 새끼들이다. 송아지고기용으로 기르지 않는다면 십중팔구 태어나자마자 처분되고 만다. 따라서 송아지고기는 많은 사람이 선호하고 당연하게 여기는 것의 부산물이며, 탄생 직후든 3~5개월 이후든 어차피 도축될 운명이다.

상당수의 송아지고기용 송아지는 도축하기 전에 풀밭에서 풀을 뜯어 먹고 자라기 때문에 고기가 분홍색을 띤다.(보통 **목초지 방목** 또는 **분홍색 송아지고기**라는 이름으로 판매한다.) 윤리적 관점에서 보면 그나마 덜 잔인할지 모르지만, 송아지고기가 붉은빛을 띤다면 목초지 방목 송아지고기보다 나이가 많은 송아지를 도축했을 확률이 높으며 소고기와 비슷한 특징을 가진 경우도 있다.(따라서 풍미도 진하다.) 대다수의 송아지고기는 등급을 매겨서 판매하지 않는다. 등

급이 매겨진 송아지고기가 눈에 띈다면 등급 기준은 소고기와 비슷하다.(물론 송아지고기의 지방이 훨씬 적다.) 송아지의 뼈는 바깥쪽이 흰색, 가운데가 밝은 빨 간색을 띠어야 한다.

송아지고기 부위

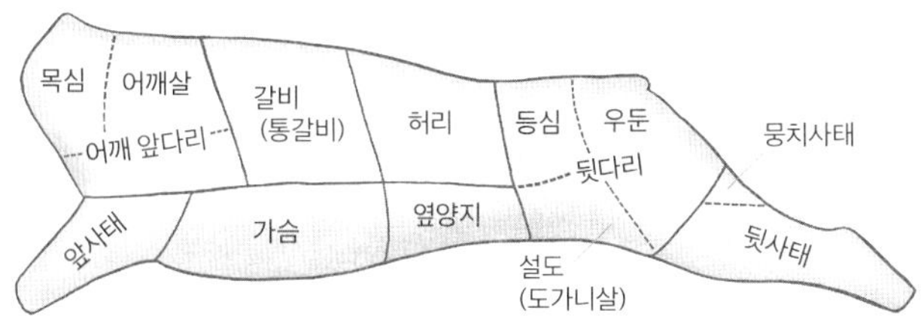

송아지고기의 주요 부위

그림에서 쉽게 알 수 있듯이 송아지고기 부위는 일반적으로 소와 같지만, 몸집이 작으므로 주요 부위에서 자를 수 있는 로스트와 개별 근육의 수가 적 다. **송아지 가슴**은 소의 윗양지와 아랫양지를 합친 부위이며 속재료를 채워서 통째로 굽는 경우가 많다. **앞사태와 뒷사태**는 보통 두껍고 널찍하게 가로로 썰 어서 조린다.(오소 부코가 제일 유명하다.) 송아지 어깨는 몇 가지 큼직한 부위로 잘라서 판매하는데, **암 로스트**(arm roast)와 **블레이드 로스트**(blade roast)가 가 장 유명하고 블레이드, 암, 숄더 촙의 형태로 잘라서 팔기도 한다. 이러한 부위 는 구울 수도 있지만 조려야 가장 맛있게 즐길 수 있다.

소고기와 마찬가지로 송아지의 **갈비**나 **허리** 부위에서 잘라낸 로스트 또는 촙은 연하므로 로스팅, 그릴 구이, 직화 오븐 구이, 시어링, 팬 프라잉 등의 방식 으로 안전한 내부 온도에 도달할 때까지(481쪽의 표 참고) 조리해서 먹을 수 있다. 마블링이 거의 없는 촙을 사용한다면 조리 도중에 촉촉함이 유지되도록 표면 의 지방을 최소 6mm 이상 남겨둔다. **메달리온**(medallion)은 뼈 없는 탑 로인이 나 안심 부위를 잘라서 지방과 결합 조직을 떼어내고 손질한 것이다.

송아지의 **옆양지, 설로인 팁, 우둔** 부위는 주로 얇은 **커틀릿**이나 **스캘럽** (scallop, 스칼로피네scaloppine라고 부르기도 한다.) 형태로 썬 다음 얇게 두드려 밀 가루나 빵가루를 입히고 소테 또는 팬 프라잉 형태로 조리하는 경우가 많다. 송아지고기 스캘럽 중에서 가장 인기 높은 부위는 다리의 기다란 홍두깨살 근육에서 잘라낸 후 근막과 질긴 결합 조직을 떼어낸 것이다. 커틀릿 역시 설 도에서 잘라낸 부위의 선호도가 높으며, 보통 작고 동그란 뼈가 박혀 있는 상 태로 1.2~2cm 두께로 썰어서 사용한다. 뼈를 제거한 후에는 두드려서 얇게 펴 는 것이 일반적이다. 물론 송아지고기의 등심과 다리 근육은 로스트 형태로 판매하기도 한다. 더 자세한 내용은 소고기 부위 항목을 참고한다.(물론 송아지 고기 부위가 더 작고 지방이 적으면서 훨씬 연하다.)

송아지고기 로스트에 대해

송아지고기는 지방이 적어서 로스팅 방법으로 구우려면 다소 까다롭다. 로스 팅에 가장 알맞은 부위는 갈비와 허리이며, 미디엄 레어 이상으로는 익히지 않 도록 권장한다. 갈비와 허리 부위의 로스트는 오븐 온도를 높여서 조리할 수 있지만 말라서 퍽퍽해지기 쉽다. 따라서 우리는 얼마나 연한 부위인지와 관계 없이 송아지고기는 전부 낮은 로스팅 온도에서 조리하기를 선호한다. 시간과 의욕이 충분하다면 기름기가 적은 송아지고기 로스트에 라딩으로 지방을 삽

입해서 조리하면 좋은 결과를 얻을 수 있다. 반면 송아지 가슴살에는 지방이 몇 겹으로 자리 잡고 있다. 거의 대다수 다른 부위와는 달리 송아지 가슴살은 전통적으로 뼈가 붙어 있는 상태 그대로 속재료를 채워서 조리한다. 윗양지의 두꺼운 끝부분부터 시작해 갈비 옆쪽으로 길쭉하고 깊숙하게 칼집을 넣은 후 아랫양지나 배까지 절개해 속재료 공간을 만든다.

천천히 로스팅한 송아지고기
6~8인분

송아지고기는 지방이 적은 편이므로 허리나 갈비처럼 가장 연한 부위에서 잘 라낸 고기라도 천천히 로스팅하는 방법을 추천한다. 이 레시피대로 조리한 송아지고기가 남았다면 고기를 식혀서 얇게 저민 후 토마토 소스를 얹고 레 몬 조각을 가니시로 곁들여 이탈리아의 전통 요리인 **비텔로 토나토 프레도** (Vitello Tonnato Freddo)를 만들어보자.

다음을 준비한다.

> 갈빗대 6개짜리 송아지 립 로스트, 등뼈를 제거한 것(2.3~2.7kg), 뼈 없는 갈비나 허리 부위 로스트(1.3~1.8kg) 또는 뼈 없는 송아지 어깨살이나 우둔살 로스트(1.3~1.8kg) 1개

다음 레시피에 따라 간을 해서 조리한다.

> 천천히 조리한 로스트 비프

고기에서 흘러나온 육즙으로 만든 묽은 소스를 곁들이거나 다음을 만든다.

> 화이트와인으로 만든 기본 팬 그레이비 또는 허브 팬 소스

속을 채워서 로스팅한 송아지 가슴살
15~20인분

통째로 자른 송아지 가슴살은 일반 오븐에 넣어서 굽는 로스트 중에서 가장 번거로운 부위다. 송아지 가슴살을 통째로 담으려면 43×30cm 이상의 구이 팬 이 필요하다. 속을 채워 넣을 수 있도록 가슴살을 손질하는 것도 상당히 손이 가는 작업이므로 속재료를 넣을 공간을 만들어달라고 정육점에 부탁해보자.

다음을 만든다.

> 기본 빵 스터핑 또는 드레싱

오븐을 160℃로 예열한다. 톡톡 두드려 물기를 제거한다.

> 통째로 잘라낸 송아지 가슴살 5.4~6.4kg짜리 1개

잘 드는 과일칼로 로스트의 널찍한 쪽부터 조심스럽게 뼈에서 고기를 분리하 면서 양옆으로 2.5~3.8cm쯤 되는 부분까지 칼집을 넣어 공간을 만든다. 한 손 으로 고기를 들어올리고 각 뼈에서 고기를 살살 저민다. 한쪽을 저민 후 칼날 을 돌려서 반대쪽을 저미는 식으로 로스트의 아래까지 세로로 길게 공간이 생기도록 천천히 칼집을 넣는다. 로스트의 뼈가 위로 가게 돌려놓고 고기는 건 드리지 않도록 조심하면서 갈비뼈 사이의 단단한 연골을 끊으면 나중에 다 익 은 고기를 훨씬 편하게 먹을 수 있다. 이렇게 하면 로스트에서 살을 저미는 작 업이 간단해지기 때문이다. 겉면에 다음으로 간을 한다.

> 소금과 흑후추

공간에 스터핑을 채우고 균일한 두께로 잘 편다. 가슴살을 커다란 로스팅 팬 에 올린다. 솔로 다음을 바른다.

> 올리브유

뼈 근처를 살짝 절개하면 분홍색이 보이지 않을 때까지 2시간 반~3시간 정도 뚜껑을 덮지 않은 상태로 로스팅한다. 고기를 플래터에 옮겨 담고 15~20분간

레스팅한다. 구이 팬에 흘러나온 육즙에서 기름기를 걷어내고 다음을 붓는다.

화이트와인이나 닭 육수 또는 국물 2컵

구이 팬을 강불에 올려 부르르 끓어오르도록 가열한다. 불을 줄이고 소스의 양이 절반으로 줄어들 때까지 졸인다. 다음으로 간을 맞춘다.

소금과 흑후추

송아지고기를 저미고 슬라이스 위에 소스를 끼얹는다.

송아지고기 그릴 구이, 직화 오븐 구이, 소테에 대해

고열 조리에 가장 적합한 송아지고기 부위는 갈비와 허리에서 잘라낸 촙이나 안심에서 잘라낸 메달리온이다. 그릴 및 직화 오븐 구이에 사용할 촙은 3.8cm 두께로 썬 것이 가장 좋고, 프라이팬에 지지거나 튀기는 촙은 2.5cm 정도의 두께가 이상적이다. 송아지 메달리온은 보통 2cm 두께로 썰어서 뜨겁게 달군 프라이팬에 재빨리 조리한다. 그릴에 구운 송아지고기 촙은 간단하게 레몬 조각만 곁들여 먹어도 좋고 비네그레트와 처트니, 렐리시 또는 다른 소스를 곁들여도 근사하다. 송아지고기 촙과 메달리온을 볶음이나 프라이팬에 튀기는 방식으로 조리하는 것도 좋은 방법이며, 간단하게 만들 수 있는 풍미 진한 팬 소스로 지방이 적고 맛이 순한 고기의 맛을 확 살릴 수 있다.

가장 유명한 송아지고기 요리 중에는 특히 송아지 다리에서 잘라낸 커틀릿 부위를 두들겨 얇게 펴서 조리하는 것이 많다. 얇게 펴서 튀긴 송아지고기 요리는 사실상 알프스산맥 주변의 거의 모든 나라에서 찾아볼 수 있다. 이탈리아에는 스칼로피네와 빵가루를 입혀서 튀기는 요리로 유명한 밀라네제가 있으며, 오스트리아에는 비너슈니첼이 있고, 독일인들은 돼지고기 슈니첼을 즐겨 먹는다. 비슷한 방식으로 만든 응용 요리도 셀 수 없이 많다.

송아지고기 촙 그릴 또는 직화 오븐 구이

4인분

그릴을 강불에 맞춰서 준비하거나 구이 팬을 올린 받침대를 열원에서 7.5~10cm 떨어진 위치에 끼우고 직화 오븐을 예열한다. 다음을 톡톡 두드려 물기를 제거한다.

송아지 갈비 또는 허리 부위에서 잘라낸 촙 4개, 3~3.8cm 두께로 썰기

다음을 발라서 골고루 문지른다.

올리브유 2큰술

다음을 훌훌 뿌린다.

소금과 흑후추

송아지고기 촙을 그릴의 불꽃이 직접 닿는 곳에 올리거나 구이 팬에 담아서 직화 오븐에 넣는다. 레어나 미디엄 레어로 마무리하려면 내부 온도가 49~54℃에 도달할 때까지 한 면당 5분씩 굽는다. 미디엄으로 조리하려면 내부 온도가 57℃까지 올라가도록 1분간 더 굽는다. 플래터나 접시에 옮겨 담고 다음을 곁들여 낸다.

레몬 조각이나 살사 베르데

송아지고기 촙 소테

4인분

다음을 톡톡 두드려 물기를 제거한다.

송아지 갈비나 허리 부위에서 잘라낸 촙 4개, 2.5cm 두께로 썰기

다음으로 간을 한다.

소금과 흑후추

커다란 프라이팬을 중강불에 올리고 다음을 넣어서 녹인다.

버터 2큰술

촙을 넣고 한 면당 약 2분씩 그을리듯 굽는다. 중불로 줄이고 중간에 한 번 뒤집으면서, 레어나 미디엄 레어로 마무리하려면 내부 온도가 49~54℃에 도달할 때까지 4분 정도 더 굽는다. 미디엄으로 조리하려면 내부 온도가 57℃까지 올라가도록 1분간 더 굽는다. 접시에 옮겨 담고 레스팅한다. 송아지고기 촙 그릴 또는 직화 오븐 구이와 같은 방식으로 내거나, 취향에 따라 기름을 대부분 따라내고 다음을 만든다.

(허브 팬 소스)

촙 위에 소스를 끼얹어서 낸다.

송아지고기 커틀릿 또는 스칼로피네 소테

4인분

이 레시피처럼 간단하게 조리해도 좋지만 뒤에 나오는 여러 변형 레시피를 참고해 응용해도 좋다. 송아지고기를 두드려 커틀릿으로 얇게 펼 때의 요령은 478쪽을 참고한다.

오븐을 82℃로 예열한다. 오븐용 플래터를 준비한다.

다음을 두드려 6mm보다 살짝 얇은 두께로 편다.

송아지고기 커틀릿 450g

다음으로 간을 한다.

소금 ½작은술

흑후추 ½작은술

다음을 묻힌다.

밀가루 ½컵

여분의 밀가루를 털어낸다. 커다란 프라이팬을 중강불에 올리고 다음을 넣어서 가열한다.

올리브유 1큰술

버터 1큰술

한꺼번에 너무 많이 넣지 않도록 몇 번에 나눠 커틀릿을 넣고 한 면당 30~60초 정도 재빨리 갈색으로 익힌다. 커틀릿이 갈색으로 익으면 건져서 플래터에 담고 오븐에 넣어 따뜻하게 보관한다. 기름이 모자라면 올리브유와 버터를 적당히 보충한다. 다음으로 간단하게 맛을 낸다.

소금과 흑후추

레몬즙

또는 커틀릿을 오븐에 넣어 따뜻하게 보관하고 프라이팬의 기름을 거의 전부 따라낸 후 취향에 따라 다음을 만든다.

(허브 팬 소스)

송아지고기 위에 소스를 붓고 취향에 따라 다음으로 장식해서 낸다.

(버섯 볶음 또는 마늘을 넣은 브로콜리 라베 볶음)

송아지고기 피카타(Veal Piccata)

4인분

다음 레시피에 따라 송아지고기를 갈색으로 익힌다.

송아지고기 커틀릿 또는 스칼로피네 소테

프라이팬에 다음을 붓는다.

드라이 화이트와인 ¼컵

레몬즙 ⅓컵

부르르 끓어오르도록 가열한 후 나무 숟가락으로 프라이팬에 달라붙은 갈색 조각을 긁어낸다. 불을 줄이고 국물이 약간 졸아들 때까지 5분 정도 뭉근히 끓인다. 불에서 내린 후 바로 다음을 넣고 잘 젓는다.

버터 4큰술(버터 스틱 ½개), 말랑하게 녹이기

굵게 썬 파슬리 2큰술

(케이퍼 1큰술)

소금과 흑후추 적당량

송아지고기 위에 소스를 끼얹어서 즉시 낸다.

비너슈니첼(Wienerschnitzel, 빵가루를 입혀서 튀긴 송아지고기 커틀릿)

4인분

오스트리아의 특선 요리로 다양한 육류, 가금류, 생선을 얇게 손질해서 응용해도 좋다. 각 커틀릿에 **달걀 프라이, 안초비 필레 2개, 물기를 뺀 케이퍼 ½작은술**을 얹으면 **홀슈타인 비너슈니첼**으로 변신한다. 다른 슈니첼 레시피로는 빵가루를 입혀서 튀긴 돼지고기 촙 또는 커틀릿 및 프라이팬에 튀긴 치킨 커틀릿 II를 참고한다. 송아지고기를 두드려 커틀릿으로 얇게 펼 때의 요령은 478쪽을 참고한다.

오븐을 82℃로 예열한다. 오븐용 플래터를 준비한다.

다음을 두드려 6mm보다 살짝 얇은 두께로 편다.

송아지고기 커틀릿 450g

다음으로 간을 한다.

소금 ½작은술

흑후추 ½작은술

접시에 다음을 붓고 넓게 편다.

밀가루 ½컵

얕은 그릇에 다음을 넣고 잘 풀어서 섞는다.

대란 2개

우유 1큰술

다른 접시에 다음을 붓고 넓게 편다.

마른 빵가루 2컵 또는 생빵가루 2½컵

송아지고기에 밀가루를 얇게 묻히고 여분의 밀가루를 잘 털어낸다. 달걀과 우유 혼합물에 담갔다가 빵가루를 입힌 후 빵가루가 고기에 잘 달라붙도록 꾹꾹 누른다. 커다란 프라이팬을 중강불에 올리고 다음을 둘러서 가열한다.

올리브유 또는 정제 버터 3큰술

한꺼번에 너무 많이 넣지 않고 몇 번에 나눠 커틀릿을 넣어 조리하되, 기름이 모자라면 올리브유나 버터를 적당히 보충한다. 먹음직스러운 갈색으로 익을 때까지 한 면당 1분~1분 30초씩 튀긴다. 갈색으로 튀겨지면 키친타월에 올려 기름을 뺀 후 플래터에 담아 오븐에 넣어 따뜻하게 보관한다. 커틀릿 위에 다음을 홀홀 뿌려서 간을 맞춘다.

소금과 흑후추

간단하게 다음만 곁들여서 낸다.

레몬 조각

송아지고기 파르미지아나

4인분

송아지고기 커틀릿 450g을 두드려 6mm의 두께로 얇게 편 다음 닭고기 대신 이 송아지고기 커틀릿을 사용해 **치킨 파르미지아나** 레시피대로 만든다.

송아지고기 살팀보카(Veal Saltimbocca)

4인분

살팀보카는 '입으로 뛰어 들어간다'라는 뜻이며, 커틀릿에 속재료를 채워서 소스를 곁들인 맛있는 이 요리를 정확하게 표현해준다. 전통적으로 사용하는 속재료는 프로슈토와 세이지이지만 치즈를 얇게 썰어서 추가하기도 한다. 취향에 따라 송아지고기 대신 닭고기나 칠면조고기를 사용해도 좋다. 송아지고기를 두드려서 커틀릿으로 얇게 펼 때의 요령은 478쪽을 참고한다.

다음을 두드려 3mm보다 살짝 얇은 두께로 편다.

송아지고기 커틀릿 450g

다음으로 간을 한다.

소금 ½작은술

흑후추 ½작은술

스칼로피네를 1장씩 평평하게 펴고 각각 다음을 얹는다.

종잇장처럼 얇게 저민 프로슈토 1장(총 55g 정도)

신선한 세이지 잎 큼직한 것 2장(총 16장 정도)

송아지고기로 속재료를 감싸서 돌돌 말고 이쑤시개로 고정한다. 크고 묵직한 프라이팬을 중강불에 올리고 다음을 넣어서 가열한다.

올리브유 1큰술

버터 1큰술

돌돌 만 송아지고기를 넣고 중간에 한 번 뒤집어주면서 연한 갈색으로 익을 때까지 한 면당 1분 30초 정도 튀긴다. 플래터에 옮겨 담고 포일로 덮어서 따뜻하게 보관한다. 뜨거운 프라이팬에 다음을 붓는다.

드라이 화이트와인 ½컵

부르르 끓어오르도록 가열하면서 나무 숟가락으로 프라이팬의 바닥에 붙은 갈색 조각을 긁어내고, 와인이 거의 다 증발할 때까지 팔팔 끓인다. 다음을 추가한다.

닭 또는 송아지 육수나 국물 1컵

레몬즙 1큰술

강불에 올려서 국물이 ½컵 정도로 졸아들 때까지 팔팔 끓인다. 프라이팬을 불에서 내리고 다음을 넣어서 젓는다.

버터 2큰술, 말랑하게 녹이기

맛을 보고 간을 조절한 후 레몬즙을 약간 추가해 상큼한 맛을 낸다. 돌돌 만 송아지고기에 소스를 끼얹는다.

파프리카 슈니첼

4~5인분

다음을 만든다.

송아지고기 커틀릿 또는 스칼로피네 소테

커틀릿을 갈색으로 구운 후 프라이팬을 닦고 다음을 넣어서 녹인다.

버터 2큰술

다음을 넣고 저으면서 연한 갈색이 될 때까지 볶는다.

　　양파 작은 것 1개, 얇게 저미기

다음을 넣고 5분간 뭉근히 끓인다.

　　닭 육수나 국물 1컵

　　스위트 파프리카 가루 3큰술

다음을 넣고 젓는다.

　　사워크림 ½컵

송아지고기를 넣고 골고루 따뜻해질 때까지만 데운다. 끓어오르지 않도록 주의한다. 다음으로 간을 맞춘다.

　　소금과 흑후추

다음으로 장식한다.

　　굵게 썬 파슬리 2큰술

　　(케이퍼나 굵게 썬 안초비 1큰술)

다음과 함께 낸다.

　　슈페츨레 또는 버터에 버무린 에그누들

송아지고기 조림과 스튜에 대해

소고기와 마찬가지로 스튜와 조림을 만들기에 가장 좋은 송아지고기 부위는 목심, 어깨, 가슴, 엉덩이, 사태에서 잘라낸 고기다.(송아지고기 부위 항목 참고) 더욱 큼직한 덩어리 고기로 조림을 만들고 싶다면 뼈 없는 윗등심이나 가슴살을 구해보자. 가슴살은 뼈까지 함께 또는 뼈를 제거한 상태로 조릴 수 있으며 속재료를 채워서 돌돌 만 후 묶어서 조리는 용도로도 안성맞춤이다. 송아지 사태는 가로 방향으로 두껍게 썰어서 골수 부분이 드러나도록 손질해야 하며, 송아지 골수를 토스트 위에 발라 먹으면 아주 별미다. 다른 모든 조림 요리와 마찬가지로 송아지고기도 조리기 전에 골고루 갈색으로 익혀야 조림이 더 맛있게 완성된다. 조림과 스튜에 관한 자세한 내용은 1117쪽을 참고한다. ▶ 조림이나 스튜 레시피를 슬로 쿠커에 응용하려면 1118쪽, 압력 조리에 응용하려면 1119쪽을 참고한다.

오소 부코(Osso Buco, 송아지고기 사태 조림)

6인분

단어 그대로 번역하면 오소 부코는 '구멍이 뚫린 뼈'라는 뜻이며, 소고기 사태를 사용한다면 이 구멍 안에는 골수가 들어 있다. 송아지의 앞사태보다 뒷사태에 살코기가 많이 붙어 있으므로 가능하다면 송아지 뒷사태를 가로로 자른 것을 사용한다. 또는 소의 앞사태나 양의 뒷사태, 또는 돼지 앞사태로 대체해도 좋다.

오븐을 150℃로 예열한다. 다음을 톡톡 두드리면서 물기를 제거한다.

　　송아지 사태 슬라이스 6조각, 3.8cm 두께로 썰기(약 1.3kg)

다음으로 간을 한다.

　　소금 2작은술

　　흑후추 1작은술

커다란 더치오븐을 중강불에 올리고 다음을 둘러서 가열한다.

　　식물성 기름 2큰술

사태를 몇 번에 나눠 넣고 모든 면이 갈색으로 익도록 굽되, 기름이 부족하면 적당히 보충한다. 접시에 옮겨 담는다. 중약불로 줄이고 다음을 넣는다.

　　당근 1개, 굵게 썰기

　　양파 1개, 굵게 썰기

　　셀러리 줄기 ½개, 굵게 썰기

　　마늘 4쪽, 다지기

　　파슬리 잔가지 3개

　　타임 잔가지 4개

　　월계수 잎 1장

저으면서 채소가 부드러워질 때까지 볶는다. 사태를 다시 더치오븐에 넣고 겹치지 않도록 한 겹으로 깐다. 다음을 붓는다.

　　드라이 화이트와인 1컵

　　송아지 또는 닭 육수나 국물 1컵 또는 적당량

국물이 사태의 절반 높이까지 올라와야 한다. 강불로 올려 부르르 끓어오르도록 가열한다. 뚜껑을 덮고 오븐에 넣어 1시간 동안 조린다. 고기를 뒤집고 국물이 줄어들었다면 다시 사태의 절반까지 오도록 다음을 적당히 추가한다.

　　(송아지 또는 닭 육수나 국물 1~2컵)

고기가 야들야들 연해질 때까지 1시간 정도 더 조린다. 오븐을 끄고 사태를 꺼내서 오븐용 서빙 플래터에 옮겨 담고 아직 열기가 남아 있는 오븐에 넣어서 따뜻하게 보관한다. 조림 국물에서 기름기를 걷어내고 체에 한 번 걸러서 편수 냄비에 부은 후 강불에서 약간 걸쭉해질 때까지 팔팔 끓인다. 내기 전에 다음을 넣어서 젓는다.

　　그레몰라타

　　소금과 흑후추 적당량

숟가락으로 고기 위에 소스를 끼얹고 다음과 함께 낸다.

　　리소토 또는 크림처럼 부드러운 폴렌타

작은 숟가락으로 뼈에서 골수를 긁어내 그대로 먹거나 다음에 발라서 먹는다.

　　토스트

양고기와 머튼에 대해

마트에서 쉽게 찾아볼 수 있는 어린 양고기, 즉 **램**(lamb)은 보통 6~8개월 된 양을 도축한 것이다. 미국 농장에서 사육하는 양은 뉴질랜드산보다 훨씬 몸집이 크며 곡물을 보충한 사료를 먹이므로 지방 함량도 높은 것이 특징이다. 호깃(hogget)이라고도 하는 **한 살배기 머튼**(yearling mutton)은 12~18개월에 도축한 것이고, 머튼(mutton)은 18개월 이상 자란 양이다. **핫하우스**(hothouse) 또는 **모유 사육 양**이라고도 하는 가장 어린 양은 생후 6~8주밖에 자라지 않은 것이며 무게도 6.8kg 정도에 불과하다. 이 정도로 작은 양은 보통 통째로 로스팅한다. 그보다 약간 큰 9~23kg 정도의 어린 양은 **스프링** 또는 **이스터 램**(Easter lamb)이라는 이름으로 유통되는 경우가 많다.(이름과 달리 연중 구할 수 있다.)

성숙한 양을 도축해서 얻은 고기, 즉 **머튼**은 어린 양고기보다 색이 진하고 풍미도 깊다. 그만큼 연하지는 않지만 우리는 이 머튼이 상당히 과소평가되고 있다고 생각하며 특정 요리를 만들 때는 일부러 머튼을 사용한다. 특히 커리, 라구, 조림을 만들 때 머튼을 사용하면 아주 근사한 맛을 낸다. 켄터키주 서부 사람들은 머튼에 우스터 소스로 만든 양념을 바른 후 바비큐로 조리해 강렬한 풍미를 만끽하기도 한다.(켄터키식 머튼 딥 레시피 참고) 머튼을 구하려면 할랄 육류를 파는 상점이나 농장에서 직접 물건을 들여오는 정육점에 문의해보자. ▶ 머튼은 보통 어린 양보다 지방이 많으므로 조리하기 전에 기름기를 잘 손질해야 하고, 특히 야생동물 같은 누린내를 없애고 싶다면 이 과정이 필수적이다. 머튼은 어린 양이나 염소고기와 비슷한 방식으로 조리하되, 덩어리가 크면 조리 시간을 넉넉하게 잡는다. 머튼을 선호하지만 주변에서 쉽게 구할 수 없다면 대용품으로 염소고기를 찾아보자.

어린 양고기는 자발적으로 USDA에 심사를 요청해 프라임, 초이스, 굿 등의 등급을 받을 수 있다.(마트에서 가장 흔한 것은 초이스 등급이다.) 머튼도 같은 방식으로 등급을 매기지만 프라임 등급을 받을 수 없다는 것이 차이점이다. 어린 양고기나 머튼의 등급을 판정할 때는 근내 지방 분포, 즉 마블링이 소고기만큼 큰 비중을 차지하지 않는다. 다시 말해 등급 심사 요청은 자발적으로 이루어지므로 등급 없는 양고기도 흔히 볼 수 있다.(또한 등급이 없다고 해서 품질이 나쁘다고 할 수도 없다.) 양고기는 도축한 시기에 따라 분홍색에서 붉은색을 띠는데(머튼은 어두운 붉은색을 띠기도 한다.) 구입할 때는 되도록 색이 진한 것을 고른다. 지방은 밀랍처럼 흰색이어야 한다.

여기에 소개하는 요리 외에도 다양한 소고기 요리 레시피에 소고기 대신 양고기나 머튼을 사용할 수 있다.(우리는 특히 가이아나식 고추 수프에 머튼을 즐겨 사용한다.)

양고기(램) 부위

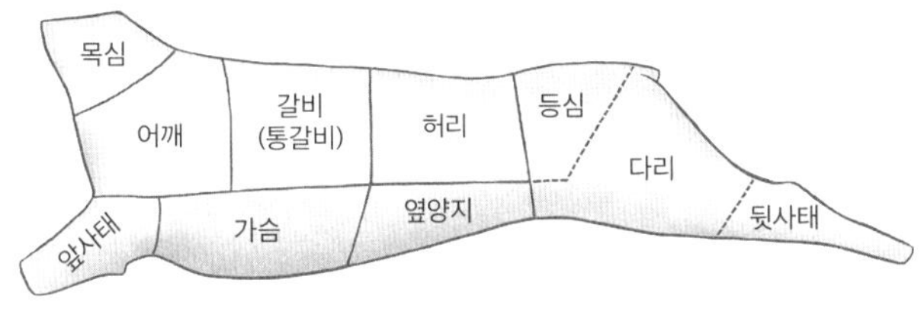

양고기(램)의 주요 부위

큼직하게 자른 양고기의 옆면을 보면 가끔 껍질과 가까운 위치에 결합 조직으로 이루어진 두꺼운 흰색 지방층이 보이는데, 이를 **펠**(fell)이라고 부른다. 펠이 있다면 반드시 제거한다.

양의 **어깨살**은 조림과 스튜에 적합하며 특히 **블레이드**(blade)와 **암 촙**(arm chop)으로 잘라낸 것은 손쉽게 갈색으로 구울 수 있어서 편리하다.(그냥 스테이크처럼 갈색으로 구운 후 큼직한 조각으로 썰기만 하면 된다.) 뼈가 있다면 로스트 형태로 묶거나 큼직한 조각으로 잘라서 스튜에 넣는다. 어깨 아래쪽에서 갈비뼈 4개를 널찍하게 잘라낸 **어깨 갈비**는 고기가 아주 실하게 붙어 있어서 바비큐로 조리하면 잘 어울린다.(하지만 쉽게 눈에 띄지 않으므로 일단 보이면 얼른 장바구니에 넣자.) 양의 **목심**은 특히 콜라겐이 풍부하게 들어 있으므로 조림, 스튜, 육수에 넣으면 국물이 진하고 걸쭉해진다. 우리는 어깨살과 마찬가지로 목심도 가로로 썬 것을 선호하는데, 편리하게 갈색으로 구울 수 있는 모양이기 때문이다.(띠톱으로 자르므로 흰 뼛조각을 잘 닦아낸다.)

양 **가슴살**은 가슴 아래쪽에서 갈비뼈까지 연결되는 기다란 부위로, 살코기와 지방층이 여러 겹으로 자리 잡고 있다. 뼈가 있는 가슴살은 양의 **뱃살**이라고 부르기도 한다. 전통적으로 뼈가 있는 가슴살은 돌돌 말아 묶어서 로스팅하거나 조려서 먹는다. 하지만 이름에서 짐작할 수 있듯이 돼지 삼겹살처럼 다양한 방법으로 조리할 수 있으며, 심지어 염지해서 베이컨을 만들 수도 있다. 우리는 뼈가 있는 양의 가슴살을 깔끔하고 넓적하게 손질해 돼지갈비처럼 바비큐로 조리하는 것을 선호한다.(이를 **덴버 립스**Denver ribs라고 부르는 경우가 많다.) 돼지고기처럼 반드시 안쪽의 막을 제거하고 사용한다.

양의 **사태**는 풍미가 진하며 조림에 자주 사용하는 부위다. 앞사태는 고기가 두툼하게 붙어 있는 뒷사태보다 크기가 작다. 앞사태와 뒷사태 모두 통째로 유통되며, 가로로 잘라서 팔기도 한다.(가로로 잘라서 판매하는 것은 오소 부코를 만들 때 유용하다.)

갈비(또는 **통갈비**)는 갈비뼈가 여러 개 붙어 있는 널찍한 형태로 판매하거나 **갈비 촙**으로 잘라서 판매한다. 둘 중 어느 형태든 로스팅, 직화 오븐 구이, 소테, 그릴 구이 등의 건식 조리법으로 조리하는 것이 가장 좋다. 우리는 양의 통갈비를 레어나 미디엄 레어, 즉 내부 온도가 49~54℃에 도달할 때까지 조리한 다음 레스팅하도록 권장한다.(다른 익힘 정도와 그에 따른 온도는 481쪽의 표를 참고한다.) 통째로 잘라낸 갈비는 보통 갈비뼈 7개로 구성되어 있지만, 일부 정육점에서는 어깨 쪽의 8번째 갈비뼈까지 같이 자르기도 한다. 양갈비는 지방을 떼어내고 고기를 긁어내서 뼈를 노출하는 방법, 즉 **프랑스식**으로 손질하는 경우가 많다. ▶ 손질한 양의 통갈비는 평균 560g~1.1kg 정도 무게가 나가며, 큼직한 갈비라면 1인당 갈비 촙 2~3개를 먹는다고 가정할 때 2~3인분 정도 된다. 갈비의 크기가 상대적으로 작다면 ▶ 1인분에 갈비 촙 3~4개를 기준으로 한다.

양의 통갈비를 프랑스식으로 손질하려면 통갈비의 뼈가 아래로 가도록 도마 위에 놓고 잘 드는 칼을 갈비뼈와 수직이 되도록 잡은 후 둥그런 살코기의 위쪽, 즉 갈비뼈의 끝에서 5cm 정도 떨어진 지점의 지방층 안으로 길게 칼집을 넣는다. 칼날을 옆으로 기울여 둥그런 살코기에서 멀어지는 방향으로 움직이면서 갈비뼈 끝까지 자른다. 칼날을 뼈에 꾹 누르면서 칼질해 뼈를 덮고 있는 지방을 전부 잘라낸다. 뼈 사이에 붙어 있는 고기를 잘라낸다. 노출된 뼈에 지방이나 결합 조직이 붙어 있다면 로스팅을 하는 동안에 타버리므로 칼로 깨끗하게 긁어낸다.

양의 **허리** 부분은 마지막 갈비뼈에서 엉덩이 또는 등심까지 이어진다. 등뼈에 양쪽 허리 근육이 모두 붙어 있는 로스트는 **새들**(saddle)이라고 부른다. 등뼈를 기준으로 이 새들을 분리해 슬라이스 형태로 썰면 자그마한 티본 스테이크 같은 모양의 **등심 촙**이 된다. 손질한 등심 촙의 무게는, 뉴질랜드산이나 아주 어린 양이라면 340g부터 미국산 양은 900g 정도까지 다양하다. 따라서 뼈 없는 허릿살 로스트를 만든다면 양쪽 허리 근육이 분리되지 않도록 새들의 뼈를 조심스럽게 제거하거나, 양쪽 허리 근육을 묶어서 로스트 한 덩어리로 만든다.(양 허릿살 프라이팬 구이 레시피 참고) 양의 등 쪽에 있는 엉덩이와 가까운 부위를 지칭하는 **등심**은 보통 **설로인 촙**으로 잘라서 사용하지만, 뼈를 제거하고 묶어서 로스트 형태로 손질해도 좋다. 허릿살이나 갈비 촙과 비슷하지만 일반적으로 가격은 훨씬 저렴하다. 양의 허리와 등심 부위는 미디엄 레어 이상으로 조리하지 않는다.

허리의 아래에는 **옆양지**가 자리 잡고 있으며, 이 부위는 통으로 판매하는 경우가 상대적으로 드물다. 큼직한 소의 옆양지 스테이크와는 달리, 양의 옆양지는 얇고 크기가 작으며 보통 지방이 상당히 많이 붙어 있다. 뼈를 제거한 가슴살처럼 지방을 떼어내지 않고 옆양지를 통째로 사용해 베이컨을 만들 수도 있다. 또는 지방을 떼어내고 손질해 카르네 아사다에 넣거나 결의 반대 방향으로 얇게 썰어서 볶음 요리에 사용하기를 권한다.

양의 **다리**는 지방이 적고 맛이 진하며 깜짝 놀랄 정도로 연하다. 로스팅, 그릴 구이, 소테 등의 방법으로 미디엄 레어가 되도록 조리하는 것이 가장 좋지만, 늦게 도축한 한 살배기 머튼이나 일반 머튼의 다리는 지방이 충분히 들어 있어서 고기가 뼈에서 저절로 분리될 만큼 부드러워질 때까지 로스팅하거나 조려도 잘 어울린다. 가로 방향으로 잘라낸 **레그 촙**(leg chop), 즉 **다리 스테이크**는 점점 더 마트에서 자주 눈에 띈다. 얇고 길쭉한 모양이나 큼직한 덩어리로 자른 다리는 케밥이나 볶음 요리에 사용하기에 가장 좋은 부위다. 다리는 몇 가지 근육으로 구성되어 있으며 근육 사이에는 **실버스킨**(silverskin)이라는 막이 있다. 이 실버스킨은 여러 개의 다리 근육을 한데 모아주는 역할을 하므로 다리를 통째로 조리할 생각이라면 제거하지 않는 것이 좋다. 실버스킨은 질 깃한 식감을 낼 수 있어서 조리하기 전에 제거하는 요리사도 있다. 실버스킨을 벗기는 방법은 조리를 위해 사슴고기 손질하기 항목을 참고한다.

뼈가 그대로 들어 있는 큼직한 다리는 명절 만찬의 주인공 역할을 하지만, **납작하게 손질한 양 다리**도 몇 가지 장점이 있다. 다리의 가운데에 끼어 있는 지방을 제거할 수 있으며 뼈 없는 로스트 상태로 구우면 식탁에서 고기를 저미기도 쉽고, 속재료를 채워서 굽거나 전체적으로 양념해서 조리할 수도 있다. 납작하게 손질한 다리를 돌돌 말아서 묶지 않은 상태로 거대한 스테이크처럼 그릴이나 오븐에 넣으면 매우 빨리 익는다.

통째로 자른 양의 다리에서 뼈를 발라내려면 우선 두꺼운 지방층인 펠을 떼어낸다. 다리에 낫 모양의 골반이나 엉덩이뼈가 붙어 있으면 뼈가 위로 가도록 다리를 도마에 올린다. 엉덩이뼈 주변으로 칼질을 해서 뼈와 고기를 분리하되, 항상 칼날이 뼈를 향하도록 잡아서 고기에 상처가 나지 않도록 주의한다. 고관절 부위에 다다를 때까지 고기와 결합 조직을 뼈에서 계속 긁어낸다. 관절 부위가 완전히 드러나도록 엉덩이뼈를 들어올려서 옆으로 구부린 후 연결부 사이로 칼날을 밀어 넣어 안에 있는 인대를 끊는다. 엉덩이뼈를 제거하고 관절에서 시작해 넓적다리뼈를 따라서 다리를 세로로 절개한다.(사태가 붙어 있는 경우 잘라내거나 뼈를 따라서 한 번 더 절개한다.) 칼날 끝으로 뼈의 양쪽에 얇게 칼집을 넣되, 항상 칼날이 뼈를 향하도록 잡아서 고기에 상처가 나지 않도록 주의한다. 다리뼈의 양쪽 옆면이 모두 노출되면 다리 위쪽의 관절부로 돌아가 뼈의 아래쪽을 살살 잘라낸다. 칼질하면서 나머지 손으로 관절부를 들어올려서 고기가 아래로 흘러내려가게 한 다음 뼈를 완전히 분리한다.(항상 칼날이 뼈를 향하도록 잡는다.)

양의 다리를 납작하게 손질하려면 겉면이 아래로 가도록 뼈를 제거한 다리를 평평하게 펼친다. 다리의 양쪽 끝에 붙어 있는 두 근육이 특히 두꺼운 편이다. 따라서 다리를 균일한 두께로 손질하려면 이 커다란 근육을 도마와 평행하게 자르되, 다른 근육을 바라보고 있는 쪽에서 시작해 반대쪽 끝에서 2.5cm쯤 되는 지점까지 칼집을 넣는다. 책을 펼치듯 근육을 펼치면 다리 전체의 두께가 대략 비슷해진다.

양고기 로스팅에 대해

로스팅에 압도적으로 자주 사용되는 부위는 다리지만 가격이 저렴한 어깨 부위도 천천히 로스팅하면 맛이 더 풍부한 양고기를 즐길 수 있다. 통갈비와 허리 부위 로스트는 아주 연하고 맛있지만 크기가 작고 비교적 비싼 편이다. 이런 고급 부위는 가까운 친구나 가족과의 소규모 식사에 사용하도록 하자. 로스팅에 적합한 부위에 관한 자세한 내용은 양고기(램) 부위 항목을 참고하고, 조리 기술은 베이킹, 로스팅, 팬 로스팅 항목을 참고한다.

양 다리 구이

8~10인분

뼈를 발라내지 않은 미국산 어린 양의 다리는 일반적으로 3.6~4.5kg 정도의 무게가 나간다. 오스트레일리아와 뉴질랜드산은 대부분 3.2kg 이하다. ▶ 뼈 있는 양고기는 340~450g을 1인분 기준으로 한다. 다리에는 엉덩이뼈(골반), 대

퇴골이라고도 하는 넓적다리뼈, 정강이뼈 등의 뼈가 2~3개 있다. 정육업자가 뼈를 전부 또는 일부 제거하기도 한다. 구운 후에 살을 쉽게 저미려면 엉덩이뼈를 제거하는 것이 좋다.

오븐을 230℃로 예열한다. 톡톡 두드려 물기를 제거하고 지방을 떼어내서 손질한다.

> 뼈 있는 양 다리, 3.6~4.5kg짜리 1개

고기 표면에 다음을 문지른다.

> 올리브유 3큰술

작은 그릇에 다음을 넣고 섞는다.

> 소금 1큰술
>
> 잘게 다진 신선한 로즈메리 1큰술 또는 잘게 부순 말린 로즈메리 1½작은술
>
> 흑후추 2작은술

양념을 다리 전체에 잘 문지르거나, 상황에 따라 양념 절반을 남겨두고 다음을 넣어서 뒤적인다.

> (마늘 큰 것 4쪽, 세로로 두툼하게 자르거나 슬라이스로 저미기)
>
> (올리브유 1큰술)

다리에 균일한 간격으로 15~20개의 칼집을 넣고 양념에 버무린 마늘 조각을 끼워 넣는다. 구이 팬에 받침대를 놓고 다리의 살이 많은 부분이 위로 가도록 올린다. 팬을 오븐에 넣고 즉시 온도를 160℃로 낮춘다. 미디엄 레어로 구우려면 다리의 가장 두꺼운 부분에 꽂은 온도계가 52~54℃를 가리킬 때까지 1시간 45분~2시간 30분 정도 로스팅한다.(오븐에서 꺼낸 후 레스팅하는 과정에서 온도가 3℃ 정도 더 올라간다.) 오븐에서 꺼낸 뒤 포일로 느슨하게 덮어서 15~20분간 레스팅한다.

양 다리의 살을 저미려면 몇 가지 방법이 있다. 평평한 모양으로 큼직하고 얇게 저미려면 아래의 가장 왼쪽 그림을 참고한다. 주방 행주로 정강이나 좁아지는 끝부분을 잡고 자르기 적당한 각도로 다리를 들어올린다. 잘 드는 고기용 칼을 뼈와 평행한 방향으로 잡고 가장 살이 많이 붙어 있는 쪽부터 시작해 뼈에 닿을 때까지 6mm 두께로 얇게 저민다. 다리를 반대쪽으로 돌려서 같은 방법으로 뼈에 닿을 때까지 얇게 저민다. 조금 도톰하게 저미려면 아래의 오른쪽 두 그림을 참고한다. 정강이 끝부분에서 시작해 칼이 뼈에 닿을 때까지 수직으로 깊숙이 칼집을 넣는다. 그다음 칼날을 뼈와 평행하도록 돌려서 고기를 뼈에서 잘라낸다. 이런 식으로 다리의 널찍한 쪽까지 계속 저민다. 다리를 이리저리 돌려가면서 모든 면에서 고기를 잘라낸다.

다음을 곁들여서 낸다.

> 민트 소스, 살사 베르데 또는 아브골레모노

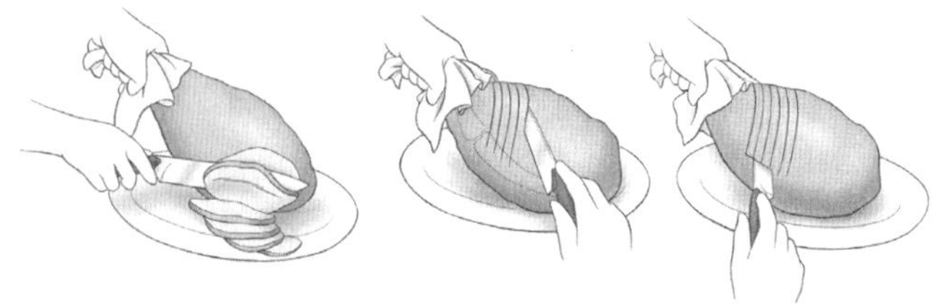

양 다리에서 살을 저미는 두 가지 방법

양 어깨살 구이

8~10인분

큼직한 어깨살도 일단 뼈를 제거하고 돌돌 말아서 묶으면 대다수 팬에 쉽게 들

어가는 크기가 된다. 가루 양념이나 페이스트를 전체적으로 발라 골고루 간을 하자.(속을 채운 양고기 구이 레시피 참고) 뼈 있는 어깨살을 통째로 구울 때는 켄터키식 머튼 어깨살 훈제 구이 레시피를 참고한다.

다음을 준비한다.

뼈를 제거하고 돌돌 말아서 묶은 어깨살 로스트 1.8~2.3kg짜리 1개

다음 레시피를 참고해 간을 하고 조리한다.

천천히 조리한 로스트 비프

뼈 없는 로스트는 1시간, 뼈 있는 로스트라면 1시간 반 이후부터 내부 온도를 확인한다. 다 구워지면 오븐에서 꺼내 레스팅한 후 위의 레시피에 따라 더 높은 온도에서 표면을 갈색으로 굽는다. 양 다리 구이 레시피에서 소개한 소스 중 선호하는 소스와 함께 낸다.

속을 채운 양고기 구이

8~10인분

양의 다리나 어깨살에서 뼈를 제거했다면 고기 안쪽에 풍미 재료를 채워서 훨씬 맛있는 구이 요리를 만들어보자. 특히 다리에는 곡물이나 빵가루가 넉넉히 들어간 속재료가 잘 어울린다. 어깨살 로스트는 근육의 배열이 좀 더 복잡해서 속재료를 많이 넣을 수 없다. 우리는 뼈를 제거한 후 고기 안쪽을 허브나 향신료 페이스트로 양념해서 조리하는 것을 선호한다.

톡톡 두드려 물기를 제거한다.

납작하게 펼친 양 다리 또는 뼈 없는 양 어깨살 로스트 1.9~2.3kg짜리 1개,
5~6.3cm의 균일한 두께로 손질하기

고기 안쪽을 향신료 페이스트로 양념하려면 다음을 만든다.

지중해식 마늘 허브 페이스트, 자메이카식 저크 페이스트, 하리사 I, 샤르물라,
멕시코식 아도보 I 또는 양고기 샤와르마에 사용하는 양념 ½컵(양파를
저미지 않고 강판에 갈아서 사용)

뼈를 제거한 공간에 양념을 고르게 펴서 바른다.

속재료를 채우려면 뼈를 제거한 공간에 다음으로 밑간한다.

소금 1작은술

흑후추 ½작은술

밑간한 표면에 다음을 숟가락으로 떠서 평평하게 바른다. 어깨살 로스트를 사용한다면 속재료의 양을 줄인다.

선호하는 종류의 빵가루 또는 곡물 스터핑 2~4컵, 특히 살구와 피스타치오를 넣은
쿠스쿠스 스터핑 및 향신료로 양념한 쌀 스터핑 권장

고기를 단단하게 말거나 접어서 원래대로 모양을 잡는다. 다리를 사용한다면 길쭉한 쪽부터 말아 올린다. 작은 원통 모양이 되도록 5cm 간격으로 단단히 묶는다. 어깨살 로스트를 사용한다면 모양에 지나치게 신경을 쓰지 않아도 좋다. 아무리 깔끔하게 묶으려고 해도 다소 울퉁불퉁한 모양이 되기 마련이다. 고기의 표면에 묻은 양념 페이스트나 스터핑 조각을 긁어내고 바깥쪽에 다음을 뿌려 간을 한다.

소금 1작은술

(흑후추 ½작은술)

풍미가 잘 어우러지도록 3시간 이상 냉장고에 두었다가 사용하고, 아예 하룻밤 넣어두면 더 좋다.

양 다리 구이 또는 양 어깨살 구이 레시피에 따라 로스팅한다.

프라이팬에 구운 양 통갈비

2~3인분

양 통갈비를 로스팅하기 전에 시어링 조리법으로 그을리면 미처 떼어내지 못한 지방을 녹일 수 있다.

오븐을 220℃로 예열한다.

톡톡 두드려 물기를 제거한다.

양 통갈비 1개(갈빗대 7~8개), 표면의 얇은 지방층을 제외하고 지방을 떼어내기

다음으로 간을 한다.

소금 1작은술

흑후추 ½작은술

크고 묵직한 오븐용 프라이팬을 중강불에 올려 가열한다. 프라이팬이 뜨겁게 달궈졌을 때 다음을 넣고 재빨리 프라이팬을 빙빙 돌린다.

식물성 기름 1큰술

고기가 많이 붙은 쪽이 아래로 가도록 양 통갈비를 넣고 2분 정도 갈색으로 충분히 굽는다. 뒤집어서 반대쪽도 2분간 더 굽는다. 프라이팬에 있는 기름을 전부 따라내고 뼈가 있는 쪽이 아래로 가도록 프라이팬에 통갈비를 올려서 오븐에 넣는다. 레어나 미디엄 레어로 마무리하려면 살코기의 가장 두꺼운 부분에 꽂은 온도계가 52~54℃를 가리킬 때까지 15~20분간 로스팅한다.(레스팅 과정에서 내부 온도가 3~5℃ 정도 올라간다.) 오븐에서 꺼내 포일로 느슨하게 덮어서 5~10분간 레스팅한다. 갈빗대 사이를 잘라서 1인분에 춉 2~3개씩 낸다. 취향에 따라 다음을 곁들인다.

(와인과 시큼한 체리 팬 소스, 허브 팬 소스, 샤르물라, 치미추리 또는 살사 베르데)

양 허릿살 프라이팬 구이

4인분

뼈를 제거한 양의 허릿살은 상당히 작다. 등뼈를 발라내고 양쪽 허릿살이 한데 붙은 로스트를 특별 주문해야 할 수도 있다. 그다음 표면을 빙 둘러싸고 있는 얇은 지방층을 제외한 모든 지방을 떼어내고 두툼한 원통 모양으로 깔끔하게 묶는다. 이 지방층이 있어야 굽는 도중에 허릿살이 픽픽해지지 않으며 너무 많이 익는 것도 방지할 수 있다. 정육점에서 이 부위를 주문할 때는 구체적으로 **더블 본리스 로인 로스트**(double boneless loin roast)를 요청하면 된다.(조리 시간이 5~10분 정도 길어진다.) 또는 450g 이하의 뼈 없는 허릿살 두 덩어리를 묶어서 하나의 로스트처럼 조리해도 좋다. 허릿살 한 덩어리를 사용하더라도 모양을 유지하기 위해 조리용 실로 잘 묶는다. 표면에 붙어 있는 6mm 정도의 지방층은 굽는 도중에 촉촉함을 유지해주므로 떼어내지 않는다. 굽기 전에 로스트에 올리브유를 발라서 문질러주면 만족스러운 결과를 얻을 수 있다.

오븐을 150℃로 예열한다.

톡톡 두드려 물기를 제거한다.

뼈 없는 양 허릿살 680~900g짜리 1개, 지방을 떼어내고 3.8cm 간격으로 묶기

다음으로 간을 한다.

소금 1작은술

흑후추 ½작은술

커다란 오븐용 프라이팬을 중강불에 올리고 다음을 둘러서 가열한다.

식물성 기름, 베이컨 기름 또는 라드 1½작은술

허릿살의 모든 면이 갈색으로 익도록 약 5분간 굽는다. 프라이팬을 오븐에 넣고, 레어나 미디엄 레어로 마무리하려면 고기의 가장 두꺼운 부분에 꽂은 온

도계가 52~54℃를 가리킬 때까지 15분 정도 로스팅한다.(레스팅 과정에서 내부 온도가 3℃ 정도 올라간다.) 로스트를 오븐에서 꺼내 포일로 느슨하게 덮어서 5~10분간 레스팅한다. 실을 풀고 2~2.5cm 두께의 메달리온 형태로 썬다. 취향에 따라 다음을 곁들여서 낸다.

(와인과 시큼한 체리 팬 소스, 허브 팬 소스, 뫼레트 소스 또는 마르샹 드 뱅 소스)

양고기 그릴 구이, 직화 오븐 구이, 소테에 대해

이러한 건식 조리법에 가장 적합한 양고기 부위는 갈비, 허리, 등심, 다리에서 잘라낸 고기다. 어깨살 촙은 다소 질긴 편이지만 풍미가 가득한 부위다. 따라서 등심 촙, 다리 촙, 납작하게 손질한 다리 부위 등과 같이 그릴에 구워 먹으면 맛있다. 우리는 이러한 부위를 몇 시간 전에 양념장에 재웠다가(또는 양념 페이스트로 간을 해서) 굽는 것을 선호한다. 양의 갈비 및 허리 촙을 그릴이나 직화 오븐에 구우면 그야말로 근사한 맛을 낸다. 굽기 전에 살짝 밑간을 하고 소스를 곁들여서 낸다.

양고기 촙을 소테 방식으로 조리하려면, 특히 팬 소스를 만들려면 기름기를 꼼꼼히 떼어내야 한다. 소테에는 갈비나 허리에서 잘라낸 촙을 사용하도록 권장한다. 다리에서 잘라낸 촙은 골고루 갈색으로 익도록 뼈를 잘라내고 스테이크로 손질해야 한다. 볶음에는 다리살이 가장 적합하다. 시간이 넉넉하면 실버스킨을 최대한 많이 벗겨낸다.(자세한 방법은 조리를 위해 사슴고기 손질하기 항목을 참고한다.)

납작하게 손질한 양 다리 그릴 또는 직화 오븐 구이

8~10인분

톡톡 두드려 물기를 제거한다.

납작하게 펼친 양 다리 1.8~2.3kg짜리 1개, 5~6.3cm의 균일한 두께로 손질하기

겉면에 전체적으로 다음을 발라서 문지른다.

자메이카식 저크 페이스트, 샤르물라, 멕시코식 아도보 I, 달콤한 훈연향 향신료 양념 ½컵

또는 다음을 섞어서 바른다.

다진 신선한 로즈메리 3큰술 또는 말린 로즈메리 1큰술

마늘 6쪽, 다지기

소금 2작은술

흑후추 1작은술

오븐 팬에 양 다리를 놓고 위를 덮지 않은 상태로 냉장고에 1~24시간 동안 넣어둔다. 그릴을 중강불에 맞춰 준비하거나 오븐 받침대에 구이 팬을 올리고 열원에서 10~12.5cm 떨어진 위치에 끼운다. 직화 오븐을 예열한다. 뼈가 있는 쪽이 위로 가도록 양 다리를 그릴 받침대에 올리거나 뼈가 있는 쪽이 아래로 가도록 구이 팬에 올린다. 미디엄 레어로 마무리하려면 중간에 한 번 뒤집으면서 겉은 진한 갈색으로 익고 속은 분홍색을 띠며 육즙이 가득한 상태가 될 때까지 한 면당 10분 정도 조리하거나, 내부 온도가 54℃에 도달할 때까지 굽는다. 미디엄을 선호한다면 내부 온도가 57℃를 가리키도록 한 면당 몇 분씩 더 굽는다. 포일로 느슨하게 덮어서 6~8분간 레스팅한 후 1.2cm 두께의 슬라이스로 썬다. 취향에 따라 다음을 곁들인다.

(자색 양파 마멀레이드 또는 구운 토마토 치폴레 살사)

양고기 촙 그릴 또는 직화 오븐 구이

4인분

갈비와 허리 부위를 잘라낸 촙이 가장 연하지만 다리, 등심, 어깨살 촙도 배제할 필요는 없다. 특히 지방이 길게 박혀 있는 어깨살은 아주 풍미가 뛰어나다. 어깨살 촙은 연육 작용을 하는 양념장, 특히 탄두리 양념장에 재웠다가 사용하면 훨씬 좋은 결과를 얻을 수 있다. 살짝 밑간한 촙을 그릴 또는 직화 오븐의 열원에서 7.5~10cm 떨어진 위치에 놓고 먹음직스러운 갈색이 되도록 굽는다. 양념장에 재운 촙은 쉽게 타지 않도록 불에서 조금 더 멀리 떨어진 곳에서 굽는다.

그릴을 중강불에 맞춰 준비하거나 받침대에 구이 팬을 올리고 열원에서 10~12.5cm 떨어진 위치에 끼운다. 직화 오븐을 예열한다. 다음을 톡톡 두드려 물기를 제거한다.

양고기 촙 900g~1.1kg, 약 2.5cm 두께로 자르기

양쪽 면에 다음을 바른다.

소금 1작은술

흑후추 ½작은술

촙을 그릴의 불꽃이 직접 닿는 위치에 올려놓거나 오븐 팬에 넣고, 레어나 미디엄 레어로 마무리하려면 내부 온도가 49~54℃에 도달할 때까지 한 면당 5분씩 굽는다. 미디엄을 선호한다면 57℃가 되도록 1분 정도 더 굽는다. 5분간 레스팅한 후 취향에 따라 다음을 얹어서 낸다.

(가향 버터, 민트 소스, 샤르물라 또는 치미추리)

양 통갈비 그릴 구이

2~3인분

다음을 톡톡 두드려 물기를 제거한다.

양 통갈비 1개(갈빗대 7~8개), 표면의 얇은 지방층을 제외하고 지방을 떼어내기

다음으로 간을 한다.

소금 1작은술

흑후추 ½작은술

그릴을 반으로 나눠 한쪽에만 숯을 쌓고 중강불에 맞춰 준비하거나 가스 그릴을 강불에 맞추고 10분간 예열한다. 가스 그릴을 사용할 때는 한쪽 버너를 약불로 줄인다. 그릴의 불이 직접 닿는 곳에 살코기 쪽이 아래로 가도록 통갈비를 올리고 2분간 굽는다. 통갈비를 뒤집고 다음을 짜서 뿌린다.

레몬 1개의 즙

불이 직접 닿는 곳에서 1분간 더 구운 후 불이 닿지 않는 곳으로 옮긴다. 레어나 미디엄 레어로 마무리하려면 뚜껑을 덮고 내부 온도가 49~54℃에 도달할 때까지 15분 정도 더 굽는다. 다음을 곁들여서 낸다.

민트를 넣어 만든 살사 베르데 또는 치미추리

양고기 촙 소테

4인분

다음을 톡톡 두드려 물기를 제거한다.

양 갈비, 허리 또는 다리 부위의 촙 900g, 약 2.5cm 두께로 자르기

다음으로 간을 한다.

소금 1작은술

흑후추 ½작은술

커다란 프라이팬을 중강불에 올리고 버터가 연한 갈색으로 변하기 시작할 때
까지 가열한다.

버터 1큰술

올리브유 1큰술

양고기 촙을 프라이팬에 가지런히 놓는다. 레어나 미디엄 레어로 마무리하려
면 내부 온도가 49~54℃를 가리킬 때까지 한 면당 4분 30초~5분간 그을리듯
굽는다. 미디엄으로 조리하려면 내부 온도가 57℃까지 올라가도록 1분간 더
굽는다. 프라이팬의 기름을 거의 전부 따라내고 다음을 만들어도 좋다.

(허브 팬 소스)

또는 다음을 곁들여서 낸다.

(샤르물라 또는 살사 베르데)

양고기 샤와르마(Lamb Shawarma)
4인분

이 요리는 원래 향신료로 맛을 낸 양고기나 소고기를 수직형 로티세리
(rotisserie, 재료를 꼬챙이에 끼워서 빙글빙글 돌리면서 굽는 도구 ― 옮긴이)에 여러 겹
으로 끼워 갈색으로 먹음직스럽게 익으면 칼로 얇게 저며서 플랫브레드 위에
얹어서 낸다. 여기서 소개하는 레시피는 더 간단하고 손쉽게 전통 샤와르마를
흉내 낼 수 있도록 구성한 것이다. 얇게 썬 양의 어깨살과 양파를 여러 시간 동
안 양념장에 재웠다가 프라이팬에 잠깐 볶아서 속까지 충분히 익히면 전통 샤
와르마의 풍미를 그럴듯하게 재현할 수 있다. 더 진한 갈색으로 익히고 싶다면
양념장을 사용해 양고기 케밥을 만들고 양파를 웨지 모양으로 썬 다음 정육면
체 모양으로 썬 고기와 양파를 번갈아 꼬치에 꽂는다.

테두리 있는 오븐 팬에 다음을 놓고 30분간 냉동실에 넣어둔다.

뼈 없는 양 어깨살 680g, 뭉쳐 있는 지방을 떼어내기

그동안 중간 크기의 그릇에 다음을 넣고 섞는다.

양파 중간 크기 1개, 세로로 반 잘라서 얇게 저미기

식물성 기름 ¼컵

레몬 1개의 껍질, 강판에 곱게 갈기

(오렌지 1개의 껍질, 강판에 곱게 갈기)

레몬즙 2큰술

다진 파슬리, 민트 또는 이를 섞어서 1큰술

소금 1작은술

흑후추, 백후추 또는 이를 섞어서 1작은술

말린 타임, 오레가노 또는 이를 섞어서 1작은술

올스파이스 가루 1작은술

(수막 가루 ½작은술)

계핏가루 ½작은술

커민 가루, 회향 가루 또는 이를 섞어서 ½작은술

고수씨 가루 ¼작은술

(카르다몸 가루 ¼작은술)

차갑게 식힌 어깨살을 6mm 두께로 길쭉하고 얇게 저며서 그릇에 넣고 뒤적
이면서 양념을 묻힌다. 냉장고에 넣어 2시간~하룻밤 동안 양념장에 재운다.

얇게 썬 양고기를 접시에 옮겨 담고 양파 저민 것은 그릇에 남겨놓는다.(양
파 일부가 양고기에 붙어 있어도 상관없다. 가능한 만큼만 분리한다.) 커다란 프라이팬
이나 웍을 중강불에 올리고 다음을 둘러서 가열한다.

식물성 기름 2큰술

얇게 썬 양고기를 몇 번에 나눠 프라이팬에 넣는다. 중간에 한두 번 뒤집으면
서 속까지 잘 익고 갈색으로 변하기 시작할 때까지 4분 정도 볶는다. 한 번에
너무 많이 넣지 않도록 주의한다. 바닥에 달라붙은 갈색 조각이 탈 기미가 보
이면 불을 줄인다. 한 뭉치씩 볶을 때마다 그릇에 옮겨 담고 포일로 느슨하게
덮어서 따뜻하게 보관한다.(필요하면 기름을 보충한다.) 양고기를 다 볶으면 중불
로 줄이고 프라이팬을 확인해 기름이 거의 없다면 프라이팬 바닥이 덮일 정도
로 기름을 보충한다. 양념장에 재운 양파를 프라이팬에 균일한 두께로 깔고
젓지 않으면서 그대로 2분간 조리한다. 그다음 프라이팬 바닥에 달라붙은 갈
색 조각을 긁어내고 자주 저으면서 양파가 부드러워지고 캐러멜화될 때까지
4분 정도 더 볶는다. 볶아둔 양고기를 함께 넣고 젓는다. 샤와르마는 다음의
속재료로 사용한다.

플랫브레드 또는 피타 샌드위치

또는 다음 위에 얹어서 먹어도 좋다.

쌀 필라프

다른 음식들과 함께 메제로 먹으려면 다음을 만든다.

후무스

후무스를 얕은 그릇에 넓게 펴서 담고 샤와르마를 얹은 후 다음과 함께 낸다.

따뜻하게 데운 피타 빵

양고기 케밥
4인분

케밥에 관한 더 자세한 내용은 꼬치에 끼워 조리하기 항목을 참고한다. 나무
꼬치를 사용할 때는 1시간 이상 물에 담갔다가 사용한다.

다음을 가로세로 2.5cm의 정육면체로 썬다.

뼈를 제거한 양의 다리, 등심 또는 어깨살 680g

그릇에 양고기를 담고 다음을 넣어서 섞는다.

발칸식 양념장, 탄두리 양념장 또는 양고기 샤와르마에 사용한 양념장

뒤적이면서 양념을 잘 묻힌다. 뚜껑을 덮고 냉장고에 넣어 4~12시간 동안 재
운다. 오븐 받침대에 구이 팬을 올리고 열원에서 7.5~10cm 떨어진 위치에 끼
운다. 직화 오븐을 예열하거나 그릴을 중강불에 맞춰 준비한다. 고기와 채소를
꼬치에 끼운다. 가끔 꼬치를 뒤집으면서 8~10분간 직화 오븐이나 그릴에 굽는
다. 정육면체 모양의 양고기에 작게 칼집을 넣어서 가운데가 어느 정도 익었는
지 확인한다. 불에서 내린 후에도 계속 익어가므로 원하는 익힘 정도보다 약
간 덜 익을 때까지 굽는다. 다음을 곁들여 즉시 낸다.

쌀 필라프, 무쟈다라, 쿠스쿠스 또는 파투시

또는 다음의 속재료로 활용해도 좋다.

플랫브레드 또는 피타 샌드위치

양고기 조림, 스튜, 바비큐에 대해

이러한 습식 조리법에 가장 잘 어울리는 부위는 어깨, 목심, 가슴, 사태에서 잘
라낸 고기다. 풍미가 진하고 콜라겐이 풍부한 이 고기는 속까지 완전히 익어서
뼈에서 저절로 떨어질 정도로 연해질 때까지 뭉근히 끓인다. 다리살을 조림에
쓰는 것은 권장하지 않는다. 스튜나 조림처럼 오래 끓이면 퍽퍽해지기 때문이
다. 진한 풍미를 자랑하는 머튼으로 조림을 만들면 근사한 맛을 내므로 양고
기 조림을 생각하고 있다면 한번 구해볼 만하다.

통째로 잘라낸 어깨살은 뼈를 제거하고 돌돌 말아서 소고기 찜이나 스트라
코토처럼 천천히 조릴 수 있다. 어깨살 촙이 조림에 가장 적합하며 스튜나 커
리를 만들 때도 큼직하게 고기가 씹히도록 이 부위를 사용하면 된다. 그냥 뼈
를 발라내고 깨끗하게 손질해서 조리한 다음 부드럽게 익으면 한입 크기로 썬
다. 양의 목심도 수분을 사용해 천천히 익히는 조리법에 잘 어울린다. 다른 부
위에 비해 상대적으로 살코기가 적지만 풍미만큼은 절대 뒤지지 않는다. 이어
서 소개하는 레시피 외에도 천천히 조리하는 모든 스튜나 조림 요리에는 소고
기, 돼지고기, 송아지고기, 염소고기 대신 양고기를 사용할 수 있다. 우리는 특
히 양의 목심, 어깨살 또는 사태로 뵈프 부르기뇽, 푸짐한 소고기 라구, 염소고
기 비리아를 즐겨 만들어 먹는다. 기본적인 조리 기술은 조림, 스튜, 찜 항목을
참고한다. ▶ 조림이나 스튜 레시피를 슬로 쿠커에 응용하려면 1118쪽, 압력 조
리에 응용하려면 1119쪽을 참고한다.

양 어깨살 조림

8인분

오븐을 150℃로 예열한다.

다음을 톡톡 두드려 물기를 제거한다.

　뼈를 제거한 양 어깨살 로스트 1.8~2.3kg짜리 1개, 돌돌 말아서 묶기

다음으로 간을 한다.

　소금 2작은술

　흑후추 1작은술

더치오븐을 중강불에 올리고 다음을 둘러서 가열한다.

　식물성 기름 2큰술

양고기를 넣고 모든 면이 갈색으로 익도록 굽는다. 양고기를 더치오븐에서 꺼
내 기름을 2큰술만 남기고 전부 따라낸 후(필요하면 기름을 보충한다.) 중불로 줄
인다. 다음을 넣는다.

　양파 큰 것 1개, 굵게 썰기

　셀러리 줄기 1개, 굵게 썰기

　당근 1개, 깍둑썰기하기

　(작은 회향 구근 1개, 굵게 썰기)

바닥에 달라붙은 갈색 조각을 긁어내면서 채소가 부드러워질 때까지 10분 정
도 볶는다. 다음을 넣는다.

　드라이 레드와인 또는 화이트와인, 소나 어린 양 육수 또는 이를 섞어서 2컵

　마늘 6쪽, 으깨기

　(안초비 필레 4개, 굵게 썰기)

　신선한 오레가노나 마저럼 잔가지 3개 또는 말린 오레가노나 마저럼 1작은술

　신선한 타임 잔가지 3개 또는 말린 타임 1작은술

　신선한 로즈메리 잔가지 7.5cm짜리 1개 또는 말린 로즈메리 1작은술

　굵게 빻은 고춧가루 1작은술

　월계수 잎 1장

양고기를 다시 더치오븐에 넣고 강불에 올려 뭉근히 끓어오르도록 가열한다.
뚜껑을 덮어서 오븐에 넣고, 포크로 찔러보면 부드럽게 들어갈 때까지 2시간
~2시간 반 정도 조리한다. 더치오븐에서 양고기를 꺼내 따뜻하게 보관한다. 소
스 표면에 뜬 기름기를 걷어내고 허브 잔가지와 월계수 잎을 건져낸다. 맛을 보
고 간을 조절한다. 고기를 묶었던 끈을 자르고 큼직하게 썰거나 얇게 저민 뒤
소스를 넉넉하게 곁들여서 낸다.

양 어깨살 또는 목심 촙 조림

4인분

다음을 톡톡 두드려 물기를 제거한다.

　양 어깨살이나 목심 촙 1.1~1.3kg, 약 2.5cm 두께로 자르기

다음으로 간을 한다.

　소금 1작은술

　흑후추 ½작은술

크고 묵직한 프라이팬을 중강불에 올리고 다음을 둘러서 가열한다.

　식물성 기름 2큰술

양고기 촙을 여러 번에 나눠 한 면당 4분씩 갈색으로 지진다. 촙을 접시에 옮
기고 프라이팬에 기름을 1큰술만 남기고 전부 따라낸다. 다음을 넣는다.

　양파 큰 것 1개, 얇게 저미기

　마늘 3쪽, 살짝 으깨기

양파가 부드러워질 때까지 저으면서 6~8분간 볶는다. 다음을 넣는다.

　드라이 화이트와인, 양이나 닭 육수 또는 이를 섞어서 2컵

　신선한 오레가노 잔가지 2개 또는 말린 오레가노 ¼작은술

　신선한 타임 잔가지 2개 또는 말린 타임 ¼작은술

　(굵게 빻은 고춧가루 ¼작은술)

　월계수 잎 1장

바닥에 붙은 갈색 조각을 긁어내고 양고기 촙을 다시 프라이팬에 넣은 후 강
불에 올려서 뭉근히 끓어오르도록 가열한다. 약불로 줄이고 뚜껑을 덮어둔다.
중간에 한 번 뒤집어주면서 촙이 부드럽게 익을 때까지 40~45분간 뭉근히 끓
인다. 불에서 내린 후 촙을 플래터에 옮겨 담는다. 허브 잔가지와 월계수 잎을
건져내고 소스 표면에 뜬 기름기를 걷어낸다. 취향에 따라 다음을 넣는다.

　(칼라마타 올리브 ½컵, 씨를 빼고 반으로 썰기)

맛을 보고 간을 조절한다. 다음으로 장식한다.

　굵게 썬 파슬리

양 사태와 병아리콩 조림

4인분

사태에는 결합 조직이 상당량 들어 있으므로 잘 조리면 벨벳처럼 부드러운 소
스가 완성된다.

오븐을 150℃로 예열한다.

겉에 보이는 지방을 대부분 제거한다.

　고기가 실하게 붙은 양 사태 4개(1.3~1.8kg)

다음으로 간을 한다.

　소금 1작은술

　흑후추 ½작은술

더치오븐을 중강불에 올리고 다음을 둘러서 가열한다.

　식물성 기름 2큰술

사태를 넣고 모든 면이 갈색으로 익도록 굽는다. 사태를 접시에 옮기고 기름을
전부 따라낸다. 중불로 줄이고 다음을 넣는다.

　올리브유 2큰술

　양파 2개, 절반으로 잘라서 얇게 저미기

　마늘 6쪽, 으깨기

자주 저으면서 양파가 부드러워질 때까지 볶는다. 다음을 넣는다.

닭 또는 양 육수나 국물, 또는 물 2컵

드라이 화이트와인 1컵

깍둑썰기한 토마토 통조림 410g짜리 1개

(굵게 썬 소금 절임 레몬 1큰술)

고수씨 가루 1작은술

커민 가루 1작은술

사프란 가닥 또는 올스파이스 가루 1자밤

5~7.5cm짜리 통계피 1개

월계수 잎 1장

사태를 다시 더치오븐에 넣고 강불에 올려 부르르 끓어오르도록 가열한다. 뚜껑을 덮고 오븐에 넣어 1시간 반 정도 조리한다. 오븐에서 꺼내 다음을 넣는다.

병아리콩 통조림 425g짜리 1개, 물기를 따라내기

당근 중간 크기 2개, 얇게 저미기

땅콩호박 등의 겨울 호박 2컵, 껍질을 깎아서 깍둑썰기하기

뚜껑을 덮고 오븐에 넣어 당근이 부드러워지고 고기가 쉽게 찢어질 때까지 30분간 더 굽는다. 고기와 채소를 플래터에 옮겨 담고 뚜껑을 덮어서 따뜻하게 보관한다. 소스 표면에 뜬 기름기를 걷어내고 계피와 월계수 잎을 건져낸 후 다음을 넣는다.

굵게 썬 민트 2큰술

(굵게 썬 고수 잎 2큰술)

(하리사ㅣ1큰술 또는 적당량)

레몬즙 적당량

맛을 보고 간과 양념을 조절한다. 소스를 고기와 채소 위에 끼얹는다. 다음과 함께 낸다.

쌀 필라프, 쿠스쿠스 또는 삶은 오르조

나바랭 프랭타니에(Navarin Printanière, 봄 양고기 스튜)

8~10인분

다른 스튜와 마찬가지로 이 요리도 식혀서 하룻밤 두었다가 데워 먹으면 풍미가 훨씬 깊어진다. 또한 일단 식히면 표면에 굳어 있는 기름을 걷어내기도 쉽다. 다음의 지방을 손질한다.

양 어깨살, 목심, 가슴, 사태 또는 다양한 부위를 조합한 것, 뼈 없는 고기는 900g,
뼈 있는 고기는 1.3kg

뼈 없는 고기를 사용한다면 3.8cm 크기로 썬다. 다음을 훌훌 부린다.

소금 1½작은술

흑후추 1작은술

더치오븐을 중강불에 올리고 다음을 둘러서 가열한다.

식물성 기름 2큰술

양고기를 몇 번에 나눠 넣고 모든 면이 갈색으로 익도록 지진다. 갈색으로 익은 양고기는 접시에 옮겨 담는다. 중불로 줄이고 다음을 넣는다.

쪽파, 작은 치폴리니 또는 방울양파 225g, 껍질을 벗기고 꼭지 부분을 떼어내기

(서양대파 1개, 세로로 반 잘라서 깨끗하게 씻기)

황금색으로 변할 때까지 볶은 후 구멍 뚫린 숟가락으로 쪽파나 양파를 건져서 플래터에 옮겨 담고 더치오븐에서 기름을 전부 따라낸다. 서양대파를 넣는다면 한입 크기로 썰어서 사용한다. 더치오븐에 다음을 넣고 녹인다.

버터 2큰술

버터를 잘 저으면서 다음을 조금씩 넣는다.

중력분 2큰술

밀가루가 황금색으로 변하면서 고소한 냄새가 날 때까지 잘 저으면서 5분 정도 볶는다. 다음을 조금씩 부으면서 섞는다.

드라이 화이트와인 2컵

강불로 올리고 바닥에 붙은 갈색 조각을 긁어낸다. 와인이 절반 정도로 졸아들면 고기와 양파를 다시 넣고 다음을 추가한다.

작은 붉은색 감자 225g, 반으로 자르기

어린 당근 또는 갸름한 당근 6개, 껍질을 벗기기

작은 순무 2개, 껍질을 벗기고 1.2cm 두께의 웨지 모양으로 썰기

타임 잔가지 2개

뚜껑을 덮고 채소가 부드러워질 때까지 20분 정도 더 뭉근히 끓인다. 월계수 잎과 타임 잔가지를 건져낸다. 뼈 있는 고기로 만든다면 고기를 오븐 팬에 옮겨 담는다. 손으로 만질 수 있을 만큼 고기가 식으면 뼈를 전부 발라내고 연골을 제거한 후 큼직하게 썰어서 다시 더치오븐에 넣는다. 상황에 따라 스튜를 식혀서 하룻밤 둔다. 스튜 표면에 굳어 있는 기름기를 모두 걷어내고 약불에 올려서(필요하면) 아주 은근히 끓는 상태를 유지하면서 다음을 넣어 젓는다.

생 또는 냉동 완두콩 1컵

아리코 베르 등의 껍질콩 225g, 부드럽지만 아삭한 식감이 남아 있도록 찐 다음
얇고 어슷하게 썰기

속까지 골고루 데워지면 다음을 훌훌 뿌려서 즉시 낸다.

잘게 썬 파슬리

아일랜드식 스튜

4~6인분

겨울에 아주 잘 어울리는 스튜로, 특히 머튼 춉으로 만들면 아주 맛있다. 이 레시피에서는 전통적으로 고기의 겉면을 갈색으로 익히지 않지만, 더욱 깊은 풍미를 내려면 먼저 고기를 갈색으로 익혀도 좋다.(이때 버터보다는 기름을 사용한다.) 고기를 갈색으로 익히지 않고 조리한다면 양고기에서 지방을 아주 꼼꼼하게 떼어내자.

오븐을 150℃로 예열한다.

더치오븐을 중불에 올리고 다음을 둘러 가열한다.

식물성 기름 또는 버터 2큰술

다음을 넣고 저으면서 부드러워지기 시작할 때까지 약 5분간 볶는다.

양파 2개, 굵게 썰기

다음을 넣고 저으면서 갈색으로 변하기 시작할 때까지 5분 정도 볶는다.

중력분 2큰술

다음을 넣고 젓는다.

뼈 없는 양 어깨살 1.1kg, 3.8cm 크기의 정육면체로 썰기 또는 뼈 있는 어린 양
어깨살이나 목심 춉 1.6~1.8kg, 지방을 꼼꼼히 떼어내기

양 육수, 닭 육수, 아일랜드산 스타우트, 물 또는 이를 섞어서 3컵

신선한 타임 잔가지 5개 또는 말린 타임 ¾작은술

소금 1작은술

흑후추 ½작은술

강불에 올려 뭉근히 끓어오르도록 가열한 후 뚜껑을 덮고 오븐에 넣는다.

1시간 동안 조리한 후 오븐에서 꺼내 다음을 넣고 젓는다.

골드 감자 900g, 껍질을 벗기고 4등분하기

당근 2개, 두꺼운 슬라이스로 어슷하게 썰기

뚜껑을 덮어 다시 오븐에 넣고 포크로 고기를 찌르면 부드럽게 들어갈 때까지
1~2시간 더 조리한다.

타임 잔가지를 건지고 스튜 표면에 뜬 기름기를 걷어낸다. 어깨살이나 목심
촙을 사용한다면 고기를 건져 오븐 팬에 옮겨 담는다. 손으로 만질 수 있을 만
큼 고기가 식으면 뼈를 전부 발라내고 연골을 제거한 후 큼직하게 썰어서 다시
더치오븐에 넣는다. 상황에 따라 스튜를 식혀서 하룻밤 둔다. 스튜 표면에 굳
어 있는 기름기를 모두 걷어내고 약불에 올려서(필요하면) 아주 은근히 끓는 상
태가 되도록 가열한다. 맛을 보고 간을 조절한다. 다음을 올려서 장식한다.

굵게 썬 파슬리

다진 차이브

토마토를 넣은 양고기 커리

4인분

붉은색을 띠는 이 매콤한 커리는 밥에 끼얹어 먹기에 알맞은 농도로 토마토
소스를 졸여서 만든다.

다음의 국물과 건더기를 분리해 국물은 따로 보관하고 건더기는 굵게 썬다.

통토마토 통조림 795g짜리 1개

더치오븐을 중불에 올리고 다음을 둘러서 가열한다.

식물성 기름 2큰술

다음을 넣고 저으면서 갈색으로 부드럽게 익을 때까지 약 8분간 볶는다.

양파 중간 크기 1개, 얇게 저미기

중강불로 올리고 다음을 넣은 후 저으면서 30초간 조리한다.

고수씨 가루 2작은술

커민 가루 2작은술

마늘 3쪽, 다지기

생강 2.5cm짜리 1조각, 껍질을 벗기고 다지기

강황 가루 1작은술

소금 ¾작은술

카옌 고춧가루 ¼~½작은술

다음 재료와 함께 굵게 썬 토마토 ½컵과 토마토 통조림 국물 ¼컵을 넣는다.

뼈 없는 양 어깨살 560g, 지방을 떼어내고 2.5~3cm 크기의 정육면체로 썰기

가끔 저으면서 액체가 졸아들고 약간 걸쭉해질 때까지 5~7분간 뭉근히 끓인
다. 남은 토마토와 국물을 모두 넣고 저은 후 뚜껑을 덮고 불을 줄여서 양고기
가 부드러워질 때까지 45~60분간 뭉근히 끓인다.

구멍 뚫린 숟가락으로 고기를 건져서 따뜻하게 보관한다. 표면에 뜬 기름기
를 걷어내고 불을 올려서 소스가 걸쭉해질 때까지 바글바글 끓인다. 고기를
다시 소스에 넣는다. 다음과 함께 낸다.

바스마티 쌀밥

그릇에 다음을 올려서 장식한다.

굵게 썬 고수 잎

양고기 사그(Lamb Saag, 양고기 채소 커리)

6~8인분

조직이 단단한 녹색 채소라면 무엇이든 시금치와 겨자 잎 대신 사용할 수 있

다. 아마란스, 램스 쿼터, 콜라드, 순무 잎, 케일 등도 모두 잘 어울린다. 양고기
를 머튼과 염소 어깨살로 대체해도 훌륭한 결과물을 얻을 수 있다.

다음에서 지방을 떼어내고 손질한다.

양 어깨살이나 목심 촙 1.1~1.3kg 또는 뼈 없는 양 어깨살 900g

뼈 없는 어깨살을 사용한다면 고기를 3.8cm 크기로 썬다. 양고기를 그릇에 넣
고 다음을 뿌려서 뒤적이며 섞는다.

소금 1½작은술

더치오븐을 중강불에 올리고 다음을 둘러서 가열한다.

식물성 기름 또는 기 버터 2큰술

양고기를 몇 번에 나눠 넣고 모든 면을 갈색으로 지진다. 갈색으로 익은 양고
기를 접시에 옮겨 담는다. 중불로 줄이고 남아 있는 기름을 따라낸 후 다음을
넣는다.

식물성 기름 또는 기 버터 ¼컵

커민씨 2작은술

노란색 또는 검은색 겨자씨 1작은술

씨에서 향긋한 냄새가 나면서 톡톡 튀기 시작하면 다음을 넣는다.

카슈미르나 아르볼 등의 붉은색 칠리 고추 말린 것 3개, 씨와 꼭지를 제거하기

월계수 잎 2장

칠리 고추와 월계수 잎의 색이 진해지고 질감이 바삭해질 때까지 30초 정도
튀긴다. 다음을 넣는다.

양파 큰 것 2개, 굵게 썰기

마늘 6쪽, 굵게 썰기

세라노 고추 1~3개, 씨를 빼고 굵게 썰기

생강 2.5cm짜리 1조각, 껍질을 벗기고 다지기

강황 가루 2작은술

고수씨 가루 1작은술

호로파 가루 ½작은술

(정향 가루 ¼작은술)

저으면서 양파가 부드러워지고 반투명 상태가 될 때까지 10분 정도 조리한다.
다음을 넣는다.

물 2컵

깍둑썰기한 토마토 통조림 410g짜리 1개

굵게 썬 생시금치 680g, 또는 냉동 시금치 285g짜리 1봉지

겨자 잎 450g, 굵게 썰기

뭉근히 끓어오르도록 가열한 후 불을 줄이고 뚜껑을 덮어서 고기가 부드러워
질 때까지 1시간 반 정도 조리한다.

뚜껑을 열고 20~30분간 더 끓여서 커리를 걸쭉하게 졸인다. 월계수 잎을 건
져낸다. 어깨살이나 목심 촙을 사용한다면 고기를 건져서 오븐 팬에 옮겨 담
는다. 손으로 만질 수 있을 정도로 고기가 식으면 뼈를 전부 발라내고 연골을
제거한 후 다시 더치오븐에 넣는다. 다음을 넣고 젓는다.

플레인 요구르트 ⅓컵

소금과 카옌 고춧가루 적당량

다음과 함께 낸다.

바스마티 쌀밥

그릇에 다음을 올려서 장식한다.

굵게 썬 고수 잎

켄터키식 머튼 어깨살 훈제 구이
8인분

미국의 많은 지역에서 소고기와 돼지고기 바비큐가 보편적이지만, 켄터키 서부의 몇몇 카운티에서는 과거에 가장 저렴한 단백질 재료였던 머튼을 즐겨 사용한다. 일반 머튼이나 한 살배기 머튼의 어깨살을 조리하면 더 진한 풍미를 낼 수 있는데, 어린 양고기를 사용해도 전혀 상관없다. 머튼은 특별 주문하거나 할랄 또는 라틴계 식료품점에서 구할 수 있다.

바비큐 항목을 참고한다. 6mm의 지방층만 제외하고 지방을 전부 떼어낸다.

  뼈 있는 양 또는 머튼 어깨살 3.6kg짜리 1개

전체적으로 다음을 발라서 문지른다.

  소금 1½큰술

  흑후추 1큰술

테두리 있는 오븐 팬에 받침대를 놓고 양고기를 올린 다음 위를 덮지 않은 상태로 하룻밤 또는 최대 2일 정도 냉장고에 넣어둔다.

훈연기나 바비큐용 그릴을 107~120℃로 가열한다.(물을 담아놓는 급수 팬이 있으면 더 좋다.) 숯에 다음을 추가한다.

  말린 히커리 나무를 작게 자른 것 1조각

훈연기나 그릴의 불꽃이 직접 닿지 않는 위치에 양고기를 올려놓고 뚜껑을 덮어서 구우면 뚜껑에 있는 환기 구멍 때문에 연기가 고기 전체에 골고루 퍼진다. 환기 구멍을 조절해서 적당한 온도를 유지한다.(온도를 조절하기가 쉽지 않으므로 어느 정도 연습이 필요하며, 최악의 경우 아예 숯을 새로 부어야 할 수도 있다.) 처음 4시간 정도는 1시간마다 작은 히커리 나무 조각을 하나씩 추가해도 좋다. 2시간마다 다음을 바르면서 굽는다.

  켄터키식 머튼 딥

고기가 부드러워지고 가장 두꺼운 부분에 꽂은 온도계가 93℃를 가리킬 때까지 8~10시간 정도 훈연한다.

플래터나 오븐 팬에 옮겨 담고 포일을 덮어서 15분 이상 레스팅한다. 그동안 남은 머튼 딥을 작은 편수 냄비에 붓고 중불에 올려 선호하는 농도로 걸쭉해질 때까지 5분 정도 뭉근히 끓인다. 뼈에서 고기를 발라내고 얇게 저미거나 잘게 찢거나 굵게 썬다. 고기에 소스를 부어 골고루 살짝 묻을 정도로 버무린다.(남은 소스는 따로 담아서 식탁에 올린다.) 선호하는 메뉴 두 가지 이상을 곁들여 '고기와 세 가지 곁들임 음식'의 형태로 낸다.(돼지 어깨살 훈제 구이 레시피 참고) 샌드위치에 끼워 먹으려면 다음 재료를 준비한다.

  따뜻하게 데운 햄버거 번 8개 또는 구운 흰 빵이나 호밀 빵 슬라이스 16개

  양상추

  토마토 슬라이스

  딜 피클 슬라이스

염소고기 또는 어린 염소고기에 대해

미국에서는 일반적으로 염소고기가 구하기 어려운 육류에 속한다. 대형 슈퍼마켓 체인에서 염소고기를 찾기란 거의 불가능에 가까우며 식당에 가도 염소고기 요리는 찾아보기 힘들다. 그런데도 미국의 염소고기 소비량은 지난 30년간 꾸준히 증가해왔다. 우리는 이것이 미국이 '염소고기를 선호하는 나라'의 대열에 합류하고 있다는 징조이기를 바란다. 유럽의 여러 지역에서는 부활절이나 크리스마스 만찬에 어린 염소고기를 천천히 로스팅해서 먹고, 카리브해 지역, 라틴아메리카, 아프리카, 인도 음식 문화에서도 수많은 염소고기 요리를

찾아볼 수 있다.

진한 풍미는 염소고기의 다양한 매력 중 하나일 뿐이다. 여러 측면에서 양고기 및 머튼과 비슷하지만, 염소고기의 열량과 지방은 이러한 육류와 비교할 수 없을 정도로 적다. 실제로 염소고기는 사슴, 물소, 야크 등 야생동물의 붉은색 고기(커다란 사냥감 고기 손질하기 항목 참고)처럼 소고기, 돼지고기, 심지어 닭가슴살보다도 지방과 열량이 낮다.

어린 염소고기는 보통 3~5개월짜리 새끼 염소를 도축한 것이다.(라틴계 식료품점에서는 **카브리토**cabrito라는 이름으로 유통되기도 한다.) 어린 양이나 송아지와 마찬가지로 염소도 나이가 어릴수록 고기가 부드럽고 풍미가 순하다. 다 자란 염소의 고기는 일반적으로 특별한 라벨 없이 유통되지만, 스페인어로 염소라는 뜻의 **치보**(chivo)나 **셰본**(chevon, 프랑스어로 염소라는 뜻의 '셰브르chèvre'와 성숙한 양의 고기를 나타내는 영어 머튼mutton을 합친 말)이라는 용어가 사용되기도 한다. 성숙한 염소고기는 질기지만 맛이 풍부하므로 조림이나 스튜에 넣어 조리하면 좋다.

염소는 양고기 및 머튼과 같은 부위로 잘라서 판매한다. 라틴계, 그리스계, 서인도계, 할랄 식료품점에서 염소고기를 구할 수 있다. 어린 염소고기는 부활절 즈음에 이들 매장에서 간혹 찾아볼 수 있으며, 고급 식자재 상점에서도 가끔 취급한다. 어린 염소의 갈비와 허리에서 잘라낸 부드러운 촙은 양고기처럼 로스팅하거나 그릴에 굽는다. 지방이 거의 없다시피 하므로 미디엄 레어, 즉 54~57℃ 이상으로 조리하지 않도록 주의한다. 성숙한 염소고기는 양고기나 소고기로 만드는 모든 스튜나 조림 레시피에 응용할 수 있다. 우리는 특히 가이아나식 고추 수프, 소고기 렌당, 푸짐한 소고기 라구에 염소고기를 즐겨 사용한다.

염소고기를 조리할 때는 한 가지 주의할 점이 있다. 염소고기를 구매하려다 보면 뼈를 제거하지 않은 염소 어깨살에서 띠톱으로 뼈까지 잘라낸 부위를 접할 수 있다. 이 부위를 커리나 스튜에 넣으면 맛은 확실히 좋지만, 완성된 요리에 ▶ 작고 날카로운 뼛조각이 들어 있을 수 있으므로 모르고 먹다가는 자칫 위험한 상황이 발생하기도 한다. 따라서 뼈가 있는 스튜용 염소고기를 사용할 때는 먹는 사람들에게 뼈를 조심하도록 미리 알려주자.

▶ 조림이나 스튜 레시피를 슬로 쿠커에 응용하려면 1118쪽, 압력 조리에 응용하려면 1119쪽을 참고한다.

자메이카식 염소고기 커리
4~6인분

하바네로와 비슷한 카리브해산 고추인 스카치 보닛을 넣어 향긋하면서도 알싸한 맛을 내는 커리다. 염소고기 대신 양고기나 돼지고기를 사용해도 좋다. 커다란 그릇에 다음을 넣고 뒤적이면서 골고루 섞는다.

  뼈 없는 염소 어깨살 900g, 깔끔하게 손질해서 2.5cm 크기의 정육면체로 썰기

  소금 1작은술

  흑후추 1작은술

더치오븐을 중강불에 올리고 다음을 둘러서 가열한다.

  식물성 기름 3큰술

염소고기를 몇 번에 나눠 넣고 모든 면이 갈색으로 익도록 8분 정도 지진다. 구멍 뚫린 숟가락으로 염소고기를 건져내고, 기름은 2큰술만 남기고 전부 따라낸다.(필요하면 기름을 보충한다.) 다음을 더치오븐에 넣고 중불에 올려 자주 저으면서 양파가 갈색으로 변하기 시작할 때까지 8분 정도 볶는다.

양파 큰 것 1개, 굵게 썰기

셀러리 줄기 1개, 굵게 썰기

염소고기를 다시 더치오븐에 넣고 다음을 추가한다.

닭 육수나 물 2½컵

마늘 4쪽, 굵게 썰기

스카치 보닛이나 하바네로 고추 1~3개, 씨를 빼고 다지기

생강 2.5cm짜리 1조각, 껍질을 벗기고 다지기

커리 가루 3큰술, 시판 또는 수제

신선한 타임 잔가지 4개 또는 말린 타임 1작은술

(계피 또는 올스파이스 가루 ½작은술)

월계수 잎 1장

부르르 끓어오르도록 가열한 후 뚜껑을 덮고 약불로 낮춰 1시간 정도 뭉근히 끓인다. 다음을 넣는다.

골드 감자 또는 붉은색 감자 450g, 껍질을 벗기고 4등분하거나 2.5cm 크기로
큼직하게 썰기

뚜껑을 덮고 감자와 고기를 포크로 찔러보면 부드럽게 들어갈 때까지 35~45분간 조리한다.

불에서 내린 후 소스 표면에 뜬 기름기를 걷어낸다. 월계수 잎과 타임 잔가지를 건져낸다. 맛을 보고 간을 조절한다. 취향에 따라 다음으로 장식한다.

(굵게 썬 고수 잎)

다음과 함께 낸다.

쌀밥, 코코넛 라이스, 자메이카식 콩밥, 플랜틴 튀김

염소고기 비리아(Goat Birria)

8~10인분

진한 소스에 푹 조리는 멕시코 할리스코 지방의 요리로, 양고기와 소고기의 스튜용 부위로 만들어도 아주 맛있다. 우리는 이 요리를 옥수수 토르티야와 함께 먹는데, 먹다 남은 고기를 엔칠라다나 부리토, 토르타의 속재료로 활용해도 좋다. 상황에 따라 구하기 어려운 고추는 생략하고 쉽게 살 수 있는 다른 고추를 조금 넉넉히 넣어도 상관없다. 스튜용 염소고기를 사용한다면 뼛조각이 있는지 살펴보고 먹는 사람들에게 미리 알린다.(염소고기에 대해 항목 참고) 다음의 꼭지를 따고 씨를 빼낸 후 덖는다.

과히요 칠리 고추 5개

안초 칠리 고추 4개

말린 치폴레 2개

작은 그릇에 고추를 넣고 고추가 잠길 정도로 물을 부어서 30분간 불린다. 그동안 더치오븐을 중불에 올리고 다음을 넣어서 향긋한 냄새가 날 때까지 덖는다.

커민씨 1작은술

(정향 2개)

(통계피 5~7.5cm짜리 1개)

향신료를 믹서에 넣는다. 더치오븐에 다음을 넣고 모든 면이 그을릴 때까지 굽는다.

양파 중간 크기 1개, 반으로 자르기

껍질을 벗기지 않은 마늘 8쪽

신선한 세라노 칠리 고추 2~4개, 통째로 사용

구운 채소와 양념을 작은 접시에 옮겨 담고 식힌다. 더치오븐에 다음을 두른다.

식물성 기름이나 라드 1큰술

다음을 넣는다.

염소 어깨살 촙 1.8kg 또는 뼈 없는 스튜용 염소고기 1.3kg

염소고기를 몇 번에 나눠 넣고 모든 면이 갈색으로 익도록 10분 정도 지진다. 염소고기가 익는 동안 구운 마늘의 껍질을 벗기고 그을린 세라노 고추에서 꼭지와 씨를 제거한다. 물에 불린 칠리 고추를 건져서 믹서에 넣고, 검게 그을린 세라노 고추와 잘라서 구운 양파도 믹서에 넣은 후 다음을 붓는다.

사과 식초 또는 증류 백식초 ¼컵

퓌레 상태로 곱게 간다. 염소고기가 갈색으로 잘 익으면 접시에 옮겨 담고, 믹서에 있는 고추 혼합물 퓌레를 잘 긁어서 더치오븐에 넣고 저으면서 30초간 튀긴다. 다음을 넣는다.

통토마토 통조림 795g짜리 1개 또는 생토마토 900g, 굵직하게 썰기

멕시코산 라거 360ml짜리 1병 또는 물 1½컵

말린 오레가노 1작은술

월계수 잎 1장

염소고기를 다시 더치오븐에 넣고 중강불에서 뭉근히 끓어오르도록 가열한다. 약불로 줄이고 뚜껑을 덮어서 염소고기가 아주 연해질 때까지 3시간 정도 뭉근히 끓인다.

월계수 잎을 건져낸다. 염소고기를 접시에 옮겨 담고 국물 표면에 뜬 기름기를 걷어낸다. 중강불로 올리고 조림 국물이 ⅓로 줄어들 때까지 졸인다. 국물을 졸이는 동안 고기를 잘게 썰고 뼈나 연골을 발라낸다. 조림 국물이 걸쭉해지면 불에서 내린 뒤 고기를 더치오븐에 다시 넣는다. 맛을 보고 다음으로 간을 조절한다.

소금

사과 식초나 증류 백식초

다음과 함께 낸다.

옥수수 토르티야, 시판 또는 수제

라임 조각

굵게 썬 고수 잎과 쪽파

돼지고기에 대해

명절에 가족이 모여 만찬을 즐길 때마다 옛날에는 모든 음식이 지금보다 얼마나 더 맛있었고 가격도 저렴했는지 일장 연설을 늘어놓는 삼촌이 언급할 만한 이야기이긴 하지만, 오늘날의 미국산 돼지고기는 예전의 돼지고기와는 다르다는 점을 잊지 말자. 건강에 대한 소비자들의 인식이 높아지고 닭고기처럼 지방이 적은 단백질에 대한 수요가 커지면서, 지난 30년간 상업적으로 사육하는 돼지는 지방이 적은 고기를 더 많이 생산하도록 특별히 개량되었다. 예전에 유통되던 돼지 허릿살은 맛이 진하고 마블링이 뛰어났던 반면, 요즘의 돼지 허릿살은 껍질을 제거한 닭고기와 지방 함량이 비슷하다. 현대 육종 기술의 승리라고 볼 수도 있겠지만 요리사에게는 그다지 반갑지 않은 변화다. 과거에 지방이 넉넉하게 들어 있던 돼지 허릿살은 주방에서 다루기 훨씬 편했으며 촉촉하고 맛이 좋은 요리를 수월하게 만들 수 있었다. 하지만 지금은 고작 몇 분 더 오래 조리하더라도 질기고 퍽퍽하며 아무 맛이 없는 고기가 되어버리기 때문에 돼지 허릿살이나 다른 연한 부위를 더 조심스럽게 다뤄야 한다.

다행히도 지방 함량이 적은 돼지고기의 유행이 지나가고 있다는 조짐도 있다. 요리사들이 잠깐만 부주의해도 퍽퍽해지는 고기 대신 더욱 맛이 좋은 단

백질 재료로 눈을 돌리면서, 지방이 적은 돼지 허릿살의 산정 가치는 계속해서 떨어지고 있다. 더 건강한 음식에 대한 요구가 업계의 판도를 바꿔놓았듯이, 시간이 지나면 더 맛있는 돼지고기에 대한 소비자의 욕구가 다시 업계를 뒤바꿔놓을지도 모른다. 또한 **헤리티지 품종**(heritage breeds)이라고 하는, 지방 함량을 줄이기 위해 개량하지 않은 재래종도 직거래 장터에서 구할 수 있으며 점차 식료품 전문점에까지 진출하는 추세다. 10년 전만 해도 돼지고기의 품종에는 아무도 신경을 쓰지 않았다. 이제는 돼지고기 촙이나 로스트에 붙어 있는 라벨에 품종이나 섭취한 먹이의 종류가 자랑스럽게 표시되기도 한다. 몇 가지 예를 들자면 버크셔, 듀록, 만갈리차 등을 꼽을 수 있으며, 상당수는 사육 과정에서 최소한 일부 기간이라도 **목초지**에서 자란다. 헤리티지 돼지 품종이 반드시 높은 품질을 보증하는 것은 아니지만 일반 돼지에 비해 풍미가 뛰어날 확률은 훨씬 높다. 그러나 안타깝게도 이러한 헤리티지 품종의 맛을 보려면 상당히 높은 가격을 지불해야 한다. 사육용 돼지의 친척뻘이자 야생으로 서식하며 사람에게 피해를 입히기도 하는 **멧돼지**에 관한 내용은 562쪽을 참고한다.

젖먹이 돼지는 생후 2개월 미만의 새끼 돼지다. 6.8~13.6kg 정도의 무게가 나가며 완전히 성장한 돼지보다 전체적으로 살이 연한 편이다. 통째로 구운 새끼 돼지는 명절 만찬의 가장 화려한 주인공 역할을 한다. 젖먹이 돼지는 일반적으로 근처 정육점에 미리 주문하거나 인터넷으로 구매하거나 농장에 직접 주문할 수 있다.

현재 돼지고기는 품질 등급을 매기지 않지만 USDA는 프라임, 초이스, 셀렉트로 구성된 자발적인 등급 체계를 제시하고 있다. 이러한 등급은 마블링과 색에 따라 결정된다. 색이 연한 돼지고기는 아주 부드럽고, 색이 진한 고기는 질기고 퍽퍽한 편이다. 등급만을 참고하기보다는 붉은빛을 띠는 적당한 분홍색에 최소한의 마블링이 살짝 보이는 것이 가장 품질 좋은 돼지고기라는 점을 기억하자. 보통 색이 연한 돼지고기일수록 부드럽다. 겉으로 보이는 지방은 매끄럽고 흰색을 띠어야 한다.

로스팅, 그릴 구이, 소테, 팬 프라잉, 볶음 등 건식 조리를 하려면 허리나 등심처럼 원래부터 부드러운 부위를 사용해야 한다. 가장 맛있게 조리하려면 이러한 부위를 아주 살짝 분홍색 기미가 보이는 미디엄 상태, 즉 ▶ 내부 온도가 60~63℃에 도달하도록 익힌다.(불을 끄고 레스팅하는 동안 온도가 3~5℃ 정도 더 올라간다.) 지방이 적은 촙과 로스트의 촉촉함을 보존하고 단단한 식감으로 마무리하기 위해서는 돼지고기를 소금물에 절이는 것도 좋은 방법이다. 1106쪽의 설명에 따라 소금물을 만들어서 돼지고기에 붓고 냉장고에 넣은 뒤 두꺼운 돼지고기 촙이라면 3시간, 로스트라면 두께에 따라 6~12시간 정도 절인다.

적절한 내부 온도에 도달할 때까지 돼지고기를 조리하더라도 안쪽이 분홍색을 띨 때가 있다. 예전에는 덜 익은 돼지고기를 섭취하면 선모충증에 걸릴 수도 있다는 인식이 퍼져 있었기 때문에 여전히 돼지고기가 회색으로 변하고 퍽퍽해질 때까지 조리하기를 선호하는 사람들이 많다. ▶ 그러나 일단 고기의 내부 온도가 60℃를 넘기면 선모충은 1분 안에 전부 죽는다.

물론 어깨와 다리, 사태에서 잘라낸 질긴 스튜용 고기는 조림, 스튜, 훈제, 천천히 로스팅하는 방법 등으로 오랜 시간 조리하지 않으면 질겨서 먹기가 힘들다.

돼지고기 부위

돼지는 소처럼 되새김질하지 않으므로 **돼지 볼살**은 아주 결이 조밀하고 풍미가 진하다. 따라서 납작한 원반 모양의 자그마한 볼살은 오랫동안 뭉근히 끓이

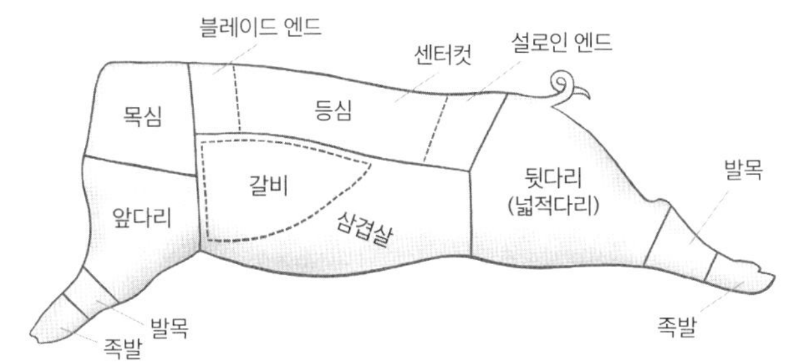

돼지고기의 주요 부위

는 스튜와 조림에 이상적이다. 볼살의 아래쪽을 덮고 있는 것이 **턱살**로, 지방 함량이 매우 높고 여러 겹의 고기로 이루어져 있다. 턱살은 염장하는 경우가 많은데(이탈리아에서는 구안찰레guanciale라고 부른다.) 베이컨이나 판체타처럼 파스타와 채소 요리에 활용한다.

돼지에서 **어깨**라고 하면 목, 앞다리 위쪽, 가슴, 어깨뼈까지 모두 포괄하는 부위다. 이 부위의 근육은 많이 움직이기 때문에 풍미가 진하고 지방 함량이 높다. 돼지 어깨는 보통 두 부분으로 나눈다. 어깨뼈와 목 주위를 아우르는 윗부분은 **목심**이라고 부른다. 목에 있는 척추뼈, 즉 **목뼈**를 제거한 목심은 뼈가 있는 로스트 형태로 판매하거나(우리가 바비큐를 할 때 선호하는 부위다. 돼지 어깨살 훈제 구이 레시피 참고) 뼈를 제거하고 로스트 모양이 되도록 실로 묶어서 사용한다. 뼈 있는 **숄더 블레이드 촙**(shoulder blade chop, **목심 스테이크**라고 부르기도 한다.)은 조림에 잘 어울린다. 가끔 이 목심의 위쪽 부분을 원통형 모양의 로스트로 근사하게 손질해서 **대니시 칼라**(Danish collar), **숄더 아이**(shoulder eye), **코파 로스트**(coppa roast) 등의 이름으로 판매하기도 한다. 소의 알목심과 마찬가지로 이 로스트를 구성하는 근육 중 일부는 등심까지 이어지므로 어깨살의 다른 부위에 비하면 상대적으로 고기가 연한 편이다. 목심 아래에는 가슴과 상박 부분이 자리 잡고 있고, 이를 전부 아울러서 **앞다리** 부위라고 부른다. 돼지 앞다리는 껍질을 벗기지 않고 통으로 손질하거나 **암 로스트**로 큼직하게 자르거나 스테이크 형태로 썰어서 판매한다. 목심과 마찬가지로 돼지 앞다리에서 잘라낸 로스트는 뼈가 있는 상태로 조리하거나 뼈를 제거하고 묶어서 사용한다. 때로는 앞다리에서 가슴 근육을 잘라내서 **포크 브리스킷**(pork brisket)으로 판매하기도 한다.

돼지의 발, 즉 **족발**은 콜라겐이 풍부해 육수나 수프, 페이조아다 같은 스튜에 넣으면 진하고 걸쭉한 국물을 얻을 수 있다. 앞다리에서 족발을 잘라내고 남은 부위를 **앞사태**라고 부른다. 앞사태와 **뒷사태**는 보통 가로 방향으로 큼직하게 몇 조각으로 썰어 **발목**이라는 이름으로 판매한다. 사태는 돼지고기 중에서 가장 질기고 풍미도 제일 진한 부위다. 목뼈 주위의 고기처럼 염지 또는 훈제 처리해 녹색 채소 조림, 콩 요리, 수프의 맛을 내는 데 자주 사용한다.

돼지고기 중에서 가장 인기가 많은 부위는 어깨뼈 부근에서 엉덩이뼈에 이르기까지 등뼈를 따라서 양쪽에 붙어 있는 고기를 지칭하는 **등심**이다. 등심의 길이는 갈빗대(또는 척추뼈) 15개에 달하며 갈비뼈 위쪽을 덮고 있는 두꺼운 근육과 요추 아래쪽에 자리 잡은 가느다란 안심 근육으로 구성되어 있다. 이 안심 근육은 다리 쪽에 가까워질수록 점점 두꺼워진다.(안심에 관한 자세한 내용은 뒤에 나오는 설명을 참고) 이러한 근육은 뼈에서 잘라낸 뒤 로스트 형태로 손질하거나 뼈를 그대로 두고 등심을 통째로 잘라서 사용하기도 한다. 흔히 유통되

는 등심 부위는 몇 가지 부분으로 나눌 수 있다. 우선 **블레이드 엔드**(blade end)는 가장 앞쪽에 있는 갈비뼈 2개로 구성되며 어깨뼈, 즉 견갑골의 일부가 이 부위를 가로지른다. 블레이드 엔드는 보통 **로인 블레이드 촙**(loin blade chop)으로 자르거나 얇게 썰어서 칼집을 넣어 길쭉하게 만들거나 **컨트리 스타일 갈비**(어깨에서 잘라낸 가느다란 부위에도 적용되는 다소 일반적인 용어)로 손질한다. 숄더 블레이드 촙처럼 풍미가 아주 진하고 조림 요리에 잘 어울린다. 컨트리 스타일 갈비는 별도의 손질이 필요하지 않고 큼직하게 썰어서 커리나 스튜에 넣으면 되기 때문에 특히 편리하다.(얼큰한 포솔레 레시피 참고)

등심의 **센터컷** 부분을 보통 갈비뼈 8~9개 길이로 잘라낸 것이 **립 로스트**(rib roast)다. 뼈 없는 로스트로 손질하기 위해 갈비뼈를 제거하기도 한다.(앞쪽 끝에서 잘라낸다면 **립아이 로스트**rib-eye roast가 된다.) 립 로스트를 잘라내고 남은 갈비뼈 부분은 넓적하고 두툼한 살이 붙어 있으며 **등갈비**라는 이름으로 판매한다. 뼈 있는 립 로스트 2개를 각각 프랑스식으로 손질해 함께 묶으면 **크라운 로스트**(crown roast)가 된다. 등심 센터컷의 요추 부분에는 갈비뼈가 없으며 척추에서 위쪽으로 핑거본이라는 작은 뼈가 돌출되어 있다. 등심 부위의 뼈를 제거하고 나서 **버튼 립**(button rib)이나 **리블릿**(riblet) 이라는 이름으로 판매하기도 한다.

예전에는 등심의 중앙 부분에서 잘라낸 촙을 단순히 **등심 촙**이라고 불렀지만, 돼지 정육 업계에서는 소비자의 관심을 더욱 끌기 위해 소고기 정형에서 단어를 빌려와 새로운 라벨 용어를 도입했다. 예전에 **립 촙**이라고 부르던 앞쪽 부위에는 이제 **립아이 촙**이라는 라벨이 붙는다. 같은 위치에서 잘라낸 소고기 스테이크와 마찬가지로, 립 촙은 근육간 지방 함량이 다소 높은 편이다.(전체적으로 지방이 적은 돼지일 경우 우리가 촙 중에서 가장 선호하는 부위다.) 그다음에는 **센터컷 촙**이 위치하며, 그 뒤에 안심이 소량 붙어 있는 **티본 촙**이 있다. **포터하우스 촙**은 센터컷 부분의 가장 끝 쪽에 있는 갈비뼈 부근에서 잘라낸 것으로 둥그런 모양의 안심 부위가 제법 큼직하게 붙어 있다. 등심의 윗부분을 갈비뼈에서 분리해 스테이크 형태로 썬 것은 소의 스트립 스테이크에 대응하는 부위이므로 **뉴욕 촙**이라고도 하며, **뼈 없는 등심 촙**이라는 더 보편적인 용어로 부르기도 한다. 물론 일반적인 촙보다 훨씬 두껍게 썰어서 **더블컷 촙**으로 손질할 수도 있다.

마지막으로 등심과 뒷다리를 잇는 부위가 바로 **설로인**(sirloin)이다. 돼지의 설로인에는 엉덩뼈 일부가 포함되어 있으며, 바로 이 위치에서 등심과 안심 근육이 돼지의 몸무게를 지탱하는 튼튼한 근육과 만난다. 이 부위는 로스트로 손질하거나 **설로인 촙**으로 썰어서 판매한다. 형태와 관계없이 설로인은 다른 등심 부위보다 가격 대비 품질이 좋은 경우가 많다.

안심은 보통 등심 쪽을 잘라내고 가느다란 로스트로 손질해서 판다. 지방 함량이 아주 낮고 무척 연하면서 풍미도 순하다. 안심은 통째로 조리하기도 하고 둥근 형태로 썰어서 납작하게 편 후 프라이팬에 튀기거나 두들겨서 얇은 커틀릿으로 만들기도 한다. 안심의 두꺼운 부분은 이처럼 슬라이스로 잘라서 사용하고, 안심의 좁아지는 부분은 통째로 프라이팬에 튀기거나 구워서 먹는다.(돼지 안심 프라이팬 구이 레시피 참고) 안심은 조리 시간이 짧으며(그만큼 잠깐만 한눈을 팔아도 너무 많이 익어버린다.) 시어링, 프라이팬 구이, 튀김, 볶음, 직화 오븐 또는 그릴 구이에 가장 적합하다.

등심 아래에는 베이컨, 솔트 포크, 허구리살을 비롯해 다양하고 맛있는 염장 돼지고기의 재료가 되는 **삼겹살**이 있다. 베이컨에 대한 어마어마한 수요 때문에 미국 마트의 신선육 매대에서는 싱싱한 돼지 삼겹살을 거의 찾아볼 수 없

지만, 이것도 점차 변화하기 시작했다. 생삼겹살 구이나 조림 요리를 시도해보고 싶은데 좀처럼 찾을 수 없다면 정육점과 마트의 정육 코너에 부탁해보자. 대부분 그 자리에서 바로 썰어주지는 못하더라도 구해줄 수는 있을 것이다. 식자재 전문점에서는 가끔 **돼지 갈매기살**과 **토시살** 등 특수 부위가 눈에 띄기도 한다. 해당 소고기 부위와 마찬가지로 갈매기살과 토시살은 그릴 구이에 좋다.(카르네 아사다 레시피 참고) 큼직하게 썬 바깥쪽 갈매기살은 스페인어로 비밀이라는 의미의 **세크레토**(secreto)라고도 불린다.(스페인어 세크레토는 보통 항정살[뒷목살]을 의미하지만 여러 부위를 지칭하기도 한다. ― 옮긴이)

베이컨을 만들기 위해 지방과 고기 층으로 구성된 삼겹살을 떼어내면 남는 것은 갈비뼈 및 흉골 근처의 연골이며, 그 사이에도 고기가 자리 잡고 있다. 이 부위를 통째로 손질한 것이 바로 **갈비**다. 아랫부분을 잘라내면 **세인트루이스식 갈비**가 된다.(가장 아래쪽 살코기를 잘라내서 **립 팁**rib tip으로 판매하기도 한다.) 컨트리 스타일 갈비나 등갈비만큼 고기가 두툼하게 붙어 있지는 않지만, 바비큐 조리에 최고의 부위로 바로 이 갈비를 꼽는 사람이 적지 않다. 갈비에 막이 그대로 붙어 있다면 ▶ 갈비의 안쪽을 덮고 있는 질긴 막을 조심스레 벗겨낸다.(아무리 오래 조리해도 연해지지 않는다.)

갈비에서 막을 벗겨내려면 우선 각 갈빗대의 끝부분에 칼끝을 대고 막 아래에 찔러 넣은 뒤 천천히 뼈를 따라서 막을 분리한다. 칼끝을 찌른 다음에는 손가락으로 막을 잡을 수 있도록 조심스럽게 위로 들어올린다. 이런 식으로 끝까지 막을 벗긴다. 상황에 따라 한 손으로 막을 단단히 잡고 뼈와 만나는 부분에 칼집을 넣어 완전히 분리해도 좋다.

돼지 다리 또는 **생넓적다리**는 사태까지 넉넉하게 같이 붙은 형태로 손질해 통째로 판매하기도 한다. 염장 돼지 다리에 대한 정보는 ▶ 돼지 넓적다리(햄)와 발목에 대해 항목을 참고한다. '뼈 일부 제거'라는 라벨을 붙여서 판매한다면 골반과 꼬리뼈는 제거했지만 넓적다리뼈와 슬개골, 정강이뼈는 그대로 붙어 있다는 의미다. 부활절처럼 전통적으로 돼지 넓적다리를 먹는 명절 즈음에는 통넓적다리의 뼈를 모두 제거하고 깔끔하게 명절용 로스트 형태로 묶어서 신선육으로 판매하기도 한다. 그 외의 시기라면 싱싱한 돼지 다리를 스테이크와 작은 로스트로 썰어서 판매하는 것이 보편적이다. 뼈를 제거하거나 뼈가 그대로 있는 다리를 가로로 큼직한 스테이크 모양으로 썰어서 **센터 레그 슬라이스**(center leg slice)라는 이름으로 판매하기도 한다. 넓적다리 안쪽 부분에는 얇고 마블링이 우수해 소고기 안창살 스테이크를 연상시키는 **레그 캡 스테이크**(leg cap steak)가 있으며, 이 부위는 그릴에 굽거나 프라이팬에 지지면 가장 맛있다. **아이 오브 레그**(eye of leg) 또는 **디모인 로스트**(Des Moines roast)는 마블링이 좋고 고열 로스팅 또는 그릴 구이에 잘 어울린다. 작은 **설로인 팁**이나 **레그 팁**은 그보다 지방이 적지만 비교적 연해서 통째로 구울 수 있으며, 돼지 안심처럼 둥근 형태로 잘라서 납작하게 편 후 프라이팬에 튀겨도 좋다.(그레이비를 곁들인 돼지 안심 튀김 레시피 참고) 가장 커다란 다리 근육은 **탑 레그 로스트**(top leg roast)와 **바텀 레그 로스트**(bottom leg roast)로, 지방이 적고 풍미가 넘친다. 둘 다 얇은 커틀릿으로 썰어서 납작하게 두들긴 다음 빵가루를 입혀 프라이팬에 튀기면 가장 맛있게 즐길 수 있다.(빵가루를 입혀서 튀긴 돼지고기 촙 또는 커틀릿 레시피 참고)

돼지고기 로스팅 및 오븐 구이에 대해

껍질이 바삭해지도록 구운 젖먹이 돼지부터 간단하게 허브로 맛을 낸 등심까지, 돼지고기를 로스팅으로 구우면 근사한 명절 만찬의 주인공 역할을 하거나

평소에 맛있게 즐길 수 있는 저녁 식사가 된다. 정육점에서 가장 흔히 접하는 부위는 등심 로스트이며 그다음은 어깨 로스트다. 등심은 지방이 거의 없으므로 너무 오래 익히는 것을 방지하려면 세심하게 신경을 써야 한다. 이를 방지하려면 조리하기 전에 등심 로스트를 소금물에 절였다가 완전히 말려서 사용한다. 겉면에 지방이 넉넉하게 붙은 등심 로스트를 고르는 것도 하나의 방법이다.(여분의 지방은 언제든 떼어낼 수 있다.) 돼지 어깨살은 퍽퍽해지거나 질겨질 위험이 별로 없지만 훨씬 오래 로스팅해야 한다. 돼지 삼겹살도 오랫동안 로스팅하면 지방 중 일부가 기름으로 녹아 나오면서 겉면이 바삭하게 튀겨지므로 더 맛있다. 먹다 남은 돼지고기 구이는 종류와 관계없이 베커 돼지고기 해시에 활용할 수 있다.

돼지 등심 구이

6~8인분

돼지 등심은 속까지 충분히 익기 전에 겉면이 말라버리지 않도록 천천히 로스팅하는 것이 가장 좋다. 전체적으로 골고루 익히려면 등심 로스트를 낮은 온도에서 60℃가 되도록 조리한 후, 일단 오븐에서 꺼내 30분간 레스팅하고 다시 오븐에 넣어 260℃에서 겉면을 갈색으로 익힌다.(천천히 조리한 로스트 비프 레시피 참고) 뼈를 제거한 로스트를 사용하면 조리 시간이 조금 짧아지지만 뼈 있는 로스트가 훨씬 더 맛있고 식탁에 내놓았을 때 보기도 좋다. 갈비 로스트는 등뼈(추체골)를 제거한 형태로 판매하는 경우가 많다. 뼈가 그대로 붙어 있다면 나중에 분할하기 쉽도록 정육점에 등뼈를 잘라달라고 부탁해보자.(만약 그것도 여의치 않다면 다 구운 다음 살을 저미기 전에 등심을 볼품없게 뼈에서 분리해야 할 수도 있다.) 촉촉함을 유지하려면 등심을 소금물에 절이고 아래 레시피에서 소금을 생략한다.

오븐을 260℃로 예열한다.

위쪽의 얇은 지방층만 남기고 지방을 전부 떼어낸다.

> 뼈를 제거한 센터컷 돼지 등심 로스트 1.3kg 또는 뼈가 그대로 붙어 있는 것 2.3kg

고기의 물기를 완전히 제거하고 다음을 뿌려서 문지른다.

> 올리브유 1큰술
>
> 소금 1작은술
>
> 흑후추 ½작은술

구이 팬에 받침대를 놓고 지방층이 위로 가도록 돼지고기를 올린다. 10분간 로스팅한다. 오븐 온도를 120℃로 줄이고 가장 두꺼운 부분에 꽂은 온도계가 60~63℃를 가리킬 때까지 굽는다.(레스팅하는 과정에서 온도가 3~5℃ 정도 더 올라간다.) 조리 시간은 로스트의 두께에 따라 달라지므로 45분이 지나면 온도를 확인하기 시작한다.(전체 조리 시간은 약 1시간 반 정도로 잡는다.) 다 익으면 도마에 옮겨놓고 포일로 느슨하게 덮어서 10분간 레스팅한다. 구이 팬에 흘러나온 육즙은 기름을 걷어내고 따로 보관해둔다. 취향에 따라 다음을 만든다.

> (기본 팬 그레이비 또는 허브 팬 소스)

갈비 로스트는 뼈를 발라서 등심을 한 덩어리로 손질한 다음 0.6~1.2cm 두께의 슬라이스로 썰거나, 갈비뼈 사이를 잘라서 두꺼운 촙으로 손질한다. 특별한 요리를 준비하고 싶다면 슬라이스로 썬 돼지고기 위에 다음을 얹는다.

> (뒤셀 레시피의 2배 분량)

슬라이스가 겹치도록 플래터에 보기 좋게 담고 숟가락으로 육즙이나 팬 소스를 끼얹어서 낸다.

허브로 양념한 돼지 어깨살 구이

6~8인분

어깨살 로스트를 납작하게 손질해서 레몬 껍질, 생허브, 마늘, 회향으로 문지르는 이 레시피의 양념 방법은 이탈리아의 특산물인 포르케타(porchetta, 뼈 없는 등심을 삼겹살에 돌돌 말아낸 요리) 및 아리스타 디 마이알레(arista di maiale, 피렌체의 전통적인 돼지 등심 구이)를 바탕으로 한 것이다. 포르케타는 미국에서 좀처럼 구하기 어렵고 아리스타 디 마이알레는 가격이 비싼 데다 다루기도 까다로우므로 우리는 뼈 없는 어깨살 로스트로 진한 맛과 편리함, 뛰어난 풍미를 즐기는 편을 선호한다. 취향에 따라 뼈를 제거한 등심 로스트를 사용해도 좋다. 납작하게 손질해서 잘라낸 안쪽에 양념을 문지른 뒤 돌돌 말아서 묶은 다음 돼지 등심 구이 레시피에 따라 굽는다. 먹다 남은 슬라이스를 프라이팬에 넣어서 바삭바삭하게 구우면 별미로 즐길 수 있다. 마늘을 넣은 브로콜리 라베 볶음과 함께 낸다.

다음을 준비한다.

> 뼈를 제거한 돼지 어깨살 로스트 1.8kg짜리 1개

묶여 있는 로스트의 끈을 풀고 두께가 일정하지 않으면 칼질을 해서 균일한 두께로 만든다. 안쪽에 있는 지방과 연골을 떼어내고 손질한다. 그릇에 다음을 넣고 섞는다.

> 마늘 8쪽, 다지기
>
> 레몬 1개의 껍질, 강판에 곱게 갈기
>
> (다진 회향 잎 1큰술)
>
> 다진 로즈메리 1큰술
>
> 다진 세이지 1큰술
>
> 올리브유 1큰술
>
> 회향 가루 1작은술
>
> 굵게 빻은 고춧가루 1작은술
>
> 소금 ½작은술
>
> 흑후추 ½작은술

양념 혼합물을 로스트 안쪽에 골고루 펴서 바른다. 어깨살을 원통형 모양으로 돌돌 말아서 조리용 실을 사용해 3.8cm 간격으로 묶는다. 로스트의 바깥쪽에 다음을 뿌려서 간을 한다.

> 소금 1½작은술
>
> 흑후추 1작은술

테두리 있는 오븐 팬에 받침대를 놓고 돼지고기를 올려서 오븐에 넣는다. 가장 두꺼운 부분에 꽂은 온도계가 82℃를 가리킬 때까지 3시간~3시간 반 동안 굽는다. 로스트를 플래터에 옮겨 담고 포일로 느슨하게 덮어서 20분간 레스팅한다. 상황에 따라 팬에서 기름기를 걷어내고 남은 육즙으로 다음을 만든다.

> (기본 팬 그레이비)

돼지 안심 프라이팬 구이

3~4인분

돼지 안심을 보기 좋은 갈색으로 구우려면 특별한 처리가 필요하다. 오븐용 프라이팬에 넉넉하게 들어가는 돼지 등심 로스트가 있다면 등심에도 이 방법을 응용할 수 있다. ▶ 두께가 3.8cm 미만인 안심은 돼지고기 촙처럼 그릴에 굽거나 소테로 조리한다. 상황에 따라 우선 안심을 소금물에 절이고 이 레시피에서 소금을 생략해도 좋다.

오븐을 150℃로 예열한다.

톡톡 두드려 물기를 제거한다.

　　돼지 안심 450~680g짜리 1개

다음으로 간을 한다.

　　소금 1작은술

　　흑후추 ½작은술

안심이 너무 길어서 프라이팬에 그대로 들어가지 않으면 초승달 모양으로 구
부리거나 가로로 반 잘라서 사용한다. 안심의 얇게 좁아지는 끝 쪽을 로스트
뒤로 접고 조리용 실 두 가닥으로 묶어서 두께를 균일하게 만든다.

큼직한 오븐용 프라이팬을 중강불에 올리고 다음을 둘러서 가열한다.

　　베이컨 기름, 라드 또는 식물성 기름 1큰술

안심을 넣고 모든 면이 갈색으로 익도록 6~8분간 지진다. 프라이팬에 담긴 채
로 오븐에 넣고 안심의 가장 두꺼운 부분에 꽂은 온도계가 63℃를 가리킬 때
까지 12~15분간 굽는다. 접시에 옮겨 담고 포일로 느슨하게 덮어서 5~10분간
레스팅한 후 저민다. 취향에 따라 프라이팬에서 기름기를 전부 걷어내고 중강
불에 올려서 다음을 만든다.

　　(허브 팬 소스 또는 스테이크 오 푸아브르, 다이앤 스테이크에 사용한 팬 소스)

부르르 끓어오르도록 가열하면서 프라이팬 바닥에서 갈색 조각을 긁어낸다.
고기를 저미고 숟가락으로 안심 위에 소스를 끼얹어서 낸다.

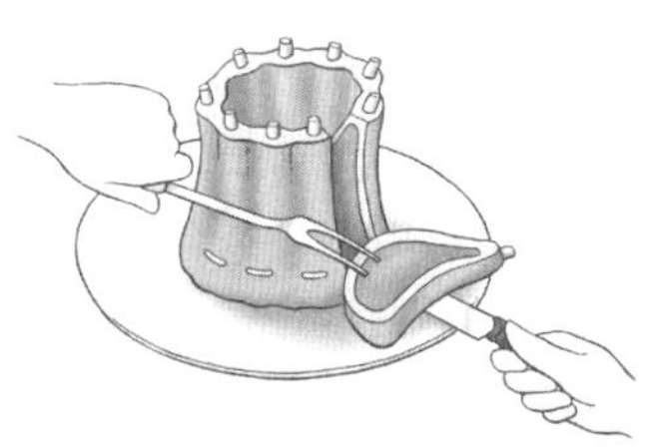

돼지 크라운 로스트 저미기

돼지 크라운 로스트 구이

12~15인분

대다수 정육점에서는 널찍한 등심 2개로 만든 크라운 로스트를 판매하는데,
조리할 때 골고루 익도록 등심의 크기가 비슷한지 반드시 확인하자.

다음을 준비한다.

　　기본 빵 스터핑 또는 드레싱(취향에 따라 소시지와 사과로 만든 것, 빵 스터핑의
　　　　추가 재료 항목 참고)

오븐을 175℃로 예열한다.

작은 그릇에 다음을 넣고 섞는다.

　　식물성 기름 또는 올리브유 2큰술

　　말린 타임 4작은술

　　올스파이스 가루 4작은술

　　소금 2작은술

　　흑후추 1작은술

양념 혼합물을 다음의 표면에 골고루 바르고 문지른다.

　　돼지 크라운 로스트 5.4kg짜리 1개

구이 팬 위에 고기를 올리고 1시간 동안 로스팅한다.

크라운 로스트의 가운데에 스터핑을 채우고, 남은 스터핑은 버터를 바른
베이킹 접시에 따로 담는다. 가장 두꺼운 부분에 꽂은 온도계가 63℃를 가리킬

때까지 1~2시간 더 굽는다.(고기를 레스팅하는 동안 온도가 3~5℃ 정도 더 올라간다.)
로스트가 제대로 익기 전에 스터핑의 윗부분이 너무 진한 갈색으로 변했다면
스터핑을 포일로 덮어서 굽는다. 다 구워진 로스트를 꺼내 도마 위에 놓고 포
일로 느슨하게 덮어서 15분간 레스팅한다. 구이 팬을 가정용 레인지의 버너 두
구에 올려놓고 중강불로 가열하면서 다음을 붓는다.

　　마데이라 또는 드라이 화이트와인 ½컵

뭉근히 끓어오르도록 가열하면서 팬의 바닥에 붙은 갈색 조각을 긁어낸다. 체
에 걸러서 편수 냄비에 붓고 다음을 추가한다.

　　닭 육수나 국물 1½컵

부르르 끓어오르도록 가열한 뒤 국물이 묽고 맛이 밍밍하면 팔팔 끓여서 좀
더 농축시킨다. 그레이비를 만들기 위해 더 걸쭉하게 끓이려면 불을 줄이고 뭉
근히 끓는 국물에 다음을 넣은 후 부드럽게 섞일 때까지 잘 젓는다.

　　밀가루를 넣고 치댄 버터, 버터 1큰술과 중력분 1큰술로 만들기

걸쭉해지도록 뭉근히 끓이고 간을 조절한다. 그림처럼 로스트를 개별 촙 모양
으로 저미면서 소스 및 스터핑과 함께 낸다.

바삭한 돼지 삼겹살 프라이팬 구이

6~8인분

돼지 삼겹살을 껍질째 굽는 근사한 요리다. 삼겹살 중에서도 가장 두툼하고 살
이 많이 붙어 있는 끝 쪽을 사용하는 것이 좋다. 부엌칼이 무뎌서 껍질에 칼집
을 내기 힘들면 새 칼날을 끼운 커터 칼을 사용한다.

오븐을 190℃로 예열한다.

톡톡 두드려 물기를 제거한다.

　　껍질이 붙어 있는 돼지 삼겹살 900g짜리 1개

아주 잘 드는 칼로 껍질에 1.2cm 간격으로 격자무늬 칼집을 넣는다. 껍질 아래
의 살은 자르지 않도록 조심한다. 그릇에 다음을 넣고 섞는다.

　　소금 1작은술

　　후추 ½작은술

　　다진 로즈메리나 타임 ½작은술 및 레몬 껍질 다진 것 ½작은술 또는 오향 분말
　　　　1작은술

삼겹살의 양쪽 면에 양념 혼합물을 뿌리고 잘 문질러서 칼집 안으로 양념이
잘 스며들게 한다. 커다란 오븐용 프라이팬을 중불에 올리고 다음을 둘러서
가열한다.

　　식물성 기름 또는 라드 1작은술

껍질이 아래로 가도록 삼겹살을 프라이팬에 놓고 껍질이 황금색으로 익을 때
까지 5분 정도 조리한다. 껍질이 프라이팬에 달라붙지 않도록 얇은 주걱을 삼
겹살 아래에 조심스레 찔러 넣어서 떼어낸다. 껍질이 위로 가도록 삼겹살을 뒤
집은 후 프라이팬에 담긴 채로 오븐에 넣는다. 가장 두꺼운 부분에 꽂은 온도
계가 82℃를 가리킬 때까지 1시간 정도 로스팅한다. 두껍고 널찍하게 썰어서
다음과 함께 낸다.

　　마늘을 넣은 브로콜리 라베 볶음 및 매시트포테이토

돼지갈비 오븐 구이

6~8인분

오향 돼지갈비 구이 레시피의 양념을 2배로 준비해 갈비를 하룻밤 재워두면
근사한 응용 요리가 완성된다.

톡톡 두드려 물기를 제거한다.

세인트루이스식 돼지 통갈비 2개 또는 돼지 등갈비 3개(2.7~3.6kg)

갈비의 움푹 들어간 쪽에 질긴 막이 덮여 있다면 먼저 벗겨내야 한다. 양쪽 면에 다음을 뿌려서 문지른다.

달콤한 훈연향 향신료 양념, 남부식 바비큐용 가루 양념 또는 커피 향신료 양념 ⅔~1컵

뚜껑을 덮지 않고 1시간 이상 냉장고에 넣어서 재운다. 더 강한 풍미를 내려면 비닐랩으로 감싸서 냉장고에 넣고 하룻밤 재운 다음 랩을 벗겨낸다.

받침대를 오븐의 가운데에 끼운다. 오븐을 160℃로 예열한다. 테두리 있는 오븐 팬 1~2개에 통갈비를 놓고 포일로 덮어서 오븐에 넣어 1시간 반 동안 굽는다. 갈비가 익는 동안 다음을 만들어도 좋다.

(묽은 양념장 또는 바비큐 소스)

1시간 반이 지나면 오븐 팬을 오븐에서 꺼낸다. 포일을 걷고 오븐 팬에 녹아나온 기름을 전부 따라낸 후 위를 덮지 않은 상태로 다시 오븐에 넣는다. 15분마다 묽은 양념장이나 소스(사용할 경우)를 발라주면서 고기가 부드러워질 때까지 1시간 정도 더 굽는다. 갈비뼈 하나를 비틀었을 때 헐겁게 느껴지면서 살짝 움직이면 다 익은 것이다. 포일로 느슨하게 덮어서 15분간 레스팅한 후 낸다. 취향에 따라 다음을 살짝 바르거나 곁들인다.

(바비큐 소스)

라틴식 돼지 앞다리 구이
8~10인분

앞다리는 다양한 돼지 로스트 중에서도 가장 맛있는 부위로 손꼽는다. 되도록 껍질이 그대로 붙어 있는 통앞다리를 구해보자. 굽는 도중에 표면에 물을 발라주면 껍질도 먹을 수 있을 정도로 부드럽게 익는다. 부엌칼이 무뎌서 껍질에 칼집을 내기 힘들다면 새 칼날을 끼운 커터 칼을 사용해도 좋다. 다음의 재료를 준비한다.

모조 레시피의 2배 분량

뭉근하게 끓이는 대신, 재료를 전부 믹서나 푸드 프로세서에 넣고 부드러운 퓌레 상태가 되도록 간다. 다음을 준비한다.

뼈와 껍질이 그대로 붙어 있는 돼지 앞다리 3.6kg짜리 1개

아주 잘 드는 칼로 껍질에 2.5cm 간격으로 격자무늬 칼집을 넣는다. 껍질 아래의 살은 자르지 않도록 조심한다. 양념장이 더욱 잘 스며들도록 칼집 사이로 손가락을 넣어서 공간을 넓게 벌린다. 딱 맞는 크기의 그릇이나 베이킹 접시 위에 올려놓은 지퍼백 또는 오븐용 비닐백에 앞다리 로스트를 넣는다. 양념장을 붓고 그릇의 뚜껑을 덮거나 지퍼백을 봉해서 냉장고에 넣고 하룻밤에서 이틀 정도 재운다. 돼지고기가 양념장에 완전히 잠기지 않으면 중간에 몇 번 방향을 바꾸면서 모든 면에 골고루 양념장을 묻힌다.

오븐을 175℃로 예열한다. 양념장을 그릇에 따라내고 한쪽에 둔다. 앞다리를 톡톡 두드려 물기를 제거한 후 구이 팬에 받침대를 놓고 그 위에 얹는다. 30분마다 껍질에 찬물을 발라주면서 가운데 부분에 꽂은 온도계가 85℃를 가리킬 때까지 4시간~4시간 반 정도 로스팅한다.

다 익은 로스트를 도마 위에 올리고 포일로 느슨하게 덮어서 20분간 레스팅한다. 그동안 구이 팬에 고인 육즙에서 기름을 걷어낸다. 구이 팬을 가정용 레인지의 버너 두 구에 올려놓고 중강불로 가열하면서 따로 보관했던 양념장을 붓는다. 부르르 끓어오르도록 가열하면서 팬의 바닥에 달라붙은 갈색 조각을

긁어낸다. 데글레이즈를 마치면 양념장을 편수 냄비에 옮겨 담고 선호하는 농도로 졸아들 때까지 5분 정도 더 뭉근히 끓인다. 다음으로 간을 한다.

(굵게 썬 파슬리, 고수 잎, 오레가노 또는 이를 섞은 것)

소금과 흑후추

바삭하게 익은 껍질을 벗겨내고 고기를 저민 후 플래터에 슬라이스를 보기 좋게 배열하고 그 위에 소스를 끼얹는다. 칼집으로 모양낸 껍질을 살코기 주위에 가지런히 배열해서 낸다.

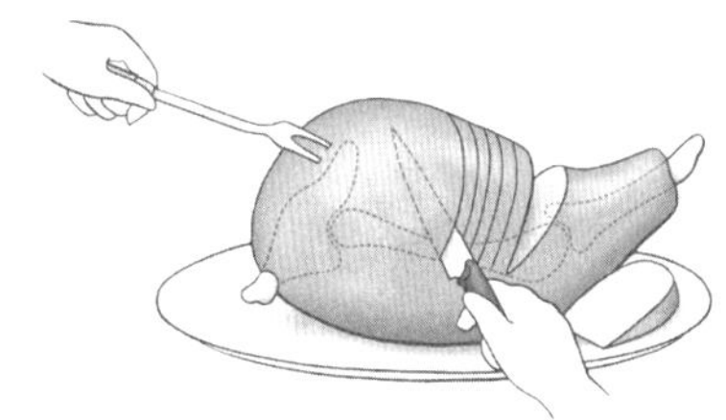

통넓적다리에서 살코기 저미기

돼지 넓적다리 또는 통다리 구이
15~20인분

돼지 다리를 통째로 손질한 것, 즉 **염장하지 않은 넓적다리 신선육**은 많은 사람이 먹을 수 있도록 대량으로 음식을 만들 때 적합하며 명절 요리로도 훌륭하다. 넓적다리는 무게가 다양하기 때문에 조리 시간을 근사치로만 소개한다. 1인분당 450g 정도를 기준으로 삼되, 곁들임 음식이 많으면 약간 적게 잡는다. 정육점에 주문할 때 사태 주위만 남기고 껍질을 전부 제거해달라고 부탁하자. 바삭하게 구운 껍질을 살코기에 곁들일 계획이라면 라틴식 돼지 앞다리 구이 레시피의 설명에 따라 껍질에 2.5cm 간격으로 격자무늬 칼집을 넣는다.

오븐을 175℃로 예열한다.

정육점에서 껍질을 제거하지 않은 고기를 샀다면 사태 주위만 제외하고 다른 부분의 껍질을 모두 제거한다.

뼈 있는 돼지 넓적다리 신선육 6.8~9kg짜리 1개

커다란 구이 팬에 넓적다리를 놓는다. 작은 그릇에 다음을 넣고 섞는다.

올리브유 또는 식물성 기름 2큰술

소금 1큰술

말린 세이지, 타임, 잘게 부순 로즈메리 또는 이를 섞어서 2작은술

흑후추 2작은술

이 양념 혼합물을 고기 표면에 전체적으로 바르고 골고루 문지른다. 고기를 오븐에 넣고 1시간 동안 로스팅한다. 구이 팬을 꺼내서 다음을 붓는다.

드라이 화이트와인 3컵

다시 오븐에 넣고 30분마다 양념을 발라주면서 가장 두꺼운 부분에 꽂은 온도계가 60℃를 가리킬 때까지 굽는다.(오븐에서 꺼내 레스팅하는 동안 온도가 5℃ 정도 올라간다.) 필요하면 구이 팬에 물을 조금 부어서 팬에 흘러나온 육즙이 눋지 않도록 한다. 아주 큼직한 넓적다리를 조리한다면 3시간 반 이상 구워야 할 수도 있다. 크기가 작은 넓적다리라면 2시간 정도 지났을 때 온도를 확인하기 시작한다. 다 익으면 커다란 플래터에 옮겨 담고 포일로 느슨하게 덮어서 30분간 레스팅한다. 그동안 상황에 따라 총 4컵 분량이 되도록 팬에 남은 육즙에 육수나 국물을 넉넉히 부어서 다음을 만든다.

(기본 팬 그레이비 레시피의 4배 분량)

고기를 저미려면 칼날이 뼈와 직각이 되도록 칼을 잡고 사태 쪽부터 시작해

슬라이스로 자른다. 그다음 다리뼈를 따라 길게 잘라서 슬라이스를 분리한다. 슬라이스를 플래터에 보기 좋게 배열하고, 팬 그레이비를 만들었다면 그레이비를 곁들여서 내거나 다음 소스 중 선호하는 것 몇 가지를 함께 낸다.(넓적다리의 분량을 고려해 소스를 3컵 이상 준비해야 한다.)

(호스래디시 소스, 스칸디나비아식 머스터드 딜 소스, 바이에른식 사과와
호스래디시 소스)

젖먹이 돼지 통구이
8~12인분

젖먹이 돼지는 반드시 특별 주문해야 한다. 내장을 전부 제거하고 깨끗하게 씻어서 손질해달라고 정육점에 부탁하자. 이 레시피에는 50cm짜리 구이 팬이 가장 좋다. 일회용 알루미늄 팬은 조리 도중에 망가지기 쉬우므로 권장하지 않는다. 부엌칼이 무뎌서 껍질에 칼집을 내기가 힘들다면 새 칼날을 끼운 커터칼을 사용해도 좋다. 전날 또는 로스팅하기 직전에 다음 스터핑 중 하나를 준비한다.(총 12컵이 필요하다.)

기본 빵 스터핑이나 드레싱, 기본 옥수수 빵 스터핑이나 드레싱 레시피의 1½배
분량, 또는 사과와 체리 빵 스터핑 레시피의 2배 분량

오븐의 가장 낮은 위치에 받침대를 끼운다. 오븐을 230℃로 예열한다.

50cm짜리 구이 팬에 기름을 넉넉히 바른다. 그보다 작은 팬을 쓴다면(43cm보다 작은 팬은 쓸 수 없다.) 로프 팬 하나와 튼튼한 포일을 넉넉하게 준비한다.

조리대 위에 다음을 놓는다.

젖먹이 돼지 6.8~9kg짜리 1마리

미처 제거하지 않은 털이 있는지 꼼꼼히 살핀다. 털이 있다면 안전면도기로 밀거나 토치로 그을러서 태운다. 몸통을 전체적으로 톡톡 두드려 안팎의 물기를 전부 제거한다. 돼지의 등이 아래로 가도록 조리대 위에 놓고 몸통 부분에 스터핑을 여유 있게 채운다. 조리용 실이나 꼬치로 5cm 간격으로 묶는다. 앞다리는 앞쪽으로 잡아당기고 뒷다리는 쭈그린 자세처럼 구부려서 꼬치로 고정한다. 돼지를 반대쪽으로 뒤집는다. 아주 잘 드는 칼로 등뼈 좌우에 있는 껍질에 2.5cm 간격으로 격자무늬 칼집을 넣는다. 껍질 아래의 지방까지는 칼집을 넣어도 상관없지만 살은 자르지 않도록 조심한다. 나무 조각이나 둥글게 뭉친 포일을 입안에 넣어서 벌려놓는다. 작은 그릇에 다음을 넣고 잘 섞는다.

올리브유 ¼컵

소금 2큰술

흑후추 1큰술

양념을 돼지 몸통 전체에 바르고 골고루 문지른다. 기름을 발라둔 구이 팬에 돼지를 올리되, 엉덩이를 대고 앉아서 상체를 세우고 있는 형태로 놓는다. 구이 팬이 너무 작다면 돼지를 대각선 방향으로 놓은 다음 턱밑에 로프 팬을 끼워서 머리를 받쳐놓는다. 구이 팬과 돼지머리를 받쳐놓은 로프 팬이 서로 이어지도록 튼튼한 포일을 길게 깔아서 조리 도중에 떨어지는 육즙이 포일을 타고 다시 구이 팬으로 흘러갈 수 있게 한다. 돼지가 자꾸 한쪽으로 기울어진다면 둥글게 뭉친 포일을 받쳐놓는다. 포일을 작게 잘라서 귀와 꼬리를 감싼다. 돼지를 오븐에 넣고 위를 덮지 않은 상태로 30분간 로스팅한다. 오븐 온도를 175℃로 줄이고 구이 팬에 다음을 붓는다.

드라이 화이트와인 3컵

30분마다 와인과 팬에 떨어진 육즙을 바르면서 굽는다. 가장 두꺼운 부분에 꽂은 온도계가 63~65℃를 가리킬 때까지 2시간~2시간 반 정도 더 로스팅한다.(오븐에서 꺼내 레스팅하는 동안 온도가 3~5℃ 정도 올라간다.)

돼지를 플래터에 옮겨 담고 30~60분간 레스팅한다. 팬에 흘러나온 육즙에서 기름기를 걷어내고 구이 팬을 중강불에 올린 후 다음을 붓는다.

닭 육수 또는 국물 2컵

뭉근히 끓어오르도록 가열한 다음 팬 바닥에 붙어 있는 갈색 조각을 긁어내면서 젓는다. 이렇게 팬에 끓여낸 국물과 함께 내도 좋다. 또는 작은 그릇에 다음을 넣고 잘 섞일 때까지 저어서 그레이비를 만든다.

(옥수수 전분 ¼컵)

(찬물 3큰술)

팬에 있는 국물을 편수 냄비에 붓고 뭉근히 끓어오르도록 가열한 뒤 옥수수 전분 혼합물을 넣고 젓는다. 부르르 끓어오르도록 가열한 후 걸쭉해질 때까지 졸인다. 다음으로 간을 한다.

소금과 흑후추

돼지의 귀와 꼬리에서 포일을 벗겨낸다. 조심스럽게 옆으로 굴려서 실과 꼬치를 빼낸다. 돼지의 몸통을 다시 돌려서 오른쪽 옆면이 위로 가도록 놓는다. 입에 물려둔 나무 조각이나 둥근 포일 뭉치를 빼낸다. 취향에 따라 입에 다음을 물린다.

(사과, 레몬 또는 라임 1개)

눈에는 다음을 채워 넣는다.

(말린 자두나 포도)

플래터를 다음으로 장식한다.

크레송이나 다른 녹색 채소, 소시지를 채워서 구운 사과 또는 프로방스식 토마토
요리

통째로 구운 돼지를 식탁에 선보인 다음, 앞다리와 뒷다리를 잘라서 플래터에 담는다. 껍질을 사각형으로 자른다. 허릿살을 잘라서 얇게 저민다. 갈비는 하나씩 분리한다. 얇게 저민 고기 슬라이스와 껍질을 플래터에 보기 좋게 배열하고 나머지는 손님들이 각자 살을 발라서 먹게 한다. 플래터를 식탁에 올리고 그레이비를 곁들인다.

베커 돼지고기 해시
3~4인분

예전에는 굵게 썰어서 양념한 채소와 익힌 고기를 섞어서 직접 만든 해시가 오늘날의 즉석식품 같은 음식이었다. 먹다 남은 고기 구이로 간단하게 한 끼를 차릴 수 있었기 때문이다. 프라이팬에 지지거나 감자를 넉넉히 넣은 버전(콘비프 해시)은 든든하고 간단한 아침 식사로 오랫동안 사랑받고 있다. 이 레시피처럼 그레이비 스타일의 해시는 돼지 등심, 칠면조, 닭 가슴살처럼 데웠을 때 쉽게 퍽퍽해지는 고기로 만들면 훨씬 좋다. 하지만 안타깝게도 요즘에는 이런 스타일의 해시를 많이 먹지 않는 추세다. 유행이나 선호도와 관계없이, 먹다 남은 돼지 로스트 구이나 추수감사절에 먹고 남은 칠면조고기를 활용할 때 우리가 가장 선호하는 레시피 중 하나가 바로 이 돼지고기 해시다.

커다란 프라이팬을 중불에 올리고 다음을 넣어서 녹인다.

버터 2큰술

다음을 넣고 저으면서 당근이 부드러워지고 양파가 반투명한 상태가 될 때까지 5~7분간 볶는다.

양파 큰 것 1개, 굵게 썰기

당근 중간 크기 2개, 깍둑썰기하기

다음을 넣고 젓는다.

버섯 225g, 굵게 썰기

중강불로 올리고 자주 저으면서 버섯에서 나온 수분이 증발할 때까지 5분 정도 조리한다. 다음을 넣는다.

닭 육수, 고기를 구울 때 나온 육즙 또는 이를 섞어서 1½컵

헤비크림 ½컵

포트 또는 마르살라 와인 ¼컵

간장 1큰술

마늘 2쪽, 다지기

신선한 타임 잎 1½작은술 또는 말린 타임 ½작은술

뭉근히 끓어오르도록 가열하고 불을 줄인 후 가끔 저으면서 10분간 조리한다. 그동안 작은 그릇에 다음을 넣고 섞어서 페이스트 상태로 만든다.

버터 2큰술, 말랑하게 녹이기

중력분 2큰술

10분간 뭉근히 끓인 후 버터와 밀가루 섞은 것을 조금씩 넣고 저어주면서 걸쭉해질 때까지 2분간 더 끓인다. 다음을 넣고 끓어오르지 않도록 불을 조절하면서 속까지 따뜻하게 데운다.

먹다 남은 돼지고기 구이 2~3컵, 깍둑썰기하기

(냉동 완두콩 285g짜리 1봉지)

다음으로 양념한다.

흑후추

다음 위에 얹어서 낸다.

버터에 버무린 에그누들 또는 토스트

각 그릇에 다음을 얹어서 장식한다.

굵게 썬 파슬리

돼지고기 그릴 구이, 직화 오븐 구이, 소테에 대해

고기가 너무 익어서 퍽퍽해지기 전에 겉면에 갈색 껍질이 형성되는 이러한 고열 조리법은 등심 촙과 안심에 가장 적합하다. 돼지 어깨살의 부드러운 부분, 특히 칼라(collar)나 코파(coppa)에서 잘라낸 스테이크도 고열 조리에 잘 어울리며 등심 촙처럼 그릴이나 직화 오븐 구이, 소테 등으로도 조리할 수 있다. 어깨살의 다른 부분은 너무 질겨서 고열 조리에 적합하지 않다. 반면 어깨살을 결의 반대 방향으로 1.2cm 두께로 길쭉하게 자르면 양념장에 재운 후 꼬치에 끼워서 그릴에 굽기에 좋다.

돼지고기를 그릴의 불꽃이 직접 닿는 곳에 올려서 구울 때는 불꽃이 확 솟아오르는 것을 최대한 방지하기 위해 지방을 꼼꼼히 떼어내는 것이 좋다. 몇 번 정도 불꽃이 솟아오르는 것은 어쩔 수 없고 심지어 바람직한 경우도 있지만 (직화 구이의 특징인 불맛을 내기 위해) 고기를 잘 살펴보면서 너무 그을린다 싶으면 불이 닿지 않는 곳으로 재빨리 옮긴다. 시어링이나 소테로 조리하기 위해 돼지고기 촙을 구입할 때 옆면을 따라서 지방이 넉넉하게 붙어 있는 부위를 보면 고민하지 말고 선택하자. 지방이 너무 많으면 조금 떼어내고, 고기를 프라이팬에 올려서 기름이 녹아나오기 시작하면 고기 자체의 기름으로 굽는다.

돼지 안심 그릴 구이

4인분

말라서 퍽퍽해지는 것을 방지하기 위해 안심을 통째로 굽는다. 두께가 3.8cm

이하인 안심은 아래에 소개하는 촙과 같은 방식으로 다룬다. 풍부한 육즙을 보존하려면 우선 안심을 소금물에 절이고 레시피에서 소금을 생략한다. 그릴을 중강불로 맞춰서 준비한다. 다음을 톡톡 두드려 물기를 제거한다.

돼지 안심 450~680g짜리 1개

다음으로 간을 한다.

소금 1작은술

흑후추 ½작은술

안심의 한쪽 끝이 아주 얇아지는 모양이라면 얇은 쪽을 뒤로 접어서 조리용 실 두 가닥으로 묶는다. 2분 정도마다 한 번씩 뒤집으면서 가장 두꺼운 부분에 꽂은 온도계가 60℃를 가리킬 때까지 12~15분간 굽는다.(그릴에서 내려 레스팅하는 동안 온도가 3℃ 정도 더 올라간다.) 포일로 느슨하게 덮어서 5~10분간 레스팅한 후 얇게 썬다. 다음과 함께 낸다.

바비큐 소스, 모조, 치미추리 또는 비네그레트

돼지 등심 촙 그릴 또는 직화 오븐 구이

4인분

톡톡 두드려 물기를 제거한다.

뼈 있는 돼지 등심이나 뼈를 제거한 돼지 등심, 센터컷 부위를 2~3.8cm의 두께로 자른 것 4개

다음을 발라서 골고루 문지른다.

식물성 기름 2큰술

다음으로 간을 한다.

소금 1작은술

흑후추 ½작은술

그릴을 강불에 맞춰 준비하거나 오븐 받침대에 구이 팬을 올리고 열원에서 7.5~10cm 떨어진 위치에 끼운 다음 직화 오븐을 예열한다. 고기를 그릴의 불꽃이 직접 닿는 곳에 올려놓거나 직화 오븐에 넣는다. 얇은 촙은 중간에 한두 번 뒤집으면서 8분 정도 굽는다. 두꺼운 촙은 굽는 시간을 1~2분 정도 늘려야 한다. 뒤집을 때마다 고기에 다음을 뿌린다.

레몬 ½개의 즙

고기의 중심부(뼈와 가깝지만 뼈에 직접 닿지 않는 곳)에 꽂은 온도계가 63℃를 가리키면 촙이 다 익은 것이다. 아주 두툼하게 썬 '더블컷' 촙이라면 일단 겉면을 갈색으로 익힌 다음 그릴에서 불꽃이 직접 닿지 않는 곳으로 옮기고 레몬즙을 한 번 더 뿌려서 그릴의 뚜껑을 덮고(또는 포일로 느슨하게 덮어서) 다 익을 때까지 굽는다.

돼지고기 수블라키(Pork Souvlaki, 그리스식 돼지고기 꼬치 구이)

6~8인분

수블라키를 끼워 넣은 피타 빵은 언제 먹어도 맛있으며 많은 사람에게 사랑받는 음식이다. 돼지고기 대신 양 어깨살이나 소 윗등심을 사용해도 좋다.

다음을 만든다.

발칸식 양념장

껍질을 벗긴 레몬은 따로 보관해둔다. 다음을 결의 반대 방향으로 6mm~1.2cm 두께가 되도록 널찍하게 썬다.

뼈를 제거한 돼지 어깨살 1.1kg, 큼직한 지방 덩어리를 떼어내기

널찍하게 썬 고기를 다시 2.5cm 너비로 길쭉하게 썬다. 15cm보다 긴 조각은

반으로 썬다. 고기를 그릇이나 지퍼백에 넣고 양념장을 붓는다. 밀봉해서 냉장고에 넣어 3~8시간 동안 재운다.

나무 꼬치를 사용할 때는 그릴에 굽기 1시간쯤 전에 꼬치를 물에 담가둔다. 그릴을 반으로 나눠 한쪽에만 숯을 쌓고 중강불에 맞춰서 준비한다. 돼지고기를 꼬치에 끼운다. 꼬치를 그릴에 올려 가장자리가 갈색으로 익을 때까지 약 3분간 그을리듯 굽는다. 꼬치를 뒤집은 다음 껍질을 벗겨서 보관해둔 레몬의 즙을 뿌리고 반대쪽도 갈색으로 익을 때까지 2~3분간 더 굽는다. 꼬치가 먹음직스러운 갈색으로 익으면 그릴 불꽃이 직접 닿지 않는 곳에 차곡차곡 쌓아둔다. 마지막 꼬치까지 갈색으로 잘 익으면 쌓아놓은 꼬치 위에 남은 레몬즙을 뿌리고 그릴 뚜껑을 덮는다. 10분간 더 굽는다.

이렇게 완성한 수블라키는 다음의 속재료로 사용한다.

플랫브레드 또는 피타 샌드위치

또는 꼬치째 다음과 함께 낸다.

그리스식 샐러드

따뜻하게 데운 피타 빵 또는 바삭하게 구운 납작 감자

차지키

베트남식 돼지고기 그릴 구이
4인분

우리가 분(bún, 베트남식 비빔 쌀국수)에 얹어 먹는 토핑으로 가장 즐겨 만드는 메뉴 중 하나다. 두툼한 돼지고기 센터컷이나 설로인 촙이 잘 어울리지만 얇게 썬 촙이나 돼지 어깨살을 얇게 저며서 꼬치에 꽂아 구운 것도 맛있다. 다음 중 하나를 준비한다.

뼈 있는 또는 뼈를 제거한 센터컷 돼지 등심 촙 4개, 2~3.8cm 두께로 썰기

뼈를 제거한 돼지 어깨살 680g, 뭉쳐 있는 지방을 떼어내기

돼지 어깨살을 사용한다면 결의 반대 방향으로 6mm~1.2cm 두께가 되도록 널찍하게 썬다. 다음을 만든다.

베트남식 양념장 또는 태국식 레몬그라스 양념장

지퍼백이나 그릇에 돼지고기와 양념장을 넣고 잘 섞는다. 냉장고에 넣고 양념장이 골고루 배도록 가끔 뒤집어주면서 2시간~하룻밤 동안 재운다. 나무 꼬치를 사용한다면 1시간 이상 물에 담가둔다.

돼지고기를 받침대에 올려놓고 여분의 양념장을 손가락으로 쓸어낸 뒤 양념장은 다시 지퍼백이나 그릇에 따로 보관해둔다. 고기를 톡톡 두드려 물기를 제거한다. 돼지 어깨살을 사용한다면 고기를 꼬치에 끼운다. 양념장을 작은 편수 냄비에 옮겨 담고 부르르 끓어오르도록 가열한 후 중불에서 소스와 비슷한 농도가 되도록 10분 정도 뭉근히 끓인다.

그릴을 강불에 맞춰서 준비한다. 촙을 사용한다면 **돼지 등심 촙 그릴 또는 직화 오븐 구이** 레시피에 따라 조리한다. 꼬치에 꽂은 어깨살은 **돼지고기 수블라키** 레시피에 따라 조리한다. 걸쭉하게 졸인 소스를 살짝 뿌리고 다음으로 장식한다.

라임 조각

돼지고기 촙 소테
4인분

이 조리법은 최대 3.8cm 두께의 촙에 적합하다. 더 두툼하게 썬 더블컷 촙은 돼지 안심 프라이팬 구이 레시피에 따라 조리한다. 오븐을 175℃로 예열하고,

오븐용 프라이팬을 사용해 아래 설명대로 촙을 갈색으로 지진 다음 오븐에 넣어서 조리를 마무리한다.

톡톡 두드려 물기를 제거한다.

뼈 있는 또는 뼈를 제거한 센터컷 돼지 등심 촙 4개(약 680g), 2~3.8cm 두께로 썰기

다음으로 간을 한다.

소금 1작은술

흑후추 ½작은술

가능하면 테두리 있는 오븐 팬에 받침대를 놓고 돼지고기를 올려서 위를 덮지 않은 상태로 1시간 이상 냉장고에 넣어둔다.(이렇게 하면 더 빨리 갈색으로 익는다.) 큼직한 프라이팬을 중강불에 올리고 다음을 둘러서 가열한다.

식물성 기름 1큰술

고기를 넣고 각 촙의 중심부에 꽂은 온도계가 63℃를 가리킬 때까지 한 면당 4~5분 정도 조리한다. 따뜻하게 데운 플래터나 접시에 옮겨 담고 5분간 레스팅한다. 그동안 상황에 따라 프라이팬에 기름을 1큰술만 남기고 모두 따라낸 후 다음을 만든다.

(팬 소스 또는 다이앤 스테이크에 사용한 팬 소스)

완성된 촙에 소스를 곁들여 낸다.

빵가루를 입혀서 튀긴 돼지고기 촙 또는 커틀릿
4인분

돼지고기 촙이나 스테이크를 두들겨 얇은 커틀릿으로 만드는 요령은 430쪽을 참고한다.

톡톡 두드려 물기를 제거한다.

얇게 저민 돼지 다리 스테이크 680g 또는 뼈를 제거한 돼지 등심 촙 4개(두께 2~2.5cm)

등심 촙을 사용한다면 고기를 한 덩어리씩 올려놓고 칼날이 조리대와 평행하도록 칼을 옆으로 눕혀서 지방이 붙어 있는 쪽에 세로로 칼집을 넣는다. 경첩 역할을 하도록 반대쪽 1.2cm만 남기고 거의 끝까지 썬다. 다 썰면 책처럼 옆으로 펼쳐 손으로 납작하게 누른다. 6mm 정도의 균일한 두께가 되도록 두들겨서 넓게 편다. 두들긴 고기가 너무 커서 프라이팬에 들어가지 않으면 반으로 자른다.

비너슈니첼 레시피에 따라 빵가루를 입혀서 튀긴다. **돼지고기 밀라네제**를 만든다면 **프라이팬에 튀긴 치킨 커틀릿 II** 레시피를 참고해서 조리한다.

탕수육
4인분

미국식 중국 식당에서 특히 포장 음식으로 꾸준히 사랑받는 메뉴다. 딥 프라잉 항목을 참고한다.

큼직한 편수 냄비나 웍을 중불에 올리고 기름을 다음 높이까지 부어서 달군다.

식물성 기름 5cm

중간 크기의 그릇에 다음을 넣고 세게 저어서 잘 섞는다.

중력분 ¼컵

옥수수 전분 ¼컵

대란 2개

소금 ¼작은술

물 1큰술

튀김옷이 완성되면 다음을 넣고 뒤적이면서 골고루 묻힌다.

돼지 등심 450g, 2cm 크기의 정육면체로 썰기

기름 온도가 185℃에 도달하면 돼지고기를 몇 번에 나눠 넣고 연한 황금색으로 바삭하게 익을 때까지 각각 3~4분씩 튀긴다. 구멍 뚫린 숟가락이나 건지기로 돼지고기를 건진다. 오븐 팬에 받침대를 놓고 그 위에 튀긴 돼지고기를 올려서 기름을 뺀다.(튀김에 사용한 기름은 오븐용 그릇이나 용기에 부어서 한쪽에 두고 식힌 후 버리거나 재사용한다.) 중간 크기의 그릇에 다음을 넣고 세게 젓는다.

파인애플즙 6큰술

사과 식초 2큰술

갈색 설탕 1큰술

옥수수 전분 2작은술

간장 2작은술

우스터 소스 2작은술

프라이팬을 다시 중불에 올리고 다음을 둘러서 가열한다.

식물성 기름 1큰술

기름이 연기가 나기 직전까지 달아오르면 다음을 넣는다.

마늘 큰 것 2쪽, 으깨기

저으면서 향긋한 냄새가 날 때까지 1분 정도 볶는다. 다음을 넣는다.

붉은색 또는 녹색 피망 1개, 2cm 크기로 썰기

2cm 크기로 썬 파인애플 1½컵

파인애플과 피망이 부드러워지기 시작할 때까지 약 4분간 볶는다. 소스와 튀긴 돼지고기를 넣고 뒤적인 후 돼지고기와 채소에 소스가 골고루 묻도록 계속 저으면서 속까지 따뜻해지고 소스가 걸쭉해질 때까지 조리한다. 다음과 함께 낸다.

쌀밥

다음으로 장식한다.

얇게 송송 썬 쪽파

그레이비를 곁들인 돼지 안심 튀김
6~8인분 또는 비스킷 샌드위치용 12개

매콤한 이 돼지고기 요리는 아침으로 먹기도 하고 샌드위치로 만들어도 아주 맛있다. 작은 그릇에 다음을 넣고 섞는다.

스위트 파프리카 가루 1큰술

소금 1½작은술

흑후추 1½작은술

마늘 가루 ½작은술

말린 세이지 ½작은술

말린 오레가노 ½작은술

드라이 머스터드 ½작은술

카옌 고춧가루 ½작은술

톡톡 두드려 물기를 제거한다.

돼지 안심 680g, 가로 방향으로 12조각으로 썰기

절단면이 아래로 가도록 고기를 한 덩어리씩 올려놓고 칼날이 조리대와 평행하도록 칼을 옆으로 눕혀서 수평으로 자르되, 경첩 역할을 하도록 1.2cm만 남기고 거의 끝까지 썬다. 다 썰면 책처럼 옆으로 펼쳐서 손으로 납작하게 누른

다. 돼지고기에 향신료 양념 가루를 골고루 문지르고 오븐 팬에 올려서 위를 덮지 않은 상태로 1시간 동안 냉장고에 넣어둔다.

큼직한 프라이팬을 중강불에 올리고 기름을 다음 높이까지 부어서 달군다.

식물성 기름 6mm

손질한 안심에 다음을 골고루 묻힌다.

밀가루 ½컵

여분의 밀가루를 털어낸다. 돼지고기를 몇 번에 나눠 넣고 한쪽 면이 갈색으로 익을 때까지 3~4분간 튀긴 후 뒤집어서 반대쪽도 3~4분간 튀긴다. 돼지고기를 플래터에 건져놓고 포일로 덮어서 따뜻하게 보관한다. 그레이비를 만들기 위해 프라이팬에 기름을 2큰술만 남기고 전부 따라낸다. 다음을 넣고 잘 젓는다.

중력분 2큰술

다음을 조금씩 흘려 넣으면서 잘 젓는다.

우유 1컵

막 끓어오르기 시작할 때까지 가열하면서 프라이팬 바닥에 달라붙은 갈색 조각을 긁어낸다. 그레이비에 다음으로 간을 한다.

소금과 흑후추

그레이비를 돼지고기 위에 붓는다. 다음을 곁들여 낸다.

비스킷 또는 소프트 롤

돼지고기 조림, 스튜, 바비큐에 대해

수분을 써서 천천히 익히는 이 조리법은 덜 부드러운 돼지 어깨, 다리, 사태, 삼겹살 등의 부위에 사용한다. 등심의 양쪽 끝에서 잘라낸 부위인 블레이드의 끝부분과 설로인의 끝부분도 조림에 넣으면 잘 어울린다. 이 부위도 어깨살 스테이크처럼 갈색으로 빨리 익고 뼈가 있어서 조림 국물에 더 깊은 풍미를 추가하므로 우리는 즐겨 사용한다. ▶ 조림이나 스튜 레시피를 슬로 쿠커에 응용하려면 1118쪽, 압력 조리에 응용하려면 1119쪽을 참고한다.

낮은 온도에서 천천히 바비큐하는 것도 일종의 습식 조리에 해당한다. 계속해서 액체 재료를 발라주거나 급수 팬을 사용해 그릴이나 훈연기의 습도를 높게 유지하면서 조리하기 때문이다. 우리가 바비큐에 가장 즐겨 사용하는 부위는 어깨살과 갈비지만, 등갈비와 립 팁 부위도 나름의 매력이 있다. 돼지 어깨 부위를 사용할 때 목심과 앞다리 중 하나를 선택해야 한다면 목심을 조리했을 때 가장 많은 양의 고기가 나온다는 점을 기억하자.

우유에 조린 돼지고기
6인분

우리가 이 요리에 가장 선호하는 부위는 단연 칼라 또는 코파 로스트다.

커다란 더치오븐을 중불에 올리고 다음을 넣어서 가열한다.

베이컨 또는 판체타 2조각

기름이 빠져나오고 갈색으로 익을 때까지 굽는다. 베이컨을 꺼내고(따로 보관했다가 조리를 마무리할 때 사용한다.) 더치오븐에 다음을 넣는다.

뼈를 제거한 돼지 어깨살이나 설로인 로스트 1.1kg짜리 1개 또는 뼈 있는 돼지 등심 로스트 1.3kg짜리 1개

돼지고기의 모든 면이 갈색이 되도록 총 15분 정도 굽는다. 고기를 접시에 옮겨 담는다. 다음을 넣는다.

양파 작은 것 1개, 깍둑썰기하기

(회향 구근 작은 것 1개, 깍둑썰기하기)

셀러리 줄기 1개, 깍둑썰기하기

당근 1개, 깍둑썰기하기

마늘 6쪽, 으깨기

채소가 갈색으로 변하기 시작할 때까지 약 8분간 볶는다. 다음을 넣는다.

일반 우유 3컵

세이지 잎 6장

월계수 잎 2장

큼직하고 길쭉하게 벗긴 레몬 껍질 2조각, 채소 껍질 벗기는 도구로 벗겨내기

로즈메리 잔가지 7.5cm짜리 1개

돼지고기를 다시 더치오븐에 넣고 강불에 뭉근히 끓어오르도록 가열한 후 뚜껑을 덮고 약불로 줄인다. 가끔 뒤집어주면서 날카로운 칼끝으로 찌르면 쑥 들어갈 정도로 고기가 아주 연해질 때까지 1시간 반~2시간 동안 뭉근히 끓인다.

고기를 플래터에 옮겨 담고 포일로 덮어서 따뜻하게 보관한다. 허브와 레몬 껍질을 건져내고 국물 표면에 떠오른 기름기를 최대한 많이 걷어낸 후 중강불에 올려 부르르 끓인다. 가끔 저으면서 절반으로 졸아들 때까지 15분 정도 끓인다. 취향에 따라 채소를 체에 걸러내거나 소스를 믹서에 넣고 부드러운 질감이 되도록 갈아도 좋다. 다음으로 간을 한다.

소금과 흑후추

고기를 얇게 저미고 플래터에 보기 좋게 배열한다. 숟가락으로 소스를 떠서 고기에 끼얹는다. 따로 보관해둔 구운 베이컨이나 판체타를 부순 후 다음과 함께 홀홀 뿌린다.

굵게 썬 파슬리

속을 채워서 조린 돼지고기 찹 코케뉴
4인분

오븐을 175℃로 예열한다.

다음을 만든다.

이탈리아식 빵가루 스터핑

지방이 뭉쳐 있는 부분을 떼어내고 손질한다.

돼지갈비 찹 4개, 약 3.8cm 두께로 썰기

고기를 한 덩어리씩 올려놓고 칼날이 조리대와 평행하도록 옆으로 눕혀서 한쪽에 깊숙이 칼집을 넣거나 공간을 만들어 스터핑을 채운다. 나무 꼬치나 이쑤시개를 꽂아서 고정한다. 크고 묵직한 프라이팬을 중강불에 올리고 다음을 둘러서 가열한다.

식물성 기름 1큰술

돼지고기 찹을 프라이팬에 넣고 양쪽 면을 그을리듯 굽는다. 뚜껑이 있는 베이킹 접시에 고기를 한 겹으로 가지런히 배열한다. 우유나 육수를 다음 높이까지 붓는다.

우유 또는 닭 육수나 국물 6mm

뚜껑을 덮고 부드러워질 때까지 1시간 15분 정도 오븐에 굽는다. 취향에 따라 조림 국물에서 기름기를 전부 걷어내고 돼지고기 찹을 갈색으로 구울 때 사용한 프라이팬에 부어서 다음을 만든다.

(기본 팬 그레이비)

또는 다음과 함께 낸다.

(크랜베리 소스)

사우어크라우트를 곁들인 돼지고기 조림
8인분

돼지고기와 사우어크라우트의 전통적인 조합에 생양배추를 추가하면 풍미가 더욱 다채로워진다.

톡톡 두드려 물기를 제거한다.

뼈를 제거한 돼지 어깨살 로스트 1.8kg짜리 1개, 뭉쳐 있는 지방을 떼어내기

작은 그릇에 다음을 넣고 잘 섞는다.

스위트 파프리카 가루 2작은술

소금 1작은술

흑후추 1작은술

말린 세이지 ½작은술

말린 타임 ½작은술

드라이 머스터드 ¼작은술

향신료 양념 가루를 돼지고기에 골고루 문지른다. 테두리 있는 오븐 팬에 받침대를 놓고 돼지고기를 올려서 위를 덮지 않은 상태로 2시간 이상(또는 하룻밤) 냉장고에 넣어둔다.

오븐을 160℃로 예열한다.

더치오븐을 중불에 올리고 다음을 둘러서 가열한다.

올리브유나 베이컨 기름 2큰술

돼지고기를 넣고 모든 면이 갈색이 되도록 굽는다. 고기를 접시에 옮겨 담는다. 더치오븐에 기름을 2큰술만 남기고 모두 따라낸 후 다음을 넣는다.

잘게 썬 양배추 4컵

양파 1개, 얇게 저미기

당근 1개, 깍둑썰기하기

서양대파 1개, 손질해서 반으로 자르고 깨끗이 씻은 후 얇게 썰기

더치오븐의 뚜껑을 덮고 가끔 저으면서 채소가 부드러워지고 양배추의 숨이 죽을 때까지 10분 정도 조리한다. 다음을 넣고 1분간 더 조리한다.

마늘 2쪽, 다지기

다음을 넣는다.

사우어크라우트 450g, 물기를 빼기

닭 육수나 국물 1컵

흑맥주 360ml짜리 1병

캐러웨이씨 1작은술

(말린 세이버리 1작은술)

월계수 잎 2장

부르르 끓어오르도록 가열한다. 고기를 다시 더치오븐에 넣되, 소복이 쌓여 있는 양배추와 채소 가운데에 넣고 뚜껑을 덮어서 오븐에 넣는다. 고기를 포크로 찌르면 부드럽게 들어갈 때까지 2~3시간 조린다. 조리가 마무리되면 고기를 꺼내고 월계수 잎을 건져낸다. 국물에 뜬 기름기를 최대한 걸러낸다. 고기를 얇게 저미고 채소 및 조림 국물과 함께 낸다.

풀드 포크 조림(Braised Pulled Pork)
12인분

제대로 만든 돼지 어깨살 훈제 구이를 대체할 수는 없지만, 이 레시피는 실내에서 조리할 수 있으며 훨씬 간단하고 빠르다. 어깨살을 자체 육즙에 푹 익히므로 사르르 녹을 정도로 부드러워진다. 넉넉한 소스에 버무려서 번 위에 얹

어 먹으면 아무리 까다로운 바비큐 애호가도 맛만은 인정하거나, 최소한 이 레시피에 관한 생각이 바뀔 것이다. 돼지고기에 훈연 풍미를 내려면 가루 양념에 훈제 소금을 넣거나 파프리카 가루 분량 중 절반을 훈제 파프리카 가루로 대체한다.

다음에서 큼직한 지방 덩어리를 떼어낸 뒤 따로 보관해둔다.

　　뼈를 제거한 돼지 어깨살, 목심이나 블레이드 로스트 1.8kg짜리 1개

고기에 다음을 골고루 문지른다.

　　남부식 바비큐용 가루 양념

고기를 한꺼번에 조리한 후 포일 두 겹에 싸서 냉장고에 넣으면 최대 하루 동안 보관할 수 있다. 오븐의 가운데에 받침대를 끼운다. 오븐을 160℃로 예열한다. 더치오븐(또는 고기가 들어갈 만한 묵직한 냄비)을 중불에 올린다. 돼지고기를 손질하면서 떼어낸 지방 덩어리를 넣고 기름이 2큰술 분량이 될 때까지 녹인다. 또는 다음을 사용한다.

　　(베이컨 기름 또는 식물성 기름 2큰술)

고기를 넣고 모든 면을 갈색으로 굽는다. 뚜껑이나 포일로 더치오븐을 단단히 덮고 오븐에 넣은 후 포크로 고기를 잘게 찢을 수 있을 정도로 부드러워질 때까지 3시간~3시간 반 정도 조리한다. 로스트를 큼직한 베이킹 접시나 플래터에 옮겨 담고 더치오븐에 빠져나온 육즙에서 기름기를 걷어낸다. 포크로 고기를 자잘하게 찢은 후 육즙으로 촉촉하게 적신다. **돼지 어깨살 훈제 구이** 레시피대로 소스에 버무려서 낸다.

카르니타스 조림(Braised Carnitas)

6인분

전통적으로 카르니타스는 스페인어로 만테카(manteca)라고 하는 부글부글 끓어오르는 라드에 넣어서 속까지 잘 튀긴 돼지고기로 만든다. 이렇게 만든 카르니타스는 맛이 기가 막히지만, 유명한 멕시코 요리 전문가 다이애나 케네디(Diana Kennedy)는 가정에서 훨씬 편리하고 간단하게 만들 수 있으면서도 전통 카르니타스만큼 맛있는 레시피를 소개했다. 돼지 어깨살이 부드러워질 때까지 푹 익히고 조림 국물을 증발시킨 다음, 정육면체로 자른 돼지고기를 자체 기름에 튀겨낸다.

더치오븐에 다음을 넣는다.

　　뼈를 제거한 돼지 어깨살 1.3kg, 지방을 떼어내지 않고 3.8cm 크기로 썰기
　　물 2컵
　　껍질을 벗기지 않은 마늘 5쪽, 살짝 으깨기
　　오렌지 1개의 껍질, 채소 껍질 벗기는 도구로 넓고 길쭉하게 벗겨내기
　　월계수 잎 2장
　　소금 1큰술

부르르 끓어오르도록 가열한 후 불을 줄이고 뚜껑을 덮어서 1시간 반 정도 뭉근히 끓인다. 뚜껑을 열고 마늘과 오렌지 껍질, 월계수 잎을 건져낸다. 중불로 올려 가끔 저으면서 수분을 전부 날려버린다. 수분이 다 증발하면 즉시 중약불로 줄이고 돼지고기가 황금색으로 바삭바삭하게 익을 때까지 자체 기름에 튀긴다. 타코나 토르타에 넣어서 내거나 다음을 곁들인다.

　　멕시코식 삶은 콩 또는 으깬 콩 페이스트
　　장립종 쌀밥 또는 토르티야
　　살사 아무거나, 멕시코식 아도보 소스, 하바네로 감귤류 핫소스
　　고수 잎 잔가지

　　얇게 저민 아보카도
　　라임 조각

돼지고기 아도바다(Pork Adovada)

6인분

널리 사랑받는 뉴멕시코식 스튜로 말린 칠리 고추를 넣은 양념 페이스트에 고기를 재워서 조리한다. 미국 남서부에서는 보통 이 스튜에 밥과 소파피야(sopapilla)를 곁들여서 내지만 밀가루나 옥수수 토르티야로 대체할 수 있다.

작은 그릇에 다음을 넣어서 고추를 불린다.

　　뉴멕시코산 칠리 고추 말린 것 6개
　　고추가 잠길 만큼의 뜨거운 물

고추가 물 위로 올라오지 않도록 컵받침이나 작은 냄비 뚜껑을 덮어서 20분간 불린다. 고추를 건져서 물기를 털어내고 불린 물은 따로 보관해둔다. 고추에 칼집을 넣어서 펼치고 꼭지와 씨는 버린다. 고추와 불린 물 ¼컵을 푸드 프로세서나 믹서에 넣는다. 다음을 추가한다.

　　사과 식초 ⅓컵
　　마늘 4쪽, 껍질을 벗기기
　　소금 1작은술
　　커민씨 1작은술
　　말린 오레가노 ½작은술
　　흑후추 ½작은술
　　고수씨 가루 ¼작은술
　　계핏가루 1자밤

매끄러운 질감이 되도록 간다. 페이스트를 커다란 그릇에 붓고 다음을 넣는다.

　　뼈를 제거한 돼지 어깨살 또는 컨트리 스타일 갈비 1.3kg, 지방을 떼어내고 3.8cm
　　　　크기로 썰기 또는 돼지 어깨살 스테이크 1.6kg

뒤적이면서 고기에 양념 페이스트를 골고루 문힌다. 뚜껑을 덮어서 냉장고에 넣고 가끔 뒤집어주면서 12시간~3일 정도 재운다.

더치오븐을 중불에 올리고 다음을 둘러서 가열한다.

　　식물성 기름 2큰술

다음을 넣고 자주 저으면서 부드러워지되 갈색으로 변하지는 않을 때까지 5분 정도 볶는다.

　　양파 큰 것 1개, 굵게 썰기

돼지고기와 양념 페이스트를 넣고 다음을 추가한다.

　　통토마토 통조림 795g짜리 1개

불을 줄이고 뚜껑을 덮어서 돼지고기가 부드러워질 때까지 1시간 반~2시간 정도 뭉근히 끓인다.

　　고기를 건져 테두리 있는 오븐 팬에 옮겨 담는다. 어깨살 스테이크로 조리했다면 뼈를 발라내고 고기를 큼직하게 썬다. 소스에서 기름기를 걷어낸 다음 중강불로 올리고 가끔 저으면서 바글바글 끓여서 졸인다. 맛을 보고 간을 조절한다. 돼지고기를 다시 더치오븐에 넣고 소스를 골고루 문힌 후 속까지 따뜻해지도록 데운다. **카르니타스 조림**과 같은 방식으로 낸다.

컨트리 스타일 돼지갈비 오븐 찜

6~8인분

돼지갈비가 저절로 찢어질 정도로 부드러워지고 소스의 풍미가 깊숙이 스며

들 때까지 4시간 정도 조리해서 완성한다.

오븐의 가운데에 받침대를 끼운다. 오븐을 175℃로 예열한다.

커다란 베이킹 접시에 다음을 가지런히 놓는다.

 컨트리 스타일 돼지갈비 1.8kg

그릇에 다음을 넣고 잘 섞는다.

 바비큐 소스 1½컵

 물 1컵

소스를 돼지갈비 위에 붓고 뒤적이면서 골고루 묻힌다. 포일로 덮어서 3시간 동안 오븐에서 조리한다. 포일을 걷고 30분간 조리한다. 돼지갈비를 뒤집은 다음 포크로 찔러보면 쑥 들어갈 때까지 30분간 더 조리한다. 돼지갈비를 플래터에 옮겨 담고 15분간 레스팅한다. 소스에서 기름기를 걷어내고 갈비 위에 뿌리거나 따로 담아서 갈비와 함께 낸다.

돼지고기 차슈(일본식 삼겹살 조림)

8인분

가능하면 정육점에 가서 돼지고기 삼겹살을 둘둘 말아 묶어달라고 부탁해보자. 부탁할 여건이 안 되면 삼겹살을 말 때 두 사람이 힘을 합치면 훨씬 쉽다. 한 사람이 삼겹살을 말아서 잡고 다른 사람이 조리용 실로 묶는 것이다. 돼지고기 차슈는 아마도 일본 라멘의 토핑으로 가장 널리 알려져 있겠지만, 먹다 남은 차슈는 샌드위치부터 볶음에 이르기까지 다양한 요리에 활용할 수 있다.(원하는 두께로 썰어서 속까지 따뜻해지고 갈색으로 익을 때까지 지지기만 하면 된다.)

오븐을 120℃로 예열한다. 다음을 껍질이 아래로 가도록 놓고 원통 모양으로 단단하게 말아서 5cm 간격으로 묶는다.

 껍질이 붙어 있는 널찍한 돼지고기 통삼겹살 900g짜리 1개

더치오븐에 다음을 넣고 뭉근히 끓어오르도록 가열한다.

 사케 1컵

 미림 1컵

 간장 ¼컵

 마늘 5쪽, 으깨기

 쪽파 1묶음, 통째로 사용

삼겹살을 넣고 뚜껑을 덮은 후 오븐에 넣는다. 꼬치로 삼겹살의 가운데를 찔러보면 거의 막힘없이 쑥 들어갈 때까지 4~5시간 조리한다.

20분간 레스팅했다가 아주 얇게 저민다. 조림 국물은 따로 보관해두고 쪽파는 건져서 버린다. 일단 식힌 다음 기름기를 걷어낸 조림 국물은 라멘 국물이나 밥 요리, 다른 조림 요리의 간을 맞출 때 활용한다.

돼지 어깨살 훈제 구이

8~10인분

미국의 여러 지역에서 '바비큐'는 돼지 어깨살에 향신료를 문질러서 분홍색의 스모크 링(smoke ring, 바비큐를 썰었을 때 겉껍질 바로 안쪽이 붉은색으로 물들어 있는 것 ―옮긴이)이 생기고 포크가 쑥 들어갈 정도로 고기가 부드러워지며 바삭한 식감의 겉껍질이 완성될 때까지 히커리 나무로 훈연해서 조리하는 것을 의미한다. 전통적으로 이렇게 훈연한 돼지고기는 잘게 썰거나 뜯어서(자잘하게 찢어서) 바비큐 소스를 묻히고 이 레시피에서 소개하는 것처럼 따뜻하게 데운 번 위에 얹어서 낸다. 그러나 이 방법을 꼭 따를 필요는 없으며 다른 소스나 다르게 먹는 방법도 잘 어울린다. 뉴멕시코식 녹색 칠리 고추 소스, 멕시코식 아도

보 소스 또는 하바네로 감귤류 핫소스 약간에 버무려서 타코와 토르타에 끼워서 먹으면 맛있고, 느억짬으로 양념하거나 베트남식 캐러멜 소스를 위에 살짝 뿌려서 반미의 속재료로 활용해도 훌륭하다. 십중팔구 먹다가 남기 마련이므로 물리지 않고 먹을 수 있도록 이러한 활용 사례를 참고하거나 엔칠라다의 속재료로 활용해본다. 훈연하지 않고 간단하게 만드는 버전은 풀드 포크 조림 레시피를 참고한다.

바비큐 항목을 참고한다. 6mm 정도의 지방만 남기고 모두 떼어낸다.

 돼지 어깨살 목심 로스트 2.7~3.6kg짜리 1개, 뼈가 있는 것 또는 뼈를 제거하고
  묶은 것

다음을 골고루 발라서 문지른다.

 남부식 바비큐용 가루 양념 ½컵 또는 450g당 소금과 흑후추 ½작은술씩

테두리 있는 오븐 팬에 받침대를 놓고 고기를 얹은 다음 위를 덮지 않은 상태로 냉장고에 하룻밤~2일간 넣어둔다.

훈연기나 바비큐용 그릴을 107~120℃로 가열한다.(물을 담아놓는 급수 팬이 있으면 더 좋다.) 숯에 다음을 추가한다.

 말린 히커리 또는 사과나무를 작게 자른 것 1조각

훈연기나 그릴의 불꽃이 직접 닿지 않는 위치에 돼지 어깨살을 올려놓고 뚜껑을 덮어서 구우면 뚜껑에 있는 환기 구멍 때문에 연기가 고기 전체에 골고루 퍼진다. 환기 구멍을 조절해서 적당한 온도를 유지한다.(온도를 조절하기가 쉽지 않으므로 어느 정도 연습이 필요하며, 최악의 경우 아예 숯을 새로 부어야 할 수도 있다.) 처음 4시간 정도는 1시간마다 작은 히커리 나무 조각을 하나씩 추가해도 좋다. 훈연기나 그릴 안의 습도를 유지해주는 급수 팬이 없다면 2시간마다 다음을 바르면서 굽는다.

 (기본 묽은 양념장, 맥주 묽은 양념장 또는 케첩이 안 들어간 노스캐롤라이나식
  바비큐 소스)

돼지 어깨살의 가장 두꺼운 부분에 꽂은 온도계가 93℃를 가리킬 때까지, 또는 고기를 포크로 살짝 찔러보면 결대로 쉽게 찢어지면서 집게로 어깨뼈를 잡고 흔들면 양옆으로 조금씩 움직일 때까지 조리한다. 이렇게 되려면 10~14시간 정도 걸린다. 시간을 조금이나마 단축하려면 내부 온도가 65℃에 도달했을 때 돼지 어깨살을 꺼내서 포일 두 겹으로 두껍게 감싼 뒤 다시 훈연기에 넣고 조리를 마무리한다.(다만 이렇게 하면 향신료 양념을 문지른 어깨살의 겉면이 부드러워지므로 '나무껍질'처럼 바삭한 식감을 즐기기 어렵다는 점을 기억하자.)

돼지고기가 부드럽게 익으면 테두리 있는 오븐 팬이나 커다란 플래터에 옮겨 담고 포일을 조심스럽게 벗긴 후 육즙을 계량컵에 따라낸다. 15분 이상 레스팅한다. 특별히 모양을 따지지 않고 한입 크기로 큼직하게 찢은 고기를 선호하는 사람이 있는가 하면 포크로 잘게 찢거나 잘게 썬 것을 좋아하는 사람도 있다. 우리는 큼직하게 찢은 것을 선호하는 편이다. 돼지고기를 포일로 감싸서 조리했다면 남은 육즙의 표면에서 최대한 기름기를 걷어내고(또는 그레이비 분리기를 사용해도 좋다.) 육즙의 일부를 고기에 뿌린다. 고기에 다음을 붓는다.

 노스캐롤라이나식 바비큐 소스 또는 선호하는 바비큐 소스

뒤적이면서 촉촉하게 버무리고 원하는 만큼 소스를 조금씩 추가하면서 간을 맞춘다. 소스가 더 필요한 사람은 각자 취향에 맞게 뿌려 먹을 수 있도록 하자. 샌드위치로 먹으려면 바비큐 소스를 넉넉히 담아 식탁에 올리고 다음을 준비한다.

 따뜻하게 데운 햄버거 번 8~10개

 콜슬로

브레드 앤드 버터 피클 또는 선호하는 피클

또는 콜슬로와 다음 중 선호하는 메뉴 두 가지 이상을 곁들여서 '고기와 세 가지 곁들임 음식'의 형태로 낼 수도 있다.

남부식 채소 찜, 베이크드 빈스 또는 동부콩을 넣은 채소 찜

허시퍼피, 남부식 옥수수 빵 또는 마카로니 앤드 치즈 오븐 구이

돼지갈비 바비큐

6~8인분

우리는 돼지고기를 훈제할 때 히커리 나무 조각을 선호하지만 이 레시피에는 피칸이나 과실수도 사용할 수 있다. 바비큐 항목을 참고한다.

다음을 톡톡 두드려 물기를 제거한다.

세인트루이스식 돼지 통갈비 3개 또는 등갈비 4개(3.2~4kg)

갈비의 움푹 들어간 쪽에 질긴 막이 있다면 먼저 벗겨내야 한다. 양쪽 면에 다음을 뿌려서 문지른다.

남부식 바비큐용 가루 양념 또는 커피 향신료 양념 ⅔~1컵

1시간 이상 냉장고에 넣어서 재운다. 더 강한 풍미를 내려면 비닐랩으로 감싸서 냉장고에 넣고 하룻밤 재운다.

훈연기나 바비큐용 그릴을 107~120℃로 가열한다.(물을 담아놓는 급수 팬이 있으면 더 좋다.) 숯에 다음을 추가한다.

말린 히커리 나무를 작게 자른 것 1조각

훈연기나 그릴의 불꽃이 직접 닿지 않는 위치에 통갈비를 올려놓고 뚜껑을 덮어서 구우면 뚜껑에 있는 환기 구멍 때문에 연기가 고기 전체에 골고루 퍼진다. 환기 구멍을 조절해서 적당한 온도를 유지한다.(온도를 조절하기가 쉽지 않으므로 어느 정도 연습이 필요하며, 최악의 경우 아예 숯을 새로 부어야 할 수도 있다.) 2시간마다 작은 히커리 나무 조각을 하나씩 추가해도 좋다. 훈연기나 그릴 안의 습도를 유지해주는 급수 팬이 없다면 2시간마다 다음을 바르면서 굽는다.

(기본 묽은 양념장, 맥주 묽은 양념장)

갈비가 부드러워질 때까지 조리한다. 부드럽게 익었는지 확인하는 좋은 방법은 갈비뼈 하나를 비틀어보는 것인데, 헐거운 느낌이 나면서 약간씩 움직이면 다 익은 것이다. 등갈비는 3시간 정도면 마무리되지만, 갈비는 최대 6시간이 걸리기도 한다. 갈비를 오븐 팬이나 플래터에 옮겨 담고 포일로 단단하게 덮어서 15분 이상 레스팅한다. 취향에 따라 갈비에 다음을 살짝 바르거나 곁들여서 낸다.

바비큐 소스

베이컨, 솔트 포크, 돼지 등 비곗살에 대해

베이컨은 보통 지방이 기다랗게 자리 잡은 삼겹살로 만든다. 가장 품질 좋은 베이컨은 건식 염지한 다음 훈연하지만, 마트에서 판매하는 베이컨은 대부분 소금물과 훈연 향 조미료를 주입해서 만든다. 건식 염지 베이컨은 품질이 떨어지는 베이컨보다 단단하고 조리했을 때 육즙이 거의 나오지 않으면서 많이 오그라들지 않기 때문에 쉽게 구별할 수 있다. 이런 상황에도 불구하고 베이컨은 널리 사랑받는 식재료이며, 아무리 국물이 흥건하게 흘러나오는 베이컨도 프라이팬과 약간의 참을성만 있다면 갈색으로 맛있게 구울 수 있다. 베이컨을 직접 만들 때는 997쪽을 참고한다.

대다수 베이컨은 아질산나트륨이 들어 있는 염지용 소금으로 만든다. 베이컨, 햄, 콘비프, 기타 염지육 제품의 특징적인 풍미와 분홍빛이 도는 색깔도 전통적인 보존제인 이 염지용 소금에서 기인한다. 유감스럽게도 아질산나트륨이 들어간 재료를 튀기면 미량의 발암성 나이트로사민이 형성될 위험이 있다는 것이 연구를 통해 밝혀졌다. 이러한 건강상의 우려에 따라 오늘날 일부 베이컨은 염지용 소금을 사용하지 않고 만들며, **비염지**나 **'질산염 또는 아질산염 무첨가'**라는 라벨을 붙이기도 한다. 비염지 베이컨은 단순히 삼겹살에 소금을 넉넉히 뿌려서 만들기도 하고(짭짤한 돼지고기 구이의 맛이 나며 베이컨으로 혼동하는 일은 없다.) 식물성 아질산염이 함유된 셀러리즙 분말 양념에 절여서 만들기도 한다. 후자는 사실상 일반 베이컨과 화학적으로 비슷한 성분으로 염지하는 셈이지만, 셀러리즙 분말은 USDA에서 정식 염지제로 인정하지 않으므로 셀러리즙을 사용한 베이컨, 햄 또는 소시지에는 반드시 '비염지'라는 라벨을 붙여야 한다. 염지용 소금에 대한 자세한 내용은 996쪽을 참고한다.

미국에서 판매하는 베이컨은 대부분 슬라이스 형태다. 슬라이스로 썰지 않은 **통베이컨**은 원하는 두께로 썰어서 라딩이나 라르동(lardons)에 사용하기에 안성맞춤이다. 라르동은 소금에 절인 베이컨 또는 썰어서 데친 후 바삭해질 때까지 구운 베이컨 조각을 지칭하는 프랑스어다. 살코기 비율이 높은 베이컨은 아침 식사로 먹기에 가장 좋다. 우리는 두껍게 썬 베이컨을 선호하며 특히 후추를 뿌린 베이컨을 즐겨 먹는다.

가끔 모양이 고르지 않은 제품을 **자투리 베이컨**이라는 이름으로 판매하기도 한다. 삼겹살의 양쪽 끝에서 잘라낸 이 베이컨은 특히 훈연 향이 강하다. 아침으로 먹기에는 적합하지 않지만 조림, 스튜, 뭉근히 삶은 콩 요리에 넣으면 훈연 향이 감도는 베이컨 풍미를 더할 수 있다. 이와 정반대로 **판체타**(pancetta)는 훈제하지 않은 이탈리아식 베이컨이며 월계수 잎, 타임, 흑후추를 비롯한 여러 향신료로 절인다. 일반 베이컨과 달리 판체타는 사실상 전부 건식 염지로 만든다. 판체타는 널찍한 통베이컨 형태로 판매하기도 하지만 돌돌 말아서 묶은 형태로 판매하는 경우가 많으므로 썰어놓으면 소용돌이 모양의 단면이 생긴다. 썰어서 판매하는 판체타를 조리할 때는 베이컨보다 훨씬 빨리 갈색으로 익는다는 점을 잊지 말자.(보통 더 얇게 썰어서 팔고 수분 함량이 적다.) 판체타 대신 베이컨을 사용할 수도 있다. 여건에 따라 베이컨을 먼저 끓는 물에 넣어서 살짝 데치면 훈제 풍미가 다소 빠지면서 판체타와 더욱 흡사한 맛이 난다.

모든 베이컨을 삼겹살 부위로 만드는 것은 아니다. 이탈리아의 **구안찰레**(guanciale)는 지방이 풍부하고 풍미가 진한 돼지 턱살로 만든다. 구안찰레는 주로 채소 요리, 스튜 그리고 스파게티 카르보나라 등의 파스타 요리에 사용한다. **등살 베이컨**, 즉 **캐나다식 베이컨**은 염지한 돼지 등심을 훈제해서 만든다. 캐나다식 베이컨은 지방 함량이 아주 낮아서 베이컨이라기보다는 햄과 비슷하다. 캐나다식 베이컨은 '반조리' 햄과 마찬가지로 일정 시간 이상 58℃ 이상의 온도로 처리해 선모충 감염 가능성을 낮춘 것이다. 그러나 안전하게 섭취하기 위해서는 내부 온도가 63℃ 이상으로 올라가도록 조리해야 한다. 주변에서 흔히 보이지는 않지만 **피밀**(peameal) 또는 **콘밀**(cornmeal) **베이컨**이라고도 하는 비훈연 제품은 전혀 조리하지 않은 것이다. 겉면에 옥수숫가루를 묻힌 형태로 판매하며 보통 통째로 굽거나 슬라이스로 썰어서 프라이팬 또는 그릴에 굽는다.

삼겹살의 지방이 많은 부분을 큼직하게 썰어서 건식 염지한 후 훈제하지 않은 것을 **솔트 포크** 또는 **허구리살**이라고 부르며, 지방 사이에 '기다란 살코기'가 박혀 있는 것도 있고 그렇지 않은 것도 있다. 솔트 포크는 보통 프라이팬에 넣고 기름을 녹여서 사용하며 굵직하게 썰어서 뭉근히 끓이는 차우더, 스튜, 콩 요리에 넣으면 전체적으로 진한 풍미가 살아난다. 이름만 봐도 알 수 있지만

솔트 포크에는 소금이 많이 들어 있다. 따라서 요리에 솔트 포크를 넣었다면 소금을 더 추가하지 않고 일단 조리가 끝난 후에 간을 확인해서 조절한다.(상황에 따라 하룻밤 물에 담가 불려서 사용하면 짠맛을 어느 정도 뺄 수 있다.)

돼지의 등심 위쪽으로 몸통을 따라 길게 자리 잡은 두꺼운 지방층을 **등 비곗살**이라고 부른다. 이 비곗살을 작게 잘라 프라이팬에 넣고 기름을 녹여서 조리에 사용하기도 하고, 큼직하게 썰어서 대량으로 기름을 녹이면 라드가 된다. 아주 보편적이지는 않지만 얇고 길쭉하게 썰어서 고기를 라딩할 때 사용하기도 한다. **크래클링**(crackling)은 껍질이 붙은 돼지 등 비곗살과 삼겹살을 얇게 썰거나 정육면체 모양으로 썰어서 기름을 녹인 다음 황금색으로 바삭해질 때까지 튀긴 것이다. 크래클링은 옥수수 빵에 넣으면 아주 맛있고 잘게 썰어서 녹색 채소 샐러드나 라브에 홀홀 뿌려도 근사하다. 염지하지 않은 상태의 등 비곗살은 풍미가 순하고 부드럽다. 미국에서도 이 부위를 사용해 솔트 포크를 만들기도 하지만, 등 비곗살을 염지한 제품은 유럽에서 훨씬 보편적이다. 이탈리아의 **라르도**(lardo)는 솔트 포크와 비슷하지만 널찍한 등 비곗살만 사용하며 로즈메리, 후추, 마늘, 기타 향신료를 발라서 6개월 이상 숙성한다. 동유럽에서는 이와 비슷한 제품을 **살로**(salo)라고 부른다. 둘 다 건식 염지 햄이나 살라미처럼 얇게 저미서(잠깐 냉동실에 넣어두면 더 쉽게 썰 수 있다.) 생으로 먹거나 갈아서 양념한 후 버터처럼 기름지고 부드러운 스프레드에 넣어서 섞어 먹는다.

베이컨에서 지나친 짠맛을 빼려면 달구지 않은 프라이팬에 베이컨을 넣고 물을 1.2cm 높이로 부은 후 수분이 증발할 때까지 중불에서 끓인다. 수분이 날아가면 베이컨을 꺼내서 식힌 후 레시피에 따라 조리한다.(아침 식사로 내거나 샌드위치에 넣으려면 그대로 프라이팬에 두고 노릇노릇해질 때까지 굽는다.)

베이컨 조리하기

1인분당 두껍게 썬 베이컨 슬라이스 2~3조각

I. 오븐 구이

널찍한 통베이컨을 특히 여러 사람에게 대접하기 위해 많은 양을 한꺼번에 조리할 때 우리가 선호하는 방법이다. 한 번에 모든 슬라이스를 골고루 갈색으로 구울 수 있고 기름도 튀지 않으며 베이컨이 심하게 구부러지지 않으면서 비교적 평평하게 완성된다.

오븐을 200℃로 예열한다. 테두리 있는 오븐 팬을 준비한다. 오븐 팬에 유산지나 포일을 깔아서 조리하면 나중에 뒷정리가 수월하다. 오븐 팬에 서로 겹치지 않도록 다음을 한 겹으로 깐다.

베이컨 슬라이스

10분간 구운 다음 오븐 팬을 꺼내 베이컨을 뒤집는다. 개중에 유독 빨리 갈색으로 변한 것이 있다면 골고루 익도록 위치를 바꾼다. 다시 오븐에 넣고 선호하는 정도로 갈색으로 익을 때까지 5~10분간 더 굽는다. 키친타월에 올려놓고 기름을 뺀다.

베이컨을 설탕에 절이려면 오븐 팬에 빠져나온 기름을 따라낸다. 베이컨 슬라이스의 양쪽 면에 **꿀, 수수 시럽, 메이플 시럽** 또는 **갈색 설탕**을 넉넉히 바르거나 뿌린다. 베이컨을 다시 오븐 팬에 올리고 오븐에 넣어 5분간 더 굽는다.

II. 프라이팬에 굽기

가정용 레인지에서 베이컨을 구울 때 기름이 잘 빠져나오고 바삭하게 만드는 요령은 약불에서 참을성 있게 굽는 것이다. 베이컨을 오래 조리할수록 기름이 더 많이 빠져나온다. 물론 취향에 따라서는 '고무처럼 질깃한' 베이컨을 즐기는 사람도 있으므로 각자 선호하는 정도로 조리하면 된다. 지방이 적은 캐나

다식 베이컨을 사용한다면 프라이팬에 버터나 기름 1큰술을 두르고 굽는다. 큼직한 무쇠 소재 또는 그 외 묵직한 프라이팬에 다음을 넣는다.

베이컨 슬라이스

베이컨이 서로 겹치지 않게 배열하고, 필요하면 프라이팬에 맞게 반으로 자른다. 프라이팬을 중약불에 올리고 베이컨이 갈색으로 익을 때까지 천천히 굽는다. 자주 뒤집으면서 타지 않도록 불을 세심하게 조절한다. 키친타월에 올려놓고 기름을 뺀다. 여러 번 나눠 굽는다면 한 판 구워내고 난 후 남은 기름을 따라내서 기름이 심하게 튀어오르거나 사방으로 튀지 않게 한다.

III. 전자레인지에 굽기

전자레인지는 출력과 효율이 가지각색이므로 아래의 설명에 제시한 시간은 근사치일 뿐이다. 여러 번 시도해보고 사용하는 전자레인지의 적합한 조리 시간과 선호하는 익힘 정도를 찾아보자.

접시에 키친타월을 두 겹으로 깔고 그 위에 다음을 배열한다.

베이컨 슬라이스

전자레인지에 넣고 강으로 3분간 조리한다. 베이컨을 만져본다. 원하는 만큼 바삭하지 않으면 30초마다 확인하면서 계속 조리한다. 키친타월로 베이컨의 표면을 톡톡 두드려 기름을 닦아내고 식탁에 올린다.

돼지 넓적다리(햄)와 발목에 대해

한때 영원이란 햄과 두 사람을 지칭한다는 말도 있었다.(햄이 워낙 커서 두 사람이 햄을 전부 먹으려면 아주 오랜 시간이 걸린다는 의미 — 옮긴이) 아마도 현재 우리가 **통다리 햄**이라고 부르는, 돼지 뒷다리 전체를 염지하거나 훈연한 산데미 같은 고기를 햄이라고 부르던 시절로 거슬러 올라가는 이야기일 것이다. 오늘날 '햄(ham)'이라는 용어는 돼지의 다리와 어깨 부분을 염지하고 때로는 훈연하거나 숙성해서(또는 둘 다) 만든 다양한 돼지고기 제품을 가리킨다. '생넓적다리(fresh ham)', 즉 훈연이나 염지하지 않은 생돼지고기 다리는 518쪽을 참고한다. 일반적으로 햄은 습식 염지 햄과 건식 염지 햄의 두 종류로 나뉜다.

습식 염지 햄

델리 햄(deli ham) 또는 **시티 햄**(city ham)이라고도 지칭하는 이 습식 염지 햄이 가장 흔히 볼 수 있는 종류다. 명절 식탁을 풍성하게 해주는 꿀 글레이즈를 바른 촉촉한 햄이나 델리 코너에서 주문이 들어올 때마다 얇게 썰어서 판매하는 햄도 전부 여기에 해당한다. ▶ 습식 염지 햄은 반드시 냉장 보관해야 한다. 시티 햄은 소금물에 담그거나 소금물을 주입한 후 속까지 익힌 것이다. 훈연 처리를 하기도 하지만 그냥 염지액에 훈제 풍미를 추가해 만들기도 한다. 건강상의 우려에 따라 최근에는 일반 염지용 소금이 아닌 셀러리즙 분말로 만든 '비염지' 시티 햄도 찾아볼 수 있다.(자세한 내용은 베이컨, 솔트 포크, 돼지 등 비곗살에 대해 항목 참고) **반조리 햄**은 일정 시간 이상 58~63℃의 온도로 처리해 선모충이라는 기생충을 죽인 것이다. ▶ 내부 온도가 63℃ 이상 올라가도록 조리해야 안전하다. **완조리 햄**은 '즉석 섭취 식품' 또는 '완조리 제품'이라는 라벨이 붙어 있기도 하며 추가적인 조리 없이 바로 먹을 수 있지만, 63℃가 되도록 따뜻하게 데워서 글레이즈를 바르면(햄 구이 레시피 참고) 더 맛있고 보기에도 좋다. 완조리 햄을 나선형으로 썰어서 판매하는 것은 한 덩어리로 붙어 있으므로 식탁에 통째로 내놓으면 보기에도 근사하고 대접하기도 편하다.

뼈 있는 시티 햄은 다양한 형태로 판매한다. 통다리 햄은 돼지 뒷다리 전체와 엉덩이 및 다리뼈가 그대로 붙어 있으며 6.8~9kg 정도 되는 무게에 최소 20명

이상이 넉넉하게 먹고도 남을 만큼의 분량이다.(다리뼈도 돼지고기 육수에 넣을 수 있으므로 버리지 말자.) 사람 수가 적다면 통다리 햄의 일부를 잘라서 살 수 있고, 둥그런 허벅다리 위쪽 부분, 즉 **엉덩이 반쪽**이나 아래쪽의 **사태 반쪽**이 좋다. 엉덩이 반쪽은 살코기가 많고 지방이 적지만 엉덩이뼈 때문에 살을 저미기가 다소 까다롭다.(저미는 요령은 521쪽의 그림 참고) 두 부위 모두 2.3~3.6kg의 무게에 8~12인분 정도 된다. 다리의 가운데 부분에서 그보다 작게 잘라낸 스테이크나 로스트도 쉽게 찾아볼 수 있다. **센터 햄 슬라이스**나 **로스트**는 보통 900g 이하이며 금세 조리해서 먹을 수 있다. 햄 스테이크 직화 오븐 구이 레시피를 참고한다.

뼈 없는 시티 햄은 통햄, 절반 자른 햄, 모양을 낸 햄, 큼직하게 자른 햄 등 다양한 형태와 크기로 판매한다. 타원형의 델리 햄은 얇게 저며서 샌드위치에 사용하고, 바깥쪽에 붙은 지방을 거의 다 떼어내서 살코기 비율이 높은 고기를 염지해서 만든다. 일부 뼈 없는 햄은 큼직하게 썬 돼지 다리를 사용하며 수분과 인산염을 첨가해서 만들기도 한다. 가장 품질이 좋은 뼈 없는 햄은 물이나 다른 재료를 첨가하지 않은 것으로 간단하게 '햄'이라는 라벨만 붙어 있다. 그 외의 햄은 '천연 육즙 첨가 햄', '수분 첨가 햄', '수분 햄' 등의 라벨이 붙는데 뒤로 갈수록 품질이 떨어진다. 안타깝게도 **통조림 햄**의 식감은 상당히 아쉬운 편이다. 통조림 햄을 살 때는 라벨에 표기된 유통 기한과 권장 보관법을 꼼꼼하게 살핀다.

뒷다리로 만든 전통적인 햄뿐만 아니라 어깨살로 만든 햄도 시판되고 있으며 보통 가격은 저렴해도 맛은 뛰어나다. **앞다리 햄**은 어깨의 아래쪽 부위로 만들며 맛은 아주 좋지만 뒷다리 햄보다 약간 질긴 경향이 있다. 살코기보다 지방과 결합 조직의 비율이 높으므로 ▶ 뼈 있는 앞다리 햄을 조리한다면 1인분당 거의 450g 정도로 분량을 넉넉하게 잡아야 한다. **훈제 숄더 롤**(smoked shoulder roll), **코티지 햄**(cottage ham) 또는 **데이지 햄**(daisy ham)이라고도 하는 또 다른 어깨살 햄은 어깨의 위쪽 블레이드 부분으로 만든다. 연하고 맛있지만 지방이 상당히 많다. 슬라이스로 얇게 썰어서 베이컨 대신 사용하면 훌륭하게 제 역할을 해낸다. 루이지애나 특산품인 **타소 햄**(Tasso ham)은 돼지 어깨살을 매콤한 혼합 향신료에 재운 후 온훈법으로 처리한 것으로, 굵게 썰어서 검보, 잠발라야, 에투페 및 기타 크레올과 케이준 요리의 풍미를 살리는 용도로 사용한다.

시티 햄은 샌드위치의 속재료 외에도 무수한 요리의 주재료나 풍미 재료로 활용된다. 몇 가지 예로는 치킨 코르동 블뢰, 셰프 샐러드, 아소파우 데 포요 레시피를 참고한다. 에피타이저로 내려면 파티용 플래터에 대해 항목과 데빌드 햄, 옥수수와 햄 프리터 레시피를 참고한다.

건식 염지 햄

건식 염지 햄은 지방을 떼어낸 돼지 다리 생고기를 염지용 소금에 묻어서 6개월 이상 숙성한 것이다. 이렇게 하면 햄에서 수분이 빠져나가면서 무게가 최소 ⅕ 이상 줄어들고 풍미가 농축되며 질감이 단단해진다. 또한 햄을 숙성하는 동안 효소로 인한 변화가 일어나므로 여러 재미있는 풍미가 발현된다. 햄을 오래 숙성할수록 이러한 독특한 풍미는 더욱 강렬하게 두드러진다. 건식 염지 햄은 숙성하기 전에 냉훈법으로 처리하기도 하며 훈연하지 않고 그대로 숙성하면 좀 더 순하고 순수한 풍미가 난다. 소금 농도가 높고 수분이 거의 다 빠져나간 상태이기 때문에 건식 염지한 통햄은 실온에 오래 보관해도 상하지 않는다. 특히 오래 숙성한 햄은 종잇장처럼 얇게 저며서 생으로 먹으면 아주 맛있다.

버지니아, 켄터키, 테네시에서는 여러 세대에 걸쳐 건식 염지 햄을 만들어 왔다. 이러한 햄 중 상당수는 생산한 주나 지역의 이름을 붙이지만(스미스필드 Smithfield 등), 이러한 햄을 아울러서 **컨트리 햄**이라고 통칭한다. 컨트리 햄은 훈제하기도 하고(보통 히커리 사용), 훈제 과정 없이 염지해 숙성하기도 한다.(최소 6개월 이상, 최대 2~3년) 뼈 있는 또는 뼈 없는 컨트리 햄은 통째로 생산자에게서 직접 구입할 수 있다. 컨트리 햄을 아주 얇게 썰어서 생으로 먹고 싶다면 결의 반대 방향으로 쉽게 저밀 수 있는 뼈 없는 햄을 구입하자. 대다수 생산자는 껍질이나 공기에 노출되어 말라버린 겉면('표면'이라고 부른다.)을 떼어내지 않는다. 딱딱하고 여기저기 곰팡이가 피어 있는 이 부분은 먹을 수 없으므로 반드시 잘라내야 한다. ▶ 일단 햄의 안쪽이 노출되면 반드시 랩으로 단단히 감싸서(진공 포장하면 더욱 좋다.) 냉장고나 냉동실에 넣어 보관해야 한다. 컨트리 햄을 통째로 구우려면 532쪽을 참고한다.

특히 미국 남부의 일부 식료품점에서는 얇은 '비스킷 슬라이스'와 두툼하게 썬 스테이크 또는 센터 슬라이스를 판매하기도 한다. 짭짤한 비스킷 슬라이스는 프라이팬에 구워서 아침 식사로 먹는다. 두꺼운 스테이크는 조리거나 소금기를 빼고 프라이팬에 굽는다. 둘 다(적당한 양을 사용하면) 돼지 발목 부위나 베이컨 대신 조림과 스튜의 맛을 내는 데 훌륭한 역할을 한다. 비스킷이나 센터 슬라이스를 두껍게 썬 것은 다소 질기므로 날로 먹는 것은 권장하지 않는다.

유럽은 다양한 건식 염지 햄이 탄생한 곳이며 이들 중 상당수는 미국의 마트와 인터넷 쇼핑몰에서도 찾아볼 수 있다. 아마도 미국인에게 가장 익숙한 햄은 이탈리아의 **프로슈토**(prosciutto) 스페인의 **세라노 햄**(serrano ham)일 것이다. 프로슈토와 세라노는 대부분 품질이 뛰어나지만, 그중에서도 특히 눈에 띄는 종류들이 있다. 이탈리아의 파르마 지역에서는 파르메산 치즈 생산 과정에서 나오는 유장을 먹인 돼지로 프로슈토를 만든다. 세라노 햄의 한 종류인 이베리코 햄은 도토리가 많은 숲에서 방목한 특별한 흑돼지 품종을 도축해서 만든다. 이렇게 특수한 먹이로 사육한 돼지로 만든 햄은 독특하고 진한 풍미를 띤다. 프랑스의 **바욘 햄**(Bayonne ham)과 독일의 훈제 **베스트팔렌 햄**(Westphalian ham)도 시중에서 구할 수 있다. '**블랙 포레스트 햄**(Black Forest Ham)'이라는 용어는 유럽에서 건식 염지한 훈제 햄을 지칭하지만, 미국에서는 이 라벨을 대부분의 햄 제품에 사용할 수 있다. 이탈리아의 **스페크**(speck)는 돼지 다리 부위로 만들며 주니퍼와 월계수 잎, 기타 향신료로 건식 염지해 짧은 시간 동안 훈연한다. **코파**(coppa) 또는 **카피콜라**(capicola)는 연하고 뼈가 없는 어깨 부위를 매콤한 향신료 또는 순한 향신료 양념에 건식 염지한 것이다.

컨트리 햄을 제외하면 건식 염지 햄은 보통 얇게 저며서 생으로 먹는다. 우리는 결의 반대 방향으로 얇게 저민 것을 선호하지만, 상당수 세라노 햄 애호가들은 결대로 썰어서 약간의 씹는 맛이 있는 햄을 좋아한다. 품질 좋은 햄을 전채 요리나 가벼운 식사로 즐기는 방법에 대해서는 파티용 플래터에 대해 항목을 참고한다. 얇게 저민 염장 햄을 잘 익은 멜론 조각이나 절반으로 자른 무화과에 감아서 먹으면 그야말로 훌륭한 맛이다.

모든 건식 염지 햄은 조리할 때 양념으로 사용할 수 있으며, 햄의 높은 염도를 고려해 적당량을 사용하면 된다.(또는 다른 양념으로 보완한다.) 건식 염지해 **훈연한 돼지 발목**은 주방에서 훨씬 자주 사용되는 재료. 발목은 가장 움직임이 많은 부위이므로 천천히 오래 조리하는 스튜와 콩 수프에 넣으면 깊은 풍미를 내며, 젤라틴이 풍부해 육수나 국물에 걸쭉한 질감을 더해준다. 염지하지 않은 돼지 족을 조리하는 방법은 552쪽을 참고한다.

햄 구이

1인분당 뼈 있는 햄 340g 또는 뼈 없는 햄 225g

오븐을 160℃로 예열한다.

다음을 준비한다.

　　햄 1개, 반조리 또는 완조리

햄에 껍질이 붙어 있고 이 껍질을 바삭하게 구워서 햄과 함께 먹고 싶다면 잘 드는 칼로 껍질에 격자무늬 칼집을 2.5cm 간격으로 넣는다. 부엌칼이 무뎌서 껍질에 칼집을 내기 힘들다면 새 칼날을 끼운 커터 칼을 사용해도 좋다. 껍질과 그 아래의 지방까지 살짝 베이도록 얇게 칼집을 내되, 속에 있는 살은 자르지 않도록 조심한다. 얕은 구이 팬에 받침대를 놓고 껍질이 위로 가도록 햄을 올려놓는다. 나선형으로 썬 햄을 사용한다면 포일로 구이 팬을 단단히 덮어 햄이 마르지 않도록 한다. 햄의 가장 두꺼운 부분에 꽂은(온도계 끝이 뼈 근처까지 가지만 뼈에는 닿지 않도록 주의한다.) 온도계가 63℃를 가리킬 때까지 굽는다. 무게 4.5~6.8kg의 통햄은 450g당 18~20분 정도, 무게 2.3~3.2kg의 절반으로 자른 햄은 450g당 20분 정도, 무게 1.3~1.8kg의 사태나 엉덩이 부위는 450g당 35분 정도를 기준으로 해서 굽는다.

햄에 글레이즈를 발라 윤기를 내려면 햄이 다 익기 30분쯤 전에 오븐에서 꺼낸 후 포일을 벗기고 오븐 온도를 220℃로 높인다. 껍질을 함께 먹지 않을 계획이라면 이 단계에서 껍질을 벗겨내고 그 아래의 지방층에 격자무늬로 칼집을 넣는다. 햄의 표면에 다음을 넉넉히 바른다.

　　꿀 글레이즈 Ⅱ, 버번 당밀 글레이즈 또는 파인애플 글레이즈

또는 작은 그릇에 다음을 넣고 섞는다.

　　갈색 설탕, 꾹 눌러 담아 1⅓컵

　　사과 식초, 와인 또는 햄에서 흘러나온 육즙 3큰술

　　드라이 머스터드 2작은술

격자무늬로 칼집을 넣은 지방층의 칼집이 교차하는 부분에 다음을 끼워 넣어도 좋다.

　　(통정향)

아기자기한 장식으로 명절 기분을 내려면 다음으로 햄을 장식한다.

　　(마라스키노 체리를 끼워 넣은 파인애플)

햄을 오븐에 넣고 오븐 온도를 160℃로 다시 낮춘 다음 햄이 먹음직스러운 갈색으로 익을 때까지 30분 정도 조리한다. 플래터에 담아서 낸다.

컨트리 햄 구이

20~25인분

물을 여러 번 갈아주면서 컨트리 햄을 물에 담가두면 짠맛이 빠진다. 특별히 잘 염지된 햄은 아주 오랫동안 담가두어야 소금기가 빠진다. 컨트리 햄은 아무리 소금기를 빼더라도 구운 시티 햄보다 짠맛이 강하므로 양을 적당히 줄여서 사용하고 항상 결의 반대 방향으로 저민다.

큼직한 육수 솥에 사태 끝 쪽이 위로 가도록 다음을 넣는다.

　　뼈 있는 컨트리 햄 6.3~7.7kg짜리 1개

햄이 잠길 정도로 찬물을 붓는다. 약 6시간마다 물을 갈아주면서 일반 햄은 24시간 동안, 특별히 오래 숙성한 햄은 48시간 동안 담가서 짠맛을 뺀다. 빳빳한 솔로 햄을 박박 문지르면서 곰팡이를 제거하고 숙성 과정에서 공기 중에 노출되어 말라버린 부분을 전부 떼어낸 후 깨끗하게 헹군다. 햄에서 짠맛이 충분히 빠졌는지 확인하는 방법은 직접 맛을 보는 것이다.(제대로 염지한 컨트리 햄

은 날로 먹어도 안전하다.) 껍질 부분을 벗겨내고 노출된 널찍한 면에 5cm 깊이의 날씬한 V자 형태로 잘라낸다. 이 '가운데 견본' 부분의 안쪽 끝을 먹어보고 짠맛을 가늠한다. 햄이 아직 너무 짜면 솥을 깨끗하게 씻은 후 물을 부어서 더 오래 담가둔다.

적당히 짠맛이 빠지면 물을 따라내고 육수 솥을 씻어서 사태 끝 쪽이 위로 가도록 햄을 다시 솥에 넣는다. 햄이 잠길 정도로 물을 충분히 붓는다.(질긴 사태 끝 쪽은 물 위로 올라와도 상관없다.) 부르르 끓어오르도록 가열한 뒤 불을 줄여서 얌전히 끓는 상태를 유지하면서 가능하면 뚜껑을 덮고 내부 온도가 63℃에 도달할 때까지 조리한다.(햄 450g당 15분 정도를 기준으로 한다.) 필요하면 끓는 물을 보충하면서 끓인다.

오븐을 190℃로 예열한다. 다 삶아지면 물을 따라내고 햄을 조리대 위에 올려서 따뜻할 때 껍질을 벗긴다. 6mm 정도의 지방층만 남기고 지방을 모두 떼어낸다. 작은 그릇에 다음을 넣고 섞는다.

　　갈색 설탕 ¼컵

　　고운 옥수숫가루 ¼컵

　　드라이 머스터드 2큰술

햄 표면에 옥수숫가루와 설탕을 섞은 혼합물을 뿌린다. 구이 팬에 받침대를 놓고 햄을 올려 오븐에 넣고, 겉면이 황금색으로 익으면서 갈색으로 변하기 시작할 때까지 15분 정도 굽는다. 뼈와 수직이 되는 방향으로 햄을 얇게 썬다.(또는 큼직한 덩어리를 뼈에서 분리한 후 도마 위에 올려놓고 결의 반대 방향으로 얇게 썬다.) 가장 부드러운 육질을 즐기려면 아주 얇게 저민다. 따뜻하게 또는 실온 상태로 낸다.

햄 스테이크 직화 오븐 구이

1인분당 225g

습식 염지한 햄을 맛있게 조리할 수 있는 레시피다. 컨트리 햄을 사용하려면 다음에 소개한 레드 아이 그레이비(Red eye gravy, 컨트리 햄 육즙에 블랙커피를 섞어서 만든 그레이비 ─ 옮긴이)를 곁들인 컨트리 햄 스테이크 레시피에 따라 짠맛을 뺀다.

열원에서 7.5cm 떨어진 위치에 오븐 받침대를 끼우고 직화 오븐을 예열한다. 지방이 붙어 있는 쪽에 몇 군데 칼집을 넣는다.

　　2.5cm 두께의 스테이크 1개

구이 팬에 올려놓고 갈색으로 익을 때까지 한 면당 10분씩 직화 오븐에 굽는다. 취향에 따라 거의 다 익어갈 즈음 다음을 섞어서 만든 글레이즈를 발라서 윤기 나게 굽는다.

　　포도 젤리 ¼컵, 녹이기

　　레몬즙 1큰술

　　드라이 머스터드 1작은술

다음과 함께 낸다.

　　신선한 옥수수 프리터 또는 토마토 직화 오븐 구이

레드 아이 그레이비를 곁들인 컨트리 햄 스테이크

4인분

미국 남부 지역에서 전통적으로 사랑받는 요리다. 컨트리 햄 스테이크의 짠맛을 빼기 위해 우선 프라이팬에 햄을 넣고 햄이 잠길 정도로 물을 넉넉하게 붓는다. 부르르 끓어오르도록 가열한 후 5분간 뭉근히 끓인다. 스테이크를 접시

에 옮겨 담고 물을 따라낸 후 프라이팬을 닦고 아래와 같이 조리한다.

큼직한 프라이팬을 중강불에 올리고 다음을 넣어서 녹인다.

버터 1½작은술

다음을 넣는다.

2~2.5cm 두께의 컨트리 햄 스테이크 1개(680~900g)

스테이크가 먹음직스러운 갈색으로 익을 때까지 한 면당 3~5분씩 굽는다. 플래터에 옮겨 담고 다음을 뿌린다.

흑후추

프라이팬을 다시 불에 올려놓고 다음을 붓는다.

커피 1컵

저으면서 약간 붉은색으로 변할 때까지 팔팔 끓인다. 다음을 넣는다.

헤비크림 ½컵

불을 줄이고 약간 걸쭉해질 때까지 10분 정도 뭉근히 끓인다. 다음으로 간을 한다.

소금과 흑후추

햄에 그레이비를 곁들여서 낸다. 다음 위에 얹어 먹으면 더욱 좋다.

따뜻한 비스킷

다진 고기에 대해

고기를 잘게 썰거나 다지는 방법은 질기고 선호도 낮은 부위와 로스트 또는 스테이크를 손질하는 과정에서 떼어낸 퍽퍽한 부위를 버리지 않고 판매하기 위해 오래전부터 사용해왔던 기술이다.

▶ 고기를 직접 다지려면 가정에서 고기 다지기 항목을 참고한다. 마트에서 쉽게 구할 수 있는 다짐육은 경제적이고 편리하게 단백질을 섭취할 수 있는 식재료다. 다짐육을 구입할 때 고려해야 할 중요한 요소는 지방 함량이다. 지방 함량은 다짐육의 영양가뿐만 아니라 조리법 선택과도 밀접하게 관련되어 있기 때문이다. 예를 들어 지방이 적은 다진 소고기를 사용해 햄버거 패티를 만들면 퍼석하고 맛이 없다. 따라서 이러한 고기는 지방이 녹아 나오지 않아야 깔끔하게 완성되는 필링 용도로 사용하거나, 고기 자체가 퍼석하더라도 국물 덕분에 그다지 티가 나지 않는 조림이나 칠리 또는 미트로프와 미트볼처럼 고기를 다른 재료와 함께 뭉쳐서 진한 풍미를 내는 요리에 비교적 잘 어울린다.

소고기는 뭐니 뭐니 해도 다짐육으로 가장 인기 있는 육류다. 법적으로 지방 함량이 30%를 넘을 수 없으며 대다수 마트와 정육점에서는 지방 함량이나 살코기 함량 또는 두 가지 모두를 기준으로 하여 라벨을 붙인 몇 가지 등급의 다진 소고기를 판매한다. 일부 상점에서는 **다진 윗등심, 다진 등심, 다진 우둔살** 등의 이름으로 판매하기도 하는데, 이 세 가지 중에서는 우둔의 지방 함량이 가장 낮다.(물론 지방 함량이 5% 이하로 그보다 더 낮은 부위도 있다.) 그릴에 굽든 프라이팬에 지지든 상관없이 햄버거 패티는 다진 윗등심 부위 또는 부위에 상관없이 지방 함량이 15% 이상인 소고기 다짐육으로 만들어야 가장 맛이 좋다. 소고기 이외의 다짐육은 지방 함량이 표시된 경우가 드물어서 감각에 의존할 수밖에 없다. 다진 **송아지고기**는 연한 분홍색을 띠어야 한다. 일반적으로 송아지고기는 지방 함량이 매우 적으며 보통 소고기나 돼지고기와 섞어서 부족한 지방을 보충한다. 다진 **양고기**는 연한 붉은색이나 진한 분홍색을 띤다. 다진 **돼지고기**는 분홍색이어야 한다. 색이 연하거나 흰색이 도는 돼지고기는 대부분 지방 함량이 높으므로 미트볼이나 미트로프 용도로는 권장하지 않고, 파테나 테린에 사용하거나 컨트리 스타일 소시지의 재료로 쓰거나 갈색으로

볶아서 녹아나온 기름을 따라내고 마파두부 같은 요리에 넣는다. 다진 칠면조고기와 닭고기에 대해서는 ▶ 가금류 다짐육에 대해 항목을 참고한다.

조리하지 않은 다짐육은 냉장고에서 24시간 이상 보관하지 않도록 한다. 냉동 보관도 가능하지만 아무래도 식감에는 영향을 미친다. 다짐육을 해동하는 과정에서 수분이 대부분 빠져나오므로 식감이 퍽퍽해진다.

가정에서 고기 다지기

가정에서도 패티, 경단, 로프, 소시지 등에 사용하기 위해 고기를 다질 수 있다. 가장 효과적으로 고기를 다지려면 전용 장비나 아주 잘 드는 칼이 필요하지만, 칼을 사용하면 시간이 꽤 오래 걸린다. 안전과 위생을 위해 다음 사항을 잊지 말자. ▶ 고기를 다지기 전 그리고 다지는 과정 중간중간에 반드시 고기를 냉장고에 보관한다. ▶ 고기를 다지기 전후에 모든 용기와 장비, 작업대를 주방용 세제나 살균 용액으로 씻는다. ▶ 손을 자주 씻는다.

고기를 다질 때 모든 장비와 작업대를 꼼꼼하게 씻는 것 외에 가장 많이 주의해야 할 사항은 **지방 뭉개짐**(smear) 및 **질김**(springiness) 현상이다. 지방의 온도가 실온에 가까워지면 페이스트 상태로 '뭉개질' 확률이 높은데(특히 칼날이 무딜 때), 이렇게 되면 나중에 조리하는 과정에서 지방이 너무 빨리 녹아나온다. 반면 질김 현상은 보통 무딘 칼날로 고기를 다지거나 다진 후에 지나치게 치댈 때 생기는 현상이다. 고기를 너무 많이 다지거나 다진 후에 과도하게 치대면 미오신 성분이 많이 빠져나온다. **미오신**은 근섬유를 구성하는 주요 단백질로 고기 안에 들어 있는 수분과 지방이 분리되지 않도록 돕는 유화제의 역할을 한다. 이렇게 빠져나온 미오신 유화액은 상당히 끈끈하며 접합제나 풀의 기능을 한다. 이러한 성질을 활용해 부댕 블랑(Boudin Blanc)과 같은 **유화형 소시지**를 만들거나 스웨덴식 미트볼에 넣어 재료가 잘 뭉치게 할 수 있지만, 햄버거 패티나 입자가 굵은 소시지를 만들 때는 순식간에 결이 너무 조밀해질 수 있으므로 세심한 주의를 기울여야 한다. 지방 뭉개짐과 질김 현상을 최소화하려면 깨끗하고 잘 드는 절단 도구를 사용하고 항상 잘 냉장된 상태에서 고기와 지방을 손질해야 한다.

전동 고기 분쇄기는 강력한 모터가 달려 있고 금속 칼날을 차갑게 식혀서 사용할 수 있으므로 지방이 뭉개지는 현상을 최소화할 수 있다. 손으로 돌리는 수동 고기 분쇄기도 다짐 과정에서 열이 가장 적게 발생하므로 효과적인 도구다. 물론 수동 고기 분쇄기나 손으로 직접 다지는 것이 전동 분쇄기보다 번거롭기는 하지만, 잘 드는 칼로 세심하게 살피면서 중간중간 냉동실에 넣어 고기 온도를 낮춰주면 손으로 다지더라도 품질과 식감이 뛰어난 다짐육을 얻을 수 있다. 반죽기에 다짐용 칼날을 끼워서 사용해도 좋은 결과를 얻을 수 있지만 플라스틱 다짐용 칼날은 내구성이 떨어진다.(게다가 차갑게 식힐 수도 없다.)

고기 분쇄기로 고기를 다지려면 우선 분쇄기 입구에 잘 들어갈 만한 크기로 고기와 지방을 썬 다음 테두리 있는 오븐 팬에 고기를 담고 냉동실에 넣어서 30분간 차갑게 식힌다. 고기를 식히는 동안 다진 고기를 받아낼 수 있도록 그릇이나 테두리 있는 오븐 팬을 분쇄기 아래에 놓는다. 대부분 중간 크기, 즉 ▶ 6mm짜리 다짐용 칼날을 사용하도록 권장한다. 때로는 칼날 사이로 육즙이 터져 나와서 (오염이 발생하고) 주변이 지저분해지므로 종이를 분쇄기에 테이프로 고정해 칼날의 바깥쪽을 막으면 육즙이 사방으로 튀는 것을 최대한 방지할 수 있다.

고기가 차갑게 식으면 분쇄기에 넣고 다진다.(반죽기 칼날을 사용할 때는 저속으로 맞춘다.) ▶ 고기를 대량으로 다진다면 필요에 따라 조금씩 냉동실에서 꺼

내서 다진다. 고운 입자로 다져야 할 때는 다진 고기를 15분간 냉동실에 넣어두었다가 한 번 더 다진다. 단단하고 성긴 입자가 필요하면 절반 분량을 두 번 다져서 한 번만 다진 나머지 절반과 살살 섞는다.

푸드 프로세서로 고기를 다지려면 우선 고기를 2cm 크기의 정육면체로 잘라서(소시지를 만들 예정이라면 지방도 함께 자른다.) 테두리 있는 오븐 팬에 담아 30분간 냉동실에 넣어두고 차갑게 식힌다. 한 번에 고기 225g 정도씩 푸드 프로세서 용기에 넣는다. 짧게 몇 번 작동시킨 후 용기에 담긴 고기를 섞어주는 식으로 원하는 굵기가 될 때까지 다진다. ▶ 푸드 프로세서를 사용하면 다지는 속도가 매우 빠르므로 자칫 너무 잘게 다져지기 쉽다. 가장 적당한 다짐육을 얻으려면 제일 굵은 입자가 6mm 정도일 때 작동을 멈춘다. 다진 고기를 용기에 옮겨 담는다. 나머지 고기도 225g씩 같은 방식으로 다진다.

매클레이드의 록캐슬 칠리

8~10인분

이 호사스러운 칠리 레시피는 유명한 캠핑 요리사 매슈 T. 매클레이드(Matthew T. MacLeid)가 켄터키 록캐슬강의 협곡에서 수없이 캠핑하면서 갈고 닦은 것이다. 다진 소고기 대신 깍둑썰기한 윗등심이나 윗양지를 써도 좋다. 더치오븐이나 크고 묵직한 냄비에 다음 재료를 넣고 중불에 올려 기름이 녹아 나오면서 노릇노릇해질 때까지 조리한다.

베이컨 225g, 깍둑썰기하기

구멍 뚫린 숟가락으로 베이컨을 건진다. 냄비에 다음을 넣는다.

다진 소고기 680g

양파 큰 것 2개, 굵게 썰기

마늘 큰 것 6~12쪽, 굵게 썰기

저으면서 소고기의 붉은색이 가시고 양파가 부드러워질 때까지 10분 정도 볶는다. 다음을 넣고 냄비 바닥에 달라붙은 갈색 조각을 긁어내면서 거품이 사라질 때까지 젓는다.

흑맥주 360ml짜리 1병

다시 베이컨을 냄비에 넣고 다음 재료를 추가해 젓는다.

통토마토 통조림 795g짜리 1개

강낭콩 통조림 425g짜리 1개, 통조림 국물도 함께 사용

그레이트노던콩 통조림 425g짜리 1개, 통조림 국물도 함께 사용

핀토콩 통조림 425g짜리 1개, 통조림 국물도 함께 사용

흑맥주 360ml짜리 1병 또는 물 1½컵

안초 고춧가루 6큰술

커민 가루 2큰술

흑후추 1큰술

눌어붙지 않도록 가끔 저으면서 풍미가 서로 어우러질 때까지 1시간 정도 뭉근히 끓인다. 다음으로 간을 한다.

소금과 흑후추

핫소스

신시내티 칠리 코케뉴

6인분

존 키라지예프(John Kiradjieff)가 신시내티의 첫 칠리 음식점인 '디 엠프레스(The Empress)'에서 선보였다는 소위 원조 칠리 레시피는 수백 개에 달한다. 우리는 그중에서도 특히 아래에 소개한 버전을 좋아하며, 원조를 충실하게 재현했다고 단언한다. 초콜릿을 첨가한 이 스파게티 토핑이 자신이 생각하는 칠리의 개념과 너무 동떨어져서 반신반의하거나 어리둥절한 독자가 있다면, 이 레시피를 마케도니아식 볼로네제 소스라고 생각해보는 것이 어떨까. 이 칠리는 다섯 가지 '방법(way, 칠리에 얹는 재료의 종류와 수에 따라 1-Way, 2-Way, 3-Way, 4-Way, 5-Way의 다섯 가지 방법이 있다. ―옮긴이)'으로 파스타 토핑에 사용할 수 있을 뿐만 아니라 치즈 코니의 속재료로 활용해도 좋다.

커다란 냄비에 다음을 붓고 팔팔 끓인다.

물 4컵

다음을 넣는다.

다진 소고기 윗등심 900g

고기가 흩어질 때까지 잘 젓고 불을 줄여서 뭉근히 끓인다. 다음을 넣는다.

양파 중간 크기 2개, 잘게 썰기

마늘 5~6쪽, 굵게 썰기

토마토 소스 통조림 425g짜리 1개

사과 식초 2큰술

우스터 소스 1큰술

소금 2작은술

계핏가루 2작은술

카옌 고춧가루 1작은술

커민 가루 1작은술

흑후추 ¼작은술

올스파이스 가루 ¼작은술

정향 가루 ¼작은술

월계수 잎 큰 것 1장

무가당 초콜릿 14g, 잘게 썰기

부르르 끓어오르면 불을 줄여서 2시간 반 동안 뭉근히 끓인다. 뚜껑을 열고 식힌 다음 하룻밤 냉장고에 넣어둔다. 다음날 지방을 전부 또는 거의 전부 걷어내고 월계수 잎을 건진다. 칠리를 중약불에 올려서 데운다.

2-Way로 내려면 숟가락으로 칠리를 떠서 다음 위에 올린다.

삶은 스파게티

3-Way는 다음을 추가한다.

강판에 간 중간 숙성 또는 장기 숙성 체더 치즈

4-Way는 치즈 위에 다음을 훌훌 뿌린다.

굵게 썬 양파

5-Way는 스파게티와 칠리 사이에 다음을 한 겹으로 깐다.

삶은 붉은색 강낭콩

전통적으로 곁들여 먹는 음식으로는 다음을 꼽을 수 있다.

오이스터 크래커

핫소스

오하이오 농장 스타일 소시지 칠리

4~6인분

커다란 프라이팬에 다음을 부수어 넣는다.

돼지고기 벌크 소시지 또는 컨트리 스타일 소시지 450g

중강불에 올려서 주걱으로 소시지를 으깨면서 소시지에서 기름이 빠져나오

고 먹음직스러운 갈색이 될 때까지 6분 정도 조리한다. 소시지를 접시에 옮겨 담고 프라이팬에 기름을 2큰술만 남기고 전부 따라낸다. 다음을 넣는다.

　　양파 큰 것 1개, 굵게 썰기

　　(녹색 피망 ½개, 굵게 썰기)

　　셀러리 줄기 1개, 깍둑썰기하기

잘 저으면서 채소가 부드러워질 때까지 약 8분간 조리한다. 소시지를 다시 프라이팬에 넣고 다음을 추가한다.

　　깍둑썰기한 토마토 통조림 410g짜리 2개

　　토마토 주스나 닭 국물 또는 이를 섞어서 2컵

　　메이플 시럽이나 당밀 1~2큰술, 맛을 보면서 조절

　　커민 가루 2작은술

　　세이지 가루 1½작은술

　　흑후추 ½작은술

20분간 뭉근히 끓인다. 다음을 넣고 15분간 더 뭉근히 끓인다.

　　붉은색 강낭콩 통조림 410g짜리 2개, 물기를 빼고 헹구기 또는 삶은 강낭콩 3½컵

향신료를 넣은 타코용 다진 고기
4인분

칠리 고춧가루로 풍미를 낸 다진 소고기와 볶은 양파의 근사한 냄새는 수많은 가정에서 '타코를 즐기는 저녁'을 상징한다. 누구나 좋아하는 이 조합은 거의 100여 년에 걸쳐 멕시코계 미국인이 운영하는 식당에서 빼놓을 수 없는 주메뉴 역할을 해왔다. 타코와 부리토의 속재료로 쓸 수 있는 다른 다짐육 혼합물은 피카디요와 생초리소 소시지 레시피를 참고한다.

중간 크기의 프라이팬을 중불에 올리고 다음을 둘러 가열한다.

　　식물성 기름 2큰술

다음을 넣고 자주 저으면서 부드러워질 때까지 4~5분간 볶는다.

　　양파 중간 크기 1개, 굵게 썰기

중강불로 올리고 다음을 넣은 후 나무 주걱으로 고기를 부수면서 분홍색이 가실 때까지 약 5분간 볶는다.

　　지방이 적은 다진 소고기, 돼지고기, 닭고기 또는 칠면조고기 450g

다음을 넣고 저으면서 30초간 볶는다.

　　마늘 1~3쪽, 다지기

　　칠리 고춧가루 1큰술

　　커민 가루 2작은술

　　(고수씨 가루 2작은술)

다음을 넣고 약불로 줄인 후 가끔 저으면서 10분간 조리한다.

　　으깬 토마토나 토마토 주스 통조림 1컵

다음으로 간을 한다.

　　소금 또는 핫소스

타코와 부리토의 속재료로 넣거나 나초의 토핑으로 얹거나 고기를 식혀서 칠리 레예노에 채워 넣는다.

피카디요(Picadillo)
4~6인분

이 요리는 강판에 간 치즈, 잘게 썬 양상추, 과카몰레, 굵게 썬 토마토 등의 가니시가 담긴 작은 그릇을 곁들여 그대로 식탁에 올리기도 한다. 또한 부리토,

타코, 토스타다, 엔칠라다 또는 칠리 레예노에 채워 넣어도 무척 맛이 좋다.

커다란 프라이팬을 중강불에 올리고 다음을 넣는다.

　　지방이 적은 다진 소고기 450g

　　생초리소 225g

주걱으로 고기를 부수면서 혼합물이 먹음직스러운 갈색이 될 때까지 8~10분 정도 조리한다. 고기를 접시에 옮겨 담고 프라이팬에 기름을 2큰술만 남기고 따라낸다. 다음을 넣는다.

　　양파 1개, 굵게 썰기

프라이팬 바닥에 달라붙은 갈색 조각을 긁어내면서 양파가 부드러워질 때까지 볶는다. 갈색으로 볶은 고기를 다시 프라이팬에 넣고 다음을 추가한다.

　　마늘 2쪽, 다지기

　　굵게 썬 신선한 토마토 1컵 또는 깍둑썰기한 토마토 통조림 410g짜리 1개, 국물을 따라내기

　　사과 식초 1큰술

　　계핏가루 1작은술

　　커민 가루 ¼작은술

　　설탕 1자밤

　　정향 가루 1자밤

　　월계수 잎 1장

뚜껑을 덮고 30분간 뭉근히 끓인다. 다음을 넣는다.

　　건포도 ½컵

　　(세로로 두툼하게 자른 아몬드 ½컵)

　　(씨를 뺀 녹색 올리브 ½컵, 굵게 썰기)

뚜껑을 열고 10분간 더 조리한다. 월계수 잎을 건져내고 식탁에 올린다.

키마 알루(Keema Alu, 감자와 향신료를 넣은 인도식 매콤한 요리)
4인분

삶은 렌틸콩 및 난과 곁들이면 든든한 한 끼로 먹을 수 있는 요리다.

커다란 무쇠 팬 또는 묵직한 프라이팬을 중강불에 올리고 다음을 둘러서 가열한다.

　　식물성 기름 3큰술

다음을 넣고 저으면서 노릇노릇해질 때까지 볶는다.

　　양파 중간 크기 1개, 잘게 썰기

다음을 넣고 저으면서 잘 섞일 때까지 잠깐 조리한다.

　　마늘 2쪽, 다지기

　　생강 2.5cm짜리 1조각, 껍질을 벗겨서 다지기

　　커민 가루 2작은술

　　고수씨 가루 2작은술

　　강황 가루 1작은술

　　카옌 고춧가루 ¼작은술 또는 맛을 보면서 적당량

다음을 넣고 저으면서 고기에 분홍색이 가시고 모든 수분이 날아갈 때까지 8~10분간 조리한다.

　　지방이 적은 다진 소고기, 양고기 또는 닭고기 450g

　　굵게 썬 통조림 토마토 ½컵

　　소금 ¾작은술

다음을 넣는다.

붉은색 감자 또는 골드 감자 340g, 껍질을 벗기고 1.2cm 크기로 깍둑썰기하기
물 1컵

뚜껑을 덮고 약불로 줄여서 감자가 부드러워질 때까지 15~20분간 뭉근히 끓인다. 뚜껑을 열고 불을 올려서 모든 수분이 날아갈 때까지 조리한다. 맛을 보고 간을 조절한다. 다음을 훌훌 뿌린다.

굵게 썬 고수 잎

취향에 따라 다음 위에 끼얹어서 낸다.

바스마티 쌀밥

아다나식 양고기 케밥

4인분

이 케밥에 사용할 다짐육은 미오신이 빠져나오도록 치대야 꼬치에 잘 달라붙는다. 폭이 넓고 납작한 금속 꼬치가 가장 적합하지만 가느다란 꼬치를 사용해도 만들 수 있다.(그릴에서 구울 때는 금속 주걱으로 옮기거나 뒤집는다.) 다음을 준비한다.

간단한 양파 피클

한쪽에 두고 식힌다. 식는 동안 다른 그릇에 다음 재료를 넣고 섞는다.

다진 양고기 450g

강판에 간 양파 2큰술

수막 가루 2큰술

마늘 2쪽, 다지기

우르파, 알레포 또는 마라시 등의 칠리 고추를 굵게 빻은 것 2큰술

소금 ¾작은술

커민 가루 1작은술

고기와 양파, 양념 혼합물이 부드럽고 아주 끈끈해질 때까지 약 3분간 손으로 치댄다. 고기를 4등분해서 꼬치 4개에 붙인 다음 길쭉한 소시지 모양으로 만든다. 나무 꼬치를 사용할 때는 고기를 붙이지 않은 부분이 타지 않도록 포일로 감싼다. 그릴을 강불로 맞춰 준비하거나 가스 그릴을 강불에 맞춰 10분간 예열한다.

꼬치를 그릴에 올린다. 중간에 한두 번 뒤집으면서 케밥이 전체적으로 갈색으로 잘 익을 때까지 약 8분간 굽는다. 양파 피클의 물기를 빼고 그릇에 담은 후 다음을 넣고 섞는다.

굵게 썬 파슬리 ½컵

수막 가루 1큰술

올리브유 1큰술

케밥과 양파 피클 섞은 것을 다음의 속재료로 사용한다.

플랫브레드 또는 피타 샌드위치

또는 다음 위에 얹어서 낸다.

쌀 필라프 또는 파투시

다진 고기 패티에 대해

미국 가정에서는 햄버거 패티를 보통 그릴에 구워서 조리하지만, 뜨거운 프라이팬이나 번철에 구워도 아주 맛있는 햄버거를 만들 수 있다. 그릴에 구운 자국이나 훈연 풍미보다 겉이 바삭하게 구워진 패티가 취향에 맞는다면 아마 번철에 구운 햄버거를 선호할 가능성이 크다.

다진 고기에 대해 항목에서 설명했듯이, '다진 윗등심'이라는 라벨이 붙어

있거나 지방 함량이 15% 이상인 다진 소고기가 햄버거 패티로 조리하기에 가장 적합하다. 다진 고기를 양념해서 너무 많이 치대면 다짐육에 '질김' 현상이 발생하기 쉬우므로 우리는 일단 패티 모양을 만든 후 소금과 후추를 골고루 뿌리는 방법을 선호한다. 하지만 향신료나 풍미 재료를 추가한 패티를 좋아하는 사람들도 있다. 깍둑썰기한 양파와 같은 재료는 반드시 미리 익혀서 충분히 식힌 다음 다진 고기에 넣고 섞어야 한다는 점을 잊지 말자.(그대로 넣으면 익히지 않은 재료의 사각거리는 식감이 사라질 때까지 조리하는 동안 고기가 너무 많이 익어버린다.)

패티를 납작하게 눌러서 굽지 않는 한(햄버거 패티 II 레시피 참고) 패티를 적당한 모양으로 빚어야 한다. 햄버거 번에 얹어서 먹으려면 아래에 깐 번보다 커지지 않게 크기를 조절한다. 비교적 납작하게 조리할 패티라면 패티의 윗면 가운데가 살짝 움푹 들어가도록 모양을 빚는다.(굽는 과정에서 가운데가 봉긋 솟아오르기 마련이다.) 햄버거 패티를 빚을 때는 고기를 살살 다루면서 간신히 형태를 유지할 정도로만 누른다. 우리가 가장 선호하는 방법은 중력을 활용하는 것이다. 적당히 둥그런 모양의 패티를 깨끗한 조리대 위에 들어올린 다음 20cm 정도 위에서 떨어뜨린다. 패티의 납작해진 면이 위로 가도록 뒤집어서 다시 20cm 정도 위에서 떨어뜨린 후 패티 옆쪽을 톡톡 두드려 정돈하면서 둥근 모양을 만들고 가장자리를 가볍게 뭉쳐서 가운데 부분보다 살짝 올라오게 매만진다.

두껍고 육즙이 풍부하면서 안쪽에 아직 분홍색이 남아 있는 패티를 좋아하는 사람이 있는가 하면, 얇고 갈색으로 잘 익은 패티를 선호하는 사람도 있다. 그러나 취향에 관계없이 ▶ USDA는 모든 다짐육을 내부 온도가 74℃까지 도달하도록 조리하는 것을 권장한다는 점을 잊지 말자.

채식용 베지 버거와 익힌 고기로 샌드위치를 만드는 방법은 버거에 대해 항목을 참고한다.

햄버거 패티

4인분

패티를 만들 때는 다진 고기 패티에 대해 항목을 참고한다.

I. 그릴 또는 직화 오븐에 굽기

그릴을 강불로 맞춰 준비하거나 오븐 받침대에 구이 팬을 올려놓고 열원에서 7.5~10cm 떨어진 위치에 끼운다. 직화 오븐을 예열한다. 다음을 같은 크기로 4등분해 2cm 두께의 패티를 빚는다.

다진 소고기 윗등심 560g

다음을 훌훌 뿌린다.

소금과 흑후추

중간에 한 번 뒤집으면서 그릴이나 직화 오븐에 굽되, 레어는 각 면을 약 3분씩, 미디엄은 4분씩, 웰던은 5분씩 굽는다. **치즈버거**를 만든다면 패티를 뒤집은 후 위에 다음을 얹는다.

(아메리칸, 체더, 스위스 치즈 또는 기타 잘 녹는 치즈 슬라이스)

번 위에 패티를 올리고 선호하는 토핑을 얹어서 낸다.(버거에 대해 항목 참고)

II. 번철에 굽기 또는 납작하게 눌러서 굽기

묵직한 프라이팬(무쇠 팬 권장)을 중강불에 올리고 다음을 둘러서 가열한다.

식물성 기름 2작은술

환풍기를 틀어놓거나 창문을 연다. 버전 I의 설명에 따라 패티를 만든다. 기름에서 연기가 나기 시작할 즈음, 패티를 프라이팬에 넣고 중간에 한 번 뒤집어

주면서 원하는 익힘 정도로 굽는다. 취향에 따라 폭이 넓은 금속 주걱으로 패티를 1.2cm 두께로 납작하게 누를 수도 있다. 이렇게 눌러서 구울 때는 그냥 구울 때보다 조리 시간이 줄어든다. 표면이 진한 갈색으로 바삭바삭해질 때까지 구운 후 뒤집어서 반대쪽도 갈색으로 익힌다.(취향에 따라 치즈를 얹어도 좋다.) 선호하는 토핑과 함께 햄버거 번 위에 얹어서 낸다.(버거에 대해 항목 참고)

베커 버거
4인분
조림 방법으로 조리한 이 버거는 풍미가 진하고 육즙이 풍부하며 부드럽다. 통밀 토스트 위에 얹고 프라이팬에 흘러나온 육즙을 버거 위에 끼얹어서 낸다.
다음을 같은 크기로 4등분해 2cm 두께의 패티를 빚는다.

　다진 소고기 우둔살 또는 윗등심 680g
묵직한 프라이팬을 중강불에 올리고 다음을 둘러서 가열한다.

　베이컨 기름, 라드, 정제 버터 또는 식물성 기름 2큰술
패티를 넣고 2분간 굽는다. 반대쪽으로 뒤집어서 미디엄 레어가 되도록 4분간 굽는다. 구워진 패티에 다음을 넉넉히 뿌린다.

　흑후추
그리고 다음을 끼얹는다.

　간장 2큰술
　포트 와인 2큰술
　핫소스 몇 방울
프라이팬을 불에서 내리고 뚜껑을 덮어서 5분간 레스팅한 후 낸다.

베커 양고기 패티
4인분
큼직한 그릇에 다음을 넣고 재료가 어느 정도 섞일 때까지만 가볍게 손으로 섞는다.

　다진 양고기 450g
　레몬 ½개의 껍질과 즙, 강판에 곱게 갈기
　셰리 2작은술
　간장 2작은술
　마늘 2쪽, 다지기
　말린 타임 1작은술, 부수기
　소금 1작은술
　흑후추 1작은술
　핫소스 소량씩 2번
플랫브레드 샌드위치에 넣으려면 지름 5cm의 패티 12개를 빚는다. 햄버거에 넣으려면 혼합물을 4등분해서 2.5cm 두께의 패티 4개를 빚는다. 커다란 프라이팬을 중강불에 올리고 다음을 둘러서 가열한다.

　식물성 기름 2큰술
지름 5cm의 작은 패티라면 한 면당 2분씩 지진다. 커다란 버거 패티는 레어로 굽는다면 한 면당 3분, 미디엄이라면 4분, 웰던이라면 5분씩 지진다. 다음의 속재료로 채워서 낸다.

　플랫브레드 또는 피타 샌드위치
또는 다음에 사용한다.

　햄버거

비트와 케이퍼 버거
4인분
은은한 흙내음이 나는 비트와 진한 풍미의 소고기, 짭짤한 케이퍼가 조합된 이 패티는 스웨덴 전통 음식인 비프 알라 린트스트룀(Biff à la Lindström)에서 영감을 얻은 것이다. 이 레시피는 전통 방식에 비해 간단하게 만들 수 있으며 식감도 좀 더 단순하다.
그릇에 다음을 넣고 섞는다.

　다진 소고기 윗등심 또는 다진 양고기 450g
　잘게 썬 비트 피클 또는 삶은 비트 ½컵
　물기를 뺀 케이퍼 ¼컵
　마늘 2쪽, 다지거나 강판에 갈기
　소금 ½작은술
　흑후추 ½작은술
재료가 어느 정도 섞일 때까지만 가볍게 섞는다. 고기 혼합물을 4등분해 2.5cm 두께의 패티 4개를 빚고 햄버거 패티 레시피에 따라 조리한다. 샌드위치로 내거나 드레싱에 버무린 녹색 채소 및 다음과 함께 낸다.

　바삭하게 구운 납작 감자
먹는 방법과 관계없이 다음을 곁들여서 먹어보자.

　(스칸디나비아식 머스터드 딜 소스)

미트로프와 미트볼에 대해
미트로프는 손으로 빚어서 테두리 있는 오븐 팬에 올려서 굽거나 로프 팬에 담아서 굽는다. 손으로 빚은 미트로프는 오븐에 넣었을 때 금세 갈색으로 익지만, 팬에 담아서 굽는 미트로프가 육즙이 더 풍부하고 모양도 예쁘다. 케첩이나 토마토로 만든 순한 칠리 소스 ½컵 정도를 로프 팬 바닥에 붓고 고기를 채워도 좋고, 미트로프가 절반쯤 익었을 때 케첩이나 칠리 소스를 위쪽에 발라서 반질반질 윤기를 내도 좋다.

　미트로프는 너무 오래 굽지 않도록 주의하자. 미트로프의 중심부에 온도계를 찔렀을 때 70℃ 정도 되어야 한다. 미트로프가 단단해지도록 굽되, 퍽퍽해서는 안 된다. 1인분씩 소분해서 구울 때는 기름을 바른 머핀 틀을 사용할 수 있고, 20~30분 정도면 속까지 잘 익는다. 다 구워지면 틀에서 빼내 테두리 있는 오븐 팬에 놓고 글레이즈를 바른 다음 먹음직스러운 갈색이 될 때까지 직화 오븐에 굽는다. 먹다 남은 미트로프를 두툼하게 썰면 근사한 샌드위치 재료로 활용할 수 있다. 논스틱 프라이팬에 버터를 살짝 두르고 양쪽 면이 갈색으로 익을 때까지 따끈하게 지져서 사용한다.

　미트볼은 모양을 제외하면 모든 면에서 미트로프와 비슷하다. 스웨덴식 미트볼을 비롯한 일부 미트볼은 몇 분 정도 치대고 섞어서 쫄깃하고 탱탱한 식감을 낸다. 미트볼을 육수에 담가 뭉근히 끓이거나 갈색으로 구운 다음 소스나 그레이비에 넣을 수도 있다. 미트볼을 냉동 보관하려면 뭉근히 삶거나 프라이팬에 지지거나 직화 오븐 구이 등의 방법으로 일단 익힌 다음 지퍼백에 담아서 얼리는데, 이때 소스를 함께 부어서 냉동하면 더 좋다. 소스 때문에 지퍼백 안에 들어 있는 공기의 부피가 줄어들어 미트볼이 냉동상을 입는 것을 방지할 수 있다. 냉동해둔 미트볼은 일단 해동한 다음 소스에 담가서 천천히 데운다.

▶ 미트로프 레시피라면 무엇이든 미트볼에도 활용할 수 있다. 칠면조고기나 닭고기로 만든 미트볼에 대해서는 가금류 다짐육에 대해 항목을 참고한다.

미트로프

6인분

앞에서 설명했듯이 미트볼과 미트로프는 매우 비슷하다. 아래에 소개한 방법 외에도, 이 레시피의 1½배 분량을 준비해 이탈리아식 미트볼이나 케프테데스에 활용할 수 있다. 가장 근사한 풍미를 위해서는 다진 송아지고기가 전체 고기 분량의 ¼을 넘지 않도록 한다. 미트로프에 기름기가 너무 많아지는 것을 피하려면 소시지의 양도 전체 고기 분량의 ¼ 이하로 제한한다.

오븐을 175℃로 예열한다. 23×12.5cm 크기의 로프 팬에 기름을 살짝 바른다. 커다란 프라이팬을 중불에 올리고 다음을 둘러서 가열한다.

   식물성 기름 2큰술

다음을 넣고 저으면서 부드러워질 때까지 6~8분간 볶는다.

   양파 큰 것 1개, 잘게 썰기

다음을 넣고 저으면서 1분간 더 볶는다.

   마늘 3쪽, 잘게 썰기

양파 혼합물을 커다란 그릇에 옮겨 담고 다음을 넣는다.

   다진 소고기, 송아지고기, 돼지고기, 벌크 소시지, 양고기 또는 이를 섞어서 680g

   간편 조리용 납작귀리 또는 마른 빵가루 1컵

   케첩이나 토마토로 만든 맵지 않은 칠리 소스 ⅔컵

   굵게 썬 파슬리 ½컵

   (강판에 곱게 간 파르메산 치즈 ½컵[55g])

   대란 3개, 가볍게 풀어두기

   말린 타임 1작은술

   (훈제 파프리카 가루 1작은술)

   소금 1작은술

   흑후추 ½작은술

재료가 골고루 잘 섞일 때까지만 손으로 치댄다. 미리 준비해둔 로프 팬에 고기 반죽을 채우고 위쪽을 둥그렇게 매만진다. 로프 팬을 오븐 팬 위에 놓고 1시간~1시간 15분 정도 굽는다. 만져보면 단단한 느낌이 나면서 부피가 줄어들어 로프 팬의 옆면에서 미트로프가 떨어질 때까지 굽되, 중심부에 온도계를 찔렀을 때 70℃가 되어야 한다. 여분의 기름기를 따라내고 15분간 레스팅한 후 낸다. 취향에 따라 먹기 전에 미트로프에 다음을 솔로 바른다.

   케첩 또는 바비큐 소스

미트로프의 추가 재료

다양한 재료로 실험을 할 때, 처음에는 아주 소량만 섞어서 작은 패티를 만든 다음 지져서 맛을 보고 재료를 섞어서 커다란 미트로프를 굽는 것이 좋다. 23×12.5cm 크기의 미트로프를 굽는다면 다음 재료를 단독으로 또는 적당히 섞어서 추가해보자.

   강판에 곱게 간 당근, 감자 또는 고구마 ½컵

   버섯 볶음 ½컵

   구워서 굵게 썬 아몬드, 피칸 또는 호두 ¼컵

   우스터 소스 2작은술

   디종 머스터드 또는 갈아서 양념한 호스래디시의 물기를 뺀 것 1큰술

   굵게 썬 타임, 오레가노, 바질, 딜 또는 다진 차이브 1큰술

매리언 할머니는 미트로프를 만들 때 특히 다음 재료를 자주 넣었다.

   굵게 썬 녹색 올리브 ¼컵과 굵게 썬 마름(물밤) ¼컵

셰퍼드 파이(Shepherd's Pie)

4인분

잘게 썰거나 다진 양고기에 매시트포테이토를 덮어서 구운 이 요리는 영국과 아일랜드 펍의 인기 메뉴다. 양고기 대신 굵게 썰거나 다진 소고기를 사용하면 **코티지 파이**가 된다. 다양하게 변화를 주고 싶다면 매시트포테이토의 추가 재료 중 선호하는 재료를 토핑으로 사용해보자. 우리는 특히 구운 마늘 1통이나 염소 치즈 최대 ½컵에 다진 차이브 1~2큰술을 얹는 것을 즐긴다.

다음을 준비해 한쪽에 둔다.

   매시트포테이토

오븐을 200℃로 예열한다. 지름 23cm짜리 파이 팬이나 20×20cm 크기의 베이킹 접시에 기름을 바른다.

커다란 프라이팬을 중불에 올리고 다음을 넣는다.

   식물성 기름 3큰술

   양파 1개, 굵게 썰기

   당근 1개, 굵게 썰기

   셀러리 줄기 1개, 굵게 썰기

가끔 저으면서 채소가 부드러워지되 갈색으로 변하지 않을 때까지 10~15분간 볶는다. 중강불로 올려서 다음을 넣는다.

   다진 양고기 450g

나무 주걱으로 뭉친 고기를 부수면서 양고기와 채소가 갈색으로 변하기 시작할 때까지 5분 정도 볶는다. 여분의 기름기를 걷어낸다. 다음을 넣고 젓는다.

   중력분 1큰술

저으면서 2분간 볶는다. 다음을 넣는다.

   소나 닭 국물 ¾컵

   굵게 썬 신선한 타임 1½작은술 또는 말린 타임 ½작은술

   굵게 썬 신선한 로즈메리 1½작은술 또는 말린 로즈메리 ½작은술

   강판에 갈아낸 육두구나 육두구 가루 1자밤

   소금과 흑후추 적당량

약불로 줄이고 가끔 저으면서 걸쭉해질 때까지 5분 정도 조리한다. 준비해놓은 파이 팬이나 베이킹 접시에 담는다. 매시트포테이토를 윗면에 골고루 펴서 얹고, 포크를 사용해 삐죽삐죽 솟아오르게 하거나 모양을 낸다. 다음을 위에 뿌린다.

   버터 2큰술, 작은 조각으로 자르기

감자가 갈색으로 변하고 속까지 전체적으로 따뜻해질 때까지 30~35분간 굽는다. 약간 식힌 후 파이 팬이나 베이킹 접시에 담아서 그대로 낸다.

햄버거 파이

4인분

이 파이는 원래 이르마 할머니가 1939년에 펴낸 『요리의 효율성 향상』이라는 요리책에 등장했던 레시피다. 이 요리책에서 할머니는 통조림 식재료의 편리함을 강조한 바 있다. 취향에 따라 레시피를 다양하게 변주하되, 버터 바른 토스트 조각을 올리는 것은 절대 빼놓지 말자!

오븐을 200℃로 예열한다.

   다진 소고기 윗등심 450g

   양파 중간 크기 1개, 굵게 썰기

나무 주걱으로 뭉친 고기를 부수면서 소고기가 갈색으로 변하고 양파가 부드

러워질 때까지 10분 정도 볶는다. 다음을 넣고 저으면서 1분간 볶는다.

중력분 2큰술

고춧가루 1큰술

다음을 넣고 뭉근히 끓어오르도록 가열해 3분간 조리한다.

깍둑썰기한 토마토 통조림 410g짜리 1개

옥수수 통조림 430g짜리 1개, 물기를 빼기 또는 냉동 옥수수 285g짜리 1봉지

마늘 2쪽, 다지기

(갈색 설탕 1작은술)

다음으로 적당히 간을 한다.

소금과 흑후추

혼합물을 지름 23cm짜리 파이 팬이나 20×20cm 크기의 베이킹 접시에 옮겨 담는다. 다음에서 테두리를 잘라낸다.

흰 샌드위치 빵 슬라이스 7조각

각 빵의 한쪽 면에 다음을 바른다.

버터 2큰술, 부드럽게 녹이기

빵 하나를 균일한 크기의 정사각형 4개로 자른다. 버터를 바른 면이 위로 가도록 고기 필링 위에 가지런히 놓되, 각 조각이 약 1.2cm 정도 겹치게 배열하고 고기가 안 보이도록 완전히 덮는다. 빵을 살짝 눌러서 고기 필링에 달라붙게 한다. 표면이 갈색이 될 때까지 12~15분간 굽는다.

쾨니히스베르거 클로프제(Königsberger Klopse, 독일식 미트볼)

5cm짜리 미트볼 약 20개

가끔은 식사가 주는 따스한 온기에 위로받고 싶을 때가 있다. 그럴 때는 배가 든든해지는 이 레시피로 위안을 얻어보자. 소스를 듬뿍 바른 미트볼과 빵가루 토핑을 얹은 에그누들은 독일의 옛 전통 음식이므로 저절로 기운이 날 것이다! 가장 근사한 풍미를 위해서는 송아지고기가 전체 다진 고기 분량의 ¼을 넘지 않도록 한다.

그릇에 다음을 넣은 후 국물이 스며들게 한다.

2.5cm 두께의 빵 슬라이스 1조각

빵이 잠길 만큼의 물, 우유 또는 육수

그릇을 하나 더 꺼내서 다음을 넣는다.

다진 소고기, 송아지고기, 돼지고기 또는 이를 섞어서 680g

다음을 잘 풀어서 고기에 넣는다.

대란 2개

중간 크기의 프라이팬을 중불에 올리고 다음을 넣어서 녹인다.

버터 1큰술

다음을 넣고 황금색이 될 때까지 8분 정도 볶는다.

양파 중간 크기 1개, 잘게 썰기

볶은 양파를 고기에 추가한다. 담가두었던 빵에서 물기를 털어내고 작은 조각으로 찢어서 고기에 추가한다. 다음을 넣는다.

굵게 썬 파슬리 3큰술

소금 1¼작은술

스위트 파프리카 가루 ¼작은술

레몬 1개의 껍질, 강판에 곱게 갈기

레몬즙 1작은술

우스터 소스 1작은술 또는 안초비 2마리, 다지기

(강판에 간 육두구 소량)

손으로 모든 재료를 가볍게 섞는다. 5cm 크기의 둥그런 모양으로 성기게 빚는다. 커다란 냄비에 다음을 붓고 뭉근하게 끓어오르도록 가열한다.

닭 또는 채소 육수 5컵

미트볼을 육수에 넣고 뚜껑을 덮은 후 15분간 뭉근히 삶는다. 구멍 뚫린 숟가락으로 육수에서 미트볼을 건지고 육수는 그릇에 붓는다. 같은 냄비로 다음을 만든다.

기본 팬 그레이비, 버터 10큰술과 중력분 ⅔컵, 그릇에 담아놓은 육수를 모두 사용해서 만들기

그레이비의 질감이 매끄러워질 때까지 저으면서 조리한다. 다음을 넣는다.

케이퍼, 곱게 썬 피클, 사워크림 2큰술

굵게 썬 파슬리 2큰술

미트볼을 그레이비에 넣고 따뜻하게 데운다. 플래터에 다음을 담고 미트볼을 얹어서 낸다.

삶은 에그누들 또는 슈페츨레

미트볼이 보이지 않을 정도로 다음을 넉넉하게 얹는다.

갈색으로 볶은 버터 빵가루

이탈리아식 미트볼

3.8cm짜리 미트볼 약 20개

Ⅰ. 살짝 튀기기

프라이팬을 사용해 미트볼을 갈색으로 조리하는 방법으로, 오랫동안 널리 알려진 전통 방식이다. 다양한 종류의 고기로 응용해도 좋다. 물론 소고기, 돼지고기, 송아지고기의 전통적인 미트로프 조합도 기가 막히게 잘 어울린다.

취향에 따라 다음을 준비한다.

(토마토 소스)

은근히 끓어오를 때까지 가열한 후 뚜껑을 덮어서 준비해둔다. 토마토 소스를 사용하지 않는다면 오븐을 93℃로 예열한다.

커다란 그릇에 다음을 넣고 섞는다.

다진 소고기 또는 다진 소고기와 돼지고기를 절반씩 섞어서 450g, 또는 지방이 적은 다진 소고기 340g과 껍질을 제거한 매콤한 맛 또는 순한 맛 이탈리아식 소시지 110g을 섞은 것

마늘 2쪽, 다지기

굵게 썬 파슬리 ½컵

강판에 간 파르메산 치즈 ½컵(55g)

양파 중간 크기 1개, 잘게 썰기

생빵가루 ½컵

대란 1개, 풀어두기

(드라이 레드와인 3큰술)

토마토 페이스트 2큰술

소금 1작은술

흑후추 ¼작은술

말린 오레가노 ½작은술

손으로 재료를 섞는다. 큰 숟가락으로 반죽을 듬뿍 떠서 3.8cm 크기의 공 모양으로 빚는다.(5cm 또는 그 이상으로 크게 빚을 수도 있지만, 큼직한 미트볼은 일단 갈색으로 겉을 익힌 다음 삶거나 굽는 방식으로 중심부 온도가 70℃에 도달할 때까지 더 익

허야 한다.)

다음 위에 미트볼을 굴려서 살짝 묻힌다.

밀가루 ½컵

커다란 프라이팬을 중불에 올리고 기름을 다음 높이까지 부어서 가열한다.

올리브유 또는 식물성 기름 6mm

연기가 나기 직전까지 기름을 달군 후 한꺼번에 너무 많이 넣지 않도록 주의하면서 미트볼을 튀긴다. 골고루 갈색으로 익도록 중간에 몇 번 뒤집으면서 조리한다. 토마토 소스를 사용할 경우 미트볼이 먹음직스러운 갈색으로 익었을 때 건져서 따뜻하게 데워둔 토마토 소스에 넣는다. 소스 없이 낸다면 갈색으로 익은 미트볼을 베이킹 접시에 담은 후 오븐에 넣어 따뜻하게 보관한다.

II. 직화 오븐에 굽기

이 방법은 시간이 적게 걸리고 조리 과정이 깔끔하며 손이 많이 가지 않는다.

버전 I의 설명대로 재료를 혼합해 한쪽에 둔다. 오븐의 위쪽 열원에서 20cm 떨어진 위치에 받침대를 끼운다. 테두리 있는 커다란 오븐 팬에 포일을 깐다. 고기 혼합물로 3.8cm 크기의 동그란 미트볼을 빚은 후(밀가루는 묻히지 않는다.) 서로 닿지 않도록 적당한 간격을 두고 오븐 팬에 올린다. 10분간 직화 오븐에 구운 후 오븐 팬을 꺼낸다. 집게로 미트볼을 뒤집은 후 다시 오븐에 넣고, 전체적으로 먹음직스러운 갈색으로 변하면서 중심부 온도가 70℃ 이상이 될 때까지 5~10분간 더 굽는다.

스웨덴식 미트볼

작은 미트볼 약 25개, 5인분

작은 프라이팬을 중불에 올리고 다음을 넣어서 녹인다.

버터 1큰술

다음을 넣고 저으면서 양파가 부드러워질 때까지 3~4분간 볶는다.

다진 양파 ¼컵

한쪽에 둔다. 전기 반죽기 용기에 다음을 넣어 섞은 후 부드러워질 때까지 2분 정도 그대로 둔다.

생빵가루 ⅔컵

우유 ⅓컵

볶은 양파를 넣고 다음을 추가한다.

지방이 적은 다진 소고기 340g

지방이 적은 다진 돼지고기 340g

대란 1개

소금 1작은술

흑후추 ¼작은술

올스파이스 가루 ¼작은술

강판에 간 육두구 또는 육두구 가루 ¼작은술

반죽기를 저속으로 작동시켜 반죽이 부드러워질 때까지 섞은 후, 고속으로 올려서 가볍고 폭신폭신해질 때까지 2분 정도 세게 쳐서 섞는다. 혼합물을 조금씩 떼서 2.5~3.8cm 크기의 동그란 모양으로 빚는다. 커다란 프라이팬을 중불에 올리고 다음을 넣어서 녹인다.

버터 4큰술(버터 스틱 ½개)

미트볼을 몇 개씩 넣어 갈색으로 익힌 후 키친타월 위에 올려놓고 기름을 뺀다. 미트볼을 전부 다 조리한 후 프라이팬에 남은 버터가 타버렸다면 따라서 버리고 바닥에 붙어 있는 갈색 조각은 그대로 남겨둔다. 필요하면 프라이팬에

다음을 추가한다.

(버터 4큰술)

프라이팬에 다음을 넣고 저으면서 연한 갈색이 될 때까지 볶는다.

중력분 2큰술

잘 저으면서 다음을 조금씩 붓는다.

소 육수 또는 국물 2컵

세게 저으면서 그레이비가 걸쭉하고 매끄러워질 때까지 조리한다. 미트볼을 다시 프라이팬에 넣고 뚜껑을 덮어서 속까지 충분히 데워지도록 5분 정도 조리한다. 미트볼을 건져서 플래터에 담고 소스에 다음을 넣어 세게 젓는다.

사워크림이나 헤비크림 ⅓컵

(월귤이나 레드커런트 젤리 2큰술)

소스를 미트볼 위에 끼얹는다.

소시지에 대해

여기서는 시판 소시지를 다룬다. 소시지를 직접 만들고자 한다면 541~542쪽을 참고한다.

생소시지

생소시지는 익히지 않은 상태로 판매한다. 껍질(케이싱)에 채워 넣은 형태 또는 껍질에 채워 넣지 않은 와글와글한 혼합물, 즉 벌크 형태로 판매한다. 벌크 소시지는 패티 모양으로 빚거나 잘게 부숴 갈색으로 익혀서 먹는다. **컨트리 스타일 소시지나 브렉퍼스트 소시지, 매콤한 생초리소**는 대다수 식료품점의 정육 판매대에서 벌크 형태로 쉽게 구할 수 있다. 껍질에 채워서 판매하는 생소시지 중에서 가장 흔히 볼 수 있는 것은 가느다란 사슬 모양의 **브렉퍼스트 소시지,** 그보다 두꺼운 **브라트부르스트, 이탈리아식 소시지**를 꼽을 수 있다.(이탈리아식 소시지는 벌크 형태로도 판매한다.) 물론 껍질에 채워 넣은 소시지도 껍질을 잘라서 속을 꺼낸 뒤 잘게 부숴 벌크 소시지처럼 조리할 수 있다.

우리는 사슬 모양의 생소시지를 살 때 되도록 옥수수 시럽이 들어 있는 소시지는 피하려고 한다. 당분이 들어 있어 갈색으로 빨리 먹음직스럽게 익지만, 그릴에 굽거나 프라이팬에 지진 후에 남는 까맣게 탄 잔여물이 달갑지 않기 때문이다. 번에 얹어서 내거나 주요리의 단백질 재료로 사용할 경우, 450g 정도 분량의 생소시지는 4인분으로 적당하다.

▶ 생소시지를 안전하게 먹으려면 반드시 내부 온도가 70℃에 도달할 때까지 조리해야 한다. 생소시지를 다룬 후에는 손과 조리 도구, 사용한 조리대를 깨끗이 씻는다. ▶ 생소시지는 매우 상하기 쉬우므로 구입 직후 냉장고에 넣어 보관하고 2일 안에 조리한다.

벌크 형태로 판매하는 생소시지는 패티 모양으로 빚어서 프라이팬에 지지거나 피카디요 또는 이탈리아식 미트볼 같은 요리의 재료로 사용하기에 가장 적합하다. 사슬 모양의 소시지는 데치거나 프라이팬에 지지거나 직화 오븐 또는 그릴 구이에 사용하기 좋고, 특히 그릴에 굽는 조리 방법에 썩 잘 어울린다. 생소시지를 그릴에 굽기 전에 한 번 데치면 불꽃이 갑자기 솟아오르는 것을 방지할 수 있어서 대량의 소시지를 효과적으로 구울 수 있다. 또한 브라트부르스트를 버터와 맥주 혼합물에 담갔다가 그릴에 굽는 등 다양한 방법으로 맛을 더할 수 있다.(브라트부르스트 레시피 참고) 생소시지를 전자레인지에 조리하는 것은 권장하지 않는다.(조리 도중에 터지기 쉽다.)

사전 조리된 소시지

핫도그, 볼로냐, 모르타델라(mortadella), 크노크부르스트(knockwurst)처럼 탱탱하고 조직이 치밀한 유화형 소시지부터 앙두이(andouille), 훈제 킬바사(smoked kielbasa), 살라미 코토(salami cotto)처럼 조직이 성긴 유형에 이르기까지 다양한 소시지가 시판된다. 사전 조리된 소시지는 그대로 먹어도 안전하지만 대부분 속까지 따뜻하게 데워서 먹으면 맛이 훨씬 좋다. 이러한 소시지는 쉽게 상하므로 즉시 냉장고에 넣어 보관하고 구매 후 3~5일 이내 또는 소비 기한 내에 먹어야 한다.

사전 조리된 소시지를 데울 때는 생소시지를 익힐 때와 같은 방법으로 한다. 생소시지만큼 익힘 정도에 신경을 쓸 필요가 없으므로 속까지 충분히 데워지고 적당히 갈색으로 익었는지만 확인하면 된다. 사전 조리된 소시지를 전자레인지에 넣고 데워야 한다면 뚜껑이 꽉 닫히는 용기에 육수나 물을 붓고 그 안에 담가서 데워야 껍질이 질겨지는 것을 최대한 방지할 수 있다.

염지 소시지

생소시지와 같은 방식으로 만들지만 염지용 소금을 첨가하는 것이 중요한 차이점이다. 이렇게 만든 후 락토바실루스 박테리아의 특정 균주를 접종해 습도가 높은 곳에서 발효하고, 냉훈법으로 훈연해(생략 가능) 온도와 습도가 조절되는 환경에서 최대 3개월간 말린다. 이런 식으로 세심하게 염지, 산성화, 탈수 처리를 거치면 조직이 조밀하고 풍미가 진하며 실온에서 보관할 수 있는 소시지가 완성된다.(이 과정에 대한 더 자세한 내용은 육류 염지에 대해 항목을 참고한다.)

피노키오나(finocchiona), 소프레사타(soppressata), 스페인식 초리소 등의 **완전 염지 소시지**는 실온에서 여러 달 보관할 수 있지만, 포장을 뜯은 채(또는 습기가 많은 곳에서) 보관하면 결국 말라버린다. **반건조 또는 부분 염지 소시지**는 건조 시간이 보통 일주일 정도로 짧으므로 식감이 촉촉한 대신 보관 기간이 짧다. 아마도 가장 흔히 접할 수 있는 예로는 **서머 소시지**(summer sausage, 실온에서 보관할 수 있는 건조 훈제 소시지의 통칭 — 옮긴이)와 주로 피자 토핑으로 사용하는 매콤한 **페퍼로니**를 꼽을 수 있는데, **튀링거**(Thuringer) 소시지와 펜실베이니아의 독일계 미국인이 즐겨 먹는 **레바논 볼로냐** 등의 맛있는 소시지도 여기에 해당한다. 일부 반건조 소시지는 실온에 보관해도 안전하지만, 되도록 냉장 보관하고 3주 이내에 먹도록 권장한다.(또는 포장에 인쇄된 보관법을 따른다.)

완전 염장이든 반건조든 간에 ▶ 일단 소시지를 자르면 남은 소시지는 랩으로 단단히 감싸서 냉장고에 보관해야 품질을 유지하고 표면에 곰팡이가 피는 것을 방지할 수 있다. 얇게 저민 반건조 소시지는 예전부터 서브 샌드위치의 속재료로 널리 사용하고 있다. 두 종류 모두 샤르퀴트리 플래터에 담아서 생으로 먹거나 파에야, 피자, 칼초네 같은 요리의 재료로 쓸 수 있다.

사슬 모양의 소시지 조리하기

4~6인분

삶은 소시지를 넣어 샌드위치를 만드는 법은 핫도그에 대해 항목을 참고한다. 품질 좋은 소시지는 간이 잘되어 있으므로 다른 양념을 곁들이지 않아도 아주 맛있게 먹을 수 있지만, 사우어크라우트나 부드러운 매시트포테이토 그리고 맛있는 홀그레인 머스터드를 곁들이면 절대 실패하는 법이 없다. 크레피네트(crépinette)를 만든다면 프라이팬에 지지거나 그릴에 굽는 방법을 권장한다.

Ⅰ. 데치기

중간 크기의 냄비에 물 8컵을 붓고 팔팔 끓인다. 다음을 넣는다.

생소시지 또는 사전 조리된 소시지 8개

아주 약하게 끓기 시작하면 불을 줄여서 뭉근히 끓는 상태를 유지한다. 소시지 중심부 온도가 70℃에 도달할 때까지 10~15분간 조리한다.

Ⅱ. 프라이팬에 지지기

큼직한 프라이팬을 중불에 올리고 다음을 넣는다.

식물성 기름 1작은술

생소시지 또는 사전 조리된 소시지 8개

뚜껑을 덮고 자주 뒤집으면서 골고루 갈색으로 익을 때까지 조리한다. 사전 조리된 소시지는 5~6분 정도 지나면 갈색으로 익고 속까지 충분히 데워진다. 생소시지를 속까지 충분히 익히고 갈색으로 먹음직스럽게 지지려면 10분 정도 걸린다.

Ⅲ. 칼집을 넣어서 번철에 굽기

실내에서 핫도그를 조리할 때 우리가 선호하는 방법이다. 조리하는 동안 핫도그를 꾹 누를 수 있도록 프라이팬을 하나 더 준비하거나 그릴 프레스를 사용하는 것을 적극 권장한다.

오븐을 93℃로 예열한다.

다음을 세로 방향으로 가르되, 완전히 끝까지 자르지는 않는다.

핫도그나 기타 사전 조리 또는 훈연 소시지 8개

큼직한 프라이팬이나 번철을 중불에 올리고 다음을 넣어서 녹인다.

버터 2큰술

소시지 4개의 칼집 넣은 부분을 책처럼 펼쳐서 절단면이 아래로 가도록 프라이팬에 놓고 평평해지도록 주걱으로 꾹 누른다. 조리하는 동안 가끔 주걱으로 소시지를 눌러주거나 프라이팬 또는 그릴 프레스로 눌러서 절단면 전체가 프라이팬과 접촉하게 한다. 갈색으로 익을 때까지 6분간 지지거나 선호하는 익힘 정도로 조리한다. 접시에 옮겨 담고 오븐에 넣어 따뜻하게 보관한다. 프라이팬에 버터를 보충하고 남은 소시지 4개도 같은 방식으로 조리한다.

Ⅳ. 그릴에 굽기

핫도그와 사전 조리된 소시지는 갈색으로 익기만 하면 바로 먹을 수 있으므로 직화로 약 5분간 구우면 대부분 먹기 좋은 상태가 된다. 생소시지는 속까지 충분히 익혀야 할 뿐만 아니라 기름이 녹아나와 불꽃이 화르르 올라오기 쉬우므로 그릴에 굽기가 조금 더 까다롭다. 불꽃이 직접 닿지 않는 곳에서 속까지 충분히 익힌 다음 직화로 갈색이 될 때까지 굽는 것이 상대적으로 실패 확률이 낮다. 낮은 불꽃을 유지할 수 있는 가스 그릴이나 뜨거운 숯으로부터 20cm 이상 떨어진 위치에서 조리할 수 있는 그릴을 사용한다면 생소시지도 처음부터 직화로 조리할 수 있으며, 이렇게 하면 특히 훈연 풍미가 진하게 밴다. 그 외 또 다른 조리법은 브라트부르스트 레시피를 참고한다.

그릴을 두 구역으로 나눠 한쪽에만 숯을 쌓아 강불로 맞춰 준비하거나 가스 그릴을 강불에 맞추고 10분간 예열한다. 가스 그릴을 사용한다면 버너 중 하나를 약불로 줄인다. 덜 뜨거운 쪽에 다음을 올려놓는다.

생소시지 8개

그릴의 뚜껑을 덮고 소시지가 단단해지면서 내부 온도가 70℃에 도달할 때까지 굽는다. 2.5cm 두께의 소시지라면 8분 정도면 충분하다. 불이 직접 닿는 곳으로 옮겨서 가끔 뒤집어주면서 먹음직스러운 갈색이 될 때까지 굽는다.

가정에서 소시지 만들기

가정에서도 비교적 쉽게 생소시지를 만들 수 있다. 소시지를 직접 만들 때의 장점은 지방과 염분의 양, 고기의 품질과 종류, 향신료 조합 등 모든 요소를 취향에 따라 조절할 수 있다는 것이다. 고기 분쇄기(또는 분쇄용 부속 장치)를 사용하면 가장 만족스러운 식감을 얻을 수 있다. 벌크 소시지나 부댕 블랑 같은 유화형 소시지를 만들 때는 푸드 프로세서를 사용할 수도 있다. 그러나 ▶ 브라트부르스트나 그 외 입자가 굵은 사슬 모양 소시지를 만들 때는 푸드 프로세서 사용을 권장하지 않는다. ▶ 이렇게 입자가 굵은 소시지를 만들 때는 고기와 지방을 차갑게 식히거나 부분 냉동하는 것이 매우 중요하다. 이렇게 하지 않으면 지방 뭉개짐 현상 때문에 지방이 더 빨리 녹아서 껍질 밖으로 새어나오므로 굽는 동안 불꽃이 심하게 일어나고 소시지가 쪼그라들기 마련이다.

소시지 충진기는 레버를 돌려서 작동시키는 조리 기구다. 소시지 껍질을 충진 튜브에 끼우고(주입구stuffing horn라고도 한다.) 매듭을 묶는다. 그다음 피스톤 막대를 사용해 구멍이 뚫린 쪽으로 소시지 내용물을 튜브 밖으로 밀어낸다. 고기가 튜브 밖으로 빠져나오면 껍질이 채워지면서 점점 길쭉하게 늘어난다. 껍질에 소시지 내용물이 충분히 차면 적당한 간격으로 묶거나 비틀어서 사슬 모양으로 만든다. 상당수 전기 분쇄기나 분쇄용 부속 장치에도 분쇄용 판이나 칼날 대신 끼워서 사용할 수 있는 충진용 튜브가 포함되어 있다.

소시지 껍질은 엄청나게 큰 것도 있지만 우리는 지름 2~3.8cm 정도 되는 것을 가장 자주 사용한다. 크기가 작은 것은 브렉퍼스트 소시지나 생초리소, 메르게즈 소시지 등 양념이 진한 소시지에 적합하다. 큼직한 껍질은 브라트부르스트 등의 소시지에 잘 어울린다. **콜라겐** 껍질은 불릴 필요가 없어 아주 편하지만, 양과 돼지의 내장을 절여서 만든 **천연** 소시지 껍질의 꼬들꼬들한 식감을 선호하는 사람들이 훨씬 많다.(콜라겐 껍질을 사용할 때는 식용인지 확인해야 한다. 건조 살라미용 껍질도 있기 때문이다.) 양 내장으로 만든 껍질은 평균 지름 2cm에서 2.5cm가 약간 넘는 크기다. 돼지 내장으로 만든 껍질은 그보다 약간 더 큰 3.2cm 정도 된다. 이러한 껍질 중 일부는 식료품점이나 직접 소시지를 만드는 정육점에서 구할 수 있으며 인터넷 쇼핑몰에서는 훨씬 다양한 종류를 접할 수 있다.

▶ 만약 소시지 만들기를 처음 시도해보기 때문에 충진기까지 사고 싶지 않다면 소시지 반죽을 패티 모양으로 빚고 그물 모양의 내장지방 막으로 돌돌 말아서 **크레피네트**(crépinette)를 만들어보자. 원반 모양이지만 내장지방 막으로 감싸서 육즙과 풍미가 그대로 살아 있고 그릴에 굽기도 쉽다. 내장지방 막에 대한 자세한 내용은 550쪽을 참고한다.

소시지 재료 다지기 및 섞기

푸드 프로세서로 벌크 소시지를 만들려면 우선 레시피에서 필요한 모든 고기와 지방을 2.5cm 크기의 정육면체 또는 그보다 작게 썬다.(크기가 작을수록 더 좋다.) 깍둑썰기한 고기를 테두리 있는 오븐 팬에 늘어놓고 30분간 냉동실에 넣어둔다. 고기가 차가워지면 양념과 향미 재료를 준비한다. 전체 분량을 몇 덩어리로 나눠 가정에서 고기 다지기 항목의 설명에 따라 고기를 손질한다. 다진 고기를 한 덩어리씩 그릇에 담고 고기 위로 양념의 일부를 훌훌 뿌린다. 소시지 반죽이 모두 준비될 때까지 이 과정을 반복하되, 고기 한 덩어리를 더 넣을 때마다 양념을 켜켜이 뿌린다. 양념이 골고루 배도록 소시지 반죽을 살살 섞는다. 간을 확인할 때는 ▶ 작은 패티를 만들어서 프라이팬에 지진 후 맛을 보고 필요에 따라 반죽의 양념을 조절한다. 소시지 반죽이 담긴 용기를 덮어서 냉장고에 넣어둔다. 이렇게 만든 소시지 반죽은 바로 패티로 빚어서 프라이팬에 지져도 좋고 요리 재료로 사용해도 좋다. ▶ 부댕 블랑이나 그와 비슷한 유화형 사슬 모양 소시지를 만드는 경우가 아니라면 ▶ 푸드 프로세서를 사용해서 만든 소시지 반죽을 껍질에 채우는 것은 권장하지 않는다. 조직이 균일하지 않으며 미오신이 너무 많이 형성되었을 가능성이 크고('뚝뚝 끊어지는' 달갑지 않은 식감), 지방도 뭉개지기 쉽다.(조리 시 지방이 빨리 녹아서 밖으로 샌다.) 패티로 만들어서 조리할 때는 이러한 현상이 그다지 문제가 되지 않지만 사슬 모양의 소시지로 만들면 퍼석거리고 쪼그라들기 마련이다.

고기 분쇄기로 소시지 반죽용 고기를 다지려면 우선 레시피에서 필요한 모든 고기와 지방을 2.5cm 크기의 정육면체로 썬다. 결합 조직을 모두 떼어낸 후 깍둑썰기한 고기를 테두리 있는 오븐 팬에 늘어놓고 30분간 냉동실에 넣어둔다. 고기가 차가워지면 다른 재료를 준비하고 가정에서 고기 다지기 항목의 설명에 따라 장비를 설정한다. 차가워진 정육면체 고기 조각과 양념을 그릇에 넣고 설명에 따라 고기를 다진다. 소시지 반죽을 껍질에 채워 넣을 계획이라면 소시지 반죽용 고기를 두 번 갈아야 할 수도 있다.(개별 레시피 참고) 위의 설명대로 껍질에 채워 넣기 전에 소시지 반죽을 조금 떼서 프라이팬에 구운 후 양념이 적당한지 확인하자.

소시지 채우기

사슬 모양으로 소시지를 채우려면 우선 필요한 길이만큼 소시지 껍질을 준비한다. ▶ 소시지 반죽 450g당 지름 2.5cm짜리 껍질 75cm, 지름 3.8cm짜리 껍질 60cm를 기준으로 한다.(이 정도로 넉넉히 준비하면 껍질이 찢어지거나 터져도 대처할 수 있다.) 그릇에 따뜻한 물을 붓고 소금에 절인 양 내장 껍질을 30분 이상 담가서 불려야 말랑말랑해진다.(돼지 내장 껍질은 더 두꺼우므로 물에 담가서 냉장고에 넣어 하룻밤 불려야 한다.) 불린 다음에는 껍질의 한쪽 끝을 잡아서 벌리고 수도꼭지 아래에 갖다 댄 후 온수를 틀어서 물이 껍질을 통과하면서 소금기가 씻겨나가게 한다. 껍질을 꾹 짜서 여분의 물기를 털어낸 후 찢어지지 않게 조심하면서 충진 튜브에 껍질 전체를 끼운다. 냉장고에서 꺼낸 소시지 반죽을 충진기에 넣고 천천히 반죽을 밀어내서 튜브 밖으로 조금 빠져나오게 한다. 껍질의 끝부분을 충진기 입구 위로 잡아당겨서 공기를 최대한 빼내고 매듭을 묶는다. 소시지 반죽을 껍질에 더 채워 넣되, 고기가 들어가는 것이 보일 때마다 껍질을 조금씩 튜브에서 빼낸다. ▶ 껍질에 반죽을 너무 많이 넣지 않도록 조심해야 한다. 살짝 봉긋하게 부풀어 오르고 만졌을 때 말랑말랑한 정도가 적당하다. 일단 껍질에 반죽을 다 채우면 껍질을 조금 더 잡아당겨 여분의 껍질을 잘라버리고 소시지를 작업대 위에 올린다. 매듭을 묶은 끝 쪽부터 일정한 간격으로 중간중간 집어서 원하는 길이의 사슬 모양으로 만든다. 길이는 취향대로 해도 좋지만 브렉퍼스트 소시지는 7.5~10cm, 브라트부르스트나 이탈리아식 소시지는 12.5~15cm 정도를 권장한다. 매듭을 묶은 쪽부터 시작해 소시지 하나를 잡고 한 방향으로 몇 바퀴 꼰다. ▶ 이때 너무 여러 번 꼬지 않도록 주의하고 소시지를 엄지손가락으로 눌렀을 때 쑥 들어갈 정도로 부드러운 상태를 유지해야 한다. 소시지마다 이 과정을 반복하되, 두 번째 소시지는 반대 방향으로 꼰다.(이렇게 해야 사슬 모양이 쉽게 풀리지 않는다.) ▶ 껍질이 터지면 터진 부분을 그냥 잘라내고 터진 곳의 양쪽 옆 중 하나에 매듭을 묶어서 나머지를 돌돌 마는 작업을 반복한다. 마지막에 소시지 2개 분량만 남았다면 2개 사이의 중간을 집기 전에 소시지 끝을 묶는다. 꼭 필요한 것은 아니지만 조리용 실을 적당한 크기로 잘라서 중간중간 꼬아놓은 부분에 감으면 사슬 모양이 예쁘게 유지된다. 테두리 있는 오븐 팬에 담아서 조리할 때까지 냉장 보관한다. 가장 맛있게 먹으려면 위를 덮지 않은 상태로 소시지를 하룻밤 냉장고에 숙성했다가 하나씩 자른다.(껍질과 소시지가 엉겨 붙어서 하나가 된다.) 조리법 및 먹는 방법은 사슬 모양의 소시지 조리하기 레시피를 참고한다.

크레피네트를 만들려면 우선 그물 모양의 내장지방 막을 해동해서 펼친다. 소시지 반죽으로 일정한 크기의 패티 여러 개를 빚는다. 햄버거 패티를 만들 때처럼 반죽이 흩어지지 않도록 신경 써서 빚을 필요는 없다. 우리는 계량컵으로 ⅓컵 분량의 반죽을 2.5cm 두께의 패티로 빚는 것을 선호한다. 넓게 펼쳐 놓은 지방 막 위에 패티를 올린 후 지방 막을 패티 위에 살짝 겹치게 덮을 수 있을 정도로만 남기고 가위로 주변을 잘라낸다.(반죽 ⅓컵 분량으로 만든 패티라면 12.5cm 정도의 정사각형이면 된다.) 지방 막이 겹친 부분을 살짝 눌러서 고정한다. 패티가 남았다면 필요한 만큼 다시 내장지방 막을 펼쳐서 이 작업을 반복한다. 모든 패티를 감싸고 난 후 오븐 팬에 한 겹으로 놓고 위를 덮지 않은 상태로 냉장고에 넣어 하룻밤 숙성하면 고정한 부분이 잘 달라붙는다. 크레피네트를 프라이팬에 지지려면 아래의 컨트리 스타일 소시지 I 레시피를 참고한다. 그릴에 구우려면 사슬 모양의 소시지 조리하기 레시피를 참고한다.

컨트리 스타일 소시지
약 900g 또는 12.5cm 길이의 소시지 8개
I. 생고기를 즉석에서 다져서 만들기
아래에 소개하는 양념은 짭짤한 브렉퍼스트 소시지를 만들 때 우리가 선호하는 레시피다. 맛있는 응용 레시피로는 닭고기와 사과로 만든 소시지를 꼽을 수 있다. 가정에서 소시지 만들기 및 가정에서 고기 다지기 항목을 참고한다. 542쪽의 소시지 재료 다지기 및 섞기 항목에서 설명한 대로 다음을 작게 잘라서 차갑게 식힌다.

　돼지 어깨살 680g, 결합 조직을 떼어내기

　리프 라드(돼지 콩팥 주변에 쌓인 지방으로 만든 라드 — 옮긴이) 또는 돼지 옆구리
　　비겟살 225g, 껍질을 제거하기

고기와 지방이 차가워지면 그릇에 다음을 넣고 섞는다.

　각얼음 2개를 부순 것(고기 분쇄기를 사용할 때) 또는 찬물 ¼컵

　소금 2작은술

　굵게 간 흑후추 2작은술

　다진 신선한 세이지 2작은술 또는 말린 세이지 ½작은술

　다진 신선한 마저럼이나 타임 2작은술 또는 말린 세이지나 타임 ½작은술

　(다진 신선한 세이버리 2작은술 또는 말린 세이버리 ½작은술)

　(굵게 빻은 고춧가루 1작은술 또는 카옌 고춧가루 ¼작은술)

　(월계수 잎 가루 ¼작은술)

　(정향 가루 1자밤)

차갑게 식힌 고기를 푸드 프로세서나 6mm 칼날을 끼운 고기 분쇄기로 다진다.(푸드 프로세서를 사용할 경우, 고기를 다진 후 양념을 넣어 섞는다. 고기 분쇄기를 사용한다면 다지기 전에 양념을 넣어 섞는다.) 반죽을 조금 떼어 프라이팬에 지져서 맛을 보고 필요하면 양념을 조절하되, 너무 오래 섞지 않도록 주의한다. 반죽으로 패티를 만들거나 다음과 같은 껍질에 반죽을 채워 넣는다.

　(지름 2cm짜리 소시지 껍질 180cm, 지름 3.8cm짜리 소시지 껍질 120cm 또는
　　가로세로 60cm 정도의 내장지방 막, 소시지 채우기 항목의 설명에 따라 준비)

푸드 프로세서로 고기를 다졌다면 껍질에 채우는 것은 권장하지 않는다.

소시지 패티와 크레피네트를 프라이팬에 지지려면 기름을 두르지 않은 프라이팬을 달구지 않은 상태에서 적당한 간격으로 패티를 넣고 중불에 올린다.

양쪽 면이 모두 먹음직스러운 갈색이 될 때까지 조리하되, 중간중간 여분의 기름을 따라낸다. 사슬 모양 소시지를 조리하려면 541쪽을 참고한다. 크레피네트는 그릴에 구울 수도 있다는 점을 기억하자. 소시지는 3일간 냉장고에 보관할 수 있고, 랩으로 단단히 감싸서 냉동실에 넣으면 3개월 정도 보관할 수 있다.

II. 미리 다져놓은 고기로 만들기
수제 소시지와 매장에서 파는 벌크 소시지의 절충안은 다진 돼지고기를 사서 취향에 따라 양념한 후 소시지를 만드는 것이다. 연한 분홍색을 띠고 지방 함량이 25~30% 정도인 돼지고기 다짐육을 구입한다.(돼지고기에 지방이 너무 적어 보이면 최대 ¼ 분량을 잘게 썬 베이컨으로 대체한다.)

컨트리 스타일 소시지 I의 양념 혼합물을 준비해서 그릇에 담는다. **다진 돼지고기 900g**을 조금씩 떼어서 그릇에 넣는다. 다진 고깃덩어리를 양념과 섞고 살짝 치댄다. 완성된 반죽으로 패티나 크레피네트를 빚는다. 미리 다져놓은 돼지고기를 사용한다면 껍질에 채워 넣는 방법은 권장하지 않는다.

생초리소 소시지
약 900g 또는 12.5cm 길이의 소시지 8개

멕시코식 초리소는 용도가 다양하고 우리 집 주방에서도 빼놓을 수 없는 식재료다. 프라이팬에 지져서 벌크 소시지 대신 기본 옥수수 빵 스터핑과 속을 채운 피망 등의 요리에 넣어 매콤한 풍미를 추가하거나, 패티 모양으로 빚어서 프라이팬에 지진 후 아침으로 먹기도 한다. 물론 잘게 부숴 프라이팬에 넣고 갈색이 되도록 볶은 후 기름기를 따라낸 초리소는 타코, 부리토, 토르타의 속재료로 안성맞춤이며, 피자와 나초의 토핑으로도 근사하다.

I. 붉은색 초리소
컨트리 스타일 소시지 I 또는 II의 재료를 준비하되, 얼음 또는 찬물, 소금, 허브, 향신료 대신 다음 혼합물을 사용한다.

　뉴멕시코나 과히요, 안초 칠리 고춧가루 또는 이를 섞어서 3큰술

　마늘 4쪽, 다지기

　사과 식초 2큰술

　말린 오레가노 1큰술

　소금 2작은술

　(치폴레 칠리 고춧가루 1작은술)

　커민 가루 ½작은술

　올스파이스 가루 ½작은술

　정향 가루 ¼작은술

II. 녹색 초리소
쉽게 접할 수 있는 유형은 아니지만 이 초리소를 맛본 사람이라면 누구든 그 자리에서 반할 것이라 확신한다.

다음을 굽는다.

　포블라노 고추 1개

　세라노 고추 2~4개

고추의 껍질을 벗기고 씨를 빼낸 후 다음 재료와 함께 도마 위에 올린다.

　구운 호박씨 ⅓컵

　잘게 썬 고수 줄기 ¼컵

재료를 한데 섞어서 아주 곱게 다져질 때까지 칼질한다. **붉은색 초리소**를 만들되, 칠리 고춧가루 3큰술 대신 구운 고추와 호박씨 혼합물을 넣는다.

이탈리아식 소시지

약 900g 또는 12.5cm 길이의 소시지 8개

컨트리 스타일 소시지 I 또는 II의 재료를 준비하되, 얼음 또는 찬물, 소금, 허브, 향신료 대신 다음 혼합물을 사용한다.

레드와인 2큰술

마늘 4쪽, 다지기

말린 오레가노 1큰술

(말린 세이지 또는 바질 2작은술)

소금 2작은술

흑후추 1½작은술

(굵게 빻은 고춧가루 1작은술~1큰술)

살짝 으깬 회향씨 1작은술 또는 회향 가루 ½작은술

메르게즈 소시지(Merguez Sausage)

1.1kg 또는 12.5cm 길이의 소시지 10개

북아프리카 향신료를 사용한 양고기 소시지다. 우리는 특히 메르게스 소시지를 샤크슈카에 곁들여서 아침으로 먹거나 토스카나식 콩 요리 또는 풀 메다메스에 넣거나 그릴에 구워서 플랫브레드 또는 피타 샌드위치에 끼워서 먹는 것을 즐긴다. 가정에서 소시지 만들기 및 가정에서 고기 다지기 항목을 참고한다. 소시지 재료 다지기 및 섞기 항목의 설명에 따라 다음을 잘라서 차갑게 식힌다.

양 어깨살 900g, 결합 조직을 떼어내기

리프 라드, 돼지 옆구리 비곗살, 양기름 또는 소기름 225g

양고기와 기름이 차가워지면 그릇에 다음을 넣고 섞는다.

마늘 2쪽, 다지기

스위트 파프리카 가루 2큰술(절반은 훈제 파프리카 가루 사용 가능)

소금 1큰술

수막 가루 1큰술

커민 가루 1½작은술

회향 가루 ½작은술, 구워서 가루로 빻은 것 권장

올스파이스 가루 ¼작은술

카옌 고춧가루 ¼작은술 또는 맛을 보고 적당히 추가

차갑게 식힌 고기를 푸드 프로세서나 6mm짜리 칼날을 끼운 고기 분쇄기로 다진다.(푸드 프로세서를 사용할 경우, 고기를 다진 후에 양념을 넣어 섞는다. 고기 분쇄기를 사용한다면 다지기 전에 먼저 양념을 넣어 섞는다.) 반죽을 조금 떼어 프라이팬에 지져서 맛을 보고 필요하면 양념을 조절하되, 너무 많이 섞지 않도록 주의한다. 반죽으로 패티를 만들거나 다음과 같은 껍질에 반죽을 채워 넣는다.

(지름 3.8cm짜리 소시지 껍질 150cm 또는 가로세로 75cm 정도의 내장지방 막, 소시지 채우기 항목의 설명에 따라 준비)

소시지 패티와 크레피네트를 프라이팬에 지지려면 컨트리 스타일 소시지 I을 참고한다. 사슬 모양 소시지를 조리하려면 541쪽을 참고한다. 크레피네트는 그릴에 구울 수도 있다는 점을 기억하자. 소시지는 3일간 냉장고에 보관할 수 있고, 랩으로 단단히 감싸서 냉동실에 넣으면 3개월 정도 보관할 수 있다.

브라트부르스트(Bratwurst)

약 1.3kg 또는 12.5cm 길이의 소시지 12개

뒤에 소개하는 부댕 블랑과 마찬가지로, 이 레시피는 사슬 모양 소시지를 만들기 위한 것이므로 고기 분쇄기와 소시지 충진 튜브가 필요하다. 우리는 약간 매콤한 맛을 더하기 위해 소시지 반죽에 굵게 빻은 고춧가루 2작은술을 넣어 양념하기도 한다. 가정에서 소시지 만들기 및 가정에서 고기 다지기 항목을 참고한다.

소시지 재료 다지기 및 섞기 항목의 설명에 따라 다음을 2cm 크기로 깍둑썰기해서 차갑게 식힌다.

돼지 어깨살 680g, 지방을 손질해서 떼어내기

송아지 또는 소 어깨살 450g, 지방을 손질해서 떼어내기

리프 라드 또는 돼지 옆구리 비곗살 225g

고기가 차가워지면 그릇에 다음을 넣고 섞는다.

소금 1큰술

(마늘 4쪽, 다지거나 으깨기)

백후추 가루 2작은술

말린 마저럼 1작은술

캐러웨이씨 ½작은술

육두구 가루 또는 강판에 간 육두구 ½작은술

올스파이스 가루 ½작은술

생강 가루 ¼작은술

잘게 잘라서 차갑게 식힌 고기에 양념을 넣어 완전히 섞은 후 고기를 몇 덩어리로 나눠 6mm짜리 칼날을 끼운 고기 분쇄기에 넣어 다진다. 좀 더 결이 곱고 식감이 쫀쫀한 소시지를 만들려면 다진 소시지 반죽을 반으로 나눠서 하나를 냉장고에 넣어둔다. 나머지 반쪽을 다시 분쇄기에 넣고 다진 후, 냉장고에 넣어두었던 절반을 꺼내 완전히 섞어서 전체를 냉장고에 넣어 보관한다. 반죽을 조금 떼어 프라이팬에 지져서 맛을 보고 필요하면 양념을 조절한다. 상황에 따라 다음을 물에 불렸다가 헹군다.

지름 3cm 또는 3.8cm짜리 소시지 껍질 180cm

설명에 따라 껍질에 소시지 반죽을 채우고 12.5cm 간격으로 꼬아서 사슬 모양 소시지를 만든다. 소시지를 2시간 이상~하룻밤 냉장고에 넣어두었다가 하나씩 자른다. 일반적인 사슬 모양 소시지 조리법에 따라 조리한다.

브라트부르스트를 셰보이건식(Sheboygan-style)으로 만들 때는 커다란 편수 냄비나 더치오븐에 다음을 넣고 뭉근히 끓인다.

맥주 6컵, 독일 라거 추천

버터 1컵(버터 스틱 2개)

양파 큰 것 2개, 하나는 강판에 갈고 나머지 하나는 얇게 저며서 준비

마늘 3쪽, 으깨기

(굵게 빻은 고춧가루 1큰술)

소금 1작은술

흑후추 ½작은술

월계수 잎 1장

그릴을 중불에 맞춰 준비한다. 브라트부르스트를 뭉근히 끓는 액체 재료에 넣고 뚜껑을 덮은 후 약불에서 속까지 완전히 익을 때까지 데치거나 삶는다. 속까지 익은 브라트부르스트를 그릴에 올려 자주 뒤집어주면서 갈색으로 굽는다. 소시지가 골고루 갈색으로 익으면 따뜻한 맥주 버터 양파 양념장에 담가서 따뜻하게 보관한다. 소시지를 다음에 끼워서 낸다.

반으로 가른 바삭한 번

얇게 저민 양파를 집게로 건져서 물기를 뺀 후 소시지 위에 얹는다. 다음을 곁

들여서 낸다.

사우어크라우트

홀그레인 머스터드

부댕 블랑(Boudin Blanc, 프랑스식 흰 소시지)

약 680g

부드럽고 탱탱한 식감을 지닌 유화형 소시지다. 가정에서 소시지 만들기 및 가정에서 고기 다지기 항목을 참고한다.

소시지 재료 다지기 및 섞기 항목에서 설명한 대로 다음을 작게 잘라서 차갑게 식힌 후 6mm짜리 칼날을 사용해 다진다.

돼지 등심 225g, 2cm 크기로 깍둑썰기하기

닭 가슴살 또는 토끼고기 225g, 2cm 크기로 깍둑썰기하기

리프 라드 또는 돼지 등 비곗살 115g, 2cm 크기로 깍둑썰기하기

커다란 그릇에 다음을 넣고 가볍게 섞는다.

굵게 썬 양파 2컵

생빵가루 ½컵

소금 2작은술

백후추 1작은술

계핏가루 ¼작은술

정향 가루 ⅛작은술

강판에 간 육두구 또는 육두구 가루 ⅛작은술

생강 가루 ⅛작은술

냉장고에서 30분 이상 식힌 후 반죽을 한 번 더 다진다. 다음을 넣어 섞는다.

크림 ¼컵

대란 3개, 잘 풀어두기

반죽을 다시 냉장고에 넣는다. 상황에 따라 다음을 물에 불렸다가 헹군다.

지름 2.5cm의 소시지 껍질 120cm

542쪽의 설명에 따라 소시지 반죽을 껍질에 채우고 15cm 간격으로 꼬아서 사슬 모양 소시지를 만든다. 소시지를 데친다. 데치는 도중에 표면이 부풀어 오르면 작은 꼬치로 구멍을 뚫어 공기를 빼서 터지는 것을 방지한다. 데친 후에는 식혀서 3일 정도 보관할 수 있다. 조리하기 전에 솔로 다음을 바른다.

녹인 버터

노릇노릇하게 익을 때까지 볶거나 그릴에 구워서 먹는다.

포도를 곁들인 소시지 구이

4인분

오븐을 260℃로 예열한다.

터지지 않도록 포크로 여기저기 살짝 찌른다.

맛이 순한 이탈리아식 소시지 680g

커다란 프라이팬을 중불에 올리고 다음을 둘러서 가열한다.

올리브유 또는 버터 2큰술

소시지를 넣고 가끔 뒤집으면서 갈색으로 익을 때까지 10분 정도 조리한다. 베이킹 팬에 다음을 넣고 섞는다.

씨 없는 포도 340g, 너무 크면 반으로 자르기

다진 로즈메리 2작은술

소시지를 포도 위에 배열하고 프라이팬에 빠져나온 육즙을 모두 베이킹 팬에 붓는다. 포도가 갈색으로 익기 시작할 때까지 20분 정도 굽는다. 다음으로 간을 한다.

소금과 흑후추 적당량

(발사믹 식초 몇 방울)

돼지고기 스크래플 또는 게타(Pork Scrapple or Goetta)

약 6인분

펜실베이니아 지방에서는 곡물을 사용해 상당히 독특한 스타일로 소시지를 만든다. 이때 옥수숫가루를 사용하면 **스크래플**, 귀리를 사용하면 **게타**라고 부른다.

커다란 냄비에 다음을 넣고 팔팔 끓인다.

물 6컵

양파 1개, 저미기

검은색 통후추 6알

월계수 잎 작은 것 1장

다음을 넣는다.

돼지 목뼈나 갈비 900g

불을 줄이고 뼈에서 고기가 떨어질 때까지 1시간 반 정도 뭉근히 끓인다. 건더기를 거르고 고기 삶은 국물과 고기를 따로 보관한다.

스크래플을 만든다면 고기 삶은 국물 4컵을 떠내고 필요하면 물이나 육수를 보충한다. 이 국물을 사용해 다음을 만든다.

옥수수죽

게타를 만든다면 고기 삶은 국물 3컵을 사용해 다음으로 오트밀을 만든다.

전통식 납작귀리 1컵

돼지 목뼈에서 고기를 전부 발라서 잘게 썬다. 옥수수죽이나 오트밀에 넣는다. 다음으로 양념을 한다.

강판에 간 양파 2큰술

소금 1작은술

말린 타임 또는 세이지 ½작은술

강판에 간 육두구 소량

카옌 고춧가루 ⅛작은술

찬물로 헹군 로프 팬에 혼합물을 붓는다. 차갑게 식어 단단하게 굳을 때까지 냉장고에 넣어두었다가 팬에서 꺼내 두꺼운 슬라이스로 자른다. 내기 전에 다음을 두른 프라이팬에 넣고 갈색으로 익을 때까지 지진다.

녹인 버터 또는 베이컨 기름

파테와 테린에 대해

파테(pâté)와 테린(terrine)은 샤르퀴트리 플래터에서 빼놓을 수 없는 품목이며 미트로프만큼 쉽게 만들 수 있다. 이들의 차별점은 뛰어난 품질의 재료를 사용한다는 점이다. 파테의 진한 풍미는 간, 크림 또는 달걀에서 비롯된다. 고기를 전부 곱게 다져서 만들었다면 아주 부드러운 질감을 자랑하며, 그렇지 않은 경우 성긴 식감을 낸다. 파테에 구운 견과류, 얇게 저민 송로버섯 또는 잘게 깍둑썰기한 염지 햄이 알알이 박혀 있게 만들 수도 있다. 닭고기와 토끼고기처럼 지방이 적은 고기를 사용할 수도 있지만, 이 경우 돼지 등 비곗살, 삼겹살 또는 지방이 많은 다른 부위를 추가해야 한다. 전통적으로 파테는 촉촉함을 유지하면서 틀에서 쉽게 뺄 수 있도록 주재료보다 지방 함량이 더 높은 기름 부위로

감싸서 만든다. 로프 팬이나 틀에 돼지 삼겹살, 판체타, 베이컨 등을 얇게 저며서 깐 다음 파테 재료를 부어서 만들기도 하며, 베이컨을 넣으면 훈연 향을 더할 수 있다. 이러한 지방 재료는 내기 전에 떼어내거나 벗겨낸다. 기름이 빠진 돼지 삼겹살은 식감이 좋지 않고 베이컨이나 판체타의 풍미는 이미 파테로 흡수된 상태이기 때문이다. 내장지방 막을 사용하는 것도 또 다른 방법이다. 삼겹살이나 베이컨보다 구하기는 어렵지만 내기 전에 벗길 필요가 없으며 레이스 모양의 지방 막으로 근사한 시각적 효과를 낼 수 있다.

파테와 테린의 재료는 아주 신선해야 하며, 특히 간은 아주 세심하게 신경 써서 취급하고 손질해야 한다.(간에 대해 항목 참고) 일부 고기는 다진 상태로 구입하거나 단골 정육점에 가서 다져달라고 부탁할 수도 있다. 고기를 직접 다진다면 533쪽을 참고한다. 제대로 만든 파테나 테린은 냉장고에서 7~8일간 보관할 수 있다. 닭 간 파테 레시피도 함께 참고한다.

파테 드 캉파뉴(Pâté de Campagne)
10인분

근사한 첫 번째 코스 요리를 내고 싶다면 이 고급 미트로프에 미니 오이 피클, 바삭한 빵, 홀그레인 머스터드를 곁들인다. 우리가 만드는 버전은 베이컨을 넣어서 은은한 훈연 향을 살린 것이다. 내장지방 막을 구할 수 있다면 베이컨이나 삼겹살 대신 큼직하게 잘라서(약 50×50cm 크기) 로프 팬에 깔고 가장자리를 고기 위에 덮은 뒤 여분의 지방 막을 잘라낸다. 돼지나 송아지 간을 손질하려면 간에 대해 항목을 참고한다. 닭 간은 472쪽에 소개되어 있다.

작은 프라이팬을 중불에 올리고 다음을 넣어서 녹인다.

버터 2큰술

다음을 넣고 부드러워질 때까지 6~8분간 볶는다.

양파 작은 것 1개, 잘게 썰기

다음을 넣고 저으면서 1분간 더 볶는다.

마늘 3쪽, 다지기

양파와 마늘 혼합물을 한쪽에 두고 식힌다. 오븐을 160℃로 예열한다. 테린 틀이나 23×12.5cm짜리 로프 팬의 바닥과 옆면에 다음을 깐다.

돼지 삼겹살 또는 베이컨 슬라이스 12~16조각

가정에서 고기 다지기 항목을 참고해 고기를 자르고 식힌다.

돼지 어깨살 560g, 2.5cm 크기로 큼직하게 썰기

깨끗하게 손질한 돼지, 송아지 또는 닭 간 170g

돼지 등 비겟살 115g, 2.5cm 크기로 큼직하게 썰기

푸드 프로세서를 사용한다면 차갑게 식힌 고기와 지방을 몇 덩어리로 나눠 조금씩 넣고 용기를 자주 긁어주면서 가장 큰 조각이 8mm 정도 될 때까지 짧게 몇 번 작동시킨다. 적당히 다져지면 큰 그릇에 옮겨 담는 작업을 반복한다.

고기 분쇄기를 사용한다면 가정에서 고기 다지기 항목의 설명에 따라 1cm 또는 1.2cm짜리 칼날을 사용해 차갑게 식힌 고기와 지방을 다진다. 식혀둔 양파와 마늘 볶은 것을 그릇에 넣고 다음을 추가한다.

대란 2개, 가볍게 풀기

헤비크림 ½컵

(헤이즐넛 ½컵, 구워서 굵게 썰기)

코냑 2큰술

굵게 썬 파슬리 1큰술

다진 신선한 타임 잎 2작은술

소금 1½작은술

백후추 또는 흑후추 1½작은술

올스파이스 가루 ½작은술

(강판에 간 육두구 또는 육두구 가루 ⅛작은술)

잘 섞는다. 삼겹살 또는 베이컨을 깐 로프 팬에 반죽을 채우고 골고루 잘 편다. 맨 위에 다음을 얹는다.

돼지 삼겹살 또는 베이컨 슬라이스 5~6조각

포일에 버터를 바르고 로프 팬을 단단히 덮는다. 로프 팬을 로스팅 팬 안에 넣고 오븐 받침대를 꺼낸 후 로스팅 팬을 그 위에 올린다. 로스팅 팬에 따뜻한 물을 부어 파테의 옆면 중간까지 오게 한다. 찔러보면 맑은 육즙이 나오면서 가운데에 꽂은 온도계가 70℃를 가리킬 때까지 2시간 정도 굽는다.

다 구워지면 테두리 있는 오븐 팬에 옮기거나 로스팅 팬의 물을 따라내고 파테를 다시 로스팅 팬에 올린다. 작은 도마나 다른 로프 팬을 포일 위에 놓고 900g~1.3kg 정도 되는 캔이나 다른 무거운 물건을 얹어서 누른다. 어느 정도 식으면 단단하게 굳을 때까지 최소 12시간, 최대 2일간 냉장고에 넣어둔다.

내기 전에 파테의 위쪽에서 삼겹살이나 베이컨을 떼어낸다. 잘 드는 칼로 가장자리를 분리한 후 파테를 뒤집어서 서빙용 플래터나 도마 위에 올려둔다.(파테가 달라붙어서 떨어지지 않으면 떨어질 때까지 팬의 아래쪽을 따뜻한 물에 담가둔다.) 파테의 바닥과 옆면에서 베이컨을 떼어내고 두꺼운 슬라이스 형태로 썬다.

돼지고기 리예트(Park Rillette)
2½~3컵

지방 함량이 높은 돼지고기 부위를 아주 연해질 때까지 조리해 잘게 썬 후 고기 삶은 물을 소량 섞어서 맛있는 스프레드 형태로 만든 요리다. 비슷하면서도 더 빨리 만들 수 있는 요리는 데빌드 햄 레시피를 참고한다.

다음을 3.8cm 크기로 깍둑썰기한다.

기름이 많은 돼지 어깨살이나 삼겹살 900g 또는 지방이 적은 돼지 어깨살이나
앞다리 로스트 680g에 돼지 등 비겟살 225g을 더한 것

커다란 편수 냄비나 더치오븐에 고기를 넣고 다음을 추가한다.

고기가 간신히 잠길 만큼의 육수 또는 물

소금 1½큰술

검은색 통후추 1작은술

통정향 5알

올스파이스 열매 5개

타임 잔가지 3개

월계수 잎 1장

부르르 끓어오르도록 가열한다. 불을 줄이고 뭉근히 끓는 상태를 유지하면서 뚜껑을 덮고 고기가 저절로 분리될 정도로 연해질 때까지 3시간 정도 삶는다.

깍둑썰기한 돼지고기를 그릇에 옮겨 담고 지방과 국물을 걸러서 계량컵에 담는다. 고기가 어느 정도 식으면 포크로 잘게 찢고 삶은 국물을 조금 부어 나무 숟가락으로 세게 섞어서 건더기가 큼직한 스프레드 형태로 만든다. 맛을 보고 다음으로 간을 한다.

소금과 흑후추 또는 백후추

혼합물을 1인용 내열 용기나 오지그릇에 담아 냉장고에 넣는다. 이때 도자기 용기에 뚜껑을 덮거나 랩을 씌워도 좋지만, 전통적으로 다음을 얇게 부어서 '밀봉'하는 경우가 많다.

(녹인 라드 또는 오리기름)

리예트를 냉장고에 하룻밤 보관했다가 낸다. 냉장고에 넣어두면 일주일, 지퍼백에 밀봉해 냉동실에 넣어두면 3개월 정도 보관할 수 있다. 먹기 전에 미리 꺼내서 실온 상태로 준비하고 다음을 곁들인다.

얇게 썬 바게트나 크래커, 피클, 홀그레인 머스터드

내장과 다양한 부속 고기에 대해

현대식 대규모 축산업의 '기적' 덕분에 어느 정도 합리적인 가격에 고기를 구할 수 있게 되었지만, 안심과 립 로스트 부위를 즐겨 구입하는 우리의 성향은 여러 측면에서 과도하고 극단적인 호사스러움의 방증이라 할 수 있다. 대다수 소비자가 선호하는 부위는 가축의 도체중 가운데 극히 작은 일부에 불과하다. 우리가 이번 장에서 전반적으로 강조하는 바와 같이, '최고급' 부위만 사용하려는 관행은 요리의 측면에서 심각하게 잘못되어 있다. 아주 사소한 이유로 가장 풍미가 좋은 몇몇 부위를 아예 고려조차 하지 않는 경우가 너무나 많다는 의미이다. 물론 이러한 이유 중 일부는 충분히 이해할 만하다. 예를 들어 소의 볼살은 필레 미뇽보다 조리하는 데 훨씬 시간이 오래 걸린다. 하지만 살아 있는 동물을 도축해서 만든 음식이라는 인상을 아주 조금만 줘도 혐오감을 느낀다는 등 쉽게 납득하기 어려운 이유도 많다. 특정 부위가 소의 머리, 돼지의 발 또는 양의 간으로 만들었다는 사실을 연상시킨다면 적당한 크기로 잘라서 깔끔하게 손질한 후 비닐랩으로 감싸놓은 소매용 고기 상품이 주는 막연한 환상을 유지하기가 훨씬 더 어렵다는 것이다. 오늘날 도살장에서 낭비되는 부위는 거의 없지만, 우리는 이러한 '이상한 부위'들을 파악하고 제대로 평가하는 것이 중요하다고 생각한다. 부속 고기를 사용해 요리를 만드는 전통이 이어져온 데에는 단순히 검소함보다는 훨씬 심오한 이유가 있다. 부속 고기의 상당수는 실제로 맛이 아주 좋기 때문이다.

대다수 부속 고기는 가정에서 비교적 어렵지 않게 손질할 수 있다. ➤ 부속 고기는 매우 쉽게 상하므로 아주 신선한 상태이거나 잘 냉동된 것을 사는 것이 중요하다. 따라서 다양한 부위를 다루는 식육 시장에 미리 주문하거나 아시아계 마트(특히 상품 회전율이 높은 곳)에서 구입해 즉시 조리하기를 권장한다.

소의 볼살, 양의 목살을 비롯해 기타 근육이 많은 몇몇 부위도 부속 고기로 간주하는 경우가 많은데, 특별히 다른 손질법이 필요하지 않기 때문에 이번 장의 앞부분에 함께 소개했다. 자세한 내용은 소고기 부위, 양고기 부위, 돼지고기 부위 항목을 참고한다. 조류의 부속 고기는 가금류 부속 고기 또는 내장에 대해 항목을 참고한다.

간에 대해

어린 동물의 간은 크기가 작고 맛이 순하며 연하다. 송아지 간은 섬세하면서 맛이 좋고 상당히 값이 비싸다. 갈색빛이 도는 진한 붉은색에 풍미가 강한 소간보다 색이 연하고 맛이 순하다. 어린 양의 간은 송아지 간처럼 연하다. 돼지 간은 맛이 강하지만 아주 연하며 품을 들여 질긴 섬유 조직을 손질할 만큼의 가치가 충분하다. 가장 신선한 간을 구하려면 얇게 썰어서 포장된 것보다는 외막까지 붙어 있는 간을 통째로 구입하기를 권장한다.

조리하기 위해 간을 손질하려면 우선 젖은 행주로 잘 닦는다. 녹색을 띠는 쓸개가 붙어 있다면 잘라서 버린다. 간을 덮고 있는 외막을 벗겨내고 혈관도 제거한다. 싱싱한 간이라면 외막과 혈관을 쉽게 벗길 수 있다. ➤ 소와 돼지 간의 독특한 풍미를 억누르려면 얼음물이나 우유에 몇 시간 또는 하룻밤 담가두

었다가 물기를 닦아내고 조리하면 좋다.

➤ 간은 절대 너무 오래 조리하면 안 된다. 질기고 퍼석해지기 마련이다. 실패할 확률을 낮추려면 볶거나 프라이팬에 지질 때 1.2cm보다 얇게 썰지 않도록 한다. 간은 마데이라, 화이트와인, 사워크림, 육두구, 타임과 썩 잘 어울린다.

➤ 간을 조리할 때 빠져나오는 육즙은 다소 쓴맛이 나므로 팬 소스에 사용하기 전에 맛을 보자. 간은 베아르네즈 소스, 리오네즈 소스, 허브를 넣은 뵈르 블랑 또는 머스터드를 가미한 비네그레트 소스와 함께 낸다.

송아지 간 볶음

4인분

이 전통 레시피를 보면 때로는 가장 간단한 것이 최선이라는 생각이 든다. 그러나 이 기본 레시피도 취향에 맞게 얼마든지 보강하고 응용할 수 있다. 전통적으로 인기 있는 조합인 **간과 양파 볶음**을 만들 때는 우선 양파 볶음의 레시피를 2배로 늘려서 양파를 볶은 후 플래터에 담고 93℃의 오븐에 넣어 따뜻하게 보관한다. 양파를 볶은 프라이팬을 그대로 사용해 레시피의 설명에 따라 간을 볶는다. 양파와 간을 섞어서 낸다.

외막을 벗겨내고 1.2cm 두께의 슬라이스로 썬다.

송아지 간 450g

다음으로 간을 한다.

소금 1작은술

흑후추 ½작은술

간의 양쪽 면에 다음을 묻힌다.

밀가루

크고 묵직한 프라이팬을 중강불에 올리고 다음을 둘러서 가열한다.

식물성 기름이나 버터 또는 이를 섞어서 2큰술 또는 적당량

썰어놓은 간을 몇 덩어리로 나눠 한 덩어리씩 넣고 한 면당 약 2분씩 재빨리 갈색으로 지진다. 너무 오래 익히지 않도록 주의한다. 한꺼번에 간을 너무 많이 넣지 말고 기름이 부족하면 식물성 기름이나 버터를 보충한다. 따뜻하게 데운 플래터에 옮겨 담고 간에 대해 항목에서 소개한 소스를 곁들인다. 육즙에서 쓴맛이 나지 않는다면 뚜껑을 덮어서 간을 따뜻하게 보관하고 여분의 기름기를 따라낸 후 다음을 만들어도 좋다.

(송아지고기 피카타용 팬 소스)

흉선에 대해

흉선(sweetbreads)은 영어로는 달콤한 빵이라는 뜻이지만 발효 과정도 없고 달지도 않은 부위로, 이는 사실 동물의 목 근처에 달린 가슴샘을 지칭한다. 좌우로 엽이 달린 형태이며 우툴두툴하고 길쭉한 타원형이다. 표면이 매끈하고 둥그런 엽이 달린 췌장 샘도 흉선(스위트브레드)이라고 부르는 경우가 있으나 췌장 샘은 품질이 떨어지는 것으로 여긴다. 진하고 연하면서 크림처럼 부드럽고 맛이 순한 송아지와 어린 양의 흉선이 가장 선호도가 높다. 다른 모든 내장육처럼 ➤ 흉선은 매우 쉽게 상하므로 구입 후 최대한 빨리 손질해야 한다.

조리하기 위해 흉선을 손질하려면 우선 찬물을 넉넉히 받아 흉선을 담그고 냉장고에 넣어 최소 1시간 이상 핏물을 뺀다. 중간에 찬물을 2~3회 갈아준다.

흉선을 냄비나 편수 냄비에 넣고 완전히 잠기도록 차갑게 식힌 쿠르 부용이나 산성수를 붓는다. 중불에 올리고 천천히 끓어오르도록 가열한 뒤 뚜껑을 열고 흉선을 만지면 약간 단단해질 때까지 뭉근히 삶는다. 눌렀을 때 살짝 들

어가면서도 약간의 저항감이 느껴지는 상태여야 한다. 영국의 내장 애호가 퍼거슨 핸더슨(Ferguson Henderson)은 "필스버리 도우보이(반죽을 의인화한 필스버리 상표의 마스코트 — 옮긴이)의 배를 손가락으로 꾹 누르는 느낌이라고 생각하면 된다."라고 설명했다. 크기가 작은 흉선은 국물이 끓을 때쯤 단단해지지만 큼직한 흉선은 최대 5분 정도 뭉근히 삶아야 할 수도 있다. 구멍 뚫린 숟가락으로 흉선을 건져서 즉시 얼음물이 담긴 용기에 담는다. 어느 정도 식었지만 만져보면 아직 따뜻한 온기가 남아 있을 때 물을 따라내고 연골, 관, 결합 조직, 겉을 감싸고 있는 질긴 외막을 제거하되, 모양이 망가지지 않도록 전부 다 벗겨내지는 않는다. 물기를 완전히 빼고 조리하기 쉽게 단단히 만들기 위해서는 흉선을 파이 접시나 일반 접시에 담고 다른 접시 또는 파이 접시를 올린 후 무거운 통조림으로 눌러준다. 눌러놓은 상태 그대로 냉장고에 몇 시간 정도 넣어둔다.

통째로 사용하거나 얇게 썰거나 작게 부수되, 작은 엽 부분을 둘러싸고 있는 아주 얇은 막을 터뜨리지 않도록 주의한다. 손질한 흉선은 아래에 소개한 것처럼 프라이팬에 지지거나 기름을 넉넉히 붓고 튀기거나 짭짤하게 밑간한 다음 꼬치에 끼워 먹음직스러운 갈색이 되도록 뜨거운 그릴에 구워서 먹는다.

흉선 프라이팬 지짐

4~6인분

6mm 두께의 슬라이스로 썬다.

흉선 450g, 위의 설명대로 손질하기

얕은 그릇에 다음을 넣고 세게 섞는다.

대란 1개, 살짝 풀어두기

우유 또는 물 1큰술

얕은 그릇을 하나 더 꺼내 다음을 붓고 넓게 편다.

마른 빵가루 ¾컵

또 다른 얕은 그릇에 다음을 넓게 펴서 담는다.

밀가루 ½컵

흉선 슬라이스를 톡톡 두드려 물기를 제거하고 다음으로 간을 한다.

소금과 흑후추

밀가루를 살짝 묻히고 여분의 밀가루를 털어낸다. 밀가루가 묻은 흉선 슬라이스를 달걀물에 담가 전체적으로 달걀을 입히고 빵가루를 묻힌 다음 빵가루가 잘 달라붙도록 손가락으로 누른다. 튀김옷이 벗겨지지 않도록 조심해서 다룬다. 중간 크기의 프라이팬을 중강불에 올리고 기름을 다음 높이까지 부어서 가열한다.

식물성 기름 1.2cm

기름에서 연기가 나기 직전에 흉선 슬라이스를 몇 개 넣고 한쪽 면이 갈색으로 익도록 1분 30초~2분간 조리한다. 뒤집어서 반대쪽도 갈색으로 익도록 30초 정도 더 조리한다. 키친타월에 올려 기름을 빼고 위를 덮어서 나머지 흉선을 모두 조리할 때까지 따뜻하게 보관한다. 다음으로 장식해서 낸다.

레몬 조각

또는 다음을 위에 올려서 낸다.

브라운 버터, 신선한 허브로 만든 뵈르 블랑, 가스트리크

뇌에 대해

뇌는 내장육 중에서도 가장 섬세한 맛과 크림처럼 부드러운 식감을 자랑한다. 근섬유가 전혀 없고 지방 함량이 극단적으로 높으며 대부분 포화지방이다. 아주 꾸덕꾸덕한 소스에 가까운 질감을 지니고 있기도 하다. 사실상 다른 모든 내장육과 마찬가지로 송아지 뇌가 가장 선호도가 높지만 염소, 어린 양, 돼지, 소의 뇌도 먹을 수 있다.

▶ 건강상의 위험에 대해: 이 책의 이전 개정판에서는 소해면상뇌증(BSE, 일반적으로 '광우병'으로 지칭)으로 인한 위험 때문에 소, 양, 돼지의 뇌를 먹지 않도록 권장한 바 있다. BSE에 걸린 동물의 뇌나 척수를 섭취하면 높지는 않지만 인간 광우병이라고 불리는 크로이츠펠트-야콥병(CJD)에 감염될 확률이 있다. 미국 소에서 이 질병이 발견된 마지막 사례는 2003년과 2017년이었으며, 둘 다 도축용 소가 아닌 늙은 젖소에서 발현된 예외적 사례였다. BSE는 감염된 동물의 고기와 뼈로 만든 사료를 먹인 소들 사이에서 전파되는데 이러한 관행은 현재 엄격하게 통제되고 있다. 또한 윤리적으로 사육한 동물의 고기를 판매하는 믿을 만한 판매처에서 내장을 구한다면 광우병의 우려를 완전히 덜 수 있다. 송아지는 소보다 감염 확률이 낮은 것도 사실이다. 다른 말로 하면, 소의 뇌를 섭취해서 크로이츠펠트-야콥병에 감염될 확률은 원래부터 낮았지만 지금은 그보다 더 낮아졌고, 기본적인 주의사항만 지킨다면 아주 미미한 수준에 불과하다는 의미. 그렇다면 도전을 좋아하는 요리사와 식도락가에게 남은 질문은 하나다. 왜 뇌처럼 맛은 비교적 평범하고, '섬세한' 식감에, 콜레스테롤이 잔뜩 들어 있는 부위를 먹기 위해 이러한 위험을 감수하는가? 지금까지 미식 및 건강상의 관점에서 사전 경고를 해온 우리의 최종 입장은 이렇다. 각자 다른 취향을 가지고 있으며, 이를 존중해야 한다.

앞서 언급한 바와 같이 어리고 목초를 먹고 자랐으며 윤리적으로 사육한 가축의 뇌를 구해야 건강상의 위험을 최소화할 수 있다. 뇌는 좌우 균형이 잡혀 있어야 하고 조직이 조밀하며 연한 분홍색이나 흰색을 띠면서 핏자국이나 변색된 부분이 거의 없어야 한다. 깨끗하고 신선한 냄새가 나야 하며 시큼한 냄새가 나는 것은 피한다. 만져보면 부드럽지만 흐물거리면 안 된다. 다른 내장과 마찬가지로 뇌는 무척 쉽게 상한다. 항상 냉장고에 넣어 보관하며 구입 후 24시간 이내에 조리한다. 아주 섬세하고 쉽게 부서지므로 조심스럽게 다룬다.

조리하기 위해 뇌를 손질하려면 소금물에 담가 냉장고에 6시간~하룻밤 동안 넣어두되, 소금물을 몇 번 갈아준다.(이렇게 하면 남아 있는 핏물이 전부 빠진다.) 크림처럼 더 부드러운 식감을 내려면 이 시점에서 조리해도 좋다. 어느 정도 씹히는 질감을 원한다면 뇌를 편수 냄비에 담고 차갑게 식힌 쿠르 부용이나 산성수를 잠기도록 부은 후 중불에 올려 뭉근히 끓어오르도록 천천히 가열한다. 만져보면 약간 단단한 느낌이 날 때까지 아주 은근하게 끓는 상태로 조리하는데, 뇌의 크기에 따라서 5~15분 정도 걸린다. 물기를 완전히 제거한다. 흉선과 마찬가지로 데친 뇌를 일반 접시나 파이 접시 2장 사이에 끼우고 무거운 통조림으로 누른 후 몇 시간 동안 냉장고에 넣어두면 더욱 단단해지고 여분의 수분이 쫙 빠진다.

이렇게 데치고 눌러서 물기를 빼낸 후에는 흉선처럼 작게 잘라서 프라이팬에 지지는 방법을 권장한다. 익혀서 스크램블드에그와 함께 내는 것도 전통적인 방법이다.

콩팥에 대해

콩팥은 배변과 관련된 기관이라는 이유로 꺼리는 경우가 많지만, 일부 안목 있는 미식가들은 '아주 희미한 소변 냄새가 주는 톡 쏘는 느낌' 때문에 맛있게 즐긴다. 미식 선호도와 관계없이 신선한 콩팥은 단단하고 윤기가 나면서 변색된 부분이 없고 암모니아 냄새가 나지 않는다는 점을 기억하자. 송아지 콩팥이 가

장 연하고 맛있는데 어린 양의 콩팥은 그보다 더 부드럽다. 어린 양과 돼지 콩팥은 강낭콩과 똑같은 모양 및 색깔을 가지고 있다. 송아지와 소의 콩팥은 불규칙한 모양의 결절이 한데 뭉쳐 있는 모양이다. 송아지와 돼지 콩팥은 분홍빛이 도는 갈색을 띠어야 하며, 소와 어린 양의 콩팥은 그보다 색이 진하며 붉은 빛이 도는 갈색이다. 모든 콩팥은 리프 라드 또는 수이트(suet)라는 지방으로 둘러싸여 있는데, 이 두 가지 지방 모두 특히 단단하며 선호도가 높다. 이러한 지방 중 일부는 여전히 외막에 붙어 있는 경우도 있다.

조리하기 위해 콩팥을 손질하려면 일단 지방층을 모두 제거한다. 이 지방은 콩팥을 볶을 때 사용하거나 보관했다가 나중에 사용할 수 있다. 외막을 벗겨내고 콩팥을 자른다. 어린 양과 돼지 콩팥은 바깥쪽으로 튀어나온 쪽부터 반으로 자르되 반대쪽은 자르지 않고 남겨두어 책처럼 펼치면 지방 함량이 높은 가운데 부분이 드러난다. 송아지와 소 콩팥은 가운데에 있는 관이 노출될 때까지 결절 사이의 중간선을 따라 절개한다. 지방과 혈관, 안쪽에 있는 관을 모두 제거하고 깨끗하게 씻는다. 크기가 작은 콩팥은 톡톡 두드려 물기를 제거하고 바로 조리해도 좋다. 큼직한 소와 돼지 콩팥은 풍미가 강하므로 소금물이나 우유에 최소 2시간 이상 담가두어야 한다.

송아지와 어린 양의 콩팥은 강불에 짧은 시간 동안 조리해야 한다. 크기가 작은 콩팥을 그릴이나 직화 오븐에 구울 때는 잘라서 손질한 후 꼬치에 끼워서 오그라들지 않도록 한다. 닭고기 꼬치처럼 뜨거운 그릴에 올려서 굽되, 절개한 부분이 불에 먼저 닿도록 노출시킨다. ▶ 너무 오래 조리하지 않는다. 중심부가 살짝 분홍색을 띠는 정도면 충분하다. 콩팥은 버섯과 와인 스튜, 머스터드와 샬롯을 넣은 크림소스처럼 다른 재료와 섞어서 조리하는 경우가 많다. 너무 오래 가열하면 딱딱해지므로 절대 소스에 넣고 팔팔 끓이지 않도록 주의한다. 뜨거운 소스를 붓거나 일단 소스를 불에서 내린 후 잠시 기다렸다가 콩팥을 넣고 뒤적여 섞는다.

머스터드를 곁들인 콩팥 볶음
4인분
전통 프랑스 요리다. 영국에서는 우스터 소스 몇 방울과 카옌 고춧가루 1자밤을 넣어서 소스를 완성하는 경우가 많다.
콩팥에 대해 항목의 설명에 따라 다음을 손질한다.

송아지 콩팥 1개 또는 어린 양 콩팥 6개(약 680g)

송아지 콩팥을 가로 방향으로 1.2cm 두께의 슬라이스로 썰거나 어린 양의 콩팥을 세로 방향으로 반 자른다. 다음으로 간을 한다.

소금 1작은술

흑후추 ½작은술

크고 묵직한 프라이팬을 중강불에 올리고 다음을 둘러서 가열한다.

식물성 기름 2큰술

기름에서 연기가 나기 시작하면 콩팥을 일부 넣고 갈색으로 잘 익을 때까지 한 면당 1분 30초 정도 지진다. 접시에 옮겨 담아 따뜻하게 보관하고 중불로 줄인 후 기름을 모두 따라낸다. 프라이팬에 다음을 넣는다.

버터 2큰술

잘게 썬 샬롯 또는 양파 ½컵

마늘 2쪽, 다지기

저으면서 부드러워질 때까지 3~4분간 볶는다. 다음을 넣는다.

드라이 화이트와인 1컵 또는 와인 ½컵과 닭 육수 ½컵

(코냑 2큰술)

타임 잎 1작은술, 굵게 썰기

월계수 잎 1장

부르르 끓어오르도록 가열하고, 프라이팬 바닥에 달라붙은 갈색 조각을 긁어내면서 수분이 ⅓컵 정도 되도록 졸인다. 불에서 내린 후 월계수 잎을 건져낸다. 다음을 넣고 저어서 완전히 섞는다.

헤비크림 2큰술

디종 또는 홀그레인 머스터드 2작은술

다음으로 간을 한다.

소금과 흑후추

콩팥과 육즙을 다시 프라이팬에 넣고 얌전하게 섞어서 소스를 골고루 묻힌다. 다음을 위에 얹는다.

다진 차이브, 굵게 썬 파슬리 또는 이를 섞은 것

혀에 대해

1963년 개정판에서 매리언 할머니는 혀에 관해 설명하는 단락을 "혀라는 선물을 받은 요리사는 운이 좋고말고!"라는 말로 시작했다. 이렇게 열렬한 찬양은 많은 독자의 실망을 불러왔고, 일부 독자는 본인과 동떨어진 매리언 할머니의 취향을 두고 혀가 식재료로 높은 평가를 받았던 옛 시대의 사람이라고 치부했다. 그러나 독특하고 과감한 메뉴를 선보이는 타코 트럭을 자주 접한 적이 있는 사람이라면 진하고, 부드러우며, 통통하고 실한 타코 데 렝구아(tacos de lengua, 소 혀 타코)를 게걸스럽게 먹는 자신과 매리언 할머니의 취향이 같음을 부인하기 어려울 것이다.

혀는 생고기나 냉동 상태로 구할 수 있고, 때로는 훈제 또는 절임 상태로 판매하기도 한다. 크기가 작은 송아지와 어린 양의 혀는 풍미가 가장 순하고 조직이 조밀하지만, 우리는 맛이 진하고 풍부한 소 혀를 선호한다. 가장 뛰어난 식감을 원한다면 1.3kg을 넘지 않는 소 혀를 고른다.

조리하기 위해 혀를 손질하려면 우선 흐르는 물에 혀를 갖다 대고 까끌까끌한 껍질을 박박 문지른다. 혀를 냄비에 넣고 잠길 만큼 쿠르 부용이나 물을 붓는다. 뭉근히 끓어오르도록 가열한 후 뚜껑을 덮고, 혀가 부드러워지면서 고기에서 껍질을 쉽게 벗겨낼 수 있을 때까지 2~3시간 동안 삶는다.

혀를 건져내고 혀와 삶은 국물을 따로따로 식힌다. 손질할 수 있을 정도로 혀가 식으면 껍질을 벗긴다. 이때 완전히 식히면 껍질이 잘 벗겨지지 않으므로 주의한다. 혀의 뿌리 쪽에서 연골과 작은 뼈, 물렁뼈 등을 떼어내고 손질한 후 삶은 국물에 다시 담가서 자르거나 조리할 때까지 보관한다.

혀를 얇게 자르려면 혀의 뿌리 부분에서 시작해 조리대에 수직으로, 뿌리와는 평행하게 썬다. 혀의 끝 쪽에 가까이 다가갈수록 칼의 각도를 세심히 조절하면서 썬다.

오랫동안 우리는 혀를 차갑게 식히거나 삶은 국물에 담가서 데운 후 그냥 얇게 썰어서 맛이 진한 소스를 얹어 그대로 먹거나 빵 사이에 끼워서 먹는 것을 권장해왔다. 아직도 우리는 이것이 혀를 즐기는 훌륭한 방법이라고 생각하며, 적지 않은 사람들이 이렇게 먹는 것을 선호한다. 소스로는 피컨트 소스, 호스래디시 소스 또는 살사 베르데 등이 모두 잘 어울린다. 그러나 우리가 가장 선호하는 혀 요리 방식은 아래에 소개하는 레시피다.

양파와 할라페뇨를 곁들여 프라이팬에 바삭하게 튀긴 혀 요리
5~6인분

혀 요리를 선호하지 않는 사람들이 가장 흔히 꼽는 불호 요인은 맛이 아니라 특이할 정도로 연한 식감이다. 이 문제의 가장 좋은 해결책, 즉 혀 요리를 싫어하는 사람도 일부러 찾아 먹게 만드는 방법은 혀를 연하게 조리한 다음 그릴에 굽거나 프라이팬에 바삭하게 튀겨서 대조적인 식감을 내는 것이다. 색다른 매력이 있는 이 요리를 타코, 부리토, 토르타에 끼워서 먹어보자.

혀에 대해 항목의 설명에 따라 박박 문질러 씻고 부드러워질 때까지 뭉근히 삶는다.

　신선한 소, 송아지 또는 어린 양의 혀 900g~1.3kg

일단 식힌 후 껍질을 벗기고 손질해서 결의 반대 방향으로 1.2cm 두께의 슬라이스 형태로 썬다. 다음을 훌훌 뿌린다.

　소금 1작은술

한쪽에 둔다. 기름을 두르지 않은 커다란 프라이팬을 중불에 올리고 다음을 넣는다.

　할라페뇨 고추 4개, 통째로 사용
　양파 또는 큼직한 쪽파 4대, 녹색 부분은 잘라내서 보관 또는 껍질을 벗기지 않은
　　작은 샬롯 4개

가끔 뒤집으면서 고추와 양파가 전체적으로 검은색으로 변하면서 쪼글쪼글해질 때까지 굽는다. 채소를 도마에 옮겨놓는다. 중강불로 올리고 다음을 넣는다.

　식물성 기름, 라드 또는 육즙 3큰술

기름에서 연기가 나기 직전에 혀 슬라이스를 적당량 넣어서 한 면당 약 4분씩 갈색으로 튀긴다. 갈색으로 잘 익으면 플래터에 옮겨 담고 필요하면 프라이팬에 기름을 보충한 후 나머지를 계속 튀긴다. 혀 슬라이스를 전부 튀기고 나면 중불로 낮춘다. 할라페뇨의 꼭지와 씨를 제거하고 구운 양파 및 따로 보관해둔 파의 녹색 부분과 합쳐서 굵직하게 썬다. 채소를 프라이팬에 넣고 다음을 추가한다.

　마늘 2쪽, 잘게 썰기
　굵게 썬 신선한 오레가노 1큰술 또는 말린 오레가노 1작은술

향긋한 냄새가 날 때까지 2분 정도 더 볶는다. 갈색으로 튀긴 혀를 갸름하게 한입 크기로 큼직하게 썰어서(타코에 넣을 용도라면 더 작게 썬다.) 다시 프라이팬에 넣는다. 다음으로 간을 한다.

　소금과 흑후추

염통에 대해

염통은 탄력성이 뛰어난 근육으로 강불에 빠르게 조리하거나 수분을 더해 오랫동안 조려야 한다. 표면에 붙어 있는 지방을 손질하면 염통 자체의 지방 함량은 매우 낮다. 그런데도 풍미가 뛰어나고 간과 콩팥처럼 크게 취향을 타지도 않는다. 물론 염통을 잘게 다져서(가정에서 고기 다지기 항목 참고) 햄버거 반죽에 넣거나 아주 싱싱한 상태라면 다져서 타르타르를 만들어도 좋다.

　조리하기 위해 염통을 손질하려면 동맥과 관, 질긴 조직, 혈관, 혈액이 응고된 부분을 전부 떼어내고 손질한다. 소 염통은 엄청나게 크므로 가운데를 관통하는 결합 조직의 이음매를 따라 절개한 후 납작하게 펴야 한다. 안쪽을 손질한 후 다시 합쳐서 묶고, 이를 통째로 조리하려면 표면에 있는 외막을 벗겨내지 않는다.(전통 레시피 중 상당수는 염통에 재료를 채워 넣은 다음 갈색으로 굽고 부

드러워질 때까지 조리는 경우가 많다.) 물기를 완전히 제거한다. 소의 염통은 무게가 1.8~2.3kg 정도 되며 송아지 염통은 450g, 돼지와 어린 양은 285~340g 정도. 워낙 손질하고 떼어낼 부분이 많으므로 소 염통 하나는 5인분 정도 되고, 송아지 염통은 하나당 1인분이라 할 수 있다. 돼지 염통은 반드시 63℃에 도달할 때까지 조리해야 한다.(또한 부드럽게 만들려면 그보다 훨씬 오래 조려야 한다.) 소, 송아지, 어린 양의 염통은 조리거나 레어 또는 미디엄 레어로 익힌다.(481쪽의 표 참고)

안티쿠초스 데 코라손(Anticuchos de Corazón, 페루식 소 염통 꼬치)
4인분

염통 요리를 별로 접해보지 않은 초심자도 쉽게 도전할 수 있는 레시피다. 양념장이 맛있고 결과물이 스테이크와 비슷하므로 다소 거부감이 있는 사람도 부담 없이 먹을 수 있다. 핵심은 아주 뜨겁고 강한 불에 순간적으로 조리하는 것이다. 숯으로부터 10cm 이내의 위치에서 꼬치를 구워야 가장 맛있게 완성된다.

염통에 대해 항목의 설명에 따라 손질한다.

　소 염통 1개 또는 송아지 염통 4개

깨끗하게 손질한 염통 680~900g을 1.2cm 너비로 길쭉하게 썬다.(길이가 꼭 가지런할 필요는 없다.) 커다란 그릇에 다음을 넣고 섞는다.

　레드와인 식초 ½컵
　올리브유 ¼컵
　아히 판카, 안초 또는 아르볼 등의 붉은색 칠리 고춧가루 2큰술, 여러 종류의
　　고추를 섞어서 사용 가능
　마늘 4쪽, 다지기
　커민 가루 1큰술
　말린 오레가노 1작은술
　흑후추 1작은술
　소금 1작은술
　(안나토씨 가루 ½작은술)

길쭉하게 썬 염통을 양념장에 넣고 3시간~하룻밤 동안 재운다.

　나무 꼬치를 사용한다면 염통을 조리하기 전에 1시간 동안 물에 완전히 담가두었다가 쓴다. 그릴을 강불로 맞춰 준비한다. 고기를 꼬치에 끼운 후 중간에 한 번 뒤집어주면서 3~4분간 굽는다. ▶ 미디엄 레어 이상으로 굽지 않도록 주의한다. 다음을 곁들여 즉시 낸다.

　살사 또는 하바네로 감귤류 핫소스

또는 다음 위에 얹어서 낸다.

　베커 하우스 샐러드

내장지방 막에 대해

내장지방 막은 복막에서 잘라낸 복잡한 패턴의 얇은 지방 조직 막이다. 복막이란 위와 장을 복벽에 고정하는 주머니를 지칭한다. 양과 돼지도 내장지방 막이 있지만 소의 내장지방 막이 훨씬 크기 때문에 가장 흔히 볼 수 있다. 내장지방 막을 구하려면 미리 주문해야 하지만 그만큼 수고를 감수할 가치가 충분하다. 한마디로 말해 내장지방 막은 천연 바닝거 지방이며 모든 종류의 생선 또는 가금류에 씌우거나 감싸서 조리할 때 사용할 수 있다. 또한 파테를 구울 때 로프 팬에 까는 용도로도 활용이 가능하다.(파테 드 캉파뉴 레시피 참고) 레이스

모양의 지방 그물망이 반투명한 막에 달라붙어 있는 형태로, 이 막은 얇고 섬세하지만 손상된 부분이 없다면 쉽게 즙이 새지 않는다. 사실 ▶ 내장지방 막은 소시지를 만들고 싶지만 충진기까지 마련하기는 부담되거나 소시지 껍질을 다루는 것이 달갑지 않은 사람에게 무척 유용한 재료다. 더 자세한 내용은 543쪽의 크레피네트 만드는 법을 참고한다.

내장지방 막을 다루는 방법은 비닐랩을 다루는 방법과 비슷하다. 얇은 막이기 때문에 어디든 쉽게 달라붙기 마련이며 자기들끼리 달라붙는 일도 흔하다. 또한 돌돌 말린 것을 조심조심 풀어서 평평하게 펼쳐야 한다. 내장지방 막을 취급하는 요령은 막에 구멍이 나지 않게 살살 다루는 것이다. 말려 있는 지방 막을 펼 때는 막을 조심스레 잡아서 말린 부분에서 먼 쪽으로 늘어뜨리고 옆쪽을 넓게 펴줘야 서로 뭉치지 않는다. 틀이나 로프 팬에 깔 때는 용기 위에 지방 막을 늘어뜨리고 옆쪽을 넉넉하게 남겨둔다. 팬의 가장자리로 지방 막을 살살 밀어 넣고 옆면에 대고 누른다. 여분의 지방 막을 잘라내되, 파테나 테린 반죽 위로 접어서 덮을 만큼 넉넉하게 남겨둔다. 바딩이나 다른 재료를 감싸는 용도로 사용할 때는 내장지방 막을 평평하게 펴고 그 위에 재료를 올린 후 위로 접어서 덮을 만큼 충분히 남겨두고 가위로 지방 막을 자른다. 재료를 감싼 후 지방 막이 서로 달라붙도록 살짝 눌러준다.

양(胖)에 대해

양은 반추동물의 4개로 나뉜 위 안쪽에 자리 잡은 매끈한 근육이다. 소는 비교적 위가 크기 때문에 아무래도 가장 쉽게 찾아볼 수 있다. 제1위, 즉 혹위에서 얻을 수 있는 것은 **양곱창**이라고 부른다. 양 중에서도 가장 크고 맛이 순하면서 상대적으로 지방 함량이 높다. 제2위(벌집위)에서는 부드러운 **벌집양**을 얻을 수 있으며, 양 중에서 가장 흔히 볼 수 있다. 그다음은 제3위(겹주름위)로, 여기서 나오는 것이 여러 겹으로 되어 있는 **처녑**이다. 마지막으로 제4위는 주름위라고 부르며, 미국에서는 좀처럼 보기 힘든 주름진 **막창**을 얻을 수 있다. ▶ 양은 매우 쉽게 상하므로 항상 냉장고에 보관하고 최대한 빨리 사용한다. 유일한 예외는 일부 마트에서 구할 수 있는 양 식초 절임이다.

'신선식품'이라는 이름을 붙여 판매하기도 하지만, 포장된 시판 양은 보통 색을 연하게 만들기 위해 표백하고 애벌로 삶은 것이다. 부드럽게 하려면 반드시 몇 시간 정도 뭉근하게 삶아야 한다.

시판 양을 손질하려면 우선 깨끗하게 씻는다. 거슬리는 악취나 표백제 냄새가 난다면 냄비에 넣고 양이 잠기도록 찬물을 부어 뭉근히 끓어오르는 상태로 가열한 후 즉시 물을 따라버린다.(필요하면 이 과정을 반복한다.) 식혀서 작게 썬 후 레시피대로 조리한다.

정육점에서 산 싱싱한 양을 손질하려면 일단 흐르는 물에 갖다 대고 박박 문질러 씻어서 여기저기 틈새에 낀 이물질을 제거한다. 냄비에 넣고 양이 잠기도록 찬물을 부어 뭉근히 끓어오르는 상태로 가열한 후 즉시 물을 따라버린다. 양을 한 번 더 헹구고 산성수에 담가서 냉장고에 넣어 하룻밤 보관한다. 다음날 양을 소금물에 15분간 담가둔다. 잘 헹구고 물기를 한 번 더 제거한다. 양에서 별다른 냄새가 나지 않으면 잘라서 조리에 사용한다. 여전히 냄새가 난다면 필요한 만큼 앞에서 설명한 단계를 반복한다.

양은 익어가면서 약간 쁘득거렸다가 부드러운 연골 같은 식감으로 변하고, 결국에는 아주 연해진다. 양념한 액체나 국물에 담가서 삶으면 양은 금세 국물의 풍미를 흡수한다. 아래에 소개하는 레시피 외에도 퍼보, 고추 수프 레시피를 참고한다.

양 튀김

6인분

1936년 개정판에 처음 등장한 레시피로, 두툼한 양곱창을 사용할 경우 호사스러운 첫 번째 코스 요리로 훌륭하다. 벌집양을 사용하면 칼라마리 튀김과 비슷한 느낌을 준다.(우리는 타코에 넣을 때 이쪽을 선호한다.) 딥 프라잉 항목을 참고한다.

양에 대해 항목의 설명에 따라 손질한다.

양 900g

한입 크기의 사각형 또는 길쭉한 모양으로 썰어서 잘 씻는다. 냄비에 넣고 다음을 추가한다.

양이 잠길 만큼의 쿠르 부용 또는 물

소금 1큰술

부르르 끓어오르면 불을 줄이고 뚜껑을 덮어서 양이 아주 부드러워질 때까지 3시간 정도 뭉근히 삶는다.

물을 따라낸 후 한쪽에 두고 식힌다. 커다란 그릇에 다음을 넣고 섞는다.

밀가루 1컵

소금 1½작은술

카옌 고춧가루 1작은술

만질 수 있을 정도로 양이 식으면 그릇에 넣고 뒤적여 밀가루와 양념을 골고루 묻힌다. 오븐을 93℃로 예열한다. 튀김기나 깊고 묵직한 냄비 또는 더치오븐에 기름을 다음 높이까지 붓고 188℃가 되도록 가열한다.

식물성 기름 또는 라드 5cm

양을 몇 덩어리로 나눠 불을 적당히 조절해 온도를 맞춰가면서 노릇노릇하게 튀긴다. 튀긴 양을 건져서 키친타월을 깐 오븐 팬에 담고 오븐에 넣어 남은 양을 다 튀길 때까지 따뜻하게 보관한다. 다음에 넣어서 뜨겁게 낸다.

타코

또는 다음을 곁들여서 전채 요리로 낸다.

살사 베르데 또는 호스래디시 소스

또는 간단히 다음으로 장식해서 낸다.

레몬 조각 및 굵게 썬 파슬리

이탈리아식 양 요리

6인분

양에 대해 항목의 설명에 따라 손질한다.

벌집양 900g

한입 크기의 사각형 또는 길쭉한 모양으로 썰어서 잘 씻는다. 냄비에 옮겨 담고 다음을 붓는다.

벌집양이 잠길 만큼의 쿠르 부용 또는 물

소금 1큰술

부르르 끓어오르면 불을 줄이고 뚜껑을 덮어서 벌집양이 부드러워질 때까지 2시간 정도 뭉근히 삶는다. 물을 따라내고 한쪽에 둔다.

벌집양을 뭉근히 삶는 동안 다음을 준비한다.

토마토 소스

삶은 벌집양을 소스에 넣고 뚜껑을 덮어서 15분간 더 뭉근히 끓인다. 소스가 너무 걸쭉해지면 다음을 추가한다.

(드라이 레드와인 ¼~½컵)

와인을 보충했다면 잠깐 더 뭉근히 끓여서 알코올 성분을 날린다. 다음을 위에 얹는다.

강판에 간 파르메산 치즈

돼지 곱창 및 위에 대해

양, 소, 돼지의 소장과 대장은 소시지 껍질로 사용되지만, 돼지의 소장과 대장은 진하게 양념한 국물에 담가 부드러워질 때까지 뭉근히 삶으면 그 자체로도 아주 맛있게 즐길 수 있다. 깨끗이 손질한 돼지의 소장은 보통 돼지 곱창(chitterling)이라고 하며 간단하게 **곱창**(chitlin)이라고 부르기도 한다. 돼지 곱창은 반드시 물을 여러 번 갈아주면서 물에 담가 불리고 기름기를 대부분 제거한 후 작게 썰어서 사용해야 한다.

부체(buche)라고도 부르는 **돼지 위**(오소리감투)는 돼지 위장의 바깥쪽 막을 지칭한다. 잘게 잘라서 돼지 곱창과 같은 방법으로 손질하는 경우가 많지만, 자르지 않고 속에 재료를 채워서 통째로 조리하기도 한다.(양의 위장으로 만들어 다소 거부감을 불러일으키는 내장 요리로 유명한 스코틀랜드의 해기스haggis와 비슷하다.) 돼지 위는 돼지 곱창보다 약간 두툼하며 더 깨끗하게 씻어야 한다.

이러한 부속 고기를 가장 선호하는 곳은 미국 남부, 펜실베이니아의 독일인이 많이 거주하는 지역, 멕시코 등이다. 프랑스에서는 돼지 곱창(과 소의 양)을 삶아서 굵게 썬 후 소시지 껍질에 채워서 먹는다.

주의사항: 익히지 않은 내장에는 위장 장애를 일으키며 매년 적지 않은 수의 환자, 특히 어린 환자들에게 더욱 심각한 증상을 일으키는 예르시니아 엔테로콜리티카를 비롯해 유해균이 들어 있을 가능성이 있다. 돼지 곱창은 손질 과정이 길고 복잡하므로 조리대에 물이 튀어서 교차 오염될 가능성이 있으니 ▶ 특별히 신경 써서 살균 용액으로 곱창이 닿은 모든 표면을 씻어야 한다.

돼지 곱창과 위를 손질하려면 찬물을 몇 번 갈아주면서 깨끗이 씻은 후 소금물에 완전히 담가서 뚜껑을 덮고 냉장고에 넣어 24시간 동안 불린다. 소금물을 따라내고 물을 5~6번 갈아주면서 다시 헹군다. 돼지 곱창을 통째로 불렸다면 세로 방향으로 반 잘라서 안쪽을 노출한다. 안쪽에 붙어 있는 얇은 지방막을 벗겨서 버리고 한입 크기로 썬다. 돼지 위는 씻기 전에 뭉근한 불로 30분간 삶아야 한다. 지방을 대부분 벗겨내고 변색된 부분이나 연골이 박혀 있는 부분을 잘라낸다.

삶은 돼지 곱창 또는 위

4~6인분

커다란 냄비에 다음을 넣고 재료가 잠기도록 물을 붓는다.

돼지 곱창 900g, 깨끗하게 씻어서 5cm 크기로 자르기

양파 큰 것 1개, 얇게 저미기

사과 식초 ¼컵

(안초 또는 뉴멕시코 칠리 고추 말린 것 3개, 꼭지를 따고 씨를 발라내기)

소금 2큰술

말린 타임 2작은술

(정향 가루 ½작은술)

흑후추 ½작은술

마늘 1알

월계수 잎 1장

부르르 끓어오를 때까지 천천히 가열한다. 뚜껑을 덮고 불을 줄인 후 부드러워

질 때까지 3~4시간 동안 뭉근히 삶는다. 바닥에 달라붙지 않게 가끔 저어준다.

돼지 곱창 볶음

4~6인분

다음을 만든다.

위에 소개한 삶은 돼지 곱창

돼지 곱창이 부드러워지면 국물을 따라내고 물기를 제거한다. 커다란 프라이팬을 중강불에 올리고 다음을 둘러서 가열한다.

식물성 기름 2큰술

돼지 곱창을 넣고 노릇노릇해질 때까지 5~8분간 볶는다.

다음으로 간을 한다.

사과 식초와 소금 또는 핫소스

다음과 함께 낸다.

동부콩을 넣은 채소찜

남부식 옥수수 빵

핫소스

껍질, 귀, 꼬리, 족에 대해

손질하는 시간이 오래 걸리기는 하지만, 이러한 말단 부위들은 일단 부드럽게 조리하면 매끄럽고 부드러운 식감과 뼈에서 저절로 떨어지는 맛있는 고기 때문에 사랑받는 재료다. 귀, 족, 꼬리에는 연골이 풍부하게 들어 있어서 육수를 한 냄비 가득 사용하는 요리를 비롯해 다양한 레시피에 활용하면 비단결 같은 질감을 낼 수 있다.

이러한 말단 부속 중에서도 가장 보편적으로 사용하는 부위는 **소꼬리**다.(가격도 가장 비싸다.) 소꼬리는 퍼보 등의 요리에 넣으면 차원이 다른 깊은 풍미를 지닌 걸쭉한 국물을 얻을 수 있고, 찜으로 만들어도 누구나 좋아한다. 소꼬리는 갈색으로 노릇하게 익히거나 먹기 편하게 보통 가로로 자른 상태로 판매한다. 소꼬리를 통째로 샀다 하더라도 비교적 쉽게 여러 조각으로 또는 납작한 원통형으로 자를 수 있다.(꼬리의 약간 들어간 부분을 2.5~5cm 길이로 자른다.) **돼지꼬리**는 소꼬리보다 훨씬 작고 고기도 적게 붙어 있으며 구하기도 쉽지 않다. 필요하면 껍질에 나 있는 털을 안전면도기로 밀어낸다. 돼지꼬리는 찜과 스튜에 풍미와 질감을 더해준다. 통째로 넣고 부드러워질 때까지 익힌 다음 조리가 끝날 때쯤 뼈에서 살코기를 발라낸다.

돼지 족(돈족)과 우족은 같은 방식으로 손질하고 조리할 수 있다. 젤라틴을 더하는 용도가 아니라 요리의 주재료로 사용한다면, 발목 부분까지 붙어 있는 족을 찾아보자.(고기가 더 많이 붙어 있다.) 앞서 소개한 삶은 돼지 곱창의 레시피에 따라 부드러워질 때까지 족을 뭉근히 삶는다. 대부분 4시간 정도 삶으면 족이 부드러워진다. 고기를 발라내고 소스에 버무리거나 통째로 오븐에 넣어 200℃에서 껍질이 바삭해질 때까지 굽는다. 우리는 살을 발라낸 상태로 식탁에 올리는 것을 선호한다. 필요하면 돼지 곱창 볶음이나 프라이팬에 바삭하게 튀긴 혀 요리처럼 언제든 바삭하게 조리할 수 있다.

돼지 귀는 반드시 소금물에 하룻밤 담갔다가 오랫동안 뭉근히 삶아야 하는데, 가운데를 관통하는 연골의 심은 아무리 오래 조리해도 어느 정도 오독오독한 식감이 남아 있다. 우리는 부드러워질 때까지 뭉근히 삶은 후 양 튀김처럼 튀기는 방식을 선호한다.

우리 집 주방에서 유일하게 사용하는 껍질은 **돼지 껍질**이다. 손질한 돼지 껍

질을 길쭉한 모양으로 작게 잘라서 돼지 꼬리처럼 찜이나 스튜에 넣어 젤라틴을 더해주는 용도로 활용한다. 돼지 껍질을 소금물에 담갔다가 훈연해 돼지 족과 비슷한 풍미를 내는 사람들도 있다. 가장 독특한(그리고 손이 많이 가는) 돼지 껍질 요리라면 **바삭바삭한 돼지 껍질 튀김**, 즉 **치차론**을 꼽을 수 있다.

소꼬리 찜(소꼬리 스튜)

4인분

소꼬리는 결합 조직을 부드럽게 하기 위해 약불로 천천히 오랫동안 조려야 한다. 이렇게 하면 진한 소고기 풍미와 벨벳처럼 부드러운 소스를 즐길 수 있는 요리가 완성된다. 소꼬리는 보통 2.5~7.5cm 길이로 가로로 잘라서 판매한다. 뼈의 비율이 높으므로 최소한 1인분에 450g 정도는 잡아서 넉넉하게 구입해야 한다. 아주 가느다란 꼬리의 끝 쪽에는 사실상 고기가 거의 붙어 있지 않으므로 육수용으로 보관하는 것이 가장 좋다.

오븐을 150℃로 예열한다.

더치오븐이나 커다란 오븐용 프라이팬에 다음을 두르고 가열한다.

　식물성 기름, 라드, 소기름 ¼컵

커다란 그릇에 다음을 넣고 세게 저어 잘 섞는다.

　밀가루 2컵

　흑후추 1큰술

　소금 1큰술

다음에 소금과 후추로 간을 한 밀가루를 묻힌다.

　소꼬리 1.8kg, 가로 방향으로 2.5~5cm 길이로 자르기

몇 번에 나눠 소꼬리를 갈색으로 지지고, 갈색으로 변하면 접시에 옮겨 담는다. 프라이팬에 기름을 따라내고 다음을 붓는다.

　화이트와인 ½컵

프라이팬 바닥의 갈색 조각을 긁어내면서 와인을 살짝 끓인다. 다음을 붓는다.

　소 육수, 닭 육수 또는 물 3컵

소꼬리를 다시 프라이팬에 넣고 강불로 부르르 끓어오를 때까지 가열한다. 뚜껑을 덮고 프라이팬을 오븐에 넣은 후 소꼬리가 아주 부드러워질 때까지 필요하면 육수를 보충해가면서 4~5시간 푹 익힌다. 요리가 완성되기 45분쯤 전에 다음을 추가한다.

　양파 큰 것 2개, 굵게 썰기

　당근 3개, 굵게 썰기

　셀러리 줄기 3개, 굵게 썰기

　마늘 4쪽, 굵게 썰기

구멍 뚫린 숟가락으로 소꼬리와 채소를 떠서 플래터에 담고 기름기를 최대한 걷어낸다.(그레이비 분리기를 사용하면 편리하다.) 중강불에 올려서 국물이 어느 정도 걸쭉해질 때까지 졸이거나 다음을 넣는다.

　(밀가루를 넣고 치댄 버터, 버터 2큰술과 중력분 2큰술로 만들기)

다음으로 간을 한다.

　소금과 흑후추

　굵게 썬 파슬리

소꼬리 위에 소스를 붓고 다음을 곁들여서 낸다.

　매시트포테이토

치차론(Chicharrones, 돼지 껍질 튀김)

돼지 껍질을 손질해서 뭉근하게 삶아 기름기를 긁어내고, 오븐에 넣어 낮은 온도에 하룻밤 구운 다음 기름을 넉넉히 붓고 튀긴 요리다. 껍질 안에 갇혀 있던 수분이 끓어오르면서 증발하므로 껍질이 부풀어 오르고 팽창한다. 도대체 왜 그렇게 오랜 시간을 들여 굳이 돼지 껍질 튀김을 만들어야 하는지 의아해하는 독자가 있다면, 원래는 그냥 버려질 부위를 바삭하게 맛있는 간식으로 변신시키는 것은 무척 뿌듯한 일이라고 대답하겠다. 갓 튀긴 돼지 껍질을 따뜻할 때 소금과 고춧가루를 솔솔 뿌려 먹으면 그야말로 기가 막힌 맛이다. 포틀랜드의 애런 바넷(Aaron Barnett)이라는 요리사는 갓 튀긴 돼지 껍질에 알레포 고추와 따뜻하게 데운 메이플 시럽을 곁들여서 내는데, 이러한 방법도 적극 추천한다. 딥 프라잉 항목을 참고한다.

다음을 톡톡 두드려 물기를 제거한다.

　신선한 돼지 껍질

껍질을 10×25cm 크기로 자른다. 한 번에 하나씩 지방이 붙어 있는 쪽이 위로 가도록 도마 위에 놓는다. 한쪽 끝을 누르고 칼을 직각으로 잡은 후 지방과 껍질이 만나는 지점 근처까지 칼집을 넣는다. 껍데기와 평행하도록 칼날의 방향을 돌린 후 옆으로 살살 썰어서 지방을 최대한 도려내되, 껍질에는 손상이 가지 않도록 주의한다. 반대쪽 끝까지 칼질한 다음에는 껍질을 돌려서 처음 시작한 쪽의 지방을 도려낸다. 남은 껍질에도 같은 작업을 반복한다. 껍질을 냄비에 넣고 다음을 붓는다.

　껍질 위로 10cm 남짓 올라올 만큼의 물

부르르 끓어오르면 불을 줄이고 뚜껑을 덮은 후 껍질이 연해지면서 쉽게 찢어질 때까지 1시간 반~2시간 정도 뭉근히 삶는다. 구멍 뚫린 숟가락으로 껍질을 건져서 접시에 옮겨 담는다. 오븐을 93℃로 예열한다.

만질 수 있을 정도로 껍질이 식으면(아직 따뜻한 상태), 도마 위에 올려놓고 톡톡 두드려 물기를 제거한 다음 지방층이 위로 가도록 펼친다. 반죽 긁는 도구나 금속 주걱의 평평한 끝부분으로 껍질에 남아 있는 지방을 살살 긁어낸다.(지방을 약간 남겨두어도 좋지만 지방은 부풀어 오르지 않는다.) 껍질을 더 작은 크기로 자른다. 가로세로 10cm 정도로 크게 자르면 보기에 근사하지만 여러 사람이 함께 먹을 예정이라면 2.5cm 정도의 한입 크기로 자르는 것이 좋다. 테두리 있는 오븐 팬에 철망 받침대를 놓고 잘라놓은 껍질을 잘 펴서 올린다.(서로 겹치지 않게 주의한다.) 튀기는 과정에서 가장 보기 좋게 부풀어 오르게 하려면 최소 8시간 이상 또는 하룻밤 동안 구워야 한다. 껍질이 연한 갈색으로 익으면서 아주 딱딱해지면 적당히 구워진 것이다.

이렇게 일단 오븐에 구워서 수분을 날린 껍질은 밀폐 용기에 넣어 최대 2주간 냉장고에 보관할 수 있다. 필요할 때마다 꺼내서 튀기면 된다.

튀김기나 깊고 묵직한 냄비 또는 더치오븐에 기름을 다음 높이까지 붓고 190℃로 가열한다.

　식물성 기름 7.5cm

껍질을 몇 덩어리로 나눠 기름에 넣고 부풀어 오르면서 팽창할 때까지 약 30초씩 튀긴다. 키친타월을 깐 접시에 옮겨놓고 다음을 넉넉하게 뿌린다.

　소금

　고춧가루

뜨거울 때 전채 요리나 간식으로 낸다. 돼지 껍질 튀김을 잘게 부수거나 굵게 썰면 라브와 같은 요리에 바삭바삭한 토핑으로 활용할 수 있다.

골수에 대해

골수는 대다수 동물의 기다란 다리뼈의 가운데에 들어 있는데, 가장 흔히 볼 수 있는 것은 소와 송아지에서 추출한 골수다. 통째로 판매하기도 하지만 그보다는 뼈를 가로 방향으로 7.5cm 길이로 자르거나 더 길게 잘라서 가운데를 갈라놓은 형태(카누 컷canoe cut이라고도 부른다.)로 판매하는 경우가 더 많다. 절단한 골수는 아주 깨끗하고 절단면에 흰색 반점이나 핏자국이 보이지 않아야 한다. 골수 자체는 옅은 황백색을 띠며 만져보면 단단하게 느껴져야 한다.

조리하기 위해 골수를 손질하려면 여러 번 씻은 다음 차가운 소금물에 담가서 냉장고에 24시간 넣어둔다. 중간에 소금물을 몇 번 갈아준다.(이렇게 하면 남아 있는 핏물이 빠진다.) 그다음에는 골수를 구워도 좋고(아래 설명 참고) 골수를 빼서 보르들레즈 소스를 비롯한 다양한 소스에 넣어 진한 풍미를 살려도 좋다.

조리하기 전에 골수를 빼내려면 뼈를 실온에 20분간 둔다. 통뼈라면 묵직한 칼등으로 쳐서 뼈에 금을 낸 후 쪼개서 가운데에 있는 골수를 빼낸다. 가로 방향으로 자른 뼈라면 한 조각마다 얇은 칼로 골수 주위에 칼집을 넣고 손가락으로 천천히 골수를 밀어서 빼낸다. 카누 컷으로 자른 골수라면 골수 아래에 칼을 찔러 넣어 밖으로 빼낸다. 이렇게 빼낸 골수는 조리하기 직전까지 차갑게 보관한다.

골수를 구우려면 위의 설명과 같이 골수를 소금물에 담가두고 오븐을 230℃로 예열한다. 골수를 꺼내 소금과 후추를 넉넉히 뿌린 다음 절단면이 위로 가도록 오븐 팬 위에 올린다. 골수가 말랑말랑하고 따뜻해질 때까지 20분 정도 굽는다. ▶ 골수를 너무 오래 굽지 않도록 주의하자. 지방 함량이 매우 높으므로 과도한 열을 가하면 그냥 녹아버린다. 이렇게 구운 골수를 작고 동그란 토스트에 곁들여 근사한 전채 요리로 내보자. 골수용 숟가락이나 다른 긴 숟가락을 함께 제공해 골수를 떠먹을 수 있게 한다.

선지에 대해

요리사와 일반인을 막론하고 아마도 미국인이 다른 어떤 부위보다 심한 거부감을 느끼는 것이 동물의 선지일 것이다. 사실 대다수 미국인은 선지를 직접 접해보기는커녕 먹는다는 사실조차 모를 확률이 높다. 우리가 처음 선지를 접한 것은 베트남식 수프 요리인 분보후에(bún bò Huế)로 유명한 어느 식당에서였다. 쌀국수, 얇게 썬 소고기, 돼지 관절, 소꼬리, 종잇장처럼 얇게 저민 양파 조각 사이에 돼지 피를 굳혀서 만든 붉은 벽돌색 선지 두 덩어리가 들어 있었다. 그때 맛보았던 선지는 상대적으로 순한 풍미에 아주 은은한 쇠 맛이 느껴졌으며 식감은 단단한 두부와 비슷했다. 실제로 선지는 간보다 맛이 순하다.

선지를 즐기는 곳은 베트남뿐만이 아니다. 북유럽 요리사들은 선지로 팬케이크를 만들고, 프랑스에는 부댕 누아르(boudin noir), 즉 선지 소시지가 있다. 아일랜드 코르크 카운티의 명물은 선지로 만든 푸딩인 드리신(drisheen)이다. 필리핀에서는 내장, 선지, 칠리 고추를 넣어 만든 디누구안(dinuguan)이라는 스튜를 즐겨 먹는다. 이렇게 거의 세계 전역에서 선지를 즐기는 데에는 그만한 이유가 있다. 선지는 값이 저렴하고 영양이 풍부할 뿐만 아니라 요리에 진한 풍미를 더해주며 수프와 스튜의 농도를 걸쭉하게 만들어서 거의 커스터드와 유사한 질감을 낼 때도 유용하다.(그러나 선지를 너무 오래 조리하면 우툴두툴해진다.)

가장 흔히 볼 수 있는 선지는 돼지 선지다. 액체 상태나 응고시킨 덩어리 또는 냉동 상태로 판매한다. 액체 상태의 선지는 선지가 들어가는 대부분의 레시피에 두루 사용된다. 응고된 덩어리 형태는 수프에 사용할 수 있으며 수프를 거의 다 끓였을 때쯤 넣는다. 선지를 살 때는 붉은빛을 띠는 갈색 선지를 고른

다. 신선한 선지는 냄새가 거의 나지 않는다. 구입 후 최대한 빨리, 즉 하루 안에 사용하는 것이 가장 좋고 냉동실에 넣어두면 3개월까지 보관할 수 있다. 선지를 사용하기 전에 잘 저어서 중간 굵기의 체로 덩어리를 모두 걸러낸다. 선지를 조리하면 밝은 빛이 유지되지 않는다는 점을 잊지 말자.(조리 과정에서 진한 갈색으로 변한다.)

사냥감과 그 외의 야생동물 고기

역사적으로 '사냥감(game)'이란 야생에서 사냥하거나 포획한 동물만을 지칭하는 용어였다. 그러나 지난 100년간 미국에서는 사냥한 야생동물을 판매하는 것이 대부분 불법이었기 때문에 사냥감이었던 동물을 농장에서 사육하거나 목장에서 방목하게 되었다. 따라서 이제 '사냥감'이라는 용어는 엘크(큰 사슴) 등과 같이 한때는 야생에서만 찾아볼 수 있는 종이었지만 지금은 목장이나 농장에서 사육하는 동물까지 포괄하게 되었다. 또한 야크처럼 비교적 생소하고 새로운 매력이 있는 야생동물도 이번 장에서 함께 다룬다.

미국에서는 **야생 사냥감**을 잡더라도 판매하는 것이 금지되어 있으므로 야생 사냥감으로 요리하기 위해서는 직접 사냥하거나 너그러운 사냥꾼에게 선물 받는 방법밖에 없다. 주방에서 야생 사냥감은 극도로 예측하기 힘든 식재료다. 동물이 즐겨 먹던 먹이, 성별, 나이, 포획 당시의 스트레스 수준 등의 요소가 풍미와 식감에 큰 영향을 미친다. **방목 사냥감**은 자유롭게 움직일 수 있는 환경에서 자란 동물을 지칭하며 사슴, 엘크, 들소뿐만 아니라 아프리카산 영양 등 이국적인 동물도 포함된다. 이상적인 방목 환경이라면 자연 서식지와 비슷한 이동 공간과 먹이가 확보되어야 하며, 그 결과 고기가 더욱 복합적인 풍미를 갖추게 된다. **사육 사냥감**은 우리 안에서 사육한 토끼와 목초지에서 기른 사슴, 엘크, 들소 등을 지칭하며 직접 먹이를 찾아다니면서 먹는 것이 아니라 특정한 종류의 먹이를 먹고 자란다. 일반적으로 야생에서 자란 동물보다 맛이 순하고 육질이 부드러우며 다소 지방이 많은 편이다. 방목 또는 사육된 동물의 고기는 야생동물 고기만큼 확실한 개성은 없지만 어느 정도 일정한 품질이 유지되기 때문에 주방에서 다루기에는 더 편리한 식재료다.(그뿐만 아니라 엽총보다는 장바구니를 들고 마트에서 사냥을 하는 대부분의 소비자로서는 훨씬 더 구하기도 쉽다.)

사냥감 고기 구입에 대해

멧돼지 고기를 판매하는 텍사스의 몇몇 유통업체와 하와이에서 외래종 액시스사슴을 조달하는 한 업체를 제외하면 미국에서 사냥한 야생동물 고기를 판매하는 것은 불법이다. 다른 나라, 특히 영국은 상업적 사냥을 허용하므로 사냥한 고기를 수입해서 판매할 수도 있지만, 미국에서 유통되는 대다수 사냥감 고기는 방목 또는 사육한 것이다. 일부 식료품점에서는 사냥감 고기를 갖춰 놓는데, 냉동식품 판매대에 진열되어 있을 확률이 높다. 대형 마트의 정육 코너와 정육점에서는 사용하기 며칠 전에 특별 주문하면 몇 가지 종류의 사냥감 고기를 구입할 수 있는 경우가 많다. 또한 인터넷으로 주문하면 냉동된 고기를 집 앞까지 배달해주는 소매업체도 몇 군데 있다. 사냥감 고기를 가장 맛있게 요리하려면 ▶ 냉동 고기를 냉장고에 넣고 천천히 해동한다.(보관 방법에 대한 더 자세한 내용은 생고기 및 조리한 고기 보관하기 항목을 참고한다.)

야생동물과 식품 안전성

이번 장의 각 항목에서 사냥감 고기를 다루는 방법에 대해 어느 정도 설명하지만, 이 점만은 강조해둔다. ▶ 가까운 협동조합이나 주 또는 연방 정부에서 운영하는 어류와 야생동물 담당 기관에 문의해 사냥하려는 종의 올바른 취급 방법에 대한 정보를 수집하도록 하자. 사냥을 하는 사람이라면 사냥철, 사냥 가능한 마릿수, 총기 소유 관련법뿐만 아니라 사냥한 동물을 씻고, 절개하고, 보관하는 방법까지 잘 숙지해야 한다.

커다란 사냥감은 ▶ 즉시 **현장 손질**(field-dressed), 즉 배를 갈라서 열고 내장을 제거해 온도를 낮추고 오염을 방지해야 한다. 따뜻한 지역에서 잡은 작은 사냥감에도 같은 원칙이 적용된다. 일단 동물의 숨이 끊어지면 몸통을 최대한 빨리 식혀야 한다. 특히 날씨가 따뜻한 곳이라면 재빨리 가죽을 벗기고 내장을 제거해야 한다. 신속하게 내장을 제거해서 온도를 떨어뜨린 후 꼼꼼하게 씻으면 단순히 식품 안전의 측면에서만 바람직한 것이 아니라 고기의 맛 자체도 더욱 좋아진다.

야외에서 사냥감 고기를 다룰 때는 내장을 제거하고 고기를 도축하는 과정에서 여러 질병을 일으키는 미생물로 인한 잠재적인 건강상의 위험을 인지하고 있어야 한다. ▶ 사냥감 고기는 단지 피부 접촉만으로도 전염될 수 있는 몇 가지 병원균 오염 가능성이 있다. 브루셀라병은 들소, 사슴, 멧돼지로 인해 전염되고, 야토병은 토끼, 멧토끼, 사향쥐, 비버, 다람쥐를 통해 감염된다. 아르마

딜로는 한센병을 옮길 수 있다. 야생 멧돼지의 몸에는 손의 상처를 통해 혈관으로 침투할 수 있는 기생충이 서식하기도 한다. 따라서 사냥꾼들은 ▶ 토끼, 멧토끼, 다람쥐, 비버, 사향쥐, 아르마딜로, 멧돼지의 내장을 제거할 때 반드시 일회용 고무장갑 또는 니트릴 장갑을 착용해야 한다. 사슴과 야생 들소고기를 다룰 때는 상대적으로 감염 확률이 낮지만 그래도 장갑 착용을 권장한다.

대장균이나 살모넬라균 등 다른 유해균이 사냥감 동물의 소화 기관에서 발견되기도 하지만 매우 드문 편이다. 곰과 멧돼지를 비롯한 일부 야생동물을 다룰 때는 트리키넬라 선모충도 염두에 두어야 한다. 이들 미생물은 대부분 접촉으로는 감염되지 않고 섭취한 경우에만 질병이나 감염을 일으킨다.(베이거나 긁힌 손의 상처를 통해 감염될 수 있는 야토병과 선모충은 예외다.)

다행히도 ▶ 이러한 모든 박테리아와 기생충은 사냥감 고기에서 자주 발견되지 않으며 고기를 손질할 때 충분히 주의하고 내부 온도가 70℃에 도달할 때까지 조리하면 위험을 없앨 수 있다.

여러 주의 관련 부서에서는 뇌와 척수 조직에 감염되는 단백질 분자, 즉 프라이온으로 인한 다른 질병의 전파를 우려한다. 사슴의 경우 이러한 프라이온은 광록병(CWD, 사슴류의 중추신경계를 손상해 사망에 이르게 하는 감염병 – 옮긴이)을 일으킨다. CWD의 원인이 되는 프라이온이 인체에서 문제를 일으킨다는 사례는 보고된 바 없으나, 언젠가 문제를 일으킬 가능성이 있어 우려의 목소리가 높다. 프라이온은 열을 가해서 조리해도 위험이 사라지지 않기 때문에 프라이온에 노출되는 것을 방지하는 유일한 방법은 감염 가능성이 있는 동물의 뼈나 뇌를 요리에 사용하지 않는 것뿐이다. 미미하기는 하지만 CWD로 인한 위험이 우려된다면 가까운 관련 기관에 해당 지역의 감염 현황이나 감염된 동물을 식별하고 피하는 방법에 대한 지침을 문의한다. 또한 농장 사육 또는 방목 방식으로 키운 사슴을 구입하는 것도 고려해보자.(시판되는 사슴고기는 전부 CWD 검역을 거친다.)

사냥감 고기 조리하기에 대해

야생동물을 사냥하려면 상당한 시간과 노력을 투입해야 한다. 농장 사육 또는 방목 사냥감 고기는 가격이 꽤 비싸다. 어렵게 구한 고기의 독특한 풍미를 맛이 강한 소스로 가리거나 양념장에 오래 재웠다가 조리하는 것은 큰 낭비가 아닐 수 없다. 따라서 우리는 사냥감 고기의 독특한 풍미를 최대한 살리는 조리법을 권장한다.

여기서 소개하는 레시피는 가장 보편적으로 접할 수 있는 방목 또는 농장 사육 사냥감 고기를 기준으로 한다. 야생 사냥감 고기는 대부분 방목 또는 사육된 고기보다 지방 함량이 적지만, 조리 방법상의 차이점은 미미하다. 물론 사냥한 동물이라면 나이도 훨씬 다양하므로 성숙한 동물의 질긴 부위를 사용할 때는 더 오래 조리해야 부드러워진다.

사냥감 고기는 일반적으로 다른 육류보다 지방 함량이 낮으므로 연한 부위를 미디엄 이상으로 조리하면 금세 퍼석하고 질겨진다. 특히 들소나 사슴의 붉은색 육류가 여기에 해당한다. 따라서 야생 및 방목한 사냥감 고기는 가장 두꺼운 부분이 70℃에 도달할 때까지 조리해야 한다는 USDA의 지침을 준수하기가 어렵다. 우리는 크기가 작은 사냥감 육류나 곰, 멧돼지의 경우 USDA가 권장하는 안전 온도를 지키는 편이지만, 사슴과 들소는 미디엄 레어로 조리하는 것을 선호한다. 사슴과 들소를 조리할 때 USDA의 권장 온도를 따르지 않는 것이 아무래도 불안하다면, 또는 면역력이 약한 사람들이 요리를 먹을 예정이라면 USDA 권장 지침에 따라 충분히 고기를 익히도록 하자.

물론 조림 및 스튜용 부위는 오래 조리하는 것이 전혀 문제가 되지 않는다. 그러나 농장 사육한 가축의 다양한 질긴 부위와는 달리, 야생동물의 질긴 부위에는 지방이 거의 없다. 따라서 라딩이나 바딩을 하는 것도 한 가지 방법이다. 또는 조림 국물에 기름기 있는 성분을 넉넉히 넣거나 벨벳처럼 부드러운 소스와 함께 먹을 수도 있다. ▶ 사냥감 고기에서 떼어낸 지방은 맛이 별로 좋지 않을 수도 있다. 무작정 넣기보다는 지방을 조금 녹여서 거슬리는 맛이나 냄새가 없는지 확인한 후 사용하는 것이 좋다.

야생동물 특유의 **누린내**는 사냥꾼들에게서 자주 들을 수 있는 불만으로, 특히 잡은 고기를 냉장고에 넣기보다는 벽에 장식하는 것을 선호하는 경우 이는 골칫거리가 된다. 많은 이들이 장식용으로 선망하는, 근사한 가죽이나 거대한 뿔을 자랑하는 성숙한 수컷 동물의 누린내가 가장 심하다. 먹이도 좋지 않은 냄새에 어느 정도 영향을 미친다. 곰과 너구리는 쓰레기통을 뒤져서 먹이를 찾기도 하며 사슴은 이끼를 먹는다. 발정기가 오거나 발정기가 갓 지난 동물을 포획한 경우에도 풍미가 완전히 달라진다. 설상가상으로 내장을 제대로 제거하지 못하거나 숨이 끊어진 이후에 재빨리 식히지 않았다면 이러한 천연 '풍미'는 더욱 강렬해진다. 이렇게 좋지 않은 풍미는 보통 동물의 지방에서 기인한다. 야생 사냥감 고기가 개성이 너무 강하다면 소량을 잘라서 조리해보자. 고기의 독특한 냄새와 풍미를 억누르기 위해 첫 번째로 써볼 방법은 모든 지방과 결합 조직을 떼어내는 것이다. 그래도 해결이 안 된다면 손질한 고기를 와인 양념장, 버터밀크 양념장 또는 소금물에 담가보자. 이렇게 처리하면 고기가 연해지는 효과도 있지만, 연육 작업이라면 다른 방법이 더 효과적이다. 아주 질긴 사냥감 고기를 다룰 때는 질긴 육류를 부드럽게 만들기 항목을 참고한다.

맛과 냄새가 강한 야생동물 고기를 먹는 데 오랫동안 효과적으로 사용해온 또 하나의 방법은 걸쭉하고 풍미가 진한 조림 국물이나 소스와 함께 내는 것이다. 이번 장에서 소개하는 전통적인 조합 외에도, 다른 장에서 소개한 여러 맛이 진한 조림 요리에 원래 재료 대신 질기고 맛이 강한 사냥감 고기를 넣어서 만들어도 좋다. 예를 들어 돼지고기 아도바다에 멧돼지고기를, 마사만 커리에 무스고기를, 치킨 칠리 베르데에 멧토끼고기를, 소고기 렌당이나 가이아나식 고추 수프에 곰고기를 사용하는 식이다. 육질은 부드럽지만 다소 누린내가 나는 스테이크와 촙 부위라면 와인과 시큼한 체리 팬 소스, 영국식 컴벌랜드 소스 또는 마데이라 소스, 샤쇠르 소스, 데미글라스 소스, 마르샹 드 뱅 소스 등의 전통 프랑스식 브라운 소스와 조합해보자.

작은 사냥감 고기에 대해

작은 사냥감 고기는 미국에서 오랫동안 식용으로 사용해온 식재료다. 미국 식료품점에서 가장 흔히 구할 수 있는 작은 사냥감 고기는 토끼고기이므로 뒷부분에 토끼와 미국에서 잭토끼라고 불리는 멧토끼를 다루는 항목을 따로 마련했다. 그 외의 포유류는 사냥하거나 덫을 놓아서 잡는다. 야생에서 포획한 동물은 즉시 내장을 제거해야 한다. ▶ 작은 사냥감 동물을 다룰 때에는 반드시 고무장갑이나 니트릴 장갑을 껴야 야토병 감염 위험을 방지할 수 있다.(아르마딜로의 경우 한센병)

다람쥐의 고기는 닭 넓적다리와 색이 비슷하고 맛이 순하다. 회색다람쥐와 여우다람쥐는 견과류를 먹고 살기 때문에 붉은다람쥐보다 거부감 없이 먹을 수 있다. 붉은다람쥐는 솔눈을 먹이로 삼으므로 이상한 냄새가 나기 쉽다. 새끼 다람쥐는 토끼처럼 통째로 튀길 수 있지만 몸집이 큰 성체는 부드러워질 때까지 조려야 한다. 다람쥐고기는 튀김 및 프리카세 외에도 전통적으로 스튜에 사용됐으며, 다람쥐고기만 넣거나 다른 고기와 섞어서 버구(burgoo, 야외에서 먹는 걸쭉한 수프 – 옮긴이) 및 브런즈윅 스튜를 만들기도 한다. 메건의 할아버지 브라이언은 다람쥐고기로 만든 그레이비가 최고라고 단언했다. 다람쥐는 아래에 소개하는 토끼 가죽 벗기는 방법에 따라 가죽을 제거해야 한다.

주머니쥐와 **너구리**는 닥치는 대로 무엇이든 먹는 잡식성이다. 일단 주머니쥐를 포획하면 도축하기 전에 최소한 며칠 정도는(가능하면 일주일 또는 그 이상) 양질의 남은 음식물, 우유, 곡물 등을 먹이면 좋다.(너구리는 이 방법을 시도하지 말자.) 그런 후에도 털이 보송보송한 이 귀여운 생명체를 먹어야겠다면 인도적인 방법으로 빨리 숨통을 끊는다. 흙먼지를 깨끗이 씻어내고 발과 꼬리를 자른 후 복벽이 찢어지지 않도록 조심하면서 복부의 가운데를 따라 절개선을 넣어 즉시 가죽을 벗긴다. 가죽과 살이 만나는 부분을 따라 칼질을 하면서 척추에 닿을 때까지 조심스레 가죽을 떼어낸다. 다리를 안으로 밀어 넣고 '소매'처럼 덮여 있는 부분을 안팎으로 뒤집는다. 마지막으로 꼬리가 붙어 있던 부분 근처의 가죽을 잡고 몸통 앞쪽으로 잡아당긴다. 가죽을 목과 귀 근처까지 벗긴 다음 대가리를 자른다. 앞다리, 뒷다리, 등의 잘록하게 들어간 부분 아래에 있는 분비샘을 제거한다. 아래의 토끼 항목에서 소개하는 방법에 따라 내장을 제거한다. ▶ 여분의 지방은 전부 떼어낸다.

사향쥐, 마멋, 비버는 먹이의 종류가 더 한정되어 있고 쓰레기를 건드리지 않기 때문에 포획한 다음 양질의 먹이를 먹여서 나쁜 냄새와 맛을 뺄 필요는 없다. 주머니쥐와 너구리처럼 가죽을 벗기고 내장을 제거한다. 가죽을 벗긴 다음에는 구멍이 뚫리지 않도록 조심하면서 분비샘을 제거해야 한다. 비버는 항문 바로 아래에 아주 커다란 생식 분비샘이 있고, 사향쥐와 마멋은 등과 다리 아래에 분비샘이 여러 개 있다. ▶ 여분의 지방을 모두 제거한다. 이러한 작은 포유류의 고기는 모두 색이 진하며, 부드러워질 때까지 조리고 스튜처럼 푹 끓이면 좋다.(다양한 활용 아이디어는 「가금류」와 「육류」 장을 참고한다.) 사향쥐 고기는 개성이 강하고 '연못'을 연상시키는 맛이 나기 때문에 소금물에 절이거나 산성수에 담갔다가 조리하자.

토끼와 멧토끼에 대해

토끼는 농장에서 사육하기도 하고 야생에서 포획하기도 한다. 토끼고기는 지방이 적고 맛이 순하며 대부분 닭 가슴살처럼 색이 연하다. 상업용으로 재배하는 토끼 품종은 성장 속도가 매우 빠르다. 무게 2.3kg 이하의 어린 토끼는 **프라이어**(튀김용)라는 라벨을 붙여 판매한다. **로스터** 토끼는 완전히 자란 성체로 2.3~3.6kg 정도의 무게가 나간다. 라벨에 적힌 대로 어린 토끼는 살이 연하므로 튀김처럼 재빨리 조리하는 방식에 적합하다. 로스터 토끼는 프리카세와 조림에 더 잘 어울리지만 튀기는 조리도 가능하다. 이렇게 시판 토끼고기를 비교적 쉽게 구할 수 있음에도 불구하고, 야생 토끼는 여전히 사냥꾼들이 가장 선호하는 사냥감이다. 야생에서 제일 흔한 토끼는 **동부솜꼬리토끼**로 평균 몸무게는 1.1kg이며 조리하면 2인분 정도 나온다. **습지토끼**도 이와 크기가 비슷한데 **사막솜꼬리토끼**는 조금 더 작다. 미국 최남부 지방에 서식하는 **늪토끼**는 몸집이 훨씬 크며 평균 2.3kg 정도 나간다. **굴토끼**는 미국의 몇몇 지역에서 볼 수 있지만 현재는 침입종으로 간주한다.

멧토끼는 토끼와 가까운 연관 품종이며 야생에서만 발견된다.(사냥한 멧토끼고기를 수입해 온라인으로 판매하는 소매업자들이 있다.) **눈덧신토끼**는 동부솜꼬리토끼보다 몸집이 약간 크고 평균 1.3~1.8kg의 무게가 나가며 겨울에는 털이 갈색에서 흰색으로 변하기 때문에 **변색토끼**라고 불리기도 한다. 그 외에 **흰꼬**

리잭토끼와 **검은꼬리잭토끼** 등의 품종은 평균 3.6~5.4kg의 무게를 자랑하며 대체로 흰꼬리잭토끼가 조금 더 무겁다. 토착종 토끼 중 가장 큰 것은 **북극토끼**로 대부분 4.5kg이 넘는다. 일반적으로 멧토끼의 고기는 색이 더 진하고 질기며 풍미가 깊다. 어리고 작은 멧토끼(토끼 새끼라고 부른다.)는 토끼처럼 조리할 수 있으나, 완전히 자란 멧토끼는 국물에 담가서 천천히 오래 익히고 진하게 양념하는 조리법이 가장 좋다. 하센페퍼(hasenpfeffer)를 비롯한 전통적인 토끼 요리는 보통 토끼고기를 와인이나 식초에 하룻밤 재웠다가 사용한다.

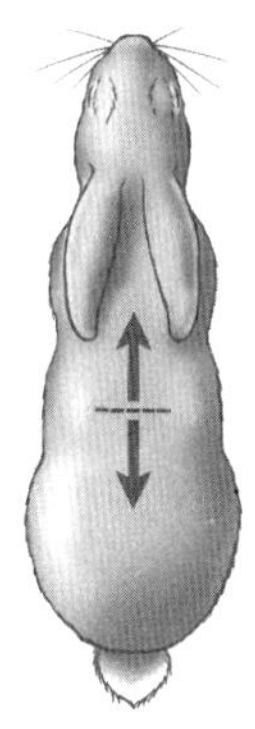

토끼 또는 멧토끼의 가죽 벗기기

토끼나 멧토끼의 가죽을 벗기고 내장을 제거하려면 우선 야토병 감염을 방지하기 위해 일회용 고무장갑이나 니트릴 장갑을 낀다. 척추의 중심부에서 두 손가락으로 가죽을 잡고 손가락 두 개가 들어갈 정도로 절개선을 넣는다. 절개된 부분에 양손의 검지와 중지를 넣은 후 힘을 주어 가죽을 양옆으로 잡아당기면 생가죽이 깔끔하게 벗겨진다. 뒷다리의 생가죽을 벗겨낸 후 관절 부분에서 발을 절단해 가죽과 함께 버린다. 그다음 몸통 앞쪽으로 간다. 목과 앞다리 부분의 가죽을 벗겨낸 후 대가리와 발을 자르고 몸통 앞쪽의 생가죽과 함께 버린다. 내장이 터지지 않도록 주의하면서 토끼의 배를 가른다. 염통, 콩팥, 간을 제외한 모든 내장을 꺼내서 버린다.(토끼의 부속 고기를 손질하고 조리하는 방법은 가금류 부속 고기 또는 내장에 대해 항목을 참고한다.) ▶ 토끼고기의 안팎을 깨끗이 씻고 물기를 잘 제거한다.

조리하기 위해 토끼를 토막 내려면 가죽을 벗기고 깨끗이 씻은 토끼를 등이 아래로 가도록 조리대에 올리고 뒤쪽 ¼ 부분(뒷다리와 넓적다리)을 오른쪽 왼쪽으로 두 번 잘라낸다. 그다음에는 앞쪽의 ¼ 부분(오른쪽 및 왼쪽 앞다리와 갈비뼈)을 잘라낸다. 이제 남은 것은 **몸통**, 즉 등뼈를 따라 갈비뼈와 위장 아래 및 뒷다리 위쪽에 붙어 있는 허릿살이다. 몸통 살 위에 있는 실버스킨을 벗겨낸다.(자세한 방법은 조리를 위해 사슴고기 손질하기 항목을 참고한다.) 7조각이 필요한 레시피라면 몸통 부분을 3조각으로 자른다.

토끼 튀김

2인분

닭고기 대신 **위의 설명대로 7조각으로 자른 1.3kg짜리 프라이어 토끼 1마리**를 사용해 프라이팬에 지지거나 볶은 닭고기 I 또는 프라이팬에 조리한 프라이드 치킨 레시피대로 조리한다. 그보다 큰 토끼나 멧토끼라면 이 조리법을 권장하지 않는다.(프라이팬에 지진다면 팬에 남은 기름을 따라내고 허브 팬 소스를 만들어도 좋다.) **레몬 조각 또는 핫소스**를 곁들여 낸다.

토끼 프리카세

4인분

토끼와 멧토끼에 대해 항목의 설명에 따라 손질해 7조각으로 자른다.

　　1.6kg짜리 토끼 1마리

접시에 다음을 붓고 잘 섞는다.

　　밀가루 1컵

　　소금 1작은술

　　흑후추 ½작은술

토끼고기에 양념 밀가루를 골고루 묻힌다. 커다란 프라이팬이나 더치오븐을 중불에 올리고 다음을 넣어서 녹인다.

　　버터 4큰술(버터 스틱 ½개)

또는 다음을 기름이 녹아서 바삭해지기 시작할 때까지 조리한다.

　　깍둑썰기한 베이컨 170g

베이컨을 사용했다면 건져서 접시에 담아놓는다. 토막 낸 토끼고기를 몇 번에 나눠 넣고 전체적으로 연한 갈색이 될 때까지 한 면당 약 5분씩 지진다. 토끼고기를 베이컨이 담긴 접시에 옮겨 담는다.

프라이팬에 다음을 넣고 부드러워질 때까지 약 10분간 볶는다.

　　샬롯 또는 양파 작은 것 1개, 깍둑썰기하기

　　셀러리 줄기 2개, 깍둑썰기하기

토끼고기를 다시 프라이팬에 넣는다.(베이컨을 사용했다면 함께 넣는다.) 취향에 따라 다음을 부어서 플랑베 방식으로 조리한다.

　　(브랜디 ¼컵)

불꽃이 어느 정도 잦아들면 다음을 넣는다.

　　닭 육수나 드라이 화이트와인 1½컵

　　레몬 껍질 1개, 채소 껍질 벗기는 도구로 큼직하고 길쭉하게 벗겨내기

　　(신선한 세이지 잎 3장)

　　파슬리 잔가지 2개

뚜껑을 덮고 고기가 완전히 익을 때까지 15분 정도 뭉근히 끓인다. 도중에 국물이 끓어오르지 않도록 주의한다. 그동안 프라이팬을 중불에 올리고 다음을 넣어서 녹인다.

　　버터 2큰술

다음을 넣고 저으면서 연한 갈색이 될 때까지 15분 정도 볶는다.

　　방울양파 1컵, 껍질을 벗기기

　　버섯 225g, 4등분하기

토끼고기가 부드러워지면 허브와 레몬 껍질을 건져낸다. 어린 토끼는 25~30분 정도 걸린다. 토끼고기를 뜨겁게 데운 서빙용 접시에 담는다. 갈색으로 볶은 방울양파와 버섯을 조림 국물에 넣고 저은 후 중불에서 5분간 조린다. 소스를 토끼고기 위에 끼얹고 다음을 홀홀 뿌린다.

　　굵게 썬 파슬리, 처빌, 타라곤 또는 이를 섞은 것

하센페프(Hasenpfeffer)

6인분

하센페프는 진하게 양념한 토끼고기 스튜를 지칭하며, 성숙한 야생 토끼와 멧토끼로 만드는 독일의 전통 음식이다. 농장에서 사육한 토끼를 사용하려면 다 자란 로스터를 권장한다.

커다란 프라이팬을 중강불에 올리고 다음을 둘러서 가열한다.

　　식물성 기름 2큰술

다음을 넣고 저으면서 양파가 황금색으로 익을 때까지 볶는다.

　　양파 큰 것 1개, 굵게 썰기

　　셀러리 줄기 3개, 굵게 썰기

　　당근 2개, 굵게 썰기

다음을 넣는다.

　　가메, 피노 누아, 메를로 등 과일 풍미가 강한 레드와인 3컵

　　레드와인 식초 1컵

　　굵직하게 썬 파슬리 ½컵

　　마늘 6쪽, 으깨기

　　말린 타임 1작은술

　　검은색 통후추 으깬 것 1작은술

　　정향 1작은술

　　올스파이스 열매 ½작은술

　　주니퍼 열매 ½작은술

　　월계수 잎 2장

부르르 끓어오르면 불을 줄이고 1시간 동안 뭉근히 끓인다. 건더기를 걸러내고 식힌다. 토끼와 멧토끼에 대해 항목의 설명에 따라 다음을 7조각으로 손질한다.

　　2.7~3.6kg짜리 로스터 토끼 또는 성숙한 멧토끼 1마리

토끼고기를 그릇에 담고 식힌 양념장을 부어서 하룻밤 냉장고에서 재운다. 토끼고기를 건져내고 양념장은 따로 보관한다. 토끼고기를 톡톡 두드려 물기를 제거한다. 접시에 다음을 부어 잘 섞는다.

　　밀가루 1컵

　　소금 1작은술

　　흑후추 ½작은술

토끼고기 조각에 양념한 밀가루를 골고루 묻힌다. 더치오븐을 중강불에 올리고 다음을 둘러서 가열한다.

　　베이컨 기름 또는 식물성 기름 3큰술

토끼고기를 넣고 양쪽 면이 모두 갈색으로 익도록 지진다. 필요하면 여러 번에 나눠서 조리한다. 토끼고기를 접시에 옮겨 담고 기름을 따라낸 후 중불로 줄인다. 더치오븐에 다음을 넣고 녹인다.

　　버터 2큰술

다음을 넣고 반투명하게 변했다가 갈색으로 익기 시작할 때까지 6분 정도 볶는다.

　　양파 큰 것 1개, 굵게 썰기

따로 보관해둔 양념장과 갈색으로 지진 토끼고기를 넣는다. 뭉근히 끓어오르도록 가열한 후 뚜껑을 덮고 고기가 속까지 잘 익고 연해질 때까지 은근히 조리한다. 로스터 토끼는 40분 정도, 그보다 질긴 야생 토끼와 멧토끼는 최대 2시간 정도 걸린다. 다음과 함께 낸다.

　　버터에 버무린 에그누들, 슈페츨레 또는 감자 덤플링

말린 자두를 곁들인 토끼고기 양념 조림

6인분

커다란 그릇에 다음을 넣고 섞는다.

　　드라이 레드와인 3컵

올리브유 1큰술

양파 중간 크기 1개, 깍둑썰기하기

당근 1개, 깍둑썰기하기

타임 잔가지 2개

월계수 잎 1장

토끼를 7조각으로 토막 낸다.

1.6kg짜리 토끼 1마리

토끼고기를 그릇에 담고 뚜껑을 덮어서 냉장고에 넣어 최소 6시간, 최대 24시간 동안 양념장에 재운다.

더치오븐이나 묵직한 냄비를 중불에 올려서 다음을 넣고 갈색으로 변하면서 기름이 녹아나올 때까지 조리한다.

베이컨 170g, 깍둑썰기하기

구멍 뚫린 숟가락으로 베이컨을 건져서 키친타월에 옮겨놓고 기름을 뺀다. 양념장에서 토끼고기를 건져내고(양념장은 따로 보관한다.) 톡톡 두드려 물기를 제거한다.

다음으로 간을 한다.

소금 1작은술

흑후추 ½작은술

토끼고기를 더치오븐에 넣고 양쪽 면이 연한 갈색으로 익도록 지진다. 접시에 옮겨 담는다. 약불로 줄이고 다음을 넣은 후 저어가면서 약간 갈색이 되기 시작할 때까지 볶는다.

중력분 2큰술

따로 보관해둔 양념장을 조금씩 넣으면서 잘 젓는다. 부르르 끓어오르도록 가열한 후 베이컨과 토끼고기를 다시 더치오븐에 넣는다. 불을 줄이고 뚜껑을 덮어서 25분간 뭉근히 끓인다. 다음을 넣는다.

씨를 뺀 말린 자두 1½컵

뚜껑을 덮고 토끼고기가 부드러워질 때까지 20분 정도 더 뭉근히 끓인다. 그동안 프라이팬을 중불에 올리고 다음을 넣어서 녹인다.

버터 2큰술

다음을 넣고 저으면서 연한 갈색이 될 때까지 15분 정도 볶는다.

방울양파 1컵, 껍질을 벗기기

버섯 225g, 4등분하기

토끼고기와 말린 자두를 오목한 서빙용 접시에 옮겨 담고 뚜껑을 덮어서 따뜻하게 보관한다. 타임 잔가지와 월계수 잎을 건져낸다. 더치오븐에서 소스 ½컵 정도를 떠서 버섯과 함께 프라이팬에 넣고, 나무 주걱으로 프라이팬 바닥에 달라붙은 갈색 조각을 긁어낸다. 방울양파, 버섯, 팬 육즙을 더치오븐에 있는 소스에 넣은 후 강불로 올려 소스가 약간 걸쭉해지면서 방울양파가 부드러워질 때까지 5~8분간 조리한다. 다음을 넣고 간을 한다.

레몬즙 또는 셰리 식초 2큰술

(레드커런트 젤리 또는 살구 프리저브 2작은술)

소금과 흑후추 적당량

저으면서 5분간 더 뭉근히 끓인다. 토끼고기 위에 소스를 끼얹고 다음을 홀홀 뿌려서 즉시 낸다.

굵게 썬 파슬리, 타라곤 또는 이를 섞은 것

라팽 알라 무타르드(Lapin à la moutarde, 프랑스식 머스터드 소스 토끼 찜)

4~6인분

프랑스식 비스트로의 단골 메뉴인 이 요리를 샐러드, 바삭한 빵 여러 조각 그리고 드라이 화이트와인과 함께 대접해보자.

다음을 7조각으로 토막 낸다.

1.3~1.6kg짜리 토끼 1마리

토끼고기에 솔로 다음을 넉넉하게 바른다.

디종 머스터드 ⅓컵

다음으로 간을 한다.

소금 1작은술

흑후추 ½작은술

커다란 프라이팬을 중불에 올리고 다음을 둘러서 가열한다.

식물성 기름 3큰술

토막 낸 토끼고기를 몇 번에 나눠 넣고 연한 갈색이 될 때까지 양쪽 면을 지진다. 토끼고기를 접시에 옮겨 담는다. 기름을 따라내고 중약불로 줄인 프라이팬에 다음을 넣고 녹인다.

버터 2큰술

다음을 넣고 저으면서 연한 갈색이 될 때까지 볶는다.

작은 양파 또는 커다란 샬롯 1개, 잘게 썰기

다음을 붓고 바닥에 달라붙은 갈색 조각을 긁어내면서 부르르 끓어오르도록 가열한다.

드라이 화이트와인, 닭 육수 또는 이를 섞어서 1½컵

토끼고기를 다시 프라이팬에 넣고 다음을 추가한다.

헤비크림 ½컵

파슬리와 타임 잔가지 2개씩

뚜껑을 덮고 토끼고기가 촉촉하고 부드러워질 때까지 45분 정도 은근히 끓인다. 토끼고기를 플래터에 옮겨 담고 뚜껑을 덮어서 따뜻하게 보관한다. 허브 잔가지는 건져낸다. 소스를 바글바글 끓여서 숟가락으로 뜨면 뒷면에 끈적하게 달라붙을 때까지 졸인다. 다음을 넣고 섞는다.

굵게 썬 파슬리, 차이브, 타라곤, 처빌 또는 이를 섞어서 2큰술

디종 머스터드 1큰술

레몬즙 또는 화이트와인 식초 적당량

소금과 흑후추 적당량

숟가락으로 소스를 떠서 토끼고기 위쪽과 주변에 끼얹는다.

커다란 사냥감 고기 손질하기

무방비 상태에서 깔끔하게 총에 맞아 죽은 사냥감 고기는 사냥꾼에게 쫓기다 포획당한 사냥감 고기보다 맛이 순하고 더 연하며 부패 속도도 느리다. ▶ 포획한 직후에 올바른 방법으로 내장을 제거하고, 노출된 살점 근처의 털을 모두 제거하며, 제때 가죽을 벗기는 것이 무엇보다 중요하다.

갓 포획한 커다란 사냥감의 내장을 제거하려면 편안하게 서서 작업할 수 있도록 발이나 목에 줄을 걸어 매달아놓으면 편리하다. 가슴뼈 바로 아래쪽을 세로로 절개하되, 배 속까지 칼이 들어갈 정도로만 칼을 찔러 넣는다. 일단 절개선이 생기면 칼끝으로 생식기 쪽을 향해 복벽을 따라 저민다. 이때 내장이 손상되지 않도록 칼날의 절단면이 바깥쪽을 향하도록 칼을 잡는다. 위, 내장, 방광이 터져서 내용물이 쏟아지면 고기가 오염되고 쉽게 상하며 맛이 떨어지

기 때문에 터지지 않도록 특별히 신경을 써야 한다. 방광을 잘라낼 때는 오줌이 들어 있는 연결관을 손가락으로 꽉 쥔다. 눈에 띄는 분비샘도 모두 잘라서 제거한다. 식용 가능한 부속 고기는 모두 즉시 사용하거나 바로 냉동해야 한다. 부속 고기를 조리하는 방법은 내장과 다양한 부속 고기에 대해 항목을 참고한다.

내장을 제거할 때는 내장을 전부 빼낸 다음 배 속의 공간을 마른행주로 가볍게 닦아내면 될 정도로 깔끔하게 작업해야 한다. 내장 기관에서 흘러나온 체액이나 피가 살코기에 닿거나 몸체에 총알 자국이 있다면 접촉한 부분을 최대한 깨끗이 긁어내거나 잘라낸다. 피가 남아 있으면 좋지 않은 냄새가 나므로 반드시 전부 닦아낸다. 이렇게 자르거나 긁어낸 부위는 눈이나 물로 헹구면 좋고, 소금물을 사용할 수 있으면 더 좋다. 물기를 잘 말린다.

일단 내장을 제거하고 나면 최대한 빨리 식혀야 한다. 가죽을 벗기면 신속하게 온도를 내리는 데 큰 효과가 있다. 추운 지역에서 사냥했거나 바로 고기 저장고에 넣을 수 있다면 도축할 때까지 가죽을 벗기지 않고 그대로 내버려두는 것도 나쁘지 않다. 가죽을 벗길 때는 최대한 털을 함께 뽑아낸다. 살코기에 박혀 있는 털을 나중에 뽑으려면 좀처럼 빠지지 않기 때문이다. ▶ 뒷다리 안쪽에 있는 발목 분비샘을 자르지 않도록 조심하자. 이 발목 분비샘은 보통 검은색 털로 덮여 있어 쉽게 눈에 띈다. 내장을 제거한 후 막대기를 받쳐서 배를 벌려놓으면 동물의 사체를 더 빨리 식히는 데 도움이 된다. 엘크와 무스 등 몸집이 큰 동물은 4등분으로 분할하면 가장 좋고, 내장을 제거한 곳에는 얼음주머니를 채워서 운반한다.(얼음이 주머니에서 빠져나오지 않도록 주의한다.) 집에 도착한 다음에는 3.4℃ 이하로 재빨리 냉각시키고 도축하기 전에 24시간 이상 숙성한다.(이 정도 시간이 지나면 죽은 동물은 사후 경직 상태를 벗어난다.) 사슴고기는 조리하거나 분할해서 냉동하기 전에 1.1~3.3℃의 온도에서 1~2주 정도 숙성하면 풍미와 식감이 눈에 띄게 좋아진다.

사슴에 대해

'사냥하다'라는 뜻의 라틴어 베나리(venari)에서 유래한 '사슴고기(venison)'라는 말은 보통 일반 사슴의 고기를 지칭하는 말로 통용되지만, 북아메리카산 큰 사슴인 **무스**, 유럽산 큰 사슴 **엘크, 카리부, 영양, 가지뿔영양, 사슴** 등을 포함해 몸집이 크고 갈라진 뿔이 달린 모든 사냥감 동물의 고기를 포괄한다. 무스와 가지뿔영양, 순록을 제외하면 다른 품종들은 모두 미국에서 방목 또는 농장 사육된다. 다른 모든 사냥감 동물과 마찬가지로 방목으로 사육한 사슴은 크기와 육질, 맛이 비교적 일정하지만, 야생 사슴은 개성이 강하고 누린내가 나기도 한다. 품종과 사육 환경에 관계없이 모든 사슴류 고기는 붉은색을 띠며 지방 함량이 매우 낮다.

그중에서도 역시 사슴은 사냥용 및 사육용으로 가장 인기가 높으면서 흔히 볼 수 있는 종이다. **흰꼬리사슴**은 미국 북부에서 가장 보편적으로 서식하는 종이며 노새, 즉 **검은꼬리사슴**은 로키산맥 서부에서 제일 흔한 종이다. 현재 시중에서 구할 수 있는 사슴고기는 대부분 뉴질랜드산 농장 사육 **붉은사슴**의 고기다. **다마사슴** 역시 농장 사육된다. 몸에 반점이 있는 아시아 종인 **액시스사슴**과 **일본사슴**도 여러 지역에서 방목한다. 하와이에서 사냥한 액시스사슴의 고기는 상업적으로 유통되는 몇 안 되는 진짜 야생동물 고기 중 하나다.

영양의 고기는 맛이 섬세하고 다른 사슴고기보다 색이 다소 연하다. 인도가 원산지인 **닐가이** 및 **블랙벅영양**은 텍사스 농장에서 방목 사육된다. 닐가이영양이 몸집이 더 크고 고기의 맛도 순하다. **가지뿔영양**은 북아메리카 원산이며

'발 빠른 염소(speed goat)'라는 별명으로 불리기도 한다. 그러나 이름과 달리 가지뿔영양은 영양이나 염소보다는 기린과 더 가까운 종이다.

무스와 엘크는 북아메리카산 사슴류 중에서 가장 몸집이 큰 종이다. 많은 이들이 무스나 엘크의 고기 맛을 최고라고 여기며 소고기와 자주 비교한다. 무스는 상업적으로 유통되지 않으나 엘크는 널리 농장 사육되는 종이다. **카리부**는 북반구의 아극 지방 전역에 걸쳐 분포한다. **순록**은 카리부와 가깝고 반 가축화된 연관 종이다. 순록 고기는 알래스카의 목장에서 구할 수 있다. 카리부와 순록의 고기는 모두 맛이 순하며 소고기와 비슷한 풍미를 지니고 있다.

조리를 위해 사슴고기 손질하기

야생 사슴의 내장을 제거하고 식히는 방법은 커다란 사냥감 고기 손질하기 항목을 참고한다.

모든 포유류의 개별 근육은 각각 **실버스킨**이라는 질긴 막으로 둘러싸여 있다. 실버스킨은 수분을 사용해 오래 조리해야 연해지는데, 어깨와 목에서 잘라낸 부위는 어차피 오랜 시간 동안 조리해야 하므로 요리사로서는 실버스킨을 크게 신경 쓸 필요가 없다. 그러나 부드러운 로스트, 메달리온, 몸통과 뒷다리에서 잘라낸 촙 부위를 사용할 때는 바깥쪽에 있는 실버스킨을 최대한 꼼꼼하게 벗기기를 권장한다. 다리 로스트나 스테이크는 특히 손질하기가 까다로우며, 이 때문에 사슴고기 손질 경험이 많은 정형업자들은 덴버 레그(561쪽 참고)로 손질해서 판매하기도 한다.

실버스킨을 제거하려면 회칼이나 뼈를 발라내는 칼처럼 길고 칼날이 얇은 칼을 사용한다. 칼끝으로 실버스킨에 구멍을 뚫고 실버스킨 한 자락을 조심스레 벗겨낸다. 고기가 아닌 실버스킨을 팽팽히 당겨 압력을 유지하면서 칼로 저미듯이 벗겨내는데, 이 작업은 생선 필레에서 껍질을 벗기는 동작과 매우 유사하다. 예를 들어 허리 근육의 옆면처럼 실버스킨을 벗겨내려는 부위가 비교적 평평하다면 고기의 방향을 바꿔서 실버스킨이 붙은 쪽이 아래로 가도록 도마에 얹은 후 생선 껍질을 벗길 때와 똑같은 방식으로 작업할 수 있다. 실버스킨이 벗겨진 부분과 근육 사이에 칼날을 끼워 넣고 벗겨진 실버스킨 부분을 손가락으로 도마에 고정한 후 근육을 따라 조심스럽게 칼질을 하면서 남은 실버스킨을 저민다. 이때 칼날이 고기 쪽을 향하지 않도록 살짝 돌려서 고기가 실버스킨과 함께 떨어져 나가는 것을 최소한으로 방지한다.

미국 서부의 건조한 지역에서 포획한 야생 사슴고기에서는 사슴과 영양 무리가 자주 먹이로 삼는 산쑥의 맛이 나기도 한다. 산쑥 풍미가 은은한 정도라면 그야말로 천연 향신료인 셈이므로 오히려 바람직하지만, 풍미가 너무 강하면 문제가 된다.(그래서 나이가 많은 일부 사슴과 영양고기는 먹지 못할 수준이 되기도 한다.) 그보다 온화한 기후 지역에서는 이끼를 비롯한 여러 가지 먹이가 은은하게(또는 확연하게) 존재감을 드러내기도 한다. 이러한 풍미 중 하나라도 너무 두드러진다면 사냥감 고기 조리하기에 대해 항목에서 냄새를 빼는 방법을 참고한다. 포획한 동물이 성숙해서 고기가 질기다면 질긴 육류를 부드럽게 만들기 항목을 참고한다.

사슴고기 조리하기

USDA는 모든 야생 및 방목 사냥감 고기를 조리할 때 가장 두꺼운 부분의 내부 온도가 70℃에 도달할 때까지 익히도록 권장한다. 사슴고기에는 마블링이 거의 없다는 점을 고려하면 이는 안타까운 일이 아닐 수 없다. 단백질을 감싸줄 지방이 없으므로 사슴고기 스테이크를 미디엄 이상으로 조리하면 금세 퍽

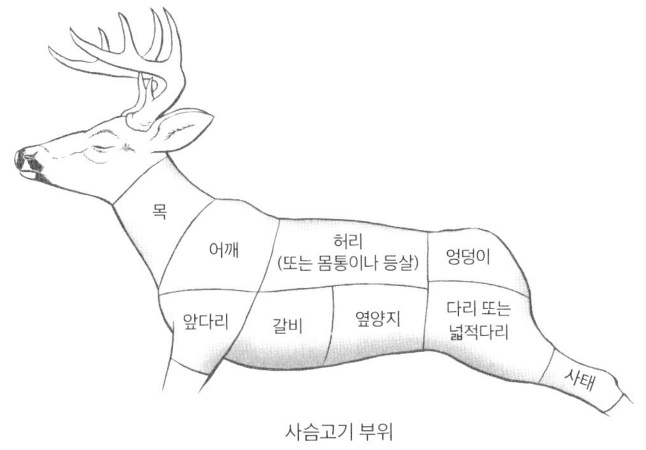

사슴고기 부위

펙하고 질겨진다. 우리는 사육 및 방목 사슴고기, 특히 제대로 된 검사를 거친 시설에서 도축한 사슴고기를 레어나 미디엄 레어로 먹기 위해 감수해야 하는 건강상의 위험은 감당할 만한 수준이라고 생각한다. 식품 안전 기준을 철저히 지키기보다는 어느 정도 위험을 감수하더라도 고기를 가장 맛있게 먹고 싶다면 이 간단한 원칙만 기억하자. ▶ 허리나 뒷다리에서 잘라낸 연한 부위는 미디엄 레어 상태가 될 때까지 구이, 직화 오븐 구이, 그릴 구이, 볶음으로 조리하고, 목이나 어깨, 사태에서 잘라낸 질긴 부위는 부드러워질 때까지 뭉근히 삶거나 조리거나 천천히 굽는다.

다른 모든 네발 동물과 마찬가지로 사슴에서 가장 연한 부위는 어깨와 엉덩이 사이에 등을 따라서 붙어 있는 허리 부분의 살이다. 탑 로인이라고 부르는 **등살**과 **안심**으로 구성된다. 어깨 뒤쪽의 갈비 부위는 뼈가 4개 또는 8개 붙어 있는 립 로스트로 정형할 수 있다. 물론 이 부위에서 갈비뼈를 촙 형태로 하나씩 자르거나 갈비뼈에서 탑 로인 근육을 완전히 분리해 스테이크처럼 썰 수도 있다. 두툼하게 썬 사슴, 엘크, 무스의 등심 촙이나 스테이크는 소고기 스테이크로 조리하는 모든 레시피에 활용할 수 있다. 안심은 통째로 팔거나(쉽게 질겨지거나 퍽퍽하지 않아서 우리가 가장 선호하는 부위다.) 메달리온 형태로 잘라서 팔기도 한다. 베커 사슴 메달리온 버터 구이 레시피처럼 은근하게 조리하거나 미디엄 레어가 될 때까지 프라이팬에 굽는다.

사슴의 **등심**과 **다리**에서 잘라낸 고기는 스테이크 형태 또는 로스트 형태로 썰어서 판매한다. 많은 정형업자들이 조리에 편리하도록 다리에서 **뼈를 제거**하고 개별 근육의 이음매 부분을 절단한 후 실버스킨을 벗겨내서 판매한다. **덴버 레그**(Denver leg)라고 하는 이 방법으로 손질하면 사용하기 편리한 다양한 크기의 근육 7~8개가 나오는데, 각 근육을 스테이크, 메달리온, 스트립 등으로 간단하게 잘라서 사용한다.

어깨에서 잘라낸 부위는 뼈를 제거한 로스트로 판매하기도 한다. **목**과 **앞다리**는 가로 방향으로 슬라이스 형태로 썰어서 오소 부코 레시피처럼 조리할 수 있다. 사태를 통째로 조리하려면 양 사태와 병아리콩 조림의 레시피에 양 사태 대신 사슴 사태를 사용한다. 엘크나 무스를 제외하면 대다수 사슴류의 **사태 스테이크**는 소의 사태보다 작다. 밑간한 후(또는 카르네 아사다처럼 양념장에 재운 후) 그릴에 올려서 강불에 빠르게 그을리거나 구워서 결의 반대 방향으로 얇게 슬라이스 형태로 썰어서 먹는다. 사냥꾼들에게 서비스를 제공하는 사냥감 도축업체들은 이러한 부위를 스튜용 고기로 잘라서 손질하는 경우가 많으며 소고기, 양고기, 염소고기 대신 스튜와 칠리에 넣으면 잘 어울린다.

다진 사슴고기는 버거 패티로 빚어서 사용하거나 볼로네제 소스, 키마 알루, 피카디요, 미트볼 또는 소시지와 같이 다진 고기를 사용하는 레시피에 활용할 수 있다. 다진 소고기나 기타 다른 고기 대신 사슴고기를 사용할 때는, 사슴고기를 다질 때 돼지나 소고기 지방을 함께 넣지 않고 순수하게 사슴고기만 다졌다면 부족한 지방을 보충해서 조리해야 한다는 점을 기억하자.(사슴고기 버거 레시피처럼 아예 다진 사슴고기를 지방 함량이 높은 다진 소고기와 섞어서 사용하면 이 문제를 방지할 수 있다.)

사슴고기를 말리려면 육포 항목을 참고한다.

사슴고기 오븐 구이

뼈를 제거한 고기는 8~12인분, 뼈 있는 고기는 6~8인분

뼈 있는 큼직한 로스트 또는 뼈를 제거한 로스트에 적합한 레시피다. 프라이팬에 쉽게 들어가는 등살 로스트, 안심, 기타 크기가 작은 로스트는 소고기 프라이팬 구이 레시피에 따라 조리한다.

다음의 겉면에서 실버스킨을 최대한 제거한다.

사슴고기 로스트, 뼈를 제거한 것 또는 뼈 있는 것 1개

상황에 따라 로스트에 라딩 처리를 한다. 바깥쪽에 다음을 넉넉히 뿌려 간을 한다.

소금과 흑후추(고기 450g당 대략 소금 ½작은술 및 흑후추 ¼작은술)

얕은 로스팅 팬에 받침대를 놓고 지방이 있는 쪽이 위로 가도록 고기를 올린다. 위를 덮지 않은 상태로 최소 1시간에서 최대 2일까지 냉장고에 넣어둔다.(오래 넣어둘수록 좋다.)

조리할 준비가 되면 냉장고에서 로스트를 꺼내 실온에 두고 오븐을 120℃로 예열한다. 로스트의 표면에 솔로 다음을 바른다.

식물성 기름, 정제 버터 또는 따뜻하게 녹인 라드

로스팅 팬을 오븐에 넣고 로스트의 가장 두꺼운 부분에 꽂은 온도계가 49~54℃를 가리킬 때까지 레어 또는 미디엄 레어로 굽는다.(또는 USDA의 식품 안전 지침에 따라 70℃가 될 때까지 굽는다.) 두꺼운 로스트라면 2시간 이상 걸리기도 한다. 뼈를 제거한 로인 로스트는 30분 이후부터 온도를 확인하자. 원하는 정도까지 익으면 오븐에서 꺼낸 후 덮지 않은 상태로 30분간 레스팅한다.(레스팅 과정에서 온도가 3~5℃ 정도 올라간다.) 그동안 오븐을 260℃로 예열한다.

레스팅이 끝나면 고기를 다시 뜨거운 오븐에 넣어서 겉면이 진한 갈색이 될 때까지 10분 정도 더 굽는다. 로스트를 플래터에 옮겨 담고 뚜껑을 덮어서 따뜻하게 보관한다. 로스팅 팬에서 기름을 전부 따라내고 중강불에 올린 후 다음을 붓는다.

사냥감 또는 닭 육수 3컵

바닥에 달라붙은 갈색 조각을 긁어내면서 팔팔 끓여서 소스가 1½~2컵 정도로 줄어들 때까지 졸인다. 소스를 편수 냄비에 옮겨 담고 강불에 올린 후 다음을 넣는다.

레드커런트 젤리 ¼컵

코냑 또는 기타 브랜디 ¼컵

약간 걸쭉해질 때까지 2~3분간 팔팔 끓인다. 다음으로 간을 한다.

소금과 흑후추

로스트를 0.3~1.2cm 두께의 슬라이스로 저민다. 플래터에 흘러나온 육즙을 소스에 부은 후 소스를 옆에 따로 담아서 낸다.

사슴고기 찜

농장에서 사육한 사슴고기의 어깨와 목 로스트 또는 사태 등과 같이 별로 연하지 않은 부위는 **소고기 찜**이나 **스트라코토**와 같은 방법으로 조리한다. 성숙한 야생 사슴의 질긴 로스트 부위는 **사우어브라텐** 또는 **뵈프 부르기뇽** 레시피로 조리한다.(뵈프 부르기뇽처럼 조리한다면 사슴고기를 양념장에 하룻밤 재운다.) 레시피에 따라 부드러워질 때까지 푹 삶거나 조린다. 소요 시간은 로스트의 크기와 모양(및 포획 시점의 나이)에 따라 달라진다.

사슴고기 스테이크 볶음

4인분

이 레시피에는 허리 또는 다리의 연한 부위에서 잘라낸 스테이크를 사용한다. 다음을 준비한다.

허리 또는 다리 부위에서 잘라낸 170~200g짜리 사슴고기 스테이크 4개

양쪽 면에 다음을 뿌려 밑간을 한다.

소금 1½작은술

흑후추 1작은술

묵직한 프라이팬을 강불에 올리고 다음을 둘러 가열한다.

식물성 기름, 베이컨 기름 또는 정제 버터 3큰술

한 면당 2~3분씩 또는 고기의 내부 온도가 레어 또는 미디엄 레어 상태인 49~54℃에 도달할 때까지 재빨리 갈색으로 지진다. 접시에 옮겨 담는다. 취향에 따라 다음을 만든다.

(허브 팬 소스, 와인과 시큼한 체리 팬 소스, 스테이크 오 푸아브르 또는 다이앤 스테이크에 사용하는 팬 소스)

또는 다음을 곁들여도 좋다.

(치미추리)

또는 스테이크마다 다음을 얇게 저미거나 작은 덩어리로 썰어서 올린다.

(가향 버터)

사슴고기 버거

4인분

다진 사슴고기는 지방 함량이 매우 낮으므로 지방이 적당히 들어 있는 다진 소고기와 섞어서 조리하는 것이 좋다. 다음을 섞는다.

다진 사슴고기 285g

다진 소고기 윗등심 170g

또는 다음을 차갑게 식혀서 함께 다진다.

사슴고기 400g, 큼직한 덩어리로 썰고 결합 조직을 떼어내기

소기름 85g

패티 모양으로 빚은 뒤 구워서 **햄버거 패티** 레시피에 따라 식탁에 올린다. 또는 다진 사슴고기에 소고기를 섞은 반죽을 사용해 **베커 버거** 또는 **비트와 케이퍼 버거**를 만들어도 맛있다.

베커 사슴 메달리온 버터 구이

4인분

때로는 버터를 넉넉하게 두르고 살짝 지지는 것이 품질 좋은 등살과 안심 메달리온을 가장 맛있게 즐기는 방법이다.

사슴 메달리온 부위를 한 번에 하나씩 파라핀지 사이에 끼우고 부드럽게 두들겨 6mm 두께로 얇게 편다.

사슴 메달리온 부위 450g

다음을 뿌려서 간을 한다.

소금과 흑후추

크고 묵직한 프라이팬을 중불에 올리고 다음을 넣어서 녹인다.

버터 6큰술(버터 스틱 ¾개)

몇 번에 나눠 메달리온을 프라이팬에 넣고 갈색으로 익을 때까지 한 면당 1~2분씩 조리한다. 고기를 플래터에 옮겨 담는다. 프라이팬에 다음을 넣는다.

포트 와인 또는 마데이라 와인 3큰술

소스를 1분 정도 데우다가 사슴고기에서 흘러나온 육즙을 붓고 잘 젓는다. 메달리온 위에 소스를 끼얹고 다음과 함께 낸다.

버섯 볶음

야생 양과 염소에 대해

야생 양과 염소는 미국과 캐나다 서부의 척박한 지역에 서식한다. 통칭 큰뿔야생양이라 불리는 야생 양에는 **록키산맥산양, 달산양, 돌산양** 등 몇 가지 종류가 있다. **사막큰뿔양**은 멸종 위기종으로 지정되어 있지만, 그 외의 다른 종은 시기를 지정해 사냥을 허용해도 멸종 위험이 없을 정도로 개체 수가 충분하다.(사냥 허가로 인한 수익금은 자연보호 활동에 사용된다.) 야생 양과 **흰바위산양**의 고기는 독특한 개성이 있고 풍미가 진하다. 일반 양고기와 염소고기의 조리법에 따라 조리하면 된다.

좀처럼 쉽게 찾아볼 수 없는 **사향소**는 털이 덥수룩한 거대한 몸집을 지니고 있으며 북극 근처의 아극 지방에 서식한다. 알래스카의 몇몇 지역에 다시 서식하기 시작해 성공적으로 정착했으며, 사향소의 고기는 대다수 등급의 소고기보다도 훌륭한 마블링을 자랑한다. 사향소의 부드러운 부위는 갈비나 허리에서 잘라낸 프라임 등급 소고기와 같은 방식으로 조리한다.

내장을 제거하고 식히는 방법은 커다란 사냥감 고기 손질하기 항목을 참고한다.

멧돼지와 페커리에 대해

대다수 '야생 멧돼지'는 가축으로 기르던 돼지가 우리에서 도망쳐 야생으로 변한 것이다. 농장 돼지가 일단 야생에서 살기 시작해 새끼를 낳으면 새끼 돼지에서 곧게 뻗은 꼬리와 뻣뻣하게 위로 솟은 귀, 기다란 엄니가 비교적 빨리 돋아나며, 이 엄니로 땅을 파고 헤집는다.(이러한 돼지를 흔히 레이저백razorback 돼지라고 부른다.) **유라시아멧돼지** 또는 **러시아멧돼지**는 북아메리카에서 특히 사냥을 목적으로 도입한 것이다. 그러나 이 두 종류 모두 통제가 힘들 정도로 급속히 불어났다. 현재 이들 개체는 모든 지역에서 침입종으로 간주되며, 해마다 거대한 면적의 농경지와 자연 서식지를 파괴하고 있다. 이런 이유로 야생 멧돼지는 미국에서 사냥 후 소비자에게 판매할 수 있는 극소수 야생동물 중 하나이며, 현재는 텍사스에서 관련 기관의 검사를 거친 도축업체들만 취급 및 판매가 가능하다.

목도리페커리(collared peccary) 또는 **자벨리나**(javelina)라고 하는 동물은 미국 서남부와 카리브해에서 아르헨티나에 이르는 지역이 원산지다. 엄밀히 말해 돼지는 아니지만 돼지와 매우 비슷한 모습을 하고 있으며 최근까지 야생 멧돼지로 분류되었다. 자벨리나는 멧돼지와는 달리 주로 초식성 동물이므로 선

모충증을 일으키는 기생충 감염 확률이 훨씬 낮다.

내장을 제거하고 식히는 방법은 커다란 사냥감 고기 손질하기 항목을 참고한다. 잠재적인 감염 위험 때문에 ➤ 멧돼지고기를 다룰 때는 반드시 일회용 고무장갑이나 니트릴 장갑을 착용해야 한다. 자벨리나의 내장을 현장에서 바로 제거할 때는 등허리의 잘록한 부분 가죽 아래에 자리 잡은 분비샘을 주의해야 한다. 분비샘에 구멍이 나면 고약한 냄새가 고기 전체에 스며들기 때문에 조심스럽게 다룬다.

멧돼지고기는 일반 돼지고기보다 지방 함량이 낮고 색이 진하며 개체의 나이, 성별, 먹이 및 포획 시기에 따라 순한 맛에서부터 톡 쏘는 자극적인 냄새에 이르기까지 다양한 풍미를 지닌다. 일반적으로 돼지고기를 찾을 때는 풍미가 순하고 육질이 연하다는 이유로 나이가 어린 돼지를 선호하는 경우가 많다. 이는 특히 멧돼지에 해당한다. 나이가 많은 멧돼지고기는 '웅취(boar taint)'라고 하는 고약한 맛과 냄새가 나기 쉽다. 좋지 않은 풍미와 누린내를 잡는 방법은 556쪽을 참고한다.

멧돼지는 쉽게 접할 수 있는 돼지고기 정형 형태로 판매하며 대부분 일반 돼지고기와 같은 방식으로 조리할 수 있다. 야생 돼지는 농장에서 사육한 돼지보다 선모충 감염 확률이 훨씬 높으므로 ➤ 내부 온도가 최소 70℃ 이상이 되도록 충분히 익힌다. 어깨 부위의 로스트는 모든 돼지고기 조림 레시피에 잘 어울리고, 특히 우유에 조린 돼지고기와 사우어크라우트를 곁들인 돼지고기 조림에 활용하면 맛있다.(또는 스트라코토에 소고기 대신 넣는다.) 또한 멧돼지의 어깨살을 큼직하게 썰어서 카르니타스 조림, 돼지고기 아도바다 또는 뵈프 부르기뇽에 넣을 수 있다. 다진 멧돼지고기는 이탈리아식 소시지나 생초리소 소시지에 활용하면 가장 좋다.

곰에 대해

수많은 아이들이 카리스마 넘치는 이 동물의 인형을 품에 안고 놀면서 자라지만, 사실 곰은 북아메리카에서 선사시대 이후 꾸준히 사냥하고 식용으로 삼아온 동물이다. 곰은 대다수 야생 사냥감 동물과는 달리 지방 함량이 매우 높은 편이며 근내 지방인 마블링뿐만 아니라 떼어내서 손질해야 하는 지방도 적지 않다. 따라서 곰고기는 소고기나 돼지고기처럼 조림, 스튜 또는 찜 요리에 사용할 수 있지만 기름기가 적잖이 녹아나오기 때문에 특히 조림 육수나 국물에서 기름기를 꼼꼼히 걷어내야 한다.(하룻밤 냉장고에 넣어두고 식혀서 위에 굳은 지방층을 쉽게 걷어내는 방법을 적극 권장한다.)

곰은 대부분 나무 열매나 몸에 해롭지 않은 식물을 먹고 살지만 다른 동물을 잡아먹거나 죽은 동물의 사체를 먹기도 한다. 그 결과 ➤ 곰고기에는 선모충증을 일으키는 기생충이 존재할 가능성이 크므로 가장 두꺼운 부분의 내부 온도가 70℃에 도달할 때까지 충분히 익혀야 한다.

곰은 잡식성 동물이므로 어떤 먹이를 먹는지, 고기에서 어떤 맛이 나는지, 심지어 식용으로 조리할 수 있는지를 일반화하기는 매우 어렵다. 일반적으로 해안 지역 및 연어 이동 시기에 강가에서 포획한 곰은 즐겨 먹는 생선과 갑각류 맛이 날 것이다. 인기 있는 캠핑 지역이나 교외 지역 근처에서 잡은 곰은 쓰레기통을 뒤져 음식 쓰레기를 먹었을 것이다. 따라서 곰고기에서 고약한 냄새가 나도 놀라지 말자. 그 외의 다른 먹이로 인해 곰고기에 은은하게 냄새가 난다면 몇 가지 방법으로 잡내를 잡을 수 있다. 누린내를 줄이는 방법은 556쪽을 참고한다.

일부 제빵업자들은 **곰의 지방**을 훌륭한 식자재로 여긴다. 곰 지방을 제빵에 사용할 수 있는지 판단하려면 우선 지방을 조금 떼어 프라이팬에 넣고 녹인다. 기름에서 그다지 강한 냄새와 맛이 나지 않으면 즉시 나머지 지방을 모두 넣고 기름으로 녹인 후, 얼음 틀에 부어서 냉동실에 넣어둔다. 필요할 때마다 몇 알씩 꺼내 냉장고에 넣고 해동한 후 잘라서 비스킷 반죽에 넣거나 페이스트리를 구울 때 사용한다.

곰고기 조림

6~8인분

커다란 냄비나 더치오븐에 다음을 붓고 가열한다.

　　식물성 기름 ¼컵

다음을 몇 번에 나눠 넣고 갈색으로 지진다.

　　뼈를 제거한 곰고기 1.8kg, 5cm 크기의 정육면체로 썰기

플래터에 옮겨 담고 한쪽에 둔다. 흘러나온 기름을 따라내고 다음을 넣는다.

　　버터 2큰술

버터가 녹으면 다음을 넣고 저으면서 부드러워질 때까지 5분간 볶는다.

　　당근 2개, 굵게 썰기

　　양파 큰 것 1개, 굵게 썰기

　　셀러리 줄기 2개, 굵게 썰기

갈색으로 지진 고기를 넣고 다음을 추가한다.

　　드라이 레드와인 2컵

　　닭 육수나 국물 1컵

　　마늘 8쪽, 으깨기

　　월계수 잎 1장

　　말린 타임 1작은술

부르르 끓어오르도록 가열한 후 잔잔하게 끓도록 불을 줄이고 뚜껑을 덮는다. 포크로 찌르면 쉽게 들어갈 때까지 약 2시간 반 정도 뭉근히 끓인다. 고기를 접시에 건져놓고 월계수 잎을 건진 후 국물에 떠오른 기름기를 꼼꼼히 떠낸다. 취향에 따라 조림 국물이 걸쭉해질 때까지 강불에서 졸이거나, 다음을 작은 그릇에 담고 포크로 으깨서 섞는다.

　　(버터 2큰술)

　　(중력분 2큰술)

버터와 밀가루 혼합물을 조림 국물에 넣고 잘 젓는다. 다음으로 간을 한다.

　　소금과 흑후추

건져둔 곰고기를 다시 소스에 넣고 속까지 잘 데운다. 다음 위에 얹어서 낸다.

　　크림처럼 부드러운 폴렌타

다음으로 장식한다.

　　그레몰라타 또는 굵게 썬 파슬리, 차이브, 세이버리

들소, 야크, 알파카에 대해

아메리칸 버펄로, 즉 들소는 북아메리카 토착종으로 한때 거대한 무리를 이루어 미국의 광활한 평원을 누비며 원주민에게 식량과 옷, 쉼터를 마련해주었던 동물이다. 정착민과 미국 정부의 무분별한 포획으로 멸종 위기에 이르렀던 야생 들소의 개체 수도 현재 어느 정도 회복된 상태다. 또한 들소는 미국 전역의 목장에서 고기를 얻기 위해 방목 사육하기도 한다. 들소고기는 풍미가 진하고 상대적으로 맛이 순하며 결이 조밀한 붉은 고기로 소고기와 맛이 비슷하다. 들소는 사실상 모든 소고기 레시피에 활용할 수 있다. 대부분 소고기와 동일

한 형태로 정형하지만 들소고기가 더 크다.

아시아 원산의 **야크**는 사향소와 들소의 먼 친척뻘로 목장에서 방목하기가 훨씬 쉬우며 미국에서는 식용으로 인기가 점점 높아지고 있다. 야크고기는 들소고기와 비슷하지만 붉은색이 더 진하며 지방이 적고 견과류 풍미가 나며 약간 단맛이 느껴진다. 낙타의 연관 품종인 **알파카**는 주로 섬유를 얻기 위해 사육하는데, 직거래 장터나 온라인 상점을 통해 알파카고기를 구할 수 있다. 알파카고기는 지방이 적고 붉은색을 띠며 들소고기와 매우 비슷하다. 정형 부위는 들소 및 소와 비슷하지만 크기가 작은 편이다.

지방 성분을 우려하는 사람이라면 소고기보다 들소, 야크, 알파카고기가 영양 측면에서 훨씬 우수하다. 이들 고기는 단백질이 풍부하며 콜레스테롤 함량이 극도로 낮고(소고기보다 약 30% 낮다.) 열량과 지방이 소고기의 절반 정도에 불과하다. 더 중요한 것은 맛도 있다는 점이다. 따라서 껍질을 벗겨낸 닭 가슴살을 먹는 것과 비슷한 영양을 섭취하면서도 소고기 스테이크를 먹는 기분을 낼 수 있다.

고기 자체의 지방 함량은 낮지만 들소 스테이크와 로스트는 지방층으로 둘러싸인 경우가 있다. 보통 이 지방층에서 다소 누린내가 나기 때문에 조리하기 전에 떼어내는 것을 권장한다. 다른 야생 및 농장 사육 사냥감 고기와 마찬가지로 USDA는 들소고기를 내부 온도가 70℃에 도달할 때까지 조리하기를 권장한다. 야크와 알파카고기에 대한 지침은 찾아볼 수 없지만 아마 비슷한 권장 사항이 적용될 것이다. 들소와 야크, 알파카고기는 모두 지방 함량이 적기 때문에 허리나 다리에서 자른 연한 부위를 70℃까지 조리하면 기름이 너무 빠져나가서 퍽퍽하고 질겨지기 마련이다. 권장 사항을 충실히 따르기보다는 위험을 어느 정도 감수할 생각이 있다면 다음 조리법을 권장한다. ▶ 갈비와 허리, 등심 부위에서 잘라낸 연한 부위는 미디엄 레어 상태가 되도록 오븐 구이, 직화 오븐 구이, 그릴 구이, 볶음 등으로 조리한다. 목, 어깨, 사태에서 잘라낸 다소 질긴 부위는 스튜를 끓이거나 조리거나 천천히 굽는 방식이 좋다. 버거를 만들려면 들소, 야크, 알파카의 다진 고기를 다진 소고기와 섞어서 사용하거나 소고기 지방을 다져서 넣어주어야 한다.(사슴고기 버거 레시피 참고)

버번 당밀 글레이즈를 곁들인 들소고기 오븐 구이

10~14인분

다음에서 6mm의 지방만 남기고 모든 지방층을 떼어낸다.

뼈를 제거한 3.2~4kg짜리 들소 갈비 또는 탑 설로인 로스트 1개

다음을 골고루 뿌려서 간을 한다.

소금 1½큰술

흑후추 1큰술 또는 칠리 고춧가루 혼합 양념 1½큰술

상황에 따라 모양이 흐트러지지 않도록 로스트를 5cm 간격으로 묶는다. 얕은 로스팅 팬에 받침대를 놓고 지방이 있는 쪽이 위로 가도록 고기를 올린 후 위를 덮지 않은 상태로 최소 1시간에서 최대 2일까지 냉장고에 넣어둔다.

조리할 준비가 되면 냉장고에서 로스트를 꺼내 실온에 두고 오븐을 120℃로 예열한다. 로스팅 팬을 오븐에 넣고 로스트의 가장 두꺼운 부분에 꽂은 온도계가 49~54℃를 가리킬 때까지 1시간 15분~2시간 정도 레어 또는 미디엄 레어로 굽는다. 로스트를 굽는 동안 다음을 만든다.

버번 당밀 글레이즈

원하는 정도로 익으면 오븐에서 꺼낸 후 덮지 않은 상태로 30분간 레스팅한다.(레스팅 과정에서 온도가 3~5℃ 정도 올라간다.) 그동안 오븐을 260℃로 예열한다.

레스팅이 끝나면 솔을 사용해 고기에 전체적으로 글레이즈를 바른 뒤 다시 오븐에 넣어 5분 정도 더 굽는다. 로스트를 꺼내서 글레이즈를 한 번 더 바르고 먹음직스러운 갈색이 되도록 5분 더 굽는다. 로스트를 적당한 두께로 저미고 취향에 따라 슬라이스마다 다음을 넉넉히 떠서 얹는다.

(칠리 고추 버터)

스터핑과 캐서롤

스터핑은 아마도 그레이비를 제외하면 명절 식탁에서 가장 인기 있는 메뉴일 것이다. 빵에 각종 양념을 한 스터핑이 가장 널리 알려져 있고 누구나 좋아하지만, 곡물로 만든 스터핑도 제대로 만들면 빵으로 만든 스터핑 못지않게 맛있다. 모든 스터핑은 셀러리, 양파, 향신료, 허브, 굴, 내장, 소시지, 버섯, 견과류, 말린 과일 등 감칠맛 나는 향미 재료로 맛과 풍미를 한층 높인다. 스터핑과 드레싱(소스를 의미하는 드레싱과는 다른 음식이다. ― 옮긴이)은 명절 즈음에 가장 환영받지만, 우리는 스터핑과 드레싱이 곁들임 음식으로 1년 내내 충분히 즐길 수 있는 메뉴라고 생각한다. 또한 가금류뿐만 아니라 다른 재료의 속을 채울 때도 활용할 수 있다. 도토리호박이나 델리카타호박, 피망, 토마토, 양파를 비롯한 채소의 속을 파낸 후 맛있는 스터핑을 채워서 구워보자.

캐서롤은 다양한 재료를 섞어서 굽는 요리로, 구울 때 사용하는 용기의 이름이 그대로 음식의 이름이 되었다. 최근 들어 캐서롤의 인기는 다소 주춤한 것처럼 보인다. 일각에서는 구닥다리 음식으로 취급받을지 몰라도 캐서롤은 여러 사람이 모여서 먹기에 좋은 진정한 나눔의 음식이며, 약간만 더 신경을 써서 만들면 식사 모임에서 더없이 훌륭한 역할을 한다. 우리는 포틀럭 파티, 바비큐, 리셉션 등 많은 손님에게 음식을 대접해야 하는 경우라면 캐서롤을 적극 추천한다. 또한 캐서롤은 든든하고 포만감을 주며 냉장고에 보관했다가 데워 먹기 좋으므로 아기가 있는 집에도 안성맞춤이다.

스터핑과 드레싱에 대해

스터핑(stuffing)과 드레싱(dressing)의 차이는 무엇일까? 어차피 둘 다 사용하는 재료는 같다. 이 책에서는 활용법에 따라 스터핑과 드레싱을 구분한다. 스터핑은 가금류, 로스트, 생선 또는 채소의 빈 곳에 채워 넣어 조리하는 혼합물을 지칭하고, 드레싱은 베이킹 접시에 담아서 조리하는 혼합물을 가리킨다. 거의 모든 '드레싱'을 스터핑으로 사용할 수 있으며 스터핑 역시 드레싱으로 활용할 수 있는 것이 많다. ▶ 우리는 스터핑에 달걀을 사용하지 않지만, 드레싱에는 재료를 뭉치게 하는 용도로 달걀을 사용한다.

빵 스터핑은 추수감사절 만찬에서 빼놓을 수 없는 메뉴이며 많은 이들이 이 만찬을 통해 스터핑을 좋아하게 된다. ▶ 가금류 배 속에 채워서 굽는 스터핑은 내부 온도가 74℃에 도달할 때까지 조리해야 한다. 이는 식품 안전 측면에서 꼭 필요하며 스터핑에 스며드는 가금류 육즙으로 인한 살모넬라 오염을 막아준다. 이런 이유와 함께 앞으로 설명할 몇 가지 이유로 ▶ 우리는 스터핑 재료를 따로 구워서(드레싱을 조리할 때처럼) 추수감사절 칠면조 구이와 함께 내는 방법을 권장한다. 칠면조 육즙이 듬뿍 스며든 스터핑은 그야말로 군침이 돌게 하지만, 칠면조 가슴살과 스터핑을 동시에 적당히 익히기는 무척 힘들다. 스터핑까지 익히려면 칠면조를 적당한 수준보다 훨씬 오래 굽거나, 아니면 칠면조가 익었을 때 배 속에서 뜨거운 스터핑을 긁어낸 후 베이킹 접시에 옮겨서 다시 오븐에 넣고 칠면조고기를 레스팅하는 동안 충분히 익혀야 한다. 그뿐만 아니라 한 손으로 꼽을 정도의 인원수를 대접하는 오붓한 식사가 아닌 이상, 칠면조 배 속에 채워 넣을 수 있는 스터핑의 양은 식탁에 둘러앉는 사람 수에 비해 턱없이 부족하다. 마지막으로 드레싱은 다소 촉촉한 스터핑과는 달리 겉면이 바삭하게 완성된다. 갈색으로 먹음직스럽게 익은 드레싱의 풍미를 선호하는 우리는 재료를 베이킹 접시에 담아서 굽는 방법을 적극 권장한다. 가금류나 로스트를 오븐에서 꺼낸 직후에 팬에 흘러나온 육즙을 드레싱에 부어서 촉촉이 적신다. 직접 우려낸 닭 육수 또는 칠면조 육수를 드레싱에 사용하면 풍미가 더욱 깊어진다.

그래도 꼭 스터핑을 배 속에 채워서 구워야겠다면 ▶ 통째로 굽는 가금류 또는 생선 450g당 스터핑 ½컵 정도를 기준으로 한다. 스터핑의 양이 넉넉해서 배에 전부 들어가지 않으면 기름을 바른 베이킹 접시에 담아서 따로 조리한다. 스터핑은 항상 굽기 직전에 채워 넣어야 한다. ▶ 너무 꽉 눌리지 않도록 어느 정도 헐렁하게 채우고, 굽는 과정에서 스터핑이 팽창할 것을 고려해 약간의 공간을 남겨둔다. 속을 채워서 구운 가금류는 스터핑을 전부 긁어낸 후 살코기를 저민다. 스터핑을 채우기 좋도록 가금류를 손질하는 방법에 대해서는 가금류에 스터핑 채워 넣기 및 통째로 묶기에 대해 항목을 참고한다.

▶ 스터핑의 내부 온도가 74℃에 도달하기 전에 가금류가 다 익었다면, 베이킹 팬을 오븐에서 꺼내 배 속의 스터핑을 전부 꺼내서 버터를 바른 베이킹 접

시에 담는다. 가금류 고기를 레스팅하는 동안 스터핑을 다시 오븐에 넣어 74℃에 도달할 때까지 굽는다.

드레싱은 하루 전에 미리 모든 재료를 섞어서 냉장고에 보관했다가 당일에 바로 오븐에 넣어 구울 수 있다. 또는 빵과 향미 재료를 손질한 후 용기 또는 지퍼백에 담아 냉장고에서 3일 정도 보관할 수도 있다. ▶ 굽기 직전에 육수나 녹인 버터 등의 수분 재료를 넣는다. 냉장고에 넣어두었던 스터핑은 고기에 채워 넣기 전에 어느 정도 온도를 올려야 한다. 사용하기 30분 전에 미리 꺼내놓거나 150℃의 오븐에 넣어 미지근하게 데워서 쓴다.

빵 스터핑과 드레싱에 대해

"칠면조는 이제 싫어. 그 대신 저기 있는 빵을 좀 더 먹을래." 어린 남자아이가 추수감사절 식탁에서 칭얼거린다. 추수감사절 만찬의 진정한 주인공은 내장을 제거하고 구운 전통적인 주요리, 즉 칠면조 구이가 아니라는 것을 우리는 모두 알고 있다. 아무리 껍질을 반질반질하게 익히고 살코기를 촉촉하게 구웠다고 해도 말이다. 경험으로 미루어보건대 모든 손님이 앞 다투어 집에 가져가려는 것은 먹다 남은 빵 스터핑이다.

포슬포슬한 스터핑을 선호한다면 스터핑을 꽉 쥐었을 때 빵이 겨우 달라붙을 정도로만 육수를 부어서 뚜껑을 덮지 않고 굽는다. 촉촉한 스터핑을 원한다면 살짝 눌렀을 때 빵이 금세 엉겨 붙을 정도로 육수를 넉넉히 넣고 포일을 씌워서 굽는다.(완성되기 15분 전에 포일을 벗겨서 윗면을 살짝 갈색으로 익힌다.)

1인분당 ¾컵 정도의 드레싱을 기준으로 한다. ▶ 450g짜리 빵 1개를 정육면체로 썰면 약 10컵이 나온다. 여기에는 껍질도 포함하며, 레시피에 별도의 언급이 없는 이상 빵 껍질도 함께 넣는다. 정육면체로 썬 빵을 바삭하게 구워서 스터핑으로 사용하려면 크루통 IV 레시피를 참고한다.

기본 빵 스터핑 또는 드레싱

약 10컵, 13인분

가금류에 스터핑을 채우는 요령은 스터핑과 드레싱에 대해 항목을 참고한다. 이 레시피는 33×23cm 크기의 베이킹 접시에 가득 넣어서 굽거나 6.3~7.7kg짜리 칠면조 배 속에 채운 후 남은 것을 작은 베이킹 접시에 넣어서 구울 만큼의 넉넉한 분량이다. 닭이나 코니시 닭 6~8마리의 배 속에 채워서 구우려면 레시피의 분량을 절반으로 줄인다. 칠면조가 앞서 예로 든 것보다 더 크면 레시피의 1½배에 해당하는 재료를 준비한다.

오븐을 200℃로 예열한다. 커다란 오븐 팬에 다음을 넣고 가끔 뒤적이면서 노릇노릇해질 때까지 5~10분간 굽는다.

　단단한 흰 샌드위치 빵, 프랑스 빵, 이탈리아 빵 450g, 껍질까지 포함해서 1.2cm
　　크기의 정육면체 모양으로 자르기(성기게 담아서 10컵)

베이킹 접시에 넣어서 굽는다면 빵을 커다란 그릇에 담고 오븐 온도를 175℃로 낮춘다. 가금류의 배 속에 채워서 굽는다면 오븐을 해당 구이 요리의 레시피에서 지정한 온도에 맞춰 예열한다. 커다란 프라이팬을 중강불에 올리고 다음을 넣어서 거품이 잦아들 때까지 녹인다.

　버터 4~8큰술(버터 스틱 ½~1개)

다음을 넣고 저으면서 부드러워질 때까지 6~8분간 볶는다.

　양파 큰 것 1개, 굵게 썰기

　셀러리 줄기 2개, 잘게 썰기

　(스터핑 재료로 사용할 칠면조나 닭의 간, 염통, 모래주머니, 잘게 썰기)

불에서 내린 후 다음을 넣어 섞는다.

　다진 파슬리 ½컵

　다진 신선한 세이지 1큰술 또는 말린 세이지 1작은술

　다진 신선한 타임 1큰술 또는 말린 타임 1작은술

　소금 ¾작은술

　흑후추 ½작은술

　강판에 갓 갈아낸 육두구 또는 육두구 가루 ¼작은술

　정향 가루 ⅛작은술

혼합물을 정육면체로 자른 빵에 붓고 뒤적이면서 잘 섞는다. 스터핑이 살짝 촉촉해지면서 서로 달라붙지는 않을 정도로 다음을 조금씩 흘려 넣는다.

　닭 육수나 국물 ½~1컵 또는 필요에 따라 적당량

양념을 조절한다. 조직이 단단한 드레싱을 선호하고 베이킹 접시에 담아서 구울 계획이라면 다음을 넣어서 뒤적이며 섞는다.

　(대란 2개, 잘 풀어두기)

가금류에 채워 넣어 조리하려면 숟가락으로 스터핑을 떠서 배 속에 넣는다. 드레싱 형태로 따로 구우려면 버터를 바른 33×23cm 크기의 베이킹 접시에 담고 다음을 위에 뿌린다.

　닭 육수나 국물 1~1½컵 또는 필요에 따라 적당량

부드러운 드레싱을 원한다면 베이킹 접시에 포일을 덮는다. 겉면이 갈색으로 바삭하게 익은 드레싱을 만들려면 위를 덮지 않은 상태로 다음을 군데군데 얹어서 굽는다.

　버터 최대 3큰술, 작은 조각으로 자르기

베이킹 접시에 담아서 조리한다면 갈색으로 원하는 만큼 익도록 30~45분간 굽는다. 가금류 배 속에 채워서 굽는다면 스터핑의 내부 온도가 74℃에 도달할 때까지 굽는다.

기본 옥수수 빵 스터핑 또는 드레싱

약 8컵, 10인분

일부 지역에서 즐겨 먹었지만 현재는 널리 전파된 레시피다. 이 레시피에는 모든 종류의 옥수수 빵을 사용할 수 있다. 빵 스터핑과 드레싱에 대해 항목을 참고한다.

기본 빵 스터핑 또는 드레싱을 조리하되, 일반 빵 대신 **남부식 옥수수 빵**(레시피 분량 그대로 사용)이나 그 외의 **다른 옥수수 빵을 정육면체로 썰어서**(8컵) 사용한다. 다른 모든 재료의 분량은 같고 육두구와 정향은 넣지 않는다.

빵 스터핑의 추가 재료

허브와 향신료를 넣을 때 다음 재료를 단독으로 또는 다채롭게 조합해 스터핑 혼합물에 함께 넣고 섞어준다.

　호두, 피칸 또는 브라질너트 최대 1컵, 구워서 굵게 썰기

　삶은 밤, 통조림 밤 또는 냉동 밤 1½컵, 굵게 썰기

　말린 과일 1컵(건포도, 크랜베리, 체리 또는 깍둑썰기한 말린 자두)

　껍데기를 깐 생굴 24개 또는 475ml, 물기를 빼고 국물은 따로 보관하기(굴 국물은
　　취향에 따라 스터핑을 촉촉하게 만드는 데 사용)

　그래니 스미스 등의 녹색 사과 4컵, 껍질을 벗기고 깍둑썰기하기

　카옌 고춧가루 ¼작은술

다음 추가 재료는 반드시 익혀서 빵 및 양념에 넣고 섞어야 한다.

돼지고기 벌크 소시지, 이탈리아식 소시지, 생초리소 450g, 프라이팬에 넣고
　　갈색으로 볶기(취향에 따라 양파와 셀러리를 조리할 때 레시피에 있는 버터
　　분량의 최대 절반을 소시지를 볶을 때 녹아나온 기름으로 대체)
　　양송이 또는 기타 식용 야생 버섯 450g, 얇게 썰어서 양파와 함께 버터에 볶기
　　붉은색 또는 녹색 피망 1개, 깍둑썰기해서 양파와 함께 버터에 볶기

사과와 체리 빵 스터핑

약 7컵, 9인분

돼지고기에 아주 잘 어울리는 스터핑이다. 빵 스터핑과 드레싱에 대해 항목을
참고한다.

드레싱 형태로 따로 굽는다면 오븐을 175℃로 예열하고 23cm 크기의 정사각
형 베이킹 접시에 버터를 바른다. 커다란 프라이팬을 중강불에 올리고 다음을
넣어서 거품이 잦아들 때까지 녹인다.

　　버터 4큰술(버터 스틱 ½개)

다음을 넣고 저으면서 반투명 상태가 될 때까지 5분 정도 볶는다.

　　셀러리 줄기 2개, 굵게 썰기
　　양파 중간 크기 1개, 굵게 썰기

불에서 내린 후 다음을 넣어 섞는다.

　　묵은 흰 빵이나 통밀 빵, 옥수수 빵을 정육면체로 자른 것 또는 양념 없이 구운
　　　　크루통 4컵
　　사과 큰 것 1개, 껍질을 벗기고 심을 제거한 후 깍둑썰기하기
　　말린 시큼한 체리 ¾컵
　　포트 와인 또는 마데이라 와인 ½컵
　　건포도 ¼컵
　　(다진 로즈메리 1큰술)
　　흑후추 1작은술
　　소금 ½작은술

드레싱으로 구울 경우 다음을 추가한다.

　　(대란 1개, 잘 풀어두기)

다음을 부어 촉촉하게 적신다.

　　닭 육수 또는 국물 최대 ⅓컵, 또는 필요에 따라 적당량

숟가락으로 스터핑을 떠서 가금류 속에 채워 넣는다. 드레싱으로 조리하려면
미리 준비해둔 베이킹 접시에 혼합물을 넣고 다음으로 촉촉하게 적신다.

　　닭 육수 또는 국물 최대 ⅓컵, 또는 필요에 따라 적당량

베이킹 접시에 담아서 조리하는 드레싱은 갈색으로 원하는 만큼 익도록
30~45분간 굽는다. 고기에 채워서 굽는다면 스터핑의 내부 온도가 해당 육류
를 안전하게 섭취할 수 있는 최저 조리 온도에 도달할 때까지 굽는다.(가금류 고
기 74℃, 돼지고기 63℃)

구운 고추를 넣은 옥수수 빵 스터핑

10~12컵, 13~16인분

구운 고추 대신 맵지 않은 녹색 칠리 고추를 잘게 썰어서 담은 통조림 115g짜
리 2개를 국물을 따라내고 사용할 수 있다.

다음을 준비한다.

　　기본 옥수수 빵 스터핑 또는 드레싱

다음을 굽는다.

　　포블라노 고추 4개 또는 애너하임 고추 8개
　　할라페뇨 고추 3개

구운 고추의 껍질을 벗기고 씨를 빼낸 후 굵게 썰어서 다음과 함께 스터핑에
넣는다.

　　커민 가루 1작은술
　　말린 오레가노 1작은술
　　냉동, 통조림 또는 생옥수수 알갱이 1컵

옥수수 빵에 양념을 넣어서 뒤적인 후 레시피에 따라 굽는다.

사과와 말린 자두 드레싱

약 4½컵, 6인분

구운 돼지고기, 거위고기 또는 오리고기와 기가 막히게 잘 어울린다.

드레싱 형태로 따로 굽는다면 오븐을 175℃로 예열하고 20cm 크기의 정사각
형 베이킹 접시에 버터를 바른다. 그릇에 다음을 넣고 섞는다.

　　정육면체로 자른 흰 빵 3컵(껍질을 제거하기)
　　껍질을 벗기고 깍둑썰기한 새콤한 사과 1컵
　　씨를 빼고 굵게 썬 말린 자두 ¾컵
　　구워서 굵게 썬 호두나 피칸 ½컵
　　버터 스틱 1개(115g), 녹이기 또는 베이컨 기름, 오리기름 또는 거위기름 ½컵
　　레몬즙 1큰술
　　소금 1작은술

숟가락으로 스터핑을 떠서 가금류 안에 채워 넣는다. 드레싱으로 구울 경우
다음을 추가한다.

　　(대란 1개, 잘 풀어두기)

미리 준비해둔 베이킹 접시에 담고 다음을 부어 촉촉하게 만든다.

　　닭, 돼지, 오리 또는 거위 육수나 국물 ½컵

갈색으로 먹음직스럽게 익을 때까지 30분 정도 굽는다. 스터핑의 내부 온도가
74℃에 도달하면 완성된 것이다.

빵가루 스터핑에 대해

빵가루 스터핑을 만들 때는 이탈리아 빵, 프랑스 빵, 직접 구운 샌드위치 빵, 옥
수수 빵 등을 비롯해 사실상 모든 종류의 빵을 사용할 수 있다. 어떤 빵을 사
용하든, 오래된 빵가루나 구운 빵가루를 사용하면(여기서는 '마른 빵가루'로 지칭)
수분이 적고 비교적 단단한 스터핑이 되고, 굽지 않은 부드러운 빵가루를 사
용하면(여기서는 '생빵가루'로 지칭) 촉촉하고 결이 조밀한 스터핑이 된다. 빵가루
를 만드는 방법과 요령은 1017쪽을 참고한다.

　　양념하지 않은 시판 빵가루도 모든 레시피에 사용할 수 있지만 ▶ 추가하는
육수의 양을 레시피보다 ⅓만큼 늘린다. ▶ 450g짜리 빵 1개로 빵가루를 만들
면 껍질을 포함해서 6컵 정도의 생빵가루가 나오며, 레시피에서 따로 언급하
지 않은 이상 빵 껍질도 함께 사용한다.

이탈리아식 빵가루 스터핑

약 4컵, 5인분

뼈를 제거한 닭 가슴살, 애호박, 로스트 치킨의 속에 채워서 구울 수 있는 스터
핑이다. ▶ 스터핑으로 사용할 때는 달걀을 넣지 않는다. 위의 빵가루 스터핑에
대해 항목을 참고한다.

드레싱 형태로 따로 굽는다면 오븐을 175℃로 예열하고 4컵 용량의 베이킹 접시에 버터를 바른다. 작은 프라이팬을 중강불에 올리고 다음을 넣어서 거품이 잦아들 때까지 녹인다.

버터 4큰술(버터 스틱 ½개)

다음을 넣고 저으면서 부드럽지만 갈색으로 변하지 않도록 5분 정도 볶는다.

양파 중간 크기 1개, 잘게 썰기

다음을 넣고 30초간 조리한다.

마늘 2쪽, 다지기

그릇에 옮겨 담고 다음을 넣어 젓는다.

마른 빵가루 2컵

강판에 간 파르메산 치즈 ½컵(55g)

잘게 썬 파슬리 ¼컵

말린 로즈메리 ½작은술, 부수기

말린 세이지 ½작은술

소금 ½작은술

흑후추 ½작은술

재료 적당량을 손으로 잡아서 꽉 움켜쥐면 둥근 모양으로 성기게 뭉칠 때까지 재료를 뒤적이면서 다음을 조금씩 부어 촉촉하게 적신다.

닭 육수 또는 국물 1~1½컵, 또는 필요에 따라 적당량

드레싱으로 구울 경우 다음을 추가한다.

(대란 1개, 잘 풀어두기)

숟가락으로 스터핑을 떠서 육류나 속을 파낸 채소의 빈 곳에 채워 넣는다. 드레싱으로 조리하려면 미리 준비해둔 베이킹 접시에 혼합물을 넣고 다음으로 촉촉이 적신다.

닭 육수 또는 국물 ½컵

갈색으로 먹음직스럽게 익을 때까지 30분 정도 굽는다. 닭의 배 속에 채워서 굽는다면 스터핑의 내부 온도가 74℃에 도달할 때까지 익힌다.

파슬리와 빵가루 스터핑

약 2컵

섬세하고 버터 풍미가 감도는 이 스터핑은 서대기 필레부터 통째로 구운 송어에 이르기까지 다양한 해산물의 속을 채울 때 사용할 수 있다. 또한 닭 가슴살로 말아서 구워도 좋고 굴 구이 위에 토핑으로 올려도 근사하다. 이 레시피는 4인분 요리, 예를 들어 생선 필레나 스테이크 900g 또는 1.3~1.8kg짜리 통생선의 스터핑으로 넉넉하게 사용할 수 있는 분량이다. 더 호사스러운 스터핑을 원한다면 아래의 혼합물에 **삶은 랍스터 살, 게살 덩어리 또는 물기를 제거한 생굴을** 잘게 썰어서 1컵 정도 넣는다. 빵가루 스터핑에 대해 항목을 참고한다.

중간 크기의 프라이팬을 중강불에 올리고 다음을 넣어서 녹인다.

버터 6큰술(버터 스틱 ¾개)

다음을 넣고 저으면서 부드럽지만 갈색으로 변하지 않도록 10분 정도 볶는다.

잘게 썬 양파 ½컵

잘게 썬 셀러리 ½컵

불에서 내린 후 다음을 넣고 섞는다.

생빵가루 1½컵

잘게 썬 파슬리 3큰술

(물기를 빼고 굵게 썬 데친 시금치 ½컵)

(물기를 뺀 작은 케이퍼 2큰술)

(다진 생타라곤이나 딜 2작은술 또는 말린 타라곤이나 딜 ½작은술)

다음으로 맛을 낸다.

레몬즙 ½작은술

소금 ¼작은술

흑후추 ¼작은술

(드라이 머스터드 ¼작은술)

생선용 베이컨 스터핑

약 3컵

송어, 연어, 파란농어, 고등어처럼 기름지고 맛이 진한 생선의 풍미에도 눌리지 않는 짭짤한 스터핑이다. 틸라피아처럼 지방이 적은 생선의 맛을 풍부하게 보강할 때도 이 스터핑을 활용할 수 있다.

커다란 프라이팬에 다음을 넣고 바삭바삭하게 굽는다.

베이컨 12조각

베이컨을 키친타월에 올려놓고 기름기를 뺀다. 다음을 만들되, 채소를 볶을 때 버터 대신 베이컨 기름을 사용한다.

파슬리와 빵가루 스터핑

잘게 부순 베이컨을 넣는다. 취향에 따라 스터핑에 다음을 넣고 섞는다.

(구워서 잘게 썬 피칸 3큰술)

해산물 스터핑

약 2½컵

이 드레싱은 훈제 베이컨 풍미를 지니고 있으며 밀도는 스푼브레드와 비슷하다. 두꺼운 생선 필레나 스테이크에 토핑으로 얇게 얹어서 굽거나(두께가 얇은 생선은 스터핑이 완전히 익을 때쯤이면 너무 오래 익히게 된다.) 피망 또는 다른 채소의 속을 파내고 채워서 구울 때 활용할 수 있다. 빵가루 스터핑에 대해 항목을 참고한다.

중간 크기의 프라이팬을 중불에 올리고 다음을 넣어서 녹인다.

버터 2큰술

다음을 넣고 저으면서 채소가 부드럽지만 갈색으로 변하지 않도록 7~10분 정도 볶는다.

셀러리 줄기 1개, 잘게 썰기

양파 작은 것 ½개 또는 샬롯 1개, 잘게 썰기

베이컨 2조각, 다지기

다음을 넣고 저으면서 1분간 볶는다.

생빵가루 1컵

불에서 내린 후 10분간 식힌다. 중간 크기의 그릇에 다음을 넣고 섞는다.

삶은 게살 또는 통조림 게살 1컵, 껍데기와 연골을 모두 발라내기 또는 껍질을
벗기고 삶은 새우 1컵, 굵게 썰기

(대란 2개, 잘 풀어두기)

빵가루 혼합물을 넣고 섞는다. 다음 재료를 추가하고 섞는다.

드라이 셰리 1큰술

레몬 1개의 껍질, 강판에 곱게 갈기

녹색 허브 스터핑

약 1½컵

화려한 녹색을 띠며 약간 톡 쏘는 풍미를 지닌 스터핑이다. 생선 또는 가금류와 잘 어울린다. 생선에 사용할 때는 달걀을 생략한다. 1.3kg 이상의 닭 요리에 사용한다면 이 레시피의 2배 분량을 준비한다.

작은 프라이팬을 중불에 올리고 다음을 넣어 녹인다.

　　버터 2큰술

다음을 넣고 저으면서 반투명해질 때까지 4분 정도 볶는다.

　　굵게 썬 샬롯 2큰술

불에서 내리고 약간 식힌다. 푸드 프로세서에 다음을 넣고 섞는다.

　　셀러리 줄기의 안쪽 부드러운 부분과 잎을 굵게 썬 것 ½컵

　　듬성듬성 썬 파슬리 ½컵

　　크레송 잎 ¼컵

　　소금 ½작은술

　　다진 신선한 바질이나 타라곤 1작은술 또는 말린 바질이나 타라곤 ¼작은술

　　(대란 1개)

샬롯을 넣고 페이스트 상태가 될 때까지 푸드 프로세서를 짧게 몇 번 작동시킨다. 다음을 작은 조각으로 찢는다.

　　흰 샌드위치 빵 2장, 껍질을 제거하기

빵을 중간 크기의 그릇에 넣고 허브 페이스트를 추가한 후 숟가락으로 가볍게 뒤적이며 섞는다. 다음을 추가한다.

　　구워서 굵게 썬 무염 피스타치오 ¼컵

가금류의 배 속에 채워서 조리하거나 달걀을 추가한 경우 내부 온도가 74℃에 도달할 때까지 조리한다.

소시지, 양파, 세이지 스터핑

약 5½컵, 7인분

드레싱 형태로 따로 굽는다면 오븐을 175℃로 예열하고 20cm 크기의 정사각형 베이킹 접시에 버터를 바른다.

중간 크기의 프라이팬을 중불에 올리고 다음을 넣은 후 숟가락으로 뭉친 고기를 부수면서 갈색이 되도록 조리한다.

　　벌크 브렉퍼스트 소시지 또는 이탈리아식 소시지 225g

구멍 뚫린 숟가락으로 소시지를 건져 키친타월을 깐 접시에 올려놓고 기름을 뺀다. 프라이팬에 기름을 2큰술만 남기고 모두 따라낸다.

다음을 넣고 부드러워질 때까지 볶는다.

　　양파 큰 것 1개, 잘게 썰기

　　셀러리 줄기 1개, 잘게 썰기

양파와 셀러리 혼합물을 그릇에 옮겨 담고 소시지와 다음 재료를 추가한다.

　　마른 빵가루 또는 옥수수 빵가루 3컵

　　굵게 썬 신선한 세이지 2작은술 또는 말린 세이지 1작은술

　　말린 타임 1작은술

　　버터 스틱 1개(115g), 녹이기

　　소금 ¾작은술

　　흑후추 ¼작은술

　　(굵게 썬 새콤한 사과 ½컵)

드레싱 형태로 구울 때는 다음 재료를 함께 추가한다.

　　(대란 1개, 잘 풀어두기)

휘저으며 잘 섞는다. 다음으로 촉촉하게 적신다.

　　닭 육수 또는 국물 ½컵

숟가락으로 스터핑을 떠서 육류나 속을 파낸 채소의 빈 곳에 채워 넣는다. 드레싱으로 조리하려면 미리 준비해둔 베이킹 접시에 혼합물을 넣고 갈색으로 익을 때까지 30분 정도 굽는다. 가금류의 배 속에 채워서 굽는다면 내부 온도가 74℃에 도달할 때까지 조리한다.

시금치 리코타 스터핑

약 2컵

양념이 잘된 이 스터핑을 토막 낸 닭고기 또는 납작하게 손질한 통닭의 껍질 아래에 넣어서 조리한다. 이 레시피는 파스타 필링으로도 활용할 수 있다.

중간 크기의 프라이팬을 중불에 올리고 다음을 둘러서 가열한다.

　　올리브유 1큰술

다음을 넣고 저으면서 부드러워질 때까지 5분 정도 볶는다.

　　양파 작은 것 ½개, 잘게 썰기

　　마늘 1쪽, 다지기

그동안 다음을 물기가 거의 없도록 꾹 짜서 중간 크기의 그릇에 담는다.

　　시금치 340g, 부드러운 녹색 채소 볶음 레시피에 따라 볶아서 굵게 썰기 또는
　　　큼직하게 자른 냉동 시금치 285g짜리 1봉지, 해동하기

양파와 마늘을 시금치에 넣고 다음을 넣어 잘 섞는다.

　　리코타 치즈 1컵

　　생빵가루 ½컵

　　강판에 간 파르메산 치즈 2큰술

　　소금 ½작은술

　　흑후추 ¼작은술

　　강판에 갓 갈아낸 육두구 또는 육두구 가루 1자밤

곡물 스터핑과 드레싱에 대해

거의 모든 곡물이 스터핑에 잘 어울린다. 사실 「곡물」 장에 소개한 레시피 중 상당수는 스터핑이나 드레싱으로 활용할 수 있다. 인도식 레몬 라이스, 양파 볶음과 말린 과일을 넣은 통밀 밥, 잣과 건포도를 넣은 쿠스쿠스, 야생 쌀과 버섯 볶음 등을 육류나 속을 파낸 채소에 채워 넣으면 훌륭한 스터핑이 된다. 물론 그 반대도 마찬가지다. 여기서 소개하는 곡물 스터핑은 곁들임 요리로 내놓으면 식탁을 빛내준다.

　　이어서 소개한 여러 레시피를 다양하게 응용해보고 싶다면 레시피에 언급한 곡물을 다른 곡물로 대체한다. 보리, 파로, 프리카 또는 퀴노아도 스터핑의 기본 재료로 사용하는 것을 고려해보자.(다른 곡물을 사용했을 때의 조리 시간 변화는 곡물 조리 기준표를 참고한다.) 퀴노아, 프리카, 벌거 등의 곡물은 주재료의 육즙과 풍미를 듬뿍 흡수하므로 특히 스터핑에 아주 적합하다.

살구와 피스타치오를 넣은 쿠스쿠스 스터핑

약 4컵

코니시 닭, 영계, 새끼 비둘기 같이 몸집이 작은 가금류의 배 속에 채워 넣는 스터핑으로 활용하거나 오븐 또는 그릴에 구운 양고기와 함께 곁들임 음식으로 낸다. 취향에 따라 레시피에 들어간 살구 일부를 잘게 깍둑썰기한 대추야자로

대체해도 좋다.

커다란 편수 냄비를 중불에 올리고 다음을 넣어서 녹인다.

버터 2큰술

다음을 넣고 저으면서 부드러워질 때까지 5분 정도 볶는다.

양파 작은 것 ½개, 잘게 썰기

다음을 넣고 젓는다.

닭 육수나 국물 1½컵

잘게 썬 말린 살구 ⅓컵

(굵게 썬 소금 절임 레몬 1큰술)

소금 ½작은술

흑후추 ¼작은술

계핏가루 1자밤

생강 가루 1자밤

부르르 끓어오르도록 가열한 후 다음을 넣고 젓는다.

간편 조리 쿠스쿠스 1컵

불에서 내린 후 뚜껑을 덮고 5분간 뜸을 들인다. 포크로 저어주고 다음을 넣어 섞는다.

굵게 썬 피스타치오, 통잣 또는 구워서 세로로 두툼하게 자른 아몬드 ½컵

다진 파슬리 ¼컵

숟가락으로 스터핑을 떠서 가금류의 배 속에 채워 넣어 조리하거나 곁들임 음식으로 즉시 낸다. 가금류에 채워서 조리한다면 내부 온도가 74℃에 도달해야 다 익은 것이다.

초리소와 칠리 고추를 넣은 쌀 드레싱

약 4컵

이 스터핑은 닭고기나 피망에 채워서 조리하면 맛이 아주 좋지만, 달걀을 생략하고 조리해서 곁들임 음식으로 먹어도 훌륭하다. 포블라노나 애너하임 고추 대신 **맵지 않은 잘게 썬 녹색 칠리 고추 통조림 115g짜리 1개의 물기를 제거하고 사용**해도 좋다. 육류에 채워 넣는 스터핑으로 활용할 때는 선택 재료인 달걀을 생략한다.

드레싱 형태로 따로 굽는다면 오븐을 175℃로 예열하고 20cm 크기의 얇은 정사각형 베이킹 접시에 기름을 바른다. 커다란 프라이팬을 중불에 올리고 다음을 넣어 숟가락으로 고기를 부수면서 갈색으로 속까지 잘 익도록 8~10분간 볶는다.

생초리소 벌크 소시지 450g

구멍 뚫린 숟가락으로 초리소를 건져 키친타월을 깐 접시에 올려놓고 기름을 뺀다. 초리소에서 기름이 많이 나오지 않았다면 프라이팬에 다음을 추가한다.

식물성 기름 소량

다음을 넣고 저으면서 부드러워질 때까지 5분간 볶는다.

양파 1개, 잘게 썰기

마늘 4쪽, 다지기

커다란 그릇에 옮겨 담고 초리소와 다음 재료를 넣는다.

흰쌀밥 3컵

(대란 1개, 가볍게 풀어두기)

포블라노 고추 2개 또는 애너하임 고추 4개, 구워서 껍질을 벗긴 후 씨를 제거하고 굵게 썰기

쪽파 4대, 굵게 송송 썰기

굵게 썬 고수 잎과 줄기 ½컵

소금 ¼작은술 또는 적당량

흑후추 ¼작은술 또는 적당량

스터핑으로 사용한다면 숟가락으로 떠서 육류나 채소의 빈 곳에 채워 넣고 조리한다. 드레싱으로 사용한다면 혼합물을 미리 준비해둔 베이킹 접시에 옮겨 담고 뚜껑을 덮어서 원하는 만큼 갈색으로 익을 때까지 20~30분간 굽는다. 가금류의 배 속에 채워서 조리하거나 선택 재료인 달걀을 넣었을 경우 내부 온도가 74℃에 도달할 때까지 익힌다.

향신료로 양념한 쌀 스터핑

약 4컵

향미가 진한 이 스터핑은 코니시 닭, 자고새 또는 메추라기와 썩 잘 어울린다. 캐서롤에 담아서 구우면 그릴에 구운 닭고기, 생선 또는 양고기와 함께 먹기 좋은 곁들임 음식이 된다.

드레싱 형태로 따로 굽는다면 오븐을 175℃로 예열하고 20cm 크기의 얇은 정사각형 베이킹 접시에 기름을 바른다.

커다란 프라이팬을 중불에 올리고 다음을 둘러서 가열한다.

올리브유 2큰술

다음을 넣고 저으면서 부드러워질 때까지 5분 정도 볶는다.

양파 중간 크기 1개, 잘게 썰기

다음을 넣고 잘 섞이도록 젓는다.

중립종 또는 장립종 쌀 1컵

마늘 3쪽, 다지기

소금 1작은술

커민 가루 ½작은술

고수씨 가루 ½작은술

강황 가루 ½작은술

스위트 파프리카 가루 ½작은술

생강 가루 ½작은술

흑후추 ½작은술

다음을 붓고 저은 다음 뭉근히 끓어오르도록 가열한다.

닭 육수 또는 국물 1½~2컵(장립종 쌀을 사용한다면 2컵)

약불로 줄이고 뚜껑을 덮어서 쌀이 부드럽게 익으면서 수분을 전부 흡수할 때까지 20분 정도 은근히 조리한다. 다 익으면 커다란 그릇에 옮겨서 약간 식힌 후 다음을 넣고 젓는다.

노란색 건포도 ¼컵

씨를 빼고 깍둑썰기한 말린 자두 ¼컵

구워서 세로로 두툼하게 자른 아몬드 ¼컵

레몬 1개의 껍질, 강판에 곱게 갈기

레몬즙 2큰술

드레싱 형태로 굽는다면 다음을 추가한다.

(대란 1개, 잘 풀어두기)

적당히 간을 한다. 스터핑으로 사용한다면 숟가락으로 떠서 육류나 채소의 빈 곳에 채워 넣고 조리한다. 드레싱으로 사용한다면 혼합물을 미리 준비해둔 베이킹 접시에 옮겨 담고 뚜껑을 덮어서 원하는 만큼 갈색으로 익을 때까지

20~30분간 굽는다. 가금류의 배 속에 채워서 조리하거나 선택 재료인 달걀을 넣었을 경우 내부 온도가 74℃에 도달할 때까지 익힌다.

야생 쌀 드레싱
3~4컵

야생 새고기, 사슴고기, 겨울 호박에 채워서 조리하거나 함께 곁들이면 썩 잘 어울리는 스터핑이다. 야생 쌀과 일반 쌀 또는 기타 곡물을 섞어서 사용해도 좋다.

드레싱 형태로 따로 굽는다면 오븐을 175℃로 예열하고 20cm 크기의 얕은 정 사각형 베이킹 접시에 기름을 바른다.

중간 크기의 편수 냄비에 다음을 넣고 섞는다.

　닭 육수 또는 국물 3½컵

　(속을 채워서 구울 가금류의 염통, 모래주머니, 목 부위, 잘게 깍둑썰기하거나

　　2.5cm 크기로 썰기)

부르르 끓어오르도록 가열한 후 불을 줄이고 뚜껑을 덮어서 15분간 뭉근히 조리한다. 뚜껑을 열고 강불로 올려서 팔팔 끓인다. 다음을 넣고 젓는다.

　야생 쌀 1컵

　(말린 포르치니버섯 28g, 잘게 썰거나 갈기)

약불로 줄이고 뚜껑을 덮어서 쌀이 부드러워질 때까지 30~50분간 뭉근히 조리한다. 쌀이 다 익기까지 5분 정도 남기고 취향에 따라 다음을 넣어 섞는다.

　(속을 채워서 구울 가금류의 간, 잘게 깍둑썰기하기)

처음에 육수를 우릴 때 목을 넣었다면 건져낸다. 익은 야생 쌀은 한쪽에 둔다.

커다란 프라이팬을 중불에 올리고 다음을 넣어 녹인다.

　버터 4큰술(버터 스틱 ½개)

다음을 넣고 섞은 후 부드러워질 때까지 5분 정도 조리한다.

　양파 작은 것 또는 샬롯 큰 것 1개, 잘게 썰기

　셀러리 줄기 1개, 잘게 썰기

다음을 넣고 저으면서 약간 부드러워질 때까지 3분 정도 조리한다.

　버섯 115g, 굵게 썰기

　마늘 2쪽, 다지기

　(구워서 굵게 썬 피칸 또는 헤이즐넛 ¼컵)

　(물기를 제거하고 얇게 저민 통조림 마름[물밤] ¼컵)

잘 익은 뜨거운 야생 쌀을 넣고 골고루 젓는다. 다음을 넣는다.

　다진 파슬리 ¼컵

　다진 신선한 타임 1½작은술 또는 말린 타임 ½작은술

　다진 신선한 세이지 1½작은술 또는 말린 세이지 ½작은술

　소금과 흑후추 적당량

숟가락으로 떠서 가금류의 배 속에 채워 넣고 조리한다. 드레싱으로 사용한다면 혼합물을 미리 준비해둔 베이킹 접시에 옮겨 담고 뚜껑을 덮어서 원하는 만큼 갈색으로 익을 때까지 20~30분간 굽는다. 가금류의 배 속에 채워서 조리하는 경우 내부 온도가 74℃에 도달할 때까지 익힌다.

야생 조류와 잘 어울리는 사우어크라우트 스터핑
약 5컵

오리 구이 또는 거위 구이의 스터핑으로 가장 좋은 레시피다.

드레싱 형태로 따로 굽는다면 오븐을 175℃로 예열하고 23cm 크기의 얕은 정

사각형 베이킹 접시에 기름을 바른다.

커다란 프라이팬을 중불에 올리고 다음을 둘러서 가열한다.

　식물성 기름이나 오리기름 또는 거위기름 2큰술

다음을 넣고 저으면서 부드러워질 때까지 6~8분간 볶는다.

　양파 중간 크기 1개, 얇게 저미기

　그래니 스미스 사과 1개, 껍질을 벗기고 속을 파낸 후 굵게 썰기

　(물기를 제거하고 얇게 저민 통조림 마름[물밤]) ¼컵

　마늘 2쪽, 다지기

다음을 넣고 섞는다.

　물기를 제거한 사우어크라우트 4컵, 시판 또는 수제

　(말린 커런트 ¼컵)

　다진 신선한 타임 1작은술 또는 말린 타임 ½작은술

　캐러웨이씨 ½작은술

　(가볍게 으깬 주니퍼 열매 ½작은술)

　소금과 흑후추 적당량

속까지 잘 익도록 5분 정도 조리한다. 스터핑으로 사용한다면 숟가락으로 떠서 가금류의 배 속에 채워 넣고 조리한다. 곁들임 음식으로 먹는다면 혼합물을 미리 준비해둔 베이킹 접시에 옮겨 담고 20분간 구워서 낸다. 가금류의 배 속에 채워서 조리할 경우 내부 온도가 74℃에 도달할 때까지 익힌다.

캐서롤에 대해

이번 항목에서 소개하는 레시피들은 재료를 담아서 굽는 용기의 이름이 그대로 요리의 이름으로 정착된 것이다. 종류와 관계없이 채소, 육류, 곡류, 파스타, 유제품을 적당히 조합해 커다랗고 얕은 오븐 용기에 넣어서 구운 요리라면 무엇이든 캐서롤이라는 이름을 붙일 수 있다. 따라서 무궁무진하게 응용할 수 있다. 또한 캐서롤은 '핫 디시(hot dish)'라는 이름으로 불리기도 하는데, 캐서롤만큼이나 모호하면서도 다양한 변형까지 포용하는 용어다.

　우리가 생각하는 캐서롤은 일반적으로 통용되는 보편적인 의미의 캐서롤보다는 조금 더 구체적이다. 1930년대에는 여러 간편식품 브랜드가 식료품점에서 소비자의 눈길을 끌고자 출시한 특정 종류의 캐서롤이 널리 인기를 얻었다. 많은 미국인이 농축 수프 통조림으로 만든 누들 캐서롤을 즐겨 먹으면서 자랐고, 상당수가 이러한 캐서롤에 좋은 추억을 갖고 있다. 미리 만들어두어도 맛이 떨어지지 않으며(먹다 남은 음식을 활용하는 경우도 흔하다.) 데워서 여럿이 나눠 먹기 편리해 활용도가 높은 캐서롤 요리는 포틀럭 파티, 교회 점심 모임, 장례식 등 다양한 행사의 뷔페 식탁을 채우는 수많은 요리 중에서도 단골 메뉴로 꼽혔다.

　이러한 캐서롤 중 상당수는 원래 통조림 수프를 사용해서 만들었지만, 우리는 이 항목에서 소개하는 레시피에서 직접 만드는 과정의 비중을 다소 높였다. 시판 제품을 사용해도 시간이 그다지 절약되지 않을 뿐만 아니라 간편하게 직접 만든 베샤멜 소스가 시판 제품보다 훨씬 맛이 좋기 때문이다. 그래도 통조림 수프를 꼭 사용하고 싶다는 독자들을 위해 레시피마다 통조림 수프로 대체하는 방법도 소개해둔다.

　그 외의 캐서롤 요리로는 먹다 남은 파스타 캐서롤, 대용량 마카로니 앤드 치즈, 파스티치오, 버섯 호두 국수 쿠글, 라자냐, 껍질콩 캐서롤, 브로콜리 치즈 캐서롤, 무사카, 감자 쿠글, 대용량 매시트포테이토 캐서롤 등의 레시피를 참고한다. 또한 여기서는 엔칠라다도 함께 다룬다. 엔칠라다가 캐서롤의 한 종류는

아니지만 여러 명이 나눠 먹기 좋은 음식을 다루는 이번 항목에서 소개하기에 가장 적합하다고 생각하기 때문이다.

치킨 라이스 캐서롤

8인분

닭고기 대신 익힌 칠면조고기를 사용해도 좋다. 쌀밥은 어떤 종류를 사용해도 상관없다. 취향에 따라 버터, 버섯, 밀가루, 닭 국물, 우유 혼합물 대신 **농축 버섯 크림수프 또는 닭고기 수프 통조림 320ml짜리 2개를 우유 ½컵 및 닭 육수 ½컵**과 섞어서 사용할 수 있다.

오븐을 230℃로 예열한다. 33×23cm 크기의 베이킹 접시에 기름을 바른다.

커다란 편수 냄비를 중불에 올리고 다음을 넣어서 녹인다.

  버터 6큰술(버터 스틱 ¾개)

다음을 넣고 저으면서 부드러워질 때까지 5분 정도 볶는다.

  버섯 225g, 얇게 썰기(3컵)

다음을 넣고 잘 섞이도록 젓는다.

  중력분 ½컵

계속 저으면서 다음을 조금씩 붓는다.

  닭 육수 또는 국물 2컵

  일반 우유 또는 하프앤드하프 1½컵

부르르 끓어오르도록 가열한 후 불을 줄이고 소스가 균일한 농도로 걸쭉해질 때까지 5분 정도 뭉근히 끓인다. 다음을 넣고 섞는다.

  익혀서 굵게 썰거나 잘게 찢은 닭고기 4컵(뼈와 껍질을 제거한 생닭고기 대략
    900g 분량)

  쌀밥 3컵

  (구워서 굵게 썬 호두, 아몬드 또는 피칸 ½컵)

준비해둔 베이킹 접시에 혼합물을 붓는다. 다음 세 가지 재료를 섞어서 위에 홀홀 뿌린다.

  마른 빵가루 ½컵

  강판에 간 파르메산 치즈 2큰술

  버터 1큰술, 녹이기

소스가 보글보글 끓어오르면서 윗면이 노릇해질 때까지 25~35분간 굽는다.

치킨 타말레 파이

8~10인분

이 요리는 최대 3일 전에 구워서 식힌 후 뚜껑을 덮어서 냉장고에 넣어두었다가 175℃로 맞춘 오븐에 25분간 데워서 낼 수 있다.

커다란 프라이팬을 중강불에 올리고 다음을 둘러서 가열한다.

  식물성 기름 1큰술

다음을 넣고 나무 숟가락으로 뭉친 고기를 부수면서 갈색으로 볶는다.

  다진 닭고기 또는 칠면조고기 680g

다음을 넣고 젓는다.

  살사 3컵, 흥건한 국물을 따라내기

  피미엔토를 채워 넣은 녹색 올리브 ½컵, 얇게 저미기

  고춧가루 1큰술

  커민 가루 1큰술

  계핏가루 ½작은술

뭉근히 끓어오르도록 가열한 후 불을 줄이고 가끔 저으면서 풍미가 잘 어우러지도록 10분간 끓인다. 불에서 내린다.

오븐을 200℃로 예열한다. 33×23cm 크기의 베이킹 접시에 기름을 바른다.

작은 편수 냄비에 다음을 붓고 막 끓어오르기 시작할 때까지 가열한다.

  물 1⅓컵

  채소 또는 닭 육수나 국물 1컵

불에서 내린다. 커다란 그릇에 다음을 넣고 섞는다.

  고운 옥수숫가루 3컵

  식물성 기름 ⅓컵

  베이킹파우더 2작은술

  소금 1½작은술

옥수숫가루와 기름이 잘 섞이도록 젓는다. 뜨거운 육수 혼합물을 붓고 잘 젓는다. 반죽을 5분간 숙성시킨 후 다음을 넣고 섞는다.

  대란 2개, 잘 풀어두기

반죽 1½컵은 따로 보관해둔다. 준비해둔 베이킹 접시의 바닥에 나머지 반죽을 평평하게 간다. 숟가락으로 닭고기 필링을 떠 넣는다. 다음을 위에 얹는다.

  강판에 간 체더 치즈 3컵(340g)

따로 보관해둔 반죽에 다음을 붓는다.

  뜨거운 물 ¼컵

반죽을 일정한 두께로 얇게 펴서 파이 위에 얹는다.(반죽은 굽는 과정에서 치즈와 어우러진다.) 갈색으로 익을 때까지 40분 정도 굽는다. 15분간 식혔다가 자른다.

옥수수 빵 타말레 파이

6인분

『조이 오브 쿠킹』 1936년판에 처음 등장했던 레시피로, 원래 필링을 옥수숫가루 껍질로 완전히 감싸서 굽는 방식이었지만 다른 형태로 변형되었다.

커다란 프라이팬을 중강불에 올리고 다음을 넣어서 섞는다.

  다진 소고기 450g

  양파 중간 크기 1개, 굵게 썰기

고기가 갈색으로 익고 양파가 반투명한 상태가 되도록 10분 정도 볶는다. 다음을 추가한다.

  검은콩 통조림 1컵, 물기를 따라내고 헹구기

  물기를 따라낸 옥수수 통조림 또는 냉동 옥수수 1컵

  토마토 소스 1컵

  소 또는 닭 육수나 국물, 또는 물 1컵

  (깍둑썰기한 녹색 피망 ½컵)

  고춧가루 1큰술

  커민 가루 ½작은술

  소금 1작은술

  흑후추 ¼작은술

15분간 뭉근히 끓인다. 한쪽에 둔다.

오븐을 220℃로 예열한다. 1.9ℓ 용량의 얕은 캐서롤에 기름을 바른다.

중간 크기의 그릇에 다음을 넣고 잘 섞는다.

  고운 옥수숫가루 ¾컵

  중력분 1큰술

  설탕 1큰술

베이킹파우더 1½작은술

소금 ½작은술

작은 그릇에 다음을 넣고 잘 섞이도록 젓는다.

대란 1개

우유 ⅓컵

식물성 기름 1큰술

젖은 재료를 마른 재료 위에 붓고 잘 섞일 때까지 젓는다. 준비해둔 캐서롤에 고기 혼합물을 균일한 높이로 담고 옥수숫가루 반죽을 그 위에 붓는다. 옥수숫가루 반죽이 고기 혼합물 사이사이로 흘러내려서 보이지 않지만 굽는 과정에서 부풀어 올라 옥수수 빵 층이 형성된다. 옥수수 빵이 갈색으로 익을 때까지 20~25분간 굽는다.

킹 랜치 닭고기 캐서롤
8인분

전통 레시피대로 조리하려면 밀가루, 닭 육수, 사워크림 대신 **농축 닭고기 크림수프 통조림 320ml짜리 2개**를 사용한다.

오븐을 230℃로 예열한다. 33×23cm 크기의 베이킹 접시에 기름을 바른다.

다음을 준비한다.

옥수수 토르티야 12장

잘게 썬 몬터레이 잭 또는 오악사카 치즈 2컵(225g)

커다란 프라이팬을 중불에 올리고 다음을 넣어서 녹인다.

무염 버터 6큰술

다음을 넣고 저으면서 부드러워질 때까지 10~12분간 볶는다.

양파 중간 크기 1개, 잘게 썰기

붉은색 피망 1개, 잘게 썰기

포블라노 고추 1개, 잘게 썰기

(할라페뇨 고추 2개, 취향에 따라 씨를 빼고 잘게 썰기)

다음을 넣고 저으면서 1분간 더 볶는다.

마늘 3쪽, 다지기

고춧가루 1큰술

(카옌 고춧가루 ¼~½작은술 또는 취향에 따라 조절)

다음을 넣고 저으면서 2분간 볶는다.

중력분 ⅓컵

다음을 조금씩 부으면서 젓는다.

닭 육수 또는 국물 2컵

뭉근히 끓어오르도록 가열한 후 저으면서 걸쭉해질 때까지 5분 정도 끓인다. 불에서 내린 후 다음을 넣고 젓는다.

익혀서 깍둑썰기하거나 잘게 찢은 닭고기 3~4컵(뼈와 껍질을 제거한 생닭고기 약 680~900g 분량)

사워크림 또는 크레마 1컵

소금과 흑후추 적당량

기름을 바른 베이킹 접시의 바닥에 닭고기 소스를 얇게 펴서 깔고 그 위에 토르티야 6장을 얹는다. 남은 닭고기 소스의 절반을 토르티야 위에 붓고 골고루 편 후 치즈 절반을 훌훌 뿌린다. 남은 토르티야 6장을 얹고 남은 소스를 전부 다 부은 후 남은 치즈를 마저 뿌린다. 윗면이 갈색으로 익으면서 보글보글 기포가 올라올 때까지 40~45분간 굽는다. 10분간 식혔다가 낸다.

참치 채소 캐서롤
4~6인분

취향에 따라 버터/버섯/양파/밀가루/우유 혼합물 대신 **농축 버섯 크림수프 통조림 320ml짜리 1개**와 우유 ¾컵을 섞어서 사용할 수 있다.

오븐을 190℃로 예열한다. 20cm 크기의 베이킹 접시에 기름을 바른다.

커다란 냄비에 물을 붓고 소금을 넣어 팔팔 끓어오르면 다음을 넣고 삶는다.

건조 에그누들 115g

물기를 잘 뺀다. 중간 크기의 편수 냄비를 중불에 올리고 다음을 넣어 녹인다.

버터 4큰술(버터 스틱 ½개)

다음을 넣고 가끔 저으면서 채소가 살짝 부드러워질 때까지 5분 정도 볶는다.

버섯 170g, 얇게 썰기

(붉은색 또는 녹색 피망 ½개, 깍둑썰기하기)

양파 작은 것 1개, 잘게 썰기

다음을 넣고 저은 후 1분간 볶는다.

중력분 ¼컵

잘 저으면서 다음을 조금씩 붓는다.

우유 2½컵

눋지 않도록 잘 저으면서 부르르 끓어오를 때까지 가열한 후 불을 줄이고 10분간 뭉근히 끓인다. 불에서 내린 후 다음을 넣고 치즈와 참치가 뜨겁게 데워질 때까지 잘 젓는다.

잘게 썬 체더 치즈 1컵(115g)

통조림 또는 비닐 포장 참치 340g, 물기를 제거하고 잘게 부수기

물기를 제거한 에그누들을 소스에 넣고 다음을 추가한다.

(냉동 껍질콩 ½컵)

다진 파슬리 ¼컵

소금과 흑후추 적당량

모든 재료가 어우러지도록 잘 섞는다. 기름을 바른 베이킹 접시에 혼합물을 붓는다. 다음을 섞어서 맨 위에 훌훌 뿌린다.

마른 빵가루, 잘게 부순 크래커 가루, 잘게 부순 콘플레이크 또는 잘게 부순 양념 없는 감자 칩 ½컵

버터 2큰술, 녹이기

윗면이 갈색으로 익을 때까지 25~35분간 굽는다.

칠면조 테트라치니(Turkey Tetrazzini)
8인분

취향에 따라 버터/버섯/밀가루/닭 국물/우유 혼합물 대신 **농축 버섯 크림수프 또는 닭고기 크림수프 통조림 320ml짜리 2개**와 우유 ½컵 및 닭 육수 ½컵을 섞어서 사용할 수 있다. 먹다 남은 파스타를 활용한다면 파스타 4컵 정도가 필요하다. 익힌 칠면조고기 대신 닭고기를 사용해도 좋다.

오븐을 200℃로 예열한다. 33×23cm 크기의 베이킹 접시에 기름을 바른다.

커다란 냄비에 물을 붓고 소금을 넣은 다음 팔팔 끓어오르면 다음을 넣고 삶는다.

건조 스파게티, 마카로니 또는 에그누들 225g

그동안 편수 냄비를 중불에 올리고 다음을 넣어서 녹인다.

버터 6큰술(버터 스틱 ¾개)

다음을 넣고 저으면서 부드러워질 때까지 5분 정도 볶는다.

버섯 225g, 얇게 썰기

다음을 넣고 잘 섞이도록 젓는다.

중력분 ½컵

계속 저으면서 다음을 조금씩 붓는다.

닭 육수 또는 국물 2컵

일반 우유 또는 하프앤드하프 1½컵

(드라이 셰리 ¼컵)

부르르 끓어오르도록 가열한 후 불을 줄이고 소스가 균일한 농도로 걸쭉해질 때까지 5분 정도 뭉근히 끓인다. 다음을 넣고 섞는다.

익혀서 굵게 썬 칠면조고기 4컵(약 560g 분량)

파스타의 물기를 제거하고 칠면조 소스에 넣어서 얌전히 섞는다. 기름을 발라둔 베이킹 접시에 혼합물을 붓는다. 작은 그릇에 다음을 넣고 섞는다.

강판에 간 파르메산 치즈 ½컵(55g)

마른 빵가루 ½컵

치즈와 빵가루 혼합물을 캐서롤 위에 홀홀 뿌리고 중간중간 다음을 뿌린다.

버터 2큰술, 작은 조각으로 자르기

소스가 보글보글 끓어오르고 윗면이 노릇해질 때까지 25~35분간 굽는다.

치킨 엔칠라다

4~6인분

조리 시간을 단축해야 한다면 직접 만든 소스 대신 **시판 레드 엔칠라다 소스 4컵**을 사용한다. 약간 매콤하게 만들고 싶다면 멕시코식 아도보 Ⅱ(국물을 넉넉히 넣어 만든 것) 또는 뉴멕시코식 칠리 고추 소스를 레시피의 2배 분량만큼 준비해 아래에 소개한 소스 대신 넣는다. 닭고기는 시판 로티세리 치킨이나 먹다 남은 닭고기를 잘게 찢어서 사용해도 좋다. 생닭고기를 사용한다면 삶은 닭 레시피대로 조리해서 잘게 찢는다.

커다란 프라이팬을 중강불에 올리고 다음을 둘러서 가열한다.

식물성 기름 2큰술

다음을 넣고 자주 저으면서 양파가 반투명한 상태가 되고 가장자리가 갈색으로 익기 시작할 때까지 7분 정도 볶는다.

양파 큰 것 1개, 굵게 썰기

할라페뇨 고추 2개, 씨를 빼고 굵게 썰기

마늘 4쪽, 잘게 썰기

다음을 넣고 계속 저으면서 1분간 볶는다.

고춧가루 ¼컵

커민 가루 2작은술

다음을 넣고 뭉근히 끓어오르도록 가열한 후 자주 저으면서 5분간 조리한다.

깍둑썰기한 토마토 통조림 795g짜리 1개, 국물을 따라내기

(아도보 소스에 절인 통조림 치폴레 고추 2개, 굵게 썰기)

소금 1작은술

혼합물을 믹서나 푸드 프로세서에 넣고 아주 부드러워질 때까지 간다. 맛을 보고 싱거우면 소금을 더 넣는다. 엔칠라다 소스 ½컵을 중간 크기의 그릇에 넣고 다음을 추가한다.

익혀서 잘게 찢은 닭고기 2½컵(뼈와 껍질을 제거한 생닭고기 약 680g 분량)

한쪽에 둔다. 오븐을 200℃로 예열한다. 엔칠라다 소스를 33×23cm 크기의 베이킹 접시 바닥에 얇게 펴서 바른다. 다음을 준비한다.

옥수수 토르티야 12장 또는 18~20cm 크기의 밀가루 토르티야 8장

남은 엔칠라다 소스를 커다란 프라이팬에 붓고 중불에 올려서 따뜻하게 보관한다. 한 번에 몇 장씩 토르티야를 집게로 집어서 양쪽 면에 따뜻한 소스를 골고루 묻힌다. 그 상태에서 토르티야를 소스에 잠깐 담가두면 토르티야가 따뜻하게 데워지는 동시에 말랑말랑 잘 구부러지는 상태가 된다. 토르티야를 건져서 접시에 놓는다. 닭고기 혼합물을 2~3큰술 떠서 토르티야 가운데에 놓고 원통 모양으로 돌돌 만다. 옥수수 토르티야를 사용한다면 돌돌 마는 도중에 갈라지겠지만 상관없다. 이음매 부분이 아래로 가도록 엔칠라다를 차곡차곡 베이킹 접시에 담는다. 남은 소스를 위에 붓고 다음을 홀홀 뿌린다.

잘게 썬 체더, 몬터레이 잭 또는 오악사카 치즈 1컵(115g)

소스에서 보글보글 기포가 올라올 때까지 15분 정도 굽는다. 다음을 곁들여 낸다.

사워크림

굵게 썬 쪽파

굵게 썬 고수 잎

치즈 엔칠라다

치킨 엔칠라다 레시피에 따라 조리하되, 닭고기 대신 **잘게 썬 체더, 몬터레이 잭, 오악사카 치즈 또는 이를 섞어서 2½컵(285g)**만큼 더 추가한다.

소고기 또는 돼지고기 엔칠라다

치킨 엔칠라다 레시피에 따라 조리하되, 닭고기 대신 **먹다 남은 소고기 찜이나 돼지 어깨살 익힌 것을 잘게 썰어서 2½컵**만큼 추가한다.

엔칠라다 베르데

4~6인분

다음을 준비한다.

뉴멕시코식 칠리 고추 소스 Ⅱ 또는 구운 토마티요 시금치 소스 레시피의 ½ 분량(2½컵)

오븐을 200℃로 예열한다. 33×23cm 크기의 베이킹 접시에 기름을 살짝 바른다. 그릇에 다음을 넣고 섞는다.

익혀서 잘게 찢은 닭고기 4컵(뼈와 껍질을 제거한 생닭고기 약 680g 분량)

사워크림 ½컵

쪽파 4대, 잘게 썰기

다진 고수 잎 ¼컵

커민 가루 1작은술

소금 적당량

다음을 준비한다.

옥수수 토르티야 12장 또는 18~20cm 크기의 밀가루 토르티야 8장

토르티야를 차곡차곡 겹쳐서 포일로 감싼 후 부드럽고 말랑말랑해질 때까지 5분 정도 오븐에 굽는다. 기름을 발라둔 베이킹 접시의 바닥에 소스를 얇게 펼쳐서 바른다. 엔칠라다 하나당 닭고기 혼합물을 3큰술 정도 떠서 토르티야의 가운데에 놓고 원통 모양으로 돌돌 만다. 이음매 부분이 아래로 가도록 엔칠라다를 차곡차곡 베이킹 접시에 담고 남은 소스를 위에 붓는다. 윗면에 다음을 홀홀 뿌린다.

잘게 썬 체더, 몬터레이 잭 또는 오악사카 치즈 1컵(115g)

소스에서 보글보글 기포가 올라올 때까지 15분 정도 굽는다. 다음을 곁들여 낸다.

　사워크림

뉴멕시코식 엔칠라다 스택
4인분
뉴멕시코의 엔칠라다는 토르티야에 필링을 올리고 돌돌 말아 소스를 얹어서 굽는 방식이 아니라 토르티야와 칠리 소스, 치즈, 필링을 여러 겹으로 쌓아서 만든다. 치즈와 칠리 소스만으로 간단하게 만들어도 좋고, 더 푸짐한 필링을 넣어서 만들 수도 있다.
다음을 준비한다.

　옥수수 토르티야 12장
중간 크기의 프라이팬을 중불에 올리고 기름을 다음 높이까지 부어서 가열한다.(토르티야의 가장자리를 기름에 담그면 지글지글 끓어올라야 한다.)

　식물성 기름 1.2cm
토르티야를 기름에 넣고 중간에 한 번 뒤집어주면서 양쪽 면이 약간 부풀어 오를 때까지 총 30초 정도 살짝 튀긴다. 키친타월에 올려놓고 기름을 뺀다. 다음을 준비한다.

　(타코와 부리토의 속재료 중 선호하는 재료 2컵)

　뉴멕시코식 칠리 고추 소스 2컵

　잘게 썬 체더, 몬터레이 잭 또는 오악사카 치즈 3컵(340g)
오븐 받침대를 열원에서 15~20cm 떨어진 위치에 끼운다. 직화 오븐을 예열한다. 커다란 오븐 팬에 포일을 깐다.

　엔칠라다 스택을 만들려면 우선 오븐 팬에 토르티야 4장을 펼쳐놓는다. 토르티야마다 필링 ¼컵(사용할 경우), 소스 듬뿍 2큰술, 치즈 ¼컵씩 올려놓는다. 그 위에 토르티야를 한 번 더 올리고 옵션인 필링 ¼컵, 소스 듬뿍 2큰술, 치즈 ¼컵을 얹는다. 그 위에 세 번째 토르티야를 얹은 다음 남은 소스와 치즈를 적당히 나눠서 얹는다. 치즈가 녹을 때까지 직화 오븐에서 3~5분간 굽는다.

짭짤한 소스, 샐러드 드레싱, 양념장, 혼합 양념

이 마법의 액체가 없다면 삶이 얼마나 단조로울까. 조미료에서부터 물이나 기름에 첨가하는 필수 재료에 이르기까지, 우리가 먹는 거의 모든 음식에는 요리의 일정 단계에서 소스나 양념, 드레싱이 사용된다. 실제로 소스나 드레싱, 양념은 음식 자체의 맛에 대한 인식을 근본적으로 바꿔놓을 수 있으므로 이를 사용하는 것은 요리 과정 중에서도 가장 보람찬 작업이라 할 수 있다.

소스에 대해

살짝 곁들이기만 하든 음식의 맛을 좌우하는 역할을 하든 관계없이, 소스는 함께 먹는 음식의 풍미를 한층 살려야 소기의 목적을 달성한다. 소스는 재료나 요리가 이미 가지고 있는 풍미를 깊게 하거나 강조하기도 한다. 예를 들어 데미글라스를 바탕으로 만든 소스는 두툼하게 썬 프라임 립의 고기 풍미를 더욱 살려주고, 해선장과 피시 소스는 베트남식 쌀국수의 짭짤한 풍미를 한층 두드러지게 한다. 또한 음식과의 균형 또는 대조 효과를 노리면서 소스를 사용하기도 한다. 올랑데즈 소스는 아스파라거스의 신선한 채소 풍미에 풍부한 맛과 산미를 더하고, 푸석한 감자에 진한 고기 풍미의 그레이비나 새콤한 비네그레트를 곁들이면 퍽퍽한 느낌이 상쇄된다. 가스트리크, 모조, 살사 베르데 등 새콤하고 톡 쏘는 맛의 소스는 기름기가 많은 육류의 진한 맛에도 가려지지 않고 존재감을 드러낸다.

그뿐만 아니라 엔칠라다에서부터 에그 베네딕트, 뜨거운 버터밀크 비스킷에 이르기까지 소스는 음식을 촉촉하게 적시는 역할도 한다. 음식을 만든 후 나중에 추가하거나 병에 든 스테이크 소스 또는 핫소스처럼 따로 낼 수도 있다. 또한 소스는 추수감사절의 칠면조 그레이비, 사테의 진한 땅콩 소스, 소복하게 쌓은 녹색 채소에 뿌리는 드레싱, 파스타에 버무리는 밝은색의 푸타네스카 소스 등과 같이 음식에서 빼놓을 수 없는 역할을 한다. 하지만 절대 요리사에게 소스가 부담으로 작용해서는 안 된다. 대체로 소스는 간단하게 만들 수 있으며 쉽게 숙련도를 높일 수 있는 요리의 영역이다.

가정에서 요리하는 많은 사람이 소스에 부담감을 느끼는 가장 큰 이유는 아마도 프랑스 요리의 영향 때문일 것이다. 에스파뇰이나 베샤멜 등 정통 프랑스 요리의 소스는 만드는 과정이 복잡하고 어렵기로 유명하다. 실제로 일부 프랑스 요리에 사용되는 소스는 만드는 데 여러 시간이 소요되며, 밀가루를 아주 특정한 갈색으로 볶거나 계속해서 세게 저어주어야 한다. 하지만 다행히도 정통 프랑스 요리의 소스 중에서 진짜 만들기 번거로운 것은 고작 몇 가지에 지나지 않는다. 게다가 더 중요한 것은 아무리 프랑스 요리의 소스가 기가 막힌 맛을 낸다고 해도, 오늘날 우리가 즐기는 모든 종류의 소스에 비하면 극소수에 불과하다는 점이다. 사실 세상에는 밀가루와 버터를 듬뿍 넣어서 만드는 정통 소스 외에도 무수히 많은 근사한 소스들이 있다. 세계 곳곳의 식문화를 살펴보면 시큼한 타마린드와 소박하고 따뜻한 향신료를 섞어서 처트니를 만들거나 톡 쏘는 새우 페이스트에 향기가 진한 레몬그라스, 라임, 고수 잎을 넣어서 태국식 커리를 만드는 등, 전혀 다른 풍미를 섞어서 균형 잡힌 맛을 내는 전통을 찾아볼 수 있다. 중국과 동남아시아의 일부 소스는 발효 검은콩, 피시 소스, 간장 등 감칠맛이 진한 재료를 사용해 짭짤한 풍미를 살린다. 인도의 여러 소스는 대부분 향신료로 풍미를 내며, 향신료를 통으로, 굵게 빻아서 또는 곱게 갈아서 사용하고, 이를 볶거나 어느 정도 향을 날리거나 생으로 사용해 다채롭고 복잡한 풍미를 구현한다.

한마디로 말해 소스를 만드는 데에는 여러 방법이 있으며 이를 탐구하는 것은 요리와 맛에 대한 감각을 키울 수 있는 가장 좋은 방법이다. 진한 맛의 벨루테 소스든 매콤한 처트니든 풋풋한 향의 치미추리든 관계없이, 요리에 곁들일 소스를 선택할 때는 해당 요리의 맛을 잘 보완해주는 소스를 선택해야 한다는 점을 잊지 말자.

소스 만드는 도구에 대해

편수 냄비(saucepan) 중에서 옆면이 경사진 편수 냄비(saucier)는 끓이는 방식의 모든 소스를 만들 때 적합한데, 특히 정통 프랑스 소스를 만들 때 가장 좋다. 액체가 빨리 끓어오르며 경사진 옆면 덕분에 휘젓거나 섞기 좋으므로 소스를 졸여서 풍미를 농축시키기에 적합하다. 스테인리스스틸 소재의 제품은 휘젓거나 데글레이즈를 하면서 바닥을 긁어도 흠집이 잘 나지 않는다. 알루미늄은 산성 재료에 반응할 수 있으므로 피하는 것이 좋다.

가정용 레인지에서 손이 잘 닿는 곳에 간단한 도구를 몇 개 갖춰두면 소스를 훨씬 쉽게 만들 수 있다. **거품기**는 비네그레트, 올랑데즈, 마요네즈 등의 유화형 소스를 만들거나 루를 사용하는 소스와 그레이비의 덩어리를 제거하는 데 꼭 필요한 도구다. 마이크로플레인(Microplane)이라는 대표적 상표명으로 자주 불리는 **막대형 강판**은 익히지 않는 비네그레트, 살사, 식탁용 소스에 레몬 껍질, 육두구, 마늘 몇 쪽을 갈아서 넣을 때 우리가 가장 선호하는 도구다. 뭉근히 끓인 소스를 퓌레 형태로 갈 때는 **막대형 블렌더**를 사용하면 편리하다.(토마토를 조금 씹는 맛이 있는 질감으로 으깰 때는 감자 으깨는 도구나 숟가락 뒷면을 사용하면 좋다.) 아주 고운 질감의 소스를 만들려면 원뿔 모양으로 된, 눈이 고운 **시누아**(chinois) 체를 장만해도 좋고, 이 체에 소스를 부어 거르거나 혼합물을 넣고 긁어내는 도구나 으깨는 용도의 나무 절굿공이로 눌러 고운 질감을 만든다. **이중 냄비**는 달걀이 들어가는 몇 가지 섬세한 소스를 만들 때 사용한다. 이중 냄비가 없다면 편수 냄비에 물을 팔팔 끓이고 그 위에 우묵한 스테인리스스틸 냄비를 얹어도 훌륭하게 역할을 해낸다.

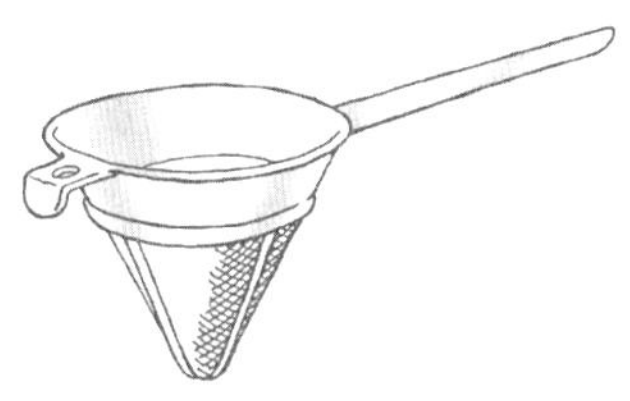

시누아 체

전기 믹서와 푸드 프로세서는 유화형 소스와 다양한 양념을 만들 때 수고를 크게 덜어주는 유용한 도구다. 그러나 이 도구를 사용하면 조리 과정에서 공기가 상당량 들어가기 때문에 소스의 질감과 풍미가 다소 변하기도 하며, 걸쭉한 소스에 잔거품이 생기고 풍미가 옅어지거나 일부 소스는 색이 연해지기도 한다. 페스토를 비롯한 페이스트를 만들 때도 믹서와 푸드 프로세서를 사용할 수 있지만, 많은 요리사들은 허브와 향신료가 들어간 페이스트를 만들 때 반드시 **절구와 절굿공이**를 고집한다. 절굿공이로 짓이기고 갈면 믹서나 푸드 프로세서를 쓰는 것보다 훨씬 재료에서 풍미 성분이 많이 나오기 때문이다.

소스 보관하기

화이트 소스, 벨루테, 토마토 소스, 브라운 소스, 그레이비를 포함해 대다수 소스는 냉장고에서 4~5일간 보관할 수 있다. 일반적으로 달걀, 크림 또는 우유로 만든 소스는 냉장고에서 2~3일 이상 보관하는 것을 권장하지 않는다. 다만 마요네즈는 예외로, 일주일 정도 냉장 보관할 수 있다.

좀 더 오래 보관하려면 얼음 틀에 소스를 부어 얼린 다음, 틀에서 꺼내 지퍼백에 담은 후 냉동실에 두고 필요할 때마다 몇 개씩 꺼내 쓰는 방법도 있다. 얼린 소스는 이중 냄비에 넣어서 녹이는데, 큼직하게 얼린 소스 4개를 녹이면 ½컵 정도의 분량이 된다. 심지어 올랑데즈, 베아르네즈 소스도 냉동이 가능하지만, 데울 때는 상당한 주의가 필요하다. ▶ 섬세한 소스를 데우려면 이중 냄비나 따뜻한 물 또는 얌전히 끓는 물에 다른 용기를 넣어서 중탕하는 것이 가장 좋다. 마요네즈는 얼리면 분리되기 때문에 냉동실에 넣으면 안 된다.

비네그레트는 냉장고에서 몇 주간 보관할 수 있지만 신선한 허브, 치즈, 마늘 이외의 다른 채소로 만든 비네그레트는 만든 직후에 먹어야 가장 맛있다.

산성이 강한 소스나 바비큐 소스처럼 한 번 끓인 양념은 한 달 이상 냉장고에 두고 먹을 수 있다.

증점 재료(소스를 걸쭉하게 만드는 재료)에 대해

일반적으로 소스는 음식에 끼얹었을 때 살짝 흘러내리거나 '숟가락을 담갔다 꺼냈을 때 뒷면에 코팅될 정도'로 걸쭉하게 만든다. 밀가루나 옥수수 전분처럼 가루 재료를 뜨거운 액체에 바로 넣으면 매끄럽게 갤 수 없는 덩어리가 생기므로 주의한다. ▶ 우선 전분을 기름이나 차가운 액체에 넣어서 섞은 후 세게 저으면서 소스에 조금씩 붓는다.

루

짭짤한 소스를 걸쭉하게 만들 때 가장 보편적으로 사용하는 재료는 지방과 밀가루를 보통 동일 분량으로 섞어서 만드는 루(roux)다. 지방이 밀가루를 매끄럽게 감싸주므로 액체와 섞어도 덩어리가 생기지 않는다. 사용하는 지방은 버터, 슈말츠, 고기에서 녹아나온 기름 또는 일반 기름 등이다. 루는 지방을 녹이거나 데우다가 밀가루를 넣고 약불에서 계속 저으면서 조리하는 과정을 통해 완성된다. 루를 너무 빨리 만들면 결이 거칠어지고 타기 쉽다. 지방이 표면에 둥둥 떠오르면 루가 분리된 것이다. 루가 분리되었다면 버리고 새로 시작하는 방법밖에 없다.

루에는 화이트, 블론드, 브라운이라는 세 종류가 있다. 베샤멜 소스를 만들 때 사용하는 흰색의 **화이트 루**는 버터와 밀가루가 골고루 섞일 때까지만 가열한 후, 루가 색을 띠기 전에 세게 저으면서 액체를 넣는다. 그레이비, 벨루테 소스, 일부 크림소스에 사용하는 노란색의 **블론드 루**는 버터와 밀가루 혼합물에서 은은한 견과류 향이 나기 시작하면서 상아색으로 변할 때까지 가열한다. 케이준과 크레올 요리의 기본 재료인 갈색의 **브라운 루**는 버터와 밀가루 혼합물에서 강한 견과류 향이 나면서 붉은빛을 띠는 진한 갈색으로 변할 때까지 조리한다. 이 단계까지 조리한다면 1분만 더 지나도 루가 타서 쓴맛이 나기 때문에 특히 주의해야 한다. ▶ 루의 색이 진해질 때까지 조리한다면 약불보다는 중불이나 중약불에 조리해야 훨씬 쉽다. ▶ 루의 색이 진해질수록 걸쭉하게 만드는 성질은 약해진다.(오래 가열하면 밀가루 안의 전분이 분해되기 마련이다.)

루가 원하는 색깔을 띠면 잘 저으면서 우유, 육수 또는 다른 액체 재료를 조금씩 붓는다. 미리 루를 만들어놓았다면 섞기 전에 우선 루를 데우거나 추가할 액체 재료를 데우는 것이 중요하다. 아주 뜨거운 루와 아주 뜨거운 액체를 섞으면 재료가 튀어 오르면서 타버리고, 차가운 루와 차가운 액체를 섞으면 덩어리가 지므로 어느 한쪽은 따끈하게 데워서 섞어야 한다. 루와 액체 재료를 섞은 후에는 소스가 걸쭉해지면서 뭉근하게 끓어오를 때까지 계속 저으면서 조리한다. 어느 정도 걸쭉해지면 약불에서 원하는 농도가 되도록 졸인다. 뭉근히 몇 분 정도 끓이다 보면 밀가루 맛은 사라진다. 덩어리가 생겼다면 소스를 고운체에 한 번 걸러서 사용한다.

시간을 절약하려면 미리 루를 대량으로 만들어놓고 냉동실에 넣어두는 방법을 고려해보자. 냉동한 루는 몇 달 정도 보관할 수 있다. 루를 원하는 색으로 조리한 후 아직 말랑말랑할 때 숟가락으로 떠서 얼음 틀에 넣어 얼린다. 얼린 소스를 지퍼백에 담아서 냉동실에 보관한다. 소스를 걸쭉하게 만들려면 얼린 루를 뜨거운 액체 재료에 넣고 원하는 농도가 되도록 조리한다. 얼린 블론드 루 조각 1개, 즉 2큰술이면 대략 액체 1컵 정도를 걸쭉하게 만들 수 있다.

필레 가루

필레 가루(filé powder)는 사사프라스 잎을 갈아서 만든다. 필레를 검보에 넣으면 농도가 걸쭉해지고 풍미를 더할 수 있다. 필레를 가열하면 실처럼 늘어지며 지저분해지므로 검보를 불에서 내린 후에 넣는다. 사실 필레는 각자 넣어 먹을 수 있도록 식탁에 따로 내는 경우가 많다. 필레를 넣은 음식은 식혔다가 다시 데우기에 적합하지 않으므로 검보를 먹을 만큼만 덜어서 필레를 넣고 걸쭉하게 농도를 맞춘다.

밀가루

물에 갠 밀가루는 그레이비와 소스를 걸쭉하게 만드는 용도로 사용할 수 있지만 루를 사용하는 것만큼 맛있게 완성되지는 않는다. 밀가루와 찬물 또는 육수를 1:2 비율로 잘 섞어서 부드러운 페이스트를 만든다. 펄펄 끓는 육수나 프라이팬에 흘러나온 고기 기름 또는 육즙에 이 밀가루 페이스트를 적당량 넣는다. 걸쭉해질 때까지 소스를 가열하고 자주 저으면서 3분 이상 뭉근히 끓여서 밀가루를 익힌다. 케이크와 페이스트리용 박력분은 단백질 함량이 낮아서 짧은 시간에 부드러운 그레이비를 만들 수 있다. 완드라(Wondra)라는 상표명으로 유명한 즉석 밀가루는 물에 개지 않고 바로 그레이비와 소스에 넣어서 섞을 수 있으며 혼합물이 어느 정도 걸쭉해지면 다 익으므로 더 이상 조리할 필요가 없다. 밀가루 2큰술을 물 ¼컵에 개어 페이스트를 만들면 대략 1컵 정도의 액체 재료를 걸쭉하게 만들 수 있다.

갈색으로 구운 밀가루

갈색이 되도록 오븐에 구운 밀가루는 그레이비의 색과 풍미를 돋우기 위해 사용한다. 밀가루를 구우려면 비용은 많이 들지 않지만 시간이 오래 걸리는데, 그래도 시도할 만한 가치는 충분하다. 오븐을 120℃로 예열한다. 밀가루 1컵을 묵직한 베이킹 팬에 균일한 두께로 얇게 편다. 밀가루가 골고루 갈색으로 구워지도록 가끔 팬을 흔들어가면서 굽는다. 다 구워지면 밀가루가 연한 갈색을 띠면서 고소한 구운 음식 향을 풍긴다. 브라운 루처럼 색이 너무 진해질 때까지 구우면 쓴맛이 나고 걸쭉하게 만드는 성질이 줄어들므로 주의한다. 적당히 갈색으로 구운 밀가루라도 걸쭉하게 만드는 효과는 일반 밀가루의 절반 정도에 불과하다. 병에 담아 뚜껑을 단단히 봉해서 보관하고 위의 설명처럼 밀가루 페이스트를 만들 때 사용한다.

옥수수 전분

옥수수 전분은 증점력이 뛰어난 재료다. 밀가루의 거의 2배에 달하는 효과를 자랑하며, 옥수수 전분을 넣으면 소스에 윤기가 돌고 반투명한 상태로 완성된다. 옥수수 전분을 뜨거운 액체에 바로 넣으면 부드럽게 갤 수 없는 덩어리가 생긴다. 차가운 액체에 옥수수 전분을 조금 넣고 개어 걸쭉한 **곤죽**을 만든다. 이 곤죽을 소스가 완성되기 직전에 뭉근히 끓는 소스에 넣고 잘 젓는다. 옥수수 전분은 거의 넣자마자 바로 걸쭉해지는 효과가 나타나므로 분량이 얼마나 필요한지 쉽게 판단할 수 있다. 옥수수 전분 1작은술을 찬물 2큰술에 넣어 녹인 것은 액체 재료 1컵을 걸쭉하게 만들 수 있다. ▶ 너무 오래 가열하면 옥수수 전분으로 걸쭉하게 만든 소스가 다시 묽어진다. 「재료 자세히 이해하기」 장의 옥수수 전분 항목도 함께 참고한다.

칡가루

소스를 걸쭉하게 만들 때 사용하는 모든 재료 중에서 가장 섬세한 질감의 소스를 완성하게 해주는 재료가 칡가루다. 차가운 액체에 녹이면 옥수수 전분과 비슷한 역할을 하며 소스가 거의 다 완성된 단계에서 붓고 잘 저어주면 걸쭉해지면서 반짝반짝 윤기가 돈다. 옥수수 전분보다 증점력이 더 뛰어나서 오래 가열해도 잘 묽어지지 않는다. ▶ 그러나 칡가루는 소스를 만든 후 10분 이내에 먹을 경우에만 사용해야 한다. 오래 보관할 수 없으며 데워서 먹을 수도 없다. 칡가루는 특별한 맛이 없고 밀가루처럼 날 것의 느낌을 없애기 위해 조리할 필요가 없으며 밀가루나 옥수수 전분보다 낮은 온도에서도 걸쭉하게 만드는 효과를 발휘하기 때문에 달걀을 사용한 소스나 끓이지 않고 만드는 소스에 가장 적합하다. 칡가루 1큰술을 찬물 2큰술에 넣어 녹인 것은 액체 재료 1컵을 걸쭉하게 만들 수 있다. 유제품이 들어간 소스를 걸쭉하게 만들 때는 칡가루를 사용해서는 안 된다. 칡 항목도 함께 참고한다.

감자 전분

일부 요리사들은 몇 가지 섬세한 소스를 걸쭉하게 만들 때 밀가루보다 감자 전분을 선호한다. 차가운 액체에 개어서 뭉근히 끓는 육수에 넣는다. 감자 전분을 사용할 때는 밀가루를 넣을 때보다 더 약하게 끓는 액체에 넣어야 하며 소스는 반투명한 상태로 완성된다. ▶ 너무 오래 가열하면 소스가 묽어진다. 감자 전분은 앞에 소개한 옥수수 전분과 같은 방법으로 사용한다. 감자 전분 항목도 함께 참고한다.

타피오카 전분

타피오카 전분은 카사바 뿌리에서 추출한 것이다. 소스, 투명한 과일 글레이즈, 과일 필링을 걸쭉하게 만들 때 사용하며, 밀가루로 걸쭉하게 만든 소스와는 달리 냉동해도 조직이 망가지지 않으므로 차갑게 식히거나 얼려서 먹는 요리에 많이 쓴다. ▶ 타피오카 전분으로 걸쭉하게 만든 액체를 끓이면 실 같은 것이 생기면서 지저분해지므로 끓어오르지 않도록 주의한다. 일단 액체가 뭉근히 끓어오를 기미가 보이면 불에서 내린 후 15분간 그대로 두되, 처음 5분간 한두 번만 저어주면 소스가 적당한 농도로 완성된다. 타피오카 전분 1작은술을 찬물 1큰술에 넣어 녹인 것은 액체 재료 1컵을 걸쭉하게 만들 수 있다. 타피오카 전분 항목도 함께 참고한다. ▶ 타피오카 전분을 카사바 가루와 혼동하지 않도록 주의한다.

달걀노른자

달걀노른자는 소스를 걸쭉하게 만들 뿐만 아니라 영양과 풍미도 한층 더해준다. 노른자는 지방과 단백질 함량이 높고 지방과 비슷한 분자인 레시틴이 들어 있다. 이 모든 요소 덕분에 노른자를 사용해 소스를 걸쭉하게 만들고 유화시킬 수 있다. ▶ 달걀노른자를 절대 뜨거운 액체에 바로 넣어서는 안 된다. 항상 별도의 용기에 노른자를 넣고 뜨거운 액체를 소량 부은 후에 섞어서 어느 정도 중화시켜야 한다. 그다음 뜨거운 액체를 조금 더 붓는다. 소스를 불에서 내린 후 이 달걀 혼합물을 나머지 뜨거운 액체에 붓고 약불에 올려 저으면서 소스가 걸쭉해질 때까지 조리한다. ▶ 소스가 팔팔 끓으면 덩어리로 뭉치기 때문에 끓지 않도록 주의한다. 만약 끓어올랐다면 걸러서 사용한다. 불의 세기를 아주 세밀하게 조절할 수 있는 경우가 아닌 이상, 달걀노른자로 소스를 걸쭉하게 만들 때는 일반적으로 이중 냄비를 사용하는 것이 안전하다. 달걀노른자

2~3개를 사용하면 액체 재료 1½컵 정도를 어느 정도 걸쭉하게 만들 수 있다.

달걀노른자를 계속 저으면서 녹인 버터나 기름을 아주 조금씩 흘려 넣으면 상당히 뻑뻑한 유화액이 형성된다. 이 유화액을 적당히 양념하면 올랑데즈 또는 마요네즈의 기본 재료가 된다.

리덕션(졸이기)

리덕션(reduction)은 소스를 걸쭉하게 만들고 풍미를 농축시키는 또 하나의 보편적인 방법이다. 데미글라스 소스와 에스파뇰 소스는 아주 오랫동안 뭉근히 끓이는 과정에서 액체를 증발시켜 걸쭉하게 만들기도 한다. ▶ 소스를 졸여서 걸쭉하게 만들 계획이라면 일단 적당한 농도로 졸인 다음에 간을 해야 얼굴을 찌푸릴 정도로 짜게 되는 것을 방지할 수 있다. 걸쭉한 소스를 졸일 때는 눌어붙지 않도록 아주 약한 불에서 졸인다.

소용돌이 형태로 저은 버터

엄밀히 말해 소스를 걸쭉하게 만드는 것은 아니지만, 버터를 조금씩 넣고 큰 원을 그리면서 저어주면 소스의 맛이 풍부해지고 농도도 진해진다. 버터를 넣은 후에는 반드시 소스를 즉시 식탁에 올려야 하고 보관했다가 데워서 먹을 수는 없다. 소스를 버터로 마무리할 때는 취향에 따라 소스를 체에 한 번 거른 후, 은근하게 데우면서 차가운 버터를 작게 잘라 한 조각씩 넣고 큰 원을 그리면서 소스를 천천히 저으면 버터가 녹으면서 소용돌이 무늬가 생긴다. 버터가 완전히 녹기 전에 냄비를 불에서 내리고 계속 젓는다. 일반적으로 소스 1컵에 버터 1큰술 정도를 사용한다. 향이 별다른 문제가 되지 않는다면 가향 버터도 사용할 수 있다. 버터로 마무리한 소스 중에서 가장 대표적인 것으로는 뵈르 블랑을 꼽을 수 있다.

뵈르 마니에(밀가루를 넣고 치댄 버터)

뵈르 마니에(beurre manié)는 조리를 마무리하는 단계에서 묽은 소스를 걸쭉하게 만드는 데 두루 사용하는 일종의 만능 해결책이다. 치댄 버터를 넣은 후에는 ▶ 소스가 끓어오르지 않도록 주의한다. 밀가루 맛이 날아가고 액체가 걸쭉해질 정도로만 뭉근히 조리한다. 뵈르 마니에를 만들 때는 말랑하게 녹인 버터 2큰술에 밀가루 2큰술을 넣고 포크로 골고루 섞는다. 완두콩 크기만 한 뵈르 마니에를 뜨거운 액체에 넣고 모든 재료가 잘 어우러지면서 소스가 걸쭉해질 때까지 계속 젓는다. 완두콩만큼의 분량은 대략 액체 1컵을 걸쭉하게 만들기에 충분하다.

빵가루와 견과류 가루

식감이 더욱 살아나고 소스가 걸쭉해지도록 곱게 간 빵가루와 견과류 가루를 소스에 첨가할 수 있다. 페스토, 로메스코 소스, 그린 몰레와 레드 몰레는 견과류나 씨앗을 갈아서 걸쭉하게 만든 것이다. 매콤한 지중해식 마요네즈인 루예에 빵가루를 넣으면 식감이 살아난다. 레드 몰레 같은 소스를 걸쭉하게 만들 때는 옥수수 토르티야를 사용하기도 한다.

크림과 크렘 프레슈

헤비크림은 일단 뭉근히 끓여서 부피를 줄인 후에 소스를 걸쭉하게 만드는 용도로 사용할 수 있다. 그레이비나 팬 소스 같은 소스에 바로 넣을 수도 있고, 크림을 따로 가열한 다음 소스에 넣어도 좋다. 어떤 방법으로 조리하든 ▶ 크림이 끓어오르지 않도록 속이 깊고 바닥이 묵직한 팬을 사용하고, 크림이 원래 부피의 절반 정도로 줄어들 때까지 조리한다. 이렇게 부피를 줄인 크림은 대량으로 화이트 소스에 사용하거나 그 외의 다른 모든 소스에 소량씩 사용해 부드럽고 매끄러운 느낌으로 마무리할 수 있다. 크렘 프레슈를 숟가락으로 떠서 뭉근히 끓는 소스에 넣으면 점도와 농도가 진해지며 은은하게 톡 쏘는 풍미가 난다. 크렘 프레슈와 사워크림은 농도가 비슷하지만 크렘 프레슈는 끓여도 분리되지 않는 반면 사워크림은 분리된다.

퓌레

익힌 채소나 과일, 쌀로 만든 퓌레는 소스의 농도를 진하게 만들고 풍미를 돋우는 훌륭한 재료다. 퓌레는 아주 매끄럽고 곱게 갈 수도 있지만 약간 씹히는 맛이 있게 완성할 수도 있다. 감자나 흰콩처럼 전분 함량이 높은 채소의 퓌레를 넣으면 소스가 상당히 걸쭉해지며, 구운 고추나 푹 삶은 양파 등 전분 함량이 낮은 채소나 과일의 퓌레를 넣으면 증점 효과가 크게 나타나지 않는다.

잔탄검

잔탄검은 아주 소량만 사용해도 소스를 걸쭉하게 만들 수 있으며 소스의 풍미나 색에 영향을 미치지 않는다는 장점이 있다. 잔탄검은 옥수수 전분처럼 물에 갤 필요 없이 뜨겁거나 차가운 액체에 직접 넣어서 세게 젓거나 섞을 수 있다. 잔탄검으로 소스를 걸쭉하게 만들 때는 잔탄검이 잘 흩어지도록 소스를 빨리 저어주는 것이 중요하다. 거품기를 사용해 저을 수도 있지만 막대형 블렌더나 믹서를 사용하는 편이 더 좋다. 막대형 블렌더 또는 믹서의 용기(또는 속이 깊고 폭이 좁은 그릇이나 유리병)에 소스를 붓는다. 믹서를 작동시킨 후 소스 2컵당 잔탄검 ¼작은술의 비율로 잔탄검을 살살 뿌린다. 잔탄검이 완전히 퍼지도록 30초가량 돌린다. 잔탄검을 너무 적게 넣었다면 상관없지만 너무 많이 넣으면 미끌거리고 질척해지므로 주의한다. 잔탄검을 소량 넣은 후에도 소스가 너무 묽다면 원하는 점도가 될 때까지 한 번에 ⅛작은술씩 더 넣으면서 상태를 본다. 잔탄검에 대한 자세한 내용은 1053쪽을 참고한다.

소스 식탁에 올리기

식탁에 뜨거운 소스를 낼 때 손잡이와 따르는 입구가 있는 그레이비용 그릇을 전통적으로 많이 사용하는데, 작은 도자기 용기나 그 외의 작은 내열 용기도 비슷한 역할을 할 수 있다. 메뉴에 랍스터, 아티초크 또는 아스파라거스가 있을 때 작은 항아리나 냄비 모양의 1인용 그릇에 소스를 담아서 내면 식탁에 앉은 사람들이 각자 개인 소스에 음식을 찍어 먹을 수 있다.(혼자서 먹는 소스이므로 여러 번 찍어 먹어도 상관없다.) 곁들이는 음식과 마찬가지로, 뜨겁게 내는 소스는 당연히 뜨겁게 보관해야 한다. 뷔페 식탁에 차리는 소스는 작은 편수 냄비에 담아서 받침대에 올려놓고 아래에서 촛불로 데우거나 신선로 냄비에 담아서 따끈한 온도를 유지한다. 또는 우묵한 쟁반에 뜨거운 물을 담고 소스가 담긴 용기를 올려서 중탕으로 데우고, 필요할 때마다 뜨거운 물을 갈아준다. 달걀이 들어간 소스를 너무 뜨겁게 보관하면 눌거나 분리되므로 특히 주의한다. 기억할 점은 ▶ 소스를 뷔페 식탁이나 신선로 냄비에 너무 오랫동안 두면 안 되고, 어떤 소스라도 2시간 이상 방치해서는 안 된다는 것이다.

요구르트나 크림을 사용한 소스 및 마요네즈처럼 차가운 온도를 유지해야 하는 소스는 소스 용기를 얼음에 절반쯤 담가서 차갑게 보관한다.

그레이비와 팬 소스에 대해

그레이비와 팬 소스는 육류 또는 가금류를 굽거나 지지거나 볶는 과정에서 흘러나온 육즙을 활용해 만든다. 전통적인 그레이비는 밀가루를 넣어서 걸쭉하게 만들지만 팬 소스는 그렇지 않다. 고기를 볶거나 굽거나 갈색으로 지지는 과정에서 나오는 풍미 진한 잔여물과 바닥에 달라붙은 갈색 조각을 의미하는 퐁(fond, 바닥 또는 바탕이라는 뜻)은 가금류 및 육류 요리에 곁들여 내는 팬 소스의 기본 재료가 된다. 또한 육수를 지칭할 때 퐁이라는 단어를 사용하기도 한다.

밀가루로 소스를 걸쭉하게 만들 계획이든 아니든, 첫 번째 단계는 팬에서 육류나 가금류를 꺼내고 팬에 있는 **여분의 기름기를 제거하는** 것이다. 이 작업을 신속하게 하기 위해서는 몇 가지 방법이 있다. 첫 번째는 팬에 남은 육즙을 내열 유리 용기에 전부 붓고 용기째 찬물에 담그는 것이다. 금세 기름이 위로 떠오르므로 숟가락으로 걷어내면 된다. 또한 **그레이비 또는 기름 분리기를** 사용할 수도 있다. 육즙보다 기름이 더 많을 때 적합한 또 하나의 방법은 스포이드 형태의 배스터(baster)를 사용하는 것이다. 팬에 남은 액체에 배스터를 꽂아서 맨 위 기름층 아래에 있는 맛있는 육즙을 뽑아낸다.

두 번째 단계는 물이나 와인, 육수 ¼컵을 붓고 팬 바닥과 옆면에서 갈색 조각을 긁어가면서 잘 저어서 **데글레이즈를** 하는 것이다.(팬을 계속 가열하는 중이라서 갈색 조각을 긁어내기 전에 액체가 증발해버리면 액체 재료를 보충한다.) 사용하는 팬이 프라이팬이나 더치오븐이라면 팬에 약간의 기름을 남겨두고 잘게 썬 양파나 샬롯을 넣어서 데글레이즈를 해도 좋다. 중불에 올리고 저으면서 수분이 빠져나올 때까지 조리한다. 조금씩 수분이 흘러나오는 동시에 팬을 젓고 바닥을 긁어주면 팬에서 맛있는 조각이 떨어져 나온다. 이 시점에서 팬에 와인이나 육수를 더 붓거나 기름을 걷어낸 육즙을 다시 팬에 붓는다. 소스를 육류 또는 가금류 요리에 사용한다면 그에 맞는 적당한 육수를 선택하고, 와인으로 데글레이즈를 한다면 식탁에 올리는 와인과 잘 어울리는 것으로 고른다.

프라이팬에서 조리한 육류의 육즙으로 팬 소스를 만든다면 그냥 같은 프라이팬을 사용해도 상관없다. 그러나 구이 팬은 소스를 만들기에 그다지 적합한 도구가 아니므로 편수 냄비를 사용하는 것이 훨씬 편하다. 우선 구이 팬에서 기름이나 팬에 남은 육즙을 따라내고 위에 설명한 것처럼 여분의 기름을 제거한다. 풍미가 진한 액체 재료로 구이 팬에서 데글레이즈를 한다. 루를 사용해서 팬 소스의 점도를 높여 그레이비를 만든다면, 편수 냄비에 루를 만든 후(취향에 따라 육즙에서 걷어낸 기름으로 루를 만들어도 좋다.) 데글레이즈한 팬의 육즙을 붓고 저어서 뭉근히 끓이면서 걸쭉하게 졸인다. 루를 사용하지 않는다면 그레이비와 팬 소스에 크림, 밀가루를 넣고 치댄 버터 또는 옥수수 전분을 넣어서 점도를 높이거나 버터 조각을 넣고 소용돌이 형태로 저어서 마무리한다. 식사 인원이 많을 때 모두에게 부족하지 않도록 그레이비를 넉넉히 준비하려면 기름 대신 버터를 추가하고 밀가루와 따뜻한 육수를 보충해 레시피의 분량을 알맞게 늘린다.

조림 국물도 일종의 팬 소스로 변신할 수 있다. 육류와 큼직한 채소 덩어리를 꺼내고 기름을 최대한 걷어낸다. 취향에 따라 조림 국물을 체에 거르거나 퓌레 상태로 갈아서 아주 매끄러운 질감의 소스를 만들 수 있으며, 다시 불에 올려서 뭉근히 끓어오를 때까지 가열한 후 걸쭉해질 때까지 졸이거나 밀가루를 넣고 치댄 버터를 넣어 소스가 원하는 점도에 도달할 때까지 잘 젓는다.

기본 팬 그레이비

약 1컵

루를 사용해서 만든 그레이비로 가금류, 소고기, 돼지고기 그리고 맛이 순한 어린 양고기와 사슴고기에 적합하다. 취향에 따라 일단 육즙을 한 번 거르고 여분의 기름기를 걷어낸 다음, 그 기름 중 일부를 다시 팬에 부어 루를 만들어도 좋다. 농도를 걸쭉하게 만드는 용도로 밀가루 이외의 재료를 사용한다면 증점 재료(소스를 걸쭉하게 만드는 재료)에 대해 항목을 참고해 아래에 소개하는 액체 재료의 분량이라면 증점 재료를 얼마나 넣어야 하는지 파악한다. 이 레시피는 스테이크, 촙, 토막 낸 닭고기처럼 비교적 작게 손질한 고기를 프라이팬에 조리할 때 가장 적합하다. 고기를 구이 팬에 조리했다면 그레이비와 팬 소스에 대해 항목을 참고해 가장 편리한 방법을 찾는다.

육류나 가금류를 팬에서 꺼내 플래터에 옮겨 담고 따뜻하게 보관한다. 팬에 흘러나온 육즙을 따라내고 다음을 남기거나 추가한다.

육즙에 뜬 기름 2큰술 또는 기름이 부족할 경우 버터를 보충해서 2큰술로 맞추기

프라이팬을 중약불에 올린다.(버터를 사용한다면 버터를 녹인다.)

다음을 조금씩 넣으면서 잘 젓는다.

중력분 1~2큰술(걸쭉한 소스를 만든다면 중력분을 더 많이 넣는다.)

계속 저으면서 루의 질감이 매끄러워지고 밀가루에서 고소한 견과류 냄새가 날 때까지 5분 정도 조리한다. 다음을 조금씩 부으면서 잘 젓는다.

팬에 흘러나온 육즙의 기름을 제거하고 육수, 와인, 맥주, 크림, 우유 또는 물을 적당량 보충해 1컵 분량으로 만들기

걸쭉해지도록 최대 10분 정도 은근히 끓인다. 다음으로 간을 하고 맛을 낸다.

소금과 흑후추

(타임, 로즈메리, 세이지 등 다진 신선한 허브 또는 말린 허브를 부순 것)

(곱게 간 레몬 껍질 또는 레몬즙)

취향에 따라 그레이비를 체에 걸러서 보관했다가 따끈하게 데워서 낸다.

간단한 팬 소스나 그레이비

약 1컵

이 소스는 간단하게 만들어서 오븐에 구운 닭, 칠면조, 돼지 허릿살에 곁들이기 좋다. 앞서 언급한 루를 사용해서 만드는 그레이비와 달리 이 소스는 굳이 걸쭉하게 만들 필요는 없지만, 밀가루를 넣고 치댄 버터를 추가하면 번거롭게 루를 만들지 않고도 그레이비와 비슷한 점도를 얻을 수 있다. 이 레시피에서 소개하는 분량은 작은 닭 1마리에 적합한 양이다. **간단한 칠면조 그레이비를** 만든다면 칠면조를 구운 팬에 **화이트와인, 셰리, 육수 또는 물 ½컵을** 부어서 데글레이즈를 한 다음 **닭 또는 칠면조 육수 4컵을** 부어서 끓이다가 **부드럽게 녹인 버터 4큰술과 밀가루 ¼컵을** 섞어서 만든 페이스트를 넣어 걸쭉한 점도로 완성한다.

고기를 플래터에 옮겨 담고 구이 팬에 다음을 붓는다.

드라이 화이트와인, 셰리, 포트 와인, 마데이라 또는 물 ¼컵

중강불에 맞춘 버너 두 구에 구이 팬을 올린다. 육즙이 뭉근하게 끓어오르면 나무 숟가락으로 팬의 바닥에 눌어붙은 갈색 조각을 긁어낸다. 이 혼합물을 내열 유리 용기에 붓고 기름이 위에 떠오를 때까지 기다렸다가 기름을 걷어내서 버린다.(그레이비 분리기를 사용할 수도 있다.) 기름을 걷어낸 혼합물을 작은 편수 냄비에 붓는다. 고기에서 나온 육즙을 넣고 다음을 추가한다.

닭이나 칠면조 육수 또는 국물 ¾컵

뭉근히 끓어오르도록 가열한다. 취향에 따라 소스를 걸쭉한 그레이비 형태로 완성하려면 다음을 섞어서 부드러운 페이스트 형태로 만든다.

(버터 1큰술, 말랑하게 녹이기)

(중력분 1큰술)

뭉근히 끓는 소스를 잘 저으면서 버터와 밀가루 페이스트를 조금씩 떼어 넣고 걸쭉해질 때까지 끓인다. 다음으로 간을 한다.

레몬즙 또는 식초 몇 방울

소금과 흑후추 적당량

칠면조 내장 그레이비
약 4컵

전통적으로 칠면조 구이에 곁들이는 이 그레이비는 갈색의 진한 내장 육수와 블론드 루를 사용해 풍부한 맛을 살린다.(더 간단한 방법을 선호한다면 앞에서 소개한 간단한 칠면조 그레이비 레시피를 참고한다.) 이 그레이비는 칠면조를 굽는 동안 또는 최대 이틀 전에 미리 준비해두었다가 칠면조를 다 구운 후 팬에 흘러나온 육즙을 추가해서 완성할 수 있다. 칠면조를 살 때는 내장이 함께 들어 있는지 확인해야 하는데, 보통 칠면조 내장은 종이나 비닐랩으로 감싸서 배 속에 넣어 판매한다. 만약 내장이 들어 있지 않다면 내장을 따로 구해야 한다. 칠면조에 내장이 포함되어 있다고 해도 이 레시피의 분량을 1½~2배로 늘리려면 추가로 내장을 더 구입해야 할 수도 있다.

다음을 깨끗이 씻은 후 톡톡 두드려 물기를 제거한다.

칠면조 1마리의 목, 염통, 모래주머니, 간

목은 5cm 길이로 썬다. 염통은 세로로 반 자르고 모래주머니는 이음매 부분을 잘라서 몇 조각으로 나눈다. 결합 조직이나 힘줄을 제거하고 간에 붙어 있는 지방을 떼어낸 후 한쪽에 둔다. 널찍하고 커다란 편수 냄비를 중불에 올리고 다음을 둘러서 가열한다.

식물성 기름 2큰술

간을 제외한 칠면조 내장을 냄비에 넣고 그 주위에 다음을 흩뿌리듯 넣는다.

양파 작은 것 1개, 굵게 썰기

칠면조 내장의 한쪽 면이 진한 갈색으로 익을 때까지 뒤적이지 않고 5~10분간 굽되, 타기 시작하면 불을 살짝 줄인다. 뒤집어서 반대쪽도 진한 갈색으로 익을 때까지 같은 방식으로 굽는다. 다음을 추가한다.

칠면조나 닭 육수 또는 국물 4컵

드라이 화이트와인이나 레드와인 또는 추가 육수 ½컵

(잘게 썬 당근 ¼컵)

(잘게 썬 셀러리 ¼컵)

(파슬리 잔가지 2개)

큼직한 월계수 잎 1장

신선한 타임 잔가지 2~3개 또는 말린 타임 ½작은술

(통정향 또는 통올스파이스 4개 또는 정향이나 올스파이스 가루 1자밤)

냄비 뚜껑을 반만 덮은 상태로 내장이 부드러워질 때까지 1시간 정도 아주 뭉근히 끓인다. 따로 빼두었던 간을 넣고 단단하게 익을 때까지 5분 정도 더 뭉근히 끓인다. 고운체로 육수를 거른 후 다음을 적당량 보충해 4컵 분량을 만든다.

육수, 국물 또는 물

목과 내장육을 잘게 썰어서 육수에 넣는다. 체에 걸러진 채소와 허브는 버린

다. 편수 냄비를 중불에 올리고 다음을 넣어서 녹인다.

버터 4큰술(버터 스틱 ½개)

잘 저으면서 다음을 조금씩 넣는다.

중력분 ⅓컵

계속 저으면서 버터와 밀가루 혼합물이 연한 갈색을 띠면서 견과류 냄새가 날 때까지 10분 정도 조리한다. 냄비를 불에서 내린다. 아주 매끄러운 질감의 그레이비를 선호한다면 육수를 편수 냄비에 붓고 팔팔 끓어오르도록 가열한 후 잘 저으면서 한꺼번에 루에 붓는다. 그렇지 않으면 그냥 잘 저으면서 따뜻한 육수를 루에 붓고 완전히 섞으면 된다. 계속 저으면서 중불로 그레이비가 뭉근히 끓어오를 때까지 가열한 후 1분간 더 조리한다. 불에서 내리고 뚜껑을 덮는다. 1시간 내에 그레이비를 마무리해서 내놓을 예정이라면 실온에 둔다. 그렇지 않으면 식혀서 냉장 보관한다.

칠면조 구이가 완성되면 플래터에 옮겨서 레스팅하고, 그레이비를 약불에 올려 데우기 시작한다. 구이 팬에서 받침대를 들어낸다. 육즙이 증발해서 기름과 바닥에 달라붙은 갈색 조각만 남아 있다면 조심스럽게 기름을 따라내고 갈색 조각은 남겨둔다. 육즙이 남아 있다면 팬을 옆으로 기울여서 숟가락으로 최대한 기름을 걷어낸다.(또는 기름과 육즙을 컵에 부은 후 위에 떠오른 기름을 걷어내도 된다.) 구이 팬을 버너 두 구 위에 올리고 중불로 맞춘 후 다음을 붓는다.

드라이 화이트와인, 셰리, 마데이라, 포트 와인 또는 물 1컵

뭉근하게 끓어오르면 나무 숟가락으로 팬의 바닥을 긁으면서 갈색 조각을 떼어낸다. 팬에 우러난 국물과 갈색 조각을 그레이비에 붓는다. 그레이비를 중불에 올리고 가끔 저으면서 풍미가 잘 섞이도록 5분간 뭉근히 끓인다. 다음으로 간을 한다.

소금과 흑후추

그레이비용 그릇에 부어서 즉시 낸다.

허브 팬 소스
약 ⅔컵

소고기, 양고기, 돼지고기, 닭고기에 두루 잘 어울리는 연한 색의 상큼한 소스다. 팬에 흘러나온 육즙으로도 만들 수 있는데, 이 경우 샬롯을 미리 기름이나 버터에 볶아서 사용한다.

스테이크나 양고기 촙, 돼지고기 촙 또는 토막 낸 닭고기를 프라이팬에 구운 후, 고기를 플래터에 옮겨 담고 따뜻하게 보관한다. 여분의 기름을 최대한 따라내고 팬을 중불에 올린다. 다음을 추가한다.

다진 양파 또는 샬롯 ½컵

양파나 샬롯을 저으면서 부드럽지만 갈색으로 변하지 않을 때까지 볶는다. 중강불로 올리고 다음을 붓는다.

드라이 화이트와인, 발효 사과주 또는 닭 육수나 국물 ⅔컵

나무 숟가락으로 저으면서 바닥에 달라붙은 갈색 조각을 떼어내고 녹인 다음 부르르 끓어오르면 다음을 넣는다.

레몬즙, 화이트와인 식초, 코냑 1큰술 또는 적당량

(디종 머스터드 4작은술)

(월계수 잎 1장)

소금과 흑후추 적당량

가끔 저으면서 약간 졸아들고 걸쭉해질 때까지 1~2분간 끓인다. 취향에 따라 다음을 넣고 절반으로 졸아들 때까지 1~2분 더 조리해도 좋다.

(헤비크림 ½컵)

불에서 내린 후 다음을 작은 조각으로 잘라서 넣고 소용돌이 모양으로 젓는다.

버터 1½작은술

월계수 잎을 넣었다면 건져내고, 아주 매끄러운 질감의 소스를 선호한다면 고운체에 걸러서 건더기를 모두 제거한다. 다음을 넣고 젓는다.

파슬리, 타라곤, 타임 등의 다진 신선한 허브 또는 이를 섞어서 2큰술

숟가락으로 소스를 떠서 고기에 끼얹고 다음으로 장식한다.

다진 신선한 허브

새콤달콤한 오렌지 팬 소스

약 1½컵

이 소스는 특히 야생 조류와 잘 어울린다. 이 레시피를 응용해 오리나 거위 요리에 곁들이는 **비가라드 소스**(Bigarade Sauce)를 만들려면 레몬즙 대신 쌉쌀한 세비야 오렌지의 껍질을 갈아서 즙과 함께 넣는다.

다음을 작은 그릇에 넣고 잘 섞이도록 포크로 으깬다.

무염 버터 2큰술, 말랑하게 녹이기

중력분 2큰술

한쪽에 둔다. 채소 껍질 벗기는 도구로 다음의 껍질을 얇고 길쭉하게 벗겨낸다.

네이블오렌지 1개

오렌지 껍질 벗긴 것을 너비 3mm, 길이 2.5cm 크기로 갸름하게 자른다. 자른 레몬 껍질을 작은 편수 냄비에 넣고 찬물 4컵을 부은 후 강불에 올려 부르르 끓어오를 때까지 가열한다. 레몬 껍질을 체에 거르고 찬물로 헹궈서 톡톡 두드려 물기를 털어낸다.

구운 조류 고기를 플래터에 옮겨 담고 따뜻하게 보관한다. 구이 팬에서 기름을 따라낸다. 팬에 다음을 붓는다.

야생동물 육수 또는 닭 육수나 국물 1컵

팬을 중불에 올리고(필요하면 버너 두 구를 사용) 뭉근히 끓어오르도록 가열하면서 나무 숟가락으로 바닥에 달라붙은 갈색 조각을 떼어내고 녹인다. 팬을 불에서 내리고 한쪽에 둔다. 작고 묵직한 편수 냄비에 다음을 넣고 중불에서 저으면서 연한 갈색, 즉 캐러멜과 비슷한 색이 되도록 조리한다.

화이트와인 식초 2큰술

설탕 2큰술

구이 팬에서 우려낸 국물과 갈색 조각을 편수 냄비에 넣고 5분간 뭉근히 끓인다. 오렌지 껍질과 다음 재료를 추가한 후 잘 젓는다.

체에 거른 오렌지즙 ½컵

오렌지 리큐어 2큰술

레몬즙 1큰술

소금과 흑후추 적당량

뭉근히 끓어오르도록 가열한 후 말랑하게 녹인 버터와 밀가루 혼합물을 소스에 넣고 잘 저으면서 1분간 또는 걸쭉해질 때까지 뭉근히 끓인다. 숟가락으로 소스를 떠서 야생 조류 구이 위에 끼얹고 다음으로 장식한다.

오렌지 조각

와인과 시큼한 체리 팬 소스

약 ⅔컵

소고기 스테이크나 사슴고기 스테이크, 돼지고기 촙을 프라이팬에 구운 후 고기를 플래터에 옮겨 담고 따뜻하게 보관한다.

프라이팬에 기름을 1큰술만 남기고 따라낸 후 중불에 올린다. 다음을 넣고 저으면서 갈색으로 부드럽게 익기 시작할 때까지 볶는다.

다진 양파 또는 샬롯 ⅓컵

그동안 다음을 섞어서 한쪽에 둔다.

닭 육수나 국물 또는 물 ½컵

말린 시큼한 체리 ⅓컵

볶은 양파에 다음을 붓는다.

드라이 레드와인 또는 화이트와인 ¼컵

부르르 끓어오르도록 가열하고, 나무 숟가락으로 저으면서 바닥에 달라붙은 갈색 조각을 떼어내고 녹이면서 1분간 조리한다. 육수와 말린 체리를 다음 재료와 함께 넣는다.

5cm 길이의 레몬 껍질 1개, 채소 껍질 벗기는 도구로 벗겨내기

연한 갈색 설탕 1작은술

(발사믹 식초 ½작은술)

신선한 타임 잎 ½작은술

강불에 올려 부르르 끓어오르면 자주 저으면서 절반으로 졸아들고 걸쭉해질 때까지 2분간 끓인다. 오렌지 껍질을 건져낸다. 고기에서 나온 육즙을 넣고 젓는다. 다음으로 간을 한다.

소금과 흑후추 적당량

(레몬즙 몇 방울)

벨벳처럼 부드러운 질감을 선호한다면 다음을 작게 잘라서 넣고 소용돌이 모양으로 젓는다.

(버터 1큰술)

접시에 고기를 가지런히 배열하고 숟가락으로 소스를 떠서 끼얹는다.

소시지 그레이비

약 2½컵

미국 남부에서는 **제재소 그레이비**(sawmill gravy, 과거 제재소에서 만들어 먹던 그레이비에서 유래했다는 의미로 붙은 별칭 — 옮긴이), **화이트 그레이비**, **크림 그레이비**라고도 불리며 갓 구운 비스킷에 끼얹어서 내는 이 든든한 그레이비는 힘든 일을 하는 사람들의 기운을 북돋아주었다. 더 매콤한 맛으로 완성하려면 **생초리소 소시지, 깍둑썰기한 앙두이 소시지 또는 타소 햄 225g**을 넣는다.

커다란 프라이팬에 다음을 넣고 뭉친 부분을 주걱으로 잘게 부수면서 갈색이 되도록 볶는다.

시판 벌크 소시지 또는 컨트리 스타일 소시지 225g

구멍 뚫린 숟가락으로 소시지를 건져서 키친타월에 올려놓고 기름을 뺀다. 프라이팬에 흘러나온 기름과 육즙을 2큰술만 남기고 모두 따라낸다. 부족하면 다음을 적당히 넣어 2큰술 분량을 만든다.

버터

육즙에 다음을 넣고 루가 매끄러워질 때까지 잘 섞는다.

중력분 2큰술

계속 저으면서 다음을 넣고 걸쭉해질 때까지 5분 정도 조리한다.

우유 2컵

다음으로 간을 한다.

소금 ½작은술

흑후추 ½작은술 또는 적당량

핫소스 12방울

볶아둔 소시지를 소스에 넣고 뒤적이며 섞는다.

버섯 그레이비

약 1½컵

소시지 그레이비 대신 따뜻한 버터밀크 비스킷에 끼얹어서 맛있게 즐길 수 있
는 채식용 그레이비다.

작은 편수 냄비를 중불에 올리고 다음을 넣어서 달군다.

올리브유 또는 버터 2큰술

다음을 넣고 부드러워질 때까지 4분 정도 볶는다.

샬롯 1개, 다지기

다음을 넣고 저으면서 갈색으로 익기 시작할 때까지 4분 정도 볶는다.

표고버섯이나 양송이버섯 또는 두 가지를 섞어서 115g

다음을 넣고 저으면서 1분간 볶는다.

중력분 3큰술

다음을 조금씩 부으면서 잘 젓는다.

채소 육수 1컵

하프앤드하프, 우유 또는 무가당 아몬드 우유나 두유 ½컵

(말린 포르치니버섯이나 표고버섯 가루 1큰술)

중강불로 올리고 뭉근히 끓어오르는 상태로 잘 저으면서 그레이비가 걸쭉해
질 때까지 5분 정도 끓인다. 다음으로 간을 한다.

소금과 흑후추

프랑스 요리의 모체 소스에 대해

대다수 정통 프랑스 소스는 퐁 드 퀴진(fonds de cuisine, 요리의 기초)이라고 하는
‘모체 소스(mother sauces)’를 기반으로 해서 만든다. 18세기에 마리 앙투안 카
렘(Marie-Antoine Carême)이라는 요리사가 처음 문서로 기록했으며 19세기에
오귀스트 에스코피에(Auguste Escoffier)라는 저명한 요리사가 새롭게 정비한
모체 소스는 수십 가지에 달하는 응용 소스의 바탕이 된다. 모체 소스의 핵심
은 베샤멜 소스나 벨루테 소스 등을 대량으로 만들어두고 해당 소스를 바탕
으로 10여 가지의 다양한 소스를 금세 만들어낼 수 있게 한 것이다. 오늘날의
관점에서 보면 이러한 소스 중 상당수가 너무 번거롭고 구식처럼 여겨지겠지
만, 사실은 이것도 귀족들이 여러 요리사를 부리던 시대의 소스를 간단하게 개
량한 것이다. 당시에는 요리사들이 복잡한 조리 과정을 소화하면서 훨씬 더 많
은 재료와 긴 시간이 필요한 소스를 만들어냈다.

모체 소스는 원래 가정에서 사용할 목적으로 탄생한 것은 아니지만 만드는
과정은 어느 정도 쉽게 배울 수 있고 일단 익혀두면 수많은 소스를 만들 수 있
게 된다. 현대 요리 문화에서 소스는 예전만큼 중요한 역할을 하지는 않지만,
우리는 여전히 이러한 소스를 즐기며 프랑스 요리의 기본이 되는 소스의 특별
한 전통을 높게 평가한다. 그뿐만 아니라 제대로 만들면 안정적으로 훌륭한
맛을 낸다는 점도 중요하다.

아래에서는 루를 바탕으로 한 모체 소스와 몇 가지 응용 소스를 소개한다.
그 외의 정통 기본 소스는 올랑데즈와 베아르네즈에 대해 및 토마토 소스에
대해 항목을 참고한다.

화이트 소스에 대해

화이트 소스는 연한 색으로 조리한 루(또는 블론드 루)에 우유나 연한 육수를
추가하고 걸쭉해질 때까지 뭉근히 끓여서 만든다. 우유가 들어가는 베샤멜 소
스는 채소나 닭고기 요리에 풍부한 맛을 더해줄 뿐만 아니라 여러 다른 소스
및 마카로니 앤드 치즈, 닭고기 파이, 라자냐 볼로네제, 무사카 같은 요리의 기
본 재료로 활용된다. 벨루테 소스는 연한 육수(소스와 함께 내는 음식의 주재료로
우린 육수를 사용하는 경우가 많다.)를 사용하며 블론드 루를 넣어서 걸쭉하게 만
든다. 그 결과 베샤멜보다 더 뽀얀 상아색을 띠며 반투명에 가까운 소스가 완
성된다. 화이트 소스와 벨루테는 최대 3일간 냉장고에 보관하거나 이중 냄비
의 위쪽 용기에 넣고 1시간 정도 따뜻하게 보관할 수 있다. 파라핀지나 비닐랩
을 뜯어서 소스의 표면과 접촉하도록 덮어두면 소스 겉면에 두꺼운 막이 생기
는 것을 방지할 수 있다.

화이트 소스 또는 베샤멜

약 1컵

Ⅰ. 이 섬세한 소스에 풍미를 더하려면 먼저 우유에 풍미 재료를 우려내는 방
법이 좋다. 중간 크기의 편수 냄비를 중불에 올리고 우유를 부은 후 **월계수 잎
1장**과 **양파를 두꺼운 슬라이스로 썰어서 통정향 2알을 박은 것**을 넣어서 부
르르 한소끔 끓어오르도록 가열한다. 우유가 끓어오르면 즉시 불에서 내리고
뚜껑을 덮어서 15분간 둔다. 양파와 월계수 잎을 건져내고 레시피에 따라 소
스를 만든다.

중간 크기의 편수 냄비를 중약불에 올리고 다음을 넣어서 녹인다.

버터 2큰술

다음을 넣고 매끄럽게 잘 섞이도록 1분 30초 정도 잘 젓는다.

중력분 2큰술

냄비를 불에서 내리고 다음을 조금씩 넣으면서 잘 젓는다.

우유 1컵

냄비를 다시 불에 올리고 덩어리가 생기지 않도록 계속 저으면서 뭉근히 끓어
오르도록 가열한다. 끓임없이 저으면서 소스가 뜨겁게 데워지고 질감이 매끄
러워지면서 걸쭉해질 때까지 1~2분간 더 끓인다. 이 소스를 그대로 사용한다
면 다음으로 간을 한다.

소금과 흑후추 또는 백후추

강판에 간 육두구 또는 육두구 가루

Ⅱ. 걸쭉한 베샤멜

위의 버전 Ⅰ 레시피에 따라 만들되, **버터 3큰술, 중력분 3큰술, 우유 1컵**을 사
용한다.

화이트 소스의 추가 재료

다음 중 선호하는 재료 한 가지를 **위의 화이트 소스 Ⅰ 또는 Ⅱ**에 넣고 잘 젓는다.

갈아서 양념한 호스래디시, 물기를 빼서 최대 3큰술

새우 또는 랍스터 버터 2큰술

디종 머스터드 1큰술

차이브, 파슬리, 타라곤 또는 타임 등의 다진 허브 1~2큰술

안초비 필레 3~5개, 다지기 또는 안초비 페이스트 1~2작은술

커리 가루 또는 스위트 파프리카 가루 2작은술

레몬즙 1작은술

셰리 1작은술

우스터 소스 ½작은술

비건 화이트 소스 또는 베샤멜

약 1컵

Ⅰ. 화이트 소스 Ⅰ 레시피에 따라 만들되, **올리브유나 식물성 기름 또는 채식용 버터 2큰술**을 넣고 우유 대신 **무가당 두유 1컵**을 사용한다.

Ⅱ. 비건 및 무글루텐

쌀에 육수를 부어서 퓌레 상태로 조리하면 헤비크림과 비슷한 모양 및 질감이 된다. 양념과 허브를 추가해 파스타나 채소 요리의 소스로 곁들이거나 캐서롤 및 수프의 재료로 활용한다.

중간 크기의 편수 냄비를 중불에 올리고 다음을 둘러서 가열한다.

올리브유 1큰술

다음을 넣고 저으면서 부드러워질 때까지 볶는다.

다진 양파 ¼컵

다음을 넣고 계속 저으면서 2분간 볶는다.

흰쌀 3큰술, 중립종이나 단립종 권장

다음을 넣는다.

드라이 화이트와인 ½컵

채소 육수 ⅓컵

뭉근히 끓어오르도록 가열한 후 뚜껑을 덮고 수분이 거의 다 흡수되면서 쌀이 아주 부드러워질 때까지 35분 정도 은근히 끓인다. 약간 식혀서 믹서나 푸드 프로세서에 넣고 질감이 매끄러워질 때까지 퓌레 상태로 간다. 믹서를 작동시키면서 원하는 점도가 될 때까지 다음을 보충한다.

채소 육수 최대 ¾컵

다음으로 간을 한다.

레몬즙 1½작은술

소금과 흑후추 적당량

(타임이나 타라곤 등의 다진 허브)

모르네 소스(Sauce Mornay, 치즈 소스)

약 1컵

수십 년에 걸쳐 편식 때문에 골머리를 앓던 부모들이 영양 많은 채소를 아이에게 먹이기 위해 채소 위에 듬뿍 얹어서 내던 소스이자, 맛있는 마카로니 앤드 치즈의 핵심 재료이기도 한 것이 바로 이 모르네 소스다. 콜리플라워부터 랍스터에 이르기까지 어떤 재료든 위에 모르네 소스를 넉넉히 부어서 넓게 펴고 일반 오븐 또는 직화 오븐에서 갈색이 되도록 굽는다. 그뤼에르와 파르메산 치즈를 같은 분량씩 섞어서 사용하는 것이 정통 레시피지만 숙성 치즈라면 사실상 무엇이든 사용할 수 있고, 여러 종류의 치즈를 섞어서 넣어도 맛있다. 스위스 치즈나 체더 치즈를 사용하거나 비교적 순한 치즈를 고르곤졸라, 로크포르, 스틸턴 등의 맛이 강하고 톡 쏘는 치즈와 섞어서 만들어보자. 브로콜리나 감자 구이에 얹을 수 있는 더 찐득하고 치즈 풍미가 강한 소스를 만들 때는 이 레시피에 소개한 치즈 분량을 최대로 사용한다.

다음을 만든다.

화이트 소스 Ⅰ

소스가 아직 뜨겁고 매끄러울 때 약불로 줄이고 다음을 넣어서 젓는다.

강판에 잘게 간 치즈, 꾹 눌러 담아서 ¼~1컵(30~115g)

저으면서 치즈가 적당히 녹을 때까지만 조리한다. 그 이상 조리하면 치즈가 실처럼 뭉쳐서 질겨질 가능성이 있다. 다음으로 간을 한다.

소금 적당량

카옌 고춧가루 또는 핫 파프리카 가루 1자밤

강판에 간 육두구 또는 육두구 가루나 육두구 껍질 가루 1자밤

소스가 실처럼 뭉치기 시작하면서 뭉근히 끓어오를 때 다음을 넣고 잘 저은 후 불에서 내린다.

(드라이 화이트와인 또는 레몬즙 몇 방울)

수비즈 소스(Sauce Soubise, 양파 소스)

약 ¾컵

생선, 송아지고기, 흉선, 양고기 또는 주요리용 채소에 곁들이기 좋은 소스다.

중간 크기의 묵직한 편수 냄비를 중약불에 올리고 다음을 넣어서 섞는다.

양파 큰 것 1개, 굵게 썰기

버터 2큰술

뚜껑을 덮고 가끔 저으면서 양파가 부드러워지되 갈색으로 변하지 않을 때까지 25분 정도 볶는다. 다음을 넣고 젓는다.

중력분 2큰술

잘 저으면서 질감이 매끄러워질 때까지 1분 30초 정도 볶는다. 빠르게 저으면서 다음을 붓는다.

우유 1컵

뭉근히 끓어오르도록 가열한 후 자주 저으면서 걸쭉해질 때까지 1~2분간 끓인다. 중간 굵기의 체를 작은 편수 냄비 위에 놓고 혼합물을 부어 거르면서 냄비에 담는다. 소스는 상당히 걸쭉한 상태일 것이다. 약불에 올려 잘 저으면서 원하는 점도가 될 때까지 다음을 조금씩 넣는다.

헤비크림 또는 우유 2~4큰술

다음으로 간을 한다.

소금과 백후추 적당량

강판에 간 육두구 또는 육두구 가루 1자밤

벨루테 소스(Sauce Velouté)

약 1¾컵

더 풍미가 진한 벨루테 소스를 만들려면 아래에 소개한 육수의 분량을 2배로 늘려서 냄비에 붓고 레시피에서 지정한 부피까지 졸인 다음 루에 넣고 잘 섞는다. 이 소스를 생선이나 갑각류 요리에 곁들여 낸다면 일반 버터 대신 **새우 또는 랍스터 버터 3큰술**을 루에 넣어도 잘 어울린다.

작은 편수 냄비를 중불에 올리고 다음을 부은 뒤 가끔 저으면서 뜨거워질 때까지 가열한다.

송아지 육수나 닭 육수, 생선 또는 채소 육수 2½컵

그동안 중간 크기의 편수 냄비를 중약불에 올리고 다음을 넣어 녹인다.

버터 3큰술

다음을 넣고 젓는다.

중력분 3큰술

약불로 줄이고 계속 저으면서 루에서 견과류 냄새가 나고 상아색으로 변할 때까지 6분 정도 볶는다. 불에서 내린 후 2분간 식힌다. 따뜻한 육수를 루에 조

금씩 부으면서 잘 젓는다. 편수 냄비를 다시 불에 올리고 덩어리가 생기지 않도록 잘 저으면서 뭉근히 끓어오르도록 천천히 가열한다. 중약불에서 자주 저으면서 표면에 생기는 막을 걷어낸다. 숟가락 뒷면에 달라붙을 정도로 걸쭉해질 때까지 20분 정도 조리하되, 팔팔 끓어오르지 않도록 주의한다.

취향에 따라 식탁에 올리기 직전에 고운체에 거른 후 다음을 넣고 잘 젓는다.

　　(일반 버터 또는 가향 버터 1~2큰술, 말랑하게 녹이기)

이 상태에서 소스를 그대로 사용한다면 다음으로 간을 한다.

　　(소금과 백후추)

쉬프렘 소스(Sauce Suprême, 더 진한 벨루테 소스)

약 2½컵

닭고기, 생선 또는 채소 요리에 가장 잘 어울린다.

다음을 만든다.

　　벨루테 소스

소스를 만들 때 다음 재료를 추가한다. 취향에 따라 밀가루를 넣기 전에 버터에 살짝 볶아도 좋다.

　　(다진 버섯 ½컵)

육수와 다음 재료를 편수 냄비에 넣는다.

　　헤비크림 ¾컵

간을 맞추고 식탁에 올리기 직전에 다음을 넣고 잘 젓는다.

　　헤비크림 또는 크렘 프레슈 2큰술

　　(버터 2큰술, 말랑하게 녹이기)

　　(레몬즙 적당량)

화이트와인 소스

약 1¼컵

샴페인이 남아서 처치 곤란한 일은 주변에서 흔히 볼 수 없지만, 만약 남은 샴페인이 있다면 이 레시피에 화이트와인 대신 샴페인을 사용해도 좋다.

다음을 만들되 간은 하지 않는다.

　　벨루테 소스 레시피의 ½ 분량

생선 요리와 함께 먹을 예정이라면 상황에 따라 육수 대신 퓌메를 사용할 수 있다. 다음을 준비한다.

　　버터 스틱 1개(115g), 6조각으로 자르기

중간 크기의 편수 냄비에 다음을 넣고 섞은 후 팔팔 끓이면서 글레이즈와 비슷한 상태가 될 때까지 졸인다.

　　드라이 화이트와인 또는 샴페인 1컵

　　다진 샬롯 ¼컵

와인과 샬롯을 섞은 혼합물을 불에서 내리고 나무 숟가락으로 저으면서 버터가 부드럽게 녹지만 완전히 액체가 되지는 않도록, 크림처럼 부드러운 질감이 유지되도록 버터를 1조각씩 넣는다. 다음을 추가한다.

　　굵게 썬 타라곤 1½작은술

그동안 끓어오르지 않도록 주의하면서 벨루테 소스가 뜨거워질 때까지 가열한다. 버터 혼합물을 넣고 잘 젓는다. 다음으로 적당히 간을 한다.

　　소금과 백후추

즉시 낸다.

라비고트 소스(Sauce Ravigote)

약 1컵

미지근하게 데워서 생선, 기름기가 적은 육류 또는 가금류 요리에 끼얹어 낸다. 작은 편수 냄비에 다음을 넣고 섞는다.

　　샬롯 2개, 아주 잘게 썰기

　　타라곤 식초 1큰술

부르르 끓어오르도록 가열한 후 계속 저으면서 식초가 거의 다 날아갈 때까지 1분 정도 끓인다. 다음을 추가한다.

　　벨루테 소스 1컵

자주 저으면서 1분 정도 은근히 끓인다. 다음으로 적당히 간을 한다.

　　소금과 흑후추

미지근한 온도가 되도록 소스를 식히고 다음을 넣는다.

　　굵게 썬 파슬리 1½큰술

　　물기를 빼고 굵게 썬 케이퍼 1큰술

　　다진 차이브 2작은술

　　굵게 썬 타라곤 ½작은술

알망드 소스(Sauce Allemande, 달걀로 걸쭉하게 만든 벨루테 소스)

약 1½컵

벨루테에 달걀을 넣어 한층 풍부한 맛을 낸 소스로 삶은 닭이나 채소 요리에 곁들인다. 마지막 단계에 잘게 썬 파슬리를 넣으면 풀렛 소스(Poulette Sauce)가 된다. 우리는 이 소스를 생선 또는 양고기 요리와 함께 먹을 때 물기를 뺀 케이퍼를 굵게 썰어서 넉넉하게 1큰술 넣고 잘 섞어서 낸다. ▶ 달걀을 넣은 후 소스를 부르르 끓이면 달걀이 응고되므로 끓어오르지 않도록 주의한다.

다음을 만든다.

　　벨루테 소스, 닭 육수로 만들기

벨루테 소스를 불에서 내리고 다음을 넣어 젓는다.

　　대란 1개의 노른자, 헤비크림 2큰술을 넣어 탁탁 쳐서 풀어두기

소스를 약불에 올리고 약간 걸쭉해질 때까지 조리한다. 식탁에 올리기 직전에 다음을 넣고 섞는다.

　　레몬즙 1큰술

　　버터 1큰술

　　소금과 흑후추 적당량

　　강판에 간 육두구 또는 육두구 가루 1자밤

브라운 소스에 대해

에스파뇰 소스와 데미글라스 소스는 헤아릴 수 없이 많은 응용 소스의 출발점이 되는 기본 소스다. 이들 소스의 색상과 그윽한 풍미는 견과류 향이 나도록 진한 색으로 볶은 루와 풍부한 맛의 갈색 육수, 리덕션이라고 하는 농축 과정에 기인한다. 브라운 소스는 다른 유형의 소스보다 조리 시간이 오래 걸리지만 완성된 소스의 풍미와 질감을 생각하면 그만큼의 노력을 기울일 만한 가치가 충분하다. 조리 과정이 가장 복잡하고 강렬한 맛을 내는 소스를 만들려면 여러 액체 재료(예를 들어 와인, 육수, 즙)와 향긋한 감칠맛 재료(양파, 굵게 썬 햄, 허브를 비롯한 다양한 재료)를 시간 차이를 두고 추가한다. 각 재료가 충분히 어우러지며 농축된 후 다음 재료를 넣는 방식으로 여러 층의 복잡다단한 풍미를 내는 것이다.

가장 보편적인 브라운 소스를 만드는 첫 번째 단계는 품질 좋은 갈색 육수를 준비하는 것으로, 되도록 직접 끓인 육수를 권장한다. 육수나 소스의 풍미가 다소 밋밋하면 소스를 뭉근히 끓이면서 고기 글레이즈(시판 또는 수제)를 한 두 숟가락 넣는다. 브라운 소스에 사용하는 와인은 품질이 좋아야 하며 특히 조리 과정이 거의 마무리될 즈음에 넣는 와인은 좋은 것을 사용한다. 브라운 소스를 너무 오래 졸이면 끈적거리고 지저분해 보이므로 브라운 소스는 베샤멜이나 벨루테처럼 걸쭉하게 만들지 않는다. 소스가 헤비크림 정도의 점도가 되면 완성된 것이다. 소스를 식탁에 올리기 직전에 버터 조각을 넣어서 소용돌이 모양으로 저어주면 풍미가 진해지는 동시에 먹음직스러운 윤기가 돈다. 허브, 향신료, 버섯은 브라운 소스에 첨가하는 단골 재료들이다. 브라운 소스는 냉장실에서 최대 4~5일, 냉동실에서 3개월 정도 보관할 수 있다.

에스파뇰 소스(Sauce Espagnole, 브라운 소스)

약 5컵

시간이 많이 소요되는 이 소스의 활용도를 높이려면, 일단 소스를 넉넉하게 만든 후 각얼음 형태(소스 보관하기 항목 참고) 또는 1컵씩 얼려서 보관했다가 데워서 그대로 사용하거나 아래에 소개하는 다양한 브라운 소스 응용 레시피의 기본 재료로 사용한다.

크고 묵직한 편수 냄비 또는 더치오븐에 다음을 넣고 가열한다.

> 버터 스틱 1개(115g) 또는 소고기나 송아지고기의 조리 과정에서 흘러나온
> 기름과 육즙 또는 베이컨 기름 ½컵

다음을 넣고 저으면서 갈색으로 익기 시작할 때까지 볶는다.

> 잘게 썬 양파 ½컵
> 잘게 썬 당근 ¼컵
> 잘게 썬 셀러리 ¼컵

다음을 넣고 밀가루가 완전히 갈색으로 익을 때까지 충분히 볶는다.

> 중력분 ½컵

다음을 넣고 젓는다.

> 통흑후추 10알
> 물기를 따라내고 잘게 썬 통토마토 통조림 1컵 또는 토마토 퓌레 2컵
> 굵직하게 썬 파슬리 ½컵

다음을 붓는다.

> 갈색 소 육수 8컵

강불로 올려서 한소끔 끓어오르면 불을 줄이고 육수가 절반으로 졸아들 때까지 2시간~2시간 반 정도 뭉근히 끓인다. 가끔 저으면서 위에 떠오르는 기름을 걷어낸다. 헤비크림 정도의 점도가 되면 소스가 완성된 것이므로 그보다 더 걸쭉해지지 않도록 주의한다.

고운체를 그릇 위에 올려놓고 소스를 부어서 거른다. 소스가 식는 동안 표면에 막이 생기지 않도록 가끔 저어준다. 필요하면 육수나 물을 보충해 적당한 농도로 희석한다. 이 소스를 그대로 사용한다면 다음으로 간을 한다.

> (소금과 흑후추)

간단한 브라운 소스

약 3¼컵

약 30분 만에 완성할 수 있어서 브라운 소스의 근사한 풍미를 훨씬 쉽게 즐길 수 있게 해주는 레시피다. 버섯 육수를 사용하면 채식용 소스가 된다.

크고 널찍한 편수 냄비를 중강불에 올리고 다음을 넣어 녹인다.

> 버터 4큰술(버터 스틱 ½개)

다음을 넣고 저으면서 갈색으로 골고루 익을 때까지 10분 정도 볶는다.

> 양파 큰 것 2개, 잘게 썰기

중불로 줄이고 다음을 넣는다.

> 설탕 2큰술
> (토마토 페이스트 2큰술)

잘 저으면서 설탕과 토마토 페이스트가(사용할 경우) 진한 갈색이 될 때까지 조리한다.(태우지 않도록 주의한다.) 조심스럽게 다음을 조금씩 부으면서 잘 젓는다.

> 드라이 레드와인 또는 화이트와인 ½컵

부르르 끓어오르도록 가열한 후 부피가 절반으로 줄어들 때까지 2~3분 정도 팔팔 끓인다. 다음을 넣으면서 잘 젓는다.

> 갈색 소 육수, 갈색 가금류 육수 또는 버섯 육수 ∣ 6½컵
> 포르치니버섯 가루 ¼컵 또는 말린 포르치니버섯 28g, 곱게 갈기
> 말린 타임 ½작은술

강불에 올려서 팔팔 끓어오르도록 가열한 후 그대로 4분 정도 끓인다. 고운체를 내열 그릇 위에 올려놓고 혼합물을 부어 거른 후 한쪽에 둔다. 같은 편수 냄비를 다시 중불에 올리고 다음을 넣어서 녹인다.

> 버터 3큰술

잘 저으면서 다음을 넣고 계속 저으면서 루가 호두와 비슷한 갈색이 될 때까지 5~8분 정도 볶는다.

> 중력분 ¼컵

잘 저으면서 체에 거른 육수에 루를 넣고 다음을 추가한다.

> 포트 와인 2큰술
> 흑후추 ¼작은술

부르르 끓어오르도록 가열한 후 잘 저으면서 헤비크림과 비슷한 점도가 되도록 15~20분간 바글바글 끓인다. 취향에 따라 한 번 더 거른 후, 이 소스를 그대로 사용한다면 다음을 넣고 섞는다.

> (소금 적당량)
> (버터 1큰술)

데미글라스 소스

약 4½컵

육수를 넉넉하게 넣고 리덕션을 해서 걸쭉한 점도와 진한 풍미를 구현한 브라운 소스다. 필레 미뇽 또는 야생동물 고기 요리에 곁들이거나 다른 소스의 기본 재료로 활용한다.

크고 묵직한 편수 냄비나 더치오븐을 중불에 올리고 다음을 넣어 섞는다.

> 에스파뇰 소스 4컵
> 갈색 소 육수 또는 갈색 가금류 육수 4컵
> 굵게 썬 버섯 ½컵

뭉근히 끓어오르도록 가열한 후 불을 약간 줄이고 뚜껑을 연 상태로 표면에 떠오르는 기름과 불순물을 자주 걷어내면서 부피가 절반으로 줄어들 때까지 2시간~2시간 반 정도 은근히 끓인다. 고운체를 깨끗한 편수 냄비 위에 올려놓고 소스를 부어서 거른다. 약불에 올려 다음을 넣고 젓는다.

> 드라이 포트 와인, 마데이라 또는 드라이 셰리 ½컵
> 소금과 흑후추 적당량

취향에 따라 식탁에 올리기 직전에 다음을 조금씩 넣으면서 잘 젓는다.

  (무염 버터 2~4큰술, 말랑하게 녹이기)

마데이라 소스(Sauce Madeira)

약 1¼컵

야생동물 요리나 소고기 필레에 근사하게 어울리는 소스다. 마데이라 대신 드
라이 셰리나 포트 와인을 사용해도 좋다. **페리괴 소스**(Sauce Périgueux)를 만들
경우 검은색 송로버섯을 다져서 1큰술 넣고 저은 다음 버터를 넣는다.

중간 크기의 편수 냄비에 다음을 넣고 뭉근히 끓어오르도록 가열한다.

  에스파뇰 소스, 간단한 브라운 소스 또는 데미글라스 소스 1컵

  마데이라 와인 ¼컵

  (고기 글레이즈 1작은술)

1컵 분량으로 줄어들 때까지 뭉근히 끓인다. 다음을 추가한다.

  마데이라 와인 ¼컵

  소금과 흑후추 적당량

취향에 따라 다음을 작게 잘라서 조금씩 넣고 소용돌이 모양으로 젓는다.

  (버터 1큰술)

리오네즈 소스(Sauce Lyonnaise, 브라운 양파 소스)

약 1½컵

푸짐한 육류 요리에 잘 어울리는 소스다. 피컨트 소스(Sauce Piquant)를 만든다
면 허브를 넣을 때 **물기를 빼서 굵게 썬 케이퍼 1큰술과 굵게 썬 미니 오이 피
클 또는 그 외의 새콤한 피클 1큰술**을 함께 넣고 잘 섞는다.

중간 크기의 편수 냄비를 중불에 올리고 다음을 넣어서 녹인다.

  버터 1큰술

다음을 넣고 저으면서 노릇노릇하게 익을 때까지 볶는다.

  잘게 썬 양파 ¼컵

다음을 넣고 ⅔ 분량으로 줄어들 때까지 뭉근히 끓인다.

  드라이 화이트와인 ½컵

  화이트와인 식초 2큰술

  타임 잔가지 2개

다음을 넣고 15분간 뭉근히 끓인다.

  에스파뇰 소스, 간단한 브라운 소스 또는 데미글라스 소스 1컵

식탁에 올리기 직전에 다음을 넣는다.

  잘게 썬 파슬리 또는 파슬리와 타라곤 또는 처빌을 섞어서 잘게 썬 것 1큰술

  소금과 흑후추 적당량

샤쇠르 소스(Sauce Chasseur, 사냥꾼의 소스)

약 2컵

전통적으로 야생동물 고기 요리와 함께 먹지만 오븐에 구운 육류나 가금류,
스테이크, 촙과도 잘 어울린다.

중간 크기의 묵직한 편수 냄비를 중불에 올리고 다음을 넣어서 녹인다.

  버터 2큰술

다음을 넣고 저으면서 부드러워질 때까지 볶는다.

  다진 샬롯 2큰술

다음을 넣고 저으면서 노릇노릇하게 익을 때까지 5분 정도 볶는다.

  얇게 저민 버섯 1컵

다음을 붓고 절반 분량으로 줄어들 때까지 뭉근히 끓인다.

  드라이 화이트와인 ⅓컵

  (브랜디 2큰술)

다음을 넣고 5분간 뭉근히 끓인다.

  에스파뇰 소스, 간단한 브라운 소스 또는 데미글라스 소스 1컵

  (토마토 퓌레 ½컵)

  소금과 흑후추 적당량

식탁에 올리기 직전에 다음을 넣는다.

  다진 파슬리 1큰술

  (다진 처빌 또는 타라곤 1큰술)

취향에 따라 다음을 작게 잘라서 조금씩 넣고 소용돌이 모양으로 젓는다.

  (버터 2큰술)

마르샹 드 뱅 소스(Sauce Marchand de Vin, 레드와인 소스)

약 1컵

스테이크, 흉선, 촙 또는 야생동물 고기 요리와 함께 낸다. **보르들레즈 소스**
(Sauce Bordelaise)를 만들려면 버터를 생략하고 식탁에 내기 직전에 손질해서
깍둑썰기한 소 골수 ¼컵을 넣는다.

작고 묵직한 편수 냄비를 중강불에 올리고 다음을 넣어서 섞는다.

  드라이 레드와인 1컵

  셰리 식초 또는 레드와인 식초 ¼컵

  샬롯 1개, 다지기

  타임 잔가지 1개

  파슬리 잔가지 1개

  월계수 잎 ½장

  검은색 통후추 4알

뭉근히 끓어오르도록 가열한 후 ¼ 분량이 될 때까지 졸인다. 고운체를 중간
크기의 편수 냄비에 올려놓고 혼합물을 부어서 거른다. 냄비를 중불에 올리고
저으면서 다음을 넣는다.

  에스파뇰 소스, 간단한 브라운 소스 또는 데미글라스 소스 1컵

15분간 뭉근히 끓인다. 식탁에 올리기 직전에 다음을 넣고 젓는다.

  다진 파슬리 2작은술

  소금과 흑후추 적당량

육즙이나 루 없이 만드는 소스에 대해

고기에서 나오는 육즙 및 기름과 볶은 밀가루는 소스의 훌륭한 바탕 재료가
되지만 꼭 필요한 것은 아니다. 여기에서는 팬에 흘러나온 육즙이나 루를 넣지
않고 만들며 다른 항목으로 분류하기는 애매한 소스를 몇 가지 묶어서 다룬
다. 대부분은 일단 샬롯이나 양파를 볶은 다음 일반적인 팬 소스의 조리 방법
을 따른다. 향미 재료와 와인, 육수, 즙 등의 액체 재료를 연속으로 추가해 복합
적인 풍미 단계를 구현한다. 앞서 소개한 루를 사용해서 만드는 모체 소스보
다 조리 과정과 재료가 단순하며, 졸아들 때까지 뭉근히 끓여서 걸쭉하게 만
들거나 퓌레 상태로 간 견과류, 과일 또는 채소를 넣어 만든다. 옥수수 전분을
넣거나 식탁에 올리기 직전에 버터를 넣어서 소용돌이 모양으로 젓거나 치즈
를 넣어서 걸쭉하게 만드는 소스도 있다.

기본 크림소스

약 1컵

비교적 간단하게 만들어서 베샤멜 대신 사용할 수 있는 소스. 진한 풍미를 자랑하며 특히 야생 버섯 볶음 또는 파스타에 곁들이면 맛있다.

  헤비크림 2컵

  굵게 썬 타임 또는 로즈메리 2큰술

  (살짝 으깬 주니퍼 열매 2큰술)

끓어넘치지 않을 정도로만 거품기로 가끔 저으면서 팔팔 끓도록 가열한다. 불을 약간 줄이고 절반 분량으로 줄어들 때까지 졸인다. 고운체로 거른다. 다음을 적당량 넣어 간을 한다.

  소금

아브골레모노(Avgolemono, 그리스식 레몬 달걀 소스)

약 2¼컵

이 그리스식 소스는 양고기나 녹색 채소 요리에 잘 어울린다. 달걀을 사용하는 다른 뜨거운 소스는 알망드 소스 레시피 및 올랑데즈와 베아르네즈에 대해 항목을 참고한다. 작은 편수 냄비에 다음을 붓고 뭉근히 끓어오르도록 가열한 후 따뜻하게 보관한다.

  채소 육수나 닭 육수 또는 국물 1컵

중간 크기의 그릇에 다음을 깨뜨려 넣고 걸쭉해질 때까지 탁탁 쳐서 푼다.

  대란 3개

계속 탁탁 치면서 다음을 넣는다.

  레몬즙 ¼컵

탁탁 치면서 뜨거운 육수 절반을 달걀 혼합물에 붓고, 이 혼합물을 다시 남은 육수에 부어 세게 젓는다. 중약불이나 약불에 올려 계속 저으면서, 숟가락을 담갔다 꺼냈을 때 뒷면이 코팅될 정도로 소스가 걸쭉해지고 크림처럼 부드러워질 때까지 조리한다. 소스가 끓어오르면 응고하기 때문에 끓지 않도록 주의한다. 불에서 내리고 다음을 적당량 넣어 간을 한다.

  소금과 흑후추

즉시 낸다.

볶음용 소스

약 ¼컵

채소 450g 정도를 볶기에 적당한 분량이다. 닭고기나 두부 및 채소를 이 소스에 볶아서 밥 위에 얹어 먹으면 맛있다.

작은 그릇에 다음 재료를 넣고 잘 섞이도록 갠다.

  옥수수 전분 2작은술

  찬물 2큰술

다음을 넣는다.

  간장 4작은술

  쌀 식초 1½작은술

  갈색 설탕 1작은술

  소금 ¼작은술

  (껍질을 벗기고 곱게 간 생강 2작은술)

프라이팬에 채소를 볶다가 소스를 붓는다. 골고루 잘 저으면서 소스가 걸쭉해지고 거의 끓어오를 정도가 되면 즉시 불에서 내린다.

와인 자두 소스

약 1컵

구운 닭, 오리 또는 거위 요리에 잘 어울리는 풍미 진한 소스다.

중간 크기의 편수 냄비에 다음을 넣고 섞은 후 중강불에 올려서 부르르 끓어오를 때까지 가열한다.

  붉은색 또는 자주색 자두 225g, 씨를 빼고 얇게 저미기

  드라이 레드와인 1컵

시럽 상태로 졸아들 때까지 15분 정도 바글바글 끓인다. 10분간 식힌 후 식품 분쇄기에 갈거나 믹서 또는 푸드 프로세서에 넣고 퓌레 상태로 갈아서 고운체에 거른다. 퓌레를 다시 프라이팬에 붓고 다음을 넣어 섞는다.

  꿀 ¼컵

  닭이나 채소 육수 또는 국물 ¼컵

  간장 1큰술

걸쭉해질 때까지 10분 정도 뭉근히 끓인다. 다음을 적당량 넣어 간을 한다.

  소금과 흑후추

무화과와 레드와인 소스

약 2컵

이 소스는 일주일 전에 미리 만들어둘 수 있다. 가능하면 작고 색이 진한 미션 무화과보다 큼직한 말린 칼리미르나 무화과를 사용하자. 이 소스는 오리 가슴살 프라이팬 구이에 곁들이면 무척 맛있다.

중간 크기의 편수 냄비에 다음을 넣고 섞는다.

  진판델처럼 과일 향이 풍부한 드라이 레드와인 2컵

  오리 또는 닭 육수나 국물, 또는 물 ¼컵

  설탕 2큰술

  말린 타임 ½작은술

  5cm 길이의 레몬 껍질 1개, 채소 껍질 벗기는 도구로 벗겨내기

  큼직한 마늘 1쪽, 다지기

  월계수 잎 1장

  정향 또는 올스파이스 가루 1자밤

강불에 올리고 가끔 저으면서 부르르 끓어오르도록 가열한다. 다음을 넣는다.

  말린 무화과 16개, 꼭지를 제거하기

다시 부르르 끓어오르도록 가열한다. 불을 줄이고 뚜껑을 덮은 후 무화과가 모양은 그대로 유지되지만 아주 물렁해질 때까지 45분 정도 뭉근히 끓인다. 무화과가 물렁해지기 전에 국물이 1컵 이하로 줄어들면 물을 조금 더 넣는다.

  불에서 내린 후 레몬 껍질과 월계수 잎을 건져낸다. 무화과 3개와 국물 ½컵을 푸드 프로세서나 믹서에 넣고 아주 매끄러워질 때까지 간다. 퓌레를 다시 삶은 무화과에 붓고 젓는다. 필요하면 다음을 넣어서 소스를 희석한다.

  (와인, 육수 또는 물)

또는 소스가 너무 묽으면 바글바글 끓이면서 시럽과 비슷한 농도가 될 때까지 졸인다.

간단한 오리용 오렌지 소스

약 ½컵

작은 편수 냄비에 다음을 넣고 섞는다.

  오렌지 마멀레이드 ½컵

간장 2큰술

오렌지 리큐어 또는 오렌지즙 2큰술

화이트와인 식초 1큰술

중불에 올려 부르르 끓어오를 때까지 가열한 후 소스가 연한 시럽 농도가 될 때까지만 끓인다. 소스가 너무 걸쭉해지면 육수나 물을 넣어서 희석한다. 다음을 적당량 넣어 간을 한다.

소금과 흑후추

뫼레트 소스(Sauce Meurette, 부르고뉴식 레드와인 소스)
약 1½컵

시간이 많이 소요되는 브라운 소스보다 훨씬 간단하게 만들 수 있는 소스다. 깊은 풍미를 지닌 이 자홍색 소스는 비단처럼 부드럽고 진하다. 소고기, 구운 가금류, 수란과 함께 낸다.

크고 넓적한 편수 냄비를 중불에 올리고 다음을 넣어 녹인다.

버터 4큰술(버터 스틱 ½개)

다음을 넣고 가끔 저으면서 채소가 연해질 때까지 10분 정도 볶는다.

굵게 썬 당근 1컵

굵게 썬 셀러리 1컵

굵게 썬 양파 1컵

마늘 4쪽, 으깨기

굵게 썬 햄 또는 판체타 ½컵

다음을 넣고 뭉근하게 끓어오르도록 가열한 뒤 30분간 끓인다.

드라이 레드와인 4컵 또는 레드와인 2컵과 갈색 소 육수 2컵을 섞은 것

월계수 잎 1장

타임 잔가지 2개

파슬리 잔가지 2개

건더기를 걸러내고 국물을 편수 냄비에 붓는다. 1컵 분량으로 줄어들 때까지 15분 정도 바글바글 끓인다. 소스를 졸이는 동안 다음을 포크로 으깨고 잘 섞어서 페이스트 형태로 만든다.

버터 1큰술, 말랑하게 녹이기

중력분 1큰술

15분이 거의 다 지난 시점에 버터와 밀가루 혼합물을 소스에 넣고 걸쭉해질 때까지 잠깐 뭉근히 끓인 후 불에서 내린다. 취향에 따라 소스에 다음을 넣고 섞는다.

(버섯 볶음 1컵)

다음으로 간을 한다.

소금과 흑후추 적당량

(레드와인 식초 몇 방울)

(브랜디 몇 방울)

몰레 포블라노(Mole Poblano, 레드 몰레)
약 5컵

몰레는 멕시코 원주민 나와틀족의 언어로 '소스'라는 의미의 몰리(molli)에서 유래했다. 예전에는 많은 이들이 스페인어로 '갈다'라는 뜻의 몰레르(moler)에서 유래한 단어라고 생각했다. 그런데 둘 다 맞는 이야기다. 몰레는 '소스'라는 말이 담고 있는 뜻만큼이나 다양한 변신이 가능하며, 곱게 갈거나 퓌레 상태로 만든 칠리 고추, 채소, 향신료, 견과류 그리고 때로는 초콜릿을 넣어 만들기 때문이다. 이 레드 몰레는 닭고기, 칠면조고기, 돼지고기 요리와 곁들이면 썩 잘 어울린다. 남은 소스는 냉동실에 보관할 수 있지만 매끄러운 질감을 되살리려면 데우기 전에 믹서에 넣고 퓌레 상태로 갈아주는 것이 좋다.

중간 크기의 묵직한 프라이팬이나 번철(무쇠 팬 권장)을 중불에 올리고 다음을 넣어서 가열한다.

껍질을 벗기지 않은 큼직한 마늘 8쪽

가끔 뒤집어주면서 모든 면이 그을리고 물렁물렁해질 때까지 15분 정도 굽는다. 식혀서 껍질을 깐다. 그동안 다음의 꼭지와 씨를 제거한다.

중간 크기의 말린 안초 칠리 고추 또는 안초, 물라토, 파시야, 치폴레 세코 등의 말린 칠리 고추를 섞어서 8개(115g)

칠리 고추를 갈라서 평평하게 편다. 뜨거운 프라이팬에 칠리 고추를 넣고 금속 주걱으로 한 면당 약 10초씩 눌러주면서 살짝 굽는다.(오븐에 구워도 좋다.) 그릇에 담고 고추가 잠길 정도로 뜨거운 물을 부은 후 고추가 잘 잠기도록 접시로 눌러놓는다. 30분간 물에 불린다. 칠리 고추의 물기를 빼고 마늘과 함께 믹서에 넣는다. 다음을 함께 넣는다.

닭 육수나 국물 ⅔컵

말린 오레가노 1½작은술

흑후추 ½작은술

정향 가루 ⅛작은술

질감이 매끄러워지도록 혼합물을 간 후 중간 굵기의 체에 붓고 걸러서 그릇에 담아 한쪽에 둔다. 더치오븐을 중불에 올리고 다음을 둘러서 뜨겁게 달군다.

식물성 기름 1½큰술

다음을 넣고 가끔 저으면서 3분 정도 살짝 볶는다.

아몬드 ½컵

구멍 뚫린 숟가락으로 아몬드를 건져서 믹서에 넣는다. 더치오븐에 남은 뜨거운 기름에 다음을 넣는다.

양파 작은 것 1개, 얇게 저미기

가끔 저으면서 먹음직스러운 갈색이 되도록 8분 정도 볶는다. 구멍 뚫린 숟가락으로 양파를 건져서 믹서에 넣는다. 다음을 뜨거운 더치오븐에 넣는다.

건포도 ¼컵

계속 저으면서 건포도가 통통하게 부풀 때까지 30초 정도 조리한다. 건포도를 떠서 믹서에 넣는다. 믹서에 다음 재료를 추가한다.

흰 빵 2조각이나 옥수수 토르티야 2장, 표면이 그을릴 때까지 구운 후 잘게 찢기

닭 육수나 국물 1컵

물기를 뺀 통토마토 통조림 ½컵, 굵게 썰기

굵게 썬 무가당 초콜릿 ¼컵 또는 무가당 코코아 가루 2큰술

계핏가루 ¼작은술

아주 매끄러운 질감이 되도록 믹서로 간다. 더치오븐에 다음을 두르고 중불에 올려서 뜨겁게 달군다.

식물성 기름 1큰술

따로 보관해둔 안초 고추 혼합물을 넣고 저으면서 색이 진해지고 아주 걸쭉해질 때까지 5분 정도 조리한다. 아몬드 혼합물을 넣고 저으면서 아주 걸쭉해질 때까지 5분 정도 조리한다. 다음을 넣고 젓는다.

닭 육수 또는 국물 4컵

부르르 끓어오르도록 가열한 후 약불로 줄이고 뚜껑을 반만 덮은 상태로 자

주 저으면서 45분간 뭉근히 끓인다. 다음으로 간을 한다.

소금 적당량

설탕 1큰술 또는 적당량

그린 몰레

약 2컵

진하고 버터 향이 감도는 이 과나후아토(멕시코 중부의 주―옮긴이)식의 몰레에서 풍미의 상당한 지분을 차지하는 것이 볶은 참깨와 호박씨. 다양한 육류 및 채소 요리에 곁들여 맛있게 즐길 수 있으며 우리는 뭉근하게 끓이는 이 몰레에 먹다 남은 닭고기나 돼지고기를 잘게 썰어 넣고 데워서 먹는 것을 즐긴다. 타말레에 넣을 고기를 몰레에 넣어 뒤적이면서 양념을 해도 좋다.

중간 크기의 프라이팬을 중불에 올리고 다음을 넣어서 달군다.

호박씨 ¾컵

갈색으로 변하면서 고소한 냄새가 날 때까지 자주 저어주면서 4분 정도 볶는다. 그릇에 옮겨 담는다. 프라이팬을 다시 불에 올리고 다음을 넣는다.

참깨 ½컵

자주 저으면서 연한 갈색이 될 때까지 5분 정도 볶는다. 호박씨가 담긴 그릇에 옮겨 담는다. 믹서에 다음을 넣는다.

토마티요 225g, 겉껍질을 벗기고 헹구기

쪽파 6대 또는 양파 중간 크기 ½개, 굵게 썰기

고수 잎 작게 1묶음, 굵게 썰기(꾹 눌러 담아 약 1컵)

로메인 상추 잎 6장, 굵게 썰기

세라노 고추 2개, 씨를 제거하기

마늘 2쪽, 껍질을 벗기기

소금 1작은술

마지막으로 호박씨와 참깨를 넣고 필요하면 물을 조금 부은 후 아주 매끄러워질 때까지 곱게 간다. 혼합물의 농도는 아주 걸쭉할 것이다. 이때 몰레를 냉장고에 넣으면 3~5일간 보관할 수 있으며, 즉시 사용할 수도 있다. 몰레를 중간 크기의 편수 냄비에 넣고 잘 저으면서 다음을 붓는다.

닭 육수나 물 1컵

소스가 너무 걸쭉하면 닭 육수나 물을 조금 더 넣어서 원하는 농도로 맞춘다. 다음과 함께 낸다.

풀드 포크 조림, 카르니타스 조림, 로스트 치킨, 삶은 닭

뉴멕시코식 칠리 고추 소스

생고추로 만들든 말린 고추로 만들든 관계없이, 이 소스는 엔칠라다나 우에보스 란체로스에 얹어서 먹으면 무척 잘 어울린다. 또는 물이나 육수로 희석해 깍둑썰기한 돼지 어깨살을 조릴 때 조림 국물로 활용해도 좋다. 전통적인 조리법은 아니지만 우리는 가끔 물이나 육수 일부를 멕시코산 라거 1캔으로 대체하기도 한다.

Ⅰ. 말린 칠리 고추로 만들기

약 2컵

취향에 따라 칠리 고춧가루 대신 **통째로 말린 뉴멕시코 칠리 고추 70g**을 사용해도 좋다. 고추의 꼭지와 씨를 제거하고 볶은 후 적당한 크기로 찢어서 액체 재료와 함께 넣는다. 레시피에 따라 15분간 뭉근히 끓인 후 믹서에 넣고 건더기가 완전히 없어질 때까지 간다.(말린 칠리 고추로 만든다면 퓌레 상태로 갈기 전

까지는 소스가 그레이비와 비슷한 농도로 걸쭉해지지 않는다는 점에 유의한다.)

커다란 프라이팬을 중불에 올리고 다음을 둘러서 가열한다.

식물성 기름, 베이컨 기름 또는 라드 2큰술

다음을 넣고 저으면서 부드러워질 때까지 5분 정도 볶는다.

양파 중간 크기 1개, 잘게 썰기

다음을 넣고 1분간 더 볶는다.

마늘 2쪽, 다지기

저으면서 다음을 넣고 1분간 조리한다.

붉은색 또는 녹색 뉴멕시코 칠리 고춧가루 ½컵

다음을 넣고 젓는다.

물, 소 육수 또는 닭 육수 3컵

소금 ½작은술

말린 오레가노 ½작은술

뭉근히 끓어오르도록 가열한 후 불을 줄여서 기포가 가끔 올라오는 상태를 유지한다. 자주 저으면서 그레이비와 비슷한 농도가 되도록 걸쭉해질 때까지 15분 정도 끓인다. 다음을 적당량 넣어 간을 한다.

소금

Ⅱ. 신선한 녹색 칠리 고추로 만들기

약 3컵

우에보스 란체로스에 곁들이는 용도로 우리가 특히 선호하는 소스다.

다음을 준비한다.

해치, 누멕스, 애너하임 등의 녹색 칠리 고추 680g, 굽기 또는 녹색 칠리 고추

통조림이나 병조림 1½컵, 물기를 따라내기

구운 칠리 고추의 껍질을 벗기고 씨를 제거한 후 굵게 썬다. **버전 Ⅰ** 레시피에 따라 양파와 마늘을 볶는다. 다음을 넣고 젓는다.

중력분 2큰술 또는 마사 하리나 3큰술

칠리 고춧가루 대신 구운 칠리 고추를 넣는다. 물이나 육수를 2컵만 붓고 위의 레시피에 따라 간을 한다. 중강불로 올리고 걸쭉해질 때까지 5분 정도 뭉근히 끓인다.

구운 붉은 피망 소스

약 1¾컵

진한 풍미를 가진 소스로 오븐이나 그릴에 구운 육류, 닭고기, 생선 또는 파스타와 함께 먹으면 아주 맛있다.

크고 묵직한 프라이팬을 중불에 올리고 다음을 둘러서 가열한다.

올리브유 2큰술

다음을 넣고 자주 저으면서 연한 갈색으로 익을 때까지 5~7분간 볶는다.

양파 중간 크기 1개, 굵게 썰기

저으면서 다음을 넣고 계속 저으면서 1분간 볶는다.

붉은색 피망 680g, 구워서 껍질을 벗긴 후 씨를 제거하고 굵게 썰기 또는 구운 붉은색 피망 병조림 2컵, 물기를 따라내고 굵게 썰기

마늘 2쪽, 다지기

스위트 파프리카 가루 1큰술

계핏가루 ¼작은술

카엔 고춧가루 ⅛~¼작은술, 취향에 따라 조절

다음을 붓는다.

채소 육수 또는 국물 1½컵

물 1컵

부르르 끓어오르도록 가열한 후 중약불로 줄이고 뚜껑을 반만 덮은 상태로 20분간 뭉근히 끓인다. 소스를 믹서나 푸드 프로세서에 넣고 퓌레 상태로 간다. 다음을 적당량 넣어 간을 한다.

소금과 흑후추

구운 토마티요 시금치 소스

약 5컵

엔칠라다 베르데에 완벽하게 어울리는 소스다. 이 조리법을 거의 모든 종류의 채소에 응용해 생동감 넘치는 다양한 소스를 만들어낼 수 있다. 채소가 물렁물렁해지면서 캐러멜화될 때까지 구운 후 뜨거운 채소와 조리 과정에서 나온 즙, 약간의 육수, 어울리는 양념을 믹서나 푸드 프로세서에 넣고 퓌레 상태로 갈기만 하면 된다.

오븐을 200℃로 예열한다.

기름을 바른 베이킹 팬에 다음을 한 겹으로 넓게 깐다.

토마티요 900g, 겉껍질을 벗기고 헹구기

중간 크기의 포블라노 또는 애너하임 고추 2개, 반으로 잘라서 씨를 제거하기

양파 큰 것 1개, 4등분하기

마늘 12쪽, 껍질을 벗기기

아주 물렁물렁해질 때까지 40~45분간 굽는다. 채소와 팬에 흘러나온 즙을 믹서 또는 푸드 프로세서에 넣고 다음을 추가한다.

굵직하게 썬 시금치 1¼컵

굵게 썬 고수 잎 ⅓컵

닭 육수나 채소 육수 또는 국물 ¼컵, 또는 필요한 만큼

소금과 흑후추 적당량

건더기 없이 매끄러워질 때까지 짧게 여러 번 작동시키고 필요하면 육수를 조금씩 보충하면서 중간 점도의 소스를 만든다. 작은 편수 냄비에 담아 뭉근한 불에 데워서 즉시 내거나 냉장고에 넣으면 최대 2일간 보관할 수 있다. 냉장고에 넣었던 소스는 다시 데워서 낸다.

토마토 소스에 대해

토마토는 아메리카 대륙의 토착 품종이지만, 우리가 가장 선호하는 토마토 소스는 지구 반대편으로 건너갔다가 다시 우리 집 주방으로 돌아온 것들이다. 우리가 파스타에 버무려 먹는 다양한 소스의 상당수는 이탈리아에서 탄생했다. 질감이 매끄럽고 루를 사용해 걸쭉하게 만든 토마테 소스(sauce tomate)는 프랑스의 다섯 가지 모체 소스 중 하나이지만, 오늘날에는 거의 사용하지 않는다. 어디서나 쉽게 찾아볼 수 있어 그야말로 미국의 국민 소스라고 할 수 있는 케첩의 전신은 훨씬 톡 쏘는 맛을 지닌 아시아 및 영국의 토마토 소스다.(간단한 케첩 및 토마토 케첩 레시피를 참고한다.) 보다 전통적인 미국의 토마토 소스는 살사에 대해 항목을 참고한다.

토마토는 생으로, 익혀서, 퓌레 상태로 갈아서, 굵게 썰어서 사용할 수 있고, 다른 재료를 뒷받침해주는 보조 재료나 주재료로 활용되어 다양하고 맛깔스러운 소스로 변신한다. 토마토는 즙이 풍부하므로 수많은 소스에 꼭 필요한 육수나 국물이 없어도 소스를 만들 수 있다. 자체의 산미와 단맛이 있어서 요리사의 재량에 따라 소스를 만들 때 두 가지 맛을 자유롭게 활용할 수 있다.

대다수 토마토 소스 레시피는 즉흥적으로 재료를 추가하거나 레시피를 변형할 수 있지만, 추가하는 재료와 관계없이 가장 맛있는 토마토 소스는 품질 좋은 생토마토 또는 통조림 토마토에서 출발한다. **생토마토**를 사용한다면 ▶ 소스에 넣어서 뭉근히 끓일 용도로는 (로마 토마토 등의) 플럼 품종을 추천한다. 플럼 토마토는 가격이 저렴하며 씨가 적고 품질이 덜 들쑥날쑥하다. ▶ 토마토 풍미의 상당 부분은 씨를 둘러싸고 있는 젤과 비슷한 형태의 액체에서 나온다. 그러므로 우리는 절대 토마토의 씨를 제거하지 않는다.(콩카세 같은 가니시를 만들 때는 예외다.) 토마토 소스를 식품 분쇄기에 넣어서 풍미가 가득한 젤은 그대로 남겨두고 씨를 제거할 수 있지만, 그 정도의 번거로움을 감수할 만한 효과가 있는 것은 아니다. 물론 소스 만들기에 적합한 플럼 토마토를 고르는 것도 소스에 씨가 너무 많이 들어가는 것을 방지하는 방법이다. 토마토 껍질을 벗겨서 사용할지 여부는 취향의 영역이지만, 퓌레 상태로 으깨거나 식품 분쇄기에 넣어서 갈지 않고 만드는 소스에는 껍질을 벗기는 것을 권장한다.

통조림 토마토는 생토마토만큼이나 유용하고 맛있는 몇 안 되는 통조림 재료 중 하나로, 토마토 소스를 만드는 용도로 추천한다. 작게 써는 데 약간의 품이 들지만 우리는 깍둑썰기하거나 퓌레 상태로 으깬 토마토보다는 통토마토 통조림을 선호한다. 15분 정도 뭉근히 삶으면 나무 주걱으로 냄비 옆면에 문질러 쉽게 으깰 수 있는 상태가 되며, 이렇게 하면 건더기가 푸짐하고 소박한 질감의 소스가 완성된다. 감자 으깨는 도구를 사용해도 비슷한 결과를 얻을 수 있다.(그리고 소스가 지저분해질 가능성도 낮다.) 유럽산 수입 토마토 통조림이 가장 좋다는 편견은 버리자. 몇몇 미국산 상표의 토마토 통조림은 수입품만큼 맛이 좋거나 때로는 품질이 더 뛰어난 경우도 있다. ▶ 795g짜리 토마토 통조림 1개는 대략 생토마토 900g에 해당한다. 생토마토는 통조림보다 단단하고 덜 농축되어 있으므로 약간 더 오래 삶아야 한다는 점만 고려한다면 얼마든지 서로 대체해서 사용할 수 있다.

말린 토마토와 토마토 페이스트는 소스의 풍미를 돋울 수 있어서 사랑받는 추가 재료다. 빠른 시간 안에 소스를 만들 때는 선드라이드 토마토를 말랑말랑하고 통통해질 때까지 뜨거운 물에 불린 다음 깍둑썰기해서 다른 토마토와 함께 넣는다. 오랫동안 뭉근히 끓여서 완성하는 라구 소스라면 선드라이드 토마토를 가위로 잘게 잘라서 불리지 않고 그대로 넣어도 좋다.(소스가 완성될 때쯤 연해진다.) 기름에 절인 말린 토마토는 불리거나 오랫동안 끓이지 않고 그냥 소스에 넣을 수 있다. **토마토 페이스트**는 소스 만들기의 모든 단계에서 넣을 수 있으며 특별한 사전 처리가 필요 없다. 우리는 농도가 진한 소스와 찜을 만들 때 양파, 당근 또는 셀러리를 갈색으로 볶는 과정이 거의 마무리될 즈음에 토마토 페이스트를 추가한다. 페이스트에 들어 있는 당분이 캐러멜화되면서 소스에 더 깊은 풍미를 더해준다. 자주 저으면서 페이스트가 골고루 갈색으로 변하면 액체 재료를 넣고, 페이스트가 눌어붙지 않도록 주의한다.

토마토 소스의 조리 시간이 짧을수록 풍미가 신선하고 상큼해진다. 따라서 우리는 수분이 더욱 잘 증발하도록 넓찍한 편수 냄비나 프라이팬을 즐겨 사용한다. 반면에 향미 채소와 양념을 넉넉히 넣어서 소스를 만들 때는 뭉근히 오래 끓여야 풍미가 충분히 살아나고 다양한 맛이 서로 잘 어우러진다. 고기를 넣은 토마토 소스는 훨씬 더 오래 뭉근히 끓이는 경우가 많은데, 이러한 소스를 만들 때는 더치오븐이나 크고 묵직한 편수 냄비가 가장 적합하다.

파스타 위에 얹어서 낸다면 토마토 소스 3컵은 건조 파스타 약 450g에 넉넉하게 사용할 수 있는 분량이다. 토마토 소스를 반드시 파스타와 피자에만 사용해야 한다는 생각은 버리자. 육류, 가금류, 생선, 채소 등 다양한 재료에 활용

할 수 있다. 가지 파르미지아나 또는 치킨 파르미지아나처럼 전통적인 조합도
있고, 그만큼 널리 알려진 조합은 아니지만 돼지고기 메달리온 부위를 팬에 지
진 것이나 맛이 순한 생선 스테이크에 푸타네스카 소스를 곁들여도 절대 뒤지
지 않을 만큼 맛있다. 음식 위에 끼얹거나 곁들이는 용도 외에도 토마토 소스
는 큼직한 로스트 부위(스트라코토)나 생선을 통째로(베라크루스식 도미) 조릴 때
또는 소고기 브라촐레와 속을 채운 양배추 롤처럼 크기가 작은 덩어리를 조릴
때 조림 국물로 활용할 수 있다.

토마토 소스는 냉장고에서 최대 일주일간, 냉동실에서 최대 6개월간 보관할
수 있다.

토마토 소스

약 3컵

소스를 식품 분쇄기에 넣어서 으깰 예정이라면 굳이 토마토 껍질을 벗길 필요
가 없다. 그뿐만 아니라 씹히는 맛이 있는 토마토 소스에 딱히 거부감이 없다
면 껍질을 벗기거나 식품 분쇄기를 사용할 필요도 없다. 루를 넣어 걸쭉하게
점도를 높인 정통 프랑스식 토마토 소스(토마테 소스라고 부른다.)를 만들려면
올리브유 대신 **버터 2큰술**을 사용하고 부드럽게 볶은 채소에 **밀가루 2큰술**을
넣은 후 잘 저으면서 밀가루에서 고소한 견과류 냄새가 날 때까지 잘 볶는다.
그 후 아래의 레시피대로 조리하다가 소스를 식품 분쇄기에 넣어서 간다.
큼직한 프라이팬을 중불에 올리고 다음을 둘러서 가열한다.

올리브유 2큰술

다음을 넣는다.

양파 작은 것 1개, 잘게 썰기

(당근 작은 것 1개, 잘게 썰기)

(잎까지 달린 셀러리 줄기 작은 것 1개, 잘게 썰기)

뚜껑을 덮고 약불로 줄인 후 가끔 저으면서 채소가 아주 물러질 때까지 15분
정도 조리한다. 다음을 넣고 저으면서 30초간 조리한다.

마늘 2쪽, 다지기

(굵게 썬 바질, 로즈메리, 세이지 또는 타임 1큰술)

다음을 넣고 젓는다.

플럼 또는 로마 토마토 900g, 껍질을 벗기고 굵게 썰기 또는 통토마토 통조림

795g짜리 1개

(선드라이드 토마토 ⅓컵, 말랑해질 때까지 끓는 물에 불려서 잘게 썰기)

토마토 페이스트 2작은술

소금 ¾작은술 또는 적당량

흑후추 ¼작은술 또는 적당량

뚜껑을 열고 감자 으깨는 도구나 나무 숟가락으로 토마토를 으깨면서 소스가
걸쭉해질 때까지 15~20분간 뭉근히 끓인다. 더 매끄러운 식감을 선호한다면
식품 분쇄기에 넣어서 간다.

마리나라 소스

약 2¼컵

해산물과 파스타에 잘 어울리는 가장 간단한 토마토 소스다.
큼직한 편수 냄비에 다음을 넣어서 섞고 중약불에 올려서 뭉근히 끓어오르도
록 가열한다.

플럼 또는 로마 토마토 900g, 껍질을 벗기고 굵게 썰기 또는 통토마토 통조림

795g짜리 1개

올리브유 ⅓컵

마늘 3~6쪽 또는 적당량, 반으로 자르거나 살짝 으깨기

바질 잔가지 6개

파슬리 잔가지 6개

(굵게 빻은 고춧가루 ½작은술)

뚜껑을 열고 감자 으깨는 도구나 나무 숟가락으로 토마토를 으깨면서 소스가
걸쭉해질 때까지 10분 정도 뭉근히 끓인다. 더 매끄러운 식감을 선호한다면
식품 분쇄기에 넣어 갈거나 믹서 또는 푸드 프로세서에 넣고 퓌레 상태로 간
다. 다음을 적당량 넣어 간을 맞춘다.

소금과 흑후추

피자 소스

약 3컵

퓌레 질감의 익히지 않은 소스로 피자 반죽 위에 발라서 피자를 구울 때 함께
'익힌다.' 생마늘을 넣고 싶겠지만, 피자는 마늘보다 빨리 구워지므로 생마늘
의 아릿한 맛이 남는다. 피자 소스에 마늘을 빼놓을 수 없다면 위에 소개한 퓌
레 상태의 마리나라 소스를 사용하자.
믹서 또는 푸드 프로세서에 넣고 아주 매끄러워질 때까지 퓌레 상태로 간다.

통토마토 통조림 795g짜리 1개, 국물을 따라내기

올리브유 2큰술

신선한 바질 잎 3장

(굵게 빻은 고춧가루 ¼작은술)

(말린 오레가노 ¼작은술)

소금 ¼작은술

익히지 않은 토마토 소스

약 6컵

즙이 풍부한 생토마토를 구했는데 날씨가 너무 후덥지근해서 도저히 소스를
오랫동안 끓일 엄두가 나지 않는다면 이 레시피를 시도해보자. 파스타는 물론,
브루스케타에 얹어 먹어도 아주 맛있다. 파스타와 함께 낸다면 갓 삶은 뜨거
운 파스타에 생모차렐라 치즈를 정육면체로 작게 썰어서 넣고 뒤적인 후 토마
토 소스를 넣고 1인분당 발사믹 식초를 1~2작은술씩 뿌린다.
체에 다음을 올려놓고 20분간 물기를 뺀다.

큼직한 토마토 5개(약 1.1kg), 잘게 깍둑썰기하기

토마토를 큰 그릇에 옮겨 담고 다음을 넣어서 젓는다.

신선한 바질 또는 파슬리 잎 ½컵 또는 오레가노 잎 ¼컵, 잘게 썰기

(기름 또는 소금물에 절인 올리브 ½컵, 씨를 빼고 굵게 썰기)

엑스트라 버진 올리브유 3큰술

마늘 2쪽, 다지기

(신선한 칠리 고추 작은 것 1개, 씨를 빼고 다지기 또는 굵게 빻은 고춧가루

¼작은술)

소금과 흑후추 적당량

30분 이상 두었다가 실온 상태로 식탁에 올린다.

그릴에 구운 토마토 소스

약 3½컵

그릴을 중강불로 맞춰 준비하거나 오븐의 위쪽 열원에서 15cm 떨어진 위치에 받침대를 끼운다. 직화 오븐을 예열한다.

다음을 그릴 위에 올리거나 직화 오븐에 넣는다.

　플럼 또는 로마 토마토 12개 또는 큼직한 토마토 6개(약 1.3kg)

껍질이 그을리면 집게로 뒤집어가면서 굽는다. 전체적으로 연하게 그을리면 일단 식힌 후 푸드 프로세서나 믹서에 넣고 퓌레 상태로 갈거나 잘게 썬다. 중간 크기의 그릇에 담고 다음을 넣어서 섞는다.

　엑스트라 버진 올리브유 ¼컵

　굵게 썬 바질 2큰술

　소금과 흑후추 적당량

베라크루스식 토마토 소스

약 4컵

토마토 소스에 계피, 월계수 잎, 마늘, 올리브, 피클을 넣는 이 조합이 언뜻 이상해 보일지 모르지만, 그릴에 구운 생선과 돼지고기 요리에 곁들이면 그야말로 천상의 맛을 내는 소스다. 이 소스를 활용한 조림 요리는 베라크루스식 도미 레시피를 참고한다. 가장 맛있는 소스를 얻으려면 '진짜' 계피 또는 카넬라를 사용한다.

중간 크기의 편수 냄비를 중불에 올리고 다음을 넣어서 달군다.

　올리브유 ¼컵

다음을 넣고 저으면서 부드러워질 때까지 5분 정도 볶는다.

　양파 중간 크기 1개, 굵게 썰기

다음을 넣고 1분간 더 볶는다.

　마늘 4쪽, 굵게 썰기

다음을 넣고 젓는다.

　플럼 또는 로마 토마토 900g, 굵게 썰기 또는 통토마토 통조림 795g짜리 1개,
　　굵게 썰기

뭉근하게 끓어오르도록 가열한 후 가끔 저으면서 약간 걸쭉해질 때까지 10분 정도 조리한다. 다음을 한데 모아 단단히 묶는다.

　잎이 평평한 파슬리 잔가지 4개

　타임 잔가지 2개

　(마저럼 잔가지 2개)

　오레가노 잔가지 2개

허브 묶음을 냄비에 넣고 다음을 추가한다.

　피미엔토를 채워 넣어 얇게 저민 녹색 올리브 1컵

　드라이 화이트와인 ½컵

　(얇게 저민 할라페뇨 피클 ½컵, 씨를 제거하기)

　케이퍼 1작은술 또는 큼직한 케이퍼 열매 2개, 굵게 썰기

　월계수 잎 1장

　5cm짜리 통계피 1조각

뭉근히 끓어오를 때까지 가열한 후 저으면서 소스가 걸쭉하지만 페이스트만큼 뻑뻑해지지 않도록 15~20분간 조리한다. 허브 묶음과 월계수, 계피를 건져낸다. 다음을 적당히 넣어 간을 한다.

　소금

아마트리치아나 소스(Amatriciana Sauce)

약 2컵

부카티니와 환상의 궁합을 자랑하는 소스다. 페코리노 로마노 치즈를 조금 갈아서 위에 얹는다.

큼직한 프라이팬을 중불에 올리고 다음을 넣는다.

　베이컨 슬라이스 6조각, 6mm 크기로 깍둑썰기하기

또는 베이컨 대신 다음을 사용한다.

　올리브유 2큰술

　판체타 170g, 6mm 크기로 깍둑썰기하기

잘 저으면서 베이컨이나 판체타에서 기름이 거의 다 흘러나와 노릇노릇 진한 색으로 변할 때까지 10분 정도 굽는다. 구멍 뚫린 숟가락으로 건져서 한쪽에 둔다. 프라이팬에 기름을 2큰술만 남기고 전부 따라낸다. 프라이팬을 다시 중불에 올린다. 다음을 넣고 저으면서 노릇노릇해질 때까지 볶는다.

　양파 큰 것 1개, 잘게 썰기

다음을 넣고 저으면서 1분간 더 볶되, 마늘이 타지 않도록 조심한다.

　큼직한 마늘 1쪽, 다지기

　말린 칠리 고추 1개 또는 굵게 빻은 고춧가루 ¼작은술

강불로 올리고 다음을 넣는다.

　플럼 또는 로마 토마토 900g, 껍질을 벗기고 굵게 썰기 또는 통토마토 통조림
　　795g짜리 1개

베이컨 또는 판체타를 넣고 저은 후 감자 으깨는 도구나 나무 숟가락으로 토마토를 으깨면서 소스가 걸쭉해질 때까지 5분 정도 뭉근히 끓인다. 다음을 적당량 넣는다.

　흑후추

　굵게 빻은 고춧가루

푸타네스카 소스(Puttanesca Sauce)

약 3컵

푸타네스카, 즉 '매춘부'라는 이름이 붙은 이 소스는 찬장에 늘 있는 단골 재료로 몇 분 만에 만들 수 있다. 올리브, 케이퍼, 안초비, 말린 칠리 고추의 매콤하고 알싸한 조합이 당기는 바쁜 요리사에게 딱 맞는 레시피다. 파스타 소스로 활용할 수 있으며 흰살생선 요리, 닭 가슴살 볶음, 콜리플라워 웨지 구이에 얹어서 먹어도 훌륭하다.

큼직한 프라이팬을 중불에 올리고 다음을 붓는다.

　올리브유 ¼컵

다음을 넣고 저으면서 마늘이 연한 노란색이 될 때까지 30초 정도만 볶는다.

　큼직한 마늘 2쪽, 다지기

　말린 칠리 고추 1개 또는 굵게 빻은 고춧가루 ¼작은술

다음을 넣고 저으면서 30초 정도 조리한다.

　기름에 절인 검은색 올리브 1컵, 씨를 빼고 굵게 썰기

　안초비 필레 6개, 헹구기

　말린 오레가노 ½작은술

다음을 넣고 젓는다.

　생토마토 900g, 취향에 따라 껍질을 벗기고 굵게 썰기 또는 통토마토 통조림
　　795g짜리 1개

뚜껑을 열고 감자 으깨는 도구나 나무 숟가락으로 토마토를 으깨면서 소스가

걸쭉해질 때까지 5분 정도 뭉근히 끓인다.

다음을 넣고 젓는다.

다진 파슬리 3큰술

물기를 뺀 케이퍼 2큰술

다음을 적당량 넣어 간을 한다.

소금과 흑후추

고기 듬뿍 토마토 소스

약 4컵

간단하면서 비교적 빨리 만들 수 있는 소스다. 오랫동안 정성 들여 뭉근히 끓이는 업그레이드 버전은 푸짐한 소고기 라구 레시피를 참고한다.

크고 묵직한 편수 냄비나 프라이팬에 다음을 넣는다.

올리브유 2큰술

(판체타 또는 베이컨 55g, 깍둑썰기하기)

판체타나 베이컨을 사용할 때는 중불에서 저으면서 기름이 빠져나올 때까지 볶은 후 기름을 2큰술만 남기고 전부 따라낸다. 중강불로 올리고 다음을 넣는다.

다진 소고기, 양고기, 돼지고기 또는 시판이나 수제 이탈리아식 소시지(순한맛과 매운맛 모두 가능) 225g

잘 저으면서 고기가 갈색으로 익을 때까지 7분 정도 볶는다. 고기를 접시에 옮겨 담고 프라이팬에 기름을 2큰술만 남기고 전부 따라낸다.

다음을 넣고 저으면서 부드러워질 때까지 5분 정도 볶는다.

양파 중간 크기 1개, 굵게 썰기

다음을 넣고 저으면서 2분간 볶는다.

마늘 4쪽, 다지기

토마토 페이스트 1큰술

(굵게 빻은 고춧가루 ¼작은술)

따로 담아둔 고기를 넣고 다음을 추가한다.

통토마토 통조림 795g짜리 1개

(신선한 타임이나 오레가노 잎 1작은술 또는 말린 타임이나 오레가노 ½작은술)

소금 ½작은술

흑후추 ¼작은술

설탕 1자밤

뚜껑을 열고 감자 으깨는 도구나 나무 숟가락으로 토마토를 으깨면서 모든 재료의 숨이 죽고 아주 먹음직스러운 냄새가 날 때까지 15분 정도 조리한다. 뚜껑을 덮고 약불로 낮춘 후 자주 저으면서 소스가 걸쭉해질 때까지 30분 정도 뭉근히 끓인다. 다음을 넣고 젓는다.

세로로 도톰하게 자른 바질 또는 굵게 썬 파슬리 3큰술

소금과 흑후추 적당량

볼로네제 소스

약 4½컵

오랫동안 뭉근히 끓이는 이 라구 소스의 주재료는 소고기와 돼지고기이지만, 여기서는 토마토의 진한 풍미를 살려 파스타에 곁들이기 좋은 소스 레시피를 소개한다.(신시내티에서 즐겨 먹는 볼로네제는 신시내티 칠리 코케뉴 레시피를 참고한다.) 양고기나 소고기 조림으로 만들어서 씹히는 맛이 있는 라구는 푸짐한 소고기 라구 레시피를 참고한다.

큼직한 편수 냄비를 중약불에 올리고 다음을 넣어서 가열한다.

올리브유 3큰술

판체타 또는 베이컨 28g, 잘게 썰기

잘 저으면서 판체타나 베이컨에서 기름이 빠져나오되 갈색으로는 변하지 않을 때까지 8분 정도 볶는다. 중불로 올리고 다음을 넣는다.

당근 큰 것 1개, 다지기

셀러리 줄기 작은 것 2개, 다지기

양파 중간 크기 ½개, 다지기

잘 저으면서 양파가 반투명 상태가 되도록 5분 정도 볶는다.

다음을 넣고 갈색으로 볶는다.

굵게 다진 소고기 윗등심, 다진 돼지고기 어깨살 또는 이를 섞어서 560g

다음을 넣고 젓는다.

닭이나 소 육수 또는 국물 ¾컵

드라이 화이트와인 ⅔컵

토마토 페이스트 2큰술

약불로 줄이고 뚜껑을 반만 덮은 상태로 가끔 기름을 걷어내면서 뭉근히 끓인다. 소스를 끓이는 중간중간 다음을 2큰술씩 넣는다.

우유 1½컵

소스가 진한 수프와 비슷한 농도가 될 때까지 2시간 정도 푹 끓인다. 불에서 내리고 식힌다. 뚜껑을 덮어 냉장고에 넣으면 24시간 동안 보관할 수 있다.

데우기 전에 표면에 뜬 기름기를 걷어낸다. 탈리아텔레처럼 폭이 넓은 파스타 또는 토르텔리니에 곁들이거나 라자냐 볼로네제에 사용한다.

미트볼을 넣은 토마토 소스

파스타 450g에 충분한 분량

다음을 준비한다.

토마토 소스

이탈리아식 미트볼

레시피에 따라 미트볼의 겉면을 갈색으로 익힌 다음 뭉근히 끓는 토마토 소스에 넣는다. 미트볼이 큼직하고 내부 온도가 70℃에 도달하지 않았다면 속까지 잘 익도록 15분 정도 은근히 끓여서 완성한다.

버터 소스에 대해

가장 간단한 형태의 버터 소스는 단순히 양념한 버터를 녹인 후 갈색으로 변하면서 진한 견과류 풍미를 내기 시작할 때까지 조리한 것에 불과하다. 아래에 소개하는 뵈르 블랑도 마찬가지로 간단하지만, 식탁에 올리기 직전에 와인을 세게 저으면서 버터를 아주 조금씩 넣어 매끄러운 질감을 내야 하므로 조금 더 만들기 까다롭다. (없던 유화 구조를 만들어내야 하는) 마요네즈나 비네그레트와는 달리 여기서는 버터 조각을 액체 재료에 넣고 은근한 불로 녹여서 버터의 유화 구조가 파괴되지만 않게 하면 된다. 이렇게 하면 풍미가 진하고 헤비크림과 비슷한 농도를 가진 묽은 버터 소스가 완성된다. 뵈르 블랑을 안정된 상태로 유지할 수 있는 이상적인 온도는 대략 52℃. 그 이하로 식으면 지방이 응고되기 시작하며 57℃가 되면 버터에 들어 있는 지방이 유화 구조 밖으로 흘러나와 소스에 웅덩이처럼 기름기가 고이기 마련이다. 바쁜 주중 저녁에 만들기에는 너무 섬세한 소스처럼 느껴진다면, 그보다 훨씬 다루기 쉽고 미리 만들어둘 수 있는 가향 버터를 활용해보자.

브라운 버터

약 ⅓컵

생선을 조리한 프라이팬으로 재빨리 만들어 생선 요리에 끼얹어서 내거나 따로 조리해서 녹색 채소에 곁들이면 좋다.

작은 프라이팬을 중약불에 올리고 다음을 넣어 녹인다.

　　버터 5큰술, 무염 권장

버터가 연한 갈색이 되면서 견과류 냄새가 나기 시작할 때까지 천천히 조리하되, 중간에 프라이팬을 흔들거나 가끔 저으면서 골고루 녹도록 신경을 쓴다. 버터에서 거품이 생기면 금세 타버리므로 주의한다. 거품이 어느 정도 잦아들면 프라이팬을 큰 동작으로 빙빙 돌려준다. 프라이팬의 바닥에는 갈색 조각이 달라붙어 있을 것이다. 버터가 담긴 프라이팬을 불에서 내린다. 그대로 사용하거나 다음을 넣는다.

　　(잘게 썬 파슬리 1큰술)

　　(화이트와인 식초나 레몬즙 1작은술)

　　(소금과 흑후추 적당량)

즉시 식탁에 올린다.

블랙 버터

서대기, 대구, 삭히지 않은 홍어 등을 기름에 지진 순한 맛 요리에 곁들이면 아주 맛있다.

위의 브라운 버터를 만들되, 진한 갈색이 되도록 조리한다.

뵈르 블랑(Beurre Blanc, 화이트 버터 소스)

약 ½컵

진하고 정제된 풍미를 지닌 뵈르 블랑은 전통적으로 생선 요리에 곁들이지만, 구운 관자나 그릴 또는 프라이팬에 구운 닭고기 또는 돼지 촙, 아스파라거스 구이, 아티초크 그릴 구이에 뿌려도 근사하다. 버터를 넣기 전에 크림을 소량 첨가해주면 소스가 잘 분리되지 않는다.

작은 프라이팬을 중불에 올리고 다음을 넣어서 섞는다.

　　드라이 화이트와인 6큰술

　　화이트와인 식초 2큰술

　　다진 샬롯 3큰술

　　소금과 백후추 적당량

뭉근히 끓어오르도록 가열한 후 뚜껑을 열고 ¼ 분량으로 줄어들 때까지 끓인다. 다음을 넣고 젓는다.

　　헤비크림 1큰술

불에서 내린 후 계속 잘 저으면서 소스가 연한 색의 크림처럼 부드러운 질감이 되도록 다음을 1조각씩 넣는다.

　　차가운 버터 스틱 1개(115g), 무염 권장, 8조각으로 자르기

먼저 넣은 버터 조각이 완전히 녹기 전에 다음 버터 조각을 넣어야 소스가 분리되지 않는다. 버터를 부드럽게 녹이기 위해 조금 더 조리해야 한다면 프라이팬을 약불 위에 잠깐 올려놓는다. 취향에 따라 고운체에 소스를 거른다. 다음을 적당량 넣어 간을 한다.

　　소금과 흑후추

즉시 사용한다. 바로 사용할 수 없다면 소스가 엉기거나 분리되지 않도록 52℃ 정도로 온도를 유지한다.

뵈르 블랑의 응용

사과주: 와인 대신 알코올 성분이 있는 드라이 발효 사과주 6큰술을 넣는다.

감귤류: 식초 대신 레몬즙, 라임즙, 오렌지즙 또는 자몽즙 2큰술을 넣고 샬롯과 함께 강판에 곱게 간 **감귤류 껍질** ½작은술을 넣는다.

허브: 완성된 소스에 **타라곤, 회향 잎, 처빌, 차이브, 파슬리** 등의 다진 허브 또는 이를 섞어서 1~2큰술 넣고 젓는다.

갑각류에 곁들이기: 버터 분량을 절반으로 줄이고 새우 또는 **랍스터 버터** 4큰술을 냉장고에 넣어 단단하게 만든 후 4조각으로 나눠서 넣어도 좋다.(일반 버터를 먼저 넣어야 소스가 걸쭉해진다.)

미소 뵈르 블랑

약 ¾컵

짭짤하고 톡 쏘는 맛을 지닌 이 버터 소스는 아스파라거스 등의 녹색 채소에 곁들이면 아주 맛있고, 딱 알맞은 정도로 구운 스테이크나 촙에 장식용으로 곁들여도 훌륭하다.

중간 크기의 편수 냄비에 다음을 넣고 잘 섞는다.

　　백미소 ¼컵

　　라임즙 2큰술

　　드라이 사케 2큰술

　　디종 머스터드 2작은술

부르르 끓어오르도록 가열한 후 불에서 내리고 잘 저으면서 다음을 1조각씩 넣는다.

　　차가운 무염 버터 6큰술, 6조각으로 자르기

즉시 식탁에 올린다.

가향 버터에 대해

뜨거운 음식 위에 가향 버터(**뵈르 콩포제**beurre compose 또는 **콤파운드 버터**compound butter라고도 한다.)를 한 덩어리 얹으면 순식간에 녹으면서 풍성한 소스로 변신한다. 가향 버터를 추천할 만한 이유는 너무나도 많다. 대부분 간단하게 만들 수 있으며, 한참 전에 미리 만들어둘 수도 있고, 식탁에 올리기 전에 세심하게 주의를 기울여야 하는 점이 별로 없다. 또한 가향 버터는 금세 날아가기 쉬운 신선한 허브의 풍미를 활용하고 보존하는 훌륭한 방법이기도 하다. 냉장고 채소 보관실에 여분의 타임이나 로즈메리가 있으면 가향 버터를 언제나 쉽게 만들 수 있고, 바질이나 타라곤처럼 가정의 정원에서 많이 키우는 허브를 활용해도 좋다. 콤파운드 버터는 냉동실에서 오래 보관할 수 있으므로 바로 사용할 분량과 상관없이 넉넉히 만들어도 좋다. 특히 남아도는 허브를 소진하려는 목적이라면 말이다. 가향 기름은 1068쪽을 참고한다. 버터에 송로버섯 풍미를 입히려면 1089쪽을 참고한다.

　　물론 가향 버터는 래디시나 기타 채소를 찍어 먹거나 순가락으로 떠서 뜨거운 생선, 스테이크 구이, 감자 구이, 따뜻한 디너 롤빵 위에 얹을 수 있을 정도로 말랑말랑할 때 즉시 내놓아도 좋다. 또한 액체 상태로 녹여서 육류나 채소 요리의 마무리 소스로 사용할 수 있으며, 차갑게 식혀서 얇게 썬 다음 음식 위에 올려서 음식의 온기로 녹이기도 한다. 마지막으로 치킨 키이우나 달팽이 버터 오븐 구이처럼 버터가 중요한 역할을 하는 레시피에 활용할 수도 있다.

　　가향 버터를 보관하려면 파라핀지나 유산지, 비닐랩으로 감싸서 원통형으로 돌돌 말아 냉장고에 넣으면 1시간 반~2시간, 냉동실에 넣으면 6개월 정도

보관할 수 있다. 허브는 금세 상하므로 허브를 넣은 가향 버터는 ▶ 24시간 이상 냉장고에 보관해서는 안 된다. 돌돌 만 원통형의 버터를 필요한 분량만큼 얇게 썰어서 사용한다.

가향 버터의 추가 재료

가향 버터는 빈 도화지처럼 가지각색의 재료를 첨가해 자유자재로 응용할 수 있다. 가향 버터는 단독으로 먹기보다 다른 음식의 맛을 내기 위해 사용하므로 간은 다소 세게 하는 것을 추천한다.

그릇에 다음을 넣는다.

> 말랑하게 녹인 버터 스틱 1개(115g), 무염 권장

다음 재료 중 하나를 넣고 젓는다.

> 아몬드, 헤이즐넛, 피스타치오, 호두 또는 피칸을 구워서 푸드 프로세서에 넣고 아주 고운 가루로 갈아낸 것 ½컵
>
> 검은색 캐비아 ¼컵과 레몬즙 1큰술
>
> 하리사 ㅣ 1큰술
>
> 안초비 필레 6개 다진 것과 레몬즙 ½작은술 또는 취향에 따라 조절
>
> 마늘 최대 3쪽, 페이스트 상태로 으깨기 또는 흑마늘 1통, 껍질을 까서 잘게 썰기 또는 구운 마늘 1통, 껍질을 까서 으깨기
>
> 다진 신선한 허브 ¼~½컵(로즈메리나 타라곤처럼 톡 쏘는 향미가 있는 허브는 양을 줄여서 사용)
>
> 오렌지 또는 레몬 1개의 껍질, 강판에 곱게 갈기, 오렌지 또는 레몬즙 1큰술
>
> 물기를 뺀 케이퍼 ¼컵, 잘게 썰기
>
> 백미소 ¼컵
>
> 커리 가루 또는 가람 마살라 1큰술 또는 취향에 따라 조절

다음을 넣고 섞는다.

> 소금 적당량

즉시 사용하거나 돌돌 말아서 차갑게 식힌 후 앞의 설명대로 보관한다.

레몬과 파슬리 버터

약 ½컵

뵈르 메트르 도텔(beurre maître d'hôtel)이라고도 알려져 있으며, 그릴 또는 직화 오븐에 구운 스테이크에 얹으면 근사하다.

중간 크기의 그릇에 다음을 넣고 탁탁 쳐서 잘 섞는다.

> 버터 스틱 1개(115g), 말랑하게 녹이기
>
> 잘게 썬 파슬리 2큰술
>
> 레몬즙 1½~2큰술 또는 취향에 따라 조절
>
> 소금 적당량

즉시 사용하거나 돌돌 말아서 차갑게 식힌 후 앞의 설명대로 보관한다.

달팽이 버터

약 ⅔컵

안타깝게도 대다수 독자는 이 전통적인 레시피에 붙은 이름을 보고 별로 식욕을 느끼지 않을지도 모른다. 하지만 오해하지 말자. 이 버터는 누구나 맛있게 즐길 수 있다. 물론 이름대로 달팽이 요리에 얹는 용도로 사용하는 사람이 많지만, 따뜻한 빵에 얹거나 차가운 샌드위치의 스프레드로 활용하거나 램 촙 또는 생선 스테이크 그릴 구이 위에 얹어서 먹어도 아주 맛있다.

중간 크기의 그릇에 다음을 넣고 탁탁 쳐서 잘 섞는다.

> 버터 스틱 1개(115g), 말랑하게 녹이기
>
> 다진 샬롯 또는 쪽파 ¼컵(흰색 부분만 사용)
>
> (다진 셀러리 2큰술)
>
> 다진 파슬리 2큰술
>
> (레몬즙 2큰술)
>
> 마늘 2~3쪽, 취향에 따라 조절, 소금 1작은술을 넣어 페이스트 상태로 으깨기
>
> 흑후추 적당량

즉시 사용하거나 돌돌 말아서 차갑게 식힌 후 앞의 설명대로 보관한다.

몽펠리에 버터(Montpellier Butter)

약 2컵

풍부한 맛의 이 콤파운드 버터는 만들기 다소 번거롭지만 수고를 보상하고도 남을 만큼 훌륭한 맛을 자랑한다. 그릴에 구운 육류나 생선, 특히 연어와 함께 먹으면 잘 어울린다.

얼음물이 담긴 그릇을 하나 준비한다. 큼직한 편수 냄비에 물을 붓고 팔팔 끓인다. 끓는 물에 다음을 넣고 30초간 데친다.

> 크레송 잎, 성기게 담아 1컵(28g)
>
> 파슬리 잎, 성기게 담아 1컵(28g)
>
> 시금치 잎, 성기게 담아 1컵(28g)
>
> 처빌 잎, 성기게 담아 ½컵(14g) 또는 파슬리의 양을 이만큼 늘리기
>
> 타라곤 잎, 성기게 담아 ⅓컵(14g)
>
> 굵게 썬 차이브 ⅓컵(14g)

건지기나 구멍 뚫린 숟가락으로 허브를 건져 즉시 얼음물에 담가서 식힌다. 허브의 물기를 잘 빼고 가볍게 짜서 여분의 물기를 제거한다. 주방 행주 절반을 깔고 허브를 펼쳐서 얹은 후 나머지 절반을 그 위에 얹고 롤케이크처럼 돌돌 말아 살짝 누르면서 허브를 완전히 말린다. 허브를 푸드 프로세서에 담고 여러 번 작동시키면서 아주 잘게 썬다. 푸드 프로세서에 다음 재료를 넣고 여러 번 작동시켜 잘게 썬다.

> (완숙 달걀 3개의 노른자)
>
> 안초비 필레 4~6개, 취향에 따라 조절, 씻어서 톡톡 두드려 물기를 제거하기
>
> 물기를 뺀 케이퍼 2큰술
>
> 미니 오이 피클 2~3개, 취향에 따라 조절, 굵게 썰기
>
> 마늘 1쪽, 굵게 썰기
>
> 소금 ½작은술
>
> 흑후추 ¼작은술

다음을 넣고 필요에 따라 푸드 프로세서 용기의 옆면을 긁어내리면서 아주 매끄러운 질감이 되도록 여러 번 작동시킨다.

> 버터 스틱 1개(115g), 말랑하게 녹이기

푸드 프로세서를 작동시키는 동안 다음을 조금씩 흘려 넣는다.

> 올리브유 ¼컵
>
> 레몬즙 1작은술

즉시 사용하거나 돌돌 말아서 차갑게 식힌 후 앞의 설명대로 보관한다.

새우 또는 랍스터 버터

½~⅔컵

연한 분홍색을 띠며 맛과 풍미가 뛰어난 버터다. 앞에 소개한 다른 버터 소스는 보통 소스나 양념으로 사용하지만, 갑각류 버터는 주로 생선 또는 갑각류와 함께 먹는 소스를 만들 때 마지막 단계에 넣는 용도로 만든다.(갑각류 버터의 재료와 요리의 주재료가 일치하는 경우도 적지 않다.)

오븐 팬에 다음을 넓게 펴서 깔고 120℃의 오븐에서 30분간 말린다.

> 새우 또는 민물가재 680~900g이나 랍스터 680~900g에서 벗겨낸 껍데기(날 것
> 또는 익힌 것), 깨끗이 씻어서 물기를 빼기

껍데기가 식으면 행주 위에 올려놓고 그 위로 행주를 접어서 덮은 다음 망치나 밀대로 최대한 잘게 부순다. 이중 냄비의 아래쪽 용기에 물을 부어 뭉근히 끓이면서 위쪽 용기에 다음을 넣어 녹인다.

> 버터 스틱 2개(225g)

갑각류 껍데기를 버터에 넣고 뭉근히 끓는 물 위에서 10분간 중탕한다. 갑각류의 풍미가 버터에 잘 스며들도록 20분간 그대로 둔다. 고운체를 그릇 위에 올려놓고 갑각류 버터를 부어서 거른다. 버터가 전부 걸러져 나오도록 그 상태로 20분간 둔다. 냉장고에 넣어 차갑게 식힌다. 혼합물이 응고되면 버터만 걷어낸다. 물기가 고였다면 따라내서 버린다.

즉시 사용하거나 실온에 두고 버터가 말랑말랑해지면 돌돌 말아서 차갑게 식힌 후 595쪽에서 설명한 대로 보관한다.

김치 버터

약 ¾컵

매콤하고 알싸한 맛을 지닌 이 버터는 그릴에 구운 스테이크나 춉, 콜리플라워 구이, 껍질콩 또는 양배추 구이와 썩 잘 어울린다.

중간 크기의 그릇에 다음을 넣고 탁탁 쳐서 골고루 섞는다.

> 무염 버터 스틱 1개(115g), 말랑하게 녹이기
> 아주 잘게 썰어서 물기를 꼭 짠 김치 ¼컵
> 다진 차이브 2큰술

즉시 사용하거나 돌돌 말아서 차갑게 식힌 후 595쪽의 설명대로 보관한다.

칠리 고추 버터

약 ⅔컵

작은 프라이팬을 중불에 올리고 다음을 둘러서 달군다.

> 올리브유 2큰술

다음을 넣고 저으면서 부드러워질 때까지 볶는다.

> 다진 샬롯 또는 쪽파 ½컵
> 마늘 4쪽, 잘게 썰기

작은 그릇에 옮겨 담고 식힌다. 다음을 넣고 섞는다.

> 버터 4큰술(버터 스틱 ½개), 말랑하게 녹이기
> 다진 고수 잎, 파슬리 또는 이를 섞어서 2큰술
> 치폴레, 안초 또는 우르파 칠리 고춧가루 1½큰술
> 레몬즙 1큰술
> 계핏가루 ½작은술
> 커민 가루 ½작은술
> 소금과 후추 적당량

즉시 사용하거나 돌돌 말아서 차갑게 식힌 후 595쪽의 설명대로 보관한다.

그린 버터

약 ⅔컵

직화 오븐에 구운 생선, 채소 찜, 닭고기 요리에 곁들이거나 화이트 소스 또는 크림소스를 연두색으로 물들여 약간의 상큼한 맛을 첨가하기 위해 사용한다. 얼음물이 담긴 그릇을 준비한다. 커다란 편수 냄비에 물을 붓고 팔팔 끓인다. 고운체에 다음을 넣는다.

> 샬롯 1개, 굵게 썰기 또는 굵게 썬 양파 1큰술
> 신선한 타라곤 잎 1큰술
> 신선한 처빌 잎 1큰술
> 신선한 파슬리 잎 1큰술

샬롯과 허브가 담긴 체를 팔팔 끓는 물에 담그고 10분간 데친다. 체를 건져 얼음물에 담근다. 물기를 빼고 주방 행주 위에 올려놓고 톡톡 두드려 물기를 제거한다. 절구에 넣어서 페이스트 상태로 찧거나 작은 푸드 프로세서에 넣고 페이스트가 될 때까지 간다.

다음을 조금씩 넣으면서 섞는다.

> 버터 4큰술(버터 스틱 ½개), 말랑하게 녹이기
> 소금 적당량

즉시 사용하거나 돌돌 말아서 차갑게 식힌 후 595쪽의 설명대로 보관한다.

올랑데즈와 베아르네즈에 대해

매끄럽고, 벨벳처럼 부드럽고, 진한 올랑데즈(hollandaise)와 베아르네즈(béarnaise) 소스는 가장 단순하고 간단하게 조리한 채소, 먹음직스럽게 갈색으로 구운 스테이크 또는 생선 요리를 천하 일미로 변신시킨다. 이 두 소스는 자연적으로 잘 섞이지 않는 두 가지 액체를 억지로 섞어놓은 상태를 의미하는 유화 소스이며, 마요네즈 및 비네그레트와 매우 비슷한 원리로 만들지만 뜨겁게 낸다는 차이점이 있다. 전문 요리사들은 냄비를 약불 위에 바로 올려서 이 소스를 만들지만 우리는 독자들에게 이중 냄비를 사용하도록 적극 권장하며, 편수 냄비에 물을 3.8cm 높이로 붓고 스테인리스스틸 그릇을 올려서 조리하면 더 좋다. 그릇을 사용하는 장점은 오목한 모양 때문에 거품기로 저을 공간이 넉넉하다는 점이다. 어떤 방법을 선택하든 ▶ 아래쪽 냄비에 담긴 물은 팔팔 끓는 것이 아니라 뭉근히 끓어오르는 정도로 유지해야 하고 위에 올린 그릇이나 냄비의 바닥에 물이 닿아서는 안 된다. 소스가 너무 뜨거워진다 싶으면 이중 냄비의 위쪽 용기나 위에 얹은 그릇을 불에서 내린다. 소스가 약간 식을 때까지 잘 저은 후 다시 불 위에 올려 계속 조리한다. 비교적 세심하게 주의를 기울이지 않아도 되는 조리법을 선호한다면 뒤에 소개한 믹서 없이 만들 수 있는 레시피와 상대적으로 농도가 묽은 아브골레모노 소스 및 알망드 소스 레시피를 참고한다.

올랑데즈 또는 베아르네즈를 수작업으로 만드는 과정에서 가장 중요한 단계는 달걀노른자를 휘젓고 조리하는 것이다. 우선 실온의 노른자와 물을 섞은 후 색이 연해지면서 거품이 나도록 세게 젓는다. 그다음 끓어오르기 직전 상태를 유지하는 뜨거운 물 위에 그릇을 놓고 계속 아주 세게 저으면서 노른자를 데운다. 노른자는 연한 노란색으로 변하면서 점도도 진해지고 원래 부피의 3~4배로 팽창하게 된다.

이 상태에서 노른자를 불에서 내린 후 따뜻하게 녹인 버터를 조금씩 천천히 흘려 넣으면서 계속 잘 젓는다.(뜨거운 버터를 사용하지 않도록 주의한다.) 그릇이나 냄비의 옆면과 바닥을 긁어가면서 소스의 질감을 매끄럽게 유지한다. 젓

는 동안 소스나 버터가 너무 식으면 단단하고 뻑뻑해지므로 주의한다. 질감이 뻑뻑해지면 따뜻한 물을 몇 방울 추가한다. 조리 과정의 어느 시점에서든 소스가 분리되는 것처럼 보이면 즉시 차가운 헤비크림이나 물을 몇 큰술 넣고 잘 젓는다. 소스가 분리된다고 해도 전부 버려야 하는 것은 아니다. 깨끗한 그릇에 노른자를 하나 더 넣고 잘 저은 후, 분리된 소스를 계속 저으면서 다시 유화가 일어나도록 이 노른자를 천천히 분리된 소스에 흘려 넣는다. 올랑데즈 및 베아르네즈는 냉동실에 보관할 수 있다. 해동하려면 이중 냄비에 넣고 아주 은근한 불로 데우면서 빠른 속도로 자주 저어서 원래 농도로 되살린다.

올랑데즈 소스
넉넉하게 1컵
약불에서 다음을 녹인다.

> 버터 스틱 1¼개(140g)

버터를 따뜻하게 보관한다. 커다란 스테인리스 그릇이나 이중 냄비의 위쪽 용기에 다음을 넣는다.

> 대란 노른자 3개

> 찬물 1½큰술

실온에서 거품기를 사용해 노른자의 색이 연해지면서 거품이 나도록 세게 쳐서 섞는다. 그릇이나 이중 냄비 용기를 끓어오르기 직전 상태를 유지하는 뜨거운 물 위에 올려놓고 노른자가 걸쭉해질 때까지 3~5분간 계속 젓되, 너무 뜨거워지지 않도록 주의한다. 필요에 따라 그릇 또는 용기를 불에서 내리고 저으면서 약간 식힌다. 계속 잘 저으면서 녹인 버터를 아주 조금씩 추가하고 흰색 유고형분만 남긴다. 다음을 넣고 잘 젓는다.

> 레몬즙 ½~2작은술, 취향에 따라 조절

> (핫소스 소량)

> 소금과 백후추 적당량

소스가 너무 뻑뻑하면 따뜻한 물을 몇 방울 넣고 젓는다. 즉시 내거나 뚜껑을 덮어 따뜻한 물이 담긴 그릇이나 냄비에 담가서 최대 30분 정도 따뜻하게 보관할 수 있다.(뜨거운 물에 담그는 것은 피한다.)

믹서로 만드는 올랑데즈
약 ½컵
이 레시피에서는 따뜻하게 데운 버터의 열로 달걀을 걸쭉하게 만든다. 손으로 직접 저어야 하는 레시피보다 훨씬 쉽지만, 이 방법으로 만든 소스는 색이 연하고 풍미가 덜하다. ▶ 이 레시피에서 소개하는 것이 최소 분량이다. 이보다 분량을 줄이면 버터의 열이 부족해 달걀이 제대로 익지 않는다. 막대형 블렌더를 사용할 수도 있다.
믹서 용기에 뜨거운 물을 채워서 5분 동안 두어 따뜻하게 데운다. 물을 따라내고 잘 말린다. 믹서에 다음을 넣는다.

> 대란 노른자 3개, 실온 상태로 사용

> 레몬즙 1½~2작은술, 취향에 따라 조절

> 소금 ¼작은술

> 카옌 고춧가루 1자밤

작은 편수 냄비에 다음을 넣고 보글보글 거품이 올라올 때까지 녹인다.

> 무염 버터 스틱 1개(115g)

냄비를 불에서 내린다. 믹서를 강에 맞추고 3초간 작동시켜 노른자를 풀고, 믹

서를 다시 작동시키면서 버터를 일정한 속도로 흘려 넣는다. 30초 정도에 걸쳐 버터를 전부 다 넣으면 소스가 완성되어 있을 것이다. 버터를 다 넣은 후에도 소스가 아직 완성되지 않으면 믹서를 강으로 맞추고 5초 정도 더 돌려준다. 소스가 너무 뻑뻑하면 따뜻한 물을 몇 방울 넣는다. 맛을 보고 필요한 경우 소금과 레몬즙으로 간을 맞춘다. 즉시 내거나 믹서 용기를 따뜻한 물에 담가서 최대 30분 정도 따뜻하게 보관한다.

베아르네즈 소스
약 1컵
그릴에 구운 스테이크와 생선 요리에 곁들이면 그야말로 천상의 맛을 낸다. 타라곤 대신 신선한 민트를 넣으면 **팔루아즈 소스**(Paloise Sauce)가 되는데, 민트 대신 파슬리, 바질, 타임, 차이브 또는 세이지를 사용해도 좋다.
다음에서 잎을 떼어낸다.

> 타라곤 잔가지 4개

잎을 굵게 썰어서 한쪽에 둔다. 줄기는 작은 편수 냄비에 넣고 다음을 추가한다.

> 드라이 화이트와인 3큰술

> 타라곤 또는 화이트와인 식초 3큰술

> 다진 샬롯 1큰술

> 검은색 통후추 8알, 살짝 으깨기

뭉근히 끓어오르도록 가열한 후 뚜껑을 열고 ⅓ 분량으로 줄어들 때까지 끓인다. 타라곤 줄기를 건져내고 액체와 샬롯 혼합물은 따로 보관한다. 작은 편수 냄비를 약불에 올리고 다음을 넣어 녹인다.

> 버터 스틱 1¼개(140g)

버터를 따뜻하게 보관한다. 커다란 스테인리스스틸 그릇이나 이중 냄비의 위쪽 용기에 다음을 넣는다.

> 대란 노른자 3개

> 찬물 1½큰술

실온에서 거품기를 사용해 노른자의 색이 연해지면서 거품이 나도록 세게 쳐서 섞는다. 그릇이나 이중 냄비 용기를 끓어오르기 직전 상태를 유지하는 뜨거운 물 위에 올려놓고 노른자가 걸쭉해질 때까지 3~5분간 계속 젓되, 너무 뜨거워지지 않도록 주의한다. 그릇 또는 용기를 불에서 내린다. 계속 잘 저으면서 녹인 버터를 아주 조금씩 추가하고 냄비에는 흰색 유고형분만 남긴다. 따로 보관해둔 타라곤 잎을 넣고 저은 후 졸인 국물 및 샬롯 혼합물을 취향에 따라 적당량 넣는다.
다음으로 간을 한다.

> 소금과 흑후추

소스가 너무 뻑뻑하면 남은 국물이나 따뜻한 물을 몇 방울 넣고 젓는다. 즉시 내거나 뚜껑을 덮어 따뜻한 물이 담긴 그릇이나 냄비에 담가서 최대 30분 정도 따뜻하게 보관할 수 있다.

믹서로 만드는 베아르네즈
약 ¾컵
작은 편수 냄비를 약불에 올리고 다음을 넣어 섞은 후 약 1큰술 분량으로 줄어들 때까지 뭉근히 끓인다.

> 드라이 화이트와인 2큰술

> 타라곤 또는 화이트와인 식초 2큰술

다진 샬롯 1큰술

굵게 썬 타라곤 ½작은술

검은색 통후추 4알, 살짝 으깨기

고운체에 걸러서 식힌다. 다음을 저으면서 이 액체를 적당량 넣어 맛을 낸다.

믹서로 만드는 올랑데즈, 레몬즙 대신 물을 넣기

다음을 넣고 젓는다.

다진 타라곤 ½작은술 또는 취향에 따라 적당량을 추가

맛을 보고 간을 조절한다. 즉시 낸다.

마요네즈에 대해

여러분이 시판 마요네즈에 익숙하다면, 직접 만든 수제 마요네즈를 처음 맛보는 순간 너무 맛있어서 깜짝 놀랄 것이다. 마요네즈를 싫어한다던 사람들도 제대로 만든 마요네즈를 맛본 후 생각을 바꾸는 경우가 많다. 수제 마요네즈는 비단처럼 부드럽고 가벼우며 톡 쏘는 맛을 낼뿐만 아니라 빨리 만들 수 있다. 마요네즈는 비네그레트, 올랑데즈, 베아르네즈처럼 유화형 소스로, 일반적으로는 잘 섞이지 않는 두 가지 유형의 액체, 즉 수성 액체(달걀노른자와 레몬즙 또는 식초)와 유성 액체를 섞어놓은 형태다. 액체 중 하나에 나머지 하나를 천천히 흘려 넣으면서 거품기로 세게 쳐서 섞는 과정을 통해 점점 더 작은 액체 입자가 형성되고 전체적으로 흩어지면서 두 가지 액체가 억지로 섞이게 되는 원리다. 달걀노른자에는 유화제 역할을 하는 단백질과 레시틴(지방과 비슷한 분자)이 들어 있어서 액체와 기름이 서로 어우러지고 걸쭉해지도록 돕는다.

마요네즈를 만들 때 선택하는 기름은 마요네즈의 풍미를 좌우하는 가장 큰 요소다. 예를 들어 풍미가 진한 엑스트라 버진 올리브유를 사용하면 톡 쏘는 맛이 두드러지는 마요네즈가 된다. 일반적인 용도로는 올리브유나 식물성 기름처럼 은은한 과일 향이 나는 순한 풍미의 기름이 더욱 적합하다. 보통 순한 풍미의 기름과 과일 향 풍미의 기름을 3:1의 비율로 섞으면 적당하지만, 절반씩 섞는 것을 선호하는 사람들도 있다. 마요네즈의 주성분은 기름이기 때문에 ▶ 매우 신선한 기름을 사용해야 한다. 아주 약간이라도 산패의 기미가 있는 기름을 사용하면 마요네즈를 만들어도 대부분 먹을 수 없게 되므로 시작하기 전에 반드시 기름의 맛을 보자.(또한 오래된 기름이나 잘못 보관한 기름을 사용하면 마요네즈가 분리되기 마련이다.)

마요네즈를 만드는 데에는 몇 가지 방법이 있다. 그릇에 재료를 넣고 거품기로 젓거나 반죽기에 재료를 넣고 거품기 모양의 날을 끼워서 섞거나 막대형 블렌더를 사용하거나 푸드 프로세서 또는 믹서를 사용할 수 있다. 기계를 사용하는 방법 중에서 우리가 선호하는 것은 빠르고 실패 확률이 매우 낮은 반죽기를 쓰는 것이다. 믹서와 푸드 프로세서는 과열되어 마요네즈가 분리되기 쉽다. 기계를 사용하면 부피가 더 크고 폭신폭신한 질감을 가진 마요네즈가 완성되지만 손으로 저어서 만든 마요네즈의 부드러움과 먹음직스러운 윤기를 재현하기는 어렵다.

▶ 차가운 재료보다는 실온의 재료가 유화력이 뛰어나므로 냉장고에서 꺼낸 달걀은 잠깐 뜨거운 물에 담가서 일단 실온에 가깝게 온도를 올린 후 사용한다. ▶ 최대한 성공 확률을 높이려면 달걀노른자를 포함해 다른 액체 재료의 3배에 해당하는 기름을 사용해야 한다는 점을 기억하자.

분리된 마요네즈를 복구하려면 신선한 달걀노른자를 깨끗한 작은 그릇에 넣고 분리된 마요네즈를 조금씩 흘려 넣으면서 처음 기름을 넣을 때처럼 거품기로 계속 젓는다. 달걀노른자를 하나 더 넣었으므로 그만큼 기름을 더 보충

해야 할 수도 있다. 마요네즈가 너무 뻑뻑하면 물을 약간 넣어서 농도를 조절한다.

마요네즈는 다양한 방법으로 풍미를 더할 수 있다. 마요네즈를 만드는 첫 단계에 허브, 향신료, 향미 식초 및 드라이 머스터드나 디종 머스터드를 노른자에 첨가한다.(머스터드는 마요네즈의 풍미를 돋울 뿐만 아니라 유화를 촉진하는 역할도 한다.) 레몬즙과 와인 식초가 전통적으로 널리 사용되는 재료이지만 레몬즙 대신 다른 감귤류즙을 사용할 수 있고, 맛이 순한 식초라면 무엇이든 와인 식초를 대체할 수 있다. 풍미를 내기 위해 액체 재료를 추가할 예정이라면 기름을 1~2큰술 더 넣어야 적당한 농도의 마요네즈를 완성할 수 있다.

수제 마요네즈는 뚜껑을 단단히 봉해서 냉장고에 넣으면 최대 일주일간 보관할 수 있다. 신선한 허브가 들어간 마요네즈라면 이틀 안에 사용한다. 마요네즈는 냉동실에 보관하기 어렵다. 수제 마요네즈나 수제 마요네즈가 들어간 음식을 내놓을 때는 냉장고에서 꺼낸 후 시간이 얼마나 지났는지 신경을 써야 한다. 날달걀에 들어 있는 미생물은 4.5℃ 이상에서 증식하기 시작하므로 마요네즈를 실온에 두고 안전하게 먹을 수 있는 시간은 최대 2시간이다. 만약 온도가 29℃ 이상이라면 1시간으로 줄어든다. 날달걀에 들어 있을지 모르는 살모넬라균이 걱정된다면 살균한 달걀을 사용한다.

시판 마요네즈의 맛을 보강하려면 600쪽에 소개한 추가 재료 목록을 참고한다. 품질 좋은 올리브유 1~2큰술을 넣고 기름의 흔적이 완전히 사라질 때까지 탁탁 쳐서 잘 섞어주면 시판 마요네즈가 훨씬 더 쫀쫀하고 묵직해지며 풍미도 좋아진다.

마요네즈

약 1컵

Ⅰ. 거품기 또는 스탠드 반죽기로 만들기

도자기나 유리 또는 스테인리스스틸 그릇을 사용한다.(알루미늄과 구리는 산성 재료와 만나면 반응을 일으키므로 소스의 색과 풍미에 영향을 미친다.) 손으로 저을 때 좀 더 수월하게 하려면 젖은 주방 행주를 깔고 그릇을 올려 거품기로 젓는 동안 그릇이 흔들리거나 돌아가지 않도록 한다.

봉긋한 모양의 거품기와 중간 크기의 그릇을 준비하거나 스탠드 반죽기에 거품기 모양의 날을 끼운다. 다음 재료를 용기에 넣고 매끄러운 질감으로 가볍게 부풀어 오를 때까지 세게 젓는다.

대란 노른자 2개, 실온 상태로 사용

레몬즙 또는 화이트와인 식초 1~2큰술, 취향에 따라 조절

소금 ¼작은술

백후추 1자밤

(디종 머스터드 최대 1½작은술)

반죽기를 사용한다면 속도를 중고속으로 올린다. 다음을 아주 조금씩 넣으면서 잘 젓는다.

식물성 기름 1컵 또는 식물성 기름 ¾컵과 올리브유 ¼컵

기름을 ⅓ 정도 넣으면 혼합물이 걸쭉해지기 시작하는데, 이때부터 흘려 넣는 기름의 양을 조금 늘리되 기름이 즉시 혼합물과 섞이는지 확인하면서 진행한다. 기름이 더 이상 혼합물에 흡수되지 않고 겉돈다면 일단 멈추고 아주 세게 저은 다음 다시 기름을 넣기 시작한다. 다음을 넣고 잘 젓는다.

소금과 백후추 적당량

즉시 내거나 냉장고에 넣으면 일주일간 보관할 수 있다.

II. 막대형 블렌더로 만들기

버전 I에서 사용한 재료를 막대형 블렌더의 칼날 부분이 들어갈 만한 너비
의 좁은 용기에 넣는다.(대다수 막대형 블렌더는 이러한 형태의 용기를 함께 제공하므
로 가능하면 그것을 사용한다.) 막대형 블렌더를 용기 안에 넣어 칼날의 끝이 용
기 바닥에 닿게 한다. 칼날이 바닥에 가까이 닿도록 위치를 고정하고 혼합물
이 소용돌이 모양으로 돌아가다가 걸쭉해지면서 불투명한 색으로 변할 때까
지 중간 속도로 블렌더를 작동시킨다. 블렌더 칼날을 천천히 들어올린 후 아래
위로 움직이면서 짧게 몇 번 작동시키면 모든 기름이 골고루 잘 섞인다.

믹서로 만드는 마요네즈

약 1½컵

이 마요네즈는 달걀을 통째로 사용하며, 달걀을 풀기 전에 기름 일부를 먼저
달걀에 넣고 레몬즙을 나중에 추가한다는 점(이 두 가지 모두 믹서 안에서의 유화
를 촉진시킨다.)에서 위의 레시피와는 다르다. 믹서를 사용하면 다른 방법에 비
해 훨씬 뻑뻑한 농도의 마요네즈가 완성된다. 이 레시피는 푸드 프로세서에도
적용할 수 있다. 플라스틱 날을 사용하면 더 가볍고 폭신한 마요네즈를 만들
수 있으므로 플라스틱 날이 있다면 써보자.

믹서에 다음을 넣는다.

    대란 1개, 실온 상태로 사용

    식물성 기름 ¼컵

    드라이 머스터드 1작은술

    소금 1작은술

    설탕 1작은술

    카옌 고춧가루 1자밤

믹서의 뚜껑을 덮고 재료가 완전히 섞일 때까지 빠른 속도로 작동시킨다. 믹서
가 돌아가는 동안 다음을 일정한 속도로 조금씩 흘려 넣는다.

    식물성 기름 ½컵

이어서 다음을 넣고 완전히 섞일 때까지 믹서를 작동시킨다.

    레몬즙 3큰술

천천히 다음을 넣고 뻑뻑해질 때까지 믹서를 작동시킨다.

    식물성 기름 ½컵

중간에 가끔 믹서를 멈추고 용기 옆면에 묻은 재료를 긁어내리면 좋다.

마요네즈의 추가 재료

다음 재료를 수제 또는 시판 마요네즈 1컵에 넣고 잘 저어서 섞는다.

    식물성 기름 2큰술을 중불에 올린 후 커리 가루 2큰술을 넣고 향긋한 냄새가 날
        때까지 데운 것

    구운 마늘 1통에서 나온 마늘 몇 쪽, 으깨기(생마늘을 사용하려면 아이올리
        레시피를 참고)

    드라이 머스터드 1작은술 또는 디종이나 홀그레인 머스터드 최대 3큰술

    아도보 소스에 절인 치폴레 고추 다진 것 1큰술과 추가로 아도보 소스 1큰술

    타라곤, 바질, 처빌, 차이브, 파슬리 및 오레가노 등의 다진 허브 2~3큰술

    잘게 썬 크레송 ¼컵

    케첩 최대 ½컵

    백미소 2큰술

    갈아서 양념한 호스래디시 최대 2큰술, 물기를 빼기

    플레인 요구르트 ½컵

    헤비크림 ½컵, 부드러운 피크가 생기도록 잘 젓기

파리지엔 소스(달걀 없이 만드는 마요네즈)

약 1컵

풍미가 진하고 톡 쏘는 맛을 가진 이 프랑스 소스는 전통적으로 프티 스위스
치즈를 사용해 만들지만, 크림치즈로 대체해도 근사하다. 차갑게 해서 낸다.

푸드 프로세서에 다음 재료를 넣고 크림처럼 부드럽고 매끄러워질 때까지 작
동시킨다.

    크림치즈, 뇌프샤텔 또는 프티 스위스 치즈 140g

    (스위트 또는 핫 파프리카 가루 ¼작은술)

푸드 프로세서가 돌아가는 동안 다음을 일정한 속도로 천천히 흘려 넣는다.

    식물성 기름 5큰술

다음을 일정한 속도로 천천히 흘려 넣는다.

    레몬즙 2큰술

다음을 넣고 섞는다.

    소금 ½작은술

    백후추 또는 흑후추 ½작은술

푸드 프로세서를 멈추고 용기 옆면에 묻은 재료를 긁어내린다. 맛을 보고 양
념을 조절한다. 그릇에 옮겨 담고 뚜껑을 덮어서 냉장고에 넣어 차갑게 식힌다.
뚜껑 있는 용기에 담아 냉장고에 넣으면 2주간 보관할 수 있다.

취향에 따라 먹기 전에 다음을 넣고 젓는다.

    (굵게 썬 처빌 2큰술)

타르타르 소스

약 1⅓컵

생선 튀김에 곁들이면 아주 맛있다. 파슬리를 타라곤이나 차이브 등의 다른
허브로 대체해보는 것도 좋다.

중간 크기의 그릇에 다음을 넣고 잘 저어서 섞는다.

    마요네즈 1컵, 시판 또는 수제

    (완숙 달걀 1개, 잘게 썰기)

    물기를 뺀 스위트 피클 렐리시 또는 잘게 썬 스위트 피클 1큰술

    물기를 빼고 굵게 썬 케이퍼 1큰술

    (굵게 썬 녹색 올리브 1큰술)

    디종 머스터드 1작은술

    다진 샬롯 1작은술

    소금과 흑후추 적당량

    (마늘 1쪽, 다지기)

    (카옌 고춧가루 또는 핫소스 적당량)

소스가 너무 뻑뻑하면 다음 재료를 넣어 묽게 만든다.

    (와인 식초나 레몬즙 약간)

루이 소스(Sauce Louis)

약 1컵

속을 채워서 조리한 아티초크, 아스파라거스 찜, 게 요리에 특히 잘 어울린다.
크랩 루이 레시피를 참고한다.

중간 크기의 그릇에 다음을 넣고 잘 저어서 섞는다.

　　비네그레트 ½컵

　　마요네즈 ¼컵, 시판 또는 수제

　　토마토로 만든 순한 맛 칠리 소스 ¼컵

　　우스터 소스 1작은술

　　소금과 흑후추 적당량

레물라드 소스(Rémoulade Sauce)
약 1½컵

이 프랑스 정통 소스를 샐러드, 채소, 차갑게 먹는 육류 요리, 감자튀김 또는 생선과 갑각류 튀김에 곁들이면 근사한 맛을 즐길 수 있다.

중간 크기의 그릇에 다음을 넣고 잘 저어서 섞는다.

　　마요네즈 1컵, 시판 또는 수제

　　다진 미니 오이 피클 1큰술

　　물기를 뺀 작은 케이퍼 1큰술, 잘게 썰기

　　굵게 썬 파슬리 1큰술

　　굵게 썬 타라곤 1½작은술

　　마늘 작은 것 1쪽, 다지기

　　디종 머스터드 ½작은술

　　소금과 흑후추 적당량

　　(완숙 달걀 1개, 잘게 썰기)

크레올 레물라드 소스

레물라드 소스를 만들되, 미니 오이 피클, 케이퍼, 타라곤은 생략한다. 갈아서 양념한 호스래디시 1큰술, 다진 쪽파 1큰술, 다진 셀러리 1큰술, 다진 녹색 피망 1큰술, 케첩 1큰술, 우스터 소스 1작은술, 스위트 파프리카 가루 1작은술을 추가한다.

토나토 소스(Tonnato Sauce, 참치 소스)
약 2컵

톡 쏘는 맛의 이 소스는 전통적으로 송아지고기 요리와 함께 내지만, 우리는 차갑게 식힌 삶은 닭, 돼지고기 구이 또는 그릴이나 오븐에 구운 채소에 이 소스를 곁들여서 맛있게 즐기기도 한다.

푸드 프로세서나 믹서에 다음을 넣고 섞는다.

　　참치 통조림 140~170g짜리 1개, 기름을 따라내기

　　마요네즈 1컵, 시판 또는 수제

　　안초비 필레 5개, 잘게 썰기 또는 안초비 페이스트 2작은술

　　물기를 뺀 케이퍼 3큰술

　　레몬즙 3큰술

　　흑후추 적당량

가끔 용기 옆면에 묻은 재료를 긁어내리면서 재료가 매끄럽게 다져질 때까지 30초~1분간 작동시킨다. 그릇에 옮겨 담고 뚜껑을 덮어 냉장고에 보관한다. 먹기 전에 차갑게 내는 육류나 닭고기를 얇게 썰고 각 조각이 서로 겹치도록 플래터에 가지런히 배열한다. 그 위에 소스를 끼얹고 다음을 홀홀 뿌려서 마무리한다.

　　굵게 썬 파슬리

아이올리(Aïoli, 마늘 마요네즈)
약 1컵

프랑스인이 매우 즐겨 먹는 소스로, 프랑스에서는 뵈르 드 프로방스(beurre de Provence)라는 이름으로도 불린다. 지중해 일부 지역에서는 달걀노른자를 생략하고 아이올리를 만들기 때문에 좀 더 묽고 주르륵 흐르는 소스가 된다. 아이올리는 샌드위치를 만들 때 마요네즈 대신 빵에 펴 바르거나 생채소 전채의 디핑 소스로 곁들이거나 홍합 찜 I 및 감자튀김과 함께 내거나 차갑게 식힌 삶은 연어, 그릴이나 오븐에 구운 고기, 차갑게 식힌 삶은 감자에 얹어서 먹는 등 다양하게 활용할 수 있다.

다음을 다지거나 페이스트 상태로 으깬다.

　　마늘 4~6쪽, 취향에 따라 조절

그릇에 다음을 넣고 거품기로 세게 저어서 잘 섞는다.

　　대란 노른자 2개, 실온 상태로 사용

　　소금 ⅛작은술

　　(백후추 적당량)

마요네즈 I을 만들 때처럼 혼합물을 계속 저으면서 다음을 아주 조금씩 흘려 넣는다.

　　올리브유 1컵(정제 올리브유 ¾컵과 엑스트라 버진 올리브유 ¼컵 권장)

다음을 넣고 잘 젓는다.

　　레몬즙 1작은술

　　찬물 ½작은술

스코달리아(Skordalia, 감자 마늘 마요네즈)
약 1½컵

매시트포테이토 및 갈아낸 견과류를 첨가해 마요네즈의 진하고 찐득한 느낌을 다소 상쇄한 소스다. 두 가지 버전 모두 수프의 가니시로 올리거나 그릴에 구운 고기와 함께 내면 좋다.

I. 감자를 넣어 만들기

이 버전은 소스로도 맛있지만 크랩 케이크처럼 반죽을 뭉쳐서 만드는 요리에도 활용할 수 있다.

다음을 만든다.

　　아이올리

다음을 넣고 잘 섞일 정도로만 적당히 젓는다.

　　매시트포테이토 ½컵, 미지근한 상태로 사용

다음으로 간을 한다.

　　소금 및 레몬즙

소스가 너무 뻑뻑하면 원하는 농도가 될 때까지 물을 넣고 저어준다.

II. 견과류를 넣어 만들기

견과류를 갈아서 넣으면 훌륭한 딥 소스가 된다.

다음을 만든다.

　　아이올리

소스가 걸쭉해지면 다음을 넣는다.

　　구워서 갈아낸 아몬드 또는 호두 ¼컵

　　삶은 감자 작은 것 1개, 포테이토 라이서로 으깨기 또는 생빵가루 ¼컵

　　굵게 썬 파슬리 2큰술

　　레몬즙 1큰술

소금 ¼작은술 또는 취향에 따라 적당량

루예(Rouille, 붉은 피망과 마늘 마요네즈)

루예는 프랑스어로 '녹'이라는 뜻이다. 황금빛이 도는 붉은색에 강한 풍미를 지닌 이 양념은 문어 또는 그릴에 구운 채소와 조화롭게 잘 어울리지만, 토스트에 얹어서 부야베스에 곁들이는 소스로 가장 잘 알려져 있다.

I. 약 ⅔컵

이 버전은 전통적으로 사프란 향이 나는 부야베스 국물을 약간 넣어서 만든다. 부야베스 대신 초피노 또는 다른 수프를 조금 넣어서 만든 후 이들 수프와 함께 먹어도 좋다.

다음 재료를 푸드 프로세서에 넣어서 갈거나 그릇 또는 절구에 넣고 찧어서 부드러운 페이스트 형태로 만든다.

> 구운 붉은색 피망 ½개 또는 피미엔토 1개, 물기를 빼기
>
> 말린 붉은색 칠리 고추 1개, 뜨거운 물에 담가 30분간 불리기 또는 핫소스 소량
>
> 생빵가루 ¼컵, 물에 담갔다가 꼭 쥐어서 물기를 짜내기
>
> 마늘 2쪽, 다지거나 강판에 갈기
>
> 소금 ¼작은술

페이스트를 저으면서 다음을 아주 조금씩 흘려 넣는다.

> 올리브유, 식물성 기름 또는 이를 섞어서 ¼컵

기름을 더 이상 흡수하지 않는 상태가 되면 흘려 넣는 것을 멈추고 아주 세게 저어서 완전히 섞은 후 기름을 다시 넣는다. 식탁에 올리기 직전에 다음을 넣어 소스를 희석한다.

> 소스를 곁들여 먹을 수프 2~3큰술

II. 약 1¼컵

사프란과 붉은색 피망이 들어가는 이 아이올리는 갑각류 튀김, 오징어 그릴 구이, 문어 양념 그릴 구이 또는 차갑게 식힌 게 요리에 곁들이면 잘 어울린다.

다음을 만든다.

> 마요네즈

한쪽에 둔다. 다음 재료를 믹서 또는 푸드 프로세서에 넣어서 갈거나 그릇 또는 절구에 넣고 찧어서 부드러운 페이스트 형태로 만든다.

> 구운 붉은색 피망 1개 또는 병조림 피미엔토나 피키요 고추 2개, 물기를 빼기
>
> 말린 붉은색 칠리 고추 1개, 뜨거운 물에 담가 30분간 불리기 또는 카옌 고춧가루
> ⅛작은술
>
> 마늘 2쪽, 다지거나 강판에 갈기
>
> 사프란 가닥 ½작은술

마요네즈에 페이스트를 넣고 살살 뒤적이며 섞는다.

테이블 소스, 디핑 소스, 양념에 대해

마요네즈 및 가향 버터와 마찬가지로, 여기서 소개하는 소스와 양념은 대부분 식탁에 따로 내서 각자 덜어 먹게 한다. 살사 베르데와 치미추리처럼 일부는 음식 위에 얹어서 내기도 한다. 모조나 하바네로 감귤류 핫소스처럼 몇몇 묽은 소스는 요리 위에 뿌려서 낸다. 물론 케첩, 타마린드 처트니, 땅콩 소스를 비롯한 상당수 소스는 일반적으로 음식을 찍어 먹는 용도로 낸다.(건더기가 더욱 푸짐하고 농도가 진한 디핑 소스는 딥에 대해 항목을 참고한다.) 바비큐 소스는 621쪽에서 소개한다. 머스터드를 직접 만들려면 1064쪽을 참고한다. 보관성이 뛰어나 대량으로 만들어놓을 수 있는 양념으로는 「피클」 장을 참고한다.

간단한 케첩

약 ¾컵

케첩이 오늘날 미국 음식 문화에서 차지하는 위상은 아마도 요리사 에스코피에가 활약하던 시절의 프랑스 요리에서 에스파뇰 소스가 누렸던 위상과 비슷할 것이다. 케첩이라는 기본 양념을 바탕으로 하여 무척이나 다양한 소스가 탄생했다. 여기서 소개하는 버전은 찬장에 항상 있는 재료로 금세 만들어낼 수 있으므로 오래된 케첩 병이 좁은 냉장고에서 자리를 차지하고 있는 것을 못마땅하게 생각하는 사람들(또는 시판 케첩보다 설탕이 덜 들어간 케첩을 찾는 사람들)에게 무척 요긴하다. 훈연 풍미를 내려면 카옌 고춧가루 대신 훈제 파프리카 가루나 치폴레 고춧가루를 사용해보자. 신선한 토마토와 고추를 넣어 대량으로 케첩을 만드는 방법은 990쪽을 참고한다.

작은 그릇에 다음을 넣고 섞는다.

> 토마토 페이스트 통조림 170g짜리 1개
>
> 사과 식초나 맥아 식초 ¼컵
>
> 묽은 꿀, 아가베 시럽 또는 간단 시럽 1큰술
>
> 소금 1작은술
>
> 마늘 가루 ½작은술
>
> 올스파이스 가루 ⅛작은술
>
> 카옌 고춧가루 ⅛작은술
>
> 정향 가루 1자밤

모든 재료가 고루 섞이도록 잘 젓는다. 재료를 저으면서 원하는 농도로 완성될 때까지 다음을 조금씩 흘려 넣는다.

> 물 최대 2큰술

가스트리크(Gastrique, 새콤달콤한 식초 소스)

약 ½컵

아그로돌체(agrodolce)라고도 하며 끈끈하고 톡 쏘는 맛을 지닌 이 소스는 아주 조금씩 사용한다. 오리고기, 거위고기, 양고기, 사슴고기 등 강한 풍미를 가진 육류의 맛을 근사하게 보완해주며, 구운 겨울 호박 및 그릴이나 오븐에 구운 버섯 등의 푸짐한 채소 요리에도 잘 어울린다. 함께 내는 요리의 성격에 따라 다양한 식초 및 단맛 재료로 실험해보고, 소스를 만드는 첫 번째 단계에서 다진 샬롯이나 마늘을 볶다가 허브 잔가지를 몇 개 넣거나 체리, 커런트, 굵게 썬 무화과 등의 말린 과일을 넣어서 응용해보자.

중간 크기의 편수 냄비에 다음을 넣고 잘 섞는다.

> 백설탕, 갈색 설탕, 꿀 또는 메이플 시럽 ½컵
>
> 물 1큰술

중강불에 냄비를 올리고 부르르 끓어오르도록 가열한다. 백설탕을 사용한다면 진한 호박색이 될 때까지, 갈색 설탕이나 꿀, 메이플 시럽을 사용한다면 그냥 끓어오를 때까지 조리한다. 불에서 내리고 다음을 넣어 살살 젓는다.

> 화이트와인 식초 ½컵

다시 불에 올리고 냄비를 큰 동작으로 자주 빙글빙글 돌려가면서 시럽과 비슷한 농도가 될 때까지 3~5분간 졸인다.

스위트 앤드 사워 소스

약 1컵

미국식 중국 음식점에서 포장 주문을 할 때 넣어주는 단골 소스다.

작은 그릇에 다음을 넣고 잘 섞는다.

옥수수 전분 2작은술

물 2큰술

중간 크기의 편수 냄비에 다음을 넣고 섞는다.

파인애플즙 ½컵

연한 갈색 설탕, 꾹 눌러 담아 ¼컵

쌀 식초 또는 사과 식초 ¼컵

케첩 3큰술

간장 1큰술

냄비를 중강불에 올려 자주 저으면서 부르르 끓어오르도록 가열한다. 설탕이 다 녹으면 물에 갠 옥수수 전분을 다시 휘저어서 소스에 넣고 잘 어우러질 때까지 섞는다. 소스가 걸쭉해지면 불에서 내린다. 소스를 식히고 다음으로 간을 한다.

소금

타마린드 처트니

약 1컵

새콤달콤한 처트니를 파코라에 곁들이면 무척 맛있다. 이 레시피는 타마린드 농축액이나 타마린드 페이스트를 사용하는데, 그 결과 타마린드 과육을 사용하는 것보다 다소 묽게 완성된다. 타마린드 과육(벽돌 형태로 판매하는 타마린드)을 사용하려면 아래에 소개한 것과 같은 분량을 준비하고 타마린드에 대해 항목을 참고해 물에 갠 다음 레시피의 설명에 따라 조리한다.

작은 편수 냄비에 다음을 넣고 섞는다.

물 1컵

타마린드 페이스트 또는 농축액 ¼컵

다음을 넣는다.

갈색 설탕 또는 재거리 ⅓~½컵, 취향에 따라 조절

(마늘 2쪽, 다지거나 강판에 갈기)

생강 가루 1작은술 또는 2.5cm짜리 생강 1조각, 껍질을 벗기고 다지기

카옌 고춧가루 ½작은술

커민씨 ½작은술, 구워서 갈기

소금 ½작은술

(아위 또는 검은 소금 ⅛작은술)

설탕이 다 녹을 때까지 3분 정도 뭉근히 끓인다. 완성 후 풍미가 순화되고 잘 어우러지도록 1시간 이상 숙성시킨 후 낸다.

영국식 컴벌랜드 소스

약 ⅔컵

레드커런트를 사용하는 이 소스는 특히 사슴고기와의 뛰어난 궁합을 자랑한다. 차갑게 먹어야 제일 맛있다.

중간 크기의 편수 냄비에 물을 붓고 팔팔 끓인 후 다음을 넣는다.

5×2cm 크기의 오렌지 껍질 1조각, 채소 껍질 벗기는 도구로 길쭉하게 벗긴 후 가로 방향으로 갸름하고 얇게 썰기

오렌지 껍질을 3분간 데친 후 물기를 뺀다. 냄비의 물을 따라내고 데친 오렌지 껍질을 다음 재료와 함께 다시 냄비에 넣는다.

레드커런트 젤리 ½컵

포트 와인 ⅓컵

드라이 머스터드 ½작은술

소금 ¼작은술

흑후추 적당량

중불에 올려 자주 저으면서 뭉근히 끓어오르도록 가열한다. 불을 줄이고 5분간 은근히 끓인다. 완전히 식힌 후 냉장고에서 차갑게 보관했다가 낸다.

호스래디시 소스

I. 휩드 크림으로 만들기

약 1⅓컵

가볍고 깔끔한 맛의 이 소스는 뜨거운 로스트 비프에 곁들이면 특히 근사하지만 차갑게 내는 고기 요리와도 잘 어울린다.

중간 크기의 그릇에 다음을 넣고 단단한 기포가 생길 때까지 탁탁 치면서 젓는다.

차가운 헤비크림 ½컵

계속 탁탁 치면서 다음을 조금씩 흘려 넣는다.

레몬즙 또는 증류 백식초나 사과 식초 3큰술

강판에 간 생호스래디시 또는 갈아서 양념한 호스래디시 2큰술, 물기를 빼기

소금 ¼작은술

카옌 고춧가루 1자밤

최소 30분, 최대 60분간 차갑게 식힌다. 먹기 직전에 살짝 저어서 낸다.

II. 마요네즈로 만들기

약 1¾컵

맛이 좀 더 진한 소스로, 생채소 전채와 함께 내거나 파스트라미 및 콘비프 샌드위치에 넉넉하게 바르거나 구운 비트 또는 파스닙과 함께 먹으면 아주 잘 어울린다.

중간 크기의 그릇에 다음을 넣고 잘 저어서 완전히 섞는다.

마요네즈 1컵, 시판 또는 수제

사워크림 ½컵

강판에 간 생호스래디시 또는 갈아서 양념한 호스래디시 3~4큰술, 물기를 빼기, 취향에 따라 조절

다음을 넣는다.

사과 식초나 레몬즙 1~2작은술, 취향에 따라 조절

소금 ¼작은술 또는 취향에 따라 적당량

(설탕 1자밤)

허니 머스터드 디핑 소스

약 ⅔컵

간단하게 만들 수 있는 이 소스는 특히 프라이드 치킨이나 생선 튀김과 함께 먹으면 좋다.

작은 그릇에 다음을 넣고 잘 섞는다.

꿀 6큰술

디종 머스터드 ¼컵

카옌 고춧가루 적당량

실온 상태로 낸다. 뚜껑을 덮어 냉장고에 넣으면 최대 한 달간 보관할 수 있다.

스칸디나비아식 머스터드 딜 소스

넉넉한 ½컵

이 소스는 전통적으로 그라블락스와 함께 내지만 훈제, 그릴 구이, 볶음, 찜 등의 다른 생선 요리에 곁들여도 훌륭하다.

중간 크기의 그릇에 다음을 넣고 매끄러워질 때까지 잘 저어서 섞는다.

  스웨덴식 또는 디종 머스터드 6큰술

  다진 딜 ¼컵

  설탕 2~4큰술, 취향에 따라 조절

  레몬즙이나 레드와인 식초 ¼컵 또는 취향에 따라 적당량

  소금과 흑후추 적당량

  카르다몸 가루 넉넉하게 1자밤

풍미가 잘 우러나도록 뚜껑을 덮어서 2시간 동안 둔다. 실온 상태로 또는 차갑게 낸다. 뚜껑을 덮어서 냉장고에 넣으면 최대 2일간 보관할 수 있다.

바이에른식 사과와 호스래디시 소스

¾~1컵

너무나 간단하게 만들 수 있으며, 소시지나 돼지고기, 소고기 또는 생선 요리에 곁들이면 맛을 확 돋워준다.

중간 크기의 그릇에 다음을 넣고 잘 섞는다.

  강판에 간 생호스래디시 또는 갈아서 양념한 호스래디시 ⅓컵, 물기를 빼기

  껍질을 벗기고 강판에 간 새콤한 녹색 사과 ⅓컵

  레몬즙 2½큰술

  설탕 ½작은술

  소금 ½작은술

풍미가 잘 살아나도록 뚜껑을 덮어서 30분 동안 둔다.

이 소스는 렐리시 형태의 양념으로도 낼 수 있다. 크림처럼 부드러운 소스를 선호한다면 다음을 넣고 젓는다.

  (사워크림 또는 크렘 프레슈 ¼컵)

다음으로 장식한다.

  다진 파슬리 1작은술

  (다진 딜 또는 차이브 1작은술)

즉시 낸다.

모조(Mojo)

약 1컵

각자 덜어 먹을 수 있도록 식탁에 내는 이 쿠바식 소스는 마늘의 풍미를 충분히 끌어내기 위해 짧게 가열 조리한다. 그릴에 구운 소고기, 닭고기, 돼지고기 또는 생선과 함께 내거나 이러한 재료의 양념장으로 활용할 수 있다. 모조 소스는 만든 직후에 먹어야 가장 맛있지만 뚜껑을 덮어 냉장고에 넣어두면 최대 3일 정도 보관할 수 있다.

중간 크기의 편수 냄비를 중불에 올리고 다음을 부어서 가열한다.

  올리브유 ½컵

다음을 넣고 향긋한 냄새가 나지만 갈색으로 변하지 않을 때까지 20~30초간 조리한다.

  마늘 8쪽, 다지기

다음을 넣고 살살 저은 다음 부르르 끓어오르도록 가열한다.

새콤한 오렌지즙 1컵 또는 오렌지즙 ½컵과 라임즙 ½컵

  다진 신선한 오레가노 1큰술 또는 말린 오레가노 1작은술

  커민 가루 ¾작은술

  소금 ½작은술

  흑후추 ¼작은술

불을 줄이고 10분간 은근히 끓인다. 식혀서 실온 상태로 낸다.

민트 소스

약 2컵

전통적으로 구운 양고기와 함께 내는 이 소스는 농도가 묽고 입맛을 상큼하게 살려주므로 민트 젤리의 대용으로 먹을 수 있다.

그릇에 다음을 넣고 설탕이 녹을 때까지 잘 젓는다.

  맥아 식초 또는 다른 강한 식초 1½컵

  설탕 ½컵

다음을 넣고 젓는다.

  민트 잎, 성기게 담아서 1컵, 다지기

맛이 어우러지도록 2시간 동안 둔다. 뚜껑을 덮어서 냉장고에 넣으면 최대 2일간 보관할 수 있다.

치미추리(Chimichurri)

약 1¼컵

매콤하고 톡 쏘는 맛의 아르헨티나식 소스로, 그릴 또는 오븐에 구운 육류와 함께 낸다.

작은 그릇에 다음을 넣고 완전히 섞일 때까지 잘 젓는다.

  올리브유 ½컵

  레드와인 식초 ¼컵

다음을 넣고 젓는다.

  잘게 썬 양파, 샬롯 또는 쪽파 ⅓컵

  잘게 썬 파슬리 ⅓컵

  마늘 4쪽, 잘게 썰기

  (잘게 썬 오레가노 1큰술)

  카옌 고춧가루 ¼작은술 또는 취향에 따라 적당량

  흑후추 ¼작은술 또는 취향에 따라 적당량

  소금 적당량

풍미가 잘 어우러지도록 뚜껑을 덮어서 2시간 동안 둔다. 냉장고에 넣어두면 최대 2일간 보관할 수 있다.

살사 베르데(Salsa Verde, 이탈리아식 녹색 소스)

약 ¾컵

이 이탈리아식 녹색 소스는 전통적으로 고기 찜, 칼라마리 튀김, 그릴에 구운 생선, 오븐에 구운 콜리플라워 또는 가지에 곁들인다. 멕시코식 살사 베르데(또는 토마토 살사)와 혼동하지 않도록 하자. 더 걸쭉한 질감을 선호한다면 레시피의 혼합물에 **마른 빵가루 ½컵**을 추가하고 필요에 따라 물을 조금씩 넣어가면서 매끄럽고 크림 같은 질감이 될 때까지 갈아서 페이스트 형태로 만든다.

푸드 프로세서에 다음을 넣고 섞는다.

  파슬리 잎, 꾹 눌러 담아 1컵

엑스트라 버진 올리브유 ½컵

물기를 뺀 케이퍼 3큰술

(안초비 필레 최대 6개)

마늘 2쪽, 굵게 썰기

레드와인 식초 또는 레몬즙 1큰술

홀그레인 머스터드 ½작은술

(굵게 빻은 고춧가루 ½작은술)

소금 적당량

농도가 균일해지도록 잘 섞되, 퓌레 상태가 되지는 않게 주의한다. 맛을 보고 양념을 조절한다. 뚜껑을 덮어서 냉장고에 넣으면 최대 일주일간 보관할 수 있다. 실온 상태로 낸다.

저그(Zhug, 예멘식 고수 칠리 고추 소스)

약 1컵

고추를 조금만 넣은 저그는 앞에 소개한 살사 베르데나 치미추리와 비슷한 소스가 된다. 상큼하고 허브 향이 진한 이 소스는 그릴에 구운 고기와 팔라펠에 곁들이거나 디핑 소스로 사용하거나 수프 및 찜 조리의 마지막 단계에 넣어 '맛을 확 살리는' 용도 등으로 활용할 수 있다. 고추를 넉넉하게 넣은 저그는 씹히는 맛이 있는 핫소스나 렐리시에 가까운 형태가 된다. 우리는 은은한 훈연 향의 검은색 카르다몸씨 가루를 추가해 향기로운 풍미를 내는 것을 선호한다. 다음을 굵직하게 썬다.

세라노 고추 2~8개, 씨를 빼기

마늘 4쪽

푸드 프로세서에 넣고 잘게 썰릴 때까지 짧게 몇 번 작동시킨다. 다음 재료를 넣고 건더기가 있는 페이스트 상태가 되도록 짧게 몇 번 작동시킨다.

굵게 썬 고수 잎과 줄기, 꾹 눌러 담아 1½컵

굵게 썬 파슬리 잎과 줄기, 꾹 눌러 담아 ½컵

올리브유 ¼컵

레몬즙 1큰술

소금 ½작은술

흑후추 ½작은술

녹색 또는 검은색 카르다몸씨 가루 ½작은술

커민 가루 ½작은술

(캐러웨이 가루 ½작은술)

뚜껑을 덮어서 냉장고에 넣으면 최대 5일간 보관할 수 있다.

고수 민트 처트니

약 1½컵

우리 집에서는 허브를 넉넉하게 넣은 밝은 녹색의 이 소스를 사모사 및 파코라에 양념으로 곁들여서 즐긴다.

다음 재료를 푸드 프로세서 또는 믹서에 넣고 섞는다.

신선한 민트 잎, 성기게 담아 1컵

신선한 고수 잎, 성기게 담아 ½컵

굵게 썬 양파 ½컵

쪽파 3대, 굵게 썰기

할라페뇨 고추 3개, 씨를 빼고 굵게 썰기

마늘 2쪽, 굵게 썰기

물 3큰술

레몬즙 2~3큰술, 취향에 따라 적당량

소금 ¼작은술

가끔 용기 옆면에 묻은 재료를 긁어내리면서 퓌레 상태로 간다. 뚜껑을 덮어서 냉장고에 넣으면 최대 3일간 보관할 수 있다.

그리비슈 소스(Sauce Gribiche)

약 ⅔컵

톡 쏘는 맛을 지닌 소스로 삶은 감자나 콜리플라워처럼 맛이 다소 밋밋해서 양념으로 풍미를 살려야 하는 채소 요리에 딱 맞지만, 라디치오와 트레비소처럼 그 자체의 맛이 강한 재료에도 잘 어울린다.

중간 크기의 그릇에 다음을 넣고 잘 저어서 섞는다.

레드와인 식초 2큰술

디종 머스터드 1큰술

다음을 조금씩 흘려 넣으면서 잘 젓는다.

올리브유 ¼컵

다음을 넣고 섞는다.

완숙 달걀 1개, 다지거나 고운체에 올려서 꾹 눌러 으깨기

다진 미니 오이 피클 2큰술

물기를 뺀 케이퍼 1큰술, 다지기

다진 타라곤 2작은술

다진 파슬리 2작은술

(다진 처빌 2작은술)

흑후추 ¼작은술

이 소스는 만든 당일에 먹어야 가장 맛있지만, 냉장고에 넣으면 최대 3일간 보관할 수 있다.

옥수수와 토마토 렐리시

약 3½컵

이 렐리시는 특히 돼지고기와 잘 어울린다. 상황에 따라 냉동 옥수수 1½컵을 해동해서 넣어도 좋지만, 토마토만큼은 품질 좋은 싱싱한 토마토를 사용하자. 겉껍질과 수염을 벗겨낸다.

옥수수 3개

옥수수가 잠길 만큼 물을 넉넉히 붓고 소금을 넣어 팔팔 끓이다가 옥수수를 넣고 1분간 삶는다. 건져서 물기를 빼고 알갱이만 발라낸다. 옥수수 알갱이를 작은 그릇에 담고 다음을 넣는다.

토마토 2개, 잘게 깍둑썰기하기

자색 양파 작은 것 1개, 잘게 깍둑썰기하기

사과 식초 ½컵

깍둑썰기한 스위트 피클 ¼컵

설탕 1큰술

셀러리 소금 1작은술

흑후추 ½작은술 또는 취향에 따라 적당량

잘 섞은 후 맛이 잘 어우러지도록 뚜껑을 덮은 상태로 냉장고에서 1시간 이상 숙성시킨다. 뚜껑을 덮어서 냉장고에 넣어두면 최대 일주일간 보관할 수 있다.

토마토 올리브 렐리시

약 2½컵

토마토가 제철을 맞았을 때 신선하고 상큼한 맛의 이 렐리시를 만들어보자. 그릴에 구운 생선 스테이크나 닭고기와 함께 내면 좋고, 크로스티니에 얹어서 먹어도 맛있다.

중간 크기의 그릇에 다음을 넣고 잘 섞는다.

토마토 큰 것 1개, 깍둑썰기하기

자색 양파 ½개, 깍둑썰기하기 또는 쪽파 4대, 얇게 저미기

씨를 뺀 칼라마타 올리브 ½컵, 세로 방향으로 반 자르기

엑스트라 버진 올리브유 ¼컵

레몬즙 ¼컵

굵게 썬 바질 ¼컵

마늘 1쪽, 다지기

소금과 흑후추 적당량

풍미가 잘 어우러지도록 실온에 30분 동안 둔다. 냉장고에 넣으면 최대 3일간 보관할 수 있다.

자색 양파 마멀레이드

약 1½컵

구운 육류 요리와 기가 막히게 잘 어울리며, 크랜베리 소스 대신(또는 함께) 추수감사절 칠면조 요리에 곁들여도 좋다.

중간 크기의 편수 냄비를 약불에 올리고 다음을 넣어 섞는다.

자색 양파 큰 것 4개, 세로 방향으로 반 자르고 얇게 저미기

드라이 레드와인 ½컵

레드와인 식초 ½컵

연한 갈색 설탕, 꾹 눌러 담아 ⅓컵

꿀 ¼컵

설탕이 녹을 때까지 자주 저어준다. 계속 저으면서 혼합물이 마멀레이드 정도의 농도가 될 때까지 1시간 반 정도 뭉근히 끓인다. 다음을 넣어 젓는다.

오렌지즙 1큰술

레몬즙 1큰술

저으면서 잘 섞이도록 3분 정도 더 끓인다. 식힌다. 뚜껑을 덮어서 냉장고에 넣어두면 최대 3주간 보관할 수 있다. 실온 상태로 낸다.

차지키(Tzatziki, 그리스식 요구르트 소스)

약 2컵

튀김이나 그릴에 구운 고기에 곁들이기 좋으며, 피타 빵에 찍어 먹을 수 있게 딥으로 내도 근사하다.

작은 그릇에 다음을 넣고 잘 저어서 섞는다.

플레인 그릭 요구르트 1컵

오이 ½개, 껍질을 벗기고 씨를 긁어낸 후 잘게 깍둑썰기하기

엑스트라 버진 올리브유 1큰술

굵게 썬 딜 1큰술

굵게 썬 민트 1큰술

레드와인 식초 또는 레몬즙 1큰술

마늘 1쪽, 다지기

소금 ½작은술

풍미가 잘 어우러지도록 가끔 저으면서 15분간 둔다. 냉장고에 넣으면 최대 3일간 보관할 수 있다.

요구르트 딜 소스

약 1컵

간단하게 만들 수 있는 이 소스를 연어, 특히 프라이팬에 지진 연어 케이크나 구운 당근 및 비트에 곁들여 먹으면 맛있다.

중간 크기의 그릇에 다음을 넣고 잘 저어서 섞는다.

플레인 요구르트 1컵

다진 딜 1큰술

강판에 간 생호스래디시 또는 갈아서 양념한 호스래디시 1큰술, 물기를 빼기

맷돌로 간 머스터드 1큰술

마늘 1쪽, 다지거나 강판에 갈기

즉시 내거나 냉장고에 넣으면 최대 5일간 보관할 수 있다.

라이타(Raita, 인도식 요구르트 샐러드)

약 1¾컵

차가운 느낌을 주면서 입안을 진정시키는 양념으로 매콤한 육류, 생선, 가금류 또는 채소 주요리와 함께 낸다. 오이 대신 **껍질을 벗기고 채 썬 흰무 ¾컵**을 넣어서 응용할 수도 있다.(혹은 오이와 무를 섞어서 사용해도 좋다.)

작은 그릇에 다음을 넣고 잘 저어서 섞는다.

오이 1개, 껍질을 벗기고 씨를 긁어낸 후 잘게 썰기

플레인 요구르트 1컵

잘게 썬 민트 1큰술

커민 가루 ¼작은술

소금 ¼작은술

(할라페뇨 또는 세라노 고추 1개, 씨를 빼고 깍둑썰기하기)

라이타는 만든 직후에 먹어야 가장 맛있지만, 미리 만들어서 뚜껑을 덮어 냉장고에 넣으면 하루 동안 보관할 수 있다.

토마토 아차르(Tomato Achar)

약 2¼컵

이 인도식 피클은 달, 쌀밥 또는 난과 함께 먹는다. 상황에 따라 분량을 반으로 줄여서 만들어도 상관없지만, 이 맛있는 피클은 워낙 활용도가 뛰어나므로 남아서 곤란했던 적은 없었다.

다음을 준비한다.

토마토 900g, 4등분하기

마늘 1통, 껍질을 까고 굵게 썰기

세라노 고추 4개, 씨를 빼고 굵게 썰기

커다란 편수 냄비를 중불에 올리고 다음을 부어서 달군다.

식물성 기름 또는 겨자씨유 ⅓컵

기름이 뜨거워지면 다음을 넣고 30초간 튀기듯이 조리한다.

검은색 또는 노란색 겨자씨 1½작은술

호로파씨 1½작은술

회향씨 ½작은술

(아요완씨 ½작은술)

(검은색 커민씨 ½작은술)

(통째로 말린 카슈미르 또는 아르볼 칠리 고추 3개)

재료가 사방으로 튀는 것을 피해 뒤로 물러서서 다음을 넣는다.

신선한 커리 잎 12장, 굵게 썰기

월계수 잎 1장

마늘과 세라노 고추를 넣고 2분간 더 조리한다. 토마토와 다음을 넣고 젓는다.

소금 2작은술

(아위 ¼작은술)

뭉근히 끓어오르도록 가열한 뒤, 중약불에서 가끔 저으면서 대부분의 액체가 날아갈 때까지 1시간 반 정도 조리한다. 혼합물이 점점 졸아들면 냄비 바닥에 달라붙어서 타지 않도록 자주 저어주어야 한다. 불에서 내린 후 월계수 잎을 건져내고 식힌다. 다음으로 간을 한다.

소금

냉장고에 넣으면 최대 한 달간 보관할 수 있다.

베커 칵테일 소스

약 1컵

누구나 좋아하는 이 상큼한 소스에 해산물을 찍어 먹으면 아주 맛있다.

작은 그릇에 다음을 넣고 잘 저어서 섞는다.

순한 맛의 토마토 칠리 소스 또는 케첩 1컵

강판에 곱게 간 생호스래디시 ¼컵

커리 가루 1작은술

(간장 1큰술)

(마늘 1~2쪽, 취향에 따라 조절, 다지기)

핫소스 적당량

흑후추 적당량

레몬 1개의 껍질, 강판에 곱게 갈기

레몬즙 적당량

뚜껑을 덮어 냉장고에 넣어두면 최대 일주일 정도 보관할 수 있다. 실온 상태로 낸다.

Z.26 스테이크 소스

약 2½컵

영국식 '브라운 소스'를 바탕으로 하며 진한 색의 톡 쏘는 맛을 자랑하는 이 소스는 먹음직스럽게 그을린 붉은색 육류에 곁들이면 가장 잘 어울린다.

중간 크기의 편수 냄비를 중강불에 올리고 다음을 둘러서 달군다.

식물성 기름 2큰술

다음을 넣고 저으면서 갈색이 될 때까지 8~10분간 볶는다.

양파 큰 것 1개, 굵게 썰기

다음을 넣고 저으면서 1분간 더 볶는다.

마늘 5쪽, 굵게 썰기

다음을 넣고 젓는다.

맥아 식초 ⅔컵

토마토 페이스트 ¼컵

건포도 ¼컵

당밀 ¼컵

우스터 소스 ¼컵

오렌지 마멀레이드 2큰술

타마린드 과육 2큰술, 씨를 제거하기 또는 타마린드 농축액이나 추출물 1큰술

소금 1작은술

백후추 ½작은술

올스파이스, 계피, 정향 가루 각각 ¼작은술씩

부르르 끓어오르도록 가열한 뒤 불을 줄이고 10분간 은근히 끓인다. 믹서에 옮겨 담고 매끄러워질 때까지 퓌레 상태로 간다. 다음을 넣어서 원하는 농도로 소스를 희석한다.

물 최대 ½컵

완전히 식힌다. 냉장고에 넣으면 6개월 정도 보관할 수 있다.

미뇨네트 소스(Mignonette Sauce)

약 ½컵, 굴 24개에 곁들일 만큼의 분량

전통적으로 반각 생굴에 곁들이는 이 소스는 날로 먹는 갑각류라면 무엇이든 두루 잘 어울린다. 레드와인 식초 대신 여러 다른 식초를 사용할 수 있다. 셰리, 베르무트 또는 바니울스(Banyuls) 식초를 사용하거나, 다양한 재료를 우려낸 식초를 넣어서 만들어보자.

작은 그릇에 다음을 넣고 잘 섞는다.

레드와인 식초 ½컵

다진 샬롯 4작은술

(잘게 썬 파슬리 1큰술)

으깬 검은색 통후추 2작은술

소금 ¾작은술

차갑게 또는 실온 상태로 낸다.

샴페인 미뇨네트

위의 미뇨네트 소스를 만들되, 레드와인 식초 대신 **샴페인 ¼컵**과 **샴페인 식초 또는 화이트와인 식초 ¼컵**을 섞어서 사용한다.

미뇨네트 그라니테

반각 생굴에 풍미와 식감을 함께 더하려면 **위의 미뇨네트 소스** 또는 **샴페인 미뇨네트**를 베리 그라니타처럼 얼린 후, 긁어낸 작은 얼음덩어리를 굴 위에 얹어서 낸다.

마늘과 호두 소스

약 1⅓컵

이 레시피는 그루지야(흑해와 카스피해 사이에 위치한 동유럽 국가)에서 즐겨 먹는 10여 가지의 호두 소스 중 하나다. 오이, 토마토, 구운 비트, 삶은 닭이나 칠면조와 함께 내거나 빵의 디핑 소스로 내면 좋다. 이 소스는 용도에 따라 거의 후무스에 가까울 정도로 뻑뻑하게 만들 수도 있고 헤비크림처럼 조금 더 묽게 만들 수도 있다. 취향에 따라 향신료의 양을 늘려서 맛을 조절해도 좋다.

푸드 프로세서에 다음을 넣어 곱게 간다.

구운 호두 1컵

마늘 3쪽, 굵직하게 썰기

다음 재료를 넣고 짧게 몇 번 작동시켜 잘 섞는다.

　다진 고수 잎 또는 파슬리 3큰술

　레몬즙 또는 레드와인 식초 2작은술

　고수씨 가루 ¼작은술

　카옌 고춧가루 ¼작은술 또는 취향에 따라 적당량

　강황 가루 ¼작은술

　(블루 호로파 잎 가루 ¼작은술)

다음을 넣어서 소스를 원하는 농도로 희석한다.

　닭 또는 채소 육수 최대 ¾컵

그릇에 옮겨 담는다. 실온 상태로 낸다. 냉장고에 넣으면 최대 일주일간 보관할
수 있다.

젠의 바질 향 기름
약 ½컵

우리 가족의 지인인 젠 브라이먼(Jen Bryman)은 바질이 많이 나는 여름에 밝
은 녹색의 풍미 진한 이 소스를 만든다. 대다수 가향 기름보다 걸쭉한 질감을
가지고 있으며 심지어 피스투보다도 간단하게 만들 수 있다. 페스토와 마찬가
지로 이 레시피에서도 바질 대신 루콜라를 사용하면 후추 향이 감도는 알싸한
소스로 완성된다. 우리는 이 소스를 아스파라거스와 함께 먹거나 샐러드에 뿌
리거나 생치즈 위에 몇 방울씩 얹거나 파스타 요리에 뿌려서 맛있게 즐긴다.
믹서에 다음 재료를 넣고 섞는다.

　바질 잎, 성기게 담아 1컵

　엑스트라 버진 올리브유 ¼컵

　물 2큰술

　레몬즙 1큰술

　소금 ¼작은술

매끄러워질 때까지 믹서를 작동시킨다. 풍미가 잘 어우러지도록 냉장고에 30분
간 넣어둔다. 냉장고에 넣으면 최대 5일간 보관할 수 있다.

로메스코 소스
약 2½컵

더 간단하게 조리하려면 굽는 단계를 건너뛰고 생토마토 대신 **물기를 제거한
통토마토 통조림 1컵**, 생고추 대신 물기를 제거한 **구운 붉은 피망 병조림 ½컵**,
구운 마늘 대신 **마늘 1쪽 다진 것**을 사용한다.

오븐의 위쪽 열원에서 10cm 떨어진 위치에 받침대를 끼우고 직화 오븐을 예
열한다. 테두리 있는 오븐 팬에 포일을 깔고 그 위에 다음을 올린다.

　붉은색 피망 큰 것 1개

　로마 또는 플럼 토마토 450g, 반 잘라서 절단면이 위로 가도록 올리기

　껍질을 벗기지 않은 마늘 4~6알, 취향에 따라 조절

피망을 가끔 뒤집어가면서 토마토가 군데군데 그을리고 피망이 전체적으로
검게 그을릴 때까지 15분 정도 직화 오븐에서 굽는다. 마늘은 피망과 토마토
보다 빨리 익는다.(그을리고 부드러워진다.) 피망을 그릇에 옮겨 담고 접시로 덮
어둔다. 김이 빠져나가고 손으로 만질 수 있을 만큼 식으면 검게 그을린 껍질을
벗기고 꼭지를 제거한 후 씨를 긁어낸다. 마늘은 껍질을 벗긴다.
그동안 작은 내열 그릇에 다음을 넣는다.

　말린 뇨라(ñora) 칠리 고추 2개 또는 말린 안초 칠리 고추 1개와 말린 과히요 칠리

　고추 1개, 꼭지를 따고 씨를 제거하기

끓는 물을 붓고 뚜껑을 덮어서 15분간 불린다.
푸드 프로세서에 다음을 넣고 잘게 썰릴 때까지 짧게 몇 번 작동시킨다.

　구운 헤이즐넛 ½컵

물에 불린 칠리 고추의 물기를 잘 제거하고 피망, 토마토, 마늘 및 다음 재료와
함께 푸드 프로세서에 넣는다.

　셰리 식초 1~2큰술, 취향에 따라 조절

　훈제 파프리카 가루 1½작은술

　소금 ½작은술

건더기가 있는 페이스트 상태로 간다. 푸드 프로세서를 작동시키면서 다음을
조금씩 흘려 넣는다.

　올리브유 ½컵

다음으로 간을 한다.

　소금

냉장고에 넣으면 일주일 정도 보관할 수 있다.

하바네로 감귤류 핫소스
약 1컵

강렬한 맛을 내는 유카탄식의 이 묽은 핫소스는 카르니타스 조림이나 그릴 또
는 직화 오븐에 구운 모든 생선, 가금류, 육류 요리에 잘 어울린다. 또한 우리는
이 소스를 반각 생굴에 곁들이거나 으깬 아보카도에 섞어서 즐기기도 한다. 하
바네로를 프라이팬에 구운 후 감귤류즙에 담가서 조리하는 과정을 통해 이 매
운 고추의 맛이 놀랄 만큼 순해진다. 그렇다고는 해도 매운맛이 만만치 않은
진짜 핫소스이므로 적당량만 사용하도록 주의한다.

중간 크기의 프라이팬에 기름을 두르지 않고 중불에 올린 후 다음을 넣는다.

　쪽파 4대, 흰 부분만 사용(녹색 윗부분은 따로 보관)

　껍질을 벗기지 않은 마늘 6쪽

　하바네로 고추 2~4개, 취향에 따라 조절

쪽파, 마늘, 하바네로를 가끔 뒤집어주면서 모든 면이 검게 그을리고 마늘이
부드러워질 때까지 굽는다. 굽는 속도가 각각 다를 수 있으므로 다 구워질 때
마다 재료를 프라이팬에서 꺼낸다. 마늘의 껍질을 벗기고 하바네로의 꼭지를
딴다. 마늘과 하바네로 및 쪽파의 밑동 부분과 따로 보관해둔 녹색 윗부분을
믹서에 넣고 다음을 추가한다.

　새콤한 오렌지즙 또는 오렌지즙과 라임즙을 반씩 섞어서 ¾컵

　증류 백식초 ¼컵

　소금 1작은술

매끄럽게 잘 섞일 때까지 믹서를 돌린다. 30분 이상 두었다가 낸다.

남프릭(Nam Prik, 태국식 렐리시)
약 ¼컵

태국어로 '물처럼 흐르는 고추'라는 뜻의 남프릭은 태국의 전통 식탁용 소스
로, 10여 가지의 다양한 레시피가 있다. 개중에는 아주 묽은 소스도 있고 걸쭉
하고 건더기가 큼직한 렐리시 같은 소스도 있다. 새우 페이스트, 샬롯 튀김, 생
선, 심지어 다진 돼지고기가 들어가기도 한다. 남프릭은 채소 요리에 곁들이거
나 수프에 넣어 맛을 내거나 밥, 국수, 고기 또는 생선 요리의 소스로 사용한다.
만든 후 1~2일 정도 숙성시키면 가장 맛있게 즐길 수 있으며 냉장고에 넣으면

몇 주 정도는 거뜬하게 보관할 수 있다.

푸드 프로세서나 절구에 다음을 넣고 갈거나 빻아서 페이스트 상태로 만든다.

> 말린 잔새우 18개, 볶아서 굵게 썰기
>
> 작은 태국 칠리 고추 또는 아르볼 칠리 고추 말린 것 4개, 취향에 따라 씨를 빼고
>
>> 잘게 부수기
>
> 마늘 4쪽, 굵게 썰기
>
> 라임즙 2큰술
>
> 피시 소스 1큰술

다음을 넣고 젓는다.

> 붉은색 또는 녹색 세라노 고추나 태국 칠리 고추 작은 것 3개, 취향에 따라 씨를
>
>> 빼고 잘게 썰기
>
> 굵게 썬 고수 잎 적당량
>
> (팜 슈거 또는 갈색 설탕 적당량)

뚜껑을 덮어서 냉장고에 넣어 최소한 하루 이상 숙성시킨 후 낸다.

땅콩 디핑 소스

약 1¾컵

이 소스의 일부 버전은 동남아시아 전역에서 즐겨 먹는다. 대표적으로 육류나 닭고기를 작은 꼬치에 꽂아서 구워 먹는 사테와 함께 내며, 서머 롤부터 그릴에 구운 고기에 이르기까지 다양한 요리에 곁들이기도 한다.

중간 크기의 편수 냄비에 다음을 넣고 섞는다.

> 코코넛 밀크 통조림 1컵
>
> 부드러운 땅콩버터 ½컵
>
> 팜 슈거 또는 갈색 설탕 4작은술
>
> 피시 소스 1큰술
>
> 간장 1큰술
>
> 레드 커리 페이스트 또는 마사만 커리 페이스트 1큰술, 시판 또는 수제

다음을 넣고 완전히 풀어지도록 잘 젓는다.

> 뜨거운 물 ½컵

냄비를 약불에 올리고 가끔 저으면서 풍미가 잘 어우러지도록 15분 정도 끓인다. 땅콩 소스에 다음을 넣고 젓는다.

> 라임즙 또는 쌀 식초 2작은술 또는 취향에 따라 적당량

느억짬(Nuoc Cham)

약 1컵

베트남에서 즐겨 먹는 이 다용도 양념은 스프링 롤이나 그릴에 구운 육류 꼬치의 디핑 소스로 활용하기도 하고, 베트남식 비빔 쌀국수인 분에 넣어서 비벼 먹기도 한다.

작은 그릇에 다음을 넣고 설탕이 녹을 때까지 잘 젓는다.

> 물 ½컵
>
> 라임즙, 증류 백식초 또는 이를 섞어서 ⅓컵
>
> 설탕 3큰술 또는 취향에 따라 적당량
>
> 피시 소스 2~6큰술, 취향에 따라 조절

다음을 넣는다.

> 태국 칠리 고추 또는 세라노 고추 1~2개, 취향에 따라 조절, 얇게 저미기
>
> (마늘 3쪽, 다지기)

풍미가 잘 우러나도록 최소 10분 이상 두었다가 낸다. 뚜껑을 덮어서 냉장고에 넣을 경우, 라임즙을 넣었다면 최대 2일, 식초를 넣었다면 최대 6일까지 보관할 수 있다.

칠리 고추를 우려낸 피시 소스

약 ½컵

대다수의 태국 및 베트남 식당에 가면 식탁에 이 소스가 놓여 있는 것을 발견할 수 있을 것이다. 베트남식 소고기 쌀국수인 퍼보 및 태국식 볶음 쌀국수(꾸웨이띠오 쿠아까이) 등의 요리에 깊이와 매콤한 맛 그리고 짭짤한 간을 더해주는 다목적 소스다.

작은 그릇에 다음을 넣어 섞는다.

> 피시 소스 ½컵
>
> 태국 칠리 고추 10개, 얇게 저미기

고추가 피시 소스에 잘 우러나도록 30분 이상 두었다가 즉시 사용한다. 냉장고에 넣으면 일주일간 보관할 수 있다.

쌈장(한국식 디핑 소스)

약 ⅓컵

이 짭짤한 소스는 보통 쌈(상추와 깻잎을 비롯한 녹색 잎채소로 고기 등의 음식을 싸서 먹는 요리)과 함께 낸다. 단맛이 있는 쌈장을 선호한다면 꿀을 넣어서 맛을 낸다. 이 레시피의 분량은 적지만 쌈장은 조금만 사용해도 진한 맛을 낸다는 점을 잊지 말자.(물이나 식초를 조금 넣어서 희석할 수도 있다.)

중간 크기의 그릇에 다음을 넣고 섞는다.

> 된장 ¼컵
>
> 고추장 1½큰술
>
> 참기름 1½작은술
>
> 증류 백식초 1작은술
>
> 마늘 2쪽, 다지거나 강판에 갈기
>
> 쪽파 1대, 잘게 썰기

맛을 보고 필요에 따라 양념을 조절한다. 다음을 위에 홀홀 뿌린다.

> 볶은 참깨 1작은술

덴츠유(덴푸라용 디핑 소스)

약 1½컵

덴푸라에 곁들이는 대표적인 소스다.

작은 편수 냄비에 다음을 넣고 섞는다.

> 다시 1컵 또는 물 1컵에 인스턴트 다시 가루 1작은술을 녹인 것
>
> 미림 ¼컵
>
> 간장 2큰술
>
> 설탕 1자밤

부르르 끓어오르도록 가열한 뒤 불에서 내린다. 따뜻하게 낸다. 취향에 따라 먹기 직전에 다음을 넣어 섞는다.

> (강판에 간 흰무 ¼컵)
>
> (생강 1.2cm짜리 1조각, 껍질을 벗기고 다지거나 강판에 갈기)

돈가스 소스

약 ½컵

특히 치킨가스에 잘 어울리는 톡 쏘는 맛의 짭짤한 소스로, 우리는 이 소스를 스테이크 소스의 사촌 격이라 생각한다. 거의 모든 종류의 튀김과 함께 낼 수 있으며 갈비 요리를 할 때 글레이즈로 활용하기도 한다.

작은 그릇에 다음을 넣고 잘 저어서 섞는다.

　　케첩 ¼컵

　　굴 소스 2큰술

　　우스터 소스 4작은술

　　미림 1큰술 또는 설탕 2작은술

　　마늘 가루 ¼작은술

만두용 디핑 소스

약 1컵

이 소스는 군만두, 완탕 튀김, 해산물 또는 돼지고기 슈마이에 곁들인다.

작은 편수 냄비에 다음을 넣고 부르르 끓어오를 때까지 가열한다.

　　쌀 식초 ½컵

　　미림 ¼컵

　　간장 ¼컵

　　레몬즙 1½큰술

　　마늘 2쪽, 다지기

　　쪽파 3대, 얇게 저미기

　　참기름 1작은술

살짝 식힌 후 작은 그릇에 옮겨 담는다.

바삭하게 씹히는 중국식 매운 고추기름

약 2컵

바삭하게 씹히는 매운 고추기름 소스인 라오간마(老干媽)는 1997년에 중국 구이저우성에 사는 타오화비(陶華碧)라는 여성이 처음 고안한 제품이다. 우리는 이 레시피를 필요 때문에 어쩔 수 없이 개발했다. 미국에서 라오간마의 인기가 점점 높아져 품귀 사태를 빚었음에도 불구하고 가끔 생각났기 때문이다. 더 바삭한 식감을 내려면 아래에 설명한 샬롯을 바삭하게 튀긴 샬롯처럼 따로 튀겨서 레시피대로 조리하고, 튀긴 샬롯을 다른 재료와 함께 푸드 프로세서에 넣으면 된다. 이 양념을 쌀밥, 국수, 만두, 볶음, 수프 등 다양한 음식과 함께 먹어보자.

커다란 편수 냄비에 다음을 넣고 섞는다.

　　식물성 기름 1컵

　　샬롯 170g(큰 것 3~4개), 얇게 저미기

　　마늘 큰 것 5쪽, 얇게 저미기

　　아르볼 고추 등의 붉은색 칠리 고추 말린 것 560g, 구워서 꼭지와 씨를 제거한 후
　　　잘게 부수기(또는 굵게 빻은 고춧가루 ½컵)

　　볶은 땅콩 또는 물에 불렸다가 말려서 볶은 콩 ¼컵

　　발효 검은콩 2큰술

　　(쓰촨식 고추장 2큰술)

　　(굵게 썬 말린 새우나 멸치 2큰술)

중불에 올려 뭉근히 끓어오를 때까지 가열한 후 불을 줄여서 가끔 기포가 하

나씩 올라오는 상태를 유지한다. 샬롯이 부드러워지고 쪼그라들며 전체 혼합물의 색이 진해지면서 아주 진한 향기가 날 때까지 20~25분간 조리한다. 냄비를 불에서 내린 후 10분간 식힌다. 다음을 넣어서 젓는다.

　　쓰촨산 통후추 가루 1½작은술

　　소금, MSG 또는 버섯 조미료 1작은술

　　설탕 ½작은술

어느 정도 식으면 혼합물을 푸드 프로세서에 넣고 건더기가 씹히는 페이스트가 될 때까지 여러 번 작동시켜 갈아준다.(중간에 잠깐 멈추면서 길게 3번 정도 작동시킨다.) 유리병이나 용기에 옮겨 담는다. 냉장고에 넣어서 보관한다.

스리라차

약 2컵

거의 모든 종류의 신선한 붉은색 칠리 고추를 사용할 수 있지만 우리는 '레드 핑거 핫(red finger hots)'이라는 고추로 만들었을 때 특히 만족스러운 결과를 얻었다. 붉은색 할라페뇨나 프레스노를 넣어도 좋다. 붉은색 태국 칠리 고추를 사용해볼까 하는 생각도 들겠지만 절대 시도하지 말자! 씨를 빼기가 무척 어려운 데다가 통째로 사용하면 눈물 날 정도로 소스가 매워진다.

장갑을 끼고 꼭지와 씨를 제거한 후 굵게 썬다.

　　신선한 붉은색 칠리 고추 680g

칠리 고추를 중간 크기의 편수 냄비에 옮겨 담고 다음을 추가한다.

　　물 ½컵

　　쌀이나 코코넛 식초 ⅓컵

　　갈아낸 팜 슈거 또는 진한 갈색 설탕, 꾹 눌러 담아 ¼컵

　　마늘 4~6쪽, 취향에 따라 조절

　　소금 1작은술

혼합물이 부르르 끓어오르도록 가열한 뒤 10분간 뭉근히 끓이고 불에서 내린다. 적당히 식으면 믹서나 푸드 프로세서에 넣고 질감이 매끄러워질 때까지 퓌레 상태로 간다. 혼합물이 너무 뻑뻑하면 물이나 식초를 약간 넣는다. 케첩 정도의 농도가 적당하다. 다음으로 간을 한다.

　　소금

병에 옮겨 담고 냉장고에 넣어서 보관한다. 최소 한 달 이상 두고 먹을 수 있다.

중국식 검은콩 소스

약 ½컵

생선이나 갑각류를 찌기 전에 바르는 소스로 활용하거나 완성된 요리에 양념으로 곁들일 수 있는 레시피다.

작은 그릇에 다음을 담고 포크로 으깨서 페이스트 상태로 만들거나 푸드 프로세서에 넣어서 썬다.

　　발효 검은콩 3큰술

다음을 그릇에 넣고 젓거나 푸드 프로세서에 넣어서 짧게 몇 번 작동시킨다.

　　쪽파 2대, 잘게 썰기

　　간장 3큰술

　　사오싱주 또는 드라이 셰리 2큰술

　　마늘 4쪽, 잘게 썰기

　　식물성 기름 2작은술

　　참기름 2작은술

껍질을 벗기고 잘게 썬 생강 2작은술

소금과 으깬 검은색 통후추 적당량

실온 상태로 낸다. 뚜껑을 덮어서 냉장고에 넣으면 최대 6일간 보관할 수 있다.

살사에 대해

살사는 이탈리아어와 스페인어로 '소스'라는 뜻이며, 이들 언어에서 소스란 크림처럼 부드러운 화이트 소스에서부터 갈색 그레이비에 이르기까지 매우 폭넓은 의미를 지닌다. 하지만 '살사'라는 말을 들으면 보통 토마토나 칠리 고추가 주재료인 소스를 떠올리는 사람이 대부분일 것이다.

조리하지 않은 신선한 살사는 잘 익은 여름 토마토로 만들어야 가장 맛있다. 겨울이라면 보통 토마토 통조림(테이블 살사 레시피 참고) 또는 구운 토마토(구운 토마토 치폴레 살사 레시피 참고)를 사용하는 편이다. 살사에 들어간 생양파의 맛이 부담스럽다면 굵게 썬 양파를 고운체에 담고 그 위에 끓는 물을 부어서 사용한다. 또는 양파에 라임즙을 훌훌 뿌려서 15분간 '피클'처럼 절인 후 다른 재료와 함께 섞어도 좋다.

우리는 무쇠 팬을 중불에 올리고 기름을 두르지 않은 상태로 재료를 넣은 후 가끔 뒤집어가면서 전체적으로 검게 그을릴 때까지 구워서 사용하는 것을 선호한다. 기름을 두르지 않고 생고추나 말린 고추, 껍질을 벗기지 않은 마늘, 작은 토마토, 토마티요, 쪽파 등을 굽는 것은 멕시코 요리에서 흔히 볼 수 있는 조리 기술이다.

칠리 고추가 들어간 혼합물을 믹서나 푸드 프로세서에 넣고 간 후 뚜껑을 열 때는 안에서 강한 냄새와 자극이 올라오기 때문에 얼굴을 다른 쪽으로 돌리는 것이 좋다.

살사의 분량은 1인분당 ¼컵 정도를 기준으로 한다. 아보카도가 들어간 살사를 제외하면, 대다수 살사는 뚜껑이 있는 용기에 담아 냉장고에서 5~7일 정도 보관할 수 있다.

피코 데 가요(Pico de Gallo, 신선한 살사)
약 2컵

이 레시피는 분량을 간단하게 2~3배로 늘려서 만들 수 있지만, 미리 만들어두면 아삭한 식감이 사라지고 매운맛이 점점 강해지므로 반드시 금방 먹을 만큼만 만들어야 한다. '개의 코'라는 뜻을 가진 **슈니펙**(xni pec)이라는 매콤한 유카탄식 살사를 만들 때는 세라노 또는 할라페뇨 대신 **하바네로 2개**를 넣고 **라임즙 2큰술** 대신 **라임즙 1큰술과 오렌지즙 2큰술**을 섞어서 사용한다. 피코 데 가요는 타코부터 그릴에 구운 육류 및 채소 요리에 이르기까지 많은 요리에 두루 잘 어울린다.

중간 크기의 그릇에 다음을 넣고 섞는다.

토마토 큰 것 2개 또는 플럼이나 로마 토마토 3~5개, 취향에 따라 씨를 빼고 잘게 깍둑썰기하기

흰색 또는 자색 양파 작은 것 ½개, 잘게 썰어서 헹구고 물기를 빼기 또는 쪽파 8대, 굵게 썰기

굵게 썬 고수 잎과 부드러운 줄기 ¼~½컵, 취향에 따라 조절

세라노 또는 할라페뇨 고추 3~5개, 취향에 따라 조절, 씨를 빼고 다지기

(래디시 6개, 잘게 썰기)

라임즙 2큰술

(마늘 1쪽, 다지기)

저어서 잘 섞는다. 다음으로 간을 한다.

소금

즉시 식탁에 올린다.

살사 베르데 크루다(Salsa Verde Cruda, 생토마티요 살사)
약 2컵

허브 향이 감도는 강렬하고 상쾌한 느낌의 이 살사는 생선, 닭고기, 구운 채소, 달걀 요리와 특히 궁합이 좋다. 좀 더 깊고 진한 맛을 선호한다면 토마티요의 절반을 구운 토마토 치폴레 살사 레시피처럼 구워서 사용하거나 테이블 살사 레시피를 참고해 고추와 양파를 구워서 넣는다.

푸드 프로세서 또는 믹서에 다음을 넣고 섞은 뒤 약간의 덩어리가 씹히도록 굵직하게 간다.

토마티요 225g, 겉껍질을 벗기고 씻은 후 굵게 썰기

쪽파 4대, 굵게 썰기

세라노 또는 할라페뇨 고추 1~3개, 취향에 따라 조절, 씨를 빼고 굵게 썰기

(마늘 1쪽)

잘게 썬 고수 잎 ¼컵

중간 크기의 그릇에 옮겨 담고 소스에 가까운 농도가 되도록 찬물을 적당히 넣어서 섞는다. 다음으로 간을 한다.

소금

즉시 식탁에 올린다.

테이블 살사
약 2½컵

맛이 좋고 만들기 쉬우며 맥주 한잔 마시는 시간에 금세 완성할 수 있어서 우리가 평상시에 가장 즐겨 먹는 살사다. 토마토 통조림을 사용하기 때문에 토마토가 제철이 아닌 시기에 안성맞춤이다.

중간 크기의 묵직한 프라이팬을 중불에 올리고 기름을 두르지 않은 상태에서 다음 재료를 넣는다.

쪽파 3대, 흰색 부분만 사용(녹색 부분은 따로 보관)

마늘 3쪽, 껍질을 벗기지 않고 사용

세라노, 할라페뇨, 하바네로, 만사나 등의 신선한 칠리 고추 또는 이를 섞어서 2~3개, 취향에 따라 조절

가끔 뒤집어가면서 전체적으로 약간 그을린 상태가 되도록 15분 정도 굽는다. 그동안 다음에서 국물을 절반 정도 따라낸다.

통토마토 통조림 795g짜리 1개

통조림에 들어 있는 토마토 2개를 다음 재료와 함께 푸드 프로세서에 넣는다.

라임즙 1큰술

증류 백식초 또는 사과 식초 1작은술

소금 ½작은술

커민 가루 ½작은술, 취향에 따라 구워서 갈기

고수씨 가루 ½작은술, 취향에 따라 구워서 갈기

오레가노 ½작은술, 멕시코산 권장

(카옌 고춧가루나 치폴레 고춧가루 ¼작은술)

프라이팬에 넣은 재료의 겉면이 그을리면서 잘 구워지면 마늘의 껍질을 벗기고 칠리 고추의 꼭지와 씨를 제거한 후 쪽파의 밑동 부분과 함께 큼직하게 썬

다. 마늘, 칠리 고추, 쪽파 밑동 부분을 푸드 프로세서에 넣고 곱게 썬 상태가 될 때까지 짧게 몇 번 작동시킨다.

남은 토마토 통조림 내용물을 다음과 함께 푸드 프로세서에 넣는다.

> 굵직하게 썬 고수 잎, 꾹 눌러 담아 ¼컵
>
> 따로 보관해둔 쪽파의 녹색 부분, 얇게 썰기

건더기가 약간 있는 상태가 되도록 푸드 프로세서를 작동시켜서 잘 섞는다. 다음으로 간을 조절한다.

> 라임즙
>
> 소금

즉시 내거나 냉장고에 넣으면 최대 일주일간 보관할 수 있다.

옥수수, 토마토, 아보카도 살사

약 3½컵

중간 크기의 그릇에 다음을 넣고 섞는다.

> 방울토마토 16개, 반으로 자르기
>
> 옥수수 2개, 알갱이를 떼어내기
>
> 아보카도 1개, 씨를 빼고 껍질을 벗겨서 굵게 썰기
>
> 자색 양파 작은 것 ½개, 잘게 깍둑썰기해서 씻은 후 물기를 빼기
>
> 마늘 1쪽, 잘게 썰기
>
> 할라페뇨 고추 1~3개, 취향에 따라 조절, 씨를 빼고 잘게 썰기
>
> 굵게 썬 바질 ¼컵
>
> 식물성 기름 2큰술
>
> 라임즙 ¼컵 또는 적당량
>
> 소금 ½작은술
>
> 흑후추 ¼작은술

저어서 잘 섞는다. 뚜껑을 덮어서 냉장고에 넣으면 최대 3일간 보관할 수 있다.

과사카카 소스(Guasacaca Sauce, 베네수엘라식 아보카도 살사)

약 1½컵

이 부드러운 아보카도 소스는 과카몰레처럼 딥으로 활용하거나 그릴에 구운 육류 또는 채소 요리의 소스로 사용할 수 있다.

푸드 프로세서에 다음을 넣고 섞는다.

> 아보카도 큰 것 1개, 씨를 빼고 껍질을 벗기기
>
> 잘게 썬 양파 ¼컵
>
> 잘게 썬 녹색 피망 ¼컵
>
> 할라페뇨 또는 세라노 고추 1개, 취향에 따라 씨를 빼기
>
> 마늘 1쪽, 껍질을 벗기기
>
> 신선한 파슬리 잎, 꾹 눌러 담아 ¼컵
>
> 신선한 고수 잎, 꾹 눌러 담아 ¼컵
>
> 증류 백식초나 화이트와인 식초 2큰술
>
> 라임즙 1큰술
>
> 소금 ¼작은술

용기 옆면에 묻은 재료를 긁어내리면서 아주 잘게 썬 상태가 되도록 짧게 몇 번 작동시킨다. 푸드 프로세서가 돌아가는 동안 다음을 아주 조금씩 일정한 속도로 흘려 넣는다.

> 올리브유 ¼컵

다음으로 간을 조절한다.

> 소금
>
> 식초 또는 라임즙

뚜껑을 덮어서 냉장고에 넣으면 최대 3일간 보관할 수 있다.

구운 토마토 치폴레 살사

약 4컵

토마토를 구우면 좀 더 깊은 풍미가 있다. 이 살사는 그릴에 구운 닭고기, 생선, 양고기에 특히 잘 어울리며 타코나 엔칠라다에 곁들여도 아주 맛있다.

그릴을 중불에 맞춰 준비하거나 오븐 받침대를 열원에서 최대한 가까운 곳에 끼운다. 직화 오븐을 예열한다.

그릴 또는 테두리 있는 오븐 팬에 포일을 깔고 다음을 올린다.

> 중간 크기의 토마토 6개, 반으로 자르기

가끔 뒤집으면서 토마토 껍질이 군데군데 검게 그을리고 약간 말랑해질 때까지, 그릴은 한 면당 5분 정도, 직화 오븐은 그보다 약간 짧은 시간 동안 굽는다. 토마토가 만질 수 있을 정도로 식으면 껍질을 벗기고 굵직하게 썬다. 중간 크기의 그릇에 토마토를 넣고 다음을 넣어 섞는다.

> 양파 작은 것 1개, 잘게 썰어서 씻은 후 물기를 빼기
>
> 굵직하게 썬 고수 잎 ¼컵
>
> 라임즙 3큰술 또는 적당량
>
> 올리브유 2큰술
>
> 마늘 2쪽, 잘게 썰기
>
> 아도보 소스에 절인 통조림 치폴레 고추 1개 또는 적당량, 잘게 썰기
>
> 커민 가루 1작은술
>
> 소금 적당량

즉시 내거나 냉장고에 넣으면 최대 일주일간 보관할 수 있다.

과일 살사

약 3컵

우리는 대다수의 과일 살사를 그다지 선호하지 않지만 이 레시피만은 무척 좋아한다. 너무 달지 않고 심심하지 않게 입맛을 돋울 정도로 적당히 매콤하다. 다양한 요리에 잘 어울리는데, 특히 그릴에 굽거나 볶은 생선 요리에 적합하다. 추가 재료로 아보카도를 넣어주면 훨씬 맛이 좋아지므로 적극 추천한다.

커다란 그릇에 다음을 넣고 섞는다.

> 껍질을 벗기고 깍둑썰기한 망고, 파파야, 파인애플, 복숭아 또는 이를 섞어서 1½컵
>
> 깍둑썰기한 붉은색 피망 ½컵
>
> (아보카도 큰 것 1개, 씨를 빼고 껍질을 벗긴 후 굵게 썰기)
>
> 쪽파 3대, 굵게 썰기 또는 깍둑썰기한 자색 양파 ⅓컵
>
> 굵직하게 썬 고수 잎 ¼컵
>
> 오렌지즙 2큰술
>
> 라임즙 2큰술
>
> 마늘 1쪽, 다지거나 강판에 갈기
>
> 할라페뇨, 세라노 또는 하바네로 고추 1개, 씨를 빼고 다지기
>
> 소금 ¼작은술 또는 적당량

뚜껑을 덮어 냉장고에 넣으면 최대 3일간 보관할 수 있다.

비네그레트 및 샐러드 드레싱에 대해

비네그레트는 기름과 식초 또는 감귤류즙을 섞은 유화형 소스다. 마요네즈와 마찬가지로 기름과 식초를 세게 저어서 서로 섞이지 않는 두 가지 액체를 유화 상태로 만드는데, 이 과정에서 비네그레트가 어느 정도 걸쭉해지고 잎채소에 버무렸을 때 적당히 잘 달라붙는 농도로 완성된다. 유화가 잘 일어나게 도와주는 추가 재료로는 머스터드가 있다. 시저 샐러드에 넣는 드레싱을 비롯해 비네그레트와 비슷한 몇 가지 드레싱은 달걀노른자를 넣어 유화를 촉진한다. 그보다 더 걸쭉한 드레싱은 마요네즈나 퓌레 상태로 곱게 간 채소, 견과류 버터 또는 치즈 및 다른 유제품을 사용해 적당한 점도를 구현한다. 간단하고 가볍게 만들든 복잡한 과정을 거쳐 진하게 만들든 상관없이, 극히 드문 예외 사례를 제외하고는 주재료의 구성과 비슷한 느낌의 드레싱을 사용해서는 안 된다. 예를 들어 상큼한 비네그레트는 아보카도 또는 구운 비트를 넣은 묵직한 느낌의 샐러드와 조합하고, 진하고 크림처럼 부드러운 드레싱은 쌉쌀한 녹색 채소 샐러드에 곁들이는 식이다.

전통적인 비네그레트는 기름과 레몬즙, 라임즙, 식초 등의 산성 재료를 3:1 또는 4:1의 비율로 섞고 소금과 후추로 맛을 낸다. 이어서 소개하는 레시피는 대부분 이 기준에 부합하지만, 사실 우리는 메건의 레몬 디종 드레싱처럼 산성 재료를 좀 더 넉넉히 넣은 새콤한 버전을 선호한다. 상한 냄새가 조금만 나도 드레싱을 먹을 수 없으므로 기름은 반드시 신선한 것을 사용해야 한다. 비네그레트나 샐러드 드레싱을 만든 후 양상추 잎을 하나 찍어서 먹어보고 너무 짜거나 시지는 않은지 확인한 후 그에 따라 적당히 간을 조절한다.

전통적으로 비네그레트는 그릇에 넣고 잘 휘저어서 만들지만, 입구가 널찍하고 뚜껑을 꼭 닫을 수 있는 병에 모든 재료를 넣고 세게 흔들어주는 방법이 훨씬 빠르고 쉽다. 이렇게 만든 후 샐러드에 끼얹기 직전에 다시 잘 흔들어서 사용한다. 유화가 더 오래 지속되게 하려면 믹서나 푸드 프로세서 또는 막대형 블렌더를 사용해 비네그레트를 만든다.

드레싱은 만든 당일에 먹어야 가장 맛있다. 신선한 허브가 들어가지 않은 드레싱은 냉장고에서 최대 일주일 정도 보관할 수 있다. 샐러드에 드레싱을 사용하는 방법과 자세한 정보는 드레싱과 샐러드 대접하기에 대해 항목을 참고한다. 대체로 샐러드 채소 1컵당 비네그레트 1큰술 또는 크림 질감의 드레싱 1½큰술 정도를 기준으로 하면 된다. 비네그레트에 사용할 재료 선택에 대한 정보는 기름, 식초 항목을 참고한다. 이번 장에서 소개하는 걸쭉하고 크림 같은 질감의 드레싱은 대부분 생채소 전채와 함께 내면 훌륭한 딥이 된다.

비네그레트

약 1컵

여기서 소개하는 여러 선택 재료 외에도 다양한 종류의 식초와 감귤류즙으로 시험 삼아 비네그레트를 만들어보면서 취향에 맞는 레시피를 찾아보자.

중간 크기의 그릇에 다음을 넣고 젓는다.

레드와인 또는 화이트와인 식초, 발사믹 식초, 셰리 식초 또는 레몬즙 ¼컵

(다진 샬롯 1작은술)

(마늘 작은 것 1쪽, 다지거나 강판에 갈거나 페이스트 상태로 으깨기)

(디종 또는 홀그레인 머스터드 ½~1작은술, 취향에 따라 조절)

소금 ½작은술

흑후추 ⅛작은술 또는 적당량

잘 섞이도록 젓는다. 계속 저으면서 다음을 조금씩 넣어서 섞는다.

올리브유 ¾컵

미리 만들어둔다면 뚜껑을 덮어서 냉장고에 보관한다. 사용하기 직전에 잘 섞는다.

비네그레트의 추가 재료

다음 중 하나를 위에 소개한 비네그레트에 넣고 잘 저어서 섞는다.

바질, 딜, 파슬리, 차이브, 타라곤 등의 다진 허브 또는 이를 섞어서 ¼컵

잘게 썬 크레송 잎 ½컵

다진 소금 절임 레몬 ¼컵

으깬 검은색 통후추 1~2작은술(취향에 따라 조절)과 레몬 1개의 껍질, 강판에 곱게 갈기

껍질을 벗겨서 강판에 간 생호스래디시 또는 갈아서 양념한 호스래디시 1큰술, 물기를 빼기

꿀 1큰술

플럼 또는 로마 토마토 1개, 상자형 강판의 구멍이 큰 면으로 갈기

잘게 부순 로크포르 또는 다른 블루 치즈 ¼~⅓컵, 취향에 따라 조절

강판에 곱게 간 파르메산 또는 로마노 치즈 ¼컵

안초비 필레 4개, 다지기 또는 안초비 페이스트 최대 1큰술

메건의 레몬 디종 드레싱

약 1컵

이 새콤한 드레싱은 우리가 거의 모든 녹색 채소 샐러드를 먹을 때 가장 자주 곁들이는 소스다.

뚜껑을 꼭 닫을 수 있는 475ml 용량의 병에 다음을 넣는다.

엑스트라 버진 올리브유 ¾컵

(레몬 1개의 껍질, 강판에 곱게 갈기)

레몬즙 ¼컵+1큰술

디종 머스터드 2작은술

마늘 1쪽, 다지거나 강판에 갈기

소금 ½작은술

흑후추 ½작은술

세게 흔들어서 잘 섞는다.

호두 비네그레트

약 ¾컵

다양한 녹색 채소를 섞은 요리나 염소 치즈를 곁들인 시금치 또는 그릴에 구운 닭고기에 끼얹어서 낸다.

작은 그릇에 다음을 넣고 잘 저어서 섞는다.

발사믹 또는 레드와인 식초 3큰술, 또는 적당량

구워서 다진 호두 2큰술

디종 머스터드 2작은술

다진 샬롯 1½작은술

계속 저으면서 다음을 아주 조금씩 일정한 속도로 흘려 넣는다.

엑스트라 버진 올리브유 ⅓컵

호두 기름 ⅓컵(또는 엑스트라 버진 올리브유 ⅓컵 추가)

맛을 보고 간을 조절한다.

포피시드 꿀 드레싱

약 ⅔컵

이 드레싱은 녹색 채소와 과일을 섞은 샐러드에 곁들이면 아주 잘 어울린다. 작은 그릇에 다음을 넣고 골고루 잘 섞일 때까지 젓는다.

꿀 ¼컵

사과 식초 또는 기타 과일 식초 3큰술

작은 샬롯 1개, 다지기

디종 머스터드 2작은술

포피시드 1작은술

소금과 흑후추 적당량

계속 저으면서 다음을 아주 조금씩 흘려 넣는다.

올리브유 2큰술

맛을 보고 간을 조절한다.

구운 붉은 피망 드레싱

약 1¼컵

믹서 또는 푸드 프로세서에 다음을 넣고 섞는다.

구운 붉은 피망 병조림 185g짜리 1개, 물기를 빼기

올리브유 6큰술

레몬즙 2큰술

화이트와인 식초 2큰술

굵게 썬 샬롯 3큰술

커민 가루 1큰술

마늘 1쪽, 굵게 썰기

소금과 흑후추 적당량

카엔 고춧가루 1자밤

믹서나 푸드 프로세서를 작동시켜서 골고루 잘 섞는다.

일본식 스테이크하우스 생강 드레싱

약 1½컵

믹서 또는 푸드 프로세서에 다음을 넣고 걸쭉하게 고루 섞이도록 작동시킨다.

굵직하게 썬 당근 ½컵

굵직하게 썬 셀러리 ¼컵

식물성 기름 ¼컵

쌀 식초 ¼컵

껍질을 벗겨서 굵게 썬 생강 2큰술

굵게 썬 양파 2큰술

설탕 2큰술

간장 1큰술

케첩 2작은술

레몬즙 2작은술

소금 1작은술

흑후추 ½작은술

핫소스 소량씩 2번

구운 마늘 드레싱

약 ¾컵

오븐을 200℃로 예열한다. 접어서 두 겹으로 만든 포일 위에 다음을 올린다.

마늘 1통, 위의 ⅓만큼 잘라버리고 겉껍질을 벗겨내기

샬롯 2개, 겉껍질을 벗겨내기

다음을 뿌린다.

올리브유 2큰술

포일로 마늘과 샬롯을 감싸서 잘 봉한다. 오븐 팬에 올려 1시간 동안 굽는다.

오븐에서 포일을 꺼내 조심스럽게 열어놓고 식힌다. 손으로 만질 수 있을 정도로 식으면 마늘과 샬롯을 꾹 눌러 껍질에서 빼낸 후 작은 푸드 프로세서나 믹서에 넣는다. 다음을 추가하고 퓌레 상태로 간다.

올리브유 2큰술

레몬즙 1큰술

화이트와인 식초 1큰술

디종 머스터드 1작은술

신선한 타임 잎 1작은술

다진 로즈메리 1작은술

소금과 흑후추 적당량

믹서나 푸드 프로세서를 작동시키면서 다음을 아주 조금씩 일정한 속도로 흘려 넣고 전체적으로 잘 어우러질 때까지 섞는다.

올리브유 6큰술

맛을 보고 간을 조절한다. 즉시 사용하거나 뚜껑을 덮어 냉장고에 넣으면 최대 5일간 보관할 수 있다.

미소 드레싱

약 ⅔컵

이 드레싱은 차가운 누들 샐러드, 닭고기 샐러드 또는 루콜라처럼 알싸한 맛을 내는 녹색 채소에 잘 어울린다.

중간 크기의 그릇에 다음을 넣고 잘 저어서 섞는다.

백미소 ¼컵

식물성 기름 3큰술

화이트와인 식초 또는 쌀 식초 2큰술

참기름 1작은술

마늘 1쪽, 다지거나 강판에 갈기

원하는 농도가 될 때까지 다음을 넣고 젓는다.

물 최대 ¼컵

타히니 드레싱(Tahini Dressing)

약 1컵

참깨 페이스트를 의미하는 타히니는 중동 요리에서 빼놓을 수 없는 재료다. 이 드레싱은 특히 팔라펠 및 병아리콩 샐러드와 잘 어울린다.

작은 그릇에 다음을 넣고 잘 저어서 섞는다.

타히니 ½컵

물 ½컵

레몬즙 2큰술

(마늘 1쪽, 다지거나 강판에 갈기)

(커민 가루 ½작은술)

소금 ¼작은술

러시안 드레싱

약 1⅓컵

이 소스는 샐러드 드레싱보다는 양념으로 더 잘 알려져 있다. 데빌드 에그에 사용할 노른자를 양념하거나 루벤 샌드위치 위에 살짝 뿌리거나 튀김 요리의 디핑 소스로 내면 좋다.

작은 그릇에 다음을 넣고 잘 저어서 섞는다.

마요네즈 1컵, 시판 또는 수제

껍질을 벗겨서 강판에 간 생호스래디시 또는 갈아서 양념한 호스래디시 1큰술, 물기를 빼기

(우스터 소스 1작은술)

순한 맛의 토마토 칠리 소스 또는 케첩 ¼컵

강판에 간 양파 1작은술

(핫소스 1작은술)

차갑게 식혀서 낸다.

사우전드 아일랜드 드레싱

약 1½컵

러시안 드레싱과 비슷한 이 드레싱은 전통적으로 웨지 모양으로 자른 아이스버그 양상추에 얹어서 내는 소스로 잘 알려져 있다. 완숙 달걀을 생략하고 만들면 버거와 샌드위치의 '특제 소스'로도 훌륭하게 역할을 해낸다.

작은 그릇에 다음을 넣고 골고루 잘 섞일 때까지 젓는다.

마요네즈 1컵, 시판 또는 수제

순한 맛의 토마토 칠리 소스 또는 케첩 ¼컵

(완숙 달걀 1개, 굵게 썰기)

피클 렐리시, 다진 피클 또는 다진 녹색 올리브 2큰술

강판에 갈거나 다진 양파 1큰술

다진 차이브 1큰술

다진 파슬리 1큰술

소금과 흑후추 적당량

맛을 보고 간을 조절한다. 즉시 사용하거나 뚜껑을 덮어서 냉장고에 넣으면 최대 5일간 보관할 수 있다.

랜치 드레싱

약 1½컵

이 드레싱의 원조 레시피는 1950년대에 캘리포니아 산타 바버라의 히든 밸리 게스트 랜치(Hidden Valley Guest Ranch)에서 탄생했다. 더 현대적이고 깔끔한 드레싱을 선호한다면 사워크림이나 마요네즈 대신 플레인 그릭 요구르트를 사용한다.

중간 크기의 그릇에 다음을 넣고 골고루 잘 섞일 때까지 젓는다.

사워크림 또는 마요네즈 ⅔컵, 시판 또는 수제

버터밀크 ½컵

레몬즙 또는 라임즙 2~3큰술, 취향에 따라 조절

다진 고수 잎 또는 파슬리 1큰술

다진 차이브 1큰술

다진 딜 1큰술

마늘 1쪽, 페이스트 상태로 으깨거나 강판에 갈기

소금과 흑후추 적당량

맛을 보고 간을 조절한다. 즉시 사용하거나 뚜껑을 덮어서 냉장고에 넣으면 최대 5일간 보관할 수 있다. 1시간 정도 두면 맛이 점점 더 좋아진다.

녹색 여신 드레싱

약 1¾컵

랜치 드레싱만큼 널리 알려지지는 않았지만 이 전통 깊은 드레싱 역시 캘리포니아에서 탄생했다. 양상추 등의 아삭한 녹색 채소에 곁들이거나 구운 채소 위에 살짝 뿌리거나 생채소 전채와 함께 낸다.

중간 크기의 그릇에 다음을 넣고 섞는다.

마요네즈 1컵, 시판 또는 수제

마늘 1쪽, 다지거나 강판에 갈기

안초비 필레 3개, 다지기

사워크림 ½컵

다진 차이브 또는 쪽파 ¼컵

다진 파슬리 ¼컵

레몬즙 1큰술

타라곤 식초 또는 화이트와인 식초 1큰술

소금 ½작은술

흑후추 적당량

맛을 보고 간을 조절한다. 즉시 사용하거나 뚜껑을 덮어서 냉장고에 넣으면 최대 3일간 보관할 수 있다.

허브 요구르트 드레싱

약 1컵

밝은 녹색을 띠며 크림처럼 부드러운 이 드레싱은 라디치오나 케일처럼 쌉쌀한 맛이 나는 채소 또는 잎이 무성한 녹색 채소에 곁들이면 잘 어울린다.

믹서에 다음 재료를 넣고 섞는다.

플레인 요구르트 ½컵

쪽파 2대, 잘게 썰기

굵게 썬 고수 잎, 꾹 눌러 담아 ¼컵

다진 차이브 2큰술

다진 파슬리 2큰술

레몬즙 1큰술

마늘 1쪽, 굵게 썰기

소금 ½작은술

매끄럽게 섞이도록 믹서를 작동시킨다. 믹서가 돌아가는 동안 다음을 아주 조금씩 일정한 속도로 흘려 넣는다.

올리브유 ¼컵

맛을 보고 간을 조절한다. 즉시 사용하거나 뚜껑을 덮어서 냉장고에 넣으면 최대 3일간 보관할 수 있다.

크리미 블루 치즈 드레싱

약 1컵

믹서에 다음 재료를 넣고 섞는다.

　잘게 부순 블루 치즈 ⅓컵

　크림치즈 55g

　버터밀크 ¼컵

　레드와인 식초 1큰술

　소금 ¼작은술

　흑후추 ¼작은술

매끄럽게 섞이도록 믹서를 작동시킨다. 드레싱이 너무 뻑뻑하면 원하는 농도가 되도록 버터밀크를 조금 더 넣는다. 그릇에 옮겨 담고 다음을 넣어 젓는다.

　잘게 부순 블루 치즈 ¼컵

다음으로 간을 한다.

　소금과 흑후추

즉시 사용하거나 냉장고에 넣으면 최대 5일간 보관할 수 있다.

페타 또는 염소 치즈 드레싱

약 1¼컵

그리스식 샐러드나 파스타 샐러드와 함께 내거나 얇게 저민 토마토 위에 얹어서 내거나 생채소 전체를 찍어 먹는 딥으로 활용한다.

믹서에 다음 재료를 넣고 섞는다.

　잘게 부순 페타 또는 신선한 염소 치즈 1컵(115g)

　레드와인 식초 2큰술

　엑스트라 버진 올리브유 2큰술

　다진 신선한 오레가노 1작은술 또는 말린 오레가노 ½작은술

　소금 ¼작은술

　흑후추 ¼작은술

매끄럽게 섞이도록 믹서를 작동시킨다. 믹서가 돌아가는 동안 다음을 아주 조금씩 일정한 속도로 흘려 넣고 전체적으로 잘 어우러질 때까지 섞는다.

　우유 ⅓컵

드레싱이 너무 뻑뻑하면 필요한 만큼 우유를 조금 더 넣는다. 맛을 보고 간을 조절한다. 즉시 사용하거나 뚜껑을 덮어서 냉장고에 넣으면 최대 5일간 보관할 수 있다.

버터밀크 꿀 드레싱

약 1¼컵

작은 그릇에 다음을 넣고 잘 저어서 섞는다.

　쌀 식초 ¼컵

　사워크림 ¼컵

　버터밀크 ¼컵

　꿀 2~3큰술, 취향에 따라 조절

　마늘 1쪽, 다지거나 강판에 갈기

　쪽파 1대, 다지기

　카옌 고춧가루 1자밤

　소금 ½작은술

　흑후추 ¼작은술

계속 저으면서 다음을 아주 조금씩 일정한 속도로 흘려 넣는다.

　올리브유 ½컵

즉시 사용하거나 냉장고에 넣으면 최대 5일간 보관할 수 있다.

크리미 호스래디시 드레싱

약 ⅔컵

작은 그릇에 다음을 넣고 잘 저어서 섞는다.

　헤비크림 ¼컵

　갈아서 양념한 호스래디시 2큰술, 물기를 빼기

　레드와인 식초 4작은술

　소금 ½작은술

다음을 조금씩 흘려 넣으면서 잘 저어서 섞는다.

　식물성 기름 ¼컵+2큰술

즉시 사용하거나 냉장고에 넣으면 최대 5일간 보관할 수 있다.

크리미 파르메산 드레싱

약 ¾컵

이 책의 이전 개정판에서 '하프앤드하프 드레싱'이라는 이름으로 소개된 이 드레싱은 크림처럼 부드러운 질감과 톡 쏘는 맛이 조화롭게 어우러진다. 시저 샐러드 레시피에서 소개한 드레싱 대신 사용해도 아주 맛있게 즐길 수 있다.

중간 크기의 그릇에 다음을 넣고 잘 저어서 섞는다.

　비네그레트 ½컵

　강판에 간 파르메산 치즈 ½컵(55g)

　마요네즈 ¼컵, 시판 또는 수제

　마늘 1쪽, 다지거나 강판에 갈기

　(안초비 필레 1~3개, 다지기, 취향에 따라 조절)

즉시 사용하거나 냉장고에 넣으면 최대 5일간 보관할 수 있다.

글레이즈에 대해

여기서 소개하는 짭짤한 글레이즈는 육류, 생선, 채소에 먹음직스러운 색감과 풍미를 더해준다. 글레이즈의 윤기는 일반적으로 어떤 형태로든 설탕을 녹여서 갈색으로 만드는 과정에서 생긴다. 글레이즈는 주르르 흐르지 않고 음식 위에 원하는 모양대로 끼얹을 수 있을 정도로 걸쭉해야 한다. 보통 조리가 거의 끝날 때쯤 요리에 바르거나 얹지만, 식탁에 올리기 직전에 붓으로 음식의 표면에 발라서 간단하게 마무리하는 용도로도 사용된다. 일부 글레이즈는 디핑 소스로 찍어 먹을 수 있도록 식탁에 내기도 한다.

　일반적으로 글레이즈는 조리가 마무리되기 15~45분 전에 바르는데, 정확한 시점은 오븐이나 그릴의 불 세기, 소스의 단맛 정도, 육류의 크기 등에 따라 달라진다. 오븐이나 그릴이 뜨거울수록 글레이즈가 캐러멜화되는 시간이 짧아진다.

　뜨거운 그릴에서 조리하는 여러 개의 작은 재료에 글레이즈를 바르려면 재료를 불이 직접 닿지 않는 위치로 옮겨서 글레이즈를 바른 다음 몇 개씩 다시 원래 위치로 옮겨놓고 타지 않는지 주의 깊게 살핀다.

　구운 가금류에 글레이즈를 바르려면 토막 낸 가금류 부위가 다 익기 5~10분 전에 오븐에서 꺼낸 후 솔로 글레이즈를 바른다. 가금류를 통째로 구울 때는 크기에 따라 다 익기 15~30분 전에 꺼내서 글레이즈를 바른다. 가금류의 몸집이

작을수록 이 시간은 짧아진다.

커다란 햄에 글레이즈를 바르려면 다 익기 약 45분 전에 오븐에서 꺼낸다. 위쪽의 지방 부분에 원하는 형태로 칼집을 넣고 취향에 따라 통정향을 끼워 넣은 후 솔로 글레이즈를 바르고 다시 오븐에 넣는다.

대다수 글레이즈는 냉장고에서 일주일 이상 보관할 수 있다. 냉장고에 보관했던 글레이즈는 중약불에 데워서 사용한다. 데리야키 양념장도 글레이즈로 활용할 수 있으며, 대부분의 바비큐 소스도 글레이즈처럼 발라서 조리할 수 있다.(글레이즈로 사용하기에 너무 묽은 노스캐롤라이나식 소스는 제외한다.)

베트남식 캐러멜 소스
약 ¾컵

진하고 짭짤한 캐러멜 소스로 육류, 두부, 가금류 꼬치를 그릴에 구울 때 마무리 직전에 바르거나 다른 소스 또는 찜 요리에 조금씩 넣어 더욱 깊이 있는 풍미를 낼 수 있다.

작은 편수 냄비에 다음을 넣고 섞는다.

설탕 1컵

물 ⅓컵

중불에 올려 설탕이 다 녹을 때까지 젓는다. 중강불로 올리고 부르르 끓어오르도록 가열한다.(일단 끓어오르면 더 이상 젓지 않는다.) 호박색으로 변하거나 온도가 190℃에 도달할 때까지 뭉근히 끓인다. 냄비를 불에서 내린 후 뜨거운 액체가 튀지 않도록 조심하면서 다음을 넣는다.

피시 소스 ½컵 또는 피시 소스 ¼컵과 물 ¼컵

혼합물에서 거품이 더 이상 바글바글 올라오지 않으면 매끄럽게 섞이도록 잘 젓는다. 일단 식힌 후 남은 거품을 걷어낸다. 즉시 사용하거나 뚜껑 있는 용기에 담아 냉장고에 넣으면 최대 6개월 정도 보관할 수 있다.

해선장 생강 글레이즈
약 1컵

연어, 오리 가슴살, 돼지 허릿살 또는 닭고기에 잘 어울리는 진한 감칠맛의 글레이즈다. **미소 글레이즈**를 만들려면 간장을 생략하고 해선장 대신 **적미소 또는 백미소 ¼컵**을 사용하고 와인 대신 **사케 ¼컵**을 넣는다.

작은 그릇에 다음을 넣고 잘 섞이도록 젓는다.

해선장 ½컵

(칠리 마늘 페이스트 또는 스리라차 소스 2큰술)

꿀 또는 갈색 설탕 2큰술

사오싱주 또는 드라이 셰리 2큰술

쌀 식초 2큰술

간장 1큰술

생강 2.5cm짜리 1조각, 껍질을 벗기고 다지거나 강판에 갈기

마늘 2쪽, 다지거나 강판에 갈기

(참기름 1작은술)

갈색 설탕 글레이즈
약 ¾컵

구운 햄, 그릴 또는 오븐에 구운 가금류, 그릴에 구운 소시지에 사용한다. 그릇에 다음을 넣고 손가락으로 덩어리를 부수면서 잘 섞는다.

연한 갈색 설탕, 꾹 눌러 담아 ¾컵

드라이 머스터드 2작은술

재료에 바르기 좋은 농도가 될 때까지 페이스트에 다음을 조금씩 넣으면서 젓는다.

오렌지즙, 럼 또는 버번

크랜베리 글레이즈
약 1½컵

구운 햄에 바르면 가장 맛있다.

작은 편수 냄비를 중약불에 올리고 다음을 넣어서 섞는다.

젤리 형태의 크랜베리 소스 통조림 1컵

갈색 설탕, 꾹 눌러 담아 ½컵

레몬즙 2큰술

가끔 저으면서 잠깐 가열하면 설탕이 녹아서 재료에 바르기 좋은 농도가 된다.

마멀레이드 글레이즈

구운 햄 또는 가금류에 사용한다.

필요하면 다음을 잠깐 가열해 바르기 좋은 농도로 만든다.

오렌지, 레몬, 생강, 파인애플 또는 기타 마멀레이드 ¾컵

취향에 따라 다음을 넣고 섞어도 좋다.

(코냑 또는 버번 2큰술)

파인애플 글레이즈
약 ⅔컵

구운 햄에 잘 어울리는 달콤한 글레이즈다.

중간 크기의 편수 냄비를 약불에 올리고 다음을 넣어 저으면서 설탕이 녹을 때까지 가열한다.

연한 갈색 설탕, 꾹 눌러 담아 ¾컵

잘게 썬 신선한 파인애플 또는 국물을 따라내고 으깬 통조림 파인애플 ½컵

생강 가루 ½작은술

버번 당밀 글레이즈
약 1컵

알코올 향이 감도는 글레이즈로 구운 햄, 닭고기 오븐 구이, 연어 그릴 구이 또는 돼지고기 촙에 잘 어울린다.

작은 편수 냄비에 다음을 넣고 섞는다.

버번 1컵

연한 당밀, 메이플 시럽, 수수 시럽, 꿀 또는 이를 섞어서 1컵

우스터 소스 1큰술

(디종 머스터드 1큰술)

7.5cm 길이의 오렌지 껍질 1개, 채소 껍질 벗기는 도구로 벗겨내기

정향 또는 올스파이스 가루 ¼작은술

월계수 잎 1장

중불에 올려서 혼합물의 부피가 절반으로 줄어들고 숟가락 뒷면에 끈끈하게 묻을 정도의 농도가 될 때까지 15분 정도 뭉근히 끓인다. 오렌지 껍질과 월계수 잎을 건져내고 사용한다.

꿀 글레이즈

I. 육류 및 채소용

약 ½컵

작은 그릇에 다음을 넣고 잘 섞는다.

    꿀 ¼컵

    간장 ¼컵

    드라이 머스터드 1작은술

II. 구운 햄용

약 1¼컵

중간 크기의 편수 냄비에 다음을 넣고 잘 섞는다.

    꿀 ½컵

    갈색 설탕, 꾹 눌러 담아 ½컵

    오렌지즙 ¼컵

    사과 식초 2큰술

    드라이 머스터드 2작은술

    정향 가루 ½작은술

    올스파이스 가루 ½작은술

    소금 ½작은술

중약불에 올려 자주 저으면서 설탕이 다 녹고 글레이즈가 매끄러운 농도로 완성될 때까지 10분 정도 조리한다.

양념장에 대해

양념장(marinade)은 향이 진하고 간이 잘된 액체로 요리를 시작하기 전에 육류, 가금류, 생선, 채소에 풍미를 입히기 위해 사용한다. 거의 모든 양념장에는 와인, 식초, 감귤류즙 또는 요구르트나 버터밀크 등 어떤 형태로든 산성 재료가 들어가므로 육류, 생선, 가금류의 표면을 '연화'하는 역할도 한다. ▶ 양념장에는 감귤류즙이나 식초에 함유된 것처럼 육류의 표면을 '익힐 수 있는' 생알코올 성분이 들어 있기 때문에 너무 오래 재우면 식감이 흐물흐물해진다.

대다수 풍미 화합물은 입자가 너무 커서 육류의 내부에 침투하지 못한다. 따라서 양념장은 가장 바깥쪽의 조직 층에만 풍미를 입힐 수 있을 뿐이다. 소금은 입자가 아주 미세해 더 깊숙이 침투할 수 있으므로 예외다. 그럼에도 불구하고 양념장을 사용하면 음식의 맛이 확연히 달라진다. 얇게 저민 고기는 특히 양념장의 풍미를 잘 흡수한다. 업진살이나 윗양지 등 몇몇 고기 부위는 구조 자체가 양념장을 더욱 잘 흡수하고 머금는 형태로 되어 있다. 고기의 내부까지 풍미를 입히고 싶다면 양념액을 고기에 주입하는 방법을 시도해보자. 또 다른 방법으로는 큼직한 고깃덩어리에 깊숙이 칼집을 넣어서 더 넓은 표면을 양념장에 노출하는 것이다.

재료의 모양과 양념장에 재울 때 사용하는 용기가 제각각이므로 일반적인 기준을 제시하기는 어렵지만 ▶ 재료 450g당 최소 ½컵의 양념장을 준비하도록 권장한다. 양념장에 재울 때 사용하는 용기는 식품 등급 플라스틱, 유리 또는 스테인리스스틸과 같이 재료에 반응하지 않는 소재로 만든 것이어야 한다. 재료가 잠기도록 양념장을 부어야 하므로 육류, 가금류 또는 생선을 한 겹으로 딱 맞게 넣을 수 있는 용기를 사용한다면 적은 양의 양념장으로도 충분하다. 마찬가지 이유로 큼직한 지퍼백도 양념장에 재울 때 아주 편리하다. 지퍼백을 봉하기 전에 공기를 전부 뺀다면 아주 적은 양념장으로도 충분히 재료를 재울 수 있다. 3.8ℓ짜리 대형 지퍼백에도 들어가지 않는 큼직한 재료는 오븐용

비닐백을 사용하면 된다. 어떤 비닐백을 사용하든, 양념장을 담은 비닐백 아래에 그릇이나 베이킹 접시, 구이 팬을 받쳐서 양념장이 냉장고에서 새지 않도록 한다.(토시살이나 갈비처럼 갸름한 모양의 재료는 로프 팬을 사용하면 가장 좋다.)

양념장에 재우는 시간은 몇 분에서부터 몇 시간에 이르기까지 다양하며, 양념장에 재우는 동안에는 항상 냉장고에 보관해야 한다. 재우는 동안 육류를 가끔 뒤적이거나 뒤집어준다. 따로 설명이 없는 한, 산성 성분이 들어간 양념장에 육류를 2~3시간 이상 담가두면 표면의 질감이 퍼석거리거나 흐물흐물해지므로 너무 오래 두지 않도록 주의한다. 생선은 절대 오랫동안 양념장에 재워서는 안 되며, 오래 담가두면 단단해지면서 세비체가 된다.

시판 및 수제 비네그레트도 양념장으로 활용할 수 있는데, 일반적으로 설탕이나 기름이 많이 들어간 양념장을 직화 그릴에 구울 재료에 사용하는 것은 권장하지 않는다. 양념장에 들어 있는 기름 때문에 불꽃이 확 올라오기 쉬우며, 설탕이 소량 들어 있다면 보기 좋은 갈색으로 익히는 데 도움이 되지만 설탕이 너무 많이 들어 있으면 재료가 제대로 익기도 전에 표면이 타버린다. 양념장에 들어가는 설탕의 양은 재료의 조리 시간에 반비례해야 한다. 예를 들어 설탕이 많이 들어간 양념장은 얇게 썰어서 짧은 시간에 조리하는 재료에는 좋을지 몰라도(좋은 예로 갈비 레시피를 참고) 조리 시간이 훨씬 길어서 탈 위험이 있는 통닭이나 커다란 고기 부위에는 적합하지 않다. ▶ 양념장에는 엑스트라버진 올리브유를 사용하지 않는다. 냉장고에 넣으면 굳어버리는 데다 재료를 그릴에 굽는 동안 섬세한 풍미가 전부 사라지기 때문이다. ▶ 재료를 갈색으로 익히려면 항상 양념장을 따라내고 톡톡 두드려 물기를 제거한다. 특히 재료를 훈제하거나 바비큐 방식으로 조리하려는 경우 테두리 있는 오븐 팬에 철망 받침대를 놓고 그 위에 양념장에 재운 재료를 올려서 1시간 정도 말리는 것이 가장 이상적이다. 오랜 시간에 걸쳐 뭉근히 끓인 일부 양념장은 소스로 사용할 수도 있다. 실제로 뵈프 부르기뇽, 하센페퍼, 사우어브라텐 등의 몇 가지 전통 요리는 양념장을 재사용해서 만든다.

레몬 양념장

약 1컵

닭고기, 채소, 맛이 강한 생선과 가장 잘 어울린다. 생선은 30분 이상, 육류는 4시간 이상 재우지 않도록 한다.

작은 그릇에 다음을 넣고 잘 섞는다.

    식물성 기름 ½컵

    레몬 1개의 껍질, 강판에 곱게 갈기

    레몬즙 ⅓컵

    (디종 머스터드 2큰술)

    (잘게 썬 타임, 오레가노, 로즈메리, 마저럼, 타라곤 또는 이를 섞어서 2큰술)

    마늘 6쪽, 다지기

    소금 1작은술

    흑후추 1작은술

와인 양념장

넉넉한 2컵

와인의 알코올이 대부분 날아가도록 양념장을 끓여서 실제 조리를 시작하기 전에 양념장이 육류를 '익히지' 않도록 한다. 레드와인은 붉은색 육류나 야생 동물 고기에 아주 잘 어울리며, 화이트와인은 생선, 돼지고기, 가금류에 더욱

잘 맞는다.

중간 크기의 편수 냄비에 다음을 넣고 섞은 후 중약불에 올려서 5분간 뭉근히 끓인다.

　　드라이 레드와인 또는 화이트와인 2컵

　　자색 양파 작은 것 1개, 얇게 저미기

　　식물성 기름 2큰술

　　마늘 2쪽, 다지기

　　신선한 타임 잎 1작은술

　　검은색 통후추 6알, 으깨기

　　월계수 잎 작은 것 1장

　　(통정향 2개)

　　소금 1작은술

식혀서 사용한다. 뚜껑을 덮어 냉장고에 넣으면 최대 일주일간 보관할 수 있다.

탄두리 양념장

인도 요리에서는 향이 진한 이 요구르트와 향신료 혼합 양념장에 닭고기와 양고기를 담갔다가 탄두리에 넣어서 아주 뜨거운 고열에 조리한다. 탄두리 양념장은 향신료 때문에 특정한 색깔을 띠며, 그 결과 탄두리 치킨도 주황빛이 도는 노란색으로 완성된다.

Ⅰ. 고기용

약 1컵, 1.3~1.8kg의 고기에 충분한 분량

우리 가족의 지인인 쿠스마 라오(Kusuma Rao)는 고기에 먼저 소금과 감귤류 즙, 향신료를 뿌려두는 것이 아주 중요하다고 강조한다. 이렇게 하면 고기의 식감이 달라지고 색이 더 먹음직스러워지며 향신료가 더 잘 달라붙는다. 이 단계를 생략하고 싶다면 아래의 버전 Ⅱ 레시피를 따른다.

양념장에 재울 고기를 그릇에 넣고 다음을 골고루 뿌린다.

　　소금 1½~2작은술(고기 450g당 ½작은술)

다음을 넣고 골고루 잘 섞는다.

　　카슈미르 고춧가루 또는 카옌 고춧가루 1작은술

　　레몬 3개의 껍질, 강판에 곱게 갈기

　　레몬즙 ⅓컵

다음을 넣고 고기를 뒤적이면서 골고루 묻힌다.

　　플레인 그릭 요구르트(일반 우유로 만든 것) ¾컵

　　갈거나 잘게 부순 말린 회향 잎 2큰술

　　가람 마살라 1큰술

　　강황 가루 1½작은술

　　(카슈미르 고춧가루 또는 카옌 고춧가루 ½~1작은술)

뚜껑을 덮고 냉장고에 넣어서 2시간~하룻밤 동안 재운다.(또는 각 레시피의 설명에 따른다.) 고기를 조리하기 전에 손가락으로 여분의 양념장을 훑어낸다.

Ⅱ. 채소용

약 1¼컵

실내에서 재료를 오븐 또는 직화 오븐에 구울 때는 그릴 구이의 풍미를 보완하기 위해 스위트 파프리카 대신 훈제 파프리카 가루를 사용한다.

커다란 그릇에 다음을 넣고 잘 저어서 섞는다.

　　플레인 그릭 요구르트(일반 우유로 만든 것) 1컵

　　레몬 1개의 껍질, 강판에 곱게 갈기

　　레몬즙 ¼컵

　　가람 마살라 또는 커리 가루 2큰술

　　마늘 6쪽, 다지거나 강판에 갈기

　　생강 5cm짜리 1조각, 껍질을 벗겨서 다지거나 강판에 갈기

　　스위트 파프리카 가루 2큰술

　　강황 가루 1큰술

　　소금 2작은술

　　(회향 잎 가루 1작은술)

　　카옌 고춧가루 1작은술

버전 Ⅰ의 설명에 따라 재료를 재우는 양념장으로 활용한다.

버터밀크 양념장

약 2컵

토막 낸 닭고기에 밀가루를 묻혀서 튀기기 전에 고기를 연하게 만드는 데 사용하는 전통적인 양념장이다.(프라이팬에 조리한 프라이드 치킨 레시피 참고) 닭고기를 이 양념장에 최대 24시간 동안 담가서 재운다.

중간 크기의 그릇에 다음을 넣고 섞는다.

　　버터밀크 2컵 또는 요구르트 1½컵에 물 ½컵을 섞은 것

　　마늘 4쪽, 다지기

　　설탕 2큰술

　　(커리 가루 또는 고춧가루 2큰술)

　　소금 2작은술

　　흑후추 1작은술

발칸식 양념장

약 ¾컵

돼지고기 수블라키에 사용하는 양념장이지만 그릴에 구운 양고기 찹이나 깍둑썰기한 양고기, 채소 케밥에 사용해도 맛이 좋다. 4시간 이상 고기를 재울 계획이라면 올리브유의 분량을 1컵으로 늘려서 산도를 낮춘다.

중간 크기의 그릇에 다음을 넣고 섞는다.

　　레드와인 식초, 레몬즙 또는 이를 섞어서 ½컵

　　올리브유 ½컵

　　마늘 6쪽, 다지기

　　다진 신선한 오레가노 2큰술 또는 말린 그리스산 오레가노 2작은술

　　다진 신선한 타임 잎 2큰술 또는 말린 타임 2작은술

　　흑후추 1큰술

　　(굵게 빻은 고춧가루 1큰술)

　　(다진 신선한 로즈메리 1작은술 또는 말려서 잘게 부순 로즈메리 ½작은술)

　　소금 1작은술

　　레몬 2개의 껍질, 강판에 곱게 갈기

　　신선한 월계수 잎 2장, 반으로 찢어서 짓찧기 또는 말린 월계수 잎 1장

시날로아식 양념장(Sinaloan Marinade)

약 4컵, 닭 1마리에 충분한 분량

우리 집 근처에는 시날로아식의 닭고기 그릴 구이를 파는 푸드 트럭이 있어서 가끔 즐기곤 한다.(시날로아는 멕시코 북서부에 있는 주의 이름이다.) 닭의 배를 가

르고 납작하게 손질한 후 달콤하고 톡 쏘는 맛의 이 양념장에 재웠다가 진한
구릿빛으로 익을 때까지 숯불 그릴에 굽는다. 여기에 따뜻하게 데운 옥수수
토르티야 몇 장, 멕시코식 삶은 콩, 쌀밥을 곁들인 것은 우리가 좋아하는 식사
중 하나로 꼽을 수 있다. 닭고기는 이 양념장에 최대 12시간 동안 재운다.
믹서에 다음을 넣고 섞는다.

    양파 큰 것 1개, 큼직하게 자르기

    마늘 1통, 껍질을 까기

    오렌지즙 또는 파인애플즙 1½컵

    라임즙 ½컵

    식물성 기름 ¼컵

    굵게 썬 오레가노 2큰술

    굵게 썬 타임 1큰술

    (안초 칠리 고춧가루 1큰술)

    (월계수 잎 1장)

    (정향 또는 올스파이스 가루 1자밤)

    소금 2작은술

완전히 매끄럽게 섞일 때까지 믹서를 돌린다.

태국식 레몬그라스 양념장

약 1컵

이 양념장은 닭고기, 돼지고기 또는 새우와 잘 어울린다. 새우는 최대 2시간,
닭고기와 돼지고기는 최대 8시간 정도 재운다.
푸드 프로세서에 다음을 넣고 섞는다.

    샬롯 중간 크기 1개, 굵직하게 썰기

    굵게 썬 고수 잎과 줄기 ½컵

    팜 슈거 또는 연한 갈색 설탕, 꾹 눌러 담아 ¼컵

    라임즙 ¼컵

    피시 소스 ¼컵

    마늘 6쪽, 굵직하게 썰기

    레몬그라스 줄기 3개, 연한 아래쪽 부분만 잘라서 얇게 저미기

    (마크럿 라임 잎 4장, 얇게 저미기)

    태국산 칠리 고추(생고추 또는 마른 고추) 2개, 꼭지를 따기 또는 굵게 빻은
        고춧가루 1작은술

    백후추 ½작은술

곱게 갈릴 때까지 푸드 프로세서를 짧게 몇 번 작동시킨다.

베트남식 양념장

약 1⅓컵

돼지고기, 닭고기, 새우 그릴 구이에 사용한다. 이 양념장에 들어간 설탕 때문
에 금세 갈색으로 변하므로 얇게 썰어서 단시간에 조리하는 부위나 큼직하게
썰어서 간접 가열 방식으로 조리하는 부위에 가장 적합하다. 사용하고 남은
양념장을 마무리용 소스로 활용하려면 베트남식 돼지고기 그릴 구이 레시피
를 참고한다.
중간 크기의 그릇에 다음을 넣고 잘 섞는다.

    양파 큰 것 1개, 강판에 갈기

    쌀 식초 ⅓컵

    설탕 또는 베트남식 캐러멜 소스 ¼컵

    (다진 레몬그라스 1큰술 또는 라임 1개의 껍질, 강판에 곱게 갈기)

    피시 소스 ¼컵

    백후추 또는 흑후추 간 것 1작은술

    (칠리 마늘 페이스트 1작은술, 굵게 빻은 고춧가루 ½작은술, 튀긴 칠리 고추
        페이스트 ¼작은술)

맥주 양념장

약 1⅔컵

소고기나 돼지고기에 사용한다.
중간 크기의 그릇에 다음을 넣고 섞는다.

    맥주 1½컵

    오렌지 마멀레이드 ¼컵

    간장 3큰술

    설탕 또는 꿀 2큰술

    드라이 머스터드 1큰술

    생강 가루 1작은술

    마늘 2쪽, 다지기

    소금 ½작은술

    핫소스 ⅛작은술

베커 닭고기 또는 돼지고기 양념장

약 1컵

작은 그릇에 다음을 넣고 골고루 섞이도록 잘 젓는다.

    레드와인 ¼컵

    레드와인 식초 ¼컵

    식물성 기름 ¼컵

    발사믹 식초 2큰술

    간장 2작은술

    레몬 1개의 껍질, 강판에 곱게 갈기

    레몬즙 1½큰술

    굵게 썬 타임 2큰술

    굵게 썬 로즈메리 1큰술

    마늘 4~6쪽, 취향에 따라 조절, 다지기

    소금 2작은술

    흑후추 2작은술

    핫소스 소량씩 3번

데리야키 양념장

약 2컵

육류, 가금류, 살이 단단한 생선에 사용하는 전통적인 양념장으로, 재료를 갈
색으로 익힌 후에 끼얹기도 한다. 시럽과 비슷한 점도로 졸이면 닭고기나 다른
단백질 재료의 글레이즈로도 활용할 수 있다.
작은 편수 냄비를 중불에 올리고 다음을 넣어 섞은 후 저으면서 설탕이 녹을
때까지 가열한다.

    사케 ⅔컵

미림 ⅔컵

간장 ⅔컵

설탕 2큰술

뜨거운 혼합물을 바로 가벼운 소스나 글레이즈로 사용해도 좋고, 식혀서 양념 장으로 쓰기도 한다. 닭고기 꼬치에 사용할 수 있는 걸쭉한 글레이즈를 만들려면 중불에 올려 절반 분량이 되도록 뭉근하게 졸인다.

바비큐 소스 및 묽은 양념장에 대해

케첩을 주재료로 사용하든 머스터드나 식초를 사용하든, 바비큐 소스는 모든 종류의 훈제 및 그릴 구이 고기 요리에 입맛을 돋우는 새콤함과 달콤함 그리고 풍미를 추가하는 양념으로 널리 사랑받고 있다. 갈비를 '양념 없이' 조리하거나 윗양지에 아무 재료도 첨가하지 않고 조리해 순수한 맛을 즐기는 이들도 적지 않지만, 대부분은 뒷마당에서 바비큐를 할 때 바비큐 소스가 없는 광경을 좀처럼 상상하기 어려울 것이다. 사우스캐롤라이나는 머스터드를 주재료로 사용한 소스로 유명하고, 바로 옆에 위치한 노스캐롤라이나는 식초를 넉넉히 넣어 톡 쏘는 맛을 내는 소스가 보편적이며 때로는 케첩을 넣어 약간의 깊은 맛을 더하기도 한다. 멤피스, 캔자스시티, 텍사스 동부의 바비큐 소스는 단맛이 강하고 토마토를 주재료로 사용하며, 매콤한 뒷맛이 남도록 만든다. 또한 켄터키에서는 우스터 소스를 넉넉히 넣은 소스('딥dip'이라고 부른다.)를 머튼 또는 돼지고기 바비큐 구이에 곁들여 낸다.

바비큐 소스는 조리하는 도중에 넣거나 완성되기 직전에 글레이즈처럼 바르거나 그릴 또는 바비큐 구이로 조리한 고기에 그냥 곁들여서 내기도 한다. 그리고 조리 과정의 여러 단계에서 이 모든 방법으로 활용하기도 한다. 조리 도중에 소스를 고기에 바른다면 오븐, 그릴, 직화 오븐의 온도와 소스의 당도, 재료의 크기를 고려해 언제 바를지를 결정한다. 켄터키식 머튼 딥 및 노스캐롤라이나식 바비큐 소스처럼 농도가 묽은 양념장(mop)과 소스는 훈연기 또는 바비큐용 그릴에서 굽는 내내 고기에 발라서 조리할 수 있다. 직화 오븐이든 직접 불 위에서 굽는 그릴이든, 고온에서 조리할 때는 마무리하기 5~10분 전에 걸쭉하고 달콤한 소스를 발라준다.(그리고 소스가 타기 시작하면 그릴의 불이 직접 닿지 않는 위치나 직화 오븐의 열원에서 멀리 떨어진 곳으로 옮긴다.) 다른 양념들과 마찬가지로 바비큐 소스도 육류의 훈제 풍미를 방해하는 것이 아니라 보완하고 돋우는 역할을 해야 한다. 여분의 소스를 식탁에 함께 낸다.

많은 요리사가 '몹(mop)' 또는 모핑 소스(mopping sauce)라고 부르는 톡 쏘는 맛의 묽은 양념장을 고기에 발라서 굽는 것을 선호한다. 이 묽은 양념장은 고기에 양념과 간이 배게 하지만 이와 동시에 고기를 훈연 방식으로 구울 때 수분을 공급해주는 역할도 한다. 묽은 양념장의 수분이 증발하면서 훈연기의 습도가 올라가므로 훈연 풍미가 고기에 더 잘 달라붙는다.(그러므로 급수 팬이 없어서 훈연기 내부의 습도를 높게 유지할 수 없는 경우 묽은 양념장을 사용하도록 권장한다.) 묽은 양념장은 훈연뿐만 아니라 고기를 일반 그릴에 구울 때 발라도 좋다. 다만 ▶ 재료가 원하는 만큼 갈색으로 익은 다음에 솔을 사용해 발라야 한다.

캔자스시티 바비큐 소스

약 3컵

대체로 미국 서부 지역으로 갈수록 바비큐 소스는 더 달콤하고 걸쭉해지며, 여기서 소개하는 소스는 미국 바비큐 스타일 지도의 서쪽 끝부분에 해당한다. 이 레시피는 많은 이들에게 바비큐 소스의 이상형 같은 조합이다. 달콤하고 매

콤하며 톡 쏘는 맛이 느껴지는 데다 어떤 고기에든 듬뿍 발라도 잘 어울린다. 중간 크기의 그릇에 다음을 넣고 잘 섞는다.

케첩 2컵

사과 식초 ½컵

갈색 설탕, 꾹 눌러 담아 ½컵

노란색 머스터드 ⅓컵

당밀 ¼컵

고춧가루 2큰술

스위트 파프리카 가루 2큰술

카옌 고춧가루 ¼작은술 또는 핫소스 1작은술

중간 크기의 편수 냄비를 중불에 올리고 다음을 둘러서 가열한다.

버터나 식물성 기름 3큰술

다음을 넣고 저으면서 부드러워질 때까지 5분 정도 볶는다.

양파 중간 크기 ½개, 다지기

다음을 넣고 향긋한 냄새가 날 때까지 1분 정도 더 볶는다.

마늘 4쪽, 다지거나 강판에 갈기

양파와 마늘에 케첩 혼합물에 넣고 저은 후 뭉근히 끓어오르도록 가열한다. 중약불로 줄이고 15분간 은근히 끓인다. 다음으로 간을 한다.

소금과 흑후추

치폴레 바비큐 소스

약 3컵

아도보 소스에 절인 치폴레 고추 통조림은 바비큐 소스에 매콤한 맛과 훈연 풍미를 추가하기에 안성맞춤이다.

중간 크기의 그릇에 다음을 넣고 잘 섞는다.

케첩 1½컵

사과 식초 1컵

갈색 설탕, 꾹 눌러 담아 ½컵

아도보 소스에 절인 치폴레 통조림 고추 4~6개를 굵게 썬 것+아도보 소스 2큰술 또는 멕시코식 아도보 ┃ ¼컵

(커민 가루 1큰술, 취향에 따라 구워서 갈기)

마늘 2쪽, 다지거나 강판에 갈기

중불에 올려 뭉근히 끓어오르도록 가열한 후 약불로 줄이고 10분간 조리한다.

앨라배마 화이트 바비큐 소스

약 1½컵

이 독특한 바비큐 소스는 특히 닭고기 그릴 구이 또는 훈제 구이에 사용하기 위해 고안되었지만 정통 콜슬로의 드레싱이나 디핑 소스로도 활용할 수 있다. 중간 크기의 그릇에 다음을 넣고 잘 섞는다.

마요네즈 1컵

사과 식초 ½컵

마늘 2쪽, 다지거나 강판에 갈기 또는 마늘 가루 1큰술

노란색 머스터드 1큰술

갈아서 양념한 호스래디시 1큰술, 물기를 빼기

소금 ½작은술

흑후추 ½작은술

카옌 고춧가루 ¼작은술

뚜껑을 덮어서 냉장고에 넣으면 최대 5일간 보관할 수 있다.

사우스캐롤라이나식 머스터드 바비큐 소스

약 3컵

이 소스는 갈비용 글레이즈, 프라이드 치킨에 곁들이는 양념 또는 풀드 포크의 조림 소스로 활용할 수 있다.

중간 크기의 그릇에 다음을 넣고 잘 섞는다.

노란색 머스터드 1½컵

케첩 ½컵

사과 식초 ½컵

설탕 ½컵

우스터 소스 2큰술

흑후추 1큰술

마늘 가루 2작은술

양파 가루 2작은술

맛이 잘 어우러지도록 1시간 이상 두었다가 사용한다. 냉장고에 넣으면 최대 한 달간 보관할 수 있다.

노스캐롤라이나식 바비큐 소스

약 1½컵

농도가 묽고 매콤한 식초 소스로 묽은 바비큐 양념장뿐만 아니라 돼지 어깨살 훈제 구이의 소스로도 활용할 수 있다. 잘게 찢거나 썬 돼지고기가 톡 쏘는 맛의 소스를 흡수하면서 기름진 풍미가 상쇄되는 효과가 있다. 피에몬테 지역에서는 **케첩, 토마토 퓌레 또는 토마토즙을 최대 ½컵** 추가한다. 전통적인 레시피와는 다소 거리가 있지만 우리는 **겨자씨 ½작은술과 마늘 1~2쪽을 다져서** 소스에 넣어 하룻밤 묵혔다가 사용하는 것을 선호한다.

중간 크기의 그릇에 다음을 넣고 잘 섞는다.

증류 백식초 ¾컵

사과 식초 ¾컵

핫소스 1큰술 또는 취향에 따라 적당량 추가

설탕 1큰술

굵게 빻은 고춧가루 2작은술

흑후추 1작은술

소금 ½작은술

켄터키식 머튼 딥

약 5컵

우리 가족의 지인이자 『켄터키 바비큐 안내서(The Kentucky Barbecue Book)』의 저자인 웨스 베리(Wes Berry)가 소개해준 레시피를 가정에서 사용하기 적합하도록 분량을 줄이고 약간 수정한 것이다. 위의 노스캐롤라이나식 바비큐 소스와 마찬가지로 이 '딥'은 조리하는 동안 고기에 발라서 사용할 뿐만 아니라 찍어 먹는 용도의 묽은 소스로 식탁에 함께 내기도 한다. 전통적으로 어린 양이나 머튼에 사용하지만, 소 어깨살 로스트, 갈비 또는 사슴 뒷다리살에 바르거나 찍어 먹는 소스로 활용해도 잘 어울린다.

중간 크기의 편수 냄비에 다음을 넣고 섞는다.

우스터 소스 1½컵

물 1½컵

(양파 작은 것 1개, 강판에 갈기)

토마토 페이스트 통조림 170g짜리 1개

갈색 설탕, 꾹 눌러 담아 ½컵

증류 백식초 또는 사과 식초 ¼컵

버터 4큰술(버터 스틱 ½개) 또는 베이컨 기름 4큰술

레몬즙 2큰술

흑후추 2작은술

소금 1작은술

올스파이스 가루 ½작은술

뭉근히 끓어오르도록 가열한 후 설탕과 토마토 페이스트가 잘 녹아서 어우러지도록 저으면서 5분간 조리한다.

기본 묽은 양념장(Basic Mop)

약 2컵

그릇에 다음을 넣고 소금이 녹을 때까지 잘 저으면서 섞는다.

증류 백식초 2컵

소금 2작은술

흑후추 1작은술 또는 적당량

굵게 빻은 고춧가루 1작은술 또는 적당량

다음을 넣고 젓는다.

양파 작은 것 1개, 얇게 저미기

할라페뇨 고추 1개, 얇게 저미기

만든 당일에 사용한다.

맥주 묽은 양념장(Beer Mop)

약 10컵

편수 냄비에 다음을 넣어서 섞은 다음 뭉근히 끓어오르도록 가열한다.

흑맥주 360ml짜리 6병

사과 식초 1컵

진한 갈색 설탕, 꾹 눌러 담아 ½컵

자색 양파 큰 것 1개, 굵게 썰기

마늘 4쪽, 굵게 썰기

세라노 고추 2개, 굵게 썰기

월계수 잎 2장

소금 2작은술

흑후추 1작은술

15분간 뭉근히 끓인다. 불에서 내린 후 월계수 잎을 건져내고 식혀서 사용한다.

페이스트에 대해

여기서 소개하는 톡 쏘는 맛의 자극적인 혼합물 중 일부는 일종의 농축 양념장으로 사용할 수 있다. 페스토를 비롯한 몇몇 페이스트는 소스와 비슷한 양념으로 즐긴다. 태국식 페이스트 같은 그 외의 페이스트는 맛을 더해주는 재료로 활용되며, 커리를 만들 때 기름에 튀겨서 사용함으로써 풍미가 부드러워지고 복합적인 맛을 더한다. 시중에서 구할 수 있는 칠리 고추 페이스트 제품

에 대해서는 1029쪽을 참고한다.

페이스트는 단순히 향신료를 섞어서 만들거나 가루 양념에 기름을 넣어 촉촉하게 적셔서 만들기도 하는데, 일반적으로 생강, 샬롯, 마늘, 레몬그라스 등 향기가 진한 신선한 재료를 넣는 경우가 많다. 페이스트를 만들 때는 전통적으로 절구와 절굿공이를 사용하지만 믹서나 푸드 프로세서로 섞는 것이 훨씬 간편하다.(물론 풍미와 질감은 다소 차이가 날 수 있다.) 두 가지 방법을 사용할 때의 요령은 1105쪽을 참고한다.

사용하고 남은 페이스트는 뚜껑을 꼭 닫을 수 있는 작은 병에 담아 냉장고에 넣으면 최대 일주일간 보관할 수 있다. 하지만 ▶ 익히지 않은 가금류나 생선, 육류에 닿은 페이스트는 버리거나 한 번 더 확실하게 끓여서 보관해야 한다.(이러한 상황을 방지하려면 필요한 분량만큼 가늠해서 덜어내고 나머지는 따로 보관한다.) 대다수 페이스트는 냉동해도 품질이 크게 떨어지지 않으며, 정육면체 모양으로 냉동해두었다가 사용하면 특히 편리하다. 플라스틱은 페이스트의 향과 색을 흡수하므로 우리는 페이스트를 얼려서 보관하는 얼음 보관 용기를 따로 마련해두고 쓴다. 일단 각얼음 모양으로 얼린 후 냉동실용 지퍼백에 담아서 보관하면 최대 2개월 정도 사용할 수 있다.

자메이카식 저크 페이스트

약 1¼컵

원래 돼지고기와 닭고기를 양념에 재울 때 사용하지만 염소고기, 머튼, 양고기 스테이크와 촙의 맛을 낼 때도 유용하다. 전통적인 자메이카식 저크는 피멘토(pimento, 올스파이스) 목재로 불을 피워서 고기를 그릴에 굽는데, 이 양념에 들어가는 올스파이스는 그 효과를 재현하기 위한 것이다. 비슷한 향신료 조합으로 만든 가루 양념은 저크 향신료 양념 레시피를 참고한다.

푸드 프로세서나 믹서에 다음을 넣고 퓌레 상태로 간다.

라임즙 ⅓컵

증류 백식초 2큰술

(오렌지즙 2큰술)

스카치 보닛 또는 하바네로 고추 최대 10개

쪽파 3대, 굵직하게 썰기

말린 바질 2큰술

말린 타임 2큰술

노란색 머스터드씨 2큰술 또는 드라이 머스터드 1큰술

올스파이스 가루 2작은술

정향 가루 1작은술

소금 1작은술

흑후추 1작은술

혼합물이 걸쭉한 토마토 소스와 비슷한 농도가 되어야 한다. 필요하면 다음을 조금 넣어서 농도를 묽게 맞춘다.

(라임즙, 식초 또는 오렌지즙)

지중해식 마늘 허브 페이스트

약 1½컵

그릴이나 오븐에 구운 채소, 생선, 어린 양고기, 소고기에 발라서 구우면 근사한 맛을 낸다.

푸드 프로세서나 믹서에 다음을 넣고 건더기가 약간 남도록 굵직하게 간다.

(파슬리, 세이지, 로즈메리, 타임, 바질 및 오레가노 등) 신선한 허브 잎을 섞어서 성기게 담아 2컵

마늘 10쪽, 굵직하게 썰기

올리브유 ½컵

굵게 빻은 고춧가루 1큰술

흑후추 1큰술

소금 1작은술

레몬 1개의 껍질, 강판에 곱게 갈기

머스터드 페이스트

약 ⅔컵

구운 어린 양고기, 소고기, 토끼고기, 닭고기에 두루 잘 어울리며, 이 페이스트를 사용하면 고기가 노란빛으로 윤기 나게 완성된다.

작은 그릇에 다음을 넣고 저어서 잘 섞는다.

디종 머스터드 또는 갈색 머스터드 ½컵

드라이 화이트와인 2큰술

(마늘 1쪽, 다지기)

다진 신선한 허브 1큰술 또는 말린 허브 1작은술(어린 양고기에는 로즈메리, 소고기에는 타임, 닭고기나 토끼고기에는 타라곤을 사용)

껍질을 벗겨서 다진 생강 1작은술 또는 생강 가루 ¼작은술

하리사(Harissa)

Ⅰ. 페이스트

약 ⅓컵

북아프리카에서 탄생했으며 강렬한 매운맛을 지닌 이 고추 페이스트는 해산물 스튜, 수프, 허브 샐러드, 채소 요리에 섞어서 즐기거나 검은색 올리브와 함께 버무리거나 꼬치 요리인 브로셰트(brochette), 타진, 쿠스쿠스에 곁들이는 소스의 재료로 사용된다. 우리는 이 소스를 샌드위치 스프레드로도 맛있게 즐기며, 마요네즈나 후무스에 소량 첨가하기도 하고, 질 좋은 올리브유로 희석해서 흰살생선 요리에 끼얹기도 한다.

작은 프라이팬에 기름을 두르지 않고 중불에 올려서 다음을 넣고 타지 않도록 프라이팬을 자주 흔들어가면서 향긋한 냄새가 날 때까지 2~3분간 볶는다.

캐러웨이씨 1작은술

고수씨 1작은술

커민씨 ½작은술

볶은 향신료를 접시에 옮겨 담고 식힌 후 절구와 절굿공이 또는 향신료 분쇄기나 커피 분쇄기로 고운 가루가 되도록 간다. 향신료 가루를 작은 그릇에 옮겨 담고 다음을 넣어 젓는다.

올리브유 ¼컵

스위트 파프리카 가루 3큰술

훈제 핫 파프리카 가루 2작은술

마늘 2쪽, 다지거나 강판에 갈기

카옌 고춧가루 ¼작은술

소금 ¼작은술

하리사 페이스트는 아주 뻑뻑하고 수분이 거의 없는 형태로 완성된다. 보관하려면 페이스트를 작은 병에 담아 다음을 부어서 윗면을 얇게 덮어준다.

올리브유

이 상태로 뚜껑을 덮어 냉장고에 넣으면 최대 3개월까지 보관할 수 있다.

II. 소스

약 ¾컵

구운 피망과 토마토를 넣어서 하리사의 강렬한 매운 맛을 어느 정도 희석하고 용량을 늘려주면 디핑 소스나 스프레드에 가까운 형태가 된다.

버전 I을 만든 후 푸드 프로세서에 옮겨 담는다. **물기를 뺀 구운 붉은 피망 병조림 ½컵과 통토마토 통조림 1개를 넣는다.** 질감이 부드럽고 매끄러워질 때까지 간다.

멕시코식 아도보

과히요, 안초, 카스카벨, 치폴레를 비롯해 대부분의 칠리 고추 말린 것을 사용할 수 있는 다용도 기본 레시피다. 한층 복합적이고 풍부한 맛을 내기 위해 다양한 종류의 고추를 섞어서 사용하기를 권한다.(균형이 잘 맞는 조합은 염소고기 비리아 레시피를 참고한다.)

I. 페이스트

약 1컵

큰 프라이팬에 기름을 두르지 않고 중불에 올려서 다음을 넣고 잠깐 굽는다.

말린 칠리 고추 55g, 꼭지와 씨를 제거하기

그릇에 옮겨 담고 필요하면 적당한 크기로 부순 후 고추가 잠기도록 뜨거운 물을 넉넉히 붓는다. 15분간 불린다. 물기를 따라내고 다음 재료와 함께 믹서나 푸드 프로세서에 넣는다.

물, 육수 또는 멕시코산 라거 ½컵

사과 식초, 증류 백식초, 라임즙 또는 오렌지즙 2큰술

(마늘 2쪽)

설탕 ½작은술

소금 ½작은술

(커민, 계피, 정향 및 통후추 가루 1자밤)

필요할 때마다 물을 조금씩 넣어가면서 아주 부드럽고 매끄러운 페이스트가 될 때까지 퓌레 상태로 간다.

II. 소스

2~3컵

이 소스는 엔칠라다에 사용하거나 그릴에 구운 육류나 생선 또는 오븐에 구운 채소 요리의 양념으로 곁들인다. 또는 더 묽게 희석해 돼지고기, 어린 양고기, 소고기 조림 요리를 할 때 조림 국물로 활용할 수 있다.

물, 육수, 토마토즙 또는 멕시코산 라거 1~2컵을 넣어서 **버전 I**을 만든다. 적당히 걸쭉한 소스를 만들려면 액체 재료의 양을 줄이고 중간 크기의 편수 냄비에 담아서 중불에 올려 뭉근히 끓어오르도록 가열한다. 불을 줄이고 5분간 조리한다. 조림용 국물을 만들려면 액체 재료의 양을 늘린다.(조리는 과정에서 국물을 충분히 끓여야 하므로 뭉근히 끓이는 과정은 생략한다.) 어떤 형태로 만들든, **식초나 라임즙 및 소금을 적당히 추가**해 간을 맞춘다.

그린 커리 페이스트

약 1¼컵

태국식 커리에 사용하는 향이 진하고 매콤한 페이스트로, 육류나 해산물을 양념할 때 넣어도 훌륭하다. 커리 페이스트를 만들 재료를 구하려면 어느 정도 발품을 팔아야 하므로 페이스트에 대해 항목에서 설명한 대로 넉넉히 만들어서 각얼음 형태로 냉동해두고 사용한다. 커리를 만들 때 얼려둔 커리 페이스트 1개(약 2큰술)를 사용하면 적당히 매콤하고 깊은 풍미를 지닌 커리를 넉넉한 2인분 분량으로 만들 수 있다. 아주 매콤한 커리를 선호한다면 커리 페이스트 최대 2개를 사용해보자. 커리 페이스트에서 최상의 풍미를 끌어내려면 코코넛 밀크 통조림의 위에 떠 있는 기름을 몇 큰술(또는 일반 기름) 넣고 커리 페이스트를 튀긴 후에 다른 재료를 넣는다.

작은 프라이팬에 기름을 두르지 않고 중불에 올려서 다음을 넣고 타지 않도록 프라이팬을 자주 흔들어가면서 2~3분간 볶는다.

고수씨 1큰술

커민씨 1½작은술

흰색 통후추 1½작은술

접시에 옮겨 담고 실온 상태로 식힌다. 볶은 향신료를 다음 재료와 함께 믹서나 푸드 프로세서에 넣는다.

신선한 고수 잎과 줄기, 꾹 눌러 담아 ½컵 또는 고수 뿌리 85g

태국산 녹색 칠리 고추 또는 세라노 고추 115g, 취향에 따라 씨를 제거하고 굵게 썰기

샬롯 3개, 굵직하게 썰기

마늘 1통, 껍질을 까서 굵직하게 썰기

껍질을 벗기고 굵게 썬 양강근 또는 생강 2큰술

껍질을 벗기고 굵게 썬 강황 1½큰술

레몬그라스 줄기 1개, 연한 아래쪽 부분만 사용, 굵게 썰기

마크럿 라임 잎 2개 또는 라임 2개의 껍질, 강판에 곱게 갈기

(새우 페이스트 1½작은술)

소금 ¾작은술

재료가 골고루 섞이면서 매끄러운 질감이 될 때까지 믹서나 푸드 프로세서를 작동시킨다. 페이스트는 아주 뻑뻑한 상태일 것이다. 재료를 섞는 동안 샬롯과 칠리 고추에서 약간의 수분이 나오지만, 믹서의 탬퍼(tamper, 재료가 골고루 섞이도록 저어주는 믹서용 막대기 — 옮긴이)를 활용해 최대한 골고루 섞는다. 푸드 프로세서를 사용한다면 주기적으로 용기 옆면에 묻은 재료를 긁어내리면서 매끄럽고 균일한 페이스트 상태로 완성한다.

레드 커리 페이스트

태국 또는 아르볼 등의 붉은색 칠리 고추 말린 것 28g의 꼭지와 씨를 제거한 후 뜨거운 물에 1시간 동안 담가서 불렸다가 물기를 뺀다. 위의 그린 커리 페이스트를 만들되, 녹색 생고추 대신 물에 불린 붉은색 고추를 사용한다.

마사만 커리 페이스트

약 1¼컵

태국 남부의 전통 양념으로 소고기와 감자를 넣어서 만드는 커리(소고기 마사만 커리 레시피 참고)에 사용한다. 쓰고 남은 페이스트를 보관하고 사용하는 방법은 페이스트에 대해 항목을 참고한다.

크고 묵직한 프라이팬을 중불에 올린 후 다음을 넣고 저으면서 향긋한 냄새가 날 때까지 3분 정도 볶는다.

7.5cm짜리 통계피 1개, 몇 조각으로 부수기

녹색 카르다몸 깍지 4개(더 강한 훈연 향을 선호한다면 검은색 카르다몸 사용)

통육두구 ½개, 큼직한 조각으로 부수기

다음을 넣는다.

　태국 또는 아르볼 등의 작은 붉은색 칠리 고추 말린 것 15g(약 ½컵), 꼭지를 따고
　　씨를 빼기

　고수씨 2큰술

　커민씨 2작은술

　검은색 통후추 2작은술

　통정향 6개

타지 않도록 프라이팬을 흔들어가면서 색이 약간 진해지고 향긋한 냄새가 날 때까지 2~3분간 볶는다. 칠리 고추와 향신료를 그릇에 옮겨 담고 식힌다. 기름을 두르지 않은 프라이팬에 다음을 넣는다.

　마늘 1통, 알알이 분리한 후 껍질을 벗기지 않고 사용

　샬롯 큰 것 2개, 껍질을 벗기고 세로로 반 자르기 또는 샬롯 작은 것 4개, 껍질을
　　벗기지 않고 통째로 사용

　껍질을 벗기지 않은 양강근 또는 생강 5cm짜리 1조각

　레몬그라스 줄기 1개, 연한 밑동 부분만 사용

모든 재료가 살짝 그을리고 부드러워질 때까지 잘 저으면서 15~20분간 볶는다. 그릇에 옮겨 담고 식힌다. 그동안 카르다몸 깍지에 칼날을 눕혀서 대고 세게 두들겨 깍지를 깬다. 안에 들어 있는 씨는 모으고 깍지는 버린다. 카르다몸 씨와 다른 향신료를 전부 절구 또는 향신료 분쇄기에 넣고 간다. 상황에 따라 푸드 프로세서에 넣어도 좋다. 마늘이 식으면 껍질을 벗겨서 절구 또는 푸드 프로세서에 넣는다. 샬롯의 껍질이 붙어 있다면 껍질을 벗기고 양강근의 껍질도 벗긴다. 샬롯, 양강근, 레몬그라스를 얇게 썰어서 다음 재료와 함께 절구 또는 푸드 프로세서에 넣는다.

　고수 뿌리 55g 또는 굵게 썬 고수 줄기 ½컵

　무염 볶은 땅콩 ¼컵

　(새우 페이스트 1작은술)

　강황 가루 ½작은술

　소금 1작은술

절구나 푸드 프로세서 용기의 옆면을 긁어내리면서 매끄럽게 잘 섞일 때까지 찧거나 간다. 냉장고에 보관하면 최대 2주, 냉동실에 넣으면 최대 6개월까지 보관할 수 있다.

샤르물라(Charmoula, 모로코식 허브 페이스트)
약 1½컵

샤르물라의 농도는 건더기 있는 페이스트와 걸쭉한 렐리시 또는 소스의 중간 정도다. 전통적으로 생선을 요리하기 전후에 맛을 낼 때 사용한다. 우리는 각자 덜어 먹을 수 있도록 식탁에 양념으로 내는 경우도 많다.

작은 그릇에 다음을 넣고 잘 섞이도록 젓는다.

　잘게 썬 파슬리 ⅓컵

　잘게 썬 고수 잎 ⅓컵

　올리브유 2큰술

　레몬즙 2큰술

　마늘 2쪽, 잘게 썰기

다음 재료를 향신료 분쇄기나 커피 원두 분쇄기 또는 믹서나 절구에 넣고 고운 가루가 되도록 간다.

　고수씨 1작은술

　커민씨 1작은술

　흰색 또는 검은색 통후추 12알

　굵게 빻은 고춧가루 1작은술

　(사프란 가닥 넉넉히 1자밤)

곱게 간 향신료를 허브 혼합물에 넣고 다음을 추가한다.

　양파 중간 크기 1개, 잘게 썰기

　핫 또는 스위트 파프리카 가루 1작은술

　소금 적당량

　카옌 고춧가루 적당량

잘 섞는다. 페이스트를 저장하려면 작은 병에 담고 위에 얇은 막이 생기도록 다음을 붓는다.

　올리브유

뚜껑을 덮어 냉장고에 넣으면 4일간 보관할 수 있다.

페스토와 피스투(Pesto and Pistou)
약 1컵

이탈리아어로 '페이스트'를 뜻하는 페스토는 리구리아 지역의 인기 소스로 신선한 바질과 잣으로 만든다. 물론 페스토의 레시피는 이 외에도 다양하며 우리 역시 루콜라와 구운 헤이즐넛, 파슬리와 당근 잎 및 아몬드, 케일과 오레가노 및 호두 등 그때그때 집에 있는 재료로 만드는 경우가 많다. 견과류를 생략하면 프랑스식 양념인 **피스투**가 된다.

I. 푸드 프로세서로 만들기
푸드 프로세서에 다음을 넣고 입자가 거친 페이스트가 되도록 작동시킨다.

　신선한 바질 잎, 성기게 담아 2컵

　강판에 간 파르메산 또는 페코리노 로마노 치즈 ½컵(55g)

　잣 ⅓컵, 굽기

　마늘 2쪽, 굵게 썰기

푸드 프로세서가 돌아가는 동안 다음을 천천히 조금씩 흘려 넣는다.

　엑스트라 버진 올리브유 ½컵

페스토는 뻑뻑한 페이스트 형태가 되어야 한다. 너무 건조해 보이면 올리브유를 조금 더 넣는다. 다음을 적당히 넣어 간을 한다.

　소금

즉시 사용하거나 위에 얇은 막이 생기도록 올리브유를 부은 후 뚜껑을 덮어서 냉장고에 넣으면 최대 일주일간 보관할 수 있다.

II. 절구와 절굿공이로 만들기
더욱 투박하고 거친 식감을 선호한다면 절구와 절굿공이를 사용한다. **버전 I**의 재료와 분량을 참고하되, 잣을 아주 곱게 빻는다. 마늘을 넣고 페이스트 상태가 될 때까지 절굿공이로 빻는다. 바질과 소금 1자밤을 추가하고 다시 페이스트 상태가 되도록 빻는다. 치즈를 넣고 섞은 뒤 재료가 잘 어우러지도록 빻는다. 기름을 넣고 저으면서 농도를 맞춘다.

매콤한 당근 잎 페스토
약 1컵

싱싱한 잎이 붙어 있는 당근을 구입했다면 이 페스토를 만들어보자. 샌드위치 스프레드로 사용하거나 토마토와 아보카도 슬라이스를 얹은 토스트에 바르

거나 기름과 레몬즙을 더 추가하고 희석해 간단한 채소용 소스로 활용한다.
다음에서 위쪽 잎 부분을 잘라낸다.

당근 크게 1묶음

억센 줄기에서 깃털 모양의 잎을 떼어내고 줄기는 버린다. 잎을 컵에 담아서 계
량한다. 대략 2컵 정도가 되어야 한다. 분량이 모자라면 나머지를 신선한 파슬
리 잎으로 채우거나 레시피 자체의 분량을 절반으로 줄인다. 잎과 함께 다음
재료를 푸드 프로세서에 넣는다.

강판에 간 페코리노 로마노, 만체고 또는 파르메산 치즈 ½컵(55g)

호박씨 ⅓컵, 굽기

마늘 1쪽, 굵게 썰기

굵게 빻은 고춧가루 ½~1작은술, 취향에 따라 조절

(에스플레트, 우르파 또는 마라시 칠리 고춧가루 ½작은술)

소금 ¼작은술

성긴 페이스트 상태가 될 때까지 작동시킨다. 푸드 프로세서가 돌아가는 동안
다음을 조금씩 천천히 흘려 넣는다.

엑스트라 버진 올리브유 ½컵

일주일 내에 사용한다.

선드라이드 토마토 페스토
약 1⅓컵

이 페스토는 브루스케타나 피자에 바르거나 파스타 위에 얹거나 그릴에 구운
가금류 또는 해산물과 함께 낸다.
작은 편수 냄비에 다음을 넣는다.

기름에 절인 선드라이드 토마토, 기름을 따라내고 굵게 썰어서 ⅓컵

토마토가 잠길 만큼의 물

부르르 끓어오를 때까지 가열한 뒤 불에서 내리고 20분간 그대로 둔다.
그동안 푸드 프로세서에 다음을 넣고 섞는다.

신선한 바질 잎, 성기게 담아 1컵

강판에 간 파르메산 치즈 ⅓컵

마늘 큰 것 1쪽, 굵게 썰기

곱게 갈릴 때까지 짧게 여러 번 작동시킨다. 푸드 프로세서가 돌아가는 동안
다음을 일정한 속도로 조금씩 흘려 넣는다.

엑스트라 버진 올리브유 ¼컵

선드라이드 토마토를 건져내고 불린 물은 따로 보관한다. 토마토 혼합물을 푸
드 프로세서에 넣고 곱게 간다. 보관해둔 토마토 불린 물 ⅓컵을 넣고 섞는다.
다음을 적당량 넣어 간을 한다.

소금과 흑후추

페르시야드(Persillade)
½~¾컵

프랑스어로 '파슬리'라는 의미의 페르시(persil)에서 유래한 페르시야드는 굵
게 썬 파슬리와 마늘의 혼합물로, 프라이팬에 지진 감자, 돼지고기 촙 볶음, 닭
다리 구이 등에 풍미와 화려한 색감을 더하는 가니시로 사용한다. 선택 재료
인 빵가루를 넣고 생선 필레, 양갈비 또는 새우 직화 오븐 구이에 사용하면 바
삭한 껍질이 생긴다.
작은 그릇에 다음을 넣고 잘 섞는다.

굵게 썬 파슬리 ½컵

마늘 2쪽, 다지기

(생빵가루 ⅓컵)

올리브유 2큰술 또는 페이스트를 만들기에 충분한 분량

그레몰라타(Gremolata)
약 3큰술

오소 부코, 그레이비, 팬 소스, 오븐이나 그릴에 구운 육류에 가니시로 사용하
는 혼합 양념이다.
작은 그릇에 다음을 넣고 잘 섞는다.

잘게 썬 파슬리 2큰술

마늘 2쪽, 다지기

강판에 곱게 간 레몬 껍질 2작은술

조리가 끝나기 5분 전에 이 혼합물을 훌훌 뿌린다.

가금류용 마늘 허브 양념
약 3큰술

이 레시피는 대략 1.8kg짜리 닭에 적합한 분량이다. 이보다 더 큰 닭이라면 재
료의 분량을 2배로 늘린다. 이 레시피에는 소금이 들어가지 않으므로 닭의 껍
질에 따로 소금 간을 해야 한다는 점을 잊지 말자.
작은 그릇에 다음을 넣고 잘 섞는다.

마늘 4쪽, 다지기

레몬 2개의 껍질, 강판에 곱게 갈기

올리브유 1작은술

다진 로즈메리 1작은술

말린 오레가노, 타임, 세이지 또는 이를 섞어서 1작은술

(굵게 빻은 고춧가루 1작은술)

손가락으로 가금류의 가슴, 넓적다리, 아랫다리 주변의 껍질을 조심스럽게 들
어올린 뒤 껍질 아래에 이 허브 혼합물을 넓게 펴서 바른다.

가루 양념에 대해

가루 양념(dry rub)이란 특히 육류와 가금류를 그릴에 굽거나 그을려서 재빨
리 굽거나 볶거나 팬에 지지거나 오븐에 굽기 전에 재료에 문질러서 바르는 허
브, 향신료, 설탕 혼합물을 지칭한다. 가루 양념을 사용하려면 양념이 골고루
달라붙도록 적당한 힘으로 눌러주면서 재료의 표면에 전체적으로 혼합물을
바르면 된다. 개중에는 재료가 먹음직스럽게 진한 색으로 익게 해주는 양념이
있는가 하면, 특히 그릴에 굽거나 그을려서 재빨리 굽거나 프라이팬에 지질 때
바삭하고 맛있는 껍질이 생기게 해주는 양념도 있다. 사용하고 남은 가루 양념
은 밀봉한 후 실온에서 6주 정도 보관할 수 있다. ▶ 육류를 양념장 또는 소금
물에 재우거나 건식 염지했다면 가루 양념을 만들 때 소금을 생략한다.

검게 그을리는 용도의 케이준 양념(Cajun Blackening Spice)
약 ⅓컵

이 양념은 검게 그을려서 조리하거나 직화 오븐에 굽거나 그릴에 굽거나 무쇠
팬에 볶기 전에 닭고기, 지방이 많은 생선, 스테이크, 채소에 문지르듯 발라서
사용한다. 이 양념은 조리 과정을 거치면서 풍미가 깊고 진한 갈색으로 캐러멜

화된 껍질로 변신한다. 조리하는 도중에 향신료가 타면서 어느 정도 연기가 나기 마련이므로 환풍기를 틀어놓고 창문을 연 상태로 조리하기를 권한다.

작은 그릇에 다음을 넣고 잘 섞는다.

    스위트 파프리카 가루 2큰술

    말린 타임 2작은술

    말린 오레가노 또는 마저럼 2작은술

    카옌 고춧가루 2작은술

    굵게 으깬 검은색 또는 흰색 통후추 2작은술

    소금 1작은술

남부식 바비큐용 가루 양념

약 2컵

미국 남부의 바비큐 요리사들은 이 레시피와 비슷한 향신료 혼합물을 돼지고기나 소고기에 문질러서 바른 뒤 오랫동안 천천히 조리해 바비큐를 만든다. 조리가 끝날 때쯤이면 이 양념은 풍미가 가득하고 바삭한 식감의 진한 '껍데기(bark)'로 변한다.

작은 그릇에 다음을 넣고 잘 섞는다.

    스위트 또는 핫 파프리카 가루 ½컵

    갈색 설탕, 꾹 눌러 담아 ¼컵

    고춧가루 ¼컵

    소금 ¼컵

    으깬 검은색 통후추 ¼컵

    카옌 고춧가루 2큰술

    커민 가루 2큰술

    말린 육두구 껍질 가루 1작은술

커피 향신료 양념

넉넉한 1컵

스테이크에 발라서 구우면 아주 맛있다.

작은 그릇에 다음을 넣고 잘 저어서 섞는다.

    안초 칠리 고춧가루 ¼컵

    곱게 간 에스프레소 로스트 커피 원두 ¼컵

    스위트 파프리카 가루 2큰술

    진한 갈색 설탕 2큰술

    드라이 머스터드 1큰술

    소금 1큰술

    흑후추 1큰술

    말린 오레가노 1큰술

    고수씨 가루 1큰술

    생강 가루 2작은술

    곱게 간 아르볼 칠리 고추 또는 다른 칠리 고추를 첨가물 없이 곱게 간 것 2작은술

달콤한 훈연 향 향신료 양념

약 1컵

닭고기, 소고기, 어린 양고기, 돼지고기뿐만 아니라 연어와 파란농어에 발라서 조리한다.

작은 그릇에 다음을 넣고 잘 저어서 섞는다.

    훈제 파프리카 가루 ¼컵

    진한 갈색 설탕, 꾹 눌러 담아 ¼컵

    흑후추 ¼컵

    커민 가루 2큰술

    소금 2큰술

저크 향신료 양념(Jerk Spice Rub)

약 ⅔컵

이 양념은 돼지고기 또는 닭고기뿐만 아니라 새우와 생선을 저크 풍미로 양념할 때도 유용하다. 저크 양념을 문지른 재료를 그릴에 구울 때는 주기적으로 또는 뒤집을 때마다 라임즙을 발라준다.

작은 그릇에 다음을 넣고 잘 섞는다.

    말린 타임 3큰술, 잘게 부수기

    갈색 설탕 2큰술

    굵게 빻은 고춧가루 2큰술

    소금 1큰술

    흑후추 1큰술

    드라이 머스터드 1큰술

    올스파이스 가루 2작은술

    생강 가루 1작은술

    정향 가루 ¼작은술

허브와 향신료 혼합 양념에 대해

소스를 만들 때와 마찬가지로 허브와 향신료를 섞어서 양념을 만들 때도 오묘한 힘이 작용하므로 우리의 흥미를 자극한다. 허브와 향신료를 섞을 때 예측하지 못한 결과물이 나오는 이유 중 하나는 이러한 혼합 양념이 복잡하고 때로는 생소한 요리 문화에 뿌리를 내리고 있기 때문이다. 또한 유명한 시판 양념의 배합 비율이 철저히 비밀에 싸여 있기 때문이기도 하다. 이렇게 수수께끼 같은 특징에도 불구하고, 복잡하거나 간단한 풍미를 내는 양념 중 상당수는 어느 식료품점에서나 취급하는 재료들로 쉽게 만들 수 있다. 그뿐만 아니라 잠깐 시간을 내서 전문 식료품점을 방문하거나 인터넷 상점을 살펴본다면 직접 만들 수 있는 혼합 양념의 수가 더욱 늘어난다. 통째로 판매하는 향신료로 갓 만든 혼합 양념은 거의 모든 시판 양념의 맛을 훨씬 뛰어넘는다. 향신료를 볶고 갈아내는 방법에 대한 자세한 내용은 1081쪽을 참고한다. 모든 향신료 혼합 양념은 가능하면 밀폐 용기에 담아서 직사광선이 닿지 않는 서늘한 곳에 보관한다. ▶ 갓 갈아낸 혼합 양념 가루는 3개월 이내에 사용해야 한다.

체서피크 베이 시즈닝(Chesapeake Bay Seasoning)

약 ½컵

이 레시피는 게 12마리를 삶을 때 충분한 분량이지만 우리는 팝콘, 감자튀김, 감자 또는 뿌리채소 칩을 양념할 때도 활용한다.

다음을 향신료 분쇄기에 넣고 고운 가루가 되도록 간다.

    월계수 잎 10장

    검은색 통후추 1큰술

    흰색 통후추 1작은술

작은 그릇에 옮겨 담고 다음을 추가한다.

　셀러리 소금 3큰술

　스위트 파프리카 가루 2큰술

　드라이 머스터드 1큰술

　생강 가루 2작은술

　말린 육두구 껍질 또는 육두구 가루, 계피, 올스파이스, 카옌 고춧가루, 정향 각각

　　⅛작은술씩

골고루 저으면서 완전히 섞는다.

칠리 고춧가루 혼합 양념

약 ⅔컵

다수의 미국 중서부 및 멕시코 요리에서 빼놓을 수 없는 양념이지만, 식탁에 따로 올려서 음식에 뿌려 먹는 용도로도 훌륭하다. 칠리 고춧가루 혼합 양념은 다양한 조합이 있는데, 일반적으로 칠리 고추, 커민, 고수씨, 오레가노, 흑후추 가루를 섞어서 만든다.

Ⅰ. 칠리 고추를 굽거나 통향신료를 볶아서 만들기

가정용 레인지나 오븐을 사용해 다음을 굽는다.

　통째로 말린 칠리 고추 70g, 꼭지와 씨를 제거하고 반을 갈라서 납작하게 펴기

식혀서 한쪽에 둔다. 기름을 두르지 않은 프라이팬을 중불에 올리고 다음을 넣어 갈색으로 변하면서 향긋한 냄새가 날 때까지 볶는다.

　커민씨 1큰술

　고수씨 1큰술

　(검은색 통후추 1큰술)

그릇에 옮겨 담는다. 일단 식으면 칠리 고추를 잘게 부순 후 향신료와 함께 향신료 분쇄기나 절구에 넣는다. 다음을 추가한다.

　말린 오레가노 1큰술, 멕시코산 권장

모든 재료를 아주 고운 가루가 되도록 간다. 양념으로 사용할 때는 다음을 추가해서 간다.

　(마늘 가루 1큰술)

　(양파 가루 1큰술)

Ⅱ. 향신료를 갈아서 만들기

버전 Ⅰ을 만들되, 통째로 말린 칠리 고추 대신 **안초, 치폴레 또는 다른 칠리 고추를 첨가물 없이 곱게 간 것 ½컵**을 넣고 통째로 볶은 향신료 대신 **커민 가루, 고수씨 가루, 흑후추(선택 재료) 가루를 1큰술씩** 넣는다.

마드라스 커리 가루

약 1⅓컵

인도에서 하나의 통일된 '커리 가루' 레시피라는 것은 존재하지 않지만, 여기서 소개하는 향신료 조합은 많은 가정에서 즐겨 사용한다.

기름을 두르지 않은 프라이팬을 중불에 올리고 다음을 넣어 색이 진해지면서 향긋한 냄새가 날 때까지 4분 정도 볶는다.

　고수씨 6큰술

　커민씨 ¼컵

　차나 달(반으로 쪼갠 병아리콩) 3큰술

　검은색 통후추 1큰술

　겨자씨 1큰술

　말린 작은 붉은색 칠리 고추 5개

　(신선한 커리 잎 또는 말린 커리 잎 10장)

그릇에 옮겨 담고 다음을 넣어서 젓는다.

　회향씨 2큰술

향신료 혼합물을 완전히 식힌다. 향신료를 몇 번에 나눠 향신료 분쇄기나 커피 원두 분쇄기에 넣고 가루가 되도록 간다. 다시 그릇에 옮겨 담고 잘 섞는다. 다음을 넣어 젓는다.

　강황 가루 3큰술

밀폐 용기에 담아 서늘한 곳에 보관한다.

가람 마살라(Garam Masala)

'가람 마살라'라는 용어는 지역과 만드는 사람에 따라 달라지는 방대한 향신료 조합을 지칭한다. 가람 마살라는 수많은 인도 요리에서 특징적인 풍미를 내는 데 중요한 역할을 한다. 만드는 데 시간이 약간 걸리고 일부 재료는 다소 구하기 번거롭지만, 일단 만들어두면 모든 종류의 요리에 간단하게 복합적인 풍미와 진한 맛을 더할 수 있다.

Ⅰ. 약 ½컵

이 조합은 카르다몸을 넉넉하게 넣어서 '청량한' 느낌이 나게 완성한다.

얇은 주방 행주를 반으로 접어 그 사이에 다음을 넣고 밀대나 묵직한 프라이팬으로 두들겨 살짝 으깬다.

　녹색 또는 검은색 카르다몸 깍지 ¼컵

안에 들어 있던 카르다몸씨를 모으고 깍지는 버린다. 또는 다음을 사용한다.

　카르다몸씨 1큰술+1작은술

다음 향신료 씨를 향신료 분쇄기에 넣는다.

　일반 커민 또는 검은색 커민씨 2큰술

　검은색 통후추 2큰술

　6.3~7.5cm짜리 통계피 2개, 여러 조각으로 부수기

　통정향 1큰술

　(말린 육두구 덩굴손 2개)

　강판에 갈아낸 육두구 또는 육두구 가루 1작은술

혼합물이 가루가 되도록 간다. 밀폐 용기에 담아 보관한다.

Ⅱ. 약 ⅓컵

계피, 정향, 생강 등 따뜻한 느낌을 주는 향신료가 더 많이 들어가는 조합이다. 차나 마살라, 팔락 파니르, 시금치 파코라 등에 ½작은술 정도 넣어서 먹는다.

얇은 주방 행주를 반으로 접어 그 사이에 다음을 넣고 밀대나 묵직한 프라이팬으로 두들겨 여러 조각으로 부순다.

　6.3~7.5cm짜리 통계피 2개

　통육두구 ½개

큼직한 프라이팬을 중불에 올리고 다음 재료와 함께 계피와 육두구 조각을 넣는다.

　고수씨 2큰술

　커민씨 1큰술

　녹색 카르다몸 깍지 8개

　통정향 1작은술

　검은색 통후추 1작은술

　회향씨 1작은술

자주 저으면서 향신료가 갈색으로 변하고 향긋한 냄새가 날 때까지 볶는다. 접시에 옮겨 담고 완전히 식힌다. 카르다몸 깍지만 골라낸 후 칼날을 눕혀서 대고 세게 쳐서 깍지를 깬다. 안에 들어 있는 씨는 모으고 깍지는 버린다. 카르다몸씨와 다른 볶은 향신료를 전부 절구 또는 향신료 분쇄기에 넣고 간다. 다음을 추가한다.

> 생강 가루 2작은술
>
> 월계수 잎 2장, 잘게 부수기

가루가 되도록 간다.

차트 마살라(Chaat Masala)

약 ⅓컵

짭짤하고 톡 쏘는 이 향신료 조합은 인도 전역에서 쉽게 찾아볼 수 있는 차트라는 길거리 간식에 뿌려 먹는 양념이다. 파코라, 팝콘, 심지어 감자튀김에도 사용할 수 있다.

작은 프라이팬을 중불에 올리고 다음 재료를 넣는다.

> 커민씨 1큰술
>
> (회향씨 1½작은술)

자주 저으면서 향긋한 냄새가 날 때까지 볶는다. 향신료 분쇄기에 옮겨 담고 완전히 식힌다. 향신료 분쇄기에 다음을 넣는다.

> 말린 망고(암추르) 가루 1큰술+1작은술
>
> 검은 소금 1큰술
>
> 소금 ½작은술
>
> (아위 ¼작은술)

고운 가루가 되도록 간다.

바하라트(Baharat)

약 ⅓컵

바하라트는 육류나 생선에 문질러서 조리하는 양념으로 사용할 뿐만 아니라 필라프, 쿠스쿠스 또는 기타 곡물 및 렌틸콩 요리의 재료로도 활용한다. 얇은 주방 행주를 반으로 접어 그 사이에 다음을 넣고 밀대나 묵직한 프라이팬으로 두들겨 여러 조각으로 부순다.

> 6~7.5cm짜리 통계피 2개
>
> 육두구 1개

향신료 분쇄기에 넣는다. 칼날을 눕혀서 대고 세게 두들겨 깍지를 깬다.

> 녹색 카르다몸 깍지 4개

안에 들어 있는 씨는 모으고 깍지는 버린다. 다음 재료와 함께 분쇄기에 넣는다.

> 커민씨 1큰술
>
> 고수씨 2작은술
>
> 검은색 통후추 2작은술
>
> (말린 장미 꽃잎 2작은술)
>
> 통정향 1작은술
>
> 올스파이스 열매 1작은술
>
> (말린 민트 1작은술)

고운 가루가 되도록 간다.

두카(Dukkah)

약 1¼컵

이 양념의 고향인 이집트에서는 보통 빵과 함께 먹지만 우리는 샐러드, 구운 채소(특히 겨울 호박), 후무스에 얹어서 먹는 것을 즐긴다.

큼직한 프라이팬을 중불에 올린다. 프라이팬이 뜨겁게 달궈지면 다음을 넣고 자주 저으면서 갈색으로 익을 때까지 볶는다.

> 헤이즐넛, 피스타치오, 아몬드, 호두, 캐슈 또는 이를 섞어서 ½컵

견과류를 푸드 프로세서에 옮겨 담고 약간 식힌다. 프라이팬에 다음을 넣는다.

> 참깨 ¼컵
>
> 고수씨 ¼컵
>
> 커민씨 2큰술
>
> (아요완 또는 회향씨 1작은술)

자주 저으면서 향긋한 냄새가 나고 씨에서 톡톡 튀는 소리가 나기 시작할 때까지 볶는다. 푸드 프로세서에 옮겨 담고 5분간 식힌다. 푸드 프로세서에 다음을 추가한다.

> 말린 타임 또는 마저럼 2작은술
>
> 말린 오레가노 1작은술
>
> (말린 민트 1작은술)
>
> 소금 ½작은술
>
> 흑후추 ½작은술
>
> 굵게 빻은 고춧가루 ½작은술
>
> (건라임 가루 또는 수막 ½작은술)

혼합물이 굵직한 빵가루 같은 질감이 되도록 푸드 프로세서를 짧게 여러 번 작동시킨다. 어느 정도 식감이 있어야 하므로 가루가 될 때까지 갈지 않도록 주의한다.

자타(Za'atar)

약 ¼컵

고소하고 새콤하며 진한 허브 향을 내는 중동 지역의 향신료 조합으로, 그릴에 구운 플랫브레드, 구운 채소, 샐러드, 케밥 또는 후무스에 뿌려 먹을 수 있다. 자타라는 허브에 대해서는 마저럼 항목을 참고한다.

작은 프라이팬을 중불에 올리고 다음을 넣는다.

> 말린 타임 2큰술
>
> (말린 마저럼 2작은술)

자주 저으면서 향긋한 냄새가 날 때까지 2분 정도 볶는다. 향신료 분쇄기에 옮겨 담고 완전히 식힌다. 분쇄기에 다음 재료를 추가한다.

> 수막 가루 1큰술

곱게 간다. 작은 그릇에 옮겨 담고 다음을 넣어 젓는다.

> 볶은 참깨 1큰술

베르베르(Berbere)

약 ½컵

에티오피아의 수많은 전통 스튜에 빼놓을 수 없는 향신료 조합이지만 닭고기부터 채소에 이르기까지 다양한 재료에 사용할 수 있다. 올리브유에 소금과 함께 넣고 섞어서 빵을 찍어 먹는 디핑 소스로도 활용할 수 있다.

커다란 프라이팬을 중불에 올리고 다음을 넣는다.

고수씨 2큰술

아르볼, 피리피리, 버즈아이 등의 칠리 고추 말린 것 5개, 꼭지와 씨를 제거하기

커민씨 1작은술

회향씨 ½작은술

검은색 통후추 ½작은술

(아요완씨 ¼작은술)

검은색 카르다몸 깍지 3개

올스파이스 열매 3개

통정향 1개

자주 저으면서 향신료가 연한 갈색으로 익고 향긋한 냄새가 날 때까지 볶는다. 칠리 고추는 향신료보다 볶는 시간이 짧으므로 고추가 약간이라도 검게 그을리기 시작하면 바로 건져낸다. 접시에 옮겨 담고 완전히 식힌다. 칼날을 눕혀서 대고 세게 쳐서 카르다몸 깍지를 깬다. 안에 들어 있는 씨를 모으고 깍지는 버린다. 카르다몸씨와 다른 향신료를 다음 재료와 함께 향신료 분쇄기에 넣는다.

스위트 파프리카 가루 3큰술

(말린 홀리 바질 또는 말린 바질 1큰술)

계핏가루 ¼작은술

생강 가루 ¼작은술

강판에 간 육두구 또는 육두구 가루 ¼작은술

고운 가루가 되도록 간다.

에브리싱 시즈닝(Everything Seasoning)

약 ½컵

'에브리싱' 베이글에 뿌리는 양념으로 가장 잘 알려져 있으며 여러 가지 씨앗, 말린 양파와 마늘 그리고 소금을 섞어서 만드는 양념 조합이다. 디너 롤빵이나 샌드위치 빵의 토핑으로 사용하거나 치즈 볼의 겉면에 묻히거나 아보카도 토스트에 훌훌 뿌리면 기가 막힌 맛을 낸다.

중간 크기의 프라이팬을 중불에 올리고 다음을 넣는다.

참깨 2큰술

포피씨 2큰술

말린 양파 플레이크 2큰술

말린 마늘 플레이크 1큰술

(회향씨 1큰술)

자주 저으면서 혼합물이 연한 갈색으로 익고 향긋한 냄새가 날 때까지 볶는다. 접시에 옮겨 담고 완전히 식힌 후 다음을 넣어 섞는다.

박편형의 바닷소금 1큰술

밀폐 용기에 담아서 보관한다.

라스 엘 하누트(Ras El Hanout)

약 ⅔컵

이 모로코식 향신료 혼합물에는 보통 씨앗, 잎, 꽃, 뿌리, 나무껍질 등 다양한 형태의 재료가 들어간다. 전통적으로 육류와 가금류 스튜 및 쿠스쿠스 요리에 1자밤 또는 ½작은술 정도 넣어서 즐긴다.

작은 프라이팬을 중불에 올리고 다음을 넣어서 향긋한 냄새가 날 때까지 5분 정도 볶는다.

고수씨 2큰술

커민씨 1큰술

검은색 통후추 1큰술

회향씨 1큰술

(쿠베브cubeb, 필발long pepper, 기니후추grains of paradise 등 다양한 종류의 후추 또는 이를 섞어서 2큰술)

올스파이스 열매 2작은술

겨자씨 1작은술

캐러웨이씨 1작은술

녹색 카르다몸 깍지 8개

통정향 5개

말린 육두구 덩굴손 3개

5cm짜리 통계피 1개, 카넬라 권장

볶은 향신료를 완전히 식힌다. 카르다몸 깍지에 칼날을 눕혀서 대고 세게 쳐서 깍지를 깬다. 안에 들어 있는 씨는 모으고 깍지는 버린다. 카르다몸씨와 다른 볶은 향신료를 다음 재료와 함께 절구 또는 향신료 분쇄기에 넣는다.

(말린 장미꽃 봉오리 1큰술)

강황 가루 2작은술

생강 가루 2작은술

강판에 갈아낸 육두구 또는 육두구 가루 1작은술

카옌 고춧가루 ½작은술

고운 가루가 되도록 간다.

오향 분말

약 ¼컵

톡 쏘는 아린 맛과 약간의 단맛을 동시에 가진 이 향신료 가루 조합에는 카르다몸이나 생강을 넣기도 하며, 쓰촨산 통후추 대신 검은색 통후추를 사용하기도 한다. 구이 요리를 위해 육류나 가금류를 손질할 때 조금씩 사용한다.

다음 재료를 향신료 분쇄기에 넣고 간다.

팔각 6개

회향씨 1큰술

쓰촨산 통후추 1큰술

통정향 1작은술(약 20개)

통계피 조각 1개(카시아 권장), 작은 조각으로 쪼깨기

밀폐 용기에 담아서 보관한다.

쓰촨식 후추 소금

약 ⅓컵

작은 프라이팬에 기름을 두르지 않고 다음을 넣어 중불에 올린 후 프라이팬을 흔들어가면서 통후추에서 연기가 나기 시작할 때까지 볶는다.

쓰촨산 통후추 2큰술

흰색 통후추 1작은술

절구나 향신료 분쇄기에 옮겨 담고 굵직한 가루가 될 때까지 간다.

다음을 추가한다.

다이아몬드 코셔 소금 3큰술

카트르 에피스(Quatre Épices, 파리지엔의 향신료)

스튜와 다과류에 사용하는 인기 향신료 조합이다. 식료품점 주인의 취향이나 손님의 기분에 따라 다양한 재료의 조합으로 구성되지만, 대부분 네 가지(카트르quatre) 이상의 향신료가 들어간다. 프랑스의 유명한 요리사이자 최고급 코스 요리인 오트 퀴진(Haute Cuisine)의 창시자로 알려진 마리 앙투안 카렘은 말린 타임, 월계수 잎, 바질, 세이지, 약간의 고수씨, 말린 육두구 껍질을 섞고 마지막에 흑후추 가루를 ⅓ 분량만큼 추가하는 **에피스 콩포제**(épices composes)라는 조합을 고안해냈다.

다음을 밀폐 용기에 담아서 보관한다.

I.

작은 그릇에 넣고 잘 저어서 섞는다.

계핏가루 1큰술

정향 가루 1작은술

강판에 갈아낸 육두구 또는 육두구 가루 1작은술

생강 가루 1작은술

II.

작은 그릇에 넣고 잘 저어서 섞는다.

흰색 통후추 1작은술

강판에 갈아낸 육두구 또는 육두구 가루 ½작은술

생강 가루 또는 계핏가루 ½작은술

정향 가루 ¼작은술

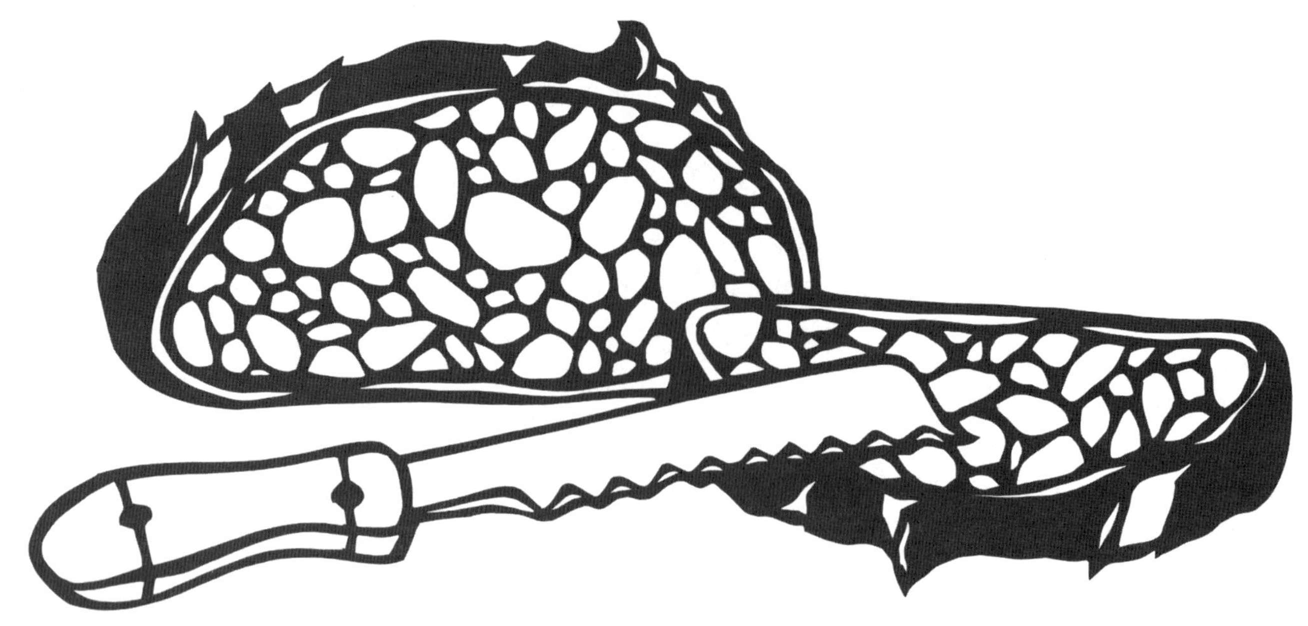

빵과 커피 케이크

서양의 식문화에서 빵이 얼마나 중요한 위치를 차지하는지는 빵을 맛있게 즐기면서 새삼 깨닫게 되는 경우가 많다. 빵은 가장 오래된 음식 중 하나이자 가장 기본이 되는 음식이라고 해도 과언이 아니다. 밀가루와 물을 반죽해 빵으로 빚어내는 과정은 기나긴 인류의 역사를 더듬어보는 것이라고도 할 수 있다. 또한 빵을 굽는 사람이라면 누구나 느끼겠지만, 진정한 맛으로 되돌아가는 작업이자 만족스러운 사색 과정이기도 하다.

빵은 밀가루 또는 거의 모든 종류의 곡물로 만든다. 공기 중의 효모나 시판 이스트를 사용해 발효시키기도 한다. 또한 베이킹파우더와 베이킹소다 등을 비롯한 화학 성분의 힘을 빌려서 부풀리는 빵도 있다. 그뿐만 아니라 아예 발효하지 않고 반죽을 얇게 펴서 말랑말랑하거나 바삭한 플랫브레드로 넓찍하게 굽기도 한다.

빵을 처음 굽는 사람이라면 즉석 발효 빵, 옥수수 빵처럼 프라이팬으로 만드는 빵, 잉글리시 머핀처럼 번철로 굽는 빵 그리고 플랫브레드 등으로 시작하기를 권장한다. 그다음에는 시판 이스트를 사용해 상대적으로 과정이 간단하지만 시간이 좀 더 오래 걸리는 이스트 발효 빵을 구워보자. 제빵 경험이 충분히 쌓인 사람이라면 천연 발효종으로 굽는 빵이 새로운 도전과 보람을 안겨줄 것이다. 어떤 빵을 선택하든, 직접 구운 빵의 풍부한 맛과 다채로운 식감은 빵을 굽기 위해 쏟은 노력을 가볍게 보상하고도 남는다.

이스트 빵에 대해

이스트 빵을 한 번도 만들어본 적이 없다면, 주방에서 일어나는 가장 극적인 변화를 똑똑히 지켜보자! 과정에 지레 겁먹을 필요는 없다. 모든 빵은 간단한 재료 몇 가지만으로 만들 수 있으니 말이다.

이스트

이스트는 살아 있는 유기체다. 이스트는 빵 반죽에 들어 있는 밀가루의 천연 당을 먹이로 삼아 증식하면서 이산화탄소를 배출한다. 바로 이 이산화탄소 기체가 얼기설기 얽힌 글루텐 그물망에 갇히면서 반죽이 부풀어 오른다. 이 팽창

제는 봉투나 병에 담아서 **활성 건조** 이스트, **인스턴트** 또는 **간편 팽창** 이스트라는 과립 형태로 판매한다. 약간 취급 방법이 다른 생(fresh) 이스트, 즉 '**압축**' 이스트에 관한 내용은 1095쪽을 참고한다.

▶ 핵심은 우선 이스트가 살아 있으며 제대로 활동하는지 확인하는 것이고, 그다음에는 이스트가 활발하게 번성할 수 있는 환경을 제공하는 것이다. 전자를 충족시키기 위해 많은 레시피에서는 반죽에 넣어 섞기 전에 이스트를 '활성화'하도록 권장한다. 이스트가 신선하다는 사실을 알고 있다면(예를 들어 이스트를 방금 샀다거나 소비 기한이 한참 남은 경우) 이 과정은 불필요하다. 그러나 찬장이나 냉동실에 상당 기간 보관했던 이스트라면 제대로 작용하지 않아서 다른 재료를 낭비하게 되는 상황을 방지할 수 있는 좋은 사전 조치다. 이스트와 설탕 1자밤을 물에 넣으면 이스트가 물에 녹으면서 약 10분 후부터 아주 약간씩 거품이 생기기 시작해야 한다. 그러나 신선한 이스트라는 사실을 알고 있다면 활성 건조든 인스턴트든 그냥 마른 재료에 바로 섞는다.(예전에는 활성 건조 이스트를 먼저 액체 재료에 녹여서 다른 재료와 섞어야 했지만, 요즘에는 그럴 필요가 없다. 하지만 이 책에서 소개하는 레시피 중 상당수에서는 반죽에 골고루 섞일 수 있도록 여전히 이스트를 물에 녹여서 사용하는 방법을 권장한다.)

이스트가 번성할 수 있는 환경을 제공하려면 특히 온도에 신경 써야 한다. 이스트는 열에 지나치게 노출되어서는 안 된다. 너무 오래 열에 노출되면 이스트가 죽어버리고 빵은 전혀 부풀어 오르지 않는다. 활성 건조 이스트를 따뜻한 액체 재료에 녹여서 사용하는 레시피라면 액체 재료를 46℃ 이상으로 가열하지 않도록 주의한다. 특히 '인스턴트' 이스트를 비롯한 몇 가지 종류는 49~54℃ 정도의 온도에 노출되면 오히려 더 활동이 활발해진다. 온도가 60℃ 이상으로 올라가면 이스트가 죽기 시작한다. 대다수 빵 레시피에서는 부풀리는 과정 내내 반죽을 따뜻하게 유지하도록 권장한다. 이렇게 하면 이스트가 더욱 활발하게 활동하므로 부풀어 오르는 시간도 단축된다. 그러나 따뜻한 온도가 항상 좋은 것만은 아니다. 특히 최근에는 천천히 발효시키는 빵이 인기를 끌고 있다. 이러한 빵의 반죽은 이스트의 활동을 '지연시키기(retarded)' 위해 낮은 온도에서 보관하며 냉장 발효하는 경우가 많다. 이렇게 하면 반죽해서 빵

을 굽기까지의 시간이 훨씬 더 오래 걸리지만 완성된 빵은 훨씬 더 복합적인 풍미를 지니며 식감도 뛰어나다. 시판 이스트 대신 천연 발효종을 사용해서 만드는 빵은 648쪽을 참고한다. 이스트에 대한 더 자세한 내용은 1094~1095쪽에서 확인할 수 있다.

밀가루

대다수 빵 레시피에서 사용하는 밀가루는 중력분 또는 제빵용 밀가루다. 이들 밀가루는 글루테닌과 글리아딘이라는 두 가지 단백질이 풍부하게 들어 있기 때문에 빵을 만드는 데 적합하다. 글루테닌과 글리아딘에 액체 재료를 넣어 섞거나 치대면 탄력 있는 그물 구조의 글루텐이라는 성분이 생기며, 이 글루텐이 이스트가 배출하는 기체를 가두는 역할을 한다. 글루텐은 반죽의 뼈대를 이루고 빵의 특징적인 질감을 만들어내는 성분이기도 하다. 글루텐을 많이 형성할수록 빵은 더욱 쫄깃해진다. **제빵용 밀가루**는 특히 단백질 함량이 높으므로 푸짐하고 든든한 빵을 만들 때 가장 적합하다. 제빵용 밀가루보다 단백질 함량이 다소 적은 **중력분**(다목적 밀가루)은 어떤 빵 레시피에 사용해도 만족스러운 결과물을 얻을 수 있고, 특히 롤빵과 조직이 섬세한 빵에 사용하면 좋다. 보통 **통밀가루** 및 다른 통곡물가루는 빵의 조직이 너무 조밀해지는 것을 방지하기 위해 중력분 또는 제빵용 밀가루와 섞어서 사용하는 경우가 많다. 이러한 통곡물가루는 흰색 밀가루보다 풍미와 식감, 영양 성분이 훨씬 뛰어나므로 빵을 구울 때 섞어보기를 권한다. **호밀, 귀리, 옥수수, 메밀** 등의 곡물을 빻은 가루로도 맛있는 빵을 만들 수 있다. 글루텐을 거의 또는 전혀 생성하지 않는 일부 곡물가루는 중력분이나 제빵용 밀가루와 섞어서 사용하기도 한다.

이 책에 소개한 빵 레시피에서 밀가루를 다른 곡물가루나 곡물 알갱이로 대체할 경우, 다음 지침을 따르자. ▶ 메밀, 보리, 옥수수, 기장, 흰쌀이나 현미 등의 가루 또는 이러한 곡물가루를 섞어서 넣을 때는 레시피에 기재된 밀가루 분량의 최소 절반 이상은 밀가루를 사용해야 한다. 곡물의 겨나 콩가루를 넣는다면 레시피에 기재된 밀가루 분량의 최소 ¾ 이상은 밀가루를 사용한다.

무글루텐 빵 만들기에 대한 자세한 내용은 645쪽을 참고한다. 곡물 알갱이의 구조는 339쪽을 참고한다.

액체 재료

밀가루를 뭉쳐서 반죽을 만들고 빵을 구울 때 김을 내기 위해 가장 보편적으로 사용하는 액체 재료는 물과 우유다. 물을 사용하면 더 쫄깃한 빵이 되고, 우유를 넣으면 더 부드럽고 케이크와 비슷한 빵으로 완성된다. 흰 빵을 비롯해 우유를 사용하는 대다수 빵은 우유 대신 물을 넣어서 만들 수도 있다. 물을 넣은 빵은 식감이 더욱 쫄깃하다. 그러나 롤, 명절용 빵, 커피 케이크에 우유 대신 물을 사용하면 빵의 조직이 성기고 질겨지므로 이러한 빵을 만들 때는 물을 사용하면 안 된다.

빵을 만들 때 고려해야 하는 한 가지 중요한 요소는 **수화**(hydration)다. 물론 마른 재료를 뭉쳐서 반죽을 만들기 위해서는 액체가 필요하지만, 반죽에 수분을 얼마나 공급하느냐에 따라 결과물은 크게 달라진다. 대다수 샌드위치 빵을 비롯해 일부 빵은 수분 함유량이 적으므로 반죽을 한 덩어리로 뭉칠 수 있을 정도의 물만 사용하면 충분하다. 이러한 빵은 기포가 작고 균일하며, 구조도 조밀하고 고운 편이다. 반면 치아바타와 같은 빵들은 수분 함량이 높고 물을 넉넉히 넣으므로 반죽이 무척 끈적거리고 축 늘어진다. 이러한 빵은 기포가 큼직하고 균일하지 않으며 구조도 훨씬 성기다. 수분의 비율이 높으면 글루

텐이 더욱 잘 형성되므로 수분이 적게 들어간 빵보다 식감이 쫄깃하다. 연수와 경수가 빵 굽는 과정에 미치는 영향은 1094쪽의 물 항목을 참고한다.

때로는 **달걀**을 반죽에 넣기도 하며, 달걀은 사실상 액체의 성질을 갖고 있으므로 반죽에 수분을 공급한다. 그러나 달걀에는 수분뿐만 아니라 단백질과 지방도 들어 있다. 이러한 특징 때문에 달걀을 넣으면 빵이 부드러워지며 가볍고 폭신폭신한 느낌을 준다. 따라서 찰라와 같이 푸짐한 빵을 만들 때는 빵의 조직이 너무 조밀해지는 것을 방지하기 위해 달걀을 넣는 경우가 많다. 달걀은 이스트의 활동을 방해하므로 달걀이 듬뿍 들어간 반죽은 부푸는 데 시간이 오래 걸린다.

지방

이번 장에서 소개하는 상당수의 레시피들은 따로 지방을 첨가하지 않는다. 이러한 반죽을 '저배합(lean)'이라고 부른다. 이 범주에는 시골풍 사워도, 바게트, 치아바타 등 여러 전통 빵을 포함한다. 한편 샌드위치 빵이나 브리오슈 등의 빵들은 쇼트닝, 기름 또는 버터가 들어간다. 지방을 조금만 넣어도 글루텐 형성이 방지되어 글루텐 가닥이 짧아지므로(짧게 만든다는 의미의 '쇼트닝 shortening'도 여기서 유래했다.) 빵이 부드러워진다. 지방 재료를 다량 넣으면 빵이 아주 부드러워지고 결이 극도로 조밀해지므로 케이크와 비슷한 질감이 된다. 물론 일부 지방, 특히 버터는 빵에 고소한 풍미를 추가한다.

이스트 반죽의 추가 재료

소금과 설탕은 맛을 내기 위해 넣는 재료다. 소금은 이스트의 활동을 방해하지만 넣는 양 자체가 아주 적으므로 별다른 문제가 되지 않는다. 설탕을 소량 넣으면 이스트의 활동을 촉진하는데, 설탕의 양이 많아지면(밀가루 4컵당 ½컵 이상) 오히려 이스트의 활동이 둔해진다. 설탕은 흡습성이 뛰어나므로 물 분자를 쉽게 끌어들인다. 반죽에 설탕을 넣으면 물을 흡수하기 위해 이스트와 경쟁한다. 설탕을 충분히 넣으면 이스트 세포로부터 물을 빨아들이므로 이스트는 탈수 상태가 된다. 설탕을 더 많이 넣으면 특별한 조치를 취하지 않는 한 반죽이 거의 부풀어 오르지 않는다.(보통 이런 경우에는 이스트의 분량을 늘려야 한다.) 그래서 당도를 최대한으로 높인 이스트 빵이라 해도 절대 케이크만큼 달콤한 맛은 나지 않는다. 대다수 레시피는 설탕의 분량을 최대 절반까지 줄여도 결과물에 큰 문제가 생기지는 않는다. 설탕 함량이 적은 빵은 설탕을 많이 넣은 빵보다 덜 촉촉하지만 심각한 차이가 날 정도는 아니다.

빵에 깊은 맛과 다채로운 풍미를 더할 수 있는 추가 재료도 적지 않다. 견과류, 말린 과일, 허브, 볶거나 캐러멜화한 양파, 구운 마늘, 발아 곡물 또는 콩, 으깬 밀, 사용하고 남은 익힌 곡물, 치즈, 향신료 등은 이스트 빵에 들어가는 단골 재료다. 마른 추가 재료를 넣을 때는 반죽이 뭉치기만 한다면 원하는 맛을 내기 위해 분량에 구애받지 않고 많이 넣어도 상관없다. ▶ 이러한 추가 재료는 일단 처음 주재료를 섞고 반죽 숙성 과정을 거친 뒤에 넣어야 한다. 일부 빵 레시피에서는 통통하게 수분을 머금을 때까지 물에 담가둔 곡물, 즉 '불린 곡물'을 사용한다. 젖은 추가 재료를 넣을 계획이라면 반죽의 수분 함량을 가늠할 때 추가 재료까지 함께 고려해야 한다. 추가 재료의 수분 함량에 따라 레시피에서 요구하는 액체 재료의 양을 줄여야 할 수도 있다. 수분 함량이 아주 높은 반죽은 다루기가 무척 힘들지만, 빵으로 구우면 근사한 맛을 낸다.

도구

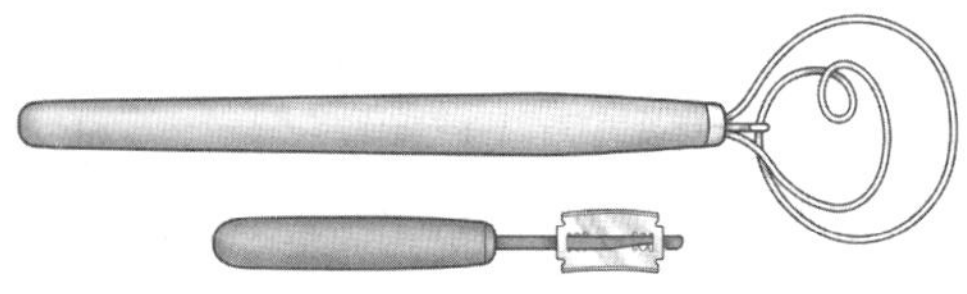

반죽 젓개와 반죽 칼날

빵을 만드는 과정은 아주 간단하므로 초보자도 조리대와 손만 있으면 시작할 수 있다. 그러나 이 과정을 훨씬 더 손쉽게 만들어주는 도구들이 있다. 우리가 가장 선호하는 제빵 도구는 **벤치 스크래퍼**라고 하는 반죽용 도구다. 수분 함량이 높고 끈적한 반죽을 조리대에서 긁어내거나 반죽을 적당한 크기로 자르거나 반죽의 모양을 빚을 때 유용하다. **볼 스크래퍼**는 그릇에 담긴 반죽을 긁어낼 때 사용하는 말랑말랑한 플라스틱 도구다. **반죽 젓개**는 반죽기 없이도 반죽을 쉽게 섞을 수 있도록 도와주는 도구로 저렴하고 효과도 좋다. 특히 시골풍 빵에서 자주 볼 수 있는 윗면 칼집을 내려면 면도날이 손잡이에 붙어 있는 형태의 **반죽 칼날**(lame, '람'이라고 발음한다.)을 사용하는 것이 가장 편리하다. 발효 과정에서 수분 함량이 높은 반죽의 모양이 흐트러지지 않게 하려면 **바네통**(banneton, 빵 발효 바구니)이라는 전용 용기를 장만하는 것도 좋다. **발효용 면포**는 바게트가 부풀어 오르는 동안 모양을 유지시켜주는 보자기다.

손으로 모양을 빚어서 만드는 빵을 선호하는 사람들은 **제빵용 돌판** 또는 **제빵용 철판**을 즐겨 사용한다. 오븐을 예열하는 동안 오븐 안에 넣어두었다가 사용하며, 반죽의 오븐 팽창을 촉진할 뿐만 아니라 오븐의 문을 열었다 닫거나 굽는 도중에 일어나는 온도 변화를 완화해 오븐 내부의 온도를 조절하는 역할도 한다. 또한 제빵용 돌판이나 철판을 사용하면 두껍고 바삭하면서 진한 갈색의 껍질이 형성된다. **더치오븐**은 오늘날 빵을 구울 때 널리 사용하는 도구다. 제빵용 돌판 및 철판과 같은 장점이 있으며 굽는 초기에 반죽에서 나오는 수증기를 가두는 효과도 있다. 수증기는 빵이 최대 높이로 부풀어 오를 때까지 단단한 껍질이 형성되는 것을 막아준다. 일단 빵이 다 부풀어 오르면 더치오븐의 뚜껑을 열고 껍질이 형성되면서 진한 갈색으로 익을 때까지 굽는다.

콤보 쿠커

'콤보 쿠커(combo cooker)'는 뚜껑을 열어서 프라이팬으로도 사용할 수 있는 무쇠 소재의 더치오븐으로, 위아래를 뒤집어서 얕은 프라이팬('뚜껑') 부분에 반죽을 올려놓고 더치오븐의 깊은 부분을 그 위에 덮어 구울 수 있으므로 특히 제빵 시 유용하다. 반죽을 아주 뜨겁고 깊은 더치오븐에 조심스럽게 넣는 것보다 훨씬 쉽고 안전하다.

반죽을 섞을 때 **반죽용 날**을 끼울 수 있는 **튼튼한 스탠드 반죽기**를 사용하면 시간을 크게 절약할 수 있고 힘도 훨씬 덜 든다. 반죽이 너무 뻑뻑하거나 대용량의 반죽을 한꺼번에 섞으려고 하면 반죽기의 모터가 타버릴 수 있다는 점을 기억하자. 반죽용 날을 사용해서 섞는 작업부터 치대는 작업까지 모두 할 수 있지만, 처음에는 주걱 모양의 날을 끼워서 재료를 섞은 다음 재료가 완전히 골고루 섞이면 반죽용 날로 갈아 끼워서 마무리하는 것이 훨씬 빠르다. ▶ 반죽의 양이 많을 때 반죽을 진짜 매끄럽게 완성하려면 손으로 약간 치대야 할 수도 있다. 반죽기를 작동시켜놓고 절대 자리를 떠서는 안 된다. 조리대 위에서 '이리저리 움직이다가' 떨어지거나 반죽이 반죽용 날을 타고 올라가 톱니바퀴에 달라붙을 수 있기 때문이다. 반죽기를 사용해 반죽을 섞는 방법에 대한 자세한 내용은 아래의 빵 반죽 섞기 항목을 참고한다.

푸드 프로세서도 반죽을 섞는 용도로 사용할 수 있지만, 대다수 푸드 프로세서는 빵 반죽을 치댈 수 있을 만큼 힘이 세지 않으며 힘이 센 푸드 프로세서가 있다고 해도 밀가루 3~4컵 이상 들어간 반죽을 다루기에는 대부분 용량이 부족하다. 용량은 제조업체의 설명서를 참고한다. 푸드 프로세서로 반죽을 섞는 방법에 대한 설명 역시 아래의 빵 반죽 섞기 항목을 참고한다.

빵 반죽 섞기

건조 이스트는 굳이 액체 재료와 섞어서 사용할 필요가 없지만 이스트를 미리 '발효'시키려면 41~46℃ 사이의 액체 재료에 녹인 후 5분간 그대로 둔다. 압축 생이스트는 29℃의 액체 재료에 녹인 후 젓지 않고 10분간 두었다가 사용한다.

이스트 빵은 대부분 **밑반죽**을 사용해서 만드는데, 이 밑반죽은 반죽 전체에 들어가는 재료를 섞기 전에 소량만 미리 만들어서 발효시킨 반죽을 지칭한다. 사워도처럼 천연 발효시키기도 하고 시판 이스트를 사용하기도 한다. 더 자세한 내용은 발효종 및 밑반죽에 대해 항목을 참고한다.

가정에서 빵을 굽는다면 **전통 반죽법**, 즉 **직접 반죽법**이 가장 쉽고 익숙할 것이다. 이 방법은 밑반죽을 사용하지 않고 그냥 젖은 재료와 마른 재료를 섞어서 반죽을 치댄 다음 한두 번에 걸쳐 발효한 후 굽는다.

수작업으로 반죽을 섞으려면 커다란 그릇에 액체 재료 및 다루기 쉽게 녹인 지방을 넣고(사용하는 경우) 밀가루를 1컵만 남기고 전부 넣는다. 나무 숟가락이나 반죽 섞는 도구로 반죽이 한데 뭉치도록 젓는다. 남겨둔 밀가루 1컵을 조금씩 넣으면서 반죽이 너무 뻑뻑하지도, 너무 끈적이지도 않는 말랑말랑한 상태가 될 때까지(또는 레시피에서 설명한 상태가 될 때까지) 섞는다. 이 시점에서 이스트 반죽을 오토리즈, 즉 숙성시키면 더욱 품질 좋은 반죽으로 완성된다.

튼튼한 스탠드 반죽기를 사용하려면 밀가루의 일부 분량, 이스트, 설탕, 소금을 반죽기 용기에 넣고 저속으로 잠깐 섞는다. 액체 재료 및 다루기 쉽게 녹인 지방을 넣고(사용하는 경우) 레시피의 설명에 따라 탁탁 치면서 섞는다. 밀가루를 조금씩 넣으면서 부드러운 반죽 형태로 만든다. 반죽 숙성하기 항목의 설명대로 반죽을 숙성시킨다. 숙성 후 반죽용 날을 끼워서 매끄럽고 탄력 있는 반죽이 되도록 약 10분간 또는 레시피의 설명에 따라 치댄다.

푸드 프로세서로 반죽을 섞으려면 레시피에 표기된 밀가루보다 적은 양과 마른 재료, 다루기 쉽게 녹인 지방(사용하는 경우)을 용기에 넣고 모든 재료가 잘 섞일 때까지 20초 정도 작동시킨다. 푸드 프로세스를 사용해 반죽하면 과열되기 쉬우므로 액체 재료는 냉장고에 보관했다가 사용한다. 푸드 프로세서가 돌아가는 동안 재료를 추가하는 관을 통해 액체 재료를 넣는다. 반죽이 더 이상 용기 옆면에 달라붙지 않고 깔끔하게 뭉칠 때까지 45~60초간 작동시키되, 반죽이 너무 끈적거린다면 중간에 한두 번 정도 작동을 멈추고 밀가루를 조금씩 넣는다. ▶ 너무 오래 작동시키면 글루텐이 끊어지기 시작할 수 있으므로 60초 이상 돌리지 않도록 주의한다. 60초가 지나도 반죽이 아직 완성되지 않은 것처럼 보인다면 반죽을 꺼내 손으로 치대서 마무리한다.

오토리즈(autolyze) 또는 반죽 숙성하기

오토리즈는 저명한 제빵학 교수인 레몽 칼벨(Raymond Calvel)이 2001년에 발간한 저서 『빵의 맛(The Taste of Bread)』에서 반죽 재료를 섞은 직후의 숙성하는 기간을 지칭하기 위해 고안한 프랑스 용어다. 재료를 막 섞은 상태의 반죽은 다소 푸석하고 거칠며 퍽퍽해 보인다. 숙성을 위해서는 반죽을 담은 그릇의 뚜껑을 덮은 후 최소 20분, 최대 40분 동안 그대로 두면 된다. 숙성 과정에서 밀가루가 수분을 충분히 머금고 글루텐이 형성되기 시작하면서 반죽을 더욱 탄력 있게 만드는 효소가 활성화된다. 반죽을 치대기 전에 이렇게 숙성하면 조금만 치대도 금세 탄력 있고 쫀쫀한 반죽을 만들 수 있으며 반죽을 다루기도 훨씬 쉬워진다.

이스트 반죽 치대기

반죽을 치대면 글루텐이 더욱 많이 형성되어 반죽이 매끄러워지고 탄성이 생긴다. 이스트가 반죽을 발효시키면서 이산화탄소가 생기고, 이 기체가 글루텐으로 이루어진 그물망에 기포 형태로 갇히면서 반죽이 부풀어 오른다. 치대는 작업은 가전 기기를 사용해서 할 수도 있지만, 일정한 리듬으로 치대는 작업을 하다 보면 마음이 편해져서 손으로 직접 치대는 것을 좋아하는 사람이 많다. 그러나 손으로 치대는 것을 좋아하는 사람도 호밀 반죽처럼 수분 함량이 높거나 끈적거리는 반죽은 도구를 사용하는 것을 선호하기도 한다.

일반적으로 반죽에 따라 수분 함량이 천차만별이므로 경험이 어느 정도 쌓여야 치대는 과정에서 밀가루를 얼마나 뿌려야 하는지 정확히 가늠할 수 있다. 그뿐만 아니라 주변 습도에 따라서도 필요한 밀가루의 양이 크게 달라진다. 따라서 각 레시피에서는 밀가루의 분량을 정확히 지정하기보다는 범위로 소개한다. 한 가지 언급해두자면, 초보자가 빵을 만들 때 가장 흔히 하는 실수 중 하나가 치대는 과정에서 밀가루를 너무 많이 넣어서 퍼석하고 뻑뻑한 빵이 되는 것이다. 치대는 작업을 할 때는 작업대의 표면에 밀가루가 아주 살짝 흩뿌려질 정도로만 사용하고, 반죽이 끈적이기 시작한다면 반죽 자체보다 손에 밀가루를 조금 묻혀서 치대도록 하자. 작업대 표면에 끈끈하게 달라붙은 반죽을 긁어낼 때는 벤치 스크래퍼를 사용하면 편리하다.

빵 반죽을 치대는 작업은 적당한 크기의 조리대 또는 큼직한 도마 위에서도 할 수 있다. 표면에 밀가루를 아주 소량만 훌훌 뿌리고 그 위에 반죽을 올린다. 반죽을 치대려면 몸에서 먼 쪽의 반죽을 들어서 몸 쪽으로 반을 접은 다음 아래 오른쪽 그림처럼 밀가루를 묻힌 손바닥 가장 안쪽으로 반죽을 누르면서 몸 바깥쪽으로 밀어낸다. 90도만큼 돌려서 다시 반으로 접고 손바닥으로 밀어낸다. 밀가루가 부족하면 앞서 설명했듯이 반죽 자체보다는 손에 묻히는 편이 좋다. 브리오슈처럼 아주 부드러운 반죽을 처음 치댈 때는 사실상 치댄다기보다는 아래 왼쪽 그림처럼 작업대 표면에 붙은 반죽을 떼어내거나 긁어내는 작

업에 가깝다. ▶ 부드러운 반죽을 치댈 때는 특히 벤치 스크래퍼가 편리하다. 계속해서 치대다 보면 글루텐이 형성되면서 반죽이 더 매끄럽고 탄력을 갖게 된다. 너무 오래 치대거나 대충 치대지 않도록 하고, 반죽을 골고루 만져주면서 10분 정도 치대면 충분하다.

반죽이 매끄럽고 탱탱하면서 부드러워지고 표면 바로 아래에 기포가 나타나기 시작하면 치대기가 완성된 것이다. 이때 반죽은 작업대 표면이나 손에 달라붙지 않아야 한다. 탄성을 시험하려면 반죽을 조금 떼어 살짝 힘을 주면서 천천히 늘려보고, 반죽이 골고루 늘어나도록 반죽을 돌려가면서 잡아당긴다. 빛이 통과할 정도로 종잇장처럼 얇게 늘려도 반죽이 찢어지지 않아야 한다. 이것을 **창유리 테스트**라고 부른다. 또는 반죽에 찔러 넣을 수 있는 온도계를 사용할 수도 있는데, 반죽 중심의 온도가 25~26.7℃에 도달해야 한다.

최근에는 반죽을 치대는 작업과 관련해서 발상을 전환하는 새로운 트렌드가 생겨났다. 치대지 않고 굽는 **무반죽 빵**은 만들기도 쉽고 깔끔하게 작업할 수 있다는 장점 때문에 특히 가정에서 빵을 굽는 사람들 사이에서 점차 인기를 얻는 추세다. 놀랍게도 이렇게 품을 적게 들이고 만든 무반죽 빵이 제대로 반죽한 빵들과 비교했을 때 맛이나 식감 면에서 절대 뒤떨어지지 않고 심지어 더 뛰어난 경우도 있다. 일부 레시피는 가끔 가볍게 늘려주거나 접어주기만 하면서 오랫동안 발효하도록 설명하는데, 이 방법은 엄밀히 말해 '무반죽'은 아니지만 반죽 작업을 최소화한 것이다. 치대는 작업을 통해 글루텐이 가장 효과적으로 형성된다는 것이 일반적인 상식이기 때문에 과연 무반죽 빵을 구웠을 때 제대로 된 빵이 나올까 하는 의구심이 들 수도 있을 것이다. 그러나 앞의 오토리즈 또는 반죽 숙성하기 항목에서 설명했듯이, 상당한 시간을 들여 반죽을 그대로 두면서 숙성시키면 글루텐 형성에 큰 효과를 발휘하며 품질 좋은 빵을 굽기 위해 손으로 치대야 하는 시간도 크게 단축할 수 있다. 치대지 않는 반죽은 더 오랜 시간 발효시키기 때문에 일반 반죽보다 이스트도 적게 사용하는 경우가 많고, 수분 함량이 높아서 손으로 거의 주무르지 않아도 글루텐이 활발하게 형성된다. 요약하자면 여러 레시피에서 오랫동안 치대기를 권장하는 이유는 아주 짧은 발효 시간을 보완하기 위해서이며, 무반죽 빵은 충분히 시간을 들여서 발효시키는 과정을 통해 좋은 식감을 얻어낸다.

반죽을 냉장 발효하기

빵을 굽는 작업의 흥미로운 점은 음식이 완성될 때까지 한 단계가 끝난 직후에 다음 단계가 이어지는 대다수 다른 요리와는 다르다는 것이다. 이스트 빵을 만든다면 주변 환경의 영향을 받는 살아 있는 유기체를 다뤄야 한다. 이 환경을 조절함으로써 과정 진행 속도를 크게 단축하거나 늘릴 수 있다. 이스트 항목에서 언급했듯이, 주변 온도가 따뜻하면 이스트의 활동이 촉진되며 서늘하면 이스트의 활동이 둔해진다. 반죽을 서늘한 곳에 두면 이스트의 활성 속도가 느려지므로 부풀어 오르는 과정이 지연된다.

이스트 활동을 둔화시켜서 얻을 수 있는 가장 확실한 장점은 빵 만드는 과정을 유연하게 조절할 수 있다는 점이다. 바쁜 일정이라면 반죽해서 발효하고 굽는 과정을 한꺼번에 하기 어려우므로 저녁에 반죽을 만들어서 냉장고에 넣어 천천히 발효시킨 후 다음 날 구울 수 있다. 또한 반죽을 빚었다가 갑자기 일이 생겨서 바로 구울 수 없다면 그냥 냉장고에 넣어두면 되므로 아주 편리하다. 그뿐만 아니라 차가운 곳에 반죽을 보관하면 훨씬 다루기 쉬워진다.

편의성만큼 명확하지는 않지만, 냉장 발효 방식의 또 한 가지 장점은 완성된 빵의 풍미와 식감이 향상된다는 데 있다. 발효 시간을 늘림으로써 반죽 안에

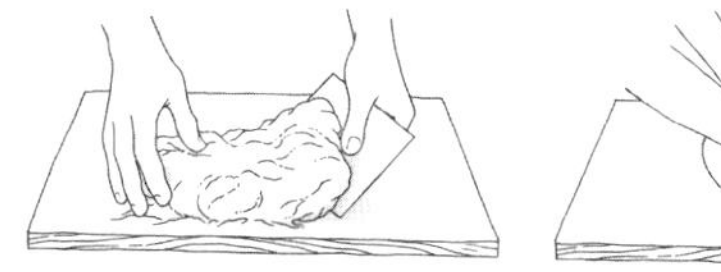

이스트 반죽 치대기

있는 이스트와 박테리아가 더 복합적인 풍미를 만들 수 있기 때문이다.

반죽은 치댄 직후 또는 1차 발효 이후에 냉장 발효를 진행할 수 있다. 반죽이 마르지 않도록 잘 덮어서 냉장고에 넣기만 하면 된다. 냉장고에 보관하는 시간은 다양한 요소에 따라 달라지지만, 일반적으로 아래에 설명하는 1차 발효를 냉장고에 넣어 진행한다면 2일 정도 냉장고에 넣어두어도 반죽이 상하지 않는다. 구울 때가 되면 냉장고에서 꺼내 차가운 상태에서 모양을 잡은 후 1시간 정도 또는 원하는 만큼 부풀어 오를 때까지 실온에 두었다가 구우면 된다.

반죽을 덮어서 부풀리기, 반죽이 제대로 부풀었는지
확인하기, 반죽을 주먹으로 눌러 꺼트리기

1차 발효 또는 벌크 발효(Bulk Fermentation)

반죽을 치대서 완성한 다음에는 1차 발효를 한다. 1차 발효는 그냥 반죽을 그릇에 담고 위를 덮은 후 2배 정도로 부풀어 오를 때까지 내버려두는 것이다. 이스트 반죽은 24~29℃ 온도의 외풍이 없는 곳에서 가장 효과적으로 부풀어 오른다. 실내의 온도가 낮으면 따뜻한 물을 담은 팬 위에 받침대를 놓고 반죽이 담긴 그릇을 올려놓거나 라디에이터 근처에 두거나(직접 닿는 곳에 올려놓으면 안 된다.) 따뜻한 느낌이 들도록 1분 미만으로 예열했다가 불을 끈 오븐 안에 넣어둘 수 있다. 1차 발효는 아주 천천히 진행해도 빵의 품질에 영향을 미치지 않으므로(천천히 오래 발효시키면 풍미와 식감이 좋아진다.) 시간만 충분하다면 일부러 반죽을 따뜻한 곳에 두어 발효 시간을 단축할 필요는 없다.

1차 발효에서는 반죽이 거의 2배 정도로 부풀어야 하며, 따뜻한 실내에서는 1~2시간 정도 걸린다. ▶ 부풀어 오르다 못해 꺼지기 시작할 때까지 1차 발효 반죽을 너무 오래 방치하면 조직이 거칠어지고 식감이 뻑뻑해지므로 적당한 수준까지만 1차 발효를 한다. 반죽이 충분히 부풀어 올랐는지 확인하려면 손가락 끝으로 힘을 주어서 눌러본다. ▶ 손가락으로 누른 자국이 위의 그림처럼 반죽에 남아야 한다.

반죽 분할과 사전 성형(Preshaping)

빵 레시피에서는 대부분 빵의 최종 모양을 잡기 전에 반죽을 꾹 누른다는 의미로 '펀칭'을 하도록 설명한다. 그러나 이를 문자 그대로 받아들일 필요는 없다. 사실 1차 발효가 끝난 이스트 반죽은 이스트가 그토록 열심히 만들어낸 수많은 기포를 꺼트리지 않도록 조심스럽게 다루어야 한다. 그릇에 담아둔 반죽을 아주 소량의 밀가루를 뿌린 작업대에 뒤집어 엎기만 하면 된다. 반죽이 그릇에 달라붙는다면 잘 휘어지는 플라스틱 볼 스크래퍼를 사용하면 좋다.

이스트 빵은 흰 빵처럼 일정한 모양의 팬에 넣어 굽는 것과 시골풍 프랑스 빵처럼 특별한 틀 없이 굽는 두 가지 기본 유형으로 나뉜다. 유형마다 서로 다른 성형 과정을 거친다. 이스트 빵의 대다수 레시피는 여러 덩어리를 만들 수 있는 분량이므로 전체 반죽을 여러 개로 분할하도록 설명하는 레시피가 많다. 상황에 따라 분할하기 전에 반죽의 무게를 측정한 후 저울을 사용해 반죽을 균등하게 분할하면 좋다. 반죽을 살살 매만지면서 둥그런 형태로 뭉치고(아래 항목 참고), 깨끗한 헝겊으로 덮은 뒤 최소 10분~최대 30분간 숙성한다.

작게 분할한 반죽을 공 모양으로 '둥글리려면' 손으로 가볍게 반죽을 감싸고 몸 쪽으로 끌어당기면서 반죽과 작업대 표면의 마찰을 이용해 둥글게 모양을 잡는다.

최종 성형(Final Shape)

성형은 빵을 굽는 과정과 완성된 빵이 주는 만족감에 매우 중요한 역할을 한다. 바게트를 비롯한 일부 빵은 속살과 비교할 때 빵 껍질의 비율이 높아 매우 쫄깃하고 바삭하며 갈색으로 잘 구워진 표면에서 진한 풍미가 우러난다. 불(boule)이라고 하는 둥그런 빵처럼 일부 빵은 속살보다 껍질의 비율이 낮으므로 더 오랫동안 촉촉함과 신선한 맛을 즐길 수 있다.

샌드위치 전용으로 만드는 빵은 얇게 잘랐을 때 고르고 일정한 모양이 되도록 로프 팬에 담아서 굽는 경우가 많다. 빵을 굽는 팬의 종류에 따라 특징적인 껍질이 형성되기도 한다. 코팅 없는 금속이든 논스틱이든, 일반적인 알루미늄 팬을 사용하면 황금색의 얇은 껍질이 생긴다. 유리, 진한 색으로 마감한 알루미늄, 도자기, 법랑 코팅 팬을 사용하면 색이 진하고 두꺼운 껍질이 생긴다. ▶ 유리와 법랑 코팅 팬을 사용한다면 오븐 온도를 14℃ 정도 낮춘다. 레시피에서 따로 언급하지 않는 한, 팬에 기름을 발라서 준비한다.

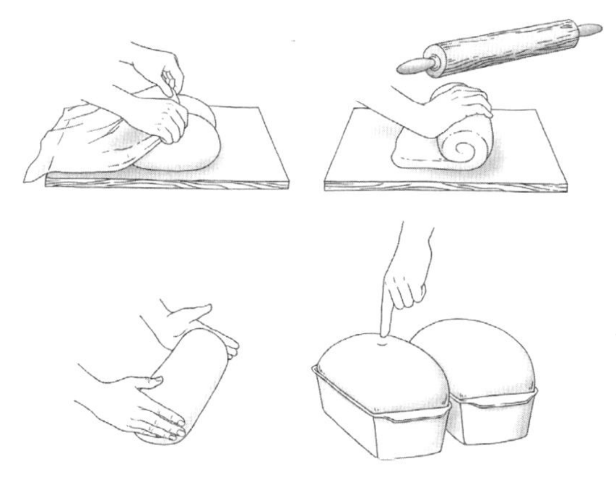

숙성을 위해 반죽 덮기, 덩어리 빵의 모양 잡기,
팬에 넣어서 굽는 빵의 성형 방법

팬에 넣어 굽기 위해 반죽의 모양을 잡으려면 분할해서 숙성한 반죽 하나를 작업대에 올려놓는다. 밀대나 손바닥으로 살짝 늘리면서 직사각형 모양으로 만든다. 직사각형의 길이가 긴 변에서 시작해 롤케이크처럼 단단하게 반죽을 굴리면서 만다. 거의 다 말았다면 반죽을 꾹 눌러서 이음매를 만들고 이음매 부분이 아래로 가도록 작업대에 올린다. 그다음 말아놓은 반죽의 양쪽에 양손을 대고 위의 왼쪽 아래 그림처럼 누르면서 기름을 바른 팬에 이음매가 아래로 가도록 반죽을 밀어 넣는다. 남는 부분은 아래쪽으로 접어 넣는다.

틀 없이 굽는 빵은 팬의 옆면이 지지대 역할을 하면서 모양을 잡아주지 않기 때문에 구운 후에도 모양이 유지되게 하려면 특히 단단하게 모양을 잡아야 한다. 따라서 틀 없이 굽는 빵의 성형은 일종의 예술이라고 해도 과언이 아니며 연습을 통해 요령을 터득해야 하는 작업이다. 결과물을 너무 엄격하게 평가하지 않도록 하자. 심지어 다년간의 경험을 갖춘 사람들도 틀 없이 빵을 구울 때는 다소 모양이 망가지기도 한다. 그것이 바로 시골풍 덩어리 빵의 매력이다.

　둥그런 덩어리 빵의 모양을 잡으려면 밀가루를 살짝 뿌린 작업대에 반죽을 올린다. 손을 둥그렇게 모아서 새끼손가락의 옆면을 작업대에 대고 반죽의 가장자리를 잡는다. ▶ 작업대에 놓인 반죽을 몸 쪽으로 잡아당기면서 덩어리의 아래쪽으로 갈 부분을 눌러 반죽 일부가 아래쪽으로 접히면서 덩어리의 표면이 팽팽해지게 한다. 한 번에 반죽을 90도씩 돌리면서 이 작업을 반복한다. 둥그런 모양이 잡히면서 표면이 매끄럽고 탱탱해질 때까지 계속 돌리며 압력을 가한다. 이 작업은 1분 정도로 짧게 끝내야 한다. 둥그렇게 형태를 잡은 반죽 덩어리에 깨끗한 헝겊을 덮어서 약 10분간 숙성한 후 ▶ 몇 번 더 돌려가면서 더욱 단단하게 모양을 잡는다. 오븐 팬 또는 빵 발효 바구니에 옮겨 담거나 레시피의 설명에 따라 진행한다.

　틀 없이 굽는 빵의 모양은 둥그런 불 외에도 수십 가지가 있지만 전부 다루기에는 지면이 부족하다. 그중에서 두 가지 모양은 간단한 프랑스 빵과 치아바타 레시피를 참고한다.

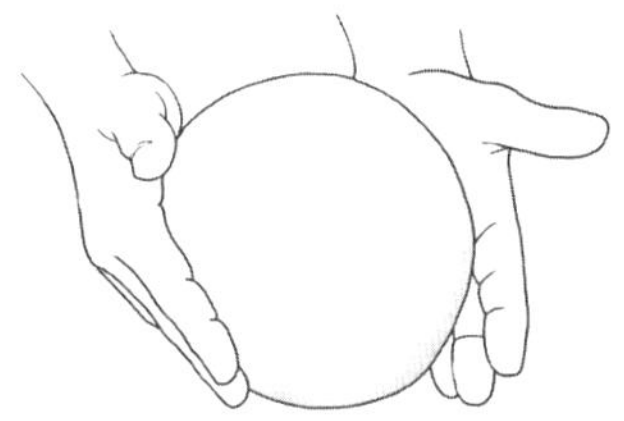

둥그런 빵의 모양 만들기

2차 발효(프루핑**Proofing** 또는 최종 부풀리기**Final Rise**)

2차 발효는 빵을 굽기 전에 마지막으로 부풀리는 과정이다. 성형 과정에서 어느 정도 손을 대고 기포가 꺼진 상태이므로 굽는 과정에서 빵의 최종 모양이 굳어지기 전에 이전의 부푼 상태로 회복될 시간이 필요하다. 샌드위치 빵을 비롯한 대다수 빵에서는 2차 발효가 45분~1시간 정도로 비교적 빨리 끝난다. 그러나 사워도처럼 훨씬 더 오래 2차 발효를 해야 하는 빵도 있다. 1차 발효와 마찬가지로 주방 온도가 너무 낮은 경우가 아니라면 굳이 반죽을 따뜻한 곳에 보관할 필요는 없다. 주변 온도가 따뜻하면 빠르게 부풀어 오르지만, 느긋하게 충분히 발효시키기 위해서는 서늘한 온도가 더욱 적합하다. 실제로 빵 반죽을 냉장고에 넣어서 발효시키는 방법을 선호하는 사람들도 있다. 물론 이렇게 하면 훨씬 시간이 오래 걸리지만 완성된 빵의 풍미는 잠깐 발효해서 구운 빵보다 훨씬 복합적이고 풍부해진다.

　반죽을 2차 발효하려면 깨끗한 헝겊으로 반죽을 덮는다. 반죽이 팬에 담겨 있다면 발효 과정에서 부풀어 오르면서 팬의 모서리 부분까지 알맞게 채워질 것이다. 빵이 부풀어 오르는 동안 오븐을 예열한다. 구울 준비가 끝나면 덩어리 반죽은 대칭 형태가 되며 ▶ 손가락 끝으로 누르면 약간의 자국이 남는다. 반죽을 너무 많이 부풀리면 맨 위쪽 껍질 아래에 공기구멍이 생기므로 과도하게 부풀리지 않도록 주의한다.

덩어리 반죽에 칼집 넣기

틀 없이 굽는 대부분의 덩어리 빵과 팬에 넣어 굽는 일부 빵의 경우, 굽기 직전에 윗면을 가로질러 얕게 잘라서 칼집을 넣는다. 칼집을 넣는 것은 빵이 부풀어 오르는 것을 돕는 동시에 모양을 내기 위함이다. 오븐에서 빵이 부풀어 오

르는 정도는 **오븐 팽창**이라고 한다. 오븐 팽창은 반죽 안에 들어 있는 물이 증기로 변하고 반죽 온도가 올라가면서 이스트의 활동이 활발해지며 이스트가 만들어낸 기체가 팽창하면서 생긴 결과다. 빵에 칼집을 넣지 않고 구우면 팽창하는 반죽의 압력 때문에 껍질이 불규칙한 모양으로 찢어지거나 최악의 경우 반죽이 단단하게 굳은 껍질 안에 갇혀 오븐 안에서 거의 부풀지 않을 수도 있다. 칼집을 넣을 때는 반죽 칼날이나 칼날이 한쪽에만 달린 면도날 또는 아주 잘 드는 칼 등을 사용할 수 있다. 일반적으로 칼집을 내는 도구를 45도 각도로 잡고 6mm~1.2cm 깊이로 반죽을 절개한다. 이러한 각도로 절개하면 껍질이 굳으면서 더 이상 부풀어 오르지 못할 때까지 최대한 반죽이 팽창할 수 있다. 칼집을 너무 깊이 넣으면 절개 부분이 무너져서 오븐 팽창이 끝나기도 전에 껍질이 굳을 수 있기 때문에 주의한다.

　둥그런 형태의 빵은 반죽 꼭대기에서 ⅔ 정도 내려온 부분에 초승달 모양의 칼집 하나를 넣을 수 있다. 또는 2.5cm 간격으로 6개의 절개선을 넣고, 기존 절개선의 직각 또는 사선 방향으로 다시 6개의 절개선을 넣어 십자 무늬를 만들 수도 있다. 또는 반죽 덩어리의 윗면에 정사각형 모양으로 4개의 절개선을 넣기도 한다. 이때 절개선의 양 끝은 서로 겹쳐야 한다. 바게트는 90도 이하의 각도가 되도록 사선으로 절개선을 넣는다. ▶ 빵의 종류나 절개선의 모양과 관계없이, 반죽의 옆면이나 끝에 절개선을 넣으면 표면 장력이 깨지면서 빵의 모양이 무너지므로 피해야 한다.

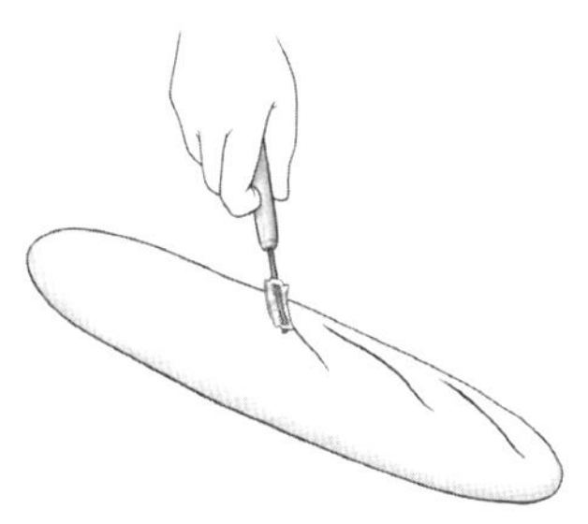

바게트에 칼집 넣기

빵 굽기에 대해

빵 만들기의 다른 모든 단계와 마찬가지로, 빵을 굽는 방식은 어떤 결과물을 원하는지 그리고 어떤 유형의 빵을 만드는지에 따라 달라진다. 예를 들어 샌드위치용 빵에는 얇고 가벼운 껍질이 알맞고 시골풍 빵에는 두껍고 바삭한 껍질이 어울리기 때문에 샌드위치 빵을 만들 때는 시골풍 빵보다 낮은 온도에서 굽는다. 세부적인 방법은 개별 레시피에서 소개한다.

　팬에 담아놓은 빵 반죽의 크기가 2배 또는 2배에 가깝게 부풀어 오르면 오븐에 구울 준비가 된 것이다. 빵 하나를 굽는다면 예열해둔 오븐의 가운데에 놓고 굽는다. 2개를 굽는다면 팬 2개를 나란히 놓고 굽는다. 2개 이상을 굽는다면 굽는 도중에 가끔 위아래의 받침대를 바꿔 끼우고 팬의 앞뒤를 돌려서 골고루 갈색으로 구워지도록 한다.(오븐에 빵 반죽을 넣는 올바른 위치에 대한 그림은 1131쪽을 참고한다.)

　오븐 안의 온도와 습도를 조절하는 것은 빵을 성공적으로 굽는 데 필수적인 요소다. 대다수 오븐의 표면은 열을 잘 보존하지 못하는 얇은 금속판으로 이루어져 있다. 따라서 오븐의 문을 열 때마다 온도가 급격하게 떨어지면서 빵을 굽는 과정에도 방해를 받게 된다. 오븐 받침대에 제빵용 돌판이나 철판을 올려놓으면 온도를 조절하는 데 도움이 된다. 돌판이나 철판을 데우려면 시간

이 오래 걸리므로 빵을 굽기 최소한 45분 전에 오븐을 예열하자.

틀 없이 굽는 빵 반죽의 2차 발효가 끝나면 발효 바구니에서 꺼내서 이음매 부분이 아래로 가도록 밀가루 또는 옥수숫가루를 골고루 얇게 뿌린 오븐 팬이나 제빵용 삽(baker's peel)에 얹는다. 오븐 팬이나 제빵용 돌판 위에 하나 이상의 반죽을 올린다면 굽는 동안 반죽이 50% 정도 팽창한다는 사실을 염두에 두고 반죽 사이에 빵 덩어리 하나가 들어갈 만큼 공간을 충분히 확보하자.

수분은 틀 없이 굽는 빵의 껍질이 너무 빨리 굳는 것을 방지함으로써 오븐 팽창을 촉진한다. 제빵 전용 오븐에는 증기 주입기가 달려 있지만, 가정에서는 팬에 약간의 물을 부어서 비슷한 효과를 낼 수 있다. 예열하기 전에 묵직한 팬을 오븐의 바닥이나 가장 아래쪽 받침대에 놓는다. 빵 반죽을 오븐에 넣은 직후 뜨거운 물 1컵을 팬에 붓는다. 물이 뜨거운 팬에 떨어지는 순간 지글지글 소리가 나면서 대량의 수증기가 올라와야 한다. 최대한 빨리 오븐을 닫아 증기를 오븐 안에 가둔다.

증기를 가두는 또 다른 방법은 더치오븐이나 콤보 쿠커에 담아서 굽는 것이다. 이 방법은 둥근 모양의 빵을 구울 때만 사용할 수 있지만 결과는 훌륭하다. 더치오븐이나 콤보 쿠커를 오븐에 넣고 30분 이상 예열한다. 빵 반죽을 조심스럽게 더치오븐이나 콤보 쿠커의 프라이팬 부분에 올려놓고 더치오븐의 뚜껑 또는 콤보 쿠커의 깊은 냄비 부분을 덮은 후 오븐에 넣는다. 처음 절반 정도는 뚜껑을 덮은 상태에서 구우므로 내부의 증기가 보존되고 껍질의 형성을 막아 오븐 팽창이 최대한으로 일어난다. 그다음 뚜껑이나 윗부분을 열고 나머지 절반 정도의 시간 동안 구우면 껍질이 굳으면서 노릇노릇하게 익는다.

일부 빵 레시피에서는 갈색으로 익는 과정을 촉진하거나 껍질에 광택을 내기 위해 다 구워지기 전에 액체 재료를 바르는 '워시(washed)' 과정을 거친다. 우유를 반죽에 넣거나 거의 다 구워졌을 때 솔로 발라주면 전체적으로 먹음직스러운 갈색을 띠는 빵이 완성된다. 다 구워지기 5~10분 전에 크림이나 버터를 솔로 발라도 맛있는 색의 빵이 탄생한다. 광택이 있는 황금색 껍질을 선호한다면 거의 다 구워졌을 때 달걀물을 바른다. 이때 달걀물의 비율은 달걀노른자 1개에 물 또는 우유를 1큰술 넣은 후 탁탁 치면서 풀어서 사용한다.

빵 중에는 참깨나 포피시드 등의 씨앗으로 장식하는 것들도 있다. 씨앗은 반죽에 우유, 달걀물 또는 물을 바른 후 다시 오븐에 넣기 전에 얹는다. 샌드위치 빵의 껍질을 부드럽게 유지하려면 다 구운 후 팬에서 꺼낸 빵의 껍질에 녹인 버터 또는 말랑하게 만든 버터를 바르고 깨끗한 헝겊으로 덮어둔다.

빵이 다 구워졌는지 확인하기

빵이 다 구워졌는지 확인하는 가장 손쉬운 방법은 조리용 온도계를 빵의 중심부에 찔러보는 것이다. 샌드위치 빵이나 다양한 재료를 넣은 부드러운 빵은 85~88℃에 도달해야 한다. 바삭한 시골풍 빵은 93℃ 이상이어야 다 구워진 것이다. 팬에 담아 구운 빵은 거의 다 완성되면 부피가 줄어들면서 팬의 옆면에 틈이 생긴다. 오랫동안 많은 사람이 구운 정도를 확인하는 데 사용해온 또 하나의 방법은 구워진 빵의 바닥을 손가락으로 두드려보는 것이다. 빵에서 텅 비어 있는 소리가 나면 다 익은 것이다. 아직 다 구워지지 않았다면 팬에 담긴 상태 또는 팬에서 꺼낸 상태로 다시 오븐에 넣어 몇 분 정도 더 굽는다.

이 기준의 예외는 발효종으로 만든 시골풍 빵처럼 조직이 치밀하고 수분 함량이 높은 빵으로, 스펀지 발효종으로 만든 호밀 빵, 사워도 호밀 빵 등이 여기에 해당한다. 이러한 빵은 겉으로 다 익은 것처럼 보이고 손가락으로 두드렸을 때 비어 있는 소리가 나더라도 내부 온도가 99℃에 도달할 때까지 구워야 수분

이 증발해 바사삭 소리를 내면서 부서지는 껍질이 완성된다. ▶ 오븐을 끄고 빵을 10분간 더 오븐에 둔다. 이렇게 식히면서 마무리하면 너무 오래 굽거나 태울 염려 없이 빵의 수분을 날릴 수 있다.

빵 식히기 및 보관하기

빵이 다 구워지면 즉시 팬에서 꺼낸 후 철망 받침대에 올려둔다. 바삭한 시골풍 빵은 식으면서 '노래'를 부르기 마련이다. 갓 구운 빵에 귀를 갖다 대고 바삭거리는 작은 소리를 들어보자. ▶ 빵을 완전히 식힌 다음에 포장하거나 보관하거나 냉동해야 한다. 빵에서 온기가 전혀 느껴지지 않아야 한다. 아직 따뜻한 기운이 있을 때 포장하면 응결된 수증기 때문에 곰팡이가 생길 수도 있다. ▶ 오븐에서 꺼내 최소 20분 이상 지난 후 빵을 썰어야 하고, 가능하면 1시간 정도 기다렸다가 써는 것이 좋다.(롤빵이나 크기가 작은 빵이라면 기다리는 시간은 줄어든다.) 빵은 언제나 내부 온도가 29℃ 이하에 도달할 때까지 식힌 후에 먹어야 맛이 더 좋다.

빵을 종이봉투에 보관하는 것을 '바람직한 보관법'으로 간주하기는 하지만, 우리 집에서는 비닐봉지에 빵을 넣어두는 경우가 많다. 식구가 둘뿐이기 때문에 큼직한 빵을 종이봉투에 보관하면 딱딱하게 굳어버리기 전에 도저히 다 먹을 수가 없다. 비닐봉지에 넣어두면 껍질이 약간 눅눅해지지만 보통 빵을 먹기 전에 다시 가볍게 굽기 때문에 눅눅한 껍질은 큰 문제가 되지 않는다. 종이봉투든 비닐봉지든 각각 장단점은 있다. 빵 보관용 상자, 공기가 통하는 서랍 또는 밀봉하지 않은 종이봉투에 보관한 빵은 3~5일 정도 신선한 상태를 유지하지만, 그 이후에는 점점 더 묵은 맛이 난다.(빵 보관용 상자와 서랍은 주기적으로 순한 베이킹소다 또는 표백 용액으로 닦아서 곰팡이 포자를 제거해야 한다.) 비닐봉지에 담거나 비닐랩으로 감싸서 보관한 빵은 그보다 신선함이 오래 유지되지만 껍질이 눅눅해진다. ▶ 빵을 냉장고에 넣으면 말라버린다. 빵을 오랫동안 보관하려는 경우, 비닐랩으로 단단하게 감싼 덩어리 빵을 냉동실에 넣으면 최대 3개월 정도 보관할 수 있다. ▶ 냉동 보관했던 빵은 일단 해동하면 금세 묵은 맛이 나기 때문에 당일에 먹을 수 있는 만큼만 꺼내서 해동한다. 냉동한 빵은 물을 살짝 뿌리고 포일로 헐렁하게 감싸서 175℃의 오븐에 넣어 따뜻해질 때까지 데우면 금세 말랑말랑해진다. 묵은 빵의 몇 가지 활용 방법은 먹다 남은 빵 활용법에 대해 항목을 참고한다.

▲높은 고도에서 빵 굽기

고도가 높은 곳에서는 활성 건조 이스트를 레시피에 기재된 분량의 ¾만 사용한다. 인스턴트 이스트나 간편 팽창 이스트를 넣으면 빵이 너무 빨리 부풀어오르면서 풍미와 식감이 나빠지므로 사용을 피한다. 해수면 고도에서 빵을 구울 때는 상관없지만 고도가 높은 곳에서는 낮은 기압 때문에 이스트가 급격히 팽창하므로 제대로 된 빵이 나오기 힘들다. 또는 반죽을 냉장고에 넣어 1차 발효함으로써 팽창 속도를 늦추고 풍미가 다소 천천히 발현되도록 하는 것도 하나의 방법이다.

고도 1500m 이상의 지역에서 흰 빵을 비롯한 몇 가지 빵을 구울 때는 해수면 고도에서 구울 때보다 오븐 온도를 14℃ 정도 높이면 좋다. 고도가 높은 지역에서 빵을 구울 때는 낮은 지역과 비슷한 정도의 시간 또는 약간 더 오랜 시간이 걸린다. 고도 3000m의 지역이라면 오븐을 14~28℃ 정도 높여서 예열한 후 빵 반죽을 오븐에 넣을 때 오븐 온도를 14℃ 이상(또는 레시피에 기재된 온도로) 낮춰주면 오븐 팽창이 더욱 활발하게 일어난다.

흰 빵

23×12.5cm 크기의 덩어리 빵 2개

흰 속살을 맛있게 즐길 수 있는 이 흰 빵이 『조이 오브 쿠킹』에 처음 등장한 것은 1931년이다. 균일한 결을 가진 다용도 빵으로 쉽게 묵은내가 나지 않으며 얇게 잘라 샌드위치를 만들기에도 좋다. 선택 재료인 달걀을 넣으면 더 진한 황금색을 띤 영양 만점의 빵이 된다. **흰 영양 빵**(Rich White Bread)을 만든다면 물 대신 우유 1컵(235g)을 사용하고 달걀을 추가하며 설탕의 양을 ⅓컵(65g)으로 늘린다.

중간 크기의 그릇에 다음을 넣고 잘 저어서 섞는다.

미지근한(27~32℃) 우유 1컵(235g)

미지근한(27~32℃) 물 1¼컵(295g)

설탕 2큰술(25g) 또는 꿀 2큰술(40g)

버터 2큰술(30g), 녹이기

활성 건조 이스트 1봉지(2¼작은술)

커다란 그릇 또는 반죽용 날을 끼운 반죽기 용기에 다음을 넣는다.

중력분 6컵(750g)

소금 1큰술

미지근한 물과 우유 혼합물을 밀가루에 넣되, 상황에 따라 다음을 추가한다.

(대란 2개, 잘 풀어두기)

반죽이 너무 끈적하면 밀가루 최대 ½컵을 추가하면서 적당히 섞일 때까지만 젓는다. 뚜껑을 덮고 15~30분간 반죽을 숙성시킨다.

작업대에 밀가루를 소량 뿌리고 반죽을 올려서 손으로 치대거나 반죽기에 넣고 중저속으로 작동시키면서 반죽이 매끄럽고 탱탱해질 때까지 10분 정도 치댄다. 이때 필요하면 밀가루를 적당히 추가한다. 기름을 바른 그릇에 반죽을 옮겨 담고 한 번 뒤집어서 기름을 골고루 묻힌다. 뚜껑을 덮고 따뜻한 곳(24~29℃)에서 부피가 2배로 부풀 때까지 1시간 이상 1차 발효한다.

23×12.5cm 크기의 로프 팬 2개에 기름을 바른다. 반죽을 반으로 나누고 굽기 편하도록 두 덩어리로 성형해 각각 팬에 넣는다. 기름을 바른 비닐랩으로 덮어서 반죽의 부피가 거의 2배가 될 때까지 1시간~1시간 반 정도 2차 발효한다.

반죽이 부풀어 오르는 동안 오븐을 230℃로 예열한다. 빵을 10분간 굽는다. 오븐 온도를 175℃로 낮춘 후 껍질이 노릇노릇해지고 바닥을 두드렸을 때 비어 있는 소리가 나도록 30분 정도 더 굽는다. 다 구워지면 즉시 팬에서 빵을 꺼내 철망 받침대에 올려놓고 완전히 식힌다.

통밀 샌드위치 빵

23×12.5cm 크기의 덩어리 빵 2개

통밀가루 2컵(260g), 중력분 4컵(500g), 물 1½컵(355g)을 사용해 **위의 흰 빵** 레시피대로 만든다.

발아 통밀 빵

발아 통밀, 대두, 렌틸콩, 통밀 또는 병아리콩 2컵을 푸드 프로세서에 넣어 굵게 간다. **통밀가루 2컵(260g), 중력분 4컵(500g), 활성 건조 이스트 2봉지**(1½큰술)를 사용해 **위의 흰 빵** 레시피대로 만든다. 굵게 간 발아 곡물을 액체 재료와 함께 밀가루에 넣고 레시피대로 조리한다.

계피 건포도 빵

23×12.5cm 크기의 덩어리 빵 2개

다음을 위한 반죽을 준비한다.

흰 영양 빵, 1차 발효까지 진행

반죽이 부풀어 오르는 동안 작은 편수 냄비에 다음을 넣고 물에 1.2cm 이상 잠기도록 찬물을 넉넉히 붓는다.

일반 건포도 또는 노란색 건포도 1½컵

부르르 끓어오르도록 가열한 후 물을 따라내고 식힌다. 작은 그릇에 다음을 넣고 섞는다.

설탕 ½컵(100g)

계핏가루 2큰술

23×12.5cm 크기의 로프 팬에 기름을 바른다. 반죽을 반으로 나눈다. 밀대로 반죽을 얇게 밀어서 두께 약 1.2cm, 20×46cm 크기의 직사각형 2장을 만든다. 반죽 표면에 솔로 다음을 바른다.

버터 1큰술, 녹이기

계피를 섞은 설탕을 4작은술만 남기고 직사각형의 반죽 위에 전부 훌훌 뿌린 후 반죽의 표면에 건포도를 골고루 펴서 얹는다. 직사각형의 길이가 짧은 변에서 시작해 반죽을 굴리면서 롤케이크처럼 단단하게 만든다. 끝까지 말아서 이음매 부분을 꾹 눌러 반죽에 붙인다. 이음매 쪽이 아래로 가도록 반죽을 팬에 넣는다. 기름을 바른 비닐랩으로 느슨히 덮은 다음 반죽의 부피가 거의 2배가 될 때까지 1시간~1시간 반 정도 2차 발효한다.

반죽이 부풀어 오르는 동안 오븐을 190℃로 예열한다. 다음을 잘 섞어서 솔로 반죽 위에 바른다.

대란 1개

소금 1자밤

남겨둔 계피 설탕을 반죽 위에 훌훌 뿌린다. 껍질이 황금빛 도는 진한 갈색이 되면서 바닥을 두드렸을 때 비어 있는 소리가 나도록 40~45분 정도 굽는다. 다 구워지면 즉시 팬에서 꺼낸 후 철망 받침대에 올려놓는다. 빵이 아직 뜨거울 때 윗면에 솔로 다음을 바른다.

버터 4작은술, 녹이기

완전히 식힌다.

피미엔토 치즈 빵

둥근 모양의 큼직한 덩어리 빵 1개

이 레시피를 응용하려면 타임이나 마저럼 등의 다진 생허브나 말린 허브, 다진 쪽파, 굵게 썬 녹색 올리브를 반죽에 넣어서 굽는다.

커다란 그릇 또는 주걱 모양의 날을 끼운 반죽기 용기에 다음을 넣고 섞는다.

실온(21~24℃) 상태의 버터밀크 ¾컵(185g)

버터 2큰술(30g), 녹이기

설탕 1큰술(10g)

소금 1½작은술

(굵게 간 흑후추 1작은술)

작은 그릇에 다음을 넣고 섞은 후 이스트가 녹을 때까지 5분 정도 둔다.

따뜻한(41~46℃) 물 ¼컵(60g)

활성 건조 이스트 1봉지(2¼작은술)

물에 녹인 이스트를 버터밀크 혼합물에 넣고 젓는다. 다음을 넣고 매끄럽게 잘 섞일 때까지 젓는다.

대란 1개

잘게 썬 장기 숙성 체더 치즈 ¾컵(85g)

굵게 썬 피미엔토 고추 병조림 60g짜리 1개, 물기를 제거하기

다음을 넣고 섞는다. 스탠드 반죽기를 사용할 경우 저속으로 작동시킨다.

제빵용 밀가루 1½컵(200g)

반죽기를 사용한다면 주걱 모양의 날을 빼고 반죽용 날을 끼운다. 다음을 넣고 반죽이 그릇에서 저절로 떨어질 때까지 계속 젓는다.

중력분 1~1½컵(125~190g)

반죽을 손으로 치대거나 반죽기에 넣고 중저속으로 작동시키면서 반죽이 매끄럽고 탱탱해질 때까지 10분 정도 치댄다. 기름을 바른 그릇에 반죽을 옮겨 담고 한 번 뒤집어서 기름을 골고루 묻힌다. 뚜껑을 덮고 따뜻한 곳(24~29℃)에서 부피가 2배로 부풀 때까지 1시간 정도 1차 발효한다.

둥그런 모양으로 성형한다. 취향에 따라 모양을 잡은 빵에 다음을 뿌린다.

(잘게 썬 장기 숙성 체더 치즈 ½컵[55g])

기름을 살짝 바른 비닐랩으로 덮은 다음 반죽의 부피가 거의 2배가 될 때까지 45분~1시간 반 정도 2차 발효한다.

반죽이 부풀어 오르는 동안 오븐을 190℃로 예열한다.

반죽에 치즈를 뿌리지 않았다면 솔로 다음을 바른다.

녹인 버터

껍질이 노릇해지고 바닥을 두드려보면 비어 있는 소리가 날 때까지 35~40분 정도 굽는다. 다 구워지면 철망 받침대에 올려 완전히 식힌다.

딜을 넣어 구운 덩어리 빵

23×12.5cm 크기의 덩어리 빵 1개

딜이 점점이 박혀 있는 이 덩어리 빵은 크림치즈를 바르거나 오이를 얹어서 먹으면 기가 막히게 어울리지만 가염 버터를 곁들여도 무척 맛있다. 반죽이 상당히 끈적거리므로 반죽기로 만들면 가장 편리한데, 밀가루를 ¼컵 정도 추가하면 손으로도 치대서 마무리할 수 있다.

커다란 그릇 또는 주걱 모양의 날을 끼운 반죽기 용기에 다음을 넣고 섞는다.

중력분 3컵(375g)

잘게 썬 쪽파 ½컵

굵게 썬 딜 ½컵

인스턴트 이스트 1봉지(2¼작은술)

소금 1작은술

재료가 어우러지도록 잠깐 섞는다. 다음을 추가한다.

코티지 치즈 1컵(235g)

물 또는 버터밀크 ½컵(120g)

대란 1개

올리브유 2큰술(25g)

반죽기를 사용한다면 저속으로 맞추고 반죽이 하나로 뭉칠 때까지 섞는다. 주걱 모양의 날을 빼고 반죽용 날을 끼운다. 반죽을 손으로 치대거나 반죽기에 넣고 중저속으로 작동시키면서 반죽이 매끄럽고 탱탱해질 때까지 10분 정도 치댄다. 기름을 바른 그릇에 반죽을 옮겨 담고 한 번 뒤집어서 기름을 골고루 묻힌다. 뚜껑을 덮고 따뜻한 곳(24~29℃)에서 부피가 2배로 부풀 때까지 1시간~1시간 반 정도 1차 발효한다.

23×12.5cm 크기의 로프 팬에 기름을 바른다. 팬에 넣어 굽기 편하도록 반죽을 성형해 이음매 쪽이 아래로 가도록 팬에 넣는다. 기름을 바른 비닐랩으로 덮은 다음 따뜻한 곳(24~29℃)에서 반죽의 부피가 거의 2배가 될 때까지 1시간 정도 2차 발효한다.

반죽이 부풀어 오르는 동안 오븐을 175℃로 예열한다.

취향에 따라 빵의 윗면에 다음을 바른다.

(달걀 1개, 살짝 풀어두기 또는 버터 1큰술, 녹이기)

다음을 살짝 뿌린다.

(박편형 바닷소금 ½작은술)

껍질이 황금빛 도는 진한 갈색이 되고 바닥을 두드렸을 때 비어 있는 소리가 나도록 35~40분 정도 굽는다. 다 구워지면 즉시 팬에서 빵을 꺼내 철망 받침대에 올려놓고 완전히 식힌다.

100% 통밀 빵 코케뉴

23×12.5cm 크기의 덩어리 빵 2개

일반 밀가루를 섞어서 구운 빵보다 묵직하고 질감이 거칠지만, 맛만큼은 보장한다.

커다란 그릇 또는 주걱 모양의 날을 끼운 반죽기 용기에 다음을 넣고 섞는다.

통밀가루 6컵(785g)

가루 분유 ½컵(45g)

활성 건조 이스트 1봉지(2¼작은술)

다음을 넣고 섞는다.

따뜻한(41~46℃) 물 또는 우유 2¼컵(530g)

당밀 또는 꿀 ¼컵(85g)

버터 2큰술(30g), 녹이기

소금 1큰술

필요하면 약간의 밀가루나 액체 재료를 넣어가면서 반죽이 하나로 뭉치기 시작할 때까지 잠깐 섞는다. 뚜껑을 덮어서 최소 15분, 최대 30분 동안 반죽을 숙성시킨다.

반죽기를 사용한다면 주걱 모양의 날을 빼고 반죽용 날을 끼운다. 반죽을 손으로 치대거나 반죽기에 넣고 중저속으로 작동시키면서 반죽이 매끄럽고 탱탱해질 때까지 10분 정도 치댄다. 기름을 바른 그릇에 반죽을 옮겨 담고 한 번 뒤집어서 기름을 골고루 묻힌다. 뚜껑을 덮고 따뜻한 곳(24~29℃)에서 부피가 2배로 부풀 때까지 1시간 반 정도 1차 발효한다.

23×12.5cm 크기의 로프 팬 2개에 기름을 바른다. 반죽을 반으로 나누고 굽기 편하도록 두 덩어리로 성형해 각각 팬에 넣는다. 기름을 바른 비닐랩으로 느슨히 덮어서 부피가 거의 2배가 될 때까지 1시간 정도 2차 발효한다.

반죽이 부풀어 오르는 동안 오븐을 175℃로 예열한다. 껍질이 황금빛 도는 진한 갈색이 되고 바닥을 두드려보면 비어 있는 소리가 나면서 내부 온도가 96℃에 도달할 때까지 45분 정도 굽는다. 다 구워지면 즉시 팬에서 꺼내 철망 받침대에 올려놓고 완전히 식힌다.

림파(Limpa, 스웨덴식 호밀 빵)

23cm 크기의 원형 또는 타원형 덩어리 빵 2개

약간 단맛이 감도는 이 빵의 반죽은 매우 끈적거리므로 반죽기가 있다면 사용하자. 우리는 푸짐한 이 빵을 얇게 잘라서 구운 후 예토스트(gjetost)라고 하는

독특하고 맛있는 노르웨이산 브라운 치즈를 얹어서 즐긴다.

커다란 그릇 또는 주걱 모양의 날을 끼운 반죽기 용기에 다음을 넣고 섞는다.

　따뜻한(41~46℃) 물 1½컵(355g)

　설탕 ⅓컵(65g)

　당밀 ¼컵(85g)

　오렌지 1개의 껍질, 강판에 곱게 갈기

　회향씨 1큰술

　캐러웨이씨 1큰술

　활성 건조 이스트 1봉지(2¼작은술)

　소금 2작은술

다음을 넣고 반죽이 매끄러워질 때까지 섞는다.

　진한 색의 호밀가루 2½컵(300g)

다음을 넣는다.

　중력분 2½컵(315g)

밀가루 넣고 손으로 치대거나 반죽기를 저속으로 작동시켜서 반죽이 하나로 뭉치기 시작할 때까지 섞는다. 뚜껑을 덮어서 최소 15분, 최대 30분 동안 반죽을 숙성시킨다.

　반죽기를 사용한다면 주걱 모양의 날을 빼고 반죽용 날을 끼운다. 밀가루를 소량 뿌린 작업대에 반죽을 올려놓고 손으로 치대거나 반죽기에 넣고 중저속으로 작동시키면서 반죽이 매끄럽고 탱탱해질 때까지 8~10분 정도 치댄다. 기름을 바른 그릇에 반죽을 옮겨 담고 한 번 뒤집어서 기름을 골고루 묻힌다. 뚜껑을 덮고 부피가 2배로 부풀 때까지 1시간 반~2시간 정도 1차 발효한다. 오븐 팬에 기름을 살짝 바르고 다음을 가볍게 뿌린다.

　옥수숫가루

반죽을 반으로 나눈다. 두 덩어리를 각각 둥그런 모양으로 성형해 기름을 발라둔 오븐 팬에 올린다. 헝겊이나 기름을 바른 비닐랩으로 느슨히 덮어서 충분히 부풀어 오르고 손가락 끝으로 찔러보면 자국이 남을 때까지 1시간 반 정도 2차 발효한다.

　반죽이 부풀어 오르는 동안 오븐을 190℃로 예열한다. 잘 드는 칼이나 반죽 칼날을 사용해 반죽의 윗면에 사선으로 칼집을 3개씩 넣는다. 껍질이 굳으면서 내부 온도가 96℃에 도달할 때까지 40~50분 정도 굽는다. 오븐을 끈 상태로 오븐 안에 10분간 더 둔다. 빵을 꺼내 철망 받침대에 올려놓고 완전히 식힌 후 슬라이스 형태로 자른다. 다음을 곁들여 낸다.

　가염 버터와 잼

파쇄 밀을 넣은 통밀 빵

23×12.5cm 크기의 덩어리 빵 2개

중간 크기의 그릇에 다음을 넣는다.

　고운 벌거 1컵(155g)

그 위에 다음을 붓는다.

　곡물이 잠길락 말락 할 정도의 끓는 물

뚜껑을 덮어서 10분간 부드러워지도록 불린다. 곡물이 물을 전부 빨아들이지 않았다면 남은 물을 따라낸다. 다음을 넣고 젓는다.

　우유 1컵(235g)

　설탕 3큰술(35g) 또는 꿀 3큰술(65g)

　식물성 기름 2큰술(25g) 또는 버터 2큰술(30g), 녹이기

　당밀 1큰술(20g)

　소금 1큰술

식힌다. 그동안 커다란 그릇 또는 주걱 모양의 날을 끼운 반죽기 용기에 다음을 넣고 잘 섞는다.

　중력분 4컵(500g)

　통밀가루 2컵(260g)

　활성 건조 이스트 2봉지(1½큰술)

불린 벌거를 밀가루 혼합물에 넣고 반죽이 하나로 뭉치기 시작할 때까지 섞는다. 뚜껑을 덮어서 20분 동안 반죽을 숙성시킨다.

　반죽기를 사용한다면 주걱 모양의 날을 빼고 반죽용 날을 끼운다. 밀가루를 소량 뿌린 작업대에 반죽을 올려놓고 손으로 치대거나 반죽기에 넣고 중저속으로 작동시키면서 반죽이 매끄럽고 탱탱해질 때까지 10분 정도 치댄다. 기름을 바른 그릇에 반죽을 옮겨 담고 한 번 뒤집어서 기름을 골고루 묻힌다. 뚜껑을 덮고 따뜻한 곳(24~29℃)에서 부피가 2배로 부풀 때까지 1시간 정도 1차 발효한다.

　23×12.5cm 크기의 로프 팬 2개에 기름을 바른다. 반죽을 반으로 나누고 팬에 넣어 굽기 편하도록 두 덩어리로 성형한다. 반죽을 팬에 넣고 기름을 바른 비닐랩으로 느슨히 덮어서 부피가 2배로 부풀 때까지 45분 정도 2차 발효한다.

　반죽이 부풀어 오르는 동안 오븐을 175℃로 예열한다. 껍질이 노릇노릇해지고 바닥을 두드려보면 비어 있는 소리가 나면서 내부 온도가 96℃에 도달할 때까지 35~40분 정도 굽는다. 다 구워지면 즉시 팬에서 꺼내 철망 받침대에 올려놓고 완전히 식힌다.

귀리 빵 코케뉴

23×12.5cm 크기의 덩어리 빵 2개

커다란 그릇 또는 주걱 모양의 날을 끼운 반죽기 용기에 다음을 넣고 섞는다.

　따뜻한(41~46℃) 우유 2컵(470g)

　전통식 납작귀리 1컵(100g)

　대란 2개, 살짝 풀어두기

　갈색 설탕, 꾹 눌러 담아 ½컵(115g)

　식물성 기름 ¼컵(50g)

　소금 2작은술

다음을 넣고 모든 재료가 적당히 섞일 때까지만 젓는다.

　중력분 3컵(375g)

　통밀가루 2컵(260g) 또는 색이 진한 호밀가루 2컵(240g)

　콩가루 1컵(110g)

　밀 배아 ¼~½컵(20~40g)

　활성 건조 이스트 2봉지(1½큰술)

뚜껑을 덮고 15~30분간 숙성시킨다.

　반죽기에서 주걱 모양의 날을 빼고 반죽용 날을 끼운다. 밀가루를 소량 뿌린 작업대에 반죽을 올려놓고 손으로 치대거나 반죽기에 넣고 중저속으로 작동시키면서 반죽이 매끄럽고 탱탱해질 때까지 10분 정도 치댄다. 기름을 바른 그릇에 반죽을 옮겨 담고 한 번 뒤집어서 기름을 골고루 묻힌다. 뚜껑을 덮고 따뜻한 곳(24~29℃)에서 부피가 2배로 부풀 때까지 1시간 정도 1차 발효한다.

　23×12.5cm 크기의 로프 팬 2개에 기름을 바른다. 반죽을 반으로 나누고 팬에 넣어 굽기 편하도록 두 덩어리로 성형한다. 반죽을 팬에 넣고 기름을 바른

비닐랩으로 느슨히 덮어서 부피가 거의 2배로 부풀 때까지 45분 정도 2차 발효한다.

반죽이 부풀어 오르는 동안 오븐을 175℃로 예열한다. 빵의 윗면에 솔로 다음을 바른다.

　달걀 1개, 소금 1자밤을 넣어 살짝 풀어두기

취향에 따라 다음을 홀홀 뿌린다.

　(전통식 납작귀리 2큰술)

껍질이 노릇노릇해지고 바닥을 두드려보면 비어 있는 소리가 나면서 내부 온도가 96℃에 도달할 때까지 1시간 정도 굽는다. 다 구워지면 즉시 팬에서 꺼내 철망 받침대에 올려놓고 완전히 식힌다.

길쭉한 잉글리시 머핀

23×12.5cm 크기의 덩어리 빵 1개

다음의 반죽을 준비한다.

　잉글리시 머핀, 1차 발효까지 진행

23×12.5cm 크기의 로프 팬에 기름을 바르고 다음을 소량 뿌린다.

　옥수숫가루

반죽을 팬에 담고(팬에 담기 좋은 모양으로 성형할 필요는 없다.) 기름을 바른 비닐랩으로 덮는다. 더 깊은 풍미를 원한다면 8~12시간 정도 냉장고에 넣어두거나 따뜻한 곳(24~29℃)에 두고 반죽이 팬에 가득 차면서 가볍고 폭신폭신해질 때까지 30~45분간 2차 발효한다.

반죽이 부풀어 오르는 동안 오븐을 200℃로 예열한다. 껍질이 노릇노릇해지고 내부 온도가 90℃에 도달할 때까지 25분 정도 굽는다. 다 구워지면 즉시 팬에서 꺼내 철망 받침대에 올려놓고 완전히 식힌다.

버터밀크 감자 빵

23×12.5cm 크기의 덩어리 빵 2개

이 반죽은 롤빵을 만들 때도 사용할 수 있다.(성형 방법은 이스트 롤빵에 대해 항목을 참고한다.)

다음을 준비한다.

　포테이토 라이서 또는 다른 도구로 으깬 갓 삶은 러셋 감자 ¾컵

온기가 남아 있는 으깬 감자를 커다란 그릇 또는 주걱 모양의 날을 끼운 반죽기 용기에 넣고 다음을 넣어 잘 섞는다.

　무염 버터 스틱 1개(115g), 아주 말랑하게 녹이기

다음을 넣고 잘 섞는다.

　실온(21~24℃) 상태의 버터밀크 2컵(485g)

　활성 건조 이스트 2봉지(1½큰술)

　대란 2개, 살짝 풀어두기

　설탕 2큰술(25g)

　소금 2½작은술

반죽기에서 주걱 모양의 날을 빼고 반죽용 날을 끼운 후 다음을 조금씩 넣으면서 반죽이 촉촉하지만 끈적거리지 않을 때까지 젓는다.

　제빵용 밀가루 6¼~6½컵(820~855g)

뚜껑을 덮고 15~30분간 반죽을 숙성시킨다.

밀가루를 소량 뿌린 작업대에 반죽을 올려놓고 손으로 치대거나 반죽기에 넣고 중저속으로 작동시키면서 반죽이 매끄럽고 탱탱해질 때까지 10분 정도 치댄다. 기름을 바른 그릇에 반죽을 옮겨 담고 한 번 뒤집어서 기름을 골고루 묻힌다. 뚜껑을 덮고 따뜻한 곳(24~29℃)에서 부피가 2배로 부풀 때까지 1시간~1시간 반 정도 1차 발효한다.

23×12.5cm 크기의 로프 팬 2개에 기름을 바른다. 반죽을 반으로 나누고 팬에 넣어 굽기 편하도록 두 덩어리로 성형한다. 반죽을 팬에 넣고 기름을 바른 비닐랩으로 느슨히 덮어서 부피가 거의 2배로 부풀 때까지 1시간 정도 2차 발효한다.

반죽이 부풀어 오르는 동안 오븐을 190℃로 예열한다. 빵의 윗면에 솔로 다음을 바른다.

　달걀 1개, 소금 1자밤을 넣어 살짝 풀어두기

취향에 따라 다음을 홀홀 뿌린다.

　(포피시드 1큰술)

껍질이 노릇노릇해지고 바닥을 두드려보면 비어 있는 소리가 나면서 내부 온도가 96℃에 도달할 때까지 45분 정도 굽는다. 다 구워지면 즉시 팬에서 꺼내 철망 받침대에 올려놓고 완전히 식힌다.

찰라(Challah)

꽈배기 모양의 덩어리 빵 1개

전통적으로 유대인이 안식일에 먹는 달걀 빵으로, 브리오슈와 비슷하다.

커다란 그릇 또는 주걱 모양의 날을 끼운 반죽기 용기에 다음을 넣고 섞는다.

　따뜻한(41~46℃) 물 ½컵(120g)

　제빵용 밀가루 ½컵(65g)

　대란 2개, 살짝 풀어두기

　대란 노른자 2개, 살짝 풀어두기

　식물성 기름 3큰술(40g)

　설탕 3큰술(35g)

　활성 건조 이스트 1봉지(2¼작은술)

　소금 1¼작은술

모든 재료가 완전히 섞일 때까지 손으로 섞거나 반죽기를 저속으로 작동시킨다. 다음을 조금씩 넣으면서 섞는다.

　제빵용 밀가루 2½컵(330g)

반죽이 한 덩어리가 될 때까지 섞는다. 뚜껑을 덮고 15~30분간 반죽을 숙성시킨다.

반죽기에서 주걱 모양의 날을 빼고 반죽용 날을 끼운다. 밀가루를 소량 뿌린 작업대에 반죽을 올려놓고 손으로 치대거나 반죽기에 넣고 중저속으로 작동시키면서 반죽이 매끄럽고 탱탱해질 때까지 8~10분 정도 치댄다. 기름을 바른 그릇에 반죽을 옮겨 담고 한 번 뒤집어서 기름을 골고루 묻힌다. 뚜껑을 덮고 따뜻한 곳(24~29℃)에서 부피가 2배로 부풀 때까지 1시간~1시간 반 정도 1차 발효한다.

부풀어 오른 반죽을 살짝 치댄 후 다시 그릇에 담는다. 뚜껑을 덮고 냉장고에 넣어 부피가 거의 2배가 될 때까지(75% 정도 부풀어 오르면 충분하다.) 2~12시간 동안 2차 발효한다. 이제 반죽을 성형할 준비가 된 것이다.

반죽을 세 덩어리로 분할한다. 밀가루를 뿌리지 않은 작업대에 반죽을 올려놓고 굴려서 공 모양으로 만든다. 비닐랩으로 느슨하게 덮어서 10분간 숙성시킨다. 오븐 팬에 기름을 바르고 다음을 홀홀 뿌린다.

　옥수숫가루

공처럼 둥글게 뭉친 반죽 3개를 각각 밀어서 길이 35cm, 두께 3.8cm에 양쪽 끝으로 갈수록 약간 뾰족해지는 끈 형태로 만든다. 구웠을 때 모양이 확실히 구분되도록 기다란 반죽 3개에 각각 밀가루를 약간 뿌린다. 반죽 3개를 세로로 나란히 놓고 끝부분을 꾹 눌러 하나로 뭉친다. 끈 모양 반죽을 잡고 반대쪽 끝에 도달할 때까지 머리를 땋듯이 꼰다. 반대쪽 끝은 반죽 아래로 밀어 넣고 오븐 팬에 얹는다.

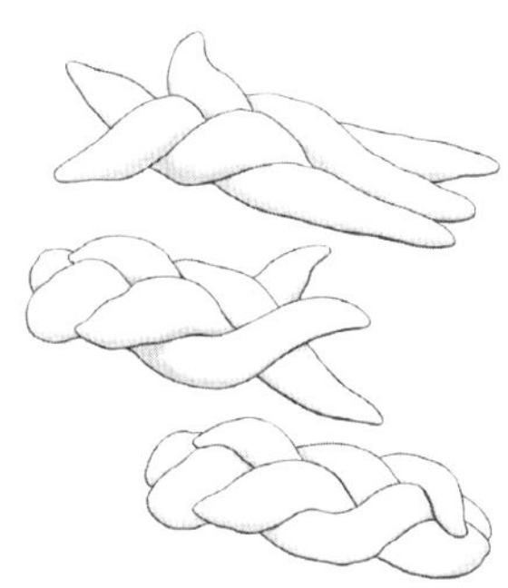

반죽 세 가닥을 꼬아서 찰라를 만드는 방법

빵의 윗면에 솔로 다음을 바른다.

달걀 1개, 소금 1자밤을 넣어 살짝 풀어두기

남은 달걀물은 따로 보관해둔다. 꽈배기 모양으로 성형한 반죽에 기름을 살짝 바른 비닐랩으로 느슨하게 덮어서 따뜻한 곳(24~29℃)에 두고 약 2배에 못 미치는 부피가 되도록 45분 정도 1차 발효한다.

반죽이 부풀어 오르는 동안 오븐을 190℃로 예열한다. 빵의 윗면에 한 번 더 솔로 달걀물을 바른다. 취향에 따라 다음을 훌훌 뿌린다.

(포피시드 또는 참깨 1큰술)

껍질이 노릇노릇해지고 바닥을 두드렸을 때 비어 있는 소리가 나도록 30~35분 정도 굽는다. 다 구워지면 받침대에 올려놓고 완전히 식힌다.

브리오슈

덩어리 빵 1개 또는 작은 롤 10개

간단한 이스트 반죽에 달걀과 버터를 넉넉히 넣어 영양을 보강한 전통 레시피로, 이 반죽을 덩어리 빵, 일반 롤빵, 과일, 고기 또는 치즈로 속을 채운 롤빵을 만들 때 사용하거나 세로로 홈이 새겨진 브리오슈 전용 틀에 담아서 굽는다.(브리오슈 아 테트 레시피 참고) 버터 함량이 높아서 반죽이 실제보다 축축해 보이므로 밀가루를 더 넣어야 한다고 생각할 수도 있지만 그럴 필요는 없다. 이 반죽은 꽈배기 형태로도 쉽게 만들 수 있다. **찰라** 레시피의 설명에 따라 성형한다.

커다란 그릇 또는 주걱 모양의 날을 끼운 반죽기 용기에 다음을 넣은 후 이스트가 녹을 때까지 5분 정도 둔다.

따뜻한(41~46℃) 일반 우유 ⅓컵(80g)

활성 건조 이스트 1봉지(2¼작은술)

다음을 넣고 손으로 섞거나 반죽기를 저속으로 작동시킨다.

중력분 1컵(125g)

대란 3개, 살짝 풀어두기

설탕 1큰술(10g)

소금 1작은술

다음을 조금씩 넣으면서 섞는다.

중력분 1~1¼컵(125~155g)

모든 재료가 잘 어우러질 때까지 5분 정도 섞는다. 뚜껑을 덮고 20분간 반죽을 숙성시킨다.

반죽기에서 주걱 모양의 날을 빼고 반죽용 날을 끼운다. 반죽을 15분 정도 손으로 치대거나 반죽기에 넣고 중저속으로 작동시키면서 반죽이 용기 옆면에 달라붙지 않을 때까지 7~10분 정도 치댄다. 반죽이 상당히 끈적거리므로 손으로 치대려면 기술이 필요하다. 우선 반죽을 작업대에 철썩 던져놓고 양손으로 절반을 들어올려서 나머지 절반 위로 접듯이 철썩 얹는다.(벤치 스크래퍼를 사용하면 편리하다.) 반죽이 매끄럽고 탱탱해질 때까지 이 작업을 반복하면서 치댄다. 다음을 준비한다.

무염 버터 스틱 1½개(170g), 아주 말랑하게 녹이기

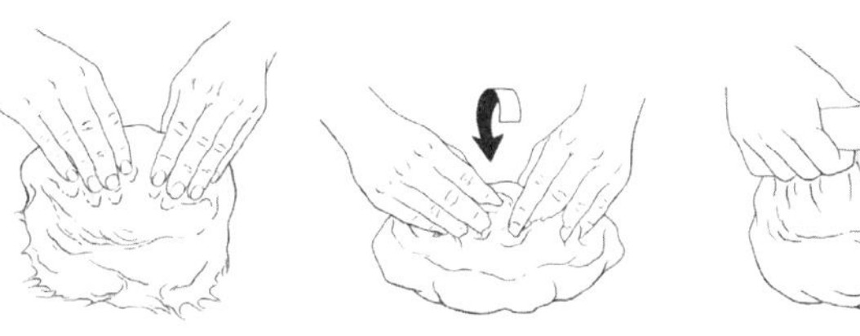

브리오슈 반죽 치대기

버터를 1큰술씩 넣으면서 힘껏 치대거나 반죽기로 섞되, 1큰술 넣은 버터가 거의 다 섞인 후에 다시 1큰술을 넣는 식으로 진행한다. 버터가 전부 잘 어우러지고 반죽이 다시 매끄러워질 때까지 계속 섞는다. 커다란 그릇에 버터를 바른다. 반죽을 그릇에 담고 비닐로 덮어서 따뜻한 곳(24~29℃)에서 부피가 2배로 부풀 때까지 1시간 반 정도 1차 발효한다.

부풀어 오른 반죽이 꺼질 정도로만 잠깐 치댄 후 다시 뚜껑을 덮어 냉장고에 넣고 부피가 2배로 부풀 때까지 8~12시간 동안 2차 발효한다.

덩어리 빵을 만들 경우 23×12.5cm 크기의 로프 팬에 버터를 바르고 반죽을 팬에 넣어 굽기 편하도록 성형한다. 구획이 나뉜 덩어리 빵을 만들려면(아래 그림 참고) 반죽을 균일하게 4~8개로 분할하고 각 반죽을 공 모양으로 둥글게 뭉쳐서(이스트 롤빵에 대해 항목의 설명 참고) 로프 팬에 한 줄 또는 두 줄로 넣는다. 브리오슈 롤빵을 만든다면 반죽을 균일하게 10개로 분할한 후 롤빵 모양으로 성형한다. 기름을 살짝 바른 비닐랩으로 덩어리 빵이나 롤빵 모양 반죽을 느슨하게 덮어서 따뜻한 곳(24~29℃)에 두고 부피가 2배에 못 미치는 만큼 부풀 때까지 1시간 정도 2차 발효한다.

오븐을 190℃로 예열한다. 빵의 윗면에 솔로 다음을 바른다.

구획이 나뉜 브리오슈 덩어리 빵 만들기

달걀 1개, 물이나 우유 1큰술을 넣어 살짝 풀어두기

껍질이 노릇노릇해지고 브리오슈의 중심부에 칼을 찔러보면 아무것도 묻어나오지 않을 때까지 롤빵은 20분, 덩어리 빵은 35~40분 정도 굽는다. 브리오슈를 틀에서 꺼내 철망 받침대에 올려놓고 식힌다. 약간 따뜻하게 또는 차갑게 낸다.

초콜릿 호두 바브카

덩어리 빵 1개

바브카(Babka)는 계피와 설탕을 섞은 간단한 혼합물부터 이 레시피에서 소개하는 견과류와 초콜릿을 섞은 것에 이르기까지 다양한 필링을 채워 만들 수 있다. 성형 과정에서 브리오슈 반죽이 너무 끈적거려 다루기 어려운 경우 뚜껑을 덮어서 냉장고에 넣어두고 20~30분 정도 차갑게 식히면 단단해져서 손질하기 쉽다.

다음의 반죽을 준비한다.

브리오슈, 1차 발효까지 진행

반죽을 냉장고에 1시간 동안 넣어둔다. 작은 그릇에 다음을 넣고 잘 섞는다.

무염 버터 6큰술(85g), 말랑하게 녹이기

설탕 ¼컵(50g)

무가당 코코아 가루 3큰술(20g), 더치 프로세스 또는 비가공

계핏가루 ½작은술

소금 ¼작은술

섞은 재료를 한쪽에 둔다. 다음을 준비해서 한쪽에 둔다.

슈트로이젤 II

다음을 준비한다.

세미스위트 또는 비터스위트 초콜릿 85g, 잘게 썰기

구워서 굵게 썬 호두 ½컵

밀가루를 소량 뿌린 작업대 위에 반죽을 놓는다. 약 50×25cm 정도의 직사각형으로 넓게 밀고 코코아와 버터 혼합물을 균일한 두께로 얹는다. 굵게 썬 초콜릿과 호두를 골고루 뿌린다. 몸에 가까운 긴 변에서 시작해 반죽을 원통형으로 둘둘 만다. 원통 모양의 반죽을 세로로 반 잘라서 여러 겹의 필링을 노출한다. 양쪽 반죽을 잡고 교차시키면서 꽈배기 모양으로 만든 후, 꽈배기를 반으로 접어서 버터를 넉넉히 바른 23×12.5cm 크기의 팬에 넣는다. 반죽에 솔로 다음을 바른다.

달걀 1개, 소금 1자밤을 넣어 살짝 풀어두기

슈트로이젤을 훌훌 뿌리고 뚜껑을 덮어서 폭신폭신하게 부풀어 오를 때까지 1시간~1시간 반 정도 2차 발효한다.

2차 발효가 진행되는 동안 오븐을 175℃로 예열한다. 바브카의 껍질이 노릇노릇해질 때까지 50~55분 정도 굽는다. 팬에 담긴 채로 받침대에 올려놓고 15분간 식힌 후, 폭이 좁고 얇은 주걱을 사용해 팬에서 꺼낸다. 바브카를 받침대에 올려 완전히 식힌다.

간단한 프랑스 빵

바게트 3개

시골풍 프랑스 빵보다 더 빨리 만드는 이 빵은 풍미가 좋고 결이 균일하다. 커다란 그릇 또는 주걱 모양의 날을 끼운 반죽기 용기에 다음을 넣어 섞는다.

미지근한(27~32℃) 물 1½컵(355g)

활성 건조 이스트 1작은술

5분간 두었다가 다음을 추가한다.

중력분 3¼컵(405g)

통밀가루 ¼컵(35g)

소금 1½작은술

나무 숟가락을 사용하거나 반죽기를 저속으로 작동시키면서 반죽이 하나로 뭉치기 시작할 때까지만 섞는다. 뚜껑을 덮어서 20분간 숙성시킨다.

반죽기에서 주걱 모양의 날을 빼고 반죽용 날을 끼운다. 밀가루를 소량 뿌린 작업대에 반죽을 올려놓고 손으로 치대거나 반죽기에 넣고 중저속으로 작동시키면서 반죽이 매끄럽고 탱탱해질 때까지 10분 정도 치댄다. 기름을 바른 그릇에 반죽을 옮겨 담고 한 번 뒤집어서 기름을 골고루 묻힌다. 뚜껑을 덮고 따뜻한 곳(24~29℃)에서 부피가 2배로 부풀 때까지 45분 정도 1차 발효한다.

부풀어 오른 반죽을 3분 정도 잠깐 치댄 후, 공 모양으로 사전 성형해 기름을 바른 그릇에 다시 넣고 뚜껑을 덮어둔다. 부피가 2배로 부풀 때까지 1시간 정도 2차 발효한다.

그릇을 뒤집어서 밀가루를 소량 뿌린 작업대에 반죽을 올려놓고 같은 크기의 세 덩어리로 분할한다. 분할한 반죽을 각각 25×20cm 크기의 직사각형으로 살살 민다. 반죽의 긴 변이 몸 앞에 가로로 놓이도록 둔다. 위쪽 ⅓ 부분을 잡아서 몸을 향하도록 접은 뒤, 아래쪽 ⅓ 부분(몸에서 가까운 쪽)을 첫 번째 접은 부분 위로 덮고 이음매를 꾹꾹 눌러서 봉한다.(편지 봉투 접는 방법과 비슷하다.) 그다음 몸에서 가까운 부분을 잡고 굴리듯 밀어내면서 반죽을 길게 반으로 접으면 이음매 부분이 바닥으로 가게 된다. 양 손바닥으로 반죽을 돌돌 굴려서 35cm 길이의 기다란 밧줄 모양으로 만들고, 양쪽 끝은 살짝 좁아지도록 마무리한다. 남은 반죽 2개도 마찬가지로 성형한다.

성형을 마친 반죽을 금속 바게트 팬에 올리거나, 얇은 주방 행주에 밀가루를 살짝 뿌리고 바게트 모양의 반죽 하나를 올려놓고 반죽의 기다란 면을 따라서 천을 조금 잡아서 모아 올린다. 두 번째 바게트 반죽을 첫 번째 반죽 옆에 놓되, 모아 올린 주방 행주로 반죽 2개를 분리한다. 두 번째 바게트 반죽 옆으로 다시 주방 행주를 잡아서 올린 후 세 번째 바게트 반죽을 놓는다. 바깥쪽에 있는 바게트의 모양도 유지되도록 주방 행주 2장을 더 말아서 양옆에 댄다. 부피가 2배로 부풀 때까지 1시간 정도 다시 발효한다.

오븐을 230℃로 예열한다. 제빵용 돌판이나 철판을 사용한다면 오븐에 넣어 같이 예열한다. 금속 소재의 베이킹 팬 또는 무쇠 팬을 맨 아래쪽 받침대에 올려놓고 동시에 예열한다.

제빵용 돌판이나 철판을 사용한다면 바게트 모양의 반죽을 밀가루를 뿌린 제빵용 삽 위에 옮겨놓는다. 쓰지 않는다면 쿠키 시트에 반죽을 올려놓는다. 바게트 팬을 그대로 사용한다면 반죽을 옮길 필요가 없다. 반죽 윗면에 사선으로 길쭉한 칼집을 3개씩 낸다. 제빵용 삽 위에 놓은 바게트를 오븐 안에 있는 돌판 또는 철판 위에 밀어 넣거나, 쿠키 시트 또는 바게트 팬을 오븐에 넣는다. 미리 넣어서 예열해둔 베이킹 팬 또는 무쇠 팬에 뜨거운 물 1컵을 즉시 붓고 오븐을 닫는다. 황금빛이 도는 진한 갈색으로 익을 때까지 25~30분 정도 굽는다. 받침대에 올려놓고 완전히 식힌 후 썬다.

치아바타

약 30×20cm 크기의 덩어리 빵 1개

수분 함량이 상당히 높은 반죽으로 만드는 이탈리아 빵이다. 수많은 비정형

기포로 구성된 구조를 지탱하기에 충분한 글루텐을 생성하기 위해서는 반죽을 오래 치대야 한다. 그 결과 치아바타의 속살은 큼직한 구멍이 뺑뺑 뚫린 특징을 보이며 기분 좋은 쫄깃한 식감을 낸다.

주걱 모양의 날을 끼운 반죽기 용기에 다음을 넣어 섞는다.

제빵용 밀가루 2컵(265g)

미지근한(27~32℃) 물 1컵(235g)

활성 건조 이스트 1작은술

재료가 서로 어우러질 때까지만 젓는다. 반죽을 20분간 숙성시킨다. 반죽기를 중속으로 작동시켜서 반죽이 주걱 모양의 날 주변에 달라붙을 때까지 2분 정도 섞는다. 반죽기를 작동시킨 상태에서 다음을 조금씩 흘려 넣는다.

미지근한(27~32℃) 물 2큰술(30g)

반죽이 다시 주걱 모양 날 주변에 달라붙을 때까지 섞는다. 반죽기에서 주걱 모양의 날을 빼고 반죽용 날을 끼운 후 다음을 넣는다.

소금 1작은술

올리브유 1작은술

반죽기를 중고속으로 작동시켜서 반죽이 용기 옆면에 묻어나지 않으면서 찰싹찰싹 부딪히는 소리가 날 때까지 8~10분 정도 섞는다. 반죽은 상당히 수분이 많고 끈적거리지만 매끄럽고 광택이 돌아야 한다. 기름을 살짝 바른 그릇에 반죽을 옮겨 담고 비닐랩으로 덮는다. 따뜻한 곳에서 45분 정도 1차 발효한다.

그릇에 담긴 반죽의 한쪽을 들어올려 천천히 늘린 후 남은 반죽의 위쪽으로 접는다. 이렇게 늘리고 접어주는 동작을 3번 더 반복한 후, 반죽을 뒤집어서 이음매 부분이 아래로 가도록 한다. 이 상태에서 비닐랩으로 단단히 덮어서 냉장고에 최대 24시간 넣어두면 풍미가 더 깊어진다.

냉장고에 넣지 않는다면 랩을 덮어서 45분간 더 숙성시킨 후 같은 방식으로 4번 더 늘리고 접어준다. 랩을 덮어서 45분간 더 숙성시킨다. 밀가루를 넉넉히 뿌린 조리대에 기포가 가득한 반죽을 올려놓고 벤치 스크래퍼로 가볍게 밀어주면서 직사각형 모양으로 성형한다. 기름을 바른 비닐랩으로 느슨하게 덮어서 30분간 숙성시킨다.

그동안 제빵용 돌판 또는 철판, 오븐 팬을 오븐의 가운데 받침대에, 금속 베이킹 팬이나 무쇠 팬을 아래쪽 받침대에 넣고 오븐을 230℃로 예열한다. 유산지 1장을 제빵용 삽, 쿠키 시트 또는 뒤집어놓은 오븐 팬에 깔고 유산지에 밀가루를 살짝 뿌린다. 벤치 스크래퍼나 밀가루를 묻힌 손으로 조심스레 반죽을 양쪽에서 잡은 후 재빨리 들어서 유산지 위에 뒤집어 얹는다. 부드럽게 매만지면서 대략 30×20cm 크기의 직사각형으로 다시 성형한다.

유산지를 돌판, 철판 또는 오븐 팬에 올려놓고 미리 오븐에 넣어서 예열해둔 베이킹 팬 또는 무쇠 팬에 뜨거운 물 1컵을 즉시 붓는다. 10분간 굽는다. 팬이나 프라이팬을 꺼내고 유산지를 180도 돌려서 반죽의 방향을 바꾼 후 빵이 바삭해지고 갈색으로 익을 때까지 10분 정도 더 굽는다. 완전히 식힌 다음 여분의 밀가루를 털어낸다.

무글루텐 이스트 빵에 대해

무글루텐(gluten-free) 이스트 빵을 만드는 과정은 일반 덩어리 빵을 만드는 과정과 매우 다르다. 말 그대로 거의 모든 빵의 재료를 한데 뭉치게 해주는 글루텐 성분을 전혀 사용하지 않기 때문에 무글루텐 빵을 굽는 데에는 상당한 어려움이 따른다. 그렇다고 해서 무글루텐 빵을 만드는 것이 불가능하다는 의미는 아니지만, 일반 빵과는 다른 방법이 필요하다. 우선 글루텐이 없으므로 다

른 요소로 보충해주어야 한다. 일반적으로 전분 함량이 아주 높은 곡물가루(쌀가루, 감자 가루, 옥수수 전분, 타피오카 전분)와 전분 함량이 높지 않은 곡물가루(퀴노아, 기장, 현미, 수수, 메밀 등의 가루)를 섞어서 사용함으로써 글루텐의 역할을 어느 정도 대신한다. 또한 반죽이 잘 뭉치게 해주는 다른 재료를 추가하기도 한다. 잔탄검, 달걀 등이 여기에 해당한다. 무글루텐 빵의 반죽에 분유를 넣으면 영양이 풍부해질 뿐만 아니라 수분을 추가하지 않고도 단백질 함량이 높아져 빵의 구조 형성에 도움이 된다.

반죽을 치대는 작업의 가장 큰 목적이 글루텐 구조를 형성하기 위함이므로 무글루텐 빵은 보통 치대지 않고 만든다. 무글루텐 빵의 '반죽'은 흔히 생각하는 제빵용 반죽보다는 튀김옷 형태에 가까운 경우가 많으므로 전통적 의미의 '치대는 작업'은 어렵거나 불가능하다. 그러나 무글루텐 빵의 반죽도 잘 섞은 후 충분히 수분이 스며들게 해야 한다. 재료가 한데 뭉칠 때까지만 섞은 후 뚜껑을 덮어서 10분간 숙성시킨다. 그다음 다시 3분간 더 섞는다. 무글루텐 빵의 반죽에는 글루텐이 없고 수분이 많아 모양을 유지하기가 힘들기 때문에 틀에 담아서 굽는 편이 좋다. 틀 없이 무글루텐 빵을 구울 수도 있지만, 모양이 예쁘게 나오지 않는다. ▶ 무글루텐 빵 반죽은 수분이 많고 조밀하므로 내부 온도가 99℃에 도달할 때까지 구워야 하며, 항상 철망에 올려서 완전히 식힌 후에 잘라야 한다. 무글루텐 빵은 밀가루로 만든 빵보다 빨리 마르는 경향이 있으므로 잘 밀봉해서 보관한다. 무글루텐 빵을 냉동실에 넣으면 꽤 오래 보관할 수 있다. 특정 곡물가루에 관한 자세한 정보는 1045쪽을 참고한다. 무글루텐 피자 레시피도 함께 참고한다.

무글루텐 샌드위치 빵

23×12.5cm 크기의 덩어리 빵 1개

식감이 가볍고 부드러운 이 빵을 슬라이스로 잘라서 구우면 더욱 맛있다. '반죽'은 매우 수분이 많으므로 걸쭉한 튀김옷에 가까운 질감이다. 이 레시피는 아시아 마트에서 구할 수 있는 쌀가루를 사용한다. 맷돌에 간 쌀가루는 입자가 굵어서 이 레시피에 사용할 수 없다.

중간 크기의 그릇에 다음을 넣고 잘 저어서 섞는다.

미지근한(27~32℃) 우유 1컵(235g)

미지근한(27~32℃) 물 ½컵(120g)

대란 2개, 잘 풀어두기

설탕 1큰술(10g) 또는 꿀 1큰술(20g)

버터 1큰술(15g), 말랑하게 녹이기

활성 건조 이스트 1봉지(2¼작은술)

커다란 그릇 또는 주걱 모양의 날을 끼운 반죽기 용기에 다음을 넣고 섞는다.

멥쌀가루 1컵(110g)

타피오카 전분 1컵(125g)

현미가루 ½컵(70g)

감자 전분 ½컵(85g) 또는 옥수수 전분 ½컵(65g)

잔탄검 2작은술

소금 1½작은술

우유 혼합물을 넣고 잘 어우러질 때까지 탁탁 치면서 섞는다. 뚜껑을 덮고 1시간 정도 반죽을 1차 발효한다.

23×12.5cm 크기의 로프 팬에 기름을 바른다. 반죽을 긁어서 팬에 넣은 후 기름을 바른 비닐랩을 덮어서 반죽이 팬의 테두리 바로 위까지 부풀어 오를

때까지 45분 정도 2차 발효한다.

반죽이 부풀어 오르는 동안 오븐을 175℃로 예열한다. 내부 온도가 99℃에 도달할 때까지 40분 정도 굽는다. 다 구워지면 즉시 팬에서 꺼내 철망 받침대에 올려놓고 완전히 식힌다.

무글루텐 통곡물 빵

23×12.5cm 크기의 덩어리 빵 1개

무글루텐 샌드위치 빵보다는 조금 더 묵직하지만 그래도 식감이 가볍고 촉촉한 편이다. 현미가루와 수숫가루를 넣어 복합적인 풍미를 낸다.

커다란 그릇 또는 주걱 모양의 날을 끼운 반죽기 용기에 다음을 넣고 섞는다.

현미가루 2컵(285g)

수숫가루 ½컵(60g)

감자 전분 ⅓컵(55g) 또는 타피오카 전분 ⅓컵(40g)

옥수수 전분 ⅓컵(45g)

아마씨 가루 2큰술(15g)

잔탄검 2작은술

설탕 2큰술(25g) 또는 갈색 설탕 2큰술(30g)

소금 1½작은술

중간 크기의 그릇에 다음을 넣고 잘 섞는다.

미지근한(27~32℃) 우유 1컵(235g)

대란 3개, 실온 상태로 사용

식물성 기름 ¼컵(50g) 또는 무염 버터 4큰술(55g), 말랑하게 녹이기

활성 건조 이스트 1봉지(2¼작은술)

우유 혼합물을 마른 재료에 넣고 잘 섞거나 반죽기를 중저속으로 작동시켜 3분간 탁탁 치면서 섞는다. 반죽은 수분이 아주 많고 끈적끈적할 것이다. 취향에 따라 다음을 넣어 섞는다.(한 가지만 또는 몇 가지를 섞거나 전부 넣어도 좋다.)

(볶은 해바라기씨 ¼컵)

(볶은 호박씨 ¼컵)

(볶은 참깨 3큰술)

(포피시드 2큰술)

뚜껑을 덮어서 1시간 동안 반죽을 발효한다.

23×12.5cm 크기의 로프 팬에 기름을 바른다. 반죽을 긁어서 팬에 넣은 후 윗면이 매끈해지도록 매만진다. 기름을 바른 비닐랩을 덮어서 반죽이 팬의 테두리 바로 위까지 부풀어 오를 때까지 1시간 정도 2차 발효한다.

반죽이 부풀어 오르는 동안 오븐을 175℃로 예열한다. 노릇노릇하게 익고 내부 온도가 99℃에 도달할 때까지 45분 정도 굽는다. 빵이 너무 빨리 갈색으로 변하면 포일을 씌워서 굽는다. 다 구워지면 즉시 팬에서 꺼내 철망 받침대에 올려놓고 완전히 식힌다.

발효종 및 밑반죽에 대해

발효종(starter)은 발효시킨 반죽을 지칭하며, 빵을 부풀릴 때 이스트 대신 사용한다. 밑반죽(pre-ferment)은 발효종의 또 다른 이름으로 발효종의 핵심을 가장 잘 나타내는 명칭이라 할 수 있다. 밑반죽을 사용하는 목적은 이스트와 박테리아의 배양, 밀가루의 수화, 효소로 인한 복잡한 녹말 구조의 분해를 통해 더욱 다채로운 풍미를 내기 위해서다. 또한 밑반죽은 반죽이 활발하게 발효되는 시간을 늘리므로 최종 결과물의 식감도 향상된다는 장점이 있다. 발효종을

지칭하는 용어는 매우 다양해서 상당히 혼란스러울 수 있지만, 전부 같은 역할을 한다.

천연 발효종은 발효 반죽의 일종이지만 오랫동안 보관하고 관리하면서 사용한다는 특징이 있다. 발효 반죽의 수분 함량은 일반 제빵용 반죽처럼 수분 함량이 매우 적은 파테 페르망테(pâte fermentée)부터 튀김옷에 가까운 농도를 가진 풀리시(poolish)에 이르기까지 다양하다. 비가(biga)는 파테 페르망테처럼 수분이 적지만 보통 소금이 들어가지 않는다.

스펀지 발효종은 가장 빨리 만들 수 있는 발효 반죽이며 수분 함량이 높아 튀김옷과 비슷한 형태다. 스펀지에 따라서 최소 1시간 만에 사용할 수 있는 상태가 되기도 한다. 직접 반죽법으로 만드는 빵이라면 모두 스펀지를 사용해서 만들 수 있는데, 그냥 빵 레시피에 나와 있는 밀가루의 ¼ 분량에 모든 액체 재료와 이스트를 넣어서 섞으면 된다. 스펀지를 실온에 두고 기포가 생기면서 부피가 3배로 늘어날 때까지 발효시킨다. 그다음 다른 재료를 이 스펀지와 섞어서 레시피대로 빵을 만든다. 스펀지를 사용하는 빵은 슈톨렌과 파네토네 레시피를 참고한다.

시골풍 프랑스 빵

둥그런 덩어리 빵 2개 또는 바게트 3개

위에 소개한 스펀지 발효종을 사용해 발효한 후 틀 없이 구워내는 빵으로, 바삭바삭하며 속살이 촉촉하고 쫄깃하다.

중간 크기의 그릇에 다음을 넣고 잘 저어서 섞는다.

제빵용 밀가루 ¾컵(100g)

미지근한(27~32℃) 물 ½컵(120g)

활성 건조 이스트 ½작은술

비닐랩으로 그릇을 단단히 덮고 기포가 생기면서 부피가 3배로 늘어날 때까지 실온(약 21℃)에서 5~6시간 정도 발효하거나 냉장고에서 약 14시간 동안 발효한다.

스펀지를 커다란 그릇 또는 반죽용 날을 끼운 반죽기 용기에 붓는다. 다음을 넣어서 젓는다.

제빵용 밀가루 5~5½컵(655~725g) 또는 필요한 만큼

실온(21~24℃) 상태의 물 1¾컵(415g) 또는 반죽을 냉장고에서 발효했다면

따뜻한(41~46℃) 물 사용

소금 2작은술

반죽이 그릇 옆면에 묻어나지 않을 때까지 섞는다. 필요하면 밀가루나 물을 조금 더 넣어 농도를 조절한다. 반죽은 만지면 끈적하게 느껴지지만 실제로는 손에 달라붙지 않을 정도가 되어야 한다. 뚜껑을 덮고 20분간 숙성시킨다. 밀가루를 소량 뿌린 작업대에 반죽을 올려놓고 손으로 치대거나 반죽기에 넣고 중저속으로 작동시키면서 반죽이 매끄럽고 탱탱해질 때까지 10분 정도 치댄다.

기름을 바른 그릇에 반죽을 옮겨 담고 한 번 뒤집어서 기름을 골고루 묻힌다. 뚜껑을 덮고 부피가 2배로 부풀 때까지 따뜻한 곳(24~27℃)에서 약 3시간 또는 그보다 온도가 낮은 실온에서 약 6시간 발효한다.

둥근 덩어리 빵으로 구우려면 반죽을 반으로 나누고, 바게트로 구우려면 3개로 분할한다. 각 반죽을 공 모양으로 사전 성형하고 뚜껑을 덮어서 15분간 숙성시킨다. 반죽을 둥그런 모양 또는 바게트 모양으로 성형한다.(바게트 모양 만들기는 간단한 프랑스 빵 레시피의 성형 방법을 참고한다.) 둥그런 덩어리 빵을 만들 때 빵 발효 바구니가 있다면 바구니에 밀가루를 뿌리고 반죽의 밑바닥이 위로 가도록

담는다. 발효 바구니가 없다면 오븐 팬에 유산지를 깔고 성형한 반죽을 올려놓는다. 비닐랩으로 덮어서 실온에 두고 부피가 2배로 부풀 때까지 1시간 반~3시간 동안 발효한다.

받침대를 오븐의 가운데 칸과 아래쪽 칸에 끼운다. 금속 소재의 베이킹 팬 또는 무쇠 팬을 아래쪽 받침대에 올린다. 오븐을 230℃로 예열한다. 제빵용 돌판이나 철판을 사용한다면 가운데 받침대에 올리고 45분간 예열한다.

둥근 덩어리 빵을 만든다면 반죽을 발효 바구니에서 꺼낸다. 예열한 제빵용 돌판이나 철판 또는 유산지를 깐 오븐 팬에 반죽을 올린다. 바게트를 만든다면 유산지까지 함께 돌판 또는 철판에 밀어 넣거나 발효할 때 사용했던 오븐 팬을 그대로 넣어 굽는다. 부풀어 오른 반죽 윗면에 칼집을 넣는다. 반죽을 가운데 받침대에 올려놓는다. 아래쪽에 있는 예열한 팬 또는 무쇠 팬에 끓는 물 2컵을 붓는다. 빵이 갈색으로 익고 바닥을 두드려보면 비어 있는 소리가 나면서 내부 온도가 99℃에 도달할 때까지 40분 정도 굽는다. 껍질을 더욱 단단하게 굳히려면 오븐을 끄고 다 구워진 빵을 5분간 오븐에 넣어둔다. 철망 받침대에 올려놓고 완전히 식힌다.

푸가스(Fougasse)
둥그런 덩어리 빵 4개
시골풍 프랑스 빵의 스펀지 발효종을 준비하고, 반죽을 만들 때(스펀지에 밀가루와 물, 소금을 넣어 섞는 과정) **씨를 빼고 굵게 썬 검은색 올리브(칼라마타 권장) ½컵과 다진 로즈메리 2큰술**을 더한다. 반죽이 끝나면 4등분한다. 각 반죽을 1.2cm 두께의 삼각형 모양으로 민다. 칼, 피자 커터 또는 벤치 스크래퍼를 사용해 삼각형의 꼭짓점에서 2.5cm 내려온 부분부터 시작해 삼각형의 밑변에서 2.5cm 올라간 지점까지 기다랗게 세로로 절개한다. 세로 절개선의 양쪽에 사선으로 칼집을 3개씩 넣는다.(잎사귀의 잎맥과 비슷한 모양) 발효 및 굽는 도중에 서로 달라붙지 않도록 반죽을 사방에서 조심스럽게 잡아당겨 칼집 부분을 넓게 벌린다. 반죽을 덮어서 폭신폭신해질 때까지 1시간 반~2시간 동안 발효한다. 굽기 전에 빵에 물을 살짝 뿌린다. 위의 설명대로 오븐에 받침대와 급수 팬을 끼우고 한 번에 반죽 2개씩 넣어 노릇노릇해질 때까지 30분씩 굽는다. 껍질을 단단하게 만드는 과정은 생략한다.

스펀지 발효종으로 만든 흰 빵
둥그런 덩어리 빵 또는 샌드위치 빵 2개
스펀지 발효종을 사용해 기본 흰 빵을 구우면 직접 반죽법으로 만들 때보다 훨씬 풍미가 좋아진다. 발효종 및 밑반죽에 대해 항목을 참고한다.
중간 크기의 그릇에 다음을 넣고 잘 저어서 섞는다.
　제빵용 밀가루 ¾컵(100g)
　미지근한(27~32℃) 물 ½컵(120g)
　활성 건조 이스트 ½작은술
비닐랩으로 그릇을 단단히 덮고 기포가 생기면서 부피가 3배로 늘어날 때까지 실온(약 21℃)에서 6시간 정도 발효하거나 냉장고에 넣어 약 14시간 동안 발효한다.

스펀지를 커다란 그릇 또는 반죽용 날을 끼운 반죽기 용기에 붓고 다음을 넣는다.
　제빵용 밀가루 4½컵(590g)
　실온(21~24℃) 상태의 물 2컵(475g) 또는 반죽을 냉장고에서 발효했다면
　　따뜻한(41~46℃) 물 사용
　소금 1큰술
반죽이 하나로 뭉치기 시작할 때까지만 섞은 후 뚜껑을 덮고 20분간 숙성시킨다. 반죽을 손으로 치대거나 반죽기에 넣고 중저속으로 작동시키면서 반죽이 매끄럽고 탱탱해질 때까지 10분 정도 치댄다. 필요하면 밀가루나 물을 조금 더 넣어 농도를 조절한다. 반죽은 만지면 끈적하게 느껴지지만 실제로는 손에 달라붙지 않을 정도가 되어야 한다. 기름을 바른 그릇에 반죽을 옮겨 담고 한 번 뒤집어서 기름을 골고루 묻힌다. 비닐랩으로 그릇을 덮고 부피가 2배로 부풀 때까지 따뜻한 곳(24~27℃)에서 약 3시간 또는 그보다 온도가 낮은 실온에서 약 6시간 발효한다.

반죽을 반으로 나눈 후 각각 둥근 모양으로 또는 팬에 넣어 굽기 편한 모양으로 성형한다. 성형한 반죽을 발효 바구니나 밀가루를 뿌리고 얇은 주방 행주를 깐 그릇 또는 기름을 바른 23×12.5cm 크기의 로프 팬 2개에 넣는다. 기름을 바른 비닐랩으로 덮어서 부피가 2배로 부풀 때까지 2~4시간 정도 2차 발효한다.

오븐을 230℃로 예열한다. 받침대를 오븐의 가운데 칸과 아래쪽 칸에 끼운다. 금속 소재의 베이킹 팬 또는 무쇠 팬을 아래쪽 받침대에 올린다. 둥그런 덩어리 빵을 구울 때는 제빵용 돌판이나 철판을 사용할 수도 있다. 오븐의 가운데 받침대에 올리고 45분간 예열한다. 제빵용 돌판이나 철판이 없다면 커다란 오븐 팬에 유산지를 깔아서 사용한다.

둥그런 덩어리 빵을 만든다면 발효 바구니를 뒤집어서 반죽을 뜨거운 제빵용 돌판이나 철판 또는 유산지를 깐 오븐 팬에 올려놓되, 각 반죽 사이에는 7.5~10cm 정도의 간격을 둔다.

둥그런 빵에 칼집을 넣는다. 반죽을 오븐에 밀어 넣는다.(샌드위치 빵을 구울 때는 로프 팬을 직접 오븐의 가운데 받침대에 넣는다.) 베이킹 팬이나 무쇠 팬에 뜨거운 물 1컵을 붓는다. 빵이 갈색으로 익고 바닥을 두드렸을 때 비어 있는 소리가 나도록 40분 정도 굽는다. 껍질을 더 단단하게 굳히려면 오븐을 끈 후 다 구워진 빵을 5분간 오븐에 넣어둔다. 받침대에 올려놓고 완전히 식힌다.

스펀지 발효종으로 만든 호밀 빵
둥그런 덩어리 빵 2개
흰색 호밀가루보다 강한 호밀 풍미를 내는 진한 색의 호밀가루를 사용한다. 발효종 및 밑반죽에 대해 항목을 참고한다.
중간 크기의 그릇에 다음을 넣고 이스트가 녹을 때까지 5분 정도 둔다.
　따뜻한(41~46℃) 물 ½컵(120g)
　활성 건조 이스트 ½작은술
다음을 추가한다.
　제빵용 밀가루 ¾컵(100g)
반죽이 그릇의 옆면에 달라붙어서 탄력 있는 실처럼 늘어나기 시작할 때까지 나무 숟가락으로 2분 정도 빠르게 젓는다. 비닐랩으로 그릇을 단단히 덮고 반죽에 기포가 생기면서 부피가 3배로 늘어날 때까지 실온에서 6시간 정도 발효하거나 냉장고에 넣어 약 14시간 동안 발효한다.

스펀지를 긁어서 커다란 그릇 또는 주걱 모양의 날을 끼운 반죽기 용기에 넣고 다음을 넣는다.
　실온(21~24℃) 상태의 물 2½컵(590g) 또는 반죽을 냉장고에서 발효했다면
　　따뜻한(41~46℃) 물 사용

진한 색의 호밀가루 3½컵(420g)

제빵용 밀가루 3½컵(460g)

(캐러웨이씨 2큰술)

(참깨 2큰술)

활성 건조 이스트 ½작은술

나무 숟가락으로 재빨리 젓거나 반죽기에 넣고 중저속으로 작동시키면서 반죽이 하나로 뭉치기 시작할 때까지 젓는다. 필요하면 제빵용 밀가루나 물을 조금 더 넣어 농도를 조절한다. 반죽기에 반죽용 날을 갈아 끼운다. 다음을 넣고 2분간 손으로 섞거나 반죽기로 섞는다.

소금 1큰술

손으로 치대거나 반죽기를 중저속으로 작동시키면서 반죽이 매끄럽고 탱탱해질 때까지 7~10분 정도 치댄다. 기름을 바른 그릇에 반죽을 옮겨 담고 한 번 뒤집어서 기름을 골고루 묻힌다. 비닐랩으로 그릇을 단단히 덮고 따뜻한 곳(24~29℃)에서 1시간 반 정도 1차 발효한다. 반죽은 거의 부풀어 오르지 않지만, 그 이상 방치하면 발효종의 과발효가 일어나 식감이 뻑뻑해진다.(이스트 세포는 호밀가루를 아주 빨리 먹어 치운다.)

커다란 오븐 팬에 기름을 바르고 다음을 훌훌 뿌린다.

옥수숫가루

반죽을 반으로 나누고 각각 둥그런 형태로 성형한다. 성형한 반죽을 오븐 팬에 올려놓되, 반죽 사이에 적당한 공간을 확보한다. 기름을 바른 비닐랩으로 덮고 따뜻한 곳(24~29℃)에서 1시간 반 동안 2차 발효한다.

받침대를 오븐의 가운데 칸에 하나, 아래쪽 칸에 하나를 끼운다. 금속 소재의 베이킹 팬 또는 무쇠 팬을 아래쪽 받침대에 올린다. 오븐을 230℃로 예열한다.

반죽을 가운데 받침대에 올린다. 즉시 베이킹 팬이나 무쇠 팬에 뜨거운 물 2컵을 붓는다. 빵이 진한 갈색으로 익고 바닥을 두드렸을 때 비어 있는 소리가 나면서 내부 온도가 41~43℃에 도달할 때까지 45분 정도 굽는다. 껍질을 더욱 단단하게 굳히려면 오븐을 끈 후 다 구워진 빵을 10분간 오븐에 넣어둔다. 받침대에 올려놓고 완전히 식힌다.

당밀 빵

23×12.5cm 크기의 덩어리 빵 1개

이스트 빵과 즉석 발효 빵을 접목한 형태의 이 빵은 오리건주 오티스라는 작은 마을의 오티스 카페(Otis Café)에서 선보인 빵에서 영감을 얻었다. 가염 버터를 넉넉히 곁들여서 낸다.

작은 그릇에 다음을 넣고 섞는다.

중력분 ½컵(65g)

미지근한(27~32℃) 물 ⅓컵(80g)

활성 건조 이스트 ½작은술

비닐랩으로 그릇을 단단히 덮고 반죽에 기포가 생기면서 부피가 거의 3배로 늘어날 때까지 실온에서 6시간 정도 발효하거나 냉장고에 넣어 약 14시간 동안 발효한다.

오븐을 230℃로 예열한다. 스펀지를 커다란 그릇에 옮겨 담는다. 다음을 넣고 매끄러워질 때까지 섞는다.

실온(21~24℃) 상태의 버터밀크 1컵(245g)

당밀 ¾컵(255g)

대란 1개

다음을 넣고 섞는다.

통밀가루 2½컵(330g)

중력분 1컵(125g)

베이킹소다 1작은술

23×12.5cm 크기의 로프 팬에 버터를 바르고 반죽을 긁어서 팬에 넣는다. 눌렀을 때 단단하면서 중심부에 꼬치를 찔러보면 아무것도 묻어나오지 않을 때까지 60~70분간 굽는다. 팬에 담긴 채로 받침대에 올려놓고 10분간 식힌 후, 팬을 뒤집어서 빵을 꺼내 받침대에 올려놓고 완전히 식힌다. 취향에 따라 빵이 아직 따뜻할 때 솔로 위에 다음을 발라도 좋다.

(버터 1큰술, 말랑하게 녹이기)

천연 발효종에 대해

요리와 관련된 주제 중에서 천연 발효종만큼 신비주의에 둘러싸인 주제는 없다고 해도 과언이 아니다. 그 이유는 아마도 우리가 만드는 대다수 요리가 아주 철저하게 통제되는 과정이기 때문일 것이다. 한 단계가 끝나면 바로 다음 단계로 넘어가고, 짐작이나 추측이 개입될 여지는 거의 없다. 그러나 천연 발효종은 천연 이스트를 활용하며, 미생물이 잔뜩 들어 있는 걸쭉한 액체에 이스트를 주입해 결과적으로 빵이 될 씨 반죽을 만든다. 이스트 항목에서 설명했듯이 이러한 미생물은 주변 환경의 영향을 받는데, 천연 발효종처럼 환경의 영향이 극명하게 나타나는 재료도 없다. 처음 천연 발효종을 사용해 빵을 굽다 보면 너무나 많은 요소가 불확실해 보이겠지만, 일단 요령이 생기고 나면 사실 수수께끼 같은 점은 하나도 없다는 사실을 깨닫게 된다. 그뿐만 아니라 천연 발효종으로 구운 빵은 풍미와 식감 면에서 비교할 수 없는 만족감을 준다.

천연 발효종이란 무엇인가?

프랑스어로 르방(levain)이라고 하는 천연 발효종은 밀가루와 물에서 출발한다. 무글루텐 곡물가루를 포함해 모든 종류의 곡물가루를 사용할 수 있지만, 우리는 보통 중력분과 통밀가루를 섞어서 사용한다. 천연 발효종의 수분 함량은 매우 다양한데 튀김옷 정도로 묽은 발효종이 있는가 하면 일반적인 빵 반죽과 비슷한 농도의 걸쭉한 발효종도 있다. 우리가 활성 발효종을 보관할 때는 신선한 밀가루와 물을 섞어서 묽은 발효종을 쉽게 만들 수 있으면서 발효종에 다른 재료를 추가해 빵 반죽도 쉽게 만들 수 있는 묽은 형태를 선호한다. 수분이 적은 발효종은 밀가루의 비율이 높아서 발효가 천천히 진행되므로 당분간 사용할 계획이 없을 때 냉장고에 넣어 오래 보관하기에 적합하다.

천연 발효종 만들기

천연 발효종을 만들 때 시판 이스트를 사용해 시작할 수도 있지만, 굳이 이스트를 따로 넣을 필요는 없다. 필요한 박테리아와 이스트는 이미 공기 중에 서식하고 있으며 미생물이 번성하는 데 필요한 모든 요소, 즉 탄수화물과 수분이 갖춰져 있으므로 금세 대량으로 번식해 발효종을 형성하게 된다. 천연 발효종이 제대로 궤도에 오르기까지는 며칠에서 일주일 또는 그 이상이 걸릴 수도 있지만, 결과적으로는 발효종이 생긴다. 기포가 생기는 것은 발효종 속의 미생물이 활발하게 움직이기 시작했다는 징조다. 이 기간에는 매일 '리프레시(refresh)' 작업을 해야 하는데, 즉 발효종에 밥을 주는 작업을 해줘야 한다. 천연 발효종 만들기의 초기 단계에서는 이 밥 주는 작업을 꾸준하게 일관적으로 하는 것이 중요하다. 시간이 흐르면 발효종의 활동이 증가하므로 결국 반죽이 부풀어 오르고 꺼지는 양상을 예측할 수 있다. 이 상태가 되면 빵을 구울 때 사용할 수 있는 발효종이 완성된 것이다. 발효종에 밥을 주는 방법은 천연 발효종 레시피를 참고한다.

쓰고 남은 발효종 활용하기

밥을 줄 때는 발효종 소량만 필요하므로 매번 대부분의 발효종이 남게 된다. 이렇게 쓰고 남은 발효종은 다른 반죽을 만들 때 활용할 수 있다.(발효종에 물과 밀가루가 얼마나 들어갔는지 기억해뒀다가 레시피에서 그만큼을 뺀다.) 우리는 쓰고 남은 발효종으로 간단한 팬케이크 반죽을 만들어서 자주 즐긴다. 발효종에 달걀 1~2개와 설탕 및 소금 1자밤씩을 넣고 팬케이크 반죽에 맞는 농도가 될 때까지 밀가루를 적당량 추가한다.(반죽의 농도가 적당한지 확인하려면 먼저 작은 팬케이크를 만들어서 구워본다.) 또는 발효종에 밀가루를 넉넉히 추가해 단단한 반죽을 만든 후, 아주 얇게 밀어서 씨앗과 바닷소금을 뿌려 시골풍 크래커를 구워도 맛있다. 사워도 초콜릿 케이크 레시피도 함께 참고한다.

발효종 보관하기

충분히 발달한 안정적인 발효종은 빵을 구울 때까지 냉장고에 보관할 수 있다. 냉장고에 넣으면 발효 속도가 크게 느려지며 밥 주기도 자주 할 필요가 없다.

천연 발효종을 보관하려면 그냥 용기에 담아서 뚜껑을 꼭 덮은 뒤 냉장고의 가장 차가운 곳에 넣는다. 이 상태로 밥을 주지 않고도 한 달 이상 보관할 수 있다. 냉장고에 보관했던 발효종의 표면에는 후치(hooch)라는 보기 흉한 얇은 갈색 막이 생기기도 한다. 후치는 몸에 해롭지는 않지만, 발효종을 사용하기 전에 걷어내야 한다. 발효종을 냉동실에 넣으면 거의 영구적으로 보관할 수 있다.

휴면 상태의 발효종을 활성화하려면 발효종을 냉장고에서 꺼낸 뒤 천연 발효종 레시피의 설명에 따라 밥을 주되, 3일간 하루에 두 번씩 밥을 준다. 3일째 되는 날에 두 번째 밥을 줄 때는 구우려는 빵의 레시피를 기반으로 한다.(다른 말로 하면 빵을 굽기 전에 마지막으로 발효종에 밥을 줄 때는 해당 빵의 레시피에 따라 밥을 만든다.) 그러나 이 3일도 모든 경우에 일관되게 적용되는 것은 아니다. 발효종이 부풀었다가 꺼지는 양상이 언제쯤 예측 가능한 정상 범위로 돌아오는지 살핀다. 3일간 규칙적으로 밥을 줬는데도 예측할 수 없는 변화를 보인다면 조금 더 시간을 들여야 한다. 냉동했던 발효종은 우선 최소 24시간 이상 냉장고에 넣어두었다가 꺼내서 실온에 다시 2시간 이상 둔 후에 밥을 주면서 활성화하는 작업을 한다.

발효종을 실온에 보관했든 냉장고나 냉동실에 보관했든 관계없이, 다른 재료와 섞어서 반죽을 만들 수 있는 상태가 되었는지 확인하는 가장 손쉬운 방법은 물에 **띄우기 테스트**다. 그릇에 물을 담아놓고 발효종을 작게 한 숟가락 떠서 떨어트린다. 반죽이 물에 뜨면 준비가 다 된 것이다. 반죽이 가라앉으면 좀 더 시간이 필요하다는 뜻이다.

발효종의 형상 및 특성 바꾸기

빵을 굽다 보면 내가 가진 발효종과 다른 특징을 지닌 발효종을 사용하는 레시피를 접하게 된다. 뻑뻑한 발효종을 사용하는 레시피가 있는가 하면 물처럼 묽은 발효종이 필요한 레시피도 있다.

뻑뻑한 발효종을 묽은 발효종으로 바꾸려면 활성 발효종 2큰술에 밀가루와 물을 무게 기준 1:1 비율로 넣어서 섞는다.

묽은 발효종을 뻑뻑한 발효종으로 바꾸려면 활성 발효종 2큰술에 밀가루와 물을 무게 기준 2:1 비율로 넣어서 섞는다. 또한 발효종을 만들 때 사용했던 것과 다른 밀가루로 사워도 빵을 만들고자 할 수도 있다. 사워도 호밀 빵을 만들 때 꼭 호밀가루로 만든 발효종을 사용해야 할까? 반드시 그렇지는 않다. 일반 밀가루로 만든 발효종을 사용해도 아주 근사하고 맛있는 호밀 빵을 만들 수 있다. 호밀 빵을 만들기 전에 발효종에 호밀가루로 밥을 줄 수도 있겠지만 꼭 필요한 것은 아니다.

시판 이스트를 사용하는 빵 레시피를 발효종을 사용하는 레시피로 변경하려면 저울과 약간의 계산, 그리고 만드는 사람의 판단에 따른 조율이 필요하다. 계산과 다소간의 조율을 위해서는 다음 사실을 고려하자. 활성 발효종 1컵은 시판 이스트 1봉지에 버금가는 발효 효과를 낸다. 묽은 발효종에는 무게 기준으로 물과 밀가루가 거의 같은 분량만큼 들어 있다. 뻑뻑한 발효종은 무게 기준 밀가루와 물의 비율이 2:1 정도다.

빵 레시피에서 시판 이스트 1봉지를 발효종으로 대체하려면 발효종 1컵을 떠서 저울에 무게를 잰다. 묽은 액체형 발효종이라면 1컵의 무게를 2로 나눈 다음 빵 레시피의 밀가루와 액체 재료 분량에서 2로 나눈 무게만큼 뺀다. 뻑뻑한 발효종이라면 빵 레시피의 밀가루 분량에서 발효종 무게의 ⅔만큼, 액체 재료 분량에서 발효종 무게의 ⅓만큼을 뺀다. 이 비율은 취향에 따라 조절할 수 있다. 르방(천연 발효종)으로 발효해 빵을 만들 때 수분이 많은 반죽을 선호한다면 액체 재료보다 밀가루의 분량을 줄여서 수분 함량을 바꾼다.

르방으로 빵을 발효할 때 고려해야 할 또 다른 요소는 발효 시간이 훨씬 더 오래 걸린다는 점이다. 시판 이스트로 샌드위치 빵을 만든다면 3시간 정도 발효 후 오븐에 넣으면 되지만 발효종을 사용한다면 비교할 수 없을 정도로 더 오래 걸린다. 물론 대부분은 특별한 조치 없이 기다리는 시간이다. 일반적으로 발효에 8~12시간 정도 걸린다고 생각하면 된다. 그뿐만 아니라 대다수 빵 레시피에서 요구하는 2단계 발효(우선 반죽을 그릇에 담아서 발효하고 로프 팬에 담아서 한 번 더 발효하는 과정)를 할 필요가 없다. 그냥 반죽을 치대서 성형한 후 로프 팬에 넣고 한 번만 발효하면 된다.

천연 발효종(Levain)

천연 발효종은 시판 이스트 없이도 바로 빵을 구울 수 있도록 미생물들을 모아놓은 개인 저장소라 할 수 있다. 하지만 그보다 더 중요한 점은, 발효종은 시간과 인내심이 있어야만 얻을 수 있는 깊고 다채로운 풍미를 가져다준다는 데 있다. 시작하기 전에 천연 발효종에 대해 항목을 참고한다.

커다란 그릇에 다음을 넣고 잘 섞는다.

통밀가루 4컵(525g)

중력분 4컵(500g)

지퍼백이나 밀폐 용기에 담는다. 이것은 발효종에 밥을 줄 때 사용하는 밀가루 혼합물이다. 이 밀가루 혼합물 1¼컵을 계량해서 1ℓ짜리 유리병이나 약 4컵 용량의 플라스틱 용기 등 중간 크기의 용기에 넣는다. 밀가루 혼합물에 다음을 추가한다.

미지근한(27~32℃) 물 ¾컵(175g)

밀가루 덩어리가 없어질 때까지 잘 젓는다. 얇고 깨끗한 주방 행주나 면포를 덮고 고무밴드로 고정한다. 실온의 직사광선이 닿지 않는 곳에 며칠 동안 둔다. 3~5일이 지나면 기포가 올라오기 시작하는 것이 보인다. 표면에 껍질이 생겨도 상관없다. 발효종에서 치즈, 이스트, 코를 찌르는 시큼한 냄새가 나면 발효종이 활성화된 것이다. 이때 주의해야 할 것은 곰팡이뿐이다. 발효종에 곰팡이가 생기기 시작하면 과감하게 버리고 다시 시작한다.

발효의 흔적이 보이기 시작하면 발효종에 밥을 주기 시작한다. 빵을 만들 때 사용하기에 적합한 발효종을 만들려면 며칠, 심지어는 일주일 이상 꾸준히 밥을 줘야 한다.

천연 발효종에 밥을 주려면 매일 대략 비슷한 시간에 발효종을 ¼컵만 남기고 전부 버린다.(또는 쓰고 남은 발효종 활용하기 항목을 참고한다.) 용기에 남은 발효종 ¼컵에 다음을 넣는다.

통밀가루와 중력분 혼합물 1¼컵(160g), 앞에 나온 재료
물 ¾컵(175g)

추가하는 밀가루와 물의 정확한 분량보다는 발효종에 정기적으로 밥을 주는 것이 중요하다. 전날 남겨둔 발효종을 대부분 버리고 충분한 양의 밀가루와 물을 추가해 걸쭉한 페이스트 상태로 만들어주면 제대로 한 것이다. 일단 발효종에 대해 어느 정도 감이 잡히면 밀가루와 물을 계량하지 않고 그냥 넣는 사람들도 많다.

매일매일 밥을 주면서 발효종의 변화를 살펴보자. 밥을 주고 나서 몇 시간 동안은 부풀어 오를 것이다. 그러다가 일정 시점이 되면 꺼지기 시작한다. 발효종의 냄새도 변한다. 밥을 준 직후에는 냄새가 강하지 않다. 그러나 다음번 밥을 줄 때가 가까워지면 냄새가 코를 찌르고 시큼한 느낌이 강해진다. 때로는 심지어 네일 리무버와 비슷한 냄새가 나기도 한다.

발효종이 며칠 정도 일정한 패턴으로 부풀어 오르고 꺼지는 모습을 보이면 빵을 구울 때 사용할 준비가 된 것이다. 빵을 만들기 최소 12시간 전에 발효종을 1큰술만 남기고 모두 버린다.(용기의 옆면과 바닥에 달라붙은 발효종만으로도 충분하다.)

묽은 액체형 발효종을 만들려면 다음을 넣고 젓는다.

통밀가루와 중력분 혼합물 1¾컵(225g), 앞에 나온 재료
미지근한(27~32℃) 물 1컵(235g)

뻑뻑한 발효종을 만들려면 다음을 사용한다.

통밀가루와 중력분 혼합물 2½컵(305g), 앞에 나온 재료
미지근한(27~32℃) 물 ⅔컵(155g)

뚜껑을 덮고 발효종이 부풀어 오를 때까지 8~10시간 정도 발효시킨다. 제대로 발효되었는지 확인하려면 발효종 한 숟가락을 떠서 컵에 담긴 물에 떨어뜨린다. 발효종이 물에 뜨면 준비가 된 것이다. 물에 뜨지 않으면 다시 뚜껑을 덮어서 물에 뜰 때까지 계속 발효시킨다. 아주 따뜻한 환경에서는 8시간 정도 지나면 최고치로 부풀어 올랐다가 꺼진다. 추운 곳이라면 시간이 더 오래 걸린다.(이 경우 발효종을 따뜻한 곳으로 옮겨보자.) 발효종을 다루기 위해서는 발효종의 상태를 이해하고 읽어내는 것이 필수적이며, 이는 시간이 지나면 자연스럽게 얻을 수 있는 감각이다.

발효종이 완성되면 이어서 소개하는 레시피 또는 묽은 발효종이 필요한 모든 사워도 레시피에 활용해보자.(뻑뻑한 발효종이 필요한 레시피라면 발효종의 형상 및 특성 바꾸기 항목을 참고한다.)

치대지 않고 굽는 시골풍 사워도 빵

둥근 덩어리 빵 2개

이 레시피는 상당한 시간이 걸리지만 만드는 과정 자체는 꽤 간단하다. 오랫동안 자리를 비워야 한다면 중간 단계마다 반죽을 냉장고에 넣어 저온 발효 상태로 둘 수 있다. 취향에 따라 이스트 반죽의 추가 재료 중 선호하는 것을 소금

과 함께 넣어도 좋다.

커다란 그릇 또는 반죽용 날을 끼운 반죽기 용기에 다음을 넣고 잘 섞는다.

활성 천연 발효종 1½컵(물에 띄우기 테스트를 통과해야 한다.)
미지근한(27~32℃) 물 1½컵(355g)

다음을 넣는다.

제빵용 밀가루 4컵(525g)
통밀가루 ½컵(65g)

끈적한 반죽이 형성될 때까지 손으로 섞거나 반죽기를 저속으로 작동시켜서 섞는다. 뚜껑을 덮고 반죽을 30분간 숙성시킨다.

다음을 넣고 손이나 반죽기로 잘 어우러지게 섞는다.

미지근한(27~32℃) 물 ¼컵(60g)
소금 1작은술

반죽을 넣으면 거의 빈 곳이 없을 정도로 딱 맞는 그릇에 담는다. 반죽을 외풍이 없는 곳에 두고 어느 정도 부풀어 오를 때까지 3~4시간 발효시킨다.(시판 이스트를 사용한 반죽처럼 2배로 부풀어 오르지는 않는다.) 반죽을 유리 용기나 투명한 플라스틱 용기에 담아두었다면 기포가 생기는 것을 볼 수 있을 것이다. 또는 소금을 넣은 후 뚜껑을 꼭 덮어서 냉장고에 넣어 12~14시간 동안 발효시킬 수도 있다.

그릇을 뒤집어서 밀가루를 아주 소량 뿌린 작업대에 반죽을 올려놓는다. 반죽을 반으로 나누고 각각 공처럼 둥글게 뭉친다. 반죽을 덮어서 15분간 숙성시킨다. 둥그런 최종 형태로 성형한다. 얇은 천(식탁용 천 냅킨 같은 것이 좋다.)에 밀가루를 살짝 뿌리고 반죽이 딱 알맞게 들어갈 만한 크기의 발효 바구니 또는 그릇에 깐다. 이음매 부분이 위로 가도록 둥글게 성형한 반죽을 바구니나 그릇에 담고 뚜껑을 덮어둔다. 손가락으로 살짝 찔러보면 바로 원래 상태로 복구되지 않고 자국이 남을 때까지 3~4시간 발효한다. 또는 뚜껑을 덮어서 냉장고에 넣어 최대 12시간 발효시킨다.

더치오븐이나 콤보 쿠커에 반죽을 넣어 구우려면 더치오븐 또는 콤보 쿠커를 오븐에 넣고 260℃에 맞춰 45분간 예열한다. 반죽 한 덩어리를 조심스럽게 바구니나 그릇에서 꺼낸다. 손에 밀가루를 살짝 묻히고 반죽을 잡아서 이음매 부분이 아래로 가도록 뜨거운 더치오븐(손이나 팔을 데지 않도록 주의한다.) 또는 콤보 쿠커의 프라이팬 부분에 옮겨 담는다. 반죽 칼날이나 잘 드는 칼로 반죽에 칼집을 넣고, 더치오븐의 뚜껑이나 콤보 쿠커의 깊은 부분을 덮어서 다시 오븐에 넣는다. 15분간 구운 후 뚜껑을 열고 오븐 온도를 230℃로 낮춰서 짙은 갈색이 될 때까지 15~20분간 더 굽는다. 빵을 받침대에 올려놓고 완전히 식힌다. 빈 더치오븐이나 콤보 쿠커를 다시 오븐에 넣고 온도를 260℃로 올려서 10분 이상 다시 예열한 후 두 번째 반죽을 굽는다.

제빵용 돌판이나 철판 또는 오븐 팬에 반죽을 올려서 구우려면 받침대를 오븐의 가운데 칸에 하나, 아래쪽 칸에 또 하나를 끼운다. 오븐을 230℃로 예열한다. 제빵용 돌판이나 철판 또는 오븐 팬을 가운데 있는 받침대에 올려놓고 예열한다. 금속 소재의 베이킹 팬 또는 무쇠 팬을 아래쪽 받침대에 올린다. 돌판이나 철판 또는 오븐 팬이 뜨겁게 달궈지면 오븐에서 꺼낸다. 반죽을 뒤집어서 꺼내 이음매 부분이 아래로 가도록 돌판, 철판 또는 오븐 팬에 올리고 칼집을 넣은 후 오븐에 밀어 넣는다. 즉시 베이킹 팬이나 무쇠 팬에 뜨거운 물 1컵을 붓고 오븐을 닫는다. 빵이 진한 갈색으로 익을 때까지 35~40분 정도 굽는다. 받침대에 올려놓고 완전히 식힌다.

사워도 호밀 빵

덩어리 빵 2개

중간 크기의 그릇에 다음을 넣는다.

　활성 천연 발효종 ⅓컵

다음을 섞어 발효종에 밥을 준다.

　진한 색의 호밀가루 1½컵(180g)

　물 1¼컵(295g)

골고루 어우러지도록 섞는다. 다음을 섞어서 발효종 위에 훌훌 뿌린다.

　진한 색의 호밀가루 1¾컵(210g)

　중력분 1¾컵(220g)

비닐랩으로 단단히 덮고 발효종이 부풀어 오르기 시작하면서 위에 뿌린 곡물가루에 거미줄 모양으로 균열이 생기기 시작할 때까지 4~5시간 발효시킨다. 발효종과 곡물가루가 잘 어우러지도록 섞은 후 다음을 넣어 젓는다.

　중력분 1¼~1¾컵(155~220g)

　물 1컵(235g)

　캐러웨이씨 1큰술

　소금 1½작은술

반죽은 너무 건조하지도, 너무 질척하지도 않은 상태가 되어야 한다. 필요하면 밀가루나 물을 조금 추가해 농도를 맞춘다. 반죽을 20분간 숙성시킨다. 그릇을 뒤집어서 밀가루를 소량 뿌린 작업대에 반죽을 올려놓고 매끄럽고 말랑말랑해질 때까지 손으로 치대되, 너무 끈적거리면 중력분을 조금 추가해서 작업한다.(반죽은 약간 진득거리지만 치대지 못할 정도로 손에 심하게 달라붙지는 않을 것이다.) 반죽을 반으로 나누고 각각 둥그런 형태로 성형한다. 기름을 바른 오븐 팬에 반죽을 올려놓고 천으로 느슨히 덮어서 부피가 2배에 못 미치는 정도로 부풀도록 발효시킨다. 손가락으로 살짝 찔러보면 바로 복구되지 않고 자국이 남아야 한다. 이 상태로 발효하려면 3~4시간 정도 필요하다.

　받침대를 오븐의 가운데 칸에 하나, 아래쪽 칸에 또 하나를 끼운다. 오븐을 220℃로 예열한다. 금속 소재의 베이킹 팬 또는 무쇠 팬을 아래쪽 받침대에 올린다.

　취향에 따라 반죽에 칼집을 낸 후 오븐의 가운데 받침대에 올려놓고 즉시 베이킹 팬이나 무쇠 팬에 뜨거운 물 1컵을 붓는다. 내부 온도가 43℃ 이상 도달할 때까지 50~60분간 굽는다. 껍질을 더 단단하게 굳히려면 오븐을 끄고 다 구워진 빵을 10분간 오븐에 넣어둔다. 받침대에 올려놓고 완전히 식힌다.

플랫브레드에 대해

봉긋하고 두툼하게 부풀어 오른 빵만큼 시각적인 즐거움을 주지는 않겠지만 플랫브레드는 그에 뒤지지 않을 만큼 많은 사랑을 받고 있다. 플랫브레드는 인류의 식문화에서 가장 역사 깊은 레시피들 중 하나로 꼽을 수 있으며(피타, 라바시, 마초 등과 같이) 상당수 플랫브레드의 기원은 문명의 태동기까지 거슬러 올라간다. 피자와 같은 음식은 너무나 보편화되어 따로 설명할 필요가 없을 정도다. 집에서 빵을 굽는 사람에게 플랫브레드는 두 배로 매력적인 메뉴다. 만드는 과정에서 반죽을 주무르고 치대는 즐거움을 충분히 느낄 수 있으면서도 다른 일반적인 빵들보다 쉽고 빠르게 만들 수 있으며 반죽을 성형하는 기술도 필요하지 않다. 그뿐만 아니라 만드는 사람의 기술이 다소 서툴러도 최종 결과물의 소박한 매력으로 쉽게 감출 수 있다. 플랫브레드는 발효가 필요 없거나 발효를 하더라도 아주 짧은 시간에 불과하며 눈 깜짝할 사이에 다 구워진다. 그

결과 단단하고, 바삭하며, 제멋대로의 모양을 하고 있지만 자꾸만 손이 가서 도저히 멈출 수 없는 근사한 빵으로 완성된다.

피타 빵(Pita Bread)

8개

샌드위치로 활용하기에 좋고 특히 후무스, 바바 가누시 등의 딥과 소스를 듬뿍 얹어 먹으면 아주 맛있다. 취향에 따라 일반 밀가루 대신 통밀가루를 원하는 비율만큼 사용해 만들 수도 있지만, 통밀가루를 넣어 말랑말랑하게 잘 구부러지는 반죽을 만들려면 물을 더 추가해야 할 수도 있다.

커다란 그릇 또는 반죽용 날을 끼운 반죽기 용기에 다음을 넣고 잘 섞는다.

　실온(21~24℃) 상태의 물 1컵(235g)

　올리브유 2큰술(25g)

　설탕 1큰술(10g)

　활성 건조 이스트 1봉지(2¼작은술)

다음을 추가한다.

　제빵용 밀가루 3컵(395g)

　소금 1½작은술

손으로 섞거나 반죽이 하나로 뭉칠 때까지 반죽기를 저속으로 1분 정도 작동시킨다. 손으로 10분 정도 치대거나 반죽용 날을 끼운 반죽기에 넣고 중저속으로 작동시키면서 반죽이 매끄럽고 부드러우며 탱탱해질 때까지 8분 정도 치댄다. 필요하면 밀가루나 물을 추가한다. 반죽은 약간 진득거리지만 달라붙지 않는 상태가 되어야 한다. 기름을 바른 그릇에 반죽을 옮겨 담고 한 번 뒤집어서 기름을 골고루 묻힌다. 비닐랩으로 덮어서 부피가 거의 2배가 될 때까지 1시간~1시간 반 정도 1차 발효한다.

　받침대를 오븐의 아래쪽 칸에 끼운다. 오븐을 260℃로 예열한다. 그동안 밀가루를 소량 뿌린 작업대에 반죽을 올려놓고 같은 크기의 8조각으로 분할한다. 각 반죽 조각을 굴려서 공 모양으로 만든다. 반죽을 덮어서 20분간 숙성한다.

　둥글게 뭉친 반죽을 하나씩 꺼내 15~18cm 지름에 3mm 두께로 둥글넓적하게 민다. 가운데 부분을 너무 얇게 밀지 않도록 주의하고 전체적으로 균일한 두께로 만든다. 기름을 살짝 바른 커다란 오븐 팬에 이렇게 민 반죽 4개를 조심스럽게 올려놓는다. 반죽이 풍선처럼 부풀어 오를 때까지 4분 정도 굽고, 부풀어 오른 후 30초간 더 구운 다음 즉시 오븐에서 꺼내 받침대에 올려놓고 식힌다. 빵을 오븐에 너무 오래 두면 건조해지고 평평한 원반 모양으로 꺼지지 않는다. 나머지 반죽도 같은 방식으로 굽는다.

난

타원형 난 4장

말랑하고 맛있는 이 인도식 플랫브레드는 전통적으로 시뻘겋게 달군 탄두리 오븐에 넣어 굽는다. 가정에서는 제빵용 돌판이나 철판을 예열해서 구우면 맛있는 난을 만들 수 있다. 취향에 따라 버터 대신 기 버터를 사용해도 좋다.

커다란 그릇 또는 반죽용 날을 끼운 반죽기 용기에 다음을 넣고 잘 섞는다.

　제빵용 밀가루 2컵(265g)

　소금 ½작은술

　활성 건조 이스트 1⅛작은술

다음을 추가한다.

　플레인 요구르트 ¾컵(180g) 또는 버터밀크 ¾컵(185g), 실온 상태로 준비

버터 2큰술(30g), 액체 상태로 녹이기

물 1작은술~1큰술, 필요에 따라 조절

손으로 섞거나 반죽이 말랑한 공 모양이 되도록 반죽기를 저속으로 1분 정도 작동시킨다. 손으로 10분 정도 치대거나 반죽기에 넣고 중저속으로 작동시키면서 반죽이 매끄럽고 부드러우며 탱탱해질 때까지 10분 정도 치댄다. 기름을 바른 그릇에 반죽을 옮겨 담고 한 번 뒤집어서 기름을 골고루 묻힌다. 비닐랩으로 덮어서 부피가 거의 2배가 될 때까지 1시간 반 정도 1차 발효한다.

받침대를 오븐의 가장 아래쪽 칸에 끼우고 제빵용 돌판, 철판 또는 두꺼운 오븐 팬을 뒤집어서 올린다. 오븐을 245℃로 45분간 예열한다.

그동안 반죽을 4등분한다. 각각 공 모양으로 둥글게 뭉쳐서 반죽을 덮은 뒤 10분간 숙성시킨다. 밀가루를 소량 뿌린 작업대에 반죽을 하나씩 올려놓고 길이 20~25cm, 두께 6mm의 타원형으로 민다. 윗면에 솔로 다음을 바른다.

버터 2큰술, 액체 상태로 녹이기

취향에 따라 반죽 위에 다음을 홀홀 뿌린다.

(다진 쪽파 또는 마늘 2큰술)

타원형으로 민 반죽을 서로 닿지 않는 한도 내에서 최대한 많이 제빵용 돌판, 철판 또는 오븐 팬에 바로 올린다. 봉긋하게 부풀어 오르면서 바닥이 진한 갈색으로 익을 때까지 6~7분간 굽는다. 오븐에서 꺼낸다. 취향에 따라 솔로 다음을 바른다.

(녹인 버터)

바구니에 천을 깔고 난을 담은 후 천으로 덮어둔다. 남은 반죽을 마저 오븐에 넣어 굽는다. 따뜻하게 낸다.

여러 겹으로 구운 파라타(Layered Paratha)

20cm 크기의 파라타 8장

넓게 민 반죽에 기 버터를 바른 다음 돌돌 말아서 여러 겹이 생기도록 만드는 빵으로, 발효하지 않고 굽는 인도식 플랫브레드다.

중간 크기의 그릇에 다음을 넣고 섞는다.

중력분 1컵(125g)

통밀가루 1컵(130g)

소금 ½작은술

다음을 넣는다.

따뜻한 물 ⅔컵(160g)

기 버터 1큰술(15g) 또는 액체 상태로 녹인 버터

반죽이 아주 매끄러워질 때까지 잘 섞는다. 뚜껑을 덮고 반죽을 20분간 숙성시킨다.

다음을 녹여서 따뜻하게 보관한다.

기 버터 4큰술(55g) 또는 버터

반죽을 8조각으로 나눈다. 한 번에 하나씩 반죽을 잡아서(나머지 반죽은 계속 덮어둔다.) 최대한 얇게 둥근 모양으로 민다. 녹인 버터를 바르고 롤케이크처럼 만다. 가느다란 원통형이 된 반죽을 납작하게 돌돌 만다. 이렇게 만 반죽을 다시 밀어서 대략 15~18cm 크기의 원형으로 만든다. 손가락이나 손바닥 안쪽으로 반죽을 둥글게 펼치는 편이 쉬울 수도 있다. 작업대에 밀가루를 너무 많이 뿌리지 않도록 주의한다. 어느 정도 달라붙는 것은 오히려 반죽을 더 얇게 미는 데 도움이 된다. 양쪽 면에 녹인 버터를 바른다. 남은 반죽도 마찬가지로 말아서 밀고, 사이사이에 유산지 또는 파라핀지를 끼워서 파라타 반죽을 차곡

차곡 쌓는다.

기름을 두르지 않은 프라이팬을 중불에 올려 뜨겁게 달군다. 파라타를 하나씩 프라이팬에 넣고 아래쪽이 군데군데 갈색으로 그을릴 때까지 2분 정도 굽는다. 뒤집어서 반대쪽도 마저 굽는다. 남은 파라타 반죽도 같은 방식으로 굽는다.

레프세(Lefse)

15cm 크기의 플랫브레드 16장

이 노르웨이식 플랫브레드는 명절 즈음에 버터와 설탕, 계피를 곁들여 먹는 경우가 많지만, 짭짤한 필링을 넣어도 맛있다. 취향에 따라 갓 삶은 감자 대신 먹다 남은 매시트포테이토 2컵을 사용해도 좋다. 응용 레시피를 즐기는 편이라면 인스턴트 매시트포테이토로 만들 수도 있다.

냄비에 다음을 넣고 감자가 잠기도록 찬물을 붓는다.

러셋 감자(450g), 껍질을 벗기고 4등분하기

부르르 끓어오르면 불을 줄여 뭉근히 끓이면서 감자가 아주 부드러워질 때까지 15분 정도 삶는다. 물기를 말끔히 제거하고 포테이토 라이서로 으깨서 커다란 그릇에 담는다.(또는 감자를 바로 그릇에 담고 덩어리가 없어질 때까지 으깰 수 있다.) 다음을 넣는다.

무염 버터 4큰술(55g), 말랑하게 녹이기

우유 또는 헤비크림 ¼컵(60g)

소금 ½작은술

설탕 ½작은술

맛을 보고 필요에 따라 간을 조절한다. 뚜껑을 덮고 차가워질 때까지 최소 4시간 또는 하룻밤 동안 냉장고에 넣어둔다. 감자에 다음을 추가한다.

중력분 1¼컵(155g)

감자와 밀가루가 잘 어우러질 때까지 섞은 후 밀가루를 소량 뿌린 작업대에 올려놓고 반죽이 매끄럽고 말랑말랑해질 때까지 잠깐 치댄다. 필요하면 밀가루를 조금씩 추가하면서 작업한다. 반죽을 반으로 나눠 각각 2.5cm 두께의 원통 모양으로 밀고 각각 가로로 8조각씩 자른다.

기름을 두르지 않은 프라이팬을 중불에 올려 뜨겁게 달군다. 반죽을 하나씩 꺼내서 작업하는 동안 나머지는 계속 덮어둔다. 필요하면 작업대와 반죽에 밀가루를 살짝 뿌리고 반죽을 최대한 얇게 원형으로 민다. 어느 정도 바닥에 달라붙는 것은 상관없다. 뜨겁게 달군 프라이팬에 반죽을 넣고(말랑말랑한 반죽을 들어올릴 때는 벤치 스크래퍼를 사용하면 편리하다.) 군데군데 갈색으로 익을 때까지 1~2분간 굽는다. 반대쪽으로 뒤집어서 1~2분 더 굽는다. 접시에 옮겨 담고 주방 행주로 덮어서 따뜻하게 보관한다. 남은 반죽도 마찬가지로 굽는다.

밀가루 토르티야

15~20cm 크기의 토르티야 8장

밀가루 토르티야는 만들기도 쉽고 시판 토르티야보다 훨씬 맛있다.

커다란 그릇 또는 반죽용 날을 끼운 반죽기 용기에 다음을 넣고 잘 섞는다.

제빵용 밀가루 2컵(265g)

베이킹파우더 1작은술

소금 1작은술

식물성 쇼트닝 또는 라드 ¼컵(50g)

뜨거운(46~54℃) 물 ¾컵(175g)

손으로 섞거나 반죽이 하나로 뭉칠 때까지 반죽기를 저속으로 작동시킨다. 손으로 치대거나 반죽기에 넣고 중속 또는 저속으로 작동시키면서 반죽이 매끄러워질 때까지 4~6분 정도 치댄다.

반죽을 8조각으로 나누고 공 모양으로 둥글게 뭉친다. 반죽을 덮어서 20분간 숙성한다. 둥그런 반죽을 하나씩 올려놓고 지름 15~20cm, 두께 약 3mm의 원형으로 민다. 반죽이 잘 밀리지 않으면 다른 반죽을 먼저 밀고 나중에 다시 돌아와서 마무리한다.

큼직한 무쇠 팬 또는 논스틱 프라이팬을 중불에 올려 달군다. 토르티야를 하나씩 프라이팬에 얹고 중간중간 갈색으로 그을릴 때까지 처음에는 30초간, 뒤집은 후에는 15초간 굽는다. 다 구운 토르티야는 나머지 토르티야를 굽는 동안 잘 덮어서 따뜻하게 보관한다. 따뜻하게 낸다.

옥수수 토르티야

12.5cm 크기의 토르티야 16장

이 반죽은 금세 말라버리므로 남은 반죽은 사용할 때까지 랩으로 감싸놓거나 잘 덮어두어야 한다. 필요하면 물을 조금 추가해 언제든지 농도를 조절할 수 있다. 조금 더 오래 치댄다고 해도 결과물에는 별다른 영향을 미치지 않는다. 신선한 마사를 구할 수 있다면 더 근사한 토르티야를 만들 수 있고 품도 적게 든다. 마사가 잘 바스러지는 상태라면 그냥 물만 약간 추가해서 치댄 후 레시피의 설명대로 조리하면 된다.

다음을 그릇에 담고 필요한 만큼 물을 부은 후 손으로 섞어서 말랑말랑한 반죽을 만든다.

마사 하리나 2컵(210g)

뜨거운(49~52℃) 물 1¼~1⅓컵(295~315g)

비닐랩으로 감싸서 30분 이상 숙성한다.

필요하면 물이나 마사를 조금씩 넣고 농도를 조절하면서 숙성한 반죽이 부드럽고 매끄러우며 말랑말랑해질 때까지 치댄다. 반죽은 끈적거리거나 퍼석하게 부서져서는 안 된다.

묵직한 프라이팬 2개에 기름을 두르지 않고 가정용 레인지 위에 올리거나 화구 2개에 놓을 수 있을 만큼 커다란 번철을 사용한다. 한쪽 프라이팬(또는 번철 한쪽)의 불을 중약불로, 나머지 한쪽을 중강불로 맞춘다.

반죽을 적당히 나눠 지름 3.8cm의 공 모양으로 빚는다. 반죽을 눌러서 토르티야를 만드는 동안 축축하게 적신 깨끗한 천을 반죽 위에 덮어둔다. 둥글게 빚은 반죽 하나를 잘 찢어지지 않는 비닐이나 파라핀지 사이에 놓는다.(슈퍼마켓 비닐봉지를 활용하면 아주 좋다.) 토르티야 압착기 또는 묵직한 파이 접시의 밑면을 사용해 반죽을 한 번 꾹 누르고, 반죽을 180도 돌려서 다시 한 번 꾹 누르는 작업을 필요한 만큼 반복하면서 1.5mm의 균일한 두께로 만든다.(얇게 누른 토르티야를 들어올렸을 때 부서진다면 반죽이 너무 건조한 것이다. 비닐에 심하게 달라붙으면 토르티야를 너무 얇게 눌렀거나 반죽에 수분이 너무 많은 것이다. 이에 따라 남은 반죽의 농도를 적당히 조절한 후 토르티야를 만든다.) 윗면의 비닐이나 파라핀지를 벗겨내고 토르티야를 뒤집어서 손바닥에 올린 다음 아랫면의 비닐이나 파라핀지도 벗겨낸다.

토르티야를 온도가 낮은 쪽의 프라이팬에 올려놓고 토르티야와 프라이팬의 사이가 벌어지기 시작하지만 가장자리는 아직 구부러지지 않은 상태가 되도록 20초 정도 굽는다. 토르티야를 뒤집어서 뜨거운 쪽의 프라이팬에 올려놓고 바닥이 군데군데 연한 갈색으로 익을 때까지 20~30초간 굽는다. 토르티야

를 뒤집어서 반대쪽도 갈색이 되도록 굽는다. 프라이팬이 뜨겁게 달궈지고 반죽이 적당히 촉촉하면 토르티야가 봉긋하게 부풀어 오를 것이다.(이때 손가락이나 주걱 뒷면으로 눌러주면 좋다.) 토르티야가 갈색으로 구워지면 깨끗한 천 위에 올려놓고(열기가 빠지면서 부피가 줄어든다.) 위를 덮어둔다. 나머지 토르티야를 성형하여 계속 구우면서 이전에 구운 토르티야 위에 차곡차곡 쌓고, 매번 천으로 덮어둔다. 따뜻하게 낸다. 남은 토르티야는 포일에 둘둘 말아서 오븐에 넣어 부드럽고 말랑해지도록 데워 먹는다.

소페(Sopes)

8장(4인분)

마사로 동글납작하게 만들어서 빠르게 구울 수 있으며 든든할 뿐만 아니라 다양한 재료를 얹어 먹을 수 있다. 가장 간단한 형태는 멕시코식 삶은 콩이나 으깬 콩 페이스트, 잘게 썬 양상추, 크레마 또는 사워크림, 강판에 간 치즈를 얹은 것이다.

중간 크기의 그릇에 다음을 넣고 섞는다.

마사 하리나 2컵(210g)

소금 ¾작은술

다음을 추가한다.

미지근한(27~32℃) 물 1¼컵(295g)

반죽이 하나로 뭉칠 때까지 섞는다. 매끄럽고 말랑말랑하며 퍼석하거나 끈적이지 않아야 한다. 필요하면 물이나 마사를 조금씩 뿌려서 원하는 농도로 맞춘다. 반죽을 8조각으로 나눈다. 반죽 하나를 잘 찢어지지 않는 비닐이나 파라핀지 2장 사이에 놓고(슈퍼마켓 비닐봉지를 활용하면 아주 좋다.) 토르티야 압착기 또는 묵직한 파이 접시의 밑면을 사용해 6mm 두께의 둥글납작한 모양으로 누른다. 크고 묵직한 프라이팬에 기름을 두르지 않고 중불에 올려 뜨겁게 달군다. 소페 반죽을 몇 개씩 프라이팬에 넣고 바닥이 건조해 보일 때까지 1분 정도 구운 다음 뒤집어서 1분간 더 굽는다. 마지막으로 한 번 더 뒤집어서 30초 정도 굽는다. 접시에 옮겨 담고 천으로 덮어서 따뜻하게 보관한다.

아직 온기가 남아 있지만 만질 수 있을 정도로 소페가 식으면 가장자리를 빙 둘러가면서 손가락으로 꼭 집어 테두리를 만든다. 이렇게 하면 둥그런 작은 배 모양의 소페가 완성된다. 뜨거운 프라이팬에 다음을 붓는다.

식물성 기름 ¼컵(50g)

기름에서 연기가 나기 직전에 소페를 몇 개씩 집어서 다시 프라이팬에 넣는다. 중간에 한 번 뒤집으면서 양쪽 면이 모두 황금색으로 익을 때까지 한 면당 1분 정도 튀긴다. 키친타월을 깐 접시에 올려놓고 기름을 뺀다. 토핑과 함께 낸다. 다양한 토핑 아이디어는 타코와 부리토의 속재료 항목을 참고한다.

아레파(Arepas)

8장(4인분)

베네수엘라와 콜롬비아의 전통 빵인 아레파는 반조리 상태의 옥수수 분말로 만들며, 가장 흔히 볼 수 있는 상표는 P.A.N.이다. 이 레시피에서 소개하는 것처럼 속재료를 넣은 아레파는 베네수엘라식이다.

중간 크기의 그릇에 다음을 넣고 섞는다.

반조리 옥수수 분말 2컵(305g)

미지근한(27~32℃) 물 2컵(475g)

소금 ¾작은술

반죽이 매끄러워질 때까지 섞는다. 말랑하고 촉촉한(하지만 끈적이지 않는) 반죽을 만들려면 물을 더 넣어야 할 수도 있다. 취향에 따라 다음을 넣고 섞는다.

　잘게 썬 모차렐라, 케소 블랑코 또는 기타 맛이 순한 치즈 1컵[115g]

반죽을 8조각으로 나눠 공처럼 둥글게 성형한다. 1.2cm 두께의 원반 모양으로 납작하게 누른다. 논스틱 프라이팬을 중불에 올리고 다음을 넣어 달군다.

　식물성 기름 ¼컵(50g)

기름에서 연기가 나기 직전에 아레파를 몇 개씩 프라이팬에 넣고 중간에 한 번 뒤집으면서 양쪽 면이 모두 노릇노릇하게 익을 때까지 한 면당 5분 정도 튀긴다. 키친타월을 깐 접시에 올려놓고 기름을 뺀다. 내기 전에 수평으로 반 정도 칼집을 넣어 아래쪽과 위쪽을 완전히 분리하지 않으면서 속재료를 채워 넣을 수 있는 공간을 만든다. 다음 중 한 가지 또는 취향에 따라 여러 가지를 아레파 속에 채워서 먹는다.

　모차렐라 또는 케소 블랑코 등의 잘게 썬 치즈
　카르니타스 조림, 풀드 포크 조림 또는 익힌 소고기나 닭고기를 잘게 썬 것
　익힌 검은콩

포카치아(Focaccia)

20~23cm 크기의 둥근 빵 2개 또는 큼직한 빵 1개

다음을 준비한다.

　피자 반죽, 1차 발효까지 진행

반죽을 반으로 나눠 각각 1.2cm 두께로 둥글게 밀고 기름을 넉넉하게 바른 20~23cm 크기의 원형 케이크 팬이나 사각형 베이킹 팬 2개에 넣는다. 또는 반죽을 분할하지 않고 1.2cm 두께의 직사각형으로 밀어서 커다란 오븐 팬에 올린다. 기름을 바른 비닐랩으로 덮어서 봉긋하게 부풀어 오를 때까지 1시간~1시간 반 정도 2차 발효한다.

　오븐을 200℃로 예열한다. 빵을 굽기 10분 전에 손가락 끝으로 반죽 전체를 눌러서 여기저기 쑥 들어간 자국을 낸다. 다음을 살짝 뿌린다.

　올리브유 최대 ½컵(100g)

다음 재료 중 한 가지 또는 취향에 따라 여러 가지를 조합해 반죽 위에 얹는다.

　로마노, 파르메산 또는 아시아고 등의 치즈를 강판에 간 것 2큰술
　로즈메리, 타임 또는 오레가노 등의 말린 허브를 잘게 부순 것 1작은술 또는
　　신선한 허브 잎이나 다진 허브 최대 1큰술
　굵은 소금 또는 박편형 소금 ½작은술
　얇게 썬 선드라이드 토마토, 올리브, 캐러멜화한 양파, 깍둑썰기한 구운 감자, 구운
　　마늘 또는 포도

노릇노릇해질 때까지 25분 정도 굽는다. 팬을 뒤집어 빵을 철망 받침대에 올려놓는다. 따뜻하게 또는 실온 상태로 내거나 수평으로 칼집을 넣어 샌드위치 빵으로 활용한다.

하차푸리(Khachapuri, 그루지야식 치즈 빵)

큼직한 하차푸리 1개(4인분)

배 모양의 이 빵은 그루지야 여러 지역에서 즐겨 먹는 다양한 유형의 하차푸리 중 하나다. 하차푸리의 형태는 다양하지만, 치즈를 듬뿍 사용한다는 공통점이 있다.

다음을 준비한다.

　피자 반죽 레시피의 ½ 분량

일단 반죽이 부풀어 오르면 오븐을 190℃로 예열한다. 큼직한 오븐 팬에 유산지를 깐다.

　밀가루를 소량 뿌린 작업대에 반죽을 올려놓고 둥근 공 모양으로 뭉친다. 반죽을 지름 30cm 크기로 둥글게 민다. 반죽을 덮어서 10분간 숙성시킨다. 그동안 중간 크기의 그릇에 다음을 넣고 섞는다.

　잘게 썬 모차렐라 1컵(115g)
　잘게 부순 페타 치즈 ½컵(55g)
　대란 1개
　버터 1큰술(15g), 말랑하게 녹이기

유산지를 깐 오븐 팬에 반죽을 올린다. 반죽 위에 치즈를 홀홀 뿌리고 반죽의 가장자리에서 2.5cm 안쪽으로 들어온 부분까지 골고루 펼친다. 반죽의 한쪽을 들어서 중심부 쪽으로 ⅓ 정도 단단하게 만 후, 반대쪽을 들어서 다시 중심부 쪽으로 ⅓ 정도 만다. 반죽을 살살 매만지면서 가운데에 공간이 있고 양쪽 끝이 좁아지는 배 모양으로 성형한다. 모양을 잡은 부분이 풀리지 않도록 양쪽 끝을 꾹 집어서 붙인 후 살짝 비틀어준다. 반죽에 다음을 바른다.

　달걀노른자 1개, 잘 풀어두기

치즈에서 보글보글 기포가 올라오고 갈색으로 익을 때까지 25분 정도 굽는다. 오븐에서 꺼낸 후 빵의 중심부에 다음을 깨뜨려 넣는다.

　대란 1개

다시 오븐에 넣어서 흰자는 굳고 노른자는 완전히 굳지 않아서 살짝 흐를 때까지 4~6분간 굽는다. 오븐에서 빵을 꺼내자마자 달걀 위에 다음을 얹는다.

　버터 1큰술, 말랑하게 녹이기

먹을 때는 주르르 흐르는 노른자와 버터를 녹은 치즈에 넣어 섞는다. 빵을 적당한 크기로 뜯어서 액체 상태의 치즈 혼합물에 찍어 먹는다.

피자에 대해

피자는 간단히 말해 둥그런 이스트 반죽을 원하는 크기로 밀어서 다양한 토핑을 얹어 구운 것이다. 하지만 곰곰이 생각해보면 피자에 관해서는 단순한 것이 하나도 없다. 시칠리아식의 두꺼운 시트 팬 피자부터 시카고식의 딥 디시(deep-dish) 피자, 뉴욕식의 거대한 얇은 피자에 이르기까지 피자의 스타일은 가지각색이다. 피자에 올리는 토핑도 거의 모든 재료를 사용할 수 있다. 우리는 토핑을 너무 많이 올리지 않은 피자가 가장 맛있다고 여기지만 말이다.

집에서 굽는 피자도 지난 10여 년간 상당히 발전해왔다. 최근에는 가정에서 피자를 만드는 사람의 상당수가 금세 부풀어 오르는 이스트 반죽보다 냉장고에 넣어 하룻밤 발효시켜서 쫄깃한 식감과 근사한 풍미를 내는 반죽을 선호한다. 또한 가정용 오븐에서 피자를 구울 때 사용하도록 고안된 두꺼운 철판이나 제빵용 철판을 사용하는 사람도 많다. 이러한 철판을 고온에서 예열해두면 지속적으로 뜨거운 열을 제공하므로 크러스트가 진한 갈색으로 잘 익는다. 제빵용 돌판과는 달리 철판은 직화 오븐 모드에서 사용할 수 있으므로 토핑이 주르르 녹아내리고 보글보글 기포가 생기는 먹음직스러운 갈색 피자를 구울 수 있다. 예전이라면 이런 피자를 가정에서 구울 수 있다고 상상하기 어려웠을 것이다.

　제빵용 돌판을 사용해도 맛있는 피자를 구울 수 있지만, 돌판을 직화 오븐 모드에서 사용하거나 온도가 갑작스럽게 변하는 환경에 둔다면 깨져버리므로 주의한다. 무쇠 피자 팬을 사용할 수도 있으나 제빵용 철판만큼 좋은 결과를 얻기는 힘들다. 피자를 그릴에 구울 수도 있다.

피자 반죽

지름 30cm짜리 크러스트 2장

피자를 자주 굽는다면 틀림없이 선호하는 크러스트 스타일이나 토핑이 있기 마련이다. 다양한 토핑에 대한 아이디어는 피자 조합 항목을 참고한다. 피자를 굽는 방법은 마르게리타 피자 레시피를 참고한다. 취향에 따라 중력분 분량의 절반을 00 밀가루로 대체할 수 있다.

I. 빨리 발효시키는 반죽

커다란 그릇 또는 반죽용 날을 끼운 반죽기 용기에 다음을 넣고 섞은 후 이스트가 녹을 때까지 5분간 둔다.

　따뜻한(41~46℃) 물 1⅓컵(315g)

　활성 건조 이스트 1봉지(2¼작은술)

다음을 추가한다.

　중력분 3½~3¾컵(440~470g)

　올리브유 2큰술(25g)

　소금 1¼작은술

손으로 섞거나 반죽기를 저속으로 1분간 작동시킨다. 필요하면 밀가루를 조금씩 추가하면서 손으로 5분 정도 치대거나 반죽기에 넣고 중속 또는 저속으로 작동시키면서 반죽이 매끄럽고 탱탱해질 때까지 치댄다. 올리브유를 살짝 바른 그릇에 반죽을 옮겨 담고 한 번 뒤집어서 기름을 골고루 묻힌다. 뚜껑을 덮고 따뜻한 곳(24~29℃)에서 부피가 2배로 부풀 때까지 1시간~1시간 반 정도 1차 발효한다.

오븐을 260℃로 예열한다. 받침대를 오븐의 아래쪽 칸에 끼운다. 제빵용 돌판이나 철판을 사용한다면 오븐에 넣고 45분간 예열한다. 또는 오븐 팬 2개에 기름을 바르고 다음을 뿌린다.

　옥수숫가루

반죽을 반으로 나눈다. 각각 공 모양으로 뭉쳐서 비닐랩으로 느슨하게 덮어 15분간 숙성시킨다. 선호하는 토핑을 준비한다.(피자 조합 항목을 참고)

밀가루를 소량 뿌린 작업대에 반죽을 하나씩 올려놓고 밀면서 사방으로 잡아당겨 지름 30cm의 둥그런 모양을 만든다. 또는 반죽을 손에 들고 빙글빙글 돌리면서 늘려서 반죽의 무게 때문에 넓게 펴지게 한다. 반죽이 얇아지면 구멍이 뚫리지 않도록 손등에 올려놓고 늘어뜨린 후 빙빙 돌린다. 넓게 편 반죽을 각각 기름을 발라둔 오븐 팬에 올리거나, 제빵용 돌판 또는 철판을 사용한다면 반죽을 쿠키 시트 또는 밀가루를 뿌린 제빵용 삽 위에 올려놓는다. 이제 반죽에 토핑을 올려서 구울 준비가 된 것이다.(마르게리타 피자 레시피 참고)

II. 오래 발효시키는 반죽

버전 I의 피자 반죽을 만들되, 활성 건조 이스트는 ¼작은술만 사용한다. 반죽이 하나로 뭉치기 시작하면 3분간 치댄다. 반죽을 반으로 나눠 공 모양으로 뭉친 후 비닐랩으로 단단히 감싸서 최소 12시간, 최대 3일간 냉장고에 넣어 발효시킨다. 냉장고에서 꺼내 실온에서 30분간 둔 후 납작하게 밀고 토핑을 얹어서 굽는다.

마르게리타 피자(토마토 소스와 모차렐라 피자)

지름 30cm짜리 피자 2개

중간 정도 두께의 크러스트에 토마토, 치즈, 바질을 올려서 굽는 전통적인 피자다.

다음을 준비한다.

　피자 반죽 또는 시판 냉장 피자 반죽 450g짜리 2봉지

오븐을 예열해 준비해두고 설명에 따라 반죽을 밀어서 지름 30cm의 둥근 반죽 2장을 만든다. 각 반죽의 가장자리 1.2cm 정도만 남기고 다음을 골고루 펴서 바른다.

　마리나라 소스 또는 피자 소스 ½컵

다음을 훌훌 뿌린다.

　잘게 썬 모차렐라 1⅓컵(170g)

　굵직하게 썬 바질 또는 썰지 않은 바질 잎 ½컵

　소금과 흑후추 적당량

한 번에 하나씩 피자를 굽는다. 오븐 팬에 올려서 굽는다면 오븐의 맨 아래쪽 받침대에 얹어서 굽는다. 제빵용 돌판이나 철판을 사용한다면 밀가루를 뿌린 제빵용 삽이나 쿠키 시트에 반죽을 올려놓는다. 반죽이 약간씩 움직이도록 제빵용 삽이나 쿠키 시트를 앞뒤로 살짝 흔든다. 반죽이 달라붙었다면 살짝 들어올린 후 아래에 밀가루를 조금 더 뿌린다. 삽에 올려놓은 피자를 재빨리 제빵용 돌판이나 철판 위에 밀어 넣는다.(이 작업을 제대로 하려면 연습이 필요하므로 연습을 핑계로 피자를 좀 더 자주 만들어보자.) 크러스트가 갈색으로 익고 치즈가 황금색으로 변할 때까지 12분 정도 굽는다. 제빵용 철판을 사용한다면 피자를 5분간 구운 후 직화 오븐 모드로 바꿔서 피자가 갈색으로 익고 보글보글 기포가 올라올 때까지 직화로 구울 수도 있다. 오븐 온도를 다시 260℃로 맞춘 후 두 번째 피자를 넣어서 굽는다.

피자 조합

피자 반죽 위에 얹는 토핑은 지극히 취향의 영역이다. 러시아에서는 피자에 훈제 청어나 모스크바(mockba, 정어리, 연어, 고등어, 참치, 양파를 섞은 것)를 얹어서 먹는다. 인도 사람들은 생강, 다진 머튼고기, 파니르 치즈를 토핑으로 사용한다. 일본에서는 오징어와 '마요 자가(mayo jaga, 마요네즈, 감자, 베이컨)' 피자가 높은 인기를 누리고 있다. 치즈와 양파, 소고기를 모두 두 배로 얹은 '더블 더치(Double Dutch)'는 네덜란드 명물이다. 꼭 기억해야 할 중요한 점은 피자가 눅눅해지는 것을 방지하기 위해 일부 토핑을 사전에 조리해 여분의 기름이나 수분을 날려야 한다는 것이다. 656쪽의 표에서 우리가 가장 즐겨 먹는 피자 토핑 조합을 몇 가지 소개한다. ▶ 표에 기재한 분량은 피자 2개를 만들 수 있는 양이다. 마르게리타 피자에 사용하는 소스와 치즈, 바질의 양은 위의 레시피를 참고한다.

무글루텐 피자

30~35cm짜리 피자 1개를 만드는 반죽

이 피자 반죽에는 아시아 마트에서 구할 수 있는 고운 멥쌀가루를 사용한다. 맷돌로 간 쌀가루는 입자가 굵어서 사용할 수 없다. ▶ 피자 반죽 1개를 만들 수 있는 분량이므로 토핑의 양도 그에 맞게 조절한다.

커다란 그릇 또는 주걱 모양의 날을 끼운 반죽기 용기에 다음을 넣고 섞는다.

　타피오카 전분 ¾컵(95g)

　현미가루 ½컵(70g)

　멥쌀가루 ½컵(55g)

　감자 전분 ¼컵(40g)

　잔탄검 1½작은술

　소금 ½작은술

토핑	소스	치즈
페퍼로니 170g, 얇게 저미기	토마토	모차렐라
매콤한 맛 또는 순한 맛의 이탈리아식 소시지 340g을 잘게 부숴 갈색으로 볶은 후 키친타월에 올려서 기름을 빼기, 작은 노란색 양파 또는 자색 양파 1개를 아주 얇게 저미기, (얇게 저민 고추 피클)	토마토	모차렐라
생초리소 340g을 잘게 부숴 갈색으로 볶은 후 키친타월에 올려 기름을 빼기, 굵게 썬 쪽파, 프라이팬에 지진 감자 1½컵	없음	모차렐라 또는 오아사카 치즈
판체타 115g을 아주 얇게 저미기, 신선한 바질 잎	토마토	모차렐라
프로슈토 또는 캐나다식 베이컨 115g을 아주 얇게 저미기, 큼직하게 자른 신선한 파인애플 1컵	토마토	모차렐라
프로슈토 115g을 아주 얇게 저미기, 국물을 따라내고 4등분한 아티초크 하트 병조림 1컵, 씨를 빼고 저민 칼라마타 또는 소금물에 절인 검은색 올리브 ½컵	토마토	모차렐라
애호박 중간 크기 1개 또는 손질한 아스파라거스 5개를 채소 껍질 벗기는 도구로 얇은 리본 끈처럼 돌려 깎기, 씨를 빼고 저민 칼라마타 올리브 ½컵, 올리브유 1작은술에 버무린 세이지 잎 16장	페스토 ½컵	잘게 부순 페타 치즈 ½컵, 모차렐라 1컵
캐러멜화한 양파 1컵, 씨를 뺀 칼라마타 또는 소금물에 절인 검은색 올리브 ½컵, 잘게 썬 신선한 로즈메리 4작은술 또는 말린 로즈메리 2작은술	없음 또는 베샤멜 II에 마늘 1쪽을 다져서 맛을 내기	없음
껍데기를 깐 새끼 대합 60개 또는 국물을 따라낸 통조림 새끼 대합 60개, 마늘 3쪽 다지기, 올리브유 2큰술, 피자를 구운 후에 굵게 썬 파슬리 1큰술을 올리기	없음	페코리노 로마노 1컵
발라낸 게살 170g, 흑후추	없음	탈레지오 55g을 잘게 썰기, 모차렐라 1컵
포토벨로버섯 2개 또는 양송이버섯 10~15개를 얇게 저며서 볶기, 자색 양파 1개를 얇게 저미고 마늘 3쪽을 다져서 함께 볶기, 말린 타임 ½작은술	없음	잘게 부순 신선한 염소 치즈(셰브르) 1컵
멜티드 리크 1컵, 잎새버섯 225g을 작은 '꽃봉오리' 모양으로 자른 뒤 올리브유 2큰술을 넣어 버무리기	없음	탈레지오 55g을 잘게 썰기, 모차렐라 1컵
그래니 스미스 또는 허니크리스프 사과 작은 것 1개의 속을 파내고 얇게 저미기, 흑후추, 피자를 구운 후 꿀을 살짝 뿌리고 루콜라 2컵을 얹기	없음	잘게 부순 고르곤졸라 85g, 모차렐라 1컵

다음을 넣고 반죽기를 저속으로 1분간 작동시켜서 섞는다.

　미지근한(27~32℃) 물 1컵(235g)

　대란 1개, 실온 상태로 준비

　올리브유 2큰술(25g)

　활성 건조 이스트 1¼작은술

반죽기 작동 속도를 중고속으로 높여 4분간 섞거나 반죽이 매끄러워질 때까지 젓는다. 커다란 오븐 팬 또는 30~35cm 크기의 피자 팬에 기름을 바르고 다음을 훌훌 뿌린다.

　옥수숫가루 2큰술

끈끈한 반죽을 피자 팬에 올려놓고 기름을 바른 주걱으로 최대한 얇게(두께 약 6mm) 편다. 기름을 바른 비닐랩으로 느슨하게 덮어서 봉긋하게 부풀어 오를 때까지 45분간 발효시킨다.

　오븐을 220℃로 예열한다. 포크로 피자 크러스트 전체에 여기저기 찔러서 구멍을 내고 12~15분간 굽는다. 다음을 얹는다.

　선호하는 피자 토핑(피자 조합 항목 참고)

다시 오븐에 넣고 치즈가 녹으면서 반죽이 갈색으로 익을 때까지 5~8분간 굽는다. 5분간 식힌 다음 슬라이스 형태로 자른다.

시카고식 딥 디시 피자

5~6인분

다른 피자와 마찬가지로 시카고식 피자에는 고추와 양파, 페퍼로니 또는 살라미, 이탈리아식 소시지, 시금치를 비롯해 사실상 좋아하는 재료라면 뭐든 토핑으로 활용할 수 있다. 아래에 소개하는 레시피는 기본 설계도라고 생각하면 된다. 핵심은 치즈를 넉넉히 넣고 소스를 맨 위에 얹는 것이다.

다음을 준비한다.

　피자 반죽 I

반죽에 올리브유를 넣을 때 다음을 함께 추가한다.

　무염 버터 2큰술(30g), 액체 상태로 녹이기

피자 반죽 레시피에 따라 발효시킨다. 그동안 다음을 준비한다.

　마리나라 소스

오븐을 220℃로 예열한다. 30cm 크기의 무쇠 팬이나 속이 깊은 케이크 팬 또는 23cm짜리 속이 깊은 케이크 팬 2개에 다음을 바른다.

　버터 2큰술, 말랑하게 녹이기

팬에 다음을 가볍게 뿌린다.

　중간 굵기로 빻은 옥수숫가루

팬을 흔들어서 여분의 옥수숫가루를 털어낸다.

　반죽이 부풀어 부피가 2배쯤 되면 밀가루를 소량 뿌린 작업대에 올려놓는다. 30cm짜리 프라이팬이나 케이크 팬을 사용한다면 반죽을 지름 35cm의 원형으로 밀어서 편다. 23cm짜리 팬을 사용한다면 반죽을 반으로 나눠 각각 공 모양으로 뭉친 후, 지름 28cm의 원형으로 밀어서 편다. 크러스트를 너무 얇게 밀지 않도록 주의한다. 반죽을 팬에 옮겨 담고 모서리 쪽을 살짝 눌러서 잘 펴준 후 남는 반죽은 팬의 옆면에 걸친다. 반죽에 다음을 얹는다.

치즈 340g, 얇게 저민 프로볼로네와 잘게 썬 모차렐라를 섞은 것 권장

  (얇게 썬 페퍼로니 또는 살라미 1컵, 또는 이탈리아식 소시지 450g, 잘게 부숴

    볶은 후 기름을 빼기)

토핑 위에 마리나라 소스를 얹는다. 소스 위에 다음을 훌훌 뿌린다.

  강판에 곱게 간 파르메산 치즈 ½컵(55g)

팬의 테두리 밖으로 나온 반죽은 잘라버리거나 안쪽으로 꾹 접어서 크러스트 테두리를 도톰하게 만든다. 피자 위에 다음을 살짝 뿌린다.

  올리브유 1큰술

크러스트가 노릇노릇하고 먹음직스럽게 익을 때까지 35분 정도 굽는다. 다음을 훌훌 뿌린다.

  잘게 썬 파슬리 1큰술

10분간 식힌 후 조각으로 잘라서 낸다.

할머니 스타일의 팬 피자

6인분

이 피자를 만들 때는 취향에 따라 몇 가지 방법으로 조합할 수 있다. 어떤 사람들은 일반적인 피자처럼 소스를 반죽에 직접 바르고 토핑을 올린 후 치즈를 얹는다. 어떤 이들은 치즈를 뿌리고 숟가락으로 소스를 떠서 그 위에 사선으로 끼얹는다. 어느 쪽이든 결과물은 훌륭하므로 각자 선택하면 된다. 다음을 준비한다.

  피자 반죽 I

피자 반죽 레시피에 따라 발효시킨다. 그동안 다음을 준비한다.

  마리나라 소스

  잘게 썬 모차렐라 치즈 2컵(225g)

  강판에 곱게 간 파르메산 치즈 ½컵(55g)

  (피자 조합 항목을 참고해 선호하는 토핑으로 준비)

오븐을 220℃로 예열한다.

  테두리 있는 큼직한 오븐 팬(대략 46×33cm 크기)에 기름을 바른다. 반죽을 늘리고 잡아당겨서 직사각형 모양을 만든다. 반죽을 덮어서 10분간 숙성시킨다. 반죽을 한 번 더 늘려서 오븐 팬의 바닥을 덮는다. 반죽이 원래 상태로 돌아가면 10분간 더 숙성시키고 다시 시도한다. 팬의 옆면에 반죽을 눌러서 붙일 필요는 없다. 반죽 위에 소스와 치즈 그리고 선호하는 토핑을 원하는 순서대로 얹는다. 치즈가 녹고 크러스트가 진한 갈색이 될 때까지 20~25분간 굽는다. 취향에 따라 직화 오븐 모드로 바꿔서 몇 분간 구우면서 치즈를 갈색으로 그을린다. 취향에 따라 다음을 얹는다.

  (신선한 바질 잎)

그릴에 구운 피자

그릴에 구운 피자는 간단하게 만들 수 있으며 크러스트가 바삭하면서 쫄깃한 것이 특징이다. 이 피자는 여름 파티 때 준비하면 근사하다. 1인용 피자로 먹을 수 있도록 크러스트 반죽을 작게 만든다. 반죽의 양쪽 면을 그릴에 구운 후, 구운 피자 크러스트를 바구니에 가득 담아놓고 다양한 토핑을 옆에 준비해 손님을 맞는다. 손님들이 각자 크러스트 위에 자신이 원하는 토핑을 얹으면 그릴에 구워서 마무리한다. 숯을 넣는 그릴이나 가스 그릴 모두 사용할 수 있다.

I. 직화로 굽기

그릴을 강불로 맞춰 준비한다. 다음을 만든다.

발효시킨 피자 반죽 또는 시판 냉장 피자 반죽 450g짜리 2봉지

마르게리타 피자 레시피에 따라 반죽을 성형한다. 반죽을 하나씩 집어서 밀가루를 소량 뿌린 쿠키 시트나 제빵용 삽 위에 올린다. 반죽이 약간씩 움직이도록 제빵용 삽이나 쿠키 시트를 앞뒤로 살짝 흔든다. 반죽이 달라붙었다면 살짝 들어올린 후 아래에 밀가루를 조금 더 뿌린다. 쿠키 시트나 삽을 사용해 반죽을 그릴 철망 위에 바로 올려놓는다. 바닥이 익으면서 반죽이 단단해지는 것을 지켜본다. 5분 정도 구운 뒤 반죽이 적당히 단단해지면 뒤집어서 반대쪽을 마저 굽는 사이에 선호하는 토핑을 얹는다. 또는 그릴에서 꺼내 구워진 쪽이 위로 가도록 밀가루를 뿌린 작업대에 올려놓고(달라붙는 것을 방지하기 위해) 토핑을 얹은 후 그대로 다시 그릴에 올려 굽는다. ▶ 피자를 그릴에 구울 때는 오븐에 구울 때보다 토핑을 적게 올려야 속까지 골고루 익는다. ▶ 토핑까지 익히고 치즈를 녹이려면 그릴에 피자를 올려놓고 뚜껑을 덮어서 익힌다.

II. 돌판이나 철판에 올려서 굽기

그릴을 사용해서 놀랄 만큼 바삭한 크러스트를 가진 피자를 굽는 또 한 가지 방법은 그릴 위에 피자 돌판이나 제빵용 철판을 올려서 굽는 것이다.

  그릴을 강불로 맞춰서 준비하고 제빵용 돌판이나 철판을 그릴 철망 위에 올린 후 뚜껑을 덮고 45분~1시간 동안 예열한다. 다음을 만든다.

발효시킨 피자 반죽 또는 시판 냉장 피자 반죽 450g짜리 2봉지

숯 그릴을 사용할 경우, 이 시점에서 숯을 더 추가해야 한다. 그릴 철망과 돌판 또는 철판을 조심스럽게 들어내고 불을 붙인 숯을 점화기 한가득 추가한 후 (오븐용 또는 작업용 장갑이 꼭 필요하다.) 철망과 돌판을 다시 얹는다. 마르게리타 피자 레시피에 따라 반죽을 성형하고 밀가루를 소량 뿌린 쿠키 시트나 제빵용 삽 위에 반죽을 올린 후 선호하는 토핑을 얹는다. 반죽이 약간씩 움직이도록 제빵용 삽이나 쿠키 시트를 앞뒤로 살짝 흔든다. 반죽이 달라붙었다면 살짝 들어올린 후 아래에 밀가루를 조금 더 뿌린다. 쿠키 시트나 삽을 사용해 피자를 돌판이나 철판 위에 올려놓고 그릴의 뚜껑을 덮은 뒤 5분마다 다 익었는지 확인한다. 크러스트가 진한 갈색으로 변하고 토핑이 익거나 속까지 데워지면서 치즈가 녹으면 피자가 완성된 것이다.

이스트 롤빵에 대해

바삭하고 노릇노릇한 롤빵은 보기만 해도 식욕을 자극한다. 특히 오븐에서 갓 꺼내 아직 따뜻한 상태라면 그야말로 군침이 돈다. 일반 빵과 롤빵을 만드는 데에는 큰 차이점이 없으므로 제빵 초보자라면 이스트 빵에 대해 항목을 참고한다. 사실 대부분의 덩어리 빵 레시피는 롤빵을 만들 때도 활용할 수 있다. 전통적인 롤빵은 단순한 공 모양이지만, 색다른 모양을 시도해보고자 한다면 이 항목에서 소개하는 다양한 그림을 참고한다.

  이스트 롤빵 반죽을 공 모양으로 성형하려면 우선 반죽을 레시피에 지정한 롤빵의 개수대로 분할한다. 적당히 눈대중으로 나눠도 좋고, 반죽의 전체 무게를 측정한 뒤 레시피에서 언급한 개수대로 나누고 무게에 따라 반죽을 조금씩 떼어내 모두 일정한 크기로 만들어도 좋다. 각 반죽의 모서리를 가운데 방향으로 접은 뒤 살짝 눌러서 붙인다. 이음매 부분이 아래로 가도록 반죽을 뒤집은 다음 손을 컵 모양으로 오므려서 밀가루를 살짝 뿌린 조리대에 대고 살살 굴려가면서 둥근 모양을 만든다. 반죽이 조리대 표면에 살짝 달라붙기 때문에 더욱 단단하게 공 모양으로 뭉쳐진다.

  이스트 반죽에 선호하는 추가 재료를 넣어 다양한 풍미의 롤빵을 만들 수 있다. 롤빵 위에 포피시드, 셀러리씨, 회향씨, 캐러웨이 또는 살짝 볶은 참깨 등

의 씨앗을 뿌려보자. 갓 구운 롤빵을 저녁 식사에 곁들이면 근사하므로 반죽을 냉장 발효하기 항목을 참고한다. 롤빵 반죽을 미리 만들어서 필요할 때까지 냉장고에 보관했다가 저녁 식사 직전에 성형해서 굽는다.

파커 하우스 롤빵

지름 5cm짜리 30개

너무 달지 않은 기본 반죽으로 다양한 모양의 디너 롤빵을 만들 수 있다.

작은 그릇에 다음을 넣고 저어서 설탕과 버터를 녹인다.

> **따뜻한**(41~46℃) 우유 1컵(235g)
>
> **버터** 2큰술(30g), 말랑하게 녹이기
>
> **설탕** 1큰술(10g)
>
> **소금** ¾작은술

큼직한 그릇에 다음을 넣고 섞은 후 이스트가 녹을 때까지 5분 정도 그대로 둔다.

> **따뜻한**(41~46℃) 물 2큰술(30g)
>
> **활성 건조 이스트** 1봉지(2¼작은술)

우유 혼합물을 이스트 녹인 물에 넣고 섞는다. 다음을 넣고 탁탁 치면서 푼다.

> **대란** 1개

다음을 준비한다.

> **중력분** 3⅓~3⅔컵(415~460g)

밀가루를 일부만 넣고 섞은 후 반죽을 작업대에 올려놓고 나머지 밀가루를 더해 치댄다. 이때 밀가루는 쉽게 다룰 수 있는 반죽이 될 정도로만 추가한다. 기름을 바른 그릇에 반죽을 넣고 솔로 윗면에 다음을 바른다.

> **녹인 버터**

뚜껑을 덮고 따뜻한 곳(24~29℃)에서 부피가 2배로 부풀 때까지 1시간 정도 1차 발효한다.

반죽을 75cm 길이의 원통 모양으로 만든 다음 2.5cm 두께로 자른다. 반죽을 각각 공 모양으로 둥글게 굴리고 지름 5cm의 원형으로 납작하게 누른다. 나무 숟가락의 손잡이를 밀가루에 담갔다 빼거나 밀대에 밀가루를 문지른 후 롤빵 반죽의 가운데를 눌러 움푹 파이게 한다. 움푹 파인 부분 위로 반죽을 접어서 가장자리를 모아 잡고 살짝 누른다. 기름을 바른 오븐 팬에 5cm 간격을 두고 반죽을 나란히 놓는다. 따뜻한 곳(24~29℃)에서 봉긋하게 부풀어 오를 때까지 35분 정도 2차 발효한다.

반죽이 부풀어 오르는 동안 오븐을 220℃로 예열한다. 노릇노릇해질 때까지 15~18분간 굽는다. 롤빵을 철망 받침대에 올려놓고 식힌다.

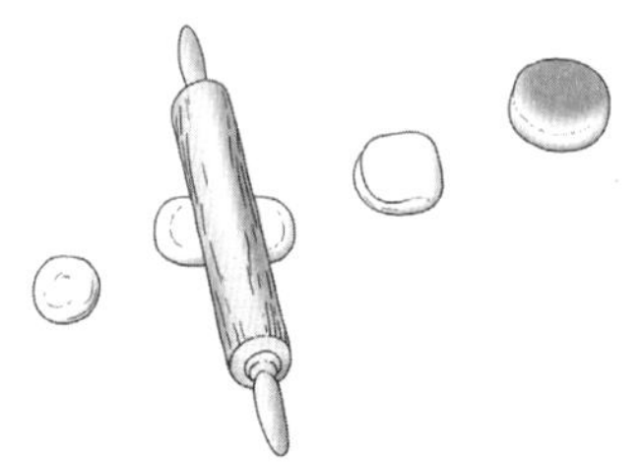

파커 하우스 롤빵 성형하기(맨 오른쪽은 구운 파커 하우스 롤빵)

클로버 잎 롤빵

지름 5cm짜리 24개

파커 하우스 롤빵의 반죽을 만든다. 그릇에 담아서 1차 발효한 후, 12구짜리 일반 머핀 틀 2개에 기름을 바른다. 반죽을 24개로 분할한다. 반죽 하나를 3조각으로 나눈 후 각 조각을 작은 공 모양으로 둥글려 아래 그림처럼 머핀 틀에 넣는다. 윗면에 **녹인 버터**를 바른다. 반죽을 덮어서 따뜻한 곳에 두고 부피가 2배로 부풀 때까지 30분 정도 발효한다. 그동안 오븐을 220℃로 예열한다. 노릇노릇해질 때까지 15~18분간 굽는다. 롤빵을 철망 받침대에 올려놓고 식힌다.

클로버 잎 롤빵 성형하기

치대지 않고 굽는 냉장 롤빵

15개

이 방법은 거의 모든 이스트 롤빵에 응용할 수 있다.

큰 그릇에 다음을 넣고 섞은 후 이스트가 녹을 때까지 5분 정도 그대로 둔다.

> **따뜻한**(41~46℃) 물 ½컵(120g)
>
> **활성 건조 이스트** 1봉지(2¼작은술)

이스트를 녹인 물에 다음을 넣고 섞는다.

> **미지근한**(27~32℃) 우유 1컵(235g)
>
> **무염 버터** 6큰술(85g), 말랑하게 녹인 후 살짝 식히기
>
> **설탕** ¼컵(50g)
>
> **대란** 1개
>
> **소금** 1작은술

반죽이 말랑말랑해질 때까지 다음을 추가하면서 탁탁 치듯이 섞는다.

> **중력분** 약 3½컵(440g)

기름을 바른 큼직한 그릇에 반죽을 옮겨 담고 한 번 뒤집어서 기름을 골고루 묻힌다. 뚜껑을 단단히 덮어서 최소 12시간, 최대 3일간 냉장고에 넣어 발효시킨다. 빵을 구울 때가 되면 반죽을 냉장고에서 꺼내 뚜껑을 덮은 상태로 30분간 실온에 둔다.

반죽을 주먹으로 누른 후 15조각으로 균일하게 나누고 각각 공 모양으로 둥글게 뭉친다. 롤빵 반죽들을 케이크 팬 2개나 커다란 베이킹 팬에 담고 부피가 2배로 부풀 때까지 45분~1시간 정도 2차 발효한다.

반죽이 부풀어 오르는 동안 오븐을 220℃로 예열한다. 롤빵이 노릇노릇해질 때까지 15분 정도 굽는다. 취향에 따라 솔로 윗면에 다음을 바른다.

> (**녹인 버터**)

버터밀크 롤빵(팬탠Fan-tans)

24개

진하고 기름진 풍미를 자랑하는 이 빵에는 버터를 바를 필요가 없다.

다음을 준비한다.

　실온(21~24℃) 상태의 버터밀크 1½컵(365g)

버터밀크 ⅓컵을 유리 계량컵에 붓는다. 다음을 넣고 이스트가 녹을 때까지 5분간 그대로 둔다.

　활성 건조 이스트 1봉지(2¼작은술)

남은 버터밀크를 커다란 그릇에 붓는다. 이스트를 녹인 버터밀크와 함께 다음을 추가한다.

　설탕 ¼컵(50g)

　소금 2작은술

　베이킹소다 ¼작은술

다음을 넣고 젓는다.

　중력분 4컵(500g)

　버터 2큰술(30g), 액체 상태로 녹이기

반죽을 작업대 위에 올린 후 매끄럽고 탱탱해질 때까지 치댄다. 기름을 바른 그릇에 반죽을 옮겨 담고 한 번 뒤집어서 기름을 골고루 묻힌다. 깨끗한 천으로 덮어서 부피가 거의 2배 넘게 부풀도록 1시간 정도 1차 발효한다.

　반죽을 반으로 나눈다. 각각 크기 23×46cm, 두께 3mm의 직사각형으로 얇게 민다. 10분간 숙성시킨다. 솔로 반죽에 다음을 바른다.

　버터 2큰술, 액체 상태로 녹이기

직사각형 반죽 하나를 놓고 세로 방향으로 3.8cm의 간격으로 잘라서 기다란 반죽 6개를 만든다. 나머지 반죽도 똑같이 자르고 기다란 반죽을 6장씩 포개어 얹은 무더기 2개를 만든 후 벤치 스크래퍼나 실을 사용해(아래 그림 참고) 각 무더기를 3.8cm 너비로 12번 자른다.(총 24개의 롤빵 반죽) 버터를 바른 머핀 팬 2개에 자른 한쪽 단면이 위로 가도록 반죽을 넣는다. 기름을 바른 비닐랩으로 느슨히 덮어서 따뜻한 곳(24~29℃)에서 부피가 2배로 부풀 때까지 45분~1시간 동안 2차 발효한다.

　롤빵 반죽이 부풀어 오르는 동안 오븐을 200℃로 예열한다. 진한 갈색으로 익을 때까지 15~20분간 굽는다. 롤빵을 철망 받침대에 올려놓고 식힌다.

버터밀크 롤빵(팬탠) 만들기

버터밀크 감자 롤빵

약 48개

다음 반죽을 준비한다.

　버터밀크 감자 빵의 반죽, 1차 발효까지 진행

반죽이 부풀어 오르는 동안 오븐을 220℃로 예열한다.

　반죽이 다 부풀면 클로버 잎 롤빵의 설명에 따라 성형하여 2차 발효한다. 취향에 따라 반죽 위에 다음을 바른다.

　(달걀노른자 1개, 물이나 우유 1~2큰술을 넣어 잘 풀어두기)

취향에 따라 다음을 홀홀 뿌린다.

　(포피시드)

진한 갈색으로 익을 때까지 15~20분간 굽는다. 롤빵을 철망 받침대에 올려놓고 식힌다.

치즈 롤빵

12개

피미엔토 치즈 빵의 반죽을 만든다. 1차 발효 후 반죽을 일정한 크기로 12개로 분할한다. 각 반죽을 공 모양으로 둥글게 뭉친 후 기름을 살짝 바른 오븐 팬에 간격을 두고 가지런히 올린다. 피미엔토 치즈 빵 레시피에 따라 치즈를 홀홀 뿌린다. 1차 발효 후 레시피대로 15~20분 또는 황금색이 될 때까지 굽는다. 롤빵을 철망 받침대에 올려놓고 식힌다.

통밀 롤빵

5cm 크기의 롤빵 약 40개

다음 반죽을 준비한다.

　100% 통밀 빵 코케뉴 또는 귀리 빵 코케뉴, 1차 발효까지 진행

반죽을 40개로 나누고 각 반죽을 공 모양으로 둥글게 뭉친다. 반죽을 덮어서 부피가 거의 2배로 부풀 때까지 1시간 정도 1차 발효한다.

　반죽이 부풀어 오르는 동안 오븐을 220℃로 예열한다. 롤빵 반죽 위에 솔로 다음을 바른다.

　버터 4큰술(버터 스틱 ½개), 액체 상태로 녹이기

취향에 따라 다음을 홀홀 뿌린다.

　(박편형 바닷소금, 굵게 썬 호두 또는 납작귀리)

갈색으로 익을 때까지 12~18분간 굽는다. 롤빵을 철망 받침대에 올려놓고 식힌다.

하드 롤빵

5.7cm 크기의 롤빵 12개

바삭한 식감이 일품인 롤빵이다. 달걀흰자를 풀어서 넣기 때문에 속살은 가볍고 부드럽다. 취향에 따라 **달걀노른자 1개에 물이나 우유 1~2큰술을 넣고 잘 풀어서** 롤빵에 바르고 **에브리싱 시즈닝**을 홀홀 뿌린다.

커다란 그릇 또는 반죽용 날을 끼운 반죽기 용기에 다음을 넣고 잘 섞는다.

　따뜻한(41~46℃) 물 1¼컵(295g)

　식물성 쇼트닝 2큰술(25g)

　설탕 1큰술(10g)

　활성 건조 이스트 1봉지(2¼작은술)

다음을 추가한다.

　중력분 2½컵(315g)

　소금 1¼작은술

손으로 젓거나 반죽기를 저속으로 작동시켜 완전히 섞는다. 다른 그릇에 다음을 넣고 부드러운 피크가 생길 때까지 탁탁 친다.

　대란 흰자 2개

흰자를 반죽에 넣고 뒤적인다. 반죽이 촉촉하면서 끈끈하게 느껴지지 않을 정도로 다음을 조금씩 넣는다.

　중력분 1¾~2컵(220~250g)

손으로 7분 정도 치대거나 반죽용 날을 끼운 반죽기에 넣고 저속 또는 중속으

로 작동시키면서 반죽이 매끄럽고 탱탱해질 때까지 치댄다. 기름을 바른 그릇에 반죽을 옮겨 담고 한 번 뒤집어서 기름을 골고루 묻힌다. 비닐랩으로 덮어서 따뜻한 곳(24~29℃)에서 부피가 2배로 부풀 때까지 1시간~1시간 반 정도 1차 발효한다.

반죽을 주먹으로 누르고 잠깐 치댄 후 다시 부피가 2배로 부풀 때까지 1시간 정도 더 발효한다.

반죽을 주먹으로 누른 후 12개로 나눈다. 밀가루를 뿌리지 않은 작업대에 반죽을 하나씩 올리고 각각 둥근 공 모양으로 뭉친다. 팬에 다음을 가볍게 뿌린다.

옥수숫가루

오븐 팬에 5cm 간격을 두고 반죽을 올린다. 기름을 바른 비닐랩으로 느슨하게 덮어 따뜻한 곳(24~29℃)에서 부피가 2배로 부풀 때까지 1시간 정도 발효한다.

받침대를 오븐의 가운데 칸에 하나, 아래쪽 칸에 또 하나를 끼우고 33×23cm 크기의 베이킹 팬을 아래쪽 받침대에 놓는다. 오븐을 220℃로 예열한다.

롤빵 반죽을 가운데 칸에 끼운 받침대에 올려놓고 즉시 뜨거운 베이킹 팬에 끓는 물 2컵을 붓는다. 롤빵이 노릇노릇하게 변하면서 바삭해질 때까지 20분 정도 굽는다. 갓 구워서 따뜻한 상태로 내거나 200℃의 오븐에서 5분 정도 데워서 낸다.

햄버거 번

8개

부드럽고 폭신폭신하며 먹음직스러운 황금색을 띠는 이 햄버거 번은 대량 생산되는 시판 햄버거 번과 비교조차 할 수 없다.

다음의 반죽을 준비한다.

흰 빵 레시피의 ½ 분량, 1차 발효까지 진행

반죽을 8개로 균일하게 나누고 각각 둥그런 공 모양으로 뭉친다. 기름을 살짝 바른 오븐 팬에 담아 기름을 바른 비닐랩으로 덮은 후 봉긋하게 부풀어 오를 때까지 30분간 발효한다.

오븐을 190℃로 예열한다. 번에 솔로 다음을 바른다.

대란 1개, 물 1큰술을 넣어 잘 풀어두기

취향에 따라 다음을 훌훌 뿌린다.

(참깨 2큰술)

노릇노릇해질 때까지 15~18분간 굽는다. 오븐에서 꺼내 다음을 바른다.

버터 3큰술, 액체 상태로 녹이기

번을 철망 받침대에 올려놓고 식힌다.

핫 크로스 번

18개

중세 영국에서 성금요일(부활절 전의 금요일 — 옮긴이)을 기념하기 위해 탄생한 빵이다.

다음의 반죽을 준비한다.

파커 하우스 롤빵, 설탕 분량을 ¼컵으로 늘리기

밀가루 일부를 넣어서 섞은 후 나머지 밀가루에 다음을 추가한다.

커런트 또는 굵게 썬 건포도 ¼컵

(잘게 썬 설탕 절임 시트론 2큰술)

계핏가루 ¼작은술

강판에 간 육두구 또는 육두구 가루 ⅛작은술

남은 밀가루를 넣고 치댄다. 1차 발효가 끝나면 반죽을 주먹으로 누른 후 18개로 나눈다. 반죽을 각각 공 모양으로 뭉친 후 기름을 바른 오븐 팬에 반죽이 서로 닿지 않도록 가지런히 놓는다. 반죽을 덮어서 부피가 거의 2배로 부풀 때까지 45분~1시간 동안 2차 발효한다.

번을 발효시키는 동안 오븐을 220℃로 예열한다. 노릇노릇해질 때까지 20분 정도 굽는다. 번을 굽는 동안 그릇에 다음을 넣고 섞어서 글레이즈를 만든다.

슈거 파우더 ½컵

레몬즙이나 오렌지즙 또는 우유 1큰술

번이 아직 따뜻할 때 하나씩 글레이즈를 발라서 십자가 모양으로 장식한다.

야자수 잎 롤빵(사워크림 롤빵)

36개

설탕의 양을 조금 늘리면 디저트로 먹을 수 있을 정도로 달콤하다. 커피 및 과일과 함께 낸다.

작은 그릇에 다음을 넣어 섞고 이스트가 녹을 때까지 5분 정도 그대로 둔다.

따뜻한(41~46℃) 물 ¼컵(60g)

활성 건조 이스트 1봉지(2¼작은술)

커다란 그릇에 다음을 넣고 잘 어우러질 때까지 섞는다.

중력분 3컵(375g)

소금 1½작은술

페이스트리 블렌더(기름진 재료를 가루와 섞을 때 사용하는 도구 — 옮긴이) 또는 손가락을 사용해 다음을 완두콩만 한 크기로 자른다.

차가운 무염 버터 스틱 1개(115g), 잘게 자르기

다음을 넣고 젓는다.

대란 2개, 잘 풀어두기

사워크림 1컵(230g)

바닐라 1작은술

물에 녹인 이스트를 넣고 섞는다. 뚜껑을 덮어서 냉장고에 넣어 2~12시간 동안 1차 발효한다.

다음을 준비한다.

바닐라 설탕 1컵

또는 다음을 섞어서 준비한다.

설탕 1컵

계핏가루 2작은술

작업대 위에 설탕 혼합물 절반을 훌훌 뿌린다. 반죽을 반으로 나눈다. 반죽 하나를 15×45cm 크기의 직사각형으로 민다. 직사각형 양쪽의 짧은 변을 잡고

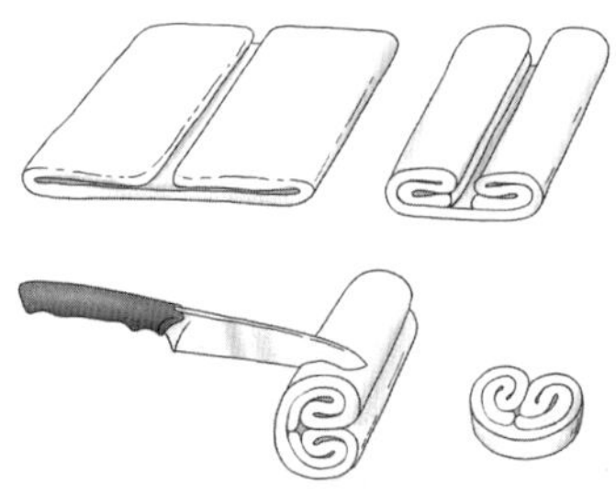

야자수 잎 롤빵 반죽을 접어서 자르기

가운데를 향해 접어서(660쪽 그림의 왼쪽 위), 양쪽 끝 사이의 간격이 2cm가 되도록 한다. 같은 방식으로 한 번 더 양쪽 끝을 접는다.(660쪽 그림의 오른쪽 위) 반죽의 양쪽이 맞닿도록 가운데를 접어서 두께 6mm의 '야자수 잎' 모양으로 얇게 자른다. 기름을 바른 오븐 팬에 2.5cm 간격을 두고 나란히 놓는다. 남은 설탕 혼합물을 작업대에 뿌리고 나머지 반죽도 같은 방법으로 성형해서 자른다. 비닐랩으로 덮어서 봉긋하게 부풀어 오를 때까지 20분 정도 2차 발효한다.

반죽이 부풀어 오르는 동안 오븐을 190℃로 예열한다. 노릇노릇해질 때까지 20분 정도 굽는다. 롤빵을 철망 받침대에 올려놓고 식힌다.

콜라체(Kolaches)
5cm짜리 약 36개
다음 반죽을 준비해 냉장고에 넣어둔다.

　야자수 잎 롤빵
반죽을 적당한 크기로 나눠 각각 5cm 크기의 공 모양으로 둥글게 뭉친 후 기름을 바른 오븐 팬에 5cm 간격으로 늘어놓는다. 반죽이 무척 끈적거리므로 손에 적당히 밀가루를 묻혀가면서 작업한다. 다음 중 선호하는 재료를 한 가지 이상 준비한다.

　커피 케이크용 필링 중 선호하는 것, 잼 또는 큼직하게 썬 과일(총 1½~2¼컵)
롤빵 반죽의 중심을 꾹 눌러서 6mm의 테두리 안에 가운데가 움푹 들어간 모양을 만든다. 롤빵의 움푹 들어간 부분에 필링을 2작은술~1큰술씩 채운다. 반죽을 덮고 봉긋하게 부풀어 오르면서 부피가 거의 2배가 될 때까지 40분 정도 2차 발효한다. 반죽이 부풀어 오르는 동안 오븐을 190℃로 예열한다.

롤빵이 진한 갈색으로 익을 때까지 20분 정도 굽는다. 롤빵을 철망 받침대에 올려놓고 식힌다. 취향에 따라 다음을 훌훌 뿌린다.

　(슈거 파우더)

하룻밤 발효한 달콤한 초승달 롤빵
약 48개
이 달콤한 반죽은 롤빵, 번, 커피 케이크에 두루 활용할 수 있다. 전날 밤 반죽을 준비해놓고 다음 날 성형한 후 구워서 아침으로 먹는다. 그러나 상황에 따라 반죽 재료를 섞어서 실온에서 발효시킬 수도 있다. 또한 이 반죽은 속을 채운 바람개비 모양으로 성형할 수도 있다. 대니시 페이스트리 반죽 레시피에서 소개한 그림 및 성형 방법을 참고한다.
편수 냄비를 약불에 올리고 다음을 넣어 쇼트닝이 녹을 때까지 젓는다.

　우유 1컵(235g)
　식물성 쇼트닝 또는 라드 ½컵(95g)
식힌다. 그동안 커다란 그릇에 다음을 넣어서 섞고 이스트가 녹을 때까지 5분 정도 그대로 둔다.

　따뜻한(41~46℃) 물 2큰술(30g)
　활성 건조 이스트 1봉지(2¼작은술)
　설탕 2작은술
다음 재료와 함께 우유 혼합물을 이스트 혼합물에 넣고 탁탁 치면서 섞는다.

　설탕 ½컵(100g)
　대란 3개, 잘 풀어두기
　소금 1작은술
다음을 조금씩 넣으면서 섞는다.

　중력분 4½컵(565g)
반죽을 작업대 위에 올려놓고 매끄러워질 때까지 5분 정도 치댄다. 기름을 바른 그릇에 반죽을 옮겨 담고 한 번 뒤집어서 기름을 골고루 묻힌다. 비닐랩으로 단단히 덮고 냉장고에 넣어 12~24시간 1차 발효한다.

반죽을 세 덩어리로 나눈다. 각 반죽을 지름 23cm 크기의 원형으로 민다. 둥그런 반죽 위에 솔로 다음을 바른다.

　버터 2큰술, 액체 상태로 녹이기
그 위에 다음을 섞어서 뿌린다.

　설탕 ¼컵
　계핏가루 1작은술
또는 다음을 얹는다.

　선호하는 커피 케이크 필링 ¾컵
각 원형 반죽을 웨지 모양의 16조각으로 자른다. 각 조각의 넓은 부분부터 시작해 살짝 늘려가면서 반죽을 돌돌 만다. 말아놓은 반죽에 솔로 다음을 바른다.

　대란 1개, 물이나 우유 1큰술을 넣고 잘 풀어두기
기름을 바른 오븐 팬에 5cm 간격을 두고 이음매 부분이 아래로 가도록 롤빵 반죽을 가지런히 놓는다. 기름을 바른 비닐랩으로 느슨하게 덮어서 부피가 2배로 부풀 때까지 1시간 반 정도 2차 발효한다.

반죽이 부풀어 오르는 동안 받침대를 오븐의 가운데에 끼우고 오븐을 190℃로 예열한다. 한 번에 오븐 팬 하나씩 넣어 갈색으로 익을 때까지 15~18분씩 굽는다. 자칫 타버리기 쉬우므로 주의한다. 롤빵을 철망 받침대에 올려놓고 식힌다.

스티키 번(Sticky Buns)
10cm 크기의 번 8개
끈적하고 쫄깃하며 재료를 듬뿍 넣어 호사스러운 맛을 즐기는 빵이다.
다음 반죽을 준비한다.

　이스트 발효 커피 케이크, 1차 발효까지 진행
33×23cm 크기의 베이킹 팬에 버터를 바른다. 작은 편수 냄비를 중불에 올리고 설탕이 녹을 때까지 저으면서 보글보글 끓어오르도록 가열한다.

　진한 갈색 설탕, 꾹 눌러 담아 1컵
　무염 버터 스틱 1개(115g)
　꿀 ¼컵(80g)
불에서 내린다. 취향에 따라 다음을 넣고 젓는다.

　(피칸 2컵, 구워서 굵게 썰기)
뜨거운 설탕 시럽을 베이킹 팬에 붓고 골고루 편다. 식힌다.
반죽을 40×30cm 크기의 직사각형으로 민다. 솔로 다음을 바른다.

　버터 1큰술, 액체 상태로 녹이기
다음을 섞어서 훌훌 뿌린다.

　진한 갈색 설탕, 꾹 눌러 담아 ⅓컵
　계핏가루 2작은술
직사각형의 기다란 변부터 시작해 반죽을 원통 형태로 돌돌 만다. 가로 방향으로 8조각으로 자른다. 반죽의 자른 단면이 아래로 가도록 버터를 발라둔 팬에 일정한 간격으로 놓는다. 기름을 바른 비닐랩으로 덮어서 부피가 2배로 부풀 때까지 1시간 정도 2차 발효한다.

반죽이 부풀어 오르는 동안 오븐을 175℃로 예열한다. 번이 노릇노릇해지

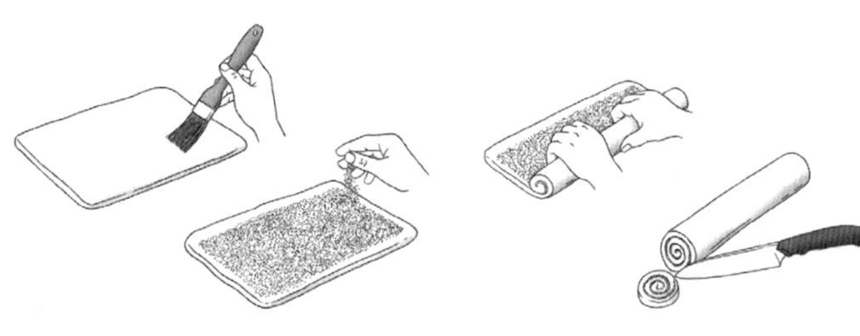

스티키 번 만들기

고 시럽이 보글보글 끓어오를 때까지 30분 정도 굽는다. 베이킹 팬에서 5분간 식힌 후 팬을 뒤집어서 테두리 있는 오븐 팬으로 옮긴다. 이때 오븐 팬에 포일이나 유산지를 미리 깔아두면 나중에 뒷정리하기 편하다. 따뜻하게 또는 실온 상태로 내고, 이음매 부분부터 빵을 뜯어서 먹는다.

시나몬 롤빵

12개

다음 반죽을 준비한다.

이스트 발효 커피 케이크, 1차 발효까지 진행

반죽이 부풀어 오르는 동안 커다란 그릇 또는 주걱 모양의 날을 끼운 반죽기 용기에 다음 재료를 넣어 매끄럽고 크림처럼 부드러워질 때까지 탁탁 치면서 섞는다.

무염 버터 스틱 1개(115g), 말랑하게 녹이기

갈색 설탕, 꾹 눌러 담아 ½컵

계핏가루 1큰술

소금 ¼작은술

33×23cm 크기의 베이킹 접시에 버터를 바른다. 밀가루를 소량 뿌린 작업대에 반죽을 올려놓고 40×30cm 크기의 직사각형으로 민다. 버터 혼합물을 골고루 펴서 바른다. 직사각형의 기다란 변부터 시작해 반죽을 원통 형태로 돌돌 만다. 가로 방향으로 12조각으로 자른다. 반죽의 자른 단면이 아래로 가도록 버터를 발라둔 베이킹 접시에 일정한 간격으로 놓고 기름을 바른 비닐랩으로 덮어 실온에서 1시간 정도 발효하거나 냉장고에 넣어 하룻밤 발효한다. 다음을 준비한다.

크림치즈 프로스팅 | 레시피의 ½ 분량

구울 때가 되면 오븐을 175℃로 예열한다. 롤빵이 노릇노릇해지고 봉긋하게 부풀어 오를 때까지, 실온에 두었다면 25~30분간, 냉장고에서 꺼내 바로 굽는다면 40~45분간 굽는다. 팬에서 꺼내 받침대에 올려놓고 15분간 식힌 후 크림치즈를 바른다. 따뜻하게 낸다.

브리오슈 아 테트(Brioche à Tête, 눈사람 모양 브리오슈)

10개

머리가 달린 브리오슈라는 뜻의 이 롤빵은 넓적한 바닥에 작은 손잡이가 붙은 모양이다. 전통적으로 세로로 주름이 잡혀 있으면서 위로 갈수록 넓어지는 틀에 넣어 굽는다.

다음 반죽을 준비한다.

브리오슈, 8~12시간 동안 냉장 발효하는 단계까지 진행

밀가루를 뿌리지 않은 작업대에 반죽을 올리고 공 모양으로 뭉친다. 반죽을

덮어서 10분간 숙성시킨다. 세로로 주름이 잡힌 120ml짜리 브리오슈 틀이나 머핀 컵, 도자기 용기 10개에 버터를 바른다.(브리오슈 틀이나 도자기 용기를 사용한다면 오븐 팬 위에 놓는다.) 반죽을 10개로 균일하게 나누고 각각 둥근 공 모양으로 뭉친다. 손날을 세워(태권도에서 손날을 사용하듯이) 공 모양 반죽의 ⅓쯤 되는 지점에 대고 굴려서 깊숙하게 자국을 낸다.(끝까지 잘리지는 않는다.) 이렇게 하면 손으로 자국을 낸 부분을 기준으로 한쪽은 작고 반대쪽은 2배의 크기가 되므로 작은 눈사람 모양의 반죽이 완성된다. 눈사람의 몸통 부분(바닥)이 아래로 가도록 반죽을 틀에 넣는다. 눈사람의 머리 부분을 꾹 눌러서 몸통 부분에 둘러싸이는 형태로 마무리한다. 반죽에 다음을 바른다.

달걀 1개, 소금 1자밤을 넣어 풀어두기

기름을 바른 비닐랩으로 느슨히 덮어서 따뜻한 곳(24~29℃)에서 부피가 2배로 부풀 때까지 1시간 정도 발효시킨다.

반죽을 발효시키는 동안 오븐을 190℃로 예열한다. 진한 황금색이 될 때까지 20분 정도 굽는다. 틀에서 즉시 꺼낸 후 철망 받침대에 올려놓고 식힌다.

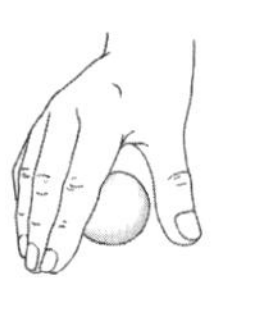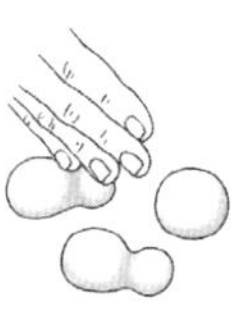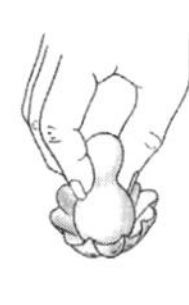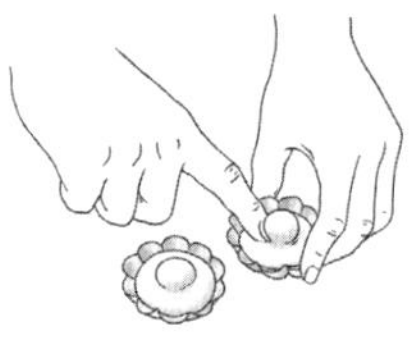

브리오슈 아 테트 성형하기

잉글리시 머핀

지름 7.5cm짜리 약 20개

그릇에 다음을 넣고 섞는다.

중력분 2¾컵(345g)

통밀가루 ¾컵(100g)

설탕 2큰술(25g)

소금 2작은술

활성 건조 이스트 1봉지(2¼작은술)

작은 그릇에 다음을 넣고 잘 저어서 섞는다.

미지근한(27~32℃) 버터밀크 2컵(485g)

무염 버터 3큰술(45g), 액체 상태로 녹이기

버터밀크 혼합물을 밀가루 혼합물에 넣고 젓는다. 반죽이 하나로 뭉쳐서 매끄러워질 때까지 섞는다. 비닐랩으로 그릇을 덮어서 실온에 두고 봉긋하게 부풀어 오를 때까지 실온에서 1시간, 냉장고에서 8~12시간 동안 발효한다.

빵을 구울 준비가 되면 테두리 있는 오븐 팬에 다음을 골고루 펴서 깐다.

굵게 빻은 옥수숫가루 1컵

커다란 숟가락으로 반죽을 ⅓컵씩 떠서 적당한 간격을 두고 오븐 팬에 올리면 총 20개 정도 된다. 위에 옥수숫가루를 조금 더 뿌린다.

무쇠 팬이나 번철을 중약불에 올려 따뜻해질 때까지 달군다. 잉글리시 머핀 반죽을 서로 닿지 않는 한도 내에서 최대한 많이 프라이팬에 올린다. 한 면을 5분간 굽되, 이 단계에서는 불을 아주 약하게 유지해 갈색으로 익지 않게 한다. 5분이 지나면 갈색이 되도록 불의 세기를 약간 올린다. 한 면이 갈색으로 익었을 때 뒤집어서 양쪽 면 모두 연한 갈색이 되도록 조리한다. 이렇게 천천히 조리하는 과정을 통해 반죽이 충분히 부풀어 오르고 옆으로 퍼진다. 철망 받

침대로 옮긴다. 중약불로 줄이고 프라이팬이나 번철을 5분간 식힌 후 남은 잉글리시 머핀 반죽을 마저 조리한다.

머핀을 토스터로 굽기 전에 반으로 가르려면, 포크 2개를 서로 등을 맞대도록 잡고 머핀의 가운데 부분에 찔러 넣은 후 포크를 양쪽으로 벌린다. 잘 구워서 버터를 듬뿍 바른다. 얼룩덜룩하게 갈색으로 익은 모습이 더 먹음직스러워 보인다.

크럼펫(Crumpets)

약 15개

크럼펫은 잉글리시 머핀과 비슷하지만 일반 빵 반죽보다 묽은 반죽으로 만든다. 전통적으로 기름을 바른 머핀 링(고리 모양의 머핀 틀 ─ 옮긴이)에 넣어서 굽는데, 이 레시피처럼 틀 없이 구울 수도 있다. 크럼펫은 따뜻하게 먹는 빵이지만 꼭 반으로 가르거나 토스터로 구울 필요는 없다.

다음 반죽을 준비한다.

잉글리시 머핀

이때 반죽의 재료는 다음과 같이 변경한다. 통밀가루를 전부 빼고 **중력분 2½컵**(315g)만 사용한다. 액체 재료는 **버터밀크 1컵**(245g)과 **물 1컵**(235g)을 사용한다. 재료가 매끄럽게 어우러지도록 저어서 뚜껑을 덮고 묽은 반죽이 부풀어 올랐다가 꺼질 때까지 1시간 반~3시간 동안 발효시킨다.

프라이팬이나 번철을 중약불에 올려 달군다. 프라이팬에 다음을 가볍게 바른다.

기름이나 버터

묽은 반죽을 순가락으로 ¼컵 분량씩 떠서 프라이팬이나 번철에 얹어 지름 10cm의 원형 케이크를 만든다.(모양은 약간씩 달라진다.) 바닥이 연한 갈색으로 익고 윗면에 기포가 보글보글 올라올 때까지 조리한 후, 주걱으로 뒤집어서 속까지 잘 익도록 한 면당 약 2분씩 조리한다. 필요하면 불을 약간 올려서 갈색으로 익힌다. 한꺼번에 내지 않는다면 잘 감싸서 냉장고에 넣어둔다. 먹기 전에 토스터에 굽거나 포일로 감싸서 오븐에 데운다.

베이글

8개

우리는 베이글에 크림치즈와 록스 또는 훈제 연어를 곁들이는 것을 가장 좋아한다. 반죽 위에 포피시드나 참깨, 동결 건조 양파, 에브리싱 시즈닝 또는 굵은 소금을 홀홀 뿌려서 구워보자.

커다란 그릇 또는 반죽용 날을 끼운 반죽기 용기에 다음을 넣고 섞는다.

따뜻한(41~46℃) 물 1컵+2큰술(265g)

활성 건조 이스트 1봉지(2¼작은술)

설탕 2½작은술

다음을 넣고 섞는다.

제빵용 밀가루 1컵(130g)

식물성 쇼트닝 1큰술(10g), 액체 상태로 녹이기

소금 1¾작은술

맥아 시럽 또는 설탕 1½작은술

다음을 조금씩 넣으면서 섞는다.

제빵용 밀가루 3~3½컵(395~460g)

반죽을 덮어서 20분간 숙성시킨다. 손으로 10분 정도 치대거나 반죽기에 넣고

저속 또는 중속으로 작동시키면서 반죽이 매끄럽고 탱탱해질 때까지 치댄다. 뚜껑을 덮고 15~20분간 숙성시킨다.

반죽을 8개로 균일하게 나눈다. 각 반죽을 끝이 뾰족해지는 25cm 길이의 밧줄 모양으로 민다. 반죽이 잘 달라붙도록 양쪽 끝에 물을 묻혀 고리 모양을 만들되, 한쪽 끝을 약간 늘려서 다른 쪽 끝을 감고 밑에서 꾹 눌러 붙인다. 밀가루를 소량 뿌린 작업대에 놓고 반죽을 덮은 후 봉긋하게 부풀어 오를 때까지 15분간 발효한다.

오븐을 220℃로 예열한다. 큼직한 냄비에 다음을 넣고 부르르 끓어오르도록 가열한다.

물 3.8ℓ

맥아 시럽 또는 설탕 1큰술

소금 ½작은술

고리 모양으로 성형한 반죽을 4개씩 끓는 물에 넣는다. 반죽이 물에 둥둥 뜨면 반대쪽으로 뒤집어 45초간 더 삶는다. 베이글을 건져 물기를 잘 뺀 후 기름을 바르지 않고 다음을 뿌린 오븐 팬에 올린다.

옥수숫가루

취향에 따라 선호하는 토핑을 홀홀 뿌린다. 15분 정도 지나면 한 번 뒤집어주고 노릇노릇하고 바삭하게 익을 때까지 20~25분간 굽는다.

비알리(Bialys)

8개

베이글의 사촌뻘인 비알리는 쫄깃하고 평평한 롤빵으로, 움푹 꺼진 가운데에 양파와 포피시드를 채워서 굽는다. 이 맛있는 작은 빵은 폴란드의 비알리스토크에서 탄생했으며 미국에서는 뉴욕 이외의 다른 지역에서는 찾아보기 힘들다.

다음 반죽을 준비한다.

베이글, 숙성 단계까지 진행

반죽을 같은 크기로 8등분하고 각 반죽을 공 모양으로 뭉친다. 기름을 바른 오븐 팬에 반죽을 올리고 비닐랩으로 느슨하게 덮어서 봉긋하게 부풀어 오를 때까지 1시간 정도 발효한다.

그동안 작은 프라이팬을 중불에 올리고 다음을 둘러서 가열한다.

식물성 기름 1큰술

다음을 넣고 저으면서 아주 부드럽고 갈색으로 변하기 시작할 때까지 볶는다.

양파 중간 크기 1개, 아주 잘게 썰기

프라이팬을 불에서 내리고 볶은 양파에 다음을 넣어 섞는다.

포피시드 1큰술

소금 ¼작은술

흑후추 ¼작은술

오븐을 230℃로 예열한다. 반죽이 다 준비되면 각 반죽을 지름 15cm 정도의 원형으로 늘린다. 손가락으로 가운데를 가장자리보다 쑥 들어가도록 누른다. 기름을 바른 오븐 팬 2개에 비알리를 올린다. 비알리 반죽마다 가운데 부분에 양파 필링을 1작은술씩 얹고 움푹 파인 부분에 필링을 골고루 편다. 노릇노릇하게 익을 때까지 10~12분간 굽는다. 철망 받침대에 올려놓고 식힌다.

프레츨

지름 12.5cm짜리 12개

쉽게 만들 수 있는 쫄깃한 프레츨 레시피다. 식품 과학자인 해럴드 맥기(Harold

McGee)가 고안한 방법에 따라 베이킹소다를 구워서 강한 알칼리 환경을 조성해주면 위험을 무릅쓰고 몸에 해로운 가성소다(수산화나트륨)를 사용하지 않고도 진짜 가성소다 용액에 담갔다가 구운 것과 매우 흡사한 프레즐을 만들 수 있다.

오븐을 120℃로 예열한다. 오븐 팬에 포일을 깔고 포일 위에 다음을 고르게 펴서 깐다.

　베이킹소다 ½컵(135g)

베이킹소다를 1시간 동안 굽는다. 한쪽에 둔다.

커다란 그릇 또는 반죽용 날을 끼운 반죽기 용기에 다음을 넣고 잘 섞는다.

　따뜻한(41~46℃) 물 1컵(235g)

　활성 건조 이스트 1봉지(2¼작은술)

다음을 추가한다.

　중력분 1½컵(190g)

　제빵용 밀가루 1½컵(200g)

　버터 2큰술(30g) 또는 쇼트닝 2큰술(25g), 액체 상태로 녹이기

　설탕 1큰술(10g)

　소금 ½작은술

손으로 섞거나 반죽기를 저속으로 작동시켜 섞는다. 필요하면 밀가루나 물을 추가해 촉촉하지만 끈적거리지 않는 반죽을 만든다. 손으로 10분 정도 치대거나 반죽기에 넣고 저속 또는 중속으로 작동시키면서 반죽이 매끄럽고 탱탱해질 때까지 치댄다. 기름을 바른 그릇에 반죽을 옮겨 담고 한 번 뒤집어서 기름을 골고루 묻힌다. 비닐랩으로 덮고 따뜻한 곳(24~29℃)에서 부피가 2배로 부풀 때까지 1시간~1시간 반 정도 1차 발효한다.

　반죽을 12조각으로 균일하게 나눈다. 밀가루를 뿌리지 않은 작업대에 반죽을 올리고 각각 공 모양으로 뭉친다. 기름을 바른 비닐랩으로 느슨히 덮어서 10분간 숙성시킨다.

　오븐 팬 2개에 기름을 바른다. 공 모양의 반죽을 각각 46cm 길이의 밧줄 모양으로 밀되, 가운데부터 시작해 바깥쪽으로 쭉쭉 늘려가면서 끝부분은 뾰족하게 성형한다. 밧줄의 양쪽 끝을 잡고 작업자의 앞쪽으로 끌어당겨 모아서 타원형을 만들되, 양 끝을 붙이지는 않는다. 양쪽 끝을 들고 끝에서 7.5cm쯤 되는 지점에서 교차하면서 꼰다. 한쪽 끝을 반죽의 2시 방향에, 다른 한쪽 끝을 반죽의 10시 방향에 갖다 대고 살짝 눌러서 고정한다. 오븐 팬에 올리고 반죽을 덮어서 따뜻한 곳(24~29℃)에서 부피가 거의 2배가 될 때까지 35분 정도 발효한다.

　프레즐이 부풀어 오르는 동안 오븐을 200℃로 예열한다. 커다란 냄비나 속이 깊은 프라이팬에 다음을 붓고 부르르 끓인다.

　물 10컵

구운 베이킹소다를 물에 넣고 불을 줄여 뭉근히 끓는 상태를 유지한다. 구멍 뚫린 숟가락으로 프레즐 반죽을 몇 개씩 집어 조심스럽게 끓는 물에 넣는다. 30초간 뭉근히 삶은 후 뒤집어서 봉긋하게 부풀어 오를 때까지 30초 정도 더 삶는다. 여분의 물을 따라내고 프레즐을 톡톡 두드려 물기를 제거한다. 기름을 바른 오븐 팬에 다시 프레즐을 올린다. 다음을 홀홀 뿌린다.

　굵은 소금 또는 프레즐 소금

노릇노릇하게 진한 색으로 익도록 15분간 굽는다. 완전히 식혀서 밀폐 용기에 넣어두면 최대 3일간 보관할 수 있다.

이스트 발효 커피 케이크에 대해

이스트 발효 커피 케이크(yeasted coffee cake)는 명절 무렵 가장 자주 식탁에 등장한다. 이스트 빵과 케이크의 경계를 넘나들며, 복합적인 풍미를 가진 이스트 빵과 버터 향이 감도는 달콤한 케이크의 장점을 모두 지니고 있다.(하지만 여기에는 일반 케이크만큼 설탕이 많이 들어가지 않는다.) 설탕과 지방은 이스트의 활발한 활동을 억제하므로 반죽이 부풀어 오를 수 있도록 시간을 충분히 들이고, 따뜻한 곳에 두어 발효시키면 더욱 좋다.

　덩어리 빵과 롤빵을 구울 때는 이들 반죽의 상당수를 활용해 커피 케이크와 달콤한 롤빵도 구울 수 있다는 점을 기억하자. 858~859쪽에 소개된 특별한 필링을 사용해 커피 케이크와 달콤한 롤빵을 구워보자.

이스트 발효 커피 케이크

1개

아침 식사용 빵에 슈트로이젤 토핑을 얹어서 간단하게 만드는 다용도 이스트 발효 커피 케이크 반죽이다.

커다란 그릇 또는 반죽용 날을 끼운 반죽기 용기에 다음을 넣고 섞은 후 이스트가 녹을 때까지 5분간 둔다.

　따뜻한(41~46℃) 물 ¼컵(60g)

　활성 건조 이스트 1봉지(2¼작은술)

다음을 넣는다.

　중력분 또는 제빵용 밀가루 ½컵(65g)

　설탕 ⅓컵(65g)

　우유 ¼컵(60g)

　대란 2개

　바닐라 1작은술

　소금 1작은술

손으로 섞거나 반죽기를 저속으로 작동시켜서 잘 섞는다. 다음을 조금씩 넣으면서 젓는다.

　중력분 2~2¼컵(250~280g) 또는 제빵용 밀가루 2~2¼컵(265~295g)

반죽이 한 덩어리로 뭉칠 때까지 1분 정도 섞는다. 15분간 숙성시킨다. 손으로 10분 정도 치대거나 반죽기에 넣고 저속 또는 중속으로 작동시키면서 반죽이 매끄럽고 탱탱하면서 손이나 그릇에 달라붙지 않을 때까지 5~7분 정도 치댄다. 다음을 넣는다.

　무염 버터 6큰술(85g), 아주 말랑하게 녹이기

버터가 완전히 섞이면서 반죽이 다시 매끄러워질 때까지 잘 치댄다.

　커다란 그릇에 버터를 바르고 반죽을 담는다. 비닐랩을 씌워 따뜻한 곳(24~29℃)에서 부피가 2배로 부풀 때까지 1시간 반 정도 1차 발효한다.

　한 번 더 반죽을 잠깐 치댄 후 뚜껑을 덮어 냉장고에 넣고 다시 부피가 2배로 부풀 때까지 4~12시간 동안 2차 발효한다. 23×12.5cm 크기의 로프 팬에 버터를 바른다. 다음을 준비한다.

　슈트로이젤 ⅔컵

반죽을 주먹으로 누른 후 크기 40×23cm, 두께 8mm 정도의 직사각형으로 민다. 표면에 솔로 다음을 바른다.

　버터 1½작은술, 액체 상태로 녹이기

슈트로이젤 토핑 절반을 골고루 뿌린다. 취향에 따라 다음을 함께 뿌린다.

　(피칸이나 호두 등의 견과류를 구워서 굵게 썬 것 ⅓컵)

직사각형의 짧은 변에서 시작해 롤케이크처럼 반죽을 돌돌 만다. 이음매 부분이 아래로 가도록 로프 팬에 넣고 비닐랩으로 느슨하게 덮어서 따뜻한 곳(24~29℃)에서 부피가 2배로 부풀 때까지 1시간 반 정도 발효한다.

반죽이 부풀어 오르는 동안 오븐을 190℃로 예열한다. 반죽 위에 솔로 다음을 바른다.

달걀노른자 1개, 물이나 우유 1~2큰술을 넣어 풀어두기

남은 슈트로이젤 토핑을 반죽 위에 훌훌 뿌린다. 노릇노릇하게 익으면서 중심부에 칼을 찔러보면 아무것도 묻어나오지 않을 때까지 45분 정도 굽는다. 팬을 뒤집어 커피 케이크를 꺼낸 후 철망 받침대에 올려놓고 식힌다.

속을 채워서 구운 커피 케이크

2개

다음 반죽을 준비한다.

버터밀크 감자 빵

이때 반죽 재료는 다음과 같이 변경한다. 일반 버터밀크 대신 **사프란 ¼작은술**을 넣어 우려낸 버터밀크를 넣는다.(이렇게 하면 빵이 황금색을 띤다.) 설탕의 양을 6큰술(75g)로 늘린다. 레시피에 따라 반죽을 1차 발효시킨다.

그동안 다음을 준비한다.

커피 케이크용 필링 중 선호하는 것

반죽을 56×28cm 크기의 직사각형으로 밀고 필링을 잘 펴서 얹은 후 대니시 커피 케이크 레시피의 설명에 따라 성형하여 발효한다. 이스트 발효 커피 케이크 레시피를 참고해서 굽는다. 취향에 따라 다음 글레이즈를 바른다.

(간단한 반투명 설탕 글레이즈 Ⅰ 또는 Ⅱ)

대니시 커피 케이크

지름 25cm짜리 고리 모양 케이크 1개

스칸디나비아 사람들은 세계에서 커피를 가장 많이 소비하는 축에 속하므로 여러 종류의 근사한 페이스트리가 이 지역에서 탄생한 것도 어쩌면 당연한 일이다. 특히 여기서 소개하는 가벼운 케이크는 진한 커피 케이크와 영양 만점 페이스트리의 중간 지점에 해당한다.(어딘지 몰라도 아마 천국 같은 곳일 것이다.) 취향에 따라 완성된 커피 케이크에 글레이즈를 발라도 맛있다.

다음을 준비한다.

대니시 페이스트리 반죽 레시피의 ½ 분량

밀가루를 소량 뿌린 작업대에 차갑게 식힌 반죽을 놓고 크기 73.5×28cm, 두께 1cm 정도의 직사각형으로 민다. 반죽이 부풀어 오르는 데 방해가 되는 가장자리의 접힌 부분은 전부 떼어낸다. 다음을 넓게 펴서 얹는다.

커피 케이크용 필링 중 선호하는 것

직사각형의 짧은 변에서 시작해 반죽을 원통 모양으로 돌돌 만다. 원통의 양쪽 끝을 잡고 한데 모아서 잘 달라붙도록 물을 살짝 바르고 꾹 눌러 붙인다. 고리 모양을 통째로 들어서 기름을 바른 오븐 팬에 올린다. 밀가루를 바른 가위를 수직으로 들고 고리 모양의 바깥쪽부터 시작해 2.5~5cm 간격으로 안쪽에서 2.5cm 떨어진 곳까지 깊은 칼집을 넣는다. 칼집을 넣으면서 중간까지 잘린 부분을 오븐 팬에 납작하게 눕힌다. 반죽 위에 다음을 바른다.

달걀노른자 1개, 물이나 우유 1~2큰술을 넣어서 풀어두기

달걀물은 반죽이 부풀어 오르는 것을 방해할 수 있으므로 달걀물을 바를 때는 자른 단면에 묻지 않도록 주의한다. 깨끗한 천으로 덮어서 부피가 2배로 부

풀 때까지 25분 정도 발효한다.

커피 케이크가 부풀어 오르는 동안 오븐을 200℃로 예열한다. 노릇노릇하게 익을 때까지 25분 정도 굽는다.

대니시 커피 케이크 성형하기

파네토네(Panettone, 이탈리아식 크리스마스 빵)

둥글게 높이 솟은 덩어리 빵 2개

기름을 바른 커피 통이나 파네토네 전용 틀에 담아 구워서 예쁘게 포장하면 선물용으로도 근사한 케이크가 된다.

중간 크기의 그릇에 다음을 넣고 섞는다.

중력분 1컵(125g)

따뜻한(41~46℃) 물 1컵(235g)

활성 건조 이스트 1봉지(2¼작은술)

이 스펀지 반죽을 덮어서 따뜻한 곳(24~29℃)에 두고 30분 정도 또는 기포가 잔뜩 올라올 때까지 발효한다.

그동안 커다란 그릇 또는 주걱 모양의 날을 끼운 반죽기 용기에 다음을 넣고 가벼우면서 크림처럼 부드러운 질감이 될 때까지 섞는다.

무염 버터 스틱 1개(115g), 말랑하게 녹이기

설탕 ½컵(100g)

다음을 한 번에 하나씩 깨뜨려 넣고 탁탁 쳐서 섞는다.

대란 2개

다음을 넣는다.

소금 1작은술

강판에 간 레몬 껍질 2작은술

스펀지 반죽에 넣고 탁탁 치면서 섞는다. 반죽기를 사용한다면 반죽기 날로 갈아 끼운다.

다음을 조금씩 넣으면서 잘 섞는다.

중력분 3½컵(440g)

반죽을 5분간 더 치거나 섞는다. 다음을 추가한다.

노란색 건포도 1컵

설탕 절임 시트론, 오렌지 껍질, 생강 또는 파인애플을 굵게 썬 것 ½컵

깨끗한 천으로 그릇을 덮고 반죽의 부피가 거의 2배가 될 때까지 2시간 정도 발효한다.

반죽을 반으로 나눈다. 기름을 바른 23cm짜리 튜브 팬, 6컵 용량의 커피 통 또는 파네토네 전용 틀 2개에 반죽을 넣고 봉긋하게 부풀어 오를 때까지 30분~1시간 정도 발효한다.

케이크 반죽을 발효하는 동안 오븐을 175℃로 예열한다. 케이크의 윗면에

솔로 다음을 살짝 바른다.

　　액체 상태로 녹인 버터

취향에 따라 위에 다음을 홀홀 뿌린다.

　　(세로로 두툼하게 자른 아몬드 ½컵)

　　(설탕 ¼컵)

황금색이 될 때까지 30분 정도 굽는다. 즉시 팬에서 꺼내 완전히 식힌다.(파네토네 전용 틀에 담아 구운 케이크는 틀에서 뺄 필요가 없다.) 아몬드와 설탕을 뿌리지 않았다면 취향에 따라 다음을 펴서 바른다.

　　(간단한 반투명 설탕 글레이즈 I 또는 II)

슈톨렌(Stollen, 독일식 크리스마스 빵)

기다란 덩어리 빵 2개

슈톨렌은 전통적으로 크리스마스 명절에 먹는다. 반죽의 형태와 접는 방식은 아기 예수를 감쌌던 담요를 나타낸다고 한다. 슈톨렌은 브리오슈와 비슷하지만, 식감이 약간 더 거칠고 설탕 함유량이 많으며 견과류와 설탕 절임 과일을 넣는다.

중간 크기의 그릇에 다음을 넣어 섞고 이스트가 녹을 때까지 5분 정도 둔다.

　　따뜻한(41~46℃) 물이나 우유 1½컵(355g)

　　활성 건조 이스트 2봉지(1½큰술)

다음을 넣는다.

　　중력분 1컵(125g)

이 스펀지 반죽 그릇의 뚜껑을 덮고 따뜻한 곳에서 폭신폭신하고 기포가 생길 때까지 1시간 정도 발효한다.

큰 그릇에 다음을 넣고 가벼우면서 크림처럼 부드러운 질감이 될 때까지 탁탁 치면서 섞는다.

　　무염 버터 스틱 3개(340g), 말랑하게 녹이기

　　설탕 ¾컵(150g)

다음을 한 번에 하나씩 깨뜨려 넣고 탁탁 쳐서 섞는다.

　　대란 3개

다음을 넣는다.

　　소금 ¾작은술

　　강판에 간 레몬 껍질 ¾작은술

스펀지 반죽을 탁탁 치면서 섞은 후 다음을 조금씩 넣으면서 치댄다.

　　중력분 5~7컵(625~875g)

반죽이 매끄럽고 탱탱하지만 마르거나 뻣뻣해지는 않을 때까지 치댄다. 반죽을 덮고 부피가 2배로 부풀 때까지 1시간~1시간 반 정도 발효한다.

작은 그릇에 다음을 넣고 뒤적이며 섞는다.

　　건포도 1½컵

　　굵게 썰거나 껍질을 벗겨 세로로 두툼하게 자른 아몬드 1½컵

　　(굵게 썬 설탕 절임 과일 ½컵)

　　밀가루(코팅할 수 있을 정도로만)

밀가루를 소량 뿌린 작업대에 반죽을 놓는다. 과일과 견과류 혼합물을 넣고 치댄다. 반죽을 반으로 나눈다. 반죽 하나를(나머지 하나는 덮어둔다.) 길이 40cm, 너비 23cm, 두께 1.2cm 정도의 타원형으로 민다. 타원형의 가장자리는 너무 얇게 밀지 않도록 주의한다. 가운데보다 가장자리가 약간 더 두꺼워야 한다. 반죽의 윗면에 다음을 절반 바른다.

　　버터 2큰술, 액체 상태로 녹이기

타원형을 세로로 절반이 약간 못 되게 접어서 반죽의 긴 가장자리와의 간격이 약 1.2cm 정도 떨어지게 한다. 짧은 쪽 끝부분을 빵의 아래로 접어 넣는다.(끝에서 2.5cm 정도 떨어진 지점) 기름을 바른 오븐 팬에 슈톨렌을 올린다. 나머지 반죽도 같은 방법으로 성형한다. 반죽 2개에 기름을 바른 비닐랩을 덮어서 따뜻한 곳(24~29℃)에 두고 45분 정도 발효한다. 이 반죽은 2배까지는 부풀어 오르지 않는다. ¾ 정도 부풀어 오르면 충분하다.

슈톨렌이 부풀어 오르는 동안 오븐의 가운데에 받침대를 끼우고 175℃로 예열한다. 슈톨렌이 노릇노릇하게 진한 색으로 익으면서 중심부에 칼을 찔러보면 아무것도 묻어나오지 않을 때까지 50~60분간 굽는다.

빵에 솔로 다음을 바른다.

　　버터 3큰술, 액체 상태로 녹이기

체를 사용해 위에 다음을 살살 뿌린다.

　　슈거 파우더 ¼컵

오븐에 다시 넣어 3분간 굽는다. 체를 사용해 위에 다음을 살살 뿌린다.

　　슈거 파우더 ¼컵

받침대에 올려놓고 식힌다.

쿠겔호프(Kugelhopf)

고리 모양의 빵 1개

약간 달콤하고 모양이 근사한 이 빵은 프랑스 알자스 지방에서 탄생했다. 쿠겔호프는 보통 세로로 홈이 새겨진 틀에 넣어 굽는다. 전통적으로 도자기 틀을 사용해왔지만, 금속이나 유리 틀을 사용해도 좋다. 또한 일반 튜브 팬이나 홈이 있는 튜브 팬을 모두 사용할 수 있다. 아침 식사용 빵으로 잘 어울린다.

작은 편수 냄비에 다음을 넣고 물이 1.2cm 정도 올라오도록 넉넉히 붓는다.

　　말린 커런트 ½컵

부르르 끓어오르도록 가열한 뒤 물기를 잘 뺀다. 커런트를 작은 그릇에 옮겨 담고 다음을 홀홀 뿌린다.

　　럼 또는 오렌지즙 2큰술

뚜껑을 덮고 1시간~3일 정도 불린다.

다음의 반죽을 준비한다.

　　브리오슈, 냉장고에서 8~12시간 동안 발효하는 단계까지 진행

7~8컵 용량의 쿠겔호프 전용 틀이나 튜브 팬에 버터를 바른다. 틀의 바닥에 다음을 홀홀 뿌린다.

　　세로로 두툼하게 자른 아몬드 ¼컵

또는 틀 바닥의 움푹 들어간 홈에 다음을 하나씩 넣는다.

　　껍질을 깐 통아몬드

불려둔 커런트와 흡수되지 않고 남은 국물을 전부 반죽에 넣고 치댄다. 반죽을 적당한 크기로 떼어내서 공 모양으로 뭉친 후 틀의 바닥에 넣고 꾹 눌러서 아몬드가 보이지 않게 한다. 그 위에 남은 반죽을 담고 골고루 눌러서 최대한 평평하게 만든다. 기름을 바른 비닐랩으로 덮고 따뜻한 곳(24~29℃)에서 부피가 2배로 부풀 때까지 1시간~1시간 반 정도 1차 발효한다.

쿠겔호프가 부풀어 오르는 동안 오븐을 190℃로 예열한다. 노릇노릇해지고 중심부에 칼을 찔러보면 아무것도 묻어나오지 않을 때까지 45분 정도 굽는다. 즉시 팬을 뒤집어 꺼내서 철망 받침대 위에 올려놓고 식힌다. 위에 다음을 살살 뿌린다.

슈거 파우더

완전히 식힌다. 내기 직전에 다음을 한 번 더 살살 뿌린다.

슈거 파우더

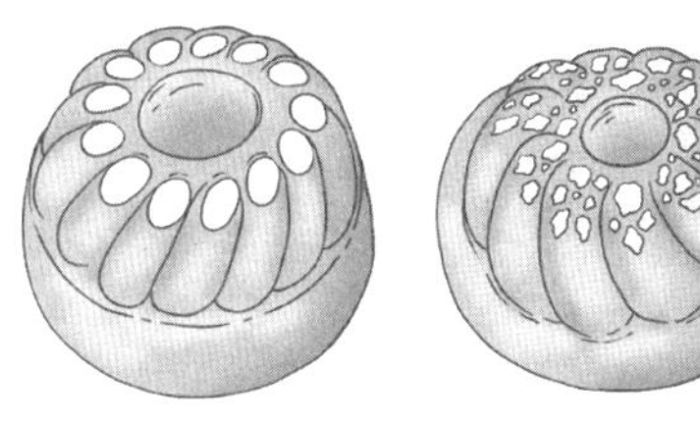

다 구워진 쿠겔호프

즉석 발효 빵과 커피 케이크에 대해

즉석 발효 빵(quick bread)과 즉석 발효 커피 케이크는 이스트 빵을 구울 여건
이 되지 않는 사람들에게 안성맞춤이다. 극적인 변화가 일어나며 수수께끼에
둘러싸여 있는 이스트 빵과는 대조적으로, 즉석 발효 빵은 결과를 예측할 수
있고 든든하며 실용적이다. 일반 반죽보다 수분이 많은 묽은 반죽으로 만들기
때문에 조직이 조밀하고 촉촉한 편이다. 사실 즉석 발효 빵은 아마도 빵보다는
케이크에 더 가까울 것이다.

즉석 발효 빵을 만들 때는 모든 재료를 실온에 보관한다. 기름을 넣어 만든
즉석 발효 빵은 비교적 오래 보관할 수 있지만, 버터로 만든 즉석 발효 빵은 금
세 맛이 떨어지므로 구운 즉시 먹어야 한다. 촉촉한 즉석 발효 빵을 며칠 안에
먹지 않을 예정이라면 냉장고에 보관해야 하지만 버터로 만든 즉석 발효 빵은
실온에 두어야 한다.

▲ 즉석 발효 빵은 베이킹파우더 및/또는 베이킹소다로 발효시킨다. 고도
가 올라가면 이 두 가지 모두 사용하는 양을 줄여야 한다. 베이킹소다는 이산
화탄소를 생성하며 반죽의 산도를 중화하는 역할도 한다. ▶ 높은 고도에서는
반죽의 산도가 높을수록 오븐에 넣어 가열했을 때 빨리 굳으므로 조리 시간
측면에서 보면 큰 장점이다. 몇몇 레시피의 경우 베이킹소다의 양을 조금 더 줄
이거나(하지만 완전히 빼는 것은 권장하지 않는다.) 일부를 베이킹파우더로 대체해
두 재료의 비율을 조절함으로써 반죽의 산도를 크게 낮추지 않고 그대로 유지
하는 것이 가장 좋다.

대추야자와 견과류를 넣은 빵

23×12.5cm 크기의 덩어리 빵 1개 또는 14×7.5cm 크기의 덩어리 빵 4개

메드줄 대추야자는 이 레시피에 사용하기에 너무 무르므로 상대적으로 더 말
린 대추야자를 선택한다.

오븐의 아래쪽 칸에 받침대를 끼운다. 오븐을 175℃로 예열한다. 23×12.5cm
기의 로프 팬이나 14×7.5cm 크기의 로프 팬에 기름을 바른다.

다음을 4조각(큼직하면 6조각)으로 잘라서 중간 크기의 그릇에 담는다.

씨를 뺀 대추야자, 꾹 눌러 담아 1½컵

다음을 넣고 섞는다.

끓는 물 1컵(235g)

베이킹소다 1작은술

혼합물이 미지근해질 때까지 20분 정도 그대로 둔다. 중간 크기의 다른 그릇
에 다음을 넣고 잘 섞는다.

중력분 1⅔컵(210g)

소금 ½작은술

베이킹파우더 ½작은술

큰 그릇에 다음을 넣고 세게 저어서 섞는다.

대란 2개

갈색 설탕, 꾹 눌러 담아 1컵(230g)

식물성 기름 ¼컵(50g)

바닐라 1작은술

식힌 대추야자 혼합물을 큰 그릇에 넣어서 젓는다. 밀가루 혼합물도 넣고 잘
어우러질 때까지 섞는다. 다음을 넣어서 뒤적이듯 섞는다.

구워서 굵게 썬 호두 2컵

반죽을 긁어서 팬에 담고 골고루 퍼지도록 잘 편다. 중심부에 이쑤시개를 찔러
보면 아무것도 묻어나오지 않을 때까지 작은 틀이라면 35~40분, 큰 틀이라면
55~65분간 굽는다. 팬에 담긴 채 받침대에 올려서 10분간 식힌 후 팬에서 꺼
내 받침대에 올려놓고 완전히 식힌다.

샐리 런 빵(Sally Lunn Bread)

23×12.5cm 크기의 덩어리 빵 1개

가볍고 부드러우며 자그마한 이 빵은 즉석 발효 빵과 이스트 빵을 접목한 형
태다. 버터, 잼, 홍차와 함께 낸다.

23×12.5cm 크기의 로프 팬에 기름을 바른다. 중간 크기의 그릇에 다음을 넣
고 잘 섞는다.

중력분 2컵(250g)

베이킹파우더 2작은술

소금 1작은술

작은 그릇에 다음을 넣고 섞은 후 이스트가 녹을 때까지 5분간 그대로 둔다.

미지근한(27~32℃) 우유 ¾컵(175g)

활성 건조 이스트 1봉지(2¼작은술)

커다란 그릇에 다음을 넣고 반죽기를 중고속으로 작동시켜서 가볍고 폭신폭
신해질 때까지 3분 정도 휘젓는다.

무염 버터 스틱 1개(115g), 말랑하게 녹이기

설탕 ½컵(100g)

다음을 한 번에 하나씩 깨뜨려 넣는다.

대란 2개, 실온 상태로 준비

반죽기를 저속으로 작동시키면서 밀가루 혼합물을 세 번 정도 나눠서 반죽에
추가하고, 사이사이에 우유를 두 번에 걸쳐 나눠 넣는다. 반죽이 매끄러워 보
일 때까지 묽은 반죽을 탁탁 치면서 젓는다. 반죽을 잘 긁어서 기름을 바른 팬
에 붓고 뚜껑을 덮어서 30분간 발효시킨다.

반죽이 부풀어 오르는 동안 오븐을 190℃로 예열한다. 중심부에 이쑤시개
를 찔러보면 아무것도 묻어나오지 않거나 빵이 팬의 가장자리에서 오그라들
기 시작할 때까지 35~40분간 굽는다. 팬을 뒤집어 꺼낸 후 철망 받침대에 올려
놓고 완전히 식힌다.

오렌지 빵

23×12.5cm 크기의 덩어리 빵 1개

손쉽게 만들 수 있는 빵이다. 취향에 따라 얇게 잘라서 질 좋은 버터를 듬뿍 발
라 뜨거울 때 먹으면 아주 맛있다. 구운 후 하루가 지나면 더 쉽게 썰 수 있다.

오븐을 175℃로 예열한다. 23×12.5cm 크기의 로프 팬에 기름을 바른다.
커다란 그릇에 다음을 넣고 잘 저어서 섞는다.(케이크에 가까운 결과물을 선호한
다면 설탕을 많이 넣는다.)

중력분 3컵(375g)

설탕 ½~¾컵(100~150g)

베이킹파우더 1큰술

소금 ½작은술

중간 크기의 그릇에 다음을 넣고 탁탁 치면서 섞는다.

우유 1¼컵(295g)

오렌지 1개의 껍질, 강판에 곱게 갈기

오렌지즙 ¼컵(60g)

대란 1개

식물성 기름 2큰술(25g)

액체 재료를 마른 재료에 붓고 재빨리 몇 번 저어서 섞는다. 다음을 넣고 아주
가볍게 섞는다. 상황에 따라 몇 번 뒤적이는 정도로도 충분하다.

(구워서 굵게 썬 호두나 피칸 1컵)

(잘게 썬 말린 크랜베리 또는 살구 ⅓컵)

반죽을 잘 긁어서 기름을 바른 팬에 붓는다. 중심부에 이쑤시개를 찔러보면
아무것도 묻어나오지 않을 때까지 50분간 굽는다. 팬에 담긴 채로 받침대에
올려놓고 10분간 식힌 후 빵을 꺼내 철망 받침대에 올려놓고 완전히 식힌다.

바나나 빵 코케뉴

23×12.5cm 크기의 덩어리 빵 1개

매리언 베커 할머니의 전매특허 바나나 빵으로, 우리는 이 레시피가 완벽하다
고 생각한다.

오븐을 175℃로 예열한다. 23×12.5cm 크기의 로프 팬에 기름을 바른다.
중간 크기의 그릇에 다음을 넣고 잘 저어서 섞는다.

중력분 1½컵(190g)

베이킹파우더 1½작은술

소금 ⅓작은술

커다란 그릇에 다음을 넣고 반죽기를 중속으로 작동시켜서 크림처럼 부드러
워질 때까지 휘젓는다.

설탕 ⅔컵(130g)

식물성 쇼트닝 ⅓컵(65g) 또는 무염 버터 6큰술(85g), 말랑하게 녹이기

레몬 1개의 껍질, 강판에 곱게 갈기

다음을 넣고 탁탁 쳐서 섞는다.

대란 2개, 풀어두기

잘 익은 바나나 으깬 것 1컵(바나나 2~3개 분량)

마른 재료를 넣고 적당히 섞일 때까지 젓는다. 취향에 따라 다음을 넣고 뒤적
이며 섞는다.

(구워서 굵게 썬 호두 ½컵)

(잘게 썬 말린 살구 또는 설탕 절임 생강 ¼컵)

반죽을 잘 긁어서 기름을 바른 팬에 붓는다. 중심부에 이쑤시개를 찔러보면
아무것도 묻어나오지 않을 때까지 1시간 정도 굽는다. 팬에 담긴 채로 받침대
에 올려 10분간 식힌 후 빵을 꺼내 철망 받침대에 올려놓고 완전히 식힌다.

마블 바나나 빵

바나나 빵 코케뉴의 반죽을 준비한다. 반죽을 그릇 2개에 나눠 담는다. **무가
당 코코아 가루 3큰술(20g)**을 체에 쳐서 넣고 **초콜릿 칩 또는 덩어리 초콜릿
½컵**을 그릇에 넣은 후 뒤적이며 적당히 섞는다. 기름을 바른 로프 팬에 초콜
릿을 넣지 않은 반죽과 넣은 반죽을 번갈아 붓고, 버터 나이프나 주걱으로 반
죽을 소용돌이 모양으로 젓는다. 바나나 빵 코케뉴 레시피에 따라 굽는다.

호박 빵

23×12.5cm 크기의 덩어리 빵 1개

이 빵에는 늙은호박 대신 모든 종류의 겨울 호박 또는 고구마를 삶은 후 으깨
서 넣어도 좋다.

오븐을 175℃로 예열한다. 23×12.5cm 크기의 로프 팬에 기름을 바른다.
중간 크기의 그릇에 다음을 넣고 잘 저어서 섞는다.

중력분 1½컵(190g)

계핏가루 1½작은술

베이킹소다 1작은술

소금 1작은술

생강 가루 1작은술

강판에 간 육두구 또는 육두구 가루 ½작은술

베이킹파우더 ¼작은술

정향 가루 ¼작은술

커다란 그릇에 다음을 넣고 매끄럽게 섞일 때까지 잘 젓는다.

설탕 1⅓컵(265g) 또는 설탕 1컵(200g)+갈색 설탕, 꾹 눌러 담아 ⅓컵(75g)

삶은 늙은호박 또는 무가당 호박 퓌레 통조림 1¼컵

식물성 기름 ¾컵(155g)

대란 2개

바닐라 ½작은술

밀가루 혼합물을 호박 혼합물에 더하고 매끄러워질 때까지 잘 젓는다. 취향에
따라 다음을 넣고 뒤적이듯 섞는다.

(구워서 굵게 썬 호두 또는 피칸 ½컵)

(초콜릿 칩 또는 화이트 초콜릿 칩 ½컵)

기름을 바른 팬에 반죽을 붓고 평평하게 편다. 윗면에 바삭하고 반짝이는 크러
스트를 만들려면 다음을 훌훌 뿌린다.

(설탕 2작은술)

중심부에 이쑤시개를 찔러보면 아무것도 묻어나오지 않을 때까지 1시간 정도
굽는다. 팬에 담긴 채로 받침대에 올려 10분간 식힌 후 빵을 꺼내 철망 받침대
에 올려놓고 완전히 식힌다.

애호박 빵

23×12.5cm 크기의 덩어리 빵 1개

당근 빵을 만들 때는 강판에 간 애호박 대신 **강판에 간 당근 1½컵**을 넣는다.
오븐을 175℃로 예열한다. 23×12.5cm 크기의 로프 팬에 기름을 바른다.
중간 크기의 그릇에 다음을 넣고 잘 저어서 섞는다.

중력분 1½컵(190g)

베이킹소다 1작은술

베이킹파우더 1작은술

계핏가루 ¼작은술

커다란 그릇에 다음을 넣고 잘 섞이도록 젓는다.

설탕 ¾컵(150g)

대란 2개, 풀어두기

식물성 기름 ½컵(105g)

바닐라 1작은술

소금 ½작은술

밀가루 혼합물을 달걀 혼합물에 넣어서 젓는다. 다음을 넣고 빠르게 몇 번 휘저으면서 섞는다.

강판에 간 애호박 1컵

(구워서 굵게 썬 호두 또는 피칸, 또는 초콜릿 칩 1½컵)

반죽을 잘 긁어서 기름을 바른 팬에 붓는다. 빵이 팬의 옆면에서 분리되기 시작할 때까지 45분 정도 굽는다. 팬에 담긴 채로 받침대에 올려 10분간 식힌 후 빵을 꺼내 철망 받침대에 올려놓고 완전히 식힌다.

레몬 브라운 버터 빵

23×12.5cm 크기의 덩어리 빵 1개

진하고 부드러우며 레몬 향을 풍기는 이 즉석 발효 빵은 파운드 케이크와 질감이 거의 비슷하다. 간단한 글레이즈를 얹어서 신선하고 상큼한 레몬 풍미를 더욱 끌어올린다.

오븐을 175℃로 예열한다. 23×12.5cm 크기의 로프 팬에 기름을 바른다.

커다란 그릇에 다음을 넣고 잘 저어서 섞는다.

중력분 1½컵(190g)

베이킹파우더 1작은술

소금 ½작은술

베이킹소다 ¼작은술

중간 크기의 그릇이나 푸드 프로세서에 다음을 넣고 섞는다.

설탕 1컵(200g)

레몬 2개의 껍질, 강판에 곱게 갈기

강판에 간 레몬 껍질이 전체적으로 퍼져서 향긋한 향이 날 때까지 손으로 섞거나 푸드 프로세서를 짧게 몇 번 작동시킨다.

다음을 넣는다.

무염 버터 스틱 2개(225g), 브라운 버터를 만들어 15분간 식히기

대란 4개

버터밀크 ¼컵(60g)

레몬즙 2큰술(30g)

바닐라 1작은술

잘 섞일 때까지 손으로 젓거나 푸드 프로세서를 짧게 작동시킨다. 액체 재료를 마른 재료에 넣고 섞이기 시작할 때까지만 젓는다. 반죽을 잘 긁어서 기름을 바른 팬에 붓는다. 빵이 노릇노릇하게 익으면서 중심부에 이쑤시개를 찔러보면 아무것도 묻어나오지 않을 때까지 50~55분간 굽는다. 팬에 담긴 채로 받침대에 올려 10분간 식힌 후 팬에서 꺼내 받침대에 올려놓고 완전히 식힌다. 다음을 준비한다.

간단한 반투명 설탕 글레이즈 II, 레몬 껍질과 즙을 사용해서 만들기

식힌 빵 위에 글레이즈를 살짝 뿌린다.

맥주 빵

23×12.5cm 크기의 덩어리 빵 1개

든든한 수프 또는 스튜 및 다양한 풍미의 치즈와 함께 낸다. 얇게 썰어서 토스터에 구워도 맛있고 통째로 오븐에 넣어 겉껍질이 바삭해지도록 데워도 좋다. 만든 후 2~3일간 보관할 수 있다.

오븐을 200℃로 예열한다. 23×12.5cm 크기의 로프 팬에 기름을 바른다.

커다란 그릇에 다음을 넣고 완전히 섞이도록 잘 젓는다.

중력분 3컵(375g)

전통식 납작귀리 ½컵(50g)

설탕 2큰술(25g) 또는 꿀 2큰술(40g)

베이킹파우더 1큰술

소금 1작은술

다음을 넣는다.

연한 맥주 또는 흑맥주 1½컵(360ml짜리 1병), 차갑게 또는 실온 상태로, 탄산이 빠지지 않게 준비

무염 버터 2큰술(30g), 액체 생태로 녹이기 또는 올리브유 2큰술(25g)

마른 재료가 촉촉해질 때까지만 뒤적이듯 섞는다. 반죽을 잘 긁어서 기름을 바른 팬에 붓고 평평하게 편다. 중심부에 이쑤시개를 찔러서 팬의 바닥까지 넣어보면 아무것도 묻어나오지 않을 때까지 35~40분간 굽는다. 팬에 담긴 채로 받침대에 올려 10분간 식힌 후 팬에서 꺼내 받침대에 올려놓고 완전히 식힌다.

맥주, 치즈, 파를 넣어 구운 빵

밀가루 혼합물에 잘게 깍둑썰기한 숙성 체더 치즈 또는 몬터레이 잭 치즈 ½컵, 얇게 저민 쪽파 ¼컵 및 (캐러웨이씨 2작은술)을 넣어서 **맥주 빵**의 레시피대로 만든다.

로즈메리 올리브 빵

23×12.5cm 크기의 덩어리 빵 1개

이 짭짤한 즉석 발효 빵을 수프에 곁들이면 천상의 조합이다.

오븐의 아래쪽 칸에 받침대를 끼운다. 오븐을 175℃로 예열한다. 23×12.5cm 크기의 로프 팬에 기름을 바른다.

커다란 그릇에 다음을 넣고 잘 젓는다.

중력분 1½컵(190g)

통밀가루 ¾컵(100g)

베이킹파우더 2½작은술

굵게 썬 로즈메리 2작은술

소금 ½작은술

커다란 그릇에 다음을 넣고 잘 섞는다.

우유 1컵(235g)

대란 2개

올리브유 ¼컵(50g)

우유 혼합물을 밀가루 혼합물에 넣고 밀가루가 촉촉해질 때까지만 섞는다. 다음을 넣고 섞는다.

구워서 잘게 썬 호두 ⅓컵

씨를 빼고 굵게 썬 칼라마타 올리브 ⅓컵

올리브와 호두가 골고루 섞일 정도로만 젓는다. 반죽은 상당히 뻑뻑할 것이다.

반죽을 잘 긁어서 팬에 넣고 윗면을 평평하게 편다. 중심부에 이쑤시개를 찔러보면 아무것도 묻어나오지 않을 때까지 40~45분간 굽는다. 팬에 담긴 채로 받침대에 올려 10분간 식힌 후 팬에서 꺼내 받침대에 올려놓고 완전히 식힌다.

아일랜드식 소다 빵
지름 20cm짜리 둥근 빵 1개 또는 23×12.5cm 크기의 덩어리 빵 1개

반죽에 설탕과 버터밀크를 넉넉하게 사용해 로프 팬에 넣어 구우면 차에 곁들이기 좋고 바삭한 식감을 즐길 수 있는 티 브레드(tea bread)가 된다. 이렇게 만든 티 브레드는 3~4일 정도 촉촉하게 보관할 수 있다.

둥근 덩어리 빵을 구우려면 오븐을 190℃로 예열하고 티 브레드로 구우려면 175℃로 예열한다. 커다란 오븐 팬 또는 23×12.5cm 크기의 로프 팬에 기름을 바른다.

커다란 그릇에 다음을 넣고 충분히 섞이도록 잘 젓는다.

  중력분 2컵(250g)

  설탕 2큰술(25g), 티 브레드를 만든다면 ⅓컵(65g)

  베이킹파우더 1작은술

  베이킹소다 ½작은술

  소금 ½작은술

다음을 넣고 섞는다.

  건포도 1컵

  (캐러웨이씨 2작은술)

다른 그릇에 다음을 넣고 잘 섞는다.

  버터밀크 ⅔컵(160g), 티 브레드를 만든다면 1컵(245g)

  대란 1개

  버터 2큰술(30g), 액체 상태로 녹이기

버터밀크 혼합물을 밀가루 혼합물에 넣고 마른 재료가 촉촉해질 때까지만 섞는다. 반죽은 상당히 뻑뻑하지만 끈적이는 상태일 것이다. 반죽을 잘 긁어서 오븐 팬에 지름 15~18cm 크기의 덩어리 모양으로 얹거나 로프 팬에 담고 고르게 편다. 둥근 빵을 구울 때는 잘 드는 칼로 반죽의 윗면에 1.2cm 깊이로 커다란 X자 모양의 칼집을 낸다. 노릇노릇해지면서 중심부에 이쑤시개를 찔러보면 아무것도 묻어나오지 않을 때까지 둥근 빵은 25~30분간, 티 브레드는 45~50분간 굽는다. 둥근 빵은 받침대에 올려 완전히 식힌 후에 낸다. 티 브레드는 팬에 담긴 채로 받침대에 올려 10분간 식힌 후 팬에서 꺼내 받침대에 올려놓고 완전히 식힌다.

포피시드 빵

오븐의 아래쪽 칸에 받침대를 끼운다. 오븐을 175℃로 예열한다. 23×12.5cm 크기의 로프 팬에 기름을 바른다. 설탕과 버터밀크의 양을 늘려서 **아일랜드식 소다 빵**을 만든다. 건포도와 캐러웨이씨 대신 **포피시드 2큰술**을 넣는다. 반죽을 팬에 긁어 담고 레시피에 따라 굽되, 굽는 시간은 35~40분 정도가 적당하다.

갈색 빵
둥근 빵 또는 원통형 덩어리 빵 2개

푸딩 틀과 같은 4컵 용량의 틀, 작은 내열 용기 또는 830㎖ 용량의 캔 2개에 기름을 바른다. 틀 2개가 전부 들어갈 만큼 넉넉한 크기의 냄비나 더치오븐을 준비한다. 냄비나 더치오븐 안에 받침대, 삼발이 또는 수건을 접어서 깐다. 다른

냄비에 물을 넉넉하게 붓고 반죽을 만드는 동안 팔팔 끓인다.

커다란 그릇에 다음을 넣고 충분히 섞이도록 잘 젓는다.

  고운 노란색 옥수숫가루 1컵(160g)

  색이 진한 호밀가루 1컵(120g)

  통밀가루 1컵(130g)

  베이킹소다 2작은술

  소금 1작은술

다른 그릇에 다음을 넣고 잘 젓는다.

  버터밀크 2컵(485g)

  건포도 또는 커런트 1컵

  당밀 ¾컵(255g)

버터밀크 혼합물을 밀가루 혼합물에 넣고 잘 어우러질 때까지 젓는다. 반죽을 틀 2개에 나눠 담는다. 푸딩 틀에 뚜껑과 고정핀이 달려 있다면 뚜껑 안쪽에 기름을 바르고 고정핀을 채운다. 그렇지 않다면 포일을 두 겹으로 접어 기름을 바르고, 기름을 바른 면이 아래로 가도록 해서 틀을 덮은 후 주방용 실로 단단히 고정한다.

받침대나 수건을 깐 냄비에 푸딩 틀 2개를 넣는다. 틀의 절반까지 잠기도록 끓는 물을 붓는다. 냄비 뚜껑을 덮고 강불에 맞춰 가열한다. 물이 다시 끓어오르기 시작하면 뭉근히 끓는 상태가 되도록 불을 조절한다. 중간에 물이 부족하면 적당히 보충하면서 중심부에 이쑤시개를 찔러보면 아무것도 묻어나오지 않으면서 빵이 틀의 옆면에서 분리되기 시작할 때까지 1시간 정도 찐다.

틀을 받침대에 올려놓고 뚜껑을 열거나 포일을 벗겨낸 후 20분 정도 틀에 담긴 채로 식힌다. 깡통에 반죽을 넣고 쪄서 잘 빠지지 않는다면 깡통 따개로 밑면을 제거하고 빵을 밀어서 꺼낸다. 따뜻하게 내거나 받침대에 올려 완전히 식힌 후 비닐이나 종이로 싸서 보관한다. 빵 부스러기가 많이 떨어지지 않도록 자르려면 질긴 실 또는 향이 없는 치실을 대고 톱질하듯 잘라낸다.

즉석 발효 커피 케이크
23cm 크기의 정사각형 커피 케이크 1개

일요일 브런치로 즐기기에 완벽한 케이크다.

오븐을 190℃로 예열한다. 23cm 크기의 정사각형 베이킹 팬에 기름을 바르고, 유산지를 넉넉하게 잘라서 베이킹 팬의 양쪽 가장자리 밖으로 나오도록 깐다. 중간 크기의 그릇에 다음을 넣고 충분히 섞이도록 잘 젓는다.

  중력분 1½컵(180g), 체에 치기

  베이킹파우더 2작은술

  소금 ½작은술

커다란 그릇 또는 주걱 모양의 날을 끼운 반죽기 용기에 다음을 넣고 탁탁 치면서 혼합물이 가볍고 폭신폭신해질 때까지 섞는다.

  무염 버터 4큰술(55g), 말랑하게 녹이기

  설탕 ½컵(100g)

다음을 넣고 탁탁 치면서 섞는다.

  레몬 또는 오렌지 1개의 껍질, 강판에 곱게 갈기

  바닐라 ½작은술

다음을 넣고 탁탁 치면서 섞는다.

  대란 1개

밀가루 혼합물을 두 번에 나눠 넣고 탁탁 치면서 섞는다. 중간에 다음을 붓는다.

우유 ⅔컵(155g)

반죽이 매끄러워질 때까지 젓거나 섞는다. 기름을 바른 팬에 반죽을 붓고 평평하게 편다. 취향에 따라 다음을 섞어서 반죽 위에 훌훌 뿌린다.

(베리류 과일, 씨를 뺀 체리, 생 또는 냉동 크랜베리 또는 깍둑썰기한 사과 1¼컵)

(설탕 ⅓컵)

그 위에 다음을 훌훌 뿌린다.

슈트로이젤

중심부에 이쑤시개를 찔러보면 아무것도 묻어나오지 않거나 촉촉한 속살이 살짝 묻어나올 때까지, 슈트로이젤만 얹었다면 약 25분, 과일과 슈트로이젤을 모두 얹었다면 25~30분간 굽는다. 팬에 담긴 채로 받침대에 올려놓고 식힌다.

마블 필링 커피 케이크

커다란 고리 모양의 케이크 1개

8~10컵 용량의 세로 홈이 있는 튜브 팬 또는 번트 팬(bundt pan, 가운데에 구멍이 있고 올록볼록한 요철이 있는 제빵용 틀―옮긴이)에 기름을 바른다. 다음을 준비한다.

초콜릿 과일 필링

다음 반죽을 준비한다.

즉석 발효 커피 케이크

반죽의 ¼ 분량을 팬에 붓고 평평하게 편다. 필링 절반을 그 위에 뿌린다. 남은 반죽의 절반을 필링 위에 붓고 나머지 필링 절반을 훌훌 뿌린다. 그 위에 남은 반죽을 전부 붓는다. 작은 숟가락으로 팬 바닥에 가라앉은 반죽을 위쪽으로 5~6번 정도 떠서 올려 이리저리 휘저어 케이크 반죽과 필링이 마블 모양으로 섞이게 한다. 반죽의 표면을 평평하게 고른다. 중심부에 이쑤시개를 찔러보면 아무것도 묻어나오지 않을 때까지 45~50분간 굽는다. 팬에 담긴 채로 받침대에 올려 10분간 식힌다. 전체적으로 케이크가 틀에서 분리될 때까지 팬을 빙글빙글 돌려가면서 톡톡 두드린 후 팬을 뒤집어 케이크를 꺼내 받침대에 올려놓는다. 다음을 훌훌 뿌려서 따뜻하게 또는 실온 상태로 낸다.

슈거 파우더

디럭스 슈트로이젤 케이크

지름 25cm의 원형 케이크 1개

윗면에 슈트로이젤(streusel, 밀가루와 버터, 설탕으로 만든 고명으로 소보로와 비슷하다.―옮긴이)을 얹은 촉촉한 커피 케이크다. 라즈베리를 함께 넣으려면 반죽 위에 **씨 없는 라즈베리 잼 ½컵**을 넓게 펴서 깔고 맨 위에 슈트로이젤을 훌훌 뿌린다.

모든 재료를 21℃ 정도의 실온 상태로 준비한다. 오븐을 175℃로 예열한다. 밑면이 떨어지는 지름 25cm짜리 분리형 원형 팬의 바닥에 기름을 넉넉하게 바르고 옆면에는 가볍게 바른다. 바닥에는 유산지를 둥글게 잘라서 깐다.

커다란 그릇에 다음을 넣고 충분히 섞이도록 잘 젓는다.

중력분 2컵(250g)

설탕 1컵+2큰술(225g)

소금 1작은술

다음을 넣고 페이스트리 블렌더 또는 손가락을 사용해 혼합물이 굵직한 빵 부스러기와 비슷한 형태가 될 때까지 으깨고 섞는다.

무염 버터 10큰술(140g)

부스러기 형태의 혼합물을 1컵 떠서 슈트로이젤을 만드는 용도로 보관한다.

그릇에 남아 있는 혼합물에 다음을 넣고 잘 저어서 완전히 섞는다.

베이킹파우더 1작은술

베이킹소다 ½작은술

다음을 넣고 매끄러워질 때까지 젓는다.

버터밀크 ¾컵(185g) 또는 플레인 요구르트 ¾컵(180g)

대란 1개

바닐라 1작은술

(아몬드 추출물 1작은술, 아몬드를 슈트로이젤 토핑에 사용할 경우)

반죽을 긁어서 기름을 바른 팬에 붓고 윗면을 매끈하게 편다. 슈트로이젤 토핑을 만들려면 따로 보관해둔 부스러기를 작은 그릇에 담고 다음을 넣는다.

구워서 잘게 썬 호두, 피칸, 아몬드 ¾컵

갈색 설탕, 꾹 눌러 담아 ½컵

달걀노른자 1개

계핏가루 1작은술

포크로 잘 어우러지도록 뒤적인 후 슈트로이젤을 반죽 위에 훌훌 뿌린다. 케이크의 중심부가 단단하게 익을 때까지 50~65분간 굽는다. 팬에 담긴 채로 받침대에 올려 10분간 식힌다. 얇은 칼을 케이크와 틀 사이에 찔러 넣고 가장자리를 쭉 훑어서 케이크를 틀에서 분리한다. 틀 옆면을 떼어낸다. 받침대에 올려서 30분 이상 식힌 후 낸다.

디럭스 코코넛 초콜릿 칩 커피 케이크

디럭스 슈트로이젤 케이크의 레시피를 따르되, 반죽에 **작은 초콜릿 칩 1컵**을 넣고 섞어서 사용한다. 슈트로이젤 토핑을 만들 때는 견과류의 양을 ½컵으로 줄이고 계핏가루를 생략하며 **가당 또는 무가당 코코넛 박편을 느슨하게 담아 1컵**을 넣는다.

옥수수 빵에 대해

미국 남부에서 자란 사람이라면 누구나 노릇노릇한 껍질에 바삭한 가장자리, 가볍지만 약간 까슬거리는 식감의 옥수수 빵에 대한 향수를 지니고 있을 것이다. 이러한 스타일의 옥수수 빵은 맷돌에 간 옥수숫가루를 사용하고 뜨겁게 예열한 무쇠 팬에 담아 두껍고 반들반들한 껍질이 나오도록 구워야 가장 맛있다. 북부 스타일의 옥수수 빵은 그보다 단맛이 강하고 색도 연하며 두툼하고 케이크 같은 느낌이 강하다.

옥수수 머핀, 옥수수 스틱 또는 옥수수 빵 등을 구울 때는 종류와 관계없이 각자 취향에 따라 옥수숫가루와 밀가루의 비율을 다양하게 조절할 수 있다. 비교적 가벼운 옥수수 빵은 옥수수 빵, 옥수수 머핀 또는 옥수수 스틱 레시피를 참고한다. 진하고 촉촉한 정통 옥수수 빵을 선호한다면 남부식 옥수수 빵이 입맛에 잘 맞을 것이다. ▶ 굵직하게 간 옥수숫가루는 옥수수 빵을 만들기에 너무 까슬까슬하므로 중간 굵기 또는 곱게 간 옥수숫가루를 사용한다. 감미료를 넣는다면 우리는 보통 설탕을 생략하지만 아주 소량만 넣어주면 옥수숫가루의 풍미를 돋우는 역할을 한다. 또한 대다수 옥수수 빵 레시피에서 버터 대신 기름, 베이컨 기름 또는 기타 지방 재료를 사용할 수 있다. 납작하게 구운 조니케이크 레시피는 684쪽을 참고한다.

▲ 높은 고도에서 옥수수 빵을 만들 경우, 즉석 발효 빵과 커피 케이크에 대해 항목을 참고한다.

옥수수 빵의 추가 재료

아도보 소스에 절인 치폴레 고추 3~4개, 물기를 빼고 잘게 썰기

할라페뇨 고추 1~2개, 씨를 빼고 다지기

맛이 순한 녹색 칠리 고추 115g짜리 통조림 최대 1개, 물기를 빼고 깍둑썰기하기

포블라노 고추 1개, 구워서 껍질을 벗기고 씨를 뺀 후 깍둑썰기하기

기름에 절인 선드라이드 토마토 ½컵, 기름을 따라내고 깍둑썰기하기

생 또는 냉동 옥수수 알갱이 최대 1컵

강판에 간 체더 또는 몬터레이 잭 치즈 최대 1컵(115g)

양파 중간 크기 1개, 굵게 썰어서 볶기

바삭하게 구워서 잘게 부순 베이컨 ½컵

해바라기씨 또는 구운 호박씨 ½컵

옥수수 빵, 옥수수 머핀 또는 옥수수 스틱

20cm 크기의 정사각형 또는 지름 25cm의 둥근 빵 1개, 5cm 크기의 머핀 약 15개 또는 스틱 약 20개

모든 재료를 21℃ 정도의 실온 상태로 준비한다. 오븐을 220℃로 예열한다. 20cm 크기의 정사각형 팬, 지름 23~25cm의 오븐용 프라이팬(무쇠 팬 등), 머핀 틀 2개 또는 옥수수 스틱 팬 3개(또는 옥수수 스틱을 여러 번 나눠서 굽는다.)에 버터, 기름 또는 베이컨 기름을 바른다. 오븐에 넣어 지글지글 뜨겁게 달군다.

커다란 그릇에 다음을 넣고 잘 섞는다.

노란색 또는 흰색 옥수숫가루 1¼컵(200g), 맷돌에 간 것 권장

중력분 ¾컵(95g)

설탕 1~4큰술(10~50g), 취향에 따라 적당히 조절

베이킹파우더 2½작은술

소금 ¾작은술

다음을 추가한다.

우유 1컵(235g)

대란 2개, 풀어두기

베이컨 기름 3큰술, 식물성 기름 3큰술(40g) 또는 버터 3큰술(45g), 액체 상태로 녹이기

몇 번 재빨리 휘저으면서 섞는다. 반죽을 긁어서 뜨겁게 달군 팬에 붓는다. 먹음 직스러운 갈색이 될 때까지 옥수수 스틱은 12분, 옥수수 빵과 머핀은 15~18분 간 굽는다. 즉시 낸다.

메밀 옥수수 빵

20cm 크기의 정사각형 빵 1개

옥수수 빵을 만들되, 옥수숫가루 ½컵 대신 메밀가루 ½컵(60g)을 넣고 선택 재료로 (구운 해바라기씨 ½컵)을 넣는다. 20cm 크기의 정사각형 팬에 반죽을 부어 굽는다.

남부식 옥수수 빵

23cm 크기의 정사각형 빵 1개

전통적인 남부식 옥수수 빵을 만들 때는 흰색 옥수숫가루, 버터밀크, 달걀, 팽창제, 소금, 그리고 때에 따라 약간의 밀가루나 설탕을 사용한다. 어떤 요리사는 베이컨 기름을 1큰술 정도 넣어 반죽을 더 기름지게 만들기도 한다. 이렇게 구운 옥수수 빵은 겉이 바삭하고 속은 촉촉하게 완성된다. 이 빵은 오븐에서 꺼내자마자 즉시 식탁에 내는 것이 좋다. 여기서 소개하는 반죽을 머핀 틀이나 옥수수 스틱 팬에 넣어서 구울 수도 있으며, 이때 굽는 시간은 그에 따라 조절한다.(옥수수 빵, 옥수수 머핀 또는 옥수수 스틱 레시피 참고)

오븐을 230℃로 예열한다. 23cm 크기의 묵직한 오븐용 프라이팬을 넣어 오븐을 예열하는 동안 같이 달군다.

커다란 그릇에 다음을 넣고 완전히 섞이도록 잘 젓는다.

고운 옥수숫가루 1¾컵(280g), 맷돌에 간 것 권장

(설탕 1큰술[10g])

베이킹파우더 1작은술

베이킹소다 1작은술

소금 1작은술

다른 그릇에 다음을 넣고 잘 섞는다.

버터밀크 1½컵(365g)

대란 2개

버터밀크 혼합물을 옥수숫가루 혼합물에 넣고 적당히 섞일 때까지 젓는다. 오븐에서 달궈진 프라이팬을 꺼내 다음을 두른다.

베이컨 기름, 라드, 기름 또는 식물성 쇼트닝 1큰술

프라이팬을 휘휘 돌려서 기름이 골고루 퍼지게 한 후 반죽을 한꺼번에 붓는다. 윗면이 갈색으로 익고 가운데를 눌러보면 단단한 느낌이 날 때까지 20~25분 간 굽는다. 프라이팬에서 꺼내 웨지 모양 또는 사각형으로 잘라서 다음을 곁들여 즉시 낸다.

버터

먹다 남은 남부식 옥수수 빵을 포일에 싸서 따뜻한 오븐에 넣어 다시 데우면 다소 퍽퍽하긴 하지만 비교적 맛있게 즐길 수 있다. 메건은 먹다 남은 남부식 옥수수 빵을 잘게 부숴 길쭉한 유리잔에 넣은 후 그 위에 버터밀크를 부어 먹는 것을 좋아한다. 남부식 아침 식사용 시리얼 정도로 생각하면 된다.

크래클링을 넣은 옥수수 빵(Crackling Corn Bread)

지름 23~25cm짜리 둥근 빵 1개

딱 한 조각만 먹어도 틀림없이 반할 것이다.

오븐을 230℃로 예열한다.

다음을 깨끗하게 씻어서 톡톡 두드려 물기를 제거한다.

지방이 넉넉하게 붙은 솔트 포크 또는 넓적한 베이컨 115g

껍질이 붙어 있다면 잘라서 버리고 솔트 포크를 6mm 크기로 깍둑썰기한다.(너무 물렁물렁해서 썰기 힘들다면 30분간 냉동실에 넣어두었다가 썬다.) 지름 23~25cm의 묵직한 오븐용 프라이팬(무쇠 팬 권장)에 솔트 포크를 넣고 중불에 올려 기름이 녹아나오고 크래클링이 진한 갈색으로 바삭하게 익을 때까지 조리한다. 불에서 내린다.

다음 반죽을 준비한다.

옥수수 빵, 옥수수 머핀 또는 옥수수 스틱, 또는 남부식 옥수수 빵

옥수수 빵, 옥수수 머핀 또는 옥수수 스틱 레시피를 따른다면 기름을 생략한다. 바삭하게 구운 돼지고기를 반죽에 넣는다. 프라이팬에 기름을 1큰술만 남기고 전부 반죽에 넣은 다음 뒤적이면서 섞는다. 프라이팬을 강불에 올려 기름에서 연기가 날 때까지 가열한다. 프라이팬을 불에서 내린 후 즉시 기름을 반죽에 붓는다. 오븐에 넣고 중심부에 이쑤시개를 찔러보면 아무것도 묻어나오지 않을 때까지 18~22분간 굽는다. 오븐에서 꺼내 즉시 그대로 내거나 다음

을 곁들여서 낸다.

　(잼 또는 수수 시럽)

메건의 남부식 옥수수 빵

지름 23cm의 둥근 빵 1개

이 옥수수 빵의 특별한 매력은 물에 담가서 불리는 작업에서 기인하므로 이 과정을 건너뛰지 말자. 옥수숫가루를 끓는 물에 불림으로써 거칠거칠한 옥수숫가루가 부드러워지고 속살이 아주 촉촉해진다. 저녁에 먹을 옥수수 빵을 만든다면, 아침에 출근하기 전에 옥수숫가루를 물에 담가 불린 다음(5분 정도면 충분하다.) 퇴근한 후에 마무리하면 된다.

작은 그릇에 다음을 넣고 섞는다.

　고운 노란색 또는 흰색 옥수숫가루 1¼컵(200g), 맷돌에 간 것 권장

　중간 굵기로 간 옥수숫가루 또는 폴렌타 ½컵(75g)

옥수숫가루 위에 다음을 붓는다.

　끓는 물 1½컵(355g)

옥수숫가루가 전제적으로 촉촉하게 젖도록 저은 후 뚜껑을 덮어서 4~12시간 동안 불린다.

　오븐을 230℃로 맞추고 23cm 크기의 무쇠 팬을 넣어 오븐을 예열하는 동안 같이 달군다. 불린 옥수숫가루에 다음을 넣고 저어서 섞는다.

　베이킹파우더 1작은술

　베이킹소다 1작은술

　소금 1작은술

다음을 넣고 젓는다.

　대란 2개

　버터밀크 ½~¾컵(120~185g)

우선 버터밀크 ½컵을 넣은 후 반죽이 너무 뻑뻑해 보이면 조금 더 보충한다. 반죽은 팬케이크 반죽 정도로 상당히 묽은 상태여야 한다. 오븐에서 뜨겁게 달군 프라이팬을 꺼내 다음을 두른다.

　베이컨 기름, 라드 또는 식물성 기름 1큰술

프라이팬을 휘휘 돌려서 기름이 골고루 퍼지게 한 후 반죽을 붓는다. 지글지글 요란한 소리를 내기 마련이므로 주의한다. 프라이팬을 다시 오븐에 넣고 갈색에 가까운 색으로 노릇노릇하게 익으면서 단단해질 때까지 20~25분간 굽는다. 프라이팬을 뒤집어 옥수수 빵을 접시에 얹은 후 즉시 낸다.

미니 옥수수 케이크 코케뉴

6.3cm 크기의 퍼프 약 30개

이 자그마한 옥수수 케이크는 그다지 특별해 보이지 않지만 이상하게도 중독성이 있다. 프라이팬에 기름을 약간 두르고 가정용 레인지 위에 올려 황금색이 될 때까지 구울 수도 있다.

커다란 편수 냄비에 다음을 넣고 섞는다.

　고운 옥수숫가루 1컵(160g), 맷돌에 간 흰색 옥수숫가루 권장

　라드 1큰술(10g) 또는 식물성 쇼트닝 1큰술

　소금 1작은술

옥수숫가루 위에 다음을 붓는다.

　끓는 물 4컵(945g)

약불에 올려 자주 저으면서 30분간 끓인다. 불에서 내린 후 윗면에 버터를 살

짝 발라서 말라버리거나 딱딱해지지 않게 한다. 실온 상태로 식힌다.

　오븐을 175℃로 예열한다. 커다란 오븐 팬에 기름을 바른다. 옥수숫가루 혼합물을 탁탁 치면서 잘 섞는다. 커다란 그릇에 다음을 넣고 단단한 피크가 생기지만 마른 거품은 아닌 상태가 되도록 탁탁 친다.

　대란 흰자 4개

옥수숫가루 혼합물에 달걀흰자를 넣고 뒤적이듯이 젓는다. 숟가락으로 반죽을 떠서 오븐 팬에 올린다. 단단해질 때까지 30분 정도 굽는다.

스푼브레드에 대해

미국 남부 지방에서 즐겨 먹는 특선 요리로 옥수수 빵과 커스터드의 중간쯤 되는 질감을 가지고 있으며 요크셔 푸딩과 상당히 비슷하다.(물론 그만큼 몇 배로 부풀지는 않는다.) 숟가락 빵이라는 이름에서 암시하는 바와 같이, 이 빵은 숟가락으로 떠먹을 수 있을 만큼 부드럽다. 그러나 일각에서는 되직한 옥수숫가루 죽과 비슷한 미국 원주민의 요리인 서펀(suppawn)에서 스푼브레드라는 이름이 유래하지 않았을까 추측하기도 한다. 옥수수 빵의 추가 재료 항목에서 소개한 재료나 먹다 남은 익힌 곡물이라면 무엇이든 스푼브레드에 넣을 수 있다. 칠리 고추를 곁들인 치즈 기장 스푼브레드 레시피도 함께 참고한다.

겉은 바삭하고 속은 부드러운 스푼브레드

6인분

맷돌에 간 옥수숫가루를 사용해 수플레와 비슷한 질감으로 완성한다.

오븐을 190℃로 예열한다.

커다란 그릇에 다음을 넣고 잘 섞는다.

　고운 노란색 옥수숫가루 ¾컵(120g), 맷돌에 간 것 권장

　중력분 ¼컵(30g)

　설탕 1큰술(10g)

　소금 1작은술

　베이킹파우더 1작은술

다음을 넣고 골고루 잘 섞일 때까지 젓는다.

　우유 1컵(235g)

　대란 1개

20cm 크기의 정사각형 베이킹 접시에 다음을 넣고 오븐에 넣어서 녹인다.

　버터 2큰술

베이킹 접시를 휘휘 돌려서 버터를 골고루 묻히고 남은 버터를 반죽에 부은 후 저어서 섞는다. 반죽을 뜨거운 베이킹 접시에 부은 후 그 위에 다음을 붓는다.

　우유 ½컵(120g)

윗면이 먹음직스러운 색으로 바삭하게 익을 때까지 45분 정도 굽는다.

버터밀크 스푼브레드

4인분

오븐을 175℃로 예열한다.

커다란 그릇에 다음을 넣는다.

　고운 흰색 옥수숫가루 1컵(160g), 맷돌에 간 것 권장

다음을 옥수숫가루 위에 붓는다.

　끓는 물 1½컵(355g)

잘 섞어서 약간 식힌다. 중간 크기의 그릇에 다음을 넣고 탁탁 치면서 섞는다.

버터밀크 1컵(245g)

대란 1개

버터 1큰술(15g), 액체 상태로 녹이기

베이킹소다 1작은술

소금 ¾작은술

버터밀크 혼합물을 옥수숫가루 혼합물에 넣고 잘 섞는다. 20cm 크기의 정사각형 베이킹 접시에 기름을 바르고 오븐에 넣어 뜨겁게 달군다. 반죽을 붓고 살짝 봉긋하게 부풀면서 굳을 때까지 30~40분간 굽는다. 윗면을 부드럽게 하려면 굽는 동안 다음을 전부 사용할 때까지 주기적으로 몇 큰술씩 넣어준다.

(우유 또는 하프앤드하프 ½컵)

우유나 하프앤드하프를 넣어가면서 굽는다면 스푼브레드를 굽는 전체 시간은 1시간 정도로 늘어난다.

머핀에 대해

머핀 반죽은 쉽게 만들 수 있다. ▶ 우선 액체 재료를 마른 재료에 붓고 재빨리 몇 번 휘휘 섞는다. 이렇게 하면 덩어리가 약간씩 남는다. 반죽을 너무 오래 섞으면 머핀을 구웠을 때 결이 성기고 큼직한 기포가 여기저기 생긴다. 잘 만든 머핀은 윗면이 둥그렇게 부풀고 결이 고르며 속살이 촉촉하다. 오븐 온도가 너무 낮으면 머핀의 윗면이 납작해지고, 오븐 안의 열기가 일정하지 않으면 윗면이 울퉁불퉁하고 비대칭 모양이 된다. 이를 방지하려면 굽는 중간에 머핀 틀의 방향을 돌려주면 된다. 때로는 머핀 틀의 바깥쪽에 있는 머핀이 가장 안쪽에 있는 머핀보다 먼저 익기도 한다. 너무 오래 굽는 것을 피하려면 다 익은 머핀을 꺼내고(종이 베이킹 컵을 깔았다면 쉽게 꺼낼 수 있다.) 틀을 다시 오븐에 넣어 남은 머핀을 마저 굽는다.

머핀 틀에 반죽을 부을 때는 용기의 ⅔~¾만큼 올라오도록 붓는다. 모든 머핀 레시피는 미니 또는 대형 등 다양한 크기로 응용할 수 있다. 일반적인 크기의 머핀 12개 분량의 반죽이라면 미니 머핀 24~32개 또는 대형 머핀 6~8개를 구울 수 있다. ▶ 미니 머핀은 10~12분 정도 구우면 완성되고 ▶ 대형 머핀은 22~25분 정도 소요된다. 여기서 소개하는 레시피 외에도 모든 즉석 발효 빵, 커피 케이크 또는 옥수수 빵 반죽을 머핀 틀에 부어서 구울 수 있다.

머핀이 기름지고 설탕이 많이 들어갈수록 촉촉함은 오래 유지된다. 버터나 기름을 4큰술 이하로 넣은 머핀은 금세 상하므로 굽자마자 먹거나 최대한 빨리 먹어야 한다. 베리류를 머핀에 넣을 때는 가능하면 냉동된 것을 선택한다. 넣어서 섞기도 쉽고 반죽이 보기 흉한 색으로 물들 가능성도 적다.

대다수 머핀 반죽은 재료를 섞어서 숟가락으로 틀에 떠 넣은 다음 윗면을 덮어서 하룻밤 냉장고에 넣어두었다가 아침에 구울 수 있다. 또한 머핀은 굽기 전후에 냉동 보관도 가능하다. 반죽 상태로 냉동하려면 간단하게 종이 베이킹 컵을 깐 머핀 틀에 반죽을 넣고 냉동한다. 반죽이 얼면 하나씩 틀에서 꺼내 냉동용 지퍼백에 넣고 레시피에서 지시한 오븐 온도와 굽는 시간을 적어둔다. 구울 때는 냉동 상태의 반죽을 다시 머핀 틀에 끼워 넣고 오븐에 넣은 후 해동 시간을 고려해 레시피의 굽는 시간보다 5분 정도 더 굽는다. 구운 머핀을 냉동하려면 완전히 식힌 다음 지퍼백에 담아서 냉동실에 넣는다. 다시 데울 때는 냉동 머핀을 오븐 팬에 올려놓고 175℃의 오븐에 넣거나 토스터 오븐에 넣고 뜨거워질 때까지 5~10분간 데운다. 전자레인지에 넣어서 데워도 좋지만, 껍질이나 가장자리가 바삭해지지는 않는다.

머핀의 추가 재료

처음부터 아래의 추가 재료를 준비했다가 반죽 재료를 다 섞었을 때 추가 재료를 넣고 뒤적여준다. 머핀에 짭짤한 재료를 추가할 때는 아래에 소개한 기본 머핀 레시피에서 설탕을 2큰술로 줄인다. 더 다양한 응용법은 이스트 반죽의 추가 재료 및 옥수수 빵의 추가 재료 항목을 참고한다.

다음 재료 중 선호하는 것을 한 가지 또는 여러 가지를 조합해서 사용한다.

굵게 썬 생 또는 냉동 과일이나 베리류 최대 1½컵

굵게 썬 구운 견과류, 말린 살구, 자두, 대추야자, 무화과 ¼~½컵

굵게 썬 생크랜베리 1컵과 강판에 곱게 간 오렌지 껍질 2작은술

구워서 굵게 썬 서양배 1컵과 구워서 굵게 썬 호두 ½컵

굵게 썬 다크 초콜릿 ½컵과 강판에 곱게 간 오렌지 1개의 껍질

으깬 완숙 바나나 ½컵, 볶은 코코넛 박편 ½컵, 다크 럼 1큰술

물기를 빼고 으깬 통조림 파인애플 ½컵

베이컨 6~8조각, 바삭하게 구워서 잘게 부수기

강판에 간 숙성 체더 치즈 1½컵(170g)과 굵게 썬 차이브 ¼컵

머핀

12개

이 레시피에 머핀의 추가 재료 중 선호하는 재료를 넣어 수없이 많은 종류의 머핀을 구울 수 있다. 또한 중력분 1컵을 통밀가루나 통밀 페이스트리 밀가루 1컵(130g)으로 대체할 수도 있다. 액체 재료는 저지방 우유에서부터 크림에 이르기까지 만드는 사람이 자유롭게 선택할 수 있다는 점을 기억하자. 버터나 기름의 분량은 범위로 표기했으므로 다음을 참고해 자유롭게 기름의 양을 조절할 수 있다. 오븐에 구운 직후에 바로 따뜻하게 먹을 머핀은 버터나 기름 ¼컵만 사용하면 충분하다. 구워서 몇 시간 후 또는 다음날 먹을 머핀은 버터나 기름 ½컵을 사용하자.

받침대를 오븐의 가운데 칸에 끼운다. 오븐을 200℃로 예열한다. 12구짜리 일반 머핀 틀에 기름을 바르거나 종이 베이킹 컵을 하나씩 끼운다.

커다란 그릇에 다음을 넣고 완전히 섞이도록 잘 젓는다.

중력분 2컵(250g)

베이킹파우더 1큰술

소금 ½작은술

(강판에 간 육두구 또는 육두구 가루 ¼작은술)

다른 그릇에 다음을 넣고 잘 저어서 섞는다.

우유 1컵(235g) 또는 크림 1컵(230g)

대란 2개

설탕 ⅔컵(130g) 또는 색이 연한 갈색 설탕, 꾹 눌러 담아 ⅔컵(155g)

무염 버터 4~8큰술(55~115g), 액체 상태로 녹이기 또는 식물성 기름
    ¼~½컵(50~105g)

바닐라 1작은술

우유 혼합물을 밀가루 혼합물에 넣고 마른 재료가 촉촉해질 때까지 가볍게 몇 번 섞는다. 반죽은 매끄럽지 않고 적당히 멍울이 있을 것이다. 반죽을 머핀 틀 용기 12개에 적당히 나눠 붓는다. 취향에 따라 맨 위에 다음을 얹는다.

(슈트로이젤)

머핀 1~2개에 이쑤시개를 찔러보면 아무것도 묻어나오지 않을 때까지 17분 정도 굽는다.(과일을 넣었다면 조금 더 오래 굽는다.) 틀에 담긴 채로 2~3분간 식힌

다. 뜨겁게 먹는 경우가 아니라면 머핀을 철망 받침대에 올려놓고 식힌다. 최대한 빨리 먹어야 가장 맛있으며, 되도록 구운 후 몇 시간 안에 먹는 것이 좋다.

사워크림 머핀

머핀을 만들되, 버터 4큰술을 넣고 밀가루 혼합물에 **베이킹소다 ½작은술**을 추가한 후 우유나 크림 대신 **사워크림(230g), 버터밀크(245g) 또는 플레인 요구르트(240g) 1컵**을 사용한다.

레몬 포피시드 머핀

머핀을 만들되, 밀가루 혼합물에 포피시드 1½큰술을 추가한 후 우유 혼합물에 강판에 곱게 간 레몬 1개의 껍질을 추가한다.

호박 또는 고구마 머핀

16개

머핀을 만들되, 밀가루 혼합물에 계핏가루 1작은술과 강판에 간 육두구 또는 육두구 가루 1작은술을 추가한다. 우유 혼합물에는 추가로 설탕 ⅓컵(65g)을 더 넣고 삶은 호박이나 무가당 호박 퓌레 통조림 1컵 또는 삶아서 차갑게 식힌 후 으깬 고구마 1컵을 넣는다. 취향에 따라 반죽에 (구워서 굵게 썬 피칸 1컵) 또는 (화이트 초콜릿 칩 1컵)을 넣고 섞는다.

블루베리 머핀

머핀 또는 옥수수 **빵**을 만들되, 설탕 ½컵(100g)을 사용하고 반죽에 **생 또는 냉동 블루베리 1½컵**을 넣어서 뒤적이듯 섞는다. 취향에 따라 (강판에 곱게 간 레몬 1개의 껍질)을 추가한다.

더블 초콜릿 머핀

머핀을 만들되, 밀가루의 분량을 1½컵(190g)으로 줄이고 무가당 **코코아 가루 ½컵(40g)**을 체에 쳐서 넣는다. 무염 버터 스틱 1개(115g)를 액체 상태로 녹여서 넣고, **초콜릿 칩 또는 그보다 알이 굵은 초콜릿 덩어리 1컵**을 반죽에 추가한 후 뒤적이듯 젓는다.

허브와 구운 마늘 머핀

남부식 옥수수 빵을 만들되, 반죽에 굵게 썬 차이브, 타라곤 또는 딜 3큰술이나 다진 로즈메리 1큰술 및 구운 마늘 Ⅰ 1통을 으깬 것과 강판에 곱게 간 레몬 1개의 껍질을 넣고 뒤적이듯 섞는다.

브랜 머핀(Bran Muffins, 곡물을 쳐내고 남은 기울로 만든 머핀)

16개

오븐을 175℃로 예열한다. 16구짜리 일반 머핀 틀에 기름을 바르거나 종이 베이킹 컵을 하나씩 끼운다.

커다란 그릇에 다음을 넣고 완전히 섞이도록 잘 젓는다.

　중력분 2컵(250g) 또는 통밀가루 2컵(260g)

　귀리기울 1½컵(160g) 또는 밀기울 1½컵(85g)

　설탕 2큰술(25g)

　(오렌지 1개의 껍질, 강판에 곱게 갈기)

　베이킹소다 1¼작은술

　소금 ¼작은술

다른 그릇에 다음을 넣고 탁탁 치면서 섞는다.

　버터밀크 2컵(485g)

　당밀 ½컵(170g)

　대란 1개

　버터 2~4큰술(30~55g), 액체 상태로 녹이기

버터밀크 혼합물을 밀가루 혼합물에 넣고 재빨리 몇 번 휘저어 섞는다. 마른 재료가 완전히 젖기 전에 다음을 넣어 뒤적이며 섞는다.

　구워서 굵게 썬 호두나 피칸 1컵

　건포도나 굵게 썬 대추야자 ½컵

반죽을 머핀 틀 용기 16개에 적당히 나눠 붓는다. 머핀 1~2개에 이쑤시개를 찔러보면 아무것도 묻어나오지 않을 때까지 25분 정도 굽는다. 틀에 담긴 채로 2~3분간 식힌다. 뜨겁게 먹는 경우가 아니라면 머핀을 철망 받침대에 올려놓고 식힌다. 구운 후 몇 시간 안에 낸다.

선라이즈 머핀

12개

잘게 썬 당근과 사과, 견과류, 말린 과일을 듬뿍 넣은 이 머핀은 그야말로 건강에 좋은 재료의 총집합이다. 몸에 유익하고 맛도 좋으니 일거양득이다.

오븐을 175℃로 예열한다. 12구짜리 일반 머핀 틀에 기름을 바르거나 종이 베이킹 컵을 하나씩 끼운다.

커다란 그릇에 다음을 넣고 완전히 섞이도록 잘 젓는다.

　통밀가루 1컵(130g) 또는 스펠트 가루 1컵(125g)

　중력분 1컵(125g), 아몬드를 굵게 빻은 분말 또는 아몬드 가루 1컵(90g), 귀리
　　가루 1컵(105g)

　계핏가루 1½작은술

　베이킹소다 2작은술

　소금 ⅓작은술

중간 크기의 그릇에 다음을 넣고 잘 저어서 섞는다.

　대란 3개

　식물성 기름 ½컵(105g) 또는 코코넛 기름 ½컵(115g), 액체 상태로 녹이기

　메이플 시럽 ½컵(155g) 또는 꿀 ⅓컵(110g)

　(오렌지 1개의 껍질, 강판에 곱게 갈기)

　바닐라 2작은술

젖은 재료 혼합물에 다음을 넣고 섞는다.

　강판에 간 당근 1컵(중간 크기 약 3개)

　속을 파내고 강판에 간 사과 1컵(큰 것 약 1개)

　구워서 굵게 썬 호두나 피칸 ½컵

　건포도, 노란색 건포도 또는 기타 말린 과일 ½컵

　(비터스위트 초콜릿 칩 또는 굵게 썬 다크 초콜릿 ½컵)

젖은 재료 혼합물을 밀가루 혼합물에 넣고 적당히 섞일 때까지만 젓는다. 반죽을 머핀 틀 용기 12개에 적당히 나눠 붓되, 거의 윗부분까지 올라오도록 가득 채운다. 노릇노릇해지면서 머핀 1~2개에 이쑤시개를 찔러보면 아무것도 묻어나오지 않을 때까지 20~25분 정도 굽는다. 틀에 담긴 채로 10분간 식힌 후 틀에서 빼내 철망 받침대에 올려놓고 완전히 식힌다.

사과 호두 머핀

12개

오븐을 200℃로 예열한다. 12구짜리 일반 머핀 틀에 기름을 바르거나 종이 베이킹 컵을 하나씩 끼운다.

중간 크기의 그릇에 다음을 넣고 완전히 섞이도록 잘 젓는다.

중력분 1½컵(190g)

베이킹파우더 2작은술

베이킹소다 1작은술

소금 ¼작은술

계핏가루 1½작은술

커다란 그릇에 다음을 넣고 섞은 뒤 10분간 그대로 둔다.

속을 파내고 굵게 갈거나 잘게 썬 사과 또는 서양배, 꾹 눌러 담아 1½컵(중간 크기 약 2개)

설탕 ¾컵(150g)

다음을 과일과 설탕 혼합물에 넣고 섞는다.

대란 2개, 살짝 풀어두기

버터 5큰술(70g), 액체 상태로 녹이기

구워서 굵게 썬 호두 ½컵

밀가루 혼합물을 넣고 마른 재료가 촉촉해질 때까지만 뒤적이면서 섞는다. 반죽은 아직 매끄럽지 않은 상태일 것이다. 반죽을 머핀 틀 용기 12개에 적당히 나눠 붓는다. 머핀 1~2개에 이쑤시개를 찔러보면 아무것도 묻어나오지 않을 때까지 14~16분 정도 굽는다. 틀에 담긴 채로 2~3분간 식힌다. 뜨겁게 먹는 경우가 아니라면 머핀을 철망 받침대에 올려놓고 식힌다. 최대한 빨리 식탁에 올리고, 가능하면 구운 당일에 먹는다.

바나나 머핀

12개

오븐을 175℃로 예열한다. 12구짜리 일반 머핀 틀에 기름을 바르거나 종이 베이킹 컵을 하나씩 끼운다. **바나나 빵 코케뉴**의 반죽을 만든다. 반죽을 머핀 틀 용기 12개에 적당히 나눠 붓고 머핀 1~2개에 이쑤시개를 찔러보면 아무것도 묻어나오지 않을 때까지 15~20분 정도 굽는다. 틀에 담긴 채로 2~3분간 식힌 후 틀에서 빼서 철망 받침대에 올려놓고 식힌다.

팝오버(Popover)

커다란 팝오버 8개 또는 중간 크기의 팝오버 12개

모든 재료를 21℃ 정도의 실온 상태로 준비한다. 오븐을 230℃로 예열한다. 팝오버 틀, 12구짜리 일반 머핀 틀 또는 180ml짜리 커스터드 컵 8개에 기름을 바른다. 커스터드 컵을 사용할 경우, 컵에 기름을 살짝만 바르고 팝오버에 무엇을 곁들여서 낼 것인지에 따라 설탕, 밀가루 또는 강판에 간 파르메산 치즈를 살짝 뿌린다. 이렇게 하면 반죽이 좀 더 잘 달라붙는다.

중간 크기의 그릇에 다음을 넣고 매끄러워질 때까지 탁탁 치면서 섞는다.

우유 1컵(235g)

버터 1큰술(15g), 액체 상태로 녹이기

중력분 1컵(125g)

소금 ¼작은술

다음을 한 번에 하나씩 깨뜨려 넣고 탁탁 치면서 섞되, 너무 오래 섞지 않도록

주의한다.

대란 2개

반죽은 휘핑크림 정도의 농도와 질감이어야 한다. 팝오버 틀, 머핀 틀, 커스터드 컵의 ¾ 이상 올라오지 않도록 반죽을 붓는다. 반죽을 너무 많이 부으면 머핀과 비슷한 식감이 되어버리므로 너무 많이 넣지 않도록 주의한다. ▶ 전부 오븐에 넣고 바로 굽는다. 15분 후에 ▶ 오븐을 열지 않고 온도를 175℃로 낮춰 20분 정도 더 굽는다. 다 익었는지 확인하려면 오븐에서 팝오버를 꺼내 옆면이 단단하게 굳었는지 살펴본다. 다 익지 않았다면 팝오버가 푹 꺼질 것이다. 다 구워지면 날카로운 과일칼을 얌전히 찔러서 김을 뺀다. 즉시 낸다.

치즈 팝오버

그릇에 강판에 간 숙성 체더 또는 파르메산 치즈 ½컵(55g)과 흑후추 ¼작은술, 카옌 고춧가루 ⅛작은술을 넣고 섞는다. 팝오버의 반죽을 준비한다. 틀의 용기마다 반죽을 1큰술 정도 떠서 넣고 치즈를 적당히 나눠 얹는다. 남은 반죽을 나눠서 붓는다. 팝오버 레시피에 따라 굽는다.

요크셔 푸딩

6인분

오랜 전통을 자랑하는 이 맛있는 푸딩은 덩어리 고기와 함께 오븐에 넣어 고기의 육즙을 받아내면서 굽는 것이 관습이다. 오늘날에는 많은 이들이 로스트 비프를 상대적으로 낮은 오븐 온도에서 구우므로 예전처럼 육즙이 흥건하게 나오지 않기 때문에, 우리는 이 푸딩이 잘 부풀어 오르고 금세 갈색으로 익도록 뜨거운 오븐에서 별도로 조리한다. 구운 용기 그대로 식탁에 낸 후 정사각형으로 잘라서 먹는다. 전통적으로는 육류 요리 전에 내놓지만 우리는 주요리와 함께 내는 빵이나 곡물 대신 이 푸딩을 즐겨 먹는다.

모든 재료를 21℃ 정도의 실온 상태로 준비한다. 오븐을 200℃로 예열한다.

다음을 체에 쳐서 그릇에 담는다.

중력분 ¾컵+2큰술(110g)

소금 ⅓작은술

가운데에 움푹 들어간 공간을 만들고 다음을 붓는다.

우유 ½컵(120g)

우유와 밀가루를 저어서 섞는다. 다음을 넣고 탁탁 치면서 섞는다.

대란 2개, 풀어두기

다음을 붓는다.

물 ½컵(120g)

커다란 기포가 표면에 떠오를 때까지 반죽을 탁탁 치면서 섞는다.(반죽 그릇을 덮어서 1시간 동안 냉장고에 두었다가 다시 꺼내 탁탁 치면서 섞어서 조리할 수도 있다.) 28×18cm 크기의 베이킹 접시 또는 일반적인 크기의 머핀 틀 용기 6개에 다음 재료를 해당 높이만큼 붓는다.

뜨거운 소고기 육즙 또는 액체 상태로 녹인 버터 6mm

베이킹 접시나 머핀 틀을 오븐에 넣어 뜨겁게 달군다. 반죽을 붓고 20분간 굽는다. 오븐 온도를 175℃로 낮추고 봉긋하게 부풀어 오르면서 노릇노릇해질 때까지 10~15분간 더 굽는다. 즉시 낸다.

비스킷과 스콘에 대해

비스킷은 작고 감칠맛이 도는 즉석 발효 빵이다. 달콤하게 구운 비스킷은 디저

트로 먹으며 쇼트케이크(shortcake)라고 부르기도 한다. 스콘은 기름지고 달콤한 비스킷으로, 보통 버터와 크림을 둘 다 사용한다.(또는 버터 대신 크림을 사용한다.) 달걀을 넣어 풍미와 진한 색감 그리고 다소 뭉쳐진 듯한 질감을 낸다. 스콘은 삼각형으로 자르는 경우가 많지만 비스킷처럼 둥근 스콘도 드물지 않게 찾아볼 수 있다.

비스킷을 만들 때 쉽고 편하게 접근한다면 가볍고 폭신폭신하며 먹음직스러운 황금색의 비스킷을 구울 수 있다. 비스킷과 스콘을 만들 때 염두에 두어야 할 법칙이 있다면 "너무 걱정하지 말자."라는 것이다. 반죽에 손을 적게 대고 덜 주무를수록 좋은 결과가 나오기 마련이다. 모든 비스킷과 스콘은 중력분으로 맛있게 구울 수 있는데, 진짜 깃털처럼 가벼운 비스킷을 만드는 요령은 저단백질 밀가루를 사용하는 것이다. 미국 남부 이외의 다른 지역에서는 구하기 어렵지만 대형 마트의 대용량 식품 판매대에서 자주 눈에 띄는 페이스트리 밀가루를 사용해도 비슷한 결과를 얻을 수 있다.

지방 재료를 작게 잘라서 섞기

레시피에 버터나 다른 지방 재료를 "잘라서 섞는다."라는 언급이 있을 때 적용할 수 있는 몇 가지 방법을 소개한다.

비스킷이나 스콘용 밀가루 혼합물에 지방 재료를 잘라서 섞으려면 우선 지방 재료를 아주 차갑게 준비한다. 버터는 냉장고에서 꺼낸 직후에 사용하고, 쇼트닝과 라드는 20분간 냉장고에 넣어두면 가장 좋다. 칼로 지방 재료를 아주 작은 조각 또는 정육면체로 자른다.(또는 지방 재료를 얼렸다가 치즈 강판의 구멍이 큰 면으로 갈 수도 있다.) 이렇게 자른 지방 재료를 밀가루 혼합물에 넣고 손이나 페이스트리 블렌더 또는 주걱 모양의 날을 끼운 반죽기를 사용해 섞으면서 지방 재료를 더욱 작게 '자른다.' 지방 재료가 굵은 빵가루와 비슷한 형상이 되도록 섞으면 부드럽고 폭신폭신한 비스킷을 구울 수 있다. 좀 더 크고 납작한 덩어리 상태로 내버려둔다면(손으로 섞는다면 이 방법이 가장 쉽다.) 얇은 결이 여러 겹 있는 비스킷이 된다. 액체 재료를 넣을 때는 반죽이 한 덩어리로 뭉칠 때까지 완전히 섞지 말고 밀가루 전체를 촉촉하게 적실 만큼만 섞어야 한다. 이 시점에서 밀가루를 살짝 뿌린 작업대에 완전히 섞이지 않은 반죽을 올려놓고 들쑥날쑥한 공 모양으로 적당히 뭉친다.

푸드 프로세서를 사용해 비스킷이나 스콘용 밀가루 혼합물에 지방 재료를 잘라서 섞으려면 지방 재료를 아주 작은 조각 또는 정육면체로 자른 다음 딱딱해질 때까지 20분간 냉동실에 넣어 얼린다. 푸드 프로세서에 마른 재료를 넣고 짧게 몇 번 작동시킨다. 냉동실에 넣어둔 작게 자른 지방 재료를 넣는다. 속살이 여러 겹으로 이루어진 스콘이나 비스킷을 구우려면 가장 큰 버터 조각이 완두콩만 한 크기, 가장 작은 조각이 빵가루 정도의 크기가 될 때까지만 푸드 프로세서를 짧게 작동시킨다. 폭신폭신한 비스킷을 원한다면 지방 조각이 전부 빵가루만 할 정도로 잘게 쪼개질 때까지 작동시킨다. 액체 재료를 추가하고 너무 오래 섞지 않도록 주의하면서 반죽이 하나로 뭉칠락 말락 할 때까지 푸드 프로세서를 짧게 몇 번 작동시킨다. 버터가 밀가루와 잘 섞여서 페이스트 상태가 되면 안 된다. 밀가루를 살짝 뿌린 작업대에 반죽을 올려놓고 손으로 꾹꾹 눌러서 뭉친 후 레시피대로 조리한다.

반죽을 밀고 자르기

보통 스콘은 반죽을 밀지 않고 만든다. 스콘의 성형 방법은 개별 레시피를 참고한다. 비스킷 반죽을 밀 때는 너무 납작하게 밀지 않도록 주의한다. 적당한

높이의 황금색 비스킷을 구우려면 2~2.5cm 정도의 두께가 가장 좋다. 더 납작한 비스킷을 선호한다면 그보다 얇게 밀어도 상관없지만, 얇은 비스킷은 오븐에서 금세 납작하게 주저앉으므로 너무 오래 굽지 않도록 조심해야 한다.

▶ 아주 여러 겹으로 결이 살아 있는 비스킷을 구우려면, 크루아상 반죽을 만들 때처럼 반죽을 여러 겹 겹치는 방법을 적용한다. 비스킷 반죽을 작업대에 놓고 적당히 평평하게 민 다음 3겹으로(편지지를 접는 것처럼) 접는다. 그다음 반죽을 90도 돌려서 한 번 더 3겹으로 접은 후 적당한 두께로 밀어서 자른다.

반죽을 둥근 모양으로 자르려면 밀가루를 묻힌 비스킷 커터를 사용한다. ▶ 이때 커터를 좌우로 돌리지 않도록 주의한다.(이렇게 하면 비스킷이 잘 부풀어 오르지 않는다.) 전통적인 둥근 모양 이외에도 다른 모양으로 비스킷을 만들 수 있다. 우리는 반죽 조각이 남지 않는 정사각형 및 직사각형 모양을 선호한다. 반죽 조각이 남았다면 한데 모아서 뭉친 다음 다시 밀어서 한 번 더 잘라낸다. 그 이상 뭉쳐서 다시 밀면 결이 너무 조밀하고 질긴 비스킷이 된다. 우리는 식감과 상관없이 남은 조각을 전부 구워서 간식으로 즐겨 먹는다.

취향에 따라 비스킷 반죽을 민 다음 속재료를 채워서 구울 수도 있다. 비스킷 반죽을 6mm 두께의 정사각형 또는 직사각형으로 민다. 반으로 자르고 한쪽에 잼이나 프리저브, 슈트로이젤, 커피 케이크 필링, 견과류, 말린 과일, 처트니, 페스토, 타페나드, 염소 치즈 또는 허브 등 달콤한 재료 또는 짭짤한 재료를 적당히 섞어서 바르거나 뿌린다. 아무것도 바르지 않은 나머지 반쪽을 그 위로 덮고 잘라서 굽는다. 더 간단한 방법을 선호한다면 비스킷 반죽을 자른 다음 반죽이 뚫리지 않는 한도 내에서 손가락으로 가운데를 꾹 누르고 움푹 들어간 부분에 잼이나 위에서 언급한 촉촉한 필링을 채운다.

노릇노릇하게 마무리하려면 비스킷이나 스콘의 윗면에 솔로 우유나 버터를 바른다. 스콘과 달콤한 비스킷에 설탕이나 중백설탕을 뿌리면 윗면이 반짝거리면서 바삭바삭해진다. 전체적으로 바삭한 식감을 원한다면 비스킷 사이의 간격을 2.5cm 정도 유지하고, 그렇지 않으면 가까이 붙여놓는다. 우리는 예열한 제빵용 돌판이나 프라이팬에 비스킷을 구웠더니 아주 성공적이었다. 이렇게 하면 비스킷이 높게 잘 부풀어 오를 뿐만 아니라 바삭해지고 바닥도 먹음직스러운 갈색으로 익는다. 물론 일반 베이킹 접시나 오븐 팬을 사용해도 비스킷을 맛있게 구울 수 있다.

▲ 고도가 높은 곳에서 베이킹파우더 비스킷을 구울 때는 팽창제의 분량을 조절할 필요가 없다.

비스킷과 스콘의 추가 재료

여기서 소개한 추가 재료는 버터를 잘라서 섞은 후 액체 재료를 추가하기 전에 넣어서 섞어야 한다. 반죽이 하나로 뭉친 다음 추가 재료를 넣어서 섞으면 너무 오래 치대게 되므로 반죽이 질겨진다.

다음 중 선호하는 재료를 한 가지 또는 여러 가지를 섞어서 넣는다.

베이컨 최대 6조각, 바삭하게 구워서 잘게 부수기

굵게 썰어서 볶거나 캐러멜화한 양파 ½컵

잘게 썬 햄이나 프로슈토 최대 ⅓컵

기름에 재운 선드라이드 토마토, 기름을 따라내고 잘게 썰어서 최대 ⅓컵

잘게 썬 파슬리, 딜 또는 차이브 ¼컵

다진 로즈메리, 타임 또는 세이지 2큰술

강판에 간 파르메산 또는 잘게 부순 로크포르 치즈 최대 ½컵, 염분 함량이 낮은 것 권장

　　잘게 썬 체더 또는 몬터레이 잭 치즈 최대 ¾컵

　　녹색 칠리 고추 통조림 또는 피미엔토 통조림, 물기를 따라내고 깍둑썰기해서
　　　　최대 ⅓컵

버터밀크 비스킷

지름 6.3cm짜리 비스킷 약 12개

우유를 넣어 비스킷을 만들 경우, 버터밀크 대신 일반 우유를 넣고 베이킹소
다를 생략한다.

오븐을 220℃로 예열한다. 커다란 오븐 팬에 유산지를 깔거나 지름 25cm의
무쇠 팬을 준비한다.

커다란 그릇에 다음을 넣고 잘 저어서 섞는다.

　　중력분 3컵(375g)

　　베이킹파우더 1큰술

　　소금 1작은술

　　베이킹소다 ¾작은술

다음을 넣는다.

　　차가운 무염 버터 스틱 1½개(170g), 정육면체로 썰기

버터가 작고 평평한 조각이 되면서 혼합물이 빵가루 같은 질감이 될 때까지 페
이스트리 블렌더나 손가락을 사용해 버터를 자르면서 밀가루와 섞는다. 다음
을 넣고 섞는다.

　　버터밀크 1¼컵(305g)

반죽이 하나로 뭉치기 시작할 때까지만 젓는다. 밀가루를 살짝 뿌린 작업대에
반죽을 올리고 한 덩어리가 될 때까지만 아주 잠깐 치댄다. 반죽을 손바닥으
로 치면서 2cm 두께의 둥그런 모양으로 편다. 밀가루를 묻힌 비스킷 커터(크기
는 상관없다.)로 최대한 촘촘하게 비스킷을 잘라낸다. 커터를 좌우로 돌리지 말
고 그냥 반죽에 꾹 눌러서 자르면 된다. 잘라낸 비스킷의 옆면이 서로 닿도록
유산지를 깐 오븐 팬이나 프라이팬에 올린다. 반죽 위에 솔로 다음을 바른다.

　　버터 2큰술, 액체 상태로 녹이기

노릇노릇해질 때까지 15~20분간 굽는다.

엔젤 비스킷

엔젤 비스킷은 이스트를 넣어서 만들기 때문에 질감이 아주 가볍고 버터를 듬
뿍 넣은 롤빵처럼 약간의 발효 풍미가 나는 것이 특징이다. 작은 그릇에 **따뜻
한(38℃) 물 ¼컵(60g)**을 넣고 **활성 건조 이스트 1½작은술**을 넣어 이스트가
녹을 때까지 5분 정도 그대로 둔다. **버터밀크 비스킷** 반죽을 준비하되, 버터밀
크 ¼컵(60g) 대신 물에 녹인 이스트를 사용한다. 반죽을 단단히 감싸서 냉장
고에 4시간~하룻밤 동안 넣어둔다. 구울 때는 오븐을 예열하고 반죽을 민 다
음 잘라서 레시피대로 굽는다.

고구마 비스킷

고구마 퓌레(통조림 또는 직접 삶아서 으깬 것) 1컵과 **버터밀크 ½컵(120g)**, 갈색
설탕 2큰술(30g)을 중간 크기의 그릇에 넣고 잘 저어서 섞는다. **버터밀크 비스
킷** 반죽을 준비하되, 버터밀크 대신 고구마 혼합물을 넣는다. 반죽을 민 다음
잘라서 레시피대로 굽는다.

옥수숫가루 비스킷

버터밀크 비스킷 반죽을 준비하되, 밀가루의 분량을 2½컵(315g)으로 줄이고
고운 옥수숫가루 ½컵(80g)과 설탕 2큰술(25g)을 마른 재료에 추가한다. 반
죽을 민 다음 잘라서 레시피대로 굽는다.

통곡물 비스킷

버터밀크 비스킷 반죽을 준비하되, 밀가루의 분량을 2컵(250g)으로 줄이고 통
밀가루 1컵(130g), 진한 색의 호밀가루 1컵(120g), 스펠트 가루 1컵(125g) 또
는 메밀가루 1컵(120g)으로 대체한 후 **설탕 1큰술(10g)**을 추가한다. 반죽을 민
다음 잘라서 레시피대로 굽는다.

비스킷 스틱

버터밀크 비스킷 반죽을 준비한다. 반죽을 1.2cm의 두께로 밀어서 7.5×1.2cm
의 막대기 모양으로 자른다. 기름을 바르지 않은 오븐 팬 위에 막대기 모양의
반죽을 올리고 **녹인 버터**를 바른다. 굽는 시간을 약간 줄인다. 통나무집을 짓
듯이 차곡차곡 쌓아서 낸다.

간단한 드롭 비스킷

치대거나 미는 과정이 필요 없다. 오븐을 230℃로 예열한다. **버터밀크 비스킷**
반죽을 준비하되, 버터밀크의 양을 1½컵(365g)으로 늘린다. 반죽이 뭉치기 시
작할 때까지 젓는다. 반죽을 숟가락 가득 떠서 기름을 바르지 않은 오븐 팬에
올려놓고 연한 갈색이 될 때까지 12~15분간 굽는다.

뜯어 먹는 찐득찐득한 아침 식사용 빵

10~12인분

오븐을 200℃로 예열한다. 25cm짜리 번트 팬(논스틱 권장)에 기름을 넉넉히 바
른다. **스티키 번 토핑 레시피**의 ½ 분량을 준비하고, 마지막 단계에 **헤비크림
¼컵(60g)**을 추가한다. 한쪽에 둔다. **버터밀크 비스킷** 반죽을 준비한다. 반죽
이 뭉치기 시작하면 조금씩 뜯어내거나 잘라내서 16조각으로 만든다. 각 조각
에 액체 상태로 녹인 **버터 4큰술(55g)**을 묻히고 **설탕 ½컵(100g)**과 **계핏가루
1작은술**을 섞은 것에 굴린 다음 기름을 발라둔 팬에 차곡차곡 넣는다. 끈끈한
시럽을 비스킷 위에 골고루 붓는다. 연한 갈색으로 익으면서 가운데에 꼬치를
찔러보면 아무것도 묻어나오지 않을 때까지 30~35분간 굽는다. 아직 뜨거울
때 서빙용 플래터 위에 팬을 뒤집어서 빵을 빼낸다. 이때 뜨거운 설탕 시럽에
데지 않도록 주의한다.

간단한 크림 비스킷 또는 쇼트케이크

지름 7.5cm짜리 8개

이 레시피에서는 일반 비스킷 반죽에 사용하는 버터 대신 크림을 넣으므로,
일반적으로 비스킷에 기대하는 진하고 기름진 풍미를 고스란히 갖춘 비스킷
을 훨씬 더 빠르고 쉽게 만들 수 있다.

오븐을 230℃로 예열한다. 오븐 팬에 기름을 살짝 바른다.

커다란 그릇에 다음을 넣고 잘 섞는다.

　　중력분 2컵(250g)

　　(설탕 2~4큰술[25~50g], 취향에 따라 적당량)

　　베이킹파우더 2½작은술

소금 ½작은술

다음을 한꺼번에 넣는다.

헤비크림 1½컵(345g)

마른 재료가 대부분 촉촉해질 때까지만 젓는다. 반죽을 숟가락 가득 떠서 비스킷과 비슷하게 모양을 잡아 오븐 팬에 올린다. 쇼트케이크를 만들 때는 취향에 따라 비스킷의 윗면에 다음을 훌훌 뿌린다.

(설탕 4작은술)

아주 연한 갈색이 될 때까지 12~15분간 굽는다. 따뜻하게 낸다.

부활절 토끼 비스킷

오븐을 220℃로 예열한다. 오븐 팬에 기름을 바른다. **간단한 크림 비스킷 또는 쇼트케이크** 반죽을 준비하되, 선택 재료인 설탕을 추가한다. 반죽을 1.2cm 두께로 민다. 둥근 커터를 7.5cm, 3.8cm, 2cm의 세 가지 크기로 준비해 반죽을 잘라낸다. 토끼 1마리당 커다란 원형 1개, 중간 원형 3개, 작은 원형 1개씩 자른다. 커다란 원형은 몸통, 중간 크기의 원형 하나는 머리, 작은 원형은 동글동글 말아 꼬리를 붙여 토끼 형태를 만든다. 중간 크기의 반죽 남은 것 2개는 살짝 납작하게 눌러서 타원형 귀를 만든다. 반죽으로 조합한 토끼를 오븐 팬에 올린다. 연한 갈색으로 익을 때까지 15분 정도 굽는다.

번철 비스킷(Griddle Biscuits)

비스킷 반죽 중 선호하는 것을 준비한다. 기름을 살짝 바른 번철을 중불에 올리고 반죽을 2.5cm 간격으로 올려놓은 후 조리한다. 한 면이 갈색으로 익도록 5~7분간 구운 다음 반대로 뒤집어서 나머지도 갈색으로 익도록 굽는다.

메건의 체더 파 비스킷

커다란 비스킷 6개 또는 중간 크기의 비스킷 3개

강판에 간 치즈를 오븐 팬에 훌훌 뿌린 다음 그 위에 비스킷 반죽을 올려서 구우면 바삭바삭하고 구수한 '날개'가 생긴다.

오븐을 220℃로 예열한다. 오븐 팬에 유산지를 깐다.

커다란 그릇에 다음을 넣고 잘 섞는다.

중력분 2컵(250g)

베이킹파우더 2작은술

베이킹소다 ¾작은술

흑후추 ¾작은술

소금 ½작은술

다음을 넣는다.

차가운 무염 버터 스틱 1개(115g), 정육면체로 썰기

버터가 작고 평평한 조각이 되면서 혼합물이 빵가루 같은 질감이 될 때까지 페이스트리 블렌더나 손가락을 사용해 버터를 자르면서 밀가루와 섞는다. 다음을 넣고 섞는다.

강판에 간 숙성 체더 치즈 ½컵(55g)

쪽파 4대, 얇게 저미기

다음을 넣고 반죽이 뭉치기 시작할 때까지만 젓는다.

버터밀크 ¾~1컵(185~245g)

버터밀크를 일단 ¾컵 넣은 후 반죽이 퍼석퍼석하게 부서진다면 조금 더 넣는다. 밀가루를 살짝 뿌린 작업대에 반죽을 올리고 한 덩어리가 될 때까지만 잠

깐 치댄다. 반죽을 손바닥으로 치면서 직사각형 모양으로 편다. 짧은 부분을 잡아서 반죽의 ⅓을 가운데를 향해 접고 반대쪽을 처음 접은 부분 위로 접는다.(편지지 접는 방식) 반죽을 손바닥으로 치면서 다시 직사각형 모양으로 펴고, 한 번 더 편지지처럼 접는다. 반죽을 손바닥으로 치면서 크기 15×23cm, 두께 2~2.5cm의 직사각형으로 편다. 잘 드는 칼로 반죽을 정사각형 6개 또는 직사각형 8개로 자른다. 오븐 팬에 반죽을 놓을 자리마다 다음을 조금씩 둥그렇게 뿌린다.

강판에 간 숙성 체더 치즈 ½컵(55g)

반죽을 오븐 팬의 치즈 더미 위에 올린다. 취향에 따라 치즈가 비스킷 밑바닥에서 빠져나오도록 치즈를 흩어놓아도 좋다.(이렇게 하면 비스킷마다 바삭한 치즈 '날개'가 생긴다.) 비스킷에 다음을 바른다.

무염 버터 1큰술, 액체 상태로 녹이기

노릇노릇해질 때까지 15~20분간 굽는다.

비튼 비스킷(Beaten Biscuits)

고향을 그리워하는 미국 남부 출신 사람들에게 이 비스킷을 대접하면 열렬한 감사의 인사를 들을 수 있다.(컨트리 햄과 피망 젤리를 곁들이면 보너스 점수까지 획득할 것이다.) 이 비스킷의 특징인 보드랍고 조밀한 질감을 얻으려면 반죽을 오랫동안 두드려야 한다. 손이 많이 가는 작업이지만 훨씬 간단하게 만들 수 있는 버전 Ⅱ도 함께 소개한다. 비튼 비스킷은 밀폐 용기에 넣어 실온에서 최대 3주까지 보관할 수 있다.

Ⅰ. 손으로 만드는 방법

지름 3.8cm짜리 비스킷 약 50개

커다란 그릇에 다음을 넣고 완전히 섞일 때까지 젓는다.

중력분 4컵(500g)

소금 1작은술

베이킹파우더 1작은술

다음을 넣는다.

차갑게 식힌 라드 또는 식물성 쇼트닝 ½컵(95g)

옥수숫가루 정도의 질감이 되도록 페이스트리 블렌더나 손가락을 사용해 라드 또는 쇼트닝을 자르면서 밀가루와 섞는다. 다음을 넣고 섞어서 뻑뻑한 반죽을 만든다.

얼음물 약 1컵(235g)

밀가루를 살짝 뿌린 작업대에 반죽을 올린다. 반죽을 자주 접어주면서 납작하고 울퉁불퉁해질 때까지 밀대로 두드린다. 30분 정도에 걸쳐 500번 이상 두드려야 하는 긴 작업이다. 그동안 오븐을 160℃로 예열한다.

반죽이 매끄러워지면 1.2cm 두께로 밀어서 밀가루를 묻힌 3.8cm짜리 비스킷 커터로 자른다. 남은 반죽 조각을 뭉쳐서 치댄 다음 밀어서 접고 같은 방식으로 자른다. 기름을 바르지 않은 오븐 팬에 잘라낸 반죽을 올리고 위에 다음을 바른다.

액체 상태로 녹인 버터

비스킷마다 포크로 세 군데씩 찌른다. 바닥이 연한 갈색으로 변하면서 윗면이 노릇노릇해질 때까지 30분 정도 굽는다.

Ⅱ. 푸드 프로세서를 사용하는 방법

지름 5cm짜리 비스킷 약 15개

오븐을 200℃로 예열한다.

푸드 프로세서에 다음을 넣고 5초간 돌려서 섞는다.

> 중력분 2컵(250g)
>
> 소금 ½작은술
>
> 베이킹파우더 ¼작은술

다음을 넣고 혼합물이 굵직한 빵가루와 비슷한 질감이 되도록 10초 정도 작동시킨다.

> 차갑게 식힌 라드 또는 식물성 쇼트닝 ¼컵(50g)

다음을 넣고 섞어서 3분간 푸드 프로세서를 작동시킨다.

> 얼음물 ½컵(120g)

반죽은 살짝 녹은 모차렐라 치즈처럼 부드럽고 말랑말랑해질 것이다. 비닐랩으로 감싸서 10분간 숙성시킨다.

밀가루를 뿌리지 않은 작업대에 반죽을 올리고 3mm보다 약간 두껍게 민다. 2겹이 되도록 반으로 접은 다음 반죽의 각 층이 서로 달라붙을 정도로만 느슨하게 민다. 밀가루를 묻힌 비스킷 커터를 사용해 5cm 크기로 자른다. 남은 반죽 조각을 뭉쳐서 치댄 다음 밀어서 접고 같은 방식으로 자른다. 기름을 바르지 않은 오븐 팬에 잘라낸 반죽을 서로 닿지 않을 정도로 촘촘히 올린다. 비스킷마다 포크로 세 군데씩 찌른다. 윗면이 노릇노릇해지고 바닥이 진한 갈색으로 익을 때까지 18~22분간 굽는다.

정통 스콘

8~12개

가장 간단하게 기름진 풍미의 스콘을 구우려면 헤비크림의 양을 1¼컵(290g)으로 늘리고 버터와 달걀을 생략해 **크림 스콘**을 만든다.

오븐을 230℃로 예열한다.

커다란 그릇에 다음을 넣고 잘 섞이도록 젓는다.

> 중력분 2½컵(315g)
>
> 베이킹파우더 2¼작은술
>
> 설탕 ¼컵(50g)
>
> 소금 ½작은술

다음을 넣고 작은 완두콩만 한 크기가 될 때까지 자르면서 밀가루와 섞는다.

> 차가운 무염 버터 4큰술(55g)

작은 그릇에 다음을 넣고 탁탁 치면서 섞는다.

> 헤비크림 1컵(230g)
>
> 대란 1개
>
> (바닐라 1작은술)

밀가루 혼합물에 움푹 들어간 공간을 만든다. 크림 혼합물을 붓고 재빨리 몇 번 휘저어 섞는다. 반죽에 가능한 한 적게 손을 댈수록 좋다. 밀가루를 살짝 뿌린 작업대에 그릇을 뒤집어서 반죽을 올린다. 전통적인 웨지 모양으로 성형하려면 반죽을 손바닥으로 쳐서 지름 20cm의 원형으로 만든 다음 웨지 모양이 되게 8~12조각으로 자른다. 또는 밀가루를 묻힌 비스킷 커터를 사용해 6.3cm 크기의 둥근 모양으로 자르거나 비스킷 스틱의 설명대로 자른다. 기름을 바르지 않은 오븐 팬에 반죽을 올린다. 다음을 솔로 바른다.

> 헤비크림

취향에 따라 다음을 홀홀 뿌린다.

> (그래뉼러당 또는 중백설탕)

황금색으로 익을 때까지 15분 정도 굽는다. 따뜻하게 또는 실온 상태로 낸다.

레몬 블루베리 스콘

정통 스콘 또는 크림 스콘을 만들되, 크림 혼합물과 함께 **레몬 1개의 껍질을** 곱게 갈아서 넣는다. 그다음 반죽을 완전히 섞기 전에 **냉동 블루베리 1½컵을** 추가한다. 선택 재료인 설탕을 홀홀 뿌려서 굽는다.

초콜릿 오렌지 스콘

정통 스콘 또는 크림 스콘을 만들되, 크림 혼합물과 함께 **오렌지 1개의 껍질을** 곱게 갈아서 넣는다. 크림 혼합물 중 일부를 넣어서 섞을 때 **세미스위트 초콜릿 칩 또는 굵게 썬 다크 초콜릿 ½컵을** 추가하고 골고루 섞이도록 잠깐 치댄다.

먹다 남은 빵 활용법에 대해

먹다 남은 빵은 다양한 용도로 활용할 수 있으므로 절대 그냥 버리지 말자! 프렌치토스트, 보스톡 또는 크로스티니를 만들 때 쓰거나 스터핑으로 활용하거나 파파 알 포모도로, 소파 데 아호처럼 수프의 점도를 높일 때 사용한다. 루에 레시피의 버전 I과 살사 베르데처럼 소스에 활용할 수도 있다. 또한 빵가루를 활용하는 레시피도 속을 채운 로마식 아티초크, 방울양배추 그라탱, 프로방스식 토마토 요리 등 다양하다.

크루통

빵 조각을 양념해서 말리거나 튀긴 크루통은 다양한 크기로 만들 수 있다. 작은 정육면체 형태로 만들어서 샐러드와 수프에 넣으면 바삭한 식감을 즐길 수 있으며 배도 든든해진다. 큼직하게 만들면 고기를 그릴에 구울 때 잠깐씩 올려놓고 떨어지는 육즙을 받아내는 용도로 활용할 수 있다. 크로스티니 레시피도 함께 참고한다. 샐러드에 넣을 계획이라면 1인분당 빵 ⅓컵 정도의 분량을 권장한다.

I. 프라이팬에 튀기기

다음을 정육면체로 썰거나 큼직하게 뜯어낸다.

> 빵, 신선한 빵 또는 묵은 빵

커다란 프라이팬에 다음을 넣는다.

> 버터, 올리브유 또는 이를 섞은 것(빵조각 1컵당 기름 1큰술 정도)
>
> (마늘 1~3쪽, 으깨기)
>
> (로즈메리 잔가지 7.5cm짜리 1개)

마늘이나 로즈메리를 사용한다면 기름에 넣고 중약불에서 5분간 약하게 지글지글 끓어오르는 상태로 담아둔다. 중불로 올리고 빵조각을 넣은 후 가끔 뒤집거나 뒤적이면서 갈색으로 골고루 익을 때까지 튀긴다. 중간에 타는 기미가 보이면 불을 적당히 조절한다. 로즈메리 잔가지가 너무 타버렸다면 건져내고, 그렇지 않으면 바삭하게 튀긴 잎을 줄기에서 떼어내 빵조각과 뒤적여 섞는다. 갈색으로 다 익으면 불에서 내리고 크루통에 다음을 홀홀 뿌린다.

> 소금과 흑후추

II. 굽기

취향에 따라 크루통을 만들 때 위의 설명대로 마늘이나 로즈메리를 우려낸 기름을 사용할 수도 있다.

오븐을 190℃로 예열한다. 오븐 팬에 다음을 넣고 뒤적이며 섞는다.

> 1.2cm 크기의 정육면체로 자른 일반 빵 또는 옥수수 빵
>
> 올리브유 또는 액체 상태로 녹인 버터(빵조각 1컵당 기름 1큰술 정도)

오븐 팬을 한두 번 흔들어가면서 크루통이 노릇노릇하게 익을 때까지 10~15분

간 굽는다. 아직 따뜻할 때 다음을 훌훌 뿌린다.

소금과 흑후추

III. 양념하기

버전 I, II와 같이 크루통 2~3컵을 튀기거나 구운 후 뜨거울 때 다음 재료를 넣은 비닐봉지에 넣는다.

소금 1작은술

스위트 파프리카 1작은술 또는 붉은색 피망 가루 ½작은술

강판에 곱게 간 파르메산 치즈 ¼컵

곱게 썬 파슬리, 타임, 세이지, 오레가노 또는 이를 섞어서 2~3큰술 이상

봉지의 입구를 봉하고 크루통에 양념이 골고루 묻도록 잘 흔든다. 접시나 오븐 팬에 옮겨 담아서 바삭해지도록 식힌다.

IV. 스터핑 및 드레싱 용도로 크루통 말리기

오븐을 93℃로 예열한다. 작은 정육면체 모양으로 썬다.

일반 빵 또는 옥수수 빵

오븐 팬에 한 겹으로 깔고 가끔 뒤적여가면서 바싹 마르면서 노릇노릇하게 익을 때까지 1~2시간 굽는다.

마늘 빵

6인분

진한 버터와 마늘 풍미를 자랑하는 이 빵을 토마토 소스 스파게티와 함께 내고 이탈리아식 미트볼을 곁들이면 완벽한 조합이 된다. 먹다 남은 마늘 빵은 영양 만점의 크루통으로 변신시켜 시저 샐러드에 넣을 수 있다.

오븐의 가운데에 받침대를 끼우고 직화 오븐을 예열한다.

다음을 수평으로 반 가른다.

바게트 1개

작은 편수 냄비에 다음을 넣고 섞는다.

무염 버터 4큰술(버터 스틱 ½개)

올리브유 ¼컵

마늘 4쪽, 다지거나 거친 강판에 갈기

중약불에 올려서 버터가 녹고 마늘이 지글거릴 때까지 1분 정도 가열한다. 절단면이 위로 가도록 바게트를 오븐 팬에 올리고 솔로 버터 혼합물을 바른다. 다음을 훌훌 뿌린다.

다진 파슬리 ¼컵

강판에 곱게 간 파르메산 치즈 3큰술

빵이 살짝 노릇노릇해질 때까지 직화 오븐에 굽는다. 적당한 크기로 자른다.

멜바 토스트(Melba Toast)

다음을 최대한 얇은 슬라이스 형태로 자른다.

흰 빵 또는 그 외의 빵

껍질을 떼어낸다. 오븐 팬에 올려놓고 120℃의 오븐에서 바삭하고 살짝 노릇노릇하게 익을 때까지 굽는다.

팬케이크, 와플, 도넛, 프리터

조니케이크에서부터 크레이프, 파니스(panisses, 병아리콩 가루로 만든 스틱형 케이크 — 옮긴이), 도사(dosas, 쌀로 만든 인도식 팬케이크 — 옮긴이)에 이르기까지 곡물 반죽을 튀기거나 번철에 구워서 만드는 음식은 간단하면서도 만족감이 크다는 점 때문에 전 세계 식문화에서 중요한 역할을 해왔다. 짭짤한 또는 달콤한 재료 위에 얹거나 겹쳐서 담을 수 있고, 접어서 플랫브레드처럼 음식 주변에 얹을 수도 있다. 물론 이런 경우는 대접하는 방법이 좀 더 복잡하므로 접시에 담아서 (또는 접시를 받치고) 먹을 수밖에 없다. 메밀 블리니 같은 작은 팬케이크는 집어 먹기에 편하므로 카나페의 바탕 재료로도 활용할 수 있다.

이번 장에서는 우리가 도넛이라고 부르는 맛있는 반죽 튀김도 함께 다룬다. 슈 페이스트처럼 걸쭉한 액체 상태의 반죽을 튀겨서 조리하는 것도 있지만(페드논 레시피 참고) 대다수 도넛은 빽빽한 빵 반죽으로 만든다. 반면 크로켓은 치즈, 채소, 고기 혼합물에 보통 베샤멜 소스 등을 넣어 뭉친 다음 성형하여 넉넉한 기름에 튀긴다.

마지막으로 야외 박람회나 행사에 가본 적이 있다면 잘 알겠지만, 사실상 거의 모든 재료에 튀김옷과 튀김 가루를 묻혀서 튀길 수 있다. 이를 위한 튀김옷과 가루는 이번 장의 맨 마지막에 소개한다.

팬케이크 또는 번철 케이크에 대해

팬케이크, 블린츠(blintzes), 크레이프 또는 번철 케이크 등 어떤 이름으로 불리든 상관없이 모두 간단하게 만들 수 있다. ▶ 이러한 요리를 만들 때 주의해야 할 중요한 요소는 반죽의 농도와 번철 또는 프라이팬의 온도다. 팬케이크 반죽을 섞을 때는 액체 재료를 마른 재료에 넣어서 어우러질 때까지만 잠깐 젓고 그 이상 손을 대면 안 된다. 반죽을 골고루 잘 젓고 싶다는 생각이 들어도 꾹 참아야 한다. 거의 항상 덩어리가 어느 정도 보이기 마련이지만 조리한 후에는 눈에 띄지 않는다. ▶ 팬케이크를 구울 때는 언제나 시험 삼아 먼저 하나를 구워서 반죽의 농도가 적당한지 확인해야 한다. 반죽이 너무 걸쭉해서 잘 퍼지지 않아 원하는 두께로 구울 수 없다면 우유나 물을 조금 추가해 희석한다. 너무 묽으면 밀가루를 소량 추가한다.

팬케이크를 굽기 위해 번철이나 프라이팬을 준비하려면 일단 몇 분간 예열한다. 번철이나 프라이팬에 찬물 몇 방울을 뿌려서 온도를 확인한다. 물방울이 팬에 닿는 순간 소리를 내면서 사방으로 튀면 조리할 준비가 된 것이다.(아래 그림 참고) 물방울이 그냥 팬 위에서 보글보글 끓는다면 충분히 달궈지지 않은 상태로, 이때 반죽을 올리면 너무 넓게 퍼져버린다. 물방울이 즉시 증발해버린다면 너무 뜨거운 것이다. 적당한 온도로 달궈지면 기름을 살짝 바른다. 팬케이크를 구울 때 가장 자주 하는 실수는 기름을 너무 많이 사용하는 것이다. 논스틱 팬을 사용한다면 작은 그릇에 기름을 조금만 붓고 키친타월의 한쪽에 기름을 흡수시킨다. 팬케이크를 한 번 구울 때마다 키친타월로 팬의 표면을 살짝 문지르는 정도로만 묻혀도 충분하다. 무쇠 팬을 사용한다면 기름이 조금 더 필요하지만, 이때도 많은 양은 필요 없다. 팬케이크는 어디까지나 굽는 것이지 튀기는 것이 아니다. 숟가락 또는 국자를 사용하거나 반죽이 담긴 그릇을 들고 팬에서 5~7cm 떨어진 높이에서 반죽을 붓는다. 취향에 따라 팬케이크의 크기를 조절하되, 반죽을 펼칠 수 있는 충분한 공간을 확보하도록 한다.

▲ 고도가 높은 곳에서는 레시피에서 권장하는 베이킹파우더 및/또는 베이킹소다의 분량보다 ¼ 정도 줄여서 사용한다.

팬케이크 만들기

팬케이크 또는 번철 케이크

지름 10cm짜리 약 16개

팬케이크 또는 번철 케이크에 대해 항목을 참고한다. 이 레시피는 이 책에 실린 다른 어떤 레시피보다 『조이 오브 쿠킹』이 수많은 애독자를 모으는 데 큰 공을 세웠다고 할 수 있다. 더 두툼하고 폭신한 팬케이크를 선호한다면 베이킹파우더를 최대 1큰술 사용한다. **실버 달러 팬케이크**(silver dollar pancakes, 지름 5~7.5cm의 미니 팬케이크 — 옮긴이)를 구울 때는 팬케이크 1개당 반죽 1큰술 정도만 사용한다.

오븐을 93℃로 예열한다. 커다란 그릇에 다음을 넣고 잘 젓는다.

  중력분 1½컵(190g)

  설탕 3큰술(35g)

  베이킹파우더 2작은술

  소금 ¾작은술

다른 그릇에 다음을 넣고 섞되, 처음에는 우유를 1컵만 넣고 농도를 보면서 조절한다.

  우유 1~1¼컵(235~295g)

  버터 3큰술(45g), 액체 상태로 녹이기

  대란 2개

  (바닐라 ½작은술)

액체 재료를 밀가루 혼합물에 넣고 적당히 어우러질 때까지만 젓는다. 반죽이 너무 뻑뻑해 보이면 남은 우유 ¼컵(60g)을 추가하고 섞는다. 커다란 논스틱 프라이팬을 중불에 올려 달구거나 번철을 중고온(약 160℃)에 맞춰 예열한다. 프라이팬이 뜨겁게 달아오르면 다음에 담갔다 꺼낸 키친타월을 프라이팬 표면에 가볍게 문지른다.

  식물성 기름

국자로 반죽을 떠서 프라이팬 또는 번철의 표면으로부터 5~7cm 정도 올라온 높이에서 붓는다. 지름 10cm의 팬케이크 1장에 반죽 ¼컵 정도면 적당하다. 팬케이크 표면에 기포가 생겼다가 터지면서 바닥이 노릇노릇하게 익을 때까지 반죽을 건드리지 않고 2~3분간 굽는다. 뒤집어서 반대쪽도 갈색으로 익도록 1~2분간 더 굽는다. 다 익은 팬케이크는 플래터나 테두리 있는 오븐 팬에 옮겨 담고 오븐에 넣어 따뜻하게 보관한다. 구운 즉시 다음을 곁들여 낸다.

  말랑하게 녹인 버터

  메이플 시럽

버터밀크 팬케이크

지름 7.5cm짜리 약 16개

팬케이크 또는 번철 케이크의 재료를 다음과 같이 준비해서 만든다. 밀가루 혼합물에 **베이킹소다** ½작은술을 추가한다. 베이킹파우더의 양을 1작은술로 줄인다. 우유 대신 **버터밀크**를 사용한다.

메밀 팬케이크

팬케이크 또는 번철 케이크를 만들되, 메밀가루 ¾컵과 중력분 ¾컵을 사용한다.

팬케이크의 추가 재료

팬케이크 반죽을 만들 때 액체 재료와 마른 재료를 섞은 후 다음 중 선호하는 재료를 넣어서 살살 젓는다.

  잘게 썬 숙성 체더 치즈 1컵(115g)

  생 또는 해동하지 않은 냉동 블루베리 또는 라즈베리 ¾컵

  잘게 깍둑썰기하거나 으깬 완숙 바나나 ¾컵

  무가당 호박 퓌레 ¾컵

  건포도 또는 잘게 깍둑썰기한 말린 과일 ½컵

  구워서 잘게 썬 호두나 피칸 ½컵

  구워서 잘게 부순 베이컨 ½컵

  잘게 썬 가당 코코넛 ½컵

  초콜릿 칩 또는 굵게 썬 초콜릿 ½컵

이스트 발효 팬케이크

지름 10cm짜리 약 20개

발효 풍미가 느껴지는 촉촉한 팬케이크로, 꼭 필요하지는 않지만 반죽을 하룻밤 숙성해서 구우면 맛이 비교할 수 없이 더 좋아진다. 이 반죽으로 와플을 만들어도 아주 맛있다.

커다란 그릇에 다음을 넣고 잘 젓는다.

  따뜻한(41~46℃) 물 ½컵(120g)

  활성 건조 이스트 1봉지(2¼작은술)

이스트가 녹을 때까지 5분간 둔다.

작은 편수 냄비에 다음을 넣고 섞는다.

  우유 1½컵(355g)

  버터 3큰술(45g)

버터가 녹을 때까지 가열한다. 41~46℃가 될 때까지 식힌 후 이스트 혼합물에 넣고 잘 젓는다. 다음을 넣고 매끄러운 반죽 형태가 되도록 잘 젓는다.

  중력분 2컵(250g)

  설탕 3큰술(35g)

그릇에 비닐랩을 단단히 씌우고 따뜻한 곳에서 반죽의 부피가 최소 50% 이상 불어나고 기포가 생길 때까지 1시간 정도 발효한다.

  반죽을 저어서 공기를 뺀 후 뚜껑을 덮어서 최소 3시간, 최대 48시간 동안 냉장고에서 발효한다.

  팬케이크를 구울 준비가 되면 반죽을 꺼내 20분간 실온에 둔다. 반죽을 저어서 공기를 빼고 다음을 넣어 잘 젓는다.

  대란 2개

  소금 ½작은술

팬케이크 또는 번철 케이크의 레시피에 따라 굽고 따뜻하게 보관했다가 낸다.

네 가지 곡물로 만든 두툼한 팬케이크

지름 10cm짜리 약 18개

커다란 그릇에 다음을 넣고 잘 젓는다.

  통밀가루 1컵(130g)

  중력분 ¾컵(95g)

  고운 옥수숫가루 ⅓컵(55g)

  전통식 또는 간편 조리 납작귀리 ¼컵(25g)

  베이킹파우더 2작은술

  소금 ¾작은술

베이킹소다 ½작은술

(계핏가루 ½작은술)

중간 크기의 다른 그릇에 다음을 넣고 섞는다.

우유 1½컵(355g)

버터 4큰술(55g), 액체 상태로 녹이기

꿀 ¼컵(80g)

대란 3개

액체 재료를 밀가루 혼합물에 넣고 몇 번 섞는다. **팬케이크 또는 번철 케이크** 레시피에 따라 굽고 따뜻하게 보관했다가 낸다.

옥수숫가루 팬케이크

지름 10cm짜리 약 16개

먹음직스러운 황금색의 이 팬케이크는 푸짐하고 든든하며 옥수수 머핀과 식감이 비슷하다. 모양은 다소 들쭉날쭉하다. 취향에 따라 설탕을 생략하고 짭짤한 팬케이크로 만들어도 좋다.

커다란 그릇에 다음을 넣고 잘 젓는다.

고운 옥수숫가루 1컵(160g)

꿀, 메이플 시럽 또는 설탕 1~2큰술, 취향에 따라 조절

소금 ¾작은술

다음을 조금씩 부으면서 젓는다.

끓는 물 1컵(235g)

뚜껑을 덮고 10분간 숙성시킨다. 다음을 넣고 잘 젓는다.

우유 ½컵(120g)

버터 2큰술(30g), 액체 상태로 녹이기

베이킹파우더 2큰술

다음을 넣고 잘 섞는다.

대란 1개

다음을 넣고 재빨리 몇 번 휘젓는다.

중력분 ½컵(65g)

취향에 따라 반죽에 다음을 넣고 뒤적이듯 섞는다.

(생옥수수나 해동한 냉동 옥수수 또는 물기를 뺀 통조림 옥수수 알갱이 ¾컵)

팬케이크 또는 번철 케이크 레시피에 따라 굽고 따뜻하게 보관했다가 낸다.

조니케이크(Johnnycakes)

지름 7.5cm짜리 약 12개

옥수수로 만든 팬케이크로 겉은 바삭하고 속은 촉촉하다. 조니케이크는 메이플 시럽이나 버터 및 잼을 곁들여 아침 식사로 먹을 수 있다. 또한 소고기 찜이나 치킨 프리카세에 곁들여 먹어도 맛있다.

오븐을 93℃로 예열한다. 커다란 그릇에 다음을 넣고 섞는다.

맷돌에 간 고운 옥수숫가루 1½컵(240g) 또는 중간 굵기로 간 옥수숫가루

1½컵(225g)

소금 1작은술

설탕 1작은술

다음을 조금씩 부으면서 덩어리가 생기지 않도록 계속 젓는다.

끓는 물 2¼컵(530g)

한쪽에 두고 10분간 숙성시킨다. 커다란 프라이팬을 중불에 올리거나 번철을

중고온(약 160℃)에 맞춰 예열한다. 프라이팬이나 번철에 다음을 넣어 녹인다.

버터 1큰술

버터가 갈색으로 변하기 시작하면 반죽을 팬케이크 1개당 ¼컵씩 떠 넣는다. 주걱의 뒷면으로 반죽을 살짝 누르면서 평평하게 하고 밑바닥이 진한 색으로 노릇하게 익을 때까지 조리한다. 다음을 아주 얇게 썬다.

버터 1½큰술

얇게 썬 버터를 한 조각씩 팬케이크마다 위에 올리고 주걱으로 뒤집은 후 다른 쪽도 진한 색으로 노릇하게 익을 때까지 조리한다. 오븐에 넣어 따뜻하게 보관하고, 버터를 적당히 추가해가면서 남은 반죽도 같은 방식으로 굽는다.

메밀 블리니

지름 6.3cm짜리 약 24개 또는 지름 20~23cm짜리 얇은 블리니 8개

이스트로 발효한 이 메밀 팬케이크는 버터와 잼을 곁들여 먹어도 맛있고 버섯 볶음 또는 훈제 생선, 사워크림 등 짭짤한 음식을 곁들여도 좋다. 블리니를 가장 맛있게 구우려면 무쇠 팬으로 조리하는 것이 좋다. 카나페의 바탕 재료로 쓰거나 캐비아와 함께 먹기 좋은 **미니 블리니**를 만들 때는 미니 블리니 1개당 반죽을 1작은술 듬뿍 떠서 조리한다.

작은 편수 냄비에 다음을 넣고 섞는다.

우유 ¾컵(175g)

버터 3큰술(45g)

버터가 녹을 때까지 가열한다. 41~46℃가 될 때까지 식힌다.

다음을 넣고 젓는다.

활성 건조 이스트 1작은술

5분간 가만히 두었다가 이스트가 완전히 녹을 때까지 젓는다.

커다란 그릇에 다음을 넣고 잘 섞일 때까지 젓는다.

중력분 ½컵(65g)

메밀가루 ½컵(60g)

설탕 1큰술(10g)

소금 ½작은술

우유 혼합물을 밀가루 혼합물에 넣고 잘 섞이도록 젓는다. 그릇에 비닐랩을 단단히 씌우고 따뜻한 곳에서 반죽의 부피가 2배로 부풀 때까지 1시간 정도 발효한다.

이 상태에서 즉시 블리니를 만들거나 반죽을 저어서 공기를 빼고 뚜껑을 덮어서 최대 8시간 동안 냉장고에 넣어둔다. 냉장고에 넣어둔 반죽을 사용한다면 20분간 실온에 두었다가 굽는다.

반죽을 저어서 공기를 빼고 다음을 넣어 잘 젓는다.

대란 2개

반죽을 5분간 가만히 둔다. **팬케이크 또는 번철 케이크** 레시피에 따라 굽고, 블리니 1개당 반죽을 1큰술 듬뿍 떠서 팬에 올린다. 반죽이 봉긋하게 부풀어 오르면 살살 저어서 공기를 뺀 후 다시 떠서 올리고 굽는다. 크레이프처럼 큼직한 블리니를 만들 때는 반죽에 다음을 추가하고 잘 젓는다.

우유 ¼컵(60g)

큼직한 팬케이크 1개당 반죽 ⅓컵을 사용하고, 프라이팬을 기울여가면서 지름 20~23cm 크기로 넓게 편다. 중간에 한 번 뒤집어주고 양쪽 면이 모두 갈색이 되도록 굽는다.

귀리 팬케이크

지름 9cm짜리 약 20개

커다란 그릇에 다음을 넣고 잘 젓는다.

　　중력분 ½컵(65g)

　　베이킹파우더 1작은술

　　소금 ½작은술

중간 크기의 다른 그릇에 다음을 넣고 탁탁 쳐서 푼다.

　　대란 2개

달걀에 다음을 넣고 섞는다.

　　삶은 귀리 1½컵(전통식 납작귀리 ¾컵을 조리한 것)

　　우유 또는 버터밀크 ½컵(120g)

　　액체 상태로 녹인 버터 또는 베이컨 기름 2큰술

귀리 혼합물을 밀가루 혼합물에 넣고 재빨리 몇 번 젓는다. 반죽에 덩어리가 보일 수도 있다. **팬케이크 또는 번철 케이크** 레시피에 따라 굽고 따뜻하게 보관했다가 낸다. 반죽을 프라이팬에 올릴 때마다 귀리가 골고루 섞이도록 국자로 가볍게 저어준다.

레몬 사워크림 팬케이크

지름 10cm짜리 약 12개

꿀, 가당 사워크림, 크렘 프레슈, 블루베리 콩포트를 곁들이면 아주 맛있다.

커다란 그릇에 다음을 넣고 잘 젓는다.

　　중력분 1컵(125g)

　　설탕 ¼컵(50g)

　　베이킹파우더 1½작은술

　　베이킹소다 ½작은술

　　소금 ¼작은술

중간 크기의 다른 그릇에 다음을 넣고 섞는다.

　　사워크림 ¾컵(180g)

　　우유 ⅓컵(80g)

　　레몬 2개의 껍질, 강판에 곱게 갈기

　　레몬즙 ¼컵(60g)

　　버터 3큰술(45g), 액체 상태로 녹이기

　　대란 1개

　　바닐라 1½작은술

액체 재료를 밀가루 혼합물에 넣고 재빨리 몇 번 젓는다. 반죽은 걸쭉하고 여기저기 기포가 보일 것이다. **팬케이크 또는 번철 케이크** 레시피에 따라 굽고 따뜻하게 보관했다가 낸다.

코티지 치즈 팬케이크

지름 10cm짜리 약 22개

이 팬케이크는 코티지 치즈를 사용하기 때문에 속살이 부드럽다. 번철에 구운 직후에 먹어야 가장 근사한 식감을 즐길 수 있다. 여기에 체리 잼이나 과일 콩포트를 곁들이면 아주 맛있다.

커다란 그릇에 다음을 넣고 잘 젓는다.

　　중력분 1⅓컵(165g)

　　설탕 ¼컵(50g)

　　베이킹파우더 2작은술

　　베이킹소다 ½작은술

　　소금 ¼작은술

중간 크기의 다른 그릇에 다음을 넣고 잘 젓는다.

　　우유 1컵(235g)

　　코티지 치즈 1컵(235g)

　　버터 3큰술(45g), 액체 상태로 녹이기

　　대란 노른자 2개

　　바닐라 1작은술

액체 재료를 마른 재료에 넣고 적당히 어우러질 만큼만 살살 젓는다. 단단한 피크가 생기지만 마른 거품은 아닌 상태가 되도록 다음을 잘 쳐서 거품을 낸다.

　　대란 흰자 2개

반죽에 넣고 뒤적이듯 섞는다. **팬케이크 또는 번철 케이크** 레시피에 따라 굽고 따뜻하게 보관했다가 낸다.

와플에 대해

와플을 먹는 즐거움은 와플을 만들기 위해 전용 기구를 장만해야 한다는 번거로움을 상쇄해줄 만큼 크다. 반듯한 정사각형의 홈이 나란히 나 있는 와플의 기하학적인 모양은 보기에도 아름답다. 와플은 단지 시각적으로만 근사한 것이 아니다. 표면적이 넓어서 가장 바삭한 식감을 즐길 수 있으며, 움푹움푹 들어간 구조 때문에 녹인 버터와 시럽을 가득 머금을 수 있다.

대다수 와플 반죽은 팬케이크 반죽과 비슷하다. 하지만 한 가지 차이점이 있다. 와플 반죽은 바삭하고 가벼운 식감을 내는 동시에 와플 팬에 달라붙지 않도록 항상 버터나 기름 재료를 넉넉히 넣어 만든다.(▶ 팬케이크 반죽으로 만들 수도 있지만, 녹인 버터나 기름 2큰술을 추가해야 한다.) 반죽이 기름질수록 더 바삭한 와플이 완성된다. 상황에 따라 버터 4큰술을 식물성 기름 3큰술로 대체할 수 있으나 버터만큼 진한 풍미를 내기는 어렵다. ▶ 깃털처럼 가벼운 와플을 선호한다면 따로 달걀흰자 거품을 내서 반죽에 넣고 뒤적이며 섞는다. ▶ 와플의 부드러운 식감을 유지하려면 반죽을 너무 오래 치거나 섞지 않아야 한다.

와플 팬의 크기에 따라 같은 분량의 레시피로 만들 수 있는 와플의 개수가 달라진다. 같은 분량의 반죽이라도 속이 아주 깊은 벨기에식 와플 팬을 사용하는 와플의 개수는 일반적인 와플 팬으로 구워내는 와플의 절반에 불과하다. 이 책에서 소개하는 레시피의 와플 개수는 10×11.5×1.2cm 크기의 격자 형태로 나뉜 일반 와플 팬을 기준으로 한다.

먹고 남은 와플은 식힌 후 비닐랩으로 감싸서 냉장고에 넣으면 3일간, 냉동실에 넣으면 몇 달 정도 보관할 수 있다. 다시 데우려면 해동하지 않은 와플을 오븐 팬 위에 올린 받침대에 놓고 175℃에서 10분 정도 굽거나, 토스터를 가장 낮은 온도로 맞춰서 5분간 굽는다.

▲ 고도가 높은 곳에서는 레시피에서 권장하는 베이킹파우더 및/또는 베이킹소다의 분량보다 ¼ 정도 줄여서 사용한다.

와플

약 6개

짭짤한 음식과 함께 먹을 때는 설탕을 생략한다. 반죽을 섞을 때 버터를 4큰술 넣으면 기름기가 적어 담백한 와플이 되고, 8큰술(버터 스틱 1개)을 넣으면 가볍고 폭신폭신한 정통 와플이 되며, 버터 스틱 2개(225g)를 넣으면 가장 바삭바삭하고 입에서 살살 녹는 와플이 완성된다.

와플 팬을 예열한다. 커다란 그릇에 다음을 넣고 잘 젓는다.

중력분 1¾컵(220g)

설탕 2큰술(25g)

베이킹파우더 1큰술

소금 ½작은술

중간 크기의 다른 그릇에 다음을 넣고 완전히 섞는다.

대란 3개

무염 버터 4~16큰술(55~225g), 액체 상태로 녹이기

우유 1½컵(355g)

밀가루 혼합물에 움푹 들어간 공간을 만들고 액체 재료를 붓는다. 재빨리 몇 번 휘저어 액체 재료와 밀가루 혼합물을 섞는다. 취향에 따라 다음 중 하나를 넣고 얌전히 섞는다.

(팬케이크의 추가 재료)

오븐을 93℃로 예열한다. 와플 팬 표면의 ⅔ 정도 덮이도록 국자로 반죽을 떠서 와플 팬의 가운데에 붓는다. 뚜껑을 덮고 4분간 기다린다. 와플이 다 구워지면 와플 팬의 이음매 부분에서 김이 더 이상 나오지 않는다. 와플 팬 뚜껑을 들어올릴 때 잘 떨어지지 않으면 와플이 아직 다 안 익었을 가능성이 크다. 조금 더 기다렸다가 다시 뚜껑을 열어본다. 와플이 다 익으면 테두리 있는 오븐 팬에 옮겨 담고 오븐에 넣어 따뜻하게 보관한다. 바삭한 식감을 보존하려면 오븐 팬에 받침대를 놓고 그 위에 올려두거나 와플을 오븐 받침대에 바로 올려놓는다. 다음과 함께 낸다.

메이플 시럽, 꿀, 굵게 썬 생과일 또는 달콤한 소스

버터밀크 와플

와플 재료를 다음과 같이 변경하여 만든다. 밀가루 혼합물에 **베이킹소다 ¼작은술**을 추가한다. 베이킹파우더를 2작은술로 줄인다. 우유 대신 **버터밀크**를 사용한다.

옥수숫가루 와플

약 6개

시럽 및 소시지를 곁들이면 아주 맛이 좋으며, 웨지 모양으로 잘라서 프라이드 치킨을 얹어 즐겨도 좋다.

와플 팬을 예열한다. 커다란 그릇에 다음을 넣고 잘 젓는다.

중력분 1컵(125g)

고운 옥수숫가루 1컵(160g)

베이킹파우더 2작은술

소금 ¾작은술

베이킹소다 ½작은술

중간 크기의 다른 그릇에 다음을 넣고 잘 젓는다.

버터밀크 2컵(485g)

무염 버터 5큰술(70g), 액체 상태로 녹이기

메이플 시럽 ¼컵(80g)

대란 노른자 2개(흰자는 따로 보관)

마른 재료에 움푹 들어간 공간을 만들고 액체 재료를 붓는다. 재빨리 몇 번 휘저어 액체 재료와 밀가루 혼합물을 섞는다. 단단한 피크가 생기지만 마른 거

품은 아닌 상태가 되도록 다음을 잘 쳐서 거품을 낸다.

대란 흰자 2개

반죽에 넣고 뒤적이며 섞는다. 와플 레시피에 따라 굽고 따뜻하게 보관했다가 낸다.

베이컨 옥수숫가루 와플

옥수숫가루 와플 재료를 준비한다. **얇은 베이컨 슬라이스 3조각**을 바삭해질 때까지 굽는다. 베이컨을 부숴 반죽에 넣고 레시피에 따라 조리한다.

초콜릿 와플

약 8개

바닐라 아이스크림을 곁들이면 무척 잘 어울린다. 이 와플은 부서지기 쉬우므로 와플 팬에서 꺼낼 때 조심스럽게 다루자.

와플 팬을 예열한다. 커다란 그릇에 다음을 넣고 잘 젓는다.

중력분 1½컵(190g)

설탕 1컵(200g)

무가당 코코아 가루 ½컵(40g), 덩어리가 있다면 체에 쳐서 준비

베이킹파우더 2작은술

소금 ½작은술

중간 크기 그릇에 다음을 넣고 거품이 날 때까지 잘 젓는다.

대란 2개

다음을 넣고 젓는다.

우유 1컵(235g)

무염 버터 스틱 1½개(170g), 액체 상태로 녹이기

바닐라 1작은술

액체 재료를 밀가루 혼합물에 넣고 재빨리 몇 번 휘저어 섞는다. 취향에 따라 다음을 넣고 뒤적이면서 섞는다.

(미니 초콜릿 칩 ½컵)

와플 레시피에 따라 굽고 따뜻하게 보관했다가 낸다. 이 반죽은 그대로 두면 빽빽해지는 경향이 있다. 필요하면 우유를 1큰술 정도 넣어 농도를 조절한다.

황금색 고구마 와플

6인분

보기에도 예쁜 이 와플을 따뜻한 사과 소스와 함께 먹으면 더욱 맛있다.

와플 팬을 예열한다. 커다란 그릇에 다음을 넣고 잘 젓는다.

중력분 1컵(125g)

설탕 2큰술(25g)

베이킹파우더 2작은술

계핏가루 1작은술

소금 ½작은술

(카르다몸 가루 ½작은술)

중간 크기 그릇에 다음을 넣고 섞는다.

우유 1컵(235g)

대란 3개

으깬 고구마 또는 고구마 퓌레 통조림 ½컵

버터 2큰술(30g), 액체 상태로 녹이기

    바닐라 1작은술

젖은 재료를 밀가루 혼합물에 넣고 적당히 어우러질 때까지 뒤적이며 섞는다. **와플** 레시피에 따라 굽고 따뜻하게 보관했다가 낸다.

벨기에식 이스트 발효 와플

약 12개

이 와플은 휩드 크림과 얇게 저민 딸기를 곁들여서 낸다.

와플 팬을 예열한다. 커다란 그릇에 다음을 넣고 잘 젓는다.

    따뜻한(41~46℃) 우유 3컵(705g)

    활성 건조 이스트 1봉지(2¼작은술)

이스트가 녹을 때까지 5분 정도 그대로 두었다가 잘 어우러지도록 젓는다. 다음을 넣고 섞는다.

    무염 버터 스틱 1½개(170g), 액체 상태로 녹인 후 미지근하게 식히기

    설탕 ½컵(100g)

    대란 노른자 3개(흰자는 따로 보관)

    바닐라 2작은술

    소금 1½작은술

다음을 세 번에 나눠서 넣되, 넣을 때마다 반죽이 매끄러워지도록 숟가락으로 탁탁 쳐서 섞은 후 나머지를 넣는다.

    중력분 4컵(500g)

비닐랩을 단단히 씌워서 부피가 2배로 부풀 때까지 실온에서 1시간~1시간 반 정도 발효한다. 반죽을 저어서 공기를 뺀다. 부드러운 피크가 생길 때까지 다음을 탁탁 친다.

    대란 흰자 3개

반죽에 넣고 뒤적이며 섞는다. **와플** 레시피에 따라 굽고 따뜻하게 보관한다. 다음을 훌훌 뿌린다.

    슈거 파우더

리에주식 와플

약 10개

이 와플은 벨기에의 흔한 길거리 음식 중 하나로, 와플 팬에 갓 구워서 내면 우박 설탕(*pearl sugar*)이 캐러멜화되어 반짝반짝 윤이 난다. 우박 설탕은 쉽게 찾아보기 힘들지만 유럽 수입 식품을 파는 식료품점에서 가끔 구할 수 있다. 정 구하기 힘들면 각설탕을 우박 설탕 크기로 작게 부숴서 사용한다.

다음 반죽을 준비해 냉장고에서 발효하는 단계까지 진행한다.

    브리오슈

다음을 넣고 뒤적이며 섞거나 치댄다.

    우박 설탕 ½컵

반죽을 10조각으로 분할한다.

    와플 팬을 예열한다. 오븐을 93℃로 예열한다. 와플 팬의 크기에 따라 한 번에 와플을 여러 장 구울 수도 있고 2장씩만 구울 수도 있다. 작게 자른 반죽을 둥글게 뭉쳐서 와플 팬에 올리고 진한 갈색으로 캐러멜화될 때까지 굽는다. 오븐 팬에 옮겨 담아 나머지 와플을 굽는 동안 오븐에 넣어둔다. 따뜻하게 그대로 내거나(달콤하고 기름기가 많아서 따로 토핑을 얹지 않아도 상관없다.) 다음 중 선호하는 재료를 얹어서 낸다.

    (휩드 크림)

    (슈거 파우더)

    (누텔라 및 얇게 썬 바나나)

프렌치토스트에 대해

프렌치토스트를 일컫는 프랑스어는 '잃어버린 빵'이라는 뜻의 팽 페르뒤(*pain perdu*)다. 그 이름이 뜻하는 대로 프렌치토스트를 만들 때는 '잃어버린' 듯이 오래되고 묵은 빵이 가장 좋지만 신선한 빵을 사용해도 무방하다. 어떤 빵이든 프렌치토스트에 사용할 수 있는데 부드러운 흰색 샌드위치 빵, 브리오슈, 찰라가 가장 좋다. 프라이팬이나 번철에 굽는 경우가 많으며, 와플 팬에 프렌치토스트를 구우면 요철이 생겨서 시럽과 소스를 더욱 잘 머금게 된다. 빵 조각을 달걀 푼 물에 담갔다가 예열해둔 와플 팬에 올려놓고 황금색이 될 때까지 굽는다. 마지막으로 프렌치토스트를 베이킹 접시에 나란히 늘어놓고 구울 수도 있는데, 이렇게 조리한 것을 브레드 푸딩이라고 부른다. 어떤 이름을 붙이든 프렌치토스트를 오븐에 구우면 쉽고 재료를 미리 조합할 수 있으며, 커스터드처럼 부드럽게 녹는 식감을 즐길 수 있다.

프렌치토스트

4인분

얕은 그릇에 다음을 넣고 잘 섞는다.

    우유 또는 하프앤드하프 ⅔컵(155g)

    대란 4개

    설탕 2큰술(25g) 또는 메이플 시럽 2큰술(40g)

    바닐라 1작은술 또는 럼 1큰술

    소금 ¼작은술

다음을 한 번에 한 조각씩 달걀 혼합물에 담가서 양쪽 면을 다 적신다.

    흰 샌드위치 빵 8조각

예열한 논스틱 프라이팬이나 번철에 다음을 넣어 녹인다.

    버터 1큰술

버터가 녹으면 빵을 몇 장씩 나눠서 넣고 중간에 한 번 뒤집어가면서 양쪽 면이 모두 갈색으로 익을 때까지 굽는다. 필요하면 버터를 보충하고 남은 빵도 마찬가지로 굽는다. 뜨겁게 낸다. 취향에 따라 다음을 훌훌 뿌린다.

    (슈거 파우더)

짭짤한 프렌치토스트

다음 반죽을 준비한다.

    프렌치토스트, 감미료와 바닐라 또는 럼을 생략

반죽에 다음을 넣고 젓는다.

    강판에 곱게 간 파르메산 치즈 ½컵(55g)

    다진 오레가노, 로즈메리 또는 타임 2작은술

    (굵게 빻은 고춧가루 ½작은술)

    흑후추 ¼작은술

레시피대로 조리한다. 취향에 따라 다음을 토핑으로 얹는다.

    (달걀 프라이)

    (얇게 저민 아보카도)

속을 채워서 구운 프렌치토스트

8인분

오븐을 200℃로 예열한다. 커다란 오븐 팬에 버터를 살짝 바른다.

커다란 그릇에 다음을 넣고 매끄러워질 때까지 탁탁 치면서 잘 섞는다.

크림치즈(225g), 말랑하게 녹이기

갈색 설탕, 꾹 눌러 담아 ¼컵(60g)

꿀 ¼컵(85g) 또는 메이플 시럽 ¼컵(80g)

바닐라 1작은술

(오렌지 1개의 껍질, 강판에 곱게 갈기)

계핏가루 ½작은술

소금 ¼작은술

다음의 겉껍질을 전부 떼어낸다.

자르지 않은 흰 샌드위치 빵 또는 브리오슈 450g짜리 1덩어리

덩어리 빵을 두껍게 8조각으로 자른다. 각 조각마다 한쪽 면에 조심스럽게 칼집을 내고 손가락으로 벌려서 재료를 넣을 공간을 만든다. 빵마다 이 공간에 일정한 양의 속재료를 숟가락으로 떠 넣거나 붓는다. 얕은 그릇에 다음을 넣고 잘 섞는다.

우유 1컵(235g)

대란 3개

중력분 ¼컵(30g)

설탕 3큰술(35g)

베이킹파우더 2작은술

바닐라 2작은술

소금 ¼작은술

속재료를 채운 빵을 한 번에 한 조각씩 달걀 혼합물에 담가서 빵이 흩어지지 않을 만큼만 달걀을 충분히 적신 다음 접시에 담아둔다. 커다란 프라이팬을 중불에 올리고 다음을 넣어 녹인다.

버터 2큰술

속재료를 채운 빵을 몇 장씩 나눠 팬에 올리고 필요하면 버터를 보충해가면서 양쪽 면이 모두 갈색으로 익을 때까지 지진다. 기름을 바른 오븐 팬에 옮긴다. 빵 8조각을 전부 프라이팬에 지져서 오븐 팬에 담은 후 오븐에 넣고 전체적으로 노릇노릇해지면서 구수한 냄새가 날 때까지 6분 정도 굽는다. 즉시 낸다.

오븐에 구운 프렌치토스트

4인분

커다란 그릇에 다음을 넣고 잘 섞는다.

헤비크림 1컵(230g) 또는 우유 1컵(235g)

대란 6개

메이플 시럽 ¼컵(80g)

갈색 설탕 2큰술(30g)

바닐라 1작은술

소금 ¼작은술

다음의 겉껍질을 전부 떼어낸다.

흰 샌드위치 빵 또는 찰라, 슬라이스 형태로 잘라서 8조각

한 번에 한 조각씩 빵을 달걀 혼합물에 담가서 뒤집으면서 골고루 묻힌 다음 20cm 크기의 베이킹 접시에 가지런히 두 겹으로 깐다. 아주 살짝 빵을 누른다.

비닐랩을 씌워서 하룻밤 냉장고에 넣어둔다.

오븐을 200℃로 예열한다. 테두리 있는 오븐 팬에 기름을 살짝 바른다.(논스틱 권장) 넓적한 주걱을 사용하거나 손으로 빵을 한 조각씩 집어서 여분의 달걀물을 털어낸 후 오븐 팬에 올린다. 황금색으로 익으면서 봉긋하게 부풀어 오를 때까지 중간에 한 번 뒤집어주면서 12~15분간 굽는다. 다음을 곁들여 즉시 낸다.

메이플 시럽

(얇게 저민 생과일)

보스톡(Bostock)

8인분

보스톡은 오렌지 풍미의 시럽과 살구 잼을 바르고 프랑지판(frangipane, 아몬드와 버터로 만든 필링 — 옮긴이)을 듬뿍 얹은 브리오슈다. 굽는 과정에서 프랑지판은 황금색으로 바삭하게 익는다. 브리오슈가 너무 담백하다고 생각하는 사람들을 만족시킬 수 있는 빵이다.

오븐을 190℃로 예열한다.

다음을 준비한다.

1.2~2cm의 두꺼운 슬라이스 형태로 썬 브리오슈 8조각(덩어리 빵 1개)

프랑지판, 실온 상태로 준비

간단 시럽 레시피의 ½ 분량

아몬드 슬라이스 ¾컵

살구 잼 ½컵

간단 시럽에 다음을 넣고 젓는다.

쿠앵트로 또는 그랑 마니에르 등의 오렌지 리큐어 1큰술

등화수 1작은술

브리오슈 8조각을 오븐 팬에 올린다. 솔로 간단 시럽을 바른다.(시럽을 전부 사용할 필요는 없다.) 조각마다 살구 잼을 1큰술씩 잘 펴서 바르고 프랑지판을 3큰술씩 바른다.

아몬드 슬라이스를 홀홀 뿌린다. 노릇노릇해질 때까지 25분 정도 굽는다. 다음을 홀홀 뿌려서 낸다.

슈거 파우더

크레이프에 대해

크레이프(crêpes)는 아주 얇고 섬세한 팬케이크다. 미국에서는 크레이프를 달콤한 디저트로 여기지만 프랑스에서는 짭짤한 크레이프가 사랑받으며 갈레트(galettes)라고도 부른다. 이렇게 짭짤한 크레이프는 메밀가루로 만들기도 하고 햄과 치즈, 버섯 또는 오버 이지로 조리한 달걀을 속재료로 사용하기도 한다. 팬케이크와는 달리 크레이프 반죽은 덩어리 없이 아주 매끄러워야 하므로 믹서를 사용하는 것이 가장 편리하지만, 그릇에 재료를 넣고 잘 저어서 만들 수도 있다. 크레이프 반죽은 이틀 전에 미리 만들어서 뚜껑 있는 용기에 담아 냉장고에 넣어둘 수 있다. 냉장고에 보관했던 반죽은 살살 저어서 실온에 30분간 두었다가 사용한다.

크레이프를 만들 때는 잘 길들인 크레이프 팬이나 작은 크기 또는 중간 크기의 일반 논스틱 프라이팬을 사용한다. 크레이프를 뒤집을 때는 주걱을 사용할 수 있지만, 우리는 연습을 통해 손목 움직임으로 크레이프를 뒤집을 수 있는 자신감을 키우도록 권장한다.

크레이프를 보관하려면 접시에 차곡차곡 쌓아서 비닐랩으로 단단하게 씌

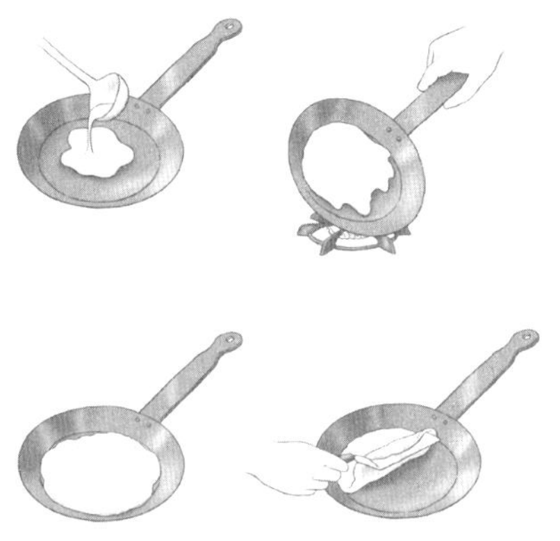

크레이프 만들기

운 후 최대 24시간까지 냉장고에 넣어둘 수 있다. 또는 차곡차곡 쌓은 크레이프를 포일로 감싸고 비닐 지퍼백에 담아 밀봉한 후 냉동실에서 최대 한 달 정도 보관할 수 있다. 냉동했던 크레이프를 녹이려면 한 장씩 벗겨내도 찢어지지 않을 만큼 말랑해질 때까지 냉장고에 12시간 정도 넣어두거나 실온에서 해동한다.

짭짤한 크레이프 또는 달콤한 크레이프

약 12장

짭짤한 크레이프에 속재료를 넣어 돌돌 말면 우아한 브런치, 점심, 간단한 저녁 식사로 훌륭하다. 속을 채워서 구운 짭짤한 크레이프 레시피를 참고한다. 달콤한 크레이프는 디저트로 먹어도 좋고, 간단하게 설탕과 레몬즙을 뿌리거나 따뜻한 프리저브를 발라서 아침으로 먹을 수도 있다.

I. 짭짤한 크레이프

커다란 그릇 또는 믹서에 다음을 넣고 매끄러워질 때까지 젓거나 섞는다.

　　중력분 1컵(125g)

　　우유 1컵(235g)

　　미지근한 물 ½컵(120g)

　　대란 4개

　　버터 4큰술(55g), 액체 상태로 녹이기

　　소금 ½작은술

중간 크기의 논스틱 프라이팬을 중불에 올린다. 다음을 준비한다.

　　버터 2큰술

버터 ½작은술을 프라이팬에 넣고 휘휘 돌려서 버터를 골고루 묻힌다. 프라이팬 바닥에 아주 얇게 깔릴 정도로 반죽을(약 ¼컵) 붓는다. 프라이팬을 이리저리 기울여 반죽이 바닥에 골고루 깔리면 크레이프에서 기포가 일어나고 바닥이 연한 갈색으로 익을 때까지 1분~1분 30초간 굽는다. 얇고 기다란 주걱을 사용하거나 손목을 빠르게 튕겨서 크레이프를 뒤집는다. 반대쪽도 갈색으로 익을 때까지 굽는다.(골고루 갈색으로 익지는 않지만 보기 좋게 작은 반점 형태가 생긴다.) 다 익은 크레이프를 접시에 옮겨 담고 한 장씩 구울 때마다 버터를 보충해가면서 남은 반죽도 같은 방식으로 조리한다.

II. 달콤한 크레이프

위의 반죽을 준비하되, **설탕 3큰술**(35g)을 추가하고 소금의 양을 ⅛작은술로 줄인다.

메밀 크레이프

지름 23cm짜리 약 10장

프랑스 브르타뉴 지역의 특선 요리인 메밀 크레이프는 일반적인 크레이프보다 큼직하고 약간 더 두꺼우며 진한 메밀 풍미를 느낄 수 있다. 메밀 크레이프에는 보통 짭짤한 속재료를 넣어서 먹는다.

믹서에 다음을 넣고 섞는다.

　　메밀가루 ½컵(60g)

　　중력분 ½컵(65g)

　　우유 1컵(235g)

　　물 ¾컵(175g)

　　대란 3개

　　식물성 기름 2큰술(25g)

　　소금 ½작은술

잘 섞이도록 믹서를 작동시킨다. 용기 옆면에 묻은 반죽을 긁어내리면서 매끄러워질 때까지 15초 정도 더 돌린다. 크레이프 1장당 반죽 약 ⅓컵을 사용해 **짭짤한 크레이프 또는 달콤한 크레이프** 레시피에 따라 굽고, 따뜻하게 보관했다가 낸다.

속을 채워서 구운 짭짤한 크레이프

약 10~12장

짭짤한 크레이프에는 전통적으로 발효 사과주를 곁들인다.

다음을 만든다.

　　짭짤한 크레이프 또는 메밀 크레이프

오븐을 200℃로 예열한다. 33×23cm 크기의 베이킹 접시에 버터를 살짝 바른다.

다음 중 선호하는 재료를 준비한다.

　　크림소스 버섯 또는 버섯 라구 약 4컵

　　크림소스 시금치 약 4컵

　　슬라이스 햄 20~24장과 스위스 치즈 슬라이스 10~12장 또는 잘게 썬 그뤼에르
　　　또는 에멘탈 치즈 2½~3컵(285~340g)

크레이프를 색이 연한 쪽이 위로 오도록 놓고 속재료 ¼컵(햄과 치즈의 경우 햄 2장에 치즈 슬라이스 1장 또는 잘게 썬 치즈 ¼컵)을 가운데에 얹은 뒤 가장자리 2.5cm만 남기고 골고루 편 후 돌돌 만다. 기름을 바른 베이킹 접시에 이음매가 아래로 가도록 한 겹으로 가지런히 놓는다. 솔로 다음을 바른다.

　　버터 3큰술, 액체 상태로 녹이기

다음을 훌훌 뿌린다.

　　강판에 간 파르메산 치즈 ½컵(55g)

연한 갈색이 될 때까지 20분 정도 굽는다.

속을 채워서 구운 달콤한 크레이프

12장

달콤한 속재료를 넣고 말아서 만드는 크레이프다. 이 레시피에 소개한 방법 외에도 달콤한 크레이프에 속재료를 펴서 바르고 절반으로 접은 후 다시 절반으로 접어서 삼각형 모양으로 만들 수도 있다.

다음을 만든다.

　　달콤한 크레이프 12장

다음 재료를 한 가지 또는 적당히 조합해서 4컵 준비한다.

선호하는 과일, 설탕에 조리거나 굽거나 기름에 지지기

선호하는 풍미의 페이스트리 크림

휘드 크림

사과 소스

잼 또는 프리저브

레몬 커드

초콜릿 가나슈

크레이프를 색이 연한 쪽이 위로 오도록 놓고 크레이프 1장당 속재료 3~4큰술씩 얹어서 가장자리 2.5cm만 남기고 골고루 편 후 돌돌 만다. 이음매가 밑으로 가도록 서빙용 플래터에 가지런히 놓는다. 솔로 다음을 바른다.

버터 3큰술, 액체 상태로 녹이기

다음을 훌훌 뿌린다.

슈거 파우더

크레이프 수제트(Crêpes Suzette)

12장

플랑베 항목을 참고한다.

다음을 만든다.

달콤한 크레이프 12장

커다란 프라이팬을 중불에 올리고 다음을 넣는다.

버터 4큰술(55g)

(오렌지 1개의 껍질, 강판에 곱게 갈기)

오렌지즙 ½컵(120g)

설탕 ⅓컵(65g)

레몬즙 1작은술

설탕이 잘 녹도록 저으면서 부르르 끓어오르도록 가열한다. 약간 끈적해질 때까지 2~3분간 끓인다. 다음을 넣고 섞는다.

그랑 마니에르 2큰술

코냑 또는 기타 브랜디 2큰술

소스가 다시 끓어오르도록 가열하면서 30초간 바글바글 끓인다. 집게를 사용해 크레이프를 프라이팬이나 휴대용 가열 용기에 넣어 소스에 약 15초간 담갔다가 두 번 접어서 갈색으로 진하게 익은 쪽이 겉으로 나오도록 삼각형 모양을 만든다. 나머지 크레이프를 소스에 적셔서 접는 동안 이미 접은 크레이프는 프라이팬 옆면에 기대놓고, 하나씩 접을 때마다 그 옆에 나란히 놓는다. 전부 다 접었다면 크레이프를 프라이팬 바닥에 가지런히 놓고 그 위에 다음을 붓는다.

그랑 마니에르 ½컵

숟가락으로 소스를 끼얹으면서 15초간 끓인다. 뒤로 물러선 다음 기다란 라이터나 성냥을 사용해 조심스럽게 불을 붙인다. 불꽃이 활활 타는 상태로 낸다.

캐러멜화한 사과를 넣은 크레이프

12장

사과 토핑은 일주일 전에 만들어서 냉장고에 넣어둘 수 있으며, 어떤 팬케이크나 와플에 얹어서 먹어도 맛있다. 상황에 따라 크레이프와 사과 토핑을 최대 이틀 전에 만들었다가 먹을 수 있다.

다음을 만든다.

달콤한 크레이프 12장

한쪽에 둔다. 작은 편수 냄비에 다음을 넣고 섞는다.

사과 주스 1컵

연한 옥수수 시럽 3큰술

연한 갈색 설탕 1큰술

레몬즙 1큰술

중불에 올리고 혼합물의 양이 절반으로 줄어들 때까지 10분 정도 뭉근히 졸인다. 다음을 넣고 젓는다.

골든 딜리셔스 사과 중간 크기 3개, 껍질을 벗기고 속을 제거한 후 각각 웨지
    모양으로 12조각씩 썰기

차가운 버터 2큰술

사과가 말랑해지고 시럽이 아주 걸쭉해질 때까지 15분간 계속 뭉근히 끓인다. 오븐을 175℃로 예열한다. 커다란 오븐 팬에 유산지를 깐다.

다음을 준비한다.

버터 3큰술, 액체 상태로 녹이기

크레이프에 버터를 살짝 바르고 필요하면 약간씩 겹쳐서 오븐 팬에 가지런히 놓는다. 속까지 따뜻해지도록 5분간 굽는다. 크레이프에 사과와 소스를 채워 넣는다. 취향에 따라 다음을 위에 얹는다.

(휘드 크림 또는 바닐라 아이스크림)

크레이프 케이크

6인분

10~12명 정도 먹을 수 있는 아주 큼직한 케이크를 만들려면 크레이프 레시피의 분량을 2배로 늘린다. 불을 붙여서 케이크의 알코올을 날려야 한다면 플랑베 항목을 참고한다.

다음을 만든다.

달콤한 크레이프 12장

크레이프 12장에 다음을 아주 얇게 바른다.

젤리 또는 잼, 초콜릿 가나슈 또는 선호하는 풍미의 페이스트리 크림

위의 재료를 바른 크레이프를 내화성 플래터에 차곡차곡 쌓고 아무것도 바르지 않은 크레이프를 맨 위에 얹는다. 위에 다음을 훌훌 뿌린다.

슈거 파우더

최대 8시간 동안 실온에 그대로 둔다.

오븐을 120℃로 예열한다.

알코올을 넣고 불꽃으로 날리면서 조리하려면 작은 편수 냄비에 다음을 붓고 따뜻해질 때까지만 가열한다.

(브랜디 또는 럼 ¼컵)

크레이프 위에 따뜻한 브랜디나 럼을 붓고 뒤로 물러선 다음 기다란 라이터나 성냥으로 조심스럽게 불을 붙인다. 내기 전에 크레이프 케이크를 오븐에 넣어 속까지 따뜻해지도록 15분 정도 데운다. 웨지 모양으로 자른다. 취향에 따라 다음을 곁들인다.

(휘드 크림)

블린츠(Blintzes)

지름 19cm짜리 약 12개

블린츠는 크레이프와 비슷한 아주 얇은 팬케이크인데, 여기에 속재료를 채워서 만드는 요리 자체를 블린츠라고 지칭하기도 한다. 달콤한 치즈 블린츠와 블

루베리 블린츠 레시피를 참고한다.

믹서나 푸드 프로세서에 다음을 넣고 반죽이 매끄러워질 때까지 작동시킨다.

> 중력분 1컵(125g)
>
> 우유 1컵(235g)
>
> 대란 3개
>
> 버터 2큰술(30g), 액체 상태로 녹이기
>
> 설탕 2작은술
>
> 소금 1자밤

중간 크기의 논스틱 프라이팬을 중불에 올린다. 다음을 준비한다.

> 버터 2큰술

버터 ½작은술을 프라이팬에 넣고 휘휘 돌려서 버터를 골고루 묻힌다. 반죽 3큰술을 프라이팬에 떠 넣고 프라이팬을 이리저리 기울여 반죽이 바닥에 골고루 깔리도록 한다. 중간에 뒤집지 않고 반죽이 마르면서 굳고 밑면이 황금색으로 익을 때까지 3분 정도 굽는다. 블린츠를 꺼내서 접시에 옮겨 담고, 하나씩 구울 때마다 버터를 적당히 보충하면서 남은 반죽도 같은 방식으로 굽는다.

달콤한 치즈 블린츠

12개

전통적으로 달콤한 치즈 블린츠에는 설탕에 조린 시큼한 체리를 곁들인다. 또한 여러 가지 싱싱한 베리류를 섞은 것, 따뜻하게 데운 말린 과일 콩포트 또는 사과 소스와 함께 먹어도 아주 맛있다. 치즈 블린츠는 스몰 커드(small curd, 응유의 크기가 작은 것 — 옮긴이) 코티지 치즈나 파머 치즈(farmer cheese, 물을 빼서 단단하게 만든 고형 치즈 — 옮긴이)로 만들 수 있다. 코티지 치즈를 넣는다면 그릇 위에 체를 올려놓고 치즈를 부어서 1시간 정도 물기를 뺀 후 사용한다.

다음을 만든다.

> 블린츠 12장

푸드 프로세서에 다음을 넣고 반죽이 매끄러워질 때까지 작동시킨다.

> 물기를 뺀 스몰 커드 코티지 치즈 또는 파머 치즈 450g
>
> 크림치즈 85g
>
> 대란 2개
>
> 설탕 2큰술
>
> 바닐라 1작은술
>
> 소금 ½작은술
>
> (오렌지 1개의 껍질, 강판에 곱게 갈기)

중간 크기의 그릇에 옮겨 담고 취향에 따라 다음을 넣어 젓는다.

> (건포도 ½컵)

블린츠를 색이 연한 쪽이 위로 오도록 놓고 속재료를 3큰술 얹는다. 속재료 위로 덮이도록 양옆을 접은 후 아래쪽도 접어서 올린다. 접은 아래쪽부터 시작해 직사각형 꾸러미 모양으로 돌돌 만다. 남은 블린츠와 속재료도 같은 방법으로 조리한다.(속을 채운 블린츠는 공기가 통하지 않도록 잘 감싸서 냉동실에 넣으면 한 달 정도 보관할 수 있다. 냉장고에 넣어서 해동한다.) 커다란 프라이팬(논스틱 권장)을 중불에 올리고 다음을 넣어서 거품이 잦아들 때까지 녹인다.

> 버터 3큰술

이음매 부분이 아래로 가도록 블린츠를 프라이팬에 넣고 중간에 한 번 뒤집으면서 양쪽 면이 모두 노릇노릇하게 익도록 조리한다. 즉시 낸다.

블루베리 블린츠

6개

다음을 만든다.

> 블린츠 6장

중간 크기의 편수 냄비에 다음을 넣고 섞는다.

> 생블루베리 또는 해동하지 않은 냉동 블루베리 1컵
>
> 레몬 ½개의 즙과 강판에 곱게 간 껍질
>
> 설탕 2큰술
>
> (계핏가루 1자밤)

중불에 올려 계속 저으면서 부르르 끓어오를 때까지 가열한 후, 잼 농도가 될 때까지 계속 바글바글 끓인다. 다음을 넣는다.

> 생블루베리 또는 해동하지 않은 냉동 블루베리 1컵

저으면서 1분간 더 조리한다. 그릇에 옮겨 담고 실온 상태로 식힌다.

블린츠를 색이 연한 쪽이 위로 오도록 놓고 속재료를 2큰술 듬뿍 얹는다. 달콤한 치즈 블린츠의 레시피에 따라 직사각형 꾸러미 모양으로 돌돌 만다. 레시피대로 조리하거나 보관한다. 다음을 곁들여 즉시 낸다.

> 사워크림, 크렘 앙글레즈 또는 레몬 커드

팔라친켄(Palatschinken, 빈 스타일 크레이프)

돌돌 만 크레이프 8개

다음 반죽을 준비한다.

> 블린츠

크레이프 1장당 반죽 ¼컵을 사용해 **짭짤한 크레이프 또는 달콤한 크레이프** 레시피에 따라 양쪽 면을 굽는다. 식혀서 내기 전까지 비닐랩으로 말아둔다.

오븐을 175℃로 예열한다. 커다란 오븐 팬에 유산지를 깐다.

크레이프에 다음을 살짝 바른다.

> 버터 2큰술, 액체 상태로 녹이기

필요하면 약간씩 겹쳐서 크레이프를 오븐 팬에 가지런히 놓는다. 속까지 따뜻해지도록 5분 정도 굽는다. 그동안 작은 편수 냄비에 다음을 넣고 섞어서 부르르 끓어오를 때까지 가열한다.

> 살구 잼 1컵
>
> 브랜디 1큰술

불에서 내린다. 크레이프 1장당 잼과 브랜디 섞은 것을 2큰술씩 바르고 돌돌 만다. 개인 접시에 옮겨 담고 다음을 훌훌 뿌린다.

> 구워서 잘게 썬 호두 ½컵
>
> 슈거 파우더

취향에 따라 다음을 곁들여서 낸다.

> (휩드 크림)

도사(Dosas, 쌀과 렌틸콩으로 만든 인도식 팬케이크)

지름 23cm짜리 약 10개

도사는 크레이프와 비슷한 얇은 인도식 팬케이크다. 아주 얇고 수분이 적어 바삭한 식감으로 만들 수도 있고, 부드럽고 도톰하게 만들 수도 있다. 이 레시피에서 소개하는 버전은 쌀가루와 흑녹두(인도 식료품점에서 우라드 달urad dal이라는 이름으로 판매한다.)로 만든 아주 얇고 바삭한 도사다. 도사는 보통 삼바르(Sambar, 달과 비슷한 묽은 렌틸콩 수프)와 처트니를 곁들이지만, 향신료를 넣어서 조리한 감자와 양파 필링을 넣어서 먹기도 한다. 취향에 따라 감자와 완두콩을 넣은 간단한 필로 사모사 레시피에서 소개한 필링을 준비해 도사에 올려놓고 싸 먹어도 좋다.

중간 크기의 그릇에 다음을 넣고 섞는다.

　바스마티 쌀 ½컵(100g)

　우라드 달 또는 노란색 스플릿 완두콩 ½컵(105g)

다음을 붓는다.

　쌀과 콩이 넉넉히 잠길 정도의 물

최소 12시간, 최대 하룻밤 동안 담가서 불린다.

쌀과 완두콩의 물기를 잘 빼고 다음 재료와 함께 믹서에 넣는다.

　물 1½컵(355g)

　커민씨 1작은술

　회향씨 ½작은술

　소금 ¼작은술

　(아위 1자밤)

　(카옌 고춧가루 1자밤)

반죽이 아주 매끄러워질 때까지 믹서를 작동시킨다. 고운체를 그릇에 올려놓고 반죽을 부어서 한 번 거른 후 비닐랩으로 단단히 씌워서 냉장고 위쪽 같은 따뜻한 곳에 24시간 동안 두어 살짝 발효시킨다.

　커다란 논스틱 프라이팬을 중약불에 올리고 5분간 달군다. 물을 몇 방울 떨어뜨렸을 때 지글지글 소리를 내면서 거의 순간적으로 증발하면 프라이팬이 적당하게 달궈진 것이다. 반죽을 잘 섞는다. 반죽은 거품이 많고 가벼운 상태여야 한다. 다음을 붓고 섞는다.

　물 ¼컵(60g)

반죽은 숟가락을 담갔다 꺼냈을 때 실처럼 주르륵 흘러내릴 정도로 묽어야 한다. 예열한 프라이팬을 불에서 내린다. 반죽 ⅓컵을 프라이팬의 가운데에 붓고 계량컵의 밑면을 사용해 가운데부터 원형을 그리며 바깥쪽으로 나가면서 지름 20~23cm가 되도록 아주 얇게 편다. 이렇게 펴는 작업을 제대로 하려면 약간의 연습이 필요하므로, 도사를 만들 때 처음 몇 장의 모양이 제대로 나오지 않는다고 해서 너무 실망할 필요는 없다. 계량컵에 적당한 힘을 가하는 것이 핵심이다. 너무 살살 누르면 반죽이 제대로 펴지지 않고, 너무 세게 누르면 이미 굳어가는 반죽을 긁어내게 되어 커다란 구멍이 생긴다. 프라이팬을 다시 불에 올린다. 도사 위에 다음을 훌훌 뿌린다.

　식물성 기름 1작은술

도사가 적당히 굳고 표면에 기포가 생겼다가 터지면서 미세한 구멍이 여러 개 생길 때까지 3~4분간 굽는다. 뒤집어서 반대쪽도 익을 때까지 1분 정도 더 굽는다. 도사를 느슨하게 돌돌 말아서 이음매 부분이 아래로 가도록 받침대에 올려놓는다. 한 장씩 구울 때마다 프라이팬을 불에서 내려 반죽을 넓게 편 후 다시 불에 올려서 굽는 방식으로 남은 반죽도 조리한다. 다음을 곁들여 낸다.

　달

　고수 민트 처트니

반쎄오(Bánh Xèo, 속을 채워서 구운 짭짤한 베트남식 크레이프)
4인분

이 크레이프는 한 번에 한 장씩 구워야 하므로 프라이팬에 한 장씩 구우면서 그때그때 먹는 것이 좋다. 먹을 때는 적당한 크기로 자른 후 허브를 얹은 로메인 상추와 함께 쌈처럼 싸서 느억짬에 찍어 먹는다.

중간 크기의 그릇에 다음을 넣고 섞는다.

　쌀가루 1½컵(170g)

　물 1컵(235g)

　코코넛 밀크 통조림 ½컵(155g)

　쪽파 2대, 얇게 저미기

　소금 ½작은술

　강황 가루 ½작은술

나머지 재료를 준비하는 동안 한쪽에 둔다. 다음 재료를 손질해 커다란 접시 또는 테두리 있는 오븐 팬에 늘어놓는다.

　돼지 어깨살 225g, 최대한 얇게 저민 후 2.5cm 크기로 썰기

　양파 중간 크기 ½개, 아주 얇게 저미기

　중간 크기의 새우 225g, 껍질을 벗기고 내장을 제거한 후 세로로 반 자르기

　숙주, 꾹 눌러 담아 2컵

커다란 논스틱 프라이팬을 중강불에 올리고 다음을 둘러서 가열한다.

　식물성 기름 2작은술

돼지고기와 양파 ¼ 분량을 프라이팬에 넣고 저으면서 돼지고기에서 분홍빛이 사라질 때까지 1분 정도 볶는다. 새우 ¼ 분량을 추가하고 돼지고기, 새우, 양파를 프라이팬 전체에 골고루 편다. 반죽 ½컵을 프라이팬에 붓고 재빨리 기울이고 돌려서 반죽을 바닥에 골고루 깐다. 크레이프가 굳기 시작할 때까지 1분 정도 굽는다. 크레이프의 한쪽 절반에 숙주 ½컵을 골고루 뿌려서 얹고 프라이팬의 뚜껑을 덮는다. 숙주가 반투명한 상태가 되기 시작할 때까지 1분 정도 조리한다. 뚜껑을 열고 크레이프의 가장자리에 다음을 살짝 뿌려서 크레이프의 윗면이 아니라 아래쪽으로 스며들게 한다.

　식물성 기름 2작은술

크레이프가 바삭하게 익을 때까지 1~2분간 더 굽는다. 프라이팬 안에서 크레이프를 반으로 접어서 숙주 위로 덮은 후 접시에 옮겨 담는다. 남은 속재료와 반죽에 적당히 기름을 추가해가면서 같은 방식으로 세 번 더 굽는다. 크레이프를 다음과 함께 낸다.

　로메인 상추 잎 16장

　영국 오이 1개, 얇고 어슷하게 저미기

　고수 잎 ½묶음, 줄기를 떼어내기

　민트 작게 1묶음

　(베트남산 고수 작게 1묶음)

　느억짬

오븐에 굽는 팬케이크에 대해

더치 베이비, 판쿠헨, 노케를은 팬에 반죽을 넣어서 굽는 케이크이므로 단어의 뜻만 보자면 '팬케이크'가 맞다. 하지만 이들은 일반적인 다른 팬케이크와는 공통점이 거의 없다. 가벼운 식감과 몇 배로 부풀어 오르는 특징은 오히려 팝오버나 수플레와 비슷하다. 전통적으로 디저트로 먹지만 아침 식사나 브런치로도 많은 사랑을 받고 있다. 병아리콩을 사용해 만드는 소카는 부풀어 오르지 않으므로 식감이 더욱 단단하며, 짭짤한 재료를 얹어서 먹으면 아주 맛있다.

더치 베이비(Dutch Baby)

2~4인분

퍼프 팬케이크(puff pancake)라고도 부르는 더치 베이비를 오븐에서 꺼내면 황금색으로 잔뜩 부풀어 오른 거대한 팝오버 같은 모양을 하고 있어서 보기만 해도 근사하다. 전통적인 토핑인 슈거 파우더와 레몬즙이 가장 잘 어울리지만, 버터와 메이플 시럽, 과일 프리저브 또는 고리 모양으로 잘라서 기름에 지진 사과를 얹어 먹어도 눈과 입을 모두 만족시킬 수 있다. 우리는 더치 베이비에 녹색 채소 볶음이나 달걀 프라이처럼 짭짤한 토핑을 얹어서 먹기도 한다.

받침대를 오븐의 아래쪽 칸에 끼운다. 오븐을 220℃로 예열한다. 중간 크기의 그릇에 다음을 넣고 섞는다.

우유 ½컵(120g)

대란 2개, 실온 상태로 준비

소금 ¼작은술

다음을 넣고 반죽이 매끄러워질 때까지 섞는다.

중력분 ½컵(65g)

지름 25cm의 무쇠 팬이나 다른 내열성 팬을 중불에 올리고 다음을 넣어서 녹인다.

버터 4큰술(버터 스틱 ½개)

프라이팬을 기울여 버터를 옆면까지 골고루 묻힌다. 달걀 혼합물을 프라이팬에 붓고 프라이팬을 오븐에 넣은 후 15분간 굽는다. 오븐 온도를 175℃로 낮추고 팬케이크가 봉긋하게 부풀어 오르면서 진한 갈색이 될 때까지 10~15분간 더 굽는다. 다음을 홀홀 뿌린다.

슈거 파우더

레몬즙

팬케이크가 꺼지기 전에 프라이팬에 담긴 그대로 즉시 낸다.

판쿠헨(Pfannkuchen, 독일식 팬케이크)

4인분

19세기 독일의 저명한 요리책 저자인 헨리에트 다비디스(Henriette Davidis)의 레시피를 기초로 한 요리다.

오븐을 200℃로 예열한다.

중간 크기의 그릇에 다음을 넣고 걸쭉해지면서 전체적으로 레몬색이 될 때까지 빠른 속도로 1~2분간 젓는다.

대란 노른자 4개(흰자는 따로 보관)

설탕 3큰술(35g)

소금 ⅛작은술

다음을 넣고 섞는다.

우유 ¼컵(60g)

미지근한 물 ¼컵(60g)

레몬 1개의 껍질, 강판에 곱게 갈기

(바닐라 ¼작은술)

다음을 넣고 반죽이 매끄러워질 때까지 젓는다.

옥수수 전분 ½컵(65g)

단단한 피크가 생기지만 마른 거품은 아닌 상태가 될 때까지 다음을 잘 쳐서 거품을 낸다.

대란 흰자 4개

흰자를 노른자 혼합물에 넣고 흰자의 거품이 꺼지지 않을 만큼만 골고루 섞이도록 살살 젓는다. 반죽은 가벼운 거품 상태가 되어야 한다. 25cm 크기의 묵직한 내열성 프라이팬(논스틱 권장)을 중불에 올리고 즉시 다음을 넣어서 녹인다.

버터 3큰술

버터의 거품이 잦아들면 반죽을 붓는다. 칼로 들춰보면 밑면이 노릇노릇하게 익을 때까지 2분 정도 조리한다. 프라이팬을 오븐에 넣고, 팬케이크가 봉긋하게 부풀어 오르고 윗면을 살짝 만지면 보송보송하게 굳은 느낌이 날 때까지 5분 정도 굽는다. 오븐에서 꺼내 즉시 플래터에 옮겨 담고 다음을 홀홀 뿌린다.

슈거 파우더

(계핏가루)

다음을 곁들여 즉시 낸다.

따뜻하게 데운 살구 또는 체리 프리저브 ⅔컵

노케를(Nöckerl, 오스트리아식 팬케이크)

4인분

잘츠부르크를 방문하는 사람이라면 거의 누구나 이 둥그런 수플레 퍼프를 한 번 이상 맛보게 된다. 오스트리아식 팬케이크라고 부르기는 하지만 사실 팬케이크보다는 자유로운 형태의 수플레에 가깝다.

오븐을 175℃로 예열한다.

중간 크기의 그릇에 다음을 넣고 걸쭉해지면서 전체적으로 연한 색이 될 때까지 섞는다.

대란 노른자 2개(흰자는 따로 보관)

설탕 1큰술(10g)

(레몬 1개의 껍질, 강판에 곱게 갈기)

커다란 그릇에 다음을 넣고 단단한 피크가 생기기 시작할 때까지 잘 쳐서 거품을 낸다.

대란 흰자 3개

다음을 조금씩 넣고 탁탁 치면서 섞는다.

설탕 ¼컵(50g)

흰자에서 아주 단단한 기포가 생기고 윤기가 날 때까지 잘 쳐서 섞은 후 다음을 넣고 탁탁 치면서 섞는다.

바닐라 ½작은술

다음을 체에 쳐서 넣고 실리콘 주걱으로 얌전히 뒤적이며 섞는다.

중력분 2큰술(15g)

노른자 혼합물을 넣고 살살 뒤적이며 섞는다. 커다란 내열성 프라이팬을 중강불에 올리고 즉시 다음을 넣어 녹인다.

버터 2큰술

버터에서 고소한 냄새가 나고 진한 색으로 변하기 시작할 때 반죽을 1컵씩 떠서 네 군데에 올린다. 반죽은 되도록 높이 쌓아올리고 서로 닿지 않게 최대한 띄운다. 바닥이 연한 색으로 익을 때까지 3분 정도 굽는다. 프라이팬을 오븐에 넣고 팬케이크가 연한 갈색으로 익으면서 봉긋하게 부풀지만 가운데는 아직 말랑한 상태가 유지되도록 10~12분간 조리한다. 다음을 넉넉하게 홀홀 뿌린다.

슈거 파우더

즉시 낸다. 취향에 따라 다음을 곁들인다.

(따뜻하게 데운 프리저브 또는 라즈베리로 만든 신선한 베리 쿨리)

소카(Socca, 짭짤한 병아리콩 팬케이크)

4인분

프랑스 니스에서는 이 간단한 팬케이크를 소카라고 부르며, 이탈리아에서는 파리나타(farinata) 또는 체치나(cecina)라고 부른다. 장작 오븐에서 굽는 것이 전통이므로 뒷마당에 나무 화덕이나 숯불 그릴이 있다면 활용하여 훈연 풍미를 더해보자. 소카는 보통 간식으로 먹지만 우리는 녹색 채소 볶음과 서니사이드 업 달걀 프라이를 얹어서 아침으로 내기도 한다.

중간 크기의 그릇에 다음을 넣고 잘 젓는다.

　병아리콩 가루 1컵(115g)

　물 1컵(235g)

　올리브유 1큰술(15g)

　소금 ¼작은술

묽은 팬케이크 반죽 같은 농도가 될 것이다. 필요하면 물을 조금 더 보충해서 적당한 농도로 맞춘다. 반죽을 30분간 그대로 둔다.

오븐의 가운데에 받침대를 끼우고 커다란 무쇠 팬 또는 기타 내열성 프라이팬을 받침대에 올려놓는다. 직화 오븐을 10분간 예열한다. 달궈진 프라이팬을 오븐에서 꺼내 다음을 두른다.

　올리브유 1큰술

프라이팬을 기울여 기름을 골고루 묻힌 후 반죽을 붓는다. 팬을 다시 오븐에 넣고 팬케이크가 속까지 잘 익으면서 가장자리 부분이 갈색으로 익을 때까지 4~7분간 굽는다. 주걱으로 팬케이크를 프라이팬에서 분리해 접시에 옮겨 담는다. 적당한 크기로 잘라서 다음을 살짝 뿌린다.

　엑스트라 버진 올리브유

다음을 홀홀 뿌려 간을 한다.

　소금과 흑후추

도넛에 대해

전 세계 사람들이 다양한 형태로 즐기는 반죽을 튀긴 요리는 어쩌면 어려운 형편을 개선해보고자 고안된 것일지도 모른다. 네덜란드 정착민들은 올리코엑(olykoeks, 기름진 케이크)이라는 형태로 도넛을 미국에 들여왔다. 그 후 수백 년에 걸쳐 도넛은 오늘날과 같은 형태로 발전했다.

도넛을 만드는 과정은 특별히 복잡하지 않지만 몇 가지 중요한 점을 염두에 두어야 한다. 도넛 반죽을 섞을 때는 ▶ 모든 재료를 실온 상태로 준비해야 하고 젖은 재료와 마른 재료를 합친 후 잘 어우러질 때까지만 재빨리 젓는다. 이렇게 하면 반죽에 글루텐이 형성되는 것을 방지할 수 있어 도넛이 질겨지지 않는다. 대다수 도넛 반죽은 처음 재료를 섞을 때는 부드럽고 끈적이지만 알맞은 모양으로 잘라내기 전에 2시간 이상 냉장고에서 차갑게 식히면 단단해져서 쉽게 다룰 수 있다. 도넛 반죽은 최대 이틀 전에 만들어두었다가 성형해서 튀길 수 있다. 이번 장에서 소개하는 레시피 외에 기름 재료를 넉넉하게 사용한 반죽을 성형해서 튀긴 진한 풍미의 도넛을 선호한다면 브리오슈 레시피를 함께 참고한다.

도넛을 성형하려면 밀가루를 살짝 뿌린 작업대나 파라핀지 위에 반죽을 올려놓고 1.2cm 두께(혹은 레시피에서 안내하는 두께)로 민다. 보통 반죽을 반으로 나눈 후 하나씩 균일한 두께로 밀면 편하다. ▶ 밀가루를 골고루 묻힌 도넛 커터나 크기가 다른 비스킷 또는 쿠키 틀 2개를 사용해 도넛 모양으로 잘라낸다. 커터를 2개 사용할 경우 크기가 작은 틀로 도넛 구멍을 잘라낸다. ▶ 이 책의 레시피는 지름 9cm짜리 커터에 2.5cm 크기의 구멍이 뚫린 도넛을 기준으로 한다. 이보다 작은 쿠키 틀을 사용한다면 레시피에서 언급한 것보다 도넛 개수가 많이 나온다.(예를 들어 지름 6.3cm의 틀을 사용한다면 거의 2배나 많은 도넛이 나온다.) 밀가루를 넉넉히 뿌린 파라핀지 또는 유산지에 잘라낸 도넛 반죽을 주걱이나 손을 사용해 올려놓는다. 도넛을 잘라내고 남은 반죽을 모아서 최소한으로만 치댄 후 밀어서 도넛을 몇 개 더 잘라낸다. 그 이후에 남은 반죽으로 도넛을 만들면 질겨지기 마련이므로 2.5cm짜리 틀로 자르거나 손으로 동그랗게 뭉쳐서 한입 크기의 '도넛 홀(hole)'을 만든다.

도넛을 튀기기 전에 ▶ 딥 프라잉 항목을 참고한다. 묵직한 냄비나 더치오븐에 식물성 기름 또는 녹인 쇼트닝을 7.5cm 높이까지 붓고 도넛을 튀긴다. 어떤 기름이든 재활용이 아닌 새 기름을 사용해야 한다. 기름 온도는 182~190℃ 정도를 유지해야 한다. 기름 온도를 일정하게 유지하려면 ▶ 절대 반죽을 한꺼번에 너무 많이 넣으면 안 된다. 가장 쉽고 안전하게 도넛을 기름에 넣는 방법은 ▶ 뜨거운 기름에 담갔다 뺀 기다란 금속 주걱으로 도넛 반죽을 하나씩 집어서 미끄러뜨리듯 기름 속으로 넣는 것이다. 노릇노릇하게 진한 색으로 튀겨지면 다 익은 것이다. 익은 정도를 제대로 판단하려면 처음 튀긴 도넛 중 하나를 잘라서 안쪽이 잘 익었는지 살펴본다. 속이 다 익지 않았다면 나머지 반죽은 조금 더 오래 튀긴다. 집게나 나무젓가락을 도넛 구멍에 넣어 도넛을 건진 후 잠깐 냄비 위에서 여분의 기름을 뺀다. 다 튀긴 도넛을 세 겹으로 깐 키친타월 위에 올린 후 바로 뒤집어서 반대쪽의 기름도 닦아낸다.

집에서 튀긴 도넛은 만든 당일에 바로 먹어야 가장 맛있지만 밀폐 용기에 담아 실온에 보관하면 최대 이틀 정도는 적당히 촉촉한 상태가 유지된다. 또한 도넛을 냉동실용 지퍼백에 넣어서 얼리면 최대 한 달간 보관할 수 있으며 해동 후 바로 먹을 수 있다.

▲ 이스트를 넣어 발효한 도넛 레시피는 높은 고도에서 조리할 때도 분량을 조절할 필요가 없다. 그 외의 도넛은 베이킹파우더나 베이킹소다의 양을 ¼만큼 줄이되, ▶ 버터밀크나 사워크림 1컵당 베이킹소다를 ½작은술 이하로 줄이면 안 된다.

케이크 도넛

약 18개

도넛에 대해 항목을 참고한다.

중간 크기의 그릇에 다음을 넣고 완전히 잘 섞이도록 젓는다.

　중력분 4컵(500g)

　베이킹파우더 4작은술

　계핏가루 ¾작은술

　(강판에 간 육두구 또는 육두구 가루 ¾작은술)

　소금 ¾작은술

커다란 그릇 또는 반죽기에 다음을 넣고 탁탁 치면서 잘 푼다.

　대란 2개

다음을 조금씩 넣으면서 걸쭉하고 크림처럼 부드러운 질감이 되도록 탁탁 쳐서 섞는다.

　설탕 1컵(200g)

반죽기를 저속으로 작동시키면서 다음을 넣고 잘 어우러질 때까지 탁탁 쳐서 섞는다.

　우유 1컵(235g)

무염 버터 5큰술(70g), 액체 상태로 녹이기

바닐라 1작은술

액체 재료를 밀가루 혼합물에 넣고 적당히 어우러질 때까지만 숟가락으로 저어서 섞는다. 반죽은 부드럽고 끈적한 상태가 된다. 그릇을 비닐랩으로 단단히 덮어서 최소 2시간, 최대 24시간 동안 냉장고에 넣어둔다.

밀가루를 살짝 뿌린 작업대에 반죽을 올려놓고 1.2cm 두께로 민 다음 도넛 모양으로 잘라낸다. 기름을 바른 비닐랩으로 느슨하게 덮어서 30분간 숙성시킨다. 튀김기나 깊고 묵직한 냄비 또는 더치오븐에 기름을 다음 높이까지 붓고 185℃가 되도록 가열한다.

식물성 기름 또는 쇼트닝 7.5cm

몇 번에 나눠 도넛을 넣고 중간에 한 번 뒤집어가면서 황금색이 되도록 4분 정도 튀긴다. 키친타월을 깐 오븐 팬에 올려 잠깐 기름을 뺀 후 바로 뒤집어서 반대쪽 기름도 닦아낸다. 따뜻할 때 다음이 담긴 그릇에 넣어 한두 번 뒤적인다.

가향 설탕

또는 식혀서 다음을 반질반질하게 바른다.

선호하는 아이싱 또는 글레이즈

이스트 발효 도넛

약 24개

도넛에 대해 항목을 참고한다.

반죽기(또는 커다란 그릇)에 다음을 넣고 섞는다.

따뜻한(41~46℃) 물 1컵(235g)

활성 건조 이스트 2봉지(각각 2¼작은술)

이스트가 녹을 때까지 5분간 둔다. 다음을 넣고 반죽이 매끄러워질 때까지 젓는다.

중력분 1컵(125g)

그릇을 비닐랩으로 단단히 덮고 기포가 발생할 때까지 30분 정도 실온에 둔다. 반죽기에 주걱 모양의 날을 끼우고(또는 손으로) 다음을 넣어 섞는다.

설탕 ⅔컵(130g)

버터 스틱 1¼개(140g), 말랑하게 녹이기

대란 3개

바닐라 2작은술

소금 1작은술

(레몬 또는 오렌지 1개의 껍질, 강판에 곱게 갈기)

다음을 넣는다.

중력분 3⅓컵(440g)

반죽용 날로 갈아 끼우고 반죽기를 중저속으로 작동시키면서 반죽이 날 주변에 달라붙어 용기 옆면에서 떨어질 때까지 친다. (또는 숟가락으로 밀가루를 섞은 다음 반죽이 매끄럽고 탱탱해질 때까지 친다.) 반죽기 용기를 비닐랩으로 덮어둔다. (반죽을 손으로 쳤다면 그릇에 옮겨 담고 랩으로 단단히 봉한다.) 반죽을 실온에 두고 부피가 3배로 부풀 때까지 1시간 반~2시간 동안 발효한다.

반죽의 공기가 빠지도록 잠깐 치댄 후 다시 그릇에 담고 뚜껑을 단단히 덮어서 최소 3시간, 최대 16시간 동안 냉장고에 넣어 발효한다.

밀가루를 살짝 뿌린 작업대에 반죽을 올려놓고 1cm 두께로 민 다음 도넛 모양으로 잘라낸다. 잘라낸 도넛 반죽을 덮지 않은 상태로 말랑말랑하게 부풀어 오를 때까지 실온에서 1시간 정도 발효한다.

케이크 도넛 레시피에 따라 튀겨서 기름을 뺀 후 설탕이나 글레이즈를 묻힌다. 발효한 후 바로 튀겨야 하며, 너무 오래 두면 지나치게 발효되어 맛과 식감이 떨어진다.

사워크림 도넛

지름 7cm짜리 약 12개

도넛에 대해 항목을 참고한다.

중간 크기의 그릇에 다음을 넣고 잘 섞는다.

중력분 2컵(250g)

베이킹파우더 2½작은술

베이킹소다 ½작은술

소금 ½작은술

계핏가루 ½작은술

커다란 그릇에 다음을 넣고 거품이 날 때까지 탁탁 치면서 푼다.

대란 2개

다음을 조금씩 넣으면서 완전히 어우러질 때까지 탁탁 치면서 섞는다.

설탕 ½컵(100g)

다음을 넣고 잘 젓는다.

사워크림 ½컵(120g)

바닐라 1작은술

밀가루 혼합물을 달걀 혼합물에 넣고 서로 어우러질 때까지만 섞는다. 반죽은 아주 말랑말랑한 상태가 된다. 반죽을 손바닥으로 톡톡 두드려 원반 모양으로 만든 후 비닐랩으로 싸서 최소 2시간, 최대 2일간 냉장고에서 발효한다.

케이크 도넛 레시피에 따라 반죽을 밀고 잘라서 숙성한 후 튀긴다. 키친타월에 올려놓고 기름을 잘 뺀 후 다음을 뿌린다.

슈거 파우더

또는 다음이 담긴 그릇에 넣고 한두 번 뒤적인다.

가향 설탕

따뜻할 때 낸다.

버터밀크 감자 도넛

약 20개

도넛에 대해 항목을 참고한다.

다음을 준비한다.

삶아서 포테이토 라이서로 으깬 러셋 감자 2컵

중간 크기의 그릇에 다음을 넣고 완전히 섞이도록 젓는다.

중력분 3¾컵(470g)

베이킹파우더 2½작은술

소금 1작은술

베이킹소다 ½작은술

강판에 간 육두구나 계피 또는 육두구 가루나 계핏가루 ¼작은술

커다란 그릇에 다음을 넣고 전기 반죽기를 고속으로 작동시켜 거품이 생길 때까지 1분 정도 섞는다.

대란 2개

다음을 조금씩 넣으면서 걸쭉하고 크림처럼 부드러운 질감이 될 때까지 섞는다.

설탕 ¾컵(150g)

반죽기를 저속으로 작동시키면서 다음을 넣고 잘 어우러지도록 섞는다.

　버터밀크 1컵(245g)

　버터 4큰술(55g), 액체 상태로 녹이기

　바닐라 1작은술

으깬 감자를 넣고 탁탁 치면서 섞는다. 밀가루를 넣고 커다란 숟가락으로 젓는다. 반죽은 아주 말랑한 상태여야 한다. 반죽을 비닐랩으로 감싸서 최소 2시간, 최대 24시간 동안 냉장고에서 발효한다.

　케이크 도넛 레시피에 따라 반죽을 밀고 잘라서 숙성한 후 튀긴다. 키친타월을 깐 오븐 팬에 올려 기름을 잘 뺀 후 따뜻할 때 다음이 담긴 그릇에 넣고 한두 번 뒤적인다.

　가향 설탕

또는 식혀서 다음을 반질반질하게 바른다.

　선호하는 아이싱 또는 글레이즈

초콜릿 도넛

약 14개

도넛에 대해 항목을 참고한다.

커다란 그릇에 다음을 넣고 섞는다.

　더치 프로세스 코코아 가루 ⅔컵(65g)

　버터 4큰술(55g), 작은 조각으로 자르기

다음을 붓고 매끄러워질 때까지 잘 젓는다.

　끓는 물 ⅔컵(160g)

5분간 둔다. 다음을 넣고 완전히 섞일 때까지 젓는다.

　설탕 1컵(200g)

　사워크림 ⅔컵(160g)

　대란 2개

　바닐라 2작은술

　소금 1작은술

　베이킹파우더 1작은술

　베이킹소다 ½작은술

다음을 넣는다.

　중력분 4¼컵(530g)

밀가루가 젖은 재료를 흡수해 말랑해질 때까지 젓는다. 반죽을 비닐랩으로 감싸서 최소 2시간, 최대 24시간 동안 냉장고에 넣어 발효한다.

　케이크 도넛 레시피에 따라 반죽을 밀고 잘라서 숙성한 후 튀긴다. 도넛의 색이 몇 단계 진해지고 잘랐을 때 생반죽처럼 보이지 않으면 다 익은 것이다. 취향에 따라 도넛을 식힌 후 한쪽 면을 다음에 담근다.

　(비터스위트 초콜릿 글레이즈 또는 프로스팅)

글레이즈를 바른 면이 위로 가도록 받침대에 올리고 1시간 정도 말린다.

한입 크기 도넛(Dropped Doughnuts)

지름 3.8cm짜리 동그란 도넛 약 60개

일반적인 도넛과 달리 구멍이 없는 작은 공 모양의 이 도넛은 가벼운 식감을 자랑한다. 튀김용 기름에 숟가락을 담갔다가 반죽을 한 스푼씩 떠내면 도넛 반죽이 잘 미끄러지므로 손쉽게 기름에 떨어뜨릴 수 있다. 도넛에 대해 항목을 참고한다.

밀가루 분량을 ½컵 줄여서 다음 중 하나의 도넛 반죽을 준비한다.

　케이크 도넛 또는 초콜릿 도넛

반죽을 냉장고에 넣지 않는다. 반죽을 덮어서 한쪽에 두고 실온에서 30분간 숙성시킨다.

튀김기나 깊고 묵직한 냄비 또는 더치오븐에 기름을 다음 높이까지 붓고 190℃가 되도록 가열한다.

　식물성 기름 또는 쇼트닝 7.5cm

반죽을 1큰술씩 떠서 기름에 넣는 식으로 한 번에 5~6개씩 넣고 3분 정도 튀긴다. 키친타월을 깐 오븐 팬에 올려 잠깐 기름을 뺀 후 따뜻할 때 다음이 담긴 그릇에 넣어 한두 번 뒤적인다.

　가향 설탕

젤리 도넛

약 24개

이 도넛을 만들 때는 반죽이 아주 가볍고 폭신해질 때까지 발효시켜야 하며, 그렇지 않으면 젤리를 채워 넣은 중심부 근처에 기포가 생긴다. 도넛에 대해 항목을 참고한다.

다음 반죽을 준비한다.

　이스트 발효 도넛

밀가루를 살짝 뿌린 작업대에 반죽을 ¼ 분량씩 떼어서 올려놓고 3mm보다 약간 두껍게 민다. 지름 7.5~9cm의 둥그런 쿠키 틀 또는 비스킷 틀을 사용해 둥글게 잘라낸다.(가운데에 구멍은 뚫지 않는다.) 남은 반죽을 모아 뭉친 후 다시 밀어서 같은 모양으로 몇 개 더 잘라낸다. 총 48개의 도넛 반죽이 나올 것이다. 다음을 준비한다.

　젤리 또는 잼 약 ¾컵

잼이나 젤리를 작은 숟가락으로 듬뿍 떠서 반죽 24개의 가운데에 얹는다. 잼이나 젤리를 얹은 반죽 가장자리에 솔로 다음을 바른다.

　대란 1개의 흰자, 살짝 풀어두기

그 위에 아무것도 얹지 않은 반죽을 올리고 가장자리를 꾹꾹 집어서 반죽 2장을 붙인다. 밀가루를 넉넉하게 뿌린 파라핀지에 올려놓고 반죽이 가볍고 폭신폭신해질 때까지 1시간 정도 발효한다.

　케이크 도넛 레시피대로 반죽을 튀겨서 기름을 뺀다. 발효한 후 바로 튀겨야 하며, 너무 오래 두면 지나치게 발효되어 맛과 식감이 나빠진다. 다음을 뿌린다.

　슈거 파우더

허니 딥 도넛

약 24개

다음 반죽을 준비해 도넛 모양으로 잘라서 튀긴다.

　이스트 발효 도넛

그동안 오븐 팬에 철망 받침대를 올린다. 커다란 편수 냄비에 다음을 넣고 섞는다.

　슈거 파우더 4컵(약 450g)

　꿀 ⅓컵

　물 ¼컵

중불에서 계속 저으면서 혼합물이 뭉근히 끓어오르며 덩어리 없이 아주 매끄러워지도록 글레이즈를 만든다. 편수 냄비를 불에서 내린다. 튀긴 도넛이 아직 따뜻할 때 하나씩 글레이즈에 담그고 반대쪽으로 뒤집어서 양쪽 면에 모두 글레이즈를 묻힌다. 젓가락이나 긴 꼬치를 사용해 글레이즈를 묻힌 도넛을 철망에 올려놓는다. 도넛을 묻히는 사이에 글레이즈가 뻑뻑해지면 다시 약불에 올려서 따뜻하게 녹인다. 글레이즈가 굳을 때까지 도넛을 15분 정도 말린다.

크룰러(Crullers)

약 24개

크룰러는 네덜란드 이민자들이 미국에 들여온 것이다. 꼬이거나 울퉁불퉁한 모양을 하고 있으며 일반 도넛보다 기름지다. 도넛에 대해 항목을 참고한다.

중간 크기의 그릇에 다음을 넣고 완전히 섞이도록 젓는다.

중력분 4컵(500g)

(강판에 간 육두구 또는 육두구 가루 1작은술)

계핏가루 ¾작은술

베이킹파우더 2작은술

소금 ¾작은술

다음을 추가한다.

무염 버터 8큰술(115g), 말랑하게 녹이기

버터가 마른 재료와 완전히 섞여서 군데군데 작은 덩어리가 보이지 않을 때까지 손으로 잘 비빈다. 혼합물은 말랑말랑하고 약간 기름기가 돌며 꽉 쥐었을 때 다소 퍼석거리는 덩어리로 뭉쳐져야 한다. 중간 크기의 그릇에 다음을 넣고 거품이 가득 생길 때까지 반죽기를 고속으로 작동시킨다.

대란 4개

다음을 조금씩 넣으면서 걸쭉하고 크림처럼 부드러운 질감이 될 때까지 잘 섞는다.

설탕 ¾컵(150g)

다음을 넣고 저속으로 작동시키면서 섞는다.

우유 2큰술(30g)

달걀 혼합물을 밀가루 혼합물에 넣고 부드러운 반죽이 될 때까지 숟가락으로 젓는다. 반죽을 비닐랩으로 감싸서 최소 2시간, 최대 24시간 동안 냉장고에 넣어둔다.

반죽을 1큰술씩 떠서(계량스푼 위로 올라가지 않도록 깎아서 담는다.) 손바닥 사이에 놓고 굴려서 동글동글한 반죽 48개를 만든다. 반죽에는 밀가루를 뿌리지 않는다. 반죽이 너무 말랑해서 다루기 어려우면 냉장고에 잠깐 넣어둔다. 공 모양 반죽을 파라핀지나 유산지를 깐 오븐 팬에 올려놓고 비닐랩으로 덮어서 1시간 이상 냉장고에 넣어둔다.

오븐 팬에 유산지를 깔고 밀가루를 넉넉하게 뿌린다. 한 번에 동그란 반죽을 몇 개씩 꺼내서 작업하고 나머지 반죽은 냉장고에 계속 넣어둔다. 밀가루를 뿌리지 않은 파라핀지나 유산지에 반죽 2개를 올려놓고 손바닥으로 밀어서 12.5cm 길이의 밧줄 모양으로 만든다. 밧줄 2개를 나란히 놓고 한쪽 끝을 꾹 눌러서 붙인 후 중간을 몇 번 꼬고 반대쪽 끝도 꾹 눌러서 붙인다. 밀가루를 뿌린 오븐 팬에 옮겨 담는다. 남은 반죽도 마찬가지로 성형해 크룰러 24개를 만든다. 반죽을 덮지 않고 실온에 30분간 둔다.

케이크 도넛 레시피에 따라 반죽을 튀겨서 기름을 뺀 후 설탕을 묻히거나 글레이즈를 바른다.

뉴올리언스 베녜(New Orleans Beignets, 사각 도넛)

6.3cm짜리 약 30개

봉긋하게 부풀어 오른 모양의 바삭한 이 튀김 도넛은 뉴올리언스의 유명한 간식이며, 마찬가지로 뉴올리언스의 명물인 치커리 풍미 커피에 곁들이면 아주 잘 어울린다. 도넛에 대해 항목을 참고한다.

커다란 그릇에 다음을 넣고 섞는다.

미지근한(41~46℃) 물 ¾컵(175g)

활성 건조 이스트 1작은술

5분간 두었다가 이스트가 완전히 녹을 때까지 젓는다. 다음을 넣어 잘 섞는다.

연유 ½컵(125g)

설탕 ¼컵(50g)

대란 1개

소금 ½작은술

다음을 넣고 매끄러운 반죽이 될 때까지 숟가락으로 탁탁 치면서 섞는다.

중력분 2컵(250g)

다음을 넣고 탁탁 치면서 섞는다.

버터 3큰술(45g), 말랑하게 녹이기 또는 식물성 쇼트닝 3큰술(35g)

다음을 넣고 완전히 섞이도록 잘 젓는다.

중력분 2컵(250g)

비닐랩으로 그릇을 단단히 덮어서 최소 12시간, 최대 24시간 동안 냉장고에 넣어둔다.

튀김기나 깊고 묵직한 냄비 또는 더치오븐에 기름을 다음 높이까지 붓고 185℃가 되도록 가열한다.

식물성 기름 또는 쇼트닝 7.5cm

기름을 달구는 동안 베녜를 성형한다. 반죽을 주먹으로 눌러 공기를 빼고 반으로 분할해 절반은 냉장고에 다시 넣는다. 밀가루를 살짝 뿌린 작업대에 반죽을 올려놓고 3mm 두께로 민 다음 잘 드는 칼로 6.3cm의 정사각형 모양으로 자른다. 냉장고에서 바로 나머지 반죽을 꺼내서 민 후 자른다. 베녜는 발효하지 않고 바로 튀겨야 한다. 처음 잘라낸 반죽부터 시작해 한 번에 5~6개씩 기름에 넣고 노릇노릇해질 때까지 한 면당 1~2분씩 튀긴다. 키친타월에 올려놓고 기름을 뺀다. 다음을 묻힌다.

슈거 파우더

따뜻할 때 최대한 빨리 낸다.

칼라스(Calas, 크레올식 쌀밥 프리터)

약 20개

이 전통식 프리터(fritter, 과일과 채소, 고기 등에 반죽을 입혀 튀긴 음식 ― 옮긴이)는 한때 뉴올리언스의 길거리 음식으로 칼라스를 팔던 사람들의 상당수는 노예나 노예의 후손이었다. 베녜에 비하면 풍미가 다소 약하지만, 여기에 소개해둘 가치가 충분한 레시피라고 생각한다. 딥 프라잉 항목을 참고한다.

튀김기나 깊고 묵직한 냄비 또는 더치오븐에 기름을 다음 높이까지 붓고 185℃가 되도록 가열한다.

식물성 기름 5cm

그동안 커다란 그릇에 다음을 넣고 섞는다.

흰쌀밥 2컵

대란 3개

설탕 ½컵

베이킹파우더 2¼작은술

바닐라 1작은술

계핏가루 ½작은술

(강판에 간 육두구 또는 육두구 가루 ½작은술)

다음을 넣는다.

중력분 ¾컵(95g)

저으면서 섞는다. 도넛 1개당 반죽 1큰술을 떠서 조심스레 기름에 떨어뜨리는 식으로 한 번에 5~6개씩 넣고 황금색이 될 때까지 튀긴다. 키친타월 위에 올려 놓거나 오븐 팬에 받침대를 놓고 그 위에 올려서 기름을 뺀다. 다음을 홀홀 뿌린다.

슈거 파우더

페드논(Pets De Nonne, 프랑스식 베네)

작은 크기로 약 28개

공기처럼 가벼운 이 베네는 사실 넉넉한 기름에 튀긴 작은 크림 퍼프다. 페드 논이라는 프랑스어 명칭은 '수녀님의 방귀'라는 뜻이다. 딥 프라잉 항목을 참 고한다.

다음을 준비한다.

슈 페이스트

취향에 따라 다음을 추가한다.

(레몬 1개 또는 오렌지 ½개의 껍질, 강판에 곱게 갈기)

튀김기나 깊고 묵직한 냄비 또는 더치오븐에 기름을 다음 높이까지 붓고 185℃가 되도록 가열한다.

식물성 기름 또는 쇼트닝 7.5cm

반죽을 1큰술씩 떠서(계량스푼 위로 올라가지 않도록 깎아서 담는다.) 기름에 넣고 한 번에 6~8개씩 튀긴다. 한쪽 면이 충분히 익으면 저절로 뒤집힐 것이다. 총 4~5분에 걸쳐 양쪽 면이 모두 갈색으로 익으면 구멍 뚫린 숟가락으로 건져서 키친타월 위에 올려놓고 기름을 뺀다. 다음을 홀홀 뿌린다.

슈거 파우더

즉시 낸다.

로제트(Rosettes, 꽃 모양 틀에 찍어서 튀긴 스칸디나비아식 과자)

9cm짜리 약 48개

로제트는 기다란 손잡이가 달린 전용 틀로 모양을 내서 튀긴다. 틀을 기름에 담가도 냄비나 프라이팬 바닥에 닿지 않도록 기름을 충분히 붓는다. 일반적으 로 틀 높이의 3배 정도면 적당하다. 로제트는 한 번에 하나씩만 조리할 수 있 으므로 폭이 좁은 냄비를 사용하면 비교적 적은 양의 기름으로도 튀길 수 있 다. 딥 프라잉 항목을 참고한다.

중간 크기의 그릇에 다음을 넣고 잘 젓는다.

대란 2개

설탕 1큰술

바닐라 1작은술

소금 ¼작은술

밀가루와 우유를 번갈아 달걀 혼합물에 조금씩 넣으면서 잘 젓는다.

체에 친 중력분 1¼컵(155g)

우유 1컵(235g)

로제트 틀이 빠듯하게 들어갈 만한 크기의 속이 깊은 그릇에 반죽을 붓는다. 깊고 묵직한 작은 냄비에 기름을 다음 높이까지 붓고 185℃가 되도록 가열한다.

식물성 기름 또는 쇼트닝 7.5cm

로제트 틀을 뜨거운 기름에 15초간 담갔다가 반죽이 담긴 그릇에 넣는다. 반 죽이 틀의 옆면 절반까지만 올라오도록 담갔다가 즉시 기름에 다시 넣어서 푹 담그되, 냄비 바닥에는 닿지 않도록 주의한다. 로제트가 노릇노릇하게 익고 바 삭해질 때까지 30~45초간 튀긴다. 포크나 꼬치로 로제트를 틀에서 떼어낸 후 움푹 들어간 쪽이 아래로 가도록 키친타월에 올려 기름을 뺀다. 틀을 다시 뜨 거운 기름에 담갔다가 같은 작업을 반복한다. 튀긴 로제트에 다음을 묻힌다.

슈거 파우더

소파피야(Sopapillas, 중남미식 튀김 빵)

12개

간식이나 디저트로 낸다. 딥 프라잉 항목을 참고한다.

중간 크기의 그릇에 다음을 넣고 잘 젓는다.

중력분 2컵(250g)

베이킹파우더 1큰술

설탕 1큰술

소금 ¾작은술

다음을 넣고 부드러운 반죽이 될 때까지 젓는다.

따뜻한 물 ¾컵(175g)

식물성 기름 1큰술(15g)

손바닥에 밀가루를 살짝 바르고 반죽이 매끈하면서 약간 탄력이 생길 때까지 1분 정도 치댄다.(너무 오래 치대면 나중에 밀기 힘들다.) 기름을 바른 그릇에 반죽 을 담고 1~2시간 정도 냉장고에 넣어둔다.

지름 25cm의 묵직한 냄비나 깊은 프라이팬에 기름을 다음 높이까지 붓고 190℃가 되도록 가열한다.

라드 또는 식물성 기름 5cm

라드나 기름을 달구는 동안 밀가루를 살짝 뿌린 작업대에 반죽을 올리고 두께 가 3mm 약간 넘도록 밀어서 7.5cm 크기의 정사각형으로 자른다.

기름에 넣고 봉긋하게 부풀어 오르면서 노릇노릇해질 때까지 집게를 사용 해 뒤집어가면서 한 면당 1분 정도 튀긴다. 키친타월에 올려놓고 기름을 뺀다. 다음을 살짝 뿌린다.

꿀

또는 다음을 홀홀 뿌린다.

슈거 파우더

짭짤한 프리터와 크로켓에 대해

'프리터(fritter)'는 몇 가지 유형의 짭짤한 튀김을 지칭하는 용어다. 허시퍼피처 럼 간단하게 반죽만 튀긴 음식이 있는가 하면, 고기나 생선, 채소를 생으로 또 는 미리 익혀서 잘게 자른 후 반죽에 섞어서 튀겨내는 음식도 있다. 또한 프리 터는 고기, 가금류, 생선을 큼직하게 잘라서 튀김 반죽에 담갔다가 기름을 넉 넉히 붓고 튀긴 음식을 지칭하기도 한다.(튀김 재료에 튀김옷 입히기에 대해 항목을 참고한다.) 여기서 소개하는 조합 외에 태국식 피시볼 튀김 및 신선한 옥수수 프 리터와 같이 프라이팬에 지지는 레시피도 함께 참고한다.

크로켓(croquettes)은 다양한 재료를 넣은 걸쭉한 혼합물을 성형한 후 빵가루나 밀가루를 입혀서 만든다. 제대로 만든 크로켓은 겉은 바삭하고 속은 크림처럼 부드러워 그야말로 정통 튀김 요리라는 위상에 걸맞은 맛이다. 조리 시간이 2~4분 정도로 짧으므로 거의 대다수 레시피에서 미리 익힌 재료 또는 치즈처럼 잘 데우기만 하면 되는 재료를 사용한다. ▶ 크로켓 반죽에 넣는 재료는 물기를 잘 빼고 필요하면 톡톡 두드려 물기를 제거해야 한다.

프리터와 크로켓은 튀긴 직후에 먹어야 가장 맛있다. 필요하면 테두리 있는 오븐 팬에 받침대를 놓고 튀긴 프리터와 크로켓을 올려서 93℃의 오븐에 넣어둔다. 안타깝게도 프리터가 식어버렸다면 200℃의 오븐에 넣어서 5분간 데우면 다시 바삭해진다.

옥수수와 햄 프리터
6인분
딥 프라잉 항목을 참고한다.
중간 크기의 그릇에 다음을 넣고 섞는다.
중력분 1⅓컵(165g)
베이킹파우더 2작은술
소금 ¾작은술
스위트 파프리카 가루 ¾작은술
중간 크기의 다른 그릇에 다음을 넣고 잘 어우러질 때까지 섞는다.
대란 노른자 2개(흰자는 따로 보관)
우유 ½컵(120g)
크림 스타일 옥수수 통조림 ½컵
젖은 재료를 밀가루 혼합물에 넣고 약간만 섞이도록 젓는다. 반죽에는 군데군데 덩어리가 남아 있는 상태다. 다음을 넣고 뒤적이며 섞는다.
잘게 깍둑썰기한 델리 햄 ¾컵 또는 잘게 깍둑썰기한 컨트리 햄 ½컵
다진 양파 또는 쪽파 2큰술
다진 파슬리 2큰술
단단한 피크가 생기지만 마른 거품은 아닌 상태가 될 때까지 다음을 잘 쳐서 거품을 낸다.
대란 흰자 2개
거품 낸 흰자를 반죽에 넣고 뒤적이듯 섞는다.
튀김기나 깊고 묵직한 냄비 또는 더치오븐에 기름을 다음 높이까지 붓고 185℃가 되도록 가열한다.
식물성 기름 또는 쇼트닝 7.5cm
프리터 1개당 3큰술씩 반죽을 떠서 뜨거운 기름에 넣고 한 번에 몇 개씩 노릇노릇해질 때까지 3~4분간 튀긴다. 받침대나 키친타월에 올려 기름을 뺀다.

허시퍼피
약 50개
옥수숫가루 반죽을 작고 동글동글하게 튀긴 허시퍼피는 양파로 맛을 내며 겉은 노릇노릇하고 식감은 바삭하다. 전통적으로 생선 튀김과 함께 튀기며, 미국 남부 전역에서 바비큐의 곁들임 음식으로도 널리 사랑받는다. 딥 프라잉 항목을 참고한다.
오븐을 93℃로 예열한다.
커다란 그릇에 다음을 넣고 완전히 섞이도록 젓는다.

고운 옥수숫가루 1⅔컵(265g) 또는 중간 굵기로 간 옥수숫가루 1⅔컵(250g)
중력분 ⅓컵(40g)
베이킹파우더 2작은술
설탕 1작은술
흑후추 1작은술
소금 ¾작은술
베이킹소다 ½작은술
카옌 고춧가루 ⅛작은술
중간 크기의 그릇에 다음을 넣고 잘 섞는다.
대란 2개
버터밀크 1컵(245g)
강판에 간 양파 ½컵
달걀 혼합물을 옥수숫가루 혼합물에 넣고 적당히 섞일 때까지만 젓는다.
튀김기나 깊고 묵직한 냄비 또는 더치오븐에 기름을 다음 높이까지 붓고 185℃가 되도록 가열한다.
식물성 기름 또는 쇼트닝 5cm
계량스푼으로 반죽을 떠서 조심스레 뜨거운 기름에 떨어뜨린다. 몇 번에 나눠 넣고 중간에 한 번 뒤집으면서 노릇노릇해질 때까지 1분 30초~2분간 튀긴다. 키친타월을 깐 오븐 팬에 옮겨 담고 오븐에 넣어 따뜻하게 보관한다. 따뜻하게 낸다.

치즈 크로켓 코케뉴
16개
딥 프라잉 항목을 참고한다.
중간 크기의 편수 냄비를 중불에 올리고 다음을 넣어 녹인다.
버터 3큰술
다음을 조금씩 넣고 계속 저으면서 2분간 볶는다.
중력분 ¼컵
다음을 넣고 자주 저으면서 아주 걸쭉해질 때까지 5분 정도 조리한다.
우유 ⅔컵
약불로 줄이고 다음을 넣어 젓는다.
강판에 간 스위스 치즈 또는 그뤼에르 치즈 1¼컵(140g)
소금 ½작은술
흑후추 ¼작은술
(카옌 고춧가루 1자밤)
냄비를 불에서 내리고 다음을 넣어 잘 섞일 때까지 젓는다.
대란 노른자 2개
기름을 넉넉하게 바른 20cm 크기의 정사각형 베이킹 접시에 반죽을 붓고 고르게 편다. 뚜껑을 덮고 단단해질 때까지 냉동실에서 약 1시간, 냉장고에서 2~3시간 정도 굳힌다.
반죽을 꺼내 작업대에 올려놓고 5cm 크기의 정사각형으로 자른다. 튀김기나 깊고 묵직한 냄비 또는 더치오븐에 기름을 다음 높이까지 붓고 185℃가 되도록 가열한다.
식물성 기름 5cm
기름을 달구는 동안 손에 밀가루를 바르고 크로켓에 다음을 묻힌다.
밀가루

크로켓을 받침대 올려 10분간 말린 후 한 번 더 밀가루를 묻힌다. 크로켓을 몇 번에 나눠 황금색이 될 때까지 2~4분씩 튀긴다. 키친타월에 올려놓고 기름을 뺀 후 다음을 곁들여 낸다.

　토마토 소스

염장 대구 크로켓

6인분

딥 프라잉 항목을 참고한다.

다음을 만들기 위한 반죽을 준비한다.

　브랑다드 드 모뤼, 크림과 올리브유의 분량을 ¼컵으로 줄이기

다음을 넣고 섞는다.

　대란 2개

아이스크림 스쿱이나 숟가락 2개를 사용해 반죽을 5cm 크기의 동그란 공 모양으로 성형하고(크로켓 1개당 반죽 2큰술 정도) 유산지를 깐 오븐 팬에 올려 기름이 달궈지는 동안 냉장고에 보관한다.

튀김기나 깊고 묵직한 냄비 또는 더치오븐에 기름을 다음 높이까지 붓고 185℃가 되도록 가열한다.

　식물성 기름 5cm

대구 크로켓을 다음 위에 올려놓고 굴린다.

　마른 빵가루 1½컵

크로켓을 한꺼번에 너무 많이 넣지 않도록 주의하면서 몇 번에 나눠 노릇노릇해지면서 속까지 잘 익도록 4분 정도 튀긴다. 키친타월에 올려놓고 기름을 뺀 후 다음을 곁들여 낸다.

　아이올리

　레몬 조각

연어 크로켓

약 16개

딥 프라잉 항목을 참고한다.

중간 크기의 그릇에 다음을 넣고 섞는다.

　익혀서 잘게 부순 연어 또는 잘게 부순 통조림 연어 1½컵(뼈와 껍질을 모두

　　제거해서 약 450g)

　삶은 러셋 감자 으깬 것 또는 먹다 남은 매시트포테이토 1½컵

　대란 1개, 풀어두기

　다진 파슬리 1큰술

　다진 차이브 1큰술

　다진 딜 1큰술

　쪽파 2대, 얇게 저미기

　소금 ½작은술

　카옌 고춧가루 ¼작은술

얕은 그릇 2개에 각각 다음을 넣고 넓게 편다.

　밀가루 1컵

　생빵가루 2컵

얕은 그릇을 하나 더 꺼내 다음을 넣고 잘 저어서 푼다.

　대란 3개

연어 살 반죽을 ¼컵씩 떠서 둥글게 뭉친다. 둥근 공 모양 반죽을 밀가루에 살

살 굴린 후 달걀물에 담갔다가 빵가루를 골고루 묻힌다. 접시에 담아서 10분간 말린다.

튀김기나 깊고 묵직한 냄비 또는 더치오븐에 기름을 다음 높이까지 붓고 190℃가 되도록 가열한다.

　식물성 기름 또는 쇼트닝 7.5cm

크로켓을 한 번에 4개씩 뜨거운 기름에 조심스럽게 넣고 전체적으로 진한 갈색으로 익을 때까지 2분 정도 튀긴다. 구멍 뚫린 숟가락으로 건져서 키친타월에 올려놓고 기름을 뺀다.

과일 프리터에 대해

과일 프리터를 만들 때 가장 중요한 점은 과육이 물렁물렁하지 않고 잘 익은 과일을 사용해야 한다는 것이다. 과일 프리터용 과일 슬라이스나 조각의 두께는 1.2cm를 넘어서는 안 된다. 속을 파내고 고리 형태로 자른 사과, 웨지 모양으로 자른 파인애플, 한 쪽씩 떼어낸 오렌지, 반으로 자른 작은 살구, 어슷하게 3~4조각으로 자른 바나나, 반으로 자른 무화과 등이 적당하다.

　프리터에 사용할 과일은 최대 2시간 동안 와인, 키르슈, 럼 또는 브랜디에 재워도 좋다. 재워둔 과일을 건져서 ▶ 물기를 잘 제거하고 슈거 파우더를 묻힌 후 바로 튀김 반죽에 담근다. 과일 프리터는 슈거 파우더를 뿌리거나 소스와 함께 낸다.

　엘더베리 꽃이 피는 계절에는 작은 흰 꽃이 무리를 지어 피는 엘더베리 꽃뭉치로 꽃 프리터를 만들어보자. 슈거 파우더를 묻히고 키르슈를 살짝 뿌리면 그야말로 살살 녹는 맛이다. 살충제를 뿌리지 않은 호박, 한련, 원추리, 유카 등의 다른 꽃도 튀겨서 프리터로 즐길 수 있다. 꽃을 사용해서 만든 짭짤한 음식은 치즈와 허브를 채워 넣은 호박꽃 튀김 레시피를 참고한다.

과일용 프리터 튀김 반죽

과일 2컵을 튀기기에 충분한 분량

이 튀김 반죽은 깍둑썰기로 자른 과일 2컵을 묻혀서 튀기거나 작은 과일 및 베리류 2컵을 바로 넣고 살살 섞어서 튀기는 용도로 사용한다. 딥 프라잉 항목을 참고한다.

중간 크기의 그릇에 다음을 넣고 잘 섞이도록 젓는다.

　중력분 1컵(125g)

　설탕 2큰술(25g)

　베이킹파우더 1½작은술

　소금 ¼작은술

다음을 넣고 반죽이 매끄러워질 때까지 젓는다.

　우유 ⅔컵(155g)

　대란 노른자 1개

　버터 1큰술(15g), 말랑하게 녹이기 또는 식물성 기름 1큰술(15g)

단단한 피크가 생기지만 마른 거품은 아닌 상태가 될 때까지 다음을 잘 쳐서 거품을 낸다.

　대란 흰자 2개

거품을 낸 흰자를 반죽에 넣고 주걱으로 뒤적이듯 섞는다.

튀김기나 깊고 묵직한 냄비 또는 더치오븐에 기름을 다음 높이까지 붓고 185℃가 되도록 가열한다.

　식물성 기름 또는 쇼트닝 7.5cm

키친타월로 과일의 물기를 톡톡 두드려 닦아낸다. 한 번에 과일 3~4조각씩 튀김옷 반죽에 넣고 얌전히 뒤집어가며 골고루 묻힌다. 집게로 과일을 건져서 뜨거운 기름에 조심스럽게 넣는다. 한 번에 튀김을 너무 많이 넣지 않도록 주의한다. 중간에 한두 번 뒤집어가면서 노릇노릇해질 때까지 3~5분간 튀긴다. 받침대나 키친타월에 올려놓고 기름을 뺀다. 다음을 묻힌다.

　슈거 파우더

또는 다음을 곁들여 낸다.

　뜨거운 레몬 또는 라임 소스, 크렘 앙글레즈, 신선한 베리 쿨리 또는 오렌지 리큐어 소스

사과 프리터

작은 크기로 약 36개

한입 크기의 이 프리터는 말랑말랑하며 작은 사과 조각이 가득 들어 있다. 달콤짭짤한 간식으로 먹으려면 숙성 체더 치즈 115g을 작은 정육면체 모양으로 잘라서 사과와 함께 반죽에 넣고 젓는다. 딥 프라잉 항목을 참고한다.

중간 크기의 그릇에 다음을 넣고 섞는다.

　중력분 1⅓컵(165g)

　설탕 ¼컵(50g)

　베이킹파우더 1½작은술

　계핏가루 1작은술

　(카르다몸 가루 ½작은술)

　소금 ¼작은술

중간 크기의 다른 그릇에 다음을 넣고 섞는다.

　우유 ⅔컵(155g)

　대란 노른자 1개(흰자는 따로 보관)

　버터 1큰술(15g), 말랑하게 녹이기

젖은 재료를 밀가루 혼합물에 넣고 매끄러워질 때까지 섞는다. 얕은 베이킹 접시에 다음을 붓는다.

　레몬즙 3큰술

다음을 넣고 뒤적이며 레몬즙을 묻힌다.

　단단한 사과 큰 것 4개, 껍질을 벗기고 속을 파낸 뒤 1cm 크기의 정육면체로 썰기

튀김기나 깊고 묵직한 냄비 또는 더치오븐에 기름을 다음 높이까지 붓고 185℃가 되도록 가열한다.

　식물성 기름 7.5cm

단단한 피크가 생기지만 마른 거품은 아닌 상태가 될 때까지 다음을 잘 쳐서 거품을 낸다.

　대란 흰자 2개

거품을 낸 달걀흰자를 반죽에 넣고 뒤적이듯 섞은 후 사과도 마저 넣고 얌전히 뒤적이며 섞는다. 큰 순가락으로 반죽을 가득 떠서 하나씩 기름에 넣되, 매번 사과가 몇 조각씩 들어가도록 한다. 전체 분량을 몇 번에 나눠 중간에 한 번씩 뒤집어가면서 노릇노릇한 색으로 익고 봉긋하게 부풀어 오를 때까지 튀긴다. 키친타월에 올려놓고 기름을 뺀다. 다음을 묻힌다.

　슈거 파우더

또는 다음이 담긴 그릇에 넣어 한두 번 뒤적인다.

　가향 설탕 ┃

튀김 재료에 튀김옷 입히기에 대해

튀김옷을 입혀서 튀길 재료를 키친타월로 톡톡 두드려 물기를 닦아낸다. 꼭 필요하지는 않지만 재료에 밀가루를 살짝 묻히면 튀김옷이 더 잘 달라붙는다. 재료 표면에 물기가 없을 경우 튀김옷에 간단한 테스트를 해보면 재료에 달라붙는지를 확인할 수 있다. 튀김옷을 한 순가락 넉넉하게 떠서 그릇 위로 들어올린다. 튀김옷이 광택 있는 넓은 리본 끈처럼 주르륵 흘러내리지 않고 3.8cm쯤 되는 길이로 흐르다가 기다란 덩어리가 연속적으로 떨어지는 정도의 농도가 되어야 한다. 튀김옷이 너무 묽으면 밀가루를 조금 더 넣어서 젓는다. 시간이 있다면 뚜껑을 덮어서 2시간~하룻밤 동안 냉장고에 넣어두었다가 아주 매끄러워질 때까지 탁탁 쳐서 섞는다. 이렇게 튀김옷을 냉장고에 넣어 숙성시키면 전분이 튀김옷 안의 액체를 흡수하는 동시에 글루텐이 풀어진다. 튀김옷을 숙성할 시간이 없다면 젓는 횟수를 최소한으로 줄여서 밀가루의 글루텐 형성을 막는다. 튀기기 전에 딥 프라잉 항목을 참고한다. 다른 튀김 요리와 마찬가지로 기름의 온도를 세심하게 살피고 최대한 지정한 온도에 가깝게 유지한다. 여러 번에 나눠서 튀길 경우 매번 온도가 일정하게 유지되도록 한다. 한 번에 재료를 너무 많이 넣지 않는다.

맥주 튀김 반죽

재료 2컵을 튀기기에 충분한 분량

이 반죽에 잘 어울리는 튀김 재료로는 얇게 썬 애호박, 가지, 고구마, 호박, 버섯, 아스파라거스, 5cm 길이로 썬 쪽파, 관자, 치킨 스트립 또는 꼬리만 남기고 껍질을 벗긴 새우 등이 있다. 달걀흰자 거품을 내서 넣으면 튀김 반죽이 더욱 폭신폭신해지지만, 필수 재료는 아니다. 딥 프라잉 항목을 참고한다.

중간 크기의 그릇에 다음을 넣고 잘 어우러질 때까지 섞는다.

　중력분 1컵(125g)

　소금 1작은술

　흑후추 ¼작은술

중간 크기의 다른 그릇에 다음을 넣고 잘 어우러질 때까지 섞는다.

　대란 노른자 2개

　버터 1큰술(15g), 말랑하게 녹이기

다음을 넣고 섞는다.

　맥주 ¾컵(175g), 미리 부어서 거품을 가라앉히기

젖은 재료를 밀가루 혼합물에 넣고 매끄러워질 때까지 섞는다. 시간이 있다면 그릇에 비닐랩을 씌워 실온에서 최대 2시간, 냉장고에서 최대 12시간 동안 숙성시킨다. 냉장고에 넣어두었다면 다음 단계로 넘어가기 전에 미리 꺼내서 실온 상태로 맞춘다.

취향에 따라 단단한 피크가 생기지만 마른 거품은 아닌 상태가 될 때까지 다음을 잘 쳐서 거품을 낸다.

　(대란 흰자 2개)

달걀흰자를 반죽에 넣고 뒤적여가며 완전히 섞이도록 젓는다.

튀길 때는 각 레시피의 설명을 따른다. 일반적인 과정을 소개하면, 튀김기나 깊고 묵직한 냄비 또는 더치오븐에 기름을 다음 높이까지 붓고 185℃가 되도록 가열한다.

　식물성 기름 7.5cm

재료를 톡톡 두드려 물기를 제거하고 한 번에 3~4조각씩 튀김 반죽에 넣어 골고루 튀김옷을 입힌다. 반죽에서 재료를 집게로 건져서 뜨거운 기름에 조심스

럽게 넣는다. 한 번에 튀김을 너무 많이 넣지 않도록 주의한다. 중간에 한두 번 뒤집어가면서 노릇노릇해질 때까지 3~5분간 튀긴다. 받침대나 키친타월에 올려놓고 기름을 뺀다.

덴푸라 튀김 반죽
재료 4컵을 튀기기에 충분한 분량
이 튀김 반죽을 만들기 전에 모든 채소와 고기 재료를 손질하고 기름도 예열해둔다. 가볍고 바삭한 덴푸라를 만드는 핵심은 튀김 반죽 재료를 섞을 때 젓는 작업을 최소한으로 하고 아주 차가운 온도를 유지하는 것이다. 심지어 어떤 요리사들은 덴푸라 튀김 반죽을 담은 그릇을 얼음물에 담가서 차갑게 유지하기도 한다. 딥 프라잉 항목을 참고한다.

튀김기나 깊고 묵직한 냄비 또는 더치오븐에 기름을 다음 높이까지 붓고 185℃로 또는 레시피에서 지정하는 온도가 되도록 가열한다.

　식물성 기름 7.5cm

접시에 다음을 넓게 펴서 붓고 한쪽에 둔다.

　박력분 ½컵

중간 크기의 그릇에 다음을 넣고 잘 어우러질 때까지 섞는다.

　박력분 1½컵(165g)

　옥수수 전분 ½컵(65g)

　소금 ½작은술

커다란 그릇에 다음을 넣고 섞는다.

　아주 차가운 소다수 1½컵(355g)

　대란 노른자 2개

박력분과 옥수수 전분 혼합물을 소다수에 한꺼번에 넣고 얌전하게 최대한 빨리 젓는다.(거품기보다는 포크나 젓가락으로 몇 번 저어주는 것이 가장 좋다.) 반죽에 여전히 덩어리가 섞여 있고 밀가루가 제대로 녹지 않은 부분이 보이는 상태가 이상적이다.

　튀길 때는 각 레시피의 설명을 따른다. 일반적인 과정을 소개하면, 우선 튀김 재료를 톡톡 두드려 물기를 제거한다. 재료 3~4조각에 따로 접시에 담아둔 박력분을 묻히고 튀김 반죽에 담갔다가 바로 뜨거운 기름에 넣는다. 한 번에 튀김을 너무 많이 넣지 않도록 주의한다. 전체 분량을 몇 번에 나눠서 황금색으로 바삭하게 익을 때까지 튀긴 후 받침대나 키친타월에 올려 기름을 뺀다.

파코라 튀김 반죽
재료 4컵을 튀기기에 충분한 분량
딥 프라잉 항목을 참고한다.

중간 크기의 그릇에 다음을 넣고 섞는다.

　병아리콩 가루 2½컵(290g)

　중력분 ½컵(65g)

　가람 마살라 또는 커리 가루 1큰술

　소금 2작은술

다음을 넣고 반죽이 매끄러워질 때까지 젓는다. 물의 양은 팬케이크 반죽 농도가 되도록 적당히 조절한다.

　물 1¾~2컵(415~475g)

튀길 때는 각 레시피의 설명을 따른다. 일반적인 과정을 소개하면, 튀김기나 깊고 묵직한 냄비 또는 더치오븐에 기름을 다음 높이까지 붓고 185℃가 되도록

가열한다.

　식물성 기름 7.5cm

재료를 톡톡 두드려 물기를 제거한다. 한 번에 3~4조각씩 튀김 반죽에 넣어 골고루 튀김옷을 입힌다. 반죽에서 재료를 집게로 건져 뜨거운 기름에 조심스럽게 넣는다. 한 번에 튀김을 너무 많이 넣지 않도록 주의한다. 중간에 한두 번 뒤집어가면서 노릇노릇해질 때까지 3~5분간 튀긴다. 받침대나 키친타월에 올려놓고 기름을 뺀다.

옥수수 전분 튀김 반죽
재료 4컵을 튀기기에 충분한 분량
이 튀김 반죽은 쉽게 갈색으로 변하지 않으며, 가볍고 식감이 바삭하며 얇은 튀김옷이 된다. 딥 프라잉 항목을 참고한다.

커다란 그릇에 다음을 넣고 섞는다.

　중력분 ¾컵(95g)

　옥수수 전분 ¾컵(95g)

　소금 1작은술

　(흑후추 ½작은술)

다음을 넣고 반죽이 매끄러워질 때까지 젓는다.

　물 1컵(235g)

튀길 때는 각 레시피의 설명을 따른다. 일반적인 과정을 소개하면, 튀김기나 깊고 묵직한 냄비 또는 더치오븐에 기름을 다음 높이까지 붓고 185℃가 되도록 가열한다.

　식물성 기름 7.5cm

재료를 톡톡 두드려 물기를 제거하고 한 번에 몇 조각씩 튀김 반죽에 넣어 골고루 튀김옷을 입힌다. 반죽에서 재료를 집게로 건져 뜨거운 기름에 조심스럽게 넣는다. 한 번에 튀김을 너무 많이 넣지 않도록 주의한다. 중간에 한두 번 뒤집어가면서 노릇노릇해질 때까지 3~5분간 튀긴다. 받침대나 키친타월에 올려놓고 기름을 뺀다.

프리토 미스토(Fritto Misto)
4인분
이탈리아어로 '모둠 튀김'이라는 뜻의 프리토 미스토는 다양한 종류의 채소와 해산물 튀김으로 구성된다. 세이지와 레몬 슬라이스는 빼놓지 않고 함께 튀기기를 권장한다. 딥 프라잉 항목을 참고한다.

오븐을 93℃로 예열한다.

다음을 준비한다.

　옥수수 전분 튀김 반죽 또는 맥주 튀김 반죽

한쪽에 둔다. 다음 중 선호하는 재료를 적당히 조합해 680g 정도 준비한다.

　중간 크기의 새우, 껍질을 까고 내장을 제거하기

　신선한 정어리, 생 또는 절인 화이트 안초비, 또는 기타 작은 생선

　꼴뚜기 또는 오징어 다리

　잎새버섯 또는 팽이버섯, 작은 덩어리로 찢기

　반으로 자른 베이비 아티초크 또는 절인 아티초크 하트를 건져서 말린 것

　아스파라거스 또는 얇은 껍질콩, 5cm 길이로 자르기

　얇게 저민 양파 또는 자색 양파, 또는 5cm 길이로 자른 쪽파

　얇게 저민 회향 구근

세이지 잎

얇은 레몬 슬라이스, 씨를 발라내기

튀김기나 깊고 묵직한 냄비 또는 더치오븐에 기름을 다음 높이까지 붓고 185℃가 되도록 가열한다.

식물성 기름 5cm

전체 분량을 몇 번에 나눠서 채소와 생선 또는 해산물을 튀김 반죽에 담갔다가 연한 갈색으로 바삭하게 익을 때까지 3~5분간 튀긴다. 재료마다 튀기는 시간이 다르므로 여러 가지를 섞어서 튀기는 것보다는 한 번에 한 가지씩 튀기는 편이 더 쉽다. 특히 레몬 슬라이스와 세이지 잎은 순식간에 익는다. 구멍 뚫린 순가락이나 건지기로 튀김을 건져서 받침대에 올려놓는다. 기름에서 튀김을 건져낸 직후에 다음을 훌훌 뿌린다.

소금

남은 재료를 튀기는 동안 튀김을 오븐에 넣어 따뜻하게 보관한다. 다음을 곁들여서 낸다.

레몬 조각

튀김 재료에 가루 묻히기에 대해

재료에 밀가루 또는 튀김 가루를 **가볍게 묻히거나** '잘 달라붙는' 코팅 재료를 입혀서 튀기면 아주 바삭한 튀김을 만들 수 있다.(특히 프라이팬에 지지거나 샬로 프라잉을 하는 경우) 코팅 재료로 가장 널리 사용하는 것은 양념 빵가루, 밀가루, 고운 옥수숫가루다. 쌀가루나 옥수수 전분, 마사 하리나, 감자 전분 등과 같이 입자가 더 고운 가루를 사용한다면 튀김은 한층 더 바삭해진다. 튀김 재료를 묽은 튀김 반죽, 버터밀크, 달걀물이 들어 있는 그릇에 담갔다가 입자가 굵은 마른 빵가루 또는 잘게 부순 크래커를 묻혀서 튀기면 바삭바삭 기분 좋은 식감이 살아난다. 로마노나 파르메산 등 경성 숙성 치즈를 넣으면 독특한 풍미가 있으면서 맛이 진해진다. 각종 말린 허브와 향신료 가루도 사용할 수 있다. 여러 재료를 시도해보고 자신의 입맛에 맞는 조합을 찾아보기를 권장한다.

가장 중요한 점은 잘 떨어지지 않는 가루를 재료의 표면에 골고루 묻혀야 한다는 것이다. 수분이 많은 재료는 반드시 먼저 키친타월로 톡톡 두드려 물기를 제거해야 한다. 잘 부서지는 재료가 아니라면 양념한 코팅 가루를 튀김 재료와 함께 종이봉투나 비닐봉지에 소량 넣고 흔들면 된다. 이 방법을 사용하면 빠르고 간편하게 재료에 아주 골고루 코팅 가루를 묻힐 수 있다.

봉투에 담아서 튀김 재료에 가루 입히기

▶ 재료에 단단하게 달라붙는 아주 바삭한 코팅을 원한다면 테두리 있는 오븐 팬에 받침대를 놓고 빵가루나 기타 코팅 가루를 입힌 재료를 올린 후 1시간에서 하룻밤 정도 냉장고에 넣어두었다가 튀긴다. 시간이 지남에 따라 코팅이

수분을 흡수한 후 마르므로 재료에 더욱 잘 달라붙고 튀겼을 때 먹음직스러운 갈색이 된다.

밀가루 코팅

얕은 그릇에 다음을 붓는다.

우유나 버터밀크 1½컵

다른 얕은 그릇에 다음을 부은 후 섞는다.

밀가루 2컵 또는 밀가루 ½컵과 고운 옥수숫가루 1½컵

소금 1½작은술

흑후추 1작은술

튀김 재료를 우유에 담갔다가 그릇 위에서 몇 초 동안 들고 우유 방울을 털어낸다. 양념한 밀가루를 골고루 묻히고 여분의 밀가루를 턴다. 남은 재료도 마찬가지로 튀김옷을 입힌다.

잘 달라붙는 빵가루나 크래커 코팅

I. 튀김 반죽

재료를 톡톡 두드려 물기를 제거한다. 얕은 그릇에 다음을 붓고 섞는다.

중력분 1컵

물 1¼컵

다른 얕은 그릇에 다음을 붓는다.

양념 빵가루 1½컵

튀김 재료를 묽은 튀김 반죽에 담갔다가 빵가루에 올려놓고 묻힌다. 재료의 넓은 표면뿐만 아니라 가장자리에도 전부 빵가루가 골고루 묻었는지 확인한다. 빈 곳이 있다면 그 위에 빵가루를 조금 뿌린다. 느슨하게 묻은 빵가루는 튀기는 도중에 떨어져나와 너무 빨리 갈색으로 익어서 기름의 색까지 변하게 되므로 꾹꾹 눌러서 빵가루를 잘 붙인다. ▶ 테두리 있는 오븐 팬에 받침대를 놓고 빵가루를 묻힌 튀김 재료를 올려 최소 20분간 말린다.(1시간~하룻밤 동안 냉장고에 넣어두면 더 맛있는 튀김을 즐길 수 있다.)

II. 달걀물

재료를 톡톡 두드려 물기를 제거한다. 얕은 그릇에 다음을 붓고 섞는다.

밀가루 1컵

소금 1작은술

흑후추 ½작은술

다른 얕은 그릇에 다음을 넣는다.

대란 1개, 살짝 풀어두기

물이나 우유 1큰술

잘 섞는다. 또 다른 그릇에 다음을 붓는다.

양념 빵가루 또는 다른 빵가루 1½컵

튀김 재료를 하나씩 집어서 밀가루를 묻힌다. 704쪽의 그림처럼 한쪽 손바닥에서 다른 쪽 손바닥으로 가볍게 옮겨가며 전체적으로 살살 누른 뒤 여분의 밀가루를 털어낸다. 그다음 밀가루를 묻힌 재료를 달걀 혼합물에 담가서 빈 곳 없이 표면에 골고루 달걀물을 입힌 뒤 여분의 달걀물을 털어낸다. 달걀물을 묻힌 재료를 빵가루에 올린다. 재료의 넓은 표면뿐만 아니라 가장자리에도 전부 빵가루가 골고루 묻었는지 확인한다. 빈 곳이 있다면 그 위에 빵가루를 조금 뿌린다. 느슨하게 묻은 빵가루는 튀기는 도중에 떨어져나와 너무 빨리 갈색으로 익어서 기름의 색까지 변하게 되므로 꾹꾹 눌러서 빵가루를 잘 붙인

다. ▶ 테두리 있는 오븐 팬에 받침대를 놓고 빵가루를 묻힌 튀김 재료를 올려 최소 20분간 말린다.(1시간~하룻밤 동안 냉장고에 넣어두면 더 맛있는 튀김을 즐길 수 있다.)

잘 달라붙는 빵가루 또는 튀김 가루 묻히기

양념 빵가루

빵가루에 양념할 때는 개인의 취향에 따른다. 소금과 후추 외에도 고춧가루나 가람 마살라 같은 혼합 향신료, 다진 허브, 백후추, 커리 가루 또는 굵게 빻은 고춧가루 등을 사용해보자.

I. 기본

다음을 섞는다.

마른 빵가루, 입자가 굵은 빵가루, 잘게 부순 콘플레이크나 크래커 1컵

소금 1작은술

흑후추 ½작은술 또는 스위트 파프리카 가루 ½작은술

II. 치즈와 허브

다음을 섞는다.

마른 빵가루, 입자가 굵은 빵가루, 잘게 부순 콘플레이크나 크래커 1컵

강판에 간 파르메산 또는 로마노 치즈 3큰술

다진 신선한 허브(타임, 바질, 차이브, 세이버리, 타라곤 등) 1작은술 또는 말린

로즈메리 ½작은술이나 다진 로즈메리 1자밤

파이와 페이스트리

오늘날 우리에게 익숙한 파이의 기원은 두꺼운 페이스트리 셸에 다양한 재료를 넣어 구워 먹었던 중세 유럽으로 거슬러 올라간다. 몇 세기 후 미국인들은 전국에 걸쳐 파이에 관해 연구를 거듭했다. 그 결과 플로리다의 키 라임 파이(Key lime pie)부터 펜실베이니아의 독일계 미국인이 즐겨 먹는 더치 슈플라이 파이(Dutch shoofly pie), 태평양 연안 북서부의 매리언베리 파이(marionberry pie)에 이르기까지 미국 전역에서 지형만큼이나 다채로운 파이가 탄생했다.

이번 장에서는 파이에서 가장 만들기 까다로운 크러스트와 퍼프 페이스트리 및 크루아상을 비롯한 몇 가지 다른 페이스트리를 묶어서 소개한다. 섬세한 이 음식들을 능숙하게 만들 수 있기까지는 어느 정도 연습과 끈기가 필요한데, 충분히 그만한 노력을 들일 가치가 있다. 갈색으로 그을린 버터의 향기가 진하게 느껴지며 결코도 쪽쪽 찢어지는 수제 페이스트리처럼 맛있는 것도 드물다. 그뿐만 아니라 식탁에 둘러앉은 이들이 환호하는 가운데 파이나 페이스트리를 내놓는 순간의 만족감을 무엇과 비교할 수 있을까.

파이와 페이스트리를 만들 때 사용하는 도구에 대해

파이는 별다른 도구 없이 주변에 있는 것을 활용해서 만들 수도 있지만(우리도 밀대 대신 와인 병을 사용한 적이 몇 번 있다.) 제대로 된 도구를 갖추면 누구나 칭찬할 만한 페이스트리를 더 쉽게 만들 수 있다.

크러스트를 만들 때 사용하는 **밀대**에는 두 가지 유형이 있다. 손잡이가 달린 **일반형 밀대**와 양쪽 끝으로 갈수록 좁아지거나 두께가 일정한 원통 모양에 손잡이가 없는 **페이스트리 밀대**, 즉 **프랑스식 밀대**다. 손에 편하게 잡을 수 있는 크기와 무게의 밀대를 선택한다. 우리는 다루기 편하고 일반적으로 무게도 더 가벼운 프랑스식 밀대를 선호한다. 밀대의 소재로는 나무가 가장 적합하다. 속이 빈 금속 밀대에 얼음물을 채워서 사용하면 물방울이 맺히고, 유리 밀대는 예쁘기는 하지만 잘 깨진다는 단점이 있다. 다소 무겁지만 반죽을 차갑게 유지할 수 있고 세척이 쉽다는 이유로 대리석 밀대를 선호하는 사람들도 있다.

반죽 재료를 섞을 때는 손으로 직접 하거나 기계를 사용할 수 있다. 손으로 재료를 섞을 때는 활 모양의 금속 날이 5~6개씩 달려 있어 버터를 잘게 잘라

밀가루와 섞기에 편리한 **페이스트리 블렌더**를 사용하는 것이 가장 좋지만, 푸드 프로세서를 사용해도 신속하게 좋은 반죽을 만들 수 있다. 둘 다 없다면 그냥 손으로 섞어도 상관없고, 되도록 재빨리 재료를 섞어서 반죽이 너무 따뜻해지지 않도록 주의하자. 그 외의 유용한 도구로는 반죽의 두께와 지름을 재는 **자**, 격자 모양으로 반죽을 자를 때 사용하는 **홈 있는 페이스트리 휠** 또는 **페이스트리 톱니 칼**(pastry jagger, 피자용 휠도 사용 가능), 금속 소재의 **반죽 긁개**(벤치 스크래퍼라고 부르기도 한다.) 등이 있다. 파이 크러스트의 속을 채우지 않고 구울 때 반죽이 들뜨지 않도록 누르는 용도로는 **누름돌**(pie weights) 또는 익히지 않은 마른 콩, 쌀, 그래뉴러당 등을 사용한다. 파이 크러스트가 너무 진한 갈색으로 익지 않도록 **금속 덮개**를 사용하는 사람도 있지만 알루미늄 포일을 뜯어 고리 모양으로 뭉쳐서 사용해도 같은 효과를 얻을 수 있다.

파이 팬은 보통 지름 23cm와 25cm의 두 가지 크기가 있다. 23cm짜리에는 재료 4½컵, 25cm짜리에는 6컵이 들어간다. 표준 파이 팬의 깊이는 대략 3.2cm이며 딥 디시 파이 팬은 3.8cm 정도로 속이 좀 더 깊다. 유리 소재의 파이 팬을 사용하면 먹음직스럽게 갈색으로 익은 바삭바삭한 파이 크러스트를 만들 수 있지만 굽는 시간을 20~25% 정도 줄여야 한다. 묵직한 금속 팬에는 무광 마감, 광택 마감, 검은색 마감 등이 있는데 마감 방법과 관계없이 갈색으로 잘 익은 크러스트를 구울 수 있다. 도자기 팬은 보기에는 예쁘지만 크러스트에 전달되는 열을 차단해 굽는 시간이 오래 걸리고 크러스트 바닥이 눅눅해지는 경향이 있다. 선호하는 파이 팬의 소재가 무엇이든, 약간의 연습만 하면 충분히 만족스러운 파이를 구울 수 있다. 페이스트리 크러스트를 바탕으로 한 파이를 구울 때 유일하게 권장하지 않는 소재는 일회용 알루미늄이다. 알루미늄을 사용하면 크러스트가 골고루 익지 않는다.

타르트를 만들 때는 분리형 **타르트 팬**(타르트를 다 구운 후 틀에서 쉽게 뺄 수 있도록 바닥이 분리되는 타르트 팬) 또는 고리 모양의 **타르트 틀**과 이 타르트 틀이 넉넉하게 들어가는 크기의 오븐 팬을 함께 사용한다. ▶ 지름 24~25cm, 깊이 2.5cm 정도의 타르트 팬이나 틀에는 필링 4~4½컵 정도 들어간다. 깊이가 같고 지름이 28cm인 타르트 팬이나 틀에는 4½~6컵 정도 들어간다. 또한 1인용

작은 타르트를 구우려면 지름 11.5cm 정도의 작은 미니 타르트 팬이나 틀 여러 개를 사용하면 된다.(1개에 필링 ¾~1컵 정도 들어간다.)

이론적으로는 대부분의 파이를 커다란 팬에 굽든, 반죽을 분할해 작은 파이 팬 또는 타르트 팬 여러 개에 나눠서 굽든 상관없다. 그러나 사과나 체리 같은 과일 파이를 만들 때는 충분한 시간 동안 구워야 과일이 제대로 익고 수분이 날아가 알맞은 점도가 되므로 커다란 팬에 굽는 것이 가장 좋다. 커스터드로 만든 필링을 사용하는 파이는 큰 틀에 굽거나 작은 틀에 굽거나 맛에는 큰 차이가 없다.

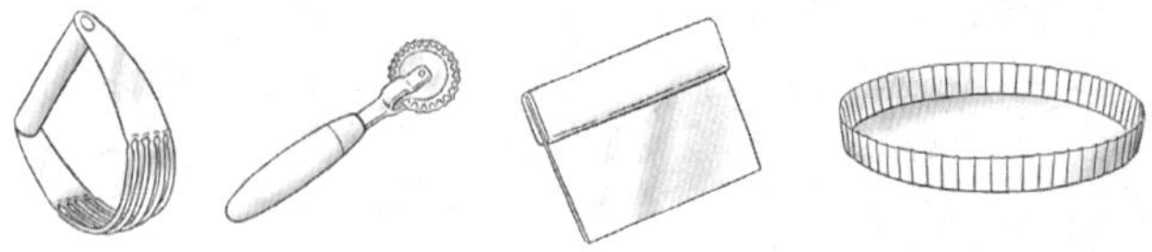

페이스트리 블렌더, 홈이 파인 페이스트리 휠, 벤치 스크래퍼, 분리형 타르트 팬

파이 반죽 레시피 선택하기

기본 파이 또는 페이스트리 반죽, 버터 파이 또는 페이스트리 반죽 등 결이 살아 있는 페이스트리 반죽은 모두 대다수 파이에 잘 어울리지만, 특히 단단한 반죽을 사용해야 하는 더블 크러스트 파이(double crust pie, 바닥에 크러스트를 깔고 재료를 채운 뒤 다시 위에 크러스트를 덮어서 굽는 파이 — 옮긴이)에 가장 적합하다. 그 외에는 자유롭게 선호하는 파이 반죽과 필링 재료를 조합하면 된다. 라드로 만든 기본 반죽은 특히 사과 파이에 잘 어울린다. 크림치즈 페이스트리 반죽은 블루베리나 체리 등 달콤한 과일 파이에 사용하면 아주 맛있다. 옥수수가루 파이 또는 페이스트리 반죽은 블루베리나 블랙베리 파이에 잘 어울리고, 견과류 파이 또는 페이스트리 반죽은 복숭아, 살구, 자두 등의 핵과를 사용한 파이와 조합하면 좋다. 그러나 견과류를 넣은 반죽은 굽는 도중에 깨지기 쉽다는 점을 주의하자. 타르트용 달콤한 반죽은 바닥에만 크러스트를 깔고 굽는 타르트나 파이에는 잘 어울리지만, 위에도 크러스트를 덮어서 굽는 과일 파이에는 적합하지 않다. 오랫동안 굽는 도중에 까맣게 그을리기 쉽기 때문이다.

파이 반죽 만들기에 대해

파이 반죽을 만들 때는 두 가지 중요한 점을 기억해야 한다. ▶ 반죽과 반죽에 사용하는 재료를 차가운 온도로 유지하고, 글루텐이 지나치게 형성되지 않도록 반죽을 큰 동작으로 최대한 가볍게 치대야 한다. 차갑게 식힌 재료를 사용하면 기름기가 너무 많이 배어나는 크러스트가 아닌, 진한 버터 향을 풍기며 결이 살아 있는 크러스트가 된다. 글루텐 형성도 어느 정도 필요하지만 부드러운 크러스트를 만들려면 반죽을 너무 오래 치대지 않도록 주의해야 한다.

손으로 파이 반죽을 만들려면 우선 차갑게 식힌 지방 재료를 약 1.2cm 크기의 덩어리로 자른다. 페이스트리 블렌더나 손가락으로 지방 재료를 마른 재료와 섞는다. 손가락을 사용한다면 버터를 밀가루에 문지르고 손가락 사이로 버터 조각을 납작하게 누른다. ▶ 이 작업을 할 때는 버터가 파이 크러스트에서 어떤 역할을 하는지 생각해보는 것이 좋다. 가장 바람직한 파이 크러스트는 부드러우면서도 결이 잘 살아 있어야 하고, 너무 조밀하거나 기름기가 많거나 퍼석거리면서 부스러지지 않아야 한다. 결이 살아 있는 질감을 원한다면 버터가 밀가루 사이에서 납작한 형태를 이루고 있어야 한다. 버터를 밀가루와 섞으면서 빵가루처럼 아주 작은 조각이 될 때까지 잘게 쪼개는 것은 반드시 나쁘

다고 할 수 없지만, 이렇게 만든 크러스트는 결이 덜 살아 있고 바스러지기 쉬워 페이스트리보다는 쇼트브레드(shortbread, 밀가루와 설탕에 버터를 듬뿍 넣고 두툼하게 만든 비스킷 — 옮긴이)에 가까운 식감이 된다.(일부 파이 크러스트는 이 두 가지 원리를 모두 활용해 부드러운 질감과 결의 적당한 균형을 찾는다.) 모든 지방 재료가 납작해지고 밀가루에 잘 섞일 때까지 이 작업을 계속한다. 지방 재료를 모두 균일한 크기로 쪼갤 필요는 없다. 오히려 그렇게 하면 반죽에 손을 너무 많이 댈 수밖에 없어 지방 재료의 온도도 올라간다. 지방 재료는 잘게 쪼갠 후에도 단단하고 서로 달라붙지 않아야 하며, 일부는 아주 곱고 빵가루 같은 질감으로, 일부는 완두콩이나 그보다 약간 큰 굵기로, 일부는 납작하게 누른 큼직한 조각으로 구성되어야 한다.

그다음에는 얼음물을 부어 반죽을 하나로 뭉친다. 이때의 요령은 ▶ 반죽이 하나로 뭉치기에 충분한 물을 넣되, 끈적거릴 정도로 많이 넣지 않는 것이다. 밀가루와 지방 재료 혼합물은 '몽글몽글'해 보이지만 꽉 쥐면 서로 뭉치며, 건조해 보이거나 퍼석거리지 않을 정도로만 촉촉하게 적셔야 한다. 적당한 물의 양은 밀가루의 단백질 함량, 사용한 지방 재료의 종류, 지방 재료와 밀가루를 섞은 정도, 지방 재료와 물의 온도, 주변 습도에 따라 달라진다. 다른 말로 하면, 정확한 분량을 계량해서 넣기보다는 손으로 직접 만져보면서 적당한 양을 파악해야 한다는 의미다. 힘을 줘서 뭉치지 않아도 혼합물이 자연스럽게 한 덩어리가 된다면 물이 너무 많은 것이다. 그러나 반죽이 너무 건조하면 밀었을 때 쪼개지거나 부서지기 때문에 초보자라면 차라리 물을 조금 많이 넣는 실수를 범하는 편이 낫다. ▲ 증발 작용이 활발한 높은 고도의 지역에서 파이를 만들 때는 물을 기준보다 조금 더 넉넉하게 넣어야 좋은 결과를 얻을 수 있다. 파이를 굽고자 하는 사람들에게는 정기적으로 파이 반죽 만드는 연습을 해서 반죽에 대한 감을 익히기를 조언한다. 올바른 기술을 사용해 연습한다면 기가 막힌 파이 크러스트를 충분히 만들 수 있다.

페이스트리 블렌더로 지방 재료를 잘게 쪼개서 마른 재료와 섞기

더블 크러스트 파이를 만들 수 있을 만큼 반죽의 양이 충분하면 반죽을 같은 크기로 반 나누거나 레시피의 설명을 따른다. 이 시점부터는 두 가지 방법 중 하나를 선택할 수 있으며, 방법마다 장단점이 있다.

첫 번째는 비닐랩으로 반죽을 감싸서 30분 이상 냉장고에 넣어두었다가 꺼내서 미는 방법이다. 반죽을 숙성시키면 글루텐이 풀어지고 시간이 지나면서 밀가루가 골고루 수분을 흡수하므로 반죽을 다루기가 쉬워진다. 필요하면 반죽을 잘 감싸서 냉장고에 넣거나 아래의 설명에 따라 보관한다. 반죽을 30분 이상 냉장고에 넣어두었다면 눌렀을 때 점토처럼 단단하게 느껴지지만 유연하게 구부러질 때까지 실온에 꺼내두었다가 사용해야 한다. 반죽이 너무 차가우면 밀었을 때 가장자리가 갈라지기 마련이다.

또 다른 방법은 즉시 반죽을 밀어서 파이 팬에 간 후 냉장고에 넣는 것이다. 이 방법의 가장 큰 장점은 재료를 뭉쳐서 치댄 직후이기 때문에 반죽이 유연하

다는 점이다. 그러나 주방이 아주 따뜻한 편이라면 일단 반죽을 냉장고에 넣었다가 밀어서 파이 팬에 깔고, 다시 냉장고에 넣어서 식히는 것이 좋다.

파이 반죽을 보관하려면 아래쪽 크러스트로 사용할 반죽을 비닐랩으로 단단히 감싸서 냉장고에 넣어둔다. 최대 3일간 보관할 수 있다. 반죽을 냉동하려면 원반 모양으로 만들어서 랩으로 두 번 감싸거나 반죽을 밀어서 파이 팬에 깔아 모양을 잡은 후 랩으로 단단하게 감싸서 냉동실에 넣으면 3개월 정도 보관할 수 있다. 냉장고에 넣었던 반죽은 말랑하게 잘 구부러질 때까지 몇 분 정도 실온에 꺼내둔다. 원반 모양으로 냉동했던 반죽은 냉장고에서 완전히 해동한 후 밀어서 모양을 잡는다. 파이 팬에 깔아서 냉동했던 반죽은 냉동실에서 꺼낸 후 바로 구울 수 있다. 이때 굽는 시간을 몇 분 정도 길게 잡아야 한다.

푸드 프로세서를 사용해 파이 반죽 섞기

푸드 프로세서가 있다면 1분 안에 파이 반죽을 만들 수 있다. 푸드 프로세서에 마른 재료를 넣고 섞은 후 5초간 작동시킨다. 차가운 버터, 지방 또는 크림치즈를 정육면체로 잘라서 마른 재료 전체에 흩뿌린다. 지방 재료가 대부분 완두콩만 한 크기가 될 때까지 1~2초씩 여러 번 작동시킨다. 푸드 프로세서를 끈 상태에서 약간의 얼음물을 위에 뿌린다. 마른 부분이 보이지 않을 때까지 짧게 몇 번 작동시킨다. 계속해서 물을 조금씩 넣으면서 반죽을 꽉 쥐면 뭉치고 너무 퍼석거리거나 질척이지 않는 적당한 질감이 될 때까지 푸드 프로세서를 짧게 돌린다. 이 작업을 하는 동안 반죽이 한 덩어리로 뭉치지 않도록 주의한다. 푸드 프로세서 용기를 뒤집어서 반죽을 꺼낸 후 꾹 누르면서 공 모양으로 뭉친 다음 원반 모양으로 넓적하게 편다. 랩으로 감싸서 냉장고에 넣었다가 레시피에 따라 다음 단계를 진행한다.

반죽기를 사용해 파이 반죽 섞기

주걱 모양의 날을 끼운 반죽기 용기에 마른 재료를 넣고 저속으로 몇 초간 작동시켜 섞은 후 차가운 지방 재료나 크림치즈를 넣는다. 혼합물이 거친 빵가루 정도의 질감이 될 때까지 중저속으로 섞는다. 얼음물을 붓고 반죽이 주걱 모양의 날에 달라붙기 시작할 때까지 작동시킨다. 반죽이 너무 퍼석거리면 손으로 물을 1~3작은술 정도 보충해 눌렀을 때 반죽이 적당히 뭉치게 한다.

파이 반죽 밀기

도톰한 페이스트리 면 보자기, 페이스트리 도마, 대리석 판(차가운 온도가 유지되며 반죽이 너무 말랑해지는 것을 방지한다.) 또는 깨끗하고 매끄러운 조리대에서 반죽을 밀 수 있다. 오븐 근처나 주방 온도가 높은 곳에서 파이 반죽을 밀면 지방이 녹아버리므로 주의한다. 미는 동안 반죽이 너무 말랑해지면 작업대에서 떼어낸 후 쿠키 시트에 올려서 단단해질 때까지 냉장고에 넣어둔다.

밀가루를 살짝 뿌린 작업대의 가운데에 반죽을 올리고 반죽에도 밀가루를 살짝 뿌린다. 중심에서 바깥쪽으로 반죽을 밀되, 가장자리에 약간 못 미치는 지점에서 멈춘다. 밀대로 한 번 밀 때마다 잠시 멈추고 반죽을 90도 돌려서 바닥에 달라붙는 것을 방지한다. 이 작업은 매우 중요하다. 이 단계에서 가장 흔히 발생하는 실수 중 하나는 만드는 사람이 반죽을 모든 방향에서 골고루 밀기 위해 주변을 빙글빙글 도는 것이다. 반죽을 가만히 놓고 몸을 움직이지 말고 반죽을 돌리면서 작업하자. 바닥에 달라붙는 낌새가 보이면 반죽 아래쪽에 밀가루를 조금 묻히고 계속 민다. 처음에는 이 작업이 다소 어색하겠지만 금세 손에 익으면서 적절한 리듬으로 움직이게 된다.

반죽을 미는 동안 갈라지거나 쪼개지는 부분이 생기면 손가락으로 반죽을 밀어서 메운다. 살짝 갈라진 부분도 금세 넓게 벌어지므로 갈라진 부분은 눈에 띄자마자 메꿔야 한다. 남은 반죽 조각에 찬물을 살짝 묻혀 물이 묻은 쪽이 아래로 가도록 구멍이나 찢어진 곳, 너무 얇은 부분에 대고 꾹 눌러서 붙인다.

반죽이 너무 얇거나 쉽게 찢어진다면 유산지를 아래위에 깔고 밀 수도 있다. 반죽을 미는 도중에 주기적으로 위쪽 유산지를 벗겨냈다가 다시 반죽 위에 덮고, 전체를 뒤집어서 아래쪽에 깔았던 유산지를 벗겨냈다가 다시 반죽 위에 덮은 후 다시 민다.

파이 반죽 밀기

파이 팬이나 타르트 팬에 반죽 깔기

반죽을 팬의 지름보다 7.5~10cm 정도 더 큰 원형으로 민다. 이렇게 하면 반죽의 가장자리가 넉넉하게 남으므로 파이 테두리를 만들 수 있다. 눈으로 파이의 크기를 가늠하려면 팬을 반죽의 가운데에 놓는다.(타르트 팬은 똑바로, 파이 팬은 뒤집어서 놓는다.) 넓적하게 민 반죽을 팬으로 옮기려면, 밀대에 느슨하게 감아서 팬의 한쪽 옆면 위에 놓고 반죽을 살살 편다. 반죽을 폈을 때 중심에서 벗어났다면 손으로 얌전히 움직여서 가운데로 맞춘다. 반죽을 팬 안쪽으로 살살 밀어 넣고 손가락 끝으로 꾹꾹 눌러서 팬에 맞춰 끼운다. 팬 바깥으로 빠져나온 부분에 빈 곳이 있다면 남은 반죽 조각의 한쪽에 찬물을 살짝 바른 다음 눌러 붙여 메운다. 팬 위로 나온 가장자리 부분은 2.5cm만 남기고 가위나 작은 과도로 깔끔하게 잘라낸다. 이렇게 자른 반죽 조각은 바닥에만 크러스트를 깔아서 굽는 싱글 크러스트 파이의 가장자리에 모양을 낼 때 사용하거나 적당한 모양으로 잘라서 더블 크러스트 파이의 윗면에 붙여 모양을 내거나 '밀가루 반죽 놀이'를 할 수 있도록 아이들에게 주거나 설탕과 계피를 훌훌 뿌려서 구워 먹을 수도 있다.

싱글 크러스트 파이 성형하기

싱글 크러스트 파이를 만들 때는 팬 밖으로 나온 부분을 다시 밑으로 접어 넣어서 두 겹이 된 가장자리 부분이 파이 팬의 테두리 위에 놓이게 한다. 이 반죽의 '테두리'는 파이의 즙이 밖으로 빠져나가지 않도록 도와주기 때문에 중요한 역할을 하며, 주름을 잡거나 홈이 생기도록 모양을 잡으면 보기에도 예쁘다.

테두리에 주름을 잡으려면 반죽을 빙 둘러가며 포크의 갈라진 부분으로 눌러서 모양을 낸다.

테두리에 세로로 홈을 내려면 엄지와 검지를 약 2.5cm의 간격으로 벌리고 테두리의 바깥쪽에 갖다 댄 다음 반죽의 안쪽에서 반대쪽 손의 검지로 꾹 눌러서 움푹 들어가게 한다.

꼬임이나 땋은 모양을 만들려면 잘라낸 반죽 조각을 얇고 기다란 밧줄 모양

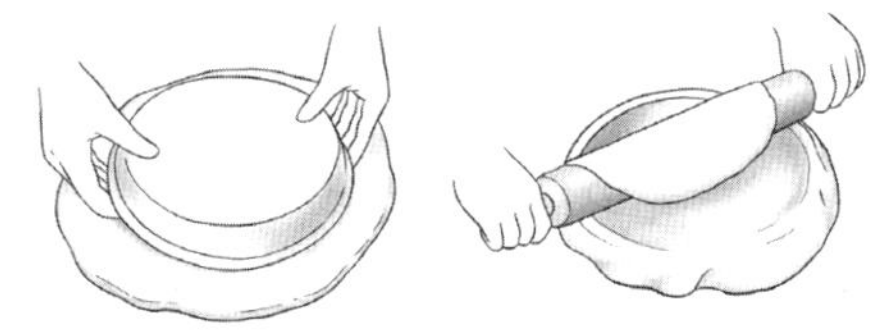

파이 반죽의 크기를 확인하고 밀대를 사용해 반죽을 파이 팬에 옮기기

으로 밀고 취향에 따라 두 가닥을 모아 꼬거나 세 가닥으로 땋는다. 파이 크러스트의 테두리를 팬의 가장자리에 눌러서 납작하게 만든 후 솔로 찬물을 바르고 꼬거나 땋은 밧줄 모양 반죽을 올려서 꾹 누른다.

▶ 크러스트를 냉동실에 15분간 또는 냉장고에 1시간 동안 넣어둔다.

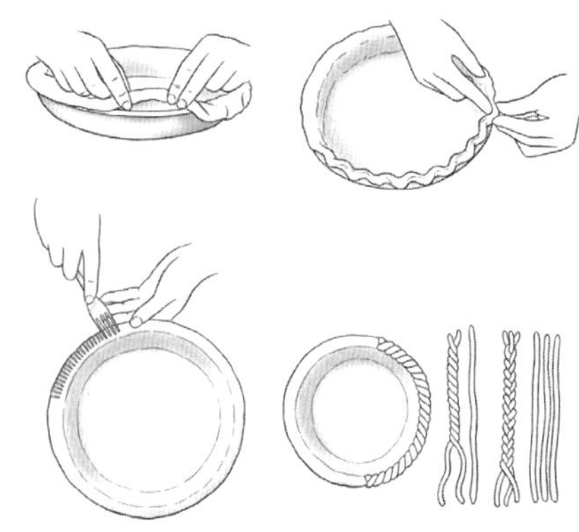

팬 밖으로 빠져나온 반죽을 다시 아래로 접어서 두 겹으로 만들기,
테두리에 세로로 홈 내기, 테두리에 주름 잡기, 밧줄 모양의 반죽을 꼬거나
땋은 후 팬의 테두리를 따라 붙여서 꼬인 모양의 테두리 만들기

타르트 크러스트 성형하기

타르트를 만들 때는 밖으로 빠져나온 반죽을 다시 안쪽으로 접어서 크러스트 위쪽 부분의 두께가 2배가 되게 한 다음 타르트 팬의 안쪽 테두리에 대고 힘주어 꾹 누른다. 옆면에서 눈에 띄게 두꺼워 보이는 부분은 손가락으로 눌러 균일한 두께로 만들고 가위나 과도로 여분의 반죽을 잘라내거나 밀대를 타르트 팬 위에 올려놓고 전체적으로 민다.

▶ 크러스트를 냉동실에 15분간 또는 냉장고에 1시간 동안 넣어둔다.

크기가 작은 1인용 파이를 만들 때는 머핀 틀을 사용하고, 속이 깊은 셸이 필요하면 커스터드 컵을 사용한다. 또한 작은 타르트 팬이나 파이 팬, 고리 모양의 타르트 틀, 심지어 아주 작은 크기의 무쇠 팬도 사용할 수 있다. 반죽을 지름 11.5~14cm의 둥그런 모양으로 잘라서 틀에 끼워 넣는다. 위의 설명대로 차갑게 식힌다.

더블 크러스트 파이를 성형하는 방법은 다음에 나오는 내용을 참고한다.

필링을 채워서 굽는 크러스트에 대해

처음부터 필링과 함께 크러스트를 굽는 파이도 있다. 모든 더블 크러스트 파이가 여기에 해당하며, 일부 싱글 크러스트 파이도 레시피에 따라 이 방식으로 굽는다. 필링을 채워서 굽기 전에 ▶ 크러스트를 냉동실에 15분간 또는 냉장고에 1시간 동안 넣어둔다. 크러스트의 바닥을 찔러서 구멍을 내지 않는다. ▶ 파

이 필링에 수분이 많으면 질척이지 않도록 크러스트의 바닥에 밀가루와 설탕을 절반씩 섞어서 살짝 뿌린다.

더블 크러스트 파이 성형하기

앞의 설명대로 아래쪽 크러스트를 파이 팬에 깔되, 밖으로 빠져나온 반죽을 자르거나 접거나 주름을 잡지 않는다. 필링을 만드는 동안 냉장고에 넣어둔다. 아래의 설명처럼 위쪽 크러스트를 민 후 레시피에 따라 아래쪽 크러스트에 필링을 채우는 동안 냉장고에 보관한다.

아무 무늬가 없는 위쪽 크러스트를 만들려면 원반 모양의 두 번째 반죽을 파이 팬의 지름보다 5cm 정도 크게 둥근 모양으로 민다. 파이 팬 밖으로 빠져나온 아래쪽 크러스트 부분에 붓으로 찬물을 살짝 바른다. 위쪽 크러스트를 파이 위에 얹는다. 크러스트 2장의 가장자리를 맞잡고 손가락으로 꾹 눌러 붙인다. 반죽 2장을 붙인 가장자리를 팬의 테두리에서 2.5cm만 나오도록 가지런히 자른 후, 빠져나온 부분을 다시 아래로 접어서 접힌 가장자리 부분이 파이 팬의 테두리에 걸치게 한다. 앞에서 설명한 싱글 크러스트 파이 성형 방법에 따라 주름을 잡거나 세로로 홈을 낸다. 세로로 깊숙하게 홈을 내면 필링의 수분이 보글보글 끓어오르면서 위쪽 크러스트를 뚫고 넘치는 것을 방지할 수 있다. 굽는 도중에 김이 빠져나오게 하려면 포크로 위쪽 크러스트에 구멍을 몇 개 뚫거나 잘 드는 과도를 사용해 5cm 길이로 서너 군데 칼집을 넣는다. 남은 반죽 조각을 보기 좋은 모양으로 잘라서 찬물 또는 달걀이나 달걀노른자 푼 것에 물을 약간 섞은 달걀물을 살짝 바른 뒤 위쪽 크러스트에 올려놓고 눌러서 붙인다.

지름 23cm짜리 파이의 위쪽에 **일반적인 격자무늬로 모양을 내려면** 위쪽 크러스트용 반죽을 지름 34cm의 둥근 모양으로 민다. 칼이나 페이스트리 휠로 반죽을 길고 얇게 자르거나 반죽 조각을 밧줄 모양으로 민 다음, 밧줄을 꼬아서 엮거나 길고 얇게 자른 조각을 십자 형태로 교차시킨다. 기다란 조각의 너비는 만드는 사람의 취향에 따라 조절할 수 있다. 심지어 하나의 파이에 얇은 줄과 두꺼운 줄을 번갈아 사용할 수도 있다. 아래쪽 크러스트에 숟가락으로 필링을 떠 넣고 아래쪽 크러스트의 가장자리에 솔로 찬물을 바른다. 얇고 길쭉하게 자른 반죽 조각 절반을 적당한 간격을 두고 얹은 다음, 남은 절반을 사선 또는 수직으로 교차하도록 올린다. 격자무늬로 얹은 길쭉한 반죽 조각은 양쪽 끝이 1.2cm 정도씩만 팬 밖으로 나오도록 잘라낸다. 길쭉한 반죽 조각을 아래쪽 크러스트에 꾹 눌러 붙인다. 길쭉한 반죽 조각의 밖으로 빠져나온 부분과 아래쪽 크러스트를 접어서 밑으로 끼워 넣으면 가장자리 부분이 파이 팬의 테두리에 걸쳐지고 길쭉한 조각이 고정된다. 취향에 따라 앞의 설명을 참고해 가장자리에 주름을 잡거나 홈을 낸다.

지름 23cm짜리 파이의 윗면에 **엮는 형태로 격자무늬를 내려면** 위의 설명에 따라 반죽을 밀어서 길고 얇은 조각으로 자른다. 얇고 길쭉하게 자른 반죽 조각 절반을 최소 1.2cm의 간격을 두고 파이나 쿠키 시트 위에 올린다.(쿠키 시트에서 먼저 모양을 만들어서 한꺼번에 파이로 옮기면 더 깔끔하게 작업할 수 있다.) 남은 기다란 반죽 조각을 사용해 바구니를 짜듯이 한 번은 아래로, 한 번은 위로 통과시키면서 엮는 작업을 반복한다. 쿠키 시트에서 모양을 만들었다면 다 엮은 후 밀어서 파이 위에 얹는다.(격자 모양으로 완성된 것을 냉장고에 넣어 몇 분 정도 식히면 좀 더 쉽게 옮길 수 있다.) 격자무늬를 낼 때 사용한 길쭉한 반죽 조각은 양쪽 끝이 1.2cm 정도씩만 팬 밖으로 나오도록 잘라낸다. 길쭉한 반죽 조각을 아래쪽 크러스트에 꾹 눌러 붙인다. 길쭉한 반죽 조각의 밖으로 빠져나온 부

분과 아래쪽 크러스트를 접어서 밑으로 끼워 넣으면 가장자리 부분이 파이 팬의 테두리에 걸쳐지고 길쭉한 조각이 고정된다. 취향에 따라 708쪽의 설명을 참고해 가장자리에 주름을 잡거나 홈을 낸다.

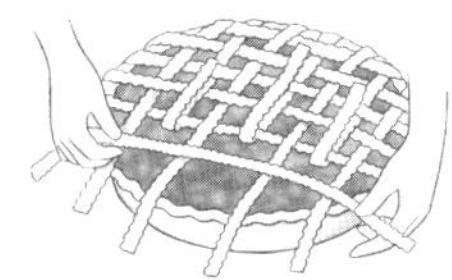

더블 크러스트 파이용 반죽 성형하기, 더블 크러스트 파이 위에
얹은 반죽의 여분을 접거나 엮는 형태로 격자무늬 만들기

파이의 윗면을 '지붕널' 모양으로 장식하려면 우선 파이 팬에 아래쪽 크러스트를 깔고 파이 팬이나 타르트 팬에 반죽 깔기 항목을 참고해 테두리의 모양을 잡는다. 위쪽 크러스트를 넓게 밀고 쿠키 틀로 원형, 정사각형, 다이아몬드형 또는 그 외의 모양으로 자른다. 이렇게 자른 조각을 지붕널을 깔듯이 서로 약간씩 겹치도록 파이 필링 위에 올린다. 이 조각들은 테두리가 아닌 가운데의 필링 위에 얹어야 한다. 이렇게 모양을 낸 크러스트는 만들기도 쉽고 보기에도 근사하다.

마지막으로 더블 크러스트, 격자무늬로 엮은 크러스트 또는 지붕널 모양의 크러스트를 반짝반짝 윤기가 도는 황금색으로 마무리하려면 ▶ 달걀을 잘 풀고 약간의 물과 우유 또는 헤비크림을 넣은 달걀물을 맨 위에 바른 후 그래뉼러당 또는 중백설탕을 훌훌 뿌린다.

속을 채우지 않고 크러스트 굽기에 대해

필링을 넣지 않고 파이나 타르트 셸을 구워 바삭한 크러스트를 만들면 따로 만든 필링이나 사전 조리 또는 조리가 필요 없는 필링을 얹어서 먹을 수 있어 편리하다. 파이 팬이나 타르트 팬에 반죽 깔기 항목을 참고해 아래쪽 크러스트 반죽을 파이 팬에 끼우고 밖으로 빠져나온 부분을 정리한 후 가장자리에 주름을 잡거나 세로로 홈을 낸다. 포크로 반죽을 여러 군데 찔러서 '숨구멍'을 만든다. ▶ 크러스트를 냉동실에 15분간 또는 냉장고에 1시간 동안 넣어둔다.(시간이 넉넉하다면 냉장고에 1시간 넣어두는 것을 권장한다.) 반죽에 유산지를 깔고 ▶ 마른 콩이나 누름돌을 부어서 가득 채운다.(이때 누름돌을 너무 적게 넣지 않도록 주의하자. 적당한 무게로 누르지 않으면 크러스트가 쪼그라들기 마련이다.) 요리책 저자인 스텔라 파크스(Stella Parks)는 크러스트에 채우기 편리하며 나중에 다른 음식을 구울 때 사용할 수 있다는 이유로 누름돌 대신 그래뉼러당을 사용한다. 누름돌을 부드럽게 눌러서 크러스트의 모퉁이로 밀어 넣는다. 이렇게 하면 크러스트가 찌그러지거나 울퉁불퉁하게 구워지는 것을 방지할 수 있다.

속재료를 채우지 않고 파이 셸을 구우려면 차갑게 식힌 셸 반죽에 누름돌을 담고 190℃로 예열한 오븐에 넣는다. 다른 언급이 없는 한 가장자리가 연한 갈색으로 변하면서 만져보면 건조한 느낌이 날 때까지 25분 정도 굽는다. 유산지와 누름돌을 꺼내고 크러스트의 바닥이 노릇노릇하면서 만져보면 건조한 느낌이 날 때까지 8~10분간 더 굽는다. 레시피에 별다른 언급이 없는 한 크러스트를 식힌다. 작은 1인용 파이 셸을 구울 때는 커다란 파이 크러스트를 구울 때보다 굽는 시간을 줄여야 한다는 점을 기억하자.

파이 반죽의 추가 재료

마른 재료에 다음 중 선호하는 재료를 추가해 더블 크러스트용 기본 파이 또는 페이스트리 반죽을 다양하게 변형해보자.

포피시드 또는 캐러웨이씨 최대 1큰술

타임이나 로즈메리 등 신선한 허브, 굵게 썰어서 1큰술

레몬이나 오렌지 1개 또는 라임 2개의 껍질, 강판에 곱게 갈기

파르메산이나 로마노 등의 경성 치즈, 강판에 갈아서 1컵(115g)

볶은 참깨 최대 3큰술

계핏가루 및/또는 강판에 간 육두구나 육두구 가루 ½작은술

무가당 비가공 또는 더치 프로세스 코코아 가루 2큰술(10g)

기본 파이 또는 페이스트리 반죽

지름 23~25cm짜리 더블 크러스트 1개

지름 23cm짜리 싱글 크러스트 파이를 만든다면 레시피의 분량을 절반으로 줄인다.(또는 레시피대로 만들고 반죽의 절반을 랩으로 감싸서 냉장고 또는 냉동실에 보관했다가 나중에 사용한다.)

다음을 중간 크기의 그릇에 넣고 섞거나 푸드 프로세서에 넣고 잠깐 돌려서 섞는다.

중력분 2½컵(315g)

(설탕 1작은술, 달콤한 파이를 만들 때 사용)

소금 ½작은술

다음을 준비한다.

차갑게 식힌 라드 ¾컵(155g) 또는 식물성 쇼트닝 ¾컵(145g), 작은 조각으로
자르기

차가운 버터 3큰술(45g), 정육면체로 자르기

반죽을 손으로 섞는다면 작게 자른 지방 재료 절반을 밀가루 혼합물 위에 놓고 페이스트리 블렌더나 손가락 끝으로 귀리만 한 크기가 되도록 살살 으깨면서 섞는다. 남은 지방 재료를 넣고 밀가루에 문지르면서 일부는 완두콩이나 그보다 약간 큰 크기, 일부는 납작하게 누른 큼직한 조각이 되도록 손가락으로 누른다. 푸드 프로세서를 사용한다면 지방 재료를 한꺼번에 넣고 대부분 완두콩 크기가 될 때까지 짧게 여러 번 작동시킨다. 반죽에 다음을 뿌린다.

얼음물 6큰술(90g)에 증류 백식초나 사과 식초 1큰술을 섞은 것

실리콘 주걱으로 반죽 재료를 살살 뒤적여가며 물을 섞거나 반죽이 적당히 뭉칠 때까지 푸드 프로세서를 짧게 몇 번 작동시킨다. 반죽이 여전히 퍼석하고 잘 부서지면 다음을 넣는다.

얼음물 1~3작은술

반죽은 축축하거나 끈적이지 않으면서 꾹 쥐었을 때 덩어리로 뭉치는 정도가 되어야 한다. 반죽을 반으로 나눠 각각 원반 모양으로 만들고 파이 반죽 밀기 항목의 설명에 따라 즉시 밀거나 비닐랩으로 감싸서 30분~3일간 냉장고에 넣어둔다. 파이 팬이나 타르트 팬에 반죽 깔기 항목을 참고해 반죽을 깐다. 필링을 채워서 굽는 과정은 개별 레시피를 참고한다. 미리 구운 셸은 속을 채우지 않고 크러스트 굽기에 대해 항목을 참고한다.

버터 파이 또는 페이스트리 반죽

지름 23~25cm짜리 더블 크러스트 1개

예나 지금이나 우리 집에서 가장 사랑받는 파이 반죽 레시피다. 버터만 사용

해서 만든 반죽은 맛이 좋고 버터와 쇼트닝을 섞어서 만든 반죽보다 다루기도 쉽다. 지름 23cm짜리 싱글 크러스트 파이를 만든다면 레시피의 분량을 절반으로 줄인다.(또는 레시피대로 만들고 반죽의 절반을 랩으로 감싸서 냉장고 또는 냉동실에 보관했다가 나중에 사용한다.)

다음을 중간 크기의 그릇에 넣고 섞거나 푸드 프로세서에 넣고 잠깐 돌려서 섞는다.

중력분 2½컵(315g)

(설탕 1작은술, 달콤한 파이를 만들 때 사용)

소금 ½작은술

다음을 넣는다.

차가운 무염 버터 스틱 2개(255g), 정육면체로 자르기

반죽을 손으로 섞는다면 버터 조각이 대부분 완두콩이나 그보다 약간 큰 크기, 일부는 납작하게 누른 큼직한 조각이 되도록 손가락으로 누른다. 푸드 프로세서를 사용한다면 버터를 한꺼번에 넣고 대부분 완두콩 크기가 되도록 짧게 몇 번 작동시킨다. 반죽에 다음을 뿌린다.

얼음물 6큰술(90g)에 증류 백식초나 사과 식초 1큰술을 섞은 것

실리콘 주걱으로 반죽 재료를 살살 뒤적여가며 물을 섞거나 반죽이 적당히 뭉칠 때까지 푸드 프로세서를 짧게 몇 번 작동시킨다. 반죽이 여전히 퍼석하고 잘 부서진다면 다음을 넣는다.

얼음물 1~3작은술

반죽은 축축하거나 끈적이지 않으면서 꾹 쥐었을 때 덩어리로 뭉치는 정도가 되어야 한다. 반죽을 반으로 나눠 각각 원반 모양으로 만들고 파이 반죽 밀기 항목의 설명에 따라 즉시 밀거나 비닐랩으로 감싸서 30분~3일간 냉장고에 넣어둔다. 파이 팬이나 타르트 팬에 반죽 깔기 항목을 참고해 반죽을 깐다. 필링을 채워서 굽는 과정은 개별 레시피를 참고한다. 미리 구운 셸은 속을 채우지 않고 크러스트 굽기에 대해 항목을 참고한다.

체더 파이 또는 페이스트리 반죽

키시와 같은 짭짤한 파이 또는 사과 파이를 만들 때 사용하면 맛있다.

버터 파이 또는 페이스트리 반죽을 만들되, 버터와 함께 **잘게 썬 숙성 또는 반숙성 체더 치즈 2컵(225g)**을 넣고 밀가루와 섞는다. 레시피대로 조리한다. 이 반죽은 일반적인 파이 반죽보다 약간 더 퍼석거린다.

옥수숫가루 파이 또는 페이스트리 반죽

옥수숫가루를 사용하면 바삭하고 가벼운 크러스트를 만들 수 있다. 이 반죽은 베리류나 복숭아 또는 천도복숭아로 만든 생과일 타르트에 사용한다.

버터 파이 또는 페이스트리 반죽의 재료를 준비한다. **슈거 파우더 ⅓컵(35g)**을 마른 재료에 추가하고 밀가루 ¾컵(95g)을 곱게 빻은 노란색 옥수숫가루 ¾컵(120g)으로 대체한다.

견과류 파이 또는 페이스트리 반죽

버터 파이 또는 페이스트리 반죽의 재료를 준비한다. 잘게 썬 호두 또는 피칸 ½컵(푸드 프로세서에 넣고 갈면 편리하다.)과 **슈거 파우더 ⅓컵(35g)** 그리고 옵션 재료(강판에 곱게 간 레몬 껍질 1작은술)를 마른 재료에 추가한다.

통곡물 파이 또는 페이스트리 반죽

버터 파이 또는 페이스트리 반죽의 재료를 준비한다. 슈거 파우더 ⅓컵(35g)을 마른 재료에 추가하고 중력분 1컵(125g) 대신 **통밀로 만든 페이스트리 밀가루(120g), 메밀가루(125g), 스펠트 가루(125g) 또는 색이 진한 호밀가루(120g)** 1컵을 사용한다. 아주 부드러운 반죽을 선호한다면 물 6큰술 대신 **대란 노른자 1개**에 얼음물 ⅓컵(80g)을 넣고 잘 풀어서 반죽에 넣는다.

타르트용 달콤한 반죽

지름 25cm짜리 타르트 셸 2개 또는 지름 7.5cm짜리 미니 타르트 셸 10개

설탕 쿠키 반죽과 비슷한 이 반죽을 구우면 쉽게 부스러져 입안에서 사르르 녹는 식감을 선사한다. 이번 장에서 다루는 모든 타르트에 이 반죽을 사용할 수 있다. 타르트 셸을 하나만 만든다면 레시피의 분량을 절반으로 줄인다.(또는 레시피대로 만들고 반죽의 절반을 랩으로 감싸서 냉장고 또는 냉동실에 보관했다가 나중에 사용한다.)

다음을 중간 크기의 그릇에 넣고 섞는다.

중력분 2¾컵(345g)

소금 ¼작은술

커다란 그릇이나 반죽기 용기에 다음을 넣고 탁탁 치면서 부드러워질 때까지 젓는다.

무염 버터 스틱 2개(225g), 말랑하게 녹이기

다음을 넣고 탁탁 치면서 부드러워질 때까지 젓는다.

슈거 파우더 ¾컵(75g)

용기 옆면에 묻은 반죽을 긁어내린다. 다음을 넣고 잘 섞이도록 세게 젓는다.

바닐라 1작은술

용기 옆면에 묻은 반죽을 한 번 더 긁어내린 후 밀가루 혼합물을 넣는다. 반죽기를 사용한다면 버터와 밀가루가 골고루 섞이면서 퍼석거릴 때까지 저속으로 작동시킨다. 이때 반죽이 매끄러운 한 덩어리가 될 때까지 오래 섞지 않도록 주의한다. 다음을 넣는다.

대란 1개, 잘 풀어두기

반죽이 하나로 뭉칠 때까지 저속으로 섞는다. 커다란 타르트 셸을 만든다면 반죽을 반으로 나누고, 미니 타르트 셸을 만든다면 같은 크기로 10등분한다. 각 반죽을 원반 모양으로 납작하게 누른 후 비닐랩으로 단단히 감싼다. 2시간~하룻밤 동안 냉장고에 넣어둔다. 냉장고에서 꺼낸 뒤 반죽이 쉽게 구부러지지만 아직 말랑하지는 않을 때까지 실온에 두었다가 사용한다.

유산지 2장 사이에 반죽을 끼우고 민다. 지름 25cm의 타르트 팬 1~2개 또는 지름 7.5cm의 미니 타르트 팬이나 고리 모양의 틀에 반죽을 옮겨놓고 반죽의 모서리 부분을 살짝 누른다. 파이 팬이나 타르트 팬에 반죽 깔기 항목을 참고해 반죽을 팬에 잘 깐다. 포크로 반죽에 전체적으로 구멍을 뚫고 30분간 냉동실에 넣어둔다.

오븐을 175℃로 예열한다. 타르트 셸에 유산지를 깔고 누름돌이나 마른 콩을 넣어 절반 높이까지 채운다. 황금색이 될 때까지 25분 정도 굽는다. 유산지와 누름돌을 꺼내고 5분간 더 굽는다. 완전히 식힌 후 필링을 채운다.

크림치즈 페이스트리 반죽

지름 23cm짜리 싱글 파이 크러스트 1개 또는 지름 7.5cm짜리 타르트 또는 1인용 파이 셸 8개

버터와 크림치즈를 넉넉하게 넣어 맛이 진하며 은은하게 톡 쏘는 풍미를 지닌 이 반죽은 타르트 셸이나 턴오버에 사용하면 아주 잘 어울린다.

다음을 중간 크기의 그릇에 넣고 섞는다.

중력분 1컵(125g)

소금 ¼작은술

다음을 밀가루에 넣고 잘 어우러질 때까지 잘게 쪼개면서 섞는다.

차가운 무염 버터 스틱 1개(115g), 정육면체로 자르기

차가운 크림치즈(115g), 정육면체로 자르기

반죽을 원반 모양으로 넓게 펴서 비닐랩으로 감싼 후 1시간 이상 냉장고에 넣어둔다.

파이 반죽 밀기 항목의 설명에 따라 반죽을 민 후 타르트 팬에 반죽 깔기 항목을 참고해 반죽을 깐다. 필링을 채워서 굽는 과정은 개별 레시피를 참고한다. 미리 구운 셸은 속을 채우지 않고 크러스트 굽기에 대해 항목을 참고한다.

작은 1인용 파이 또는 타르트에 사용하려면 반죽을 8등분해서 민다. 머핀 틀이나 지름 7.5cm의 미니 타르트 팬 또는 틀에 반죽을 깔고 냉동실에 15분 또는 냉장고에 1시간 동안 넣어둔다. 속재료를 채우지 않고 190℃의 오븐에 넣어 손으로 만져보면 건조한 느낌이 나면서 노릇노릇하게 익을 때까지 15~20분간 굽는다.

필로 파이 크러스트

지름 23~25cm짜리 크러스트 1개

달콤한 파이를 만들 때는 버터를 바른 층마다 설탕을 조금씩 훌훌 뿌린다. 짭짤한 파이라면 마늘 1쪽을 으깨서 녹인 버터에 넣고 약불로 10분간 우려낸 후 사용하고, 다진 신선한 허브를 각 층 사이사이에 뿌린다.

다음을 준비한다.

필로 반죽 10장, 냉동 제품이면 해동하기

버터 4큰술(버터 스틱 ½개), 액체 상태로 녹이기

(설탕 또는 선호하는 가향 설탕 ⅓컵)

작업하는 동안 필로 반죽에 마른 행주를 덮고 그 위에 축축한 수건을 얹어놓는다. 필로 반죽 1장을 작업대에 올리고 녹인 버터를 솔로 바른다. 상황에 따라 설탕을 살짝 뿌린다. 필로 반죽을 1장 더 꺼내 모서리가 살짝 어긋나도록 첫 번째 반죽 위에 얹는다. 솔로 버터를 바르고 설탕을 사용한다면 소량 뿌린다. 바로 아래에 있는 반죽과 모서리가 완전히 겹치지 않도록 1장씩 반죽을 얹고 버터를 바른 후 설탕을 뿌리는 식으로 남은 필로 반죽을 모두 사용할 때까지 이 작업을 반복한다. 기름을 살짝 바른 지름 23~25cm의 파이 팬에 반죽을 올리고 바닥과 옆면을 골고루 눌러서 잘 끼운다. 파이 팬의 테두리 밖으로 나온 반죽은 아래쪽으로 접어 넣는다. 이렇게 하면 가장자리에 살짝 주름이 잡힌 모양이 된다.

구울 필요가 없는 재료를 파이 필링으로 사용한다면 오븐을 190℃로 예열하고 파이 셸에 유산지를 깐 후 누름돌이나 콩을 절반 높이까지 채운다. 바삭하게 갈색으로 익을 때까지 15분 정도 굽는다.

함께 구워야 하는 재료를 파이 필링으로 사용한다면 필링을 채우고 레시피의 설명에 따라 굽되, 파이가 너무 빨리 갈색으로 익는 기미가 보이면 포일로 크러스트의 테두리를 감싸서 굽는다. 필로 크러스트는 만든 당일에 먹어야 가장 맛있다.

머랭 파이 셸

지름 23~25cm짜리 파이 크러스트 1개

달콤하고 바삭한 머랭은 생과일과 휩드 크림을 넣은 타르트의 크러스트로 사용하면 아주 잘 어울린다. 머랭 셸을 만들 때는 모든 크기의 팬을 사용할 수 있으며, 오븐 팬에 올려놓고 숟가락으로 모양을 잡거나 페이스트리용 짤주머니를 사용할 수도 있다. 단맛을 줄이려면 커피나 코코아로 머랭의 맛을 낸다. 받침대를 오븐의 아래쪽 칸에 끼운다. 오븐을 107℃로 예열한다. 지름 23cm짜리 파이 팬(유리 소재 권장)의 안쪽과 테두리에 식물성 쇼트닝을 아주 넉넉히 바른다. 팬에 밀가루를 뿌리고 밀가루가 골고루 묻도록 팬을 이리저리 기울인 후 여분의 밀가루를 털어낸다.

다음을 만든다.

프랑스식 머랭, 달걀흰자 3개와 설탕 ¾컵을 사용해서 만들기

기름을 바르고 밀가루를 뿌린 파이 팬에 머랭을 붓고 숟가락 뒷면으로 팬의 바닥과 옆면에 골고루 편다. 머랭의 안쪽을 과도로 찔러보면 아주 약간 끈적이는 정도가 될 때까지 1시간 반~2시간 정도 굽는다. 오븐의 불을 끄고 오븐 안에서 머랭을 완전히 식힌다. 질척거리는 것을 방지하기 위해 셸에 필링을 채우고 즉시 낸다.

팬에 눌러 만드는 크러스트에 대해

파이 반죽을 미는 작업에 자신이 없다면 이 크러스트를 만들어보자! 팬에 눌러 만드는 반죽은 말랑말랑하고 유연하므로 다루거나 성형하기 쉽다. 이렇게 만들면 결이 살아 있기보다는 잘 부서지고 기분 좋은 바삭한 식감을 가진 파이가 된다. 팬에 눌러 만드는 크러스트는 누름돌로 눌러서 구울 필요가 없다. 윗면을 덮어서 굽는 과일 파이에는 사용할 수 없지만, 팬에 눌러 만드는 쇼트브레드 반죽을 갈레트(팬케이크 형태의 프랑스 과자)와 크로스타타 등 틀 없이 굽는 디저트 타르트를 만들 때 사용하면 상당히 좋은 결과를 얻을 수 있다. 과자 가루나 견과류 크러스트도 일종의 팬에 눌러 만드는 크러스트로 분류할 수 있지만, 싱글 크러스트 파이에만 사용할 수 있다는 것이 차이점이다.

파이 또는 타르트를 만들기 위해 반죽을 팬에 눌러 성형하려면 지름 23cm의 파이 팬이나 지름 24~25cm의 분리형 타르트 팬에 버터를 바르고 밀가루를 뿌린다. 반죽을 팬에 올려놓고 바닥과 옆면을 눌러 골고루 잘 편다. 또는 반죽의 아래위에 유산지를 깔고 밀대로 민 후 팬에 올려 깔고, 갈라진 부분은 손가락으로 눌러서 메운다. 파이를 만든다면 주름을 잡거나 세로로 홈을 낸다. 포크로 크러스트의 옆면과 아래쪽에 전체적으로 구멍을 낸다. 크기가 작은 1인용 파이 또는 타르트를 만든다면 반죽을 8등분해서 머핀 틀에 넣어 누른다. 크러스트를 30분간 냉장고에 넣어둔다.

팬에 눌러 만든 파이 셸 또는 타르트 셸을 구우려면 다음을 참고한다. 구울 필요가 없는 필링을 사용한다면, 성형한 셸을 220℃로 예열한 오븐에 넣고(쇼트브레드라면 200℃) 기포가 올라오면 바닥을 한두 번 찔러서 구멍을 내고 크러스트가 노릇노릇하게 익을 때까지 18~22분간 굽는다. 조리하지 않은 필링을 사용한다면, 크러스트를 15분간 구운 후 대란 노른자 1개에 소금 1자밤을 넣고 잘 풀어서 따뜻한 크러스트에 솔로 달걀물을 바르고 다시 오븐에 넣어 달걀물이 굳을 때까지 1~2분간 굽는다. 그다음 파이 셸이나 타르트 셸에 필링을 채워서 레시피대로 굽는다.

크기가 작은 1인용 팬에 눌러 만든 파이 셸 또는 타르트 셸을 구우려면 다음을 참고한다. 구울 필요가 없는 필링을 사용한다면, 반죽을 깐 머핀 틀을

220℃로 예열한 오븐에 넣고(쇼트브레드라면 200℃) 기포가 올라오면 바닥을 한두 번 찔러서 구멍을 낸 다음 단단해지고 노릇노릇하게 익을 때까지 12~15분간 굽는다. 조리하지 않은 필링을 사용한다면, 우선 9분간 굽는다. 대란 노른자 1개에 소금 1자밤을 넣고 잘 풀어서 따뜻한 크러스트에 솔로 달걀물을 바른 후 다시 오븐에 넣어 달걀물이 굳을 때까지 1~2분간 굽는다. 그다음 파이 셸이나 타르트 셸에 필링을 채워서 레시피대로 구워 완성한다.

팬에 눌러 만드는 크러스트 성형하기 및 테두리 만들기

팬에 눌러 만드는 버터 반죽

지름 23cm짜리 싱글 파이 크러스트나 지름 24~25cm짜리 타르트 셸 1개 또는 지름 9cm짜리 미니 타르트 셸 8개

다음을 그릇에 넣고 섞거나 푸드 프로세서에 넣고 10초간 작동시킨다.

중력분 1½컵(190g)

소금 ½작은술

다음을 넣는다.

무염 버터 스틱 1개(115g), 8조각으로 잘라서 말랑하게 녹이기

혼합물이 굵은 빵가루 정도의 질감이 되도록 포크 뒷면으로 으깨거나 푸드 프로세서에 넣고 작동시킨다. 위에 다음을 뿌린다.

헤비크림 2~3큰술(30~45g)

처음에는 크림 2큰술로 시작한다. 혼합물이 촉촉해 보이면서 손으로 꾹 쥐었을 때 뭉치도록 젓거나 푸드 프로세서를 돌린다. 반죽이 잘 뭉치지 않으면 나머지 헤비크림 1큰술을 추가한다. 성형 및 굽는 방법은 팬에 눌러 만드는 크러스트에 대해 항목을 참고한다.

팬에 눌러 만드는 쇼트브레드 반죽

지름 23cm짜리 싱글 파이 크러스트나 지름 24~25cm짜리 타르트 셸 1개 또는 지름 7.5cm짜리 미니 타르트 셸 8개

기름기가 많고 달콤한 이 반죽을 구우면 쇼트브레드 쿠키와 비슷한 형태가 된다. 크림 파이, 레몬 타르트, 페이스트리 크림을 얹은 생과일 타르트 또는 그 외의 크림이나 버터를 넉넉히 넣은 파이나 타르트에 사용한다.

다음을 그릇에 넣고 섞거나 푸드 프로세서에 넣고 10초간 작동시킨다.

중력분 1¼컵(155g)

설탕 ⅓컵(65g)

(작은 레몬 1개의 껍질, 강판에 곱게 갈기)

소금 ¼작은술

다음을 넣는다.

무염 버터 스틱 1개(115g), 8조각으로 잘라서 말랑하게 녹이기

혼합물이 굵은 빵가루 정도의 질감이 되도록 포크 뒷면으로 으깨거나 푸드 프로세서에 넣고 작동시킨다. 다음을 추가한다.

대란 노른자 1개

반죽이 둥글게 하나로 뭉칠 때까지 젓거나 푸드 프로세서를 돌린다. 반죽이 너무 말랑말랑하고 끈적여서 다루기 힘들다면 랩으로 감싸서 30분 이상(최대 이틀) 냉장고에 넣어둔다. 성형 및 굽는 방법은 팬에 눌러 만드는 크러스트에 대해 항목을 참고한다.

잘게 부순 가루로 만드는 크러스트에 대해

재료를 섞어서 팬에 붓고 눌러서 만드는 이 크러스트를 활용하면 빠르고 간편하게 파이를 만들 수 있다. 가장 보편적으로 사용하는 것은 통밀 크래커 가루지만, 초콜릿이나 바닐라 웨이퍼, 생강 쿠키, 츠비바크(zwieback, 빵 모양으로 딱딱하게 구운 비스킷 ― 옮긴이), 동물 모양 크래커, 스페퀼로스(speculoos, 계피와 생강 등의 향신료로 맛을 낸 비스킷 ― 옮긴이), 비스코티 등의 가루를 사용해도 훌륭한 크러스트를 만들 수 있다. 통크래커나 쿠키를 부숴 가루를 내야 한다면 푸드 프로세서에 넣어서 갈거나 튼튼한 비닐봉지에 담고 밀대로 잘게 부순다. 레시피에 따라 과자 가루를 버터 및 설탕과 섞은 뒤 혼합물을 파이 팬의 바닥과 옆면에 눌러서 골고루 간다. 이때 필요하면 유리컵으로 눌러도 좋다.

잘게 부순 가루 크러스트에 속을 채우지 않고 구우려면 오븐을 175℃로 예열하고 크러스트를 넣어서 10~12분간 굽는다. 구운 크러스트를 완전히 식힌 후 필링을 채운다. 아래에 소개하는 견과류 크러스트는 필링을 채우기 전에 굽지 않고 냉동실에 넣어서 얼린다는 점을 주의하자.

얼리거나 구운 크러스트에 시폰 필링 또는 바바리안 크림이나 무스를 채우고 휩드 크림을 얹는다. 또는 커스터드나 과일 필링을 채우고 맨 위에 머랭을 얹어도 좋다.

과자 가루 크러스트

지름 23~25cm짜리 크러스트 1개와 토핑

필링으로 사용할 재료의 맛에 어울리는 크래커나 쿠키를 사용해야 한다.

다음을 중간 크기의 그릇에 넣되, 상황에 따라 토핑용으로 1~2큰술은 따로 보관한다.

통밀 크래커, 바닐라 웨이퍼, 초콜릿 웨이퍼 또는 생강 쿠키를 잘게 부순 가루 1½컵(215g)

다음을 넣고 잘 섞는다.

설탕 ¼~½컵(50~100g), 쿠키의 당도에 따라 적당히 조절

무염 버터 6큰술(85g), 액체 상태로 녹여서 식히기

(계핏가루 1작은술)

셸을 성형하고 굽는 방법은 잘게 부순 가루로 만드는 크러스트에 대해 항목을 참고한다. 파이에 필링을 채우고 난 후 따로 보관해둔 과자 가루를 토핑으로 훌훌 뿌린다.

콘플레이크 파이 크러스트

지름 23cm짜리 크러스트 1개

이 크러스트는 레몬 머랭 파이의 필링 같은 감귤류 필링에 아주 잘 어울리며, 레몬 커드와 휩드 크림을 얹어서 구워도 맛있다.

다음을 두 번에 나눠 푸드 프로세서에 넣고 곱게 간다.

콘플레이크 6컵

커다란 그릇에 옮겨 담고 다음을 넣는다.

무염 버터 6큰술(85g), 액체 상태로 녹이기

설탕 ¼컵(50g)

잘 섞는다. 지름 23cm의 파이 접시에 붓고 눌러서 골고루 깐 후 잘게 부순 가루로 만드는 크러스트에 대해 항목을 참고해 굽는다.

견과류 크러스트

지름 23~25cm짜리 크러스트 1개

푸드 프로세서로 이 크러스트를 만든다면 모든 재료를 푸드 프로세서에 넣어서 섞고 견과류가 곱게 갈릴 때까지 짧게 몇 번 작동시킨다.

굵은 빵가루 정도의 질감이 되도록 썬다.

호두나 피칸 2컵

커다란 그릇에 넣고 다음을 추가해 섞는다.

무염 버터 4큰술(55g), 말랑하게 녹이기

설탕 3큰술(35g)

소금 ¼작은술

혼합물이 골고루 촉촉해질 때까지 포크로 섞는다. 견과류 혼합물을 지름 23cm의 파이 팬 바닥과 옆면에 잘 눌러서 골고루 깐다. 크러스트를 굽지 않고 냉동실에 20분간 넣어서 얼린 후 필링을 채운다.

코코넛 크러스트

지름 23~25cm짜리 크러스트 1개

레몬 커드와 휩드 크림, 키 라임 파이 필링 또는 전통식 초콜릿 푸딩과 조합하거나 코코넛 크림 파이의 크러스트로 사용하면 더 진한 코코넛 풍미를 즐길 수 있다.

오븐을 175℃로 예열한다.

중간 크기의 그릇에 다음을 넣고 혼합물이 한데 뭉칠 때까지 치댄다.

잘게 썬 가당 코코넛, 느슨하게 담아 3컵(340g)

무염 버터 스틱(115g), 말랑하게 녹이기

지름 23~25cm의 파이 팬에 넣고 눌러서 골고루 깐다. 크러스트가 노릇노릇하게 익고 고소한 냄새가 날 때까지 20~25분간 굽는다. 완전히 식힌 다음 필링을 채운다.

과일 파이에 대해

과일 파이는 보통 더블 크러스트로 만들며, 윗면에 격자무늬를 내거나 슈트로이젤 토핑을 얹는 경우가 많다. 과일은 통조림, 냉동, 건조, 사전 조리 또는 생과일 등 다양한 형태를 사용할 수 있고, 필링에는 과일 이외에도 보통 설탕 및 밀가루나 옥수수 전분 같은 증점 재료가 들어간다. 통조림 과일(이왕이면 무가당 시럽에 재운 것을 권장)을 사용해도 그럭저럭 괜찮은 파이를 구울 수 있다. 통조림 또는 병조림 과일로 만든 베리 또는 체리 파이와 복숭아 커스터드 파이 코케뉴 레시피를 참고한다.

▶ 지름 23cm의 파이라면 생과일 5컵 또는 익힌 과일 4컵으로 시작한다. 사과를 사용한다면 그보다 더 넉넉하게 넣어야 필링이 푸짐해 보이고 위쪽 크러스트가 꺼지지 않는다. 계량컵 위로 불룩 올라오지 않도록 평평하게 계량한다.

원칙적으로 필링에 첨가하는 설탕과 증점제의 양은 과일의 단맛, 산도, 즙이 나오는 정도와 개인의 취향에 따라 조절한다. 증점제를 어느 정도 넣어야 할지 결정하는 것은 다소 까다롭다. 엄밀히 따지면 매번 파이를 만들 때마다 과일의 종류와 숙성도에 따라서 증점제의 양은 달라진다. 일반적으로 우리는

레시피에서 증점제의 양이 범위로 제시되어 있을 때 적은 쪽을 선택하는 편이다. 그러나 단면이 깔끔하게 잘리는 파이를 선호하고 필링이 다소 단단해지는 것도 감수한다면 분량의 범위에서 많은 쪽을 선택해도 좋다.

모든 과일 파이는 밀가루로 점도를 높일 수 있는데, 옥수수 전분과 타피오카 전분을 사용하면 점도가 좀 더 매끄러워지고 윤이 나며 깔끔한 필링을 만들 수 있다. 그러나 사과 파이는 밀가루로 점도를 높여야 필링이 불투명하고 크림처럼 걸쭉해 보이는 효과가 나타나기 때문에 밀가루를 사용하는 것이 좋다. ▶ 보통 즙이 많은 베리 파이에는 옥수수 전분이나 타피오카 전분 약 ⅓컵이 필요하지만, 사과는 수분이 덜 빠져나오고 펙틴 함량이 높아 파이 필링이 잘 무너지지 않으므로 2큰술 정도면 적당하다. 밀가루를 사용한다면 과일의 종류와 상관없이 옥수수 전분이나 타피오카 전분보다 1½큰술을 더 넣는다.

과일 파이는 필링을 채우고 모양을 잡은 직후에 구워야 하며(또는 냉동해야 하며) 시간이 지체되면 필링 때문에 바닥에 깔린 크러스트가 눅눅해진다. 파이의 모양을 완성하기 전에 오븐을 예열해두고 오븐의 가장 아래쪽 받침대에 넣어 구우면 아래쪽 크러스트는 갈색으로 바삭하게 익고 위쪽 크러스트는 너무 빨리 갈색으로 변하지 않는다. ▶ 파이의 윗면이 헤이즐넛 껍질처럼 진하고 윤기 있는 갈색으로 변하면서 숨구멍이나 격자무늬 사이로 걸쭉한 즙이 보글보글 올라와야 파이가 다 익은 것이다. 파이에 달걀, 우유 또는 크림을 발라서 구울 때는 오븐에 넣고 30분 정도 지나면 속까지 충분히 익지 않아도 표면이 갈색으로 익는 경우가 많다는 점을 기억하자. 위쪽 크러스트에 포일을 느슨하게 덮거나 포일을 길쭉하게 뜯어서 고리 모양을 만든 후 크러스트 테두리 위에 올려두면 갈색으로 변하는 과정을 어느 정도 지연시킬 수 있다.

생과일 파이를 구우려면 레시피에서 별도로 지정하지 않는 한 200℃의 오븐에 넣고 1시간 15분 정도 굽는다. 크림 또는 달걀물과 설탕 섞은 것을 발라서 굽는다면 적당한 중간 시점까지 포일을 덮어서 구워야 한다.

▲ 해발 2000m 이상의 고지에서 더블 크러스트 사과 파이를 굽는다면 크러스트를 태우지 않고 겹겹이 쌓인 사과 조각(또는 다른 단단한 과일)을 속까지 완전히 익히기란 거의 불가능하다. 고도가 높은 곳에서는 끓는점이 낮아지므로 과일이 말랑해지도록 열을 충분히 침투시키려면 아주 오랜 시간이 걸린다. 이 문제점을 보완하려면 요리용 녹색 사과 대신 매킨토시, 골든 딜리셔스 또는 코틀랜드 등 부드러운 생식용 사과를 사용하거나(또는 두 종류를 섞어서 사용) 사과 일부에 설탕과 향신료를 섞어 가정용 레인지에서 애벌 조리한 후 얇게 저민 생사과와 번갈아 쌓아서 봉긋한 필링을 만들고 페이스트리로 덮어서 굽는다.

냉동 과일 파이

파이 필링에 냉동 과일을 사용하려면 '개별 급속 냉동(IQF)'이나 '드라이팩(dry-packed)'이라고 표기된 것을 고른다. 이는 설탕을 첨가하지 않고 가공했으며 덩어리가 아닌 낱알 상태로 포장되어 있다는 의미다. 생과일 레시피를 그대로 참고해 생과일 대신 같은 분량의 냉동 과일을 넣는다. 과일 알갱이를 분리하되, 해동하지 않고 그대로 계량한다. 아직 얼어 있는 과일과 다른 재료를 뒤적이듯 섞고 증점제의 양을 1큰술 정도 더 넣은 후 즉시 숟가락으로 필링을 떠서 크러스트에 넣는다. 오븐 팬 위에 파이 접시를 올려놓으면 파이에서 떨어지는 즙을 받아낼 수 있다.

냉동 과일로 만든 파이를 구우려면 200℃의 오븐에 넣고 50분간 구운 후 175℃로 온도를 낮추고 숨구멍 사이로 걸쭉한 즙이 보글거리며 올라올 때까지 25~30분간 더 굽는다. 크림 또는 달걀물과 설탕 섞은 것을 발라서 굽는다면

적당한 중간 시점까지 포일을 덮어서 구워야 한다.

생과일 또는 냉동 과일 파이 필링을 만들 때의 지침

이번 장에서 소개하는 레시피에 원하는 과일 조합이 없다면 필링에 다양한 과일을 넣어 실험해본다. 아래의 내용을 일반적인 기준으로 삼아 응용하고 지금까지 설명한 파이 굽는 방법을 참고한다. 냉동 과일을 사용한다면 해동하지 않은 상태로 계량한다.

다음 조합 중 하나로 저민 과일 또는 썰지 않은 베리류 과일을 섞어서 총 5컵을 준비한다.

> 껍질을 벗겨서 저민 서양배 3½컵과 라즈베리, 크랜베리 또는 건포도 1½컵
>
> 껍질을 벗겨서 저민 복숭아 3½컵과 블루베리 또는 라즈베리 1½컵
>
> 껍질을 벗겨서 저민 사과 3컵과 저민 녹색 토마토 2컵
>
> 껍질을 벗겨서 저민 사과 3½컵과 라즈베리, 블랙베리, 크랜베리 또는 신선한
> 커런트 1½컵
>
> 꼭지를 따고 굵게 썬 딸기 2½컵과 깍둑썰기한 루바브, 씨를 뺀 시큼한 체리 또는
> 구스베리 2½컵

과일 외의 재료:

> 과일의 당도에 따라 설탕 ¾~1¼컵(150~250g)
>
> 타피오카 전분 ⅓컵(40g)이나 옥수수 전분 ⅓컵(45g) 또는 중력분
> ⅓컵+1½큰술(55g) (사과 파이를 만든다면 타피오카나 옥수수 전분 2큰술
> 또는 밀가루 3큰술만 사용한다.)
>
> 레몬즙 1~2큰술(15~30g)
>
> 소금 ¼작은술
>
> 버터 2~3큰술(30~45g), 작은 조각으로 자르기

신선한 베리 파이

지름 23cm짜리 더블 크러스트 파이 1개

우리는 블랙베리나 블루베리 파이를 만들 때 옥수숫가루 파이 또는 페이스트리 반죽을 선호한다. 필링을 채워서 굽는 크러스트에 대해 항목을 참고한다. 지름 23cm의 파이 팬에 다음을 깐다.

> 기본 파이 또는 페이스트리 반죽이나 버터 파이 또는 페이스트리 반죽의 레시피
> 분량, 또는 크림치즈 페이스트리 반죽 레시피의 2배 분량

커다란 그릇에 다음을 넣고 뒤적이며 섞는다.

> 신선한 구스베리, 커런트, 블랙베리, 라즈베리, 블루베리, 허클베리, 로건베리,
> 꼭지를 따고 적당한 크기로 썬 딸기 또는 이를 섞어서 5컵
>
> (레몬즙 1½큰술[25g], 당도가 높은 과일을 사용할 경우)

작은 그릇에 다음을 넣고 섞는다.

> 설탕 ⅔~1컵(130~200g), 또는 취향에 따라 추가
>
> 타피오카 전분 ⅓컵(40g) 또는 옥수수 전분(45g)
>
> (계핏가루 ½작은술)

설탕과 전분을 섞은 가루를 베리 위에 홀홀 뿌리고 잘 어우러지도록 살살 젓는다. 15분간 둔다.

과일을 파이 셸에 담는다. 다음을 띄엄띄엄 올린다.

> 버터 2큰술, 작은 조각으로 자르기

포크 구멍 또는 숨구멍을 낸 크러스트로 위를 덮거나 격자무늬로 반죽을 얹어서 냉동실에 15분간 또는 냉장고에 1시간 동안 넣어두고 차갑게 식힌다. 받

침대를 오븐의 아래쪽 칸에 끼운다. 오븐을 200℃로 예열한다. 구릿빛으로 반질반질하게 익은 크러스트를 선호한다면 파이의 윗면에 솔로 다음을 바른다.

> (대란 1개, 물 1작은술을 넣어 풀어두기)

파이를 오븐 팬에 올려놓고 노릇노릇해질 때까지 1시간 15분 정도 굽는다. 받침대에 올려놓고 완전히 식힌다.

통조림 또는 병조림 과일로 만든 베리 또는 체리 파이

지름 23cm짜리 더블 크러스트 파이 1개

필링을 채워서 굽는 크러스트에 대해 항목을 참고한다.

다음을 준비한다.

> 기본 파이 또는 페이스트리 반죽이나 버터 파이 또는 페이스트리 반죽의 레시피
> 분량, 또는 크림치즈 페이스트리 반죽 레시피의 2배 분량

지름 23cm의 파이 팬에 반죽의 절반을 깐다.

다음의 물기를 제거하고, 통조림 국물은 따로 보관해둔다.

> 달콤한 또는 시큼한 체리나 베리류, 425~450g짜리 통조림 또는 병조림 3개,
> 무가당 액체를 사용한 것 권장

과일 3½컵과 국물 ½컵을 계량해 그릇에 넣고 다음을 추가하여 섞는다.

> 설탕 ½~¾컵(100~150g)
>
> 타피오카 전분 또는 옥수수 전분 ¼컵(30g)
>
> 레몬즙 2큰술(30g)

혼합물을 가끔 뒤적이면서 15분간 그대로 두었다가 아래쪽 크러스트에 붓는다. 다음을 띄엄띄엄 올린다.

> 버터 2큰술, 작은 조각으로 자르기

포크 구멍 또는 숨구멍을 낸 크러스트로 위를 덮거나 격자무늬로 반죽을 얹어서 냉동실에 15분간 또는 냉장고에 1시간 동안 넣어두고 차갑게 식힌다. 받침대를 오븐의 아래쪽 칸에 끼운다. 오븐을 200℃로 예열한다. 구릿빛으로 반질반질하게 익은 크러스트를 선호한다면 파이의 윗면에 솔로 다음을 바른다.

> (대란 1개, 물 1작은술을 넣어 풀어두기)

파이를 오븐 팬에 올려놓고 숨구멍 사이로 걸쭉한 즙이 보글보글 올라올 때까지 1시간 15분 정도 굽는다. 받침대에 올려놓고 완전히 식힌다.

블루베리 파이

지름 23cm짜리 더블 크러스트 파이 1개

필링을 채워서 굽는 크러스트에 대해 항목을 참고한다. 냉동 블루베리를 사용한다면 냉동 과일 파이 항목을 참고한다.

다음을 준비한다.

> 기본 파이 또는 페이스트리 반죽이나 버터 파이 또는 페이스트리 반죽,
> 옥수숫가루 파이 또는 페이스트리 반죽의 레시피 분량, 또는 크림치즈
> 페이스트리 반죽 레시피의 2배 분량

지름 23cm의 파이 팬에 반죽의 절반을 깐다.

커다란 그릇에 다음을 넣고 섞은 뒤 15분간 그대로 둔다.

> 블루베리 5컵, 꼭지와 불순물을 골라내기
>
> 설탕 ¾~1컵(150~200g)
>
> 타피오카 전분 ⅓컵(40g) 또는 옥수수 전분 ⅓컵(45g)
>
> 레몬즙 1큰술(15g)
>
> (레몬 1개의 껍질, 강판에 곱게 갈기)

소금 ¼작은술

혼합물을 아래쪽 크러스트에 붓고 다음을 띄엄띄엄 올린다.

버터 2큰술, 작은 조각으로 자르기

포크 구멍 또는 숨구멍을 낸 크러스트로 위를 덮거나 격자무늬로 반죽을 얹어서 냉동실에 15분간 또는 냉장고에 1시간 동안 넣어두고 차갑게 식힌다. 받침대를 오븐의 아래쪽 칸에 끼운다. 오븐을 200℃로 예열한다. 구릿빛으로 반질반질하게 익은 크러스트를 선호한다면 파이의 윗면에 솔로 다음을 바른다.

(대란 1개, 물 1작은술을 넣어 풀어두기)

파이를 오븐 팬에 올려놓고 숨구멍 사이로 걸쭉한 즙이 보글보글 올라올 때까지 1시간 15분 정도 굽는다. 받침대에 올려놓고 완전히 식힌다.

신선한 체리 파이
지름 23cm짜리 더블 크러스트 파이 1개

한번 먹어보면 단숨에 반할 만큼 맛있는 파이다. 몽모랑시처럼 시큼한 체리로 만들면 가장 좋지만, 잘 익은 빙 체리나 레이니어 체리를 넣어도 아주 맛있게 즐길 수 있다. 필링을 채워서 굽는 크러스트에 대해 항목을 참고한다.

다음을 준비한다.

기본 파이 또는 페이스트리 반죽이나 버터 파이 또는 페이스트리 반죽의 레시피 분량, 또는 크림치즈 페이스트리 반죽 레시피의 2배 분량

지름 23cm의 파이 팬에 반죽의 절반을 깐다.

커다란 그릇에 다음을 넣고 섞은 뒤 15분간 그대로 둔다.

씨를 뺀 시큼한 체리, 빙 체리 또는 레이니어 체리 2컵(900g~1.135kg)

시큼한 체리를 사용한다면 설탕 1¼컵(250g), 빙 체리나 레이니어 체리라면 설탕 ¾컵(150g)

타피오카 전분 ⅓컵(40g) 또는 옥수수 전분 ⅓컵(45g)

레몬즙 1~2큰술(15~30g) (시큼한 체리를 사용한다면 1큰술)

(아몬드 추출물 ¼작은술)

혼합물을 아래쪽 크러스트에 붓고 다음을 띄엄띄엄 올린다.

버터 2큰술, 작은 조각으로 자르기

포크 구멍 또는 숨구멍을 낸 크러스트로 위를 덮거나 격자무늬로 반죽을 얹어서 냉동실에 15분간 또는 냉장고에 1시간 동안 넣어두고 차갑게 식힌다. 받침대를 오븐의 아래쪽 칸에 끼운다. 오븐을 200℃로 예열한다. 구릿빛으로 반질반질하게 익은 크러스트를 선호한다면 파이의 윗면에 솔로 다음을 바른다.

(대란 1개, 물 1작은술을 넣어 풀어두기)

파이를 오븐 팬에 올려놓고 숨구멍 사이로 걸쭉한 즙이 보글보글 올라올 때까지 1시간 15분 정도 굽는다. 받침대에 올려놓고 완전히 식힌다.

글레이즈를 바른 베리 파이
지름 23cm짜리 싱글 크러스트 파이 1개

필링을 넉넉하게 담을 수 있도록 크러스트의 테두리를 높게 만든다.

지름 23cm의 파이 팬에 다음 반죽을 깐다.

기본 파이 또는 페이스트리 반죽이나 팬에 눌러 만드는 버터 반죽 레시피의 ½ 분량

속을 채우지 않고 크러스트 굽기에 대해 또는 잘게 부순 가루로 만드는 크러스트에 대해 항목을 참고해 크러스트를 차갑게 식히고 굽는다.

다음에서 잡티를 골라낸다.

딸기 또는 붉은색이나 검은색 라즈베리 6컵

딸기는 꼭지를 따고 큼직한 것들은 반으로 자른다. 과일 4컵을 커다란 그릇에 담는다. 남은 2컵은 믹서나 푸드 프로세서에 넣어 퓌레 상태로 간다. 상황에 따라 체에 걸러서 사용해도 좋다. 중간 크기의 편수 냄비에 다음을 넣고 섞는다.

설탕 1컵(200g)

옥수수 전분 ¼컵(30g)

소금 ⅛작은술

다음을 넣고 잘 섞는다.

물 ½컵(120g)

레몬즙 2큰술(30g)

퓌레 상태로 간 베리를 넣고 섞는다. 혼합물을 중강불에 올려 계속 저으면서 뭉근히 끓어오르면 1분간 더 끓인다. 나머지 과일을 넣고 살살 저으면서 섞는다. 필링이 완성되면 크러스트에 붓는다. 파이를 냉장고에 넣어 4시간 이상 굳힌다. 이 파이는 만든 당일에 먹어야 가장 맛있다. 다음을 곁들여서 낸다.

휩드 크림

사과 파이
이 파이에 아이스크림을 얹으면 알라모드(à la mode)가 되고, 그래니 스미스, 롬 뷰티, 브래번, 와인샙 등 단단하고 풍미가 진한 사과로 만들면 천상의 맛을 즐길 수 있다. 사과 파이는 특히 체더 파이 또는 페이스트리 반죽과 어울림이 좋다. 필링을 채워서 굽는 크러스트에 대해 항목을 참고한다.

ㅣ. 정통 방식(익히지 않은 필링을 사용해서 굽기)
지름 23cm짜리 더블 크러스트 파이 1개

다음을 준비한다.

기본 파이 또는 페이스트리 반죽이나 버터 파이 또는 페이스트리 반죽

지름 23cm의 파이 팬에 반죽의 절반을 깐다. 다음의 껍질을 벗기고 속을 파낸 후 6mm 두께로 저민다.

새콤한 사과 1.13kg(커다란 사과 5~6개)

커다란 그릇에 다음을 넣고 섞는다.

설탕 ¾컵(150g)

중력분 3큰술(25g) 또는 옥수수 전분 2큰술(15g)

계핏가루 ½작은술

소금 ¼작은술

다음과 함께 사과를 넣고 섞는다.

레몬즙 1큰술(15g)

중간에 몇 번 뒤적이면서 15분 정도 그대로 두어 사과가 약간 부드러워지게 한다. 필링을 아래쪽 크러스트에 붓고 숟가락 뒷면으로 살살 펴가면서 윗면이 매끈해지도록 고른다. 다음을 띄엄띄엄 올린다.

버터 2큰술, 작은 조각으로 자르기

포크 구멍 또는 숨구멍을 낸 크러스트로 위를 덮거나 격자무늬로 반죽을 얹어서 냉동실에 15분간 또는 냉장고에 1시간 동안 넣어두고 차갑게 식힌다. 받침대를 오븐의 아래쪽 칸에 끼우고 오븐을 220℃로 예열한다. 구릿빛으로 반질반질하게 익은 크러스트를 선호한다면 파이의 윗면에 솔로 다음을 바른다.

(대란 1개, 물 1작은술을 넣어 풀어두기)

다음을 훌훌 뿌린다.

설탕 2작은술

(계핏가루 ⅛작은술)

파이를 오븐 팬에 올려 30분간 굽는다. 오븐 온도를 175℃로 낮추고 숨구멍을 통해 칼을 찔러보면 사과가 어느 정도 부드럽게 느껴지면서 숨구멍 사이로 즙이 보글보글 올라오기 시작할 때까지 30~45분간 더 굽는다. 받침대에 올려놓고 3~4시간 동안 완전히 식힌다.

이 파이는 구운 당일에 먹어야 가장 맛있지만 2~3일 정도는 실온에 보관할 수 있다. 파이를 따뜻하게 내려면 175℃의 오븐에 넣어 15분 정도 데운다.

Ⅱ. 미리 익힌 필링을 사용해서 굽기
지름 23cm짜리 더블 크러스트 파이 1개
필링을 미리 익혀서 사용하면 굽는 과정에서 필링과 위쪽 크러스트 사이에 공간이 생기지 않으므로 속이 꽉 차고 잘랐을 때 보기 좋은 파이가 완성된다.
다음을 준비한다.

기본 파이 또는 페이스트리 반죽이나 버터 파이 또는 페이스트리 반죽
지름 23cm의 파이 팬에 반죽의 절반을 깐다. 다음의 껍질을 벗기고 속을 파낸 후 6mm 두께로 저민다.

새콤한 사과 1.3kg(중간 크기의 사과 6~8개)

크고 깊은 프라이팬이나 더치오븐을 강불에 올리고 다음을 넣은 후 지글거리면서 향긋한 냄새가 날 때까지 녹인다.

버터 3큰술

사과를 넣고 뒤적이면서 버터를 골고루 묻힌다. 중불로 줄이고 뚜껑을 잘 덮은 후 자주 저으면서 조리한다. 겉면은 부드럽지만 아삭한 식감이 약간 남아 있는 상태가 되도록 5~7분간 사과를 익힌다. 다음을 넣고 섞는다.

설탕 ¾컵(150g)

계핏가루 ½작은술

소금 ¼작은술

강불로 올리고 팔팔 끓이면서 국물이 시럽처럼 걸쭉한 농도가 될 때까지 3분 정도 끓인다. 이렇게 익힌 사과를 즉시 오븐 팬에 부어서 얇게 편 후 실온 상태로 식힌다.

숟가락으로 사과 필링을 떠서 아래쪽 크러스트에 넣는다. 숨구멍을 낸 크러스트로 위를 덮거나 격자무늬로 반죽을 얹어서 냉동실에 15분간 또는 냉장고에 1시간 동안 넣어두고 차갑게 식힌다. 받침대를 오븐의 아래쪽 칸에 끼운다. 오븐을 175℃로 예열한다. 구릿빛으로 반질반질하게 익은 크러스트를 선호한다면 파이의 윗면에 솔로 다음을 바른다.

(대란 1개, 물 1작은술을 넣어 풀어두기)

크러스트가 진한 갈색으로 익으면서 필링이 보글보글 끓기 시작할 때까지 30~40분간 굽는다. 받침대에 올려놓고 3~4시간 동안 완전히 식힌다.

이 파이는 구운 즉시 먹어야 가장 맛있지만 2~3일 정도는 실온에 보관할 수 있다. 파이를 따뜻하게 내려면 175℃의 오븐에 넣어 15분 정도 데운다.

Ⅲ. 슈트로이젤을 얹어서 굽기
지름 23cm짜리 싱글 크러스트 파이 1개
다음 반죽을 사용해 **버전 Ⅰ 또는 Ⅱ**를 만든다.

기본 파이 또는 페이스트리 반죽이나 버터 파이 또는 페이스트리 반죽 레시피의
½ 분량
위쪽 크러스트 대신 다음을 홀홀 뿌린다.

슈트로이젤

레시피에 따라 굽는다. 슈트로이젤이 너무 빨리 갈색으로 익으면 사과가 부드

러워질 때까지 포일로 느슨하게 덮어서 굽는다. 받침대에 올려놓고 완전히 식힌다.

복숭아 커스터드 파이 코케뉴
지름 23cm짜리 싱글 크러스트 파이 1개
다음을 준비한다.

기본 파이 또는 페이스트리 반죽이나 버터 파이 또는 페이스트리 반죽 레시피의
½ 분량

받침대를 오븐의 아래쪽 칸에 끼우고 오븐을 190℃로 예열한다. 지름 23cm의 파이 팬에 반죽을 깐다. 속을 채우지 않고 크러스트 굽기에 대해 항목을 참고해 크러스트를 차갑게 식히고 굽는다. 구운 크러스트에 다음을 바른다.

달걀노른자 1개, 잘 풀어두기

크러스트를 다시 오븐에 넣어 달걀물이 굳을 때까지 3분 정도 굽는다. 오븐 온도를 175℃로 낮춘다. 중간 크기의 그릇에 다음을 넣고 잘 섞는다.

대란 1개 또는 대란 노른자 2개

설탕 ⅓컵(65g)

무염 버터 6큰술(85g), 액체 상태로 녹이기

중력분 3큰술(25g)

바닐라 ½작은술

소금 ¼작은술

다음을 절단면이 아래로 가도록 파이 셸의 바닥에 한 겹으로 가지런히 깐다.

신선한 복숭아 3개, 껍질을 벗기고 반으로 자른 뒤 씨를 빼기 또는 복숭아
통조림에 들어 있는 반으로 자른 복숭아 조각 6개, 물기를 제거하기

달걀 혼합물을 복숭아 위에 붓는다. 커스터드가 갈색으로 변하고 윗면이 바삭하게 익으면서 파이 팬을 흔들어보면 가운데가 흔들리지 않고 굳어 있는 것처럼 보일 때까지 40~45분간 굽는다. 받침대에 올려놓고 식힌다. 따뜻하게 또는 실온 상태로 낸다. 이 파이를 냉장고에 넣으면 최대 2일간 보관할 수 있다. 취향에 따라 다음을 곁들인다.

(휩드 크림)

복숭아 파이
지름 23cm짜리 더블 크러스트 파이 1개
필링을 채워서 굽는 크러스트에 대해 항목을 참고한다. 냉동 복숭아를 사용한다면 냉동 과일 파이 항목도 함께 참고한다.
다음을 준비한다.

기본 파이 또는 페이스트리 반죽이나 버터 파이 또는 페이스트리 반죽, 견과류
파이 또는 페이스트리 반죽의 레시피 분량, 또는 크림치즈 페이스트리 반죽
레시피의 2배 분량
지름 23cm의 파이 팬에 반죽의 절반을 깐다.
다음의 껍질을 벗기고 씨를 제거한 후 6mm 두께로 저민다.

복숭아 1.13kg
복숭아를 커다란 그릇에 담고 다음을 넣는다.

설탕 ½~⅓컵(100~150g)

타피오카 전분 또는 옥수수 전분 ¼컵(30g)

레몬즙 3큰술(45g)

(아몬드 추출물 ¼작은술)

소금 ¼작은술

가끔 뒤적이면서 15분간 그대로 둔다. 필링을 아래쪽 크러스트에 붓고 다음을 띄엄띄엄 올린다.

버터 2큰술, 작은 조각으로 자르기

포크 구멍 또는 숨구멍을 낸 크러스트로 위를 덮거나 격자무늬로 반죽을 얹어서 냉동실에 15분간 또는 냉장고에 1시간 동안 넣어두고 차갑게 식힌다. 받침대를 오븐의 아래쪽 칸에 끼운다. 오븐을 200℃로 예열한다. 구릿빛으로 반질반질하게 익은 크러스트를 선호한다면 파이의 윗면에 솔로 다음을 살짝 바른다.

우유 또는 크림

다음을 훌훌 뿌린다.

설탕 2큰술

파이를 오븐 팬에 올려놓고 숨구멍 사이로 걸쭉한 즙이 보글보글 올라올 때까지 1시간 15분 정도 굽는다. 받침대에 올려놓고 완전히 식힌다.

딸기 루바브 파이

지름 23cm짜리 더블 크러스트 파이 1개

딸기가 제철인 봄에 상큼하게 즐길 수 있으며 우리 가족이 가장 좋아하는 과일 파이다. 취향에 따라 딸기를 생략하고 굵게 썬 루바브로 대체한 후 설탕을 1⅓컵으로 늘려서 루바브 파이를 만들어도 좋다. 한 단계 더 응용해보고 싶다면 **앙고스투라 비터스 2작은술**을 필링에 추가해 쌉쌀한 맛을 살려보자. 필링을 채워서 굽는 크러스트에 대해 항목을 참고한다.

다음을 준비한다.

기본 파이 또는 페이스트리 반죽이나 버터 파이 또는 페이스트리 반죽의 레시피 분량, 또는 크림치즈 페이스트리 반죽 레시피의 2배 분량

지름 23cm의 파이 팬에 반죽의 절반을 깐다.

커다란 그릇에 다음을 넣고 섞은 뒤 가끔 뒤적이면서 15분간 그대로 둔다.

굵게 썬 루바브 2½컵(340~450g)

꼭지를 따고 반으로 자른 딸기 2½컵(약 340g)

설탕 ¾~1컵(150~200g), 과일의 산도에 따라 조절

타피오카 전분 또는 옥수수 전분 ¼컵(30g)

(오렌지 1개의 껍질, 강판에 곱게 갈기)

소금 ¼작은술

필링을 아래쪽 크러스트에 붓고 다음을 띄엄띄엄 올린다.

버터 2큰술, 작은 조각으로 자르기

포크 구멍 또는 숨구멍을 낸 크러스트로 위를 덮거나 격자무늬로 반죽을 얹어서 냉동실에 15분간 또는 냉장고에 1시간 동안 넣어두고 차갑게 식힌다. 받침대를 오븐의 아래쪽 칸에 끼운다. 오븐을 200℃로 예열한다. 구릿빛으로 반질반질하게 익은 크러스트를 선호한다면 파이의 윗면에 솔로 다음을 살짝 바른다.

우유 또는 크림

다음을 훌훌 뿌린다.

설탕 2작은술

파이를 오븐 팬에 올려놓고 숨구멍 사이로 걸쭉한 즙이 보글보글 올라올 때까지 1시간 15분 정도 굽는다. 받침대에 올려놓고 완전히 식힌다.

콩코드 포도 파이

지름 23cm짜리 더블 크러스트 파이 1개

이 전통식 파이는 만드는 데 시간이 오래 걸리지만 완성되면 지극히 미국적인 근사한 맛을 즐길 수 있다. 콩코드 대신 **머스커딘이나 스커퍼농 포도 900g**을 넣어도 좋으며, 알갱이를 눌렀을 때 껍질이 잘 벗겨지는 포도라면 어떤 품종이든 사용할 수 있다. 필링을 채워서 굽는 크러스트에 대해 항목을 참고한다.

다음을 준비한다.

기본 파이 또는 페이스트리 반죽이나 버터 파이 또는 페이스트리 반죽

다음을 씻고 줄기에서 알갱이를 떼어낸 후 잡티를 제거한다.

콩코드 포도 4컵(약 900g)

한 번에 하나씩 포도 알갱이를 손가락으로 눌러서 껍질을 벗긴다. 껍질과 과육은 따로 보관한다. 중간 크기의 편수 냄비를 중불에 올리고 포도 과육을 넣어 씨가 과육에서 분리될 때까지 5분 정도 뭉근히 끓인다. 과육을 식품 분쇄기에 넣거나 그릇 위에 성긴 체를 올려놓고 부어서 씨를 걸러낸다. 씨를 제거한 과육에 따로 보관했던 껍질을 추가하고 다음을 넣어 섞는다.

설탕 ¾~1컵(150~200g), 과일의 산도에 따라 조절

버터 2큰술(30g), 작은 조각으로 자르기

레몬즙 1큰술(15g)

소금 ¼작은술

어느 정도 식힌 후 다음을 넣어서 젓는다.

타피오카 전분 또는 옥수수 전분 ¼컵(30g)

지름 23cm의 파이 팬에 반죽의 절반을 깐다. 필링을 아래쪽 크러스트에 붓는다. 포크 구멍 또는 숨구멍을 낸 크러스트로 위를 덮거나 격자무늬로 반죽을 얹어서 냉동실에 15분간 또는 냉장고에 1시간 동안 넣어두고 차갑게 식힌다. 받침대를 오븐의 아래쪽 칸에 끼운다. 오븐을 200℃로 예열한다. 구릿빛으로 반질반질하게 익은 크러스트를 선호한다면 파이의 윗면에 솔로 다음을 살짝 바른다.

(대란 1개, 물 1작은술을 넣어 풀어두기)

다음을 훌훌 뿌린다.

(설탕 2작은술)

파이를 오븐 팬에 올려놓고 숨구멍 사이로 걸쭉한 즙이 보글보글 올라올 때까지 1시간 15분 정도 굽는다. 받침대에 올려놓고 완전히 식힌다.

민스미트 파이(Mincemeat Pie)

지름 23cm짜리 더블 크러스트 파이 1개

Ⅰ. 고기 기름을 사용하지 않는 방식

1931년『조이 오브 쿠킹』초판에 처음 등장해 오랫동안 사랑받고 있는 레시피다.(민스미트는 말린 과일, 향신료, 소기름 등을 섞은 파이용 속재료를 말한다. ― 옮긴이)

다음을 굵직하게 썬다.

건포도 1½컵

다음의 껍질을 벗기고 속을 파낸 후 6mm 두께로 저민다.

그래니 스미스 사과 4개 또는 사과와 녹색 토마토를 섞어서 4개(3컵)

커다란 편수 냄비에 건포도와 사과를 넣고 섞는다. 다음을 추가한다.

오렌지 1개의 껍질, 강판에 곱게 갈기

오렌지즙 ½컵

사과 주스 또는 그 외의 과일즙 ½컵

뚜껑을 덮고 사과가 아주 물렁해질 때까지 뭉근히 끓인다. 다음을 넣고 잘 섞이도록 젓는다.

　설탕 ¾컵

　계핏가루와 정향 가루 각 ¼작은술씩

　잘게 부순 소다 크래커 3큰술

이 혼합물은 미리 만들어두고 며칠 정도 보관할 수 있다. 필링을 사용하기 직전에 취향에 따라 다음을 넣어도 좋다.

　(브랜디 1큰술)

다음을 준비한다.

　기본 파이 또는 페이스트리 반죽이나 버터 파이 또는 페이스트리 반죽

지름 23cm의 파이 팬에 반죽의 절반을 깐다. 필링을 파이 셸에 붓는다. 포크 구멍 또는 숨구멍을 낸 크러스트로 위를 덮거나 격자무늬로 반죽을 얹어서 냉동실에 15분간 또는 냉장고에 1시간 동안 넣어두고 차갑게 식힌다. 받침대를 오븐의 아래쪽 칸에 끼운다. 오븐을 200℃로 예열한다. 구릿빛으로 반질반질하게 익은 크러스트를 선호한다면 파이의 윗면에 솔로 다음을 바른다.

　(대란 1개, 물 1작은술을 넣어 풀어두기)

II. 전통 방식

커다란 그릇에 다음을 넣고 섞는다.

　그래니 스미스 사과 2개, 속을 파내고 굵게 썰기

　다지거나 굵게 썬 소기름 ⅓컵

　건포도 ½컵, 굵게 썰기

　말린 커런트 ½컵

　구워서 굵게 썬 호두 ½컵

　갈색 설탕, 꾹 눌러 담아 ½컵

　(굵게 썬 설탕 절임 시트론 ¼컵)

　(굵게 썬 설탕 절임 오렌지 껍질 ¼컵)

　(굵게 썬 설탕 절임 레몬 껍질 ¼컵)

　브랜디 ¼컵

　레몬 1개의 껍질과 즙, 강판에 곱게 갈기

　오렌지 1개의 껍질, 강판에 곱게 갈기

　계핏가루 1작은술

　(말린 육두구 껍질 가루 ½작은술)

　(고수씨 가루 ½작은술)

　소금 ½작은술

　정향 가루 ¼작은술

　흑후추 ¼작은술

　강판에 간 육두구 또는 육두구 가루 ¼작은술

재료의 맛이 서로 어우러지고 풍미가 살아나도록 뚜껑을 잘 덮어서 3일 이상 냉장고에 넣어둔다. 버전 I의 설명에 따라 크러스트에 담아서 굽는다.

건포도 파이

지름 23cm짜리 더블 크러스트 파이 1개

필링을 채워서 굽는 크러스트에 대해 항목을 참고한다.

다음을 준비한다.

　기본 파이 또는 페이스트리 반죽이나 버터 파이 또는 페이스트리 반죽의 레시피
　　분량, 또는 크림치즈 페이스트리 반죽 레시피의 2배 분량

중간 크기의 편수 냄비에 다음을 넣어서 섞은 뒤 강불에 올려 부르르 끓어오르도록 가열한다.

　건포도 4컵(680g) 또는 검은색 건포도 2컵+노란색 건포도 2컵

　물 2½컵(590g)

불을 줄이고 5분간 뭉근히 끓인다. 불에서 내린다. 건포도와 물이 완전히 어우러지도록 잘 섞은 후 다음을 추가해 젓는다.

　갈색 설탕, 꾹 눌러 담아 1컵(230g)

　중력분 ¼컵(30g)

　(계핏가루 ¾작은술)

　소금 ½작은술

다음을 넣고 중불에 올려 계속 저으면서 뭉근히 끓어오르도록 가열한다.

　버터 3큰술(45g), 작은 조각으로 자르기

　레몬즙 또는 선호하는 종류의 식초 1큰술(15g)

1분간 계속 뭉근히 끓인다. 실온 상태로 식힌다.

지름 23cm의 파이 팬에 반죽의 절반을 깐다. 필링을 아래쪽 크러스트에 붓는다. 포크 구멍 또는 숨구멍을 낸 크러스트로 위를 덮거나 격자무늬로 반죽을 얹어서 냉동실에 15분간 또는 냉장고에 1시간 동안 넣어두고 차갑게 식힌다. 받침대를 오븐의 아래쪽 칸에 끼운다. 오븐을 200℃로 예열한다. 구릿빛으로 반질반질하게 익은 크러스트를 선호한다면 파이의 윗면에 솔로 다음을 바른다.

　(대란 1개, 물 1작은술을 넣어 풀어두기)

크러스트가 진한 갈색으로 익고 필링이 보글보글 끓을 때까지 40~45분간 굽는다. 받침대에 올려놓고 완전히 식힌다. 이 파이는 실온에서 최대 2일간 보관할 수 있다. 다음을 곁들여 낸다.

　휩드 크림 또는 바닐라 아이스크림

딥 디시 과일 파이

12~15인분

딥 디시 파이는 일반 파이만으로는 충분하지 않을 때 비장의 무기로 활용할 수 있는 든든한 요리다. 이 레시피를 다양한 과일로 응용해 누구나 좋아하는 근사한 디저트를 만들어보자. 이번 장에서 소개하는 과일 필링 중 익히지 않은 사과 파이 필링을 제외한 모든 필링을 사용할 수 있으며, 레시피의 1½배를 준비하면 된다. 필링을 채워서 굽는 크러스트에 대해 항목을 참고한다.

지름 23cm의 딥 디시 파이 팬이나 지름 23cm의 분리형 원형 팬을 준비한다.

다음을 만든다.

　버터 파이 또는 페이스트리 반죽 레시피의 2배 분량

반죽을 절반으로 나누고 그중 하나를 다시 반으로 나눈다. ¼로 나눈 반죽 2개를 원반 모양으로 펴서 비닐랩으로 단단히 감싼 후 냉장고에 넣는다. 작업대에 밀가루를 뿌리고 ½로 나눈 반죽을 올려서 6~8mm 두께의 커다란 원형으로 민다. 넓게 민 반죽을 파이 팬이나 분리형 원형 팬에 올려놓고 모퉁이와 옆면을 눌러서 잘 끼운다. 틀 밖으로 빠져나온 반죽은 다시 아래쪽으로 접어 넣어 두꺼운 가장자리 부분이 팬의 테두리 위에 걸치게 한다. 필링과 위쪽 크러스트를 준비하는 동안 반죽을 차게 식힌다.

커다란 그릇에 다음을 넣고 뒤적이며 섞는다.

　베리류, 씨를 빼고 반으로 자른 체리 또는 씨를 빼고 저민 복숭아, 자두 또는 살구
　　8컵(1.13~1.36kg)

설탕 2~2½컵(395~495g), 과일의 당도에 따라 조절

타피오카 전분 ½컵(60g) 또는 옥수수 전분 ½컵(65g)

레몬즙 3큰술(45g)

소금 ¼작은술

¼로 분할한 반죽 중 하나를 6~8mm 두께의 원형으로 민다.(나머지 하나는 위쪽 크러스트에 장식할 용도로 사용하거나 냉동실에 보관했다가 나중에 사용한다.) 필링을 아래쪽 크러스트에 붓는다. 둥글게 민 반죽을 필링 위에 덮고 밖으로 빠져나온 부분은 아래쪽 크러스트 아래로 접어 넣는다. 가장자리에 세로로 홈을 내거나 주름을 잡고 위쪽 크러스트에 김이 빠져나올 숨구멍을 만든다. 파이를 냉동실에 20분간 넣어둔다. 받침대를 오븐의 아래쪽 칸에 끼운다. 오븐을 200℃로 예열한다. 파이의 윗면에 솔로 다음을 바른다.

헤비크림 2큰술

다음을 훌훌 뿌린다.

설탕 또는 중백설탕

파이를 오븐 팬에 올려 노릇노릇하게 익으면서 필링이 걸쭉해지고 크러스트의 숨구멍 사이로 보글보글 올라올 때까지 약 1시간 20분간 굽는다. 받침대에 올려놓고 4시간 정도 완전히 식힌 후 먹기 좋게 자른다.

과일 슬랩 파이

12인분

널찍하게 사각형으로 굽는 슬랩 파이(slab pie)는 포틀럭 파티에 알맞을 뿐만 아니라 크러스트보다 필링의 비율이 높은 파이를 선호하는 사람들에게도 환영받는다. 이번 장에서 소개한 과일 필링은 모두 슬랩 파이에 사용할 수 있다. 필링을 채워서 굽는 크러스트에 대해 항목을 참고한다.

다음을 만든다.

버터 파이 또는 페이스트리 반죽 레시피의 2배 분량

반죽을 절반으로 나누고 각각 직육면체 벽돌 모양으로 성형한다. 하나씩 비닐랩으로 싸서 냉장고에 1시간 동안 넣어둔다.

커다란 그릇에 다음을 넣고 뒤적이며 섞는다.

베리류, 씨를 빼고 반으로 자른 체리 또는 씨를 빼고 저민 복숭아, 자두 또는 살구 6컵(900g)

설탕 1~1¼컵(200~250g), 과일의 당도에 따라 조절

타피오카 전분 ⅓컵(40g) 또는 옥수수 전분 ⅓컵(45g)

레몬즙 2큰술(30g)

소금 ¼작은술

받침대를 오븐의 아래쪽 칸에 끼운다. 오븐을 200℃로 예열한다. 절반으로 나눈 반죽 중 하나를 크기 45×33cm, 두께 6mm 정도의 직사각형으로 민다. 넓게 민 반죽을 롤케이크 팬(38×25cm)에 올리고 팬 바깥으로 2cm 정도만 나오도록 가장자리를 정리한다. 필링을 아래쪽 크러스트에 붓는다. 남은 반죽을 크기 40×28cm, 두께 6mm 정도의 직사각형으로 민다. 이 반죽을 필링 위에 덮고 밖으로 빠져나온 부분은 아래쪽으로 접어 넣어서 두꺼운 가장자리 부분이 팬의 테두리 위에 걸치도록 한다. 가장자리에 주름을 잡거나 세로로 홈을 내고 위쪽 크러스트에 김이 빠져나올 숨구멍을 만든다. 파이의 윗면에 솔로 다음을 바른다.

대란 1개, 물 1작은술을 넣어 풀어두기

다음을 훌훌 뿌린다.

설탕 또는 중백설탕

노릇노릇하게 익으면서 필링이 걸쭉해지고 크러스트의 숨구멍 사이로 보글보글 올라올 때까지 35~40분간 굽는다. 받침대에 올려놓고 1시간 정도 완전히 식힌 후 먹기 좋게 자른다.

타르트 타탱(Tarte Tatin)

지름 25~28cm짜리 타르트 1개

재료를 가지런히 쌓아서 구운 후 뒤집어서 내는 이 정통 프랑스식 사과 타르트의 명칭은 루아르 계곡에 있는 호텔에서 이 디저트를 만들었던 타탱 자매의 이름에서 따온 것이다. 팬을 뒤집어서 타르트를 꺼내면 서로 겹치도록 둥글게 배열한 사과가 캐러멜화되어 황금색으로 빛나는 부분이 위로 올라오기 때문에 그야말로 먹음직스러운 모습이 된다. 이 타르트를 만들 때는 바닥의 지름이 18~20cm, 윗면의 지름이 25~28cm 정도 되는 무쇠 팬을 비롯해 깊고 묵직한 오븐용 팬이면 무엇이든 사용할 수 있다. 인터넷 상점과 일부 요리 도구 전문점에서는 타르트 전용 팬도 구입할 수 있다. 파이 팬이나 타르트 팬에 반죽 깔기 항목을 참고한다.

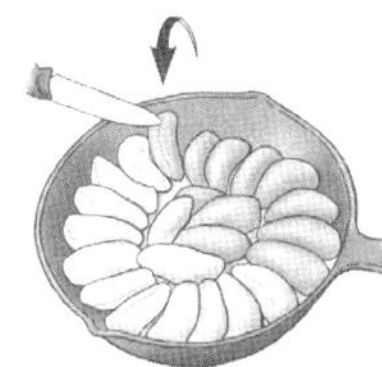

타르트 타탱 만들기

다음을 준비한다.

시판 또는 수제 퍼프 페이스트리나 간단한 퍼프 페이스트리 225g, 또는 버터 파이 또는 페이스트리 반죽 레시피의 ½ 분량

반죽을 지름 30cm의 원형으로 밀거나 자른 후 쿠키 시트 위에 올려서 냉장고에 넣어둔다.

받침대를 오븐의 아래쪽 칸에 끼운다. 오븐을 200℃로 예열한다. 다음의 껍질을 벗기고 속을 파낸 후 4등분한다.

브래번, 그래니 스미스 또는 허니크리스프 등 단단한 사과 중간 크기 6개(약 1.36kg)

프라이팬에 다음을 넣고 녹인다.(프라이팬의 크기와 종류는 위의 설명 참고)

무염 버터 스틱 1개(115g)

프라이팬을 불에서 내리고 바닥에 다음을 골고루 뿌린다.

설탕 1컵(200g)

4등분한 사과를 프라이팬의 바깥쪽 테두리를 따라 둥글게 고리 모양으로 배열한다. 이때 사과 조각의 얇은 쪽이 바닥에 닿도록 하고 두꺼운 부분이 옆에 있는 사과 조각에 걸치도록 차곡차곡 쌓아서 최대한 조밀하게 많이 넣는다. 남은 사과 조각은 프라이팬의 가운데에 채워 넣는다.(한두 조각 정도 남을 수 있다.) 프라이팬을 강불에 올리고 사과즙이 연갈색에서 진한 호박색으로 변할 때까지 10~12분간 조리한다.

프라이팬을 불에서 내린 후 포크나 과도로 사과 조각을 찔러서 제대로 익지 않은 위쪽이 바닥으로 가도록 뒤집어놓는다. 프라이팬을 다시 강불에 올리고 5분간 더 조리한다. 프라이팬을 불에서 내리고 넓게 밀어서 준비해둔 크러스

트 반죽을 사과 위에 얹는다. 손가락을 데지 않도록 조심하면서 반죽의 가장자리를 프라이팬의 안쪽 옆면으로 살살 밀어 넣는다. 프라이팬을 오븐에 넣어 크러스트가 진한 갈색으로 익을 때까지 25~35분간 굽는다. 받침대에 올려놓고 20분간 식힌다.

칼로 타르트의 옆면을 훑어서 프라이팬에서 분리한 후 서빙용 내열 접시에 뒤집어서 타르트를 꺼낸다. 프라이팬에 아직 붙어 있는 사과가 있다면 떼어서 원래 위치에 붙인다. 즉시 내거나 실온에서 최대 8시간 그대로 둔다. 식힌 타르트를 내놓을 때는 가장 낮은 온도에 맞춘 오븐에 넣어 미지근하게 데운다.

사워크림 체리 또는 베리 파이 또는 미니 타르트

지름 23cm짜리 싱글 크러스트 파이 1개 또는 지름 9cm짜리 미니 타르트 4개

지름 23cm의 파이 셸이나 지름 9cm의 미니 타르트 셸 4개에 다음을 깐다.

　　과자 가루 크러스트, 통밀 크래커로 만들기

셸을 냉동실에 넣어 20분간 차갑게 식힌다.

오븐을 160℃로 예열한다.

중간 크기의 그릇에 다음을 넣고 탁탁 치면서 푼다.

　　대란 3개

다음을 넣어서 젓는다.

　　설탕 ¾컵(150g)

　　사워크림 ¾컵(180g)

　　씨를 뺀 체리나 베리류, 생과일 또는 통조림 2컵(통조림은 국물을 따라내고 체리가
　　　크면 반으로 자르기)

필링을 차갑게 식힌 셸에 붓는다. 커스터드가 굳을 때까지 파이는 1시간, 미니 타르트는 30~35분간 굽는다. 따뜻하게 또는 차갑게 낸다.

타르트에 대해

파이와 타르트의 차이는 다소 모호하기도 하지만, 일반적으로 타르트의 특징이라면 아래쪽 크러스트만 있는 싱글 크러스트에 파이보다 얇은 형태라는 점이다. 분리형 타르트 팬을 사용하거나 고리 모양의 타르트 틀을 오븐 팬에 얹어서 굽는다. 어떤 파이 반죽이든 타르트에 사용할 수 있는데, 타르트 반죽은 보통 파이 반죽보다 퍼석하고 잘 부서지는 경향이 있다. 타르트용 달콤한 반죽이 가장 안성맞춤이지만 분리형 팬에 굽는다면 틀에 눌러 만드는 반죽을 사용해도 좋다. 필링 분량을 비롯해 타르트 팬과 고리 모양의 틀에 대한 자세한 내용은 파이와 페이스트리를 만들 때 사용하는 도구에 대해 항목을 참고한다.

비터스위트 초콜릿 타르트

지름 24~25cm짜리 타르트 1개

구운 당일에 먹어야 가장 맛있다.

지름 24~25cm의 분리형 타르트 팬에 다음을 깐다.

　　타르트용 달콤한 반죽 레시피의 ½ 분량, 또는 팬에 눌러 만드는 쇼트브레드
　　　반죽의 레시피 분량

개별 반죽 레시피나 팬에 눌러 만드는 반죽에 대해 항목의 설명에 따라 차갑게 식혀서 굽는다. 받침대를 오븐의 아래쪽 칸에 끼운다. 오븐을 190℃로 예열한다. 작은 편수 냄비에 다음을 넣고 뭉근히 끓어오르도록 가열한다.

　　헤비크림 1컵(230g)

불에서 내린 후 다음을 넣는다.

　　세미스위트 또는 비터스위트 초콜릿 225g, 잘게 썰기

초콜릿이 완전히 녹으면서 혼합물이 매끈해질 때까지 살살 저어 조리한 후 다음을 넣고 섞는다.

　　대란 1개, 가볍게 풀어두기

초콜릿 혼합물을 타르트 셸에 붓는다. 가운데가 굳은 것처럼 보이지만 팬을 흔들면 젤라틴처럼 가볍게 떨리는 상태가 되도록 15~20분간 굽는다. 팬을 받침대에 올려놓고 식힌다.

다음을 곁들여 약간 따뜻한 상태 또는 실온 상태로 낸다.

　　휘프 크림

냉장고에 보관한다.

초콜릿 글레이즈 캐러멜 타르트

지름 24~25cm짜리 타르트 1개

이 타르트는 작게 잘라서 낸다. 파이 형태를 하고 있지만 초콜릿 바에 가깝다.

지름 24~25cm의 분리형 타르트 팬에 다음을 깐다.

　　타르트용 달콤한 반죽 레시피의 ½ 분량, 또는 팬에 눌러 만드는 쇼트브레드
　　　반죽의 레시피 분량

개별 반죽 레시피나 팬에 눌러 만드는 반죽에 대해 항목의 설명에 따라 차갑게 식혀서 굽는다. 크러스트가 다 구워지면 몇 분 후(누름돌을 사용했다면 꺼낸 후) 크러스트에 다음을 바른다.

　　대란 노른자 1개, 잘 풀어두기

크러스트를 다시 오븐에 넣고 노릇노릇해질 때까지 5~8분간 더 굽는다. 받침대를 오븐의 아래쪽 칸에 끼운다. 오븐 온도를 160℃로 낮춘다.

중간 크기의 묵직한 편수 냄비에 다음을 넣고 섞는다.

　　설탕 1½컵(300g)

　　물 ½컵(120g)

냄비를 중불에 올리고 설탕이 녹을 때까지 젓는다. 부글거리면서 끓기 전에 설탕을 다 녹이는 것이 중요하므로 필요하면 냄비를 불에서 잠깐씩 내려 완전히 녹인다. 강불로 올리고 시럽을 팔팔 끓인다. 냄비 뚜껑을 덮고 2분간 끓인다. 뚜껑을 열고 캐러멜의 색이 진해지기 시작할 때까지 조리한다. 냄비를 천천히 빙글빙글 돌리면서 진한 호박색이 될 때까지 끓인다. 냄비를 불에서 내린다. 뜨거운 시럽이 튀지 않도록 한 발짝 물러서서 다음을 붓는다.

　　헤비크림 1¼컵(290g)

매끄러워질 때까지 젓는다. 캐러멜에 아직 덩어리가 보이면 편수 냄비를 약불에 올려 저으면서 매끄러워지도록 잘 섞는다. 10분간 식힌다. 중간 크기의 그릇에 다음을 넣고 거품이 날 때까지 거품기로 젓는다.

　　대란 1개

　　대란 노른자 1개

　　바닐라 1작은술

　　소금 ¼작은술

캐러멜 혼합물을 달걀 혼합물에 조금씩 넣으면서 잘 젓는다. 미리 준비해둔 타르트 셸에 필링을 붓는다. 가장자리의 색이 진해지고 보글보글 거품이 올라오면서 가운데 부분이 거의 다 굳은 것처럼 보일 때까지 45~55분간 굽는다. 팬을 받침대에 올려놓고 완전히 식힌다.

캐러멜 필링 위에 다음을 넓게 펴서 얹는다.

　　초콜릿 가나슈 레시피의 ½ 분량

다음을 홀홀 뿌린다.

세로로 두툼하게 자른 아몬드 ½컵, 구워서 굵게 썰기

타르트가 단단해질 때까지 4시간 이상, 최대 2일간 냉장고에 넣어둔다. 다음을 곁들여 차갑게 낸다.

휩드 크림

소금 캐러멜 견과류 타르트

지름 23cm짜리 타르트 1개

견과류에 호박색 캐러멜을 입혀서 적당히 끈적끈적해질 때까지 구운 진하고 깊은 맛의 타르트다.

지름 23cm의 분리형 타르트 팬에 다음을 깐다.

타르트용 달콤한 반죽 레시피의 ½ 분량, 또는 팬에 눌러 만드는 쇼트브레드
반죽의 레시피 분량

개별 반죽 레시피나 팬에 눌러 만드는 반죽에 대해 항목의 설명에 따라 차갑게 식혀서 굽는다. 타르트 셸을 굽는 동안 다음을 만든다.

소금 캐러멜 소스

완성된 캐러멜 소스에 다음을 넣고 섞는다.

캐슈 ½컵, 굵직하게 썰기

호두 ½컵, 굵직하게 썰기

피칸 ½컵, 굵직하게 썰기

세로로 두툼하게 자른 아몬드 ½컵

필요하면 오븐 온도를 200℃로 높인다. 캐러멜 견과류 혼합물을 타르트 셸에 붓고 보글보글 거품이 활발하게 올라오면서 진한 갈색으로 익을 때까지 15~20분간 굽는다. 받침대 위에 팬을 올려놓고 완전히 식힌다.

레몬 타르트

지름 24~25cm짜리 타르트 1개

이 우아한 정통 디저트는 간단하게 만들 수 있으며 옥수수 전분으로 걸쭉하게 만든 레몬 파이보다 훨씬 진한 맛을 자랑한다.

지름 24~25cm의 분리형 타르트 팬에 다음을 깐다.

타르트용 달콤한 반죽 레시피의 ½ 분량, 또는 팬에 눌러 만드는 버터 반죽의
레시피 분량

개별 반죽 레시피나 팬에 눌러 만드는 반죽에 대해 항목의 설명에 따라 차갑게 식혀서 굽는다. 크러스트가 다 구워지면 몇 분 후(누름돌을 사용했다면 꺼낸 후) 크러스트에 다음을 바른다.

대란 노른자 1개, 잘 풀어두기

크러스트를 다시 오븐에 넣고 노릇노릇해질 때까지 5~8분간 더 굽는다. 받침대를 오븐의 아래쪽 칸에 끼운다. 필요에 따라 오븐 온도를 175℃로 낮춘다. 중간 크기의 내열 그릇에 다음을 넣고 섞는다.

설탕 1컵(200g)

무염 버터 스틱 1개(115g), 작은 조각으로 자르기

프라이팬에 물을 2.5cm 높이로 붓고 은근히 끓어오르기 직전까지 가열한다. 내열 그릇을 프라이팬에 담고 버터가 녹을 때까지 젓는다. 그릇을 프라이팬에서 꺼낸다. 그릇에 다음을 넣고 노란색 줄이 보이지 않을 때까지 탁탁 치면서 잘 섞는다.

대란 노른자 8개

다음을 넣고 섞는다.

체에 거른 레몬즙 ½컵(120g, 레몬 2~3개 분량)

그릇을 다시 프라이팬에 담고 살살 저으면서 혼합물이 헤비크림과 비슷한 점도가 될 때까지 6~8분간 가열한다.(숟가락을 담갔다 꺼내면 살짝 막이 입히는 정도) 고운체에 걸러서 중간 크기의 그릇에 담고 다음을 넣어 섞는다.

강판에 곱게 간 레몬 껍질 1큰술

필링을 타르트 셸에 붓는다. 가운데가 굳어서 팬을 흔들어도 움직이지 않을 때까지 15~20분간 굽는다. 받침대에 팬을 올려놓고 완전히 식힌다. 기름을 바른 비닐랩으로 필링을 덮어서 살짝 누른다. 타르트는 최대 하루 동안 냉장고에 보관할 수 있다. 먹기 전에 미리 냉장고에서 꺼내두었다가 실온 상태로 낸다. 취향에 따라 다음을 곁들인다.

(라즈베리로 만든 신선한 베리 쿨리)

(휩드 크림)

생과일 타르트

지름 24~25cm짜리 타르트 1개

이 레시피를 활용해 작은 미니 타르트를 만들 수도 있지만, 상황에 따라 글레이즈, 페이스트리 크림, 과일의 양은 약간씩 조절해야 한다.

지름 24~25cm의 분리형 타르트 팬에 다음을 깐다.

타르트용 달콤한 반죽 레시피의 ½ 분량, 또는 팬에 눌러 만드는 쇼트브레드
반죽의 레시피 분량

개별 반죽 레시피나 팬에 눌러 만드는 반죽에 대해 항목의 설명에 따라 차갑게 식혀서 굽는다. 크러스트가 다 구워지면 몇 분 후(누름돌을 사용했다면 꺼낸 후) 크러스트에 다음을 바른다.

대란 노른자 1개, 잘 풀어두기

크러스트를 다시 오븐에 넣고 노릇노릇해질 때까지 5~8분간 더 굽는다. 크러스트를 완전히 식힌다.

크러스트의 바닥에 솔로 다음을 바른다.

커런트, 라즈베리 또는 딸기 젤리 3큰술, 액체 상태로 녹이기

젤리를 바른 셸을 냉장고에 넣어 10분간 굳힌다. 크러스트에 다음을 골고루 펴서 바른다.

페이스트리 크림 또는 프랑지판 페이스트리 크림 1컵

크림 위에 다음을 한 겹으로 가지런히 깐다.

작은 베리류, 꼭지를 따고 저민 딸기 또는 살구나 키위, 망고 등 얇게 저민 과일 2컵

취향에 따라 솔로 다음을 과일에 살짝 바른다.

(커런트, 라즈베리 또는 딸기 젤리 3큰술, 액체 상태로 녹이기)

또는 식탁에 올리기 직전에 타르트에 다음을 아주 소량 뿌린다.

(슈거 파우더)

즉시 먹을 계획이 아니라면 최대 6시간까지 냉장고에 넣어 보관할 수 있다.

라즈베리 슈트로이젤 타르트

지름 24~25cm짜리 타르트 1개

여름이 제철인 베리나 다양한 종류의 베리를 섞어서 이 타르트를 만들 수 있다. 지름 24~25cm의 분리형 타르트 팬에 다음을 깐다.

타르트용 달콤한 반죽 레시피의 ½ 분량, 또는 팬에 눌러 만드는 쇼트브레드
반죽의 레시피 분량

개별 반죽 레시피나 팬에 눌러 만드는 반죽에 대해 항목의 설명에 따라 차갑게 식혀서 굽는다. 크러스트가 다 구워지면 몇 분 후(누름돌을 사용했다면 꺼낸 후) 크러스트에 다음을 바른다.

대란 노른자 1개, 잘 풀어두기

크러스트를 다시 오븐에 넣고 노릇노릇해질 때까지 5~8분간 더 굽는다. 크러스트를 완전히 식힌다. 받침대를 오븐의 아래쪽 칸에 끼운다. 필요에 따라 오븐 온도를 175℃로 낮춘다.

커다란 그릇에 다음을 넣고 적당히 어우러질 정도로만 섞는다.

라즈베리 또는 그 외의 베리 3컵

설탕 ½컵(100g)

옥수수 전분 2큰술(15g)

레몬즙 1큰술(15g)

라즈베리 혼합물을 타르트 셸에 붓고 골고루 편다. 베리 위에 다음을 훌훌 뿌린다.

슈트로이젤 Ⅰ

슈트로이젤이 갈색으로 익고 가운데 근처에서 걸쭉한 즙이 보글보글 올라올 때까지 50~60분간 굽는다. 받침대에 팬을 올려놓고 완전히 식힌다.

사과 미니 타르트

지름 10cm짜리 미니 타르트 5개 또는 지름 7cm짜리 미니 타르트 8개

받침대를 오븐의 아래쪽 칸에 끼운다. 오븐을 190℃로 예열한다. 일반 머핀 틀 8구 또는 지름 10cm의 1인용 파이 팬 5개에 다음을 깐다.

기본 파이 또는 페이스트리 반죽, 또는 버터 파이 또는 페이스트리 반죽

반죽 위에 다음을 얹는다.

껍질을 벗기고 속을 파낸 후 얇게 저민 사과 4컵(권장 사과 품종은 사과 파이 레시피의 설명을 참고)

중간 크기의 그릇에 다음을 넣고 잘 섞는다.

헤비크림 1컵(230g)

설탕 ½컵(100g)

대란 2개, 살짝 풀어두기

버터 2큰술(30g), 액체 상태로 녹이기

레몬즙 1큰술(15g)

(계핏가루 ½작은술)

(강판에 간 육두구 또는 육두구 가루 ⅛작은술)

이 혼합물을 과일 위에 붓는다. 노릇노릇하게 익으면서 거품이 보글보글 올라올 때까지 30~40분간 굽는다. 받침대에 팬을 올려놓고 완전히 식힌다.

린처토르테(Linzertorte)

지름 24cm짜리 토르테 1개

오스트리아에 있는 도시 린츠에서 이름을 따온 전통적인 타르트로, 진한 풍미의 견과류 크러스트를 격자무늬로 얹고 라즈베리 또는 커런트 잼을 듬뿍 넣어 만든다. 리즈베리나 커런트 잼 대신 다른 잼, 프리저브, 마멀레이드 및 과일 버터를 사용해도 좋다. 린처토르테는 구운 후 2~3일이 지나면 맛이 더 좋아지며 최소 일주일 이상 보관할 수 있다.

커다란 그릇에 다음을 넣고 완전히 섞이도록 젓는다.

중력분 1⅓컵(165g)

세로로 두툼하게 자른 아몬드 또는 통헤이즐넛 1컵, 구워서 푸드 프로세서로 곱게 갈기

설탕 ½컵(100g)

(무가당 코코아 가루 1큰술)

계핏가루 1작은술

정향 가루 ¼작은술

소금 ¼작은술

다음을 넣고 반죽기를 저속으로 작동시켜 질감이 매끄러워질 때까지 섞는다.

무염 버터 스틱 1¼개(140g)

대란 노른자 2개

레몬 1개의 껍질, 강판에 곱게 갈기

반죽을 납작한 원반 모양으로 눌러서 비닐랩으로 감싼 후 2시간~2일간 냉장고에 넣어 숙성한다. 냉장고에서 반죽을 꺼내 어느 정도 단단하지만 잘 구부러지는 상태가 될 때까지 30분 정도 실온에 그대로 둔다.

오븐의 가운데에 받침대를 끼운다. 오븐을 175℃로 예열한다. 24~25cm의 분리형 타르트 팬에 버터를 바르고 밀가루를 뿌린다.

반죽의 ¼은 격자무늬를 내는 데 사용하기 위해 따로 보관해둔다. 나머지 반죽을 타르트 팬에 넣고 바닥과 옆면을 눌러서 골고루 깐다. 남은 반죽은 아래위에 비닐랩이나 파라핀지를 깔고 25cm 크기의 정사각형으로 민다. 위쪽 비닐랩이나 파라핀지를 떼어내고 반죽을 일정한 너비로 8~12개의 길쭉한 조각으로 자른다. 이렇게 자른 조각이 너무 말랑해서 다루기 어렵다면 냉장고나 냉동실에 넣어서 단단하게 굳힌다.

타르트 셸 위에 다음을 골고루 펴서 바른다.

라즈베리 잼 1~1½컵

잼은 6mm 정도의 두께로 바른다. 길쭉하게 자른 반죽 조각의 절반을 일정한 간격으로 타르트 위에 가지런히 얹고 끝부분은 아래쪽 크러스트에 꾹 눌러 붙인다. 남은 반죽 조각 절반을 그 위에 적당한 각도로 얹어서 격자무늬를 만든다. 모양을 만드는 도중에 길쭉한 반죽이 끊어질 경우, 그냥 맞닿도록 얹어놓으면 굽는 과정에서 자연스럽게 붙는다. 격자무늬 부분이 노릇노릇해질 때까지 40~45분간 굽는다. 받침대에 팬을 올려놓고 완전히 식힌다.

린처토르테는 팬에 들어 있는 상태로 공기가 통하지 않도록 잘 감싸서 냉장고에 넣으면 최대 일주일, 냉동실에 넣으면 최대 한 달간 보관할 수 있다. 실온 상태로 낸다.

베이크웰 타르트(Bakewell Tart)

지름 23cm짜리 타르트 1개

타르트 잼을 골고루 바르고 그 위에 진한 아몬드 필링과 아몬드 슬라이스를 얹은 영국의 전통 디저트다. 보기에도 근사하고 우아할 뿐만 아니라 피크닉에 가져갈 수 있을 정도로 단단하다.

지름 23cm의 분리형 타르트 팬이나 고리 모양의 타르트 틀에 버터를 바르고 밀가루를 뿌린다. 다음 반죽을 깐다.

타르트용 달콤한 반죽 레시피의 ½ 분량, 또는 팬에 눌러 만드는 쇼트브레드 반죽의 레시피 분량

개별 반죽 레시피나 팬에 눌러 만드는 반죽에 대해 항목의 설명에 따라 차갑게 식혀서 굽는다. 크러스트가 다 구워지면 몇 분 후(누름돌을 사용했다면 꺼낸 후) 크러스트에 다음을 바른다.

　　대란 노른자 1개, 잘 풀어두기

크러스트를 다시 오븐에 넣고 노릇노릇해질 때까지 5~8분간 더 굽는다. 크러스트를 10분간 식힌다. 오븐 온도를 190℃로 낮춘다.

다음을 만든다.

　　프랑지판

크러스트 위에 다음을 펴서 바른다.

　　라즈베리 잼 ⅓컵

프랑지판을 몇 덩어리 떠서 잼 위에 얹고 작고 얇은 주걱으로 타르트 셸 안에 골고루 펴서 바른다. 위에 다음을 훌훌 뿌린다.

　　아몬드 슬라이스 ½컵

다시 오븐에 넣어 프랑지판이 굳으면서 갈색으로 익을 때까지 30~35분간 굽는다. 받침대에 팬을 올려놓고 완전히 식힌다. 다음을 뿌려서 낸다.

　　슈거 파우더

메건의 프랑지판 과일 타르트

지름 23cm짜리 타르트 1개 또는 지름 7.5~10cm짜리 미니 타르트 5개

이 타르트는 어떤 과일로 만들어도 아주 맛있다. 이 타르트의 매력 중 하나는 프랑지판이 과일 주변에서 보글보글 끓어오르다가 과일의 한쪽을 에워싸면서 노릇노릇하게 익는 것이다.

다음을 만든다.

　　타르트용 달콤한 반죽 레시피의 ½ 분량, 또는 버터 파이 또는 페이스트리 반죽
　　　　레시피의 ½ 분량

　　프랑지판

큰 타르트를 만든다면 지름 23cm의 분리형 타르트 팬이나 고리 모양의 타르트 틀에, 미니 타르트를 만든다면 오븐 팬 위에 얹은 미니 타르트 틀 5개에 버터를 바르고 밀가루를 뿌린다. 타르트 팬에 타르트용 반죽을 깔거나, 반죽을 5개로 나눠 각각 작은 원형으로 민 후 미니 타르트 틀에 깐다. 개별 반죽 레시피나 속을 채우지 않고 크러스트 굽기에 대해 항목의 설명에 따라 반죽을 차게 식혀서 굽는다. 크러스트가 다 구워지면 완전히 식힌다.

오븐을 190℃로 예열한다. 크러스트에 프랑지판을 채우고 그 위에 다음 중 선호하는 재료를 보기 좋게 배열한다.

　　자두, 살구, 천도복숭아, 플루오트 3~4개, 저미기

　　신선한 무화과 12개, 꼭지를 따고 반으로 자르기

　　신선한 베리류 2컵, 딸기를 사용한다면 반으로 자르거나 저미기

　　체리 2컵, 씨를 빼고 반으로 자르기

　　큼직한 루바브 줄기 2개, 1.2cm 두께로 저미기

타르트에 다음을 살짝 뿌린다.

　　중백설탕

필링이 굳으면서 갈색으로 익고 과일이 살짝 캐러멜화될 때까지 커다란 타르트는 45분간, 미니 타르트는 30~35분간 굽는다. 받침대에 팬을 올려놓고 완전히 식혀서 낸다.

건더기 없는 파이(Transparent Pies)에 대해

갈색 설탕, 당밀, 옥수수 시럽 또는 메이플 시럽을 주재료로 사용한 파이의 종류는 무척 다양하다.(직역하면 '투명한 파이'라는 뜻이지만 과일 등 건더기 재료 없이 설탕이나 시럽 등으로만 채워서 만든 파이를 지칭한다. ─ 옮긴이) 이러한 파이는 먹을 것이 넉넉하지 않던 시절에 비교적 쉽게 구할 수 있는 몇 가지 재료로 만들어 먹었던 것으로 보인다. 실제로 설탕, 식초 정도 외에는 다른 재료가 거의 들어가지 않았던 소위 '가난한 이들의 파이(desperation pie)'와도 밀접하게 연관되어 있다. 비록 건더기 없는 파이의 재료는 지극히 소박하지만, 그중 일부는 우리가 가장 좋아하며 자주 만들어 먹는 파이다.

건더기를 넣지 않는 파이의 일종인 **체스 파이**는 일반적으로 미국 남부 지방의 명물로 알려졌지만 다른 지역으로도 널리 전파되었다. 체스 파이라는 이름의 진짜 기원은 전해 내려오지 않지만, 우리가 가장 좋아하는 것은 어떤 검소한 주부가 디저트는 뭐가 있냐는 질문에 파이밖에 없다는 의미로 "제스 파이(Jes' Pie, '저스트 파이just pie'를 미국 남부 억양으로 발음한 것 ─ 옮긴이)"라고 대답한 것에서 체스 파이라는 이름이 탄생했다는 일화다. 체스 파이의 가장 큰 특징은 아마도 응용 범위가 아주 넓다는 점일 것이다. 감미료의 종류를 바꾸거나(백설탕, 갈색 설탕, 메이플 시럽, 당밀, 수수 시럽 또는 꿀) 견과류, 감귤류 껍질, 말린 과일이나 생과일, 버번, 럼 등을 추가해 매우 다양한 풍미를 낼 수 있다. 풍미와 관계없이 모든 체스 파이는 냉장 보관해야 하지만 미리 꺼내서 실온 상태로 만든 후 식탁에 올린다. 가장 바삭한 식감을 내기 위해서는 속을 채우지 않고 파이 크러스트를 굽도록 권장하는데, 굽지 않은 생크러스트에 재료를 채워서 구울 수도 있다.

피칸 파이

지름 23cm짜리 싱글 크러스트 파이 1개

이 파이는 순하고 달콤하며 은은한 버터 풍미를 느낄 수 있다. 캐러멜에 가까운 진한 색의 피칸 파이를 선호한다면 연한 색 또는 진한 색의 갈색 설탕과 진한 옥수수 시럽을 사용한다. 우리는 옥수수 시럽의 일부를 수수 시럽 또는 메이플 시럽으로 대체했을 때 괜찮은 결과물을 만들 수 있었다. 더 진한 풍미를 내려면 버터를 갈색으로 그을려서 필링에 넣는다.(브라운 버터 레시피 참고) 전통적인 조합보다 과감하게 응용 레시피를 시도해보고 싶다면 피칸 대신 검은 호두를 사용해 톡 쏘는 풍미의 매력적인 파이를 만들어보자.

지름 23cm의 파이 팬(유리 소재 권장)에 다음을 깐다.

　　버터 파이 또는 페이스트리 반죽 레시피의 ½ 분량, 또는 팬에 눌러 만드는 버터
　　　　반죽의 레시피 분량

개별 반죽 레시피나 속을 채우지 않고 크러스트 굽기에 대해 또는 팬에 눌러 만드는 크러스트에 대해 항목의 설명에 따라 반죽을 굽는다. 크러스트가 다 구워지면 몇 분 후(누름돌을 사용했다면 꺼낸 후) 크러스트에 다음을 바른다.

　　대란 노른자 1개, 잘 풀어두기

크러스트를 다시 오븐에 넣고 노릇노릇해질 때까지 5~8분간 더 굽는다. 필요에 따라 오븐 온도를 190℃로 낮춘다. 받침대를 오븐의 가운데에 끼운다.

커다란 그릇에 다음을 넣고 잘 어우러질 때까지 저어서 섞는다.

　　대란 4개

　　설탕 1컵(200g) 또는 갈색 설탕, 꾹 눌러 담아 1컵(230g), 또는 이를 섞어서 1컵

　　연한 옥수수 시럽 또는 골든 시럽 ¾컵(260g)

　　무염 버터 5큰술(70g), 액체 상태로 녹이기

　　바닐라 1작은술 또는 버번이나 다크 럼 최대 3큰술

　　소금 ½작은술

다음을 넣고 섞는다.

　　피칸 2컵, 굽기

파이 크러스트에 필링을 붓는다. 가장자리가 단단해지고 가운데는 굳은 것처럼 보이지만 팬을 흔들면 젤라틴처럼 가볍게 떨리는 상태가 되도록 35~40분간 굽는다. 받침대에 올려놓고 1시간 반 이상 식힌다.

따뜻하게 또는 실온 상태로 낸다. 이 파이는 냉장고에서 최대 2일간 보관할 수 있지만, 먹기 전에 미리 꺼내서 실온 상태로 만들거나 135℃의 오븐에 넣고 따뜻하게 데워서 낸다.

건더기 없는 파이

우리는 남부 사람들이 사랑하는 이 디저트를 파티에서부터 장례식에 이르기까지 수없이 많이 접했다. 그만큼 종류도 다양한데, 우리는 **피칸 파이** 레시피를 따르되 피칸을 생략하고 바닐라 대신 **강판에 간 육두구 또는 레몬즙 1큰술(15g)**을 넣어서 만드는 것을 선호한다.

초콜릿 칩 또는 굵게 썬 피칸 파이

피칸 파이를 만들되, 피칸을 1컵으로 줄이고 **초콜릿 칩 1컵 또는 다크 초콜릿이나 밀크 초콜릿**(또는 이를 섞어서) **140g을 6mm의 작은 조각으로 잘라서** 견과류와 함께 넣는다. 파이가 굳을 때까지 35~40분간 굽는다. 어느 정도 식힌후 냉장고에 넣어 차갑고 단단하게 굳으면 먹기 좋은 크기로 썬다. 식탁에 올리기 전에 작게 자른 파이를 135℃의 오븐에 넣어 초콜릿이 말랑말랑해질 때까지 데운다.

슈플라이 파이(Shoofly Pie)

지름 23cm짜리 싱글 크러스트 파이

펜실베이니아의 독일계 미국인에게 사랑받는 파이로 '바닥이 보송보송한' 파이와 '바닥이 촉촉한' 파이의 두 가지 버전이 있다. 전자는 부드러운 생강 쿠키를 크러스트에 담은 것과 비슷한 형태이며 아래 레시피에서 소개하는 '촉촉한' 버전은 당밀 커스터드 위에 밀가루와 버터를 섞은 가루를 뿌려서 만든다. 지름 23cm의 파이 팬에 다음을 깐다.

> 버터 파이 또는 페이스트리 반죽 레시피의 ½ 분량, 또는 팬에 눌러 만드는 버터
> 반죽의 레시피 분량

속을 채우지 않고 크러스트 굽기에 대해 또는 팬에 눌러 만드는 크러스트에 대해 항목의 설명에 따라 크러스트를 굽는다. 오븐의 가운데에 받침대를 끼운다. 오븐 온도를 200℃로 조절한다.

중간 크기의 그릇에 다음을 넣고 섞는다.

> 중력분 1컵(125g)
> 진한 갈색 설탕, 꾹 눌러 담아 ⅔컵(155g)
> 무염 버터 5큰술(70g), 말랑하게 녹이기

몽글몽글한 굵은 가루 상태가 되도록 포크로 으깨거나 페이스트리 블렌더로 잘게 쪼개면서 섞는다. 중간 크기의 다른 그릇에 다음을 넣고 잘 어우러지도록 탁탁 치면서 섞는다.

> 당밀 1컵(340g)
> 대란 1개
> 베이킹소다 1작은술

다음을 붓고 완전히 섞이도록 젓는다.

> 끓는 물 1컵(235g)

밀가루와 설탕, 버터를 섞은 가루의 절반을 당밀 혼합물에 넣어 뒤적인 후 미리

준비해둔 크러스트에 붓는다. 그 위에 남은 가루 절반을 골고루 뿌린다. 10분간 굽는다. 오븐 온도를 175℃로 낮추고 파이의 가장자리가 단단하게 굳을 때까지 20~30분간 더 굽는다. 받침대에 올려놓고 완전히 식힌다. 이 파이는 실온에서 최대 3일간 보관할 수 있다. 다음을 곁들여서 낸다.

> 휩드 크림

체스 파이

지름 23cm짜리 싱글 크러스트 파이

지름 23cm의 파이 팬에 다음을 깐다.

> 버터 파이 또는 페이스트리 반죽 레시피의 ½ 분량

속을 채우지 않고 크러스트 굽기에 대해 항목의 설명에 따라 크러스트를 굽는다. 누름돌을 꺼낸 후 크러스트에 다음을 바른다.

> 대란 노른자 1개, 잘 풀어두기

크러스트를 다시 오븐에 넣어 노릇노릇해질 때까지 5~8분간 굽는다. 오븐 온도를 160℃로 조절한다. 내열 그릇에 다음을 넣고 노란색 줄이 보이지 않을 때까지 거품기로 젓는다.

> 헤비크림 ⅔컵(155g) 또는 버터밀크 ⅔컵(160g)
> 무염 버터 6큰술(85g), 액체 상태로 녹이기
> 대란 1개
> 대란 노른자 3개
> 설탕 ½컵(100g)
> 갈색 설탕, 꾹 눌러 담아 ½컵(115g)
> 노란색 또는 흰색의 고운 옥수숫가루 1큰술(10g)
> 증류 백식초 또는 사과 식초 1큰술
> (바닐라 1작은술)
> 소금 ½작은술

필링을 크러스트에 붓는다. 파이의 가장자리가 단단해지고 가운데는 굳은 것처럼 보이지만 팬을 흔들면 젤라틴처럼 가볍게 떨리는 상태가 되도록 40~50분간 굽는다.

초콜릿 체스 파이

체스 파이를 만들되, 필링에 **비가공 코코아 가루 ½컵(40g) 또는 더치 프로세스 코코아 가루 ½컵(50g)**을 체에 쳐서 넣는다. 체스 파이의 선택 재료인 바닐라는 반드시 넣고 식초는 생략한다. 취향에 따라 차갑게 식힌 파이에 (코코아 가루)를 살짝 뿌려서 내도 좋다.

호박 또는 스쿼시 체스 파이

체스 파이를 만들되, 필링에 호박, 스쿼시 또는 고구마 퓌레 1컵을 넣고 취향에 따라 (계핏가루와 카르다몸 가루 각 ½작은술씩) 추가한다. (육두구)를 강판에 갈아서 차갑게 식힌 파이에 뿌려도 좋다.

앙고스투라 체스 파이

다소 쌉쌀한 맛의 디저트를 선호하는 이들을 위한 독특한 파이다. **체스 파이**를 만들되, 필링을 만들 때 백설탕과 갈색 설탕을 섞은 것 대신 **백설탕 1컵(200g)**을 사용하고 식초를 생략하며 **앙고스투라 비터스 1큰술**을 넣는다.

레몬 체스 파이

체스 파이를 만들되, 갈색 설탕 대신 추가로 **백설탕 ½컵(100g)**을 넣는다. 소금을 생략하고 **레몬 1개의 껍질을 강판에 곱게 갈아서** 넣는다. 크림이나 버터밀크 대신 **헤비크림 ⅓컵(75g)**과 **신선한 레몬즙 ⅓컵(80g)**을 섞어서 사용한다. 굽는 시간은 30~40분으로 줄인다.

체스 미니 타르트

지름 7.5cm짜리 미니 타르트 5개

체스 파이의 필링을 사용해 만들면 **캐나다식 버터 타르트**와 아주 비슷한 형태가 되며, 캐나다식 버터 타르트처럼 호두, 피칸 또는 건포도를 넣을 수도 있다. 다음을 만든다.

버터 파이 또는 페이스트리 반죽, 또는 타르트용 달콤한 반죽 레시피의 ½ 분량

지름 7.5cm의 미니 타르트 팬에 반죽을 깔고 속을 채우지 않고 크러스트 굽기에 대해 항목의 설명에 따라 크러스트를 굽는다. 오븐 온도를 160℃로 낮춘다. 다음의 필링을 만들어서 크러스트에 채운다.

다양한 종류의 체스 파이

단단하게 익을 때까지 20분 정도 굽는다. 파이를 식힌 후 다음을 얹어서 낸다.

휘드 크림

꿀, 수수 시럽 또는 메이플 시럽 파이

지름 23cm짜리 싱글 크러스트 파이 1개

이 레시피에서 시럽만 다른 종류로 바꾸면 다채로운 풍미를 즐길 수 있다.

지름 23cm의 파이 팬에 다음을 깐다.

기본 파이 또는 페이스트리 반죽 레시피의 ½ 분량

속을 채우지 않고 크러스트 굽기에 대해 항목의 설명에 따라 크러스트를 굽는다. 오븐 온도를 175℃로 낮춘다. 중간 크기의 그릇에 다음을 넣고 섞는다.

메이플 시럽 ¾컵(235g), 꿀 ¾컵(250g) 또는 수수 시럽 ¾컵(255g)

헤비크림 ½컵(115g)

설탕 ½컵(100g)

무염 버터 5큰술(70g), 액체 상태로 녹이기

대란 3개

중력분 또는 고운 옥수숫가루 1큰술

소금 ¼작은술

필링을 크러스트에 붓는다. 파이의 가장자리가 단단해지고 가운데는 굳은 것처럼 보이지만 팬을 흔들면 젤라틴처럼 가볍게 떨리는 상태가 되도록 45~55분간 굽는다. 받침대에 올려놓고 완전히 식힌다.

다음을 곁들여 낸다.

휘드 크림

커스터드와 크림 파이에 대해

다른 모든 커스터드와 마찬가지로 커스터드 파이의 필링은 아주 낮은 온도에서 구워야 분리되지 않는다. 반대로 크러스트는 고온에서 굽지 않으면 눅눅해진다. 이 문제를 해결하는 요령은 커스터드와 크러스트가 둘 다 뜨거운 상태에서 커스터드를 크러스트에 붓는 것이다. 이렇게 하면 커스터드가 적당한 수준의 따뜻한 온도와 접촉해 금세 굳으므로 크러스트가 눅눅해지지 않는다. 필링이 너무 많이 익으면서 가장자리가 오돌토돌해지는 것을 방지하려면 ▶ 커

스터드 파이의 가운데 부분이 젤라틴처럼 가볍게 떨리는 상태가 유지될 때 오븐에서 꺼내야 한다. 파이를 오븐에서 꺼내 가만히 두어도 잔열 때문에 필링이 계속 익으며 파이를 식히면 필링이 더욱 걸쭉해진다.

커스터드와 크림 파이는 매우 상하기 쉬우므로 실온 상태로 식힌 직후에 냉장고에 넣어 보관해야 한다. 구운 당일에 먹지 않으면 크러스트가 물렁물렁해진다. 커스터드 파이는 차갑게, 실온 상태로 또는 약간 따뜻하게 낼 수 있다. 크림 파이는 반드시 차갑게 식혀서 내야 한다.

커스터드 파이

지름 23cm짜리 싱글 크러스트 파이 1개

지름 23cm의 파이 팬(유리 소재 권장)에 다음을 깐다.

기본 파이 또는 페이스트리 반죽이나 버터 파이 또는 페이스트리 반죽 레시피의 ½ 분량

속을 채우지 않고 크러스트 굽기에 대해 항목의 설명에 따라 크러스트를 굽는다. 누름돌을 꺼낸 후 크러스트에 다음을 바른다.

대란 노른자 1개, 잘 풀어두기

크러스트를 다시 오븐에 넣고 노릇노릇해질 때까지 5~8분간 굽는다. 오븐 온도를 175℃로 낮춘다.

크러스트를 굽는 동안 필링을 만든다. 커다란 그릇에 다음을 넣고 적당히 어우러질 때까지만 저어서 섞는다.

대란 3개

대란 노른자 3개

설탕 ½컵(100g)

바닐라 1작은술

소금 ⅛작은술

중간 크기의 편수 냄비를 중불에 올리고 다음을 부어 뭉근히 끓어오르도록 가열한다.

하프앤드하프 또는 헤비크림 2컵(460g)

달걀 혼합물을 얌전히 저으면서 뜨거운 크림을 조금씩 붓는다. 고운체로 거른다. 뜨거운 커스터드를 즉시 따뜻한 크러스트에 붓는다. 취향에 따라 윗면에 다음을 뿌린다.

(강판에 간 육두구 또는 육두구 가루 ¼~½작은술)

커스터드의 가운데가 군은 것처럼 보이지만 팬을 흔들면 젤라틴처럼 가볍게 떨리는 상태가 되도록 40~50분간 굽는다. 받침대에 올려놓고 완전히 식힌다. 그대로 내거나 다음을 곁들여 낸다.

설탕을 묻힌 생과일

또는 다음으로 장식해서 낸다.

대패로 얇게 깎은 초콜릿 조각

잼 커스터드 파이

전통적인 커스터드 파이에 화려한 색감과 새콤한 풍미를 더한 간단한 응용 버전이다. **커스터드 파이**를 만들되, 크러스트에 **딸기 잼, 라즈베리 잼 또는 살구 잼 ½컵**을 골고루 펴서 바른 후 국자로 뜨거운 커스터드 필링을 떠서 그 위에 얌전히 붓는다. 레시피에 따라 굽는다.

초콜릿 글레이즈 커스터드 파이

커스터드 파이를 만들되, 선택 재료인 육두구는 생략한다. 파이를 실온 상태로 식히고, 그동안 **초콜릿 가나슈**를 만든다. 가나슈를 살짝 식힌 후 파이 윗면에 골고루 펴서 바른다. 가나슈가 굳을 때까지 냉장고에서 차갑게 식힌다.

바닐라 크림 파이

지름 23cm짜리 싱글 크러스트 파이 1개

파이 위에 휩드 크림 대신 머랭을 얹을 계획이면 머랭에 대해 항목을 참고한다. 지름 23cm의 파이 팬에 다음을 깐다.

> 버터 파이 또는 페이스트리 반죽 레시피의 ½ 분량, 또는 모든 종류의 팬에 눌러 만드는 반죽이나 과자 가루 크러스트의 레시피 분량

속을 채우지 않고 크러스트 굽기에 대해, 팬에 눌러 만드는 크러스트에 대해, 또는 잘게 부순 가루로 만드는 크러스트에 대해 항목의 설명에 따라 크러스트를 굽는다. 파이에 머랭을 덮어서 구울 경우, 필요에 따라 오븐 온도를 190℃로 조절한다.

중간 크기의 묵직한 편수 냄비에 다음을 넣고 잘 어우러지도록 섞는다.

> 설탕 ⅔컵(130g)
> 옥수수 전분 ¼컵(30g)
> 소금 ¼작은술

다음을 조금씩 넣으면서 잘 섞는다.

> 일반 우유 2½컵(590g)

다음을 넣고 노란색 줄이 보이지 않을 때까지 탁탁 치면서 세게 섞는다.

> 대란 노른자 5개(머랭을 만든다면 흰자는 따로 보관)

실리콘 주걱으로 계속 저으면서 중불에서 뭉근히 끓어오르도록 가열한다. 불에서 내린 후 편수 냄비의 옆면에 묻은 재료를 긁어내리면서 매끄럽게 어우러질 때까지 젓는다. 다시 불에 올려 계속 저으면서 털털거리는 소리를 내며 뭉근히 끓어오를 때까지 가열한 후 1분간 더 끓인다. 불에서 내린 후 다음을 넣고 섞는다.

> 버터 3큰술(45g), 작은 조각으로 자르기
> 바닐라 1½작은술

숟가락으로 필링을 떠서 구워둔 크러스트에 담는다.

파이에 머랭을 덮어서 구우려면 미리 준비해두었다가 필링이 아직 뜨거울 때 다음을 만든다.

> 이탈리아식 머랭

머랭을 뜨거운 파이 윗면에 골고루 펴서 바르고 크러스트의 테두리 부분까지 덮이도록 마무리한다. 머랭이 갈색으로 익을 때까지 15~20분간 구운 후 받침대에 올려놓고 완전히 식혀서 냉장고에 넣는다.

파이에 휩드 크림을 얹어서 내려면 비닐랩으로 파이 필링 표면을 덮는다. 필링이 단단하게 굳도록 파이를 3시간 이상 냉장고에 넣어둔다. 먹기 직전에 비닐랩을 걷어내고 다음을 파이에 얹어서 낸다.

> 휩드 크림

커피 크림 파이

바닐라 크림 파이의 크러스트와 필링 재료를 준비한다. 설탕과 옥수수 전분 혼합물에 **인스턴트커피 또는 에스프레소 가루 2큰술**을 넣어서 잘 섞고, 취향에 따라 바닐라 대신 (럼 1큰술)을 넣는다. **휩드 크림**을 얹어서 낸다.

초콜릿 크림 파이

지름 23cm짜리 싱글 크러스트 파이 1개

I.

지름 23cm의 파이 팬에 다음을 깐다.

> 버터 파이 또는 페이스트리 반죽 레시피의 ½ 분량, 또는 모든 종류의 팬에 눌러 만드는 반죽이나 과자 가루 크러스트의 레시피 분량

속을 채우지 않고 크러스트 굽기에 대해, 팬에 눌러 만드는 크러스트에 대해 또는 잘게 부순 가루로 만드는 크러스트에 대해 항목의 설명에 따라 크러스트를 굽는다. 파이에 머랭을 덮어서 구울 때는 상황에 따라 오븐 온도를 190℃로 조절한다.

중간 크기의 묵직한 편수 냄비에 다음을 넣고 잘 어우러지도록 섞는다.

> 설탕 ¾컵(130g)
> 옥수수 전분 ¼컵(30g)
> 소금 ¼작은술

다음을 조금씩 넣으면서 잘 섞는다.

> 일반 우유 2½컵(590g)

은근히 끓어오르기 시작할 때까지 가열한 후 불에서 내리고 다음을 넣어 녹을 때까지 젓는다.

> 무가당 초콜릿 55g, 굵게 썰기

다음을 넣고 노란색 줄이 보이지 않을 때까지 탁탁 치면서 세게 섞는다.

> 대란 노른자 5개(머랭을 만든다면 흰자는 따로 보관)

실리콘 주걱으로 계속 저으면서 중불에서 뭉근히 끓어오르도록 가열한다. 불에서 내린 후 편수 냄비의 옆면에 묻은 재료를 긁어내리면서 매끄럽게 어우러질 때까지 젓는다. 다시 불에 올려 계속 저으면서 털털거리는 소리를 내며 뭉근히 끓어오를 때까지 가열한 후 1분간 더 끓인다. 불에서 내린 후 다음을 넣고 섞는다.

> 버터 3큰술(45g), 작은 조각으로 자르기
> 바닐라 1½작은술

숟가락으로 필링을 떠서 구워둔 크러스트에 담고 이후 작업은 바닐라 크림 파이 레시피의 설명에 따라 진행한다.

II.

속을 채우지 않고 구운 파이 크러스트에 다음을 채운다.

> 초콜릿 포 드 크렘, 초콜릿 무스, 또는 우유 또는 화이트 초콜릿 무스

차갑게 식을 때까지, 또는 먹기 전까지 냉장고에 넣어 보관한다. 다음을 올려서 낸다.

> 휩드 크림

바나나 크림 파이

지름 23cm짜리 싱글 크러스트 파이 1개

바닐라 크림 파이의 크러스트와 필링을 준비하되, 설탕과 옥수수 전분, 소금, 우유, 달걀노른자와 함께 **아주 잘 익은 바나나 2개**를 믹서에 넣고 건더기가 남지 않을 때까지 매끄럽게 간다. 이 혼합물을 편수 냄비에 옮겨 담고 걸쭉해질 때까지 끓인 후 마지막에 버터와 바닐라를 넣어서 섞는다. 그릇에 옮겨 담고 커스터드의 표면에 직접 닿도록 비닐랩을 씌워서 완전히 식힌다.

잘 익었지만 아직 단단한 바나나 2개의 껍질을 벗겨서 얇게 저민다. 얇게 저민 바나나 절반을 파이 크러스트의 바닥에 깔고 차갑게 식힌 커스터드의 절반

을 떠서 바나나 위에 올린다. 남은 바나나 절반을 그 위에 여기저기 뿌리고 남은 커스터드를 얹는다. 파이 위에 **휩드 크림**을 올려서 낸다.

버터스카치 크림 파이

지름 23cm짜리 싱글 크러스트 파이 1개
지름 23cm의 파이 팬에 다음을 깐다.

> 견과류 크러스트 또는 과자 가루 크러스트의 레시피 분량, 또는 버터 파이 또는
> 페이스트리 반죽 레시피의 ½ 분량

각 크러스트의 레시피, 잘게 부순 가루로 만드는 크러스트에 대해 또는 속을 채우지 않고 크러스트 굽기에 대해 항목에 따라 굽거나 차갑게 식힌다.
중간 크기의 묵직한 편수 냄비에 다음을 넣고 중불에 올려 잘 저으면서 재료가 다 녹고 거품이 보글보글 올라올 때까지 3~5분간 조리한다.

> 무염 버터 6큰술(85g)
> 연한 갈색 설탕, 꾹 눌러 담아 1컵(230g)

냄비를 불에서 내린 후 다음을 조금씩 넣으면서 섞는다.

> 헤비크림 ½컵(115g)

잘 섞이지 않으면 다시 잠깐 불에 올려서 버터스카치를 녹인다. 약간 식힌다.
중간 크기의 묵직한 편수 냄비를 하나 더 준비해 다음을 넣고 잘 어우러지도록 섞는다.

> 옥수수 전분 ¼컵(30g)
> 소금 ¼작은술

다음을 조금씩 넣으면서 잘 섞는다.

> 일반 우유 2컵(470g)

버터스카치를 넣어 잘 섞는다. 다음을 넣고 노란색 줄이 보이지 않을 때까지 잘 섞는다.

> 대란 노른자 5개

중불에 올려 실리콘 주걱으로 계속 저으면서 털털거리는 소리를 내며 뭉근히 끓어오르도록 가열한다. 편수 냄비의 옆면에 묻은 재료를 잘 긁어내리면서 1분간 더 뭉근히 끓인다. 불에서 내린 후 다음을 넣어서 섞는다.

> 바닐라 1½작은술
> (버번 또는 위스키 1큰술)

숟가락으로 필링을 떠서 구워둔 크러스트에 담고 표면에 닿도록 비닐랩을 씌운다. 파이를 냉장고에 3시간 이상 넣어두어 필링을 단단하게 굳힌다. 먹기 직전에 비닐랩을 걷어내고 다음을 위에 얹는다.

> 휩드 크림

코코넛 크림 파이

취향에 따라 일반 우유의 절반을 코코넛 밀크 통조림으로 대체할 수 있다. 중간 크기의 편수 냄비에 **일반 우유 2½컵(590g)**을 넣고 뭉근히 끓어오르도록 가열한다. 불에서 내리고 **얇게 저미거나 잘게 썬 구운 무가당 코코넛 1컵**을 넣어 섞는다. 뚜껑을 덮고 30분간 우려낸 후 건더기를 걸러낸다. 취향에 따라 우유에서 코코넛 건더기를 걸러내지 않고 그대로 사용해도 좋다. **바닐라 크림 파이** 레시피에 따라 크러스트와 필링을 준비하되, 일반 우유 대신 코코넛을 우려낸 우유를 사용한다. 구워서 차갑게 식힌 파이에 **휩드 크림**을 얹고 **얇게 저미거나 잘게 썬 구운 무가당 코코넛 ½컵**을 훌훌 뿌린다.

호박, 스쿼시, 고구마 파이에 대해

호박이나 고구마 등의 채소를 익혀서 으깬 퓌레로 만든 파이는 커스터드 파이와 비슷하게 다뤄야 한다. 따라서 너무 높지 않은 온도에서 굽고 ▶ 필링이 굳은 젤라틴처럼 가볍게 떨리는 상태일 때 오븐에서 꺼내야 한다. 생채소로 파이 2개를 굽기에 넉넉한 퓌레 4컵을 만들기 위해서는 호박 또는 길쭉한 스쿼시 호박 2.3~2.7kg이 필요하다. 핼러윈 장식용 늙은호박보다는 과육의 조직이 조밀하고 크기가 자그마하며 단맛이 강한 호박 또는 허바드, 단호박, 버터컵, 땅콩호박 등의 품종이 파이를 만들기에 적합하므로 이러한 호박을 선택한다. 호박으로 만든 케이크를 통칭해 '펌프킨 파이'라고 부르지만 사실 우리가 만들어본 '펌프킨' 파이 중 최고의 맛을 자랑하는 것은 땅콩호박으로 만든 파이였다.

신선한 호박 또는 스쿼시 호박으로 퓌레를 만들려면 호박을 깨끗이 씻어서 큰 식칼이나 묵직한 칼로 4등분한다. 꼭지를 잘라내고 실이 뭉쳐 있는 형태의 섬유질과 씨를 긁어낸 후 10cm 크기로 큼직하게 썬다. 기름을 바른 구이 팬에 호박을 껍질이 아래로 가도록 올리고 포일로 단단히 덮어서 아주 말랑말랑해질 때까지 160℃에서 1시간 반 정도 굽는다. 껍질에서 속살을 긁어낸 후 푸드 프로세서에 넣어 퓌레 상태로 갈거나 식품 분쇄기에 넣고 간다. 얇은 면포를 체에 깔고 퓌레를 긁어서 체에 담은 후, 면포의 가장자리 부분으로 퓌레를 덮어두고 가끔 저어가면서 1시간 동안 물기를 뺀다.

호박, 스쿼시 또는 고구마 파이

지름 23cm짜리 싱글 크러스트 파이 1개
커스터드와 비슷한 부드러운 필링을 선호하면 달걀 3개, 진한 호박 풍미의 단단한 파이를 선호하면 달걀 2개를 사용한다. 가당연유를 사용한다면 헤비크림 대신 **가당연유 1½컵(450g)**을 넣고 백설탕은 생략한다.

Ⅰ. 전통 방식

지름 23cm의 파이 팬에 다음을 깐다.

> 버터 파이 또는 페이스트리 반죽 레시피의 ½ 분량

속을 채우지 않고 크러스트 굽기에 대해 항목에 따라 굽는다. 누름돌을 꺼낸 후 크러스트에 다음을 바른다.

> 대란 노른자 1개, 잘 풀어두기

크러스트를 다시 오븐에 넣고 노릇노릇해질 때까지 5~8분간 굽는다. 크러스트를 꺼내고 오븐은 그대로 켜둔다. 커다란 그릇에 다음을 넣고 완전히 섞이도록 잘 젓는다.

> 호박, 스쿼시 또는 고구마 퓌레 2컵, 통조림 또는 앞의 설명에 따라 으깨기
> 헤비크림 1½컵(345g) 또는 무당연유 1½컵(370g)
> 설탕 ½컵(100g)
> 대란 2~3개
> 갈색 설탕, 꾹 눌러 담아 ⅓컵(75g)
> 계핏가루 1작은술
> 생강 가루 1작은술
> 강판에 간 육두구 또는 육두구 가루 ½작은술
> 정향 가루 또는 올스파이스 가루 ¼작은술
> 소금 ½작은술

파이 크러스트를 오븐에 넣어 만지면 뜨거울 정도로 데우되, 필링은 실온 상태로 유지한다. 호박 혼합물을 크러스트에 붓고 굳을 때까지 35~45분간 굽는다. 받침대에 올려 완전히 식힌다. 이 파이는 냉장고에서 최대 5일간 보관할 수

있다. 다음을 곁들여 차갑게 또는 실온 상태로 낸다.

　휩드 크림(버번 2큰술로 풍미를 내기)

II. 사워크림을 넣어 만드는 방식

버전 I 레시피를 따르되, 우유 대신 **당밀 2큰술(45g)**과 사워크림 1½컵 (360g)을 넣는다.

레몬과 라임 파이에 대해

상큼한 맛의 레몬 또는 라임 파이는 신선한 감귤류즙과 껍질을 넣어 만들어야 가장 맛있다. 감귤류 껍질에는 향이 진하고 톡 쏘는 느낌의 기름이 들어 있어 필링의 풍미를 낼 때 필수적이고, 갓 짜낸 신선한 즙은 저온 살균과 보존료 때문에 맛이 다소 저하된 냉동 주스나 병에 든 주스보다 맛이 좋다.(병에 든 키 라임 주스는 예외다. 키 라임의 즙을 짜내는 수고에 비해 편리함이 월등하므로 살짝 맛이 떨어지더라도 충분히 감수할 만하다.) 맛은 레몬 파이에 뒤지지 않으면서 한꺼번에 대용량을 만들 수 있는 디저트는 레몬 바 레시피를 참고한다.

레몬 머랭 파이

지름 23cm짜리 싱글 크러스트 파이 1개

머랭을 선호하지 않는다면 이 파이에 휩드 크림을 얹어서 구워도 좋다. 훨씬 진한 필링을 사용하는 디저트는 레몬 타르트를 권장한다. 머랭에 대해 항목을 참고한다.

지름 23cm의 파이 팬에 다음을 깐다.

　버터 파이 또는 페이스트리 반죽 레시피의 ½ 분량

속을 채우지 않고 크러스트 굽기에 대해 항목에 따라 크러스트를 굽는다. 크러스트를 꺼내고 오븐은 그대로 켜둔다. 중간 크기의 편수 냄비에 다음을 넣고 섞는다.

　설탕 1½컵(300g)

　옥수수 전분 6큰술(50g)

　소금 ¼작은술

다음을 조금씩 넣으면서 잘 어우러지도록 섞는다.

　찬물 ½컵(120g)

　레몬즙 ½컵(120g)

다음을 넣고 완전히 섞는다.

　대란 노른자 3개, 잘 풀어두기

다음을 넣는다.

　무염 버터 2큰술(30g), 작은 조각으로 자르기

계속 저으면서 다음을 조금씩 붓는다.

　끓는 물 1½컵(355g)

중강불에 올려 살살 저으면서 바글바글 끓어오르도록 가열한다. 걸쭉해지기 시작하면 불을 줄이고 1분간 뭉근히 끓인다. 불에서 내린 후 다음을 넣고 젓는다.

　레몬 1개의 껍질, 강판에 곱게 갈기

구워둔 파이 셸에 필링을 붓는다. 다음을 만든다.

　부드러운 머랭 토핑 I 또는 II, 또는 이탈리아식 머랭

필링과 크러스트가 만나는 지점에 빙 둘러서 머랭을 띠 모양으로 얹는다. 남은 머랭을 떠서 필링의 가운데에 올리고 윗면을 평평하게 고른다. 머랭이 갈색으로 익을 때까지 15~20분간 굽는다. 이탈리아식 머랭을 얹는다면 오븐 대신 프

로판 토치를 사용해 갈색으로 그을릴 수도 있다. 받침대에 올려놓고 완전히 식힌다. 바로 내거나 냉장고에 넣으면 최대 5일간 보관할 수 있다.

오하이오 셰이커 레몬 파이

지름 23cm짜리 더블 크러스트 파이 1개

아주 새콤한 맛이 강한 이 파이의 필링은 종잇장처럼 얇게 저민 레몬을 부드럽고 달콤해질 때까지 설탕에 재워서 만든다. 다소 특이한 레시피라는 생각이 들지 모르겠지만 맛은 절대 뒤지지 않으므로 너무 걱정할 필요는 없다. 필링을 채워서 굽는 크러스트에 대해 항목을 참고한다.

다음의 껍질을 강판에 곱게 갈아서 따로 보관한다.

　커다란 레몬 2개

레몬을 종잇장처럼 얇게 저미고 씨는 버린다. 얇게 저민 레몬과 강판에 간 껍질을 중간 크기의 그릇에 넣고 다음을 추가한다.

　설탕 2컵(395g)

　소금 ¼작은술

그릇의 뚜껑을 덮은 후 가끔 저으면서 실온에서 2~24시간 동안 그대로 둔다.(오래 재울수록 좋다.)

다음을 만든다.

　기본 파이 또는 페이스트리 반죽이나 버터 파이 또는 페이스트리 반죽

지름 23cm의 파이 팬에 반죽의 절반을 깐다. 받침대를 오븐의 아래쪽 칸에 끼운다. 오븐을 220℃로 예열한다.

커다란 그릇에 다음을 넣고 거품이 날 때까지 거품기로 젓는다.

　대란 4개

다음을 넣고 섞는다.

　버터 4큰술(55g), 액체 상태로 녹이기

　중력분 3큰술(25g)

레몬 혼합물을 넣고 섞는다. 필링을 아래쪽 크러스트에 붓고 숟가락 뒷면으로 매끈하게 고른다. 포크 구멍 또는 숨구멍을 낸 크러스트로 위를 덮거나 격자무늬로 반죽을 얹는다. 파이를 30분간 굽는다. 오븐 온도를 175℃로 낮추고 중심부에 칼을 찔러보면 아무것도 묻어나오지 않을 때까지 20~30분간 더 굽는다. 받침대에 올려놓고 완전히 식힌다.

　이 파이를 냉장고에 넣으면 최대 5일간 보관할 수 있지만 먹을 때는 실온 상태로 내야 한다.

키 라임 파이

지름 23cm짜리 싱글 크러스트 파이 1개

이 파이는 키 라임이라는 감귤류 품종을 사용해 독특한 풍미를 낸다. 키 라임은 플로리다 원산은 아니지만 1800년대부터 이 품종을 플로리다 키스(Florida Keys) 제도에서 재배해왔기 때문에 미국에서는 키 라임이라는 명칭으로 통용된다. 신선한 키 라임을 구할 수 없다면 병에 든 키 라임 주스도 훌륭히 제 역할을 하며, 그것도 여의치 않으면 일반 라임을 사용해도 된다.(아무에게도 말하지 않으면 잘 모를 것이다.) 머랭에 대해 항목을 참고한다.

지름 23cm의 파이 팬에 다음을 깐다.

　기본 파이 또는 페이스트리 반죽 레시피의 ½ 분량, 또는 통밀 크래커로 만든 과자 가루 크러스트의 레시피 분량

속을 채우지 않고 크러스트 굽기에 대해 또는 잘게 부순 가루로 만드는 크러

스트에 대해 항목을 참고해 크러스트를 굽는다.

오븐 온도를 160℃로 낮춘다. 중간 크기의 그릇에 다음을 넣고 잘 어우러지도록 거품기로 섞는다.

　가당연유 통조림 450ml짜리 1개

　대란 노른자 4개

　키 라임즙 ½컵(120g, 키 라임 12~14개를 짠 즙)

　(강판에 곱게 간 키 라임 껍질 3~4작은술)

필링을 파이 크러스트에 붓는다. 파이 위에 머랭을 얹지 않을 경우, 가운데가 굳은 것처럼 보이지만 팬을 흔들면 가볍게 떨리는 상태가 되도록 15~17분간 굽는다. 받침대에 올려놓고 완전히 식힌 후 냉장고에 넣으면 최대 하루 동안 보관할 수 있다. 다음을 곁들여서 낸다.

　휩드 크림

파이에 머랭을 얹을 경우, 필링이 무너지지 않고 위에 얹는 머랭을 지탱할 수 있을 정도로 걸쭉해질 때까지 5~7분간 파이를 굽는다. 그동안 다음을 만든다.

　부드러운 머랭 토핑 I 또는 II, 또는 이탈리아식 머랭

필링과 크러스트가 만나는 지점에 빙 둘러서 머랭을 띠 모양으로 얹는다. 남은 머랭을 떠서 필링의 가운데에 올리고 윗면을 평평하게 고른다. 머랭이 갈색으로 익을 때까지 20분 정도 더 굽는다. 이탈리아식 머랭을 얹는다면 오븐 대신 프로판 토치를 사용해 갈색으로 그을릴 수도 있는데, 우선 필링이 적당히 굳을 때까지 오븐에서 굽는다. 받침대에 올려놓고 완전히 식힌 후 냉장고에 넣으면 최대 5일간 보관할 수 있다.

굽지 않고 만드는 레몬 또는 라임 파이

지름 23cm짜리 싱글 크러스트 파이 1개

오븐을 켠다는 생각만 해도 끔찍한 뜨거운 여름에 만들기 좋은 파이다.

지름 23cm의 파이 팬에 다음을 깐다.

　과자 가루 크러스트, 통밀 크래커로 만들기

또는 시판 통밀 크래커 크러스트를 준비한다. 20분간 냉동실에 넣어둔다.

수동 반죽기나 전기 반죽기 또는 푸드 프로세서에 다음을 넣고 매끄러워질 때까지 탁탁 치면서 섞는다.

　크림치즈 450g

　라임 2개의 껍질, 강판에 곱게 갈기

다음을 넣고 탁탁 치면서 섞는다.

　가당연유 통조림 420ml짜리 1개

그릇 옆면에 묻은 재료를 긁어내린다. 다음을 넣는다.

　라임즙 ⅓컵(80g, 커다란 라임 2~3개를 짠 즙)

　바닐라 1작은술

아주 매끄러워질 때까지 탁탁 치면서 섞는다. 필링을 크러스트에 붓고 윗면을 매끄럽게 고른다. 3시간 이상 냉장고에 넣어둔다. 다음으로 장식해서 낸다.

　휩드 크림, 감귤류 껍질용 칼로 얇고 길게 벗겨낸 라임 껍질

　(망고 슬라이스, 생라즈베리 또는 라즈베리로 만든 신선한 베리 쿨리)

시폰 및 무스 파이에 대해

이 파이는 휩드 크림이나 달걀흰자 거품을 넉넉히 넣어 가볍고 폭신폭신한 느낌을 준다. 젤라틴으로 굳힌 커스터드 소스를 필링으로 사용한다면 **시폰 파이**가 되고, 그 외의 필링을 사용한 것은 **무스 파이**가 된다. 이러한 파이를 만드는

요령은 휩드 크림과 달걀흰자 또는 그 외의 기포가 가득한 혼합물을 필링에 넣을 때 몇 번만 뒤적이며 살살 섞는 것이다. 무스 파이는 실온에서 금세 말랑말랑해져서 깔끔하게 썰기 어려우므로 내기 직전까지 냉장고에 보관한다.

시폰 파이 중에는 날달걀의 흰자를 사용하는 것이 많으므로 안전성이 우려된다면 날달걀에 대한 설명을 확인하거나 살균한 달걀의 흰자를 사용한다. 모든 종류의 무스 또는 바바리안 크림을 구운 파이 셸에 담아서 낼 수 있다.

레몬 또는 라임 시폰 파이

지름 23cm짜리 싱글 크러스트 파이 1개

오렌지 시폰 파이를 만든다면 물과 레몬즙 대신 **오렌지즙**을 사용하고 레몬 껍질 대신 **오렌지 껍질**을 넣는다.

지름 23cm의 파이 팬에 다음을 깐다.

　버터 파이 또는 페이스트리 반죽 레시피의 ½ 분량, 또는 팬에 눌러 만드는 반죽 또는 과자 가루 크러스트의 레시피 분량

속을 채우지 않고 크러스트 굽기에 대해, 팬에 눌러 만드는 크러스트에 대해 또는 잘게 부순 가루로 만드는 크러스트에 대해 항목의 설명에 따라 크러스트를 굽는다.

이중 냄비의 위쪽 용기나 중간 크기의 내열 그릇에 다음을 넣고 섞는다.

　설탕 ½컵(100g)

　물 ⅔컵(160g)

　레몬 또는 라임즙 ⅓컵(80g)

　대란 노른자 4개(흰자는 따로 보관)

　풍미가 첨가되지 않은 젤라틴 1큰술

뭉근히 끓는 물에 용기를 담가 중탕한 후 재료를 잘 저으면서 걸쭉해질 때까지 조리한다.

다음을 넣는다.

　강판에 곱게 간 레몬 또는 라임 껍질 1큰술

숟가락으로 떠서 떨어뜨렸을 때 작은 몽우리가 생길 때까지 혼합물을 냉장고에서 식힌다. 완전히 굳을 때까지 식히면 달걀흰자를 섞을 수 없으므로 너무 오래 냉장고에 넣어두지 않도록 주의한다. 커다란 그릇에 다음을 넣고 부드러운 피크가 생길 때까지 탁탁 쳐서 젓는다.

　대란 흰자 4개

다음을 조금씩 넣으면서 단단한 피크가 생기지만 마른 거품은 아닌 상태가 될 때까지 잘 쳐서 젓는다.

　설탕 ⅓컵(65g)

달걀흰자를 레몬 혼합물에 넣고 뒤적이며 섞는다. 파이 크러스트에 필링을 담고 냉장고에 넣어서 4~6시간 정도 굳힌다.

블랙 바텀 파이(Black Bottom Pie)

지름 25cm짜리 싱글 크러스트 파이 1개

지름 25cm의 파이 팬에 다음을 깐다.

　과자 가루 크러스트, 생강 쿠키로 만든 것 권장

잘게 부순 가루로 만드는 크러스트에 대해 항목의 설명에 따라 크러스트를 굽고 완전히 식힌다. 작은 컵에 다음을 붓는다.

　찬물 ¼컵(60g)

찬물에 다음을 훌훌 뿌리고 5분간 그대로 둔다.

풍미가 첨가되지 않은 젤라틴 1½작은술

중간 크기의 그릇에 다음을 넣는다.

잘게 썬 세미스위트 또는 비터스위트 초콜릿 170g 또는 세미스위트 초콜릿 칩 1컵

중간 크기의 묵직한 편수 냄비에 다음을 넣고 완전히 섞이도록 잘 젓는다.

설탕 ⅓컵(65g)

옥수수 전분 4작은술(10g)

다음을 조금씩 넣으면서 잘 섞는다.

하프앤드하프 2컵(470g) 또는 일반 우유 1컵(235g)+헤비크림 1컵(230g)

다음을 넣고 노란색 줄이 보이지 않을 때까지 세게 섞는다.

대란 노른자 4개(흰자는 따로 보관)

중불에 올려 계속 저으면서 뭉근히 끓어오르면 30초간 더 끓인다. 즉시 혼합물 1컵을 떠서 초콜릿에 넣고 젓는다. 편수 냄비에 남은 혼합물에 말랑말랑해진 젤라틴을 넣고 30초간 저어서 젤라틴을 녹인다. 초콜릿이 매끄러운 상태가 될 때까지 혼합물을 세게 젓는다.(초콜릿이 완전히 녹지 않으면 그릇의 바닥을 아주 뜨거운 물에 담근다.) 파이 크러스트의 바닥에 초콜릿 혼합물을 골고루 펴서 바르고 냉장고에 넣는다. 냄비에 있는 커스터드에 다음을 넣고 섞는다.

바닐라 2작은술

(다크 럼 또는 그랑 마니에르 2큰술)

커다란 그릇에 다음을 넣고 거품이 생길 때까지 잘 쳐서 섞는다.

대란 흰자 3개

다음을 넣는다.

타르타르 크림 ¼작은술

부드러운 피크가 생길 때까지 탁탁 치면서 섞은 후 다음을 조금씩 넣으면서 계속 치면서 섞는다.

설탕 ⅓컵+1큰술(80g)

속도를 높여 단단한 피크 상태가 되면서 윤기가 날 때까지 잘 치면서 섞는다. 달걀흰자를 커스터드 혼합물에 넣고 얌전히 뒤적이며 섞는다. 파이 크러스트에 바른 초콜릿 혼합물 위에 필링을 떠서 얹는다. 3시간 이상, 최대 하루 동안 냉장고에서 굳힌다.

다음을 얹어서 낸다.

휩드 크림

취향에 따라 다음을 훌훌 뿌린다.

(세미스위트 또는 비터스위트 초콜릿, 강판에 갈거나 대패로 얇게 밀어서 28g)

냉장고에 넣으면 최대 5일간 보관할 수 있다.

호박 시폰 파이

지름 23m짜리 싱글 크러스트 파이 1개

지름 23cm의 파이 팬에 다음을 깐다.

버터 파이 또는 페이스트리 반죽 레시피의 ½ 분량, 또는 통밀 크래커로 만든 과자 가루 크러스트의 레시피 분량

속을 채우지 않고 크러스트 굽기에 대해 또는 잘게 부순 가루로 만드는 크러스트에 대해 항목의 설명에 따라 크러스트를 굽는다.

작은 컵에 다음을 붓는다.

찬물 ¼컵(60g)

찬물에 다음을 훌훌 뿌리고 5분간 그대로 둔다.

풍미가 첨가되지 않은 젤라틴 1큰술

이중 냄비의 위쪽 용기나 커다란 내열 그릇에 다음을 넣고 살살 쳐서 푼다.

대란 노른자 3개(흰자는 따로 보관)

다음을 넣는다.

무가당 호박 퓌레 1¼컵, 수제 또는 통조림

우유 ½컵(120g)

백설탕 ½컵(100g) 또는 갈색 설탕, 꾹 눌러 담아 ½컵(115g)

소금 ½작은술

계핏가루 ¼작은술

강판에 간 육두구 또는 육두구 가루 ¼작은술

생강 가루 ¼작은술

뭉근히 끓는 물에 용기를 완전히 담그지 않고 위에 들고 있는 상태로 재료가 걸쭉해질 때까지 조리한다. 말랑말랑해진 젤라틴을 넣고 다 녹을 때까지 젓는다. 냉장고에 넣어 혼합물이 적당히 걸쭉하지만 완전히 굳지는 않을 때까지 차갑게 식힌다.

커다란 그릇에 다음을 넣고 부드러운 피크가 생길 때까지 거품기로 젓는다.

대란 흰자 3개

다음을 조금씩 넣으면서 계속 젓는다.

설탕 ½컵(100g)

단단한 피크가 생기지만 마른 거품은 아닌 상태가 될 때까지 잘 쳐서 젓는다. 호박 혼합물을 넣고 뒤적이며 섞은 후 파이 셸에 담는다. 몇 시간 정도 냉장고에 넣어 굳힌다. 다음을 곁들여서 낸다.

휩드 크림

땅콩버터 파이

지름 25cm짜리 싱글 크러스트 파이 1개

맛이 진하지만 무스처럼 가벼운 식감을 자랑하는 이 파이는 아이들에게 인기 만점일 뿐만 아니라 어른들도 맛있게 즐길 수 있다.

지름 25cm의 파이 팬에 다음을 깐다.

과자 가루 크러스트, 통밀 크래커 또는 초콜릿 웨이퍼로 만들기

잘게 부순 가루로 만드는 크러스트에 대해 항목의 설명에 따라 크러스트를 굽는다. 받침대에 올려놓고 완전히 식힌다.

커다란 그릇에 다음을 넣고 매끄럽게 어우러질 때까지 탁탁 치면서 잘 섞는다.

크림치즈 225g, 말랑하게 녹이기

알갱이가 씹히는 땅콩버터 또는 매끄러운 땅콩버터 1컵(235g)

설탕 ½컵(100g)

바닐라 2작은술

중간 크기의 그릇에 다음을 넣고 단단한 피크가 생길 때까지 잘 쳐서 젓는다.

차가운 헤비크림 1컵(230g)

거품을 낸 크림의 절반을 땅콩버터 혼합물에 넣고 커다란 실리콘 주걱으로 뒤적여서 폭신폭신하게 만든 후 나머지 크림 절반을 넣어 뒤적인다. 이 혼합물을 차갑게 식힌 파이 크러스트에 잘 펴서 깐다. 비닐랩으로 필링 표면을 덮고 단단해질 때까지 4시간 정도 냉장고에 넣어 식힌다.

다음을 만든다.

초콜릿 가나슈

미지근해질 때까지 식힌 후 파이의 윗면에 가나슈를 붓고 골고루 펴서 바른다. 취향에 따라 다음을 훌훌 뿌린다.

(굵게 썬 가염 땅콩 ⅓컵)

냉장고에 1시간 이상, 최대 3일간 보관했다가 낸다.

시골풍 과일 디저트

여기서는 코블러, 크리스프, 브라운 베티, 슬럼프, 그런트, 버클, 송커 등을 소개한다. 이러한 디저트는 비스킷이나 파이 반죽, 덤플링, 빵가루 또는 잘게 부순 토핑을 올려서 만들며, 과일은 반죽 아래에 깔거나 위에 얹거나 속에 넣거나 여러 겹의 반죽 사이에 끼워서 익힌다. 개중에는 유럽식 페이스트리를 응용한 것도 있지만 대부분 간단한 가정 요리에서 탄생한 미국식 디저트다. 일반적으로 만든 당일에 먹어야 가장 맛있고 차가운 헤비크림, 휩드 크림, 바닐라 빈 크렘 앙글레즈, 바닐라 아이스크림 또는 플레인 요구르트나 바닐라 요구르트를 곁들여서 따뜻하게 낸다.

블루베리와 복숭아 버클

지름 25cm짜리 둥근 버클 1개 또는 23cm 크기의 사각형 버클 1개

이 디저트에 버클(buckle, '찌그러지다'라는 의미가 있다. — 옮긴이)이라는 이름이 붙은 이유는 반죽의 표면에 얹은 과일 때문에 굽는 동안 윗면이 찌그러지기 때문이다. 이 디저트는 케이크와 매우 비슷하지만 과일이 잘 보이도록 넉넉하게 넣어 완성하므로 파이로 분류하는 것이 적절하다고 생각한다.

받침대를 오븐의 아래쪽 칸에 끼운다. 오븐을 175℃로 예열한다. 지름 25cm, 높이 5cm의 원형 케이크 팬이나 23cm짜리 정사각형 베이킹 접시에 버터를 바르고 밀가루를 뿌린다.

다음을 만든다.

슈트로이젤

다음을 반으로 잘라서 씨를 빼고 작은 덩어리로 썬다.

커다란 복숭아 1개

다음과 함께 섞는다.

블루베리 또는 보이즌베리 1½컵

중간 크기의 그릇에 다음을 넣고 섞는다.

중력분 1¾컵(220g)

베이킹파우더 2작은술

소금 ½작은술

다른 커다란 그릇에 다음을 넣고 약간 폭신한 상태가 될 때까지 탁탁 치면서 섞는다.

버터 4큰술(55g), 말랑하게 녹이기

설탕 1컵(200g)

대란 1개

버터와 설탕 혼합물에 다음을 조금씩 부으면서 탁탁 치면서 섞는다.

우유 ½컵(120g)

밀가루 혼합물을 넣고 마른 재료가 촉촉하게 젖으면서 반죽이 매끄럽게 보일 때까지만 젓는다. 과일을 넣고 살살 뒤적인다. 버터를 바르고 밀가루를 뿌려둔 팬에 넣어 고르게 편다. 반죽 위에 슈트로이젤 토핑을 골고루 뿌린다. 위를 누르면 다시 제자리로 돌아오면서 중심부에 이쑤시개를 찔러보면 아무것도 묻어나오지 않을 때까지 50~55분간 굽는다. 팬을 받침대에 올려놓고 20분 이상 식힌 후 낸다.

과일 크리스프(Fruit Crisp)

6~8인분

사과를 사용한다면 토핑의 단맛을 상쇄할 수 있도록 새콤하고 아삭한 품종을 고른다. 그래븐스타인, 피핀, 브래번 등이 잘 어울린다.

오븐을 190℃로 예열한다. 깊이 5cm의 1.9ℓ짜리 베이킹 접시에 버터를 바르지 않고 준비한다.

다음의 껍질을 벗기고 속을 파낸 후 2.5cm 크기의 덩어리로 썬다.

새콤한 사과 1.13kg(중간 크기로 8개 정도)

또는 다음을 같은 분량만큼 준비한다.

베리류, 씨를 뺀 체리, 적당한 크기로 썬 루바브, 씨를 빼고 적당한 크기로 썬 복숭아나 자두

베이킹 접시에 과일을 골고루 깔고 다음을 뿌려서 뒤적인다.

설탕 ¼컵(50g)

레몬즙 2큰술(30g)

옥수수 전분 또는 타피오카 전분 2큰술(15g)

중간 크기의 그릇 또는 푸드 프로세서에 다음을 넣고 섞는다.

중력분 ¾컵(95g)

갈색 설탕, 꾹 눌러 담아 ½컵(115g)

계핏가루 또는 카르다몸 가루 1작은술

소금 ½작은술

(강판에 간 육두구 또는 육두구 가루 ¼작은술)

다음을 넣는다.

무염 버터 스틱 1개(115g), 차갑게 식혀서 작은 조각으로 자르기

혼합물이 굵은 빵가루 정도의 질감이 되도록 버터를 잘게 쪼개면서 섞거나 푸드 프로세서를 짧게 몇 번 작동시킨다. 취향에 따라 다음을 넣어 섞는다.

(아몬드 슬라이스 ½컵)

토핑을 과일 위에 골고루 얹는다. 토핑이 노릇노릇해지고 과즙이 보글보글 끓어오르면서 사과가 부드러워질 때까지 50~55분간 굽는다.(사과보다 무른 과일을 넣었다면 40분쯤 지났을 때 다 익었는지 확인한다.) 뜨겁게 또는 실온 상태로 낸다.

생강 크리스프

과일 크리스프를 만들되, 밀가루 대신 **잘게 부순 생강 쿠키 1½컵**(255g짜리 생강 쿠키 1상자)을 넣고 토핑에 사용하는 설탕의 양을 ⅓컵(65g)으로 줄인다.

딸기 송커

8~10인분

메건 가족의 고향인 노스캐롤라이나 서리 카운티에서 즐겨 먹는 디저트인 송커(sonker)는 다양한 과일과 여러 종류의 크러스트로 만든다. 우리는 과즙이 풍부한 익힌 과일에 묽은 반죽을 부어서 만드는 이 레시피를 선호한다. 오븐에서 굽는 동안 과일이 반죽 주변으로 부풀어 오르면서(또는 반죽이 과일 아래로 꺼질 수도 있고, 어느 쪽인지는 확실하지 않다.) 끈끈한 딸기의 바다에 달콤한 비스킷이 섬처럼 군데군데 떠 있는 형태가 된다.

오븐을 175℃로 예열한다. 33×23×5cm 크기의 베이킹 접시에 다음을 넣는다.

무염 버터 스틱 1개(115g), 적당한 크기로 자르기

베이킹 접시를 오븐에 넣어 버터를 완전히 녹인다. 오븐에서 꺼낸 후 베이킹 접시를 이리저리 기울여 안쪽에 버터를 골고루 바르고 한쪽에 둔다.

커다란 편수 냄비에 다음을 넣고 섞는다.

　꼭지를 따고 저민 딸기, 넉넉하게 4컵(딸기 약 5컵을 손질한 분량)

　설탕 ¼컵(50g)

강불에 올려 부르르 끓어오를 때까지 가열한 후 불을 줄이고 자주 저으면서 즙이 아주 홍건해질 때까지 10분 정도 뭉근히 끓인다. 중간 크기의 그릇에 다음을 넣고 섞는다.

　중력분 1컵(125g)

　우유 1컵(235g)

　설탕 ¾컵(150g)

　베이킹파우더 1½작은술

　소금 ¼작은술

뜨거운 딸기 혼합물을 베이킹 접시에 부은 후 반죽을 최대한 골고루 딸기 위에 붓는다. 군데군데 섞이고 그다지 깔끔해 보이지 않으면 제대로 만든 것이다! 갈색으로 익을 때까지 40~45분간 굽는다. 따뜻하게 낸다.

시큼한 체리 아마레티 크리스프

6인분

체리와 아몬드는 상당히 가까운 품종이다. 마라스카 체리와 살구 역시 먼 친척뻘이며, 이 네 가지 재료를 모두 사용해서 만든 것이 이 디저트다. 마라스카 체리와 살구는 쌉쌀한 마라스키노 리큐어와 바삭한 아마레티 쿠키(전통적으로 살구씨의 핵을 사용해서 만든다.)의 형태로 첨가한다. 그 결과 진하고 과일 풍미가 가득하며 새콤한 디저트가 완성된다.

오븐을 190℃로 예열한다.

23cm의 정사각형 베이킹 접시에 다음을 넣고 뒤적이며 섞는다.

　씨를 뺀 생체리 또는 냉동 체리 680g

　옥수수 전분 2큰술

　설탕 ¼컵(50g)

　(마라스키노 리큐어 또는 키르슈 2큰술)

작은 그릇에 다음을 넣고 섞는다.

　곱게 간 아마레티 쿠키 가루 1컵(쿠키 약 18개 분량)

　전통식 납작귀리 ½컵(50g)

　아몬드 슬라이스 ⅓컵

　소금 ¼작은술

다음을 넣고 섞는다.

　무염 버터 6큰술(85g), 액체 상태로 녹이기

혼합물을 체리 위에 홀홀 뿌리고 체리가 보글보글 끓어오르면서 과즙이 걸쭉해질 때까지 40분 정도 굽는다. 윗면이 너무 빨리 갈색으로 변하면 포일을 느슨하게 덮어서 굽는다. 15분 이상 식힌 후 낸다.

사과, 복숭아 또는 살구 브라운 베티

6인분

브라운 베티는 버터를 넣은 달콤한 토핑을 반죽 사이사이에 깔고 반죽 위에 얹은 디저트로, 이 토핑이 과일즙을 흡수해 걸쭉하게 만드는 역할을 한다.

오븐을 175℃로 예열한다. 20cm 크기의 정사각형 베이킹 접시에 버터를 바르지 않고 준비한다.

다음의 속을 파내거나 씨를 빼고 저민다.

　사과, 복숭아 또는 살구 450g

작은 그릇에 다음을 담고 포크로 섞는다.

　마른 빵가루 1½컵

　무염 버터 6큰술(85g), 액체 상태로 녹이기

커다란 그릇에 다음을 넣고 섞는다.

　진한 갈색 설탕, 꾹 눌러 담아 1¼컵(290g)

　계핏가루 1작은술

　강판에 간 육두구 또는 육두구 가루 ¼작은술

　정향 가루 ¼작은술

과일을 설탕에 넣고 섞은 뒤 다음을 추가한다.

　레몬즙 3큰술(45g)

베이킹 접시의 바닥에 빵가루 혼합물 ⅓ 분량을 골고루 깔고 과일 혼합물 절반을 빵가루 위에 펴서 얹는다. 빵가루 혼합물 ⅓ 분량을 과일 위에 골고루 깔고 그 위에 다시 과일 혼합물을 얹는다. 남은 빵가루 혼합물 ⅓ 분량을 맨 위에 골고루 올린다. 포일로 덮어서 과일이 부드러워질 때까지 40분 정도 굽는다. 포일을 벗겨내고 오븐 온도를 200℃로 올려서 윗면이 갈색으로 익을 때까지 10~15분간 굽는다. 따뜻하게 낸다.

과일 코블러

6~8인분

코블러(cobbler)는 풍미가 진한 비스킷 반죽과 과일로 만든 딥 디시 파이에 가까운 디저트다. 모양이 깔끔하거나 근사하지는 않지만 맛만큼은 보장한다. 거의 모든 종류의 과일을 넣을 수 있으며 여러 과일을 섞어서 만들기도 하지만 전통적으로 가장 많이 사용하는 것은 베리 종류다. 베리류가 많이 나지 않는 계절이라면 생과일 대신 냉동 베리를 사용할 수 있다. 냉동실에서 꺼내자마자 해동하지 않고 사용하며, 속까지 충분히 익도록 굽는 시간을 약간 늘린다.

받침대를 오븐의 아래쪽 칸에 끼운다. 오븐을 190℃로 예열한다. 용량 1.9ℓ, 깊이 5cm 정도 되는 무쇠, 법랑 주철, 도기 또는 유리 베이킹 접시에 버터를 바르지 않고 준비한다.

다음 과일을 적당히 조합해서 준비한다.

　베리류, 꼭지를 따고 반으로 자른 딸기, 저민 복숭아, 자두 또는 살구 6컵

과일을 커다란 그릇에 담고 다음을 추가해 뒤적이며 섞는다.

　설탕 ½컵(100g)

　옥수수 전분 2큰술(15g) 또는 중력분 ¼컵(30g)

　레몬 또는 라임 1개의 껍질, 강판에 곱게 갈기

과일 혼합물을 베이킹 접시에 골고루 펴서 깐다. 다음 반죽을 준비한다.

　버터밀크 비스킷, 간단한 크림 비스킷 또는 쇼트케이크, 간단한 드롭 비스킷 또는
　　옥수숫가루 비스킷

드롭 비스킷 반죽을 사용한다면 반죽을 그냥 한 숟가락씩 떠서 과일 위에 얹는다. 그 외의 반죽은 밀가루를 살짝 뿌려 6mm~1.2cm 두께가 되도록 밀거나 손으로 눌러서 베이킹 접시의 위쪽에 얹을 수 있도록 성형한다. 반죽을 원형, 정사각형, 직사각형 또는 웨지 모양으로 잘라서 과일 위에 얹는다. 또는 반죽을 적당히 떼어 공 모양으로 뭉친 후 살짝 눌러서 납작하게 만들어 과일 위에 얹어도 좋다. 반죽에 다음을 살짝 바른다.

　액체 상태로 녹인 버터, 헤비크림 또는 우유 2큰술

다음을 홀홀 뿌린다.

설탕 1큰술

윗면이 노릇노릇해지고 과즙이 약간 걸쭉해질 때까지 45~50분간 굽는다. 15분간 식혔다가 낸다.

초콜릿 코블러

8인분

우리는 부드럽고 끈적거리는 강렬한 초콜릿 풍미의 이 디저트를 '녹은 브라우니'라고 부른다. 만드는 방법이 다소 독특하지만 레시피를 잘 따르면 만족스러운 결과를 얻을 수 있다.

오븐을 175℃로 예열한다. 20~23cm 크기의 정사각형 베이킹 접시에 다음을 넣는다.

　버터 4큰술(55g)

버터가 녹을 때까지 오븐에 넣어두었다가 꺼내서 한쪽에 둔다.

중간 크기의 그릇에 다음을 넣고 섞는다.

　중력분 1컵(125g)

　갈색 설탕, 꾹 눌러 담아 ½컵(115g)

　무가당 코코아 가루 ¼컵(20g)

　베이킹파우더 1½작은술

　소금 ½작은술

베이킹 접시에 담긴 녹은 버터를 밀가루 혼합물에 붓고 다음을 추가해 잘 저으면서 섞는다.

　우유 ½컵(120g)

　바닐라 1작은술

　(오렌지 1개의 껍질, 강판에 곱게 갈기)

밀가루 혼합물을 베이킹 접시에 넣고 골고루 편 후 다음을 홀홀 뿌린다.

　세미스위트, 비터스위트 또는 다크 초콜릿(카카오 함량 최대 70%) 115g, 굵게
　　썰기

중간 크기의 그릇에 다음을 넣고 섞는다.

　설탕 ½컵

　갈색 설탕, 꾹 눌러 담아 ½컵(115g)

　무가당 코코아 가루 ¼컵(20g)

설탕 혼합물을 베이킹 접시에 담긴 초콜릿 위에 홀홀 뿌린다. 위에 다음을 붓되, 섞지 않는다.

　끓는 물 1¼컵(295g)

가운데가 굳을락 말락 할 때까지 30~35분간 굽는다. 10분간 식혀서 낸다.

살구 체리 슬럼프

6~8인분

슬럼프(slump)는 뚜껑이 있는 편수 냄비로 조리해 그릇에 담아내는 디저트로, 버터 덤플링을 넣어서 끓인 뜨겁고 달콤한 수프나 스튜를 떠올리면 된다.

중간 크기의 그릇에 다음을 넣고 섞는다.

　중력분 1½컵(190g)

　베이킹파우더 2작은술

　소금 ½작은술

다음을 넣고 마른 재료가 살짝 촉촉해질 때까지만 섞는다.

　우유 1컵(235g)

버터 4큰술(55g), 액체 상태로 녹이기

뚜껑이 꽉 닫히는 크고 묵직한 편수 냄비나 더치오븐에 다음을 넣고 설탕이 완전히 녹을 때까지 젓는다.

　물 1컵(235g)

　설탕 ½컵(100g)

설탕물에 다음을 넣는다.

　살구 450g, 반으로 잘라서 씨를 빼기

　체리 450g, 씨를 빼기

뚜껑을 덮고 강불에 올려 부르르 끓어오르도록 가열한다. 불을 줄이고 10분 정도 뭉근히 끓인다. 뚜껑을 열고 재빨리 반죽을 숟가락으로 떠서 과일 위에 얹는다. 다시 뚜껑을 덮고 약불에서 20분간 뭉근히 끓인다. 덤플링이 다 익었는지 확인한다. 단단해 보이면서 만졌을 때 축축하지 않아야 한다. 아직 다 익지 않았다면 뚜껑을 덮고 5~10분간 더 찐다. 즉시 낸다.

블랙베리 라즈베리 그런트

6~8인분

그런트(grunt)는 냄비에 반죽이 담긴 틀을 넣고 뜨거운 물을 부어서 찐 후 틀을 뒤집어 꺼내서 만드는 디저트로, 따뜻한 과일 쇼트케이크와 비슷한 형태다. 블루베리나 딸기를 넣어도 맛있다.

수플레 접시 또는 푸딩 틀 같은 1.5ℓ 용량의 베이킹 접시에 버터를 바른다. 베이킹 접시나 틀을 넣어도 주변에 공간이 넉넉하게 남을 정도로 큰 더치오븐 또는 뚜껑이 달린 커다란 냄비를 준비한다. 중간 크기의 그릇에 다음을 넣고 뒤적이며 섞는다.

　라즈베리 475ml

　블랙베리 475ml

　설탕 ½컵(100g)

버터를 바른 틀에 과일을 붓고 골고루 편다. 작은 그릇에 다음을 넣고 완전히 섞이도록 젓는다.

　중력분 1¼컵(155g)

　설탕 2큰술(25g)

　베이킹파우더 1¼작은술

　소금 ½작은술

다음을 넣는다.

　차가운 버터 3큰술(45g), 정육면체로 자르기

페이스트리 블렌더 또는 손가락을 사용해 혼합물이 굵직한 빵 부스러기와 비슷한 형태가 될 때까지 버터를 으깨서 마른 재료와 섞는다. 다음을 붓는다.

　우유 ½컵(120g)

마른 재료가 살짝 촉촉해질 때까지만 젓는다. 손에 밀가루를 살짝 뿌리고 반죽을 모아 공 모양으로 만든다. 그릇의 옆면에 대고 이리저리 방향을 바꿔 누르면서 얌전히 치대면 여기저기 흩어진 반죽 조각들이 덩어리로 뭉친다. 반죽의 위와 아래에 밀가루를 살짝 뿌린다. 작업대에 반죽을 올리고 손으로 눌러서 과일의 위쪽이 덮일 만한 크기로 둥글게 편다. 반죽으로 과일을 덮는다. 윗면을 전부 덮고 틀의 옆면으로 절반 정도 내려오는 크기로 포일을 뜯는다. 포일 가운데에 반죽과 같은 면적만큼 버터를 바른다. 버터를 바른 면이 아래로 가도록 포일로 틀을 덮고, 포일을 틀의 바깥쪽에 꼭 누른다. 끈으로 빙 둘러 묶어서 포일을 고정한다. 포일을 한 장 더 뜯어서 반으로 접은 후 냄비 바닥에 깐

다. 틀을 바닥에 깐 포일 위에 얹는다. 틀 위에 접시를 올린다. 냄비를 약불에 올려놓고 틀 옆면의 절반까지 올라오도록 다음을 붓는다.

끓는 물

뚜껑을 꼭 덮고 물이 졸아들면 적당히 보충해가면서 1시간 반 정도 뭉근히 끓인다.

조심스럽게 냄비에서 틀을 꺼낸다. 접시를 치운다. 줄을 잘라내고 조심스럽게 포일을 벗긴다. 칼을 비스킷 토핑 주변으로 빙 훑어서 틀을 분리한다. 즙을 받아낼 수 있도록 오목하고 틀보다 큼직한 접시에 틀을 뒤집어 디저트를 꺼낸다. 따뜻하게 낸다.

사과 또는 서양배 팬다우디(Apple or Pear Pandowdy)

6~8인분

만든 당일에 먹어야 가장 맛있다.(팬다우디는 향신료를 넣어 딥 디시에 구운 일종의 과일 파이를 말한다. ―옮긴이)

받침대를 오븐의 아래쪽 칸에 끼운다. 오븐을 200℃로 예열한다. 20cm 크기의 정사각형 베이킹 접시에 버터를 바르지 않고 준비한다.

다음을 만든다.

버터 파이 또는 페이스트리 반죽이나 기본 파이 또는 페이스트리 반죽 레시피의 ½ 분량

작업대에 밀가루를 살짝 뿌리고 반죽을 23cm 크기의 정사각형으로 민다. 반죽을 쿠키 시트 위에 올리고 필링을 만드는 동안 냉장고에 넣어둔다.

다음의 껍질을 벗기고 속을 파낸 후 6mm 두께로 저민다.

사과 또는 잘 익은 서양배 900g

커다란 그릇에 과일을 담고 다음을 넣어서 섞는다.

메이플 시럽 ½컵(155g), 당밀 ½컵(170g), 꾹 눌러 담은 갈색 설탕 ½컵(115g) 또는 백설탕½컵(100g)

옥수수 전분 2큰술(15g) 또는 중력분 3큰술(25g)

계핏가루 ½작은술

강판에 간 육두구 또는 육두구 가루 ¼작은술

소금 ¼작은술

올스파이스 가루 ⅛작은술

베이킹 접시에 과일 혼합물을 골고루 펴서 깐다. 다음을 군데군데 올린다.

무염 버터 2큰술, 작은 조각으로 자르기

냉장고에 넣어둔 반죽을 꺼내 잘 구부러질 때까지 몇 분간 두었다가 반죽을 사과 위에 얹는다. 반죽의 가장자리를 접시 안쪽으로 밀어 넣는다. 윗면이 연한 갈색이 될 때까지 30분간 굽는다. 오븐에서 베이킹 접시를 꺼내고 온도를 175℃로 낮춘다.

크러스트 전체에 5cm 크기의 정사각형 모양으로 칼집을 넣는다. 베이킹 접시를 기울여 숟가락으로 크러스트에 즙을 끼얹는다. 또는 숟가락 뒷면으로 눌러 정사각형 크러스트를 즙에 담가도 좋다. 베이킹 접시를 다시 오븐에 넣고 과일을 꼬치로 찔러보면 부드럽게 들어가면서 필링이 약간 걸쭉해지고 크러스트가 노릇노릇해질 때까지 30분 정도 더 굽는다. 15분간 식혔다가 낸다.

베리 팬다우디

사과 또는 서양배 팬다우디를 만들되, 크러스트에는 옥수숫가루 파이 또는 페이스트리 반죽 레시피의 ½ 분량을 사용한다. 사과나 서양배 대신 **블루베**리, 라즈베리, 블랙베리 또는 여러 가지 베리를 적당히 섞어서 1.4ℓ를 넣고 백설탕 또는 연한 갈색 설탕을 사용한다. 계핏가루 ¼작은술을 넣고 육두구와 올스파이스를 생략한다.

체리 클라푸티

6~8인분

클라푸티(clafoutis)는 간단히 만들 수 있는 프랑스식 시골풍 디저트다. **반죽 푸딩**(batter pudding)이라는 옛날 미국식 디저트와 비슷하며 반죽을 생과일 위에 부어서 만든다. 클라푸티는 전통적으로 씨를 빼지 않은 체리로 만들지만 우리는 먹는 사람의 치아 건강을 생각해 씨를 뺀 버전을 소개한다. 체리 대신 라즈베리나 블랙베리로 만들어도 아주 맛있다.

오븐을 190℃로 예열한다. 25cm 크기의 딥 디시 파이 팬에 버터를 바른다. 중간 크기의 그릇에 다음을 넣고 거품이 날 때까지 2분 정도 탁탁 치며 섞는다.

대란 4개

설탕 ¾컵(150g)

다음을 넣고 매끄러워질 때까지 잘 쳐서 섞는다.

우유 1컵(235g)

바닐라 1½작은술

(코냑 또는 럼 1큰술)

다음을 넣고 섞는다.

중력분 ¾컵(95g)

소금 1자밤

버터를 바른 파이 팬 바닥에 다음을 골고루 펴서 깐다.

씨를 뺀 달콤한 체리 450g(해동하고 물기를 제거한 냉동 체리나 국물을 따라내고 물기를 뺀 통조림 체리도 사용 가능)

반죽을 체리 위에 붓고 파이 팬을 오븐 팬 위에 올려서 10분간 굽는다. 오븐 온도를 175℃로 낮추고 윗면이 봉긋하게 부풀면서(식으면 다시 꺼진다.) 이쑤시개를 중심부에 찔러보면 아무것도 묻어나오지 않을 때까지 35분 정도 굽는다. 20분 정도 식힌 후 낸다.

파르 브르통(Far Breton)

6인분

클라푸티의 일종으로 생과일 대신 아르마냑에 담가둔 말린 자두를 사용한다. 오븐을 190℃로 예열한다. 25cm 크기의 딥 디시 파이 팬 또는 깊은 케이크 팬에 버터를 살짝 바른다.

작은 편수 냄비에 다음을 넣고 섞는다.

중간 크기의 씨를 뺀 말린 자두 24개

아르마냑, 코냑, 럼 또는 위스키 ½컵

중불에 올려 뭉근히 끓어오르도록 가열한 후 불을 줄여서 말린 자두가 통통하게 불고 리큐어를 거의 다 흡수할 때까지 아주 은근히 끓인다. 버터를 바른 팬의 바닥 전체에 자두를 골고루 깐다. 한쪽에 둔다.

다음 반죽을 만든다.

체리 클라푸티

반죽을 자두 위에 붓는다. 갈색으로 익으면서 단단해질 때까지 25~30분간 굽는다.

과일 덤플링, 턴오버, 핸드 파이에 대해

파이 반죽, 퍼프 페이스트리, 비스킷 반죽이라면 무엇이든 과일 덤플링이나 턴오버에 사용할 수 있다. **덤플링**(dumpling)은 보따리나 복주머니처럼 반죽 가장자리를 필링 주변으로 모아 올려서 만들며, 이렇게 만든 꾸러미를 굽거나 뭉근히 끓인다. **턴오버**(turnover)는 반죽을 필링 위로 접어서 만들고 아주 작은 것부터 큼직한 것에 이르기까지 다양한 크기로 만들 수 있다. 한 손에 들고 먹기 편한 **핸드 파이**(hand pie)는 턴오버와 매우 비슷하지만 반죽을 필링 위로 접거나 반죽 2장 사이에 샌드위치처럼 필링을 끼워서 만든다. 핸드 파이에 대한 자세한 내용은 아래 설명을 참고한다. 반죽은 미리 만들어서 사용하기 전까지 냉장고에 보관할 수 있다. 이 작은 '파이'들은 구운 당일에 먹어야 가장 맛있다.

이번 장에서 소개한 거의 모든 과일 파이 레시피를 핸드 파이 형태로 만들 수 있다. 과정도 간단하고 다양한 응용이 가능하다.

핸드 파이나 턴오버를 성형하려면 선택한 반죽(우리는 버터 파이 또는 페이스트리 반죽을 가장 선호한다.)을 3mm 두께로 민다. 원하는 크기의 원형, 사각형, 직사각형으로 자른다. 취향에 따라 반죽 2장 사이에 필링을 넣거나 둥그런 반죽에 필링을 얹고 그 위로 접어서 반달 모양으로 만들어도 좋다. 필링에 사용하는 과일은 커다란 파이를 만들 때보다 작게 썰어야 한다. 사과와 서양배는 잘게 깍둑썰기하고 살구와 자두는 작게 썰며 딸기는 4등분한다. 알이 작은 과일은 그대로 사용해도 좋다. 대다수 과일은 미리 익힐 필요가 없지만 핸드 파이의 굽는 시간이 짧다는 점을 고려할 때 사과와 서양배로 만든 필링은 미리 익히도록 권장한다.

반죽 위에 필링을 조금 떠서 얹고 가장자리는 빙 둘러서 1.2cm 정도 비워둔다. 가장자리에 물을 아주 살짝 바르고 반죽을 다시 위에 얹거나 반죽을 반으로 접어서 반달 모양으로 만든다. 파이의 가장자리에 세로로 홈을 내거나 주름을 잡고 김이 빠져나올 수 있도록 위쪽에 숨구멍을 낸다. 취향에 따라 솔로 크림을 바르고 설탕을 홀홀 뿌려도 좋다.

핸드 파이나 턴오버를 구우려면 오븐 팬 위에 올려놓고 190℃에서 노릇노릇해질 때까지 필링의 종류와 파이의 크기에 따라 20~30분간 굽는다. 핸드 파이는 넉넉한 기름에 넣어 튀기거나 팬에 지져서 익힐 수도 있다.

핸드 파이를 기름에 튀기려면 우선 딥 프라잉 항목을 확인한다. 특히 사과와 서양배를 사용할 때는 필링을 미리 익히거나 잘게 깍둑썰기해서 넣는다. 파이를 성형한 후에는 위쪽에 숨구멍을 내지 않는다. 깊고 묵직한 냄비에 식물성 기름을 7.5cm 높이까지 붓고 175℃가 되도록 달구는 동안 파이는 냉장고에 넣어둔다. 전체 분량을 몇 번에 나눠 튀기고 한꺼번에 너무 많이 넣지 않도록 주의한다. 중간에 한 번 뒤집어가면서 노릇노릇해질 때까지 한 면당 1분 30초~2분씩 튀긴다. 키친타월에 올려놓고 기름을 뺀다. 뜨겁게 낸다.

핸드 파이를 프라이팬에 지지려면 트레바의 튀긴 사과 파이 레시피의 설명을 참고한다.

사과 덤플링

6개

이 책 전체에서 우리가 좋아하는 레시피들 중 하나다. 한기가 느껴지기 시작하는 가을날에는 몸을 따뜻하게 녹여주는 이 페이스트리를 따라갈 것이 없다고 해도 과언이 아니다.

다음을 만든다.

크림치즈 페이스트리 반죽의 레시피 분량, 버터 파이 또는 페이스트리 반죽

레시피의 ½ 분량, 간단한 크림 비스킷 또는 쇼트케이크용 반죽의 레시피 분량

30분 이상 냉장고에 넣어두고 차갑게 식힌다.

오븐은 220℃로 예열한다. 덤플링을 2.5~5cm 간격으로 배열할 수 있을 만큼 큰 베이킹 접시에 버터를 넉넉하게 바른다. 28×18cm 크기의 베이킹 접시 또는 지름 30cm 정도의 그라탱 접시가 적합하다. 다음의 껍질을 벗기고 속을 파낸다.(자르지 않고 통째로 사용한다.)

작은 사과 6개(각각 115g 정도)

또는 다음의 껍질을 벗기고 반으로 잘라서 속을 파낸다.

커다란 사과 3개(각각 225g 정도)

작은 그릇에 다음을 넣고 잘 어우러질 때까지 포크로 섞는다.

진한 갈색 설탕, 꾹 눌러 담아 ½컵(115g)

계핏가루 1작은술

소금 ¼작은술

다음을 넣고 잘 섞는다.

버터 4큰술(55g), 말랑하게 녹이기

사과를 통째로 사용한다면 설탕과 버터 혼합물을 속을 파낸 구멍에 채운 후 남은 혼합물을 과일 위에 올리고 꾹꾹 누른다. 반으로 자른 사과를 사용한다면 속을 파낸 부분에 혼합물을 채우고 남은 혼합물은 따로 보관해둔다. 한쪽에 둔다. 작업대에 밀가루를 살짝 뿌리고 반죽을 올린 후 크기 46×30cm, 두께 3mm 정도의 직사각형으로 민다. 이 반죽을 15cm 크기의 정사각형 6개로 자르고 각 반죽을 18cm 정도의 정사각형이 되도록 약간 더 크게 민다. 솔로 다음을 살짝 바른다.

대란 1개, 살짝 풀어두기

각 반죽의 가운데에 사과를 올린다. 반으로 자른 사과를 사용한다면 절단면이 아래로 가도록 놓고 남은 설탕 혼합물을 사과 위에 홀홀 뿌린다. 반죽의 네 모서리를 사과 위로 올려서 모은 후 모서리와 가장자리를 꾹 눌러 붙인다. 덤플링마다 포크로 구멍을 몇 군데 뚫고 베이킹 접시에 올려서 10분간 굽는다. 덤플링을 굽는 동안 시럽을 만든다. 작은 편수 냄비에 다음을 넣고 섞는다.

물 1컵(235g)

연한 갈색 설탕, 꾹 눌러 담아 ½컵(115g)

작은 레몬 1개, 얇게 저미고 씨를 빼기

무염 버터 2큰술(30g)

계핏가루 1작은술

소금 ¼작은술

설탕이 녹을 때까지 저으면서 부르르 끓어오르면 5분간 팔팔 끓인다. 덤플링을 굽기 시작한 지 10~15분쯤 지나 색이 변하기 시작하면 팔팔 끓는 시럽을 덤플링 위에 붓는다. 오븐 온도를 175℃로 낮추고 작은 칼로 사과를 찔러보면 부드럽게 들어갈 때까지 30~35분간 더 굽는다. 10분 정도마다 사과에 시럽을 끼얹어서 크러스트에 윤기를 내고 풍미를 더한다. 덤플링이 너무 빨리 갈색으로 익기 시작하면 포일로 느슨하게 덮어서 굽는다. 잘 구워지면 약간 식힌다. 다음을 곁들여 따뜻하게 낸다.

헤비크림(취향에 따라 살짝 거품을 낸 것) 또는 바닐라 아이스크림

달콤한 과일 턴오버

성형에 대한 자세한 내용은 과일 덤플링, 턴오버, 핸드 파이에 대해 항목을 참고한다.

다음을 만든다.

　시판 또는 수제 퍼프 페이스트리나 간단한 퍼프 페이스트리, 버터 파이 또는
　　페이스트리 반죽

턴오버로 성형한다면 앞의 설명에 따라 반죽을 밀어서 원하는 크기의 원형,
정사각형, 직사각형으로 자른다.(7.5~15cm 정도) 페이스트리 반죽마다 가운데
에 다음 필링 중 하나를 올린다.

　맛이 진한 사과 소스
　프리저브 또는 잼(아주 작은 턴오버에만 사용)
　민스미트 파이용 필링
　과일 파이 필링 아무거나

봉긋하게 올라오도록 필링을 넉넉하게 사용하되, 페이스트리의 모양이 일그
러질 정도로 많이 넣지 않도록 주의한다. 턴오버마다 가장자리에 물을 살짝 바
른다. 반죽을 필링 위로 접어서 반달형, 삼각형 또는 사각형 모양으로 만들고
가장자리를 꾹 눌러 붙인다. 기름을 바르지 않은 오븐 팬 2개에 2.5cm 이상의
간격을 두고 턴오버를 올린 후 30분간 냉장고에 넣어둔다.
받침대를 오븐의 아래쪽 칸에 끼운다. 오븐을 200℃로 예열한다. 턴오버의 윗
면에 솔로 다음을 바른다.

　달걀노른자 1개, 헤비크림 2큰술을 넣어 잘 풀어두기

노릇노릇해질 때까지 20분 정도 굽는다. 아직 따뜻할 때 다음을 살짝 뿌린다.

　슈거 파우더

사과 또는 서양배 턴오버

8개

다음을 만든다.

　퍼프 페이스트리 레시피의 ½ 분량, 해동한 시판 퍼프 페이스트리 450g 또는
　　간단한 퍼프 페이스트리 레시피의 2배 분량, 버터 파이 또는 페이스트리 반죽의
　　레시피 분량

반죽을 절반으로 나눠 각각 크기 28cm, 두께 3mm의 정사각형으로 민다. 반
죽을 오븐 팬에 올려 냉장고에 넣어둔다.
다음의 껍질을 벗기고 속을 파낸 후 6mm 크기로 깍둑썰기한다.

　사과 또는 서양배(450g)

중간 크기의 그릇에 다음을 넣고 뒤적이면서 잘 섞는다.

　설탕 ¼컵(50g)
　중력분 1작은술
　레몬즙 1작은술
　계핏가루 ½작은술
　소금 1자밤

정사각형 페이스트리 반죽을 도마에 올려놓고 모든 면을 1.5cm씩 잘라서
25cm짜리 정사각형 2개로 만든다. 각각 다시 잘라서 12.5cm짜리 정사각형 4개
로 만든다.(또는 취향에 따라 커다란 틀을 사용해 원형으로 자를 수도 있다.) 이렇게 하
면 12.5cm짜리 정사각형 반죽 총 8개가 된다. 사과 혼합물을 8등분해 정사각형
페이스트리 반죽 가운데에 올린다. 페이스트리의 가장자리 중 서로 붙어 있는
두 면에 다음을 살짝 바른다.

　대란 1개, 살짝 풀어두기

달걀을 바르지 않은 쪽을 사과 필링 위로 덮으면서 달걀을 바른 쪽으로 접어
삼각형 모양으로 성형한다. 가장자리를 맞대고 포크로 꾹 눌러 붙인다. 턴오버

마다 윗면에 달걀물을 바르고 작은 칼집을 3개씩 넣는다. 기름을 바르지 않은
오븐 팬 2개에 2.5cm 이상의 간격을 두고 턴오버를 올린 후 30분간 냉장고에
넣어둔다.
　받침대를 오븐의 아래쪽 칸에 끼운다. 오븐을 220℃로 예열한다. 턴오버가
갈색으로 변하기 시작할 때까지 15분간 굽는다. 오븐 온도를 175℃로 낮추고
황금색이 될 때까지 15~20분간 더 굽는다. 따뜻하게 낸다.

트레바의 튀긴 사과 파이

6개

메건의 증조할머니인 트레바 마틴(Treva Martin)은 가을마다 이 파이를 만드셨
다. 이 파이에는 반드시 말린 사과를 넣었는데, 우리는 새콤한 생사과를 함께
넣어 만든 것도 좋아한다. 튀기고 나면 얼룩덜룩하게 갈색으로 익은 모습이 소
박하기 그지없으며 이것이 바로 이 파이의 매력 중 하나다.

다음을 만든다.

　버터 파이 또는 페이스트리 반죽이나 기본 파이 또는 페이스트리 반죽

반죽을 절반으로 나눠 랩으로 단단히 감싼 후 냉장고에 넣어둔다. 반죽을 차
갑게 하는 동안 필링을 만든다. 중간 크기의 편수 냄비에 다음을 넣는다.

　큼직하게 썬 말린 사과, 느슨하게 담아 1½컵(약 105g)
　물 ¾컵(175g)
　작은 새콤한 사과 1개, 속을 파내고 잘게 깍둑썰기하기
　설탕 ½컵(100g)
　중력분 2큰술(15g)
　계핏가루 1작은술
　소금 1자밤

냄비를 중불에 올려 부르르 끓어오를 때까지 가열한 후 저으면서 물이 거의
다 증발하고 사과가 부드러워지며 약간의 사각거림만 남을 때까지 끓인다. 혼
합물을 접시에 담아 완전히 식힌다.
　절반으로 나눈 반죽 하나를 꺼내서 3mm 두께로 민다. 작은 접시를 대고 지
름 16.5~18cm가 되도록 반죽을 원형으로 자른다. 원형 반죽의 한쪽 절반에 필
링 ⅓컵을 얹고 가장자리 1.2cm 부분은 남겨둔다. 반죽의 가장자리에 물을 살
짝 바른다. 필링을 얹지 않은 부분을 필링 위로 덮어서 반달 모양을 만든 후 포
크로 가장자리를 꾹 눌러서 봉한다. 남은 반죽과 필링도 마찬가지로 성형하고,
원형으로 잘라내고 남은 반죽 조각은 뭉쳐서 한 번 더 밀어 사용한다. 이렇게
하면 총 6개의 파이가 완성된다. 파이를 냉장고에 20분간 넣어둔다.
그동안 커다란 프라이팬을 중불에 올리고 다음을 부어서 달군다.

　식물성 쇼트닝 또는 리프 라드 ¼컵

기름이 뜨거워지면 파이 2개를 프라이팬에 넣는다. 바닥이 갈색으로 익을 때
까지 5분 정도 튀기듯 지진다. 반대쪽으로 뒤집은 후 파이가 너무 빨리 갈색으
로 변하지 않도록 적당히 불을 조절해가면서 4분간 더 조리한다. 키친타월을
깐 오븐 팬에 올려놓는다. 프라이팬에 쇼트닝을 적당히 보충하거나 밀가루 조
각이 달라붙어서 타기 시작하면 중간에 프라이팬을 닦아내면서 남은 파이도
같은 방법으로 조리한다. 따뜻하게 또는 실온 상태로 낸다.

갈레트와 크로스타타에 대해

갈레트(galette, 프랑스) 또는 크로스타타(crostata, 이탈리아)는 파이나 타르트 팬
이 아닌 쿠키 시트에 얹어서 틀 없이 굽는 타르트다. 갈레트와 크로스타타는

납작한 페이스트리 크러스트로 만들 수 있으며 달콤하게 맛을 낸 과일을 위에 얹어서 굽는다. 또는 과일에 즙이 많을 경우 즙이 흘러내리지 않도록 페이스트리의 옆면을 과일 필링 위로 접기도 한다. 갈레트는 대부분 크기가 넉넉하지만 자그마한 1인용 갈레트로 만들 수도 있다.

간단한 퍼프 페이스트리를 비롯해 이번 장에서 소개한 모든 파이 또는 페이스트리 반죽을 갈레트나 크로스타타에 사용할 수 있다. 사실 통곡물 파이 또는 페이스트리 반죽처럼 상대적으로 부서지기 쉬운 반죽도 갈레트나 크로스타타에 썩 잘 어울린다. 팬에 눌러 만드는 쇼트브레드 반죽을 사용하려면 반죽의 아래위에 유산지를 깔고 얇게 민 다음 레시피의 설명에 따라 과일을 채워서 성형한다.

갈레트와 크로스타타 위에는 보통 아무것도 올리지 않지만 우리는 슈트로이젤을 얹어서 만들기도 한다. 페이스트리를 먹음직스러운 갈색으로 바삭하게 구우려면 크러스트의 가장자리에 풀어둔 달걀이나 헤비크림을 바르고 중백설탕이나 일반 설탕을 홀홀 뿌려도 좋다.

과일 갈레트 또는 크로스타타

8인분

다음을 만든다.

> 버터 파이 또는 페이스트리 반죽 레시피의 ½ 분량, 또는 간단한 퍼프
> 페이스트리의 레시피 분량

받침대를 오븐의 아래쪽 칸에 끼운다. 오븐을 190℃로 예열한다. 반죽을 지름 28cm의 둥근 모양으로 민다. 반죽을 들어서 커다란 오븐 팬에 올려놓는다. 가장자리를 빙 둘러서 2.5cm만 남기고 반죽 전체에 다음을 골고루 펴서 바른다.

> 라즈베리 잼 또는 기타 잼 ¼컵

중간 크기의 그릇에 다음을 넣고 뒤적이며 섞는다.

> 자두나 살구 4개 또는 복숭아나 천도복숭아 2개, 씨를 빼고 1.2cm 두께로
> 저미기(약 450g)
> (라즈베리 또는 블루베리 ½컵)
> 설탕 2큰술
> 중력분 4작은술

과일 혼합물을 잼 위에 골고루 얹는다. 예쁘게 모양을 내서 배열해도 좋고 먹음직스러운 모양으로 쌓아도 좋다. 반죽의 경계 부분을 접어서 테두리를 만든다. 크러스트가 노릇노릇해지고 과일즙이 걸쭉해질 때까지 25~35분간 굽는다. 따뜻하게 낸다.

사과 갈레트 또는 크로스타타

8인분

다음을 만든다.

> 버터 파이 또는 페이스트리 반죽 레시피의 ½ 분량, 또는 간단한 퍼프
> 페이스트리의 레시피 분량

받침대를 오븐의 아래쪽 칸에 끼운다. 오븐을 220℃로 예열한다. 반죽을 지름 28~30cm의 둥근 모양으로 민다. 반죽을 들어서 오븐 팬에 올려놓는다. 페이스트리에 다음을 얇게 바른다.

> 무염 버터 3큰술, 액체 상태로 녹여서 미지근하게 식히기

남은 버터는 따로 보관해둔다. 페이스트리에 다음을 홀홀 뿌린다.

> 설탕 1큰술

다음의 껍질을 벗기고 속을 파낸 후 3mm 두께로 저민다.

> 단단하고 큼직한 사과 2개, 핑크 레이디나 그래니 스미스 품종 권장

반죽의 가장자리를 빙 둘러서 2.5cm만 남기고 반죽 전체에 사과 저민 것을 서로 약간씩 겹치도록 동심원 모양으로 가지런히 배열한다. 반죽의 가장자리를 사과의 끝부분 위로 덮어서 접는다. 녹인 버터를 2작은술만 남기고 사과에 전부 바르거나 뿌린다.

작은 그릇에 다음을 넣고 섞는다.

> 설탕 3큰술
> 계핏가루 ⅛작은술

계피 설탕을 사과 위에 홀홀 뿌린다. 페이스트리가 갈색으로 변하기 시작할 때까지 15~20분간 굽는다. 오븐 온도를 175℃로 낮추고 페이스트리가 노릇노릇해질 때까지 5~10분간 더 굽는다. 남은 버터를 사과에 바른다. 따뜻하게 또는 실온 상태로 낸다.

페이스트리에 대해

페이스트리를 만들 때는 파이와 마찬가지로 인내심과 많은 양의 버터가 필요하다. 크루아상과 퍼프 페이스트리에 사용하는 반죽은 파이 반죽보다 훨씬 분명하게 결이 살아 있는데, 여러 번 반복해서 반죽을 밀고 접어주는 **라미네이션**(lamination)이라는 과정을 통해 여러 겹의 버터 층이 생기기 때문이다. 굽는 과정에서 버터 층에 포함된 수분이 증발한다. 그 결과 기공이 생기므로 크루아상에는 벌집 모양의 조직이 생기고, 퍼프 페이스트리는 바삭하고 기분 좋게 부서지는 질감을 갖게 된다.

그러나 '페이스트리'라는 용어는 단순히 라미네이션 과정을 거친 반죽보다는 훨씬 포괄적인 의미를 담고 있다. 슈 페이스트리(choux pastry)는 익힌 반죽에 달걀을 넣은 후 탁탁 치면서 공기를 넣어 만들기 때문에 구웠을 때 더 부드럽고 속이 텅 빈 페이스트리가 완성된다. 슈트루델(strudel)은 유연한 반죽을 아주 얇게 늘린 후 버터를 발라서 굽는다. 필로(phyllo)는 종잇장처럼 얇게 밀어서 버터를 바른 반죽을 여러 장 겹쳐서 만들기 때문에 라미네이션 과정을 거친 것과 비슷한 효과가 난다. 이러한 모든 페이스트리의 공통점은 풍미가 진하면서도 조직이 깃털처럼 가벼워 누구나 좋아한다는 점이다.

반죽 라미네이션(결 만들기)에 대해

퍼프 페이스트리, 크루아상 반죽 또는 대니시 페이스트리 반죽 등 결이 살아 있는 반죽을 만들 때는 소포를 포장하듯이 넓적한 버터 덩어리를 반죽으로 감싼 후 반죽을 넓게 밀고 접어서 다시 밀고 다시 접는 과정을 반복한다. 이렇게 하는 이유는 파이 반죽을 만들 때처럼 단순히 반죽과 버터를 섞는 것이 아니라 반죽의 여러 결 사이에 얇고 균일한 버터 층이 골고루 자리 잡게 하기 위함이다. 이를 위해서는 ▶ 버터 온도를 13~15.5℃ 정도로 유지해야 반죽을 미는 동안 녹지 않으면서도 부서지거나 금이 가지 않는다. 차갑고 단단한 버터는 밀대로 밀었을 때 반죽의 결 사이에서 납작하고 매끄럽게 펴지는 것이 아니라 밀대의 압력 때문에 부서지고 만다. 버터가 부서지면서 반죽의 결 사이로 파고들어가면 반죽과 버터의 층이 고르지 않게 되고, 심지어 굽는 동안 반죽 밖으로 흘러나오기도 한다. 다행히도 반죽을 밀 때 버터가 부서지게 되면 이를 금세 알아차릴 수 있으므로 잠시 미는 것을 멈추고 부드럽게 밀릴 때까지 반죽을 가만히 두면 된다.(그동안 버터의 온도가 올라가면서 말랑해진다.) 그보다 골치 아픈 것은 버터가 너무 말랑말랑한 경우인데, 밀대로 미는 과정에서 반죽과

버터가 각각 별도의 층을 이루며 넓게 퍼지는 것이 아니라 하나로 뭉쳐버린다. 버터가 녹기 시작하면 페이스트리의 결이 살아나지 않으며 기름기가 배어난다. 반죽이 질척거리거나 밀대로 밀 때 버터가 스며드는 모습이 보이면 작업을 중단하고 버터가 적당히 굳어 부드럽게 밀릴 때까지 냉장고에 넣어둔다.

라미네이션을 거친 반죽을 밀어서 성형하려면 작업대와 반죽에 밀가루를 살짝 뿌린다. 항상 반죽의 짧은 변이 조리하는 사람을 향하도록 놓는다. 힘이 한쪽으로 몰리지 않도록 주의하면서 일정한 두께가 되도록 반죽을 민다. 작업대와 평행하도록 밀대를 잡고 가운데부터 시작해 몸에서 멀어지는 쪽으로 민 다음 다시 가운데로 와서 몸에서 가까운 쪽으로 밀되, 한 번 밀 때마다 밀대를 들어올린다.(밀대를 들어올리지 않고 앞뒤로 여러 번 밀면 반죽 안의 글루텐이 지나치게 발달해 질겨진다.) 절대 반죽의 가장자리 밖까지 밀대를 밀지 않는다. 반죽의 긴 변을 원하는 길이만큼 민 다음 필요에 따라 폭을 조절한다. 미는 과정에서 최대한 반죽의 모서리는 직각이 되도록, 옆면은 직선이 되도록 조절하고 두께도 일정하게 민다. 중간중간 종이 뭉치를 가지런히 고르듯이 손으로 반죽의 옆면을 직선으로 매만지거나 벤치 스크래퍼 또는 밀대로 옆면을 눌러서 고른다. 반죽을 밀 때 밖으로 노출된 버터 조각이 있으면 해당 부분에 밀가루를 조금 뿌려서 살짝 누른 후 여분의 밀가루를 솔로 털어낸다. ▶ 반죽을 접기 전에 마른 페이스트리 솔로 반죽에 붙어 있는 여분의 밀가루를 털어낸다.

밀가루로 만드는 다른 모든 반죽과 마찬가지로 반죽을 손으로 치대거나 미는 과정에서 반죽 내부에 글루텐이 형성된다. 글루텐이 너무 많이 생겨서 반죽이 질겨지는 것을 방지하기 위해 반죽을 한 번 접을 때마다 90도씩 돌려주면 한 차례마다 글루텐 가닥이 다른 방향으로 늘어난다.(여기서 '차례turn'는 반죽을 한 번 밀고 접어주는 작업을 말한다. 몇 차례 반복해야 하는지는 각 레시피에 적어두었다.) 한 차례 마치고 나면 반죽을 비닐랩으로 싸서 냉장고에 넣어 숙성해야 한다. 이렇게 하면 글루텐 가닥이 풀어지면서 새로운 길이에 맞게 자리를 잡는다. 냉장고에 넣어두면 버터가 단단해지므로 반죽과 버터의 층이 확실히 분리된다. 그러나 버터가 너무 딱딱해지거나 부서질 때까지 내버려두면 안 된다. 만약 버터가 너무 단단하면 어느 정도 말랑해지도록 반죽을 조리대 위에 10분 정도 올려놓는다. 주방 온도에 따라 한 차례 반죽을 손질하고 냉장고에 넣어서 식힐 필요 없이 연속해서 두 차례 미는 작업을 할 수도 있다. 반죽이 너무 차가운지, 너무 따뜻한지, 아니면 적당한 온도인지 제대로 판단하려면 어느 정도 연습이 필요하다. 때로는 완성된 반죽을 넓게 민 후 원하는 모양으로 자르기 전에 냉장고에 다시 넣어 식히기도 하고, 굽기 직전에 다시 냉장고에 넣는 경우도 흔하다. 자세한 설명은 각 레시피를 참고한다. 반죽을 냉장고에 넣어 숙성하는 동안 밀고 접는 작업을 몇 차례 했는지 잊어버리는 경우도 매우 흔하다. 따라서 반죽을 숙성하기 위해 냉장고에 넣을 때마다 손가락으로 반죽의 한쪽을 눌러서 몇 차례 작업했는지 표시해두면 기억하기에 편하다.

퍼프 페이스트리에 대해

퍼프 페이스트리(puff pastry)는 가장 복잡한 결이 살아 있는 페이스트리다. 퍼프 페이스트리가 수백 겹으로 이루어져 있고 밀가루와 같은 분량 혹은 그 이상의 버터를 사용한다는 점을 고려하면 그다지 놀라운 일은 아니다. 퍼프 페이스트리를 만들 때 사용하는 도구와 장비는 파이 크러스트용 도구와 같다. 차가운 대리석 작업대가 있다면 가장 좋지만 반드시 필요한 것은 아니다. 퍼프 페이스트리를 밀 때는 반죽 라미네이션(결 만들기)에 대해 항목과 각 레시피의 설명을 참고한다.

퍼프 페이스트리는 다양한 모양 또는 크기로 자를 수 있으며, 가지각색의 필링을 채워 수많은 디저트와 짭짤한 요리를 만들 수 있다. 브리 치즈를 넣어 구운 페이스트리 같은 전채 요리부터 소고기 웰링턴을 비롯한 주요리, 밀푀유(나폴레옹) 같은 디저트에 이르기까지 응용 방법은 무궁무진하다. 퍼프 페이스트리를 만들고 남은 조각, 사용하지 않은 반죽은 전부 따로 모아서 아래의 설명에 따라 냉동 보관한다. 이렇게 모은 반죽 조각을 해동해 뭉친 후 페이스트리 반죽을 만들 때처럼 얇게 밀고 접어서 사용할 수 있다. 퍼프 페이스트리의 남은 조각을 모아놓은 반죽은 나폴레옹, 트위스트, 미니 타르트, 하트 모양의 페이스트리 쿠키 팔미에(palmiers) 또는 전체 높이가 그다지 중요하지 않은 다른 페이스트리를 만들 때 사용하면 가장 좋다.

퍼프 페이스트리 반죽을 자르고 구멍을 내려면 원하는 두께로 밀어서 가장자리를 정돈하고 선호하는 모양으로 자른다. 퍼프 페이스트리를 자를 때는 항상 잘 드는 칼을 사용하고 위에서 압력을 가하면서 눌러 반죽을 깔끔하게 잘라낸다. 칼을 질질 끌면서 자르면 페이스트리의 가장자리가 들쭉날쭉하게 부풀거나 완전히 부풀어 오르지 않는다. **구멍 내기**(도킹docking)는 김이 빠져나올 수 있는 숨구멍을 내고 반죽이 들쭉날쭉하게 부풀어 오르는 것을 방지하기 위해 포크나 **페이스트리 도커**(pastry docker)라는 도구를 사용해 페이스트리 전체에 작은 구멍을 내는 작업을 말한다. 나폴레옹은 아주 얇지만 결이 살아 있는 상태로 완성하기 위해 반죽에 구멍을 뚫는다. 패티 셸(부세bouchées, 컵 모양의 페이스트리에 재료를 채워서 구운 요리 — 옮긴이)의 중심부에 구멍을 뚫는 것은 옆면이 부풀어 오르되 가운데의 움푹 들어간 부분은 낮은 높이가 유지되도록 하기 위해서다.

퍼프 페이스트리 반죽을 보관하려면 비닐랩으로 단단히 감싸고 포일로 다시 감싼 후 지퍼백에 넣어 공기를 뺀 다음 봉한다. 냉장고에 넣으면 최대 이틀, 냉동실에 넣으면 최대 6개월간 보관할 수 있다. 사용하기 전에 포장을 벗기지 않은 상태로 냉장고에 하룻밤 넣어두고 해동한다.

퍼프 페이스트리는 넓게 민 후 또는 밀어서 원하는 모양으로 자른 후에 냉동 보관할 수도 있다. 반죽을 민 다음에는 오븐 팬에 올려놓고 단단해질 때까지 차갑게 식힌다. 원하는 모양으로 자르거나 넓게 민 상태 그대로 비닐랩으로 감싼다. 작게 자른 반죽은 사이사이에 파라핀지를 깔고 랩으로 감싸서 냉동실에 넣어둔다. 냉동한 반죽 조각(필링을 채우지 않은 상태)을 해동하지 않고 바로 오븐에 넣어 구우면 아주 잘 부풀어 오른다. 작게 자르지 않고 냉동했다면 냉장고에 옮겨서 하룻밤 해동한 후 원하는 모양으로 자른다. 턴오버처럼 필링을 채운 퍼프 페이스트리는 반죽을 덮어서 냉장고에 최대 8시간 정도 보관했다가 꺼내서 구울 수 있다.

퍼프 페이스트리

약 1.25kg

현대식 조리법에 맞춰 개정된 이 퍼프 페이스트리 레시피에서는 반죽과 버터 층을 따로따로 푸드 프로세서에 넣어 섞는다. 전통 방식으로 만들려면 손이나 반죽기로 반죽 재료를 섞고 밀가루 1컵을 부은 후 그 위에 버터 스틱 3½개를 올려놓고 버터가 적당히 말랑해지되 너무 물렁거리거나 끈적거리지 않을 때까지 밀대로 탁탁 친다. 반죽 라미네이션(결 만들기)에 대해 및 퍼프 페이스트리에 대해 항목을 참고한다.

푸드 프로세서에 다음을 넣고 짧게 작동시켜서 섞는다.

중력분 2⅓컵(290g)

소금 1¼작은술

밀가루 위에 다음을 뿌린다.

차가운 무염 버터 5큰술(70g), 1.2cm 크기의 정육면체로 자르기

혼합물이 굵은 빵가루와 비슷한 상태가 되도록 푸드 프로세서를 짧게 몇 번 작동시킨다. 다음을 뿌린다.

얼음물 ¾컵(175g)

반죽이 하나로 뭉칠 때까지 10~15초간 푸드 프로세서를 작동시킨다. 반죽을 긁어서 비닐랩 위에 올려놓고 12.5cm 크기의 정사각형으로 만든다. 반죽을 비닐랩으로 감싸서 1시간 동안 냉장고에 넣어둔다.

그동안 다음을 1.2cm 두께로 썰어서 2분간 냉동실에 넣어둔다.

무염 버터 스틱 3½개(395g)

푸드 프로세서에 다음을 넣는다.

중력분 1컵(125g)

얇게 자른 버터를 밀가루 위에 훌훌 뿌리고 혼합물이 고운 자갈 정도의 상태가 될 때까지만 푸드 프로세서를 짧게 작동시킨다. 프로세서 용기의 옆면에 묻은 재료를 긁어내린 후 혼합물이 매끄러워질 때까지 작동시킨다. 버터 혼합물을 긁어서 비닐랩 위에 올려놓고 15cm 크기의 정사각형으로 만든다. 이 버터 층을 비닐랩으로 단단히 감싸서 반죽을 미는 동안 냉장고에 넣어둔다.

밀가루를 살짝 뿌린 작업대에 정사각형 반죽을 올려놓고 33×20cm의 직사각형으로 민다. 솔로 여분의 밀가루를 털어낸다. 냉장고에서 버터 층을 꺼내 랩을 벗긴다. 오른쪽 그림에서 위의 세 그림을 참고해 넓게 민 반죽의 한쪽 가운데에 버터 층을 올린다. 버터 층이 완전히 덮이도록 반죽을 버터 위로 접는다. 반죽의 가장자리를 꾹 눌러서 벌어진 세 옆면을 붙인다. 반죽을 반시계 방향으로 90도 돌린다.

버터 층을 감싼 반죽을 43×19cm 크기의 직사각형으로 밀고, 짧은 변이 조리하는 사람을 향하도록 한다. 반죽의 아래쪽 ⅓을 가운데로 접어 올린다. 편지를 접듯이 반죽의 위쪽 ⅓을 아래로 접어 처음 접힌 부분 위에 덮는다. 이렇게 하면 차례 한 번이 마무리된 것이다.(오른쪽 그림의 아랫줄 왼쪽 참고) 반죽을 반시계 방향으로 90도 돌려서 다시 43×19cm 크기의 직사각형으로 민다. 이번에는 오른쪽 그림 아랫줄의 가운데와 오른쪽을 참고해 아래쪽 반죽과 위쪽 반죽이 가운데에서 만나도록(서로 겹치지 않도록) 접은 후, 반죽을 다시 반으로 접어서 반죽이 네 겹으로 겹치게 한다. 이렇게 접은 상태가 되면 차례 두 번이 마무리된 것이다. 반죽에 손가락 자국 두 개를 내서 두 차례를 마무리했다는 표시를 한다. 반죽을 비닐랩으로 단단히 감싸서 45분간 냉장고에 넣어둔다.

반죽을 꺼내 접힌 면이 왼쪽으로 가도록 놓고 다시 43×19cm 크기의 직사각형으로 민다. 또다시 네 겹이 되도록 접은 후 차례 세 번을 마무리한다. 손가락 자국 세 개를 내고 반죽을 감싸서 45분간 냉장고에 넣어둔다.

반죽을 꺼내 다시 밀고 네 겹이 되도록 접어서 차례 네 번을 마무리한다. 손가락 자국 네 개를 내고 반죽을 감싸서 1시간 이상 냉장고에 넣어두었다가 사용한다. 또는 퍼프 페이스트리에 대해 항목의 설명에 따라 비닐랩으로 감싸서 보관한다.

초콜릿 퍼프 페이스트리

퍼프 페이스트리의 재료를 준비한다. 버터 층을 만들 때 밀가루 혼합물에 **더치 프로세스 코코아 가루 1컵(100g)**을 추가한다. 레시피에 따라 진행한다.

퍼프 페이스트리 접기

간단한 퍼프 페이스트리

약 340g

일반 퍼프 페이스트리보다 훨씬 간단한 이 레시피는 틀에 넣지 않고 굽는 과일 타르트나 타르트 타탱에 적합하다. 반죽 라미네이션(결 만들기)에 대해 및 퍼프 페이스트리에 대해 항목을 참고한다.

중간 크기의 그릇에 다음을 넣고 섞는다.

중력분 1컵(125g)

소금 ¼작은술

다음을 넣고 뒤적이면서 밀가루를 골고루 묻힌다.

아주 차가운 무염 버터 스틱 1개(115g), 정육면체로 자르기

다음을 조금씩 붓는다.

얼음물 ¼컵(60g)

혼합물이 하나로 뭉칠 때까지 젓고, 반죽이 너무 뻑뻑해 보이면 물을 조금씩 추가하면서 섞는다. 이때 반죽이 끈적거리면 안 된다. 얼기설기 얽힌 반죽에 작은 버터 조각이 간신히 붙어 있는 형태가 되어야 한다. 이 울퉁불퉁한 반죽을 비닐랩에 올려놓고 단단히 감싸 납작하게 누른 후, 조리대에 반죽의 네 옆면을 탁탁 쳐서 두께 2.5cm의 사각형 모양으로 만든다. 15분간 냉장고에 넣어둔다.

작업대에 밀가루를 살짝 뿌리고 반죽의 비닐랩을 벗긴다. 반죽을 6mm 두께의 직사각형으로 밀되, 바닥에 달라붙지 않도록 밀 때마다 반죽을 한 번씩 들어올린다. 처음에는 반죽이 울퉁불퉁하고 찢어질 듯해서 좀처럼 잘 밀기 어렵겠지만 반죽이 달라붙으면 밀가루를 조금씩 뿌려가며 계속 민다. 반죽의 짧은 변이 조리하는 사람을 향하도록 놓고 반죽의 위쪽을 접어서 직사각형의 가운데에 오게 한다.(740쪽 상단의 맨 왼쪽 그림) 반죽의 아래쪽을 위로 접어서 아까 접은 반죽과 서로 겹치지 않고 가운데에서 만나게 한다.(740쪽 상단의 가운데 그림) 반죽을 다시 반으로 접어 책처럼 덮는다.(740쪽 상단의 맨 오른쪽 그림) 반죽에 손가락 자국 하나를 내서 한 차례 마무리했다는 표시를 한다. 비닐랩으로 반죽을 단단히 감싸서 15분간 냉장고에 넣어둔다.

반죽을 꺼내 접힌 면이 왼쪽으로 가도록 놓고 다시 6mm 두께의 직사각형으로 민 후 네 겹이 되도록 접는다. 손가락 자국 두 개를 내고 반죽을 단단히 감싸서 15분간 냉장고에 넣어둔다.

또다시 밀고 네 겹으로 접으면 반죽이 매끈해질 것이다. 비닐랩으로 반죽을 단단히 감싸서 30분간 냉장고에 넣었다가 사용한다.

반죽을 사용할 때는 3mm 두께로 밀어서 원하는 모양으로 자른다.

간단한 퍼프 페이스트리 접기

팔미에(Palmier)

7.5cm 크기의 쿠키 약 48개

시판 퍼프 페이스트리로도 바삭바삭 기분 좋게 부서지는 이 쿠키를 만들 수 있다. 계피, 바닐라 빈의 씨 또는 감귤류 껍질 등 향신료나 풍미 재료를 설탕과 함께 섞어서 색다른 풍미를 살려도 좋다.

다음을 준비한다.

설탕 1컵(200g)

작업대에 설탕을 살짝 뿌리고 다음을 30×14cm 크기의 직사각형으로 민다.

시판 또는 수제 퍼프 페이스트리 225g

설탕 약 ¼컵을 반죽 위에 홀홀 뿌리고 설탕이 반죽에 박히도록 밀대로 살짝 민다. 반죽의 짧은 변이 조리하는 사람을 향하도록 놓고 편지를 접듯이 반죽의 아래쪽 ⅓을 가운데로 접어 올린 후 위쪽 ⅓을 가운데로 접어서 그 위로 겹친다. 접힌 쪽이 왼쪽으로 가도록 반죽을 돌리고 다시 짧은 변이 조리하는 사람을 향하게 한 후 33×18cm 크기의 직사각형으로 민다. 반죽 위에 설탕 2큰술을 홀홀 뿌리고 밀대로 살짝 민다. 반죽의 긴 변을 양쪽에서 잡고 가운데로 접되, 가운데에 6mm 정도의 공간을 남긴다.(아래 그림 참고) 접은 반죽의 한쪽에 솔로 다음을 살짝 바른다.

대란 흰자 1개, 살짝 풀어두기

흰자를 바르지 않은 쪽에 설탕 1큰술을 홀홀 뿌린다. 설탕을 뿌린 면과 달걀흰자를 바른 면이 서로 닿도록 반죽을 세로로 반을 접어 꾹 누른다. 기름을 바르지 않은 오븐 팬에 반죽을 올려놓는다. 반죽을 덮어서 30분 이상 냉장고에 넣어두거나 공기가 통하지 않도록 봉해서 사용할 때까지 냉동실에 보관한다.

받침대를 오븐의 아래쪽 칸에 끼운다. 오븐을 220℃로 예열한다. 오븐 팬 2개에 유산지 또는 실리콘 매트를 깔거나 기름을 넉넉히 바른다.

반죽을 냉동실에 보관했다면 5~10분간 해동한 후 자른다. 남은 설탕 중 일부를 얕은 그릇에 넓게 펴서 간다. 반죽을 도마 위에 올리고 6mm 두께가 되도록 가로로 썬다. 얇게 자른 쿠키 반죽의 한쪽 면을 설탕에 올려놓고 살짝 눌러서 묻힌 뒤 설탕이 묻은 쪽이 아래로 가도록 베이킹 접시 위에 올린다. 이때 쿠키 사이의 간격은 7.5cm 이상 되어야 한다. 모양이 흐트러진 것이 있다면 반죽을 눌러가며 모양을 잡는다. 윗면에 설탕을 조금 더 뿌린다.

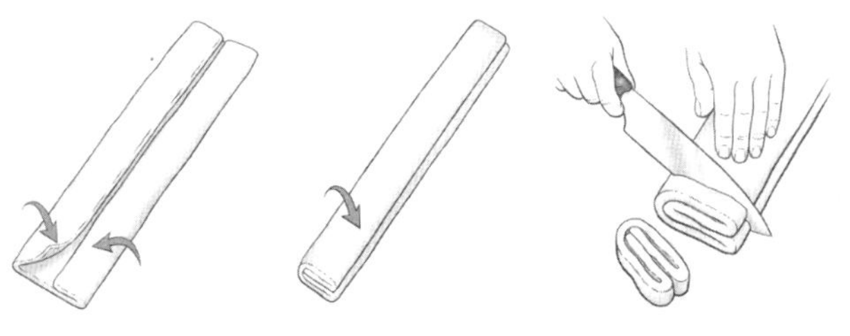

팔미에 접기와 자르기

한 번에 오븐 팬 하나씩 오븐에 넣어 쿠키의 가장자리 주변이 갈색으로 익을 때까지 5분 정도 굽는다. 주걱으로 쿠키를 하나씩 뒤집고 전체적으로 노릇노릇해지면서 캐러멜화될 때까지 2~5분간 더 굽는다. 자칫하다가는 쿠키가 금세 타버리므로 한눈을 팔지 않도록 한다. 받침대에 옮겨서 완전히 식힌다.

패티 셀(Patty Shell)

패티 셀은 퍼프 페이스트리 셀을 움푹한 모양으로 구워 달콤하거나 짭짤한 필링을 채운 요리로, 그중에서도 크기가 작은 패티 셀은 부셰(bouchées, 한입이라는 뜻)라고 부른다. 아주 자그마한 오르되브르 크기의 패티 셀은 '작은 한입'이라는 뜻의 프티 부셰(petites bouchées)라고 부른다. 우리가 가장 좋아하는 필링은 그뤼에르 치즈와 캐러멜화한 양파다. 그 외에도 잘 어울리는 짭짤한 필링으로는 버섯 라구, 프로방스식 라타투이, 멜티드 리크, 닭고기 또는 칠면조 고기 샐러드 등이 있다. 달콤한 필링으로는 페이스트리 크림과 생과일 또는 과일 크림 봉봉을 추천한다.

I. 작은 패티 셀

지름 5cm짜리 18개

다음을 만든다.

퍼프 페이스트리

반죽을 세 덩어리로 나눈다. 한 번에 한 덩어리씩 작업대 위에 올려놓고(나머지는 냉장고에 보관) 반죽을 35×16.5cm 크기의 직사각형으로 민다. 지름 5cm의 커터를 사용해 둥그런 모양 12개를 잘라낸다. 둥근 반죽 6개를 뒤집어서 기름을 바르지 않은 오븐 팬 또는 유산지나 실리콘 매트를 깐 오븐 팬에 5cm 정도의 간격을 두고 가지런히 배열한다. 지름 2.5cm의 커터를 사용해 남은 둥근 반죽 6개의 가운데를 잘라내 고리 모양으로 만든다.(가운데를 잘라낸 조각은 보관했다가 나중에 사용한다.) 고리 모양의 반죽을 뒤집어서 오븐 팬의 둥근 반죽 위에 올린다. 나이프의 칼등으로 둥근 반죽의 바깥쪽 가장자리에 6mm 간격으로 세로로 홈을 낸다. 포크로 고리가 아닌 둥근 셀의 가운데에만 구멍을 낸다. 오븐을 예열하는 동안 반죽을 덮어서 냉장고에 넣어둔다.

오븐을 220℃로 예열한다. 잘 드는 칼을 사용해 고리의 안쪽을 따라서 바닥에 있는 반죽에 둥그런 칼집을 낸다.

봉긋하게 부풀어 오르면서 노릇노릇해질 때까지 20분 정도 굽는다. 패티 셀을 오븐에서 꺼내자마자 각 셀의 가운데에서 불룩 튀어나온 안쪽의 동그란 부분을 잘라서 한쪽에 따로 둔다.(나중에 뚜껑으로 사용한다.) 받침대에 올려놓고 식힌다.

II. 중간 크기 페이스트리

지름 10cm짜리 6개

작은 패티 셀의 레시피에 따라 반죽을 준비해 세 덩어리로 나눈 후 각 덩어리를 33×23cm 크기의 직사각형으로 민다. 10cm짜리 커터를 사용해 둥근 모양으로 잘라내고 5cm짜리 커터로 가운데를 동그랗게 잘라서 고리를 만든다. 작은 패티 셀 레시피의 설명에 따라 반죽을 쌓아서 굽는다.

II. 커다란 페이스트리 또는 볼오방

지름 20cm짜리 1개

볼오방(vol-au-vent)은 맨 아래에 원형으로 반죽을 찍어내고 그 위에 도넛 형태로 층을 쌓아서 우물 모양으로 구운 퍼프 페이스트리를 말한다. **작은 패티 셀** 레시피의 설명에 따라 반죽을 준비해 두 덩어리로 나눈 후 각 덩어리를 25cm 크기의 정사각형으로 민다. 20cm짜리 커터나 20cm짜리 분리형 타르트 팬의 바닥 부분 또는 20cm짜리 케이크 팬을 사용해 지름 20cm가 되도록 둥근 모양 2개를 잘라낸 후, 15cm짜리 커터 또는 팬으로 둥근 반죽 하나의 가운데를 잘라낸다. 작은 패티 셸의 설명에 따라 반죽을 겹쳐서 모양을 만든다. 220℃에서 20분간 구운 후 175℃로 줄여서 노릇노릇 봉긋하게 부풀어 오를 때까지 20분 정도 더 굽는다.

밀푀유(Mille-Feuille, 나폴레옹)

6~8인분

나폴레옹은 "군대는 잘 먹어야 진격한다."라는 말을 남기면서 이 디저트를 머릿속에 떠올리지 않았을까? 정통 나폴레옹 또는 밀푀유(천 겹의 잎사귀라는 뜻)는 바닐라 페이스트리 크림을 채워 넣은 퍼프 페이스트리를 세 겹으로 겹쳐서 만든다. 나폴레옹은 만든 후 몇 시간 안에 먹어야 한다. 퍼프 페이스트리를 만들고 남은 조각을 모아서 나폴레옹을 만든다면 반죽을 철망으로 눌러서 구울 필요가 없다. 더 간단한 방법은 필로 나폴레옹 레시피를 참고한다.

다음을 준비해서 차갑게 식힌다.

페이스트리 크림

다음을 크기 44.5×34cm, 두께 1.5~3mm의 직사각형으로 민다.

퍼프 페이스트리 레시피의 ½ 분량

기름을 바르지 않은 오븐 팬에 페이스트리 반죽을 올린다. 포크로 구멍을 전체적으로 뚫는다. 반죽을 덮어서 30분 이상 냉장고에 넣어두거나 공기가 통하지 않도록 랩으로 잘 감싸서 냉동실에 보관한다.

반죽을 냉동 상태로 보관했다면 손질하기 전에 몇 분 정도 해동한다. 반죽을 도마 위에 올려놓고 40×30cm의 직사각형이 되도록 가장자리를 잘라낸다. 오븐을 예열하는 동안 다시 오븐 팬에 올려 냉장고에 넣어둔다.

받침대를 오븐의 아래쪽 칸에 끼운다. 오븐을 200℃로 예열한다. 굽는 도중에 오븐 안에서 반죽이 부풀어 오르지 않도록 철망 받침대를 뒤집어서 반죽에 닿도록 올려둔다. 10분간 구운 후 받침대를 치우고 페이스트리에 전체적으로 구멍을 뚫은 다음, 다시 받침대를 올려놓고 노릇노릇해질 때까지 10~15분간 더 굽는다. 마지막 2~3분은 받침대를 치우고 구워서 윗면의 수분을 날린다. 페이스트리를 철망 받침대에 올려놓고 식힌다.

페이스트리가 일정한 크기의 길쭉한 3조각이 되도록 잘 드는 톱니 칼을 사용해 세로 방향으로 살살 썬다. 3조각 중 2개에 다음을 바른다.

살구 잼 1½큰술, 따뜻하게 데우기

페이스트리 크림 절반을 (잼을 바른) 페이스트리 조각 중 하나에 바른다. (잼을 바른) 두 번째 조각을 그 위에 올려놓고 남은 페이스트리 크림 절반을 고르게 얹는다. 마지막 페이스트리 조각을 뒤집어서 페이스트리 크림 위에 올린다. 냉장고에 보관했다가 내놓는데, 냉장 보관은 6시간을 넘기지 않도록 한다.

잘 드는 톱니 칼로 톱질하듯이 나폴레옹을 1인분씩 자른다. 작게 자른 조각마다 위에 다음을 뿌린다.

슈거 파우더

크루아상(Croissant)

9cm 길이의 크루아상 18개

크루아상은 프랑스어로 '초승달'이라는 의미다. 진한 버터 풍미를 즐길 수 있으며 가끔은 부스러기 때문에 엉망이 되기도 하지만 그 어떤 다른 롤빵과 비교할 수 없다. 크루아상은 속재료를 넣지 않고 담백하게 만들거나 잼, 아몬드

페이스트, 심지어 햄과 치즈처럼 짭짤한 필링을 넣어서 구울 수도 있다. 초콜릿을 채워 구우면 팽 오 쇼콜라(pain au chocolat)가 된다. 반죽 라미네이션(결 만들기)에 대해 항목을 참고한다.

작업대에 다음을 놓는다.

차가운 무염 버터 스틱 3개(340g)

다음을 준비한다.

중력분 3큰술

버터에 밀가루를 조금 뿌리고 밀대로 탁탁 치기 시작한다. 작업대와 밀대에 달라붙은 버터를 긁어서 다시 버터 위에 봉긋하게 쌓아올린다. 밀가루를 조금씩 추가해가면서 버터가 매끄럽고 말랑한 덩어리가 될 때까지 밀대로 친다. 버터를 비닐랩에 올려놓고 23×15cm의 직사각형 모양으로 만든다. 비닐랩으로 감싸서 반죽을 만드는 동안 냉장고에 보관한다.

작은 그릇에 다음을 넣고 섞은 후 이스트가 녹을 때까지 5분 정도 그대로 둔다.

따뜻한(41~46℃) 일반 우유 1컵(235g)

활성 건조 이스트 1봉지(2¼작은술)

설탕 1큰술(10g)

커다란 그릇에 다음을 넣고 섞는다.

중력분 2¾컵(345g)

무염 버터 2큰술(30g), 작은 조각으로 자르고 말랑하게 녹이기

소금 1작은술

밀가루 혼합물의 가운데에 움푹 들어간 공간을 만든 후 따뜻한 우유 혼합물을 붓는다. 포크나 손가락으로 재료를 섞으면서 반죽을 만든다. 밀가루를 살짝 뿌린 작업대에 반죽을 옮겨놓고 매끄러워질 때까지 몇 초간 치댄다. 공 모양으로 뭉쳐서 비닐랩으로 단단히 감싼 후 15분간 냉장고에 넣어둔다.

반죽 위에 밀가루를 훌훌 뿌리고 작업대에 달라붙지 않도록 바닥에도 적당히 밀가루를 뿌려가면서 반죽을 39×20cm 크기의 직사각형으로 민다. 반죽의 짧은 변이 조리하는 사람을 향하도록 놓는다. 반죽의 위쪽 ⅔ 부분에 직사각형 모양으로 빚은 버터를 올리되, 반죽의 옆쪽과 위쪽 가장자리에 2.5cm 정도의 공간을 남겨둔다. 반죽의 아래쪽 ⅓을 위로 접어서 버터의 절반을 덮는다. 편지지를 접듯이 반죽의 위쪽 ⅓을 버터와 함께 아래로 접어서 처음 접은 아래쪽 ⅓ 부분 위에 덮는다. 반죽의 가장자리를 꾹 눌러서 벌어진 세 옆면을 붙이면 버터가 반죽 안에 완전히 갇히게 된다. 접힌 쪽이 왼쪽, 눌러서 붙인 쪽이 오른쪽으로 가도록 반죽을 돌린다.

반죽 위에 밀가루를 살짝 뿌리고 밀대로 살살 눌러서 약간 납작하게 만든다. 반죽의 짧은 변이 조리하는 사람을 향하도록 놓고 반죽을 46×20cm 크기의 직사각형으로 민다. 반죽의 아래쪽 ⅓을 위로 접어 올리고 위쪽 ⅓을 다시 아래쪽으로 접는다.(이렇게 반죽을 밀고 접는 작업을 한 차례라고 부른다.) 접힌 쪽이 왼쪽, 열린 쪽이 오른쪽으로 가도록 반죽을 돌린다.(펼치기 전의 책과 같은 상태) 반죽을 한 차례 더 46×20cm 크기로 밀어서 ⅓로 접는다. 반죽이 달라붙지 않도록 작업대에 밀가루를 살짝 뿌린다. 이렇게 반죽을 다루는 동안 버터가 물렁해지는 기미가 보이면 냉장고에 10~15분간 넣어두고 차갑게 식힌다. 반죽에 손가락 자국 두 개를 내서 두 차례 작업했다는 표시를 한다. 비닐랩으로 반죽을 느슨하게 감싸서 30분간 냉장고에 넣어둔다.

접힌 쪽이 왼쪽, 열린 쪽이 오른쪽으로 가도록 반죽을 놓고 한 차례 더 밀어서 접는다. 반죽을 돌려서 마지막으로 한 차례 더 밀고 접는다. 버터가 물렁해

지는 기미가 보이면 냉장고에 10~15분간 넣어 차갑게 식힌다.(이 단계까지 작업하면 반죽을 비닐랩으로 감싸고 포일로 둘둘 만 후 지퍼백에 넣어서 공기를 빼고 냉동실에 보관할 수 있다. 냉동했던 반죽은 하룻밤 동안 냉장고에서 해동한 후 사용한다.)

반죽을 크기 60×30cm, 두께 6mm의 직사각형으로 민다. 5분간 그대로 두고 글루텐이 어느 정도 풀어지게 하면 잘랐을 때 줄어들지 않는다.

반죽을 세로로 반을 잘라서 60×15cm의 길쭉한 직사각형 2개로 만든다. 그중 하나는 오븐 팬에 얹어서 냉장고에 넣어둔다. 남은 직사각형 반죽의 긴 변이 조리하는 사람을 향하도록 놓는다. 반죽의 왼쪽부터 시작해 아래쪽 가장자리에 칼로 11.5cm 간격으로 자국을 낸다. 위쪽 가장자리의 맨 왼쪽에서 5.7cm 떨어진 곳에 자국을 낸 후, 그다음부터는 11.5cm 간격으로 자국을 낸다. 반죽을 삼각형으로 자르려면, 반죽의 왼쪽 아래 모서리부터 위쪽의 첫 번째 자국이 있는 곳까지 자르고, 다시 위쪽 첫 번째 자국부터 아래쪽의 첫 번째 자국까지 자른 후 아래쪽 첫 번째 자국에서 위쪽의 두 번째 자국까지 자르는 식으로 삼각형 모양의 반죽 9개를 잘라낸다. 각 삼각형 반죽의 아랫변 가운데에 6mm 길이의 칼집을 낸다.

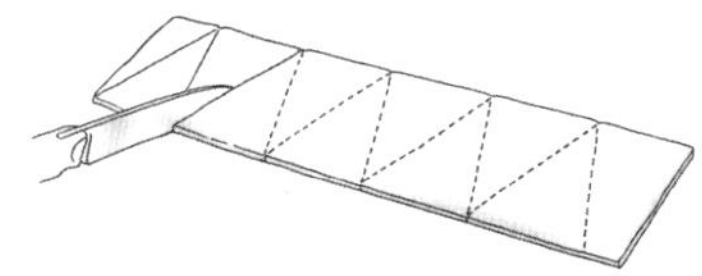

크루아상 반죽을 삼각형 모양으로 자르기

크루아상을 성형하려면, 삼각형의 아랫변 양쪽 모서리를 살짝 잡아당겨서 아랫변을 늘이고 늘어난 쪽부터 시작해 삼각형의 꼭짓점을 향해 단단하게 말아 올린다.(하지만 너무 단단하게 말지는 않도록 주의한다.) 크루아상을 끝까지 다 말아 올린 후 삼각형의 꼭짓점이 바닥으로 가도록 놓는다. 다른 삼각형 반죽도 마찬가지로 돌돌 만다. 기름을 바르지 않은 오븐 팬에 5cm 이상의 간격을 두고 크루아상을 올리고 양쪽 끝을 살짝 휘어서 초승달 모양으로 만든다. 냉장고에 보관했던 두 번째 직사각형 반죽도 같은 방법으로 성형한다.(굽지 않은 크루아상은 반죽을 덮어서 하룻밤 냉장고에 보관할 수 있다. 이스트는 낮은 온도에서 느리게 작용하므로 약간 부풀어 오를 것이다. 실온에 꺼내두고 발효를 끝낸 후 굽는다. 크루아상 반죽은 냉동 보관도 가능하다. 하룻밤 동안 냉장고에 넣어서 해동한 후 레시피에 따라 조리한다.)

깨끗한 천이나 비닐랩으로 크루아상을 덮는다. 실온에 두고 부피가 거의 50% 정도 늘어날 때까지 1시간~1시간 반 발효한다.

받침대를 오븐의 아래쪽 칸에 끼운다. 오븐을 190℃로 예열한다. 크루아상에 솔로 다음을 가볍게 바른다.

대란 1개, 물 1작은술을 넣어 풀어두기

노릇노릇해질 때까지 20~25분간 굽는다. 크루아상을 받침대에 올려놓고 완전

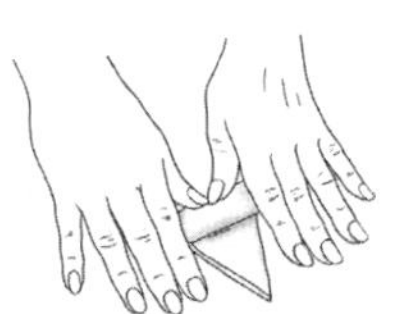

크루아상 말기와 달걀물 바르기

히 식힌다. 크루아상은 구운 당일에 먹어야 가장 맛있지만, 지퍼백에 넣어 밀봉한 뒤 냉동실에 넣으면 한 달 정도 보관할 수 있다. 150℃로 예열한 오븐에 넣어 5분간 데운다.

라즈베리 크루아상

라즈베리 잼 대신 다른 여러 잼을 사용해도 좋다. 살구 잼, 블루베리 잼, 블랙커런트 잼이나 사과 버터 등으로 응용해보자.

크루아상 레시피에 따라 반죽을 준비해 삼각형으로 자른다. 크루아상을 말기 전에 각 삼각형 아랫변의 자국에서 2cm 올라온 위치에 **라즈베리 잼 1½작은술씩**(총 9큰술) 얹는다. 처음 말기 시작할 때 잼 주위의 반죽을 살짝 집어서 잼이 빠져나오지 않도록 붙인다.

아몬드 크루아상

크루아상 레시피에 따라 반죽을 준비해 삼각형으로 자른다. 크루아상을 말기 전에 각 삼각형 아랫변의 자국에서 2cm 올라온 위치에 **프랑지판 1½작은술씩**(총 9큰술) 얹는다. 달걀물을 바르고 윗면에 **아몬드 슬라이스**를 홀홀 뿌린다. 구운 후에는 **슈거 파우더**를 넉넉하게 뿌린다.

팽 오 쇼콜라(Pain au Chocolat)
9cm 길이의 롤빵 약 32개

진한 초콜릿을 넣어서 결이 살아나도록 구운 이 작은 크루아상 페이스트리는 프랑스의 전통적인 구테(goûter)로, 다과회나 방과 후에 즐기는 간식이다.
다음을 준비한다.

세미스위트 또는 비터스위트 초콜릿 340g, 굵게 썰기 또는 큼직한 초콜릿 칩 340g

다음 반죽을 준비한다.

크루아상

레시피에 따라 반죽을 밀고 접는 작업을 네 차례 반복한다. 반죽을 차게 식힌 후 반으로 나눠 그중 하나는 냉장고에 넣어둔다. 나머지 절반을 40cm 크기의 정사각형으로 민다. 다시 10cm 크기의 정사각형 16개로 자른다. 반죽마다 정사각형 한쪽 변에서 1.2cm 정도 떨어진 위치에 해당 변과 평행하도록 초콜릿 15g씩 5cm 길이로 봉긋하게 올린다. 반대쪽 변에 1.2cm 너비로 다음을 살짝 바른다.

대란 노른자 1개, 살짝 풀어두기

초콜릿과 가장 가까운 쪽의 반죽을 초콜릿 위로 접은 후 계속 돌돌 말아서 원통형으로 만든다. 기름을 바르지 않은 오븐 팬에 5cm 이상의 간격을 두고 이

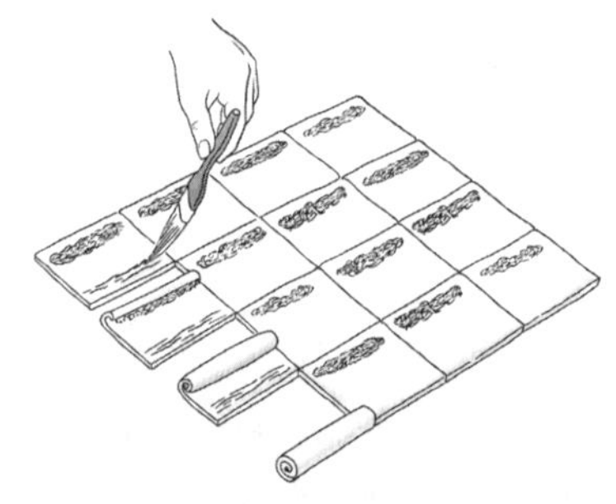

팽 오 쇼콜라 자르기, 필링 채우기, 성형하기

음매 부분이 아래로 가도록 반죽을 올린다. 남은 반죽과 초콜릿도 같은 방법으로 성형한다. 크루아상 레시피의 설명에 따라 발효해서 굽는다.

퀸아망(Kouign Amann)

약 18개

프랑스 브르타뉴 지역의 페이스트리 중 하나인 퀸아망은 크루아상과 다소 비슷하지만 반죽에 설탕을 뿌려서 만들며 성형하는 방식이 다르다. 굽는 동안 설탕이 캐러멜화하면서 버터와 설탕이 반질반질하게 구릿빛으로 빛나고 겹겹이 결이 살아 있는 페이스트리가 탄생하는데, 그야말로 천상의 맛이라고밖에 표현할 길이 없다. 색다른 풍미를 내려면 바닐라 설탕을 사용하거나 오렌지 또는 레몬 2개의 껍질을 설탕에 문질러도 좋다. 또는 페이스트리마다 가운데에 잼을 작은 숟가락으로 하나씩 얹은 후 네 모서리를 가운데로 접어서 굽는다. 다음 반죽을 준비한다.

크루아상

레시피에 따라 반죽을 밀고 접는 작업을 두 차례 반복한다. 반죽을 차게 식힌 후 46×30cm 크기의 직사각형으로 밀고 다음을 훌훌 뿌린다.

설탕 ⅓컵(65g)

설탕이 반죽에 박히도록 살짝 누른다. 반죽을 3등분으로 접어서 한 차례 더 밀고 접는 작업을 반복한다. 반죽을 또다시 46×30cm 크기의 직사각형으로 밀고 다음을 훌훌 뿌린다.

설탕 ⅓컵(65g)

설탕이 반죽에 박히도록 다시 살짝 누른 후, 반죽을 3등분으로 접어서 냉장고에 넣어 15분간 차갑게 식힌다. 12구짜리 일반 머핀 틀을 2개 준비해 그중 18개에 버터를 듬뿍 바른다. 작업대에 밀가루를 살짝 뿌리고 반죽을 크기 60×30cm, 두께 6mm의 직사각형으로 민다. 5분간 그대로 둔다. 울퉁불퉁한 가장자리를 잘라내고 반죽을 10cm 크기의 정사각형으로 자른다. 정사각형마다 네 모서리를 가운데로 접은 후 살짝 눌러서 붙인다.(아래 그림 참고) 페이스트리를 머핀 틀에 넣고 다음을 훌훌 뿌린다.

설탕 ¼컵(50g)

비닐랩으로 느슨하게 덮어서 봉긋하게 부풀어 오를 때까지 30~45분간 발효한다.

오븐을 200℃로 예열한다. 페이스트리를 오븐에 넣고 온도를 190℃로 낮춘다. 노릇노릇 진한 색으로 익으면서 캐러멜화될 때까지 중간에 틀의 앞뒤 방향을 바꾸고 받침대의 위치를 옮겨가면서 30~35분간 굽는다. 오븐에서 꺼낸 후 틀에 담긴 채로 5분간 식힌다. 그다음 작고 가느다란 주걱으로 페이스트리를 머핀 틀에서 꺼내 받침대에 올려놓고 식힌다. ▶ 틀에 담긴 채로 완전히 식히면 달라붙어서 잘 떨어지지 않으므로 주의한다.

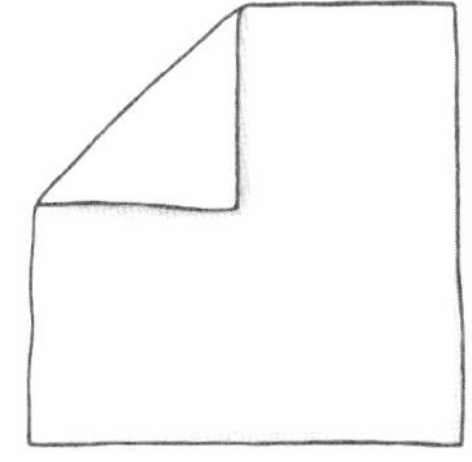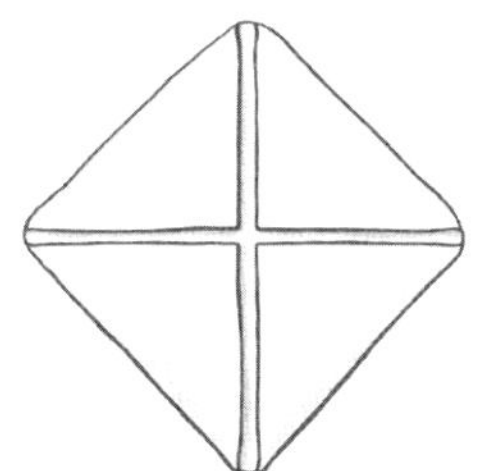

퀸아망 반죽 접기

대니시 페이스트리 반죽

7.5cm 크기의 페이스트리 약 24개 분량

진한 버터 풍미를 자랑하는 이 페이스트리는 지방 재료를 넉넉하게 넣은 빵과 퍼프 페이스트리의 중간 형태로, 그야말로 누구나 깜짝 놀랄 만한 맛을 내는 레시피다. 시판 대니시 페이스트리와는 비교할 수 없을 정도로 맛있어서 같은 대니시 페이스트리라고 믿기 힘들 정도다. 반죽 밀기에 대한 자세한 내용은 퍼프 페이스트리 레시피의 설명을 참고한다. 버터가 물렁거리기 시작하면 반죽을 냉장고에 넣어 차갑게 식혀야 한다는 점을 잊지 말자. 반죽을 발효하는 데 가장 이상적인 온도는 21~27℃ 사이다.

대니시 페이스트리 반죽은 달걀을 넣어서 만들며 크루아상 반죽보다는 결이 덜 살아 있지만 만드는 과정 자체는 상당히 비슷하다. 대니시 페이스트리는 버터를 바르지 않은 오븐 팬에 얹어서 굽지만, 필링을 채워서 돌돌 만 후 얇게 자른 대니시 페이스트리는 필링이 오븐 팬에 닿도록 옆으로 얹어서 구우므로 이때는 버터를 바르거나 유산지를 반드시 깔아야 한다. 대니시 페이스트리는 구운 당일에 먹어야 가장 맛있다.

작업대에 다음을 올려놓는다.

차가운 무염 버터 스틱 2개(225g)

다음을 준비한다.

중력분 2큰술

버터에 밀가루를 조금 뿌리고 밀대로 탁탁 치기 시작한다. 작업대와 밀대에 달라붙은 버터를 긁어서 다시 버터 위에 봉긋하게 쌓아올린다. 버터가 매끄럽고 말랑한 덩어리가 될 때까지 계속 밀대로 친다. 남은 밀가루를 버터에 뿌리고 버터가 따뜻해지지 않도록 재빨리 섞어서 손으로 치댄다. 버터를 비닐랩에 올려놓고 20×14cm의 직사각형 모양으로 만든다. 반죽을 만드는 동안 비닐랩으로 감싸서 냉장고에 보관한다.

작은 그릇에 다음을 넣고 섞은 후 이스트가 녹을 때까지 5분 정도 그대로 둔다.

따뜻한(41~46℃) 일반 우유 ½컵(120g)

활성 건조 이스트 1봉지(2¼작은술)

설탕 1큰술(10g)

커다란 그릇에 다음을 넣고 섞는다.

중력분 2컵+2큰술(265g)

설탕 2큰술(25g)

소금 ½작은술

무염 버터 ½큰술, 작은 조각으로 자르고 말랑하게 녹이기

밀가루 혼합물의 가운데에 움푹 들어간 공간을 만든 후 이스트 혼합물을 붓는다. 포크로 섞으면서 움푹 들어간 공간 안에서 묽은 반죽을 만든다. 다음을 탁탁 쳐서 섞은 후 움푹 들어간 공간에 붓는다.

대란 1개

대란 노른자 1개

그다음 포크나 손가락으로 재료를 섞으면서 반죽을 만든다. 밀가루를 살짝 뿌린 작업대에 반죽을 옮겨놓고 매끄러워질 때까지 몇 초간 치댄다. 반죽을 5분간 숙성시킨다.

반죽 위에 밀가루를 훌훌 뿌린다. 작업대에 달라붙지 않도록 바닥에도 적당히 밀가루를 뿌려가면서 반죽을 35×20cm 크기의 직사각형으로 민다. 반죽의 짧은 변이 조리하는 사람을 향하도록 놓는다. 반죽의 위쪽 ⅔ 부분에 직사각형 모양으로 빚은 버터를 올려놓되, 반죽의 옆쪽과 위쪽 가장자리에 2.5cm 정도의 공간을 남겨둔다. 반죽의 아래쪽 ⅓을 버터의 위쪽으로 접는다. 편지지를 접듯이 반죽의 위쪽 ⅓을 버터와 함께 아래로 접어서 처음 접은 아래쪽 ⅓ 부분 위에 덮는다. 반죽의 가장자리를 꾹 눌러서 벌어진 세 옆면을 붙이면 버터가 반죽 안에 완전히 갇히게 된다. 접힌 쪽이 왼쪽, 눌러서 붙인 쪽이 오른쪽으로 가도록 반죽을 돌린다.

반죽 위에 밀가루를 살짝 뿌리고 밀대로 살살 눌러서 약간 납작하게 만든다. 반죽의 짧은 변이 조리하는 사람을 향하도록 놓고 반죽을 40×20cm 크기의 직사각형으로 민다. 반죽의 아래쪽 ⅓을 위로 접어 올리고 위쪽 ⅓을 다시 아래쪽으로 접는다.(이렇게 반죽을 밀고 접는 작업을 한 차례라고 부른다.) 접힌 쪽이 왼쪽, 열린 쪽이 오른쪽으로 가도록 반죽을 돌린다.(펼치기 전의 책과 같은 상태) 반죽을 한 차례 더 40×20cm 크기로 밀어서 ⅓로 접는다. 반죽이 달라붙지 않도록 작업대에 밀가루를 살짝 뿌린다. 이렇게 반죽을 다루는 동안 버터가 물렁해지는 기미가 보이면, 반죽을 냉장고에 10~15분간 넣어두고 차갑게 식힌다. 반죽에 손가락 자국 두 개를 내서 두 차례 작업했다는 표시를 한다. 비닐랩으로 반죽을 느슨하게 감싸서 30분간 냉장고에 넣어둔다.

반죽을 밀어서 접는 작업을 두 차례 더 반복하되, 항상 접힌 쪽이 왼쪽, 열린 쪽이 오른쪽으로 가도록 반죽을 놓고 민다. 손가락 자국 네 개를 내고 비닐랩으로 감싸서 30분간 냉장고에 보관한다.

반죽을 마지막으로 한 차례 더 밀어서 접은 후 비닐랩으로 감싸서 30분 이상 냉장고에 넣어둔다.(이 단계까지 작업하면 반죽을 냉동하거나 하룻밤 냉장고에 넣어둘 수 있다. 냉동 보관할 때는 비닐랩으로 감싸고 포일로 둘둘 만 후 지퍼백에 넣어 공기를 빼내고 냉동실에 넣는다. 냉동했던 반죽은 하룻밤 냉장고에서 해동한 후 사용한다.)

전통적인 정사각형 대니시를 만든다면 반죽을 46×23cm의 직사각형으로 밀어서 7.5cm 크기의 정사각형 18개로 자른다. 반죽에 다음을 살짝 바른다.

　대란 1개, 살짝 풀어두기

네 모서리를 중심부로 모은 후 가운데를 꾹 눌러서 붙인다. 각 반죽의 가운데에 다음 중 하나를 1큰술 조금 못 되게 떠서 얹는다.

　커피 케이크 필링 아무 종류나 2컵, 달콤한 치즈 블린츠의 필링, 프랑지판 또는 잼
　　2컵

기름을 바르지 않은 오븐 팬에 5~7.5cm의 간격을 두고 대니시를 가지런히 올린다. 봉긋하게 부풀어 오를 때까지 30~60분간 발효한다. 오븐을 190℃로 예열한다. 노릇노릇해질 때까지 20~30분간 굽는다.

바람개비 모양으로 만든다면 오른쪽의 그림을 참고한다. 반죽을 46×23cm의 직사각형으로 민다. 7.5cm 크기의 정사각형 18개로 자른다. 반죽마다 달걀물을 살짝 바른 후 모서리부터 시작해 중심부를 향해 3.8cm 정도로 절개선을 넣는다. 왼쪽 아래부터 시작해 각 삼각형의 한쪽 모서리를 가운데로 접고 꾹 눌러서 바람개비 모양을 만든다. 반죽마다 가운데에 앞서 소개한 필링 중 하나를 1큰술 조금 못 되게 떠서 얹고 설탕을 살짝 뿌린다. 기름을 바르지 않은 오븐 팬에 5~7.5cm의 간격을 두고 가지런히 올린다. 봉긋하게 부풀어 오를 때까지 30~60분간 발효한다. 오븐을 190℃로 예열한다. 노릇노릇해질 때까지 20~30분간 굽는다.

소용돌이 모양으로 만든다면 반죽을 반으로 나눠 각각 43×30cm 크기의 직사각형으로 민다. 각 직사각형 반죽의 가장자리를 빙 둘러서 6mm 정도만 남기고 전체적으로 필링을 얇게 바른다. 직사각형의 긴 변에서 시작해 반죽을 통나무처럼 돌돌 만다. 이음매 부분이 아래로 가도록 버터를 바른 오븐 팬에

올려놓고 15분간 냉동실에 넣어둔다. 통나무 모양의 반죽을 하나씩 도마에 올려놓고 양쪽 끝을 1.2cm씩 자른다. 각 반죽을 2.5m 두께로 잘라서 16조각으로 만든다. 오븐 팬에 5~7.5cm의 간격을 두고 이렇게 자른 조각을 가지런히 올린다. 봉긋하게 부풀어 오를 때까지 30~60분간 발효한다. 페이스트리에 풀어둔 달걀을 바르고 190℃에서 노릇노릇해질 때까지 15~20분간 굽는다.

바람개비 모양 만들기

베어 클로(Bear Claw, 곰 발톱 모양 빵)

6개

다음을 준비한다.

　대니시 페이스트리 반죽 레시피의 ½ 분량

반죽을 세 덩어리로 나눈다. 각 덩어리를 46×23cm 크기의 직사각형으로 민다. 반죽에 다음을 바른다.

　버터 6큰술, 액체 상태로 녹이기

작은 그릇에 다음을 넣고 섞는다.

　굵게 썬 호두 ½컵, 굽기

　굵게 썬 대추야자 ¼컵

　설탕 2큰술

　계핏가루 ½작은술

직사각형으로 민 반죽 위에 견과류 혼합물을 훌훌 뿌린다. 직사각형의 반죽을 세로로 3등분으로 접은 후 필링이 빠져나가지 않도록 가장자리를 꾹 눌러 붙인다. 이렇게 접은 반죽을 가로로 반을 자른다. 이음매 부분이 아래로 가도록 기름을 바른 오븐 팬에 올려놓는다. 아래 그림을 참고해 각 반죽의 접은 쪽에 칼집 3개를 넣어 '곰 발톱'을 만든다. 솔로 다음을 바른다.

　버터 3큰술, 액체 상태로 녹이기

반죽을 덮어서 봉긋하게 부풀어 오를 때까지 45분간 발효한다.

오븐을 190℃로 예열한다.

노릇노릇해질 때까지 25분간 굽는다. 취향에 따라 다음을 살짝 뿌린다.

　(간단한 반투명 설탕 글레이즈 Ⅰ 또는 Ⅱ)

그리고 다음을 훌훌 뿌린다.

　(아몬드 슬라이스)

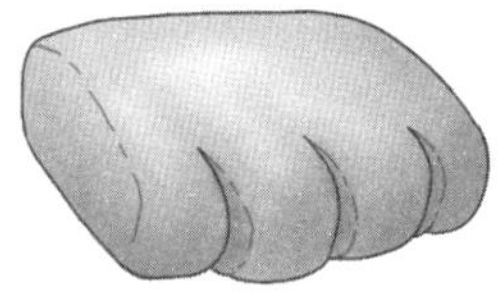

베어 클로

슈 페이스트(Pâte à Choux)에 대해

슈(choux)는 프랑스어로 '양배추'라는 뜻으로, 이 작은 퍼프 페이스트를 오븐에 넣어 구우면 실제로 자그마한 양배추처럼 동그랗게 부풀어 오른다. 슈 페이

스트는 다양한 모양으로 만들 수 있으며, 필링으로 사용할 수 있는 재료는 달콤한 재료와 짭짤한 재료를 포함해 더욱 다양하다. 또한 슈 페이스트는 크림 퍼프, 에클레르, 구제르의 토대가 된다.

슈 페이스트는 다른 페이스트리 반죽과 마찬가지로 밀가루, 버터, 물이나 우유로 만들지만, 성형해서 굽기 전에 가정용 레인지에 조리하는 과정을 거친다. 황금색의 부드러운 퍼프를 만들려면 액체 재료로 우유를 사용한다. 식감이 더 가볍고 바삭하며 시간이 지나도 푹 꺼지지 않는 슈 퍼프를 선호한다면 물을 넣는다. 일단 조리한 페이스트를 살짝 식힌 후에 달걀을 넣어야 달걀이 너무 빨리 익지 않는다. 그러나 달걀을 넣을 때 페이스트가 너무 차갑다면 매끄럽게 섞이지 않는다. 완성된 페이스트는 윤기가 나면서 매끄러워야 하고, 아주 걸쭉하지만 뻣뻣하지 않은 상태가 되어야 한다. 페이스트를 구울 때 처음 몇 분간은 뜨거운 오븐에 넣어 순식간에 부풀어 오르게 한다. 그다음에는 온도를 낮춰서 텅 빈 셸을 골고루 굽고 수분을 날린다.

구워서 필링을 채운 슈 페이스트리는 즉시 먹거나 냉장고에 넣어두었다가 몇 시간 안에 먹어야 한다. 그러나 구운 후 필링을 채우지 않은 셸은 밀폐 용기에 담아 최대 일주일간 냉동 보관할 수 있다. 냉장고에서 하룻밤 해동하고, 190℃의 오븐에서 몇 분간 데워 다시 바삭하게 만든 후 필링을 채우면 더욱 좋다.

슈 페이스트

약 2½컵

슈 페이스트로 달콤한 디저트를 만들 계획이라면 설탕을 사용한다.

다음을 계량해 준비한다.

　　중력분 1컵(125g)

커다란 편수 냄비에 다음을 넣고 섞는다.

　　우유 또는 물 1컵(135g), 또는 우유와 물 각 ½컵씩

　　무염 버터 스틱 1개(115g), 작은 조각으로 자르기

　　(설탕 1큰술[10g])

　　소금 ½작은술

냄비를 중불에 올려 혼합물이 팔팔 끓어오를 때까지 가열한다. 밀가루를 한꺼번에 전부 넣고 나무 숟가락으로 빠르게 젓는다. 처음에는 혼합물이 제대로 섞이지 않는 것처럼 보이겠지만 갑자기 매끄럽게 어우러지기 시작하는데, 그때부터 더 빠르게 저어야 한다. 버터에서 기름이 배어나올 수도 있지만 상관없다. 몇 분이 지나면 페이스트가 푸석푸석해지면서 숟가락이나 냄비 옆면에 달라붙지 않게 되며, 숟가락으로 살짝 누르면 매끄러운 자국이 남는다. 이 시점보다 더 오래 조리하거나 너무 많이 저으면 반죽이 봉긋하게 부풀어 오르지 않으므로 주의한다. 반죽을 커다란 그릇이나 반죽기 용기에 옮겨 담고 숟가락이나 주걱 모양의 날로 가끔 저으면서 5분간 식힌다.

다음을 하나씩 깨뜨려 넣을 때마다 나무 숟가락으로 빠르게 젓거나 반죽기를 저속으로 작동시켜 탁탁 치면서 섞는다.

　　대란 4개, 실온 상태로 준비

달걀을 하나씩 넣을 때마다 페이스트를 잘 저어서 충분히 매끄러워진 후 다음 달걀을 넣어야 한다. 반죽이 매끄럽고 윤기가 날 때까지 탁탁 치면서 계속 섞는다. 숟가락 손잡이로 반죽을 떴을 때 소량의 반죽이 빳빳하게 서 있을 정도면 적당한 농도가 된 것이다. 페이스트의 뚜껑을 덮어서 냉장고에 넣으면 최대 4시간 동안 보관할 수 있다. 냉장고에서 꺼낸 후 실온 상태로 맞추지 않고 바로 성형할 수 있다.

크림 퍼프와 에클레르의 필링에 대해

휩드 크림 또는 가향 휩드 크림, 푸딩, 모든 풍미의 페이스트리 크림, 거의 모든 케이크 필링 또는 모든 종류의 아이스크림을 사용할 수 있다. 눅눅해지지 않게 하려면 최대한 먹기 직전에 필링을 채운다. 어떤 경우든 ▶ 크림이나 달걀로 만든 필링은 반드시 냉장 보관해야 한다는 점을 잊지 말자. 짭짤한 필링 재료는 속을 채운 슈 퍼프 레시피를 참고한다.

크림 퍼프

약 15개

이 큼직한 퍼프 셸을 사용하면 누구나 좋아하는 디저트를 아주 빨리 만들 수 있다. 내기 직전에 필링을 채우고 뚜껑을 약간 삐딱하게 얹은 후 슈거 파우더를 뿌린다. 슈 페이스트에 대해 항목을 참고한다.

받침대를 오븐의 아래쪽 칸에 끼운다. 오븐을 200℃로 예열한다. 오븐 팬에 유산지를 깐다.

다음을 만든다.

　　슈 페이스트 레시피의 ½ 분량, 선택 재료인 설탕을 사용

페이스트리용 짤주머니에 1.2cm짜리 깍지를 끼우고 페이스트를 담는다. 깍지를 오븐 팬에 가까이 갖다 댄다. 페이스트를 짜면서 짤주머니를 들어올리지 않는다. 짤주머니를 가만히 들고 너비 6.3cm, 높이 2.5cm의 더미가 되도록 페이스트를 봉긋하게 짜면 된다. 이런 식으로 사이사이에 5cm 간격을 두고 오븐 팬에 페이스트를 짜낸다. 가볍고 폭신한 질감을 내려면 굽기 전에 성형한 페이스트 위에 물을 몇 방울 뿌린다. 10분간 굽는다. 175℃로 낮춰 노릇노릇하게 변하면서 만지면 아주 단단하게 느껴질 때까지 25분간 더 굽는다. 받침대에 옮겨 꼬치나 칼끝으로 퍼프마다 옆면에 작은 구멍을 낸 후 완전히 식힌다.

다음을 준비한다.

　　당분을 살짝 첨가한 가향 또는 일반 휩드 크림, 또는 가향 페이스트리 크림 아무
　　　종류나 2컵

퍼프의 위쪽을 얇게 잘라낸다. 크림을 채우고 뚜껑을 약간 삐딱하게 올린 후 퍼프에 다음을 뿌린다.

　　슈거 파우더

초콜릿 에클레르

커다란 에클레르 8~10개 또는 미니 에클레르 24개

슈 페이스트에 대해 항목을 참고한다.

받침대를 오븐의 아래쪽 칸에 끼운다. 오븐을 200℃로 예열한다. 커다란 에클레르를 만든다면 오븐 팬 하나에 유산지를 깐다. 미니 에클레르를 만든다면 오븐 팬 2개에 유산지를 깐다.

다음을 만든다.

　　슈 페이스트, 선택 재료인 설탕을 사용

큼직한 페이스트리용 짤주머니에 페이스트를 담는다. 커다란 에클레르에는 2.5cm짜리 깍지를, 미니 에클레르에는 1.2cm짜리 깍지를 끼운다. 짤주머니의 끝부분을 팬에 대고 반죽을 짜면서 일직선을 그리다가 방향을 반대로 바꿔 살짝 들어올리면서 마무리해 8~10개의 커다란 에클레르(길이 12.5cm, 너비 3.8cm) 또는 24개의 미니 에클레르(길이 6.3cm, 너비 1.2cm)를 성형한다. 가볍고 폭신한 질감을 내려면 굽기 전에 성형한 페이스트 위에 물을 몇 방울 뿌린다. 10분간 굽는다. 175℃로 낮춰 노릇노릇하게 변하면서 만지면 아주 단단하게 느껴질

때까지 25분간 더 굽는다. 미니 에클레르라면 15~20분 정도 더 구우면 충분하다. 에클레르를 받침대에 옮겨 꼬치나 칼끝으로 에클레르마다 한쪽 끝에 작은 구멍을 낸 후 완전히 식힌다.

다음을 준비한다.

바닐라 페이스트리 크림, 초콜릿 페이스트리 크림 또는 모카 페이스트리 크림,

생크림 또는 잘 저은 크렘 프레슈 2컵

페이스트리용 짤주머니에 6mm짜리 깍지를 끼우고 크림을 담는다. 에클레르의 구멍에 짤주머니 깍지를 찔러 넣고 필링을 짜서 채운다. 또는 톱니 칼로 에클레르의 위쪽 ⅓ 지점을 잘라내고(뚜껑은 따로 보관) 내부에 여분의 반죽이 있다면 뜯어낸 후 숟가락으로 안쪽에 필링을 채운다. 이 방법은 휩드 크림을 필링으로 사용할 때 가장 편리하다. 에클레르의 끝부분(에클레르 전체 또는 뚜껑)을 다음에 담갔다 꺼낸다.

비터스위트 초콜릿 글레이즈 또는 프로스팅, 또는 초콜릿 가나슈

에클레르의 뚜껑을 다시 제자리에 올려놓고 초콜릿 글레이즈가 굳을 때까지 최대 3시간 동안 냉장고에 넣어둔다.

프로피터롤(Profiterole)

24개(6인분)

프로피터롤은 작은 크림 퍼프다. 달콤한 재료뿐만 아니라 짭짤한 재료도 필링으로 사용할 수 있지만 디저트용으로 많이 만든다. 바닐라 아이스크림이 가장 보편적인 조합인데, 다른 맛도 얼마든지 사용할 수 있다.

받침대를 오븐의 아래쪽 칸에 끼운다. 오븐을 200℃로 예열한다. 오븐 팬 2개에 유산지를 깐다.

다음을 만든다.

슈 페이스트 레시피의 ½ 분량, 선택 재료인 설탕을 사용

페이스트리용 짤주머니에 1.2cm짜리 일반 깍지를 끼우고 페이스트를 담는다. 크림 퍼프 레시피의 설명대로 페이스트를 짜서 너비 2.5cm, 높이 2.5cm의 더미 24개를 만든다. 가볍고 폭신한 질감을 내려면 굽기 전에 페이스트 위에 물을 몇 방울 뿌린다. 10분간 굽는다. 175℃로 낮춰 노릇노릇하게 변하면서 만지면 아주 단단하게 느껴질 때까지 25분간 더 굽는다. 받침대에 옮겨 꼬치나 칼끝으로 프로피터롤의 바닥에 작은 구멍을 낸 후 완전히 식힌다.

다음을 준비한다.

초콜릿 가나슈

매끄러워질 때까지 거품기로 잘 젓는다. 이중 냄비의 위쪽 용기에 올려놓고 따뜻한 상태를 유지한다.(또는 내기 직전에 전자레인지에 넣어 데운다.) 내기 전에 셸을 수평으로 반을 자른다. 내부에 여분의 반죽이 있다면 뜯어낸다. 프로피터롤의 아래쪽 절반에 다음을 조금씩 떠서 넣는다.

아이스크림 또는 휩드 크림

위쪽 절반으로 덮고 접시마다 프로피터롤을 4개씩 놓는다. 위에 가나슈를 적당히 뿌린다. 즉시 식탁에 올리고, 남은 가나슈는 따로 담아서 곁들인다.

크로캉부슈(Croquembouche)

8~10인분

여러 개의 슈 퍼프를 독특한 탑 모양으로 쌓아올리고 녹인 설탕을 가느다란 실처럼 늘여서 장식한 크로캉부슈는 프랑스의 전통 웨딩 케이크다. 또한 어떤 모임이든 근사한 디저트로 대접하기에 손색이 없으며, 손님들에게 깊은 인상

을 남길 수 있을 것이다.

받침대를 오븐의 아래쪽 칸에 끼운다. 오븐을 200℃로 예열한다. 오븐 팬 2개에 유산지를 깐다.

다음을 만든다.

슈 페이스트, 선택 재료인 설탕을 사용

짤주머니에 1.2cm짜리 일반 깍지를 끼우고 페이스트를 담아서 오븐 팬에 약 2.5cm 간격을 두고 크기 1.2cm의 더미가 되도록 반죽을 가지런히 짠다. 물을 살짝 바른 손가락으로 퍼프의 윗면을 매끄럽게 고른다. 반쯤 구웠을 때 오븐 팬을 반대 방향으로 돌리고 받침대의 위치를 바꿔가면서 갈색으로 익을 때까지 총 25분 정도 굽는다. 철망 받침대에 올려놓고 꼬치나 칼끝으로 퍼프의 바닥에 작은 구멍을 낸 후 완전히 식힌다. 이 시점에서 퍼프를 냉동실에 넣으면 최대 한 달간 보관할 수 있다.

다음을 만든다.

가향 페이스트리 크림 아무 종류나 레시피의 2배 분량

완전히 식혀서 1시간 이상 냉장고에 넣어 식힌다. 짤주머니에 6mm짜리 일반 깍지를 끼우고 페이스트리 크림을 담는다. 과도나 꼬치로 낸 구멍에 깍지를 끼워서 크림을 채워 넣는다.

서빙용 플래터를 준비한다. 싱크대나 커다란 그릇에 찬물을 가득 채운다.

다음을 만든다.

캐러멜화한 설탕

시럽이 진한 호박색이 되면 불에서 내린 후 더 이상 조리가 진행되지 않도록 냄비 바닥을 찬물에 담근다. 빠른 동작으로 퍼프의 아랫면을 설탕 시럽에 하나씩 담갔다가 지름 20cm의 원형이 되도록 서빙용 접시에 붙인다. 위로 올라갈수록 퍼프를 점점 작은 원형으로 차곡차곡 쌓아서 원뿔 모양의 탑을 만든다. 중간에 시럽이 너무 딱딱해져서 작업하기가 어렵다면 다시 액체 상태가 되도록 은근히 녹여가면서 퍼프 탑을 만든다.

크로캉부슈를 마무리하려면 포크 2개를 설탕 시럽에 담갔다가 퍼프 탑 위에서 이리저리 흔든다. 시럽이 기다란 실처럼 퍼프에 휘감기면서 후광처럼 근사한 모양이 된다. 시럽을 전부 다 사용할 때까지 이 작업을 반복한다. 2시간 안에 식탁에 올린다.

파리브레스트(Paris-Brest)

8~10인분

이 정통 프랑스식 디저트는 파리-브레스트 자전거 경주를 기념하기 위해서 고안한 것으로, 둥근 모양은 자전거 바퀴를 상징한다. 슈 페이스트리를 고리 모양으로 성형하고 아몬드를 얹은 후 프랄린 풍미의 버터크림을 채워서 만든다. 근사한 모양에 맛도 좋아서 누구나 좋아할 만한 디저트다.

오븐을 200℃로 예열한다. 커다란 오븐 팬에 유산지를 깐다. 유산지에 지름 20cm의 동그라미를 그리고 반대쪽으로 뒤집는다.

다음을 만든다.

슈 페이스트, 선택 재료인 설탕을 사용

짤주머니에 2cm짜리 별 모양 또는 일반 깍지를 끼우고 페이스트를 담는다. 유산지에 그린 동그라미 모양을 따라서 슈 페이스트를 짠 다음 동그라미의 안쪽을 따라 다시 둥글게 슈 페이스트를 짠다. 동그라미 2개가 서로 겹치게 해야 굽는 동안 달라붙어서 하나가 된다. 서로 겹친 동그라미 2개의 이음매를 따라 페이스트를 짜서 세 번째 동그라미를 만든다. 솔로 다음을 바른다.

대란 1개, 물 1작은술을 넣어 풀어두기

다음을 넉넉하게 뿌린다.

아몬드 슬라이스 ¼컵

15분간 굽는다. 오븐 온도를 175℃로 낮추고 황금색으로 봉긋하게 부풀어 오를 때까지 20분 정도 더 굽는다. 받침대에 올려놓고 완전히 식힌다.

페이스트리가 식는 동안 다음을 만든다.

프랄린 또는 견과류 버터크림

톱니 칼을 사용해 케이크를 가로로 자르듯이 둥근 페이스트리의 가운데를 수평으로 자른다. 짤주머니에 2cm짜리 별 모양 깍지를 끼우고 페이스트리 크림을 담는다. 반으로 자른 둥그런 슈 페이스트리의 아래쪽에 보기 좋은 모양으로 크림을 짠다. 크림 필링 위에 위쪽 페이스트리를 얹고 다음을 뿌린다.

슈거 파우더

즉시 내거나 페이스트리를 덮어서 냉장고에 넣어 하루 동안 보관할 수 있다. 냉장고에 보관했다면 미리 꺼내 실온에 30분 정도 두었다가 낸다.

슈트루델에 대해

매리언 베커 할머니는 1900년대 초반의 어린 시절에 집에서 일하던 잔카(Janka)라는 헝가리 출신의 세탁부가 가끔 시간을 내서 슈트루델(Strudel, 독일어로 소용돌이라는 뜻으로, 속을 채워 넣은 일종의 페이스트리 — 옮긴이)을 만들어줬다고 기억한다. 잔카는 우선 둥근 식탁에 깨끗한 천을 넓게 깔았다. 식탁을 빙 둘러싸고 모인 이웃집 아이들은 잔카가 소프트볼 공과 비슷한 크기의 반죽을 밀어서 얇고 커다란 원형으로 만들 때마다 눈이 휘둥그레졌다고 한다. 그다음 잔카는 손바닥이 바닥으로 가도록 살짝 주먹을 쥐고 반죽 아래로 손을 넣어 가운데부터 손등의 넓적한 면으로 늘려나갔다. 잔카는 식탁을 빙빙 돌면서 무조건 잡아당기기보다는 살살 달래는 동작에 가깝게 반죽을 매만지면서 신문 글자가 비쳐 보일 정도로 얇아질 때까지 반죽을 아주 넓게 늘렸다. 이 과정은 처음부터 끝까지 그야말로 장인의 경지였다고 한다. 레시피를 소개하는 것처럼 간단하게 잔카의 기술을 전달할 수 있으면 얼마나 좋을까.

매리언 할머니의 기억에 따르면 잔카는 항상 사과 필링을 넣었다. 하지만 슈트루델 반죽을 직접 만들든 시판 반죽을 사든 관계없이 사용할 수 있는 필링은 무수히 많다. 포피시드, 체리, 다진 고기 혼합물, 치즈, 심지어 양배추도 슈트루델의 여러 겹 사이에 끼워 넣어서 구우면 무척 맛있다. 짭짤한 양배추 슈트루델 레시피는 751쪽을 참고한다.

사과 슈트루델

10~12인분

이 슈트루델은 성형해서 버터를 바른 포일로 단단히 감싼 후 냉동실에 넣어서 최대 2개월간 보관했다가 구울 수 있지만 냉동 보관했던 페이스트리는 바삭한 맛이 떨어진다. 슈트루델은 구운 당일에 먹어야 가장 맛있는데, 구운 슈트루델도 냉동 보관할 수 있다. 냉동했던 슈트루델은 해동한 후 175℃의 오븐에 넣어 15~20분간 데운다.

식탁에 가로세로 90cm 이상의 깨끗한 천이나 종이를 간다. 식탁 주변을 이리저리 옮겨 다닐 수 있는 공간을 확보한다. 천에 밀가루를 뿌리지 않는다.

작은 그릇에 다음을 넣고 액체 상태로 녹인 후 한쪽에 둔다.

무염 버터 스틱 1개(115g)

다음을 체에 쳐서 커다란 그릇에 담는다.

제빵용 밀가루 1½컵(200g)

소금 ½작은술

작은 그릇을 하나 더 꺼내 다음을 넣고 녹인 버터를 1큰술 추가해 거품기로 잘 젓는다.

대란 1개

실온 상태의 물 ⅓컵(80g)

사과 식초 1작은술

밀가루 혼합물의 가운데에 움푹 들어간 공간을 만든 후 달걀 혼합물을 붓는다. 달걀을 부은 공간 안쪽부터 시작해 손가락이나 포크로 액체 재료를 재빨리 마른 재료와 섞는다. 수분이 전부 흡수되면 밀가루를 살짝 뿌린 작업대에 반죽을 올린 후 매끄럽고 잘 휘어지면서 끈적이지 않을 때까지 10분 정도 치댄다. 반죽을 공 모양으로 뭉치고 녹인 버터를 조금 바른다. 그릇에 담고 뚜껑을 덮어 따뜻한 곳에서 30~60분간 숙성한다.

다음을 준비한다.

그래븐스타인, 브래번 또는 그래니 스미스 같은 새콤한 사과, 껍질을 벗기고 굵게 썰어서 8컵(큰 사과 약 6개 분량)

오븐을 175℃로 예열한다.

테두리 있는 오븐 팬에 다음을 골고루 펴서 깔고 오븐에 넣어 갈색으로 익을 때까지 10~15분간 굽는다.

굵은 생빵가루 ¾컵

구운 빵가루의 절반 분량을 중간 크기의 그릇에 담는다. 그릇에 다음을 추가하고 저어서 섞는다.

설탕 1컵(200g)

호두 ½컵, 구워서 잘게 썰기

말린 커런트 ⅓컵

강판에 곱게 간 레몬 껍질 1큰술

계핏가루 2작은술

오븐 온도를 200℃로 올린다. 오븐 팬에 녹인 버터를 살짝 바른다.

반죽을 최대한 얇게 민 다음 천을 덮어놓은 식탁으로 옮긴다. 반죽을 밀 때는 표면에 최소한의 밀가루만 뿌리고, 되도록 밀가루를 뿌리지 않고 민다. 반죽은 말랑말랑하고 꾹 누르면 푹 들어갔다가 나올 것이다. 반지나 팔찌를 꼈다면 전부 빼고 반죽의 가장자리를 손등에 올려놓는다.(손바닥이 아래로 가고 손가락은 반쯤 모은 상태) 가운데로부터 멀어지는 방향으로 잡아당기는 동시에 양손을 점점 벌려서 식탁에 얹은 반죽을 얌전히 늘린다. 한 번에 반죽의 한 부분만 작업하고, 식탁 주변을 돌아가면서 천천히 골고루 반죽을 늘려나간다. 이 작업에는 시간이 필요하다. 인내심을 가지고 조금씩 늘려나가면 아주 얇은 반죽을 만들 수 있다. 반죽이 찢어지거나 구멍이 나지 않도록 주의한다. 한 변의 길이가 75~90cm 정도 되도록 정사각형으로 늘리고 반죽이 식탁보다 커지면 식탁 가장자리에 걸쳐서 늘어뜨린다. 반죽의 한쪽에서 작업할 때 정사각형의 다른 쪽이 딸려온다면 반죽의 각 모서리를 작은 접시로 눌러놓아도 좋다. 반죽의 가장자리 중 두꺼운 부분이 있다면 가위로 잘라내고 잘라낸 반죽을 사용해 구멍을 메운다. 돌돌 마는 동안 반죽이 달라붙지 않도록 반죽을 10분 동안 말린다.

반죽의 표면 전체에 녹인 버터를 살짝 바른다. 정사각형 반죽의 한 변을 따라 끝부분 7.5cm를 남기고 구운 빵가루 남은 것을 한 줄로 길게 뿌려서 빵가루로 반죽의 ⅓ 정도를 덮는다. 사과를 설탕 혼합물과 섞는다. 이번에도 반죽의 끝부분 7.5cm를 남기고 사과 필링을 빵가루 위에 골고루 펴서 얹는다. 반죽의 끝부분 7.5cm를 필링 위로 접는다. 슈트루델 반죽 밑에 깔린 천을 양손으로 한쪽씩 잡고 들어올린 후 반죽의 아래쪽 면(천과 맞닿아서 버터를 바르지 않은 면)에 녹인 버터를 발라가면서 슈트루델을 천천히 돌돌 만다. 슈트루델 밑에 깔린 천을 순서대로 들어올리면서 맨 끝에 도달할 때까지 만다. 끝까지 말아낸 슈트루델을 버터를 바른 오븐 팬에 올려놓고 말굽 모양으로 구부린다.

슈트루델에 남은 버터의 ⅔를 바른다. 20분간 굽는다. 남은 버터를 전부 다 바르고 오븐 팬의 앞뒤 방향을 바꿔 골고루 갈색으로 익힌다. 노릇노릇해질 때까지 20~25분간 더 굽는다. 받침대에 올려놓고 식힌다.

슈트루델에 다음을 뿌린다.

　슈거 파우더

톱니 칼로 비스듬히 썬다. 다음을 곁들여 낸다.

　휩드 크림

필로에 대해

필로(phyllo 또는 filo)는 그리스와 대부분의 중동 지방에서 바삭바삭한 기분 좋은 식감의 페이스트리를 만들 때 사용하는 종잇장처럼 얇은 페이스트리 반죽이다. 밀가루와 물이라는 가장 간단한 재료를 사용해 아주 숙련된 솜씨로 치대고 숙성해서 늘리는 작업을 거쳐야 하므로 서툰 아마추어가 만들기에는 거의 불가능해 보이기도 한다.

그리스어로 '잎'이라는 의미의 필로는 직접 만들 수도 있지만 그다지 권장하지 않는다. 힘이 많이 들고 과정이 까다로우며 직접 만들더라도 대다수 식료품점에서 파는 냉동 필로 반죽이나 그리스 및 중동계 빵집에서 구할 수 있는 생지와 비교할 때 별다른 장점이 없기 때문이다.

시판 필로는 편리하게 사용할 수 있지만 얇은 반죽이 마르지 않도록 잘 보관하는 것이 중요하다. ▶ 냉동 필로를 사용한다면 포장을 뜯지 않고 냉장고에 넣어 몇 시간 또는 하룻밤 동안 해동한다. 일단 해동하고 나면 필로의 포장지를 벗겨서 레시피에 필요한 개수만큼만 반죽을 꺼내고 남은 반죽을 비닐랩으로 돌돌 말아 냉장고나 냉동실에 다시 넣는다. 사용할 반죽을 쟁반이나 비닐랩 위에 차곡차곡 쌓고 즉시 마른 수건이나 비닐랩을 덮은 후 그 위에 축축한 수건을 얹는다.(젖은 수건이 필로 반죽에 직접 닿으면 페이스트 상태로 녹아버리므로 주의한다.) 필로 반죽을 덮어놓지 않으면 1분 안에 말라버리므로 사용하려고 하면 갈라지고 만다. 쌓아놓은 반죽 더미에서 당장 필요한 반죽만 꺼내고 재빨리 다시 덮은 후 작업을 진행한다.

필로 반죽을 사용하는 레시피로는 필로 파이 크러스트, 시금치 또는 버섯 필로 페이스트리, 감자와 완두콩을 넣은 간단한 필로 사모사, 스파나코피타, 짭짤한 양배추 슈트루델 등이 있다.

바클라바(Baklava)

정사각형 또는 마름모꼴의 바클라바 약 30개

바클라바는 그리스와 중동 전역에서 인기 있는 달콤한 디저트다. 견과류 필링을 넣고 설탕 시럽이나 꿀에 듬뿍 적신 바클라바는 모든 필로 페이스트리 중에서 가장 잘 알려져 있다. 그리스에서는 원래 40일간의 사순절을 나타내는 의미에서 40겹으로 만들어 부활절에 먹던 음식이다. 가장 전통적인 필링은 굵게 썬 견과류인데 말린 과일, 참깨 또는 코코넛으로 응용 버전을 만들어도 좋다.

오븐을 160℃로 예열한다. 33×23cm 크기의 베이킹 팬에 버터를 바른다.

다음을 잘게 썰거나 굵게 간다.

　구워서 굵게 썬 견과류 3컵(호두, 피스타치오, 아몬드 및/또는 피칸)

작은 그릇에 다음을 넣고 섞는다.

　설탕 ¼컵

　강판에 곱게 간 레몬 껍질 1작은술

　계핏가루 ½작은술

다음을 녹인다.

　무염 버터 스틱 2개(225g)

다음을 펴서 작업대에 차곡차곡 쌓는다.

　필로 반죽 450g, 냉동 반죽이라면 해동하기

필로 반죽을 33×23cm 크기로 자른다. 잘라낸 조각들은 모았다가 나중에 사용해도 좋다. 반죽을 차곡차곡 쌓아 비닐랩을 씌우고 젖은 수건으로 덮어둔다. 필로 반죽 2장을 오븐 팬에 겹쳐서 올리고 위쪽 반죽에 녹인 버터를 골고루 바른다. 필로 시트 2장을 추가하고 위쪽에 버터를 바른 후 2장을 더 얹고 버터를 바르면 반죽은 총 6장이 된다. 견과류 절반과 설탕 혼합물 절반을 훌훌 뿌린다. 필링 위에 필로 반죽 2장을 겹쳐서 얹고 위쪽 반죽에 버터를 바른 후 이 작업을 2번 더 반복해 총 6장의 반죽을 필링 위에 얹는다. 남은 견과류와 설탕 혼합물을 그 위에 덮는다. 남은 필로 반죽을 한 번에 2장씩 얹으면서 위쪽 반죽에만 버터를 바르는 식으로 끝까지 작업한다. 남은 버터를 맨 위에 바른다. 잘 드는 톱니 칼로 5cm 크기의 마름모꼴 또는 정사각형이 되도록 모든 층을 한꺼번에 자른다. 바클라바를 굽고 나서 자르면 페이스트리가 부서져버리므로 반드시 이 단계에서 반죽을 자르는 것이 중요하다. 또한 이렇게 하면 시럽이 바클라바 조각 내부와 주변으로 잘 스며든다.

30분간 굽는다. 오븐 온도를 190℃로 높인다. 바클라바가 노릇노릇하게 익을 때까지 20~25분간 더 굽는다. 그동안 작은 편수 냄비에 다음을 넣고 섞는다.

　설탕 1⅓컵

　물 1⅓컵

　꿀 ⅓컵

　레몬즙 1큰술

　오렌지 1개의 껍질, 채소 껍질 벗기는 도구로 큼직하고 길쭉하게 벗겨내기

설탕이 잘 녹도록 저으면서 가열해 혼합물이 얌전히 끓어오르면 불을 줄이고 뚜껑을 연 상태로 15분간 뭉근히 끓인다.

뜨거운 시럽을 체에 걸러서 구운 바클라바 위에 골고루 뿌린다. 받침대에 올려놓고 4시간 이상 완전히 식힌 후 낸다.

필로 컵

컵 6개

자그마한 필로 컵은 무척 활용도가 높다. 바삭바삭한 식감을 유지하려면 식탁에 올리기 직전에 달콤한 필링 또는 짭짤한 필링을 순가락으로 떠서 얹는다. 필링을 채우지 않은 필로 컵은 밀폐 용기에 담아 최대 이틀간 보관했다가 사용할 수 있다.

받침대를 오븐의 아래쪽 칸에 끼운다. 오븐을 175℃로 예열한다. 머핀 컵 6개의 안쪽과 테두리에 버터를 바른다.

다음을 녹인다.

　버터 4큰술(55g)

다음을 준비한다.

설탕 ¼컵(달콤한 필링을 넣을 때만 사용)

돌돌 말린 필로 반죽을 펴서 차곡차곡 쌓은 후 마른 수건으로 덮고 그 위에 젖은 수건을 올려놓는다.

필로 반죽 4장, 냉동 제품이라면 해동하기

필로 반죽 1장을 작업대 위에 올린다. 녹인 버터의 ¼을 반죽 위에 골고루 바른다. 설탕을 사용한다면 1큰술을 반죽 위에 골고루 뿌린다. 두 번째 필로 반죽을 그 위에 얹고 같은 방식으로 버터를 바르고 설탕을 뿌린다. 남은 필로 반죽도 마찬가지로 작업해 맨 마지막에 버터와 설탕을 얹는다. 가지런히 겹친 필로 반죽을 11.5cm 크기의 정사각형 12개로 자른다.(세로로 3등분한 후 가로로 4등분) 정사각형 모양의 필로 반죽 1장을 머핀 컵의 한쪽에 올려놓고 손가락을 굽혀 살짝 눌러서 반죽이 머핀 컵 바닥의 절반을 덮고 한쪽 밖으로 삐죽 나오도록 매만진다. 반죽을 1장 더 집어서 첫 번째 반죽과 살짝 겹치도록 머핀 컵에 넣고 손가락으로 반죽이 머핀 컵 바닥의 나머지 절반을 덮고 다른 쪽 밖으로 삐죽 나오도록 매만진다. 같은 방식으로 필로 컵 5개를 더 만든다.

페이스트리가 노릇노릇하게 익을 때까지 10~15분간 굽는다. 머핀 컵에서 조심스럽게 페이스트리를 꺼내고 식힌 후에 필링을 얹는다.

필로 나폴레옹

9인분

퍼프 페이스트리를 사용하는 밀푀유와 모양이 비슷하지만 훨씬 간단하고 손쉽게 만들 수 있는 페이스트리다. 레시피대로 페이스트리 크림을 채워도 좋고, 반죽의 층 사이에 가향 페이스트리 크림을 바르고 라즈베리 또는 저민 딸기 등의 생과일을 추가해 자유롭게 응용해보자.

다음을 만들어서 차갑게 식힌다.

가향 페이스트리 크림 아무 종류나

오븐을 200℃로 예열한다. 기름을 바르지 않은 오븐 팬을 2개 준비한다.

다음을 준비한다.

필로 반죽 225g, 냉동 제품이라면 해동하기

무염 버터 스틱 1개(115g), 액체 상태로 녹이기

작업대 위에 필로 반죽을 평평하게 펴서 올리고 마른 수건으로 덮은 후 그 위에 젖은 수건을 올려놓는다. 작업하는 동안 나머지 반죽은 항상 이렇게 수건을 덮어둔다. 필로 반죽 2장을 차곡차곡 겹쳐서 작업대 위에 놓는다. 위쪽 필로 반죽에 버터를 바르고 취향에 따라 다음을 살짝 뿌린다.

(설탕 또는 가향 설탕 아무 종류나)

그 위에 필로 반죽을 2장 더 올리고 버터를 바른 뒤 취향에 따라 설탕을 훌훌 뿌린다. 이렇게 필로 반죽 2장을 깔고 위쪽 반죽에만 버터를 바르고 설탕을 뿌리는 작업을 반복해 필로 반죽 8장을 쌓는다. 세로 방향으로 반을 잘라서 기다란 직사각형 2개를 만든다. 이 직사각형을 가로 방향으로 잘라서 5cm 너비의 직사각형으로 만든다. 오븐 팬에 옮겨 담고 또 다른 오븐 팬을 그 위에 얹어 필로 반죽을 납작하게 눌러서 굽는 동안 반죽이 비뚤어지지 않게 한다.

필로가 갈색으로 바삭하게 익을 때까지 11~13분간 굽는다. 받침대에 올려놓고 식힌다. 남은 필로 반죽과 버터, 취향에 따라 설탕을 사용해 이 작업을 반복한다.

재료를 조합해 나폴레옹을 만들려면, 직사각형 필로 위에 페이스트리 크림을 1.2cm 두께로 바르거나 짠 다음 직사각형 필로를 올린다. 그 위에 다시 페이스트리 크림을 1.2cm 두께로 바르거나 짠 다음 마지막으로 세 번째 필로를

올리면 완성된다. 남은 필로와 페이스트리 크림으로 같은 작업을 반복한다. 나폴레옹의 윗면에 다음을 뿌린다.

슈거 파우더

짭짤한 파이와 페이스트리에 대해

짭짤한 파이 중에는 편리함과 휴대성 때문에 탄생한 것이 많다. 반죽 안에 든든한 필링을 채워 넣은 파이는 한 끼 식사로 충분할 뿐만 아니라 일종의 도시락 용기 역할까지 하므로 노동자들이 따로 그릇이나 수저를 챙기지 않고도 배를 채울 수 있었다. 반면 스파나코피타와 고기 파이 같은 몇몇 파이는 가지고 다니면서 먹는 것이 아니라 식탁에서 적당한 크기로 잘라서 나눠 먹을 목적으로 만든 음식이다. 여기서 소개한 레시피 이외의 짭짤한 파이는 키시에 대해 항목과 옥수수 빵 타말레 파이, 셰퍼드 파이 레시피를 참고한다.

콘월식 패스티(Cornish Pasties)

약 9인분

영국 콘월 지방에서 탄생한 패스티는 손에 들고 먹는 고기 파이다. 먹으면 배가 부르면서 쉽게 가지고 다닐 수 있는 음식이 필요했던 광부 및 수많은 노동자의 든든한 점심이 되어주었다. 이렇게 손에 들고 먹는 고기 파이의 전통은 콘월 지방 출신 이민자들과 함께 미시간 북부로 전파되었고, 오늘날에는 광부뿐만 아니라 일반인에게도 널리 사랑받는다.

전통 레시피에는 커리 가루를 사용하지 않지만 우리는 이 향신료가 주는 독특한 풍미를 즐긴다.

다음 재료를 중간 크기의 그릇에 넣고 거품기로 잘 섞거나 푸드 프로세서에 넣어 짧게 작동시켜 잘 섞는다.

중력분 4컵(500g)

베이킹파우더 2작은술

소금 ½작은술

다음을 넣고 지방 재료가 아주 작은 조각이 되면서 반죽이 빵가루 같은 질감이 되도록 페이스트리 블렌더나 손가락 또는 푸드 프로세서를 사용해 밀가루와 섞는다.

리프 라드 또는 소기름 115g, 또는 차가운 무염 버터 스틱 1개(115g)

다음을 넣고 반죽이 얼기설기 얽힌 공 형태로 뭉칠 때까지 젓거나 푸드 프로세서를 짧게 몇 번 작동시킨다.

얼음물 ¾컵(175g)

대란 노른자 2개

매끄러운 공 모양이 될 때까지 반죽을 잠깐 치댄다. 2.5cm 두께의 원반 모양으로 납작하게 누른 뒤 비닐랩으로 잘 감싸서 1시간~하룻밤 동안 냉장고에 넣어둔다. 중간 크기의 그릇에 다음을 넣고 섞은 후 한쪽에 둔다.

업진살, 등심, 토시살 스테이크 340g, 잘게(약 1.2cm 크기로) 썰기

잘게 깍둑썰기한 러셋 감자 ½컵

잘게 깍둑썰기한 양파 ½컵

잘게 깍둑썰기한 순무 또는 루타바가 ½컵

중력분 2큰술

(타임, 파슬리, 세이버리 또는 차이브 등의 다진 허브 2큰술)

(커리 가루 또는 가람 마살라 1큰술, 시판 또는 수제)

소금 1¼작은술

흑후추 ½작은술

오븐을 175℃로 예열한다. 커다란 오븐 팬에 기름을 살짝 바른다.

　반죽의 비닐랩을 벗겨내고 밀가루를 살짝 뿌린 작업대 위에 올린다. 반죽을 반으로 나누고 나머지 반은 랩으로 단단히 감싸둔다. 반죽에 밀가루를 살짝 뿌리고 3mm가 약간 넘는 두께로 민다. 작은 접시를 사용해 지름 15cm의 원형으로 잘라낸다. 남은 반죽 조각을 모아서 공 모양으로 뭉친 후 다시 밀어서 최대한 원형 반죽을 많이 잘라낸다. 랩에 감싸두었던 나머지 반죽도 같은 방법으로 작업한다. 둥근 반죽이 9개 정도 나올 것이다. 반죽의 가장자리 1.2cm를 남기고 필링을 ⅓컵씩 떠서 얹는다. 가장자리를 빙 둘러서 솔로 다음을 살짝 바른다.

　대란 1개, 물 1작은술을 넣어 풀어두기

가장자리를 한데 모아 주름을 잡거나 포크를 사용해 꾹 누른다. 페이스트리 위쪽에 작은 칼집을 몇 개 내거나 포크로 몇 번 찔러서 구멍을 낸다. 기름을 바른 오븐 팬 위에 페이스트리를 놓고 달걀물을 바른다. 노릇노릇하게 익으면서 단단해질 때까지 50분 정도 굽는다. 10분간 식힌 후 낸다.

피카디요를 넣은 엠파나다

15개

엠파나다는 갖가지 종류의 필링과 반죽을 사용해 놀라울 정도로 다양한 모양으로 만든다. 치킨 칠리 베르데, 칠리 콘 카르네 또는 옥수수 볶음에 잘게 썬 모차렐라나 오악사카 치즈를 넣은 것과 완숙 달걀을 피카디요 대신 사용해보자. 또한 취향에 따라 신선한 마사나 옥수수 토르티야용 반죽을 사용할 수도 있다.

다음 반죽을 준비한다.

　치대지 않고 굽는 냉장 롤빵, 이스트를 생략하고 버터 대신 라드나 쇼트닝을
　　사용하기

다음을 만드는 동안 반죽을 덮어서 숙성시킨다.

　피카디요

　완숙 달걀 4개, 껍데기를 까고 4등분하기

반죽을 15개로 나눠 공 모양으로 만든다. 성형 과정에서 밀가루는 가능한 한 조금만 사용한다.

　오븐의 위쪽 칸과 아래쪽 칸에 받침대를 하나씩 끼운다. 오븐을 200℃로 예열한다. 오븐 팬 2개에 기름을 살짝 바르거나 유산지를 깐다.

　둥글게 뭉친 반죽을 원반 모양으로 납작하게 누른 후 3mm 두께로 민다. 반죽의 한쪽 절반에 가장자리 1.2cm만큼 남기고 피카디요를 ¼컵 약간 못 되는 분량만큼 떠서 올린 후 완숙 달걀 ¼ 조각을 얹는다. 아무것도 얹지 않은 반죽의 나머지 부분을 필링 위로 접어서 반달 모양을 만든다. 가장자리에 주름을 잡거나 포크로 꾹꾹 눌러 붙인다. 오븐 팬에 각각 2.5cm 이상의 간격을 두고 엠파나다를 올린 후 다음을 살짝 바른다.

　달걀 1개, 물 1작은술을 넣어 풀어두기

중간에 오븐 팬의 앞뒤 방향을 바꾸고 받침대 위치를 서로 바꿔가면서 황금색이 될 때까지 25분 정도 굽는다. 5분간 식혀서 낸다.

파타예르 비 사바네크(Fatayer bi Sabanekh, 레바논식 시금치 파이)

작은 파이 약 25개

수막으로 풍미를 더한 이 파이는 우리 가족이 무척 좋아하는 음식이다. 타히니 드레싱을 그릇에 담아 곁들이고 메제 플래터에 추가하면 근사하다. 더 큼직하고 결이 살아 있는 파이는 스파나코피타 레시피를 참고한다.

다음을 체에 올려 해동하면서 물기를 뺀다.

　냉동 시금치 340g

다음 반죽을 준비한다.

　치대지 않고 굽는 냉장 롤빵 레시피의 ½ 분량, 버터나 쇼트닝 대신 올리브유를
　　사용하고 달걀 1개 대신 달걀노른자 1개를 넣어서 만들기

첫 번째 발효까지 진행하고, 냉장고에 넣지 않는다.

　반죽을 발효시키는 동안 필링을 준비한다. 체에 올려 해동한 시금치에서 물기를 최대한 짜낸다. 중간 크기의 그릇에 옮겨 담고 다음을 넣어 젓는다.

　잘게 썬 양파 ½컵

　(잘게 부순 페타 치즈 ⅓컵)

　잣 또는 세로로 두툼하게 잘라서 굵직하게 썬 아몬드 ¼컵, 굽기

　수막 가루 2큰술 또는 강판에 곱게 간 레몬 1개의 껍질+레몬즙 2큰술

　올리브유 2큰술

　소금 ¾작은술(페타 치즈를 사용한다면 ½작은술)

오븐의 위쪽 칸과 아래쪽 칸에 받침대를 하나씩 끼운다. 오븐을 200℃로 예열한다. 오븐 팬 2개에 기름을 살짝 바르거나 유산지를 깐다.

　밀가루를 살짝 뿌린 작업대에 반죽을 올리고 잠깐 치대서 공기를 뺀다. 3mm 두께로 민다. 비스킷 커터로 지름 7.5~10cm의 원형으로 자른다. 남은 반죽 조각은 모아서 둥글게 뭉친 후 비닐랩에 싼다. 반죽 가운데에 필링을 1큰술 약간 못 되는 분량만큼 떠서 얹는다. 성형하려면 반죽의 세 면을 가운데로 모은 후 꾹 눌러 붙여 삼각형 모양을 만든다. 남은 반죽과 필링도 같은 방법으로 작업한다. 남은 반죽 조각을 최대 세 번까지 다시 밀어서 둥근 반죽을 몇 개 더 잘라낼 수 있다. 준비해둔 오븐 팬에 파이를 얹고 다음을 바른다.

　올리브유

중간에 오븐 팬의 앞뒤 방향을 바꾸고 받침대 위치를 서로 바꿔가면서 노릇노릇해질 때까지 15분 정도 굽는다. 뜨겁게, 따뜻하게 또는 차갑게 낸다.

피로시키(Piroshki)

약 20개

피로시키(piroshki 또는 pirozhki)는 러시아에서 중앙아시아와 동아시아, 발칸반도 그리고 이란까지 전파된 방대한 종류의 파이 중 하나로, 이들 파이는 대부분 짭짤하다는 특징이 있다. 짭짤한 맛과 달콤한 맛을 막론하고 여러 인기 있는 필링이 있지만 러시아에서 가장 보편적인 것은 다진 소고기 필링이다.

다음 반죽을 준비한다.

　파커 하우스 롤빵

1차 발효한다. 반죽을 발효하는 동안 필링을 준비한다. 커다란 프라이팬을 중불에 올리고 다음을 넣어 가열한다.

　다진 소고기 450g

　소금 ¾작은술

　흑후추 ½작은술

뭉친 고기를 부숴가면서 고기가 충분히 익도록 10분 정도 조리한다. 구멍 뚫린 숟가락으로 고기를 건져서 중간 크기의 그릇에 옮겨 담는다. 프라이팬에 기름을 2큰술만 남기고 전부 따라낸 후 다음을 넣는다.

　양파 큰 것 1개, 잘게 썰기

저으면서 양파가 부드러워질 때까지 8분 정도 볶는다. 다진 소고기가 담긴 그릇에 양파를 넣고 다음을 추가해 섞는다.

완숙 달걀 2개, 잘게 썰기

잘게 썬 딜 ¼컵

사워크림 3큰술

다음으로 간을 한다.

소금과 흑후추

완전히 식힌다.

커다란 오븐 팬에 기름을 살짝 바르거나 유산지를 깐다. 반죽을 20개로 분할한다. 작업하는 동안 반죽이 마르지 않도록 남은 반죽을 느슨하게 덮어둔다. 밀가루를 살짝 바른 작업대에 반죽을 하나씩 올리고 지름 7.5~10cm의 둥근 형태로 민다. 가운데에 필링을 한 숟가락 듬뿍 떠서 얹는다. 반죽의 양쪽 옆을 필링 위로 들어올린 후 가운데에서 꾹 눌러 붙인다. 손바닥으로 살짝 눌러서 통통한 타원형의 만두 형태로 만들면 럭비공을 납작하게 누른 것과 비슷한 모양이 된다. 준비해둔 오븐 팬 위에 이음매 부분이 아래로 가도록 올려놓는다. 반죽을 덮어서 봉긋하게 부풀어 오를 때까지 30분간 발효한다.

오븐을 175℃로 예열한다. 피로시키에 다음을 바른다.

달걀 1개, 물 1작은술을 넣어 풀어두기

노릇노릇해질 때까지 25~30분간 굽는다.

감자 크니시(Potato Knish)

8개

크니시는 사우어크라우트, 카샤, 치즈를 비롯해 매우 다양한 필링을 넣어 만들지만, 여기서 소개하는 감자와 양파(슈말츠에 볶기를 권장)는 가장 인기 있는 필링 중 하나다.

다음 반죽을 준비한다.

사과 슈트루델, 버터 대신 식물성 기름 1큰술을 사용해서 만들기

반죽을 숙성하는 동안 필링을 준비한다. 다음의 껍질을 벗기고 4등분한다.

러셋 감자 900g(중간 크기 감자 약 3개)

커다란 냄비에 감자를 넣고 감자가 잠기도록 찬물을 붓는다. 강불에 올려 부르르 끓어오르면 불을 줄이고 은근히 끓는 상태를 유지한다. 감자가 부드러워질 때까지 15~20분간 뭉근히 삶는다. 감자를 삶는 동안 커다란 프라이팬을 중불에 올리고 다음을 부어서 달군다.

닭기름이나 오리기름, 거위기름 또는 식물성 기름 ¼컵

다음을 넣고 저으면서 양파가 부드러워지고 갈색으로 변하기 시작할 때까지 15분 정도 볶는다.

양파 큰 것 1개, 굵게 썰기

감자가 부드럽게 익으면 물기를 잘 뺀다. 포테이토 라이서나 감자 으깨는 도구로 덩어리가 없도록 잘 으깨고 볶은 양파를 넣고 섞는다. 다음을 추가한다.

소금 1¼작은술 또는 적당량

흑후추 ½작은술 또는 적당량

오븐을 190℃로 예열한다. 커다란 오븐 팬에 기름을 살짝 바른다.

반죽을 반으로 나눈다. 반죽 하나를 밀고 아주 얇게 늘려서 30cm 크기의 정사각형으로 만든다. 반죽을 미는 과정에서 따로 밀가루를 사용할 필요는 없다. 오히려 반죽이 표면에 약간 달라붙어야 더 얇게 잘 늘어난다. 반죽의 아랫변을 따라서 감자 필링의 절반을 7.5cm 너비로 봉긋하게 얹는다. 이때 반죽의

오른쪽과 왼쪽 가장자리에 2.5cm 정도, 아래쪽 가장자리에 5cm 정도 빈 공간을 남겨둔다. 롤케이크를 말듯이 반죽을 느슨하게 돌돌 말아 올린다. 태권도에서 손날을 사용하듯 손을 세워 필링에 7.5cm 간격으로 자국을 낸 후, 자국을 낸 지점마다 칼을 대서 반죽까지 한꺼번에 잘라낸다. 잘라낸 크니시의 한쪽 옆면을 눌러 붙이고 방향을 바꿔 이음매 부분이 바닥으로 가도록 한다. 크니시의 위쪽을 최대한 잘 오므린 다음 조심스럽게 찌그러뜨려서 옆면이 약간 봉긋하게 불룩 튀어나오도록 모양을 만든다. 준비해둔 오븐 팬에 크니시를 올려놓는다. 남은 반죽과 필링도 같은 방법으로 작업한다.

크니시에 다음을 바른다.

달걀 1개, 물 1작은술을 넣어 풀어두기

노릇노릇해질 때까지 40분 정도 굽는다. 다음을 곁들여서 따뜻하게 또는 실온 상태로 낸다.

매콤한 머스터드

짭짤한 양배추 슈트루델

10~12인분

우리는 달콤한 슈트루델만큼이나 짭짤한 슈트루델을 즐겨 먹는다. 슈트루델 반죽을 사용한다면 말발굽 모양의 커다란 슈트루델 하나를 구울 수 있다. 이 레시피에 필로 반죽을 사용한다면 그보다 작은 정사각형 슈트루델 2개를 만들 수 있다.

다음을 준비한다.

사과 슈트루델 반죽

또는 다음을 사용할 수 있다.

시판 필로 반죽 1팩, 냉동 상태라면 해동하기

필링을 준비하려면 더치오븐이나 커다란 냄비에 다음을 넣고 녹인다.

버터 4큰술

다음을 조금씩 넣는다.

녹색 양배추, 심을 잘라내고 잘게 썰어서 1.8kg

소금 1¼작은술

양배추를 조금씩 넣고 약간 부드러워질 때까지 볶은 후 다시 양배추를 더 넣는 식으로 조리한다. 상황에 따라 물을 몇 큰술 넣고 뚜껑을 덮어 조리하면 양배추가 좀 더 빨리 익는다. 양배추를 다 넣어서 숨이 죽을 때까지 조리한 후 다음을 붓는다.

드라이 화이트와인 ⅓컵

뚜껑을 덮고 양배추가 아주 부드러워질 때까지 10분 정도 조리한다.

다음을 넣고 섞는다.

포피시드 1큰술

캐러웨이씨 1작은술

흑후추 ½작은술

맛을 보면서 간을 한다. 양배추를 체에 부어 물기를 빼고 완전히 식힌다. 양배추를 꾹 눌러서 물기를 최대한 짜낸다.

오븐을 200℃로 예열한다. 작은 편수 냄비에 다음을 넣고 녹인다.

무염 버터 스틱 1½개(170g)

슈트루델 반죽을 사용한다면 747쪽의 설명에 따라 넓게 늘린다. 필로 반죽을 사용한다면 작업대에 천을 깔고 서로 5cm씩 겹치도록 가지런히 필로 반죽을 여러 장 올려서 40×90cm 정도의 직사각형 2개를 만든다. 필로 반죽에 버터를

살짝 바르고 양쪽 직사각형에 다시 필로 반죽을 한 겹 더 깐다. 버터를 바르고 필로 반죽을 까는 작업을 두 번 더 반복한다. 이렇게 하면 각 직사각형에 필로 반죽이 4겹으로 깔린다. 맨 위에 있는 필로 반죽에 버터를 바른다.

슈트루델 반죽이나 직사각형 모양으로 쌓은 필로 반죽의 기다란 변을 따라 가장자리에 7.5cm의 공간을 남기고 다음을 길쭉하게 훌훌 뿌려서 반죽의 ⅓ 정도 덮이게 한다.

마른 빵가루 ¾컵(필로 반죽에는 반으로 나눠서 사용)

빵가루 위에 다음을 넓게 펴서 바른다.

사워크림 1½컵(필로 반죽에는 반으로 나눠서 사용)

차갑게 식힌 양배추 필링을 사워크림 위에 넓게 펴서 깐다. 반죽의 끝부분 7.5cm를 필링 위로 접는다. 슈트루델 반죽을 사용한다면 슈트루델 반죽 밑에 깔린 천의 끝부분을 들어올린 후 반죽에 버터를 발라가면서 천을 사용해 슈트루델을 천천히 돌돌 만다. 계속 버터를 바르면서 맨 끝에 도달할 때까지 만다. 오븐 팬에 슈트루델을 올려놓고 말발굽 모양으로 구부린 후 버터를 바른다. 필로 반죽을 사용한다면 중간중간 버터를 발라가면서 간단히 손으로 둘둘 만다. 말아 올린 반죽 2개를 오븐 팬에 나란히 올려놓는다.

20분간 굽는다. 버터를 한 번 더 바르고 오븐에 넣어 진한 갈색으로 노릇노릇하게 익을 때까지 20~25분간 더 굽는다. 톱니 칼로 썰어서 즉시 낸다.

소고기 파이

6~8인분

다음을 준비한다.

소고기 스튜

기본 파이 또는 페이스트리 반죽이나 버터 파이 또는 페이스트리 반죽 레시피의
½ 분량, 버터밀크 비스킷 또는 간단한 드롭 비스킷용 반죽의 레시피 분량

오븐의 위쪽 칸에 받침대를 끼운다. 오븐을 200℃로 예열한다.

33×23cm 크기의 베이킹 접시에 기름을 바르고 스튜를 넣는다. 버터밀크 비스킷 반죽을 사용할 경우 비스킷 레시피의 설명에 따라 반죽을 톡톡 두드려서 편 후 비스킷 모양으로 잘라서 스튜 위에 가지런히 올린다. 취향에 따라 비스킷 반죽이 서로 겹쳐도 상관없다. 드롭 비스킷 반죽을 사용한다면 그냥 반죽을 호두만 한 크기로 떠서 스튜 위에 얹는다. 파이 반죽을 사용한다면 반죽을 접시 모양으로 밀어서 스튜 위에 올리고 가장자리를 베이킹 접시의 옆쪽으로 밀어 넣는다. 반죽의 윗면에 다음을 바른다.

대란 1개, 물 1작은술을 넣어 풀어두기

파이가 보글보글 끓어오르면서 크러스트가 먹음직스러운 갈색으로 익을 때까지 30~40분간 굽는다. 15분간 식힌 후 낸다.

닭고기 또는 칠면조고기 파이

6~8인분

먹다 남은 닭고기나 칠면조 가슴살 또는 삶아서 판매하는 시판 제품을 사용하면 좋다.

다음을 만든다.

크림소스 닭고기, 밀가루 ½컵을 사용해서 만들기

다음 반죽을 준비한다.

버터밀크 비스킷, 간단한 드롭 비스킷의 레시피 분량, 기본 파이 또는 페이스트리
반죽이나 버터 파이 또는 페이스트리 반죽 레시피의 ½ 분량

오븐의 위쪽 칸에 받침대를 끼운다. 오븐을 200℃로 예열한다. 33×23cm 크기의 베이킹 접시에 기름을 바른다.

커다란 프라이팬을 중강불에 올리고 다음을 넣어 녹인다.

버터 2큰술

다음을 넣고 자주 저으면서 5분 정도 볶는다.

중간 크기의 양파 1개, 굵게 썰기

중간 크기의 당근 3개, 저미기

작은 셀러리 줄기 2개, 저미기

볶은 채소를 크림소스 닭고기에 넣고 다음을 추가해 섞는다.

냉동 완두콩 ¾컵

다진 파슬리 3큰술

기름을 바른 베이킹 접시에 혼합물을 붓는다. 버터밀크 비스킷 반죽을 사용할 경우 비스킷 레시피의 설명에 따라 반죽을 톡톡 두드려서 편 후 비스킷 모양으로 잘라서 닭고기 위에 가지런히 올린다. 취향에 따라 비스킷 반죽이 서로 겹쳐도 상관없다. 드롭 비스킷 반죽을 사용한다면 그냥 반죽을 호두만 한 크기로 떠서 닭고기 위에 얹는다. 파이 반죽을 사용한다면 반죽을 접시 모양으로 밀어서 닭고기 위에 올려놓고 가장자리를 베이킹 접시의 옆쪽으로 밀어 넣는다. 반죽의 윗면에 다음을 바른다.

대란 1개, 물 1작은술을 넣어 풀어두기

파이가 보글보글 끓어오르면서 윗면이 먹음직스러운 갈색으로 익을 때까지 30~40분간 굽는다. 15분간 식힌 후 낸다.

민물가재 파이(Crawfish Pie)

6인분

민물가재 파이는 싱글 또는 더블 크러스트로 만들 수 있으며 손에 들고 먹는 핸드 파이 형태로 만들기도 한다. 우리는 만드는 과정의 편리성 때문에 위에만 크러스트를 덮은 싱글 크러스트 파이를 선호하지만, 각자의 취향에 따라 자유롭게 실험해보자.(핸드 파이를 만든다면 액체 재료의 분량을 최소 절반 정도는 줄이고 필링을 식혀서 사용해야 한다.) 이 파이를 만들고 싶지만 민물가재를 구하기 어렵다면 민물가재 대신 껍질을 까고 내장을 제거한 새우를 사용한다.

다음을 준비한다.

기본 파이 또는 페이스트리 반죽이나 버터 파이 또는 페이스트리 반죽 레시피의
½ 분량

오븐을 190℃로 예열한다.

지름 25cm의 오븐용 프라이팬(무쇠 팬 권장)을 중불에 올리고 다음을 둘러서 연기가 올라오기 직전까지 달군다.

식물성 기름 2큰술

다음을 넣고 부드러워질 때까지 6~8분간 볶는다.

양파 1개, 굵게 썰기

셀러리 줄기 1개, 굵게 썰기

녹색 피망 ½개, 굵게 썰기

다음을 넣고 저은 뒤 1분간 더 볶는다.

쪽파 4대, 굵게 썰기

마늘 4쪽, 잘게 썰기

신선한 타임 2작은술 또는 말린 타임 1작은술

스위트 파프리카 가루 ½작은술

흑후추 ½작은술

소금 ½작은술

카옌 고춧가루 ¼작은술

다음을 넣고 채소에 밀가루가 골고루 묻도록 뒤적인다.

중력분 2큰술

다음을 넣고 섞는다.

헤비크림 ½컵

닭 육수나 국물 또는 조개즙 ½컵

뭉근히 끓어오를 때까지 가열한 후 약간 걸쭉해지도록 끓인다. 다음을 넣고 섞은 뒤 5분간 조리한다.

민물가재의 꼬리에서 발라낸 살 450g, 생물 또는 냉동 제품 해동하기

프라이팬을 불에서 내린다. 반죽을 프라이팬에 들어갈 만한 크기로 둥글게 밀어서 민물가재 필링 위에 올려놓고 밖으로 빠져나오는 가장자리 부분은 안쪽으로 밀어 넣는다. 크러스트에 칼집을 몇 개 내고 다음을 바른다.

대란 1개, 물 1작은술을 넣어 풀어두기

파이가 노릇노릇하게 익으면서 보글보글 끓어오를 때까지 25~30분간 굽는다. 15분간 식힌 후 낸다.

스테이크와 콩팥 파이

6~8인분

오랜 역사를 가진 이 영국식 파이의 전통 레시피에는 소의 콩팥을 넣는 경우가 많다. 콩팥을 넣어 만든다면 미리 소금물이나 우유에 담갔다가 사용해야 하며 부드럽게 익도록 조리 시간도 늘려야 한다. 콩팥을 사용하지 않는다면 버섯을 길쭉하게 썰어서 같은 분량만큼 넣는다. 스튜를 반죽으로 감싸기보다는 반죽을 위에만 덮어서 굽는 형태를 추천한다.

다음을 준비한다.

버터 파이 또는 페이스트리 반죽 레시피의 ½ 분량

다음을 1.2cm 크기의 정육면체로 썬다.

뼈 없는 사태 또는 다른 스테이크 부위 680g

다음을 씻어서 막을 제거한 후 얇게 썬다.

송아지 또는 어린 양의 콩팥 340g

커다란 편수 냄비나 프라이팬을 중강불에 올리고 다음을 넣어 녹인다.

버터 또는 소기름 3큰술

콩팥과 다음을 넣는다.

굵게 썬 양파 ½컵

저으면서 양파가 말랑말랑해질 때까지 5분 정도 볶는다. 그동안 넓고 얕은 그릇에 다음을 넣고 섞는다.

밀가루 ½컵

소금 ½작은술

흑후추 ¼작은술

소고기에 밀가루 혼합물을 묻혀서 프라이팬에 넣는다. 갈색으로 익을 때까지 8~10분간 조리한다. 다음을 붓는다.

소 육수 또는 국물 2컵

드라이 레드와인 또는 맥주 1컵

부르르 끓어오르면 불을 줄이고 가끔 저으면서 소고기가 연해질 때까지 1시간 정도 뭉근히 끓인다.

오븐을 220℃로 예열한다. 소고기 혼합물을 지름 23cm의 프라이팬, 파이 접시 또는 베이킹 접시에 담는다. 반죽을 지름 28cm의 둥근 모양으로 밀고 스테이크와 콩팥 필링 위에 올린 후 밖으로 빠져나오는 가장자리를 안쪽으로 밀어 넣는다. 김이 빠져나올 수 있도록 반죽에 칼집을 하나 낸다. 반죽에 다음을 바른다.

대란 1개, 물 1작은술을 넣어 풀어두기

크러스트가 갈색으로 익을 때까지 15~20분간 굽는다. 15분간 식힌 후 낸다.

투르티에르(Tourtière, 프랑스계 캐나다식 고기 파이)

8인분

향신료를 듬뿍 써서 만드는 이 파이는 퀘백 지역의 가정에서 크리스마스에 전통적으로 대접하는 요리다.

다음을 준비한다.

버터 파이 또는 페이스트리 반죽이나 기본 파이 또는 페이스트리 반죽

반죽을 차게 식히는 동안 더치오븐을 중불에 올려 다음을 넣는다.

다진 소고기 450g

다진 돼지고기 450g

나무 숟가락으로 뭉친 고기를 부수면서 갈색으로 완전히 익을 때까지 10분 정도 볶는다. 기름이 함께 섞여 들어가지 않게 주의하면서 고기를 그릇에 옮겨 담는다. 더치오븐에 기름을 2큰술만 남기고 전부 따라낸다. 다음을 넣는다.

양파 큰 것 1개, 굵게 썰기

잘 저으면서 양파가 말랑말랑해질 때까지 5분 정도 볶는다. 다음을 넣는다.

중간 크기의 러셋 감자 1개, 깍둑썰기하기

소금 1작은술

흑후추 ½작은술

계핏가루 ½작은술

강판에 간 육두구 또는 육두구 가루 ½작은술

올스파이스 가루 ¼작은술

정향 가루 ¼작은술

월계수 잎 1장

감자와 양파에 향신료가 골고루 묻도록 뒤적이며 젓는다. 소고기와 돼지고기를 더치오븐에 다시 넣고 다음을 붓는다.

소고기 또는 돼지고기 육수나 물 1컵

뭉근히 끓어오를 때까지 가열한 후 뚜껑을 덮고 불을 줄여서 30분간 은근히 끓인다. 뚜껑을 열고 수분이 전부 증발할 때까지 계속 뭉근히 끓인다. 혼합물을 작은 오븐 팬에 옮겨 담고 월계수 잎을 건져낸 후 완전히 식힌다.

반죽의 절반을 3mm 두께의 둥근 모양으로 밀어서 지름 23cm의 프라이팬이나 딥 디시 파이 팬에 올린다. 모퉁이와 옆면을 골고루 눌러서 반죽을 팬에 잘 끼운다. 소고기와 돼지고기 혼합물을 팬에 붓는다. 나머지 반죽 절반을 지름 28cm 정도의 둥근 모양으로 밀어서 필링 위에 덮는다. 위쪽 크러스트의 밖으로 빠져나온 부분은 프라이팬 안으로 넣어서 프라이팬과 아래쪽 크러스트 사이로 접어 넣는다. 아래위 크러스트의 가장자리를 맞대고 주름을 잡으면서 붙인다. 파이를 냉동실에 15분간 또는 냉장고에 1시간 동안 넣어둔다. 오븐을 190℃로 예열한다.

크러스트 전체에 다음을 바른다.

달걀노른자 1개, 잘 풀어두기

위쪽 크러스트에 김이 빠져나올 숨구멍을 몇 개 내거나 가운데에 예쁜 모양으로 구멍을 뚫는다. 노릇노릇해질 때까지 45~50분 정도 굽는다. 10분간 식힌 후 낸다.

스파나코피타(Spanakopita, 그리스식 시금치 파이)

5cm 크기의 정사각형 또는 마름모꼴 파이 약 30개

상황에 따라 생시금치 대신 **냉동 시금치 약 425g을 해동**해서 사용할 수 있다. 크러스트의 바삭한 식감을 살리려면 시금치에서 최대한 물기를 짜내는 것이 매우 중요하다.

다음의 뿌리를 잘라내고 잘 씻은 후 굵직하게 썬다.

    시금치 900g

커다란 프라이팬을 중불에 올리고 다음을 둘러서 달군다.

    올리브유 2큰술

다음을 넣고 부드러워질 때까지 5~7분간 볶는다.

    양파 큰 것 1개, 잘게 썰기

시금치를 한 번에 한 줌씩 넣는다. 시금치의 숨이 죽고 수분이 빠져나올 때까지 5분 정도 볶는다. 강불로 올리고 자주 저으면서 수분이 전부 날아가고 시금치가 마를 때까지 7~10분간 조리한다. 다음을 넣고 섞는다.

    다진 딜 또는 파슬리 ¼컵

손으로 만질 수 있을 정도로 식힌 후 체에 옮겨 담고 꾹 눌러서 물기를 최대한 짜낸다. 중간 크기의 그릇에 다음을 넣고 탁탁 쳐서 푼다.

    대란 4개

시금치 혼합물과 다음을 넣는다.

    페타 치즈 225g, 잘게 부수기

    강판에 간 케팔로티리 치즈 또는 파르메산 치즈 2큰술

    소금 ½작은술

33×23×5cm 크기의 베이킹 접시에 기름을 살짝 바른다. 다음을 녹인다.

    무염 버터 스틱 1개(115g)

물기가 없는 작업대에 다음을 펴서 얹는다.

    필로 반죽 450g, 냉동 반죽은 해동하기

반죽을 23×33cm의 직사각형으로 자른다. 마른 수건으로 덮은 후 그 위에 젖은 수건을 얹어둔다. 필로 반죽 1장을 베이킹 접시의 바닥과 옆쪽에 걸치도록 깔고 버터를 살짝 바른다. 같은 방법으로 필로 반죽 7장을 차곡차곡 깔고 매번 버터를 살짝 바른다. 필로 반죽 위에 시금치 혼합물을 잘 펴서 깐다. 필로 반죽을 8장 더 얹고 매번 버터를 발라준다. 옆쪽으로 빠져나온 반죽을 돌돌 말아서 네 면을 둘러싸는 벽을 만든다. 잘 드는 얇은 칼로 파이를 정사각형 또는 마름모꼴로 자르되, 바닥까지 자르면 필링이 팬으로 흘러나오므로 바닥에 있는 반죽은 자르지 않도록 주의한다. 30분간 냉장고에 넣어둔다.

오븐을 190℃로 예열한다. 파이가 바삭하게 황금색으로 익을 때까지 45분 정도 굽는다. 오븐에서 꺼낸 뒤 몇 분 정도 식힌다. 바닥까지 정사각형 또는 마름모꼴로 잘라서 낸다.

토마토 코블러

6인분

정원에 방울토마토가 흐드러지게 열리는 늦여름에는 이 짭짤한 코블러를 만들어보자. 우리는 토핑으로 드롭 비스킷을 즐겨 사용하며 타임이나 차이브 등 굵게 썬 허브 한 줌과 강판에 간 체더 치즈를 반죽에 추가해 만드는 것을 좋아한다.

커다란 오븐용 프라이팬을 중불에 올리고 다음을 둘러서 연기가 나기 직전까지 달군다.

    올리브유 2큰술

다음을 넣고 저으면서 부드러워질 때까지 5분 정도 볶는다.

    중간 크기의 양파 1개, 굵게 썰기

다음을 넣고 저으면서 1분간 더 볶는다.

    마늘 3쪽, 잘게 썰기

    신선한 타임 잎 1큰술 또는 말린 타임 1작은술

    다진 신선한 오레가노 2작은술 또는 말린 오레가노 ½작은술

    소금 ½작은술

    흑후추 ¼작은술

    굵게 빻은 고춧가루 ¼작은술

프라이팬을 불에서 내린 후 다음을 넣는다.

    방울토마토 900g, 가능하면 빨간색과 노란색 토마토를 섞어서 사용

골고루 어우러질 때까지 토마토와 양파, 양념을 잘 섞는다. 한쪽에 둔다. 오븐을 190℃로 예열한다. 다음 반죽을 준비한다.

    간단한 드롭 비스킷 또는 옥수숫가루 비스킷

레시피에 따라 반죽을 밀어서(드롭 비스킷 반죽을 사용할 경우는 예외) 5~7.5cm 크기의 비스킷으로 자른다. 이렇게 자른 비스킷 반죽을 토마토 혼합물 위에 올리거나 드롭 비스킷 반죽을 호두만 한 크기로 떠서 토마토 위에 올려놓는다. 토마토 혼합물이 반죽 사이사이로 살짝 보일 정도면 좋다. 프라이팬을 오븐에 넣어 비스킷이 노릇노릇하게 익으면서 토마토 혼합물이 보글보글 끓어오를 때까지 35~40분간 굽는다. 10분간 식힌 후 낸다.

토마토 리코타 타르트

6인분

이 타르트는 여름에 수확한 재래종 토마토로 샐러드와 샌드위치를 만든 후 남은 토마토를 활용하기에 딱 좋다. 또한 버터 양배추 샐러드를 곁들여 내면 채식 주요리로도 훌륭하다.

오븐을 190℃로 예열한다.

다음을 준비한다.

    버터 파이 또는 페이스트리 반죽 레시피의 ½ 분량

지름 23cm의 파이 팬이나 타르트 팬에 반죽을 깐다. 속을 채우지 않고 크러스트 굽기에 대해 항목을 참고해 크러스트를 굽는다. 그동안 중간 크기의 그릇에 다음을 넣고 섞는다.

    일반 우유로 만든 리코타 치즈 425~450g

    대란 2개

    굵게 썬 바질 ⅓컵

    강판에 간 파르메산 치즈 ½컵(55g)

    레몬 ½개의 껍질, 강판에 곱게 갈기

    레몬즙 1큰술

    소금 ½작은술

    흑후추 ½작은술

크러스트가 준비되면 리코타 혼합물을 채운다. 그 위에 서로 약간씩 겹치도록

원형을 그리면서 얇게 썬 토마토 조각을 가지런히 얹는다.

　　재래종 토마토 작은 것 또는 중간 크기 3개, 1.2cm 두께로 썰기

토마토에 다음을 살짝 뿌려 간을 한다.

　　소금과 흑후추

토마토가 쪼그라들기 시작하고 토마토에서 묽은 즙이 대부분 빠져나올 때까지 40~45분간 굽는다. 10분간 식힌 후 낸다.

칼초네(Calzone)

길이 20cm짜리 8개

칼초네는 짭짤한 필링을 넣은 일종의 턴오버다. 칼초네의 필링으로 사용할 수 있는 재료는 무척 다양하므로 피자 조합 항목과 표를 참고해서 다양한 응용 버전을 만들어보자. 이 레시피에는 필링 약 4컵이 필요하므로 칼초네 1개당 필링이 ½컵 정도 들어간다.

다음을 만들어서 1차 발효까지 진행한다.

　　피자 반죽 또는 시판 냉동 피자 반죽 450g짜리 2개

오븐을 230℃로 예열한다. 오븐 팬 2개에 기름을 살짝 바른다.

　　반죽을 8개로 분할해 공 모양으로 뭉친다. 밀가루를 살짝 뿌린 작업대에 반죽을 올려놓고 밀가루를 훌훌 뿌린 후 주방 행주나 비닐랩으로 덮는다. 20분간 그대로 둔다. 그동안 다음을 굵직하게 썬다.

　　선호하는 피자 토핑 조합 2컵

다음을 넣어 섞는다.

　　잘게 썬 모차렐라 치즈 2컵(225g)

공 모양의 반죽을 눌러서 두꺼운 원반 모양으로 만든 후 5분간 그대로 두었다가 이 원반을 다시 지름 20cm의 원형으로 민다. 필링을 적당히 나눠 각 반죽의 한쪽 절반에 얹는다. 필링을 얹지 않은 부분을 필링 위로 접어서 반달 모양을 만들고 가장자리에 물을 묻혀서 손가락 끝으로 꾹 눌러 붙인다. 칼초네의 윗면에 2.5cm의 칼집을 넣고 기름을 발라둔 오븐 팬에 얹어서 오븐에 넣는다. 오븐 온도를 200℃로 낮추고 먹음직스러운 갈색으로 익을 때까지 25분 정도 굽는다. 다음을 곁들여서 뜨겁게 또는 실온 상태로 낸다.

　　마리나라 소스

스트롬볼리(Stromboli)

길이 30cm짜리 2개

스트롬볼리(다양한 재료를 피자 반죽 안에 넣고 돌돌 말아서 구운 것 — 옮긴이)에 사용할 수 있는 필링은 피자 토핑만큼이나 다양하다. 피자 조합 항목과 표를 참고해 다양한 필링으로 응용해보자.

다음을 만들어서 1차 발효까지 진행한다.

　　피자 반죽 또는 시판 냉동 피자 반죽 450g짜리 2개

오븐을 200℃로 예열한다. 오븐 팬 2개에 기름을 살짝 바르거나 유산지를 깐다.

　　직접 만든 반죽을 사용한다면 반으로 나눈다. 각 반죽을 둥근 공 모양으로 뭉친다. 밀가루를 살짝 뿌린 작업대에 반죽을 올려놓고 밀가루를 훌훌 뿌린 후 주방 행주나 비닐랩으로 덮는다. 20분간 그대로 둔다.

　　공 모양의 반죽을 눌러서 두꺼운 원반 모양으로 만든 후 5분 정도 그대로 두었다가 이 원반을 다시 20×30cm의 직사각형으로 민다. 반죽마다 긴 변을 따라 가장자리 1.2cm 정도 남기고 다음을 잘 펴서 바른다.

　　토마토 소스 ¼컵 또는 마리나라 소스 ¼컵(총 ½컵)

반죽 2개에 다음을 적당히 나눠서 얹되, 소스와 마찬가지로 가장자리 1.2cm는 남겨둔다.

　　얇게 썬 프로볼로네 치즈 285g

　　얇게 썬 살라미 170g

　　얇게 썬 페퍼로니 115g

가장자리를 남겨둔 쪽의 반대쪽부터 시작해 직사각형 모양의 반죽을 길이 30cm의 원통 모양으로 촘촘하게 만다. 끝부분을 손가락으로 꾹 집어서 붙인 후 준비해둔 오븐 팬에 이음매 부분이 아래로 가도록 올려놓는다. 스트롬볼리마다 윗면에 사선으로 칼집을 몇 개씩 넣는다. 스트롬볼리가 단단해지면서 연한 갈색으로 익을 때까지 20분 정도 굽는다. 2.5cm 두께로 잘라서 뜨겁게 또는 실온 상태로 낸다.

케이크와 컵케이크

생일 파티를 위해 케이크를 굽거나 자선 바자회에 내놓기 위해 컵케이크 한 판을 굽거나 담장 너머로 생강 쿠키 한 접시를 옆집에 건네주는 것은 독자 여러분이나 주변 사람들의 삶을 풍요롭게 하며 유대감을 쌓아가는 행동이다.

『조이 오브 쿠킹』의 몇몇 초기 개정판에서 이르마 할머니는 「케이크」 장을 최소한 세 겹 이상으로 구성된, 가볍고 폭신한 케이크를 다루는 데 전적으로 할애했다. 이러한 케이크는 대부분 달걀노른자와 흰자를 분리해 흰자로 거품을 낸 후에 섞어서 가벼운 느낌을 낸 것이었다. 물론 이러한 케이크들도 아주 훌륭하지만, 오늘날 가정에서 케이크를 굽는 사람들은 달걀흰자로 거품을 내는 것에 그다지 관심이 없으며 만들기 쉽고 지방 재료를 듬뿍 사용해 촉촉하게 구운 케이크를 훨씬 더 선호한다. 이 두 가지 유형의 케이크는 각각 전혀 다른 방식으로 식탁에 즐거움을 가져다준다는 점에서 이번 장에서는 이 두 가지 케이크를 모두 소개한다. 깃털처럼 가벼운 엔젤푸드 케이크에서부터 진한 버터 풍미에 결이 고운 파운드 케이크, 예나 지금이나 많은 인기를 누리는 진한 치즈 케이크에 이르기까지, 이번 장은 독자들이 이상적인 케이크를 찾을 수 있도록 도와주는 동시에 뒷주머니에 넣어놓고 어떤 상황에서든 활용할 수 있는 레시피를 제시한다.

모든 케이크는 좋은 재료에서 출발한다. 케이크를 구울 때는 미리 맛을 보고 조절할 수 없으므로 ▶ 팬의 크기, 계량, 재료와 오븐을 포함해 모든 요소의 온도에 세심하게 신경 써야 한다. ▶ 또한 재료를 섞거나 크림화하거나 뒤적이는 물리적 동작에도 주의를 기울여야 한다. 처음에는 책에 실린 그림과 설명을 참고해 시작할 수 있겠지만, 케이크를 만드는 중요한 각 단계에서 제대로 된 '형태'가 어떤 것인지 가장 효과적으로 익히는 방법은 역시 연습이다.

정확한 분량을 제시하는 동시에 제빵을 할 때 미터법 단위 사용을 선호하는 독자를 위해 반죽 재료에 그램 단위의 분량도 함께 표기했다. 무게와 부피를 측정하는 방법에 대한 자세한 내용은 재료 계량하기 항목을 참고한다.

케이크의 유형
엔젤푸드 케이크와 스펀지 케이크는 달걀을 듬뿍 넣은 반죽에 공기를 가둬서 부풀리기 때문에 **폼 케이크**(foam cake)라고 부르기도 하는데, 엔젤푸드 케이크는 달걀흰자만 사용하므로 결이 아주 가볍고 폭신폭신하며 건조한 질감에 가깝다. 스펀지 케이크도 가벼운 질감을 가지고 있지만, 달걀노른자를 넣어 적당한 양의 지방이 포함되어 있기 때문에 엔젤푸드 케이크보다는 질감이 촉촉하다. **제누아즈**(génoise) 케이크는 따뜻하게 데운 달걀을 거품 내서 부풀리는데 녹인 버터도 사용하므로 버터 케이크의 가벼운 질감과 진한 풍미를 갖추고 있다. **토르테**(torte)는 달걀노른자에 들어 있는 지방 성분을 활용하고 달걀흰자로 거품을 내서 부풀리는 경우가 많으며, 밀가루 대신 견과류 가루와 빵가루를 기본 토대로 사용하므로 결이 조밀하고 잘 부서지는 경향이 있다.

파운드 케이크를 제외한 대다수의 **버터 케이크**는 베이킹파우더 및/또는 베이킹소다를 사용해 부풀린다. 또한 말랑하게 녹인 버터와 설탕을 섞은 후 매끄럽고 아주 가벼우며 폭신폭신해질 때까지 탁탁 치면서 젓는 크림화(creaming) 기술을 활용한다. 가장자리가 날카로운 설탕 결정과 탁탁 치는 동작 때문에 기포가 쉽게 생기며, 그 결과 굽고 나면 더욱 봉긋하게 부풀어 오른 케이크가 완성된다. 베이킹파우더나 베이킹소다를 사용해 화학적으로 부풀리는 것과는 반대로, 물리적 동작을 가해서 기계적으로 부풀리는 방법의 하나다.

기름을 넣어서 만드는 **오일 케이크**(oil cake)는 가장 쉽게 만들 수 있는 케이크라고 해도 과언이 아니다. 일반적으로 그릇 하나에 모든 재료를 넣고 섞어서 만들며, 달걀 전체나 흰자를 쳐서 거품을 내거나 버터와 설탕을 저어서 크림화할 필요가 없다. 오일 케이크는 버터 케이크처럼 군침이 도는 버터 향을 풍기는 것은 아니지만 일반적으로 아주 촉촉하다.(그리고 훨씬 오래 보관할 수 있다.)

치즈 케이크는 이번 장에서 다루는 그 어떤 종류의 케이크보다도 구운 커스터드에 가까운 형태다. 자세한 내용은 치즈 케이크에 대해 항목을 참고한다.

재료의 온도에 대해
케이크 만들기를 시작하기 전에 모든 재료의 온도를 실온 상태로 맞춰야 한다.(20~21℃로, 뒤에 나오는 설명대로 버터는 약간 더 차가워도 괜찮다.) 재료의 온도는 버터, 액체 재료, 달걀을 섞는 과정에서 유화가 일어나는 버터 케이크에서 특히 중요하다. 일부 재료의 온도가 나머지 재료보다 차가우면 유화가 깨지거나 (소스를 가만히 두면 기름층이 분리되는 것처럼) 분리되고 만다. 이렇게 되면 반죽이 제대로 공기를 가둘 수 없으므로 케이크에서 폭신한 느낌이 나지 않는다.

버터의 온도는 차가운 기운이 남아 있지만 꽉 쥐면 구부러지되, 너무 무르거나 쉽게 으깨지지 않는 18.3~21℃ 정도가 적합하다. 버터가 너무 물렁거리거나 녹아버리면 공기를 충분히 가둘 수 없으므로 오랫동안 탁탁 치면서 섞는 과정에서 반죽이 부풀지 않고 무너져버린다. 또한 버터가 너무 따뜻하면 케이크를 구웠을 때 기름이 배어나온다. 버터를 알맞은 온도로 맞추는 손쉬운 방법은 정육면체로 작게 잘라서 접시 위에 넓게 펼쳐놓는 것이다. 일반적인 실내 온도에 15~20분간 두면 케이크 만들기에 적당할 정도로 말랑말랑해진다.

차가운 달걀은 탁탁 치면서 풀었을 때 실온 상태나 따뜻한 달걀만큼 부피가 늘어나지 않으며 반죽에 녹인 초콜릿이 상당량 들어가 있는 경우 매끄럽게 섞이지 않는다. 빨리 달걀을 실온 상태로 맞추려면 그릇에 달걀을 담고 달걀이 잠기도록 따뜻한 물을 붓는다. 10분 정도 지나면 적당한 온도가 된다.

전자레인지를 낮은 출력이나 '해동' 모드에 놓고 신중하게 한 번에 몇 초씩 돌리면 차가운 유제품을 빨리 실온 상태로 만들 수 있다. 20~21℃의 액체는 만졌을 때 따뜻하다기보다는 상당히 차가운 느낌을 준다. 이 온도의 재료를 만졌을 때 어떤 느낌이 드는지 확신이 없다면 저렴한 조리용 온도계로 확인해볼 수 있다. 우유와 같은 차가운 액체 재료는 약간 따뜻해질 때까지 조리대 위에 두거나 그릇 또는 계량컵에 부어서 뜨거운 물에 담가둔다.

케이크 재료를 섞어서 반죽하기

손으로 재료를 섞든 전기 반죽기를 사용하든, 반죽 작업은 반죽의 부푸는 정도에 영향을 미치므로 그 결과 케이크의 부피와 질감도 달라진다. 재료의 종류와 원하는 결과에 따라 섞기, 크림화하기, 젓기, 탁탁 치기, 뒤적이기 등의 다양한 방법을 사용해야 한다.

전기 반죽기에는 **스탠드 반죽기**와 **핸드 반죽기**의 두 가지 종류가 있다. 반죽기의 종류에 따라 반죽 시간은 달라진다. 예를 들어 달걀흰자로 거품을 낼 때 핸드 반죽기를 사용하면 스탠드 반죽기보다 시간이 오래 걸린다. 핸드 반죽기는 대다수 작업에 사용할 수 있지만 ▶ 스펀지 케이크 같은 일부 케이크는 달걀노른자와 흰자를 함께 저어서 거품을 내야 하므로 스탠드 반죽기를 사용하는 것이 훨씬 편리하다. 스탠드 반죽기를 고속으로 작동시키면 핸드 반죽기나 거품기를 사용하는 것보다 달걀흰자나 버터 및 설탕에 훨씬 많은 공기가 들어가므로 거품이 더욱 가볍고 높게 부풀어 오른다.

레시피마다 참고할 수 있도록 반죽 시간과 속도를 표기해두었지만 그릇에 담긴 반죽의 상태를 직접 눈으로 확인하는 것이 가장 중요하다. 제빵을 배운다는 것은 반죽 시간이나 반죽기의 설정에 구애받기보다는 달걀노른자와 설탕이 언제 '걸쭉하고 연한 노란색'이 되는지, 설탕을 넣어 탁탁 치면서 섞은 버터가 언제 '색과 질감이 연해지는지' 제대로 파악하는 것을 배우는 과정이라고 할 수 있다. ▶ 매끄럽고 가벼우며 재료가 잘 어우러진 반죽을 만드는 핵심 요령 중 하나는 반죽하는 동안 그릇이나 반죽기 용기의 옆면에 붙은 재료를 자주 긁어내리는 것이다. 버터와 설탕의 크림화에 대한 자세한 내용은 버터 케이크에 대해 항목을 참고한다. 달걀흰자로 거품을 내서 섞는 요령은 달걀 거품 내기 항목을 참고한다. 재료를 체에 치는 과정에 관한 내용은 체에 치기 항목을 참고한다.

젓기(stirring)는 너무 세게 섞거나 치는 동작 없이 마른 재료 및/또는 젖은

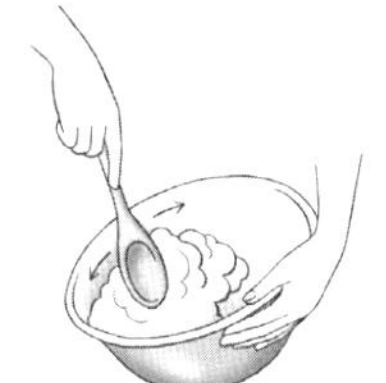

케이크 반죽을 손으로 크림화하고 섞기

재료를 다른 혼합물에 부드럽게 완전히 섞을 때 사용하는 방법이다.

케이크 반죽을 손으로 저으려면 나무 숟가락이나 실리콘 주걱을 사용한다. 그릇의 가운데부터 시작해 빙글빙글 돌리는 동작으로 섞는다. 재료가 제대로 섞이기 시작하면 점점 크게 원을 그려가며 섞는다. 필요하면 그릇의 옆면을 가끔 긁어내리면서 섞는다. 마른 재료와 젖은 재료를 추가해 섞는 전체 과정은 2분 이내에 마무리되어야 한다.

케이크 반죽을 기계로 저으려면 재료가 매끄럽게 어우러질 때까지만 저속으로 반죽기를 작동시킨다. 너무 오래 섞지 않는다.

달걀노른자를 재료에 넣고 뒤적이는 것은 섬세한 작업이다. 관건은 재료 안에 들어간 공기가 빠져나가지 않도록 주의하면서 완전히 어우러지게 섞는 것이다. 항상 실리콘 주걱을 사용해 손으로 작업해야 한다.

달걀흰자 거품을 케이크 반죽에 넣고 뒤적이기

달걀흰자를 넣고 뒤적이려면 반드시 커다란 그릇을 준비해야 한다. 거품을 낸 흰자의 1/3 분량을 케이크 반죽에 떠 넣는다. 주걱의 날로 달걀흰자의 가운데를 가르면서 그릇의 바닥까지 자른다. 그릇의 옆면을 따라 주걱을 조리하는 사람 쪽으로 긁으면서 바닥에 있는 반죽을 떠서 위로 끌어올린다. 한 손으로 이렇게 뒤적이는 동작을 반복하고 나머지 손으로는 한 번 뒤적일 때마다 그릇을 조금씩 돌려가면서 달걀흰자가 완전히 어우러질 때까지 섞는다. 그다음 남은 달걀흰자 거품을 넣고 반죽이 가벼워지면서 달걀흰자가 완전히 골고루 퍼질 때까지 뒤적이는 동작을 반복한다. 반죽에서 잘 섞이지 않은 달걀흰자의 흰색 줄이 몇 가닥 보여도 상관없다.

케이크 팬에 대해

케이크 팬의 소재는 매우 다양하다. 얇은 크러스트를 골고루 갈색으로 구우려면 ▶ 표면에 광택이 나지 않거나 논스틱 처리가 된 중간 정도 무게의 튼튼한 알루미늄 팬이 가장 적합하다. 스테인리스스틸은 열을 골고루 전도하지 않으므로 권장하지 않는다. 진한 색의 묵직한 금속 팬과 유리 팬은 열을 더 잘 흡수하고 유지하므로 무겁고 색이 진한 크러스트가 나온다. 이러한 팬에 케이크를 굽는다면 ▶ 오븐 온도를 14℃ 정도 낮추고 굽는 시간은 비슷하게 유지한다. 이렇게 팬의 소재는 굽는 시간에 영향을 미치므로 너무 많이 익는 것을 방지하

려면 예상 시간보다 미리 케이크를 확인하는 습관을 들여야 한다.

레시피마다 지정한 크기의 팬을 사용하면 가장 좋은 결과물을 얻을 수 있다. 여러 겹으로 된 케이크를 구울 때는 옆면이 직각으로 올라온 팬을 사용한다. 옆면이 높은 케이크 팬은 지름이 적당하기만 하면 어떤 케이크에도 사용할 수 있다. 레시피에서 지정한 것보다 큰 팬을 사용한다면 케이크의 면적이 넓어지면서 굽는 시간도 단축된다. 너무 작은 팬에 구우면 반죽이 밖으로 흘러나오고 골고루 구워지지 않을 수도 있다. ▶ 레시피에서 요구하는 적당한 크기와 모양의 팬이 없다면 다음 항목과 표를 참고해 레시피에서 지정한 팬과 같은 부피의 반죽을 담을 수 있는 다른 팬을 찾아보자.

정사각형 또는 직사각형 팬이 너무 크면 아래 그림과 같이 포일을 접어 공간을 분할하여 면적을 줄일 수 있다. 반죽을 한쪽에 부으면 포일이 움직이지 않는다. 다른 쪽에 마른 콩이나 쌀을 채워 넣으면 분할된 공간을 지지하는 역할을 할 수 있다.

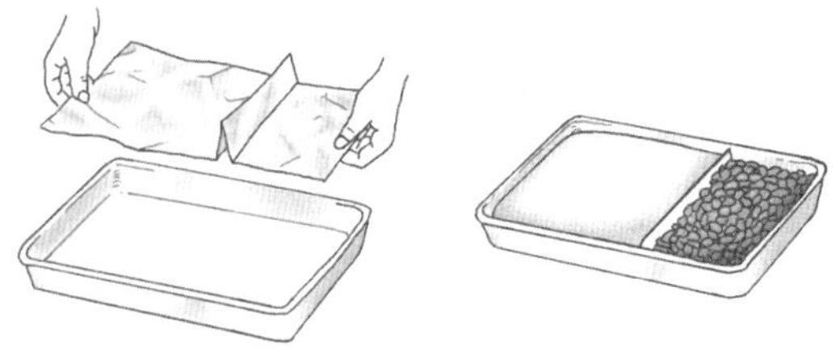

접은 포일로 공간을 분할해 팬의 면적을 줄이고, 한쪽에 지탱할 수 있는 재료를 채우기

특히 버터 케이크의 질감은 팬에 붓는 반죽의 깊이에 따라 달라진다. 팬을 여러 개 사용해 얇게 구워내면 가벼운 질감으로 완성되지만 쉽게 말라버리는 경향이 있다. 똑같은 케이크 반죽이라도 로프 팬이나 튜브 팬(일반 또는 세로 홈이 있는 팬)에 구우면 보통 더 촉촉하고 결이 조밀해진다. ▶ 촉촉하고 결이 조밀한 케이크를 선호한다면 여러 겹으로 구성된 케이크를 만들 때 레시피에서 지정한 것과 지름이 같고 깊이가 7.5cm인 분리형 팬에 구울 수 있다. 오븐에 구운 뒤 5~7.5cm 높이의 케이크가 완성되면 수평 방향으로 잘라서 얇은 겹을 여러 개 만들거나 두꺼운 단층 케이크 그대로 사용한다. 단층 케이크는 프로스팅을 바르기 쉽다는 장점이 있다. 속이 깊은 팬에 반죽을 넣어 구우면 굽는 시간도 그만큼 길어진다는 점을 잊지 말자.

케이크 팬의 크기와 용량에 대해

팬에 반죽을 부을 때는 팬 높이의 ½~⅔ 이상 올라오지 않게 한다. 로프 팬과 튜브 팬은 그보다 약간 더 높게 채울 수 있다. ▶ 독특한 모양의 팬을 사용할 때 반죽을 어느 정도 만들어야 할지 판단하려면 우선 물을 담아 팬의 부피를 측정한다. 액체 재료에 사용하는 계량컵으로 물을 가득 떠서 팬의 윗부분에 도달할 때까지 채운다. 그 부피의 ⅔에 해당하는 분량만큼 반죽을 만든다.

특정한 크기의 팬에 맞춘 레시피를 다른 크기의 팬에 응용하려면 해당 레시피에서 지정한 팬의 부피를 파악한 후 사용하려는 팬의 부피를 확인한다.(오른쪽 표 참고) 사용하려는 팬의 부피를 레시피에서 지정한 팬의 부피로 나눈다. 레시피의 재료 분량에 이 나눈 값을 곱해서 반죽을 준비하면 사용하려는 팬에 적당히 채울 수 있다. 물론 부피 대신 무게를 적용한다면 계산 과정이 훨씬 간단해진다.

예를 들어 지름 20cm의 원형 케이크 팬 3개를 기준으로 한 레시피의 양을

늘려서 커다란 번트 팬에 굽는다면 20cm짜리 케이크를 만들 때보다 굽는 시간을 넉넉히 잡아야 한다는 점을 잊지 말자. 단순히 시간에만 의존하기보다는 항상 이쑤시개나 꼬치로 반죽이 제대로 굳었는지 확인해야 한다. 오븐 온도에 따라서 케이크가 너무 빨리 갈색으로 변할 수도 있으므로 세심하게 살핀다.(케이크 위에 포일을 덮어두면 갈색으로 변하는 속도를 늦출 수 있다.)

제조업체에 따라 팬의 치수가 약간씩 차이 나기도 하며, 팬의 용량은 옆면이 직각인지 나팔 모양인지에 따라 달라진다. 아래 표에서 팬의 크기는 팬의 맨 위에서 안쪽 가장자리 사이의 거리를 잰 것이다. 용량은 근삿값이다.

일반적인 베이킹 팬의 부피	
레시피에서 지정한 팬 대신 다른 팬을 사용하려면(여러 개로 나눌 경우도 포함) 가장 손쉬운 방법은 부피가 같은 팬으로 대체하는 것이다. ▶ 팬에 반죽을 붓는 깊이가 크게 달라지면 굽는 시간과 완성된 케이크의 질감에 영향을 미친다. 얇은 케이크 시트를 굽는 방법은 798쪽을 참고한다.	
부피	대체할 수 있는 비슷한 용량의 팬
16컵 (케이크 반죽 최대 10½컵)	25×10cm의 튜브 팬 1개
	33×23×5cm의 베이킹 팬 1개
	23×5cm의 둥근 케이크 팬 2개
	23×3.8cm의 정사각형 베이킹 팬 2개
	23×12.5cm의 로프 팬 2개
	일반적인 컵케이크 틀 30~36개
12컵 (케이크 반죽 최대 8컵)	23cm의 튜브 팬 1개
	25cm의 번트 팬 1개
	25cm의 분리형 팬 1개
	44.5×29cm의 롤케이크 팬 1개
	20×5cm의 둥근 케이크 팬 2개
	20×3.8cm의 정사각형 베이킹 팬 2개
	21.5×11.5cm의 로프 팬 2개
	23×3.8cm의 둥근 케이크 팬 2개
	20×3.8cm의 둥근 케이크 팬 3개
	일반적인 컵케이크 틀 18~24개
10컵 (케이크 반죽 최대 6½컵)	23×5cm의 둥근 케이크 팬 1개
	23×5cm의 정사각형 베이킹 팬 1개
	39.5×26.5cm의 롤케이크 팬 1개
8컵 (케이크 반죽 최대 5⅓컵)	23×5cm의 둥근 케이크 팬 1개
	23×3.8cm의 정사각형 베이킹 팬 1개
	23×12.5cm의 로프 팬 1개
	15×5cm의 둥근 케이크 팬 2개
	20×3.8cm의 둥근 케이크 팬 2개
	20×10cm의 로프 팬 2개
	일반적인 컵케이크 틀 12~18개

팬 준비하기에 대해

엔젤푸드 케이크, 시폰 케이크, 대다수 스펀지 케이크와 토르테는 반죽이 팬의 옆면을 따라 올라오면서 달라붙어 케이크를 굽고 식히는 과정에서 케이크를 지탱하도록 팬의 옆면에 기름을 바르지 않고 굽는다. 그 외 대다수 케이크는 기름을 바르거나 기름을 바르고 밀가루를 뿌린 팬에 넣어서 굽는다. 더 쉬운 작업을 위해서는 ▶ 둥근 케이크 팬의 바닥에 유산지를 까는 것이 좋다. 원형으로 자른 유산지를 장만하거나 그냥 유산지 위에 팬을 대고 연필로 테두리

를 그린다. 연필 선을 따라 잘라서 기름을 바른 팬에 끼운다.

세로 홈이 있는 튜브(번트) 팬과 예쁜 모양을 내기 위한 틀은 준비 방법이 다르다. 구부러진 홈과 깊숙한 틈까지 기름을 꼼꼼히 바르고 밀가루를 뿌려서 칼을 사용하지 않고도 케이크를 쉽게 꺼낼 수 있게 한다. 칼을 사용하면 아무래도 케이크의 표면에 흠집이 나기 마련이다. 옆면에 아이싱을 하지 않는 여러 겹 케이크도 마찬가지다.

팬에 기름을 바르고 밀가루를 뿌리려면 고체 상태의 식물성 쇼트닝과 밀가루를(초콜릿 케이크를 만드는 경우 코코아 가루 사용) 2:1 비율로 섞어서 페이스트를 만든 후 키친타월, 페이스트리 솔 또는 손가락을 사용해 팬의 안쪽에 얇게 펴서 바른다. 버터, 기름, 논스틱 스프레이, 마가린도 사용할 수 있지만 케이크를 손쉽게 팬에서 빼내는 용도로는 쇼트닝이 가장 효과가 좋다. 여러 겹으로 쌓아서 만드는 케이크를 구울 때 사용하는 얕은 케이크 팬에는 쇼트닝 1½작은술에 밀가루나 코코아 가루 ¾작은술이 필요하며, 아무 무늬가 없거나 세로 홈이 있는 작은 튜브 팬에는 쇼트닝 1큰술과 밀가루나 코코아 파우더 1½작은술이 필요하다. 아무 무늬가 없거나 세로 홈이 있는 큰 튜브 팬을 사용한다면 쇼트닝 2큰술과 밀가루나 코코아 파우더 1큰술을 준비한다.

논스틱 팬을 사용한다고 해도 만에 하나 달라붙을 때를 대비해 바닥에 유산지를 깔아서 구울 수 있다. 튜브 모양의 팬은 논스틱 소재라 하더라도 반드시 기름을 바르고 밀가루를 뿌려야 한다. 팬을 오븐에 넣는 위치에 대해서는 1131쪽을 참고한다.

케이크가 다 익었는지 확인하는 방법에 대해

1인용 몰튼 초콜릿 케이크 같은 일부 케이크는 가운데가 아직 완전히 굳지 않고 끈적거리는 상태일 때 오븐에서 꺼내야 한다. 그러나 이러한 예외를 제외한 대다수 케이크는 다음과 같은 방법으로 익은 정도를 확인할 수 있다. 얇은 금속 꼬치나 나무 꼬치 또는 이쑤시개를 케이크의 중심부에 찔러본다. 아무것도 묻어나오지 않거나 촉촉한 빵가루만 몇 개 묻어나온다면 케이크가 다 익은 것이다. 잘 익은 케이크는 연한 갈색을 띠며 케이크가 살짝 수축하면서 팬의 옆면에 틈이 벌어지기 시작한 상태로, 흔들었을 때 전혀 움직이지 않아야 한다. 손가락으로 살짝 눌렀다 떼면 단단한 느낌이 나면서 즉시 원상태로 돌아와야 한다. 예외는 지방 재료를 듬뿍 넣어 구운 진한 케이크나 초콜릿 케이크로, 이러한 케이크는 손가락으로 눌렀을 때 살짝 패인 자국이 나는 정도가 적당히 익은 것이다.

케이크를 오븐에서 꺼낸 다음 받침대에 팬을 올려놓고 10~15분 정도 잠깐 식힌 후, 팬에서 꺼내서 받침대에 올려놓고 완전히 식힌다.(다만 시트 케이크는 따로 설명하지 않은 한 보통 팬에 담긴 상태로 식힌다.) 케이크를 팬에 들어 있는 상태로 너무 오래 방치하면 질척거리며 빼내기 어려워진다. 케이크를 팬에서 빼내려면 팬을 다른 받침대에 거꾸로 뒤집어놓거나 접시를 팬 위에 올려놓고 얌전히 뒤집는다. 유산지를 사용했다면 유산지를 떼어낸 뒤 똑같은 방식으로 케이크를 뒤집어서 원래 받침대에 올려놓으면 올바른 방향이 된다. 예외는 엔젤푸드 케이크에 대해, 스펀지 케이크에 대해, 제누아즈 항목을 참고한다.

필링과 프로스팅을 바르기 위해 여러 겹 케이크 손질하기

케이크는 손질하고 잘라서 필링을 바르기 전에 완전히 식혀야 한다. 케이크가 따뜻하면 필링이 녹아버리므로 여러 겹으로 쌓은 케이크 층이 미끄러지고 어긋난다. 실제로 냉장고에 넣어서 차갑게 식힌 케이크는 훨씬 쉽게 손질해서 필

링과 프로스팅을 바를 수 있다. 또한 잘 식힌 케이크는 쉽게 바스러지지 않으므로 근사하게 아이싱을 한 케이크에 빵가루가 여기저기 붙는 것을 피할 수 있어서 좋다. 우선 ▶ 케이크를 갓 구워서 아주 부드러운 상태라면 냉동실에 20분간 넣어둔다.

여러 겹으로 쌓을 케이크를 평평하게 만들려면 기다란 톱니 칼로 윗면을 얇게 잘라서 평평하게 만든다. 프로스팅을 바를 때는 자르지 않은 아주 평평한 표면이 작업하기 쉬우므로, 프로스팅과 필링을 바를 때는 케이크 겹의 자른 단면이 아래쪽으로 가도록 놓는다. 윗면이 아주 살짝만 볼록하게 올라온 케이크 겹은 평평하게 고르지 않고 그냥 사용할 수 있다. 바닥과 중간에 사용하는 겹은 볼록하게 올라온 쪽이 아래로 가도록 놓고, 맨 위쪽 겹은 볼록하게 올라온 쪽이 위로 가도록 놓는다.

케이크를 수평으로 잘라서 얇은 겹을 만들려면 포일이나 유산지 또는 케이크 장식용 회전 쟁반이나 회전판 위에 케이크를 올린다. 케이크가 울퉁불퉁하면 이 시점에서 평평하게 손질한다.(위의 설명 참고) 케이크를 여러 겹 쌓을 때 기준으로 삼아서 위치를 나란히 맞출 수 있도록 케이크의 한쪽에 수직 방향으로 얕게 눈금을 표시해둔다.

이제 한 손을 펴서 케이크의 위에 올려놓는다. 긴 톱니 칼의 칼날을 자르려는 케이크의 옆면에 갖다 댄다. 케이크를 반시계 방향으로 돌리면서(왼손잡이라면 시계 방향) 톱니 칼을 앞뒤로 살짝 움직여 케이크 옆면을 빙 둘러서 칼집을 넣는다. 이때 칼날과 케이크의 윗면 사이에 같은 거리를 유지해 겹이 평평해지도록 한다. 처음부터 케이크의 전체 면을 모두 자르려고 시도하지 않는다.

이렇게 가장자리에 칼집을 넣은 후, 케이크가 두 겹으로 완전히 분리될 때까지 계속 케이크를 빙글빙글 돌리면서 점점 더 깊게 썬다. 또는 일단 칼집을 넣은 다음 질긴 실이나 치실을 칼집 주변에 감고, 실의 양쪽 끝을 앞쪽으로 모아서 서로 교차시킨 후 케이크 두 겹이 완전히 분리될 때까지 잡아당긴다. 위쪽 케이크 겹의 아래에 두꺼운 종이나 쿠키 시트를 밀어 넣고 들어올려서 한쪽에 따로 둔다.

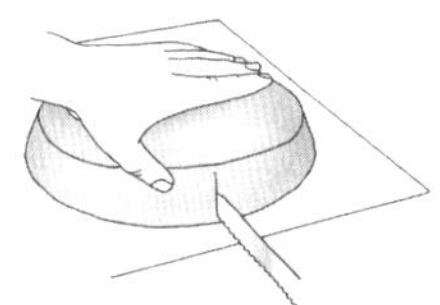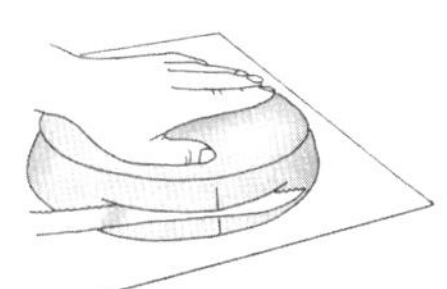

하나의 케이크를 두 겹으로 나누기

케이크를 지탱할 토대를 만들려면 케이크와 같은 지름의 두꺼운 종이로 케이크 받침을 만들거나 분리형 팬의 바닥 부분을 사용한다. 이렇게 하면 케이크가 완성되었을 때 안전하게 옮길 수 있다. 바닥에 프로스팅을 살짝 묻힌 뒤 케이크를 올려서 고정한다. 또는 서빙용 플래터에 바로 케이크 시트를 쌓아서 프로스팅을 할 수도 있다. 길쭉하고 넓게 자른 파라핀지나 유산지 4장을 케이크의 네 방향에 밀어 넣어서 플래터가 지저분해지지 않게 한다. 프로스팅을 마치면 파라핀지나 유산지를 빼낸다.

케이크 필링과 프로스팅에 대해

케이크에 바를 필링과 프로스팅을 고르는 것은 요리에 곁들일 소스를 선택하는 것과 비슷하다. 비슷한 종류의 케이크와 필링을 조합해 서로 상승효과를 내는 방법이 있으며, 그 예로는 엔젤푸드 케이크에 휘핑 크림을 얹거나 데빌

스 푸드 케이크 코케뉴에 진한 초콜릿 사워크림 프로스팅을 듬뿍 바르는 것을 꼽을 수 있다. 또는 노란색 케이크에 초콜릿 프로스팅을 바르거나 진한 초콜릿 토르테에 폭신폭신한 화이트 프로스팅을 사용하는 것처럼 케이크와 프로스팅을 대비되는 종류로 조합할 수도 있다. 여러 겹으로 쌓아서 만드는 케이크 조합에는 정답이 없으므로 과감하게 실험하는 과정에서 의외로 아주 괜찮은 결과를 얻기도 한다.

케이크와 필링 및 프로스팅을 조합할 때 또 하나 고려해야 할 요소는 냉장이다. 스펀지 케이크, 시폰 케이크, 엔젤푸드 케이크는 냉장고에 넣어도 단단하게 굳지 않으므로 감귤류 커드나 휩드 크림, 버터크림 등 냉장고에 넣어두어야 하는 필링 및 프로스팅과 잘 어울린다. 버터크림을 필링 또는 프로스팅으로 사용하는 케이크는 항상 먹기 전에 최소 1시간 전부터 미리 꺼내놓아야 부드러운 크림의 매력을 다시 살릴 수 있다. 버터 케이크와 진한 초콜릿 토르테는 냉장고에 넣는 것을 권장하지 않는다. 풍미와 향이 사라지고 벨벳처럼 부드러운 질감이 단단해지기 때문이다. 이러한 케이크를 냉장이 필요한 필링 또는 프로스팅과 조합해야 한다면, 내기 직전에 프로스팅을 하거나 프로스팅을 한 후 냉장고에 차갑게 보관했다가 식탁에 올리기 한참 전에 실온에 꺼내놓는다. 땅콩버터 프로스팅처럼 슈거 파우더를 사용해 간단하게 만드는 아이싱이나 글레이즈는 냉장고에 넣어둘 필요가 없으므로 특히 버터 케이크와 잘 어울린다.

이 책에서는 아이싱과 프로스팅의 분량을 컵 단위로 소개하므로 케이크의 크기와 겹의 수, 케이크와 프로스팅에 지방 재료를 얼마나 사용했는지 등을 고려해 필요한 프로스팅의 양을 판단한다. 프로스팅이나 아이싱 레시피의 2배, 심지어 3배 분량을 준비해야 할 수도 있다. 더 자세한 내용은 케이크 프로스팅 표를 참고한다.

여러 겹으로 구성된 케이크에 사용할 필링과 프로스팅을 따로따로 고를 수도 있지만, 대다수 프로스팅과 아이싱은 필링으로도 충분히 활용할 수 있다. 그러면 만드는 사람으로서는 훨씬 편리하다. 프로스팅을 케이크 겹 사이에 바르는 필링과 케이크 윗면 및 옆면에 바르는 프로스팅의 두 가지 용도로 사용하려면, 전체 프로스팅의 ¼~⅓ 정도를 케이크 겹 사이에 바른다. 그다음 남은 프로스팅을 케이크의 윗면과 옆면에 바르면 된다.

특정 케이크에 사용하는 필링의 양은 케이크의 유형과 필링의 특성에 따라 달라진다. 폭신폭신한 프로스팅과 휩드 크림은 빽빽한 버터크림보다 두껍게 바른다. 얇은 케이크를 여러 겹 겹쳐놓고 그 사이사이에 버터크림을 바른다면 (예를 들어 토르테를 여러 겹 쌓을 때) 3mm 이하의 두께로 발라야 한다.(케이크 지름이 20cm라면 버터크림 ⅓컵, 지름이 23cm라면 버터크림 ⅓~½컵 정도면 충분하다.) 두꺼운 케이크 겹(예를 들어 일반적인 다층 케이크) 사이에는 최대 6mm 정도의 두께로 필링을 바를 수 있다.(최대 1컵) 한마디로 케이크 겹의 두께가 얇으면 필링을 얇게 바르고, 케이크 겹이 두껍다면 필링을 두껍게 바른다는 의미다. 케이크 겹을 하나씩 올릴 때마다 아래에 있는 케이크 겹의 중심에 잘 놓였는지 확인한다. 덩어리 케이크를 가로로 잘라서 여러 겹으로 만들었다면 옆면에 표시해놓은 눈금 선에 위치를 맞춘다.

케이크 프로스팅 표는 다양한 크기의 케이크에 프로스팅과 필링이 어느 정도 필요한지에 대해 일반적인 지침을 제시한다. 또한 프로스팅의 양을 결정할 때는 케이크 및 프로스팅의 풍미와 꾸덕꾸덕한 정도, 당도뿐만 아니라 자신의 취향도 고려하자. 휩드 크림과 달걀흰자로 만든 프로스팅은 상당히 폭신폭신하므로 레시피에서 범위로 제시한 분량 중 더 많은 쪽 혹은 그 이상도 사용할 수 있다. 얇은 케이크 겹을 쌓아서 만든 유럽식 토르테에 진한 초콜릿 글레이

즈나 버터크림을 바른다면 더 적은 분량을 선택한다. 케이크 필링을 고르는 방법에 대한 자세한 내용은 케이크 필링에 대해 항목을 참고한다.

도구

폭이 좁은 20cm 길이의 날이 달린 스테인리스스틸 소재의 **프로스팅 주걱**(L자형 또는 일자형)은 케이크에 프로스팅을 펴서 바를 때 두루 편리한 도구다. 이 주걱을 사용하면 프로스팅을 매끄럽게 바르거나 소용돌이 또는 삐죽삐죽 올라온 형태로 모양을 내서 바를 수 있다. 또한 초콜릿 글레이즈를 부은 후 얇게 펴서 바를 때도 편리하다. 세심한 작업을 위해서는 작은 L자형 주걱이 가장 좋다. **케이크용 빗**(엔젤푸드 케이크에 대해 항목에서 자세히 설명)이나 **톱니 칼**은 케이크의 옆면 및/또는 윗면에 구불구불한 질감을 낼 때 사용할 수 있다. 어쩌면 당연하겠지만, 뭐니 뭐니 해도 가장 익히기 어려운 기술은 프로스팅을 요철 하나 없이 아주 매끄럽게 바르는 것이다. 이 기술을 제대로 익히고 싶다면 주걱을 가만히 잡고 있는 상태에서 케이크를 빙빙 돌려 프로스팅을 매끄럽게 바를 수 있는 **장식용 회전 쟁반**이나 **회전판**을 장만하는 것이 좋다. 질감이 매끄럽고 짰을 때 형태가 유지되는 프로스팅이나 아이싱이라면 어떤 것이든 **장식용 페이스트리 깍지**를 끼운 **페이스트리용 짤주머니**로 짜서 모양을 만들 수 있다.

프로스팅 농도 조절하기

프로스팅의 농도는 케이크에 원하는 효과를 내는 데 아주 중요하다. 너무 걸쭉하거나 빽빽한 프로스팅을 바르면 케이크가 갈라지고 빵가루가 일어선다. 프로스팅이 너무 묽으면 짜서 발랐을 때 흘러내려서 웅덩이가 생기며 심지어 케이크에서 벗겨지기도 한다. 용도에 따라 프로스팅의 농도를 적당히 조절한다. 버터나 초콜릿이 많이 들어간 프로스팅이라면, 그릇에 담아서 따뜻한 물 또는 얼음물이 들어 있는 팬에 담가 원하는 농도가 될 때까지 저어주면 말랑말랑하게 또는 단단하게 만들 수 있다. 슈거 파우더를 사용한 아이싱도 이와 같은 방법으로 다루거나, 액체 재료 또는 슈거 파우더를 아주 조금씩 넣으면서 탁탁치며 섞어서 부드럽게 또는 빽빽하게 농도를 조절한다.

휩드 크림 프로스팅을 다루는 방식은 약간 다르다. 일단 완성된 후에 농도를 조절하려고 하면 크림 자체가 분리되어버리므로 주의한다. 휩드 크림(또는 저어서 부드럽게 만든 가나슈)으로 프로스팅을 하려면 약간 덜 저어서 사용한다. 케이크에 넓게 펴서 바르고 매끄럽게 고르면 적당히 빽빽해지기 마련이다. 프로스팅을 바르기 전부터 크림이 너무 빽빽하다면, 완성된 프로스팅은 너무 오래 휘저어서 결이 거칠어진 것처럼 보이고 맛도 떨어진다. 하지만 필요하면 약간의 헤비크림을 추가하고 잠깐 저어서 휩드 크림을 다소 말랑하게 풀어주는 방법도 있다. 케이크 장식하기 항목을 참고한다.

케이크에 프로스팅 바르기

시작하기 전에 케이크 겹에 달라붙은 빵가루를 솔로 잘 턴다. 프로스팅을 케이크에 바르기 시작했는데 너무 빽빽해서 케이크가 갈라지고 빵가루가 일어난다면 위의 설명에 따라 농도를 적당히 조절한다. 사용한 주걱을 프로스팅 그릇에 다시 담그기 전에 먼저 다른 용기에 한 번 긁어서 주걱에 묻은 빵가루 때문에 프로스팅이 '오염'되지 않도록 주의한다. 또는 프로스팅을 그릇 2개에 나눠 담고 그중 하나를 사용해서 '빵가루 코팅'을 한 다음(뒤에 나오는 설명을 참고) 나머지 그릇을 마무리 프로스팅에 사용할 수도 있다.

완성된 프로스팅이나 글레이즈에 빵가루가 묻어서 지저분해지는 것을 방

케이크 프로스팅

이 표는 대략적인 분량을 나타낸다. 진한 버터크림 프로스팅과 가나슈를 사용한다면 아래의 분량에서 25% 정도 줄인다.
설탕으로 만든 글레이즈는 아래 분량의 절반만 사용하면 충분하다.

케이크 크기	프로스팅의 양		
33×23×5cm의 시트 케이크	윗면과 옆면에 3½컵(윗면만 바른다면 2½컵)		
24×14×7.5cm의 로프 케이크	윗면과 옆면에 2½컵(윗면만 바른다면 1¼컵)		
지름 23cm 또는 25cm짜리 튜브 또는 번트 케이크	3½컵		
일반 컵케이크 12개	1½컵		
지름 20cm짜리 둥근 케이크	윗면과 옆면	윗면, 옆면, 필링	필링
일반적인 1단	2컵		
일반적인 2단	2¾컵	3½컵	⅓~¾컵
일반적인 3단	3½컵	5컵	⅔~1½컵
지름 23cm짜리 둥근 케이크			
일반적인 1단	2½컵		
일반적인 2단	3½컵	4½컵	½~1컵
일반적인 3단	4½컵	6½컵	1~2컵
44.5×29cm의 롤케이크	1⅓~3컵	3~6컵	1½~3컵

지하려면 일단 케이크 표면을 코팅해야 한다. 일부 케이크는 뜨겁게 데운 후 체에 걸러낸 잼이나 프리저브로 표면을 코팅한다. 잼이나 프리저브 2컵을 데워서 체에 거른 후 솔을 사용해 케이크 위에 얇게 바른다. 또는 **빵가루 코팅**, 즉 케이크 전체에 프로스팅을 아주 얇게 발라 표면을 매끄럽게 다듬어서 빵가루가 굴러다니지 않게 할 수도 있다. 이렇게 빵가루 코팅을 할 때는 프로스팅이 빵가루로 '오염'되어도 상관없다. 잼을 바르거나 빵가루 코팅을 한 다음 냉장고에 몇 분 정도 넣어두고 코팅이 어느 정도 굳은 후에 최종 프로스팅을 바르면 가장 좋은 결과를 얻을 수 있다. 초콜릿 버터 글레이즈와 가나슈를 사용한다면 글레이즈를 차갑게 식혀서 빵가루 코팅용 프로스팅의 농도와 비슷하게 맞춰 한 겹 바른 다음, 남은 글레이즈를 은근히 데워서 바르기 좋은 농도가 되도록 적당한 온도로 만든다.

프로스팅 주걱을 사용하면 매끄럽게 또는 원하는 질감으로 프로스팅을 바를 수 있다.

최종 프로스팅에는 빵가루가 붙어 있지 않은 깨끗한 주걱을 사용한다. 케이크의 윗면부터 프로스팅을 골고루 펴서 바르고 남는 프로스팅은 가장자리로 밀어낸다. 윗면에 사용하고 남은 프로스팅에 나머지 프로스팅을 추가해 케이크의 옆면에 프로스팅을 바른다. 장식용 회전 쟁반을 사용한다면 쟁반을 빙빙 돌리면서 벤치 스크래퍼나 아이싱 스무더(icing smoother, 아이싱을 고르게 다듬는 도구)로 옆면을 매끈하게 만든다. 벤치 스크래퍼나 아이싱 스무더의 아래쪽

끝을 회전 쟁반에 올려놓은 상태로 작업한다. 케이크 윗면의 가장자리를 따라 프로스팅 주걱을 긁어서 울퉁불퉁한 프로스팅을 평평하게 고르고, 주걱을 케이크 윗면의 가장자리에서 가운데 방향으로 움직이면서 매끈하게 만든다. 케이크의 옆면에는 케이크용 빗으로 모양을 내거나 굵게 썬 견과류를 붙이거나 숟가락 또는 L자형 주걱의 뒷면을 사용해 프로스팅에 뿔처럼 삐죽 솟은 부분과 깊게 파인 부분, 소용돌이 모양 등을 만들 수 있다. 자세한 내용은 762쪽의 장식 기술에 관한 설명을 참고한다. 프로스팅을 매끄럽게 고를 때 주걱의 날을 뜨거운 물에 담갔다가 말려서 사용하면 작업이 더 수월해지기도 한다. 따뜻한 주걱 덕분에 프로스팅이 약간 말랑말랑해지면서 더욱 부드럽게 발린다. 프로스팅으로 휩드 크림을 케이크에 바른다면 열 때문에 크림이 분리될 위험이 있으므로 주걱을 데워서 사용하지 않는다.

케이크에 초콜릿 글레이즈로 코팅하기

케이크 표면의 매끄럽지 않은 부분들을 가려주는 두꺼운 프로스팅과는 달리, 초콜릿 글레이즈를 케이크에 부어서 코팅할 때는 울퉁불퉁한 요철이 고스란히 드러난다. 케이크나 토르테에 아주 완벽하게 초콜릿 글레이즈를 입히기 위해서는 몇 가지 요소에 세심한 주의를 기울여야 한다. 바로 케이크의 모양, 케이크의 온도 그리고 글레이즈의 온도다.

케이크는 반드시 평평해야 한다. 필요하면 스펀지 케이크나 버터 케이크 겹의 표면을 고른다. 가운데가 살짝 꺼진 초콜릿 토르테 또는 견과류 토르테를 평평하게 고르려면, 토르테에 대해 항목에서 설명한 바와 같이 가장자리를 누르고 케이크를 뒤집는다. 두꺼운 종이로 만든 원형 케이크 받침 또는 분리형 팬의 바닥 부분처럼 단단한 토대 위에 케이크를 올려놓아야 케이크를 움직일 때 글레이즈가 깨지거나 찌그러지지 않는다.

글레이즈를 바르기 전에 케이크 표면을 아주 매끄럽게 다듬어야 한다. 일부 전통적인 유럽식 디저트를 만들 때는 뜨겁게 데워서 체에 거른 살구 잼이나 레

드커런트 잼을 얇게 발라서 케이크의 표면을 매끈하게 코팅한 후 글레이즈 작업을 한다. 그보다 더 효과적인 방법은 프로스팅과 비슷한 농도로 식힌 초콜릿 글레이즈를 케이크에 얇게 발라서 입히는 것이다. 이것을 빵가루 코팅이라고 부른다. 잼이나 빵가루 코팅을 바른 후에는 글레이즈를 바르기 전에 케이크를 냉장고에 5~10분간 넣어두고 코팅을 굳혀야 한다.

케이크에 글레이즈를 바르려면 테두리 있는 오븐 팬에 받침대를 놓고 케이크를 올리거나 장식용 회전 쟁반 위에 케이크를 올려놓는다. 필요하면 남은 글레이즈를 부을 수 있는 상태까지 데운다.(약 29℃) 글레이즈가 너무 차갑다면 금세 탁한 상태로 변해버리고, 너무 따뜻하다면 두껍게 코팅되기 전에 케이크에서 흘러내린다. 아래 그림과 같이 글레이즈를 케이크 위에 붓고 금속 주걱으로 윗면과 옆면을 완전히 코팅한다. 군데군데 빈 부분은 주걱을 회전 쟁반 또는 오븐 팬에 떨어진 여분의 글레이즈에 담갔다가 비어 있는 곳에 톡톡 눌러서 메운다. 글레이즈가 마르기 시작할 때 무리하게 바르면 표면이 얼룩덜룩해지고 주걱 자국이 생기므로 주의한다. 차가운 케이크에 바른 글레이즈는 즉시 굳기 시작하므로 신속하게 작업해야 한다. 실온 상태의 케이크라면 글레이즈가 실온에서 자연스럽게 굳도록 하고, 글레이즈 작업 도중이나 작업을 마친 후 냉장고에 넣지 않는다. 차가운 케이크는 글레이즈를 바른 직후에 냉장고에 넣어 먹기 전까지 보관한다.

글레이즈가 탁하거나 얼룩덜룩하거나 기다란 자국이 생기는 이유는 글레이즈를 부을 때 온도가 맞지 않았거나 글레이즈를 바르기 전후에 케이크 온도가 적당하지 않았기 때문이다. 위의 설명을 충실히 따르면 반질반질 빛나면서 거울처럼 매끄러운 글레이즈를 바른 케이크를 만들 수 있다.

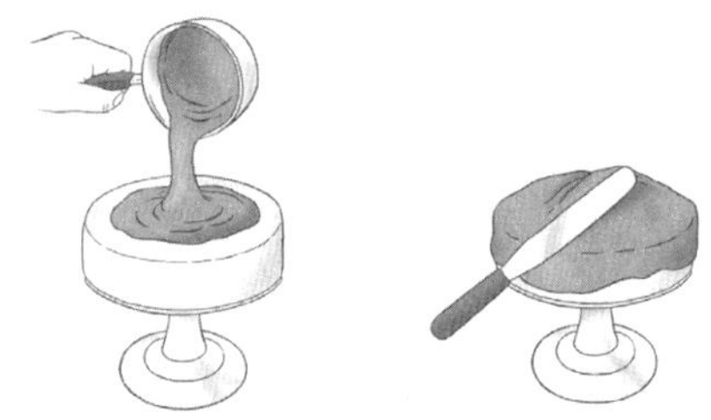

글레이즈를 케이크의 중심부에 붓고 주걱으로 넓게 펴서 바르기

케이크 장식하기

프로스팅을 바른 케이크의 윗면과 옆면에 질감을 주려면 프로스팅이 아직 말랑말랑할 때 케이크용 빗이나 톱니 칼을 뜨거운 물에 담갔다가 닦아서 물기를 제거한다. 케이크의 옆면과 90도 각도를 이루도록 살짝 갖다 댄다. 회전 쟁반을 사용한다면 빗이나 칼을 가만히 잡고 있는 상태에서 회전 쟁반을 빙글빙글 돌린다. 또는 조심스럽게 케이크의 옆면을 따라 쓸어서 모양을 낸다.

케이크의 윗면에 스텐실로 모양을 내려면 프로스팅을 한 경우 냉장고에 넣어서 프로스팅을 굳힌다.(프로스팅을 하지 않은 케이크도 스텐실로 모양을 낼 수 있으며 이때 냉장고에 넣었다 꺼낼 필요가 없다.) 종이 도일리(doily, 레이스 형태로 모양을 낸 장식용 냅킨 ─ 옮긴이) 또는 직접 손으로 자른 스텐실을 사용한다. 스텐실을 직접 만든다면 케이크의 표면보다 약간 큰 원형의 파라핀지나 유산지를 3번 또는 4번 접어서 8겹이나 16겹으로 만든 후 접힌 부분에 작은 도형을 그리고 모양대로 오려낸다.(종이로 눈 결정체를 만들 때처럼) 이때 잘라내는 도형의 모양은 특별히 정해진 것이 없으며 반드시 대칭으로 자를 필요도 없다. 직접 잘라서 만드는 스텐실의 장점은 시판 레이스 도일리보다 잘라낸 부분이 더 크고 확

실하게 구분되므로 장식을 마쳤을 때 디자인의 형태가 더욱 분명하게 드러난다는 점이다. 특별한 디자인 재능이 필요한 것도 아니고 심지어 아이들에게 잘라내는 작업을 맡길 수도 있다. 필요하면 사용하기 전에 스텐실 위에 무거운 책을 올려서 평평하게 펼친다. 도일리나 스텐실을 케이크 윗면에 올려놓고 고운 체를 사용해 슈거 파우더나 코코아를 그 위에 골고루 얇게 뿌린다. 무늬가 망가지지 않도록 양손으로 스텐실을 잡고 위로 들어올려서 케이크에서 조심스레 떼어낸다. 케이크에 스텐실로 모양을 내는 작업은 내기 직전에 해야 한다. 시간이 지나면 설탕이나 코코아가 프로스팅에 흡수되면서 희미해지기 때문이다.

케이크의 윗면에 스텐실로 모양내기

프로스팅을 짜서 경계를 만들거나 장미, 별 또는 기타 큼직한 형태를 만들려면 헝겊이나 비닐 또는 일회용 페이스트리 짤주머니를 사용한다. 헝겊을 선호한다면 질긴 천을 준비해 이음매가 바깥쪽을 향하도록 뒤집어서 사용한다. 취향에 따라 페이스트리 짤주머니에 금속 소재의 장식용 깍지를 끼울 수도 있다. 일회용 페이스트리 짤주머니라면 꼭짓점 부분에 구멍을 뚫고 장식용 깍지를 끼워야 프로스팅을 원활하게 짤 수 있다.

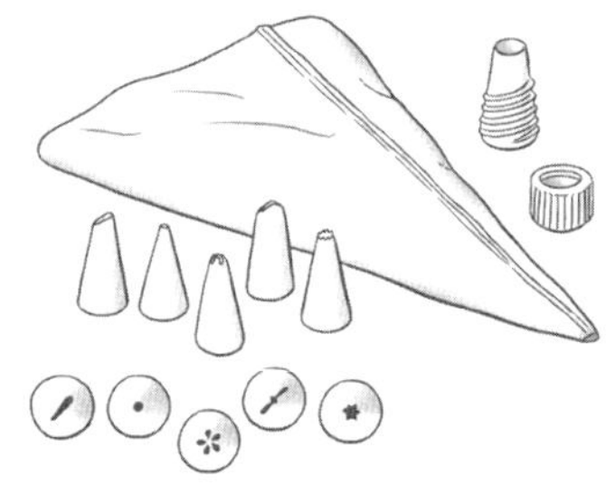

페이스트리 짤주머니, 깍지, 연결부

짜서 사용하는 프로스팅은 확실히 모양을 유지할 수 있을 정도로 뻑뻑해야 한다. 실리콘 주걱으로 매끄러워질 때까지 프로스팅을 잘 저은 후 짤주머니에 담는다. 짤주머니에 넣고 짜는 과정에서 프로스팅이 약간 더 뻑뻑해지므로 휩드 크림은 살짝 덜 저어서 담아야 한다. 너무 뻑뻑한 휩드 크림을 페이스트리 짤주머니에 넣어서 짜면 결이 거칠고 너무 오래 저은 것처럼 보인다. 가장 좋은 결과를 얻으려면 휩드 크림을 사용할 경우 지름 6mm 미만의 깍지는 피한다. 필요하면 프로스팅의 농도를 적당히 조절한다.

페이스트리 짤주머니에 프로스팅을 담으려면 소매를 접듯이 짤주머니의 넓은 윗부분을 아래로 접은 후 짤주머니의 꼭짓점 부분이 아래로 가도록 깊은 계량컵이나 유리잔에 넣어서 프로스팅을 담는 동안 똑바로 서 있도록 한다. 프로스팅이 짤주머니의 끝까지 들어가도록 작은 주걱으로 꾹꾹 눌러가면서 짤주머니의 ⅔ 정도까지 채운다. 시작하기 전에 짤주머니를 눌러서 프로스팅을

골고루 분산시키고 끝부분의 기포를 빼내야 케이크 위에 매끄럽게 장식을 얹을 수 있다. 소매처럼 접은 부분을 편 후 프로스팅이 들어 있는 곳 바로 위쪽을 모아서 잡되, 이때 짤주머니 안에 큰 기포가 들어가지 않도록 주의한다. 짤주머니의 윗부분을 비틀어서 프로스팅에 압력을 가하면 프로스팅이 짤주머니의 끝부분으로 내려간다. 프로스팅을 짤 때는 프로스팅이 담긴 부분을 바로 눌러서 짜내기보다는 짤주머니의 윗부분을 비틀어서 프로스팅을 밀어내는 방식으로 작업한다. 유산지로 만든 짤주머니(페이스트리 짤주머니 직접 만들기 항목을 참고)는 약간 다른 방식으로 다룬다. 이때는 짤주머니의 윗부분을 돌돌 말아 내려가면서 프로스팅을 밀어내야 한다.

장식을 위해 여러 색의 프로스팅이나 아이싱을 준비하려면, 프로스팅을 작은 그릇 몇 개에 나눠 담고 페이스트 또는 액체 상태의 식용 색소로 색을 낸 후 짤주머니에 담는다. 아주 소량만 필요한 색상이라면 프로스팅의 양을 줄이고 작은 짤주머니를 사용한다.

프로스팅으로 장식하기 전에 케이크 팬을 뒤집어놓고 프로스팅을 짜보면서 짤주머니를 다루고 다양한 모양을 만드는 데 익숙해지도록 연습한다. 연습한 프로스팅은 긁어모아서 여러 번 다시 사용할 수 있다.(휩드 크림은 예외)

케이크를 장식할 때는 장식용 회전 쟁반이나 회전판에 케이크를 올려놓고 작업하는 것이 편리하다. 어떤 경우든 옆면을 장식할 때는 케이크가 팔꿈치 바로 위에 놓이도록 자리를 잡는다. 자주 사용하는 손으로 압력과 움직임을 조절한다. 다른 손은 흔들리지 않도록 받치는 역할에만 사용한다. 아래의 왼쪽 두 그림처럼 짤주머니를 손바닥에 대고 엄지는 위에 올린 상태로 짤주머니를 가볍게, 하지만 놓치지 않도록 확실하게 잡는다. 손이나 손목을 돌리면서 모양을 만드는 동안 짤주머니를 꾹 눌러 짤 수 있도록 손가락은 자유롭게 움직일 수 있어야 한다. 천이나 비닐 짤주머니라면 자주 쓰는 손을 사용해 아이싱을 짤 때마다 짤주머니의 위쪽을 비튼다. 유산지로 짤주머니를 만들어서 쓴다면 아이싱을 짤 때마다 짤주머니의 위쪽을 차곡차곡 접어서 남은 아이싱을 밀어낸다. 아래의 가운데 두 그림처럼, 때로는 검지와 중지로 가위처럼 V자 형태를 만든 후 짤주머니의 끝부분에 대고 장식을 하면 편리하다. 또는 한쪽 손은 짤주머니를 가볍게 유도하는 정도로만 사용할 수도 있다.(아래의 오른쪽 그림)

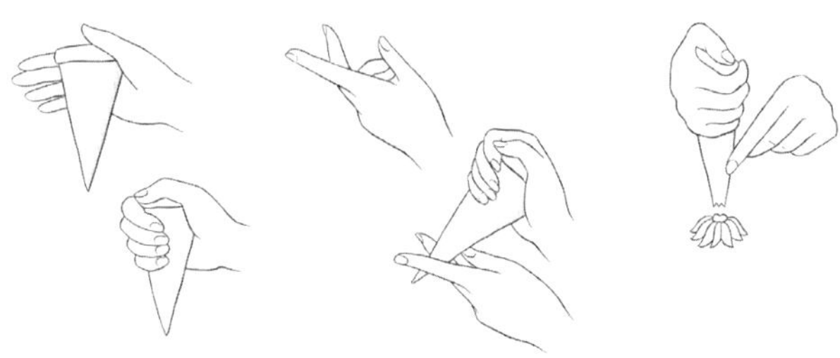

모양을 만들기 위해 페이스트리 짤주머니를 잡는 방법

아이싱의 모양은 케이크 표면에 대한 짤주머니 및 짤주머니 끝부분의 각도, 짜내는 속도 및 압력, 짤주머니를 움직이는 방향과 속도, 이렇게 세 가지 요소가 합쳐진 결과물이다. 짤주머니와 끝부분이 케이크 표면에서 45도 또는 90도 각도(같은 위치에서 위아래로 움직일 때)가 되도록 들고 사용한다. 짤주머니의 끝부분을 움직이기 직전에 짜기 시작하고, 움직이는 동작을 멈추기 직전에 짜는 것을 멈춘다. 움직이기 전에 짜내는 프로스팅의 양에 따라 모양의 시작 부분이 얼마나 봉긋하고 넓게 펴지는지가 결정된다. 모양을 다 그린 후 뒤에 길게

꼬리가 따라온다면 움직임을 멈출 때까지 계속 짤주머니를 짰기 때문이다. 짤주머니의 움직임을 멈추면서 짜내는 힘을 줄인다면 프로스팅이 점점 가늘어지다가 더 이상 나오지 않는다. 원하는 모양이 잘 나오지 않는다면 짤주머니를 잡는 이 세 가지 방법을 번갈아 사용해본다.

짤주머니 다루는 법을 완벽하게 익히는 유일한 방법은 연습뿐이다. 여러 번 반복해서 연습할 수 있는 저렴하고도 잘 흩어지지 않는 재료를 두 가지 소개한다. ▶ 매시트포테이토를 만들 때 사용하는 인스턴트 가루에 물을 섞어서 원하는 농도를 만든다. 연습하는 도중에 필요하다면 물을 적당히 추가해 감자의 농도를 조절한다. 또는 식물성 쇼트닝 1½컵에 물 2큰술과 옥수수 시럽 1큰술을 넣어 섞은 후 슈거 파우더 4컵(450g)을 넣고 탁탁 치면서 섞어서 연습용 '버터크림'을 만들어도 좋다.

몇 가지 간단한 케이크 장식

다른 모든 예술 작업과 마찬가지로 케이크 장식도 세부적인 기술보다는 콘셉트가 중요하다. 원하는 모양을 먼저 스케치로 그려보거나 머릿속에 확실하게 그려본다. 위의 그림 같은 패턴은 전통적으로 자주 사용되는 것들이다. 먼저 위와 같은 모양을 연습해본 후 자신만의 스타일을 개발하자.

케이크 장식을 할 때는 화려하고 다채롭게 장식해보고 싶은 강한 유혹에 빠지기 쉽다. 그러나 처음에는 비대칭적인 형태만 몇 개 그려서 장식이 없는 공간을 충분히 확보해보자. 복잡한 모양은 따로 파라핀지 위에 만든 후 적당히 말려서 케이크에 얹는 것도 초보자에게 좋은 방법이다. 모양을 따로 만들었다면 파라핀지 위에서 단단하게 굳힌 다음(냉장고 또는 냉동실에 넣어두면 시간을 단축할 수 있다.) 파라핀지를 살살 떼어내고 남은 아이싱을 접착제처럼 살짝 발라서 케이크에 붙여 고정한다.

간단하게 케이크를 장식할 수 있는 또 하나의 방법은 아래 그림처럼 프로스팅을 한 케이크에 굵게 썬 견과류나 코코넛을 눌러서 붙이는 것이다.

케이크의 옆면에 견과류 붙이기

페이스트리 짤주머니 직접 만들기
764쪽의 그림을 참고해 유산지를 38×28cm 크기의 직사각형으로 자른다.(위

의 왼쪽 그림) 종이를 대각선으로 반을 접고(위의 가운데 그림), 접힌 면이 몸에서 먼 쪽을 향하도록 놓는다. 접힌 면의 가운데를 두 손가락으로 단단히 잡고 점 A가 점 B를 만나도록 잡아당긴 후 오른쪽에서 왼쪽으로 뿔 모양이 되도록 둥글게 만다.(위의 오른쪽 그림) 두 손가락으로 잡은 지점은 뿔의 단단한 꼭짓점이 되어야 한다. 뿔 모양이 완성될 때까지 계속 종이를 돌돌 만다.(아래 왼쪽 그림) 뿔의 꼭짓점이 아래로 향하고 이음매 부분이 만드는 사람 쪽을 향하면서 기다란 옆면(A와 B가 맞닿은 지점)이 몸에서 먼 쪽을 향하도록 놓는다.(아래 왼쪽에서 두 번째 그림) 이음매는 짤주머니의 가장 높이 솟은 지점 중 하나에서 직선으로 내려와야 한다. 두 개의 이음매 중에 덜 높이 솟은 지점을 아래로 접어서(C와 D가 맞닿은 지점) 뿔 모양과 이음매를 고정시킨다.(아래 왼쪽에서 세 번째 그림) 속이 비치는 유산지를 사용했다면 프로스팅을 담을 수 있도록 원뿔 안이 텅 비어 있음을 확인할 수 있다. 프로스팅을 담기 전에 종이로 만든 원뿔의 꼭짓점 부분을 납작하게 누른 뒤 끝을 잘라낸다. 페이스트리 짤주머니에 함께 들어 있는 금속 깍지를 사용하려면 깍지를 끼울 수 있도록 큼직하게 잘라내되, 구멍이 너무 크면 꽉 눌렀을 때 미끄러지므로 주의한다. 금속 깍지를 따로 끼우지 않고 종이 원뿔의 꼭짓점 부분을 그대로 잘라서 모양을 만든다면, 각 '끝부분' 모양별로 종이 원뿔을 여러 개 만든다. 가로 방향으로 일자로 자르면 둥근 모양의 작은 입구가 생긴다. V자를 하나 넣어서 잘라내면 별 모양이 되고, V자를 두 개 넣어서 자르면 장미꽃 모양이 된다. 프로스팅을 담은 후에는 양쪽 옆면의 불쑥 솟은 부분을 안쪽으로 밀어 넣고 짤주머니의 윗부분을 두 번 접어서 단단히 봉한다.(아래 오른쪽 그림) 이렇게 하면 짤주머니를 세게 눌러도 원뿔의 윗부분으로 프로스팅이 새어나오지 않는다.

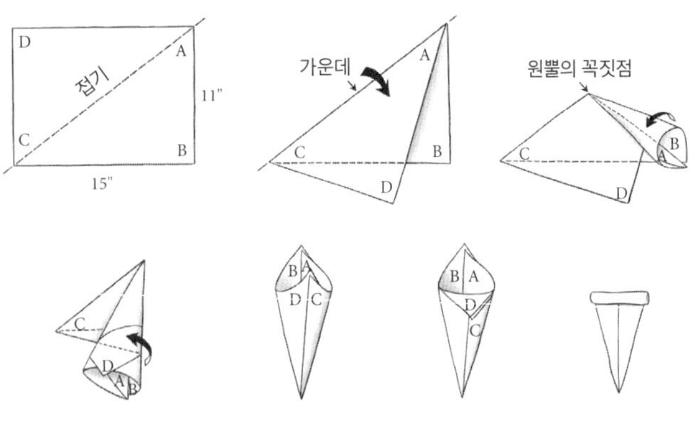

페이스트리 짤주머니 만들기

생화로 케이크 장식하기

식용 꽃을 사용해 케이크를 장식할 수 있는데, 이때 ▶ 살충제를 뿌리지 않았는지 반드시 확인한다. 케이크에 얹는 용도로는 접시꽃, 캐모마일, 한련, 팬지, 제비꽃, 서양지치, 장미 등의 꽃을 선택한다. 옥스아이 데이지와 아프리카 데이지는 비교적 오래 싱싱함을 유지한다. 아마란스의 작은 가지를 길게 잘라서 케이크의 옆면까지 내려오도록 늘어뜨리거나 여러 단 케이크의 두 단이 만나는 곳에 둘러도 좋다. 밀집꽃을 비롯한 몇 가지 꽃도 식용 꽃은 아니지만 독이 없으므로 케이크 장식에 사용할 수 있다. 허브 잔가지, 회향 잎, 제라늄 같은 독이 없는 잎사귀, 심지어 가문비나무의 새순도 케이크에 얹어서 근사한 시각적 효과를 낼 수 있다. ▶ 은방울꽃이나 크로커스 등은 독이 있으므로 사용하지 않도록 주의한다. 케이크 장식에 사용할 생화를 손질하려면 수술을 떼어낸 후 줄기는 2cm만 남기고 잘라낸다. 아이싱을 마친 케이크를 식탁에 올리기 직전에 꽃을 얹어 보기 좋게 장식한다.

케이크 보관 및 냉동에 대해

아무런 장식을 하지 않은 케이크 및 아이싱이나 글레이즈를 바른 케이크는 케이크 보관용 뚜껑으로 덮어 실온에 보관하면 된다. 며칠 정도 지나면 케이크가 마르기 시작한다. 먹다 남은 케이크는 비닐랩이나 파라핀지를 잘라서 케이크를 잘라낸 단면에 붙여두면 촉촉함이 유지된다. 기름을 넣어서 만든 케이크는 버터로 만든 케이크보다 촉촉함이 오래 유지된다.

휘핑 크림, 머랭, 페이스트리 크림 또는 크림치즈나 버터크림 프로스팅을 케이크 겹 사이에 바르거나 표면에 코팅하여 만든 케이크는 항상 냉장고에 넣어 보관해야 한다. 냉장고에 넣을 때 밀폐 플라스틱 용기에 담아두면 다른 음식의 냄새나 풍미가 흡수되지 않으며 잘 마르지 않으므로 가장 좋다.(파라핀지를 자른 단면에 붙여두는 것도 도움이 된다.) 냉장고에 보관했던 케이크는 최소한 1시간 전에 꺼내서 실온 상태로 만든 후 낸다. 오일 케이크는 취향에 따라 냉장고에서 꺼낸 직후에 내놓을 수 있다.

대다수 케이크는 냉동 보관해도 품질이 크게 저하되지 않는다. 지방 재료가 듬뿍 들어간 케이크일수록 냉동했다가 해동했을 때 풍미와 질감이 잘 유지된다. ▶ 오일 케이크, 버터 케이크, 치즈 케이크, 진한 초콜릿 토르테 등의 촉촉한 케이크는 대부분 최대 3개월까지 냉동 보관할 수 있다. ▶ 엔젤푸드 케이크나 스펀지 케이크처럼 지방이 거의 들어가지 않거나 아예 지방 재료를 사용하지 않은 케이크는 고작 일주일 정도 지나면 말라서 품질이 떨어지기 시작한다. 토르테와 제누아즈처럼 시럽을 발라서 만든 케이크는 케이크 자체뿐만 아니라 잼이 수분을 가두는 역할을 하므로 냉동 보관에 가장 적합하다. 향신료를 사용한 케이크는 냉동실 보관 기간이 6주가 넘어가면 풍미가 떨어지기 시작한다. 전체적으로 프로스팅을 바른 케이크도 냉동실에 넣어 보관할 수 있으며, 크림치즈 프로스팅이나 버터크림처럼 지방 함량이 높은 프로스팅으로 만든 촉촉한 케이크를 선택하면 가장 좋다. 머랭으로 만든 아이싱은 냉동 보관에 적합하지 않다.

케이크를 단단히 감싸서 신속하게 냉동할수록 보관 후에도 품질이 잘 유지된다. 이를 위해서는 냉동하기 전에 케이크를 차갑게 한 후 먼저 공기가 통하지 않도록 비닐랩으로 감싸고 질긴 포일 또는 냉동용 비닐 용기나 지퍼백으로 이중 포장한다. 프로스팅을 바른 케이크는 완성 후 차갑게 식혀서 감싼다.

냉동실에 넣어두었던 케이크를 해동할 때는 담았던 용기나 랩에서 꺼내지 않고 그대로 해동하여 물방울이 케이크가 아니라 랩이나 용기의 표면에 모이도록 한다. 차갑게 먹는 케이크는 냉장고에 넣어서 해동하고, 실온 상태로 먹는 케이크는 실온에 두고 해동해야 한다.

웨딩 케이크 및 그 외의 대형 케이크에 대해

대형 케이크를 만들 때는 분량을 2~3배로 쉽게 늘릴 수 있는 레시피를 선택한다. 이 책에서 소개하는 레시피 중에서는 특히 흰색 케이크 레시피를 활용했을 때 좋은 결과를 얻을 수 있었다. 대략 75명의 손님이 즐길 수 있도록 각 단이 두 겹으로 구성된 커다란 3단 흰색 케이크를 만드는 것은 생각보다 무척 쉽다. 거기에 25인분 정도를 추가하려면 흰색 케이크 레시피를 3배 분량으로 늘려서 반죽한 후 33×23cm 크기의 팬 2개에 굽고 프로스팅 4~5컵으로 장식해 두 겹으로 구성된 '예비용' 시트 케이크를 만들면 된다. 커다란 케이크 겹을 구울 때는(지름 30cm 이상) 레시피에 표기된 오븐 온도에서 15℃ 정도 낮추고 굽는 시간은 필요에 따라 적당히 늘린다. 골고루 구워지도록 오븐 안에서 팬의 위치를 바꿔가며 굽고, 중간 정도 구웠을 때 앞뒤 방향을 바꿔준다.

레시피 분량을 늘려서 웨딩 케이크로 만들 수 있는 케이크의 유형은 매우 다양하다. 이왕이면 아주 촉촉하거나 결이 조밀하기보다는 단단한 케이크를 고르는 것이 좋다. 결이 조밀한 케이크를 가로질러 자르면 필링이 흘러나오기 쉽다. 아주 촉촉한 케이크는 모양을 만들고 여러 단으로 쌓아서 운반하기가 까다롭다. 특정 크기의 팬을 기준으로 한 레시피를 다른 크기의 팬에 맞게 응용하려면 케이크 팬의 크기와 용량에 대해 항목을 참고한다.

케이크 단을 만드는 방법: 30×5cm 크기의 둥근 팬 2개와 23×5cm 크기의 둥근 팬 2개, 15×5cm 크기의 둥근 팬 2개의 옆면에 기름을 바르고 밀가루를 뿌린 후 유산지를 둥글게 잘라서 각 팬의 바닥에 깐다. 흰색 케이크의 레시피 분량을 세 번 준비해 따로따로 반죽하고 굽는다. 레시피마다 30cm 팬 1개와 15cm 팬 1개 또는 23cm 팬 2개에 들어갈 만한 충분한 분량의 반죽을 만들 수 있다. 반죽을 다음과 같이 계량해 팬에 담는다. 30cm 팬에는 반죽 6컵, 23cm 팬에는 반죽 4컵, 15cm 팬에는 반죽 2컵이 들어간다. 15cm 팬은 10~20분, 23cm 팬은 25~30분, 30cm 팬은 40~50분간 굽는다.

웨딩 케이크의 필링과 프로스팅을 선택하려면 우선 날씨를 고려한다. 온도가 조절되는 실내에서 결혼식을 한다면 프로스팅에 사용할 수 있는 옵션도 비교적 다양하다. 야외 결혼식이고 날씨가 따뜻하거나 더운 시기라면 버터크림을 권장한다. 머랭 버터크림 Ⅰ 또는 Ⅱ나 간단한 바닐라 버터 프로스팅을 16컵 준비한다.(케이크 겹 사이에 바를 용도로 4~5컵, 케이크에 프로스팅을 바르고 경계 부분에 짜서 장식할 용도로 10~11컵) 머랭 버터크림 Ⅰ 또는 Ⅱ 레시피의 5배 분량 또는 간단한 바닐라 버터 프로스팅 레시피의 8배 분량을 준비하되, 바닐라 버터 프로스팅을 만들 때는 레시피의 2배 분량당 슈거 파우더 450g을 사용한다. 취향에 따라 프로스팅이 아닌 다른 재료를 케이크 겹 사이에 바를 수도 있다.(이때 필요한 프로스팅의 양은 11컵으로 줄어든다.) 레몬 커드나 라임 커드를 바르면 버터크림의 풍미와 상큼하게 대비된다. 진한 초콜릿 가나슈를 두껍게 바르고 라즈베리 프리저브를 한 겹 얇게 더해주면 진한 맛과 트러플 초콜릿을 연상시키는 매력을 더할 수 있다. 소금 캐러멜 소스와 얇게 저민 바나나를 섞어서 색다른 느낌을 내도 좋다. 레몬 커드처럼 케이크 겹 사이에서 흘러나오기 좋은 필링을 사용한다면 케이크 겹의 바깥쪽 가장자리에 아이싱으로 '댐'을 만들어서 빠져나오지 않게 막는다.

케이크 겹 사이에 필링을 바르고 빵가루 코팅을 한 뒤 여러 단을 쌓아올리려면 단을 조합하기 전에 케이크 겹을 완전히 식힌다. 필링과 프로스팅을 바르기 전에 식히면 더 좋다. 이렇게 하면 케이크가 단단해지므로 훨씬 쉽게 옮기고 프로스팅 작업을 할 수 있다. 케이크를 옮길 때는 쿠키 시트를 커다란 케이크 겹 아래에 밀어 넣고 받쳐서 케이크가 갈라지지 않도록 한다. 케이크 겹이 평평하지 않거나 맨 위층이 거칠고 건조하면 톱니 칼로 평평하게 고른다. 여러 단 케이크를 만들 때는 케이크의 각 단을 두꺼운 종이로 만든 케이크용 둥근 받침에 올려놓고 조합한 뒤 받침 그대로 쌓아올린다. 이렇게 하면 지지대 없이 케이크를 들어올리거나 옮겨야 하는 상황을 방지할 수 있다.

지름 30cm짜리 케이크 단을 조립하려면, 30cm 크기의 케이크용 둥근 받침 가운데에 프로스팅을 살짝 발라서 케이크가 미끄러지지 않게 한다. 30cm짜리 케이크 겹 하나를 받침 가운데에 올바른 방향으로 올려놓는다. 프로스팅 2~2½컵을 골고루 펴서 바른다. 두 번째 케이크 겹을 아래위로 뒤집어서 그

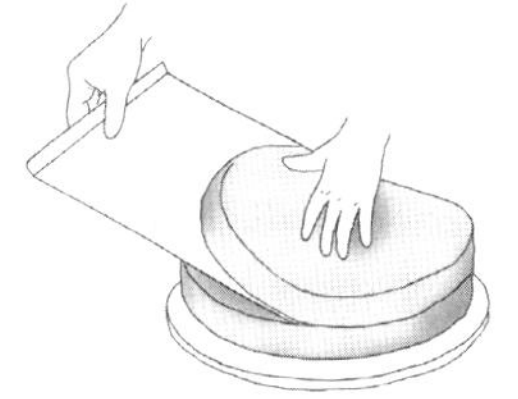

쿠키 시트를 사용해 대형 케이크 겹 옮기기

위에 올린다. 케이크의 윗면과 옆면에 붙어 있는 빵가루를 솔로 털어낸다. 케이크의 윗면과 옆면에 빵가루 코팅을 얇게 발라서 갈라진 부분을 메우고 느슨하게 붙어 있는 빵가루를 고정한다. 냉장고에 넣어 프로스팅을 굳힌다.

23cm 크기의 케이크용 둥근 받침 위에 23cm짜리 케이크를 올려서 조립하고, 프로스팅 1¼컵을 필링으로 바른 뒤 빵가루 코팅 작업을 한다. 15cm 크기의 케이크용 둥근 받침 위에 15cm짜리 케이크를 올려서 조립하고, 프로스팅 ⅓컵을 필링으로 바른 뒤 빵가루 코팅 작업을 한다. 냉장고에 넣거나 차가운 곳에 둔다.

여러 단 케이크에 프로스팅 작업을 하려면 케이크 접시나 장식용 받침대의 가장자리에서 10cm 정도 떨어진 위치에 양면테이프를 서너 군데 붙인다. (장식용 받침대를 직접 만들려면 지름 46cm의 둥근 합판에 꽃집에서 사용하는 포일이나 포장지를 둘둘 감는다. 테이프로 포일을 합판 바닥에 고정한다.) 커다란 L 자형 주걱을 사용해 30cm짜리 단에 최대한 매끄럽게 또는 소용돌이 모양으로 프로스팅을 바른다. 잘 구부러지지 않는 날이 달린 길고 넓적한 주걱이 있다면 케이크 단을 들어올려 옮기기에 매우 유용하다. 넓적한 주걱이 없다면 튼튼한 금속 주걱을 케이크 단 아래에 밀어 넣고 약간 옆으로 기울여서 아래쪽에 손을 끼워 받칠 수 있게 한다. 케이크 단을 접시나 장식용 받침대의 중심부 위로 가져간다. 몸에서 가장 먼 쪽부터 시작해 접시나 받침대의 가장자리에서 5cm 떨어진 곳에 케이크의 한쪽을 내려놓는다. 필요하면 케이크가 정중앙에 오도록 빙글 돌린 뒤 반대쪽도 내려놓는다. 냉장고에 넣거나 차가운 곳에서 프로스팅을 굳힌다. 나머지 두 단도 윗면과 옆면에 프로스팅을 발라서 냉장고에 넣거나 차가운 곳에 둔다. 만약 행사 장소까지 케이크를 운반해야 한다면 각 단을 따로따로 옮긴 후 현장에서 조립하는 것이 편하다. 상황에 따라 케이크에 마무리 작업을 하기 위해 여분의 프로스팅을 준비해간다.

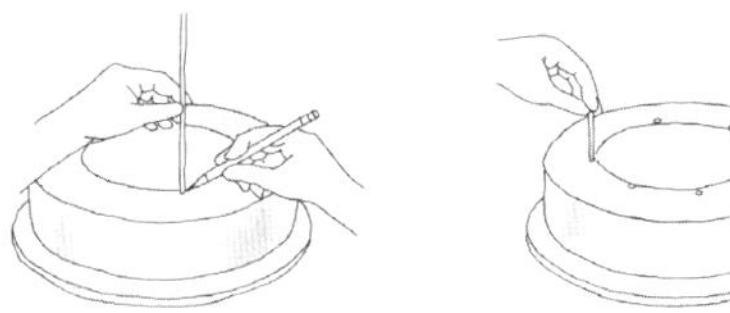

프로스팅의 표면에 위치를 표시하고 지지대 역할을 할
나무못을 일정한 간격으로 끼우기

케이크 단을 쌓으려면 파라핀지나 유산지를 지름 18cm 크기로 둥글게 자른 뒤 30cm짜리 단 위에 놓는다. 플라스틱 빨대나 6mm 두께의 나무못을 원형 종이의 한쪽 가장자리에 갖다 대고 수직으로 눌러서 케이크에 살짝 꽂는다. 빨대나 나무못에 연필이나 식용 마커를 사용해 프로스팅의 표면 위치를 표시한 후 뽑아서 표시된 곳을 잘라 지지대를 만든다. 이 지지대와 같은 높이로 빨대 또는 나무못을 5개 더 잘라서 준비한다. 둥근 유산지 주위를 따라 일정한 간격으로 지지대를 케이크에 꽂는다. 유산지의 중심부에 프로스팅을 넉

넉히 1작은술 떠서 올린다.

파라핀지나 유산지를 지름 10cm 크기로 둥글게 자른 뒤 23cm짜리 단 위에 놓는다. 빨대나 나무못을 꽂아서 표시한 뒤 똑같은 높이로 4~5개 잘라서 둥근 유산지의 주위를 따라 일정한 간격으로 꽂는다. 유산지의 중심부에 프로스팅을 작게 한 덩이 떠서 올린다.

기다란 팬케이크 뒤집개나 손으로 23cm짜리 단을 들어올려서 30cm짜리 단의 가운데에 올려놓은 둥근 유산지 위로 가져간다. 케이크의 앞쪽(작업하는 사람에게서 멀리 떨어진 쪽) 가장자리부터 먼저 아래로 내려놓는데, 이때 가능하면 다른 사람이 유도해주면 좋다. 아래쪽 단에 2.5cm 이내로 접근할 때까지 케이크를 내린 후에는 손이나 큼직한 주걱 대신 아래쪽 단 프로스팅을 망가뜨리지 않고도 쉽게 꺼낼 수 있는 작은 L자형 주걱으로 바꿔 들고 케이크 위쪽 단을 아래쪽 단 위에 올린다. L자형 주걱을 조심스럽게 밖으로 꺼낸다.

23cm짜리 단을 30cm짜리 단 위에 내려놓기

위에서 설명한 방법에 따라 15cm짜리 단을 23cm짜리 단의 가운데에 올려놓는다. 여러 단을 조립한 후에 케이크를 운반한다면 만에 하나 케이크가 무너지지 않도록 '말뚝'을 박으면 좋다. 6mm 두께의 기다란 나무못을 케이크의 높이보다 약간 짧게 자른다. 한쪽 끝을 길고 뾰족하게 깎거나 연필깎이에 넣어 날카롭게 깎는다. 케이크 중심부에 나무못을 수직으로 박아 넣고 망치로 톡톡 두드린다. 적당한 길이의 나무못을 하나 더 준비해 말뚝이 케이크의 바닥까지 닿도록 밀어 넣는다. 말뚝이 들어간 구멍은 나중에 장식으로 메운다.

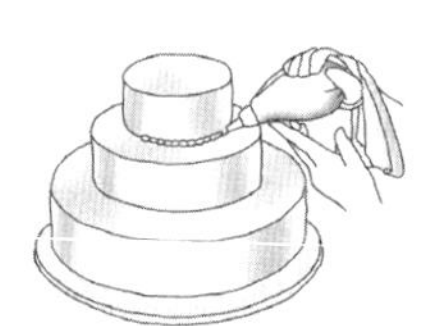

이음매를 가리기 위해 프로스팅을 짜서 장식하기, 완성된 웨딩 케이크

케이크를 장식하려면 짤주머니로 짰을 때 단단하게 모양을 유지하도록 필요에 따라 프로스팅이나 버터크림의 농도를 조절한다. 별 모양 깍지를 짤주머니에 끼우고 버터크림이나 프로스팅을 짤주머니 용량의 절반이 넘지 않게 담는다. 맨 위쪽 단과 바로 아래쪽 단이 만나는 부분에 빙 둘러가며 프로스팅을 짜서 테두리를 만든다. 23cm짜리 단과 맨 아래쪽 단이 만나는 이음매에도 프로스팅을 짜서 같은 방법으로 테두리를 만든다. 케이크를 냉장고에 넣어서 장식하기 전에 프로스팅을 굳힌다. 이제 케이크를 장식할 준비가 됐으므로 버터크림으로 다양한 모양을 만들거나 설탕을 입힌 꽃 또는 식용 생화로 장식한다.(생화로 케이크 장식하기 항목 참고)

케이크를 자르려면 둥근 케이크든 네모난 케이크든 관계없이 가장 아랫단부터 자르기 시작한다. 균일한 깊이로 절개하려면 맨 아랫단이 밑에서 두 번째 단과 만나는 지점부터 시작해 칼을 수직 방향으로 들고 자른다. 단마다 같은 작업을 반복한다. 이런 식으로 케이크 조각을 자르다 보면 화려한 장식을 얹은

맨 위쪽 단과 원통형의 중심 부분만 남게 된다. 맨 위쪽 단은 떼어내서 따로 보관하거나 냉동했다가 1주년 파티에 활용해도 좋다. 그다음 위쪽부터 시작해 원통형 중심 부분도 조각으로 자른다.

분리형 케이크 틀에 대해

어린 양, 토끼 또는 산타 등 모양을 내기 위한 분리형 틀을 사용할 때는 우선 페이스트리용 솔로 틀에 식물성 쇼트닝을 바르고 밀가루를 듬뿍 뿌린다. **흰색 케이크용 반죽**을 준비한다. 앞면이 되는 틀에 반죽을 채운다.(또는 하나로 고정할 수 있는 분리형 틀을 사용한다면 양쪽 틀을 붙여놓고 ⅔ 지점까지 반죽을 붓기만 하면 된다.) 남은 반죽은 나중에 컵케이크를 만드는 데 사용할 수 있다. 틀에 김이 나오는 구멍이 뚫려 있다면 양쪽 틀이 만나는 지점 바로 아래까지 반죽을 붓는다.(이 방법을 써서 김이 나오는 구멍이 없는 케이크 틀에서도 성공적으로 케이크를 구웠다.) 기다란 L자형 주걱을 반죽에 담그고 얌전히 움직이면서 남아 있는 기포를 없앤다. ▶ 이때 기름을 바르고 밀가루를 묻힌 틀의 표면은 건드리지 않도록 주의한다. 머리와 귀가 만나는 곳처럼 약한 부분을 지탱하기 위해 나무 이쑤시개를 세워서 안정된 구조를 확보할 수도 있지만(틀의 종류에 따라 이쑤시개를 꽂을 수 없는 경우도 있다.) ▶ 케이크를 자르기 전에 잊지 말고 빼야 한다. 틀에 뚜껑이 달려 있다면 뚜껑을 덮고 단단히 고정한 후 양쪽 틀을 실이나 철사로 잘 묶어서 부풀어 오르는 반죽의 김 때문에 양쪽 틀 사이가 벌어지지 않도록 한다.

테두리 있는 오븐 팬에 틀을 올려놓고 40분~1시간 동안 굽는다. 다른 케이크를 구울 때와 마찬가지로 김이 나오는 곳이나 틀에 뚫린 구멍 사이로 꼬치를 찔러서 다 익었는지 확인한다. 틀에 담긴 상태로 받침대에 올려놓고 15분 정도 식힌다. 위쪽 틀을 조심스럽게 떼어내고 케이크가 약간 단단해지도록 5분 정도 더 식힌 후 아래쪽 틀도 떼어내고 받침대에 올려서 완전히 식힌다. ▶ 완전히 식을 때까지 똑바로 세우지 않도록 주의한다. 케이크 구조 자체가 약해서 불안정하다면 아이싱을 하기 전에 나무 꼬치나 금속 꼬치를 꽂아서 지지한다. **폭신폭신한 화이트 프로스팅**을 덮어서 장식한다. 털이나 앙고라 느낌을 표현하려면(특히 어린 양 틀로 구워낸 케이크에 잘 어울린다.) **잘게 썬 가당 코코넛 ½~1컵**을 표면에 붙인다. 눈, 코, 입을 강조하려면 **건포도, 견과류, 체리, 작은 젤리** 등을 활용한다.

엔젤푸드 케이크에 대해

엔젤푸드 케이크는 베이킹파우더나 베이킹소다 등의 화학적 팽창제를 사용하지 않는다. 주로 공기와 수증기를 사용해 부풀리므로 달걀흰자로 거품을 낼 때 발생하는 기포의 부피와 다른 재료를 달걀흰자 거품에 넣고 뒤적일 때 주의를 얼마나 기울이느냐가 무엇보다 중요하다. 달걀흰자로 거품을 내는 방법에 대한 자세한 내용은 달걀 거품 내기 항목을 참고한다.

근사한 엔젤푸드 케이크를 굽기 위해서는 올바른 팬을 선택하고 제대로 사전 준비를 하는 것이 중요하다. 바닥을 분리할 수 있는 튜브 팬을 선택하자. 오븐에 굽는 동안 중앙의 튜브가 묽은 반죽을 지탱하는 지지대 역할을 해준다. ▶ 팬에는 기름을 바르거나 밀가루를 뿌리지 않는다. 깨끗하고 물기가 없으며 기름을 바르지 않은 팬을 사용해야 케이크가 제대로 부풀어 오른다.

달걀흰자는 알을 낳은 지 3일 이상 된 것을 사용해야 하며(시판 달걀이라면 크게 신경 쓰지 않아도 된다.) 15.5℃ 정도의 온도를 유지하고 사용하기 직전에 노른자와 분리해야 한다. 달걀흰자 거품을 낼 때 너무 오래 젓는 것은 엔젤푸드 케이크를 만들 때 가장 흔히 발생하는 실수다. 대다수 다른 머랭에 사용하는 달

걀흰자 거품과는 달리, 엔젤푸드 케이크에 사용하는 달걀흰자는 단단한 거품이 생기기 직전까지만 저어야 한다. 스탠드 반죽기를 사용한다면 달걀흰자를 일단 저어서 거품을 낸 다음 손으로 재빨리 몇 번 휘저어 바닥에 가라앉아 제대로 저어지지 않은 달걀흰자를 거품이 난 부분에 합친다. 완성된 반죽은 적당히 부드러운 상태를 유지해 케이크 팬에 그대로 부을 수 있을 정도가 되어야 한다. 타르타르 크림은 엔젤푸드 케이크를 백합처럼 흰색으로 유지하게 해주고 달걀흰자를 안정화시키는 역할을 하므로 높이 솟은 거품이 형태를 잘 유지하도록 돕는다.

엔젤푸드 케이크는 프로스팅을 바르거나 랩으로 단단히 감싸기 전에 거꾸로 뒤집어서 완전히 식힌다. 2~3일 정도는 충분히 보관할 수 있다. 버터 케이크나 다른 스펀지 케이크처럼 오랫동안 냉동 보관을 할 수는 없으므로 ▶ 일주일 이상 냉동실에 넣어두는 것은 피한다.

엔젤푸드 케이크를 자를 때 가장 편리한 도구는 **엔젤푸드 케이크 전용 커터**로, 이 커터는 손잡이에 길고 얇은 가지가 넓은 간격으로 달려 있어 거대한 금속 빗과 비슷한 모양이다. 전용 도구를 구입할 생각이 없다면 포크 2개의 등이 맞닿도록 겹쳐서 케이크에 찔러 넣은 후 살살 벌려서 잘라낸다. 또는 아주 잘 드는 톱니 칼을 조심스럽게 톱질하듯이 앞뒤로 움직여 부드러운 케이크가 뭉개지지 않도록 자른다. 엔젤푸드 케이크는 생과일, 특히 설탕에 재운 딸기와 부드럽게 저은 휩드 크림을 곁들여 먹으면 가장 맛있다. 또는 엔젤푸드 케이크를 정육면체로 작게 잘라서 트라이플에 넣거나 손가락 굵기로 길게 잘라서 티라미수를 만들 때 사용해도 좋다. 먹다 남은 엔젤푸드 케이크는 얇게 자른 후 약간의 버터를 얹어 구우면 갓 구웠을 때처럼 맛이 살아나며, 프렌치토스트처럼 만들어도 맛있다.

엔젤푸드 케이크

지름 25cm짜리 튜브 케이크 1개, 약 16인분

높이가 크고 촉촉하며 부드러운 케이크다. ▶ 롤케이크나 샤를로트(과일과 빵을 켜켜이 쌓아 만든 푸딩 — 옮긴이)에 사용하기 위해 얇은 시트 형태로 구우려면 롤케이크용 케이크 시트 레시피를 참고한다. ▲ 높은 고도 지역에서 엔젤푸드 케이크를 굽는다면 809쪽을 참고한다.

받침대를 오븐의 아래쪽 칸에 끼운다. 오븐을 175℃로 예열한다. 깨끗하고 물기가 없는 지름 25cm의 엔젤푸드 케이크 팬이나 튜브 팬에 기름을 바르지 않고 준비한다.

다음을 섞어서 체에 세 번 친다.

　체에 친 박력분 1컵(100g)

　설탕 ¾컵(150g)

　소금 ½작은술

커다란 그릇이나 거품기형 날을 끼운 반죽기에 다음을 넣고 저속으로 1분간 탁탁 치면서 섞는다.

　달걀흰자 1½컵(365g, 대란 흰자 약 11개), 15.5℃ 정도로 맞추기

　물 1큰술(15g)

　타르타르 크림 1작은술

　바닐라 1작은술

　(아몬드 추출물 ¼작은술)

반죽기를 중고속으로 맞춰 혼합물의 부피가 4~5배로 부풀어 오르며 부드러운 거품이 그릇에 가득 찰 정도로 잘 쳐서 거품을 낸다. 거품기형 날을 꺼내면 거품이 아주 부드럽고 촉촉한 형태를 유지할 것이다. 거품기를 중고속으로 저으면서 다음을 한 번에 1큰술씩 추가한 후 2~3분씩 탁탁 치면서 섞는다.

　설탕 ¾컵(150g)

설탕을 전부 다 넣으면 거품은 크림처럼 흰색을 띠고, 부드럽고 촉촉하며 윤기가 나는 피크가 생기면서 피크의 끝부분이 살짝 구부러지는 모양이 된다. 단단한 거품이 생길 때까지 너무 오래 젓지 않도록 주의한다. 반죽기의 용기가 거의 다 찼을 경우 혼합물을 폭이 넓은 3.8~5.7ℓ짜리 그릇에 옮겨 담으면 더 쉽게 뒤적이며 섞을 수 있다. 밀가루 혼합물의 ¼ 분량을 체에 내려서 달걀 거품 위에 골고루 뿌리고 실리콘 주걱으로 밀가루가 적당히 섞일 때까지 뒤적인다. 이때 너무 여러 번 젓거나 섞지 않도록 주의한다. 이 작업을 세 번 더 반복하고 마지막으로 밀가루 혼합물을 넣은 후에는 밀가루의 흔적이 보이지 않을 때까지 뒤적인다. 반죽을 팬에 붓고 이리저리 기울이거나 주걱으로 펴서 윗면을 평평하게 고른다. 중심부에 케이크 테스트용 얇은 막대를 찔러보면 아무것도 묻어 나오지 않을 때까지 35~40분간 굽는다.

오븐에서 꺼낸 케이크는 즉시 뒤집어서 팬에 거꾸로 담긴 상태로 식혀야 케이크가 푹 가라앉지 않는다. 엔젤푸드 케이크 팬을 사용했다면 가장자리에 달린 지지대를 펼쳐서 거꾸로 세워놓고 케이크가 탁자 표면에 닿지 않게 한다. 일반 튜브 팬을 사용했다면 병이나 뒤집어 놓은 금속 깔때기를 튜브 아래에 받쳐서 케이크가 바닥에 닿지 않게 한다. 케이크가 완전히 굳을 때까지 1시간 반 이상 식힌다.

날이 얇은 칼로 케이크 가장자리를 빙 훑어서 팬에서 분리한다. 같은 방법으로 가운데의 튜브 부분도 분리한다. 팬의 바닥이 분리되는 형태라면 튜브를 위로 들어올려서 케이크를 팬의 옆면에서 떼어낸다. 칼을 케이크 아래에 찔러넣어 팬의 바닥에서 분리한다. 팬의 바닥이 분리되지 않는 형태라면 팬을 뒤집어서 조리대에 톡톡 부딪혀 케이크와 팬 사이에 공간이 생기게 한다. 케이크가 팬에서 떨어지면 받침대나 서빙용 플래터로 받아낸다.

커피 엔젤푸드 케이크

엔젤푸드 케이크의 재료를 준비한다. 작은 그릇에 물 1큰술과 함께 **인스턴트 에스프레소 가루 1큰술**을 넣어서 거품기로 섞은 뒤 달걀흰자에 넣는다. 레시피대로 조리한다.

코코넛 엔젤푸드 케이크

엔젤푸드 케이크를 만들되, 거품을 내지 않은 달걀흰자에 **코코넛 추출물 ½작은술**을 넣는다. 반죽에 밀가루를 마지막으로 넣을 때 **잘게 썬 가당 코코넛 ½컵**을 함께 넣어 뒤적이며 섞는다.

레몬 또는 오렌지 엔젤푸드 케이크

엔젤푸드 케이크의 재료를 준비한다. 레몬이나 오렌지 1개의 껍질을 강판에 곱게 갈아서 밀가루 혼합물에 넣고 섞는다. 아몬드 추출물 대신 **레몬이나 오렌지 추출물 1작은술**을 사용한다.

초콜릿 엔젤푸드 케이크

▲ 높은 고도에서 이 케이크를 구우려면 809쪽을 참고한다.

엔젤푸드 케이크의 재료를 준비한다. 체에 친 박력분 ½컵(50g) 대신 **무가당 코코아 가루 ½컵(40g, 더치 프로세스 권장)**을 넣는다. 취향에 따라 (인스턴트 에

스프레소 가루 1작은술)을 물 1큰술에 녹여 달걀흰자에 넣어도 좋다. 반죽에 코코아 가루와 밀가루 섞은 것을 마지막으로 넣을 때 **굵게 썰거나 강판에 간 세미스위트 또는 비터스위트 초콜릿 55g**을 함께 넣고 뒤적이면서 섞는다.

마블 엔젤푸드 케이크

엔젤푸드 케이크의 레시피대로 밀가루에 설탕과 소금을 넣고 섞는다. 중간 크기의 그릇을 하나 더 준비해 밀가루 혼합물의 절반을 담고 **무가당 코코아 가루 ¼컵(20g)**을 넣어 섞는다. 코코아 가루를 섞은 밀가루와 섞지 않은 밀가루를 한쪽에 둔다. 레시피에 따라 달걀흰자로 거품을 낸다. 거품이 잘 일어나고 설탕이 골고루 섞이면 달걀흰자 혼합물의 절반을 커다란 그릇에 옮겨 담는다. 코코아를 넣지 않은 밀가루 혼합물을 세 번에 나눠 달걀흰자 거품이 담긴 그릇 중 하나에 넣고 뒤적이며 섞는다. 코코아를 섞은 밀가루 혼합물을 세 번에 나눠 달걀흰자 거품이 담긴 나머지 그릇에 넣고 뒤적이며 섞는다. 두 종류의 반죽을 번갈아가며 튜브 팬에 담는다. 반죽을 한 층씩 번갈아 부을 수도 있고 각 반죽을 적당한 크기로 떠서 팬에 번갈아 담을 수도 있다. 그다음 칼로 반죽을 이리저리 저으면서 대리석 무늬를 만든다.

스펀지 케이크에 대해

스펀지 케이크는 엔젤푸드 케이크와 비슷하지만 노른자와 흰자를 분리해 거품을 낸 후 한데 섞어서 뒤적이는 과정을 거친다. 스펀지 케이크에는 두 가지 종류가 있다. 미국식 스펀지 케이크는 달콤하고 촉촉하며, 프랑스식 스펀지 케이크(비스퀴biscuit라고 부른다.)와 같은 유럽식 스펀지 케이크는 단맛이 덜하고 덜 촉촉하다. 이러한 유럽식 스펀지 케이크는 보통 구운 후 촉촉한 시럽에 적시고 필링을 채워서 먹는다.

스펀지 케이크는 달걀을 저어서 낸 단단한 거품으로 부풀리므로 엔젤푸드 케이크에 대해 항목에서 설명한 기포를 가두는 방법이 모두 스펀지 케이크에도 적용된다. 여기에 덧붙여 달걀노른자는 21℃ 정도일 때 가장 잘 부풀어 오른다는 점도 기억하자. 달걀과 설탕 혼합물을 세게 쳐서 원하는 부피만큼 거품을 내려면 반드시 전기 반죽기, 특히 거품기용 날을 끼운 스탠드 반죽기를 사용해야 한다. 스탠드 반죽기를 사용한다면 달걀흰자를 일단 저어서 거품을 낸 다음 손으로 재빨리 몇 번 휘저어서 바닥에 가라앉아 제대로 저어지지 않은 달걀흰자를 거품이 난 부분에 합친다. ▶ 팬에 기름을 바르고 밀가루를 뿌려야 하는지의 여부는 각 레시피의 설명을 따른다. 아래에 소개하는 스펀지 케이크의 상당수는 원하는 만큼 부풀리기 위해 기름을 바르지 않은 팬에 굽거나 최소한 기름이 묻지 않은 면에 반죽을 부어서 구워야 한다.

스펀지 케이크

지름 25cm짜리 튜브 케이크 1개 또는 지름 25cm짜리 원형 케이크 1개, 12~16인분

▶ 롤케이크 형태는 스펀지 케이크 시트 레시피를 참고한다. ▲ 높은 고도에서 이 케이크를 구우려면 810쪽을 참고한다.

모든 재료를 약 21℃의 실온 상태로 준비한다. 오븐을 160℃로 예열한다. 깨끗하고 물기가 없는 지름 25cm의 튜브 팬을 기름을 바르지 않은 상태로 준비하거나 지름 25cm의 원형 케이크 팬에 유산지를 깔아서 준비한다.

다음을 섞어서 체에 친다.

　박력분 1컵(110g)

　베이킹파우더 1½작은술

커다란 그릇이나 거품기용 날을 끼운 스탠드 반죽기 용기에 다음을 넣는다.

　설탕 ⅔컵(130g)

　대란 노른자 7개

　바닐라 1작은술

혼합물이 연한 노란색으로 걸쭉해질 때까지 고속으로 2~3분간 세게 쳐서 섞는다. 다음을 넣고 세게 친다.

　오렌지즙 또는 물 2큰술(30g)

　(강판에 곱게 간 레몬 껍질 1작은술)

　(강판에 곱게 간 오렌지 껍질 1작은술)

　소금 ¼작은술

달걀 혼합물 위에 밀가루 혼합물을 체에 쳐서 골고루 얹되, 뒤섞지는 않는다. 다음을 커다란 그릇에 넣고 깨끗한 거품기 또는 날을 사용해 중속으로 부드러운 피크가 생기도록 세게 쳐서 섞는다.

　대란 흰자 7개

　설탕 1큰술(10g)

　타르타르 크림 ½작은술

다음을 조금씩 넣으면서 반죽기를 고속으로 작동시킨다.

　설탕 ⅓컵(65g)

단단한 피크가 생기지만 마른 거품은 아닌 상태가 될 때까지 잘 쳐서 거품을 낸다. 달걀흰자 거품의 ¼을 달걀노른자 혼합물에 넣고 실리콘 주걱으로 뒤적이며 섞은 후 나머지 흰자 거품을 모두 넣고 다시 뒤적인다. 반죽을 긁어서 튜브 팬이나 케이크 팬에 담고 윗면을 평평하게 고른다. 윗면을 살짝 눌렀을 때 다시 원상태로 돌아오고 중심부에 케이크 테스트용 얇은 막대를 찔러보면 아무것도 묻어나오지 않을 때까지 40~50분간 굽는다.

엔젤푸드 케이크 레시피의 설명에 따라 식힌 후 케이크를 팬에서 빼낸다.

아무것도 바르지 않고 그대로 내거나 다음 프로스팅을 입힌다.

　폭신폭신한 화이트 프로스팅, 레몬이나 오렌지로 향을 내기

또는 다음을 곁들여서 낸다.

　생과일과 휩드 크림

유월절에 먹는 감귤류 스펀지 케이크

지름 25cm짜리 튜브 케이크 1개, 12~16인분

모든 재료를 약 21℃의 실온 상태로 준비한다. 오븐을 175℃로 예열한다. 깨끗하고 물기가 없는 지름 25cm의 튜브 팬을 기름을 바르지 않고 준비한다.

중간 크기의 그릇에 다음을 넣고 잘 저어서 완전히 섞는다.

　마초 가루 ⅔컵(80g)

　감자 전분 ⅓컵(55g)

　소금 ¼작은술

커다란 그릇이나 거품기용 날을 끼운 스탠드 반죽기 용기에 다음을 넣고 혼합물이 연한 노란색으로 걸쭉해질 때까지 고속으로 약 2분간 세게 쳐서 섞는다.

　대란 노른자 9개

　설탕 1컵(200g)

다음을 넣고 세게 쳐서 섞는다.

　오렌지 ½개의 껍질, 강판에 곱게 갈기

　레몬 1개의 껍질, 강판에 곱게 갈기

　체에 거른 오렌지즙 ¼컵(60g)

체에 거른 레몬즙 1큰술(15g)

마초 혼합물을 달걀노른자 혼합물에 조금씩 넣으면서 반죽기를 저속에 맞춰 잘 어우러질 때까지만 젓는다. 다음을 커다란 그릇에 넣고 깨끗한 거품기 또는 날을 사용해 중속으로 부드러운 피크가 생기도록 세게 쳐서 섞는다.

대란 흰자 9개

타르타르 크림 ½작은술

다음을 조금씩 넣으면서 반죽기를 고속으로 작동시킨다.

설탕 ½컵(100g)

단단한 피크가 생기지만 마른 거품은 아닌 상태가 될 때까지 잘 쳐서 거품을 낸다. 달걀흰자 거품의 ¼을 달걀노른자 혼합물에 넣고 실리콘 주걱으로 뒤적이며 섞은 후 나머지 흰자 거품을 모두 넣고 다시 뒤적인다. 숟가락으로 반죽을 떠서 튜브 팬에 얌전히 담고 윗면을 평평하게 고른다. 윗면을 살짝 눌렀을 때 다시 원상태로 돌아오고 중심부에 케이크 테스트용 얇은 막대를 찔러보면 아무것도 묻어나오지 않을 때까지 40~50분간 굽는다.

엔젤푸드 케이크 레시피의 설명에 따라 식힌 후 케이크를 팬에서 빼낸다.

유월절에 먹는 견과류 스펀지 케이크

유월절에 먹는 감귤류 스펀지 케이크를 만들되, 달걀흰자 거품을 두 번째로 넣을 때 구워서 잘게 썰거나 간 호두, 피칸, 아몬드 1컵을 함께 넣고 섞는다.

초콜릿 스펀지 케이크

지름 25cm짜리 튜브 케이크 1개, 12~16인분

이 케이크를 얇게 여러 겹으로 썰어서 취향에 따라 각 겹에 럼이나 선호하는 리큐어를 뿌린 후 저어서 거품을 낸 가나슈 필링을 펴서 발라도 좋다. 슈거 파우더를 살짝 뿌리거나 휩드 크림으로 프로스팅을 한다.

모든 재료를 약 21℃의 실온 상태로 준비한다. 오븐을 175℃로 예열한다. 깨끗하고 물기가 없는 지름 25cm의 튜브 팬에 기름을 바르지 않고 준비한다.

다음을 섞어서 체에 두 번 친 후 다시 체 치는 용기에 담는다.

체에 친 박력분 ⅔컵(65g)

무가당 더치 프로세스 코코아 가루 ½컵(40g)

소금 ¼작은술

거품기용 날을 끼운 스탠드 반죽기 용기에 다음을 넣고 섞는다.

대란 6개

바닐라 2작은술

인스턴트 에스프레소 가루 2작은술

살짝 저은 휩드 크림 정도의 농도가 되도록 고속으로 약 10분간 세게 쳐서 섞는다. 다음을 1큰술씩 넣으면서 약 3분 동안 모두 넣어 세게 쳐서 섞는다.

설탕 1컵(200g)

코코아 혼합물 ⅓ 정도를 체에 치면서 달걀 거품 위에 골고루 뿌리고 뒤적인다. 남은 코코아 혼합물도 두 번에 나눠 같은 방법으로 체에 치고 뒤적여 섞는다. 반죽을 긁어서 튜브 팬에 담고 윗면을 평평하게 고른다. 윗면을 살짝 눌렀을 때 다시 원상태로 돌아오고 중심부에 케이크 테스트용 얇은 막대를 찔러보면 아무것도 묻어나오지 않을 때까지 45분 정도 굽는다.

식히고 케이크를 팬에서 빼내는 작업은 엔젤푸드 케이크 레시피의 설명을 참고한다. 그대로 내거나 다음을 곁들여서 낸다.

휩드 크림

트레스 레체스 케이크(Tres Leches Cake, 세 가지 우유 케이크)

23cm 크기의 정사각형 케이크 1개 또는 28×18cm 크기의 케이크 1개, 약 12인분

이 라틴아메리카식 스펀지 케이크는 두 가지 종류의 우유와 헤비크림을 섞어서 만든 달콤한 혼합물에 흠뻑 적셔서 낸다. 전통적으로 달콤한 소프트 머랭을 얹어서 내지만, 취향에 따라 머랭 대신 휩드 크림을 올려도 좋다.

모든 재료를 약 21℃의 실온 상태로 준비한다. 오븐을 175℃로 예열한다. 23cm 크기의 정사각형 팬이나 28×18cm의 베이킹 팬을 준비한다.

다음을 섞어서 체에 친다.

중력분 1컵(125g)

베이킹파우더 2작은술

커다란 그릇이나 거품기용 날을 끼운 스탠드 반죽기 용기에 다음을 넣고 중속으로 부드러운 피크가 생길 때까지 세게 쳐서 거품을 낸다.

대란 흰자 3개

타르타르 크림 ⅛작은술

다음을 조금씩 넣으면서 고속으로 세게 쳐서 섞는다.

설탕 1컵(200g)

다음을 한 번에 하나씩 넣고 잘 쳐서 푼다.

대란 노른자 3개

(오렌지 1개의 껍질, 강판에 곱게 갈기)

밀가루 혼합물을 ¼ 분량씩 넣으면서 재료가 어우러지기 시작할 때까지만 저속으로 세게 치거나 실리콘 주걱으로 섞는다. 필요하면 그릇 옆면에 묻은 재료를 긁어내리면서 작업한다. 다음을 넣고 반죽이 매끄러워질 때까지만 탁탁 치면서 섞는다.

우유 ¼컵(60g)

반죽을 긁어서 준비한 팬에 담고 윗면을 평평하게 고른다. 윗면을 살짝 눌렀을 때 다시 원상태로 돌아오고 중심부에 이쑤시개를 찔러보면 아무것도 묻어나오지 않을 때까지 25~30분 정도 굽는다.

팬에 담긴 채로 받침대에 올려 10분간 식힌다. 그동안 중간 크기의 그릇에 다음을 넣고 섞는다.

무당연유 ¾컵(185g)

가당연유 ¾컵(228g)

헤비크림 ½컵(115g)

(다크 럼 2큰술)

팬에 들어 있는 케이크에 이쑤시개를 사용해 2.5cm 간격으로 구멍을 뚫는다. 우유 혼합물을 케이크 위에 천천히 붓되, 가장자리와 모서리에도 골고루 붓는다. 식혀서 1시간 이상 또는 하룻밤 동안 냉장고에 넣어두었다가 먹는다.

토핑으로는 다음을 만든다.

부드러운 머랭 토핑 Ⅰ 또는 Ⅱ

먹을 때는 팬에 담긴 그대로 내거나 얇은 칼로 케이크 가장자리를 훑어서 팬에서 분리한 후 큼직하고 얕은 서빙용 플래터에 뒤집어서 담는다. 케이크를 담으면 우유가 조금씩 흘러나와 케이크 주변에 소스처럼 고이므로 적당한 높이의 테두리 있는 플래터를 사용해야 한다. 머랭 토핑을 골고루 펴서 바르거나 짤주머니로 짜서 얹는다. 정사각형 모양으로 잘라서 낸다. 먹고 남은 케이크는 냉장고에 보관하고 24시간 이내에 먹는다.

프랑스식 스펀지 케이크(비스퀴Biscuit)

지름 23cm짜리 원형 케이크 겹 2개 또는 지름 25cm짜리 원형 케이크 1개

비스퀴는 거품을 내서 기포로 부풀리는 전통적인 스펀지 케이크로, 토르테라는 유럽식의 근사한 여러 겹 케이크를 만들 때 사용된다. 가볍고 보송한 질감의 비스퀴는 시럽에 적신 후 버터크림, 무스 또는 기타 필링을 채워서 낸다. 이 레시피는 높이 2.5cm짜리 케이크 두 겹이나 높이 5cm짜리 케이크 한 겹을 만들 수 있는 분량이며, 5cm짜리를 2~3개의 얇은 겹으로 썰어서 사용할 수 있다. ▶ 롤케이크나 샤를로트에 사용하기 위해 얇은 시트 형태로 구우려면 롤케이크용 케이크 시트 레시피를 참고한다.

모든 재료를 약 21℃의 실온 상태로 준비한다. 오븐을 160℃로 예열한다. 23×5cm 크기의 원형 케이크 팬 2개나 지름 25cm의 분리형 팬 1개의 바닥에 기름을 바르고 밀가루를 뿌린 후 유산지를 둥글게 잘라서 바닥에 깐다.

다음을 계량해 체 치는 도구에 다시 넣는다.

> 체에 친 박력분 1컵+2큰술(115g)

커다란 그릇이나 거품기용 날을 끼운 스탠드 반죽기 용기에 다음을 넣고 혼합물이 연한 노란색으로 걸쭉해질 때까지 고속으로 2~3분간 세게 쳐서 섞는다.

> 대란 노른자 6개
>
> 설탕 ¼컵(50g)
>
> 바닐라 1작은술

달걀 혼합물 위에 밀가루 혼합물을 체에 쳐서 골고루 얹되, 뒤섞지는 않는다. 다른 큰 그릇에 다음을 넣고 깨끗한 거품기 또는 날을 사용해 중속으로 부드러운 피크가 생기도록 세게 쳐서 섞는다.

> 대란 흰자 6개
>
> 타르타르 크림 ¼작은술

다음을 조금씩 넣으면서 고속으로 세게 쳐서 섞는다.

> 설탕 ⅓컵(65g)

단단한 피크가 생기지만 마른 거품은 아닌 상태가 될 때까지 잘 쳐서 거품을 낸다. 달걀흰자의 ⅓을 노른자 혼합물에 넣고 실리콘 주걱으로 살짝 뒤적이되, 완전히 섞을 필요는 없다. 나머지 흰자 거품을 두 번에 나눠 넣고 뒤적인다. 반죽을 긁어서 팬에 담고 윗면을 평평하게 고른다. 윗면을 살짝 눌렀을 때 다시 원상태로 돌아오고 중심부에 이쑤시개를 찔러보면 아무것도 묻어나오지 않을 때까지 케이크 팬이라면 20~25분, 분리형 팬이라면 35~40분간 굽는다.

팬에 담긴 채로 받침대에 올려 10분간 식힌다. 얇은 칼로 케이크 가장자리를 훑어서 팬에서 분리한다. 분리형 팬을 사용한다면 고리 부분을 분리해 떼어낸다. 케이크를 뒤집어서 꺼내고 유산지를 벗긴다. 다시 뒤집어 원래 방향대로 받침대에 올려놓고 식힌다.

제누아즈(Génoise)

지름 23cm짜리 원형 케이크 겹 2개 또는 지름 23cm짜리 원형 케이크 1개

이탈리아에서 탄생한 제누아즈는 약간의 버터를 넣어 더 진하고 촉촉하게 만드는 케이크로, 그야말로 활용도가 무궁무진하다. 과일 필링을 넣어도 아주 맛있고 크림 필링을 발라서 롤케이크를 만들거나 얇게 구워서 간단한 글레이즈 또는 생과일과 함께 즐겨도 맛있다. 이 레시피는 높이 2.5cm짜리 케이크 두 겹이나 높이 5cm짜리 케이크 한 겹을 만들 수 있는 분량이며, 5cm짜리를 3~4개의 얇은 겹으로 썰어서 사용할 수 있다. ▶ 롤케이크나 샤를로트에 사용하기 위해 얇은 시트 형태로 구우려면 롤케이크용 케이크 시트 레시피를 참고한다.

모든 재료를 약 21℃의 실온 상태로 준비한다. 오븐을 175℃로 예열한다. 23×5cm 크기의 원형 케이크 팬 2개나 지름 23cm의 분리형 팬 1개의 바닥에 기름을 바르고 밀가루를 뿌린 후 유산지를 둥글게 잘라서 바닥에 깐다.

다음을 체에 세 번 친 다음 체 치는 도구에 다시 넣는다.

> 체에 친 박력분 1¼컵(125g)
>
> 설탕 ¼컵(50g)

작은 편수 냄비에 다음을 넣어 녹인다.

> 무염 버터 5⅓큰술(75g), 정제 버터 권장

녹인 버터를 한쪽에 둔다. 커다란 내열 그릇이나 스탠드 반죽기 용기에 다음을 넣고 세게 저어서 섞는다.

> 대란 6개
>
> 설탕 ¾컵(150g)

프라이팬에 물을 붓고 은근히 끓도록 데운 후 그릇을 물에 담가 내용물을 계속 저으면서 만져보면 따뜻해질 때까지 데운다.(약 43℃) 그릇을 불에서 내리고 핸드 반죽기를 사용하거나 스탠드 반죽기에 거품기용 날을 끼워서 혼합물이 레몬과 비슷한 색이 되면서 부피가 3배로 늘어나고 **오 뤼방**(au ruban, 프랑스어로 리본이라는 뜻 – 옮긴이), 즉 숟가락으로 떴을 때 넓적한 리본 끈처럼 끊어지지 않고 흐르는 상태가 될 때까지 고속으로 세게 젓는다.(스탠드 반죽기로 약 5분, 핸드 반죽기로 10~15분) 세 번에 나눠 밀가루 혼합물을 달걀 혼합물 위에 체에 쳐서 넣고 실리콘 주걱으로 아주 살살 뒤적인다. 버터가 뜨거워질 때까지 다시 데운 후 중간 크기의 그릇에 옮겨 담는다. 달걀 혼합물 약 1½컵을 버터에 넣고 다음을 추가한 후 완전히 섞일 때까지 뒤적이며 섞는다.

> 바닐라 1작은술

버터와 달걀 섞은 것을 긁어서 나머지 달걀 혼합물에 합치고 뒤적이며 섞는다. 반죽을 긁어서 팬에 담고 윗면을 평평하게 고른다. 케이크와 팬의 옆면 사이에 공간이 생기고 윗면을 살짝 눌러보면 다시 원상태로 돌아올 때까지 케이크 팬이라면 약 15분, 분리형 팬이라면 30분간 굽는다.

팬에 담긴 채로 받침대에 올려 10분간 식힌다. 얇은 칼로 케이크 가장자리를 훑어서 팬에서 분리한다. 분리형 팬을 사용한다면 고리 부분을 분리해 떼어낸다. 케이크를 뒤집어서 꺼내고 유산지를 벗긴다. 다시 뒤집어 원래 방향대로 받침대에 올려놓고 식힌다.

초콜릿 제누아즈

제누아즈를 만들되, 체에 쳐서 사용하는 박력분의 양을 ½컵과 1큰술(105g)로 줄인다. 박력분에 **무가당 코코아 가루 ½컵과 1큰술(45g)**을 섞어서 체에 세 번 치고 다시 체 치는 도구에 담는다. 설탕은 밀가루 혼합물과 합쳐서 체에 치지 않는다. 그 대신 설탕은 전부 달걀에 넣고(총 1컵 또는 200g) 거품기로 잘 섞는다. 레시피에 따라 케이크를 굽는다.

시폰 케이크에 대해

깃털처럼 가볍고 폭신폭신하며 부드러운 질감의 시폰 케이크는 엔젤푸드 케이크보다 단맛이 덜하고 스펀지 케이크보다는 더 촉촉하다. 또한 시폰 케이크는 엔젤푸드 케이크처럼 까다로운 과정을 거치지 않고도 비교적 가볍고 부드러운 질감을 쉽게 만들 수 있으므로 달걀 거품을 내서 만드는 케이크 중 가장 쉽게 익힐 수 있다. 시폰 케이크는 버터 대신 기름을 사용한다. 거품 낸 달걀흰자와 베이킹파우더 및/또는 소다를 사용해 부풀린다. 달걀노른자는 반죽에 진한 풍미를 더해주며 반죽의 색도 연한 노란색으로 변한다.

이론상으로는 모든 종류의 기름을 사용해서 만들 수 있다. 특별한 맛과 향이 없는 식물성 기름이 가장 보편적으로 사용되지만, 그보다 개성이 강한 기름을 사용해 은은한 풍미를 추가할 수도 있다. 풀내음이 진한 엑스트라 버진 올리브유를 사용하거나 살짝 견과류 풍미가 나는 호두 기름 또는 피스타치오 기름을 사용해도 좋다. 기름 대신 녹인 버터, 쇼트닝 또는 코코넛 기름을 사용하고 싶은 생각이 들어도 삼가자. 기름은 버터처럼 케이크 자체에 풍미를 더해주지 않으므로 시폰 케이크는 톡 쏘는 맛의 감귤류즙과 껍질, 향신료, 초콜릿이나 코코아 또는 구운 견과류로 맛을 내는 경우가 많다. 향신료, 추출물, 감귤류 껍질을 사용하거나 물 대신 과일즙 또는 커피를 사용하거나 잘게 썬 견과류 또는 미니 초콜릿 칩을 넣어 다양한 버전으로 응용해보자.

▶ 팬에는 기름을 바르거나 밀가루를 뿌리지 않는다. 시폰 케이크를 제대로 부풀리려면 깨끗하고 물기가 없으면서 기름을 바르지 않은 팬을 사용하는 것이 중요하다. 시폰 케이크를 팬에서 꺼낼 때는 엔젤푸드 케이크에 대해 항목을 참고한다. 모든 시폰 케이크는 간단히 슈거 파우더를 뿌리거나 감귤류 또는 리큐어로 향을 낸 설탕 글레이즈(간단한 반투명 설탕 글레이즈 레시피 참고)를 뿌려서 만들 수 있다. 시폰 케이크에는 기름을 사용하므로 냉장고에 넣어도 촉촉함이 유지되며, 심지어 냉동 보관해도 부드럽다. 따라서 시폰 케이크는 아이스크림 필링을 사용하거나 중간에 아이스크림 층을 끼울 때도 적합하다. 시폰 케이크를 세 겹이 되도록 수평으로 자른 후 사이사이에 부드럽게 만든 아이스크림, 소르베 또는 프로즌 요구르트를 채운다. 몇 시간 이상 또는 하룻밤 동안 다시 냉동실에 넣어두었다가 초콜릿, 과일 소스 또는 휩드 크림과 구운 견과류를 곁들여 낸다.

시폰 케이크

지름 25cm짜리 튜브 케이크 또는 33×23cm 크기의 케이크 1개, 12~16인분

▶ 롤케이크나 샤를로트에 사용하기 위해 얇은 시트 형태로 구우려면 롤케이크용 케이크 시트 레시피를 참고한다.

모든 재료를 약 21℃의 실온 상태로 준비한다. 오븐을 160℃로 예열한다. 지름 25cm의 튜브 팬이나 33×23cm의 베이킹 팬에 기름을 바르지 않고 준비한다.

커다란 그릇에 다음을 넣고 완전히 섞이도록 거품기로 젓는다.

   체에 친 박력분 2¼컵(225g)

   설탕 1¼컵(250g)

   베이킹파우더 1큰술

   소금 1작은술

다음을 넣고 매끄럽게 섞일 때까지 고속으로 세게 젓는다.

   대란 노른자 5개

   물 ¾컵(175g)

   식물성 기름 ½컵(105g)

   (레몬 1개의 껍질, 강판에 곱게 갈기)

   바닐라 1작은술

다른 큰 그릇에 다음을 넣고 깨끗한 거품기로 젓거나 스탠드 반죽기에 거품기용 날을 끼워 중속으로 부드러운 피크가 생기도록 세게 쳐서 섞는다.

   대란 흰자 8개

   타르타르 크림 ½작은술

다음을 조금씩 넣으면서 고속으로 세게 쳐서 섞는다.

   설탕 ¼컵(50g)

단단한 피크가 생기면서 윤기가 없어지기 시작할 때까지 흰자를 쳐서 거품을 낸다. 달걀흰자 거품의 ¼을 달걀노른자 혼합물에 넣고 실리콘 주걱으로 뒤적이며 섞은 후, 나머지 흰자 거품을 넣고 다시 뒤적이며 섞는다. 반죽을 긁어서 팬에 담고 윗면을 평평하게 고른다. 윗면을 살짝 눌렀을 때 다시 원상태로 돌아오고 중심부에 이쑤시개를 찔러보면 아무것도 묻어나오지 않을 때까지 튜브 팬이라면 55~65분, 베이킹 팬이라면 30~35분간 굽는다.

엔젤푸드 케이크 레시피의 설명에 따라 식힌 후 케이크를 팬에서 빼낸다. 33×23cm의 베이킹 팬을 사용했다면 유리컵 4개를 놓고 그 위에 팬을 거꾸로 올려 식힌다.

다음으로 아이싱을 한다.

   간단한 레몬 프로스팅 또는 오렌지로 풍미를 낸 폭신폭신한 화이트 프로스팅

또는 다음을 곁들여 낸다.

   신선한 베리류 과일 및 휩드 크림

오렌지 시폰 케이크

시폰 케이크를 만들되, 물과 레몬 껍질 대신 **강판에 곱게 간 오렌지 1개의 껍질과 체에 거른 오렌지즙 ¾컵(185g)**을 넣는다.

모카 시폰 케이크

지름 25cm짜리 튜브 케이크 1개, 12~16인분

달걀은 약 21℃의 실온 상태로 준비한다. 오븐을 160℃로 예열한다. 지름 25cm의 튜브 팬에 기름을 바르지 않고 준비한다.

중간 크기의 그릇에 다음을 넣고 완전히 섞이도록 거품기로 젓는다.

   끓는 물 ¾컵(175g)

   무가당 코코아 가루 ½컵(40g)

   인스턴트커피 또는 에스프레소 가루 1큰술+1작은술

혼합물을 식힌 후 다음을 넣어 거품기로 젓는다.

   식물성 기름 ½컵(105g)

   대란 노른자 5개

   바닐라 1큰술

커다란 그릇에 다음을 넣고 완전히 섞이도록 잘 젓는다.

   체에 친 박력분 1¾컵(175g)

   설탕 1¼컵(250g)

   베이킹파우더 2작은술

   소금 ½작은술

   베이킹소다 ¼작은술

코코아 혼합물을 넣고 매끄럽게 섞일 때까지 잘 젓는다. 다른 큰 그릇에 다음을 넣고 깨끗한 거품기로 젓거나 스탠드 반죽기에 거품기용 날을 끼워 중속도로 부드러운 피크가 생기도록 세게 쳐서 섞는다.

   대란 흰자 8개

   타르타르 크림 ½작은술

다음을 조금씩 넣으면서 고속으로 세게 쳐서 섞는다.

   설탕 ¼컵(50g)

아주 단단한 피크가 생길 때까지 흰자를 쳐서 거품을 낸다. 달걀흰자 거품의 ¼을 코코아 혼합물에 넣고 실리콘 주걱으로 뒤적이며 섞은 후, 나머지 흰자

거품을 넣고 다시 뒤적이며 섞는다. 반죽을 긁어서 팬에 담고 윗면을 평평하게 고른다. 윗면을 살짝 눌렀을 때 다시 원상태로 돌아오고 중심부에 이쑤시개를 찔러보면 아무것도 묻어나오지 않을 때까지 55~65분간 굽는다.

엔젤푸드 케이크 레시피의 설명에 따라 식힌 후 케이크를 팬에서 빼낸다.

다음으로 아이싱을 한다.

오렌지나 커피로 풍미를 낸 폭신폭신한 화이트 프로스팅, 간단한 모카 프로스팅, 모든 종류의 초콜릿 프로스팅 또는 휩드 크림이나 가향 휩드 크림

버터 케이크에 대해

버터 케이크는 특히 미국에서 큰 사랑을 받는 케이크다. 미국인들은 풍미와 질감 때문에 버터를 절대적으로 선호하며, 18세기까지 거슬러 올라가는 이전 세대의 제빵사들도 마찬가지였다. 버터 케이크는 버터, 밀가루, 달걀, 설탕이라는 네 가지 재료를 각각 1파운드씩(약 450g) 사용해서 만들었다는 이유로 처음에는 '파운드 케이크(pound cake)'라는 이름으로 불렸다. 그 이후 수많은 경험이 축적되고 약간의 상상력이 더해져 베이킹파우더가 등장하면서 더 가볍고 세련된 버터 케이크가 탄생하게 되었다.

버터 케이크의 풍미와 질감은 모두 버터의 영향을 크게 받으므로 ▶ 버터를 실온 상태로 준비하는 것이 무엇보다 중요하다. 이상적인 온도는 21℃다.(주방 온도가 높거나 날씨가 더우면 18.3℃로 준비한다.) 이 온도에서는 버터가 잘 구부러지지만 아직 찬 느낌이 다소 남아 있으며, 녹아서 질척이거나 기름이 배어나지 않는다. 버터가 너무 차가우면 반죽에 골고루 섞이지 않고, 버터가 너무 녹았거나 물렁물렁하면 케이크에 기름이 배어나면서 폭신폭신한 느낌이 없어진다. 온도가 너무 높거나 낮으면 크림화 과정에서 기포가 제대로 형성되지 않으므로 결국 완성된 케이크의 질감에 영향을 미친다. 자세한 내용은 재료의 온도에 대해 항목을 참고한다.

버터 케이크를 만들 때 중요한 첫 번째 과정은 크림화다. 크림화란 버터와 설탕을 골고루 섞어서 색이 연해지고 매끄러우며 폭신폭신해질 때까지 세게 치는 작업을 말한다. 버터와 설탕을 섞으면 설탕 결정이 버터의 지방에 미세한 구멍을 내는데, 이 구멍(기포)은 굽는 과정에서 기체와 함께 팽창하면서 케이크를 부풀리는 역할을 하므로 매우 중요하다. ▶ 따라서 반드시 슈거 파우더나 초미립 분당이 아닌, 알갱이 형태의 일반 그래뉼러당을 사용해야 한다. 버터와 설탕의 크림화가 제대로 되면 반죽에 기본 구조가 생기므로 다른 재료를 추가해도 구조가 무너지지 않는다.

손으로 크림화를 하려면 나무 숟가락의 뒷면으로 버터를 그릇의 옆면에 대고 으깬다. 이때 숟가락을 미끄러뜨리듯이 움직이고, 버터를 그릇 전체에 넓게 펴서 으깨기보다는 좁은 지점에만 묻도록 동작을 조절한다. 필요하면 그릇에 으깨진 버터 덩어리를 긁어모아 버터가 말랑말랑해질 때까지 숟가락을 미끄러뜨리는 동작을 반복한다. 설탕을 조금씩 추가하면서 혼합물이 골고루 섞이고 색이 연해지면서 매끄러운 크림 질감이 될 때까지 잘 젓는다. 크림화가 잘되면 설탕 프로스팅과 비슷한 형태가 된다. 군데군데 뭉치거나 거품이 일어나거나 녹은 버터가 기름처럼 스며나오기 시작하면 너무 오래 섞었거나 버터 온도가 높은 것이다. 이 상태로 케이크를 구우면 결이 조밀하지 않고 기름기가 겉돌기 마련이다. 이 문제를 해결하려면 버터와 설탕 혼합물을 냉장고에 5~10분간 넣어서 식힌 후 탁탁 치면서 젓는다.

전기 반죽기로 크림화를 하려면 반죽기를 저속에 맞춰 버터가 크림처럼 부드러워질 때까지 30초 정도 젓는다. 설탕을 조금씩 넣으면서 중속으로 올리

고, 혼합물이 골고루 섞이고 색이 연해지면서 매끄러운 크림 질감이 되어 설탕 프로스팅과 비슷한 형태가 될 때까지 잘 젓는다. 재료의 분량과 반죽기의 종류에 따라 이 작업에는 보통 3~10분 정도 소요된다. 튼튼한 중대형 반죽기에 주걱 모양 날을 끼워서 중속으로 돌리면 4~7분 정도로 시간을 단축할 수 있다.

실온 상태로 준비한 달걀을 크림화한 버터와 설탕 혼합물에 추가하되, ▶ 부피를 유지하고 재료의 유화가 깨지지 않도록 조금씩 넣는다. 달걀을 너무 한꺼번에 넣거나 달걀의 온도가 너무 차가우면 버터의 유화가 '깨지고' 혼합물이 응고되는 것처럼 보인다. 이렇게 되면 부피가 줄어들고 케이크의 질감이 나빠진다.(하지만 그렇다 해도 케이크 자체를 완전히 망치게 되는 일은 드물다.) 유화가 깨진 반죽을 반죽기에 넣고 고속으로 잠깐 돌려주면 반죽이 다시 매끄러워지고 유화가 복구되기도 한다. 재료를 적당히 섞는 데 필요 이상으로 달걀을 오래 쳐서 이로울 건 없다. 관건은 버터와 설탕으로 만든 구조 안에 최대한 많은 양의 공기를 가두는 것이다.

달걀을 섞은 후에는 보통 마른 재료를 세 번에 걸쳐 추가하되, 젖은 재료도 두 번에 나눠서 번갈아 넣는다. 혼합물을 최대한 안정적으로 유지하기 위해 마른 재료로 시작해 마른 재료로 끝낸다. 반죽기를 저속으로 돌리면서 마른 재료와 젖은 재료를 섞고, 용기 옆면에 묻은 재료를 자주 긁어내리면서 크림화된 버터가 반죽에 골고루 섞이게 한다. 추가한 재료는 적당히 합쳐질 정도로만 섞는다. ▶ 이 단계에서 재료를 너무 오래 섞으면 밀가루에 글루텐이 너무 많이 생겨서 케이크가 질겨지고 결도 조밀해진다. 이러한 이유로 실리콘 주걱으로 마른 재료와 젖은 재료를 손으로 살살 섞는 것을 선호하는 사람들도 있다. 견과류를 비롯해 입자가 있는 재료를 추가한다면 반죽을 다 섞은 후 맨 마지막에 넣어 가볍게 뒤적인다.

▶ 원형의 여러 겹 케이크로 굽는 대다수 버터 케이크는 로프 팬이나 튜브 팬에 담아서 구울 수 있으며, 속이 깊은 케이크 팬이나 분리형 팬을 사용해 두꺼운 한 겹 케이크로 만들 수도 있다. 대략적인 기준으로는 로프 팬이나 튜브 팬에 반죽을 2/3 정도 채우면 된다. 더욱 정확하게 분량을 가늠하려면 반죽의 양을 계량한 후 758쪽의 표를 참고해 적당한 팬(또는 여러 가지 팬의 조합)을 선택한다. ▶ 이 경우 굽는 시간은 얇은 케이크 겹을 구울 때보다 넉넉하게 잡아야 한다. 로프 팬에 담아서 굽는다면 50~60분 혹은 그 이상 걸리기도 한다. 20×5cm나 23×5cm의 둥근 팬에 반죽을 2/3까지 채우면 40~50분 정도는 구워야 한다. 지름 23cm나 25cm짜리 일반 튜브 팬 및 지름 23cm짜리 번트 팬에 반죽을 부어서 굽는다면 1시간 가까이 혹은 그 이상 구워야 한다. 제대로 익었는지 확인하려면 이쑤시개나 꼬치를 케이크의 중심부에 찔러본다. 다 익은 케이크는 이쑤시개에 아무것도 묻어나오지 않거나 촉촉한 빵가루 몇 개 정도만 묻어 있어야 한다. 항상 레시피에서 제시한 시간 범위 중 짧은 쪽에 도달했을 때 익은 정도를 확인해야 한다. 속이 깊은 팬에 구운 케이크의 질감은 얇은 겹 형태로 구운 케이크보다 결이 조밀하고 벨벳처럼 부드러워서 촉촉한 파운드 케이크와 비슷한 느낌이 난다. 또한 컵케이크 틀이나 미니 타르트 틀, 마들렌 팬 등의 1인용 팬이나 틀에 버터 케이크 반죽을 부어서 구울 수도 있다.

흰색 케이크

지름 20cm짜리 원형 케이크 겹 3개, 12~16인분

이 레시피는 덜 까다롭고 응용하기 쉬우며, 8배로 분량을 늘려도 아래와 같이 소량으로 만드는 것에 뒤지지 않는 결과물을 얻을 수 있다. 우리는 이 레시피를 따라서 만든 케이크 중에 무려 130개의 달걀이 들어가고 하객 400명을 대

접할 수 있을 정도로 거대한 웨딩 케이크를 본 적도 있다. 웨딩 케이크 및 그 외의 대형 케이크에 대해 항목을 참고한다. ▲ 높은 고도에서 이 케이크를 구우려면 809쪽을 참고한다.

모든 재료를 약 21℃의 실온 상태로 준비한다. 오븐을 175℃로 예열한다. 지름 20cm의 원형 케이크 팬 3개에 기름을 바르고 밀가루를 뿌린 후 둥글게 자른 유산지를 바닥에 깐다.

중간 크기의 그릇에 다음을 넣고 완전히 섞이도록 거품기로 젓는다.

> 체에 친 박력분 3½컵(350g)
>
> 베이킹파우더 1큰술+1작은술
>
> 소금 ½작은술

다른 그릇이나 액체용 계량컵에 다음을 넣고 섞는다.

> 우유 1컵(235g)
>
> 바닐라 1작은술

커다란 그릇이나 주걱 날을 끼운 스탠드 반죽기에 다음을 넣고 크림처럼 부드러워질 때까지 세게 젓는다.

> 무염 버터 스틱 2개(225g), 말랑하게 녹이기

다음을 조금씩 넣으면서 가볍고 폭신폭신해질 때까지 3~5분간 세게 젓는다.

> 설탕 1⅔컵(335g)

반죽기를 저속으로 맞춘 후 밀가루 혼합물을 세 번으로 나눈 것과 우유 혼합물을 두 번에 나눈 것을 번갈아 넣고 매끄럽게 섞일 때까지 세게 친다. 다른 큰 그릇에 다음을 넣고 깨끗한 거품기로 젓거나 스탠드 반죽기에 거품기용 날을 끼워서 중속으로 부드러운 피크가 생기도록 세게 쳐서 섞는다.

> 대란 흰자 8개
>
> 타르타르 크림 ½작은술

다음을 조금씩 넣으면서 고속으로 세게 쳐서 섞는다.

> 설탕 ⅓컵(65g)

단단한 피크가 생기지만 마른 거품은 아닌 상태가 될 때까지 잘 쳐서 거품을 낸다. 달걀흰자 거품의 ¼을 반죽에 넣고 실리콘 주걱으로 뒤적이며 섞은 후, 나머지 흰자 거품을 넣고 다시 뒤적이며 섞는다. 반죽을 팬 3개에 적당히 나눠 담고 윗면을 평평하게 고른다. 중심부에 이쑤시개를 찔러보면 아무것도 묻어나오지 않을 때까지 15~20분간 굽는다.

팬에 담긴 채로 케이크를 10분간 식힌 후, 칼로 케이크 가장자리를 훑어서 팬에서 분리한다. 팬을 뒤집어 케이크를 받침대에 올려놓고 완전히 식힌다. 다 식으면 선호하는 프로스팅, 버터크림 또는 아이싱을 바른다.

컨페티 케이크(Confetti Cake, 알록달록한 스프링클을 뿌려서 장식한 케이크)

흰색 케이크의 반죽을 만들되, 달걀흰자 거품을 두 번째 넣을 때 **여러 가지 색깔의 스프링클 ¾컵**을 함께 넣고 뒤적이며 섞는다.(아주 작은 알갱이 형태보다는 가늘고 긴 무지개색 스프링클이 가장 잘 어울린다.) 케이크를 식힌다. **간단한 바닐라 버터 프로스팅** 레시피의 **2배 분량**을 만들어 필링과 프로스팅으로 활용하고 **여러 가지 색깔의 스프링클**을 훌훌 뿌려서 장식한다.

레몬 코코넛 여러 겹 케이크

흰색 케이크를 만든다. 필링으로는 **감귤류 커스터드 필링**이나 **레몬 커드**를 사용한다. 윗면과 옆면에 **폭신폭신한 화이트 프로스팅**을 바른다. 잘게 썬 가당 **코코넛 1½컵**을 프로스팅 위에 뿌리고 살짝 눌러서 고정한다.

코코넛 밀크 케이크 코케뉴

지름 20cm짜리 세 겹 케이크 1개, 12~16인분

모든 재료를 약 21℃의 실온 상태로 준비한다. 오븐을 175℃로 예열한다. 지름 20cm의 원형 케이크 팬 3개에 기름을 바르고 밀가루를 뿌린 후 둥글게 자른 유산지를 바닥에 깐다.

중간 크기의 그릇에 다음을 넣고 거품기로 젓는다.

> 중력분 2¾컵(345g)
>
> 베이킹파우더 2작은술
>
> 소금 ½작은술

커다란 그릇이나 주걱 날을 끼운 스탠드 반죽기에 다음을 넣고 크림처럼 부드러워질 때까지 세게 젓는다.

> 무염 버터 스틱 1½개(170g), 말랑하게 녹이기

다음을 조금씩 넣으면서 아주 가볍고 폭신해질 때까지 3~5분간 세게 젓는다.

> 설탕 2컵(400g)

다음을 넣고 잘 섞는다.

> 바닐라 1작은술
>
> (코코넛 추출물 ½작은술)

다음을 한 번에 하나씩 넣을 때마다 용기 옆면에 묻은 재료를 긁어내리면서 세게 쳐서 섞는다.

> 대란 3개

반죽기를 저속으로 맞춰 다음을 두 번에 나눈 것과 밀가루 혼합물을 세 번에 나눈 것을 번갈아 넣으면서 매끄럽게 어우러질 때까지 세게 쳐서 섞는다.

> 코코넛 밀크 통조림 ¾컵(180g)

밀가루를 마지막으로 넣을 때 다음을 함께 넣고 뒤적인다.

> 잘게 썬 무가당 코코넛 ¾컵

반죽을 긁어서 준비된 팬에 담는다. 중심부에 이쑤시개를 찔러보면 아무것도 묻어나오지 않을 때까지 20~25분간 굽는다.

팬에 담긴 채로 케이크를 15분간 식힌 후, 팬을 뒤집어 받침대에 거꾸로 올려놓고 유산지를 벗긴다. 다시 뒤집어 원래 방향대로 받침대에 올려놓고 완전히 식힌다. 각 겹 사이에 다음을 넓게 펴서 바른다.

> 라임 커드

케이크의 겉면은 다음을 사용해 프로스팅을 한다.

> **휩드 크림 또는 안정화된 휩드 크림** 레시피의 1½배 분량

케이크 윗면의 가장자리를 빙 둘러서 다음을 뿌린다.

> 박편 형태의 무가당 코코넛 ½컵, 굽기

최소 1시간 이상 냉장고에 넣어두었다가 낸다. 이틀 이내에 먹어야 한다.

버터밀크 여러 겹 케이크

지름 20cm짜리 두 겹 케이크 1개, 12~16인분

모든 재료를 약 21℃의 실온 상태로 준비한다. 오븐을 175℃로 예열한다. 20×5cm의 원형 케이크 팬 2개에 기름을 바르고 밀가루를 뿌린 후 둥글게 자른 유산지를 바닥에 깐다.

중간 크기의 그릇에 다음을 넣고 완전히 섞이도록 거품기로 젓는다.

> 체에 친 박력분 2⅓컵(235g)
>
> 베이킹파우더 1½작은술
>
> 베이킹소다 ½작은술

소금 ¼작은술

커다란 그릇이나 주걱 날을 끼운 스탠드 반죽기에 다음을 넣고 크림처럼 부드러워질 때까지 세게 쳐서 섞는다.

무염 버터 스틱 1½개(170g), 말랑하게 녹이기

다음을 조금씩 넣으면서 가볍고 폭신폭신해질 때까지 고속으로 3~5분간 세게 쳐서 섞는다.

설탕 1⅓컵(265g)

다음을 섞은 후, 약 2분에 걸쳐 반죽기에 조금씩 넣으면서 세게 젓는다.

대란 3개

바닐라 1작은술

반죽기를 저속으로 맞추고 다음을 두 번에 나눈 것과 밀가루 혼합물을 세 번에 나눈 것을 번갈아 넣으면서 매끄럽게 어우러질 때까지 세게 치면서 섞는다.

버터밀크 1컵(245g)

이때 필요하면 용기 옆면에 묻은 재료를 긁어내리면서 섞는다. 반죽을 팬 2개에 적당히 나눠 담고 윗면을 평평하게 고른다. 중심부에 이쑤시개를 찔러보면 아무것도 묻어나오지 않을 때까지 30~35분간 굽는다.

팬에 담긴 채로 케이크를 15분간 식힌 후, 팬을 뒤집어서 받침대에 케이크를 거꾸로 올려놓고 유산지를 벗겨낸다. 다시 뒤집어 원래 방향대로 받침대에 올려놓고 완전히 식힌다.

다음을 필링과 프로스팅으로 사용해 마무리한다.

초콜릿 새틴 프로스팅, 초콜릿 무스 프로스팅 또는 초콜릿 사워크림 프로스팅
레시피의 2배 분량

레드벨벳 케이크

지름 20cm짜리 두 겹 케이크 1개, 12~16인분

매끄러운 질감에 진한 초콜릿 풍미를 가진 이 케이크는 독특한 붉은색을 띤다. **버터밀크** 여러 겹 케이크를 만든다. 밀가루 혼합물에 **무가당 코코아 가루 1큰술(10g)**을 추가한다. 버터밀크를 처음 넣을 때 **적색 식용 색소 1~3큰술**을 함께 추가한다. 크림치즈 프로스팅 레시피의 **2배 분량**을 준비해 필링과 프로스팅으로 사용한다.

달걀 4개를 넣어 노랗게 구운 케이크(Four-Egg Yellow Cake)

지름 20cm 또는 23cm짜리 원형 케이크 겹 3개, 약 16인분

▲ 높은 고도에서 이 케이크를 구우려면 808쪽을 참고한다.

모든 재료를 약 21℃의 실온 상태로 준비한다. 오븐을 175℃로 예열한다. 지름 20cm 또는 23cm의 원형 케이크 팬 3개에 기름을 바르고 밀가루를 뿌린 후 둥글게 자른 유산지를 바닥에 깐다.

중간 크기의 그릇에 다음을 넣고 거품기로 잘 젓는다.

체에 친 박력분 2⅔컵(265g)

베이킹파우더 2¼작은술

소금 ½작은술

다른 그릇이나 액체용 계량컵에 다음을 넣고 섞는다.

우유 1컵(235g)

바닐라 1½작은술

커다란 그릇이나 주걱 날을 끼운 스탠드 반죽기에 다음을 넣고 크림처럼 부드러워질 때까지 세게 쳐서 섞는다.

무염 버터 스틱 2개(225g), 말랑하게 녹이기

다음을 조금씩 넣으면서 가볍고 폭신폭신해질 때까지 고속으로 3~5분간 세게 쳐서 섞는다.

설탕 1¾컵(350g)

다음을 한 번에 하나씩 넣으면서 세게 쳐서 섞는다.

대란 4개

반죽기를 저속으로 맞춰 밀가루 혼합물을 세 번에 나눈 것과 우유 혼합물을 두 번에 나눈 것을 번갈아 넣으면서 매끄럽게 어우러질 때까지 세게 쳐서 섞는다. 반죽을 팬에 적당히 나눠 담고 윗면을 평평하게 고른다. 중심부에 이쑤시개를 찔러보면 아무것도 묻어나오지 않을 때까지 25~30분간 굽는다.

팬에 담긴 채로 케이크를 15분간 식힌 후, 팬을 뒤집어 받침대에 케이크를 거꾸로 올려놓고 유산지를 벗겨낸다. 다시 뒤집어서 원래 방향대로 받침대에 올려놓고 완전히 식힌다. 취향에 따라 필링을 바르고 프로스팅을 입힌다.

달걀노른자 8개를 넣어서 만든 황금색 케이크(Eight-York Gold Cake)

지름 23cm짜리 세 겹 케이크 1개, 약 16인분

오렌지나 초콜릿 필링 또는 프로스팅이라면 무엇이든 아주 잘 어울린다.

모든 재료를 약 21℃의 실온 상태로 준비한다. 오븐을 175℃로 예열한다. 지름 23cm의 원형 케이크 팬 3개에 기름을 바르고 밀가루를 뿌린 후 둥글게 자른 유산지를 바닥에 깐다.

중간 크기의 그릇에 다음을 넣고 완전히 섞이도록 거품기로 잘 젓는다.

체에 친 박력분 2½컵(250g)

베이킹파우더 2½작은술

소금 ¼작은술

작은 그릇에 다음을 넣고 섞는다.

달걀노른자 8개

바닐라 2작은술

커다란 그릇이나 주걱 날을 끼운 스탠드 반죽기에 다음을 넣고 크림처럼 부드러워질 때까지 세게 쳐서 섞는다.

무염 버터 스틱 1½개(170g), 말랑하게 녹이기

다음을 조금씩 넣으면서 가볍고 폭신폭신해질 때까지 고속으로 3~5분간 세게 쳐서 섞는다.

설탕 1¼컵(250g)

달걀노른자 혼합물을 넣고 세게 쳐서 섞는다. 반죽기를 저속으로 맞춰 다음을 두 번에 나눈 것과 밀가루 혼합물을 세 번에 나눈 것을 번갈아 넣으면서 매끄럽게 어우러질 때까지 세게 쳐서 섞는다.

우유 ¾컵(175g)

반죽을 팬에 적당히 나눠 담고 윗면을 평평하게 고른다. 중심부에 이쑤시개를 찔러보면 아무것도 묻어나오지 않을 때까지 18~20분간 굽는다.

팬에 담긴 채로 케이크를 15분간 식힌 후, 팬을 뒤집어 받침대에 케이크를 거꾸로 올려놓고 유산지를 벗겨낸다. 다시 뒤집어 원래 방향대로 받침대에 올려놓고 완전히 식힌다.

다음을 필링과 프로스팅으로 사용해 마무리한다.

초콜릿 퍼지 프로스팅, 초콜릿 크림치즈 프로스팅, 초콜릿 새틴 프로스팅 또는
초콜릿 사워크림 프로스팅

생과일 쿠헨(Fresh Fruit Kuchen)

지름 23cm짜리 원형 케이크 1개, 약 12인분

받침대를 오븐의 아래쪽 칸에 끼운다. 오븐을 175℃로 예열한다. 지름 23cm의 분리형 팬에 기름을 바른 후 둥글게 자른 유산지를 바닥에 깐다. 다음을 만들어서 한쪽에 둔다.

　　슈트로이젤

팬에 다음을 골고루 깐다.

　　씨를 빼고 저민 복숭아, 천도복숭아, 살구 또는 자두, 씨를 빼고 반으로 자른 체리,
　　　라즈베리나 블루베리 450g

중간 크기의 그릇에 다음을 넣고 거품기로 잘 젓는다.

　　중력분 1컵(125g)

　　베이킹파우더 1½작은술

　　소금 ¼작은술

커다란 그릇이나 주걱 날을 끼운 스탠드 반죽기에 다음을 넣고 폭신폭신해질 때까지 세게 쳐서 섞는다.

　　무염 버터 스틱 1개(115g), 말랑하게 녹이기

　　설탕 ¾컵(150g)

　　(레몬 1개의 껍질, 강판에 곱게 갈기)

　　바닐라 1작은술 또는 아몬드 추출물 ½작은술

다음을 한 번에 하나씩 깨뜨려 넣고 적당히 어우러질 때까지만 세게 쳐서 섞는다.

　　대란 2개

밀가루 혼합물을 넣고 적당히 섞일 때까지만 젓는다. 반죽을 긁어서 팬에 담고 윗면을 평평하게 고른다. 윗면에 슈트로이젤을 골고루 뿌린다. 토핑이 노릇노릇하게 익으면서 케이크 중심부에 이쑤시개를 찔러보면 아무것도 묻어나오지 않을 때까지 40~45분간 굽는다.

　　팬에 담긴 채로 받침대에 올려놓고 15분간 식힌 후, 분리형 팬을 벗겨내고 완전히 식힌다.

포피시드 커스터드 케이크 코케뉴

지름 23cm짜리 두 겹 케이크 1개, 12~16인분

모든 재료를 약 21℃의 실온 상태로 준비한다.

작은 그릇에 다음을 넣어서 2시간 동안 불린다.

　　우유 1컵(235g)

　　포피시드 ⅔컵

　　바닐라 1작은술

오븐을 175℃로 예열한다. 지름 23cm의 원형 케이크 팬 2개에 기름을 바르고 밀가루를 뿌린 후 둥글게 자른 유산지를 바닥에 깐다.

중간 크기의 그릇에 다음을 넣고 거품기로 잘 젓는다.

　　체에 친 박력분 2컵(200g)

　　베이킹파우더 2½작은술

　　소금 ½작은술

커다란 그릇이나 주걱 날을 끼운 스탠드 반죽기에 다음을 넣고 크림처럼 부드러워질 때까지 세게 쳐서 섞는다.

　　무염 버터 스틱 1개+3큰술(160g), 말랑하게 녹이기

다음을 넣고 세게 쳐서 섞는다.

　　설탕 1½컵(300g)

중간에 용기 옆면에 묻은 재료를 몇 번 긁어내리면서 가볍고 폭신폭신해질 때까지 5분 정도 세게 쳐서 섞는다. 다음을 한 번에 하나씩 넣고 잘 쳐서 섞되, 이때도 옆면에 묻은 재료를 자주 긁어내린다.

　　대란 3개

밀가루 혼합물을 세 번에 나눈 것과 우유 혼합물을 두 번에 나눈 것을 번갈아 넣고, 한 번 넣을 때마다 용기 옆면을 긁어내린다. 재료가 어우러지기 시작할 때까지만 세게 쳐서 섞는다. 반죽을 긁어서 준비한 팬에 담는다. 중심부에 이쑤시개를 찔러보면 아무것도 묻어나오지 않을 때까지 15~20분간 굽는다.

　　팬에 담긴 채로 받침대에 올려놓고 10분간 식힌 후, 팬을 뒤집어 받침대에 케이크를 거꾸로 올려놓고 유산지를 벗겨낸다. 다시 뒤집어 원래 방향대로 받침대에 올려놓고 완전히 식힌다. 두 겹 사이에 다음을 넓게 펴서 바른다.

　　감귤류 커스터드 필링

위에 다음을 살짝 뿌린다.

　　슈거 파우더

파운드 케이크

23×12.5cm 크기의 직육면체 케이크 2개 또는 지름 25cm짜리 튜브 케이크 1개,
약 16인분

모든 재료를 약 21℃의 실온 상태로 준비한다. 오븐을 160℃로 예열한다. 23×12.5cm 크기의 로프 팬 2개 또는 지름 25cm의 튜브 팬 1개에 기름을 바르고 밀가루를 뿌린다.

커다란 그릇이나 주걱 날을 끼운 스탠드 반죽기에 다음을 넣고 중고속으로 작동시켜 1분간 세게 젓는다.

　　무염 버터 스틱 4개(455g), 말랑하게 녹이기

다음을 한 번에 하나씩 넣고 잘 쳐서 섞는다. 하나를 넣을 때마다 완전히 풀리도록 잘 섞은 후 또 하나를 넣는다.

　　대란 8개

다음을 넣고 세게 쳐서 섞는다.

　　바닐라 2작은술

반죽기를 저속으로 작동시켜 다음을 조금씩 넣으면서 잘 어우러질 때까지만 섞는다.

　　체에 친 박력분 4컵(400g)

　　소금 ½작은술

반죽을 긁어서 준비한 팬에 담는다. 중심부에 이쑤시개를 찔러보면 아무것도 묻어나오지 않을 때까지 로프 팬이라면 1시간, 튜브 팬이라면 그보다 15분 더 굽는다.

　　팬에 담긴 채로 받침대에 올려놓고 로프 팬은 10분간, 튜브 팬은 15분간 식힌다. 팬을 뒤집어서 케이크를 꺼낸다. 직사각형 케이크는 다시 뒤집어 원래 방향대로 놓고 완전히 식힌다. 튜브형 케이크는 거꾸로 뒤집어서 식힌다.

리큐어에 적신 파운드 케이크

23×12.5cm 크기의 로프 팬 2개를 사용해 **파운드 케이크**를 만든다. 케이크를 굽는 동안 중간 크기의 편수 냄비에 **설탕 2⅔컵**(330g)을 넣고 **물 1⅓컵**(315g)을 붓는다. 중불에서 부르르 끓어오르도록 가열하면서 설탕이 녹을 때까지 젓는다. 1분간 팔팔 끓인 후 따뜻한 정도로 식히고 **다크 럼, 브랜디 또는 버번**

1⅓컵을 넣어서 젓는다. 꼬치를 사용해 따뜻한 케이크에 1.2cm 간격으로 케이크 가운데까지 구멍을 뚫는다. 설탕과 리큐어 시럽을 케이크 위에 붓고 완전히 식힌 다음 팬에서 꺼낸다.

미모사 파운드 케이크

지름 23cm 또는 25cm짜리 번트 케이크 1개, 약 16인분

우리는 자그마한 스파클링 와인을 도대체 어떤 용도로 사용해야 좋을까 항상 궁금하게 생각했다. 살살 녹을 정도로 부드러운 이 케이크를 메건이 개발하는 순간 그 답을 알게 되었다.

모든 재료를 약 21℃의 실온 상태로 준비한다. 오븐을 160℃로 예열한다. 지름 23cm 또는 25cm의 번트 팬에 기름을 바르고 밀가루를 뿌린다.

커다란 그릇이나 주걱 날을 끼운 스탠드 반죽기에 다음을 넣고 매끄럽게 어우러질 때까지 세게 젓는다.

　무염 버터 스틱 2개(225g), 말랑하게 녹이기

　식물성 쇼트닝 ½컵(95g)

　오렌지 1개의 껍질, 강판에 곱게 갈기

　(오렌지 추출물 1작은술)

　바닐라 1작은술

　소금 ½작은술

다음을 넣고 크림처럼 부드럽고 아주 폭신폭신해질 때까지 5~7분간 섞는다.

　설탕 3컵(600g)

다음을 한 번에 하나씩 넣고 세게 쳐서 섞는다.

　대란 5개

다음을 세 번에 나눠서 넣는다.

　박력분 3컵(330g) 또는 페이스트리용 밀가루 3컵(360g)

그리고 다음을 두 번에 나눠 번갈아 넣는다.

　스파클링 와인 1컵, 미리 따라서 거품을 빼기

적당히 어우러질 때까지만 세게 쳐서 섞는다. 반죽을 긁어서 준비한 팬에 담고 중심부에 이쑤시개를 찔러보면 촉촉한 빵가루가 묻어올 때까지 1시간 10분 정도 굽는다.

　팬에 담긴 채로 10분간 식힌다. 팬에서 빼낸 후 받침대에 올려 완전히 식힌다. 그동안 글레이즈를 만들기 위해 중간 크기의 그릇에 다음을 넣고 세게 쳐서 젓는다.

　체에 친 슈거 파우더 3컵(300g)

　오렌지 2개의 껍질, 강판에 곱게 갈기

　스파클링 와인 ¼~⅓컵 또는 걸쭉하지만 부을 수 있는 농도가 될 만큼의 분량

케이크를 올려놓은 받침대 아래에 유산지를 깐다. 글레이즈를 케이크 위에 붓는다. 10분간 굳힌다.

초콜릿 파운드 케이크

23×12.5cm 크기의 직육면체 케이크 2개 또는 지름 23cm나 25cm짜리 튜브 케이크 1개, 약 16인분

모든 재료를 약 21℃의 실온 상태로 준비한다. 오븐을 160℃로 예열한다.

작은 그릇에 다음을 넣고 페이스트 상태가 되도록 섞는다.

　무염 버터 2큰술(30g), 말랑하게 녹이기

　코코아 가루 2큰술(10g)

23×12.5cm의 로프 팬 2개 또는 지름 23cm나 25cm의 튜브형 팬 1개에 이 버터 코코아 혼합물을 바른다. 중간 크기의 그릇에 다음을 넣고 거품기로 섞는다.

　체에 친 박력분 2½컵(250g)

　무가당 비가공 또는 더치 프로세스 코코아 가루 ¾컵(60g)

　소금 1작은술

한쪽에 둔다. 다음을 준비한다.

　비터스위트 초콜릿 225g, 녹인 후 27℃ 정도로 식히기

커다란 그릇이나 주걱 날을 끼운 스탠드 반죽기에 다음을 넣고 크림처럼 부드러워질 때까지 세게 젓는다.

　무염 버터 스틱 3개(340g), 말랑하게 녹이기

다음을 조금씩 넣으면서 가볍고 폭신폭신해질 때까지 5~7분간 세게 쳐서 섞는다.

　설탕 2¼컵(450g)

다음을 넣고 세게 쳐서 섞는다.

　바닐라 2작은술

녹인 초콜릿을 넣고 잘 어우러지도록 세게 쳐서 섞는다. 다음을 하나씩 넣고 잘 쳐서 섞되, 그릇 옆면에 묻은 재료를 자주 긁어내리면서 섞는다.

　대란 8개

밀가루 혼합물을 세 번에 나눈 것과 다음을 두 번에 나눈 것을 번갈아 넣고 살살 젓는다.

　사워크림 1컵(240g)

재료가 어우러질 때까지만 섞는다. 반죽을 긁어서 준비한 팬에 담는다. 중심부에 이쑤시개를 찔러보면 아무것도 묻어나오지 않을 때까지 로프 팬이라면 약 1시간, 튜브 팬이라면 그보다 15분 정도 더 오래 굽는다.

　직육면체 케이크는 팬에 담긴 채로 받침대에 올려놓고 10분간 식힌다. 튜브 팬은 15분간 식힌다. 케이크를 팬에서 빼낸다. 직육면체 케이크는 원래 방향대로 놓고 식힌다. 튜브형 케이크는 거꾸로 뒤집어서 식힌다.

레몬 포피시드 파운드 케이크

23×12.5cm 크기의 직육면체 케이크 1개, 약 8인분

모양도 아름다운 이 케이크는 케이크 전문가인 로즈 레비 베런바움(Rose Levy Beranbaum)의 레시피에 따라 만든다.

모든 재료를 약 21℃의 실온 상태로 준비한다. 오븐을 175℃로 예열한다. 23×12.5cm 크기의 로프 팬에 기름을 바르고 밀가루를 뿌린다.

커다란 그릇이나 주걱 날을 끼운 스탠드 반죽기에 다음을 넣고 완전히 섞일 때까지 세게 젓는다.

　체에 친 박력분 1½컵(150g)

　설탕 ¾컵(150g)

　포피시드 3큰술

　레몬 2개의 껍질, 강판에 곱게 갈기

　베이킹파우더 ¾작은술

　소금 ¼작은술

중간 크기의 그릇에 다음을 넣고 완전히 섞이도록 거품기로 잘 젓는다.

　대란 3개

　우유 3큰술(45g)

　바닐라 1½작은술

달걀 혼합물의 절반을 다음과 함께 밀가루 혼합물에 넣는다.

무염 버터 스틱 1개+5큰술(185g), 말랑하게 녹이기

저속으로 맞춰 마른 재료가 촉촉해질 때까지 세게 쳐서 섞는다. 고속으로 올려서 정확히 1분간 세게 젓는다. 그릇 옆면에 묻은 재료를 긁어내린다. 남은 달걀 혼합물을 두 번에 나눠 조금씩 넣되, 한 번 넣고 20초간 세게 저은 후 나머지를 넣는다. 그릇 옆면에 묻은 재료를 긁어내린다. 반죽을 긁어서 팬에 담고 평평하게 고른다. 중심부에 이쑤시개를 찔러보면 아무것도 묻어나오지 않을 때까지 55~65분간 굽는다.

케이크가 다 익기 직전에 작은 편수 냄비에 다음을 넣고 약불에 올려서 설탕이 녹을 때까지 잘 젓는다.

설탕 ⅓컵(65g)

레몬즙 ¼컵(60g)

케이크를 오븐에서 꺼내자마자 팬을 받침대 위에 올린 후 나무 꼬치로 케이크 전체에 골고루 구멍을 내고, 설탕 시럽의 절반을 솔로 바른다. 팬에 담긴 채로 받침대에 올려 10분간 식힌다.

얇은 칼을 케이크와 틀 사이에 찔러 넣고 가장자리를 쭉 훑어서 케이크를 틀에서 분리한다. 팬을 뒤집어 케이크를 받침대에 올려놓는다. 케이크의 바닥에도 꼬치로 구멍을 내고 솔로 시럽을 약간 바른다. 옆면이 위로 오도록 놓고 남은 시럽의 절반을 바른 후 다시 반대쪽 옆면이 위로 오도록 돌려놓고 남은 시럽을 전부 바른다. 완전히 식힌 다음 공기가 통하지 않도록 랩으로 잘 감싸서 24시간 이상 보관했다가 낸다.

사워크림 파운드 케이크

지름 25cm짜리 번트 케이크 1개 또는 지름 23cm짜리 튜브 케이크 1개, 약 16인분

버터를 듬뿍 넣어 진한 풍미와 황금빛을 자랑하는 이 케이크는 거의 일주일 정도 촉촉한 상태를 유지한다.

모든 재료를 약 21℃의 실온 상태로 준비한다. 오븐을 160℃로 예열한다. 지름 25cm의 번트 팬 또는 지름 23cm의 일반 튜브 팬에 기름을 바르고 밀가루를 뿌린다.

중간 크기의 그릇에 다음을 넣고 완전히 섞일 때까지 거품기로 잘 젓는다.

체에 친 박력분 3컵(300g)

베이킹소다 ¼작은술

소금 ¼작은술

작은 그릇에 다음을 넣고 섞는다.

사워크림 1컵(240g)

바닐라 2작은술

커다란 그릇이나 주걱 날을 끼운 스탠드 반죽기에 다음을 넣고 크림처럼 부드러워질 때까지 세게 쳐서 젓는다.

무염 버터 스틱 2개(225g), 말랑하게 녹이기

다음을 조금씩 넣으면서 가볍고 폭신폭신해질 때까지 고속으로 3~5분간 세게 쳐서 섞는다.

설탕 2½컵(500g)

다음을 한 번에 하나씩 넣고 세게 쳐서 섞는다.

대란 6개

반죽기를 저속으로 돌리면서 밀가루 혼합물을 세 번에 나눈 것과 사워크림 혼합물을 두 번에 나눈 것을 번갈아 넣고 반죽이 매끄럽게 어우러질 때까지 잘

쳐서 섞는다. 필요하면 실리콘 주걱으로 그릇 옆면에 묻은 재료를 긁어내리면서 작업한다. 반죽을 긁어서 팬에 담고 평평하게 고른다. 중심부에 이쑤시개를 찔러보면 아무것도 묻어나오지 않을 때까지 70~80분간 굽는다.

팬에 담긴 채로 받침대에 올려 10분간 식힌다. 얇은 칼을 케이크와 틀 사이에 찔러 넣고 가장자리를 쭉 훑어서 케이크를 틀에서 분리한 후 팬을 뒤집어서 케이크를 꺼내 완전히 식힌다.

롬바우어 스페셜 초콜릿 케이크

33×23cm 크기의 케이크 1개, 16~20인분

무려 1931년 『조이 오브 쿠킹』 초판부터 실려 있던 이 케이크 레시피는 이르마 할머니가 가족들의 생일에 즐겨 만들던 것이다. 요즘 기준으로 보면 가벼운 초콜릿 시트 케이크지만 맛은 기가 막히며, 마시멜로와 비슷한 프로스팅을 입혀서 우아하게 마무리한다.

모든 재료를 약 21℃의 실온 상태로 준비한다. 오븐을 175℃로 예열한다. 33×23cm 크기의 팬에 기름을 바른다.

중간 크기의 그릇에 다음을 넣고 완전히 섞일 때까지 거품기로 잘 젓는다.

체에 친 박력분 1¾컵(175g)

베이킹파우더 1큰술

소금 ½작은술

(계핏가루 1작은술)

(정향 가루 ¼작은술)

(구워서 굵게 썬 호두나 피칸 1컵)

이중 냄비를 사용하거나 냄비에 물을 붓고 아주 은근히 끓이면서 내열 그릇을 담가 중탕으로 다음을 녹인다.

무가당 초콜릿 55g, 잘게 썰기

녹인 초콜릿에 다음을 넣고 거품기로 젓는다.

끓는 물 ⅓컵(80g)

커다란 그릇이나 주걱 날을 끼운 스탠드 반죽기에 다음을 넣고 크림처럼 부드러워질 때까지 고속으로 세게 치며 젓는다.

무염 버터 스틱 1개(115g), 말랑하게 녹이기

다음을 넣은 후 가볍고 폭신폭신해질 때까지 5분 정도 세게 쳐서 섞는다.

설탕 1½컵(300g)

바닐라 1작은술

다음을 한 번에 하나씩 넣고 세게 쳐서 섞는다.

대란 4개

식힌 초콜릿 혼합물을 추가한다. 반죽기를 저속으로 돌리면서 밀가루 혼합물을 세 번에 나눈 것과 다음을 두 번에 나눈 것을 번갈아 버터 혼합물에 넣는다.

우유 ½컵(120g)

밀가루 혼합물과 우유를 한 번 넣을 때마다 매끄럽게 어우러질 때까지 세게 쳐서 섞는다. 반죽을 긁어서 준비한 팬에 담고 중심부에 이쑤시개를 찔러보면 아무것도 묻어나오지 않을 때까지 30분간 굽는다.

팬에 담긴 채로 받침대에 올려 식힌다. 다 식으면 다음을 얇게 펴서 바른다.

폭신폭신한 화이트 프로스팅

프로스팅 위에 다음을 살짝 뿌린다.

세미스위트 또는 비터스위트 초콜릿 115g, 녹여서 식히기

데빌스 푸드 케이크 코케뉴

지름 23cm짜리 두 겹 케이크 1개, 12~16인분

모든 재료를 약 21℃의 실온 상태로 준비한다. 오븐을 175℃로 예열한다. 지름 23cm의 원형 케이크 팬 2개에 기름을 바르고 밀가루를 뿌린 후 유산지를 바닥에 깐다. ▲ 높은 고도에서 이 케이크를 구우려면 809쪽을 참고한다.

이중 냄비를 사용하거나 냄비에 물을 붓고 아주 은근히 끓이면서 내열 그릇을 담아 중탕으로 다음을 녹인다.

세미스위트 또는 비터스위트 초콜릿 115g, 굵직하게 썰기

다음을 섞은 후 체에 쳐서 중간 크기의 그릇에 담는다.

중력분 1½컵(190g)

무가당 코코아 가루 ½컵(40g)

베이킹소다 1작은술

소금 ¾작은술

계량컵에 다음을 담아 섞는다.

버터밀크 1컵(245g)

원두 커피 ¼컵(60g)

커다란 그릇이나 주걱 날을 끼운 스탠드 반죽기에 다음을 넣고 크림처럼 부드러워질 때까지 세게 치며 젓는다.

무염 버터 스틱 2개(225g), 말랑하게 녹이기

다음을 넣은 후 아주 폭신폭신해질 때까지 5분 정도 세게 쳐서 섞는다.

설탕 1컵(200g)

갈색 설탕, 꾹 눌러 담아 ½컵(115g)

그릇 옆면에 묻은 재료를 긁어내리고 다음을 추가한다.

바닐라 1작은술

다음을 한 번에 하나씩 넣고 완전히 섞이도록 잘 섞는다.

대란 3개

그릇 옆면에 묻은 재료를 긁어내린다. 반죽기를 저속으로 돌리면서 밀가루 혼합물을 세 번에 나눈 것과 우유 혼합물을 두 번에 나눈 것을 번갈아 버터 혼합물에 넣고 매끄럽게 어우러질 때까지 잘 쳐서 섞는다. 녹인 초콜릿을 넣고 뒤적이며 섞는다. 반죽을 긁어서 준비한 팬에 담고 윗면을 평평하게 고른다. 중심부에 이쑤시개를 찔러보면 아무것도 묻어나오지 않을 때까지 25~30분간 굽는다.

팬에 담긴 채로 받침대에 올려 10분간 식힌다. 팬을 뒤집어서 케이크를 꺼내 받침대에 올리고 유산지를 벗겨낸 후 다시 뒤집어서 원래 방향대로 놓고 완전히 식힌다. 다음을 사용해 필링을 바르고 프로스팅을 입힌다.

간단한 초콜릿 버터 아이싱, 땅콩버터 프로스팅 또는 초콜릿 무스 프로스팅 레시피의 2배 분량

초콜릿 코코넛 아이스박스 케이크

지름 23cm짜리 네 겹 케이크 1개, 16인분

네 겹으로 높이 쌓아서 만든 이 케이크는 메건의 할머니가 자주 만들던 레시피를 기반으로 한 것으로, 완성된 모습은 그야말로 장관이라 할 만큼 근사하다. 다음 레시피를 사용해 케이크 겹 4개를 굽는다.

데빌스 푸드 케이크 코케뉴 레시피의 2배 분량

케이크를 완전히 식힌다. 다음을 준비한다.

휩드 크림 또는 잘 저은 크렘 프레슈 레시피의 3배 분량

잘게 썬 가당 코코넛 4컵

각 초콜릿 케이크 겹을 수평으로 반을 잘라서 얇은 겹 8개로 만든다. 프로스팅에 사용할 휩드 크림 3⅓컵 및 케이크 겉면에 붙여서 장식할 코코넛 2¼컵은 따로 둔다. 서빙용 플래터 위에 케이크 겹을 하나 올리고 휩드 크림을 얇게 바른 후 코코넛 ¼컵을 뿌린다. 남은 케이크 겹도 같은 방식으로 쌓는다. 마지막 케이크 겹을 올린 후 따로 보관해둔 휩드 크림을 케이크의 윗면과 옆면에 골고루 발라 프로스팅을 한 후 따로 두었던 코코넛을 케이크 전체에 뿌리고 살짝 눌러 휩드 크림 안에 박히게 한다. 케이크를 덮어서 8~24시간 동안 냉장고에 넣어둔다. 미리 꺼내 실온에 30분 정도 두었다가 낸다.

초콜릿 블랙아웃 케이크

지름 23cm짜리 세 겹 케이크 1개, 약 16인분

데빌스 푸드 케이크 여러 겹, 초콜릿 푸딩, 가나슈로 만든 궁극의 초콜릿 케이크다. 진하고 단맛이 아주 강하므로 이 점을 고려해서 만들자.

다음을 만들되, 일반 코코아 가루 대신 **더치 프로세스 코코아 가루**를 사용하고 베이킹소다 대신 **베이킹파우더 2작은술**을 넣는다.

데빌스 푸드 케이크 코케뉴

케이크를 완전히 식히고, 다음을 만든다.

전통식 초콜릿 푸딩, 일반 코코아 가루 대신 더치 프로세스 코코아 가루를 사용하기

푸딩을 그릇에 옮겨 담고 푸딩 표면에 직접 닿도록 비닐랩을 씌운 후 냉장고에 넣어 4시간 이상 완전히 식힌다.

다음을 준비한다.

초콜릿 가나슈

초콜릿이 녹았을 때 다음을 넣고 저어서 섞는다.

사워크림 ½컵(120g)

버터 3큰술(45g), 작은 정육면체로 자르기

가나슈가 더 이상 흐르지 않고 적당히 꾸덕꾸덕해져서 바를 수 있을 정도로 식힌다.

케이크의 모양을 만들기 위해 톱니 칼이나 치실을 사용해 케이크를 수평으로 반을 자른다. 이렇게 하면 총 네 겹이 된다. 그중 하나를 잘게 부숴 고운 케이크 가루로 만든 후 한쪽에 둔다. 남은 세 겹 중 하나를 접시나 케이크 받침대에 올린다. 그 위에 푸딩 절반을 올려 가장자리까지 잘 펴서 바른다. 두 번째 케이크 겹을 올리고 그 위에 남은 푸딩 절반을 잘 펴서 바른다. 마지막 케이크 겹을 올린다. 식힌 가나슈로 케이크의 윗면과 옆면에 프로스팅을 한다. 따로 보관해둔 케이크 가루를 케이크 옆면과 윗면에 뿌리고 살짝 눌러서 고정시킨다. 즉시 먹거나 냉장고에 넣으면 하루 동안 보관할 수 있다. 먹다 남은 케이크는 냉장고에 보관한다.

초콜릿 마요네즈 케이크

33×23cm 크기의 케이크 1개 또는 지름 23cm짜리 두 겹 케이크 1개, 16~20인분

모든 재료를 약 21℃의 실온 상태로 준비한다. 오븐을 175℃로 예열한다. 33×23cm 크기의 팬 또는 지름 23cm의 원형 케이크 팬 2개에 기름을 바르고 밀가루를 뿌린 후 둥근 유산지를 바닥에 깐다.

중간 크기의 그릇에 다음을 넣고 거품기로 잘 섞는다.

중력분 2컵(250g)

베이킹소다 1작은술

베이킹파우더 ½작은술

이중 냄비를 사용하거나 냄비에 물을 붓고 아주 은근히 끓이면서 내열 그릇을 담가 중탕으로 다음을 녹인다.

무가당 초콜릿 115g, 잘게 썰기

한쪽에 두고 약간 식힌다. 커다란 그릇이나 주걱 날을 끼운 스탠드 반죽기에 다음을 넣고 질감이 가벼워질 때까지 3분 정도 중고속으로 세게 치며 젓는다.

설탕 1⅔컵(330g)

대란 3개

바닐라 1작은술

녹인 초콜릿에 다음을 넣고 매끄럽게 어우러질 때까지 섞는다.

마요네즈 ¾컵

초콜릿과 마요네즈 혼합물을 반죽에 넣고 세게 쳐서 섞는다. 반죽기를 저속으로 돌리면서 밀가루 혼합물을 세 번에 나눈 것과 다음을 두 번에 나눈 것을 번갈아 넣고 매끄럽게 어우러질 때까지 잘 쳐서 섞는다.

물 1⅓컵(315g)

반죽을 긁어서 준비한 팬에 담는다. 중심부에 이쑤시개를 찔러보면 아무것도 묻어나오지 않을 때까지 30~40분간 굽는다.

케이크를 33×23cm 크기의 팬에 담긴 채로 받침대에 올려 10분간 식힌다. 둥근 케이크는 팬에 담긴 채로 받침대에 올려 10분간 식힌 후 팬에서 꺼내 유산지를 벗겨내고 다시 받침대에 올려놓고 식힌다.

다음을 필링과 프로스팅으로 사용해 마무리한다.

초콜릿 프로스팅 아무 종류나 3컵

사워도 초콜릿 케이크

지름 23cm짜리 케이크 1개, 약 12인분

사용하고 남은 천연 발효종을 활용하기에 좋은 레시피다. 우리는 아주 두툼한 한 겹으로 이루어진 이 케이크에 슈거 파우더만 뿌려서 먹는 것을 즐기지만, 프로스팅을 하거나 여러 겹으로 썰어서 필링을 바르고 프로스팅으로 마무리할 수도 있다.

모든 재료를 약 21℃의 실온 상태로 준비한다. 오븐을 175℃로 예열한다. 지름 23cm의 분리형 팬에 쿠킹 스프레이를 뿌리고 둥근 유산지를 바닥에 깐다.

중간 크기의 그릇에 다음을 넣고 거품기로 잘 섞는다.

중력분 1½컵(190g)

무가당 코코아 가루 ¼컵(20g)

베이킹소다 1작은술

소금 ½작은술

커다란 그릇이나 주걱 날을 끼운 스탠드 반죽기에 다음을 넣은 후 가볍고 폭신폭신해질 때까지 5분 정도 세게 치며 젓는다.

무염 버터 6큰술(85g), 말랑하게 녹이기

설탕 1컵(200g)

다음을 한 번에 하나씩 넣고 적당히 어우러질 때까지 세게 쳐서 섞는다.

대란 2개

중간 크기의 그릇에 다음을 넣고 거품기로 잘 섞는다.

액체 상태의 천연 발효종 1컵

우유 ¾컵(175g)

세미스위트 초콜릿 115g, 녹여서 약간 식히기

바닐라 1작은술

밀가루 혼합물을 세 번에 나눈 것과 천연 발효종 혼합물을 두 번에 나눈 것을 번갈아 버터 혼합물에 넣고 적당히 어우러질 때까지만 섞는다. 중간에 그릇 옆면에 묻은 재료를 몇 번 긁어내린다. 반죽을 긁어서 준비한 팬에 담고 중심부에 이쑤시개를 찔러보면 아무것도 묻어나오지 않을 때까지 40분 정도 굽는다.

팬에 담긴 채로 받침대에 올려 15분간 식힌다. 얇은 칼을 케이크와 틀 사이에 찔러 넣고 가장자리를 쭉 훑어서 케이크를 틀에서 분리한 후 고리 모양의 옆면을 떼어낸다. 케이크를 완전히 식혀서 서빙용 플래터에 옮긴다. 다음을 살짝 뿌려서 낸다.

슈거 파우더

저먼 초콜릿 케이크(German Chocolate Cake)

지름 20cm 또는 23cm짜리 세 겹 케이크 1개, 12~16인분

미국인이 사랑하는 이 케이크는 독일에서 탄생한 것으로 오해받기 쉽지만, 사실은 저먼(German)이라는 사람이 개발한 특별한 유형의 달콤한 초콜릿으로 처음 만들었기 때문에 이런 이름이 붙었다.

모든 재료를 약 21℃의 실온 상태로 준비한다. 오븐을 175℃로 예열한다. 지름 20cm 또는 23cm의 원형 케이크 팬 3개에 기름을 바르고 밀가루를 뿌린 뒤 둥근 유산지를 바닥에 깐다.

중간 크기의 그릇에 다음을 넣고 완전히 섞일 때까지 거품기로 잘 젓는다.

체에 친 박력분 2¼컵(225g)

베이킹소다 1작은술

소금 ½작은술

작은 그릇에 다음을 넣고 초콜릿이 매끄럽게 녹을 때까지 젓는다.

세미스위트 또는 비터스위트 초콜릿 115g, 잘게 썰기

끓는 물 ½컵(120g)

다음을 넣고 젓는다.

바닐라 1작은술

커다란 그릇이나 주걱 날을 끼운 스탠드 반죽기에 다음을 넣은 후 크림처럼 부드러워질 때까지 30초 정도 세게 치며 젓는다.

무염 버터 스틱 2개(225g), 말랑하게 녹이기

다음을 조금씩 넣으면서 질감이 가볍고 폭신폭신해질 때까지 고속으로 4~6분간 세게 쳐서 섞는다.

설탕 2컵(400g)

다음을 한 번에 하나씩 넣고 세게 쳐서 섞는다.

대란 4개

반죽기를 저속으로 작동시키면서 녹인 초콜릿을 버터와 설탕 혼합물에 넣고 막 어우러지기 시작할 때까지만 세게 쳐서 젓는다. 밀가루 혼합물을 세 번에 나눈 것과 다음을 두 번에 나눈 것을 번갈아 넣고 매끄럽게 어우러질 때까지 섞는다.

버터밀크 1컵(245g) 또는 사워크림 1컵(240g)

팬에 반죽을 나눠 담고 평평하게 고른다. 중심부에 이쑤시개를 찔러보면 아무것도 묻어나오지 않을 때까지 25~35분간 굽는다.

팬에 담긴 채로 받침대에 올려 10분간 식힌다. 팬을 뒤집어서 케이크를 꺼내 받침대에 올려놓고 유산지를 벗겨낸다. 원래 방향으로 올려 완전히 식힌다.

케이크 겹 사이와 윗면에 다음을 바르고 옆면에는 아무것도 바르지 않는다.

코코넛 피칸 필링

마지팬 케이크(Marzipan Cake)

지름 20cm짜리 케이크 1개, 8~12인분

이 케이크에 필요한 장식은 바삭한 아몬드 토핑만 있으면 된다. 생과일이나 라즈베리로 만든 신선한 베리 쿨리를 곁들여서 낸다.

모든 재료를 약 21℃의 실온 상태로 준비한다. 오븐을 160℃로 예열한다. 테두리 있는 오븐 팬에 다음을 올리고 연한 갈색이 될 때까지 8~10분간 굽는다.

아몬드 슬라이스 ⅔컵

아몬드를 식힌다.(오븐은 그대로 켜둔다.) 지름 20cm의 원형 케이크 펜에 다음을 아주 넉넉히 바른다.

무염 버터 2큰술(30g), 말랑하게 녹이기

팬의 바닥에 둥근 유산지를 깔고 유산지에도 버터를 바른다. 구운 아몬드를 팬의 바닥과 옆면에 묻은 버터에 꾹 눌러 붙인다. 다음을 골고루 뿌린다.

설탕 1큰술(10g)

다음을 잘게 부숴 커다란 그릇이나 주걱 날을 끼운 스탠드 반죽기에 담는다.

아몬드 페이스트 또는 마지팬 200~225g

다음을 넣고 버터가 아주 부드러워지면서 아몬드 페이스트와 잘 어우러질 때까지 세게 치며 섞는다.

무염 버터 6큰술(85g), 말랑하게 녹이기

다음을 조금씩 넣으면서 질감이 가벼워질 때까지 고속으로 2~3분간 세게 쳐서 섞는다.

설탕 ½컵(100g)

작은 그릇에 다음을 넣고 거품기로 저어서 섞는다.

대란 3개

(키르슈 또는 브랜디 1큰술)

아몬드 추출물 ¼작은술

달걀 혼합물을 버터와 설탕 혼합물에 조금씩 넣으면서 적당히 어우러지기 시작할 때까지만 세게 쳐서 섞는다. 다른 작은 그릇에 다음을 넣고 거품기로 섞는다.

중력분 ⅓컵(40g)

베이킹파우더 ¼작은술

소금 ¼작은술

밀가루 혼합물을 버터 혼합물에 넣고 적당히 어우러질 때까지만 섞는다. 반죽을 긁어서 준비한 팬에 담고 중심부에 이쑤시개를 찔러보면 아무것도 묻어나오지 않을 때까지 35~40분간 굽는다.

팬에 담긴 채로 받침대에 올려 10분간 식힌다. 얇은 칼을 케이크와 틀 사이에 찔러 넣고 가장자리를 쭉 훑어서 케이크를 틀에서 분리한 후 팬을 뒤집어서 케이크를 꺼내 받침대에 올려놓는다. 유산지를 벗겨내고 완전히 식힌다.

벨벳 스파이스 번트 케이크

지름 20cm 또는 23cm짜리 번트 케이크 1개, 12~16인분

이 케이크의 속살은 아주 섬세하고 촉촉하다. 향신료를 사용한 케이크 중에서도 월등한 풍미를 자랑한다.

모든 재료를 약 21℃의 실온 상태로 준비한다. 오븐을 175℃로 예열한다. 지름

20cm 또는 23cm의 번트 팬에 기름을 바르고 밀가루를 뿌린다.

중간 크기의 그릇에 다음을 넣고 완전히 섞이도록 거품기로 잘 젓는다.

체에 친 박력분 2⅓컵(235g)

베이킹파우더 1½작은술

강판에 간 육두구 또는 육두구 가루 1작은술

계핏가루 1작은술

베이킹소다 ½작은술

정향 가루 ½작은술

소금 ½작은술

다음을 커다란 그릇이나 주걱 날을 끼운 스탠드 반죽기에 담고 크림처럼 부드러워질 때까지 30초 정도 세게 치며 섞는다.

무염 버터 스틱 1½개(170g), 말랑하게 녹이기

다음을 조금씩 넣으면서 질감이 가볍고 폭신폭신해질 때까지 고속으로 2~4분간 세게 쳐서 섞는다.

갈색 설탕, 꾹 눌러 담아 1½컵(345g)

(오렌지 1개의 껍질, 강판에 곱게 갈기)

다음을 한 번에 하나씩 넣고 세게 쳐서 섞는다.

대란 3개

반죽기를 저속으로 작동시키면서 밀가루 혼합물을 세 번에 나눈 것과 다음을 두 번에 나눈 것을 번갈아 넣고 매끄럽게 어우러질 때까지 세게 쳐서 섞는다.

플레인 요구르트 ¾컵+2큰술(210g) 또는 버터밀크 215g

필요하면 실리콘 주걱으로 그릇 옆면에 묻은 재료를 긁어내린다. 반죽을 긁어서 팬에 담고 평평하게 고른다. 중심부에 이쑤시개를 찔러보면 아무것도 묻어나오지 않을 때까지 45~55분간 굽는다.

팬에 담긴 채로 받침대에 올려놓고 15분간 식힌 후, 팬을 뒤집어 케이크를 꺼내 받침대에 올려놓고 완전히 식힌다.

설탕 캐러멜 케이크(Burnt Sugar Cake)

지름 23cm짜리 두 겹 케이크 1개, 12~16인분

『조이 오브 쿠킹』 1931년 초판부터 등장하는 전통 있는 레시피로, 근사한 캐러멜 풍미가 미각을 자극한다.

모든 재료를 약 21℃의 실온 상태로 준비한다. 오븐을 190℃로 예열한다. 지름 23cm의 둥근 팬 2개에 기름을 바르고 밀가루를 뿌린 후 둥근 유산지를 바닥에 깐다.

큼직한 편수 냄비를 중불에 올리고 다음을 넣어 가끔 저으면서 녹인다.

설탕 ½컵(100g)

설탕이 냄비 안에서 골고루 녹지 않을 수도 있으니 설탕이 전부 녹을 때까지 녹은 설탕과 녹지 않은 설탕을 섞어주는 작업을 반복한다. 이 시점이 되면 설탕의 색이 아주 진한 갈색으로 변해야 한다. 불에서 내린 후 다음을 조심스럽게 아주 천천히 넣으면서 손잡이가 긴 숟가락으로 저어서 잘 섞는다.

끓는 물 ½컵(120g)

설탕이 달라붙어서 잘 움직이지 않으면 다시 중불에 올려 계속 저으면서 녹인다. 설탕 시럽이 당밀 정도의 점도가 될 때까지 식힌다.

중간 크기의 그릇에 다음을 넣고 완전히 섞이도록 거품기로 잘 젓는다.

체에 친 박력분 2½컵(250g)

베이킹파우더 2½작은술

소금 ¼작은술

다음을 커다란 그릇이나 주걱 날을 끼운 스탠드 반죽기에 담고 크림처럼 부드러워질 때까지 중고속으로 세게 치며 섞는다.

무염 버터 스틱 1개(115g), 말랑하게 녹이기

다음을 조금씩 넣으면서 질감이 가볍고 폭신해질 때까지 5분간 세게 쳐서 섞는다.

설탕 1½컵(300g)

바닐라 1작은술

다음을 한 번에 하나씩 넣고 세게 쳐서 섞는다.

대란 2개

반죽기를 저속으로 작동시키면서 밀가루 혼합물을 세 번에 나눈 것과 다음을 두 번에 나눈 것을 번갈아 넣고 매끄럽게 어우러질 때까지 세게 쳐서 섞는다.

물 1컵(235g)

다음을 넣고 세게 쳐서 섞는다.

설탕을 녹여서 만든 캐러멜 3큰술(남은 캐러멜은 따로 보관)

반죽을 준비한 팬에 붓고 윗면을 평평하게 고른다. 중심부에 이쑤시개를 찔러보면 아무것도 묻어나오지 않을 때까지 25분간 굽는다.

팬에 담긴 채로 받침대에 올려 15분간 식힌다. 팬을 뒤집어 케이크를 꺼내고 유산지를 벗겨낸 후 원래 방향대로 받침대에 올려놓고 완전히 식힌다. 다음을 필링과 프로스팅으로 사용해 케이크를 마무리한다.

폭신폭신한 화이트 프로스팅의 레시피 분량 또는 간단한 바닐라 버터 프로스팅 2컵

프로스팅에는 다음으로 풍미를 낸다.

따로 보관해둔 캐러멜 4작은술

남은 캐러멜을 밀폐 유리병에 담아두면 거의 무기한으로 보관할 수 있다.

무화과와 브라운 버터 향신료 케이크

지름 23cm짜리 번트 케이크 1개, 12~16인분

황금색을 띠는 진한 버터 풍미의 이 케이크는 맛이 무척 좋을 뿐만 아니라 촉촉한 식감도 일품이다. 명절에 디저트로 준비하면 근사하다.

모든 재료를 약 21℃의 실온 상태로 준비한다. 오븐을 175℃로 예열한다. 지름 23cm의 번트 팬에 쿠킹 스프레이를 뿌린다.

중간 크기의 편수 냄비에 다음을 넣고 섞는다.

말린 무화과 1컵, 굵게 썰기

코냑 또는 브랜디 ½컵

중강불에 올려 뭉근히 끓어오르면 뚜껑을 덮고 불에서 내려 30분간 우려낸다. 중간 크기의 프라이팬에 다음을 넣고 녹인다.

무염 버터 스틱 1½개(170g)

중불에 올려 버터가 치익 소리를 내고 거품이 생기면서 유고형분이 노릇노릇해질 때까지 가열한다.(금세 타버리기 때문에 주의 깊게 잘 살펴야 한다.) 브라운 버터를 즉시 크고 깊은 그릇이나 주걱 날을 끼운 스탠드 반죽기에 옮겨 담고, 주걱으로 프라이팬 바닥에 달라붙은 갈색 조각을 긁어서 함께 그릇에 담는다. 중저속으로 식을 때까지 세게 쳐서 섞는다. 다음 재료를 한꺼번에 섞어 체에 치면서 중간 크기의 그릇에 담는다.

중력분 2컵(250g)

베이킹파우더 2작은술

베이킹소다 ½작은술

소금 ½작은술

계핏가루 ½작은술

정향 가루 ¼작은술

식힌 브라운 버터에 다음을 넣고 매끄럽게 어우러질 때까지 세게 쳐서 젓는다.

갈색 설탕, 꾹 눌러 담아 1컵(230g)

다음을 넣어 세게 쳐서 섞는다.

바닐라 1작은술

다음을 한 번에 하나씩 넣고 세게 쳐서 섞는다.

대란 2개

밀가루 혼합물을 두 번에 나눈 것과 다음을 버터 혼합물에 번갈아 넣는다.

버터밀크 1컵(245g) 또는 플레인 요구르트 1컵(240g)

적당히 어우러질 때까지 세게 쳐서 섞는다. 코냑에 불린 무화과와 아직 흡수되지 않은 코냑을 모두 넣고 뒤적이며 섞는다. 반죽을 긁어서 준비한 팬에 담는다. 중심부에 이쑤시개를 찔러보면 아무것도 묻어나오지 않을 때까지 45분 정도 굽는다.

팬에 담긴 채로 받침대에 올려 30분간 식힌다. 팬을 뒤집어 케이크를 빼내고 받침대에 올려서 완전히 식힌다. 다음을 곁들여서 낸다.

휩드 크림, 코냑이나 브랜디로 향을 내기

사과 소스 케이크

20cm 크기의 정사각형 케이크 1개 또는 23×12.5cm 크기의 직육면체 케이크 1개, 8~10인분

20cm 크기의 정사각형 팬에 구우면 아주 가벼운 질감의 케이크가 된다. 로프 팬에 구우면 그보다 단단하고 속이 꽉 찬 형태로 완성된다.

모든 재료를 약 21℃의 실온 상태로 준비한다. 오븐을 175℃로 예열한다. 20cm의 정사각형 팬이나 23×12.5cm의 로프 팬에 기름을 바르고 밀가루를 뿌린다.

다음을 중간 크기의 그릇에 담고 잘 섞이도록 거품기로 젓는다.

체에 친 중력분 1¾컵(210g)

베이킹소다 1작은술

계핏가루 1작은술

정향 가루 ½작은술

소금 ½작은술

(올스파이스 가루 ½작은술)

(강판에 간 육두구 또는 육두구 가루 ¼작은술)

다음을 커다란 그릇이나 주걱 날을 끼운 스탠드 반죽기에 담고 크림처럼 부드러워질 때까지 30초 정도 세게 쳐서 섞는다.

무염 버터 스틱 1개(115g), 말랑하게 녹이기

다음을 조금씩 넣으면서 색이 연해지고 질감이 가벼워질 때까지 3~5분간 고속으로 세게 쳐서 섞는다.

백설탕 1컵(200g) 또는 연한 갈색 설탕, 꾹 눌러 담아 1컵(230g)

다음을 넣고 세게 쳐서 섞는다.

대란 1개

반죽기를 저속으로 작동시키면서 밀가루 혼합물을 세 번에 나눈 것과 다음을 두 번에 나눈 것을 번갈아 넣는다.

무가당 사과 소스 1컵(225g)

이때 재료를 넣을 때마다 적당히 어우러질 만큼만 세게 저어서 섞고, 필요하면 실리콘 주걱으로 그릇 옆면에 묻은 재료를 긁어내리면서 작업한다. 취향에 따라 다음을 넣어 섞어도 좋다.

> (구워서 잘게 썬 호두나 피칸 1컵)

> (일반 건포도, 노란 건포도 또는 말린 커런트 1컵)

반죽을 긁어서 준비한 팬에 담고 평평하게 고른다. 중심부에 이쑤시개를 찔러보면 아무것도 묻어나오지 않을 때까지 정사각형 팬이라면 25~30분, 로프 팬이라면 1시간~1시간 10분 정도 굽는다.

팬에 담긴 채로 받침대에 올려 15분간 식힌 후 팬을 뒤집어서 케이크를 빼내고 받침대에 올려서 완전히 식힌다. 다음으로 프로스팅을 한다.

> 간단한 버터스카치(페누치) 아이싱 또는 간단한 브라운 버터 아이싱

또는 다음을 홀홀 뿌린다.

> 슈거 파우더

롬바우어 잼 케이크

지름 20cm 또는 23cm짜리 번트 케이크 1개 또는 지름 23cm짜리 튜브 케이크 1개, 12~16인분

모든 재료를 약 21℃의 실온 상태로 준비한다. 오븐을 175℃로 예열한다. 지름 20cm 또는 23cm의 번트 팬이나 지름 23cm의 일반 튜브 팬에 기름을 바르고 밀가루를 뿌린다.

다음을 중간 크기의 그릇에 담고 잘 섞이도록 거품기로 젓는다.

> 체에 친 중력분 1½컵(180g)

> 베이킹파우더 1작은술

> 계핏가루 1작은술

> 강판에 간 육두구 또는 육두구 가루 1작은술

> 베이킹소다 ½작은술

> 정향 가루 ½작은술

> 소금 ½작은술

다음을 커다란 그릇이나 주걱 날을 끼운 스탠드 반죽기에 담고 질감이 가볍고 폭신폭신해질 때까지 5분 정도 세게 쳐서 섞는다.

> 진한 갈색 설탕, 꾹 눌러 담아 ⅔컵(155g)

> 무염 버터 스틱 1개+2큰술(140g), 말랑하게 녹이기

다음을 한 번에 하나씩 넣고 세게 쳐서 섞는다.

> 대란 3개

다음을 넣고 세게 쳐서 섞는다.

> 우유 ¼컵(60g)

반죽기를 저속으로 작동시키면서 밀가루 혼합물을 넣고 어우러질 때까지 세게 쳐서 섞는다. 다음을 넣고 세게 쳐서 섞는다.

> 씨 없는 라즈베리 또는 블랙베리 잼 ⅔컵

> (구워서 굵게 썬 호두나 피칸 ½컵)

반죽을 긁어서 준비한 팬에 담고 평평하게 고른다. 중심부에 이쑤시개를 찔러보면 아무것도 묻어나오지 않을 때까지 30분 정도 굽는다.

팬에 담긴 채로 받침대에 올려 10분간 식힌 후 팬을 조리대에 톡톡 두드려서 케이크를 분리한다. 팬을 뒤집어서 케이크를 빼내고 받침대에 올려서 식힌다. 다음을 사용해 아이싱을 바른다.

> 간단한 브라운 버터 아이싱 또는 간단한 버터스카치(페누치) 아이싱

귀리 케이크

33×23cm 크기의 케이크 1개, 16~20인분

독특한 브륄레 토핑을 얹은 이 달콤하고 촉촉한 케이크는 포틀럭 파티에 가져가기에 좋은 디저트다. 하루나 이틀 전에 만들어두었다가 먹으면 가장 맛있게 즐길 수 있다.

모든 재료를 약 21℃의 실온 상태로 준비한다. 오븐을 175℃로 예열한다. 33×23cm 크기의 베이킹 팬에 기름을 바른다.

다음을 중간 크기의 그릇에 담고 20분간 불린다.

> 전통식 납작귀리 1컵(100g)

> 끓는 물 1½컵(355g)

그동안 중간 크기의 그릇을 하나 더 준비해 다음을 넣고 잘 섞이도록 거품기로 젓는다.

> 중력분 1⅓컵(165g)

> 베이킹소다 1작은술

> 계핏가루 1작은술

> 강판에 간 육두구 또는 육두구 가루 ½작은술

> 소금 ½작은술

다음을 중간 크기의 그릇이나 주걱 날을 끼운 스탠드 반죽기에 담고 질감이 가볍고 폭신폭신해질 때까지 4~6분 정도 고속으로 세게 쳐서 섞는다.

> 무염 버터 스틱 1개(115g), 말랑하게 녹이기

> 설탕 1컵(200g)

> 갈색 설탕, 꾹 눌러 담아 1컵(230g)

다음을 넣고 세게 쳐서 섞는다.

> 대란 2개

> 바닐라 1작은술

반죽기를 저속으로 작동시키면서 불린 귀리를 넣고 세게 쳐서 섞은 후 밀가루 혼합물을 넣고 다시 세게 쳐서 섞는다. 반죽을 긁어서 준비한 팬에 담고 평평하게 고른다. 중심부에 이쑤시개를 찔러보면 아무것도 묻어나오지 않을 때까지 30분 정도 굽는다.

팬에 담긴 채로 받침대에 올려놓고 잠깐 식힌다. 따뜻할 때 다음으로 아이싱을 바른다.

> 브륄레 아이싱 레시피의 2배 분량

해당 레시피의 설명에 따라 직화 오븐에 굽는다.

토마토 수프 케이크(미스터리 케이크)

23cm 크기의 정사각형 케이크 1개, 약 12인분

다소 독특한 재료를 조합해 만드는 이 케이크는 깜짝 놀랄 만큼 맛이 좋다. 하지만 잘 생각해보면 왜 아니겠는가? '미스터리' 요소인 토마토는 사실 과일로 분류되니 말이다.

모든 재료를 약 21℃의 실온 상태로 준비한다. 오븐을 175℃로 예열한다. 23cm 크기의 정사각형 베이킹 팬에 기름을 바른다.

중간 크기의 그릇에 다음을 넣고 잘 섞이도록 거품기로 젓는다.

> 체에 친 중력분 2컵(240g)

> 베이킹소다 1작은술

> 계핏가루 1작은술

> 강판에 간 육두구 또는 육두구 가루 ½작은술

정향 가루 ½작은술

소금 ½작은술

다음을 커다란 그릇이나 주걱 날을 끼운 스탠드 반죽기에 담고 질감이 가볍고 폭신폭신해질 때까지 5분 정도 고속으로 세게 쳐서 섞는다.

무염 버터 4큰술(55g), 말랑하게 녹이기

설탕 1컵(200g)

반죽기를 저속으로 작동시키면서 밀가루 혼합물을 세 번에 나눈 것과 다음을 두 번에 나눈 것을 번갈아 넣고 매끄럽게 어우러질 때까지 세게 쳐서 섞는다.

농축 토마토 수프 통조림 320ml짜리 1개

다음을 넣고 뒤적이며 섞는다.

구워서 굵게 썬 호두나 피칸 1컵

건포도 1컵

반죽을 긁어서 준비한 팬에 담고 윗면을 평평하게 고른다. 중심부에 이쑤시개를 찔러보면 아무것도 묻어나오지 않을 때까지 45분 정도 굽는다.

팬에 담긴 채로 받침대에 올려놓고 식힌다. 다음을 잘 펴서 바른다.

폭신폭신한 화이트 프로스팅 또는 크림치즈 프로스팅

또는 다음을 뿌린다.

슈거 파우더

바나나 케이크 코케뉴

지름 23cm짜리 두 겹 케이크 1개 또는 지름 25cm짜리 케이크 1개, 12~16인분

갓 구워서 바로 먹는다면 아이싱을 바르지 않고 슈거 파우더만 훌훌 뿌려서 식탁에 올려도 좋다.

모든 재료를 약 21℃의 실온 상태로 준비한다. 오븐을 175℃로 예열한다. 지름 23cm의 원형 케이크 팬 2개나 지름 25cm의 분리형 팬에 기름을 바르고 밀가루를 뿌린 후 둥근 유산지를 바닥에 깐다.

중간 크기의 그릇에 다음을 넣고 잘 섞이도록 거품기로 젓는다.

체에 친 박력분 2¼컵(225g)

베이킹소다 ¾작은술

베이킹파우더 ½작은술

소금 ½작은술

중간 크기의 그릇에 다음을 넣고 섞는다.

살짝 으깬 완숙 바나나 1컵(큰 바나나 약 2개 분량)

플레인 요구르트 또는 버터밀크 ¼컵(60g)

바닐라 1작은술

다음을 커다란 그릇이나 주걱 날을 끼운 스탠드 반죽기에 담고 크림처럼 부드러워질 때까지 세게 쳐서 섞는다.

무염 버터 스틱 1개(115g), 말랑하게 녹이기

다음을 조금씩 넣으면서 질감이 가볍고 폭신폭신해질 때까지 약 5분간 세게 쳐서 섞는다.

설탕 1컵+2큰술(225g)

다음을 한 번에 하나씩 넣고 세게 쳐서 섞는다.

대란 2개

반죽기를 저속으로 작동시키면서 밀가루 혼합물을 세 번에 나눈 것과 바나나 혼합물을 두 번에 나눈 것을 번갈아 넣고 매끄럽게 어우러질 때까지 세게 쳐서 섞는다. 반죽을 긁어서 준비한 팬에 담고 윗면을 평평하게 고른다. 중심부에 이

쑤시개를 찔러보면 아무것도 묻어나오지 않을 때까지 30~45분간 굽는다.

팬에 담긴 채로 받침대에 올려 10분간 식힌다. 팬을 뒤집어 케이크를 꺼내고 유산지를 벗겨낸 후 원래 방향대로 받침대에 올려서 완전히 식힌다.

두 겹 케이크를 만들 때는 케이크 겹 사이에 다음을 가지런히 얹는다.

완숙 바나나 2개, 얇게 저미기

두 겹 케이크와 한 겹 케이크 모두 다음을 사용해 프로스팅을 한다.

크림치즈 프로스팅 또는 초콜릿 사워크림 프로스팅

세인트루이스식 끈적끈적한 버터 케이크

33×23cm 크기의 케이크 1개, 12~16인분

세인트루이스의 전통적인 디저트인 이 케이크는 약간 달콤한 이스트 발효 반죽에 진한 풍미의 버터 층을 얹어서 만든다. 이 케이크를 만들 때의 핵심 요령은 너무 오래 굽지 않는 것이다. 윗면은 연한 색이 유지되어야 하며, 아직 완전히 굳지 않아서 오븐에서 꺼낼 때 살짝 움직이는 상태여야 한다.

작은 편수 냄비에 다음을 넣고 섞는다.

우유 ⅓컵(80g)

중력분 2큰술(15g)

중불에 올려 계속 저으면서 걸쭉한 페이스트 형태로 만든다. 따뜻한 상태가 될 때까지 식힌다. 작은 그릇에 다음을 넣고 섞어서 5분간 그대로 둔다.

따뜻한(41~ 46℃) 물 ⅓컵(80g)

활성 건조 이스트 1작은술

반죽용 날을 끼운 스탠드 반죽기에 이스트를 옮겨 담는다. 우유와 밀가루 페이스트를 다음과 함께 넣는다.

중력분 2¼컵(280g)

설탕 3큰술(35g)

대란 1개

소금 ½작은술

반죽기를 저속으로 작동시켜 매끄럽게 어우러지도록 치댄 후 다음을 넣는다.

무염 버터 4큰술(55g), 말랑하게 녹이기

반죽기를 저속 또는 중속으로 돌리면서 반죽이 매끄럽고 탱탱해질 때까지 8~10분 정도 치댄다. 반죽을 덮어서 부피가 2배로 부풀 때까지 1~2시간 발효한다.

33×23cm의 베이킹 팬에 쿠킹 스프레이를 골고루 뿌리고 팬의 긴 옆면 밖으로 빠져나오도록 유산지를 넉넉하게 잘라서 깐다. 반죽을 팬에 넣고 골고루 눌러서 평평하게 만든다. 반죽을 덮고 봉긋하게 부풀어 오를 때까지 1~2시간 동안 2차 발효한다.

오븐을 75℃로 예열한다. 주걱 날을 끼운 스탠드 반죽기에 다음을 넣은 후 질감이 아주 가볍고 폭신폭신해질 때까지 5분 정도 세게 쳐서 섞는다.

무염 버터 스틱 1개+2큰술(140g), 말랑하게 녹이기

설탕 1½컵(300g)

소금 ½작은술

다음을 넣고 매끄럽게 어우러질 때까지 세게 쳐서 섞는다.

대란 1개

작은 그릇에 다음을 넣고 저어서 섞는다.

연한 옥수수 시럽 ¼컵(90g)

물 2큰술(30g)

바닐라 2작은술

(아몬드 추출물 ½작은술)

옥수수 시럽 혼합물과 다음을 번갈아 버터와 설탕 혼합물에 넣는다.

중력분 1½컵(190g)

발효를 마친 반죽 위에 토핑을 순가락으로 듬뿍 떠서 올리고 조심스럽게 반죽 전체에 골고루 편다. 이때 부풀어 오른 반죽을 너무 많이 꺼트리지 않도록 주의한다. 케이크의 가장자리 부근이 황금색으로 익을 때까지 20~25분간 굽는다. 가운데는 아주 말랑한 상태가 유지되어야 한다.

완전히 식힌 다음 정사각형 모양으로 자른다. 다음을 뿌린다.

슈거 파우더

그릇 하나로 간단하게 만드는 케이크에 대해

간단하게 금방 만들 수 있는 맛있는 케이크를 마다할 사람이 있을까? 여기서 소개하는 간단한 케이크들은 만들기 쉽다는 이유뿐만 아니라 근사한 풍미와 푸짐함, 만족스러운 질감으로 널리 사랑받는다. 이러한 케이크들은 버터 케이크나 달걀 거품을 내서 만드는 케이크보다 더 촉촉하고 결이 조밀하다는 특징이 있다. 꼭 시간에 쫓기는 때가 아니더라도 충분히 만들어볼 만하다. 또한 이 케이크들은 아이들에게 케이크 굽는 방법을 가르칠 때 활용하기 좋다. 여기에 나오는 반죽은 모두 그릇 하나만 사용해 몇 분 안에 만들 수 있다. 상당수는 전기 반죽기가 없어도 손으로 쉽게 섞을 수 있는 것들이다.

블리츠쿠헨(Blitzkuchen, 번개 케이크)

지름 20cm짜리 케이크 1개, 8~10인분

『조이 오브 쿠킹』에 소개되어 오랫동안 사랑받아온 이 케이크는 아몬드 토핑을 얹어서 구워도 맛있고 토핑 없이 구워도 좋다. 어느 쪽이든 근사하고 부드럽게 녹는 맛을 낸다.

모든 재료를 약 21℃의 실온 상태로 준비한다. 오븐을 175℃로 예열한다. 지름 20cm, 높이 5cm의 원형 케이크 팬에 기름을 바르고 밀가루를 뿌린 후 둥근 유산지를 바닥에 깐다.

중간 크기의 그릇에 다음을 넣고 잘 섞이도록 거품기로 젓는다.

중력분 1컵(125g)

베이킹파우더 1작은술

소금 ¼작은술

다음을 커다란 그릇이나 주걱 날을 끼운 스탠드 반죽기에 담은 후 크림처럼 부드러워질 때까지 세게 쳐서 섞는다.

무염 버터 스틱 1개(115g), 말랑하게 녹이기

다음을 조금씩 넣으면서 질감이 가볍고 폭신폭신해질 때까지 3~5분간 세게 쳐서 섞는다.

설탕 1컵(200g)

다음을 한 번에 하나씩 넣고 세게 쳐서 섞는다.

대란 3개

다음을 넣고 세게 쳐서 섞는다.

레몬 1개의 껍질, 강판에 곱게 갈기

레몬즙 2큰술(30g)

밀가루 혼합물을 넣고 막 어우러지기 시작할 때까지만 젓는다. 반죽을 긁어서 준비한 팬에 담고 윗면을 평평하게 고른다. 취향에 따라 다음을 섞어서 위에

홀홀 뿌린다.

(아몬드 슬라이스 ⅓컵)

(설탕 듬뿍 떠서 1큰술)

중심부에 이쑤시개를 찔러보면 아무것도 묻어나오지 않을 때까지 30~35분간 굽는다.

팬에 담긴 채로 받침대에 올려 10분간 식힌다. 칼을 케이크와 틀 사이에 찔러 넣고 옆면을 쭉 훑어서 분리한 후, 팬을 뒤집어서 케이크를 빼내고 유산지를 벗긴다. 원래 방향대로 받침대에 올려놓고 완전히 식힌다. 선호하는 프로스팅을 발라서 마무리한다.

프랑스식 요구르트 케이크

23×12.5cm 크기의 직육면체 케이크 1개, 약 8인분

너무나 간단하게 만들 수 있는 덩어리 형태의 이 케이크는 약간 달콤한 음식이 당길 때 만들면 딱 좋다. 또한 가지고 다니면서 먹기도 좋다.

오븐을 175℃로 예열한다. 23×12.5cm의 로프 팬에 쿠킹 스프레이를 골고루 뿌리고 바닥과 옆면에 유산지를 깐다.

중간 크기의 그릇에 다음을 넣고 거품기로 섞는다.

중력분 1½컵(190g)

베이킹파우더 1½작은술

소금 ½작은술

커다란 그릇에 다음을 넣고 거품기로 섞는다.

설탕 1컵(200g)

대란 3개

일반 우유로 만든 플레인 요구르트 ½컵(120g)

식물성 기름 또는 향이 진하지 않은 올리브유 ½컵(105g)

바닐라 1½작은술

(레몬 또는 오렌지 1개의 껍질, 강판에 곱게 갈기)

밀가루 혼합물을 젖은 재료에 넣고 막 어우러지기 시작할 때까지만 뒤적이며 섞는다. 반죽을 긁어서 준비한 팬에 담는다. 취향에 따라 케이크 윗면에 다음을 뿌려서 눈으로 덮인 듯한 모습을 연출해도 좋다.

(설탕 1큰술)

중심부에 이쑤시개를 찔러보면 아무것도 묻어나오지 않을 때까지 50~55분간 굽는다.

팬에 담긴 채로 받침대에 올려 10분간 식힌다. 팬을 뒤집어서 케이크를 빼내고 유산지를 사용했다면 유산지를 벗긴다. 원래 방향대로 받침대에 올려놓고 완전히 식힌다. 다음을 곁들여서 낸다.

적당한 크기로 자른 생과일 또는 설탕에 재운 과일

초콜릿 시트 케이크(텍사스식 시트 케이크)

33×23cm 크기의 케이크 1개, 20~30인분

이 케이크는 팬에서 꺼내지 않고 그대로 낸다.

모든 재료를 약 21℃의 실온 상태로 준비한다. 오븐을 190℃로 예열한다. 33×23cm 크기의 팬에 기름을 바른다.

커다란 그릇에 다음을 넣고 잘 섞이도록 거품기로 젓는다.

설탕 2컵(400g)

중력분 2컵(250g)

베이킹소다 1작은술

소금 ½작은술

중간 크기의 편수 냄비에 다음을 넣고 섞은 후 계속 저으면서 부르르 끓어오
를 때까지 가열한다.

물 또는 커피 1컵(235g)

식물성 기름 ½컵(100g)

무염 버터 스틱 1개(115g)

무가당 코코아 가루 ½컵(40g)

뜨거운 혼합물을 마른 재료에 붓고 매끄럽게 어우러지기 시작할 때까지 젓는
다. 5분간 식힌 후 다음을 넣고 거품기로 섞는다.

대란 2개

버터밀크 ½컵(120g)

바닐라 1작은술

반죽을 긁어서 준비한 팬에 담고 평평하게 고른다. 중심부에 이쑤시개를 찔러
보면 아무것도 묻어나오지 않을 때까지 20~25분간 굽는다.

팬에 담긴 채로 받침대에 올려 완전히 식힌다. 취향에 따라 다음을 골고루
발라도 좋다.

(간단한 모카 프로스팅, 간단한 초콜릿 버터 아이싱 또는 초콜릿 새틴 프로스팅

1½~2컵)

미시시피 머드 케이크

33×23cm 크기의 케이크 1개, 16~20인분

다음을 굽는다.

초콜릿 시트 케이크

케이크를 오븐에서 꺼내자마자 윗면에 다음을 골고루 얹는다.

미니 마시멜로 3½컵

다음을 마시멜로 위에 훌훌 뿌린다.

굵게 썬 피칸 1컵

케이크를 다시 오븐에 넣고 마시멜로가 말랑말랑해지면서 봉긋하게 부풀어
오를 때까지 2~3분간 굽는다. 오븐에서 꺼내 윗면에 다음을 펴서 바른다.

초콜릿 새틴 프로스팅 2~3컵, 취향에 따라 분량 조절

프로스팅을 바를 때는 마시멜로와 견과류가 벗겨지지 않도록 조심해서 작업
한다. 팬에 담긴 채로 받침대 위에 올려서 토핑이 굳을 때까지 식힌다.

비건 초콜릿 케이크

20cm 크기의 정사각형 케이크 1개, 약 16인분

만드는 법이 무척 간단할 뿐만 아니라 비건이든 아니든 누구나 맛있게 즐길 수
있는 초콜릿 케이크다.

오븐을 190℃로 예열한다. 20cm 크기의 정사각형 베이킹 팬에 기름을 바르고
밀가루를 뿌린 후 정사각형 유산지를 바닥에 깐다.

커다란 그릇에 다음을 넣고 잘 섞이도록 거품기로 젓는다.

중력분 1½컵(190g)

설탕 1컵+2큰술(225g)

무가당 코코아 가루 ⅓컵+1큰술(30g)

베이킹소다 1작은술

소금 ½작은술

다음을 추가한다.

찬물 1컵(235g)

식물성 기름 ¼컵(50g)

증류 백식초 1큰술(15g)

바닐라 2작은술

매끄럽게 섞일 때까지 거품기로 젓는다. 반죽을 긁어서 준비한 팬에 담고 평평
하게 고른다. 중심부에 케이크 테스트용 얇은 막대를 찔러보면 아무것도 묻어
나오지 않을 때까지 약 30분간 굽는다.

팬에 담긴 채로 받침대에 올려 10분간 식힌다. 얇은 칼을 케이크와 틀 사이
에 찔러 넣고 가장자리를 쭉 훑어서 케이크를 틀에서 분리한다. 팬을 뒤집어
케이크를 꺼내고 유산지를 벗겨낸 후 원래 방향으로 올려놓고 식힌다.

다음을 뿌려서 낸다.

슈거 파우더

또는 다음을 발라서 프로스팅을 한다.

비건 초콜릿 프로스팅

올리브유 케이크

지름 23cm짜리 케이크 1개, 12~16인분

올리브유를 듬뿍 넣어 만든 황금색의 꾸덕꾸덕한 케이크로, 예나 지금이나 우
리가 가장 좋아하는 케이크 중 하나다. 파운드 케이크를 연상시키기도 하지만
올리브유 덕분에 이탈리아의 분위기를 느낄 수 있다.

오븐을 175℃로 예열한다. 지름 23cm의 분리형 팬에 쿠킹 스프레이를 골고루
뿌리고 둥근 유산지를 바닥에 깐다.

중간 크기의 그릇에 다음을 넣고 거품기로 젓는다.

중력분 1½컵(190g)

고운 옥수숫가루 ½컵(80g) 또는 아몬드 가루 ½컵(45g)

소금 ¾작은술

베이킹파우더 ½작은술

베이킹소다 ½작은술

커다란 그릇에 다음을 넣고 거품기로 섞는다.

설탕 1½컵(300g)

엑스트라 버진 올리브유 1¼컵(265g)

플레인 요구르트 1¼컵(300g)

대란 3개

오렌지 또는 레몬 1개의 껍질, 강판에 곱게 갈기

오렌지즙 또는 레몬즙 ½컵(120g)

밀가루 혼합물을 올리브유 혼합물에 넣고 적당히 어우러지기 시작할 때까지
뒤적이면서 가볍게 섞은 후 반죽을 긁어서 준비한 팬에 담는다. 중심부에 이쑤
시개를 찔러보면 아무것도 묻어나오지 않을 때까지 1시간 15분 정도 굽는다.

팬에 담긴 채로 받침대에 올려 30분간 식힌다. 얇은 칼을 케이크와 틀 사이
에 찔러 넣고 가장자리를 쭉 훑어서 케이크를 틀에서 분리한 후 고리 모양의
옆면을 떼어낸다. 케이크를 분리형 팬의 바닥에 올려놓은 상태로 완전히 식힌
다. 다음을 곁들여 낸다.

휩드 크림

오렌지 럼 케이크

지름 20cm짜리 원형 케이크 1개, 약 12인분

이 오렌지 케이크는 스펀지 케이크처럼 가볍고, 파운드 케이크처럼 진한 버터 풍미를 즐길 수 있다.

모든 재료를 약 21℃의 실온 상태로 준비한다. 오븐을 190℃로 예열한다. 지름 20cm, 높이 5cm의 원형 케이크 팬에 기름을 바르고 밀가루를 뿌린 후 둥근 유산지를 바닥에 깐다.

다음을 녹인 후 적당히 식힌다.

　무염 버터 3큰술(45g)

다음을 커다란 그릇이나 거품기 날을 끼운 스탠드 반죽기에 담고 질감이 걸쭉해지면서 연한 노란색이 될 때까지 4분 정도 고속으로 세게 저으며 섞는다.

　설탕 1컵(200g)

　대란 3개

　오렌지 1개의 껍질, 강판에 곱게 갈기

　소금 ¼작은술

반죽 위에 다음을 체에 쳐서 넣고 뒤적이며 섞는다.

　중력분 1¼컵(155g)

　베이킹파우더 1½작은술

녹인 버터와 다음을 넣고 섞는다.

　헤비크림 ⅓컵(75g)

반죽을 긁어서 준비한 팬에 담고 평평하게 고른다. 중심부에 이쑤시개를 찔러 보면 아무것도 묻어나오지 않을 때까지 30~35분 정도 굽는다.

　팬에 담긴 채로 받침대에 올려 10분간 식힌다. 나무 꼬치로 케이크 전체에 여기저기 구멍을 뚫는다. 숟가락으로 다음을 끼얹는다.

　다크 럼 ½컵

팬에 담긴 채로 완전히 식힌다. 다음을 골고루 바른다.

　비터스위트 초콜릿 글레이즈 또는 프로스팅

또는 다음을 뿌려서 낸다.

　슈거 파우더

오렌지 아몬드 케이크

마지팬 케이크의 레시피에 따라 바삭바삭한 아몬드 토핑을 만들어서 케이크 팬 바닥에 깐 다음 **오렌지 럼 케이크**의 반죽을 부어서 굽는다. 오렌지 럼 케이크의 반죽에는 오렌지 껍질과 함께 **아몬드 추출물 ¼작은술**을 추가한다.

비건 오렌지 케이크

지름 20cm짜리 원형 케이크 1개, 8~10인분

진한 오렌지 풍미를 즐길 수 있는 케이크로, 장식으로 슈거 파우더만 가볍게 뿌려도 충분하다.

오븐을 175℃로 예열한다. 지름 20cm의 원형 케이크 팬에 쿠킹 스프레이를 골고루 뿌리고 둥근 유산지를 바닥에 깐다.

중간 크기의 그릇에 다음을 넣고 거품기로 섞는다.

　중력분 1½컵(190g)

　설탕 ¾컵(150g)

　베이킹파우더 1작은술

　베이킹소다 ½작은술

　소금 ¼작은술

중간 크기의 그릇에 다음을 넣고 매끄럽게 어우러질 때까지 거품기로 섞는다.

　오렌지 1개의 껍질, 강판에 곱게 갈기

　오렌지즙 1컵(245g)

　식물성 기름 또는 올리브유 ⅓컵(70g)

　바닐라 1작은술

오렌지즙 혼합물을 밀가루 혼합물에 넣고 적당히 어우러지기 시작할 때까지만 뒤적이며 섞는다. 반죽을 긁어서 준비한 팬에 담는다. 중심부에 이쑤시개를 찔러보면 아무것도 묻어나오지 않을 때까지 30~35분 정도 굽는다.

　팬에 담긴 채로 받침대에 올려 10분간 식힌다. 얇은 칼을 케이크와 틀 사이에 찔러 넣고 가장자리를 쭉 훑어서 케이크를 틀에서 분리한다. 틀을 뒤집어 케이크를 꺼내고 유산지를 벗긴다. 케이크를 원래 방향으로 받침대에 올려놓고 식힌다. 다음을 뿌린다.

　슈거 파우더

사과 케이크

20cm 크기의 정사각형 케이크 1개, 약 16인분

우리는 새콤한 녹색 사과의 껍질을 벗기지 않고 그대로 넣는 것을 좋아한다. 오븐을 175℃로 예열한다. 20cm 크기의 정사각형 케이크 팬에 기름을 바르고 밀가루를 뿌린 후 바닥에 유산지를 깐다.

커다란 그릇에 다음을 넣고 갈색 설탕에 뭉친 부분이 있으면 손가락으로 부수면서 완전히 섞일 때까지 거품기로 젓는다.

　중력분 1½컵(190g) 또는 중력분 1컵(125g)+통밀가루 ½컵(65g)

　갈색 설탕, 꾹 눌러 담아 1컵(230g)

　베이킹소다 1작은술

　계핏가루 1작은술

　정향 가루 ½작은술

　강판에 간 육두구 또는 육두구 가루 ½작은술

　소금 ½작은술

다음을 넣고 매끄럽게 어우러질 때까지 저어서 섞는다.

　버터밀크 1컵(245g)

　식물성 기름 ½컵(105g)

　(럼 또는 브랜디 2큰술)

　바닐라 1작은술

다음을 넣고 섞는다.

　속을 파내고 깍둑썰기한 사과 1컵

　구워서 굵게 썬 호두 또는 피칸 ½컵

반죽을 긁어서 준비한 팬에 담고 평평하게 고른다. 중심부에 이쑤시개를 찔러보면 아무것도 묻어나오지 않을 때까지 40~45분 정도 굽는다.

　팬에 담긴 채로 받침대에 올려 식힌다. 아무것도 얹지 않고 따뜻하게 내거나 식힌 다음 틀에서 빼내 다음을 발라서 낸다.

　간단한 바닐라 버터 프로스팅 또는 간단한 버터스카치(페누치) 아이싱

당근 케이크

지름 23cm짜리 원형 두 겹 케이크 1개, 20cm 크기의 정사각형 두 겹 케이크 1개 또는 33×23cm 크기의 직사각형 케이크 1개, 16~20인분

그냥 먹어도 촉촉하고 맛있지만 뭐니 뭐니 해도 가장 맛있게 즐기는 방법은 크림치즈 프로스팅을 발라서 먹는 것이다.

모든 재료를 약 21℃의 실온 상태로 준비한다. 오븐을 175℃로 예열한다. 지름 23cm의 원형 케이크 팬 2개, 20cm 크기의 정사각형 팬 2개 또는 33×23cm 크기의 직사각형 팬 1개에 기름을 바르고 밀가루를 뿌린다.

커다란 그릇에 다음을 넣고 완전히 섞일 때까지 거품기로 젓는다.

중력분 1⅓컵(165g)

설탕 1컵(200g)

베이킹소다 1½작은술

베이킹파우더 1작은술

계핏가루 1작은술

정향 가루 ½작은술

강판에 간 육두구 또는 육두구 가루 ½작은술

올스파이스 가루 ½작은술

소금 ½작은술

작은 그릇에 다음을 넣고 거품기로 잘 섞는다.

식물성 기름 ⅔컵(140g)

대란 3개

기름과 달걀 섞은 것을 밀가루 혼합물에 넣고 적당히 어우러지기 시작할 때까지만 저어서 섞는다. 다음을 넣고 섞는다.

잘게 썬 당근 1½컵

구워서 굵게 썬 호두 1컵

(노란색 건포도 1컵)

(으깬 파인애플 통조림 ½컵, 국물을 따라내기)

반죽을 긁어서 준비한 팬에 담고 평평하게 고른다. 중심부에 이쑤시개를 찔러보면 아무것도 묻어나오지 않을 때까지 둥근 팬이나 정사각형 팬은 25~30분간, 33×23cm 크기의 직사각형 팬은 30~35분간 굽는다.

33×23cm 크기의 케이크는 팬에 담긴 채로 받침대에 올려 식힌다. 둥근 팬과 정사각형 팬에 구운 케이크는 팬에 담긴 채로 10분간 식힌 후 팬을 뒤집어 케이크를 꺼내고 받침대 위에 올려서 완전히 식힌다.

다음을 프로스팅으로 사용해 마무리한다.

크림치즈 프로스팅, 간단한 바닐라 버터 프로스팅, 간단한 브라운 버터 아이싱

또는 시트 케이크에 다음을 홀홀 뿌린다.

슈거 파우더

허밍버드 케이크

지름 23cm짜리 원형 세 겹 케이크 1개, 약 16인분

자메이카에서 탄생해 이제는 미국 남부 지방에서도 사랑받는 이 디저트는 원래 자메이카 원산인 붉은부리실꼬리벌새의 이름을 딴 **닥터 버드 케이크**(Doctor Bird Cake)라는 이름으로 알려져 있었다.(닥터 버드는 실꼬리벌새의 별칭 ─ 옮긴이) 바나나와 파인애플을 넣어 아주 촉촉하게 만든다. 케이크의 윗면을 장식하려면 가장자리를 빙 둘러서 피칸을 통째로 가지런히 얹거나 굵게 썬 피칸을 윗면에 골고루 뿌린다.

오븐을 175℃로 예열한다. 지름 23cm의 원형 케이크 팬 3개에 쿠킹 스프레이를 골고루 뿌리고 둥근 유산지를 바닥에 깐다.

커다란 그릇에 다음을 넣고 거품기로 젓는다.

중력분 3컵(375g)

베이킹파우더 2작은술

계핏가루 1작은술

소금 1작은술

베이킹소다 ¾작은술

올스파이스 가루 ½작은술

중간 크기의 그릇에 다음을 넣고 거품기로 잘 섞는다.

으깬 완숙 바나나 2컵(큼직한 바나나 약 3개 분량)

으깬 파인애플 통조림 225g짜리 1개, 국물도 사용

설탕 1컵(200g)

갈색 설탕, 꾹 눌러 담아 1컵(230g)

식물성 기름 1컵(210g)

대란 3개

바닐라 2작은술

바나나와 파인애플 혼합물을 밀가루 혼합물에 넣고 적당히 어우러지기 시작할 때까지만 저어서 섞는다. 다음을 넣고 뒤적인다.

구워서 굵게 썬 피칸 1컵

준비한 팬에 반죽을 적당히 나눠 담고 중심부에 이쑤시개를 찔러보면 아무것도 묻어나오지 않을 때까지 25~30분간 굽는다.

팬에 담긴 채로 받침대에 올려 10분간 식힌다. 팬을 뒤집어 케이크를 꺼내고 유산지를 벗겨낸 후 원래 방향으로 올려놓고 완전히 식힌다.

다음을 필링과 프로스팅으로 사용해 마무리한다.

크림치즈 프로스팅 레시피의 2배 분량

케이크의 윗면을 다음으로 장식한다.

통째로 구운 피칸 12개, 구워서 굵게 썬 피칸 ¾컵

신선한 생강 케이크

23cm 크기의 정사각형 케이크, 약 12인분

이 케이크를 만들 때 푸드 프로세서를 사용하면 생강을 쉽고 빠르게 다질 수 있다.(생강의 양이 너무 많아 보이겠지만 오자가 아니니 안심하자.)

오븐을 175℃로 예열한다. 23cm 크기의 정사각형 베이킹 팬에 기름을 바르고 밀가루를 뿌린 후 정사각형 유산지를 바닥에 깐다.

중간 크기의 그릇에 다음을 넣고 완전히 섞이도록 거품기로 젓는다.

중력분 1½컵(190g)

베이킹소다 1작은술

소금 ¼작은술

커다란 그릇에 다음을 넣고 거품기로 잘 섞는다.

연한 갈색 설탕 또는 진한 갈색 설탕, 꾹 눌러 담아 ½컵(115g)

당밀 ½컵(170g)

껍질을 벗겨서 다진 생강 ½컵(껍질을 벗기지 않은 생강 약 115g 분량)

대란 1개

중간 크기의 편수 냄비에 다음을 넣고 버터가 녹을 때까지 가열한다.

무염 버터 스틱 1개(115g)

물 ½컵(120g)

녹인 버터를 당밀 혼합물에 넣고 섞는다. 밀가루 혼합물을 당밀과 버터 혼합물에 넣고 적당히 어우러지기 시작할 때까지만 젓는다. 반죽을 긁어서 준비한

팬에 담는다. 중심부에 이쑤시개를 찔러보면 아무것도 묻어나오지 않을 때까지 25~30분간 굽는다.

팬에 담긴 채로 받침대에 올려놓고 10분간 식힌다. 얇은 칼을 케이크와 틀 사이에 찔러 넣고 가장자리를 쭉 훑어서 케이크를 틀에서 분리한다. 팬을 뒤집어 케이크를 꺼내고 유산지를 벗겨낸 후 원래 방향으로 받침대에 올려놓고 식힌다. 다음을 살짝 뿌려서 낸다.

슈거 파우더

사과 스택 케이크(Apple Stack Cake)

지름 23cm짜리 원형 다섯 겹 케이크, 16~20인분

독특한 모양의 이 케이크는 예전부터 애팔래치아 지역에서 즐겨 먹던 디저트다. 케이크라기보다는 큼직한 쿠키에 가까울 정도로 케이크 겹을 얇게 굽고, 말린 사과를 넣어 투박하게 만든 사과 버터와 비슷한 필링을 사용한다. 이 케이크는 만든 후 2~3일 지나야 가장 맛있게 즐길 수 있으므로 느긋하게 며칠 보관했다가 먹는다. 전통적인 레시피는 아니지만 말린 사과 대신 말린 무화과를 넣어 만든 후 휩드 크림과 함께 먹어도 아주 맛있다. 더 간편하고 빠르게 만들려면 아래에 소개한 수제 사과 필링 대신 시판 사과 버터를 사용한다. 이 레시피에는 케이크 팬이 5개 필요하지만 그만큼 팬이 많지 않다면 몇 번에 나눠 구울 수도 있다. 또는 진짜 옛날 방식을 그대로 재현해 무쇠 팬에 케이크를 한 겹씩 차례차례 구워도 좋다.

오븐을 175℃로 예열한다. 지름 23cm의 원형 케이크 팬 5개에 다음을 넉넉히 바른다.

말랑하게 녹인 무염 버터 또는 쇼트닝

그 위에 다음을 살짝 뿌린다.

중력분

필링을 만들기 위해 큼직한 편수 냄비에 다음을 넣고 섞는다.

말린 사과 340g

진한 갈색 설탕, 꾹 눌러 담아 ⅓컵(75g)

계핏가루 ¾작은술

생강 가루 ½작은술

올스파이스 가루 ¼작은술

사과가 잠길락 말락 할 정도의 물

부르르 끓어오르면 불을 줄이고 뚜껑을 반만 덮은 상태에서 사과가 아주 물렁물렁해지고 국물이 졸아들어 사과 버터와 비슷한 점도가 될 때까지 뭉근히 끓인다. 감자 으깨는 도구로 필링을 으깨면서 덩어리가 가끔 씹히는 페이스트 상태로 만든다.

필링을 뭉근히 끓이는 동안 케이크를 굽는다. 커다란 그릇에 다음을 넣고 거품기로 잘 섞는다.

중력분 5컵(625g)

베이킹파우더 1작은술

베이킹소다 1작은술

소금 1작은술

중간 크기의 그릇에 다음을 넣고 거품기로 잘 섞는다.

당밀 또는 수수 시럽 1컵(340g)

버터밀크 1컵(245g)

설탕 ½컵(100g)

진한 갈색 설탕, 꾹 눌러 담아 ½컵(115g)

식물성 기름 또는 액체 상태로 녹인 쇼트닝 ½컵(105g)

대란 2개

당밀과 버터밀크 혼합물을 밀가루 혼합물에 넣고 적당히 어우러지기 시작할 때까지만 젓는다. 거의 생강 쿠키 반죽에 가까울 정도로 아주 뻑뻑한 반죽이 될 것이다. 반죽을 5개로 나눈다. 준비한 케이크 팬에 각 반죽을 담아 꾹꾹 눌러서 끼운다.(몇 번에 나눠서 굽는다면 케이크를 굽는 동안 나머지 반죽을 덮어두고 마르지 않게 한다.) 케이크가 약간 부풀어 오르고 만지면 단단하게 느껴질 때까지 12~15분간 굽는다. 케이크는 아주 납작한 형태가 될 것이다. 팬에서 꺼내 철망 받침대에 올려놓고 완전히 식힌다.

접시에 케이크 겹을 하나 올린다. 그 위에 필링의 ¼을 가장자리까지 골고루 펴서 바른다. 두 번째 케이크 겹을 얹고 다시 필링의 ¼을 바른다. 나머지 케이크와 필링도 같은 방법으로 얹고, 맨 위에는 케이크 겹을 얹는다. 공기가 통하지 않도록 비닐랩을 단단히 씌워 냉장고에 이틀 이상 넣어두었다가 낸다.

취향에 따라 먹기 전에 다음을 살짝 뿌린다.

슈거 파우더

사과, 복숭아 또는 자두 케이크 코케뉴

지름 23cm 또는 25cm짜리 원형 케이크 1개, 약 12인분

우리 집에서 즐겨 먹는 케이크로, 우리는 그중에서도 특히 색깔만 봐도 먹음직스러운 보라색 자두로 만든 케이크를 좋아한다.

오븐을 220℃로 예열한다. 지름 23cm 또는 25cm의 원형 케이크 팬에 기름을 바른다.

다음을 체에 쳐서 그릇에 함께 담는다.

중력분 1컵(125g)

설탕 2큰술(25g)

베이킹파우더 1작은술

소금 ¼작은술

다음을 넣는다.

차가운 무염 버터 3큰술(45g), 정육면체로 자르기

혼합물이 굵은 옥수숫가루 정도의 질감이 될 때까지 페이스트리 블렌더나 포크 2개로 버터를 자르면서 마른 재료와 섞는다. 계량컵에 다음을 넣고 잘 쳐서 섞는다.

대란 1개

바닐라 ½작은술

다음을 추가한다.

½컵 분량이 되도록 우유 적당량

(사용하는 과일에 즙이 많으면 액체 재료를 1큰술 줄여서 준비한다.) 달걀과 우유 혼합물을 밀가루와 버터 섞은 것에 넣고 저어서 뻑뻑한 반죽을 만든다. 반죽을 톡톡 두드리거나 옆으로 늘려서 준비한 팬에 깐다. 반죽의 윗면에 다음을 서로 뻑뻑하게 겹치도록 여러 줄로 배열한다.

껍질을 벗겨서 얇게 저민 사과나 복숭아 또는 씨를 빼고 얇게 저민 자두 4컵

다음을 섞어서 과일 위에 훌훌 뿌린다.

백설탕 1컵(200g) 또는 갈색 설탕, 꾹 눌러 담아 1컵(230g)

계핏가루 2작은술

무염 버터 3큰술(45g), 액체 상태로 녹이기

중심부에 이쑤시개를 찔러보면 아무것도 묻어나오지 않을 때까지 25분 정도 굽는다. 따뜻하게 낸다.

파인애플 업사이드다운 케이크

지름 23cm짜리 원형 케이크 1개, 8~10인분

전통적으로 무쇠 팬을 사용해서 굽는 이 케이크는 원래 파인애플 통조림을 홍보하기 위해 고안된 것이다. 취향에 따라 고리 모양의 통조림 파인애플과 마라스키노 체리 대신 살구, 복숭아 또는 자두 등의 생과일을 웨지 모양으로 잘라서 사용해도 좋다. ▶ 더 부드럽고 끈적거리는 토핑을 얹으려면(이 케이크의 백미 중 하나다.) 다음 두 가지 방법 중 하나를 선택할 수 있다. 팬에 넣는 버터의 양을 6큰술(85g), 갈색 설탕의 양을 1컵(230g)으로 늘리거나, 케이크를 지름 20cm의 팬에 넣고 굽되 버터의 양만 4큰술(55g)로 늘리는 것이다.

모든 재료를 약 21℃의 실온 상태로 준비한다. 오븐을 175℃로 예열한다. 지름 23cm의 프라이팬이나 23×5cm의 원형 케이크 팬을 준비한다.

다음의 국물을 따라내고 키친타월 위에 올려 겉에 묻은 즙을 흡수시킨다.

    무가당 통조림 파인애플 7조각(565g짜리 통조림 1개)

프라이팬이나 케이크 팬에 다음을 넣는다.

    무염 버터 3큰술(45g)

버터가 녹을 때까지 프라이팬을 오븐에 넣어두거나 프라이팬을 가정용 레인지에 올려 버터를 녹인다. 프라이팬을 이리저리 기울여 모든 면에 버터를 골고루 묻힌다. 남은 버터는 프라이팬의 바닥에 고일 것이다. 프라이팬 바닥에 다음을 골고루 뿌린다.

    갈색 설탕, 꾹 눌러 담아 ¾컵(175g)

고리 모양의 파인애플 조각 1개를 프라이팬의 가운데에 놓고 그 주위에 6개를 가지런히 둘러서 얹는다. 각 고리 모양의 가운데 구멍과 파인애플 사이 공간에 다음을 놓는다.

    마라스키노 체리 19개

작은 그릇에 다음을 넣고 포크로 섞는다.

    대란 2개

    버터밀크 2큰술(30g)

    바닐라 ½작은술

다음을 커다란 그릇이나 주걱 날을 끼운 스탠드 반죽기에 담고 잘 섞는다.

    중력분 1컵(125g)

    설탕 ¾컵(150g)

    베이킹파우더 ¾작은술

    베이킹소다 ¼작은술

    소금 ¼작은술

다음을 추가한다.

    무염 버터 6큰술(85g), 말랑하게 녹이기

    버터밀크 6큰술(90g)

반죽기를 저속으로 작동시키면서 밀가루가 촉촉해질 때까지 세게 쳐서 섞다가 중속으로 높여 정확히 1분 30초간 섞는다. 핸드 반죽기를 사용한다면 고속으로 섞는다. 뻑뻑한 질감의 반죽이 될 것이다. 달걀 혼합물을 세 번에 나눠 넣되, 매번 넣을 때마다 정확히 20초간 세게 쳐서 섞고 그릇에 묻은 재료를 골고루 긁어내린다. 프라이팬에 담은 과일 위에 반죽을 긁어서 올리고 평평하게 고른다. 중심부에 이쑤시개를 찔러보면 아무것도 묻어나오지 않을 때까지

35~40분간 굽는다.

케이크를 오븐에서 꺼낸 뒤 프라이팬을 모든 방향으로 기울여 프라이팬 옆면에서 케이크를 분리한다. 프라이팬에서 꺼내기 전에 2~3분간 식힌다. 서빙용 플래터를 뒤집어 프라이팬 위에 올린다. 손에 오븐용 장갑을 끼고 프라이팬을 뒤집어 케이크를 플래터 위에 놓고 프라이팬을 들어올린다. 삐딱하게 놓인 과일 조각이 있다면 포크로 살살 제자리에 밀어 넣는다. 프라이팬에 남은 갈색 설탕은 숟가락으로 떠서 케이크 위에 끼얹는다. 따뜻하게 또는 차갑게 낸다.

가이 포크스 데이 케이크(Guy Fawkes Day Cake)

20cm 크기의 정사각형 케이크 1개, 16인분

파킨(parkin)이라고도 불리는 이 케이크는 단맛이 강하지 않으며 북부 잉글랜드에서 전통적으로 즐기는 생강 빵이다.(가이 포크스 데이는 1605년 11월 5일 테러 미수 사건을 일으킨 가이 포크스의 처형을 기념하는 영국의 기념일로, 불꽃놀이를 즐긴다. ─ 옮긴이) 휩드 크림 한 덩이를 곁들이면 잘 어울린다.

오븐을 175℃로 예열한다. 20cm 크기의 정사각형 베이킹 팬에 기름을 바른다. 편수 냄비에 다음을 넣고 녹이면서 잘 섞는다.

    무염 버터 스틱 1개(115g)

    당밀 ⅔컵(230g)

냄비를 불에서 내린다. 큰 그릇에 다음을 넣고 완전히 섞이도록 잘 젓는다.

    중력분 1컵(125g)

    전통식 납작귀리 ⅔컵(65g)

    설탕 1큰술(10g)

    생강 가루 1작은술

    정향 가루 ¼작은술

    소금 ½작은술

    베이킹소다 ½작은술

    (레몬 1개의 껍질, 강판에 곱게 갈기)

녹인 버터 혼합물을 두 번에 나눈 것과 다음을 번갈아 밀가루 혼합물에 넣고 섞는다.

    우유 ⅔컵(155g)

마른 재료가 촉촉해질 때까지만 젓는다. 반죽은 상당히 묽은 상태일 것이다. 팬에 반죽을 붓고 케이크가 익어가면서 팬의 옆면에서 분리되기 시작할 때까지 35분 정도 굽는다. 팬에 담긴 채로 받침대에 올려 식힌다.

레카흐(Lekach, 유대교식 꿀 케이크)

33×23cm 크기의 케이크 1개, 16~20인분

오븐을 150℃로 예열한다. 33×23cm 크기의 유리 베이킹 팬에 기름을 바른다. 중간 크기의 편수 냄비에 다음을 넣고 중약불에 올려 살살 저으면서 잘 섞일 때까지 가열한다.

    꿀 1½컵(505g)

    원두 커피 1컵(235g)

    식물성 기름 ¾컵(155g)

    바닐라 2작은술

불에서 내린 후 한쪽에 두고 식힌다. 커다란 그릇에 다음을 넣고 세게 쳐서 섞는다.

    중력분 3¾컵(470g)

베이킹소다 1½작은술

베이킹파우더 1작은술

계핏가루 2작은술

생강 가루 ½작은술

(건포도 ¾컵)

(구워서 굵게 썬 호두 ¾컵)

다음을 중간 크기의 그릇에 담거나 거품기 날을 끼운 스탠드 반죽기에 담고 질감이 걸쭉해지면서 연한 노란색으로 변할 때까지 4~5분간 고속으로 세게 쳐서 젓는다.

대란 3개

설탕 ¾컵(150g)

식힌 꿀 혼합물을 달걀 혼합물에 넣고 세게 쳐서 섞는다. 밀가루 혼합물을 추가하고 잘 어우러질 때까지 세게 쳐서 섞는다. 반죽을 긁어 팬에 담고 평평하게 고른다. 중심부에 이쑤시개를 찔러보면 아무것도 묻어나오지 않을 때까지 40~45분 정도 굽는다.

케이크를 오븐에서 꺼내자마자 포크로 케이크 표면 전체에 여기저기 구멍을 뚫는다. 다음을 미지근하게 데운다.

꿀 ¼컵(85g)

큼직한 숟가락으로 꿀을 떠서 케이크 위에 붓고 표면에 골고루 펴서 바른다. 케이크를 팬에 담긴 채로 받침대 위에 올려서 완전히 식힌 후 자른다.

비넨슈티히(Bienenstich, 벌침 케이크)

지름 23cm짜리 케이크 1개, 약 10인분

캐러멜화한 꿀과 아몬드 토핑, 커스터드 필링을 사용해 만드는 독일식 이스트 발효 케이크다.

지름 23cm의 분리형 팬에 기름을 바른다. **설탕 2큰술(25g), 대란 1개, 밀가루 1½컵(190g)**으로 다음 레시피에 따라 반죽을 만든다.

파커 하우스 롤빵 레시피의 ½ 분량

준비한 팬에 반죽을 담고 골고루 살살 눌러서 깐다. 뚜껑을 덮고 부피가 거의 2배로 부풀 때까지 45분 정도 발효한다. 오븐을 175℃로 예열한다.

반죽을 발효시키는 동안 중간 크기의 편수 냄비에 다음을 넣고 섞는다.

무염 버터 스틱 1개(115g), 작은 정육면체로 자르기

꿀 ⅓컵(110g)

설탕 ¼컵(50g)

소금 ¼작은술

중강불에 올려 부르르 끓어오르도록 가열하고, 설탕이 녹을 때까지 계속 젓는다. 다음을 넣고 섞는다.

아몬드 슬라이스 1½컵

설탕이 호박색으로 변할 때까지 2~4분간 끓인다. 불에서 내린 후 다음을 넣어 섞는다.

바닐라 2작은술

아몬드 혼합물을 약간 식힌다. 너무 뜨겁지 않고 적당히 말랑해서 쉽게 펴 바를 수 있을 정도여야 한다. 반죽의 윗면에 아몬드 혼합물을 올리고 가장자리까지 골고루 펴서 바른다. 진한 갈색으로 변하면서 케이크의 중심부에 이쑤시개를 찔러보면 아무것도 묻어나오지 않을 때까지 25~30분간 굽는다. 팬에 담긴 채로 15분간 식힌 다음 고리 모양의 옆면을 떼어낸다. 다음을 만든다.

페이스트리 크림

페이스트리 크림을 완전히 식힌 후 뚜껑을 덮어서 차가워질 때까지 2시간 이상 냉장고에 넣어둔다.

케이크가 완전히 식으면 톱니 칼을 사용해 수평으로 반을 자른다. 잘라낸 케이크 겹 사이에 차갑게 식힌 페이스트리 크림을 필링으로 바르고 아몬드를 얹은 부분을 다시 위에 얹는다. 바로 먹거나 케이크를 덮어서 최대 하루 동안 냉장고에 넣어두었다가 먹는다. 먹다 남은 케이크는 냉장고에서 최대 4일까지 보관할 수 있다.

말린 과일 케이크(Fruitcake)에 대해

말린 과일 케이크라는 말을 들으면 인공 색소가 잔뜩 들어간 이상한 녹색과 붉은색의 설탕 절임 과일이 점점이 박혀 있고 문 버팀쇠로 쓸 수 있을 정도로 묵직한 전형적인 형태를 연상하는 사람이 많다. 그래서 말린 과일 케이크에 대해서는 좋지 않은 인식이 널리 퍼져 있다. 그러나 제대로 된 말린 과일 케이크에 비하면 이 악명 높은 케이크는 말린 과일 케이크라고 하기도 어려울 정도다. 향신료를 듬뿍 넣은 진한 색의 말린 과일 케이크와 연한 색의 말린 과일 케이크 모두 아주 맛있게 만들 수 있는데, 우리는 연한 색의 말린 과일 케이크를 선호하는 편이다. 말린 과일 케이크를 대접하거나 선물할 일이 있다면 한 달 또는 그보다 더 전에 만들어둔다. 럼이나 버번, 브랜디에 적셔두면 시간이 지날수록 맛이 훨씬 좋아진다. 우리는 술에 적신 면포로 이 케이크를 감싼 후 비닐 지퍼백에 넣어 냉장고에서 1년이 훨씬 넘도록 보관하기도 한다.

말린 과일 케이크는 사실상 버터 케이크의 일종으로, 말린 과일과 견과류를 한데 뭉칠 수 있을 만큼만 반죽을 사용해서 만든다. 흔히 보이는 설탕 절임 과일도 좋지만 우리는 살구, 대추야자, 체리 등의 말린 과일과 설탕 절임 생강을 굵게 썰어서 전통적인 재료인 건포도 또는 커런트와 함께 사용하는 것을 선호한다. 글라세라고도 부르는 설탕 절임 과일을 좋아할 경우 약간 더 투자하더라도 식료품 전문점에서 쉽게 구할 수 있는 최상급 제품을 사용하면 훨씬 맛있는 케이크를 만들 수 있다. 일반적으로 설탕 절임 과일은 잘게 깍둑썰기한 것보다 큼직한 덩어리로 판매하는 것이 더 신선하고 품질도 좋다. 설탕 절임 과일이나 말린 과일은 끈적끈적해서 잘 달라붙으므로 기름을 바른 가위로 자르거나 아주 잘 드는 칼에 기름을 살짝 발라서 썬다.

말린 과일 케이크를 만들 때는 진한 색의 팬이나 유리 팬보다는 반짝거리는 금속 팬을 사용한다. 이렇게 하면 오랫동안 천천히 굽는 과정에서 팬에 닿는 케이크와 과일 조각이 너무 진한 갈색으로 변하는 것을 막을 수 있다. 팬에 유산지를 깔 때는 양쪽 기다란 면의 밖으로 유산지가 빠져나오도록 넉넉히 깔아서 무겁지만 잘 부스러지는 케이크를 팬에서 꺼낼 때 달라붙거나 부서지지 않게 한다. 튜브 팬을 사용한다면 바닥에 까는 유산지의 가운데에 구멍을 뚫어서 튜브 부분에 끼워 넣고, 유산지를 가늘고 기다랗게 잘라서 팬의 옆면과 튜브 부분에도 덧댄다. 유산지를 깔기 전에 팬에 기름을 발라주면 유산지가 잘 움직이지 않는다. 상황에 따라 유산지에 기름을 바를 수도 있지만 꼭 필요한 작업은 아니다.

23×12.5cm 크기의 로프 팬 2개에 들어가는 반죽의 분량은 지름 25cm짜리 튜브 팬 1개에 들어가는 분량과 비슷하다. 그러나 튜브 팬을 사용하면 굽는 시간이 2배로 늘어난다. 선물용으로 자그마하게 구울 때는 미니 로프 팬, 세로 홈이 있는 작은 틀 또는 일회용 알루미늄 팬이 좋다. 세로 홈이 있는 팬을 사용할 때는 유산지를 깔 수 없으므로 기름을 넉넉히 바르고 밀가루를 뿌린다. 일

반적인 기준으로 말린 과일 케이크 반죽은 굽는 동안 별로 부풀지 않으므로 팬의 맨 윗부분에서 2cm 아래로 내려온 지점까지 반죽을 채울 수 있다.

▶ 케이크가 식으면 꼬치로 케이크를 몇 번 찌른 뒤 브랜디, 버번 또는 다크 럼 등의 술을 최대 1컵 준비해 아주 천천히 붓거나 솔로 바르면서 케이크에 술을 흡수시킨다. 보관하려면 비닐랩으로 단단히 감싸고 가능하면 비닐 지퍼백 안에 넣는다. 또는 취향에 따라 깨끗한 면 행주 또는 모슬린(속이 비치는 고운 면직물 – 옮긴이) 등의 면포에 브랜디나 다른 술을 적셔서 케이크를 둘둘 감싼 다음 비닐 지퍼백에 넣어도 좋다. 말린 과일 케이크는 실온에서 한 달간, 냉장고에 넣으면 6개월 이상 보관할 수 있다. 케이크를 술에 적셔두었다면 최소 1년 이상 보관이 가능하다.

말린 과일 케이크 코케뉴

23×12.5cm 크기의 직육면체 케이크 2개

우리는 연한 색을 띠는 이 말린 과일 케이크를 좋아한다. 우리 집에서는 케이크를 만들어서 일단 식힌 후 브랜디에 재워둔다. 말린 과일 케이크에 대해 항목을 참고한다.

모든 재료를 약 21℃의 실온 상태로 준비한다. 오븐을 160℃로 예열한다. 23×12.5cm 크기의 로프 팬 2개에 기름을 바르고 양쪽 기다란 면 위로 빠져나오도록 유산지를 넉넉히 잘라서 깐다.

다음을 계량해 커다란 그릇에 담는다.

　체에 친 중력분 4컵(480g)

체에 친 밀가루 ½컵(60g)을 중간 크기의 그릇에 옮겨 담고 다음을 넣어 섞는다.

　세로로 두툼하게 자른 아몬드 또는 헤이즐넛 1컵, 구워서 굵게 썰기

　노란색 건포도 1컵

　굵게 썬 말린 살구 ½컵

　(잘게 썰거나 얇은 박편형의 무가당 코코넛 ½컵)

　(얇게 저민 설탕 절임 시트론 또는 설탕 절임 오렌지나 레몬 껍질 ¼컵)

　(잘게 썬 말린 체리 ¼컵)

남은 밀가루에 다음을 넣고 저어서 섞는다.

　베이킹파우더 1작은술

　소금 ½작은술

다른 큰 그릇이나 주걱 날을 끼운 스탠드 반죽기에 다음을 담고 크림처럼 부드러워질 때까지 세게 쳐서 섞는다.

　무염 버터 스틱 1½개(170g), 말랑하게 녹이기

반죽기를 고속으로 맞추고 다음을 조금씩 넣으면서 질감이 가볍고 폭신폭신해질 때까지 5~7분간 세게 쳐서 섞는다.

　설탕 2컵(400g)

다음을 한 번에 하나씩 넣고 세게 쳐서 섞는다.

　대란 5개

다음을 넣고 세게 쳐서 섞는다.

　바닐라 1작은술

반죽기를 저속으로 작동시키면서 밀가루 혼합물을 조금씩 넣고 완전히 어우러질 때까지 세게 쳐서 섞는다. 견과류와 과일을 넣고 뒤적이며 섞는다. 반죽을 팬에 나눠 담고 평평하게 고른다. 중심부에 이쑤시개를 찔러보면 아무것도 묻어나오지 않을 때까지 1시간 정도 굽는다.

　팬에 담긴 채로 받침대에 올려 30분간 식힌다. 조심스럽게 팬에서 꺼내 받침대에 올려놓고 유산지를 벗겨낸 후 완전히 식힌다. 보관 방법은 말린 과일 케이크에 대해 항목을 참고한다.

진한 색의 말린 과일 케이크

23×12.5cm 크기의 직육면체 케이크 2개 또는 지름 25cm짜리 튜브형 케이크 1개

최소 한 달 이상 보관했다가 먹어야 가장 맛있지만, 우리는 갓 구워서 그대로 즐기기도 한다. 말린 과일 케이크에 대해 항목을 참고한다.

모든 재료를 약 21℃의 실온 상태로 준비한다. 오븐을 150℃로 예열한다. 23×12.5cm의 로프 팬 2개 또는 지름 25cm의 튜브 팬 1개에 기름을 바르고 양쪽 기다란 면 위로 빠져나오도록 유산지를 넉넉히 잘라서 깐다.(튜브 팬은 바닥에 까는 유산지의 가운데에 구멍을 뚫어서 튜브 부분에 끼워 넣고, 유산지를 길게 잘라서 팬의 옆면에도 덧댄다.)

다음을 합친 후 체에 쳐서 큰 그릇에 담는다.

　중력분 3컵(375g)

　베이킹파우더 1작은술

　계핏가루 1작은술

　강판에 간 육두구 또는 육두구 가루 1작은술

　베이킹소다 ½작은술

　말린 육두구 껍질 가루 ½작은술

　정향 가루 ½작은술

　소금 ¼작은술

다른 큰 그릇이나 주걱 날을 끼운 스탠드 반죽기에 다음을 담고 크림처럼 부드러워질 때까지 세게 쳐서 섞는다.

　무염 버터 스틱 2개(225g), 말랑하게 녹이기

반죽기를 고속으로 맞춰 다음을 조금씩 넣으면서 색이 연해지고 질감이 가벼워질 때까지 3~5분간 세게 쳐서 섞는다.

　진한 갈색 설탕, 꾹 눌러 담아 2컵(460g)

다음을 한 번에 하나씩 넣고 세게 쳐서 섞는다. 필요하면 그릇 옆면에 묻은 재료를 긁어내리면서 작업한다.

　대란 6개

다음을 넣고 세게 쳐서 섞는다.

　당밀 ½컵(170g)

　오렌지 1개의 껍질, 강판에 곱게 갈기

　오렌지즙 ⅓컵(80g)

　레몬 1개의 껍질, 강판에 곱게 갈기

　레몬즙 3큰술(45g)

반죽기를 저속으로 작동시키면서 밀가루 혼합물을 세 번에 나눈 것과 다음을 두 번에 나눈 것을 번갈아 넣고 섞는다.

　브랜디 ½컵

반죽이 적당히 어우러지기 시작할 때까지만 세게 쳐서 섞고, 필요하면 그릇 옆면에 묻은 재료를 긁어내린다. 다음을 넣고 뒤적이며 섞는다.

　깍둑썰기한 설탕 절임 과일 및/또는 말린 과일 2½컵(시트론, 파인애플, 체리, 살구, 생강 및/또는 오렌지와 레몬 껍질)

　구워서 굵직하게 썬 호두 2컵

　굵게 썬 대추야자 1½컵

　말린 커런트 1½컵

노란색 건포도 1½컵

반죽을 긁어서 준비한 팬에 담고 평평하게 고른다. 중심부에 이쑤시개를 찔러보면 아무것도 묻어나오지 않을 때까지 직육면체 로프 케이크라면 1시간 반, 튜브 케이크라면 2시간 반~3시간 동안 굽는다.(케이크 윗면의 색이 너무 진해지면 마지막 30~60분간 포일을 텐트처럼 느슨하게 덮어둔다.)

팬에 담긴 채로 받침대에 올려 1시간 정도 식힌다. 팬을 뒤집어 케이크를 꺼내고 유산지를 벗겨낸다. 케이크를 올바른 방향으로 받침대에 올려놓고 식힌다. 보관 방법은 말린 과일 케이크에 대해 항목을 참고한다.

토르테에 대해

견과류 토르테는 간단히 말해 밀가루 대신 마른 빵가루나 케이크 가루, 곱게 간 견과류 가루를 넣어서 굽는 스펀지 케이크다. 견과류 토르테를 만드는 방법은 스펀지 케이크와 같으며, 달걀노른자와 설탕을 섞어서 연한 노란색으로 걸쭉해질 때까지 세게 쳐서 섞은 후 풍미 재료와 견과류를 넣는다. 케이크를 부풀리는 역할은 대부분 달걀흰자가 담당하고, 단단한 기포가 생기도록 거품을 낸 달걀흰자를 넣고 뒤적여서 섞는다.

▶ 곱게 간 시판 빵가루는 입자가 너무 작으므로 적합하지 않다. 껍질을 뜯어낸 흰 빵을 말려서 비닐 지퍼백에 넣고 밀대로 부수거나 푸드 프로세서로 갈아서 직접 빵가루를 만들어보자.

토르테에 사용하기 위해 견과류를 갈려면 커피나 향신료를 가는 소형 분쇄기에 잘 드는 칼날을 끼워서 갈거나 푸드 프로세서를 사용한다. 견과류는 절대 기름이 배어나와 번들거리는 상태가 될 때까지 갈면 안 된다. 한 번에 ¼컵 이상 갈면 온도가 너무 올라가서 견과류 버터가 되어버릴 수도 있으므로 ¼컵 미만으로 조금씩 갈아서 포슬포슬한 가루로 만든다. 또는 시판 아몬드 가루(아몬드 분말이라고도 한다.)를 사용해도 된다.

견과류 토르테는 질감이 아주 섬세해서 이리저리 옮기다 보면 쉽게 부서지는 경우가 많으므로 분리형 팬이나 바닥을 떼어낼 수 있는 튜브 팬에 담아서 굽는다. ▶ 토르테가 제대로 부풀어 오르려면 팬의 옆면이 건조하고 기름기가 없어야 하므로 팬의 바닥에만 기름을 바르고 밀가루를 뿌린다. ▶ 케이크를 팬에 담긴 채로 완전히 식힌 후 팬에서 꺼낸다.

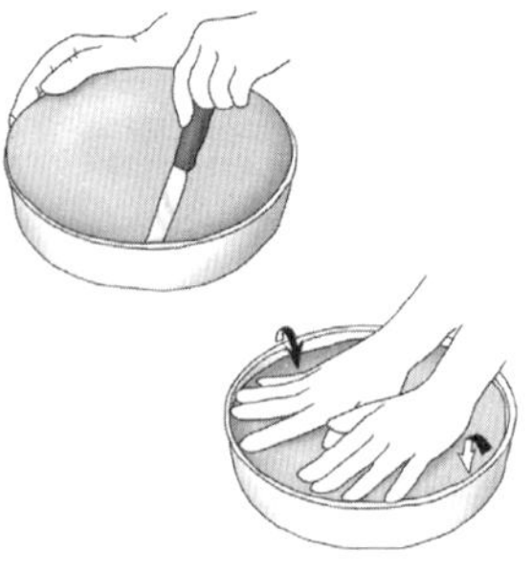

토르테를 분리형 팬에서 꺼내기

분리형 팬에 구운 토르테를 꺼내려면 얇고 휘어지는 칼날이나 작은 금속 주걱을 케이크 가장자리에 찔러 넣고 토르테에 상처가 나지 않도록 팬 쪽으로 밀면서 한 바퀴 훑어서 분리한다. 상황에 따라 위의 그림처럼 케이크가 팬에 담긴 상태에서 손가락으로 가장자리를 지그시 누르면서 압축해 가운데와 가장자리의 높이를 고르게 만들어도 좋다. 팬의 옆면을 떼어내고 뒤집는다. 유산지를 사용했다면 벗겨내고 올바른 방향으로 다시 뒤집는다.

아몬드 토르테 코케뉴

지름 20cm짜리 원형 케이크 겹 2개 또는 지름 20cm짜리 케이크 1개, 약 12인분

전통적인 독일식 만델토르테(mandeltorte, 아몬드 토르테라는 뜻 — 옮긴이)로, 너무 달지 않고 아주 은은하게 감귤류 향이 나는 아몬드 케이크. 달걀흰자를 넉넉하게 넣어 가볍고 폭신한 질감을 자랑한다. 아몬드 대신 피칸을 사용할 수도 있다. 토르테에 대해 항목을 참고한다.

모든 재료를 약 21℃의 실온 상태로 준비한다. 오븐을 160℃로 예열한다. 20×5cm의 원형 케이크 팬 2개 또는 지름 20cm의 분리형 팬 1개에 기름을 바르고 밀가루를 뿌린 후 둥근 유산지를 바닥에 깐다.

푸드 프로세서 또는 커피나 향신료 분쇄기로 고운 가루가 되도록 간다.

볶지 않은 생아몬드 ¾컵

다음을 큰 그릇이나 거품기 날을 끼운 스탠드 반죽기에 담고 질감이 걸쭉해지면서 연한 노란색으로 변할 때까지 약 2분간 고속으로 세게 쳐서 젓는다.

설탕 ¾컵(150g)

대란 노른자 6개(흰자는 따로 보관)

아몬드와 다음 재료를 넣고 뒤적이며 섞는다.

굽거나 말린 흰 빵가루 ½컵

레몬 또는 오렌지 1개의 껍질, 강판에 곱게 갈기

레몬이나 오렌지즙 3큰술(45g)

계핏가루 1작은술

아몬드 추출물 1작은술

다른 큰 그릇에 다음을 넣고 깨끗한 거품기를 사용해 중속으로 부드러운 피크가 생기도록 세게 쳐서 섞는다.

대란 흰자 6개

타르타르 크림 ¼작은술

다음을 조금씩 넣으면서 고속으로 세게 쳐서 섞는다.

설탕 ¼컵(50g)

단단한 피크가 생기지만 마른 거품은 아닌 상태가 될 때까지 잘 쳐서 거품을 낸다. 달걀흰자 거품의 ¼을 아몬드 혼합물에 넣고 실리콘 주걱으로 뒤적이며 섞은 후, 나머지 흰자 거품을 넣고 다시 뒤적이며 섞는다. 반죽을 긁어서 팬에 담고 평평하게 고른다. 중심부에 이쑤시개를 찔러보면 아무것도 묻어나오지 않을 때까지 원형 팬은 약 20분, 분리형 팬은 50~55분간 굽는다.

팬에 담긴 채로 받침대에 올려 완전히 식힌다. 식을수록 가운데가 조금씩 가라앉는다. 높이를 균일하게 맞춰 팬에서 꺼내는 방법은 토르테에 대해 항목을 참고한다. 다음을 프로스팅으로 발라서 마무리한다.(여러 겹으로 구웠다면 필링으로도 활용한다.)

휩드 크림 또는 선호하는 가향 휩드 크림, 간단한 초콜릿 버터 아이싱 또는 비터스위트 초콜릿 글레이즈나 프로스팅

또는 프로스팅을 바르지 않고 케이크 겹 사이에 다음을 필링으로 바른다.

휩드 크림, 휩드 크림과 레몬 커드를 섞은 것, 또는 감귤류 커스터드 필링

다음을 홀홀 뿌린다.

슈거 파우더

유월절 아몬드 토르테

아몬드 토르테 코케뉴를 만들되, 빵가루 대신 **마초 가루 ½컵(60g)**을 넣는다.

헤이즐넛 토르테

지름 25cm짜리 원형 케이크 1개, 약 12인분

구운 헤이즐넛을 사용하면 더 진한 풍미를 낼 수 있다. 토르테에 대해 항목을 참고한다.

모든 재료를 약 21℃의 실온 상태로 준비한다. 오븐을 175℃로 예열한다. 지름 25cm짜리 분리형 팬의 바닥에 기름을 바르고 밀가루를 뿌린 후 둥근 유산지를 바닥에 깐다.

다음을 커다란 그릇이나 거품기 날을 끼운 스탠드 반죽기에 담고 중간보다 빠른 속도로 1분간 세게 젓는다.

    대란 노른자 12개(흰자 8개는 따로 보관)

다음을 조금씩 넣어 질감이 걸쭉해지면서 레몬 색으로 변할 때까지 세게 쳐서 섞는다.

    설탕 1컵(200g)

다음을 넣고 잘 어우러지도록 뒤적이며 섞는다.

    헤이즐넛 1컵, 곱게 갈기
    피칸 또는 호두 1컵, 곱게 갈기

다음을 큰 그릇에 넣고 깨끗한 거품기를 사용해(또는 반죽기에 있는 달걀노른자 혼합물을 다른 그릇에 옮기고 반죽기 용기를 씻은 후 깨끗한 거품기 날을 끼워서) 단단한 피크가 생기지만 마른 거품은 아닌 상태가 될 때까지 중고속으로 세게 쳐서 섞는다.

    대란 흰자 8개
    타르타르 크림 ½작은술

달걀흰자 거품의 ¼을 반죽에 넣고 실리콘 주걱으로 뒤적이며 섞은 후, 나머지 흰자 거품을 넣고 다시 뒤적이며 섞는다. 반죽을 긁어서 팬에 담는다. 중심부에 이쑤시개를 찔러보면 아무것도 묻어나오지 않을 때까지 40분 정도 굽는다.

　　팬에 담긴 채로 받침대에 올려 완전히 식힌다. 식을수록 가운데가 조금씩 가라앉는다. 높이를 균일하게 맞춰 팬에서 꺼내는 방법은 토르테에 대해 항목을 참고한다. 다음을 곁들여서 낸다.

    휩드 크림 또는 선호하는 가향 휩드 크림

또는 케이크에 다음을 펴서 바른다.

    간단한 모카 프로스팅

초콜릿 호두 토르테

지름 23cm짜리 원형 케이크 1개, 약 12인분

토르테에 대해 항목을 참고한다.

모든 재료를 약 21℃의 실온 상태로 준비한다. 오븐을 160℃로 예열한다. 지름 23cm짜리 분리형 팬의 바닥에 기름을 바르고 밀가루를 뿌린 후 둥근 유산지를 바닥에 깐다.

다음을 커다란 그릇이나 거품기 날을 끼운 스탠드 반죽기에 담고 중고속으로 1분간 세게 젓는다.

    대란 노른자 6개(흰자는 따로 보관)

다음을 조금씩 넣어 질감이 걸쭉해지면서 연한 색으로 변할 때까지 세게 쳐서 섞는다.

    설탕 ¾컵+2큰술(175g)

다음을 넣고 잘 어우러지도록 뒤적이며 섞는다.

    구워서 잘게 썬 호두 ¾컵

    잘게 부순 플레인 크래커 가루 ½컵
    무가당 초콜릿 55g, 강판에 갈기
    브랜디 또는 다크 럼 2큰술
    베이킹파우더 ½작은술
    (계핏가루 ½작은술)
    (정향 가루 ¼작은술)
    (강판에 간 육두구 또는 육두구 가루 ¼작은술)

다음을 큰 그릇에 넣고 깨끗한 거품기를 사용해(또는 반죽기에 있는 달걀노른자 혼합물을 다른 그릇에 옮기고 반죽기 용기를 씻은 후 깨끗한 거품기 날을 끼워서) 단단한 피크가 생기지만 마른 거품은 아닌 상태가 될 때까지 중고속으로 세게 쳐서 섞는다.

    대란 흰자 6개
    타르타르 크림 ¼작은술

달걀흰자 거품의 ¼을 반죽에 넣고 뒤적이며 섞은 후 나머지 흰자 거품을 넣고 다시 뒤적이며 섞는다. 반죽을 긁어서 팬에 담는다. 중심부에 이쑤시개를 찔러보면 아무것도 묻어나오지 않을 때까지 1시간 정도 굽는다.

　　팬에 담긴 채로 받침대에 올려 완전히 식힌다. 식을수록 가운데가 조금씩 가라앉는다. 높이를 균일하게 맞춰 팬에서 꺼내는 방법은 토르테에 대해 항목을 참고한다. 다음을 발라서 마무리한다.

    간단한 초콜릿 버터 아이싱 또는 비터스위트 초콜릿 글레이즈 또는 프로스팅

또는 다음을 곁들여서 낸다.

    크렘 앙글레즈

자허토르테(Sachertorte)

지름 23cm짜리 두 겹 케이크 1개, 12~16인분

오스트리아에서는 자허토르테의 정의를 매우 엄격하게 규정하고 있다. 우리는 이 레시피가 본고장의 기준을 통과한다고 단언할 생각은 없지만, 나름대로 충분히 맛있는 레시피라 생각한다. 달걀흰자를 넉넉하게 넣어 가벼운 질감으로 완성한다. 토르테에 대해 항목을 참고한다.

모든 재료를 약 21℃의 실온 상태로 준비한다. 오븐을 160℃로 예열한다. 지름 23cm짜리 분리형 팬의 바닥에 기름을 바르고 밀가루를 뿌린 후 둥근 유산지를 바닥에 깐다. 다음을 강판에 간다.

    세미스위트 또는 비터스위트 초콜릿 170g

다음을 커다란 그릇이나 주걱 날을 끼운 스탠드 반죽기에 담고 크림처럼 부드럽고 가벼운 질감이 될 때까지 중고속으로 약 3분간 세게 쳐서 섞는다.

    설탕 ½컵(100g)
    무염 버터 스틱 1개(115g), 말랑하게 녹이기

다음을 한 번에 하나씩 넣고 세게 쳐서 섞는다.

    대란 노른자 6개(흰자는 따로 보관)

강판에 간 초콜릿과 다음을 추가한다.

    마른 빵가루 ¾컵
    껍질을 벗긴 아몬드를 곱게 간 것 또는 아몬드 가루 ¼컵(25g)
    소금 ¼작은술

다음을 큰 그릇에 넣고 깨끗한 거품기를 사용해(또는 반죽기에 있는 달걀노른자 혼합물을 다른 그릇에 옮기고 반죽기 용기를 씻은 후 거품기 날로 바꿔서) 단단한 피크가 생기지만 마른 거품은 아닌 상태가 될 때까지 중고속으로 세게 쳐서 섞는다.

대란 흰자 6개

타르타르 크림 ½작은술

달걀흰자 거품의 ¼을 반죽에 넣고 뒤적이며 섞은 후, 나머지 흰자 거품을 넣고 다시 뒤적이며 섞는다. 반죽을 긁어서 팬에 담는다. 중심부에 이쑤시개를 찔러보면 아무것도 묻어나오지 않을 때까지 50분~1시간 정도 굽는다.

팬에 담긴 채로 받침대에 올려 완전히 식힌다. 팬의 옆면을 떼어내고 토르테를 수평 방향으로 썰어서 두 겹으로 만든다. 케이크 윗면에 토핑을 얹을 계획이라면 완성된 케이크의 윗면이 평평하도록 자른 케이크를 뒤집어서 사용한다. 두 겹 사이에 다음을 잘 펴서 바른다.

살구 잼 또는 프리저브 1컵

케이크에 다음을 골고루 바른다.

비터스위트 초콜릿 글레이즈 또는 프로스팅

빈에서 먹는 자허토르테의 느낌을 제대로 내려면 조각 케이크에 슐라그(schlag, 당을 첨가하지 않은 휘핑크림 ― 옮긴이) 또는 다음을 듬뿍 얹어서 장식한다.

(휩드 크림)

밀가루 없이 굽는 초콜릿 케이크에 대해

조직이 조밀한 이 케이크들은 케이크의 구조를 만들고 부풀릴 때 대부분 달걀 거품에 의존한다는 점에서 견과류 토르테와 비슷하다. 모두 식으면서 가운데 부분이 가라앉고 다른 케이크보다 더 촉촉하다는 공통점이 있다. 달걀과 버터를 사용할 뿐만 아니라 초콜릿도 듬뿍 넣기 때문에 기름지고 풍미가 아주 진하다. 결과물을 좌우하는 중요한 재료는 초콜릿이므로 품질 좋은 제품을 선택한다. 아래에 소개하는 레시피에는 카카오 함량 54~65% 정도의 초콜릿이 적당하다. 그보다 카카오 함량이 높으면 설탕을 더 많이 넣어야 하고 액체 재료의 양도 늘려야 하는 경우가 많다. 특정 종류의 초콜릿을 다른 초콜릿으로 대체할 때 참고할 수 있는 정보는 초콜릿과 카카오 항목을 참고한다.

1인용 몰튼 초콜릿 케이크

작은 케이크 9개

아주 진하고 꾸덕꾸덕한 몰튼 초콜릿 케이크(케이크를 자르면 안에서 액체 상태의 초콜릿이 흘러나오는 케이크 ― 옮긴이)의 반죽을 만들어 머핀 틀에 담고 반죽을 덮어서 하룻밤 동안 냉장고에 넣어두었다가 구울 수도 있다. 밀가루 없이 굽는 초콜릿 케이크에 대해 항목을 참고한다.

모든 재료를 약 21℃의 실온 상태로 준비한다. 오븐을 200℃로 예열한다. 일반 컵 형태의 머핀 틀 9구에 버터를 바른다. 머핀 컵 안에 다음을 훌훌 뿌린다.

설탕

이리저리 흔들어서 머핀 컵 안에 설탕을 골고루 묻히고 남은 설탕은 털어낸다. 이중 냄비를 사용하거나 냄비에 물을 붓고 아주 은근히 끓이면서 내열 그릇을 담가 중탕으로 다음을 녹인다.

세미스위트 또는 비터스위트 초콜릿 170g, 굵직하게 썰기

무염 버터 스틱 1개+2큰술(140g)

불에서 내린다. 초콜릿과 버터 혼합물에 다음을 체에 쳐서 넣는다.

무가당 코코아 가루 ¼컵(20g)

박력분 2큰술(15g)

소금 ¼작은술

매끄럽게 어우러질 때까지 젓는다. 다음을 넣고 섞는다.

대란 노른자 4개(흰자는 따로 보관)

중간 크기의 그릇에 다음을 넣고 부드러운 피크가 생길 때까지 중속으로 세게 치면서 거품을 낸다.

대란 흰자 4개

타르타르 크림 ¼작은술

다음을 조금씩 넣으면서 단단한 피크가 생기지만 마른 거품은 아닌 상태가 될 때까지 고속으로 세게 쳐서 섞는다.

설탕 ¼컵(50g)

실리콘 주걱을 사용해 달걀흰자 거품의 ¼을 초콜릿 혼합물에 넣고 뒤적이며 섞은 후, 나머지 흰자 거품을 넣고 다시 뒤적이며 섞는다. 머핀 컵의 ¾까지 올라오도록 반죽을 넣는다. 케이크의 윗면은 굳은 것처럼 보이지만 중심부는 아직 질척한 상태로 남아 있도록 5~6분간 굽는다.(냉장고에 보관했던 반죽을 사용했다면 1분 정도 굽는 시간을 늘린다.) 2~3분간 그대로 두면 케이크가 살짝 줄어들면서 머핀 틀의 옆면에서 분리된다. 케이크 위에 받침대를 올리고 뒤집어서 틀에서 꺼낸다. 다음을 곁들여 뜨겁게 낸다.

휩드 크림

밀가루 없이 굽는 초콜릿 데카당스

지름 20cm짜리 원형 케이크 1개, 12~14인분

아주 작은 웨지 모양으로 잘라서 휩드 크림과 생라즈베리 또는 신선한 베리 쿨리를 곁들인다. 밀가루 없이 굽는 초콜릿 케이크에 대해 항목을 참고한다.

모든 재료를 약 21℃의 실온 상태로 준비한다. 오븐을 160℃로 예열한다. 20×5cm 크기의 원형 케이크 팬(분리형 팬이 아닌 일반형)에 기름을 바르고 둥근 유산지를 바닥에 깐다.

커다란 내열 용기에 다음을 넣고 섞는다.

세미스위트 또는 비터스위트 초콜릿 450g, 굵직하게 썰기

무염 버터 스틱 1개+2큰술(140g), 작은 조각으로 자르기

큼직한 프라이팬에 물을 붓고 아주 은근히 끓이면서 내열 그릇을 담가 초콜릿과 버터가 따뜻해지면서 액체 상태로 매끄러워질 때까지 자주 저어서 녹인다. 불에서 내린 후 다음을 넣고 잘 젓는다.

대란 노른자 5개(흰자는 따로 보관)

다음을 커다란 그릇이나 거품기 날을 끼운 스탠드 반죽기에 담고 부드러운 피크가 생기도록 중속으로 세게 쳐서 섞는다.

대란 흰자 5개

타르타르 크림 ¼작은술

다음을 조금씩 넣으면서 단단한 피크가 생기지만 마른 거품은 아닌 상태가 될 때까지 고속으로 잘 쳐서 섞는다.

설탕 1큰술(10g)

실리콘 주걱을 사용해 달걀흰자 거품의 ¼ 분량을 초콜릿 혼합물에 넣고 뒤적이며 섞은 후, 나머지 흰자 거품을 넣고 다시 뒤적이며 섞는다. 반죽을 긁어서 팬에 담고 평평하게 고른다. 팬을 커다랗고 얕은 베이킹 접시나 구이 팬 안에 넣고 오븐 받침대를 앞쪽으로 당겨서 베이킹 접시를 올린 후 케이크 팬 옆면의 중간 정도까지 오도록 끓는 물을 붓는다. 정확히 30분간 굽는다. 케이크의 윗면에는 얇은 막이 생기고 속은 아직 끈적끈적한 상태가 된다.

케이크 팬을 받침대 위에 올려 완전히 식힌 후, 차가워질 때까지 또는 하룻밤 동안 냉장고에 넣어둔다. 팬에서 빼려면 얇은 칼을 케이크와 팬 사이에 찔

러 넣고 가장자리를 쭉 훑어서 분리한다. 팬을 뒤집어 케이크를 꺼내고 유산지를 벗긴다. 다시 올바른 방향으로 뒤집어서 서빙용 플래터에 올린다. 다음을 홀홀 뿌린다.

슈거 파우더

냉장고에 보관하되, 최소 1시간 전에 꺼내서 말랑말랑하게 만든 후 먹는다. 칼을 뜨겁게 달궈서 자르고 한 번 자를 때마다 칼날을 닦아낸 후 다시 자른다.

초콜릿 무스 케이크

지름 20cm짜리 원형 케이크 1개, 12~14인분

높이가 2.5~3.8cm에 불과한 이 케이크는 무스와 같은 식감에 비터스위트 초콜릿 트러플의 강렬한 풍미를 지니고 있다. 밀가루 없이 굽는 초콜릿 케이크에 대해 항목을 참고한다.

모든 재료를 약 21℃의 실온 상태로 준비한다. 오븐을 175℃로 예열한다. 지름 20cm의 원형 케이크 팬의 옆면에 기름을 바르고 둥근 유산지를 바닥에 깐다. 커다란 내열 용기에 다음을 넣는다.

세미스위트 또는 비터스위트 초콜릿 140g, 굵직하게 썰기

작고 묵직한 편수 냄비에 다음을 넣고 섞는다.

설탕 ⅔컵(130g)

무가당 더치 프로세스 코코아 가루 ½컵(40g)

중력분 2큰술(15g)

우유를 조금만 붓고 섞어서 페이스트 상태로 만든 후 나머지 우유를 모두 붓고 잘 젓는다.

우유 ¾컵(175g)

중불에 올려 뭉근히 끓어오르도록 가열하면서 눋지 않도록 나무 숟가락으로 계속 젓는다. 불을 줄이고 끓임없이 저으면서 약간 걸쭉해질 때까지 1분 정도 아주 은근히 끓인다. 즉시 뜨거운 혼합물을 굵게 썬 초콜릿 위에 붓고 초콜릿이 녹으면서 전체적으로 아주 매끄럽게 섞일 때까지 잘 젓는다. 다음을 넣고 섞는다.

대란 노른자 2개(흰자는 따로 보관)

바닐라 1작은술

다음을 커다란 그릇이나 거품기 날을 끼운 스탠드 반죽기에 담고 부드러운 피크가 생기도록 중속으로 세게 쳐서 거품을 낸다.

대란 흰자 4개

타르타르 크림 ¼작은술

다음을 조금씩 넣으면서 단단한 피크가 생기지만 마른 거품은 아닌 상태가 될 때까지 고속으로 세게 쳐서 섞는다.

설탕 ¼컵(50g)

달걀흰자의 ¼을 반죽에 넣고 실리콘 주걱으로 뒤적이며 섞은 후, 나머지 흰자 거품을 넣고 다시 뒤적이며 섞는다. 반죽을 팬에 긁어 담고 평평하게 고른다. 밀가루 없이 굽는 초콜릿 데카당스 레시피에 따라 굽고 식힌 후 팬에서 꺼낸다. 취향에 따라 다음을 홀홀 뿌린다.

(슈거 파우더)

또는 다음을 곁들여 낸다.

(바닐라 아이스크림, 신선한 베리 쿨리 또는 휩드 크림)

칼을 뜨겁게 달궈서 자르고 한 번 자를 때마다 칼날을 닦아낸 후 다시 자른다.

필드 케이크에 대해

화려한 필드 케이크(Filled Cake, 케이크 내부에 다른 재료를 채워서 굽는 케이크―옮긴이)는 보기에 아주 근사하고 호사스럽지만, 솔직히 말해 만들기도 복잡하다. 따라서 번거롭고 까다로운 하나의 도전으로 생각하는 편이 가장 좋다! 관건은 인내심이다. 만드는 과정을 단축하고 싶은 마음은 굴뚝같겠지만 케이크 겹과 필링 그리고 조합한 케이크를 완전히 식히는 것이 무엇보다 중요하다. 어떤 단계든 대충 생략해버리면 결과물에서 틀림없이 티가 나므로 특별히 주의를 기울이자. 용감하게 도전해서 인내심을 발휘해 까다로운 작업을 해내면 먹기 아까울 정도로 화려하고 예쁜 자태로 식탁의 주인공 자리를 당당히 차지하는 근사한 결과물을 얻을 수 있다. 물론 결국에는 먹어버리겠지만 말이다.

이어서 소개하는 레시피 외에도, 모든 종류의 엔젤푸드 케이크에 속을 채워 필드 케이크를 만들 수 있다. 아래 그림과 같이 먼저 케이크의 윗면에서 2.5cm 내려온 지점에 이쑤시개를 꽂아 표시한다. 이쑤시개를 기준으로 삼아 톱니 칼로 케이크를 빙 둘러가며 자른다. 톱질하듯 칼을 살살 움직이면서 완전히 잘라내고, 2.5cm 두께의 케이크 윗면은 뚜껑으로 사용하기 위해 따로 보관한다. 그다음에는 필링을 넣을 공간을 파내기 시작한다. 케이크에 수직으로 절개선을 두 군데 넣고, 케이크의 안쪽과 바깥쪽 표면에서 2.5cm 간격을 유지하면서 칼로 속살을 자른다. 바닥에서 2.5cm 떨어진 곳까지 잘라내되, 이보다 더 깊이 들어가지 않는다. 케이크의 속살을 파내려면 바깥쪽 절개선을 따라 비스듬히 칼을 넣어서 안쪽 절개선을 향해 칼질하면서 빙 둘러 잘라낸다. 그다음 반대로 안쪽 절개선을 따라 비스듬히 칼을 넣은 다음 바깥쪽 절개선을 향해 칼질한다. 이렇게 자르면 X자 형태로 칼자국이 서로 교차하면서 삼각형 모양의 속살 세 덩어리가 떨어져 나오므로 쉽게 꺼낼 수 있다. 바닥에 붙어 있는 네 번째 삼각형 부분은 끝부분이 휜 자몽 전용 칼로 잘라내거나 자몽 전용 숟가락으로 조심스럽게 떠낸다.

케이크의 구조를 만들기 위해 틀의 벽에 덧대는 용도로는(샤를로트에 대해 항목을 참고) 모든 종류의 스펀지 케이크나 엔젤푸드 케이크, 제누아즈 또는 토르테를 사용할 수 있다. 틀에 붓거나 케이크에 채우는 용도로는 안정화시킨 필링(젤라틴으로 만든 것)이 가장 좋다. 「디저트」 장의 바바리안 크림과 무스 레시피를 참고한다.

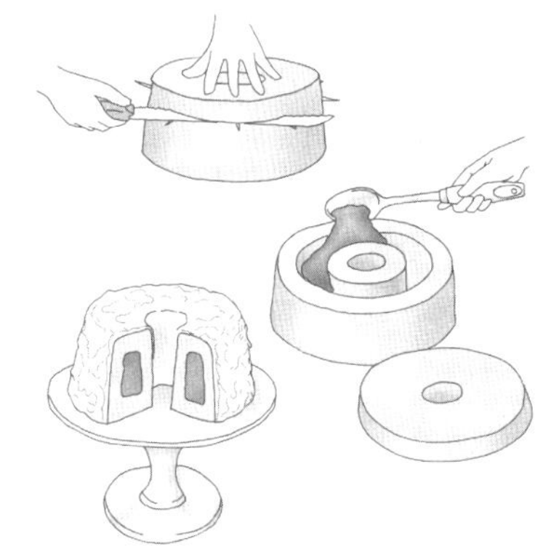

필드 케이크 만들기

시칠리아식 카사타(Sicilian Cassata)

지름 20cm짜리 케이크 1개, 약 16인분

카사타는 시칠리아에서 제대로 분위기를 내고 싶은 특별한 날에 만드는 화려한 케이크다. 스펀지 케이크에 달콤한 럼 시럽으로 맛을 내고 설탕 절임 시트론, 계피, 바닐라를 듬뿍 넣어 섞은 리코타 치즈를 필링으로 사용한다. 케이크 전체를 얇은 마지팬으로 감싸고 설탕 절임 과일을 보기 좋게 얹는다.

다음을 만든다.

스펀지 케이크 시트

지름 20cm의 분리형 팬을 준비한다. 푸드 프로세서에 다음을 넣고 덩어리 없이 아주 매끄러워질 때까지 3~4분간 퓌레 상태로 간다.

일반 우유로 만든 리코타 치즈 900g

다음을 넣고 적당히 섞일 때까지 푸드 프로세서를 짧게 몇 번 돌린다.

슈거 파우더 1컵(100g)

잘게 썬 설탕 절임 시트론 또는 설탕 절임 오렌지 껍질 ⅔컵

바닐라 1작은술

(계핏가루 ¼작은술)

적당히 식힌 스펀지 케이크에서 지름 20cm의 원형 케이크 겹 2개와 33×3.8cm 크기의 기다란 조각 2개를 잘라낸다. 솔로 다음을 바른다.

다크 럼 ¼컵

럼을 발라 촉촉한 면이 위로 오도록 분리형 팬의 바닥에 케이크 겹 1개를 깐다. 촉촉한 면이 팬 안쪽을 바라보도록 기다란 케이크 조각 2개를 팬의 옆면에 두른다. 기다란 조각이 잘 맞도록 적당히 손질하고 팬의 윗면과 같은 높이가 되도록 자른다. 리코타 필링을 긁어서 팬에 담고 평평하게 고른다. 촉촉한 면이 아래로 가도록 두 번째 케이크 겹을 필링 위에 얹는다. 팬의 윗면과 같은 높이가 되도록 골고루 누른다. 비닐랩으로 팬을 덮고 2시간 이상 또는 하룻밤 동안 냉장고에 넣어둔다.

팬의 고리 모양 옆면을 떼어내고 케이크를 뒤집어서 서빙용 플래터에 올린다.(또는 분리형 팬의 바닥에 그대로 둔다.) 필요할 때까지 냉장고에 보관한다.

작은 편수 냄비에 다음을 넣고 뭉근히 끓인다.

살구 잼 ⅔컵

물 3큰술(45g)

체에 한 번 걸러서 그릇에 담는다. 다음을 준비해 매끄럽고 잘 구부러지는 상태가 될 때까지 치댄다.

마지팬 395g, 수제 또는 시판

마지팬을 절반이 안 되게 떼어서 아래위에 유산지를 간 후 밀대를 사용해 지름 24cm의 둥그런 모양으로 매끄럽게 민다. 주름이 생기지 않도록 유산지를 가끔 벗겨내고 위치를 바꿔주면서 작업한다. 케이크의 윗면과 옆면에 따뜻한 살구 글레이즈를 넉넉히 바른다. 더 깔끔한 쪽이 위로 가도록 마지팬을 케이크 윗면의 가운데에 올려놓고 표면을 매끄럽게 고른 후 가장자리를 아래쪽으로 늘어뜨려 케이크 옆면에 눌러 붙인다. 밀대로 남은 마지팬을 대략 30×20cm의 직사각형으로 민다. 폭은 케이크의 높이에 맞추고 길이는 18cm가 되도록 길쭉한 조각 4개로 깔끔하게 잘라낸다. 이 길쭉한 조각을 하나씩 옆면에 대고 눌러서 매끈하게 붙이고, 이음매가 깔끔하게 겹치도록 손질한다. 케이크 윗면에 다음을 기하학적 무늬로 배치한다.

설탕 절임 과일

과일을 올릴 때는 약간의 살구 잼이나 연한 옥수수 시럽을 발라서 고정한다. 최소 2시간, 최대 8시간 동안 냉장고에 넣어두었다가 낸다.

보스턴 크림 파이

지름 20cm 또는 23cm짜리 두 겹 케이크 1개, 약 12인분

케이크를 구울 때 사용하는 팬 때문에 전통적으로 파이라고 불리지만, 사실 파이라기보다는 시트를 여러 겹 쌓아서 만드는 케이크다. 가볍고 폭신폭신한 케이크를 선호한다면 스펀지 케이크를, 진하고 조직이 조밀한 케이크를 원한다면 버터 케이크를 사용한다.

다음 레시피에 따라 케이크 겹 2개를 굽는다.

스펀지 케이크, 달걀 4개를 넣어 노랗게 구운 케이크 또는 버터밀크 여러 겹 케이크

다음을 필링으로 사용한다.

페이스트리 크림 약 1½컵

케이크의 옆면은 아무것도 바르지 않은 상태 그대로 노출하되, 윗면에 다음을 붓는다.

비터스위트 초콜릿 글레이즈 또는 프로스팅

블랙 포레스트 케이크(Black Forest Cake, 검은 숲 케이크)

지름 23cm짜리 세 겹 케이크 1개, 약 16인분

다음을 준비한다.

지름 23cm짜리 초콜릿 제누아즈 1개, 세 겹으로 자르기

작은 그릇에 다음을 넣고 섞는다.

촉촉한 시럽 ½컵

키르슈 ¼컵

다음을 해동해서 물기를 제거한다.

냉동 무가당 체리 285g~340g짜리 2봉지(565~680g)

작은 내열 그릇에 다음을 넣고 섞는다.

세미스위트 또는 비터스위트 초콜릿 170g, 잘게 썰기

끓는 물 ¼컵(60g)

초콜릿이 녹으면서 혼합물이 매끄러워질 때까지 젓는다. 초콜릿이 완전히 녹지 않으면 은근히 끓는 물이 담긴 프라이팬에 그릇을 담가 계속 저으면서 완전히 녹인다. 지름 23cm짜리 분리형 팬의 바닥에 케이크 겹 하나를 깐다. 솔로 키르슈 시럽을 넉넉히 바른다. 커다란 그릇에 다음을 넣고 부드러운 피크가 생기도록 세게 쳐서 거품을 낸다.

차가운 헤비크림 4컵(925g) 또는 헤비크림 2컵(460g)과 크렘 프레슈 2컵(460g)을 섞은 것

설탕 ⅓컵(65g)

바닐라 2작은술

거품을 낸 크림 ⅓컵을 초콜릿 혼합물에 넣고 뒤적이며 섞은 후 다시 ½컵을 넣고 뒤적이며 섞는다. 촉촉하게 시럽을 바른 케이크 위에 즉시 초콜릿 크림을 고르게 펴서 바른다. 또 다른 케이크 겹에 시럽을 바르고 촉촉한 면이 아래를 향하도록 초콜릿 크림 위에 얹는다. 골고루 눌러서 높이를 평평하게 한다. 케이크의 윗면에도 시럽을 바른다. 그 위에 체리를 한 겹으로 배열하되, 너무 촘촘하게 붙여놓지 않는다. 다 올린 후 체리가 몇 개 남을 것이다. 거품 낸 크림 약 2컵을 체리의 위쪽과 사이사이에 골고루 바른다. 마지막 케이크 겹에 시럽을 바르고 촉촉한 면이 체리와 크림이 있는 아래쪽을 향하게 얹는다. 살짝 눌러서 평평하게 고른다. 케이크와 남은 크림 및 체리를 냉장고에 넣고 케이크가 단단하게 굳을 때까지 30분 이상 둔다.

거품 낸 크림 남은 것으로 케이크의 윗면과 옆면을 프로스팅 한다. 페이스트리용 짤주머니에 커다란 별 모양 깍지를 끼우고 윗면의 가장자리에 장미꽃

모양 12~16개를 짜거나 빙 둘러서 경계를 만들어준다. 남은 체리의 물기를 닦아내고 장미꽃 모양 위에 하나씩 얹는다. 케이크 가운데를 다음으로 장식한다.

대패로 얇게 깎은 초콜릿

최소 12시간, 최대 24시간 동안 냉장고에 넣어두었다가 낸다.

초콜릿 라즈베리 크림 케이크

블랙 포레스트 케이크를 만든다. 이때 체리 대신 **생라즈베리 2½컵**을, 키르슈 대신 **프랑부아즈**(라즈베리 오드비) **¼컵**을 사용한다. 또는 키르슈 혼합물 대신 **라즈베리 리큐어 ¾컵**을 사용해도 좋다.

아이스박스 케이크

15인분

아이스박스 '케이크'는 통밀 크래커처럼 얇은 웨이퍼 쿠키와 휩드 크림, 과일을 사용해 오븐에 굽지 않고 만드는 디저트다. 일반적인 케이크보다 훨씬 쉽게 만들 수 있다. 유일하게 주의할 점은 쿠키가 부드러워지도록 냉장고에 몇 시간 정도 넣어두어야 한다는 것이다. 필링으로 사용할 재료는 마음껏 창의력을 발휘해보자. 굵게 썬 망고와 파인애플, 구운 코코넛, 라임 껍질로 향을 낸 휩드 크림 등과 같이 풍미가 서로 잘 어울리는 재료를 조합하면 좋다. 그뿐만 아니라 굵게 썬 초콜릿, 얇게 바른 잼이나 프리저브, 심지어 푸딩 등도 여러 겹을 쌓을 때 사용할 수 있다.

다음을 만든다.

휩드 크림 레시피의 3배 분량

다음을 준비한다.

통밀 크래커 1상자(400~425g), 초콜릿 웨이퍼 쿠키 2봉지(510g) 또는 그 외의 얇고 바삭한 쿠키

꼭지를 따고 얇게 썬 딸기, 잘 익은 복숭아를 굵게 썬 것, 씨를 빼고 반으로 자른 체리 등 손질한 생과일 4컵

(구워서 잘게 썬 아몬드, 헤이즐넛, 피칸 등의 견과류 1컵)

33×23cm 크기의 베이킹 접시 바닥에 휩드 크림을 아주 얇게 펴서 바른다. 쿠키를 한 겹 얹는다. 남은 휩드 크림을 네 덩이로 나눈다. 쿠키 위에 휩드 크림 ¼과 과일 ¼ 분량(견과류를 사용한다면 견과류도 ¼ 분량)을 얹는다. 쿠키를 다시 한 겹 올린다. 이렇게 한 겹씩 쌓아가는 과정을 반복하고, 맨 위에는 과일을 얹어 마무리한다. 비닐랩으로 덮어서 최소 2시간, 최대 8시간 동안 냉장고에 넣어두었다가 낸다. 이틀 안에 먹는다.

사바랭과 바바에 대해

사바랭(Savarin)과 바바(Baba)는 둘 다 깃털처럼 가벼운 이스트 발효 반죽으로 만들지만 모양이 서로 다르고, 바바에는 건포도나 커런트가 들어간다는 차이점이 있다. 사바랭은 1인용 도넛 모양 틀에 넣어 작게 구울 수도 있고, 커다란 사바랭 틀이나 튜브 팬에 넣어서 큼직하게 구울 수도 있다. 사바랭과 바바는 설탕 시럽에 흠뻑 적시고 럼이나 다른 증류주를 부어서 마무리한다. 따라서 아주 촉촉하고 맛있는 케이크로 탄생한다. 전통적으로는 마르티니크나 자메이카산의 풍미 진한 다크 럼을 사용해서 만들지만 키르슈, 푸아르 윌리엄스, 프랑부아즈, 미라벨 등의 다른 과일 브랜디로 풍미를 내도 좋다.

사바랭

지름 20cm의 세로 홈이 있는 튜브 케이크, 8~10인분

커다란 그릇이나 스탠드 반죽기에 다음을 넣고 섞은 뒤 이스트가 녹을 때까지 5분 정도 둔다.

활성 건조 이스트 1봉지(2¼작은술)

따뜻한(41~46℃) 물 ¾컵(175g)

이스트를 녹인 물에 다음을 넣고 잘 어우러질 때까지 섞는다.

중력분 1⅓컵(165g) 또는 제빵용 밀가루 1⅓컵(175g)

설탕 1큰술(10g)

소금 ½작은술

다음을 조금씩 넣으면서 잘 섞는다.

대란 2개, 살짝 풀어두기

중력분 1⅓컵(165g) 또는 제빵용 밀가루 1⅓컵(175g)

반죽이 하나로 뭉칠 때까지 2분 정도 섞는다. 손으로 10분 정도 치대거나 반죽용 날을 끼운 반죽기에 넣어 반죽이 매끄럽고 탱탱해지면서 손이나 그릇에 달라붙지 않을 때까지 6분 정도 치댄다. 다음을 조금씩 넣으면서 치댄다.

무염 버터 4큰술(55g), 액체 상태로 녹여서 식히기

버터가 완전히 어우러져 반죽이 말랑말랑하고 잘 구부러질 때까지 계속 치댄다. 기름을 바른 커다란 그릇에 반죽을 옮겨 담고 비닐랩으로 덮은 후 따뜻한 곳(24~27℃)에서 15분 정도 발효한다.

사바랭 틀이나 지름 20cm의 세로 홈이 있는 튜브 팬 또는 번트 팬에 기름을 살짝 바른다.(버터를 바르면 사바랭 표면에 구멍이나 자국이 생길 수 있으므로 기름을 사용한다.) 반죽을 조심스럽게 틀에 넣어 구석구석까지 골고루 들어가도록 손가락으로 눌러서 편다. 비닐랩을 씌워서 따뜻한 곳(24~29℃)에서 부피가 2배로 부풀 때까지 1시간 정도 발효한다.

오븐을 175℃로 예열한다. 팬을 오븐 팬 위에 올리고 오븐에 넣는다. 옆면을 포함해 전체적으로 노릇노릇하게 익고 중심부에 칼을 찔러보면 아무것도 묻어나오지 않을 때까지 45분 정도 굽는다.

오븐에서 꺼내자마자 사바랭을 팬에서 꺼낸 뒤 받침대에 올려 완전히 식힌다.(사바랭을 비닐 지퍼백에 담아 잘 밀봉해서 냉장고에 넣으면 최대 4일, 냉동실에 넣으면 최대 2주간 보관할 수 있다.)

먹기 15분쯤 전에 편수 냄비에 다음을 넣고 설탕이 잘 녹도록 저으면서 부르르 끓어오를 때까지 가열한다.

설탕 1컵(200g)

물 2컵(475g)

레몬 1개의 껍질, 강판에 곱게 갈기

(바닐라 빈 1개, 세로로 반 가르기)

불에서 내린 후 다음을 넣고 젓는다.

다크 럼 또는 과일 브랜디 ½컵

(바닐라 1작은술, 바닐라 빈을 넣지 않은 경우에 사용)

사바랭을 접시에 옮겨 담고 접시를 받침대 위에 올린다. 받침대는 오븐 팬 위에 놓는다. 국자로 뜨거운 시럽을 떠서 사바랭 전체가 시럽에 흠뻑 젖도록 위에 끼얹는다.(이때 윗면은 구울 때 바닥에 깔렸던 쪽이다.) 사바랭이 눅눅해지거나 모양이 무너지지 않고 즉시 시럽을 흡수할 수 있도록 시럽은 아주 뜨거워야 한다. 사바랭에서 흘러내린 시럽은 모아서 데운 후 다시 케이크 위에 끼얹을 수 있다. 시럽에 흠뻑 젖은 사바랭에서 여분의 시럽이 빠지도록 10분간 둔다.

먹기 직전에 사바랭의 가운데에 다음을 채워 넣는다.

휩드 크림

사바랭 위에 다음을 얹는다.

통째로 또는 저민 딸기, 그 외의 생과일 또는 설탕에 재운 과일

바바 오 럼(Baba au Rhum, 럼을 사용해 만든 바바)

12인분

작은 편수 냄비에 다음을 넣고 섞는다.

말린 커런트 또는 건포도 ½컵

과일 위로 1.2cm 정도 올라올 만큼의 찬물

부르르 끓어오르도록 가열한 후 물기를 잘 뺀다. 작은 그릇에 옮겨 담고 다음을 뿌린다.

럼 ¼컵

뚜껑을 덮고 최소 30분, 최대 3일간 불린다.

다음 반죽을 만든다.

사바랭

버터를 넣은 직후에 물기를 뺀 커런트를 반죽에 넣고 손으로 치대거나 반죽용 날을 끼운 반죽기에 넣고 치댄다. 따뜻한 곳(24~27℃)에서 15분 정도 발효한다.

전통적인 바바 틀 12개나 일반 머핀 틀 12구에 기름을 살짝 바른다. 반죽을 12개로 나눠 각 컵에 담는다. 기름을 바른 비닐랩을 느슨하게 씌워서 따뜻한 곳에 두고 반죽이 2배로 부풀 때까지 30분 정도 발효한다.

오븐을 175℃로 예열한다. 전체적으로 노릇노릇하게 익고 중심부에 칼을 찔러보면 아무것도 묻어나오지 않을 때까지 30분 정도 굽는다. 오븐에서 꺼내자마자 바바를 팬에서 꺼낸 뒤 받침대에 올려 완전히 식힌다.(바바는 사바랭과 같은 방법으로 보관할 수 있다.) 다음 레시피에 따라 시럽을 만든다.

사바랭

먹기 15분쯤 전에 식힌 바바를 시럽에 담가 적신다. 시럽을 듬뿍 흡수한 바바는 그대로 내거나 수평으로 반을 잘라서 아래쪽 케이크 위에 다음을 펴서 바른다.

(휩드 크림 또는 페이스트리 크림)

위쪽 케이크를 덮어서 낸다.

롤케이크에 대해

거의 모든 엔젤푸드 케이크, 스펀지 케이크 또는 시폰 케이크 레시피를 사용해 롤케이크용 시트를 구울 수 있다. 바로 이 용도를 위해 테두리 있는 오븐 팬을 특정 크기로 만든 롤케이크 전용 팬도 있다. 대부분 39.5×26.7×2.5cm 크기의 롤케이크 팬을 떠올리지만, 일부 제조업체는 33×23cm짜리 자그마한 롤케이크 팬을 내놓는가 하면 44.5×29cm에 달하는 큼직한 것도 있다. 사용하는 팬의 종류와 관계없이 재료가 모자라지 않도록, 우리는 케이크 반죽 약 8컵이 들어가는 가장 커다란 팬에 맞춰 케이크 시트 레시피를 구성했다. ▶ 사용하는 롤케이크 팬이 이보다 작다면 케이크 반죽을 조금 적게 붓고 팬의 ⅔ 높이까지 오도록 골고루 넓게 편다. 남은 반죽은 컵케이크로 구울 수 있다.

팬에 기름을 바르고 항상 유산지를 깐다. L자형 주걱으로 반죽을 골고루 편다. 케이크 시트는 자칫 너무 오래 굽기 쉽고, 이렇게 되면 퍼석거리면서 케이크 시트를 말 때 잘 갈라진다. 너무 오래 굽는 것을 방지하려면 미리 다 익었는지 확인하고 ▶ 윗면을 가볍게 눌렀을 때 원래 모양으로 돌아오면 즉시 케이크

를 오븐에서 꺼낸다. 제대로 잘 구워진 케이크 시트는 팬에 담긴 상태 그대로 평평하게 놓고 식혀도 쉽게 말 수 있을 정도로 부드럽고 잘 구부러진다.

롤케이크용 케이크 시트

43×28cm 크기의 시트 1개, 28cm 길이의 롤케이크 1개를 만들 수 있는 크기

사실상 아래에서 언급한 모든 종류의 반죽을 사용할 수 있다. 39.5×26.7cm 크기의 좀 더 작은 롤케이크 팬을 사용한다면 반죽 레시피의 분량을 절반으로 줄여서 준비한다.

오븐을 160℃로 예열한다. 44.5×29×2.5cm 크기의 테두리 있는 오븐 팬에 기름을 바르고 바닥에 유산지를 깐다.

다음 중 한 가지 반죽을 준비한다.

선호하는 종류의 시폰 케이크

엔젤푸드 케이크

제누아즈 또는 초콜릿 제누아즈

프랑스식 스펀지 케이크(비스퀴)

반죽을 긁어서 팬의 ⅔ 높이까지 담고 평평하게 고른다.(반죽이 1~2컵 정도 남을 수도 있다.) 윗면을 살짝 눌러보면 다시 원상태로 돌아올 때까지 15~20분간 굽는다.

케이크가 아직 따뜻할 때 칼로 케이크 가장자리를 훑어서 팬에서 분리한다. 미리 유산지를 깔아두고 즉시 팬을 뒤집어 케이크를 꺼낸다. 바닥에 깔았던 유산지를 벗기기 전에 케이크를 완전히 식힌다.

유산지를 벗겨내고 새로 유산지를 뜯어서 케이크 위에 얹는다. 케이크를 뒤집은 후 케이크를 식힐 용도로 깔았던 유산지를 떼어내면서 케이크의 갈색 '껍질'도 함께 벗겨낸다.

▶ 프랑스식 스펀지 케이크, 제누아즈 또는 초콜릿 제누아즈를 사용한다면 케이크에 솔로 다음을 바른다.

(촉촉한 시럽 ½컵, 취향에 따라 선호하는 술이나 리큐어 2~5큰술로 향을 내기)

다음을 넓게 펴서 바른다.

선호하는 필링 또는 프로스팅 1½~2컵

이때 지방이 많이 들어가서 진득한 필링이나 프로스팅은 소량만 사용하고, 폭신폭신하고 가벼운 필링이나 프로스팅은 넉넉히 사용한다. 길이가 짧은 부분의 한쪽 끝을 잡고 케이크를 필링 위로 2.5cm 정도 접은 후 꾹꾹 눌러서 말기 시작한다. 처음 접은 이 부분을 단단히 잡고 말아야 하며, 롤케이크가 두꺼워지면서 케이크가 갈라지는 현상은 줄어든다. 케이크 아래에 유산지를 깔면 좀 더 쉽게 말 수 있다. 일단 케이크를 다 말면 두 손으로 잡고 조심스럽게 케이크를 다시 유산지의 가운데로 가져온다. 유산지의 뒷면을 케이크 위로 말면서 유산지의 앞면과 겹쳐서 롤케이크가 완전히 덮이게 한다. 쿠키 시트의 가장자리

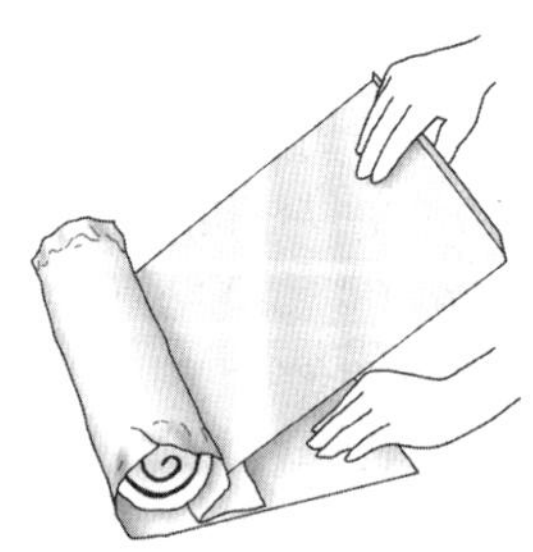

케이크 롤 단단하게 말기

를 케이크의 기다란 면과 유산지가 만나는 곳 바로 옆에 갖다 대고, 798쪽 아래 그림처럼 한 손으로는 바닥에 있는 유산지를 잡고 나머지 한 손으로는 오븐 팬이 조리대를 향하도록 비스듬하게 눌러서 케이크 롤을 더욱 단단하게 만든다. 그다음 케이크 롤을 유산지로 감싸서 양쪽 끝을 접는다. 1시간 이상 냉장고에 넣어 단단하게 굳힌 다음 유산지를 벗겨서 낸다.

취향에 따라 먹기 전에 다음을 체에 쳐서 윗면에 뿌려도 좋다.

　(슈거 파우더)

스펀지 케이크 시트

43×28cm 크기의 시트 1개, 28cm 길이의 롤케이크 1개를 만들 수 있는 크기

부드럽고 촉촉하며 결이 고와서 기분 좋은 식감을 내는 스펀지 케이크로, 잘 갈라지지 않고 예쁘게 말린다.

모든 재료를 약 21℃의 실온 상태로 준비한다. 오븐을 200℃로 예열한다. 44.5×29×2.5cm 크기의 테두리 있는 오븐 팬에 기름을 바르고 바닥에 유산지를 깐다.

다음을 계량해서 다시 체 치는 도구에 담는다.

　체에 친 박력분 ¾컵(75g)

작은 편수 냄비에 다음을 넣고 버터가 녹을 때까지 가열한다.

　우유 ¼컵(60g)

　무염 버터 3큰술(45g)

다음을 커다란 그릇이나 거품기 날을 끼운 스탠드 반죽기에 담고 연한 색으로 변하면서 부피가 3배로 늘어나고 살짝 저은 크림과 비슷한 농도가 될 때까지 세게 치면서 섞는다.(스탠드 반죽기라면 약 5분, 핸드 반죽기라면 7~10분)

　설탕 ¾컵(150g)

　대란 5개

다음을 넣고 세게 쳐서 섞는다.

　베이킹파우더 1작은술

버터와 우유가 아주 뜨거워질 때까지 다시 가열한다. 밀가루 혼합물을 세 번에 나눠 체에 치면서 달걀 혼합물에 넣고 뒤적이며 섞는다. 뜨거운 우유 혼합물을 한꺼번에 붓고 잘 어우러질 때까지 뒤적이며 섞는다. 반죽을 긁어서 팬에 담고 평평하게 고른다. 윗면이 노릇노릇하게 익고 살짝 눌러보면 다시 원상태로 돌아올 때까지 8~10분간 굽는다. 케이크가 아직 뜨거울 때 칼로 케이크 가장자리를 훑어서 팬에서 분리한다. 시트 팬이나 도마 위에 미리 유산지를 깔아 놓고 즉시 팬을 뒤집어서 케이크를 꺼낸다. 바닥에 깔았던 유산지를 벗기기 전에 케이크를 완전히 식힌다.

유산지를 벗겨내고 새로 유산지를 뜯어서 케이크 위에 얹는다. 케이크를 뒤집은 후 케이크를 식힐 용도로 깔았던 유산지를 떼어내면서 케이크의 갈색 '껍질'도 함께 벗겨낸다.

케이크 위에 다음을 넓게 펴서 바른다.

　필링 1½~2컵

롤케이크용 케이크 시트 레시피의 설명대로 케이크를 돌돌 말아서 유산지로 감싼 후 냉장고에 넣는다.

취향에 따라 다음으로 프로스팅을 한다.

　(선호하는 프로스팅)

또는 내기 전에 다음을 체에 쳐서 케이크 위에 뿌린다.

　(슈거 파우더)

젤리 롤케이크

28cm 길이의 롤케이크 1개, 약 10인분

스펀지 케이크 시트를 굽는다. 잘 식힌 시트 위에 **라즈베리 잼, 블랙베리 잼 또는 살구 잼이나 젤리** ¾~1컵을 넓게 펴서 바른다. 롤케이크용 케이크 시트 레시피의 설명대로 케이크를 돌돌 말아서 유산지로 감싼 후 냉장고에 넣는다. **슈거 파우더**를 뿌린다.

크림 롤케이크

28cm 길이의 롤케이크 1개, 약 10인분

롤케이크용 케이크 시트를 굽는다. 잘 식힌 시트 위에 **일반 또는 가향 휩드 크림이나 거품을 낸 크렘 프레슈** 2~2½컵 **또는 페이스트리 크림** 1½~2컵을 넓게 펴서 바른다. 롤케이크용 케이크 시트 레시피의 설명대로 케이크를 돌돌 말아서 유산지로 감싼 후 냉장고에 넣는다. 취향에 따라 내기 전에 체에 친 (**슈거 파우더**)를 뿌려도 좋다.

레몬 롤케이크

28cm 길이의 롤케이크 1개, 약 10인분

엔젤푸드 케이크 반죽으로 구운 시트를 사용하면 아주 맛있게 만들 수 있다. 엔젤푸드 케이크 반죽을 만드는 과정에서 레몬 커드나 커스터드 필링을 만들 수 있는 여분의 달걀노른자도 넉넉히 확보할 수 있으므로 일거양득이다.

　롤케이크용 케이크 시트를 굽는다. 잘 식힌 시트 위에 **감귤류 커스터드 필링 또는 레몬 커드** 1½컵을 넓게 펴서 바른다. 롤케이크용 케이크 시트 레시피의 설명대로 케이크를 돌돌 말아서 유산지로 감싼 후 냉장고에 넣는다. 취향에 따라 내기 전에 케이크 위에 체에 친 (**슈거 파우더**)를 뿌려도 좋다.

초콜릿 필링 롤케이크

25cm 또는 28cm 길이의 롤케이크 1개, 약 10인분

롤케이크용 케이크 시트를 굽는다. 잘 식힌 시트 위에 저어서 거품을 낸 **가나슈 필링이나 코코아 가루 및/또는 에스프레소 가루로 향을 낸 휩드 크림** 3컵 **또는 초콜릿 버터크림, 초콜릿 페이스트리 크림, 모카 페이스트리 크림** 1½~2컵을 넓게 펴서 바른다. 롤케이크용 케이크 시트 레시피의 설명대로 케이크를 돌돌 말아서 유산지로 감싼 후 냉장고에 넣는다. 취향에 따라 내기 전에 케이크 위에 체에 친 (**슈거 파우더 또는 코코아 가루**)를 뿌려도 좋다.

뷔슈 드 노엘(Bûche de Noël, 크리스마스 통나무 케이크)

28cm 길이의 롤케이크 1개, 약 10인분

크리스마스 만찬 식탁 한가운데에 놓으면 근사하다.

다음을 준비한다.

　스펀지 케이크 시트 또는 초콜릿 제누아즈, 롤케이크용 케이크 시트 레시피의 설명에 따라 구워서 식히기

　필링: 초콜릿 무스 프로스팅, 코코아 가루로 향을 낸 휩드 크림, 에스프레소 가루로 향을 낸 머랭 버터크림 Ⅰ 또는 Ⅱ, 저어서 거품을 낸 가나슈 필링 2컵

　프로스팅: 초콜릿 새틴 프로스팅, 프로스팅 농도로 차갑게 식힌 초콜릿 가나슈 또는 밀크 초콜릿 모카 글레이즈 또는 프로스팅

다음을 섞는다.

　촉촉한 시럽 ½컵

브랜디 또는 다크 럼 ¼~⅓컵, 맛을 보면서 분량 조절

유산지를 넓게 깔고 케이크 시트를 원래 방향으로 올린다. 솔로 시럽을 넉넉하게 바른다. 필링 2컵을 넓게 펴서 바른다. 롤케이크용 케이크 시트 레시피의 설명대로 케이크를 돌돌 말아서 유산지로 감싼다. 냉동실에 3시간 이상 넣어두고 반냉동 상태로 만들면 훨씬 다루기 쉽다. 이 상태에서 냉동실에 넣으면 최대 3개월까지 보관할 수 있다.

장식을 얹으려면 우선 프로스팅을 실온 상태로 준비하고 젓거나 세게 쳐서 부드럽게 만든다. 프로스팅 대부분을 케이크 롤 위에 얹고 포크를 사용해 나무껍질 질감의 무늬를 만든다. 잘 드는 칼을 뜨거운 물에 담갔다가 케이크 롤의 양쪽 끝을 5cm씩 잘라낸다. 케이크 롤을 서빙용 접시에 올린다. 잘라낸 조각을 밑동처럼 보이도록 케이크 롤의 양쪽 옆에 놓고, 남은 프로스팅으로 이음매 부분을 덮는다. 즉시 식탁에 올릴 경우 통나무를 다음으로 장식한다.

머랭 버섯

나중에 식탁에 올릴 예정이라면 최대 48시간까지 냉장고에 보관할 수 있으며, 먹기 2~3시간 전에 실온에 꺼내두었다가 머랭 버섯으로 장식한다.

컵케이크와 미니 케이크에 대해

거의 모든 종류의 케이크 반죽을 제빵용 얇은 종이컵을 깔거나 기름을 바르고 밀가루를 뿌린 머핀 팬에 부어서 구우면 컵케이크가 된다.(심지어 일반적으로 기름을 바르지 않은 팬에 굽는 스펀지 케이크와 엔젤푸드 케이크 반죽도 마찬가지다.) 제빵용 종이컵은 사용이 편리하고 깔끔하며, 컵케이크를 촉촉하게 유지해주므로 더 오래 맛있는 상태로 보관할 수 있다. 아이들은 바닥이 평평한 아이스크림콘에 담아서 구운 컵케이크를 무척 좋아한다.(굽기 전에 머핀 팬의 컵마다 아이스크림콘을 넣어둔다.)

머핀 틀(또는 바닥이 평평한 일반 아이스크림콘)의 ⅔ 높이까지 올라오도록 반죽을 붓고 175℃에서 굽는다. 굽는 시간은 보통 15~20분 정도 걸린다. 항상 미리 다 익었는지 확인하고 주의 깊게 지켜보는 것이 좋다. 윗면을 눌렀을 때 다시 원상태로 돌아오고 컵케이크 중심부에 이쑤시개를 찔러보면 아무것도 묻어나오지 않을 때까지 굽는다. 틀에 담긴 채로 5분 정도 식힌 후 틀에서 빼낸다.

또한 버터가 듬뿍 들어간 진한 버터 케이크 반죽으로 쿠키처럼 먹을 수 있는 세련된 미니 케이크를 만들 수도 있다. 원형 또는 직사각형 미니 타르트 팬이나 마들렌 틀처럼 예쁜 모양의 작은 틀에 반죽을 부어서 굽는다. 틀에 기름을 바르고 밀가루를 뿌린 후 절반 높이까지 오도록 반죽을 붓는다. 굽는 시간은 틀의 크기에 따라 대략 10분 정도 걸린다. 슈거 파우더를 훌훌 뿌리거나 감

굴류 글레이즈, 리큐어 글레이즈 또는 간단한 레몬 프로스팅을 바르고 커피나 차를 곁들여 낸다.

컵케이크에 바를 재료로는 선호하는 아이싱 또는 프로스팅을 사용하거나, 아래의 표를 참고해 잘 어울리는 조합을 선택한다. 꾸덕꾸덕하거나 크림처럼 부드러운 아이싱은 작은 칼이나 주걱으로 바를 수 있다. 묽은 글레이즈를 바르려면, 컵케이크를 거꾸로 들고 윗부분을 글레이즈에 담갔다가 꺼낸다. 윗면을 소용돌이 모양으로 뾰족하게 올라오도록 장식하려면 폭신폭신한 화이트 프로스팅처럼 부드럽고 폭신폭신한 토핑에 컵케이크를 담갔다가 옆으로 비틀면서 들어올린 후 다시 뒤집어서 원래 방향으로 놓는다.

컵케이크에 아이싱 바르기

프티 푸르(Petits Fours)
2.5cm 크기의 정사각형 케이크 약 80개

전통적으로 프티 푸르(프랑스어로 작은 오븐이라는 뜻으로, 식후에 커피와 함께 먹는 작은 케이크 – 옮긴이)는 작은 정사각형의 흰색 케이크, 파운드 케이크 또는 스펀지 케이크를 잘라서 잼을 채워 넣고 퐁당으로 아이싱을 해서 만든다. 다양하게 응용해보고 싶다면 거의 모든 종류의 케이크, 필링, 프로스트 중 원하는 것을 선택해 기발하고 우아한 프티 푸르를 만들 수 있다.

다음 반죽을 준비한다.

스펀지 케이크 시트, 제누아즈나 초콜릿 제누아즈 또는 파운드 케이크

기름을 바르고 밀가루를 뿌린 후 유산지를 깐 33×23cm 크기의 베이킹 팬에 반죽을 붓고 해당 레시피의 권장 온도에 맞춰 케이크를 굽는다. 굽는 시간은 28~30분 정도 걸린다. 케이크의 윗면을 살짝 눌렀을 때 다시 원상태로 돌아오고 몇 군데 이쑤시개를 찔러보면 아무것도 묻어나오지 않을 때까지 굽는다. 팬에 담긴 채로 받침대에 올려 완전히 식힌 후 필링을 바르고 프로스팅을 한다.

완성된 케이크의 높이가 2.5cm 이상이면 다루기 쉽도록 우선 케이크를 3등분한 후 톱니 칼로 각 케이크 조각을 수평으로 반을 잘라서 두 겹으로 만든다. 케이크의 높이가 2.5cm 이하라면 케이크 전체를 한꺼번에 수평으로 반을 자

컵케이크 조합표

반죽	프로스팅	토핑(옵션)	개수
달걀 4개를 넣어 노랗게 구운 케이크 달걀노른자 8개를 넣어서 만든 황금색 케이크	초콜릿 크림치즈 프로스팅 또는 간단한 초콜릿 버터 아이싱	스프링클	약 18개
블리츠쿠헨	일반 또는 가향 폭신폭신한 화이트 프로스팅	스프링클 또는 대패로 얇게 깎은	약 12개
스펀지 케이크	또는 슈거 파우더	초콜릿	약 20개
엔젤푸드 케이크	버터크림 아무 종류나	구운 코코넛	약 40개
데빌스 푸드 케이크 코케뉴	간단한 모카 프로스팅 또는 간단한 초콜릿 버터 아이싱	돌돌 말린 화이트 초콜릿 또는 스프링클	약 24개
롬바우어 잼 케이크	간단한 버터스카치(페누치) 아이싱	계핏가루 또는 구워서 굵게 썬 견과류	약 20개
당근 케이크 또는 레드벨벳 케이크	간단한 브라운 버터 아이싱 또는 크림치즈 프로스팅	구운 피칸 또는 호두	24~30개

른다. 아래쪽 케이크 겹의 자른 단면에 다음을 잘 펴서 바른다.

가열한 후 체에 거르거나 퓌레 상태로 갈아서 쉽게 바를 수 있도록 만든 잼, 또는 선호하는 필링이나 버터크림 1컵

아무것도 바르지 않은 케이크 겹을 필링 위에 얹는다. 케이크를 쿠키 시트에 옮겨놓고 윗면과 옆면을 비닐랩으로 감싼다. 또 다른 쿠키 시트를 케이크 위에 올려놓고 통조림으로 눌러서 작게 잘라도 케이크가 분리되지 않도록 단단하게 압축한다. 단단해질 때까지 냉장고에 몇 시간 넣어두거나 랩으로 감싸서 냉동실에 넣으면 3개월까지 보관할 수 있다.

글레이즈를 바르고 마지팬을 씌우려면, 상황에 따라 우선 필링을 바른 케이크에 솔로 다음을 바른다.

(뜨겁게 데워서 체에 거른 프리저브)

그리고 다음을 얹는다.

(3mm 두께로 얇게 민 마지팬, 수제 또는 시판)

푸티 푸르에 글레이즈 바르기

잘 드는 톱니 칼로 케이크를 작은 정사각형 또는 직사각형 막대 모양으로 자른다. 2.5cm 크기의 정사각형으로 자르면 전통적인 두 입 크기의 케이크가 된다. 또는 쿠키 틀이나 카나페 커터를 사용해 자그마한 정사각형이나 마름모꼴, 원형이나 하트 또는 기타 모양으로 잘라도 좋다.

프리저브로 글레이즈를 바르고 마지팬을 씌우지 않을 경우 케이크의 윗면과 옆면에 다음을 얇게 펴서 바를 수도 있다.

(선호하는 버터크림)

글레이즈를 바르기 전에 냉장고에 넣어서 코팅을 굳힌다.

테두리 있는 오븐 팬에 철망이나 받침대를 놓고 작게 자른 케이크를 2.5cm 간격으로 올린다. 위의 그림처럼 각 케이크에 숟가락으로 다음을 끼얹는다.(푸티 푸르 80개를 코팅하려면 풍당 1.8kg이 필요하다.)

비터스위트 초콜릿 글레이즈, 초콜릿 가나슈 또는 퐁당 아이싱

냉장고에 넣어 차갑게 식히거나 실온에서 식히면서 코팅을 굳힌다. 일단 글레이즈가 굳으면 다음으로 장식한다.

설탕에 절인 제비꽃, 장미 잎 또는 식용 꽃, 설탕 절임 과일, 당과, 아몬드 슬라이스, 피스타치오 또는 얇은 박편형의 구운 코코넛

취향에 따라 예쁘게 주름이 잡힌 종이컵에 담아서 낼 수 있다. 푸티 푸르는 최대 24시간 전에 만들어두었다가 먹을 수 있다.

마들렌(Madeleines)

티 케이크 약 20개

진한 버터 풍미의 이 프랑스식 티 케이크는 스펀지 케이크와 버터 케이크의 중간쯤에 해당하는 식감을 내며, 전통적으로 가리비 모양의 마들렌 틀에 반죽을 넣어 굽는다. 다양한 모양의 미니 머핀 틀이나 작은 미니 타르트 팬도 사용할 수 있다.

모든 재료를 약 21℃의 실온 상태로 준비한다.

다음을 합쳐서 체에 친 후 다시 체 치는 도구에 담는다.

체에 친 박력분 1½컵(150g)

베이킹파우더 ½작은술

소금 ¼작은술

다음을 중간 크기의 그릇에 넣어 나무 숟가락이나 실리콘 주걱으로 으깨고 마요네즈와 비슷한 농도가 되도록 세게 휘젓는다.

무염 버터 스틱 1½개(170g), 말랑하게 녹이기

다음을 커다란 그릇이나 거품기 날을 끼운 스탠드 반죽기에 담고 걸쭉해지면서 연한 노란색으로 변할 때까지 고속으로 2~5분간 세게 쳐서 섞는다.

대란 3개

대란 노른자 1개

설탕 ¾컵(150g)

바닐라 1½작은술

밀가루 혼합물을 체에 쳐서 달걀 혼합물 위에 훌훌 뿌리고 실리콘 주걱으로 뒤적이면서 섞는다. 달걀 혼합물 한 덩이를 버터에 넣고 섞어서 농도를 묽게 만든 후 버터 혼합물을 긁어서 다시 남은 달걀 혼합물에 넣고 뒤적이며 섞는다. 30분간 숙성시킨다.

오븐을 230℃로 예열한다. 액체 상태로 녹인 버터를 12구짜리 마들렌 팬 1~2개에 넉넉하게 바른다.

틀의 ¾ 높이까지 차도록 반죽을 붓고 남은 반죽은 한쪽에 둔다. 케이크 윗면이 황금색으로 익고 가장자리가 노릇노릇해질 때까지 8~10분간 굽는다. 얇은 칼날의 끝으로 마들렌을 틀에서 빼낸 후 받침대에 올려 식힌다. 필요하면 틀을 깨끗이 닦고 식힌 후 다시 버터를 발라서 남은 반죽을 붓고 굽는다. 마들렌은 만든 당일에 먹어야 가장 맛있지만 밀폐 용기에 넣어두면 1~2일 정도는 보관할 수 있다.

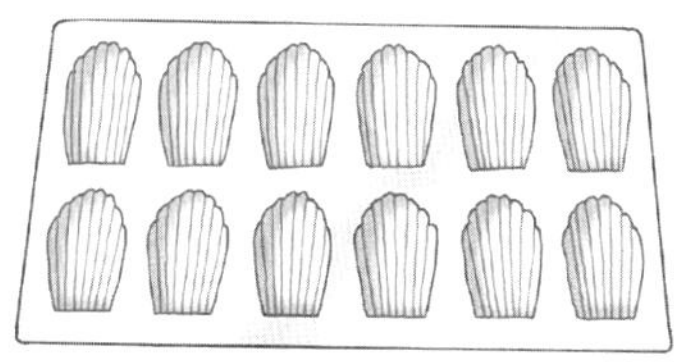

마들렌 팬

보르도식 카늘레(Cannelés de Bordeaux)

4.5cm 높이의 카늘레 약 16개

카늘레는 프랑스 보르도 지역의 특산물이다. 이 작은 케이크의 중심부에는 커스터드가 들어 있고 겉껍질은 진한 갈색으로 반질반질 윤이 난다. 비교적 만들기가 까다로운 편이며 카늘레를 구울 때 주로 사용하는 구리 틀은 값도 비싸다. 그러나 카늘레를 무척 좋아하는 사람이라면 큰맘 먹고 투자할 가치가 있다. 실리콘 카늘레 틀을 사용할 수도 있지만 구리 틀에 구운 카늘레만큼 훌륭한 결과물을 얻기는 힘들다.

중간 크기의 편수 냄비에 다음을 넣고 섞는다.

우유 1½컵(355g)

무염 버터 3큰술(45g)

중불에 올려 버터가 녹으면서 우유가 뭉근히 끓거나 팔팔 끓어오르기 전에 김이 나기 시작할 때까지 가열한다. 푸드 프로세서에 다음을 넣고 짧게 몇 번 작동시켜 섞는다.

설탕 ¾컵(150g)

중력분 ¾컵(95g)

소금 ¼작은술

다음을 넣고 잘 섞일 때까지 짧게 몇 번 작동시킨다.

대란 1개

대란 노른자 2개

뜨거운 우유를 주둥이가 있는 액체 계량컵에 옮겨 담는다. 푸드 프로세서를 계속 작동시키면서 주입구를 통해 뜨거운 우유를 붓고 잘 섞는다. 다음을 추가한다.

다크 럼 2큰술

바닐라 추출물 또는 페이스트 1작은술

푸드 프로세서를 짧게 작동시켜 잘 섞는다. 반죽을 식혀서 뚜껑을 덮고 냉장고에 하룻밤 넣어둔다.

받침대를 오븐의 위쪽 칸에 하나, 가운데 칸에 하나 끼운다. 오븐을 200℃로 예열한다. 오븐을 예열하는 동안 반죽을 실온 상태로 맞춘다. 구리 틀을 사용할 경우 틀을 오븐 팬 위에 올려놓고 오븐 안에 넣어 10분간 데운다. 구울 준비가 되면 각 틀에 쿠킹 스프레이를 뿌리거나 솔로 다음을 살짝 바른다.

식물성 기름 또는 정제 버터

반죽을 잘 저어서 틀의 ¾ 높이까지 붓는다. 오븐 가운데에 끼운 받침대에 얹어서 10분간 구운 후, 오븐 안에서 앞뒤 방향을 바꾸고 온도를 175℃로 낮춘 다음 30분간 굽는다. 그다음 카늘레 틀을 위쪽 받침대로 옮겨서 진한 갈색이 될 때까지 30~40분간 더 굽는다. 오븐에서 꺼낸 직후에 카늘레를 틀에서 떼어내 받침대 위에 올려놓고 완전히 식힌다.

피낭시에(Financiers)

작은 케이크 16개

피낭시에는 프랑스의 거의 모든 빵집에서 볼 수 있는 보편적인 간식이다. 만들기 쉬운데다 무척 맛있어서 왜 미국에서는 별로 인기가 없는지 궁금할 뿐이다. 오븐을 190℃로 예열한다. 16구짜리 미니 머핀 틀에 기름을 바른다.

중간 크기의 그릇에 다음을 넣고 잘 저어서 섞는다.

아몬드 가루 또는 헤이즐넛 가루 1컵(90g)

설탕 ½컵(100g)

중력분 ¼컵(30g)

소금 ¼작은술

다음을 넣고 매끄럽게 어우러질 때까지 섞는다.

대란 2개

무염 버터 5큰술(70g), 액체 상태로 녹이기

바닐라 1작은술 또는 아몬드 추출액 ½작은술

반죽을 머핀 틀의 ¾ 높이까지 차도록 각 컵에 적당히 나눠서 붓는다. 부풀어 오르면서 갈색으로 익을 때까지 12~15분간 굽는다.

머핀 틀에 담긴 채로 받침대에 올려 완전히 식힌 후 틀에서 케이크를 떼어낸다.

레이디핑거(Ladyfingers)

10cm 길이의 레이디핑거 36개

손가락 모양의 부드러운 이 스펀지 케이크는 커피와 함께 단독으로 내놓아도 아주 맛있게 즐길 수 있지만, 뭐니 뭐니 해도 티라미수 또는 샤를로트 뤼스처럼 냉장고에 차갑게 보관했다가 내는 디저트에 가장 많이 사용된다.

오븐을 175℃로 예열한다. 커다란 오븐 팬 2개에 기름을 바르고 밀가루를 뿌리거나 바닥에 유산지를 깐다.

다음 반죽을 준비한다.

프랑스식 스펀지 케이크(비스퀴)

지름 1.6cm의 일반형 깍지를 끼운 커다란 페이스트리용 짤주머니에 반죽을 담는다. 오븐 팬에 최소 2.5cm의 간격을 두고 10cm 길이의 손가락 모양으로 반죽을 짠다. 레이디핑거 위에 다음을 체에 쳐서 살짝 뿌린다.

슈거 파우더

노릇노릇해질 때까지 10~15분간 굽는다. 받침대에 올려놓거나 유산지를 깐 상태 그대로 받침대에 놓고 완전히 식힌다. 밀폐 용기에 넣으면 최대 5일까지 보관할 수 있다.

구운 머랭과 다쿠아즈에 대해

머랭은 아주 쓰임새가 넓다. 바삭한 쿠키로 구울 수 있고(머랭 키세스), 우유에 데쳐서 소스에 가볍게 둥둥 떠 있는 디저트로 만들 수도 있으며(플로팅 아일랜드), 둥지 모양을 만든 후 가운데에 휩드 크림과 과일을 얹을 수도 있고(파블로바), 파이 토핑(레몬 머랭 파이) 또는 파이 셸(머랭 파이 셸)로 활용하거나, 심지어 프로스팅처럼(폭신폭신한 화이트 프로스팅) 케이크에 바를 수도 있다. 모든 머랭과 응용 요리의 기본 재료는 달걀흰자 거품이므로 달걀흰자를 제대로 쳐서 거품을 내는 방법에 대해서는 달걀 거품 내기 항목을 참고한다. ▶ 머랭 자체에 대한 자세한 내용은 머랭에 대해 항목을 참고한다.

여기서는 구운 머랭을 다룬다. 구운 머랭은 머랭 키세스처럼 바삭하고 전체적으로 건조한 느낌으로 구울 수 있고, 파블로바와 마카롱처럼 겉면은 바삭하고 안쪽은 마시멜로처럼 쫀득하게 구울 수도 있으며, 케이크와 비슷한 질감으로 퍼석하게 구울 수도 있다. 아래에 소개하는 다쿠아즈는 견과류 가루와 약간의 밀가루 또는 옥수숫가루를 사용해 바삭하게 시트 형태로 구운 머랭이다. 머랭과 다쿠아즈는 단독으로 케이크 겹으로 사용하거나 얇은 스펀지 또는 제누아즈 케이크 겹과 번갈아 쌓아올려도 좋다. 버터크림 필링을 바르고 프로스팅을 하면 우아한 여러 겹 케이크로 변신한다.

머랭은 설탕과 달걀흰자의 비율 및 굽는 온도에 따라 얼마나 바삭한지 또는 말랑말랑한지가 결정된다. 달걀흰자 대비 설탕의 비율이 높고 오븐에서 굽는 온도가 낮을수록 머랭을 구웠을 때 더 바삭해진다.

바삭한 구운 머랭 셸이나 케이크 겹에 휩드 크림, 커스터드, 무스 또는 그 외의 촉촉한 필링을 사용할 때는 내기 직전에 필링을 채워야 바삭바삭함이 유지된다. 아이스크림이나 얼린 디저트를 채운 머랭은 머랭 글라세(meringue glacé)라고 부르며 미리 필링을 채워서 냉동실에 넣어두면 최대 4일 후까지 먹을 수 있다. 바삭한 머랭이나 다쿠아즈 겹에 버터크림을 바르면 버터크림의 높은 지방 함량 때문에 수분이 머랭이나 다쿠아즈까지 침투하지 않으므로 바삭한 상태가 비교적 잘 유지된다.

구운 머랭

지름 20cm 또는 23cm짜리 원형 머랭 셸 2개, 지름 18cm짜리 원형 머랭 셸 3개, 지름 7.5cm짜리 원형 머랭 셸 12개

구운 머랭과 다쿠아즈에 대해 항목을 참고한다.

모든 재료를 약 21℃의 실온 상태로 준비한다. 큰 머랭 셸은 오븐을 93℃로 예열하고 작은 머랭 셸은 오븐을 107℃로 예열한다. 특별한 모양 없이 굽거나 1인용 작은 머랭 셸을 구울 경우 쿠키 시트에 유산지를 깐다. 여러 겹으로 쌓기 위해 큼직한 원형으로 구우려면 유산지 위에 지름 20cm나 23cm짜리 동그라미 2개 또는 지름 18cm짜리 동그라미 3개를 그린다.(가장 쉬운 방법은 원하는 크기의 케이크 팬을 찾아서 유산지에 놓고 팬의 둘레를 따라 선을 긋는 것이다.) 이때 각 동그라미 사이에는 2.5cm의 간격을 둔다. 동그라미를 그린 다음에는 유산지를 뒤집어서 모양이 보이지만 머랭에는 묻지 않게 한다.

다음을 준비한다.

프랑스식 머랭, 스위스식 머랭, 이탈리아식 머랭

특별한 모양 없이 머랭 셸을 만들려면 간단히 숟가락으로 머랭을 듬뿍 떠서 유산지를 깐 오븐 팬에 올려놓고 숟가락 뒷면으로 머랭의 가운데가 움푹 들어가도록 자국을 낸다.

주걱으로 큼직한 머랭 겹을 만들려면 머랭을 균등하게 나눠 유산지에 그린 동그라미에 각각 올려놓고 L자형 주걱을 사용해 머랭의 두께가 최대한 균일하도록 원형으로 넓게 편다. 상황에 따라 손가락으로 가장자리를 정리해서 깔끔한 원형으로 만든다.

페이스트리용 짤주머니로 큼직한 머랭 겹을 만들려면 지름 1~1.2cm의 일반형 깍지를 끼운 큼직한 페이스트리용 짤주머니에 머랭을 긁어서 담는다. 동그라미의 가운데부터 시작해서 바깥쪽으로 넓혀가면서 돌돌 말린 밧줄 모양의 머랭으로 동그라미가 완전히 덮일 때까지 소용돌이 모양으로 짜낸다.

머랭이 완전히 마르지만 전체적으로 갈색으로 변하지는 않을 때까지 최대 2시간 반 동안 굽는다. 다 구워졌는지 확인하려면 오븐에서 시험 삼아 머랭을 조금 떼어내서 5분간 식힌다. 축축한 느낌이 없고 씹었을 때 바삭한 식감이 나면 작은 크기의 머랭은 다 익은 것이다. 큰 머랭이 다 익었는지 확인하려면 잘 드는 과도의 끝부분으로 찔러보면 된다. 머랭의 가운데가 아주 살짝 끈적거리는 것처럼 보여도 식히는 동안 바삭하게 완성될 것이다.

눅눅해지지 않고 잘 마르도록 오븐을 끄고 그 안에서 식힌다. 오븐의 점화용 불(pilot light)만 켜놓고 하룻밤 동안 오븐 안에 넣어두면 그야말로 완벽한 머랭을 만들 수 있다. 바로 먹지 않을 경우 밀폐 용기에 넣어두면 몇 주 정도는 보관할 수 있다. 냉장고나 냉동실에 보관하지 않는다. 머랭으로 만든 큼직한 겹은 상당히 잘 부서진다. 부서질 위험을 낮추기 위해 머랭 밖으로 빠져나온 여분의 유산지만 둥글게 잘라내고 유산지가 붙어 있는 채로 보관한다. 머랭을 유산지에서 떼어내려면 얇은 금속 주걱을 아래에 찔러 넣어 분리한다.

다쿠아즈(Dacquoise)

지름 20cm 또는 23cm짜리 원형 다쿠아즈 2개, 또는 지름 18cm짜리 원형 다쿠아즈 3개

견과류를 넉넉히 넣으면 더 진한 풍미를 즐길 수 있다. 구운 머랭과 다쿠아즈에 대해 항목을 참고한다.

모든 재료를 약 21℃의 실온 상태로 준비한다. 오븐을 93℃로 예열한다. 쿠키 시트에 유산지를 깐다. 유산지 위에 지름 20cm나 23cm짜리 동그라미 2개 또는 지름 18cm짜리 동그라미 3개를 그린다. 이때 각 동그라미 사이에는 2.5cm의 간격을 두고, 동그라미를 그린 다음에는 유산지를 뒤집어서 모양이 보이지만 머랭에는 묻지 않게 한다.

푸드 프로세서에 다음을 넣고 섞는다.

구워서 식힌 헤이즐넛이나 아몬드 등의 견과류(통견과류 또는 조각낸 것) ½~¾컵

초미립 분당 ⅓컵(65g)

옥수수 전분 1큰술(10g)

고운 옥수숫가루 정도의 질감이 되도록 푸드 프로세서를 짧게 여러 번 작동시켜 혼합물을 다진다. 너무 오래 다지면 견과류에서 기름이 배어나므로 주의한다. 다음을 커다란 그릇이나 거품기 날을 끼운 스탠드 반죽기에 담고 부드러운 피크가 생길 때까지 중속으로 세게 쳐서 섞는다.

대란 흰자 4개

타르타르 크림 ½작은술

다음을 한 번에 1큰술씩 아주 천천히 넣으면서 고속으로 세게 젓는다.

초미립 분당 ½컵(95g)

머랭의 거품이 아주 단단한 피크 상태로 유지될 때까지 세게 쳐서 섞는다. 견과류 혼합물을 넣고 뒤적이며 섞는다. 구운 머랭 레시피의 설명에 따라 큼직한 동그라미 모양을 만들고 굽는다.

머랭 버섯

버섯 모양 머랭 48~60개

이 앙증맞은 버섯은 다양한 방법으로 먹거나 식탁에 올려도 좋지만, 전통적으로 뷔슈 드 노엘에 곁들이는 장식으로 쓴다. 구운 머랭과 다쿠아즈에 대해 항목을 참고한다.

오븐을 93℃로 예열한다. 오븐 팬 2개에 유산지를 깐다.

다음을 준비한다.

스위스식 머랭

지름 1.2cm의 일반형 깍지를 끼운 큼직한 페이스트리용 짤주머니에 머랭을 긁어서 담는다. 오븐 팬에 약 2.5cm 높이로 끝이 뾰족한 '키세스' 모양을 짜서 버섯의 밑동을 만든다. 다양한 크기로 동그란 단추 모양을 짜서 버섯의 갓을 만든다. 필요하면 손가락에 물을 살짝 묻히거나 축축하게 적셔서 윗면을 매끈하게 고른다. 다음을 살짝 뿌린다.

무가당 코코아 가루

바삭바삭해지고 완전히 마를 때까지 약 2시간 동안 굽는다. 불을 끈 오븐에서 하룻밤 식힌다.

이중 냄비를 사용하거나 냄비에 물을 붓고 아주 은근히 끓이면서 내열 그릇을 담가 중탕으로 다음을 녹인다.

세미스위트 또는 비터스위트 초콜릿 55g, 굵직하게 썰기

잘 드는 칼로 버섯 밑동의 뾰족한 윗부분을 잘라버린다. 머랭 버섯 갓의 평평한 부분에 녹인 초콜릿을 살짝 바르고 초콜릿이 아직 말랑말랑할 때 밑동을 눌러서 붙인다. 초콜릿이 굳을 때까지 그대로 둔다. 머랭 버섯을 밀폐 용기에 넣어두면 최대 4주까지 보관할 수 있다.

생딸기 머랭 또는 다쿠아즈

지름 23cm짜리 케이크 1개, 약 12인분

바삭바삭하고 크림처럼 부드러우며 새콤달콤한 맛의 근사한 디저트다. 다쿠

아즈의 견과류 종류를 바꾸거나 머랭 겹의 초콜릿 코팅을 생략하거나 얇게 저민 딸기 대신 통라즈베리를 사용하는 등 취향에 따라 마음껏 응용해보자. 다음 재료를 준비해 지름 23cm의 둥그런 머랭 또는 다쿠아즈 3개를 굽는다.

구운 머랭 또는 아몬드로 만든 다쿠아즈, 레시피의 1½배 분량

다음을 준비하고 가장 모양이 예쁜 딸기 12개를 골라낸다.

꼭지를 딴 딸기 945ml

딸기 12개를 다음에 절반 정도 담갔다 꺼낸다.

비터스위트 초콜릿 글레이즈 1컵

파라핀지 또는 유산지를 깐 쿠키 시트 위에 초콜릿을 바른 딸기를 올리고 냉장고에 넣는다. 머랭 또는 다쿠아즈 겹의 양쪽 면에 글레이즈를 넓게 펴서 바른다. 초콜릿 코팅한 머랭 또는 다쿠아즈 겹을 파라핀지나 유산지 위에 올리고 냉장고에 넣어 초콜릿을 굳힌다.

남은 딸기를 얇게 저민다. 걸쭉해질 때까지 다음을 잘 젓는다.

헤비크림 2컵(460g) 또는 헤비크림 1컵(230g)과 크렘 프레슈 1컵(230g)

다음을 넣고 거의 단단한 기포가 생길 때까지 세게 쳐서 섞는다.

설탕 1~2큰술(25g)

바닐라 1작은술

얇게 저민 딸기를 휩드 크림 2컵에 넣고 뒤적이며 섞는다. 초콜릿 코팅한 머랭 겹 하나에 딸기 필링을 절반 정도 바른다. 두 번째 머랭 겹으로 덮는다. 그 위에 남은 딸기 필링을 바른다. 세 번째 머랭을 얹는다. 차곡차곡 쌓아올린 케이크의 윗면과 옆면에 향을 첨가하지 않은 휩드 크림으로 프로스팅을 바른다. 옆면에는 다음을 눌러서 붙인다.

아몬드 슬라이스 ¾컵, 굽기

크림이 남았다면 중간 크기의 별 모양 깍지를 끼운 페이스트리용 짤주머니를 사용해 케이크의 윗면 가장자리를 빙 둘러가며 장미꽃 모양을 짜서 장식한다. 윗면에는 초콜릿 코팅한 딸기를 보기 좋게 올린다. 최소 2시간, 최대 4시간 동안 냉장고에 넣어두었다가 낸다.

치즈 케이크에 대해

치즈 케이크는 사실 케이크라기보다는 아주 진한 커스터드다. 그래서 낮은 온도에서 굽고 시간을 잘 맞춰야 갈라지거나 수축하거나 가장자리를 너무 오래 굽는 등의 흔한 실패를 미리 방지할 수 있다.

치즈 케이크 반죽은 골고루 잘 섞되 너무 오래 쳐서 섞으면 안 된다. 그러면 굽는 동안 케이크가 급격하게 부풀었다가 식으면서 갈라지기 마련이다. 푸드 프로세서는 코티지 치즈, 리코타, 기타 응유 치즈를 매끄러운 퓌레 상태로 만들 때 아주 유용하지만, 크림치즈와 기타 재료를 섞을 때 사용하기에는 적합하지 않다. 푸드 프로세서를 너무 오래 작동시키면 치즈가 분리되어 묽고 질척한 반죽이 되므로 굽는 동안 전혀 부풀어 오르지 않는다. 그릇이나 반죽기에 달라붙은 뻑뻑한 치즈 혼합물은 달걀과 액체 재료를 추가한 묽은 혼합물과 잘 섞이지 않기 때문에 그릇이나 반죽기 용기의 옆면을 자주 긁어내리면서 모든 재료가 골고루 섞이게 한다. 치즈 케이크 반죽을 섞기 전에 크림치즈는 실온 상태로 준비해야 덩어리가 지지 않는다. 차가운 크림치즈를 저어서 덩어리를 없애려고 하다 보면 너무 오래 젓기 쉽다.

크림치즈 케이크를 만들 때 실패하는 가장 큰 원인은 너무 오래 굽거나 너무 높은 온도에서 굽거나 너무 빨리 식히기 때문이다. 안타깝게도 치즈 케이크를 오븐에서 꺼내 식히기 전까지는 갈라짐이나 수축 현상이 눈에 띄게 나타나지

않기 때문에, 일단 식힌 다음에는 이번 항목의 마지막에 설명한 것처럼 흠집이 난 부분을 가려서 수습하는 방법밖에 없다. 처음부터 이러한 문제를 방지하려면 ▶ 반죽을 붓기 전에 틀의 옆면에 기름을 꼼꼼히 발라서 케이크가 식고 수축하면서 가운데가 갈라지는 대신 팬에서 잘 떨어지게 한다. ▶ 구울 때 낮은 온도를 유지하고(일부 예외를 제외하면 150~160℃) 가장자리는 적당히 굳었지만 가운데는 아직 살짝 흔들리는 상태일 때 치즈 케이크를 오븐에서 꺼낸다.

갈라짐을 방지하는 또 하나의 방법은 치즈 케이크를 **중탕**으로, 즉 물을 부어놓은 이중 냄비에 넣어서 굽는 방법이다. 이렇게 하면 케이크에 직접 불이 닿지 않으므로 가운데와 가장자리가 대체로 비슷한 속도로 익는다. 중탕으로 구우면 케이크의 옆면도 가운데만큼 크림처럼 부드럽게 익으며, 적당하게 골고루 부풀어 오르면서 수축도 거의 발생하지 않는다. 또한 중탕은 굽는 시간을 아주 까다롭게 조절할 필요도 없다. 심지어 10분 정도 더 굽더라도 케이크의 식감이 저하되지 않는다. ▶ 치즈 케이크를 중탕으로 구우려면, 크림처럼 부드러운 중탕 치즈 케이크의 레시피를 참고한다.(중탕으로 굽는 방법에 대한 자세한 내용은 커스터드에 대해 항목을 참고한다.)

그렇다면 왜 모든 치즈 케이크를 중탕으로 굽도록 권장하지 않는지 의문이 들 수도 있다. 중탕으로 구운 치즈 케이크의 크러스트는 오븐에 직접 구운 것만큼 바삭하지 않으며, 일부 치즈 케이크 애호가들이 선호하는 조밀하고 건조하며 크림처럼 부드러운 식감과 진한 치즈 풍미는 중탕으로 구현하기 어렵다. 각자 취향이 다르므로 다양하게 즐겨보자!

▶ 치즈 케이크는 온기가 없도록 완전히 식히거나 심지어 냉장고에 넣어 차갑게 만들기 전까지는 굳지 않는다. 치즈 케이크를 조리대 위에 올려놓고 그 위에 커다란 그릇이나 냄비를 뒤집어엎어 따뜻하고 촉촉한 환경을 유지하면서 천천히 식힌다. 어떤 사람들은 치즈 케이크가 들어 있는 오븐을 끄고 문이 닫히지 않도록 나무 숟가락을 끼워둔 상태로 식히는 것을 선호한다.

▶ 모든 치즈 케이크는 최소 24시간 이상, 가능하면 48시간 정도 완전히 차갑게 식혔다가 먹으면 풍미와 질감이 훨씬 좋아진다. 식히는 기간이 길수록 치즈 풍미가 더욱 살아나고 케이크의 조직이 조밀해지기 때문이다. 치즈 케이크는 뚜껑을 덮어서 냉장고에 보관한다. 풍미를 최대한 끌어내고 부드러운 식감을 내기 위해 먹기 1시간쯤 전에 냉장고에서 꺼내놓는다.

기억할 점: 치즈 케이크가 갈라졌다고 해도 완전히 망친 것은 아니다! 우리가 즐겨 쓰는 수습책은 약간의 사워크림에 설탕과 바닐라를 조금 넣어서 잘 저은 다음 이 혼합물을 차갑게 식힌 치즈 케이크 위에 바르는 것이다. 약간의 생과일로 이음매 부분을 장식하면 다들 눈치 채지 못할 것이다.

치즈 케이크의 추가 재료

크러스트에 다음 재료를 추가해 다양한 풍미를 즐겨보자.

구워서 곱게 간 견과류

계핏가루, 카르다몸, 올스파이스, 생강 등의 향신료

통밀 크래커 대신 생강 쿠키나 초콜릿 웨이퍼

일반 치즈 케이크 반죽에 다음을 넣고 뒤적이며 섞는다.

설탕에 굴린 신선한 베리류

굵게 썰어서 술에 적신 말린 과일 또는 설탕 절임 생강을 다진 것

반죽에 다음을 넣어서 풍미를 낸다.

프랑스식 프랄린

코코아 가루 또는 인스턴트커피 가루

　　강판에 곱게 간 감귤류 껍질

　　술 또는 리큐어

반죽에 다음을 넣고 섞어서 마블 모양을 만든다.

　　레몬 커드 또는 라임 커드

　　잼 또는 프리저브

구운 치즈 케이크 위에 다음을 얹는다.

　　비터스위트 초콜릿 글레이즈

　　레몬 커드 또는 라임 커드

　　소금 캐러멜 소스

　　생과일

　　프리저브

치즈 케이크 코케뉴

지름 25cm짜리 치즈 케이크 1개, 12~16인분

가장 단순하면서도 맛있는 치즈 케이크 중 하나다. 사워크림을 얹은 이 전통식 치즈 케이크는 높이가 3cm 정도에 불과하다.

지름 25cm의 분리형 팬에 기름을 살짝 바른다. 팬의 바닥에 다음을 넣고 골고루 눌러서 깐다.

　　통밀 크래커로 만든 과자 가루 크러스트

잘게 부순 가루로 만드는 크러스트에 대해 항목의 설명에 따라 크러스트를 굽는다. 모든 재료를 약 21℃의 실온 상태로 준비한다. 오븐을 150℃로 예열한다.

　　다음을 중간 크기 그릇이나 주걱 날을 끼운 스탠드 반죽기에 담고 크림처럼 부드러운 질감이 될 때까지 세게 휘젓는다.

　　크림치즈 680g (또는 225g짜리 3봉지), 부드럽게 만들기

다음을 조금씩 넣으면서 세게 쳐서 섞는다.

　　설탕 1컵(200g)

　　바닐라 1작은술 또는 아몬드 추출물 ¼작은술

다음을 한 번에 하나씩 넣으면서 적당히 어우러질 때까지 세게 쳐서 섞는다. 달걀을 하나 넣을 때마다 그릇이나 반죽기 옆면에 묻은 재료를 잘 긁어내린다.

　　대란 3개

반죽을 긁어서 크러스트에 담고 윗면을 평평하게 고른다. 쿠키 시트 위에 올린다. 팬을 톡톡 치면 가운데 부분이 가볍게 떨리는 상태가 되도록 45~55분간 굽는다. 팬에 담긴 채로 받침대 위에 올려 1시간 이상 식힌다.

다음을 섞어서 케이크 위에 펴서 바른다.

　　사워크림 1컵(240g)

　　설탕 ¼컵(50g)

　　바닐라 1작은술

　　소금 ⅛작은술

팬에 담긴 채로 받침대 위에서 완전히 식힌 후 분리형 팬의 고리형 옆면을 떼어낸다. 뚜껑을 덮어 냉장고에 최소 3시간, 가능하면 24시간 동안 넣어두었다가 낸다. 다음을 곁들인다.

　　생딸기

뉴욕식 치즈 케이크

지름 23cm짜리 치즈 케이크 1개, 16~20인분

오븐을 아주 높은 온도로 맞춰서 구워야 하지만 걱정할 필요는 없다. 케이크의 표면은 황금색으로 익고 내부는 크림처럼 부드럽게 완성된다.

오븐을 200℃로 예열한다. 지름 23cm의 분리형 팬에 기름을 살짝 바른다. 다음을 준비한다.

　　팬에 눌러 만드는 쇼트브레드 반죽

반죽의 ⅓ 분량 또는 그보다 조금 안 되는 양을 팬의 바닥에 최대한 평평하게 눌러서 깐다. 포크로 반죽 전체에 구멍을 낸다. 크러스트가 연한 색으로 노릇노릇하게 익을 때까지 10~15분간 굽는다. 받침대 위에 올려 완전히 식힌다.

　　남은 반죽을 팬의 옆면에 약 3mm 두께로 눌러서 붙이되, 옆면의 반죽을 바닥의 크러스트에 빙 둘러가며 꼼꼼히 잘 붙인다. 크러스트의 바닥과 옆면에 솔로 다음을 바른다.

　　달걀흰자 1개, 잘 풀어두기

필링을 바로 담아서 구울 계획이 아니라면 크러스트를 냉장고에 넣어둔다.

　　모든 재료를 약 21℃의 실온 상태로 준비한다. 오븐을 260℃로 예열한다. 다음을 커다란 그릇이나 주걱 날을 끼운 스탠드 반죽기에 담고 크림처럼 부드럽고 매끄러운 질감이 될 때까지 세게 휘젓는다.

　　크림치즈 1.13kg(또는 225g짜리 5봉지), 부드럽게 만들기

그릇이나 반죽기 옆면에 묻은 재료를 잘 긁어내린다. 다음을 조금씩 넣으면서 크림처럼 부드럽고 매끄러운 질감이 될 때까지 1~2분간 세게 쳐서 섞는다.

　　설탕 1¾컵(350g)

　　(중력분 최대 3큰술[25g], 더 조밀한 질감을 선호할 경우)

다음을 넣고 세게 쳐서 섞는다.

　　레몬 1개의 껍질, 강판에 곱게 갈기

　　바닐라 ½작은술

다음을 한 번에 하나씩 넣으면서 적당히 어우러질 때까지 세게 쳐서 섞는다. 달걀을 하나 넣을 때마다 그릇이나 반죽기 옆면에 묻은 재료를 잘 긁어내린다.

　　대란 5개

　　대란 노른자 2개

반죽기를 저속으로 돌리면서 다음을 넣어 잘 섞는다.

　　헤비크림 ½컵(115g)

반죽을 긁어서 크러스트에 담고 윗면을 평평하게 고른다. 260℃에서 15분간 구운 후 오븐 온도를 93℃로 낮춰 1시간 더 굽는다.

　　오븐을 끄고 나무 숟가락의 손잡이를 오븐 문에 끼워서 살짝 열어놓은 상태로 케이크를 30분간 식힌다.

　　오븐에서 꺼내 받침대에 올려놓고 팬에 담긴 상태에서 완전히 식힌 후 분리형 팬의 고리형 옆면을 떼어낸다. 뚜껑을 덮어 냉장고에 최소 6시간, 가능하면 24시간 동안 넣어두었다가 낸다. 48시간이 지나면 치즈 풍미가 더욱 진해진다.

크림처럼 부드러운 중탕 치즈 케이크

지름 23cm짜리 치즈 케이크 1개, 12~16인분

중탕으로 구우면 가장자리부터 가운데 부분까지 균일한 식감을 가진, 크림처럼 아주 부드러운 치즈 케이크가 탄생한다. 크러스트 없이 굽는 치즈 케이크라면 이 레시피로 어떤 것이든 만들 수 있다.

모든 재료를 약 21℃의 실온 상태로 준비한다. 오븐을 160℃로 예열한다.

지름 23cm의 분리형 팬의 바닥과 옆면에 다음을 코팅하듯 바른다.

　　무염 버터 1큰술(15g)

다음을 홀홀 뿌린다.

통밀 크래커 가루 ¼컵

팬을 이리저리 기울이고 톡톡 쳐서 크래커 가루를 바닥과 옆면에 골고루 묻힌다. 폭이 넓은 두꺼운 포일을 길게 잘라서 깔고 그 위에 팬을 놓는다. 포일이 찢어지지 않도록 조심스럽게 팬의 옆면을 따라 접어 올린다.

다음을 커다란 그릇이나 주걱 날을 끼운 스탠드 반죽기에 담고 매끄러운 질감이 될 때까지 세게 휘젓는다.

크림치즈 900g(또는 225g짜리 4봉지), 부드럽게 만들기

그릇이나 반죽기 옆면에 묻은 재료를 잘 긁어내린다. 다음을 조금씩 넣으면서 크림처럼 부드럽고 매끄러운 질감이 될 때까지 1~2분간 세게 쳐서 섞는다.

설탕 1⅓컵(265g)

다음을 한 번에 하나씩 넣으면서 적당히 어우러질 때까지 세게 쳐서 섞는다. 달걀을 하나 넣을 때마다 그릇이나 반죽기 옆면에 묻은 재료를 잘 긁어내린다.

대란 4개

반죽기를 저속으로 돌리면서 다음을 넣어 잘 섞이도록 젓는다.

헤비크림 ¼컵(60g)

사워크림 ¼컵(60g)

바닐라 2작은술

레몬 1개의 껍질, 강판에 곱게 갈기

반죽을 긁어서 팬에 담고 윗면을 평평하게 고른다. 팬을 커다란 베이킹 접시나 구이 팬 위에 올린다. 오븐 받침대를 잡아당겨서 꺼내 베이킹 접시를 올리고 치즈 케이크 팬 옆면의 절반 정도까지 오도록 끓는 물을 넉넉하게 붓는다. 치즈 케이크의 가장자리는 굳은 것처럼 보이지만 팬을 톡톡 치면 가운데가 살짝 떨리는 상태가 되도록 55~60분간 굽는다.

오븐을 끄고 나무 숟가락의 손잡이를 오븐 문에 끼워서 살짝 열어놓은 상태로 케이크를 1시간 동안 식힌다.

오븐에서 꺼내 받침대에 올려놓고 팬에 담긴 상태에서 완전히 식힌 후 분리형 팬의 고리형 옆면을 떼어낸다. 뚜껑을 덮어서 냉장고에 최소 6시간, 가능하면 24시간 동안 넣어두었다가 낸다.

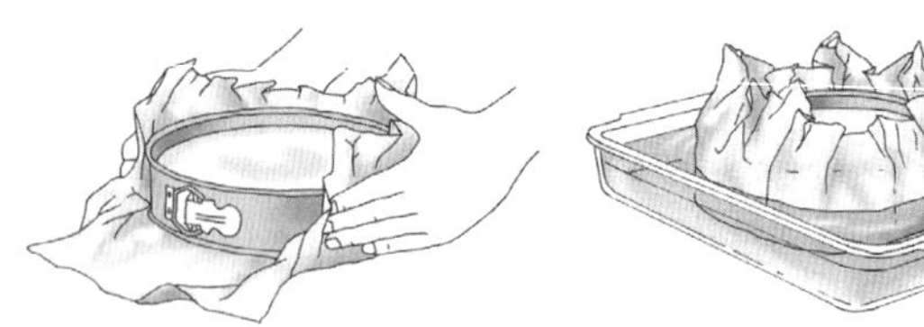

중탕으로 치즈 케이크 굽기

초콜릿 치즈 케이크

지름 23cm짜리 치즈 케이크 1개, 약 16인분

생각보다 훨씬 더 진하고 꾸덕꾸덕한 케이크이므로 초콜릿을 아주 좋아하는 사람에게만 추천한다.

23×5cm 크기의 분리형 팬 또는 원형 케이크 팬에 기름을 살짝 바른다. 팬의 바닥에 다음을 균일하게 꾹꾹 눌러서 깐다.

초콜릿 웨이퍼로 만든 과자 가루 크러스트

잘게 부순 가루로 만드는 크러스트에 대해 항목의 설명에 따라 크러스트를 굽고 식힌다.

모든 재료를 약 21℃의 실온 상태로 준비한다. 오븐의 맨 아래쪽 받침대에

뜨거운 물을 절반쯤 채운 로프 팬이나 케이크 팬을 올려둔다. 오븐을 175℃로 예열한다. 작은 내열 그릇에 다음을 넣는다.

세미스위트 또는 비터스위트 초콜릿 225g, 잘게 썰기

다음을 붓는다.

끓는 물 ⅓컵(80g)

초콜릿이 매끄럽게 녹을 때까지 젓는다. 다음을 커다란 그릇이나 주걱 날을 끼운 스탠드 반죽기에 담고 매끄러운 질감이 될 때까지 세게 휘젓는다.

크림치즈 450g(또는 225g짜리 2봉지), 부드럽게 만들기

그릇이나 반죽기 옆면에 묻은 재료를 잘 긁어내린다. 다음을 조금씩 넣으면서 크림처럼 부드럽고 매끄러운 질감이 될 때까지 1~2분간 세게 쳐서 섞는다.

설탕 ⅔컵(130g)

바닐라 1작은술

다음을 한 번에 하나씩 넣으면서 적당히 어우러질 때까지 세게 쳐서 섞는다. 달걀을 하나 넣을 때마다 그릇이나 반죽기 옆면에 묻은 재료를 잘 긁어내린다.

대란 3개

다음을 넣고 세게 쳐서 섞는다.

사워크림 2컵(480g)

무가당 코코아 가루 1큰술(10g)

따뜻한 초콜릿 혼합물을 추가하고 반죽기를 저속으로 돌리면서 잘 섞이도록 젓는다. 반죽을 긁어서 크러스트 위에 담고 윗면을 평평하게 고른다. 팬을 베이킹 접시나 구이 팬 위에 올려놓고 치즈 케이크의 가장자리는 봉긋하게 부풀어 오르지만 가운데는 아직 촉촉해 보이면서 팬을 톡톡 치면 가볍게 떨리는 상태가 되도록 40~45분간 굽는다.

오븐을 끄고 나무 숟가락의 손잡이를 오븐 문에 끼워서 살짝 열어놓은 상태로 케이크를 1시간 동안 식힌다.

오븐에서 꺼내 받침대에 올려놓고 팬에 담긴 상태에서 완전히 식힌 후 분리형 팬의 고리형 옆면을 떼어낸다.(케이크 팬을 사용했다면 팬에서 빼지 않는다.) 뚜껑을 덮어서 냉장고에 최소 6시간, 가능하면 24시간 동안 넣어두었다가 낸다. 48시간이 지나면 치즈 풍미가 더 진해진다.

호박 치즈 케이크

지름 20cm짜리 치즈 케이크 1개, 10~12인분

우리는 추수감사절에 일반적인 호박 파이와 근사한 대조를 이루는 이 황금빛 치즈 케이크를 즐겨 만든다.

20×5cm 크기의 분리형 팬 또는 원형 케이크 팬에 기름을 살짝 바른다. 팬의 바닥에 다음을 균일하게 꾹꾹 눌러서 깐다.

통밀 크래커나 생강 쿠키로 만든 과자 가루 크러스트 또는 피칸으로 만든 견과류 크러스트

잘게 부순 가루로 만드는 크러스트에 대해 항목의 설명에 따라 크러스트를 굽거나 견과류 크러스트 레시피에 따라 차갑게 굳힌다. 크러스트를 식힌다.

모든 재료를 약 21℃의 실온 상태로 준비한다. 오븐의 맨 아래쪽 받침대에 뜨거운 물을 절반쯤 채운 금속 로프 팬이나 케이크 팬을 올려둔다. 오븐을 175℃로 예열한다.

작은 그릇에 다음을 넣고 섞는다.

갈색 설탕, 꾹 눌러 담아 ⅔컵(155g)

계핏가루 ¾작은술

정향 가루 ¼작은술

생강 가루 ¼작은술

강판에 간 육두구 또는 육두구 가루 ⅛작은술

다음을 커다란 그릇이나 주걱 날을 끼운 스탠드 반죽기에 담고 매끄러운 질감이 될 때까지 세게 휘젓는다.

크림치즈 450g(또는 225g짜리 2봉지), 부드럽게 만들기

그릇이나 반죽기 옆면에 묻은 재료를 잘 긁어내린다. 설탕 혼합물을 조금씩 넣으면서 크림처럼 부드럽고 매끄러운 질감이 될 때까지 1~2분간 세게 쳐서 섞는다.

다음을 한 번에 하나씩 넣으면서 완전히 잘 섞일 때까지 세게 쳐서 섞는다. 달걀을 하나 넣을 때마다 그릇이나 반죽기 옆면에 묻은 재료를 잘 긁어내린다.

대란 2개

대란 노른자 2개

다음을 넣고 적당히 섞이기 시작할 때까지만 세게 쳐서 섞는다.

무가당 호박 퓌레, 통조림 또는 호박을 직접 삶아서 간 것 1컵

반죽을 긁어서 크러스트 위에 담고 윗면을 평평하게 고른다. 팬을 베이킹 접시 위에 올린다. 175℃에서 30분간 구운 후, 오븐 온도를 160℃로 낮춰 치즈 케이크의 가장자리는 봉긋하게 부풀어 오르지만 가운데는 아직 촉촉해 보이면서 팬을 톡톡 치면 가볍게 떨리는 상태가 되도록 10~15분간 더 굽는다. 그동안 작은 그릇에 다음을 넣고 잘 섞일 때까지 세게 젓는다.

사워크림 1½컵(360g)

연한 갈색 설탕, 꾹 눌러 담아 ⅓컵(75g)

바닐라 1작은술

L자형 주걱으로 이 혼합물을 뜨거운 케이크의 윗면에 잘 펴서 바른다. 오븐에 다시 넣어 7분간 굽는다. 팬을 오븐에서 꺼낸 뒤 받침대 위에 놓고 케이크가 천천히 식도록 커다란 그릇이나 냄비를 뒤집어서 팬과 받침대 위에 덮어둔다. 완전히 식으면 분리형 팬의 고리형 옆면을 떼어낸다.(케이크 팬을 사용했다면 팬에서 빼지 않는다.) 뚜껑을 덮어서 냉장고에 최소 6시간, 가능하면 24시간 동안 넣어두었다가 낸다.

▲ 높은 고도에서 케이크 굽기에 대해

고지대에서 케이크를 구우려면 여러 복잡한 변수를 고려해야 하며, 일반적 규칙이 적용되지 않는 경우도 흔하다. 케이크는 해발 915m쯤 이상 올라가면 대기의 변화에 심하게 반응하기 시작하고 고도가 올라갈수록 변화는 더욱 급격하게 나타난다. 케이크가 금세 부풀어 올랐다가 평평하게 푹 꺼지거나 우묵한 그릇처럼 가운데가 움푹 들어간 상태로 식기도 한다. 케이크의 윗면에는 딱딱한 층이 생기고 가운데가 질척거리거나 결이 거칠고 무거운 케이크가 되기도 한다. 반죽이 팬 밖으로 흘러넘치거나 팬에 달라붙는 일도 있다.

그렇다면 높은 지대에서 케이크를 구울 때의 해결 방법은 무엇일까? 유일한 원칙이라고 한다면, 모든 경우에 적용되는 하나의 원칙은 없다는 것이다. 재료의 분량이나 시간, 온도를 조절하기 위한 어느 정도의 지침은 있지만 레시피마다 그때그때 약간씩 변화를 주어야 한다. 선호하는 일반 레시피를 고지대에서 적용하려면 아래 내용을 참고한 후 직접 케이크를 굽고 메모하면서 어떻게 하면 제대로 케이크를 구울 수 있는지 파악할 때까지 시행착오를 거쳐야 한다.

고지대에서 케이크를 구울 때는 기름을 바르고 밀가루를 뿌리며 팬에 유산지를 깔 때 특별히 주의를 기울여야 한다. 특히 해발 2100m 이상의 지역에서는 케이크가 팬에 아주 잘 달라붙으므로 사용하는 모든 팬에 기름을 넉넉히 바르고 밀가루를 꼼꼼히 뿌린 후 가능하면 유산지를 꼭 까는 것이 좋다.

고도가 올라갈수록 기압이 낮아지므로 반죽 안에서 발효 과정을 거치면서 생성되는 기체(공기, 이산화탄소, 수증기)가 더 빨리 부풀어 오른다. 반죽이 제대로 부풀어 오르게 하려면 대부분의 레시피에서 베이킹파우더 및/또는 베이킹소다의 양을 줄이거나 비율을 조절해야 한다. ▶ 산도는 반죽이 오븐의 열을 받는 동안 안정되도록 도와주므로 반죽의 산도가 크게 낮아지지 않게 하려면 베이킹소다(특정 재료의 산도를 중화시킨다.)의 양을 생각보다 훨씬 많이 줄여야 하는 경우도 있다. ▶ 버터밀크는 재료의 산도를 높일 뿐만 아니라 촉촉함, 진한 지방 풍미, 부드러운 식감에 기여하므로 해발 1500m 이상에서는 일반 우유보다 버터밀크를 사용하는 것이 좋다. 기압이 낮으므로 달걀흰자 거품을 특별히 신경 써서 만들지 않으면 엄청나게 부풀어 올랐다가 푹 꺼져버린다.(다음 문단의 내용을 참고) 일반 레시피에서 요구하는 것보다 달걀흰자를 하나 더 넣으면 촉촉하고 힘 있는 거품이 생기기도 하지만, 흰자를 너무 많이 넣으면 반죽이 퍼석거리므로 주의한다. 가장 좋은 결과를 얻기 위해서는 이어서 소개하는 높은 고도용 레시피대로 정확히 따르자.

해발 915m 이상의 지역에서 달걀흰자를 저어 거품을 낼 때는 ▶ 단단한 거품을 내려고 하면 안 된다. 우선 달걀흰자의 표면에 주걱이 지나간 자국이 생기기 시작할 때까지만 고속으로 달걀흰자를 휘젓는다. 이 시점부터는 주의 깊게 지켜보면서 달걀흰자가 매끄럽고 광택이 나면서 주걱을 들어올리면 살짝 아래로 고개를 숙인 부드러운 피크가 생길 때까지 거품을 낸다. 부드러운 거품은 더 팽창할 여지가 있으며 구울 때 모양을 잘 유지한다. 고지대에서 단단한 거품을 냈다면 달걀흰자를 너무 오래 저은 것이다. 구울 때 팽창하다가 터져버리므로 결과물이 푹 꺼져버린다.

▶ 고도가 높아질수록 끓는점이 낮아진다.(1130쪽 표 참고) 그래서 반죽이 제대로 부풀어 오르도록 축축하고 조밀한 케이크 반죽의 중심부까지 충분한 열을 전달하기가 어렵다. 고도가 150m 올라갈 때마다 끓는점이 약 0.5℃씩 낮아진다. ▶ 고도가 올라갈수록, 일부 케이크는 굽는 시간이 오래 걸리며 액체에 재료를 담가서 조리하거나 액체 위에서 재료를 조리하는 시간도 길어진다. 커스터드가 굳는 데에도 시간이 오래 걸리며 옥수수 전분을 젤라틴화해서 걸쭉하게 만들 때도 시간을 넉넉하게 잡아야 한다.

고지대에서 케이크를 구울 때는 오븐 온도를 10℃ 정도 높게 잡는 것을 권장하기도 한다. 그러나 이렇게 하면 중심부 속까지 잘 익기 전에 윗면에 딱딱한 막이 생길 수도 있다. 이럴 경우 해결책은 온도를 낮추고 더 오래 굽는 것이다. ▶ 덩어리 형태의 케이크나 티 브레드를 구울 때 이 문제를 쉽게 해결하려면 전통적인 로프 팬 대신 튜브 팬을 사용해 반죽의 중심부까지 열이 쉽게 도달하게 하면 된다. 이렇게 구운 케이크는 로프 팬에 구운 케이크만큼 높이가 높지는 않지만 속까지 확실하게 익는다.

▶ 높은 고도에서는 액체가 훨씬 빨리 증발하므로 남아 있는 설탕과 지방의 농도가 높아진다. 설탕이 너무 많으면 케이크의 질감이 거칠어진다. 설탕과 지방이 둘 다 너무 많으면 밀가루의 글루텐이 약해지므로 구조가 허약해져서 케이크가 꺼져버린다. ▶ 높은 고도에서는 설탕의 분량을 줄이도록 요구하는 레시피가 많으며, 버터가 많이 들어가는 일부 레시피에서는 지방 재료의 분량도 살짝 줄여야 한다. ▶ 높은 고도에서는 반드시 레시피에서 요구하는 종류의 밀가루를 사용해야 한다. 박력분보다 중력분을 사용하는 경우가 많은데, 중력분은 박력분보다 단백질 함량이 약간 높아서 반죽의 구조가 탄탄하게 잡히므로

케이크 반죽을 위한 고도별 조정 사항

고도	915m	1500m	2300m	3000m
오븐 온도	10℃ 증가	10℃ 증가	175℃에서 익을 때까지 굽기	175℃에서 익을 때까지 굽기
밀가루 1컵당 늘려야 하는 분량	0~1큰술	0~2큰술	2~4큰술	2~4큰술
베이킹파우더 또는 베이킹소다 1작은술당 줄여야 하는 분량	⅛작은술	⅛~¼작은술	¼~½작은술	½~⅔작은술
설탕 1컵당 줄여야 하는 분량	0~1큰술	0~2큰술	2~4큰술	3~4큰술
액체 1컵당 늘려야 하는 분량	0~2큰술	2~4큰술	3~4큰술	3~4큰술
지방 1컵당 줄여야 하는 분량	-	-	-	1~2큰술

케이크가 식어도 잘 무너지지 않기 때문이다.

산악 고지대의 건조한 지역에서는 ▶ 밀가루에 액체 재료를 조금 넉넉하게 넣어서 섞는 것이 좋다.(물론 수분 필요량은 주로 밀가루의 종류에 따라 결정된다. 단백질 함량이 높은 밀가루는 중력분보다 액체를 많이 흡수하며, 중력분은 박력분보다 액체를 많이 흡수한다.) 습도가 낮다는 것은 오븐에 구운 결과물의 표면이 더 쉽게 마르고 빨리 식는다는 의미이기도 하다. 구운 머랭은 바삭바삭한 상태가 더 오래 유지되지만, 다른 케이크나 빵은 낮은 고도 지역보다 더 빨리 상해버린다. 높은 고도에서는 오븐에서 구운 후 완전히 식히자마자 항상 공기가 통하지 않도록 이중으로 감싸서 보관해야 한다. 냉동실에 보관하려면 공기가 통하지 않도록 이중으로 감싼 다음 두꺼운 포일로 한 번 더 감싸거나 냉동실용 튼튼한 지퍼백에 넣는다.

각 고도에 대한 설명은 해당 고도를 기준으로 하여 대략 위아래로 450m 범위까지 적용된다. 예를 들어 2100m 기준의 레시피는 최대 2550m 정도의 지역까지 적용할 수 있다. 이어서 소개하는 레시피들은 1500m를 기준으로 하고 있으며, 그보다 높은 고도일 경우에 조정해야 하는 내용을 기록해두었다. 위의 표에서 제시하는 조정 내용은 단순히 권장 사항일 뿐 절대적인 규칙이 아니다. 높은 고도에서 케이크를 굽는 데에는 워낙 변수가 많으므로 레시피를 약간씩 변경할 때는 한 가지씩 바꿔가면서 시도해보고, 그 전에 과연 해당 레시피를 정말로 수정해야 하는지를 확인하자. 안타깝게도 (여기에 소개하는 특정 레시피를 따르는 것 외에) 고지대에서 케이크를 구울 때 간단한 해결책은 없으므로, 시행착오를 거치면서 맞는 레시피를 찾아가는 것이 가장 좋은 접근법이다.

▲ 높은 고도용 정통 1-2-3-4 케이크(또는 컵케이크)

지름 23cm짜리 원형 케이크 겹 2개, 또는 33×23cm 크기의 케이크 1개, 또는 지름 7cm짜리 컵케이크 약 24개, 16~24인분

버터 1컵, 설탕 2컵, 밀가루 3컵, 달걀 4개가 들어가므로 매우 기억하기 쉬운 이 레시피는 원래 낮은 고도 지역에서 누구나 믿고 따를 만한 레시피를 만들 목적으로 고안해낸 것이다. 그러나 고도가 높은 지역에서는 어느 정도 조절이 불가피하므로 아래와 같이 분량과 비율이 약간 변경된다. 바닐라는 그대로 두고 오렌지, 레몬 또는 아몬드 추출물을 추가해 다양한 풍미를 낼 수도 있다. 높은 고도에서 케이크 굽기에 대해 및 버터 케이크에 대해 항목을 참고한다. 이 레시피는 해발 1500m 지역을 기준으로 한 것이다.

2100m 지대에서 구울 경우 오븐 온도를 175℃로 낮춘다. 밀가루 2큰술(15g)을 추가하고 설탕을 1큰술(10g) 줄이며 버터밀크 2큰술(30g)을 추가한다.

케이크 겹은 22~27분간, 시트 케이크는 30~32분간, 컵케이크는 22~25분간 굽는다.

3000m 지대에서 구울 경우 오븐을 190℃로 예열했다가 구울 때는 175℃로 낮춘다. 밀가루 2큰술(15g)을 추가하고 버터밀크 3큰술과 1작은술(50g)을 추가한다. 베이킹파우더는 ½작은술, 설탕은 1큰술(10g) 줄인다. 케이크 겹은 28~30분간, 시트 케이크는 30~35분간, 컵케이크는 28~30분간 굽는다.

모든 재료를 약 21℃의 실온 상태로 준비한다. 오븐을 190℃로 예열한다. 지름 23cm의 원형 케이크 팬 2개, 33×23cm 크기의 베이킹 팬 1개 또는 12구짜리 머핀 틀 2개에 기름을 꼼꼼히 바르고 밀가루를 뿌린다. 케이크 팬에는 유산지를, 머핀 틀에는 제빵용 얇은 종이컵을 깐다.

중간 크기의 그릇에 다음을 넣고 잘 섞는다.

체에 친 중력분 3컵+1큰술(370g)

베이킹파우더 2작은술

소금 ¾작은술

다음을 커다란 그릇이나 주걱 날을 끼운 스탠드 반죽기에 담고 잘 어우러질 때까지 세게 쳐서 섞는다.

무염 버터 스틱 2개(225g), 말랑하게 녹이기

설탕 2컵-1큰술(390g)

바닐라 2작은술

(아몬드 또는 기타 추출물 1작은술)

반죽 용기의 옆면에 묻은 재료를 잘 긁어내리면서 1분간 세게 쳐서 섞는다. 다음을 한 번에 두 개씩 넣으면서 달걀을 넣을 때마다 골고루 잘 쳐서 섞는다.

대란 5개

용기 옆면에 묻은 재료를 긁어내린다.(반죽이 응고된 것처럼 보여도 걱정할 필요는 없다.) 반죽기를 저속으로 작동시키면서 밀가루 혼합물을 두 번에 나눈 것과 다음을 번갈아 넣고 잘 섞는다.

버터밀크 1컵+2큰술(275g)

그다음 반죽이 크림처럼 부드럽고 매끄러운 질감이 되도록 고속으로 약 1분간 세게 치며 섞는다. 반죽을 원형 팬에 적당히 나눠 담거나 베이킹 팬에 긁어서 담거나 컵케이크라면 머핀 틀 높이의 거의 ¾까지 올라오도록 반죽을 붓는다. 중심부에 이쑤시개를 찔러보면 아무것도 묻어나오지 않을 때까지 케이크 겹이라면 22~25분, 시트 케이크라면 30~33분, 컵케이크라면 20~22분간 굽는다.

팬에 담긴 채로 받침대에 올려놓고 15분 정도 식힌다. 상황에 따라 틀에서 꺼낸 후 완전히 식힌다.(시트 케이크는 팬에 담긴 채로 식혀서 그대로 낼 수 있다.)

▲ 높은 고도용 엔젤푸드 케이크

지름 25cm짜리 튜브 케이크

높은 고도에서 케이크 굽기에 대해 및 엔젤푸드 케이크에 대해 항목을 참고한다. 이 레시피는 해발 1500~2100m 지역을 기준으로 한 것이다.

　　3000m 지대에서 구울 경우 오븐 온도를 175℃로 낮춘다. 밀가루 2큰술(15g)과 타르타르 크림 ½작은술을 추가하고, 아몬드 또는 오렌지 추출물을 사용한다면 1작은술 더 넣는다. 30~35분간 굽는다.

　　모든 재료를 약 21℃의 실온 상태로 준비한다. 오븐을 190℃로 예열한다. 지름 25cm의 튜브 팬에 기름을 바르지 않고 준비한다.

다음을 섞어서 체에 친 후 다시 체 치는 도구에 담는다.

　　체에 친 박력분 1컵+2큰술(115g)

　　슈거 파우더 ½컵(50g)

다음을 커다란 그릇이나 거품기 날을 끼운 스탠드 반죽기에 담고 거품이 날 때까지 세게 쳐서 섞는다.

　　달걀흰자 1½컵(365g, 대란 흰자 약 11개 분량)

　　타르타르 크림 1½작은술

　　소금 ½작은술

다음을 조금씩 넣으면서 고개를 살짝 아래로 숙인 부드러운 피크가 생길 때까지 고속으로 저어서 거품을 낸다.

　　초미립 분당 ¾컵(145g)

다음을 넣고 뒤적이며 섞는다.

　　바닐라 2작은술

　　(아몬드 또는 오렌지 추출물 1작은술)

　　물 2큰술(30g)

달걀흰자 거품 위에 마른 재료를 한 번에 ¼ 분량씩 체에 쳐서 뿌린 후 밀가루가 보이지 않도록 얌전히 뒤적이며 섞는다. 반죽을 떠서 튜브 팬에 담는다. 칼로 반죽을 조심스레 갈라서 커다란 기포를 터뜨린다. 케이크 테스트용 얇은 막대를 중심부에 찔러보면 아무것도 묻어나오지 않을 때까지 25~30분간 굽는다.

　　식힌 후 틀에서 빼는 방법은 엔젤푸드 케이크 레시피를 참고한다. 케이크 위에 다음을 체에 쳐서 살짝 뿌린다.

　　슈거 파우더

▲ 높은 고도용 초콜릿 엔젤푸드 케이크

높은 고도용 엔젤푸드 케이크를 만들되, 박력분의 양을 1컵(100g)으로 줄이고 **체에 친 무가당 더치 프로세스 코코아 가루 ¼컵**(20g)을 추가한다. 설탕의 양을 ¼컵(50g)만큼 늘린다.

▲ 높은 고도용 흰색 케이크

지름 23cm 또는 25cm짜리 원형 케이크 겹 2개

이 반죽은 지름 25cm 팬보다 23cm 팬을 사용해 구울 때 더 높게 부풀어 오르는데, 케이크 겹의 높이가 2.5cm 정도밖에 되지 않아도 상관없다면 25cm짜리 팬을 사용해도 좋다. 높은 고도에서 케이크 굽기에 대해 및 버터 케이크에 대해 항목을 참고한다. 이 레시피는 해발 1500m 지역을 기준으로 한 것이다.

　　2100m 지대에서 구울 경우 오븐을 175℃로 예열한다. 베이킹파우더를 ¼작은술 줄이고 버터에 설탕을 넣어 크림 상태로 만들 때 설탕의 양을 2큰술(30g)

줄인다. 타르타르 크림 ¼작은술을 추가하고 우유 대신 버터밀크를 사용하되 양은 1½큰술(25g)만큼 늘린다. 25분 정도 굽는다.

　　3000m 지대에서 구울 경우 190℃에서 굽는다. 체에 친 박력분 1¼컵 및 1큰술(130g)과 체에 친 중력분 1¼컵 및 1큰술(160g)을 섞어서 사용한다. 베이킹파우더를 ¼작은술, 버터를 1큰술(15g) 줄이고, 버터에 설탕을 넣어 크림 상태로 만들 때 설탕의 양을 ¼컵(50g) 줄인다. 소금 ¼작은술, 타르타르 크림 ¼작은술, 바닐라와 아몬드 추출물을 각각 ½작은술씩 추가한다. 우유 대신 버터밀크를 사용하되 양은 ¼컵(60g)만큼 늘린다. 27분 정도 굽는다.

　　모든 재료를 약 21℃의 실온 상태로 준비한다. 오븐을 190℃로 예열한다. 지름 23cm 또는 25cm의 원형 케이크 팬 2개에 기름을 꼼꼼히 바르고 밀가루를 뿌린 후 둥근 유산지를 깐다.

중간 크기의 그릇에 다음을 넣고 완전히 섞이도록 잘 젓는다.

　　체에 친 박력분 2½컵(250g)

　　베이킹파우더 1½작은술

　　소금 ¼작은술

다음을 커다란 그릇이나 거품기 날을 끼운 스탠드 반죽기에 담고 거품이 날 때까지 세게 쳐서 섞는다.

　　대란 흰자 4개

　　타르타르 크림 ¼작은술

다음을 조금씩 넣으면서 고개를 살짝 아래로 숙인 부드러운 피크가 생길 때까지 고속으로 저어서 거품을 낸다.

　　설탕 ⅓컵(65g)

큰 그릇을 하나 더 준비해(또는 달걀흰자 거품을 다른 그릇에 옮겨 담은 후 스탠드 반죽기의 용기를 재사용하고 주걱 날을 끼운다.) 다음을 넣고 잘 섞일 때까지 세게 쳐서 젓는다.

　　무염 버터 스틱 1개(115g), 말랑하게 녹이기

　　설탕 1컵(200g)

　　바닐라 1작은술

　　(아몬드 또는 기타 추출물 1작은술)

반죽기를 저속으로 맞추고 밀가루 혼합물을 세 번에 나눈 것과 다음을 두 번에 나눈 것을 번갈아 넣고 잘 섞는다.

　　우유 1¼컵(295g)

한 번 넣을 때마다 용기에 묻은 재료를 긁어내리면서 섞는다. 크림처럼 부드럽고 매끄러운 질감이 될 때까지 30초 정도 고속으로 세게 쳐서 섞는다. 달걀흰자 거품을 세 번에 나눠서 반죽에 넣고 실리콘 주걱으로 얌전히 뒤적이며 섞는다. 반죽을 팬 2개에 나눠 담는다. 케이크 테스트용 얇은 막대를 중심부에 찔러보면 아무것도 묻어나오지 않을 때까지 25~27분간 굽는다.

　　팬에 담긴 채로 받침대에 올려놓고 10~15분간 식힌다. 팬을 뒤집어 케이크를 꺼내고 유산지를 벗겨낸 후 케이크를 올바른 방향으로 받침대에 올려놓고 완전히 식힌다.

▲ 높은 고도용 퍼지 케이크

지름 23cm짜리 원형 케이크 겹 2개, 33×23cm 크기의 케이크 1개 또는 지름 7cm짜리 컵케이크 약 24개, 16~24인분

이 케이크는 진한 초콜릿 풍미와 촉촉하고 부드러운 속살을 자랑한다. 무가당 초콜릿을 사용하면 더 깊은 초콜릿 풍미를 낼 수 있지만 세미스위트 초콜릿 칩

을 넣어도 잘 어울린다. 높은 고도에서 케이크 굽기에 대해 및 버터 케이크에 대해 항목을 참고한다. 이 레시피는 해발 1500m 지역을 기준으로 한 것이다.

2100m 지대에서 구울 경우 박력분 대신 체에 친 중력분(240g)을 사용하고 베이킹파우더를 ½작은술만큼 줄인다. 일반 우유 대신 버터밀크를 넣되, 분량을 1큰술(15g) 늘린다. 달걀흰자에 넣고 세게 쳐서 섞는 설탕의 양을 2큰술(25g)로 줄인다. 케이크 겹이나 시트 케이크는 35~40분간, 컵케이크는 15~20분간 굽는다.

3000m 지대에서 구울 경우 박력분 대신 체에 친 중력분을 사용하되 분량을 1큰술 늘린다.(총 250g) 베이킹파우더는 ¾작은술만큼 줄인다. 무가당 초콜릿을 사용한다면 버터에 넣고 섞는 설탕의 양을 ½컵(100g) 줄이고 세미스위트 초콜릿을 사용한다면 설탕의 양을 ¾컵(150g) 줄인다. 일반 우유 대신 버터밀크를 넣되, 분량을 2큰술(30g) 늘린다. 케이크 겹은 약 33분, 시트 케이크는 약 42분, 컵케이크는 약 25분간 굽는다.

모든 재료를 약 21℃의 실온 상태로 준비한다. 오븐을 175℃로 예열한다. 지름 23cm의 원형 케이크 팬 2개, 33×23cm의 베이킹 팬 1개 또는 12구짜리 머핀 틀 2개에 기름을 꼼꼼하게 바른다. 케이크 팬에는 유산지를 깔고 머핀 틀에는 제빵용 얇은 종이컵을 깐다.

이중 냄비를 사용하거나 냄비에 물을 붓고 아주 은근히 끓이면서 내열 그릇을 담가 중탕으로 계속 저으면서 다음을 녹인다.

굵게 썬 무가당 초콜릿 또는 세미스위트 초콜릿 칩 1컵(115g)

중간 크기의 그릇에 다음을 넣고 완전히 섞이도록 잘 젓는다.

체에 친 박력분 2컵(200g)

베이킹파우더 2작은술

소금 ½작은술

다음을 커다란 그릇이나 거품기 날을 끼운 스탠드 반죽기에 담고 거품이 날 때까지 세게 쳐서 섞는다.

대란 흰자 3개

타르타르 크림 ¼작은술

다음을 조금씩 넣으면서 고개를 살짝 아래로 숙인 부드러운 피크가 생길 때까지 고속으로 저어서 거품을 낸다.

설탕 ¼컵(50g)

한쪽에 둔다. 큰 그릇을 하나 더 준비해(또는 달걀흰자 거품을 다른 그릇에 옮겨 담은 후 스탠드 반죽기의 용기를 재사용하고 주걱 날을 끼운다.) 다음을 넣고 가벼우면서 폭신폭신한 질감이 될 때까지 세게 치면서 젓는다.

무염 버터 스틱 1개(115g), 말랑하게 녹이기

설탕 2컵(400g, 초콜릿 칩을 사용한다면 1½컵[300g]으로 줄인다.)

바닐라 2작은술

그릇에 묻은 재료를 긁어내리면서 몇 초간 더 세게 젓는다. 다음을 넣고 잘 섞이도록 세게 쳐서 섞는다.

대란 노른자 3개

녹인 초콜릿을 넣고 세게 쳐서 섞는다. 그릇에 묻은 재료를 긁어내린다. 반죽기를 저속으로 맞춰 밀가루 혼합물을 세 번에 나눈 것과 다음을 두 번에 나눈 것을 번갈아 넣고 잘 섞는다.

우유 1½컵(355g)

한 번 넣을 때마다 용기에 묻은 재료를 긁어내리고 재료가 골고루 어우러지도록 잘 섞는다. 달걀 거품을 세 번에 나눠서 넣고 반죽에 달걀 거품의 흔적이 보

이지 않을 때까지 손으로 얌전히 뒤적이며 섞는다. 반죽을 원형 팬에 나눠 담거나 반죽을 긁어서 베이킹 팬에 담거나 머핀 틀의 ¾ 높이까지 오도록 붓는다. 케이크 테스트용 얇은 막대를 중심부에 찔러보면 아무것도 묻어나오지 않을 때까지 케이크 겹이나 시트 팬은 35~40분간, 컵케이크는 15~20분간 굽는다.

팬에 담긴 채로 철망 받침대에 올려놓고 10~15분간 식힌다. 그다음 케이크를 꺼내고 완전히 식힌다.(시트 케이크는 팬에 담긴 그대로 식혀서 낼 수 있다.)

▲ 높은 고도용 감귤류 스펀지 케이크
지름 25cm짜리 번트 케이크 1개

높은 고도에서 케이크 굽기에 대해 및 버터 케이크에 대해 항목을 참고한다. 이 레시피는 해발 1500~2100m 지역을 기준으로 한 것이다.

3000m 지대에서 구울 경우 오븐 온도를 175℃로 낮춘다. 버터를 2큰술(30g) 줄이고, 달걀노른자를 7개만 사용하며, 달걀노른자에 넣어서 젓는 설탕의 양을 2큰술(25g) 줄인다. 밀가루는 2⅓큰술(20g) 늘리고 타르타르는 ½작은술 늘린다. 25~30분간 구운 후 (먼저 식히지 않고) 즉시 팬을 뒤집어 케이크를 꺼낸 후 받침대에 올려놓고 완전히 식힌다.

모든 재료를 약 21℃의 실온 상태로 준비한다. 오븐을 190℃로 예열한다. 지름 25cm의 번트 팬에 기름을 넉넉하게 바르고 밀가루를 뿌린다. 팬을 톡톡 치면서 여분의 밀가루를 털어낸다.

중간 크기의 그릇에 다음을 넣고 잘 섞는다.

무염 버터 3큰술(45g)

레몬 2개의 껍질, 강판에 곱게 갈기

오렌지 1개의 껍질, 강판에 곱게 갈기

레몬즙 ¼컵(60g)

레몬 추출물 2작은술

바닐라 1작은술

다음을 합쳐서 체에 친 후 다시 체 치는 도구에 담는다.

체에 친 박력분 1¼컵+1큰술(130g)

소금 ½작은술

다음을 커다란 그릇이나 거품기 날을 끼운 스탠드 반죽기에 담고 거품이 날 때까지 세게 쳐서 섞는다.

대란 흰자 7개

타르타르 크림 ½작은술

다음을 조금씩 넣으면서 고개를 살짝 아래로 숙인 부드러운 피크가 생길 때까지 고속으로 저어서 거품을 낸다.

설탕 ½컵(100g)

큰 그릇을 하나 더 준비해(또는 달걀흰자 거품을 다른 그릇에 옮겨 담은 후 스탠드 반죽기의 용기를 재사용하고 거품기를 사용한다.) 다음을 넣은 후 반죽이 걸쭉해지고 연한 레몬색으로 변하면서 거품기를 위로 들었을 때 반죽이 평평한 리본 끈 모양으로 끊어지지 않고 흘러내릴 때까지 고속으로 세게 치면서 젓는다.

대란 노른자 8개

설탕 ½컵(100g)

달걀흰자 1½컵 정도는 따로 보관한다. 남은 달걀흰자를 두 번에 나눈 것과 밀가루를 두 번에 나눈 것을 번갈아 가며 반죽에 넣고 뒤적이면서 섞는다.(밀가루를 반죽 위에 들고 체를 친 후 뒤적이며 섞는다.) 녹인 버터와 레몬즙 혼합물을 넣어서 섞고 따로 보관해둔 달걀흰자를 넣어 뒤적이며 섞는다. 액체 재료를 넣고

섞을 때 되도록 달걀흰자의 부피를 유지하도록 노력한다. 레몬 혼합물을 반죽에 넣고 뒤적이면서 섞되, 그릇의 바닥에 액체 재료가 고이지 않게 한다. 반죽을 긁어서 팬에 담고 칼로 반죽을 조심스레 갈라서 커다란 기포를 터뜨린다. 케이크 테스트용 얇은 막대를 중심부에 찔러보면 아무것도 묻어나오지 않을 때까지 20~25분간 굽는다.

팬에 담긴 채로 받침대에 올려놓고 약 10분간 식힌다. 케이크 옆면과 튜브 팬 사이에 칼을 찔러 넣고 한 바퀴 빙 훑어서 케이크를 틀에서 분리한다. 접시를 틀 위에 얹고 뒤집어서 케이크를 틀에서 빼낸다. 완전히 식힌다. 내기 직전에 다음을 훌훌 뿌린다.

슈거 파우더

톱니 칼로 얇게 자른다.

▲ 높은 고도용 당근 케이크

지름 24cm 또는 25cm짜리 번트 케이크나 일반 튜브 케이크 1개

너무 달지 않고 견과류와 건포도, 해바라기씨가 가득 들어간 최고의 당근 케이크다. 간단하게 윗면에 슈거 파우더만 살짝 뿌리거나 전통적인 조합인 크림치즈 프로스팅을 발라도 좋다. 높은 고도에서 케이크 굽기에 대해 항목을 참고한다. 이 레시피는 해발 1500m 지역을 기준으로 한 것이다.

2100m 지대에서 구울 경우 오븐 온도를 175℃로 낮춘다. 설탕을 ¼컵(50g) 줄이고, 밀가루를 2큰술(15g), 생강을 ¼작은술 늘린다. 35~40분간 굽는다.

3000m 지대에서 구울 경우 오븐을 190℃로 예열한 후 온도를 175℃로 낮춰서 굽는다. 기름을 ¼컵(50g), 설탕을 ½컵(100g), 베이킹소다를 ¼작은술 줄인다. 대란 1개와 노른자 1개를 추가하고, 밀가루를 ¼컵(30g) 더 넣으며, 육두구와 생강 분량을 각각 ¼작은술씩 늘린다. 55~58분간 굽는다.

모든 재료를 약 21℃의 실온 상태로 준비한다. 오븐을 190℃로 예열한다. 지름 24cm 또는 25cm의 번트 팬이나 일반 튜브 팬에 기름을 넉넉하게 바르고 밀가루를 뿌린다. 팬을 톡톡 치면서 여분의 밀가루를 털어낸다. 중간 크기의 그릇에 다음을 넣고 뒤적이며 섞는다.

강판에 간 당근 3컵

굵게 썬 호두 1컵

(해바라기씨 ¼컵)

(건포도 또는 말린 커런트 ⅓컵)

밀 배아 ¼컵(20g), 밀기울 ¼컵(15g) 또는 귀리기울 ¼컵(25g)

커다란 그릇에 다음을 넣고 잘 저어서 섞는다.

설탕 2컵(400g)

식물성 기름 1½컵(315g)

대란 6개

바닐라 2작은술

기름과 달걀 혼합물이 담긴 그릇 위에 커다란 체를 올려놓고 다음을 계량해서 넣는다.

체에 친 중력분 2컵+1큰술(250g)

계핏가루 2작은술

베이킹소다 1½작은술

소금 1작은술

강판에 간 육두구 또는 육두구 가루 ¾작은술

생강 가루 ½작은술

올스파이스 가루 ½작은술

마른 재료를 체에 쳐서 기름과 달걀 혼합물에 넣고 저으면서 섞는다. 당근과 견과류 혼합물을 넣고 섞는다. 반죽을 긁어서 팬에 담고 이쑤시개를 중심부에 찔러보면 아무것도 묻어나오지 않을 때까지 42~45분간 굽는다.

팬에 담긴 채로 받침대에 올려놓고 팬의 바닥을 만져도 별로 뜨겁지 않을 때까지 약 25분간 식힌다. 케이크를 틀에서 꺼내 완전히 식힌다.

▲ 높은 고도용 복숭아 피칸 업사이드다운 케이크

지름 23cm 또는 25cm짜리 원형 케이크 1개

전통적인 파인애플 업사이드다운 케이크 레시피에 복숭아를 넣은 맛있는 케이크로, 향신료 향기가 은은하게 나며 진한 버터 풍미의 꿀 카르다몸 소스를 사용한다. 견과류 대신 생라즈베리 또는 통째로 냉동한 라즈베리를 사용해도 좋다. 복숭아 대신 천도복숭아를 사용하거나 살구, 서양배 생과일 또는 통조림, 통째로 얼린 베리류를 넣어 만들 수도 있다. 높은 고도에서 케이크 굽기에 대해 항목을 참고한다. 이 레시피는 해발 1500m 지역을 기준으로 한 것이다.

2100m 지대에서 구울 경우 오븐 온도를 160℃로 낮추고 40분간 굽는다.

3000m 지대에서 구울 경우 오븐 온도를 175℃에 맞춘다. 토핑에 넣는 설탕의 양을 1큰술(10g) 줄인다. 반죽에 넣는 설탕의 양은 2큰술과 2작은술(30g), 베이킹파우더는 ½작은술 줄이고, 밀가루 2큰술(15g)과 소금 ¼작은술을 추가한다. 45~48분간 굽는다.

모든 재료를 약 21℃의 실온 상태로 준비한다. 오븐을 175℃로 예열한다. 다음을 준비한다.

껍질을 벗긴 신선한 복숭아 슬라이스 30조각(중간 크기 또는 큰 복숭아 3~4개), 냉동(또는 부분 해동된) 복숭아 슬라이스 30조각, 또는 통조림 복숭아 슬라이스 30조각(묽은 시럽에 담긴 425g짜리 복숭아 통조림 2개), 키친타월 위에 올려 물기를 제거하기

지름 25cm의 오븐용 프라이팬에 다음을 넣고 중불에 올려서 버터가 녹을 때까지 젓는다.

무염 버터 5큰술(70g)

연한 갈색 설탕, 꾹 눌러 담아 ⅔컵(115g, 과일에 과즙이 아주 많으면 양을 약간 줄여도 좋다.)

다음을 넣고 매끄럽게 섞이면서 거품이 보글거리며 살짝 올라오기 시작할 때까지 젓는다.

꿀 ¼컵(85g)

강판에 간 육두구 또는 육두구 가루 ¼작은술

카르다몸 가루 ¼작은술

소금 1자밤

불에서 내린다. 복숭아 슬라이스를 소용돌이 모양으로 시럽 안에 가지런히 배열한다. 복숭아 주변에 다음을 끼워 넣는다.

구운 피칸 ½컵, 반으로 자르거나 조각으로 자르기

중간 크기의 그릇에 다음을 넣고 잘 저으며 섞는다.

중력분 1½컵(190g)

베이킹파우더 1½작은술

생강 가루 1½작은술

카르다몸 가루 1작은술

계핏가루 ½작은술

강판에 간 육두구 또는 육두구 가루 ½작은술

소금 ¼작은술

다음을 큰 그릇이나 주걱 날을 끼운 스탠드 반죽기에 담고 세게 쳐서 섞는다.

설탕 ½컵(100g)

무염 버터 5⅓큰술(75g), 액체 상태로 녹이기

버터밀크 ⅓컵(80g)

꿀 ¼컵(85g)

대란 2개

바닐라 1작은술

밀가루 혼합물을 버터와 설탕 혼합물에 넣고 잘 저어서 섞는다. 반죽을 숟가락으로 떠서 프라이팬에 담은 과일 위에 얹는다.(굽는 동안 골고루 퍼지기 때문에 반죽이 너무 부족해 보여도 걱정할 필요는 없다.) 프라이팬을 쿠키 시트 위에 올린다. 케이크 테스트용 얇은 막대를 중심부에 찔러보면 아무것도 묻어나오지 않거나 촉촉한 속살만 조금 묻어나올 때까지 35~40분간 굽는다.

프라이팬을 받침대에 올려놓고 소스가 더 이상 보글보글 끓지 않을 때까지 5분 정도 식힌다. 흘러내리는 소스를 받아낼 수 있도록 테두리가 높은 서빙용 접시로 케이크를 덮은 후 재빨리 뒤집어서 아래쪽을 향해 프라이팬을 흔든다. 프라이팬을 들어올려 프라이팬에 아직 붙어 있는 과일 조각을 떼어내 케이크의 원래 자리에 붙인다. 5분간 식힌 후 취향에 따라 다음을 곁들여 낸다.

(휩드 크림)

▲ 높은 고도용 사워크림 슈트로이젤 커피 케이크

지름 23cm 또는 24cm짜리 번트 케이크 1개

바삭한 견과류 계피 슈트로이젤을 중간중간 발라서 구운 진하고 촉촉한 케이크로, 만족도가 아주 높다. 브런치나 피크닉을 위해 준비하면 누구나 좋아하며, 심지어 구운 다음 날은 더 맛있어진다. 높은 고도에서 케이크 굽기에 대해 및 버터 케이크에 대해 항목을 참고한다. 이 레시피는 해발 1500m 지역을 기준으로 한 것이다.

2100m 지대에서 구울 경우 오븐 온도를 175℃로 낮춘다. 우유나 버터밀크를 2½큰술(40g) 추가한다. 50~55분간 굽는다.

3000m 지대에서 구울 경우 오븐 온도를 175℃로 낮춘다. 밀가루 3큰술(25g)과 설탕 1큰술(10g), 우유나 버터밀크 2큰술 및 1작은술(35g)을 추가한다. 55~58분간 굽는다.

모든 재료를 약 21℃의 실온 상태로 준비한다. 오븐을 190℃로 예열한다. 지름 23cm 또는 24cm의 번트 팬에 기름을 넉넉히 바르고 밀가루를 뿌린다. 작은 그릇에 다음을 넣고 섞는다.

구워서 굵게 썬 호두 ¾컵

설탕 ⅓컵(65g)

계핏가루 ¾작은술

중간 크기의 그릇에 다음을 넣고 완전히 섞이도록 잘 젓는다.

체에 친 중력분 3컵(360g)

베이킹파우더 1작은술

소금 1작은술

베이킹소다 ½작은술

다음을 커다란 그릇이나 주걱 날을 끼운 스탠드 반죽기에 담고 잘 어우러질 때까지 세게 쳐서 섞는다.

설탕 1¼컵(250g)

무염 버터 스틱 1½개(170g), 말랑하게 녹이기

바닐라 2작은술

그릇의 옆면과 주걱 날에 묻은 재료를 긁어내리면서 1분간 세게 치면서 젓는다. 다음을 한 번에 두 개씩 넣고, 매번 넣을 때마다 잘 쳐서 섞는다.

대란 5개

그릇 옆면에 묻은 재료를 긁어내린 후 다음을 넣어 세게 쳐서 섞는다.

사워크림 1½컵(360g)

우유 또는 버터밀크 3큰술(45g)

반죽기를 저속으로 맞추고 밀가루 혼합물을 조금씩 넣으면서 섞는다. 그릇 옆면에 묻은 재료를 긁어내리면서 반죽이 매끄럽고 걸쭉하며 크림처럼 부드러운 질감이 될 때까지 잘 섞는다. 이때 너무 오래 젓지 않도록 주의한다. 준비한 베이킹 팬의 바닥에 다음을 홀홀 뿌린다.

구워서 굵게 썬 호두 ¼컵

숟가락으로 반죽 약 2컵을 떠서 호두 위에 얹어서 호두가 완전히 덮이게 한다. 계피와 견과류 혼합물의 절반 정도를 홀홀 뿌리되, 팬의 가장자리까지는 닿지 않게 한다. 그 위에 반죽을 2컵 정도 더 붓고 남은 계피와 견과류 혼합물을 얹은 뒤, 나머지 반죽을 전부 부어서 마무리한다. 이쑤시개를 중심부에 찔러보면 아무것도 묻어나오지 않을 때까지 45~50분간 굽는다.

팬에 담긴 채로 받침대에 올려놓고 팬을 만져도 별로 뜨겁지 않을 때까지 약 25분간 식힌다. 케이크를 틀에서 꺼내 완전히 식힌다.

▲ 높은 고도용 생강 케이크

23cm 크기의 정사각형 케이크 1개

촉촉하고 부드러운 이 생강 케이크는 톡 쏘는 향신료 풍미가 일품이다. 생강을 진짜 좋아하는 사람들은 신선한 생강을 강판에 갈아서 넣기도 한다. 높은 고도에서 케이크 굽기에 대해 및 버터 케이크에 대해 항목을 참고한다. 이 레시피는 해발 1500m 지역을 기준으로 한 것이다.

2100m 지대에서 구울 경우 오븐 온도를 175℃로 낮춘다. 소금 ¼작은술을 추가하고 뜨거운 물을 2큰술(30g) 더 넣는다. 40~45분간 굽는다.

3000m 지대에서 구울 경우 오븐 온도를 190℃에 맞춰서 굽는다. 베이킹파우더를 생략하고 베이킹소다를 ¼작은술, 설탕을 2큰술(25g) 줄인다. 42~45분간 굽는다.

모든 재료를 약 21℃의 실온 상태로 준비한다. 오븐을 190℃로 예열한다. 23cm의 정사각형 베이킹 팬에 기름을 바르고 밀가루를 뿌린 후 바닥에 유산지를 깐다.

중간 크기의 그릇에 다음을 넣고 완전히 섞이도록 잘 젓는다.

체에 친 중력분 2½컵(300g)

생강 가루 1½큰술

계핏가루 1작은술

베이킹소다 ¾작은술

베이킹파우더 ½작은술

소금 ½작은술

강판에 간 육두구 또는 육두구 가루 ½작은술

흑후추 또는 백후추 ¼작은술

다음을 커다란 그릇이나 주걱 날을 끼운 스탠드 반죽기에 담고 잘 어우러질 때까지 세게 쳐서 섞는다.

무염 버터 스틱 1개(115g), 말랑하게 녹이기

설탕 ½컵+2큰술(125g)

다음을 한 번에 하나씩 넣고, 매번 넣을 때마다 잘 쳐서 섞는다.

대란 2개

그릇 옆면과 주걱에 묻은 재료를 긁어내린 후 다음을 넣어 세게 쳐서 섞는다.

사워크림 ⅔컵(160g)

(생강 2.5cm짜리 1조각, 껍질을 벗겨서 강판에 갈기)

주둥이가 있는 2컵 용량의 계량컵에 다음을 넣고 녹을 때까지 잘 젓는다.

아주 뜨거운 물 1컵(235g)

당밀 ½컵(170g)

반죽기를 저속으로 맞추고 밀가루 혼합물을 네 번에 나눈 것과 당밀 혼합물을 세 번에 나눈 것을 번갈아 넣으며 섞는다. 이때 한 번 넣을 때마다 그릇 옆면에 묻은 재료를 긁어내리면서 매끄럽게 어우러질 때까지 잘 쳐서 섞는다. 이렇게 하면 상당히 묽은 반죽이 완성될 것이다. 반죽을 팬에 붓고 이쑤시개를 중심부에 찔러보면 아무것도 묻어나오지 않을 때까지 35~40분간 굽는다.

팬에 담긴 채로 받침대에 올려놓고 식힌다. 팬에 담긴 그대로 다음을 얹어서 낸다.

(휩드 크림)

▲ 높은 고도용 초콜릿 스펀지 롤

38×25cm 크기의 시트 1개, 25cm 길이의 롤케이크 1개를 만들 수 있는 크기

산미가 조금 더 강한 비가공 코코아를 사용하면 가장 훌륭한 결과물을 얻을 수 있다. 이 케이크에는 선호하는 프리저브, 가당 휩드 크림 또는 버터크림 아이싱 아무 종류나 필링으로 사용하면 잘 어울린다. 크리스마스에는 뷔슈 드 노엘을 만들 때 활용할 수도 있다. 높은 고도에서 케이크 굽기에 대해 및 버터 케이크에 대해 항목을 참고한다. 이 레시피는 해발 1500m 지역을 기준으로 한 것이다.

2100m 지대에서 구울 경우 타르타르 크림을 ½작은술 추가한다. 9~10분간 굽는다.

3000m 지대에서 구울 경우 오븐 온도를 175℃로 낮춘다. 밀가루를 1큰술 추가하고, 베이킹파우더를 ⅛작은술 줄이며, 타르타르 크림의 양을 1작은술로 늘린다. 9~10분간 굽는다.

모든 재료를 약 21℃의 실온 상태로 준비한다. 오븐을 190℃로 예열한다. 39.5×26.5cm 크기의 롤케이크 팬 1개에 기름을 바르고 바닥에 유산지를 깐 다음, 유산지에도 기름을 넉넉하게 바르고 밀가루를 뿌린다. 이 레시피는 44.5×29×2.5cm 크기의 팬에도 사용할 수 있으나 케이크 시트가 약간 더 얇아진다.(케이크가 다 익었는지 일찍 확인한다.)

중간 크기의 그릇에 다음을 넣고 완전히 섞이도록 잘 젓는다.

체에 친 박력분 ¼컵(25g)

무가당 코코아 가루 ¼컵(20g), 체에 치기

베이킹파우더 ½작은술

소금 ¼작은술

다음을 커다란 그릇이나 거품기 날을 끼운 스탠드 반죽기에 담고 거품이 날 때까지 세게 쳐서 섞는다.

대란 흰자 6개

타르타르 크림 ¼작은술

다음을 조금씩 넣으면서 고개를 살짝 아래로 숙인 부드러운 피크가 생길 때까지 고속으로 저어서 거품을 낸다.

설탕 3큰술(35g)

한쪽에 둔다. 큰 그릇을 하나 더 준비해(또는 달걀흰자 거품을 다른 그릇에 옮겨 담은 후 스탠드 반죽기의 용기를 재사용하고 거품기 날을 끼운다.) 다음을 넣은 후 반죽이 걸쭉해지고 연한 레몬색으로 변하면서 거품기를 위로 들었을 때 반죽이 평평한 리본 끈 모양으로 끊어지지 않고 흘러내릴 때까지 고속으로 세게 치면서 젓는다.

대란 노른자 6개

설탕 3큰술(35g)

바닐라 ½작은술

달걀흰자 거품의 ⅓ 정도를 반죽에 넣고 뒤적이며 섞는다. 코코아와 밀가루 혼합물의 ¼ 정도를 반죽 위에 홀홀 뿌리고 거품이 꺼지지 않도록 살살 뒤적이며 섞는다. 달걀흰자 거품과 코코아 밀가루 혼합물을 번갈아 넣으면서 뒤적이고 섞는 작업을 반복하되, 완전히 섞이지 않아서 달걀흰자 거품 자국이 약간씩 보여도 상관없다. 반죽을 긁어서 팬에 담고 평평하게 고른다. 케이크의 윗면을 살짝 눌렀을 때 다시 원상태로 돌아오고 중심부에 이쑤시개를 찔러보면 아무것도 묻어나오지 않을 때까지 5~7분간 굽는다. 너무 오래 구우면 케이크가 퍼석해지므로 주의한다.

그동안 깨끗한 주방 행주를 베이킹 팬의 크기에 맞게 깔고 다음을 체에 쳐서 뿌린다.

무가당 코코아 가루 ⅓컵(25g)

케이크가 다 구워지자마자 팬을 뒤집어서 코코아 가루 위에 얹고 팬을 들어낸 후 유산지를 벗긴다. 톱니 칼로 케이크의 바삭한 가장자리를 3mm 정도 잘라서 손질한다. 케이크를 평평하게 놓고 완전히 식힌 후 원하는 필링을 넓게 펴서 바른다. 롤케이크용 케이크 시트 레시피에 따라 돌돌 말고 랩으로 감싸서 1시간 이상 또는 단단해질 때까지 냉장고에 넣어둔다. 필링을 즉시 바르지 않을 경우 말라버리지 않도록 비닐랩으로 단단히 감싸둔다.

쿠키와 바

매리언 할머니는 본인이 주방에서 직접 개발한 레시피에 '코케뉴(cockaigne)'라는 명칭을 붙였다. 코케뉴란 강에는 와인이 흐르고, 집은 케이크로 이루어져 있으며, 가금류가 먹음직스럽게 다 구워진 상태로 거리를 활보하는 신화 속의 무릉도원을 가리키는 중세 프랑스어다.(이와 비슷한 광경을 미국식으로 묘사한 것이 바로 「빅 록 캔디 마운틴Big Rock Candy Mountain」이라는 곡이다.) '쿠키(cookie)'라는 단어가 코케뉴와 같은 어원을 가지고 있는 것도 우연은 아닐 테다. 아마도 매리언 할머니의 소박한 주방에서는 편안함과 안락함 그리고 만족스러운 포만감을 연상시키는 쿠키 굽는 냄새가 수시로 풍겼을 것이다. 쿠키를 굽는 과정이 쉽고 간단하다는 점도 풍요로운 느낌을 더해주는 요소다. 몇 가지 복잡하지 않은 기술과 찬장에 항상 있는 기본적인 재료 그리고 오븐 팬 몇 개만 있다면 가장 소박한 주방에서도 큰 어려움 없이 마음껏 구울 수 있는 것이 바로 쿠키다.

쿠키 반죽에 대해

일부 쿠키 반죽 재료는 한데 모아서 섞는다. 또한 크림 상태로 만들어 섞는 재료가 있는가 하면, 페이스트리 반죽처럼 섞는 재료도 있다. 레시피에 따로 언급하지 않는 이상 ▶ 재료를 거의 실온 상태로 따뜻하게 준비한다. 또한 레시피에 따라 밀가루를 젖은 재료에 넣은 다음에는 반죽을 너무 오래 섞지 않는다. 너무 오래 저으면 쿠키가 거칠고 질겨진다.

버터만 사용해서 만든 쿠키의 풍미와 비교할 만한 것은 없지만, 버터 대신 라드나 쇼트닝, 코코넛 기름을 써도 어느 정도 괜찮은 결과를 얻을 수 있다. 버터는 85%의 지방과 15%의 수분으로 이루어져 있다. 일부 마가린은 버터와 같은 지방 및 수분 비율을 가지고 있다.(사용하는 제품의 영양 정보를 확인한다.) 쇼트닝만 사용해 버터와 비슷한 결과물을 얻으려면 버터 스틱 1개(115g) 대신 쇼트닝 7큰술(85g)과 물 1큰술을 사용한다. ▶ 작은 플라스틱 통에 들어 있는 저지방 마가린과 '스프레드'는 쿠키를 구울 때 사용하지 않는다.

버터와 같은 온도에서 녹게 만든 쇼트닝이나 마가린을 사용하면 더 좋다. 버터가 녹는 온도는 32~35℃ 정도로 라드와 비슷하다. 버진 코코넛 기름(비정제 저온 압착 추출법으로 얻은 코코넛 기름－옮긴이)은 24.5℃에서 녹기 때문에 크림 상태로 사용하려면 냉장고에 넣어 살짝 차갑게 만들어야 하며(또는 액체 상태로 녹인 버터나 기름이 필요한 레시피에만 사용할 수 있다.) 이렇게 하면 굽는 동안 반죽이 빨리 퍼지므로 얇고 바삭바삭한 쿠키가 된다. 이와 반대로 식물성 쇼트닝은 보통 47℃에서 녹으므로(일부 유기농 제품은 38℃ 정도에서 녹도록 제조된 것도 있다.) 반죽이 쉽게 퍼지지 않아 두껍고 색이 연하며 식감이 부드러운 쿠키로 완성된다.

이 책에서 소개하는 레시피에는 중력분을 사용하는데, 표백 또는 무표백 밀가루를 쓸 수 있다. 기억해야 할 것은 ▶ 밀가루를 너무 많이 넣으면 쿠키가 질기고 퍼석해지며, 너무 적게 넣으면 반죽이 넓게 퍼지면서 모양이 제대로 잡히지 않는다는 점이다. 여러 종류의 밀가루를 섞어서 사용하는 방법도 있다. 일반적으로 밀가루 대신 통밀가루나 밀가루 대체 재료를 사용한다면 레시피에 필요한 밀가루 분량의 절반을 넘기지 않도록 권장한다. 몇몇 레시피의 경우 통밀가루만 사용해서 만들 수는 있지만 완성된 쿠키의 결이 다소 뻑뻑하고 퍼석해진다. 쿠키에는 일반 통밀가루보다는 좀 더 부드러운 밀로 제분한 통밀 페이스트리 가루나 붉은 밀이 아닌 흰색 밀로 제분한 흰색 통밀가루가 더 적합하며, 더 부드러운 식감의 쿠키를 구울 수 있다. 통밀가루를 사용한다면 레시피에서 제시한 것보다 액체 재료의 양을 조금 늘려야 할 가능성이 크다.(통밀가루는 물을 더 많이 흡수한다.) 필요하면 물이나 우유를 소량 첨가해 반죽이 잘 뭉치게 한다. 당밀, 초콜릿 또는 땅콩버터를 넣어 반죽에 진한 풍미를 추가하면 아주 맛있는 통밀쿠키가 완성된다.

쿠키 반죽에 견과류, 말린 과일 또는 초콜릿 칩 등을 넣은 레시피에서는 이러한 추가 재료를 쉽게 변경할 수 있다. 알맞은 조합을 찾으려면 직접 재료를 바꿔가며 실험해보는 것이 가장 좋다. 견과류 대신 말린 과일을, 말린 과일 대신 견과류를 사용하거나 두 가지를 섞어서 사용하는 식이다. 특별히 선호하는 견과류가 있다면 레시피에서 요구하는 견과류 대신에 좋아하는 견과류를 넣어보자. 풍미 추출물, 초콜릿 칩, 코코넛도 마찬가지다.

쿠키 장식하기

우리는 항상 해당 쿠키의 풍미를 드러내는 장식을 선호한다. 예를 들어서 향신료를 사용한 쿠키라면 계피와 설탕을 살짝 뿌리거나, 코코넛 필링이 들어 있다면 잘게 썬 코코넛 조각을 몇 개 올려 힌트를 주는 식이다. 어떻게 장식하든 너무 복잡하지 않고 단순하게 마무리하는 것이 가장 좋다.

쿠키를 굽기 전에 반죽에 중백설탕처럼 풍미가 진하고 바삭한 설탕을 전체적으로 뿌리거나 박편 소금을 살짝 뿌려도 좋다. 알록달록한 스프링클이나 기타 장식 재료가 쿠키의 윗면에 잘 붙어 있게 하려면 장식을 뿌리고 꾹 눌러서 반죽에 박히게 한다.(쿠키가 평평한 모양이라면 넓적한 주걱을 사용한다.)

일부 장식은 쿠키를 거의 다 구웠을 때 추가할 수 있다. 자잘한 비터스위트 초콜릿이나 캐러멜 사탕을 윗면에 얹고 오븐에 살짝 넣었다 꺼내면 말랑하게 녹는다. 물론 쿠키를 다 구운 다음에 로열 아이싱을 얹어서 장식할 수도 있다. 또는 액체 상태로 녹이거나 템퍼링한 초콜릿에 담갔다가 여기에 굵게 썬 초콜릿과 견과류, 코코넛, 박편형의 바닷소금 또는 잘게 부순 박하사탕 조각을 홀홀 뿌려도 좋다.

쿠키 굽기에 대해

쿠키를 굽기 전에는 항상 20분 이상 오븐을 예열해야 한다. 쿠키를 구울 때 컨벡션 오븐(대류식 오븐)을 사용한다면 레시피에서 지정한 온도보다 15℃ 정도 낮게 설정하거나 오븐의 사용 설명서를 따른다. 중간 두께 또는 아주 두꺼운 오븐 팬이나 쿠키 시트를 사용한다. 옆면이 높은 팬은 열이 들어오는 것을 막을 뿐만 아니라 쿠키를 떼어내기도 어려우므로 사용하지 않는다. 알루미늄 쿠키 시트는 반죽을 올려놓는 표면이 반짝반짝 빛나며 바닥은 골고루 갈색으로 익도록 특별히 광택을 없앤 제품으로 쿠키를 구울 때 가장 적합하다. 두께가 얇고 표면의 색이 진한 쿠키 시트밖에 없다면 빈 쿠키 시트를 아래에 깔아서 단열 효과를 내준다

쇼트브레드를 비롯한 몇몇 쿠키는 지방 함량이 매우 높으므로 오븐 팬에 기름을 바르지 않고 구울 수 있다. 그러나 레시피에서 별도로 언급하지 않는 한, 보통 오븐 팬에 버터 또는 쇼트닝을 바르거나 쿠킹 스프레이를 뿌리거나 유산지를 깔아서 사용한다. 아주 끈끈하거나 지방 함량이 매우 적은 반죽, 아주 얇고 섬세한 쿠키 반죽을 사용할 때는 실리콘 깔개를 까는 것이 가장 좋다. 다만 실리콘 깔개를 사용하면 쿠키가 갈색으로 잘 익지 않으므로 레시피에서 특별히 언급하지 않는 한 사용을 피한다. ▶ 우리는 대부분 유산지를 즐겨 사용한다. 레시피에 따라 최대한 쿠키를 균일한 크기와 두께로 잘라내고 적당한 간격으로 배열한다.

쿠키를 굽는 시간은 여러 요소에 따라 달라지므로 이 장의 레시피에서는 굽는 시간을 범위로 나타냈다. 처음에는 타이머를 최소 시간으로 설정해두었다가 필요하면 타이머를 다시 설정해서 조금 더 오래 굽는다. 쿠키는 잠깐 사이에 적정 시간을 넘겨버리거나 타버리기 쉬우므로(특히 당밀이나 갈색 설탕을 넣은 쿠키) 주의한다. ▶ 한 번에 쿠키를 여러 판 굽는다면 중간쯤 구웠을 때 쿠키 시트의 위치를 아래위로 바꾸고 반대쪽으로 돌려서 앞뒤를 바꿔가면서 골고루 익도록 한다.

쿠키가 다 구워지면 2~3분 이내에 널찍하고 날이 얇은 주걱으로 쿠키를 들어낸 후 받침대에 올려 식힌다. 쿠키가 식으면서 오븐 팬에 달라붙으면 몇 분 정도 다시 오븐에 넣어 가열하면 말랑말랑해진다. 쿠키를 여러 번에 나눠서 굽는다면 오븐 팬을 적당히 식힌 후 사용해야 다음에 굽는 쿠키가 너무 많이 퍼지지 않는다. 여분의 오븐 팬이 한두 개 더 있다면 쿠키를 굽는 동안 다음번에 구울 쿠키 반죽을 미리 담아둘 수 있어 더욱 효율적으로 작업할 수 있다. ▶ 쿠키를 여러 번에 걸쳐 구울 때는 굽는 동안 반죽을 냉장고에 보관하는 것이 좋다. 따뜻한 주방에 반죽을 그대로 방치하면 시간이 지날수록 쿠키가 점점 더 넓게 퍼지게 된다.

▲ 높은 고도에서 쿠키 굽기

해발 915m 사이의 지역이라면 간단한 설탕 쿠키는 레시피 그대로 구워도 상관없지만, 그 위로 올라가면 몇 가지 변화가 나타나기 시작한다. 해발 1500m 이상에서는 쿠키가 더 넓게 퍼지고 질기거나 너무 바삭거린다. 쿠키가 넓게 퍼지는 현상을 조절하려면 밀가루를 조금 더 넣거나 설탕의 양을 줄여서 반죽의 조직을 단단하게 만들어준다. 또한 베이킹파우더, 베이킹소다 또는 타르타르 크림의 양을 살짝 줄이는 방법도 시도해볼 수 있다. 일부 쿠키는 오븐 온도를 7~15℃ 정도 올려서 굽는 것이 좋지만, 원래 온도로 더 오랫동안 굽는 편이 나을 수도 있으므로 한 가지 방법이 모든 쿠키에 적용되지는 않는다. 쿠키의 식감이 너무 퍼석하다면 액체 재료를 1큰술 정도 추가하거나 달걀노른자를 하나 더 넣거나 진한 옥수수 시럽을 약간 더 넣는다. 고도가 높고 대기가 건조한 환경에서는 쿠키가 금세 식감이 떨어지므로 완전히 식힌 직후에 반드시 밀폐 용기에 넣어서 보관해야 한다.

구운 쿠키 보관하기

쿠키를 제대로 보관하지 않으면 쉽게 말라버리거나 흐물거린다. 쿠키는 뚜껑을 단단히 닫을 수 있는 플라스틱 용기, 쿠키 보관용 양철통 또는 지퍼백에 넣어서 보관한다. ▶ 쿠키를 완전히 식히기 전에는 절대 용기에 넣으면 안 된다. 따뜻한 쿠키에서 김이 나와 용기에 담긴 쿠키 전체가 물렁물렁해지며 결국 쉽게 상하고 만다. 또한 쿠키에 아이싱 장식을 했다면 아이싱이 완전히 굳고 마른 후에 용기에 담아 보관한다. 쿠키의 종류가 여러 가지라면 풍미가 섞이지 않고 수분 함량이 바뀌지 않도록 각각 다른 용기에 보관한다.

대다수 쿠키는 실온에서 1~2주간 보관할 수 있다. 쿠키를 갓 구운 것처럼 즐기려면 먹기 전에 잠깐 데워서 낸다. 수분이 날아가서 딱딱해진 쿠키를 되살리려면 쿠키를 담은 용기에 사과 조각을 하나 넣어둔다. 뚜껑을 꽉 닫고 1~2일 정도 지나면 쿠키가 다시 부드러워진다.

대다수 쿠키는 밀폐 용기에 넣어 냉동실에 넣으면 한 달 정도는 거뜬히 보관할 수 있다. 브라우니, 초콜릿 칩과 설탕 쿠키 그리고 얇고 바삭한 쿠키들은 특히 냉동 보관에 적합하다. 바 쿠키를 냉동 보관한다면 자르지 않고 통째로 얼렸다가 나중에 살짝 해동한 뒤 먹기 적당한 크기로 썰어서 낸다. 냉동 보관할 쿠키는 아이싱이나 장식을 하지 말아야 한다. 냉동했던 쿠키를 완전히 해동한 후에 설탕 코팅, 글레이즈 또는 프로스팅을 바른다. 쿠키를 냉동실에서 꺼내 해동할 때는 공기가 통하고 물방울이 맺히지 않도록 뚜껑을 느슨하게 덮어둔다. 냉동했던 쿠키를 바로 먹어야 할 때는 오븐 팬에 올려 150℃로 미리 예열한 오븐에 몇 분 정도 넣어서 데운다.

쿠키 반죽 보관에 대해

쿠키 반죽은 냉동실에서 2개월간, 냉장고에서 3일간 보관할 수 있다. 이때 반죽을 통째로 보관할 수도 있으며 얇게 밀거나 적당히 뭉쳐서 모양을 만든 후 보관해도 좋다. ▶ 쿠키를 갑자기 구울 일이 생긴다면 작게 자르거나 적당한 크

기로 나눈 반죽을 냉동해두는 것이 가장 좋다. 또는 반죽을 기다란 원통형으로 민 다음 비닐랩으로 감싸서 냉동했다가 필요할 때마다 원하는 분량만큼 원반형으로 잘라서 사용하는 '아이스박스 쿠키' 방법을 응용해도 좋다.(아이스박스 또는 냉장고 쿠키에 대해 항목을 참고한다.) 숟가락으로 떠서 굽는 쿠키 반죽은 적당한 크기로 나눠 오븐 팬 위에 올려서 냉동한 다음 지퍼백에 넣었다가 필요할 때마다 꺼내서 굽는다. 얇게 밀어서 사용하는 쿠키 반죽은 유산지를 아래위에 대고 밀어서 냉동한 후 비닐랩으로 잘 감싸서 보관한다. 쿠키 모양을 잘라내는 것은 냉동하기 전 또는 후에 해도 상관없다. 밀어서 사용하는 반죽 중에서 부드럽고 끈끈한 쿠키 반죽은 일단 넓게 민 다음 원하는 모양대로 칼집을 내고(쿠키를 떼어내지 않은 상태로) 넓게 민 반죽을 통째로 냉동했다가 구울 때 칼집을 따라 반죽을 떼어내서 굽는다. 바 쿠키 반죽은 구울 팬에 담은 뒤 꼭 덮어서 보관한다. ▶ 냉동 쿠키 반죽을 구울 때는 오븐의 온도를 레시피의 설명대로 맞추되, 필요에 따라 굽는 시간을 몇 분 정도 늘린다.

배송용 또는 선물용으로 쿠키 포장하기

쿠키를 우편이나 택배로 보낼 때 가장 적합한 종류는 바 쿠키나 두께 6mm 이상의 조직이 단단한 작은 쿠키 또는 중간 크기의 쿠키다. 조직이 섬세한 쿠키는 충격이 직접 가해지지 않도록 쿠키 보관용 양철통이나 단단한 플라스틱 상자에 파라핀지나 유산지를 구겨서 깐 후 가지런히 담으면 부서지는 것을 어느 정도 방지할 수 있다. 두께가 아주 얇고 잘 부서지는 쿠키와 부드럽고 조직이 와글와글하면서 성긴 쿠키는 배송하기에 적합하지 않다. 끈끈한 글레이즈를 바르거나 수분 함량이 높은 필링 또는 글레이즈를 사용한 쿠키도 마찬가지다. 머랭 키세스를 비롯해 달걀흰자를 사용한 쿠키도 배송하는 용도로는 피하는 것이 좋다.

쿠키를 단단하고 견고한 용기에 넣은 후 버블랩이나 구긴 신문지 또는 팝콘(매리언 할머니가 가장 좋아하던 완충제다.)을 채운 커다란 상자에 넣어서 운송 도중에 부딪히거나 충격을 받아도 쿠키가 깨지지 않게 한다.

직접 누군가에게 쿠키를 가져다주려는 경우, 쿠키 보관용 양철통이나 도자기 소재의 쿠키 통, 투명한 유리 병, 예쁜 장식이 있는 나무 상자에 담으면 직접 구운 쿠키가 더욱 특별한 선물로 변신한다. 뚜껑이 헐겁다면 리본으로 용기 전체를 잘 묶어준다. 손재주가 있다면 쿠키를 천 주머니에 넣은 후 리본으로 묶거나 철사가 들어간 리본을 꼬아서 예쁘게 묶어도 좋다.(공기가 잘 통하지 않도록 적당한 크기로 자른 비닐봉지를 안쪽에 깐다.) 작고 앙증맞은 쿠키들은 알록달록한 사탕 포장지나 작은 컵케이크용 종이컵에 담아서 평평한 사탕 상자에 가지런히 담을 수 있다. 기억에 남는 특별한 선물을 하고 싶다면 선물용 봉투나 상자 주변에 리본을 두를 때 매듭 부분에 쿠키 커터를 매달고 쿠키 레시피를 안에 넣어도 좋다.

크리스마스 쿠키와 크리스마스트리용 쿠키 장식에 대해

크리스마스와 쿠키는 떼려야 뗄 수 없는 관계다. 별, 천사, 종, 나무는 예나 지금이나 명절용 쿠키에 즐겨 쓰이는 모양이다. 또한 연말 명절에 사용하는 쿠키 틀 세트를 이미 갖추고 있는 사람도 있을 테고, 직접 원하는 모양대로 잘라서 만드는 독자도 있을 것이다. 전통적으로 크리스마스에 굽는 쿠키로는 짐트슈테르네, 멕시코식 웨딩 케이크, 페페르뉘세, 슈페쿨라치우스, 슈프링얼레, 렙쿠헨, 반죽을 밀어서 만드는 설탕 쿠키, 진저브레드 맨, 린츠식 하트 쿠키, 빈 스타일 초승달 쿠키, 슈프리츠 쿠키 등이 있다.

크리스마스트리에 장식용으로 매다는 쿠키를 만들려면 생강 쿠키 집을 만드는 반죽처럼 조직이 단단한 반죽을 사용한다. 쿠키의 모양을 만들고 굽기 전에 철사 끝으로 구멍을 뚫는다. 구멍을 뚫을 때는 쿠키의 위쪽에서 적당히 멀리 떨어진 곳에 뚫어야 쿠키를 매달았을 때 쉽게 부서지지 않는다. 쿠키가 단단해질 때까지 구워서 식힌 후 쿠키의 구멍에 리본이나 끈, 얇은 레이스 장식을 꿰어서 묶는다. 식탁이나 벽난로 위 선반에 올려놓을 장식이 필요하다면 생강 쿠키 집이 예쁘기도 하고 아이들과 함께 만들기에도 좋다.

바 모양과 정사각형 쿠키에 대해

가장 빠르고 쉽게 쿠키를 만드는 방법은 정사각형이나 길쭉한 막대(bar) 모양으로 굽는 것이다. 깊이 3.8cm 이상의 팬에 기름을 바르고 쿠키 반죽을 넣어 굽는다. ▶ 레시피마다 지정한 팬의 크기를 주의 깊게 살피자. 크기가 달라지면 굽는 시간도 조절해야 하며, 팬에 붓는 반죽의 두께도 식감에 영향을 미친다. 너무 큰 팬을 사용하면 쿠키가 퍼석거리고 잘 부서진다. 레시피보다 작은 팬을 사용하면 쫀득한 쿠키가 아니라 케이크 같은 식감으로 완성된다.

쿠키를 구운 후 팬에서 쉽게 떼어내리려면 굽기 전에 팬에 유산지를 깔되, 손잡이로 사용할 수 있도록 양쪽 옆면 위로 유산지가 넉넉히 올라오게 한다. 바 쿠키가 완전히 식었을 때 팬에서 널찍한 쿠키 전체를 들어낸 후 도마에 올려놓고 썰면 뒷정리도 간편하다. 쿠키를 팬에 담은 채로 썰거나 꺼내서 썰거나 관계없이 쿠키를 완전히 식힌 후 칼로 길쭉한 막대형, 정사각형 또는 삼각형으로 자른다. 보관 방법은 구운 쿠키 보관하기 항목을 참고한다.

브라우니 코케뉴

5cm 크기의 정사각형 브라우니 16~24개

거의 대다수 가정마다 고유 레시피를 가지고 있을 정도로 전통적인 미국 디저트다. 여기에 소개하는 것은 『조이 오브 쿠킹』 1931년 초판부터 실려 있던 레시피로 색이 연한 정통 브라우니다.

오븐을 175℃로 예열한다. 쫀득하고 촉촉한 브라우니를 선호한다면 33×23×5cm 크기의 팬을 사용한다. 케이크와 비슷한 식감을 원한다면 23cm 크기의 정사각형 팬을 쓰면 된다. 팬에 기름을 바르고 팬의 기다란 쪽 위로 올라오도록 유산지를 큼직하게 잘라서 깐다.

작은 편수 냄비에 다음을 넣고 녹인다.

　무염 버터 스틱 1개(115g)

　무가당 초콜릿 115g, 잘게 썰기

식힌다. 이 단계에서 식히지 않으면 브라우니가 묵직하고 퍼석해진다. 큰 그릇에 다음을 넣고 색이 연해지면서 거품이 날 때까지 세게 치면서 젓는다.

　대란 4개

　소금 ¼작은술

다음을 조금씩 넣으면서 걸쭉해질 때까지 계속 세게 치면서 젓는다.

　설탕 2컵(400g)

　바닐라 1작은술

차갑게 식힌 초콜릿 혼합물을 넣고 적당히 어우러지기 시작할 때까지 몇 번 재빨리 저어서 섞는다. 전기 반죽기를 사용하고 있더라도 이 작업에는 나무 숟가락을 쓰는 것이 좋다. 다음을 넣고 적당히 섞이기 시작할 때까지 젓는다.

　중력분 1컵(125g)

취향에 따라 다음을 넣고 얌전히 섞는다.

(굵게 썬 구운 피칸 1컵)

반죽을 긁어서 준비한 팬에 담는다. 중심부에 이쑤시개를 찔러보면 아무것도 묻어나오지 않거나 촉촉한 브라우니 속살이 약간 묻어나올 때까지 25분 정도 굽는다. 팬에 담긴 채로 받침대에 올려 완전히 식힌다. 다음을 곁들여서 낸다.

휩드 크림, 아이스크림 또는 아이싱

퍼지 브라우니

5cm 크기의 정사각형 브라우니 16개

브라우니 코케뉴보다 색이 진하고 기름지며 찐득한 브라우니로, 우리가 생각하는 현대적인 브라우니의 개념에 딱 맞는 레시피다.

오븐을 175℃로 예열한다. 23cm 크기의 정사각형 베이킹 팬에 기름을 바르고 양쪽 위로 올라오도록 유산지를 큼직하게 잘라서 깐다.

커다란 편수 냄비를 약불에 올리고 다음을 넣은 후 자주 저으면서 녹인다.

무염 버터 스틱 1개(115g), 정육면체로 자르기

세미스위트 초콜릿 칩 1컵(170g)

다음을 넣고 설탕이 녹을 때까지 잘 섞는다.

설탕 ½컵(100g)

갈색 설탕, 꾹 눌러 담아 ½컵(115g)

다음을 넣고 적당히 섞일 때까지 젓는다.

대란 2개

(에스프레소 가루 2작은술)

바닐라 1작은술

다음을 넣고 적당히 섞일 때까지 젓는다.

중력분 ¾컵(95g)

무가당 코코아 가루 ⅓컵(25g)

소금 ¼작은술

반죽을 긁어서 준비한 팬에 담는다. 취향에 따라 위에 다음을 훌훌 뿌린다.

(박편형의 바닷소금 ½작은술)

중심부에 이쑤시개를 찔러보면 촉촉한 브라우니 속살이 약간 묻어나올 때까지 18~20분 정도 굽는다. 팬에 담긴 채로 받침대에 올려 완전히 식힌 후 자른다.

치즈 케이크 브라우니

5cm 크기의 정사각형 브라우니 16개

23cm 크기의 정사각형 베이킹 팬을 사용해 다음을 만든다.

퍼지 브라우니

반죽을 긁어서 준비한 팬에 담은 후, 큰 그릇에 다음을 넣고 질감이 매끄러우면서 잘 어우러질 때까지 세게 쳐서 섞는다.

크림치즈 230g, 말랑하게 만들기

설탕 ¼컵(50g)

대란 1개

바닐라 1작은술

크림치즈 혼합물을 브라우니 반죽 위에 균일한 두께로 골고루 펴서 바른다. 중심부에 이쑤시개를 찔러보면 촉촉한 브라우니 속살이 약간 묻어나올 때까지 40~45분 정도 굽는다. 팬에 담긴 채로 받침대에 올려 완전히 식힌 후 자른다.

버터스카치 브라우니 또는 블론디

5cm 크기의 정사각형 브라우니 16개

오븐을 175℃로 예열한다. 20cm 크기의 정사각형 베이킹 팬에 기름을 바르고 양쪽 위로 올라오도록 유산지를 큼직하게 잘라서 깐다.

중간 크기의 그릇에 다음을 넣고 완전히 섞이도록 젓는다.

중력분 1컵(125g)

베이킹파우더 ¼작은술

베이킹소다 ⅛작은술

소금 ⅛작은술

크고 묵직한 편수 냄비를 중불에 올리고 다음을 넣어 녹인다.

무염 버터 스틱 1개(115g)

가끔 저으면서 버터가 연한 색으로 노릇노릇하게 변하고 고소한 냄새가 날 때까지 4분 정도 가열한다. 편수 냄비를 불에서 내린 후 다음을 넣고 잘 섞이도록 젓는다.

연한 갈색 설탕, 꾹 눌러 담아 ⅔컵(155g)

설탕 ¼컵(50g)

살짝 따뜻한 기운이 남아 있을 만큼 식힌다. 다음을 넣고 잘 어우러질 때까지 섞는다.

대란 1개

대란 노른자 1개

연한 옥수수 시럽 1큰술(25g)

바닐라 1½작은술

밀가루 혼합물을 젖은 재료에 넣고 섞는다. 취향에 따라 다음을 넣고 섞는다.

(구워서 굵게 썬 피칸 1컵, 세미스위트 초콜릿 칩 1컵 또는 잘게 썬 가당 코코넛 ⅔컵)

반죽을 긁어서 팬에 담는다. 윗면이 노릇노릇해지고 중심부에 이쑤시개를 찔러보면 아무것도 묻어나오지 않을 때까지 25~30분간 굽는다. 팬에 담긴 채로 받침대에 올려 완전히 식힌 후 자른다.

초콜릿 글레이즈 토피 바

5×3.5cm 크기의 쿠키 바 24개

쇼트브레드에 쫄깃한 갈색 설탕과 피칸 토피 층을 골고루 펴서 바르고 초콜릿을 얹은 쿠키다. 이 쿠키 바는 하루 전에 만들어두었다 먹으면 가장 맛있다.

오븐을 175℃로 예열한다. 20cm 크기의 정사각형 베이킹 팬에 기름을 바르고 양쪽 위로 올라오도록 유산지를 큼직하게 잘라서 깐다.

다음 반죽을 준비한다.

스코틀랜드식 쇼트브레드 레시피의 ½ 분량

반죽을 팬 바닥에 얹고 꾹꾹 눌러 매끄럽고 균일한 두께로 깐다. 반죽을 15분간 굽는다. 오븐에서 꺼낸 뒤 받침대에 올려 한쪽에 둔다.(오븐은 켜놓는다.)

중간 크기의 편수 냄비에 다음을 넣고 섞은 뒤 중불에 올려 자주 저으면서 부르르 끓어오를 때까지 가열한다.

무염 버터 5큰술(70g), 작은 조각으로 자르기

연한 갈색 설탕, 꾹 눌러 담아 ½컵(115g)

클로버 꿀 또는 기타 순한 맛의 꿀 2큰술(40g)

우유 1큰술(15g)

소금 ⅛작은술

뚜껑을 열고 3분간 바글바글 끓인다. 불에서 내린 뒤 다음을 넣고 섞는다.

구워서 굵게 썬 피칸 1½컵

바닐라 1작은술

구운 크러스트 위에 견과류 혼합물을 넓게 펴서 얹는다. 팬을 다시 오븐에 넣고 가운데는 노릇노릇하고 가장자리는 살짝 진한 색으로 변하면서 바글바글 거품이 올라올 때까지 20분 정도 굽는다. 팬을 받침대에 올려놓고 윗면에 다음을 홀홀 뿌린다.

세미스위트 또는 비터스위트 초콜릿 칩 ⅓컵

초콜릿 칩이 살짝 녹을 때까지 기다렸다가 식탁용 칼이나 L자형 주걱으로 초콜릿을 골고루 펴서 바른다. 윗면에 다음을 홀홀 뿌린다.

구워서 잘게 썬 피칸 2큰술

초콜릿이 어느 정도 굳었지만 아직 말랑한 느낌이 남아 있을 때까지 식힌다. 길쭉한 모양으로 24개로 자르고 팬에 담긴 상태로 완전히 식힌 후 꺼낸다.

크리스마스 초콜릿 바 코케뉴

5×2.5cm 크기의 쿠키 바 54개

만든 후 이틀 정도 지나면 맛이 훨씬 좋아지기 때문에 가능한 한 미리 만들어 놓으면 좋다.

오븐을 175℃로 예열한다. 33×23×5cm 크기의 베이킹 팬에 기름을 바르고 길쭉한 양쪽 위로 올라오도록 유산지를 큼직하게 잘라서 깐다.

중간 크기의 그릇에 다음을 넣고 잘 섞는다.

중력분 1½컵(190g)

계핏가루 1½작은술

정향 가루 ¾작은술

베이킹소다 ½작은술

소금 ½작은술

올스파이스 가루 ¼작은술

다음을 큰 그릇에 넣고 색이 연해지면서 질감이 걸쭉해질 때까지 세게 쳐서 섞는다.

갈색 설탕, 꾹 눌러 담아 1⅓컵(305g)

대란 3개

밀가루 혼합물을 두 번에 나눈 것과 다음을 번갈아 반죽에 넣는다.

꿀 ¼컵(80g) 또는 당밀 ¼컵(85g)

다음을 넣고 섞는다.

말린 체리, 노란색 건포도, 굵게 썬 껍질을 벗긴 아몬드 등을 섞은 것 1¼컵

무가당 초콜릿 55g, 잘게 썰기

반죽을 준비한 팬에 붓고 평평하게 고른다. 쿠키가 굳을 때까지 20분 정도 굽는다. 팬을 받침대 위에 올려둔다. 아직 따뜻할 때 다음을 골고루 펴서 바른다.

감귤류 글레이즈, 레몬즙으로 만들기

글레이즈가 굳을 때까지 완전히 식힌 후 쿠키 바 모양으로 자른다.

부드럽고 쫄깃한 초콜릿 귀리 바

5×2.5cm 크기의 쿠키 바 54개

선택 재료인 얇게 썬 코코넛을 얹으면 **매직 쿠키 바**라고 불러도 손색이 없다.

오븐을 175℃로 예열한다. 33×23×5cm 크기의 베이킹 팬에 기름을 바르고 길쭉한 양쪽 위로 올라오도록 유산지를 큼직하게 잘라서 깐다.

중간 크기의 그릇에 다음을 넣고 잘 섞는다.

무염 버터 스틱 1½개(170g), 말랑하게 녹이기

갈색 설탕, 꾹 눌러 담아 1컵(230g)

다음을 넣고 세게 쳐서 섞는다.

대란 1개

대란 노른자 1개

바닐라 1½작은술

한쪽에 둔다. 중간 크기의 그릇에 다음을 넣고 잘 섞는다.

중력분 1¾컵(220g)

베이킹소다 ¾작은술

소금 ¾작은술

다음을 넣고 섞는다.

전통식 납작귀리 2¼컵(225g)

밀가루와 귀리 혼합물을 버터와 설탕 혼합물에 넣고 잘 어우러질 때까지 섞는다. 혼합물의 ⅔ 분량을 준비한 팬에 담아 꾹꾹 누른 뒤 한쪽에 두고 숙성시킨다. 중간 크기의 편수 냄비에 다음을 넣고 섞은 뒤 약불에 올려 저으면서 매끄럽게 어우러질 때까지 녹인다.

세미스위트 초콜릿 칩 1½컵(255g)

가당연유 1컵(305g)

무염 버터 1½큰술(25g)

소금 1자밤

다음을 넣고 섞는다.

굵게 썬 호두나 피칸 ¾컵

초콜릿 혼합물을 크러스트 위에 붓고 골고루 편 뒤 남은 밀가루와 귀리 혼합물을 조금씩 덜어서 군데군데 얹는다. 취향에 따라 다음을 홀홀 뿌린다.

(잘게 썰거나 얇게 깎은 가당 코코넛 ½컵)

굳을 때까지 25분 정도 굽는다. 팬에 담긴 채로 받침대에 올려 완전히 식힌 후 쿠키 바 모양으로 자른다.

라즈베리 슈트로이젤 바

6×5cm 크기의 쿠키 바 20개

집에 있는 잼이라면 무엇이든 이 레시피에 응용할 수 있으므로 이름에 라즈베리가 들어 있다고 해서 꼭 라즈베리 잼에 얽매일 필요는 없다.

오븐을 175℃로 예열한다. 33×23×5cm 크기의 베이킹 팬에 기름을 바르고 길쭉한 양쪽 위로 올라오도록 유산지를 큼직하게 잘라서 깐다.

중간 크기의 그릇에 다음을 넣고 잘 섞는다.

중력분 3컵(375g)

설탕 ½컵(100g)

소금 ½작은술

다음을 추가한다.

무염 버터 스틱 2개(225g), 작은 조각으로 자르기

페이스트리 블렌더나 손가락을 사용해 작은 완두콩만 한 크기가 될 때까지 버터를 자르거나 으깬다.(또는 푸드 프로세서에 밀가루, 설탕, 소금을 넣고 섞은 뒤 그 위에 버터를 홀홀 뿌리고 잘 어우러질 때까지 푸드 프로세서를 작동시킨다.) 작은 그릇에 다음을 넣고 섞는다.

우유 ¼컵(60g)

　　대란 노른자 1개

　　아몬드 추출물 1작은술

우유 혼합물을 밀가루 혼합물에 넣고 반죽이 하나로 뭉칠 때까지 젓거나 푸드 프로세서를 짧게 몇 번 돌린다. 반죽의 ⅔ 분량을 준비한 팬의 바닥에 얹고 꾹 꾹 눌러서 깐다. 크러스트의 가운데 부분이 굳기 시작할 때까지 12~15분간 굽는다. 팬을 받침대 위에 올려놓고(오븐은 켜놓는다.) 뜨거운 크러스트 위에 다음을 골고루 펴서 바른다.

　　라즈베리 잼 1컵

남겨둔 반죽 ⅓ 분량에 다음을 추가한다.

　　아몬드 슬라이스 ½컵

　　전통식 납작귀리 ⅓컵(35g)

　　계핏가루 ½작은술

막 어우러지기 시작할 때까지만 손으로 섞는다. 슈트로이젤을 잼 위에 골고루 뿌리되, 크고 작은 덩어리가 섞인 상태 그대로 둔다. 슈트로이젤이 갈색으로 익고 라즈베리 잼이 보글보글 끓어오를 때까지 25~30분간 굽는다. 팬에 담긴 채로 받침대에 올려서 완전히 식힌 후 쿠키 바 모양으로 자른다.

피칸 또는 엔젤 슬라이스

7.5×5.7cm 크기의 쿠키 바 12개

이 레시피 덕분에 무수히 많은 독자가 『조이 오브 쿠킹』을 구입했다고 해도 과언이 아니다.

오븐을 175℃로 예열한다. 23cm 크기의 정사각형 베이킹 팬에 기름을 바르고 양쪽 위로 올라오도록 유산지를 큼직하게 잘라서 깐다.

중간 크기의 그릇에 다음을 넣고 잘 어우러질 때까지 섞는다.

　　무염 버터 4큰술(버터 스틱 ½개 또는 55g), 말랑하게 녹이기

　　설탕 2큰술(25g)

　　대란 노른자 1개

　　바닐라 ¼작은술

다음을 넣고 매끄럽게 잘 어우러질 때까지 젓는다.

　　중력분 ¾컵(95g)

베이킹 팬에 반죽을 담고 꾹꾹 눌러 골고루 깐다. 10분간 구운 후 오븐에서 꺼낸다.(오븐은 끄지 않는다.) 그동안 중간 크기의 그릇에 다음을 넣고 잘 어우러지도록 세게 쳐서 섞는다.

　　대란 2개

　　연한 갈색 설탕, 꾹 눌러 담아 1컵(230g)

　　중력분 1½큰술

　　바닐라 1½작은술

　　베이킹파우더 ¼작은술

　　소금 ⅛작은술

다음을 넣고 섞는다.

　　구워서 굵게 썬 피칸 또는 호두 1½컵

　　잘게 썰거나 얇게 저민 가당 또는 무가당 코코넛 1컵, 살짝 굽기

갓 구운 뜨거운 크러스트 위에 이 혼합물을 골고루 펴서 얹는다. 다시 오븐에 넣고 윗면이 노릇하게 익으면서 단단해지고 중심부에 이쑤시개를 찔러보면 살짝 촉촉한 느낌이 날 때까지 20~25분간 굽는다. 팬을 받침대에 올려놓는다. 취향에 따라 아직 따뜻할 때 다음을 골고루 펴서 바른다.

　　(감귤류 글레이즈, 레몬즙으로 만들기)

완전히 식어서 글레이즈가 굳을 때까지 그대로 두었다가 쿠키 바 모양으로 자른다.

너나이모 바(Nanaimo Bars)

5.7×3.8cm 크기의 쿠키 바 24개

캐나다 브리티시컬럼비아에 있는 작은 마을 너나이모는 버터가 듬뿍 들어간 이 쿠키 바로 가장 유명하다.(또 다른 명물로는 연례행사인 욕조 보트 대회가 있다.)

오븐을 175℃로 예열한다. 23cm 크기의 정사각형 베이킹 팬에 기름을 바르고 양쪽 위로 올라오도록 유산지를 큼직하게 잘라서 깐다.

다음을 준비한다.

　　과자 가루 크러스트, 설탕 ¼컵(50g)과 무염 버터 스틱 1개(115g)를 사용해 만들기

크러스트 혼합물에 다음을 넣고 섞는다.

　　잘게 썬 무가당 코코넛 1컵

　　호두 ½컵, 구워서 잘게 썰기

　　무가당 코코아 가루 ¼컵(20g), 체에 치기

준비한 팬에 반죽을 담고 꾹꾹 눌러서 골고루 깐 후 연한 갈색이 되도록 10분 정도 굽는다. 완전히 식힌다.

그동안 다음을 중간 크기 그릇이나 주걱 날을 끼운 스탠드 반죽기에 담고 크림처럼 부드러운 질감이 될 때까지 세게 치며 섞어서 필링을 만든다.

　　무염 버터 스틱 1개(115g), 말랑하게 녹이기

　　슈거 파우더 2컵(200g)

　　커스터드 가루 또는 인스턴트 바닐라 푸딩 믹스 2큰술

　　소금 ¼작은술

다음을 넣고 아주 매끄럽게 섞일 때까지 세게 젓는다.

　　일반 우유 또는 헤비크림 ¼컵(60g)

필링을 크러스트 위에 골고루 펴 바르고 냉장고에 넣는다. 이중 냄비를 사용해(또는 냄비에 물을 붓고 아주 은근히 끓이면서 내열 그릇을 담가 중탕으로) 다음을 녹인다.

　　세미스위트 초콜릿 115g, 잘게 썰기

　　헤비크림 ¼컵(60g)

자주 저으면서 매끄럽게 어우러질 때까지 녹인 후 필링 위에 붓는다. 초콜릿 토핑이 굳을 때까지 30분 정도 냉장고에 넣어둔다. 정사각형 또는 바 모양으로 잘라서 내거나, 냉장고에 넣어두면 최대 일주일간 보관할 수 있다.

땅콩버터와 젤리 바(PB&J Bars)

5.7×3.8cm 크기의 쿠키 바 24개

미국 학생들의 단골 점심 메뉴를 쿠키 바 형태로 만든 것이다.

오븐을 190℃로 예열한다. 23cm 크기의 정사각형 베이킹 팬에 기름을 살짝 바르고 양쪽 위로 올라오도록 유산지를 큼직하게 잘라서 깐다.

다음 반죽을 준비한다.

　　땅콩버터 쿠키

반죽의 ⅔ 분량을 준비한 팬에 담고 꾹꾹 눌러 골고루 깐다. 반죽 위에 다음을 골고루 바른다.

　　포도 젤리 또는 라즈베리 잼이나 딸기 잼 ¾컵

남은 반죽을 뭉쳐서 잼이나 젤리 위에 얹는다. 위에 다음을 훌훌 뿌린다.

구운 땅콩 ⅓컵, 굵게 썰기

단단해질 때까지 25분 정도 굽는다. 팬에 담긴 채로 받침대에 올려 완전히 식힌 후 바 모양으로 자른다. 밀폐 용기에 넣어두면 최대 2주까지 보관할 수 있다.

레몬 바

7.5×5cm 크기의 쿠키 바 18개

오븐을 160℃로 예열한다. 33×23×5cm 크기의 베이킹 팬에 기름을 바르지 않고 준비한다.

중간 크기의 그릇에 다음을 넣고 잘 섞는다.

중력분 1½컵(190g)

슈거 파우더 ¼컵(25g)

소금 1자밤

다음을 넣는다.

무염 버터 스틱 1½개(170g), 차갑게 식혀서 작은 조각으로 썰기

페이스트리 블렌더나 손가락을 사용해 작은 완두콩만 한 크기가 될 때까지 버터를 자르거나 으깬다. 반죽을 베이킹 팬에 담은 후 반죽이 바닥을 덮고 옆면으로 2cm만큼 올라오도록 꾹꾹 눌러서 깐다. 노릇노릇해질 때까지 25~30분간 굽는다. 팬에 담긴 채로 받침대에 올려놓고, 오븐 온도를 150℃로 낮춘다.

커다란 그릇에 다음을 넣고 잘 섞일 때까지 젓는다.

대란 6개

설탕 3컵(600g)

다음을 넣고 섞는다.

레몬 1개의 껍질, 강판에 곱게 갈기

신선한 레몬즙 1컵+2큰술(270g, 레몬 약 5개 분량)

반죽 위에서 다음을 체에 쳐서 넣고 매끄럽게 잘 어우러질 때까지 저으면서 섞는다.

중력분 ½컵(65g)

구운 크러스트 위에 붓는다. 다시 오븐에 넣고 토핑이 굳을 때까지 35분 정도 굽는다. 팬에 담긴 채로 받침대에 올려 식힌 뒤 쿠키 바 모양으로 자른다.

렙쿠헨(Lebkuchen, 꿀을 넣은 독일식 쿠키 바)

5.7×3.8cm 크기의 쿠키 바 30개

렙쿠헨 레시피는 종류도 다양하고 다채롭다. 밀가루 없이 아몬드와 헤이즐넛 가루로 만드는가 하면, 쿠키 바 형태로 만들기도 하고 일반적인 쿠키 모양으로 굽기도 한다. 초콜릿 글레이즈를 발라서 마무리하는 레시피도 있고 레몬 글레이즈를 얇게 바르는 레시피도 있다. 이 레시피는 이 책을 펴낸 출판사의 대표이자 CEO인 캐럴린 라이디(Carolyn Reidy)가 전수해준 것을 바탕으로 했는데, 캐럴린의 어머니인 밀드러드 크롤(Mildred Kroll) 여사는 평소에 쿠키를 즐겨 구우셨다고 한다. 우리는 풍미가 제대로 발휘되도록 반죽을 최대 2개월 정도 숙성했다가 굽기도 한다.(설탕과 꿀이 넉넉하게 들어가서 달걀이 쉽게 상하지 않는다.) 보관성이 뛰어나므로 구운 후 밀폐 용기에 넣어두면 한 달 이상 두고 먹을 수 있다.

크고 묵직한 편수 냄비에 다음을 넣고 묽은 상태가 될 때까지 가열한다.

꿀 1컵(320g)

물 2큰술(30g)

불에서 내리고 다음을 넣어서 녹을 때까지 잘 젓는다.

무염 버터 6큰술(버터 스틱 ¾개 또는 85g), 정육면체로 자르기

큰 그릇에 옮겨 담고 다음을 넣어서 섞는다.

갈색 설탕, 꾹 눌러 담아 ¾컵(175g)

대란 2개, 살짝 풀어두기

레몬 1개의 껍질, 강판에 곱게 갈기

레몬즙 1큰술(15g)

중간 크기의 그릇에 다음을 넣고 잘 섞는다.

체에 친 중력분 2½컵(300g)

베이킹소다 ½작은술

계핏가루 1큰술

정향 가루 1작은술

강판에 간 육두구 또는 육두구 가루 ½작은술

카르다몸 가루 ¼작은술

아니스 가루 ¼작은술

소금 ½작은술

밀가루 혼합물을 꿀 혼합물에 넣고 어우러지기 시작할 때까지 젓는다. 다음을 넣는다.

굵게 썬 껍질을 벗긴 아몬드 ⅓컵

굵게 썬 시트론 ⅓컵

굵게 썬 설탕 절임 오렌지 껍질 ⅓컵

반죽이 매끄럽게 어우러질 때까지 젓는다. 비닐랩으로 반죽을 단단히 덮어서 냉장고에 최소 24시간, 최대 한 달간 보관한다.

구울 준비가 되면 오븐을 190℃로 예열한다. 33×23×5cm 크기의 베이킹 팬에 기름을 바르고 길쭉한 양쪽 위로 올라오도록 유산지를 큼직하게 잘라서 깐다. 반죽을 준비한 팬에 담고 꾹꾹 눌러서 매끄럽게 골고루 깐다. 중심부에 이쑤시개를 찔러보면 아무것도 묻어나오지 않을 때까지 30분 정도 굽는다. 렙쿠헨이 아직 따뜻할 때 윗면에 다음을 골고루 펴서 바른다.

감귤류 글레이즈, 레몬즙으로 만들기

렙쿠헨에 6mm 정도의 깊이로 칼집을 내서 쿠키 바 모양으로 자를 위치를 표시한다. 취향에 따라 쿠키 바마다 가운데에 다음을 올려 장식한다.

(설탕 절임 체리 1개)

그리고 각 체리 주변에 다음을 가지런히 배열한다.

(껍질을 벗긴 통아몬드 4개)

팬에 담긴 채로 받침대에 올려놓고 아이싱이 굳을 때까지 완전히 식힌다. 양쪽 옆면으로 빠져나온 유산지를 손잡이로 사용해 쿠키를 들어서 도마 위에 놓는다. 쿠키 바 모양으로 자른다. 가능하면 향신료 풍미가 깊어지도록 쿠키를 2주 이상 숙성시키면 좋다. 렙쿠헨을 밀폐 용기에 담아 보관하면 몇 달 정도는 충분히 먹을 수 있다.

드롭 쿠키에 대해

이르마 할머니는 드롭 쿠키(drop cookie, 반죽을 한 숟가락씩 떠서 팬에 떨어뜨려 구운 쿠키 ─ 옮긴이)를 아주 좋아하셨다. 1936년 개정판에서 "드롭 케이크를 발명한 사람은 칭송을 받아 마땅하다. …… 아주 맛있고 보관하기도 쉬운 데다 만들기도 너무나 간단하다."라고 단언하실 정도였다. 우리도 할머니의 말씀에 전적으로 동의한다!

별도로 언급하지 않는 한, 드롭 쿠키의 반죽은 계량용 작은 숟가락 또는 계

량용 큰 숟가락으로 떠야 한다. 계량용 숟가락을 사용해야 양을 제대로 가늠해 레시피에서 제시한 쿠키의 개수와 굽는 시간을 정확하게 맞출 수 있기 때문이다. 드롭 쿠키의 반죽은 질감이 다양하다. 숟가락으로 떴을 때 스르륵 흘러내리며 굽는 동안 넓게 퍼져서 웨이퍼 형태가 되는 반죽도 있다. 반면에 뻑뻑한 반죽은 숟가락으로 일단 반죽을 담은 후 손가락으로 밀거나 다른 숟가락을 하나 더 사용해야 반죽을 떼어낼 수 있을 정도다.

드롭 쿠키 반죽은 차게 식혀서 작은 공 모양으로 둥글린 후 손바닥 사이에 놓고 납작하게 눌러서 모양을 만들 수 있다. 우선 손에 물을 묻히거나 밀가루 또는 슈거 파우더를 뿌린다. 초콜릿 쿠키나 색이 진한 쿠키를 만든다면 코코아 가루를 묻히면 된다. 쿠키 반죽을 오븐 팬 위에 올려놓고 납작하게 성형하려면 유리잔 바닥에 기름을 살짝 바르거나 밀가루, 슈거 파우더, 코코아를 살짝 뿌려서 누른다. 격자무늬를 내려면 포크를 밀가루에 담갔다가 반죽에 대고 꾹꾹 누른다.

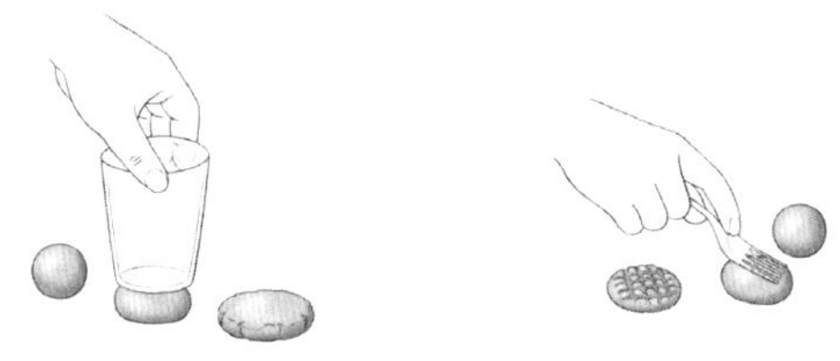

드롭 쿠키를 납작하게 성형하는 두 가지 방법

별도로 언급하지 않는 한, 드롭 쿠키는 오븐 팬에 담긴 상태로 1~2분간 식힌 후 받침대에 옮겨서 완전히 식혀야 한다. 쿠키 굽기에 대해 항목을 참고한다.

부드럽고 쫀득한 설탕 쿠키

약 35개

오븐을 190℃로 예열한다. 오븐 팬 또는 쿠키 시트 2개에 기름을 살짝 바르거나 유산지를 깐다.

다음을 함께 체에 쳐서 중간 크기의 그릇에 담는다.

중력분 2½컵(315g)

베이킹파우더 1½작은술

소금 ¾작은술

(계핏가루 ¼작은술 또는 강판에 간 육두구나 육두구 가루 ½작은술)

커다란 그릇이나 주걱 날을 끼운 스탠드 반죽기에 다음을 넣고 가벼우면서 폭신폭신한 질감이 될 때까지 세게 쳐서 섞는다.

설탕 1¼컵(250g)

무염 버터 스틱 1½개(170g), 말랑하게 녹이기

다음을 넣고 세게 쳐서 섞는다.

바닐라 2작은술

(레몬 1개의 껍질, 강판에 곱게 갈기)

다음을 넣고 세게 쳐서 섞는다.

대란 1개

밀가루 혼합물을 넣고 반죽이 매끄러워질 때까지 잘 섞는다. 끝이 둥근 큰 숟가락으로 반죽을 떠서 둥글게 만든 후 공 모양의 반죽을 다음에 넣고 굴린다.

설탕

오븐 팬에 2.5cm 간격으로 반죽을 올리고 유리잔으로 공 모양의 반죽을 납작

하게 누른다. 반죽이 적당히 굳고 가장자리 주변이 연한 갈색으로 익기 시작할 때까지 10분 정도 굽되, 절반쯤 구웠을 때 오븐 팬의 위치를 아래위, 앞뒤로 바꾼다. 팬에 담긴 채로 2~3분간 식힌 후 철망 받침대에 올려놓고 완전히 식힌다.

쫀득한 초콜릿 설탕 쿠키

약 24개

부드럽고 쫀득한 설탕 쿠키의 반죽을 만들되, 중력분 2컵(250g)과 무가당 코코아 가루 ½컵(40g)을 사용한다. ¼컵 용량의 계량스푼으로 반죽을 나눈다. 각 반죽 덩어리를 반으로 나누고 공 모양으로 굴린다.(쿠키 1개당 반죽 2큰술) 공 모양의 반죽을 오븐 팬에 올리고 납작하게 누른 후 취향에 따라 설탕을 살짝 뿌린다. 반죽이 굳기 시작할 때까지 8~10분 정도 굽되, 절반쯤 구웠을 때 오븐 팬의 위치를 아래위, 앞뒤로 바꿔준다. 위의 설명에 따라 식힌다.

더블 초콜릿 페퍼민트 쿠키

약 26개

부드럽고 쫀득한 설탕 쿠키의 반죽을 만들되, 중력분 2컵(250g)과 무가당 코코아 가루 ½컵(40g)을 사용한다. 바닐라 대신 페퍼민트 추출물을 사용하고, 밀가루 혼합물을 넣어서 저은 후 세미스위트 초콜릿 칩 ¾컵(130g)을 추가한다. ¼컵 용량의 계량스푼으로 반죽을 나눈다. 각 반죽 덩어리를 반으로 나누고 공 모양으로 굴린다.(쿠키 1개당 반죽 2큰술) 공 모양의 반죽을 오븐 팬에 올리고 납작하게 누른 후 취향에 따라 설탕을 살짝 뿌린다. 반죽이 굳기 시작할 때까지 8~10분 정도 굽되, 절반쯤 구웠을 때 오븐 팬의 위치를 아래위, 앞뒤로 바꿔준다. 위의 설명에 따라 식힌다.

바삭바삭한 설탕 쿠키

약 65개

바삭바삭하고 가벼운 식감을 자랑하는 이 설탕 쿠키는 메건의 증조할머니인 트레바 마틴의 레시피다.

오븐을 175℃로 예열한다. 오븐 팬 또는 쿠키 시트 2개에 유산지를 깐다.

다음을 중간 크기의 그릇에 넣고 잘 섞는다.

중력분 2컵(250g)

베이킹소다 ½작은술

타르타르 크림 ½작은술

소금 ½작은술

커다란 그릇에 다음을 넣고 매끄러운 질감이 될 때까지 세게 쳐서 섞는다.

무염 버터 스틱 1개(115g), 말랑하게 녹이기

식물성 기름 ½컵(105g)

설탕 ½컵(100g)

슈거 파우더 ½컵(50g)

다음을 넣고 세게 쳐서 섞는다.

바닐라 1작은술

다음을 한 번에 하나씩 넣고 세게 쳐서 섞는다.

대란 2개

밀가루 혼합물을 넣고 반죽이 섞이기 시작할 때까지 세게 젓는다. 끝이 둥근 큰 숟가락으로 반죽을 떠서 3.8cm 간격으로 유산지를 깐 오븐 팬에 올린다. 가장자리 주변이 노릇노릇하게 익을 때까지 12분 정도 굽되, 절반쯤 구웠을 때

오븐 팬의 위치를 아래위, 앞뒤로 바꿔준다. 팬에 담긴 채로 5분간 식힌 후 철
망 받침대에 올려놓고 완전히 식힌다. 밀폐 용기에 넣어두면 최대 한 달간 보관
할 수 있다.

스니커두들(Snickerdoodles, 계피 설탕 쿠키)

지름 7.5cm짜리 쿠키 약 36개

오븐을 175℃로 예열한다. 오븐 팬 또는 쿠키 시트 2개에 기름을 바르거나 유
산지를 깐다.

다음을 중간 크기의 그릇에 넣고 잘 어우러지도록 섞는다.

중력분 2¾컵(345g)

타르타르 크림 2작은술

베이킹소다 1작은술

소금 ¼작은술

커다란 그릇에 다음을 넣은 후 가볍고 폭신폭신한 질감이 될 때까지 세게 쳐
서 섞는다.

무염 버터 스틱 2개(225g), 말랑하게 녹이기

설탕 1½컵(300g)

다음을 한 번에 하나씩 넣고 잘 어우러지도록 세게 쳐서 섞는다.

대란 2개

밀가루 혼합물을 넣고 반죽이 섞이기 시작할 때까지 젓는다. 작은 그릇에 다
음을 넣어 섞는다.

설탕 ¼컵(50g)

계핏가루 1큰술

반죽을 지름 3cm 정도의 공 모양으로 성형한 후 계피 설탕에 굴린다. 준비한
오븐 팬에 7cm 간격으로 올린다. 가장자리 주변이 노릇노릇하게 익을 때까지
12~14분 굽되, 절반쯤 구웠을 때 오븐 팬의 위치를 아래위, 앞뒤로 바꿔준다.
팬에 담긴 채로 2~3분간 식힌 후 철망 받침대에 올려놓고 완전히 식힌다.

초콜릿 칩 쿠키

지름 6cm짜리 쿠키 약 36개

1930년대에 매사추세츠주 휘트먼에 있는 톨 하우스 여관(Toll House Inn)에서
루스 웨이크필드(Ruth Wakefield)가 고안한 이 쿠키의 원조 레시피는 세미스위
트 초콜릿 바를 작은 조각으로 잘라서 만드는 것이었다. 그러다 1939년에 초콜
릿 칩이 시판되면서 만드는 과정이 크게 단축되었고, 『조이 오브 쿠킹』 1943년
개정판에서도 "쿠키를 만드는 데 사용하기 위해 특별히 가공된 초콜릿을 살
수 있다."라는 문구로 이 기쁜 소식을 전했다. 하지만 우리는 가끔 초콜릿 칩
대신 굵게 썬 초콜릿을 사용하기도 한다. 이 쿠키는 진한 색의 금속 소재 오븐
팬에 구우면 가장 좋은 결과를 얻을 수 있다.

오븐을 190℃로 예열한다. 오븐 팬 또는 쿠키 시트 2개에 기름을 바르거나 유
산지를 깐다.

다음을 중간 크기의 그릇에 넣고 잘 섞는다.

중력분 1컵+2큰술(140g)

베이킹소다 ½작은술

커다란 그릇에 다음을 넣은 후 잘 어우러질 때까지 세게 쳐서 섞는다.

무염 버터 스틱 1개(115g), 말랑하게 녹이기

설탕 ⅓컵(65g)

연한 갈색 설탕, 꾹 눌러 담아 ⅓컵(75g)

다음을 넣고 잘 어우러지도록 세게 휘젓는다.

대란 1개

소금 ½작은술

바닐라 1작은술

밀가루 혼합물을 버터와 설탕 혼합물에 넣고 반죽이 매끄럽게 잘 어우러질 때
까지 세게 쳐서 섞는다. 다음을 넣고 젓는다.

세미스위트 초콜릿 칩 또는 굵게 썬 초콜릿 1컵(170g)

(구워서 굵게 썬 호두나 피칸 ¾컵)

쿠키를 작게 구우려면 작은 숟가락으로 반죽을 듬뿍 뜨고, 쿠키를 크게 구우
려면 큰 숟가락으로 반죽을 떠서 준비한 오븐 팬에 5~7.5cm 간격으로 올린다.
윗면이 살짝 황금색으로 변하고 가장자리가 갈색으로 익을 때까지 8~10분간
굽되, 절반쯤 구웠을 때 오븐 팬의 위치를 아래위, 앞뒤로 바꿔준다. 팬에 담긴
채로 2~3분간 식힌 후 철망 받침대에 올려놓고 완전히 식힌다.

프라이팬에 구워서 만드는 초콜릿 칩 쿠키

8~10인분

이 거대한 쿠키는 모닥불에서 더치오븐을 사용해 구울 수도 있다. 완성된 쿠키
를 일반 우유에 적셔 먹거나 바닐라 아이스크림을 한 스쿱 듬뿍 떠서 곁들이
기를 권장한다.

초콜릿 칩 쿠키의 반죽을 만든 후 지름 25cm의 무쇠 소재 프라이팬에 올려
놓고 꾹꾹 눌러서 골고루 깐다. 취향에 따라 (박편형의 바닷소금)을 홀홀 뿌려도
좋다. 노릇노릇해질 때까지 20~25분간 굽는다. 약간 식힌 후 적당한 크기로 자
르거나 일반 우유 ½컵을 쿠키 위에 뿌린 후 숟가락을 나눠주고 프라이팬에서
따뜻한 쿠키를 바로 떠먹을 수 있도록 낸다.

노라의 초콜릿 칩 쿠키

약 30개

우리 가족의 지인인 노라 메이스(Nora Mace)는 전통적인 초콜릿 칩 쿠키보다
더 두툼하고 쫀득한 쿠키를 만들기 위해 이 레시피를 개발했다. 반죽을 만든
후 냉장고에 하룻밤 넣어두면 더 좋은 결과물을 얻을 수 있지만, 바로 구워도
아주 맛있게 즐길 수 있다.

오븐을 175℃로 예열한다. 오븐 팬 또는 쿠키 시트 2개에 기름을 바르거나 유
산지를 깐다.

다음을 중간 크기의 그릇에 넣고 잘 섞는다.

중력분 1⅔컵(210g)

소금 1작은술

베이킹소다 ½작은술

한쪽에 둔다. 커다란 그릇이나 주걱 날을 끼운 스탠드 반죽기에 다음을 넣고
가벼우면서 폭신폭신한 질감이 될 때까지 4분 정도 세게 쳐서 섞는다.

무염 버터 스틱 1½개(170g), 말랑하게 녹이기

설탕 ⅔컵(130g)

갈색 설탕, 꾹 눌러 담아 ½컵(115g)

주기적으로 용기 옆면과 주걱에 묻은 재료를 긁어내리면서 섞는다. 다음을 넣
고 세게 쳐서 섞는다.

바닐라 1작은술

다음을 넣고 막 섞이기 시작할 때까지 세게 휘젓는다.

대란 1개

대란 노른자 1개

밀가루 혼합물을 버터와 설탕 혼합물에 넣고 반죽이 매끄럽게 잘 어우러질 때까지 섞는다. 다음을 넣고 젓는다.

세미스위트 또는 비터스위트 초콜릿 칩 1½컵(255g)

큰 숟가락에 넘치지 않을 만큼 반죽을 떠서 오븐 팬에 5cm 간격으로 올린다. 쿠키의 가장자리는 갈색으로 익지만 가운데는 아직 연한 색을 유지할 때까지 12분 정도 굽되, 절반쯤 구웠을 때 오븐 팬의 위치를 아래위, 앞뒤로 바꿔준다. 팬에 담긴 채로 2~3분간 식힌 후 철망 받침대에 올려 완전히 식힌다.

화이트 초콜릿 마카다미아 쿠키

지름 6cm짜리 쿠키 약 75개

취향에 따라 반죽을 큰 숟가락으로 듬뿍 떠서 구우면 약간 더 큼직하고 쫀득한 쿠키가 된다. 아주 커다란 쿠키를 구우려면 ⅓컵 용량의 계량스푼으로 반죽을 떠서 7.5cm 간격으로 오븐 팬에 올린 후 18~20분간 굽는다. 이렇게 하면 총 14개의 큼직한 쿠키를 구울 수 있다.

오븐을 175℃로 예열한다. 오븐 팬 또는 쿠키 시트 2개에 기름을 바르거나 유산지를 깐다.

다음을 중간 크기의 그릇에 넣고 잘 섞는다.

중력분 2½컵(315g)

베이킹소다 1작은술

소금 ¼작은술

커다란 그릇이나 주걱 날을 끼운 스탠드 반죽기에 다음을 넣고 가벼우면서 폭신폭신한 질감이 될 때까지 세게 쳐서 섞는다.

무염 버터 스틱 2개(230g), 말랑하게 녹이기

설탕 1⅓컵(265g)

갈색 설탕, 꾹 눌러 담아 ⅔컵(155g)

다음을 한 번에 하나씩 넣고 세게 휘젓는다.

대란 2개

바닐라 1작은술

(레몬 1개의 껍질, 강판에 곱게 갈기)

밀가루 혼합물을 버터와 설탕 혼합물에 넣고 섞는다. 다음을 넣고 젓는다.

굵게 썬 마카다미아 1컵(약 115g)

굵게 썬 화이트 초콜릿 1컵(약 115g)

작은 숟가락으로 반죽을 듬뿍 떠서 오븐 팬에 약 4cm 간격으로 올린다. 노릇노릇하게 익을 때까지 13~15분간 굽되, 절반쯤 구웠을 때 오븐 팬의 위치를 아래위, 앞뒤로 바꿔준다. 팬에 담긴 채로 2~3분간 식힌 후 철망 받침대에 올려 완전히 식힌다.

초콜릿 크링클(Chocolate Krinkles)

약 40개

진한 초콜릿 풍미를 가진 쿠키로, 반죽을 슈거 파우더에 한 번 굴린 후 굽기 때문에 겉면에 갈라진 듯한 모양이 생긴다. 우리는 이 쿠키가 현대적이면서도 전통적인 쿠키의 특징을 고루 갖추었다고 생각한다.

오븐을 175℃로 예열한다. 오븐 팬 또는 쿠키 시트 2개에 기름을 바르거나 유산지를 깐다.

이중 냄비를 사용하거나 냄비에 물을 붓고 아주 은근히 끓이면서 내열 그릇을 담가 중탕으로 다음을 녹인다.

잘게 썬 비터스위트 초콜릿 1컵(170g) 또는 세미스위트 초콜릿 칩 1컵(170g)

한쪽에 두고 살짝 식힌다. 다음을 중간 크기의 그릇에 넣고 잘 섞는다.

중력분 1¼컵(155g)

무가당 코코아 가루 ¼컵(20g)

베이킹파우더 2작은술

소금 ¼작은술

커다란 그릇이나 주걱 날을 끼운 스탠드 반죽기에 다음을 넣고 가벼우면서 폭신폭신한 질감이 될 때까지 세게 쳐서 섞는다.

무염 버터 스틱 1개(115g), 말랑하게 녹이기

설탕 ¾컵(150g)

다음을 넣고 세게 쳐서 섞는다.

바닐라 1작은술

다음을 한 번에 하나씩 넣고 세게 휘젓는다.

대란 2개

녹인 초콜릿과 밀가루 혼합물을 넣고 잘 어우러질 때까지 세게 쳐서 섞는다. 큰 숟가락으로 반죽을 떠서 다음에 굴린다.

슈거 파우더 ½컵(50g)

설탕에 굴린 반죽을 준비한 오븐 팬에 4cm 간격으로 올린다. 쿠키마다 윗면에 슈거 파우더를 1자밤씩 홀홀 뿌린다. 쿠키의 표면이 갈라지고 약간 단단해질 때까지 10분 정도 굽되, 절반쯤 구웠을 때 오븐 팬의 위치를 아래위, 앞뒤로 바꿔준다. 팬에 담긴 채로 2~3분간 식힌 후 철망 받침대에 올려 완전히 식힌다.

땅콩버터 쿠키

지름 4cm짜리 쿠키 약 60개

1936년 개정판에 처음 등장한 레시피로, 땅콩버터 쿠키를 좋아하는 사람이라면 기름지고 포슬포슬한 이 쿠키를 꼭 만들어보자. 땅콩버터는 기름 함량이 다양하므로 밀가루를 우선 적은 분량만 넣고 반죽의 상태를 보면서 매끄럽게 윤기가 날 때까지(하지만 퍼석하지 않도록) 적당히 밀가루를 추가한다.

오븐을 190℃로 예열한다. 오븐 팬 또는 쿠키 시트 2개에 기름을 바르거나 유산지를 깐다.

커다란 그릇이나 주걱 날을 끼운 스탠드 반죽기에 다음을 넣고 부드러워질 때까지 세게 젓는다.

무염 버터 스틱 1개(115g), 말랑하게 녹이기

다음을 조금씩 넣으면서 크림처럼 부드러워질 때까지 세게 쳐서 섞는다.

설탕 ½컵(100g)

갈색 설탕, 꾹 눌러 담아 ½컵(115g)

다음을 넣고 세게 쳐서 섞는다.

대란 1개

땅콩버터 1컵(240g, 매끄러운 것 또는 땅콩이 씹히는 것)

바닐라 ½작은술

베이킹소다 ½작은술

소금 ½작은술

다음을 조금씩 넣으면서 섞는다.

중력분 1¼~1½컵(155~190g)

지름 2.5cm의 공 모양으로 성형한 후 준비한 오븐 팬에 5cm 간격으로 올린다. 821쪽의 그림처럼 포크로 납작하게 누른다. 단단해질 때까지 10~12분간 굽되, 절반쯤 구웠을 때 오븐 팬의 위치를 아래위, 앞뒤로 바꿔준다. 팬에 담긴 채로 2~3분간 식힌 후 철망 받침대에 올려 완전히 식힌다.

귀리 건포도 쿠키

지름 7.5cm짜리 쿠키 약 48개

오븐을 175℃로 예열한다. 오븐 팬 또는 쿠키 시트 2개에 기름을 바르거나 유산지를 깐다.

다음을 중간 크기의 그릇에 넣고 섞는다.

중력분 1¾컵(220g)

베이킹소다 ¾작은술

베이킹파우더 ¾작은술

소금 ½작은술

계핏가루 ½작은술

강판에 간 육두구 또는 육두구 가루 ½작은술

커다란 그릇이나 주걱 날을 끼운 스탠드 반죽기에 다음을 넣고 잘 어우러질 때까지 세게 쳐서 섞는다.

무염 버터 스틱 2개(225g), 말랑하게 녹이기

갈색 설탕, 꾹 눌러 담아 1½컵(345g)

설탕 ¼컵(50g)

대란 2개

바닐라 2½작은술

밀가루 혼합물을 버터와 설탕 혼합물에 넣고 젓는다. 다음을 넣고 섞는다.

전통식 납작귀리 3½컵(350g)

건포도 1컵, 굵게 썰기

(구워서 굵게 썬 호두 ¾컵)

넉넉하게 지름 4cm 정도 되도록 반죽을 공 모양으로 성형한 뒤 준비한 오븐 팬에 5cm 간격으로 올린다. 두께 1.2cm의 둥근 모양이 되도록 반죽을 납작하게 누른다. 쿠키가 전체적으로 연한 갈색이 될 때까지 12~14분간 굽되, 절반쯤 구웠을 때 오븐 팬의 위치를 아래위, 앞뒤로 바꿔준다. 팬에 담긴 채로 2~3분간 식힌 후 철망 받침대에 올려 완전히 식힌다.

카우보이 쿠키

지름 7.5cm짜리 쿠키 약 40개

우리는 집에 있는 재료에 따라 이 레시피를 즉석에서 응용할 때가 많다. 으깬 프레즐, 바삭한 시리얼, 말린 크랜베리, 화이트 초콜릿 또는 땅콩버터 칩, 버번에 불린 건포도는 모두 초콜릿, 피칸 및 코코넛을 대체할 수 있는 훌륭한 재료들이다. **귀리 건포도 쿠키**를 만들되, 육두구를 생략하고 건포도 대신 **세미스위트 초콜릿 칩 1컵**을 사용하며, 귀리의 양을 1½컵(150g)으로 줄이고 구워서 **굵게 썬 피칸 1컵과 잘게 썰거나 얇게 저민 가당 코코넛 1컵**을 넣는다.

앤잭 비스킷(ANZAC Biscuits)

약 45개

앤잭은 오스트레일리아와 뉴질랜드 군단(Australia and New Zealand Army

Corps)의 약자로, 제2차 세계대전 당시 해외에 파병되었던 군인에게 보급한 비스킷이었다. 이 비스킷은 부드럽게 만들 수도 있고 바삭하게 만들 수도 있다. 부드러운 쿠키를 만들 때는 굽는 시간을 줄인다. 이 쿠키는 오랫동안 보관할 수 있도록 고안되었으므로 밀폐 용기에 담아 최대 한 달가량 보관할 수 있다.

오븐을 175℃로 예열한다. 오븐 팬 또는 쿠키 시트 2개에 유산지를 깐다.

다음을 커다란 그릇에 넣고 잘 섞는다.

중력분 2컵(250g)

전통식 납작귀리 2컵(200g)

설탕 1컵(200g)

잘게 썬 가당 코코넛 1컵

연한 갈색 설탕, 꾹 눌러 담아 ½컵(115g)

소금 ½작은술

작은 편수 냄비를 중불에 올리고 다음을 넣어서 녹인다.

무염 버터 스틱 1½개(170g)

꿀 또는 골든 시럽 2큰술(40g)

작은 그릇에 다음을 함께 넣고 녹을 때까지 잘 젓는다.

베이킹소다 1작은술

끓는 물 6큰술(90g)

베이킹소다 혼합물을 버터 혼합물에 넣고 젓는다. 버터 혼합물을 마른 재료에 추가하고 잘 섞이도록 젓는다. 끝이 둥근 큰 숟가락으로 반죽을 떠서 준비한 오븐 팬에 약 5cm 간격으로 올린 후 821쪽의 그림처럼 유리잔으로 납작하게 누른다. 노릇노릇하게 익으면서 만져보면 마른 느낌이 들 때까지 15~20분간 굽되, 절반쯤 구웠을 때 오븐 팬의 위치를 아래위, 앞뒤로 바꿔준다. 팬에 담긴 채로 2~3분간 식힌 후 철망 받침대에 올려 완전히 식힌다.

생강 쿠키(Gingersnaps)

지름 5cm짜리 쿠키 약 40개

바삭한 식감을 내려면 굽는 시간을 약간 늘린다. 부드러운 쿠키를 선호한다면 1~2분 정도 빨리 오븐에서 꺼낸다.

오븐을 175℃로 예열한다. 오븐 팬 또는 쿠키 시트 2개에 기름을 바르거나 유산지를 깐다.

다음을 커다란 그릇에 넣고 잘 섞는다.

중력분 1½컵(190g)

설탕 1컵(200g)

생강 가루 1작은술

베이킹소다 1작은술

정향 가루 ½작은술

소금 ½작은술

다음을 넣고 잘 어우러질 때까지 세게 쳐서 섞는다.

식물성 쇼트닝 ½컵(95g), 액체 상태로 녹여서 식히기

진한 당밀 또는 수수 시럽 ¼컵(85g)

대란 1개

취향에 따라 다음을 넣고 섞는다.

(전통식 납작귀리 ¾컵[75g])

반죽을 마무리한 후 바로 구워도 좋고, 하룻밤 냉장고에 넣어두고 풍미가 잘 어우러지도록 숙성할 수도 있다.(반죽을 차갑게 식히면 쿠키가 옆으로 덜 퍼지는 효

과도 있다.) 반죽을 큰 숟가락으로 떠서 공 모양으로 굴린 후 준비한 오븐 팬에 5cm 간격으로 올린다. 작은 유리잔 바닥에 물을 살짝 묻히고 다음을 바른다.

설탕

공 모양의 반죽을 하나씩 납작하게 누르고, 쿠키 하나를 누른 후에는 유리잔 바닥에 다시 설탕을 발라가면서 작업한다. 갈색으로 익을 때까지 10~12분간 굽되, 절반쯤 구웠을 때 오븐 팬의 위치를 아래위, 앞뒤로 바꿔준다. 팬에 담긴 채로 2~3분간 식힌 후 철망 받침대에 올려 완전히 식힌다.

페페르뉘세(Pfeffernüsses, 향신료를 넣은 독일식 쿠키)

지름 2.5cm짜리 쿠키 약 60개

렙쿠헨과 마찬가지로 이 쿠키는 밀폐 용기에 넣어두면 아주 오랫동안 보관할 수 있다. 시간이 지날수록 오히려 풍미와 식감이 더 좋아지기도 한다.

다음을 중간 크기의 그릇에 담고 잘 섞는다.

중력분 1컵+1큰술(135g)

계핏가루 1작은술

카르다몸 가루 ½작은술

베이킹파우더 ¼작은술

정향 가루 ¼작은술

강판에 간 육두구 또는 육두구 가루 ¼작은술

베이킹소다 ⅛작은술

소금 ⅛작은술

흑후추 ⅛작은술

커다란 그릇이나 주걱 날을 끼운 스탠드 반죽기에 다음을 넣고 아주 폭신폭신해질 때까지 세게 쳐서 섞는다.

무염 버터 4큰술(버터 스틱 ½개 또는 55g), 말랑하게 녹이기

설탕 ½컵(100g)

다음을 넣고 잘 어우러질 때까지 세게 쳐서 섞는다.

대란 노른자 1개

다음을 넣고 섞는다.

세로로 두툼하게 자른 아몬드 ¼컵, 잘게 썰기

잘게 썬 설탕 절임 오렌지 껍질 ¼컵

레몬 1개의 껍질, 강판에 곱게 갈기

밀가루 혼합물을 몇 번에 나눠 다음과 번갈아 넣고 젓는다.

당밀 3큰술(60g)

브랜디 3큰술(45g)

반죽을 덮어서 냉장고에 넣어 최소 8시간, 최대 2일간 숙성하며 풍미가 잘 어우러지게 한다.

오븐을 175℃로 예열한다. 오븐 팬이나 쿠키 시트 2개에 기름을 바르거나 유산지를 깐다.

반죽을 지름 2cm의 공 모양으로 성형한 후 준비한 오븐 팬에 2.5cm 정도의 간격으로 올린다. 쿠키가 연한 갈색으로 익을 때까지 12~14분간 굽되, 절반쯤 구웠을 때 오븐 팬의 위치를 아래위, 앞뒤로 바꿔준다. 팬에 담긴 채로 2~3분간 식힌 후 따뜻한 쿠키를 다음에 넣어서 굴린다.

슈거 파우더 ⅔컵

철망 받침대에 올려 완전히 식힌다.

허밋(Hermits)

지름 5cm짜리 쿠키 약 40개

허밋('은둔자'라는 뜻으로 은둔자의 갈색 망토를 닮았다고 해서 붙은 이름이다. ─ 옮긴이) 레시피 중에는 당밀을 사용하는 것이 많지만, 여기에 소개하는 레시피는 19세기 뉴잉글랜드의 원조 레시피에 가까운 버전이다. 이르마 할머니는 히커리 나무에서 열리는 견과를 허밋 쿠키에 즐겨 넣었다. 시중에서 보기 힘든 이 견과를 구했다면, 그리고 껍질을 까는 수고를 감수할 생각이 있다면 전통적인 말린 과일 향신료 쿠키에 히커리 견과를 추가해 더욱 다채로운 맛을 내보자.

오븐을 190℃로 예열한다. 오븐 팬이나 쿠키 시트 2개에 기름을 바르거나 유산지를 깐다.

다음을 중간 크기의 그릇에 넣고 잘 섞는다.

중력분 1⅓컵(165g)

계핏가루 ¾작은술

정향 가루 ½작은술

오렌지 1개의 껍질, 강판에 곱게 갈기

베이킹소다 ¼작은술

소금 1자밤

커다란 그릇이나 주걱 날을 끼운 스탠드 반죽기에 다음을 넣고 크림처럼 부드러운 질감이 될 때까지 세게 쳐서 섞는다.

무염 버터 스틱 1개(115g), 말랑하게 녹이기

연한 갈색 설탕, 꾹 눌러 담아 1컵(230g)

다음을 넣고 세게 쳐서 섞는다.

대란 1개

사워크림 ½컵(115g), 요구르트 ½컵(115g) 또는 버터밀크 ½컵(120g)

밀가루 혼합물을 버터와 설탕 혼합물에 추가하고 매끄럽게 어우러질 때까지 세게 쳐서 섞는다. 다음을 넣고 젓는다.

굵게 썬 건포도, 커런트, 말린 무화과, 말린 살구, 설탕 절임 시트론 또는 이를 섞어서 ½컵

(굵게 썬 견과류 또는 잘게 썬 코코넛 ¼컵)

작은 숟가락으로 반죽을 떠서 준비한 오븐 팬에 7.5cm 간격으로 올린다. 쿠키가 갈색으로 익을 때까지 10분 정도 굽되, 절반쯤 구웠을 때 오븐 팬의 위치를 아래위, 앞뒤로 바꿔준다. 팬에 담긴 채로 2~3분간 식힌 후 철망 받침대에 올려 완전히 식힌다. 취향에 따라 다음을 쿠키 위에 얇게 펴서 바른다.

(간단한 버터스카치 아이싱[페누치])

멕시코식 웨딩 케이크

지름 3cm짜리 쿠키 약 60개

오븐을 175℃로 예열한다. 오븐 팬이나 쿠키 시트 2개에 기름을 바르거나 유산지를 깐다.

커다란 그릇이나 주걱 날을 끼운 스탠드 반죽기에 다음을 넣고 잘 어우러질 때까지 세게 쳐서 섞는다.

무염 버터 스틱 2개(230g), 말랑하게 녹이기

슈거 파우더 ½컵(50g)

바닐라 2작은술

소금 ¼작은술

다음을 넣고 섞는다.

피칸 1컵, 구워서 식힌 후 푸드 프로세서로 곱게 갈기

다음을 넣고 잘 어우러질 때까지 섞는다.

중력분 2컵(250g)

지름 2.5cm의 공 모양으로 성형한 후 준비한 오븐 팬에 3cm 간격으로 올린다. 연한 갈색으로 익을 때까지 12~15분간 굽되, 절반쯤 구웠을 때 오븐 팬의 위치를 아래위, 앞뒤로 바꿔준다. 팬에 담긴 채로 2~3분간 식힌 후 철망 받침대에 올려 완전히 식힌다. 식힌 쿠키를 다음에 넣고 굴린다.

슈거 파우더 ¾컵

얇은 쿠키에 대해

여기에 소개하는 얇은 쿠키들은 대부분 매우 부서지기 쉽지만, 크기를 작게 만들고 유산지나 실리콘 깔개를 간 오븐 팬에 반죽을 올려서 구우면 쉽게 떼어낼 수 있다. ▶ 팬 바닥에 달라붙어서 딱딱해졌다면 바로 떼려고 하지 말고 다시 오븐에 잠깐 넣었다가 떼어낸다. 이 쿠키는 워낙 연약하므로 유산지나 파라핀지 사이에 끼워서 밀폐 용기에 담아 보관한다.

베네(참깨) 웨이퍼

지름 6cm짜리 웨이퍼 약 50개

베네(benne)는 참깨의 초기 재래종으로, 서아프리카에서 끌려온 노예들이 사우스캐롤라이나의 저지대에 가져온 작물이다. 베네는 습한 기후에서 무성하게 자랐으며, 고소함과 약간 쌉쌀한 풍미가 있어서 빵이나 케이크, 쿠키, 사탕에 맛을 더하는 용도뿐만 아니라 짭짤한 요리에도 광범위하게 쓰였다. 물론 일반 참깨를 사용해도 상관없지만, 가능하면 인터넷으로 주문할 수 있는 베네를 넣어보기를 권한다. 어떤 재료를 사용하든, 얇고 바삭한 이 쿠키는 한 번 맛보면 멈출 수 없다.

오븐을 190℃로 예열한다. 오븐 팬이나 쿠키 시트 2개에 유산지나 실리콘 깔개를 간다.

커다란 그릇에 다음을 넣고 질감이 가벼워질 때까지 세게 휘젓는다.

대란 2개

다음을 조금씩 넣으면서 잘 어우러질 때까지 세게 쳐서 섞는다.

연한 갈색 설탕, 꾹 눌러 담아 1⅓컵(305g)

다음을 넣는다.

중력분 5큰술(40g)

바닐라 1작은술

소금 ⅛작은술

베이킹파우더 ⅛작은술

반죽이 매끄럽게 어우러질 때까지 세게 쳐서 섞은 후 다음을 넣는다.

볶은 베네 또는 흰 참깨 ½컵

작은 숟가락으로 반죽을 떠서 준비한 오븐 팬에 5cm 간격으로 올린다. 오븐 팬을 하나씩 오븐에 넣고 가장자리가 갈색으로 익기 시작할 때까지 8분 정도 굽되, 절반쯤 구웠을 때 오븐 팬을 돌려서 앞뒤를 바꿔준다. 팬에 담긴 채로 2~3분간 식힌 후 철망 받침대에 올려 완전히 식힌다.

피칸 레이스(Pecan Lace)

지름 7.5cm짜리 웨이퍼 약 60개

레이스처럼 속이 다 비칠 정도로 얇은 이 쿠키의 가장 큰 매력은 바사삭 부서지는 식감과 캐러멜화된 질감이므로 건조한 날에 만들어보자.

오븐을 190℃로 예열한다. 오븐 팬이나 쿠키 시트 2개에 유산지 또는 실리콘 깔개를 간다.

중간 크기의 편수 냄비에 다음을 넣고 녹인다.

무염 버터 스틱 1¼개(145g)

가끔 저으면서 냄비 바닥의 버터 덩어리가 연한 갈색으로 변할 때까지 3~4분간 버터를 뭉근히 끓인다. 불에서 내린 후 다음을 넣고 잘 어우러질 때까지 섞는다.

연한 갈색 설탕, 꾹 눌러 담아 1컵(230g)

연한 옥수수 시럽 ¼컵(90g)

우유 1큰술(15g)

소금 ¼작은술

다음을 넣고 잘 어우러질 때까지 젓는다.

전통식 납작귀리 1½컵(150g)

구워서 잘게 썬 피칸 ½컵

중력분 2큰술(15g)

바닐라 2작은술

작은 숟가락으로 반죽을 떠서 오븐 팬에 9cm 간격으로 올린다. 오븐 팬을 한 번에 하나씩 오븐에 넣고 연한 갈색이 될 때까지 12~14분간 굽되, 절반쯤 구웠을 때 오븐 팬을 돌려서 앞뒤를 바꿔준다. 팬에 담긴 채로 2~3분간 식힌 후 철망 받침대에 올려 완전히 식힌다.

귀리 레이스 쿠키

지름 5cm짜리 쿠키 약 60개

어른들을 위한 귀리 쿠키다. 조직이 아주 연약하므로 일부는 깨지기 마련인데, 깨진 조각은 아이스크림 위에 잘게 부숴 얹는다.

중간 크기의 그릇에 다음을 넣고 잘 어우러질 때까지 섞는다.

중력분 ¾컵(95g)

설탕 ½컵(100g)

연한 갈색 설탕, 꾹 눌러 담아 ½컵(115g)

베이킹소다 ½작은술

소금 ½작은술

무염 버터 스틱 1개(115g), 액체 상태로 녹이기

대란 1개

우유 1큰술(15g)

(레몬 1개의 껍질, 강판에 곱게 갈기)

바닐라 또는 아몬드 추출물 ½작은술

다음을 넣고 섞는다.

전통식 납작귀리 1컵(100g)

반죽을 냉장고에 1시간 동안 넣어둔다.

오븐을 200℃로 예열한다. 오븐 팬이나 쿠키 시트 2개에 유산지 또는 실리콘 깔개를 간다. 작은 숟가락으로 반죽을 떠서 오븐 팬에 올린 후 오븐 팬을 한 번에 하나씩 오븐에 넣는다. 쿠키가 노릇노릇해질 때까지 10~12분간 굽되, 절반쯤 구웠을 때 오븐 팬을 돌려서 앞뒤를 바꿔준다. 철망 받침대에 올려 완전히 식힌다.

레몬 풍미의 버터 웨이퍼

지름 5cm짜리 쿠키 약 48개

레몬 향이 은은히 감도는 이 섬세한 쿠키는 이번 장에서 소개하는 쿠키 가운데 우리가 아주 좋아하는 것이다.

오븐을 190℃로 예열한다. 오븐 팬 2개에 기름을 바르거나 유산지를 깐다.

커다란 그릇이나 주걱 날을 끼운 스탠드 반죽기에 다음을 넣고 가벼우면서 폭신폭신한 질감이 될 때까지 세게 쳐서 섞는다.

  무염 버터 스틱 1개(115g), 말랑하게 녹이기

  설탕 ½컵(100g)

다음을 넣고 세게 쳐서 섞는다.

  바닐라 1작은술

  레몬 1개의 껍질, 강판에 곱게 갈기

다음을 넣고 잘 어우러질 때까지 세게 쳐서 섞는다.

  대란 1개

다음을 넣고 섞는다.

  체에 친 박력분 ¾컵(75g)

  소금 1자밤

  (포피시드 1½큰술)

작은 숟가락으로 쿠키 반죽을 떠서 준비한 오븐 팬에 7.5cm 간격으로 올린다. 가장자리가 갈색으로 익을 때까지 6~7분간 굽되, 절반쯤 구웠을 때 오븐 팬의 위치를 아래위, 앞뒤로 바꿔준다. 팬에 담긴 채로 2~3분간 식힌 후 철망 받침대에 올려 완전히 식힌다.

플로랑탱 코케뉴(Florentines Cockaigne)

지름 7.5cm짜리 쿠키 약 15개

매리언 할머니는 이 쿠키를 '우아함의 극치'라고 생각하셨다. 우리는 특히 설탕 절임 생강, 설탕 절임 시트론이나 오렌지 껍질, 말린 살구로 만든 플로랑탱을 좋아한다.

오븐을 175℃로 예열한다. 오븐 팬 2개에 유산지나 실리콘 깔개를 깐다.

작은 그릇에 다음을 넣고 과일이 낱낱이 분리될 때까지 뒤적이며 섞는다.

  설탕 절임 과일 및/또는 말린 과일 굵게 썬 것, 꾹 눌러 담아 1¼컵

  중력분 ½컵(65g)

과일 혼합물을 푸드 프로세서에 넣고 다음을 추가한다.

  세로로 두툼하게 자른 아몬드 ½컵

  연한 갈색 설탕, 꾹 눌러 담아 ¼컵(60g)

  꿀 ¼컵(80g)

  바닐라 ½작은술

  소금 ⅛작은술

과일과 견과가 6mm 정도의 크기가 될 때까지 푸드 프로세서를 짧게 끊어서 작동시킨다. 다음을 넣는다.

  무염 버터 4큰술(버터 스틱 ½개 또는 55g), 액체 상태로 녹이기

과일과 견과가 3mm 정도의 크기가 될 때까지 푸드 프로세서를 짧게 몇 번 작동시킨다. 그릇에 옮겨 담는다. 지름 2.5cm의 공 모양으로 성형한 뒤 오븐 팬에 7.5cm 간격으로 올린다. 지름 6cm 정도의 원반 형태가 되도록 반죽을 납작하게 누른다. 오븐 팬을 한 번에 하나씩 오븐에 넣고 노릇노릇하게 익을 때까지 7~9분간 굽되, 절반쯤 구웠을 때 오븐 팬을 돌려서 앞뒤를 바꿔준다. 팬에 담

긴 채로 2~3분간 식힌 후 철망 받침대에 올려 완전히 식힌다.

쿠키를 하나씩 들고 바닥을 다음에 담가서 묻힌다.

  세미스위트 또는 비터스위트 초콜릿 115g, 액체 상태로 녹이기

유산지를 깐 오븐 팬에 올려놓고 냉장고에 넣어 초콜릿을 굳힌다. 밀폐 용기에 담아 실온에 보관한다.

얇은 생강 쿠키(Ginger Thins)

지름 2cm짜리 웨이퍼 약 400개

구우면 25센트짜리 동전(500원짜리 동전보다 약간 더 크다. ─ 옮긴이)만 해지는 자그마한 쿠키다. 이 책의 레시피 테스트를 도와주던 분은 이 쿠키를 그릇에 잔뜩 담고 우유를 부어서 시리얼처럼 퍼먹는 상상도 해보았다고 한다. 근사한 아이디어가 아닌가.

오븐을 160℃로 예열한다. 오븐 팬이나 쿠키 시트 2개에 유산지 또는 실리콘 깔개를 깐다.

다음을 합쳐서 체에 쳐서 중간 크기의 그릇에 담는다.

  중력분 1½컵(190g)

  베이킹소다 ½작은술

  계핏가루 ½작은술

  정향 가루 ½작은술

  생강 가루 ½작은술

  소금 ¼작은술

커다란 그릇이나 주걱 날을 끼운 스탠드 반죽기에 다음을 넣고 가벼우면서 폭신폭신한 질감이 될 때까지 세게 쳐서 섞는다.

  무염 버터 스틱 1½개(170g), 말랑하게 녹이기

  갈색 설탕, 꾹 눌러 담아 1컵(230g)

  대란 1개, 잘 풀어두기

  당밀 ¼컵(85g)

밀가루 혼합물을 버터와 설탕 혼합물에 넣고 매끄럽게 어우러지도록 섞는다. ⅛작은술만큼 반죽을 조금씩 떼어 오븐 팬에 2.5cm 간격으로 올려도 좋지만, 더 편하게 작업하려면 작은 일반형 깍지를 끼운 페이스트리용 짤주머니나 한쪽 모서리를 자른 지퍼백에 쿠키 반죽을 담고 오븐 팬에 ⅛작은술만큼씩 짜낸다. 쿠키가 바삭바삭해질 때까지 5~6분간 굽되, 절반쯤 구웠을 때 오븐 팬의 위치를 아래위, 앞뒤로 바꿔준다. 팬에 담긴 채로 2~3분간 식힌 후 철망 받침대에 올려 완전히 식힌다.

아몬드 마카룬(Almond Macaroons)

약 30개

I. 이탈리아에서는 **아마레티**(amaretti)라고 부른다. 아주 가볍고 섬세한 식감의 쿠키다.(마카룬은 마카롱과는 다른, 머랭과 유사한 구움과자를 말한다. ─ 옮긴이) 필링을 채워서 만드는 프랑스식 쿠키는 마카롱 레시피를 참고한다.

푸드 프로세서에 다음을 넣고 섞는다.

  아몬드 페이스트, 시판 또는 수제 1컵(275g)

  슈거 파우더 1컵(100g)

  소금 1자밤

잘게 부서질 때까지 푸드 프로세서를 짧게 몇 번 작동시킨다. 푸드 프로세서가 돌아가는 동안 다음을 조금씩 넣으면서 혼합물이 매끄럽게 어우러질 때까

지 1분 정도 작동시킨다.

　대란 흰자 3개

　(아몬드 추출물 ¼작은술)

혼합물을 크고 묵직한 편수 냄비에 옮겨 담고 중불에 올려 계속 저으면서 약간 걸쭉해질 때까지 4분 정도 가열한다. 그릇에 옮겨 담고 냉장고에 넣어서 약간 단단해질 때까지 20~30분간 식힌다.

　오븐을 175℃로 예열한다. 오븐 팬이나 쿠키 시트 2개에 기름을 바르거나 유산지를 깐다.

　작은 숟가락으로 반죽을 듬뿍 떠서 준비한 오븐 팬에 5cm 간격으로 올린다. 쿠키가 갈색으로 익을 때까지 15~17분간 굽되, 절반쯤 구웠을 때 오븐 팬의 위치를 아래위, 앞뒤로 바꿔준다. 팬에 담긴 채로 2~3분간 식힌 후 철망 받침대에 올려 완전히 식힌다.

Ⅱ. 다소 거칠고 투박한 식감을 내기 위해 껍질을 벗긴 아몬드를 즉석에서 분쇄해 만드는 진한 풍미의 마카룬이다. 우리는 아포카토를 먹을 때 이 쿠키를 가장 자주 곁들인다.

오븐을 175℃로 예열한다. 오븐 팬이나 쿠키 시트 2개에 유산지를 깐다.

다음을 두 번에 나눠서 푸드 프로세서에 넣고 곱게 갈되, 너무 오래 갈아서 가루가 되지 않도록 주의한다.

　껍질을 벗기고 세로로 두툼하게 자른 아몬드 450g

중간 크기의 그릇에 옮겨 담는다. 다음을 넣고 섞는다.

　슈거 파우더 2컵(200g)

　달걀흰자 2개

　바닐라 1작은술

　아몬드 추출물 ½작은술

　소금 ½작은술

혼합물은 와글와글한 가루 상태이지만 손으로 꼭 쥐면 덩어리로 뭉쳐야 한다. 큰 숟가락으로 반죽을 떠서 오븐 팬에 2.5cm 간격으로 봉긋하게 올린다. 연한 갈색이 될 때까지 15~18분간 굽되, 절반쯤 구웠을 때 오븐 팬의 위치를 아래위, 앞뒤로 바꿔준다. 팬에 담긴 채로 2~3분간 식힌 후 철망 받침대에 올려 완전히 식힌다.

코코넛 마카룬

지름 4cm짜리 쿠키 약 36개

오븐을 160℃로 예열한다. 오븐 팬이나 쿠키 시트 2개에 유산지를 깐다.

커다란 그릇에 다음을 넣고 잘 섞이도록 젓는다.

　가당연유 ⅔컵(205g)

　대란 흰자 1개

　바닐라 1½작은술

　소금 ⅛작은술

다음을 넣고 잘 어우러질 때까지 섞는다.

　얇게 깎거나 잘게 썬 가당 코코넛 3½컵

코코넛이 아주 건조해 보이면 연유를 조금 더 넣는다. 큰 숟가락으로 반죽을 떠서 오븐 팬에 5cm 간격으로 올린다. 노릇노릇해질 때까지 20~24분간 굽되, 절반쯤 구웠을 때 오븐 팬의 위치를 아래위, 앞뒤로 바꿔준다. 팬에 담긴 채로 2~3분간 식힌 후 철망 받침대에 올려 완전히 식힌다.

초콜릿 코코넛 마카룬

코코넛 마카룬을 만든다. 이 마카룬에 초콜릿 코팅을 하려면 액체 상태로 녹이거나 템퍼링한 초콜릿에 담갔다 꺼내면 된다. 초콜릿 마카룬을 만들려면 작은 편수 냄비에 가당연유와 **무가당 코코아 가루 3큰술** 또는 **굵게 썬 무가당 초콜릿 30g**을 넣고 섞는다. 약불에 올려 저으면서 코코아 또는 초콜릿을 완전히 녹인다. 다 녹으면 일단 식힌 후 반죽을 만드는 다음 단계로 진행한다. 레시피에 따라 굽는다.

머랭 키세스(Meringue Kisses)

지름 4cm짜리 쿠키 약 48개

달걀흰자를 다루는 요령은 달걀 거품 내기 항목을 참고한다. **초콜릿 머랭 키세스**를 만들려면 **무가당 코코아 가루 ¼컵**을 설탕에 넣고 섞는다.

오븐을 107℃로 예열한다. 오븐 팬이나 쿠키 시트 2개에 유산지를 깐다.

다음을 만든다.

　프랑스식 머랭, 선택 재료인 바닐라를 사용

취향에 따라 다음을 넣고 뒤적이며 섞는다.

　(구워서 곱게 간 피칸, 아몬드, 피스타치오 또는 헤이즐넛 ¾컵)

지름 1.2cm의 별 모양 깍지를 끼운 페이스트리용 짤주머니 또는 한쪽 모서리를 잘라낸 지퍼백을 사용해 오븐 팬에 2.5cm 간격으로 반죽을 지름 3cm의 키세스 모양으로 짠다.(또는 작은 숟가락으로 반죽을 듬뿍 떠서 오븐 팬에 올리고 뾰족하게 올라오도록 위를 매만진다.) 절반쯤 구웠을 때 오븐 팬의 위치를 아래위, 앞뒤로 바꿔가면서 45분간 굽는다. 오븐의 불을 끈 상태로 오븐 안에서 쿠키를 30분간 또는 식을 때까지 그대로 둔다.

반죽을 밀고 틀로 찍어서 모양을 내는 쿠키에 대해

모양을 내서 굽는 쿠키는 만드는 과정 자체가 신나고 재미있으므로 아이들을 주방으로 불러서 반죽에 모양을 내고 완성된 쿠키에 장식하는 작업을 함께 하면 무척 좋아한다. 쿠키 반죽을 밀 때 달라붙지 않게 하려고 밀가루를 뿌린다면 되도록 아주 조금만 뿌린다. 또는 작업대에 슈거 파우더를 뿌리는 방법도 있다. 대다수 쿠키 반죽을 밀 때 작업대와 밀대에 달라붙는 것을 방지하려면 ▶ 유산지나 파라핀지를 아래위에 한 장씩 깔고 작업한다. 우리는 반죽을 만든 후 그릇에서 꺼내 아직 말랑할 때 즉시 밀어서 냉동실이나 냉장고에 넣어두었다가 모양을 찍어서 굽는 방법을 선호한다. 물론 반죽을 밀기 전에 냉장고에 먼저 넣어두어도 상관없으나, 반죽이 갈라지는 것을 방지하려면 냉장고에서 꺼낸 후 반죽의 온도를 살짝 높여주어야 한다. ▶ 랩으로 단단히 감싼 쿠키 반죽은 냉장고에서 최대 2일간, 냉동실에서 최대 한 달간 보관할 수 있다.

　쿠키를 원하는 모양으로 자르거나 성형하려면 ▶ 모든 쿠키의 크기와 두께를 대략 비슷하게 만들어 골고루 구워지게 한다. 또한 레시피에서 지정한 크기보다 크거나 작게 굽는다면, 쿠키 반죽이 옆으로 퍼지는 정도, 굽는 시간, 레시피로 구울 수 있는 쿠키의 개수가 달라진다는 점을 잊지 말자. 쿠키 틀은 일단 밀가루나 슈거 파우더에 한 번 담갔다가 사용하고, 반죽은 최대한 손을 적게 대는 것이 좋다.

　그 외에도 손으로 직접 모양을 내거나 틀, 쿠키 프레스(슈프리츠 쿠키 레시피 참고) 또는 특수한 도구로 성형하는 쿠키들이 있다. 일반적인 쿠키 틀도 쇼트브레드나 슈프링얼레 등의 단단한 반죽에 사용할 수 있다. ▶ 사용할 때는 떼어내기 쉽도록 기름을 잘 바르고 밀가루를 꼼꼼히 뿌려야 한다. 반죽을 공 모양으로 빚으려면, 작은 쿠키용 스쿱을 사용하거나 손에 밀가루를 살짝 뿌려서 둥글린다. 반죽이 너무 부드럽거나 끈적거리면 냉장고에 몇 분간 넣어두었다가 모양을 만든다.

골동품점이나 그릇 또는 요리도구 전문점에 가면 재미있는 모양의 쿠키 틀을 발견하곤 한다. 또한 손잡이가 달린 바퀴를 앞으로 밀면 쿠키 모양이 찍혀 나오는 롤러 형태의 쿠키 커터도 있다. 넓게 펴놓은 반죽에 이 커터를 사용하면 쿠키 모양을 아주 빠르게 찍어낼 수 있다.

반죽을 밀어서 만드는 설탕 쿠키

지름 5~7.5cm짜리 쿠키 약 36개

알록달록하게 장식한 설탕 쿠키를 만들 때 가장 좋은 반죽이지만, 아이싱을 전혀 바르지 않아도 아주 맛있다.

커다란 그릇이나 주걱 날을 끼운 스탠드 반죽기에 다음을 넣고 크림처럼 부드러운 질감이 될 때까지 세게 쳐서 섞는다.

　무염 버터 스틱 2개(225g), 말랑하게 녹이기

　설탕 ⅔컵(130g)

다음을 넣고 잘 섞일 때까지 세게 휘젓는다.

　바닐라 또는 아몬드 추출물 1½작은술

　(레몬 1개의 껍질, 강판에 곱게 갈기)

다음을 넣고 세게 쳐서 섞는다.

　대란 1개

다음을 넣고 잘 어우러질 때까지 섞는다.

　중력분 2½컵(315g)

　소금 ½작은술

　베이킹파우더 ¼작은술

반죽을 세 덩어리로 나누고 원반 모양으로 성형한 뒤 비닐랩으로 감싼다. 최소 1시간, 최대 하루 동안 냉장고에 넣어둔다.

오븐을 175℃로 예열한다. 오븐 팬이나 쿠키 시트 2개에 기름을 바르거나 유산지를 깐다.

한 번에 반죽을 하나씩 작업대에 올려 6mm 두께로 민다. 지름 5cm 또는 7.5cm의 쿠키 틀로 쿠키를 찍어내고 준비한 오븐 팬에 2.5cm 간격으로 올린다. 남은 반죽 조각을 모아서 한 번 더 밀고 쿠키를 몇 개 더 찍어낸다. 취향에 따라 쿠키에 다음을 아주 살짝 뿌린다.

　(알록달록한 스프링클, 장식용 설탕 또는 작은 구슬 장식)

쿠키의 윗면이 연한 갈색으로 변하면서 가장자리는 약간 더 진하게 익을 때까지 10~12분간 굽되, 절반쯤 구웠을 때 오븐 팬의 위치를 아래위, 앞뒤로 바꿔준다. 팬에 담긴 채로 2~3분간 식힌 후 철망 받침대에 올려 완전히 식힌다. 취향에 따라 다음을 사용해 쿠키를 장식한다.

　(로열 아이싱)

샌드 타르트(Sand Tarts)

지름 4cm짜리 쿠키 약 60개

매리언 할머니와 존 할아버지는 노르망디 지역을 여행하면서 그 지역의 명물인 **사블레**(sablés, 프랑스어로 '모래sand'라는 뜻)를 맛보았는데, 매리언 할머니는 사블레를 먹는 순간 바로 샌드 타르트라는 이름으로 알고 있던 익숙한 쿠키를 떠올렸다. 취향에 따라 흰 설탕 대신 갈색 설탕을 사용할 수 있다.

중간 크기의 그릇에 다음을 넣고 섞는다.

　중력분 2컵(250g)

　소금 ½작은술

커다란 그릇이나 주걱 날을 끼운 스탠드 반죽기에 다음을 넣고 가벼우면서 폭신폭신한 질감이 될 때까지 세게 쳐서 섞는다.

　무염 버터 스틱 1½개(170g), 말랑하게 녹이기

다음을 조금씩 넣으면서 가볍고 폭신폭신한 질감이 될 때까지 세게 휘젓는다.

　설탕 ¾컵(150g)

다음을 넣고 세게 쳐서 섞는다.

　대란 노른자 1개(흰자는 따로 보관)

　바닐라 1작은술

　(레몬 1개의 껍질, 강판에 곱게 갈기)

밀가루를 버터와 설탕 혼합물에 조금씩 넣으면서 잘 어우러질 때까지 저은 후, 반죽이 하나로 뭉치도록 잠깐 치댄다. 반죽을 반으로 나눠 각각 지름 4cm의 원통형으로 만든다. 원통형 반죽을 유산지로 잘 감싸서 냉동실에 2시간 동안 넣어둔다.

오븐을 190℃로 예열한다. 오븐 팬이나 쿠키 시트 2개에 유산지를 깐다.(반죽을 감쌀 때 사용했던 유산지를 재활용해도 좋다.)

원통형 반죽을 한 번에 하나씩 작업대에 올리고 6mm 두께로 둥글게 잘라서 오븐 팬에 2.5cm 간격으로 올린다. 그대로 구워도 좋고, 취향에 따라 쿠키의 윗면에 다음을 솔로 바른다.

　(대란 흰자 1개, 잘 풀어두기)

그리고 다음을 훌훌 뿌린다.

　(설탕 또는 초미립 분당)

쿠키마다 가운데에 다음을 올려서 구울 수도 있다.

　(아몬드 슬라이스 1개)

연한 갈색이 될 때까지 8분 정도 굽되, 절반쯤 구웠을 때 오븐 팬의 위치를 아래위, 앞뒤로 바꿔준다. 팬에 담긴 채로 2~3분간 식힌 후 철망 받침대에 올려 완전히 식힌다.

모라비아식 얇은 당밀 쿠키(Moravian Molasses Thins)

지름 6.5cm짜리 쿠키 약 65개

종잇장처럼 얇은 쿠키로, 중부 유럽에서 미국으로 건너온 모라비아 출신의 이민자들이 전통적으로 즐겨 먹었다.

중간 크기의 그릇에 다음을 넣고 섞는다.

　중력분 1컵(125g)

　계핏가루 1½작은술

　생강 가루 1작은술

　베이킹소다 ½작은술

　정향 가루 ½작은술

　카르다몸 가루 ¼작은술

　소금 ¼작은술

중간 크기의 그릇이나 주걱 날을 끼운 스탠드 반죽기에 다음을 넣고 잘 어우러질 때까지 세게 쳐서 섞는다.

　진한 갈색 설탕, 꾹 눌러 담아 ½컵(115g)

　당밀 ⅓컵(115g)

식물성 쇼트닝 또는 라드 ¼컵(50g)

바닐라 1작은술

밀가루 혼합물을 설탕 혼합물에 넣어서 섞고, 반죽이 매끄러워질 때까지 치댄다. 반죽을 세 덩어리로 나눠 원반 형태로 성형한 후 비닐랩으로 감싼다. 최소 6시간, 가능하면 12시간 동안 실온에 둔다.(반죽을 냉장고에 넣으면 최대 4일간 보관할 수 있다. 냉장고에 넣어둔 반죽은 실온 상태로 만든 후 사용한다.)

오븐을 150℃로 예열한다. 오븐 팬이나 쿠키 시트 2개에 기름을 바르거나 유산지를 간다.

반죽을 한 번에 하나씩 작업대에 올려놓고 최대한 얇게(약 3mm 두께) 민다. 지름 5.7cm짜리 세로 홈이 있는 원형 커터나 일반 원형 커터를 사용해 쿠키를 찍어낸 후 준비한 오븐 팬에 2.5cm 간격으로 올린다. 쿠키의 가장자리가 갈색으로 변하기 시작할 때까지 6~9분간 굽되, 절반쯤 구웠을 때 오븐 팬의 위치를 아래위, 앞뒤로 바꿔준다. 너무 오래 구우면 쿠키에서 쓴맛이 나므로 주의한다. 팬에 담긴 채로 2~3분간 식힌 후 철망 받침대에 올려 완전히 식힌다.

진저브레드 맨(Gingerbread Men, 사람 모양의 생강 쿠키)

10cm 크기의 쿠키 약 30개

오븐을 175℃로 예열한다. 오븐 팬이나 쿠키 시트 2개에 기름을 바르거나 유산지를 간다.

중간 크기의 그릇에 다음을 넣고 섞는다.

중력분 3½컵(415g)

생강 가루 1큰술

계핏가루 2작은술

베이킹소다 1작은술

소금 ½작은술

정향 가루 ¼작은술

커다란 그릇이나 주걱 날을 끼운 스탠드 반죽기에 다음을 넣고 크림처럼 부드러운 질감이 될 때까지 세게 쳐서 섞는다.

설탕 ½컵(100g) 또는 갈색 설탕, 꾹 눌러 담아 ½컵(115g)

무염 버터 4큰술(버터 스틱 ½개 또는 55g), 말랑하게 녹이기

다음을 넣고 세게 쳐서 섞는다.

당밀 ½컵(170g)

밀가루 혼합물을 두 번에 나눠서 다음과 번갈아 가며 버터와 설탕 혼합물에 넣는다.

물 ⅓컵(80g)

반죽은 즉시 사용하거나 냉장고에서 최대 4일간 보관했다가 사용할 수 있다. 냉장고에 보관했던 반죽은 밀기 전에 일단 실온 상태로 만든다. 반죽을 두 덩어리로 나눈다. 반죽 절반을 비닐랩으로 덮어둔 후 나머지 절반의 아래위에 유산지를 깔고 6mm 두께로 민다. 10cm 또는 12.5cm 크기의 쿠키 틀을 사용해 쿠키를 찍어낸 후 준비한 오븐 팬에 4cm 간격으로 올린다. 남은 반죽 조각은 모아서 한 번 더 밀고 쿠키를 몇 개 더 찍어낸다. 쿠키의 가장자리가 갈색으로 변하기 시작할 때까지 8~10분간 굽되, 절반쯤 구웠을 때 오븐 팬의 위치를 아래위, 앞뒤로 바꿔준다. 팬에 담긴 채로 2~3분간 식힌 후 철망 받침대에 올려 완전히 식힌다. 다음을 사용해 쿠키를 장식한다.

로열 아이싱

지름 3mm의 원형 깍지를 끼운 페이스트리용 짤주머니에 아이싱을 담아서 쿠키를 장식하고, 이쑤시개나 작은 칼에 아이싱을 살짝 묻혀서 모자나 머리카락, 수염, 벨트 등의 세부 장식을 그린다.

진저브레드 맨 찍어내기

빈 스타일 초승달 쿠키(Viennese Crescents)

6cm 크기의 쿠키 약 48개

오븐을 175℃로 예열한다. 오븐 팬이나 쿠키 시트 2개에 기름을 바르거나 유산지를 간다.

커다란 그릇이나 주걱 날을 끼운 스탠드 반죽기에 다음을 넣고 크림처럼 부드러운 질감이 될 때까지 세게 쳐서 섞는다.

무염 버터 스틱 2개(225g), 말랑하게 녹이기

다음을 넣고 잘 어우러질 때까지 세게 쳐서 섞는다.

슈거 파우더 ¾컵(75g)

다음을 넣고 세게 쳐서 섞는다.

곱게 간 호두나 아몬드 가루 또는 밀가루 1컵(90g)

바닐라 2작은술

(계핏가루 1작은술)

다음을 넣고 잘 어우러질 때까지 섞는다.

중력분 2컵(250g)

반죽을 1시간 동안 냉장고에 넣어두고 차갑게 식힌다. 초승달 모양의 쿠키 틀을 사용할 경우, 반죽을 6mm 두께로 민다. 손으로 초승달 모양을 만든다면 반죽을 1큰술씩 떼어서 짧은 밧줄 형태로 돌돌 굴린 후 초승달 모양으로 매만진다.(아래 그림 참고) 준비한 오븐 팬에 6mm 간격으로 반죽을 올린다. 초승달 쿠키가 갈색으로 변하기 시작할 때까지 13~15분간 굽되, 절반쯤 구웠을 때 오븐 팬의 위치를 아래위, 앞뒤로 바꿔준다. 팬에 담긴 채로 2~3분간 식힌 후 철망 받침대에 올려 완전히 식힌다. 식힌 쿠키를 다음에 넣고 굴린다.

슈거 파우더 ⅔컵

반죽을 굴린 후 초승달 모양으로 성형하기

만델플레첸(Mandelplättchen, 아몬드 프레츨)

7.5cm 크기의 프레츨 48개

중간 크기의 그릇에 다음을 넣고 잘 섞는다.

중력분 2½컵(315g)

계핏가루 2작은술

(레몬 1개의 껍질, 강판에 곱게 갈기)

베이킹파우더 1작은술

소금 1자밤

커다란 그릇이나 주걱 날을 끼운 스탠드 반죽기에 다음을 넣고 잘 어우러질 때까지 세게 쳐서 섞는다.

무염 버터 스틱 2개(225g), 말랑하게 녹이기

설탕 1컵(200g)

다음을 넣고 세게 쳐서 섞는다.

사워크림 ¼컵(60g)

대란 2개

대란 노른자 1개

바닐라 1작은술

(아몬드 추출물 ¼작은술)

밀가루 혼합물을 버터와 설탕 혼합물에 넣고 섞는다. 반죽을 반으로 나눠 원반 모양으로 성형한 뒤 비닐랩으로 감싼다. 쉽게 다룰 수 있도록 단단해질 때까지 2시간 정도 냉장고에 넣어둔다.

오븐을 190℃로 예열한다. 오븐 팬이나 쿠키 시트 2개에 기름을 바르거나 유산지를 깐다.

원반형 반죽을 하나씩 작업대에 올려놓고 일정한 크기의 반죽 덩어리 24개로 나눈다. 가늘고 긴 밧줄 모양으로 밀고 반죽을 꼬아서 프레즐 모양으로 성형한 후 준비한 오븐 팬에 5cm 간격으로 올린다. 프레즐에 다음을 바른다.

대란 노른자 1개, 잘 풀어두기

윗면에 다음을 훌훌 뿌린다.

껍질을 벗긴 아몬드, 굵게 썰기

설탕

쿠키의 가장자리가 갈색으로 변하기 시작할 때까지 10~12분간 굽되, 절반쯤 구웠을 때 오븐 팬의 위치를 아래위, 앞뒤로 바꿔준다. 팬에 담긴 채로 2~3분간 식힌 후 철망 받침대에 올려 완전히 식힌다.

통밀 크래커

5×9cm 크기의 크래커 20개

수제 통밀 크래커는 어린 시절에 먹던 과자를 연상시키지만 훨씬 더 맛있다. 이 쿠키 반죽은 다양한 크기로 잘라서 구울 수 있다. 어린아이가 먹을 용도라면 한입 크기로 만들어보자.

중간 크기의 그릇에 다음을 넣고 잘 섞는다.

굵게 빻은 통밀가루 1컵(130g)

중력분 ½컵(65g)

계핏가루 ½작은술

베이킹파우더 ½작은술

소금 ½작은술

베이킹소다 ¼작은술

커다란 그릇이나 주걱 날을 끼운 스탠드 반죽기에 다음을 넣고 가벼우면서 폭신폭신한 질감이 될 때까지 세게 쳐서 섞는다.

무염 버터 스틱 1개(115g), 말랑하게 녹이기

갈색 설탕, 꾹 눌러 담아 ⅓컵(75g)

꿀 2큰술(40g)

다음을 넣고 세게 쳐서 섞는다.

바닐라 1작은술

밀가루 혼합물을 버터와 설탕 혼합물에 넣고 반죽이 하나로 뭉칠 때까지 섞는다. 밀가루를 살짝 뿌린 작업대에 반죽을 올리고 매끄러워질 때까지 잠깐 치댄 후 반으로 나눈다. 각 반죽 덩어리 아래위에 유산지를 깔고 18×25cm의 직사각형으로 민다. 위쪽 유산지는 벗겨내고 아래쪽 유산지는 그대로 둔다. 칼이나 페이스트리 커터로 가장자리를 가지런히 잘라낸 후 직사각형 반죽을 가로 5cm의 길쭉한 조각 5개로 자른다. 그다음 세로로 반을 잘라서 5×9cm 크기의 크래커 10개를 만든다. 포크로 각 쿠키를 네 번씩 찌른다.(크래커를 각각 분리할 필요는 없다.) 사이사이에 유산지를 깔고 밀어서 잘라낸 반죽을 여러 겹으로 쌓은 후 오븐 팬에 올려서 30분간 냉동실에 넣어둔다.

오븐을 175℃로 예열한다. 차갑게 식힌 반죽을 유산지 그대로 오븐 팬이나 쿠키 시트 2개에 올리고 노릇노릇해질 때까지 12~14분간 굽되, 절반쯤 구웠을 때 오븐 팬의 위치를 아래위, 앞뒤로 바꿔준다. 팬에 담긴 채로 2~3분간 식힌 후 철망 받침대에 올려 완전히 식힌다. 칼집 자국을 따라서 식힌 쿠키를 쪼갠다.

통곡물 씨앗 웨이퍼

5~6cm 크기의 쿠키 약 60개

단맛이 강하지 않은 이 쿠키는 메밀, 카무트, 스펠트, 호밀, 옥수수 또는 통밀 등 다양한 통곡물의 가루를 넣어서 응용하기 좋은 레시피다. 짭짤한 맛과 단맛의 경계에 있으므로 치즈 플래터에 포함해서 식탁에 올려도 썩 잘 어울린다.

오븐을 175℃로 예열한다. 오븐 팬이나 쿠키 시트 2개에 기름을 바르거나 유산지를 깐다.

중간 크기의 그릇이나 주걱 날을 끼운 스탠드 반죽기에 다음을 넣고 매끄러운 질감이 될 때까지 세게 쳐서 섞는다.

무염 버터 스틱 2개(225g), 말랑하게 녹이기

설탕 ⅔컵(130g)

취향에 따라 다음을 넣고 잘 섞는다.

(레몬 1개 또는 오렌지 1개의 껍질, 강판에 곱게 갈기)

중간 크기의 그릇에 다음을 넣고 잘 섞는다.

중력분 2컵(250g)

통곡물가루 1컵(130g, 다양한 곡물 활용에 대해서는 위의 설명을 참고)

베이킹파우더 1작은술

소금 1작은술

회향, 고수씨 또는 캐러웨이 가루 1작은술 또는 카르다몸 가루 ½작은술

밀가루 혼합물을 버터와 설탕 혼합물에 넣고 몽글몽글해질 때까지 섞는다. 다음을 넣는다.

하프앤드하프, 우유 또는 물 6~7큰술(30~45g)

반죽이 하나로 뭉치기 시작할 때까지만 젓는다. 밀가루를 살짝 뿌린 작업대에 반죽을 올리고 한 덩어리가 될 때까지 살짝 치댄다. 3mm 두께로 민 후 지름 5~6cm의 커터로 찍어낸다. 오븐 팬에 2.5cm 간격으로 쿠키를 올린다.

작은 그릇에 다음을 넣고 잘 섞는다.

설탕 ¼컵(50g)

굵게 간 회향, 고수 또는 캐러웨이씨 2큰술, 또는 굵게 간 카르다몸씨 1큰술

작은 그릇을 하나 더 준비해 다음을 넣고 잘 섞는다.

달걀흰자 1개

물 1작은술

쿠키에 달걀흰자를 바르고 설탕 혼합물을 훌훌 뿌린다. 쿠키가 굳으면서 연한 갈색으로 익을 때까지 10~12분간 굽되, 절반쯤 구웠을 때 오븐 팬의 위치를 아래위, 앞뒤로 바꿔준다. 팬에 담긴 채로 2~3분간 식힌 후 철망 받침대에 올려 완전히 식힌다.

아니스 아몬드 비스코티

7.5×1.2cm 크기의 비스코티 약 42개

피스타치오로 응용하려면 아니스를 생략하고 바닐라 추출물을 사용하며, 아몬드 대신 피스타치오를 넣으면 된다.

오븐을 190℃로 예열한다. 오븐 팬이나 쿠키 시트에 기름을 바르거나 유산지를 깐다.

커다란 그릇에 다음을 넣고 잘 섞는다.

중력분 3⅓컵(415g)

베이킹파우더 2½작은술

소금 ½작은술

커다란 그릇에 다음을 넣고 잘 어우러질 때까지 세게 쳐서 섞는다.

설탕 1¼컵(250g)

식물성 기름 ¼컵(50g)

대란 2개

대란 흰자 2개

아니스씨 2큰술, 곱게 갈기

바닐라 또는 아몬드 추출물 1작은술

레몬 1개의 껍질, 강판에 곱게 갈기

오렌지 ½개의 껍질, 강판에 곱게 갈기

밀가루 혼합물을 설탕과 달걀 혼합물에 넣고 다음을 추가한다.

아몬드 1컵, 굵게 썰기

잘 어우러질 때까지 섞는다. 반죽을 반으로 나눈다. 각 반죽을 28×3.8cm 크기의 통나무 형태로 성형한 다음, 비닐랩으로 감싸서 매끄러워질 때까지 앞뒤로 굴리거나 손에 밀가루를 살짝 묻히고 매끄럽게 매만진다. 통나무 형태의 반죽 2개를 최대한 멀리 떨어지게 팬 위에 놓고 살짝 눌러서 납작하게 만든다. 25분간 굽는다. 오븐 팬을 철망 받침대에 옮긴다.(오븐은 계속 켜둔다.)

만질 수 있을 정도로 식으면 통나무 반죽을 조심스레 도마에 옮겨놓고 약간 비스듬한 방향으로 1cm 두께의 얇은 슬라이스 형태로 자른다. 슬라이스를 오븐 팬에 평평하게 올리고 오븐에 다시 넣어 10분간 굽는다. 반대쪽으로 뒤집어서 연한 갈색이 될 때까지 5~10분간 더 굽는다. 비스코티를 철망 받침대에 올려놓고 식힌다.

초콜릿 오렌지 비스코티

7.5×1.2cm 크기의 비스코티 약 42개

다양한 재료를 듬뿍 넣어 호사스러운 버전을 즐겨 만드는 편이라면, 초콜릿 칩과 함께 **구워서 굵게 썬 헤이즐넛 ½컵**을 반죽에 넣어보자.

오븐을 190℃로 예열한다. 오븐 팬에 유산지를 깐다.

중간 크기의 그릇에 다음을 넣고 잘 섞는다.

중력분 2½컵(315g)

무가당 코코아 가루 ¾컵(60g)

베이킹파우더 2작은술

(인스턴트 에스프레소 가루 2작은술)

소금 ½작은술

커다란 그릇이나 주걱 날을 끼운 스탠드 반죽기에 다음을 넣고 매끄러운 질감이 될 때까지 세게 쳐서 섞는다.

무염 버터 스틱 1개(115g), 말랑하게 녹이기

설탕 1¼컵(250g)

다음을 넣는다.

바닐라 2작은술

오렌지 1개의 껍질, 강판에 곱게 갈기

다음을 넣어서 세게 쳐서 섞는다.

대란 2개

밀가루 혼합물을 버터와 설탕 혼합물에 넣고 거의 완전히 어우러질 때까지 섞는다. 다음을 넣는다.

굵게 썬 다크 초콜릿 또는 작은 세미스위트 초콜릿 칩 ¾컵(115g)

잘 어우러지도록 섞는다. 아니스 아몬드 비스코티 레시피의 설명에 따라 성형하고 구워서 식힌다. 취향에 따라 각 쿠키의 절반을 다음에 담갔다 꺼낸다.

(세미스위트 또는 비터스위트 초콜릿 170g, 액체 상태로 녹이기)

짐트슈테르네(Zimtsterne, 계피와 아몬드를 넣은 별 모양 쿠키)

3.8cm 크기의 별 모양 쿠키 약 36개

독일에서 가장 인기 있는 크리스마스 쿠키 중 하나다. 반죽이 아주 연약하고 끈끈해서 다소 다루기 힘들지만, 수고를 들인 만큼 근사한 결과물을 얻을 수 있다. 취향에 따라 2.5cm 크기의 공 모양으로 만든 뒤 살짝 납작하게 눌러서 구울 수도 있다.

오븐을 150℃로 예열한다. 오븐 팬 또는 쿠키 시트 2개에 기름을 바르거나 유산지를 깐다.

커다란 그릇에 다음을 넣고 중간 정도 단단한 피크가 생기도록 달걀흰자를 세게 쳐서 거품을 낸다.

대란 흰자 3개

소금 ⅛작은술

다음을 조금씩 넣으면서 세게 쳐서 섞는다.

슈거 파우더 1⅓컵(135g)

계핏가루 1¼작은술

레몬 1개의 껍질, 강판에 곱게 갈기

거품이 단단해지고 윤기가 날 때까지 세게 휘젓는다. 달걀흰자 혼합물 ⅓ 분량을 다른 그릇에 옮겨 담고 한쪽에 둔다. 나머지 ⅔ 분량에 다음을 넣고 뒤적이며 섞는다.

생아몬드 2⅓컵, 곱게 갈기

작업대에 슈거 파우더를 살짝 뿌린다. 반죽을 톡톡 두드리면서 8mm 두께로 넓게 편다. 반죽이 너무 연약해서 밀대로 밀기는 어렵다. 너무 많이 달라붙으면 손바닥에 슈거 파우더를 뿌리고 작업한다. 3.8cm 크기의 별 모양 쿠키 틀로 모양을 찍어낸다. 준비한 오븐 팬에 3.8cm 간격으로 쿠키 반죽을 올린다. 따로 보관해둔 달걀흰자 혼합물을 윗면에 바른다. 쿠키의 윗면이 보송보송해 보이고 살짝 갈라질 때까지 20분 정도 굽되, 절반쯤 구웠을 때 오븐 팬의 위치를 아래위, 앞뒤로 바꿔준다. 팬에 담긴 채로 2~3분간 식힌 후 철망 받침대에 올려 완전히 식힌다.

슈프링얼레(Springerle, 모양 틀로 찍어낸 아니스 쿠키)

5~10cm 크기의 다양한 무늬 쿠키 약 30개

이 유명한 독일식 아니스 쿠키는 나무 틀이나 롤러로 예스러운 무늬나 형상을 찍어낸다. 마땅한 틀이 없다면 반죽을 2×6cm 크기의 쿠키 바 형태로 자른다. 아니스 풍미를 더 진하게 내려면 쿠키를 보관하는 용기에 아니스씨를 1~2작은술 넣어둔다.

중간 크기의 그릇에 다음을 넣고 섞는다.

중력분 3¼컵(405g)

베이킹파우더 ¼작은술

커다란 그릇에 다음을 넣고 가볍게 쳐서 풀어둔다.

대란 4개

다음을 넣고 잘 어우러질 때까지 세게 쳐서 섞는다.

설탕 1⅔컵(330g)

레몬 1개의 껍질, 강판에 곱게 갈기

아니스 추출물 1작은술

밀가루 혼합물을 달걀과 설탕 혼합물에 넣고 잘 어우러질 때까지 섞는다. 오븐 팬이나 쿠키 시트 2개에 기름을 바르거나 유산지를 깐다. 깨끗한 작업대에 다음을 홀홀 뿌린다.

중력분 ¼컵

반죽을 작업대 위에 올리고 밀가루를 조금 더 홀홀 뿌린다. 반죽이 적당히 단단해지고 쉽게 다룰 수 있는 상태가 되도록 밀가루를 적당히 넣어서 치댄다. 반죽을 반으로 나누고 하나는 비닐랩에 싸서 둔다.(냉장고에 넣지 않는다.) 남은 반죽 절반을 6mm 두께로 민다. 모양이 새겨진 슈프링얼레 전용 밀대나 쿠키 틀에 밀가루를 살짝 뿌리고 여분의 밀가루를 털어낸다. 밀대를 반죽 위에 얹고 세게 힘을 주면서 밀어서 반죽에 무늬를 새기거나, 쿠키 틀을 반죽에 대고 세게 누른 후 떼어낸다. 페이스트리 휠 또는 잘 드는 칼로 무늬가 찍힌 쿠키를 잘라낸 후 준비한 오븐 팬에 1.2cm 간격으로 올린다. 반죽을 덮지 않은 상태로 10~12시간 정도 그대로 둔다.

오븐을 150℃로 예열한다. 취향에 따라 쿠키에 다음을 홀홀 뿌린다.

(아니스씨 통째로 또는 으깨서 2~3큰술)

쿠키가 거의 단단해지지만 갈색으로는 변하지 않을 때까지 18~25분간 굽되, 절반쯤 구웠을 때 오븐 팬의 위치를 아래위, 앞뒤로 바꿔준다. 팬에 담긴 채로 2~3분간 식힌 후 철망 받침대에 올려 완전히 식힌다.

슈페쿨라치우스(Spekulatius)

5~10cm 크기의 쿠키 약 28개

슈페쿨라치우스는 독일에서 탄생한 진한 풍미의 쿠키로, 전용 나무 틀을 사용해 크리스마스 관련 무늬를 찍어낸다.

다음을 푸드 프로세서에 넣고 짧게 몇 번 작동시키거나 중간 크기의 그릇에 넣고 잘 섞는다.

중력분 1½컵(190g)

갈색 설탕, 꾹 눌러 담아 ½컵(115g)

아몬드 분말 또는 고운 아몬드 가루 ¼컵(25g)

계핏가루 1작은술

정향 또는 카르다몸 가루 ¼작은술

다음을 넣고 푸드 프로세서를 짧게 몇 번 작동시키거나 손가락을 밀가루에 넣어서 버터를 아주 잘게 조갠다.

차가운 무염 버터 6큰술(버터 스틱 ¾개 또는 85g), 정육면체로 자르기

다음을 넣고 몽글몽글한 반죽 형태가 될 때까지만 푸드 프로세서를 짧게 몇 번 작동시킨다.

대란 1개

헤비크림 2큰술(30g)

반죽을 원반 형태로 평평하게 만들고 비닐랩으로 단단히 감싸서 12~24시간 동안 냉장고에 넣어둔다.

오븐을 175℃로 예열한다. 아래위에 유산지를 깔고 반죽을 3mm 두께로 민다. 위쪽 유산지를 벗겨내고 밀가루를 뿌린 5×10cm 크기의 틀을 대고 찍거나, 틀이 없으면 반죽을 5cm 크기의 정사각형 또는 5×10cm 크기의 직사각형으로 자른다. 반죽이 너무 끈적거리면 단단해질 때까지 잠깐 냉동실에 넣어둔다. 유산지에 반죽을 얹은 상태 그대로 오븐 팬이나 쿠키 시트에 올린다. 6mm 간격이 생기도록 쿠키들을 약간씩 떼어놓는다. 쿠키에 다음을 살짝 바른다.

달걀흰자 1개, 잘 풀어두기

틀로 찍지 않은 쿠키를 굽는다면 다음을 홀홀 뿌린다.

(아몬드 슬라이스 ⅓컵)

쿠키가 보송보송해지고 연한 갈색으로 변할 때까지 12~15분간 굽되, 중간에 오븐 팬의 위치를 앞뒤로 바꿔준다. 팬에 담긴 채로 2~3분간 식힌 후 철망 받침대에 올려 완전히 식힌다.

슈프리츠 쿠키(Spritz Cookies)

5cm 크기의 쿠키 약 60개

일부 슈프리츠 쿠키는 거의 케이크와 비슷할 정도로 말랑말랑하고 부드럽지만, 이 레시피대로 조리하면 바삭하고 부드러운 쿠키가 완성된다. 취향에 따라 쿠키를 굽기 전에 알록달록한 착색 설탕을 뿌리거나, 다 구워서 식힌 다음 녹인 초콜릿에 쿠키를 반만 담갔다 꺼내도 좋다. 또한 샌드위치처럼 슈프리츠 쿠키를 2개 겹치고 그 사이에 선호하는 버터크림을 발라도 맛있다.

다음을 합쳐서 체에 쳐서 중간 크기의 그릇에 담는다.

중력분 2¼컵(280g)

소금 ½작은술

또 다른 중간 크기 그릇이나 주걱 날을 끼운 스탠드 반죽기에 다음을 넣고 가벼우면서 폭신폭신한 질감이 될 때까지 세게 쳐서 섞는다.

무염 버터 스틱 2개(225g), 말랑하게 녹이기

설탕 ¾컵(150g)

다음을 넣고 잘 어우러질 때까지 세게 쳐서 섞는다.

대란 노른자 2개

바닐라 또는 아몬드 추출물 1작은술

밀가루 혼합물을 버터와 설탕 혼합물에 넣고 반죽이 매끄러워질 때까지 섞는다. 반죽을 1시간 동안 식힌다.

오븐을 175℃로 예열한다. 오븐 팬이나 쿠키 시트에 유산지를 깐다. 반죽을 쿠키 프레스에 담아서 준비한 오븐 팬 위에 2.5cm 간격으로 찍어낸다. 반죽은 쿠키 프레스를 비교적 쉽게 통과할 정도로 다루기 쉬운 상태여야 하는데, 너

무 말랑말랑하면 다시 냉장고에 넣어 살짝 차갑게 식힌다. 연한 갈색이 될 때까지 10분 정도 굽되, 절반쯤 구웠을 때 오븐 팬의 위치를 앞뒤로 바꿔준다. 팬에 담긴 채로 2~3분간 식힌 후 철망 받침대에 올려 완전히 식힌다.

초콜릿 슈프리츠 쿠키

기본 레시피 이상으로 슈프리츠 쿠키를 더 맛있게 만들 수는 없다고 생각했지만, 초콜릿을 넣어서 한번 시험해보았다. 브라우니 풍미의 이 쿠키는 우리의 생각이 틀렸음을 보기 좋게 증명해주었다.

밀가루 2컵(250g)과 무가당 코코아 가루 ½컵(40g)을 사용해 **슈프리츠 쿠키** 반죽을 만든다. 기본 레시피대로 쿠키를 굽는다.

스코틀랜드식 쇼트브레드

5×3.5cm 크기의 쿠키 바 24개

취향에 따라 밀가루 ⅓컵 대신 **쌀가루나 옥수수 전분 ⅓컵(40g)**을 사용하면 아주 포슬포슬하고 부드러운 쇼트브레드가 완성된다.

오븐을 150℃로 예열한다. 20cm짜리 정사각형 베이킹 팬이나 직사각형 쇼트브레드 틀에 기름을 바르지 않고 준비한다.

커다란 그릇에 다음을 넣고 매끄럽게 어우러질 때까지 세게 쳐서 섞는다.

무염 버터 스틱 1½개(170g), 말랑하게 녹이기

슈거 파우더 ¼컵(25g)

설탕 ¼컵(50g)

소금 ¼작은술

다음을 넣고 섞는다.

중력분 1½컵(190g)

잘 섞일 때까지 살짝 치댄다. 베이킹 팬이나 쇼트브레드 틀에 반죽을 넣고 꾹꾹 눌러서 골고루 깐다. 베이킹 팬을 사용한다면 포크로 반죽 전체에 일정한 무늬를 그리며 깊게 찌른다. 취향에 따라 다음을 훌훌 뿌린다.

(설탕 2작은술)

쇼트브레드가 연한 갈색으로 익으면서 가장자리는 약간 더 진한 색으로 변할 때까지 45~50분간 굽는다. 따뜻할 때 쿠키 바 형태로 잘라서 팬이나 틀에 담긴 채로 식힌다.

아이스박스 또는 냉장고 쿠키에 대해

이 책에서는 1931년 초판부터 이러한 쿠키의 장점을 극찬해왔다. 보관하기 쉬운데다 반죽을 밀어서 성형하거나 일정한 크기로 떠낼 필요가 없다. 그보다 중요한 것은 냉동실에서 반죽을 꺼내 원하는 양만큼 조금씩 썰어서 쿠키를 바로 구울 수 있다는 점이다. 이 책에 실려 있는 모든 레시피 중에서 미리 만들어두기 가장 쉬운 것이 바로 이런 쿠키들이다. 재료를 섞어서 반죽을 만든 후 유산지나 파라핀지 위에 올려놓고 지름 5cm의 원통형으로 성형한 후 잘 감싼다. 볼 스크래퍼나 벤치 스크래퍼의 직선 면을 사용해 원통형 반죽을 감싼 유산지를 단단하게 여민다. 자세한 방법은 798쪽의 그림을 참고한다.(빵 반죽에는 쿠키 시트를 사용하지만 쿠키 반죽에는 스크래퍼를 사용한다.)

원통형 반죽을 4~12시간 동안 차갑게 식힌다. 그 이후에는 잘 드는 칼로 아주 얇게 썰어서 사용할 수 있다. 반죽을 냉동실에 넣으면 식히는 시간을 단축할 수 있다. 반죽을 만들어서 바로 구우려면 식히는 과정 없이 드롭 쿠키 레시피에 따라 구우면 된다.

바닐라 아이스박스 쿠키

지름 6cm짜리 쿠키 약 40개

이 반죽은 필링을 채워서 굽는 쿠키나 진한 풍미의 드롭 쿠키를 만들기에도 좋다. 드롭 쿠키에 대해 또는 필링을 채워서 굽는 쿠키에 대해 항목을 참고한다. 중간 크기의 그릇에 다음을 넣고 섞는다.

중력분 1½컵(155g)

베이킹파우더 1작은술

소금 ½작은술

커다란 그릇이나 주걱 날을 끼운 스탠드 반죽기에 다음을 넣고 폭신폭신한 질감이 될 때까지 세게 쳐서 섞는다.

무염 버터 스틱 1개(115g), 말랑하게 녹이기

슈거 파우더 ⅔컵(70g)

다음을 넣고 잘 어우러질 때까지 세게 쳐서 섞는다.

대란 1개

바닐라 또는 바닐라 빈 페이스트 1작은술

(레몬 1개의 껍질, 강판에 곱게 갈기)

밀가루 혼합물을 버터와 설탕 혼합물에 넣고 잘 어우러질 때까지 섞는다. 반죽을 28cm 길이의 통나무 형태로 성형해 유산지로 잘 감싼다. 단단해질 때까지 냉장고나 냉동실에 넣어둔다.

오븐을 190℃로 예열한다. 오븐 팬이나 쿠키 시트 2개에 기름을 바르거나 유산지를 깐다.

통나무 형태의 반죽을 6mm 두께 또는 그보다 얇게 썰어서 준비한 오븐 팬에 2.5cm 간격으로 올린다. 쿠키가 연한 갈색이 될 때까지 8~10분간 굽되, 절반쯤 구웠을 때 오븐 팬의 위치를 아래위, 앞뒤로 바꿔준다. 팬에 담긴 채로 2~3분간 식힌 후 철망 받침대에 올려 완전히 식힌다.

아이스박스 쿠키의 추가 재료

곱게 간 얼그레이 찻잎 2작은술과 강판에 곱게 간 오렌지 1개의 껍질을 바닐라와 함께 추가

슈거 파우더의 양을 반으로 줄이는 대신 **갈색 설탕, 꾹 눌러 담아 ⅓컵(75g)**을 사용하고 **세미스위트 초콜릿 작은 칩 1컵**을 밀가루 혼합물과 함께 추가

레몬 껍질을 생략하고 달걀을 넣기 전에 **녹여서 식힌 세미스위트 또는 비터스위트 초콜릿 115g**을 추가

버터와 설탕 혼합물에 **강판에 곱게 간 오렌지 1개의 껍질**을 추가하고 **잘게 썬 다크 초콜릿 ½컵**을 밀가루 혼합물과 함께 추가

강판에 곱게 간 레몬 1개의 껍질과 **포피시드 2큰술**을 바닐라와 함께 추가

구워서 굵게 썬 견과류 ½컵을 밀가루 혼합물과 함께 추가

카카오닙스 ⅓컵을 밀가루 혼합물과 함께 추가

바닐라 대신 **장미수**를 넣고 **잘게 썬 피스타치오 ⅓컵**을 밀가루 혼합물과 함께 추가

강판에 곱게 간 라임 2개의 껍질과 **카르다몸 가루 ½작은술**을 바닐라와 함께 추가

잘게 썬 설탕 절임 생강 ⅓컵을 밀가루 혼합물과 함께 추가

슈거 파우더 대신 **갈색 설탕**을 사용하고, 바닐라 대신 **커피 리큐어 1큰술**을 넣으며, **인스턴트 에스프레소 가루 1큰술**을 리큐어와 함께 추가

슈거 파우더 대신 **갈색 설탕**을 사용하고 **계핏가루 ¾작은술, 생강 가루 ½작**

은술, 강판에 간 육두구나 육두구 가루 ¼작은술, 올스파이스 가루 ¼작은술, 정향 가루 ⅛작은술을 밀가루 혼합물에 추가

소용돌이 모양 아이스박스 쿠키

아래 그림처럼 색이 다른 반죽 2장을 겹친 후 돌돌 말아서 성형할 수 있다. 이렇게 말아서 쿠키를 자르면 단면에 소용돌이 모양이 생긴다. **바닐라 아이스박스 쿠키**의 반죽을 만들되, 레몬 껍질은 생략한다. 반죽을 반으로 나눈다. 한쪽 반죽에는 **액체 상태로 녹인 세미스위트 또는 비터스위트 초콜릿 55g**을 넣고 치대거나 살살 섞는다. 반죽이 말랑말랑하면 단단해질 때까지 냉장고에 넣어 차갑게 만든다. 바닐라와 초콜릿 반죽을 각각 같은 크기가 되도록 3mm 두께의 직사각형으로 민다. 초콜릿 반죽을 바닐라 반죽 위에 겹치고 롤케이크처럼 돌돌 만다. 차갑게 식혀서 얇게 썬 후 앞의 레시피대로 굽는다.

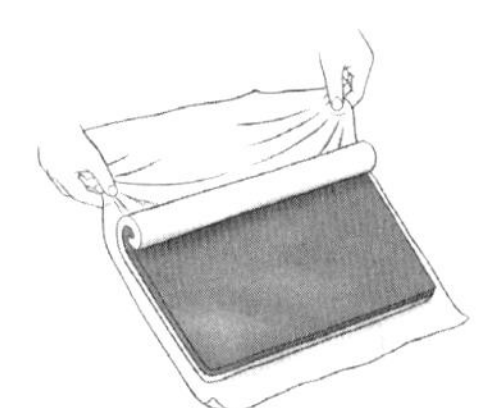

소용돌이 모양의 아이스박스 쿠키 만들기

필링을 채워서 굽는 쿠키에 대해

쿠키 반죽에 손가락으로 자국을 내고 시판 잼을 얹거나 황금색으로 구운 웨이퍼 사이에 얇은 초콜릿 민트를 샌드위치처럼 끼우는 정도의 간단한 필링도 많다. 또한 다양한 풍미를 첨가한 퐁당, 버터크림 아이싱, 초콜릿 가나슈 또는 그 외의 빽빽한 프로스팅을 쿠키 필링으로 사용해도 좋다. 필링을 채워서 굽는 쿠키는 모양, 만드는 방법, 굽는 방법이 워낙 다양하므로 모든 쿠키에 똑같이 적용되는 지침은 거의 없다고 해도 과언이 아니다. 우선 각 레시피를 충실히 따르고, 오른쪽의 그림을 참고해 다양한 응용법을 고안해보자.

필링을 채운 쿠키

5cm 크기의 쿠키 약 40개

이 쿠키에는 여기서 소개하는 필링 외에도 굵게 썬 과일 필링, 구운 호두 또는 피칸 필링, 견과류 필링 또는 모든 종류의 걸쭉한 프리저브를 필링으로 사용할 수 있다.

다음 반죽을 만든다.

　반죽을 밀어서 만드는 설탕 쿠키 또는 바닐라 아이스박스 쿠키

오븐을 175℃로 예열한다. 오븐 팬이나 쿠키 시트 2개에 유산지를 깐다.

　반죽을 조금씩 떼어서 2.5cm 크기의 공 모양으로 성형한 후 오른쪽의 그림처럼 엄지손가락으로 꾹 눌러 필링이 들어갈 자리를 만든다. 또는 밀가루를 살짝 뿌린 작업대에 반죽을 올리고 3mm 두께로 넓게 밀어서 지름 5cm짜리 원형 쿠키를 찍어낸다.

　턴오버를 만들려면 쿠키 1개당 원형 반죽 하나를 사용하고 필링을 1작은술 조금 못 되게 얹는다. 반죽을 반으로 접은 후 밀가루를 뿌린 포크로 가장자리를 꾹꾹 눌러서 봉한다.

　필링이 보이지 않는 타르트를 만들려면 쿠키 1개당 원형 반죽 2개를 사용한다. 반죽 하나에 필링 1작은술을 얹고 다른 반죽으로 위를 덮어서 가장자리를 봉한다.

　필링이 보이는 타르트를 만들려면 쿠키 1개당 원형 반죽 2개를 사용한다. 작은 원형 커터를 사용해 위에 얹을 반죽의 가운데에 동그란 구멍을 뚫는다. 아래쪽 반죽에 필링 1작은술을 얹고 가운데를 잘라낸 반죽을 그 위에 얹는다. 위와 같은 방식으로 가장자리를 봉한다.

　오븐 팬에 2.5cm 간격으로 쿠키를 올린다. 연한 갈색으로 익으면서 굳을 때까지 15~18분간 굽되, 절반쯤 구웠을 때 오븐 팬의 위치를 아래위, 앞뒤로 바꿔준다. 팬에 담긴 채로 2~3분간 식힌 후 철망 받침대에 올려 완전히 식힌다.

필링을 채운 쿠키

쿠키용 필링

I. 말린 과일

작고 묵직한 편수 냄비에 다음을 넣고 부르르 끓어오를 때까지 가열한다.

　굵게 썬 건포도, 말린 무화과, 대추야자 또는 살구 1컵

　설탕 6큰술(70g)

　물 5큰술(75g)

　레몬 또는 오렌지 1개의 껍질, 강판에 곱게 갈기

　레몬즙 1큰술(15g) 또는 오렌지즙 ¼컵(60g)

　무염 버터 1큰술(15g)

　소금 ⅛작은술

저으면서 걸쭉해질 때까지 팔팔 끓인다. 식혀서 사용한다.

II. 코코넛

그릇에 다음을 넣고 섞는다.

　얇게 깎거나 잘게 썬 코코넛 1½컵, 모아서 굵게 썰기

　갈색 설탕, 꾹 눌러 담아 ½컵(115g)

　대란 1개, 살짝 풀어두기

　중력분 1큰술(10g)

　라임 1개의 껍질과 즙, 강판에 곱게 갈기

III. 민스미트

시판 민스미트의 물기를 빼서 약 ¾컵을 사용하거나 고기 기름을 넣지 않는 **민스미트 파이 필링**을 절반 분량 준비해서 사용한다.

둘세 데 레체 샌드위치 쿠키(Alfajores de Dulce de Leche)

약 20개

이 근사한 아르헨티나의 샌드위치 쿠키는 전통적으로 옥수수 전분으로 만들어 아주 부드럽지만 우리는 진한 버터 향의 아이스박스 쿠키 풍미를 선호한다. 1~2일 정도 보관해두면 자연스럽게 사르르 녹을 정도로 부드러워진다.

다음 반죽을 만든다.

　바닐라 아이스박스 쿠키

반죽을 성형해서 자른 후 레시피에 따라 굽는다. 다음을 만들거나 준비한다.

간단한 둘세 데 레체 또는 시판 카헤타(cajeta, 염소젖과 캐러멜로 만든 걸쭉한 시럽 ─ 옮긴이)**나 둘세 데 레체**

쿠키를 완전히 식힌 후 절반 분량을 뒤집어서 바닥 면이 위를 보게 한다. 둘세 데 레체를 1½~2작은술씩 얹고 다른 쿠키로 덮는다. 취향에 따라 쿠키에 다음을 뿌린다.

(슈거 파우더)

또는 옆면을 다음에 굴린다.

(잘게 썬 코코넛)

밀폐 용기에 담아 냉장고에 넣으면 최대 일주일까지 보관할 수 있다.

마카롱(Macarons)

약 30개

이 섬세하고도 아름다운 쿠키는 제대로 만들기가 무척 힘든 것으로 악명 높다. 우리가 하고 싶은 조언은 시간을 넉넉히 투자하라는 것이다. 만드는 모든 과정에서 서두르지 말고 충분히 연습하자. 완벽한 모양의 마카롱을 만들기 위해서는 여러 번 시도해봐야 한다. 그러나 다행히도 모양과 상관없이 결과물은 항상 맛있게 즐길 수 있다.

오븐 팬 2개에 유산지를 깐다. 중간 크기의 그릇에 다음을 넣고 완전히 매끄럽게 어우러질 때까지 주걱으로 잘 섞는다.

껍질을 벗긴 아몬드 가루 1½컵(140g), 체에 치기

슈거 파우더 1¼컵(125g), 체에 치기

대란 흰자 2개

거품기 날을 끼운 스탠드 반죽기에 다음을 넣고 거품이 생기기 시작할 때까지 중속으로 젓는다.

대란 흰자 2개

다음을 넣고 세게 쳐서 섞는다.

설탕 2큰술(25g)

(바닐라 또는 아몬드 추출물 ½작은술)

부드러운 피크가 생길 때까지 중속으로 계속 세게 쳐서 섞은 후 반죽기를 끈다. 중간 크기의 편수 냄비에 다음을 넣고 섞는다.

설탕 ¾컵(150g)

물 3큰술(45g)

중약불에서 저으면서 설탕이 녹을 때까지 가열한 뒤, 중강불로 올려서 시럽 온도가 110℃에 도달할 때까지 끓인다. 반죽기를 중고속으로 돌리면서 반죽기 날과 용기 안쪽 옆면 사이로 시럽을 아주 조금씩 흘려 넣는다. 시럽을 전부 추가한 후 반죽기 용기를 만져보면 살짝 미지근한 느낌이 날 때까지 달걀흰자를 계속 세게 젓는다. 달걀흰자 거품의 ⅓ 분량을 아몬드 가루 혼합물에 넣고 뒤적이면서 촉촉하게 적신 후, 이 아몬드 가루 혼합물을 다시 남은 달걀흰자 거품에 넣어서 뒤적이며 섞는다. 이때 취향에 따라 다음을 추가한다.

(식용 색소 3~4방울)

혼합물이 매끄럽고 질감이 균일하며 주걱으로 반죽을 떴을 때 리본 끈처럼 주르륵 흘러내릴 때까지 뒤적이며 섞는다. 반죽을 너무 오래 뒤적인다는 생각이 들 것이고 거품도 어느 정도 꺼지게 된다. 완성된 반죽은 용암과 비슷한 점도여야 한다. 반죽의 절반을 지름 6~12mm의 일반형 깍지를 키운 페이스트리용 짤주머니 또는 한쪽 모서리를 잘라낸 지퍼백에 담는다. 오븐 팬에 2.5cm 간격으

로 지름 3.8cm의 원형으로 반죽을 짠다. 남은 반죽 절반도 마찬가지로 작업한다. 오븐 팬을 작업대에 세 번 정도 세게 내려쳐서 기포를 없앴다. 마카롱의 윗면에 막이 생길 때까지 45분 정도 실온에 둔다.(손가락 끝으로 살짝 만져보면 달라붙지 않아야 한다. 손가락에 달라붙는다면 조금 더 말린다.) 천장에 팬이 있다면 켜놓는 것도 좋다. 마카롱의 표면이 좀 더 빨리 마르게 도와준다.

마카롱의 표면을 말리는 동안 오븐을 150℃로 예열한다. 오븐 팬을 하나씩 오븐에 넣어서 마카롱을 14~16분간 굽되, 중간 정도 구웠을 때 오븐 팬의 위치를 앞뒤로 바꿔준다. 팬에 담긴 채로 완전히 식힌다. 마카롱의 절반을 거꾸로 뒤집고 다음을 얹는다.

잼, 감귤류 커드, 선호하는 버터크림 아이싱, 초콜릿 헤이즐넛 스프레드, 가나슈 또는 선호하는 가당 견과류 버터 등의 필링 1작은술(총 ⅔컵 필요)

다른 마카롱으로 필링 위를 덮는다. 밀폐 용기에 마카롱을 한 겹으로 담고 냉동실에 넣으면 하룻밤 또는 최대 이틀까지 보관할 수 있다. 실온 상태로 녹여서 낸다.

다양한 풍미를 더한 마카롱

초콜릿 마카롱: 아몬드 가루 혼합물에 무가당 코코아 가루 3큰술(15g)을 추가하고 필링으로는 **초콜릿 가나슈**를 사용한다.

레몬 마카롱: 바닐라와 함께 강판에 곱게 간 레몬 1개의 껍질을 넣고 **노란색 식용 색소 3~4방울**을 추가하며, 필링으로는 **레몬 커드** 또는 **감귤류 버터크림**을 사용한다.

피스타치오 마카롱: 녹색 식용 색소 3~4방울을 넣고 필링으로는 **피스타치오 페이스트**를 사용한다.

커피 마카롱: 아몬드 가루 혼합물에 **인스턴트 에스프레소 가루 2작은술**을 추가하고 필링으로는 **커피 버터크림**을 사용한다.

딸기 마카롱: 아몬드 가루 혼합물에 곱게 간 동결 건조 딸기 3큰술을 넣고 필링으로는 **딸기 잼**이나 **머랭 버터크림**을 사용한다.

바치 디 다마(Baci di Dama, 초콜릿 필링을 넣은 헤이즐넛 쿠키)

약 45개

이탈리아어로 '여성들의 키스'라는 뜻의 이름이 붙은 자그마한 이탈리아식 디저트로, 입안에 넣으면 사르르 녹아버린다.

오븐을 175℃로 예열한다. 오븐 팬이나 쿠키 시트 2개에 기름을 바르거나 유산지를 깐다.

피칸 대신 구워서 껍질을 벗긴 헤이즐넛을 사용해 다음 반죽을 만든다.

멕시코식 웨딩 케이크

반죽을 1작은술씩 깎아서 떠서 공 모양으로 돌돌 굴린 후 준비한 오븐 팬에 약 2.5cm 간격으로 올린다. 바닥이 연한 갈색으로 노릇노릇하게 익을 때까지 10~12분간 굽되, 절반쯤 구웠을 때 오븐 팬의 위치를 아래위, 앞뒤로 바꿔준다. 팬에 담긴 채로 2~3분간 식힌 후 철망 받침대에 올려 완전히 식힌다. 슈거 파우더에 넣고 굴리는 단계는 생략한다.

이중 냄비를 사용해(또는 냄비에 물을 붓고 아주 은근히 끓이면서 내열 그릇을 담가 중탕으로) 은근히 가열하면서 다음을 녹인다.

비터스위트 초콜릿 85g, 잘게 썰기

녹인 초콜릿이 걸쭉한 액체 상태가 될 때까지 살짝 식힌다. 숟가락으로 초콜릿을 아주 조금 떠서 쿠키 절반의 아랫면에 얹은 후 그 위에 쿠키를 덮어서 초콜

릿 필링을 채운 샌드위치 쿠키 형태를 만든다. 옆면이 아래로 가도록 쿠키를 돌려놓고 초콜릿을 굳힌다. 밀폐 용기에 담아 보관하면 실온에서 최대 일주일 간 두고 먹을 수 있다.

루겔라흐(Rugelach, 유대인들이 하누카 명절에 먹는 쿠키)

돌돌 만 루겔라흐 약 30개 또는 초승달 모양의 큰 것 24개 또는 작은 것 48개

젤리가 아닌 잼이나 프리저브를 사용한다. 시판 초콜릿 헤이즐넛 스프레드를 사용해도 맛있는 루겔라흐를 만들 수 있다. 반죽은 최대 일주일간 냉장고에 넣어둘 수 있으며 밀폐 용기에 넣어 냉동하면 최대 한 달 정도 보관할 수 있다.

커다란 그릇이나 주걱 날을 끼운 스탠드 반죽기에 다음을 넣고 잘 어우러질 때까지 세게 쳐서 섞는다.

　　무염 버터 스틱 2개(225g), 말랑하게 녹이기

　　크림치즈 170g, 말랑하게 녹이기

다음을 넣고 잘 어우러질 때까지 세게 쳐서 섞는다.

　　중력분 2¼컵(280g)

반죽을 세 덩어리로 나눈다. 돌돌 만 형태의 루겔라흐를 만든다면 15×10cm 크기의 직사각형으로 납작하게 성형하고, 초승달 모양의 루겔라흐를 만든다면 지름 15cm의 원반 모양으로 성형한다. 비닐랩으로 감싸서 1시간 이상 냉장고에 넣어 차갑게 식힌다.

오븐을 175℃로 예열한다. 오븐 팬이나 쿠키 시트 2개에 기름을 바르거나 유산지를 깐다. 작은 그릇에 다음을 넣고 잘 섞는다.

　　설탕 ⅓컵(65g)

　　계핏가루 1작은술

　　소금 1자밤

한 번에 반죽 한 덩어리씩 작업하고, 나머지는 냉장고에 넣어둔다. 작업대와 반죽의 윗면에 밀가루를 넉넉하게 뿌린다.

돌돌 만 루겔라흐를 만든다면 각 반죽을 크기 40×25cm, 두께 3mm의 직사각형으로 민다. 반죽의 윗면과 아랫면, 작업대에 묻은 여분의 밀가루를 솔로 털어내고 직사각형의 긴 변이 조리하는 사람을 향하도록 돌려놓는다. 가장자리 6mm를 남기고 직사각형 반죽에 다음을 넓게 펴서 바른다.

　　라즈베리 잼 또는 살구 프리저브 ¼컵씩(총 ¾컵)

몸에서 가장 가까운 쪽의 잼이 끝나는 부분에 다음을 한 줄로 올린다.

　　커런트, 건포도, 세미스위트 초콜릿 칩 또는 잘게 썬 다크 초콜릿 ¼컵씩(총 ¾컵)

잼이 노출된 부분에 계핏가루를 섞은 설탕 2작은술과 다음을 홀홀 뿌린다.

　　아주 잘게 썬 호두 2½큰술씩(총 ½컵)

몸에서 가까운 직사각형의 긴 변부터 시작해 반죽을 살살 말다가 어느 정도 진행되면 꼭꼭 눌러가면서 단단하게 만다. 이음매 부분이 아래로 가도록 놓는다. 3.8cm 두께의 슬라이스로 잘라서 이음매 부분이 아래로 가도록 준비한 오븐 팬에 2.5cm 간격으로 올린다.

초승달 모양의 루겔라흐를 만든다면 각 반죽을 지름 35cm, 두께 3mm 정도로 둥글게 민다. 위에 설명한 필링의 분량을 참고해 가장자리 6mm를 남기고 잼을 얇게 바른 후, 반죽의 표면 전체에 건포도, 계핏가루를 섞은 설탕, 잘게 썬 견과류를 홀홀 뿌린다. 오른쪽 그림과 같이 원형 반죽을 피자처럼 웨지 모양으로 자른다. 큼직한 쿠키를 만든다면 반죽 1개당 8조각, 작은 쿠키를 만든다면 반죽 1개당 16조각으로 자른다. 웨지 모양의 반죽을 넓은 쪽부터 시작해 뾰족한 꼭짓점을 향해 돌돌 말고, 뾰족한 부분은 아래로 밀어 넣는다. 이음매

가 아래로 가도록 준비한 오븐 팬에 올린다.

쿠키마다 남은 계피 설탕을 ⅛작은술씩 뿌린다. 바닥이 연한 갈색이 될 때까지 25분 정도 굽되, 절반쯤 구웠을 때 오븐 팬의 위치를 앞뒤로 바꿔준다. 팬에 담긴 채로 2~3분간 식힌 후 철망 받침대에 올려 완전히 식힌다.

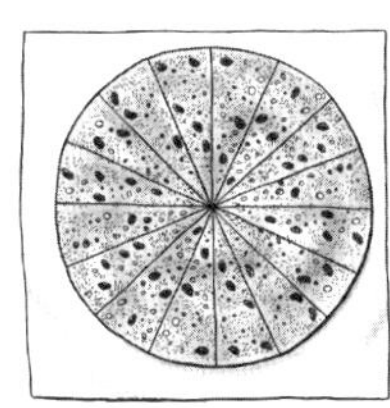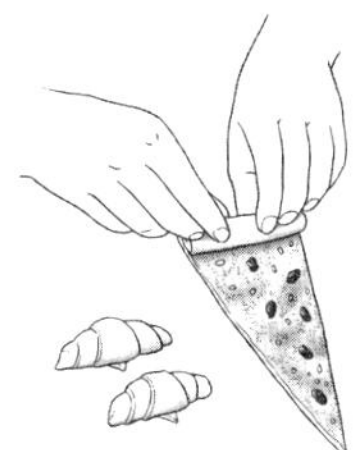

초승달 모양의 루겔라흐 만들기

하만타셴(Hamantaschen, 하만의 주머니라는 뜻으로 유대인의 전통 쿠키)

약 20개

이 삼각형 쿠키에 전통적으로 사용하는 필링은 포피시드이지만, 우리는 말린 살구로 만든 과일 필링을 즐겨 넣는다.

다음 반죽을 만든다.

　　반죽을 밀어서 만드는 설탕 쿠키

반죽을 반으로 나누고 비닐랩으로 잘 감싸서 1시간 이상 냉장고에 넣어둔다.

다음을 준비한다.

　　쿠키용 필링 I 또는 II, 커피 케이크용 필링 아무 종류나, 무화과 케플러용 필링 또는 선호하는 잼이나 젤리 넉넉하게 ¾컵

오븐을 175℃로 예열한다. 오븐 팬이나 쿠키 시트 2개에 유산지를 깐다.

한 번에 반죽 하나씩 작업대에 올려 6mm 두께로 민다. 반죽이 너무 차가우면 갈라지기 쉬우므로 몇 분간 실온에서 말랑말랑하게 녹인 후에 민다. 지름 7.5~9cm의 원형 틀을 사용해 쿠키를 찍어낸다. 남은 반죽 조각을 모아서 한 번 더 밀고 쿠키를 몇 개 더 찍어낸다. 원형 쿠키 반죽을 오븐 팬에 약 2.5cm 간격으로 올린다. 각 원형 반죽의 가운데에 필링 2작은술씩 얹고 가장자리의 세 면을 안쪽으로 접어서 가운데에 삼각형 모양으로 필링이 보이는 삼각형 쿠키를 만든다. 가장자리를 꾹 눌러서 붙인다.(이때 반죽이 너무 끈적거리면 몇 분간 냉동실에 넣어 단단하게 굳힌다.) 연한 색으로 노릇노릇하게 익을 때까지 15~18분간 굽되, 절반쯤 구웠을 때 오븐 팬의 위치를 아래위, 앞뒤로 바꿔준다. 팬에 담긴 채로 2~3분간 식힌 후 철망 받침대에 올려 완전히 식힌다.

무화과 케플러(Fig Keplers)

약 30개

메건이 어린 시절에 좋아하던 쿠키를 재현하기 위해 개발한 레시피다.

다음 반죽을 만든다.

　　바닐라 아이스박스 쿠키

이때 슈거 파우더 대신 꾹 눌러 담은 갈색 설탕을 사용하고, 바닐라와 함께 다음을 넣는다.

　　오렌지 1개의 껍질, 강판에 곱게 갈기

반죽을 4등분해 랩으로 잘 감싼 후 단단해질 때까지 냉장고에 1시간 정도 넣어둔다. 그동안 필링을 만들기 위해 중간 크기의 편수 냄비에 다음을 넣는다.

　말린 무화과 450g, 굵게 썰기

　물 ½컵(120g)

부르르 끓어오르도록 가열한 후 뚜껑을 덮고 무화과가 물을 전부 흡수할 때까지 뭉근히 끓인다. 무화과를 푸드 프로세서에 넣고 가끔 용기 옆면에 묻은 재료를 긁어내리면서 덩어리가 남지 않을 때까지 퓌레 상태로 간다. 식힌다.

　오븐을 160℃로 예열한다. 오븐 팬이나 쿠키 시트에 유산지를 깐다. 유산지 1장을 작업대 위에 깔고 밀가루를 뿌린다. 반죽을 한 덩어리씩 올려 작업대에 치면서 직사각형으로 성형한다.(직사각형이 될 때까지 반죽의 네 면을 작업대에 툭툭 친다.) 반죽이 유산지에 달라붙지 않는지 자주 확인하면서 10×30cm의 직사각형으로 넓게 민다. 무화과 필링을 페이스트리용 짤주머니 또는 한쪽 모서리를 잘라낸 지퍼백에 담은 후 반죽의 가운데에 세로 방향으로 2.5cm 너비가 되도록 길쭉하게 짠다. 물을 묻힌 손가락으로 필링을 톡톡 두드려 납작하게 누른다. 반죽의 한 면을 필링 위로 접은 후 반대쪽도 접는다. 이음매를 꾹꾹 눌러서 봉한다. 유산지를 사용해 롤 모양 쿠키를 뒤집으면서 이음매가 아래쪽으로 가도록 오븐 팬에 옮겨 담는다. 나머지 반죽 세 덩어리로 같은 작업을 하는 동안 먼저 성형한 쿠키는 냉장고에 보관한다.

　반죽이 더 이상 끈적이지 않고 가장자리 주변이 갈색으로 변하기 시작할 때까지 16분 정도 굽되, 절반쯤 구웠을 때 오븐 팬의 위치를 앞뒤로 바꿔준다. 롤 형태의 쿠키가 아직 따뜻할 때 도마 위에 올리거나(커다란 주걱을 사용) 팬에 담긴 상태에서 쿠키를 3.8cm 길이로 자른다. 무화과 필링이 끈적거리기 때문에 중간중간 칼을 닦아가면서 잘라야 할 수도 있다. 쿠키를 철망 받침대에 올려놓고 주방 행주로 덮어둔다.(이렇게 하면 쿠키가 식는 동안 말랑말랑한 식감이 유지된다.) 쿠키를 완전히 식힌다. 식힌 쿠키를 밀폐 용기에 담아 실온에 보관하면 최대 2주까지 두고 먹을 수 있다.

피칸 타시(Pecan Tassies, 미니 피칸 타르트)
약 24개

다음 반죽을 만든다.

　바닐라 아이스박스 쿠키

반죽을 냉장고에 12시간 동안 넣어둔다.

그동안 굵게 썬 피칸을 사용해 다음을 만든다.

　피칸 파이용 필링 레시피의 ½ 분량

오븐을 175℃로 예열한다. 24구짜리 미니 머핀 틀에 기름을 살짝 바른다.

　각 머핀 컵에 반죽을 1큰술씩 넣고 눌러서 바닥과 옆면에 붙인다. 반죽 셸에 피칸 필링을 채운다. 타르트가 굳을 때까지 15~20분간 굽되, 절반쯤 구웠을 때 머핀 틀의 위치를 앞뒤로 바꿔준다. 머핀 틀을 철망 받침대에 올려 완전히 식힌다.

젤리 토트(Jelly Tots)
지름 3.8cm짜리 쿠키 약 42개

골무 쿠키, 깊은 우물 쿠키 또는 엄지 쿠키(thumbprint cookies) 등의 이름이 있지만, 어떤 이름으로 부르든 똑같은 젤리 쿠키다.

다음 반죽을 준비한다.

　반죽을 밀어서 만드는 설탕 쿠키

반죽을 둥글게 뭉쳐서 잘 감싼 후 좀 더 쉽게 다룰 수 있도록 30분간 냉장고에 넣어둔다.

　오븐을 190℃로 예열한다. 오븐 팬 2개에 기름을 바르거나 유산지를 깐다. 반죽을 2.5cm 크기의 공 모양으로 성형한다. 다음을 깔아놓고 반죽을 굴린다.

　설탕

더 고급스러운 쿠키를 만들려면 반죽을 다음에 넣고 굴린 후,

　달걀흰자 1개, 살짝 풀어두기

다음에 넣고 굴린다.

　구워서 곱게 다진 견과류 1컵

준비한 오븐 팬에 약 2.5cm 간격으로 쿠키를 올린다. 각 쿠키의 가운데를 엄지손가락으로 눌러서 움푹 들어간 자국을 낸 후 다음을 쿠키마다 1작은술씩 채워 넣는다.

　선호하는 풍미의 프리저브 또는 잼 약 ¾컵

쿠키가 굳을 때까지 12~15분간 굽되, 절반쯤 구웠을 때 오븐 팬의 위치를 아래위, 앞뒤로 바꿔준다. 팬에 담긴 채로 2~3분간 식힌 후 철망 받침대에 올려 완전히 식힌다.

간단한 땅콩버터와 젤리 엄지 쿠키
약 24개

은은한 단맛을 가진 이 쿠키는 영양이 풍부해서 아이들의 도시락 가방에 넣어주기 좋고, 레시피가 간단해서 아이들도 만들 수 있다.

오븐을 160℃로 예열한다. 오븐 팬에 유산지를 깐다.

중간 크기의 그릇에 다음을 넣고 섞는다.

　부드럽게 저은 무가당 땅콩버터 1컵(240g)

　대란 1개

　갈색 설탕, 꾹 눌러 담아 2큰술(30g)

　통밀가루 또는 중력분 2큰술(15g)

반죽을 1작은술씩 듬뿍 떠서 동그란 공 모양으로 굴린 후 오븐 팬에 3.8cm 간격으로 올린다. 손가락으로 동그란 반죽의 가운데를 눌러서 움푹 들어간 공간을 만든다. 반죽이 포슬포슬해서 어느 정도 갈라지겠지만 상관없다. 비어 있는 공간에 다음을 채워 넣는다.

　딸기 잼 ½작은술(총 ¼컵)

쿠키가 굳으면서 가장자리가 연한 갈색으로 익을 때까지 12~15분간 굽는다. 오븐 팬을 받침대에 올려 완전히 식힌다. 밀폐 용기에 넣어두면 최대 일주일간 보관할 수 있다.

마카룬 잼 타르트
약 18개

이 쿠키를 상당히 좋아했던 이르마 할머니는 이런 말을 남겼다. "디저트 중의 디저트라고 할 만하다. 내가 만들 수 있는 요리 중에서도 최고로 꼽을 수 있다. 이 마카룬 타르트를 완성하기 위해서는 토대로 사용할 진한 맛의 쿠키와 토핑으로 사용할 아몬드 마카룬의 두 가지 케이크가 필요하다. 여기에 품질 좋은 쫀득한 딸기 잼이나 자두 잼을 곁들이면 이보다 맛있는 조합을 찾기는 어려울 것이다."

중간 크기의 그릇에 다음을 넣고 크림처럼 부드러운 질감이 될 때까지 세게 쳐서 섞는다.

　무염 버터 스틱 1개(115g), 말랑하게 녹이기

　설탕 2큰술(25g)

다음을 넣고 세게 쳐서 섞는다.

　　대란 노른자 1개

　　레몬즙 1½작은술

　　레몬 1개의 껍질, 강판에 곱게 갈기

작은 그릇에 다음을 넣고 섞는다.

　　중력분 1½컵(190g)

　　소금 ¼작은술

밀가루 혼합물을 몇 번에 나눠서 다음과 번갈아 가며 버터와 설탕 혼합물에 넣는다.

　　찬물 2큰술(30g)

반죽을 원반 형태로 만들어서 잘 감싼 후 12시간 동안 냉장고에 넣어둔다.

　　오븐을 160℃로 예열한다. 오븐 팬이나 쿠키 시트에 기름을 바르거나 유산지를 깐다.

　　반죽을 3mm 두께로 민다. 원형 쿠키 틀이나 비스킷 커터로 지름 7.5m의 원형 쿠키를 찍어내고, 준비한 오븐 팬에 2.5cm 간격으로 올린다. 반죽 조각을 모아서 밀고 쿠키를 몇 개 더 찍어내는 작업을 2회 반복한다. 중간 크기의 그릇에 다음을 넣고 부드러운 피크가 생길 때까지 저어서 거품을 낸다.

　　대란 흰자 3개

다음을 조금씩 넣으면서 세게 쳐서 섞는다.

　　슈거 파우더 1⅓컵(135g)

　　바닐라 1작은술

머랭에 단단한 피크가 생기고 윤기가 날 때까지 세게 쳐서 거품을 낸다. 다음을 넣고 뒤적이며 섞는다.

　　아몬드를 굵게 빻은 분말 또는 아몬드 가루 2컵(185g)

중간 크기의 일반형 깍지를 끼운 페이스트리용 짤주머니 또는 한쪽 모서리를 잘라낸 지퍼백에 머랭을 담는다. 각 원형 반죽의 가장자리를 따라서 1.2cm 두께로 머랭 혼합물을 둥글게 짠다. 각 쿠키의 가운데에 다음을 채운다.

　　선호하는 찐득한 잼 1작은술씩(총 6큰술 정도)

작은 L자형 주걱으로 잼을 평평하게 펴서 바른다. 취향에 따라 아래 그림처럼 잼 위에 머랭을 십자 모양으로 짜서 올려도 좋다. 연한 갈색으로 변하면서 머랭이 굳을 때까지 20~25분간 굽되, 절반쯤 구웠을 때 오븐 팬의 위치를 앞뒤로 바꿔준다.

마카룬 잼 타르트 위에 머랭을 짜서 얹기

린츠식 하트 쿠키(Linzer Hearts)

약 26개

다음 반죽을 준비한다.

　　빈 스타일 초승달 쿠키, 아몬드를 굵게 빻은 분말 또는 아몬드 가루를 사용하기

반죽을 반으로 나누고 잘 감싼 후 냉장고에 1시간 동안 넣어둔다.

　　오븐을 175℃로 예열한다. 오븐 팬이나 쿠키 시트 2개에 유산지를 깐다. 반죽을 한 번에 하나씩 작업대에 올려 6mm 두께로 밀고 지름 3.8cm의 쿠키 틀로 찍어낸다. 찍어낸 쿠키 절반 분량의 중심부에 작은 원형 또는 하트 모양의 쿠키 틀로 구멍을 낸다. 남은 반죽 조각을 모아서 한 번 더 밀고 쿠키를 몇 개 더 찍어낸다. 오븐 팬에 2.5cm 간격으로 쿠키 반죽을 올리고 황금색이 될 때까지 12~15분간 굽되, 절반쯤 구웠을 때 오븐 팬의 위치를 아래위, 앞뒤로 바꿔준다. 팬에 담긴 채로 2~3분간 식힌 후 철망 받침대에 올려 완전히 식힌다.

작은 편수 냄비에 다음을 넣고 2분간 자글자글 끓인다.

　　씨 없는 라즈베리 프리저브 ¾컵

미지근해질 때까지 식힌다. 가운데를 잘라낸 쿠키에 다음을 체에 쳐서 뿌린다.

　　슈거 파우더

가운데에 구멍을 뚫지 않은 쿠키를 뒤집어서 바닥이 위로 오게 한다. 그 위에 프리저브를 조금 바른다. 가운데를 잘라내고 설탕을 뿌린 쿠키를 잼을 바른 쿠키 위에 얹는다.

돌돌 말아서 만드는 쿠키에 대해

돌돌 말아서 만드는 쿠키 중 일부는 반죽을 간단히 오븐 팬에 얹어서 만들고, 일부는 특별한 도구를 사용해 만든다. 대롱이나 원뿔 모양으로 말기도 하고 쿠키가 아직 따뜻할 때 밀대나 나무 숟가락의 손잡이를 사용해 부분적으로 돌돌 말기도 하는데, 도구와 관계없이 아주 근사한 모양의 쿠키가 완성된다. 먹기 직전에 필링을 채워주면 완벽한 디저트가 된다. 필링으로는 가향 또는 일반 휩드 크림, 초콜릿 가나슈, 가당 크림치즈나 리코타 치즈를 사용한다. 화려한 장식을 원한다면 필링을 채운 쿠키의 가장자리를 견과류 가루, 초콜릿 스프링클 또는 녹인 다크 초콜릿이나 화이트 초콜릿에 담갔다 꺼낸다.

크룸카케 만들기

버터 크룸카케(Butter Krumkakes)

12.5cm 길이의 웨이퍼 약 30개

아주 얇고 바삭한 이 스칸디나비아식 웨이퍼를 만들 때는 가스나 전기 버너 위에 올려놓고 사용하는 크룸카케 전용 팬(krumkake iron)이 필요하다. 전기 제품도 출시되어 있다. 『조이 오브 쿠킹』의 한 애독자는 반죽에 참깨 ¼작은술을 훌훌 뿌리고 전용 팬의 뚜껑을 닫아서 구우면 볶은 참깨 풍미를 낼 수 있다고 제안하기도 했다.

중간 크기의 그릇이나 거품기 날을 끼운 스탠드 반죽기에 다음을 넣고 가벼운 질감이 될 때까지 세게 젓는다.

　　대란 2개

다음을 조금씩 넣으면서 반죽의 색이 연해지고 거품기를 들어올리면 반죽이 리본 끈처럼 주르륵 흘러내릴 때까지 세게 쳐서 섞는다.

　　설탕 ⅔컵(130g)

　　(레몬 1개의 껍질, 강판에 곱게 갈기)

반죽기를 계속 작동시키면서 다음을 조금씩 넣는다.

　　무염 버터 스틱 1개(115g), 액체 상태로 녹인 후 식히기

　　바닐라 1작은술

다음을 넣고 잘 어우러질 때까지 뒤적이며 섞는다.

　　중력분 1½~1¾컵(190~220g)

반죽의 농도가 항상 일정하지 않으므로 처음에는 레시피의 밀가루를 전부 다 넣지 않는 것이 좋다. 시험 삼아 크룸카케를 하나 구워서 반죽의 농도를 확인한다. 구울 때는 크룸카케 전용 팬을 중약불에 올려서 몇 분간 예열한 후 다음을 살짝 바른다.

　　무염 버터

크룸카케가 달라붙지 않으면 기름을 다시 바를 필요는 없다. 웨이퍼 1장당 반죽을 1큰술씩 사용한다. 반죽의 농도는 크룸카케 전용 팬 전체에 금세 퍼지되 뚜껑을 덮었을 때 옆으로 흘러넘치지 않을 정도여야 한다. 반죽이 너무 묽으면 밀가루를 추가한다. 반죽이 옆으로 흘러내리면 뚜껑을 열고 가장자리를 따라서 칼로 여분의 반죽을 잘라낸다. 웨이퍼가 갈색으로 변하기 시작할 때까지 한 면당 2분 정도 굽는다. 다 구워진 웨이퍼를 들어내자마자 839쪽의 그림과 같이 나무 숟가락 손잡이나 원뿔형 도구에 돌돌 감는다. 넓적하고 평평한 상태 그대로 샌드위치 쿠키를 만들려면 아래의 스트롭와플 레시피를 참고한다.

　　돌돌 만 쿠키가 식으면 필링을 채운다.(권장하는 필링은 돌돌 말아서 만드는 쿠키에 대해 항목을 참고한다.)

아몬드 크룸카케

12.5cm 길이의 웨이퍼 약 30개

버터 크룸카케를 만들되, 설탕과 함께 **아몬드를 굵게 빻은 분말 또는 아몬드 가루 3큰술**(20g)을 넣고, 바닐라와 함께 **아몬드 추출물 ¼작은술**을 넣는다. 레시피에 따라 크룸카케를 구워서 돌돌 만 후 필링을 채운다.

스트롭와플(Stroopwafels)

샌드위치 쿠키 약 12개

스트롭와플은 네덜란드의 전통 간식으로 스트롭(stroop)은 '시럽'을 의미한다. 이 시럽을 와플 쿠키 2개 사이에 발라서 샌드위치 형태로 만든다. 쿠키와 시럽이 식어가면서 와플은 약간 말랑해지고 시럽은 쫀득해진다. 스트롭와플 전용 팬도 시판되고 있지만 피젤(Pizzelle, 복잡한 무늬가 들어간 이탈리아식 웨이퍼 쿠키─옮긴이) 팬을 사용해도 좋다. 바로 먹지 않을 쿠키는 최대 일주일 정도 보관할 수 있다. 쿠키를 데우고 안에 든 시럽을 말랑말랑하게 녹이려면 스트롭와플을 뜨거운 커피잔 위에 올려놓는다.

중간 크기의 편수 냄비에 다음을 넣고 섞는다.

　　진한 갈색 설탕, 꾹 눌러 담아 ½컵(115g)

　　진한 옥수수 시럽 ½컵(175g)

　　무염 버터 3큰술(45g)

　　계핏가루 ½작은술

　　소금 ¼작은술

설탕이 잘 녹도록 저으면서 가열한다. 시럽이 팔팔 끓어오르면 바로 불을 끈 후 쿠키를 만드는 동안 한쪽에 둔다.

다음 반죽을 준비한다.

　　버터 크룸카케

벨기에 또는 네덜란드식 쿠키 팬, 프랑스식 고프레 팬 또는 피젤 팬에 반죽을 부어서 굽는다. 가정용 레인지에서 구울 경우 중약불이나 중불을 사용하고, 쿠키가 타지 않고 먹음직스러운 갈색으로 익도록 적당히 불을 조절한다. 쿠키 팬의 크기에 따라서 반죽의 양을 가감해가며 쿠키 1개당 1~2큰술 정도의 반죽을 사용한다. 스트롭와플 전용 팬을 사용한다면 갈색으로 익은 쿠키의 가장자리를 큼직한 원형 커터로 잘라내고, 케이크를 두 겹으로 자르는 것처럼 쿠키를 수평으로 반 자른다. 고프레나 피젤 팬을 사용한다면 쿠키가 너무 얇아서 수평으로 자르기는 힘들다. 쿠키 하나(또는 반으로 가른 쿠키 한쪽의 절단면)에 시럽을 얇게 바르고 다른 쿠키 또는 반으로 가른 쿠키의 다른 쪽을 위에 얹는다.

아이스크림콘

커다란 콘 10개 또는 작은 콘 20개

앞에서 설명한 크룸카케 전용 팬을 사용한다면 반죽을 얇게 구워서 원뿔형으로 돌돌 말아 맛있는 아이스크림콘을 만들거나, 작은 내열 도자기 용기로 모양을 만들어 오목한 아이스크림 용기를 만들 수 있다. 직사각형에 무늬가 있는 고프레 팬을 사용할 경우, 벌집무늬가 새겨진 전형적인 프랑스식 웨이퍼 또는 고프레가 된다. 이탈리아에서는 이를 피젤이라고 부르며, 피젤 팬도 사용할 수 있다.

전기 팬을 사용한다면 사용 설명서에 따라 예열한다. 가정용 레인지로 구워야 하는 팬이라면 중약불에 올려 몇 분간 예열한다. 중간 크기의 그릇에 다음을 넣고 단단한 피크가 생기지만 마른 거품은 아닌 상태가 될 때까지 세게 쳐서 거품을 낸다.

　　대란 흰자 2개, 실온 상태로 준비

다음을 조금씩 넣으면서 뒤적여 섞는다.

　　슈거 파우더 ¾컵(75g)

　　바닐라 ¼작은술

　　소금 ⅛작은술

다음을 넣고 뒤적이며 섞는다.

　　중력분 ½컵(65g)

다음을 넣고 살살 섞는다.

　　무염 버터 4큰술(버터 스틱 ½개 또는 55g), 액체 상태로 녹인 후 식히기

반죽을 1큰술 떠서 예열한 팬에 올리고 뚜껑을 덮는다. 1분 30초 후 필요하면 팬을 뒤집어서 반대쪽도 베이지색이 될 때까지 굽는다. 불에서 내린 후 아직 따뜻할 때 거꾸로 뒤집어놓은 도자기 용기 위에 덮어서 모양을 만들거나 원뿔 모양으로 성형한다.(839쪽 그림 참고) 또는 평평한 상태로 식힌다. 그릇 또는 원뿔 모양으로 만들었다면 돌돌 말아서 만드는 쿠키에 대해 항목의 설명에 따라 필링을 채워서 낸다. 물론 아이스크림을 얹어서 내도 좋다.

포천 쿠키(Fortune Cookies)

약 24개

이 쿠키 레시피나 아몬드 크룸카케 레시피는 포천 쿠키를 대용량으로 구울 때 활용할 수 있다. 작은 종잇조각에 운세를 인쇄해둔다. 쿠키를 일단 구우면 금세 식어버리고 식은 후에는 원하는 모양으로 만들 수 없으므로 쿠키 모양을 만드는 작업은 두 사람이 하는 것이 좋다.

오븐을 175℃로 예열한다. 오븐 팬이나 쿠키 시트 2개에 유산지나 실리콘 깔개를 깐다.

중간 크기의 그릇에 다음을 넣고 섞는다.

대란 흰자 3개

설탕 ⅔컵(130g)

소금 ⅛작은술

다음 재료를 먼저 한 가지 넣고 잘 어우러지도록 세게 쳐서 섞은 후 다시 다음 재료를 넣는 식으로 모두 넣어 섞는다.

무염 버터 스틱 1개(115g), 액체 상태로 녹인 후 약간 식히기

중력분 ½컵(65g)

(아몬드 분말 또는 고운 아몬드 가루 ⅓컵[30g])

바닐라 ¼작은술 또는 레몬즙 1½작은술

반죽을 1큰술씩 떠서 오븐 팬에 10cm 간격으로 올린다. 오븐 팬을 하나씩 오븐에 넣고 가장자리가 노릇노릇해질 때까지 10분 정도 굽되, 절반쯤 구웠을 때 오븐 팬의 위치를 앞뒤로 바꿔준다. 쿠키가 아직 따뜻할 때 하나씩 펼쳐놓고 운세가 적힌 쪽지의 한쪽이 쿠키 밖으로 빠져나오도록 가운데에 올린 후 쿠키를 반으로 접는다. 꾹 눌러서 반죽을 봉하고 쿠키를 들어올린 후 양쪽 모서리를 모아서 C자 형태를 만든다. 받침대에 올려 식힌다. 쿠키 중 일부가 너무 많이 식어서 모양을 만들 수 없다면 오븐 팬을 다시 오븐에 잠깐 넣어 말랑해지도록 따뜻하게 데운다.

브랜디 스냅(Brandy Snap, 브랜디를 넣은 영국식 생강 비스킷)

9cm 길이의 쿠키 약 20개

오븐을 150℃로 예열한다. 오븐 팬 2개에 유산지를 깐다.(실리콘 깔개는 사용하지 않는다.)

중간 크기의 묵직한 편수 냄비에 다음을 넣고 섞는다.

무염 버터 스틱 1개(115g)

설탕 ½컵(100g) 또는 설탕 ¼컵(50g)+메이플 슈거 ¼컵(60g)

당밀 ⅓컵(115g)

계핏가루 ½작은술

레몬 1개 또는 오렌지 ½개의 껍질, 강판에 곱게 갈기

생강 가루 ¼작은술

소금 1자밤

약불에 올려 저으면서 버터가 녹고 혼합물이 매끄럽게 어우러질 때까지 가열한다. 불에서 내린 후 다음을 넣고 섞는다.

중력분 1컵(125g)

브랜디 2작은술

적당히 단단해져서 모양을 만들 수 있을 정도로 식힌다. 지름 2cm의 공 모양으로 뭉쳐서 준비한 오븐 팬에 5cm 간격으로 올린다. 오븐 팬을 한 번에 하나씩 오븐에 넣고 가장자리가 갈색으로 익을 때까지 12~15분간 굽되, 절반쯤 구웠을 때 오븐 팬의 위치를 앞뒤로 바꿔준다. 팬에 담긴 채로 2~3분간 식힌 후 아직 따뜻한 쿠키를 나무 숟가락 손잡이에 돌돌 만다. 웨이퍼 중 일부가 너무 식어서 모양을 잡기 어렵다면 잠깐 오븐에 다시 넣어 말랑해지도록 데운다.

돌돌 만 메이플 쿠키(Maple Curls)

7.5cm 길이의 쿠키 약 15개

『조이 오브 쿠킹』 1963년 개정판에 처음 등장한 레시피다.

오븐을 175℃로 예열한다. 오븐 팬이나 쿠키 시트에 기름을 바르거나 유산지를 깐다. 모양을 만들기 위해 만들고자 하는 쿠키의 크기와 비슷한 밀대나 유리병을 몇 개 준비한다.

중간 크기의 편수 냄비에 다음을 넣고 바글바글 끓어오르도록 가열한 뒤 30초간 끓인다.

메이플 시럽 ½컵(160g)

무염 버터 4큰술(버터 스틱 ½개 또는 55g)

불에서 내리고 다음을 넣어 섞는다.

중력분 ½컵(65g)

소금 ¼작은술

반죽이 잘 어우러지면 1큰술씩 떠서 준비한 오븐 팬에 7.5cm 간격으로 올린다. 쿠키가 갈색으로 익을 때까지 12~16분간 굽되, 절반쯤 구웠을 때 오븐 팬의 위치를 앞뒤로 바꿔준다. 팬에 담긴 채로 2~3분간 식힌 후 아직 따뜻한 쿠키를 밀대나 유리병에 돌돌 말아서 모양을 만든다. 웨이퍼 중 일부가 너무 식어서 모양을 잡기 어렵다면 잠깐 오븐에 다시 넣어 말랑해지도록 데운다.

튀일(Tuiles, 프랑스식 아몬드 웨이퍼)

7.5cm 길이의 웨이퍼 약 30개

종이처럼 얇고 은은한 아몬드 풍미를 내는 튀일은 따뜻하고 쉽게 구부러지는 상태일 때 밀대나 유리병에 걸쳐서 살짝 구부러진 모양을 만든 후 식히면서 단단하게 굳힌다.

오븐을 175℃로 예열한다. 오븐 팬이나 쿠키 시트 2개에 기름을 넉넉히 바르거나 유산지 또는 실리콘 깔개를 깐다. 모양을 만들기 위해 만들고자 하는 쿠키의 크기와 비슷한 밀대나 유리병을 몇 개 준비한다.

다음을 굵직하게 썰어 한쪽에 둔다.

아몬드 슬라이스 ⅔컵

중간 크기의 그릇에 다음을 넣고 거품이 날 때까지 섞는다.

대란 흰자 2개

설탕 ⅓컵+1큰술(75g)

바닐라 ½작은술

(아몬드 추출물 ¼작은술)

소금 ⅛작은술

달걀흰자 혼합물에 다음을 체에 쳐서 넣고 잘 저어서 섞는다.

박력분 ½컵(55g)

다음을 넣고 잘 어우러지면서 매끄러워질 때까지 섞는다.

무염 버터 5큰술(70g), 액체 상태로 녹여서 살짝 식히기

반죽을 1큰술씩 듬뿍 떠서 준비한 오븐 팬에 7.5cm 간격으로 올린다. 작은 L자형 주걱으로 각 반죽을 지름 7.5cm의 원형으로 넓게 편다. 견과류를 홀홀 뿌린다. 오븐 팬을 한 번에 하나씩 오븐에 넣고 가장자리가 노릇노릇해질 때까지 6~9분간 굽되, 중간에 오븐 팬의 위치를 앞뒤로 바꿔준다. 팬에 담긴 채로 몇 초간 식힌 후, 재빨리 작은 L자형 주걱으로 아직 따뜻한 쿠키를 들어서 바닥이 아래로 가도록 밀대나 유리병에 올려놓고 완전히 식힌다. 웨이퍼 중 일부가 너무 식어서 모양을 잡기 어렵다면 잠깐 오븐에 다시 넣어 말랑해지도록 데운다.

생강 쿠키 집

23cm 크기의 정사각형 토대에 올린 생강 쿠키 집 1개(너비 약 14cm, 높이 약 18cm), 여분의 쿠키 10~15개

코네티컷 출신의 요리책 저자이자 요리 강사인 수전 G. 퍼디(Susan G. Purdy)는 이 레시피를 사용해 어른과 아이가 명절을 기념하는 생강 쿠키 집을 함께 만드는 수업을 30년 이상 진행했으며, 집에서는 딸인 커샌드라(지금은 요리사가 되었다.)와 함께 이 쿠키 집을 만들었다. 여러분의 가정에서도 이 생강 쿠키 집을 연말연시 기념으로 만들어보자. 생강 쿠키는 최대 일주일 전에 미리 구워놓았다가 한꺼번에 조립할 수 있다.

중간 크기의 편수 냄비에 다음을 넣어 녹인다.

　버터 스틱 또는 마가린 2개(225g)

다음을 넣은 후 약불에서 저으면서 설탕이 다 녹고 혼합물에 와글와글한 느낌이 없어질 때까지 가열한다.

　설탕 1컵(200g)

　당밀 1컵(340g)

불에서 내린 후 한쪽에 두고 미지근하게 식힌다. 커다란 그릇에 다음을 넣고 잘 섞는다.

　중력분 4½컵(565g)

　생강 가루 1큰술

　베이킹소다 1작은술

　소금 1작은술

　계핏가루 1작은술

　강판에 간 육두구 또는 육두구 가루 1작은술

마른 재료의 가운데에 움푹 들어간 공간을 만들고 미지근하게 식은 버터 혼합물을 부은 후 모든 재료를 한꺼번에 섞어서 세게 젓는다.

다음을 추가한다.

　중력분 ½컵(65g)

반죽이 공 모양으로 뭉치면서 그릇 옆면에 달라붙지 않을 때까지 세게 쳐서 섞는다. 반죽을 그릇에서 꺼내 작업대 위에 올리고 쉽게 모양을 만들 수 있을 정도로 부드러워질 때까지 3~4번 치댄다. 비닐랩으로 잘 감싸서 반죽이 완전히 식을 때까지 냉장고에 보관한다.(반죽은 며칠 정도 미리 만들어둘 수 있다.) 냉장고에 넣어서 식힌 후에도 반죽이 너무 말랑말랑해서 밀기 힘들다면 밀가루를 조금 더 넣고 섞는다.

집을 만들기 위한 본뜨기: 빳빳한 마분지에 집을 구성하는 모양을 그리고 잘라낸다. 옆면 2개, 앞면 1개, 뒷면 1개, 지붕 2개, 토대 1개로 총 7개가 필요하다. 각 조각의 양쪽 면에 밀가루를 문질러서 반죽이 달라붙지 않게 한다.

반죽을 잘라서 생강 쿠키 집을 만들기 위한 쿠키 굽기: 오븐에 받침대 2개를 끼워서 오븐 안쪽을 세 부분으로 나눈다. 오븐을 175℃로 예열한다.

밀대에 밀가루를 살짝 뿌리고 반죽의 ⅓ 분량을 기름을 바르지 않은 쿠키 시트에 바로 올린 후 약 6mm 두께로 민다. 반죽에 밀가루를 살짝 뿌린다. 밀어놓은 반죽 위에 본을 최대한 많이 올리되, 굽는 동안 반죽이 퍼질 경우를 대비해 본 사이마다 약 2cm의 간격을 둔다. 잘 드는 과도로 본을 따라 반죽을 잘라낸다. 본을 들어올린다. 각 조각 사이의 반죽은 떼어낸다. 남은 반죽 조각을 모아서 한 번 더 밀고, 본을 대어 반죽을 한 번 더 잘라낸다. 남은 ⅔ 분량의 반죽에도 같은 작업을 반복하면서 본을 전부 다 잘라낸다. 창문과 현관 위치에 칼집을 내되, ▶ 반죽을 떼어내지는 않는다.(이때 반죽을 떼어내면 모양이 일그러진다.) 남은 반죽 조각을 밀대로 밀고 쿠키 틀이나 과도를 사용해 생강 쿠키 집에 넣을 사람, 울타리, 동물, 기타 모양을 잘라낸다.

생강 쿠키 조각을 오븐에 넣어 색깔이 살짝 진해지면서 약간 단단한 느낌이

날 때까지(쿠키가 식으면서 딱딱해진다.) 12~15분간 굽되, 절반쯤 구웠을 때 오븐 팬의 위치를 앞뒤로 바꿔준다.(쿠키를 다 식힌 후에도 바삭하고 딱딱한 느낌이 나지 않으면 오븐에 다시 넣어 몇 분간 더 굽는다.)

쿠키 조각을 오븐에서 꺼내자마자 내열 처리된 작업대에 쿠키 시트를 올려놓고 아직 뜨거운 쿠키 조각 위에 각각 마분지 본을 올린다. 손을 데지 않도록 주방용 장갑을 끼고 한 번에 하나씩 본을 따라 과도로 쿠키 조각을 잘라낸다.(가장자리를 빙 둘러가며 손질하면 훨씬 깔끔하게 조립할 수 있다.) 본을 들어올리고 잘라낸 남은 조각은 장식을 위해 모아둔다. 문과 창문을 잘라서 떼어낸다. 쿠키가 아직 따뜻할 때 잘라낸 창문 부분을 반으로 잘라서 여닫이문을 만들 수도 있다. 잘라낸 문 부분도 보관한다. 쿠키 조각이 단단하게 굳었지만 아직 따뜻한 느낌이 남아 있을 때 철망 받침대에 올려놓고 완전히 식힌다. 쟁반이나 단단한 상자 안에 평평하게 놓고 조립할 때까지 시원하고 건조한 곳에 보관한다.

생강 쿠키 집을 조립하려면 다음을 준비한다.

로열 아이싱 또는 간단한 쿠키 아이싱 레시피의 2~3배 분량

생강 쿠키 집을 만들기 위해서는 장식 스타일에 따라 아이싱 2~6컵이 필요하다. 집을 조립할 때 사용할 아이싱 절반은 그릇에 남겨두고, 나머지는 장식에 사용한다. 장식에 사용할 아이싱을 떠서 컵이나 작은 그릇에 담고 다음을 넣어 섞는다.

식용 색소 몇 방울

아이싱이 말라버리지 않도록 그릇에 즉시 비닐랩을 씌운다. 아이싱을 사용하지 않는 동안은 공기가 들어가지 않도록 계속 잘 덮어둔다.

생강 쿠키 집의 토대가 될 부분을 올바른 쪽이 위로 오도록 쟁반에 올려놓는다.(올바른 쪽이란 구울 때 위를 향했던 쪽이다.) 앞면, 뒷면, 옆면 조각을 올바른 쪽이 아래로 가도록 토대의 중심부에 올려놓되, 아랫면 모서리가 서로 맞닿게 아귀를 맞춘다.

지름 6mm 또는 1.2cm짜리 일반형 깍지를 끼운 페이스트리용 짤주머니나 한쪽 모서리에 6mm의 구멍을 낸 지퍼백에 흰색 아이싱을 조금 담고 토대 부분의 가장자리를 빙 둘러서 1.2cm 두께로 두툼하게 짠다. 한 번에 하나씩 옆면 조각을 들어올린 후 페이스트리용 짤주머니나 손가락을 사용해 각 조각의 양쪽 옆면을 따라 아이싱을 넓게 짜거나 넉넉하게 펴 바른다. 앞면과 뒷면 조각도 같은 방법으로 작업하고, 옆쪽에도 아이싱을 바른 뒤 세워서 옆면 조각과 90도 각도를 이루도록 마주 댄다. 아이싱을 바른 각 조각의 가장자리를 살짝 눌러서 붙인다. 아이싱을 제대로 빽빽하게 만들었다면 생강 쿠키 집은 손으로 잡고 있지 않아도 서 있을 수 있는 상태가 된다. 쿠키 집이 흔들린다면 아이싱이 마를 때까지 습도에 따라 1시간~하룻밤 동안 유리병이나 캔으로 받쳐놓는다. 아이싱이 완전히 마르고 구조가 튼튼해질 때까지 지붕을 얹지 않도록 주의한다. 이음매 부분을 비롯해 여기저기 아이싱이 삐져나와도 '고드름'이나 다른 장식으로 덮을 수 있으므로 신경 쓸 필요는 없다.

지붕을 덮으려면 각 쿠키 조각의 윗면 모서리와 각 지붕 조각의 기다란 면 모서리에 아이싱을 넉넉하게 펴 바른다. 지붕 조각 2개를 집 위에 올리고 천장에서 서로 만나도록 맞붙인다. 각 조각이 만나는 이음매 부분을 손가락 끝으로 매끈하게 매만지고, 필요하면 구조가 튼튼해지도록 여분의 아이싱을 바른다. 지붕 조각이 미끄러져 내려온다면 아이싱이 굳을 때까지 유리병이나 캔으로 받쳐둔다. 아이싱이 굳기 전까지 지붕을 장식하지 않는다. 장식의 무게 때문에 지붕이 무너질 수 있기 때문이다.

생강 쿠키 집을 장식하려면 아이싱을 풀처럼 사용해 창문에 여닫이 장식을

붙이고 현관문은 살짝 열어놓은 상태로 만든다. 아이싱을 사용해 다음으로 집을 장식한다.

젤리 빈, 작은 설탕 젤리, 사탕을 씌운 작은 초콜릿, 알록달록한 장식 가루, 젤리를 입힌 윈터그린 잎, 단단하고 동그란 박하사탕, 지팡이 모양 사탕, 은색 구슬 장식, 계피맛 붉은색 사탕, 알록달록한 설탕 웨이퍼, 고리 모양의 단단한 사탕, 캐러멜, '돌 모양' 사탕, 미니 통밀 시리얼, 볶은 귀리 시리얼, 붉은색의 기다란 감초 사탕, 마시멜로, 미니 프레츨과 막대 모양의 프레츨, 착색 설탕, 해바라기씨 및 호박씨, 말린 과일, 건포도 및 견과류

납작한 사탕을 아이싱으로 차곡차곡 붙여서 굴뚝을 만들고 지붕의 가장 높은 선을 따라 올려놓는다. 말랑말랑한 사탕을 다룰 때는 달라붙는 것을 방지하기 위해 가위에 기름을 발라서 자른다. 여닫이 창문, 현관문, 굴뚝을 알맞은 자리에 붙인 다음에는 흰색 아이싱에 물을 살짝 묻혀서 자연스럽게 흘러내리는 모양을 만든다. 짤주머니로 지붕의 가장자리를 따라 주렁주렁 매달린 고드름을 만든다. 눈이 쌓인 효과를 낼 때는 생강 쿠키 집의 지붕과 바닥에 다음을 살짝 뿌린다.

슈거 파우더

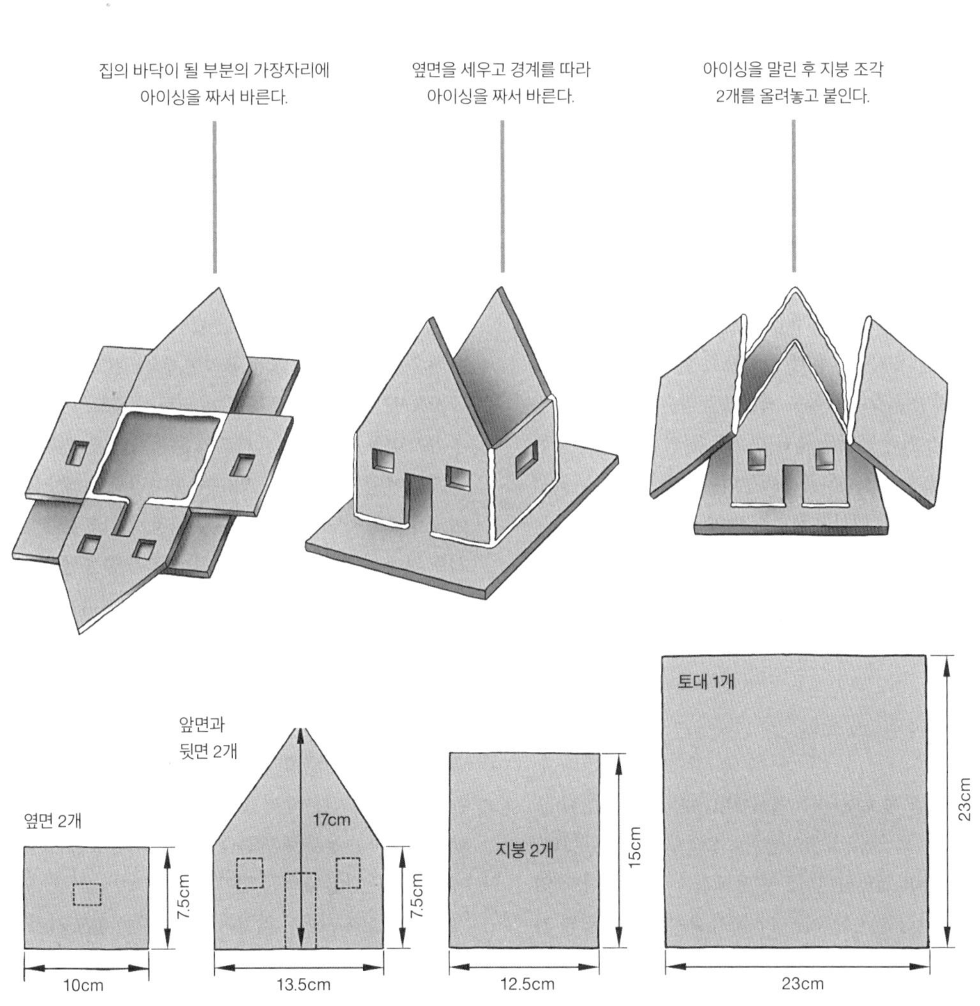

생강 쿠키 집의 구조. 양쪽 옆면에는 창문을 잘라내고, 앞면에만 창문과 현관문을 잘라낸다.

아이싱, 필링, 프로스팅, 달콤한 소스

아이싱, 필링, 프로스팅, 글레이즈, 소스는 단조로운 케이크와 디저트를 식탁의 화려한 주인공으로 만들어주는 연회복과도 같다. 이것들을 곁들임으로써 촉촉하고 풍부한 맛과 진한 풍미, 시각적 효과를 더할 수 있음은 물론, 만든 사람의 개성을 마음껏 드러낼 수 있다. 이 책에서 일반적인 지침은 제공하지만 각자 선호하는 조합으로 다양하게 실험해보기를 적극 권장한다.

아이싱, 필링, 프로스팅, 글레이즈, 소스를 케이크나 다른 디저트에 곁들일 때는 풍미와 질감, 지방의 함량을 고려한다. 초콜릿 가나슈처럼 지방이 많이 들어가고 뻑뻑한 프로스팅이나 필링, 소스는 휩드 크림처럼 폭신폭신하고 가벼운 재료보다 적게 사용해야 한다. 디저트 조합을 생각할 때는 디저트와 거기에 곁들이는 필링, 프로스팅 또는 소스의 풍미나 질감, 지방 함량이 서로 보완되거나 대조를 이루도록 구성한다. 지방이 듬뿍 들어간 초콜릿 케이크 곁에 초콜릿 푸딩과 가나슈를 곁들인 초콜릿 블랙아웃 케이크는 비슷한 풍미와 지방 함량을 가진 재료를 조합해 더 진한 풍미를 즐길 수 있는 근사한 결과물을 탄생시킨 좋은 예다. 라즈베리 쿨리를 살짝 뿌린 꾸덕꾸덕한 치즈 케이크는 극명하게 대비되는 풍미의 재료를 조합해 더없이 훌륭한 맛의 조화를 이룬 예다.

「빵과 커피 케이크」, 「케이크와 컵케이크」, 「쿠키와 바」, 「디저트」, 「아이스크림과 프로즌 디저트」 장에서 이번 장의 레시피를 참고하라고 설명한 레시피에서는 대부분 권장 조합을 제시하고 있지만, 각자 마음껏 다채로운 조합을 실험해보자.

휩드 크림에 대해

진하고 뜨거운 음료 위에 토핑으로 얹는 용도에서부터 케이크의 필링과 프로스팅에 이르기까지, 프랑스어로 크렘 샹티이(Crème Chantilly)라고 부르는 휩드 크림(whipped cream)은 가장 간단하면서도 활용도가 높은 재료다. 저었을 때 거품이 분리되지 않는 안정화된 상태를 유지하기 위해서는 크림의 지방 함량이 반드시 30% 이상 되어야 한다. 가장 안정화된 휩드 크림을 만들기 위해서는 '헤비크림' 또는 '헤비 휘핑크림'이라는 이름으로 판매되는 지방 함량 36%의 크림이 가장 좋다. '휘핑크림'이나 '라이트 휘핑크림'의 지방 함량은

30~36%다. 지방 함량이 30%에 가까운 크림을 쓰면 질감이 가볍지만 거품이 다소 불안정한 휩드 크림이 되고, 지방 함량이 높은 크림을 사용하면 거품이 안정적이지만 뻑뻑한 느낌의 휩드 크림이 된다.

크림은 젓기 전에 반드시 차갑게 식혀야 한다. 온도가 높으면 지방이 녹아버리기 때문에 크림에 공기가 충분히 들어가지 않아 걸쭉해지거나 제대로 팽창하지 않는다. 더운 날에는 거품을 내기 전에 크림이 담긴 그릇과 거품기를 냉동실에 5분간 넣어두는 것도 좋다. 주방이 아주 따뜻한 편이라면 크림이 담긴 그릇을 얼음물에 담가둔 상태로 저어서 거품을 낸다.

크림은 큼직한 거품기를 사용해 손으로 저을 수도 있지만, 전기 반죽기나 스탠드 반죽기를 사용하면 훨씬 쉽다. 또한 뚜껑을 꽉 닫을 수 있는 유리병을 사용해 거품을 낼 수도 있다. 유리병(필요한 휩드 크림의 양에 따라 475ml나 1ℓ짜리 병을 사용)에 절반이 조금 못 되게 크림을 넣고 설탕과 바닐라를 적당히 추가한 후 부드러운 거품이 생길 때까지 흔든다.(전체 과정은 채 2분이 걸리지 않는다.)

거품이 봉긋하게 솟아 있고 단단하면서도 매끄러운 완벽한 휩드 크림은 케이크에 프로스팅 또는 필링으로 사용하거나, 롤케이크를 만들기 위해 케이크 시트 위에 넓게 펴서 바르거나, 장미꽃 모양을 만들기 위해 페이스트리용 짤주머니에 넣어서 짜는 동안 버터에 가깝게 변하는 경우가 많다. 그 이유는 젓거나 펴서 바르거나 작은 구멍을 통해서 짜내는 등 휩드 크림에 가하는 모든 동작이 크림을 계속 젓는 것과 비슷한 효과를 내기 때문이다. 이를 방지하려면

▶ 프로스팅, 필링 또는 짤주머니로 짜서 장식하는 용도로 사용할 크림은 약간 덜 저은 상태로 마무리한다. 또한 사용하기 전에 냉장고에 몇 시간 넣어두어야 한다면 크림을 완전히 다 젓지 말고, 사용하기 직전에 잠깐 젓고 분리된 액체를 합쳐서 원하는 농도로 만든다. 휩드 크림을 프로스팅이나 필링으로 사용한 케이크는 만든 당일에 먹는 것이 가장 좋다.

▶ 너무 오래 저어서 거칠어지기 시작한 휩드 크림을 복구하려면, 액체 크림을 조금 더 넣고 아주 매끄럽고 부드러운 거품이 생길 때까지 잠깐 저어준다. 거의 버터가 될 정도로 너무 오래 저은 휩드 크림은 휩드 크림의 일반적인 용도로는 사용할 수 없다.(계속 저어서 버터로 만들 수는 있다.) 이 경우는 처음부터

다시 시작하는 것이 좋다.

케이크 필링 또는 프로스팅으로 사용하거나 휩드 크림을 바로 먹지 않고 일정 시간 동안 그대로 두어야 한다면 아래에 소개하는 안정화된 휩드 크림을 만들어보자. 또한 역시 아래에 소개한 휩드 크렘 프레슈는 일반적인 휩드 크림보다 거품이 더 안정되어 있다.

휩드 크림

2~2½컵

가당 또는 무가당을 선택해서 만들 수 있는 레시피다. 무가당 휩드 크림은 아주 단맛이 강한 디저트에 단맛을 더하지 않으면서도 진한 크림을 추가하고자 할 때 매우 적합하다. 은은한 단맛의 디저트나 케이크 필링, 프로스팅에 휩드 크림을 사용한다면 상황에 따라 감미료를 적당히 추가한다.

커다란 그릇(주방이 아주 따뜻하다면 그릇을 차갑게 식혀서 사용)에 다음을 넣고 핸드 반죽기 또는 거품기를 사용하거나, 중고속으로 설정한 스탠드 반죽기로 단단한 거품이 봉긋하게 부풀어 오르지만 거친 느낌은 없을 때까지 세게 쳐서 거품을 낸다.

차가운 헤비크림 1컵

(설탕 2작은술~2큰술, 체에 친 슈거 파우더 1~4큰술, 또는 꿀 2작은술, 취향에 따라 조절)

(바닐라 ½작은술)

즉시 사용한다.

안정화된 휩드 크림

질척거리지 않고 오랫동안 거품이 유지되는 휩드 크림을 만들 때는 안정제를 첨가하는 것이 좋다. 젤라틴을 사용하면 무스와 비슷한 질감의 단단한 휩드 크림이 된다. 오래 보관하려면 반드시 냉장고에 넣어두어야 하지만 실온에서도 일반 휩드 크림보다는 거품이 오래 유지되며, 하루 전에 케이크의 필링이나 프로스팅으로 사용해도 크림이 흘러내릴 걱정은 하지 않아도 된다.

내열 컵에 찬물 1큰술을 넣는다. 풍미가 첨가되지 않은 젤라틴 ½작은술을 훌훌 뿌린다. 젤라틴이 말랑말랑해지도록 젓지 않고 5분간 그대로 둔다. 냄비에 물을 부어 뭉근히 끓이면서 그 안에 컵을 넣고 젤라틴이 다 녹아서 투명한 액체가 될 때까지 중탕한다. 실온 상태로 식힌다. 휩드 크림을 만들되, 크림을 세게 쳐서 거품을 내는 과정에서 크림이 걸쭉해지기 시작할 때 실온 상태로 식힌(차갑지 않은 상태) 젤라틴 혼합물을 넣는다. 이어서 소개한 휩드 크림의 추가 재료를 첨가하면 안정화된 휩드 크림에 풍미를 더할 수 있는데, 젤라틴이 굳기 전에 최대한 빨리 넣어야 한다.

휩드 크렘 프레슈(Whipped Crème Fraîche)

약 2컵

일반적인 휩드 크림보다 다소 번거롭지만 살짝 톡 쏘는 풍미의 이 크림은 생과일 디저트부터 파이나 푸딩에 이르기까지 모든 디저트에 아주 잘 어울린다. 또한 보관 시간이 길어져도 일반 휩드 크림보다 거품이 오래 유지된다.

커다란 그릇이나 스탠드 반죽기에 다음을 넣고 섞는다.

차가운 헤비크림 ½컵

차가운 크렘 프레슈 또는 마스카르포네 ½컵

설탕 2큰술

바닐라 또는 바닐라 빈 페이스트 1작은술

핸드 반죽기 또는 거품기로 세게 쳐서 거품을 내거나 스탠드 반죽기에 넣어 중속으로 작동시키면서 가볍고 폭신폭신한 질감이 되도록 거품을 낸다.

휩드 크림의 추가 재료

커스터드 베이스에 풍미 내기 항목의 설명에 따라 원재료인 크림에 풍미 재료를 우려낸 뒤 완전히 식혀서 휩드 크림 레시피에 따라 만드는 방식으로 맛을 낼 수 있다. 또는 우선 휩드 크림을 만든 후 바닐라와 설탕을 넣을 때 다음 중 선호하는 재료를 넣어도 좋다.

인스턴트커피 또는 에스프레소 가루 2작은술

술 또는 그랑 마니에르, 프랑부아즈, 프란젤리코 등의 리큐어 1~1½큰술

계핏가루 ½작은술

레몬이나 라임 1개의 껍질, 강판에 곱게 갈기 또는 레몬즙이나 라임즙 2작은술

또는 저어서 거품을 내기 전에 크림을 조금 덜어내고 다음 중 선호하는 재료를 넣는다. 매끄럽게 어우러질 때까지 잘 섞은 후 나머지 크림을 전부 합치고 레시피에 따라 세게 쳐서 거품을 낸다.

무가당 코코아 가루 2큰술(코코아의 쌉쌀한 맛을 상쇄하기 위해 체에 친 슈거 파우더 ⅓컵 사용)

무가당 코코아 가루 2큰술+인스턴트커피 또는 에스프레소 가루 2작은술(설탕 2~3큰술 사용)

또는 바닐라 대신 다음 중 하나를 사용한다.

장미수 또는 박하 추출물 ½작은술

등화수 ¾작은술

또는 설탕 대신 다음을 사용한다.

메이플 시럽, 수수 시럽, 메이플 슈거, 코코넛 슈거 또는 바닐라 설탕

또는 완성된 휩드 크림에 다음 중 선호하는 재료를 넣고 뒤적이며 섞는다.

레몬 커드 또는 라임이나 자몽 커드 ¼컵

프랑스식 프랄린 ¼컵

잼, 마멀레이드 또는 익힌 과일 퓌레를 차갑게 식힌 것 ¼컵

프로스팅에 대해

제빵을 하는 사람들은 '프로스팅(frosting)'과 '아이싱(icing)'이라는 용어를 서로 혼용하는데, 여기서 말하는 프로스팅은 상당히 걸쭉하고 폭신폭신하며 케이크에 듬뿍 펴서 바를 수 있는 혼합물을 의미한다. 프로스팅은 일반적으로 아이싱보다 두껍게 바르며 잘 딱딱해지지 않는다. 이번 항목에서 소개하는 몇 가지 간단한 프로스팅은 공기에 노출되면 표면이 말라서 얇은 막이 형성되지만, 그 아래에는 크림처럼 부드러운 질감을 유지하고 있다. 이러한 프로스팅은 컵케이크나 간단한 케이크에 적절할 뿐만 아니라 오븐에서 갓 구운 케이크에 즉시 바를 수 있는 맛있는 프로스팅이 필요할 때 언제든 활용할 수 있다.

간단한 바닐라 버터 프로스팅

약 2컵

아마도 가장 간단하게 만들 수 있는 프로스팅일 것이다.

중간 크기의 그릇에 다음을 넣어서 섞은 후 중속으로 세게 쳐서 섞는다.

슈거 파우더 4컵(450g), 체에 치기

무염 버터 스틱 1개(115g), 말랑하게 녹이기

다음을 넣고 매끄럽게 어우러질 때까지 세게 쳐서 섞는다. 이때 액체 재료는 적은 양부터 넣기 시작해 상태를 보면서 조절한다.

　우유, 드라이 셰리, 럼 또는 커피 4~6큰술

　바닐라 또는 바닐라 빈 페이스트 2작은술

　소금 ¼작은술

프로스팅이 너무 뻑뻑해 보이면 바르기 좋을 정도로 매끄러운 상태가 되도록 액체 재료를 몇 방울씩 추가하면서 농도를 조절한다. 프로스팅이 너무 묽어 보이면 15분간 그대로 둔다. 프로스팅은 시간이 지나면 저절로 걸쭉해지는 경향이 있다. 15분간 둔 후에도 너무 묽다면 슈거 파우더를 추가한다. 보관할 때는 프로스팅의 표면에 비닐랩을 씌운다. 이 프로스팅은 실온에서 최대 3일간, 냉장고에 넣으면 최대 3주간 보관할 수 있다. 보관했던 프로스팅은 젓거나 세게 쳐서 말랑말랑하게 만든 후에 사용한다.

간단한 레몬 프로스팅

간단한 바닐라 버터 프로스팅을 만들되, 강판에 곱게 간 레몬 1개의 껍질을 슈거 파우더 혼합물에 추가하고 액체 재료는 **갓 짜낸 레몬즙 1~2큰술**에 우유 적당량을 추가해서 사용한다.

간단한 오렌지 프로스팅

간단한 바닐라 버터 프로스팅을 만들되, 강판에 곱게 간 오렌지 1개의 껍질을 슈거 파우더 혼합물에 추가하고 액체 재료는 **오렌지즙 4~6큰술**을 사용한다.

간단한 모카 프로스팅

간단한 바닐라 버터 프로스팅을 만들되, 슈거 파우더의 양을 3½컵으로 줄이고 무가당 코코아 가루 ¼컵과 인스턴트커피 또는 에스프레소 가루 1~2작은술을 취향에 맞게 혼합물에 추가한다. 액체 재료는 우유나 커피를 사용한다.

초콜릿 퍼지 프로스팅

약 2½컵

모든 종류의 초콜릿 케이크 또는 노란색 케이크에는 전통식 퍼지 프로스팅이 잘 어울린다. 또한 이 프로스팅은 쿠키와 도넛에 사용해도 꽤 맛있다.

초콜릿 퍼지를 만들되, 선택 재료인 호두를 생략하거나 케이크 위에 홀홀 뿌릴 용도로 보관해둔다. 세게 쳐서 섞는 마지막 단계에 퍼지가 걸쭉해지면서 윤기가 사라지면 **하프앤드하프 1큰술**을 넣고 잘 어우러질 때까지만 섞는다. 실리콘 주걱으로 그릇의 옆면과 바닥에 묻은 재료를 긁어낸 후 프로스팅이 꾸덕꾸덕해지도록 4~5분간 그대로 두었다가 농도를 조절하기 시작한다. 한 번에 1작은술씩 **하프앤드하프**를 추가하고 저으면서 펴 바르기 가장 좋은 농도가 될 때까지 잘 젓는다. 완성된 프로스팅은 즉시 사용하거나 표면이 마르지 않도록 비닐랩을 씌워둔다. 실온에서는 약 일주일간 보관할 수 있으며 냉장고에 넣으면 최대 3주, 냉동실에 넣으면 최대 6개월간 보관할 수 있다. 말랑말랑한 상태로 녹여서 매끄러운 질감이 되도록 저은 후 사용한다.

크림치즈 프로스팅

약 2컵

아주 매끄러우면서도 케이크에 발라서 소용돌이 모양을 내거나 페이스트리용 짤주머니에 넣어 짤 수 있을 정도로 적당히 묵직한 크림치즈 프로스팅을 만들기 위해서는 두 가지 요령이 필요하다. 하나는 (말랑하게 녹인 크림치즈가 아닌) 차가운 크림치즈를 사용하고, 다른 하나는 너무 오래 젓지 않는 것이다. 슈거 파우더의 양은 취향에 맞게 조절한다.

I. 푸드 프로세서로 만드는 방법

가장 신속하게 프로스팅을 만드는 방법이다.

푸드 프로세서에 다음 재료를 넣고 크림처럼 부드럽고 매끄러운 질감이 되기 시작할 때까지 짧게 몇 번 작동시킨다.

　차가운 크림치즈 225g, 정육면체로 자르기

　(무염 버터 6큰술[버터 스틱 ¾개], 말랑하게 녹이기)

　바닐라 2작은술

　슈거 파우더 3컵, 체에 치기

프로스팅이 너무 뻑뻑하면 푸드 프로세서를 몇 초간 더 돌리되, 너무 오래 섞지 않도록 주의한다. 취향에 따라 다음 풍미 재료를 적당량 추가해 섞는다.

　(강판에 간 레몬 또는 오렌지 껍질, 계핏가루 또는 리큐어)

II. 손으로 젓거나 반죽기로 만드는 방법

중간 크기의 그릇이나 주걱 날을 끼운 스탠드 반죽기에 다음을 넣고 저속으로 잘 어우러질 때까지 세게 쳐서 섞는다.

　차가운 크림치즈 225g, 정육면체로 자르기

　(무염 버터 5큰술, 말랑하게 녹이기)

　바닐라 2작은술

다음을 한 번에 ⅓ 분량씩 넣으면서 프로스팅이 매끄러워지고 원하는 농도가 될 때까지 세게 쳐서 섞는다.

　슈거 파우더 4컵(450g), 체에 치기

프로스팅이 너무 뻑뻑하면 몇 초간 더 세게 치며 섞되, 너무 오래 섞지 않도록 주의한다. 취향에 따라 풍미 재료를 적당량 추가해 섞는다.(버전 I 참고)

초콜릿 크림치즈 프로스팅

약 2⅔컵

크림치즈 프로스팅을 만든다. 이중 냄비를 사용해(또는 냄비에 물을 붓고 아주 은근히 끓이면서 내열 그릇을 담가 중탕으로) **세미스위트 또는 비터스위트 초콜릿(카카오 함량 최대 64%) 굵게 썬 것 140g**과 **물이나 커피 3큰술**을 넣고 녹인다. 이때 매끄러운 질감이 되도록 자주 저어준다. 다 녹은 초콜릿을 미지근한 상태로 식힌 다음 프로스팅에 넣고 섞는다.

땅콩버터 프로스팅

약 2컵

취향에 따라 구워서 굵게 썬 땅콩을 프로스팅에 넣어 섞거나 완성된 케이크 위에 홀홀 뿌려도 좋다. 초콜릿 케이크에 아주 잘 어울리는 프로스팅이다.

중간 크기의 그릇이나 주걱 날을 끼운 스탠드 반죽기에 다음을 넣고 잘 어우러지기 시작할 때까지 세게 쳐서 섞는다.

　알갱이가 없는 부드러운 땅콩버터 ½컵

　차가운 크림치즈 85g, 정육면체로 자르기

　헤비크림 또는 우유 3큰술

　무염 버터 1½큰술, 말랑하게 녹이기

　바닐라 1작은술

다음을 한 번에 ⅓ 분량씩 넣으면서 프로스팅이 매끄러워지고 원하는 농도가 될 때까지 세게 치며 섞는다.

　　슈거 파우더 2⅔컵, 체에 치기

프로스팅이 너무 뻑뻑하면 다음을 넣고 섞되, 너무 오래 섞지 않도록 주의한다.

　　헤비크림 또는 우유 1~2큰술, 또는 적당량

소금 캐러멜 프로스팅

약 2⅓컵

진하고 달콤한 프로스팅이다. 초콜릿 케이크, 향신료를 넣은 케이크, 사과 케이크에 얇게 펴서 바르면 가장 잘 어울린다.

다음을 만든다.

　　소금 캐러멜 소스

소스를 커다란 그릇이나 주걱 날을 끼운 스탠드 반죽기에 옮겨 담는다. 그릇의 바닥까지 완전히 차가울 정도로 30~45분간 식힌다. 다음을 조금씩 넣으면서 중고속으로 세게 쳐서 섞는다.

　　슈거 파우더 2~2½컵, 체에 치기

프로스팅은 걸쭉하지만 크림처럼 쉽게 바를 수 있는 질감이어야 한다. 프로스팅이 너무 뻑뻑하면 다음을 넣고 세게 치며 섞는다.

　　헤비크림 1~2큰술

초콜릿 새틴 프로스팅

약 3컵

윤기가 도는 진한 색의 달콤한 초콜릿 프로스팅으로 어른 아이 할 것 없이 누구나 좋아하며 푸드 프로세서로 쉽게 만들 수 있다. 넉넉히 만들어서 냉장고에 넣어두고 필요할 때마다 녹여서 간단한 아이스크림 소스로 활용하거나 통밀 크래커 또는 쿠키에 발라 먹을 수 있다.

작은 편수 냄비에 다음을 넣고 부르르 끓어오를 때까지 가열한다.

　　무당연유 또는 헤비크림 1컵

불에서 내리고 다음을 넣는다.

　　무가당 초콜릿 170g, 굵게 썰기

뚜껑을 덮고 10분간 젓지 말고 그대로 둔다. 혼합물을 잘 긁어서 푸드 프로세서나 믹서에 넣고 다음을 추가한다.

　　설탕 1½컵

　　무염 버터 6큰술(버터 스틱 ¾개), 작은 조각으로 자르기

　　바닐라 또는 박하, 오렌지 등의 기타 추출물 1작은술

혼합물이 덩어리 없는 아주 매끄러운 상태가 되도록 푸드 프로세서나 믹서를 1분 남짓 돌린다. 그릇에 옮겨 담는다. 필요하면 바르기 편한 농도가 될 때까지 몇 분간 꾸덕꾸덕해지도록 둔다. 헤비크림으로 만들었다면 냉장고에서 최대 일주일간, 무당연유로 만들었다면 냉장고에서 최대 3주간 보관할 수 있다.

초콜릿 사워크림 프로스팅

약 2컵

달콤쌉쌀하면서도 윤기가 도는 프로스팅이다. 모든 종류의 초콜릿 버터 케이크에 필링 및 프로스팅으로 쓸 수 있다. 사용하기 직전에 만든다. 이중 냄비를 사용해 다음을 녹이거나 냄비에 물을 붓고 아주 은근히 끓이면서 내열 그릇을 담가 중탕으로 조리한다. 또는 전자레인지용 용기에 다음을 넣고 녹인다.

　　세미스위트 또는 비터스위트 초콜릿(카카오 함량 최대 64%) 285g, 굵직하게 썰기

자주 저으면서 초콜릿을 녹인다. 전자레인지를 사용한다면 50% 출력으로 20초씩 몇 번 데우고, 한 번 돌릴 때마다 잘 저어준다. 불에서 내린 후 다음을 넣고 어우러질 때까지만 섞는다.(세게 쳐서 섞지 않는다.)

　　사워크림 1컵

만든 즉시 사용한다. 프로스팅이 너무 뻑뻑해지거나 윤기가 사라진다면 커다란 냄비에 뜨거운 물을 붓고 그 안에 그릇을 몇 초간 담가 부드러워지도록 젓는다. 이 프로스팅은 냉장고에서 최대 일주일간 보관할 수 있다.

화이트 초콜릿 프로스팅

당근 케이크에 사용하면 아주 잘 어울린다.

초콜릿 사워크림 프로스팅을 만들되, 세미스위트 또는 비터스위트 초콜릿 대신 **화이트 초콜릿 340g**을 넣는다.

초콜릿 무스 프로스팅

약 3½컵

이 프로스팅은 무스와 비슷한 매력적인 질감을 가지고 있다. 모든 종류의 엔젤 푸드 케이크, 촉촉한 스펀지 케이크 또는 데빌스 푸드 케이크 코케뉴의 케이크 겹 사이에 발라보자.

중간 크기의 내열 그릇에 다음을 넣고 잘 섞는다.(스테인리스스틸 소재 권장)

　　대란 2개

　　슈거 파우더 2컵, 체에 치기

　　우유, 커피 또는 물 ½컵

　　소금 ⅛작은술

큰 프라이팬에 물을 붓고 은근히 끓이면서 내열 그릇을 담가 중탕으로 끓임 없이 저으면서 조리용 온도계가 70℃에 도달할 때까지 데운다. 불에서 내린 후 다음을 넣어서 섞는다.

　　무가당 초콜릿 115g, 잘게 썰기

　　무염 버터 6큰술(버터 스틱 ¾개), 작은 조각으로 자르기

　　바닐라 1작은술

초콜릿과 버터가 녹고 혼합물이 매끄러운 질감이 될 때까지 젓는다. 더 큰 그릇에 얼음물을 붓고 재료가 담긴 그릇을 담가 프로스팅의 모양이 유지될 정도로 뻑뻑해질 때까지 7~10분간 고속으로 세게 친다. 이 프로스팅은 냉장고에서 최대 3일간 보관할 수 있다.

비건 초콜릿 프로스팅

약 3½컵

크림처럼 부드러운 이 프로스팅은 진한 초콜릿 풍미를 자랑하며 케이크 위에 듬뿍 펴서 바르거나 소용돌이 모양으로 근사하게 장식하기에 좋다.

비건 초콜릿 푸딩 Ⅰ을 만들되, 초콜릿의 양을 340g으로 늘린다. 30분간 차갑게 식힌 후 사용한다.

머랭에 대해

머랭이란 폭넓게 보면 달걀흰자 거품과 설탕을 섞은 것을 통칭하는 용어다. 달걀흰자를 다루고 거품을 내는 방법은 달걀 거품 내기 항목을 참고한다. 구운 머랭 레시피는 803쪽을, 머랭 키세스 레시피는 828쪽을 참고한다.

　　머랭은 놀라울 정도로 활용도가 높다. 익히지 않은 머랭은 케이크 반죽, 무

스, 팬케이크를 비롯해 가벼운 질감을 내고자 하는 모든 혼합물에 넣을 수 있다. 또한 익히지 않은 머랭을 파이 토핑으로도 활용할 수 있다. 스위스식 머랭이나 이탈리아식 머랭처럼 익힌 머랭도 토핑이나 프로스팅으로 쓸 수 있다.

(최소한 미국에서) 머랭의 가장 보편적인 용도는 파이 토핑이다. 머랭을 얹은 파이라고 하면 먹음직스럽게 황금색으로 구운 파이 크러스트에 구릿빛으로 봉긋하게 솟은 머랭의 이미지를 상상하지만, 이렇게 이상적인 머랭 토핑 파이는 사실 만들기가 꽤 까다롭다. 머랭 토핑에는 갈색 시럽이 방울방울 떨어지기 쉽고 파이 필링과 머랭 사이에도 끈끈한 웅덩이가 생긴다. 이러한 현상이 발생하는 원인은 열이 고르게 전달되지 않았기 때문이다. 머랭을 차갑거나 미지근한 파이 필링 위에 바른 후 오븐에 넣어 토핑을 갈색으로 구우면 바닥에 있는 달걀흰자는 제대로 익지 않으며(또는 전혀 익지 않으며) 위에 있는 달걀흰자는 너무 익어버린다. 파이를 가만히 두면 제대로 익지 않은 머랭이 녹으면서 필링과 토핑 사이에 미끌미끌한 웅덩이가 생긴다. 한편 표면의 너무 많이 익은 부분이 갈라지면서 끈끈한 시럽이 방울방울 생기게 된다.

바닥에 있는 머랭이 녹는 현상은 필링이 아주 뜨거울 때 머랭을 얹어서 필링의 열기로 머랭의 바닥을 익히면 쉽게 방지할 수 있다. 이렇게 하려면 필링과 토핑을 대략 비슷한 시간에 준비해야 하므로 조리 시간의 균형을 맞춰야 한다.

이렇게 여러 가지를 신경 써야 하다 보니 ▶ 우리는 일반 머랭보다는 안정화된 머랭 토핑을 즐겨 사용하게 되었다. 안정화된 머랭을 만드는 방법에는 몇 가지가 있다. 스위스식 머랭 레시피처럼 머랭을 뜨거운 물 위에서 가열하거나 이탈리아식 머랭처럼 달걀흰자 거품에 뜨거운 설탕 시럽을 첨가하면 달걀흰자가 안정화되어 머랭에서 시럽이 뚝뚝 떨어질 확률이 줄어든다. 부드러운 머랭 토핑 I 레시피처럼 옥수수 전분 페이스트를 익혀서 넣어도 머랭을 안정화할 수 있다. 이러한 방법들은 좀 더 번거롭기는 하지만 파이 필링을 훨씬 전에 미리 준비해놓거나 머랭을 만든 후 필링을 준비하는 동안 한쪽에 둘 수 있으므로 여러 작업을 동시에 할 필요가 없다는 장점이 있다. 또한 스위스식 머랭과 이탈리아식 머랭은 익힌 달걀흰자를 사용하므로 달걀흰자가 덜 익을까 봐 걱정하거나 머랭을 골고루 익히기 위해 신경을 쓸 필요가 없다. 선호하는 정도로 윗면을 갈색으로 구우면 된다.

머랭을 파이나 푸딩에 얹을 때는 ▶ 크러스트나 접시의 가장자리를 따라서 머랭 토핑을 빙 둘러서 바르고 가운데를 채운다. 가운데부터 토핑을 바르기 시작하면 필링이 삐져나와 흘러내리기 쉽다. ▶ 머랭이 가장자리에 제대로 붙어 있지 않다면 오븐에서 굽는 동안 부피가 줄어들어서 안쪽으로 쪼그라들 수도 있다. 크러스트가 없는 푸딩에 머랭을 얹을 때는 머랭 토핑을 접시의 가장자리에 펴서 바른다.

머랭과 식품 안전: 달걀흰자에 있는 모든 병원균을 확실히 없애려면 머랭 온도가 반드시 70℃에 도달하도록 가열해야 한다. 가장 손쉬운 방법은 이어서 소개하는 것처럼 조리 과정에서 달걀흰자를 충분히 익히는 스위스식 머랭이나 이탈리아식 머랭을 사용하는 것이다. 이러한 머랭은 굽는 시간이 길지 않은 디저트의 토핑으로 널리 사용된다.(사실 프로판 토치로 그을릴 수 있다면 오븐에 구울 필요도 없다.) 또는 레시피의 설명을 충실히 따르고, 머랭 토핑을 넓게 펴서 얹을 때 파이 필링이 아주 뜨거운지 확인한다. 20분간 구운 후 조리용 온도계를 옆쪽으로 조심스레 찔러 넣어 머랭의 중심부 온도를 잰다. 권장 온도에 미치지 않는다면 머랭을 조금 더 굽는다. 그러나 온도가 74℃를 훌쩍 넘기면 옥수수 전분으로 안정화했다 하더라도 깨지기 시작하므로 주의한다.

프랑스식 머랭

지름 23cm짜리 파이 토핑 또는 지름 7.5cm짜리 머랭 셸 12개를 만들기에 충분한 분량

가장 간단히 만들 수 있는 머랭이다. 설탕 함량이 높아서 적당한 크기로 부수면 바삭한 쿠키(머랭 키세스)가 된다. 다양한 풍미의 머랭을 시도해보고 싶다면 바닐라 대신 박하, 오렌지, 장미 등의 다른 추출물을 사용해보자.

모든 재료를 21℃ 정도의 실온 상태로 준비한다. 다음을 커다란 그릇이나 거품기 날을 끼운 스탠드 반죽기에 담고 부드러운 피크가 생길 때까지 중속으로 세게 쳐서 섞는다.

대란 흰자 4개(약 ½컵)

(바닐라 1작은술)

타르타르 크림 ½작은술 또는 레몬즙 1작은술

다음을 한 번에 1큰술씩 아주 천천히 넣으면서 고속으로 세게 치면서 섞는다.

초미립 분당 또는 그래뉴러당 1컵

머랭에 아주 단단한 피크가 생기며 모양이 유지되는 상태가 될 때까지 세게 쳐서 섞는다.(거품기나 반죽기 날을 머랭에 담갔다가 꺼낸 후 옆으로 기울이거나 똑바로 들어올려도 머랭이 뚝뚝 흐르지 않아야 한다.) 개별 레시피의 설명에 따라 모양을 만들어서 굽는다.

스위스식 머랭

프랑스식 머랭과 같은 분량의 재료를 준비해 달걀흰자, 바닐라(사용할 경우), 타르타르 크림, 설탕을 커다란 내열 그릇이나 스탠드 반죽기 용기에 넣는다. 프라이팬에 물을 붓고 은근히 끓이면서 그릇을 담가서 달걀흰자를 만져보면 뜨겁지 않고 따뜻한 정도(43~46℃)가 될 때까지 저으면서 중탕으로 가열한다. 프라이팬에서 그릇을 꺼내고 달걀흰자에서 단단한 거품이 생기도록 고속으로 세게 쳐서 섞는다.(스탠드 반죽기를 사용한다면 거품기 날을 끼운다.)

이탈리아식 머랭

약 5컵, 지름 23cm짜리 파이 1개의 토핑으로 충분한 분량

이탈리아식 머랭은 달걀흰자를 익힌다는 점에서 스위스식 머랭과 비슷하지만, 이중 냄비를 사용해 중탕으로 익히는 것이 아니라 끓인 설탕 시럽을 넣어 달걀흰자를 안정화한다는 차이점이 있다. 가볍고 윤기가 나며 마시멜로처럼 쫀득해서 우리가 파이 토핑으로 가장 선호하는 머랭이다.

작고 묵직한 편수 냄비에 다음을 넣고 설탕이 녹을 때까지 잘 저은 후 강불에서 바글바글 끓어오를 때까지 가열한다.

설탕 1컵

물 ½컵

그동안 다음을 커다란 그릇이나 거품기 날을 끼운 스탠드 반죽기에 담고 단단한 거품이 생기기 시작할 때까지 중고속으로 세게 쳐서 거품을 낸다.

대란 흰자 4개(약 ¼컵)

타르타르 크림 ⅛작은술 또는 레몬즙 ½작은술

달걀흰자에서 단단한 거품이 생기기 시작하면 반죽기를 가장 저속으로 낮추고 시럽을 끓이는 동안 계속 휘젓는다.

시럽이 끓기 시작하면 중약불로 낮추고 뚜껑을 덮은 후 수증기로 냄비 옆면에 달라붙은 설탕 결정이 흘러내릴 때까지 1분간 뭉근히 끓인다. 뚜껑을 열고 물에 적신 페이스트리 솔로 냄비의 옆면을 쓸어낸다. 시럽 온도가 114.5~115.5℃에 도달해 말랑말랑한 공처럼 뭉치는 상태가 될 때까지 끓인다.

달걀흰자를 고속으로 세게 치면서 용기 옆면을 따라서 끓인 시럽을 조금씩 흘려 넣는다. ► 이때 돌아가는 거품기 날에 뜨거운 시럽이 닿지 않도록 주의한다. 반죽기 용기에서 온기가 느껴지지 않을 때까지 10분 정도 더 세게 쳐서 섞는다. 개별 레시피에 따라 사용한다.

커피로 풍미를 낸 머랭

프랑스식 머랭 또는 **스위스식 머랭**을 만들되, 설탕에 **인스턴트 에스프레소 가루 2½작은술**을 넣고 섞은 후 달걀흰자에 한꺼번에 넣는다.

코코아 머랭

프랑스식 머랭 또는 **스위스식 머랭**을 만들되, 설탕에 **무가당 코코아 가루 3큰술**을 넣고 섞은 후 달걀흰자에 한꺼번에 넣는다.

부드러운 머랭 토핑

지름 23cm짜리 파이 1개의 토핑으로 충분한 분량

Ⅰ. 옥수수 전분으로 안정화한 이 머랭 토핑은 냉장고에 며칠 보관해도 물이 흐르거나 깨지거나 푹 꺼지지 않는다. 머랭을 얹을 때는 파이 필링이 아주 뜨거워야 하므로, 필링을 만들기 전에 머랭 재료를 계량하고 옥수수 전분 페이스트를 준비해둔다.

작은 편수 냄비에 다음을 넣고 완전히 섞는다.

　옥수수 전분 1큰술

　설탕 1큰술

다음을 조금씩 흘려 넣어 매끄럽고 비교적 묽은 페이스트를 만든다.

　물 ⅓컵

중불에 올려 계속 저으면서 부르르 끓어오르도록 가열한 후, 약 15초간 끓인다. 걸쭉해진 페이스트를 불에서 내리고 뚜껑을 덮는다.

다음을 만든다.

　프랑스식 머랭, 설탕은 ½컵만 사용

아주 단단한 피크가 생기면서 윤기가 흐르지만 퍼석거리지 않는 상태가 될 때까지 고속으로 세게 쳐서 섞는다. 가장 저속으로 줄이고 옥수수 전분 페이스트를 1큰술씩 넣으면서 섞는다. 옥수수 전분 페이스트를 다 넣은 후에는 중속으로 올려 10초간 세게 쳐서 섞는다. 아주 뜨거운 파이 필링(또는 푸딩) 위에 골고루 펴서 바르고 레시피대로 굽는다.

Ⅱ. 전통 방식으로 만드는 부드러운 머랭 토핑으로, 버전 Ⅰ보다 빨리 만들 수 있지만 안정성은 다소 떨어진다. 이 머랭은 만든 당일에 써야 가장 좋다. 필링 만들기를 시작하기 전에 머랭 재료를 계량해둔다.

다음을 만든다.

　프랑스식 머랭, 설탕은 ½컵만 사용

아주 뜨거운 파이 필링(또는 푸딩) 위에 골고루 펴서 바르고 레시피대로 굽는다.

머랭으로 만드는 프로스팅에 대해

『조이 오브 쿠킹』의 여러 이전 개정판에서는 이 프로스팅을 **끓인 아이싱**(boiled icings)으로 소개한 바 있다. 그러나 우리는 이 용어에 오해의 소지가 있음은 물론(실제로는 프로스팅을 끓이지 않는다.) 용어 자체가 별로 먹음직스럽게 느껴지지 않는다고 생각한다. 사실 머랭으로 만드는 프로스팅은 이탈리아식 머랭과 같은 방식으로 만들며, 매끄럽고 폭신하며 반짝반짝 윤기가 도는 결과

물을 얻을 수 있다. 잘 만든 머랭의 특징을 그대로 갖고 있지만 케이크 프로스팅으로 사용한다는 특별한 용도도 있다.

　사탕을 만들 때와 마찬가지로 이 프로스팅을 제대로 만들기 위해서는 습도가 낮아야 하고 설탕 시럽을 만드는 단계에 대해 숙지하고 있어야 한다.(끓인 설탕 시럽의 단계 항목을 참고) 사탕용 온도계로 시럽 온도를 정확히 측정해야 한다. 시럽을 너무 오래 끓였거나 프로스팅이 너무 뻑뻑해서 바르기 어려운 경우, 끓는 물 1~2작은술이나 레몬즙 몇 방울을 넣고 세게 휘저으면 부드러운 상태로 복구할 수 있다.

폭신폭신한 화이트 프로스팅

약 3⅔컵

작은 편수 냄비에 다음을 넣고 저으면서 설탕을 다 녹인 후, 강불에 올려 부르르 끓어오를 때까지 가열한다.

　설탕 1컵

　물 ½컵

약불로 낮추고 뚜껑을 덮은 후 수증기로 냄비 옆면에 달라붙은 설탕 결정이 흘러내릴 때까지 뭉근히 끓인다. 그동안 거품기 날을 끼운 스탠드 반죽기에 다음을 담고 단단한 피크가 생길 때까지 중고속으로 세게 치며 거품을 낸다.

　대란 흰자 3개

　타르타르 크림 ⅛작은술

반죽기를 가장 저속으로 맞추고 계속 젓는다. 냄비 뚜껑을 열고 시럽 온도가 112.7~115.5℃에 도달해 말랑말랑한 공처럼 뭉치는 상태가 될 때까지 끓인다. 달걀흰자를 고속으로 세게 치면서 용기 옆면을 따라 끓인 시럽을 조금씩 흘려 넣는다. ► 이때 돌아가는 거품기 날에 뜨거운 시럽이 닿지 않도록 주의한다. 다음을 추가한다.

　바닐라 1작은술

아이싱이 식을 때까지 7~10분간 고속으로 계속 세게 쳐서 섞는다. 중속으로 낮추고 1분간 더 세게 쳐서 섞는다. 한꺼번에 전부 사용한다.

달콤한 오렌지 아이싱(Luscious Orance Icing)

약 4컵

작은 편수 냄비에 다음을 넣고 저으면서 설탕을 다 녹인 후, 강불에 올려 부르르 끓어오를 때까지 가열한다.

　설탕 1컵

　물 ½컵

　연한 옥수수 시럽 1큰술

약불로 낮추고 뚜껑을 덮은 후 수증기로 냄비 옆면에 달라붙은 설탕 결정이 흘러내릴 때까지 뭉근히 끓인다. 그동안 거품기 날을 끼운 스탠드 반죽기에 다음을 담고 단단한 피크가 생길 때까지 중고속으로 세게 치며 거품을 낸다.

　대란 흰자 3개

　타르타르 크림 ⅛작은술

반죽기를 가장 저속으로 맞추고 계속 젓는다. 냄비 뚜껑을 열고 시럽 온도가 112.7~115.5℃에 도달해 말랑말랑한 공처럼 뭉치는 상태가 될 때까지 끓인다. 달걀흰자를 고속으로 세게 치면서 용기 옆면을 따라 끓인 시럽을 조금씩 흘려 넣는다. ► 이때 돌아가는 거품기 날에 뜨거운 시럽이 닿지 않도록 주의한다. 아이싱이 식을 때까지 10분 정도 더 세게 치며 섞는다. 다음을 넣는다.

슈거 파우더 ¼컵, 체에 치기

오렌지 1개의 껍질, 강판에 곱게 갈기

오렌지즙 1큰술 또는 바닐라 ¾작은술

쉽게 펴 바를 수 있는 농도가 될 때까지 아이싱을 세게 치면서 섞은 후 즉시 사용한다.

버터크림에 대해

버터크림은 종류가 많지는 않지만 널리 사랑받는 프로스팅으로, 아마 웨딩 케이크용으로 가장 잘 알려져 있을 것이다. 사실 버터크림 프로스팅이 웨딩 케이크에 특히 적합한 이유는 어떤 상황에서도 모양을 잘 유지하기 때문이다. 버터크림 프로스팅은 잘 흘러내리거나 상하지 않으며 다루기 쉬운데다 맛도 좋다.

프랑스식 버터크림은 설탕 시럽을 끓여서 달걀 또는 달걀노른자 혼합물에 넣고 세게 쳐서 섞는다는 점에서 이탈리아식 머랭과 만드는 방법이 비슷하다. 설탕 시럽을 넣은 후 말랑하게 녹인 버터를 넣어 섞는다. **스위스식 또는 이탈리아식 머랭 버터크림**은 스위스식 머랭 또는 이탈리아식 머랭을 기본 재료로 사용한다. 스위스식 머랭 버터크림을 만들 때는 아주 뭉근히 끓는 물에 중탕으로 달걀흰자를 담그고 저은 후, 단단한 기포가 생길 때까지 세게 휘젓는다. 이렇게 만든 머랭을 말랑하게 녹인 버터에 넣고 세게 쳐서 섞는다. 이탈리아식 머랭 버터크림을 만들 때는 달걀흰자를 세게 쳐서 거품을 낸 후 끓인 설탕 시럽을 조금씩 넣는다. 마지막으로 말랑하게 녹인 버터를 넣고 세게 쳐서 섞는다. **크렘 무슬린**(독일식 버터크림이라고도 한다.)은 페이스트리 크림과 말랑하게 녹인 버터를 섞은 것이다. 아주 진하고 질감이 매끄럽다.

복잡하게 느껴진다면 한 단계씩 천천히 진행하면 된다. 시작하기 전에 모든 재료를 계량해서 준비해둔다. 필요한 기구나 용기를 모아 바로 쓸 수 있게 하고, 마지막으로 충분한 시간을 두고 레시피를 몇 번 반복해서 읽어서 기본 과정과 순서를 숙지한다.

▶ 버터크림을 만들다가 실패한다면 십중팔구 버터나 버터크림 혼합물이 너무 따뜻하거나 너무 차갑기 때문이다. 따뜻한 주방에서 작업하다 보면 주변 온도가 버터크림 만들기에 이상적인 온도 이상으로 쉽게 올라가는 경우가 많다. 우선 버터크림을 만들 때 사용하는 버터는 적당히 말랑한 상태를 유지해야 하며 기름이 배어나거나 물컹거려서는 안 된다. ▶ 손가락 끝으로 눌러보면 살짝 들어가지만 단단한 느낌이 남아 있어야 한다. ▶ 온도계가 있다면 버터 온도를 재보자. 19~20.5℃ 정도 되어야 한다. 버터크림을 만드는 도중에 프로스팅에 뻑뻑한 느낌이 없어지고 너무 묽어 보이면 작업하던 그릇째로 20~30분간 냉장고에 넣어둔다. 그다음 거품기 날을 끼운 반죽기를 고속으로 맞춰 몇 분 정도 버터크림을 세게 치면서 섞는다. 그래도 프로스팅이 너무 부드럽다면 이 과정을 한 번 더 반복한다. 두 번 시도했는데도 버터크림의 형상이 회복되지 않으면 근본적인 문제가 있을 가능성이 크므로 아예 처음부터 다시 시작하는 것이 좋다.

버터크림에 덩어리가 생기고 뻣뻣하면 재료 혼합물이 너무 차가울 가능성이 크다. 말랑해질 때까지 실온에 두었다가 다시 세게 휘젓거나, 버터크림이 담긴 용기를 김이 나는 물(끓지는 않는 상태) 위에 15~30초 정도 잠깐씩 올려놓는다. 사이사이에 버터크림을 세게 저어서 부드럽고 매끄러운 상태로 만든다.

미국식 버터크림이라고도 하는 아주 간단한 버터 프로스팅은 간단한 바닐라 버터 프로스팅 레시피를 참고한다.

프랑스식 버터크림

약 3컵

이 레시피는 설탕 시럽을 끓이는 작업과 달걀 또는 달걀노른자를 세게 쳐서 섞는 과정을 동시에 진행해야 한다. 달걀을 제대로 젓기 전에 시럽이 너무 빨리 뜨거워지면 불에서 내려서 속도를 조절한다. 설탕 시럽을 만들기 전에 달걀이나 달걀노른자가 걸쭉해질 때까지 미리 쳐서 섞어놓을 수도 있다. 이 경우 시럽이 거의 다 마무리되면 반죽기의 속도를 고속으로 다시 높인다. 모든 재료를 20~21℃의 실온 상태로 준비한다.

중간 크기의 묵직한 편수 냄비에 다음을 넣고 중불에 올려 저으면서 혼합물이 뭉근히 끓어오르기 시작할 때까지 가열한다.

설탕 1컵

물 ½컵

타르타르 크림 ¼작은술

젓는 것을 멈추고 뚜껑을 덮은 후 2분간 더 뭉근히 끓여서 설탕을 녹인다. 뚜껑을 열고 물에 적신 페이스트리 솔로 냄비 옆면에 달라붙은 설탕 결정을 쓸어내린다. 시럽 온도가 114.5~115.5℃에 도달할 때까지(말랑말랑한 공처럼 뭉치는 상태) 끓인다.

그동안 커다란 그릇이나 거품기 날을 끼운 스탠드 반죽기에 다음을 담고 질감이 걸쭉해지면서 연한 노란색으로 변할 때까지 고속으로 세게 치며 섞는다.

대란 2개 또는 대란 노른자 5개

시럽이 마무리되기 직전에 중속으로 달걀을 다시 세게 휘젓는다. 계속 저으면서 뜨거운 시럽을 달걀에 조금씩 붓되, 반죽기 기둥이나 거품기 날에 닿지 않도록 주의한다. 그릇의 바닥을 만져보면 온기가 느껴지지 않을 때까지 설탕 시럽을 넣은 뜨거운 혼합물을 세게 쳐서 섞는다. 다음을 한 번에 1큰술씩 넣고 세게 쳐서 섞는다.

무염 버터 스틱 3개(340g), 말랑하게 녹이기

버터크림이 매끄럽고 쉽게 바를 수 있는 상태가 되도록 세게 쳐서 섞는다. 혼합물이 덩어리진 것처럼 보인다면 매끄러워질 때까지 계속 세게 쳐서 섞으면 된다. 버터를 너무 빨리 추가하거나 주변 온도가 매우 높으면 혼합물이 수프처럼 묽어지기 마련이다. 이 경우 냉장고에 20~30분간 넣어두었다가 다시 세게 쳐서 섞는다.

이렇게 만든 버터크림은 냉장고에서 최대 6일간 보관할 수 있고, 냉동실에 넣어 얼리면 최대 6개월 후까지 먹을 수 있다. 차갑게 식히거나 얼린 버터크림을 녹이려면 포크를 사용해 덩어리 상태로 부순다. 커다란 그릇이나 스탠드 반죽기 용기에 담아서 실온 상태로 만든다. 그다음 매끄럽고 크림처럼 부드러워질 때까지 세게 쳐서 섞는다.

머랭 버터크림

버터크림에 대해 항목을 참고한다.

I. 스위스식

3~3⅓컵

달걀흰자로 만드는 이 버터크림에는 끓인 시럽이 들어가지 않는다. 버터와 달걀흰자를 20~21℃의 실온 상태로 준비한다.

다음을 준비한다.

무염 버터 스틱 3개(340g), 말랑하게 녹이기

커다란 스테인리스스틸 그릇이나 스탠드 반죽기 용기에 다음을 넣고 섞는다.

　　대란 흰자 4개

　　설탕 ¾컵

　　물 2큰술

　　타르타르 크림 ¼작은술

깊은 프라이팬에 물을 약 2.5cm 높이까지 붓고 뭉근히 끓여서 그릇을 담근다. 물의 높이가 최소한 그릇에 담긴 달걀흰자의 높이만큼 오도록 조절한다. 거품기를 사용하거나 핸드 반죽기를 저속으로 맞춰 돌리면서 조리용 온도계로 쟀을 때 혼합물의 온도가 70℃에 도달할 때까지 계속 섞는다. 그릇을 프라이팬에 담그고 있는 동안에는 계속 저어야 달걀흰자가 많이 익지 않는다. 달걀흰자를 계속 젓는 동시에 온도를 재기가 어렵다면, 그릇을 프라이팬에서 잠깐 꺼내 온도계의 눈금만 읽은 후 바로 다시 프라이팬에 담근다. 프라이팬에서 그릇을 꺼낸 후 다음을 추가한다.

　　바닐라 1작은술

스탠드 반죽기를 사용한다면 그릇을 반죽기에 끼우고 거품기 날을 사용해 걸쭉하고 윤기가 나면서 단단한 기포가 생길 때까지 고속으로 세게 쳐서 섞는다. 그릇의 바닥을 만져보면 온기가 느껴지지 않을 때까지 10분 정도 계속 세게 섞는다. 주걱 날로 바꿔 끼우고 말랑하게 녹인 버터를 몇 큰술씩 넣으면서 세게 쳐서 섞되, 버터를 넣을 때마다 다른 재료와 완전히 어우러질 때까지 섞은 후 다시 버터를 더 넣는다. 매끄러운 질감이 될 때까지 세게 쳐서 섞는다. 냉장고에 넣으면 최대 6일간 보관할 수 있으며 냉동하면 최대 6개월 후까지 먹을 수 있다. 프랑스식 버터크림과 같은 방식으로 데워서 사용한다.

II. 이탈리아식

약 4컵

이 버터크림은 끓인 설탕 시럽을 넣어 만들며 스위스식 머랭 버터크림보다는 만드는 법이 다소 간단하다. 프로스팅이 분리되는 것처럼 보여도 당황하지 말고 매끄러운 질감이 될 때까지 계속 치면서 섞는다.

다음을 준비한다.

　　무염 버터 스틱 3개(340g), 말랑하게 녹이기

다음을 만든다.

　　이탈리아식 머랭

반죽기 용기에서 온기가 느껴지지 않으면 말랑하게 녹인 버터를 몇 큰술씩 넣으면서 아주 매끄럽고 크림처럼 부드러운 질감이 될 때까지 세게 쳐서 섞는다.

리큐어로 풍미를 낸 버터크림

머랭 버터크림 I 또는 II를 만든다. 마지막 단계에서 버번, 다크 럼, 그랑 마니에르, 엘더플라워 리큐어 등 술이나 리큐어를 최대 ¼컵 붓고 세게 쳐서 섞는다.

커피 버터크림

인스턴트커피 또는 에스프레소 가루 1큰술에 물 1½작은술을 넣고 녹인다. 프랑스식 버터크림이나 머랭 버터크림 I 또는 II를 만든다. 에스프레소 혼합물 대부분을 버터크림에 넣고, 맛을 보면서 나머지를 적당히 추가한다.

모카 버터크림

굵게 썬 세미스위트 또는 비터스위트(카카오 함량 최대 64%) 초콜릿 55g을 녹인 후 미지근한 상태로 식힌다. 취향에 따라 (커피 리큐어 2큰술)과 함께 커피 버터크림에 넣고 세게 쳐서 섞는다.

초콜릿 버터크림

약 4½컵

초콜릿 55g당 물 1큰술의 비율에 따라 굵게 썬 세미스위트 또는 비터스위트(카카오 함량 최대 64%) 초콜릿 225~340g에 소량의 물을 넣고 녹인다. 미지근한 상태로 식힌다. 프랑스식 버터크림 또는 머랭 버터크림 I 또는 II에 넣고 실리콘 주걱으로 섞는다.

프랄린 또는 견과류 버터크림

프랑스식 버터크림 또는 머랭 버터크림 I 또는 II에 프랑스식 프랄린, 구워서 잘게 썬 견과류 또는 가당이나 무가당 밤 퓌레 통조림 ⅓~½컵을 넣고 섞는다. 취향에 따라 (프란젤리코 1~2큰술)을 넣어서 섞는다.

감귤류 버터크림

프랑스식 버터크림 또는 머랭 버터크림 I 또는 II에 오렌지 1개, 레몬 2개 또는 라임 3개의 껍질을 강판에 곱게 간 것과 (오렌지 리큐어 또는 리몬첼로 1~2큰술)을 넣고 세게 쳐서 섞는다.

크렘 무슬린(Crème Mousseline, 독일식 버터크림)

약 3½컵

이 버터크림은 비단처럼 아주 매끄러운 질감과 진한 풍미를 자랑한다. 페이스트리 크림과 버터를 섞기 전에 두 재료의 온도를 거의 비슷하게 유지하는 것이 매우 중요하다.

다음을 만들어 실온 상태로 식힌다.

　　페이스트리 크림, 기본 레시피에 설탕 ¼컵을 추가해서 만들기

다음을 준비한다.

　　무염 버터 스틱 2개(225g), 말랑하게 녹이기

커다란 그릇이나 주걱 날을 끼운 스탠드 반죽기에 페이스트리 크림을 넣고 매끄러워질 때까지 세게 쳐서 섞는다. 반죽기를 중속으로 돌리면서 버터를 몇 큰술씩 넣어 세게 쳐서 섞되, 버터를 넣을 때마다 다른 재료와 완전히 어우러질 때까지 섞은 후 다시 버터를 더 넣는다. 버터가 완전히 어우러지려면 약 3분 정도 소요된다. 비단처럼 매끄러운 질감이 될 때까지 세게 휘젓는다. 즉시 사용하거나, 뚜껑을 덮어 냉장고에 넣으면 최대 5일간, 냉동실에 넣으면 최대 3개월간 보관할 수 있다. 사용할 때는 일단 실온 상태로 만든 다음 매끄러운 질감이 되도록 잘 섞는다.

가나슈와 초콜릿 글레이즈에 대해

가나슈(Ganache)는 초콜릿과 크림의 모든 조합을 지칭하는 프랑스 용어다. 가나슈는 간단하고 빨리 만들 수 있으며 매끄러운 질감과 진한 풍미가 특징이다. 버터와 달걀 또는 달걀노른자를 넣어 만들기도 한다. 크림 대신 버터를 사용하면 가나슈의 응용 버전이 된다. 가나슈는 필링, 프로스팅, 글레이즈 등으로 쓸 수 있어 활용도가 높다. 똑같은 레시피로 만든 가나슈를 29℃까지 데우면 디저트에 부을 수 있는 글레이즈가 되고, 실온 상태로 식히면 펴서 바를 수 있는 프로스팅이 된다. 또한 가나슈를 차갑게 식혀서 스쿱으로 떠내면 트러플을 만들 수 있다.

　　가나슈는 오직 초콜릿만 사용해 풍미를 내므로 품질이 좋은 초콜릿을 사용하자.(평범한 제빵용 초콜릿은 피하는 것이 좋다.) 그러나 카카오 함량이 아주 높

은 다크 초콜릿(카카오 함량 72% 이상)을 사용할 때는 부드러운 질감을 구현하기 위해 뜨거운 크림을 레시피의 권장 분량보다 조금 더 넣어야 할 수도 있다는 점을 기억하자. 우선 레시피 분량만큼 크림을 넣고 가나슈의 질감이 부드러워질 때까지 1큰술씩 크림을 추가해가며 조절한다. 또한 다크 초콜릿으로 만든 가나슈는 초콜릿 자체의 낮은 설탕 함량을 보완하기 위해 설탕을 좀 더 추가해야 할 수도 있다. 맛을 보면서 체에 친 슈거 파우더를 조금 더 넣어 섞으면 된다. 카카오 함량이 낮은 초콜릿(60% 이하)을 사용한다면 뜨거운 크림의 양을 1큰술 줄인다. 초콜릿을 케이크에 글레이즈로 활용하려면 761쪽을 참고한다. 초콜릿의 성질에 관한 내용은 초콜릿과 카카오 항목을 참고한다.

초콜릿 가나슈

약 1½컵

혼합물에 민트, 커피, 기타 재료를 우려내려면 가향 가나슈 레시피를 따르되 재료의 분량은 절반으로 줄여서 사용한다.

작은 편수 냄비에 다음을 넣고 부르르 끓어오르도록 가열한다.

  헤비크림 ¾컵

불에서 내린 후 다음을 넣는다.

  세미스위트 또는 비터스위트 초콜릿(카카오 함량 60~70%) 225g, 잘게 썰기

초콜릿이 거의 다 녹을 때까지 젓는다. 뚜껑을 덮고 10분간 두었다가 완전히 매끄러워지도록 살살 젓는다.

부을 수 있는 글레이즈를 만들려면 실온에서 가끔 저으면서 가나슈가 29℃에 도달할 때까지 식힌다. 펴서 바를 수 있는 프로스팅으로 활용하려면 더 낮은 온도로 식힌다. 가나슈가 너무 뻑뻑해지면 큰 냄비에 뜨거운 물을 붓고 편수 냄비를 담가서 말랑말랑해질 때까지 젓거나, 완전히 다시 녹인 후 29~35℃로 식혀서 글레이즈로 활용한다. 실온에서 3일간, 냉장고에 넣으면 일주일간 보관할 수 있다.

비터스위트 초콜릿 글레이즈 또는 프로스팅

약 1½컵

진한 초콜릿이나 견과류 토르테에 사용할 수 있는 섬세한 글레이즈 또는 프로스팅이다. 달콤쌉쌀한 맛을 더 강조하려면 세미스위트 또는 비터스위트 초콜릿 28g 대신 무가당 초콜릿 28g을 사용한다. 물을 넣으면 깔끔한 맛의 초콜릿 글레이즈가 되므로 사용하는 초콜릿의 품질이 뛰어날 때는 물을 넣으면 좋다. 이중 냄비를 사용하거나, 냄비에 물을 붓고 아주 은근히 끓이면서 내열 그릇을 담가 중탕으로 만들거나, 전자레인지를 50% 출력으로 맞추고 20초씩 돌리면서 다음을 자주 저어 매끄럽게 녹인다.

  세미스위트 또는 비터스위트 초콜릿(카카오 함량 60~70%) 170g, 굵직하게 썰기

  커피 또는 물 ⅓컵

  (소금 1자밤)

불에서 내린다. 다음을 2~3조각씩 넣으면서 실리콘 주걱으로 섞는다.

  무염 버터 6큰술(버터 스틱 ¾개), 작은 조각으로 자르기

덩어리 없이 완전히 매끄러워질 때까지 세게 치지 말고 얌전히 섞는다.

부을 수 있는 글레이즈를 만들려면 실온에서 가끔 저으면서 혼합물이 32℃에 도달할 때까지 식힌다. 프로스팅으로 활용하려면 펴서 바를 수 있는 상태가 될 때까지 더 낮은 온도로 식힌다. 프로스팅이 너무 뻑뻑해지면 큰 냄비에 뜨거운 물을 붓고 내열 그릇을 담가서 말랑말랑해질 때까지 젓거나, 완전히 다

시 녹인 후 32℃로 식혀서 글레이즈로 활용한다. 실온에서 3일간, 냉장고에서 3주간 보관할 수 있다.

밀크 초콜릿 모카 글레이즈 또는 프로스팅

약 1¾컵

작은 내열 그릇에 다음을 넣는다.

  밀크 초콜릿 255g, 잘게 썰기

중간 크기의 편수 냄비에 다음을 넣고 뭉근히 끓어오르도록 가열한다.

  헤비크림 ⅔컵

  연한 옥수수 시럽 1큰술

  인스턴트커피 또는 에스프레소 가루 1큰술

뜨거운 크림 혼합물을 즉시 초콜릿에 붓는다. 초콜릿이 다 녹으면서 혼합물이 매끄럽게 어우러질 때까지 젓는다. 부을 수 있는 글레이즈를 만들려면 38℃에 도달할 때까지 식히면 된다. 프로스팅으로 활용하려면 펴서 바를 수 있는 상태가 될 때까지 실리콘 주걱으로 저으면서 더 낮은 온도로 식힌다. 프로스팅이 너무 뻑뻑해지면 큰 냄비에 뜨거운 물을 붓고 내열 그릇을 담가서 말랑말랑해질 때까지 젓거나, 완전히 다시 녹인 후 38℃로 식혀서 글레이즈로 활용한다. 실온에서 3일간, 냉장고에서 3주간 보관할 수 있다.

아이싱과 글레이즈에 대해

여기서 다루는 아이싱은 케이크나 쿠키에 얇게 발라서 사용한다. 크림처럼 부드러운 장식용 아이싱을 비롯해 아래에 소개하는 몇 가지 아이싱은 케이크 전체에 바르기보다는 짤주머니로 짜서 정교한 장식을 만들 때 활용하면 가장 좋다. 특히 로열 아이싱은 부분 장식용으로만 사용해야 한다. 이번 항목에서 다루는 글레이즈는 바로 앞 항목에서 소개했던 진한 초콜릿 글레이즈와는 달리 슈거 파우더를 주재료로 사용해 만든다.

크림처럼 부드러운 장식용 아이싱

지름 23cm짜리 케이크 겹을 프로스팅하고 간단히 장식하기에 충분한 분량

다루기 쉬워서 복잡하고 정교한 장식을 만들기에 좋으며, 이 아이싱으로 만든 장식은 공기가 잘 통하지 않도록 잘 덮어두면 오래 보관할 수 있다. 페이스트리용 짤주머니를 사용하려면 케이크 장식하기 항목을 참고한다.

다음을 체에 쳐서 큰 그릇에 담는다.

  슈거 파우더 4컵(450g)

다음을 넣고 핸드 반죽기로 잘 섞는다.

  식물성 쇼트닝 ½컵

  우유 또는 헤비크림이나 라이트크림 2~4큰술

  바닐라 1작은술 또는 바닐라 ½작은술과 아몬드 추출물 ½작은술

아이싱이 매끄러워질 때까지 계속 세게 쳐서 섞는다. 약간 뻑뻑한 질감이 될 것이다. 장식하기에 적당한 농도가 되도록 액체 재료를 적당량 추가한다.

로열 아이싱

이 장식용 아이싱을 말리면 석고처럼 딱딱해지며 식용 색소를 넣지 않는 한 눈처럼 흰색을 띤다. 적당히 뻑뻑해서 짤주머니로 짜기에 적합하며 웨딩 케이크 위에 정교한 세공 장식, 레이스, 작은 점, 실처럼 가느다란 선을 그릴 때 활용할 수 있다. 슈거 파우더의 양을 조절하거나 물을 약간 추가해 농도를 조절한다.

이 아이싱은 대부분 설탕으로 이루어져 있으므로 특별한 풍미는 없지만, 설탕 쿠키에 다양한 장식을 하기에 적합하다. 맛보다는 장식이 더 중요한 경우에만 이 아이싱을 사용하고, 실제로 사용하더라도 아주 소량만 쓰기를 권한다. 만드는 동안 자연스럽게 회색으로 변하기 쉬우므로 흰색을 유지해야 하는 분량에는 파란색 식용 색소를 약간 넣는다. 노란색, 주황색 또는 다른 따뜻하고 연한 색으로 착색하려면 파란색 식용 색소를 사용하지 않도록 주의한다.

I. 날달걀 흰자를 사용

약 2컵

중간 크기의 그릇에 다음을 체에 쳐서 넣는다.

> 슈거 파우더 3½컵
>
> 타르타르 크림 ⅛작은술

다음을 커다란 그릇이나 거품기 날을 끼운 스탠드 반죽기에 담고 단단한 피크가 생기지만 마른 거품은 아닌 상태가 될 때까지 세게 젓는다.

> 대란 흰자 2개

펴서 바르기에 적당한 농도가 될 때까지 체에 친 설탕 혼합물과 다음을 조금씩 넣는다.

> 레몬즙 2큰술

사용할 때까지 축축한 헝겊으로 덮어둔다.

이 아이싱으로 장식하려면, 좁은 일반형 깍지를 끼운 짤주머니를 사용하거나 지퍼백의 한쪽 모서리를 잘라내거나 유산지로 원뿔 모양을 만들어서 끝부분을 잘라내고 사용한다. 단단한 아이싱을 선호한다면 체에 친 설탕을 조금 더 넣는다. 부드러운 아이싱을 만들려면 레몬즙이나 물을 아주 조금씩 넣으면서 농도를 맞춘다.

II. 저온 살균한 달걀흰자를 사용

약 ¾컵

전자레인지용 그릇에 다음을 넣고 완전히 섞는다.

> 대란 흰자 1개
>
> 슈거 파우더 ⅓컵

온도계로 쟀을 때 혼합물의 온도가 70℃에 도달할 때까지(80℃를 넘기면 안 된다.) 30~60초간 전자레인지에 넣고 돌린다.(온도계를 두 번 이상 담가서 확인해야 한다면, 한 번 사용했던 온도계를 철저히 씻거나 끓는 물이 담긴 컵에 담갔다가 꺼낸 후 다시 온도를 잰다.) 다음을 넣은 후 아이싱이 식으면서 단단한 피크 모양을 유지할 때까지 고속으로 세게 쳐서 섞는다.

> 슈거 파우더 ⅔컵, 체에 치기

아이싱이 별로 뻑뻑하지 않으면 설탕을 더 넣는다. 취향에 따라 액체, 가루 또는 페이스트형 식용 색소로 물을 들인다. 아이싱이 마르면 색은 더 진해진다. 이 아이싱을 뚜껑 있는 용기에 담아두면 최대 3일간 보관할 수 있다. 표면에 파라핀지나 유산지를 덮고 꾹 눌러서 마르지 않게 한다. 필요하면 다시 세게 저어서 사용할 수 있다. 아이싱을 짜서 장식하는 방법은 버전 I을 참고한다.

간단한 쿠키 아이싱

약 1컵

반죽을 밀어서 만드는 설탕 쿠키에 가장 적합한 아이싱이다. 식용 색소로 색을 입힐 수도 있다. 걸쭉하게 만들어서 (아래쪽 모서리를 잘라낸) 지퍼백에 담거나 짤주머니에 담아서 짜낸다.

중간 크기의 그릇에 다음을 넣고 매끄럽게 어우러질 때까지 섞는다.

> 슈거 파우더 4컵(450g), 체에 치기
>
> 물 또는 레몬즙 3~4큰술

필요하면 다음을 좀 더 넣어 농도를 조절한다.

> (슈거 파우더 또는 물)

취향에 따라 색을 입힌다. 아이싱의 표면에 비닐랩을 덮어서 보관한다. 실온에서 최대 4일간, 냉장고에서 최대 한 달간 보관할 수 있다.

하드 소스 아이싱(Hard-Sauce Icing)

약 1컵

브랜디를 넣어 만든 하드 소스를 포크로 부수고 저을 수 있도록 부드러워질 때까지 실온 상태로 녹인다. 커다란 그릇이나 주걱 날을 끼운 스탠드 반죽기에 넣고 매끄러워지도록 세게 쳐서 섞는다. 차갑게 식힌 케이크, 쿠키 또는 바에 얇게 바른다.

간단한 버터스카치(페누치) 아이싱

약 1½컵

크림처럼 부드러운 이 아이싱은 연한 커피색을 띠며 갈색 설탕 풍미를 지니고 있다. 중간 크기의 편수 냄비에 다음을 넣고 중불에 올려 가열하면서 매끄러워질 때까지 젓는다.

> 갈색 설탕, 꾹 눌러 담아 ½컵
>
> 라이트크림 또는 무당연유 ⅓컵
>
> 무염 버터 4큰술(버터 스틱 ½개)
>
> 소금 ⅛작은술

불에서 내린 후 중간 크기의 그릇에 긁어서 담고 5분 정도 식힌다. 다음을 조금씩 넣으면서 쉽게 펴 바를 수 있는 상태가 되도록 세게 쳐서 섞는다.

> 슈거 파우더 3컵, 체에 치기
>
> 바닐라 ½작은술 또는 다크 럼 1작은술

아이싱이 너무 묽어 보이면 큰 냄비에 얼음물을 붓고 그릇을 담근 후 바르기 좋은 상태가 되도록 세게 젓는다. 필요하면 다음을 조금 추가한다.

> (슈거 파우더)

간단한 초콜릿 버터 아이싱

약 1¼컵

이중 냄비를 사용해(또는 냄비에 물을 붓고 아주 은근히 끓이면서 내열 그릇을 담가 중탕으로) 다음을 녹인다.

> 무가당 초콜릿 85g, 굵직하게 썰기
>
> 무염 버터 3큰술

불에서 내린 후 다음을 넣어 섞는다.

> 뜨거운 커피, 크림 또는 우유 ¼컵
>
> 바닐라 1작은술

다음을 조금씩 넣으면서 쉽게 펴 바를 수 있는 상태가 되도록 세게 쳐서 섞는다.

> 슈거 파우더 2컵 또는 맛을 보면서 적당량, 체에 치기

간단한 브라운 버터 아이싱

약 ¾컵

황금빛이 도는 갈색 알갱이가 점점이 박힌 이 아이싱은 향신료를 사용해 만든

케이크에 잘 어울린다.

중간 크기의 프라이팬을 중불에 올리고 다음을 넣어 녹인다.

무염 버터 6큰술(버터 스틱 ¾개)

프라이팬을 가끔 큰 동작으로 돌리면서 버터가 지글지글 끓다가 거품이 생기면서 진한 황금색으로 변할 때까지 가열한다.(고소한 냄새가 나면서 프라이팬을 돌릴 때 바닥에 작은 갈색 조각들이 보일 것이다.) 버터를 중간 크기의 그릇에 옮겨 담고 다음을 조금씩 넣어 세게 쳐서 섞는다.

슈거 파우더 1¼컵, 체에 치기

바닐라 1작은술

쉽게 펴 바를 수 있는 매끄러운 상태가 되도록 세게 쳐서 섞는다. 절대 액체 재료를 넣어서 묽게 만들지 않도록 한다. 필요하면 슈거 파우더를 조금 추가해 걸쭉하게 만든다. 즉시 사용한다.

간단한 메이플 아이싱

약 1컵

이 아이싱은 단맛이 꽤 강하지만 향신료를 사용한 케이크에 아주 잘 어울린다. 중간 크기의 그릇이나 주걱 날을 끼운 스탠드 반죽기에 다음을 넣고 세게 쳐서 섞는다.

슈거 파우더 2컵, 체에 치기

무염 버터 1큰술, 말랑하게 녹이기

바닐라 ½작은술

소금 ¼작은술

다음을 넣고 쉽게 펴 바를 수 있는 상태가 되도록 세게 쳐서 섞는다.

메이플 시럽 약 ½컵

간단한 반투명 설탕 글레이즈

취향에 따라 케이크나 페이스트리에 이 글레이즈를 바른 직후 견과류나 말린 과일 또는 설탕 절임 과일로 장식해도 좋다. 글레이즈가 마르면서 장식이 고정된다.

I. 우유 글레이즈

약 1컵

프티 푸르 같은 작은 케이크에 퐁당 대신 사용할 수 있다. 필요한 만큼 설탕이나 우유를 추가해서 원하는 농도로 맞춘다.

중간 크기의 그릇에 다음을 넣고 매끄럽게 어우러질 때까지 세게 쳐서 섞는다.

슈거 파우더 1½컵, 체에 치기

우유 2큰술

바닐라 ¾작은술

II. 감귤류 글레이즈

약 ½컵, 20cm 크기의 정사각형 케이크 4개에 얇게 바르기에 충분한 분량

중간 크기의 그릇에 다음을 넣고 매끄럽게 어우러질 때까지 세게 쳐서 섞는다.

슈거 파우더 1¼컵, 체에 치기

(레몬 1개, 오렌지 ½개 또는 라임 1개의 껍질, 강판에 곱게 갈기)

레몬, 오렌지 또는 라임즙 2큰술

바닐라 ½작은술

III. 리큐어 글레이즈

약 ⅔컵

중간 크기의 그릇에 다음을 넣고 매끄럽게 어우러질 때까지 세게 쳐서 섞는다.

슈거 파우더 2컵, 체에 치기

리큐어 3큰술

무염 버터 2큰술, 액체 상태로 녹이기

커피 케이크용 꿀 글레이즈

23cm 크기의 정사각형 케이크 2개에 바르기에 충분한 분량

모든 종류의 커피 케이크에 사용할 수 있으며 이 글레이즈를 바른 후 굽는다. 작은 편수 냄비에 다음 재료를 넣고 중불에서 설탕이 녹도록 저으면서 부르르 끓어오를 때까지 가열한다.

설탕 ½컵

우유 ¼컵

무염 버터 4큰술(버터 스틱 ½개)

꿀 ¼컵

구워서 굵게 썬 견과류 ½컵

퐁당 아이싱에 대해

퐁당 아이싱(fondant icing)은 퐁당을 따뜻하게 데우고 희석해서 붓거나 펴 바를 수 있을 정도의 농도로 만든 것이다. 제대로 바르기만 하면 프티 푸르와 케이크를 아주 매끄럽게 마무리할 수 있다. 퐁당 아이싱의 온도와 농도뿐만 아니라 글레이즈를 바를 대상을 제대로 준비하는 것도 중요하다. 이 아이싱을 완벽하게 바르려면 약간의 연습이 필요하다.

가장 좋은 결과를 얻으려면, 직접 만든 퐁당이나 시판 퐁당을 내열 그릇에 담고 43℃의 물이 담긴 프라이팬에 담가서 아주 천천히 데운다. 퐁당이 36.5~40.5℃에 도달할 때까지 기포가 생기지 않도록 실리콘 주걱으로 살살 젓는다. 취향에 따라 식용 색소를 넣거나 풍미 추출물, 레몬즙, 소량의 물에 녹인 인스턴트 에스프레소 가루, 리큐어 등으로 풍미를 낸다. 필요하면 원하는 농도가 될 때까지 따뜻한 물을 조금씩 넣으면서 희석한다. 프티 푸르 같은 작은 디저트에 부을 때는 비교적 묽게, 케이크 윗면에 바를 때는 조금 뻑뻑하게 조절한다. 먹다 남은 케이크나 쿠키에 발라서 농도를 테스트할 수도 있다.

퐁당 아이싱으로는 갈라진 부분, 울퉁불퉁한 표면, 떨어진 부스러기 등의 결함을 숨길 수 없으므로 아이싱을 바르기 전에 케이크와 프티 푸르를 아주 깔끔하고 매끄럽게 손질해야 한다. 보통 프로스팅 주걱 또는 솔을 사용해 케이크와 프티 푸르의 윗면과 옆면에 버터크림이나 뜨거운 살구 글레이즈를 얇고 매끄럽게 발라서 준비한다. 이렇게 준비 작업을 한 후에는 냉장고 또는 냉동실에 (잠깐 동안) 넣어서 퐁당을 바를 표면을 단단하게 굳힌다. 퐁당은 금세 말라서 굳는다.

퐁당 아이싱을 보관할 때는 비닐랩으로 표면을 덮어둔다. 실온에서 최대 일주일, 냉장고에서 최대 6개월간 보관할 수 있다.

프티 푸르나 기타 페이스트리에 퐁당 아이싱을 바르려면 오븐 팬 위에 철망이나 받침대를 놓고 프티 푸르나 페이스트리를 적당한 간격으로 올린다. 이렇게 오븐 팬을 받치면 떨어지는 퐁당을 받아낸 후 긁어서 빵가루가 묻지 않은 부분을 다시 활용할 수 있다. 위의 설명에 따라 퐁당을 데운 후 주둥이가 달린 작은 액체용 계량컵에 담아서 프티 푸르 또는 페이스트리 위에 붓거나 숟가락으로 떠서 얹는다. 퐁당은 금세 굳어서 다시 작업하기 어려우므로 주걱으로 퐁당을 펴서 발라야 한다면 주저하지 않는 손놀림으로 신속하게 발라야 한다.

풍당이 아직 완전히 마르지 않았을 때 장식을 추가한다. 풍당 아이싱을 바를 케이크의 개수가 많지 않다면 프라이팬에 구멍 뚫린 팬케이크용 뒤집개나 숟가락을 걸쳐놓고 케이크를 하나씩 올린 후 아이싱을 각각 바른다.

브륄레 아이싱(Brûléed Icing)

약 1컵, 20cm 크기의 정사각형 케이크 1개에 바르기에 충분한 분량

따뜻할 때 케이크나 커피 케이크 또는 쿠키에 펴서 바른다. 상황에 따라 케이크를 팬에 얹은 상태로 아이싱을 바를 수 있다.

열원과의 거리가 7.5~12cm가 되도록 오븐 받침대의 위치를 조절한다. 직화 오븐을 예열한다. 중간 크기의 그릇에 다음을 넣고 매끄럽게 어우러질 때까지 섞는다.

    갈색 설탕, 꾹 눌러 담아 ⅔컵

    잘게 썬 가당 코코넛 또는 굵게 썬 견과류 ½컵

    무염 버터 3큰술, 액체 상태로 녹이기

    헤비크림 3큰술

    소금 ⅛작은술

케이크 위에 바른다. 표면에 전체적으로 바른 아이싱에서 보글보글 기포가 일어날 때까지 직화 오븐에서 굽는다. 타지 않도록 주의해서 살핀다.

슈트로이젤(Streusel)

Ⅰ. 입자가 고운 형태

⅔~¾컵

작은 그릇에 다음을 넣고 작은 덩어리 상태가 되도록 잘 섞는다.

    설탕 ⅓컵

    중력분 또는 쌀가루 2큰술

    무염 버터 2큰술

    계핏가루 ½작은술

취향에 따라 다음을 추가한다.

    (구워서 굵게 썬 견과류 ¼~½컵)

반죽 위에 슈트로이젤을 훌훌 뿌리고 레시피대로 굽는다.

Ⅱ. 입자가 굵은 형태

중간 크기의 그릇에 다음을 넣고 섞는다.

    중력분 ½컵

    설탕 ½컵

    (계핏가루 ½작은술)

    (카르다몸 가루 ¼작은술)

    설탕 ¼작은술

다음을 추가한다.

    차가운 무염 버터 5큰술, 작은 정육면체로 자르기

손가락으로 버터를 으깨면서 버터와 밀가루의 혼합물에 중간 크기의 덩어리가 몽글몽글 생길 때까지 섞는다. 사용할 때까지 냉장고에 보관한다. 반죽 위에 슈트로이젤을 훌훌 뿌리고 레시피대로 굽는다.

케이크용 촉촉한 시럽에 대해

촉촉한 시럽을 제누아즈 같은 케이크 겹에 발라서 촉촉함과 풍미를 더할 수 있다. 더욱 복합적인 풍미를 내기 위해 술이나 리큐어를 섞는 경우가 많지만,

다른 여러 방법으로도 풍미를 낼 수 있다. 물 대신 감귤류즙, 커피, 차 또는 다크 럼이나 브랜디 같은 증류주를 사용하거나, 완성된 시럽에 감귤류 껍질, 찻잎, 신선한 허브, 통향신료 등을 넣어 우려내도 좋다.

촉촉한 시럽

약 1컵

작은 편수 냄비에 다음을 넣고 섞는다.

    설탕 1컵

    물 ⅔컵

약불에 올려 설탕이 녹을 때까지 살살 저으면서 가열하되, 시럽이 뭉근히 끓어오를 때까지 조리할 필요는 없다. 불에서 내린 후 뚜껑을 열고 식혀서 사용한다. 뚜껑 있는 병에 담아두면 실온에서 최대 3주, 냉장고에서 최대 6개월간 보관할 수 있다.

레몬 시럽

촉촉한 시럽을 만들되, 물 대신 **레몬즙** ⅔컵을 사용한다. 설탕이 녹을 때까지만 혼합물을 가열한다. 시럽이 끓으면 레몬 풍미가 손상되므로 끓어오를 때까지 가열하지 않도록 주의한다.

케이크 필링에 대해

케이크 필링을 만드는 것은 거의 케이크 자체를 만드는 것만큼이나 정교한 작업이지만 모든 케이크 필링을 그렇게 복잡하게 만들 필요는 없다. 이번 항목에서 다양한 필링을 소개하지만, 휩드 크림에 대해 항목을 참고하거나 그냥 케이크 표면에 바르는 프로스팅을 케이크 겹 사이에 발라서 필링으로 활용할 수 있다. 케이크에 사용할 필링을 고르는 데에는 정해진 법칙이 없다. 케이크의 풍미와 지방 함량에 잘 맞는 필링을 고르면 된다. 진한 초콜릿 케이크는 당을 조금만 첨가한 안정화된 휩드 크림 필링이 잘 어울리며, 가볍고 폭신폭신한 노란색 케이크에는 초콜릿 페이스트리 크림이 안성맞춤이다.

또한 작업 시간도 고려해야 한다. 빵을 굽는 사람들 중 상당수는 식탁에 내놓기 전에 급하게 구워야 하는 상황을 피하고자 케이크를 미리 구워놓는 것을 선호한다. 일부 필링은 어느 정도 시간이 지나도 상태가 그대로 유지되지만 되도록 빨리 사용해야 하는 필링도 있다. 모든 종류의 버터크림이나 버터를 주재료로 만든 아이싱은 오래 보관할 수 있으며, 걸쭉한 초콜릿 아이싱이나 가나슈도 보관성이 뛰어나다. 휩드 크림이나 페이스트리 크림 등은 비교적 보관 기간이 짧다. 따라서 이러한 필링을 사용하려면 케이크를 미리 구워두되, 내기 직전에 필링을 발라서 완성하는 것이 가장 좋다.

반드시 필링과 프로스팅 또는 아이싱을 별도로 준비할 필요는 없다. 대부분 프로스팅을 필링으로도 활용할 수 있다. 또는 아예 품이 들지 않는 필링도 있다. 잼이나 프리저브, 마멀레이드, 컨서브도 케이크 필링으로 훌륭한 역할을 한다. 다만 이러한 필링은 단맛이 강하므로 얇게 펴서 바르거나 휩드 크림과 함께 사용한다. 옥수수 전분으로 걸쭉하게 만든 푸딩 또는 크림 파이 필링도 케이크 필링으로 사용할 수 있다. 레시피에 따라 푸딩이나 필링을 만들되, 우유의 분량을 ½컵 정도 줄여서 좀 더 걸쭉하게 만든다. 완전히 식힌 후 4시간 이상 냉장고에 넣어두었다가 사용한다.

페이스트리 크림(크렘 파티시에르Crème Pâtissière)

약 2컵

다양한 케이크뿐만 아니라 보스턴 크림 파이, 초콜릿 에클레어, 생과일 타르트를 비롯한 수많은 디저트에도 사용되는 바닐라 커스터드 필링이다. 취향에 따라 이 커스터드나 아래에 소개한 응용 버전에 바닐라와 함께 리큐어 1~2큰술을 추가할 수도 있다. 마찬가지로 휩드 크림 ¾컵을 넣어 섞으면 질감은 가볍지만 크림 함량이 높은 진한 필링을 만들 수 있다.

중간 크기의 내열 그릇에 다음을 넣고 매끄럽게 어우러질 때까지 섞는다.

설탕 ½컵

옥수수 전분 2큰술

대란 노른자 3개

대란 1개

소금 ¼작은술

중간 크기의 편수 냄비에 다음을 넣고 뭉근히 끓어오르도록 가열한다.

일반 우유 1½컵

(바닐라 빈 1개, 세로로 반 가르기)

바닐라 빈을 넣었다면 건져서 한쪽에 둔다. 뜨거운 우유 절반 분량을 달걀 혼합물에 천천히 부으면서 계속 젓는다. 우유를 섞은 달걀 혼합물을 냄비에 남아 있는 우유 절반에 넣고 계속 저으면서 중약불에서 크림이 걸쭉해질 때까지 2분 정도 가열한다. 커스터드를 긁어서 즉시 깨끗한 그릇에 옮겨 담고 다음을 넣어 섞는다.

차가운 무염 버터 2큰술, 작은 조각으로 자르기

바닐라 빈을 사용했다면 깍지에서 씨를 긁어서 페이스트리 크림에 넣고 섞는다. 바닐라 빈을 사용하지 않았다면 취향에 따라 다음을 넣어 섞어도 좋다.

(바닐라 1작은술)

비닐랩을 페이스트리 크림 표면에 직접 닿도록 덮어서 크림의 윗면에 막이 생기지 않게 한다. 식혀서 냉장고에 넣어두었다가 사용한다. 냉장고에 넣으면 최대 2일간 보관할 수 있다. 사용할 때는 페이스트리 크림을 그릇이나 주걱 날을 끼운 스탠드 반죽기에 옮겨 담고 매끄러운 질감이 될 때까지 저속으로 세게 쳐서 젓는다.

초콜릿 페이스트리 크림

페이스트리 크림을 만들되, 잘게 썬 세미스위트 또는 비터스위트 초콜릿(카카오 함량 최대 64%) 85~140g을 뜨거운 커스터드에 넣고 뒤적이며 섞는다. 초콜릿이 녹으면서 크림과 잘 어우러질 때까지 얌전히 젓는다.

커피 페이스트리 크림

페이스트리 크림을 만들되, 뜨거운 우유에 인스턴트커피 또는 에스프레소 가루 2~3작은술을 넣고 섞는다.

모카 페이스트리 크림

페이스트리 크림을 만들되, 뜨거운 우유에 인스턴트커피 또는 에스프레소 가루 2~3작은술을 넣고 섞는다. 커스터드가 완성되면 잘게 썬 세미스위트 또는 비터스위트 초콜릿(카카오 함량 최대 64%) 85g을 뜨거운 커스터드에 넣고 뒤적이며 섞는다. 초콜릿이 녹으면서 크림과 잘 어우러질 때까지 얌전히 젓는다.

바나나 페이스트리 크림

페이스트리 크림을 만들되, 달걀노른자 혼합물과 우유를 섞기 전에 편수 냄비에 우유와 바닐라 빈을 넣고 무르지 않은 완숙 바나나 2개를 굵직하게 썰어서 추가한다. 뭉근히 끓어오르도록 가열한 뒤 불에서 내리고 1시간 이상 우려낸다.(또는 그릇에 옮겨 담고 하룻밤 식힌다.) 바나나 풍미가 다 우러나서 페이스트리 크림을 만들 준비가 되면 고운체에 우유를 거른다.(바나나는 버리거나 한 번 더 우려내기 위해 보관한다. 바닐라 빈에서 씨를 긁어서 우유에 넣고 섞는다.) 달걀노른자 혼합물을 넣어서 섞고 우유를 데우면서 레시피대로 페이스트리 크림을 만든다. 취향에 따라 뜨거운 커스터드에 (다크 럼 1~2큰술, 양은 적당히 조절)을 넣고 섞어도 좋다. 내기 직전에 깍둑썰기한 단단한 완숙 바나나 2개를 차가운 커스터드에 넣고 뒤적이며 섞는다.

프랑지판 페이스트리 크림

페이스트리 크림을 만들되, 아몬드 분말 또는 고운 아몬드 가루 ⅓컵과 아몬드 추출물 ¼작은술을 뜨거운 커스터드에 넣고 뒤적이며 섞는다.

버터스카치 페이스트리 크림

페이스트리 크림을 만들되, 설탕 대신 갈색 설탕을 넣는다. 버터와 함께 버터스카치 칩 ½컵을 넣고 다 녹을 때까지 저으면서 섞는다.

프랄린 페이스트리 크림

페이스트리 크림을 만들되, 사용하기 전에 프랑스식 프랄린 으깬 것 ⅓컵을 차가운 커스터드에 넣고 뒤적이며 섞는다.

레몬 커드

약 1⅔컵

새콤하고 톡 쏘는 이 레몬 커드를 스펀지 롤 또는 엔젤푸드 케이크에 필링으로 사용하면 아주 상큼하다. 또한 풍미를 추가하지 않은 치즈 케이크에 레몬 커드를 넣고 휘저어서 소용돌이 모양으로 만든 후 구워도 좋다.

중간 크기의 편수 냄비에 다음을 넣고 색이 연해질 때까지 잘 섞는다.

대란 3개

설탕 ⅓컵

레몬 1개의 껍질, 강판에 곱게 갈기

다음을 추가한다.

체에 거른 레몬즙 ½컵

무염 버터 6큰술(버터 스틱 ¾개), 작은 조각으로 자르기

중불에 올려 저으면서 버터를 녹인다. 버터가 다 녹은 후에도 계속 저으면서 혼합물이 걸쭉해질 때까지 가열하면서 몇 초간 더 뭉근히 끓인다. 중간 굵기의 체를 큼직한 그릇 위에 올리고 실리콘 주걱으로 필링을 긁어서 체에 담아 걸러낸다. 다음을 넣고 섞는다.

바닐라 ½작은술

식히고 뚜껑을 덮어서 냉장고에 넣어 걸쭉한 농도로 만든다. 냉장고에 넣어두면 약 일주일 정도 보관할 수 있다.

라임 또는 자몽 커드

레몬 커드를 만들되, 레몬 껍질 대신 라임 2개나 자몽 1개의 껍질을 강판에 곱

게 갈아서 넣고 레몬즙 대신 체에 거른 라임즙이나 자몽즙 ½컵을 사용한다.

오렌지 커드

레몬 커드를 만들되, 레몬 껍질 대신 큼직한 오렌지 1개의 껍질을 강판에 곱게 갈아서 넣고 레몬즙 ½컵 대신 오렌지즙 ¼컵과 레몬즙 ¼컵을 섞어서 사용한다.

프랑지판(Frangipane)

약 2½컵

이 필링에는 날달걀이 들어가므로 구워서 만드는 레시피에 사용해야 한다. 메건의 프랑지판 과일 타르트, 베이크웰 타르트 등 타르트에 가장 많이 사용되지만, 작은 머핀 컵에 담고 베리류 또는 잼 1작은술을 떠서 가운데에 올린 후 구우면 자그마한 디저트 케이크로도 훌륭하다.

큰 그릇이나 주걱 날을 끼운 스탠드 반죽기에 다음을 넣고 폭신폭신해질 때까지 세게 쳐서 섞는다.

    무염 버터 스틱 1½개(170g), 말랑하게 녹이기

    설탕 1컵

다음을 넣고 세게 쳐서 섞는다.

    아몬드 혼합물 ½작은술

다음을 한 번에 하나씩 넣고 세게 쳐서 섞는다.

    대란 2개

다음을 추가하고 잘 어우러질 때까지 섞는다.

    아몬드 분말 또는 고운 아몬드 가루 1⅓컵

    중력분 ⅔컵

    소금 ¼작은술

즉시 사용하거나 밀폐 용기에 담아 냉장고에 넣어두면 최대 4일간 보관할 수 있다.

버터스카치 필링

약 3컵

버터스카치 크림 파이의 필링을 만들되, 우유의 양을 1½컵으로 줄인다.

감귤류 커스터드 필링

약 1⅓컵

중간 크기의 편수 냄비에 다음을 넣고 섞는다.

    설탕 ¾컵

    옥수수 전분 2큰술

    소금 ⅛작은술

다음을 넣고 매끄럽게 어우러질 때까지 섞는다.

    대란 노른자 3개

다음을 넣고 섞는다.

    체에 거른 오렌지즙 ½컵

    레몬 1개의 껍질, 강판에 곱게 갈기

    체에 거른 레몬즙 ¼컵

중약불 또는 중불에 올려 실리콘 주걱으로 계속 저으면서 조리한다. 눌어붙지 않도록 냄비의 바닥과 모서리를 긁어준다. 혼합물이 뭉근히 끓어오르고 걸쭉

해지면 빠른 속도로 저으면서 30초 정도 더 끓인다. 필링을 중간 크기의 그릇에 옮겨 담고, 상황에 따라 중간 굵기의 체에 한 번 걸러도 좋다. 필링의 표면에 직접 닿도록 비닐랩으로 덮어서 냉장고에 넣어 차갑게 식힌다. 냉장고에서 꺼낸 후 세게 섞지 말고 살살 저어서 사용한다. 냉장고에 넣으면 최대 2일간 보관할 수 있다.

살구 커스터드 필링

약 1½컵

작은 편수 냄비에 다음을 넣고 25분간 은근히 끓인다.

    말린 살구, 성기게 담아 ½컵

    물 1컵

다음을 넣고 섞는다.

    설탕 1큰술

물이 졸아들면서 글레이즈 상태가 될 때까지 3~5분간 뭉근히 끓인다. 혼합물을 푸드 프로세서에 넣고 매끄러운 퓌레 상태로 간다. 다음을 만든다.

    감귤류 커스터드 필링

살구 퓌레를 뜨거운 필링에 넣고 섞은 후 체에 걸러서 레시피에 따라 식힌다.

굵게 썬 과일 필링

Ⅰ. 약 1¾컵

이중 냄비를 사용하거나 냄비에 물을 붓고 아주 은근히 끓이면서 내열 그릇을 담가 중탕으로 다음을 저으면서 설탕을 녹인다.

    무당연유 ¾컵

    설탕 ¾컵

    물 ¼컵

    소금 ⅛작은술

다음을 넣고 가끔 저으면서 걸쭉해질 때까지 졸인다.

    잘게 썬 대추야자 ¼컵

    잘게 썬 말린 무화과 ¼컵

식힌 후 다음을 넣는다.

    구워서 굵게 썬 호두나 피칸 등의 견과류 ½컵

    바닐라 1작은술

Ⅱ. 약 2컵

작은 편수 냄비에 다음을 넣고 25분간 은근히 끓인다.

    말린 살구, 성기게 담아 ½컵

    물 1컵

강불로 올려 국물이 거의 다 증발할 때까지 팔팔 끓인다. 푸드 프로세서에 넣고 퓌레 상태로 간다. 혼합물을 편수 냄비에 다시 옮겨 담는다. 다음을 넣고 섞는다.

    설탕 ⅔컵

약불에 올려 걸쭉해질 때까지 3분 정도 끓인다. 불에서 내린 후 다음을 넣고 섞는다.

    오렌지 1개의 껍질, 강판에 곱게 갈기

    오렌지즙 2큰술

    굵게 썬 노란색 건포도 ¾컵

    잘게 썬 설탕 절임 생강 ¼컵

구운 호두 또는 피칸 필링

약 1½컵

갈색 설탕과 구운 견과류를 넣은 근사한 필링이다.

작은 편수 냄비에 다음을 넣고 섞는다.

   연한 갈색 설탕, 꾹 눌러 담아 1컵

   무염 버터 4큰술(버터 스틱 ½개), 작은 조각으로 자르기

   물 2큰술

   소금 ¼작은술

약불에 올려 버터가 다 녹고 혼합물이 뭉근히 끓어오를 때까지 저으면서 가열한다. 불에서 내린다. 작은 그릇에 다음을 넣고 저어서 푼다.

   대란 노른자 2개

노른자 푼 것을 저으면서 뜨거운 갈색 설탕 혼합물을 조금 넣어 따뜻하게 데운 후, 달걀 혼합물을 다시 편수 냄비에 넣고 섞는다. 약불에 올려 계속 저으면서 걸쭉해질 때까지 1~2분간 조리한다. 불에서 내리고 다음을 넣어 섞는다.

   구워서 굵게 썬 호두 또는 피칸 1½컵

즉시 사용한다.

아몬드 또는 헤이즐넛 커스터드 필링

약 1½컵

이중 냄비를 사용하거나 팬에 물을 붓고 은근히 끓이면서 내열 그릇을 담가 중탕 상태로 만든 후 다음을 넣고 저으면서 약간 걸쭉해질 때까지 가열한다.

   설탕 1컵

   사워크림 1컵

   중력분 1큰술

그동안 작은 그릇에 다음을 넣고 세게 쳐서 푼다.

   대란 1개

뜨거운 사워크림 혼합물의 ⅓ 분량을 달걀에 넣고 섞어서 데운 후, 이 달걀 혼합물을 긁어서 다시 이중 냄비에 넣는다.

다음을 넣고 섞는다.

   구워서 아주 잘게 썬 헤이즐넛 또는 껍질을 벗긴 아몬드 1컵

커스터드가 걸쭉해질 때까지 저으면서 졸인다. 불에서 내린 후 깨끗한 그릇에 긁어 담고 다음을 넣어 섞는다.

   바닐라 ½작은술 또는 아몬드나 헤이즐넛 리큐어 1큰술

코코넛 피칸 필링

약 3¼컵

달콤하고 맛있는 이 필링은 전통적으로 저먼 초콜릿 케이크의 필링과 토핑으로 사용한다. 중간 크기의 편수 냄비에 다음을 넣고 섞는다.

   설탕 1컵

   무당연유 또는 헤비크림 1컵

   대란 노른자 3개

   무염 버터 스틱 1개(115g), 작은 조각으로 자르기

중불에 올려 혼합물이 걸쭉해지고 가장자리가 얌전하게 끓어오를 때까지 계속 저으면서 가열한다. 약불로 줄이고 저으면서 1~2분간 더 끓인다. 불에서 내리고 다음을 넣어 섞는다.

   박편형의 무가당 코코넛 1⅓컵

   구워서 굵게 썬 피칸 1⅓컵

펴 바르기 좋은 상태가 될 때까지 식힌다. 냉장고에 넣으면 일주일 정도 보관할 수 있다. 실온에 미리 꺼내서 말랑하게 만든 후 사용한다.

저어서 거품을 낸 가나슈 필링(Whipped Ganache Filling)

약 3컵

색은 연하지만 진하고 크림처럼 부드러운 초콜릿 필링이다. 44.5×29cm의 롤 케이크에 필링으로 사용하기에 넉넉한 분량이다. 너무 뻑뻑하게 거품을 냈다면 뜨거운 물에 주걱을 담가 데운 후 사용하면 훨씬 바르기 쉬워진다. **모카 가나슈 필링**을 만들 때는 **인스턴트 에스프레소 또는 커피 가루 2작은술**을 크림에 추가하고 비터스위트, 세미스위트 또는 밀크 초콜릿을 사용한다.

중간 크기의 편수 냄비에 다음을 넣고 부르르 끓어오를 때까지 가열한다.

   헤비크림 2컵

불에서 내린 후 다음을 넣어 섞는다.

   세미스위트 또는 비터스위트(카카오 함량 최대 64%), 밀크 또는 화이트 초콜릿
      225g, 잘게 썰기

뚜껑을 덮고 10분간 둔다. 혼합물에 덩어리 없이 아주 매끄러워질 때까지 실리콘 주걱으로 젓고, 냄비 바닥을 긁어주면서 초콜릿이 다 녹았는지 확인한다. 뚜껑을 덮고 2시간 이상 냉장고에 넣어 식힌다.(가나슈를 냉장고에 넣어두면 최대 5일간, 냉동실에 넣으면 최대 6개월간 보관할 수 있다.) 사용할 때는 커다란 그릇이나 주걱 날을 끼운 스탠드 반죽기에 넣고 가나슈가 걸쭉해지면서 모양이 잡히기 시작할 때까지 저속 또는 중속으로 세게 쳐서 섞는다. 너무 오래 휘젓지 않도록 주의한다.(세미스위트 또는 비터스위트 초콜릿을 사용할 경우 순식간에 이렇게 되기 쉬우므로 주의해서 살핀다.) 즉시 사용한다.

커피 케이크와 페이스트리용 필링에 대해

아래에 소개하는 필링은 특히 이스트 발효 커피 케이크와 대니시 페이스트리를 비롯한 다른 페이스트리의 필링으로 사용한다. 레몬즙, 감귤류 껍질, 모든 종류의 말린 과일, 잘게 썬 시트론, 잘게 썬 초콜릿 또는 잼이나 마멀레이드를 넣어서 필링에 풍미를 더할 수 있다. ▶ 지름 23cm짜리 고리 모양 커피 케이크에는 1컵이 조금 넘는 분량의 필링이 필요하다. 작은 롤빵이나 페이스트리에는 각각 2작은술 정도 들어간다.

견과류 필링

I. 지름 23cm짜리 고리 모양 케이크 1개에 사용하기에 충분한 분량

중간 크기의 그릇에 다음을 넣고 섞는다.

   구워서 곱게 간 헤이즐넛, 아몬드 또는 다른 견과류 ½컵

   설탕 ½컵

   (잘게 썬 설탕 절임 시트론, 설탕 절임 오렌지 껍질, 설탕 절임 생강 2큰술)

   계핏가루 2작은술

   바닐라 ½작은술

다음을 추가한다.

   대란 1개, 잘 풀어두기

다음을 적당량 부어서 반죽에 펴 바르기 좋은 농도가 될 때까지 희석한다.

   우유, 하프앤드하프 또는 크림

II. 지름 23cm짜리 고리 모양 케이크 1개에 사용하기에 충분한 분량

다음을 준비한다.

　　구워서 굵게 썬 견과류 ¼컵

　　굵게 썬 시트론, 설탕 절임 오렌지 껍질 또는 설탕 절임 생강 ¼컵

　　굵게 썬 일반 건포도 또는 노란색 건포도 ¼컵

작은 편수 냄비에 다음을 넣어 녹인다.

　　무염 버터 4큰술(버터 스틱 ½개)

반죽을 넓게 민 후 녹인 버터를 넓게 펴서 바르고 취향에 따라 위의 재료를 굵게 썰어 훌훌 뿌린다. 취향에 따라 다음을 함께 뿌려도 좋다.

　　(설탕)

　　(계핏가루)

Ⅲ. 지름 23cm짜리 고리 모양 케이크 3개에 사용하기에 충분한 분량

다음을 만든다.

　　프랑지판

반죽 위에 발라서 굽거나, 레시피대로 사용한다.

사과 필링

지름 23cm짜리 고리 모양 케이크 2개에 사용하기에 충분한 분량

커다란 편수 냄비에 다음을 넣고 섞은 뒤 필링이 걸쭉해지면서 끈적거릴 때까지 4분 이상 팔팔 끓인다.

　　껍질을 깎아서 굵게 썬 사과 2½컵

　　갈색 설탕, 꾹 눌러 담아 1컵

　　건포도 1컵

　　무염 버터 6큰술(버터 스틱 ¾개)

　　계핏가루 ½작은술

　　소금 ½작은술

약간 식힌 후 반죽 위에 넓게 펴서 바른다.

말린 과일 필링

지름 23cm짜리 고리 모양 케이크 1개에 사용하기에 충분한 분량

중간 크기의 편수 냄비에 다음을 넣고 부르르 끓어오를 때까지 가열한다.

　　씨를 뺀 말린 자두, 말린 살구, 말린 무화과 또는 말린 대추야자 225g, 굵게 썰기

　　물, 사과 주스 또는 오렌지 주스 1컵

　　설탕 ¼컵

　　소금 1자밤

불을 줄이고 과일이 아주 말랑해질 때까지 20~30분간 뭉근히 끓인다. 군데군데 충분히 불지 않은 과일이 있다면 액체 재료를 추가해 더 끓인다. 다음을 넣고 섞는다.

　　레몬즙 2큰술

　　(아르마냑 또는 코냑 2큰술)

믹서나 푸드 프로세서에 옮겨 담고 퓌레 상태로 간다. 그릇에 옮겨 담고 식혀서 사용한다.

포피시드 필링 코케뉴

지름 23cm짜리 고리 모양 케이크 1개에 사용하기에 충분한 분량

다음을 향신료 분쇄기에 넣고 간다.

　　포피시드 ½컵

포피시드를 작은 편수 냄비에 넣고 다음을 추가한다.

　　우유 ¼컵

부르르 끓어오를 때까지 가열한 후 불에서 내리고 다음을 넣어 섞는다.

　　갈색 설탕, 꾹 눌러 담아 ⅓컵

　　버터 2큰술

다음을 넣고 섞는다.

　　대란 노른자 2개

중약불에 올려 계속 저으면서 혼합물이 약간 걸쭉해질 때까지 조리한다. 약간 식힌 후 다음을 넣는다.

　　시판 또는 수제 아몬드 페이스트 ⅓컵 또는 아몬드를 굵게 빻은 분말이나 아몬드 가루 ½컵

　　(굵게 썬 설탕 절임 시트론 3큰술)

　　(레몬즙 2작은술 또는 바닐라 1작은술)

완전히 식혀서 사용한다.

치즈 필링

지름 23cm짜리 고리 모양 케이크 1개에 사용하기에 충분한 분량

Ⅰ. 리코타 치즈와 노란색 건포도를 넣어서 만들기

다음을 푸드 프로세서에 넣고 매끄러운 질감이 될 때까지 젓는다.

　　일반 우유로 만든 리코타 치즈 1½컵

그릇에 옮겨 담는다. 다음을 넣고 잘 섞는다.

　　노란색 건포도 또는 설태너 건포도 ½컵

　　설탕 ¼컵

　　대란 1개

　　레몬 1개의 껍질, 강판에 곱게 갈기

Ⅱ. 크림치즈를 넣어서 만들기

다음을 푸드 프로세서에 넣고 매끄러운 질감이 될 때까지 젓는다.

　　크림치즈 115g, 깍둑썰기하기

　　설탕 3큰술

　　(계핏가루 ½작은술)

　　레몬 1개의 껍질, 강판에 곱게 갈기

　　헤비크림 1큰술

즉시 사용하거나 냉장고에 넣으면 최대 3일간 보관할 수 있다.

초콜릿 과일 필링

지름 23cm짜리 고리 모양 케이크 1개에 사용하기에 충분한 분량

다음을 작은 그릇에 넣고 완전히 어우러질 때까지 섞는다.

　　구워서 잘게 썬 호두 또는 피칸 ⅓컵

　　연한 갈색 설탕, 꾹 눌러 담아 ⅓컵

　　잘게 썬 다크 초콜릿 3큰술

　　잘게 썬 말린 크랜베리, 체리 또는 살구 2큰술

　　무가당 코코아 가루 1큰술

　　인스턴트커피 또는 에스프레소 가루 1큰술

　　계핏가루 1작은술

달콤한 소스에 대해

디저트에 소스를 곁들여서 내면 고급스럽고 보기에도 근사해서 좋은 인상을 준다. 디저트에 대조적인 풍미의 소스를 곁들여 악센트를 주거나, 비슷한 계열의 소스를 첨가해 풍미를 보완할 수 있다. 진한 무스, 커스터드, 아이스크림에 상큼한 과일 소스를 곁들이는 것이 좋은 예다. 과일 디저트에는 휩드 크림이나 사바용처럼 크림처럼 부드럽지만 가벼운 풍미의 소스를 고려해보자. 케이크나 브레드 푸딩에는 쉽게 스며드는 소스가 잘 어울린다. 때로는 과하다 싶을 정도로 디저트의 맛을 더욱 끌어올리는 소스를 사용하는 것도 좋다. 진한 초콜릿 케이크에 그만큼 진한 캐러멜, 화이트 초콜릿 또는 남부식 위스키 소스를 사용하면 그야말로 천상의 맛을 낸다.

과일 소스에 대해

과일 소스는 생과일로 만들어 밝은 색감과 상큼한 맛을 자랑하는 쿨리부터 걸쭉하고 진하게 졸여서 보통 뜨겁게 내는 과일 소스에 이르기까지 다양하다. 소스로도 활용할 수 있는 과일 요리로는 블루베리 콩포트, 익힌 과일 퓌레, 감귤류 커드, 과일 식초 등이 있다. 또한 대다수의 과일즙이나 과즙 음료도 필요에 따라 팔팔 끓여서 졸이고 감미료를 넣은 후 옥수수 전분으로 걸쭉하게 만들면 즉석 과일 소스가 된다는 점을 잊지 말자. 취향에 따라 이렇게 즉흥적으로 만든 소스에 버터 1~2큰술을 넣고 저어서 마무리하면 더 진한 풍미의 소스가 완성된다.

신선한 베리 쿨리

약 1컵

믹서 또는 푸드 프로세서에 다음을 넣고 퓌레 상태로 간다.

> 라즈베리, 블랙베리, 블루베리 또는 꼭지를 딴 딸기 475ml, 또는 냉동 드라이팩
>
>   라즈베리, 블랙베리, 딸기, 블루베리 340g, 해동하기
>
> 설탕 3큰술 또는 맛을 보면서 적당량 추가
>
> 체에 거른 레몬즙 2작은술 또는 맛을 보면서 적당량 추가

혼합물을 고운체에 붓고 실리콘 주걱으로 과육을 누르면서 즙을 짠다. 과육을 꾹꾹 누르고 체의 구멍이 막히지 않도록 주기적으로 안쪽에 걸린 씨를 긁어낸다. 과육에는 맛있는 즙이 듬뿍 스며들어 있으므로 절대 그냥 버리지 말자. 단단하게 뭉친 씨앗 덩어리가 1큰술 조금 넘게 남을 때까지 계속 즙을 짜낸다. 소스의 맛을 보고 필요하면 설탕이나 레몬즙을 조금 더 넣어 섞는다. 실온 상태로 또는 차갑게 식혀서 낸다. 뚜껑을 덮어 냉장고에 넣어두면 최대 3일간 보관할 수 있다.

망고 쿨리

약 1¼컵

열대 지방을 연상시키는 이 소스는 바나나 및 코코넛 디저트에 특히 잘 어울린다. 다음의 껍질을 벗기고 씨를 뺀 후 잘게 깍둑썰기한다.

> 단단한 완숙 망고 큰 것 1개

믹서나 푸드 프로세서에 망고와 다음 재료를 넣고 퓌레 상태로 간다.

> 설탕 2큰술 또는 맛을 보면서 적당량 추가
>
> 물 2큰술
>
> 체에 거른 라임즙 또는 레몬즙 1큰술

필요하면 물을 조금 넣어 희석하고 단맛과 신맛을 적절히 조절한다. 실온 상태

로 또는 차갑게 식혀서 낸다. 뚜껑을 덮어 냉장고에 넣어두면 최대 3일간 보관할 수 있다.

뜨거운 레몬 또는 라임 소스

약 1⅓컵

이 소스는 진저브레드, 파운드 케이크, 엔젤푸드 케이크와 특히 잘 어울린다. 또한 블루베리나 코코넛을 사용한 디저트에 곁들여도 아주 맛있다.

작고 묵직한 편수 냄비에 다음을 넣고 섞는다.

> 설탕 ⅔컵
>
> 레몬 또는 라임 1개의 껍질, 강판에 곱게 갈기
>
> 체에 거른 레몬즙 또는 라임즙 ¼컵
>
> 물 2큰술

다음을 넣고 완전히 어우러질 때까지 섞는다.

> 대란 노른자 3개

다음을 넣는다.

> 무염 버터 스틱 1개(115g), 작은 조각으로 자르기

약불에 올려 가열한다. 얌전히 계속 저으면서 뭉근히 끓어오르면 걸쭉해질 때까지 1분 정도 끓인다. 고운체에 부어서 거른다. 즉시 내거나 식혀서 뚜껑을 덮고 냉장고에 넣어두면 최대 3일간 보관할 수 있다. 저으면서 약불에 데운 후 사용한다.

체리 소스

약 2컵

바닐라 또는 초콜릿 아이스크림, 초콜릿 케이크 또는 치즈 케이크에 부어서 낸다. 중간 크기의 편수 냄비에 다음을 넣고 섞는다.

> 신선하고 달콤한 붉은 체리(빙 품종 등) 450g 또는 물기를 뺀 체리 통조림이나
>
>   병조림 2컵, 반으로 잘라서 씨를 빼기
>
> 설탕 ¾컵
>
> (키르슈 또는 아마레토 ⅓~½컵, 맛을 보면서 분량 조절)
>
> (체에 거른 레몬즙 3큰술)

뚜껑을 덮고 가끔 저으면서 최소 30분, 최대 3시간 동안 그대로 둔다. 편수 냄비를 중강불에 올린다. 부르르 끓어오르도록 가열한 후 소스가 붉은색으로 물들고 시럽처럼 걸쭉해질 때까지 5분 정도 더 끓인다. 다음을 넣는다.

> 브랜디 또는 버번 ½컵

뒤로 한 발짝 물러선 뒤 기다란 성냥이나 라이터로 조심스럽게 불을 붙인다. 불꽃이 잦아들 때까지 기다린 후 걸쭉한 시럽 형태의 소스가 되도록 계속 끓인다. 소스에 거품이 생기면 불을 줄이고 자주 저으면서 계속 뭉근히 끓인다. 따뜻한 디저트 또는 실온 상태로 먹는 디저트에 소스를 곁들여 낸다면 편수 냄비를 불에서 내리고 다음을 넣어서 잘 어우러질 때까지 섞어도 좋다.

> (무염 버터 3큰술)

차가운 디저트, 따뜻한 디저트, 실온 상태의 디저트에 사용할 때는 상황에 따라 다음을 넣어 섞어도 좋다.

> (아몬드 추출물 ½작은술)

즉시 내거나 식힌다. 뚜껑을 덮고 냉장고에 넣어두면 최대 3일간 보관할 수 있다. 약불에 다시 데워서 사용한다.

버터 사과 소스
약 1컵

이 소스는 생강 쿠키, 호박 파이, 사과 크리스프에 곁들이면 아주 맛있다. 껍질을 벗기거나 속을 파내지 않고 가로세로 6mm 크기로 썬다.

　큼직한 그래니 스미스 또는 다른 단단한 사과 1개

중간 크기의 묵직한 편수 냄비에 다음을 넣고 녹인다.

　무염 버터 1큰술

잘게 썬 사과를 넣고 중불에서 가끔 저으면서 사과가 부드러워질 때까지 5분 정도 조리한다. 다음을 넣는다.

　무가당 사과 주스 또는 사과즙 1½컵

　설탕 ¼컵

　꿀 2큰술

사과가 반투명한 상태가 될 때까지 15분 정도 뭉근히 끓인다. 그릇 위에 체를 올리고 사과 혼합물을 붓는다. 사과즙 혼합물은 다시 편수 냄비에 붓고 사과 과육을 꾹꾹 눌러 체에 거른다. 남은 껍질과 속은 버린다. 사과 과육을 사과즙 혼합물에 넣고 섞은 뒤 강불에 올려 저으면서 1컵 정도로 졸아들 때까지 바글바글 끓인다. 불에서 내리고 다음을 넣어 섞는다.

　무염 버터 3큰술, 말랑하게 녹이기

　강판에 간 육두구 또는 육두구 가루 ¼작은술

　소금 ⅛작은술

취향에 따라 버터가 다 녹았을 때 다음을 넣는다.

　(브랜디, 애플잭 또는 칼바도스 2큰술)

즉시 내거나 식힌다. 뚜껑을 덮어 냉장고에 넣으면 최대 일주일간 보관할 수 있다. 약불에 다시 데워서 사용한다.

코코넛 잼
약 4½컵

이 진득한 '잼'을 쌀 푸딩에 얹어서 먹으면 아주 맛있다. 구아바 등의 새콤한 과일 퓌레를 넣어 섞으면 소스로 변신한다. 커다란 편수 냄비에 다음을 넣고 중불에 올린 후 설탕이 녹을 때까지 저으면서 뭉근히 끓인다.

　물 4컵

　설탕 3컵

　연한 옥수수 시럽 ½컵

설탕용 온도계로 쟀을 때 시럽의 온도가 104.5℃에 도달할 때까지 약 40분간 천천히 끓인다. 완전히 식혀서 밀폐 용기에 담는다. 냉장고에 넣으면 1개월, 냉동실에 넣으면 최대 3개월간 보관할 수 있다.

크렘 앙글레즈에 대해

크렘 앙글레즈(crème anglaise, 커스터드 소스)는 크렘 브륄레, 플랑, 그 외의 다른 디저트 커스터드(커스터드에 대해 항목을 참고)와 같은 기본 재료로 만들지만, 가정용 레인지에서 가열하면서 계속 저어서 만들기 때문에 다른 커스터드와 농도가 전혀 다르다. 젓는 동작이 달걀의 단백질 구조를 파괴하므로 반고체 형태의 커스터드가 아닌 액체 커스터드가 탄생한다. 커스터드 소스는 우유만으로도 만들 수 있지만 크림을 추가하면 훨씬 더 진한 풍미의 소스를 만들 수 있고, 특히 간단한 과일 디저트에 크림 커스터드를 곁들이면 좋다.

　커스터드 소스는 반드시 약 77℃가 되도록 가열해야 하는데, 우유에서 고형

분이 분리되어 응고되는 것을 막기 위해 80℃ 이상으로는 올라가지 않도록 주의한다. 숟가락 뒷면에 걸쭉하게 들러붙을 정도의 농도가 되어야 한다. 우유만 넣어서 만들면 점도가 다소 낮아지고, 크림을 일부 섞어서 만들면 상당히 찐득해진다. 숟가락 뒷면을 손가락으로 긁으면 깔끔하게 일직선으로 자국이 나야 한다. 소스가 걸쭉해지기 시작했다는 초기 징조 중 하나는 표면의 거품이 흩어지는 것이다. 이때 소스의 농도가 진해지면서 살짝 윤기를 띨 것이다. 너무 묽으면 다시 불에 올려 조금 더 졸일 수 있지만, 소스를 차갑게 식히면 어느 정도 걸쭉해진다는 점을 잊지 말자.

　커스터드 소스는 이중 냄비를 사용해 만들 수 있으나 우리는 열을 골고루 분산시키는 묵직한 냄비를 더 선호한다. 냄비를 중약불에 올리고 소스를 가열하는 동안 실리콘 주걱으로 계속 살살 저으면서 냄비 바닥 전체를 모서리까지 골고루 긁어주며 조리한다. 너무 세게 저으면 소스의 농도가 묽어진다. 젓는 도중에 소스의 질감이 거칠어지고 윤기가 사라지면 너무 오래 끓였다는 의미이므로 즉시 고운체에 걸러서 그릇에 담는다. 조금 오래 끓인 소스는 아주 매끄러운 질감은 아니라도 맛있게 즐기는 데는 별문제가 없다. 믹서에 넣고 한 번 돌리면 어느 정도 크림처럼 부드러운 질감이 복구된다.

크렘 앙글레즈(커스터드 소스)
약 2⅔컵

중간 크기의 그릇에 다음을 넣고 가볍게 쳐서 푼다.

　대란 노른자 5개

　설탕 ⅓~½컵

　소금 ⅛작은술

중간 크기의 편수 냄비를 중불에 올려서 다음을 붓고 가장자리에 거품이 생기기 시작할 때까지 가열한다.

　일반 우유 2컵 또는 일반 우유 1컵+헤비크림 1컵 또는 하프앤드하프 2컵

뜨거운 우유를 달걀노른자 혼합물에 조금씩 부으면서 섞어서 데운다. 혼합물을 다시 편수 냄비에 붓고 중약불에 올린다. 실리콘 주걱으로 계속 살살 젓고, 냄비 바닥 전체를 모서리까지 골고루 긁어주면서 조리한다. 숟가락 뒷면에 들러붙을 정도로 커스터드가 걸쭉해지고 조리용 온도계로 쟀을 때 77~80℃에 도달하자마자 체에 걸러서 그릇에 담는다. 다음을 넣어 섞는다.

　바닐라, 럼 또는 드라이 셰리 1작은술, 또는 강판에 간 레몬 껍질 조금

따뜻하게 또는 차갑게 낸다. 차갑게 내는 경우 소스를 완전히 식히고 뚜껑을 덮어 냉장고에 넣는다. 냉장고에서 보관하다 보면 응결 현상이 일어나면서 약간 묽어진다. 데울 때는 소스를 긁어서 이중 냄비에 넣고 따뜻한 물(74℃) 위에서 가끔 저어가면서 골고루 데운다.

바닐라 빈 크렘 앙글레즈

크렘 앙글레즈를 만들되, 우유나 크림을 데우기 전에 **바닐라 빈 1개**를 세로로 반 가른다. 숟가락 끝으로 씨를 긁어서 깍지와 함께 우유에 넣는다. 뭉근히 끓어오르도록 가열한다. 불에서 내린 후 뚜껑을 덮고 15분간 우려낸다. 우유를 다시 데우고 레시피대로 진행하되, **바닐라는 ½작은술**만 사용하고 바닐라 빈은 건져낸다.

커피 크렘 앙글레즈

크렘 앙글레즈를 만들되, **인스턴트 에스프레소 가루 1작은술**을 우유나 크림

에 넣는다. 취향에 따라 (커피 리큐어 1큰술)을 소스에 넣어도 좋다.

초콜릿 커스터드 소스
약 2컵

중간 크기의 묵직한 편수 냄비에 다음을 넣고 초콜릿이 다 녹을 때까지 저으면서 가열한다.

일반 우유 2컵 또는 일반 우유 1컵+헤비크림 1컵 또는 하프앤드하프 2컵

무가당 초콜릿 55g, 굵게 썰기

그동안 중간 크기의 그릇에 다음을 넣고 세게 쳐서 섞는다.

대란 노른자 4개

설탕 ¾컵

소금 ⅛작은술

뜨거운 우유를 달걀노른자와 설탕 혼합물에 조금씩 붓고 젓는다. 혼합물을 다시 편수 냄비에 붓고 중약불에 올린 후, 커스터드가 숟가락 뒷면에 들러붙을 정도로 걸쭉해지고 조리용 온도계가 77~80℃에 도달할 때까지 살살 저으면서 조리한다. 불에서 내린 직후 소스를 체에 걸러 그릇에 담는다. 다음을 넣고 섞는다.

바닐라 1작은술

뜨겁게 또는 차갑게 낸다.

사바용과 자바이오네에 대해

자바이오네(zabaione)는 달걀노른자를 풀어서 설탕, 마르살라와 섞은 뒤 이중 냄비에 담아 혼합물이 걸쭉해지면서 거품이 도는 크림 형태가 될 때까지 조리한 이탈리아식 디저트다. 사바용(sabayon)은 자바이오네를 일컫는 프랑스어로, 짭짤한 맛과 달콤한 맛을 아우르는 다양한 디저트와 소스를 가리킨다. 제대로 만들기 위한 관건은 혼합물이 70℃에 도달할 때까지 천천히 가열하는 것이다. 너무 빨리 데우면 거품이 제대로 걸쭉해지지 않거나 부피가 충분히 불어나지 않는다. 너무 오래 데우면 소스가 질척이고 끈적거리며 결국은 분리되고 만다. 따라서 이중 냄비에 혼합물을 넣고 조리하는 것이 최선이다. 이중 냄비의 지름이 15cm 이상이면 혼합물이 아주 얇게 퍼지기 마련이므로 자칫 너무 오래 가열하기 쉽다. 따라서 반드시 아주 은은한 불로 조리해야 한다. 마르살라 대신 마데이라, 셰리 또는 기타 달콤한 와인을 사용해도 좋다.

사바용이나 자바이오네는 만든 당일에 사용해야 한다. 자바이오네는 전통적으로 따뜻하게 내지만 차갑게 식혀서 휩드 크림을 넣고 섞어서 사용하기도 한다. 이렇게 하면 소스가 안정화되는 효과가 있어서 소스를 내기 전에 몇 시간 정도 차갑게 보관할 수 있다. 이 소스는 비스코티나 아마레티 쿠키, 크로스타타 또는 얇게 썬 갈레트에 곁들이거나 제철 생과일에 그대로 얹어서 낸다.

자바이오네
4인분

불에 올리지 않은 이중 냄비나 내열 그릇에 다음을 넣고 섞는다.

대란 노른자 4개

설탕 ¼컵

걸쭉한 질감에 연한 노란색이 될 때까지 세게 섞는다. 계속 저으면서 다음을 조금씩 넣는다.

드라이 마르살라 ½컵

실리콘 주걱으로 이중 냄비의 위쪽 용기 옆면을 깨끗하게 긁어주면서 은근히 끓는 물 위에 올려놓는다. 계속 저으면서 조리용 온도계가 70℃에 도달할 때까지 젓는다. 이 시점이 되면 혼합물의 부피는 몇 배로 늘어나고 숟가락으로 뜨면 봉긋한 모양이 유지될 정도로 걸쭉해진다. 자바이오네가 너무 빨리 데워지는 것 같으면 주기적으로 뜨거운 물에서 꺼낸 뒤 세게 저어서 식힌다. 자바이오네는 따뜻하게 또는 차갑게 낸다.

좀 더 질감이 가벼운 자바이오네를 선호한다면, 이중 냄비의 위쪽 용기를 얼음물에 담그고 소스를 만지면 차가운 느낌이 날 때까지 살살 젓는다. 중간 크기의 그릇에 다음을 넣고 단단한 피크가 생길 때까지 세게 쳐서 거품을 낸다.

헤비크림 ½컵

거품 낸 헤비크림을 차갑게 식힌 커스터드에 넣고 뒤적이며 섞는다. 숟가락으로 떠서 컵이나 손잡이가 달린 유리잔에 담아 즉시 낸다.

화이트와인 또는 오렌지 리큐어를 넣은 사바용
약 2컵

다음을 만든다.

자바이오네

마르살라 대신 다음을 넣는다.

달콤한 화이트와인 ½컵 또는 오렌지 리큐어 ¼컵+물 ¼컵

즉시 내거나, 이중 냄비의 위쪽 용기를 얼음물에 담그고 소스를 만지면 차가운 느낌이 날 때까지 살살 젓는다. 취향에 따라 휩드 크림을 넣어 뒤적이며 섞어도 좋다.

레몬 사바용
약 2컵

바닐라나 레몬 수플레, 아몬드 풍미의 타르트나 케이크 또는 베리류 과일에 얹으면 근사하다.

이중 냄비의 위쪽 용기에 다음 재료를 넣고 불에 올리지 않은 상태에서 세게 휘저어 약간 걸쭉하게 만든다.

대란 2개

대란 노른자 2개

설탕 ⅓컵+1큰술

계속 저으면서 다음을 조금씩 넣는다.

물 ¼컵

레몬 1개의 껍질, 강판에 곱게 갈기

체에 거른 레몬즙 3큰술

자바이오네 레시피에 따라 조리한다.

초콜릿 소스에 대해

깊고 진한 풍미의 초콜릿 소스는 혀에서 매끄럽게 녹는 품질 좋은 초콜릿으로 만드는 것이 가장 좋다. 다크, 밀크 또는 화이트 초콜릿 등 종류와 관계없이, 초콜릿 소스 중에는 초콜릿과 크림을 유화시킨 가나슈가 많다. 언급할 만한 예외로는 뜨거운 퍼지 소스가 있는데, 이는 설탕 시럽에 초콜릿을 추가한 형태에 가깝다.

유제품을 넣지 않은 초콜릿 소스가 필요하다면 선택 재료인 맥아 분유를 생략하고 코코아 시럽을 만든다. 또한 핫초콜릿용 가나슈 레시피도 참고한다.

초콜릿에 대한 자세한 내용은 1030쪽을 참고한다.

초콜릿 소스

약 1컵

푸드 프로세서로 만든다면 초콜릿을 굵직한 가루 상태로 간 다음 모터가 돌아가는 상태에서 뭉근히 끓인 크림 혼합물을 넣는다. 크림을 전부 다 넣을 때쯤 초콜릿이 다 녹아서 매끄러운 질감의 소스가 탄생한다.

중간 크기의 묵직한 편수 냄비에 다음을 넣고 섞는다.

　라이트 크림 ½컵 또는 헤비크림 ¼컵+일반 우유 ¼컵

　설탕 1큰술

　무염 버터 1큰술

계속 저으면서 바글바글 끓어오르도록 가열한다. 불에서 내린 후 즉시 다음을 넣는다.

　세미스위트나 비터스위트 초콜릿(카카오 함량 최대 64%), 밀크 초콜릿 또는

　　화이트 초콜릿 115g, 잘게 썰기

1분간 두었다가 매끄러운 질감이 될 때까지 섞는다. 다음을 넣고 섞는다.

　바닐라 1작은술 또는 다크 럼이나 코냑 1큰술

따뜻하게 또는 차갑게 낸다. 소스는 식으면서 걸쭉해지고 냉장고에 하루 동안 넣어두면 가나슈의 농도가 된다. 뚜껑을 덮어서 냉장고에 넣으면 최대 2주간 보관할 수 있다. 약불에 데워서 사용하고, 소스가 너무 기름지면 뜨거운 물을 약간 부어서 젓는다.

뜨거운 퍼지 소스

약 2¾컵

이 소스를 아이스크림 위에 얹어서 내면 단단하고 쫀득해진다.

크고 묵직한 편수 냄비에 다음을 넣고 섞는다.

　설탕 ½컵

　무가당 코코아 가루 ¼컵

　소금 ¼작은술

다음을 넣고 잘 어우러질 때까지 섞는다.

　물 ½컵

중강불에 올려 뭉근히 끓어오르도록 가열한다. 불에서 내리고 다음을 넣어 섞는다.

　헤비크림 1컵

　연한 옥수수 시럽 1컵

　세미스위트 또는 비터스위트 초콜릿(카카오 함량 최대 64%) 55g, 굵직하게 썰기

　증류 백식초 ¼작은술

다시 중강불에 올려 자주 저으면서 거품이 잦아들고 시럽이 걸쭉하면서 끈적해질 때까지 5~8분간 끓인다.(사탕용 온도계로 쟀을 때 107℃ 정도) 불에서 내린 후 다음을 넣는다.

　세미스위트 또는 비터스위트 초콜릿(카카오 함량 최대 64%) 55g, 잘게 썰기

　무염 버터 4큰술(버터 스틱 ½개), 말랑하게 녹이기

　바닐라 1큰술

질감이 매끄러워질 때까지 섞는다. 즉시 내거나 식힌다. 뚜껑을 덮어 냉장고에 넣으면 최대 2주간 보관할 수 있다. 묵직한 편수 냄비에 넣고 약불에서 데운다.

모카 소스

약 1½컵

작고 묵직한 편수 냄비에 다음을 넣고 섞는다.

　에스프레소 또는 진한 커피 ⅔컵

　설탕 3큰술

　소금 ¼작은술

아주 약한 불에서 설탕이 다 녹고 혼합물이 아주 뜨거워지며 김이 날 때까지 저으면서 조리한다. 불에서 내려 다음을 넣는다.

　세미스위트 또는 비터스위트 초콜릿(카카오 함량 최대 64%) 225g, 잘게 썰기

초콜릿이 녹고 소스의 질감이 매끄러워질 때까지 섞는다.

다음을 넣고 섞는다.

　무염 버터 2큰술, 말랑하게 녹이기

　(인스턴트 에스프레소 가루 1작은술)

즉시 낸다. 식혀서 뚜껑을 덮어 냉장고에 넣으면 최대 2주간 보관할 수 있다. 약불에 데워서 사용하고, 소스에 기름이 돌면 따뜻한 물을 약간 넣어 섞는다.

유제품을 넣지 않은 모카 소스

모카 소스를 만들되, 버터 대신 코코넛 기름 2큰술을 넣는다.

간단한 초콜릿 민트 소스

약 1½컵

전자레인지용 그릇 또는 내열 그릇에 다음을 넣고 섞는다.

　초콜릿 페퍼민트 패티(민트 크림을 초콜릿 코팅으로 감싼 패티 모양의 초콜릿 ─ 옮긴이)

　　340g짜리 1봉지, 굵게 썰기

　헤비크림 ⅓컵

　소금 1자밤

질감이 매끄러워질 때까지 전자레인지를 30초씩 돌리면서 중간중간 잘 저어 주거나, 냄비에 물을 붓고 뭉근히 끓이면서 그릇을 담가 자주 저으면서 녹인다. 따뜻할 때 아이스크림 위에 얹어서 낸다.

초콜릿 캐러멜 소스

약 1½컵

무염 버터 4큰술(버터 스틱 ½개)을 사용해 소금 캐러멜 소스를 만든다. 바닐라를 넣은 후 잘게 썬 세미스위트 또는 비터스위트 초콜릿(카카오 함량 최대 64%) 85g을 추가해 잘 녹을 때까지 젓는다. 따뜻하게 낸다.

초콜릿 코팅 소스(Chocolate Shell)

약 2컵

이 초콜릿 소스를 아이스크림 위에 부으면 딱딱하게 굳어서 코팅 효과를 내며, 숟가락 뒷면으로 깨트리면 맛있는 초콜릿 조각이 된다.

이중 냄비를 사용하거나 냄비에 물을 붓고 아주 은근히 끓이면서 내열 그릇을 담가 중탕으로 다음을 섞어서 녹인다.

　잘게 썬 세미스위트 초콜릿 또는 초콜릿 칩 225g

　정제 코코넛 기름 ¾컵

초콜릿이 완전히 녹을 때까지 자주 젓는다. 약간 식혀서 바로 사용하거나 물기가 없는 용기에 담아 실온에 보관한다. 초콜릿을 다시 녹이려면 혼합물을 이중

냄비에 담아 뭉근히 끓는 물 위에서 녹이거나, 완전히 녹을 때까지 전자레인지에 30초씩 돌리면서 중간중간 잘 젓는다.

캐러멜과 버터스카치 소스에 대해

캐러멜은 간단히 말하면 설탕이 녹아서 타기 시작할 때까지 가열한 것이다.(이 과정의 각 단계에 대해서는 914쪽을 참고한다.) 따라서 예전의 요리책에서는 캐러멜을 태운 설탕이라고 지칭하기도 했다. **버터스카치**도 이와 비슷한데, 차이점이라면 설탕을 캐러멜화하는 과정에서 버터를 추가해 갈색이 되도록 가열한 버터의 특징인 깊은 견과류 풍미가 캐러멜과 어우러지게 된다는 것이다. 캐러멜과 버터스카치를 소스로 만들기 위해서는 시럽이 뜨거울 때 즉시 버터와 크림 혼합물 및 물이나 다른 액체 재료를 넣어야 한다. 일단 시럽을 식히면 딱딱한 사탕으로 변하고 만다.

캐러멜은 마른 설탕을 냄비에 넣고 저으면서 녹여서 만들 수도 있지만, 실패 확률을 줄이는 방법은 설탕에 물을 약간 섞는 것이다. ▶ 시럽이 끓어오르기 전에 설탕을 완전히 녹이는 것이 중요하다. 그렇지 않으면 설탕은 114.5℃에 도달했을 때 재결정화되므로 냄비에는 흰색 덩어리만 남게 된다.(사실 이 흰색 덩어리를 숟가락으로 부수면서 계속 조리하면 결국 캐러멜이 완성되긴 하지만 품이 너무 많이 든다.) 시럽이 캐러멜화 지점에 가까워지면 냄비 안의 거품이 작아지고 소리도 잦아든다. 그다음에는 냄비의 가장자리를 따라 색이 진해지는 기미가 처음 나타나기 시작한다. 손잡이를 잡고 냄비를 획획 돌려서 시럽의 가장 뜨거운 부분이 전체적으로 퍼지게 한다. 진한 호박색이 될 때까지 시럽을 끓이되, 눌지 않도록 주의한다. 눌어붙으면 캐러멜에서 쓴맛이 나기 때문이다. 버터 및 크림을 넣을 때는 캐러멜에서 푸득푸득 소리가 나면서 튀어오르고 거품이 생기므로 조심한다. 이를 대비해 재료의 양에 비해 속이 깊은 냄비와 손잡이가 기다란 나무 숟가락, 그리고 손과 팔뚝을 보호하기 위한 오븐용 장갑을 사용하는 것도 좋다. 액체를 넣은 다음에 캐러멜이 굳어버리면 다시 중약불에 올려 계속 저으면서 액체 상태로 만든다.

▶ 설탕을 녹여서 캐러멜을 만드는 것이 너무 번거롭다면 **쫀득쫀득한 시판 캐러멜 사탕 225g**과 **헤비크림 ⅓컵**을 편수 냄비에 넣고 중불에 올려 잘 저으면서 녹여서 사용한다. 필요에 따라 원하는 농도가 될 때까지 크림을 적당량 추가한다.

소금 캐러멜 소스

약 1½컵

크림 대신 사과즙, 오렌지즙 또는 사실상 거의 모든 과일즙이나 체에 거른 과일 퓌레를 사용할 수 있다. 또는 크림을 넣고 매끄러운 질감이 될 때까지 섞은 후 **버번, 스카치 또는 다크 럼 ¼컵**을 넣고 섞어도 좋다.

깊고 묵직한 편수 냄비에 다음을 넣어 섞는다.

　물 ¼컵

　설탕 1컵

중강불에 올려 얌전히 저으면서 설탕이 다 녹아서 시럽이 투명해질 때까지 가열한다. 설탕이 완전히 녹을 때까지는 시럽이 끓어오르지 않도록 조절한다. 뚜껑을 덮고 시럽을 1분간 끓인다. 뚜껑을 열고 시럽의 가장자리가 진한 색으로 변하기 시작할 때까지 팔팔 끓인다. 편수 냄비를 획획 돌려가면서 시럽이 진한 호박색으로 변할 때까지 조리한다. 불에서 내린 후 다음을 추가한다.

　무염 버터 스틱 1개(115g), 작은 조각으로 자르기

버터가 잘 어우러질 때까지 얌전히 섞는다. 다음을 넣고 섞는다.

　헤비크림 ½컵

소스가 너무 뻑뻑하면 편수 냄비를 약불에 올리고 질감이 매끄러워질 때까지 젓는다. 불에서 내리고 다음을 넣어 섞는다.

　바닐라 1작은술

　고운 바닷소금 ¼작은술

따뜻하게 또는 실온 상태로 낸다. 소스가 너무 걸쭉하면 뜨거울 때 다음을 넣어서 젓는다.

　(헤비크림 ¼컵)

뚜껑을 덮어서 냉장고에 넣으면 최대 한 달간 보관할 수 있다. 이중 냄비 또는 묵직한 편수 냄비에 넣고 약불에서 데운다.

캐러멜 시럽

약 ¾컵

뜨거운 캐러멜에 물을 추가해 걸쭉한 시럽을 만든 뒤 아이스크림, 커스터드, 과일 조림이나 버터에 지진 과일 위에 얹으면 그야말로 천상의 맛이다.

소금 캐러멜 소스를 만들되, 버터와 크림은 생략한다. 그 대신 설탕과 물을 섞어서 레시피대로 캐러멜화한 후 불에서 내리고 뒤로 한 발짝 물러서서 **물 ⅓컵**을 붓는다. 매끄러운 질감이 될 때까지 잘 젓는다. 캐러멜에 아직 덩어리가 남아 있다면 약불에 올려 잠깐 저어서 풀어준다. 불에서 내리고 바닐라와 소금을 넣는다. 즉시 내거나 식힌다. 뚜껑을 덮어 냉장고에 넣으면 최대 6개월간 보관할 수 있다. 약불에서 데우고, 필요하면 물을 조금 넣어 섞는다.

버터스카치 소스

약 1½컵

누구나 좋아하는 전통적인 소스로, 캐러멜 소스와 거의 같은 재료를 사용하지만 약간 다른 방식으로 조리한다.

중간 크기의 묵직한 편수 냄비를 중불에 올리고 버터가 녹으면서 혼합물이 잘 어우러질 때까지 저어준다.

　무염 버터 스틱 1개(115g)

　물 ¼컵

　연한 옥수수 시럽 2큰술

다음을 넣고 다 녹을 때까지 섞는다.

　설탕 1컵

중강불로 올리고 젓지 않는 상태에서 혼합물의 가장자리가 진한 색으로 변하기 시작할 때까지 4~8분간 끓인다. 혼합물이 연한 갈색이 될 때까지 저으면서 계속 조리한다. 불에서 내리고 뒤로 물러서서 다음을 붓는다.

　헤비크림 ½컵

질감이 매끄러워질 때까지 섞는다. 소스에 아직 덩어리가 남아 있다면 약불에 올려 잠깐 저어서 풀어준다. 불에서 내리고 다음을 넣어 섞는다.

　바닐라, 위스키 또는 스카치 1작은술

　소금 ¼작은술

즉시 내거나 식혀서 뚜껑을 덮은 후 냉장고에 넣으면 최대 한 달간 보관할 수 있다. 이중 냄비에 담아서 데운다.

간단한 둘세 데 레체(Easy Dulce De Leche)

약 1⅓컵

둘세 데 레체는 가당 우유가 걸쭉하게 캐러멜화될 때까지 몇 시간 뭉근히 끓여서 만드는 전통 소스로, 우유가 눌어붙지 않도록 계속 저어주어야 하므로 손이 많이 간다. 이 레시피는 집에서 가장 간단하게 둘세 데 레체를 만드는 방법이다. 연유를 통조림에 들어 있는 상태로 뭉근히 끓이면 저을 필요가 없고 끓는 과정에서 튈 염려도 없으며, 놀랄 만큼 근사한 결과물이 탄생한다. 다음에서 라벨을 제거한다.

　가당연유 415ml짜리 통조림 1개

통조림을 개봉하지 않은 채로 냄비나 깊은 편수 냄비에 넣는다. 통조림 위로 2.5cm 정도 올라오도록 물을 붓는다. 부르르 끓어오르도록 가열한 뒤, 불을 줄이고 중약불에서 3~4시간 동안 뭉근히 끓인다.(오래 끓일수록 둘세 데 레체의 색이 진해진다.) 가끔 냄비를 살펴보면서 통조림 위로 올라올 정도로 물이 넉넉한지 확인한다. 통조림을 조심스럽게 물에서 꺼낸다. 통조림의 내용물에는 압력이 가해져 있는 상태이므로 ▶ 완전히 식힌 후에 통조림을 딴다.

바닐라 소스

약 1¼컵

브레드 푸딩이나 초콜릿 커스터드 또는 수플레에 살짝 얹으면 완벽하게 어울린다. 작고 묵직한 편수 냄비에 다음을 넣고 섞는다.

　설탕 ¼컵

　옥수수 전분 1큰술

　찬물 1컵

중불에 올려 저으면서 헤비크림 정도로 걸쭉해질 때까지 10분 정도 조리한다. 불에서 내린다. 다음을 넣고 매끄러운 질감이 될 때까지 섞는다.

　무염 버터 3큰술

　소금 ⅛작은술

　5cm 길이의 바닐라 빈에서 긁어낸 씨

　(다크 럼 2큰술)

따뜻하게 또는 실온 상태로 낸다.

마시멜로 소스

약 5컵

뜨거운 퍼지 선디(hot fudge sundae)나 초콜릿 케이크에 얹으면 아주 맛있다. 중간 크기의 묵직한 편수 냄비에 다음을 넣고 섞는다.

　물 ⅓컵

　설탕 ⅔컵

팔팔 끓어오를 때까지 저으면서 가열한다. 불에서 내린 즉시 다음을 넣는다.

　커다란 마시멜로 20개

마시멜로가 녹을 때까지 살살 젓는다. 다음을 넣고 섞는다.

　바닐라 1작은술

뚜껑을 덮고 한쪽에 둔다. 즉시 중탕 조리를 준비한다. 커다란 프라이팬에 물을 2.5cm 높이까지 붓고 아주 약한 불에서 68~70℃가 되도록 가열한 후 이 온도를 유지한다. 내열 그릇이나 스탠드 반죽기 용기에 다음을 넣고 타르타르 크림이 녹도록 잘 젓는다.

　물 3큰술

　타르타르 크림 ¼작은술

다음을 넣고 완전히 섞이도록 세게 젓는다.

　대란 흰자 3개

　설탕 ⅓컵

그릇을 따뜻한 물에 담고 중탕 상태로 자주 저으면서 혼합물이 60℃에 도달할 때까지 가열한다. 얌전히 저으면서 소스 온도가 60~80℃를 유지하는 상태로 5분간 조리하고, 상황에 따라 불에 올렸다 내렸다 하면서 온도를 조절한다. 중탕 그릇을 꺼낸 후 그릇의 바닥에서 온기가 사라질 때까지 달걀 혼합물을 고속으로 4~8분간 세게 쳐서 섞는다. 마시멜로 혼합물을 넣고 30초간 더 세게 쳐서 섞는다. 즉시 사용하거나 식힌 다음 뚜껑을 꼭 덮어서 냉장고에 넣으면 최대 2주간 보관할 수 있다.

알코올을 사용한 소스에 대해

부지 소스(boozy sauce)라고도 하는 이 범주에는 하드 소스(hard sauce) 및 분류는 다소 애매하지만 오래전부터 영국인이 즐겨 먹던 커스터드와 유사한 소스가 포함된다. **하드 소스**는 슈거 파우더, 버터, 일반적으로 브랜디나 다크 럼 등의 증류주를 섞어서 만든 것이다. 전통적인 하드 소스는 '딱딱하다'라는 의미의 이름 그대로 버터와 설탕을 단단한 케이크 형태로 만든 후 칼로 잘라서 사용한다. 하드 소스는 차갑고 단단한 상태로 내거나 말랑하게 녹여서 버터크림 프로스팅처럼 폭신폭신한 크림에 넣은 후 잘 저어서 낼 수도 있다. 폭신폭신한 하드 소스 레시피를 참고한다. 이러한 소스는 모두 전통적으로 쪄서 만드는 푸딩에 사용하지만 브레드 푸딩이나 신선한 생강 케이크와도 잘 어울리며, 간단한 크림 비스킷 또는 쇼트케이크에 얹고 버터로 볶은 사과를 곁들여 가을 느낌을 내도 좋다.

하드 소스

넉넉한 ¾컵

쪄서 만드는 자두 푸딩에 곁들이는 전통적인 소스다.

중간 크기의 그릇이나 주걱 날이 달린 스탠드 반죽기에 다음을 넣고 크림처럼 부드러워질 때까지 세게 젓는다.

　무염 버터 5큰술, 말랑하게 녹이기

다음을 조금씩 넣고 잘 어우러지면서 폭신폭신한 질감이 될 때까지 세게 쳐서 섞는다.

　슈거 파우더 1컵, 체에 치기

다음을 넣고 아주 매끄러워질 때까지 세게 쳐서 섞는다.

　바닐라 1작은술, 또는 브랜디, 럼, 위스키 또는 커피 1큰술

　소금 ⅛작은술

그대로 사용하거나 완전히 차갑게 식혀서 사용한다.

폭신폭신한 하드 소스

약 3¾컵

커다란 그릇이나 스탠드 반죽기에 다음을 넣고 섞는다.

　무염 버터 스틱 2개(225g), 말랑하게 녹이기

　슈거 파우더 3컵, 체에 치기

　바닐라 2작은술

　강판에 간 육두구 또는 육두구 가루 ½작은술

질감이 가볍고 폭신폭신하지만 단단한 모양을 유지할 정도로 뻑뻑한 상태가 될 때까지 6~10분간 고속으로 세게 쳐서 섞는다.(스탠드 반죽기를 사용한다면 주걱 날을 사용한다.) 날이 돌아가는 상태에서 다음을 조금씩 넣는다.

> 브랜디, 코냑, 다크 럼 또는 오렌지즙 ¼컵

취향에 따라 다음을 넣는다.

> (오렌지 1개의 껍질, 강판에 곱게 갈기)

즉시 사용하거나 뚜껑을 덮어 냉장고에 넣으면 최대 3일간 보관할 수 있다. 차가운 소스를 실온에서 말랑하게 만들어 쉽게 바를 수 있는 상태로 낸다.

남부식 위스키 소스

약 1½컵

알코올 도수가 낮은 소스를 만들 때는 위스키 분량의 절반을 물로 대체한다. 아주 도수가 높은 소스를 만든다면 물 대신 위스키를 사용한다.

작고 묵직한 편수 냄비에 다음을 넣고 약불에서 녹인다.

> 무염 버터 스틱 1개(115g)

다음을 넣고 섞는다.

> 설탕 1컵
>
> 버번이나 다른 위스키 ¼컵
>
> 물 2컵
>
> 강판에 간 육두구나 육두구 가루 ¼작은술
>
> 소금 ⅛작은술

설탕이 녹을 때까지 저으면서 조리한다. 불에서 내린다.

중간 크기의 그릇에 다음을 넣고 거품이 일어날 때까지 잘 젓는다.

> 대란 1개

버터 소스를 달걀에 조금 넣고 저으면서 달걀을 따뜻하게 데운 후, 혼합물을 다시 편수 냄비에 붓는다. 중불에 올려 얌전히 저으면서 뭉근히 끓어오를 때까지 가열한다. 걸쭉해질 때까지 1분 정도 더 조리한다. 즉시 내거나 실온에 최대 1시간 동안 그대로 둔다. 식힌 다음 뚜껑을 덮어서 냉장고에 넣어두면 최대 3일까지 보관할 수 있다. 데울 때는 약불에서 저어준다. 소스가 분리되면 불에서 내린 후 따뜻한 물을 조금 넣어 섞는다.

뜨거운 브랜디 소스

일단 호박 파이에 이 소스를 얹어서 먹어보면 추수감사절마다 이 소스가 그리워질 것이다.

남부식 위스키 소스를 만들되, 버번 대신 **브랜디 또는 코냑 ¼컵**을 넣는다.

뜨거운 갈색 설탕 소스

전통 위스키 소스를 대체할 수 있는 무알코올 소스다.

남부식 위스키 소스를 만들되, 설탕 대신 **갈색 설탕을 꾹 눌러 담아 1컵** 넣고 버번을 생략하며 물의 양을 ⅓컵으로 늘린다. 소스가 완성되면 불에서 내린 후 **바닐라 1큰술**을 넣어 섞는다.

오렌지 리큐어 소스

약 1¾컵

초콜릿이나 오렌지 디저트, 특히 수플레에 곁들이면 아주 근사하게 어울린다.

작고 묵직한 편수 냄비에 다음을 넣고 섞는다.

> 설탕 ⅔컵
>
> 그랑 마니에르 또는 다른 오렌지 리큐어 ⅓컵
>
> 헤비크림 ⅓컵

다음을 넣고 완전히 어우러질 때까지 섞는다.

> 대란 노른자 3개

다음을 넣는다.

> 무염 버터 스틱 1개(115g), 작은 조각으로 자르기

중약불에 올린다. 계속 저으면서 소스가 숟가락 뒷면에 달라붙을 정도로 걸쭉해질 때까지 조리한다. 소스가 뭉근히 끓지 않도록 주의한다. 고운체로 걸러낸다. 즉시 내거나 식힌 다음 뚜껑을 덮어서 냉장고에 넣으면 최대 3일간 보관할 수 있다. 약불에서 또는 뜨거운 물에 담가 데운다. 소스가 분리되면 불에서 내린 후 따뜻한 물을 조금 넣어 섞는다.

뜨거운 와인 또는 자두 푸딩 소스

넉넉한 2⅓컵

이중 냄비의 위쪽 용기 또는 내열 그릇에 다음을 넣고 섞는다.

> 무염 버터 스틱 1개(115g), 말랑하게 녹이기
>
> 설탕 1컵

핸드 반죽기를 사용해 질감이 폭신폭신해지고 색이 연해질 때까지 세게 쳐서 섞는다.

> 대란 2개, 잘 풀어두기

다음을 넣어서 섞는다.

> 드라이 셰리 또는 마데이라 ¾컵
>
> 레몬 1개의 껍질, 강판에 곱게 갈기
>
> (강판에 간 육두구 또는 육두구 가루 ¼작은술)

이때 소스가 덩어리지는 것처럼 보일 수도 있지만 일단 조리하면 매끄러워진다. 뭉근히 끓는 물에 담가 계속 저으면서 소스 온도가 70℃에 도달할 때까지 5분 정도 조리한다.

뜨거운 버터 메이플 소스

약 1⅓컵

와플 위에 바닐라 아이스크림을 올리고 이 소스를 얹으면 아주 맛있는 디저트가 완성된다.

중간 크기의 묵직한 편수 냄비에 다음을 넣고 섞는다.

> 메이플 시럽 1컵
>
> 설탕 ⅓컵

계속 저으면서 부르르 끓어오르도록 가열한 후, 숟가락으로 소스를 떠서 흘리면 마지막 방울이 짧은 실 모양으로 떨어질 때까지(110~112℃) 조리한다.

불에서 내리고 다음을 넣는다.

> 무염 버터 6큰술(버터 스틱 ¾개), 작은 조각으로 자르기
>
> 물 2큰술
>
> 소금 ⅛작은술

버터가 녹으면서 소스가 걸쭉해지고 크림처럼 부드러워질 때까지 세게 젓는다. 중간 크기의 그릇에 다음을 넣고 거품이 나면서 가벼운 질감이 될 때까지 세게 젓는다.

> 대란 1개

뜨거운 메이플 시럽 혼합물을 달걀에 조금씩 넣는다. 편수 냄비를 씻어서 설탕 결정을 모두 없앤 후 냄비를 완전히 말린다. 소스를 편수 냄비에 넣고 중불에 올려 계속 저으면서 소스가 뭉근히 끓어오르고 걸쭉해질 때까지 조리한다. 취향에 따라 다음을 넣고 섞는다.

  (구워서 굵게 썬 피칸 또는 호두 ¼컵)

즉시 내거나 식힌 다음 뚜껑을 덮어서 냉장고에 넣으면 최대 3일간 보관할 수 있다. 약불에서 저으면서 데운다. 소스가 분리되면 불에서 내린 후 뜨거운 물을 조금 부어 섞는다.

디저트

간단한 치즈 모둠부터 불을 붙여 화려하게 연출하는 푸딩, 몰튼 초콜릿 퐁뒤, 입에서 사르르 녹는 수플레에 이르기까지, 상황과 취향에 따라 정성 들여 준비한 디저트나 즉석에서 마련한 디저트로 식사를 마무리할 수 있다. 이번 장에서는 케이크, 파이, 쿠키 또는 아이스크림으로 분류하기 애매한 가지각색의 식후 음식을 소개한다. 어느 범주에도 속하지 않는 이 달콤한 음식 중 몇몇은 우리 가족이 저녁 식사를 마무리할 때 가장 선호하는 디저트일 뿐만 아니라 애틋한 추억을 불러일으키는 음식이기도 하다.

커스터드에 대해

커스터드는 달걀, 크림, 설탕을 섞어서 식으면 젤 형태가 될 정도로 걸쭉해질 때까지 가열해서 만든다. 커스터드 온도가 82~85℃를 넘어가면 달걀 단백질이 오그라들면서 작은 덩어리로 뭉치므로 커스터드의 질감이 거칠어진다. 그러므로 오븐에서 아주 은근하게 가열하거나 약불에 올려 잘 저으면서 조리해야 한다.

오븐에 구운 커스터드를 만들 때는 단순히 재료를 잘 섞어서 커스터드 컵에 넣은 후 적절한 온도에 도달할 때까지 오븐에서 은근하게 구우면 된다. 우리는 유약을 바른 작은 도자기 용기나 컵을 선호하지만, 입구가 넓은 235ml짜리 병조림용 유리병을 비롯해 내열 용기라면 어떤 것이든 사용할 수 있다. 커스터드를 만들 때 열을 조절하기에 가장 편리한 도구는 **뱅마리**(bain-marie)라고도 부르는 **중탕냄비**다. 커다란 냄비에 커스터드 그릇을 담고 물을 부어서 가열하면 물이 오븐의 열을 막아주므로 너무 많이 익는 것을 방지할 수 있다.

중탕으로 조리하려면 커스터드 컵이 넉넉히 들어갈 정도로 넓적한 팬을 준비한다. 커스터드 컵이 서로 닿거나 팬의 옆면에 닿아서는 안 된다. 빈 팬에 커스터드 컵을 가지런히 담고 예열해둔 오븐의 받침대를 밖으로 꺼내 팬을 올린 후, 즉시 커스터드 컵 옆면의 ½~⅔ 높이까지 올라오도록 아주 뜨거운 물을 붓는다. 전기 주전자를 사용하면 더 쉽게 중탕 상태를 만들 수 있다. 팬을 미리 오븐에 반쯤 넣어둔 상태에서 물을 부음으로써 뜨거운 물이 가득 담긴 팬을 조리대에서 오븐까지 옮기는 위험한 작업을 하지 않아도 된다.

커스터드가 다 구워졌는지 확인하려면 커스터드 컵을 얌전히 흔들어보고 단단한 젤라틴처럼 중심부가 가볍게 떨리는 상태라면 바로 오븐에서 꺼낸다. 또는 컵의 가장자리 근처에 칼을 찔렀다가 꺼냈을 때 칼날에 아무것도 묻어나오지 않으면 식혔을 때 속까지 골고루 잘 익은 상태가 된다.

소스와 비슷한 크렘 앙글레즈를 비롯해 농도가 묽고 **저어서 만드는 커스터드**는 약불에서 계속 저으면서 걸쭉해질 때까지 천천히 가열한다. 오븐에 구워서 만드는 커스터드는 계속 상태를 확인할 필요가 없고 너무 오래 조리할 염려가 거의 없으므로 이 책에 소개하는 모든 커스터드 디저트 레시피는 오븐 조리를 기준으로 한다. 그러나 커스터드 혼합물을 이중 냄비에 넣고 걸쭉해질 때까지 천천히 익힌다면 이러한 모든 커스터드를 가정용 레인지에서 조리할 수 있다. ▶ 저어서 만드는 커스터드가 다 익었는지 확인하려면, 조리용 온도계로 쟀을 때 온도가 79.5~72℃에 도달하면 불을 끈다. 혼합물이 숟가락 뒷면에 끈끈하게 달라붙는 상태여야 한다. 식감이 아주 부드러운 커스터드를 만들려면 체에 한 번 거른 후 저어서 만드는 것이 좋지만, 필수 작업은 아니다.

커스터드의 종류와 관계없이, 상당수 커스터드 레시피에는 달걀을 **템퍼링**(tempering) 하는 과정이 필요하다. 템퍼링을 하려면 뜨거운 우유나 크림을 달걀에 소량 넣어서 달걀을 따뜻하게 데운 후, '템퍼링한' 달걀 혼합물을 나머지 커스터드 재료에 조금씩 추가한다. 이렇게 하면 뜨거운 우유나 크림 때문에 달걀 온도가 올라가도 응고되지 않는다.

▶ 오븐에 구운 커스터드는 충분히 시간을 들여 완전히 식힌 후 낸다. 식힌

중탕으로 커스터드 굽기

커스터드 또는 커스터드로 만든 음식은 풍미가 강한 다른 음식의 냄새를 쉽게 흡수하기 때문에 항상 뚜껑을 꼭 덮어서 냉장고에 보관해야 한다.

가장 실패 확률이 낮으면서 완벽하게 익은 커스터드를 만드는 방법은 침수 순환 방식의 수비드 조리기를 사용하는 것이다. 수비드 조리기는 중탕하는 물의 온도를 아주 정확하게 유지하므로 실수로 커스터드를 너무 많이 익힐 가능성이 거의 없다.

수비드 조리기로 커스터드를 만들려면 커스터드 재료를 235ml 또는 120ml 용량의 병조림용 유리병에 부은 후 뚜껑을 돌려서 닫는다.(너무 단단히 조여서 닫지 않는다. 손가락 끝으로 살짝 잡고 돌렸을 때 움직이지 않는 정도가 적당하다.) 수비드 조리기와 커스터드가 전부 넉넉히 들어가는 용기에 수비드 조리기를 담근다.(육수용 냄비 등이 좋다.) 유리병 위로 2.5cm 정도 올라오도록 물을 넉넉히 붓고 수비드 조리기의 온도를 82℃로 맞춘다. 물이 예열되면 커스터드 용기를 물에 담그고 45분간 조리한다. 커스터드를 꺼내서 받침대에 올려 30분간 식힌 후 냉장고에 넣어서 차갑게 식힌다. 또는 커스터드 재료를 냉동용 지퍼백에 붓고 위와 같이 조리할 수도 있다. 일단 커스터드가 다 익으면 지퍼백을 얌전히 흔들어서 내용물을 잘 섞는다. 지퍼백의 모서리를 잘라내고 커스터드를 서빙용 컵에 짜낸 후 뚜껑을 덮어서 식힌다.

오븐에 구운 커스터드

5인분

마음을 포근하게 해주는 간단한 이 커스터드는 몇 분 안에 금세 오븐에서 구울 수 있다. 다양한 맛을 첨가하고 싶다면 커스터드 베이스에 풍미 내기 항목을 참고한다.

오븐을 160℃로 예열한다.

중간 크기의 그릇에 다음을 넣고 잘 어우러질 때까지 섞는다.

대란 3개

소금 ¼작은술

작은 편수 냄비에 다음을 넣고 김이 나면서 설탕이 다 녹을 때까지 가열한다.

하프앤드하프 2컵

설탕 ½컵

달걀 혼합물에 뜨거운 우유를 조금씩 넣고 잘 섞는다. 고운체를 그릇 또는 주둥이 있는 계량컵 위에 올려놓고 혼합물을 거른다. 다음을 넣고 섞는다.

바닐라 1작은술 또는 3.8cm 길이의 바닐라 빈에서 긁어낸 씨

180ml 용량의 커스터드 컵 또는 1인용 도자기 용기 5개에 나눠 붓는다. 취향에 따라 다음을 살짝 뿌린다.

(강판에 간 육두구 또는 육두구 가루)

커스터드 용기가 서로 닿거나 팬의 옆면에 닿지 않을 정도로 크고 깊은 팬에 커스터드 용기를 넣는다. 오븐 받침대를 밖으로 잡아당겨서 팬을 올린 후 커스터드 용기 옆면의 ½~⅔ 높이까지 올라오도록 아주 뜨거운 물을 붓는다. 커스터드가 굳은 것처럼 보이지만 용기를 흔들면 가운데가 부르르 떨리는 상태가 될 때까지 30~40분간 굽는다.

커스터드를 중탕 팬에서 꺼내 철망 받침대에 올려서 30분간 식힌 후, 각 용기를 비닐랩으로 단단히 덮어서 냉장고에 2시간 이상 넣어두었다가 낸다. 냉장고에 넣으면 최대 2일간 보관할 수 있다. 취향에 따라 다음을 곁들여서 낸다.

(메이플 시럽, 베리류 또는 과일 소스)

커스터드 베이스에 풍미 내기

I. 우유나 크림에 설탕을 넣을 때 다음 재료를 함께 넣고 김이 날 때까지 저어주면서 가열해 재료의 풍미를 우려낼 수 있다.

말린 라벤더 꽃과 같은 허브 2큰술, 신선한 민트 잎 ⅓컵 또는 생월계수 잎이나 말린 월계수 잎 2장

사프란 가닥 1자밤

3.8cm 길이의 바닐라 빈 1개, 세로로 반 가르기(풍미를 우려낸 후 씨를 긁어서 우유에 넣기)

녹색 카르다몸 깍지 으깬 것 6개, 통계피 1개 또는 팔각 2개 등의 향신료

아몬드, 헤이즐넛, 피스타치오 등의 구운 견과 또는 박편형 무가당 코코넛 ½컵

얼그레이나 재스민 등의 찻잎 2큰술

신선한 엘더플라워 꽃 1컵

레몬그라스 가지 1개, 칼등으로 짓이기고 2.5cm 길이로 자르기

무화과 또는 판단 잎 3장, 2.5m 크기로 자르기

편수 냄비의 뚜껑을 덮고 15분 이상 우린다. 풍미 재료를 체에 걸러내고 레시피에 따라 조리한다.

II. 다음 재료는 간단히 설탕과 섞어서 풍미를 낸다.

맥아 분유 ¼컵

말차 가루 2작은술

III. 다음 재료는 기본 커스터드를 조리하고 불에서 내린 후에 넣어서 섞는다.

버번, 럼, 코냑, 그랑 마니에르 또는 다른 리큐어 2큰술

등화수 또는 장미수 1~2작은술, 맛을 보면서 분량 조절

캐러멜 커스터드

5인분

오븐에 구운 커스터드의 레시피에 따라 조리하되, 설탕을 생략한다. 하프앤드하프를 은근히 가열하고 달걀 및 소금과 아직 섞지 않는다.

캐러멜을 만들려면 깊고 묵직한 편수 냄비에 **설탕 ¾컵, 물 ¼컵, 레몬즙이나 식초 ¼작은술**을 넣고 중불에 올려 설탕이 녹을 때까지 저으면서 조리한다.(캐러멜이 상당히 격렬하게 튀므로 재료 분량에 비해 큰 냄비를 선택한다.) 강불로 올리고 시럽을 팔팔 끓인다. 냄비 뚜껑을 덮고 2분간 끓인다. 뚜껑을 열고 캐러멜의 색이 진해지기 시작할 때까지 조리한다. 캐러멜이 진한 호박색으로 변하면 불에서 내린 후 하프앤드하프를 조금 넣고 젓는다. 이때 캐러멜이 심하게 튀어 오르므로 주의한다. 하프앤드하프를 계속 조금씩 넣으면서 완전히 어우러지게 섞는다. 캐러멜이 굳기 시작하면 다시 약불에 올려 녹을 때까지 젓는다.

캐러멜 혼합물을 10분간 식힌 후, 오븐에 구운 커스터드 레시피의 설명에 따라 달걀을 넣어서 섞고 바닐라를 추가한다. 커스터드를 고운체에 거른다. 레시피에 따라 커스터드를 25~30분간 굽는다. 식탁에 올릴 때는 취향에 따라 커

오븐용 도자기 용기 및 커스터드 컵

스터드 위에 (박편형의 바닷소금)을 살짝 뿌려도 좋다.

커피 초콜릿 커스터드

5인분

1963년 개정판에 실린 레시피를 새롭게 업데이트한 것이다. 에스프레소 가루가 초콜릿 풍미에 악센트를 준다.

오븐을 160℃로 예열한다. 중간 크기의 내열 용기에 다음을 넣는다.

　비터스위트 초콜릿(카카오 함량 최대 70%) 55g, 잘게 썰기

　인스턴트 에스프레소 가루 1큰술

작은 편수 냄비에 다음을 넣고 김이 나기 시작할 때까지 가열한다.

　헤비크림 2컵

뜨거운 헤비크림을 초콜릿 위에 붓고 2분간 그대로 두었다가 질감이 매끄러워질 때까지 섞는다. 다음을 넣는다.

　대란 1개+대란 노른자 2개, 섞어서 잘 풀어두기

　설탕 ⅓컵

　소금 ¼작은술

질감이 완전히 매끄러워질 때까지 잘 섞은 후 고운체에 거른다. 커스터드 혼합물을 180ml짜리 커스터드 컵 또는 1인용 도자기 용기 5개에 나눠 붓는다. 커스터드 컵이 서로 닿거나 팬의 옆면에 닿지 않을 정도로 크고 깊은 팬을 준비해 커스터드 컵을 넣는다. 오븐 받침대를 밖으로 꺼내 팬을 올린 후, 커스터드 컵 옆면의 ½~⅔ 높이까지 올라오도록 아주 뜨거운 물을 붓는다. 커스터드가 굳은 것처럼 보이지만 컵을 흔들면 가운데가 부르르 떨리는 상태가 될 때까지 25~35분간 굽는다.

커스터드를 중탕 팬에서 꺼내 철망 받침대에 올려놓고 30분간 식힌다. 용기를 비닐랩으로 덮어서 냉장고에 2시간 이상 넣어두었다가 낸다. 냉장고에 넣으면 최대 2일간 보관할 수 있다. 취향에 따라 다음을 곁들여 낸다.

　(휩드 크림[위스키로 풍미를 낸 것 권장] 또는 휩드 크렘 프레슈)

플랑 또는 크렘 캐러멜

6~8인분

플랑(Flan)은 용기 바닥에 캐러멜을 깔고 구운 커스터드다. 식혀서 서빙용 접시를 얹고 뒤집어서 꺼내면 캐러멜이 커스터드 윗면을 감싸는 형태가 된다. 플랑은 스페인과 라틴아메리카에서 가장 인기 있는 디저트다. 프랑스에서도 즐겨 먹으며, 크렘 캐러멜이라는 이름으로 부른다.

오븐을 160℃로 예열한다. 180ml의 커스터드 컵 또는 1인용 도자기 용기 6개나 지름 23cm의 둥근 베이킹 접시를 준비한다.

작고 묵직한 편수 냄비를 사용해 **캐러멜 커스터드**의 레시피에 따라 설탕을 캐러멜화한다.(하프앤드하프는 넣지 않는다.) 캐러멜이 진한 호박색으로 변하면 커스터드 컵이나 베이킹 접시에 붓는다. 냄비 받치는 도구를 사용해 즉시 커스터드 컵이나 베이킹 접시를 이리저리 기울여 캐러멜이 바닥에 골고루 퍼지고 옆면의 절반 높이만큼 올라오게 한다.

커다란 그릇에 다음을 넣고 잘 어우러질 때까지 섞는다.

　대란 4개+대란 노른자 2개

　설탕 ¾컵

　소금 ⅛작은술

중간 크기의 편수 냄비에 다음을 넣고 김이 나기 시작할 때까지 가열한다.

　일반 우유 3컵

달걀 혼합물에 뜨거운 우유를 조금씩 넣으면서 설탕이 다 녹을 때까지 젓는다. 고운체를 그릇 또는 주둥이 있는 커다란 계량컵 위에 놓고 혼합물을 부어서 걸러낸다. 다음을 넣고 섞는다.

　바닐라 ¾작은술

캐러멜을 담은 커스터드 컵이나 베이킹 접시에 혼합물을 붓는다. 컵이 서로 닿거나 팬의 옆면에 닿지 않을 정도로 크고 깊은 팬에 커스터드 컵 또는 베이킹 접시를 넣는다. 오븐 받침대를 밖으로 잡아당겨서 팬을 올린 후 커스터드 컵이나 베이킹 접시 옆면의 ½~⅔ 높이까지 올라오도록 아주 뜨거운 물을 붓는다. 가운데가 단단히 굳을 때까지 1인용 컵은 50~60분, 큼직한 베이킹 접시는 1시간 30분 동안 굽는다.

커스터드를 중탕 팬에서 꺼내 철망 받침대에 올려놓고 온기가 없어질 때까지 식힌다. 칼로 플랑의 가장자리를 빙 둘러 훑어서 용기에서 분리한 후 개인 접시나 큼직한 접시에 뒤집어서 꺼낸다.(커다란 플랑을 담을 때는 흘러내리는 캐러멜을 전부 받아낼 수 있도록 널찍하고 깊은 접시를 사용한다.) 즉시 내지 않는다면 뚜껑을 덮어서 냉장고에 넣어 최대 2일간 보관할 수 있다. 차갑게 보관했던 플랑을 틀에서 빼려면 커스터드 컵이나 베이킹 접시를 잠깐 뜨거운 물에 담갔다가 위의 설명대로 뺀다.

연유로 만든 플랑

6~8인분

라틴아메리카에서는 우유와 설탕을 뭉근히 끓여 걸쭉한 크림 상태를 만든 다음 달걀을 넣어서 플랑을 만든다. 다만 우유와 설탕을 조리하는 과정이 최대 1시간 정도 걸리므로 아예 가당연유로 만드는 것을 선호하는 사람이 많다.

오븐을 160℃로 예열한다. 180ml 용량의 커스터드 컵 또는 1인용 도자기 용기 6개나 지름 23cm의 둥근 베이킹 접시 1개를 준비한다.

작고 묵직한 편수 냄비를 사용해 **캐러멜 커스터드**의 레시피에 따라 설탕을 캐러멜화한다.(하프앤드하프는 넣지 않는다.) 캐러멜이 진한 호박색으로 변하면 커스터드 컵이나 베이킹 접시에 붓는다. 냄비 받치는 도구를 사용해 즉시 커스터드 컵이나 베이킹 접시를 이리저리 기울여 캐러멜이 바닥에 골고루 퍼지고 옆면의 절반 높이만큼 올라오게 한다.

작은 편수 냄비에 다음을 넣고 부르르 끓어오를 때까지 가열한다.

　가당연유 통조림 415ml짜리 1개

　물 1½컵

　라임 ½개의 껍질, 채소 껍질 벗기는 도구로 큼직하고 길쭉하게 벗겨내기

　통계피 1개

　소금 1자밤

불을 줄이고 5분간 뭉근히 끓인다. 불에서 내리고 뚜껑을 덮어서 따뜻한 정도로 식을 때까지 그대로 둔다. 그릇에 고운체를 올리고 혼합물을 거른다.

그동안 커다란 그릇에 다음을 넣고 잘 어우러질 때까지 섞는다.

　대란 4개+대란 노른자 3개

　바닐라 ¾작은술

달걀 혼합물에 따뜻한 우유 혼합물을 조금씩 넣으면서 섞는다. 재료를 모두 섞은 혼합물을 캐러멜을 담은 커스터드 컵이나 베이킹 접시에 붓거나 국자로 떠서 담는다. 컵이 서로 닿거나 팬의 옆면에 닿지 않을 정도로 크고 깊은 팬에 커스터드 컵 또는 베이킹 접시를 넣는다. 오븐 받침대를 밖으로 잡아당겨 팬

올린 후 커스터드 컵이나 베이킹 접시 옆면의 ½~⅔ 높이까지 올라오도록 아주 뜨거운 물을 붓는다. 가운데가 단단히 굳을 때까지 1인용 컵은 40~55분, 큼직한 베이킹 접시는 50~70분간 굽는다. 식혀서 보관하다가 플랑 레시피의 설명에 따라 틀에서 빼낸다.

바닐라 포 드 크렘(Vanilla Pots de Crème)

6인분

바닐라를 넣는 대신 크림에 3.8cm 길이의 바닐라 빈을 세로로 반 갈라서 넣고 우려낼 수도 있다. 바닐라 씨를 긁어서 우유에 넣고 깍지도 함께 넣은 다음 우유가 뭉근히 끓어오르도록 가열한다. 뚜껑을 덮고 불에서 내린 후 15분간 우린다. 바닐라 빈 깍지를 건져내고 다시 뭉근히 끓어오르도록 가열한 후 레시피에 따라 진행한다.

오븐을 160℃로 예열한다.

중간 크기의 그릇에 다음을 넣고 어우러지기 시작할 때까지만 섞는다.

    대란 노른자 6개
    설탕 ⅓컵

다음을 작은 편수 냄비에 넣고 뭉근히 끓어오를 때까지만 가열한다.

    일반 우유 또는 하프앤드하프 2컵

달걀노른자 혼합물에 따뜻한 우유를 조금씩 넣고 잘 섞는다. 고운체를 그릇 또는 주둥이 있는 커다란 계량컵 위에 올려놓고 혼합물을 거른다. 숟가락으로 거품을 잘 걷어낸다. 다음을 넣고 섞는다.

    바닐라 1작은술

혼합물을 120ml 용량의 1인용 도자기 용기 6개에 나눠 붓는다. 표면에 막이 생기지 않도록 도자기 용기를 포일로 단단히 덮는다. 용기가 서로 닿거나 팬의 옆면에 닿지 않을 정도로 크고 깊은 팬에 커스터드 용기를 넣는다. 오븐 받침대를 밖으로 잡아당겨 팬을 올린 후 도자기 용기 옆면의 ½~⅔ 높이까지 올라오도록 아주 뜨거운 물을 붓는다. 커스터드가 굳은 것처럼 보이지만 용기를 흔들면 가운데가 부르르 떨리는 상태가 될 때까지 40~50분간 굽는다.

　커스터드를 중탕 팬에서 꺼내 철망 받침대에 올려놓고 30분간 식힌 후, 용기의 뚜껑을 덮어서 냉장고에 2시간 이상 넣어두었다가 낸다. 냉장고에 넣으면 최대 2일간 보관할 수 있다.

커피 포 드 크렘

바닐라 포 드 크렘을 만들되, 설탕 ½컵을 사용하고 뜨거운 우유나 하프앤드하프에 인스턴트커피 가루 4작은술 또는 인스턴트 에스프레소 가루 1큰술을 넣는다.

초콜릿 포 드 크렘

바닐라 포 드 크렘의 재료를 준비한다. 우유나 하프앤드하프에서 김이 나기 시작하면 불에서 내린 후 비터스위트 초콜릿(카카오 함량 최대 64%) 140g을 잘게 썰어 넣고 섞는다. 레시피대로 조리한다. 25~30분 구우면 커스터드가 굳는다.

크렘 브륄레(Crème Brûlée)

4~6인분

가히 커스터드의 여왕이라 불러도 손색이 없으며, 잘 그을려서 딱딱하게 굳은 설탕을 숟가락으로 깨뜨리는 재미를 느낄 수 있는 디저트로 유명하다.

오븐을 160℃로 예열한다.

　일반 우유나 하프앤드하프 대신 헤비크림 2컵을 사용해 바닐라 포 드 크렘용 커스터드를 만든다. 커스터드 컵 또는 1인용 도자기 용기를 180ml짜리 4개 또는 120ml짜리 6개를 준비해 커스터드를 붓는다. 용기가 서로 닿거나 팬의 옆면에 닿지 않을 정도로 크고 깊은 팬에 커스터드 용기를 넣는다. 오븐 받침대를 밖으로 잡아당겨 팬을 올린 후 커스터드 용기 옆면의 ½~⅔ 높이까지 올라오도록 아주 뜨거운 물을 붓는다. 커스터드가 굳은 것처럼 보이지만 컵을 흔들면 가운데가 부르르 떨리는 상태가 될 때까지 30~35분간 굽는다.

　커스터드를 중탕 팬에서 꺼내 철망 받침대에 올려놓고 30분간 식힌다. 용기 뚜껑을 덮어서 냉장고에 2시간 이상 넣어두었다가 내거나 최대 2일간 보관할 수 있다. 내기 직전에 뚜껑을 벗기고 키친타월로 표면에 생긴 물기를 살짝 닦아낸다. 각 커스터드에 다음을 홀홀 뿌린다.

　그래뉼러당, 연한 갈색 설탕 또는 중백설탕 1큰술(총 4~6큰술)

프로판 토치로 설탕을 녹이고 캐러멜화한다. 커스터드 표면에서 5cm 정도 올라온 위치에서 토치를 잡고 작은 원을 그리면서 불꽃을 빙글빙글 돌려서 설탕을 최대한 균일한 색으로 골고루 녹인다. 그래도 일부 설탕은 제대로 녹지 않고 군데군데 진하게 그을리기 마련이지만 그것이 크렘 브륄레의 매력이다. 토치가 없다면 커스터드를 오븐 팬에 가지런히 배열하고 열에 직접 노출되도록 직화 오븐의 열원 바로 아래에 넣는다. 설탕이 녹으면서 보글보글 거품이 올라올 때까지 그을리고, 너무 빨리 갈색으로 변하는 게 있으면 오븐 팬의 방향을 돌리거나 용기의 위치를 바꿔가면서 조리한다. 즉시 낸다.

메이플 크렘 브륄레

크렘 브륄레를 만들되, 커스터드에 설탕 대신 메이플 시럽 ⅔컵을 넣는다.

라즈베리 크렘 브륄레

크렘 브륄레를 만들되, 용기에 커스터드를 붓기 전에 각 컵에 라즈베리 4개씩(총 16~24개) 넣는다.

플로팅 아일랜드(Floating Islands)

4인분

영어로 플로팅 아일랜드나 스노우 에그(snowy egg), 프랑스어로는 일 플로탕트(iles flottantes, 물 위에 뜬 섬이라는 뜻 — 옮긴이)나 외프 알라 네주(Oeufs à la Neige, 눈 속의 달걀이라는 뜻 — 옮긴이)라고 불리는 이러한 디저트는 헤아릴 수 없이 많은 종류가 있다. 이들은 모두 폭신폭신한 당과(일반적으로 머랭이 널리 사용된다.)를 액체 커스터드 또는 다른 디저트 소스에 둥둥 띄운 형태를 하고 있다.

다음의 흰자와 노른자를 분리한다.

    대란 5개

흰자를 커다란 그릇에 담고 노른자는 따로 보관한다. 흰자를 저어서 단단한 피크가 생길 때까지 거품을 낸다. 다음을 조금씩 넣고 세게 치면서 섞는다.

    설탕 ⅔컵

다음을 커다란 프라이팬에 붓고 뭉근히 끓어오르기 시작할 때까지 가열한다.

    일반 우유 2컵

머랭 혼합물의 절반을 큰 숟가락으로 떠서 네 덩어리로 나눠 우유에 넣는다.(또는 완자로 만들어도 좋다.) 우유가 끓어오르지 않도록 불을 조절하면서 머랭을 약 4분간 은근히 데친다. 거품을 걷어내는 그물국자로 조심스럽게 머을 건진 다음 국자와 머랭 아래에 행주를 받쳐서 밑으로 떨어지는 여분의 우유를 행주로 받아낸다. 남은 머랭 혼합물도 마찬가지로 조리하고, 데친 머랭을 접시나 오븐 팬에 올린다. 한쪽에 둔다.

우유와 남은 달걀노른자로 다음을 만든다.

크렘 앙글레즈

널찍한 그릇에 소스를 붓고 그릇의 바닥에서 온기가 느껴지지 않을 때까지 냉장고에 약 30분간 넣어서 식힌다. 머랭을 위에 얹는다. 취향에 따라 내기 직전에 머랭 섬 위에 다음을 살짝 뿌려도 좋다.

(캐러멜화한 설탕 또는 신선한 베리 쿨리)

레몬 또는 오렌지 스펀지 커스터드

6인분

이 디저트의 반죽은 베이킹 접시에 넣으면 균일하게 잘 섞인 것처럼 보이지만, 굽는 동안 신기하게 분리되어 바닥에는 부르르 떨리는 커스터드 층이 깔리고 위에는 가벼운 스펀지 케이크 층이 생긴다. 베이킹 접시 그대로 낼 경우 위쪽에 먹음직스러운 스펀지 케이크가 얹힌 형태가 되며, 접시에서 꺼내서 식탁에 올릴 수도 있다. 머랭과 비슷한 질감의 토핑을 선호한다면 설탕 ¼컵을 남겨두었다가 단단한 피크의 달걀흰자 거품에 조금씩 넣고 세게 쳐서 섞은 후 달걀노른자 혼합물에 넣고 뒤적이며 섞는다.

오븐을 160℃로 예열한다. 23×5cm 크기의 둥근 케이크 팬 또는 180ml 용량의 커스터드 컵이나 1인용 도자기 용기 6개에 버터를 살짝 바른다.

중간 크기의 그릇에 다음을 넣고 나무 숟가락 뒷면으로 으깨면서 섞는다.

설탕 ⅔컵

무염 버터 2큰술, 말랑하게 녹이기

소금 ⅛작은술

다음을 넣고 세게 쳐서 섞는다.

대란 노른자 3개(흰자는 따로 보관)

다음을 넣고 매끄러운 질감이 될 때까지 섞는다.

중력분 3큰술

다음을 조금씩 넣고 세게 쳐서 섞는다.

레몬 또는 오렌지 1개의 껍질, 강판에 곱게 갈기

체에 거른 레몬즙 ¼컵 또는 체에 거른 오렌지즙 ⅓컵

다음을 넣고 섞는다.

일반 우유 1컵

큰 그릇에 다음을 넣고 단단한 피크가 생기지만 마른 거품은 아닌 상태가 될 때까지 잘 쳐서 거품을 낸다.

대란 흰자 4개, 실온 상태로 준비

우유 혼합물에 달걀흰자 거품을 조금씩 넣으면서 큼직한 흰자 거품 덩어리가 남지 않을 때까지 살살 섞는다. 준비한 팬이나 컵에 반죽을 국자로 떠서 담는데(붓지 않도록 주의한다.) 이때 반죽을 용기의 맨 위까지 담을 수도 있다. 용기가 서로 닿거나 팬의 옆면에 닿지 않을 정도로 크고 깊은 팬에 커스터드 용기를 넣는다. 오븐 받침대를 밖으로 잡아당겨 팬을 올린 후 커스터드 용기 옆면의 ½~⅔ 높이까지 올라오도록 아주 뜨거운 물을 붓는다. 윗면이 노릇노릇한 색으로 봉긋하게 부풀어 오르고 손가락으로 살짝 누르면 바로 원상태로 돌아올 때까지 용기의 크기와 관계없이 30~40분간 굽는다. 중탕 상태로 10분간 둔다. 틀에 담긴 채로 또는 틀에서 빼낸 후 따뜻하게, 실온 상태로, 차갑게 낸다. 취

향에 따라 다음을 곁들여도 좋다.

(라즈베리로 만든 신선한 베리 쿨리 또는 휩드 크림)

파싯(Posset)

6인분

크림을 감귤류즙으로 응고시켜서 만든 간단한 푸딩이다. 달걀이나 녹말을 사용하지 않기 때문에 무척 가볍고 상큼한 맛을 내며, 생과일 또는 구운 과일에 곁들이면 아주 잘 어울린다.

널찍한 편수 냄비에 다음을 넣고 뭉근히 끓어오르도록 가열한다.

헤비크림 2컵

설탕 ½컵

소금 1자밤

크림이 끓어서 넘치지 않도록 잘 살펴보면서 5분간 뭉근히 끓인다. 불에서 내려 다음을 넣고 섞는다.

레몬즙 또는 라임즙 6큰술

(레몬 1개 또는 라임 1개의 껍질, 강판에 곱게 갈기)

120ml 용량의 1인용 도자기 용기 6개에 나눠 담고 굳을 때까지 약 4시간 이상 또는 하룻밤 동안 냉장고에 넣어둔다. 취향에 따라 다음을 얹어서 낸다.

(신선한 베리 쿨리, 구운 과일 또는 감귤류 조각 몇 개)

옥수수 전분 푸딩에 대해

널리 사랑받는 이 디저트는 우유, 설탕, 옥수수 전분을 섞고 때로는 달걀을 더해 비단처럼 매끄러운 질감의 걸쭉한 푸딩이 되도록 조리한다. 간단하면서도 맛있고 즐거운 추억으로 오래 기억되는 디저트다.

옥수수 전분 푸딩을 만들 때는 바닥이 두툼하고 묵직한 편수 냄비를 사용해야 열이 골고루 전달되어 눌어붙는 것을 방지할 수 있다. 저을 때 가장 편리한 도구는 큼직한 내열 실리콘 주걱이다. ▶ 덩어리가 생기는 것을 방지하려면 옥수수 전분 혼합물에 우유를 조금씩 넣으면서 잘 저어서 섞는다.

때로는 편수 냄비에서 제대로 걸쭉하게 조리한 푸딩이 보관 도중에 묽어지기도 한다. 이를 방지하려면 ▶ 푸딩이 굳은 다음에 세게 젓지 않는다. ▶ 달걀을 사용하는 푸딩이라면 달걀을 넣은 후 혼합물이 부르르 끓어오르도록 가열해야 달걀에 들어 있는 효소가 옥수수 전분의 결합을 끊지 않는다.

푸딩은 커다란 접시 하나에 담거나 개인 접시에 조금씩 담아서 낼 수 있다. 표면에 막이 형성되는 것을 방지하려면 따뜻한 푸딩의 표면에 직접 닿도록 비닐랩을 덮어서 차갑게 식힌다. 물론 푸딩 윗면에 생기는 막을 좋아한다면 이 작업이 필요 없고말고!

바닐라 푸딩

4인분

바닐라 입자가 점점이 박힌 푸딩을 만들려면 바닐라 대신 **3.8cm 길이의 바닐라 빈을 세로로 반 갈라서 긁어낸 씨**를 넣는다.

3컵 용량의 그릇 1개나 150ml 또는 180ml 용량의 푸딩 컵 또는 1인용 도자기 용기 4개를 준비한다.

중간 크기의 묵직한 편수 냄비에 다음을 넣고 완전히 섞는다.

설탕 ¼컵

옥수수 전분 3큰술

　　소금 ⅛작은술

다음을 조금씩 넣고 섞는다.

　　우유 2컵

중불에 올려 계속 저으면서 혼합물이 뭉근히 끓어오르기 시작할 때까지 가열한다. 불에서 내리고 우유 혼합물 ½컵을 다음에 천천히 넣으면서 섞는다.

　　대란 1개, 잘 풀어두기

달걀과 우유 섞은 것을 다시 우유 혼합물에 붓고 중불에서 부르르 끓어오르도록 가열한 후 계속 저으면서 1분간 더 조리한다. 불에서 내린다. 다음을 넣어서 섞는다.

　　바닐라 2작은술

준비한 그릇이나 컵에 푸딩을 붓고 표면에 직접 닿도록 비닐랩을 단단히 씌운다. 최소 2시간, 최대 2일간 냉장고에 보관했다가 낸다.

버터스카치 푸딩

6인분

3컵 용량의 그릇이나 틀 1개 또는 150ml나 180ml 용량의 푸딩 컵 또는 1인용 도자기 용기 6개를 준비한다. **버터스카치 크림 파이**의 필링을 준비한다. 푸딩의 맛을 보고 취향에 따라 소금을 1자밤 추가한다. 바닐라 푸딩 레시피에 따라 마무리하고 보관한다.

전통식 초콜릿 푸딩

4인분

3컵 용량의 그릇이나 틀 1개 또는 150ml나 180ml 용량의 푸딩 컵 또는 1인용 도자기 용기 4개를 준비한다. 중간 크기의 묵직한 편수 냄비에 다음을 넣고 섞는다.

　　설탕 ½컵

　　무가당 코코아 가루 3큰술

　　옥수수 전분 3큰술

　　소금 ¼작은술

다음을 조금씩 넣으면서 섞는다.

　　일반 우유 2컵

중불에 올리고 가끔 저으면서 혼합물이 뭉근히 끓어오를 때까지 조리한 후 1분간 더 끓인다. 불에서 내려 다음을 넣고 섞는다.

　　무가당 또는 비터스위트 초콜릿 55g, 굵게 썰기

　　바닐라 1작은술

초콜릿이 완전히 녹을 때까지 잘 섞는다. 바닐라 푸딩 레시피에 따라 마무리하고 보관한다.

비건 초콜릿 푸딩

4인분

첫 번째 버전은 가열 조리 자체가 필요하지 않아 놀랄 만큼 간단하며, 순두부를 사용해 푸딩의 진득한 질감을 구현한다. 두 번째 버전은 더 전통적인 질감을 가진 푸딩이다.

Ⅰ. 4컵 용량의 그릇 1개 또는 150ml나 180ml 용량의 푸딩 컵 또는 1인용 도자기 용기 4개를 준비한다.

푸드 프로세서나 믹서에 다음을 넣고 섞는다.

　　순두부 450g, 물기를 빼기

　　비터스위트 또는 다크 초콜릿(카카오 함량 최대 72%) 115~170g, 액체 상태로 녹이기

　　무가당 코코아 가루 2큰술, 체에 치기

　　(비건 슈거 파우더 1~2큰술, 체에 치기)

　　바닐라 1큰술

푸드 프로세서나 믹서를 작동시키면서 완전히 매끄러운 질감이 되도록 섞는다. 바닐라 푸딩 레시피에 따라 마무리하고 보관한다.

Ⅱ. 전통식 초콜릿 푸딩을 만들되, 우유 대신 **무가당 아몬드 우유, 두유** 또는 **음료처럼 마시는 코코넛 밀크 2컵**을 사용한다.

바나나 푸딩

8~10인분

더 진한 바나나 풍미를 내려면 **아주 잘 익은 바나나 2개**에 우유를 붓고 퓌레 상태로 갈아서 푸딩을 만들고, **옥수수 전분 ¼컵**을 사용한다. 1인용 바나나 푸딩은 재료를 섞은 뒤 작은 컵이나 유리잔 또는 1인용 도자기 용기에 담아서 굽는다. 중간 크기의 묵직한 편수 냄비에 다음을 넣고 완전히 섞는다.

　　설탕 ½컵

　　옥수수 전분 3큰술

　　소금 ⅛작은술

다음을 조금씩 넣고 섞는다.

　　일반 우유 3컵

다음을 넣고 완전히 어우러지도록 섞는다.

　　대란 노른자 4개

다음을 넣는다.

　　무염 버터 3큰술, 작은 조각으로 자르기

중불에 올려 계속 저으면서 혼합물이 뭉근히 끓어오르기 시작할 때까지 가열한다. 약불로 줄이고 세게 저으면서 2분간 더 조리한다. 불에서 내리고 다음을 넣어 섞는다.

　　바닐라 1½작은술

표면에 직접 닿도록 비닐랩을 단단히 씌우고 한쪽에 둔다. 다음을 준비한다.

　　바닐라 웨이퍼 60~70개

다음의 껍질을 벗기고 6mm 두께의 슬라이스로 썬다.

　　단단한 완숙 바나나 큰 것 4~5개

23cm 크기의 정사각형 베이킹 접시의 바닥과 옆면에 웨이퍼를 깐다. 푸딩과 바나나 절반을 그 위에 얹는다. 웨이퍼를 그 위에 가지런히 배열하고 남은 푸딩과 바나나를 위에 얹는다. 푸딩 표면에 직접 닿도록 비닐랩을 단단히 씌우고 최소 2시간 이상 냉장고에 넣어둔다. 내기 직전에 다음을 얹는다.

　　휩드 크림

머랭을 얹은 바나나 푸딩

바나나 푸딩을 만들기 전에 **부드러운 머랭 토핑 Ⅰ 또는 Ⅱ와 잘게 부순 바닐라 웨이퍼 ¼~½컵**을 준비한다. 오븐을 220℃로 예열한다. 내열 베이킹 접시를 사용해 푸딩을 최대한 신속하게 만든다. 뜨거운 푸딩 위에 잘게 부순 쿠키를 골고루 얇게 펴서 얹는다. 베이킹 접시의 옆면까지 닿도록 뜨거운 푸딩 위에 머랭 토핑을 넓게 펴서 올린다. 오븐에 넣고 머랭이 갈색으로 변할 때까지 5분간

굽는다. 또는 프로판 토치로 머랭을 갈색으로 구워도 좋다. 실온에서 식힌 후 최소 2시간, 최대 24시간 동안 냉장고에 넣어둔다.

템블레케(Tembleque, 코코넛 밀크 푸딩)
8인분

푸에르토리코에서 즐겨 먹는 코코넛 푸딩으로, 크림처럼 부드러우며 틀에서 꺼내면 '부르르 떨린다(tremble).'

1.4ℓ 용량의 수플레 접시나 틀에 기름을 바른다. 크고 묵직한 편수 냄비에 다음을 넣고 섞는다.

무가당 코코넛 밀크 통조림 4½컵

설탕 ½컵

소금 ¼작은술

중약불에 올려 저으면서 설탕이 녹을 때까지 가열한다.

작은 그릇에 다음을 넣고 매끄럽게 어우러질 때까지 섞는다.

무가당 코코넛 밀크 통조림 ½컵

옥수수 전분 ½컵

옥수수 전분 혼합물을 뜨거운 코코넛 밀크 혼합물에 조금씩 넣으면서 섞는다. 중불에 올려 계속 저으면서 혼합물이 뭉근히 끓어오르기 시작할 때까지 가열한다. 약불로 줄이고 계속 저으면서 1분간 더 끓인다. 불에서 내린다. 취향에 따라 다음을 넣고 섞는다.

(등화수 1작은술)

준비한 수플레 접시에 푸딩을 붓고 비닐랩으로 덮은 후 3시간 이상 냉장고에 넣어둔다. 접시를 얹고 거꾸로 뒤집어 틀에서 빼낸다.

다음으로 장식한다.

굵게 썬 파인애플, 파파야 및/또는 망고

계핏가루

디저트 수플레에 대해

수플레를 만들어본 적이 없다면 ▶ 수플레에 대해 항목을 참고한다. 어쩌면 수플레는 가장 많은 오해를 받는 디저트일지도 모른다. 만들기 까다로운 것으로 악명이 높지만 실제로는 상당히 쉽게 만들 수 있다. 짭짤한 수플레와 마찬가지로, 디저트 수플레는 단단한 피크가 생기도록 거품을 낸 달걀흰자를 진한 풍미의 걸쭉한 수플레 베이스에 넣고 뒤적여서 만든다. 전통 레시피에서는 페이스트리 크림을 베이스로 사용하지만 달걀노른자와 설탕에 견과류나 과일 퓌레, 과일즙을 넣어 섞은 것을 베이스로 활용할 수 있다. 과일과 견과류 수플레를 만들 때는 달걀흰자를 제대로 저어서 거품을 내는 것과 오븐 온도를 알맞게 조절하는 것이 특히 중요하다. 달걀흰자를 덜 젓거나 너무 많이 젓는 경우, 그리고 굽는 온도가 너무 높은 경우 수플레는 오래된 가죽과 비슷한 모양과 식감을 갖게 된다. 그러나 신중하게 재료를 섞고 구우면 불어서 날리기 직전의 민들레 씨앗을 연상시키는, 섬세하고도 풍성한 결과물을 얻을 수 있다.

달콤한 수플레를 만들기 위해 틀을 준비하려면 얼마나 큰 베이킹 접시가 필요한지 특히 신경을 써야 한다. 베이킹 접시의 크기는 수플레의 가벼운 식감과 부피에 영향을 미치기 때문이다. 수플레를 구울 틀, 즉 베이킹 접시에 말랑하게 녹인 버터를 두껍게 바르고 설탕을 넉넉하게 뿌린다. 틀을 사방으로 기울이면서 설탕을 골고루 묻힌 후, 한 번 뒤집어서 여분의 설탕을 털어낸다. 버터와 설탕으로 알맞게 코팅한 틀로 수플레를 만들면 수플레가 위로 골고루 높게

부풀어 오르며, 오븐에서 꺼내면 살짝 캐러멜화되어 바삭하고 먹음직스러운 크러스트가 생기므로 금상첨화다.

제대로 조리한 수플레는 겉이 단단하게 굳되, 중심부는 축축하고 크림처럼 부드러워야 한다. 레시피에서 제시한 최소한의 굽는 시간이 지나면 오븐 문을 살짝 열고 안을 들여다본다. 수플레가 6.3cm 정도 부풀어 오르고 윗면이 노릇노릇 진한 색으로 변했다면 테스트를 해도 쉽게 부서지지 않을 정도로 구워졌다고 생각해도 좋다. 수플레가 다 익었는지 테스트하려면 우선 수플레의 윗면을 손으로 살짝 만져본다. 단단한 느낌이 나면 수플레는 아마 속까지 잘 익었을 것이다. 더 확실히 확인하려면 수플레의 가장자리에서 가운데를 향해 꼬치를 45도 각도로 찔러본다. 꼬치를 빼냈을 때 물기가 묻어나오지 않으면 수플레를 오븐에서 꺼낸다. 중심부가 크림처럼 부드러운 수플레를 선호한다면, 꼬치에 약간 촉촉하고 걸쭉한 반죽이 살짝 묻어나올 때 꺼내면 된다. 꼬치를 빼냈을 때 축축하게 젖어 있다면 조금 더 구워야 한다. 구운 수플레는 최소 1~2분간은 완전히 부풀어 오른 상태가 유지되므로 서둘러 식탁으로 가져간다면 시간은 충분하다.

취향에 따라 수플레를 식탁에 올린 후 포크 2개의 등을 맞대고 수플레의 윗면을 길게 잘라서 커스터드 소스를 뿌려도 좋다. 또는 개인 접시에 수플레를 떠서 낼 경우, 윗면을 가른 다음 각각 초콜릿 트러플을 끼워 넣어도 좋다.

수플레에 글레이즈를 얹으려면 다 구워지기 2~3분 전에 슈거 파우더를 살짝 뿌린다. 설탕을 뿌리기 전에 ▶ 수플레의 높이가 2배로 부풀어 오르고 단단하게 익어야 한다. 오븐 문을 살짝 열고 설탕이 녹아서 흘러내리는 정도를 자세히 살핀다. 수플레를 낼 때 글레이즈는 상당히 윤이 나는 상태가 유지된다.

바닐라 수플레
6~8인분

이 수플레는 설탕 쿠키와 아주 비슷한 맛이 난다. 바닐라 추출물 대신 **바닐라 빈 2개**를 사용할 수 있다. 헤비크림과 설탕을 작은 편수 냄비에 담고 김이 나기 시작할 때까지 은근히 가열한다. 바닐라 빈을 세로로 반 갈라서 씨를 긁어서 크림에 넣고 깍지도 함께 추가한다. 뚜껑을 덮고 불에서 내린 후 30분간 둔다. 바닐라 빈 깍지를 건져내고 레시피에 따라 조리한다.

받침대를 오븐의 아래쪽 칸에 끼운다. 오븐을 190℃로 예열한다. 지름 23cm 또는 1.9ℓ 용량의 수플레 틀을 준비해 앞의 설명대로 버터를 바르고 설탕을 뿌린다. 중간 크기의 편수 냄비를 중불에 올리고 다음을 녹인다.

무염 버터 3큰술

다음을 넣고 매끄럽게 어우러질 때까지 섞는다.

중력분 2큰술

저으면서 1분간 조리한다. 불에서 내린 후 다음을 넣고 섞는다.

헤비크림 1컵

설탕 ⅓컵

다시 불에 올려 계속 저으면서 부르르 끓어오르도록 가열한 후 불에서 내린다. 다음을 커다란 그릇에 넣고 잘 풀어질 때까지 젓는다.

대란 노른자 4개(흰자는 따로 보관)

노른자 푼 것을 뜨거운 크림 혼합물에 아주 조금씩 넣고 섞은 후, 다음을 넣고 섞는다.

바닐라 5작은술

큰 그릇을 하나 더 준비해 다음을 넣고 거품이 생기도록 중속으로 세게 젓는다.

대란 흰자 5개, 실온 상태로 준비

다음을 넣고 부드러운 피크가 생길 때까지 세게 쳐서 거품을 낸다.

타르타르 크림 ½작은술

소금 ⅛작은술

고속으로 올리고 단단한 피크가 생기지만 마른 거품은 아닌 상태가 될 때까지 잘 쳐서 거품을 낸다. 커다란 실리콘 주걱을 사용해 달걀흰자 거품의 ⅓ 분량을 달걀노른자 혼합물에 넣고 살살 섞은 후 나머지 흰자 거품을 전부 넣고 뒤적이며 섞는다. 준비한 수플레 틀에 반죽을 담고 윗면을 평평하게 고른다. 수플레가 잘 부풀어 오르고 윗면이 노릇노릇하게 진한 색으로 익을 때까지 25~30분간 굽는다. 다음을 곁들여 즉시 낸다.

선호하는 커스터드 소스, 사바용 또는 신선한 베리 쿨리

그랑 마니에르 수플레

바닐라 수플레를 만들되, **커다란 오렌지 1개의 껍질을 강판에 갈아서** 크림과 설탕 혼합물에 넣은 후 부르르 끓어오르도록 조리한다. 바닐라 대신 **그랑 마니에르 3큰술**을 넣는다. 크렘 앙글레즈를 곁들여 낸다.

초콜릿 수플레

4인분

대다수 초콜릿 수플레와는 달리 우유나 전분 없이 만드는 수플레 레시피다. 질감이 가벼우면서도 촉촉하고, 근사한 초콜릿 맛을 즐길 수 있다.

받침대를 오븐의 아래쪽 칸에 끼운다. 오븐을 190℃로 예열한다. 지름 18cm 또는 1.4ℓ 용량의 수플레 틀을 준비해 앞의 설명대로 버터를 바르고 설탕을 뿌린다.

중간 크기의 내열 그릇에 다음을 넣고 섞는다.

세미스위트 또는 비터스위트 초콜릿(카카오 함량 최대 64%) 170g, 굵게 썰기

무염 버터 6큰술(버터 스틱 ¾개)

럼, 커피 또는 물 2큰술

뜨겁지만 뭉근히 끓는 정도는 아닌 물이 담긴 프라이팬에 그릇을 담고 혼합물이 매끄럽게 어우러질 때까지 섞는다. 10분간 식힌 후 다음을 넣고 섞는다.

대란 노른자 3개(흰자는 따로 보관)

큰 그릇에 다음을 넣고 부드러운 피크가 생길 때까지 중속으로 세게 쳐서 거품을 낸다.

대란 흰자 4개, 실온 상태로 준비

타르타르 크림 ¼작은술

고속으로 올리고 다음을 조금씩 넣으면서 세게 쳐서 섞는다.

설탕 ¼컵

단단한 피크가 생기지만 마른 거품은 아닌 상태가 될 때까지 잘 쳐서 거품을 낸다. 커다란 실리콘 주걱을 사용해 달걀흰자 거품의 ⅓ 분량을 초콜릿 혼합물에 넣어서 섞은 후 나머지 달걀 거품을 넣고 뒤적이며 섞는다. 준비한 수플레 틀에 반죽을 담고 윗면을 평평하게 고른다.(수플레를 실온에 두고 접시를 뒤집어서 위를 덮은 후 1시간 동안 두거나, 비닐랩을 덮어서 최대 24시간 동안 냉장고에 넣어 두었다가 구울 수 있다.) 수플레가 잘 부풀어 오르고 굳을 때까지 25~30분간 굽는다. 다음을 곁들여 즉시 낸다.

라즈베리로 만든 신선한 베리 쿨리

레몬 수플레

6~8인분

받침대를 오븐의 아래쪽 칸에 끼운다. 오븐을 190℃로 예열한다. 지름 23cm 또는 1.9ℓ 용량의 수플레 틀을 준비해 874쪽의 설명대로 버터를 바르고 설탕을 뿌린다.

중간 크기의 편수 냄비를 중불에 올리고 다음을 넣어 녹인다.

무염 버터 3큰술

다음을 넣고 매끄러워질 때까지 잘 섞는다.

중력분 ¼컵

저으면서 1분간 조리한다. 불에서 내린 후 다음을 넣고 섞는다.

하프앤드하프 1컵

설탕 ½컵

레몬 2개의 껍질, 강판에 곱게 갈기

다시 불에 올려 계속 저으면서 부르르 끓어오를 때까지 가열한다. 불에서 내린다. 커다란 그릇에 다음을 넣고 약간 걸쭉해질 때까지 잘 젓는다.

대란 노른자 5개(흰자는 따로 보관)

노른자 푼 것을 아주 조금씩 크림 혼합물에 넣고 저은 후 다음을 넣고 섞는다.

체에 거른 레몬즙 ⅓컵

커다란 그릇을 하나 더 준비해 다음을 넣고 부드러운 피크가 생길 때까지 중속으로 세게 쳐서 섞는다.

대란 흰자 6개, 실온 상태로 준비

타르타르 크림 ½작은술

소금 ⅛작은술

고속으로 올려 단단한 피크가 생기지만 마른 거품은 아닌 상태가 될 때까지 잘 쳐서 거품을 낸다. 커다란 실리콘 주걱을 사용해 달걀흰자 거품의 ⅓ 분량을 달걀노른자 혼합물에 넣고 살살 섞은 후 나머지 흰자 거품을 전부 넣고 뒤적이며 섞는다. 준비한 수플레 틀에 반죽을 담고 윗면을 평평하게 고른다. 잘 부풀어 오르고 윗면이 노릇노릇하게 진한 색으로 익을 때까지 25~35분간 굽는다. 다음을 곁들여 즉시 낸다.

레몬 사바용 또는 라즈베리로 만든 신선한 베리 쿨리

살구 수플레

6~8인분

우리가 아는 한 최고의 과일 수플레 레시피다. 말린 살구의 농축된 풍미가 놀랄 만큼 진한 맛을 더해준다.

중간 크기의 편수 냄비에 다음을 넣고 섞는다.

물 1½컵

수분이 적당히 남아 있는 말린 살구, 꾹 눌러 담아 1컵

설탕 ½컵

뭉근히 끓어오르도록 가열한 후 뚜껑을 덮고 20분간 조리한다. 뚜껑을 덮은 상태로 30분 이상 식힌다.

오븐을 175℃로 예열한다. 수플레 틀이나 240ml 용량의 도자기 용기 6개, 180ml 또는 210ml 용량의 도자기 용기 8개를 준비해 874쪽의 설명대로 버터를 바르고 설탕을 뿌린다.

살구와 시럽을 믹서에 넣는다. 다음을 추가한다.

레몬즙 2큰술

건더기가 전혀 없이 매끄러운 질감이 될 때까지 믹서 옆면에 묻은 재료를 긁어 내리면서 퓌레 상태로 간다. 필요에 따라 물 1~2큰술을 추가해도 좋다. 커다란 그릇에 퓌레를 옮겨 담는다. 다음을 부드러운 피크가 생길 때까지 세게 쳐서 거품을 낸다.

대란 흰자 5개, 실온 상태로 준비

타르타르 크림 ¼작은술

소금 ¼작은술

고속으로 올리고 다음을 조금씩 넣으면서 세게 쳐서 섞는다.

설탕 ¼컵

단단한 피크가 생기지만 마른 거품은 아닌 상태가 될 때까지 세게 쳐서 거품을 낸다. 달걀흰자 거품의 ⅓ 분량을 살구 퓌레에 넣고 뒤적이며 섞은 후 나머지 흰자 거품을 전부 넣고 뒤적이며 섞는다. 준비한 도자기 용기에 반죽을 골고루 나눠 담고 윗면을 평평하게 고른다. 반죽이 용기의 윗부분까지 찰 것이다. 도자기 용기를 오븐 팬에 담고 수플레가 잘 부풀어 오르며 갈색으로 변하기 시작할 때까지 커다란 수플레라면 11~15분, 작은 수플레라면 10~13분간 굽는다. 너무 오래 구우면 수플레가 푹 꺼지고 가운데가 수프처럼 질척이므로 주의한다. 취향에 따라 포크 2개의 등을 맞대고 수플레의 윗면에 틈을 낸 후 숟가락으로 다음을 떠 넣어도 좋다.

(크렘 앙글레즈)

사워크림 사과 수플레 케이크 코케뉴

8인분

독일 뤼베크 출신인 이르마 할머니의 특별 레시피다. 일반적인 수플레와는 다르지만 그렇다고 해서 케이크와 비슷한 것도 아니다. 특정 범주로 분류하기 어려운 수많은 디저트와 마찬가지로, 우리가 특히 좋아하는 디저트 중 하나다. 다음의 껍질을 깎고 심을 제거한 후 얇게 저민다.

사과 4개

크고 묵직한 프라이팬에 다음을 넣고 녹인다.

무염 버터 4큰술(버터 스틱 ½개)

사과를 넣고 중불에서 자주 저으면서 부드러워질 때까지 5분 정도 볶는다. 사과가 갈색으로 변하지 않도록 주의한다. 약불로 줄인다. 중간 크기의 그릇에 다음을 넣어 섞은 후 사과 위에 붓는다.

대란 노른자 8개, 잘 풀어두기

설탕 1컵, 사과가 아주 시큼하면 설탕의 양을 조금 늘리기

사워크림 ½컵

(아몬드 슬라이스 ½컵)

중력분 2큰술

레몬 1개의 껍질과 즙, 강판에 곱게 갈기

소금 ¼작은술

걸쭉해질 때까지 젓는다. 커다란 그릇에 옮겨 담고 식힌다.

오븐을 160℃로 예열한다. 33×23cm 크기의 베이킹 접시에 기름을 바른다. 커다란 그릇에 다음을 넣고 단단한 피크가 생기지만 마른 거품은 아닌 상태가 될 때까지 세게 쳐서 거품을 낸다.

대란 흰자 8개

달걀흰자 거품을 사과 혼합물에 넣고 살살 뒤적이며 섞는다. 준비한 베이킹 접시에 넓게 펴서 담는다. 다음을 섞어서 위에 훌훌 뿌린다.

마른 빵가루 2큰술

세로로 두툼하게 자른 아몬드 2큰술

설탕 2큰술

계핏가루 1½작은술

윗면이 노릇노릇하게 진한 색으로 익고 손으로 눌러보면 바로 원상태로 돌아올 때까지 45분 정도 굽는다. 이 케이크는 뜨겁게 낼 수도 있지만, 다음을 얹어서 아주 차갑게 내는 것이 가장 좋다.

휩드 크림, 바닐라로 풍미를 내기

젤라틴 디저트에 대해

젤라틴 디저트는 미국 요리 역사에서 가장 심한 오명을 쓴 요리 중 하나로 꼽히지만, 여전히 수많은 가정의 저녁 식탁, 포틀럭 파티, 교회 야유회에서 중요한 역할을 하고 있다. 1950년대와 60년대에는 화려한 젤라틴 디저트가 식탁의 중앙을 차지했다. 당시에는 아무 재료나 이것저것 조합해 젤라틴 속에 넣어 굳히는 것이 유행이었는데, 이렇게 부담스러운 젤라틴 디저트는 한때의 추억으로 남겨두는 편이 좋을 것이다. 그러나 약간의 자제력만 발휘하면 상큼하고 근사하며 아주 맛있는 젤라틴 디저트를 만들 수 있다.

고풍스러운 옛날식 젤라틴 디저트의 느낌을 어느 정도 살리려면, 일부 재료는 자연스럽게 위로 떠오르거나 아래로 가라앉는 성질이 있다는 점을 기억하고 견과류와 과일의 서로 다른 무게와 다공성(재료의 표면이나 내부에 작은 기포가 존재하는 정도 – 옮긴이)을 활용해 재료를 층 모양으로 배치할 수 있다. 풀지 않은 달걀흰자와 비슷한 농도의 살짝 끈적한 젤 혼합물에 재료를 넣고 각 재료가 알맞은 높이를 찾아가도록 하자. 정육면체로 작게 자른 사과, 얇게 저민 바나나, 조각을 하나씩 떼어낸 자몽, 얇게 저민 서양배, 반으로 자른 딸기, 견과류, 마시멜로 등은 젤라틴 위에 떠오르지만, 얇게 저민 신선한 오렌지, 신선한 포도, 통조림 살구, 체리, 서양배, 파인애플, 자두 등은 틀의 아래쪽에 자리잡을 것이다.

▶ 생파인애플과 키위, 무화과, 파파야 등 일부 과일에는 젤라틴 형성을 막는 성분이 들어 있다. 이러한 과일은 반드시 껍질을 벗기고 설탕 시럽에 담가서 아주 연해질 때까지 조리해야 안전하게 젤라틴 디저트에 사용할 수 있다. 통조림 파인애플은 제조 과정에서 일단 익혀서 통조림에 담기 때문에 문제가 되지 않는다. 강한 산성 재료나 소금도 젤라틴의 구조를 약하게 만든다. 반면 설탕, 우유, 알코올은 어느 정도 단단한 젤라틴의 형성을 촉진하는 역할을 한다.

바깥쪽으로 벌어지는 모양의 그릇이라면 거의 무엇이든 젤라틴 틀로 쓸 수 있다. 옆면이 매끈한 젤라틴 디저트를 만든다면 분리형 팬을 사용한다. **젤라틴 디저트를 만들기 위해 틀을 준비하려면** 레시피에 별도의 언급이 없는 한 틀을 물로 씻은 후 흔들어서 물기를 턴다. 젤라틴 디저트는 보통 냉장고에 넣은 후 3~4시간 이내에 단단하게 굳는다. 단순한 틀에 부어서 만든 작은 젤라틴 디저트는 이 시점에서 그냥 틀에서 빼내도 좋다. 젤라틴 테린이나 높이가 있고 복잡한 모양의 틀로 만든 커다란 젤라틴은 8시간 이상 냉장고에 넣어서 굳혀야 하며, 하루 동안 굳히면 더욱 좋다. 젤라틴은 24시간에 걸쳐 계속 단단해진다. 젤라틴은 반드시 냉장 보관해야 하지만 ▶ 냉동실에는 보관할 수 없다.(젤라틴과 비슷하지만 이 원칙이 적용되지 않는 예외는 바바리안이다.)

젤라틴 디저트를 틀에서 빼려면 싱크대에 아주 뜨거운 수돗물을 채운 후 틀을 담근다. 금속 틀은 몇 초 이상 담그지 않도록 한다. 유리나 도자기 소재의 두꺼운 틀은 최대 10초 정도 담가야 떨어지기도 한다. 접시를 뒤집어서 틀 위

에 얹은 후 접시와 틀을 함께 붙잡고 한꺼번에 뒤집는다. 젤라틴이 틀에서 잘 빠져나오지 않으면 틀을 한쪽으로 약간 기울여 젤라틴의 윗면과 틀 사이에 칼을 찔러 넣어 살짝 공간을 만든다. 젤라틴이 쏟아지기 시작하면 재빨리 칼을 빼낸다. 고리, 하트 또는 별 모양 틀에 부어서 굳힌 디저트는 틀에서 빼기 전에 윗면, 즉 접시에 담았을 때 바닥으로 가는 면에 기름을 살짝 발라두면 모양이 망가질 가능성이 줄어든다.

젤라틴 디저트는 커스터드 소스, 과일 소스 또는 휩드 크림을 곁들여 먹으면 맛있다. 소스를 개인 접시에 붓거나 큼직한 소스 용기에 담아서 식탁에 내고 각자 덜어 먹게 한다. 젤라틴을 다루는 법에 대한 더 자세한 내용은 젤라틴 항목을 참고한다. 지방을 듬뿍 사용해 아주 진한 젤라틴 디저트는 바바리안 크림과 무스 레시피를 참고한다.

틀에 넣어 굳히는 비건 디저트 만들기

젤라틴과 비슷한 비건용 디저트를 만들 때는 젤라틴 대신 한천을 사용한다. 젤라틴과 완전히 똑같은 질감을 구현하기는 어렵지만 비슷한 효과를 낼 수 있다. 한천은 가루 및 얇은 박편형으로 판매하며 자연식품 판매점이나 대형 마트의 자연식품 판매대 또는 아시아계 식료품점에서 구할 수 있다.

틀에서 뺀 후에도 모양을 유지하는 **단단한 한천 디저트를 만들려면 ▶** 액체 재료 1컵당 한천 가루 1작은술 또는 액체 재료 1컵당 박편형의 한천 1큰술을 사용한다. 비교적 젤라틴과 비슷한 질감을 갖고 있지만 너무 연약해서 틀에서 빼기는 어려운 **말랑말랑한 한천 디저트를 만든다면 ▶** 액체 재료 1컵당 한천 가루 ½작은술 또는 액체 재료 1컵당 박편형의 한천 1½작은술을 사용한다.

한천을 사용해 젤을 굳히려면 반드시 한천을 녹여서 사용해야 한다. 따라서 레시피에서 사용하는 액체 재료의 ½컵을 우선 한천 가루나 박편에 붓는다. 부르르 끓어오르도록 가열해 뚜껑을 덮고 불을 줄인 후 한천이 다 녹을 때까지 가루는 3분간, 박편은 10분간 뭉근히 끓인다. 그다음 레시피대로 조리한다.

젤라틴의 추가 재료

생파인애플, 키위, 무화과, 파파야를 젤라틴에 추가하려면 우선 설탕 시럽에 넣고 부드러워질 때까지 조리한다. 젤라틴에 추가할 재료를 선택할 때는 재료의 풍미가 서로 어떻게 어우러지는지를 반드시 고려해야 한다.

여기서 소개하는 젤라틴 레시피 중 선호하는 레시피대로 젤라틴 혼합물을 만든다. 혼합물을 그릇에 담고 자주 저으면서 풀지 않은 달걀흰자와 비슷한 농도에 숟가락으로 떠서 기울이면 넓게 뚝뚝 떨어질 때까지 식힌다. 실수로 젤라틴이 너무 많이 굳어버렸다면 그냥 은근히 끓는 물에 담가서 녹인 후 다시 시작하면 된다. 다음 재료를 최대 1½컵 준비해 젤라틴에 넣고 섞거나 틀에 원하는 모양대로 예쁘게 배열한다.

> 자르지 않은 베리류, 씨를 빼고 얇게 저민 핵과류, 조각을 하나씩 떼어낸 감귤류 등
> 피스타치오, 반으로 쪼갠 호두, 반으로 쪼갠 피칸 등의 견과류
> 미니 마시멜로

3~4컵 용량의 젖은 틀에 젤라틴 혼합물을 붓는다. 4시간 정도 냉장고에 넣어두고 굳힌 후 낸다.

레몬 또는 라임 젤라틴

4인분

중간 크기의 그릇에 다음을 붓는다.

> 찬물 3큰술

물 위에 다음을 홀홀 뿌린다.

> 풍미가 첨가되지 않은 젤라틴 1봉지(2¼작은술)

5분간 그대로 둔다. 다음을 붓고 젤라틴이 녹도록 잘 젓는다.

> 끓는 물 1⅓컵

다음을 넣고 녹을 때까지 섞는다.

> 설탕 ¾컵
> 소금 ¼작은술

다음을 넣는다.

> 체에 거른 레몬즙 또는 라임즙 ⅓컵

3~4컵 용량의 젖은 틀에 젤라틴 혼합물을 붓는다. 4시간 정도 냉장고에 넣어두고 굳힌다. 혼합물이 풀지 않은 달걀흰자와 비슷한 농도로 굳었을 때 취향에 따라 다음을 넣고 섞어도 좋다.

> (강판에 간 레몬 또는 라임 껍질 1작은술)

틀에서 뺀 후 다음을 곁들여 낸다.

> 휩드 크림 또는 크렘 앙글레즈

오렌지 또는 자몽 젤라틴

4인분

레몬 또는 라임 젤라틴을 만들되, 설탕의 양을 ½컵으로 줄인다. 오렌지 젤라틴은 물 대신 체에 거르고 끓인 오렌지즙 1⅓컵에 젤라틴과 설탕을 넣어서 녹인다.(레시피대로 레몬즙 또는 라임즙을 추가한다.) 자몽 젤라틴은 레몬이나 라임즙을 생략하고 물 대신 체에 거르고 끓인 자몽즙 1⅔컵에 젤라틴과 설탕을 넣어서 녹인다. 껍질을 사용한다면, 레몬이나 라임 대신 **오렌지 또는 자몽 껍질 1작은술**을 넣는다.

과일 젤라틴

4인분

작은 그릇에 다음을 붓는다.

> 찬물 3큰술

물 위에 다음을 홀홀 뿌린다.

> 풍미가 첨가되지 않은 젤라틴 1봉지(2¼작은술)

5분간 그대로 둔다. 그동안 중간 크기의 편수 냄비에 다음을 넣고 뭉근히 끓어오르도록 가열한다.

> 크랜베리 주스, 포도 주스 또는 사과 주스 2컵
> (설탕 1~3큰술, 사용하는 주스의 산도에 따라 적당히 분량 조절)

불에서 내리고 말랑해진 젤라틴을 넣은 후 1분간 저어서 완전히 녹인다. 그릇에 찬물을 붓고 편수 냄비의 바닥을 담가서 젤라틴이 미지근해질 때까지 식힌다. 그동안 다음을 준비한다.

> 얇게 저민 사과, 얇게 저민 딸기 또는 블루베리나 라즈베리 등의 과일 1~1½컵

과일을 위에 얹은 디저트를 만들 때는 180ml 용량의 그릇이나 컵을 적신 후 과일을 적당히 나눠 담거나 4컵 용량의 틀에 과일을 담고 국자로 젤라틴을 떠서 담는다. 과일이 젤라틴 가운데에 둥둥 떠 있는 모양으로 만들고 싶다면 풀지 않은 달걀흰자와 비슷한 농도가 될 때까지 그릇에 담긴 젤라틴을 식힌다. 그다음 젤라틴에 과일을 넣어 섞고 젤라틴과 과일 혼합물을 젖은 틀에 붓는다. 굳을 때까지 4시간 정도 냉장고에 넣어둔다.

틀에서 뺀다. 취향에 따라 다음을 곁들여 낸다.

(헤비크림 또는 휩드 크림)

라즈베리를 곁들인 샴페인 또는 로제 젤라틴

6인분

젤라틴 디저트는 아이들만의 전유물이 아니다.

다음을 준비한다.

샴페인, 스파클링 로제 또는 다른 드라이 스파클링 와인 750ml짜리 1병

샴페인 1컵을 그릇에 붓고 그 위에 다음을 훌훌 뿌린다.

풍미가 첨가되지 않은 젤라틴 2봉지(4½작은술)

5분간 그대로 둔다. 남은 샴페인을 중간 크기의 편수 냄비에 붓고 거품이 빠지도록 둔다. 다음을 넣는다.

설탕 ⅓컵

부르르 끓어오르도록 가열한 후, 끓어오르자마자 불에서 내린다. 젤라틴을 넣고 잘 저어서 녹인다. 다음을 넣고 섞는다.

체에 거른 레몬즙 3큰술

물에 적신 180ml 용량의 도자기 용기나 틀, 길쭉한 샴페인잔 또는 유리잔 6개에 혼합물을 나눠 넣거나 번트 팬 또는 그릇 등의 큼직한 틀에 전부 붓는다. 냉장고에 넣어둔다. 혼합물이 풀지 않은 달걀흰자와 비슷한 농도로 굳었을 때 다음을 도자기 용기에 나눠 넣거나 틀에 넣는다.

생라즈베리 1컵

틀에서 빼낸 후 다음을 곁들여 낸다.

휩드 크림

판나 코타(Panna Cotta)

6인분

이탈리아의 디저트인 판나 코타는 맛이 진하면서 가볍고 매끄러운 질감을 자랑하는 젤라틴 크림이다. 바닐라 빈의 작은 조각이 바닥에 가라앉은 형태가 아닌, 전체적으로 점점이 박혀 있는 형태를 선호한다면 판나 코타 혼합물을 풀지 않은 달걀흰자와 비슷한 농도가 될 때까지 냉장고에 넣어 굳힌 후 한 번 잘 저어주고 틀에 골고루 나눠 담는다. 커스터드와 마찬가지로 판나 코타는 창의력을 발휘해 실험해볼 수 있으며 다양한 방법으로 풍미를 더할 수 있다.(커스터드 베이스에 풍미 내기 항목 참고) 취향에 따라 일반 우유 대신 버터밀크 1컵을 사용할 수도 있지만 바닐라와 함께 넣어 저어주어야 한다. 버터밀크를 가열하면 분리되기 때문이다.

120ml 또는 180ml 용량의 커스터드 컵이나 1인용 도자기 용기 6개에 기름을 살짝 바른다. 작은 그릇에 다음을 붓는다.

찬물 3큰술

물 위에 다음을 훌훌 뿌린다.

풍미가 첨가되지 않은 젤라틴 1봉지(2¼작은술)

말랑해지도록 5분간 둔다. 그동안 편수 냄비에 다음을 넣고 섞는다.

헤비크림 1½컵

일반 우유 1컵

설탕 ⅓컵

(바닐라 빈 1개, 세로로 반 갈라서 씨를 긁어낸 후 냄비에 넣기)

중강불에 올려 부르르 끓어오를 때까지 가열하면서 저어준다. 불에서 내린 후

바닐라 빈을 사용했다면 건져낸다. 말랑말랑해진 젤라틴을 넣고 1분간 저어서 완전히 녹인다. 다음을 넣고 섞는다.

금귤 콩포트 또는 얇게 저민 생과일 및/또는 과일 소스

요구르트와 꿀 판나 코타

4인분

전통적인 판나 코타에 가볍고 톡 쏘는 풍미를 추가한 버전이다. 젤라틴을 적게 사용하므로 크림처럼 아주 진하고 굳었다기보다는 쫀득한 상태의 디저트로 완성된다. 1인용 도자기 용기에 담아 바로 떠먹어야 편하고, 크림에 엘더플라워 꽃을 우려내면 특히 맛있다.(커스터드 베이스에 풍미 내기 항목 참고)

중간 크기의 편수 냄비에 다음을 붓는다.

헤비크림 또는 일반 우유 1컵

크림이나 우유 위에 다음을 훌훌 뿌린다.

풍미가 첨가되지 않은 젤라틴 1작은술

말랑해지도록 5분간 둔다. 편수 냄비를 중불에 올려 젤라틴이 녹도록 잘 저으면서 뭉근히 끓어오를 때까지 2분 정도 조리한다. 불에서 내리고 다음을 넣어 섞는다.

꿀 ⅓컵

다 녹을 때까지 젓는다. 다음을 넣고 섞는다.

일반 우유로 만든 플레인 그릭 요구르트 1컵

바닐라 1작은술

소금 1자밤

취향에 따라 고운체에 혼합물을 거른다. 120ml 용량의 1인용 도자기 용기, 유리잔 또는 찻잔 4개에 혼합물을 나눠 담고 굳을 때까지 4시간 이상 냉장고에 넣어둔다. 다음을 곁들여 낸다.

신선한 베리류 또는 신선한 베리 쿨리

무스와 바바리안 크림에 대해

부드럽고 가벼우며 공기가 들어 있어 폭신거리는 이 디저트들은 거품을 낸 달걀흰자나 휩드 크림으로 만든다. **무스**(mousse)는 프랑스어로 '포말' 또는 '거품'이라는 의미다. 거품의 질감을 느낄 수 있는 모든 종류의 디저트나 짭짤한 요리를 무스라고 지칭할 수 있다. 젤라틴으로 만든 무스는 틀에서 빼내도 모양을 잘 유지할 정도로 단단하다. 무스는 전통적으로 날달걀로 만든다. 전통 레시피를 따르고 싶지만 날달걀을 그대로 조리하기가 걱정된다면 저온 살균한 달걀을 사용한다.

바바리안 크림(Bavarian cream)은 젤라틴으로 걸쭉하게 만든 커스터드(디저트가 단단하고 안정화된 느낌을 준다.)와 휩드 크림 그리고 때로는 달걀흰자 거품을 넣어 2~3가지 재료로 만드는 특별한 종류의 무스다. 바바리안 크림을 옆면이 오톨도톨한 톱니 모양의 높은 틀에 넣어서 굳힌 후 광택 있는 은색 접시에 올려서 내면 격조 있는 만찬의 마무리로 손색이 없다. 바바리안과 무스는 아이스크림 대용으로 얼려서 먹을 수도 있으며, 매끄러운 질감의 기분 좋은 디저트가 된다.

차가운 수플레는 사실 1인용 도자기 용기 또는 서빙용 접시에 담아서 만든 후 길쭉한 종이로 감싸서 내는 무스다. 옆면에 두른 종이 덕분에 무스가 용기 가장자리 위로 올라와도 모양이 유지되며, 종이를 벗겨내면 구운 수플레와 비슷한 모양이 된다.

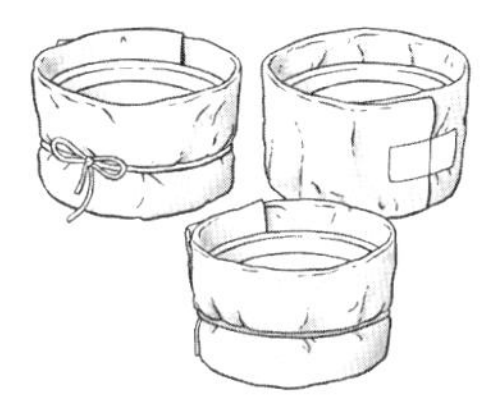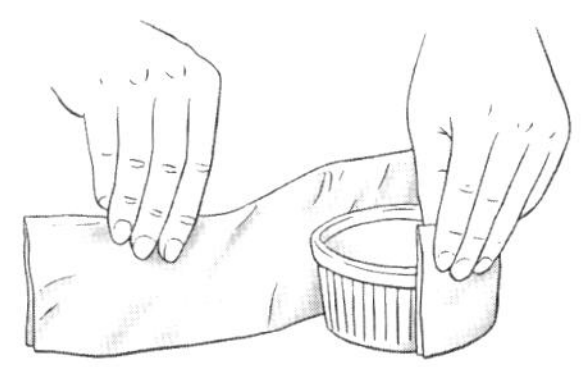

파라핀지를 접어서 용기를 감싸서 덧대고 주방용
실이나 고무밴드 또는 테이프로 고정한다.

무스와 바바리안은 개인 그릇, 도자기 용기, 와인잔, 길쭉한 샴페인잔 또는
입구가 넓은 235ml 용량의 병조림용 유리병에 담아서 낸다. 또는 큼직한 유리
그릇을 사용하거나 샤를로트처럼 큼직한 디저트 형태로 만들 수도 있다. 무스
와 바바리안은 파이 필링(특히 과자 가루 크러스트 또는 견과류 크러스트에 무스나
바바리안 필링을 채워 넣으면 아주 맛있다.)으로 활용하거나 1인용 타르트 셸에 채
우는 용도로도 쓸 수 있다는 점을 잊지 말자.

바바리안과 무스는 냉동실에서 3~4일간 보관할 수 있다. 여기에 들어 있는
젤라틴이 거친 결정이 형성되는 것을 막아준다.

무스나 바바리안을 틀에서 꺼내려면 틀을 따뜻한 물에 몇 초간 담갔다가 서
빙용 접시를 뒤집어서 틀 위에 올린 후 접시와 틀을 함께 잡고 뒤집는다.

초콜릿 무스
6인분

메인주에서 청소년 캠프를 이끄는 책임자가 식당에서 풀이 죽은 표정을 하고
는 저녁 디저트로 예정되어 있던 '무스(moose)'가 산에서 얻은 재료로 만든 것
이 아니라 사실 『조이 오브 쿠킹』의 레시피를 활용한 것이라고 우리에게 털어
놓는 일도 있었다.

Ⅰ. 전통적인 날달걀 무스다. 저온 살균한 달걀을 사용한다면 단단한 피크가
형성될 때까지 거품을 더 오래 내야 한다.
이중 냄비의 위쪽 용기나 큼직한 내열 그릇에 다음을 넣고 섞는다.

　세미스위트 또는 비터스위트 초콜릿(카카오 함량 최대 64%) 170g, 굵게 썰기

　술, 리큐어 또는 커피 2큰술

　물 2큰술

물이 아주 은근히 끓고 있는 냄비에 그릇을 담가 초콜릿이 녹을 때까지 젓는
다. 다음을 넣고 섞는다.

　대란 노른자 3개

한쪽에 둔다. 중간 크기의 그릇에 다음을 넣고 부드러운 피크가 형성될 때까
지 세게 쳐서 거품을 낸다.

　대란 흰자 3개

　타르타르 크림 ¼작은술

다음을 조금씩 넣고 세게 쳐서 섞는다.

　설탕 3큰술

고속으로 높이고 단단한 피크가 생기지만 마른 거품은 아닌 상태가 될 때까지
잘 쳐서 거품을 낸다. 달걀흰자 거품의 ⅓ 분량을 초콜릿에 넣어 뒤적이며 섞
고, 초콜릿 혼합물을 남은 흰자 거품에 전부 넣은 후 뒤적이며 섞는다. 1인용
도자기 용기 또는 커스터드 컵 6개에 나눠 담고 최소 4시간, 최대 24시간 동안
냉장고에 넣어둔다.

Ⅱ. 익힌 달걀을 사용하는 무스다.
커다란 내열 용기에 다음을 넣고 섞는다.

　세미스위트 또는 비터스위트 초콜릿(카카오 함량 최대 64%) 170g, 굵게 썰기

　술, 리큐어 또는 커피 2큰술

　물 2큰술

물이 아주 은근히 끓고 있는 냄비에 그릇을 담가 초콜릿이 녹을 때까지 젓는
다. 그릇을 한쪽에 둔다.(물이 담긴 냄비는 그대로 둔다.) 다른 내열 그릇을 준비해
다음을 넣고 완전히 섞이도록 젓는다.

　대란 3개

　커피 또는 물 3큰술

　설탕 3큰술

그릇을 뭉근히 끓는 물에 담고 실리콘 주걱으로 계속 저으면서 혼합물의 온
도가 70℃에 도달할 때까지 가열한다. 그릇을 냄비에서 꺼낸 후 핸드 반죽기를
사용해 혼합물이 가볍고 폭신폭신한 질감이 될 때까지 5분 정도 세게 쳐서 섞
는다. 1인용 도자기 용기 또는 커스터드 컵 6개에 나눠 담고 최소 4시간, 최대
24시간 동안 냉장고에 넣어둔다.

밀크 초콜릿 또는 화이트 초콜릿 무스
6인분

달걀 대신 휩드 크림을 사용하면 이 가벼운 초콜릿 무스의 풍미가 더욱 두드러
진다. 화이트 및 밀크 초콜릿은 녹일 때 비터스위트 초콜릿보다 훨씬 타거나 굳
어버리기 쉬우므로 세심하게 살피고 중탕하는 물이 절대 끓어오르지 않도록
주의한다.

편수 냄비에 물을 붓고 김이 날 때까지 가열한다. 이때 뭉근히 끓지 않도록 온
도를 조절한다. 중간 크기의 내열 그릇에 다음을 넣고 섞는다.

　밀크 초콜릿 또는 화이트 초콜릿 225g, 잘게 썰기

　술, 리큐어 또는 물 3큰술

편수 냄비를 불에서 내리고 초콜릿이 담긴 그릇을 김이 나는 물에 담근 후 초
콜릿이 완전히 녹을 때까지 잘 젓는다. 필요하면 냄비를 다시 불에 올려서 물
을 데운다. 초콜릿의 종류에 따라서 녹이면 아주 걸쭉한 페이스트 상태가 되
는 것도 있다. 이 경우 숟가락으로 초콜릿을 떠서 그릇 위로 들어올렸을 때 부
드럽게 흘러내리는 상태가 될 때까지 뜨거운 물을 1작은술씩 넣고 저으면서
농도를 조절한다. 한쪽에 둔다. 다음을 커다란 그릇이나 거품기 날을 끼운 스
탠드 반죽기에 담고 부드러운 피크가 형성될 때까지 세게 쳐서 섞는다.

　헤비크림 1¼컵

휩드 크림 ⅓ 분량을 초콜릿에 넣고 뒤적이며 섞은 후, 초콜릿을 나머지 휩드
크림에 넣고 뒤적이며 섞는다. 1인용 도자기 용기 또는 커스터드 컵 6개에 나
눠 담고 최소 2시간, 최대 24시간 동안 냉장고에 넣어둔다. 또는 무스를 유리컵
에 담고 다음을 얹어서 여러 층을 만든 후 냉장고에 넣는다.

　(생라즈베리 또는 라즈베리로 만든 신선한 베리 쿨리)

또는 차갑게 식힌 무스에 간단히 베리류 과일이나 쿨리를 곁들여서 내도 좋다.

젤라틴으로 만든 초콜릿 무스
6인분

젤라틴을 소량 넣어서 굳히면 초콜릿 무스를 틀에 넣어 모양을 만든 후 빼내거
나 초콜릿 샤를로트 또는 초콜릿 무스 케이크의 필링으로 활용할 수 있다.

작은 컵에 다음을 붓는다.

물 2큰술

물 위에 다음을 홀홀 뿌린다.

풍미가 첨가되지 않은 젤라틴 1½작은술

5분간 그대로 둔다. 다음을 만든다.

초콜릿 무스 I 또는 II, 밀크 초콜릿 또는 화이트 초콜릿 무스

무스를 만들 때 녹인 초콜릿에 해당 레시피의 액체 재료를 추가하는 대신 위의 젤라틴과 물 혼합물을 같은 분량만큼 넣는다. 거품을 낸 달걀 또는 크림을 넣고 완전히 어우러지도록 뒤적이며 잘 섞는다. 무스 혼합물을 숟가락으로 떠서 1인용 도자기 용기 또는 커스터드 컵 6개나 5컵 용량의 틀 또는 그릇에 담는다.(무스를 틀에서 빼내려면 틀이나 그릇에 무스를 붓기 전에 기름을 발라둔다.) 6시간 이상 냉장고에서 식히면서 굳힌다.

럼 초콜릿 무스

6인분

간단하면서도 너무 달지 않은 이 무스는 『조이 오브 쿠킹』 1963년 개정판에 처음 등장했다. 저온 살균한 달걀을 사용한다면 단단한 피크가 형성될 때까지 거품을 잘 내서 넣는다.

작은 편수 냄비를 약불에 올리고 다음을 넣은 후 녹을 때까지 잘 젓는다.

설탕 ¼컵

다크 럼 ¼컵

물이 아주 은근히 끓고 있는 이중 냄비 또는 냄비에 내열 그릇을 담가 다음을 녹인다.

비터스위트 초콜릿(카카오 함량 최대 64%) 115g, 굵게 썰기

초콜릿이 다 녹으면 다음을 넣고 섞는다.

헤비크림 3큰술

럼 시럽을 초콜릿에 조금씩 넣으면서 매끄러운 질감이 될 때까지 잘 섞는다. 식힌다. 중간 크기의 그릇에 다음을 넣고 단단한 피크가 생기지만 마른 거품은 아닌 상태가 될 때까지 잘 쳐서 거품을 낸다.

달걀흰자 2개

타르타르 크림 ⅛작은술

소금 ⅛작은술

달걀흰자 거품 ⅓ 분량을 초콜릿에 넣고 뒤적이며 섞은 후 남은 달걀흰자 거품을 전부 넣고 뒤적이며 섞는다. 그릇을 하나 더 꺼내 다음을 넣고 단단한 피크가 생길 때까지 세게 쳐서 거품을 낸다.

차가운 헤비크림 1컵

휩드 크림을 초콜릿 혼합물에 넣고 뒤적이며 섞는다. 유리잔 또는 컵 6개에 적당히 나눠 담고 2시간 이상 냉장고에 넣어두었다가 낸다.

초콜릿 테린

12~16인분

초콜릿 무스와 비슷한 방법으로 만들지만, 진한 초콜릿을 사용해 단단한 덩어리 모양으로 성형하므로 얇게 썰어서 소스를 곁들여 낼 수 있다. 테린을 비닐랩으로 단단히 감싸두면 최대 한 달간 냉동실에 보관할 수 있다. 냉동실에서 꺼내 1시간 동안 실온에 두었다가 얇게 썰어서 낸다.

21.5×11.5cm 크기의 로프 팬에 기름을 살짝 바르고 비닐랩을 간 후 모서리와 옆면까지 잘 덮이도록 꾹꾹 누른다.

뭉근히 끓는 물에 커다란 내열 그릇을 담근 후 다음을 넣고 매끄러운 질감이 될 때까지 저으면서 녹인다.

세미스위트 또는 비터스위트 초콜릿(카카오 함량 최대 64%) 450g, 굵게 썰기

무염 버터 스틱 2개(225g), 몇 조각으로 자르기

그릇을 한쪽에 둔다.(뜨거운 물이 담긴 냄비도 그대로 둔다.) 커다란 내열 그릇에 다음을 넣고 섞는다.

대란 노른자 8개(흰자는 따로 보관)

차갑게 식힌 진한 커피 ⅓컵 또는 물 ¼컵+술이나 리큐어 1½큰술

설탕 ½컵

뭉근히 끓는 물에 그릇을 담근 후 마시멜로 소스처럼 윤이 나면서 찐득하게 부풀어 오를 때까지 10분 이상 계속 저으면서 가열한다. 불에서 내린 후 초콜릿 혼합물을 넣고 완전히 어우러질 때까지 섞는다. 이 과정에서 혼합물의 부피가 약간 줄어든다. 혼합물이 분리되는 조짐이 보이면 찬물을 한 번에 1작은술씩 넣으면서 매끄러워질 때까지 잘 섞는다. 커다란 그릇에 다음을 넣고 부드러운 피크가 생길 때까지 중속으로 세게 쳐서 거품을 낸다.

대란 흰자 4개, 실온 상태로 준비

타르타르 크림 ¼작은술

다음을 조금씩 홀홀 뿌리면서 넣는다.

설탕 1큰술

고속으로 올리고 단단한 피크가 생기지만 마른 거품은 아닌 상태가 될 때까지 세게 쳐서 거품을 낸다. 달걀흰자 거품의 ⅓ 분량을 초콜릿 혼합물에 넣고 뒤적이며 섞은 후 나머지 달걀흰자 거품을 전부 넣고 뒤적이며 섞는다. 혼합물을 준비한 팬에 담고 비닐랩으로 덮는다. 8시간 이상 냉장고에 넣어둔다. 위에 덮은 비닐랩을 벗겨내고 테린을 뒤집어서 서빙용 접시에 옮겨 담은 후 틀에 깔았던 비닐을 벗겨낸다. 가로 방향으로 얇게 썰어서 다음을 곁들여 낸다.

크렘 앙글레즈 및/또는 신선한 베리 쿨리

레몬이나 라임 풍미의 차가운 수플레 또는 바바리안 크림

8인분

차가운 수플레를 만든다면, 180ml 용량의 1인용 도자기 용기 8개나 1.4ℓ 용량의 수플레 접시 1개에 기다란 종이를 두른다.(879쪽 그림 참고) 바바리안 크림을 만든다면, 240ml 용량의 커스터드 컵이나 1인용 도자기 용기 8개 또는 2.35ℓ 용량의 샤를로트 틀이나 그 외의 틀 1개에 기름을 바른다.

중간 크기의 내열 그릇에 다음을 넣고 섞는다.

강판에 곱게 간 레몬 또는 라임 껍질 1큰술

체에 거른 레몬즙 또는 라임즙 ½컵, 차갑게 식히기

그 위에 다음을 홀홀 뿌린다.

풍미가 첨가되지 않은 젤라틴 1봉지(2¼작은술)

5분간 그대로 둔다. 큰 그릇에 다음을 넣고 잘 어우러질 때까지 섞는다.

대란 노른자 5개

설탕 ⅓컵

중간 크기의 묵직한 편수 냄비에 다음을 넣고 가열한다.

일반 우유 1컵

달걀노른자 혼합물에 뜨거운 우유를 조금씩 넣으면서 잘 젓고, 이 혼합물을 다시 편수 냄비에 붓는다. 아주 약한 불에 살살 저으면서 혼합물이 숟가락 뒷

면에 코팅될 정도로 걸쭉해지고 혼합물의 온도가 80℃에 도달할 때까지 조리한다. 불에서 내린 즉시 뜨거운 커스터드를 젤라틴 혼합물에 붓고 저어서 젤라틴을 완전히 녹인다. 취향에 따라 혼합물을 체에 걸러도 좋다. 차가운 물이 담긴 냄비에 그릇을 담그고 커스터드에서 온기가 사라지고 약간 걸쭉해질 때까지 젓는다. 다음을 부드러운 피크가 형성될 때까지 저으면서 거품을 낸다.

　차가운 헤비크림 ¾컵

　설탕 ⅓컵

커스터드가 뻑뻑해지면 매끄러워질 때까지 잘 섞는다. 휩드 크림 ⅓ 분량을 커스터드에 넣어 섞은 후 나머지를 전부 넣고 살살 뒤적이며 섞는다. 혼합물을 준비한 틀에 담는다. 6시간 이상 냉장고에서 식히고, 바바리안을 틀에서 빼내려면 10시간 정도 냉장고에 넣어둔다. 종이띠를 벗겨내거나 틀에서 빼서 접시에 담는다. 다음을 곁들여 낸다.

　휩드 크림 또는 신선한 베리 쿨리

오렌지 풍미의 차가운 수플레 또는 바바리안 크림

산성 재료에 반응하지 않는 소재의 작은 편수 냄비에 **강판에 간 오렌지 껍질 2큰술**과 체에 거른 **오렌지즙 1½컵**을 넣고 섞은 후 ½컵에 약간 못 미치는 양이 될 때까지 뭉근하게 끓여서 졸인다. 완전히 식힌 후 **체에 거른 레몬즙 1큰술**을 넣는다. 레몬이나 라임 풍미의 차가운 수플레 또는 바바리안 크림을 만들되, 레몬이나 라임 껍질 및 즙 대신 오렌지 농축액을 사용한다.

초콜릿 또는 커피 바바리안 크림

8인분

이 레시피와 이어서 소개한 바바리안 베리 크림 레시피는 전통적인 조리법과 달리 달걀을 사용하지 않지만 무척 맛있다.

그릇에 다음을 붓는다.

　차가운 우유 3큰술

그 위에 다음을 홀홀 뿌린다.

　풍미가 첨가되지 않은 젤라틴 1봉지(2¼작은술)

5분간 그대로 둔다. 작은 편수 냄비에 다음을 붓고 은근히 끓어오르기 직전까지 가열한다.

　우유 1½컵 또는 우유 ½컵+헤비크림 1컵

불에서 내리고 다음을 넣은 후 잘 저으면서 설탕을 녹인다.

　세미스위트 또는 비터스위트 초콜릿(카카오 함량 최대 64%) 115g, 잘게 썰기

　　또는 인스턴트 커피 가루 1큰술

　설탕 ¼~⅓컵(커피를 사용한다면 설탕을 넉넉히 사용)

　소금 ⅛작은술

젤라틴을 넣고 다 녹을 때까지 젓는다. 다음을 넣고 섞는다.

　바닐라 1작은술

풀지 않은 달걀흰자와 비슷한 농도가 될 때까지 혼합물을 식힌다. 젤라틴 혼합물의 질감이 폭신폭신해질 때까지 저으면서 거품을 낸다. 단단한 피크가 형성될 때까지 다음을 저으면서 거품을 낸다.

　차가운 헤비크림 1컵

크림을 젤라틴 혼합물에 넣고 뒤적이며 섞는다. 물에 적시거나 기름을 살짝 바른 4컵 용량의 틀에 붓는다. 또는 취향에 따라 크림과 다음을 번갈아 부어서 근사한 모양의 층을 만들 수도 있다.(5~6컵 용량의 틀 사용)

　(잘게 부순 마카룬 또는 레이디핑거 6개를 럼이나 드라이 셰리에 적신 것과

　　견과류 가루 ½컵을 섞은 것, 아몬드 권장)

크림을 틀에서 빼내려면 8시간 이상 차갑게 식힌다. 다음을 곁들여 낸다.

　통베리나 으깬 베리 또는 얇게 저민 생과일과 휩드 크림

바바리안 베리 크림

8인분

커다란 그릇에 다음을 넣고 으깬다.

　꼭지를 딴 딸기 또는 라즈베리 1ℓ

다음을 넣는다.

　설탕 ½컵

30분간 그대로 둔다. 작은 그릇에 다음을 붓는다.

　찬물 3큰술

물 위에 다음을 홀홀 뿌린다.

　풍미가 첨가되지 않은 젤라틴 2작은술

다음을 넣고 저어서 젤라틴을 녹인다.

　끓는 물 3큰술

과일에 젤라틴 혼합물을 넣고 섞는다. 취향에 따라 다음을 넣어도 좋다.

　(레몬즙 1큰술)

젤라틴 혼합물이 풀지 않은 달걀흰자와 비슷한 농도가 될 때까지 냉장고에 넣어 식힌다. 그동안 단단한 피크가 형성될 때까지 다음을 잘 섞는다.

　차가운 헤비크림 1컵

베리 혼합물에 휩드 크림을 넣고 살살 뒤적이며 섞는다. 기름을 살짝 바르거나 물에 적신 1.4ℓ 용량의 틀에 붓는다. 크림을 틀에서 빼내려면 8시간 이상 차갑게 식힌다. 다음을 곁들여 낸다.

　딸기로 만든 신선한 베리 쿨리

샤를로트에 대해

샤를로트(charlotte)는 레이디핑거나 얇게 자른 케이크 조각 또는 롤케이크로 벽을 쌓아 모양을 만든 후 틀에서 꺼내 내놓는 무스다. 여기서 소개하는 것을 포함해 모든 종류의 무스나 푸딩을 필링으로 사용할 수 있지만, 젤라틴으로 안정화한 필링이 가장 적합하다. 샤를로트에는 두 가지 종류가 있으며, 무스나 푸딩을 사용해 만드는 샤를로트와 뻑뻑한 과일 퓌레(일반적으로 사과)를 버터 바른 빵조각으로 감싸서 구운 샤를로트를 구별하는 것이 중요하다.

　전통적인 샤를로트를 만들기 위해서는 바닥이 평평하고 옆면이 수직으로 올라오거나 약간 경사진 틀이 필요하다. 여기서 소개하는 대다수 레시피에서는 윗면의 지름이 약 18cm이고 1.9~2.35ℓ 정도의 재료가 들어가는 틀이 필요하다. ▶ 23×12.5cm 크기의 로프 팬이나 1.9~2.35ℓ 용량의 수플레 접시, 20cm 크기의 정사각형 베이킹 팬, 23×5cm 크기의 둥근 케이크 팬 또는 20×7.5cm 크기의 분리형 팬을 사용해서 만들 수도 있다.

　가장 간단하게 케이크로 벽을 쌓는 방법은 제누아즈, 프랑스식 스펀지 케이크(비스퀴) 또는 스펀지 케이크를 얇게 썰어서 사용하는 것이다. 케이크를 가늘고 길게 썰어서 틀의 안쪽에 가지런히 배열하고, 취향에 따라 큼직하게 케이크를 잘라서 바닥에 딱 맞게 깐다. 샤를로트 틀이나 수플레 접시 또는 다른 깊은 원형 틀을 사용한다면 윗면(즉 틀의 바닥)은 아무 장식도 하지 않아야 가장 예쁘고, 취향에 따라 디저트를 틀에서 빼낸 후에 장식한다. 높이가 낮은 틀을 사

용한다면 디저트의 윗면이 덮이도록 틀의 바닥에 케이크를 깔아도 좋다.

케이크 대신 필링을 채운 롤케이크를 얇게 썬 것이나 레이디핑거를 사용해 틀 안쪽에 벽을 쌓을 수 있다. 레이디핑거를 사용한다면 7.5~10cm 길이의 부드러운 레이디핑거(시판 또는 수제)가 필요하다. 레이디핑거를 직접 만든다면 굽는 동안 서로 달라붙도록 오븐 팬에 반죽을 최대한 가깝게 짠다. 다 구워지면 서로 달라붙은 널찍한 레이디핑거 뭉치를 틀에 끼우기만 하면 된다. 높이가 낮은 틀이라면 길쭉한 레이디핑거를 반으로 자르고 절단면이 틀의 가장자리 윗부분에 닿도록 가지런히 배열한다. 레이디핑거에 촉촉한 시럽이나 레시피마다 지정한 시럽을 바른다. 티라미수에 자주 사용하는 딱딱하고 수분기 없이 바삭한 레이디핑거는 샤를로트를 만들기에 적합하지 않다.

틀의 윗면(디저트를 틀에서 뺄 때 바닥으로 가는 쪽)은 꼭 덮지 않아도 되지만 레이디핑거나 케이크 조각이 남았다면 위에 얹어서 마무리하는 것이 좋다. 케이크나 레이디핑거를 바닥에 든든하게 깔아서 만든 샤를로트는 더욱 안정적이며 바닥에 아무것도 깔지 않은 샤를로트보다 깔끔하게 썰 수 있다. 틀의 바닥과 옆면에 깔고 남은 조각도 함께 사용한다. 그다음 바닥에 맞춰 옆면 위로 삐져나온 케이크 조각을 잘라서 손질한다. 촉촉한 시럽이 남았다면 바닥에 깐 케이크 위에 바른다.

롤케이크 조각으로 샤를로트 틀에 벽을 만들기

샤를로트는 작은 1인용 크기로도 만들 수 있다. 240ml 용량의 수플레용 도자기 용기나 작은 샤를로트 틀 8~10개에 기름을 바르고 파라핀지나 유산지를 깐다. 가로로 반을 자른 레이디핑거를 절단면이 위로 오도록 안쪽 옆면에 가지런히 배열해 벽을 만든다. 바닥과 윗면은 아무것도 덮지 않는다.

1인용 디저트는 3~4시간 동안, 커다란 디저트는 4시간 이상 냉장고에 넣어둔다. 틀이 높거나 폭이 좁거나 모양이 복잡하다면 12시간 이상 냉장고에 넣어둔다.

샤를로트를 틀에서 빼내려면 틀을 몇 초 정도 따뜻한 물에 담갔다가 서빙용 접시를 틀 위에 덮은 후 뒤집어서 빼낸다.

샤를로트 뤼스(Charlotte Russe)

8~10인분

다른 틀을 사용하거나 레이디핑거 대신 다른 케이크를 사용하기 위한 정보는 샤를로트에 대해 항목을 참고한다.

다음을 준비한다.

부드러운 레이디핑거 18~36개, 시판 또는 수제

취향에 따라 레이디핑거에 다음을 바른다.

(브랜디, 그랑 마니에르, 프랑부아즈 또는 커피 ⅓컵)

1.9~2.35ℓ 용량의 샤를로트 틀에 기름을 살짝 바르고 안쪽 옆면에 레이디핑거를 가지런히 배열해 벽을 쌓는다.(취향에 따라 바닥에도 깐다.) 상황에 따라 틀 위로 올라오지 않도록 적당히 자른다. 이중 냄비의 위쪽 용기나 내열 그릇에 다

음을 붓는다.

찬물 3큰술

물 위에 다음을 홀홀 뿌린다.

풍미가 첨가되지 않은 젤라틴 1½작은술

5분간 그대로 두었다가 다음을 넣고 섞는다.

대란 노른자 6개

설탕 ½컵

이중 냄비의 위쪽 용기나 내열 그릇을 뭉근히 끓는 물이 담긴 냄비 위에 올리고 계속 저으면서 혼합물이 마시멜로 소스처럼 걸쭉하고 봉긋하게 부풀어 오를 때까지 가열한다.(날달걀을 먹는 것이 걱정된다면 주기적으로 잠깐씩 불에서 내린 후 조리용 온도계로 혼합물의 온도가 70℃에 도달할 때까지 확인하면서 조리한다.) 이중 냄비의 위쪽 용기나 내열 그릇을 찬물에 담그고 가끔 저으면서 실온 상태로 식힌다. 다음을 넣고 섞는다.

브랜디, 코냑 또는 물 2큰술

바닐라 2작은술

큰 그릇을 하나 더 준비해 다음을 넣고 폭신폭신하고 가벼운 질감이 될 때까지 중속으로 세게 쳐서 섞는다.

무염 버터 4큰술(버터 스틱 ½개), 말랑하게 녹이기

설탕 ¼컵

소금 ⅛작은술

조리한 달걀노른자 혼합물을 1큰술씩 듬뿍 떠서 넣으면서 세게 쳐서 섞는다. 다른 그릇에 다음을 넣고 단단한 피크가 생길 때까지 저으면서 거품을 낸다.

차가운 헤비크림 1½컵

실리콘 주걱을 사용해 휩드 크림 ½컵을 달걀노른자 혼합물에 넣고 저은 후 남은 휩드 크림을 전부 넣고 살살 뒤적이며 섞는다. 준비한 틀에 혼합물을 담는다. 남은 레이디핑거가 있다면 윗면에 얹고, 술이나 커피를 사용했다면 윗면에 바른다. 8시간 이상 또는 최대 3일간 냉장고에 넣어둔다. 샤를로트를 틀에서 빼는 방법을 참고해 접시에 담는다. 다음을 곁들여 낸다.

라즈베리로 만든 신선한 베리 쿨리 또는 체리 주빌레

초콜릿 샤를로트

8인분

다른 틀 또는 케이크를 사용하기 위한 정보는 샤를로트에 대해 항목을 참고한다. 다음을 준비한다.

부드러운 레이디핑거 18~36개, 시판 또는 수제, 또는 제누아즈, 비스퀴, 스펀지 케이크 시트를 틀에 맞게 길쭉한 모양으로 자르기

작은 그릇에 다음을 넣고 설탕이 녹을 때까지 젓는다.

뜨거운 물이나 커피 ¼컵

설탕 2큰술

미지근한 상태가 되도록 식힌 후 다음을 넣고 젓는다.

술, 리큐어 또는 커피 ¼컵

1.9~2.35ℓ 용량의 샤를로트 틀에 기름을 살짝 바르고 안쪽 옆면에 레이디핑거 또는 케이크를 가지런히 배열해 벽을 쌓는다.(취향에 따라 바닥에도 깐다.) 커피 시럽을 레이디핑거 또는 케이크 조각에 바른다. 다음을 만든다.

젤라틴으로 만든 초콜릿 무스

취향에 따라 다음을 넣고 뒤적이며 섞는다.

(구워서 굵게 썬 견과류 ½컵)

레이디핑거나 케이크로 벽을 쌓은 틀에 무스를 채워 넣는다. 남은 레이디핑거나 케이크 조각이 있다면 윗면에 얹고, 남은 시럽을 바른다. 4시간 이상 또는 최대 3일간 냉장고에 넣어둔다. 샤를로트를 틀에서 빼는 방법을 참고해 접시에 담는다. 다음을 곁들여 낸다.

휩드 크림, 커피 크렘 앙글레즈 또는 초콜릿 소스

커피 샤를로트

6인분

초콜릿 샤를로트를 만들되, 초콜릿 무스 대신 **커피 바바리안 크림**을 사용한다. 럼으로 풍미를 낸 크렘 앙글레즈 또는 **초콜릿 소스**를 곁들인다.

티라미수

10~12인분

티라미수는 이탈리아어로 '기운이 나게 한다'는 뜻이다. 에스프레소와 브랜디에 푹 적시고 마르살라로 향을 낸 마스카르포네를 듬뿍 바른 레이디핑거를 먹으면 누구라도 기운이 나지 않을까? 바삭한 시판 레이디핑거를 사용해도 좋다.(이때 레이디핑거를 더 굽지 않는다.)

다음을 준비한다.

레이디핑거 24개, 시판 또는 수제, 또는 20cm 크기의 정사각형 팬 2개에 구운

제누아즈

오븐을 175℃로 예열한다.

제누아즈를 사용한다면 1½겹만 사용한다. 일단 케이크 1겹을 얇고 길쭉하게 8조각으로 자르고, 케이크 ½겹을 4조각으로 자른다.(나머지는 나중에 사용하기 위해 보관한다.) 모든 빵 조각을 가로 방향으로 반을 자른다. 레이디핑거나 제누아즈 조각을 오븐 팬에 가지런히 배열한다. 노릇노릇 바삭하게 익을 때까지 8~10분간 굽는다. 식힌다. 그동안 다음을 만든다.

자바이오네

자바이오네를 15분 정도 식힌다. 커다란 그릇에 다음을 넣고 혼합물에 부드러운 피크가 생길 때까지 잘 섞으면서 거품을 낸다.

마스카르포네 치즈 340g, 말랑하게 녹이기

헤비크림 ½컵

바닐라 2작은술

자바이오네를 거품 낸 마스카르포네 치즈에 넣고 뒤적이며 섞은 후 한쪽에 둔다. 얕은 접시에 다음을 넣고 섞는다.

차갑게 식힌 에스프레소 또는 아주 진한 커피 1½컵

마르살라, 럼 또는 브랜디 3큰술

설탕 3큰술

다음을 준비한다.

세미스위트 또는 비터스위트 초콜릿(카카오 함량 최대 64%) 115g, 강판에 갈기

레이디핑거나 제누아즈 조각의 절반 분량을 에스프레소 혼합물에 담갔다가 1.9~2.8ℓ 용량의 서빙용 그릇에 약간의 간격을 두고 배열한다. 마스카르포네 필링의 절반 분량을 레이디핑거나 제누아즈의 위와 사이에 넓게 펴서 바른다. 강판에 간 초콜릿 절반을 훌훌 뿌린다. 나머지 레이디핑거나 제누아즈 조각을 남은 에스프레소 혼합물에 담그고 위에 배열한다. 남은 필링을 그 위와 사이에 펴서 바르고 남은 초콜릿을 훌훌 뿌린다. 맨 위에 다음을 체에 쳐서 뿌린다.

무가당 코코아 가루 1큰술

뚜껑을 덮고 최소 1시간, 최대 24시간 동안 냉장고에 넣어두었다가 낸다.

이튼 메스(Eton Mess)

6인분

영국의 기숙학교인 이튼 칼리지에서 탄생해 이러한 이름이 붙었으며, 잘게 부순 머랭과 베리류를 휩드 크림에 넣고 뒤적이며 섞어서 정해진 형태 없이 만드는 여름 디저트. 딸기가 제철일 때 만들면 가장 좋지만 라즈베리를 대신 넣어도 상당히 맛있다. 취향에 따라 이 레시피에 시판 머랭 쿠키를 사용할 수도 있다. 작은 머랭 쿠키 12개를 잘게 부숴 휩드 크림에 넣고 뒤적이며 섞는다. 머랭을 추가로 곁들여 낸다.

다음을 만든다.

머랭 키세스

중간 크기의 그릇에 다음을 넣고 섞는다.

딸기 1ℓ, 꼭지를 따고 굵게 썰기

설탕 2큰술~¼컵, 딸기의 당도에 따라 분량 조절

(프랑부아즈, 키르슈 또는 마라스키노 리큐어 2큰술)

15분 이상 딸기를 담가둔다. 다음을 만든다.

휩드 크림 또는 휩드 크렘 프레슈

내기 전에 머랭 ⅓ 분량을 잘게 부숴 휩드 크림에 넣고 뒤적이며 섞은 후 딸기 절반을 넣고 뒤적이며 섞는다.(딸기에서 즙이 많이 나왔다면 즙을 대부분 그릇에 남겨두었다가 디저트가 완성되면 위에 뿌리는 용도로 활용한다.) 혼합물을 디저트 그릇이나 컵 6개에 적당히 나눠 담고 부수지 않은 머랭 키세스 하나와 남은 딸기를 몇 조각씩 얹어서 장식한다.(남은 머랭 키세스는 밀폐 용기에 넣어 보관했다가 나중에 다시 사용한다.) 즉시 낸다.

파블로바(Pavlova)

6인분

파블로바는 이튼 메스와 비슷하지만 더 큼직하고 우아한 버전이다. 러시아의 발레리나인 안나 파블로바(Anna Pavlova)의 이름을 딴 이 디저트는 오스트레일리아나 뉴질랜드에서 탄생했다고 널리 알려졌지만, 일각에서는 미국에서 처음 만들었다고 한다. 어느 나라에서 첫선을 보였건 간에, 파블로바는 아주 맛있고 거의 모든 과일을 사용해 만들 수 있다. 토대로 사용할 머랭은 몇 시간 전에 미리 구워둘 수 있지만 휩드 크림과 과일은 내기 직전에 얹어야 한다.

오븐을 150℃로 예열한다. 오븐 팬에 유산지를 깐다. 지름 23cm의 둥근 케이크 팬을 유산지 위에 올려놓고 연필로 팬의 윤곽을 따라 동그라미를 그린다. 유산지를 뒤집어서 연필로 그린 선이 비치게 한다.

설탕 ¾컵에 **옥수수 전분 2작은술**을 넣고 섞은 후 달걀흰자 혼합물에 넣어 다음을 만든다.

프랑스식 머랭

머랭을 긁어서 오븐 팬 안의 유산지에 그린 동그라미 위에 얹고 가운데가 약간 들어가도록 둥글게 편다. 오븐에 넣고 온도를 120℃로 줄인다. 머랭이 굳을 때까지 1시간 정도 굽는다. 오븐을 끄고 머랭이 오븐 안에서 완전히 식도록 1시간 정도 더 둔다. 머랭을 굽는 동안 다음 중 하나를 준비한다.

설탕에 재운 과일, 신선한 베리 쿨리 또는 레몬 커드

또는 취향에 따라 다음을 준비한다.

(라즈베리, 블랙베리, 꼭지를 따고 반으로 자르거나 4등분한 딸기, 블루베리,
　　깍둑썰기한 망고, 패션프루트, 얇게 저민 키위, 반으로 자른 체리 또는 이를
　　섞어서 2컵)

구운 머랭을 서빙용 플래터에 옮겨 담는다. 다음을 준비한다.

　　휩드 크림

휩드 크림을 머랭 위에 넓게 펴서 바르고 선호하는 과일 토핑을 얹는다. 즉시
낸다.

트라이플(Trifle)

12~14인분

다음을 만든다.

　　크렘 앙글레즈 레시피의 2배 분량

냉장고에 넣어 차갑게 식힌다. 다음을 준비한다.

　　레이디핑거 24~30개, 시판 또는 수제, 제누아즈 또는 다른 스펀지 케이크, 원하는
　　　크기로 자르기
　　과일 프리저브 ¾컵
　　베리류 또는 얇게 저민 과일 2컵
　　아몬드 슬라이스 또는 세로로 두툼하게 자른 아몬드 ¼컵, 굽기

1.9~2.8ℓ 용량의 서빙용 그릇의 바닥에 레이디핑거나 케이크 조각의 절반 분
량을 가지런히 배열한다. 그릇이 유리 소재라면 각 재료의 층이 그릇 옆면에
닿도록 평평하게 쌓아서 알록달록한 층이 보이게 한다. 취향에 따라 다음을 뿌
린다.

　　([포트, 크림 셰리 또는 마르살라 등의] 달콤한 와인, 브랜디, 위스키 또는 럼
　　　3큰술)

과일 프리저브 절반을 넓게 펴서 바른다. 베리류나 얇게 저민 과일 절반을 홀
홀 뿌린다. 크렘 앙글레즈 절반을 위에 덮고 견과류 절반을 홀홀 뿌린다. 남은
레이디핑거를 얹고 술을 사용했다면 술도 뿌린 후 남은 프리저브와 과일, 크렘
앙글레즈를 얹는다. 다음을 섞어서 부드러운 피크가 유지될 때까지 세게 쳐서
거품을 낸다.

　　차가운 헤비크림 ¾컵
　　설탕 1큰술
　　바닐라 ½작은술

트라이플 위에 휩드 크림을 넓게 펴서 바르거나 예쁜 모양으로 짜서 올린다.
남은 견과류를 홀홀 뿌린다. 뚜껑을 덮고 냉장고에서 최소 3시간, 가능하면 최
대 24시간 동안 보관했다가 낸다.

몽블랑(Mont Blanc)

6인분

프랑스 전역의 페이스트리 전문점에서는 공들여 만든 다양한 종류의 몽블랑
을 볼 수 있다. 여기서 소개하는 레시피는 아주 간단하고 소박한 것으로, 밤 퓌
레를 소복하게 쌓고 휩드 크림을 얹어서 눈 쌓인 산봉우리 모양을 표현한다.

Ⅰ. 직접 만든 밤 퓌레를 사용해서 만들기

진공 포장된 삶은 밤 450g을 사용할 수도 있으며, 이때 우유에 밤을 삶을 필
요가 없다. 밤 삶는 단계를 건너뛰고 설탕 시럽을 만드는 단계부터 시작해 레
시피대로 조리한다.

다음을 준비한다.

　　껍질을 벗기지 않은 밤 900g

밤의 평평한 면에 X자로 칼집을 낸다. 편수 냄비에 물을 팔팔 끓여 밤을 넣은
후 뚜껑을 덮고 5분간 끓인다. 불을 끈다. 밤을 몇 개씩 꺼내서 겉껍질과 안쪽
막을 벗겨낸다. 중간 크기의 편수 냄비에 밤을 담고 다음을 붓는다.

　　일반 우유 4컵

밤이 아주 부드러워질 때까지 30분 정도 은근히 삶는다. 우유를 따라서 버린
다.(또는 보관했다가 나중에 사용한다.) 편수 냄비를 하나 더 준비해 다음을 넣고
뭉근히 끓어오르도록 가열한다.

　　물 1컵
　　설탕 1컵

말랑해진 밤을 넣고 설탕 시럽이 졸아들면서 밤이 코팅될 정도로 걸쭉해질 때
까지 15분 정도 조리한다. 따뜻한 정도로 식힌 후 밤과 시럽을 푸드 프로세서
에 넣고 질감이 매끄러워지도록 간다. 밤 페이스트를 포테이토 라이서에 담고
눌러서 서빙용 접시에 봉긋하게 쌓아올린다. 밤을 으깨거나 누르지 않도록 주
의한다. 다음을 만든다.

　　휩드 크림

봉긋하게 쌓인 밤 페이스트 위에 크림을 올리면 옆으로 자연스럽게 흘러내린
다. 차갑게 식혀서 낸다. 내기 직전에 다음을 강판에 갈아서 위에 뿌린다.

　　비터스위트 초콜릿

그리고 우리 가족의 오랜 프랑스인 지인이 말했을 법한 감탄사와 함께 즐겨보
자. "왕의 조카가 된다고 해도 이 정도로 기쁘지는 않을걸."

Ⅱ. 시판 밤 퓌레를 사용해서 만들기

시중에 파는 가당 밤 퓌레를 사용하면 훨씬 쉽게 몽블랑을 만들 수 있지만, 시
판 퓌레는 워낙 점도가 높으므로 포테이토 라이서에 넣기 전에 살짝 희석해야
한다. 우리는 이 용도로 페이스트리 크림을 즐겨 사용한다.

다음을 만든다.

　　페이스트리 크림 또는 초콜릿 페이스트리 크림 레시피의 ½ 분량

페이스트리 크림을 식힌다. 다음을 스탠드 반죽기에 넣고 중속으로 세게 쳐서
조직을 헐겁게 풀어준다.

　　시판 가당 밤 퓌레 1컵

페이스트리 크림 ½컵을 조금씩 넣으면서 혼합물의 질감이 매끄러워질 때까
지 세게 쳐서 섞는다. 밤 혼합물을 포테이토 라이서에 넣고 서빙용 접시에 봉
긋한 모양으로 짜낸다. 버전 Ⅰ 레시피에 따라 휩드 크림과 초콜릿을 얹는다.

쌀과 타피오카 푸딩에 대해

쌀 푸딩은 어지간해서는 깔끔하게 먹기 힘든 음식이지만, 어린 시절 먹을 때마
다 마음을 편안하게 해주는 일등 공신이었다. 단립종 및 중립종 흰쌀은 전분
함량이 높으므로 푸딩에 사용하면 아주 매끄럽고 크림처럼 부드러운 질감을
구현할 수 있다. 바스마티와 재스민처럼 향이 진한 장립종은 각각의 특징적 풍
미를 푸딩에 더해준다. 가정용 레인지로 푸딩을 만든다면 현미도 사용할 수 있
지만 부드러워질 때까지 더 오래 뭉근히 삶아야 한다. 인스턴트 쌀은 푸딩을
만들기에 적합하지 않다. 자세한 내용은 쌀에 대해 항목을 참고한다. 쌀 푸딩
은 육두구, 아니스, 정향, 계피, 카르다몸, 바닐라, 오렌지 껍질 등의 재료로 풍
미를 돋울 수 있다. 또한 커런트, 건포도, 굵게 썬 살구, 대추야자 또는 무화과
등의 말린 과일을 넣어도 좋다.

타피오카 푸딩을 만들 때는 취향에 따라 다양한 종류의 타피오카 펄(tapioca

pearl, 타피오카 알갱이)을 사용할 수 있는데, 전통에 충실한 타피오카 푸딩을 만든다면 작거나 중간 크기의 알갱이를 권한다. 펄의 굵기가 클수록 조리 시간도 길어진다는 점을 잊지 말자. 알갱이가 아주 작은 '미니'나 즉석조리 타피오카를 사용하지 않는 한, ▶ 타피오카 펄을 1시간 이상 물에 불렸다가 조리하기를 권장하며 하룻밤 불릴 수 있다면 가장 좋다.

　　▶ 알갱이 형태나 즉석조리 등 타피오카의 종류와 관계없이, 푸딩을 만들 때는 타피오카가 반투명해지고 까슬한 느낌이 없어질 때까지만 조리해야 한다. 이 시점에서는 푸딩이 다소 묽어 보이지만 식을수록 꾸덕하게 굳는다. 타피오카에 대한 더 자세한 내용은 1084쪽을 참고한다.

　　쌀 푸딩과 타피오카 푸딩은 우유나 달걀을 생략하고도 쉽게 만들 수 있다. 일반 우유 대신 두유, 아몬드 우유, 캐슈 우유 또는 음료수 형태의 코코넛 밀크를 사용하고, 취향에 따라 달걀을 아예 넣지 않아도 상관없다. 쌀과 타피오카에는 전분이 다량 함유되어 있으므로 굳이 달걀을 넣지 않아도 걸쭉한 농도를 구현할 수 있다.

오븐에 구운 쌀 푸딩

6~8인분

오븐을 160℃로 예열한다. 1.4ℓ 용량의 얕은 베이킹 접시 1개 또는 180ml 용량의 커스터드 컵이나 1인용 도자기 용기 6개에 버터를 바른다. 취향에 따라 용기의 바닥과 옆면에 다음을 뿌려서 표면을 덮는다.

　　(고운 케이크 가루 또는 쿠키 가루)

커다란 그릇에 다음을 넣는다.

　　단립종 또는 중립종 흰쌀밥 2컵

중간 크기의 그릇에 다음을 넣고 잘 어우러지도록 세게 치면서 섞는다.

　　일반 우유 1⅓컵

　　대란 2개

　　설탕 또는 갈색 설탕 6큰술

　　무염 버터 2큰술, 말랑하게 녹이기

　　바닐라 1작은술

　　소금 ⅛작은술

우유 혼합물을 쌀밥에 넣는다. 취향에 따라 다음 재료도 추가한다.

　　(일반 건포도 또는 노란색 건포도 ⅓컵)

　　(레몬 ½개의 껍질, 강판에 곱게 갈기)

　　(레몬즙 1작은술)

포크로 가볍게 저으면서 섞는다. 버터를 바른 베이킹 접시나 컵에 혼합물을 넓게 펴서 넣는다. 중심부에 칼을 찔러보면 아무것도 묻어나오지 않을 때까지 큰 푸딩은 40분, 작은 푸딩은 25분 정도 굽는다. 다음을 곁들여 따뜻하게 낸다.

　　크림 또는 과일 소스

가정용 레인지로 만드는 쌀 푸딩

6~8인분

유제품을 넣지 않은 쌀 푸딩을 만든다면 이 레시피에서 우유 대신 음료수 형태의 코코넛 밀크를 넣는다.

크고 묵직한 편수 냄비에 다음을 넣고 섞는다.

　　일반 우유 4½컵

　　흰쌀 ¾컵

　　설탕 ¼컵

　　소금 ¼작은술

　　(채소 껍질 벗기는 도구로 넓고 길쭉하게 벗겨낸 레몬 껍질 1개)

중강불에 올려 뭉근히 끓어오르도록 가열한 후 약불로 줄이고 자주 저어준다. 쌀이 아주 부드러워지면서 푸딩이 걸쭉하고 크림 같은 질감이 될 때까지 45분 정도 끓인다. 불에서 내려 다음을 넣고 섞는다.

　　바닐라 2작은술 또는 바닐라 1작은술에 레몬 1개의 껍질을 강판에 곱게 갈아서
　　　섞은 것

숟가락으로 떠서 서빙용 그릇 또는 1인용 컵이나 도자기 용기에 담는다. 따뜻하게 또는 차갑게 낸다. 보관하거나 차갑게 식히기 위해 냉장고에 넣을 때는 비닐랩이 표면에 직접 닿도록 단단히 덮는다. 취향에 따라 푸딩에 다음을 얹어도 좋다.

　　(잼, 마멀레이드 또는 과일 소스)

　　(휩드 크림)

　　(갈색 설탕)

　　(계핏가루)

쌀 푸딩 브륄레

가정용 레인지로 만드는 쌀 푸딩을 준비해 내열 도자기 용기에 담거나, 쿠키 가루 토핑을 생략하고 1인용 용기에 담에 **오븐에 구운 쌀 푸딩**을 만든다. 푸딩을 냉장고에 넣어 차갑게 식힌다. 푸딩에 **연한 갈색 설탕 2~3작은술**을 홀홀 뿌린다. 크렘 브륄레 레시피대로 직화 오븐이나 토치를 사용해 윗면의 설탕을 캐러멜화한다.

향신료를 넣은 쌀 푸딩

이 레시피는 카르다몸과 사프란으로 풍미를 낸 인도의 쌀 푸딩 디저트인 키르(kheer)를 바탕으로 한 것이다.

다음의 재료를 준비해 레시피대로 조리한다.

　　가정용 레인지로 만드는 쌀 푸딩

우유 및 설탕과 함께 다음을 추가한다.

　　카르다몸 가루 1작은술

쌀을 우유에 넣어 끓이는 작업이 다 끝나기 약 10분 전에 다음을 넣는다.

　　사프란 가닥 ¼작은술

쌀이 다 익으면 불에서 내리고 다음을 넣어 섞는다.

　　구운 무염 피스타치오 ⅓컵, 굵게 썰기

　　(세로로 두툼하게 자른 아몬드 ¼컵, 굵게 썰기)

　　(장미수 1작은술)

바닐라는 생략한다.

망고를 얹은 코코넛 찹쌀밥

4~6인분

집에서 아주 쉽게 만들 수 있는 태국의 전통 디저트다. 2인분당 망고 1개를 사용한다. 다음 위로 5cm 이상 올라오도록 물을 넉넉히 붓고 3시간 이상 또는 하룻밤 동안 불린다.

　　태국 찹쌀 2컵

찹쌀의 물기를 뺀다. 편수 냄비에 물을 2.5cm 높이까지 붓고 찜통이나 틀을 올

린다. 불린 찹쌀을 찜통에 넣고 뚜껑을 잘 덮은 뒤 찹쌀이 부드러워질 때까지 20분 정도 찐다. 찹쌀을 찌는 동안 작은 편수 냄비에 다음을 넣어 섞는다.

    무가당 코코넛 밀크 통조림 400ml짜리 1개

    팜 슈거 또는 진한 갈색 설탕, 꾹 눌러 담아 ⅓컵

    소금 1작은술

중약불에 올려 설탕이 녹으면서 김이 날 때까지 저으면서 조리한다. 찹쌀이 다 익으면 그릇에 옮겨 담고 코코넛 밀크 혼합물 ¾컵을 넣어 섞는다. 뚜껑을 덮고 10분간 그대로 둔다. 찹쌀을 작은 그릇에 꾹꾹 눌러 담은 후 그릇을 접시 위에 뒤집어서 매끈한 언덕 모양으로 올린다.

다음을 곁들여 낸다.

    완숙 망고 2~3개, 얇게 저미기

남은 코코넛 밀크 혼합물을 뿌린다. 취향에 따라 다음을 홀홀 뿌려도 좋다.

    (볶은 참깨)

타피오카 푸딩

4~6인분

갈색 설탕을 사용하면 은은한 캐러멜 풍미를 더할 수 있다.

크고 묵직한 편수 냄비에 다음을 넣고 완전히 섞이도록 젓는다.

    일반 우유 2½컵

    설탕 ⅓컵 또는 갈색 설탕, 꾹 눌러 담아 ½컵

    즉석조리 타피오카 ¼컵

    소금 ⅛작은술

10분간 그대로 두었다가 중불에 올려 천천히 가열하면서 뭉근히 끓어오를 때까지 계속 저어준다. 끓어오르면 저으면서 2분간 더 끓인다. 취향에 따라 푸딩 절반에 다음을 조금씩 넣고 젓는다.

    (대란 1개, 잘 풀어두기)

달걀 혼합물을 남은 푸딩에 넣고 잘 저으면서 완전히 섞어도 좋다. 약불에 올려 푸딩이 걸쭉해지는 기미가 보이기 시작할 때까지 3분 정도 저으면서 조리한다. 불에서 내린 후 다음을 넣어 섞는다.

    바닐라 1작은술

편수 냄비에 담긴 그대로 30분간 식히면 푸딩이 훨씬 걸쭉해진다. 숟가락으로 떠서 컵이나 그릇에 담는다. 따뜻하게 또는 차갑게 낸다. 취향에 따라 다음을 곁들여 낼 수도 있다.

    (휘드 크림 또는 과일 소스)

    (크림, 신선한 베리류, 으깬 과일이나 통조림 과일 또는 초콜릿 소스)

오븐에 구운 타피오카 펄 푸딩

8인분

그릇에 다음을 넣고 섞는다.

    작은 크기 또는 중간 크기의 타피오카 펄 ½컵

    일반 우유 1컵

뚜껑을 덮고 하룻밤 냉장고에 넣어둔다. 타피오카와 우유를 묵직한 편수 냄비에 옮겨 담고 다음을 넣어 젓는다.

    일반 우유 3컵

중강불에 올려 부르르 끓어오르도록 가열한 후, 약불로 줄이고 자주 저으면서 혼합물이 반투명한 상태에 걸쭉해지기 시작할 때까지 12분 정도 뭉근히 끓

인다. 큰 그릇에 옮겨 담고 약간 식힌다.

오븐을 160℃로 예열한다. 2.35~2.9ℓ 용량의 베이킹 접시에 버터를 바른다.

작은 그릇에 다음을 넣고 세게 쳐서 섞는다.

    대란 노른자 5개

    설탕 ¾컵

    강판에 곱게 간 레몬 1개의 껍질과 레몬 ½개의 즙 또는 바닐라 1½작은술

달걀노른자 혼합물을 식힌 타피오카 혼합물에 넣고 섞는다. 단단한 피크가 생기지만 마른 거품은 아닌 상태가 될 때까지 잘 쳐서 거품을 낸다.

    대란 흰자 5개

흰자 거품을 타피오카 혼합물에 넣어 뒤적이며 섞은 뒤 준비한 베이킹 접시에 붓는다. 윗면이 노릇노릇하고 봉긋하게 부풀어 오르며 베이킹 접시를 살짝 흔들어보면 푸딩이 가볍게 떨릴 때까지 40분 정도 굽는다. 뜨겁게 또는 차갑게 낸다. 취향에 따라 다음을 곁들여 내도 좋다.

    (모든 종류의 익힌 과일 소스)

코코넛 타피오카 푸딩

6인분

이 푸딩은 타피오카 펄로 만들면 특히 맛있지만 즉석조리 타피오카를 사용할 수도 있다. 즉석조리 형태를 사용한다면 타피오카의 양을 ⅓컵으로 줄이고 10분간만 불렸다가 팔팔 끓는 상태에서 푸딩을 2분간 조리한다. 취향에 따라 일반 우유 대신 음료수 형태의 코코넛 밀크를 넣어도 좋다.

크고 묵직한 편수 냄비에 다음을 넣고 섞는다.

    작은 크기 또는 중간 크기의 타피오카 펄 ⅔컵

    일반 우유 2¾컵

뚜껑을 덮고 8시간 이상 냉장고에 넣어둔다. 타피오카에 다음을 넣고 섞는다.

    코코넛 밀크 400ml짜리 통조림 1개

    설탕 ½컵

    소금 ⅛작은술

중강불에 올려 뭉근히 끓어오르면 불을 줄이고 계속 저으면서 타피오카 펄이 반투명해지고 까슬한 느낌이 없어질 때까지 15분 정도 은근히 끓인다. 푸딩을 너무 오래 끓이면 풀처럼 끈적끈적해지므로 주의한다. 불에서 내린다. 작은 그릇에 다음을 넣고 거품이 날 때까지 젓는다.

    대란 1개

뜨거운 푸딩 1컵에 달걀 푼 것을 조금씩 넣고 잘 섞는다. 이 혼합물을 냄비에 남아 있는 푸딩에 넣고 잘 섞은 뒤 뚜껑을 덮어 5분간 그대로 둔다.(푸딩은 달걀을 익힐 수 있을 정도로 여전히 뜨거운 상태다.) 내기 직전에 다음을 넣고 섞는다.

    잘게 썰거나 박편형의 가당 또는 무가당 코코넛 ⅔컵, 굽기

서빙용 그릇이나 1인용 컵에 옮겨 담고 다음을 조금 더 홀홀 뿌린다.

    구운 코코넛

다음을 곁들여 따뜻하게 낸다.

    망고, 파인애플 등의 신선한 열대 과일 또는 과일 소스

브레드 푸딩에 대해

오래 묵은 빵을 커스터드 베이스에 담가두었다가 굽는 것은 먹다 남은 음식을 맛있는 새 요리로 변신시킬 수 있는 현명한 방법이다. 오븐에 구운 커스터드와 마찬가지로 달걀 함량이 높은 브레드 푸딩은 중탕으로 굽지 않으면 질감이 까

슬거리고 물이 생기게 된다. 커스터드를 전부 빨아들일 수 있을 정도로 빵을 넉넉히 사용해 만든 푸딩은 중탕으로 굽지 않아도 상관없다.

브레드 푸딩은 사실상 거의 모든 빵 또는 롤빵으로 만들 수 있다. 찰라나 브리오슈처럼 달걀이 듬뿍 들어간 빵을 사용하면 가벼운 질감의 푸딩이 된다. 우리는 건포도, 굵게 썬 말린 살구, 구운 견과류, 초콜릿 칩, 강판에 간 오렌지나 레몬 껍질 또는 버번이나 브랜디, 럼 몇 큰술을 추가해 만드는 것도 좋아한다.

여기에 소개하는 레시피들의 재료를 머핀 틀에 담아서 간단하게 먹을 수 있는 1인용 브레드 푸딩을 만들 수도 있다.(더 바삭바삭하고 먹음직스러운 갈색으로 익은 겉면은 보너스다.) 빵과 커스터드 혼합물을 머핀 틀에 나눠 담고 굽는 시간을 절반으로 줄이면 된다.

브레드 푸딩은 따뜻하게 먹어야 가장 맛있고, 특히 아래의 레시피와 같이 크림이나 달콤한 소스를 곁들여서 내면 썩 잘 어울린다. 대부분의 브레드 푸딩은 2~3일 전에 미리 만들어둘 수 있으며 150~160℃의 오븐에 넣고 15~30분간 데워서 낸다. 또는 차갑게 식은 푸딩을 두껍고 널찍하게 잘라서 버터를 바른 논스틱 프라이팬에 넣고 중불에서 살짝 그을릴 때까지 구워서 데울 수도 있다.

브레드 푸딩

8인분

1.9ℓ 용량의 베이킹 접시에 버터를 바른다. 다음의 껍질을 떼어내고 1.2cm 크기의 정육면체로 자른다.

　흰 빵 슬라이스 340~450g, 묵은 빵이지만 딱딱하지 않은 것을 사용

빵 조각을 컵에 성기게 담으면 5컵 정도 나온다. 준비한 베이킹 접시에 빵을 넓게 펴서 간다. 취향에 따라 빵 위에 다음을 홀홀 뿌려도 좋다.

　(건포도 또는 다른 말린 과일 ¾컵)

커다란 그릇에 다음을 넣고 잘 어우러지도록 섞는다.

　대란 4개

　일반 우유 3컵

　설탕 ¾컵

　바닐라 1작은술

　계핏가루 ¾작은술

　강판에 간 육두구 또는 육두구 가루 ¼작은술

　소금 1자밤

혼합물을 빵 위에 붓고 30분간 그대로 둔다. 주기적으로 빵을 주걱으로 꾹꾹 눌러 액체 재료를 잘 흡수시킨다.

오븐을 175℃로 예열한다. 중탕 상태를 만든 뒤, 중심부에 칼을 찔러보면 아무것도 묻어나오지 않을 때까지 55분~1시간 동안 푸딩을 굽는다. 다음을 곁들여서 따뜻하게 낸다.

　휩드 크림 또는 크림

초콜릿 바나나 브레드 푸딩

10~12인분

브레드 푸딩을 만들되, 흰 빵 대신 **바나나 빵 코케뉴를 1.2cm 크기의 정육면체로 잘라서** 사용한다. **초콜릿 칩이나 조각 1컵**을 빵조각에 넣고 뒤적이며 섞어서 베이킹 접시에 담고 커스터드를 붓는다. 레시피대로 구워서 따뜻하게 낸다. 취향에 따라 **(남부식 위스키 소스 또는 화이트 초콜릿으로 만든 따뜻한 초콜릿 소스)**를 얹는다.

뉴올리언스식 브레드 푸딩

10~12인분

33×23cm 크기의 베이킹 접시의 바닥에 다음을 넓게 펴서 바른다.

　무염 버터 3큰술, 말랑하게 녹이기

다음을 1.2cm 두께의 슬라이스로 자른다.

　프랑스 빵 또는 이탈리아 빵 560g(덩어리 빵 1½~2개)

준비한 베이킹 접시에 빵 조각을 거의 세우다시피 빽빽하게 배열한다. 빵 조각 사이사이에 다음을 끼워 넣는다.

　건포도 1컵

커다란 그릇에 다음을 넣고 거품이 날 때까지 섞는다.

　대란 3개

　일반 우유 4컵

　설탕 2컵

　바닐라 2큰술

　계핏가루 1작은술

액체 혼합물을 빵 위에 붓고 1시간 동안 그대로 둔다. 주기적으로 빵을 주걱으로 꾹꾹 눌러 빵의 윗면까지 촉촉하게 적신다.

오븐을 190℃로 예열한다. 푸딩의 윗면이 봉긋하게 부풀고 노릇노릇해질 때까지 1시간 정도 굽는다. 오븐에서 꺼낸 뒤 다음을 끼얹는다.

　남부식 위스키 소스

받침대에 올려 30~60분간 식힌 후 사각형으로 잘라서 낸다.

오븐에 구운 푸딩에 대해

오븐에 구운 푸딩은 밀가루, 빵가루, 곡물 또는 기타 전분의 함량이 높으므로 옥수수 전분 푸딩보다 조직이 단단하고 포만감을 준다. 이 푸딩은 차갑게 또는 따뜻하게 낼 수 있고, 미리 만들어두었다가 먹기 직전에 데워도 된다. 꼭 필요한 것은 아니지만 대부분의 구운 푸딩에는 남부식 위스키 소스, 커스터드 소스 또는 뜨거운 레몬 소스 등의 소스를 함께 낸다. 오븐에 구운 쌀 푸딩은 885쪽을 참고한다. 반죽 푸딩은 체리 클라푸티 레시피를 참고한다.

오븐에 구운 무화과 푸딩

14인분

따뜻한 느낌의 향신료 풍미가 은은하게 풍기는 진하고 조밀한 당밀 푸딩이다. 우리는 이 푸딩을 따뜻하게 데워서 바닐라 아이스크림을 곁들이고 위스키를 살짝 뿌려서 먹는 것을 즐긴다.

오븐을 160℃로 예열한다. 지름 23cm의 분리형 팬에 기름을 바른다. 커다란 그릇이나 주걱 날을 끼운 스탠드 반죽기에 다음을 넣고 크림처럼 부드러워질 때까지 세게 젓는다.

　무염 버터 스틱 1개(115g), 말랑하게 녹이기

다음을 넣고 폭신폭신한 질감이 될 때까지 세게 쳐서 섞는다.

　대란 2개

　당밀 1컵

다음을 넣는다.

　잘게 썬 말린 무화과 2컵

　강판에 곱게 간 레몬 껍질 ½작은술

　버터밀크 1컵

(굵게 썬 호두 ½컵)

한쪽에 둔다. 다른 큰 그릇에 다음을 넣고 완전히 어우러지도록 섞는다.

중력분 2½컵

베이킹파우더 2작은술

소금 1작은술

계핏가루 1작은술

강판에 간 육두구 또는 육두구 가루 ½작은술

베이킹소다 ½작은술

밀가루 혼합물을 무화과 혼합물에 넣고 잘 섞이도록 젓는다. 모두 합친 혼합물을 준비한 팬에 붓는다. 이쑤시개를 푸딩에 찔러보면 아무것도 묻어나오지 않을 때까지 1시간 정도 굽는다. 다음을 곁들여 뜨겁게 낸다.

하드 소스, 소금 캐러멜 소스 또는 커스터드 소스

감 버터밀크 푸딩

8인분

전통적인 풍미의 부드러운 푸딩이다. 반드시 쉽게 뭉개질 정도로 아주 잘 익은 감을 사용해야 한다.

오븐을 200℃로 예열한다. 2.8ℓ 용량의 얕은 베이킹 접시에 버터를 바른다. 다음을 세로로 반을 자른다.

아주 잘 익은 커다란 감 6개

씨를 다 빼고 숟가락으로 과육을 긁어서 껍질과 분리한다. 과육을 믹서나 푸드 프로세서에 넣고 퓌레 상태로 간다. 섬유질이 많으면 체에 올려놓고 숟가락 뒷면으로 꾹꾹 눌러서 거른다. 과육 1½컵을 계량한다. 커다란 그릇에 다음을 넣고 가벼운 질감이 될 때까지 젓는다.

대란 4개

감 과육을 넣고 저은 후 다음을 넣고 젓는다.

버터밀크 2½컵

무염 버터 4큰술(버터 스틱 ½개), 액체 상태로 녹이기

중간 크기의 다른 그릇에 다음을 넣고 완전히 어우러지도록 섞는다.

중력분 1½컵

설탕 1컵

베이킹파우더 1½작은술

베이킹소다 1작은술

계핏가루 ½작은술

강판에 간 육두구 또는 육두구 가루 ½작은술

소금 ½작은술

밀가루 혼합물을 감 혼합물에 넣고 잘 어우러질 때까지 섞는다. 준비한 접시에 반죽을 붓는다. 윗면이 노릇노릇 진한 색으로 익고 살짝 눌러보면 원상태로 돌아올 때까지 50분 정도 굽는다. 다음을 곁들여 따뜻하게 또는 차갑게 낸다.

휘드 크림 또는 뜨거운 레몬 소스

호박 버터밀크 푸딩

감 버터밀크 푸딩을 만들되, 감 퓌레 대신 **무가당 호박 퓌레 통조림 1½컵**을 사용한다. **뜨거운 브랜디 소스, 휘드 크림 또는 바닐라 아이스크림**을 곁들여 낸다.

인디언 푸딩

6~8인분

호박 파이를 연상시키는 맛과 질감을 가진, 마음을 따뜻하게 해주는 디저트다. 이 요리는 영국의 '헤이스티 푸딩(hasty pudding, 곡물을 우유나 물에 걸쭉하게 개어서 만든 푸딩 — 옮긴이)'에서 유래했다. 초기 미국 정착민들은 전통적 재료인 밀 대신 훨씬 쉽게 구할 수 있었던 옥수숫가루를 사용했다.

오븐을 160℃로 예열한다. 1.4~1.9ℓ 용량의 베이킹 접시에 버터를 넉넉히 바른다. 크고 묵직한 편수 냄비에 다음을 계량해서 담는다.

옥수숫가루 ⅔컵

다음을 넣으면서 섞는다. 처음에는 멍울이 생기지 않도록 아주 조금씩 넣는다.

일반 우유 4컵

중강불에 올려 계속 저으면서 부르르 끓어오를 때까지 가열한다. 약불로 줄이고 가끔 저으면서 걸쭉해질 때까지 5분 정도 뭉근히 끓인다. 불에서 내리고 다음을 넣어 섞는다.

설탕 ⅓컵

당밀 ¼컵

대란 2개

무염 버터 2큰술, 작은 조각으로 자르기

계핏가루 1작은술

바닐라 1작은술

생강 가루 ½작은술

강판에 간 육두구 또는 육두구 가루 ⅛작은술

소금 ⅛작은술

준비한 접시에 푸딩을 담는다. 가운데가 굳은 것처럼 보이지만 팬을 흔들면 가볍게 떨릴 때까지 1시간 10분 정도 중탕 상태로 굽는다. 윗면에는 진한 껍질이 생길 것이다. 다음을 곁들여서 따뜻하게 낸다.

바닐라 아이스크림 또는 크림

끈적한 토피 푸딩

8인분

오븐을 175℃로 예열한다. 180ml 용량의 1인용 도자기 용기 8개 또는 길이 23cm, 높이 5cm 크기의 정사각형 베이킹 팬에 버터를 바르고 밀가루를 뿌린다. 작은 편수 냄비에 다음을 넣고 섞는다.

씨를 뺀 대추야자 1½컵, 굵게 썰기

물 1½컵

부르르 끓어오르도록 가열한 후 불을 줄이고 뚜껑을 연 상태로 5분간 뭉근히 끓인다. 불에서 내리고 다음을 넣어 섞는다.

베이킹소다 1¼작은술

한쪽에 둔다. 작은 그릇에 다음을 넣고 섞는다.

중력분 2컵

베이킹파우더 ¼작은술

커다란 그릇에 다음을 넣고 색이 연해지면서 폭신폭신한 질감이 될 때까지 세게 쳐서 섞는다.

연한 갈색 설탕, 꾹 눌러 담아 1¼컵

무염 버터 6큰술(버터 스틱 ¾개), 말랑하게 녹이기

다음을 한 번에 하나씩 넣고 세게 쳐서 섞는다.

대란 3개

다음을 넣고 세게 쳐서 섞는다.

바닐라 1½작은술

밀가루 혼합물을 조금씩 넣으면서 섞이기 시작할 때까지만 저속으로 쳐서 섞는다. 대추야자 혼합물을 넣고 어우러지기 시작할 때까지만 섞는다. 준비한 도자기 용기나 베이킹 팬에 푸딩을 담는다. 도자기 용기를 사용한다면 오븐 팬에 올린다. 푸딩이 노릇노릇 진한 색으로 변하고 꼬치로 찔러보면 아무것도 없이 촉촉한 물기만 묻어나올 때까지 도자기 용기는 20~25분간, 커다란 팬은 35분간 굽는다. 도자기 용기나 베이킹 팬의 가장자리를 칼로 한 번 훑은 다음 용기를 뒤집어서 푸딩을 꺼낸다. 다시 뒤집어서 올바른 방향으로 받침대에 올려놓고 약간 식힌다.

개인 그릇마다 다음을 넉넉하게 얹어서 따뜻하게 낸다.

버터스카치 소스

쪄서 만드는 푸딩에 대해

쪄서 만드는 푸딩에는 밀도가 조밀한 여러 가지 푸딩이 포함되며, 그중 상당수는 영국에서 탄생한 진한 향신료 풍미의 디저트다. 이러한 디저트 중 일부는 말린 과일 케이크와 맛이 비슷하고 일부는 촉촉하면서 수플레와 비슷한 질감을 가진 것도 있다. 속이 깊은 내열 도자기, 즉 푸딩 찜기(pudding basin)가 없다면 레시피에서 지정한 것과 비슷한 용량의 다른 내열 그릇을 사용해도 좋은 결과물을 얻을 수 있다. 푸딩은 유리나 도자기보다 금속 소재에 더 잘 달라붙으므로 금속 그릇을 사용한다면 특히 기름을 꼼꼼히 발라야 한다. 일부 요리 기구 전문점에서는 근사한 푸딩 틀을 팔기도 한다. 보통 튜브 모양을 하고 있으며 꽉 닫히는 뚜껑이 달려 있다. 이러한 틀은 자두 푸딩이나 그 외의 아주 단단한 푸딩을 만들 때만 사용해야 한다. 뚜껑을 꽉 닫은 상태에서 쪄서 만드는 초콜릿 깃털 푸딩처럼 질감이 가볍고 조직이 연한 푸딩을 조리하면 틀에 지저분하게 들러붙고 꺼지기 마련이다.(또는 최악의 경우 폭발한다.) ▶ 어떤 틀을 선택하든, 찌는 도중에 부풀어 오를 것을 고려해 틀의 ⅔ 높이까지만 채운다.

가정용 레인지에서 푸딩을 찌려면 푸딩 찜기나 그릇이 넉넉하게 들어갈 정도로 큰 냄비를 준비한다. 자그마한 자두 푸딩 몇 개를 찐다면 칠면조용 구이 팬을 가정용 레인지 두 구 위에 올려놓고 뚜껑을 닫아 찌면 편리하다. 푸딩의 바닥을 보호하려면 냄비 바닥에 삼발이나 받침대 또는 행주를 접어서 깐다. 푸딩을 냄비 안에 넣고 푸딩 용기 옆면의 ½ 또는 ⅔ 높이까지 오도록 끓는 물을 넉넉하게 붓는다. 강불에 올려 다시 물이 팔팔 끓어오르면 불을 줄이고 은근하게 보글보글 끓는 상태를 유지한다. 냄비의 뚜껑을 잘 덮은 후 30분마다 익은 정도를 확인하고 끓는 물이 부족하면 보충해가면서 푸딩이 다 익을 때까지 찐다. 냄비에서 푸딩을 꺼낼 때는 오븐용 장갑 또는 실리콘 장갑을 껴서 손을 데지 않도록 보호한다.

또한 중탕 형태로 오븐에서 푸딩을 찔 수도 있다. 특히 푸딩 찜기나 틀이 들어갈 만큼 커다란 냄비가 없다면 이 방법이 편리하다.

오븐에서 푸딩을 찌려면 오븐을 175℃로 예열한다. 푸딩 틀이 넉넉하게 들어갈 정도로 큼직한 더치오븐이나 구이 팬, 베이킹 팬을 준비한다. 틀이 서로 닿거나 팬의 옆면에 닿아서는 안 된다. 푸딩 틀을 팬에 가지런히 놓고 포일을 크게 뜯어서 두 겹으로 접은 다음 텐트처럼 팬 가장자리 밖으로 나오도록 넉넉하게 푸딩 위를 덮는다. 물을 부을 수 있는 한쪽 모서리만 남겨두고 포일을 팬 가장자리를 따라 접어서 최대한 단단히 봉한다. 큰 냄비나 주전자에 물을

붓고 팔팔 끓인다. 오븐의 문을 열고 받침대를 앞으로 잡아당겨 꺼낸 뒤 그 위에 팬을 올려놓고 즉시 끓는 물을 푸딩 틀 옆면의 ⅔ 높이까지 오도록 붓는다. 남은 모서리 위로 조심스럽게 포일을 덮어서 오므린 후 오븐 문을 닫고 레시피에서 요구하는 시간만큼 찐다. 30분마다 집게로 포일의 한쪽 모서리를 조심스레 들어서 물이 얼마나 줄었는지 확인한다. 골고루 찌려면 큼직한 푸딩의 위쪽으로 수증기가 순환해야 하지만, 푸딩의 크기가 작다면 개별 용기를 포일이나 유산지로 싸서 오븐에 구운 커스터드 레시피처럼 중탕으로 조리할 수도 있다.

▲ 높은 고도에서 푸딩을 만들 때는 팽창제의 양을 절반으로 줄인다.

쪄서 만드는 초콜릿 깃털 푸딩(Steamed Chocolate Feather Pudding)
8~10인분

초콜릿 수플레를 연상시키는 맛이지만 더 든든하고 포만감을 준다.

오븐을 175℃로 예열한다. 오븐 팬에 다음을 펼쳐서 깐다.

고운 마른 빵가루 1컵

빵가루가 연한 황금색이 될 때까지 2~3번 저으면서 3분 정도 굽는다. 완전히 식힌다. 1.9ℓ 용량의 내열 그릇이나 푸딩용 찜기에 버터를 듬뿍 바른다. 그릇 안쪽에 구운 빵가루를 2큰술 뿌리고 좌우로 기울여 골고루 묻힌다. 커다란 내열 그릇에 다음을 넣고 섞는다.

세미스위트 또는 비터스위트 초콜릿(카카오 함량 최대 64%) 225g, 굵게 썰기

헤비크림 ½컵

무염 버터 4큰술(버터 스틱 ½개)

다크 럼 또는 진한 커피 2큰술

오렌지 1개의 껍질, 강판에 곱게 갈기

은근히 끓기 시작하는 물이 담긴 프라이팬에 그릇을 담그고 혼합물이 매끄러워질 때까지 젓는다. 불에서 내리고 다음을 넣어 섞는다.

대란 6개

설탕 ½컵

바닐라 1큰술

계핏가루 1작은술

남은 빵가루를 다음과 함께 초콜릿 혼합물에 홀홀 뿌린다.

무가당 코코아 가루 2큰술

빵가루와 코코아 가루가 잘 어우러질 때까지 뒤적이며 섞는다. 준비한 틀에 반죽을 담고 접시를 뒤집어서 덮는다. 푸딩 용기가 넉넉하게 들어갈 정도로 큼직한 냄비의 바닥에 받침대를 놓거나 행주를 접어서 깐다. 푸딩을 냄비 안에 넣고 푸딩 틀 옆면의 절반 높이까지 올라오도록 끓는 물을 붓는다. 중강불에 올려 물이 바글바글 끓으면 냄비 뚜껑을 잘 덮는다. 필요하면 물을 보충하면서 푸딩의 윗면이 평평해지고 가운데가 단단하게 굳은 느낌이 날 때까지 1시간 15분 정도 찐다. 불을 끄고 냄비 뚜껑을 덮은 상태에서 15분간 둔다. 푸딩 틀을 뒤집어 플래터에 올린 후 다음을 곁들여 낸다.

휩드 크림 또는 소금 캐러멜 소스

쪄서 만드는 캐러멜 푸딩
10~12인분

아몬드를 갈아서 사용하기 때문에 촉촉하고 풍미가 진한 푸딩이 고운 질감으로 완성된다.

오븐을 175℃로 예열한다. 오븐 팬에 다음을 넓게 펴서 깐다.

세로로 두툼하게 자른 아몬드 2컵

아몬드가 노릇노릇해질 때까지 2~3번 저으면서 5~7분 정도 굽는다. 완전히 식힌 후 푸드 프로세서에 넣고 기름이 배어나지 않을 정도로 곱게 간다. 1.9ℓ 용량의 내열 그릇이나 푸딩용 찜기에 버터를 넉넉히 바른다. 그릇 안쪽에 구운 아몬드 가루 3큰술을 뿌리고 좌우로 기울여 골고루 묻힌다. 묵직한 편수 냄비를 중강불에 올리고 다음을 넣어 가열한다.

설탕 1½컵

아주 뜨거운 물 3큰술

설탕이 녹을 때까지 젓는다. 시럽 가장자리의 색이 진해지기 시작할 때까지 바글바글 끓인다. 캐러멜이 진한 호박색으로 변할 때까지 냄비를 천천히 돌리면서 가열한다. 불에서 내린 후 다음을 넣고 조심스럽게 섞는다.

헤비크림 1컵

무염 버터 6큰술(버터 스틱 ¾개), 작은 조각으로 자르기

필요하면 약불에 잠깐 올려 잘 저으면서 매끄러워질 때까지 캐러멜을 녹인다. 캐러멜을 커다란 그릇에 옮겨 담고 미지근해질 때까지 식힌다. 남은 아몬드 가루와 다음을 캐러멜에 넣고 세게 쳐서 섞는다.

대란 노른자 6개

중력분 ⅓컵

바닐라 1큰술

소금 ¾작은술

커다란 그릇에 다음을 넣고 거품이 날 때까지 중속으로 세게 젓는다.

대란 흰자 6개, 실온 상태로 준비

다음을 추가한다.

타르타르 크림 ½작은술

부드러운 피크가 생길 때까지 세게 쳐서 섞다가 고속으로 올려서 단단한 피크가 생기지만 마른 거품은 아닌 상태가 되도록 세게 쳐서 섞는다. 커다란 실리콘 주걱을 사용해 달걀흰자의 ¼ 분량을 캐러멜 혼합물에 넣고 희석한 후, 나머지를 모두 넣고 부드러운 동작으로 뒤적이면서 완전히 섞는다. 준비한 틀에 반죽을 넣고 접시나 케이크 팬을 뒤집어서 덮는다.(조리하지 않은 푸딩은 찌기 전에 냉장고에서 4시간 동안 보관할 수 있다.)

푸딩 용기가 넉넉하게 들어갈 정도로 큼직한 냄비 바닥에 받침대를 놓거나 행주를 접어서 깐다. 푸딩을 냄비 안에 넣고 푸딩 틀 옆면의 절반 높이까지 올라오도록 끓는 물을 붓는다. 중강불에 올려 물이 바글바글 끓으면 냄비 뚜껑을 잘 덮는다. 필요하면 물을 보충하면서 푸딩의 중심부에 꼬치를 찔러보면 촉촉한 부스러기 몇 개만 묻어나올 때까지 2시간 정도 찐다. 불을 끄고 뚜껑을 덮은 상태로 15분간 둔다. 푸딩 틀을 뒤집어서 플래터에 올리고 다음을 곁들여 낸다.

휩드 크림

쪄서 만드는 자두 푸딩

큰 푸딩 1개 또는 작은 푸딩 2~3개, 12~16인분

크리스마스 명절을 기념하는 디저트로, 실제로 자두는 들어가지 않는다.(이 요리를 만든 영국인들은 대다수 말린 과일을 자두plum라고 부른다.) 이 푸딩을 만들기 위해서는 인내심이 필요하다. 밀가루 입자가 팽창하기 전에 소기름을 녹이려면 천천히 조리해야 한다. 너무 빨리 조리하면 푸딩이 단단해진다. 이 푸딩은 보관하는 동안 숙성되면서 맛이 더 좋아지므로 명절 전에 한가한 날을 잡아

미리 만들어두는 사람도 많다. 아일랜드 출신인 한 친구의 어머니는 이 푸딩을 1년 전에 미리 쪄서 뚜껑을 덮어 냉장고에 넣어둔 후 2개월마다 위스키로 '밥'을 주신다고 한다.(더 자세한 내용은 말린 과일 케이크에 대해 항목을 참고한다.)

큼직한 푸딩을 하나 만든다면 2.8ℓ 용량의 푸딩 틀, 2.8ℓ 용량의 푸딩용 찜기 또는 2.8~3.3ℓ 용량의 속이 깊은 내열 유리나 도자기 그릇을 사용한다. 작은 푸딩 여러 개를 만들 때는 총 용량이 2.8~3.8ℓ가 되도록 틀이나 찜기 또는 베이킹 접시 2~3개를 사용한다. 틀에 식물성 쇼트닝을 아주 넉넉히 바른다.

커다란 편수 냄비에 다음을 넣고 부르르 끓어오르도록 가열한다.

건포도 2½컵

말린 커런트 2컵

물 2컵

뚜껑을 꼭 덮고 20분간 은근히 끓인 후 뚜껑을 열고 저으면서 액체가 거의 모두 증발할 때까지 조리한다. 실온 상태로 식힌다. 커다란 그릇에 다음을 넣고 섞는다.

중력분 1½컵

곱게 갈거나 잘게 썬 소기름 225g

소기름 알갱이가 분리될 때까지만 손으로 가볍게 비빈다. 다음을 넣는다.

진한 갈색 설탕, 꾹 눌러 담아 1컵

계핏가루 1½작은술

생강 가루 1½작은술

정향 가루 ½작은술

소금 ½작은술

어우러지기 시작할 때까지만 비빈다. 그릇을 하나 더 준비해 다음을 넣고 완전히 섞이도록 젓는다.

대란 4개

브랜디 또는 코냑 ⅓컵

크림 셰리 ⅓컵

달걀 혼합물을 밀가루 혼합물에 넣고 저은 뒤 건포도 혼합물을 넣고 섞는다. 취향에 따라 다음을 넣어 섞어도 좋다.

(잘게 썬 대추야자 ½컵)

(잘게 썬 설탕 절임 시트론 ½컵)

준비한 틀에 반죽을 붓되, 위쪽에 팽창할 수 있는 공간을 2.5cm 이상 남겨둔다. 뚜껑이 있는 푸딩 틀을 사용한다면 뚜껑 안쪽에 기름을 발라서 덮는다. 뚜껑이 없는 용기를 사용한다면 각 틀의 테두리 위에 포일을 1장씩 얹고 주름을 잡아 오므려서 옆으로 삐져나오는 부분이 거의 없도록 깔끔하게 정리한 후 접시를 뒤집어 덮는다.

푸딩 용기가 넉넉하게 들어갈 정도로 큼직한 냄비 바닥에 받침대를 놓거나 행주를 접어서 깐다. 푸딩을 냄비 안에 넣고 푸딩 틀 옆면의 ⅔ 높이까지 올라오도록 끓는 물을 붓는다. 냄비의 뚜껑을 잘 덮는다. 강불에 올려 물이 팔팔 끓으면 불을 조절하면서 보글보글 은근히 끓는 상태를 유지한다. 필요하면 물을 보충하고, 큰 푸딩 하나는 6~7시간, 중간 크기의 푸딩 2개는 4~5시간, 작은 푸딩 3개는 3~4시간 동안 찐다. 다 익으면 푸딩의 거의 중심부까지 아주 진한 색으로 변할 것이다. 이 시점에서 불을 끄고 뚜껑을 덮은 냄비에 푸딩을 그대로 담아두면 커다란 푸딩은 3시간, 작은 푸딩은 1시간 30분 정도 따뜻하게 보관할 수 있다.

푸딩을 냄비에서 꺼내 실온에 20분간 둔다. 틀을 뒤집어서 푸딩을 꺼내 플

래터에 올린다. 푸딩에 불을 붙여서 마무리하려면 작은 편수 냄비에 다음을 넣고 미지근하게 데운다.

브랜디 또는 코냑 ½컵

푸딩 위에 술을 뿌리고 뒤로 물러나 기다란 성냥이나 라이터 또는 토치로 불을 붙인다. 다음을 곁들여서 낸다.

크렘 앙글레즈, 뜨거운 와인 또는 자두 푸딩 소스 또는 폭신폭신한 하드 소스

푸딩을 저장하려면 틀에 담긴 채로 실온 상태로 식힌 후 뒤집어서 꺼낸다. 처음에는 비닐랩으로, 그다음에는 포일로 둘둘 감싼다. 냉장고에 넣으면 최대 1년간 보관할 수 있다. 시간이 지날수록 푸딩은 더욱 부드러워지고 색과 풍미가 진해진다. 데울 때는 푸딩을 만들 때 사용했던 틀에 기름을 골고루 바른 후 푸딩을 담고 끓는 물에 담가서 커다란 푸딩은 1시간 30분~2시간, 작은 푸딩은 1시간 정도 찐다. 또는 푸딩의 중심부에 15초간 칼을 찔렀다가 꺼내면 칼끝이 뜨거워질 때까지 찐다.

팬케이크와 와플 디저트에 대해

팬케이크와 와플을 다룬 장에서 식사를 달콤하게 마무리할 수 있는 맛있는 디저트 레시피를 몇 가지 소개했다. 크레이프 수제트, 캐러멜화한 사과를 넣은 크레이프, 크레이프 케이크, 오스트리아 전통 디저트인 팔라친켄 등이 여기에 해당한다. 그러나 이러한 레시피에 국한될 필요는 없다. 모든 팬케이크나 와플에 적절한 재료를 곁들이고 다음 중 하나를 토핑으로 얹으면 디저트로 근사하게 먹을 수 있다.

사워크림, 크렘 프레슈 또는 휩드 크림

딸기 또는 다른 과일 프리저브

초콜릿 소스 또는 초콜릿 커스터드 소스

커피 크렘 앙글레즈

하드 소스 또는 남부식 위스키 소스

버터스카치 소스

뜨거운 버터 메이플 소스

체리 주빌레, 신선한 베리 쿨리 또는 망고 쿨리

아이스크림

초콜릿 퐁뒤

파인애플, 바나나 또는 오렌지 등의 과일이나 작은 케이크 조각을 찍어 먹는 용도로 활용한다.

I. 1⅔컵

작은 편수 냄비에 다음을 넣고 약불에서 매끄러운 질감이 될 때까지 저으면서 가열한다.

세미스위트 초콜릿 칩 1½컵

무당연유 ¾컵

(커다란 마시멜로 5개 또는 미니 마시멜로 ½컵)

퐁뒤 냄비에 담아 따뜻하게 보관한다.

II. 1½컵

작은 편수 냄비를 중약불에 올리고 다음을 부어서 따뜻해질 때까지 가열한다.

일반 우유, 라이트 또는 헤비크림, 커피 또는 셰리 ¾컵

다음을 넣고 약불에서 매끄러워질 때까지 저으면서 조리한다.

무가당 초콜릿 115g, 굵게 썰기

설탕 1컵

바닐라 또는 럼 1작은술

소금 ¼작은술

퐁뒤 냄비에 담아 따뜻하게 보관한다.

쾨르 알라 크렘(Coeur à la Crème, 하트 모양 크림치즈 디저트)

8인분

이 디저트는 크러스트가 없고 은은한 단맛을 가진, 굽지 않고 만드는 치즈 케이크라 생각하면 된다. 크림처럼 부드러우며 잘 익은 제철 과일을 올려서 내기에 완벽한 토대다. 바닥에 구멍이 뚫린 하트 모양의 전통적인 틀이 있다면 축축한 면포를 깔고 크림을 틀에 바로 넣은 후 24시간 동안 물기를 뺀다.

다음을 준비한다.

사워크림 또는 휩드 크림 1컵

중간 크기의 그릇을 하나 더 준비해 다음을 넣고 잘 어우러질 때까지 세게 쳐서 섞는다.

크림치즈 450g, 말랑하게 녹이기

슈거 파우더 ¼컵

헤비크림 2큰술

소금 ⅛작은술

사워크림 또는 휩드 크림을 크림치즈 혼합물에 넣고 뒤적이며 섞는다. 물을 적신 얇은 면포를 체에 깔고 그릇 위에 올려놓는다. 숟가락으로 혼합물을 떠서 체에 넣은 후 24시간 동안 냉장고에 넣어두고 물기를 뺀다. 치즈를 작은 1인용 도자기 용기 또는 다른 틀 8개에 나눠 담고 1시간 동안 냉장고에 넣어둔다.

틀에서 뺀 뒤 다음을 얹어서 낸다.

딸기, 라즈베리 또는 다른 생과일, 또는 과일 소스

레드와인에 조린 서양배

4인분

서양배 4개를 옆으로 뉘어서 놓으면 딱 맞게 들어가는 크기의 편수 냄비나 냄비에 다음을 넣고 섞는다.

드라이 레드와인 1½컵

설탕 1컵

5cm 길이로 벗겨낸 레몬 껍질 1개(채소 껍질 벗기는 도구 사용)

레몬즙 2큰술

통계피 1개

통정향 6개 또는 카르다몸 깍지 4개, 살짝 으깨기

부르르 끓어오르도록 가열한 뒤 약불로 줄이고 뚜껑을 덮어 5분간 뭉근히 끓인다. 다음의 껍질을 벗기고 아랫부분의 1.2cm만큼 자른다.

보스크 또는 앙주 품종의 서양배 4개

서양배를 냄비에 넣고 국물은 은근히 끓는 상태를 유지한다. 뚜껑을 덮고 서양배를 자주 뒤집어주면서 부드러워질 때까지 10~20분간 조린다. 이렇게 조린 서양배는 조림 국물에 담근 채 뚜껑을 덮어서 실온에 최대 12시간 동안 둘 수 있으며, 냉장고에 넣으면 3일간 보관할 수 있다. 서양배를 오래 담가둘수록 색이 진해지므로 주기적으로 뒤집어서 색이 골고루 들게 한다.

서양배의 꼭지가 위로 가도록 접시 위에 올린다. 조림 국물을 몇 순가락 얹어서 따뜻하게, 실온 상태로, 차갑게 먹으면 아주 맛있다. 취향에 따라 다음을 곁

들여 낼 수도 있다.

　　(크렘 앙글레즈)

더 우아하게 대접하려면 서양배를 시럽에서 꺼내 강불에서 시럽을 바글바글 끓여서 ⅔컵 분량의 걸쭉한 글레이즈로 졸인다. 체에 내려서 향신료를 걸러낸다. 서양배를 접시에 올려놓고 글레이즈를 뿌린다.

딸기 쇼트케이크

8개

다음을 준비한다.

　　간단한 크림 비스킷이나 쇼트케이크 또는 정통 스콘 8개, 또는 6.3cm 크기의

　　　　정사각형이나 원형 스펀지 케이크 또는 파운드 케이크 16개

　　설탕에 재운 과일 레시피의 2배 분량, 딸기로 만들기

식탁에 내기 직전에 비스킷이나 스콘을 120℃의 오븐에 넣고 10분간 데운다.(스펀지 케이크나 파운드 케이크를 사용한다면 데울 필요가 없다.)
그동안 다음을 만든다.

　　휩드 크림 레시피의 1½배 분량

포크로 따뜻한 비스킷을 반으로 자른다. 반으로 자른 비스킷의 아래쪽(또는 스펀지 케이크나 파운드 케이크 조각)을 디저트 접시 8개에 하나씩 올린다. 딸기 혼합물을 숟가락으로 떠서 얹고 비스킷의 위쪽이나 또 하나의 케이크 조각으로 덮는다. 쇼트케이크의 윗면에 숟가락으로 크림을 듬뿍 떠서 올린다. 즉시 낸다.

과일 플랑베(Flambéed Fruit)

3인분

커다란 프라이팬을 중약불에 올리고 다음을 넣어 녹인다.

　　버터 3큰술

다음을 넣고 설탕이 녹으면서 걸쭉한 거품이 부글부글 올라올 때까지 저으면서 가열한다.

　　갈색 설탕 3큰술

다음 중 두 가지 재료를 넣는다.

　　바나나 3개, 세로로 반 자르기

　　망고 3개, 씨를 빼고 얇게 썰기

　　복숭아 3개, 씨를 빼고 얇게 썰기

　　1.2cm 두께로 자른 파인애플 3조각

가끔 국물을 끼얹으면서 양쪽 면 모두 골고루 캐러멜화되도록 과일 조각을 뒤집어준다. 과일이 부드러워질 때까지 뭉근히 끓인다. 다음을 넣는다.

　　따뜻하게 데운 브랜디, 다크 럼 또는 리큐어 60ml

프라이팬의 뚜껑을 30초 정도 덮어서 전체적으로 온도를 올린 다음 뚜껑을 열고 기다란 성냥 또는 라이터로 술에 불을 붙인다. 불꽃이 스스로 잦아들 때까지 그대로 둔다. 필요하면 프라이팬의 뚜껑을 덮어서 불꽃을 꺼트릴 수도 있다. 즉시 낸다.

치즈 코스

치즈 코스는 주요리 다음에 내거나 주요리 이후에 내는 샐러드 다음에 내놓을 수 있다. 또한 디저트 다음에 식탁에 올려도 좋고, 아예 디저트 대신 잘 익은 생과일을 곁들여 치즈를 대접하기도 한다. ▶ 치즈는 항상 실온 상태로 내놓아야 한다. 쿨랑(coulant), 즉 주르륵 흐르는 상태에서 가장 맛있게 즐길 수 있는 치즈는 반드시 식탁에 올리기 1시간 전에 꺼내두어야 한다. 말랑하게 녹인 발효 버터를 치즈 코스와 함께 내기도 한다.

이상적인 치즈 코스는 보통 ▶ 치즈 3~5가지로 구성된다. 물론 식감과 풍미가 대조를 이루는 다양한 종류의 치즈를 조합해야 한다. 예를 들어 신선한 염소 치즈 한 종류, 브리나 카망베르처럼 껍질이 있고 흰 가루가 묻어 있거나 껍질을 씻어낸 치즈 한 종류, 로크포르, 고르곤졸라, 스틸턴 같은 블루 치즈 한 종류를 섞어서 내는 식이다. 또는 아예 한 종류의 치즈만 낼 수도 있다. 품질이 좋고 잘 바스러지는 파르미지아노 레지아노를 불규칙한 모양으로 자르고 고급 발사믹 식초나 글레이즈를 살짝 뿌려서 내기도 한다. 둥그런 모양의 잘 숙성된 브리 치즈 또는 숟가락으로 떠먹을 수 있을 정도로 말랑말랑한 스틸턴 치즈를 통째로 낼 수도 있다. 서로 조화롭게 어울리는 치즈를 선택하기 위해서는 치즈 매장의 전문가에게 도움을 받자.

서양배, 포도, 무화과 또는 말린 살구 등 생과일이나 말린 과일을 치즈와 함께 낸다. 품질 좋은 빵이나 크래커도 반드시 곁들이는 것이 좋다. 우리가 치즈 코스에 가장 즐겨 곁들이는 빵은 호두 빵이다. 소금을 뿌리지 않고 굽거나 껍질을 바로 벗긴 견과류 또는 군밤도 치즈에 곁들이면 좋다. 또한 숙성 체더 치즈에는 과일 처트니나 이탈리아식 모스타르다(mostarda, 설탕 절임 과일과 겨자 풍미의 시럽으로 만든 양념 — 옮긴이)를 곁들이고, 만체고나 신선한 염소 치즈와는 멤브리요(유럽모과 페이스트)를 함께 내고, 모든 종류의 잘 숙성된 치즈에는 무화과 프리저브를 곁들이면 잘 어울린다.

취향에 따라 와인과 함께 치즈를 대접해도 좋다. 치즈 대접하기와 관련된 일반적인 정보는 「전채 요리와 오르되브르」 장의 치즈 플래터 항목을 참고한다. 다양한 치즈 종류에 대한 자세한 내용은 치즈의 스타일과 종류 항목을 참고한다.

아이스크림과 프로즌 디저트

냉장 기술이 비교적 최근에 발달했다는 점을 고려하면 프로즌(frozen, 얼린) 디저트는 현대 사회의 발명품이라고 생각하기 쉽다. 그러나 사실 인간은 수 세기에 걸쳐 차가운 간식을 염원해왔고 이를 얻기 위해 온갖 방법을 연구해왔다. 솔로몬 왕 시대의 소작농들은 왕족과 부유층의 음료수를 차갑게 식히기 위해 산에서 눈을 날랐다. 8세기 중국 당나라 시대에는 물소의 젖과 장뇌, 밀가루로 프로즌 디저트를 만들었다. 이렇게 고대에 프로즌 디저트를 즐긴 사례는 상당히 많지만, 오늘날의 아이스크림과 비슷한 음식이 탄생한 시기는 프랑스에서 커스터드를 주재료로 한 프로즌 디저트를 만들었던 18세기였다. 이 시기를 즈음하여 아이스크림과 프로즌 디저트는 왕족과 귀족의 음식에서 대중이 즐기는 간식으로 보편화되었다. 냉동 과학이 발달함에 따라 아이스크림도 발전을 거듭했다. 미국에서는 1840년대에 낸시 존슨(Nancy Johnson)이 손으로 돌리는 아이스크림 메이커를 발명하면서 아이스크림이 크게 주목을 받게 되었으며, 이는 사실상 아이스크림이 널리 보급되는 계기가 되었다.

오늘날 아이스크림은 예전만큼 희귀하거나 특별한 간식은 아니다. 모든 식료품점에서는 수십 종류의 아이스크림뿐만 아니라 수많은 얼린 간식을 구비하고 있다. 이렇게 아이스크림을 어디서나 구할 수 있게 되었지만 솜씨 좋은 요리사들은 아주 매끄럽고 안정화된 시판 아이스크림을 구입하기보다는 더욱 질 좋은 재료로 개성이 풍부한 아이스크림을 직접 만든다. 또한 시판 아이스크림은 조리대나 뒤쪽 베란다에서 아이스크림 메이커가 시끄러운 소리를 내며 돌아가면서 간단한 재료를 근사한 여름 디저트로 변신시키는 광경을 지켜보는 어른과 아이들의 흥분 및 기대감 같은 감정을 결코 불러일으킬 수 없다.

아이스크림에 대해

아이스크림은 열을 가한 크림, 우유, 설탕을 섞어서 만들거나 진한 풍미의 달걀 커스터드를 사용해 만들 수 있다. 두 가지 유형 모두 얼리기 전에는 **아이스크림 베이스**라고 부른다. 달걀을 넣지 않고 만드는 첫 번째 유형을 **필라델피아식 아이스크림**, 두 번째 유형을 **프로즌 커스터드** 또는 **프랑스식 아이스크림**이라고 부른다. 달걀노른자에 들어 있는 천연 유화제 때문에 커스터드 스타일의

아이스크림은 고운 질감이 특징이다. 필라델피아식 아이스크림은 커스터드 스타일만큼 고급스럽고 크림처럼 부드럽지는 않지만, 가벼운 질감과 다른 풍미를 추가해 돋보이게 할 수 있다는 점 때문에 이 유형을 선호하는 사람들도 있다. 아이스크림의 유형과 관계없이 ▶ 아이스크림 베이스를 미리 만들어 하룻밤 동안 냉장고에 넣어두면 풍미와 질감이 더욱 좋아진다.

베이스에 달걀을 사용했는지 여부 외에도 아이스크림의 질감에 영향을 주는 요소는 다양하다. 사용한 지방의 양, 설탕의 종류와 양, 젓는 과정에서 들어간 공기의 양, 알코올 첨가 여부(알코올은 얼지 않기 때문에 알코올을 넣으면 아이스크림이 더 부드럽게 유지된다.)는 모두 아이스크림의 최종 질감에 영향을 준다. 마지막으로 아이스크림 베이스를 얼리는 속도에 따라 형성되는 얼음 결정의 크기가 달라지며 이에 따라 질감도 영향을 받는다. 이러한 요소를 세심하게 조절해가면서 결과물을 맛보는 것은 흥미진진하고 아주 맛깔난 과학 실험이다.

아이스크림을 얼리는 기술에도 두 가지가 있다. **저어서 만드는 아이스크림**은 손으로 돌리거나 전기로 작동시키는 기계를 사용해 베이스에 공기를 주입하고 얼음 결정을 부수어 부드러운 농도를 구현한다. **그대로 얼려서 만든 디저트**는 재료를 섞어서 틀에 담고 냉동실에 넣어 완전히 얼리는 과정을 거치며, 도중에 젓거나 특별한 장비를 사용하지 않는다. 이러한 디저트는 부드러운 질감을 살리기 위해 재료를 다르게 조합해야 한다.

저어서 얼리는 방법에 대해

대다수 아이스크림, 셔벗, 프로즌 요구르트, 소르베를 비롯한 저어서 만드는 디저트는 섭씨 0도 이하로 온도를 내릴 수 있는 아이스크림 메이커가 필요하다. 베이스에 들어 있는 설탕 때문에 액체의 어는점이 0℃에서 −3.3℃로 낮아지기 때문이다. 아이스크림 메이커가 베이스를 빨리 얼릴수록 얼음 결정의 크기가 작아지며 결과물의 질감도 더욱 매끄러워진다. 따라서 젓기 전에 항상 아이스크림 베이스를 아주 차갑게 식히면 만족스러운 결과물을 얻을 수 있다.

아이스크림 베이스를 얼음물에 담가 빨리 식히려면 베이스를 얇은 금속 소재 용기에 붓거나 지퍼백에 옮겨 담는다. 싱크대나 아주 큼직한 그릇을 준비하

고 얼음을 넣은 뒤 용기 옆면의 ¾ 높이까지 올라오거나 지퍼백이 완전히 잠길 정도로 물을 넉넉하게 붓는다. 용기를 얼음물에 담그고 2.2℃ 이하가 될 때까지 베이스를 가끔 저어주면서 식힌다.(지퍼백은 따로 건드릴 필요가 없다.)

쉽게 구할 수 있는 아이스크림 메이커로는 얼음에 소금을 뿌려서 베이스를 얼리는 양동이 형태의 기계(손으로 돌리거나 전기로 작동한다.)와 길쭉한 통에 넣어 얼리는 기계, 압축기가 내장된 전기 기계의 세 가지 유형이 있다.

양동이 형태의 아이스크림 메이커

금속 용기에 아이스크림 베이스를 붓고 얼음과 소금을 가득 채운 커다란 양동이에 담가서 아이스크림을 만든다. 손으로 돌리거나 전기 모터가 돌아가면서 용기 안에 들어 있는 **교반기**(dasher) 또는 주걱을 조절하는 원리다. 소금 때문에 얼음이 0℃보다 훨씬 낮은 온도까지 떨어지면서 금속 용기가 차갑게 식고 교반기로 젓는 안쪽의 베이스는 얼게 된다. 이러한 아이스크림 메이커의 가장 큰 장점은 매우 저렴하고 용량이 1.9ℓ 이상이므로 대가족이나 파티에 모인 사람들을 대접하기에 적합하다.

이러한 유형의 아이스크림 메이커를 사용하려면, 얼음 조각과 암염을 4:1 비율로 넣는다. 차갑게 식힌 금속 용기에 아이스크림 베이스를 가득 채우고 양동이 안에 담근 후 통 주변에 소금과 얼음을 번갈아 부어서 양동이를 가득 채운다. 사용 설명서대로 아이스크림을 젓는다. ▶ 몹시 더운 날에는 아이스크림 메이커에 담긴 소금물의 온도가 빨리 올라가므로 소금과 얼음을 더 넉넉히 넣어야 할 수도 있다.

얼음통 형태의 아이스크림 메이커

이 형태의 아이스크림 메이커는 0.9~1.4ℓ 용량의 자그마한 금속 통의 이중벽 안에 냉매가 채워진 형태다. 통을 하룻밤 동안(또는 그보다 오래) 냉동실에 넣어 냉매의 온도를 낮춘다. 그다음 차갑게 식힌 아이스크림 베이스를 통에 가득 채우고 기기에 끼우거나 교반기를 통 안에 끼운 후, 통이나 교반기를 돌리면서 젓는 효과를 낸다. ▶ 금속 통은 사용하기 전에 12시간 이상 냉동실에서 얼려야 하므로 하루에 한 번밖에 아이스크림을 만들 수 없다.(통이 여러 개인 경우는 제외) 이러한 유형의 아이스크림 메이커를 사용할 때는 ▶ 젓기 전에 아이스크림 베이스를 아주 차갑게 식히는 것이 특히 중요하다. 그렇지 않으면 아이스크림이 제대로 얼기 전에 통이 녹아버린다.

압축기로 냉각하는 아이스크림 메이커

고급형 모델로 아이스크림 베이스를 저으면서 효과적으로 얼리는 냉각기가 내장되어 있다. 상대적으로 크고(자그마한 전자레인지와 비슷한 크기) 무거우며 얼음통 형태보다 훨씬 비싸다. 물론 훨씬 편리하기는 하다. 일단 아이스크림 베이스를 기계의 용기에 부은 후 최소 25분간 저으면 아이스크림이 완성되며 결과물의 질감도 나무랄 데 없다. 얼음통 형태와는 달리, 압축기 내장 형태의 기계는 아이스크림을 연달아 계속 만들 수 있다. 아이스크림을 자주 만들어 먹는다면 충분히 투자할 가치가 있는 장비다.

드라이아이스를 사용해 저으면서 얼리는 방법

아이스크림을 저어서 만드는 데 반드시 특수한 도구가 필요한 것은 아니다. 스탠드 반죽기나 핸드 반죽기, 드라이아이스만으로도 충분히 아이스크림을 만들 수 있다. 작은 아파트에 살았던 탓에 주방 기기를 더 놓을 공간은 없었지만

수제 아이스크림은 먹고 싶었던 우리는 이렇게 저으면서 얼리는 방법을 가장 선호하게 되었다. 이 방법을 활용하면 몇 분 안에 아이스크림을 얼릴 수 있으며 비단처럼 부드러운 질감으로 완성된다.

드라이아이스를 다룰 때는 몇 가지 중요한 안전 주의사항을 염두에 두어야 한다. ▶ 드라이아이스를 절대 입안에 넣거나 맨손으로 만져서는 안 된다. 항상 절연 처리된 장갑이나 오븐용 장갑을 끼고 다룬다. 드라이아이스는 녹지 않으며 승화된다. 즉 고체에서 바로 이산화탄소 기체로 변한다는 뜻이다. 여러분이 밀폐된 공간에서 이산화탄소 가스 때문에 문제가 생길 정도로 대량의 드라이아이스를 다룰 가능성은 적겠지만 주의를 기울이는 것이 최선이다. 드라이아이스를 사용해 아이스크림을 만들 때는 환기가 잘 되는 공간에서 작업해야 한다.(대다수 주방은 환기 시설이 잘 갖춰져 있다.) 환기가 걱정된다면 창문을 연다. ▶ 마지막으로 얼린 직후에는 아이스크림을 먹지 않는다. 냉동실에 1시간 정도 넣어두면서 남은 드라이아이스 조각을 승화시킨다.

드라이아이스를 사용해 아이스크림을 저으면서 얼리려면 먼저 아이스크림 베이스를 만들어 차갑게 식혀놓는다. 그릇과 핸드 반죽기를 준비하거나 스탠드 반죽기에 주걱 날을 끼운다. 구할 수 있다면 작은 알갱이 모양의 드라이아이스가 가장 사용하기 쉬운데, 가장 흔히 접할 수 있는 것은 덩어리 형태의 드라이아이스다. 드라이아이스 덩어리에 수건을 덮고 묵직한 무쇠 팬이나 고기 망치 또는 일반 망치로 작게 부순다. 드라이아이스 조각들을 푸드 프로세서나 믹서에 담고 가루가 될 때까지 짧게 몇 번 작동시켜서 간다.(또는 드라이아이스를 계속 두드려 곱게 으깰 수도 있다.) 아이스크림 베이스를 그릇이나 스탠드 반죽기에 옮겨 담고 반죽기를 저속으로 돌린다. 가루 상태로 간 드라이아이스를 작은 숟가락으로 조금씩 넣으면서 드라이아이스가 다 녹으면 다시 한 숟가락 더 넣는 식으로 작업한다. 용기 옆면에 묻은 재료를 몇 번 긁어내리면서 혼합물이 적당히 얼었지만 아직 살짝 말랑한 상태가 되도록 이 과정을 반복한다.(다른 방법과는 다르게 드라이아이스를 사용하면 아이스크림을 벽돌처럼 딱딱하게 얼릴 수도 있다.) 얼린 아이스크림을 용기에 담고 아이스크림 표면에 직접 닿도록 파라핀지나 유산지를 올려서 덮은 후 냉동실에서 1시간 이상 얼렸다가 낸다. 아이스크림을 만든 후 몇 시간이 지나면 뒷맛에서 약간의 금속 맛 또는 '탄산 맛'이 느껴지기도 한다. 이러한 풍미는 보통 아주 연하며 시간이 지나면 사라진다.(드라이아이스는 냉동실 온도에서도 계속 승화한다.)

아이스크림과 프로즌 디저트를 보관하고 대접하는 방법에 대해

아이스크림 메이커로 완성한 이후에도 아이스크림은 비교적 말랑말랑한 상태다. 대다수 아이스크림은 용기에 담아 몇 시간 이상 냉동실에 넣어 단단하게 얼리면 좋다. 특히 아이스크림을 떠서 콘에 얹으려면 얼리는 작업이 필수다. 기포가 생기지 않도록 냉동실용 용기에 아이스크림을 꽉 채운다. 윗면을 평평하게 고르고 아이스크림 표면에 직접 닿도록 파라핀지나 유산지를 올려서 덮은 후 뚜껑을 덮는다.

냉동실에서 꺼낸 아이스크림이 너무 딱딱해서 퍼내기 어려우면 냉장고에 20~30분간 넣어두거나 부엌 조리대에 최대 10분간 두면서 어느 정도 말랑하게 만든다. 아이스크림을 녹였다가 다시 얼리면 얼음 결정이 생기므로 아이스크림을 대량으로 만들어 며칠에 걸쳐 먹을 생각이라면 커다란 용기 1개보다는 작은 용기 여러 개에 나눠 담아 냉동실에 넣는다. 이렇게 하면 용기 1개를 꺼내 살짝 녹인 후 먹어도 다른 통에 들어 있는 아이스크림의 질감은 영향을 받지 않는다.

대다수 수제 아이스크림은 만든 지 5~7일이 지나면 품질이 떨어지기 시작한다. 수제 아이스크림에는 안정제를 넣지 않을 뿐만 아니라 가정용 냉장고의 냉동실은 상업용 냉동고만큼 온도가 낮지 않기 때문에 자연스러운 현상이다. 따라서 일주일 내에 먹을 수 있을 만큼만 만드는 것이 가장 좋다. 가능하면 아이스크림 전용 직립형 또는 상자형 냉동고에 넣어서 보관한다. 냉장고의 냉동실에 넣어서 보관한다면 맨 위 칸이나 가장 온도가 낮은 위치에 넣는다.

소르베, 셔벗 등 지방 함량이 낮은 프로즌 디저트는 보관하는 동안 커다란 얼음 결정이 생기기 쉬우며 이를 방지하기란 상당히 어렵다. 단기간 보관해도 와글와글한 얼음 알갱이가 생긴다. 이런 상태가 되면 디저트를 작은 조각으로 잘라서 푸드 프로세서에 넣고 퓌레 상태로 갈아서 즉시 낸다.

스프링이 달린 아이스크림 스쿱과 일반 아이스크림 스쿱

아이스크림을 뜰 때도 몇 가지 방법이 있다. 일반적인 아이스크림 스쿱은 동그란 공 모양의 아이스크림을 만들 때 유용하다. 이러한 스쿱 중에는 손잡이 안에 열을 전도하는 액체가 들어 있어서 손에서 나오는 체열을 스쿱에 전달함으로써 아이스크림이 스쿱에서 쉽게 떨어지게 도와주는 것도 있다. 스프링이 달린 스쿱도 사용할 수 있지만 아주 딱딱한 아이스크림을 떠낼 경우 부러지기 쉽다. 삽 모양의 스쿱은 커다란 용기에서 아이스크림을 떠내거나 단단한 아이스크림을 뜰 때 아주 유용하다.(힘을 잘 받는다.) 종류와 관계없이 아이스크림을 한 번 떠낼 때마다 스쿱을 뜨거운 물에 담가 적신다.

아이스크림에 풍미 추가하기

아이스크림 베이스에 레몬 껍질, 바닐라 빈, 판단 또는 무화과 잎, 구운 코코넛 또는 커피 가루 등의 재료를 넣어 우려낼 수 있다. 베이스와 풍미 재료를 섞어서 부르르 끓어오를 때까지만 가열한 후 냄비를 불에서 내리고 뚜껑을 덮는다. 30분 정도 우린 후 풍미 재료를 걸러낸다. 다양한 풍미 재료에 대한 아이디어는 커스터드 베이스에 풍미 내기 항목을 참고한다.

으깬 쿠키, 잘게 부순 브리틀(brittle, 호두나 땅콩 등을 섞어서 만든 사탕과자 — 옮긴이) 또는 굵게 썬 견과류 등의 **혼합 재료**(mix-ins)를 넣어서 맛을 더할 수도 있다. 두 가지 풍미의 아이스크림이나 다른 프로즌 디저트를 겹겹이 층으로 쌓거나, 섞어서 **대리석 무늬**를 만들면 근사한 조합이 된다. 마지막으로 아이스크림에 달콤한 소스, 녹인 초콜릿, 잼 또는 프리저브, 마시멜로 크림을 사용해서 **물결 무늬**를 낼 수 있다.

혼합 재료를 넣으려면 굵게 썰거나 으깨거나 통째로 사용하는 작은 재료를 아이스크림 1ℓ당 최대 1컵씩 준비한다. 대다수 얼음통 형태 또는 압축기 유형의 아이스크림 메이커는 기계가 돌아가는 동안 열 수 있는 작은 주입구가 달려 있으므로 젓는 작업이 거의 마무리될 즈음 이 재료를 추가할 수 있다. 아이스크림 베이스가 거의 다 얼었지만 혼합 재료가 골고루 퍼질 수 있도록 아직 말랑말랑한 상태일 때 조금씩 넣는다. 재료를 너무 빨리 넣으면 젓는 작업에 방

해가 될 수 있으므로 주의한다. 또는 저어서 완성된 아이스크림을 냉동실에 넣기 위해 용기에 옮겨 담을 때 혼합 재료를 훌훌 뿌릴 수도 있다.

아이스크림을 섞어서 대리석 무늬를 만들려면 부드러운 아이스크림이나 다른 프로즌 디저트 두 종류를 얕은 보관 용기에 1.2cm 두께로 번갈아 쌓는다. 층층이 쌓은 혼합물을 떠낼 수 있을 정도로 단단해질 때까지 얼린다. 여러 겹을 가로지르며 스쿱으로 떠내면 아이스크림에 대리석 같은 무늬가 생긴다. 바닐라와 커피 아이스크림, 복숭아와 라즈베리 소르베 또는 딸기와 바나나 프로즌 요구르트 등 같은 종류의 서로 다른 풍미를 지닌 프로즌 디저트를 조합한다. 또는 구운 코코넛 아이스크림과 망고 소르베, 크랜베리 셔벗과 라임 소르베 또는 초콜릿 아이스크림과 헤이즐넛 젤라토 등과 같이 아예 스타일과 질감이 다른 프로즌 디저트를 섞을 수도 있다.

아이스크림에 물결 무늬를 내려면 아이스크림 1ℓ당 소스나 프리저브 ½~1컵을 사용한다. 보관 용기에 부드러운 아이스크림을 한 겹 깔고 소스(예를 들어 초콜릿 소스, 소금 캐러멜 소스, 버터스카치 소스, 마시멜로 소스 또는 과일 잼)를 얇게 한 층 뿌리는 식으로 여러 겹을 쌓는다. 스쿱으로 떠낼 수 있을 정도로 단단해질 때까지 냉동한다. 물결 무늬가 근사한 디저트의 예로는 향신료로 풍미를 낸 호박 아이스크림에 캐러멜 소스 또는 사과 버터로 무늬를 낸 것, 바닐라 프로즌 요구르트에 초콜릿 소스로 무늬를 낸 것, 초콜릿 아이스크림에 살구 또는 라즈베리 잼으로 무늬를 낸 것 등이 있다.

896쪽의 표는 인기 있는 여러 아이스크림 풍미에 잘 맞는 혼합 재료, 소스, 토핑, 곁들임 재료를 제시한 것이다.

바닐라 아이스크림

약 1ℓ

I. 필라델피아식

중간 크기의 편수 냄비에 다음을 넣어 섞는다. 중불에 올려 설탕이 녹도록 저으면서 뭉근히 끓어오를 때까지 가열한다.

> 헤비크림 1컵
>
> 설탕 ¾컵
>
> 소금 ⅛작은술

중간 크기의 그릇에 붓고 다음을 넣어 섞는다.

> 헤비크림 2컵
>
> 일반 우유 1컵
>
> 바닐라 2작은술

아이스크림 베이스를 냉장고에 넣어 가능하면 하룻밤 동안 차갑게 식히거나 얼음물에 넣어 빠르게 식힌다.

혼합물을 아이스크림 메이커에 붓고 사용 설명에 따라 얼린다. 뚜껑이 꽉 닫히는 용기에 옮겨 담은 후 4시간 이상 냉동실에 넣어두고 단단하게 얼린다.

II. 프랑스식(커스터드 스타일)

중간 크기의 편수 냄비에 다음을 넣어 섞는다. 중불에 올려 설탕이 녹도록 저으면서 뭉근히 끓어오를 때까지 가열한다.

> 일반 우유 1½컵
>
> 설탕 ¾컵
>
> 바닐라 빈 1개, 세로로 반 가르기(씨를 긁어서 우유에 넣고 깍지도 함께 사용)
>
> 소금 ⅛작은술

중간 크기의 그릇에 다음을 넣고 세게 쳐서 푼다.

아이스크림에 곁들이는 가니시 및 추가 재료			
혼합 재료 (1ℓ당 최대 1컵)	물결 무늬 (1ℓ당 최대 1컵)	토핑	곁들임 재료
바닐라, 달콤한 크림 및 다른 순한 풍미			
굵게 썬 땅콩 브리틀, 토피 또는 버터스카치 미니 또는 굵게 썬 피넛 버터 컵 초콜릿 으깬 초콜릿 샌드위치 쿠키 또는 생강 쿠키 정사각형으로 자른 비스퀴, 제누아즈, 브라우니 코케뉴 또는 블론디 로즈메리와 갈색 설탕을 넣어 구운 견과류 카카오닙스	구운 과일 체리 소스 신선한 베리 쿨리 모든 종류의 잼 또는 프리저브 녹인 초콜릿 또는 밀크 초콜릿	초콜릿 코팅 소스 뜨거운 퍼지 소스 스프링클 구운 과일 과일 플랑베 생과일	스트룹와플 레몬 풍미의 버터 웨이퍼 플로랑탱 코케뉴 돌돌 만 메이플 쿠키
초콜릿 풍미			
토치로 그을린 마시멜로 잘게 부순 아마레티 또는 아몬드 마카룬 으깬 에스프레소 빈 굵게 썬 초콜릿 미니 또는 굵게 썬 피넛 버터 컵 초콜릿	체리 소스 간단한 둘세 데 레체	휩드 크림 휩드 크렘 프레슈 마시멜로 소스	튀일 바닐라 아이스박스 쿠키
캐러멜 아이스크림			
구운 피칸, 헤이즐넛 또는 땅콩 토피 토치로 그을린 마시멜로 잘게 부순 초콜릿 쿠키 고리 모양으로 잘라서 기름에 지진 사과 설탕 절임 베이컨	소금 캐러멜 소스 녹인 다크 초콜릿	구운 견과류 바나나 포스터 버터 사과 소스 메건의 씨앗 가득 올리브유 그래놀라	구운 사과 신선한 생강 케이크 블론디
코코넛 아이스크림			
구운 박편형의 코코넛 구운 딸기, 파인애플 또는 바나나	망고 쿨리 라임 커드 녹인 다크 초콜릿 소금 캐러멜 소스	망고 쿨리 라즈베리로 만든 신선한 베리 쿨리 초콜릿 소스 박편형의 구운 코코넛	라즈베리 슈트로이젤 바 베네 웨이퍼 초콜릿 엔젤푸드 케이크 무화과와 브라운 버터 향신료 케이크
복숭아, 망고, 베리류 풍미			
굵게 썬 다크 초콜릿 구운 과일 잘게 부순 아마레티 또는 아몬드 마카룬	녹인 화이트 초콜릿 신선한 베리 쿨리	초콜릿 코팅 소스 바닐라 소스 구운 과일 구운 아몬드 슬라이스	아니스 아몬드 비스코티 스코틀랜드식 쇼트브레드 간단한 크림 비스킷 또는 쇼트케이크

대란 노른자 3개

뜨거운 우유 혼합물 약 ½컵을 풀어둔 달걀노른자에 조금씩 넣으면서 섞는다. 그다음 달걀 혼합물을 다시 우유에 넣는다. 중약불로 계속 저으면서 커스터드가 80℃에 도달하고 숟가락 뒷면에 코팅될 정도로 걸쭉해질 때까지 조리한다. 혼합물이 끓어오르지 않도록 주의한다. 고운체에 걸러서 중간 크기의 그릇에 담고 다음을 넣어서 섞는다.

헤비크림 2컵

아이스크림 베이스를 냉장고에 넣어 가능하면 하룻밤 동안 차갑게 식히거나 얼음물에 넣어 빠르게 식힌다.

바닐라 빈 깍지를 건져낸다. 혼합물을 아이스크림 메이커에 붓고 사용 설명에 따라 얼린다. 뚜껑이 꽉 닫히는 용기에 옮겨 담은 후 4시간 이상 냉동실에 넣어두고 단단하게 얼린다.

민트 초콜릿 칩 아이스크림

약 1.4ℓ

선택 재료이긴 하지만 크렘 드 망트를 넣으면 또 다른 민트 풍미를 추가할 수 있고 질감도 부드러워지며 아이스크림이 연한 녹색으로 예쁘게 물든다.

바닐라 아이스크림을 만들되, 바닐라 또는 바닐라 빈을 생략한다. 레시피에 따라 크림 또는 우유 혼합물을 뭉근히 끓이고 **굵게 썬 민트 1컵**을 넣어 섞는다. 냄비를 불에서 내리고 뚜껑을 덮어서 30분간 우린다. 혼합물을 체에 걸러서 중간 크기의 그릇에 넣고 남은 건더기를 꽉 눌러 즙을 전부 짜낸다. 민트는 버린다. 레시피대로 조리한다. 취향에 따라 아이스크림 베이스를 냉장고에 넣기 직전에 (크렘 드 망트 1~2큰술)을 추가한다. 아이스크림이 거의 다 얼었을 때 **굵게 썬 세미스위트 또는 비터스위트 초콜릿 85~115g**을 넣고 섞는다.

커피 아이스크림

약 1ℓ

바닐라 아이스크림을 만들되, 바닐라 또는 바닐라 빈을 생략한다. 레시피에 따라 크림 또는 우유 혼합물을 뭉근히 끓이고 **으깨거나 굵게 간 원두 ¼컵**을 넣어 섞는다. 냄비를 불에서 내리고 뚜껑을 덮어서 30분간 우린다. 혼합물을 체에 걸러서 중간 크기의 그릇에 담고 원두는 버린다. 레시피대로 조리한다.

럼 건포도 아이스크림

약 1ℓ

작은 편수 냄비를 약불에 올리고 **다크 럼 ½컵**과 **건포도 ¾컵**을 넣어 김이 나기 시작할 때까지 은근히 데운다. 냄비를 불에서 내리고 뚜껑을 덮어서 20분간 우린다. 건포도를 건져서 물기를 빼고 럼과 건포도 모두 보관한다. **바닐라 아이스크림**을 만들되, 바닐라 또는 바닐라 빈 대신 럼 1큰술을 넣는다. 아이스크림이 거의 다 얼었을 때 건포도를 넣는다.

차로 풍미를 낸 아이스크림

약 1ℓ

바닐라 아이스크림을 만든다. 레시피에 따라 크림 또는 우유 혼합물을 뭉근히 끓이고 녹차, 얼그레이 또는 루이보스 등의 찻잎 2큰술이나 티백 6개를 넣는다. 냄비를 불에서 내리고 뚜껑을 덮어서 30분간 우린다. 체에 거르고 건더기를 꾹 눌러 즙을 모두 짠 다음 찻잎이나 티백은 버린다. 레시피대로 조리한다.

말차 아이스크림

약 1ℓ

바닐라 아이스크림 Ⅱ를 만들되, 바닐라 빈을 생략한다. 아이스크림 베이스의 온도가 80℃에 도달하고 숟가락 뒷면에 코팅될 정도로 걸쭉해지면 중간 크기의 그릇에 **말차 가루 2큰술**을 넣는다. 헤비크림을 말차 가루에 조금씩 넣고 덩어리가 없어질 때까지 잘 저은 뒤, 이 혼합물을 아이스크림 베이스에 넣고 **바닐라 1작은술**을 추가한다. 레시피대로 조리한다.

캐러멜 아이스크림

약 5컵

다음 레시피에 따라 우유 또는 크림 혼합물을 데운다.

바닐라 아이스크림

버전 Ⅱ의 레시피로 만든다면 바닐라 빈을 생략한다. 약불에 올려 따뜻한 온도를 유지한다. 작고 묵직한 편수 냄비에 다음을 넣고 섞는다.

설탕 ¾컵

물 ¼컵

중강불에 올려 가열하면서 설탕이 녹고 시럽이 투명해질 때까지 편수 냄비를 천천히 빙글빙글 돌린다. 설탕이 완전히 다 녹기 전에 시럽이 바글바글 끓어오르지 않도록 주의한다. 냄비 뚜껑을 덮고 시럽을 1분간 뭉근히 끓인다. 뚜껑을 열고 가장자리의 색이 진해지기 시작할 때까지 계속 끓인다. 캐러멜이 진한 호박색으로 변할 때까지 내용물을 살살 저으면서 조리한다. 캐러멜이 완성되면 불에서 내리고 뒤로 물러서서 즉시 따뜻한 우유 또는 크림 혼합물을 넣고 완전히 어우러질 때까지 섞는다. 지글거리면서 튀므로 조심한다. 캐러멜이 딱딱해지면 냄비를 약불에 올려 부드러워질 때까지 저으면서 가열한 후 크림과 섞는다. 불에서 내리고 바닐라 아이스크림 레시피대로 진행한다. 버전 Ⅰ의 레시피를 따른다면 바닐라의 양을 1작은술로 줄인다.

크렘 프레슈 아이스크림

약 1ℓ

약간의 상큼한 맛을 더한 바닐라 아이스크림으로, 아주 맛있게 즐길 수 있다. 믹서에 다음을 넣고 섞는다.

우유 2컵

수제 크렘 프레슈 1½컵

설탕 ¾컵

바닐라 또는 바닐라 빈 페이스트 2작은술

소금 ⅛작은술

질감이 완전히 매끄러워지고 설탕이 녹을 때까지 30초 정도 믹서를 작동시킨다. 냉장고에 넣어 가능하면 하룻밤 동안 차갑게 식히거나 얼음물에 담가 빠르게 식힌다.

혼합물을 아이스크림 메이커에 붓고 사용 설명에 따라 냉동한다.

버터밀크 아이스크림

크렘 프레슈 아이스크림을 만들되, 우유 대신 **버터밀크 2컵**, 크렘 프레슈 대신 **헤비크림 1½컵**을 넣는다.

달콤한 크림 아이스크림

약 1ℓ

우리가 아는 바닐라 아이스크림 레시피 중 가장 간단하면서도 맛있는 레시피다. 믹서에 다음을 넣고 섞는다.

　헤비크림 1½컵

　일반 우유 1컵

　가당연유 통조림 415ml짜리 1개

　바닐라 또는 바닐라 빈 페이스트 2작은술

　소금 1자밤

질감이 매끄러워질 때까지 믹서를 작동시킨다. 아이스크림 베이스를 냉장고에 넣어 가능하면 하룻밤 동안 차갑게 식히거나 얼음물에 담가 빠르게 식힌다.

　베이스를 아이스크림 메이커에 붓고 사용 설명에 따라 냉동한다. 뚜껑이 꽉 닫히는 용기에 옮겨 담고 4시간 이상 냉동실에 넣어 딱딱하게 얼린다.

소용돌이 퍼지 아이스크림

약 5컵

뜨거운 퍼지 소스 레시피의 ½ 분량을 준비한다. 완전히 식힌다. **바닐라 아이스크림**을 만든다. 아이스크림을 젓는 동안 아이스크림을 보관할 용기의 바닥에 실온 상태의 퍼지 소스를 얇게 펴서 바른다. 아이스크림 ⅓ 분량을 얹고 그 위에 남은 퍼지 소스 절반을 펴서 바르거나 뿌린다. 남은 아이스크림과 퍼지 소스도 같은 식으로 번갈아 얹고 맨 위는 아이스크림 층으로 마무리한다. 단단해질 때까지 4시간 이상 냉동실에 넣어두고 얼린다. 스쿱으로 떠내면 퍼지 소스가 물결 무늬처럼 보인다.

박하사탕 아이스크림

약 1ℓ

축제 분위기를 내는 박하 아이스크림을 간단하게 만들 수 있는 레시피다. 중간 크기의 내열 그릇에 다음을 넣는다.

　잘게 부순 단단한 박하사탕 1컵

중간 크기의 편수 냄비에 다음을 담고 뭉근히 끓어오르도록 가열한다.

　일반 우유 1½컵

　헤비크림 1½컵

뜨거운 우유와 크림 혼합물을 사탕 위에 붓고 식힌 후 뚜껑을 덮어서 냉장고에 12시간 동안 넣어둔다.

　혼합물을 잘 섞은 후 아이스크림 메이커에 붓고 사용 설명에 따라 얼린다. 취향에 따라 아이스크림이 거의 다 얼었을 때 다음을 넣고 섞어도 좋다.

　(굵게 부순 단단한 박하사탕 또는 미니 초콜릿 칩 ⅓컵)

초콜릿 아이스크림

약 5컵

중간 크기의 편수 냄비에 다음을 넣고 섞는다.

　설탕 ½컵

　무가당 코코아 가루 ⅓컵

　소금 ¼작은술

다음을 조금씩 넣고 섞는다.

　일반 우유 2컵

중불에 올려 설탕이 녹을 때까지 가끔 저으면서 뭉근히 끓어오르도록 가열한다. 중간 크기의 내열 그릇에 다음을 넣고 저어서 섞는다.

　대란 노른자 4개

　설탕 ¼컵

계속 저으면서 뜨거운 우유 혼합물의 약 절반을 달걀에 천천히 붓는다. 이 혼합물을 다시 편수 냄비에 붓고 중약불에 올려서 커스터드가 80℃에 도달하고 숟가락 뒷면에 코팅될 정도로 걸쭉해질 때까지 계속 저으면서 조리한다. 혼합물이 끓어오르지 않도록 주의한다. 냄비를 불에서 내리고 커스터드를 고운체에 걸러서 중간 크기의 그릇에 담는다. 다음을 넣고 섞는다.

　헤비크림 1컵

　바닐라 1작은술

아이스크림 베이스를 냉장고에 넣어 가능하면 하룻밤 동안 차갑게 식히거나 얼음물에 담가 빠르게 식힌다.

　혼합물을 아이스크림 메이커에 붓고 사용 설명에 따라 얼린다. 취향에 따라 아이스크림이 거의 다 얼었을 때 다음을 넣고 섞는다.

　(굵게 썬 세미스위트 또는 비터스위트 초콜릿 85~115g, 또는 1.2cm 크기의
　　정육면체 퍼지 브라우니를 완전히 식혀서 1½컵)

뚜껑이 꽉 닫히는 용기에 옮겨 담고 냉동실에서 넣어 4시간 이상 단단하게 얼린다.

로키 로드 아이스크림

초콜릿 아이스크림을 만든다. 아이스크림이 거의 다 얼었을 때, **미니 마시멜로** 1컵과 구워서 굵게 썬 호두 또는 아몬드 ½컵을 넣고 섞는다.

맥아 우유 초콜릿 아이스크림

초콜릿 아이스크림을 만들되, 설탕과 코코아 가루 혼합물에 **맥아 분유** ¾컵을 넣고 섞는다. 레시피대로 조리한다. 취향에 따라 아이스크림이 거의 다 얼었을 때 (맥아 우유 초콜릿 볼 1컵)을 넣고 섞는다.

다크 초콜릿 아이스크림

약 1ℓ

중간 크기의 편수 냄비에 다음을 넣고 섞은 후 중불에 올려 설탕이 녹을 때까지 저으면서 뭉근히 끓어오르도록 가열한다.

　일반 우유 1½컵

　설탕 ½컵

　소금 ⅛작은술

중간 크기의 내열 그릇에 다음을 넣고 세게 쳐서 섞는다.

　대란 노른자 3개

뜨거운 우유 혼합물 ½컵을 풀어둔 달걀노른자에 조금씩 넣고 젓는다. 달걀 혼합물을 다시 우유에 넣고 섞는다. 중약불에 올려 커스터드가 80℃에 도달하고 숟가락 뒷면에 코팅될 정도로 걸쭉해질 때까지 계속 저으면서 조리한다. 혼합물이 끓어오르지 않도록 주의한다. 냄비를 불에서 내리고 다음을 넣어 매끄러운 질감이 될 때까지 섞는다.

　코코아 시럽 ¾컵

　세미스위트 또는 비터스위트 초콜릿 칩 ¼컵 또는 굵게 썬 세미스위트 또는
　　비터스위트 초콜릿 45g

다음을 넣고 섞는다.

　헤비크림 1½컵

잘 섞는다. 아이스크림 베이스를 냉장고에 넣어 가능하면 하룻밤 동안 차갑게 식히거나 얼음물에 담가 빠르게 식힌다.

　혼합물을 아이스크림 메이커에 붓고 사용 설명에 따라 얼린다. 뚜껑이 꽉 닫히는 용기에 옮겨 담은 후 4시간 이상 냉동실에 넣어두고 단단하게 얼린다.

피스타치오 아이스크림

약 1ℓ

아몬드 추출물을 넣은 후 녹색 식용 색소 2~4방울을 추가하면 녹색 피스타치오 아이스크림이 된다.

푸드 프로세서에 다음을 넣고 곱게 갈되, 페이스트 상태까지 되지 않도록 주의한다.

　구운 피스타치오 1컵

　설탕 1컵

중간 크기의 편수 냄비에 옮겨 담고 다음을 추가한다.

　헤비크림 2컵

　일반 우유 1½컵

중약불에 올려 설탕이 녹도록 저으면서 뭉근히 끓어오르기 시작할 때까지 가열한다. 불에서 내리고 뚜껑을 덮어서 1시간 동안 우린다. 고운체에 걸러서 중간 크기의 그릇에 담고 건더기를 꾹 눌러 즙을 전부 짜낸다. 체에 남은 견과류는 버린다. 다음을 넣고 섞는다.

　바닐라 1작은술

　아몬드 또는 피스타치오 추출물 ½작은술

아이스크림 베이스를 냉장고에 넣어 가능하면 하룻밤 동안 차갑게 식히거나 얼음물에 담가 빠르게 식힌다.

　베이스를 아이스크림 메이커에 붓고 사용 설명에 따라 얼린다. 아이스크림이 거의 다 얼었을 때 다음을 넣는다.

　피스타치오 ½컵, 구워서 잘게 썰기

뚜껑이 꽉 닫히는 용기에 옮겨 담은 후 4시간 이상 냉동실에 넣어두고 단단하게 얼린다.

버터 피칸 아이스크림

약 1ℓ

우리는 이 전통적인 아이스크림 레시피에 가염 견과류를 즐겨 사용한다.

작은 편수 냄비에 다음을 넣고 섞은 후 설탕이 녹도록 저으면서 부르르 끓어오를 때까지 가열한다.

　연한 갈색 설탕, 꾹 눌러 담아 1컵

　물 ½컵

　소금 또는 훈제 소금 ⅛작은술

시럽을 2분간 끓인다. 그동안 이중 냄비의 위쪽 용기나 중간 크기의 내열 그릇에 다음을 넣고 세게 쳐서 푼다.

　대란 노른자 4개

뜨거운 설탕 시럽을 달걀노른자에 천천히 넣고 세게 쳐서 섞는다. 뭉근히 끓는 물에 담고 계속 저으면서 커스터드가 80℃에 도달하고 숟가락 뒷면에 코팅될 정도로 걸쭉해질 때까지 조리한다. 혼합물이 끓어오르지 않도록 주의한다.

다음을 넣고 녹을 때까지 젓는다.

　버터 2큰술

체에 걸러서 중간 크기의 그릇에 담고 다음을 넣고 섞는다.

　일반 우유 1컵

　헤비크림 1컵

　바닐라 1작은술

　(셰리 또는 버번 1큰술)

아이스크림 베이스를 냉장고에 넣어 가능하면 하룻밤 동안 차갑게 식히거나 얼음물에 담가 빠르게 식힌다.

　베이스를 아이스크림 메이커에 붓고 사용 설명에 따라 얼린다. 아이스크림이 거의 다 얼었을 때 다음을 넣는다.

　구워서 굵게 썬 피칸 또는 구운 가염 피칸 ½컵

뚜껑이 꽉 닫히는 용기에 옮겨 담은 후 4시간 이상 냉동실에 넣어두고 단단하게 얼린다.

땅콩버터 아이스크림

약 1ℓ

이 아이스크림에 초콜릿 코팅 소스를 얹고 박편형 바닷소금을 뿌리면 도저히 숟가락을 놓을 수 없을 정도로 끝없이 먹게 된다. 이 레시피에는 크림처럼 부드러워서 젓지 않고 사용할 수 있는 땅콩버터를 쓴다. '천연' 땅콩버터는 쉽게 분리되기 때문에 적합하지 않다.

믹서에 다음을 넣고 섞는다.

　일반 우유 1컵

　크림처럼 부드러운 땅콩버터 ¾컵

　설탕 ¾컵

　바닐라 1½작은술

　소금 1자밤

완전히 매끄러워질 때까지 믹서를 돌린다. 그릇에 옮겨 담고 다음을 넣어 섞는다.

　헤비크림 1½컵

아이스크림 베이스를 냉장고에 넣어 가능하면 하룻밤 동안 차갑게 식히거나 얼음물에 담가 빠르게 식힌다.

　혼합물을 아이스크림 메이커에 붓고 사용 설명에 따라 얼린다. 취향에 따라 아이스크림이 거의 다 얼었을 때 다음을 넣고 뒤적이며 섞는다.

　(굵게 썬 구운 땅콩 1컵)

뚜껑이 꽉 닫히는 용기에 옮겨 담은 후 4시간 이상 냉동실에 넣어두고 단단하게 얼린다.

코코넛 아이스크림

약 1ℓ

다음을 굽는다.

　잘게 썬 가당 코코넛 2컵

중간 크기의 편수 냄비에 다음을 넣어 섞는다. 중약불에 올려 설탕이 녹도록 저으면서 뭉근히 끓어오를 때까지 가열한다.

　일반 우유 ¾컵

　코코넛 밀크 통조림 ¾컵

　설탕 ½컵

소금 ⅛작은술

구운 코코넛 1컵을 넣고 섞은 뒤 불에서 내려 뚜껑을 덮고 30분간 우린다.

우유를 고운체에 걸러서 그릇에 담고 코코넛 건더기를 꾹 눌러 즙을 전부 짠다. 남은 코코넛은 버린다. 편수 냄비를 다시 중약불에 올리고 뭉근히 끓어오를 때까지 가열한다. 중간 크기의 내열 그릇에 다음을 넣고 세게 쳐서 푼다.

대란 노른자 3개

우유 혼합물 약 ½컵을 조금씩 넣고 섞은 뒤 달걀 혼합물을 나머지 우유에 넣고 섞는다. 약불에서 계속 저으면서 커스터드가 80℃에 도달하고 숟가락 뒷면에 코팅될 정도로 걸쭉해질 때까지 조리한다. 혼합물이 끓어오르지 않도록 주의한다. 그릇에 옮겨 담고 아이스크림 베이스를 냉장고에 넣어 가능하면 하룻밤 동안 차갑게 식히거나 얼음물에 담가 빠르게 식힌다.

다음을 넣고 섞는다.

헤비크림 2컵

혼합물을 아이스크림 메이커에 붓고 사용 설명에 따라 얼린다. 아이스크림이 거의 다 얼었을 때 구운 코코넛 나머지 1컵을 넣고 섞는다. 뚜껑이 꽉 닫히는 용기에 옮겨 담은 후 4시간 이상 냉동실에 넣어두고 단단하게 얼린다.

올리브유 아이스크림

약 1ℓ

진짜 품질 좋은 올리브유의 풍미를 한껏 선보이는 데 이 달콤짭짤한 아이스크림보다 좋은 방법은 없다. 후추 향이 나는 올리브유보다는 버터 풍미의 올리브유를 사용하는 것이 좋다.

중간 크기의 편수 냄비에 다음을 넣고 섞은 후 중불에 올려 설탕이 녹을 때까지 잘 저으면서 뭉근히 끓어오르도록 가열한다.

일반 우유 2컵

설탕 ¾컵

소금 ⅛작은술

중간 크기의 내열 그릇에 다음을 넣고 세게 쳐서 푼다.

대란 노른자 3개

뜨거운 우유 혼합물 약 ½컵을 달걀노른자 푼 것에 조금씩 넣고 저은 후 달걀 혼합물을 다시 우유에 넣고 섞는다. 중약불에서 계속 저으면서 커스터드가 80℃에 도달하고 숟가락 뒷면에 코팅될 정도로 걸쭉해질 때까지 조리한다. 혼합물이 끓어오르지 않도록 주의한다. 고운체에 걸러서 믹서에 담거나 막대형 블렌더를 사용한다면 속이 깊은 그릇에 담는다. 계량컵이나 주둥이 있는 물병에 다음을 넣고 섞는다.

헤비크림 ¾컵

품질 좋은 엑스트라 버진 올리브유 ⅓컵

믹서를 사용할 경우 중속으로 돌리면서 아이스크림 베이스에 크림과 기름 혼합물을 아주 조금씩 부어 넣는다. 막대형 블렌더를 사용할 경우 고속으로 돌리면서 크림과 기름 혼합물을 커스터드가 담긴 그릇에 조금씩 붓는다. 아이스크림 베이스가 유화될 것이다. 아이스크림 베이스를 냉장고에 넣어 가능하면 하룻밤 동안 차갑게 식히거나 얼음물에 담가 빠르게 식힌다.

혼합물을 아이스크림 메이커에 붓고 사용 설명에 따라 얼린다. 뚜껑이 꽉 닫히는 용기에 옮겨 담은 후 4시간 이상 냉동실에 넣어두고 단단하게 얼린다. 취향에 따라 아이스크림 몇 스쿱에 다음을 살짝 훌훌 뿌려서 낸다.

(박편형의 훈제 바닷소금)

향신료로 풍미를 낸 호박 아이스크림

약 1.4ℓ

중간 크기의 편수 냄비에 다음을 넣어 섞는다. 중약불에 올려 설탕이 녹도록 저으면서 뭉근히 끓어오를 때까지 가열한다.

일반 우유 1½컵

설탕 ¼컵

계핏가루 ½작은술

생강 가루 ½작은술

강판에 간 육두구 또는 육두구 가루 1자밤

중간 크기의 내열 그릇에 다음을 넣고 세게 쳐서 섞는다.

대란 노른자 4개

설탕 ½컵

뜨거운 우유 혼합물 절반을 풀어둔 달걀노른자에 조금씩 넣고 잘 저은 후 이 혼합물을 다시 남은 우유에 붓는다. 약불에서 계속 저으면서 커스터드가 80℃에 도달하고 숟가락 뒷면에 코팅될 정도로 걸쭉해질 때까지 조리한다. 혼합물이 끓어오르지 않도록 주의한다. 냄비를 불에서 내린 후 커스터드를 고운체에 걸러서 중간 크기의 그릇에 담는다. 다음을 넣고 섞는다.

헤비크림 1¼컵

무가당 호박 퓌레, 직접 삶아서 만든 것 또는 통조림 1컵

바닐라 1작은술

아이스크림 베이스를 냉장고에 넣어 가능하면 하룻밤 동안 차갑게 식히거나 얼음물에 담가 빠르게 식힌다.

베이스를 아이스크림 메이커에 붓고 사용 설명에 따라 얼린다. 취향에 따라 아이스크림이 거의 다 얼었을 때 다음을 넣어 섞는다.

(굵게 부순 곡물 크래커 또는 생강 쿠키 1컵)

뚜껑이 꽉 닫히는 용기에 옮겨 담은 후 4시간 이상 냉동실에 넣어두고 단단하게 얼린다.

당밀 아이스크림

약 1ℓ

아주 간단하면서도 독특한 이 비건 아이스크림은 우리 가족의 지인인 헬레나 루트(Helena Root)의 레시피를 참고한 것이다. 취향에 따라 아이스크림을 저은 후 (1.2cm 크기의 정육면체로 자른 생강 빵 또는 향신료를 넣어 구운 케이크 1½컵)을 넣고 뒤적이며 섞는다.

다음을 믹서에 넣고 완전히 균일한 질감이 될 때까지 퓌레 상태로 간다.

당밀 또는 수수 시럽 1컵

지방을 제거하지 않은 코코넛 밀크 통조림 400ml짜리 2개

아이스크림 베이스를 그릇에 붓고 냉장고에 넣어 가능하면 하룻밤 동안 차갑게 식히거나 얼음물에 담가 빠르게 식힌다.

베이스를 아이스크림 메이커에 붓고 사용 설명에 따라 얼린다. 뚜껑이 꽉 닫히는 용기에 옮겨 담은 후 4시간 이상 냉동실에 넣어두고 단단하게 얼린다.

유제품을 넣지 않은 바닐라 아이스크림

약 1ℓ

이 베이스는 약간의 응용을 통해 다양한 풍미를 낼 수 있다. 896쪽 아이스크림에 곁들이는 가니시 및 추가 재료 표의 재료 중 아무거나 베이스에 넣어 섞

을 수 있으며, 베이스를 데워서 민트 초콜릿 칩 아이스크림이나 커피 아이스크림처럼 풍미 재료를 우려낼 수도 있고, 캐러멜 아이스크림처럼 캐러멜화한 설탕을 넣고 섞을 수도 있다. 선택 재료인 구연산을 넣어도 아이스크림에서 신맛이 나지는 않는다. 약간의 복합적인 풍미가 더해질 뿐이다.

중간 크기의 그릇에 다음을 넣고 섞는다.

　생캐슈 1컵

　캐슈가 잠길 만큼의 물

하룻밤 불린다. 캐슈에서 물기를 제거하고 믹서에 넣는다. 다음을 추가한다.

　코코넛 밀크 통조림 400ml짜리 1개, 잘 흔들어서 넣기

　물 1컵

　설탕 ½컵

　(연한 옥수수 시럽 2큰술)

　바닐라 또는 바닐라 빈 페이스트 2작은술

　(구연산 ⅛작은술)

　소금 ¼작은술

필요하면 믹서 용기의 옆면에 묻은 재료를 긁어내리면서 아주 매끄러운 질감이 될 때까지 믹서를 작동시킨다. 고성능 믹서가 아니라면 아이스크림 베이스를 고운체에 한 번 거른다. 아이스크림 베이스를 그릇에 옮겨 담고 냉장고에 넣어 가능하면 하룻밤 동안 차갑게 식히거나 얼음물에 담가 빠르게 식힌다.

　혼합물을 아이스크림 메이커에 붓고 사용 설명에 따라 얼린다. 뚜껑이 꽉 닫히는 용기에 옮겨 담은 후 4시간 이상 냉동실에 넣어두고 단단하게 얼린다.

복숭아, 살구 또는 천도복숭아 아이스크림

약 1ℓ

오븐을 175℃로 예열한다. 다음의 씨를 빼고 2등분 또는 4등분한다.

　살구, 복숭아 또는 천도복숭아 450g

과일을 33×23cm 크기의 베이킹 접시에 넣고 다음을 뿌려서 뒤적이며 섞는다.

　설탕 ½컵

　레몬즙 1작은술

10분마다 뒤적이면서 과일이 완전히 부드러워지고 뭉개질 때까지 45분간 굽는다. 베이킹 접시에 담긴 채로 완전히 식힌 후 과일의 껍질을 벗긴다.

　과일과 즙을 모아 믹서에 넣고 매끄러운 질감이 될 때까지 갈거나 막대형 블렌더를 사용해 간다. 중간 크기의 그릇에 옮겨 담고 다음을 넣어 섞는다.

　헤비크림 2컵

　(복숭아 슈납스[schnapps, 도수가 높은 증류주를 통칭하는 독일어 — 옮긴이] 또는

　　보드카 1큰술)

　아몬드 추출물 ½작은술

　소금 1자밤

아이스크림 베이스를 냉장고에 넣어 가능하면 하룻밤 동안 차갑게 식히거나 얼음물에 담가 빠르게 식힌다.

　혼합물을 아이스크림 메이커에 붓고 사용 설명에 따라 얼린다. 뚜껑이 꽉 닫히는 용기에 옮겨 담은 후 4시간 이상 냉동실에 넣어두고 단단하게 얼린다.

딸기 아이스크림

약 1ℓ

푸드 프로세서에 다음을 넣고 섞는다.

　딸기 475ml, 꼭지를 따고 얇게 저미기

　설탕 ¼컵+2큰술

　바닐라 1작은술

과일이 으깨질 때까지 푸드 프로세서를 10번 정도 짧게 끊어서 작동시킨다. 그릇에 옮겨 담고 1시간 동안 냉장고에 넣어둔다. 다음을 넣고 섞는다.

　헤비크림 1컵

　일반 우유 ½컵

설탕이 녹을 때까지 2~3분간 젓는다. 아이스크림 베이스를 냉장고에 넣어 가능하면 하룻밤 동안 차갑게 식히거나 얼음물에 담가 빠르게 식힌다.

　혼합물을 아이스크림 메이커에 붓고 사용 설명에 따라 얼린다. 뚜껑이 꽉 닫히는 용기에 옮겨 담은 후 4시간 이상 냉동실에 넣어두고 단단하게 얼린다.

블랙베리 또는 라즈베리 아이스크림

약 1ℓ

이 레시피에는 직접 만든 퓌레 대신 냉동 베리 퓌레 1컵(약 255g)을 해동해 넣을 수도 있다. 푸드 프로세서에 다음을 넣고 섞는다.

　블랙베리 또는 라즈베리 475ml

　설탕 ½컵

과일이 으깨지고 즙이 많이 나올 때까지 푸드 프로세서를 짧게 몇 번 작동시킨다. 작은 그릇에 옮겨 담고 1시간 동안 냉장고에 넣어둔다. 혼합물을 고운체에 거르고 건더기를 꾹꾹 눌러 즙을 전부 짜낸다. 남은 씨는 버린다. 다음을 추가한다.

　헤비크림 1½컵

　일반 우유 ½컵

　바닐라 1작은술

　(프랑부아즈 또는 보드카 1큰술)

설탕이 녹을 때까지 2~3분간 젓는다. 아이스크림 베이스를 냉장고에 넣어 가능하면 하룻밤 동안 차갑게 식히거나 얼음물에 담가 빠르게 식힌다.

　베이스를 아이스크림 메이커에 붓고 사용 설명에 따라 얼린다. 뚜껑이 꽉 닫히는 용기에 옮겨 담은 후 4시간 이상 냉동실에 넣어두고 단단하게 얼린다.

오렌지 아이스밀크

약 3컵

아이스밀크는 아이스크림과 비교할 때 크림처럼 부드러운 질감은 덜하지만 더 상쾌한 느낌을 주는 디저트다.

작은 그릇에 다음을 넣고 설탕이 녹을 때까지 저어서 섞는다.

　오렌지 1개의 껍질, 강판에 곱게 갈기

　오렌지즙 ¾컵

　설탕 ⅔컵

　갓 짜낸 레몬즙 2큰술

　바닐라 1작은술

　소금 1자밤

중간 크기의 그릇에 다음을 넣는다.

　아주 차가운 일반 우유 2컵

오렌지즙 혼합물을 우유에 조금씩 넣는다. 우유가 살짝 응고된 것처럼 보여도 아이스밀크의 질감에는 영향을 미치지 않는다. 혼합물을 아이스크림 메이커

에 붓고 사용 설명에 따라 얼린다. 뚜껑이 꽉 닫히는 용기에 옮겨 담은 후 4시간 이상 냉동실에 넣어두고 단단하게 얼린다.

파인애플 아이스밀크

약 1ℓ

파인애플 주스를 살 필요 없이 으깬 파인애플 통조림에서 따라낸 즙을 사용할 수도 있다. 작은 그릇에 다음을 넣고 설탕이 녹을 때까지 저으면서 섞는다.

무가당 파인애플 주스 ⅔컵

설탕 ½컵

으깬 파인애플 통조림, 국물을 따라내고 ½컵

레몬 1개의 껍질, 강판에 곱게 갈기

레몬즙 2큰술

소금 ⅛작은술

중간 크기의 그릇에 다음을 넣는다.

아주 차가운 일반 우유 3컵

파인애플 주스 혼합물을 우유에 넣고 섞는다. 혼합물을 아이스크림 메이커에 붓고 사용 설명에 따라 얼린다. 뚜껑이 꽉 닫히는 용기에 옮겨 담은 후 4시간 이상 냉동실에 넣어두고 단단하게 얼린다.

초콜릿 컵

8~10개

초콜릿 온도를 제대로 맞추면 딱 한 번만 풍선을 담가도 골고루 초콜릿으로 코팅할 수 있다. 초콜릿이 너무 차가우면 코팅이 너무 두꺼워지고, 초콜릿이 너무 뜨거우면 풍선을 여러 번 담가야 할 가능성이 크다. 남은 초콜릿은 보관했다가 초콜릿 컵의 구멍을 메우는 데 사용한다.

오븐 팬에 유산지나 실리콘 깔개를 깐다. 다음을 지름 12.5cm 정도의 크기로 분다.

작은 풍선 8~10개

다음을 템퍼링하고 중간 크기의 그릇에 붓는다.

세미스위트 또는 비터스위트 초콜릿(카카오 함량 최대 64%) 450g

풍선을 하나 들고 아랫부분의 ⅓ 또는 ½만큼 초콜릿에 담근 후 좌우로 움직이면서 골고루 초콜릿을 바른다. 풍선을 들어올려 여분의 초콜릿을 떨어뜨린 후 초콜릿이 묻은 쪽이 아래로 가도록 오븐 팬에 올린다. 남은 풍선과 초콜릿으로 같은 작업을 반복한다. 초콜릿이 굳을 때까지 30분 정도 냉장고에 넣어둔다. 핀으로 풍선을 터뜨려 공기를 빼고 쪼그라든 풍선을 조심스럽게 초콜릿 컵에서 떼어낸다. 구멍이 있다면 남은 초콜릿으로 메운다. 사용하기 전까지 초콜릿 컵을 다시 냉장고에 넣어 보관한다.

젤라토에 대해

젤라토(gelato)는 이탈리아어로 단순히 '아이스크림'이라는 뜻이다. 원래 젤라토는 다른 나라의 아이스크림만큼이나 지방이 많이 함유되어 진한 맛을 내는 디저트였다. 그러나 오늘날에는 아이스크림보다 지방이 적게 들어간 디저트로 생각하는 사람이 많다. 이 책에서는 우유와 달걀노른자의 함량은 높고 크림 함량은 낮으며 저어서 얼린 특수한 종류의 디저트에 젤라토라는 용어를 사용한다. 지방의 함량을 낮추는 것은 '저지방' 아이스크림을 만들기 위한 목적이 아니라 더 깔끔하고 강력한 풍미를 내기 위해서다. 젤라토는 -9.5℃ 정도일

때 식탁에 올려야 가장 좋다. 실온에 5~10분간 두었다가 스쿱으로 떠내거나 아이스크림 메이커에서 바로 떠낸 후 낸다.

헤이즐넛 젤라토

약 1ℓ

오븐을 175℃로 예열한다. 테두리 있는 오븐 팬에 다음을 올린다.

헤이즐넛 2컵

노릇노릇해지고 고소한 냄새가 날 때까지 10~12분간 굽는다. 헤이즐넛을 행주로 감싸서 세게 비비면서 껍질을 최대한 벗겨낸 후 푸드 프로세서에 넣고 곱게 간다. 이때 페이스트 상태가 되지 않도록 주의한다. 중간 크기의 편수 냄비에 다음을 넣고 뭉근히 끓어오르기 시작할 때까지 가열한다.

일반 우유 3컵

헤이즐넛을 넣는다. 불에서 내린 후 뚜껑을 덮고 30분간 우린다.

우유를 걸러서 이중 냄비 또는 내열 그릇에 붓고, 체에 남은 건더기를 꾹꾹 눌러 즙을 전부 짜낸 후 헤이즐넛은 버린다. 다음을 넣는다.

설탕 ½컵

이중 냄비 또는 그릇을 뭉근히 끓는 물에 담근 후 설탕이 녹도록 가끔 저어준다. 그동안 중간 크기의 내열 그릇에 다음을 넣고 세게 쳐서 섞는다.

대란 노른자 6개

설탕 ¼컵

우유 혼합물에서 김이 나면 절반 정도를 달걀 푼 것에 조금씩 넣고 저은 뒤 달걀 혼합물을 다시 남은 우유에 넣고 섞는다. 이중 냄비를 뭉근히 끓는 물에 담가 계속 저으면서 커스터드가 80℃에 도달하고 숟가락 뒷면에 코팅될 정도로 걸쭉해질 때까지 조리한다. 고운체에 걸러서 중간 크기의 그릇에 담는다. 다음을 넣어 섞는다.

헤비크림 ¼컵

바닐라 ¼작은술

(프란젤리코 또는 다른 헤이즐넛 리큐어 1큰술)

젤라토 베이스를 냉장고에 넣어 가능하면 하룻밤 동안 차갑게 식히거나 얼음물에 담가 빠르게 식힌다.

베이스를 아이스크림 메이커에 붓고 사용 설명에 따라 얼린다. 뚜껑이 꽉 닫히는 용기에 옮겨 담은 후 4시간 이상 냉동실에 넣어두고 단단하게 얼린다.

지안두야 젤라토(Gianduja Gelato, 초콜릿 헤이즐넛 젤라토)

헤이즐넛 젤라토를 만들되, 뜨거운 우유를 넣기 전에 달걀노른자 혼합물에 더치 프로세스 코코아 가루 ¼컵을 넣고 세게 쳐서 섞는다.

피오르 디 라테 젤라토(Fior Di Latte Gelato)

약 1ℓ

피오르 디 라테는 '우유 꽃'이라는 뜻이다. 지극히 순수한 풍미의 젤라토로, 오직 좋은 품질의 우유만으로 승부하므로 가능한 한 가장 품질 좋은 우유를 사용해보자. 근처에 낙농장이 있어서 목초 우유와 크림을 구할 수 있다면 가장 좋다. 제철 과일과 함께 내기에 완벽한 젤라토다.

중간 크기의 편수 냄비에 다음을 넣고 섞은 후 중불에 올려 자주 저어가면서 설탕이 녹을 때까지 조리한다.

최상급 헤비크림 1컵

설탕 1컵

소금 ⅛작은술

중간 크기의 그릇에 옮겨 담고 다음을 넣어 섞는다.

최상급 일반 우유 2½컵

젤라토 베이스를 냉장고에 넣어 가능하면 하룻밤 동안 차갑게 식히거나 얼음물에 담가 빠르게 식힌다.

베이스를 아이스크림 메이커에 붓고 사용 설명에 따라 얼린다. 뚜껑이 꽉 닫히는 용기에 옮겨 담은 후 4시간 이상 냉동실에 넣어두고 단단하게 얼린다.

프로즌 요구르트에 대해

프로즌 요구르트는 그릭 요구르트 또는 물기를 뺀 요구르트로 만들며 일반 우유나 크림, 설탕, 풍미 재료를 추가하기도 한다. 반드시 풍미를 첨가하지 않은 무가당 요구르트를 사용해야 하고 지방을 따로 제거하지 않은 요구르트가 가장 좋다. ▶ 그릭 요구르트가 아닌 다른 요구르트를 사용한다면 우선 요구르트의 물기를 뺀다.(바닐라 프로즌 요구르트 레시피의 설명을 참고) 물기를 뺀 후에도 요구르트에 여분의 물기가 남아 있어서 얼음 결정이 생기기도 한다. 젤라틴을 넣으면 물방울을 가두어 얼음 결정이 형성되는 것을 막기 때문에 질감이 부드러워진다.

시판 소프트 요구르트와 비슷한 질감의 프로즌 요구르트를 선호한다면 아이스크림 메이커에서 떠낸 후 그대로 낸다. 일단 냉동실에서 몇 시간 얼리면 단단해지기 마련이다. 다른 프로즌 디저트와 마찬가지로 거의 다 얼었을 때 굵게 썬 견과류, 초콜릿 칩 또는 잘게 부순 쿠키 등의 재료를 넣는다. 다양한 풍미 재료 및 권장 분량은 아이스크림에 풍미 추가하기 항목을 참고한다.

바닐라 프로즌 요구르트

1ℓ

선택 재료인 꿀이나 시럽을 넣으면 얼음 결정이 적게 생기고 약간 더 부드러운 질감의 요구르트가 완성된다. 채식 버전은 젤라틴을 생략한다.(우유 총 1¾컵 사용) 이 레시피에는 그릭 요구르트가 필요하다. 일반 요구르트를 이 레시피에 사용하려면 우선 물기를 빼야 한다. 고운체에 얇은 면 거즈나 면포를 깔고 그릇 위에 올려놓는다. 일반 우유로 만든 플레인 요구르트 2컵을 떠서 체에 올려놓는다. 냉장고에 넣고 2시간 동안 물기를 뺀다. 체에 남은 요구르트를 긁어서 중간 크기의 그릇에 담고 빠져나온 물은 버린다.

작은 컵에 다음을 담는다.

일반 우유 ¼컵

다음을 훌훌 뿌린다.

풍미가 첨가되지 않은 젤라틴 1작은술

5분간 그대로 두어 말랑하게 만든다. 중간 크기의 편수 냄비에 다음을 넣고 섞는다.

일반 우유 1½컵

설탕 ¾컵

(꿀, 연한 옥수수 시럽 또는 묽은 사탕수수 시럽 2큰술)

다음을 사용한다면 세로로 반 가른다.

(바닐라 빈 ½개)

바닐라 빈 씨를 긁어 우유 혼합물에 넣는다. 깍지도 함께 넣고 약불에 올려 뭉근하게 끓어오를 때까지 가열하고, 설탕이 녹도록 가끔 저어준다. 불에서 내리

고 5분간 식힌 후 젤라틴과 우유 혼합물을 넣고 젤라틴이 완전히 녹을 때까지 섞는다. 실온 상태로 식힌다. 중간 크기의 그릇에 다음을 넣는다.

일반 우유로 만든 플레인 그릭 요구르트 또는 물기를 뺀 일반 요구르트(앞의 설명을 참고) 1½컵

우유 혼합물을 요구르트에 넣고 얌전히 섞는다. 다음을 넣고 섞는다.

바닐라 1½작은술(바닐라 빈을 사용하지 않을 경우)

프로즌 요구르트 베이스를 냉장고에 넣어 가능하면 하룻밤 동안 차갑게 식히거나 얼음물에 담가 빠르게 식힌다.

바닐라 빈 깍지를 넣었다면 건져낸다. 베이스를 아이스크림 메이커에 붓고 사용 설명에 따라 얼린다. 즉시 내거나 뚜껑이 꽉 닫히는 용기에 옮겨 담은 후 냉동실에 보관한다.

초콜릿 프로즌 요구르트

바닐라 프로즌 요구르트를 만들되, 바닐라 빈을 생략하고 더치 프로세스 코코아 가루 ½컵을 뜨거운 우유 혼합물에 넣은 후 매끄럽게 어우러질 때까지 섞는다. 레시피대로 조리하고 바닐라를 넣는다.

딸기 프로즌 요구르트

약 5컵

채식 버전은 젤라틴을 생략한다.(사용하는 우유의 양을 총 1컵으로 줄인다.)

푸드 프로세서에 다음을 넣는다.

딸기 475㎖, 꼭지를 따고 얇게 저미기

과육이 으깨질 때까지만 10번 정도 푸드 프로세서를 짧게 끊어서 작동시킨다. 퓌레 상태가 되지 않도록 주의한다. 큰 그릇에 옮겨 담고 다음을 넣어 섞는다.

설탕 ¼~⅓컵, 맛을 보며 분량 조절

바닐라 1작은술

소금 1자밤

뚜껑을 덮어서 실온에 1시간 동안 둔다. 작은 컵에 다음을 붓는다.

일반 우유 ¼컵

다음을 훌훌 뿌린다.

풍미가 첨가되지 않은 젤라틴 1봉지(2¼작은술)

5분간 그대로 두어 말랑하게 만든다. 중간 크기의 편수 냄비에 다음을 넣고 섞는다.

일반 우유 ¾컵

설탕 ¼컵+2큰술

설탕이 녹도록 가끔 저으면서 뭉근히 끓어오를 때까지만 가열한다. 불에서 내리고 5분간 식힌 후 젤라틴 혼합물을 넣고 완전히 녹을 때까지 젓는다. 실온 상태로 식힌다. 우유 혼합물을 딸기에 넣고 살살 젓는다. 다음을 넣고 섞는다.

일반 우유로 만든 플레인 그릭 요구르트 또는 물기를 뺀 일반 요구르트(바닐라 프로즌 요구르트 레시피의 설명을 참고) 1½컵

프로즌 요구르트 베이스를 냉장고에 넣어 가능하면 하룻밤 동안 차갑게 식히거나 얼음물에 담가 빠르게 식힌다.

베이스를 아이스크림 메이커에 붓고 사용 설명에 따라 얼린다. 즉시 내거나 뚜껑이 꽉 닫히는 용기에 옮겨 담은 후 냉동실에 보관한다.

망고 프로즌 요구르트

약 1ℓ

인도 식료품점에서 가당 알폰소 망고 퓌레 통조림을 구할 수 있다. 근사한 주황색을 띠는 퓌레로, 상큼하고 달콤한 기분 좋은 풍미를 지니고 있다.

중간 크기의 그릇에 다음을 넣는다.

> 일반 우유로 만든 플레인 그릭 요구르트 또는 물기를 뺀 일반 요구르트(바닐라
> 프로즌 요구르트 레시피의 설명을 참고) 1½컵

다음을 넣고 섞는다.

> 가당 알폰소 망고 퓌레 통조림 1⅓컵
> 일반 우유 ½컵
> 라임즙 2큰술

프로즌 요구르트 베이스를 냉장고에 넣어 가능하면 하룻밤 동안 차갑게 식히거나 얼음물에 담가 빠르게 식힌다.

베이스를 아이스크림 메이커에 붓고 사용 설명에 따라 얼린다. 즉시 내거나 뚜껑이 꽉 닫히는 용기에 옮겨 담은 후 냉동실에 보관한다.

소르베에 대해

소르베(sorbet)는 신선한 과일즙이나 퓌레, 설탕, 때로는 약간의 알코올 혼합물을 넣고 휘젓거나 섞어서 얼린 것으로, 강렬한 과일 풍미를 지닌 프로즌 디저트다. ▶ 더 진한 풍미를 내려면 아래에 소개하는 레시피에서 물 대신 오렌지즙, 레모네이드 또는 라임 에이드를 사용한다.(이러한 재료에 들어 있는 설탕을 감안해 추가하는 설탕의 양을 조절한다.) 제니스 스플렌디드 아이스크림(Jeni's Splendid Ice Creams)의 창업자인 제니 바우어(Jeni Bauer)는 소르베 중 일부에 물 대신 과일 풍미의 람빅 맥주를 사용한다. 람빅 맥주에 들어 있는 알코올이 소르베의 질감을 부드럽게 만들어주는 역할도 하므로 정말 좋은 아이디어다.

휘저어서 만드는 다른 디저트와 마찬가지로 아이스크림 메이커로 갓 만든 소르베는 상당히 부드럽다. 냉동실에 몇 시간 넣어두면 어느 정도 단단해지지만 소르베는 냉동실에서 방금 꺼낸 것도 따로 녹이지 않고 바로 떠낼 수 있다. 이렇게 부드러운 조직이 생기는 가장 중요한 요인은 설탕의 양이다.(알코올을 사용한다면 알코올도 같은 역할을 한다.) 설탕이 소르베의 어는점을 낮추고 너무 딱딱해지는 것을 방지한다. 부드러운 질감의 소르베를 만드는 또 하나의 방법은 아이스크림을 휘저어서 얼릴 때 드라이아이스를 사용하는 것이다.

생과일의 당도는 가지각색이므로 얼리기 전에 소르베의 맛을 본다. ▶ 어는 과정에서 과일과 설탕의 풍미가 어느 정도 약해지므로 좀 많이 달다 싶은 정도가 좋다. 단맛이 부족하면 설탕을 1큰술씩 넣고 완전히 녹을 때까지 젓는다. 맛이 밋밋하면 레몬즙을 추가한다.

라즈베리 소르베

약 2컵

믹서에 다음을 넣고 섞는다.

> 라즈베리 710ml
> 설탕 1컵
> 물 ½컵

퓌레 상태로 갈고 고운체에 걸러서 중간 크기의 그릇에 담는다. 체에 남은 건더기를 꾹꾹 눌러 즙을 최대한 짜낸 후 남은 씨는 버린다. 다음을 넣고 섞는다.

> 레몬즙 또는 라임즙 1큰술

> (프랑부아즈 또는 보드카 1큰술)

소르베 베이스를 냉장고에 넣어 가능하면 하룻밤 동안 차갑게 식히거나 얼음물에 담가 빠르게 식힌다.

맛을 보고 필요하면 설탕이나 레몬즙을 조금 더 넣고 설탕이 완전히 녹을 때까지 2~3분간 젓는다. 베이스를 아이스크림 메이커에 붓고 사용 설명에 따라 얼린다. 즉시 내거나 뚜껑이 꽉 닫히는 용기에 옮겨 담은 후 얼린다.

블랙베리 소르베

라즈베리 소르베를 만들되, 라즈베리 대신 **블랙베리 710ml**를 사용한다. 취향에 따라 프랑부아즈나 보드카를 추가해도 좋고, 그 대신 (키르슈)를 넣어도 좋다.

블루베리 소르베

라즈베리 소르베를 만들되, 라즈베리 대신 **블루베리 2½컵**을 사용한다. 레몬즙의 양을 2큰술로 늘린다. 취향에 따라 프랑부아즈나 보드카 대신 (크렘 드 카시스 또는 키르슈)를 넣어도 좋다.

딸기 소르베

라즈베리 소르베를 만들되, 라즈베리 대신 꼭지를 따고 얇게 저민 **딸기 450g**을 사용한다. 취향에 따라 프랑부아즈나 보드카 대신 (키르슈 또는 아마레토)를 넣어도 좋다.

망고 소르베

라즈베리 소르베를 만들되, 라즈베리 대신 **껍질을 벗기고 씨를 뺀 중간 크기의 망고 3개**를 사용한다. 설탕의 양을 ¾컵으로 줄인다. **라임즙 2큰술**을 넣는다. 취향에 따라 프랑부아즈나 보드카 대신 (그랑 마니에르, 테킬라 또는 다크 럼)을 넣어도 좋다.

복숭아 소르베

라즈베리 소르베를 만들되, 라즈베리 대신 **껍질을 벗기고 씨를 뺀 말랑하게 잘 익은 복숭아 680g**을 사용한다. 복숭아를 퓌레 상태로 갈기 전에 **레몬즙 2큰술**을 넣는다. 차갑게 식힌 후 혼합물의 맛을 보고 필요하면 레몬즙을 추가한다. 취향에 따라 프랑부아즈나 보드카 대신 (아마레토 또는 복숭아 브랜디)를 넣어도 좋다.

레몬 소르베

약 1ℓ

이 레시피에는 갓 짜낸 레몬즙과 길쭉하게 벗긴 레몬 껍질이 꼭 필요하다. 메이어 품종의 레몬을 구해 만든다면, 이 소르베는 메이어 레몬이 가진 천연의 단맛을 한껏 끌어낼 것이다.

작은 편수 냄비에 다음을 넣고 섞는다.

> 물 2¼컵
> 설탕 2컵
> 레몬 1개의 껍질, 채소 껍질 벗기는 도구로 널찍하고 길게 벗겨내기

중불에 올려 설탕이 잘 녹도록 가끔 저으면서 부르르 끓어오를 때까지 가열한다. 냄비를 불에서 내리고 뚜껑을 덮은 후 30분간 우린다.

설탕 시럽을 걸러서 중간 크기의 그릇에 담고 다음을 넣어 섞는다.

레몬즙 ¾컵

(레몬 보드카 또는 리몬첼로[limoncello, 이탈리아의 레몬 리큐어 — 옮긴이] 1큰술)

소르베 베이스를 냉장고에 넣어 가능하면 하룻밤 동안 차갑게 식히거나 얼음물에 담가 빠르게 식힌다.

맛을 보고 필요하면 설탕을 조금 더 넣은 후 설탕이 완전히 녹을 때까지 2~3분간 젓는다. 베이스를 아이스크림 메이커에 붓고 사용 설명에 따라 얼린다. 즉시 내거나 뚜껑이 꽉 닫히는 용기에 옮겨 담은 후 얼린다.

라임 소르베

레몬 소르베를 만들되, 레몬 껍질과 즙 대신 **강판에 곱게 간 라임 1개의 껍질과 라임즙 ¾컵**을 넣는다. 취향에 따라 보드카 또는 리몬첼로 대신 (**테킬라 또는 럼 1큰술**)을 넣는다.

오렌지 소르베

약 1ℓ

작은 편수 냄비에 다음을 넣고 섞는다.

오렌지즙 ¾컵

설탕 1½컵

중간 크기 오렌지 1개의 껍질, 채소 껍질 벗기는 도구로 널찍하고 길게 벗겨내기

중불에 올려 저으면서 설탕이 녹을 때까지만 가열한다. 끓어오르지 않도록 주의한다. 냄비를 불에서 내리고 뚜껑을 덮은 후 15분간 우린다. 체에 걸러서 중간 크기의 그릇에 담는다. 다음을 넣고 섞는다.

오렌지즙 2¼컵

레몬즙 2큰술

(그랑 마니에르, 화이트 퀴라소 또는 보드카 1큰술)

소르베 베이스를 냉장고에 넣어 가능하면 하룻밤 동안 차갑게 식히거나 얼음물에 담가 빠르게 식힌다.

맛을 보고 필요하면 설탕 또는 레몬즙을 조금 더 넣은 후 설탕이 완전히 녹을 때까지 2~3분간 젓는다. 베이스를 아이스크림 메이커에 붓고 사용 설명에 따라 얼린다. 즉시 내거나 뚜껑이 꽉 닫히는 용기에 옮겨 담은 후 얼린다.

핑크 자몽 소르베

핑크 자몽은 노란색 일반 레몬보다 단맛이 강하지만 어느 정도 새콤한 맛이 있으므로 핑크 자몽으로 이 연한 분홍색의 소르베를 만들면 아주 맛있다.

오렌지 소르베를 만들되, 레몬즙을 생략하고 오렌지 껍질과 즙 대신 **핑크 자몽 1개의 껍질과 핑크 자몽즙 3컵**을 사용한다. 취향에 따라 그랑 마니에르, 화이트 퀴라소 또는 보드카 대신 (**테킬라 1큰술**)을 넣는다.

수박 소르베

빨간 수박 또는 노란 수박 1.8kg의 껍질과 씨를 제거한다. 믹서에 넣고 질감이 매끄러워질 때까지 퓌레 상태로 간 후 고운체에 걸러서 과육은 버린다. **오렌지 소르베**를 만들되, 오렌지 껍질을 생략하고 오렌지즙 대신 수박즙 3컵을 사용한다. 레몬즙의 양을 3큰술로 늘린다. 취향에 따라 그랑 마니에르, 화이트 퀴라소 또는 보드카 대신 (**캄파리 1큰술**)을 넣는다. 필요하면 레몬즙을 추가해 맛을 낸다.

초콜릿 소르베

약 3컵

초콜릿 소르베를 먹으면 다소 색다른 경험을 하게 된다. 진한 초콜릿 풍미 덕분에 머리에서는 "아이스크림!"이라고 외치지만 눈앞에는 크림이 전혀 보이지 않기 때문이다. 사실 유제품을 넣지 않기 때문에 초콜릿 풍미가 더욱 두드러지므로 좋은 품질의 코코아 가루 및 초콜릿을 선택하자. 일반 코코아 가루와 최상급 고지방 코코아 가루의 차이점에 대한 자세한 내용은 1030쪽을 참고한다.

중간 크기의 편수 냄비에 다음을 넣는다.

무가당 코코아 가루 ¾컵

다음을 조금씩 넣으면서 매끄러운 질감이 될 때까지 섞는다.

물 1컵

다음을 넣고 섞는다.

물 1½컵

설탕 1컵

소금 ¼작은술

자주 저으면서 뭉근히 끓어오르기 시작할 때까지 가열한다. 불에서 내리고 다음을 넣는다.

세미스위트 또는 비터스위트 초콜릿(카카오 함량 최대 64%) 115g, 잘게 썰기

5분간 그대로 두었다가 초콜릿이 녹으면서 혼합물이 매끄러워질 때까지 섞는다. 소르베 베이스를 냉장고에 넣어 가능하면 하룻밤 동안 차갑게 식히거나 얼음물에 담가 빠르게 식힌다.

베이스를 아이스크림 메이커에 붓고 사용 설명에 따라 얼린다. 뚜껑이 꽉 닫히는 용기에 옮겨 담은 후 얼린다.

샴페인 소르베

약 3컵

이 상쾌한 소르베는 기름진 식사를 마무리하기에 좋다. 소르베 1스쿱을 유리잔에 떠 넣고 그 위에 스파클링 와인을 조금 더 부으면 어른들을 위한 소르베 플로트가 된다.

중간 크기의 편수 냄비에 다음을 넣고 섞은 후 중불에 올린다.

설탕 1¼컵

물 1컵

설탕이 녹을 때까지 저으면서 조리한다. 부르르 끓어오를 때까지 가열한 후 뚜껑을 덮고 5분간 팔팔 끓인다. 완전히 식힌 후 다음을 넣어 섞는다.

샴페인 또는 드라이 스파클링 와인 1½컵

레몬즙 3큰술

소르베 베이스를 냉장고에 넣어 가능하면 하룻밤 동안 차갑게 식히거나 얼음물에 담가 빠르게 식힌다.

베이스를 아이스크림 메이커에 붓고 사용 설명에 따라 얼린다. 뚜껑이 꽉 닫히는 용기에 옮겨 담은 후 얼린다.

인스턴트 소르베

아이스크림 메이커 없이도 쉽고 간단하게 만들 수 있는 얼음 디저트다. 비밀은 걸쭉한 시럽에 잠겨 있는 통조림 과일이다. 걸쭉한 시럽은 설탕 농도가 높으므로 소르베를 냉동실에서 며칠 보관해도 크림처럼 부드러운 질감이 유지된다. 연한 시럽에 담근 과일도 사용할 수 있지만 최종 결과물의 질감이 좀 더 거

칠다. 바나나를 냉동해서 섞을 수도 있다. 바나나는 크림처럼 부드러운 질감을 얻기 위해 설탕을 추가할 필요가 없다. 취향에 따라 종류가 다른 2~3가지 소르베를 얼려두었다가 투명한 유리잔에 층층이 담을 수도 있다. 425~450g의 통조림이라면 프로즌 소르베 1½~1¾컵을 만들 수 있다. 6~8인분 정도 필요하면 이 용량의 통조림 2개로 소르베를 만들어 번갈아 층을 쌓는다.

다음을 푸드 프로세서나 믹서에 넣고 퓌레 상태로 간다.

걸쭉한 시럽을 채운 과일 통조림 425~450g짜리 1개, 시럽을 따라내지 않고 사용

퓌레를 지퍼백에 붓고 평평하게 만든 후 냉동실에서 하룻밤 얼린다. 취향에 따라 다양한 과일로 이 작업을 반복한다. 내기 전에 지퍼백에서 얼린 과일 퓌레를 꺼내 몇 조각으로 잘라서 푸드 프로세서에 넣는다. 취향에 따라 다음을 추가한다.

(리큐어 2~3작은술)

혼합물이 거의 매끄러운 상태가 될 때까지 짧게 몇 번 작동시킨다. 냉동 과일 덩어리 일부는 남아 있을 것이다. 용기 옆면에 묻은 재료를 긁어내린다. 얼린 과일 퓌레마다 이 작업을 반복한다. 투명한 파르페 잔 또는 와인잔에 과일 소르베를 여러 층으로 담는다. 취향에 따라 맨 위에 다음을 얹는다.

(휩드 크림)

셔벗에 대해

셔벗(sherbet)은 휘젓거나 섞어서 얼린 디저트의 일종으로, 과일이 기본 재료인 경우가 많다는 점에서 어느 정도 소르베와 비슷하다. 그러나 셔벗은 지방 함량의 측면에서 아이스크림과 소르베의 중간 정도에 해당한다. 셔벗에는 우유나 젤라틴, 때로는 달걀흰자까지 들어가는 경우가 많다. 프로즌 요구르트와 마찬가지로 매끄럽고 크림처럼 부드러운 셔벗을 완성하기 위한 핵심은 젤라틴이다. 젤라틴 입자가 부풀어 오르면서 단백질 구조 안에 물방울을 가두므로 얼음 결정이 커지는 것을 방지한다.

젤라틴 셔벗 베이스가 식으면 굳기 시작하면서 덩어리가 생길 수도 있다. 휘젓는 과정에서 매끄럽게 풀어지므로 걱정할 필요는 없다. 아이스크림과 마찬가지로, 메이커에서 갓 꺼낸 셔벗은 상당히 부드럽다. 단단한 셔벗을 선호한다면 냉동실에서 몇 시간 정도 얼린다. 셔벗은 −6.7℃ 정도일 때 먹어야 가장 맛있게 즐길 수 있으므로 살짝 부드럽게 만든 후 낸다.

라즈베리 또는 딸기 셔벗

약 5컵

작은 컵에 다음을 붓는다.

찬물 1큰술

다음을 훌훌 뿌린다.

풍미가 첨가되지 않은 젤라틴 1작은술

젤라틴이 부드러워지도록 5분간 그대로 둔다. 작은 편수 냄비에 다음을 넣고 섞는다.

물 1컵 또는 물 ½컵+파인애플즙 ½컵

설탕 ¾~1컵, 적당히 분량 조절

설탕이 녹을 때까지 저으면서 부르르 끓어오르도록 가열한다. 끓어오르면 뚜껑을 덮고 젓지 않는 상태에서 5분간 팔팔 끓인다. 다음을 넣는다.

레몬즙 1~2큰술, 맛을 보면서 적당량

젤라틴을 뜨거운 시럽에 넣어 녹인다. 셔벗 베이스를 냉장고에 넣어 가능하면

하룻밤 동안 차갑게 식히거나 얼음물에 담가 빠르게 식힌다.

푸드 프로세서에 다음을 넣고 퓌레 상태로 간다.

꼭지를 딴 딸기 또는 라즈베리 1ℓ

고운체에 걸러서 그릇에 담는다. 젤라틴 혼합물을 넣고 섞는다. 베이스를 아이스크림 메이커에 붓고 사용 설명에 따라 얼린다. 뚜껑이 꽉 닫히는 용기에 옮겨 담은 후 얼린다.

오렌지 셔벗

약 5컵

작은 컵에 다음을 붓는다.

찬물 ¼컵

다음을 훌훌 뿌린다.

풍미가 첨가되지 않은 젤라틴 1봉지(2¼작은술)

젤라틴이 부드러워지도록 5분간 그대로 둔다. 중간 크기의 편수 냄비에 다음을 넣고 섞는다.

오렌지 1개의 껍질, 채소 껍질 벗기는 도구로 널찍하고 길게 벗겨내기

오렌지즙 1¾컵

설탕 ¾컵

설탕이 녹을 때까지 가끔 저으면서 뭉근히 끓어오르도록 가열한다. 체에 걸러서 그릇에 담고 오렌지 껍질은 버린다. 젤라틴을 넣고 완전히 녹을 때까지 젓는다. 다음을 넣고 섞는다.

일반 우유 1컵

셔벗 베이스를 냉장고에 넣어 가능하면 하룻밤 동안 차갑게 식히거나 얼음물에 담가 빠르게 식힌다.

베이스를 아이스크림 메이커에 붓고 사용 설명에 따라 얼린다. 뚜껑이 꽉 닫히는 용기에 옮겨 담은 후 얼린다.

레몬 셔벗

약 5컵

오렌지 셔벗을 만들되, 오렌지 껍질 대신 레몬 1개의 껍질을 사용하고 오렌지즙 대신 레몬즙 ¾컵과 물 1¼컵을 넣는다. 설탕의 양을 1컵으로 늘린다.

라임 셔벗

약 5컵

오렌지 셔벗을 만들되, 오렌지 껍질 대신 라임 1개의 껍질을 사용한다. 오렌지즙 대신 라임즙 ½컵과 물 1¼컵을 넣는다. 설탕의 양을 1컵으로 늘린다.

크랜베리 셔벗

약 5컵

이 새콤한 셔벗은 입안을 깔끔하게 씻어주는 용도로 먹어보자. 이 레시피에는 냉동 크랜베리도 사용할 수 있는데 해동하지 않고 넣는다. 340g짜리 1봉지는 크랜베리 3컵이 나오므로 2봉지를 사서 남은 크랜베리는 냉동실에 넣어두었다가 나중에 사용한다.

작은 컵에 다음을 붓는다.

찬물 ¼컵

다음을 훌훌 뿌린다.

풍미가 첨가되지 않은 젤라틴 1봉지(2¼작은술)

젤라틴이 부드러워지도록 5분간 그대로 둔다. 작은 편수 냄비에 다음을 넣고 섞는다.

크랜베리 4½컵

물 1½컵

중불에 올려 뭉근히 끓어오르도록 가열한 후 크랜베리가 터질 때까지 10분 정도 조리한다. 약간 식힌다. 크랜베리 혼합물을 믹서나 푸드 프로세서에 넣고 질감이 매끄러워질 때까지 퓌레 상태로 간다. 고운체에 걸러서 그릇에 담고, 건더기를 꾹꾹 눌러 즙을 최대한 짜낸 후 과육을 버린다. 작은 편수 냄비에 다음을 넣고 섞는다.

설탕 1½컵

물 ½컵

가열하면서 설탕이 녹을 때까지 젓는다. 크랜베리 퓌레를 넣고 섞는다. 젤라틴을 넣고 완전히 녹을 때까지 젓는다. 다음을 넣고 섞는다.

일반 우유 1컵

셔벗 베이스를 냉장고에 넣어 가능하면 하룻밤 동안 차갑게 식히거나 얼음물에 담가 빠르게 식힌다.

베이스를 아이스크림 메이커에 붓고 사용 설명에 따라 얼린다. 뚜껑이 꽉 닫히는 용기에 옮겨 담은 후 얼린다.

그라니타에 대해

이탈리아어로 그라니타(granita)는 풍미를 첨가한 설탕 시럽 베이스를 고체 상태로 얼린 후 긁거나 깎아서 얼음 결정의 거친 질감을 살린 디저트의 일종이다. 그라니타는 보통 소르베보다 설탕 함량이 낮으며 풍미 재료의 맛이 강하게 두드러진다.

전통적인 그라니타는 얼리는 과정에서 가끔 저어주고 얼음 결정을 부수면서 만든다. 그라니타가 적당히 굳었다면 즉시 개인 그릇이나 고블릿에 담아서 식탁에 올린다. 저녁 식사를 하기 몇 시간 전에 그라니타를 만들면 대략 시간이 맞을 것이다. 손이 덜 가는 레시피를 선호한다면 ▶ 푸드 프로세서를 사용하는 방법을 시도해보자.

푸드 프로세서로 그라니타를 만들려면 차갑게 식힌 그라니타 베이스를 각얼음 틀 2개에 붓고 3시간 이상 얼린다.(이렇게 얼린 각얼음은 냉동용 지퍼백에 담아 최대 일주일간 냉동실에 보관할 수 있다.) 내기 직전에 각얼음으로 얼린 그라니타 베이스를 푸드 프로세서에 넣고 퓌레 상태로 간다. 푸드 프로세서 용기에 한 층으로 깔릴 만큼 충분히 넣고 그라니타가 매끄러운 질감이 될 때까지 짧게 여러 번 작동시킨다. 너무 오래 갈면 질척이므로 주의한다.

베리 그라니타

약 2½컵

작은 편수 냄비에 다음을 넣고 섞는다.

물 ½컵

설탕 ½컵, 또는 맛을 보면서 적당량

중불에 올려 저으면서 설탕이 다 녹을 때까지만 조리한다. 식힌다. 푸드 프로세서 또는 믹서에 다음을 넣고 퓌레 상태로 간다.

베리류 4컵, 꼭지를 따고 알이 크면 얇게 저미기

고운체에 걸러서 그릇에 담고 씨나 껍질은 버린다. 퓌레를 차갑게 식힌 시럽에 넣고 섞는다. 냉장고에 넣어 차가워질 때까지 식히거나 얼음물에 담가 빠르게 식힌다.

베이스를 33×23×5cm 크기의 베이킹 접시에 붓고 냉동실에 넣는다. 30분마다 그라니타의 표면을 포크로 긁어서 베이킹 접시 가장자리의 얼음 결정을 아직 얼지 않은 액체 부분과 섞어주면서 얼음 결정을 살짝 녹이고 거친 구조를 부순다. 혼합물이 완전히 얼 때까지 3시간 정도 이 작업을 반복한다.

에스프레소 또는 커피 그라니타

약 3컵

이탈리아의 전통 디저트로 무가당 휩드 크림과 함께 낸다. 에스프레소 대신 아주 진하게 내린 커피를 사용할 수도 있다.

중간 크기의 그릇에 다음을 넣고 섞는다.

뜨거운 에스프레소 또는 진한 커피 2컵

설탕 ¼~⅓컵, 맛을 보면서 적당량

(아마레토, 프란젤리코 또는 삼부카 1큰술)

설탕이 녹을 때까지 섞은 후 냉장고에 넣어 차가워질 때까지 식히거나 얼음물에 담가 빠르게 식힌다. 베리 그라니타의 레시피에 따라 얼린다.

카페라테 그라니타

약 3컵

에스프레소 또는 커피 그라니타를 만들되, 에스프레소나 커피를 1컵만 사용한다. 설탕이 다 녹은 뒤 **일반 우유 1컵**을 넣는다. 레시피대로 조리한다.

감귤류 그라니타

약 2컵

작은 편수 냄비에 다음을 넣고 섞는다.

물 1½컵

설탕 ½컵

레몬, 라임 또는 핑크 자몽 1개의 껍질, 채소 껍질 벗기는 도구로 널찍하고 길게 벗겨내기

중불에 올려 설탕이 녹을 때까지 가끔 저으면서 부르르 끓어오르도록 가열한다. 뚜껑을 덮고 젓지 않는 상태에서 5분간 바글바글 끓인다. 냄비를 불에서 내리고 15분간 우린다.

체에 걸러서 중간 크기의 그릇에 담고 껍질은 버린다. 실온 상태로 식힌 후 다음을 넣고 섞는다.

신선한 레몬, 라임 또는 핑크 자몽즙 ½컵

냉장고에 넣어 차가워질 때까지 식히거나 얼음물에 담가 빠르게 식힌다. 베리 그라니타의 레시피에 따라 얼린다.

과일 막대 아이스크림

85g짜리 막대 아이스크림 8개

중간 크기의 그릇에 다음을 넣고 잘 섞는다.

퓌레 상태로 간 파인애플, 베리류, 망고, 복숭아, 수박 등의 생과일이나 냉동 과일 또는 통조림 과일 2컵

오렌지즙 1컵

설탕 2큰술 또는 맛을 보면서 적당량

혼합물을 85g 용량의 플라스틱 컵, 종이컵 또는 막대 아이스크림 전용 틀에 붓는다. 플라스틱 컵이나 종이컵을 사용할 경우 혼합물을 부은 다음 테두리 있는 오븐 팬에 올려놓고 비닐랩으로 덮는다. 컵마다 덮은 비닐랩에 작은 구멍을 뚫고 구멍을 통해 아이스크림용 막대기를 꽂는다. 비닐랩이 막대기가 움직이지 않게 고정하는 역할을 한다. 막대 아이스크림 틀을 냉동실에 넣는다. 단단해질 때까지 8시간 이상 얼린다. 아이스크림이 쉽게 빠져나오도록 컵이나 틀의 겉면을 찬물에 잠깐 대거나 담갔다가 빼낸다.

오렌지 크림 막대 아이스크림

85g짜리 막대 아이스크림 8개

중간 크기의 그릇에 다음을 넣고 잘 섞는다.

오렌지즙 1컵+2큰술

일반 우유로 만든 플레인 요구르트 1½컵

설탕 ⅓컵 또는 맛을 보면서 적당량

바닐라 1작은술

과일 막대 아이스크림의 레시피에 따라 얼리고 틀에서 뺀다.

구운 바나나 코코넛 막대 아이스크림

85g짜리 막대 아이스크림 약 10개

바나나를 구우면 더 깊고 진한 풍미가 난다.

오븐을 200℃로 예열한다. 오븐 팬에 다음을 얹는다.

완숙 바나나 3개, 껍질을 벗기지 않고 사용

아주 부드럽게 으깨질 때까지 25분 정도 굽는다.

구운 바나나를 약간 식힌 후 믹서 용기 위에서 껍질을 벗겨서 바나나 과육을 용기 안에 그대로 담는다. 껍질은 버린다. 믹서에 다음을 추가한다.

코코넛 밀크 통조림 400ml짜리 1개

갈색 설탕, 꾹 눌러 담아 ½컵

라임즙 1큰술

바닐라 1작은술

소금 ⅛작은술

(다크 럼 1큰술)

과일 막대 아이스크림의 레시피에 따라 얼리고 틀에서 뺀다. 취향에 따라 막대 아이스크림에 초콜릿 코팅을 하려면 다음을 준비한다.

(초콜릿 코팅 소스)

초콜릿 코팅 소스를 길쭉한 유리잔이나 용기에 옮겨 담는다. 틀에서 뺀 막대 아이스크림의 절반 또는 전부를 초콜릿에 담근다. 또는 초콜릿을 막대 아이스크림 위에 살짝 뿌릴 수도 있다. 초콜릿으로 코팅한 막대 아이스크림을 유산지를 깐 오븐 팬에 올려 단단하게 얼린 후 지퍼백에 담아서 보관한다.

초콜릿 푸딩 막대 아이스크림

85g짜리 막대 아이스크림 약 8개

중간 크기의 편수 냄비에 다음을 넣고 섞는다.

설탕 ½컵

더치 프로세스 코코아 파우더 ¼컵, 체에 치기

옥수수 전분 2큰술

소금 ¼작은술

설탕 혼합물에 다음을 넣고 섞는다.

우유 1컵

헤비크림 1컵

중불에 올려 계속 저으면서 뭉근히 끓어오르기 시작할 때까지만 가열한다. 혼합물이 걸쭉해지면 불에서 내리고 다음을 넣어 섞는다.

세미스위트 또는 비터스위트 초콜릿(카카오 함량 최대 64%) 55g, 굵게 썰기

바닐라 1작은술

완전히 식힌다. 과일 막대 아이스크림의 레시피에 따라 얼리고 틀에서 뺀다.

스노 크림(Snow Cream)

2시간 정도 눈이 내리고 나면 그 후에 내리는 눈은 깨끗하므로 어린 시절 즐겨 먹던 이 디저트에 사용할 수 있다. 땅에서 퍼 올린 눈은 사용하지 않는다.

차갑게 식힌 그릇에 다음을 담는다.

갓 내린 눈 8컵

다음을 넣고 섞는다.

헤비크림 ½컵

설탕 ¼컵+2큰술

바닐라 ½작은술

아이스크림 디저트에 대해

설탕과 지방에 대한 높은 선호도 때문에 인류는 호사스러운 온갖 종류의 아이스크림 간식을 만들어냈다. 여기에는 뜨거운 퍼지 선디 및 바나나 스플릿 같은 전통적인 디저트부터 아이스크림 파이나 케이크처럼 용량이 큰 디저트까지 다양한 종류가 포함된다. 선디에 토핑으로 얹거나 곁들이기 좋은 재료의 자세한 목록은 아이스크림에 곁들이는 가니시 및 추가 재료 표를 참고한다.

그 외의 아이스크림 디저트는 아이스크림 플로트, 밀크셰이크, 과일 밀크셰이크, 딸기 로마노프 레시피를 참고한다.

뜨거운 퍼지 선디(Hot Fudge Sundae)

2인분

유리잔이나 그릇에 다음을 담는다.

선호하는 종류의 아이스크림 3스쿱

다음을 얹는다.

뜨거운 퍼지 소스 2~4큰술

취향에 따라 위에 다음을 살짝 뿌린다.

(마시멜로 소스 2~4큰술)

다음을 얹는다.

휘핑 크림

구워서 굵게 썬 견과류 2큰술

마라스키노 체리 1개

아포카토(Affogato)

아포가토는 간단하지만 오감을 만족시키는 디저트다. 크림처럼 부드러우면서도 달콤하고, 에스프레소의 쌉쌀한 맛이 적당히 두드러진다. 손이 많이 가는 디저트가 아니더라도 특별한 식사를 완벽하게 마무리하는 방법이 바로 이 아포카토. 모든 종류의 아이스크림을 아포카토에 사용할 수 있지만 바닐라, 초

콜릿 또는 캐러멜 같은 풍미로 깔끔하게 마무리하는 것을 권한다.

1인분 분량의 작은 유리잔이나 컵에 다음을 담는다.

　아이스크림 1스쿱씩

그 위에 다음을 붓는다.

　갓 내린 에스프레소 또는 2배로 진하게 우린 커피 30ml(2큰술, 드립 커피의
　　방법을 따르되, 커피의 양을 2배로 사용)

취향에 따라 다음으로 장식한다.

　(구워서 굵게 썬 견과류)

또는 다음과 함께 낸다.

　(아몬드 마카룬 또는 아니스 아몬드 비스코티)

바나나 스플릿(Banana Split)

2인분

길쭉한 직사각형 접시의 양쪽에 다음을 옆으로 세워놓는다.

　바나나 1개, 세로로 길게 반 자르기

반으로 자른 바나나 사이에 다음을 놓는다.

　바닐라 아이스크림 1스쿱

　초콜릿 아이스크림 1스쿱

　딸기 아이스크림 1스쿱

다음을 떠서 아이스크림 위에 얹고, 각 스쿱마다 다른 토핑을 사용한다.

　초콜릿 소스, 모카 소스 또는 초콜릿 코팅 소스 2큰술

　버터스카치 소스 또는 소금 캐러멜 소스 2큰술

　마시멜로 소스 또는 신선한 베리 쿨리 2큰술

다음을 얹는다.

　휩드 크림

취향에 따라 위에 다음을 훌훌 뿌린다.

　(구워서 굵게 썬 견과류 2큰술)

다음을 위에 얹는다.

　마라스키노 체리 2개

아이스크림 샌드위치

살짝 부드러워지도록 녹인 아이스크림을 쿠키 2개 사이에 끼운 후 다시 얼린
다. 인기 있는 조합 몇 가지를 소개한다.

　초콜릿 칩 쿠키와 바닐라 아이스크림

　쫀득한 초콜릿 설탕 쿠키와 박하사탕 아이스크림

　화이트 초콜릿 마카다미아 쿠키와 코코넛 아이스크림

　땅콩버터 쿠키와 바닐라 아이스크림 또는 초콜릿 아이스크림

샌드위치 옆면을 다음 재료 위에 올려서 굴린다.

　잘게 썬 코코넛을 구운 것 또는 구워서 굵게 썬 견과류

　초콜릿 스프링클 또는 알록달록한 스프링클

　미니 초콜릿 칩

아이스크림 파이

10~12인분

여기서 소개하는 조합에 얽매일 필요는 없다. 어떤 종류의 아이스크림이든 이
레시피의 크러스트에 사용할 수 있다. 아이스크림 파이를 가장 쉽게 자르는 방

법은 칼을 뜨거운 물에 담갔다가 자를 때마다 물기를 닦아내는 것이다.

Ⅰ. 다음 재료를 준비해 구운 후 식혀서 아주 차가워질 때까지 20분 이상 냉동
실에 넣어둔다.

　머랭 파이 셸 또는 과자 가루 크러스트

다음을 넣어 채운다.

　바닐라 아이스크림 또는 버터 피칸 아이스크림

다음을 얹는다.

　뜨거운 퍼지 소스, 소금 캐러멜 소스, 버터스카치 소스 또는 마시멜로 소스

단단해질 때까지 1시간 정도 냉동실에 넣어둔다.

Ⅱ. 다음 재료를 준비해 구운 후 식혀서 아주 차가워질 때까지 20분 이상 냉동
실에 넣어둔다.

　과자 가루 크러스트, 초콜릿 쿠키로 만들기

다음을 넣어 채운다.

　민트 초콜릿 칩 아이스크림

취향에 따라 위에 다음을 얹는다.

　(뜨거운 퍼지 소스)

단단해질 때까지 1시간 정도 얼린다. 다음과 함께 낸다.

　휩드 크림

Ⅲ. 다음을 만든 후 아주 차가워질 때까지 20분 이상 냉동실에 넣어둔다.

　견과류 크러스트

다음을 넣어 채운다.

　향신료로 풍미를 낸 호박 아이스크림

취향에 따라 다음을 얹는다.

　(소금 캐러멜 소스)

단단해질 때까지 1시간 정도 얼린다. 캐러멜 소스를 얹지 않는다면 취향에 따
라 다음을 곁들여 낼 수도 있다.

　(뜨거운 버터 메이플 소스)

그대로 얼려서 만드는 디저트에 대해

이 디저트는 재료를 혼합한 후 젓거나 특별한 장비를 사용하지 않고 그대로 얼
린 것이다. 그대로 얼려서 만드는 디저트는 ▶ 얼리는 도중에 커다란 얼음 결정
이 생기지 않도록 헤비크림, 달걀노른자, 젤라틴, 옥수수 전분 또는 옥수수 시
럽 등의 유화제나 결합력이 강한 재료를 넣어야 한다. 휘저어서 만드는 디저트
와는 아주 다른 질감이 생긴다. 바바리안 크림 레시피나 무스 레시피는 그대로
얼려서 만드는 디저트 형태로 응용할 수 있다.

　이러한 디저트는 금속 틀에 담아서 얼린 후 **봄브**에 대해 항목에서 설명한
대로 틀에서 뺀다. 또는 기다란 파르페 잔, 고블릿 또는 와인잔에 재료를 담고
얼려서 프랑스식의 1인용 **파르페**를 만들어도 좋다. 아이스크림이나 다른 베이
스를 취향에 따라 과일, 견과류, 소스와 번갈아 가며 층층이 얹어도 좋다. ▶ 최
적의 식감을 원한다면 24시간 이상 보관하지 않도록 한다.

　얼린 디저트를 틀에서 빼내려면 로프 팬, 번트 팬 또는 작은 1인용 틀 등 용
기와 관계없이 디저트가 틀에서 떨어질 때까지 틀을 찬물에 담갔다가 서빙용
접시를 위에 덮은 후 뒤집어서 꺼내면 된다. 재료를 채우기 전에 틀에 비닐랩을
깔면 더 쉽게 빼낼 수 있지만 반드시 필요한 과정은 아니다.

얼린 베리 무스

6인분

다음을 만든다.

바바리안 베리 크림, 설탕 분량을 1컵으로 늘리기

1.4ℓ 용량의 틀이나 1인용 파르페 잔 6개에 재료를 담고 단단해질 때까지 커다란 틀은 6시간, 작은 잔은 3시간 정도 냉동실에 넣어두고 얼린다.

다음을 얹는다.

휩드 크림

신선한 베리류

커피 파르페

6~8인분

이중 냄비의 위쪽 용기나 은근히 끓는 물이 담긴 냄비에 내열 그릇을 올리고 다음을 넣어 섞는다.

설탕 ⅔컵

옥수수 전분 2큰술

소금 ⅛작은술

다음을 넣고 섞는다.

일반 우유 2큰술

대란 노른자 2개, 잘 풀어두기

에스프레소 또는 아주 진한 커피 1컵

계속 저으면서 커스터드가 숟가락 뒷면에 코팅될 정도로 걸쭉해질 때까지 조리한다. 중간 크기의 그릇에 붓고 차가워질 때까지 냉장고에서 식힌다.

다음을 부드러운 피크가 생길 때까지 세게 쳐서 거품을 낸다.

헤비크림 1½컵

커피 혼합물을 넣고 뒤적이며 섞는다. 파르페 잔에 나눠 담고 4~5시간 이상 얼린다. 그보다 더 오래 얼렸다면 실온에 5~10분 정도 꺼내놓았다가 다음을 위에 얹어서 낸다.

휩드 크림

(강판에 간 초콜릿)

헤이즐넛 세미프레도(Hazelnut Semifreddo)

6인분

오븐을 175℃로 예열한다. 테두리 있는 오븐 팬에 다음을 넓게 펴서 깐다.

헤이즐넛 2컵

고소한 냄새가 날 때까지 가끔 저으면서 10~15분간 굽는다. 견과류를 즉시 깨끗한 주방 행주 위에 올린다. 행주로 견과류를 감싸고 세게 문질러서 껍질을 최대한 벗겨낸다. 완전히 식힌다.

장식으로 사용할 헤이즐넛 6개는 따로 남겨둔다. 남은 헤이즐넛은 푸드 프로세서에 넣어 곱게 갈되, 페이스트 상태가 되지 않도록 주의한다. 중간 크기의 편수 냄비에 다음을 붓고 거의 뭉근히 끓어오를 때까지 가열한다.

일반 우유 3컵

갈아놓은 견과류를 넣고 섞는다. 냄비를 불에서 내리고 뚜껑을 덮은 후 30분간 우린다.

우유를 체에 걸러서 그릇에 담고, 견과류 건더기를 꾹꾹 눌러 즙을 최대한 짠다. 남은 건더기는 버리고 우유를 다시 편수 냄비에 담는다. 다음을 넣는다.

설탕 ⅓컵

설탕이 녹도록 가끔 저으면서 뭉근히 끓어오를 때까지 가열한다. 중간 크기의 내열 용기에 다음을 넣고 섞는다.

대란 노른자 4개

설탕 ½컵

뜨거운 우유 혼합물 절반을 달걀에 조금씩 넣고 잘 젓는다. 이 혼합물을 다시 편수 냄비에 붓고 약불에서 계속 저으면서 온도가 80℃에 도달하고 숟가락 뒷면에 코팅될 정도로 걸쭉해질 때까지 조리한다. 혼합물이 끓어오르지 않도록 주의한다. 냄비를 불에서 내리고 커스터드를 고운체에 걸러서 큰 그릇에 담는다. 완전히 식힌다. 다음을 부드러운 피크가 생길 때까지 저어서 거품을 낸다.

헤비크림 1컵

거품을 낸 크림 ¼ 분량을 차갑게 식힌 커스터드에 넣고 살살 섞은 후 이 혼합물을 다시 남은 크림에 넣고 뒤적이며 섞는다. 혼합물을 숟가락으로 떠서 1인용 고블릿에 나눠 담는다. 커스터드 표면에 직접 닿도록 비닐랩을 씌운다. 단단해질 때까지 3시간 이상 냉동실에 넣어두고 얼린다. 고블릿마다 헤이즐넛으로 장식한다. 즉시 낸다.

초콜릿 세미프레도

12~16인분

23×12.5cm 크기의 로프 팬에 양쪽 위로 올라오도록 비닐랩을 넉넉히 잘라서 깐다. 스탠드 반죽기에 거품기 날을 끼우고 다음을 중고속으로 2~3분간 쳐서 거품을 낸다.

대란 4개

작은 편수 냄비에 다음을 넣고 섞는다.

물 ¼컵

설탕 ¾컵

시럽이 투명해질 때까지 중불에 올려 뭉근히 끓인다. 사탕용 온도계로 설탕 온도가 117℃에 도달할 때까지 계속 끓인다. 반죽기를 중고속으로 돌리면서 뜨거운 설탕 시럽을 달걀에 조금씩 넣되, 거품기 날에 직접 닿지 않도록 반죽기 용기의 옆면을 따라 붓는다. 가볍고 폭신폭신한 질감이 될 때까지 고속으로 세게 쳐서 섞은 후 실온 상태가 되도록 5~10분간 식힌다.

다음을 넣고 얌전히 뒤적이며 섞는다.

비터스위트 또는 다크스위트 초콜릿 170g, 액체 상태로 녹이기

바닐라 1작은술

부드러운 피크가 생길 때까지 세게 쳐서 거품을 낸다.

헤비크림 1컵

크림을 초콜릿 혼합물에 넣고 얌전히 뒤적이며 섞는다. 준비한 팬에 붓고 직접 표면에 닿도록 비닐랩을 씌운다. 단단해질 때까지 8시간 이상 냉동실에 넣어두고 얼린다.

비닐랩을 벗기고 세미프레도를 틀에서 뺀 후 서빙용 접시에 담는다. 틀에 깔았던 비닐랩을 제거하고 즉시 낸다. 또는 아이스크림 스쿱으로 떠서 낼 수도 있다.

스푸모니(Spumoni)

8~10인분

정통 이탈리아식 스푸모니는 사실상 아래에 소개하는 봄브를 틀에서 빼낸 것

으로, 보통 가운데에는 부드러운 세미프레도나 페이스트리 크림을 넣고 아마레티 쿠키로 풍미를 내며 설탕 절임 과일을 풍성하게 얹는다.

23×12.5cm 크기의 로프 팬에 양쪽 위로 올라오도록 비닐랩을 넉넉히 잘라서 깐다. 팬의 바닥에 다음을 골고루 펼쳐서 깐다.

> 초콜릿 아이스크림 2컵, 부드럽게 녹이기

다음 층을 얹을 수 있을 정도로 단단해질 때까지 30분 정도 얼린다.

첫 번째 층 위에 다음을 골고루 펼쳐서 깐다.

> 피스타치오 아이스크림 2컵, 부드럽게 녹이기

첫 번째 층처럼 얼린다.

중간 크기의 그릇에 다음을 넣고 세게 쳐서 섞는다.

> 바닐라 아이스크림 2컵, 말랑하게 녹이기
>
> 마라스키노 체리 ½컵, 물기를 빼고 굵게 썰기
>
> 아몬드 슬라이스 ½컵, 굽기
>
> (원하는 색을 낼 정도의 붉은 식용 색소 몇 방울)

피스타치오 아이스크림 위에 펴서 깔고 단단해질 때까지 2시간 이상 얼린다. 틀에서 뺀 후 비닐랩을 제거한다. 얇게 썰어서 다음과 함께 낸다.

> 휩드 크림
>
> (초콜릿 소스)

피스타치오와 장미수 쿨피

85g 분량의 디저트 8개

쿨피(kulfi)는 그대로 얼려서 만드는 인도식 디저트로, 전통적으로 우유를 진하게 농축될 때까지 끓여서 만든다. 그러나 더 빠른 조리를 위해 무당연유와 크림을 사용하는 경우도 많다. 장미수에 관한 내용은 추출물 및 풍미 재료 항목을 참고한다.

중간 크기의 편수 냄비에 다음을 넣고 섞는다.

> 무당연유 355ml짜리 통조림 1개
>
> 헤비크림 1컵
>
> 설탕 ½컵
>
> 카르다몸 깍지 3개, 으깨기

설탕이 녹도록 저으면서 뭉근히 끓어오르기 시작할 때까지 가열한 후 불에서 내리고 식힌다. 하룻밤 냉장고에 넣어둔다.

혼합물을 체에 거르고 건더기를 버린다. 다음을 넣고 섞는다.

> 피스타치오 ¼컵, 아주 잘게 썰기
>
> 장미수 1큰술

혼합물을 쿨피 틀이나 작은 종이컵에 붓고 냉동실에 넣은 후 하룻밤 동안 얼린다. 틀에서 빼려면 아이스크림이 빠져나올 때까지 흐르는 찬물에 틀을 갖다 댄다. 종이컵을 사용했다면 간단하게 아이스크림에서 종이를 벗겨내고 접시에 거꾸로 올리면 된다.

봄브에 대해

봄브(bombe)는 틀에 다양한 풍미의 아이스크림, 프로즌 요구르트, 세미프레도, 셔벗 또는 소르베를 여러 층으로 쌓아서 만드는 디저트다. 전통적으로 봄브에는 그대로 얼려서 만드는 디저트를 사용하지만, 휘저어서 만드는 디저트나 시판 아이스크림 및 소르베를 사용하기도 한다. 대다수 봄브는 1~2가지의 바깥층과 하나의 중심층으로 구성된다. 따라서 서로 조화롭게 어울리는 풍미와 질감을 활용하자. 아이스크림을 소르베와 함께 사용하거나 셔벗을 세미프레도와 조합하는 식이다. 이러한 층에는 모두 다양한 혼합 재료를 넣거나 층 사이에 바삭바삭한 재료를 넣을 수 있다.

봄브를 만들 때는 스테인리스스틸이나 주석 소재의 틀을 선택한다. 유리 틀을 사용한다면 틀에서 빼기가 어렵다. 물결 무늬가 있는 타원형 틀이나 멜론 모양 틀을 전통적으로 많이 사용하지만 로프 팬이나 그릇, 샤를로트 틀 또는 분리형 틀을 사용해도 상관없다. 틀을 냉동실에 넣어 30분간 차갑게 식혔다가 재료를 채운다. 시판 아이스크림이나 소르베를 사용한다면 베이스를 미리 만들어놓았다가 사용하기 직전에 휘저어서 부드럽게 펴서 바르기 쉬운 농도로 만든다. 또는 아이스크림을 냉장고에 넣어 바르기 쉬운 상태가 되도록 약간 녹일 수도 있다. 틀에 아이스크림을 한 가지씩 2~2.5cm의 두께로 펴서 바른다. ▶ 반드시 각 층을 완전히 얼린 이후에 다음 층을 얹어야 한다. 기포가 남지 않도록 서빙용 숟가락의 뒷면으로 아이스크림을 단단히 누르고 매끄럽게 고른다.

틀을 전부 다 채우면 단단해질 때까지 최소 6시간, 최대 24시간 동안 얼려야 한다. ▶ 이보다 훨씬 오래 얼리면 질감이 거칠어지고 얼음 결정이 생기므로 주의한다.

봄브를 틀에서 빼려면 ▶ 차갑게 식힌 접시나 플래터 위에 틀을 거꾸로 얹는다. 젖은 주방 행주를 뜨겁게 데워서 틀 위에 30초간 얹어둔 후 플래터를 조리대 위에 툭 쳐서 봄브를 떼어낸다. 봄브를 틀에서 빼낸 후 즉시 다시 냉동실에 넣어 바깥쪽 층을 단단하게 얼린다. 얇게 썰어서 내려면 냉장고에서 20~30분 정도 녹였다가 자른다. 또한 잘 드는 칼을 뜨거운 물에 담갔다가 썰 때마다 물기를 닦아내는 식으로 봄브를 얇게 썰어서 플래터 위에 보기 좋게 배열할 수도 있다. 이렇게 썬 봄브는 5~10분간 냉장고에 넣어두었다가 낸다. 봄브는 살짝 녹기 시작할 때 먹어야 가장 맛있다.

봄브는 신선한 베리류, 신선한 베리 쿨리 또는 휩드 크림과 함께 낼 수 있다. 아래에 봄브를 만들 때 잘 어울리는 조합을 몇 가지 소개한다. 각 조합의 첫 번째가 바깥쪽 층이다.

> 바닐라 아이스크림과 딸기 소르베 또는 복숭아 소르베
>
> 초콜릿 아이스크림과 캐러멜 아이스크림 또는 커피 아이스크림
>
> 피스타치오 아이스크림과 크랜베리 셔벗 또는 라즈베리 셔벗
>
> 코코넛 아이스크림과 망고 소르베 또는 망고 프로즌 요구르트

베이크드 알래스카(Baked Alaska)

10~16인분

이 웅장한 디저트는 좋은 일을 축하하는 식사 자리의 마무리 메뉴로 내면 압도적인 존재감을 자랑한다. 마지막 작업에 약간 손이 가기는 하지만 만드는 것 자체는 아주 까다롭지 않다. 신기하게도 바닥에 넣은 작은 케이크와 위에 덮은 부드러운 머랭만으로도 뜨거운 오븐에서 토핑을 갈색으로 굽는 동안 아이스크림이 녹지 않고 그대로 유지된다. 물론 프로판 토치가 있다면 아주 우아하게 이 디저트의 마무리 작업을 할 수 있을 것이다. 취향에 따라 케이크 대신 브라우니를 한 겹으로 깔아서 만들 수도 있다. 하나의 디저트에 여러 풍미의 아이스크림을 사용하려면, 봄브에 대해 항목의 설명에 따라 아이스크림을 틀에 층층이 쌓아서 얼린다.

반구형 모양의 그릇에 비닐랩을 깐다. 그릇의 크기에 따라 다음을 채운다.

> 아이스크림 710ml~3.8ℓ, 펴서 바를 수 있을 정도로만 부드럽게 녹이기

아이스크림의 윗면이 평평해지도록 고른 뒤 단단하게 얼린다. 다음을 둥근 모

양으로 구워서 준비한다.

제누아즈, 엔젤푸드 케이크 또는 스펀지 케이크

이때 두께는 1.2cm 이상, 지름은 아이스크림을 채워 넣은 틀보다 약간 커야 한다. 취향에 따라 다음을 살짝 뿌린다.

(럼 또는 브랜디)

그릇에 담긴 아이스크림 위에 케이크를 얹고, 아이스크림과 케이크 사이에 비닐랩이 들어가지 않도록 확인한다. 뚜껑을 덮고 필요할 때까지 냉동실에 넣어 둔다.

디저트를 뒤집어서 틀에서 뺀 후 서빙용 플래터에 얹거나(머랭을 구울 때 프로판 토치를 사용할 경우) 포일을 깐 오븐 팬에 올린다.(머랭을 오븐에 넣어서 굽는 경우) 바깥으로 빠져나온 비닐랩이 있다면 아이스크림을 그릇 밖으로 꺼내기가 수월하다. 필요하면 아이스크림이 그릇에서 떨어질 때까지 젖은 주방 행주를 뜨겁게 데워서 그릇에 둘러놓는다. 틀에서 빼낸 디저트를 냉동실에서 20분간 얼려서 바깥쪽 층을 굳힌다.

프로판 토치를 사용해 머랭을 갈색으로 구울 계획이 아니라면 오븐을 230℃로 예열한다. 다음을 준비한다.

이탈리아식 머랭, 프랑스식 머랭 또는 부드러운 머랭 토핑 ǀ 레시피의 2배 분량

디저트의 표면이 2cm 두께의 머랭으로 완전히 덮이고 머랭이 플래터나 오븐 팬 표면까지 내려오도록 넓게 펴서 얹는다. 숟가락 뒷면으로 머랭 토핑을 둥글리면서 모양을 내거나 머랭을 조금 남겨두었다가 페이스트리용 짤주머니에 넣어 물결 모양 및 패턴으로 짤 수도 있다. 타지 않게 잘 살펴보면서 머랭이 연한 갈색이 되도록 5분간 굽는다. 또는 프로판 토치를 사용해 바깥쪽 면을 골고루 갈색으로 그을릴 수 있다. 취향에 따라 다음을 곁들여서 즉시 낸다.

(초콜릿 소스, 신선한 베리 쿨리 또는 소금 캐러멜 소스)

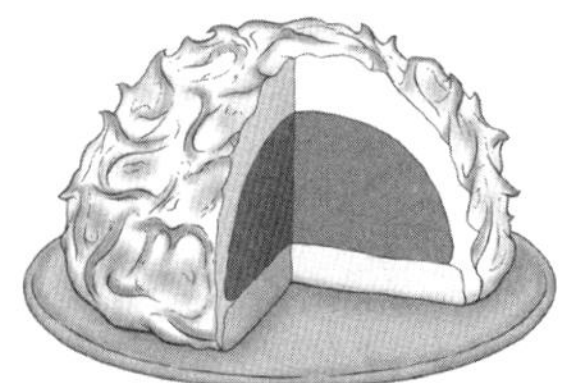

베이크드 알래스카의 내부

비스킷 토르토니(Biscuit Tortonis)

12인분

이 고풍스러운 이탈리아식 디저트는 전통적으로 살구씨 알맹이로 만든 아마레티 쿠키로 아몬드 풍미를 낸다.

중간 크기의 그릇에 다음을 넣고 섞는다.

으깬 아마레티 또는 아몬드 마카룬 ¾컵

헤비크림 ¾컵

슈거 파우더 ¼컵

소금 1자밤

1시간 동안 둔다. 부드러운 피크가 생기도록 다음을 저어서 거품을 낸다.

헤비크림 1컵

쿠키 혼합물에 다음을 첨가한 후 거품을 낸 헤비크림을 넣어 뒤적이며 섞는다.

바닐라 1작은술

종이 머핀 컵 12개를 머핀 틀 안에 깔거나 오븐 팬 위에 올려놓고 혼합물을 적

당히 나눠 담는다. 얼리기 전이나 살짝 얼었을 때 다음을 위에 올려 장식한다.

구워서 잘게 썬 아몬드(토르토니 1개당 약 ½작은술, 총 2큰술)

(설탕 절임 체리)

단단하게 굳을 때까지 3시간 반 정도 얼린다.

사탕과 당과류

사탕을 만드는 것은 아마도 가정의 주방에서 일어나는 일 중에서 가장 연금술에 가까운 작업일 것이다. 설탕을 사용해 쭉쭉 늘어나는 태피, 쫄깃한 캐러멜, 바삭바삭 부서지는 브리틀, 폭신폭신한 마시멜로로 변신시키는 것은 그야말로 마법처럼 보일지 모른다. 사실 사탕 만들기의 핵심은 설탕(또는 초콜릿), 온도, 시간이다. 결정화(초콜릿의 경우에는 템퍼링)의 기본 개념을 이해하고 있다면 거의 모든 사탕을 만들 수 있을 것이다.

그러나 사탕을 만드는 사람이 조절할 수 없는 두 가지 요소가 바로 날씨와 고도다. 열, 습도, 주방이 위치한 곳의 해발 고도는 모두 사탕을 만들 때 가장 좋은 결과물을 얻기 위해 고려해야 할 중요한 요소다. 습도가 높은 날에는 건조한 날보다 1℃ 이상 높은 온도에 도달할 때까지 사탕을 더 오래 조리해야 한다. 초콜릿에 적신 퐁당, 딱딱한 사탕, 디비니티, 누가, 태피 등과 같이 받침대에 올려놓고 말리는 시간이 필요한 사탕은 적당히 선선하고 습도가 낮은 날에 만들어야 한다.(또는 에어컨이 잘 설치되어 있는 주방에서 조리한다.) ▲ 높은 고도에서 사탕을 만드는 요령은 높은 고도에서 사탕 만들기에 대해 항목을 참고한다.

사탕 만들기에 사용하는 도구에 대해

▶ 넘칠 염려 없이 끓일 수 있도록 언제나 재료의 분량보다 3~4배 더 용량이 크고 산성 재료에 반응하지 않으며 바닥이 묵직한 도구를 선택한다. ▶ 화상을 방지하려면 기다란 나무 숟가락이나 실리콘 주걱을 사용한다. 이러한 도구는 사탕을 오래 조리해도 뜨겁게 달궈지지 않는다. 게다가 차가운 금속 숟가락을 뜨거운 설탕 시럽에 담그면 숟가락 주변의 시럽이 약간 식으면서 의도하지 않은 결정화가 일어날 수 있다.

초콜릿을 사용할 때 눋지 않게 녹이려면 **이중 냄비**가 최적의 도구다. 일반 냄비나 편수 냄비에 내열 그릇을 포개어 즉석에서 이중 냄비를 만들 수도 있지만, 그릇이 냄비에 맞게 잘 끼워져야 끓는 물이 초콜릿으로 흘러들어 뻣뻣하고 거칠게 변하는 것을 방지할 수 있다. **수비드 조리기**도 초콜릿을 녹이고 템퍼링 작업을 하기에 아주 적합한 도구다. 한 번에 소량의 초콜릿을 손쉽게 템퍼링할 수 있으며 계속 지켜볼 필요도 없고 작업 과정도 깔끔하다. 자세한 내용은 초콜릿 템퍼링에 대해 항목을 참고한다.

L자형 주걱은 적당한 각도로 구부러진 길고 유연한 날이 달려 있으며 대리석 표면에 초콜릿을 넓게 펴서 바르거나 초콜릿 틀에서 여분의 초콜릿을 긁어낼 때 유용한 도구다. **유산지**는 오븐 팬에 까는 용도나 초콜릿을 넣어서 짜는 용도로 적합하다. **실리콘 깔개**는 특히 브리틀이나 토피 같은 사탕을 오븐 팬에 올려놓고 식힌 후 떼어낼 때 좋다. **짤주머니와 깍지**는 트러플 혼합물과 사탕 필링을 짤 때 편리하게 쓰인다. 짤주머니는 한 번 사용할 때마다 깨끗이 씻어서 말려야 산패되지 않으며, 일회용 비닐 짤주머니를 구매해 사용하거나 유산지로 저렴하게 페이스트리용 짤주머니를 만들어 사용해도 좋다. **지퍼백**도 짤주머니 대신 사용할 수 있다. 샌드위치용 비닐백 또는 보관용 비닐백에 혼합물을 ⅔ 이하로 채우고 윗부분을 비틀어서 봉한 후 한쪽 아래 모서리에 작은 구멍을 뚫는다.

평평한 금속판에 손잡이가 달린 **캔디 스크래퍼**(candy scraper)는 사탕을 만들 때 유용한 도구다.(다목적 벤치 스크래퍼를 대신 사용할 수 있다.) 캔디 스크래퍼는 따뜻한 사탕 및 반죽 덩어리를 옮기고 긁고 나누는 데 사용한다. 또한 (플라스틱이 아닌) 천연 모로 만든 **페이스트리용 솔**과 얇고 유연한 플라스틱으로 만든 **볼 스크래퍼**, 설탕 시럽과 초콜릿 온도를 재는 **온도계**도 장만해두면 편리하다. 유리로 된 사탕용 온도계는 쉽게 구할 수 있지만 캐러멜을 만들 때나 프라임 립을 구울 때 등 두루 활용할 수 있는 조리용 디지털 온도계(특히 탐침을 재료에 꽂고 온도 읽는 부분을 냄비에 끼워놓을 수 있는 형태)를 추천한다.

사탕을 만드는 사람들을 위해 다양한 특별 용도의 도구가 시판되고 있다.

캔디 스크래퍼, L자형 주걱, 이중 냄비, 사탕 및 트러플 디퍼

사탕 및 트러플 디퍼(candy and truffle dippers)는 초콜릿에 담갔다 꺼내서 완성하는 사탕을 자주 만드는 사람에게 유용하다. 또는 플라스틱 포크의 가운데 날 2개를 부러뜨려 직접 디퍼를 만들 수도 있다. 사탕을 자주 만드는 사람이라면 **대리석** 또는 **화강암 판**을 유용하게 사용할 것이다. 대리석이나 화강암은 사탕을 빨리 식혀야 할 때 열을 신속하고 고르게 흡수하는데, 급하게 결정화가 진행될 정도로 빠르게 식지는 않는다. 그다음으로 좋은 소재는 묵직한 석기 플래터나 주변에 공기가 순환될 수 있도록 받침대에 올려놓는 테두리 있는 오븐 팬이다.

틀을 사용해 사탕을 만든다면 다양한 모양과 크기의 저렴한 플라스틱 또는 실리콘 **틀**을 쉽게 구할 수 있다. ► 틀의 표면이 긁히면 초콜릿이 달라붙기 마련이므로 이러한 틀을 씻을 때는 절대 연마제를 사용하지 않는다.

결정화에 대해

사탕 만들기의 성공 여부는 결정화에 달려 있지만, 결정화는 알맞은 시간에 올바른 방식으로 일어나야 한다. 큼직한 설탕 결정이 어울리는 얼음사탕(rock candy)을 만드는 경우가 아니라면 품질 좋은 사탕은 섬세한 결정 구조를 가지고 있어야 한다. 몇 가지 요소에 주의를 기울이면 이렇게 섬세한 결정 구조를 만들 수 있다.

첫 번째로 ► 종자점(seed point)이 형성되는 것을 방지한다. 커다란 설탕 결정은 종자점에서부터 서서히 커져 나간다. 팬의 옆면이나 숟가락에 달라붙은 설탕 결정이 종자점이 될 수 있다. 그러므로 수많은 사탕 레시피에서 젖은 솔로 냄비의 안쪽을 깨끗이 쓸어내라고 설명하는 것이다. 설탕을 다루기 전에 도구와 식기를 아주 깨끗이 씻자.

두 번째로 ► 시럽이 끓기 시작하면 젓지 않는다.(이 법칙이 적용되지 않는 몇몇 예외 사례는 개별 레시피에 기재되어 있다.) 팔팔 끓는 시럽을 저으면 작은 설탕 결정이 서로 부딪히며 점점 더 큰 결정을 형성한다. 그러므로 많은 사탕 레시피에서 시럽을 젓지 말라고 확실히 명기하고 있다. 가정용 레인지의 열전달이 고르지 않아서 시럽의 한쪽이 다른 쪽보다 빨리 캐러멜화하기 시작한다면 젓기보다는 조심스레 냄비를 돌려서 시럽을 회전시킨다.

세 번째로 ► 사탕 레시피의 흰색 그래뉼러당 또는 옥수수 시럽을 다른 재료로 대체하지 않는다. 흰색 그래뉼러당은 소위 '비정제' 설탕 및 사탕수수즙을 증류해서 만든 제품과는 비교할 수 없을 정도로 순도가 높다. 따라서 이와 같은 재료로 대체한다면 불순물 때문에 결정화가 너무 빨리 일어나거나 과하게 일어난다. 옥수수 시럽은 사탕을 만들 때 결정화를 방지하는 아주 중요한 역할을 하며, 때로는 쫄깃한 식감을 만들기도 한다. 일부 경우에 꿀이나 현미 시럽 등 다른 액체 감미료를 옥수수 시럽 대신 사용해 성공적인 결과를 얻기도 하지만(예를 들어 캐러멜 사탕은 재료 선택의 폭이 다소 넓다.) 일반적으로 레시피 그대로 따르는 것이 가장 좋은 결과물을 얻는 방법이다.

마지막으로 완성된 시럽을 붓거나 틀에 담을 때 ► 냄비에 남은 시럽을 긁지 않도록 주의한다. 냄비 바닥에서 가장 가까운 시럽은 열에 가장 많이 노출되므로 위에 떠다니는 시럽에 비해 결정화가 빠르게 일어난다. 위에 떠 있던 시럽에다 바닥에 가라앉아 있던 시럽을 추가하면 시럽 전체가 결정화되기도 한다.

퍼지를 비롯한 일부 사탕은 빨리 식힌 다음 계속 저어주어야 아주 조밀한 결정 구조가 형성된다. 이는 오히려 결정화를 촉진해 원하는 식감을 얻어내는 사례다. 다양한 사탕 유형의 결정화에 대한 자세한 내용은 이번 장에 소개하는 각 사탕 유형에 대한 항목을 참고한다.

사탕 온도계에 대해

사탕 온도계는 냄비 옆면에 끼워서 설탕이 녹는 단계를 38~200℃ 범위에서 최소 1℃ 단위로 확인할 수 있는 제품이다. 조리용 디지털 온도계도 좋은 선택이지만 200℃까지 온도를 읽을 수 있는지 확인한다. 일부 디지털 온도계는 길이가 짧고 뭉툭해서 뜨거운 김이 나는 녹은 설탕 시럽을 다루기에는 불편하므로 탐침이 긴 것을 선택하고, 냄비 옆면에 끼워둘 수 있는 것이면 더욱 좋다. 온도를 정확하게 읽으려면 사탕을 조리하는 시간 내내 탐침을 시럽에 담가두는 것이 가장 좋다. 조리용 디지털 온도계를 장만하면 사탕을 만들 때뿐만 아니라 평소 요리를 할 때도 활용할 수 있으므로 여러 작업을 위해 각각 별도의 온도계를 사는 것보다 현명한 투자다. 온도계의 정확도를 확인하고 교정하는 방법은 1103쪽을 참고한다.

끓인 설탕 시럽의 단계

설탕 시럽이 끓으면 시럽 안에 포함된 수분이 증발하면서 온도가 끓는점 위로 올라간다. 온도는 110℃ 정도에서 어느 정도 정체 상태를 보이다가 그 이후에 가파르게 올라간다. 165.5℃가 되면 시럽에서 수분이 거의 다 날아가고 설탕이 99% 이상을 차지하게 된다. 계속 가열하면 시럽은 더 이상 끓지 않고 빠르게 분해되며 점점 더 진한 색의 캐러멜이 된다.

주방에 온도계가 널리 보급되기 전에는 사탕을 만드는 사람들이 찬물을 사용해 설탕 시럽이 원하는 농도 또는 '단계'에 도달했는지 확인했다. 우리는 항상 온도계를 사용하도록 권장하지만, 사탕 만들기에 아주 열심이라면 설탕 시럽의 서로 다른 상태를 시각적으로 파악하는 방법을 익히는 것도 매우 유용하다. 끓인 설탕 시럽의 단계를 파악하는 가장 전통적인 방법은 **찬물 테스트**다. ► 이 테스트를 하기 전에 시럽을 너무 오래 끓이지 않도록 냄비를 불에서 내린다. 단 몇 도만 더 올라가도 설탕 시럽이 다음 단계로 넘어갈 수 있기 때문이다.

찬물 테스트를 하려면 깨끗한 나무 숟가락 또는 실리콘 숟가락으로 설탕 시럽을 소량(1작은술보다 적은 양) 떠서 차가운 수돗물이 담긴 작은 용기에 떨어뜨린다. 아래와 같이 시럽을 찬물에 떨어뜨렸을 때 반응하는 방식에 따라 설탕 시럽의 온도를 파악할 수 있다. 매번 테스트할 때마다 찬물을 새로 받아서 사용한다.

설탕 시럽 안의 수분이 가열되고 증발하면서 시럽 안의 설탕 농도는 높아진다. 설탕의 농도가 높을수록 혼합물을 식히면 더 단단해진다. 따라서 캐러멜처럼 쫄깃한 사탕은 토피와 같이 바삭하거나 단단한 사탕보다 낮은 온도까지 조리한다. 이어서 소개하는 끓인 설탕 시럽의 단계에서는 각 단계의 온도 범위, 시각적 특징, 해당 단계까지 조리하는 사탕의 몇 가지 예를 설명한다.

얇은 실(Thread) —106.1~112.2℃

숟가락 끝에서 가느다란 실 모양으로 불규칙하게 흘러내린다.

말랑말랑한 공(Soft Ball) —112.7~117.8℃

시럽을 차가운 물에 떨어뜨리면 흐물흐물하고 끈적이는 공 모양으로 뭉치며,

물에서 공을 꺼낸 후 손가락 사이에 놓고 굴리면 납작해진다.

폭신폭신한 화이트 프로스팅, 초콜릿 퍼지, 캐러멜 팝콘, 퐁당, 페퍼민트 패티 레시피 참고

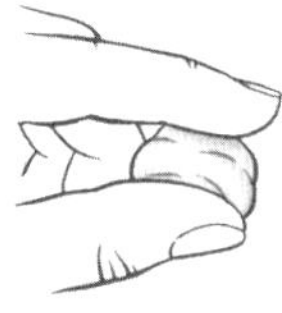

단단한 공(Firm Ball) —118.3〜120.6℃

시럽을 차가운 물에 떨어뜨리면 공 모양으로 뭉치며, 이 공은 모양을 유지하면서 손가락으로 누르지 않는 이상 납작해지지 않는다.

캐러멜, 참깨 할바, 마시멜로, 마지팬 레시피 참고

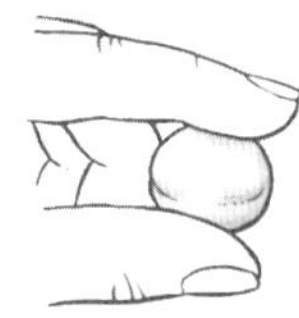

딱딱한 공(Hard Ball) —121.1·129.4℃

시럽을 차가운 물에 떨어뜨리면 공 모양으로 뭉치며, 이 공은 더 단단한 편이지만 힘을 주면 어느 정도 모양이 변한다.

디비니티, 늘여서 만드는 박하사탕, 태피, 얼음사탕 레시피 참고

부드러운 갈라짐(Soft Crack) —132.2〜143.3℃

시럽을 차가운 물에 떨어뜨리면 단단한 실 여러 개로 분리되고, 이 실을 물에서 건지면 구부러진다.

누가, 태피, 영국식 토피 레시피 참고

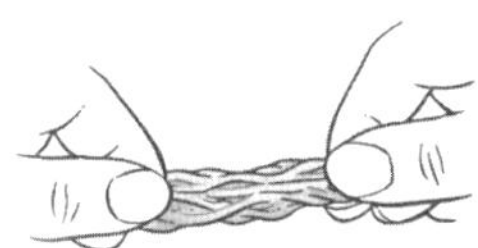

딱딱한 갈라짐(Hard Crack) —148.9〜154.4℃

시럽을 차가운 물에 떨어뜨리면 단단한 실 여러 개로 분리되고, 이 실을 물에서 건지면 딱딱하고 잘 부러진다.

버터스카치, 커피 사탕, 땅콩 브리틀, 막대 사탕 레시피 참고

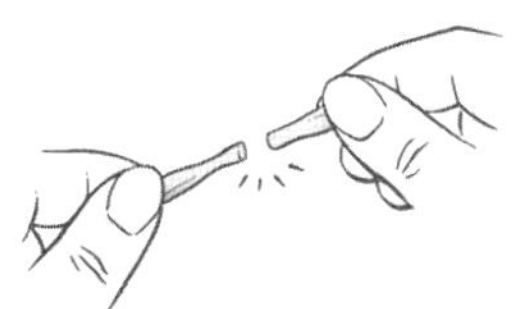

캐러멜화한 설탕

캐러멜화 과정에서 일어나는 화학 작용에 대한 자세한 내용은 1085쪽을 참고한다.

165.6℃ 이상

시럽이 꿀 색깔에서 연한 갈색으로 변한다.

참깨 브리틀

179.4~182.2℃

시럽이 중간 정도의 갈색으로 변한다.

프랑스식 프랄린, 솜사탕, 캐러멜로 만드는 그물 모양 뚜껑

190.6~193.3℃

시럽이 진한 갈색으로 변한다.

소스에 색을 내는 용도

210℃ 이상

시럽이 검은색으로 변한 뒤 분해된다.

▲높은 고도에서 사탕 만들기에 대해

제빵과 마찬가지로 사탕을 만들 때도 고도는 많은 영향을 미친다. 해발 고도보다 상당히 높은 곳에 살고 있다면 해발 고도에서 150m 올라갈 때마다 사탕 레시피에 표기된 설탕 시럽 가열 온도를 0.5℃씩 낮춘다. 예를 들어 퍼지를 만들 때 레시피에 따르면 최소 114℃까지 조리해야 한다. 그러나 해발 600m 지역에 살고 있다면 110~112.2℃, 1500m 지역이라면 106.7~108.9℃까지 조리할 경우 설탕 시럽이 '퍼지'를 만들기에 적당한 상태가 된다.

사탕 포장과 보관, 먹는 방법에 대해

사탕을 보호하고 신선함을 유지하려면 파라핀지, 알록달록한 포일, 셀로판지를 적당한 크기의 정사각형으로 잘라두었다가 딱딱한 사탕, 태피, 캐러멜을 감싼다. 또는 유산지를 길쭉하고 얇게 잘라서 간격을 넉넉히 두고 유산지 위에 사탕을 몇 개 올려놓는다. 각 사탕의 사이를 소시지 모양으로 비틀어서 봉한 뒤, 사탕 사이의 유산지를 잘라서 분리한다.

사탕의 형태에 따라 보관 방법도 달라진다. 구체적인 보관 방법에 대해서는 개별 항목과 레시피를 참고한다. 일반적으로 초콜릿 사탕이나 초콜릿으로 코팅한 사탕은 밀폐 용기에 담아 냉장고 또는 냉동실에 보관해야 한다. 딱딱한 사탕, 캐러멜, 태피, 디비니티는 하나씩 싸서 밀폐 용기에 담은 후 실온에 보관하면 최대 3주까지 신선함과 식감이 최상의 상태로 유지된다. 이러한 사탕은 흡습성이 높아서 수분을 흡수하면서 물렁물렁해지고 버석거리며 아주 끈적이므로 냉장고에는 보관하지 않는다.

모든 사탕은 실온 상태일 때 먹으면 가장 맛있다. 사탕을 냉장고에 보관했다면 최소한 20분 이상 실온에 꺼내두었다가 먹는다. 얼렸던 사탕은 냉장고에 넣어서 24시간 이상 해동한 후, 실온에 20분 이상 꺼내두었다가 먹는다. 온도가 급격하게 변하면 초콜릿 코팅이 갈라지고 색이 변할 수 있다.

초콜릿 사탕에 대해

초콜릿 사탕은 사탕을 처음 만들어보는 사람들이 도전하기에 좋다. 만들기 쉽고 녹인 설탕 시럽을 사용해야 하는 사탕보다 부담감도 덜하다. 그뿐만 아니라 초콜릿을 싫어하는 사람은 별로 없다. 그렇다고는 해도 초콜릿을 다루는 것 역시 상당히 복잡하므로 이 책에서는 다음에 나오는 항목에서 초콜릿 템퍼링 설

명에 넉넉한 지면을 할애한다.

여기서 소개하는 레시피에서는 비터스위트, 다크, 밀크 또는 화이트 초콜릿을 사용한다. ▶ 이들 레시피에는 초콜릿 칩(쉽게 녹지 않는다.)이나 혼합 초콜릿(코코아 가루가 들어 있는 경우가 많고 코코아 버터 함량이 부족하므로 진짜 초콜릿과는 다른 양상을 보이며 템퍼링도 불가능하다.)을 사용하면 안 된다. 초콜릿 유형에 대한 자세한 내용은 1030쪽을 참고한다.

초콜릿 사탕을 보관하려면 밀폐 용기에 유산지를 여러 겹으로 깔고 그 사이사이에 사탕을 넣은 후, 풍미가 강한 음식과는 멀리 떨어진 곳에 보관한다. 뚜껑을 덮어놓아도 초콜릿은 다른 풍미를 쉽게 흡수하기 마련이다. 대다수 초콜릿 사탕은 냉장고에서 최대 3주간, 냉동실에서 최대 2개월간 보관할 수 있다. 장기간 냉동 보관하려면 플라스틱 용기를 포일로 여러 번 감싼다.

초콜릿 템퍼링에 대해

이 항목의 소제목으로는 '복잡하다'라는 문구가 어울릴 것이다. 설탕 시럽으로 만드는 사탕과 마찬가지로 초콜릿으로 당과를 만들 때는 결정화를 조절하는 것이 핵심이다. 그렇게 하려면 템퍼링(tempering), 즉 초콜릿에 열을 가해 녹인 후 원하는 농도까지 식혀서 표면에 광택이 나고 질감이 매끄러우며 기분 좋게 부러지는 초콜릿을 만드는 과정을 거쳐야 한다. ▶ 템퍼링은 품질이 뛰어난 순수 초콜릿을 사용할 때만 필수 과정이다. 제빵용 초콜릿, 초콜릿 코팅, 혼합 초콜릿, 초콜릿 칩은 템퍼링을 할 수 없다. 소위 '화이트 초콜릿'이라고 부르는 상당수의 제품에는 사실상 코코아 버터가 전혀 들어 있지 않다. 코코아 버터가 함유되지 않은 초콜릿 제품은 템퍼링을 할 수 없을 뿐더러 할 필요도 없다. 레시피에서 녹인 초콜릿을 재료로 사용할 때도 템퍼링이 필요하지 않다.(초콜릿을 가정용 레인지나 전자레인지로 녹이려면 1032쪽을 참고한다.)

품질 좋은 초콜릿에는 모두 코코아 버터가 함유되어 있으며, 코코아 버터는 서로 결합하여 여섯 가지 종류의 결정을 형성하는 지방 분자로 구성되어 있다. 초콜릿을 템퍼링 할 때 목표로 하는 결정 형태는 이 여섯 가지 중에서도 가장 안정화된 V 또는 '베타 2'의 형태다. 초콜릿을 템퍼링 할 때는 녹인 초콜릿을 이 베타 2 결정이 형성되기 좋은 온도인 27.8~32.2℃로 유지해야 한다. 일단 베타 2 결정이 생기기 시작하면 더 많은 베타 2 결정의 형성이 촉진된다. 초콜릿을 제대로 템퍼링 하면 충분한 베타 결정이 존재하므로 초콜릿이 식고 단단하게 굳는 과정에서 더 많은 베타 결정이 형성되어 윤기가 나고 매끄러우며 잘 부러지는 초콜릿이 된다.

초콜릿은 공장에서 생산할 때 템퍼링을 거친 상태이며, 제대로 다루고 보관했다면 구입했을 때 여전히 '템퍼링 상태'여야 한다. 이때 초콜릿 바 안에 들어 있는 코코아 버터는 완전히 결정화되어 있으며 38℃ 이상으로 가열해서 결정을 녹이기 전까지는 액체 상태가 되지 않는다. 일단 초콜릿을 녹이면 베타 2 결정이 전부 파괴된다. 그러면 초콜릿은 더 이상 템퍼링 상태가 아니므로 다른 재료를 코팅하거나 틀에 넣어 모양을 만드는 용도 또는 근사한 장식으로 활용하려면 다시 템퍼링을 해야 한다. 사실 초콜릿을 틀에 넣어 모양을 만들기 위해서는 초콜릿이 틀에서 쉽게 빠져나오도록 반드시 템퍼링 과정을 거쳐야 한다.

종자법(The Seed Method)

초콜릿으로 템퍼링을 할 때 가장 보편적으로 사용하는 방법이다. 초콜릿을 녹여서 모든 결정을 파괴한 후에는 템퍼링을 한 초콜릿과 같은 종류의 고체 초콜릿 덩어리, 즉 '종자'를 넣어 식히기 시작한다. 고체 초콜릿에는 베타 2 결정

이 풍부하게 들어 있어서 녹은 초콜릿에 더 많은 베타 2 결정이 형성되도록 촉진하는 역할을 한다. 31.1~32.2℃로 식으면 고체 초콜릿을 넣고 저어주는 과정을 통해 템퍼링 하는 초콜릿에 충분한 결정 형성이 촉진될 것이다. ▶ 초콜릿을 젓는 것은 종자 역할을 할 초콜릿을 넣고 데운 다음 알맞은 온도까지 식히는 것만큼이나 베타 2 결정 형성에 중요하다. 마지막으로 템퍼링을 하는 동안 초콜릿에 물방울이 떨어지지 않도록 세심하게 주의를 기울인다. 물이 들어가면 초콜릿이 뻣뻣하고 거칠게 변한다.

종자법을 활용해 초콜릿을 템퍼링 하려면 다음을 한쪽에 준비해둔다.

품질이 좋은 다크, 밀크 또는 화이트 초콜릿 115g, 강판에 갈거나 잘게 썰기

이중 냄비의 위쪽 용기에 다음을 넣는다.

품질이 좋은 다크, 밀크 또는 화이트 초콜릿 450g, 강판에 갈거나 잘게 썰기

은근히 끓는 물 위에 올려놓고 초콜릿을 아주 천천히 녹인다.(이중 냄비가 없으면 냄비에 물을 붓고 내열 그릇을 담가서 조리해도 좋다.) 초콜릿 온도가 46℃에 도달할 때까지 계속 초콜릿을 저으면서 조리한다. 이중 냄비의 위쪽 용기를 들어올리거나 내열 그릇을 끓는 물에서 건진 후 바닥에 맺힌 물기를 잘 닦아서 초콜릿이 물과 접촉하지 않게 한다. 초콜릿을 긁어서 다른 그릇에 옮겨 담고 저으면서 38℃가 될 때까지 식힌다. 따로 보관해둔 초콜릿 덩어리를 넣고 밀크 및 화이트 초콜릿은 31.1℃, 다크 초콜릿은 32.2℃가 될 때까지 저으면서 식힌다. 이 과정을 단축하려면 녹인 초콜릿이 담긴 그릇의 바닥을 얕은 얼음물에 몇 초씩 담갔다가 꺼내면서 계속 젓는다. 초콜릿 온도를 자주 재고 온도계를 매번 사용할 때마다 끝부분을 잘 닦는다. 원하는 온도까지 식으면 아직 녹지 않은 초콜릿 덩어리를 꺼내 파라핀지나 유산지 또는 실리콘 깔개를 깐 오븐 팬에 올린 후 단단해질 때까지 냉장고에 넣어둔다. 이렇게 하면 나중에 다시 사용할 수 있다. 초콜릿은 이제 템퍼링이 된 상태이므로 다음 항목에서 소개한 방법과 같이 테스트를 해보고 사용할 수 있다.

수비드 조리기를 사용하는 방법

수비드 조리기를 사용해 초콜릿을 템퍼링 하면 계속 젓거나 지켜볼 필요가 없고 템퍼링 과정도 깔끔하므로 훨씬 편하다. 초콜릿을 튼튼한 냉동용 지퍼백(일반 지퍼백은 템퍼링을 할 수 있을 정도로 튼튼하지 않으므로 사용하지 않는다.) 또는 진공 비닐백에 담고, 지퍼백을 사용할 경우 아직 입구를 봉하지 않고 조금 열어둔다.(진공 비닐백은 진공 압축기로 봉한다.) 육수 솥이나 내열 용기에 물을 ⅔ 정도 채운다. 초콜릿이 담긴 지퍼백을 중간까지만 물에 담그고 입구가 젖지 않도록 조심하면서 최대한 공기를 빼낸다. 지퍼백을 닫아서 봉하고 한쪽 끝을 용기나 냄비의 옆에 끼운다. 이미 봉한 진공 비닐백은 물에 완전히 담그고 한쪽 끝을 냄비 옆에 끼운다. 수비드 조리기를 물에 넣고 고정한 다음 46℃로 설정한다. 초콜릿이 골고루 녹도록 지퍼백이나 비닐백을 20분마다 주물럭거리면서 1시간 동안 가열한다. 수비드 조리기의 온도를 27.2℃로 맞추고 물에 얼음을 조금씩 넣어 온도를 급격히 낮춘다. 27.2℃에 5분간 둔 다음에는 온도를 32.2℃로 맞춘다. 골고루 데워지도록 주기적으로 초콜릿이 담긴 지퍼백을 주물러준다. 32.2℃에 10분간 두면 초콜릿은 적당히 템퍼링되어 사용할 수 있는 상태가 된다. 또는 수비드 조리기 템퍼링 방법을 위에 소개한 종자법과 결합해 사용할 수도 있다. 46℃로 초콜릿을 녹인 후 32.2℃로 식히고, 녹인 초콜릿 중량의 25%에 해당하는 템퍼링된 초콜릿을 갈아서 '종자' 역할을 하도록 지퍼백에 넣는다. 이 작업을 하는 동안 물이 한 방울도 들어가지 않도록 아주 세심하게 주의를 기울여야 한다. 초콜릿이 담긴 지퍼백을 그릇에 담아 쓰러지지 않게 한 다음 초콜릿

을 추가하거나, 초콜릿을 아예 작은 그릇에 옮겨 담은 후 작업할 수도 있다. 초콜릿 피칸 토르투스에 초콜릿을 바르거나 사탕 위에 초콜릿을 뿌리려면 지퍼백의 한쪽 모서리를 잘라서 짤주머니처럼 사용하면 간단하다.

템퍼링 테스트 및 따뜻하게 보관하기

▶ 초콜릿 템퍼링에 어떤 방법을 썼는지에 관계없이, 단순히 지정된 온도에 도달했다고 해서 제대로 템퍼링이 되었다고 가정해서는 안 된다. 템퍼링이 잘됐는지 확인하기 위해서는 반드시 초콜릿을 테스트해봐야 한다.

템퍼링을 한 초콜릿을 테스트하려면 버터 나이프의 칼날에 초콜릿을 살짝 묻혀서 차가운 곳에 3분간 둔다. 만졌을 때 보송한 느낌이 나고 흰색 줄이 생기지 않으면서 윤기가 돌면 그 초콜릿은 사용해도 좋은 상태다. 이 테스트를 통과하지 못한다면 32.2℃의 온도에 맞춰놓고(화이트 또는 밀크 초콜릿이라면 31.1℃) 계속 젓다가 몇 분 후에 다시 테스트한다.(그래도 테스트를 통과하지 못하면 템퍼링 과정을 처음부터 다시 시작한다.)

그릇에 담긴 초콜릿의 템퍼링 상태를 비교적 오래 유지하려면 따뜻한 물이 담긴 냄비에 그릇을 담고 초콜릿 온도를 32.2℃로 유지한다. 33.9℃가 넘으면 초콜릿이 템퍼링 상태에서 벗어나 처음부터 다시 시작해야 하므로 주의한다. 수비드 조리기로 초콜릿을 템퍼링 했다면, 밀크 및 화이트 초콜릿은 31.1℃, 다크, 무가당, 비터스위트 초콜릿은 32.2℃로 온도를 맞춰서 물에 담가놓는다. 사용하기 전까지 초콜릿이 담긴 지퍼백이 물에 완전히 잠기도록 보관한다. 초콜릿을 녹여 템퍼링 상태를 유지하는 시간에는 한계가 있다는 점을 기억하자. 너무 오랜 시간이 지나면 결국 코코아 버터에 너무 많은 결정이 생기고 걸쭉해져서 다루기 어려워진다. 이때 가장 간단한 해결책은 초콜릿의 절반을 그릇에 옮겨 담고 이중 냄비에서 38℃ 이상으로 가열함으로써 결정을 파괴하는 것이다. 이렇게 녹인 초콜릿 절반을 다시 템퍼링을 한 초콜릿과 섞어준 후 5분간 기다리면 다시 쉽게 다룰 수 있는 형태가 된다.

다크 초콜릿 트러플

약 680g, 약 80개

트러플(truffle)은 가장 손쉽게 만들 수 있는 초콜릿 사탕 중 하나다. 엉뚱하게도 풍미 짙은 검은색 송로버섯(black truffle)의 이름을 딴 이 사탕의 가운데에는 풍미를 첨가하거나 첨가하지 않은 가나슈, 즉 초콜릿과 크림의 혼합물이 들어 있다. 이 중심부의 가나슈를 초콜릿에 담갔다 꺼내거나 다양한 재료로 코팅해서 트러플을 완성한다. 가나슈는 냉장고에 넣으면 최대 1개월, 냉동실에 넣으면 최대 3개월까지 보관할 수 있다. 구할 수 있는 가장 좋은 품질의 초콜릿을 사용하자.

중간 크기 내열 그릇이나 1ℓ 용량의 전자레인지용 유리 용기에 다음을 넣는다.

> 품질 좋은 다크, 세미스위트 또는 비터스위트 초콜릿(카카오 함량 최대 72%) 340g, 아주 잘게 썰기

다음을 계량한다.

> 헤비크림 1¼컵

가정용 레인지로 조리하려면 크림을 작은 편수 냄비에 담고 중불에 올려 뭉근히 끓어오르기 직전까지 가열한 후 즉시 초콜릿에 붓는다. 혼합물의 질감이 매끄러워지고 완전히 어우러질 때까지 원형을 그리며 얌전히 젓는다.

전자레인지로 조리하려면 초콜릿을 유리 용기에 담고 그 위에 크림을 부은 후 전자레인지를 강으로 설정해 초콜릿이 완전히 녹으면서 매끄러운 질감이

될 때까지 30초씩 전자레인지를 돌린다. 한 번 돌릴 때마다 얌전히 저어주면서 총 1분 30초~2분 30초간 조리한다.

가끔 저으면서 실온 상태로 식힌 후 가나슈가 걸쭉해지고 상당히 뻑뻑해질 때까지 냉장고에 3~4시간 동안 넣어둔다. 오븐 팬에 파라핀지나 유산지 또는 실리콘 깔개를 깔고 냉장고에 넣어 차갑게 식힌다. 2작은술 용량의 작은 스쿱 또는 멜론 과육 파내는 도구로 가나슈를 떠내거나 지름 1.2cm의 모양 없는 깍지를 끼운 짤주머니를 사용해서 지름 2cm의 동그란 공 형태로 짜내서 차갑게 식힌 오븐 팬에 올린다. 비닐랩으로 느슨하게 덮은 뒤 단단해질 때까지 2시간 정도 냉장고에 넣어둔다. 단단해지면 공 모양의 가나슈를 손바닥 사이에 올려 놓고 돌돌 굴려서 매끄럽게 만든다.

코팅한 트러플은 다음 레시피를 따른다.

> 코팅한 초콜릿 트러플

담가서 만드는 트러플은 다음 레시피를 따른다.

> 담가서 만드는 초콜릿 트러플

즉시 내거나 올바른 방법으로 보관한다.

밀크 초콜릿 또는 화이트 초콜릿 트러플

약 450g, 약 54개

다크 초콜릿 트러플을 만들되, 다크 초콜릿 대신 **품질 좋은 밀크 또는 화이트 초콜릿 340g**을 넣고 크림의 양을 ½컵으로 줄인다. 앞에서 설명한 방법대로 전자레인지로 조리하거나, 이중 냄비의 위쪽 용기 또는 끓지 않는 뜨거운 물에 담근 내열 그릇에 초콜릿과 크림을 넣은 뒤 초콜릿이 매끄러운 질감으로 녹을 때까지 자주 저어준다. 식혀서 형태를 만든 후 레시피에 따라 보관한다.

비건 초콜릿 트러플

약 450g, 약 55개

다크 초콜릿 트러플을 만들되, 비건 다크 초콜릿(카카오 함량 최대 72%) 340g을 아주 잘게 썰어서 사용하고 통조림 코코넛 밀크 ¾컵을 넣는다. 식혀서 형태를 만든 후 레시피에 따라 보관한다.

가향 가나슈(Flavored Ganache)

가나슈는 단순히 초콜릿과 크림 혼합물에 재료를 추가하거나 우선 크림에 재료를 먼저 우려서 풍미를 추가할 수 있다. 리큐어를 추가하려면 레시피를 약간 조정해야 한다. 알코올을 사용한 초콜릿 트러플 항목을 참고한다.

트러플 레시피를 따르기 전에, 크림 또는 코코넛 밀크를 뭉근히 끓어오르기 직전까지 가열한 후 다음 중 한 가지 재료를 넣는다.(밀크 초콜릿 또는 화이트 초콜릿 트러플을 만든다면 분량을 절반으로 줄인다.)

> 신선한 민트 잎 1컵 또는 로즈메리 잔가지 2개
>
> 으깬 원두 ¼컵
>
> 으깬 카르다몸 깍지 8개, 회향씨 1작은술 또는 통계피 1개
>
> 레몬, 오렌지, 라임 1개의 껍질, 채소 껍질 벗기는 도구로 널찍하고 길게 벗겨내기
>
> 바닐라 빈 1개, 세로로 반 가르기
>
> 말린 라벤더 1큰술
>
> 얼그레이 찻잎 1큰술

뚜껑을 덮고 불에서 내린 후 30분간 우린다. 체에 거르고 데운 후 초콜릿에 넣는다. 또는 크림과 초콜릿을 섞은 후에 다음 재료 중 하나를 아직 따뜻한 가나

슈에 넣고 섞는다.

구워서 아주 잘게 썬 견과류 ⅔컵

바닐라 2작은술

인스턴트 에스프레소 가루 1큰술+2작은술

라즈베리 잼 ¼컵

타히니 ¼컵

치폴레 칠리 고춧가루 ¼작은술

알코올을 사용한 초콜릿 트러플

트러플에 약간의 증류주를 첨가하면 맛이 더욱 깊어진다. 버번, 럼, 코냑, 프랑부아즈, 키르슈, 그랑 마니에르 등은 모두 트러플과 잘 어울린다. **다크 초콜릿 트러플, 밀크 초콜릿 또는 화이트 초콜릿 트러플 또는 비건 트러플**의 레시피를 따르되, 가나슈에 넣는 초콜릿의 양을 400g으로 늘린다. 크림과 초콜릿이 녹으면 **다크 초콜릿**의 경우 증류주 ¼컵, **밀크 및 화이트 초콜릿**의 경우 증류주 2큰술을 넣는다. 식혀서 형태를 만든 후 레시피에 따라 보관한다.

담가서 만드는 초콜릿 트러플(Dipped Chocolate Truffles)

이 조리법을 활용하면 트러플뿐만 아니라 사각형의 누가, 퍼지, 허니콤 캔디 또는 그 외의 사탕 중심부를 초콜릿에 담가서 완성할 수 있다. 복잡하고 까다로운 템퍼링 과정을 건너뛰고 싶다면, 녹이기만 하면 되는 시판 초콜릿 코팅 제품(합성 초콜릿이 좋은 예다.)을 사용할 수 있다. 하지만 이러한 제품의 풍미는 아무래도 진짜 초콜릿의 진한 풍미에 미치지 못한다. 취향에 따라 트러플을 초콜릿에 담근 후 속에 들어 있는 필링의 풍미를 연상시키는 재료로 장식하거나 필링과 상관없이 그냥 장식할 수도 있다. 예를 들어 트러플 위에 설탕 절임 감귤류 껍질, 구운 통견과류, 냉동 건조 과일, 분홍색 통후추, 구운 얇은 코코넛 조각, 박편형 바닷소금 또는 꿀벌 화분 등을 올려놓는 식이다.

다음을 만들기 위한 가나슈를 준비한다.

선호하는 종류의 트러플

다음으로 템퍼링을 한다.

품질 좋은 다크, 밀크 또는 화이트 초콜릿 450g

초콜릿에 담그기 전에 중심부가 될 가나슈의 온도가 21℃ 정도로 유지되는지 확인한다. 그렇지 않으면 초콜릿에 회색 줄이 남을 것이다. 오븐 팬에 파라핀지 또는 유산지를 깐다. 포크 또는 사탕 디퍼를 사용해 가나슈를 하나씩 템퍼링한 소량의 초콜릿에 담근다. 포크로 가나슈를 건져낸 후 여분의 초콜릿이 떨어지도록 기다린다. 준비한 오븐 팬 위에 트러플을 올리고 굳을 때까지 20분 정도 냉장고에서 보관한다. 즉시 내거나 알맞은 방법으로 보관한다.

코팅한 초콜릿 트러플(Coated Chocolate Truffles)

중심부가 될 가나슈를 초콜릿에 담그지 않고 코팅 재료 위에 굴리면 간단하고도 맛있게 트러플을 완성할 수 있다. 전통적으로 사용되는 코팅 재료는 진짜 트러플(송로버섯)을 캐낼 때 붙어 있기 마련인 흙을 연상시키는 코코아 가루다.

다음을 만들기 위한 가나슈를 준비한다.

선호하는 종류의 트러플

중심부가 될 가나슈의 표면이 매끄러워질 때까지 굴린 후 파라핀지나 유산지 또는 실리콘 깔개를 깐 팬에 옮겨놓는다. 파라핀지나 유산지 또는 실리콘 깔개를 깐 팬을 하나 더 준비한다. 다음 재료를 하나 이상 파이 접시 또는 얕은 그

릇에 담아 넓게 편다.(코팅 재료를 하나 이상 사용한다면 각각 다른 그릇에 담는다.)

체에 친 무가당 코코아 가루 1컵

체에 친 무가당 코코아 가루 1컵과 계핏가루 2작은술을 섞은 것

체에 친 슈거 파우더 1컵

슈거 파우더 1컵과 말차 1큰술을 합쳐서 체에 친 것

잘게 썬 코코넛 1컵을 구운 것

구워서 잘게 썬 견과류 1컵

트러플 하나를 코팅 재료가 담긴 그릇에 넣고 그릇을 흔들어 달라붙게 한다. 잘게 썬 견과류처럼 입자가 큰 코팅 재료는 트러플에 올려서 살짝 눌러야 잘 붙는다. 트러플을 건져서 준비한 팬에 놓는다. 남은 트러플도 같은 방법으로 작업한다. 즉시 내거나 올바른 방식으로 보관한다.

바크 초콜릿 또는 초콜릿 바

약 560g

바크 초콜릿(chocolate bark)은 다양한 재료를 넣어 나무껍질처럼 우툴두툴하게 만든 것으로 가장 만들기 쉬운 동시에 무궁무진하게 응용할 수 있는 초콜릿 간식이다. 초콜릿 유형에 따라 잘 어울리는 과일과 견과류를 조합한다. 예를 들어 화이트 초콜릿은 피스타치오 및 말린 체리와 함께 사용하고 다크 초콜릿은 설탕 절임 생강과 함께 사용하는 식이다.

오븐 팬에 포일을 깐다. 다음으로 템퍼링을 한다.

세미스위트, 비터스위트, 밀크 또는 화이트 초콜릿 450g

바크 초콜릿: L자형 주걱을 사용해 포일을 깐 오븐 팬에 초콜릿을 6mm 두께로 바른다. 오븐 팬을 조리대에 톡톡 두드려 기포를 뺀다. 그 위에 다음을 훌훌 뿌린다.

구워서 굵게 썬 견과류, 말린 과일, 미니 마시멜로 또는 이를 섞어서 2컵

초콜릿 바: 템퍼링을 한 초콜릿과 견과류 또는 과일을 섞은 후 평평한 판 형태의 틀에 붓는다.

단단해질 때까지 15분 정도 냉장고에 넣어둔다. 그다음 시원한 곳에서 완전히 굳을 때까지 30분~1시간 정도 둔다. 초콜릿이 틀의 옆면에서 약간 쪼그라들면 틀에서 쉽게 뺄 수 있다.

바크 초콜릿을 식탁에 올리려면 초콜릿에 지문이 남지 않도록 포일로 감싸서 초콜릿을 잡고 한입 크기의 불규칙한 모양으로 부순다. 초콜릿 바는 작은 판 초콜릿 레시피의 설명에 따라 틀에서 빼낸다. 즉시 내거나 알맞은 방식으로 보관한다.

다양한 재료를 넣은 덩어리 초콜릿(Chocolate Clusters)

약 450g, 지름 2.5cm의 덩어리 초콜릿 약 25개

오븐 팬에 파라핀지나 유산지 또는 실리콘 깔개를 깐다.

다음으로 템퍼링을 한다.

품질 좋은 세미스위트 또는 비터스위트 초콜릿 225g

다음을 초콜릿에 넣고 잘 어우러질 때까지 섞는다.

말린 과일 1컵, 조각이 1.2cm보다 크면 잘게 썰기

견과류 1컵, 구워서 굵직하게 썰기

숟가락으로 초콜릿을 지름 2.5cm 크기의 덩어리로 떠낸 후 준비한 오븐 팬에 올린다. 덩어리 초콜릿을 냉동실에 넣어두고 20분간 얼려서 굳힌다. 즉시 내거나 알맞은 방식으로 보관한다.

작은 판 초콜릿(Small Solid Chocolates)

약 450g

작업을 시작하기 전에 주방용 면포로 틀을 잘 닦는다. 이렇게 하면 기포가 많이 생기지 않으므로 윤이 나고 매끄러운 초콜릿이 완성된다.

다음으로 템퍼링을 한다.

품질 좋은 세미스위트, 비터스위트, 밀크 또는 화이트 초콜릿 450g

L자형 주걱으로 초콜릿을 틀에 넣고 윗면을 고른다. 틀을 작업대에 가볍게 톡톡 두드려 기포를 뺀다. 여분의 초콜릿은 긁어서 빈 그릇에 담는다. 남은 초콜릿은 녹여서 다시 사용할 수 있다.

틀을 오븐 팬에 얹고 냉동실에 넣어 15분 정도 얼려서 굳힌다. 초콜릿이 틀의 옆면에서 약간 쪼그라들었다면 틀에서 뺄 수 있는 상태가 된 것이다.

초콜릿을 틀에서 빼려면 틀을 파라핀지 또는 유산지를 깐 접시나 팬에 뒤집어서 올려놓고 살짝 비틀어서(각얼음 틀에서 얼음을 빼듯이) 초콜릿을 뺀다. 비교적 쉽게 떨어질 것이다. 초콜릿이 잘 떨어지지 않으면 10분간 냉동실에 넣어두었다가 다시 시도한다. 즉시 내거나 알맞은 방식으로 보관한다.

속을 채운 초콜릿

약 450g

다음으로 템퍼링을 한다.

품질 좋은 세미스위트, 비터스위트, 밀크 또는 화이트 초콜릿 450g

L자형 주걱으로 초콜릿을 각 틀에 넣고 윗면을 고른 뒤 여분의 초콜릿을 긁어서 빈 그릇에 담는다. 틀을 작업대에 가볍게 톡톡 두드려 기포를 뺀다. 초콜릿이 담긴 틀을 2분 정도, 즉 초콜릿의 가장자리가 굳으면서 색이 탁하게 변하기 시작할 때까지 그대로 둔다.

간격이 촘촘한 철망 받침대를 커다란 그릇 위에 올린다. 틀을 받침대 위에 뒤집어놓고 아직 녹은 상태인 초콜릿이 흘러내리게 한다. 더 이상 흘러내리지 않을 때까지 3~5분 정도 이 상태로 둔다. 초콜릿 코팅이 원하는 만큼 두꺼워질 때까지 초콜릿을 틀에 넣어 넓게 펴고 뒤집어서 흘려버리는 작업을 반복한다.

틀을 오븐 팬에 올려놓고 냉동실에 넣어 10분간 굳힌다. 다음 중 하나를 준비한다.

소금 캐러멜 소스 또는 간단한 둘세 데 레체

마지팬

땅콩버터 또는 초콜릿 헤이즐넛 스프레드

선호하는 풍미의 가나슈 또는 초콜릿 가나슈

누가 또는 퐁당

필링은 짤주머니나 숟가락을 사용해 초콜릿 코팅이 깔린 틀에 채워 넣을 수 있을 정도로 적당히 묽고 따뜻하면서도, 초콜릿 코팅을 녹이지 않을 정도의 적당한 온도여야 한다. 선호하는 필링을 채우고 틀을 작업대 위에 톡톡 쳐서 기포를 뺀다. 5분간 냉장고에 넣어 필링을 굳힌다. 템퍼링을 한 초콜릿을 L자형 주걱으로 필링 위에 펴서 바르고 여분의 초콜릿은 긁어서 그릇에 담는다. 초콜릿으로 덮은 틀을 냉장고에 10분간 넣어둔다.

깨지지 않도록 조심하면서 초콜릿을 틀에서 빼낸다. 초콜릿을 뒤집어서 깨끗한 행주 위에 올려놓으면 깨질 위험성이 줄어든다. 즉시 내거나 알맞은 방식으로 보관한다.

피넛 버터 컵(Peanut Butter Cups)

약 450g, 약 24개

우리가 가장 좋아하는 초콜릿 간식 중 하나다. 땅콩버터의 기름이 분리된 상태라면 사용하기 전에 잘 젓는다.

11~12구짜리 틀을 2개 준비해 지름 3.8cm 짜리 세로 홈이 있는 종이컵을 구멍마다 하나씩 깐다. 또는 세로 홈이 있는 포일 컵을 작은 머핀 틀에 깐다. 유산지로 페이스트리용 짤주머니를 3개 만들거나 지퍼백을 사용한다.

다음으로 템퍼링을 한다.

품질 좋은 밀크, 비터스위트 또는 화이트 초콜릿 450g

초콜릿의 절반을 유산지로 만든 짤주머니나 지퍼백 하나에 담는다. 짤주머니의 끝부분이나 지퍼백 아래의 한쪽 모서리를 6mm 크기로 잘라내고 초콜릿을 각 틀의 약 ⅓ 높이까지 오도록 짜 넣는다. 8~10분간 그대로 둔다.

두 번째 유산지 짤주머니 또는 지퍼백에 다음을 담는다.

매끄러운 땅콩버터 ¾컵, 실온 상태로 준비

1.2cm 크기로 짤주머니 끝이나 지퍼백 모서리를 잘라내고 초콜릿이 들어 있는 각 틀의 가운데에 ¾ 이상 올라오지 않도록 땅콩버터를 짜 넣는다. 땅콩버터를 가장자리에 짜 넣으면 초콜릿으로 그 주변을 덮을 수 없으므로 주의한다. 세 번째 짤주머니 또는 지퍼백에 남은 초콜릿을 담고 각 틀의 맨 위까지 초콜릿을 짜 넣는다. 필요하면 틀을 이리저리 기울여서 비어 있는 공간을 초콜릿으로 메운다. 또는 L자형 주걱으로 틀 윗부분의 초콜릿을 잘 고르고 여분의 초콜릿을 긁어서 그릇에 담는다. 틀을 작업대에 가볍게 톡톡 쳐서 기포를 뺀다.

틀을 오븐 팬에 올리고 냉동실에 넣어 20분간 초콜릿을 굳힌다. 틀에서 빼려면 작은 판 초콜릿 레시피의 설명을 참고한다. 즉시 내거나 알맞은 방식으로 보관한다.

벅아이(Buckeyes)

오하이오의 주목(州木)인 칠엽수 나무 벅아이에서 열리는 견과를 닮았다고 해서 이 이름이 붙었다. 담가서 옷을 입힐 초콜릿으로 템퍼링을 하면 훨씬 모양이 예쁜 벅아이를 만들 수 있는데, 소박하게 집에서 먹을 용도라면 그렇게 번거로운 과정을 거칠 필요는 없다.

큰 그릇이나 스탠드 반죽기에 다음을 넣고 섞는다.

매끄러운 땅콩버터 1컵

무염 버터 4큰술(버터 스틱 ½개), 말랑하게 녹이기

바닐라 1작은술

소금 ¼작은술

매끄러운 질감이 될 때까지 중속으로 세게 치면서 섞는다. 다음을 넣는다.

슈거 파우더 2컵, 체에 치기

저속으로 섞은 뒤 중속으로 올려서 완전히 매끄럽게 어우러질 때까지 섞는다. 오븐 팬에 유산지를 깐다. 혼합물을 1작은술씩 듬뿍 떠서 준비한 오븐 팬에 올린다. 손바닥 사이에 놓고 굴려서 매끄러운 공 모양으로 만든다. 냉동실에 넣어 15분간 얼린다. 그동안 다음으로 템퍼링을 하거나 이중 냄비에 넣고 녹인다.

세미스위트, 비터스위트 또는 밀크 초콜릿 225g, 굵게 썰기

공 모양의 땅콩버터를 꼬치로 찔러 들어올려서 전체의 ¾만큼 초콜릿에 담갔다가 꺼내면, 윗부분에는 둥그런 '눈' 모양으로 땅콩버터가 노출된 형태가 된다. 초콜릿에 담갔다 꺼낸 벅아이를 다시 오븐 팬에 올리고 손가락 끝으로 꼬치를 찔렀던 구멍을 메운다. 단단해질 때까지 30분 정도 냉장고에 넣어둔다.

밀폐 용기에 담아 냉장 보관한다.

조이 오브 코코넛(Joy of Coconut)

약 680g, 2.5cm 크기의 정사각형 초콜릿 약 64개

인기 있는 시판 초콜릿 아몬드 조이(Almond Joy)를 응용한 것이다. 코코넛과 아몬드를 채워서 만든 사각형의 초콜릿으로, 초콜릿에 담갔다 꺼내는 과정을 거칠 필요가 없다.

다음을 굽는다.

잘게 썬 무가당 코코넛 2½컵

원하는 만큼 구워지면 그릇에 담고 다음을 추가한다.

연한 옥수수 시럽 1컵

코코넛 기름 1큰술

잘 섞은 후 코코넛이 옥수수 시럽을 흡수하도록 1시간 동안 둔다. 20cm 크기의 정사각형 베이킹 팬에 유산지나 포일을 깐다. 다음으로 템퍼링을 한다.

밀크 초콜릿 340g

초콜릿의 절반을 준비한 팬에 붓고 나머지 절반은 따뜻하게 유지한다. 팬을 냉장고에 넣어서 15분간 굳힌다. 코코넛 혼합물을 단단하게 굳은 초콜릿 위에 골고루 펴서 바른다. 왼쪽 위 모서리에서 1.2cm 떨어진 지점부터 시작해 코코넛 필링 위에 2.5cm 간격으로 다음을 절반씩 박아서 아몬드가 평평하게 놓이게 한다.

구운 통아몬드 64개

남은 초콜릿을 아몬드 필링 위에 붓는다. 냉장고에 넣어 30분간 굳힌다. 널찍한 초콜릿을 틀에서 뺀 뒤 실온에서 10분간 두었다가 조심스럽게 2.5cm 크기의 정사각형으로 자른다.(아몬드 사이로 자르면 편하다.) 즉시 내거나 보관한다.

퍼지에 대해

퍼지(fudge)는 끓인 설탕 시럽에 크림 또는 버터를 추가해 만드는 약간 말랑말랑한 사탕이다. 19세기 후반과 20세기 초반의 순수했던 시절에 대학에서 퍼지 만들기 열풍이 불었고, 특히 매리언 베커 할머니가 다녔던 바사 대학교에서는 그 열기가 뜨거웠다. 학생들은 기숙사에서 퍼지를 여러 판씩 만들었는데 때로는 아주 조악한 알코올버너를 사용하기도 했다. 퍼지는 만들기 까다롭다는 인식이 있지만 그렇게 열악한 환경에서 대학생조차 만들 수 있었다면 일반 가정에서 요리하는 사람이 제대로 만들지 못할 이유가 없지 않을까. 시간을 단축하고 싶은 사람들은 온도계 없이도 만들 수 있는 간단한 초콜릿 퍼지 레시피를 참고하자.

다른 모든 사탕과 마찬가지로, 퍼지는 조리하다가 알맞은 주걱을 찾는 동안에도 타버릴 수 있으므로 처음부터 모든 재료와 도구를 준비해두어야 한다. 퍼지는 중불에서 말랑말랑한 공 단계가 될 때까지 천천히 조리해야 하므로 ▶ 빨리 조리하기 위해 불을 세게 조절하고 싶은 마음이 들더라도 꼭 참자. 너무 강불에 빨리 조리하면 눌어붙은 냄새가 나며 식감도 거칠어진다. 그러나 말랑말랑한 공 단계는 112.8℃가 되어야 시작된다는 점을 기억하자. 사탕 전문 제조업체는 114.4℃가 되도록 퍼지를 조리하지만, 가끔 습도가 아주 높은 날이면 시럽 온도를 116.7℃까지 올려도 공 모양이 잘 형성되지 않기도 한다.

퍼지를 중탕으로 식히려면 냄비를 하나 더 준비해 퍼지가 담긴 냄비를 담고 옆쪽으로 2.5cm만큼 올라오도록 찬물을 붓거나 싱크대에 찬물을 채우고 냄비를 담근다. ▶ 퍼지가 식을 때 저으면 식감이 거칠어지므로 젓지 않도록 주

의한다. 이 시점에서 사탕 전문 제조업체에서는 시판 또는 직접 만든 퐁당을 ¼컵 정도 넣어 퍼지의 질감이 곱고 매끄러워지게 하는 경우가 많다. 손으로 냄비 바닥을 쉽게 만질 수 있는 상태, 즉 43.3℃ 정도가 될 때까지 건드리지 않고 식힌다.

대리석 판 위에 올려놓고 퍼지를 식히려면 대리석 판 또는 철망 받침대 위에 올린 오븐 팬에 시럽을 붓는다. 레시피에 버터, 바닐라, 소금을 사용하는 경우 이러한 재료를 위에 뿌리거나 얹는다. 대리석 판의 장점은 열을 균일하게 흡수하면서 너무 빨리 식히지 않는다는 점이다.(60×46cm 크기의 대리석 판에는 퍼지 900g을 올려놓고 식힐 수 있다.)

퍼지를 식히는 방법과 관계없이 ▶ 퍼지를 냄비에서 따라낼 때는 냄비 바닥까지 긁지 않도록 주의한다. 냄비의 바닥 근처에 있는 설탕 혼합물은 나머지보다 높은 온도에서 조리되므로 다른 위치에 있는 설탕 시럽을 결정화할 수 있기 때문이다.

퍼지가 43.3℃ 정도로 식으면 저어주어야 한다. 냄비에 담긴 채로 식혔다면 혼합물을 스탠드 반죽기에 옮겨 담고 주걱 날을 끼워서 저속으로 세게 쳐서 섞는다. 또는 큼직한 그릇에 옮겨 담고 나무 숟가락으로 얌전히 8자를 그리며 천천히 저어주어도 좋다. 퍼지를 대리석 판 위에 부어서 식혔다면 캔디 스크래퍼 또는 벤치 스크래퍼로 퍼지를 들어올려서 항상 가장자리가 가운데로 가도록 접는다. 퍼지가 걸쭉해지고 윤기가 사라지며 피크 모양이 유지될 때까지 접고 섞는 과정을 반복한다. 버터를 바른 팬에 퍼지를 붓는다. ▶ 퍼지를 아주 주의 깊게 살핀다. 한순간이라도 한눈을 팔면 너무 걸쭉하고 단단해져서 제대로 다룰 수 없게 된다.

퍼지를 보관하려면 랩으로 단단히 감싸서 밀폐 용기에 넣어 보관해야 마르지 않는다. 만든 후 1~2일이 지나면 퍼지의 풍미가 깊어지고 식감이 좋아진다. 그러나 너무 오래 기다렸다가 먹는 것은 좋지 않다. 실온에서 10일 이상 보관하거나 냉장고에서 1개월 이상 보관하면 블룸(bloom)이라는 하얀 반점이 생긴다. 이 블룸은 맛에는 영향을 미치지 않으나 먹음직스러운 모양새는 아니다. 다른 모든 사탕처럼 퍼지도 실온 상태로 먹어야 가장 맛있다.

초콜릿 퍼지

약 680g, 64개

우리 할머니가 만들던 퍼지는 여기에 소개하는 매끄럽고 크림처럼 부드러운 퍼지 레시피보다 초콜릿이 적게 들어간 것이었다. 하지만 우리는 어차피 번거로움을 무릅쓰고 퍼지를 만들기로 했다면 초콜릿을 '마음껏' 넣어야 한다고 생각한다.

퍼지에 대해 항목을 참고한다. 크고 묵직한 편수 냄비에 다음을 넣고 섞는다.

흰색 그래뉼러당 2컵

하프앤드하프 ½컵

헤비크림 ½컵

연한 옥수수 시럽 ¼컵

약불에 올려 설탕이 녹을 때까지 5분 정도 저으면서 조리한다. 부르르 끓어오를 때까지 가열한 후 젓지 않고 1분간 조리한다. 페이스트리용 솔을 따뜻한 물에 담갔다가 냄비 옆면을 쓸어내려서 설탕 결정을 모두 제거한 후 불에서 내린다. 다음을 넣어 초콜릿이 녹으면서 완전히 매끄러운 질감이 될 때까지 젓는다.

세미스위트 또는 비터스위트 초콜릿 170g, 굵게 썰기

냄비 옆면을 솔로 한 번 더 쓸어내린 후 냄비를 중불에 올려 젓지 않는 상태에

서 혼합물이 114.4℃, 즉 말랑말랑한 공 단계에 도달할 때까지 조리한다. 다음 재료를 맨 위에 얹되 섞지는 않는다.(이때 섞으면 식감이 거칠어진다.)

버터 2큰술, 말랑하게 녹이기

바닐라 1작은술

소금 ⅛작은술

냄비 바닥을 찬물에 담가서 조리를 멈추고 젓지 않는 상태에서 사탕을 43.3℃까지 식힌다. 대리석 판에 부어서 식히려면 퍼지에 대해 항목을 참고한다. 퍼지가 적당히 식으면 '툭' 끊어지는 느낌이 나면서 윤기가 사라지기 시작할 때까지 나무 숟가락으로 젓는다. 또는 식힌 퍼지를 스탠드 반죽기에 옮겨 담고 주걱 날을 끼워서 퍼지가 걸쭉해지고 윤기가 사라지기 시작할 때까지 5~10분간 저속으로 세게 치면서 섞어도 좋다. 잠깐 사이에 너무 뻑뻑하고 단단해져서 제대로 다루기 힘들 수 있으므로 아주 주의 깊게 살피면서 조리한다.

취향에 따라 다음을 넣고 섞는다.

(호두, 피칸 또는 헤이즐넛 1~1½컵, 구워서 굵게 썰기)

20cm 크기의 정사각형 팬에 양쪽 위로 올라오도록 유산지나 버터 바른 포일을 넉넉히 잘라서 깐 후, 그 위에 용기를 뒤집어서 퍼지를 꺼낸다. L자형 또는 실리콘 주걱을 뜨거운 물에 적셔가면서 윗면을 고른다. 1시간 이상 둔다. 팬에서 퍼지를 꺼낸 후 포일이나 유산지를 벗겨낸다. 퍼지를 2.5cm 크기의 정사각형으로 잘라서 보관한다.

간단한 초콜릿 퍼지

약 680g, 64개

우리가 아는 퍼지 만드는 방법 중 가장 간단하고 쉬운 레시피다. 온도계나 퍼지를 식히는 특별한 기술도 필요 없다. 그냥 모든 재료를 섞어서 녹인 후 팬에 부어 식히면 된다.

20cm 크기의 정사각형 팬에 양쪽 위로 올라오도록 유산지나 버터 바른 포일을 넉넉히 잘라서 깐다. 다음을 내열 그릇이나 전자레인지용 유리그릇에 담는다.

굵게 썬 비터스위트 초콜릿 또는 초콜릿 칩 340g

가당연유 통조림 415ml짜리 1개

버터 4큰술(버터 스틱 ½개)

뜨거운 물이 담긴 냄비에 담그고 녹을 때까지 젓거나, 전자레인지의 출력을 강에 맞춰 모든 재료가 녹으면서 매끄러운 질감이 될 때까지 30초씩 끊어서 돌린다. 한 번 돌릴 때마다 혼합물을 얌전히 저어주면서 총 1분 30초~2분 30초 동안 녹인다. 취향에 따라 다음을 넣고 섞는다.

(호두 또는 피칸 1½컵, 구워서 굵게 썰기)

준비한 팬에 퍼지를 담고 L자형 주걱을 중간중간 뜨거운 물에 담갔다 꺼내 윗면을 고른다. 1시간 이상 그대로 둔다. 퍼지를 팬에서 꺼낸 후 포일 또는 유산지를 벗겨낸다. 2.5cm 크기의 정사각형으로 잘라서 보관한다.

페누치(Penuche, 갈색 설탕 퍼지)

약 450g, 64개

비정제 설탕을 가리키는 스페인어에서 유래한 페누치는 한마디로 말해 갈색 설탕으로 만든 퍼지다. 갈색 설탕을 사용하기 때문에 당밀을 연상시키는 진한 풍미와 다소 거친 질감이 특징이다. 페누치에는 전통적으로 피칸을 많이 사용하지만 우리는 코코넛도 즐겨 넣는다.

20cm 크기의 정사각형 팬에 양쪽 위로 올라오도록 유산지나 버터 바른 포일

을 넉넉히 잘라서 깐다. 크고 묵직한 편수 냄비에 다음을 넣고 섞는다.

연한 갈색 설탕, 꾹 눌러 담아 3컵

하프앤드하프 ½컵

헤비크림 ½컵

소금 ⅛작은술

약불에 올려 설탕이 녹을 때까지 저으면서 5분 정도 가열한다. 페이스트리용 솔을 따뜻한 물에 담갔다가 냄비 옆면을 쓸어내려서 설탕 결정을 모두 제거한다. 중불로 높이고 젓지 않는 상태에서 혼합물의 온도가 114.4℃가 되고 말랑말랑한 공 단계가 될 때까지 가열한다. 불에서 내린다.

다음을 넣되 젓지 않는다.(이때 저으면 거칠어진다.)

버터 2큰술, 말랑하게 녹이기

바닐라 1작은술

식힌 다음 퍼지에 대해 항목의 설명에 따라 세게 쳐서 섞는다. 다음을 넣고 섞는다.

피칸 1컵, 구워서 굵게 썰기

(잘게 썬 무가당 코코넛 1컵, 살짝 굽기)

준비한 팬에 퍼지를 옮겨 담는다. L자형 주걱을 뜨거운 물에 담갔다 꺼내 윗면을 고른다. 1시간 이상 그대로 둔다. 퍼지를 팬에서 꺼낸 뒤 포일이나 유산지를 벗겨낸다. 2.5cm 크기의 정사각형으로 잘라서 보관한다.

하몬시요 데 레체(Jamoncillo de Leche, 멕시코식 우유 퍼지)

약 680g, 64개

이 우유 퍼지는 둘세 데 레체와 비슷하지만 고체 형태다. 캐러멜화한 설탕과 브라운 버터의 진한 풍미를 즐길 수 있는 퍼지다.

20cm 크기의 정사각형 팬에 양쪽 위로 올라오도록 버터 바른 유산지나 포일을 넉넉히 잘라서 깐다. 커다란 냄비나 더치오븐을 중강불에 올리고 다음을 넣은 후 부르르 끓어오를 때까지 가열한다.

일반 우유 4컵

흰색 그래뉼러당 2컵

버터 1큰술

베이킹소다 1작은술

소금 ½작은술

통계피 1개(카넬라 권장)

혼합물이 끓어 넘치기 쉬우므로 세심하게 살피며 조리한다. 자주 저으면서 팔팔 끓인다. 10분 정도 지나면 혼합물이 연한 캐러멜색으로 변하기 시작한다. 20분 정도 지나면 진한 캐러멜색이 된다. 혼합물이 115.6℃에 도달할 때까지 총 40~45분간 끓인다. 불에서 내린 후 다음을 넣고 섞는다.

바닐라 2작은술

(구워서 굵게 썬 피칸 또는 살짝 구운 잣 1컵)

계피를 건져서 버린다. 혼합물을 스탠드 반죽기에 옮겨 담고 주걱 날을 끼워서 중속으로 세게 치면서 섞거나, 그릇에 옮겨 담고 전동식 핸드 반죽기 또는 나무 숟가락을 사용해 혼합물이 눈에 띄게 걸쭉해지고 광택이 나지 않지만 딱딱하거나 멍울이 지지는 않을 때까지 3~5분간 섞는다. 준비한 팬에 퍼지를 담는다. 혼합물이 상당이 뻑뻑한 상태이므로 꾹꾹 눌러서 팬에 골고루 담아야 할 수도 있다. 1시간 이상 그대로 둔다. 퍼지를 팬에서 꺼낸 뒤 포일이나 유산지를 벗겨낸다. 퍼지를 2.5cm 크기의 정사각형으로 잘라서 보관한다.

메이플 사탕

약 450g, 2.5cm 크기의 정사각형 사탕 45개

버몬트주 특산물인 이 사탕은 레시피가 무척 간단하며 퍼지와 식감이 비슷하다. 버터나 기름을 추가해 시럽에서 거품이 생기는 것을 방지한다.

사탕용 틀을 준비하거나 23×12.5cm짜리 로프 팬의 모든 면에 버터 바른 유산지나 포일을 깐다. 큼직하고 깊은 편수 냄비를 중강불에 올리고 다음을 넣어 부르르 끓어오를 때까지 가열한다.

메이플 시럽 2컵

식물성 기름 또는 버터 ½큰술

젓지 않는 상태로 혼합물의 온도가 114.4℃에 도달해 말랑말랑한 공 단계가 될 때까지 15분 정도 끓인다. 불에서 내린 후 그릇에 옮겨 담고 10분간 식힌다. 나무 숟가락을 사용해 윤기가 사라지고 크림처럼 보일 때까지 혼합물을 젓는다. 틀이나 준비한 팬에 혼합물을 붓는다. 완전히 식힌 후 정사각형 모양으로 자르거나 틀에서 사탕을 뺀다. 밀폐 용기에 담아 실온에 보관한다.

땅콩버터 또는 타히니 퍼지

약 680g, 64개

타히니를 사용할 때는 잘 저어서 분리된 기름을 섞는다. 퍼지와 비슷한 또 다른 타히니 사탕은 참깨 할바 레시피를 참고한다.

20cm 크기의 정사각형 팬에 양쪽 위로 올라오도록 버터 바른 유산지나 포일을 넉넉히 잘라서 깐다. 커다란 편수 냄비에 다음을 넣고 섞는다.

무염 버터 스틱 2½개(285g)

매끄러운 땅콩버터 또는 타히니 1¼컵

중불에 올려 혼합물이 부르르 끓어오를 때까지 조리한다. 불에서 내리고 다음을 추가한다.

바닐라 1½작은술

소금 ¼작은술

다음을 넣고 섞는다.

슈거 파우더 4½컵, 체에 치기

잘 저어서 섞는다. 혼합물을 준비한 팬에 붓는다. 퍼지의 윗면에 직접 닿도록 비닐랩을 씌운다. 단단해질 때까지 식힌다. 퍼지를 2.5cm 크기의 정사각형으로 잘라서 보관한다.

캐러멜 사탕에 대해

우리 가족은 캐러멜을 무척 좋아한다. 이가 아플 정도로 단맛이 강한 퍼지나 디비니티와는 달리, 캐러멜은 진하고 버터 향이 풍부하며 복합적인 맛을 갖고 있을 뿐만 아니라 소금이 적당히 들어 있어서 더욱 입에 침이 고이게 한다. 캐러멜이라는 이름에서 연상할 수 있는 것과는 달리 캐러멜은 단단한 공 단계까지만 조리하므로 절대 캐러멜화가 시작될 때까지 설탕 온도를 올리지 않는다. 캐러멜의 특징적인 풍미는 캐러멜화보다는 갈변화, 즉 마이야르 반응으로 인한 것이다.

캐러멜은 중불에 올려 천천히 조리한다. 시간을 단축하기 위해 불을 세게 올리면 눌어붙은 풍미가 나고 질감이 거칠어지기 때문에 주의한다. 조리하는 온도에 따라 최종 결과물의 질감이 결정되며, 온도가 높을수록 단단해진다. 조리 시간은 캐러멜의 풍미와 색깔에 영향을 미친다. 캐러멜을 오래 조리할수록 풍미가 더 살아나고 색이 진해진다. 인내심이 관건이다. 캐러멜 한 판을 조리하는 데 양에 따라 25~45분이 걸릴 수도 있다.

가향 가나슈를 만들 때와 마찬가지로 따뜻하게 데운 크림에 풍미 재료를 30분간 우린 후 사용하기 전에 걸러서 **캐러멜에 풍미를 첨가할** 수도 있다. 과일 풍미가 나는 캐러멜을 만든다면 헤비크림의 최대 절반까지 과일 퓨레나 즙으로 대체한다. 또한 구운 견과류와 씨를 넣고 섞거나 캐러멜을 일단 식혀서 자른 후 템퍼링을 한 초콜릿에 담가 코팅할 수도 있다.(담가서 만드는 초콜릿 트러플 레시피 참고)

캐러멜을 굳히고 자르려면 우선 20cm 크기의 정사각형 팬에 양쪽 위로 올라오도록 버터 바른 유산지나 포일을 넉넉히 잘라서 깐다. 혼합물을 젓거나 냄비 바닥을 긁지 않고 즉시 준비한 팬에 붓는다. 실온 또는 냉장고에서 완전히 식힌다. 단단하게 굳힌 다음 사탕을 뒤집어서 꺼내 도마에 올려놓고 유산지나 포일을 벗긴다. 잘 드는 묵직한 칼에 기름을 바르고 적당한 크기로 자른다.

캐러멜을 보관하려면 정사각형 셀로판지 또는 파라핀지로 하나씩 싸거나 아래위에 셀로판지, 파라핀지 또는 유산지를 깔고 밀폐 용기에 보관한다. 실온에서 약 2주 또는 냉장고에서 최대 1개월간 충분히 보관할 수 있다.

버터스카치 캐러멜

약 900g, 2.5cm 크기의 캐러멜 70~80개

갈색 설탕과 진한 옥수수 시럽을 섞어서 깊은 버터스카치 풍미를 낸다. 캐러멜 사탕에 대해 항목을 참고한다. 20cm 크기의 정사각형 팬에 양쪽 위로 올라오도록 버터 바른 유산지나 포일을 넉넉히 잘라서 깐다. 크고 묵직한 편수 냄비를 중불에 올리고 다음을 넣어 섞는다.

연한 갈색 설탕, 꾹 눌러 담아 2¼컵

무염 버터 스틱 2개(225g), 몇 조각으로 자르기

헤비크림 1컵

진한 옥수수 시럽 ½컵

연한 옥수수 시럽 ¼컵

설탕이 녹을 때까지 나무 숟가락으로 저으면서 약 5분간 조리한 후 페이스트리용 솔을 따뜻한 물에 담갔다가 냄비 옆면을 쓸어내린다. 계속 저으면서 혼합물이 부르르 끓어오를 때까지 조리한다. 중강불로 올리고 냄비 옆면을 또 한 번 쓸어내린다. 단단한 공 단계인 120℃까지 조리한다. 냄비를 불에서 내리고 재빨리 다음을 넣어 섞는다.

바닐라 2작은술

소금 ¼작은술

준비한 팬에 붓는다. 단단해질 때까지 4~12시간 동안 식힌 후 양쪽 위로 올라온 포일이나 유산지를 잡고 캐러멜을 팬에서 들어낸다. 위의 설명에 따라 적당한 크기로 자르고 포장해서 보관한다.

소금 캐러멜

약 560g, 64개

캐러멜 사탕에 대해 항목을 참고한다. 20cm 크기의 정사각형 팬에 양쪽 위로 올라오도록 버터 바른 유산지나 포일을 넉넉히 잘라서 깐다. 중약불에 올려 버터가 녹을 때까지 가열한다.

헤비크림 ¾컵

버터 4큰술(버터 스틱 ½개)

불에서 내리고 한쪽에 둔다. 크고 묵직한 편수 냄비에 다음을 넣고 섞는다.

흰색 그래뉼러당 1½컵

연한 옥수수 시럽, 연한 사탕수수 시럽 또는 현미 시럽 ½컵

설탕이 녹을 때까지 중약불에서 저으면서 가열한 후 페이스트리용 솔을 따뜻한 물에 담갔다가 냄비 옆면을 쓸어내린다. 중강불로 올리고 혼합물이 부르르 끓어오를 때까지 가열한다. 냄비 옆면을 한 번 더 쓸어내린다. 가끔 냄비를 빙글빙글 돌리면서 캐러멜이 진한 색으로 변할 때까지 7~10분간 조리한다. 불에서 내리고 크림 혼합물을 조금씩 넣으면서 섞는다. 거품이 세게 튀어오르므로 화상에 주의한다. 다시 불에 올리고 자주 저으면서 단단한 공 단계인 120℃까지 조리한다. 냄비를 불에서 내리고 다음을 넣은 후 바로 젓는다.

소금 ½작은술

준비한 팬에 혼합물을 붓는다. 10분간 식힌 후 취향에 따라 위에 다음을 홀홀 뿌린다.

(박편형의 바닷소금 또는 훈제 바닷소금 ¼작은술)

단단해질 때까지 4~12시간 동안 굳힌 다음 옆으로 올라온 포일이나 유산지를 잡고 캐러멜을 팬에서 꺼낸다. 적당한 크기로 자르고 하나씩 싸서 보관한다.

초콜릿 크림 캐러멜

약 795g, 64개

소금 캐러멜을 만들되, 잘게 썬 비터스위트 초콜릿 225g을 소금과 함께 넣고 섞는다. 굳히고, 자르고, 싸고, 보관하는 방법은 캐러멜 사탕에 대해 항목을 참고한다.

초콜릿 피칸 토르터스(Chocolate-Pecan Tortoises)

약 900g, 35개

오븐 팬 2개에 기름을 살짝 바르거나 실리콘 깔개를 깐다.
오븐 팬에 다음을 4개씩 뭉쳐서 띄엄띄엄 올린다.

반으로 자른 피칸 2컵, 굽기

다음을 준비한다.

버터스카치 캐러멜 레시피의 ½ 분량

캐러멜을 작은 그릇에 옮겨 담고 10~15분간 살짝 식힌다. 기름을 바른 숟가락으로 재빨리 캐러멜을 1큰술 약간 못 되는 양만큼 떠서 4개씩 뭉쳐놓은 피칸 모둠의 가운데에 얹는다. 캐러멜을 30분간 식힌다.
다음으로 템퍼링을 하거나 녹인다.

세미스위트 또는 밀크 초콜릿 170g

초콜릿을 1작은술 조금 안 되는 양만큼 떠서 캐러멜 사탕 위에 얹는다. 취향에 따라 사탕마다 다음을 1자밤씩 뿌린다.

(박편형의 바닷소금)

냉장고에 20분간 넣어두고 초콜릿을 굳힌다. 아래위에 파라핀지나 유산지를 깔고 사탕을 차곡차곡 담아 밀폐 용기에 보관한다. 냉장고에 넣으면 최대 3주, 냉동실에 넣으면 최대 2개월간 보관할 수 있다. 얼려서 보관했다면 24시간 동안 냉장실에 넣어두고 해동한다. 먹기 30분 전에 냉장고에서 꺼내놓았다가 실온 상태로 식탁에 올린다.

캐러멜 팝콘

약 8컵

서커스를 관람하거나 해변 산책로를 거닐 때 빼놓을 수 없는 끈적끈적하고 달콤한 간식이다. 취향에 따라 스페인 땅콩 1컵을 추가해도 좋다.
오븐 팬에 유산지를 깐다. 다음을 튀긴다.

팝콘용 옥수수 ½컵(조리된 팝콘 8컵)

큰 그릇에 옮겨 담는다. 중간 크기의 묵직한 편수 냄비에 다음을 넣고 녹인다.

버터 2큰술

다음을 넣고 약불에서 설탕이 녹을 때까지 저으면서 조리한다.

연한 갈색 설탕, 꾹 눌러 담아 2컵

물 ½컵

소금 ½작은술

중불에 올려 부르르 끓어오르도록 가열한 뒤 페이스트리용 솔을 따뜻한 물에 담갔다가 냄비 옆면을 쓸어내린다. 젓지 않는 상태에서 단단한 공 단계인 118.3℃가 될 때까지 조리한다. 튀겨놓은 팝콘 위에 붓는다. 나무 숟가락으로 팝콘에 소스가 골고루 묻도록 살살 저은 뒤 준비한 오븐 팬에 뒤집어서 쏟는다. 손으로 만질 수 있을 만큼 식으면 손가락에 버터를 살짝 묻혀서 너무 큰 덩어리를 부순다. 또는 막대사탕용 막대 끝에 끈적한 팝콘 한 줌을 뭉쳐서 끼우고 꾹 눌러도 좋다. 이렇게 코팅한 팝콘을 밀폐 용기에 넣으면 일주일 정도 보관할 수 있다.

퐁당에 대해

퐁당(fondant)은 그 자체로 사탕인 동시에 다른 사탕의 필링이나 코팅 재료 역할도 한다. 퐁당의 속을 채운 부분을 초콜릿에 담갔다 꺼낼 수도 있고, 녹인 퐁당을 아이싱으로 활용하거나 페이스트리 또는 당과 위에 부을 수도 있다.(특히 프티 푸르라고 하는 작은 케이크에 잘 어울린다.) 물 대신 우유, 크림 또는 진한 커피를 사용해 퐁당의 풍미를 더욱 풍부하게 하거나 백설탕의 절반을 갈색 설탕 또는 메이플 슈거로 대체할 수도 있다. ▶ 비정제 원당을 사용하면 질감이 거칠어지므로 피한다. 퐁당의 매력 중 하나는 한 판을 만들어놓고 숙성한 뒤 몇 주에 걸쳐 용도에 맞게 다양한 풍미, 색, 모양으로 활용할 수 있다는 점이다.

퐁당을 만드는 과정은 사실 퍼지 조리 과정과 비슷하다. 두 가지 모두 핵심은 젓거나 치대는 과정을 통해 일어나는 적당한 수준의 결정화다. 아주 작은 설탕 결정이 생기면서 시럽이 투명한 색에서 불투명한 색으로 바뀌고, 다시 윤기가 나며 매끄러운 흰색으로 변한다. 퐁당을 치댄 후에는 '숙성' 과정을 통해 잘 늘어나고 더욱 다루기 쉬운 질감으로 만든다.

퐁당을 숙성하려면 공 모양으로 성형한 후 실온 상태로 완전히 식혀서 비닐랩이나 지퍼백으로 단단히 감싼다. 퐁당을 냉장고에 넣으면 거의 무기한으로 보관할 수 있지만, 사용하기 전에 냉장고에서 꺼내 뚜껑을 덮어두어 실온 상태로 만든다.

사탕 알을 퐁당에 담갔다 꺼내려면 퐁당을 이중 냄비의 위쪽 용기에 넣거나 내열 그릇에 담고 뭉근히 끓어오르는 물 위에 올려놓은 후 온도가 60℃ 이상으로 올라가지 않도록 주의하면서 자주 저어 액체 상태로 녹인다. 이중 냄비를 불에서 내리되, 퐁당이 담긴 위쪽 냄비는 계속 뜨거운 물 위에 올려놓고 액체 상태를 유지하게 한다. 사탕 알을 퐁당에 넣고 뒤집어가면서 완전히 코팅한다. 사탕 디퍼나 포크로 사탕을 건진 후 여분의 퐁당이 흘러내리기를 기다렸다가 파라핀지를 깐 오븐 팬에 올린다. 퐁당에 담갔던 사탕을 냉장고에 15~20분간 넣어두고 단단하게 굳힌다.

퐁당

약 680g

대리석 판이나 철망 받침대 위에 올려놓고 찬물을 뿌려둔 오븐 팬처럼 비다공성(작은 구멍이 없는) 작업대 표면을 준비한다. 크고 묵직한 편수 냄비에 다음을 넣고 섞는다.

  흰색 그래뉼러당 3컵

  물 ½컵

  연한 옥수수 시럽 ⅓컵

중불에 올려 설탕이 녹을 때까지 가끔 저으면서 부르르 끓어오르도록 가열한다. 페이스트리용 솔을 따뜻한 물에 담갔다가 냄비 옆면을 쓸어내려서 붙어 있는 설탕 결정을 모두 제거한다. 젓지 않는 상태로 117.2℃가 되도록 조리한다. 시럽을 즉시 준비한 표면에 붓는다. ▶ 냄비 바닥은 긁지 않는다. 시럽이 43.3℃에 도달하도록 15~20분간 식힌다.

캔디 스크래퍼나 벤치 스크래퍼 또는 금속 주걱으로 가장자리의 시럽을 떠서 중심부로 접어주는 식으로 섞는다. 시럽이 불투명한 흰색이 되고 걸쭉하면서도 유연한 상태가 될 때까지 15분 정도 섞는 작업을 계속한다. 또는 주걱 날을 끼운 스탠드 반죽기에 시럽을 옮겨 담고 걸쭉하고 불투명한 색으로 변할 때까지 5~8분간 저속으로 세게 치며 섞는다.

이 단계가 되면 퐁당은 뻑뻑한 반죽과 비슷한 상태가 된다. 슈거 파우더를 뿌린 후 손으로 잘 치댄다. 퐁당을 공 모양으로 뭉친 후 손바닥 아랫면을 사용해 바깥쪽으로 밀어낸다. 캔디 스크래퍼나 벤치 스크래퍼로 다시 모아서 표면이 매끈해지고 크림처럼 부드러워 보일 때까지 이 작업을 반복한다. 이 상태로 즉시 사용할 수도 있고, 비닐랩으로 단단히 감싸거나 지퍼백에 넣어둘 수도 있다. 퐁당을 선선한 곳에 두고 하룻밤 숙성시킬 수도 있는데, 시간이 지날수록 맛이 더 좋아진다. 몇 주나 몇 달 정도 보관하려면 냉장고에 넣어둔다.

▶ 퐁당을 너무 오래 조리해서 치대기에 너무 딱딱하면 다시 가열한다. 이중 냄비의 위쪽 용기를 뭉근히 끓는 물 위에 올리고 뜨거운 물 ⅔컵을 추가한 후 계속 저으면서 퐁당이 완전히 액체 상태가 될 때까지 가열한다. 그다음 깨끗하고 묵직한 편수 냄비에 붓고 다시 끓어오를 때까지 가열한다. 페이스트리용 솔을 따뜻한 물에 담갔다가 냄비 옆면을 쓸어내리고 뚜껑을 연 상태에서 혼합물이 117.2℃에 도달할 때까지 젓지 않고 조리한다. 위의 설명에 따라 식혀서 젓고 치댄다.

퐁당에 색을 입히려면 다음을 준비한다.

  슈거 파우더

  페이스트 형태의 식용 색소

작업대에 설탕을 뿌리고 퐁당을 올린다. 퐁당에 선을 몇 개 긋고 이쑤시개로 식용 색소를 몇 군데 점찍는다. 이 레시피의 분량이라면 식용 색소를 ⅛작은술만 사용해도 선명한 색이 날 것이다. 골고루 색이 들도록 퐁당을 치대고 접는다.

퐁당에 풍미를 첨가하려면 위와 같이 작업대에 슈거 파우더를 뿌리고 다음 중 하나를 준비한다.

  바닐라, 아몬드, 박하 또는 장미수나 등화수 등의 풍미 추출물 1~2작은술

  박하, 아니스, 오렌지, 베르가모트 등의 식용 방향유 3~5방울

  그랑 마니에르, 키르슈, 프랑부아즈 또는 기타 리큐어 1큰술

  강판에 곱게 간 오렌지 또는 레몬 껍질 2작은술

  잘게 썬 코코넛 ½컵

  세미스위트, 비터스위트, 밀크 또는 화이트 초콜릿 55~115g, 액체 상태로 녹이기

  매끄러운 땅콩버터, 아몬드 버터 또는 헤이즐넛 버터 ⅓컵

  구워서 잘게 썬 아몬드 또는 호두 ½컵

  잘게 썬 말린 체리, 설탕 절임 오렌지 껍질 또는 설탕 절임 생강 ⅓컵

퐁당을 치대고 접어가면서 풍미를 입힌다. 처음에는 반죽용 날을 끼운 스탠드 반죽기를 사용하다가 나중에 손으로 반죽해서 마무리할 수도 있다.

퐁당을 성형하려면 우선 실온 상태로 만든다. 작업대에 슈거 파우더를 넉넉히 뿌린다. 퐁당을 반으로 나눠 하나씩 작업하면 더 수월하다. 손바닥으로 굴리면서 기다란 원통형으로 만든 후 사탕 크기로 자르거나 원하는 모양으로 빚는다.

퐁당을 코팅이나 글레이즈 용도로 사용하려면 퐁당 아이싱에 대해 항목을 참고한다.

간단한 퐁당

약 680g, 지름 2.5cm짜리 공 모양의 퐁당 약 75개

가열하지 않고 만드는 이 퐁당은 금세 만들 수 있고 실패할 확률도 낮지만, 가열해서 만드는 퐁당만큼 크림처럼 부드러운 질감이 살아나지 않는다. 일반 퐁당과 같은 방식으로 색을 입히거나 풍미를 추가할 수 있으나 코팅과 글레이즈 용도로는 사용할 수 없다. 아이들은 이 퐁당(또는 마지팬)으로 호박, 칠면조, 크리스마스트리 등 다양한 모양을 만들면서 무척 즐거워한다. 이 퐁당의 질감은 점토와 비슷하지만 훨씬 더 맛있다!

커다란 그릇에 다음을 넣는다.

  무염 버터스틱 1개(115g), 말랑하게 녹이기

  바닐라 ¾작은술

  소금 ¼작은술

  (선호하는 퐁당용 풍미 재료)

질감이 매끄러워질 때까지 세게 치며 섞는다. 다음을 아주 조금씩 넣으면서 매우 가벼운 질감이 될 때까지 세게 치며 섞는다.

  가당연유 ⅔컵

다음을 한 번에 1컵씩 추가한다.

  슈거 파우더 5컵, 체에 치기

작업대에 다음을 뿌린다.

  슈거 파우더 1컵, 체에 치기

퐁당을 작업대에 올려놓고 슈거 파우더와 잘 섞는다. 지름 2.5cm의 공 모양으로 빚는다. 취향에 따라 건포도, 견과류, 설탕 절임 과일 조각 등을 가운데에 박을 수도 있다. 이 시점에서 다음으로 템퍼링을 한다.

  품질 좋은 세미스위트, 비터스위트, 밀크 또는 화이트 초콜릿 450g

퐁당을 초콜릿에 담갔다가 꺼낸 후 여분의 초콜릿이 흘러내리면 유산지를 깐 오븐 팬에 올린다. 냉장고에 15분간 넣어두고 초콜릿을 굳힌다.

페퍼민트 패티(Peppermint Petties)

약 900g, 지름 5cm짜리 패티 모양의 사탕 약 48개

우리는 상쾌한 맛의 이 사탕을 좋아한다. 얼려서 차갑게 먹으면 더 맛있다. 다음을 준비한다.

  퐁당, 물 대신 헤비크림 ½컵을 넣어 만들기 또는 간단한 퐁당

식혀서 치댄 후 다음으로 풍미를 낸다.

박하유 ½작은술 또는 박하 추출물 1작은술, 또는 적당량

퐁당을 지름 5cm의 얇은 원반 모양으로 성형해 유산지를 깐 오븐 팬에 평평한 면이 아래로 가도록 올린다. 퐁당을 덮어서 단단해질 때까지 1시간 정도 냉장고에 넣어둔다. 다음으로 템퍼링을 한다.

세미스위트, 비터스위트, 밀크 또는 화이트 초콜릿 450g

냉장고에서 패티를 꺼내 액체 상태로 녹인 초콜릿을 위에 바른다. 초콜릿이 굳을 때까지 10분 정도 냉장고에 넣어둔다. 냉장고에서 다시 꺼내 작은 L자형 주걱으로 사탕을 뒤집고 반대쪽에도 초콜릿이 옆면으로 살짝 흘러내릴 정도로 녹인 초콜릿을 넉넉히 바른다. 냉장고에 넣어 굳힌다. 아래위에 파라핀지나 유산지를 깔고 밀폐 용기에 넣으면 실온에서 최대 10일, 냉장고에서 최대 2개월간 보관할 수 있다.

누가에 대해

쫄깃한 견과류 사탕인 누가(nougat)는 조리한 설탕 시럽에 뻑뻑할 정도로 거품을 낼 달걀흰자를 섞어서 만들며, 설탕 절임 과일을 추가하기도 한다. 취향에 따라 견과류나 과일을 넣지 않고 만들 수도 있고, 수제 초콜릿 바를 만들 때 활용할 수도 있다. 누가에 구운 땅콩과 캐러멜을 겹겹이 얹고 초콜릿에 담갔다 꺼내면 아주 근사한 초콜릿 바가 된다. 또는 피넛 버터 컵에 땅콩버터 대신 누가를 넣어 더 가볍고 폭신폭신한 간식을 만들 수 있다.

누가는 전통적으로 (쌀, 밀 또는 감자 전분으로 만든) 식용 종이 사이에 끼운 다음 눌러 붙여서 만들며, 식용 종이는 일부 사탕 재료 판매점 또는 케이크 장식 재료 판매점이나 인터넷 쇼핑몰에서 구할 수 있다. 누가는 습기에 매우 민감해 습기가 많으면 무르고 질척해지므로 습도가 낮은 날에 만들고 밀폐 용기에 넣어 보관한다.

과일과 견과류를 넣은 누가

560g, 6.3×2.5cm 크기의 바 24개

이 레시피는 두 가지 종류의 설탕 시럽을 서로 다른 온도로 조리해야 하는 전통적인 누가 레시피보다 간단하다. 이 레시피에 필요한 아몬드, 피스타치오, 말린 과일 대신 선호하는 견과류나 과일을 같은 분량만큼 사용할 수 있다. 예를 들어 마카다미아, 구운 코코넛, 설탕 절임 생강도 잘 어울린다. 누가가 굳으면 작게 잘라서 초콜릿에 담갔다 꺼낼 수도 있다.(담가서 만드는 초콜릿 트러플 레시피 참고)

누가에 대해 항목을 참고한다. 20cm 크기의 정사각형 팬의 모든 옆면에 식용 라이스페이퍼 또는 버터를 골고루 바른 포일을 깐다. 거품기 날을 끼운 스탠드 반죽기에 다음을 넣는다.

대란 흰자 2개, 실온 상태로 준비

달걀흰자에 부드러운 피크가 생길 때까지 세게 쳐서 거품을 낸 후 반죽기를 멈춘다. 작고 묵직한 편수 냄비에 다음을 넣고 섞는다.

흰색 그래뉼러당 1½컵

연한 옥수수 시럽 1컵

물 ½컵

꿀 ¼컵

중약불에 올려 설탕이 녹을 때까지 젓는다. 중강불로 올리고 페이스트리용 솔을 따뜻한 물에 담갔다가 냄비 옆면을 쓸어내리면서 부르르 끓어오를 때까지 가열한다. 젓지 않는 상태로 부드러운 누가(초콜릿 바를 만들기에 적합)는

126.7℃, 단단한 누가(그냥 먹기에 적합)는 135℃가 되도록 조리한다. 시럽이 원하는 온도에 가까워지면 반죽기를 작동시키고 속도를 높여서 시럽이 126.7℃나 135℃에 도달하는 동시에 달걀흰자 거품이 단단한 피크 상태가 되게 한다.

반죽기를 고속으로 돌리면서 달걀흰자 거품에 시럽을 조금씩 꾸준히 흘려 넣되, 거품기 날에 시럽이 닿지 않도록 주의한다. 냄비를 긁지 않는다. 반죽기 용기가 뜨겁지 않고 따뜻한 상태가 될 때까지 10~12분간 계속 세게 치며 섞는다. 다음을 넣고 세게 쳐서 섞는다.

버터 2큰술, 작은 조각으로 자르고 말랑하게 녹이기

누가에 다음을 넣고 뒤적인다.

아몬드 슬라이스 1컵, 살짝 굽기

피스타치오 ⅓컵, 굽기

굵게 썬 말린 체리, 설탕 절임 체리 또는 설탕 절임 오렌지 껍질 ⅓컵

혼합물을 준비한 팬에 골고루 펴서 깐다. 이때 손으로 하면 더 편리할 수도 있다. 윗면에 식용 종이나 버터를 듬뿍 바른 포일을 한 장 더 얹고 20cm 크기의 정사각형 팬을 하나 더 얹어서 살짝 누르면 혼합물이 평평해지면서 식용 종이가 달라붙는다. 위에 얹은 팬에 통조림이나 다른 무거운 물건을 담아 실온에서 하룻밤 눌러둔다.

위쪽 팬과 누름용 물건을 치우고 얇은 칼로 팬 가장자리를 한 바퀴 훑어서 누가를 팬에서 분리한다. 팬을 뒤집어 도마에 올린다. 포일을 사용했다면 벗겨낸다. 기름을 살짝 바른 칼로 누가를 길쭉한 막대 형태로 자른다. 누가를 셀로판지나 비닐랩으로 감싼다. 밀폐 용기에 담으면 실온에서 일주일 또는 냉장고에서 최대 3주까지 보관할 수 있다. 실온 상태로 낸다.

초콜릿 누가

다음을 만든다.

누가

시럽을 달걀흰자에 섞은 후, 버터와 함께 다음을 넣고 세게 쳐서 섞는다.

다크 또는 비터스위트 초콜릿 225g, 액체 상태로 녹이기

레시피대로 조리한다.

디비니티(Divinity)

약 680g, 지름 3.8cm짜리 둥근 사탕 약 30개

디비니티는 미국 전통 남부식 사탕으로 만들기 어렵다는 인식이 보편적이지만, 스탠드 반죽기만 있다면 매우 쉽게 만들 수 있다. 습도가 낮은 건조한 날에 만들어보자. **바다 거품**(Sea Foam)이라는 사탕은 백설탕 대신 갈색 설탕, 연한 옥수수 시럽 대신 진한 옥수수 시럽을 사용해 만든 디비니티다. 증류주를 첨가해 미국 남부의 정취를 살리려면, 건포도를 **버번** ⅓컵에 넣고 약불에서 가열해 불린다. 여분의 버번을 따라내고 건포도를 식힌 후 사탕에 넣는다.

거품기 날을 끼운 스탠드 반죽기에 다음을 넣는다.

대란 흰자 2개, 실온 상태로 준비

달걀흰자에 부드러운 피크가 생길 때까지 중속으로 세게 쳐서 거품을 낸다. 반죽기의 작동을 멈춘다. 크고 묵직한 편수 냄비를 중불에 올려 다음을 넣고 설탕이 녹을 때까지 저으면서 조리한다.

흰색 그래뉼러당 2컵

물 ½컵

연한 옥수수 시럽 ½컵

부르르 끓어오를 때까지 가열한다. 페이스트리용 솔을 따뜻한 물에 담갔다가 냄비 옆면에 형성된 설탕 결정을 전부 쓸어내린다. 시럽을 중불에 올려 딱딱한 공 단계인 121.2~123.9℃가 될 때까지 젓지 않고 조리한다.

반죽기를 고속으로 돌리면서 시럽을 달걀흰자 거품에 조금씩 꾸준히 붓되, 시럽이 거품기 날에 닿지 않도록 주의한다. 냄비를 긁지 않는다. 중속으로 낮추고 혼합물이 걸쭉하고 폭신폭신하며 반죽기 용기 바닥에 약간의 온기만 남을 때까지 12~15분간 세게 쳐서 섞는다.

오븐 팬에 기름을 살짝 바른다. 디비니티 혼합물에 다음을 넣고 뒤적이며 섞는다.

구워서 굵게 썬 피칸 또는 호두 1컵

(노란색 건포도 1컵)

바닐라 1작은술

재빨리 혼합물을 한 숟가락씩 떠서 지름 3.8cm의 봉긋한 형태가 되도록 오븐 팬에 올린다. 끈적한 혼합물을 떼어내려면 숟가락 두 개를 사용해야 할 수도 있다. 식힌다.

디비니티는 빨리 말라버리며 오래 보관하기 힘들다. 아래위에 파라핀지 또는 유산지를 깔고 밀폐 용기에 담아 실온에 두면 며칠 정도 보관할 수 있다.

마시멜로

약 560g, 2.5cm 크기의 정사각형 마시멜로 약 64개

수제 마시멜로는 아주 폭신폭신하고 크림에 가까운 질감을 갖고 있으며 다양한 풍미를 추가해 만들 수 있다. 세게 쳐서 섞는 작업에 사용할 스탠드 반죽기가 없다면 마시멜로 만들기를 시도하지 않는 것이 좋다. 취향에 따라 옥수수 시럽 대신 꿀이나 아가베 시럽을 사용해도 좋다.

다음을 합쳐서 체에 친 다음 중간 크기의 그릇에 담는다.

옥수수 전분 ¼컵

슈거 파우더 ¼컵

기름을 살짝 바른 23cm 크기의 정사각형 베이킹 팬에 옥수수 전분과 설탕 섞은 것을 적당히 뿌린다. 남은 혼합물은 마시멜로가 완성된 후에 뿌리는 용도로 보관한다. 스탠드 반죽기의 용기에 다음을 붓는다.

찬물 ½컵

물 위에 다음을 홀홀 뿌린다.

풍미가 첨가되지 않은 젤라틴 4봉지(3큰술)

젤라틴을 섞어서 촉촉하게 만든 후 5분간 둔다. 용기를 뭉근히 끓는 물이 담긴 냄비에 담고 젤라틴이 녹을 때까지만 젓는다. 용기를 다시 반죽기에 장착하고 거품기 날을 끼운다.

크고 묵직한 편수 냄비에 다음을 넣어 섞는다.

흰색 그래뉼러당 2컵

연한 옥수수 시럽 ¾컵

물 ½컵

소금 ¼작은술

중불에 올려 설탕이 녹을 때까지 저으면서 조리한다. 중강불로 올리고 부르르 끓어오르도록 가열한다. 페이스트리용 솔을 따뜻한 물에 담갔다가 냄비 옆면의 설탕 결정을 쓸어내린다. 젓지 않고 단단한 공 단계가 되도록 118.3℃까지 조리한다. 온도가 그 이상으로 올라가면 마시멜로가 질겨지므로 주의한다. 시럽을 불에서 내린다.

반죽기를 중속으로 돌리면서 시럽을 젤라틴에 조금씩 꾸준히 흘려 넣고, 시럽이 반죽기 날에 닿지 않도록 주의한다. 냄비를 긁지 않는다. 혼합물이 걸쭉하고 폭신폭신하지만 따뜻하고 부을 수 있을 만한 농도가 될 때까지 8분 정도 세게 쳐서 섞는다. 다음을 넣고 세게 쳐서 섞는다.

바닐라 또는 바닐라 빈 페이스트 2작은술

혼합물을 준비한 팬에 옮겨 담고 골고루 펴서 깐다. 완전히 식힌 다음 포일을 느슨하게 덮어서 자를 수 있을 정도로 단단하게 굳을 때까지 4~6시간 말린다.

남겨둔 옥수수 전분과 설탕 혼합물을 마시멜로 윗면에 뿌리고 팬에서 꺼낸다. 주방 가위에 다음을 뿌려서 2.5cm 크기의 정사각형으로 자른다.(코코아에 띄워서 먹는 용도라면 더 작게 자른다.)

옥수수 전분

잘라놓은 마시멜로에 남은 옥수수 전분과 설탕 혼합물을 뿌린다. 아래위에 파라핀지 또는 유산지를 깔고 밀폐 용기에 담아 실온에 보관한다.

소금 캐러멜 마시멜로

젤라틴을 녹이는 단계까지 **마시멜로**의 레시피를 따라 조리한다. 옥수수 시럽, 물, 소금을 준비하고, 소금의 양을 ½작은술로 늘린다. 설탕 2컵을 크고 묵직한 편수 냄비에 넣고 중불에 올려 녹인다. 팬을 빙글빙글 돌려 열을 골고루 가하면서 설탕이 아주 진한 색이 될 때까지 캐러멜화한다.(아주 진한 색의 캐러멜과 태운 설탕의 중간쯤 되도록 충분히 캐러멜화한다.) 아주 조심스럽게 물, 옥수수 시럽, 소금을 캐러멜화한 설탕에 붓는다.(뜨거운 김이 많이 나므로 주의한다!) 캐러멜이 뻣뻣하고 거칠어질 수도 있지만, 불에서 내린 후 캐러멜이 다시 녹을 때까지 저어주면 되므로 염려할 필요는 없다. 냄비를 다시 불에 올리고 중강불로 올려서 시럽의 온도가 단단한 공 단계인 118.3℃에 도달할 때까지 끓인다. 레시피에 따라 조리한다.

마시멜로에 풍미 더하기

마시멜로는 만드는 재미가 있는 간식인데, 그 이유 중 하나는 수십 가지의 다양한 풍미를 추가할 수 있기 때문이다. 위에 소개한 기본 레시피를 변형할 수 있는 몇 가지 응용 아이디어를 소개한다.

초콜릿: 바닐라와 함께 **체에 친 코코아 가루 ½컵**을 넣고 세게 쳐서 섞는다. 옥수수 전분 혼합물에 **체에 친 코코아 가루 ¼컵**을 추가해 마시멜로에 뿌리는 용도로 사용한다.

과일: 바닐라와 함께 **라즈베리나 딸기 등의 동결 건조 과일 가루 ¼컵**을 넣고 세게 쳐서 섞는다. 옥수수 전분 혼합물에 **동결 건조 과일 가루 ¼컵**을 추가해 마시멜로에 뿌리는 용도로 사용한다.(총 116g 정도의 동결 건조 과일을 사용)

꿀과 장미수 또는 등화수: 옥수수 시럽 대신 꿀을 사용하고 바닐라 대신 **장미수 또는 등화수 2작은술**을 넣는다.

메이플: 옥수수 시럽 대신 **메이플 시럽**을 사용한다.

코코넛: 바닐라 대신 **코코넛 추출물 1작은술**을 넣고 마시멜로를 식혀서 자른 후 구워서 잘게 썬 코코넛에 넣고 굴린다.

초콜릿에 담갔다가 꺼낸 박하: 바닐라 대신 **박하 추출물 ¾작은술**을 사용한다. 취향에 따라 굳힌 마시멜로를 (템퍼링을 한 초콜릿)에 담갔다가 꺼낼 수도 있다.

꿀과 사프란: 옥수수 시럽 대신 꿀을 사용하고 **사프란 ¼작은술**을 5분간 물에 우려낸 뒤 사프란이 우러난 물을 젤라틴에 넣는다.

커피: 젤라틴을 말랑말랑하게 만드는 데 물 대신 **진한 커피를 차갑게 식혀서** 사용하고 바닐라 대신 **커피 추출물 1작은술**을 넣는다.

말차: 바닐라와 함께 **말차 2큰술**을 넣고 세게 쳐서 섞는다.

버번: 설탕 시럽에 물 대신 **버번**을 넣는다.

태피에 대해

옛날식으로 잡아당겨 늘이면서 만드는 태피(taffy)를 재현해보고 싶다면 팔 힘을 튼튼하게 키워야 한다. 태피를 자주 만들 계획이라면 사탕용 갈고리(candy hook, 벽에 설치해놓고 사탕 반죽을 걸어서 늘이는 작업을 하는 데 사용하는 도구 — 옮긴이)에 투자하는 것도 충분한 가치가 있다. 사탕용 갈고리는 보통 바닥에서 183cm 이상 떨어진 위치에 설치한다. 길쭉한 사탕 반죽을 갈고리에 걸어놓으면 중력 때문에 자연스럽게 아래로 늘어지므로 이 작업을 여러 번 반복하면서 태피를 만든다. ▶ 습도가 아주 높은 날에는 태피를 만들지 않는 것이 좋다.

시럽을 실온 상태로 식힌 후 원하는 풍미 재료를 그 위에 훌훌 뿌린다. 손가락으로 시럽을 잡아당기기 시작해 양손이 46cm 정도의 간격으로 벌어지면 절반으로 접는다. 규칙적으로 이 작업을 반복한다. 시럽 덩어리가 실처럼 보이는 것들이 갈라져 나오는 끈적한 덩어리에서 결정이 반짝이는 띠 형태가 되면 계속 접고 잡아서 늘이는 작업을 반복하면서 비틀기 시작한다. ▶ 비틀어 꼬면서 꽈배기처럼 꼬인 모양이 어느 정도 유지되기 시작할 때까지 계속 늘이면서 작업한다. 사탕은 불투명한 색을 띠며 단단해지지만 적당히 탄력이 있으면서 매끄러운 느낌이 남아 있다. 조리 방법, 날씨, 사탕을 늘이는 기술에 따라 이 과정에는 5~20분 정도의 시간이 걸린다.

태피를 자른 다음에는 즉시 파라핀지로 감싸서 밀폐 용기에 담아 보관한다.

바닐라 태피

약 850g, 약 60개

대리석 판에 기름을 발라두거나 테두리 있는 오븐 팬에 기름을 바르고 철망 받침대에 올려놓는다. 중간 크기의 묵직한 편수 냄비에 다음을 넣고 섞는다.

흰색 그래뉼러당 1컵

물 ¼컵

연한 옥수수 시럽 ¼컵

중불에 올려 설탕이 녹을 때까지 저으면서 조리한다. 페이스트리용 솔을 따뜻한 물에 담갔다가 냄비 옆면을 쓸어내린다. 중강불로 올려서 뚜껑을 열고 젓지 않는 상태로 딱딱한 공 단계 중에서도 높은 온도인 129.4℃까지 조리한다.(더 부드러운 태피를 선호한다면 혼합물을 121.1℃까지, 더 단단한 질감을 원한다면 부드러운 갈라짐 단계인 132.2℃까지 조리한다.)

불에서 내린 후 다음을 넣고 전부 흡수될 때까지 나무 숟가락으로 재빨리 젓는다.

버터 2큰술, 말랑하게 녹이기

소금 ¼작은술

시럽을 조심스럽게 대리석 판이나 차갑게 식힌 오븐 팬에 붓는다. 편수 냄비를 긁지 않는다. 혼합물이 실온 상태가 될 때까지 식힌다. 다음 중 선호하는 재료를 혼합물 위에 훌훌 뿌린다.(식용 색소는 어디까지나 선택 사항이다.)

바닐라 2작은술

계피유 최대 5방울 (및 붉은색 식용 색소 3방울)

감귤유 또는 바나나유 최대 5방울 (및 노란색 식용 색소 3~5방울)

박하유 또는 스피어민트유 최대 6방울 (및 녹색 식용 색소 3~5방울)

캔디 스크래퍼나 벤치 스크래퍼 또는 금속 주걱으로 혼합물의 가장자리를 떠서 가운데로 접기 시작한다. 혼합물이 쉽게 다룰 수 있을 만큼 단단해질 때까지 계속 긁어서 접는 작업을 반복한다. 그다음 손가락에 기름이나 버터를 바르고 혼합물을 공 상태로 뭉친 후 태피가 불투명하고 단단하게 변하면서 길쭉하게 늘어뜨려도 흐물거리지 않고 모양이 유지될 때까지 잡아서 늘이고, 접고, 비트는 작업을 반복한다.

작업대 표면에 다음을 뿌린다.

슈거 파우더 또는 옥수수 전분

태피를 지름 2cm 두께의 기다란 밧줄 모양으로 늘여서 작업대에 올려둔다. 버터를 바른 주방용 가위를 사용해 2.5cm 길이로 자른다. 정사각형으로 자른 파라핀지로 즉시 태피를 싸서 밀폐 용기에 담아 보관한다.

초콜릿 태피

바닐라 태피를 만들되, 시럽을 125.6℃가 될 때까지만 조리한다. 초콜릿을 넣으면 최종 혼합물이 훨씬 단단해진다. 시럽을 오븐 팬에 붓고 5분간 식힌 후 그 위에 강판에 간 **비터스위트, 세미스위트 또는 밀크 초콜릿 85g**을 훌훌 뿌린다. 레시피에 따라 조리한다.

늘여서 만드는 박하사탕(Pulled Mints)

약 450g, 약 40개

추억을 불러일으키는 쿠션 모양의 작은 박하사탕으로 입에 넣으면 사르르 녹는다.

대리석 판에 기름을 발라두거나 테두리 있는 오븐 팬에 기름을 바르고 철망 받침대에 올려놓는다. 크고 바닥이 묵직한 편수 냄비에 다음을 넣고 부르르 끓어오를 때까지 가열한다.

물 1컵

다음을 넣고 설탕이 녹을 때까지 젓는다.

흰색 그래뉼러당 2컵

타르타르 크림 ¼작은술

페이스트리용 솔을 따뜻한 물에 담갔다가 팬의 옆면을 쓸어내린다. 중불에 올려 시럽이 끓어오를 때까지 조리한 후, 한 번 더 팬의 옆면을 쓸어내린다. 중강불로 올리고 젓지 않는 상태로 딱딱한 공 단계인 129.4℃에 도달할 때까지 조리한다.(더 단단한 질감을 원한다면 부드러운 갈라짐 단계인 132.2℃까지 조리한다.) 불에서 내린다. 시럽을 대리석 판이나 차갑게 식힌 오븐 팬에 조심스럽게 붓는다. 편수 냄비를 긁지 않는다. 시럽에서 더 이상 열기가 올라오지 않고 손가락 끝으로 눌러보면 쑥 들어간 부분이 원상태로 복구되지 않을 때까지 식힌다. 다음을 뿌린다.

박하유 6~8방울

캔디 스크래퍼나 벤치 스크래퍼로 시럽을 한 덩어리로 뭉친 다음 들어올려 방향을 바꿔서 접는다. 혼합물이 쉽게 다룰 수 있을 만큼 단단해질 때까지 긁어서 접는 작업을 반복한다. 그다음 손가락에 기름이나 버터를 바르고 공 상태로 뭉친 다음 혼합물이 불투명하고 단단하게 변하면서 길쭉하게 늘어뜨려도 흐물거리지 않고 모양이 유지될 때까지 잡아서 늘이고, 접고, 비트는 작업을 반복한다.

작업대 표면에 다음을 뿌린다.

슈거 파우더 또는 옥수수 전분

혼합물을 지름 2cm 두께의 기다란 밧줄 모양으로 늘여서 작업대에 올린다. 버터를 바른 주방용 가위를 사용해 2.5cm 길이로 자른다. 아래위에 파라핀지를 깔고 밀폐 용기에 담아 최소 30분, 최대 하룻밤 숙성시키면 단단하지만 입에 넣으면 사르르 녹는 사탕이 된다. 사탕을 파라핀지로 싸서 밀폐 용기에 넣어 실온에 보관한다.

딱딱한 사탕에 대해

딱딱한 사탕(hard candies)은 대부분 딱딱한 갈라짐 단계가 될 때까지 높은 온도로(148.9~154.4℃) 조리한다. 심지어 일부 사탕은 그보다 더 높은 온도인 연한 캐러멜 단계(약 160℃)까지 조리하기도 한다. 습기는 딱딱한 사탕의 적이다. 습도가 높으면 이를 보정하기 위해 설탕 시럽의 온도를 최대 5℃가량 높여야 하므로 비가 오는 날이나 습도가 아주 높은 날에는 딱딱한 사탕을 만들지 않는 것이 좋다.

딱딱한 사탕에 풍미를 더하려면 제과제빵 전문점이나 일부 공예품점에서 취급하는 딱딱한 사탕 전용 농축유를 사용한다. 이러한 농축유의 풍미는 시럽을 아주 높은 온도까지 가열해도 잘 사라지지 않는다. 막대 사탕을 비롯해 알록달록 색을 입힌 딱딱한 사탕에는 페이스트 형태의 식용 색소를 사용한다.

딱딱한 사탕이 식으면 정사각형 모양으로 자른 셀로판지나 비닐랩으로 감싼 후 밀폐 용기에 담아 실온에 보관한다. 딱딱한 사탕은 공기 중의 수분을 잘 흡수해 끈끈해지거나 말랑말랑하게 뭉치지만, 제대로 밀봉하면 2~3주 동안 보관할 수 있다.

땅콩 브리틀(Peanut Brittle)

약 560g

많은 브리틀 애호가들은 생견과류를 시럽에 넣어 조리하지만, 구운 견과류를 선호하는 사람들도 있다. 이 레시피의 응용 버전으로 땅콩과 함께 **생카카오닙스 ½컵**을 넣어도 맛있는 브리틀이 완성된다.

대리석 판을 준비하거나 커다란 오븐 팬에 버터 바른 유산지 또는 실리콘 깔개를 깔고 철망 받침대 위에 올려놓는다. 크고 묵직한 편수 냄비에 다음을 넣고 섞는다.

　흰색 그래뉴러당 2컵

　연한 옥수수 시럽 1컵

　물 ½컵

　타르타르 크림 ¼작은술

중강불에 올려 설탕이 녹도록 저으면서 부르르 끓어오를 때까지 가열한다. 일단 끓으면 젓지 않고 딱딱한 공 단계인 129.4℃가 되도록 팔팔 끓인다. 다음을 넣어서 섞는다.

　생땅콩 2컵

열을 많이 받는 부분이 타지 않도록 최소한으로 저어주면서 시럽이 딱딱한 갈라짐 단계인 148.9℃에 도달할 때까지 계속 조리한다. 불에서 내리고 다음을 넣어 섞는다.

　버터 3큰술, 작은 조각으로 자르기

　바닐라 1작은술

　소금 ¾작은술

　베이킹소다 ¼작은술

버터가 녹으면서 어우러지는 즉시 혼합물을 대리석 판이나 오븐 팬에 붓는다. 실리콘 깔개를 위에 얹고 손에 오븐용 장갑을 낀 후 브리틀을 땅콩 높이 정도의 두께가 되도록 꾹 누른다. 완전히 식힌다. 잘게 쪼갠 후 아래위에 파라핀지나 유산지를 깔고 밀폐 용기에 넣으면 실온에서 최대 한 달간 보관할 수 있다.

메건의 호박씨 브리틀

약 1.3kg

에스프레소와 소금이 설탕의 단맛과 좋은 조화를 이루어 전통적인 사탕이 복합적인 맛을 내도록 응용한 사탕이다.

오븐을 175℃로 예열한다. 오븐 팬에 다음을 넓게 펴서 깔고 갈색으로 익으면서 고소한 냄새가 날 때까지 10~12분간 굽는다.

　생호박씨 3컵

작은 그릇에 다음을 넣고 섞는다.

　버터 2큰술, 깍둑썰기하기

　바닐라 2작은술

　베이킹소다 1작은술

　인스턴트 에스프레소 가루 1작은술

　소금 ½작은술

커다란 오븐 팬에 버터 바른 유산지나 실리콘 깔개를 깐다. 깊고 묵직한 냄비에 다음을 넣는다.

　연한 갈색 설탕, 꾹 눌러 담아 2컵

　물 1컵

　연한 옥수수 시럽 1컵

중불에 올려 설탕이 녹을 때까지 저으면서 가열한다. 강불로 올리고 젓지 않는 상태에서 시럽이 부드러운 갈라짐 단계인 140.6℃에 도달할 때까지 조리한다. 구운 호박씨를 넣어서 섞고 계속 저으면서 혼합물이 딱딱한 갈라짐 단계인 148.9℃에 도달할 때까지 조리한다. 불에서 내리고 베이킹소다 혼합물을 넣은 후 버터가 녹을 때까지 섞는다. 기름을 바르거나 깔개를 깐 오븐 팬에 브리틀을 최대한 얇게 붓는다. 이때 주걱으로 넓게 펴지 않는다. 취향에 따라 다음을 훌훌 뿌린다.

　(박편형의 바닷소금)

완전히 식혀서 브리틀을 작은 조각으로 부순 후 아래위에 파라핀지나 유산지를 깔고 밀폐 용기에 넣으면 실온에서 최대 한 달간 보관할 수 있다.

참깨 브리틀

약 795g

대리석 판을 준비하거나 커다란 오븐 팬에 버터 바른 유산지 또는 실리콘 깔개를 깔고 철망 받침대에 올려놓는다. 크고 묵직한 편수 냄비에 다음을 넣고 섞는다.

　흰색 그래뉴러당 1½컵

　연한 옥수수 시럽 ¾컵

　버터 4큰술(버터 스틱 ½개), 말랑하게 녹이기

중불에 올려 설탕이 녹을 때까지 저으면서 가열한다. 페이스트리용 솔을 따뜻한 물에 담갔다가 냄비 옆면을 쓸어내린다. 중강불로 올리고 혼합물이 부르르 끓어오르도록 가열한 후 연한 캐러멜 단계인 165.6℃가 될 때까지 젓지 않고 조리한다.

불에서 내리고 다음을 넣어 재빨리 섞는다.

　볶은 참깨 2컵

　바닐라 1½작은술

혼합물을 조심스럽게 대리석 판이나 오븐 팬에 붓는다. 브리틀 위에 실리콘 깔개 또는 버터를 넉넉히 바른 유산지를 올려놓는다. 오븐용 장갑을 끼고 얇고 균일한 두께가 되도록 브리틀을 꾹꾹 누른다. 완전히 식혀서 작은 조각으로 부순다. 위아래에 파라핀지 또는 유산지를 깔고 밀폐 용기에 넣으면 실온에서 최대 한 달간 보관할 수 있다.

영국식 토피

약 560g

토피(toffee)는 태피보다 딱딱하지만 식감이 쫄깃하고 끈적해서 우리가 아는 어떤 친구는 토피를 '치과 직행' 사탕이라고 부른다.

커다란 오븐 팬에 실리콘 깔개나 버터를 듬뿍 바른 두꺼운 포일을 깔되, 팬의 짧은 옆면 위로 포일이 5cm 정도 올라오도록 넉넉히 잘라서 깐다.

크고 묵직한 편수 냄비에 다음을 넣고 섞는다.

　흰색 그래뉼러당 1¾컵

　헤비크림 1컵

　무염 버터 스틱 1개(115g)

　타르타르 크림 ⅛작은술

중불에 올려 설탕이 녹을 때까지 저으면서 가열한다. 페이스트리용 솔을 따뜻한 물에 담갔다가 냄비 옆면을 쓸어내린다. 중강불로 올리고 혼합물이 부르르 끓어오르도록 가열한 후 3분간 끓인다. 자주 저으면서 부드러운 갈라짐 단계인 약 137.8℃가 될 때까지 조리한다. 연한 색의 걸쭉한 시럽 상태가 될 것이다.

불에서 내리고 다음을 넣어 섞는다.

　바닐라 2작은술 또는 다크 럼 1큰술

준비한 팬에 토피를 붓는다. 팬의 바닥을 긁지 않는다. 3분간 식힌다. 뜨거운 토피에 다음을 홀홀 뿌린다.

　세미스위트, 비터스위트 또는 밀크 초콜릿 115g, 잘게 썰거나 강판에 갈기

1~2분간 두었다가 작은 L자형 주걱으로 토피 위에 초콜릿을 골고루 펴서 바른다. 위에 다음을 홀홀 뿌린다.

　잘게 썬 아몬드 ½컵, 굽기

토피를 20분간 냉장고에 넣어 초콜릿을 굳힌다. 작은 조각으로 쪼갠다. 위아래에 파라핀지 또는 유산지를 깔고 밀폐 용기에 넣어 실온에 두면 최대 한 달간 보관할 수 있다.

버터스카치

약 560g, 약 80개

버터스카치는 조리한 직후부터 굳기 시작하므로 식기 전에 금을 그어두거나 원하는 모양으로 성형해야 할 수도 있다. 가장 좋은 결과물을 얻기 위해서는 신속하게 작업해야 한다.

커다란 오븐 팬에 실리콘 깔개나 버터를 듬뿍 바른 두꺼운 포일을 깔되, 팬의 짧은 옆면 위로 포일이 5cm 정도 올라오도록 넉넉히 잘라서 깐다.

크고 묵직한 편수 냄비에 다음을 넣고 섞는다.

　흰색 그래뉼러당 2컵

　진한 옥수수 시럽 ⅔컵

　물 ¼컵

　헤비크림 ¼컵

중불에 올려 설탕이 녹을 때까지 저으면서 가열한다. 페이스트리용 솔을 따뜻한 물에 담갔다가 냄비 옆면을 쓸어내린다. 중강불로 올리고 계속 저으면서 혼합물이 부르르 끓어오르도록 가열한다. 열이 골고루 퍼지도록 냄비를 가끔 빙글빙글 돌려가면서 딱딱한 갈라짐 단계인 148.9℃가 될 때까지 조리한다. 준비한 팬에 혼합물을 붓는다. 편수 냄비의 바닥을 긁지 않는다. 3~4분간 식힌다.

사탕을 2.5cm 크기로 자를 수 있도록 버터 바른 칼로 금을 긋는다. 완전히 식힌다.

칼로 낸 금을 따라 버터스카치를 부순다. 셀로판지로 사탕을 싸거나 위아래에 파라핀지 또는 유산지를 깔고 밀폐 용기에 넣으면 실온에서 최대 한 달간 보관할 수 있다.

허니콤 캔디

약 450g

기포를 넣어서 단면에 벌집(honeycomb) 모양이 생기도록 만든 바삭하고 가벼운 식감의 사탕이다. 우리는 꿀 대신 수수 시럽을 사용해 이 사탕을 만들어보았는데 아주 성공적인 결과물을 얻었다. 허니콤 캔디는 습기에 매우 취약하므로 습도가 높은 지역에 산다면 이 사탕을 만든 후 템퍼링을 한 초콜릿에 담갔다가 꺼내서 수분 장벽을 만들어주는 것이 좋다.

커다란 오븐 팬에 버터 바른 유산지나 실리콘 깔개를 깐다. 사탕과 오븐 팬 사이에 어떤 형태로든 완충재를 깔아주어야 하며, 그냥 작업했다가는 크게 후회할 일이 생길 것이다. 크고 묵직한 냄비에 다음을 넣어 섞는다.

　흰색 그래뉼러당 1½컵

　물 ¼컵

　연한 옥수수 시럽 ¼컵

　레몬즙 또는 사과 식초 1작은술

혼합물을 중강불에 올려 설탕이 녹을 때까지 저으면서 가열한다. 부르르 끓어오르면 젓지 않고 129.4℃까지 조리한다. 다음을 넣는다.

　꿀 ¼컵

꿀을 넣으면 시럽의 열기가 확 잦아든다. 젓지 않고 시럽 온도가 딱딱한 갈라짐 단계인 148.9℃에 도달할 때까지 계속 끓인다. 즉시 불에서 내리고 다음을 체에 쳐서 시럽에 넣는다.

　베이킹소다 2작은술

세차게 저어서 베이킹소다를 골고루 섞는다. 거품이 엄청나게 일어날 것이다. 준비한 오븐 팬에 혼합물을 붓는다. 주걱으로 사탕을 넓게 펴면 벌집 구조가 파괴되므로 주의한다. 완전히 식힌다.

소박한 시골풍 사탕을 선호한다면 적당한 크기로 부숴도 좋고, 톱니 칼을 사용해 일정한 형태로 잘라도 좋다. 취향에 따라 다음 레시피대로 사탕을 초콜릿에 담가서 코팅할 수도 있다.

　(담가서 만드는 초콜릿 트러플)

초콜릿이 아직 축축할 때 사탕 위에 다음을 아주 띄엄띄엄 뿌린다.

　(박편형의 바닷소금)

냉장고에 넣어 초콜릿을 굳힌다. 초콜릿 코팅을 했다면 초콜릿 사탕의 보관법에 따라 보관한다. 초콜릿을 입히지 않았다면 밀폐 용기에 넣어 실온에서 최대 일주일간 보관할 수 있다.

커피 사탕(Coffee Drops)

약 560g, 80개

글리세린을 구입할 때는 병을 확인하고 '외용'이라고 적혀 있지 않은 것을 산다. 외용이 아닌 식용 글리세린을 사용해야 하며 인터넷 쇼핑몰이나 여러 자연식품 전문점에서 구할 수 있다.

2cm 크기의 포일 소재 사탕용 컵을 오븐 팬에 가지런히 배열하거나 그냥 오븐 팬에 실리콘 깔개 또는 버터를 살짝 바른 포일이나 유산지를 깐다. 작은 그릇에 다음을 넣고 섞은 뒤 한쪽에 둔다.

> 인스턴트커피 가루 ¼컵
>
> 물 3큰술
>
> 사과 식초 1큰술
>
> 식용 글리세린 ½작은술

다음을 만든다.

> 버터스카치

팬을 불에서 내리자마자 커피 혼합물을 시럽 표면에 홀홀 뿌리고 골고루 살살 젓는다. 숟가락으로 시럽을 떠서 오븐 팬 위에 지름 2cm의 패티 모양으로 떨어뜨리거나 포일 컵에 붓는다.

차갑게 식힌 후 셀로판지로 사탕을 감싼다. 밀폐 용기에 넣으면 실온에서 최대 일주일간 보관할 수 있다.

멕시코식 오렌지 사탕 코케뉴

약 900g

이 레시피는 매리언 할머니가 고안한 것으로, 아마도 멕시코 여행을 다녀온 후에 만든 레시피인 듯하다. 사실상 우유 퍼지에 가깝지만 처음에 오렌지 풍미의 캐러멜을 만드는 작업부터 시작한다.

유산지를 넉넉하게 잘라서 20cm 크기의 정사각형 팬의 양쪽 위로 올라오도록 깐다. 작은 편수 냄비를 중불에 올리고 다음을 부은 뒤 끓기 직전에 김이 날 때까지 가열한다.

> 무당연유 1컵

그동안 깊은 편수 냄비를 중강불에 올리고 다음을 넣어 녹인다.

> 설탕 1컵

설탕이 진한 갈색으로 변할 때까지 조리한다. 다음을 조금씩 넣으면서 살살 젓는다.(뜨거운 김이 아주 많이 날 것이다!)

> 체에 거른 오렌지즙 ¼컵

설탕이 뻣뻣하고 거칠어졌다면 불에 올려 시럽이 다시 액체 상태가 될 때까지 계속 젓는다. 뜨거운 우유를 조금씩 부으면서 완전히 어우러질 때까지 섞는다. 다음을 넣고 녹을 때까지 젓는다.

> 흰색 그래뉼러당 2컵

부르르 끓어오르도록 가열한 후, 뚜껑을 덮고 수증기로 냄비 옆면에 달라붙은 설탕 결정이 흘러내릴 때까지 2분 정도 조리한다. 중불로 줄이고 뚜껑을 연 상태에서 젓지 않고 부드러운 공 단계인 114.4℃가 될 때까지 조리한다. 그릇이나 주걱 날을 끼운 스탠드 반죽기 용기에 옮겨 담는다. 이때 냄비 바닥을 긁지 않는다. 15분간 식힌다. 다음을 넣는다.

> 소금 ¼작은술
>
> 오렌지 2개의 껍질, 강판에 곱게 갈기

나무 숟가락을 사용하거나 반죽기를 저속에 맞춰 혼합물의 윤기가 사라지고

크림 같은 질감으로 보이면서 젓기에 약간 단단해질 때까지 세게 치며 섞는다. 다음을 넣고 섞는다.

> 구워서 굵게 썬 피칸 또는 호박씨 1컵

준비한 팬에 혼합물을 옮겨 담고 골고루 넓게 편다. 완전히 식힌 후 정사각형 모양으로 자른다. 밀폐 용기에 넣으면 실온에서 최대 한 달간 보관할 수 있다.

막대 사탕

약 680g, 약 24개

막대 사탕(lollipops)에 진한 풍미를 더하고 싶다면 추출물 대신 사탕용 풍미유를 사용한다. 체리, 라임, 레몬, 오렌지 등 전통적인 막대 사탕 풍미를 사용할 수 있고 계피나 아니스처럼 독특한 풍미를 시도해도 좋다. 막대 사탕에 색을 입히려면 액체보다는 페이스트 형태의 식용 색소를 사용한다.

막대 사탕 틀에 쿠킹 스프레이를 살짝 뿌리고 막대기를 꽂는다. 틀을 사용하지 않고 자유로운 형태로 만든다면 대리석 판에 기름을 살짝 바르거나 오븐 팬에 실리콘 깔개 또는 기름을 살짝 바른 포일이나 유산지를 깔아서 준비한다. 막대 사탕용 막대기를 대리석이나 오븐 팬 위에 가지런히 놓되, 이때 막대기 사이에 간격을 충분히 둔다.

크고 묵직한 편수 냄비에 다음을 붓고 부르르 끓어오르도록 가열한다.

> 물 1컵

불에서 내린다. 다음을 넣는다.

> 흰색 그래뉼러당 2컵
>
> 연한 옥수수 시럽 ¾컵
>
> 버터 1큰술

다시 약불에 올려 설탕이 녹을 때까지 살살 젓는다. 페이스트리용 솔을 따뜻한 물에 담갔다가 냄비 옆면을 쓸어내린다. 강불로 올리고 젓지 않는 상태로 딱딱한 갈라짐 단계인 148.9℃가 될 때까지 조리한다. 불에서 내리고 71.1℃까지 식힌다. 다음 중 선호하는 풍미 재료를 넣고 섞는다.

> 박하유 또는 계피유 ¼작은술
>
> 오렌지유, 라임유 또는 스피어민트유 ½작은술
>
> 아니스유 ⅛작은술

과일 풍미를 더욱 살리고 새콤한 맛을 더하려면 다음을 넣고 섞는다.

> (구연산 가루 1작은술)

막대 사탕에 색을 입히려면 다음을 서너 군데 점찍듯이 넣어 섞는다.

> 페이스트 형태의 식용 색소

틀을 사용할 경우 뜨거운 시럽을 붓는다. 틀 없이 막대 사탕을 만든다면 각 막대기 위에 시럽을 1큰술씩 얹는다. 막대 사탕이 굳고 식으면 셀로판지로 각각 감싼다. 밀폐 용기에 넣으면 실온에서 최대 한 달간 보관할 수 있다.

얼음사탕(Rock Candy)

얼음사탕은 반짝반짝한 설탕 다이아몬드처럼 보인다. 아이들과 사탕을 만들 때 도전해보기 좋고, 결정화에 대해서도 많은 것을 배울 수 있다.

20cm 크기의 정사각형 포일 팬을 준비해 양쪽 옆면에서 1.2cm 올라간 지점에 구멍을 7~8개 뚫고 조리용 실을 양쪽 구멍에 번갈아 통과시켜 엮는다. 실을 엮은 팬을 2.5cm 이상 더 큰 팬에 올려놓고 새어나오는 시럽을 받아낼 수 있게 준비한다. 중간 크기의 묵직한 편수 냄비에 다음을 넣고 섞는다.

> 흰색 그래뉼러당 2½컵

물 1컵

타르타르 크림 1자밤

중불에 올려 설탕이 녹을 때까지 젓는다. 페이스트리용 솔을 따뜻한 물에 담갔다가 냄비 옆면을 쓸어내린다. 중강불로 올리고 젓지 않는 상태에서 혼합물이 딱딱한 공 단계인 121.1℃에 도달할 때까지 조리한다. 불에서 내리고 취향에 따라 다음을 서너 군데 찍은 후 재빨리 나무 숟가락으로 젓는다.

(페이스트 형태의 식용 색소)

실을 엮어둔 팬에 조심스럽게 시럽을 붓는다. 편수 냄비의 바닥은 긁지 않는다. 시럽이 실 위로 1.2~2cm 정도 올라와야 한다. 비닐랩으로 팬을 덮어두면 팬 안에서 사탕이 만들어지는 과정을 볼 수 있다. 오븐 안과 같이 외풍이 없고 따뜻하며 건조한 곳에 둔다. 지켜보면서 기다린다. 36~48시간 안에 결정화가 시작되는 것을 확인할 수 있다. 모든 시럽이 결정화되면 실을 엮은 팬을 들어올린다. 이 과정은 며칠 정도 걸리기도 한다. 실을 자르고 얼음사탕을 팬에서 떼어낸다. 사탕을 오븐 팬에 올려놓고 2시간 동안 말린다. 밀폐 용기에 담아 실온에 보관한다.

얼음사탕 만들기

프랄린에 대해

프랄린(praline)이라는 이름이 붙은 사탕에는 두 종류가 있다. 하나는 '프랄린'이라고 발음하며 뉴올리언스에서 만드는 패티 모양의 피칸 사탕이다. 프랑스식의 프랄린(프랑스어로는 프랄랭pralin이라고 하며 영어로 '프레일린'이라고 발음한다.)은 투명한 견과류 브리틀로, 고운 가루로 분쇄한 아몬드나 헤이즐넛을 넣어 만든다. 이렇게 가루 상태로 만든 아몬드나 헤이즐넛은 당과류나 접시에 담아서 내는 디저트의 장식 용도로 두루 활용된다. 뉴올리언스의 프랄린은 퍼지처럼 약간 거친 느낌이며, 이는 설탕 혼합물을 따뜻할 때 세게 쳐서 섞기 때문에 생기는 현상이다. 높은 습도로 유명한 뉴올리언스의 날씨 때문에 말랑말랑하고 퍼지와 비슷한 사탕이 탄생했다.

뉴올리언스식 피칸 프랄린

5cm 크기의 사탕 약 42개

다음을 준비한다.

반으로 자르거나 적당한 크기로 자른 피칸 2컵, 굽기

오븐 팬에 실리콘 깔개, 버터를 살짝 바른 포일 또는 유산지를 깐다. 크고 묵직한 편수 냄비에 다음을 넣고 섞는다.

흰색 그래뉼러당 2컵

버터밀크 1컵

연한 갈색 설탕, 꾹 눌러 담아 ½컵

버터 4큰술(버터 스틱 ½개)

베이킹소다 1작은술

소금 1자밤

중불에 올려 설탕이 녹을 때까지 저으면서 가열한다. 페이스트리용 솔을 따뜻한 물에 담갔다가 냄비 옆면을 쓸어내린다. 중강불로 올리고 젓지 않는 상태로 부드러운 공 단계인 114.4℃가 될 때까지 조리한다. 불에서 내린다.

구운 피칸과 다음을 넣고 재빨리 섞는다.

바닐라 1작은술

혼합물이 걸쭉해지고 불투명한 색이 될 때까지 1분 정도 나무 숟가락으로 세게 쳐서 섞는다. 준비한 오븐 팬에 한 숟가락씩 떠서 얹은 후 지름 5cm의 패티 모양을 만든다. 완전히 식을 때까지 30분간 둔다. 위아래에 파라핀지나 유산지를 깔고 밀폐 용기에 넣으면 최대 3일간 보관할 수 있다.

프랑스식 프랄린(프랄린 가루)

약 225g

프랄린은 다른 당과에 넣는 재료로만 사용되는 것이 아니라 디저트의 장식으로도 활용된다. 바닐라 아이스크림에 프랄린을 훌훌 뿌리면 맛이 기가 막히며, 프로스팅과 구움 과자에 섞어도 좋다.

대리석 판을 준비하거나 커다란 오븐 팬에 버터 바른 유산지 또는 실리콘 깔개를 깐다. 작고 묵직한 편수 냄비에 다음을 넣고 섞는다.

흰색 그래뉼러당 1컵

물 ½컵

타르타르 크림 ⅛작은술

중불에 올려 설탕이 녹을 때까지 저으면서 가열한다. 페이스트리용 솔을 따뜻한 물에 담갔다가 냄비 옆면을 쓸어내린다. 중강불로 올리고 혼합물이 부르르 끓어오르도록 가열한 후 젓지 않는 상태로 중간 캐러멜 단계인 180℃가 될 때까지 조리한다. 다음을 넣어 재빨리 섞으면서 혼합물을 골고루 입힌다.

껍질을 벗긴 통아몬드나 헤이즐넛 또는 두 가지를 섞어서 1컵, 살짝 굽기

즉시 대리석 판이나 준비한 팬에 붓는다. 완전히 식힌다. 프랄린을 작은 조각으로 부순다. 밀대로 으깨거나 푸드 프로세서에 넣고 잘게 부순다. 밀폐 용기에 담아 냉동실에 넣으면 최대 1년간 보관할 수 있다.

아몬드 페이스트와 마지팬에 대해

아몬드 페이스트와 마지팬은 둘 다 곱게 간 아몬드 가루와 설탕을 섞어서 만든다. 아몬드 페이스트는 설탕 대비 견과류의 비율이 높고 가열해서 조리하지 않지만, 마지팬은 끓인 설탕 시럽으로 만든다. 아몬드 페이스트는 마지팬보다 질감이 약간 거칠며 더 끈적끈적하고 마지팬은 아주 매끄러우며 잘 휘어진다. 전통적으로 아몬드 페이스트와 마지팬에는 달콤한 아몬드와 쌉쌀한 아몬드를 모두 사용한다. 쌉쌀한 아몬드에는 시안화수소산이라는 독성 물질이 들어 있기 때문에 가정에서 요리할 때는 거의 사용하지 않는다. 우리는 달콤한 아몬드의 순한 풍미를 보완하기 위해 아몬드 추출물을 조금 넣는다. 마지팬과 아몬드 페이스트 모두 색소와 풍미 재료를 넣어 치대는 과정을 통해 색을 입히고 풍미를 더할 수 있다.

아몬드 페이스트

약 450g

설탕보다 견과류의 비율이 높으므로 케이크 반죽에 풍미를 더하거나(마지팬 케이크 레시피 참고) 봉봉(bonbons, 속재료가 들어 있는 사탕 — 옮긴이)의 속재료로 활용하기 좋다.(아몬드 페이스트를 지름 2.5cm의 공 모양으로 성형한 후 템퍼링을 한 초

콜릿에 담갔다가 꺼내면 된다.) 또는 말린 대추야자의 씨를 빼낸 공간에 채워 넣는 용도로도 좋다. 이 레시피는 분량을 2배로 늘려서 두 번에 걸쳐 작업하거나 대용량 푸드 프로세서를 사용해 한 번에 만들 수도 있다.

푸드 프로세서에 다음을 넣고 섞는다.

껍질을 벗긴 통아몬드 1½컵

슈거 파우더 ¾컵

흰색 그래뉼러당 ½컵

아몬드가 아주 고운 가루 상태가 되도록 간다. 다음을 넣는다.

연한 옥수수 시럽 ¼컵

아몬드 추출물 ½작은술

혼합물이 완전히 섞이고 손으로 꼭 쥐면 뭉칠 정도로 촉촉해질 때까지 푸드 프로세서를 작동시킨다. 다소 건조해 보이면 물 1작은술 정도 넣어서 섞는다.

페이스트를 푸드 프로세서에서 꺼내 작업대에 올리고 한데 뭉칠 정도로만 몇 번 치댄다. 이때 작업대 표면에 다음을 뿌린다.

슈거 파우더

이제 페이스트는 사용할 수 있는 상태가 된 것이다. 즉시 사용하거나 비닐랩으로 잘 감싸서 실온에 두면 일주일간 보관할 수 있다. 그보다 장기간 보관하려면 냉장고에 넣어 4주간, 냉동실에 넣어 최대 3개월간 보관할 수 있다. 이렇게 보관해둔 페이스트는 일단 실온 상태로 만든 후에 사용해야 한다. 페이스트가 너무 딱딱해 보이면 손으로 치대거나 스탠드 반죽기에 주걱 날을 끼우고 다음을 추가한 후 세게 쳐서 섞는다.

옥수수 시럽(또는 장미수, 등화수, 리큐어 등의 액체 풍미 재료)

마지팬

약 680g

마지팬은 과일이나 꽃, 동물 등의 정교한 모양으로 만든 틀에 넣어 만드는 경우가 많다. 하지만 풍미를 더한 마지팬을 그냥 원반, 공, 원통 등 간단한 모양으로 빚어도 변함없이 훌륭한 맛을 즐길 수 있다. 특히 초콜릿에 담갔다가 꺼내면 금상첨화다. 손이나 틀을 사용해 마지팬을 다채로운 모양으로 만드는 작업은 무척 재미있기도 하다. 취향에 따라 틀에 넣어서 만든 마지팬에 액상 식용 색소를 발라서 칠해도 좋다.

푸드 프로세서에 다음을 넣고 섞는다.

껍질을 벗긴 통아몬드 1½컵

슈거 파우더 1¼컵

아몬드가 아주 고운 가루 상태가 될 때까지 간다. 아몬드 가루는 푸드 프로세서에 그대로 담아둔다. 크고 묵직한 편수 냄비에 다음을 넣고 섞는다.

흰색 그래뉼러당 1¾컵

연한 옥수수 시럽 ¼컵

물 ¼컵

중불에 올려 설탕이 녹을 때까지 나무 숟가락으로 저으면서 가열한다. 페이스트리용 솔을 따뜻한 물에 담갔다가 냄비 옆면을 쓸어내린다. 중강불로 올리고 젓지 않는 상태에서 단단한 공 단계인 118.3℃가 될 때까지 조리한다.

불에서 내리고 푸드 프로세서를 켠 후 즉시 설탕 시럽을 붓는다. 고운 페이스트 상태가 될 때까지 작동시킨 후 다음을 넣는다.

아몬드 추출물 1½작은술

푸드 프로세스를 짧게 작동시켜 잘 섞은 후 쿠킹 스프레이를 살짝 뿌린 중간

크기의 그릇에 페이스트를 옮겨 담는다. 혼합물은 상당히 묽지만 식으면서 걸쭉해진다. 페이스트가 마르지 않도록 축축한 행주를 위에 올려놓고 식힌다.

이제 마지팬이 완성되어 사용할 수 있다. 취향에 따라 식용 색소 몇 방울이나 장미수 또는 등화수, 과일 리큐어 등의 풍미 재료를 소량 넣고 치대도 좋다. 마지팬을 비닐랩으로 단단히 감싸서 밀폐 용기에 넣으면 실온에서 2~3개월 보관할 수 있다. 또한 냉동실에 넣으면 최대 6개월간 보관할 수 있다. 일단 해동하고 실온 상태로 만든 후 사용한다.

마지팬으로 특정한 모양을 만들려면 손으로 빚거나 다양한 모양의 초콜릿용 플라스틱 틀을 사용해 만들 수 있다. 틀에는 쿠킹 스프레이를 살짝 뿌린다. 마지팬을 적당량 떼어내서 말랑말랑하고 매끄러워지도록 손으로 잠깐 치댄 후 틀에 넣고 꾹 누른다. 잘 드는 작은 칼로 틀의 표면 위로 솟아오른 여분의 마지팬을 잘라내고 평평하게 고른다.(틀의 올록볼록한 무늬 부분에 흠집을 내지 않도록 주의한다.) 틀을 뒤집어 조리대에 빠르게 톡톡 두드리면 마지팬 조각이 떨어져 나올 것이다. 잘 떨어지지 않으면 칼끝으로 살짝 찔러서 빼낸다.

아이들은 틀 없이도 다양한 모양의 마지팬을 만들면서 상상 속의 생명체나 기발한 형태의 과일을 빚는 것을 좋아한다. 점토를 다루듯 마지팬을 주무르며 모양을 만들고, 조각을 이어 붙이려면 연한 옥수수 시럽을 살짝 묻혀서 풀처럼 사용한다. 과일의 꼭지로는 통정향을 사용하고, 강판의 거친 면을 이용해 작은 구멍이 무수히 나 있는 오렌지 껍질을 재현한다. 또한 슈거 파우더를 뿌린 표면에 마지팬을 올려놓고 밀어서 작은 쿠키 틀로 다양한 모양을 찍어낼 수도 있다.

틀을 사용해 모양을 만든 마지팬에 **색을 칠하려면** 일반적인 액상 식용 색소를 사용한다. 작은 그릇이나 컵에 투명한 브랜디(키르슈, 프랑부아즈 또는 그라파)를 몇 큰술 넣고 마음에 드는 색이 나올 때까지 식용 색소를 조금씩 추가한다. 같은 방식으로 필요한 색을 모두 준비한다. 작은 수채화용 붓으로 마지팬에 색을 칠한다. 1시간 동안 말린다. 촉촉함을 유지하면서 반짝거리게 마무리하려면 글레이즈를 만들어서 바른다. 글레이즈를 만들려면 작은 편수 냄비에 다음을 넣고 섞는다.

물 ⅓컵

연한 옥수수 시럽 ⅓컵

부르르 끓어오르기 시작할 때까지만 가열한 후 불에서 내린다. 글레이즈가 아직 뜨거울 때 솔로 살짝 마지팬에 바른다. 완전히 마를 때까지 30분 정도 둔다. 밀폐 용기에 담아 서늘한 곳에 두거나 냉장고에 넣으면 최대 한 달간 보관할 수 있다.

참깨 할바

2.5cm 크기의 할바 약 100개

할바(halvah)는 원래 일반적인 '당과'를 나타내는 아랍어다. 할바에는 여러 종류가 있지만 우리가 가장 잘 아는 것은 타히니와 설탕 시럽을 넣어 쫀쫀하고 쫄깃하게 만든 것이다. 퍼지처럼 할바도 며칠 숙성하면 식감이 더 좋아진다.

23×12.5cm 크기의 로프 팬에 쿠킹 스프레이를 뿌리고 유산지를 넉넉하게 잘라서 로프 팬의 길쭉한 면 위로 올라오도록 깐다. 중간 크기의 편수 냄비에 다음을 넣고 섞는다.

병에 담긴 타히니 또는 타히니 통조림 475㎖짜리 1개

바닐라 1½작은술

소금 ½작은술

중불에 올려 타히니가 48.9℃에 도달할 때까지 저으면서 가열한다. 불에서 내리고 한쪽에 둔다. 중간 크기의 묵직한 편수 냄비에 다음을 넣고 섞는다.

　흰색 그래뉴러당 1¾컵

　꿀 ½컵

　물 ½컵

중불에 올려 설탕이 녹을 때까지 살살 젓는다. 페이스트리용 솔을 따뜻한 물에 담갔다가 냄비 옆면을 쓸어내린다. 중강불로 올리고 부르르 끓어오를 때까지 가열한다. 젓지 않는 상태로 단단한 공 단계인 118.9~120℃가 될 때까지 조리한다.

불에서 내리고 타히니 혼합물을 넣어 어우러지기 시작할 때까지만 섞는다. 아직 설탕 시럽이 지나간 자국이 군데군데 보여야 한다. 준비한 팬에 혼합물을 붓는다. 실온에서 완전히 식힌 후 뚜껑을 꼭 덮어서 24시간 이상 냉장고에 넣어둔다.

팬을 뒤집어 할바를 꺼내 도마 위에 올리고 기름을 살짝 바른 칼로 자른다. 취향에 따라 템퍼링을 한 초콜릿에 담갔다 꺼내도 좋다. 위아래에 파라핀지나 유산지를 깔고 밀폐 용기에 넣으면 냉장고에서 최대 3개월간 보관할 수 있다.

생강 쿠키 할바

참깨 할바의 레시피를 참고한다. 타히니에 바닐라와 소금을 넣을 때 계핏가루 1작은술, 생강 가루 1작은술, 카르다몸 가루 ¼작은술, 올스파이스 가루 ¼작은술, 정향 가루 ⅛작은술을 함께 넣는다. 그다음은 레시피대로 조리한다.

소용돌이 초콜릿 할바

참깨 할바의 레시피를 참고한다. 설탕 시럽에 타히니 혼합물을 추가한 후 다크 또는 비터스위트 초콜릿 115g을 녹여서 추가한다. 초콜릿이 소용돌이 모양으로 섞이면서 자국이 남도록 살살 젓는다. 혼합물을 준비한 팬에 붓는다. 그다음은 레시피대로 조리한다.

과일 젤리

2.5cm 크기의 정사각형 젤리 64개

보석처럼 알록달록한 색에 상큼한 과일 풍미로 가득한 이 젤리는 초콜릿 사탕과 전혀 다른 매력을 지니고 있다. 거의 모든 과일 또는 해동한 냉동 과일을 사용할 수 있으며 2가지 이상의 과일을 섞어서 만들어도 맛있다.

20cm 크기의 정사각형 베이킹 팬에 양쪽 위로 올라오도록 기름을 살짝 바른 유산지나 실리콘 깔개를 깐다. 또는 실리콘 틀을 준비한다. 중간 크기의 묵직한 편수 냄비에 다음을 넣는다.

　생과일 또는 냉동 라즈베리, 꼭지를 따고 반으로 자른 딸기, 블랙베리 또는

　　블루베리 3컵

중불에 올려 과일에서 즙이 나올 때까지 5분간 조리한다. 고운체에 걸러서 중간 크기의 그릇에 담고 실리콘 주걱으로 건더기를 꾹꾹 눌러 즙을 최대한 짜낸다. 과일 퓌레 ⅔컵을 계량한 후 커다란 그릇에 담는다.(남은 것은 보관했다가 나중에 사용한다.) 퓌레에 다음을 넣고 섞는다.

　레몬즙 2큰술

그 위에 다음을 훌훌 뿌린다.

　풍미가 첨가되지 않은 젤라틴 4봉지(3큰술)

젤라틴이 혼합물에 섞이도록 저은 다음 말랑말랑해지도록 한쪽에 둔다.

크고 묵직한 편수 냄비에 다음을 넣고 섞는다.

　흰색 그래뉴러당 3컵

　물 1컵

중불에 올려 설탕이 녹을 때까지 저으면서 가열한다. 페이스트리용 솔을 따뜻한 물에 담갔다가 냄비 옆면을 쓸어내린다. 강불로 올리고 젓지 않는 상태에서 말랑말랑한 공 단계인 113.3℃가 될 때까지 조리한다. 불에서 내리고 젤라틴 혼합물을 넣은 뒤 젤라틴이 완전히 녹을 때까지 젓는다. 냄비를 다시 불에 올려 계속 저으면서 106.7℃가 될 때까지 조리한다. 젤리를 즉시 준비한 팬이나 틀에 붓는다. 실온에 12시간 두었다가 자른다.

팬을 뒤집어 젤리를 꺼내 도마 위에 올리고 유산지를 벗겨낸다. 잘 드는 묵직한 칼에 기름을 발라서 2.5cm 크기의 정사각형으로 자른다. 또는 작은 쿠키 틀에 기름을 발라서 원하는 모양으로 찍어낼 수도 있다. 젤리를 다음 위에 올려놓고 굴리거나 담았다가 꺼내서 완전히 코팅한다.

　초미립 분당 ¾~1컵

파라핀지에 듬성듬성 올려놓고 자연 건조한다. 위아래에 파라핀지나 유산지를 깔고 밀폐 용기에 넣으면 실온에서 최대 1주간, 냉장고에서 최대 2주간 보관할 수 있다. 실온 상태로 낸다.

감귤류 젤리

과일 젤리를 만들되, 베리류 퓌레 대신 체에 거른 레몬즙, 라임즙, 오렌지즙, 귤즙 또는 자몽즙 ⅔컵을 넣고 레몬즙을 생략한다.

버번 또는 럼 볼(Bourbon or Rum Balls)

지름 2.5cm짜리 공 모양 사탕 약 60개

우리 독자들 중에는 누구나 좋아하는 이 전통 디저트가 없는 크리스마스는 크리스마스가 아니라고 생각하는 분들이 많다. 이 사탕은 어느 정도 시간이 지나면 더 맛있어진다.

다음 재료를 섞은 후 체에 쳐서 중간 크기의 그릇에 담는다.

　슈거 파우더 1컵

　무가당 코코아 가루 2큰술

작은 그릇에 다음을 넣고 잘 섞이도록 젓는다.

　버번 또는 다크 럼 ¼컵

　연한 옥수수 시럽 2큰술

럼 혼합물을 코코아 혼합물에 넣고 섞은 후 한쪽에 둔다. 중간 크기의 그릇에 다음을 넣고 섞는다.

　가루로 부순 바닐라 웨이퍼 2½컵(310g짜리 과자 1개)

　굵게 썬 피칸 1컵, 굽기

코코아 혼합물에 넣고 섞는다. 혼합물이 너무 퍽퍽해 보이면 버번이나 럼 1큰술을 몇 방울씩 넣으면서 덩어리로 뭉칠 때까지 농도를 조절한다.

혼합물을 조금씩 떼어 손바닥에 올려놓고 굴려서 공 모양을 만든다.(반드시 크기가 같을 필요는 없다.) 다음 위에 올려놓고 굴린다.

　슈거 파우더 ½컵

또는 취향에 따라 다음에 담갔다가 꺼낸다.

　(템퍼링을 한 초콜릿)

위아래에 파라핀지를 깔고 밀폐 용기에 넣으면 실온에서 최대 3주간 보관할 수 있다.

설탕 시럽을 입힌 사과(Candied Apples)

5개

중간 크기의 묵직한 편수 냄비에 다음을 넣고 섞는다.

　흰색 그래뉼러당 2컵

　연한 옥수수 시럽 ⅔컵

　물 1컵

　(통계피 1개)

중불에 올려 설탕이 녹을 때까지 저으면서 가열한다. 부르르 끓어오르도록 조리한다. 뚜껑을 덮고 수증기로 냄비 옆면에 달라붙은 설탕 결정이 흘러내릴 때까지 3분 정도 조리한다. 뚜껑을 열고 젓지 않는 상태로 거의 딱딱한 갈라짐 단계인 143.3°C가 될 때까지 조리한다.

그동안 사과의 꼭지가 달린 부분에 나무 꼬치를 하나씩 끼운다.

　중간 크기의 사과 5개, 잘 씻어서 물기를 제거하기

통계피를 사용했다면 시럽에서 건진다. 다음을 넣는다.

　붉은색 식용 색소 몇 방울

시럽을 이중 냄비의 위쪽 용기에 옮겨 담고 팔팔 끓는 물 위에 올린다. 사과를 재빨리 시럽에 담가서 빙글빙글 돌려가며 골고루 코팅한 후 아래 그림처럼 금속 꽃꽂이 받침대나 파라핀지, 유산지 또는 실리콘 깔개를 깐 오븐 팬에 세워놓고 단단히 굳힌다. 설탕 시럽에 담갔다 꺼낸 사과를 더 쉽게 다루려면 사과의 윗면을 다음 위에 올려서 굴린 후 포일이나 유산지 위에 세워놓는다.

　(잘게 썬 견과류)

설탕 시럽 및 캐러멜을 입힌 사과 만들기

캐러멜을 입힌 사과

5개

사과의 꼭지가 달린 부분에 나무 꼬치를 하나씩 끼운다.

　중간 크기의 사과 5개, 잘 씻어서 물기를 제거하기

다음을 이중 냄비의 위쪽 용기에 담고 팔팔 끓는 물 위에 올린다.

　소금 캐러멜의 레시피 분량 또는 말랑말랑한 시판 캐러멜 450g

　물 2큰술

캐러멜이 녹아서 매끄러워질 때까지 가열한다. 꼬치를 꽂은 사과를 캐러멜 소스에 담갔다가 빙글빙글 돌리면서 골고루 입힌다. 설탕 시럽을 입힌 사과 레시피의 설명을 참고해 말리고 장식한다. 냉장고에 넣어두면 몇 분 만에 단단해진다.

설탕 절임 오렌지 슬라이스

약 36조각

설탕 글레이즈를 바른 감귤류 조각은 중동 지방의 전통 디저트다. 생파인애플을 반달 모양 또는 적당한 크기로 자른 것도 같은 방식으로 조리할 수 있다. 가로 방향으로 1cm 두께가 되도록 자른 후 양쪽 끝부분과 씨는 버린다.

　네이블 또는 블러드 오렌지 큰 것 3개

크고 묵직한 냄비나 더치오븐에 다음을 넣고 섞는다.

　흰색 그래뉼러당 4½컵

　물 4컵

중약불에 올려 저으면서 설탕을 녹인다. 중불로 올리고 부르르 끓어오를 때까지 가열한다. 페이스트리용 솔을 따뜻한 물에 담갔다가 냄비 옆면을 쓸어내린다. 그동안 냄비나 더치오븐에 들어갈 만한 크기의 금속 받침대에 약간씩 겹치도록 오렌지 조각을 가지런히 배열한 후 나중에 쉽게 꺼낼 수 있도록 받침대에 끈을 묶는다.

시럽이 담긴 냄비에 받침대를 넣는다. 둥글게 자른 유산지를 위에 덮고 누른다. 시럽이 뭉근히 끓어오를 때까지 천천히 가열한다. 바글바글 끓어오르지 않고 은근히 끓는 상태를 유지하면서 오렌지 조각이 반투명해지고 말랑해질 때까지 10~15분간 조리한다. 냄비를 불에서 내리고 뚜껑을 덮은 후 실온에서 24시간 동안 오렌지를 시럽에 담가둔다.

끈을 잡아서 과일을 올린 받침대를 꺼낸 후 테두리 있는 오븐 팬에 올려놓고 3~5시간 동안 설탕 시럽을 말린다. 오렌지 조각의 표면에 물기가 전혀 없고 딱딱해져야 한다. 위아래에 파라핀지나 유산지를 깔고 밀폐 용기에 넣으면 실온에서 최대 1주, 냉장고에서 최대 3주간 보관할 수 있다.

설탕 절임 감귤류 껍질

약 2컵

설탕에 절인 감귤류 껍질은 그냥 먹거나 초콜릿에 담가서 코팅해도 좋지만, 다른 디저트에 추가하면 밝은 색감과 풍미를 더해준다. 잘게 썰어서 치즈 케이크, 생강 쿠키 반죽, 심지어 아이스크림에 넣고 섞어도 맛있다. 이 레시피의 분량을 2배로 늘리면 간단하게 더 많은 양을 만들 수 있다.

다음을 박박 문질러 씻는다.

　오렌지 3개, 자몽 2개 또는 레몬 6개

채소 껍질 벗기는 도구로 껍질과 중과피를 넓적하고 길게 벗겨낸 후 중간 크기의 편수 냄비에 담고 감귤류 껍질이 잠길 정도로 찬물을 붓는다. 뭉근히 끓어오르도록 가열해 30분간 끓인다. 물을 따라내고 다시 찬물을 부어서 부드러워질 때까지 뭉근히 끓인다. 다시 물을 따라낸다. 남은 과육이나 실처럼 가느다란 흰색 중과피를 숟가락으로 긁어서 버린다. 감귤류 껍질을 길이 5cm, 너비 6mm의 크기로 자른다.

크고 묵직한 편수 냄비에 다음을 넣고 섞는다.

　흰색 그래뉼러당 1컵

　연한 옥수수 시럽 3큰술

　물 ¾컵

중불에 올려 설탕이 녹을 때까지 저으면서 가열한다. 페이스트리용 솔을 따뜻한 물에 담갔다가 냄비 옆면을 쓸어내린다. 감귤류 껍질을 넣고 시럽이 거의 다 흡수될 때까지 중불에서 아주 은근히 조리한다. 불에서 내리고 뚜껑을 덮은 후 하룻밤 둔다.

다시 뭉근히 끓어오르도록 가열한 후 약간 식혀서 남은 액체를 따라낸다. 커다란 그릇에 다음을 넣는다.

설탕 1컵

물기를 뺀 껍질을 설탕 위에 올려놓고 뒤적이면서 설탕을 골고루 묻힌다. 파라핀지나 유산지 위에 올려놓고 1시간 이상 자연 건조한다.

취향에 따라 설탕 절임 껍질의 절반을 다음에 담갔다가 꺼내도 좋다.

(템퍼링을 한 초콜릿)

다른 파라핀지나 유산지에 올려놓고 초콜릿이 굳을 때까지 말린다. 위아래에 파라핀지나 유산지를 깔고 밀폐 용기에 담아 냉장고에 넣으면 최대 4개월간 보관할 수 있다.

설탕 절임 생강

약 450g, 약 3컵

설탕 절임 생강은 그대로 디저트로 먹을 수 있고, 절반을 초콜릿에 담갔다가 내거나 다른 사탕 또는 디저트의 재료로 활용할 수도 있다. 이 레시피에는 거의 반투명에 가까운 은은한 분홍색의 아주 얇은 껍질이 붙어 있는 신선한 어린 생강이 가장 좋지만, 섬유질이 풍부한 갈색 껍질이 붙어 있는 다 자란 생강을 사용해도 좋다. 어린 생강은 일부 아시아 마트에서 취급한다.

다음의 껍질을 벗기고 손질한다.

생강 565g

결의 반대 방향으로 3mm 두께가 되도록 얇게 썬다. 취향에 따라 갸름하고 길쭉한 모양으로 얇게 썰어도 좋다.

생강을 중간 크기의 묵직한 편수 냄비에 넣고 생강이 잠기도록 물을 넉넉히 붓는다. 부르르 끓어오르도록 가열한 후 불을 줄이고 가끔 저으면서 생강을 포크로 찔러보면 부드러운 느낌이 날 때까지 30~40분간 뭉근히 삶는다. 물을 따라내고 한쪽에 둔다. 편수 냄비에 다음을 넣고 섞는다.

흰색 그래뉼러당 2컵

물 2컵

설탕이 녹을 때까지 약 5분 정도 저으면서 가열한다. 페이스트리용 솔을 따뜻한 물에 담갔다가 냄비 옆면을 쓸어내린다. 중강불로 올리고 혼합물이 부르르 끓어오르면 생강을 넣는다. 불을 줄여서 은근히 끓는 상태를 유지한 후 가끔 저으면서 수분이 거의 다 날아갈 때까지 1시간 30분~2시간 동안 조리한다.

생강의 물기를 털어내고 유산지나 실리콘 깔개를 깐 오븐 팬에 가지런히 올린다. 하룻밤 말린다. 또는 생강이 아직 미지근할 때 다음을 홀홀 뿌리고 뒤적인 후 위의 설명대로 말린다.

(초미립 분당 또는 그래뉼러당)

밀폐 용기에 넣으면 실온에서 최대 1년간 보관할 수 있다.

설탕을 입힌 꽃(Crystallized Flowers)

투명하고 반짝이는 설탕 옷을 입힌 꽃은 케이크뿐만 아니라 거의 모든 종류의 디저트에 우아한 장식으로 활용할 수 있다. 그러나 아무 꽃이나 사용할 수 있는 것은 아니다. 일부 꽃은 독성이 있으므로(특히 참제비고깔, 디기탈리스, 은방울꽃은 절대 사용하지 않는다.) 안전을 위해 최신 식물학 관련 서적을 참고하자. ▶ 약품을 뿌리거나 화학 처리한 꽃도 피한다. 직거래 장터에 가면 식용 꽃을 구할 수 있는데, 유기농이고 약품을 쓰지 않은 꽃인지 재배자에게 물어보고 확인하자. 물론 가장 확실한 방법은 정원에서 직접 가꾼 꽃을 사용하는 것이다.

직접 키운 꽃이라면 약품 처리 여부를 확실히 알 수 있고 만개하기 직전의 가장 좋은 시점에 꽃을 따서 쓸 수 있기 때문이다. 꽃을 어디에서 구했든, 깨끗하고 물기가 없어야 한다. 여기서 소개하는 조리법은 민트 잎에 반짝이는 설탕 코팅을 입힐 때 적용할 수도 있다.

작은 그릇에 다음을 넣는다.

저온 살균한 달걀흰자 분말

물을 적당히 붓고 저어서 묽은 페이스트 상태로 만든다.(거품이 나면 좋지 않으므로 세게 젓지 않는다.)

작은 접시에 다음을 붓고 넓게 펴서 깐다.

초미립 분당 또는 그래뉼러당

설탕을 입힐 꽃(또는 꽃잎이나 잎사귀)을 핀셋으로 집어서 작은 수채화 붓으로 표면 전체에 달걀흰자를 얇게 바른다. 꽃을 설탕 접시 위로 가져간 후 숟가락으로 설탕을 끼얹어서 미처 달라붙지 않은 설탕이 다시 접시에 떨어지게 한다. ▶ 공기 중에 노출된 꽃은 부패하기 마련이므로 꽃의 모든 표면을 달걀흰자와 설탕으로 꼼꼼히 덮어야 한다. 만약 빠진 부분이 있다면 붓으로 달걀흰자를 살짝 바르고 설탕을 뿌려서 메운다. 핀셋을 접시 옆쪽에 살짝 톡톡 두드려서 여분의 설탕을 털어낸다.

꽃, 꽃잎 또는 잎사귀를 유산지 또는 실리콘 깔개를 깐 베이킹 접시에 올려놓고 남은 꽃도 마찬가지로 작업한다. 작업이 끝나면 설탕을 입힌 꽃을 다시 살펴보면서 빠진 부분이 없는지 확인한다.

따뜻하고 건조한 곳에 오븐 팬을 두고 며칠간 말린다. 이때 하루에 한 번씩 꽃을 뒤집어주면서 골고루 말린다.(특히 꽃을 통째로 말린다면 무게 때문에 아래에 깔린 면은 수분이 증발하지 못하므로 뒤집어주는 작업이 중요하다.) 꽃이 완전히 마르면 바삭바삭한 상태가 된다.

위아래에 유산지를 덮어서 밀폐 용기에 담아 선선하고 건조한 장소에 보관한다. 잘 말려서 제대로 넣어두면 3~6개월 이상 보관할 수 있다.

식품 저장과 보관

식품을 제대로 보관하기 위해서는 저장 기간, 맛 유지, 식감 보존 사이의 세심한 균형이 필요하다. 이번 장에서는 찬장, 냉장고, 냉동실, 지하 저장실에 식품을 보관할 때 권장하는 방법을 다룬다. 특정 과일이나 채소의 숙성 및 보관에 대한 정보는 각 해당 항목을 참고한다. 육류를 다루는 법과 보관 방법은 생고기 및 조리한 고기 보관하기 항목을 참고한다. 장기 냉동 보관 기간을 넘어서는 보존 기술은 병조림, 염장, 발효, 건조 등을 소개하는 이후의 장을 참고한다.

식품을 보관하기 전에 포장하는 방식은 보관 기간과 시간에 따른 품질 변화에 큰 영향을 미친다. 세심하게 포장하고 명확하게 라벨을 붙이며 효율적으로 배치하면 찬장, 냉장고, 냉동실, 지하 저장고는 가정에서 요리하는 사람에게 큰 자산이 된다. 식품을 제대로 포장하지 않고 체계적으로 정리하지 않는다면 이와 같은 저장 공간은 시간이 지날수록 뒤죽박죽으로 변하며 식품이 여기저기 숨겨진 채로 썩어버리고 만다.

보관 기술과 관계없이 ▶ 이상한 냄새나 곰팡이, 나방을 비롯한 곤충, 거품, 이상하게 뿌연 액체, 부풀어 오르거나 녹이 슨 통조림, 통조림을 열 때 솟구쳐 올라오는 액체 등 부패의 기미가 조금이라도 보이면 **"의심스러우면 버린다."** 라는 최고의 조언을 따르자. 아주 소량이라도 맛보려고 하지 말자.

유통 기한에 대해

시판 가공식품에는 보통 '~까지 사용' 또는 '~까지 판매'라는 날짜 표시가 붙어 있다. 유통 기한은 잘 살피는 것이 좋지만 절대적인 날짜로 생각할 필요는 없다. 아기 분유를 제외하면, 유통 기한은 해당 날짜가 지났을 때 식품이 상한다는 뜻이라기보다는 최상의 상태가 아니라는 표시일 뿐이다. 일반적으로 식품을 언제까지 먹어도 좋은지 판단하려면 유통 기한보다는 상식을 활용하자. 위의 문단에서 언급했듯이 부패의 기미가 보인다면 즉시 유통 기한이 지난 것으로 간주해야 한다.

찬장

냉동할 필요가 없는 주요 재료는 빛이 가장 통하지 않고 건조한 곳에 보관하며, 상시 온도가 21.1℃ 이하라면 더욱 좋다. 찬장에 보관하는 품목으로는 빵과 크래커, 비교적 쉽게 상하지 않는 바나나, 감귤류, 토마토, 파인애플, 멜론 등의 과일, 루타바가, 아보카도, 양파, 마늘, 감자, 겨울 호박 등의 단단한 채소, 껍질을 까지 않은 견과류, 건조식품, 차, 코코아, 설탕, 초콜릿, 밀가루, 식용 기름, 식초, 꿀, 당밀, 옥수수 시럽, 수수, 우스터와 식초로 만든 핫소스, 풍미 첨가용 추출물, 탈지분유, 통조림, 유리병에 담긴 허브와 향신료 등이 있다. 과일과 채소를 찬장에 보관하려면 반드시 통째로 넣어야 한다. 일단 자르고 나면 냉장고에 보관한다.

기온이 올라가면 부엌 조리대 아래의 낮은 찬장 같은 서늘한 곳을 임시 찬장으로 사용할 수도 있다. 부엌에서 멀지 않고 북쪽을 바라보는 벽에 55~85ℓ 정도의 부피가 들어갈 만한 공간이 있다면 작은 식품 저장고로 변신시켜보자. 두꺼운 문을 달아 주변의 온기를 차단하고 위쪽에 환풍구를 낸다. 가능하면 슬레이트나 대리석 선반을 달아서 최대한 냉각 효과를 노린다.

식품을 찬장에 보관할 때는 ▶ 단단한 플라스틱, 유리 또는 금속 용기를 사용한다. 유리와 플라스틱은 속이 잘 보인다는 장점이 있지만, 용기의 종류와 상관없이 찬장 보관 품목에는 전부 라벨을 붙인다. 모든 용기의 뚜껑이 잘 맞는지 확인한다. 건조식품을 대량으로 구매해 대형 보관 용기가 필요하다면, 19ℓ짜리 일반 플라스틱 양동이에 딱 맞게 돌려 끼우는 밀폐 뚜껑도 판매하고 있으므로 벌레가 침투하는 것을 막아준다.(식품 보관에 사용할 수 있는 양동이인지 확인한다.) 양동이 하나에 잘 밀봉된 밀가루나 곡물 여러 봉지 넣어 보관할 수 있다.

찬장의 가장 큰 단점은 어지러워지기 쉽다는 것이다. 새로 사온 식품이 뒤로 가고 오래전에 구입한 식품은 앞으로 오도록 찬장의 보관 위치를 주기적으로 바꿔야 한다. 대량으로 산 품목은 꼭 맞는 뚜껑이 달린 용기에 옮겨 담은 후 품목의 이름과 구입 날짜를 적어서 라벨을 붙여야 한다.

뒤죽박죽 어수선한 찬장은 나방이 생기기 쉬운 환경이다. 식품에 꼬이는 해충에 대비하기 위한 억제제나 살충제가 판매되고 있기는 하지만, 해충을 피하는 가장 쉬운 방법은 식품을 보관할 때 밀폐 용기를 사용하는 것이다. ▶ 6개월 이내에 사용할 분량만큼만 구매하자. 견과류, 밀가루, 옥수숫가루, 곡물을 그 보다 오래 보관하려면 냉동실에 넣어둔다.

아래의 보관 지침은 최적의 포장 및 보관 조건을 가정한 것이다. 찬장 내 온도가 21.1℃ 이상으로 자주 올라간다면 보관 기간은 아래에 예시로 든 것보다 짧을 것이다. 온도가 21.1℃보다는 낮지만 냉동실 온도보다 높다면 대다수 품목의 보관 가능 기간이 더 길어질 것이다. 이 기준은 최적의 품질을 유지하기 위한 것임을 기억하자. 아래의 보관 기간을 넘긴 식품도 먹을 수는 있지만 가장 좋은 품질일 때만큼 맛있거나 영양소가 풍부하지는 않다.

▶ 약 5년: 소금과 설탕 등 제대로 포장된 건조식품

▶ 2~3년: 통향신료, 대다수 시판 통조림, 탈지분유, 달걀을 넣지 않은 건조 파스타

▶ 약 18개월: 밀폐 용기에 보관한 마른 콩, 제대로 포장된 동결 건조식품, 개봉하지 않은 견과류 버터

▶ 약 12개월: 수제 병조림, 쇼트닝과 정제 기름, 밀가루, 스테인리스 또는 플라스틱 용기에 담긴 건조 시리얼, 개봉하지 않은 시리얼과 통곡물, 통조림 또는 포장을 뜯지 않은 견과류, 베이킹소다와 베이킹파우더

▶ 약 6개월: 분유, 비정제 기름, 향신료 가루

물을 보관하려면 1093쪽을 참고한다.

▶ 찬장에 벌레가 생긴 경우 눈에 보이는 벌레를 죽이는 것만으로는 해결되지 않는다. 아무리 꽁꽁 감싸두었다 하더라도 일단 개봉한 곡물, 가루 또는 밀가루는 전부 버리고 해당 구역을 철저하게 청소한다. 비닐백이라고 해서 해충이 침투할 수 없는 것은 아니다. ▶ 벌레가 생긴 후 몇 주 동안은 개봉하지 않은 식품만 찬장에 보관한다.(개봉한 용기는 냉장고 또는 냉동실에 보관한다.) 장기 보관에 관심이 있다면 돌려서 닫는 뚜껑이 달린 19ℓ짜리 플라스틱 양동이를 구입해보자.

일반 식품의 냉장고 보관 위치 권장 사항

냉장고

온도가 4.44℃ 이하로 내려가면 박테리아, 곰팡이, 이스트의 성장이 저해되고 효소의 작용도 둔해진다. ▶ 냉장고의 가운데 칸은 1.67~4.44℃를 유지해야 하며, 육류를 담아두는 서랍(없는 냉장고도 있다.)은 어는점인 0℃보다 아주 약간 높은 상태를 유지해야 한다. 냉장 보관의 전체적인 목적은 모든 식품의 온도를 4.44℃ 이하로 유지하는 것이다. 냉장고에 온도계가 달려 있지 않다면 온도계를 사서 냉장고에서 가장 온도가 낮은 곳에 둔다. 온도계는 값이 저렴하면서도 냉장고에 무슨 문제가 생겼는지 알려준다. 가운데 칸의 가장 온도가 낮은 부분은 냉장고 모델에 따라서 다르겠지만, 일반적으로 맨 아래쪽 선반의 뒤쪽인 경우가 많다. 냉동실이 같이 붙어 있다면 가장 온도가 낮은 곳은 냉동실에서 가장 가까운 곳이다. 모든 냉장고에서 가장 온도가 높은 곳은 문에 달린 선반으로, 문을 열 때마다 따뜻한 공기에 노출되기 때문이다. 냉장고 문을 적게 열수록 냉장고의 효율이 높아지고 전기료도 절감된다.

냉장 보관에 사용할 용기 중에서 ▶ 먹다 남은 음식을 보관하는 데는 유리나 플라스틱 용기가 가장 적합하다. 또한 식품용 지퍼백도 몇 개 갖춰둔다. 마트에서 신선식품을 살 때 주는 비닐봉지는 반대로 뒤집어서 물에 헹군 후 잘 말려서 다시 사용할 수 있다.

찬장을 깔끔하게 유지하기 위해 지켜야 할 규칙 대부분은 냉장고에도 적용된다. 찬 공기가 냉장고 안을 순환하면서 온도를 낮춰야 하므로 식품을 겹쳐서 넣거나 식품이 냉장고의 안쪽 벽에 닿지 않게 한다. 냉장고에 너무 많은 음식을 채워도 공기의 흐름이 방해되므로 일부 식품은 얼어버리고 나머지는 온도가 너무 올라가버린다. 가장 상하기 쉬운 식품은 자주 눈에 띄도록 전면 가운데에 두어 잊지 않고 사용하도록 한다. 먹다 남은 음식은 이름과 날짜를 적어서 라벨을 붙인다. 이틀 안에 소비해야 하는 식품은 빨간색 등 색이 있는 접착 테이프로 표시해둔다.

식품을 냉장고에서 얼마나 오래 보관할 수 있는지는 포장 방법에 크게 영향을 받는다. 냉장고 안의 공기는 수분을 날려버리는 효과가 있으므로 식품이 공기에 직접 닿지 않도록 보호해야 한다. **과일과 채소**는 숨 쉴 공기가 필요하며 촉촉한 환경에서 보관해야 가장 좋으므로 채소 칸이나 신선식품 서랍에 넣는다. 채소 칸은 최소한 ⅔ 이상 차 있어야 보존 효과가 가장 좋다. 채소 칸에 보관하더라도 특히 녹색 채소를 비롯한 일부 채소는 시들기 마련이다. 녹색 채소와 잎이 무성한 채소는 키친타월에 감싸서 비닐봉지에 넣는다. 냉장고에 채소 칸이 없거나 채소 칸이 가득 찼다면 과일과 채소를 마트에서 담아온 신선식품용 비닐봉지에 넣은 상태 그대로 보관한다.(녹색 채소가 담긴 봉투에는 습기를 조절하기 위해 키친타월을 한 장 넣는다.) 다양한 과일과 채소를 보관하는 구체적인 권장 사항은 938쪽의 표를 참고한다.

▶ 신선한 허브나 아스파라거스, 셀러리 등 줄기가 달린 채소를 아삭아삭하게 보관하려면 유리병에 물을 2.5cm 높이까지 붓고 줄기를 담근 후 잎 위에 비닐봉지를 텐트처럼 씌워놓는다. 이렇게 하면 물과 산소를 공급하는 동시에 건조한 공기로부터 보호하는 효과가 있다. 유리병은 쉽게 쓰러지지 않을 만한 장소에 둔다. 신선한 바질도 같은 방법으로 보관하되, 냉장고가 아닌 실온에 둔다.

조리하지 않은 육류, 생선, 가금류는 재료에서 나온 물이 다른 음식이나 냉장고 공간에 떨어지지 않도록 팬이나 테두리 있는 오븐 팬에 담아서 가장 아래 선반에 보관한다. **육류**는 1~2일 안에 먹을 예정이라면 포장해온 그대로 냉장고에 보관할 수 있다. 하루 이상 보관해야 하는 **생물 생선**은 비닐랩으로 싸서 잘게 부순 얼음을 채운 큼직한 팬에 올려둔다. **살아 있는 갑각류**를 보관할 때는 팬에 얼음을 채우고 행주로 얼음을 덮은 후 그 위에 갑각류를 올려놓고 축축한 행주를 하나 더 덮어둔다. 1~2일 사이에 먹거나 조리한다. 포장을 뜯은 **런천 미트**와 핫도그는 밀폐 용기에 담아 보관하며 일주일 이내에 사용해야 한다. 우유와 같은 **유제품**은 손쉽게 냉장고 문에 보관하고 싶은 생각이 들겠지만, 문에 붙은 선반의 온도가 가장 높다는 사실을 잊지 말자. 우유, 크림, 요구르트는 가장 위쪽 선반에 보관하고, 되도록 뒤쪽에 배치하는 것이 좋으며 냄새가 강한 음식으로부터 멀리 떨어진 곳에 둔다. **치즈**는 파라핀지나 유산지로 한 겹 싸고 비닐랩으로 다시 싸서 보관한다. 곰팡이가 핀 유제품은 맛도 보지

신선한 과일과 채소의 권장 보관 방법		
보관 장소	과일	채소
냉장 보관	사과, 살구, 배, 베리류, 체리, 잘라놓은 과일, 무화과, 포도	아티초크, 아스파라거스, 신선한 깍지콩과 껍질콩, 비트, 브로콜리, 방울양배추, 양배추, 당근, 콜리플라워, 셀러리, 옥수수, 잘라놓은 채소, 쪽파, 녹색 채소, 허브(바질 제외), 서양대파, 버섯, 완두콩, 피망, 래디시, 새싹 채소, 여름 호박
실온에서 숙성한 후 냉장 보관	아보카도, 키위, 천도복숭아, 복숭아, 서양배, 자두	
실온 보관	바나나, 감귤류, 망고, 멜론, 파파야, 감, 파인애플, 플랜틴, 석류	바질(물에 담가서 보관), 오이, 가지, 마늘, 생강, 히카마, 감자, 양파, 고구마, 토마토, 겨울 호박

말고 전부 버린다.(천연 곰팡이가 피는 치즈는 제외) **달걀**은 냉장고에서 온도가 가장 낮은 곳에 보관한다. **양념류**는 문에 보관하는 것이 좋다. 메이플 시럽은 반드시 냉장 보관해야 한다.

일단 통조림을 뜯으면 남은 내용물은 식품 용기에 옮겨 담는다. 개봉한 금속 통 그대로 보관하지 않는다. 공기에 노출되면 금속 통은 내용물의 색과 풍미에 영향을 미친다.

오늘날 가정용 냉장고에는 보통 급속 냉장 기능이 있다. 적당히 뜨거운 소량의 음식(예를 들어 커스터드 소스)이라면 느슨하게 뚜껑을 덮어서 냉장고에 넣어도 별다른 문제가 없다. 그러나 아주 뜨거운 음식이나 대량의 따뜻한 음식을 보관한다면 냉장고에 넣기 전에 재빨리 실온 상태로 식혀야 한다. 그대로 냉장고에 넣으면 냉장고 내부의 온도가 올라가 이미 차갑게 보관된 다른 식품의 온도가 안전하지 않은 수준으로 올라가게 된다. 대량의 음식을 빠르게 식히려면 그릇째 얼음물에 담그거나 얇게 펴서 온도를 낮춘다.

냉장고는 청결한 상태를 유지해야 한다. 냉장고에 용기를 넣기 전에 젖은 수건으로 한 번 닦아서 넣는 습관을 들이자. 음식이 쏟아지면 즉시 청소해야 한다. 그대로 방치하면 건조한 공기가 수분을 금세 날려버리므로 얼룩을 닦아내기가 더욱 힘들다. 냉장고에 보관했던 음식에 곰팡이가 피었다면 해당 표면을 살균 용액으로 청소한다. 주기적으로 상한 음식이 없는지 살피고, 베이킹소다로 선반을 닦은 후 깨끗한 수건으로 모든 표면을 꼼꼼하게 닦아서 말리도록 권장한다. 베이킹소다의 상자를 뜯어서 냉장고에 넣어두면 악취를 어느 정도 흡수할 수 있지만, 주기적인 청소를 대체할 수 있을 정도는 아니다.

냉동실

냉동은 장기 보관용 식품과 단기 보관용 식품에 모두 적용할 수 있으며 비교적 쉽고 시간을 절약할 수 있는 보관 방법이다. 육류, 생선, 가금류, 일부 과일, 사전 조리한 식품은 추가적인 처리 없이 그대로 냉동할 수 있다. 채소는 일단 데쳐야 하므로 사전 처리에 손이 가고 시간이 든다. 그렇다고 해도 ▶ 병조림을 하는 데 드는 시간에 비하면 ⅓~½ 정도에 불과하며 대다수 식품은 병조림보다는 냉동했을 때 신선한 풍미가 더욱 잘 보존된다. 일반적으로 냉동실은 찬장과 비슷한 방식으로 관리한다. 모든 식품에 이름과 날짜를 적어서 라벨을 붙이고, 주기적으로 위치를 바꾸면서 가장 오래된 음식을 손이 잘 닿는 곳에 배치해 먼저 먹을 수 있게 한다.

냉동식품의 품질 보존하기

품질이 좋은 식품만 냉동한다. 얼리면 상하기 직전의 음식도 살릴 수 있다고 생각해서는 안 된다. 냉동하려는 과일은 잘 익었지만 단단해야 하며 물렁물렁하거나 곰팡이가 보이면 안 된다. 채소는 싱싱하고 연하며 시들어 보이지 않아야 한다. 과일과 채소는 수확 후 즉시 냉동해야 최대한의 영양소와 풍미를 보존할 수 있다. 그러므로 가장 싱싱한 상태의 과일과 채소를 냉동할 수 있는 사람들은 가정에서 정원을 가꾸거나, 베리 농장에 가서 '직접 열매를 따오거나', 직거래 장터에서 저렴하고 품질 좋은 상품을 찾는 이들이다. ▶ 냉동할 식품은 손질한 직후 최대한 빨리 냉동실에 넣고 최대한 빠른 속도로 냉동해야 한다. 특히 육류와 생선은 신속하게 냉동하는 것이 중요하다. 뒤에서 소개한 얼음 소금물 방법으로 식품을 냉동하는 방법에 관한 내용을 참고한다.

식품을 냉동실에 보관하려면 모든 식품을 포일, 냉동용 코팅 종이 또는 유산지로 단단히 감싸서 지퍼백에 담는다. 유리 용기에 담아 냉동하는 것은 깨질 수 있어서 권장하지 않지만, 냉동용으로 특별히 제조된 강화유리 용기도 시판되고 있다. 식품은 얼면서 부피가 늘어나므로 사용하는 용기의 종류와 관계없이 2.5cm 정도의 공간을 남겨둔다.

여러 번 먹을 분량의 육류, 쿠키 또는 부피가 작은 다른 식품들을 합쳐서 지퍼백 하나에 담는다면 파라핀지나 냉동용 코팅 종이 또는 포일을 두 겹으로 해서 한 번 먹을 분량씩 감싼다.

냉동실에 식품을 보관할 때 가장 좋은 것은 공기를 빼서 냉동상을 방지하는 진공 비닐백이다. 가정용 진공 포장 기계에는 다양한 크기의 봉투와 직접 원하는 크기를 만들 수 있는 비닐백 롤, 보관용 통이 함께 들어 있다. 별도로 기계를 사지 않고도 진공과 거의 비슷한 상태를 만들려면 ▶ **공기 치환법**(air displacement method)을 활용한다.

공기 치환법으로 지퍼백을 봉하려면 음식을 지퍼백에 담은 후 큼직한 그릇이나 싱크대에 지퍼백이 잠길 만큼 물을 충분히 붓는다. 입구의 2.5cm 정도만 남기고 지퍼백을 봉한 뒤, 위쪽을 손가락으로 잡고 손가락과 봉하지 않은 한쪽 모서리만 밖으로 노출되도록 물에 담근다.(939쪽 그림 참고) 수압 때문에 지퍼백에 있는 공기가 빠져나온다. 손가락으로 남은 모서리 부분을 봉하면서 물에 담근다. 이렇게 하면 지퍼백 안에는 공기가 거의 남지 않게 된다.

냉동실에 다양한 식품을 보관해두면 경제적으로 요리를 할 수 있지만, 체계 없이 쌓아두기만 하면 그 이점을 충분히 누릴 수 없다. 너무 오래 보관한 식품은 품질이 떨어지고 결국 먹음직스러운 느낌도 사라지며, 냉동실을 너무 꽉 채워두면 금세 정체를 알 수 없는 음식들의 무덤이 되고 만다. ▶ 냉동실에 너무 많은 음식을 넣거나 28.3ℓ 용량의 냉동실 공간에 24시간 동안 1.3kg 이상의 식품을 보관하면 안 된다. 대량의 식품을 냉동실에 넣을 계획이라면 식품을 새로 넣기 전에 몇 시간 동안 냉동실의 온도를 가장 낮게 설정해둔다.

냉동 과정

식품의 냉동 과정은 일종의 연쇄 반응에 가깝다. 세포 사이의 공간에 있는 수분이 가장 먼저 언다. 그다음 세포 사이의 얼음이 세포에서 수분을 빼내고, 세포에서 빠져나온 수분이 언다. 식품을 빠르게 냉동하면 무수히 많은 작은 얼음 결정이 형성된다. ▶ 이렇게 미세한 결정은 세포 구조에 거의 손상을 입히지 않으므로 식품을 해동했을 때 가장 뛰어난 식감을 보존할 수 있다. 반대로 식품을 천천히 얼리면 바늘과 비슷한 모양의 커다란 얼음 결정이 생긴다.(식품을 여러 차례 부분적으로 해동하고 다시 얼려도 비슷한 현상이 발생한다.) 커다란 얼음 결정이 생기면 세포막과 벽에 구멍이 뚫리므로 해동한 식품의 식감이 거칠어진다. 그러므로 식품은 최대한 신속하게 냉동하는 것이 중요하다.

상업용 송풍 동결 방식은 대다수 가정에서 사용할 수 없으므로 우리는 **얼음 소금물 방법**을 권한다. 특히 생선과 뼈를 제거한 육류 및 가금류에는 이 방법이 적합하다. 소금이 물의 어는점을 낮춰주므로 얼음과 소금물을 섞으면 -17.78℃ 이하로 온도가 내려간다.

▶ **얼음 소금물 방법으로 신속하게 식품을 냉동하려면** 다음에 나오는 항목들의 설명에 따라 각 식품을 손질한다. 식품을 진공 비닐백에 넣고 봉하거나 지퍼백에 넣고 938쪽의 공기 치환법으로 공기를 뺀 후 봉한다. 얼음 450g, 소금 ½컵, 찬물 ½컵으로 얼음 소금물을 만든다. 진공 비닐백이나 지퍼백을 얼음이 떠 있는 소금물에 넣어 얼린 후 냉동실에 넣는다.

미생물은 냉동한다고 해서 파괴되지 않으며 단지 활동이 제한될 뿐이고, 효소도 비활성화되는 것이 아니라 작용이 느려질 뿐이다. 그러나 효소는 끓는점에서 비활성화되므로 모든 채소와 일부 과일은 냉동하기 전에 데쳐야 한다. 냉동 과정이 미생물을 파괴하지는 않지만, 일부 다른 유기체는 파괴할 수 있다. 예를 들어 돼지고기를 -15℃에서 20일간 보관하면 선모충증을 일으키는 기생

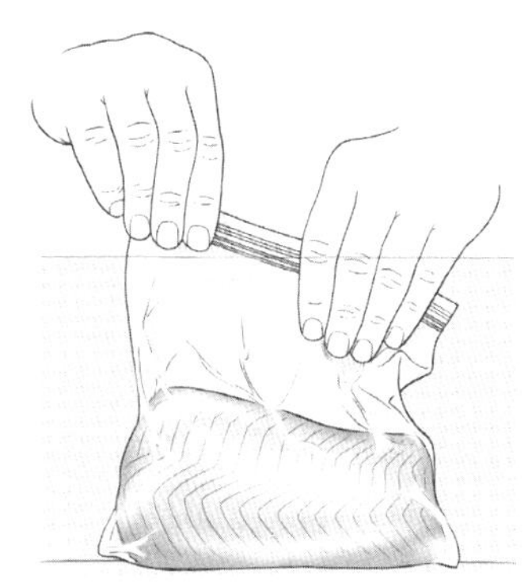

공기를 빼고 지퍼백 봉하기(공기 치환법)

충을 죽일 수 있으며, 생선을 -20℃ 이하에서 7일 이상 보관하면 생선 내부의 기생충을 파괴할 수 있다.

장기 보관 및 보존을 위한 냉동

다음에 나오는 항목들에서는 통조림을 대신하는 보존법으로서의 냉동에 대해 집중적으로 다룬다. 식품을 제대로 손질하지 않고 냉동실에 보관하면 오히려 상태가 더 빨리 나빠지므로 좋은 품질을 유지하기 위해서는 올바른 손질과 포장이 무엇보다 중요하다. 장기 보관에는 전용 냉동고가 필수적이다. 냉장고에 달린 냉동실은 자주 문을 여닫기 때문에 온도가 오르내리기 쉬워서 뚜껑형 또는 스탠드형 냉동고에 보관한 식품보다 훨씬 빨리 상한다.

식품을 냉동실에 너무 오래 보관했거나 제대로 포장하지 않아서 공기에 노출되었거나 온도가 자주 오르락내리락하면 **냉동상**(freezer burn)이 생긴다. 냉

냉동할 식품 선택하기			
	냉동에 적합	냉동에 비적합	먼저 해동하는지, 또는 냉동 상태로 조리하는지의 여부
채소	깍지콩 또는 깍지완두, 어린 오크라, 옥수수, 토마토, 껍질콩 삶아서 으깬 당근, 고구마, 루타바가, 파스닙, 순무, 겨울 호박	양상추 및 그 외의 샐러드용 녹색 채소, 소렐, 새싹 채소, 셀러리, 양배추, 오이, 엔다이브, 래디시, 카르둔, 감자, 유카, 돼지감자, 히카마, 서양우엉, 타로 뿌리, 송로버섯, 마름	냉동 상태로 조리해야 가장 좋다.
과일	베리류, 망고, 파인애플, 체리, 바나나, 복숭아 슬라이스 주스: 사과, 라즈베리, 자두, 체리, 포도	체리모야, 감귤류, 멜론, 선인장 열매, 사포테, 스타 프루트, 타마린드	즉석 발효 빵에 사용할 작은 통베리류나 스무디에 사용할 과일은 냉동 상태로 사용한다. 그 외에는 해동한다.
육류	제대로 손질해서 신속하게 냉동한다면 대다수 육류, 생선, 갑각류는 냉동에 적합하다.(944쪽 참고)		해동해서 조리하는 것이 가장 좋다.
유제품	버터, 우유, 헤비크림, 연성 및 경성 치즈	요구르트, 버터밀크, 사워크림	해동한다.
기타	구운 즉석 발효 빵, 이스트 빵 또는 커피 케이크 / 굽지 않거나 구운 스콘 또는 비스킷 / 굽지 않고 적당한 크기로 자른 쿠키 반죽 / 굽지 않은 과일 파이, 구운 키시, 구운 케이크 겹, 속을 채우지 않은 파이 셸 구운 것 / 버터크림이나 크림치즈 프로스팅을 바른 케이크 / 견과류, 씨앗, 곡물	젤라틴, 마요네즈, 머랭, 익힌 파스타와 쌀, 우유로 만든 소스, 커스터드, 이스트 반죽, 케이크 반죽	굽지 않은 페이스트리, 파이, 쿠키와 구운 키시는 냉동 상태 그대로 조리한다.

동상을 방지하기 위해서는 이번 장의 설명에 따라 모든 식품을 제대로 감싸고 포장해야 한다. 냉동실을 공상과학 소설에 나오는 동면 장치처럼 취급해서는 안 된다. 냉동실에 넣어도 식품은 상할 수 있으므로 가끔 보관한 식품을 소비해서 바꿔주도록 노력하고, 가능하면 1년 이내에 먹는다. 더 자세한 내용은 냉동식품의 품질 보존하기 항목 및 이후에 나오는 개별 항목을 참고한다.

과일 냉동에 대해

과일에 들어 있는 천연 효소 때문에 일부 과일은 더 쉽게 산화되고 공기에 노출되면 갈색으로 변하기도 한다. **갈변 방지 용액**을 사용하면 이러한 현상을 방지할 수 있다. 사과, 살구, 바나나, 멜론, 천도복숭아, 복숭아, 서양배를 대량으로 손질할 경우 ▶ 작업하는 동안 껍질을 벗기고 자른 과일을 **물 1.9ℓ당 아스코르브산 ½작은술 또는 1500mg을 희석한 용액**에 담가둔다. 아스코르브산은 약국에서 분말 형태로 판매하고 있으며, 비타민 C 정제를 곱게 부수어 사용해도 좋다. 또한 과일을 담가둘 시럽이나 과일즙에 아스코르브산을 추가할 수도 있다.

시판 아스코르브산 믹스는 식료품점의 통조림 관련 용품 판매대에서 찾을 수 있으며 포장에 적혀 있는 설명에 따라 사용하면 된다. 구연산과 라임즙은 산화를 막아주지만, 효과가 다소 떨어지므로 더 많은 양을 사용해야 하고 결국 과일의 풍미가 변할 수도 있다.

생과일은 조리하거나 감미료를 추가하지 않은 상태로 통째로 또는 잘라서 냉동할 수 있다. 이것을 **드라이팩 냉동법** 또는 **쟁반 냉동법**이라고 부른다. 이 방법으로 냉동한 과일은 해동했을 때 아주 부드럽고 즙이 많다.

과일을 쟁반 냉동법으로 얼리려면 우선 필요에 따라 갈변 방지 용액으로 처리한다. 테두리 있는 오븐 팬에 과일을 한 겹으로 넓게 펴서 담고 단단해질 때까지 냉동한다. 과일 조각을 냉동용 지퍼백에 담고 흔들어서 가지런히 채운 후 잘 봉한다. 다시 냉동실에 넣는다.

설탕 절임 냉동법도 조리하지 않은 과일을 냉동할 때 사용하는 방법 중 하나다. 이 방법으로 냉동하면 과일이 달콤해질 뿐만 아니라 세포벽이 단단해지고 얼음 결정이 작게 유지된다.

설탕 절임 냉동법으로 얼리려면 우선 필요에 따라 갈변 방지 용액으로 처리한다. 과일을 커다란 그릇에 담고 필요한 분량의 설탕을 추가한 후(941쪽의 표 참고) 뒤적이면서 과일에 골고루 설탕을 묻힌다. 설탕의 일부 또는 전부가 녹으면서 과일이 말랑말랑해질 때까지 과일을 설탕에 재운다. 즉시 냉동용 지퍼백이나 용기에 담고 테두리 있는 오븐 팬에 한 겹으로 얹어서 냉동실에 넣는다.

콩포트나 달콤한 소스를 만들 용도의 과일은 **주스 냉동법**을 적용하면 좋다.

과일을 주스 냉동법으로 얼리려면 우선 필요에 따라 갈변 방지 용액으로 처리하고 통과일 또는 자른 과일을 냉동용 지퍼백이나 용기에 담은 후 같은 과일 또는 맛이 잘 어울리는 과일의 주스를 붓는다. 지퍼백을 봉하고 테두리 있는 오븐 팬에 한 겹으로 얹어서 냉동실에 넣는다.

조리하지 않은 디저트나 가니시로 사용하는 과일은 **시럽 냉동법**을 적용하면 과일의 풍미와 모양, 식감을 가장 오랫동안 잘 보존할 수 있다.

과일을 시럽 냉동법으로 얼리려면 과일의 새콤함과 균형을 이루는 비율로 설탕을 넣어 설탕 시럽을 만든다.(941쪽의 표 참고) 일반적으로 달콤한 과일은 20%, 새콤한 과일은 30%, 아주 시큼한 과일은 40%의 비율로 맞춘다. 또한 물 대신 과일 자체의 즙이나 잘 어울리는 과일 주스를 사용할 수도 있다. 시럽을 완전히 식히고 아스코르브산이나 비타민 C를 넣는다면 사용하기 직전에 추가한다. 과일을 냉동용 용기나 지퍼백에 담고 시럽을 부은 뒤 과일이 차곡차곡 쌓이도록 누르고 필요하면 시럽을 조금 더 붓는다. 용기나 지퍼백을 봉하고 테두리 있는 오븐 팬에 한 겹으로 얹어서 냉동실에 넣는다.

▶ 딸기와 복숭아 등 잘 물러지는 과일은 **펙틴 시럽 냉동법**을 따른다.

과일을 펙틴 시럽 냉동법으로 얼리려면 작은 편수 냄비에 일반 펙틴 분말 1상자(49.6g) 또는 ⅓컵과 물 1컵을 넣고 섞는다. 강불에 올려 계속 저으면서 부르르 끓어오르면 1분간 더 끓인다. 불을 끄고 설탕 ½컵을 넣는다. 설탕이 녹을 때까지 저은 후 불에서 내리고 2컵 용량의 계량컵에 붓는다. 찬물을 부어서 2컵을 채운 후 완전히 식힌다. 필요하면 아스코르브산이나 비타민 C를 넣는다. 위의 시럽 냉동법의 설명에 따라 과일을 채우고 냉동한다.

일부 과일은 퓌레로 만들어 얼릴 수 있다. 자두, 파파야, 망고, 감, 멜론은 조리하지 않은 채 퓌레 상태로 만들어야 한다. 매끄러운 퓌레를 원한다면 푸드 프로세서나 믹서를, 적당히 덩어리 있는 퓌레를 원한다면 감자 으깨는 도구를 사용한다. 갈변을 방지하기 위해 감귤류즙을 적당히 넣는다. 사과는 사과 소스로 조리한 후 냉동해야 한다. 냉동한 퓌레는 4개월 이내에 사용한다. 모든 과일 퓌레는 설탕 없이 포장해서 냉동할 수 있다. 퓌레에 단맛을 더하려면 과일의 당도에 따라 과일 450g당 설탕 ½~1컵을 넣는다.

과일 주스를 냉동하는 경우, 체리 또는 사과 주스는 3.8ℓ당 아스코르브산 ½작은술 또는 레몬즙 2작은술을 넣는다. 토마토 주스는 병조림을 만들 때와 마찬가지로 손질한다. 견고한 냉동 용기에 담되, 용기에 최소한 2.5cm의 공간을 남겨두고 냉동한다. 냉동 과일을 해동하고 남은 즙이나 시럽은 다른 주스에 넣어 섞어 마시거나 펀치에 넣거나 가향 시럽으로 사용하거나 생과일 설탕 조림을 할 때 국물로 활용할 수 있다.

▶ 대다수 과일은 냉동실에서 9~12개월간 보관해도 품질이 크게 떨어지지 않지만, 바나나와 드라이팩 과일은 고작 4개월 안에 품질이 떨어지기도 한다. 감귤류 과일과 주스는 6개월이 지나면 품질이 저하된다. 주스와 시럽 냉동법으로 얼린 과일은 보관성이 더욱 뛰어나며 냉동상을 입을 확률도 낮다.

허브 냉동에 대해

정원에서 허브를 키운다면 여름에는 허브가 너무 많아서 남아돌지만, 겨울에는 거의 수확할 수 없다는 문제에 직면하곤 한다. 또는 시장에서 산 허브를 채소 칸에 넣어두었다가 상해서 버리는 일을 여러 번 겪은 독자들도 있을 것이다. 놀랍게도 허브 역시 냉동할 수 있으며, 결과물도 상당히 좋은 편이다.

로즈메리와 타임처럼 조직이 튼튼한 허브는 줄기가 붙어 있는 상태로 쟁반 냉동법으로 얼려서 지퍼백에 담는다. 바질, 고수, 파슬리처럼 부드러운 허브는 10초간 물에 데친 후 재빨리 얼음물에 담가서 식힌다. 물기를 빼고 허브를 행주에 올려서 남아 있는 물기를 최대한 제거한다. 푸드 프로세서에 넣고 잘게 썰거나 다져서 얼음 틀에 담는다. 허브의 윗면에 천연 오일을 부어서 틀을 채우고 얼린다. 얼린 허브 각얼음을 지퍼백에 담아둔다.

페스토와 커리 페이스트 등 허브가 많이 들어간 혼합물은 특히 얼음 틀에 담아서 얼리면 좋다. 또는 말랑말랑하게 녹인 가염 버터와 다진 생허브로 허브 버터를 만든다. 이때 버터 225g당 다진 생허브 ½컵을 사용한다. 허브 버터를 유산지 위에 놓고 길쭉한 원통형 모양으로 만든다. 유산지로 단단하게 감싸서 냉동한다. 수프, 소스, 생채소에 풍미를 더하려면 이 허브 버터 한 조각을 잘라서 넣는다. 기름에 재우거나 페이스트 상태로 얼린 허브는 최대 8개월간 보관할 수 있다.

개별 과일의 냉동 절차		
과일	손질 방법	보존 방법
사과와 유럽모과	취향에 따라 껍질을 벗긴다. 심을 제거하고 1.2cm 두께의 슬라이스로 썬다. 설탕 절임, 드라이팩 냉동법을 적용하려면 슬라이스를 2분간 물에 데친 후 물기를 제거한다.	드라이팩 냉동 / 과일 4컵에 설탕 ½컵을 사용해 설탕 절임 냉동 / 40% 시럽 냉동 / 주스 냉동 / 사과 소스를 만든 후 견고한 냉동 용기에 담아 냉동 보관
살구, 천도복숭아, 복숭아	껍질을 벗기거나 30초간 물에 데친다. 물기를 제거하고 신속하게 식힌 후 반으로 자르고 씨를 뺀다. 취향에 따라 4등분하거나 슬라이스로 썬다.	드라이팩 냉동 / 과일 4컵에 설탕 ½컵을 사용해 설탕 절임 냉동 / 20% 시럽 냉동 / 주스 냉동 / 펙틴 시럽 냉동
바나나	쟁반 냉동법으로 얼리기 전에 껍질을 벗긴다. 갈변 방지 용액에 담갔다가 통째로 또는 슬라이스로 썰어서 냉동한다.	드라이팩 냉동
베리류	통째로 냉동한다. 드라이팩 냉동법을 적용할 때는 베리를 씻지 않는다.	드라이팩 냉동 / 과일 4컵에 설탕 ¾컵을 사용해 설탕 절임 냉동 / 20~40% 시럽 냉동 / 펙틴 시럽 냉동(특히 라즈베리와 블랙베리)
체리	꼭지와 씨를 제거한다.	드라이팩 냉동 / 과일 4컵에 설탕 ¾컵을 사용해 설탕 절임 냉동 / 40% 시럽 냉동 / 주스 냉동 / 펙틴 시럽 냉동
감귤류 과일(네이블 오렌지 제외)	각 조각을 떼어내거나 즙을 짜낸다.	40% 시럽 냉동 / 주스 냉동
코코넛	과육을 강판에 간다.	코코넛 워터로 주스 냉동 / 드라이팩 냉동 / 코코넛 4컵에 설탕 ½컵을 사용해 설탕 절임 냉동
크랜베리	통째로 냉동한다.	드라이팩 냉동 / 50% 시럽 냉동
커런드	꼭지를 딴다.	드라이팩 냉동 / 과일 4컵에 설탕 ¾컵을 사용해 설탕 절임 냉동 / 50% 시럽 냉동
페이조아	반으로 잘라서 과육을 떠낸 후 으깬다.	으깬 과육에 설탕을 적당량 넣고 견고한 냉동 용기에 담아서 냉동 보관
무화과	통째로 냉동한다.	드라이팩 냉동 / 과일 4컵에 설탕 ¾컵을 사용해 설탕 절임 냉동 / 40% 시럽 냉동 / 주스 냉동
구스베리	위와 아래를 잘라낸다.	드라이팩 냉동 / 40% 시럽 냉동 / 주스 냉동
포도	통째로 냉동한다.	드라이팩 냉동 / 40% 시럽 냉동 / 주스 냉동
키위	껍질을 벗기고 6mm 두께의 슬라이스로 썬다.	드라이팩 냉동
망고	껍질을 벗기고 씨를 뺀 후 슬라이스 형태로 썬다.	드라이팩 냉동 / 과일 1컵에 설탕 ⅓컵을 사용해 설탕 절임 냉동 / 30% 시럽 냉동
파파야	씨를 빼고 껍질을 벗긴 후 2cm 크기의 정육면체 또는 공 모양으로 자른다.	30% 시럽 냉동
패션프루트, 감, 구아바	통째로 냉동한다.	드라이팩 냉동
서양배	껍질을 벗기고 2등분 또는 4등분하거나 슬라이스 형태로 썬다. 뭉근히 끓는 주스나 40% 설탕 시럽에 넣고 1~2분간 가열한 후 식힌다.	40% 설탕 시럽 냉동 / 주스 냉동
파인애플	껍질을 벗기고 심을 제거한 후 원하는 모양으로 자른다.	드라이팩 냉동
자두	통째로 냉동하거나 반으로 자르고 씨를 뺀 후 작게 자른다.	드라이팩 냉동 / 50% 시럽 냉동 / 주스 냉동 / 펙틴 시럽 냉동
루바브	손질한 줄기를 원하는 길이로 자른다. 잎은 전부 떼어서 버린다.	드라이팩 냉동 / 40% 시럽 냉동 / 주스 냉동

채소 냉동에 대해

대다수 채소는 과일 냉동에 대해 항목에서 설명한 바와 같이 드라이팩 또는 쟁반 냉동법으로 얼리면 좋다. 정원에서 갓 수확한 채소를 제대로 손질해서 얼리면 먹을 때 아주 맛있게 즐길 수 있다. ▶ 어리고 부드러운 채소를 선택하자. 완두콩, 옥수수, 리마콩 등과 같이 전분 함량이 높은 채소는 약간 덜 익었을 때 냉동해야 가장 좋다.

모든 채소는 냉동하기 전에 재료를 준비할 때처럼 씻어서 먹지 않는 부분을 떼어내고 손질한다. 채소를 일정한 크기로 자른다. 대다수 채소는 냉동하기 전에 데쳐야 한다. 아래 표에서 각 채소의 자세한 손질법을 참고한다.

채소를 **물에 데치면** 열이 가장 빠르게 침투하며, 효소와 미생물을 가장 효과적으로 무력화하고 시간도 가장 적게 걸린다. 채소를 **증기에 찌면** 좀 더 싱싱하게 풍미가 유지되고 수용성인 비타민 C와 B가 더 오랫동안 보존된다. 어떤 방법을 적용하든, 채소를 데치거나 찐 다음에는 얼음물에 담가 재빨리 식혀야 한다.

채소를 식힐 얼음물을 준비하려면 커다란 그릇에 얼음과 물을 가득 담는다. 이때 채소 450g당 얼음 450g을 사용한다. 데친 직후에 채소를 얼음물에 푹 담가서 잔열로 계속 익지 않도록 한다. 채소가 충분히 식으면 건져서 물기를 잘 뺀다. 톡톡 두드려 물기를 털고 말린다. 데친 채소를 냉동용 지퍼백이나 튼튼한 냉동 용기에 차곡차곡 담은 후 즉시 냉동하거나, 쟁반 냉동법으로 얼린 후 지퍼백 또는 용기에 옮겨 담는다.

채소를 물에 데치려면 커다란 냄비에 맹물 3.8ℓ를 붓는다.(쉽게 산화되어 갈색으로 변하는 채소는 산성수를 사용한다.) 부르르 끓어오르도록 가열한 후 채소 450g을 넣고 한 번 저은 후 뚜껑을 꼭 덮고 타이머를 맞춘다. 불은 강불로 유지한다. 물은 금세 다시 보글보글 끓어오를 것이다. 타이머가 울리는 순간 그물국자로 채소를 건져내고 즉시 얼음물에 담가서 식힌다.

채소를 증기에 찌려면 커다란 편수 냄비에 물을 5~7.5cm 높이까지 붓고 팔팔 끓인다. 찜통에 채소를 한 겹으로 담고 끓는 물 위에 찜통을 올려놓는다. 뚜껑을 잘 덮고 강불로 팔팔 끓인다. 증기가 밖으로 빠져나오기 시작하면 타이머를 맞춘다. 증기가 골고루 스며들도록 중간에 몇 번 뚜껑을 열고 찜통을 흔들어준다. 타이머가 울리는 즉시 채소를 꺼낸 후 얼음물에 담가서 식힌다.

▶ 냉동 채소의 보관 기간은 8~12개월이지만, 으깬 아보카도는 2개월 이내에 소비해야 한다. 냉동 채소를 사용하는 방법은 냉동 채소 조리에 대해 항목을 참고한다.

개별 채소의 냉동 절차		
채소	손질 방법	보존 방법
아티초크 하트	먹지 않는 부분을 떼어내고 작게 자른다.	물 또는 산성수에 7분간 데친다. 식혀서 물기를 빼고 쟁반 냉동법으로 얼린 후 지퍼백에 담아 냉동한다.
아스파라거스	줄기의 질긴 부분을 잘라낸다.	물 또는 산성수에 데친다.(얇은 것은 2분간, 중간 또는 두꺼운 것은 3분간) 증기로 찔 경우 각각 1분 30초씩 추가한다. 식혀서 물기를 빼고 지퍼백에 담아 냉동한다.
아보카도	흠집이 없고 약간 말랑한 아보카도를 고른다. 껍질을 벗기고 씨를 뺀 후 으깬다.	아보카도 2개마다 갓 짜낸 레몬즙을 1큰술씩 추가한다. 냉동 용기나 지퍼백에 차곡차곡 담아서 냉동한다.
꼬투리를 벗긴 리마콩, 동부콩	콩이 통통하면서 딱딱하지 않은 것을 고른다. 꼬투리를 벗기고 크기별로 분류한다.	작은 콩은 2분간, 중간 크기의 콩은 3분간, 큰 콩은 4분간 물에 데친다. 증기로 찔 경우 각각 1분씩 추가한다. 식혀서 쟁반 냉동법으로 얼린 후 지퍼백에 차곡차곡 담아 다시 냉동실에 넣는다.
껍질콩	손질 후 필요하면 꼬투리 양쪽에 달린 기다란 끈을 벗긴다.	3분간 물에 데치거나 5분간 증기에 찐다. 통통한 콩은 시간을 30초 늘린다. 식혀서 지퍼백에 차곡차곡 담아 냉동한다.
대두, 파바콩	콩이 충분히 자랐지만 딱딱하지 않은 연한 꼬투리를 고른다.	크기와 부드러운 정도에 따라 4~5분간 물에 데친다. 식혀서 꼬투리를 벗긴다.(파바콩은 취향에 따라 껍질을 벗긴다.) 지퍼백에 차곡차곡 담아 냉동한다.
비트	먹지 않는 부분을 제거한 후 껍질을 벗기지 않고 통째로 찌거나 뭉근히 삶는다. 그런 다음 껍질을 벗기고 식힌 후 슬라이스 또는 정육면체로 썬다.	지퍼백에 차곡차곡 담아 냉동한다.
브로콜리와 콜리플라워	꽃송이와 줄기를 2.5cm 크기의 조각으로 자른다.	3분간 물에 데치거나 5분간 증기에 찐다. 식혀서 지퍼백에 차곡차곡 담아 냉동한다.
방울양배추	줄기 끝을 떼어내고 크기별로 분류한다.	알이 작은 것은 3~4분간 물에 데친다. 증기에 찌려면 2분을 추가한다. 식혀서 지퍼백에 차곡차곡 담아 냉동한다.
당근	먹지 않는 부분을 잘라내고 씻은 후 껍질을 벗긴다. 작은 당근은 그대로 냉동하고 큰 당근은 정육면체, 슬라이스 또는 길쭉한 조각으로 자른다. 또는 부드러워질 때까지 삶은 후 퓌레 상태로 갈고 살짝 간을 한다.	정육면체, 슬라이스, 길쭉한 조각으로 자른 것은 2분간 물에 데친다. 통째로 사용하는 작은 당근은 5분간 물에 데친다. 쟁반 냉동법으로 얼린 후 용기에 차곡차곡 담아서 다시 냉동실에 넣는다. 퓌레는 식혀서 용기에 담아 냉동한다.

옥수수	겉껍질을 벗기고 수염을 제거한 후 끝부분을 잘라내고 씻는다.	**통옥수수**는 8분간 물에 데친다.(지름 3.8cm까지는 9분간, 그보다 큰 옥수수는 11분간, 증기에 찌려면 4~5분을 추가한다.) 식혀서 지퍼백에 차곡차곡 담아 냉동한다. 또는 간단히 수염만 제거하고 겉껍질 그대로 데치지 않은 상태에서 지퍼백에 넣어 냉동한다. **옥수수 알갱이**를 냉동하려면, 우선 통옥수수 그대로 4분간 물에 데치거나 6분간 증기에 찐다. 식힌다. 옥수숫대에서 알갱이를 잘라내고 긁어낸다. 냉동 용기에 차곡차곡 담아 냉동한다.
녹색 채소(콜라드, 근대, 케일, 겨자잎, 시금치, 브로콜리 라베)	가운데 질긴 줄기와 대를 모두 제거하되, 부드러운 줄기는 남겨둔다.	콜라드와 질긴 겨자잎은 3분간, 그보다 연한 잎은 2분간 물에 데친다. 또는 잎이 시들 때까지 강불에서 2~3분간 볶는다. 식혀서 냉동 용기에 차곡차곡 담아 냉동한다.
버섯	씻어서 먹지 않는 부분을 떼어내고 톡톡 두드려 물기를 털어낸다. 작은 버섯은 통째로 냉동할 수 있으며 커다란 버섯갓은 6mm 두께의 슬라이스로 썬다. 또는 팬에 버터를 두르고 거의 다 익을 때까지 강불에 볶는다.	물 2컵당 갓 짜낸 레몬즙을 1작은술씩 넣은 액체에 담근다. 자르지 않은 커다란 버섯은 5분간, 양송이나 큼직하게 4등분한 버섯은 3분 30초간, 슬라이스는 3분간 증기에 찐다. 식힌다. **익힌 버섯**은 조리하는 도중에 나온 국물에 담가서 냉동 용기에 넣어 냉동한다.
오크라	씻어서 크기별로 분류한다.	10cm 이하의 꼬투리는 3분간, 그보다 긴 꼬투리는 5분간 물에 데친다. 신속하게 식힌다. 쟁반 냉동법으로 얼린 후 지퍼백에 차곡차곡 담아 다시 냉동실에 넣는다.
파스닙, 순무, 루타바가	껍질을 벗기고 1.2cm 크기의 정육면체로 썬다. 또는 부드러워질 때까지 삶아서 으깬 후 간을 한다.	정육면체로 썬 것은 2분간 물에 데친다. 정육면체든 퓌레든, 식혀서 냉동 용기에 담아 냉동한다.
녹색 완두콩	꼬투리를 벗기고 완두콩을 크기별로 분류한다.	작은 완두콩은 2분간, 큰 완두콩은 3분 물에 데친다. 증기에 찌려면 2분을 추가한다. 식혀서 냉동 용기에 담아 냉동한다.
깍지콩과 깍지완두	먹지 않는 부분을 잘라내고 끈을 벗긴다.	작은 꼬투리는 1분 30초간, 큰 꼬투리는 2분간 물에 데친다. 증기에 찌려면 2분을 추가한다. 식혀서 쟁반 냉동법으로 얼린 후 지퍼백에 담아 냉동실에 다시 넣는다.
피망과 칠리 고추	반으로 자르거나 고리 또는 길쭉한 모양으로 썬다. 고추는 구울 수도 있다.	생고추는 데치지 않고 지퍼백에 넣어 드라이팩 냉동법으로 얼린다. 구운 고추는 지퍼백에 담아서 봉하고 식힌다. 지퍼백을 열어서 공기를 최대한 빼낸 후 봉하고 냉동한다.(해동하면 껍질이 쉽게 벗겨진다.)
스파게티 호박	굽는다. 실처럼 기다란 섬유질을 포크로 긁어낸다.	식혀서 냉동 용기에 담아 냉동한다.
여름 호박	1.2cm 두께의 슬라이스로 썰거나 채소 제면기로 돌려 깎는다.	슬라이스는 3분간 물에 데친다. 식혀서 지퍼백에 담아 냉동한다. 잘게 썬 애호박은 1~2분간 증기에 찐다. 식혀서 지퍼백에 담아 냉동한다. 애호박 빵과 케이크에 사용한다. 잘게 썬 애호박을 충분히 해동해 여분의 수분을 짜내고 계량한다.
겨울 호박, 늙은호박	씻어서 웨지 모양으로 자른 후 씨와 과육을 긁어내고 부드러워질 때까지 175℃에서 굽는다. 으깨거나 퓌레 상태로 간다.	재빨리 식히고 냉동 용기에 담아 냉동한다.
고구마	껍질을 벗기지 않은 상태로 부드러워질 때까지 굽는다. 껍질에서 과육을 떠내 으깨거나 퓌레 상태로 간다.	재빨리 식히고 냉동 용기에 담아 냉동한다.
토마티요	겉껍질을 벗기고 냄비에 넣은 후 잠기도록 물을 붓는다. 뚜껑을 덮고 부드러워질 때까지 뭉근히 끓인다.	재빨리 식히고 견고한 냉동 용기에 담아 냉동한다.
녹색 토마토	씻어서 심을 제거하고 6mm 두께의 슬라이스로 썬다.	슬라이스 사이에 냉동용 코팅 종이를 끼워서 용기에 담는다. 냉동한다.
완숙 토마토	껍질을 벗기지 않고 통째로 냉동한다. 또는 익혀서 퓌레 상태로 간다. 공간을 절약하려면 냄비 뚜껑을 열고 걸쭉해질 때까지 또는 페이스트 상태로 졸아들 때까지 뭉근히 끓인다. 또는 토마토 스튜를 만든다.	익히지 않은 통토마토는 쟁반 냉동법으로 얼려서 드라이팩 방법으로 냉동한다. 익힌 토마토는 식혀서 용기에 담아 냉동한다.

육류, 가금류, 생선, 해산물 냉동에 대해

모든 신선식품 냉동에 적용되는 원칙이 냉동용 육류를 선택할 때에도 적용된다. 즉 신선하고 품질이 뛰어난 육류만 냉동해야 한다는 것이다. 뛰어난 품질을 가장 잘 보존하기 위해서는 가능하면 진공 비닐백에 넣어 밀폐 상태로 만들고(또는 지퍼백에 담아 공기 치환법으로 공기를 빼고) 최대한 빨리 식힌 후 냉동한다.(얼음 소금물 냉동법을 활용하면 최적의 결과를 얻을 수 있다.) 모든 육류, 가금류, 해산물은 한 번 먹을 분량만큼 소분해서 포장해야 한다. 모든 육류는 간을 하지 않은 상태로 냉동한다.

육류 및 야생동물 고기는 여분의 지방을 떼어낸다. 냉동실의 온도가 −17.78℃ 이하라는 가정하에 소고기, 어린 양고기, 송아지고기, 사슴고기의 스테이크나 로스트는 1년 동안 품질이 유지된다. 돼지고기 촙과 로스트는 4~6개월간 품질이 보존되며, 다진 고기는 3개월간, 소시지는 2개월간 보관해도 품질이 떨어지지 않는다.

가금류나 야생 조류 고기는 통째로 또는 적당한 크기로 잘라서 냉동할 수 있지만, 항상 내장은 따로 냉동하고 ▶ 냉동하기 전에 새의 몸통에 재료를 채워 넣지 않는다.(채워둔 재료가 상할 수 있다.) 껍질은 벗기지 않고 그대로 냉동한다. 냉동하기 전에 가금류를 완전히 식힌다. 통째로 냉동하는 닭은 이틀 정도는 식혀야 한다. 가장 뛰어난 품질을 얻기 위해서는 가금류와 야생 조류 고기를 4개월 이상 냉동하지 않는다.

손질하기 전의 무게가 900g 이하인 **생선**은 통째로 냉동해야 한다. 냉동에 가장 적합한 것은 두께 1.2cm 이상의 생선 필레다. 품질을 보존하기 위해 지방이 적은 생선은 냉동하기 직전에 찬물 4컵에 피클용 소금 ¼컵과 순수 아스코르브산 2큰술을 섞은 소금물에 30초간 담갔다가 얼린다. 1~2주 정도만 냉동 보관할 예정이라면 냉동용 비닐랩으로 감싼다. 작은 생선이나 중간 크기의 생선을 통째로 또는 스테이크나 필레로 손질해서 장기간 보관하려면 진공 비닐백을 사용하거나 지퍼백에 담아 공기 치환법으로 공기를 빼서 봉한 다음 얼음 소금물로 신속하게 냉동하기를 권한다. 또는 **얼음 코팅** 방법에 따라 냉동할 수도 있다. 적용하는 방법에 관계없이, 냉동한 생선은 3개월 이후부터는 품질이 떨어지기 시작한다는 점을 기억하자.

생선을 얼음 코팅하려면 통째로 손질한 생선, 스테이크 또는 필레를 얼음물에 담갔다가 표면에 묻은 차가운 물이 얼 때까지 쟁반 냉동법으로 얼린다. 생선의 겉면에 3~6mm 정도의 얼음 막이 형성될 때까지 얼음물에 담갔다가 얼리는 과정을 반복한다.

갑각류, 오징어, 문어는 모두 깨끗이 씻어서 손질한다. 조개, 굴, 가리비, 홍합은 껍데기를 까지 않은 생물 그대로 또는 껍데기를 까서 쟁반 냉동법으로 얼릴 수 있다. 또는 홍합이나 조개가 입을 벌릴 때까지 찐 후 속살을 떼어내도 좋다. 게는 5분간 삶은 후 재빨리 식혀서 살이 많은 부분을 껍데기째 얼린다. 마찬가지로 랍스터도 찌거나 삶아서 재빨리 식힌 후 껍데기째 얼린다. 가장 오래 보관할 수 있는 것은 생새우의 껍질을 까지 않고 머리만 떼어낸 상태로 얼리는 것이다. 껍데기를 깐 조개, 가리비, 굴과 굴 국물, 오징어, 낙지는 견고한 냉동 용기에 담아서 재료가 잠기도록 물을 부은 후 1.2cm 정도의 공간을 남기고 뚜껑을 닫아서 보관하는 것이 가장 좋다. 최대 3개월간 냉동 보관할 수 있다.

내장의 경우 간, 콩팥, 염통, 혀는 생으로 냉동한다. 흉선과 곱창은 익힌 후 냉동한다.

냉동한 육류, 야생동물 고기, 가금류, 생선, 갑각류 해동하기

대다수 냉동 육류, 야생동물 고기, 가금류, 생선, 갑각류는 해동하거나 해동하지 않은 상태로 조리할 수 있지만, 가장 좋은 품질을 보존하려면 조리하기 전에 육류나 가금류를 완전히 해동하는 것이 좋다. 해동하지 않은 고기를 조리하면 생고기보다 1.5배의 시간이 걸리며 골고루 익히기 힘들다.(간이 잘 배지 않는 것은 물론이다.) ▶ 다양한 육류, 빵가루나 밀가루를 묻혀서 조리하는 재료, 새우를 제외한 모든 해산물은 반드시 완전히 해동해야 한다. 새우는 딥 프라잉을 할 때만 해동하면 된다.

▶ 해동할 육류는 흘러나온 물을 받아내고 교차 오염을 방지하기 위해 항상 테두리 있는 오븐 팬 또는 넓고 얕은 그릇에 담아둔다. 시간이 충분하다면 냉동한 육류를 가장 손쉽게 해동하는 방법은 포장 그대로 냉장고에 넣어 서서히 녹이는 것이다. 스테이크와 촙은 해동하는 데 하루가 걸린다. 큼직한 로스트는 최대 3일까지 걸리기도 한다.

육류를 빠르게 해동하려면 방수 비닐백에 넣고 공기를 전부 뺀 후 봉한다.(육류가 진공 포장되어 있지 않다면 공기 치환법으로 공기를 뺀다.) 방수 비닐백에 담긴 육류를 커다란 그릇에 넣고 찬물을 붓는다. 육류가 녹을 때까지 30분마다 물을 버리고 깨끗한 물로 갈아주면서 해동한다. 스테이크는 1시간 정도, 작은 로스트는 2~3시간이 걸린다. 통칠면조는 450g당 30분을 기준으로 잡는다.

작게 자른 육류는 전자레인지로 해동할 수도 있다. 전자레인지를 50% 출력으로 맞추고 2분간 돌린 후 뭉친 조각을 떼어내고 뒤집는다. 다진 고기와 생선은 30% 출력으로 맞춰서 30초마다, 스테이크, 촙, 닭고기는 1분마다 다 녹았는지 확인하면서 해동한다. 상당수의 전자레인지는 부분 출력으로 설정할 경우 출력의 변화가 다소 심하므로 '해동'으로 맞춰놓았다고 해도 군데군데 익어버릴 가능성이 크다는 점을 기억하자. 변환 장치(인버터)가 달린 전자레인지를 사용하면 낮은 출력을 좀 더 일관되게 유지할 수 있다.

달걀 냉동 및 해동에 대해

달걀은 얼리기 전에 반드시 껍데기를 제거해야 한다. 노른자와 흰자를 따로 보관하거나 달걀을 풀어서 섞은 후 함께 냉동한다. 흰자는 작은 용기에 한 번 먹을 양만큼씩 담아서 뚜껑을 꼭 닫아 보관해야 한다. 예를 들어 좋아하는 엔젤 케이크를 구울 분량만큼 보관하는 식이다.(냉동했던 달걀흰자를 녹여서 거품을 낸다.) ▶ 노른자를 그대로 얼리면 페이스트 상태로 뻑뻑해져서 냉동한 후에는 다른 재료와 섞기 어려워지므로 반드시 소금이나 설탕으로 안정화해야 한다. 노른자를 달지 않은 음식에 사용하려면 노른자 1컵당 소금 ½작은술을 넣고, 디저트에 사용하려면 노른자 1컵당 설탕이나 꿀 1½작은술을 추가한다. 나중에 구분하기 쉽도록 노른자를 담아둔 용기에 적당한 라벨을 붙인다. 사용할 때는 ▶ 냉장고에 8~10시간 동안 넣어두고 녹인다.

달걀을 통째로 얼리려면, 나중에 사용하려는 용도에 따라 풀어서 섞은 달걀 2컵마다 설탕 1½작은술이나 소금 1작은술씩을 넣는다. 달걀을 쳐서 풀 때는 최대한 공기가 적게 들어가도록 주의한다. 용기에 담을 때는 냉동 과정에서 팽창한다는 점을 염두에 두고 1.2cm 정도의 공간을 남긴다. 얼렸던 달걀은 사용하기 전에 해동한다. **레시피에서 달걀 1개가 필요하다면 해동한 달걀 3큰술을 사용한다.** 흰자와 노른자를 따로따로 얼렸을 경우, 레시피의 달걀 1개를 노른자 1큰술과 1작은술 및 흰자 2큰술로 대체한다.

유제품 냉동에 대해

가염 버터를 냉동하면 6개월간 보관할 수 있지만 무염 버터의 냉동 보관 기간은 3개월에 불과하다. ▶ 헤비크림은 최대 2개월간 냉동 보관할 수 있다. 얼렸던 헤비크림은 해동해서 프로즌 디저트에 사용하거나 채소 요리 또는 캐서롤에 소량씩 사용할 수 있는데 그 외의 활용법은 비교적 제한되어 있다. 얼렸던 헤비크림은 저어서 거품을 내기가 어렵다. 사워크림, 버터크림, 요구르트는 냉동에 적합하지 않다. 우유를 냉동하면 3개월 정도 보관이 가능하다.

일부 치즈는 냉동해서 보관할 수 있다. 크림치즈와 염소젖 치즈, 프로마주 블랑 등 숙성하지 않은 연성 치즈는 냉동해도 거의 품질이 떨어지지 않는다. 이러한 치즈를 냉동할 때는 공간이 최대한 남지 않도록 플라스틱 용기에 꽉 채워 담는다. 경성 치즈도 냉동하기에 좋다. 가장 좋은 방법은 진공 포장하는 것이지만, 비닐랩으로 단단히 감싸서 냉동용 지퍼백에 넣은 후 냉동할 수 있다. 치즈는 냉동실에서 최대 6개월까지 보관할 수 있다. 브리처럼 부드러운 숙성 치즈와 세척 외피 치즈(washed-rind cheese)는 절대 냉동하면 안 된다.

우유와 크림, 치즈는 냉장고에 넣어 해동한다. 냉동 버터는 적당한 크기로 잘라서 즉시 조리에 사용하거나 냉장고에 넣어서 해동한다.

조리한 식품 냉동하기에 대해

짭짤하거나 달콤한 파이, 케이크, 빵, 캐서롤, 라자냐, 칠리, 걸쭉한 스튜, 육수와 국물, 고기 라구, 엔칠라다 또는 토마토 소스는 냉동 보관에 매우 적합하다. 튀긴 음식이나 조리한 파스타와 감자처럼 전분 함량이 높은 음식은 냉동에 적합하지 않다.(오븐에 구운 파스타 요리나 감자 캐서롤은 예외) 통밀, 호미니, 현미 등의 쫄깃한 곡물을 조리한 것은 냉동했다가 해동해서 다시 데울 수 있지만, 부드러운 쌀이나 퀴노아 등의 작은 곡물은 냉동 보관하기가 상대적으로 어렵다. 달걀을 사용한 소스나 셀러리, 양배추, 고추, 마늘, 양파가 듬뿍 들어간 음식도 냉동에 적합하지 않다.

오븐에 구운 음식은 일회용 포일 팬처럼 해당 음식을 담아서 구운 용기 그대로 냉동한다. 수프, 스튜, 육수는 견고한 용기나 냉동용 지퍼백에 담아서 냉동한다. 음식이나 사용하는 용기의 종류와 관계없이, 조리한 음식을 완전히 식히고 냉장고에 넣어 차갑게 만든 후 냉동한다. 조리한 음식을 냉동했다면 1개월 이내에 먹도록 하자.

▶ 냉동한 조리 음식은 중불에 올려 내부 온도가 74℃ 이상 될 때까지 데운 후 낸다. 대다수 음식은 해동하지 않고 바로 데울 수 있지만 데우는 시간이 더 오래 걸린다.

정전에 대해

▶ 가득 채운 상자형 또는 스탠드형 냉동고는 문을 열지만 않으면 전기가 공급되지 않아도 보통 3일 정도는 식품이 안전하게 보존된다. 절반 정도 찬 냉동고에 넣은 식품은 전기 없이 하루 정도 버틴다. 냉동고가 거의 차지 않았다면 재빨리 모든 식품을 한군데에 모으고 문을 닫은 후 전기가 들어올 때까지 열지 않거나 식품을 작은 아이스박스로 옮긴다. 다시 전기가 들어오면 신속하게 식품을 확인한다. ▶ 식품이 냉장 온도(4.44℃ 이하)로 유지되는 경우 또는 남아 있는 얼음 결정이 보이거나 만져지면 식품을 다시 냉동할 수 있지만, 품질은 다소 저하된다. ▶ 식품의 온도가 실온까지 올라오고 2시간 이상 따뜻한 상태로 유지되었는지 확인하기 어렵다면 맛을 보지 말고 버리자. 상했을 확률이 있는 음식을 버릴 때는 단단하게 감싸서 다른 사람이나 동물이 먹지 못하게 한다.

신선식품의 지하 저장실 보관 및 월동에 대해

초기 농경 사회에서는 곡물을 수확한 후 다시 심을 때까지 씨앗이 상하지 않게 보관하는 것이 얼마나 시급한 문제인지 잘 알고 있었기 때문에 설치류, 비, 해충, 부패로부터 보호하는 여러 독창적인 방법을 고안했다. 오늘날에도 겨우내 신선식품을 제대로 보관하려면 조상들의 골머리를 썩였던 문제와 비슷한 문제를 해결해야 하므로, 효소 작용을 억제할 수 있을 정도로 시원하고 부패를 방지할 수 있도록 환기가 잘 되는 장소를 찾아야 한다. 날씨가 별로 춥지 않고 너무 축축하거나 건조하지 않은 지역에서는 돌로 벽을 만들고 바닥에 흙을 덮은 **지하 저장실**(root cellars)이 가장 현실적인 해결책이다. 지하 저장실은 접근성이 뛰어나고 과일과 채소를 따로 보관할 수 있는 충분한 공간을 확보할 수 있다. 바닥과 벽이 모두 콘크리트라면 흰곰팡이 발생을 막기 위해 콘크리트 표면에서 떨어진 곳에 식품을 보관해야 한다. 용광로나 난방 시설 때문에 지하실의 온도가 높으면 지하 저장실로 사용하기에 적합하지 않다.

늦가을에 수확하는 작물은 겨우내 보관하기에 적합하지만, 너무 농익을 때까지 방치해서는 안 된다. 건조한 날에 작물을 수확하고 대다수 작물은 밭(또는 정원)에서 하룻밤 식혀야 한다. 물론 일부 예외도 있다. 예를 들어 양파는 수확 후 일주일 정도 아물이 작업을 해야 일반적인 방법으로 보관할 수 있는 상태가 된다. 당근과 비트, 루타바가, 콜라비 등의 뿌리채소는 꼭지에서 2.5cm 정도만 남기고 잘라낸 후 잎사귀를 버린다. 뿌리채소를 가장 간단하게 저장하는 방법은 수확한 땅에 그대로 묻어두고 38~46cm 길이의 짚을 덮어두는 것이다. 서리가 내리기 직전에 늦수확한 작물에 이 뿌리 덮개를 덮어주면 땅이 딱딱하게 얼지 않는다. 기다란 막대기로 열을 표시하고 작물을 묻어둔 장소를 기록해 채소를 쉽게 찾아서 쓸 수 있게 한다.

대다수 신선식품을 보관할 때 최적의 조건은 1.67~4.44℃의 상대적으로 습도가 높은 환경이다. 고구마와 겨울 호박은 그보다 약간 높은 10~15.56℃의 온도가 가장 좋다. 고구마와 겨울 호박은 비교적 건조한 곳에서 보관해야 하며 양파와 마늘도 마찬가지다. 지하 저장실에 높은 선반을 설치해두면 다양한 식품을 쉽게 보관할 수 있다. 바닥에 가까운 칸은 시원하고 습도가 높은 반면, 위쪽 선반은 따뜻하고 건조하다는 점을 기억하자.

채소를 씻어서 보관하는 것을 선호하는 사람이 있는가 하면 씻지 않고 그대로 보관하는 사람도 있다. 어떤 경우든 ▶ 보관하기 전에 신선식품 표면의 물기를 제거해야 한다. 톱밥으로 감싸면 바깥 공기를 차단해 더욱 일정하게 온도를 유지할 수 있다. 사과 및 서양배와 같은 과일을 하나씩 종이로 싸서 보관하면 눈에 띄지 않는 멍에 접촉해 상하는 것을 방지할 수 있다. 어떤 포장재를 사용하든, 한 계절 동안 사용한 포장재는 퇴비 더미에 버려야 한다.

병조림

과거에 병조림은 수확물을 보관할 때 중요한 보존 방법이었다. 오늘날에는 대부분 필요에 의해서가 아니라 기호에 따라 병조림을 만든다. 병조림 애호가들은 향긋한 잼이 걸쭉하게 부글부글 끓어오르는 모습, 밀봉한 병을 딸 때 나는 기분 좋은 '펑' 소리, 화려한 색감의 피클과 프리저브가 가지런히 보관된 찬장의 광경 등, 병조림을 만들고 소비하는 과정 자체를 즐긴다. 집에서 직접 병조림을 만들면 마트에서 사는 병조림보다 품질이 뛰어나고 비용이 적게 든다. 어쨌든 병조림은 뒷마당의 사과나무에 다 먹지 못할 정도로 사과가 많이 열렸을 때, 흠집 난 토마토를 싼 가격에 대량으로 구입했을 때, 또는 친구가 큼직한 연어나 참치를 낚았을 때 유용하게 활용할 수 있는 보존 기술이다.

병조림은 과정이 꽤 복잡해 보일 수 있지만 일단 익숙해지면 상당히 쉽다. 이번 장에서는 제대로 병조림하지 않은 식품의 잠재적인 위험을 경고하는 데 꽤 많은 지면을 할애했는데, 안전 수칙을 따르고 증명된 최신 레시피, 즉 이 책에서 소개한 레시피나 USDA의 『가정에서 만드는 병조림 완전 가이드』 최신판(참고 문헌)을 참고한다면 병조림은 매우 안전한 보존법이라는 점을 기억하자. 직접 병조림을 만들기 전에 이번 장의 정보를 잘 읽고 숙지한다. 병조림을 만들어본 적이 없다면 ▶ 병조림 과정을 익힐 수 있으면서 너무 부담스럽지 않도록 적당한 분량의 피클 만들기로 시작해보자.

병조림에 대해

이번 장에서 '병조림(canning)'이라는 용어는 보통 금속 통조림보다는 특별히 제조된 유리병에 보존하는 것을 가리키므로 단어만으로는 다소 오해의 소지가 있다.(can은 영어로 통조림을 가리킨다. — 옮긴이) 병조림 만드는 과정을 간단히 설명하자면, 우선 뜨거운 유리병에 조리하지 않은 음식이나 조리한 뜨거운 음식을 넣고 공기가 들어가는 공간을 최소화하기 위해 국물을 넉넉히 붓는다. 그다음 유리병에 달린 뚜껑을 꼭 닫은 후 **병조림용 중탕냄비, 상압 증기 병조림 찜기** 또는 **압력 병조림 찜기**에 넣고 속까지 완전히 뜨거워지도록 가열하거나 열처리한다.

열처리 과정

병조림 과정에서 열처리를 하면 모든 신선식품에 존재하며 부패를 일으키는 미생물과 효소를 죽일 수 있다. 그중에서도 특히 병을 일으킬 수 있는 미생물을 죽이는 것이 중요하다. 식품을 열처리하는 데 필요한 시간은 식품의 밀도, 포장 방법, 유리병의 부피와 모양, 처리 방법 및 ▲고도에 따라 달라진다. 유리병을 가열하면 내부에 있는 공기가 팽창하면서 밖으로 빠져나간다. 유리병이 식으면 유리병 바깥쪽과 안쪽 사이의 압력 차이 때문에 **진공 밀봉** 상태가 된다. 그래야만 내용물을 오염시키고 병을 일으키는 박테리아가 유리병 안으로 들어오지 못하게 막을 수 있으므로 진공 밀봉 상태는 매우 중요하다.

압력 병조림 찜기의 온도는 115.6℃로, 전체적으로 완전히 뜨거워지도록 충분한 시간 동안 처리한다면 유리병의 내용물을 **멸균**(살아 있는 미생물을 전부 죽이는 것)할 수 있을 정도로 높은 온도다. 따라서 압력 병조림 찜기를 사용해 제대로 열처리를 한다면 다른 보존법을 추가로 동원할 필요는 없다.(압력 병조림 방법 항목을 참고) 끓는 물로 중탕할 때의 온도는 100℃이므로 유리병을 **저온 살균**하기에 충분하지만(유리병 내의 미생물을 대부분 죽인다는 의미) 내용물의 산도가 높지 않다면 병조림을 실온에 보관하기에 안전하지 않다. 식품을 유리병에 담아 열처리하고 밀봉하는 것은 병조림 레시피에서 식품을 안전하게 보관하기 위한 하나의 방법일 뿐이다. 중탕으로 처리하는 모든 레시피에서는 아래와 같이 병조림하는 식품의 다른 요소를 조절해주어야 안전하게 먹을 수 있다.

산도

식품의 pH를 4.6 이하로 낮추면 보툴리누스균의 번식이 억제된다. 이 균은 산소가 적은 환경에서 번성하고 중탕 온도로는 잘 죽지 않으며 **보툴리눔 식중독**을 일으키는 혐기성 박테리아다. 피클과 렐리시용 채소에 식초를 넣듯이, 반드시 산성 재료를 추가해 pH를 낮춰야 하는 경우도 있다. 반면 산도가 높은 과일로 만든 잼과 젤리처럼 다른 요소를 적당히 조절해주면 식품 자체의 pH만으로도 충분한 사례가 있다. 보존성을 높이는 용도 외에도, 산성 재료를 넣으면 풍미가 살아나고 일부 식품의 색이 잘 유지된다.

레몬즙을 넣어 산도를 높일 때는 ▶ 병에 든 시판 레몬즙만 사용한다. 집에서 갓 짜낸 즙의 산도는 들쑥날쑥하지만 시판용 즙의 산도는 일정하기 때문이다. 감귤류 과일에서 추출하는 구연산은 결정 형태로 판매하며 '산미염(sour salt)'이라는 라벨이 붙어 있는 경우도 있다. 구연산은 레몬즙과 달리 액체를 뿌옇게 만들거나 레몬맛을 첨가하지 않고 톡 쏘는 새콤한 맛만 더한다.

피클에는 항상 아세트산 함량이 5% 이상인 **식초**를 사용한다.(50gr이라는 라벨이 붙어 있는 제품도 있다.) 사과 식초와 증류 백식초는 모두 병조림에 적합하므로 사용을 권장한다. ▶ 레시피에서 지정한 산의 분량과 유형을 충실히 따르는 것이 무엇보다 중요하다.

수분 활성도, 설탕, 소금

수분이 없다면 박테리아는 생존하거나 번식할 수 없다. 따라서 병조림 과정에서는 **수분 활성도**(water activity, 박테리아가 흡수할 수 있는 수분의 양)가 매우 중요하다. 잼과 젤리를 만들 때에는 수분 활성도를 낮추기 위해 설탕을 사용한다. **설탕**은 흡습성이 뛰어나 물 분자를 끌어들여 결합하므로 박테리아가 수분을 흡수하지 못하도록 방해한다. 조린 과일의 묽은 즙에 설탕을 넣어 바글바글 끓이면 설탕으로 흡수되지 않은 수분은 결국 증발해버리므로 미생물이 전혀 번식할 수 없는 수준까지 잼 또는 젤리의 수분 활성도가 낮아진다. 설탕은 프리저브의 수분 활성도만 낮추는 것이 아니라 펙틴과 결합해 프리저브가 뭉치거나 젤리 형태로 굳도록 돕는다.

일반적으로 백설탕을 사용하지만 갈색 설탕, 꿀 또는 다른 감미료나 설탕 대체재를 사용하는 레시피도 있다. 더 자세한 내용은 설탕 이외의 감미료 사용하기 항목을 참고한다. 다시 강조하지만, 레시피에서 지정한 내용을 따르는 것이 가장 좋다. ▶ 메이플 시럽은 pH가 4.6 이상이므로 프리저브의 보존성에 문제가 생길 수도 있기 때문에 병조림을 할 때는 절대 설탕 대신 메이플 시럽을 사용하지 않는다.

소금도 설탕처럼 흡습성이 뛰어나며 소금을 많이 넣으면 수분 활성도가 낮아지고 미생물의 번식을 막을 수 있다. 특히 절임과 발효를 비롯한 일부 과정에서는 식품을 제대로 보존하기 위해 소금이 필수적이다. 그러나 병조림 레시피는 대부분 내용물의 풍미를 돋우기 위해 소금을 넣는다. 압력 조리한 식품의 경우, 소금을 유리병에 바로 넣고 뚜껑을 덮는다. 피클을 만들 때는 소금물을 만들어서 붓는다. 병조림에는 요오드 첨가 소금이나 소금 대체재를 사용하지 않는다. 열처리 과정에서 쓴맛이 날 수 있기 때문이다. ▶ 아무 소금이나 넣으면 변색이나 첨가제로 인한 침전이 발생할 수 있으므로 병조림 또는 피클용 소금을 사용한다.

피클과 잼 vs 산도가 낮은 식품

우리가 가장 좋아하는 병조림 레시피는 대부분 위에 설명한 여러 요소 사이의 균형을 세심하게 맞춰서 보관성을 높인다. 예를 들어 딸기 잼 같은 프리저브는 산도가 높고 설탕을 추가해 수분 활성도를 낮춘다. 오이 피클은 재료의 산도가 낮으므로 산도가 높은 소금물을 부어서 병조림한다. 따라서 산도를 높이고 설탕을 추가해 수분 활성도를 낮추면 끓는 물로 중탕 처리해도 안전한 병조림을 만들 수 있다.

반면 ▶ 참치 필레와 껍질콩처럼 **산도가 낮은 식품**은 끓는 물로 중탕 가열한 후 반드시 압력 병조림 찜기에 넣어서 115.56℃로 처리해야 한다.(압력 병조림 방법 항목을 참고)

안전하게 병조림을 만드는 방법

지금까지는 병조림을 제대로 만들기 위해 조절해야 하는 요소와 처리 방법을 추상적으로 다루었지만, 아마도 가장 확실하게 기억해야 할 것은 ▶ 병조림 레시피는 다양한 요소의 균형을 세심하게 맞추는 작업이므로 함부로 무언가를 바꾸거나 즉석에서 조절해서는 안 된다는 점이다. 병조림을 만들기 전에 레시피를 두 번 정도 꼼꼼히 읽고 필요한 재료, 장비, 도구를 준비한다. ▲ 고도를 파악하고 해당 고도에 따라 병조림을 하는 동안 처리 시간이나 압력을 어느 정도 조절해야 하는지 기록해둔다. 이 책의 레시피에 적힌 대로 철저하게 따르고 USDA 지침을 준수한다.

병조림을 만드는 과정에서는 청결이 무엇보다 중요하다. 병조림할 식품이 닿는 모든 표면을 먼지 하나 없이 깨끗하게 닦는다. 재료를 철저하게 씻고 계량하여 레시피에 맞게 자른다. ▶ 레시피에서 지정하는 대로만 병조림하고, 재료를 섞거나 대체재를 사용하지 않도록 한다. 즉흥적으로 레시피를 변경하면 안심하고 먹을 수 있는 병조림을 만들 수 없다.(몇 가지 예외는 952쪽 참고)

채소, 바나나, 무화과, 완숙 망고, 파파야 등 산도가 낮은 식품은 퓌레 상태로 병조림하지 않으며, 병조림용 국물도 밀가루나 옥수수 전분으로 걸쭉하게 만들지 않는다. ▶ 퓌레 또는 걸쭉한 재료는 밀도가 높아서 열이 병조림의 내용물에 침투하기 힘들다. 필요하면 병조림의 내용물을 내기 직전에 퓌레 상태로 갈거나 걸쭉하게 만든다.

한 번에 전부 들어갈 수 있는 개수만큼의 유리병을 준비한다. 일부 큼직한 중탕용 병조림 냄비와 압력 병조림 찜기에는 유리병을 두 겹으로 쌓을 수도 있다. 유리병 두 개 위에 걸쳐서 유리병을 하나 얹는 식으로 조심스럽게 쌓는다. 유리병 층 사이에 받침대를 설치하면 도움이 될 수도 있다.

▶ 산도가 낮은 식품을 병조림할 때는 인체에 치명적인 해를 끼치는 보툴리눔 독소가 생기지 않도록 특별히 주의한다. 이 독소를 만들어내는 보툴리누스 균은 끓는점인 100℃에서 몇 시간에 걸쳐 끓여도 살아남는다. ▶ 따라서 **산도가 낮은 식품은 반드시 압력 병조림 찜기에 넣고 115.56℃로 처리해야 한다.**

병조림에 보툴리눔 독소가 들어 있는지 여부는 무척 판단하기 어려우며 사실상 불가능에 가깝다. 병조림 식품에 악취나 기체, 변색 또는 질감 변화가 전혀 관찰되지 않아도 보툴리눔 독소는 들어 있을 수 있다. ▶ 병조림이 상했는지 가장 쉽게 파악하는 방법은 봉한 부분이 뜯어지거나 뚜껑이 불룩하게 튀어나왔는지 살피는 것이다. 그러나 산도가 낮은 식품을 제대로 처리하지 않았을 경우, 아무런 이상이 없어 보여도 보툴리눔 독소가 들어 있을 수 있다. 제대로 밀봉한 병조림 자체가 안전성을 담보하는 것도 아니다. 병 속의 내용물을 어떻게 손질하고 가열했는지도 밀봉만큼이나 중요하다. 부패 여부 확인하기 항목의 지침을 숙지하고 ▶ 의심스러운 병조림 식품은 절대 먹어보고 상했는지 아닌지를 판단하지 말자. 가장 안전한 원칙은 "**의심스러울 때는 버린다.**"이다.

그렇다고는 해도 적잖은 병조림 초보자들은 보툴리눔에 대해 과도하게 걱정하기도 한다. 믿을 수 있는 최신 병조림 레시피와 안전한 과정을 따르기만 한다면 잼, 젤리 또는 그 외의 새콤달콤한 프리저브, 피클, 렐리시 또는 산도를 높이거나 산도가 높은 식품의 병조림을 만들 때 보툴리눔 독소에 대해 걱정할 필요는 없다.

오랜 시간에 걸쳐 제대로 검증되지 않아 안전성이 의심되는 병조림 방법이 우후죽순처럼 등장했다. 오래된 요리책이나 여러분의 할머니가 어떤 이야기를 하든, **다음은 절대로 피한다.** 열처리 없이 병조림을 만드는 것(소위 뚜껑 없는 주전자 방법[open-kettle method, 뜨거운 음식을 살균한 병에 담은 후 열처리를 하지 않고 마무리하는 방법 ─ 옮긴이]) 또는 유리병을 오븐이나 전자레인지, 전기 압력솥, 슬로 쿠커, 식기 세척기에 넣고 처리하거나 햇볕을 쬐는 것. 병조림을 올바른 방법으로 처리하는 대신 아스피린이나 병조림용 분말을 보존제로 사용해서도 안 된다. 마지막으로 ▶ 즉흥적으로 레시피 변경하기에 대해 항목에서 제시하는 몇 가지 제한된 방법 외에는 절대 레시피를 즉석에서 변경하지 않도록 한다.

병조림을 만들기 위해 작업대 준비하기

병조림 제조 과정

여기서는 병조림을 준비하고 실제로 만드는 동안 작업대와 생각을 정리할 수 있도록 병조림 제조 과정을 간단하게 소개한다. 각 단계를 넘어갈 때마다 아래의 자세한 내용과 절차 및 이 책의 다른 병조림 관련 장의 내용을 참고한다.

1. 병조림을 완성하기 위해 시간을 충분히 할애한다. 병조림을 너무 서둘러서 만드는 것은 권장하지 않으며, 여유 있게 진행해야 과정도 한층 더 즐길 수 있다.

2. 레시피를 두 번 이상 꼼꼼히 읽는다. 익숙하지 않은 용어가 있다면 찾아본다. 필요한 장비와 재료를 모두 갖췄는지 확인한다.

3. 작업대를 준비한다.

a) 권장 도구 및 젤리 등을 만들 때 필요한 특수 도구를 전부 모아둔다.

b) 병조림 열처리에 사용할 냄비에 물을 붓고 냄비 바닥에 받침대를 깐다. 물을 데우기 시작한다.

c) 깨끗한 주방 행주를 가정용 레인지 옆의 작업대에 놓고 행주를 하나 더 준비한다.

d) 유리병의 테두리를 깨끗하게 닦을 수 있도록 키친타월에 물을 살짝 묻혀서 준비한다.

4. 유리병과 뚜껑을 씻는다. 비누를 푼 뜨거운 물에 씻고 잘 헹군다. 레시피의 처리 시간이 10분 이하라면 유리병도 살균해야 한다. 내용물을 채울 때까지 유리병을 뜨겁게 보관한다.

5. 레시피에 맞는 재료를 모으고 손질한다. 레시피에 따라 잼, 젤리, 피클, 렐리시 또는 프리저브를 만들거나 산도가 낮은 식품을 차곡차곡 채운다.

6. 뜨거운 유리병에 내용물을 담고 레시피에서 권장하는 만큼 공간을 남겨둔다.

7. 작은 실리콘 주걱이나 젓가락 같은 도구를 사용해 유리병에서 기포를 제거한다. 젖은 키친타월로 유리병의 테두리를 깨끗이 닦는다. 뚜껑을 덮고 손끝으로 힘을 줘도 돌아가지 않을 때까지 돌려서 꽉 닫는다.

8. 준비한 중탕냄비나 압력 병조림 찜기에 유리병을 넣는다. 중탕으로 병조림을 만들 때는 유리병 위로 최소한 2.5cm 정도 올라오도록 물을 넉넉히 붓는다.

9. 유리병을 넣은 냄비의 물을 끓인다.(또는 압력 병조림 찜기 항목의 설명을 따

른다.) 물이 팔팔 끓어오르기 시작하는 순간 레시피에서 지정한 시간만큼 타이머를 맞춘다. 레시피에 따라 열처리를 한 후 냄비를 불에서 내리고 유리병을 뜨거운 물에 5분간 더 담가둔다. 유리병을 건져서 작업대에 깔아 놓은 행주 위에 올려둔다.

10. 유리병을 완전히 식힌 후 밀봉용 금속 고리를(유리병 항목 참고) 제거하고 유리병이 잘 밀봉되었는지 확인한 후 설명에 따라 보관한다.

병조림용 장비

병조림용 중탕냄비

주방용품 전문점이나 철물점에서 쉽게 구할 수 있지만 큼직하고 높이가 유리병보다 6.3cm 이상 높으면 아무 냄비라도 사용할 수 있다. 유리병 위로 2.5cm 정도 올라오도록 물을 부어야 하며, 끓는 물이 튀어오를 공간이 추가로 2.5cm 필요하고, 유리병 아래에 받침대를 깔 수 있는 공간 1.3cm가 필요하기 때문이다. 금속 소재의 병조림 전용 받침대도 판매하지만 실리콘 삼발이를 사용해도 훌륭하게 제 역할을 한다. 바닥은 10cm가량 더 넓어도 상관없는데, 냄비 자체는 가정용 레인지 한 구 위에 올릴 수 있어야 한다.(커다란 냄비를 레인지 두 구 위에 올려놓으면 가운데에 있는 유리병이 충분한 열을 받지 못할 가능성이 있다.) 냄비의 뚜껑은 꼭 맞거나 물이 펄펄 끓어올라도 움직이지 않도록 묵직해야 한다.

병조림용 중탕냄비

상압 증기 병조림 찜기

아주 최근까지 증기 병조림 찜기는 USDA의 인증을 받지 못했지만, 위스콘신 대학교에서 발표한 연구 덕분에 이제는 상압 증기 병조림 찜기도 안전한 병조림 도구의 하나로 이름을 올릴 수 있게 되었다. 증기 병조림 찜기는 물을 담는 얕은 팬과 유리병을 받칠 수 있도록 물 위에 얹는 구멍 뚫린 금속판, 유리병 위에 덮어서 증기를 가두는 커다란 뚜껑으로 구성되어 있다. 일부 증기 병조림 찜기는 온도계가 내장되어 있다. 증기 병조림 찜기에 부은 물은 20분 정도면 말라버리므로 ▲ 고도가 높은 지역에서 병조림을 만들 때 사용하기에는 적합하지 않다.

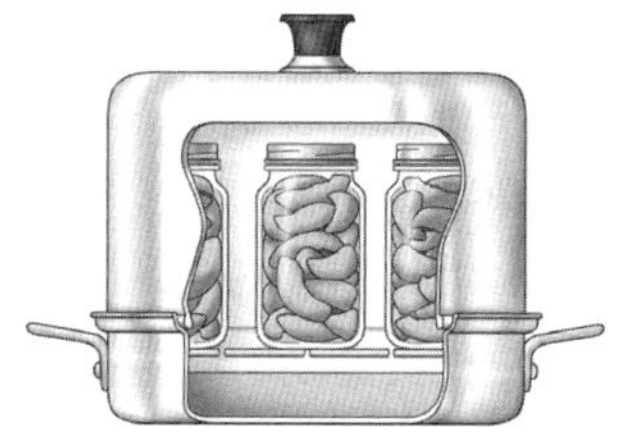

상압 증기 병조림 찜기

압력 병조림 찜기

압력 병조림 찜기는 커다란 냄비에 유리병을 넣고 물을 끓이는 것에 비해 더 복잡하고 비용도 많이 들지만, 산도가 낮은 식품을 안전하게 병조림하기 위해서는 필수적인 도구다. 압력 병조림 찜기는 잠금 기능이 있고 증기를 밖으로 빼낼 수 있는 뚜껑이 달려 있으므로 내부에서 생성된 증기 때문에 압력이 높아지고 온도가 115.6℃에 달한다. 해수면 고도에서 이 온도를 유지하려면 병조림 찜기의 압력이 10psi(제곱인치당 파운드)에 도달해야 한다. 고도가 올라가면 물의 끓는점이 낮아지므로 그에 따라 병조림 찜기의 압력도 높여야 한다. 아주 고도가 높은 경우 최대 15psi로 올려야 한다. 병조림을 만들기 전에 병조림 찜기의 사용 설명서를 잘 읽어보자.

병조림 찜기의 내부 압력은 화구의 열을 조절해 수동으로 통제할 수 있다. 찜기의 뚜껑에는 가중 압력 게이지(weighted pressure gauge)나 다이얼 압력 게이지(dial-pressure gauge)가 달려 있다.(두 게이지가 모두 달린 압력 병조림 찜기도 있다.) **가중 압력 게이지**는 열처리 과정에서 게이지가 흔들거리거나 휘파람 소리를 낼 때마다 증기를 조금씩 밖으로 내보내면서 내부의 압력을 조절한다. 이러한 게이지는 신뢰할 수 있으며 사용도 매우 간편하다. 유일한 단점은 ▲ 해발 305m 이상의 고도에서는 사용할 수 있는 옵션이 제한된다는 점이며, 305m 이하에서는 10psi, 305m 이상에서는 15psi로 설정할 수 있을 뿐이다. ▶ 모든 압력 병조림 찜기는 가중 압력을 설정하기 전에 10분간 증기가 꽉 찬 상태를 유지해야 한다.

반대로 **다이얼 압력 게이지**는 모든 고도에서 병조림 찜기 내부의 압력을 정확하게 읽을 수 있다. 다이얼 게이지는 1년에 한 번씩 정확도를 확인해야 한다. 미국이라면 대다수 카운티의 협동조합 소속 서비스 센터에서 게이지의 정확도를 측정하는 장비를 갖추고 있다. 서비스 센터를 이용할 수 없다면 근처의 공구점을 찾아보자. 게이지가 5, 10 또는 15psi에서 2파운드 이상 높게 표시된다면 새로 장만해야 한다.

▶ **고도에 상관없이 전기 압력솥은 병조림 처리에 사용하지 않는다.** 대다수 압력솥은 식품을 살균할 정도로 높은 압력(또는 온도)에 도달할 수 없으며 USDA의 승인도 받지 않았다. 1970년 이후에 생산되고 미국 보험협회안전시험소(UL)의 인증 마크가 붙어 있는 병조림 찜기만을 구입해야 한다. 1970년 이전에 만들어진 골동품이나 물려받은 병조림 찜기는 사용을 권하지 않는다. USDA의 기준에 따르면 1ℓ 용량의 유리병 4개 이상 들어가야 해당 냄비를 병조림용 찜기라고 부를 수 있다. 그렇지 않으면 병조림 찜기로 사용하기에 너무 작다. 작은 압력솥은 병조림에 사용하기에 안전하지 않다. 매번 사용할 때마다 사용 설명서에 따라 찜기를 꼼꼼하게 확인하고 씻는다.

압력 병조림 찜기

유리병

가정에서 병조림을 만들 때 권장하는 유리병은 오직 병조림 전용으로 특별 제작된 메이슨 유리병(Mason jars)뿐이다. 강화유리로 만든 메이슨 유리병은 열처리 과정에서 강한 열에 노출되어도 견딜 수 있도록 만들어졌다. 메이슨 유리병은 유리병 본체, 밀봉을 위한 고무 부분이 아래쪽에 달린 금속 덮개, 그리고 금속 고리의 세 부분으로 구성된다. 테두리가 우그러지지 않고 이가 나가거나 금이 가거나 흠집이 있거나 긁힌 자국이 없으며 상태가 좋은 유리병은 재사용할 수 있다. 덮개는 딱 한 번만 사용해야 한다. 고리는 녹이 슬거나 휘어질 때까지 여러 번 사용할 수 있다.

시판 병조림에 사용되는 유리병은 일회용으로 제조된 것이므로 가정에서 병조림을 만들 때 재사용하기에는 적합하지 않다. 골동품이나 화려한 장식이 있는 유리병은 보기에는 좋지만 제대로 강화 처리가 되어 있지 않거나 부서지기 쉬울 수도 있고 흠집이 있어 열처리 도중에 부서질 수 있으므로 사용하지 않는 것이 좋다.

병조림용 유리병은 120ml에서 1ℓ에 이르기까지 다양한 표준 크기로 출시된다. 1.9ℓ짜리 유리병도 있지만 다루기가 힘들다. 우리는 아주 산도가 높은 주스를 병조림할 때가 아니면 1.9ℓ짜리 유리병은 사용하지 않는다. 사실 USDA는 가정에서 1.9ℓ 유리병에 산도 높은 주스 이외의 다른 식품을 넣어 병조림하는 것을 승인하지 않는다. 병조림용 유리병은 입구가 넓은 것과 좁은 것을 모두 사용할 수 있다. 내용물을 채우고 꺼내기에는 입구가 넓은 유리병이 편리하다.

'웩(Weck)'이라는 상표명으로 알려진 또 다른 종류의 근사한 병조림용 유리병은 유럽에서 인기를 끌고 있으며 미국에서도 점점 더 자주 눈에 띄고 있다. 이 웩 유리병은 아직 미국 승인 절차가 마무리되지 않았기 때문에 현재 기준으로 USDA는 이 유리병을 가정용 병조림에 사용하는 것을 안전하지 않다고 간주한다. 그래도 이 웩 유리병을 사용하고 싶다면 제조업체의 사용 설명서에 따라 내용물을 채우고 밀봉해서 보관하되, 병조림하는 음식 자체에는 안전성이 인정된 레시피를 따른다.(또한 부패의 조짐을 특별히 세심히 살핀다.)

조리 도구

국자, 나무 숟가락, 조리용 타이머, 오븐용 장갑, 깨끗한 주방 행주 등의 여러 가지 보편적인 조리 도구 외에도, 병조림 제조 과정에서 사용하도록 적극적으로 권장하는 전용 도구 몇 가지를 소개한다. **유리병 집게**는 찜기에서 유리병을 꺼내는 데 꼭 필요하다. **병조림용 깔때기**를 사용하면 유리병에 내용물을 채울 때 입구 테두리에 묻지 않는다. 비금속 소재의 길고 얇은 **주걱**은 내용물을 채운 유리병에서 기포를 제거할 때 유용하다. 유리병에 뜨거운 음식을 채우려면 **널찍하고 바닥이 묵직한 스테인리스스틸 편수 냄비**에서 음식을 골고루 조리해야 한다. 또한 정확한 **조리용 온도계**는 병조림용 음식을 조리하는 데 유용한 조리 도구다. 병조림을 자주 만드는 편이고 과학에 관심이 있다면 **pH 측정기**를 구입해도 좋다. 물론 pH 측정기는 병조림을 만들 때 꼭 필요하지는 않지만, 하나쯤 가지고 있으면 재미있게 활용할 수 있다.

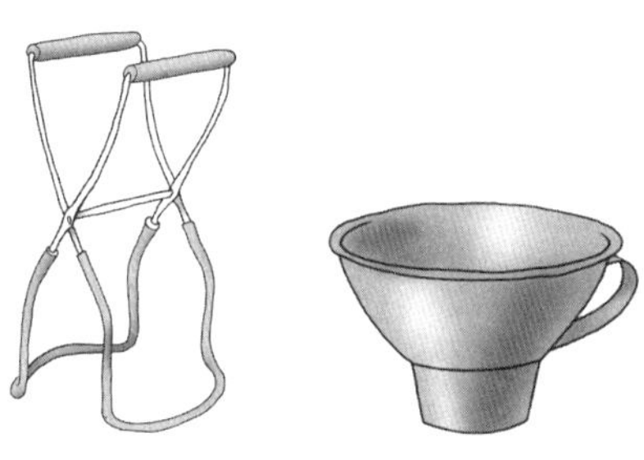

유리병 집게와 병조림용 깔때기

병조림을 만들기 위해 유리병 준비하기

모든 병조림을 만들 때 가장 첫 번째 단계는 유리병, 덮개 새것, 금속 고리를 뜨거운 비눗물이나 식기 세척기로 씻은 후 깨끗이 헹구는 것이다. ► 모든 젤리와 일부 주스 등과 같이 10분 이하로 처리할 식품은 반드시 살균한 유리병에 넣어야 한다. 그 외의 식품을 병조림할 때는 유리병을 반드시 살균할 필요는 없다. 그냥 씻어서 잘 헹구기만 하면 된다.

유리병을 살균하려면 찜기 안에 유리병을 똑바로 세워놓고 뜨거운 물을 가득 채운 후 305m 이하의 고도라면 10분간 팔팔 끓인다. ▲ 그보다 고도가 높으면 305m씩 높아질 때마다 끓이는 시간을 1분씩 늘린다. 끓인 후에는 실제로 사용할 때까지 유리병을 뜨거운 물에 담근 채 내버려둔다. 물속에 몇 시간 정도 그대로 두어도 상관없지만, 시간이 길어지면 내용물을 채우기 전에 한 번 더 끓인다.

예전에는 유리병 뚜껑도 뜨거운 물에 넣어 열처리해야 했지만 요즘 나오는 덮개는 씻는 것 외에 다른 사전 처리를 할 필요는 없다.

유리병에 내용물 채우기

유리병에 내용물을 채우는 데에는 익히지 않고 채우는 것과 뜨겁게 익혀서 채우는 것의 두 가지 방법이 있다. 어떤 방법을 따를 것인지는 개별 레시피를 참고한다.

익히지 않고 채우는 방법을 따른다면 뜨거운 유리병에 익히지 않거나 부분적으로만 익힌 음식을 넣고 팔팔 끓는 국물을 부어서 채운다.

익혀서 채우는 방법은 뜨겁게 조리한 음식이나 잼, 젤리, 기타 과일 프리저브를 뜨거운 유리병에 채우는 것이다. 피클처럼 국물도 함께 넣는다면 국물 자체도 끓여서 부어야 한다. 뜨겁게 조리한 음식을 유리병에 채우는 과정에서 뭉근히 끓는 상태까지 온도가 떨어진다면 다시 끓여서 넣는다.

반드시 건더기를 먼저 넣은 후 끓는 국물을 붓는다. 어떤 방법을 따르든 ► 음식을 차곡차곡 넣되, 내용물이 으깨지지 않도록 적당히 채운다. 반으로 자르거나 슬라이스 형태로 썬 과일 또는 채소는 서로 겹치게 쌓아야 유리병에 가장 잘 들어간다. 마지막 유리병이 꽉 차지 않은 상태로 재료가 다 떨어졌다면 마지막 병은 냉장고에 넣고 며칠 안에 먹는 것이 좋다.

유리병에 담긴 음식의 윗부분과 유리병 테두리의 사이에 있는 공기층을 나타내는 상부 공간은 처리 과정에서 음식이 열에 팽창할 수 있도록 확보하는 공간이다. 상부 공간을 얼마나 두어야 하는지는 개별 레시피에서 설명한다.

덮개를 덮기 전에 ► 국물에 섞여 있는 기포를 전부 터뜨려야 한다. 길고 얇은 주걱이나 젓가락을 유리병 안쪽으로 넣어서 내용물의 위치를 이리저리 바꾸면서 기포를 없앤다. 그다음 유리병의 입구를 꼼꼼하게 닦는다. 유리병 입구에 덮개를 올려놓고 고리를 씌운 후 돌려서 단단히 조이되, ► 저항이 느껴지는 순간 돌리는 것을 멈춘다. 이것을 '손끝으로 힘을 줘도 돌아가지 않을 때까지 조이기(fingertip-tight)'라고 지칭한다.

중탕 병조림 방법

끓는 물로 중탕하는 방법은 산도가 높은 과일, 과일 프리저브, 채소 피클에 적용한다. 병조림 찜기에 유리병을 안전하게 받쳐주는 받침대가 없다면 찜기 바닥에 받침대를 깔아서 유리병이 찜기 바닥에 닿거나 서로 닿지 않게 한다. 찜기에 뜨거운 물을 반 정도 채우고 강불에 올려 팔팔 끓인다. 유리병을 넣은 다음 위쪽에 부을 수 있도록 주전자에 물을 끓여서 준비한다. 내용물을 채우고

뚜껑을 덮은 유리병을 찜기 안의 받침대에 올려놓되, 유리병 사이에 끓는 물이 순환할 수 있도록 적당한 간격을 둔다. 끓는 물이 유리병 위로 2.5cm 이상 올라오도록 끓는 물을 붓거나 따라낸다. 물이 다시 팔팔 끓어오르기 시작하면 열처리 시간만큼 타이머를 설정하고 ▲ 고도에 따라 적당히 시간을 가감한다. 주기적으로 물의 높이를 확인하고 유리병 위에서 2.5cm 이하로 내려가면 다시 바로 부을 수 있도록 끓는 물을 준비한다.

저온 병조림 방법

오이 피클을 만들 때 사용할 수 있도록 최근에 USDA의 승인을 받은 방법이며, 아주 아삭한 피클을 만들 수 있다. ► 이 방법은 레시피에서 지정할 때만 사용하고, 산도가 낮거나 없는 음식에는 절대 사용해서는 안 된다. 따뜻한 물(60℃)을 절반 정도 담은 병조림 찜기에 내용물을 채운 유리병을 넣고 유리병 위로 2.5cm 정도 올라오도록 뜨거운 물을 붓는다. 물을 82~85℃로 가열하고 이 온도를 30분간 유지한다. ► 물의 온도가 85℃ 이상으로 올라가거나 82℃ 이하로 내려가지 않도록 주의한다. 가정용 레인지에서 일정한 온도를 유지하기 위해 불을 조절하는 것이 번거롭다면, 수비드 조리기로 훨씬 간단하게 병조림을 만들 수 있다. 오이 피클이 아닌 다른 피클에는 이 방법을 쓰지 않는다.

상압 증기 병조림 방법

유리병을 끓는 물에 담그는 대신 증기를 이용해서 처리하는 방법이다. 끓는 물을 사용하는 중탕법과 마찬가지로 이 병조림 방법은 피클, 잼, 젤리 등 산도가 높은 음식을 보존할 때만 사용한다. 또한 ► 레시피에 적힌 처리 시간이 20분 이하인지 확인한다.(그보다 길어지면 수증기를 만들어내는 물이 바닥날 수 있다.) 물이 다 증발해버리면 유리병이 제대로 살균 처리되지 않는다.(가장 좋은 해결 방법은 전체 과정을 다시 시작하는 것이다.)

레시피에 따라 바닥에 물을 채우고 완전히 팔팔 끓는 상태가 되도록 가열한다. 받침대의 구멍을 통해 수증기가 15~20cm 높이로 길게 올라올 때까지 기다렸다가 받침대 위에 유리병을 올린다. 뚜껑을 덮고 타이머를 맞춘다. 열처리 시간은 중탕법과 같다. 열처리 도중에 뚜껑을 열지 않는다. 증기가 충분히 나올 수 있도록 병조림 찜기의 온도는 열처리 과정 내내 100℃를 유지해야 한다. 증기구 안에 온도계를 넣고 온도를 재면 더욱 확실하게 적정 온도를 유지할 수 있다. 마지막으로 상압 증기 병조림 찜기에 들어 있는 설명서에는 위험을 초래할 수 있는 미승인된 열처리 방법에 대한 정보가 포함되어 있을 수도 있다. 확실한 판단 없이 무작정 따르지 말자. 다시 한 번 강조하지만, ► 증기 병조림 찜기는 절대 압력 병조림 찜기 대신 사용해서는 안 된다.

압력 병조림 방법

► 산도가 낮은 과일, 산도를 높이지 않은 채소, 생선, 고기를 안전하게 병조림하는 유일한 방법은 115.6℃(해수면에서 가중 게이지로 10psi, 다이얼 게이지로 11psi)로 압력 병조림 처리를 하는 것이다.(▲ 높은 고도에서의 조절 사항은 다음에 나오는 내용을 참고한다.) 압력 병조림 찜기의 자세한 사용법은 제조업체의 설명서를 참고하고 주의 깊게 따라야 한다. 특히 게이지 확인 방법을 세심하게 살핀다.

찜기 바닥에 받침대를 놓는다. 그다음 뜨거운 물을 5~7.5cm 높이로 붓고 상황에 따라 백식초 2큰술을 넣어 찜기와 유리병에 얼룩이 생기는 것을 방지한다. 내용물을 채우고 뚜껑을 꽉 조인 유리병을 유리병 집게나 주방용 집게를 사용해 찜기에 넣되, 증기가 순환할 수 있도록 유리병 사이에 적당한 간격을

둔다. 찜기 뚜껑을 덮고 단단하게 잠근 후 밸브를 활짝 열어둔다. 강불로 올리고 증기가 빠져나오기 시작하면 10분간 그대로 둔다. 이렇게 증기를 뺀 후 밸브를 닫아 찜기의 압력을 높인다.

가중 게이지를 사용한다면 추의 개수나 설정을 적당히 조절하고 제조업체의 사용 설명서에 따라 원하는 압력에 도달하면 추가 어떻게 움직이는지 숙지한다. 다이얼 게이지를 사용한다면 강불에 올려 원하는 목표치보다 2~3파운드 낮은 압력이 되도록 가열한 후 중불로 줄여서 원하는 압력이 될 때까지 가열한다. 어떤 게이지를 사용하든 ▲ 고도가 높은 곳에서는 아래의 설명에 따라 조절한다. 권장 압력에 도달한 순간부터 타이머를 맞춰 시간을 잰다. 압력 게이지를 잘 살펴야 한다. 가중 게이지는 딸각거리는 소리가 나지만 다이얼 게이지는 계속 주시하고 있어야 한다.

원하는 압력 이하로 떨어지면 ▶ 해당 압력으로 올린 후 처음부터 시간을 다시 측정해야 한다. 압력이 권장 수준을 넘어서면 불을 약간 줄인다. ▶ 가정용 레인지의 불을 너무 급격히 조절해 압력이 크게 요동친다면 내용물이 유리병에서 빠져나와 밀봉 상태가 터질 수도 있다. 압력이 15파운드를 넘지 않도록 주의한다.

타이머가 울리면 불을 끈다. 병조림 찜기를 레인지에서 내린다. 압력이 0이 될 때까지 찜기를 식힌다. 압력의 정도와 찜기의 크기에 따라 최대 1시간 정도 걸리기도 한다. 그다음 밸브를 열거나 추를 들어낸다. 몇 분 더 기다렸다가 뚜껑을 연다. 이렇게 식히는 시간까지 병조림 처리 시간에 포함해야 하며, 섣불리 식히는 시간을 단축하거나 너무 급히 식히면 음식이 상하거나 유리병이 깨져버리기도 한다.

▲ 높은 고도에서 병조림 만들기

병조림 레시피는 해수면을 기준으로 한 것이다. 고도가 높으면 물이 끓고 증기가 발생하는 온도가 낮아진다. ▶ 따라서 식품을 안전하게 병조림하려면, 중탕 또는 상압 증기 병조림 방법의 처리 시간을 늘리거나 압력 병조림 방법에 적용하는 압력을 높여야 한다. 상압 증기 병조림 찜기의 물은 고작 20분만 지나도 다 말라버리므로 고도가 높은 지역에서는 사용할 수 없는 경우가 많다.

중탕 및 상압 증기 병조림

305~915m: 5분 추가

915~1829m: 10분 추가

1830~2440m: 15분 추가

2441~3050m: 20분 추가

압력 병조림

해수면 기준 시간을 그대로 따르되, 압력을 다음과 같이 조절한다.

다이얼 게이지

0~609m: 11파운드

610~1219m: 12파운드

1220~1829m: 13파운드

1830~2440m: 14파운드

2441~3050m: 15파운드

가중 게이지

0~305m: 10파운드

305~3050m: 15파운드

유리병 식히기

병조림 제조 과정을 거친 후(압력 병조림 방법으로 작업했다면 압력을 뺀 후) 유리병을 건드리지 않고 5분간 둔다. 유리병 집게로 찜기에서 유리병을 꺼내 면포나 받침대 위에 똑바로 올려놓는다. 뜨거운 유리병을 찜기에 그대로 방치하면 상할 우려가 있다. 압력 처리한 병조림 안의 내용물은 찜기에서 꺼낸 후에도 짧은 시간 동안 유리병 안에서 팔팔 끓는다. 공기가 통하도록 유리병 사이에 2.5cm 이상의 공간을 확보하되, 열린 창문 앞이나 외풍이 부는 곳에 두지 않는다.

이 시점에서 금속 고리를 조이면 일그러져서 제대로 밀봉되지 않을 가능성이 있으므로 아직 조이지 않는다. 유리병이 식어가면서 비어 있는 것처럼 펑 소리가 나는데, 병 내부가 진공 상태가 되어 덮개를 아래로 끌어당기면서 덮개가 제자리에 맞아들어간다는 의미다. 유리병을 실온에 12~24시간 두었다가 잘 밀봉되었는지 확인한다.

밀봉 상태 확인하기

금속 고리를 제거하고 덮개가 아래로 살짝 움푹 들어갔는지 확인한다. 그다음 덮개 가운데를 눌러본다. 이때 덮개가 움직이지 않아야 한다. 덮개가 쑥 들어갔다가 다시 튀어오르면 제대로 밀봉되지 않은 것이다. 또 한 가지 확인 방법은 손가락으로 뚜껑만 잡고 작업대에서 몇 cm 위로 유리병을 들어올리는 것이다. 이때 덮개가 펑 하는 소리와 함께 벗겨지지 않아야 한다. 제대로 밀봉되지 않은 유리병은 즉시 냉장고에 넣어야 한다. 처음 처리한 후 24시간 내에 재처리하면 안전하게 병조림을 완성할 수 있다.

유리병을 재처리하려면 우선 덮개를 떼어내고 버린다. 덮개를 씌웠던 유리병의 입구 테두리를 세심하게 살펴보고 혹시 작은 흠집이 있어서 밀봉이 제대로 되지 않았는지 확인한다. 재처리를 위해 새 덮개를 준비하고 필요하면 유리병도 새것으로 준비한다. 같은 방식으로 같은 시간만큼 열처리한다. 이렇게 재처리한 음식은 약간 품질이 떨어진다.

재처리를 하지 않는다면 산도가 낮거나 없는 식품은 냉장고에 넣고 며칠 내에 먹으면 된다. 잼, 젤리, 피클, 렐리시는 최대 한 달 정도 보관할 수 있다. 내용물과 관계없이 유리병째 냉동하면 한 달 정도 보관할 수 있으며, 이때 팽창에 대비해 3.8cm 정도의 상부 공간을 남긴다.

병조림에 라벨을 붙이고 보관하기

▶ 병조림 병은 항상 고리를 빼고 보관한다. 이렇게 하면 제대로 밀봉되지 않은 병을 쉽게 가려낼 수 있고, 금속 고리가 부식되거나 달라붙어서 떨어지지 않는 문제를 방지할 수 있다. 또한 덮개와 병 입구 사이에 낀 음식물이 있는지 확인할 수 있다. 병 입구에 음식물이 묻어 있지만 밀봉 자체는 잘되었다면, 그냥 해당 병조림에 표시를 해두고 되도록 빨리 먹으면 된다.

병조림 덮개에 지워지지 않는 마커로 내용물과 병조림한 날짜를 써놓는다. 병조림은 서늘하고 빛이 들어오지 않으면서 건조한 장소에 보관한다. 7.2~15.6℃의 보관 온도를 유지하면 내용물의 색이 잘 변하지 않으며 제대로 열처리한 음식을 보관하기에 대체로 적합하다. 습기가 있으면 덮개와 밀봉한 부분에 부식이 생기기 쉽다. 라디에이터나 난로, 보일러 또는 햇빛으로 인한 열은 부패를 일으키기도 한다. 35℃ 이상의 환경에서는 병조림을 보관하지 않도록 한다. 보관 장소의 온도가 0℃ 가까이 떨어질 가능성이 있다면 병조림을 신문지로 감싸서 묵직한 나무 상자나 종이 상자에 담고 신문지와 담요로 덮어 둔다. ▶ 병조림을 가장 맛있게 즐기려면 1년 이내에 먹어야 한다. 1년이 지나면 화학적 변화가 일어나 병조림 음식의 맛과 모양, 영양가가 저하된다.

부패 여부 확인하기

가정에서 만든 병조림 음식은 식탁에 내기 전에 반드시 부패 여부를 살펴야 한다. 덮개가 단단히 붙어 있고 가운데가 움푹 들어가 있어야 제대로 밀봉된 것이다. 다음과 같은 부패의 기미가 하나라도 확실히 보인다면 **맛을 보지 말고** 음식을 버린 후, 즉시 아래의 오염된 음식과 유리병 처리하기 항목의 설명을 따른다.

병을 열기 전에 덮개가 부풀었거나 가운데가 움푹 들어가지 않았는지, 위에서 흘러나온 음식이 바깥쪽에 길게 말라붙어 있는지, 병 바깥에 곰팡이가 슬지 않았는지, 병조림 안에서 기포가 올라오지 않는지, 병에서 국물이나 음식이 배어나오지 않았는지, 음식의 색이 부자연스럽거나 원래 색보다 훨씬 진해지지 않았는지, 국물이 이상할 정도로 탁하지 않은지 등을 자세히 살핀다. 이러한 부패의 흔적이 하나라도 보이면 병조림을 **열어서는 안 된다.**

제대로 밀봉된 병조림을 열면 덮개를 비틀어서 열 때 밀봉 상태를 다시 한 번 확인시켜주는 '퍽' 소리가 나야 한다. 이상하거나 불쾌한(치즈 또는 시큼한) 냄새가 나는지 맡아본다. 국물이 튀어오르거나 기체를 비롯한 발효의 흔적이 보이는지 살핀다. 음식의 표면과 덮개 아래쪽에 곰팡이가 있는지, 색과 관계없이 아주 작은 점이라도 생겼는지 확인한다. 또한 포크로 음식을 살살 뒤적이면서 미끈거리거나 질감이 부자연스러운지 살펴본다. 이와 같은 현상이 하나라도 분명하게 관찰된다면 맛을 보지 말고 내용물을 버린다. 그러나 때로는 상부 공간이 너무 많고 과일이 국물 밖으로 노출되어 있어서 병조림 과일의 색이 진하게 변하기도 한다. 이 경우에는 다른 부패의 흔적이 없다는 전제하에 먹어도 안전하다. 마찬가지로 덮개 아래쪽에 생긴 색이 진한 침전물은 산성 성분과 소금의 부식으로 인해 생긴 것이므로 인체에 해가 없다.

오염된 음식과 유리병 처리하기

위와 같은 부패 현상이 관찰되는 모든 병조림은 보툴리눔 독소가 들어 있는 것으로 간주하고 처리한다. **절대 맛을 보지 말자!** 해당 병조림에 들어 있던 음식이 나중에 다른 음식을 놓을 수 있는 표면에 절대 접촉하지 않도록 조심해서 다룬다. 병조림의 덮개가 아직 밀봉되어 있다면 튼튼한 쓰레기봉투에 병조림을 둘둘 말아서 뚜껑이 꽉 닫히는 쓰레기통에 버린다. ▶ 덮개가 제대로 밀봉되지 않았거나 열려 있거나 샌다면 아이들이나 반려동물, 야생동물이 실수로 음식을 먹고 탈이 나지 않도록 버리기 전에 독소를 제거해야 한다.

뚜껑이 열린 오염된 병조림 음식의 독소를 제거하려면 비닐장갑이나 고무장갑을 끼고 병조림 찜기에 조심스럽게 병조림을 옆으로 눕혀놓는다. 물이 튀지 않도록 주의하면서 병조림 위로 2.5cm 정도 올라올 때까지 물을 붓는다. 찜기의 뚜껑을 덮고 30분간 끓인다. 손을 씻거나 사용한 장갑을 깨끗이 씻는다. 이제 병조림 음식은 해독되었지만 ▶ **여전히 먹을 수는 없는 상태다.** 음식이 식으면 두꺼운 쓰레기봉투에 병조림을 둘둘 말아서 뚜껑이 꽉 닫히는 쓰레기통에 버린다.

염소 표백제와 물을 1:5의 비율로 섞어서 세척 용액을 만든 후 손을 포함해 해독하기 전에 유리병 또는 내용물과 닿았던 곳을 모두 깨끗하게 씻는다. 세척 용액을 작업대와 조리 도구에 뿌리고 5분간 기다렸다가 헹군다. 씻을 때 사용했던 스펀지, 행주 또는 기타 청소용품도 쓰레기봉투에 넣어서 버린다. 손을 한 번 더 씻는다.

즉흥적으로 레시피 변경하기에 대해

일반적인 법칙은 ▶ 병조림 레시피에서 과일이나 채소, 설탕 또는 산성 재료의 양은 변경하지 않는다는 것이다. 이 법칙만 염두에 두면 보존식품의 풍미는 약간씩 조절해볼 수 있다. 잼, 젤리 또는 피클에 향신료를 넣어보자. 예를 들어 블루베리 잼에 계피를 한 조각 넣거나, 서양배 버터에 카르다몸 가루와 팔각 깍지 1~2개를 넣거나, 살구 프리저브에 바닐라 빈을 넣어본다.(병조림 처리를 하기 전에 향신료를 건져내고 싶다면 통향신료를 면 거즈 보자기에 싸서 넣는다.) 감귤류 껍질과 신선한 허브를 사용하면 모든 종류의 피클 또는 프리저브에 상큼한 느낌과 풍미를 손쉽게 더할 수 있다. 더 대담하게 변화를 주려면 뭉근히 끓는 복숭아 잼이나 브레드 앤드 버터 피클용 소금물에 반으로 가른 하바네로 고추를 넣을 수 있고, 다양한 잼의 조리가 끝날 때쯤 술을 1~2큰술 넣어도 좋다.

병조림용 과일에 대해

레시피에서 별도로 언급하지 않는 한, 단단하고 잘 익은 상태의 품질 좋은 과일을 선택한다. ▶ 과일은 최대한 비슷한 크기의 조각으로 썰어야 한다. 단단한 과일은 흐르는 찬물에 솔로 박박 문질러 깨끗이 씻고, 베리를 비롯한 연약한 과일은 체에 넣고 찬물을 여러 번 갈아가며 살살 흔들어 씻는다. 일부 과일은 병조림하기 전에 잠깐 뭉근히 끓여도 좋다. 개별 과일을 손질하는 법은 뒤에 나오는 설명을 참고한다.

과일은 물, 과일 주스 또는 설탕 시럽을 넣어 병조림할 수 있고, 각각의 결과물은 약간씩 다르다. 과일을 물에 담가서 병조림하면 식감이 부드러워지고 몇 달 안에 색이 사라진다. 약간의 당을 첨가하면 과일의 색, 풍미, 모양을 보존할 수 있지만, 설탕을 너무 많이 넣으면 과일의 천연 풍미가 가려지기 쉽다. 입맛에 맞는다고 생각하는 설탕의 범위 중에서 최소한으로 넣기를 권장한다.

묽은 설탕 시럽은 대다수 과일의 천연 당도와 매우 비슷하며 475ml 용량의 유리병 1개당 설탕 1큰술 정도로도 과일의 품질을 보존할 수 있다. 백설탕으로 만든 시럽이 가장 보편적이다. 설탕에 자체적인 색과 풍미가 없으므로 과일의 천연 풍미가 전면에 드러난다.

갈색 설탕은 은은한 캐러멜 색이 일부 과일의 밋밋한 색을 보완해준다. **부드러운 꿀**이나 **연한 옥수수 시럽**은 시럽을 만들 때 설탕의 1/3~1/2 분량을 대체할 수 있지만, 꿀은 그 자체의 풍미가 있으며 옥수수 시럽은 단맛이 아주 강하다는 점을 잊지 말자.

무가당 **사과 주스 또는 청포도 주스**를 연한 설탕 시럽 대신 사용하기도 한다. ▶ 과일을 해당 과일의 주스에 담가서 병조림해도 상관없지만, 이때 주스를 고운체에 걸러야 하며 권장하는 시럽 중 가장 걸쭉한 시럽보다 묽은 주스를 사용해야 한다.

수크랄로스는 설탕 대체 감미료로 병조림의 열처리 과정을 견딜 수 있으며 설탕 대신 적당량 사용할 수 있다. 과일을 병조림할 때 설탕처럼 식감이나 색을 보존하지 못하지만 단맛을 낼 수는 있다. 그 외 설탕 대체 감미료를 선호한다면, 감미료 첨가 없이 과일 병조림을 만든 후 먹을 때 감미료를 첨가한다.

과일 병조림에 사용하는 설탕 시럽

설탕 비율	단맛의 강도	물 1ℓ당 설탕의 양
10	**아주 약함**: 대다수 과일의 천연 당도와 비슷	수북하게 ⅓컵
20	**약함**: 약간 새콤한 과일에 적합	수북하게 ¾컵
30	**중간**: 대다수 새콤달콤한 과일에 이상적	1¼컵
40	**강함**: 아주 새콤한 과일에만 필요	1⅔컵
50	**아주 강함**: 물릴 정도로 단맛	2컵

과일을 손질하기 전에 시럽을 만들어서 과일이 준비될 때 시럽도 함께 준비되도록 한다. 설탕을 1ℓ 용량의 계량컵이나 물병에 담는다. 찬물을 부어 1ℓ를 맞추고 설탕이 다 녹을 때까지 젓는다. 과일 475ml당 설탕 시럽 ¾~1컵을 사용한다. 유리병에 과일을 넣고 유리병 상부 공간이 1.2cm만 남을 때까지 설탕 시럽을 부어서 채운다.

과일 병조림용 갈변 방지 용액

연한 색의 과일을 자른 뒤 색이 변하는 것을 막기 위해 과일 조각을 다음 용액 중 하나에 15분간 담가둔다.

- I. 비타민 C(아스코르브산) 500mg 알약 6개를 가루가 되도록 부순 뒤 물 3.8ℓ에 녹인다. 비타민 C는 수많은 종류의 과일에 가장 효과적이다.
- II. 제조업체의 사용 설명서에 따라 시판 갈변 방지 제품을 사용한다.
- III. 구연산 1작은술 또는 레몬즙 ¼컵을 물 3.8ℓ에 녹인다. 병조림을 하기 전에 항상 과일의 물기를 제거하되, 별도로 물에 헹구지는 않는다.
- IV. 소금 4작은술을 물 3.8ℓ에 넣어서 녹인다. 병조림을 하기 전에 과일을 헹군다.

일반 과일의 병조림 분량

과일의 종류	1ℓ 용량의 유리병 1개당 필요한 과일의 양	과일 30ℓ당 필요한 1ℓ 짜리 유리병의 개수
사과	1.1~1.3kg	16~20개
살구	900g~1.1kg	20~25개
베리류	680g~1.3kg	18~24개
체리(상자 단위)	900g~1.1kg	8~12개
복숭아	900g~1.3kg	18~24개
서양배	900g~1.3kg	20~25개
자두	680g~1.1kg	24~30개
토마토	1.1kg~1.6kg	15~20개

과일 병조림 가이드

병조림에 적합한 각 과일의 품종은 참고용일 뿐이라는 점을 기억하자. 다른 품종을 사용해도 품질 좋은 병조림을 만들 수 있다. ▲ 높은 고도의 지역에 맞춘 조절 사항은 951쪽을 참고한다.

▶ 안전하게 병조림을 만드는 방법 항목의 설명을 참고해서 진행한다.

사과

아삭하고 즙이 많으면서 달콤한 맛과 새콤한 맛이 섞인 사과를 선택한다. 권장 병조림 국물: 10~30%의 설탕 시럽, 최대 ⅓까지 부드러운 꿀을 섞어서 만든 것 또는 무가당 사과 주스.

사과를 씻고 껍질을 벗긴 후 속을 파낸다. 6mm 두께의 웨지 모양으로 얇게 썬다. 사과를 썰자마자 갈변 방지 용액 IV에 담근다. 물을 따라내고 헹군다.

사과를 선호하는 국물(약간의 계피, 올스파이스 또는 육두구를 넣을 수도 있다.)에 넣고 5분간 은근히 끓인다. 깨끗하게 씻어 뜨겁게 달군 235ml, 475ml 또는 1ℓ 용량의 유리병에 국자로 사과를 떠 넣는다. 뜨거운 조림 국물을 부어서 1.2cm의 상부 공간을 남기고 채운다. 유리병에 갇힌 기포를 제거하고 국물의 높이를 적당히 조절한다. 유리병의 입구를 닦는다. 위에 덮개를 얹고 금속 고리를 씌운 후 손끝으로 힘을 줘도 돌아가지 않을 때까지 돌려서 닫는다. 유리병의 크기와 관계없이 모든 유리병을 중탕 병조림 찜기에 넣어 20분간 열처리한다. 완전히 식힌 후 병조림에 라벨을 붙이고 보관하기 항목의 설명에 따라 보관한다.

사과 소스

위와 같이 사과를 준비하되, 껍질은 거슬리는 경우에만 벗긴다. 냄비에 사과가 달라붙지 않을 정도로만 물 또는 무가당 사과 주스를 붓는다.(얇게 썬 사과 1ℓ당 액체 ½~1컵) 강불에 올려 부르르 끓어오르면 자주 저으면서 아주 부드러워질 때까지 5~20분간 끓인다. 사과를 으깨거나 퓌레 상태로 갈고 취향에 따라 감미료를 적당히 넣는다. 약간의 계피, 올스파이스, 육두구를 넣어도 좋다. 바글바글 끓는 상태로 가열한 후, 깨끗하게 씻어서 뜨겁게 달군 235ml, 475ml 또는 1ℓ 용량의 유리병에 사과 소스를 국자로 떠서 담는다. 1.2cm의 상부 공간을 남기고 채운다. 유리병에 갇힌 기포를 제거하고 필요하면 국물의 높이를 적당히 조절한다. 유리병의 입구를 닦는다. 위에 덮개를 얹고 금속 고리를 씌운 후 손끝으로 힘을 줘도 돌아가지 않을 때까지 돌려서 닫는다. 235ml 및 475ml 용량의 유리병은 중탕 병조림 찜기에 넣어 15분간 열처리한다.(1ℓ 용량의 유리병은 20분간) 완전히 식힌 후 병조림에 라벨을 붙이고 보관하기 항목의 설명에 따라 보관한다.

살구, 천도복숭아, 복숭아

점핵종 복숭아가 모양을 가장 잘 유지한다. 권장 병조림 국물: 무가당 포도 주스 또는 10~30%의 설탕 시럽.

복숭아를 끓는 물에 담갔다가 껍질을 벗긴다. 살구와 천도복숭아는 껍질을 벗길 필요 없이 잘 씻는다. 반으로 잘라서 씨를 뺀다. 취향에 따라 씨가 있던 자리 주변의 붉은 과육을 긁어내도 좋다. 이 부분은 병조림 상태에서 색이 진해진다. 유리병에 더 쉽게 넣으려면 반으로 자른 과일을 웨지 모양으로 4등분한다. 자른 과일을 갈변 방지 용액에 넣는다. 건져서 물기를 뺀다.

과일을 냄비에 적당량 넣고 선택한 국물을 과일이 잠기도록 부은 후 부르르 끓어오르도록 가열한다. 깨끗하게 씻어서 뜨겁게 달군 235ml, 475ml 또는 1ℓ 용량의 유리병에 뜨거운 과일을 국자로 떠서 담되, 절단면이 아래로 가도록 차곡차곡 채운다. 국물을 부어서 1.2cm의 상부 공간만 남기고 채운다. 유리병에 갇힌 기포를 제거하고 필요하면 국물의 높이를 적당히 조절한다. 유리병의 입구를 닦는다. 위에 덮개를 얹고 금속 고리를 씌운 후 손끝으로 힘을 줘도 돌아가지 않을 때까지 돌려서 닫는다. 235ml 및 475ml 용량의 유리병은 중탕 병조림 찜기에 넣어 20분간 열처리한다.(1ℓ 용량의 유리병은 25분간) 완전히 식힌 후 병조림에 라벨을 붙이고 보관하기 항목의 설명에 따라 보관한다.

베리류

베리류를 병조림하면 식감이 말랑해지지만 맛있는 풍미는 그대로 유지된다. 병조림한 베리류는 특히 케이크, 아이스크림, 와플 등의 디저트 토핑으로 잘 어울린다. 권장 병조림 국물: 가당 주스, 물 또는 30~40%의 설탕 시럽.

한 번에 베리류 1~1.9ℓ씩 줄기를 자르고 씻어서 물기를 뺀 후 꼭지를 딴다. 다른 것에 비해 유난히 큰 딸기가 있다면 반으로 자른다. **익혀서 채우는 방법으로 만든다면** 베리를 끓는 국물에 넣어 30분간 가열한 후 건져낸다. 235ml, 475ml 또는 1ℓ 용량의 유리병에 뜨거운 베리를 국자로 떠서 담고, 국물을 부어 1.2cm의 상부 공간만 남기고 채운다. 유리병에 갇힌 기포를 제거하고 필요하면 국물의 높이를 적당히 조절한다. **익히지 않고 채우는 방법으로 만든다면** 뜨거운 유리병을 흔들어가면서 베리를 담고 뜨거운 국물을 부어서 1.2cm의 상부 공간만 남기고 채운다. 유리병의 입구를 닦는다. 위에 덮개를 얹고 금속 고리를 씌운 후 손끝으로 힘을 줘도 돌아가지 않을 때까지 돌려서 닫는다. 235ml 및 475m, 익혀서 채운 1ℓ짜리 유리병은 중탕 병조림 찜기에 넣어 15분간 열처리한다.(익히지 않고 채운 1ℓ 용량의 유리병은 20분간) 완전히 식힌 후 병조림에 라벨을 붙이고 보관하기 항목의 설명에 따라 보관한다.

체리

달콤한 체리와 시큼한 체리 모두 병조림에 잘 어울리며 파이 필링으로 활용해도 훌륭하다. 권장 병조림 국물: 물, 무가당 사과 주스나 청포도 주스 또는 30%의 설탕 시럽.

체리의 꼭지를 따고 씻는다. 체리의 씨를 발라내지 않고 병조림해야 색과 모양이 가장 잘 유지되지만, 씨를 빼고 병조림할 수도 있다. 병조림을 만드는 과정에서 씨를 빼지 않은 체리가 쪼개지는 것을 방지하려면 깨끗한 핀으로 체리를 하나씩 콕콕 찌른다.

적당량의 체리를 냄비에 담고 체리 1ℓ당 선택한 국물을 ½컵씩 부은 후 재빨리 부르르 끓어오르도록 가열한다. 깨끗하게 씻어서 뜨겁게 달군 235ml, 475ml 또는 1ℓ 용량의 유리병에 체리를 담고 뜨거운 국물을 부어서 1.2cm의 상부 공간만 남기고 채운다. 유리병에 갇힌 기포를 제거하고 필요하면 국물의 높이를 적당히 조절한다. 유리병의 입구를 닦는다. 위에 덮개를 얹고 금속 고리를 씌운 후 손끝으로 힘을 줘도 돌아가지 않을 때까지 돌려서 닫는다. 235ml 및 475ml 용량의 유리병은 중탕 병조림 찜기에 넣어 15분간 열처리한다.(1ℓ 용량의 유리병은 20분간) 완전히 식힌 후 병조림에 라벨을 붙이고 보관하기 항목의 설명에 따라 보관한다.

크랜베리

냉동하면 비교적 단단해지지만, 병조림 크랜베리로 크랜베리 소스를 만들면 아주 맛있다. 권장 병조림 국물: 40% 설탕 시럽.

크랜베리의 꼭지를 따고 씻는다. 시럽을 부르르 끓어오르도록 가열한 후 크랜베리를 넣고 3분간 팔팔 끓인다. 깨끗이 씻어서 뜨겁게 달군 235ml, 475ml 또는 1ℓ 용량의 유리병에 뜨거운 크랜베리를 담고 팔팔 끓는 시럽을 부어서 1.2cm의 상부 공간만 남기고 채운다. 유리병에 갇힌 기포를 제거하고 필요하면 국물의 높이를 적당히 조절한다. 유리병의 입구를 닦는다. 위에 덮개를 얹고 금속 고리를 씌운 후 손끝으로 힘을 줘도 돌아가지 않을 때까지 돌려서 닫는다. 유리병의 용량과 관계없이 중탕 병조림 찜기에 넣어 15분간 열처리한다. 완전히 식힌 후 병조림에 라벨을 붙이고 보관하기 항목의 설명에 따라 보관한다.

젤리 형태의 크랜베리 소스

전통적으로 추수감사절 칠면조 요리에 곁들이지만 차갑게 식혀서 디저트로 먹어도 맛있다. 얇게 썰어서 휩드 크림을 얹고 굵게 썬 구운 호두를 뿌린다. 권장 병조림 국물: 물.

크랜베리의 꼭지를 따고 씻는다. 적당량의 크랜베리를 냄비에 담고 크랜베리 1ℓ당 물 1컵씩 붓는다. 부드러워질 때까지 삶고 식품 분쇄기에 넣어서 간 다음 다시 냄비에 담는다.

크랜베리 2.8ℓ당 설탕 3컵을 넣고 섞는다. 잘 저으면서 3분간 끓인다. 깨끗하게 씻어서 뜨겁게 달군 235ml 또는 475ml 용량의 입구가 넓은 유리병에 국자로 뜨거운 소스를 떠서 1.2cm의 상부 공간만 남기고 채운다. 유리병에 갇힌 기포를 제거하고 필요하면 국물의 높이를 적당히 조절한다. 유리병의 입구를 닦는다. 위에 덮개를 얹고 금속 고리를 씌운 후 손끝으로 힘을 줘도 돌아가지 않을 때까지 돌려서 닫는다. 유리병의 용량과 관계없이 중탕 병조림 찜기에 넣어 15분간 열처리한다. 완전히 식힌 후 병조림에 라벨을 붙이고 보관하기 항목의 설명에 따라 보관한다.

무화과

병조림 무화과는 모양이 예쁘고 식감도 근사하지만 풍미는 다소 옅어지기 마련이다. 껍질이 터지지 않은 단단한 과일을 고르는 것이 좋다. 무화과는 산미가 아주 적으므로 반드시 산성 재료를 추가해야 한다. 권장 병조림 국물: 부드러운 꿀을 ⅓ 이하로 넣어서 만든 20% 설탕 시럽.

꼭지를 따거나 껍질을 벗기지 않는다. 씻는다. 무화과가 잠기도록 물을 붓고 2분간 뭉근히 끓인다. 물을 따라낸다.

시럽을 부르르 끓인 후 무화과를 넣고 5분간 은근히 끓인다. 깨끗하게 씻어서 뜨겁게 달군 235ml, 475ml 또는 1ℓ 용량의 유리병에 뜨거운 무화과를 담는다. 475ml짜리 유리병에는 구연산 ¼작은술이나 병에 든 레몬즙 1큰술, 1ℓ짜리 유리병에는 그 2배의 분량을 넣는다. 뜨거운 국물을 부어서 1.2cm의 상부 공간만 남기고 채운다. 유리병에 갇힌 기포를 제거하고 필요하면 국물의 높이를 적당히 조절한다. 유리병의 입구를 닦는다. 위에 덮개를 얹고 금속 고리를 씌운 후 손끝으로 힘을 줘도 돌아가지 않을 때까지 돌려서 닫는다. 235ml 및 475ml 용량의 유리병은 중탕 병조림 찜기에 넣어 45분간 열처리한다.(1ℓ 용량의 유리병은 50분간) 완전히 식힌 후 병조림에 라벨을 붙이고 보관하기 항목의 설명에 따라 보관한다.

과일 퓌레와 이유식

산도가 부족한 바나나, 캔털루프 및 기타 멜론, 코코넛, 무화과, 망고, 파파야, 배를 제외하면 모든 과일을 퓌레 상태로 보존할 수 있다.(토마토 퓌레도 여기서 설명하는 방법으로 병조림을 만들기에는 적합하지 않다.) 필요하면 과일 퓌레에 설탕이나 꿀을 적당히 넣어 단맛을 추가한다. 그러나 꿀은 12개월 이하의 영유아에게 보툴리눔 식중독을 일으킬 수 있으므로 **이유식용으로 과일 퓌레를 만든다면 꿀은 사용하지 않는다.** 권장 병조림 국물: 물.

과일의 종류에 따라 꼭지를 따고 씻어서 씨를 빼거나 껍질을 벗기고 심을 제거한다. 갈변 방지 용액에 담근다. 건진다.

과일을 살짝 으깨거나 굵게 썬다. 냄비에 과일을 넣고 과일 1ℓ당 물 1컵의 비율로 물을 부어서 섞는다. 자주 저으면서 과일이 말랑말랑해질 때까지 은근한 불에 삶는다. 체에 올려놓고 눌러서 으깨거나 식품 분쇄기의 얇은 날을 사용해 퓌레 상태로 간다. 감미료를 적당히 넣는다. 꿀을 넣는다면 저으면서 부르르 끓어오르도록 가열한다. 설탕을 넣는다면 설탕이 녹을 때까지 끓인다. 뜨겁게 달군 235ml 또는 475ml 용량의 유리병에 국자로 떠서 담아 6mm의 상부 공간만 남기고 채운다. 유리병에 갇힌 기포를 제거하고 필요하면 국물의 높이를 적당히 조절한다. 유리병의 입구를 닦는다. 위에 덮개를 얹고 금속 고리를 씌운 후 손끝으로 힘을 줘도 돌아가지 않을 때까지 돌려서 닫는다. 유리병의 용량과 관계없이 중탕 병조림 찜기에 넣어 20분간 열처리한다. 완전히 식힌 후 병조림에 라벨을 붙이고 보관하기 항목의 설명에 따라 보관한다.

포도

병조림에 적합한 품종은 플레임, 글레노라, 릴라이언스, 씨 없는 콩코드와 톰슨이다. 권장 병조림 국물: 10~20%의 설탕 시럽 또는 무가당 청포도 주스.

껍질이 단단하게 붙어 있는 씨 없는 포도를 선택하고, 가장 잘 익은 상태가 되기 2주 정도 전에 딴 것이 좋다. 씻어서 포도알을 줄기에서 떼어낸다. 냄비에 병조림 국물을 넣어 부르르 끓이고 냄비를 하나 더 준비해 물을 3.8ℓ 붓고 끓인다. 포도에서 물을 털어내고 데침용 바구니나 체에 넣어 끓는 물에 30초간 담갔다가 건진다.

깨끗이 씻어서 뜨겁게 달군 235ml, 475ml 또는 1ℓ 용량의 유리병에 포도를 차곡차곡 담은 후 뜨거운 국물을 부어서 1.2cm의 상부 공간만 남기고 채운다. 유리병에 갇힌 기포를 제거하고 필요하면 국물의 높이를 적당히 조절한다. 유리병의 입구를 닦는다. 위에 덮개를 얹고 금속 고리를 씌운 후 손끝으로 힘을 줘도 돌아가지 않을 때까지 돌려서 닫는다. 유리병의 용량과 관계없이 중탕 병조림 찜기에 넣어 10분간 열처리한다. 완전히 식힌 후 병조림에 라벨을 붙이고 보관하기 항목의 설명에 따라 보관한다.

오렌지, 귤, 자몽, 포멜로

재료를 익히지 않고 채우는 방법으로만 만들어야 한다. 귤은 그대로 병조림해도 맛있지만, 우리는 오렌지와 자몽을 병조림할 때 더 진한 풍미를 내기 위해 각각 절반씩 섞어서 사용한다. 권장 병조림 국물: 10~30% 설탕 시럽.

과일을 씻어서 껍질을 벗기고 흰색 중과피를 잘라낸다. 한 알씩 잘라서 씨와 속껍질을 제거한다.

시럽을 부르르 끓인다. 깨끗이 씻어서 뜨겁게 달군 235ml, 475ml 또는 1ℓ 용량의 유리병에 과일을 담는다. 뜨거운 시럽을 부어서 1.2cm의 상부 공간만 남기고 채운다. 유리병에 갇힌 기포를 제거하고 필요하면 국물의 높이를 적당히 조절한다. 유리병의 입구를 닦는다. 위에 덮개를 얹고 금속 고리를 씌운 후 손끝으로 힘을 줘도 돌아가지 않을 때까지 돌려서 닫는다. 유리병의 용량과 관계없이 중탕 병조림 찜기에 넣어 10분간 열처리한다. 완전히 식힌 후 병조림에 라벨을 붙이고 보관하기 항목의 설명에 따라 보관한다.

파파야

파파야를 병조림하면 식감과 색이 훌륭하게 유지되며 풍미는 더 진해진다. 파파야에는 산미가 거의 없으므로 산성 재료를 추가해야 한다. 권장 병조림 국물: 20~30%의 설탕 시럽.

파파야를 씻어서 껍질을 벗긴다. 반으로 잘라서 씨를 빼고 1.2cm 크기로 깍둑썰기한다.

시럽과 적당량의 과일을 냄비에 넣고 뭉근히 끓어오르도록 가열한다. 2~3분

간 은근히 끓인다. 깨끗이 씻어서 뜨겁게 달군 475ml 또는 1ℓ 용량의 유리병에 국자로 과일을 떠서 담는다. 475ml짜리 유리병에는 구연산 ¼작은술이나 병에 든 레몬즙 1큰술, 1ℓ짜리 유리병에는 그 2배의 분량을 넣는다. 뜨거운 시럽을 부어서 1.2cm의 상부 공간만 남기고 채운다. 유리병에 갇힌 기포를 제거하고 필요하면 국물의 높이를 적당히 조절한다. 유리병의 입구를 닦는다. 위에 덮개를 얹고 금속 고리를 씌운 후 손끝으로 힘을 줘도 돌아가지 않을 때까지 돌려서 닫는다. 475ml 용량의 유리병은 중탕 병조림 찜기에 넣어서 15분간 열처리한다.(1ℓ 용량의 유리병은 20분간) 완전히 식힌 후 병조림에 라벨을 붙이고 보관하기 항목의 설명에 따라 보관한다.

서양배

병조림에 가장 잘 어울리는 재료 중 하나다. 큼직한 서양배는 풍미가 진하고 너무 물렁거리지 않아서 좋다. 병조림에 특히 적합한 품종은 바틀릿, 클랩스 페이버릿, 더치스, 키퍼, 문글로다. 권장 병조림 국물: 무가당 사과 주스나 청포도 주스 또는 10~30%의 설탕 시럽.

서양배를 씻어서 껍질을 벗긴다. 2등분 또는 4등분해서 속을 파낸다. 갈변 방지 용액 IV에 넣는다. 건져서 헹군다.

원하는 국물에 서양배를 넣고 5분간 은근히 끓인다. 깨끗이 씻어서 뜨겁게 달군 235ml, 475ml 또는 1ℓ 용량의 유리병에 국자로 떠서 담는다. 뜨거운 국물을 부어서 1.2cm의 상부 공간만 남기고 채운다. 유리병에 갇힌 기포를 제거하고 필요하면 국물의 높이를 적당히 조절한다. 유리병의 입구를 닦는다. 위에 덮개를 얹고 금속 고리를 씌운 후 손끝으로 힘을 줘도 돌아가지 않을 때까지 돌려서 닫는다. 235ml 및 475ml 용량의 유리병은 중탕 병조림 찜기에 넣어 20분간 열처리한다.(1ℓ 용량의 유리병은 25분간) 완전히 식힌 후 병조림에 라벨을 붙이고 보관하기 항목의 설명에 따라 보관한다.

파인애플

권장 병조림 국물: 물, 파인애플 주스 또는 부드러운 꿀을 ⅓ 분량 이하로 넣어서 만든 10~30%의 설탕 시럽.

파인애플을 씻어서 껍질을 벗기고 눈을 제거한다. 세로로 4등분한 후 심을 잘라낸다. 1.2cm 두께의 슬라이스 또는 웨지 형태로 썰거나 2.5cm 크기의 조각으로 썬다.

원하는 국물에 파인애플을 넣고 10분간 은근히 끓인다. 깨끗이 씻어서 뜨겁게 달군 235ml, 475ml 또는 1ℓ 용량의 유리병에 국자로 떠서 담는다. 뜨거운 국물을 부어서 1.2cm의 상부 공간만 남기고 채운다. 유리병에 갇힌 기포를 제거하고 필요하면 국물의 높이를 적당히 조절한다. 유리병의 입구를 닦는다. 위에 덮개를 얹고 금속 고리를 씌운 후 손끝으로 힘을 줘도 돌아가지 않을 때까지 돌려서 닫는다. 235ml 및 475ml 용량의 유리병은 중탕 병조림 찜기에 넣어 15분간 열처리한다.(1ℓ 용량의 유리병은 20분간) 완전히 식힌 후 병조림에 라벨을 붙이고 보관하기 항목의 설명에 따라 보관한다.

자두

병조림에 좋은 품종은 버뱅크, 얼리 이탈리안, 펠렌버그, 그린게이지, 이탈리안 프룬, 라로다, 마운트 로열, 누비아나, 산타 로사, 사츠마, 세네카, 스탠리, 빅토리아 등이 있다. 야생 자두도 병조림에 잘 어울린다. 권장 병조림 국물: 물 또는 20~30%의 설탕 시럽.

자두의 꼭지를 따고 씻는다. 대다수 자두는 통째로 병조림해야 제일 좋다. 자두가 터지지 않도록 포크로 껍질에 살짝 구멍을 낸다.

원하는 국물에 자두를 넣고 2분간 은근히 끓인다. 뚜껑을 덮고 불에서 내려 20~30분간 둔다. 깨끗이 씻어서 뜨겁게 달군 235ml, 475ml 또는 1ℓ 용량의 유리병에 국자로 떠서 담는다. 뜨거운 국물을 부어서 1.2cm의 상부 공간만 남기고 채운다. 유리병에 갇힌 기포를 제거하고 필요하면 국물의 높이를 적당히 조절한다. 유리병의 입구를 닦는다. 위에 덮개를 얹고 금속 고리를 씌운 후 손끝으로 힘을 줘도 돌아가지 않을 때까지 돌려서 닫는다. 235ml 및 475ml 용량의 유리병은 중탕 병조림 찜기에 넣어 20분간 열처리한다.(1ℓ 용량의 유리병은 25분간) 완전히 식힌 후 병조림에 라벨을 붙이고 보관하기 항목의 설명에 따라 보관한다.

스튜 형태의 루바브

권장 병조림 국물: 루바브 주스 또는 물.

밝은 빨간색의 연한 줄기를 고른다. 잎과 녹색 부분을 떼어서 버린다. 씻어서 2.5cm 크기로 자른다. 커다란 냄비에 적당량의 루바브와 설탕을 넣어 섞는다. 이때 굵게 썬 루바브 1ℓ당 취향에 따라 설탕을 ½~1컵씩 넣는다. 가끔 저으면서 즙이 흘러나올 때까지 두되, 4시간을 초과하지 않는다.

부르르 끓어오를 때까지 천천히 가열한다. 깨끗이 씻어서 뜨겁게 달군 235ml, 475ml 또는 1ℓ 용량의 유리병에 구멍 뚫린 숟가락으로 뜨거운 루바브를 떠서 담는다. 필요에 따라 뜨거운 물을 부어서 1.2cm의 상부 공간만 남기고 채운다. 유리병에 갇힌 기포를 제거하고 필요하면 국물의 높이를 적당히 조절한다. 유리병의 입구를 닦는다. 유리병 위에 덮개를 얹고 금속 고리를 씌운 후 손끝으로 힘을 줘도 돌아가지 않을 때까지 돌려서 닫는다. 용량과 관계없이 유리병을 중탕 병조림 찜기에 넣어서 15분간 열처리한다. 완전히 식힌 후 병조림에 라벨을 붙이고 보관하기 항목의 설명에 따라 보관한다.

과일 주스 병조림 가이드

과일 주스를 병조림하는 것은 과일을 병조림하는 것만큼이나 간단하고 안전하다. 집에서 만드는 병조림 주스는 상쾌하고 영양이 풍부할 뿐만 아니라 취향에 따라 감미료를 추가해 단맛을 낼 수 있다. 잘 익었지만 단단한 과일을 선택하자.

주스기를 사용하면 간단하게 주스를 만들 수 있다. 주스기가 없다면 개별 레시피의 권장 사항에 따라 적당한 크기로 자른 과일을 뭉근히 끓인 다음 축축하게 적신 젤리용 거름망 또는 면 거즈나 면포를 4겹으로 깐 체에 부어서 거른다. 맑은 주스를 선호한다면 체에 거른 주스를 24시간 동안 냉장고에 넣어 두었다가 가라앉은 침전물을 그대로 둔 채 맑은 윗부분 주스만 따라내고 다시 물에 적신 커피 필터에 거른다.

걸러낸 주스를 바닥이 묵직한 편수 냄비에 붓고 약불에 올린 후 취향에 따라 설탕을 적당량 넣는다. 설탕이 녹을 때까지 젓는다. 강불로 올리고 자주 저으면서 주스가 거의 끓어오를 때까지 가열한다. 신선한 주스를 너무 오래 조리하거나 팔팔 끓어오를 때까지 가열하면 풍미와 영양이 저하되므로 주스 온도가 88℃를 넘지 않도록 권장한다. 가열한 주스를 즉시 뜨겁게 달군 475ml 또는 1ℓ 용량의 유리병에 붓되, 레시피에서 지정한 상부 공간을 남긴다. 10분 이하로 열처리한 주스는 반드시 살균한 유리병에 담아야 한다. 덮개를 씌우고 산도가 높은 음식의 병조림 방법에 따라 중탕 병조림 찜기에 넣어서 열처리한다. 건더

기가 있는 식품보다는 액체가 열을 훨씬 빨리 흡수하므로 맑은 과일 주스의 조리 및 열처리 시간은 비교적 짧은 편이다.

증기 주스기를 사용하면 병조림용 과일 주스를 가장 효과적으로 만들 수 있다. 언뜻 커피를 추출하는 퍼컬레이터와 비슷해 보이지만, 액체를 받아내는 받침과 수도꼭지 및 호스가 달려 있어서 주스를 모으고 따르기에 편리하다. 증기 주스기는 한 번에 대량의 과일에서 주스를 짜낼 수 있을 뿐만 아니라(게다가 사실상 손도 거의 가지 않는다.) 튜브로 흘러나오는 주스는 이미 저온 살균된 상태이므로 살균한 유리병에 그대로 부어서 병조림할 수 있다. 다만 증기 주스기도 몇 가지 단점은 있다. 일단 덩치가 크다. 또한 제조업체는 일반적인 찜 용도로 두루 사용할 수 있다고 하지만 주스 추출 이외의 용도로 증기 주스기를 마련할 이유는 거의 없다. 그뿐만 아니라 주스를 짜서 바로 유리병에 넣는 편리함을 누리면서도 주스에 달콤함을 더하고 싶다면, 반드시 주스를 짜기 전에 설탕을 과일에 훌훌 뿌려야 한다. 따라서 맛을 보면서 주스에 당(또는 산)을 추가할 수 없으므로 취향에 맞게 달콤한 맛 또는 새콤한 맛을 더하려면 앞서 설명한 절차를 따라야 하는데, 그러면 증기 주스기의 편리함이 반감되고 만다. 더 자세한 내용은 제조업체의 사용 설명서를 참고한다.

이후 개별 항목에서 소개하는 처리 시간은 해수면 고도를 기준으로 한 것이다. ▲ 높은 고도 지역의 조절 사항은 951쪽을 참고한다.

사과 주스 또는 사과주

가장 좋은 풍미를 얻기 위해서는 즙이 아주 많은 사과를 고르고, 달콤한 사과와 새콤한 사과를 섞어서 사용한다.

사과를 씻어서 꼭지를 따고 밑바닥의 배꼽 부분을 잘라낸다. 위에서 설명한 주스기나 증기 주스기로 과일의 주스를 짜낸다. 주스기가 둘 다 없다면 과일을 잘게 자르거나 푸드 프로세서를 사용해 잘게 다진다. 그다음 과일 압착기로 주스를 짜내거나 그냥 사과를 냄비에 넣고 부드러워질 때까지 뭉근히 삶은 후 건더기를 걸러낸다. 주스를 88℃까지 가열한 후 살균한 475ml, 1ℓ 또는 1.9ℓ 용량의 유리병에 부어서 6mm의 상부 공간을 남기고 채운다. 유리병의 입구를 닦는다. 위에 덮개를 얹고 금속 고리를 씌운 후 손끝으로 힘을 줘도 돌아가지 않을 때까지 돌려서 닫는다. 475ml 및 1ℓ 용량의 유리병은 중탕 병조림 찜기에 넣어 5분간 열처리한다.(1.9ℓ 용량의 유리병은 10분간) 완전히 식힌 후 병조림에 라벨을 붙이고 보관하기 항목의 설명에 따라 보관한다.

살구, 천도복숭아 또는 복숭아 과즙 음료

반드시 475ml 용량의 유리병을 사용해 병조림한다.

과일을 씻어서 씨를 빼고 굵게 썬다. 위에서 설명한 일반 주스기나 증기 주스기를 사용해 과일의 주스를 짜낸다. 주스기가 없다면 과일 1ℓ당 물 1컵을 부어서 섞고 뭉근히 끓어오를 때까지 가열한다. 불을 줄이고 자주 저으면서 과일이 부드러워질 때까지 아주 은근히 끓인 후, 체에 내리거나 식품 분쇄기에 얇은 칼날을 끼우고 간다. 과즙 음료 1ℓ당 병에 든 레몬즙을 2큰술씩 추가한다. 취향에 따라 적당히 감미료를 넣어 단맛을 더한다. 살균해서 뜨겁게 달군 475ml짜리 유리병에 뜨거운 과즙을 즉시 부어서 6mm의 상부 공간을 남기고 채운다. 유리병의 입구를 닦는다. 위에 덮개를 얹고 금속 고리를 씌운 후 손끝으로 힘을 줘도 돌아가지 않을 때까지 돌려서 닫는다. 중탕 병조림 찜기에 넣어 5분간 열처리한다. 완전히 식힌 후 병조림에 라벨을 붙이고 보관하기 항목의 설명에 따라 보관한다.

베리류, 체리 또는 커런트 주스

달콤한 품종 또는 시큼한 품종을 사용한다.

베리류는 씻어서 꼭지를 따고 으깬다. 체리는 씻어서 꼭지를 따고 씨를 제거한 후 굵게 썬다. 앞에서 설명한 일반 주스나 증기 주스기를 사용해 과일의 주스를 짜낸다. 주스기가 없다면 으깨듯이 자주 저으면서 과일이 부드러워질 때까지 아주 은근히 끓이고, 눌어붙지 않도록 적당히 물을 넣어준다. 체에 걸러서 88℃가 되도록 가열한다. 취향에 따라 적당히 감미료를 넣어 단맛을 더한다. 살균해서 뜨겁게 달군 235ml, 475ml 또는 1ℓ짜리 유리병에 주스를 즉시 부어서 1.2cm의 상부 공간을 남기고 채운다. 유리병의 입구를 닦는다. 위에 덮개를 얹고 금속 고리를 씌운 후 손끝으로 힘을 줘도 돌아가지 않을 때까지 돌려서 닫는다. 235ml와 475ml 용량의 유리병은 중탕 병조림 찜기에 넣어 5분간 열처리한다.(1ℓ 용량의 유리병은 10분간) 완전히 식힌 후 병조림에 라벨을 붙이고 보관하기 항목의 설명에 따라 보관한다.

크랜베리 주스

시판 병조림 주스보다 훨씬 더 상큼한 맛을 즐길 수 있다.

크랜베리를 씻어서 꼭지를 따고 잡티를 골라낸 후 물렁거리거나 색이 변한 것은 버린다. 앞에서 설명한 증기 주스기를 사용해 주스를 짜거나 간단히 크랜베리를 냄비에 넣고 과일 위로 2.5cm 정도 올라오도록 물을 부은 다음 부르르 끓어오르도록 가열한다. 불을 줄이고 크랜베리가 전부 터질 때까지 아주 은근히 끓인다. 체에 걸러서 88℃가 되도록 가열한다. 취향에 따라 적당히 감미료를 넣어 단맛을 더한다. 살균해서 뜨겁게 데운 235ml, 475ml 또는 1ℓ짜리 유리병에 즉시 주스를 부어서 6mm의 상부 공간을 남기고 채운다. 유리병의 입구를 닦는다. 위에 덮개를 얹고 금속 고리를 씌운 후 손끝으로 힘을 줘도 돌아가지 않을 때까지 돌려서 닫는다. 235ml와 475ml 용량의 유리병은 중탕 병조림 찜기에 넣어 5분간 열처리한다.(1ℓ 용량의 유리병은 10분간) 완전히 식힌 후 병조림에 라벨을 붙이고 보관하기 항목의 설명에 따라 보관한다.

포도 주스

알을 떼어내고 굵은 줄기는 버린다. 씻는다. 앞에서 설명한 일반 주스기나 증기 주스기를 사용해 과일의 주스를 짜낸다. 주스기가 없다면 포도를 냄비에 넣고 포도가 넉넉히 덮이도록 끓는 물을 부은 후 자주 으깨면서 과일이 부드러워질 때까지 아주 은근히 끓인다. 주스를 추출하거나 끓일 때는 씨까지 함께 으깨지 않도록 주의한다.(쓴맛이 난다.) 체에 거른다. 거른 주스를 하룻밤 냉장고에 넣어두었다가 아래에 가라앉은 침전물을 제외하고 맑은 주스만 따라낸다.(이렇게 하지 않으면 주스 안에 타르타르산염 결정이 생기므로 포도 주스에서는 이 과정이 꼭 필요하다.) 다시 체에 걸러서 88℃가 되도록 가열한다. 취향에 따라 적당히 감미료를 넣어 단맛을 더한다. 살균해서 뜨겁게 달군 235ml, 475ml 또는 1ℓ짜리 유리병에 즉시 뜨거운 주스를 부어서 6mm의 상부 공간을 남기고 채운다. 유리병의 입구를 닦는다. 위에 덮개를 얹고 금속 고리를 씌운 후 손끝으로 힘을 줘도 돌아가지 않을 때까지 돌려서 닫는다. 235ml와 475ml 용량의 유리병은 중탕 병조림 찜기에 넣어서 5분간 열처리한다.(1ℓ 용량의 유리병은 10분간) 완전히 식힌 후 병조림에 라벨을 붙이고 보관하기 항목의 설명에 따라 보관한다.

자몽 또는 자몽과 오렌지 주스

자몽과 오렌지를 섞어서 만들 때는 각각 1:1 분량으로 사용한다.

과일을 씻는다. 반으로 잘라서 주스를 짜낸다. 체에 거르고 취향에 따라 적당히 감미료를 넣어 단맛을 더한다. 88℃까지 가열해서 이 온도로 5분간 끓인다. 살균해서 뜨겁게 달군 235ml, 475ml 또는 1ℓ짜리 유리병에 즉시 뜨거운 주스를 부어서 6mm의 상부 공간을 남기고 채운다. 유리병의 입구를 닦는다. 위에 덮개를 얹고 금속 고리를 씌운 후 손끝으로 힘을 줘도 돌아가지 않을 때까지 돌려서 닫는다. 235ml와 475ml 용량의 유리병은 중탕 병조림 찜기에 넣어 5분간 열처리한다.(1ℓ 용량의 유리병은 10분간) 완전히 식힌 후 병조림에 라벨을 붙이고 보관하기 항목의 설명에 따라 보관한다.

자두 주스

자두를 씻어서 씨를 빼고 굵게 썬다. 주스기나 증기 주스기로 자두의 주스를 짜낸다. 주스기가 둘 다 없다면 냄비에 굵게 썬 자두 1ℓ당 물 1ℓ를 붓고 섞은 후 자주 저으면서 부드러워질 때까지 뭉근히 끓인다. 체에 거르고 88℃까지 가열한다. 취향에 따라 적당히 감미료를 넣어 단맛을 더한다. 살균해서 뜨겁게 달군 475ml, 1ℓ 또는 1.9ℓ 용량의 유리병에 뜨거운 주스를 부어서 6mm의 상부 공간을 남기고 채운다. 유리병의 입구를 닦는다. 위에 덮개를 얹고 금속 고리를 씌운 후 손끝으로 힘을 줘도 돌아가지 않을 때까지 돌려서 닫는다. 475ml 및 1ℓ 용량의 유리병은 중탕 병조림 찜기에 넣어 5분간 열처리한다.(1.9ℓ 용량의 유리병은 10분간) 완전히 식힌 후 병조림에 라벨을 붙이고 보관하기 항목의 설명에 따라 보관한다.

루바브 주스

여름에 톡 쏘는 청량감을 즐길 수 있는 주스다.

밝은 빨간색의 연한 줄기를 고른다. 잎과 녹색 부분을 떼어서 버린다. 굵게 썬다. 증기 주스기로 주스를 짜낸다. 증기 주스기가 없다면 루바브 줄기를 잘게 잘라서 냄비에 넣고 루바브 2.3kg당 물을 1ℓ씩 붓는다. 물이 끓기 시작할 때까지 재빨리 가열한 후 뚜껑을 덮고 불을 줄여서 루바브가 부드러워질 때까지 뭉근히 끓인다. 체에 걸러서 88℃까지 가열하고, 취향에 따라 적당히 감미료를 넣어 단맛을 더한다. 살균해서 뜨겁게 달군 475ml, 1ℓ 또는 1.9ℓ 용량의 유리병에 즉시 뜨거운 주스를 부어서 6mm의 상부 공간을 남기고 채운다. 유리병의 입구를 닦는다. 위에 덮개를 얹고 금속 고리를 씌운 후 손끝으로 힘을 줘도 돌아가지 않을 때까지 돌려서 닫는다. 475ml 및 1ℓ 용량의 유리병은 중탕 병조림 찜기에 넣어 5분간 열처리한다.(1.9ℓ 용량의 유리병은 10분간) 완전히 식힌 후 병조림에 라벨을 붙이고 보관하기 항목의 설명에 따라 보관한다.

토마토와 토마티요를 병조림하는 방법

토마토는 예나 지금이나 가정에서 병조림을 만들 때 가장 인기 있는 재료다. 제철에 풍부하게 수확할 수 있으며 매우 활용도가 높고 병조림을 만들기도 쉽다. 토마티요도 아주 무성하게 열리는 작물이고 소스나 살사, 치킨 칠리 베르데 등의 찜 요리에 넣으면 상큼하게 톡 쏘는 맛을 더한다.

토마토와 토마티요는 끓는 물로 중탕하는 방법이나 압력 병조림 방법으로 모두 처리할 수 있다. 중탕 병조림 방법도 좋은 결과를 얻을 수 있지만, 우리는 풍미와 영양소가 잘 보존되는 압력 병조림 방법을 권장한다. 물렁물렁한 부분이나 멍, 곰팡이, 껍질이 터진 부분이 없고 단단하게 잘 익었으며(농익은 것은 피한다.) 모양이 예쁜 토마토를 고른다. 죽거나 서리 때문에 동사한 덩굴에서 딴 토마토는 병조림에 사용하지 않는다. 맑은 물이 나올 때까지 헹군다. 토마토는 병조림하기 전에 껍질을 벗겨야 한다. 껍질을 벗기는 방법에 대한 자세한 내용은 토마토에 대해 항목을 참고한다. 방울토마토와 대추토마토는 병조림에 적합하지 않다.

토마티요와 익지 않은 녹색 토마토는 대부분 산도가 높지만 잘 익은 토마토의 산도는 예측하기 어렵다.(심지어 산도가 높은 것으로 알려진 재래종조차 들쑥날쑥하다.) 병조림에 필요한 산도를 확실히 확보하기 위해 완숙 토마토에는 산성 재료를 추가한다.(녹색 토마토나 토마티요는 추가할 필요가 없다.) 우리는 구연산을 선호하지만 병에 든 레몬즙을 사용해도 상관없다. ▶ 토마토를 유리병에 담은 후 475ml짜리 유리병에는 구연산 ¼작은술 또는 병에 든 레몬즙 1큰술을, 1ℓ짜리 유리병에는 분량을 2배로 늘려서 넣는다. 필요하면 토마토의 신맛을 중화시키기 위해 설탕을 약간 넣어도 좋지만, 산도를 낮출 수 있는 채소나 다른 재료는 넣지 않는다. 스위트 바질 등 신선한 허브 잎 작은 것을 잘 씻어서 하나 정도 넣는 것은 상관없다. 허브는 시간이 지날수록 풍미가 강해진다.

▶ 안전하게 병조림을 만드는 방법 항목의 설명을 참고해 진행한다. 475ml 또는 1ℓ짜리 유리병에 모든 종류의 토마토를 익혀서 담는다. 처리 시간은 해수면 고도를 기준으로 한 것이다. 높은 고도 지역에 맞춘 조절 사항은 951쪽을 참고한다.

으깬 토마토

토마토를 씻어서 껍질을 벗기고 심을 잘라낸다. 멍이 들거나 색이 변한 부분을 제거하고 4등분한다. ▶ 병조림 찜기에 한 번에 넣을 수 있는 분량만큼만 토마토를 손질한다. 토마토를 자른 후에는 커다란 냄비에 신속하게 한 겹으로 깐다. 강불에 올리고 달라붙지 않도록 감자 으깨는 도구로 으깬 후 부르르 끓어오를 때까지 저으면서 가열한다. 취향에 따라 중간에 소금을 훌훌 뿌려도 좋다. 남은 토마토를 조금씩 넣으면서 계속 젓되, 추가하는 토마토는 으깰 필요가 없다. 토마토를 냄비에 전부 넣으면 자주 저으면서 5분간 은근히 끓인다.

깨끗이 씻어서 뜨겁게 달군 475ml 또는 1ℓ 용량의 유리병에 뜨거운 토마토를 넣어 1.2cm의 상부 공간을 남기고 채운다. 유리병에 갇힌 기포를 제거하고 국물의 높이를 적당히 조절한다. 475ml짜리 병에는 구연산 ¼작은술 또는 병에 든 레몬즙 1큰술을 추가하고, 1ℓ짜리 병에는 분량을 2배로 늘려서 넣는다. 유리병의 입구를 닦는다. 위에 덮개를 얹고 금속 고리를 씌운 후 손끝으로 힘을 줘도 돌아가지 않을 때까지 돌려서 닫는다. 475ml 용량의 유리병은 중탕 병조림 찜기에 넣어 35분간 열처리한다.(1ℓ 용량의 유리병은 45분간) 또는 유리병의 용량과 관계없이 압력 병조림 찜기에 넣어 15분간 처리해도 좋다. 완전히 식힌 후 병조림에 라벨을 붙이고 보관하기 항목의 설명에 따라 보관한다.

물을 채워서 병조림한 토마토

여기서 설명하는 과정은 토마토에 물을 부어서 병조림할 때만 적용한다. 통토마토 또는 2등분이나 4등분한 토마토를 병조림하는 다른 방법은 USDA의 『가정에서 만드는 병조림 완전 가이드』를 참고한다.(참고 문헌)

토마토를 씻어서 껍질을 벗기고 심을 잘라낸다. 토마토를 통째로 병조림하려면 크기가 일정하고 자그마하면서도 과육이 통통한 것을 고른다. 반으로 잘라서 병조림하려면 토마토를 접시에 올려놓고 잘라서 즙을 받아낸다. 적당량을 냄비에 넣고 토마토즙까지 넣은 후 토마토가 잠기도록 물을 넉넉히 부어 5분간 은근히 끓인다.

깨끗이 씻어서 뜨겁게 달군 475ml 또는 1ℓ 용량의 유리병에 뜨거운 토마토를 넣는다. 475ml짜리 병에는 구연산 ¼작은술 또는 병에 든 레몬즙 1큰술을 추가하고, 1ℓ짜리 병에는 분량을 2배로 늘려서 넣는다. 소금을 적당히 추가한다. 토마토 삶은 뜨거운 국물을 부어서 1.2cm의 상부 공간을 남기고 채운다. 유리병에 갇힌 기포를 제거하고 국물의 높이를 적당히 조절한다. 유리병의 입구를 닦는다. 위에 덮개를 얹고 금속 고리를 씌운 후 손끝으로 힘을 줘도 돌아가지 않을 때까지 돌려서 닫는다. 475ml 용량의 유리병은 중탕 병조림 찜기에 넣어 40분간 열처리한다.(1ℓ 용량의 유리병은 45분간) 또는 유리병의 용량과 관계없이 압력 병조림 찜기에 넣어 10분간 처리해도 좋다. 완전히 식힌 후 병조림에 라벨을 붙이고 보관하기 항목의 설명에 따라 보관한다.

토마토 주스 또는 수프

토마토를 씻어서 꼭지를 따고 멍들거나 색이 변한 부분을 잘라낸다. 주스가 분리되는 것을 방지하기 위해 한 번에 토마토 450g씩만 4등분하고, 접시에 올려놓고 잘라서 떨어지는 즙을 받아낸다. 토마토를 냄비에 넣고 강불에 올린 후 끓어오르기 시작하면 감자 으깨는 도구로 토마토를 으깬다. 계속 팔팔 끓이면서 남은 토마토를 천천히 4등분해 토마토와 즙을 함께 냄비에 추가한다. 그동안 냄비의 내용물은 계속 끓는 상태를 유지해야 한다. 취향에 따라 소금을 뿌린다. 토마토를 전부 넣으면 자주 저으면서 5분간 뭉근히 끓인다.

토마토가 뜨거울 때 체에 내리거나 식품 분쇄기에 넣어서 간 후 다시 냄비에 담는다. 즙이 부르르 끓어오를 때까지 재빨리 가열한 후, 깨끗이 씻어서 뜨겁게 달군 475ml 또는 1ℓ 용량의 유리병에 즉시 토마토 혼합물을 넣어서 1.2cm의 상부 공간을 남기고 채운다. 475ml짜리 병에는 구연산 ¼작은술 또는 병에 든 레몬즙 1큰술을 추가하고, 1ℓ짜리 병에는 분량을 2배로 늘려서 넣는다. 유리병의 입구를 닦는다. 위에 덮개를 얹고 금속 고리를 씌운 후 손끝으로 힘을 줘도 돌아가지 않을 때까지 돌려서 닫는다. 475ml 용량의 유리병은 중탕 병조림 찜기에 넣어 35분간 열처리한다.(1ℓ 용량의 유리병은 40분간) 또는 유리병의 용량과 관계없이 압력 병조림 찜기에 넣어 15분간 처리해도 좋다. 완전히 식힌 후 병조림에 라벨을 붙이고 보관하기 항목의 설명에 따라 보관한다.

토마토 수프를 만든다면 증점 재료나 크림을 넣지 않는다. 증점 재료 또는 크림은 병조림을 개봉한 후 먹기 전에 넣어야 한다.

토마토 채소 주스 또는 수프

토마토의 무게를 잰 후 위의 토마토 주스 병조림 방법에 따라 토마토를 씻고 꼭지를 따서 손질한다. 4등분한 후 으깨서 끓인다. 토마토 2.5kg당 잘게 썬 당근, 셀러리, 양파 및/또는 피망이나 고추를 섞어서 최대 ¾컵씩 넣는다. 자주 저으면서 20분간 뭉근히 끓인다.

뜨거울 때 체에 내리거나 식품 분쇄기에 넣어서 간 후 다시 냄비에 담는다. 남은 건더기는 버린다. 즙이 부르르 끓어오를 때까지 재빨리 가열한 후, 깨끗이 씻어서 뜨겁게 달군 475ml 또는 1ℓ 용량의 유리병에 즉시 부어서 1.2cm의 상부 공간을 남기고 채운다. 475ml짜리 병에는 구연산 ¼작은술 또는 병에 든 레몬즙 1큰술을 추가하고, 1ℓ짜리 병에는 분량을 2배로 늘려서 넣는다. 유리병의 입구를 닦는다. 위에 덮개를 얹고 금속 고리를 씌운 후 손끝으로 힘을 줘도 돌아가지 않을 때까지 돌려서 닫는다. 475ml 용량의 유리병은 중탕 병조림 찜기에 넣어 35분간 열처리한다.(1ℓ 용량의 유리병은 40분간) 또는 유리병의 용량과 관계없이 압력 병조림 찜기에 넣어 15분간 처리해도 좋다. 완전히 식힌 후 병조림에 라벨을 붙이고 보관하기 항목의 설명에 따라 보관한다.

수프를 만든다면 증점 재료나 크림을 넣지 않는다. 증점 재료 또는 크림은 병조림을 개봉한 후 먹기 전에 넣어야 한다.

물을 채워서 병조림한 토마티요

토마티요는 대체로 산도가 높아서 레몬즙이나 구연산을 추가할 필요가 없다. 단단하고 덜 익은 토마티요를 고른다. 껍질을 벗기고 겉껍질을 떼어낸 후 씻는다. 토마티요를 반으로 자르거나 깨끗한 바늘로 전체적으로 찔러서 터지지 않게 한다. 냄비에 적당량을 담고 토마티요가 잠기도록 물을 부은 후 5분간 은근히 끓인다.

깨끗하게 씻어서 뜨겁게 달군 475ml 또는 1ℓ 용량의 유리병에 뜨거운 토마티요를 담는다. 뜨거운 국물을 부어서 1.2cm의 상부 공간을 남기고 채운다. 유리병에 갇힌 기포를 제거하고 국물의 높이를 적당히 조절한다. 유리병의 입구를 닦는다. 위에 덮개를 얹고 금속 고리를 씌운 후 손끝으로 힘을 줘도 돌아가지 않을 때까지 돌려서 닫는다. 475ml 용량의 유리병은 중탕 병조림 찜기에 넣어 40분간 열처리한다.(1ℓ 용량의 유리병은 45분간) 또는 유리병의 용량과 관계없이 압력 병조림 찜기에 넣어 10분간 처리해도 좋다. 완전히 식힌 후 병조림에 라벨을 붙이고 보관하기 항목의 설명에 따라 보관한다.

채소 병조림에 대해

채소를 병조림할 때 염두에 두어야 할 가장 중요한 점은, 채소는 산도가 낮아서 해로운 박테리아가 생기기 쉬우므로 ▶ 반드시 압력 병조림 방법으로 처리해야 한다는 것이다.

아티초크, 브로콜리, 방울양배추, 양배추, 콜리플라워, 오이, 가지를 비롯해 이번 장에서 언급하지 않는 모든 뿌리채소는 피클을 만들거나 냉동하거나 생으로 먹는 편이 나으며 ▶ 병조림을 해서는 안 된다.

품질이 좋고 잘 익었지만 단단한 채소를 고르되, 이왕이면 크기가 일정한 것이 좋다. 물렁물렁한 부분이 있거나 멍, 곰팡이, 갈라진 껍질이 보이는 것은 피한다. 당근과 감자, 호박 등 단단한 채소는 흐르는 찬물에 깨끗해질 때까지 박박 문질러 씻는다. 꼬투리를 까지 않은 완두콩처럼 작고 단단한 채소는 체에 담아 흐르는 찬물 아래에서 흔들어 씻는다. 연약한 채소는 미지근한 물을 여러 번 갈아가면서 모래와 불순물이 나오지 않을 때까지 헹군다. 채소는 껍질을 벗기거나 깐 후에도 헹궈야 한다.

대다수 채소는 병조림하기 전에 잠깐 사전 조리를 하면 훨씬 좋다. 이어서 소개하는 개별 항목의 사전 조리 설명을 따른다. ▶ 채소를 병조림할 때는 채소 1ℓ당 1작은술의 비율로 소금을 넣기도 한다.

채소 병조림 가이드

안전하게 병조림을 만드는 방법 항목의 설명을 참고해서 진행한다. **해수면 고도에서 다이얼 게이지 압력 병조림 찜기를 사용한다면, 모든 채소를 11psi에서 병조림한다. 해수면 고도에서 가중 게이지 압력 병조림 찜기를 사용한다면, 모든 채소를 10psi에서 병조림한다.** ▲ 높은 고도 지역에서 조절해야 하는 사항은 951쪽을 참고한다.

아스파라거스

두껍고 끝부분이 단단하게 여문 것을 고른다. 깨끗이 씻는다. 줄기 전체를 사용할 때는 유리병의 높이보다 2.5cm 짧게 자른다. 조각으로 잘라서 병조림하

일반 채소의 병조림 분량

생채소 종류	1ℓ 용량의 유리병 1개당 필요한 채소의 양	채소 30ℓ 당 필요한 1ℓ짜리 유리병의 개수
꼬투리에 든 리마콩	1.8~2.3kg	6~8개
깍지콩	680~900g	15~20개
비트	1.1~1.3kg	17~20개
당근	1.1~1.3kg	16~20개
옥수수 알갱이	통옥수수 7개	8개
녹색 채소	900g~1.3kg	6~9개
오크라	680~900g	17개
꼬투리에 든 완두콩	900g~1.1kg	5~10개
여름 호박	900g~1.1kg	16~20개
고구마	1.1~1.3kg	18~22개
토마토	1.1~1.6kg	15~20개

려면 질긴 껍질을 벗기고 양쪽 끝을 잘라낸 후 2.5cm 길이로 썬다. **익혀서 채우는 방법**을 따른다면 아스파라거스를 물에 넣고 2~3분간 뭉근히 끓인다. 깨끗이 씻어서 뜨겁게 달군 475ml 또는 1ℓ 용량의 유리병에 뜨거운 아스파라거스를 느슨하게 담는다. 줄기 전체를 사용할 경우 뾰족한 끝부분이 위로 올라오도록 넣고 끓는 국물을 부어서 2.5cm의 상부 공간을 남기고 채운다. **익히지 않고 채우는 방법**을 따른다면 뜨겁게 달군 475ml 또는 1ℓ 용량의 유리병에 생아스파라거스를 빽빽하게 담고 끓는 국물을 부어서 2.5cm의 상부 공간을 남기고 채운다. 유리병의 입구를 닦는다. 위에 덮개를 얹고 금속 고리를 씌운 후 손끝으로 힘을 줘도 돌아가지 않을 때까지 돌려서 닫는다. 475ml 용량의 유리병은 압력 병조림 찜기에 넣어 30분간 처리한다.(1ℓ 용량의 유리병은 40분간) 완전히 식힌 후 병조림에 라벨을 붙이고 보관하기 항목의 설명에 따라 보관한다.

꼬투리를 갓 깐 콩

통통하고 부드러운 꼬투리를 고른다. 꼬투리를 벗기고 깨끗이 씻는다. 필요에 따라 비슷한 크기의 콩끼리 분류한다. **익혀서 채우는 방법**을 따른다면 콩을 물에 넣고 부르르 삶는다. 깨끗하게 씻어서 뜨겁게 달군 475ml 또는 1ℓ 용량의 유리병에 뜨거운 콩을 느슨하게 담고 끓는 국물을 붓는다.(생강낭콩을 병조림한다면 물기를 빼고 콩 삶은 국물 대신 맹물을 끓여서 강낭콩이 잠기도록 붓는다.) **익히지 않고 채우는 방법**을 따른다면 뜨겁게 달군 475ml 또는 1ℓ 용량의 유리병에 생콩을 넣는다. 꾹 누르거나 흔들어서 채우지 않도록 주의한다. 콩이 잠기도록 끓는 물을 붓는다. 다양한 품종의 동부콩처럼 작은 콩은 475ml짜리 유리병에 넣을 때 2.5cm의 상부 공간을, 1ℓ짜리 유리병에 넣을 때 3.8cm의 상부 공간을 남긴다. 리마콩이나 파바콩처럼 큼직한 콩은 475ml짜리 유리병에 넣을 때 2.5cm의 상부 공간을, 1ℓ짜리 유리병에 넣을 때 3.2cm의 상부 공간을 남긴다. 유리병에 갇힌 기포를 제거하고 국물의 높이를 적당히 조절한다. 유리병의 입구를 닦는다. 위에 덮개를 얹고 금속 고리를 씌운 후 손끝으로 힘을 줘도 돌아가지 않을 때까지 돌려서 닫는다. 475ml 용량의 유리병은 압력 병조림 찜기에 넣어 40분간 처리한다.(1ℓ 용량의 유리병은 50분간) 완전히 식힌 후 병조림에 라벨을 붙이고 보관하기 항목의 설명에 따라 보관한다.

껍질콩, 깍지콩 또는 노란 껍질콩

아삭하고 부드러우며 통통한 꼬투리를 고른다. 끝부분을 잘라내고 얇은 줄기

가 있다면 뜯어낸다. 통째로 사용하거나 부러뜨리거나 일정한 크기로 썬다. 익혀서 채우는 **방법**을 따른다면 콩을 물에 넣고 5분간 은근히 삶는다. 깨끗이 씻어서 뜨겁게 달군 475ml 또는 1ℓ 용량의 유리병에 뜨거운 콩을 느슨하게 담는다. 콩을 통째로 병조림할 때는 세워서 넣는다. 끓는 국물을 부어서 2.5cm의 상부 공간을 남기고 채운다. 유리병에 갇힌 기포를 제거하고 국물의 높이를 적당히 조절한다. **익히지 않고 채우는 방법**을 따른다면 뜨겁게 달군 475ml 또는 1ℓ 용량의 유리병에 생콩을 넣고 끓는 물을 부어서 2.5cm의 상부 공간을 남기고 채운다. 유리병의 입구를 닦는다. 위에 덮개를 얹고 금속 고리를 씌운 후 손끝으로 힘을 줘도 돌아가지 않을 때까지 돌려서 닫는다. 475ml 용량의 유리병은 압력 병조림 찜기에 넣어 20분간 처리한다.(1ℓ 용량의 유리병은 25분간) 완전히 식힌 후 병조림에 라벨을 붙이고 보관하기 항목의 설명에 따라 보관한다.

비트

지름 7.5cm 이하의 아삭한 비트를 선택한다. 씻은 후 먹지 않는 부분을 잘라내고 뿌리와 줄기는 2.5cm만큼 남긴다. 물을 붓고 껍질이 느슨해질 때까지 20분 정도 은근히 삶는다. 약간 식혀서 뿌리와 줄기를 잘라내고 껍질을 벗긴다. 작은 베이비 비트(2.5cm)는 통째로 사용할 수 있다. 비트를 1.2cm 크기로 깍둑썰기하거나 슬라이스 형태로 썬다.(너무 큰 슬라이스는 2등분 또는 4등분한다.) 깨끗이 씻어서 뜨겁게 달군 475ml 또는 1ℓ 용량의 유리병에 뜨거운 비트를 넣는다. 맑은 물을 끓인 후 부어서 2.5cm의 상부 공간을 남기고 채운다. 유리병에 갇힌 기포를 제거하고 국물의 높이를 적당히 조절한다. 유리병의 입구를 닦는다. 위에 덮개를 얹고 금속 고리를 씌운 후 손끝으로 힘을 줘도 돌아가지 않을 때까지 돌려서 닫는다. 475ml 용량의 유리병은 압력 병조림 찜기에 넣어 30분간 처리한다.(1ℓ 용량의 유리병은 35분간) 완전히 식힌 후 병조림에 라벨을 붙이고 보관하기 항목의 설명에 따라 보관한다.

당근

지름 3.2cm 이하의 달콤하고 아삭한 어린 당근을 고른다. 씻어서 껍질을 벗기고 한 번 더 씻는다. 1.2cm 두께의 스틱, 슬라이스 또는 큼직한 모양으로 썬다. **익혀서 채우는 방법**을 따른다면 당근을 물에 넣고 5분간 은근히 삶는다. 깨끗이 씻어서 뜨겁게 달군 475ml 또는 1ℓ 용량의 유리병에 뜨거운 당근을 담고 끓는 국물을 부어서 2.5cm의 상부 공간을 남기고 채운다. **익히지 않고 채우는 방법**을 따른다면 뜨겁게 달군 475ml 또는 1ℓ 용량의 유리병에 생당근을 차곡차곡 넣고 끓는 물을 부어서 2.5cm의 상부 공간을 남기고 채운다. 유리병에 갇힌 기포를 제거하고 국물의 높이를 적당히 조절한다. 유리병의 입구를 닦는다. 위에 덮개를 얹고 금속 고리를 씌운 후 손끝으로 힘을 줘도 돌아가지 않을 때까지 돌려서 닫는다. 475ml 용량의 유리병은 압력 병조림 찜기에 넣어 25분간 처리한다.(1ℓ 용량의 유리병은 30분간) 완전히 식힌 후 병조림에 라벨을 붙이고 보관하기 항목의 설명에 따라 보관한다.

크림 형태의 옥수수

혼합물의 농도가 아주 진하므로 475ml 용량의 유리병만 사용한다.

옥수수의 수염과 겉껍질을 떼어내고 잘 씻는다. 끓는 물에 넣어 3분간 데친다. 알갱이를 절반 정도 지점에서 잘라낸다. 식탁용 칼로 남은 알갱이를 긁고 '짜내되', 옥수숫대가 같이 떨어져나오지 않도록 주의한다.

잘라내고 긁어낸 옥수수 알갱이를 냄비에 넣고 옥수수 4컵당 끓는 물 2컵

의 비율로 물을 붓는다. 부르르 끓어오르도록 가열하면서 저어준다. 뜨겁게 달군 475ml 용량의 유리병에 국자로 뜨거운 옥수수 혼합물을 담아서 2.5cm의 상부 공간을 남기고 채운다. 취향에 따라 475ml짜리 유리병에 1개당 소금을 ½작은술씩 추가한다. 유리병에 갇힌 기포를 제거하고 국물의 높이를 적당히 조절한다. 유리병의 입구를 닦는다. 위에 덮개를 얹고 금속 고리를 씌운 후 손끝으로 힘을 줘도 돌아가지 않을 때까지 돌려서 닫는다. 475ml 용량의 유리병을 압력 병조림 찜기에 넣어 25분간 처리한다. 완전히 식힌 후 병조림에 라벨을 붙이고 보관하기 항목의 설명에 따라 보관한다.

옥수수 알갱이

가정에서 병조림한 옥수수는 아삭하고 달콤하다. 초당옥수수나 덜 익은 옥수수의 알갱이는 갈색으로 변하기도 하지만 몸에는 해롭지 않다. 옥수수의 겉껍질과 수염을 떼어내고 씻는다. 끓는 물에 넣어 3분간 데친다. 알갱이를 ¾ 정도 지점에서 잘라낸다. 옥수숫대에 붙어 있는 알갱이는 긁어내지 않는다. 옥수숫대가 같이 떨어져나오면 병조림이 탁해지고 전분 때문에 식품 안전상의 위험이 발생할 수 있다.

익혀서 채우는 방법을 따른다면 옥수수 알갱이 4컵당 끓는 물을 1컵씩 붓고 부르르 끓어오르도록 가열한다. 5분간 뭉근히 삶는다. 깨끗이 씻어서 뜨겁게 달군 475ml 또는 1ℓ 용량의 유리병에 뜨거운 옥수수 알갱이를 느슨하게 담고 끓는 국물을 부어서 2.5cm의 상부 공간을 남기고 채운다. **익히지 않고 채우는 방법**을 따른다면 뜨겁게 달군 475ml 또는 1ℓ 용량의 유리병에 옥수수 알갱이를 담는다. 너무 꽉꽉 눌러 담지 않도록 주의한다. 끓는 물을 부어서 2.5cm의 상부 공간을 남기고 채운다. 유리병에 갇힌 기포를 제거하고 국물의 높이를 적당히 조절한다. 유리병의 입구를 닦는다. 위에 덮개를 얹고 금속 고리를 씌운 후 손끝으로 힘을 줘도 돌아가지 않을 때까지 돌려서 닫는다. 475ml 용량의 유리병은 압력 병조림 찜기에 넣어 55분간 처리한다.(1ℓ 용량의 유리병은 1시간 25분간) 완전히 식힌 후 병조림에 라벨을 붙이고 보관하기 항목의 설명에 따라 보관한다.

오크라

오크라 꼬투리를 통째로 병조림하면 말랑해지지만 끈적이지는 않고 풍미도 근사하다.

연하고 어린 오크라 꼬투리를 고른다. 씻어서 통째로 사용한다. 2분간 은근히 삶는다. 깨끗이 씻어서 뜨겁게 달군 475ml 또는 1ℓ 용량의 유리병에 뜨거운 오크라를 넣고 뜨거운 국물을 부어서 2.5cm의 상부 공간을 남기고 채운다. 유리병에 갇힌 기포를 제거하고 국물의 높이를 적당히 조절한다. 유리병의 입구를 닦는다. 위에 덮개를 얹고 금속 고리를 씌운 후 손끝으로 힘을 줘도 돌아가지 않을 때까지 돌려서 닫는다. 475ml 용량의 유리병은 압력 병조림 찜기에 넣어 25분간 처리한다.(1ℓ 용량의 유리병은 40분간) 완전히 식힌 후 병조림에 라벨을 붙이고 보관하기 항목의 설명에 따라 보관한다.

녹색 완두콩

냉동 완두콩을 권장한다. 완두콩을 다른 용도로 활용하기 어려운 경우에만 병조림을 만든다.

어리고 연하며 작거나 중간 크기의 달콤한 완두콩을 사용한다. 꼬투리를 벗겨내고 깨끗하게 씻는다. **익혀서 채우는 방법**을 따른다면 완두콩을 물에 넣고

팔팔 끓어오르도록 가열한 후 2분간 삶는다. 신선한 콩 및 완두콩을 병조림할 때와 마찬가지로 2.5cm의 상부 공간을 남기고 유리병을 채운다. **익히지 않고 채우는 방법**을 따른다면 뜨겁게 달군 475ml 또는 1ℓ 용량의 유리병에 생완두콩을 담고 끓는 물을 부어서 2.5cm의 상부 공간을 남기고 채운다. 병을 흔들거나 완두콩을 꽉 누르지 않도록 주의한다. 유리병에 갇힌 기포를 제거하고 국물의 높이를 적당히 조절한다. 유리병의 입구를 닦는다. 위에 덮개를 얹고 금속 고리를 씌운 후 손끝으로 힘을 줘도 돌아가지 않을 때까지 돌려서 닫는다. 유리병의 용량과 관계없이 압력 병조림 찜기에 넣어 40분간 처리한다. 완전히 식힌 후 병조림에 라벨을 붙이고 보관하기 항목의 설명에 따라 보관한다.

매운 고추 또는 달콤한 고추

과육이 두툼한 고추만 병조림에 사용할 수 있다. 나머지는 너무 얇아서 껍질을 벗기기 어렵다. 475ml 또는 그 이하의 작은 병만 사용한다.

색과 관계없이 아삭하고 과육이 통통한 고추를 선택한다. 고추를 씻어서 구운 후 껍질을 벗긴다. 심과 씨를 제거한다. 작은 고추는 통째로 사용하고 세로 방향으로 칼집을 두 군데 넣는다. 큼직한 고추는 4등분하거나 반을 갈라서 평평하게 편다. 깨끗이 씻어서 뜨겁게 달군 235ml 또는 475ml 용량의 유리병에 고추를 담고, 475ml당 소금을 ¼작은술씩 넣는다. 끓는 물을 부어서 2.5cm의 상부 공간을 남기고 채운다. 유리병에 갇힌 기포를 제거하고 국물의 높이를 적당히 조절한다. 유리병의 입구를 닦는다. 위에 덮개를 얹고 금속 고리를 씌운 후 손끝으로 힘을 줘도 돌아가지 않을 때까지 돌려서 닫는다. 유리병의 용량과 관계없이 압력 병조림 찜기에 넣어 35분간 처리한다. 완전히 식힌 후 병조림에 라벨을 붙이고 보관하기 항목의 설명에 따라 보관한다.

감자

병조림한 감자는 단단하고 달콤하다.

작거나 중간 크기의 단단한 점질 감자를 선택한다. 감자를 씻어서 껍질을 벗긴 후 헹군다. 작은 감자(지름 5cm 이하)는 그대로 병조림하고 큰 감자는 2등분 또는 4등분하거나 1.2cm 크기로 깍둑썰기한다. 큼직한 조각이나 통감자는 물에 넣어 10분간 은근히 삶고 1.2cm 크기로 깍둑썰기한 것은 2분간 삶는다. 건져서 물기를 뺀다. 깨끗이 씻어서 뜨겁게 달군 475ml 또는 1ℓ 용량의 유리병에 뜨거운 감자를 담는다. 맑은 물을 끓여서 부어 2.5cm의 상부 공간을 남기고 채운다. 유리병에 갇힌 기포를 제거하고 국물의 높이를 적당히 조절한다. 유리병의 입구를 닦는다. 위에 덮개를 얹고 금속 고리를 씌운 후 손끝으로 힘을 줘도 돌아가지 않을 때까지 돌려서 닫는다. 475ml 용량의 유리병은 압력 병조림 찜기에 넣어 35분간 처리한다.(1ℓ 용량의 유리병은 40분간) 완전히 식힌 후 병조림에 라벨을 붙이고 보관하기 항목의 설명에 따라 보관한다.

참고: 병조림으로 만들기 전에 7.2℃ 이하에서 보관한 감자는 병조림을 했을 때 색이 변할 수도 있지만, 몸에는 해롭지 않다.

고구마

주의사항: 으깬 고구마는 밀도가 높아서 열이 유리병의 중심부까지 침투하기 힘들다. 따라서 병조림했을 때 안전하지 않으므로 으깨거나 퓌레 상태로 만들지 않도록 주의한다.

작거나 중간 크기의 단단한 고구마를 고른다. 취향에 따라 20%의 설탕 시럽을 준비한다. 고구마를 씻는다. 은근히 삶거나 껍질이 일어날 때까지 15분

정도 찐다. 껍질을 벗기고 유리병에 차곡차곡 잘 들어가도록 4등분 또는 그보다 작은 크기로 썬다. 깨끗이 씻어서 뜨겁게 달군 475ml 또는 1ℓ 용량의 유리병에 뜨거운 고구마를 담는다. 끓인 설탕 시럽 또는 끓는 물을 부어서 2.5cm의 상부 공간을 남기고 채운다. 유리병에 갇힌 기포를 제거하고 국물의 높이를 적당히 조절한다. 유리병의 입구를 닦는다. 위에 덮개를 얹고 금속 고리를 씌운 후 손끝으로 힘을 줘도 돌아가지 않을 때까지 돌려서 닫는다. 475ml 용량의 유리병은 압력 병조림 찜기에 넣어 1시간 5분 처리한다.(1ℓ 용량의 유리병은 1시간 30분간) 완전히 식힌 후 병조림에 라벨을 붙이고 보관하기 항목의 설명에 따라 보관한다.

겨울 호박

주의사항: 으깬 겨울 호박은 밀도가 높아서 열이 유리병의 중심부까지 침투하기 힘들다. 따라서 병조림했을 때 안전하지 않으므로 으깨거나 퓌레 상태로 만들지 않도록 주의한다.

껍질이 단단하고 과육에 수분이 많지 않으면서 두툼하고 결이 조밀한(실처럼 뜯어지지 않는) 작은 겨울 호박을 고른다. 호박을 씻어서 씨를 빼고 2.5cm 두께의 슬라이스로 자른 후 껍질을 벗긴다. 2.5cm 크기로 깍둑썰기한다. 물에 넣어서 2분간 은근히 삶는다. 깨끗이 씻어서 뜨겁게 달군 475ml 또는 1ℓ 용량의 유리병에 뜨거운 호박을 담고 끓는 국물을 부어서 2.5cm의 상부 공간을 남기고 채운다. 유리병에 갇힌 기포를 제거하고 국물의 높이를 적당히 조절한다. 유리병의 입구를 닦는다. 위에 덮개를 얹고 금속 고리를 씌운 후 손끝으로 힘을 줘도 돌아가지 않을 때까지 돌려서 닫는다. 475ml 용량의 유리병은 압력 병조림 찜기에 넣어 55분간 처리한다.(1ℓ 용량의 유리병은 1시간 30분간) 완전히 식힌 후 병조림에 라벨을 붙이고 보관하기 항목의 설명에 따라 보관한다.

서코태시

북아메리카의 전통 음식으로 옥수수와 콩을 섞어서 만드는 서코태시는 병조림에 아주 잘 어울린다. 토마토는 선택 재료다.

꼬투리를 갓 깐 리마콩이나 통째로 갓 잘라낸 옥수수 알갱이를 사용하고 (취향에 따라 토마토는 958쪽의 설명대로 으깬다.) 각 채소를 959~960쪽의 설명대로 손질한다. 냄비에 리마콩과 옥수수를 4:3의 비율로 넣고 토마토를 넣는다면 으깬 토마토를 2의 비율로 추가한다. 5분간 은근히 끓인다. 깨끗이 씻어서 뜨겁게 달군 475ml 또는 1ℓ 용량의 유리병에 뜨거운 혼합물을 담고 끓는 국물을 부어서 2.5cm의 상부 공간을 남기고 채운다. 유리병에 갇힌 기포를 제거하고 국물의 높이를 적당히 조절한다. 유리병의 입구를 닦는다. 위에 덮개를 얹고 금속 고리를 씌운 후 손끝으로 힘을 줘도 돌아가지 않을 때까지 돌려서 닫는다. 475ml 용량의 유리병은 압력 병조림 찜기에 넣어 1시간 동안 처리한다.(1ℓ 용량의 유리병은 1시간 25분간) 완전히 식힌 후 병조림에 라벨을 붙이고 보관하기 항목의 설명에 따라 보관한다.

순무

달콤하고 아삭한 어린 순무는 병조림해도 맛있고 단단한 식감이 유지된다.

지름 7.5cm 이하의 연하고 어린 순무를 고른다. 깨끗이 씻어서 껍질을 벗긴다. 2.5cm로 깍둑썰기하거나 슬라이스 형태로 썬다. 물에 넣고 5분간 은근히 삶는다. 깨끗이 씻어서 뜨겁게 달군 475ml 또는 1ℓ 용량의 유리병에 국자로 순무를 담고 끓는 국물을 부어서 2.5cm의 상부 공간을 남기고 채운다. 유리병에

간힌 기포를 제거하고 국물의 높이를 적당히 조절한다. 유리병의 입구를 닦는다. 위에 덮개를 얹고 금속 고리를 씌운 후 손끝으로 힘을 줘도 돌아가지 않을 때까지 돌려서 닫는다. 475ml 용량의 유리병은 압력 병조림 찜기에 넣어 30분간 처리한다.(1ℓ 용량의 유리병은 35분간) 완전히 식힌 후 병조림에 라벨을 붙이고 보관하기 항목의 설명에 따라 보관한다.

육류, 가금류, 야생동물 고기, 생선 병조림에 대해

가정에서 육류, 가금류, 야생동물 고기를 병조림하는 것은 안전하기도 하고 염장 및 훈연 등의 전통 방식에 비해 더욱 편리한 보존법이다. ▶ 이러한 동물성 재료는 예외 없이 반드시 압력 병조림 찜기로 처리해야 한다. 처리 과정에서 압력 병조림 찜기에 달린 정확한 게이지를 활용해 압력이 최소 10psi(또는 115.6℃)에 도달하는지 확인해야 하며 ▲ 고도에 따라 적당히 시간 또는 압력을 조절해야 한다. 육류, 가금류, 야생동물 고기, 해산물을 냉동하려면 944쪽을 참고한다.

육류와 생선을 담은 병조림 병은 밀봉하고 식힌 다음 겉에 묻은 기름기나 잔여물을 제거하기 위해 씻어야 하는 경우가 많다.(병조림 과정에서 내용물이 약간 새어나오기도 하지만 큰 문제가 되지는 않는다.) 싱크대에 유리병을 한 층으로 넣고 유리병의 입구 높이까지 올라오도록 아주 뜨거운 비눗물을 붓는다. 15분간 뜨거운 비눗물에 담가두었다가 거친 스펀지 또는 수세미로 유리병과 덮개를 박박 문질러 씻어서 잔여물을 벗겨낸다. 절이거나 염장하지 않은 신선한 육류만 병조림하는 것이 가장 좋다. 절이거나 염장한 육류는 병조림보다는 훈연이 더 좋은 보존법이다. ▶ 안전하게 병조림을 만드는 방법 항목의 설명을 참고해서 진행한다.

신선육 및 가금류 병조림하기

육류를 병조림할 때는 익혀서 채우는 방법도 익히지 않고 채우는 방법만큼이나 오래 처리해야 하므로 우리는 익히지 않고 채우는 방법을 선호한다.

신선육 및 가금류를 익히지 않고 채우려면 우선 유리병을 준비한다. 뼈에서 고기를 잘라낸다.(뼈와 남은 조각들은 육수용으로 보관한다.) 닭고기는 관절 부분을 잘라서 토막 낸다. ▶ 지방이 많으면 병조림한 후에 강한 냄새가 날 수 있으므로 육류와 가금류에서 지방을 꼼꼼히 떼어낸다. 냄새가 강한 야생동물 고기는 물 1ℓ에 소금 1큰술을 넣어서 섞은 소금물에 1시간 동안 절여도 좋다. 육류를 결의 반대 방향으로 2.5cm 두께의 길쭉한 모양 또는 덩어리로 썬다. 깨끗이 씻어서 뜨겁게 달군 475ml 또는 1ℓ 용량의 유리병에 차곡차곡 담는다. 이때 국물은 붓지 않는다. ▶ 걸쭉하게 만든 그레이비는 병조림에 사용하기에 안전하지 않으므로 절대 넣지 않는다. 475ml짜리 유리병에는 소금 ½작은술, 1ℓ짜리 유리병에는 소금 1작은술씩 넣어도 좋다. 육류는 2.5cm, 가금류는 3.2cm의 상부 공간을 남기고 채운다. 유리병의 입구를 닦는다. 위에 덮개를 얹고 금속 고리를 씌운 후 손끝으로 힘을 줘도 돌아가지 않을 때까지 돌려서 닫는다.

475ml 용량의 유리병은 압력 병조림 찜기에 2층으로 쌓을 수 있지만, 위에 얹는 유리병이 아래에 있는 유리병 2개에 걸치도록 배열한다. 병조림 찜기의 뚜껑을 덮는다. 병조림 찜기를 중강불에 올려 안에 있는 물이 부르르 끓어오르도록 가열한다.(불이 너무 세면 이 단계에서 유리병에 금이 가기도 한다.) 10분간 압력 병조림 찜기의 증기를 빼면서 가열한 후 증기 밸브를 닫는다. 고도가 305m 이하의 지역이라면 다이얼 게이지 증기 압력 병조림 찜기는 11psi, 가중 게이지 압력 병조림 찜기는 10psi에 맞춰 처리한다. ▲ 높은 고도의 지역에 적

합한 조절 사항은 951쪽을 참고한다. 475ml 용량의 유리병은 1시간 15분간 처리한다.(1ℓ 용량의 유리병은 1시간 30분간) 병조림 찜기를 식히면서 자연스럽게 압력을 뺀다. 찜기에서 병조림을 꺼낸 후 식혀서 병조림에 라벨을 붙이고 보관하기 항목의 설명에 따라 보관한다.

뼈 있는 닭고기를 담은 475ml 용량의 유리병은 1시간 5분간 처리한다.(1ℓ 용량의 유리병은 1시간 15분간) **뼈를 제거한 닭고기**를 담은 475ml 용량의 유리병은 1시간 15분간 처리한다.(1ℓ 용량의 유리병은 1시간 30분간) 모래주머니와 염통은 내용물이 잠길 정도로 끓는 닭 육수를 부어서 함께 병조림할 수 있지만, 반드시 475ml 용량의 유리병을 사용하고 살코기 부위와는 별도로 병조림해야 한다. 475ml 용량의 유리병을 압력 병조림 찜기에 넣어 1시간 15분간 처리한다. ▶ 병조림 찜기를 식히면서 자연스럽게 압력을 뺀다. 찜기에서 병조림을 꺼낸 후 식혀서 병조림에 라벨을 붙이고 보관하기 항목의 설명에 따라 보관한다.

병조림 처리를 하는 동안 육류와 가금류에서 국물이 흘러나온다. 때로는 병조림 처리 후에 국물이 충분하지 않아서 일부 육류와 가금류가 국물 위로 노출되기도 한다. 이렇게 국물에 잠기지 않은 부분은 보관 과정에서 색이 진해지고 말라버리기 쉬우므로 이러한 병조림을 먼저 사용하는 것이 좋다.

조리한 육류 및 가금류 병조림하기

굽거나 스튜로 만든 육류, 볶은 소시지 및 다진 고기(흩어진 형태 또는 패티나 미트볼 형태)를 압력 병조림 방법으로 병조림할 수 있다.

신선육을 익혀서 채우려면 레어 상태로 굽거나 스튜를 끓이거나 기름을 조금 둘러서 갈색이 되도록 익힌다. 큼직하게 썬 로스트나 그보다 더 큰 덩어리 고기를 다룬다면 고기를 길쭉한 형태, 정육면체 또는 덩어리 모양으로 썬다. 뼈, 연골, 표면의 모든 지방을 제거한다. 다진 고기나 소시지는 작은 패티나 공 모양으로 성형할 수도 있다. 껍질에 채워 넣은 사슬 모양의 소시지는 7.5~10cm 길이로 준비한다. 연한 갈색이 될 때까지 조리한다. 다진 고기는 따로 모양을 만들지 않고 그냥 볶아도 상관없다. 다진 고기를 사전 조리한 후 여분의 기름을 따라낸다. 깨끗이 씻어서 뜨겁게 달군 475ml 또는 1ℓ 용량의 유리병에 뜨거운 고기와 육즙을 함께 꾹 눌러 담는다. 고기가 잠기도록 끓는 물이나 육수를 부어서 2.5cm의 상부 공간을 남기고 채운다. ▶ 걸쭉하게 만든 그레이비는 절대 넣지 않도록 주의한다. 유리병에 갇힌 기포를 제거하고 국물의 높이를 적당히 조절한다. 유리병의 입구를 닦는다. 위에 덮개를 얹고 금속 고리를 씌운 후 손끝으로 힘을 줘도 돌아가지 않을 때까지 돌려서 닫는다. 475ml 용량의 유리병은 압력 병조림 찜기에 2층으로 쌓을 수 있지만, 위에 얹는 유리병이 아래에 있는 유리병 2개에 걸치도록 배열한다. 병조림 찜기의 뚜껑을 덮는다. 병조림 찜기를 중강불에 올리고 안에 있는 물이 부르르 끓어오르도록 가열한다.(불이 너무 세면 이 단계에서 유리병에 금이 가기도 한다.) 10분간 압력 병조림 찜기의 증기를 빼면서 가열한 후 증기 밸브를 닫는다. 고도가 305m 이하의 지역이라면 다이얼 게이지 증기 압력 병조림 찜기는 11psi, 가중 게이지 압력 병조림 찜기는 10psi에 맞춰 처리한다. ▲ 높은 고도의 지역에 적합한 조절 사항은 951쪽을 참고한다. 475ml 용량의 유리병은 1시간 15분간 처리한다.(1ℓ 용량의 유리병은 1시간 30분간) 병조림 찜기를 식히면서 자연스럽게 압력을 뺀다. 찜기에서 병조림을 꺼낸 후 식혀서 병조림에 라벨을 붙이고 보관하기 항목의 설명에 따라 보관한다.

고기 육수 또는 국물 병조림하기

소 또는 가금류 육수나 국물을 준비한다. 육수를 거르고 뼈는 버린 후 완전히 식힌다. 하룻밤 냉장고에 넣어둔 후 기름을 전부 걷어낸다. 육수나 국물이 끓어오를 때까지 다시 가열한 후 깨끗이 씻어서 뜨겁게 달군 475ml 또는 1ℓ 용량의 유리병에 2.5cm의 상부 공간을 남기고 채운다. 유리병의 입구를 닦는다. 위에 덮개를 얹고 금속 고리를 씌운 후 손끝으로 힘을 줘도 돌아가지 않을 때까지 돌려서 닫는다. 고도가 305m 이하의 지역이라면 다이얼 게이지 증기 압력 병조림 찜기는 11psi, 가중 게이지 압력 병조림 찜기는 10psi에 맞춰 처리한다. ▲ 높은 고도의 지역에 적합한 조절 사항은 951쪽을 참고한다. 475ml 용량의 유리병은 20분간 처리한다.(1ℓ 용량의 유리병은 25분간) 병조림 찜기를 식히면서 자연스럽게 압력을 뺀다. 찜기에서 병조림을 꺼낸 후 식혀서 병조림에 라벨을 붙이고 보관하기 항목의 설명에 따라 보관한다.

생선 병조림하기

여기서 소개하는 병조림 처리 과정은 파란농어, 고등어, 연어, 송어, 참치를 비롯해 지방 함량이 높은 생선에 적용할 수 있다. 잡은 후 2시간 이내에 씻어서 병조림하기 전까지 얼음을 채워서 보관하거나 냉장 또는 냉동 보관한 생선만 사용해야 한다.

생선을 씻고 머리와 꼬리, 지느러미, 비늘을 제거한다. 대다수 생선은 껍질과 뼈가 붙어 있는 채로 병조림할 수 있지만(병조림 과정에서 뼈가 부드러워진다.) 참치는 보통 뼈와 껍질을 제거한 허리 부위만 병조림한다. 광어도 뼈를 제거한다. 생선을 씻고 피를 모두 뺀다. 유리병에 넣어 병조림할 때까지 생선을 얼음 속에 넣어두되, 생선과 얼음이 직접 닿지 않게 한다.(비닐봉지 등을 사용한다.) 제대로 얼려서 보관했다면 냉동 생선을 해동해서 병조림할 수도 있다.

475ml 또는 235ml 용량의 유리병에 들어가도록 생선을 적당한 크기로 자른다. 살균한 유리병에 최대한 촘촘히 생선을 담아서 475ml짜리 유리병은 2.5cm, 235ml짜리 유리병은 2cm의 상부 공간을 남기고 채운다. 취향에 따라 235ml짜리 유리병에는 소금 ⅛작은술, 475ml짜리 유리병에는 소금 ¼작은술씩을 넣기도 한다. 또한 병마다 올리브유를 1작은술씩 넣어도 좋다. 물이나 국물은 별도로 넣지 않는다. 유리병의 입구를 닦는다. 위에 덮개를 얹고 금속 고리를 씌운 후 손끝으로 힘을 줘도 돌아가지 않을 때까지 돌려서 닫는다. 압력 병조림 찜기에 끓는 물을 5~7.5cm 높이까지 붓고 증류 백식초 2큰술을 추가한 후 찜기 안에 유리병을 나란히 넣되, 병이 서로 닿지 않도록 약간의 간격을 둔다. 유리병은 압력 병조림 찜기에 2층으로 쌓을 수 있지만, 위에 얹는 유리병이 아래에 있는 유리병 2개에 걸치도록 배열한다. 병조림 찜기의 뚜껑을 덮는다. 병조림 찜기를 중강불에 올리고 안에 있는 물이 부르르 끓어오르도록 가열한다.(불이 너무 세면 이 단계에서 유리병에 금이 가기도 한다.) 10분간 압력 병조림 찜기의 증기를 빼면서 가열한 후 증기 밸브를 닫는다. 고도가 305m 이하의 지역이라면 다이얼 게이지 증기 압력 병조림 찜기는 11psi, 가중 게이지 압력 병조림 찜기는 10psi에 맞춰 처리한다. ▲ 높은 고도의 지역에 적합한 조절 사항은 951쪽을 참고한다. 235ml와 475ml 용량의 유리병은 1시간 40분간 처리한다. 병조림 찜기를 식히면서 자연스럽게 압력을 뺀다. 찜기에서 병조림을 꺼낸 후 식혀서 병조림에 라벨을 붙이고 보관하기 항목의 설명에 따라 보관한다.

잼, 젤리, 프리저브

젤리, 잼, 프리저브, 컨서브, 마멀레이드, 과일 버터, 젤리 형태의 과일 소스는 모두 과일에 감미료(보통 설탕)를 넣고 젤 형태가 될 때까지 조리해서 보존한다는 원리에 기반을 두고 있다. 젤이 잘 형성되도록 레몬즙 같은 산성 재료를 넣는 경우가 많고, 가루 또는 액상 펙틴을 넣기도 한다.

젤리는 과일즙에 설탕을 넣어 투명한 젤 상태가 될 때까지 조리한 것이다. **잼, 버터, 젤리 형태의 과일 소스**는 과일 퓌레를 각각의 농도가 될 때까지 조리한 것이다. 잼은 살짝 응고된 상태, 버터는 꾸덕꾸덕하지만 펴서 바를 수 있는 상태, 젤리 형태의 과일 소스는 얇게 썰 수 있을 정도로 빽빽하게 만든다.(멤브리요와 같은 '과일 치즈'는 농도가 더 진하다.) **프리저브**는 잼과 비슷하지만 건더기가 많고 비교적 투박한 형태다. **마멀레이드**는 거의 항상 감귤류로 만들며 투명한 젤리에 얇게 저민 감귤류 껍질이 점점이 박혀 있는 형태다. **컨서브**는 과일 조각을 진한 시럽에 넣어 반투명 상태가 될 때까지 조리한 것으로, 말린 과일과 견과류를 넣고 섞어서 만드는 경우가 많다.

도구

젤리, 잼 또는 프리저브를 만들기 전에 필요한 도구를 전부 준비한다. 중탕 병조림에 필요한 도구 외에도 7.5~10ℓ 용량의 묵직하고 넓은 스테인리스스틸 냄비 또는 4.7~5.7ℓ 용량의 에나멜 코팅 더치오븐을 준비하면 좁은 냄비나 육수 솥보다 표면이 넓어서 수분이 더 빨리 증발하므로 프리저브를 뭉근히 끓일 때 아주 편리하다. 수분이 빨리 증발하면 뭉근히 끓이는 시간이 줄어들기 때문에 더욱 풍미가 진한 프리저브가 완성된다. 잼을 만드는 용도로 특별히 제작된 나팔 모양의 **잼 냄비**가 가장 좋지만, 이 냄비는 너무 크고 용도가 하나밖에 없으므로 굳이 장만할 필요는 없다. 코팅하지 않은 알루미늄, 무쇠, 얇은 에나멜 또는 아연 도금 냄비도 피한다. **젤리용 거름망**(jelly bag, 967쪽 그림 참고)은 젤리를 만들 때 과일 주스를 걸러내기에 가장 좋은 도구다. 거름망이 없다면 아쉬운 대로 체나 소쿠리에 얇은 면 소재의 깨끗한 행주를 깔아서 사용할 수 있다. 120~240ml 용량의 **국자**와 냄비 바닥을 긁어도 상처가 나지 않는 **손잡이가 긴 주걱** 또는 **나무 숟가락**을 준비한다. 뜨거운 잼과 과일 버터가 튀면 실제로

화상을 입을 수 있으므로 손잡이가 길면 길수록 좋다. 또한 **주방용 저울, 디지털 온도계, 식품 분쇄기, 감자 으깨는 도구, 체리 씨 제거기, 감귤류 주스기, 막대형 거친 강판**도 갖춰두면 유용하다.

과일 고르기

아주 신선하고 풍미가 진한 과일만 사용한다. 가장 맛있는 시기가 지난 과일은 잼이나 젤리 등으로 만들어서 병조림하기에 적합하지 않다. 과일의 상태를 제대로 확인하는 유일한 방법은 냄새를 맡아보고 직접 먹어보는 것이며, 이때 과일의 풍미가 제대로 나지 않는다면 결과물도 만족스럽지 않을 것이다. ► 아주 약간 덜 익거나 단단하게 잘 익은 과일이 이상적이지만, 덜 익은 과일과 잘 익은 과일을 섞어서 사용해도 좋다. 농익은 과일에는 펙틴이 적게 들어 있으므로 식감이 떨어지고 부패하기 쉽다. 신선한 과일을 샀다면 최대한 빨리 사용한다. 또는 레시피에 따라 설탕에 절인 후 최대 5일간 냉장고에 넣어두었다가 끓여서 조리할 수 있다. 가장 좋아하는 제철 과일을 보존 처리할 시간이 없다면 일단 쟁반 냉동법으로 얼려두었다가 시간이 날 때 잼이나 젤리, 프리저브 등을 만들면 된다. 이 방법은 베리류와 체리에 활용하면 가장 좋다.

보존 처리를 위해 과일을 준비할 때는 생과일에서 떼어내는 부분을 최소화하고, 레시피에서 지정한 경우에만 껍질을 벗기며, 멍이 들거나 물렁해진 부분을 잘라낸다. 레시피와 관계없이 시작하기 전에 반드시 과일을 씻어야 한다.

펙틴

펙틴은 과일의 껍질, 씨, 과육에 들어 있는 섬유질의 일종이다. 설탕과 산이 있으면 펙틴은 걸쭉한 젤을 형성한다. 젤리, 마멀레이드, 젤리 형태의 과일 소스를 제대로 만들기 위해서는 적당한 양의 펙틴이 필수이지만, 비교적 부드러운 질감의 잼, 컨서브, 과일 버터를 만든다면 그만큼 중요하지는 않다. 천연 펙틴의 함량은 과일의 품종과 익은 정도에 따라 다르다. 과일이 익으면 펙틴이 분해된다. 과일 내의 천연 펙틴만을 이용해 단단한 젤 상태를 만들려면 잘 익은 과일에 약간 덜 익은 과일을 소량 섞는다. 과일의 펙틴 함량 항목을 참고해 사

용하는 과일에 펙틴이 어느 정도 들어 있는지 파악한다.

펙틴이 적게 들어 있는 과일로 뻑뻑한 프리저브를 손쉽게 만드는 방법은 펙틴이 다량 들어 있는 새콤한 사과를 강판에 갈아서 해당 과일과 같은 분량만큼 넣는 것이다. 사과를 강판에 갈면 풍미나 식감에 영향을 미치지 않고도 프리저브를 빠르게 조리할 수 있으며 걸쭉한 농도를 간단히 구현할 수 있다.

사용하려는 과일의 펙틴 함량이 젤리를 만들기에 부족하다면 **시판 펙틴**을 사용해도 좋다. 어떤 형태의 펙틴을 사용하든, 시판 펙틴의 포장에 인쇄된 내용만으로 프리저브를 얼마나 조리해야 하는지 판단해서는 안 된다. 항상 주름 테스트를 통해 프리저브가 젤리 형성점에 도달했는지 확인해야 한다.

과일의 펙틴 함량

앞의 설명처럼 과일은 반드시 잘 익은 상태로 막 넘어가는 것 또는 잘 익었지만 단단한 질감을 유지하고 있는 것을 고른다.(또는 덜 익은 과일과 말랑하게 잘 익은 과일을 섞어도 좋다.)

펙틴 함량이 높은 과일	펙틴 함량이 낮은 과일
• 새콤한 사과, 꽃사과, 유럽모과 • 댐슨을 비롯한 새콤한 자두 • 크랜베리, 커런트, 구스베리, 로건베리 • 레몬, 라임, 자몽, 오렌지 • 콩코드, 머스커딘, 스커퍼농 포도	• 살구, 복숭아, 천도복숭아, 체리 • 이탈리아산 자두 및 기타 달콤한 자두 품종 • 딸기, 블랙베리, 블루베리, 라즈베리, 엘더베리 • 서양배, 무화과, 구아바, 파인애플, 석류, 루바브 • 왼쪽에 언급한 품종 이외의 모든 포도

산

펙틴과는 달리, 과일의 산 함량은 맛을 보면 쉽게 판단할 수 있다. 녹색 사과나 루바브처럼 아주 새콤한 맛이 날 경우, 펙틴과 설탕의 비율만 맞으면 프리저브를 걸쭉하게 완성하기에 충분한 산이 들어 있다고 생각해도 좋다. 시큼한 체리나 엘더베리, 생식용 포도, 달콤한 자두처럼 신맛이 다소 부족한 과일을 사용하는 레시피에는 레몬즙을 추가해야 한다. 달콤한 체리, 무화과, 천도복숭아, 복숭아, 서양배, 딸기 등 산 함량이 낮은 과일에는 레몬즙을 더 많이 넣어야 한다. 이렇게 하면 프리저브가 잘 굳을 뿐만 아니라 레몬즙이나 오렌지즙을 몇 방울 넣음으로써 과일의 풍미도 확 살아난다. 덜 익거나 잘 익은 상태로 막 넘어가는 과일이 펙틴뿐만 아니라 산의 함량도 가장 높다는 점을 기억하자. 갓 짠 레몬즙은 어떤 레몬을 사용하느냐에 따라 산도가 달라지므로 ▶ 프리저브에 산을 추가할 때는 항상 병에 든 레몬즙을 사용한다. 레시피에서 지정하는 산성 재료의 분량보다 적게 넣으면 안 되지만, 맛을 보면서 산성 재료를 더 넣는 것은 상관없다. 우리는 새콤한 프리저브를 선호하는 편이라서 항상 유리병에 국자로 떠 넣기 직전에 맛을 본 후 필요하면 레몬즙을 추가한다.

설탕 및 기타 감미료

젤리와 잼을 만들 때 설탕은 단순히 감미료 역할만 하는 것이 아니다. 설탕은 박테리아의 성장을 막아서 과일의 보존성을 높일 뿐 아니라 펙틴 분자로부터 물을 끌어당기기 때문에 젤리와 잼이 굳으면서 젤이 형성되는 것을 돕는다. 펙틴 함량이 높은 과일이 젤리로 굳히기에 가장 좋지만, 설탕도 충분히 넣어야 한다. ▶ 레시피에서 지정한 것보다 설탕의 분량을 줄일 수는 있으나 보관 기간

이 크게 짧아진다.

과일의 풍미를 끌어내는 데에는 아주 약간의 설탕만 있으면 된다. 알맞은 설탕 분량을 찾아내기 위해서는 세심한 조정이 필요하다. 설탕을 줄이면 프리저브의 양이 줄어들고 보관 기간도 짧아지지만 과일의 풍미가 더욱 상큼하게 살아난다. 그러나 설탕의 양을 줄여서 만든 프리저브는 선명한 색이 좀 더 빨리 바래고, 일단 개봉하면 설탕을 많이 넣은 프리저브만큼 오래 보관하기 어렵다.

설탕 이외의 감미료 사용하기

갈색 설탕: 당밀과 캐러멜의 진한 풍미를 즐기고자 한다면 레시피에서 지정한 백설탕 분량의 절반을 갈색 설탕으로 대체한다. 갈색 설탕은 특히 복숭아, 사과, 서양배 프리저브에 잘 어울린다. 실제로 사과 버터는 갈색 설탕만 넣어서 만든다.

꿀과 아가베 시럽: 시판 펙틴을 사용하지 않는 레시피라면 설탕 대신 부드러운 꿀이나 아가베 시럽을 사용할 수 있다. 둘 다 설탕보다 단맛이 강하기 때문에 감미료의 전체 분량에서 ⅓만큼 줄여서 넣는다. 우리는 멜론과 살구 프리저브에 꿀을 즐겨 사용한다.

과일 주스: 100% 사과 주스, 사과 주스 농축액 또는 청포도 주스 농축액은 프리저브와 과일 버터의 단맛을 내는 데 사용할 수 있다. 과일 주스는 설탕보다 당도가 낮으므로 펙틴을 넣는 레시피에는 반드시 저당 펙틴을 사용해야 한다.

메이플 시럽: ▶ 메이플 시럽의 pH는 4.6 이상이므로 레시피에서 설탕 대신 사용하기는 어렵다. pH 4.6 이하의 식품만 중탕법을 활용해 안전하게 병조림할 수 있으므로 pH가 높은 메이플 시럽을 넣으면 프리저브를 병조림하기에 적합하지 않다.

영양 성분이 없는 인공 감미료: 스테비아나 자일리톨 같은 감미료는 프리저브에 사용할 수 있지만, 저당 또는 무당 프리저브를 위해 특별히 제조된 펙틴을 구매해서 사용해야 한다. 자세한 내용은 펙틴 항목을 참고한다. 인공 감미료를 넣어서 만든 프리저브는 설탕만큼의 보존성을 기대할 수 없으므로 중탕 병조림 찜기에 넣어 15분간 처리해야 한다. 그렇다 하더라도 설탕을 첨가한 프리저브만큼 오래 보관할 수는 없다.

젤리 형성점

이번 장에 소개하는 대다수의 레시피는 수분이 충분히 증발해 펙틴, 산, 당이 농축될 때까지 감미료를 가미한 과일 또는 주스를 끓이는 방법에 기반을 두고 있다. 이 시점을 **젤리 형성점**(jelling point)이라고 하며 ▶ 가장 효과적으로 젤리 형성점에 도달하는 방법은 신속하게 끓이는 것이다. 프리저브를 굳히는 요소인 펙틴, 당, 산은 강불에서 가장 효과적으로 상호작용하기 때문이다.(낮은 온도에서 오래 끓이면 펙틴의 질이 저하된다.) 또한 재빨리 끓이면 천천히 끓일 때보다 젤리가 더 투명하게 형성된다. ▶ 이번 장에서 소개하는 레시피는 분량을 2배로 늘려서 조리하기에 적합하지 않다. 분량이 2배가 되면 제대로 굳지 않을 수 있으며 조리 시간도 훨씬 길어지므로 과일의 풍미가 떨어지기 마련이다.

젤리 형성점은 다소 예측하기 어려우므로 설명에 따라 조리하는 동안 미리 자주 확인하는 것이 좋다. 젤리 형성점 확인을 시작하기 좋은 시각적 변화는 팔팔 끓던 프리저브가 다소 가라앉고 표면이 작은 기포로 덮이는 것이다.

잼과 젤리가 젤리 형성점에 도달했는지를 확인하는 몇 가지 테스트 방법이 있다. ▶ 특히 처음 잼이나 젤리를 만든다면 여러 테스트 방법을 조합해서 확인하는 것이 가장 좋다. 젤리 형성점을 테스트할 때는 냄비를 불에서 내린다. 젤

리 형성점 테스트를 아무리 여러 번 하더라도 결과물의 품질에는 영향을 미치지 않는다. 일단 원하는 농도에 도달하면 ▶ 즉시 냄비를 불에서 내린다.

주름 테스트(wrinkle test, **신속 냉각 테스트**라고 부르기도 한다.)는 최종 결과물이 어떻게 굳는지 실제로 볼 수 있으므로 더욱 정확하다. 우선 아래에 소개하는 온도 또는 숟가락 테스트를 통해 조리 상태를 파악하고, 프리저브가 걸쭉해지기 시작하면 주름 테스트로 프리저브가 젤리 형성점에 도달했는지를 확인한다. 조리를 시작하기 전에 받침 접시 몇 개를 냉동실에 넣어둔다. ▶ 프리저브를 너무 오래 조리하지 않도록 이 테스트를 할 때마다 냄비를 불에서 내려야 한다. 차갑게 식힌 받침 접시에 시럽 상태의 프리저브를 소량 떨어뜨리고 다시 냉동실에 넣는다. 3분 정도 지난 후 차갑게 식힌 프리저브의 중심부를 가로지르며 손가락으로 쭉 당긴다. ▶ 부드럽게 굳은 상태를 선호한다면 양옆이 천천히 다시 원상태로 돌아가야 한다. 매끄러우면서도 단단하게 굳은 상태를 선호한다면 양옆이 움직이지 않고 살짝 밀었을 때 표면에 주름이 생겨야 한다.

숟가락 테스트는 젤리에 가장 효과적이지만 아주 걸쭉한 과일 퓌레를 제외한 모든 잼, 젤리, 프리저브 등에 적용할 수 있는 방법이다. 물기가 없고 차가운 스테인리스 숟가락으로 끓는 시럽이나 과일 혼합물의 가장 묽은 부분을 소량 떠낸다. 김이 올라오는 부분을 피해서 숟가락을 냄비 위에 잠시 들고 있다가 기울여서 시럽이 숟가락 옆면으로 흘러내리다가 다시 냄비로 떨어지게 한다. 처음에는 가벼운 시럽 형태로 똑똑 떨어질 것이다. 계속 끓여서 점점 걸쭉해지면 숟가락의 가장자리에 커다란 시럽 방울이 2개 생길 것이다. ▶ 시럽 방울이 함께 미끄러지면서 하나가 되어 떨어진다면 젤리 형성이 시작된 것이다. 매끄러우면서도 단단하게 굳은 상태를 선호한다면 시럽 방울이 묵직해질 때까지 기다린다. 시럽 방울이 함께 미끄러지면서 숟가락의 가장자리에 잠깐 매달려 있다가 아래로 떨어진다면 **평평한 시트 형성 상태**(sheeting stage)에 도달한 것이며, 이것이 펙틴으로 만들 수 있는 가장 단단한 젤 형태다. 더욱 확실하게 확인하려면 위에 소개한 주름 테스트도 함께 해보기를 권장한다.

걸쭉한 잼이나 프리저브를 만들었거나(또는 숟가락 테스트 결과에 확신이 없을 경우) 젤리 형성점에 가까워졌는지 파악하기 위해 **온도 테스트**를 해보기를 추천한다. ▶ 사탕용 온도계나 조리용 디지털 온도계를 사용한다. 젤리 형성점은 끓는점보다 4.5~5.5℃ 높으므로 끓는점이 100℃인 해수면 고도에서의 젤리 형성 온도는 104.5~105.5℃다.(▲ 고도가 높은 지역의 경우 높은 고도에서 프리저브 만들기 항목을 참고한다.) 아주 말랑말랑한 젤을 만들려면 젤리 형성점보다 1~1.5℃ 정도 낮을 때 조리를 중단한다. 아주 단단한 젤 상태를 선호한다면 1.5~2.2℃ 정도 더 높은 온도가 될 때까지 끓인다. 다시 강조하지만, 위에 소개한 주름 테스트를 통해 최종 농도를 확인하는 것이 좋다.

때로는 병조림한 후에도 잼과 젤리가 너무 묽어 보일 수도 있지만 1~2주 정도 지나는 동안 꾸덕꾸덕해진다. 몇 주가 지난 후에도 원하는 농도로 굳지 않더라도 너무 실망할 필요는 없다. 충분히 졸여지지 않아 묽은 프리저브는 언제든 적당히 굳을 때까지 다시 조리할 수 있다. 그냥 병조림에 든 프리저브를 냄비에 붓고 주름 테스트를 통과할 때까지 더 끓인 후 다시 병조림 찜기에 넣어 처리하면 된다.(젤리의 경우 문제 해결 항목을 참고한다.)

프리저브를 너무 오래 조리해서 아주 단단해졌다면 젤리 상태의 과일 소스처럼 얇게 슬라이스로 썰어서 치즈 플레이트에 얹어서 내거나 냄비에 넣고 약간의 물을 추가해 계속 저으면서 쉽게 펴 바를 수 있는 상태가 될 때까지 은근히 데운다.

프리저브 보관하기

중탕 병조림 방법에 대한 자세한 내용은 병조림 제조 과정 항목을 참고한다. 프리저브는 일단 병조림한 후 서늘하고 빛이 들지 않는 곳에 보관하면 최대 18개월간 보관할 수 있다. 모든 프리저브 병조림은 개봉 후 냉장고에 보관해야 한다. 곰팡이가 생기지 않도록 병조림의 뚜껑을 열어두거나 상온에 두는 시간을 최소화하고, 개봉한 후에는 한 달 이내에 먹는다.

물론 잼과 젤리를 보관 처리하는 방법은 중탕 병조림만 있는 것이 아니다. 잼이나 젤리를 전부 병조림 처리하지 않고 일부 또는 전부를 단기간만 보관하고 싶다면, 그냥 뜨거운 프리저브를 살균한 유리병에 붓고 뚜껑을 덮어서 식힌 후 냉장고에 넣으면 된다. ▶ 프리저브를 냉장고에 보관할 수 있는 기간은 레시피에서 사용한 설탕의 양에 따라 달라진다. 과일 분량의 ½~⅔만큼 설탕을 넣어 만든 프리저브는 냉장고에서 최소 2~3주간 보관할 수 있다. 과일과 설탕을 같은 분량만큼 넣어서 만든 프리저브는 2개월 이상 보관해도 끄떡없다.

대다수 젤리와 마멀레이드는 냉동 보관하기에 적합하지 않다. 그 외의 다른 프리저브는 냉동 용기에 담아 6개월간 냉동 보관할 수 있다.(내용물과 냉동 날짜를 적어서 잘 보이도록 라벨을 붙여둔다.) 용기에 넣을 때는 1.2cm의 상부 공간을 남긴다. 냉동용 지퍼백을 사용할 때도 1.2cm의 상부 공간을 남기되, 공기는 전부 빼낸다.

▶ 곰팡이(개봉하지 않은 병조림 프리저브에서는 거의 발생하지 않는다. 냉장고에 보관한 프리저브의 경우 어느 정도 시간이 지나면 곰팡이는 불가피하다.)와 발효, 거품, 불쾌하고 시큼한 냄새 등의 흔적이 조금이라도 보이면 프리저브를 버려야 한다. 프리저브가 상했는지 긴가민가하다면 최대한 주의하도록 하자. 부패 여부 확인하기 및 오염된 음식과 유리병 처리하기 항목을 참고한다.

병조림 분량

신선식품은 크기와 형태가 다양하므로 모든 프리저브 레시피로 만들 수 있는 양은 대략적인 수치다. 과일을 젤리 형성점까지 끓이고 난 후 레시피에서 설명한 것보다 유리병이 더 적게 혹은 더 많이 필요하다는 사실을 깨닫기도 하는데, 이는 충분히 일어날 수 있는 일이다. ▶ 이러한 변수에 대비해 항상 여분의 유리병 1~2개를 씻어서 살균해둔다. 잼과 젤리를 만들 때는 레시피에서 권장한 개수의 유리병에 전부 담은 후에도 내용물이 약간씩 남는 경우가 많으므로 우리는 항상 120ml 용량의 작은 유리병을 준비한다. 이 작은 유리병은 나머지 병들과 함께 처리한 후 냉장고에 넣어두고 바로 먹을 수 있다.

해발 고도	젤리 형성점 온도	병조림 처리 시간 조절
305m	103.3~104.4℃	5분 추가
610m	102.2~103.3℃	
915m	101.1~102.2℃	10분 추가
1220m	100~101.1℃	
1525m	99.4~100℃	
1830m	98.3~99.4℃	15분 추가
2135m	97.2~98.3℃	
2440m	96.1~97.2℃	20분 추가
2745m	95~96.1℃	
3050m	93.9~95℃	

▲ 높은 고도에서 프리저브 만들기

고도가 높아지면 프리저브를 끓여야 하는 시간도 늘어난다. 966쪽의 표에서는 다양한 높은 고도 지역의 대략적인 젤리 형성점을 소개한다. 그러나 이 표의 숫자에만 의존해서는 안 된다. ▶ 반드시 주름 테스트를 통해 젤리 형성점을 확인해야 한다.

젤리 만들기에 대해

제대로 만든 젤리는 색이 밝고 투명하면서 부드럽게 굳은 젤 형태로, 체에 거른 과일 주스, 와인, 증류주 또는 허브를 우린 액체로 만든다. 젤리를 만들 때는 두 가지 조리 과정이 필요하다. 우선 과일에서 주스를 추출한다. 그다음 과일 주스를 젤리용 거름망에 걸러서 설탕을 넣고, 식으면 모양이 유지될 정도로 단단해질 때까지 끓인다. 흠 잡을 데 없이 완벽한 모양의 젤리를 만들기 위해서는 충분한 시간이 필요하며 펙틴, 설탕, 산의 비율이 잘 맞아야 한다. 젤리를 제대로 만들기 위해서는 약간의 연습이 필요하지만, 일단 요령을 파악하고 나면 근사하고 우아한 결과물을 만들 수 있다.

과일 준비하기

젤리를 만들기 위해 과일을 선택할 때는 일반적으로 ▶ 단단하지만 잘 익은 과일과 약간 덜 익은 과일을 3:1의 비율로 섞는다. 덜 익은 과일은 펙틴을 제공하며 잘 익은 과일은 풍미를 내는 역할을 한다. 그러나 펙틴 함량 자체가 낮은 과일로 젤리를 만든다면 어차피 펙틴을 추가해야 하므로 완전히 익은 과일을 사용하는 편이 더 깊은 풍미를 낼 수 있다. 또한 ▶ 나중에 추가해야 하는 펙틴의 양을 계산하기 위해 처음에 펙틴 함량이 낮은 과일을 어느 정도 넣었는지 측정하고 기록해둔다.(젤리 만들기 항목을 참고) 과일의 껍질, 속, 씨는 펙틴이 들어 있으며 풍미에도 어느 정도 영향을 미치기 때문에 일단 제거하지 않고 조리한 후 마지막에 체로 걸러낸다.

주스 추출하기

손질한 과일을 커다란 냄비에 담는다. 과일이 잠길락 말락 할 정도로 물을 붓는다. 과일에 과즙이 아주 많다면 과일을 으깨서 먼저 냄비에 담고 타지 않도록 물을 소량만 끼얹는다. ▶ 일반적으로 딱 필요한 만큼만 물을 추가한다고 생각하면 된다. 냄비 뚜껑을 덮고 강불에 부르르 끓어오르도록 가열하되, 자주 뚜껑을 열어 과일을 으깨면서 젓는다. 불을 줄이고 과일이 전부 부드러워질 때까지 뭉근히 끓이면서 완전히 해체되도록 으깨고 섞는다.

으깬 과일과 과일에서 나온 주스를 국자로 떠서 젤리용 거름망(아래 그림 참고), 소쿠리 또는 얇고 깨끗한 주방용 면포(테리 소재의 직물은 사용하지 않는다.)를 깐 체에 담는다. 거름망이나 체에 담아 3~4시간 동안 내버려두면 주스가 아래로 떨어진다. 이렇게 걸러내면 건더기에 한 숟가락 이상의 즙이 남는 경우는 거

시판 젤리용 거름망 또는 얇은 면포를 깐 체에 과일 주스 걸러내기

의 없다. ▶ 아주 투명한 젤리를 만들려면 거름망을 쥐어짜거나 과일을 면포에 대고 누르지 않아야 하는데, 이렇게 하면 과일의 작은 입자가 주스에 섞일 수밖에 없기 때문이다. 몸에는 전혀 해롭지 않지만, 이 작은 입자가 섞이면 젤리가 뿌옇게 된다.

젤리 만들기

시작하기 전에 병조림 제조 과정 항목을 참고한다. 결과물로 얻을 수 있는 젤리의 양은 보통 체에 거른 과일 주스의 양과 같으므로 유리병을 필요한 개수만큼 준비한다. 젤리의 조리 과정은 10분 미만이므로 ▶ 프리저브를 안전하게 보관하기 위해 반드시 유리병과 덮개를 미리 살균해놓아야 한다. 주름 테스트를 할 수 있도록 온도계와 차갑게 식힌 받침 접시도 준비한다. 시럽은 높게 끓어오르므로 시럽의 높이보다 최소한 4배 더 깊은 팬을 사용한다.

주스의 분량을 재고 묵직한 편수 냄비에 붓는다. 여기서 소개하는 레시피에서는 구체적인 분량을 지정하지만, 일반적으로 모든 형태의 젤리에 **과일 주스 1컵당 설탕 ¾~1컵을 넣으면 된다.** ▶ 펙틴 함량이 높은 과일은 시판 펙틴을 추가할 필요가 없고, 입맛에 맞게 레몬즙을 조금 넣어도 좋다. ▶ 펙틴 함량이 낮은 과일은 **과일 900g당 액상 펙틴 90ml 또는 펙틴 분말 2큰술을 넣어야 하며 과일 주스 1컵당 병에 든 레몬즙 1½작은술을 추가**해야 한다.

펙틴 분말을 사용한다면 설탕에 넣고 섞는다. 부르르 끓어오르도록 주스를 가열한 후 강불에서 자주 저으면서 끓인다. ▶ 시럽이 눈에 띄게 걸쭉해지거나 103.3~104.4℃가 되면 액상 펙틴을 넣고(액상 형태를 사용할 경우) 젤리 형성점에 도달했는지 테스트를 시작한다. 주름 테스트를 하는 동안 불에서 내려둔 냄비의 내용물에 막이 생기면 저어서 내용물과 섞는다. 시럽이 젤리 형성점에 도달하면 ▶ 즉시 불에서 내리고 거품을 걷어낸다.

뜨거운 젤리를 ▶ 살균한 뜨거운 235ml 유리병에 부어서 6mm의 상부 공간을 남기고 채운다. 유리병을 중탕 병조림 찜기에 넣고 5분간 처리한다. 젤리는 냉장고에 보관할 수 있으나 냉동하기에는 적합하지 않다.

문제 해결

병조림한 젤리가 너무 묽거나 물렁거린다면, 일부 혼합물은 완전히 자리를 잡는 데 2주 정도 걸린다는 점을 기억하자. 일단 개봉한 병조림 젤리는 냉장고에 넣어 더 단단하게 굳히는 것이 제일 간단하지만 ▶ 묽은 젤리 문제를 해결하는 가장 확실한 방법은 젤리 1컵당 설탕 1큰술, 물 1큰술, 펙틴 분말 1작은술을 섞어 다시 끓이는 것이다. 이때 한 번에 1ℓ 이상 끓이지 않도록 주의한다. 필요하면 말랑말랑한 젤리를 천천히 데우면서 녹인다. 설탕, 물, 펙틴 혼합물을 강불에 올려 계속 저으면서 부르르 끓어오르도록 가열한다. 묽은 젤리 또는 녹인 젤리를 넣고 팔팔 끓어오르기 시작하면 계속 저으면서 30초간 끓인다. 불에서 내린 후 거품을 걷어내고 살균한 유리병에 부어서 다시 병조림 처리한다. 물론 이보다 더 간단한 해결 방법은 묽은 젤리에 시럽 라벨을 붙이고 토핑이나 글레이즈로 활용하거나 음료 또는 칵테일에 넣어서 먹는 것이다.

구스베리 또는 커런트 젤리

235ml짜리 유리병 약 3개 분량

젤리 만들기 및 병조림 제조 과정 항목을 참고한다.

다음을 씻어서 물기를 뺀 후 크고 묵직한 편수 냄비에 넣어 완전히 으깬다.

구스베리 또는 커런트 1.3kg(꼭지가 붙어 있으면 약 1.7kg)

물 1컵

뚜껑을 덮고 부르르 끓어오르도록 가열한 후 약불로 줄이고 자주 으깨면서 10분간 뭉근히 끓인다. 주스를 짜낸다. 주스를 추출하는 동안 중탕 병조림 찜기를 준비하고, 병조림용 도구를 전부 모아둔다. 받침 접시 몇 개를 냉동실에 넣어두고, 살균해서 뜨겁게 달군 235ml짜리 유리병 3개를 준비한다. 체에 거른 주스의 분량을 재고 커다란 편수 냄비에 부은 후 다음을 넣는다.

주스 1컵당 설탕 ¾~1컵

계속 저으면서 혼합물이 젤리 형성점에 도달할 때까지 팔팔 끓인다. 젤리를 불에서 내리고 거품이 있으면 전부 걷어낸다. 준비한 유리병에 부어서 6mm의 상부 공간을 남기고 채운다. 유리병의 입구를 닦는다. 위에 덮개를 얹고 금속 고리를 씌운 후 손끝으로 힘을 줘도 돌아가지 않을 때까지 돌려서 닫는다. 5분간 열처리한다. 완전히 식힌 후 설명에 따라 보관한다.

블랙베리 젤리

235ml짜리 유리병 약 3개 분량

이 젤리는 거의 모든 종류의 블랙베리로 만들 수 있지만 보이즌베리, 로건베리, 매리언베리, 올라리베리가 특히 잘 어울린다. 6월부터 9월 중순까지는 다양한 종류의 블랙베리가 번갈아가면서 제철을 맞는다. 순수하게 베리만으로 만드는 이 젤리는 물을 사용하지 않으며 젤리가 굳을 수 있을 만큼만 설탕을 넣는다. 젤리 만들기 및 병조림 제조 과정 항목을 참고한다.

다음을 씻어서 물기를 뺀 후 크고 묵직한 편수 냄비에 넣어 완전히 으깬다.

블랙베리 1.8kg

눌어붙지 않도록 저어가면서 부르르 끓어오르도록 가열한다. 뚜껑을 덮고 불을 줄인 후 자주 으깨면서 수프와 비슷한 농도가 되도록 10분 정도 뭉근히 끓인다. 주스를 짜낸다. 주스를 추출하는 동안 중탕 병조림 찜기를 준비하고, 병조림용 도구를 전부 모아둔다. 받침 접시 몇 개를 냉동실에 넣어두고, 살균해서 뜨겁게 달군 235ml짜리 유리병 3개를 준비한다. 체에 거른 주스의 분량을 재고 커다란 편수 냄비에 부은 후 다음을 넣는다.

주스 1컵당 설탕 ¾컵

강불에서 부르르 끓어오르도록 가열한 후 자주 저으면서 혼합물이 젤리 형성점에 도달할 때까지 끓인다. 젤리를 불에서 내리고 거품이 있으면 전부 걷어낸다. 준비한 유리병에 부어서 6mm의 상부 공간을 남기고 채운다. 유리병의 입구를 닦는다. 위에 덮개를 얹고 금속 고리를 씌운 후 손끝으로 힘을 줘도 돌아가지 않을 때까지 돌려서 닫는다. 5분간 열처리한다. 완전히 식힌 후 설명에 따라 보관한다.

포도 젤리

블랙베리 대신 콩코드, 머스커딘 또는 스커퍼농 포도를 사용해 **블랙베리 젤리** 레시피에 따라 만든다. 주스를 걸러낸 후 유리 용기에 담아서 냉장고에 넣고 침전물을 가라앉힌다. 위에 뜬 맑은 주스를 면포를 깐 체에 한 번 더 걸러서 타르타르산염 결정을 제거하고, 침전물은 유리 용기에 남겨둔다. 레시피에 따라 진행한다.

사과, 꽃사과 또는 유럽모과 젤리

235ml짜리 유리병 약 4개 분량

섬세한 풍미의 이 젤리는 활용도가 아주 높다. 닭이나 돼지고기 요리의 글레이즈로 사용하거나 과일 타르트에 글레이즈로 얹을 수도 있고, 팬케이크 위에 얹어서 내도 좋다. 구할 수만 있다면 그래븐스타인, 웰시 또는 콕스 오렌지 피핀 등 향이 진한 사과를 선택하자. 꽃사과와 유럽모과는 모든 품종이 젤리에 잘 어울린다. 여기에는 대부분 펙틴이 다량 함유되어 있으며 진하고 알싸한 풍미가 난다. 젤리 만들기 및 병조림 제조 과정 항목을 참고한다.

크고 묵직한 편수 냄비에 다음을 넣고 섞는다.

껍질을 벗기지 않은 사과, 아삭한 꽃사과 또는 유럽모과 1.3kg, 4등분하기

사과 또는 꽃사과를 사용한다면 물 3컵, 유럽모과를 사용한다면 물 6컵

뚜껑을 덮고 부르르 끓어오르도록 가열한 후 불을 줄인다. 자주 으깨고 저으면서 과일이 아주 물렁해질 때까지 사과는 20~25분간, 꽃사과는 25~30분간, 유럽모과는 30분간 뭉근히 끓인다. 주스를 짜낸다. 주스를 추출하는 동안 중탕 병조림 찜기를 준비하고, 병조림용 도구를 모아둔다. 받침 접시 몇 개를 냉동실에 넣어두고, 살균해서 뜨겁게 달군 235ml짜리 유리병 4개를 준비한다. 체에 거른 주스의 분량을 재고 커다란 편수 냄비에 부은 후 다음을 넣는다.

주스 1컵당 설탕 1컵

병에 든 레몬즙 2큰술

강불에서 부르르 끓어오르도록 가열한 후 자주 저으면서 혼합물이 젤리 형성점에 도달할 때까지 끓인다. 젤리를 불에서 내리고 거품이 있으면 전부 걷어낸다. 준비한 유리병에 부어서 6mm의 상부 공간을 남기고 채운다. 유리병의 입구를 닦는다. 위에 덮개를 얹고 금속 고리를 씌운 후 손끝으로 힘을 줘도 돌아가지 않을 때까지 돌려서 닫는다. 5분간 열처리한다. 완전히 식힌 후 설명에 따라 보관한다.

사과 버번 젤리

사과와 버번이 절묘하게 조화를 이루는 이 젤리는 청량한 가을날에 알코올이 적당히 들어간 사과주를 마시는 기분을 느낄 수 있게 해준다. **사과, 꽃사과 또는 유럽모과 젤리**를 만들되, 사과를 사용하고 설탕과 레몬즙을 추가하는 단계까지 진행한다. 일단 주스가 104.4℃에 도달하면 **버번 또는 스카치 ½컵**을 넣고 섞는다. 혼합물을 다시 끓여서 젤리 형성점까지 조리한 후 레시피에 따라 진행한다.

사과 장미 젤리

사과와 장미는 상당히 가까운 품종이기 때문에 향기로운 장미 꽃잎을 사과 젤리에 추가하면 썩 잘 어울린다. **사과, 꽃사과 또는 유럽모과 젤리**를 만들되, 설탕과 레몬즙을 넣을 때 **말린 장미 꽃잎 2큰술 또는 향이 진하고 신선한 유기농 장미 꽃잎 ¼컵**을 함께 추가한다. 유리병에 붓기 전에 젤리를 고운체에 걸러서 주둥이가 있는 큼직한 액체용 계량컵에 담는다. 레시피대로 진행한다.

허브 또는 가향 젤리

사과, 꽃사과 또는 유럽모과 젤리 레시피에 따라 조리한다. 젤리를 뭉근히 끓이는 동안 민트, 바질, 타라곤, 타임, 레몬 버베나 또는 살충제를 뿌리지 않은 로즈 제라늄 잎 1묶음을 짓찧어서 상처를 낸 다음 주방용 실로 묶는다. 젤리 형성점 테스트를 한 후 아직 불에서 내리기 전에 허브 묶음의 줄기 끝을 잡고 젤리에 여러 번 담갔다가 꺼내서 원하는 강도만큼 풍미를 우려낸다. 불에서 내리고 거품을 전부 걷어낸 후 레시피대로 진행한다.

구아바 젤리

235ml짜리 유리병 약 3개 분량

사과, 꽃사과 또는 유럽모과 젤리를 만들되, 사과 대신 **약간 덜 익은 구아바 1.3kg**을 굵게 썰어서 사용한다. 물렁물렁해질 때까지 30분 정도 뭉근히 끓인다. 레시피대로 진행하고, 레몬즙 대신 **병에 든 라임즙 2큰술**을 넣는다.

시큼한 자두 젤리

235ml짜리 유리병 약 3개 분량

사과, 꽃사과 또는 유럽모과 젤리를 만들되, 사과 대신 **시큼한 자두 1.3kg**을 굵게 썰어서 사용하고 **물을 1½컵** 붓는다. 15~20분간 뭉근히 끓인다. 레시피대로 진행하고, 레몬즙은 생략한다.

로즈힙(들장미 열매) 젤리

분량은 자유롭게 조절

사용하는 로즈힙의 분량을 구체적으로 지정하기보다는 자유롭게 응용할 수 있는 레시피이므로, 직접 딴 로즈힙의 양에 따라 대량 또는 소량으로 만들어보자. 젤리 만들기 및 병조림 제조 과정 항목을 참고한다.

크고 묵직한 편수 냄비에 다음을 넣는다.

　　살충제를 뿌리지 않은 싱싱하고 잘 익은 로즈힙

　　로즈힙 450g당 새콤한 사과 또는 그래니 스미스 같은 녹색 사과 1개 또는

　　　유럽모과 1개, 굵게 썰어서 준비

로즈힙과 사과가 잠기도록 물을 부은 후 부르르 끓어오르도록 가열한다. 뚜껑을 덮고 로즈힙이 아주 물렁물렁해질 때까지 뭉근히 끓이는데, 필요하면 로즈힙이 물에 잠기도록 물을 조금씩 보충해준다. 로즈힙이 부드러워지는 데 걸리는 시간은 크기와 익은 정도에 따라 달라지므로 15분마다 확인한다. 로즈힙이 아주 물렁물렁해지면 불에서 내린 후 감자 으깨는 도구로 으깬다. 주스를 짜낸다. 주스를 추출하는 동안 중탕 병조림 찜기를 준비하고, 병조림용 도구를 전부 모아둔다. 받침 접시 몇 개를 냉동실에 넣어두고, 살균해서 뜨겁게 달군 235ml짜리 유리병을 준비한다. 체에 거른 주스의 분량을 재고 커다란 편수 냄비에 부은 후 다음을 넣는다.

　　주스 1컵당 설탕 1컵

강불에서 부르르 끓어오르도록 가열한 후 자주 저으면서 혼합물이 젤리 형성점에 도달할 때까지 끓인다. 젤리를 불에서 내린다. 준비한 유리병에 부어서 6mm의 상부 공간을 남기고 채운다. 유리병의 입구를 닦는다. 위에 덮개를 얹고 금속 고리를 씌운 후 손끝으로 힘을 줘도 돌아가지 않을 때까지 돌려서 닫는다. 5분간 열처리한다. 완전히 식힌 후 설명에 따라 보관한다.

파라다이스 젤리

235ml짜리 유리병 약 7개 분량

아름다운 장밋빛을 띠는 이 섬세한 젤리는 우리 가족이 무척 좋아하는 젤리다. 젤리 만들기 및 병조림 제조 과정 항목을 참고한다.

크고 묵직한 편수 냄비에 다음을 넣고 섞는다.

　　껍질을 벗기지 않은 녹색 사과 1.3kg, 잘게 썰기

　　껍질을 벗기지 않은 유럽모과 680g, 잘게 썰기

　　물 3½컵

부르르 끓어오르도록 가열한 후 불을 줄이고 15분간 뭉근히 끓인다.

다음을 넣고 섞는다.

　　크랜베리 225g, 잡티를 골라내고 씻은 후 굵직하게 썰기

자주 으깨면서 과일이 아주 물렁물렁해질 때까지 약 10분 이상 뭉근히 끓인다. 주스를 짜낸다. 주스를 추출하는 동안 중탕 병조림 찜기를 준비하고, 병조림용 도구를 전부 모아둔다. 받침 접시 몇 개를 냉동실에 넣어두고, 살균해서 뜨겁게 달군 235ml짜리 유리병 7개를 준비한다. 체에 거른 주스의 분량을 재고 커다란 편수 냄비에 부은 후 다음을 넣는다.

　　주스 1컵당 설탕 1컵

강불에서 부르르 끓어오르도록 가열한 후 자주 저으면서 혼합물이 젤리 형성점에 도달할 때까지 끓인다. 젤리를 불에서 내리고 거품을 전부 걷어낸다. 준비한 유리병에 부어서 6mm의 상부 공간을 남기고 채운다. 유리병의 입구를 닦는다. 위에 덮개를 얹고 금속 고리를 씌운 후 손끝으로 힘을 줘도 돌아가지 않을 때까지 돌려서 닫는다. 5분간 열처리한다. 완전히 식힌 후 설명에 따라 보관한다.

매콤한 고추 젤리

235ml짜리 유리병 약 3개 분량

매콤함과 달콤함이 조화를 이루는 이 젤리를 옥수수 빵 또는 비스킷에 곁들이면 아주 맛있다. 잘 익은 붉은색 피망을 사용하므로 주황빛이 도는 붉은색의 반투명 젤리가 완성된다. 젤리 만들기 및 병조림 제조 과정 항목을 참고한다.

크고 묵직한 편수 냄비에 다음을 넣는다.

　　붉은색 피망 450g, 씨를 빼고 다지기

　　할라페뇨 고추 225g, 다지기(취향에 따라 씨를 빼기)

　　화이트와인 식초 1½컵

저으면서 부르르 끓어오르도록 가열한 후 불을 줄이고 피망과 고추가 아주 물렁물렁해질 때까지 10~12분간 뭉근히 끓인다. 주스를 짜낸다. 주스를 추출하는 동안 중탕 병조림 찜기를 준비하고, 병조림용 도구를 전부 모아둔다. 받침 접시 몇 개를 냉동실에 넣어두고, 살균해서 뜨겁게 달군 235ml짜리 유리병 3개를 준비한다.

　　체에 거른 주스의 분량을 잰다. 약 2컵 정도 나올 것이다. 필요하면 물을 조금 보충한다. 주스를 편수 냄비에 붓고 다음을 추가한다.

　　설탕 2½컵

계속 저으면서 부르르 끓어오르도록 가열한다. 다음을 넣는다.

　　액상 펙틴 6큰술

1분간 팔팔 끓인다. 불에서 내리고 거품을 전부 걷어낸다. 주름 테스트로 혼합물이 젤리 형성점에 도달했는지 확인한다. 준비한 유리병에 부어서 6mm의 상부 공간을 남기고 채운다. 유리병의 입구를 닦는다. 위에 덮개를 얹고 금속 고리를 씌운 후 손끝으로 힘을 줘도 돌아가지 않을 때까지 돌려서 닫는다. 5분간 열처리한다. 완전히 식힌 후 설명에 따라 보관한다.

민트 젤리

235ml짜리 유리병 약 4개 분량

전통적으로 구운 양고기에 곁들인다. 향이 진한 민트가 풍부하게 나는 여름에 이 젤리를 만들어보자. 젤리 만들기 및 병조림 제조 과정 항목을 참고한다.

크고 묵직한 편수 냄비에 다음을 넣어 완전히 으깬다.

　　민트 잎, 꾹 눌러 담아 1½컵, 잘 씻어놓기

사과 주스 1½컵

병에 든 레몬즙 ½컵

강불에 올려 부르르 끓어오르도록 가열한다. 불에서 내리고 뚜껑을 덮은 후 10분간 둔다. 주스를 짜낸다. 주스를 추출하는 동안 중탕 병조림 찜기를 준비하고, 병조림용 도구를 전부 모아둔다. 받침 접시 몇 개를 냉동실에 넣어두고, 살균해서 뜨겁게 달군 235ml짜리 유리병 4개를 준비한다.

체에 거른 주스의 분량을 잰다. 약 1¾컵 정도 나올 것이다. 필요하면 물을 조금 보충한다. 민트 주스를 편수 냄비에 붓고 다음을 추가한다.

설탕 3½컵

소금 ¾작은술

(녹색 식용 색소 4방울)

계속 저으면서 부르르 끓어오르도록 가열한다. 다음을 넣는다.

액상 펙틴 6큰술

1분간 팔팔 끓인다. 불에서 내리고 거품을 전부 걷어낸다. 주름 테스트로 혼합물이 젤리 형성점에 도달했는지 확인한다. 준비한 유리병에 부어서 6mm의 상부 공간을 남기고 채운다. 유리병의 입구를 닦는다. 위에 덮개를 얹고 금속 고리를 씌운 후 손끝으로 힘을 줘도 돌아가지 않을 때까지 돌려서 닫는다. 5분간 열처리한다. 완전히 식힌 후 설명에 따라 보관한다.

부채선인장 열매 젤리

235ml짜리 유리병 약 5개 분량

부채선인장 열매에 대해 항목과 젤리 만들기 및 병조림 제조 과정 항목을 참고한다. 부채선인장을 다룰 때는 장갑을 낀다.

크고 묵직한 편수 냄비에 다음을 넣고 완전히 으깬다.

잘 익은 부채선인장 열매 2kg, 굵직하게 썰기

물 1컵

자주 저으면서 부르르 끓어오르도록 가열한 후 불을 줄이고 감자 으깨는 도구로 과육을 으깨면서 5분간 뭉근히 끓인다. 불에서 내리고 주스를 짜낸다. 주스를 추출하는 동안 중탕 병조림 찜기를 준비하고, 병조림용 도구를 전부 모아둔다. 받침 접시 몇 개를 냉동실에 넣어두고, 살균해서 뜨겁게 달군 235ml짜리 유리병 5개를 준비한다.

체에 거른 주스의 분량을 잰다. 약 3컵 정도 나올 것이다. 필요하면 물을 조금 보충한다. 크고 묵직한 편수 냄비에 주스를 붓는다. 다음을 추가한다.

병에 든 라임즙 6큰술

체에 거른 오렌지즙 2큰술

강불에 올리고 저으면서 부르르 끓어오르도록 가열한다. 중간 크기의 그릇에 다음을 넣고 잘 섞은 뒤 끓고 있는 주스에 넣어서 젓는다.

설탕 4컵

펙틴 분말 50g짜리 1봉지(5큰술)

계속 저으면서 다시 부르르 끓어오르도록 가열한 후 펙틴 포장지에 있는 설명에 따라 끓인다. 주름 테스트로 혼합물이 젤리 형성점에 도달했는지 확인한다. 준비한 유리병에 부어서 6mm의 상부 공간을 남기고 채운다. 유리병의 입구를 닦는다. 위에 덮개를 얹고 금속 고리를 씌운 후 손끝으로 힘을 줘도 돌아가지 않을 때까지 돌려서 닫는다. 5분간 열처리한다. 완전히 식힌 후 설명에 따라 보관한다.

잼 만들기에 대해

잼에는 연한 젤 상태의 통과일, 으깬 과일, 굵게 썬 과일이 들어 있다. 다양한 프리저브 중에서 가장 간단하면서도 실패 확률이 낮으며 과일의 과육까지 사용하기 때문에 경제적이다. 잼의 농도 역시 선호도에 따라 자유롭게 선택할 수 있고, 대다수 과일을 최소한의 손질만 거쳐서 잼으로 만들 수 있다. 레시피에 별다른 언급이 없다면 단단하지만 잘 익은 과일을 6mm~1.2cm 두께로 얇게 저미거나 썰어서 준비한다. 안전하게 병조림을 만드는 방법 항목의 설명을 참고해서 진행한다.

붉은 딸기 잼

235ml짜리 유리병 약 4개 분량

이 레시피에는 아주 잘 익고 풍미가 가장 진한 제철 딸기만 사용해야 한다. 설탕을 듬뿍 넣어 전반적으로 끓이는 시간이 줄어들기 때문에 과일의 풍미와 색이 더욱 잘 보존된다. 병조림 제조 과정 항목을 참고한다. 중탕 병조림 찜기를 준비하고, 병조림용 도구를 전부 모아둔다. 받침 접시 몇 개를 냉동실에 넣어두고, 깨끗하게 씻어서 뜨겁게 달군 235ml짜리 유리병 4개를 준비한다.

넓고 묵직한 냄비 또는 더치오븐에 다음을 넣어 섞는다.

설탕 5컵

딸기 1.6kg, 꼭지를 따고 굵직하게 썰기

병에 든 레몬즙 ¼컵

(바닐라 빈 1개, 세로로 반 가르기)

약불에 올려 딸기에서 '즙이 다 빠져나올 때까지' 나무 숟가락으로 살살 저으면서 조리한다. 그다음 중강불로 올리고 설탕이 다 녹을 때까지 계속 젓는다. 자주 저으면서 젤리 형성점에 도달할 때까지 팔팔 끓인다. 냄비를 불에서 내린다. 바닐라 빈을 넣었다면 깍지를 건져서 바닐라 씨를 긁어낸 후 씨만 냄비에 다시 넣고 깍지는 버린다. 준비한 유리병에 부어서 6mm의 상부 공간을 남기고 채운다. 유리병의 입구를 닦는다. 위에 덮개를 얹고 금속 고리를 씌운 후 손끝으로 힘을 줘도 돌아가지 않을 때까지 돌려서 닫는다. 10분간 열처리한다. 완전히 식힌 후 설명에 따라 보관한다.

딸기 로제 잼

235ml짜리 유리병 약 6개 분량

루비처럼 붉은 이 잼은 우리가 가장 좋아하는 여름 과일과 여름 와인을 조합한 것이다. 로제 와인이 맛있는 딸기 잼에 섬세한 향기를 더해준다. 병조림 제조 과정 항목을 참고한다.

넓고 묵직한 냄비에 다음을 넣고 섞는다.

딸기 1.8kg, 꼭지를 따고 굵직하게 썰기

설탕 2½컵

드라이 로제 와인 1병(750ml)

레몬 1개에서 짜낸 즙(약 2큰술)

(바닐라 빈 1개, 세로로 반 가르기)

강불에 올려 부르르 끓어오르도록 가열한다. 끓어오르면 즉시 불에서 내리고 그릇에 옮겨 담은 후 완전히 식힌다. 하룻밤 냉장고에 넣어둔다.

중탕 병조림 찜기를 준비하고, 병조림용 도구를 전부 모아둔다. 받침 접시 몇 개를 냉동실에 넣어두고, 깨끗하게 씻어서 뜨겁게 달군 235ml짜리 유리병 6개를 준비한다.

딸기 혼합물을 체에 걸러서 깊고 넓은 냄비에 담는다. 딸기 건더기는 따로 보관한다. 로제 시럽이 101.7℃에 도달하고 절반 분량으로 줄어들 때까지 15~20분간 끓인다. 딸기 건더기를 시럽에 넣고 자주 저으면서 혼합물이 걸쭉해지고 아주 짙은 붉은색으로 변하면서 젤리 형성점에 도달할 때까지 25~30분간 끓인다.

바닐라 빈을 넣었다면 건져서 씨를 긁어낸 후 씨만 냄비에 다시 넣고 깍지는 버린다. 준비한 유리병에 국자로 잼을 담아 1.2cm의 상부 공간을 남기고 채운다. 유리병의 입구를 닦는다. 위에 덮개를 얹고 금속 고리를 씌운 후 손끝으로 힘을 줘도 돌아가지 않을 때까지 돌려서 닫는다. 10분간 열처리한다. 완전히 식힌 후 설명에 따라 보관한다.

베리 잼

235ml짜리 유리병 약 5개 분량

자유롭게 응용 가능한 베리 잼 레시피로 블랙베리(및 블랙베리와 비슷한 품종), 크랜베리, 엘더베리, 라즈베리, 블루베리를 모두 사용할 수 있다. 짙은 파란색이 아니라 붉은색을 띠고 있는 덜 익은 블루베리를 사용하면 스칸디나비아산 월귤 잼을 연상시키는 훨씬 풍미가 진한 잼이 완성된다. 과일의 산도에 따라 레몬즙을 넣어야 할 수도 있고, 넣지 않을 수도 있다. 취향에 따라 적당히 넣는다. 병조림 제조 과정 항목을 참고한다.

중탕 병조림 찜기를 준비하고, 병조림용 도구를 전부 모아둔다. 받침 접시 몇 개를 냉동실에 넣어두고, 깨끗이 씻어서 뜨겁게 달군 235ml짜리 유리병 5개를 준비한다. 넓고 묵직한 냄비 또는 더치오븐에 다음을 넣어 섞는다.

　새콤한 녹색 사과 225g, 껍질을 벗기고 속을 파낸 후 강판에 갈기

　베리류 900g(레시피 설명을 참고)

　(레몬즙 2큰술)

　설탕 3컵

부르르 끓어오르도록 가열하면서 냄비 안에 있는 베리의 ¼ 분량을 으깬다. 자주 저으면서 젤리 형성점에 도달할 때까지 끓인다. 불에서 내리고 거품을 전부 걷어낸다. 준비한 유리병에 국자로 잼을 담아 6mm의 상부 공간을 남기고 채운다. 유리병의 입구를 닦는다. 위에 덮개를 얹고 금속 고리를 씌운 후 손끝으로 힘을 줘도 돌아가지 않을 때까지 돌려서 닫는다. 10분간 열처리한다. 완전히 식힌 후 설명에 따라 보관한다.

구스베리 잼

235ml짜리 유리병 약 3개 분량

베리 잼을 만들되, 사과를 생략하고 구스베리 900g을 넣는다. 구할 수 있다면 (엘더플라워 6개를 담아서 묶은 향주머니)를 함께 넣어 끓인다. 엘더플라워의 즙을 짜서 잼에 넣고 건더기는 버린 후 국자로 떠서 유리병에 담는다.

다섯 가지 과일 잼 코케뉴

235ml짜리 유리병 약 9개 분량

다섯 종류의 과일을 모두 모으는 수고를 충분히 감내할 만큼 기가 막힌 맛의 조화를 이루는 잼이다.(재료를 쉽게 모으는 방법은 각 과일이 눈에 띌 때마다 사서 얼려두는 것이다.) 병조림 제조 과정 항목을 참고한다.

중탕 병조림 찜기를 준비하고, 병조림용 도구를 전부 모아둔다. 받침 접시 몇 개를 냉동실에 넣어두고, 깨끗이 씻어서 뜨겁게 달군 235ml짜리 유리병 9개를 준비한다. 넓고 묵직하면서 큰 냄비에 다음을 넣어 섞는다.

　딸기 680g, 꼭지를 따고 굵직하게 썰기

　레드커런트 450g

　달콤한 체리 450g, 꼭지를 따고 씨를 빼기

　구스베리 450g, 손질하기

　라즈베리 450g

　설탕 7컵

자주 저으면서 부르르 끓어오르도록 가열한 후, 과일을 살짝 으깨면서 젤리 형성점에 도달할 때까지 팔팔 끓인다. 불에서 내린 후 거품을 전부 걷어낸다. 준비한 유리병에 국자로 잼을 담아 6mm의 상부 공간을 남기고 채운다. 유리병의 입구를 닦는다. 위에 덮개를 얹고 금속 고리를 씌운 후 손끝으로 힘을 줘도 돌아가지 않을 때까지 돌려서 닫는다. 10분간 열처리한다. 완전히 식힌 후 설명에 따라 보관한다.

꿀 멜론 잼

235ml짜리 유리병 약 3개 분량

이 잼을 만들 때는 반드시 아주 풍미가 진한 멜론을 사용해야 한다. 우리는 구할 수 있다면 향기가 진한 샤랑테 멜론을 선호한다. 병조림 제조 과정 항목을 참고한다.

중탕 병조림 찜기를 준비하고, 병조림용 도구를 전부 모아둔다. 받침 접시 몇 개를 냉동실에 넣어두고, 깨끗이 씻어서 뜨겁게 달군 235ml짜리 유리병 3개를 준비한다. 묵직한 냄비에 다음을 넣고 섞는다.

　향기가 진하고 잘 익은 캔털루프 또는 머스크멜론 1.3kg, 씨를 빼고 잘게
　　깍둑썰기하기

　꿀 1컵

　레몬 1개의 껍질, 강판에 곱게 갈기

　병에 든 레몬즙 ¼컵

　(바닐라 빈 1개, 세로로 반 가르기)

부르르 끓어오르도록 가열한 후 자주 저으면서 젤리 형성점에 도달할 때까지 팔팔 끓인다. 불에서 내린다. 바닐라 빈을 넣었다면 건져서 바닐라 씨를 긁어낸 후 씨만 냄비에 다시 넣고 깍지는 버린다. 준비한 유리병에 국자로 잼을 담아 6mm의 상부 공간을 남기고 채운다. 유리병의 입구를 닦는다. 위에 덮개를 얹고 금속 고리를 씌운 후 손끝으로 힘을 줘도 돌아가지 않을 때까지 돌려서 닫는다. 10분간 열처리한다. 완전히 식힌 후 설명에 따라 보관한다.

무화과 잼

235ml짜리 유리병 5~6개 분량

건더기가 듬뿍 들어 있는 이 잼은 무화과, 설탕, 레몬즙만 넣어 만들어도 아주 맛있는데, 향미 재료를 추가하면 더욱 깊고 복합적인 풍미를 즐길 수 있다. 커다란 그릇에 다음을 넣고 섞는다.

　잘 익은 무화과 1.3kg, 꼭지를 잘라내고 굵게 썰기

　설탕 2컵

　병에 든 레몬즙 ¼컵

뚜껑을 덮고 과일을 실온에 1시간 이상 두거나 냉장고에 하룻밤 넣어둔다.

중탕 병조림 찜기를 준비하고, 병조림용 도구를 전부 모아둔다. 받침 접시 몇 개를 냉동실에 넣어두고, 깨끗하게 씻어서 뜨겁게 달군 235ml짜리 유리병

6개를 준비한다. 무화과와 즙을 냄비에 넣고 취향에 따라 다음 재료 중 하나를 넣는다.

(7.5×2.5cm의 크기로 길쭉하게 벗긴 오렌지 껍질, 채소 껍질 벗기는 도구를 사용)

(통계피 1개)

(팔각 1개)

(타임 잔가지 3개 또는 12.5cm 길이의 로즈메리 잔가지 1개)

혼합물이 부르르 끓어오르도록 가열한 후 자주 저으면서 무화과가 뭉개지고 혼합물이 젤리 형성점에 도달할 때까지 끓인다. 냄비를 불에서 내리고 허브 잔가지, 통향신료, 오렌지 껍질을 넣었다면 건져낸다. 취향에 따라 다음을 넣어 섞어도 좋다.

(오렌지 리큐어 2큰술)

준비한 유리병에 국자로 담아 1.2cm의 상부 공간을 남기고 채운다. 유리병의 입구를 닦는다. 위에 덮개를 얹고 금속 고리를 씌운 후 손끝으로 힘을 줘도 돌아가지 않을 때까지 돌려서 닫는다. 10분간 열처리한다. 완전히 식힌 후 설명에 따라 보관한다.

자두 잼

235ml짜리 유리병 약 4개 분량

즙이 많은 그린게이지, 댐슨, 미라벨, 시로 품종뿐만 아니라 다양한 야생 자두를 사용해도 근사한 잼을 만들 수 있다. 최대한 풍미를 내려면 껍질을 벗기지 않고 그대로 사용한다. 병조림 제조 과정 항목을 참고한다.

중탕 병조림 찜기를 준비하고, 병조림용 도구를 전부 모아둔다. 받침 접시 몇 개를 냉동실에 넣어두고, 깨끗이 씻어서 뜨겁게 달군 235ml짜리 유리병 4개를 준비한다. 크고 묵직한 편수 냄비에 다음을 넣고 섞는다.

자두 900g, 씨를 빼고 굵직하게 썰기

설탕 2½컵

병에 든 레몬즙 ¼컵

과육을 살짝 으깨고 부르르 끓어오르도록 가열한 후 자주 저으면서 젤리 형성점에 도달할 때까지 끓인다. 불에서 내리고 거품을 전부 걷어낸다. 준비한 유리병에 국자로 담아 6mm의 상부 공간을 남기고 채운다. 유리병의 입구를 닦는다. 위에 덮개를 얹고 금속 고리를 씌운 후 손끝으로 힘을 줘도 돌아가지 않을 때까지 돌려서 닫는다. 10분간 열처리한다. 완전히 식힌 후 설명에 따라 보관한다.

훈연 향 토마토 잼

235ml짜리 유리병 4~5개 분량

병조림 제조 과정 항목을 참고한다.

I. 훈제 파프리카 가루와 구운 토마토를 사용

이 레시피는 훈제 파프리카 가루와 선택 재료인 치폴레를 사용해 훈연향과 살짝 매콤한 맛을 더한다. 토마토를 오븐에서 구우면 수분이 대부분 날아가므로 가정용 레인지에서 조리하는 시간이 줄어든다.

오븐을 200℃로 예열한다. 커다란 오븐 팬 2개에 기름을 살짝 바르거나 간편히 청소할 수 있도록 유산지를 깐다. 절단면이 위로 가도록 다음을 한 겹으로 오븐 팬에 올린다.

로마, 산 마르차노, 아미시 페이스트 또는 기타 소스용 토마토 2.3kg, 반으로
자르기

토마토가 쪼그라들면서 연한 갈색이 될 때까지 35~40분간 굽는다. 취향에 따라 토마토의 껍질을 벗겨도 좋다.
크고 묵직한 냄비에 토마토를 옮겨 담고 다음을 넣어 섞는다.

설탕 2컵

병에 든 레몬즙 ⅓컵

훈제 파프리카 가루 1큰술

피클용 소금 2작은술

굵게 빻은 고춧가루 1작은술

흑후추 1작은술

(치폴레 칠리 고춧가루 ½작은술)

부르르 끓어오르도록 가열한 후 중약불로 줄이고 자주 저으면서 걸쭉해질 때까지 30~40분간 뭉근히 끓인다. 잼을 접시에 떠놓으면 봉긋하게 부풀어 오른 상태를 유지하면서 질척하게 물기가 배어나지 않아야 한다.

잼을 끓이는 동안 중탕 병조림 찜기를 준비하고, 병조림용 도구를 전부 모아둔다. 받침 접시 몇 개를 냉동실에 넣어두고, 깨끗이 씻어서 뜨겁게 달군 235ml짜리 유리병 5개를 준비한다.

준비한 유리병에 국자로 담아 1.2cm의 상부 공간을 남기고 채운다. 유리병의 입구를 닦는다. 위에 덮개를 얹고 금속 고리를 씌운 후 손끝으로 힘을 줘도 돌아가지 않을 때까지 돌려서 닫는다. 20분간 열처리한다. 완전히 식힌 후 설명에 따라 보관한다.

II. 훈제 토마토를 사용

버전 I보다 만드는 데 시간이 오래 걸리지만 은은하게 풍기는 기분 좋은 훈연 풍미를 즐길 수 있다.

훈연기를 준비한다. 훈연기의 쇠살대나 받침대 위에 절단면이 위로 가도록 다음을 올린다.

로마, 산 마르차노, 아미시 페이스트 또는 기타 소스용 토마토 2.3kg, 반으로
자르기

110~120℃ 사이에서 1시간 동안 훈연한다. 취향에 따라 토마토의 껍질을 벗겨도 좋다. 토마토를 커다란 냄비에 옮겨 담고 다음을 넣어 섞는다.

설탕 2컵

병에 든 레몬즙 ⅓컵

피클용 소금 2작은술

흑후추 1작은술

고수씨 가루 1작은술

커민 가루 1작은술

부르르 끓어오르도록 가열한 후 중약불로 줄이고 자주 저으면서 걸쭉해질 때까지 30~40분간 뭉근히 끓인다. 잼을 접시에 떠 놓으면 봉긋하게 부풀어 오른 상태를 유지하면서 질척하게 물기가 배어나지 않아야 한다. 준비한 유리병에 국자로 떠서 담고 버전 I의 설명에 따라 진행한다.

노란 방울토마토와 생강 잼

235ml짜리 유리병 약 3개 분량

황금색을 띠는 이 잼은 사뭇 열대 지방을 연상시키는 풍미를 지니고 있다. 그릴 치즈 샌드위치에 바르거나 치즈 플레이트에 곁들이거나 다른 잼들처럼 버터 토스트에 발라서 낸다. 병조림 제조 과정 항목을 참고한다.
중간 크기의 그릇에 다음을 넣어 섞는다.

노란색 또는 주황색 방울토마토 900g, 반으로 자르기

설탕 2컵

뚜껑을 덮고 냉장고에 넣어서 하룻밤 그대로 둔다.

중탕 병조림 찜기를 준비하고, 병조림용 도구를 전부 모아둔다. 받침 접시 몇 개를 냉동실에 넣어두고, 깨끗이 씻어서 뜨겁게 달군 235ml짜리 유리병 3개를 준비한다. 크고 묵직한 편수 냄비에 토마토를 옮겨 담고 다음을 넣어 섞는다.

생강 115g, 껍질을 벗기고 얇은 성냥개비 모양으로 썰기

커다란 레몬 2개의 껍질과 즙, 강판에 곱게 갈기

부르르 끓어오르도록 가열한 후 젤리 형성점에 도달할 때까지 팔팔 끓인다. 냄비를 불에서 내리고 거품을 전부 걷어낸다. 준비한 유리병에 국자로 담아 6mm의 상부 공간을 남기고 채운다. 유리병의 입구를 닦는다. 위에 덮개를 얹고 금속 고리를 씌운 후 손끝으로 힘을 줘도 돌아가지 않을 때까지 돌려서 닫는다. 10분간 열처리한다. 완전히 식힌 후 설명에 따라 보관한다.

냉동 잼에 대해

냉동 잼의 가장 큰 장점은 조리나 병조림 과정이 필요하지 않고 생과일과 비슷한 맛이 나는 잼을 만들 수 있다는 것이다. 우리는 끓여서 만든 전통적인 잼을 선호하지만, 시간은 많지 않은데 과일과 냉동실 공간이 넉넉하다면 이 방법도 충분히 시도해볼 만하다. 대다수 냉동 잼은 시판 펙틴 분말과 설탕을 듬뿍 사용하는데 우리는 더욱 신선한 생과일 풍미를 내기 위해 '인스턴트' 냉동 잼용 펙틴을 넣고 설탕의 양을 줄이는 편이다. 냉동 잼은 냉장고에서 하룻밤 해동하고, 그다음에는 냉장고에 보관한다.

기본 냉동 잼

235ml짜리 유리병 약 5개 분량

중간 크기의 그릇에 다음을 넣고 섞는다.

설탕 2컵

인스턴트 또는 냉동 잼용 펙틴 8큰술

다음을 넣고 섞는다.

모든 종류의 베리류, 복숭아, 망고, 자두, 서양배 등의 생과일을 으깨거나 잘게
썰거나 강판에 간 것 4컵

가끔 저으면서 혼합물을 10분간 둔다. 맛을 보고 필요하면 다음을 추가한다.

(레몬즙 또는 라임즙 적당량)

플라스틱 또는 유리 소재의 냉동용 유리병에 1.2cm의 상부 공간을 남기고 국자로 떠서 담은 후 걸쭉해질 때까지 실온에서 30분 정도 둔다. 뚜껑을 돌려서 닫고 날짜와 내용물이 적힌 라벨을 붙인 후 냉장고에 넣으면 3주간, 냉동실에 넣으면 1년간 보관할 수 있다.

과일 버터와 젤리 형태의 과일 소스 만들기

과일 버터는 수분을 증발시키면서 천천히 조리해 걸쭉하게 만든 퓌레로, 농축된 과일의 진한 풍미를 즐길 수 있다. 과일 버터라는 이름이 붙은 이유는 매끄럽고 부드럽게 발리는 질감 때문이다. 우리는 가을이 지나가기 전에 정통 과일 버터인 사과 버터를 반드시 한 번 이상 만들어 먹는데, 블루베리, 복숭아, 살구, 자두로 과일 버터를 만들어도 아주 맛있다.

적은 재료로 소박하게 만들어 먹기 위해 탄생한 과일 버터는 모든 종류의 프리저브 중에서도 설탕이 가장 적게 들어간다. 향신료로 맛을 돋우는 경우도

많다. ▶ 과일 버터를 만들 때 까다로운 점은 몇 시간 동안 눋지 않게 천천히 조리해야 한다는 것이다. 보통 가정용 레인지에서 조리하지만 오븐을 사용할 수도 있다. 사실 우리는 손이 덜 가고 가정용 레인지 주변에 끈끈한 덩어리가 튀는 것을 방지할 수 있기 때문에 오븐을 사용하는 것을 선호하게 되었다. 하지만 오븐에서 과일 버터를 조리하면 수분이 더 천천히 증발하므로 가정용 레인지를 사용하는 것보다 시간이 훨씬 오래 걸린다.

영국에서 과일 '치즈'라고 부르는 젤리 형태의 과일 소스는 한마디로 과일 버터를 더 오래 졸여서 아주 걸쭉한 젤리 형태의 퓌레로 만든 것이다. 젤리 형태의 과일 소스는 6개월 이상 숙성시킨 후 먹는 것이 가장 좋고, 만든 후 2년까지는 풍미가 점점 깊어지며 최대 3년간 보관할 수 있다. 식탁에 올리려면 유리병 안에 칼을 넣어 안쪽 옆면을 따라 쭉 훑은 후 병을 흔들어서 젤리 소스를 밖으로 꺼내 1.2cm 두께로 썬다. 젤리 형태의 과일 소스는 디저트로 내거나 치즈 또는 구운 고기 요리에 곁들이면 아주 잘 어울린다. 또 다른 젤리 형태의 전통 소스는 크랜베리 소스 레시피의 버전 Ⅱ를 참고한다. ▶ 안전하게 병조림을 만드는 방법 항목의 설명을 참고해서 진행한다.

사과 버터

235ml짜리 유리병 약 8개 분량

이 레시피는 아래의 비율만 지킨다면 사과의 분량을 자유롭게 조절할 수 있는데, 분량이 많아질수록 그만큼 조리 시간도 길어진다는 점을 기억하자. 과일 버터와 젤리 형태의 과일 소스 만들기 및 병조림 제조 과정 항목을 참고한다.

크고 묵직한 냄비에 다음을 넣는다.

껍질을 벗기지 않은 사과 2.3kg, 4등분하기

물 4컵

부르르 끓어오르도록 가열한 후 불을 줄이고 뚜껑을 덮어서 아주 물렁물렁해질 때까지 20분간 뭉근히 끓인다. 식품 분쇄기에 중간 크기의 칼날을 끼우고 과일을 넣어서 간다. 퓌레의 분량을 잰다.

오븐을 사용해 만든다면 오븐을 150℃로 예열한다. 퓌레를 구이 팬에 담는다. 퓌레 1컵당 다음을 넣고 섞는다.

설탕 ½컵

병에 든 레몬즙 1큰술

계핏가루 ¼작은술

정향 가루 1자밤

올스파이스 가루 1자밤

1시간에 1번씩 저으면서 사과 버터가 걸쭉해질 때까지 3시간~3시간 반 동안 굽는다.

가정용 레인지를 사용해 만든다면 재료를 크고 넓은 냄비에 넣은 후 중약불에서 자주 저어준다. 눋지 않도록 불을 세심하게 조절해가면서 버터가 걸쭉해지고 숟가락으로 떴을 때 봉긋한 모양이 될 때까지 2시간 정도 조리한다. 사과 버터에서 묽은 액체가 배어나서는 안 된다.

버터를 끓이는 동안 중탕 병조림 찜기를 준비하고, 병조림용 도구를 전부 모아둔다. 깨끗이 씻어서 뜨겁게 달군 235ml짜리 유리병 8개를 준비한다.

버터를 국자로 떠서 준비한 유리병에 담고 1.2cm의 상부 공간을 남긴다. 유리병의 입구를 닦는다. 위에 덮개를 얹고 금속 고리를 씌운 후 손끝으로 힘을 줘도 돌아가지 않을 때까지 돌려서 닫는다. 15분간 열처리한다. 완전히 식힌 후 설명에 따라 보관한다.

서양배 버터

사과 버터를 만들되, 서양배 2.3kg을 4등분해서 사용한다. 과일을 식품 분쇄기로 간 후 레시피에 따라 설탕과 레몬즙을 넣어 섞고, 레시피의 향신료 대신 **카르다몸 가루 2작은술과 생강 가루 1작은술**을 넣는다. 절반 정도 조리했을 때 막대형 블렌더를 사용해 퓌레 상태로 갈거나 몇 번에 나눠 믹서에 넣고 간다.(서양배는 사과보다 결이 거칠어서 이렇게 믹서로 갈아주면 더 매끄러운 질감의 과일 버터를 완성할 수 있다.) 걸쭉해질 때까지 계속 조리하고 레시피대로 진행한다.

훈연 사과 버터

분량은 자유롭게 조절

이 사과 버터는 달콤한 맛보다는 감칠맛에 가까운 풍미를 내므로 구운 돼지고기에 아주 잘 어울린다. 또 요구르트에 넣고 휘휘 저어서 가염 버터를 바른 사워도 토스트에 발라 먹어도 무척 맛있다. 병조림 제조 과정 항목을 참고한다. 다음의 무게를 잰다.

  껍질을 벗기지 않은 사과, 4등분하기

무게를 기록한다. 훈연기를 준비한다. 사과를 훈연기 받침대 위에 올린다. 110~120℃ 사이에서 1시간 동안 훈연한다. 사과를 커다란 냄비에 옮겨 담고 다음을 추가한다.

  사과의 원래 무게 900g당 물 1컵

부르르 끓어오를 때까지 가열한 후 가끔 저으면서 사과가 아주 물렁물렁해지도록 15분 정도 끓인다. 식품 분쇄기에 중간 크기의 칼날을 끼우고 간다. 퓌레를 냄비 또는 구이 팬에 옮겨 담는다. 퓌레 1컵당 다음을 추가한다.

  백설탕 또는 갈색 설탕 ½컵

  사과 식초 또는 병에 든 레몬즙 1큰술

  소금 ⅛작은술

  (로즈메리 잔가지 1개, 로즈메리 잔가지는 3개 이상 넣지 않는다.)

부르르 끓어오르도록 가열한 후 버터가 걸쭉해지고 숟가락으로 뜨면 봉긋한 모양이 될 때까지 중약불에서 뭉근히 끓이거나 150℃의 오븐에 넣고 1시간마다 저으면서 굽는다. 묽은 액체가 배어나지 않아야 한다.

  버터를 조리하는 동안 중탕 병조림 찜기를 준비하고, 병조림용 도구를 전부 모아둔다. 깨끗이 씻어서 뜨겁게 달군 235ml짜리 유리병을 준비한다.(사과의 원래 무게 450g당 235ml짜리 유리병 약 2개)

  버터를 국자로 떠서 준비한 유리병에 담고 1.2cm의 상부 공간을 남긴다. 유리병의 입구를 닦는다. 위에 덮개를 얹고 금속 고리를 씌운 후 손끝으로 힘을 줘도 돌아가지 않을 때까지 돌려서 닫는다. 15분간 열처리한다. 완전히 식힌 후 설명에 따라 보관한다.

블루베리 버터

235ml짜리 유리병 약 4개 분량

블루베리 잼을 좋아한다면 블루베리 버터도 아주 맛있게 즐길 수 있을 것이다. 오트밀에 얹어서 먹거나 버터밀크 팬케이크 겹 사이에 바르거나 레몬 커드와 함께 1인용 파블로바에 곁들여서 낸다. 병조림 제조 과정 항목을 참고한다. 다음을 몇 번에 나눠 푸드 프로세서에 넣고 퓌레 상태로 간다.

  블루베리 1.3kg

퓌레를 묵직한 냄비나 구이 팬에 옮겨 담고 다음을 추가한다.

  설탕 3컵

  병에 든 레몬즙 ¼컵

  (크렘 드 카시스 ¼컵)

  (계핏가루 1작은술)

  레몬 1개의 껍질, 강판에 곱게 갈기

부르르 끓어오르도록 가열한 후 버터가 걸쭉해지고 숟가락으로 뜨면 봉긋한 모양이 될 때까지 중약불에서 2시간 반~3시간 동안 뭉근히 끓이거나 150℃의 오븐에 넣고 1시간마다 저으면서 3시간~3시간 반 동안 굽는다. 묽은 액체가 배어나지 않아야 한다.

  버터를 조리하는 동안 중탕 병조림 찜기를 준비하고, 병조림용 도구를 전부 모아둔다. 깨끗이 씻어서 뜨겁게 달군 235ml짜리 유리병 4개를 준비한다. 버터를 국자로 떠서 준비한 유리병에 담고 1.2cm의 상부 공간을 남긴다. 유리병의 입구를 닦는다. 위에 덮개를 얹고 금속 고리를 씌운 후 손끝으로 힘을 줘도 돌아가지 않을 때까지 돌려서 닫는다. 15분간 열처리한다. 완전히 식힌 후 설명에 따라 보관한다.

자두 버터

분량은 자유롭게 조절

자두라면 어떤 품종을 사용해도 맛있는 버터를 만들 수 있지만, 특히 댐슨 또는 이탈리아산 자두를 추천한다.

다음의 무게를 재고 기록한다.

  잘 익은 자두

자두를 씻어서 4등분한 후 씨를 빼고 다음과 함께 커다란 냄비에 넣는다.

  자두의 원래 무게 450g당 물 ½컵

부르르 끓어오르도록 가열한 뒤 뚜껑을 덮고 불을 줄여서 자두가 아주 물렁해질 때까지 15분 정도 뭉근히 끓인다. 식품 분쇄기에 중간 크기의 칼날을 끼우고 자두 과육을 넣어서 간다. 체에 걸러서 껍질을 버리고 퓌레의 양을 잰다. 퓌레를 냄비나 구이 팬에 옮겨 담고 다음을 추가한다.

  퓌레 1컵당 설탕 ¾컵

부르르 끓어오르도록 가열한 후 버터가 걸쭉해지고 숟가락으로 뜨면 봉긋한 모양이 될 때까지 중약불에서 뭉근히 끓이거나 150℃의 오븐에 넣고 1시간마다 저으면서 굽는다. 묽은 액체가 배어나지 않아야 하지만, 자두 버터는 사과 버터만큼 걸쭉해지지 않는다는 점을 기억하자.

  버터를 조리하는 동안 중탕 병조림 찜기를 준비하고, 병조림용 도구를 전부 모아둔다. 깨끗이 씻어서 뜨겁게 달군 235ml짜리 유리병을 준비한다.(퓌레 1컵당 235ml짜리 유리병 ¾~1개 정도의 버터가 나온다.)

  버터를 국자로 떠서 준비한 유리병에 담고 1.2cm의 상부 공간을 남긴다. 유리병의 입구를 닦는다. 위에 덮개를 얹고 금속 고리를 씌운 후 손끝으로 힘을 줘도 돌아가지 않을 때까지 돌려서 닫는다. 15분간 열처리한다. 완전히 식힌 후 설명에 따라 보관한다.

복숭아 또는 살구 버터

235ml짜리 유리병 약 4개 분량

여름은 언젠가 끝나기 마련이지만, 1월이나 2월에 이 버터를 개봉해서 먹으면 겨울이 저 멀리 달아나버릴 것이다. 병조림 제조 과정 항목을 참고한다.

크고 묵직한 냄비에 다음을 넣는다.

  복숭아 또는 살구 1.8kg, 씨를 빼고 굵직하게 썰기

물 ¼컵

과육이 아주 물렁물렁해질 때까지 20분 정도 뭉근히 끓인다. 식품 분쇄기에 중간 크기의 칼날을 끼우고 과육을 넣어서 간 후 분량을 잰다. 퓌레를 커다란 냄비나 구이 팬에 옮겨 담는다. 다음을 추가한다.

퓌레 1컵당 설탕 ½컵

병에 든 레몬즙 3큰술

바닐라 빈 1개, 세로로 반 가르기

부르르 끓어오르도록 가열한 후 버터가 걸쭉해지고 숟가락으로 뜨면 봉긋한 모양이 될 때까지 중약불에서 뭉근히 끓이거나 150℃의 오븐에 넣고 1시간마다 저으면서 굽는다. 묽은 액체가 배어나지 않아야 한다.

버터를 조리하는 동안 중탕 병조림 찜기를 준비하고, 병조림용 도구를 전부 모아둔다. 깨끗이 씻어서 뜨겁게 달군 235ml짜리 유리병 4개를 준비한다.

불에서 내린다. 바닐라 빈을 건져내고 깍지에서 씨를 긁어낸 후 씨만 냄비에 다시 넣고 깍지는 버린다. 버터를 국자로 떠서 준비한 유리병에 담고 1.2cm의 상부 공간을 남긴다. 유리병의 입구를 닦는다. 위에 덮개를 얹고 금속 고리를 씌운 후 손끝으로 힘을 줘도 돌아가지 않을 때까지 돌려서 닫는다. 15분간 열처리한다. 완전히 식힌 후 설명에 따라 보관한다.

젤리 형태의 댐슨 자두 소스(댐슨 '치즈')

475ml짜리 유리병 약 5개 분량

과일 버터와 젤리 형태의 과일 소스 만들기 항목을 참고한다. 여기서 소개하는 조리 방법 및 과일과 설탕의 비율은 다른 새콤한 자두, 새콤한 녹색 사과, 설익은 유럽모과, 크랜베리, 새콤한 블랙베리에 응용해도 잘 어울린다. 이 젤리 형태의 소스는 보통 병에서 통째로 빼낸 뒤(추수감사절에 등장하는 크랜베리 소스 통조림처럼) 얇게 썰어 치즈 플레이트에 얹어서 내거나 휩드 크림 및 구운 아몬드를 얹어서 간단한 디저트로 낸다.

오븐을 135℃로 예열한다. 4.3ℓ 용량의 베이킹 접시 또는 구이 팬에 다음을 올린다.

댐슨 자두 2.7kg, 꼭지를 잘라내기

뚜껑을 덮고 뭉근히 끓어오르면서 끈끈한 시럽이 나올 때까지 2시간 반 정도 굽는다. 손으로 만질 수 있을 정도로 식힌 후 꼭지 부근의 움푹 들어간 부분을 손가락으로 떼어낸다.(떼어낸 조각은 버린다.) 6.6~7.5ℓ 용량의 넓고 묵직한 편수 냄비 2개에 자두 과육과 즙을 나눠 담는다. 중탕 병조림 찜기를 준비하고, 병조림용 도구를 전부 모아둔다. 깨끗이 씻어서 뜨겁게 달군 475ml짜리 유리병 5개를 준비한다. 편수 냄비 2개에 다음을 나눠 담는다.

설탕 8컵

퓌레를 중불에 올려 자주 저으면서 뭉근히 끓어오르도록 가열한다. 설탕이 녹으면 중강불로 올리고 계속 저으면서 숟가락으로 냄비 바닥을 긁으면 자국이 남을 때까지 9~12분간 팔팔 끓인다. 버터를 국자로 떠서 준비한 유리병에 담고 1.2cm의 상부 공간을 남긴다. 유리병의 입구를 닦는다. 위에 덮개를 얹고 금속 고리를 씌운 후 손끝으로 힘을 줘도 돌아가지 않을 때까지 돌려서 닫는다. 15분간 열처리한다. 완전히 식힌 후 설명에 따라 보관한다.

소스를 병에서 빼내려면, 작은 L자형 주걱이나 얇고 잘 휘어지는 칼을 유리병에 넣어 안쪽 가장자리를 따라 한 바퀴 쭉 훑어서 소스를 병의 옆면에서 떼어낸다. 병을 뒤집어 서빙용 접시에 올려놓고 톡톡 두드려서 소스가 유리병에서 통째로 떨어지게 한다.

프리저브 만들기에 대해

'프리저브(preserve)'라는 용어는 이번 장에서 소개하는 식품군 전체를 지칭하는 일반적인 용어라고도 할 수 있지만, 여기서 다루는 프리저브는 과일 조각을 걸쭉한 시럽에 넣어서 반투명 상태로 조리한 음식을 지칭한다. 프리저브는 잼과 비슷하지만 건더기가 더 많이 들어 있다. 프리저브에는 크게 두 가지 유형이 있다. 하나는 과일이 비교적 빽빽하게 들어 있고 펴서 바를 수 있을 정도로 걸쭉한 것이다. 다른 하나는 유럽 스타일로, 시럽 안에 과일이 듬성듬성 떠 있으며 토스트에 바르면 다소 흘러내리는 형태다. 묽은 프리저브는 숟가락으로 떠서 팬케이크, 와플, 아이스크림, 요구르트, 푸딩, 케이크에 얹어서 먹기 좋다.

어떤 유형을 만들든, 프리저브에는 최상급의 과일을 사용하자. 프리저브를 만들 때는 젤리 형성이 크게 중요하지 않으므로 막 익기 시작했거나 잘 익은 과일을 사용한다.

설탕에 재우기와 불리기

프리저브는 과일마다 지닌 독특한 질감 때문에 ▶ 병에 넣고 밀봉하기 전에 과일을 **설탕에 재우기**와 **불리기** 과정을 거치면 좋다.

과일을 설탕에 재우려면 스테인리스스틸 또는 유리그릇에 생과일과 설탕을 넣고 섞어서 서늘한 곳에 4시간 이상 둔다.(또는 냉장고에서 최대 5일까지) 설탕에 담가두면 과일에서 수분이 빠져나오므로 조리하는 과정에서 더 빨리 끓어오른다. 설탕에 재운 과일을 젤리 형성점에 도달할 때까지 바글바글 끓인다. 이 시점에서 프리저브를 마무리해서 병조림할 수도 있지만, 불리는 단계를 추가할 수도 있다.

프리저브를 불리려면 젤리 형성점에 도달한 후 얕은 접시에 부어서 느슨히 덮은 상태로 냉장고에 하룻밤 넣어둔다. 이 단계가 꼭 필요한 것은 아니지만, 프리저브를 불리면 과일이 부드러워지고 유리병 위쪽에 둥둥 뜨지 않으므로 권장한다. 냉장고에서 하룻밤 불린 프리저브를 다음날 꺼내 팔팔 끓인 후 병조림한다.

딸기 프리저브

235ml짜리 유리병 약 4개 분량

프리저브 만들기에 대해 및 병조림 제조 과정 항목을 참고한다.

중간 크기의 그릇에 다음을 넣고 섞는다.

단단하고 잘 익은 딸기 900g, 꼭지를 따기

설탕 3컵

펴서 바르기에 좋은 프리저브를 선호한다면 딸기의 절반 분량을 으깬다. 뚜껑을 덮고 설탕에 재운다.

프리저브를 하룻밤 불릴 계획이 아니라면, 중탕 병조림 찜기를 준비하고 병조림용 도구를 전부 모아둔다. 받침 접시 몇 개를 냉동실에 넣어두고, 깨끗이 씻어서 뜨겁게 달군 235ml짜리 유리병 4개를 준비한나. 폭이 넓고 묵직한 냄비에 딸기 혼합물을 담고 다음을 넣어 섞는다.

병에 든 레몬즙 ¼컵

자주 저으면서 젤리 형성점에 도달할 때까지 팔팔 끓인다. 냄비를 불에서 내리고 거품을 전부 걷어낸다. 프리저브를 불리지 않고 그대로 밀봉하려면 국자로 떠서 준비한 유리병에 담고 6mm의 상부 공간을 남긴다. 유리병의 입구를 닦는다. 위에 덮개를 얹고 금속 고리를 씌운 후 손끝으로 힘을 줘도 돌아가지 않을 때까지 돌려서 닫는다. 10분간 열처리한다. 완전히 식힌 후 설명에 따라 보관한다.

프리저브를 불린다면 하룻밤 불린 후 다음날 다시 부르르 끓여서 조리하고 유리병에 담아 밀봉한다.

살구, 복숭아 또는 천도복숭아 프리저브

235ml짜리 유리병 약 6개 분량

프리저브 만들기에 대해 및 병조림 제조 과정 항목을 참고한다.

커다란 그릇에 다음을 넣고 섞는다.

껍질을 벗기지 않은 단단하고 잘 익은 살구, 복숭아 또는 천도복숭아 2.3kg,

반으로 잘라서 씨를 빼기

설탕 6컵

뚜껑을 덮고 설탕에 재운다.

프리저브를 하룻밤 불릴 계획이 아니라면, 중탕 병조림 찜기를 준비하고 병조림용 도구를 전부 모아둔다. 받침 접시 몇 개를 냉동실에 넣어두고, 깨끗이 씻어서 뜨겁게 달군 235ml짜리 유리병 6개를 준비한다. 크고 묵직한 냄비에 과일 혼합물을 담고 다음을 넣어 섞는다.

병에 든 레몬즙 ¼컵

체에 거른 오렌지즙 ¼컵

자주 저으면서 젤리 형성점에 도달할 때까지 팔팔 끓인다. 냄비를 불에서 내리고 거품을 전부 걷어낸다. 프리저브를 불리지 않고 그대로 밀봉하려면 국자로 떠서 준비한 유리병에 담고 6mm의 상부 공간을 남긴다. 유리병의 입구를 닦는다. 위에 덮개를 얹고 금속 고리를 씌운 후 손끝으로 힘을 줘도 돌아가지 않을 때까지 돌려서 닫는다. 10분간 열처리한다. 완전히 식힌 후 설명에 따라 보관한다.

프리저브를 불린다면 하룻밤 불린 후 다음날 다시 부르르 끓여서 조리하고 유리병에 담아 밀봉한다.

딸기 루바브 프리저브

235ml짜리 유리병 약 5개 분량

프리저브 만들기에 대해 및 병조림 제조 과정 항목을 참고한다.

중간 크기의 그릇에 다음을 넣고 섞는다.

루바브 340g, 1.2cm 크기로 썰기(약 2컵)

설탕 4컵

뚜껑을 덮고 설탕에 재운다.

프리저브를 하룻밤 불릴 계획이 아니라면, 중탕 병조림 찜기를 준비하고 병조림용 도구를 전부 모아둔다. 받침 접시 몇 개를 냉동실에 넣어두고, 깨끗이 씻어서 뜨겁게 달군 235ml짜리 유리병 5개를 준비한다. 크고 묵직한 냄비에 루바브 혼합물을 담고 부르르 끓어오르도록 가열한다. 다음을 넣는다.

딸기 1ℓ, 꼭지를 따고 반으로 자르기

자주 저으면서 다시 부르르 끓어오르도록 가열한 후 불을 줄이고 저으면서 젤리 형성점에 도달할 때까지 15분 정도 뭉근히 끓인다. 냄비를 불에서 내리고 거품을 전부 걷어낸다. 프리저브를 불리지 않고 그대로 밀봉하려면 국자로 떠서 준비한 유리병에 담고 6mm의 상부 공간을 남긴다. 유리병의 입구를 닦는다. 위에 덮개를 얹고 금속 고리를 씌운 후 손끝으로 힘을 줘도 돌아가지 않을 때까지 돌려서 닫는다. 10분간 열처리한다. 완전히 식힌 후 설명에 따라 보관한다.

프리저브를 불린다면 하룻밤 불린 후 다음날 다시 부르르 끓여서 조리하고 유리병에 담아 밀봉한다.

자두 프리저브

분량은 자유롭게 조절

프리저브 만들기에 대해 및 병조림 제조 과정 항목을 참고한다.

다음을 씻고 반으로 잘라서 씨를 뺀다.

댐슨 자두, 이탈리아산 또는 그린게이지 자두

자두의 무게를 재고 그릇에 담는다. 다음을 추가한다.

자두 450g당 설탕 1¾~2¼컵

자두의 당도가 아주 높으면 설탕의 양을 줄인다. 뚜껑을 덮고 설탕에 재운다.

프리저브를 하룻밤 불릴 계획이 아니라면, 중탕 병조림 찜기를 준비하고 병조림용 도구를 전부 모아둔다. 받침 접시 몇 개를 냉동실에 넣어두고, 깨끗이 씻어서 뜨겁게 달군 235ml짜리 유리병을 준비한다.

크고 묵직한 냄비에 자두 혼합물을 담고 부르르 끓어오르도록 가열한 후 불을 줄이고 저으면서 젤리 형성점에 도달할 때까지 뭉근히 끓인다. 냄비를 불에서 내리고 거품을 전부 걷어낸다. 프리저브를 불리지 않고 그대로 밀봉하려면 국자로 떠서 준비한 유리병에 담고 6mm의 상부 공간을 남긴다. 유리병의 입구를 닦는다. 위에 덮개를 얹고 금속 고리를 씌운 후 손끝으로 힘을 줘도 돌아가지 않을 때까지 돌려서 닫는다. 10분간 열처리한다. 완전히 식힌 후 설명에 따라 보관한다.

프리저브를 불린다면 하룻밤 불린 후 다음날 다시 부르르 끓여서 조리하고 유리병에 담아 밀봉한다.

시큼한 체리 프리저브

235ml짜리 유리병 약 7개 분량

진한 붉은색의 이 프리저브는 씹는 맛이 좋고, 상하기 쉬운 시큼한 체리를 소진하기에 좋다. 프리저브 만들기에 대해 및 병조림 제조 과정 항목을 참고한다.

커다란 그릇에 다음을 넣고 섞는다.

시큼한 체리 1.8kg, 꼭지를 따고 씨를 빼기

설탕 4컵

뚜껑을 덮고 설탕에 재운다.

프리저브를 하룻밤 불릴 계획이 아니라면, 중탕 병조림 찜기를 준비하고 병조림용 도구를 전부 모아둔다. 받침 접시 몇 개를 냉동실에 넣어두고, 깨끗이 씻어서 뜨겁게 달군 235ml짜리 유리병 7개를 준비한다.

크고 묵직한 냄비에 체리 혼합물을 담고 부르르 끓어오르도록 가열한 후 자주 저으면서 젤리 형성점에 도달할 때까지 20분 정도 팔팔 끓인다. 냄비를 불에서 내리고 거품을 전부 걷어낸 후 취향에 따라 다음을 넣어 섞는다.

(키르슈 또는 마라스키노 리큐어 2큰술)

국자로 떠서 준비한 유리병에 담고 6mm의 상부 공간을 남긴다. 유리병의 입구를 닦는다. 위에 덮개를 얹고 금속 고리를 씌운 후 손끝으로 힘을 줘도 돌아가지 않을 때까지 돌려서 닫는다. 10분간 열처리한다. 완전히 식힌 후 설명에 따라 보관한다.

프리저브를 불린다면 키르슈나 마라스키노 리큐어는 하룻밤 불린 후 다음날 넣어야 하며, 프리저브를 다시 부르르 끓여서 조리하고 유리병에 담아 밀봉한다.

유럽모과 프리저브
분량은 자유롭게 조절
프리저브 만들기에 대해 및 병조림 제조 과정 항목을 참고한다.
다음을 박박 문질러 씻는다.

  유럽모과

껍질을 벗기고 속을 파낸 후 8등분한다. 과육은 따로 보관하고 껍질을 냄비에 넣은 후 껍질이 간신히 잠길 만큼 물을 붓는다. 물 1ℓ당 다음을 추가한다.

  레몬 1개, 잘 씻어서 슬라이스 형태로 썰고 씨를 빼기

  오렌지 1개, 잘 씻어서 슬라이스 형태로 썰고 씨를 빼기

껍질이 물렁물렁해질 때까지 은근히 끓인다. 고운체에 부어서 건더기를 걸러내고, 국물은 폭이 넓고 묵직한 냄비에 담는다. 유럽모과 슬라이스의 무게를 재고 냄비에 넣는다. 다음을 유럽모과와 같은 분량만큼 준비한다.

  설탕

유럽모과 슬라이스가 부르르 끓어오르도록 가열한 뒤 설탕을 추가한다. 다시 부르르 끓어오르면 불을 줄이고 과일이 부드러워질 때까지 뭉근히 끓인다. 하룻밤 불린다.

  중탕 병조림 찜기를 준비하고, 병조림용 도구를 전부 모아둔다. 깨끗이 씻어서 뜨겁게 달군 235ml짜리 유리병을 준비한다. 프리저브를 한 번 더 부르르 끓인다. 구멍 뚫린 숟가락으로 과일을 떠서 준비한 유리병에 담는다. 걸쭉하게 부글부글 끓어오를 때까지 시럽을 계속 졸인다. 과일이 잠기도록 졸인 시럽을 붓고 6mm의 상부 공간을 남긴다. 유리병의 입구를 닦는다. 위에 덮개를 얹고 금속 고리를 씌운 후 손끝으로 힘을 줘도 돌아가지 않을 때까지 돌려서 닫는다. 10분간 열처리한다. 완전히 식힌 후 설명에 따라 보관한다.

컨서브에 대해
컨서브(conserve)는 진한 시럽에 과일 조각을 넣어 반투명해질 때까지 조리한 것이다. 보통 감귤류 한 종류를 포함해 여러 종류의 과일을 섞어서 만들며, 건포도, 견과류, 코코넛, 생강 또는 술을 넣는 경우도 많다. 컨서브는 가금류와 육류의 양념으로 내거나 숟가락으로 떠서 아이스크림에 얹어 먹으면 좋다.

복숭아 또는 자두 컨서브
235ml짜리 유리병 약 8개 분량
진한 맛을 자랑하며 색이 진한 육류에 곁들여 낸다. 병조림 제조 과정 항목을 참고한다. 채소 껍질 벗기는 도구로 다음의 껍질을 길쭉하게 벗겨낸다.

  커다란 오렌지 1개

  작은 레몬 1개

과육에 붙은 흰색 중과피를 벗기고 한 조각씩 분리한 뒤 씨를 제거한다. 껍질과 과육을 굵게 썰어서 크고 묵직한 편수 냄비에 넣고 다음을 추가한다.

  단단하고 잘 익은 복숭아 또는 자두 1.3kg, 씨를 빼고 굵직하게 썰기

  노란색 건포도 2컵(225g)

  설탕 3½컵

부르르 끓어오르도록 가열한 후 불을 줄이고 자주 저으면서 혼합물이 젤리 형성점에 도달할 때까지 1시간 정도 뭉근히 끓인다. 컨서브를 끓이는 동안 중탕 병조림 찜기를 준비하고, 병조림용 도구를 전부 모아둔다. 깨끗이 씻어서 뜨겁게 달군 235ml짜리 유리병 8개를 준비한다. 컨서브에 다음을 넣고 섞는다.

  구운 피칸 또는 호두 조각 1컵

5분간 조리한다. 불에서 내린다. 취향에 따라 다음을 넣고 섞는다.

  (버번 또는 브랜디 ¼컵)

국자로 떠서 준비한 유리병에 담고 6mm의 상부 공간을 남긴다. 유리병의 입구를 닦는다. 위에 덮개를 얹고 금속 고리를 씌운 후 손끝으로 힘을 줘도 돌아가지 않을 때까지 돌려서 닫는다. 15분간 열처리한다. 완전히 식힌 후 설명에 따라 보관한다.

크리스마스 컨서브
235ml짜리 유리병 약 9개 분량
연말 명절에 흔히 구할 수 있는 과일로 화려한 색의 이 컨서브를 만들어보자. 이 컨서브는 달콤한 음식이나 짭짤한 음식에 모두 활용할 수 있지만 양, 거위, 오리 등 진한 풍미의 고기를 구운 요리에 특히 잘 어울린다. 병조림 제조 과정 항목을 참고한다.

중탕 병조림 찜기를 준비하고, 병조림용 도구를 전부 모아둔다. 깨끗이 씻어서 뜨겁게 달군 235ml짜리 유리병 9개를 준비한다. 크고 묵직한 편수 냄비에 다음을 넣고 섞는다.

  껍질을 벗기지 않은 오렌지 340g, 4등분해서 아주 얇게 저미기(씨 제거하기)

  껍질을 벗기지 않은 라임 340g, 둥근 모양으로 아주 얇게 저미기(씨 제거하기)

  금귤 340g, 세로로 반 자르기(씨 제거하기)

  과일이 잠길 만큼의 찬물

뚜껑을 덮고 감귤류 껍질이 부드러워질 때까지 15분 정도 뭉근히 끓인다. 물을 따라내고 과일을 다시 편수 냄비에 담은 후 다음을 넣어 섞는다.

  설탕 3컵

얇게 저민 과일이 반투명 상태가 되고 혼합물이 걸쭉해지며 시럽과 비슷한 농도가 될 때까지 팔팔 끓인다. 그동안 다음 과일을 손질해 갈색으로 변하지 않도록 찬물에 담가둔다.

  새콤한 사과 340g, 껍질을 벗기고 속을 파낸 후 굵게 썰기

  단단하고 잘 익은 서양배 340g, 껍질을 벗기고 속을 파낸 후 굵게 썰기

  잘 익은 유럽모과 340g, 껍질을 벗기고 속을 파낸 후 굵게 썰기

  (유럽모과를 구할 수 없다면 사과 분량을 560g으로, 서양배 분량을 450g으로 늘린다.)

크고 묵직한 편수 냄비를 하나 더 준비해 다음을 넣어 섞는다.

  설탕 3컵

  물 5컵

약불에 올려 설탕이 녹을 때까지 저으면서 가열한 후 뚜껑을 덮고 시럽을 뭉근히 끓인다. 사과 혼합물을 건져서 시럽에 넣는다. 혼합물이 걸쭉해지면서 시럽과 비슷한 농도가 될 때까지 15분 정도 뭉근히 끓인다. 감귤류 과일을 사과 혼합물에 넣고 다음을 넣어 섞는다.

  크랜베리 340g, 잡티를 골라내고 헹구기

다시 부르르 끓어오를 때까지 가열한다. 불에서 내리고 뚜껑을 덮어 5분간 두었다가 젓는다. 국자로 떠서 준비한 유리병에 담고 6mm의 상부 공간을 남긴다. 유리병의 입구를 닦는다. 위에 덮개를 얹고 금속 고리를 씌운 후 손끝으로 힘을 줘도 돌아가지 않을 때까지 돌려서 닫는다. 15분간 열처리한다. 완전히 식힌 후 설명에 따라 보관한다.

향신료로 풍미를 낸 루바브 컨서브

235ml짜리 유리병 약 5개 분량

두툼하게 썰어서 버터를 듬뿍 바른 토스트에 이 컨서브를 얹어 먹으면 그야말로 천상의 맛이다. 병조림 제조 과정 항목을 참고한다.

중탕 병조림 찜기를 준비하고, 병조림용 도구를 전부 모아둔다. 받침 접시 몇 개를 냉동실에 넣어두고, 깨끗이 씻어서 뜨겁게 달군 235ml짜리 유리병 5개를 준비한다. 크고 묵직한 편수 냄비에 다음을 넣고 섞는다.

　껍질을 벗기지 않은 오렌지 225g, 4등분해서 아주 얇게 저미기(씨 제거하기)

　껍질을 벗기지 않은 레몬 115g, 둥근 모양으로 아주 얇게 저미기(씨 제거하기)

　생강 30g, 껍질을 벗기고 성냥개비 모양으로 채 썰기

　사과 주스 1컵

뚜껑을 덮고 감귤류 껍질이 부드러워질 때까지 15분 정도 뭉근히 끓인다. 다음을 넣는다.

　붉은색 루바브 450g, 굵직하게 썰기

　설탕 3¼컵

　노란색 건포도 ½컵

　계핏가루 ½작은술

　육두구 가루 ¼작은술

　(바닐라 빈 1개, 세로로 반 가르기)

부르르 끓어오르도록 가열한 후 불을 줄이고 자주 저으면서 혼합물이 젤리 형성점에 도달할 때까지 40분 정도 뭉근히 끓인다. 바닐라 빈을 넣었다면 건져서 바닐라 씨를 긁어낸 후 다시 냄비에 넣고 깍지는 버린다. 국자로 떠서 준비한 유리병에 담고 6mm의 상부 공간을 남긴다. 유리병의 입구를 닦는다. 위에 덮개를 얹고 금속 고리를 씌운 후 손끝으로 힘을 줘도 돌아가지 않을 때까지 돌려서 닫는다. 15분간 열처리한다. 완전히 식힌 후 설명에 따라 보관한다.

무화과 피스타치오 컨서브

235ml짜리 유리병 5~6개 분량

이 맛있는 컨서브는 구운 양고기, 치즈 모둠 또는 그릭 요구르트에 얹어서 낸다. 병조림 제조 과정 항목을 참고한다.

중탕 병조림 찜기를 준비하고, 병조림용 도구를 전부 모아둔다. 깨끗이 씻어서 뜨겁게 달군 235ml짜리 유리병 6개를 준비한다.

다음을 씻어서 채소 껍질 벗기는 도구로 껍질을 길쭉하게 벗겨낸다.

　커다란 오렌지 1개

　커다란 레몬 1개

과육에 붙은 흰색 중과피를 벗기고 한 조각씩 분리한 뒤 과육은 굵게 썰고 씨는 제거한다. 껍질은 아주 얇게 저민다. 크고 묵직한 편수 냄비에 감귤류 과육과 껍질을 넣고 다음을 추가한다.

　신선한 무화과 900g, 꼭지를 잘라내고 4등분하기

　설탕 2컵

　갈색 설탕, 꾹 눌러 담아 1컵

　말린 무화과 1컵(170g), 굵게 썰기

　통계피 1개

부르르 끓어오르도록 가열한 후 자주 저으면서 혼합물이 젤리 형성점에 도달할 때까지 10~15분간 조리한다. 불에서 내리고 통계피를 건져낸 후 다음을 넣고 섞는다.

　구운 무염 피스타치오 1컵

　(코냑, 브랜디 또는 버번 ¼컵)

국자로 떠서 준비한 유리병에 담고 6mm의 상부 공간을 남긴다. 유리병의 입구를 닦는다. 유리병 위에 덮개를 얹고 금속 고리를 씌운 후 손끝으로 힘을 줘도 돌아가지 않을 때까지 돌려서 닫는다. 15분간 열처리한다. 완전히 식힌 후 설명에 따라 보관한다.

달콤한 체리 컨서브

235ml짜리 유리병 8개 분량

병조림 제조 과정 항목을 참고한다.

중탕 병조림 찜기를 준비하고, 병조림용 도구를 전부 모아둔다. 깨끗이 씻어서 뜨겁게 달군 235ml짜리 유리병 8개를 준비한다.

크고 묵직한 편수 냄비에 다음을 넣고 섞는다.

　오렌지 2개, 4등분해서 아주 얇게 저미기(씨 제거하기)

　오렌지가 간신히 잠길 만큼의 물

아주 부드러워질 때까지 약 15분간 뭉근히 끓인다. 다음을 추가한다.

　달콤한 체리 680g, 꼭지를 따고 씨를 빼기

　설탕 3½컵

　병에 든 레몬즙 6큰술

　계핏가루 ¾작은술

　(통정향 6개, 면포 주머니에 넣어서 묶기)

자주 저으면서 컨서브가 젤리 형성점에 도달할 때까지 뭉근히 끓인다. 향신료 주머니를 넣었다면 건져낸다. 국자로 떠서 준비한 유리병에 담고 6mm의 상부 공간을 남긴다. 유리병의 입구를 닦는다. 위에 덮개를 얹고 금속 고리를 씌운 후 손끝으로 힘을 줘도 돌아가지 않을 때까지 돌려서 닫는다. 15분간 열처리한다. 완전히 식힌 후 설명에 따라 보관한다.

마멀레이드 만들기에 대해

마멀레이드는 부드럽고 투명한 젤리에 작은 과일 조각(감귤류 껍질이 가장 널리 사용된다.)이 둥둥 떠다니는 형태다. 마멀레이드도 잼처럼 어느 정도 재량을 발휘할 수 있으므로 부드럽게 또는 단단하게 만들 수 있는데, 젤리와 마찬가지로 주스가 맑아야 하며 펙틴과 산의 함량이 높아야 한다. ▶ 안전하게 병조림을 만드는 방법 항목의 설명을 참고해서 진행한다.

마멀레이드를 만들기 위해 감귤류 손질하기

과즙이 많아서 크기에 비해 묵직한 과일을 고른다. 껍질 색은 과육의 품질과는 아무런 관련이 없다. 블러드 오렌지를 구할 수 있다면 석류처럼 붉은 근사한 마멀레이드를 만들 수 있다. 만다린캣, 포멜로, 어글리 프루트 등 흔하지 않은 감귤류가 있다면 오렌지 대신 사용해보자.

　마멀레이드를 만드는 방법에는 여러 가지가 있다. 그중 하나는 껍질, 중과피, 펄프를 모두 사용하는 것이다. 여기서 소개하는 쌉쌀한 오렌지 마멀레이드가 바로 이 전통 방식을 따른다. 또 다른 방법은 채소 껍질 벗기는 도구로 껍질을 벗겨내고(가장 바깥쪽의 색이 진한 부분) 흰색 중과피는 남긴 상태에서 껍질을 가느다란 성냥개비 모양으로 써는 것이다. 그런 다음 과육에서 중과피를 떼어내 버리고 각 조각을 분리한다. 메건의 블러드 오렌지 마멀레이드가 이 두 번째 방법을 활용한 것으로, 이렇게 마멀레이드를 만들면 손이 많이 가지만 깔끔하

고 투명하며 영롱한 마멀레이드가 완성된다. 두 가지 방법 모두 맛은 보장하므로 양쪽 다 시도해보고 각자 선호하는 방법을 선택하면 된다.

　▶ 감귤류를 차갑게 식히면 아주 얇게 저미기 편하다. ▶ 스테인리스스틸 소재의 칼을 사용한다.(탄소강 소재는 산에 반응해 칼에 얼룩이 생긴다.) 과일을 깨끗하게 씻은 후 자른다.

　감귤류 껍질을 연하게 만드는 작업은 마멀레이드 만들기에서 매우 중요한 과정이다. 껍질이 잠기도록 물을 붓고 완전히 물렁거릴 때까지 껍질의 크기와 두께에 따라 15분~1시간 이상 뭉근히 삶는다. 충분히 삶아졌는지 확인하려면 ▶ 껍질 한 조각을 냄비 옆면에 갖다 대고 나무 숟가락 모서리로 잘라본다. 제대로 부드럽게 익었다면 쉽게 반으로 쪼개질 것이다.

쌉쌀한 오렌지 마멀레이드

235ml짜리 유리병 약 10개 분량

쌉쌀한 세비야 오렌지로 만드는 이 전통 레시피는 진정한 마멀레이드 애호가들을 위한 것이다. 톡 쏘는 맛에 진한 향기를 담고 있어서 스콘이나 통밀 토스트에 곁들이면 무척 맛있다. 세비야 오렌지를 구할 수 없다면 **달콤한 오렌지 680g과 레몬 450g**을 사용한다. 호박색을 내려면 설탕의 절반을 갈색 설탕으로 대체한다. 마멀레이드 만들기에 대해 및 병조림 제조 과정 항목을 참고한다.

중간 크기의 그릇에 다음을 넣고 섞는다.

　껍질을 벗기지 않은 쌉쌀한 오렌지 1.1kg, 4등분해서 아주 얇게 저미기(씨

　　제거하기)

　물 7컵

뚜껑을 덮고 냉장고에 하룻밤 넣어둔다.

　중탕 병조림 찜기를 준비하고, 병조림용 도구를 전부 모아둔다. 받침 접시 몇 개를 냉동실에 넣어두고, 깨끗이 씻어서 뜨겁게 달군 235ml짜리 유리병 10개를 준비한다. 크고 넓은 냄비에 오렌지와 물을 담고 감귤류 껍질이 아주 연해질 때까지 15~20분간 뭉근히 끓인다. 다음을 추가한다.

　설탕 6½컵

자주 저으면서 혼합물이 젤리 형성점에 도달할 때까지 팔팔 끓인다. 불에서 내리고 거품을 전부 걷어낸다. 국자로 떠서 준비한 유리병에 담고 6mm의 상부 공간을 남긴다. 유리병의 입구를 닦는다. 위에 덮개를 얹고 금속 고리를 씌운 후 손끝으로 힘을 줘도 돌아가지 않을 때까지 돌려서 닫는다. 10분간 열처리한다. 완전히 식힌 후 설명에 따라 보관한다.

메건의 블러드 오렌지 마멀레이드

235ml짜리 유리병 약 5개 분량

안토시아닌 성분이 들어 있는 식품은 붉은빛이 도는 보라색을 띠는데, 블러드 오렌지의 독특한 색깔은 바로 이 안토시아닌의 발달을 촉진하는 유전변이에 기인한다. 진홍색의 새콤한 블러드 오렌지 마멀레이드는 입뿐만 아니라 눈도 즐겁게 해준다. 이 마멀레이드는 만드는 데 시간이 오래 걸리지만, 그만큼 품을 들일 만한 가치가 충분히 있다.

중탕 병조림 찜기를 준비하고, 병조림용 도구를 전부 모아둔다. 받침 냄비 몇 개를 냉동실에 넣어두고, 깨끗이 씻어서 뜨겁게 달군 235ml짜리 유리병 5개를 준비한다. 채소 껍질 벗기는 도구로 다음의 껍질을 길쭉하게 벗긴다.

　블러드 오렌지 1.8kg

길게 벗겨낸 껍질을 차곡차곡 쌓아서 가로 방향으로 아주 얇고 길쭉하게 썬다.

크고 묵직한 냄비에 담고 한쪽에 둔다.

　오렌지의 윗면과 바닥을 잘라내고 도마 위에 똑바로 올려놓는다. 오렌지의 곡면을 따라서 칼로 흰색 중과피를 잘라내고 과육을 드러낸다. 중과피는 버린다. 이제 오렌지의 각 조각을 나누고 있는 얇은 세로 막이 보일 것이다. 이 막을 따라 잘라서 각 조각을 떼어내고 막은 남겨둔다.(195쪽 그림 참고) 씨는 골라내서 버린다. 오렌지 과육 조각과 길쭉하게 자른 껍질을 냄비에 담고 막에 남아 있는 즙을 전부 짜서 냄비에 넣는다.

　오렌지 과육과 껍질이 간신히 잠길 만큼 물을 붓는다.(3~4컵) 뚜껑을 덮지 않은 상태로 물이 거의 다 졸아들면서 껍질이 완전히 부드러워질 때까지 뭉근히 끓인다. 필요하면 물을 조금 보충하고 원하는 정도로 껍질이 물렁물렁해지도록 더 오래 끓인다. 껍질이 아주 부드러워지면 다음을 조금씩 넣고 섞는다.

　설탕 4컵

설탕을 저으면서 녹이고 강불에서 마멀레이드가 젤리 형성점에 도달할 때까지 조리한다. 국자로 떠서 준비한 유리병에 담고 6mm의 상부 공간을 남긴다. 유리병의 입구를 닦는다. 위에 덮개를 얹고 금속 고리를 씌운 후 손끝으로 힘을 줘도 돌아가지 않을 때까지 돌려서 닫는다. 10분간 열처리한다. 완전히 식힌 후 설명에 따라 보관한다.

네 가지 감귤류 마멀레이드

235ml짜리 유리병 8개 분량

마멀레이드 만들기에 대해 및 병조림 제조 과정 항목을 참고한다.

채소 껍질 벗기는 도구로 다음의 껍질을 길쭉하게 벗긴다.

　자몽 680g

　달콤한 오렌지 450g

　라임 225g

　레몬 225g

과일을 한쪽에 둔다. 6mm 크기의 조각이 되도록 껍질을 손으로 찢거나 푸드 프로세서에 넣어 돌린다. 커다란 편수 냄비에 껍질을 넣고 다음을 붓는다.

　물 2컵

껍질이 물렁물렁해질 때까지 10분 정도 뭉근히 끓인다. 물을 따라낸다.

　그동안 중과피를 잘라서 버린다. 과일을 각 조각으로 분리하고 씨를 제거한 후 과육을 잘게 썬다. 뭉근히 끓인 껍질과 과육을 그릇에 담고 다음을 넣어 섞는다.

　물 4컵

뚜껑을 덮고 냉장고에 하룻밤 넣어둔다.

　중탕 병조림 찜기를 준비하고, 병조림용 도구를 전부 모아둔다. 받침 냄비 몇 개를 냉동실에 넣어두고, 깨끗이 씻어서 뜨겁게 달군 235ml짜리 유리병 8개를 준비한다. 크고 널찍한 냄비에 과일을 옮겨 담고 다음을 추가한다.

　설탕 5½컵

부르르 끓어오르도록 가열한 후 강불에서 혼합물이 젤리 형성점에 도달할 때까지 조리한다. 불에서 내리고 거품을 전부 걷어낸다. 국자로 떠서 준비한 유리병에 담고 6mm의 상부 공간을 남긴다. 유리병의 입구를 닦는다. 위에 덮개를 얹고 금속 고리를 씌운 후 손끝으로 힘을 줘도 돌아가지 않을 때까지 돌려서 닫는다. 10분간 열처리한다. 완전히 식힌 후 설명에 따라 보관한다.

라임 마멀레이드

235ml짜리 유리병 약 3개 분량

라임 1.1kg과 레몬 450g을 깨끗하게 씻고 껍질을 벗겨낸다. 네 가지 감귤류 마멀레이드의 레시피를 따르되, 감귤류 4종 대신 손질한 라임과 레몬을 사용한다. 레시피에 따라 씨를 빼고 잘게 썰어서 조리한다.

생강 마멀레이드

235ml짜리 유리병 약 4개 분량

기운을 북돋아주는 상큼한 이 프리저브는 잉글리시 머핀 또는 구운 고기에 발라서 먹어도 맛있고, 레몬즙 및 버번에 뜨거운 물과 함께 넣어 저으면 근사한 핫 토디가 된다. 가능하면 섬유질이 적은 어린 생강을 고르자. 마멀레이드 만들기에 대해 및 병조림 제조 과정 항목을 참고한다.

크고 묵직한 편수 냄비에 다음을 넣고 섞는다.

생강 900g(어린 생강 권장), 껍질을 벗기고 잘게 썰기

물 8컵

부르르 끓어오르도록 가열한 후 불을 줄이고 가끔 저으면서 생강이 물렁물렁해질 때까지 2시간 정도 뭉근히 끓인다. 다음을 넣고 섞는다.

설탕 4컵

사과주 1¼컵

병에 든 레몬즙 5큰술

연한 옥수수 시럽 5큰술

15분간 은근히 끓인다. 그릇에 옮겨 담고 뚜껑을 덮어서 냉장고에 하룻밤 넣어둔다.

중탕 병조림 찜기를 준비하고, 병조림용 도구를 전부 모아둔다. 깨끗이 씻어서 뜨겁게 달군 235ml짜리 유리병 4개를 준비한다. 크고 널찍한 냄비에 생강 혼합물을 옮겨 담는다. 부르르 끓어오르도록 가열한 후 불을 줄이고 숟가락으로 길을 내듯이 자주 저어가면서 45분~1시간 동안 뭉근히 끓인다.

국자로 떠서 준비한 유리병에 담고 6mm의 상부 공간을 남긴다. 유리병의 입구를 닦는다. 위에 덮개를 얹고 금속 고리를 씌운 후 손끝으로 힘을 줘도 돌아가지 않을 때까지 돌려서 닫는다. 10분간 열처리한다. 완전히 식힌 후 설명에 따라 보관한다.

피클

피클은 과일과 채소를 산성 소금물에 담가서 보존하는 방법이다. 간단한 피클처럼 냉장고에 보관했다가 몇 달 안에 먹기 위해 담그는 것도 있다. 반면 병에 담아 끓는 물에 중탕으로 열처리한 병조림 피클은 훨씬 더 오래 보관할 수 있으며 최대 18개월 정도까지 두고 먹을 수 있다. 그러나 많은 사람에게 피클을 만드는 가장 중요한 목적은 보존이 아니다. 그보다는 알싸하고 짭짤하며 톡 쏘는 풍미를 즐기기 위해서다. 예를 들어 딜 피클의 새콤한 풍미 없이 즐기는 육즙 가득한 버거, 사우어크라우트를 듬뿍 얹지 않고 먹는 진한 풍미의 루벤 샌드위치, 듬뿍 썰어 넣은 미니 오이 피클 없이 만드는 샤르퀴트리 스프레드는 상상하기 어렵다. 특히 맛이 진하고 기름진 음식에 피클을 곁들이면 요리 자체에 생동감을 더해주며, 수제 피클이라면 더욱더 금상첨화다.

이렇게 피클이 높은 인기를 누리고 있기는 하지만 피클 담그는 과정을 둘러싼 우려도 적지 않다. 충분한 주의를 기울이고 검증된 절차 및 레시피를 따르는 것이 현명하지만, 그렇다고 해서 막연히 걱정할 필요는 없다. 이번 장에서 소개하는 레시피는 전부 pH 테스트를 거친 것이며 제대로 따르기만 하면 매우 안전하다.

병조림 도구 및 안전한 병조림 방법에 대한 자세한 내용은 「병조림」 장을 참고한다.

피클을 담그는 방법

피클을 담그는 방법에는 간단한 피클 담그기, 전통적인 피클 담그기, 발효의 세 가지가 있다. **간단한 피클 담그기**(quick pickling)가 가장 쉬운 방법이다. 간단하게 과일과 채소에 뜨거운 식초 소금물을 부으면 끝이다. 간단한 피클은 병조림 처리를 하지 않으므로 실온에 보관할 수 없고 반드시 냉장고에 넣어야 한다. 따라서 우리는 간단한 피클을 소량만 만든다. ▶ 장기간 보관할 피클에는 절대 간단한 피클 레시피를 따르지 않도록 주의한다.

두 번째 '전통적인' 피클 담그기 방식은 간단한 피클 담그기와 비슷하지만, 물을 팔팔 끓여서 중탕으로 유리병을 밀봉하는 병조림 처리 과정이 추가된다는 것이 차이점이다. 안전하게 피클을 만들기 위해 ▶ 이번 장에서 소개하는 레시피를 충실히 따르자. 실온에 보관할 수 있는 피클은 반드시 일정량의 소금과 산이 들어가야 하며 냉장고에 넣지 않고도 상하지 않도록 중탕 병조림 방법으로 처리해야 한다. 안전하게 병조림을 만드는 방법 항목의 설명을 참고해서 진행한다.

물을 끓여서 중탕 병조림 처리를 한다는 법칙에서 한 가지 예외를 소개한다. 최근에 USDA는 오이 피클의 **저온 병조림 처리 방식**을 승인했다. 이 방법으로 피클을 담그려면 950쪽을 참고하자. 너무 높지 않은 온도에서 처리하여 아주 아삭한 피클이 완성되므로 우리는 이 방법을 적극 권장한다. ▶ 그러나 오이 피클 이외의 피클에 이 방법을 적용해서는 안 된다.

피클을 담그는 세 번째 방법은 **발효**다. 이 방법은 채소를 식초에 담그지 않기 때문에 앞서 소개한 두 방법과는 근본적으로 다르다. 채소를 염도가 높은 소금물에 담가 발효시키면 젖산이 충분히 형성되면서 간단한 피클처럼 냉장고에서 안전하게 보관할 수 있게 된다. 더 자세한 정보는 발효에 대해 항목을 참고한다.

피클 재료

맛있는 피클을 만들기 위해서는 ▶ 아주 잘 익고 곰팡이나 흠집이 없는 가장 신선한 과일과 채소를 사용하는 것이 필수적이다. 신선한 재료의 중요성은 아무리 강조해도 지나치지 않다. 채소를 구입한 후 즉시 피클을 만들 수 없다면 냉장고에 넣어두고 최대한 빨리 사용한다.

▶ 과일과 채소를 씻을 때는 박테리아가 숨어 있기 좋은 줄기와 배꼽, 틈새 주위를 특히 박박 문질러 씻어야 한다. 피클 레시피 중에는 채소를 소금물에 담그거나 소금에 절인 다음 체에 담아 물기를 빼는 과정이 있다. 이렇게 소금물에 절이는 기간은 채소에서 수분을 빼내고 염분을 내부로 침투시키기에는 충분하지만 발효가 진행되기에는 너무 짧다. 이 첫 번째 단계가 채소 피클의 식감을 살려주기도 한다.

식초, 즉 아세트산은 유해하고 나쁜 미생물의 성장을 억제한다. 식품 안전의 측면에서 반드시 ▶ 아세트산 함량이 5% 이상인 식초를 사용해야 한다. ▶ 식초의 라벨에 산의 함량이 표시되어 있지 않다면 피클에 사용해서는 안 된다. 사과 식초와 증류 백식초는 모두 피클 담그는 용도로 권장하며, 일반적으로 레드와인 및 화이트와인 식초를 사용해도 안전하다. 사과 식초와 레드와인 식초는 부드러운 과일 풍미가 있으면서 그 자체의 색을 띠고 있으므로 시간이 지나면서 피클의 색도 진해진다. 증류 백식초는 맑고 특징적인 풍미가 없으며 대다수 피클에 잘 어울리지만, 때로는 너무 자극적이기도 하다. 화이트와인 식초는 맑으면서도 증류 백식초만큼 신맛이 강하지 않아서 좋은 절충안이다. 발사믹 식초와 맥아 식초는 보통 6%의 아세트산이 포함되어 있는데, 라벨에 6%의 아세트산 함량이 표시되어 있다면 피클에 사용할 수 있다. 그러나 식초 자체의 풍미가 진해서 피클 재료의 풍미를 압도할 수도 있으므로 위에서 소개한 풍미 없는 식초 중 하나와 섞어서 사용하는 것이 가장 좋다. ▶ 대다수 쌀 식초는 아세트산 함량이 4.3%이므로 피클을 담그기에는 안전하지 않다. 아세트산 함량을 가늠할 수 없는 수제 식초는 사용하지 않는다.

우리는 가끔 식초 두 종류를 섞거나 병에 든 레몬즙을 추가해 피클에 복합적인 풍미를 더하기도 한다. 레시피에서 지정한 식초 용액이 너무 강한 듯해도 피클 재료를 넣고 적당히 숙성하면 어느 정도 부드럽고 순해진다는 점을 기억하자. ▶ 레시피에서 지정한 식초의 비율은 절대 줄여서는 안 된다.

▶ 피클을 담글 때는 연수를 사용해야 한다. 물에 철이나 황 화합물이 포함되어 있으면 피클의 색이 변하고 무기질이 소금물의 산도를 낮춰 식품 안전성의 문제가 발생할 수 있다. 수돗물이 연수가 아니라면 증류수를 사용하거나 물을 15분간 끓이고 뚜껑을 덮어서 24시간 동안 그대로 두었다가 사용한다. 위에 뜬 거품을 건어내고 투명한 물을 조심스럽게 따르면서 바닥에 가라앉은 침전물은 남겨둔다. 물 3.8ℓ당 증류 백식초 1큰술씩 넣어 사용한다.

소금은 식초와 함께 피클의 주요 보존제다. ▶ 식초 용액을 뿌옇게 만들 수 있는 첨가물이 들어 있지 않은 **피클용 소금**만을 사용해야 한다. 밀도가 다양한 코셔 소금이나 피클의 색을 진하게 물들이는 요오드 첨가 소금은 사용하지 않는다. '저염' 또는 저나트륨 소금도 피클에는 적합하지 않다.

설탕은 식품의 맛을 내고 과일과 채소가 선명한 색을 유지하면서 볼록하게 부풀고 단단해지도록 돕는다. 갈색 설탕을 쓰면 색감과 풍미가 살아난다. 인공 감미료도 피클에 사용할 수 있지만 보존 작업에는 아무런 영향을 미치지 않는다. 설탕 대신 인공 감미료를 사용한다면 제조업체의 설명을 참고한다.

향신료는 ▶ 신선한 것을 통째로 넣어야 피클에서도 보기 좋게 형태를 유지한다. 곱게 간 향신료를 넣으면 식초 용액이 뿌옇게 변하는데, 때로는 강렬한 풍미를 내기 위해 어느 정도 투명한 색을 포기해야 할 때도 있다. 겨자씨는 풍미와 식감을 더해주므로 피클에 자주 사용한다. 노란색, 갈색, 검은색 겨자씨는 레시피에서 서로 바꿔 사용할 수 있다. 강황 가루는 아주 조금만 넣어도 소금물의 색이 확 밝아지므로 피클 담그는 사람들이 즐겨 사용하는 향신료다. 예를 들어 옥수수 렐리시에 강황을 사용하지 않으면 밋밋한 색이 되지만 강황을 넣으면 노란색으로 빛난다. 식료품점에서 쉽게 구할 수 있는 **피클용 향신료**에는 겨자씨, 계피 조각, 고수씨, 생강, 월계수 잎, 통후추, 올스파이스, 캐러웨이씨, 딜씨, 정향, 주니퍼 열매, 육두구 등이 들어 있다.

명반이나 피클용 석회를 사용하는 옛날 레시피는 참고하지 않는 것이 좋다. ▶ 명반을 너무 많이 넣으면 안전하지 않을뿐더러 요즘에는 피클에 넣는 것을 권장하지 않는다. 예전에는 피클의 아삭한 식감을 살리기 위해 이러한 재료를 추가했다. 피클용 석회(소석회 또는 수산화칼슘이라고 부르기도 한다.)에 들어 있는 칼슘은 피클을 단단하게 하는 효과는 있지만, 동시에 쓴맛을 내기도 한다. 비

숫한 효과를 내기 위해 **염화칼슘**(식료품점의 병조림 판매대에 가면 피클 크리스프 Pickle Crisp라는 이름으로 판매하는 것을 볼 수 있다.)을 피클에 넣으면 아삭함이 잘 유지된다.

피클의 아삭함을 유지하는 데 도움을 주는 재료는 채집할 수도 있다. 갓 딴 **포도 잎**과 체리 나무, 블랙커런트 덤불, 오크 나무 잎에는 모두 타닌이 들어 있는데, 타닌은 채소 중에서도 특히 오이를 물렁물렁하게 만드는 효소의 작용을 방지한다. 살충제를 뿌리지 않은 잎을 깨끗하게 씻은 후 피클 병마다 잎을 한 장씩 넣은 후 레시피에 따라 처리한다.

안전하게 피클을 담그기 위한 법칙

예전 책에 실렸던 여러 피클 레시피는 오늘날의 식품 안전 지침에 부합하지 않는다는 이유로 개정판에서 제외했다. 피클 담그는 작업은 상당히 간단하지만, 즉흥적으로 레시피를 변경하면 건강상의 위험을 야기할 수 있다.

보툴리누스균은 축축하고 산소가 없으며 산도가 낮은 환경에서 왕성하게 번식하는 위험한 혐기성 박테리아다. 산도가 낮은 피클이라는 말 자체에 어폐가 있을 수도 있지만, 산도가 낮은 재료(예를 들면 대다수 채소)에 적당한 강도의 식초가 충분히 스며들지 않으면 충분히 위험한 환경이 조성될 수 있다. 안전한 피클을 만들기 위해 ▶ 이번 장에 소개하는 레시피를 비롯해 충분히 검증된 최신 피클 레시피만을 참고하고, 레시피를 말 그대로 충실히 따른다. ▶ 10분 이하로 열처리하는 피클은 반드시 살균한 유리병에 담아야 한다. 별도의 언급이 없다면 뜨거운 피클과 국물은 뜨거운 유리병에 담아야 한다. 자세한 내용은 유리병에 내용물 채우기 항목을 참고한다. 처리 시간이나 유리병의 크기를 임의로 바꾸거나 실험해보면 안 된다. 피클이 부족해서 유리병에 꽉 채우기 어렵다면 병조림 처리를 하지 않는다. 그냥 냉장고에 넣어두고 8주 내에 먹는다.

병조림 처리한 피클의 덮개가 부풀어 오르거나 내용물이 새거나 유리병에 거품이 올라오는 등 부패의 흔적이 보인다면 ▶ 내용물을 맛보지 않는다. 내용물은 바로 폐기한다.(오염된 음식과 유리병 처리하기 항목 참고)

피클 저장하기

간단한 피클, 병조림 처리를 하지 않은 피클, 병조림 처리를 했지만 이미 개봉한 피클은 냉장고에서 6~8주간 보관할 수 있다. 병조림 처리한 미개봉 피클은 어둡고 서늘한 곳에 얼지 않도록 보관하면 최대 18개월간 보관할 수 있다. ▶ 거의 모든 피클은 3~6주간 **숙성**시킬 경우 풍미가 좋아진다.

▶ 피클이 담긴 모든 유리병은 금속 고리를 떼어내고 보관한다. 이렇게 하면 덮개가 손상되었을 때 쉽게 파악할 수 있으므로 손상된 병의 내용물을 버리거나 폐기해야 한다. 더 자세한 내용은 병조림에 라벨을 붙이고 보관하기 항목을 참고한다.

시간이 지나면 피클의 색이 변하기도 한다. 색이 변하는 이유는 산화, 햇빛 노출, 심지어 농산물의 생장 환경에 이르기까지 다양하다. 품질이 좋은 재료를 병조림했고 부패의 흔적이 없다면 색이 변한 피클을 먹어도 큰 문제는 없다.

오이 피클에 대해

다른 모든 피클용 채소와 마찬가지로 아주 싱싱한 오이를 사용한다. 오이를 수확한 후 24시간 이상 그대로 두면 피클을 담그는 과정에서 속이 텅 비게 된다. ▶ 깨끗이 씻은 후 밑동 부분을 6mm 정도 잘라낸다.(줄기를 잘라낸 부분의 반대쪽 끝부분) 밑동 부분에는 피클을 물렁물렁하게 만드는 효소가 들어 있다.

피클에 적합하게 개량한 짤막한 품종인 피클용 오이를 사용하면 근사한 결과물을 얻을 수 있다. 일반적으로 커비 품종처럼 가시 같은 돌기가 있는 오이를 선택하면 피클에 잘 어울린다. 아르메니아, 아시아, 영국 핫하우스 등과 같이 껍질이 매끄럽고 '쓴맛이 거의 없는' 품종은 피클을 담가도 식감이 좋지 않다. 오이를 반으로 자르거나 세로로 길쭉하게 여러 조각으로 잘라서 475ml 용량의 유리병에 담아 피클을 만든다면, 길이 10cm 정도의 품종을 골라보자.(그보다 큰 오이는 유리병에 넣기 위해 잘라야 할 수도 있다.)

자그마한 거킨이나 미니 오이를 사용한다면 3.8cm 정도로 자랐을 때 수확하는 품종을 선택하면 좋다. 하지만 일부 피클용 오이는 아주 어리고 작을 때 수확하기도 한다. 작고 동글동글한 서인도산 거킨과 멕시칸 사워 거킨은 모양이 독특한데, 우리는 더 쉽게 구할 수 있고 날씬하며 조직이 단단하면서 씨가 없는 프랑스산 거킨을 선호한다. 모든 거킨 품종은 소금물을 잘 흡수해 처리 과정에서 너무 물러지지 않는다.

오이 피클은 저온 중탕 병조림 방법으로 처리해도 안전하다.

딜 피클

475ml짜리 유리병 약 6개 분량

피클 담그기에 대해 및 병조림 제조 과정 항목을 참고한다.

중탕 병조림 찜기를 준비하거나 저온 중탕 병조림 처리를 위한 장비를 준비한다. 병조림용 도구를 전부 모아두고, 깨끗이 씻어서 뜨겁게 달군 475ml짜리 유리병 6개를 준비한다.

다음을 깨끗이 씻고 밑동 부분을 3mm 정도 잘라낸다.

　10cm 길이의 피클용 오이 1.8kg

오이를 세로로 반을 자른다.(긴 오이는 10cm 길이로 자른다.) 유리병마다 다음을 넣는다.

　마늘 1쪽, 껍질을 벗기고 으깨기(총 6쪽)

　딜씨 1작은술(총 2큰술)

　피클용 향신료 1작은술(총 2큰술)

　검은색 통후추 6알(총 36알)

　딜 잔가지 1개(총 6개)

오이를 유리병에 빽빽하게 채운다. 중간 크기의 편수 냄비에 다음을 넣고 소금이 녹을 때까지 저으면서 부르르 끓어오르도록 가열한다.

　사과 식초 3컵

　물 2¼컵

　피클용 소금 ¼컵

국자로 떠서 준비한 유리병에 담고 1.2cm의 상부 공간을 남긴다. 유리병에 갇힌 기포를 제거하고 국물의 높이를 적당히 조절한다. 유리병의 입구를 닦는다. 위에 덮개를 얹고 금속 고리를 씌운 후 손끝으로 힘을 줘도 돌아가지 않을 때까지 돌려서 닫는다. 10분간 열처리한다. 완전히 식힌 후 설명에 따라 보관한다.

브레드 앤드 버터 피클

475ml짜리 유리병 약 5개 분량

이 재미있는 이름은 장사 수완이 있던 일리노이주의 한 부부가 어려운 시기에 집에서 만든 새콤달콤한 병조림 오이 피클을 근처 식료품점에서 다른 식재료와 물물교환했던 일화에서 유래했을 가능성이 크다. 피클 담그기에 대해 및 병조림 제조 과정 항목을 참고한다.

다음을 깨끗이 씻고 밑동 부분을 3mm 정도 잘라낸다.

　피클용 오이 1.1kg

오이를 6mm 두께의 슬라이스로 썬다. 다음의 껍질을 벗기고 6mm 두께의 슬라이스로 썬다.

　양파 450g

오이와 양파 슬라이스를 큰 그릇에 담고 다음을 뿌려서 뒤적이며 잘 섞는다.

　피클용 소금 3½큰술

그릇에 수건을 덮고 각얼음 몇 개를 수건 위에 듬성듬성 한 겹으로 올린 다음 4~12시간 동안 냉장고에 넣어둔다. 채소를 체에 옮겨 담고 찬물로 헹군 후 물기를 잘 뺀다. 중탕 병조림 찜기를 준비하거나 저온 중탕 병조림 처리를 위한 장비를 준비하고, 병조림용 도구를 전부 모아둔다. 깨끗이 씻어서 뜨겁게 달군 475ml짜리 유리병 5개를 준비한다.

커다란 냄비에 다음을 넣고 섞는다.

　증류 백식초 3컵

　설탕 3컵

　겨자씨 1½큰술

　(굵게 빻은 고춧가루 1½작은술)

　셀러리씨 1작은술

　강황 가루 1작은술

　정향 가루 ¼작은술

설탕이 녹을 때까지 저으면서 부르르 끓어오르도록 가열한다. 채소를 넣고 저어서 섞은 후 시럽이 막 끓어오르기 시작할 때까지 가열한다. 구멍 뚫린 숟가락으로 뜨거운 피클 조각을 떠서 준비한 유리병에 차곡차곡 담고 1.2cm의 상부 공간을 남긴 다음 뜨거운 소금물을 붓는다. 유리병에 갇힌 기포를 제거하고 국물의 높이를 적당히 조절한다. 유리병의 입구를 닦는다. 위에 덮개를 얹고 금속 고리를 씌운 후 손끝으로 힘을 줘도 돌아가지 않을 때까지 돌려서 닫는다. 10분간 열처리한다. 완전히 식힌 후 설명에 따라 보관한다.

미니 오이 피클(Cornichons, 거킨 피클)

475ml짜리 유리병 약 8개 분량

피클 담그기에 대해 및 병조림 제조 과정 항목을 참고한다.

다음을 깨끗이 씻는다.

　3.2~6.3cm 길이의 거킨 또는 피클용 미니 오이 2.5kg

오이의 밑동 부분을 얇게 잘라내되, 줄기는 6mm 정도 남긴다. 다음을 커다란 그릇에 넣고 섞는다.

　물 8컵

　피클용 소금 ½컵

소금이 녹을 때까지 저은 후 오이를 넣는다. 오이가 소금물에 잠기도록 접시를 올려놓고 12시간 동안 실온에 둔다.

소금물을 따라내고 헹군 후 한 번 더 물을 뺀다. 깨끗한 수건으로 톡톡 두드려 물기를 제거한다. 중탕 병조림 찜기를 준비하거나 저온 중탕 병조림 처리를 위한 장비를 준비하고, 병조림용 도구를 전부 모아둔다. 깨끗이 씻어서 뜨겁게 달군 475ml짜리 유리병 8개를 준비한다.

준비한 유리병에 오이를 빽빽하게 담고 유리병마다 다음을 추가한다.

　껍질을 벗긴 방울양파 5개(총 40개)

　타라곤 잔가지 몇 개(총 16~24개)

(겨자씨 ½작은술[총 4작은술])

흰색 또는 검은색 통후추 5알(총 40알)

커다란 편수 냄비에 다음을 넣고 섞은 후 소금이 녹을 때까지 저으면서 막 끓어오를 때까지 가열한다.

화이트와인 식초 5¼컵

물 4¼컵

피클용 소금 ⅓컵

국자로 오이를 떠서 유리병에 담고 1.2cm의 상부 공간을 남긴다. 유리병에 갇힌 기포를 제거하고 국물의 높이를 적당히 조절한다. 유리병의 입구를 닦는다. 위에 덮개를 얹고 금속 고리를 씌운 후 손끝으로 힘을 줘도 돌아가지 않을 때까지 돌려서 닫는다. 10분간 열처리한다. 완전히 식힌 후 설명에 따라 보관한다.

차우차우(Chow Chow, 새콤달콤한 양배추 렐리시)

475ml짜리 유리병 약 5개 분량

메건은 핫도그에서부터 연어 케이크, 핀토콩에 이르기까지 모든 음식에 이 톡 쏘는 피클을 얹어 먹으면서 자랐다. 다소 밋밋한 음식에 활기를 더해주는 이 피클을 항상 찬장에 갖춰두기를 적극 추천한다. **녹색 토마토 차우차우**를 만들려면 양배추 대신 **덜 익은 녹색 토마토 1.1kg**을 사용한다. 피클 담그기에 대해 및 병조림 제조 과정 항목을 참고한다.

중탕 병조림 찜기를 준비하고, 병조림용 도구를 전부 모아둔다. 깨끗이 씻어서 뜨겁게 달군 475ml짜리 유리병 5개를 준비한다.

다음을 준비한다.

녹색 양배추 900g, 심을 제거하고 잘게 썰기

붉은색 피망 1개(약 225g), 깍둑썰기하기

녹색 피망 1개(약 225g), 깍둑썰기하기

덜 익은 녹색 토마토 1개(약 225g), 깍둑썰기하기

단양파 큰 것 1개(약 340g), 깍둑썰기하기

다음을 커다란 냄비에 넣고 부르르 끓어오르도록 가열한다.

증류 백식초 또는 사과 식초 3컵

설탕 2컵

노란색 겨자씨 1큰술

피클용 소금 1큰술

셀러리씨 2작은술

강황 가루 1작은술

(굵게 빻은 고춧가루 1작은술)

냄비에 채소를 넣고 자주 저으면서 채소가 물렁해지기 시작할 때까지 10분 정도 뭉근히 끓인다. 국자로 떠서 준비한 유리병에 담고 1.2cm의 상부 공간을 남기고 채소가 잠기도록 소금물을 붓는다. 유리병에 갇힌 기포를 제거하고 국물의 높이를 적당히 조절한다. 유리병의 입구를 닦는다. 위에 덮개를 얹고 금속 고리를 씌운 후 손끝으로 힘을 줘도 돌아가지 않을 때까지 돌려서 닫는다. 15분간 열처리한다. 완전히 식힌 후 설명에 따라 보관한다.

새콤한 옥수수 렐리시

475ml짜리 유리병 약 5개 분량

매운 고추나 순한 고추 또는 이 두 가지를 섞어서 사용할 수 있다. 피클 담그기에 대해 및 병조림 제조 과정 항목을 참고한다.

중탕 병조림 찜기를 준비하고, 병조림용 도구를 전부 모아둔다. 깨끗이 씻어서 뜨겁게 달군 475ml짜리 유리병 5개를 준비한다.

커다란 냄비에 다음을 넣고 섞는다.

옥수수 알갱이 5컵(중간 크기의 옥수수 약 10개 분량)

씨를 빼고 깍둑썰기한 고추 2컵(약 450g)

자색 양파 큰 것 1개(약 340g), 깍둑썰기하기

잘게 썬 녹색 양배추 1½컵(약 170g 또는 작은 양배추 ¼개 분량)

다음을 넣고 섞는다.

사과 식초 2½컵

설탕 ½컵

물 ½컵

병에 든 레몬즙 ¼컵

피클용 소금 1큰술

노란색 겨자씨 1작은술

강황 가루 1작은술

셀러리씨 ½작은술

잘 섞이도록 젓는다. 강불에 올려 부르르 끓어오르도록 가열한 후 불을 줄이고 뚜껑을 덮는다. 자주 저으면서 20분간 뭉근히 끓인다. 다음을 넣고 섞는다.

굵게 썬 신선한 딜 1½큰술 또는 말린 딜 1작은술

국자로 떠서 준비한 유리병에 담고 1.2cm의 상부 공간을 남긴다. 유리병에 갇힌 기포를 제거하고 국물의 높이를 적당히 조절한다. 유리병의 입구를 닦는다. 위에 덮개를 얹고 금속 고리를 씌운 후 손끝으로 힘을 줘도 돌아가지 않을 때까지 돌려서 닫는다. 15분간 열처리한다. 완전히 식힌 후 설명에 따라 보관한다.

오크라 피클

475ml짜리 유리병 약 4개 분량

우리 가족이 가장 좋아하는 피클 중 하나다. 이 피클은 끈적끈적한 느낌이 없으므로 오크라를 별로 선호하지 않는 사람도 충분히 시도해볼 만하다. 가장 신선한 오크라를 선택하고, 깍지의 크기가 큼직한 새끼손가락만 하면 좋다. 깍지가 그보다 크면 질기고 섬유질이 많다. 피클 담그기에 대해 및 병조림 제조 과정 항목을 참고한다.

중탕 병조림 찜기를 준비하고, 병조림용 도구를 전부 모아둔다. 깨끗이 씻어서 뜨겁게 달군 475ml짜리 유리병 4개를 준비한다.

다음을 깨끗이 씻고 줄기와 연결된 끝부분을 잘라낸다.

작은 오크라 깍지 900g

유리병마다 바닥에 다음을 넣는다.

마늘 2쪽, 껍질을 벗기고 으깨기(총 8쪽)

아르볼 등의 붉은 칠리 고추를 말려서 쪼갠 것, 작은 고추 1개(총 4개)

딜씨 ½작은술(총 2작은술)

검은색 통후추 3알(총 12알)

오크라를 유리병에 차곡차곡 채우되, 한 층은 줄기가 붙어 있던 쪽이 유리병의 바닥으로 가고 한 층은 줄기가 붙어 있던 쪽이 위로 올라오도록 배열해 최대한 빽빽하게 담는다.

커다란 편수 냄비에 다음을 넣고 섞은 후 소금이 녹을 때까지 저으면서 부르르 끓어오르도록 가열한다.

사과 식초 3컵

물 3컵

피클용 소금 ⅓컵

국자로 떠서 준비한 유리병에 담고 1.2cm의 상부 공간을 남긴다. 유리병에 갇힌 기포를 제거하고 국물의 높이를 적당히 조절한다. 유리병의 입구를 닦는다. 위에 덮개를 얹고 금속 고리를 씌운 후 손끝으로 힘을 줘도 돌아가지 않을 때까지 돌려서 닫는다. 15분간 열처리한다. 완전히 식힌 후 설명에 따라 보관한다.

아스파라거스 피클

475ml짜리 유리병 약 4개 분량

우리는 이 레시피를 개발하면서 유리병에 잘 들어가도록 아스파라거스를 손질하는 과정에서 잘려나가는 줄기가 너무 많다는 사실을 깨달았다. 그래서 줄기의 나무처럼 단단한 부분을 잘라내고 상대적으로 부드러운 짤막한 부분을 모아두었다. 그랬더니 이것만으로 네 번째 유리병을 딱 알맞게 채울 정도의 분량이 되었다. 아스파라거스의 윗부분만큼 모양이 근사하지는 않지만 풍미는 근사하며, 줄기의 두꺼운 아랫부분은 병조림 처리 과정도 잘 견뎌낸다. 피클 담그기에 대해 및 병조림 제조 과정 항목을 참고한다.

중탕 병조림 찜기를 준비하고, 병조림용 도구를 전부 모아둔다. 깨끗이 씻어서 뜨겁게 달군 475ml짜리 유리병 4개를 준비한다.

다음을 깨끗이 씻고 딱딱한 끝부분을 잘라낸다.

아스파라거스 1.3kg

아스파라거스의 뾰족한 꼭지부터 10cm 길이로 잘라낸 후 짤막하고 부드러운 줄기 부분은 따로 보관한다. 얼음물을 준비한다. 10cm 길이의 아스파라거스 꼭지를 끓는 물에 넣고 30초간 데친 후 얼음물에 담가 식힌다. 물기를 잘 제거한다. 남은 줄기 부분은 1분간 데친 후 얼음물에 담가 식힌다. 물기를 잘 제거하고 꼭지 부분과 따로 보관한다.

중간 크기의 편수 냄비에 다음을 넣고 부르르 끓어오를 때까지 가열한다.

화이트와인 식초 3컵

물 3컵

피클용 소금 3큰술

설탕 1½큰술

준비한 유리병마다 다음을 넣는다.

마늘 1쪽, 껍질을 벗기고 으깨기(총 4쪽)

타임 잔가지 1개(총 4개)

회향씨 ½작은술(총 2작은술)

7.5×1.2cm 크기로 길쭉하게 벗겨낸 오렌지 껍질 1개(총 4개), 채소 껍질 벗기는 도구를 사용

유리병 3개에 아스파라거스 꼭지를 넣고 네 번째 유리병에는 줄기 조각으로 채운다. 국자로 뜨거운 소금물을 병에 붓고 1.2cm의 상부 공간을 남긴다. 유리병에 갇힌 기포를 제거하고 국물의 높이를 적당히 조절한다. 유리병의 입구를 닦는다. 위에 덮개를 얹고 금속 고리를 씌운 후 손끝으로 힘을 줘도 돌아가지 않을 때까지 돌려서 닫는다. 10분간 열처리한다. 완전히 식힌 후 설명에 따라 보관한다.

껍질콩 피클(Dilly Beans)

475ml짜리 유리병 약 4개 분량

피클 담그기에 대해 및 병조림 제조 과정 항목을 참고한다.

중탕 병조림 찜기를 준비하고, 병조림용 도구를 전부 모아둔다. 깨끗이 씻어서 뜨겁게 달군 475ml짜리 유리병 4개를 준비한다.

다음을 깨끗이 씻어서 손질한다.(10cm 이하의 껍질콩을 사용해야 한다.)

통통한 껍질콩 900g

유리병마다 다음을 넣는다.

딜 잔가지 3개 또는 딜씨 ½작은술(잔가지 총 12개 또는 딜씨 총 2작은술)

(마늘 1쪽, 껍질을 벗기기[총 4쪽])

(굵게 빻은 고춧가루 ¼작은술 또는 카옌 고춧가루 ⅛작은술[굵게 빻은 고춧가루 총 1작은술 또는 카옌 고춧가루 총 ½작은술])

껍질콩을 세로로 유리병에 빽빽하게 채운다. 작은 편수 냄비에 다음을 넣고 섞은 후 부르르 끓어오르도록 가열한다.

증류 백식초 2컵

물 2컵

피클용 소금 ¼컵

국자로 떠서 준비한 유리병에 담고 1.2cm의 상부 공간을 남긴다. 유리병에 갇힌 기포를 제거하고 국물의 높이를 적당히 조절한다. 유리병의 입구를 닦는다. 위에 덮개를 얹고 금속 고리를 씌운 후 손끝으로 힘을 줘도 돌아가지 않을 때까지 돌려서 닫는다. 10분간 열처리한다. 완전히 식힌 후 설명에 따라 보관한다.

붉은 비트 또는 노랑 비트 피클

475ml짜리 유리병 약 4개 분량

피클 담그기에 대해 및 병조림 제조 과정 항목을 참고한다.

중탕 병조림 찜기를 준비하고, 병조림용 도구를 전부 모아둔다. 깨끗이 씻어서 뜨겁게 달군 475ml짜리 유리병 4개를 준비한다.

다음을 씻고 윗면과 뿌리를 잘라서 2.5cm 크기로 맞춘다.

균일한 크기의 붉은색 비트 또는 노란색 비트 1.1kg(너비 2.5~6.3cm)

편수 냄비에 담고 비트가 잠길 만큼 물을 부은 후 연해질 때까지 30~40분간 뭉근히 끓인다. 비트 삶은 물 ¾컵을 남기고 나머지는 따라낸다. 비트의 줄기, 뿌리, 껍질을 제거한다. 3.8cm 이하의 베이비 비트는 통째로 사용한다. 커다란 비트는 6mm 두께의 슬라이스나 웨지 형태로 썬다.

다음의 껍질을 벗기고 얇게 저며서 한쪽에 둔다.

양파 중간 크기 1개

남겨둔 비트 삶은 물을 널찍한 냄비에 붓고 다음을 추가한다.

사과 식초 2컵

병에 든 레몬즙 ¼컵

설탕 ⅔컵

검은색 통후추 2작은술

피클용 소금 2큰술

설탕이 녹을 때까지 저으면서 부르르 끓어오르도록 가열한다. 비트와 양파를 넣고 5분간 뭉근히 끓인다. 구멍 뚫린 숟가락으로 채소를 건져서 준비한 유리병에 담는다. 1.2cm의 상부 공간을 남기고 뜨거운 식초 용액을 붓는다. 유리병에 갇힌 기포를 제거하고 국물의 높이를 적당히 조절한다. 유리병의 입구를 닦는다. 위에 덮개를 얹고 금속 고리를 씌운 후 손끝으로 힘을 줘도 돌아가지 않을 때까지 돌려서 닫는다. 10분간 열처리한다. 완전히 식힌 후 설명에 따라 보관한다.

레몬 풍미의 순무 피클

475ml짜리 유리병 약 4개 분량

덜스(홍조류의 일종)를 넣으면 순무에 감칠맛 나는 짭짤한 풍미를 더할 수 있는데, 덜스를 넣지 않아도 충분히 맛있는 피클이 완성된다. 피클 담그기에 대해 및 병조림 제조 과정 항목을 참고한다.

중탕 병조림 찜기를 준비하고, 병조림용 도구를 전부 모아둔다. 깨끗이 씻어서 뜨겁게 달군 475ml짜리 유리병 4개를 준비한다.

다음을 준비한다.

순무 1.1kg, 껍질을 벗겨서 1.2cm 두께의 웨지 모양으로 썰기

다음을 중간 크기의 편수 냄비에 넣고 설탕이 녹을 때까지 저으면서 부르르 끓어오르도록 가열한다.

화이트와인 식초 3½컵

설탕 ⅓컵

피클용 소금 1½큰술

채소 껍질 벗기는 도구로 다음의 껍질을 널찍하고 길게 벗긴다.

레몬 중간 크기 1개

레몬 껍질을 가로로 두툼하게 자른 후 준비한 유리병에 적당히 나눠 넣는다. 유리병마다 다음을 넣는다.

(잘게 썬 덜스 ½작은술[총 2작은술])

굵게 빻은 고춧가루 ¼작은술(총 1작은술)

순무를 유리병에 채우고 1.2cm의 상부 공간을 남기고 뜨거운 소금물을 붓는다. 유리병에 갇힌 기포를 제거하고 국물의 높이를 적당히 조절한다. 유리병의 입구를 닦는다. 위에 덮개를 얹고 금속 고리를 씌운 후 손끝으로 힘을 줘도 돌아가지 않을 때까지 돌려서 닫는다. 15분간 열처리한다. 완전히 식힌 후 설명에 따라 보관한다.

표고버섯 피클

475ml짜리 유리병 약 2개 분량

이 피클은 그냥 먹어도 맛있을 뿐만 아니라 크로스티니에 허브 사워크림을 바르고 이 피클을 올리거나 물기를 잘 빼서 샬럿과 마늘을 넣어 볶은 후 크림처럼 부드러운 폴렌타 위에 얹어서 내면 근사하다. 피클 담그기에 대해 및 병조림 제조 과정 항목을 참고한다.

중탕 병조림 찜기를 준비하고, 병조림용 도구를 전부 모아둔다. 깨끗이 씻어서 뜨겁게 달군 475ml짜리 유리병 2개를 준비한다.

솔을 사용해 먼지와 불순물을 털어낸다.

표고버섯 450g, 밑동 제거하기

큼직한 표고버섯은 갓 부분을 얇게 썰거나 4등분한다. 작은 표고버섯은 통째로 사용할 수 있다. 한쪽에 둔다.

커다란 편수 냄비에 다음을 넣고 부르르 끓어오르도록 가열한다.

화이트와인 식초 2컵

물 ½컵

중간 크기의 샬롯 2개, 얇게 저미기

마늘 4쪽, 으깨기

피클용 소금 1큰술

검은색 통후추 1작은술

타임 잔가지 4개

굵게 빻은 고춧가루 ½작은술

월계수 잎 2장

버섯을 넣고 섞은 후 뚜껑을 덮고 불을 줄여 15분간 은근히 끓인다. 불에서 내린 후 버섯과 소금물을 국자로 떠서 준비한 유리병에 담고 1.2cm의 상부 공간을 남긴다. 유리병에 갇힌 기포를 제거하고 국물의 높이를 적당히 조절한다. 유리병의 입구를 닦는다. 위에 덮개를 얹고 금속 고리를 씌운 후 손끝으로 힘을 줘도 돌아가지 않을 때까지 돌려서 닫는다. 15분간 열처리한다. 완전히 식힌 후 설명에 따라 보관한다.

고추 피클

475ml짜리 유리병 약 5개 분량

매운 고추를 다룰 때는 장갑을 끼는 것이 좋다. 피클 담그기에 대해 및 병조림 제조 과정 항목을 참고한다.

I. 통고추로 만들기

고추를 통째로 피클에 사용할 때는 전통적으로 헝가리 왁스 고추 및 할라페뇨처럼 작고 가느다란 고추나 체리 고추처럼 작고 동글동글한 고추를 사용한다. 입에서 불이 날 것 같은 극도의 매운맛을 즐긴다면 스카치 보닛과 하바네로도 쓸 수 있다. 다음을 깨끗이 씻는다.

할라페뇨, 세라노, 프레스노, 헝가리 왁스 또는 그 외의 작고 매운 고추 1kg

고추마다 양쪽 옆면에 세로로 칼집을 넣고 살짝 눌러 평평하게 만든다. 중탕 병조림 찜기를 준비하고, 병조림용 도구를 전부 모아둔다. 깨끗이 씻어서 뜨겁게 달군 475ml짜리 유리병 5개를 준비한다. 유리병마다 다음을 넣는다.

마늘 2쪽, 으깨기(총 10쪽)

(말린 오레가노 ½작은술[총 2½작은술])

(겨자씨나 커민씨 또는 이를 섞어서 ½작은술[총 2½작은술])

(월계수 잎 ½장[총 2½장])

준비한 유리병에 고추를 넣어 채운다. 다음을 커다란 편수 냄비에 넣고 부르르 끓어오르도록 가열한다.

증류 백식초 4컵

물 1컵

피클용 소금 2큰술

(설탕 2큰술)

소금이 녹을 때까지 젓는다. 유리병에 담은 고추 위에 붓고 소금물이 고추 안으로 천천히 스며들도록 기다린다. 다 스며들면 1.2cm의 상부 공간을 남기고 소금물을 붓는다. 유리병에 갇힌 기포를 제거하고 국물의 높이를 적당히 조절한다. 유리병의 입구를 닦는다. 위에 덮개를 얹고 금속 고리를 씌운 후 손끝으로 힘을 줘도 돌아가지 않을 때까지 돌려서 닫는다. 15분간 열처리한다. 완전히 식힌 후 설명에 따라 보관한다.

II. 고리 모양 또는 칩 모양으로 썬 고추로 만들기

바나나 고추처럼 475ml짜리 유리병에 잘 들어가지 않는 길쭉한 고추는 얇게 썰어서 넣는 것이 가장 좋다. 할라페뇨의 씨나 중심부의 흰색 중과피를 전부 제거하고 피클을 담그려면 '칩' 모양으로 잘라서 사용하도록 권장한다.(프레스노와 세라노를 비롯해 가늘고 과육이 두꺼운 고추라면 모두 이 모양으로 자를 수 있다.)

버전 I의 설명을 참고해 중탕 병조림 찜기, 병조림용 도구, 유리병을 준비한다.

고리 모양으로 잘라서 사용하려면 버전 I과 같은 분량의 고추를 씻어서 가로 방향으로 0.6~1.2cm 두께의 슬라이스로 자른다. 커다란 그릇에 담고 고추

위로 5~7.5cm가량 올라오도록 찬물을 붓는다. 장갑을 끼고 고추를 휘휘 저으면 떨어져 나온 씨가 물 위에 둥둥 뜬다. 구멍 뚫린 숟가락이나 체로 물에 뜬 씨를 건져내거나 씨만 남기고 고추 슬라이스를 건져낸다. 고추를 체에 담아서 물기를 빼고 헹군다.(남아 있는 씨는 체의 바닥에 모이게 된다.)

칩 형태로 잘라서 사용하려면 할라페뇨처럼 작고 가느다란 고추 1.3kg을 잘 씻는다. 둥그런 고추를 '돌려가며 길쭉하게' 자른다. 우선 고추를 옆으로 눕혀놓고 칼날이 씨에 닿지 않도록 중심부를 살짝 피해 세로 방향으로 썬다. 절단면이 아래로 가도록 고추를 돌려놓은 후 다시 중심부를 살짝 피해 세로 방향으로 썬다. 고추를 빙글빙글 돌려가면서 가운데의 씨와 줄기만 남을 때까지 이 작업을 반복하면 길쭉한 '칩' 모양의 고추 과육 4개가 나온다.(279쪽 그림 참고) 중심부는 버리고 남은 씨는 솔로 털어낸다.

유리병에 채워 넣을 때는 버전 I의 설명처럼 준비한 유리병에 마늘과 향신료를 추가한다. 고리 모양으로 자른 고추는 유리병에 채우고 꾹꾹 누르며 최대한 빽빽하게 담는다. 칩 모양으로 자른 고추는 세워서 유리병에 차곡차곡 담는다. 소금물을 붓고 뚜껑을 덮어서 버전 I의 설명에 따라 진행한다.

마늘 피클

475ml짜리 유리병 약 6개 분량

상당히 손이 많이 가지만 마늘 애호가라면 누구나 맛있게 즐길 만한 피클이다. 그대로 먹어도 맛있고, 굵게 썰어서 치킨 또는 감자 샐러드나 트레바의 피미엔토 치즈에 곁들여 먹어보자. 피클 담그기에 대해 및 병조림 제조 과정 항목을 참고한다.

중탕 병조림 찜기를 준비하고, 병조림용 도구를 전부 모아둔다. 깨끗이 씻어서 뜨겁게 달군 475ml짜리 유리병 6개를 준비한다.

얼음물을 준비한다. 커다란 편수 냄비에 물을 붓고 부르르 끓인 후 다음을 넣는다.

> 껍질을 벗기지 않은 마늘 900g

마늘을 2분간 데친 후 물기를 잘 빼고 얼음물에 넣는다. 식으면 마늘의 껍질을 벗긴다. 준비한 유리병마다 바닥에 다음을 넣는다.

> 굵게 빻은 고춧가루 ¼작은술(총 1½작은술)
>
> 겨자씨 ¼작은술(총 1½작은술)
>
> 말린 딜 ¼작은술(총 1½작은술)

마늘을 유리병에 채운다. 중간 크기의 편수 냄비에 다음을 넣고 부르르 끓어오르도록 가열한다.

> 증류 백식초 1½컵
>
> 물 1½컵
>
> 피클용 소금 2큰술

마늘 위에 붓고 1.2cm의 상부 공간을 남긴다. 유리병에 갇힌 기포를 제거하고 국물의 높이를 적당히 조절한다. 유리병의 입구를 닦는다. 위에 덮개를 얹고 금속 고리를 씌운 후 손끝으로 힘을 줘도 돌아가지 않을 때까지 돌려서 닫는다. 10분간 열처리한다. 완전히 식힌 후 설명에 따라 보관한다.

마늘종 피클

475ml짜리 유리병 약 2개 분량

마늘의 꽃줄기라고도 하는 마늘종은 초여름에 하드넥 마늘의 중심부에서 멋들어지게 구부러진 모양으로 돌출되어 자란다. 마늘종은 보통 마늘 구근이

더 크게 자랄 수 있도록 잘라내지만, 마늘종 그 자체로도 상당히 맛있다. 직거래 장터나 유기농 식료품점에서 마늘종을 찾아보자. 피클 담그기에 대해 및 병조림 제조 과정 항목을 참고한다.

중탕 병조림 찜기를 준비하고, 병조림용 도구를 전부 모아둔다. 깨끗이 씻어서 뜨겁게 달군 475ml짜리 유리병 2개를 준비한다.

다음을 씻고 딱딱한 끝부분과 노란색으로 변한 꼭지 부분을 잘라낸다.

> 마늘종 450g

마늘종을 10cm 길이로 자른다. 마늘종이 구부러졌다면 우리는 구부러진 꼭지 부분을 잘라서 유리병의 안쪽 벽에 가지런히 배열하고 곧게 뻗은 부분을 가운데에 꽂는 편이다. 준비한 유리병마다 다음을 넣는다.

> 고수씨 1작은술(총 2작은술)
>
> 겨자씨 1작은술(총 2작은술)
>
> 굵게 빻은 고춧가루 1작은술(총 2작은술)

마늘종을 유리병에 빽빽하게 채운다. 작은 편수 냄비에 다음을 넣고 부르르 끓어오르도록 가열한다.

> 사과 식초 1컵
>
> 물 1컵
>
> 피클용 소금 1큰술+1½작은술

소금물을 유리병 2개에 적당히 나눠 붓고 1.2cm의 상부 공간을 남긴다. 유리병에 갇힌 기포를 제거하고 국물의 높이를 적당히 조절한다. 유리병의 입구를 닦는다. 위에 덮개를 얹고 금속 고리를 씌운 후 손끝으로 힘을 줘도 돌아가지 않을 때까지 돌려서 닫는다. 10분간 열처리한다. 완전히 식힌 후 설명에 따라 보관한다.

수박 껍질 피클

475ml짜리 유리병 약 5개 분량

미국에서 탄생한 이 피클은 아삭하고 상큼하다. 만드는 데 3일이 걸리지만, 특히 고향을 그리워하는 미국 남부 출신 독자라면 충분히 기다릴 만한 가치가 있다. 피클 담그기에 대해 및 병조림 제조 과정 항목을 참고한다.

다음을 잘 씻어서 세로 방향으로 8조각이 되도록 썬다.

> 껍질이 두툼하고 단단한 수박 4.5kg

수박 과육은 아삭해지지 않으므로 과육 층을 아주 얇게 남기고(붉은색을 내기 위해) 잘라낸 후 껍질의 가장 바깥쪽 녹색 부분을 벗겨낸다.(수박 과육은 냉장고에 넣어두었다가 다른 용도로 사용한다.) 남은 흰색 껍질 부분을 2.5cm 너비로 썬다. 수박 껍질을 끓는 물에 넣고 꼬치로 찔러보면 중심부에 살짝 아삭한 느낌이 남아 있을 때까지 10분 정도 데친다. 이때 너무 오래 데치지 않도록 주의한다. 물기를 빼고 큰 그릇에 담는다.

커다란 편수 냄비에 다음을 넣고 섞은 뒤 설탕이 녹을 때까지 저으면서 부르르 끓어오르도록 가열한다.

> 설탕 3⅓컵
>
> 증류 백식초 1컵
>
> 통계피 1개
>
> 통정향 1작은술

수박 껍질이 간신히 잠길 만큼 시럽을 붓는다. 뚜껑을 덮고 냉장고에 하룻밤 넣어둔다.

다음날 시럽을 따라내서 다시 냄비에 담고 부르르 끓어오르기 시작할 때까

지 가열한 후 수박 껍질 위에 다시 붓는다. 뚜껑을 덮고 냉장고에 하룻밤 더 넣어둔다.

3일째 되는 날에 중탕 병조림 찜기를 준비하고, 병조림용 도구를 전부 모아둔다. 깨끗이 씻어서 뜨겁게 달군 475ml짜리 유리병 5개를 준비한다. 시럽과 수박 껍질을 냄비에 넣어 끓인다. 뜨거운 수박 껍질을 준비한 유리병에 차곡차곡 담은 후 1.2cm의 상부 공간을 남기고 시럽을 붓는다. 취향에 따라 유리병에 다음을 추가한다.

(통팔각 1개[총 5개])

(채소 껍질 벗기는 도구로 저민 생강 또는 길쭉하게 벗긴 레몬 껍질 1~2개[총 5~10개])

유리병에 갇힌 기포를 제거하고 국물의 높이를 적당히 조절한다. 유리병의 입구를 닦는다. 위에 덮개를 얹고 금속 고리를 씌운 후 손끝으로 힘을 줘도 돌아가지 않을 때까지 돌려서 닫는다. 10분간 열처리한다. 완전히 식힌 후 설명에 따라 보관한다.

포도 피클

475ml짜리 유리병 6개 분량

이 레시피에는 가장 선호하는 생식용 포도를 사용하면 된다. 우리는 당도와 산도가 적당히 균형을 이루는 포도를 권장한다. 이 포도 피클은 치즈 모둠에 곁들이면 아주 잘 어울린다. 피클 담그기에 대해 및 병조림 제조 과정 항목을 참고한다.

중탕 병조림 찜기를 준비하고, 병조림용 도구를 전부 모아둔다. 깨끗이 씻어서 뜨겁게 달군 475ml짜리 유리병 6개를 준비한다. 유리병마다 다음을 넣는다.

고수씨 ¼작은술(총 1½작은술), 프라이팬에 기름 없이 볶은 것 권장

굵게 빻은 고춧가루 ¼작은술(총 1½작은술)

통정향 1개(총 6개)

6mm 크기의 생강 슬라이스 1개(총 6개)

마늘 1쪽, 껍질을 벗기고 으깨기(총 6쪽)

유리병에 다음을 채운다.

포도 4컵(약 680g)

중간 크기의 편수 냄비에 다음을 넣고 섞은 후 설탕이 녹을 때까지 저으면서 부르르 끓어오르도록 가열한다.

증류 백식초 또는 사과 식초 2컵

설탕 1컵

피클용 소금 1큰술

준비한 유리병에 나눠 붓고 1.2cm의 상부 공간을 남긴다. 유리병에 갇힌 기포를 제거하고 국물의 높이를 적당히 조절한다. 유리병의 입구를 닦는다. 위에 덮개를 얹고 금속 고리를 씌운 후 손끝으로 힘을 줘도 돌아가지 않을 때까지 돌려서 닫는다. 10분간 열처리한다. 완전히 식힌 후 설명에 따라 보관한다.

복숭아 피클

475ml짜리 유리병 약 6개 분량

『조이 오브 쿠킹』 초판부터 실려 있던 전통적인 레시피다. 나무에서 충분히 익은 복숭아로 만들면 가장 진한 풍미를 즐길 수 있다. 피클 담그기에 대해 및 병조림 제조 과정 항목을 참고한다.

다음을 씻는다.

잘 익었지만 단단하며 작은 점핵종 복숭아 3.6kg, 껍질을 벗기고 반으로 잘라서 씨를 빼기

갈변 방지 용액에 담근다. 큰 냄비에 다음을 넣고 섞은 뒤 설탕이 녹을 때까지 저으면서 부르르 끓어오르도록 가열한다.

사과 식초 4컵

설탕 3컵

사각형 면포 가운데에 다음을 올려놓고 묶어서 향신료 주머니를 만든다.

5cm 길이의 통계피 3개

통정향 1작은술

향신료를 시럽에 넣는다. 복숭아의 물기를 잘 제거하고 시럽에 넣는다. 얇은 꼬치로 찔러보면 부드러운 느낌이 날 때까지 5분 정도 뭉근히 끓인다. 너무 오래 끓이지 않도록 주의한다. 그릇에 담고 완전히 식힌 후 뚜껑을 덮어 냉장고에 하룻밤 넣어둔다.

중탕 병조림 찜기를 준비하고, 병조림용 도구를 전부 모아둔다. 깨끗이 씻어서 뜨겁게 달군 475ml짜리 유리병 6개를 준비한다. 복숭아와 시럽을 저으면서 부르르 끓어오를 때까지 가열한다. 향신료 주머니를 건져낸다. 구멍 뚫린 숟가락으로 뜨거운 복숭아를 떠서 준비한 유리병에 차곡차곡 담은 후 1.2cm의 상부 공간을 남기고 뜨거운 시럽을 붓는다. 유리병에 갇힌 기포를 제거하고 국물의 높이를 적당히 조절한다. 유리병의 입구를 닦는다. 위에 덮개를 얹고 금속 고리를 씌운 후 손끝으로 힘을 줘도 돌아가지 않을 때까지 돌려서 닫는다. 20분간 열처리한다. 완전히 식힌 후 설명에 따라 보관한다.

냉장고에 보관하는 간단한 피클에 대해

뜨거운 소금물을 과일이나 채소에 부어서 간단히 만든 피클은 냉장고에서 최대 2개월간 보관할 수 있다. 이 방법을 활용하면 번거롭게 병조림 처리를 하지 않아도 수제 피클의 풍미를 마음껏 즐길 수 있다. 방울토마토처럼 조직이 연한 과일이나 채소라면 이 방법이 식감을 보존하는 데 도움이 되는 경우도 많다. 이번 장에 실린 모든 피클 레시피는 여기서 소개하는 간단한 방법으로 응용할 수 있지만 ▶ 반드시 냉장고에 보관해야 한다는 점을 유의하자. 물론 냉장고의 공간이 충분하지 않다면 대용량 피클 레시피를 절반으로 줄여서(또는 그보다 더 적은 분량으로 줄여서) 만들 수도 있다.

간단한 채소 피클

475ml짜리 유리병 1개 분량

간단한 피클은 병조림 처리 과정을 부담스러워하거나 시험 삼아 아주 조금씩 만들어보려는 사람들에게 안성맞춤이다.

다음을 잘 씻어서 손질한다.

손질한 껍질콩, 저미거나 4등분한 래디시, 저민 오이, 저미거나 성냥개비 모양으로 썬 당근, 얇게 저민 양파, 씨를 빼고 저민 고추, 얇게 깎은 회향 등의 채소 225g

475ml짜리 깨끗한 유리병의 바닥에 다음 중 선호하는 재료를 조합해 넣는다.

마늘 1쪽, 으깨기

피클용 향신료 등의 혼합 향신료 또는 커민씨, 고수씨, 겨자씨, 검은색 통후추를 섞어서 최대 2작은술

딜이나 타임 등의 말린 허브 1작은술

타임, 딜, 타라곤, 세이버리 등의 생허브 잔가지 1개

채소를 유리병에 채운다. 작은 편수 냄비에 다음을 넣고 부르르 끓어오르도록

가열한다.

　증류 백식초, 사과 식초, 화이트와인이나 레드와인 식초 또는 쌀 식초 ½컵

　물 ½컵

　소금 1작은술

　(설탕 1½작은술)

소금물을 유리병에 붓는다. 완전히 식힌 후 뚜껑을 덮어 냉장고에 넣는다. 2일간 숙성시킨 후 먹을 수 있고, 2개월 이내에 전부 먹는다.

간단한 쓰촨식 오이 피클

1ℓ짜리 유리병 약 1개 분량

이 매콤한 피클은 풀드 포크 조림을 비롯한 진한 풍미의 고기 요리와 특히 잘 어울린다. 맛이 더 순한 피클을 선호한다면 쓰촨산 통후추와 말린 칠리 고추의 양을 반으로 줄인다.

다음을 세로로 반 자른 후 어슷하게 얇은 슬라이스로 썬다.

　영국 또는 페르시아 오이 450g

오이 슬라이스를 중간 크기의 그릇에 담고 다음을 뿌려서 뒤적이며 잘 섞는다.

　소금 ½작은술

싱크대에 체를 놓고 소금 뿌린 오이를 담은 후 1시간 동안 물기를 뺀다. 그동안 그릇에 다음을 넣는다.

　쌀 식초 1⅓컵

　설탕 3큰술

　마늘 3쪽, 얇게 저미기

　생강 2.5cm짜리 1개, 껍질을 벗기고 얇게 저미거나 채 썰기

　소금 2작은술

소금과 설탕이 녹을 때까지 저은 후 한쪽에 둔다. 작은 프라이팬이나 편수 냄비를 중불에 올리고 다음을 둘러서 뜨겁게 달군다.

　식물성 기름 1½큰술

　참기름 1½큰술

다음을 넣고 자주 저으면서 마른 고추의 색이 진해지기 시작할 때까지 30초 정도 기름에 볶는다.

　아르볼이나 카옌 등 붉은색의 말린 칠리 고추, 작은 것 8개

　쓰촨산 통후추 1½작은술

　겨자씨 1작은술

　(흰색 통후추 1작은술)

화상을 입지 않도록 조심하면서 볶은 향신료와 기름을 재빨리 식초 혼합물에 붓는다.

　오이의 물기가 다 빠지면 잘 헹군 후 다시 물기를 털어내고 절임 국물에 넣는다. 몇 시간 담가두었다가 먹거나 1ℓ짜리 깨끗한 유리병에 차곡차곡 담아둔다. 냉장고에 넣으면 2개월간 보관할 수 있다.

생강 피클

I. 1ℓ짜리 유리병 약 1개 분량

초밥 및 섬세한 생선 요리나 갑각류 요리에 가장 잘 어울리는 가니시다. 달콤하고 매콤한 이 얇은 피클은 샐러드와 소스에도 기분 좋은 톡 쏘는 맛을 더해준다. 가능하면 ▶ 섬유질이 적은 어린 생강을 사용하자.

다음의 껍질을 벗기고 얇게 저민다.

　생강 450g

1ℓ짜리 깨끗한 병에 생강을 차곡차곡 채운다. 커다란 편수 냄비에 다음을 넣고 부르르 끓어오르도록 가열한다.

　쌀 식초 1¼컵

　설탕 ½컵

　미림 ½컵

　소금 1½작은술

생강 위에 붓는다. 식혀서 뚜껑을 덮고 냉장고에서 일주일 이상 숙성한 후 먹는다. 최대 3개월간 보관할 수 있다.

II. 분홍색 생강 초절임(베니쇼가)

475ml짜리 유리병 약 1개 분량

밝은색의 이 피클은 주로 오코노미야키 및 야키소바에 곁들여서 낸다.

커다란 편수 냄비에 물을 붓고 부르르 끓어오르도록 가열한다. 물을 끓이는 동안 다음의 껍질을 벗기고 3mm 두께로 둥글게 저민다.

　생강 225g

둥글게 저민 생강을 차곡차곡 쌓아서 3mm 두께의 성냥개비 모양으로 썬다. 생강을 끓는 물에 넣고 30초간 데친 후 물기를 잘 뺀다. 475ml짜리 깨끗한 유리병에 생강을 담는다. 구할 수 있다면 다음을 추가한다.

　(붉은 차조기 잎 2장)

작은 편수 냄비에 다음을 넣고 부르르 끓어오르도록 가열한다.

　매실초(우메보시 식초) 1컵

　소금 2작은술

생강 위에 붓고 뚜껑을 덮은 후 완전히 식혀서 냉장고에 넣는다. 하루 이상 숙성했다가 먹는다. 냉장고에서 최대 2개월간 보관할 수 있다.

호스래디시 피클

475ml짜리 유리병 약 1개 분량

다음을 깨끗이 씻는다.

　호스래디시 340g

껍질을 긁어서 벗겨낸다. 호스래디시를 강판에 갈거나 다진다.(푸드 프로세서의 가는 채썰기용 날을 사용하면 좋다.) 작은 편수 냄비에 다음을 넣어 부르르 끓어오르도록 가열한다.

　증류 백식초 1컵

　소금 ½작은술

호스래디시를 475ml짜리 깨끗한 유리병에 담고 그 위에 식초 혼합물을 붓는다. 하룻밤 냉장고에 넣어둔다. 크림처럼 부드러운 질감의 호스래디시를 선호한다면 푸드 프로세서나 믹서에 넣고 곱게 갈아서 사용한다. 이때 필요하면 식초를 조금 더 보충해도 좋다. 냉장고에 넣으면 최대 1년까지 보관할 수 있다.

간단한 양파 피클

475ml짜리 유리병 약 1개 분량

타코, 나초, 샌드위치, 샐러드뿐만 아니라 강한 맛의 피클 가니시가 필요한 곳에는 어디든 잘 어울린다. 양념을 다양하게 변화해가면서 실험해도 좋다. 예를 들어 신선한 타라곤과 겨자씨를 추가하거나 말린 칠리 고추와 가람 마살라를 넣는 식이다.

다음의 껍질을 벗기고 줄기 부분에서 시작해 반으로 자른 후 양쪽 끝을 잘라

낸다.

　노란색 또는 자색 양파 중간 크기 1개

세로 방향으로 아주 얇게 저민다.(양파 꼭지에서 뿌리까지 한 번에 자른다.) 양파를 작은 편수 냄비에 넣고 다음을 추가한다.

　증류 백식초 또는 사과 식초 1컵

　소금 1작은술

　설탕 ½작은술

　(월계수 잎 1장)

　(붉은색의 말린 칠리 고추 작은 것 1개, 씨를 빼기)

부르르 끓어오르도록 가열한 후 3분간 조리한다. 즉시 그릇에 옮겨 담고 다음을 넣어 섞는다.

　보통 크기의 얼음 틀로 얼린 각얼음 4개(얼음물 ½컵 분량)

각얼음을 저어서 녹인 후 피클을 식힌다. 즉시 먹거나 475ml짜리 깨끗한 유리병 또는 용기에 담아 냉장고에 넣으면 한 달간 보관할 수 있다.

간단한 비트 피클

1ℓ짜리 유리병 약 1개 분량

다음을 조리하거나 준비한다.

　중간 크기의 비트 4개(약 680g), 삶아서 껍질을 벗기고 얇게 저미기

비트를 1ℓ짜리 깨끗한 유리병에 담는다. 중간 크기의 편수 냄비에 다음을 넣고 부르르 끓어오르도록 가열한다.

　사과 식초 1컵

　비트 삶은 물 또는 물 1컵

　작은 양파 1개, 얇게 저미기

　설탕 ¼컵

　검은색 통후추 10알

　통정향 5개

　월계수 잎 2장

　소금 1작은술

　(갈아서 양념한 호스래디시, 물기를 빼서 1작은술)

비트 위에 붓는다. 식힌 후 뚜껑을 덮어 12시간 이상 냉장고에서 숙성했다가 먹는다. 냉장고에 넣으면 최대 한 달간 보관할 수 있다.

할라페뇨 피클(타케리아 피클)

1ℓ짜리 유리병 약 1개 분량

이 새콤한 맛의 피클은 카르니타스 조림 또는 풀드 포크 조림 등 맛이 진한 고기 요리에 썩 잘 어울린다. 할라페뇨를 다룰 때는 장갑을 끼는 것이 좋다.

다음을 섞어서 1ℓ짜리 깨끗한 유리병에 담는다.

　할라페뇨 고추 12개, 씨를 빼고 커다란 '칩' 모양으로 썰기(고추 피클 Ⅱ 레시피

　　참고)

　당근 중간 크기 3개, 6mm 두께의 슬라이스로 어슷하게 썰기

　양파 중간 크기 ½개, 얇게 저미기

중간 크기의 편수 냄비에 다음을 넣고 부르르 끓어오를 때까지 가열한다.

　사과 식초 또는 증류 백식초 1½컵

　물 1컵

　마늘 6쪽, 으깨기

　소금 1큰술

　검은색 통후추 1½작은술

　말린 멕시코산 오레가노 1½작은술

　월계수 잎 1장

　커민씨 ½작은술

　(통정향 2개)

절임 국물을 채소 위에 붓고 실온에서 완전히 식힌다. 뚜껑을 덮어서 4시간 이상, 가능하면 하룻밤 숙성한다. 냉장고에서 최대 한 달간 보관할 수 있다.

체리 피클

475ml짜리 유리병 약 1개 분량

1975년 개정판에 실렸던 이 피클은 사실상 '간단하게 빨리' 만들 수 있는 것은 아니지만 체리의 식감을 보존하기 위해 중탕 처리를 하지 않는다. 체리를 설탕에 절이면 과육이 단단해지고 진한 체리 풍미의 시럽이 생긴다.

다음의 꼭지를 따고 씨를 뺀 후 1ℓ짜리 깨끗한 유리병에 넣는다.

　시큼한 체리 또는 달콤한 체리 450g

체리가 잠기도록 다음을 붓는다.

　증류 백식초

뚜껑을 덮어 냉장고에 24시간 동안 넣어둔다. 체리를 건져내고 식초는 따로 보관한다. 똑같은 유리병에 체리를 담고 사이사이에 다음을 뿌린다.

　설탕 1¼컵

체리에 설탕이 골고루 묻어야 한다. 뚜껑을 덮고 냉장고에서 일주일간 보관한다. 하루에 한 번씩 유리병을 꺼내 흔든다. 설탕이 완전히 녹지 않을 수도 있지만 상관없다.

　작은 편수 냄비에 체를 올리고 체리를 부어 물기를 뺀다. 깨끗이 씻어서 뜨겁게 달군 475ml짜리 유리병에 체리를 담는다. 따로 보관했던 식초를 편수 냄비에 있는 시럽에 부어서 부르르 끓어오르도록 가열한다. 체리가 잠기도록 붓는다. 완전히 식혀서 냉장고에 넣으면 최대 6개월간 보관할 수 있다.

케첩, 캐첩, 처트니에 대해

케첩(Ketchup)은 동남아시아에서 영국을 거쳐 미국으로 전파되었다. 캐첩(Catsup)이라는 철자로 표기하던 초기의 소스는 대다수 미국인이 떠올리는 밝은 빨간색의 케첩과는 거리가 멀었으며, 색이 어둡고 묽으면서 톡 쏘는 맛의 액체로 간장이나 우스터 소스와 비슷한 형태였다. 토마토 주스로 만드는 종류도 있었지만, 상당수 캐첩은 버섯, 호두, 안초비 또는 굴을 주재료로 사용했다. 버섯 캐첩과 호두 캐첩은 초기 영국식 캐첩과 다소 느낌이 비슷하다. 조금씩 간단하게 만들어 먹는 토마토 케첩은 간단한 케첩 레시피를 참고한다. 이번 항목에서 소개하는 것 이외의 처트니 레시피는 고수 민트 처트니, 타마린드 처트니, 토마토 아차르 레시피를 참고한다.

토마토 케첩

475ml짜리 유리병 약 5개 분량

수제 케첩을 일단 맛보면 왜 시간과 품을 들여서 직접 만드는지 이해하게 될 것이다. 피클 담그기에 대해 및 병조림 제조 과정 항목을 참고한다.

커다란 냄비를 중불에 올리고 다음을 넣은 뒤 가끔 저으면서 채소가 아주 물렁물렁해질 때까지 30분 정도 뭉근히 끓인다.

토마토 3.2kg, 굵게 썰기

양파 중간 크기 4개, 얇게 썰기

붉은색 피망 1개, 깍둑썰기하기

마늘 4쪽, 껍질을 벗기기

식품 분쇄기에 중간 크기의 날을 끼우고 퓌레 상태로 간 후 다시 냄비에 넣는다. 다음을 넣고 섞는다.

연한 갈색 설탕, 꾹 눌러 담아 ⅓컵

말린 육두구 가루 1작은술

드라이 머스터드 ½작은술

사각형 면포에 다음을 올려놓고 묶어서 향신료 주머니를 만든 후 토마토 혼합물에 넣는다.

통계피 1개

올스파이스 열매 1½작은술

통정향 1½작은술

셀러리씨 1½작은술

검은색 통후추 1½작은술

월계수 잎 1장

부르르 끓어오르도록 가열한 후 불을 줄여 뭉근히 끓인다. 눋지 않도록 자주 저으면서 소스가 절반으로 줄어들 때까지 졸인다. 향신료 주머니를 건져서 버린다. 다음을 넣고 섞는다.

사과 식초 1컵

소금 적당량

(카옌 고춧가루 적당량)

불을 줄이고 계속 저으면서 숟가락으로 케첩을 떴을 때 봉긋한 모양이 될 정도로 걸쭉해질 때까지 10분 정도 뭉근히 끓인다. 중탕 병조림 찜기를 준비하고, 병조림용 도구를 전부 모아둔다. 깨끗이 씻어서 뜨겁게 달군 475ml짜리 유리병 5개를 준비한다. 준비한 유리병에 뜨거운 케첩을 담고 6mm의 상부 공간을 남긴다. 유리병에 갇힌 기포를 제거하고 케첩의 높이를 적당히 조절한다. 유리병의 입구를 닦는다. 위에 덮개를 얹고 금속 고리를 씌운 후 손끝으로 힘을 줘도 돌아가지 않을 때까지 돌려서 닫는다. 15분간 열처리한다. 완전히 식힌 후 설명에 따라 보관한다.

칠리 소스

475ml짜리 유리병 약 4개 분량

이 전통적인 미국식 양념은 토마토 케첩과 비슷하지만 건더기가 더 많고 톡 쏘는 맛이 특징이다. 칠리 고추를 사용해 매콤하게 만든 소스는 스리라차 레시피를 참고한다. 피클 담그기에 대해 및 병조림 제조 과정 항목을 참고한다.

다음을 몇 번에 나눠 푸드 프로세서에 넣고 적당히 잘게 썬다.

붉은색 피망 3개, 굵직하게 썰기

양파 큰 것 3개, 굵직하게 썰기

커다란 냄비에 다음을 넣고 섞는다.

토마토 3.2kg, 껍질을 벗기고 씨를 뺀 후 굵게 썰기

사과 식초 1½컵

연한 갈색 설탕, 꾹 눌러 담아 1컵

소금 1큰술

흑후추 1½작은술

올스파이스 가루 1½작은술

계핏가루 ½작은술

정향 가루 ½작은술

생강 가루 ½작은술

강판에 간 육두구 또는 육두구 가루 ½작은술

셀러리씨 ½작은술

완전히 어우러질 때까지 잘 섞은 후 중불에 올려 부르르 끓어오르도록 가열한다. 눋지 않도록 자주 저으면서 걸쭉해질 때까지 3시간 정도 뭉근히 끓인다. 취향에 맞게 양념을 조절한다.

중탕 병조림 찜기를 준비하고, 병조림용 도구를 전부 모아둔다. 깨끗이 씻어서 뜨겁게 달군 475ml짜리 유리병 4개를 준비한다. 준비한 유리병에 뜨거운 소스를 담고 1.2cm의 상부 공간을 남긴다. 유리병에 갇힌 기포를 제거하고 칠리 소스의 높이를 적당히 조절한다. 유리병의 입구를 닦는다. 위에 덮개를 얹고 금속 고리를 씌운 후 손끝으로 힘을 줘도 돌아가지 않을 때까지 돌려서 닫는다. 15분간 열처리한다. 완전히 식힌 후 설명에 따라 보관한다.

버섯 캐첩

235ml짜리 유리병 약 3개 분량

영국에서 탄생한 이 양념은 농도가 묽고 톡 쏘는 느낌을 주며 풍미가 진하다. 피클 담그기에 대해 및 병조림 제조 과정 항목을 참고한다.

다음을 씻어서 굵직하게 썬다.

버섯 1.8kg, 크레미니 품종 권장

버섯을 커다란 베이킹 접시에 넓게 펴서 담고 다음을 훌훌 뿌린다.

소금 ⅓컵

뚜껑을 덮고 냉장고에 넣어 가끔 뒤적이면서 이틀간 절인다.

버섯에 생긴 물기를 따라내고 잘 헹군다. 커다란 편수 냄비에 다음을 넣고 섞는다.

레드와인 식초 1컵

사과 식초 ⅔컵

자색 양파 중간 크기 1개, 잘게 썰기

마늘 1쪽, 잘게 썰기

흑후추 ½작은술

올스파이스 가루 ¼작은술

생강 가루 ¼작은술

강판에 간 육두구 또는 육두구 가루 ¼작은술

부르르 끓어오르도록 가열한 후 불을 줄인다. 뚜껑을 열고 자주 저으면서 진한 풍미의 아주 향긋한 냄새가 나고 절반으로 졸아들 때까지 30분 정도 뭉근히 끓인다.

중탕 병조림 찜기를 준비하고, 병조림용 도구를 전부 모아둔다. 깨끗이 씻어서 뜨겁게 달군 235ml짜리 유리병 3개를 준비한다. 캐첩을 고운체에 한 번 거른 후 체에 면포나 얇은 주방 행주를 여러 겹 깔고 한 번 더 거른다. 준비한 유리병에 뜨거운 캐첩을 담고 1.2cm의 상부 공간을 남긴다. 유리병의 입구를 닦는다. 위에 덮개를 얹고 금속 고리를 씌운 후 손끝으로 힘을 줘도 돌아가지 않을 때까지 돌려서 닫는다. 15분간 열처리한다. 완전히 식힌 후 설명에 따라 보관한다.

호두 캐첩

약 5컵

동남아시아에서 미국으로 전파된 예전의 캐첩이 어떤 형태였는지 엿볼 수 있는 독특한 레시피다. 이 캐첩의 농도와 풍미는 우스터 소스와 비슷하다. 시중에 판매하는 녹색 호두는 찾아보기 힘들지만, 늦봄이나 초여름에 이웃이나 지인의 뒷마당에 큼지막한 호두나무가 있다면 녹색 호두를 넉넉하게 얻을 수 있을 것이다. 이 레시피에 사용하기 위해 녹색 호두를 딴다면 조금 남겨서 노치노도 만들어보자.

쉽게 자를 수 있을 정도로 말랑말랑한 것을 골라서 딴다.

덜 익은 녹색 영국 호두 1.6kg(약 100개)

칼로 4등분한 후 3.8ℓ짜리 유리병이나 그릇에 넣고 다음을 붓는다.

식초 1.9ℓ(맥아 식초, 사과 식초, 증류 백식초 또는 이를 섞어서 사용)

소금 ⅔컵(170g)

뚜껑을 덮은 상태로 8일간 재우되, 매일 숟가락 뒷면으로 혼합물을 젓고 호두를 으깬다. 호두와 식초를 냄비에 옮겨 담고 부르르 끓어오르도록 가열한 후 15분간 뭉근히 끓인다. 액체를 걸러내고 호두 건더기는 버린다. 액체만 다시 냄비에 붓고 다음을 추가한다.

샬롯 12개(약 900g), 껍질을 벗기고 굵게 썰기

잘게 썬 안초비 ½컵(약 115g)

생호스래디시 85g, 껍질을 벗기고 잘게 썰기

생강 5cm짜리 1개, 껍질을 벗기고 잘게 썰기

검은색 통후추 1작은술

말린 육두구 가루 ½작은술

강판에 간 육두구 또는 육두구 가루 ½작은술

통정향 8개

부르르 끓어오르도록 가열한다. 은근히 끓도록 불을 줄이고 40분간 조리한다. 고운체에 거른 후 체에 얇은 면포를 깔고 한 번 더 거른다. 완전히 식혀서 다음을 추가한다.

포트 와인 2컵

깨끗한 유리병에 담아 냉장고에 넣으면 최대 1년간 보관할 수 있다.

우스터 소스

약 7컵

이 레시피는 상황에 따라 분량을 늘리거나 줄일 수 있지만, 4주라는 숙성 기간을 기다린 보람을 느끼려면 넉넉히 만드는 것이 좋다. 비건 버전은 안초비를 생략하고 표고버섯의 양을 2배로 늘린다.

커다란 편수 냄비에 다음을 넣고 섞는다.

맥아 식초 3컵

당밀 1컵

간장 1컵

양파 큰 것 2개, 굵게 썰기

레몬즙 ½컵

물 ½컵

타마린드 추출물 또는 농축액 ½컵

노란색 겨자씨 ½컵

마늘 8쪽, 굵게 썰기

으깬 검은색 통후추 2큰술

굵게 빻은 고춧가루 2큰술

생강 2.5cm짜리 1개, 껍질을 벗겨서 잘게 썰기

소금 1큰술

통정향 1큰술

고수씨 1큰술

안초비 필레 5개, 굵게 썰기

말린 표고버섯 6개

녹색 카르다몸 깍지 5개, 으깨기

통계피 2개

부르르 끓어오르도록 가열한 뒤, 불을 줄이고 30분간 은근히 끓인다. 그동안 중불에 프라이팬을 올리고 다음을 넣어 자주 젓는다.

설탕 1½컵

설탕이 녹아서 진한 갈색으로 변할 때까지 7분 정도 조리한다. 캐러멜화한 설탕을 뭉근히 끓는 혼합물에 조심스럽게 천천히 붓는다.(지글거리면서 튀어오르므로 약간 물러나서 작업한다.) 불에서 내린 후 실온 상태로 식힌다. 뚜껑 있는 용기나 유리병에 담아 4주간 냉장고에 넣어둔다.

소스를 두 번 거른다. 일단 고운체에 거르고, 체에 얇은 면포를 깔아서 한 번 더 거른다. 깨끗한 유리병에 담는다. 냉장고에 넣으면 최대 1년간 보관할 수 있다.

커리를 넣은 살구 처트니

475ml짜리 유리병 약 2개 분량

피클 담그기에 대해 및 병조림 제조 과정 항목을 참고한다.

커다란 편수 냄비에 다음을 넣고 섞은 후 30분간 뭉근히 끓인다.

물 2컵

굵게 썬 말린 살구 2컵

잘게 썬 양파 ¾컵

설탕 ¼컵

그동안 작은 냄비에 다음을 넣고 섞은 후 5분간 뭉근히 끓인다.

사과 식초 1½컵

커리 가루 1½~2½작은술, 취향에 따라 적당량

생강 가루 1작은술

통계피 1개

소금 ½작은술

계피를 건져내고 식초 혼합물과 살구 혼합물을 섞는다. 다음을 넣고 젓는다.

노란색 건포도 2컵

중탕 병조림 찜기를 준비하고, 병조림용 도구를 전부 모아둔다. 깨끗이 씻어서 뜨겁게 달군 475ml짜리 유리병 2개를 준비한다. 준비한 유리병에 뜨거운 처트니를 담고 1.2cm의 상부 공간을 남긴다. 유리병에 갇힌 기포를 제거하고 처트니의 높이를 적당히 조절한다. 유리병의 입구를 닦는다. 위에 덮개를 얹고 금속 고리를 씌운 후 손끝으로 힘을 줘도 돌아가지 않을 때까지 돌려서 닫는다. 10분간 열처리한다. 완전히 식힌 후 설명에 따라 보관한다.

사과 또는 녹색 토마토 처트니

475ml짜리 유리병 약 3개 분량

피클 담그기에 대해 및 병조림 제조 과정 항목을 참고한다.

커다란 편수 냄비에 다음을 넣고 섞는다.

　　단단한 사과 또는 덜 익은 단단한 녹색 토마토, 껍질을 벗기고 굵게 썰어서 5컵

　　갈색 설탕, 꾹 눌러 담아 2¼컵

　　사과 식초 2컵

　　(붉은색 피망 2개, 굵게 썰기)

　　레몬 1개, 씨를 빼고 굵게 썰기

　　건포도 1½컵

　　껍질을 벗겨서 굵게 썬 생강 ¼컵

　　소금 1½작은술

　　마늘 1쪽, 굵게 썰기

　　카옌 고춧가루 ¼작은술

자주 저으면서 숟가락으로 뜨면 봉긋한 모양이 될 때까지 2시간 이상 뭉근히 끓인다. 중탕 병조림 찜기를 준비하고, 병조림용 도구를 전부 모아둔다. 깨끗이 씻어서 뜨겁게 달군 475ml짜리 유리병 3개를 준비한다. 준비한 유리병에 뜨거운 처트니를 담고 1.2cm의 상부 공간을 남긴다. 유리병에 갇힌 기포를 제거하고 처트니의 높이를 적당히 조절한다. 유리병의 입구를 닦는다. 위에 덮개를 얹고 금속 고리를 씌운 후 손끝으로 힘을 줘도 돌아가지 않을 때까지 돌려서 닫는다. 15분간 열처리한다. 완전히 식힌 후 설명에 따라 보관한다.

염장, 건조, 발효

염장이나 건조, 발효는 냉장이나 병조림 기술보다 훨씬 역사가 깊은 보존법이다. 아주 철저하게 건조하거나 알코올에 담근 식품을 제외하면, 가정에서 염장이나 건조, 발효 처리를 한 식품은 사실 실온에 보관하기에 안전하다고 할 수는 없다. 훈연을 비롯한 다른 전통적인 보존법과 마찬가지로 염장이나 건조, 발효 기술을 소개하는 이유는 이러한 보존 방식이 독특한 풍미를 만들어내기 때문이다. 약간의 노력과 냉장고의 여유 공간을 투자할 가치가 충분한 맛있는 결과물을 얻을 수 있다.

염장과 염지에 대해

이번 장의 앞부분에서 소개하는 염장, 육류 염지, 발효는 모두 소금을 사용해 박테리아의 성장을 억제한다. 소금의 보존 효과는 대체로 박테리아가 흡수할 수 있는 식품 내 수분의 양, 즉 **수분 활성도**를 줄이는 작용에 기인한다. 동물과 식물의 세포에 소금이 스며들면 세포 내 수분이 소금에 이끌리면서 삼투 현상을 통해 빠져나간다. 그다음 수분이 소금을 녹여서 소금물 용액이 형성된다.

수분이 빠져나간 후에는 확산 과정을 통해 식품의 내부와 외부에 있는 소금의 농도가 평형을 이루게 된다. 소금 용액을 따라내거나 증발시키면 식품은 상당한 수분(및 중량)을 잃게 된다. 이 방법을 사용한 예로는 건식 염지 육류 또는 페페론치니 소톨리오(칼라브리아식 칠리 고추)의 염장 단계 등이 있다. 식품에 소금을 충분히 묻히면 수분이 완전히 소금에 흡수되어 극도로 건조한 환경이 만들어지므로 식품을 효과적으로 건조할 수 있다.(염장 달걀노른자 레시피 참고)

과일과 채소에 소금을 뿌리면 생존할 수 있는 박테리아의 종류가 제한된다. 소금의 존재만으로도 염분에 민감한 일부 미생물에 압력을 가하게 되어 미생물이 제대로 영양분을 섭취하거나 번식하지 못하게 된다. 채소를 소금물에 담그면 산소까지 차단되므로 생장할 수 있는 박테리아의 종류가 더욱 제한된다. 염분의 농도와 산소 차단으로 인해 '유익한' 락토바실루스의 생장이 촉진되며 그 과정에서 식품 내 당분이 산성 부산물로 변환된다. 이 과정이 진행되면서 염분이 존재하고 산소가 희귀해지면서 산성 농도가 점점 높아지는 환경 때문에 다른 해로운 박테리아는 더욱 발을 붙이지 못하게 된다. 이 과정에 대한 자세한 설명은 발효에 대해 항목을 참고한다.

육류, 달걀을 비롯해 단백질이 풍부한 식품은 소금을 뿌리면 물이 단백질 분자와 결합하므로 수분 활성도가 낮아지고 박테리아가 생존을 위해 제대로 수분을 흡수하지 못하게 된다. 컨트리 햄이나 다른 건식 염지 햄을 만들 때는 소금을 대량으로 사용하기 때문에 단백질이 변성되어 (상대적으로) 부드러운 식감이 유지된다. 더 자세한 내용은 육류 염지에 대해 항목을 참고한다.

이어서 소개하는 식품 염장 및 염지 레시피는 염지용 소금이나 탈수제 또는 발효의 '절임' 효과를 활용하지 않은 것이다. 연어를 직접 염지하려면 그라블락스 레시피를 참고한다. 염장 대구 및 대량의 소금으로 절인 다른 생선을 조리하는 방법은 훈연 및 보존 처리한 생선에 대해 항목을 참고한다. 소금에 대해 한 가지 언급하자면, 여기서 소개한 일부 레시피에서 박편형의 다이아몬드 코셔 소금을 구체적으로 지정한 이유는 첨가제가 들어 있지 않으면서 소금에 절일 때 골고루 뿌리기 훨씬 편하기 때문이다.

페페론치니 소톨리오(Pepperoncini Sott'olio, 칼라브리아식 칠리 고추)

우려낸 식초 1ℓ, 우려낸 기름 2컵, 고추 2컵 정도의 분량

이 레시피는 여러 보존 기술을 활용한다. 고추는 소금에 절여서 하룻밤 물을 뺀 후 피클을 담가서 부분 건조하고, 올리브유에 담가 '콩피처럼 천천히 익힌다.' 각 단계를 지날 때마다 부패 가능성이 낮아진다. 우선 수분을 빼고, 고추를 산성 재료에 절이며, 다시 건조한다. 마지막으로 고추를 올리브유에 담그면 산화를 방지할 수 있고 생존하기 위해 공기가 필요한 곰팡이의 생장도 억제된다. USDA는 이 모든 과정을 거친 다음에도 고추를 실온에 보관하기에 안전하지 않다고 간주하므로 반드시 냉장고에 보관해야 한다.

그렇다면 왜 굳이 이러한 과정을 거칠까? 맛있는 이 칠리 고추 절임을 만드는 데 비록 여러 날이 걸리기는 하지만, 일단 생고추를 갈라서 씨를 뺀 다음에는 크게 손이 갈 일은 없다. 그보다 중요한 것은 고추 한 무더기로 세 가지 근사한 재료를 얻을 수 있다는 점이다. 그 세 가지 재료란 짭짤하고 매콤한 칠리 고추를 우려낸 식초(여느 핫소스처럼 사용할 수 있고 특히 익힌 녹색 채소에 뿌리면 근사

하다.), 칠리 고추를 우려낸 올리브유(빵을 찍어 먹거나 채소와 치즈를 재우는 양념 장으로 사용하기에 좋다.), 톡 쏘는 풍미에 적당한 매운맛을 내는 칠리 고추(피자 및 파스타 요리의 토핑으로 기가 막히다.)다. 일단 이 레시피를 시도해보면 틀림없이 매년 만들게 될 것이라 확신한다. 우리는 너무 맵지 않고 잘 익은 붉은 고추를 선호하지만, 녹색이나 노란색 고추 또는 매운 맛이 아주 강한 칠리 고추도 충분히 사용할 수 있다.

손을 보호하기 위해 장갑을 끼고 다음의 기다란 꼭지를 떼어낸 후 세로로 갈라서 벌린다.

세라노, 프레스노 또는 할라페뇨 등의 붉은색 칠리 고추 450g

씨와 흰색 속을 대부분 파낸다. 중간 크기의 내열 그릇에 다음을 붓는다.

다이아몬드 코셔 소금 ⅓컵(67g)

칠리 고추를 하나씩 소금에 대고 눌러서 고추 안쪽에 소금을 골고루 묻힌다. 소금을 묻힌 고추를 체에 담는다. 고추에 전부 소금을 묻힌 후 남은 소금에 고추를 몇 개 넣고 버무려서 체에 담고 그릇을 아래에 받쳐놓는다. 뚜껑을 덮은 상태로 하룻밤 고추의 물기를 뺀다.

아침이 되면 그릇에 고인 액체를 버린다. 칠리 고추를 그릇에 담고 남은 씨나 소금을 털어낸다. 중간 크기의 편수 냄비에 다음을 붓고 부르르 끓어오르도록 가열한다.

화이트와인 식초 1ℓ

칠리 고추가 잠기도록 뜨거운 식초를 그릇에 붓는다.(필요하면 작은 접시로 눌러둔다.) 식으면 뚜껑을 덮고 하룻밤 동안 고추를 식초에 담가둔다.

오븐을 88℃로 예열한다. 고운체를 그릇 위에 올리고 칠리 고추를 부어서 고추 풍미가 우러난 식초를 그릇에 받아낸다.(이 식초는 다른 용도로 사용하기 위해 보관한다. 유리병에 담아 실온에 보관할 수 있다.) 오븐 팬에 받침대를 놓고 고추 사이에 약간의 간격을 두면서 칠리 고추를 한 겹으로 깐다. 고추의 껍질에 주름이 생기기 시작할 때까지 오븐에서 2시간 정도 말린다.(바삭해질 때까지 내버려두면 안 된다.)

칠리 고추를 오븐에서 꺼내 만질 수 있을 정도로 식힌 다음 작은 베이킹 접시에 차곡차곡 쌓는다.(기름이 넘칠 수도 있으니 베이킹 접시를 테두리 있는 오븐 팬에 올려도 좋다.) 오븐 온도를 93℃로 올리고 칠리 고추 위에 다음을 붓는다.

올리브유 2컵

고추가 기름에 충분히 잠기게 한다.(필요하면 로프 팬이나 오븐에 넣어도 안전한 다른 묵직한 물건을 올려놓아도 좋다.) 오븐에 넣어 2시간 동안 굽는다.

완전히 식힌다. 살균한 1ℓ 용량의 유리병에 칠리 고추를 차곡차곡 담고 올리브유를 부어서 채운 후 냉장고에 넣어두면 무기한 보관할 수 있다.

이 칠리 고추를 사용할 때는 깨끗한 포크로 고추를 건져 꼭지가 달려 있던 녹색 꽃받침 부분을 잘라내고 굵직하게 썬다. 냉장고에 일정 기간 보관하면 올리브유가 굳어서 불투명해진다. 올리브유와 함께 필요한 개수만큼 고추를 건져서 그릇에 담고 기름이 다시 액체 상태가 될 때까지 실온에 두면 된다.

염장 달걀노른자

분량은 자유롭게 조절

염장한 달걀노른자는 다양한 요리에 진하고 짭짤한 풍미를 추가하고 싶을 때 활용할 수 있다. 고운 강판을 사용해 파스타, 리소토, 피자, 샐러드, 쌀죽 등에 갈아 넣는다.

꼭 맞는 뚜껑이 달린 용기에 다음을 1.2cm 두께로 펼쳐서 깐다.

다이아몬드 코셔 소금

달걀노른자의 개수만큼 소금에 움푹 들어간 자리를 만든다. 자리마다 다음을 넣는다.

달걀 또는 오리알 노른자 큰 것 1개씩

달걀노른자가 완전히 덮이도록 다음을 살살 뿌린다.

다이아몬드 코셔 소금

용기 뚜껑을 덮고 일주일간 냉장고에 보관한다.

소금을 파서 달걀노른자를 꺼낸 후 솔로 여분의 소금을 털어낸다. 오븐을 가장 낮은 온도에 맞춰 예열한다.(93℃ 이하) 오븐 팬에 받침대를 놓고 달걀노른자를 올린다. 오븐에 넣어 달걀을 만져보면 건조한 느낌이 들 때까지 30~45분간 굽는다.

완전히 식힌 후 키친타월을 깐 용기에 담는다. 냉장고에 넣어두면 무기한 보관할 수 있다.

염지 어란 또는 캐비아

분량은 자유롭게 조절

싱싱한 어란에 연한 소금물을 부으면 조직이 단단해지고 색이 선명해지며 반투명하게 변한다. 입에 넣으면 톡 터지면서 바다 내음을 즐길 수 있다. 이 레시피에서 지정한 소금 농도를 따르면 일본식 연어알(이쿠라) 또는 러시아에서 말로솔(malossol, 연한 소금 절임)이라고 하는 정도로 절인 캐비아를 만들 수 있다. 뜨거운 물에 담그는 방법은 보니 모랄레스(Bonnie Morales)의 저서 『카치카(Kachika)』에서 차용했다.

아주 싱싱한 생선에서 다음을 최대한 빨리 통째로 잘라낸다.

연어 또는 송어의 알주머니 또는 알 타래

찬물을 틀어놓고 알주머니를 깨끗이 씻은 후 그릇에 담아 냉장고에 넣어둔다. 커다란 베이킹 접시에 격자무늬 철망 받침대를 놓고, 커다란 그릇을 싱크대에 놓은 후 아주 뜨거운 수돗물을 채운다. 알주머니가 부드러워지도록 뜨거운 물에 5분간 담가둔다. 물기를 제거한다. 노출된 알이 아래로 가도록 알주머니 하나를 받침대 위에 올린다. 살짝 누르면서 알주머니를 앞뒤로 문지르면 알이 철망에 걸리면서 막에서 분리된다. 막은 버리고 남은 알주머니도 같은 작업을 반복한다. 커다란 그릇을 헹구고 찬물을 채워 베이킹 접시에 떨어진 알을 물에 담근다. 손가락으로 알 주변을 휘휘 저으면서 남아 있는 막을 떼어낸다.(떨어져 나온 막은 표면으로 떠오른다.) 알이 빠져나가지 않게 손으로 막으면서 물과 떠오른 조각들을 조심스레 따라낸다. 헹군 후 맑은 물이 나오고 물 위에 조각이 더 이상 떠오르지 않을 때까지 그릇에 찬물을 채워 휘휘 젓는 작업을 반복한다. 알의 물기를 제거하고 부피를 잰 다음 냉장고에 보관한다. 커다란 그릇에 알 2컵당 다음 분량을 넣고 소금이 녹을 때까지 잘 섞는다.

찬물 1ℓ

피클용 소금 2큰술 또는 다이아몬드 코셔 소금 ¼컵(35g)

알을 소금물에 담가 1시간 동안 냉장고에 넣어둔다. 알을 체에 부어서 한 번 더 거르고 소금물을 버린 후 그릇 위에 올려놓고 뚜껑을 덮어 하룻밤 동안 물기를 뺀다.

이제 알은 충분히 절여져서 먹을 수 있는 상태가 된 것이다. 유리병에 옮겨 담아 냉장고에 넣으면 최대 5일까지 보관할 수 있다. 냉동용 지퍼백에 담아 공기 치환법으로 공기를 빼고 밀봉한 후 냉동실에 넣으면 최대 2개월간 보관할 수 있다.

육류 염지에 대해

염지한 육류는 주방에서 다루는 식품 중에서도 가장 풍미가 진하고 감칠맛 넘치는 재료 중 하나다. 그중 일부는 염지용 소금과 자그마한 냉장고 공간 그리고 약간의 인내심만 있다면 가정에서도 아주 쉽고 안전하게 만들 수 있다.

염지에는 기본적으로 습식 염지와 건식 염지의 두 가지 형태가 있다. **습식 염지**는 육류를 소금물에 담그거나 염지용 혼합 양념으로 덮어서 비닐백이나 딱 맞는 크기의 속이 깊은 접시에 담은 후 냉장고에 넣어둔다. 염지 과정이 마무리되면 소금이 육류의 중심부까지 스며들어 조리에 사용할 수 있게 된다. 육류를 소금물에 담그든 염지 양념에 절이든, 소금이 여분의 수분을 빨아들인다. 그다음 소금이 육류 전체에 퍼지면서 조직이 단단해지고 내부에 병원균이 침투하기 어려운 상태가 된다.

건식 염지는 육류에 염지용 혼합 양념을 얹는다는 점에서 습식 염지와 비슷하지만, 훨씬 오랫동안 염지한다는 차이점이 있다. 그 후 여분의 염지 양념을 긁어내고 육류를 냉훈법으로 훈연하기도 한다. 그다음 약간 습기가 있으면서 통풍이 잘되는 곳에 육류를 걸어서 상당히 오랫동안 건조한다. 이 건조 기간 중에 수분이 증발하면서 육류의 중량이 처음보다 크게 줄어든다. 법적으로 컨트리 햄은 초기 중량의 18% 이상 줄어들어야 하며 베이컨은 최대 절반까지 중량이 줄어들기도 한다.

일반적으로 건식 염지와 습식 염지 육류를 비교할 때 가장 큰 차이점은 건식 염지한 육류가 훨씬 더 농축된 풍미와 조밀한 조직을 가지고 있다는 점이다. 풍미가 농축되어 있을 뿐만 아니라 더욱더 복합적이고 풍부한 감칠맛을 즐길 수 있다. 염지 과정에서 미생물과 다른 유해 물질의 활동이 저하되기는 하지만, 육류에 포함된 효소는 계속 활발하게 작용하며 단백질을 풍미가 진한 부산물로 변환시키면서 강렬한 감칠맛을 만들어낸다.

소시지와 살라미를 건식 염지하는 과정에는 복합적인 풍미를 내기 위한 단계가 하나 더 추가된다. 염지하기 전에 반드시 소시지 혼합물에 특별한 종균을 주입한 다음 온도가 높고 아주 습기가 많은 환경에서 발효시킨다. 소시지의 산도를 적당히 높이지 않으면 해로운 박테리아가 번식하므로 이 발효 작업에 들어가는 시기가 매우 중요하다.

포틀랜드의 샤르퀴트리 진문가인 일라이어스 카이로(Elias Cairo)는 『올림피아 프로비전스(Olympia Provisions)』라는 저서에서 이렇게 적기도 했다. "(소시지를 건식 염지할 때는) 실패 요소가 너무나 많으므로 제대로 만들면 마치 승리한 듯한 기분을 느낄 수 있다." 우리는 직접 염지를 해서 어중간한 성취감을 느끼기보다는 그가 만든 살라미를 구입하는 데 만족한다. 즉 건식 염지 제품이 분명 여러 측면에서 뛰어남에도 불구하고 이 책에서는 습식 염지 레시피만 소개한다는 의미다. 습식 염지는 비교적 간단하고 시간도 적게 걸리며 발효와 건조를 위한 특별한 장비나 온도 및 습도가 조절되는 공간이 필요 없다. 가정에서도 장기 보관을 위해 육류를 건식 염지할 수는 있지만 안전하게 염지하기 위해서는 매우 고가의 장비가 필요하다. 심지어 컨트리 햄처럼 비교적 소박한 건식 염지 육류를 만들 때조차 해충을 막는 방법에 대한 자세한 설명이 필요하며, 이렇게 전문적인 내용은 이 책에서 다루고자 하는 범주를 크게 벗어난다. 뒤에서 소개하는 레시피가 너무 간단해 보일 수도 있지만, 맛만은 근사하며 실망스러운 결과물(및 건강상의 위험)이 발생할 가능성도 낮다. 더욱 까다로운 염지 작업에 도전해보고 싶은 아마추어 육류 염지 애호가라면 앞서 소개한 카이로의 책이나 이 책의 참고 문헌에 실린 다른 자료를 참고해야 한다. 연어를 직접 염지하려면 그라블락스 레시피를 참고한다.

염지용 소금

인류는 고대부터 초석(질산칼륨)을 사용해 육류를 보존해왔다. 이 질산칼륨이 육류 내부에 흡수되어 퍼지면 강력한 항균성을 띠는 아질산칼륨으로 변환된다. 이러한 항균성 물질이 없다면 보존을 위해 육류를 염장해도 안전하지 않다. 보툴리눔 식중독(botulism)이라는 단어 자체가 '소시지'를 뜻하는 라틴어에서 유래했으며, 아질산칼륨 및 오늘날 같은 목적으로 사용되는 아질산나트륨은 **보툴리누스균**의 성장과 독소 생성을 억제한다. 냉장과 같은 편리한 현대적 보존 기술 덕분에 이제는 이러한 무기질이 함유된 소금이 필요 없다는 생각이 들지 모르겠지만, 이러한 무기질이 염지 육류 특유의 붉은색과 감칠맛 도는 예리한 풍미를 내기도 한다는 점을 반드시 기억하자.

비교적 짧은 시간에 육류를 염지하려면(이어서 소개하는 모든 습식 염지 레시피가 여기에 해당한다.) '1번(number 1)' **분홍색 염지용 소금** 소량이 필요하다. 여기에는 아질산나트륨이 6.25% 함유되어 있으며 **인스타큐어(InstaCure) #1, 프라하 파우더(Prague Powder) #1, DQ 큐어(DQ Cure) #1, 모던 큐어(Modern Cure) #1** 등의 상품명으로 판매된다.

컨트리 햄과 발효 소시지 같은 건식 염지 육류는 염지를 마무리하는 데 시간이 훨씬 오래 걸리므로 아질산나트륨뿐만 아니라 질산나트륨까지 들어 있는 염지용 소금을 사용해야 한다. 질산나트륨은 천천히 아질산나트륨으로 전환되면서 계속해서 보툴리눔 식중독을 막아준다. 이렇게 '천천히 작용하는' 또는 '2번' 분홍색 염지용 소금에는 아질산나트륨이 6.25%, 질산나트륨이 4% 함유되어 있으며 **인스타큐어 #2, 프라하 파우더 #2, DQ 큐어 #2, 모던 큐어 #2** 등의 상품명으로 판매된다.

염지 등급의 **셀러리즙 분말**(celery juice powder)도 온라인 상점에서 구할 수 있다. USDA는 셀러리즙 분말을 '염지'라는 라벨이 붙은 제품에 첨가할 수 있도록 승인하지 않았기 때문에 안전하게 사용할 수 있는 농도에 대한 지침이 없다. 또한 일부 셀러리즙 분말에는 질산나트륨과 아질산나트륨이 모두 들어 있는가 하면, 순수하게 아질산나트륨으로만 처리한 셀러리즙 분말도 있다. 따라서 ▶ 우리는 다음에 나오는 레시피에서 지정한 재료 대신 셀러리즙 분말을 사용하는 것을 권하지 않는다. 또한 과거에 염지용 소금의 핵심 재료가 질산칼륨이나 초석이었던 것은 사실이지만 ▶ 이러한 성분이 함유된 혼합물을 사용하는 것도 권장하지 않는다.

염지의 안전성과 분량 조절

우선 염지용 소금과 여기서 소개한 레시피에서 이 소금을 사용할 때의 안전성에 관해 설명해보자. 아질산나트륨과 질산나트륨은 대량으로 섭취하면 몸에 해롭다. 그보다 적은(하지만 무시할 수는 없는) 양을 베이컨에 사용했을 경우 고온에서 발암성 부산물(니트로사민)을 생성한다는 연구 결과도 있다. 그 결과 USDA는 베이컨에 사용할 수 있는 질산염의 양을 제한하고 있으며, 이 책의 레시피는 해당 규정을 준수하도록 구성되었다. ▶ 레시피에서 지정한 염지용 소금 분량을 따르고 그 이상은 사용하지 않는다.

레시피보다 많은 분량 또는 적은 분량의 육류를 염지하려면 ▶ 항상 소금 및 염지용 소금의 분량을 정확히 조절해야 한다.(이러한 이유로 중량을 그램 단위로 표기했다.) 베이컨은 분량을 조절하기가 비교적 간단하다. 사용하려는 돼지 삼겹살의 분량을 레시피에서 지정한 분량(2270g)으로 나눈 뒤 그 수치를 각 재료의 분량에 곱해서 필요한 양을 계산한다. 가정에서 염지한 콘비프 레시피처럼 소금물을 사용하는 경우라면 물의 중량도 측정해야 한다. 그러므로 해당 레시피에서는 육류와 물을 합친 전체 중량을 제시했다. 다른 중량의 육류를 염지하기 위해 여기서 소개하는 레시피의 분량을 조절하려면, 우선 용기를 저울에 올려놓고 무게를 잰다. 손질한 육류를 용기에 담고 육류가 잠길 만큼 물을 부은 후 중량을 기록한다.(물은 버린다.) 이 중량을 레시피에 있는 육류와 물의 총 중량으로 나눈 후, 다른 재료의 분량에 이 수치를 곱해서 레시피의 분량을 조절한다.

고려해야 할 또 다른 요소는 염지할 육류의 두께다. 두께가 조금만 두꺼워져도 염지 양념이 완전히 스며드는 데 훨씬 긴 시간이 걸린다. 이 책에서는 가정에서 쉽게 할 수 있는 염지 처리를 보존법으로 권장하지 않기 때문에 건강상의 위험은 거의 없다. 그러나 품질과 일관성을 위해 ▶ 지정한 것보다 두껍거나 모양이 전혀 다른 육류에 이러한 레시피를 응용하지 않도록 하자. 염지용 소금이 육류의 중심부까지 제대로 침투하지 않을 가능성이 크며, 결국 회색이 도는 중심부를 불그레한 분홍색의 염지육이 감싸고 있는 형태가 되고 만다.

가정에서 염지한 베이컨

약 2.3kg

베이컨을 온훈법으로 훈연하려면 바비큐 항목의 훈연기 사용 방법 관련 내용을 참고한다. 베이컨에 훈연 풍미를 입히고 싶지만 훈연기가 없다면 소금의 일부 또는 전부를 같은 중량의 훈제 소금으로 대체한다. 염지용 양념에는 취향에 따라 다른 양념을 추가해도 좋다. 판체타와 비슷한 베이컨을 만든다면, 흑후추의 양을 2큰술로 늘리고 **마늘 3쪽 다진 것과 월계수 잎 2장을 잘게 부순 것, 말린 타임 1작은술**을 추가한다. 아침 식사에 좀 더 적합한 베이컨을 선호한다면 염지 양념에서 갈색 설탕을 생략하고 **메이플 시럽이나 수수 시럽 ¼컵(90g) 또는 꿀 3큰술(65g)**을 염지용 봉투에 추가한다. 육류 염지에 대해 항목을 참고한다.

다음을 준비한다.

돼지 삼겹살 2270g짜리 덩어리 1개

소금물을 담기 위해 화학성분에 반응하지 않는 뚜껑 있는 용기를 살균한다. 또는 커다란 비닐봉지를 준비한다. 7.6ℓ짜리 지퍼백이 가장 적합하지만, 입구를 단단히 여밀 수 있으면서 삼겹살을 냉장고에 넣을 때 입구를 위쪽으로 향하게 할 수 있다면 큼직한 오븐용 봉투로도 대체할 수 있다. 삼겹살이 넉넉하게 들어가는 용기나 봉투를 사용해야 한다. 삼겹살의 두께와 용기 또는 봉투의 크기에 따라 돼지 삼겹살을 넓적하게 두 조각으로 잘라야 할 수도 있다.(넓적한 모양의 삼겹살을 겹쳐서 염지해도 상관없다.) 삼겹살을 테두리 있는 오븐 팬에 담는다. 작은 그릇에 다음을 넣고 완전히 섞는다.

식탁용 소금 ¼컵 또는 다이아몬드 코셔 소금 ½컵(70g)

갈색 설탕 ¼컵(60g)

(흑후추, 굵게 빻은 고춧가루 또는 이를 섞어서 2큰술)

인스타큐어 #1 또는 프라하 파우더 #1 ½작은술(약 3g)

양념 혼합물을 삼겹살 전체 표면에 골고루 바르고, 오븐 팬에 떨어진 양념을 주워서 삼겹살의 옆면과 끝부분에 꾹꾹 눌러 바른다. 삼겹살을 뚜껑 있는 염지용 용기나 봉투에 넣는다. 봉투를 사용한다면 새어나오는 액체를 받아낼 수 있도록 베이킹 접시, 그릴 팬 또는 테두리 있는 오븐 팬에 올린다. 바닥에 소금물 웅덩이가 생기기 시작하면서 삼겹살의 모든 표면이 농축된 소금물에 골고루 노출되는 것이 중요하다. 하루에 한 번씩 삼겹살을 뒤집어주면서 5일간 냉장고에 넣어둔다. 삼겹살 두 덩어리를 쌓아놓았다면 매번 위치를 바꾸고 뒤집

어서 두 덩어리의 양쪽 표면을 같은 시간 동안 소금물과 접촉시킨다.

5일이 지나면 삼겹살을 봉투나 용기에서 꺼낸 후 소금물은 버리고 삼겹살의 표면에 남아 있는 염지용 양념을 완전히 씻어낸 후 키친타월로 물기를 제거한다.(후추나 양념이 고기에 박혀 있어도 상관없다.) 이제 베이컨을 오븐이나 훈연기에 넣고 은근히 조리해야 한다. 훈연한다면 테두리 있는 오븐 팬에 받침대를 놓고 삼겹살을 올린 후 뚜껑을 덮지 않은 상태로 하룻밤 냉장고에 넣어둔다.

베이컨을 구우려면 오븐을 93℃로 예열한다. 삼겹살을 포일로 단단히 감싸서 테두리 있는 오븐 팬에 올려놓는다. 삼겹살의 가장 두꺼운 부분이 63℃에 도달할 때까지 2시간 정도 굽는다.

베이컨을 훈연하려면 훈연기나 간접 조리할 수 있도록 준비한 숯 그릴을 93℃로 예열한다.(급수 팬이 있으면 더 좋다.) 숯에 다음을 추가한다.

말린 히커리, 오크 또는 메스키트 나무를 작게 자른 것 1조각

베이컨을 훈연기나 그릴의 덜 뜨거운 쪽으로 옮기고 뚜껑을 덮어서 위쪽의 통풍구가 삼겹살 전체에 연기를 끌어오도록 한다. 온도가 일정하게 유지되도록 통풍구를 조절하고 삼겹살의 가장 두꺼운 부분이 63℃에 도달할 때까지 2시간 정도 훈연한다.

가정에서 염지한 콘비프

약 16인분

우리는 콘비프를 만들 때 윗양지의 평평한 부분을 선호한다. 파스트라미를 만들 때는 지방이 적당하게 마블링된 부위를 사용하면 아주 맛있다. 이 레시피의 분량을 늘리거나 줄이려면 염지의 안전성과 분량 조절 항목을 참고하고, 이 레시피에서 기준으로 삼는 물과 육류의 총 중량이 6060g이라는 점을 기억하자. 육류 염지에 대해 항목을 참고한다.

커다란 냄비에 다음을 넣고 뭉근히 끓어오르도록 가열한다.

물 8컵(1895g)

다이아몬드 코셔 소금 2컵 또는 피클용 소금이나 고운 바닷소금
¾컵+3큰술(260g)

갈색 설탕 1컵(230g)

마늘 4쪽, 다지기

인스타큐어 #1 또는 프라하 파우더 #1 2½작은술(14g)

검은색 통후추 1큰술

고수씨 1큰술

겨자씨 1큰술

올스파이스 열매 8개

통정향 6개

월계수 잎 2장, 부수기

통계피 7.5cm짜리 1개

소금과 설탕이 녹을 때까지 저은 후 다음을 추가한다.

얼음물 8컵(1895g)

소금물을 냉장고에 넣어 완전히 식힌다. 그동안 다음 재료의 바깥쪽 지방 6mm만 남기고 지방을 모두 떼어내서 손질한다.

소 윗양지 2270g짜리 덩어리 1개

윗양지를 차가운 소금물에 담근다. 모든 표면이 소금물에 골고루 노출되도록 매일 고기를 뒤집으면서 5일간 냉장고에 넣어둔다.

윗양지의 염지가 끝나면 소금물을 버리고 찬물에 헹군다. 가정에서 염지한

콘비프 레시피에 따라 조리하거나 아래의 파스트라미 레시피대로 양념해서 훈연한다.

파스트라미(Pastrami)
약 16인분

파스트라미는 고수씨와 흑후추를 골고루 뿌려서 온훈법으로 훈연한 콘비프다. 훈연기에 조리한 후에는 육류의 수분이 상당 부분 빠져나가므로 염도도 그에 맞게 조절해야 한다. 우리는 파스트라미를 만들 때 윗양지 중에서도 적당히 지방이 마블링된 포인트 부위를 선호하는데 플랫 부위를 사용해도 상관은 없다. 육류 염지에 대해 항목을 참고한다.

파스트라미는 많은 이들이 생각하는 것보다 훨씬 활용도가 높다. 지방 함유량이 높다면 베이컨처럼 조리해서 아침 식사로 먹을 수 있다. 요리사 대니 보윈(Danny Bowien)은 다진 돼지고기 대신 깍둑썰기해서 프라이팬에 지진 파스트라미로 쓰촨식 콩 마른 볶음을 만들기도 한다. 또한 파스트라미는 유티카 녹색 채소 구이를 만들 때 정육면체 모양으로 썬 프로슈토 대신 쓸 수 있다. **다이아몬드 코셔 소금 1½컵 또는 피클용 소금이나 고운 바닷소금 ⅔컵과 1큰술(200g)**만 사용해 다음을 만든다.

가정에서 염지한 콘비프
윗양지를 염지한 후 소금물을 버리고 잘 헹궈서 표면의 물기를 제거한다. 다음을 굵게 갈거나 두드려서 부순다.

검은색 통후추 ¼컵

고수씨 ¼컵

후추와 고수씨 혼합물을 윗양지 전체에 훌훌 뿌리고 표면에 잘 달라붙도록 꾹꾹 누른다. 테두리 있는 오븐 팬에 받침대를 놓고 고기를 올려서 뚜껑을 덮지 않은 상태로 하룻밤 냉장고에 넣어둔다. 이 고기를 사용해 다음을 만든다.

윗양지 훈제 구이
식혀서 냉장고에 넣으면 최대 7일간 보관할 수 있다.

데워서 샌드위치에 사용하려면 결의 반대 방향으로 파스트라미를 얇게 저며서 프라이팬에 넣고 바닥에 6mm 높이로 물을 붓는다. 뚜껑을 덮고 중불에 올려서 파스트라미가 완전히 데워질 때까지 뭉근히 끓인다. 구운 호밀빵에 매콤한 갈색 머스터드를 듬뿍 바르고 파스트라미를 얹어서 내거나 루벤 샌드위치에 파스트라미를 끼워서 낸다.

발효에 대해

식품에 존재하는 천연 당이 산성 또는 알코올 부산물로 분해되는 과정인 발효는 우리가 좋아하는 많은 음식을 만드는 데 필수적이다. 발효 과정이 없었다면 초콜릿, 맥주, 와인, 증류주, 사워도 빵, 치즈, 사우어크라우트와 김치 등의 채소 발효식품, 간장, 미소 등 전부 나열하기 어려울 정도로 많은 음식과 음료가 존재하지 않았을 것이다. 이들 중 상당수는 만들 때 특별한 주의를 기울여야 하지만, 그중 적지 않은 식품이 실수로 '발견되었다'는 점을 생각하면 상당히 흥미롭다. 오래된 음식을 발견한 어떤 용감한 조상이 그 음식을 자세히 살펴보다가 곰팡이를 긁어내고 냄새를 맡은 후 맛을 보았더니 깜짝 놀랄 만큼 맛이 좋아서 그 음식을 똑같이 만들어보기 시작했다는 일련의 역사적 일화도 있다시피 말이다. 물론 발효 과정의 장점은 맛뿐만이 아니다. 발효는 예나 지금이나 중요한 식품 보존법이다.

여기서 우리는 특별히 채소 발효식품을 중점적으로 다룬다. ▶ 발효 유제품 만들기는 가정에서 만드는 발효 버터, 가정에서 치즈 만들기, 크렘 프레슈 및 요구르트 항목을 참고한다.

발효는 자연 발생하는 이스트와 균을 사용해 식품을 산성화시킨다. 젖산 발효에서는 균이 당을 대사하는 과정에서 젖산을 생성한다. 시간이 지나면 식품의 전반적인 산도가 올라가므로 대다수 유해균과 곰팡이가 생존하기 어려운 환경이 된다. 따라서 발효는 복잡한 기술 없이도 식품을 보존할 수 있는 방법이다. 재미있는 점은 오늘날에는 식품을 보존하기 위해 굳이 발효 처리를 할 필요가 없지만, 발효식품의 풍미와 식감은 이미 우리 식문화에 깊숙이 스며들어 있다는 것이다. 균과 이스트가 맛있고 복합적인 풍미를 지닌 혼합물을 생성하며, 단순히 재료를 섞는 것만으로는 이러한 풍미와 질감을 쉽게 재현할 수 없다는 점(물론 불가능할 수도 있다.)은 누구나 어느 정도 이해하고 있다. 사우어크라우트의 톡 쏘는 신맛, 빵을 연상시키는 맥주의 진한 풍미, 미소의 고소한 감칠맛 등은 각각의 재료를 모아놓은 것보다 훨씬 풍부한 맛의 세계이며 우리는 살아 있는 미생물을 활용해 이러한 결과물을 얻는다.

발효식품마다 여러 다른 균이 존재하지만 가장 흔한 종류가 젖산균, 그중에서도 락토바실루스와 류코노스톡(*Leuconostoc*) 속의 균이다. 젖산균(랩LAB이라고도 부른다.)은 포도당 분자를 대사해 이산화탄소와 젖산을 만들어낸다. 젖산균은 상당수 다른 균보다 산도에 대한 내성이 높으므로 발효식품에 대량 서식하면서 다른 균을 이겨낼 수 있다. 그 외의 발효는 다른 종류의 균을 사용하기도 한다. 예를 들어 식초는 알코올을 대사해 아세트산을 생성하는 초산균(*Acetobacter*)을 사용해서 만든다.

발효 과정에서는 시간이 지나면서 활발하게 작용하는 균의 종류가 변하기도 한다. 채소를 소금물에 담가 발효하는 경우, 류코노스톡 메센테로이데스(*Leuconostoc mesenteroides*)라는 균이 발효를 시작한다. 이 균은 젖산 외에 이산화탄소도 함께 생성한다. 따라서 발효의 초기 단계에서 거품이 활발하게 발생하는 현상이 자주 관찰된다. 이 균이 계속 작용하면 발효식품의 pH가 낮아진다. 류코노스톡균은 서서히 죽어가고 산도에 내성이 강한 락토바실루스 플랑타룸(*Lactobacillus plantarum*) 균이 그 자리를 대신한다.

발효와 식품 안전

대다수 사람이 의식하든 안 하든 발효식품을 먹으면서 살아가지만, 식품 발효에 익숙하지 않은 경우가 많고 발효 과정 자체는 알쏭달쏭한데다 다소 겁이 나기도 한다. 레시피를 따라 조리해 예측 가능한 결과물을 얻는 다른 조리법과는 달리, 발효는 철저히 순차적인 과정이다. 날씨와 주위 온도의 영향을 받으며, 만들 때마다 발효의 양상이나 냄새가 조금씩 달라지기도 한다. 그뿐만 아니라 우리는 음식에서 운동용 양말이나 소독용 알코올, 황 냄새가 나는 데 익숙하지 않지만, 발효 과정에서는 이러한 냄새가 나더라도 반드시 음식에 문제가 생겼다고 할 수는 없다.

발효식품 전문가 산도르 카츠(Sandor Katz)가 유명한 저서 『천연 발효식품(Wild Fermentation)』에서 언급했듯이, "천연 발효는 균질화와 균일성과는 정반대되는 개념이며 식품뿐만 아니라 여러분의 손과 주방에 서식하는 폭넓은 유형의 천연 미생물을 배양해 독특한 발효식품을 만드는 과정으로, 가정에서 탐색할 수 있는 작은 해방구라고 할 수 있다." 불확실성과 다양한 경험은 발효의 필수요소이므로 발효를 다룰 때는 최대한 개방적으로 접근하는 것이 좋다.

우리가 강조하는 기본적인 발효 관련 안전 수칙은 간단하다. 조리 도구와 유리병을 소독하고, 상식을 발휘하고, 품질이 좋은 농산물을 사용하는 것이다. 이러한 기본 원칙은 병원균에 의한 오염을 방지하는 데 큰 효과를 발휘한다. 또한 반드시 개별 레시피에서 지정한 올바른 농도의 소금을 사용해야 한다. 마지막으로 채소 발효식품의 경우, 항상 채소를 소금물에 푹 담근 상태를 유지해야 한다.

발효(그뿐만 아니라 사실상 모든 보존식품)와 관련해 많은 사람이 가진 우려는 보툴리눔 식중독이다. 특별한 맛이 없고 냄새도 없으며 보이지도 않는 이 독소가 일으키는 병은 분명 두려운 것이고 충분히 우려를 자아낼 만하다. 그러나 보툴리눔 독소는 사실상 발효식품에서 거의 발견되지 않는다는 점을 기억하자. 이 독소를 만들어내는 **보툴리누스균** 박테리아는 산도가 낮은 혐기성(산소가 부족한) 환경에서 잘 번식한다. 발효식품을 만드는 과정에서 혐기성 환경이 조성되는 것은 흔한 일이지만(예를 들어 소금물에 푹 담근 사우어크라우트는 혐기성 환경이다.) 염분 농도와 산도 때문에 이 위험한 박테리아가 번식하지 못한다.

발효식품을 만들 때 또 하나의 반갑지 않은 손님은 곰팡이다. 몇몇 종류의 치즈 같은 일부 발효식품에서는 곰팡이가 발생하는 것이 바람직하지만, 대다수 채소 발효식품에서는 곰팡이가 발생해서는 안 된다. 발효식품이 공기에 노출되지 않게 하면 곰팡이가 피는 것을 효과적으로 방지할 수 있다. 공기를 차단할 수 없다면 세심하게 주의를 기울여 살피면 된다. 곰팡이는 젖산을 소비하므로 곰팡이가 번성하게 되면 발효식품의 pH가 올라간다. 또한 채소에 곰팡이가 피면 물렁물렁해지거나 미끈거리기도 한다. 발효식품을 주의 깊게 살피고 곰팡이가 생기자마자 제거한다. 발효식품을 소금물 안에 푹 담가두면 곰팡이가 잘 생기지 않고, 생긴다 하더라도 쉽게 제거할 수 있다. 마지막으로 발효식품과 닿는 모든 조리 도구를 깨끗이 씻거나 살균해서 곰팡이가 자리를 잡지 못하게 한다.

때로는 발효식품의 표면에 흰색 거품층이 생기기도 한다. 그냥 내버려두면 이 거품층은 흰 가루가 생기는 일부 치즈의 껍질처럼 우툴두툴한 더께처럼 보이기도 한다. 이것이 캄 이스트(Kahm yeast)다. 인체에는 해롭지 않지만 긁어서 버려야 한다.

발효에 사용하는 도구와 재료

발효에 필요한 도구나 소모품은 지극히 간단하다. 입구가 넓은 유리병, 모슬린 또는 면 행주 하나, 고무밴드나 유리병에 끼우는 금속 고리 정도면 기본 발효 작업을 시작할 수 있다. 발효식품을 만들 때 큼직한 **도자기 항아리**를 즐겨 사용하는 사람도 있다. 도기는 발효식품을 대량으로 만들 때 아주 좋다. 도기 중에는 위가 열려 있는 것도 있고 뚜껑이 달린 것도 있다. 뚜껑이 있는 일부 도기에는 물을 담을 수 있도록 위쪽을 빙 둘러 '해자'가 파여 있는 종류도 있다. 뚜껑을 덮으면 해자가 도기에서 기체만 빠져나가고 산소는 안으로 들어오지 못하게 막는 에어록(airlock, 공기 폐색 장치 — 옮긴이) 역할을 한다. 뚜껑이 없는 도기라면 어떤 방식으로든 위를 덮어줘야 한다. 가장 쉬운 방법은 얇은 행주로 덮고 끈으로 고정하는 것이다.

또한 도기를 사용하려면 채소가 소금물에 푹 잠기도록 묵직하게 눌러줄 어떤 도구가 있어야 한다. 일부 제조업체는 발효 전용 누름돌을 판매하기도 하지만 우리는 보통 더 간단한 대안을 사용한다. 도기의 입구보다 약간 작은 접시를 채소 위에 올리고 그 위에 물을 가득 채운 주전자를 얹어서 누른다. 또는 냉동용 이중 지퍼백에 물을 채워서 채소를 눌러놓을 수도 있다. 물이 새어나와 소금물이 희석될까 걱정된다면 맹물 대신 소금물을 지퍼백에 담아 사용할 수도 있다.

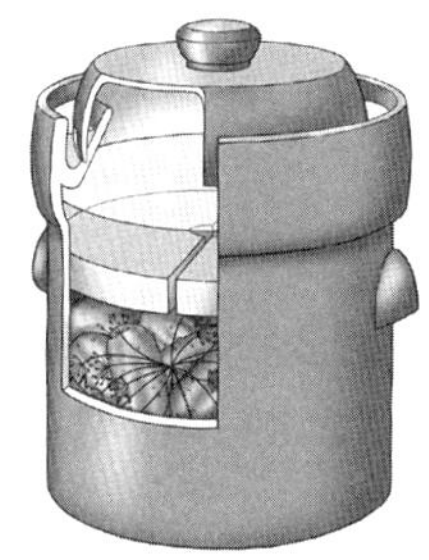

해자가 있는 발효용 도기

도기를 사용할 때의 단점은 소량으로 발효식품을 만들 때 적합하지 않으며 무겁고 금이 가거나 깨지기 쉽다는 점이다. 금이 가거나 이가 나가거나 유약이 벗겨진 오래된 도기는 납 성분이 들어 있을 가능성이 있으므로 절대 사용해서는 안 된다. 최근에는 납이 들어간 유약을 쓰지 않으므로 새로 만든 도기는 사용해도 안전하다. 도기 대신 우리가 가장 즐겨 사용하는 용기는 입구가 넓은 **메이슨 유리병**이다. 메이슨 유리병은 쉽게 구할 수 있고 가격도 저렴하며 소량으로 발효식품을 만들기에 안성맞춤이다. 예전에는 간단히 천으로 덮어서 고무밴드로 고정해두었지만, 요즘에는 마개와 에어록이 달린 플라스틱 메이슨병뚜껑을 구입해 사용하고 있다. 또한 메이슨 유리병 안에 들어가도록 특별 제작한 발효용 유리 추를 사용하기도 하는데, 작고 반들반들한 돌(식품의 산도를 저해할 수 있는 석회석은 사용하지 않는다.)이나 양배추 잎을 사용해 재료가 소금물 위로 떠오르지 않도록 눌러놓아도 좋다. 발효가 아주 활발하게 일어나 에어록 밖으로 소금물이 흘러나온다면 ▶ 유리병 밑에 테두리 있는 오븐 팬을 받쳐놓고 흘러내리는 소금물을 받아낸다.

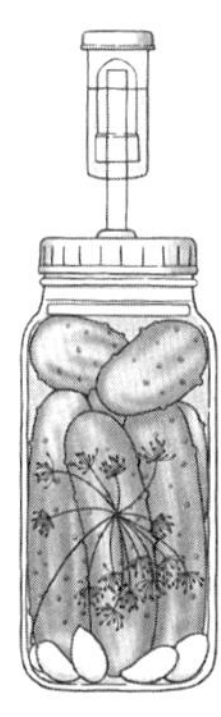

에어록이 달린 메이슨 유리병

물은 소금물을 사용하는 발효 과정에서 중요한 재료다. 일반적으로 발효 작업을 할 때 수돗물을 사용할 수 있지만, 지자체 수도 관리국에서 수돗물에 첨가하는 염소는 발효를 저해할 수 있다는 점을 기억하자. 수돗물을 끓인 후 식혀서 사용하거나 물을 받아서 하룻밤 묵혀 염소를 날려버린 후에 사용할 수 있다. 그러나 만약 수돗물에 클로라민을 첨가했다면 이러한 방법으로 제거할 수 없다. 이 경우에는 정수기에 거르거나 증류한 물을 사용해야 더 성공적인 결과물을 얻을 수 있다.

소금은 채소 발효식품의 핵심이다.(소금이 식물의 세포 및 박테리아와 상호작용하는 양상에 대한 자세한 내용은 994쪽을 참고한다.) 우리는 집에 항상 갖춰놓고 있는 코셔 소금을 사용하지만, 바닷소금이나 피클용 소금을 사용해도 좋다. 식탁용 소금은 고결 방지용 첨가제와 요오드, 항균성 무기질이 들어 있기 때문에 사용을 권장하지 않는다.

문제 해결하기

발효 과정 자체가 생소한 사람이 많으므로 발효가 제대로 진행되고 있는지 파악하는 방법을 반드시 익혀야 한다. 우리는 직접 발효 작업을 해보고 과정을 이해하게 되면서 곧 놀라움을 느끼고 감탄하게 되었다. 발효를 몇 번 성공하고 나면 이 전통 깊은 발효 과정에서 일어나는 현상을 관찰하고 적시에 더 적절한 판단을 내릴 수 있게 된다. 물론 식품의 안전성과 관련된 오랜 격언은 여기에도 적용된다. 의심스러우면 버린다.

발효식품에서 이상한 냄새가 난다면? 발효의 세계에 온 것을 환영한다! 발효된 식품은 황이나 치즈, 과일에서 이스트에 이르기까지 다양한 냄새를 풍긴다. 발효 과정에서 나는 냄새를 좋아할 수도 있고 싫어할 수도 있다. 하지만 발효식품에서 불쾌한 냄새가 난다고 해서 반드시 뭔가 잘못되었다는 뜻은 아니다. 냄새만으로는 판단하기가 어려우므로, 항상 시각적 특징을 살펴서 종합적으로 결정을 내리자. 미끈거리거나 곰팡이가 너무 많이 번식해 있고(특히 검은색 또는 붉은색 곰팡이) 이와 동시에 불쾌한 냄새가 난다면 그 식품을 버려야 할 수도 있다.

발효식품에 약간의 곰팡이가 끼었다면? 발효와 식품 안전 항목에서 언급했듯이 발효식품을 주의 깊게 지켜보다가 곰팡이가 생기자마자 걷어낸다. 여기저기 약간의 곰팡이가 핀 것은 별로 문제되지 않지만, 너무 많이 생기게 내버려둬서는 안 된다.

발효가 끝났는지 어떻게 확인하는가? 이 질문에는 한마디로 답하기 어렵다. 대다수 레시피에는 대략적인 발효 시간을 제시하고 있지만 발효에는 변수가 많다. ▶ 날씨가 따뜻하면 추울 때보다 발효가 빨리 일어나므로 식품이 제대로 발효되는 데 걸리는 시간은 주변 환경에 따라 달라진다. 발효식품의 완성 여부를 파악하는 가장 좋은 방법은 맛을 보는 것이며, 발효 과정 전체에 걸쳐 주기적으로 맛을 보아야 한다. 먹어보고 맛이 취향에 맞으면 냉장고에 넣는다. 냉장고에 넣어도 발효 과정이 멈추지는 않지만 속도가 크게 느려진다. 따라서 발효식품을 냉장고에 넣어두어도 계속 숙성이 진행된다.

그뿐만 아니라 발효를 오래 한다고 해서 활성균이 더 많이 생기지는 않는다. 발효 과정을 거치면서 균의 종류와 수가 변하므로 일반인이 발효식품에 들어 있는 미생물 구성 비율을 파악할 방법은 없다. 또한 균이 많을수록 더 좋다는 증거도 없다. 따라서 우리는 발효가 다 되었는지 확인하는 가장 좋은 기준을 맛이라고 생각한다.

조리하면 발효 음식 안에 들어 있는 균이 죽을까? 발효식품은 생으로만 먹어야 하나? 발효식품을 조리하면 그 안에 들어 있는 균이 죽지만, 그렇다고 해서 조리하면 안 된다는 뜻은 아니다! 사우어크라우트 수프, 김치찌개, 사우어크라우트 프리터, 김치볶음밥에 이르기까지, 다양한 요리에 발효식품을 넣으면 놀랄 만큼 복합적인 풍미를 더해준다. 따라서 발효식품을 다양한 방법으로 즐겨보기를 권한다.

발효식품 보관하기

발효식품이 입맛에 맞을 정도로 새콤하게 발효되면 살균한 유리병에 담고 덮개와 금속 고리를 씌워 손끝으로 힘을 줘도 돌아가지 않을 때까지 돌려서 닫은 후 다시 냉장고에 넣어둔다.(에어록이 장착된 뚜껑을 덮은 메이슨 유리병에 식품을 발효했다면 일반 병조림 덮개로 바꿔 끼우면 된다.) 냉장고에 넣어도 발효 과정이 멈추지는 않지만 속도가 현저히 느려진다.(장기 보관하려면 유리병의 뚜껑을 아주 단단하게 돌려서 닫는 것이 좋다. 뚜껑이 느슨하면 병 속에 가스가 차는 것이 아니라 밖으로 새어버린다.) 발효식품은 아주 서늘한 찬장이나 지하 저장고에 보관할 수도 있지만, 이때 채소는 완전히 잠겨서 산소에 노출되지 않아야 한다. 찬장이나 지하에 보관하면 냉장고보다 온도가 다소 높을 수도 있으므로 산도가 높아지고 독특한 풍미가 진해질 수 있다는 점을 기억하자. 오염을 방지하기 위해 ▶ 발효식품을 유리병에서 꺼낼 때는 물기가 없고 깨끗한 집게를 사용한다.

사우어크라우트

약 1ℓ

사우어크라우트는 발효식품 중에서 만들기가 쉽고 실패 확률이 낮다. 아주 오랫동안 먹을 수 있는 넉넉한 양의 사우어크라우트를 얼마나 간단하게(저렴한 비용으로) 만들 수 있는지 알면 깜짝 놀랄지도 모른다. ▶ 레시피보다 적은 분량 또는 많은 분량을 만들 계획이라면 그램 단위로 설정된 저울에 양배추를 올려서 무게를 잰 다음 해당 무게의 1.5%를 계산한다. 이 값이 사용해야 할 소금의 분량(무게)이다. 예를 들어 양배추 4535g을 사용한다면 4535에 0.015를 곱한 후 반올림한 값 70g이 바로 4535g의 양배추에 필요한 소금의 무게다.(계산이 귀찮다면 스마트폰을 사용하자.)

사우어크라우트를 만들기 전에 도마와 조리 도구, 사우어크라우트를 섞을 때 사용할 그릇을 깨끗이 씻는다.

다음을 4등분한다.

    단단하고 흠집이 없는 녹색 또는 자색 양배추 2.3kg, 바깥쪽 잎은 떼어내기

심을 잘라내고 양배추를 얇게 채 썬다. 심 부분은 깍둑썰기하거나 길게 썰어서 채 썬 양배추와 합친다. 양배추를 큰 그릇에 담고 다음을 뿌린다.

    피클용 소금이나 고운 바닷소금 2큰술 또는 다이아몬드 코셔 소금
    4큰술+1작은술(35g)

손으로 양배추를 주물럭거리면 물이 빠져나온다. 도기나 유리병에 양배추를 담았을 때 양배추가 잠길 만큼의 물이 나올 때까지 이 작업을 계속한다. 15~30분 정도 걸릴 것이다.

    양배추를 작은 도자기 용기나 1.9ℓ짜리 메이슨 유리병에 담는다. 양배추가 소금물에 푹 잠기도록 꾹 누른다. 양배추에서 물이 충분히 빠져나오지 않아 양배추 일부가 밖으로 나오면 다음으로 여분의 소금물을 만든다.

    증류수 또는 숯 필터로 거른 물 4컵
    피클용 소금이나 고운 바닷소금 1큰술+1½작은술 또는 다이아몬드 코셔 소금
    3큰술(25g)

양배추가 전부 잠기도록 소금물을 양배추 위에 붓는다. 양배추가 위로 떠오르지 않도록 묵직한 것으로 눌러놓는다. 냉동용 지퍼백(더 튼튼하다.)에 양배추를 절이는 소금물과 같은 농도의 소금물을 적당히 채워 사용할 수 있다. 지퍼백이라서 용기의 형태에 맞게 변형되며 다루기도 쉽다. 또는 발효용 추나 통째로 뜯은 양배추 잎으로 덮어놓아도 좋다. 파리는 들어가지 못하지만 양배추가 숨을 쉴 수 있는 적당한 소재로 도자기 용기나 유리병의 위쪽을 덮는다. 정사각형의 주방 행주를 덮고 고무밴드나 끈으로 고정하거나 발효 전용 에어록을 사용할 수도 있다. 뚜껑에 해자가 있는 도기라면 뚜껑을 얹고 해자에 물을 부어놓으면 된다.

    며칠에 한 번씩 양배추를 확인한다. 보관한 지 며칠이 지나면 거품이 생기

기 시작하는데, 이것이 발효가 시작되었다는 신호다. 양배추를 주기적으로 젓거나 꾹 눌러준다.(제대로 눌러놓지 않으면 발효 과정에서 생성되는 이산화탄소가 양배추를 소금물 밖으로 밀어내는 경우가 많다.) 위에 거품층이 생기면 긁어서 버리고 다시 양배추를 눌러서 소금물 안으로 밀어 넣으면 된다. 거품이 점차 뜸하게 생기면 사우어크라우트의 맛을 보기 시작한다.(물론 그전부터 맛을 봐도 상관없지만, 이때가 바로 사우어크라우트가 눈에 띄게 신맛을 내는 시점이다.) 맛을 보고 취향에 딱 맞는다면 완성된 것이다. 발효식품 보관하기 항목을 참고해 보관한다.

김치

약 10컵

대다수 김치 레시피는 배추에 버무리는 양념이 걸쭉해지도록 찹쌀풀을 사용한다. 우리는 찹쌀풀을 넣지 않고 김치 담그는 것을 선호하지만, 찹쌀풀을 사용하고 싶다면 편수 냄비에 **찹쌀가루 2큰술과 물 ¾컵**을 넣어 섞으면 된다. 중불에 올려 계속 저으면서 아주 걸쭉해질 때까지 풀을 쑨다. 식힌 다음 김치 양념 재료에 추가한다. 사우어크라우트와 마찬가지로 이 레시피에 사용하는 소금은 채소 무게의 1.5%이므로, 레시피의 분량을 줄이거나 늘려서 김치를 담글 때는 채소의 무게를 g 단위로 잰 다음 0.015를 곱해서 필요한 소금의 중량을 계산한다.

아주 커다란 용기에 다음을 담는다.

    배추 1.1kg(중간 크기 1개), 세로로 4등분하고 가로 2.5cm 너비로 썰기

    조선무 또는 흰 무 450g, 껍질을 벗기고 채 썰기

    쪽파 1묶음(약 6대), 5cm 길이로 썰기

    (굵게 썬 부추 ⅓컵)

다음을 훌훌 뿌린다.

    피클용 소금이나 고운 바닷소금 1큰술+1½작은술 또는 다이아몬드 코셔 소금
        3큰술

채소에서 물이 빠져나와 소금물이 되고 배추의 숨이 죽을 때까지 10분 정도 주물럭거리면서 소금을 골고루 묻힌다. 믹서나 푸드 프로세서에 다음을 넣고 퓌레 상태로 간다.

    마늘 1통, 껍질을 까기

    생강 2.5cm짜리 1조각, 껍질을 벗기고 굵게 썰기

    (아시아 배 또는 보스크 배 1개, 심을 파내고 굵게 썰기)

    양파 작은 것 1개(170~225g), 굵게 썰기

    설탕 2큰술

    액젓 2큰술

    (새우젓 2큰술)

곱게 간 양념과 함께 다음을 배추에 넣는다.

    고춧가루 ½~¾컵, 취향에 따라 분량 조절

골고루 잘 섞는다. 김치를 발효 용기에 담고(이 레시피의 분량이면 1.9ℓ 용량의 유리병 1개와 475ml짜리 유리병 1개를 준비하면 딱 맞다. 한국 가정에서는 플라스틱이나 유리 소재의 식품 보관 용기를 사용한다.) 면포를 덮어서 고무줄이나 끈으로 고정하거나 에어록이 달린 뚜껑 또는 덮개를 씌운 뒤 실온에서 최소 2일 또는 원하는 만큼 새콤하게 익을 때까지 발효시킨다.

    취향에 따라 갓 담근 김치 일부를 바로 냉장고에 넣고 겉절이로 먹을 수도 있다. 나머지 김치가 알맞게 익으면 다 된 것이다. 발효식품 보관하기 항목을 참고해 저장한다.

절반 발효 피클(Half-Sour Pickles)

약 3.8ℓ

이 아삭하고 맛있는 피클은 3.5% 농도의 소금물을 사용한다.(레시피의 분량을 줄이거나 늘리려면 오이가 잠기도록 3.5% 농도의 소금물을 부으면 된다.) 선택 재료인 포도 잎을 사용하면 만에 하나 물렁물렁해질 경우를 대비할 수 있지만 물러질까 봐 너무 걱정할 필요는 없다.(자세한 원리는 982쪽을 참고) 오이에서 꽃이 달려 있던 밑동 부분을 잘라서 사용하고, 발효 과정 동안 주기적으로 맛을 보며, 물러지기 시작하자마자 냉장고에 넣기만 하면 오이의 아삭한 식감을 대부분 보존할 수 있다. 다음을 깨끗이 씻은 후 꽃이 달려 있던 밑동부터 3mm 두께의 슬라이스로 썬다.

    작은 크기 또는 중간 크기의 피클용 오이 1.8kg

큰 그릇에 다음을 넣고 소금이 녹도록 젓는다.

    찬물 8컵

    피클용 소금이나 고운 바닷소금 3큰술+2작은술 또는 다이아몬드 코셔 소금
        ½컵(65g)

살균한 1.9ℓ 용량의 메이슨 유리병 2개에 다음을 나눠 넣거나 도기에 한꺼번에 담는다.

    마늘 2통, 껍질을 까고 살짝 으깨서 사용

    (포도 잎 10장)

    딜 잔가지 10개

    검은색 통후추 2작은술

유리병을 사용한다면 커다란 오이를 먼저 채우고 사이사이에 작은 오이를 끼워 넣는 식으로 빽빽하게 담는다. 작은 오이를 맨 위에 쐐기처럼 끼워서 자연스럽게 유리병의 굴곡을 따라 오이가 소금물 밖으로 나오지 않게 한다. 오이가 완전히 잠기도록 소금물을 붓는다. 에어록이 달린 뚜껑을 사용한다면 에어록에 물을 채워 뚜껑에 대고 돌려서 닫는다. 도기를 사용한다면 오이가 소금물 위로 떠오르지 않도록 접시를 올려놓거나 지퍼백을 두 겹으로 겹쳐서 3.5%의 소금물을 담은 후 올려놓고, 도기의 뚜껑을 덮거나 천을 덮고 단단히 묶어서 먼지와 벌레가 들어가지 않게 한다. 도기의 크기에 따라 오이가 완전히 잠기도록 소금물을 더 많이 준비해야 할 수도 있다.

    매일 발효 상태를 확인한다. 소금물이 뿌옇게 흐려지고 약간 시큼한 냄새가 나기 시작하며, 오이는 연해지면서 밝은 녹색에서 올리브색으로 변한다. 오이의 맛을 보면서 발효가 다 되었는지 확인한다. 절반 발효 피클은 빠르면 5일 안에 완성되지만, 주변 온도에 따라 몇 주가 걸릴 수도 있다.

    피클이 입맛에 맞게 새콤하게 익으면 완성된 것이다. 발효식품 보관하기 항목을 참고해 보관한다.

발효 자르디니에라

약 2.8ℓ

자르디니에라(Giardiniera, 채소를 식초나 기름에 절인 이탈리아 요리 ─ 옮긴이)를 발효해 톡 쏘는 맛과 아삭한 식감을 살린 이 요리는 식탁에 올리자마자 우리 가족의 열렬한 반응을 얻었다. 우리는 발효 자르디니에라를 그릇에 담아 올리브유를 뿌린 후 맛이 진한 뜨거운 전채 요리에 곁들이거나 안티파스토의 일부로 먹는다.

다음을 발효용 도기에 넣거나 1.9ℓ짜리 살균한 유리병 2개에 나눠 담는다.

    콜리플라워 900g, 손질해서 한입 크기의 꽃송이 모양으로 자르기

셀러리 340g, 2cm 크기로 자르기

당근 225g, 껍질을 벗기고 6mm 두께로 둥글게 썰기

피망이나 지미 나델로처럼 맛이 순한 붉은 고추 225g, 씨를 빼고 1.2cm 크기로
썰거나 둥글게 썰기

마늘 1통, 껍질을 까고 으깨기

아르볼 등의 말린 붉은색 칠리 고추 4개

말린 오레가노 2작은술

검은색 통후추 20알

큰 그릇에 다음을 넣고 소금이 녹을 때까지 잘 섞는다.

찬물 9컵

피클용 소금이나 고운 바닷소금 ¼컵+1큰술 또는 다이아몬드 코셔 소금
⅔컵(85g)

채소가 잠기도록 소금물을 넉넉히 붓는다. 유리병을 사용한다면 채소가 소금
물 위로 떠오르지 않도록 누름돌로 눌러놓는다. 에어록이 달린 뚜껑을 사용
한다면 에어록에 물을 채워 뚜껑에 대고 돌려서 닫는다. 도기를 사용한다면
채소가 소금물 위로 떠오르지 않도록 접시를 올려놓거나 지퍼백을 두 겹으로
겹쳐서 4%의 소금물을 적당히 담은 후 올려놓고, 도기의 뚜껑을 덮거나 천을
덮고 단단히 묶어서 먼지와 벌레가 들어가지 않게 한다. 도기의 크기에 따라
채소가 완전히 잠기도록 소금물을 더 많이 준비해야 할 수도 있다.

매일 채소의 맛을 본다. 약 일주일 정도 또는 원하는 정도로 새콤해질 때까
지 발효한다. 채소를 건져서 커다란 그릇에 담고 소금물은 따로 보관한다. 취
향에 따라 채소에 다음을 추가한다.

(씨를 뺀 녹색 올리브 2컵)

채소를 1ℓ짜리 유리병 3개에 나눠 담고 채소가 잠기도록 소금물을 붓는다. 발
효식품 보관하기 항목을 참고해 보관한다.

소금 절임 레몬

약 1ℓ

모로코 전통 요리로, 이렇게 염도와 산성이 강한 환경에서도 젖산균이 생존할
수 있다니 놀랍다. 레몬의 천연 구연산과 사과산이 발효로 인한 젖산과 결합
해 복합적이고 모나지 않으며 부드러운 신맛을 가진 재료가 탄생한다. 잘게 다
진 소금 절임 레몬의 껍질은 전통적으로 해산물 수프나 스튜, 고기 조림, 타진
등의 맛을 내는 데 사용되지만 비네그레트, 닭고기나 참치 샐러드, 가향 버터
에 추가해도 아주 잘 어울린다. 잘게 다진 소금 절임 레몬은 그레몰라타에 레
몬 껍질 대신 넣어도 좋다. 《뉴욕 타임스》 기자인 줄리아 모스킨(Julia Moskin)
은 소금 절임 레몬을 만들 때 사용한 짭짤하고 새콤한 소금물을 블러디 메리
에 사용해보기를 권장한다. 일단 이 풍미 진한 레몬을 만들어두면 매우 다양
한 요리에 활용할 수 있다.

다음을 씻어서 물기를 닦은 후 93℃의 오븐에 넣어 5분간 완전히 말린다.

레몬 900g

다음을 준비한다.

다이아몬드 코셔 소금 ⅓컵(45g)

입구가 넓은 1ℓ짜리 살균한 유리병에 소금 2큰술을 넣는다. 레몬을 조리대에
대고 굴려서 속에서 즙이 빠져나오게 한다. 레몬을 세로로 4등분하되, 완전히
자르지 않고 4조각의 한쪽 끝이 한데 붙어 있도록 바닥에서 1.2cm만큼 남겨
둔다. 자른 레몬을 살살 벌려서 8개의 절단면에 소금을 훌훌 뿌린다. 레몬즙을

조심스럽게 짜서 그릇에 담는다. 레몬을 오므리고 유리병에 담는다. 남은 레몬
도 마찬가지로 작업하고, 레몬을 한 겹 쌓을 때마다 그 사이에 소금을 1½작은
술씩 뿌린다. 그릇에 담았던 레몬즙을 유리병에 붓는다. 레몬즙을 부어도 유
리병에 담긴 레몬이 잠기지 않으면 다음을 추가한다.

레몬이 잠길 만큼의 레몬즙

유리병에 1.2cm의 상부 공간을 남긴다. 레몬과 유리병의 옆면 사이에 가느다
란 주걱을 넣어 기포를 제거한다. 레몬이 레몬즙 아래에 잠겨 있고 상부 공간
이 1.2cm 정도 남아 있는지 다시 확인한다. 유리병의 테두리를 깨끗이 닦는다.
비닐랩을 정사각형으로 잘라서 네 겹으로 접어 유리병 위에 올려놓고(이렇게
하면 유리병 고리와 덮개가 부식되지 않는다.) 뚜껑을 단단히 돌려서 닫는다. 유리병
을 받침 접시 위에 올려놓고 따뜻한 곳에서 한 달간 둔다.

매일 유리병을 아래위로 뒤집어서 소금 절임 용액이 골고루 퍼지게 한다. 숙
성 후 냉장고에 넣거나 서늘하고 건조한 곳에 두면 최대 1년간 보관할 수 있다.

사용할 때는 물기 없는 깨끗한 집게로 필요한 만큼 레몬을 꺼내 헹군 후 과
육 부분을 떼어서 버린다. 껍질만 사용한다.

루이지애나식 발효 핫소스

분량은 자유롭게 조절

타바스코 칠리 고추, 매콤한 카옌 고추 또는 붉은색 세라노 고추로 이 소스를
만들면 에이버리 아일랜드에서 탄생한 전통 깊은 양념인 타바스코 소스와 상
당히 비슷한 맛이 난다. 하지만 매콤한 칠리 고추라면 무엇이든 사용할 수 있
으므로 다양하게 시도해보기를 권한다. 잘 익은 붉은색, 주황색, 노란색 칠리
고추가 가장 잘 어울리고, 녹색 고추도 사용할 수는 있지만 발효가 더딘 편이
다.(또한 소스가 완성되어도 색이 별로 예쁘지 않다.) 마늘 몇 쪽을 으깨서 넣거나 플
럼 토마토를 깍둑썰기해서 넣어도 좋다.(단, 반드시 유리병의 무게를 재기 전에 추가
해야 한다.) 다음을 준비한다.

매콤한 붉은색 칠리 생고추, 꼭지를 따고 씨를 뺀 후 굵게 자르기

장갑을 끼고 고추의 꼭지와 씨를 제거한 후 고추와의 접촉을 최소화하기 위해
주방용 가위로 칠리 고추를 자른다. 가위 대신 푸드 프로세서에 넣거나 칼로
썰 수도 있다. 자른 고추가 들어갈 만한 크기의 475ml, 1ℓ 또는 1.9ℓ 용량의 유
리병을 살균한다. 유리병을 디지털 저울에 올려놓고 무게를 잰다. 칠리 고추를
넣고 고추가 딱 잠길 만큼의 물을 부은 후 그램 단위로 무게를 기록한다. 이 숫
자에 0.02를 곱해서 그 수치만큼 그램 단위로 다음을 넣는다.

피클용 소금, 고운 바닷소금 또는 다이아몬드 코셔 소금

나무 숟가락으로 칠리 고추를 섞고 완전히 으깬다. 천과 고무밴드, 돌려서 닫
는 뚜껑 또는 에어록으로 유리병의 뚜껑을 덮는다.

매일 발효 상태를 살핀다. 흰색 곰팡이가 피면 숟가락으로 떠내고 칠리 혼
합물을 저은 후 다시 덮어둔다. 발효가 진행되면 으깬 고추에 기포가 생긴다.
기포가 더 이상 생기지 않을 때까지 발효시킨다. 최대 6주 정도 걸리지만, 그보
다 발효가 훨씬 빨리 끝나는 경우도 적지 않다.

식품 분쇄기를 그릇 위에 올려놓고 으깬 고추와 소금물을 분쇄기에 부은
후 분쇄기의 손잡이를 양방향으로 돌리면서 으깬 고추에서 국물과 과육을 최
대한 짜낸다.(상황에 따라 식품 분쇄기에 남은 찌꺼기는 잘 말려서 빻은 후 굵게 갈아서
식탁용 양념으로 활용할 수 있다.) 액체의 부피를 재고 다음을 그 절반 분량만큼
넣는다.

사과주, 화이트와인 또는 쌀 식초

세리 및 방울이나 바나나 식초 또는 파인애플 식초 등 더 강한 풍미를 지닌 식초를 넣어 과감하게 실험해도 좋다. 필요하면 다음을 추가한다.

　(소금 적당량)

유리병에 담는다. 발효식품 보관하기 항목의 설명에 따라 보관한다.

콤부차

3.9ℓ

콤부차는 박테리아와 이스트의 공생 집단(Symbiotic Community Of Bacteria and Yeast)이라는 뜻의 배양균인 스코비(SCOBY)를 사용해 만드는 발효차다. 그러므로 발효할 식품 내에 존재하는 이스트와 박테리아만을 사용해서 발효하는 앞의 레시피들과는 다르다. 콤부차를 한 번 만들 때마다 표면에 새로운 스코비가 형성되므로, 콤부차 애호가들은 이를 직접 만드는 과정을 궁금해하는 사람들에게 스코비를 나눠주기도 한다. 물론 스코비는 온라인 상점에서 주문할 수도 있다. 또는 직접 배양하는 방법도 있다. 아래의 레시피를 따르되, 절반 분량만 만든다. 잘 배양된 스코비와 종균차(starter tea)를 붓는 대신, 살균하지 않은 콤부차 475ml 1병을 전부 붓는다. 그다음 콤부차의 표면에 스코비가 생길 때까지 기다린다.

커다란 편수 냄비에 다음을 붓고 부르르 끓어오르도록 가열한다.

　물 1ℓ

불에서 내리고 다음을 넣는다.

　티백 8개 또는 찻잎 8큰술(홍차, 녹차, 백차, 우롱차 또는 보이차)

　설탕 1컵

저어서 설탕을 녹이고 차를 20분간 우린다.

티백을 건지거나 찻잎을 걸러내고 다음을 붓는다.

　찬물 2.8ℓ

차갑게 식힌 차 혼합물을 커다란 유리병이나 용기(금속 소재 제외)에 넣고 다음을 추가한다.

　잘 배양된 콤부차 스코비 1개 및 '종균차(완전히 발효시킨 콤부차 또는 살균하지
　　않은 시판 콤부차)' 1컵

스코비는 물에 떠오를 수도 있고 가라앉을 수도 있으며 둘 다 자연스럽게 일어나는 현상이다. 천이나 키친타월로 유리병을 덮고 고무밴드로 고정한다.

주기적으로 맛을 보면서 콤부차가 입맛에 맞게 새콤해질 때까지 1~3주간 발효한다. 겨울에는 여름보다 발효 시간이 더 오래 걸린다.

스코비를 꺼내고(콤부차의 표면에 새로운 스코비가 형성된다.) 다음에 콤부차를 만들 때 사용할 종균차 1컵을 떠서 보관해둔다.(스코비와 종균차는 유리병에 담아 냉장고에 넣으면 최대 한 달간 보관할 수 있으며, 바로 다시 콤부차를 만들어도 좋다.) 완성된 콤부차는 바로 마시거나 2차 발효를 진행할 수 있다.

2차 발효를 할 때는 콤부차를 병에 부은 후 밀봉한다. 1차 발효 후 콤부차의 신맛이 아주 강하다면 2차 발효를 시작하기 전에 병마다 설탕 1작은술씩 넣는다. 또한 베리류 과일을 병마다 몇 알씩 넣어도 좋다. 콤부차가 담긴 병을 실온에 며칠간 둔다. 유리병에 담아두었다면 주기적으로 열어서 병 안에 압력이 차오르지 않았는지 확인한다. 처음 콤부차를 만들 때는 뚜껑을 돌려서 여닫는 플라스틱병을 사용하는 것이 좋다. 병에 무언가 꽉 찬 느낌이 들면 콤부차가 충분히 발효된 것이므로 냉장고에 넣어 보관한다.

두부 미소즈케(두부 '치즈')

450g

풍미가 강렬한 이 미식 요리는 도전을 즐기는 사람이나 맛이 강한 치즈에 호기심이 있지만 잘 먹지 못하는 사람들을 위한 것이다. 앞에 소개한 콤부차처럼 이 발효식품은 천연 이스트에만 의존하지 않고 종균 배양을 추가해서 만든다. 치즈와 완전히 비슷하지는 않지만 독특하고 짭짤하며 감칠맛이 가득하다. 쌀과자와 사케, 아주 드라이한 화이트와인 또는 비뉴 베르데와 함께 먹는다.

다음을 자르지 않고 눌러서 압착한다.

　단단한 두부 450g

작은 그릇에 다음을 넣고 매끄럽게 섞이도록 젓는다.

　백미소 ¾컵

　적미소 ¼컵

　사케 ¼컵

　설탕 2큰술

두부를 담을 용기 바닥에 미소 혼합물을 조금 바른다. 면 거즈나 얇은 면포를 미소 위에 깔고 그 위에 두부를 올린다. 천으로 두부를 감싼 후 천이 완전히 덮이도록 나머지 미소 혼합물을 천에 바른다. 용기 뚜껑을 덮고 4~7일간 냉장고에 넣어둔다.

천을 벗기고 두부를 조금 떼어서 맛을 본다. 짭짤하고 약간 톡 쏘는 맛이 나야 한다. 두부를 감쌌던 천을 벗겨내고 먹거나, 더 강렬하고 톡 쏘는 맛을 선호한다면 냉장고에 다시 넣어 최대 2개월간 숙성한다.

식품 건조에 대해

건조하고 따뜻하며 환기가 잘 되는 환경에 식품을 두면 수분이 증발해서 날아간다. 수분이 일정 수준 이상 증발하면 식품은 부패의 원인이 되는 박테리아, 곰팡이, 이스트가 생존하기 어려운 환경이 된다. 이러한 미생물의 생장을 방지하려면 과일에서는 최소한 80% 이상의 수분을 제거해야 하고(이상적으로는 90%) 산도가 낮은 채소는 최소한 90% 이상의 수분을 제거해야 한다.(이상적으로는 95%) 육류는 85% 정도의 수분을 제거해야 하며, 그 결과 원래 중량의 절반 정도로 줄어든다. 제대로 건조한 식품은 실온에서 상당히 오랜 기간 보관할 수 있다.(냉장고에 넣으면 보관 기간이 더 늘어난다.)

보관 기간을 늘리는 것 외에도, 식품을 건조하면 병조림하거나 냉동해서 보관하는 것보다 훨씬 적은 공간을 차지한다. 원래 중량의 일부에 불과하므로 신선식품 또는 다른 방식으로 처리한 식품보다 영양소도 농축되어 있다. 이러한 장점들 덕분에 건조식품은 배낭여행에 안성맞춤이며, 냉장 없이 효과적으로 장기간 식품을 보존하고자 하는 사람에게 적합하다.

건조식품을 활용해 맛있는 식사를 만드는 방법에 관심이 있다면, 건조식품의 풍미는 건조 과정을 통해 고도로 농축되므로 강력한 양념 재료로도 변신할 수 있다는 점을 기억하자.(더 자세한 내용은 말린 과일 및 채소 사용하기 항목을 참고한다.)

건조 작업은 건조 과정에서 부패를 일으키는 미생물이 생장하지 못할 정도로 빠르게 진행되는 동시에, 식품의 풍미와 색을 보존할 수 있도록 서늘한 환경에서 이루어져야 한다. 식품을 너무 빠르게 가열하면 겉면이 단단해지면서 중심부의 수분이 빠져나오는 것을 막으므로 주의한다. 이것을 **표면 경화** 현상이라고 하며 이로 인해 보관 도중에 식품이 상할 수 있다.

건조 및 보관 과정에서 몇몇 미생물이 번식하는 것을 방지하려면 여러 가지

처리가 필요하다. 육류는 냉동하고 소금이나 양념장에 재운 후, 기생충이나 유해균을 죽이기 위해 높은 온도까지 가열해야 한다. 일부 채소와 과일은 변색과 부패를 일으키는 효소를 비활성화시키기 위해 데치는 방법을 권장한다. 마지막으로 가정에서 건조한 식품은 상업용 건조법으로 처리한 건조식품과 비슷한 식감을 내기 어렵다는 점을 기억하자. 상업용 건조식품은 황 훈증이나 첨가물 사용 등의 추가적 방법을 동원해 부패를 방지하고 때로는 수분 함량까지 조절하기 때문이다.

건조 장비

건조는 먼 옛날부터 활용해온 보존법이지만 일광 건조에 적합한 기후 지역은 많지 않다. 다행히도 **전기 식품 건조기**(electric dehydrator)는 건조에 필요한 온도를 일정하게 유지하면서 식품 내부의 습도를 낮춰주는 역할을 한다. 실패 확률 없이 가장 좋은 결과를 얻으려면 공기 온도를 설정할 수 있는 온도계와 내부에 공기를 골고루 순환시키는 팬이 달린 전기 건조기를 장만하자.(식품을 올려놓는 받침대의 측면에서 공기를 쏘는 형태가 가장 좋다.) 문을 약간 연 상태에서 온도를 60℃ 이하로 유지할 수 있다면 오븐을 사용할 수도 있다.(특히 대류 방식의 오븐이 좋지만, 문을 닫아도 이 온도를 유지할 수 있어야 한다.)

아래 그림과 같이 조리용 전열기 등의 열원과 적절한 환기구를 갖춘 **건조 선반**을 직접 만들 수도 있다. 건조 선반은 옆면 상부에 높이 5cm, 길이 30cm의 구멍을 뚫고 철망을 달아 환기구를 만든다. 바닥으로도 공기가 들어올 수 있도록 경첩이 달린 문의 바닥 쪽에 5cm 높이의 기다란 구멍을 뚫는다. 선반의 벽과 문에는 식재료를 놓았을 때 닿는 부분까지 알루미늄 방수지를 깐다. 열이 분산되도록 그림과 같이 열원 위에 가장 낮은 선반처럼 금속판을 끼운다. 디지털 케이블 탐침 온도계를 식품 근처에 올려놓고 불을 주기적으로 조절해 적절한 온도를 유지한다.

오븐을 이용하거나 선반 건조 방법을 사용할 경우, 가장 아래쪽에 넣은 식품 선반과 열원의 거리는 15~20cm로 유지한다. 또한 두 경우 모두 오븐의 문 바깥쪽이나 선반의 아래쪽 환기구 근처에 작은 전기 팬을 틀어놓으면 공기 순환에 도움이 된다. 일반 오븐이나 건조 선반에 사용하는 쟁반은 스테인리스스틸 철망이나 플라스틱 또는 나일론 망 또는 케이크 받침대를 끼운 쿠키 시트 등과 같이 식품에 안전한 소재여야 한다. 마지막으로 공기가 잘 순환하도록 쟁반의 크기는 오븐이나 건조 선반의 내부보다 7.5~10cm 정도 작아야 한다.

가정에서 직접 제작한 건조 선반

일광 건조를 시도하려면 ▶ 과일만 건조해야 하며(과일은 당도와 산도가 높아서 비교적 안전하다.) 일일 최고 기온이 29℃ 이상, 습도가 60% 이하여야 한다. ▶ 해가 지면 차가운 밤공기나 이슬이 응축되어 다시 수분이 생길 수 있으므로 과일을 실내에 들여놓아야 한다. 일광 건조는 다른 건조법보다 훨씬 오래 걸리며 건조 후에 과일을 살균해야 한다.

아래 그림처럼 더욱 강렬한 햇빛을 받을 수 있도록 유리로 **냉상**(cold frame)을 만들어 일광 건조를 위한 특수 장비로 활용할 수 있다. 유리와 냉상 안에 넣은 식품 사이에 큼직한 검은색 판을 끼워 넣으면 더 강한 열을 받게 된다. 환기를 위해 위와 바닥에 구멍을 뚫어 철망을 끼우고, 공기가 잘 순환하도록 식품은 받침대에 올려놓는다. 냉상은 햇빛이 가장 잘 드는 쪽으로 자주 이동시킬 수 있도록 가벼워야 하며 쟁반 위에 올려놓은 식품은 1시간마다 뒤집어주어야 한다. 햇볕이 쨍쨍 내리쬐는 날씨라면 이 방법으로 약 이틀 정도면 대다수 식품을 말릴 수 있지만, 어디까지나 습도가 낮아야 한다. 온도계는 가장 낮은 받침대에 두고 온도가 60℃를 넘지 않도록 확인한다. ▶ 공기 오염이 심한 지역에서는 실외에서 식품을 건조해서는 안 된다.

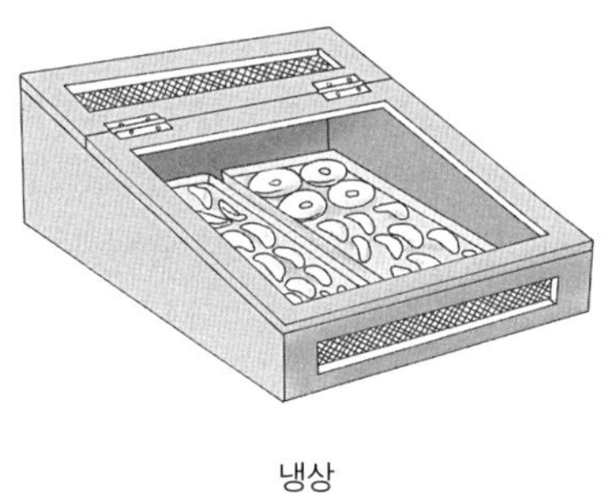

냉상

과일과 채소 건조하기

건조에 아주 적합한 과일과 채소가 있는가 하면, 수분 함량이 매우 높아서 완전히 건조하려면 풍미가 저하되는 과일이나 채소도 있다. 또한 상당수의 과일이나 채소는 일단 건조하면 거의 풍미가 남지 않는다. 여기에는 아보카도, 케인베리, 감귤류, 멜론, 배추속(屬) 식물, 셀러리, 오이, 녹색 채소, 무, 겨울 호박 등이 포함된다.

건조하기 위해 과일과 채소를 손질하려면 우선 작업대 표면과 건조용 받침대, 용기를 살균한다. 상하거나 부패한 흔적이 없는 품질 좋은 과일과 채소를 고른다. 취향에 따라 사과, 서양배, 복숭아 등의 껍질을 벗겨도 좋고, 껍질째 그대로 말려도 좋다. 과일 냉동에 대해 또는 채소 냉동에 대해 항목에 있는 표(942~943쪽)의 손질 방법을 참고해 과일 또는 채소를 데치거나 갈변 방지 용액에 담갔다 꺼낸다.(데치거나 갈변 방지 용액에 담글 필요가 없는 경우도 있다.) 토마토 및 칠리 고추의 구체적인 건조 방법은 각각 해당 항목을 참고한다. 블루베리, 체리, 포도처럼 통째로 건조하는 작은 과일은 껍질이 터지도록 35초간 데쳐야 건조 과정에서 표면 경화 현상이 나타나지 않는다.

일반적으로 ▶ 과일이나 채소를 최대한 고른 두께로 얇게 썬다. 두께가 얇으면 빨리 건조되므로 품질을 보존하는 데도 도움이 된다. 대부분의 베리류는 통째로 말릴 수 있지만, 딸기처럼 큼직한 것은 크기에 따라 저미거나 반으로 잘라야 한다. 껍질콩 등의 채소는 얇게 저밀 필요가 없다.(2.5cm 길이로 썬다.)

과일과 채소에서 수분을 제거하려면 건조용 쟁반에 과일이나 채소 조각을 서로 닿거나 겹치지 않도록 한 겹으로 듬성듬성 놓는다. 대다수 과일은 57℃에서 건조하면 좋다. 대다수 채소는 52℃로 맞춘다.(68℃로 건조해야 하는 토마토와 양파는 예외다.) 전기 식품 건조기를 사용한다면 사용 설명서에서 권장 건조 시간과 설정 내용을 확인한다. 그러나 이 권장 시간과 상관없이 충분히 건조되었는지 반드시 테스트해야 한다.(이후 내용을 참고)

건조에 가장 적합		건조에 가장 부적합	
과일	채소	과일	채소
사과	비트	블랙베리	아스파라거스
살구	당근	감귤류 과육	아보카도
바나나	옥수수	꽃사과	브로콜리
체리	껍질콩	크랜베리	양배추
감귤류 껍질	호스래디시	키위	콜리플라워
코코넛	버섯	멜론	셀러리
커런트	오크라	석류	근대
대추야자	양파	유럽모과	오이
포도	파스닙	라즈베리	가지
망고	완두콩		케일
천도복숭아	고추		양상추
파파야	감자		무
복숭아	호박		시금치
서양배	루타바가		겨울 호박
파인애플	토마토		애호박
자두	순무		
루바브			
딸기			

▶ 과일을 냉상에 넣어 일광 건조했다면 살균해야 한다.

일광 건조 과일을 살균하려면 오븐을 80℃로 예열한다. 오븐 팬에 과일 조각을 한 겹으로 깔고 30분간 가열한다. 과일을 컨디셔닝(아래 내용을 참고) 해서 남아 있는 수분을 균일하게 분배하는 동시에 장기 보관할 수 있을 정도로 충분히 건조되었는지 확인한다.

말린 과일과 채소의 건조 상태를 테스트하려면 말린 과일을 쟁반에서 꺼내 테스트하기 전에 약간 식힌다. ▶ 채소는 쉽게 부러지거나 바삭바삭하면 다 된 것이다. 망치로 치면 산산조각 날 것 같은 상태. 여러 개를 쟁반 위에 올려놓고 섞으면 달그락거리는 소리가 나야 한다. ▶ 과일은 가죽 같은 질감으로 변하고 자르거나 꽉 짰을 때 수분이 배어나지 않으면 충분히 건조된 것으로 간주한다. 과일 조각을 절반으로 접으면 서로 달라붙지 않아야 한다. 시중에 판매하는 말린 과일은 부패를 방지하기 위해 첨가물 및 때에 따라 이산화황을 첨가하기 때문에 가정에서 말린 과일은 시판 말린 과일보다 훨씬 더 건조하다.

마지막으로 보관에 적합한지 확인하고 식품 내에 남아 있는 약간의 수분을 골고루 분배하기 위해 말린 과일과 채소에 **컨디셔닝**(condition)을 해야 한다.

말린 과일과 채소를 컨디셔닝 하려면 말린 채소와 과일 조각을 완전히 식힌 후 뚜껑이 꽉 닫히는 유리병이나 플라스틱 용기에 듬성듬성 담아둔다. 실온에 10일간 두고, 매일 용기를 흔들면서 과일 조각을 분리하고 섞는다. 물방울이 생긴다면 충분히 건조되지 않았다는 증거이므로 장기 보관에는 적합하지 않다. 다시 건조기에 넣어서 더 말려야 한다.

말린 과일과 채소를 보관하려면 보관용 지퍼백에 담은 후 유리병이나 냉동 용기 등의 밀폐 용기에 담는다. 두꺼운 지퍼백도 사용할 수는 있지만, 장기 보관하며 수분 침투를 방지하기에는 효과가 떨어진다. 용기에 내용물과 날짜를 적은 라벨을 붙인다. ▶ 말린 과일과 채소는 지하실 온도에서 12개월간, 일반적인 실온에서 8개월간 보관할 수 있다. 또한 보관 기간은 남아 있는 수분의 양, 식품을 얼마나 잘 밀봉했는지의 여부, 빛에 노출되는 정도에 따라 달라진다.

말린 과일 및 채소 사용하기

수분을 제거한 과일이나 채소를 사용하는 가장 간단한 방법은 건강한 간식으로 먹거나 복원해서 요리에 활용하는 것이다.

말린 과일과 채소를 복원하려면 과일과 채소가 잠기도록 찬물을 붓고 거의 원상태로 복구될 때까지 불린 후 이 물을 이후 조리에 사용한다. 과일과 채소를 뭉근히 끓는 수프와 스튜에 넣어 간단하게 불리는 방법도 있다. 녹색 채소와 과일은 불릴 필요가 없고 바로 물을 부어서 부드러워질 때까지 뭉근히 끓이면 된다.

건조 또는 반건조 상태의 과일과 채소는 풍미 진한 양념 재료로도 활용할 수 있다. 말린 칠리 고추는 말린 과일과 채소의 활용도가 얼마나 높은지(그리고 누구나 좋아하는 요리를 만드는 데 얼마나 큰 역할을 하는지) 잘 보여준다. 1980년대 후반이나 1990년대 초반 미국에 살았던 사람이라면 누구나 동의할 텐데, 반으로 잘라서 말린 자두와 방울토마토를 다양한 요리에 넣으면 새콤달콤한 풍미가 강렬하게 터지면서 아주 근사한 느낌을 더한다.

말린 과일을 빵이나 과자를 구울 때 사용하면 진한 풍미를 더해주며, 특히 소량의 술이나 과일 주스에 담가서 불렸다가 사용하면 더욱 좋다. 파이 필링에 넣으면 수분이 적으므로 크러스트가 바삭바삭하게 유지되고 필링 혼합물이 걸쭉해지면서 풍미가 더욱 진해진다.(예를 들어 트레바의 튀긴 사과 파이, 민스미트 파이 레시피를 참고한다.) 작게 자르면 그대로 그래놀라, 오트밀, 뮤즐리에 사용할 수 있다.

가정에서 말린 양파는 풍미를 아주 잘 보존하고 있으며 단맛이 강해지고 맛이 순해진다.(곱게 갈면 시판 양파 가루와 비교할 수 없을 정도로 맛이 좋다.) 우리는 보통 양파 가루를 사용하는 모든 레시피에 이 말린 양파를 넣는데, 워낙 풍미가 좋아서 짭짤한 요리를 마무리하는 가니시로도 충분히 활용할 수 있다. 니콜라스 발라(Nicolaus Balla)와 코트니 번즈(Cortney Burns)가 쓴 근사한 책 『바 타르틴(Bar Tartine)』에서 제안한 바에 따라 우리는 저민 양파를 1시간 동안 훈연한 후 말려서 가루로 곱게 갈아보았다. 그 결과 은은한 단맛과 훈연 양파 풍미를 즐길 수 있으면서 모든 유형의 짭짤한 요리에 넣어 깊이를 더할 수 있는 아주 맛있는 양파 가루가 완성되었다.(특히 짭짤하게 소금을 뿌린 버터 팝콘에 기가 막히게 잘 어울린다.)

건조는 자칫 버리기 쉬운 식재료를 재발견하고 유용하게 활용하는 방법이기도 하다. 우리는 보통 버리거나 육수에 사용하는 대파의 끝부분을 말려서 고운 가루로 갈아서 쓰기도 한다. 이 대파 가루는 선명한 녹색을 유지하며 은은한 양파 풍미를 지니고 있다. 루이지애나식 발효 핫소스를 만들고 남은 으깬 고추로 톡 쏘는 맛의 매콤하고 짭짤한 가루를 만들 수도 있다. 토마토 껍질을 말리고 갈아서 달콤하고 새콤한 가루를 만드는 방법도 있다. 『보존용 찬장(Preservation Pantry)』의 저자이자 우리 가족의 지인인 세라 마셜(Sarah Marshall)은 말려서 부순 토마토 껍질과 오렌지 껍질, 볶은 참깨, 해초, 굵게 빻은 고춧가루, 흑후추로 토마토 껍질 시치미 고춧가루를 만든다. 비트 껍질을 잘 씻어서 말린 후 갈면 예쁜 분홍색 비트 가루가 되므로 트러플에서부터 요구르트 딥에 이르기까지 다양한 요리에 가니시로 뿌리면 눈길을 확 사로잡는다. 감귤류 껍질을 얇고 길쭉하게 잘라서 말린 후 찬장에 보관해두면 소 육수, 수프, 스튜에 넣어 간단히 맛을 낼 수 있으며 갈아서 혼합 향신료, 마멀레이드, 소스에 활용하기도 편하다.

과일 가죽(Fruit Leather)
분량은 자유롭게 조절

과일 가죽은 퓌레 상태로 간 과일을 얇은 두께로 넓게 펴서 말린 것이다. 과일 가죽을 만들기에 좋은 생과일은 사과, 살구, 베리류, 달콤한 체리, 천도복숭아, 복숭아, 서양배, 파인애플, 자두 등이 있다. 과일을 말려서 과일 가죽을 가장 쉽게 만드는 방법은 전기 식품 건조기를 사용하는 것이다. 또는 오븐에서 수분을 날릴 수도 있다. 과일 퓌레를 말릴 때는 비닐랩을 넉넉히 잘라서 건조용 쟁반 또는 오븐 팬의 가장자리 위로 올라오도록 깐다.(실리콘 베이킹 매트도 사용할 수 있다.) 과일 퓌레가 밖으로 쏟아지지 않도록 오븐 팬 또는 쟁반의 가장자리에는 굴곡이 있어야 한다. 일부 식품 건조기에는 과일 가죽을 만들 때 쟁반에 깔 수 있도록 특수한 플라스틱 깔개가 포함되어 있기도 하다. 과일을 말리면 단맛이 더 강해진다는 점을 기억하자. 퓌레 1컵으로는 과일 가죽 2~3인분을 만들 수 있다. 퓌레 2컵이면 30×43cm 크기의 오븐 팬에 담기에 적당하다. 과일과 채소 건조하기 항목을 참고한다.

다음을 씻어서 껍질을 벗기고(식품 분쇄기를 사용하지 않을 경우) 손질한 후 씨를 빼거나 심을 파낸다.

완숙 또는 약간 농익은 과일

과일을 편수 냄비에 넣고 약불에 올린 뒤 저으면서 사탕용 온도계로 재어보면 88℃에 도달할 때까지 조리한다. 완전히 식힌다.

믹서, 푸드 프로세서 또는 식품 분쇄기에 넣고 퓌레 상태로 간다. 필요하면 체에 걸러서 결이 곱고 부드러우며 상당히 액체에 가까운 퓌레로 만든다. 다음을 넣는다.

아스코르브산(비타민 C) ½작은술 또는 과일 2컵당 레몬즙 2큰술 또는 취향에 따라 적당량

과일에 단맛을 보충하거나 풍미를 더하려면 다음을 추가한다.

(과일 2컵당 연한 옥수수 시럽, 꿀, 설탕 또는 레몬이나 오렌지즙 1~2큰술 또는 취향에 따라 적당량)

인공 감미료도 사용할 수 있다. 준비한 쟁반이나 오븐 팬에 가운데는 3mm 두께로, 가장자리는 6mm 두께로 퓌레를 골고루 펴서 간다.(가장자리를 더 두껍게 까는 것은 가장자리가 너무 빨리 말라서 갈라지는 것을 방지하기 위해서이다.) 식품 건조기 또는 57℃로 맞춘 오븐에서 건조한다. 오븐을 사용한다면 오븐용 온도계로 자주 온도를 확인해 너무 뜨거워지지 않도록 조절한다. 필요하면 온도를 낮추기 위해 오븐을 잠깐씩 끌 수도 있다.

과일 가죽을 말리려면 4~10시간이 걸린다. 얼마나 건조되었는지 자주 확인한다. 가죽 같은 질감이 느껴지고 달라붙지 않으면 다 건조된 것이다. 여러 군데를 눌러보고 손가락을 뗐을 때 자국이 남지 않아야 한다. 완성된 과일 가죽은 비닐랩이나 쟁반 깔개에서 쉽게 분리될 것이다. 아직 따뜻할 때 비닐랩에 올려놓고 롤케이크처럼 돌돌 말아도 좋다. 취향에 따라 가위를 사용해 돌돌 만 과일 가죽을 먹기 좋은 크기로 자른다. 완전히 식힌 후 설명에 따라 물방울이 맺히는지 살펴보면서 컨디셔닝을 한다. 밀폐 용기에 담아 서늘하고 어두우며 건조한 장소에 보관한다. 더 오래 보관하려면 냉장고 또는 냉동실에 넣는다.

칠리 고추 건조하기

칠리 고추를 말리면 보관성이 뛰어나고 다양한 요리에 두루 사용할 수 있어 편리하다. 아주 매운 고추를 다룰 때는 장갑을 끼는 것이 좋다. 과일과 채소 건조하기 항목을 참고한다.

녹색 칠리 고추를 말리려면 깨끗이 씻어서 물기를 닦는다. 고추마다 바깥쪽 껍질에 얕게 칼집을 넣고 가스 불 위에서 6~8분간 뒤집어가며 굽거나 끓는 물에 담가 살짝 데친다. 그다음 껍질을 벗기고 절반 갈라서 씨와 꼭지를 제거한다. 쟁반에 올려놓고 식품 건조기로 말리거나 오븐 팬에 담아 60℃의 오븐에서 바삭하고 잘 부서지며 탁한 녹색이 될 때까지 말린다. 고추를 완전히 식힌 후 물방울이 맺히는지 확인하면서 설명에 따라 컨디셔닝을 한다. 밀폐 용기에 담아 서늘하고 어두우며 건조한 장소에 보관한다. 더 오래 보관하려면 냉장고 또는 냉동실에 넣는다.

붉은색 칠리 고추를 말리려면 깨끗이 씻어서 물기를 닦는다. 크기가 작으면 그대로 말려도 좋고 어느 정도 크면 6mm 두께로 얇게 저민다. 쟁반에 올려놓고 식품 건조기로 말리거나 오븐 팬에 담아 52℃의 오븐에서 암적색으로 변하며 가죽 같은 질감이 될 때까지 말린다. 건조에는 12~24시간 정도 걸린다. 고추를 완전히 식힌 후 물방울이 맺히는지 확인하면서 설명에 따라 컨디셔닝을 한다. 밀폐 용기에 담아 서늘하고 어두우며 건조한 장소에 보관한다. 더 오래 보관하려면 냉장고 또는 냉동실에 넣는다.

토마토 건조하기

과일과 채소 건조하기 항목을 참고한다.

토마토를 찌거나 끓는 물에 30~60초간 담가서 껍질을 터뜨린다. 바로 얼음물에 담근 후 껍질을 벗겨낸다. 가로 방향으로 6mm 두께의 둥근 모양으로 저민다. 대추토마토나 방울토마토는 껍질을 벗기지 않고 그냥 반으로 자른다. 쟁반에 올려놓고 식품 건조기로 말리거나 오븐 팬에 담아 68℃의 오븐에서 암적색으로 변하며 가죽 같은 질감이 되거나 쉽게 부서지는 상태가 될 때까지 말린다. 건조에는 6~24시간 정도 걸린다.

토마토를 완전히 식힌 후 물방울이 맺히는지 확인하면서 설명에 따라 컨디셔닝을 한다. 밀폐 용기에 담아 서늘하고 어두우며 건조한 장소에 보관한다. 더 오래 보관하려면 냉장고 또는 냉동실에 넣는다.

허브와 씨앗 건조하기

과일과 채소 건조하기 항목을 참고한다. 전반적으로 허브는 가장 재배하기 쉽고 키우는 보람이 있는 식물이다. 허브를 말려놓으면 한해살이 허브도 연중 사용할 수 있다. 로즈메리, 차이브, 월계수 잎 등과 같은 튼튼한 여러해살이 허브를 말려두면 양념이나 혼합 향신료에 활용할 수 있다. 고수씨, 겨자씨, 주니퍼, 회향 등과 같은 몇몇 식물의 씨와 꼬투리 또는 열매도 정원이나 외딴 시골의 오염되지 않은 지역에서 비교적 쉽게 수확할 수 있다.

채소 및 과일과 마찬가지로 건조에 적합한 허브와 씨앗이 있는가 하면 그렇지 않은 것도 있다. 일반적으로 수지를 함유하고 있고 수분이 적은 허브가 건조에 적합하다. 예를 들어 로즈메리, 월계수, 타임 등은 말렸을 때 바질과 파슬리(고수 잎은 말할 것도 없고)보다 풍미를 더욱 잘 유지한다. 딜과 같은 예외적인 허브는 풍미가 진하며 가느다란 잎이 가득 달려 있어서 빠르게 건조할 수 있다.

허브를 수확하려면 1055쪽을 참고한다.

씨와 꼬투리를 수확하려면 잘 익어서 가지에 달린 채로 말라가기 시작하지만 터져서 벌어지기 전까지 기다린다.(햇빛이 잘 드는 날씨여야 한다.) 수확하기 전날 호스로 씨와 가지에 물을 뿌린다. 다음날 이슬이 어느 정도 증발했지만 온도는 상당히 선선한 오전의 중간쯤에 씨가 달린 가지나 꼭지를 잘라내고 갈색으로 변한 잎과 꼭지를 떼어낸다.

21~32℃의 온도를 유지할 수 있는 건조한 방이 있다면 씨와 로즈메리, 오레가노 등 수분이 적은 허브를 느슨하게 묶어서 공기가 잘 통하는 작은 다발로 만들 수도 있다. 종이봉투에 공기구멍을 뚫고 다발을 그 안에 거꾸로 넣은 후 끈으로 종이봉투의 입구를 묶는다. 따뜻하고 공기가 잘 통하는 장소에 잎이나 씨가 아래로 향하도록 종이봉투를 걸어놓고 말린다. 종이봉투가 빛을 차단해 잎과 꽃의 색이 변하는 것을 방지하며, 먼지를 막아주고 떨어지는 씨를 받아내는 역할을 한다. ▶ 바질, 민트, 타라곤처럼 수분이 많은 허브는 천천히 건조하는 동안 곰팡이가 생기기 쉬우므로 이 방법을 적용하면 안 된다.

과일 및 채소와 마찬가지로 대량의 허브와 씨를 건조하는 가장 효율적이고 편리한 방법은 전기 식품 건조기를 사용하는 것이다. 잔가지나 씨가 달린 가지를 건조용 쟁반에 듬성듬성 얹는다. 쟁반에 씨를 받아낼 수 있을 만큼 고운 그물망이 달려 있다면 씨를 먼저 떼어서 말리는 것이 시간을 절약할 수 있다. 허브는 35℃, 씨는 40.5℃로 맞춰놓고 건조한다. 잎은 바삭하고 쉽게 부서지는 상태가 되어야 하며 씨와 꼬투리는 엄지손톱으로 눌렀을 때 단단하게 느껴져야 한다.

적은 양의 허브는 전자레인지를 사용하면 아주 신속하게 말릴 수 있다.

전자레인지에서 허브를 건조하려면 접시에 키친타월을 깔고 허브 잔가지나 잎을 한 겹으로 깐 다음 그 위에 키친타월을 한 장 더 올린다. 1분간 전자레인지를 작동시킨 후 방향을 돌리고 키친타월 위에 있는 허브의 위치를 바꾼다. 허브가 바삭바삭해지고 쉽게 부서지는 상태가 될 때까지 방향과 위치를 바꿔가면서 15초씩 전자레인지를 작동시킨다. 오븐은 낮은 온도를 유지하기가 어려우므로 허브를 오븐에서 말리는 것은 권장하지 않는다.

허브와 향신료가 잘 말랐는지 확인하려면 완전히 식힌 후 뚜껑이 꽉 닫히는 유리병에 담는다. 몇 시간 그대로 두었다가 물방울이 맺혔는지 확인한다. 물방울이 생겼다면 더 말린다. 허브와 씨를 정원에서 땄기 때문에 벌레나 알이 들어 있지 않을까 우려된다면 밀봉한 유리병을 48시간 동안 냉동한다.

말린 허브와 향신료는 뚜껑이 꽉 닫히는 유리병에 넣어 서늘하고 어두우며 건조한 장소에 보관한다. 허브는 건조 후 6개월 안에 먹어야 최적의 맛을 즐길 수 있고, 씨는 그보다 훨씬 오래 보관할 수 있다. 벌레가 들어 있다는 조짐이 보이면 버린다. ▶ 말린 허브와 향료는 사용하기 직전에 부수거나 갈아야 가장 풍미가 잘 유지된다. 허브 사용에 대한 더 자세한 내용은 1053쪽을 참고한다. 향신료를 구워서 갈 때는 1081쪽을 참고한다.

육포 건조하기

단백질이 풍부하고 가벼운 육포는 오랫동안 배낭여행에 즐겨 지참하던 식품이자 누구나 쉽게 가지고 다니면서 먹을 수 있는 든든하고 풍미 가득한 간식이다. 물론 이렇게 편리하고 맛이 농축된 육포를 만들기 위해서는 그만큼의 수고가 필요하다. 육포를 만들면 원래 고기 무게의 ¼~½로 양이 줄어드는데, 다행히도 육포를 만들기에 가장 적합한 부위는 지방이 적고 값이 저렴한 부위다.(지방이 많고 마블링이 화려한 부위는 훨씬 빨리 산패한다.)

가정에서 안전하게 육포를 만들기 위해서는 전기 식품 건조기가 꼭 필요하다. 오븐을 사용해 만드는 것도 불가능하지는 않지만, 시간이 최대 3배나 걸린다. 또한 오븐에서 63~68℃의 온도를 일정하게 유지할 수 있어야 한다. 오븐이 너무 뜨거워지면 고기의 겉면에 껍질이 생기면서 표면 경화 현상이 일어난다. 반대로 오븐 온도가 적정 범위보다 낮은 상태를 계속 유지하면 고기가 부패해 버린다. 안전하게 육포를 만들기 위해서는 얇은 식재료의 온도를 정확히 측정할 수 있는 조리용 온도계를 사용하는 것이 좋다.

생고기에는 질병을 유발하는 미생물이 있을 가능성이 있다. 가정에서 건조한 육포에서 **살모넬라**와 **대장균**이 발생한 예도 몇 차례 보고되었다. 돼지고기와 야생동물의 고기에는 기생충인 **선모충**이 서식하기도 한다. 이렇게 해로운 미생물의 위험을 줄이기 위해 육포는 내부 온도가 70℃(가금류는 74℃)까지 올라오도록 가열해야 하지만, 그와 동시에 표면 경화가 일어나지 않는 방법을 써야 한다. ▶ 따라서 다음의 두 가지 방법 중 하나를 선택한다. 하나는 얇게 썬 고기를 양념장에 넣어 몇 분간 뭉근히 끓인 후 건져서 건조용 받침대에 올려놓는 것이다. 또는 얇게 썬 고기를 말린 후 오븐 팬에 담아 135℃의 오븐에서 10분간 조리할 수도 있다. 둘 중 어떤 방법을 사용할지는 개인의 취향에 따른다. 얇게 썬 고기를 양념장에 끓여서 건조하면 좀 더 부드러운 육포가 완성된다. 말린 육포를 오븐에 구우면 씹는 맛이 있는 전통적인 육포를 만들 수 있다.

육포

생고기 1.3~1.8kg당 육포 450g

육포를 만들 때 사용하는 고기는 ▶ 아주 싱싱한 생고기 또는 싱싱할 때 냉동한 고기여야 한다. 소고기와 들소고기 육포는 윗양지의 플랫 부위, 옆양지, 우둔살, 홍두깨살, 등심 등의 부위를 선택한다. 사슴고기는 대다수 부위가 지방이 적기 때문에 육포를 만들기에 적합하지만, 일반적으로 다리와 등심 부위가 육포에 가장 잘 어울린다.(실버스킨을 반드시 제거한다.) 돼지고기 육포는 허릿살이나 통다리살을 선택한다. 생선 육포는 숭어나 지방이 적은 참치, 홍연어와 케타연어 등 지방이 적은 생선의 껍질을 벗기고 필레 상태로 포를 떠서 만든다. 가금류 육포는 껍질을 벗긴 닭 가슴살이나 칠면조의 가슴살이 좋다.

▶ 우선 작업대 표면과 건조용 받침대, 용기를 철저하게 살균한다. 육류의 겉면에 보이는 모든 지방을 떼어내고 테두리 있는 오븐 팬에 올린 후 냉동실에 30분간 넣어둔다.(냉동 고기를 사용한다면 냉장고에 넣어 쉽게 저밀 수 있을 정도로 해동한다.)

결의 반대 방향으로 고기를 길고 얇게 저민다. ▶ 이때 두께가 6mm를 넘어서는 안 된다. 저민 고기에 지방이나 결합 조직이 있다면 잘라낸다. 고기 조각을 하나씩 저밀 때마다 테두리 있는 오븐 팬에 올리고 저미는 작업이 끝날 때까지 냉장고에 보관한다.

I. 오븐에서 마무리하는 방법

팔팔 끓는 양념장에 담가서 조리할 경우 해체되거나 으스러지기 쉬운 생선으로 육포를 만들 때 우리가 가장 선호하는 방법이다. 양념에 재우는 것은 어디까지나 선택이다. 소금 정도로만 간단하게 양념한 것을 선호하는 사람도 있다. 얇게 썬 고기를 그릇에 담고 고기가 덮이도록 다음을 붓는다.

선호하는 양념장, 차갑게 식히기

얇게 썬 고기를 냉장고에 넣어 3시간 이상 양념장에 재운 뒤(또는 하룻밤 냉장고에 넣어둔다.) 건져서 키친타월로 톡톡 두드려 물기를 제거한다. 또는 양념장에 재우는 과정을 건너뛰고 고기 450g마다 다음을 뿌려서 양념한다.

피클용 소금 ½작은술 또는 다이아몬드 코셔 소금 1작은술

(흑후추 또는 칠리 고춧가루 ½작은술)

식품 건조기를 65℃로 예열하고 얇게 썬 고기가 서로 닿지 않도록 건조용 받침대에 듬성듬성 한 겹으로 올린다. 받침대를 건조기에 넣고 ▶ 고기 조각이 갈라지지만 구부렸을 때 부러지지 않을 때까지 말린다. 건조 시간은 고기의 종류와 수분 보유력 및 사용하는 건조기의 성능에 따라 달라진다. 돼지고기와 가금류 고기는 최대 6시간, 소고기와 사슴고기는 최대 8시간, 생선은 최대 14시간까지 걸리기도 한다. ▶ 육포는 수분이 거의 남지 않도록 말려야 균이 번식하지 않는다. 약간 식혀서 구부려보고 제대로 건조되었는지 확인한다.

▶ 고기를 건조하는 작업이 마무리되면 오븐을 135℃로 예열한다. 오븐 팬에 육포 조각을 한 겹으로 깔고 육포의 내부 온도가 70℃에 도달할 때까지 10분 정도 굽는다.(가금류는 74℃) 이렇게 하면 기생충이나 미생물을 모두 죽일 수 있다. 육포를 완전히 식힌다.

표면에 맺힌 기름을 키친타월로 톡톡 두드려 닦아내고 육포를 전부 밀폐 용기에 담는다. 매일 흔들어주면서 4일간 보관하며 컨디셔닝을 하고 수분을 골고루 분배한다. 뚜껑에 물방울이 맺히면 육포를 더 오래 건조하고 확인 작업을 반복한다.

육포는 냉동용 지퍼백이나 뚜껑이 꽉 닫히는 유리병에 담아 보관한다. 진공 포장을 해도 좋다. 공기에 노출되면 좋지 않은 냄새가 나고 빨리 산패되어버린다. 용기의 종류와 관계없이 내용물과 날짜를 적어서 라벨을 붙인다. 서늘하고 어두우며 건조한 장소에 보관하거나 더 오래 보관하려면 냉장고 또는 냉동실에 넣는다. 제대로 건조한 육포는 선선한 실온에서 약 2주 정도밖에 보관할 수 없지만, 냉장고에 넣으면 3개월, 냉동실에 넣으면 최대 1년간 보관할 수 있다. ▶ 곰팡이가 생기면 해당 용기에 담긴 육포를 전부 버린다.

II. 양념장에 넣고 미리 끓이는 방법

건조하기 전에 얇게 썬 고기를 뭉근히 끓는 양념장에 넣어 끓이면 해로운 미생물을 죽이는 동시에 아주 부드러운 육포를 만들 수 있다.

다음을 준비해 중간 크기의 편수 냄비에 붓는다.

양념장 4컵

앞의 설명에 따라 고기를 냉동했다가 6mm 두께의 슬라이스로 얇게 저민다. 양념장이 뭉근히 끓어오르도록 가열하고 건조기를 65℃로 예열한다. 고기를 작은 덩어리 몇 개로 나눠 작업한다. 얇게 썬 고기 몇 조각을 보글보글 끓는 양념장에 넣고 3분간 끓인다. 고기의 내부 온도가 70℃(가금류는 74℃)에 도달해야 한다. 조리한 고기에서 여분의 양념장을 털어내고 서로 닿지 않도록 건조용

받침대에 듬성듬성 한 겹으로 깐다. 나머지 고기도 같은 방식으로 끓여서 건조기의 받침대에 올린다. 말려서 건조 정도를 확인하고 컨디셔닝을 한 후 버전 I의 설명에 따라 저장한다.

증류주에 담가서 보존하기

향이 진한 재료를 알코올에 담가서 우려내면 재료에 포함된 휘발성 향과 풍미 성분이 알코올에 녹아나오기 때문에 섬세한 풍미가 추출되어 보존된다. 사실 이러한 이유로 다수 풍미 추출물을 만들 때 알코올을 사용하는 것이다.(직접 만들어보고 싶다면 바닐라 추출물 항목을 참고한다.) 과일의 경우, 재료 자체가 보존되므로 술에 절인 과일과 과일을 우려낸 술이라는 두 가지 훌륭한 재료가 탄생한다. 과일을 유리병에 담고 선호하는 종류의 알코올을 그 위에 붓기만 하면 되므로 과정도 무척 간단한데, 칵테일 전용 알코올 이외의 다른 알코올을 사용하면 맛이 너무 강해진다. 과일과 알코올 혼합물에 설탕을 약간 넣으면 훨씬 순해지며 그대로 조금씩 마실 수 있는 상태가 된다. 설탕은 과일의 세포벽을 강화해 식감을 보존하는 역할도 한다. 따라서 과일의 모양이 그대로 유지되므로 과일이 으깨져서 술이 뿌옇게 변하지 않으며 상대적으로 맑은 액체와 단단한 과육이 유지된다.

체리 바운스(Cherry Bounce)

1.9ℓ

조지 워싱턴이 가장 즐겨 마셨다는 이 알코올음료는 마신 후 발걸음이 가벼워지므로 이처럼 경쾌한 이름이 붙지 않았을까? 최소한 마신 직후에는 말이다.

1.9ℓ 용량의 유리병이나 도기에 다음을 넣고 섞는다.

달콤한 체리 또는 시큼한 체리 795g, 꼭지를 따고 과도나 바늘로 콕 찔러서 구멍을 내기

설탕 1¾컵

(레몬즙 ¼컵, 달콤한 체리를 사용할 경우)

다음을 붓는다.

위스키, 버번, 보드카 또는 브랜디 4컵

유리병이나 도기의 뚜껑을 꼭 닫는다. 서늘하고 어두운 곳에 혼합물이 담긴 용기를 5~6개월간 보관하고, 가끔 맛을 보면서 입맛에 맞는지 확인한다. 술에 절인 체리를 술과 함께 즐길 수 있으므로 완성된 후 거를 필요는 없다. 실온에 두면 무기한 보관할 수 있다.

마라스키노 체리(Maraschino Cherries)

분량은 자유롭게 조절

바나나 스플릿에 올리는 장식으로 유명한 새빨간 '마라스키노 체리'가 아니라 알코올 농도가 매우 높은 시큼한 체리로, 칵테일 가니시로 사용하거나 어른들이 먹는 아이스크림선디에 장식으로 올리면 잘 어울린다.

유리병에 다음을 담는다.

씨와 꼭지를 제거하지 않은 시큼한 체리

체리가 잠기도록 다음을 붓는다.

마라스키노 리큐어

유리병을 봉한 후 2주간 냉장 보관했다가 사용한다. 1년 이내에 다 먹는다.

룸토프(Rumtopf)

분량은 자유롭게 조절

독일에서 탄생한 이 술을 만들 때는 계절이 지날 때마다 과일과 설탕을 도기에 추가한다. 과일을 넣을 때마다 해당 과일이 잠기도록 럼을 붓는다. 다크 럼과 라이트 럼을 모두 사용할 수 있지만, 향신료가 들어간 럼은 피한다. 우리는 룸토프를 만들 때 살구, 체리, 복숭아, 자두 등의 다양한 핵과를 선호하는데, 파인애플, 서양배, 딸기 등의 다른 과일도 아주 잘 어울린다.

깨끗한 도기나 커다란 유리병을 준비한다. 다음을 손질해서 준비한다.

　잘 익었지만 단단한 과일, 다듬어서 씨를 빼고 반으로 자른 후 적당히 얇게 썰기

손질한 과일의 무게를 재고 도기에 담는다. 과일 무게의 절반만큼 다음을 넣는다.

　설탕

내용물이 잠기도록 다음을 붓는다.

　40도 도수의 라이트 럼 또는 다크 럼

도기나 유리병의 뚜껑을 꼭 닫고 과일이 럼 아래에 잠겨 있는지 확인한다. 필요하면 접시로 과일을 눌러둔다. 시간이 지나면 다른 과일을 도기나 유리병에 넣고, 과일 무게의 절반만큼 설탕을 추가한 후 재료가 잠기도록 럼을 붓는다. 도기나 유리병이 꽉 차면 서늘하고 어두운 곳에 두어 2개월 이상 숙성한다. 룸토프는 실온에서 무기한 보관할 수 있다.

노치노(Nocino)

약 1ℓ

진한 갈색의 이 이탈리아식 리큐어는 녹색 영국 호두로 만든다. 칼로 쉽게 반으로 자를 수 있을 정도로 덜 여문 호두를 사용해야 한다.(미국 대다수 지역에서 6월 하순 정도에 나온다.) 리큐어를 거른 후 맛이 너무 강하다고 포기할 필요는 없다. 유리병에 담아 보관하면 시간이 지나면서 풍미가 순해지고 결국은 커피, 향신료, 콜라 맛이 난다.

다음을 준비한다.

　녹색 영국 호두 25개, 4등분하기

1.9ℓ짜리 유리병이나 도기에 호두를 담고 다음을 추가한다.

　보드카 750ml짜리 1병

　설탕 2컵

　오렌지 1개의 껍질, 채소 껍질 벗기는 도구로 길고 널찍하게 벗겨내기

　레몬 1개의 껍질, 채소 껍질 벗기는 도구로 길고 널찍하게 벗겨내기

　커피 원두 ¼컵

　통정향 10개

　통계피 7.5cm짜리 2개

　바닐라 빈 1개, 세로로 반 가르기

　(육두구 1개, 으깨기)

　(주니퍼 열매 1큰술)

유리병을 사용한다면 뚜껑을 꼭 닫고 유리병을 아주 세게 흔들어서 호두에 생채기를 내고 재료를 섞는다. 도기를 사용한다면 나무 숟가락으로 재료를 잘 섞는다. 일주일 정도마다 한 번씩 유리병을 흔들어주거나 도기의 내용물을 저으면서 서늘하고 어두운 곳에서 2개월간 보관한다. 시간이 지나면서 도기 안의 액체가 투명한 색에서 거의 검은색에 가깝게 변한다.

　체에 걸러서 건더기는 버리고 커피 필터나 면포에 액체를 한 번 더 내려서 작은 입자를 최대한 걸러낸다. 액체를 작은 유리병에 담아 4개월간 보관한다. 이렇게 보관하는 동안 노치노의 풍미가 순해진다. 6월 하순에 노치노를 만들었다면 크리스마스 즈음에는 딱 알맞게 마실 수 있는 상태가 된다.

　그대로 홀짝홀짝 마시거나 케이크를 촉촉하게 만드는 용도로 사용하거나 바닐라 아이스크림 1스쿱 위에 살짝 뿌려서 즐긴다. 노치노는 실온에서 무기한 보관할 수 있다.

재료 자세히 이해하기

현대의 요리사들은 엄청나게 다양한 선택지를 마주한다. 오늘날 사용할 수 있는 재료의 종류는 그 어느 때보다 풍부하다. 전 세계가 하나의 상권으로 묶이고 한때 희귀했던 재료를 가까운 곳에서 더욱 쉽게 구하고자 하는 소비자의 요구가 커짐에 따라 선택의 폭은 더욱더 넓어지는 추세다. 한편, 경험 많은 요리사들이 가장 익숙하고 어디서나 구할 수 있는 일부 재료의 존재를 너무 당연하게 여기거나, 요리 초보가 흔한 재료의 특색을 그냥 무시해버리는 일이 발생하기도 한다. 그러나 요리의 성공은 상당 부분 흔한 재료와 희귀한 재료가 반응하는 방식을 충분히 숙지하는 것에 달려 있다. 이번 장에서는 핵심 재료의 특징과 그 특징을 유리하게 활용하는 방법, 해당 재료를 다룰 때 예상해야 하는 점을 집중적으로 다룬다. 이번 장과 다음에 나오는 「조리 방법과 기술」 장에서 배운 지식 및 각 레시피에서 화살표로 설명하고 참고로 언급한 정보를 숙지하면 점점 더 능숙한 요리사가 될 수 있으리라 확신한다.

산성 재료(Acidic Ingredients)

산성 재료는 pH가 낮은 것으로, pH 척도에서 0~7 사이가 여기에 해당한다. 조리할 때 산성이라는 말은(일부 요리사는 상큼함이라고 표현하기도 한다.) 산성 재료가 요리의 풍미에 더하는 톡 쏘면서 얼굴을 찡그리게 하는 맛을 지칭한다. 산은 다른 모든 재료와 차별화되는 방식으로 미각을 자극한다. 그러므로 산성 음식을 기름진 요리와 함께 내는 경우가 많다. 파테에 곁들이는 작은 오이 피클, 탄수화물이 많은 추수감사절 만찬에 곁들이는 크랜베리 소스, 큼직한 루벤 샌드위치 속에 넣어서 먹는 사우어크라우트를 생각해보자. 또는 과카몰레에 라임즙을 살짝 뿌리거나 진하고 짭짤한 소스에 사워크림을 한 숟가락 듬뿍 떠서 얹는 등, 산을 음식 자체에 첨가하는 사례도 많다. 산은 대조적인 느낌과 균형감을 제공함으로써 식사라는 행위에 생동감을 불어 넣으며, 동시에 한입 더 먹고 싶다는 생각이 들도록 만족스러운 자극을 준다.

조리에서 제일 빈번하게 활용하며 가장 쉽게 떠올릴 수 있는 산성 재료는 레몬과 라임 등의 감귤류와 식초다. 그러나 조리에 사용되는 산성 재료는 이뿐이 아니다. 여기에는 치즈부터 사워크림, 버터밀크, 요구르트에 이르기까지 다양한 발효 유제품, 피클(식초 또는 발효로 산성화한 것), 토마토, 와인, 머스터드, 핫소스, 케첩을 비롯한 산성화한 양념, 크랜베리 등의 다양한 과일도 포함된다.

모든 산성 재료에는 다양한 유형의 산이 서로 다른 비율만큼 들어 있으며 이것이 산성 재료의 풍미에 영향을 미친다. **구연산**은 감귤류 과일에 가장 많이 들어 있는 산이다. **사과산**은 덜 익은 사과, 포도, 자두와 살구 등의 핵과, 루바브 등에 가장 많이 들어 있다. 비타민 C라고도 부르는 **아스코르브산**은 브로콜리, 케일, 블랙커런트, 로즈힙 등 다양한 과일과 채소에서 발견된다. 요구르트와 치즈 등의 발효 유제품과 발효 채소, 건식 염지한 소시지에는 **젖산**이 들어 있다. 젖산은 젖산균이 설탕을 대사하는 과정에서 생성된다. 식초의 톡 쏘는 자극은 또 하나의 발효 산물인 **아세트산**에 기인한다. **옥살산**은 여러 녹색 채소에 존재하지만 특히 소렐, 시금치, 루바브 줄기에 상당히 많이 들어 있다. **타르타르산**은 포도, 건포도, 와인에서 신맛을 내며(타르타르 크림 항목 참고), 타마린드, 살구, 몇몇 다른 과일에서도 발견된다.

이 모든 내용이 너무 전문적이라고 느껴질지 모르지만(신맛을 굳이 구별해야 할까?) 특정 재료가 어떤 **유형**의 신맛을 내는지를 기본적으로 파악하고 있다면 왜 특정 유명한 요리가 맛있게 완성되는지 이해할 수 있을뿐더러 새로운 조합을 고안하는 데도 도움이 된다. 사민 노스랏(Samin Nosrat)이 『소금 지방 산 열(Salt, Fat, Acid, Heat)』이라는 저서에서 설득력 있게 언급했듯이, 요리는 몇 가지 종류의 산을 '차곡차곡 쌓아서' 맛을 돋우는 경우가 많다. 예를 들어 구연산이 풍부한 토마토를 듬뿍 넣은 혼합물에 라임즙이나 식초 약간, 또는 톡 쏘는 맛의 파르메산 치즈를 갈아 넣어 더욱 복합적인 맛을 내기도 한다. 이렇게 소위 맛을 쌓아올리는 과정은 케첩, 바비큐 소스, 살사와 같은 소스에서부터 가지 파르미지아나 같은 요리에 이르기까지 많은 요리를 맛깔나게 완성하는 데 중심적인 역할을 한다. 요구르트나 타마린드 소스에 라임즙을 살짝 뿌리면 상큼하게 살아나고, 쌉쌀하거나 시큼한 녹색 채소가 들어간 샐러드에 비네그레트를 뿌리거나 자몽 몇 조각을 얹으면 맛이 더욱 좋아진다. 이렇게 이미 산성 재료가 들어 있는 요리에 산을 추가하는 사례는 적지 않다. 일부 재료는 복합적이고 다중적인 산도로 요리에 '활력'을 주기 때문에 높은 평가를 받기도 한다. 암바와 소금 절임 레몬에는 젖산, 구연산, 사과산이 들어 있다. 우스터 소스의 톡 쏘는 맛은 아세트산, 구연산, 타르타르산의 합작품이다.

산도가 표준화된 재료인 식초는 음식에 풍미를 더할 뿐만 아니라 식품을 보존하는 데에도 사용된다.(「피클」 장 참고) 짧은 시간 동안이라면 산성 용액을 과일과 채소의 산화를 늦추는 용도로도 사용할 수 있다.(산성수 항목 참고)

산성수(Acidulated Water)

적당한 크기로 썬 과일과 채소를 약간의 산성 재료를 넣은 물에 담가두면 음식을 조리하는 동안 갈색으로 변하는 것을 방지할 수 있다. 내장을 산성수에 담그면 조직이 단단해지고 좋지 않은 냄새를 없앨 수 있다.

I. 물 1ℓ마다 **사과 식초나 증류 백식초 1큰술** 또는 **레몬즙 2큰술**을 넣는다.

II. 산성 용액을 용도에 따라 적절하게 사용하는 방법은 과일 병조림용 갈변 방지 용액 및 과일 냉동에 대해 항목을 참고한다.

아가베 시럽(Agave Syrup)

아가베 꿀이라고도 하는 아가베 시럽은 미국 남서부와 멕시코, 중앙아메리카에서 자라는 커다란 다육질의 용설란인 아가베의 달콤한 즙으로 만든 순한 맛의 시럽이다. 아가베 시럽은 약 70%의 과당과 20%의 포도당으로 이루어져 있으므로 같은 분량의 옥수수 시럽이나 설탕보다 단맛이 훨씬 강하다. 아가베 시럽은 연한 색이나 진한 색(또는 호박색)을 띤다. 둘 다 맛이 순한 편이지만 진한 색의 아가베 시럽은 은은한 캐러멜 향이 난다.

설탕 대신 아가베 시럽을 사용하려면 설탕 1컵당 아가베 시럽 ⅔컵으로 대체하고 레시피에 사용하는 액체 재료의 분량을 ¼컵만큼 줄인다. 메이플 시럽이나 꿀을 사용하는 레시피의 경우 같은 양의 아가베 시럽으로 대체할 수 있지만, 아가베 시럽은 그 두 가지 재료와 같은 풍미를 내지는 못한다.

아요완(Ajwain)

아미초(bishop's weed)라고도 알려진, 작고 씨와 비슷한 모양의 말린 이 과일은 중동 지역과 아프리카, 남아시아 요리에 널리 사용되는 향신료. 캐러웨이와 가까운 품종인 아요완은 쌉쌀하고 후추 향이 나며 은은한 타임의 풍미도 느낄 수 있다. 통째로 구워서 프리터 반죽이나 플랫브레드에 넣는 경우가 많다. 달 타드카, 차나 마살라 등의 요리에서 다른 향신료와 함께 튀겨서 사용하기도 한다. 아요완을 갈아서 인도식 마살라나 에티오피아식 혼합 향신료인 베르베르에 넣는 사례도 적지 않다.

알코올 재료(Alcoholic Ingredients)

와인이나 브랜디를 몇 방울(또는 그 이상) 넣으면 여러 요리의 맛이 다채로워지고 향과 깊은 풍미가 추가된다는 사실을 부인할 사람은 없을 것이다. 코코뱅을 비롯한 일부 유명한 요리는 재료가 잠길 정도로 와인을 넉넉히 넣어서 만든다. 또한 오이스터 록펠러 같은 요리는 아주 은은한 리큐어의 향으로 특징적인 풍미를 낸다. ▶ 개별 알코올 재료의 유형에 대한 더 자세한 내용은 「칵테일, 와인, 맥주」 장을 참고한다.

알코올 재료는 조리하기 전에 양념장에 넣거나 팬에서 데글레이즈를 할 때 사용하거나 찜이나 스튜를 조리할 때 국물에 추가하거나 파운드 케이크, 말린 과일 케이크 코케뉴, 트라이플, 티라미수 등을 만들 때처럼 재료를 담가두는 용액으로 사용할 수 있다.

일반적으로 와인, 맥주, 사케, 사과주와 같이 도수가 낮은 알코올음료는 양념장에 넣거나 조리를 시작할 때 추가해 뭉근히 끓이면서 풍미를 농축시킨다.(이와 동시에 알코올 성분을 거의 전부 날린다.) 주정 강화 와인, 증류주, 리큐어는 이미 상당히 농축된 상태이므로 조리가 거의 끝나갈 즈음에 추가해 알코올 풍미가 두드러지게 살리거나 불을 붙여서 **플랑베** 방식으로 음식을 조리한다. 또는 도수가 낮은 알코올 재료처럼 조리를 시작할 때 넣어서 프랑스식 양파 수프처럼 뭉근히 끓여서 만드는 요리의 풍미 기반을 다지거나, 스테이크 오 푸아브르에 곁들이는 소스처럼 소스에 넣어 졸이기도 한다. 마지막으로 도수가 높은 증류주는 허브, 향신료, 과일의 풍미를 우려내는 데 사용된다. 더 자세한 내용은 풍미 재료를 우려낸 보드카, 추출물 및 풍미 재료, 증류주에 담가서 보존하기 항목을 참고한다.

맥주와 사과주를 조리에 사용할 경우 ▶ 홉이나 맥아 향기가 진한 맥주는 피하는 것이 좋다. 쌉쌀한 맛과 진한 풀 향이 완성된 요리에서 너무 두드러질 수 있기 때문이다. 맥주는 카르보나드 플라망드, 매클레이드의 록캐슬 칠리, 스테이크와 콩팥 파이 등에서 조리 국물로 사용된다. 또한 우리는 핀토콩 같은 콩을 조리할 때 맥주를 즐겨 넣는다. 사과주는 홍합 찜 IV를 만들 때 약간의 단맛을 내는 찜 국물로 활용하기에 아주 좋다. 사과주와 맥주는 맥주 튀김 반죽과 맥주 빵을 비롯한 다양한 반죽과 튀김옷에 가벼운 질감과 풍미를 더한다.

와인 역시 종류에 따라 요리에 단맛과 옅은 산미, 향을 더할 수 있다. 드라이 레드와인과 화이트 테이블 와인이 요리에 가장 보편적으로 사용되는데, 와인에 조린 과일을 비롯한 일부 레시피에는 드라이 로제도 사용할 수 있다. ▶ 오래 숙성되거나 값비싼 와인을 선택할 필요는 없지만(조리 과정에서 섬세한 특징이 대부분 손상되므로 고급 와인을 요리에 사용하는 것은 낭비라고 생각한다.) 그냥 마셔도 맛있게 즐길 수 있을 정도의 품질은 되어야 한다. 너무 떫은맛이 강한 와인을 넣으면 요리에서 쓴맛이 나거나 산도가 높아질 수 있으므로 주의한다. '조리용 와인'이라는 라벨이 붙은 와인은 보통 소금이 상당히 많이 들어 있기 때문에 피한다. 개봉한 지 1~2일 지나서 신선함은 조금 떨어지지만 충분히 마실 수 있는 상태의 와인을 냄비에 넣어 끓이는 요리에 사용하면 좋다. 와인의 산화를 방지하려면 원래의 와인병보다 작은 유리병에 부어서 뚜껑을 꽉 닫아 냉장고에 보관한다. 물론 상자 안에 들어 있는 박스 와인을 사서 찬장에 보관해두면 냉장고 공간을 차지하지 않고 경제적이며 산소와의 접촉을 제한해 와인의 품질도 유지되므로 가장 편리하다.

와인은 산도와 단맛을 더해주므로 조리가 끝날 무렵에 적당량을 넣어 취향에 맞게 마무리한다. 조리가 거의 다 끝난 요리에 와인을 추가하려면 먼저 와인을 별도의 편수 냄비에 담아서 졸인다. 와인 1컵을 부어 뚜껑을 덮지 않고 10분 정도 바글바글 끓이면 ¼컵 정도로 줄어든다.

샴페인을 비롯한 스파클링 와인은 사실상 유일하게 조리하지 않고 그냥 넣는 와인이다. 산도가 높고 풍미가 깔끔하므로 디저트에 썩 잘 어울린다. 미모사 파운드 케이크, 라즈베리를 곁들인 샴페인 또는 로제 젤라틴 레시피를 참고한다. 특히 후자는 샴페인의 기포가 살짝 보이게 완성한다.

사케는 요리와 양념장에 폭넓게 사용된다. 품질이 떨어지는 청주로 만들며 첨가물이 들어 있기도 한 '조리용 사케'를 제외하면 어느 상표의 사케든 요리에 사용할 수 있다. 거르지 않은 사케는 조리용으로 권하지 않는다. 사케를 대체할 수 있는 조리용 술을 찾는다면 연한 색의 드라이 셰리, 화이트와인, 드라이 베르무트 등을 고려해보자.

미림은 찹쌀로 만든 알코올의 일종이다. 부드럽고 달콤한 풍미가 있어서 데

리야키 양념장에서부터 덴츠유, 우동, 간장 라멘에 이르기까지 다양한 요리에 균형 있게 잘 어울린다. '진짜 미림'이라는 뜻의 혼미림(本みりん)은 알코올 함량이 14% 정도로 모든 미림 종류 중에서도 알코올 함량이 가장 높다. 아지미림(味みりん)에는 보통 사케와 옥수수 시럽이 포함되어 있다. 혼미림은 아지미림보다 훨씬 비싸지만 그만한 값을 한다. 물론 평소에는 아지미림을 사용해도 충분히 맛있는 요리를 만들 수 있다.

중국의 청주인 **사오싱주**는 다소 산화된 맛을 내며, 중국 요리에 필수적인 은은한 약초 풍미를 지니고 있다. 사케와 마찬가지로 '조리용 사오싱주'라는 라벨이 붙은 것은 피한다. 풍미가 다르기는 하지만 드라이 셰리를 사오싱주를 대체해 사용할 수 있다.

포트, 셰리, 마데이라, 마르살라와 같은 **주정 강화 와인**은 테이블 와인보다 훨씬 더 강렬한 풍미를 지니고 있으므로 일반적으로 조리가 거의 끝났을 때 소량만 넣어야 한다. 예외는 드라이 베르무트와 더 드라이한 셰리로, 조림 국물에 넣어 사용할 수 있다.

증류주, 리큐어, 코디얼은 디저트의 풍미를 낼 때 가장 자주 사용한다. 그대로 넣거나 아주 살짝 조리해서 사용하며, 너무 많이 넣지 않는다. 물론 보드카 소스를 곁들인 펜네 및 진과 주니퍼를 넣은 꿩 조림처럼 일부 예외도 있다. 플랑베는 증류주를 조리에 아주 근사하게 사용하는 기술로, 증류주의 풍미뿐만 아니라 불꽃에 노출되면 발화하는 특징을 활용한 것이다. 증류주와 리큐어를 아이스크림과 소르베에 넣으면 혼합물이 너무 딱딱하게 어는 것을 방지하며 냉동실에서 꺼낸 직후에도 매끄럽고 부드러운 식감을 유지할 수 있도록 도와주므로 유용하다. 이런 효용에도 불구하고 증류주는 풍미가 두드러지므로 신중하게 양을 조절해서 사용해야 한다.

비터스는 보통 칵테일 재료로 간주하지만 아주 적은 양을 다양한 요리에 첨가하기도 한다. 비터스는 증발하기 쉬우므로 열을 사용하지 않는 요리나 아주 살짝만 가열하는 요리 또는 조리가 끝난 시점에 넣는 것이 가장 좋다. 비터스를 사용하는 방법에 대한 자세한 내용은 1016쪽을 참고한다.

올스파이스(Allspice)

자메이카 원산의 올스파이스 열매에 모든 향신료(all spice)라는 이름이 붙은 이유는 정향, 흑후추, 계피, 육두구 등의 몇 가지 '따뜻한 향신료'를 합친 풍미를 연상시키기 때문이다. 올스파이스 열매는 통째로 피클용 소금물과 뱅쇼에 넣거나 갈아서 빵이나 과자, 양념장, 커리, 소시지 등에 사용한다. 페페르뉘세나 신시내티 칠리 코케뉴 레시피에서도 알 수 있듯이, 올스파이스는 그렇게 다양한 향신료의 풍미를 연상시킴에도 불구하고 다른 향신료와 섞어서 사용하는 경우가 많다.

올스파이스는 통후추와 직접 연관이 없지만 유럽에서 처음 올스파이스를 접했던 스페인 사람들은 이 두 가지를 혼동해 올스파이스가 열리는 도금양 나무에 '피멘토(pimento)'라는 이름을 붙였다.(학명 *Pimenta dioica*) 향이 진한 이 나무를 베어 적당한 크기로 잘라 **피멘토 나무**로 판매하는데, 자메이카에서는 이 나무로 자메이카식 저크 치킨 등과 같은 그릴 구이 요리에 향을 낸다. 피멘토 나무는 구하기 어렵고 값도 비싸므로 이 나무로 훈연해야 하는 상당수 저크 요리는 피멘토 대신 올스파이스를 갈아서 사용한다.(자메이카식 저크 치킨과 저크 향신료 양념 레시피 참고) **피멘토 잎**도 좀처럼 구하기 어렵고 값이 비싸며, 월계수 잎처럼 향이 아주 진해 스튜와 소스, 조림 요리에 사용할 수 있다.

아몬드(Almonds)

아몬드는 자두, 체리, 살구와 매우 가까운 핵과의 씨다. 우리에게 가장 익숙한 품종이자 소위 건강 간식에 빠지지 않는 아몬드는 **달콤한 아몬드**라고 부른다. 통통하고 매끈한 씨를 선택한다. 겉껍질을 까지 않은 아몬드가 더 신선하고 경제적이다.(겉껍질을 까는 수고를 마다하지 않는다면 말이다.) 겉껍질을 간 아몬드는 생으로 판매하거나 속껍질째 볶아서 또는 속껍질을 제거한 상태로 판매한다. 저미거나 세로로 두툼하게 잘라서 판매하기도 하며 이렇게 자른 아몬드는 특히 오븐에 구운 빵 또는 과자에 얹거나 짭짤한 또는 달콤한 요리에 가니시로 사용하기에 좋다. **아몬드 분말** 또는 **아몬드 가루**는 토르테, 마지팬, 아몬드 페이스트에 사용한다. **아몬드 우유**를 만들 때는 견과류와 씨앗 우유에 대해 항목을 참고한다. **아몬드 버터**는 견과류와 씨앗 버터에 대해 항목에서 설명하고 있다.

마르코나 아몬드는 일반적인 달콤한 아몬드보다 씨가 큼직하고 평평한 스페인 품종이다. 지방 함유량이 많아서 매우 기름지고 풍미가 진하다. 마르코나 아몬드는 스페인 원산이지만 미국 마트에서도 점점 더 자주 보이기 시작했으며 주로 치즈 판매대 근처에 진열되어 있다. 마르코나 아몬드를 치즈 옆에 비치하는 데에는 그만한 이유가 있다. 올리브유에 살짝 튀겨서 소금을 솔솔 뿌리면 치즈 보드 또는 안티파스토 스프레드와 함께 내기에 좋다. 특히 만체고 치즈나 유럽모과 페이스트가 들어 있다면 금상첨화다.

녹색 아몬드는 어린 달콤한 아몬드를 과육이 붙어 있는 상태로 갓 딴 것이다. 과육 자체는 얇고 가죽 같은 질감을 가지고 있으며 껍질에는 솜털이 보송보송 나 있다. 녹색 아몬드는 부드러우며 치즈 및 와인과 함께 그냥 먹으면 가장 좋다. 또한 피클을 담가서 먹기도 한다.

쌉쌀한 아몬드는 사실 살구의 한 종류에 해당하는 열매에 들어 있는 씨다. 일부 유럽 전통 요리 레시피에서 풍미를 낼 때 사용되지만, 쌉쌀한 아몬드에는 시안화물이라는 유해 성분이 미량 들어 있어서 널리 시판되지는 않는다. 그러나 적절한 처리를 거친 후 아몬드 추출물이나 아몬드 리큐어의 풍미를 낼 때 사용하기도 한다. 또한 이탈리아식 아마레티 쿠키를 만들 때도 사용된다.

아몬드 가니시(아망디네Amandine)

약 ½컵

이 전통적인 가니시는 아무리 흔한 요리라도 근사하게 만들어준다. 채소 가니시로 대체하려면 껍질을 제거한 호박씨 또는 참깨를 아몬드 대신 사용한다. 작은 프라이팬에 다음을 넣고 녹인다.

버터 4큰술(버터 스틱 ½개)

다음을 넣고 약불에서 견과류가 연한 갈색이 될 때까지 섞으면서 볶는다.

얇게 저민 아몬드 ½컵

소금 적당량

암바(Amba)

암바는 이라크와 이스라엘에서 즐겨 사용하는 밝은색의 시큼하고 톡 쏘는 양념이다.(인도에서도 이와 비슷한 피클을 즐겨 먹는다.) 암바를 만들기 위해서는 우선 덜 익은 망고, 기름, 강황, 기타 향신료로 건더기가 있는 발효 피클을 담근다. 보통 이 피클을 걸쭉한 소스로 갈아서 팔라펠, 양고기 샤와르마, 케밥, 사비치 등의 요리와 함께 낸다. 암바는 중동 식료품점에서 구할 수 있다.

암추르(Amchur)

암추르는 덜 익은 망고를 얇게 저미거나 가루 상태로 간 것이다. 타마린드, 수막 및 아나르다나처럼 커리, 처트니, 차트 마살라 등의 혼합 향신료에 새콤하고 톡 쏘는 맛을 더하기 위해 사용한다. 보통 가루 형태로 판매하는데 인도 식료품점이나 온라인 상점에서는 말린 암추르 슬라이스도 구할 수 있다. 슬라이스 형태의 암추르는 더 오래 보관할 수 있으며 갈아서 사용해야 한다.(또는 보글보글 끓는 커리에 담가서 뭉근히 끓인 후 월계수 잎이나 계피 조각처럼 건져낸다.)

아나르다나(Anardana)

석류를 먹어본 사람이라면 석류의 가종피(석류씨를 둘러싸고 있는 즙이 가득한 씨앗 주머니 – 옮긴이)에 익숙하겠지만, 이 가종피를 말리면 진하고 달콤새콤한 풍미를 지닌 아나르다나가 된다. 아나르다나는 통으로 또는 가루 형태로 판매하는데, 통째로 말린 아나르다나는 다른 말린 과일과 마찬가지로 잔여 당분 때문에 다소 끈끈하다. 통아나르다나는 혼합 향신료, 소스, 처트니, 커리에 사용할 때 일단 갈아서 넣어야 하고, 타마린드 및 수막처럼 새콤한 풍미를 더해준다. 인도 또는 페르시아계 식료품점에서 아나르다나를 찾아보자.

안초비(Anchovies)

안초비는 작은 생선을 여러 달 동안 염지한 후 통조림 또는 병조림 처리한 것이다. 적당량을 사용하면 맛이 크게 튀지 않으면서도 짭짤한 풍미를 낸다. 피자 한 조각 위에 넉넉하게 얹거나 으깨서 시저 샐러드 드레싱에 듬뿍 사용하면 안초비의 진한 풍미를 선호하는 사람들은 즐거운 탄성을 지를 것이다.(물론 안초비를 싫어하는 사람이라면 코를 틀어쥘 것이다.)

마트에서 구할 수 있는 안초비는 대부분 필레 상태로 올리브유에 재운 것이다. 안초비 필레를 평평하게 또는 돌돌 말아서 포장하기도 한다.(케이퍼에 돌돌 말거나 굵은 칠리 고춧가루를 넣어서 포장한 것도 있다.) 우리는 다른 추가 재료가 들어가지 않은 평평한 필레를 선호한다. **안초비 페이스트**는 사용하기 편리한 튜브 형태로 판매하지만 대부분 소금 함량이 더 높고 품질 좋은 필레에 비해 풍미가 떨어진다.

소금 절임 안초비는 전문 취급점이나 온라인 상점에서 구할 수 있다. 머리만 제거하고 통째로 처리한 것이다. 뼈를 일일이 제거하는 데 손이 많이 가고 소금을 씻어내야 하지만, 소금 절임 안초비는 비교적 경제적이고 기름에 재운 안초비보다 풍미가 좋으면서 질감도 더 단단하다. 시간만 허락한다면 우리는 커다란 통조림에 들어 있는 소금 절임 안초비를 한꺼번에 씻어서 유리병에 차곡차곡 담은 후 올리브유를 가득 부어 냉장고에 보관한다.

안초비를 사용해 너무 튀지 않으면서도 은은하게 풍미를 끌어올리려면 소스 1컵당 다진 안초비 ⅛작은술 정도를 넣는다. 안초비 필레를 샐러드나 카나페에 사용한다면 찬물에 30분간 담가서 짠맛을 어느 정도 뺀다. 물에서 건진 후 키친타월에 얹어 물기를 닦아서 사용한다. 안초비를 사용한 또 다른 짭짤한 풍미 재료는 피시 소스 항목을 참고한다.

보케로네(boquerones)라고도 하는 **흰색 안초비**는 색이 진한 병조림용 품종과 마찬가지로 작고 지방이 많은 생선인데, 짧은 기간 염지한 후 간이 세지 않은 양념장에 재운다. 그 결과 맛이 훨씬 순하므로 풍미 재료로 사용하기보다는 그냥 전체 요리로도 먹을 수 있다.

안젤리카(Angelica)

감초 풍미가 있고 단맛이 나는 안젤리카의 잎과 줄기는 설탕에 절여서 디저트의 가니시로 사용한다. 안젤리카 뿌리는 진, 압생트 또는 샤르트뢰즈와 같은 리큐어의 풍미를 내는 데 사용한다. 신선한 안젤리카 잎은 루바브의 두드러지는 신맛을 완화하는 역할을 하므로 루바브 스튜에 넣는 경우가 많다. 익히지 않은 신선한 줄기를 사선으로 얇게 썰어서 샐러드에 넣을 수도 있다. 스칸디나비아, 아이슬란드, 그린란드에서는 안젤리카로 피클을 담그거나 채소처럼 조리한다. **안젤리카씨**는 갈아서 페이스트리에 넣거나 짭짤한 요리의 양념으로 사용한다.

아니스(Anise)

아니스씨라고도 불리는 이 향신료는 단맛이 나고 은은한 감초 향이 감돈다. 씨는 파스티스, 삼부카, 우조 등과 같은 리큐어의 풍미를 내는 데 사용한다. 방향유는 스펀지 케이크의 풍미를 낼 때 사용할 수도 있다. 아니스씨를 통째로 슈프링얼레에 넣기도 한다. 아니스씨의 풍미를 최대한 끌어내리면 구워서 절구와 절굿공이로 살짝 으깨거나 두꺼운 지퍼백에 담아 밀대로 으깬다. 곱게 간 아니스씨는 특히 해산물이 들어간 짭짤한 요리에 넣으면 잘 어울리고 이탈리아식 소시지의 양념에도 두루 사용된다. **팔각**(star anise)은 1082쪽을 참고한다.

안나토(Annatto) 또는 아치오테(Achiote)

안나토는 밝은 붉은색을 띠는 안나토 나무의 씨로, 멕시코와 카리브해, 남아메리카 요리에 두루 사용된다. 말린 삼각형 씨는 통째로, 가루로 또는 페이스트 형태로 판매된다. 안나토는 요리에 노란빛을 띠는 주황색을 입히기 위해 사용하는 경우가 많고, 가벼운 후추 풍미도 더해준다. 식품 제조업자들은 치즈, 머스터드, 마가린을 더 먹음직스러워 보이게 만들기 위해 선명한 색을 띠는 안나토를 사용하는 경우가 많다.(이러한 용도로 사용하는 극미량의 추출물로는 풍미 효과를 기대할 수 없다.) 안나토씨의 독특한 색을 요리용 기름에 우려낼 수도 있다. 살짝 으깬 안나토씨 ¼컵을 식물성 기름이나 라드 1컵에 붓고 120℃로 가열한 후 이 온도를 유지하면서 10~15분간 또는 기름이 붉은색을 띠기 시작할 때까지 우린다. 씨를 걸러내고 뚜껑 있는 용기에 기름을 담아서 실온에 두면 최대 한 달간 보관할 수 있다.

칡(Arrowroot)

전분 항목을 참고한다.

아위(Asafoetida)

'이상한 냄새가 나는 검'이라는 뜻의 아위는 회향과 가까운 거대한 식물의 커다란 곧은 뿌리에서 채취한 수지질 성분의 수액이다. **힝**(hing)이라는 이름으로 불리기도 하는 이 수액을 말리면 고체 형태의 수지 덩어리가 된다. 온라인 상점을 부지런히 검색해야 구할 수 있지만, 인도 식료품점에 가면 고운 가루 형태로 된 제품을 쉽게 찾아볼 수 있으며 보통 증량제로 사용하기 위해 쌀가루와 섞어서 판매한다.(이러한 형태로 구입하면 요리에 넣는 양도 더욱 쉽게 조절할 수 있다.) 아위에서는 강한 황 냄새가 나지만 일단 조리를 하고 나면 마늘과 양파를 연상시키는 근사하고 감칠맛 가득한 풍미를 낸다. 실제로 아위와 가까운 품종으로 잘 알려진 **라세르피키움**(laserpicium)은 로마인들이 요리에 사용하기 위해 너무 많이 채집하는 바람에 멸종되었다고 한다. 아위는 차트 마살라의 개성을 살려주는 주요 재료이며 생선 커리, 채소 요리, 피클 등 다양한 남아시아 요리에 사용한다. ▶ 아위를 보관할 때는 병조림용 유리병에 담고 밀봉해서 향기가 빠져나가지 않게 한다.

아보카도 잎(Avocado Leaves)

몇몇 아보카도 나무 품종의 잎은 생으로 또는 말려서 허브로 사용한다. 통째로 구운 잎을 콩 요리(멕시코식 삶은 콩 레시피 참고)나 조림, 수프에 넣으면 은은한 아니스 풍미를 낸다. 아보카도 잎을 갈아서 같은 용도로 사용하거나 소페 등의 다른 짭짤한 요리에 양념으로 사용할 수도 있다. ▶ 일부 아보카도 품종의 잎은 독성이 있는 것으로 알려져 있으므로 사전에 조사하고 안전한 품종인지 확인한 후 신선한 잎을 따야 한다.

탄산암모늄(Baker's Ammonia)

현대에 등장한 안정적인 화학 팽창제의 대명사인 탄산암모늄은 **중탄산 암모늄, 암모니아 탄산염, 녹각염** 등의 이름으로도 불린다. 유럽에서는 예전부터 바삭함이 오래 유지되는 쿠키를 구울 때 사용해왔으며 온라인 상점에서 고운 가루 형태로 구할 수 있다. 거품을 내기 위해 산성 재료나 물을 넣어야 하는 다른 팽창제와는 달리, 탄산암모늄은 가열만 해도 거품을 낼 수 있다. 탄산암모늄을 소량씩 사서 밀폐 용기에 담아 냉장고나 냉동실에 보관했다가 사용한다. 탄산암모늄은 마른 재료와 섞어서 체에 치거나 액체에 녹여서 넣는다. ▶ 탄산암모늄을 넣은 반죽이나 튀김옷은 조리하지 않은 상태로 먹어서는 안 된다.

베이킹파우더(Baking Powder)

베이킹파우더는 알칼리성의 베이킹소다와 타르타르산(또는 타르타르 크림), 인산이수소칼슘 등을 비롯해 액체 및 열에 반응하는 다양한 산성염, 그 외 몇 가지 다른 재료를 섞어서 간단하게 사용할 수 있게 만든 것이다. 튀김옷 또는 반죽의 마른 재료에 넣고 액체 재료와 섞은 후 구우면 베이킹소다와 산성염이 이산화탄소 기체를 생성하는데, 이 이산화탄소가 반죽 안에서 작은 기포 형태를 띠기 때문에 반죽이 부풀어 오른다. 산은 물과 섞였을 때 부풀어 오르기 시작하거나 반죽 또는 튀김옷을 가열했을 때 반응하기 시작한다.

베이킹파우더에는 크게 단일 반응(속효성fast-acting과 지효성slow-acting의 두 가지 종류가 있다.)과 이중 반응의 두 종류로 나눌 수 있다. **이중 반응 베이킹파우더**에는 두 가지 유형의 산이 들어 있으며, 하나는 액체에 노출되자마자 반응하고 다른 하나는 반죽이 60℃ 등의 특정 온도에 도달할 때까지 반응하지 않는다. 이렇게 반응이 두 단계로 나뉘므로 제과제빵의 후반부에서 한 번 더 팽창이 일어나 더 높게 부풀고 질감이 가벼운 결과물이 완성된다. 이러한 유형의 베이킹파우더는 보통 황산알루미늄나트륨과 인산이수소칼슘을 산성 재료로 사용한다. 유명 상표의 베이킹파우더는 대부분 이중 반응 형태다. ▶ 이 책의 레시피에서 '베이킹파우더'가 나오면 이중 반응 베이킹파우더를 사용하자.

일부 이중 반응 베이킹파우더(알루미늄 무첨가라는 라벨이 붙어 있다.)는 속효성이며, 이러한 유형의 베이킹파우더가 들어 있는 튀김옷이나 반죽은 재빨리 섞어서 최대한 빨리 오븐에 넣어야 한다.

단일 반응 베이킹파우더에는 한 가지 종류의 산이 포함되어 있다. 단일 반응 **타르타르산염 베이킹파우더**는 베이킹소다에 타르타르산을 넣어 섞거나 타르타르 크림과 타르타르산을 함께 넣어 섞은 것이다. 반응 속도가 가장 빠르며 액체 재료와 섞이는 순간 즉시 이산화탄소를 생성한다. ▶ 오븐을 미리 예열해두고 반죽을 신속하게 섞은 후 최대한 빨리 오븐에 넣는다. ▶ 굽기 전에 반죽을 냉장고나 냉동실에 넣어 보관하려면 타르타르산 가루를 사용하지 않는다. 다른 단일 반응 베이킹파우더는 열에 노출될 때까지 팽창하지 않으므로 지효성으로 분류한다.

이러한 팽창제를 계량하기 전에 ▶ 잘 저어서 덩어리를 부순 후 물기가 없는 계량스푼을 사용한다. 베이킹파우더의 효과가 의심스럽다면 ▶ 베이킹파우더 1작은술을 뜨거운 물 ⅓컵에 섞어서 테스트해본다. 폭발적으로 기포가 올라오는 베이킹파우더만을 사용해야 한다. ▶ 레시피에서 베이킹파우더를 사용할 경우 밀가루 1컵당 베이킹파우더 1~1¼작은술만 넣어야 한다.

베이킹파우더가 다 떨어졌다면 집에서 직접 단일 반응 베이킹파우더를 만들어 사용할 수 있다. 레시피에서 지정한 베이킹파우더 1작은술당 타르타르 크림 ½작은술, 베이킹소다 ⅓작은술, 소금 ⅛작은술을 섞어서 사용한다. 반죽에 이 혼합물을 섞은 후 바로 오븐에 넣는다. ▶ 이 혼합물은 보관에 적합하지 않으므로 만든 즉시 사용한다.

▲ 고도가 높은 지역에서는 대기압이 낮아서 이산화탄소 기체가 더욱 빨리 팽창하므로 부풀어 오르는 효과가 더 활발하게 일어난다. 따라서 해발 고도를 기준으로 한 레시피보다 베이킹파우더의 양을 줄여서 사용해야 한다. 또는 높은 고도 지역에 맞게 특별히 개발된 레시피를 활용하는 것이 좋다. 찾아보기 항목에서 높은 고도용 레시피의 목록을 참고한다.

베이킹소다(Baking Soda, 탄산수소나트륨)

베이킹소다(알칼리 물질)를 산성염과 섞어서 사용하지 않을 경우(베이킹파우더처럼), 일반적으로 산성 재료와 섞어서 확실한 팽창 효과를 낸다. 버터밀크, 사워밀크, 요구르트, 사워크림, 당밀, 꿀, 식초 또는 감귤류즙을 반죽에 넣으면 베이킹소다와 만나서 반응하기 시작한다. 산성 재료를 넣지 않아도 빵이나 과자를 구울 때 베이킹소다로 팽창 효과를 낼 수 있지만, 산성 재료를 넣었을 때보다는 팽창력이 훨씬 떨어진다.

모든 재료를 섞자마자 팽창이 일어나므로 항상 베이킹소다를 먼저 마른 재료와 함께 섞은 후 액체 재료를 넣자마자 최대한 빨리 반죽을 굽는다. 타이밍을 정확하게 맞춘다면 전분이 젤라틴으로 변하고 글루텐 단백질이 굳는 동시에 결과물이 최대한의 크기에 도달한다. 그러나 반죽이 너무 묽어서 팽창을 지탱하지 못하면 제대로 굳기 전에 무너져버린다. 팽창제가 너무 일찍 활성화되어도 굳기 전에 꺼진다.

일부 레시피에는 베이킹파우더와 베이킹소다를 모두 사용한다. 그 이유는 베이킹소다의 양이 레시피에 들어 있는 산을 중화하기에는 충분하지만 실제로 반죽을 팽창시키기에는 모자라기 때문이다.(단순히 베이킹소다의 양을 늘리면 완성된 결과물이 너무 짜거나 비누 맛이 난다.) 이 경우 베이킹파우더를 넣어서 팽창력을 높인다. 또는 갈색으로 먹음직스럽게 익도록 베이킹소다를 추가하기도 한다.

▶ 베이킹소다를 넣는 레시피에는 밀가루 1컵당 베이킹소다를 약 ¼작은술 정도만 사용해야 한다.

▲ 고도가 높은 지역에서는 베이킹파우더와 같은 이유로 보통 베이킹소다의 양을 줄여서 사용한다. 대기압이 낮으면 팽창 효과가 더 활발하게 나타난다. 때로는 반죽의 산도를 높이기 위해(고도가 높은 지역에서 권장) 베이킹파우더를 베이킹소다보다 더 많이 사용해 두 가지 팽창제의 균형을 조절하기도 한다.

바나나 꽃(Banana Blossoms)

바나나 나무에 열리는 큼직한 꽃을 개화하지 않은 상태로 따서 손질하고 자른 후 볶거나 커리에 넣거나 생으로 먹으면 상큼하고 톡 쏘는 아삭한 풍미를 더할 수 있다. 바깥쪽 꽃잎은 아름다운 진한 보라색을 띠며 아티초크의 잎처럼(식물학자들은 이를 포엽이라고 부른다.) 상당히 섬유질이 많다. 바깥쪽 꽃잎을 하나씩 따서 바나나 꽃의 내부로 들어갈수록 점점 색이 연해진다. 꽃잎을 하나씩 벗겨내면 커다란 꽃 안에 여러 개의 길쭉한 작은 꽃이 붙어 있는 것을 볼 수 있다. 바나나 꽃이 나무에서 계속 자라면 바로 이 작은 꽃 부분이 바나나로 성장한다. 레시피에 따라 이 자그마한 꽃을 떼어서 버리는 경우도 있다. 벵골 지방의 커리인 모차르 곤토(mochar ghonto)를 비롯한 다른 레시피에서는 이 작은 꽃들을 깨끗하게 씻어서 자른 뒤 물에 불리거나 애벌로 삶아서 향미 재료 및 향신료와 함께 조리한다.

바나나 꽃을 손질하는 데에는 몇 가지 방법이 있다. 첫 번째는 보라색 꽃잎과 그 안의 작은 노란색 꽃을 모두 벗겨서 버리고 가장 안쪽에 들어 있는 원뿔 모양의 연하고 부드러운 꽃잎만 남기는 것이다. 이 원뿔형의 심을 가로 방향으로 얇게 저며서 갈변을 막기 위해 즉시 산성수에 담근다. 또는 일단 부드러운 안쪽 심이 드러나면 세로로 4등분하고 흔들어서 안쪽에 있는 노란색 꽃을 털어낼 수도 있다. 세 번째 방법은 색이 연하고 부드러운 꽃잎을 전부 벗겨내고 노란색 꽃을 버린 후 꽃잎을 차곡차곡 쌓아 가로로 얇게 써는 것이다. 바나나 꽃은 태국 커리, 베트남식 수프, 샐러드에 아삭한 가니시로 사용한다.

바나나 잎(Banana Leaves)

바나나 나무의 거대한 잎은 아주 튼튼하므로 특히 음식을 감싸서 조리할 때 적합하다. 바나나 잎은 생선이나 쌀처럼 조직이 연한 재료가 그릴 철망에 달라붙거나 불꽃에 그슬리지 않도록 보호하는 데 사용할 수도 있다. 유카탄반도에서는 타말레를 감쌀 때 바나나 잎을 사용하거나 구덩이에 고기를 넣어서 구울 때 감싸는 용도로 사용한다. 아목 트레이(amok trey)라는 캄보디아 요리는 바나나 잎을 그릇 모양으로 만들어 생선과 향미 재료, 코코넛 밀크를 담아서 찜기에 찐다. 이렇게 해서 커리와 같은 커스터드가 완성되면 바나나 잎으로 만든 그릇에 담아서 낸다. 그대로 먹기에는 너무 두껍고 질기지만 음식을 감싸서 조리하면 사뭇 녹차와 비슷한 기분 좋은 향기가 음식에 밴다. 아시아나 라틴계 식료품점의 냉동식품 판매대에서 바나나 잎을 찾아보자. 음식을 감싸기 위해 바나나 잎을 손질하려면 바나나 잎 타말레 레시피를 참고한다.

바질(Basil)

'허브의 왕'이라는 뜻의 바실리스코스(basiliskos)라는 그리스어에서 유래했다. 민트와 가까운 품종인 바질은 아니스와 비슷한 후추 향을 지니고 있다. 페스토에 사용하는 것으로 유명한 **제노베제** 품종과 같은 전형적인 '스위트' 바질은 이러한 향이 아주 은은하게 나는 편이며, 그 외의 품종은 더욱 두드러진 향을 가지고 있는 경우가 많다. 잎이 더 작고 동그랗고 빽빽한 덤불 형태로 자라는 **글로브 바질**은 특히 알싸한 맛이 강하다. 줄기와 꽃이 보라색인 **태국 바질**은 아니스와 정향 풍미를 진하게 느낄 수 있으며 퍼보에 빼놓을 수 없는 가니시이자 태국식 커리에 얹으면 근사하다. 가까운 연관 품종이지만 약간 다른 종류로는 털시(tulsi)라고도 불리는 **홀리 바질**이 있으며 비슷한 풍미가 난다. **레몬 바질**과 **시나몬 바질**은 교배종이며 각각 이름에 부합하는 맛이 나는데, 이름만 들어도 근사해 보이지만 실제로 주방에서 썩 유용한 재료는 아니다. **난쟁이 덤**

불 바질(학명 *Ocimum minimum*)은 작고 풍미가 강한 잎이 달리며 다 자라도 높이가 30cm를 넘지 않기 때문에 실내에서 키우기에 가장 좋은 품종이다.

바질을 시포나드 또는 가느다란 끈 모양으로 썰려면 213쪽을 참고한다. 바질은 일단 잘라놓으면 금세 색이 진해지므로 잘 드는 칼로 음식에 올리기 직전에 썬다. 바질은 뜨거운 요리를 내기 직전에 넣어서 섞거나 가니시로 사용한다. 또는 이탈리아식으로 바질 잔가지를 묶어서 다발로 만든 후 작은 꽃병에 담아 식탁에 올려서 먹는 사람이 직접 잎을 따서 요리에 넣어도 근사하다. 바질을 말리면 특징적인 향기와 복합적인 풍미가 대부분 사라지므로 건조에 적합하지 않은 허브다. 바질의 풍미를 가장 잘 보존하는 방법은 페스토나 가향 버터를 만드는 것으로, 둘 다 냉동실에 장기 보관할 수 있다. 젠의 바질 향 기름은 바질의 선명한 녹색을 보존할 수 있는 또 하나의 좋은 방법이다. **바질씨**는 물에 담가서 불리면 미끌미끌한 점액질로 둘러싸인다는 점에서 치아시드와 비슷하다. 바질씨를 가향 음료에 넣기도 한다.

월계수 잎(Bay Leaves)

상록 관목인 월계수의 잎은 두껍고 식용으로 사용할 수는 없지만 진한 향을 가지고 있다. 잎 둘레가 구불구불하거나 얼룩덜룩한 색을 띠는 품종도 있는데, 대다수는 진한 녹색에 잎의 가장자리가 매끄러우며 길쭉한 모양을 하고 있다. 월계수 잎은 요리할 때 기도하는 심정으로 넣는 재료, 즉 왠지 맛있어질 것 같은 느낌에 넣어보지만 별다른 효용은 없는 재료처럼 보일지도 모른다. 그러나 월계수 잎은 수프와 스튜, 육수, 조림, 양념장, 피클, 콩 요리, 파스타 삶는 물에 박하와 비슷한 은은한 기분 좋은 향을 더한다.

밀린 월계수 잎은 향신료 판매대에서 빠지지 않는 제품이다. 말린 월계수 잎을 냄비에 넣을 때는 부숴서 넣지 않는다. 통째로 넣어야 나중에 건져내기 쉽다.(항상 음식을 내기 전에 월계수 잎을 건져야 한다.) 또는 말린 월계수 잎을 아주 곱게 갈아서 혼합 양념에 넣기도 한다.(체서피크 베이 시즈닝 레시피 참고)

말리지 않은 생월계수 잎도 점점 농산물 판매대에서 자주 눈에 띄고 있으며, 기후만 적합하다면 월계수 나무는 키우고 관리하기도 쉬운 편이다. 생월계수 잎은 접거나 생채기를 낸 후 요리에 넣어야 풍미가 더 잘 우러난다. 생월계수 잎이 너무 많다면 말려도 좋고, 지퍼백에 담아 냉동실에 넣으면 몇 달 정도 보관할 수 있다. ▶ 연한 회색빛이 도는 녹색을 띠면서 모양이 날씬한 생월계수 잎은 **캘리포니아 월계수**의 잎으로, 너무 강한 유칼립투스 풍미를 지니고 있으므로 요리에는 사용을 피해야 한다. 생월계수 잎을 딸 때는 ▶ 독성 물질인 시안화물이 들어 있는 월계수귀룽(학명 *Prunus laurocerasus*) 또는 영국 월계수와 혼동하지 않아야 한다. 월계수귀룽의 잎을 찢으면 아몬드 향이 나기도 한다.

너도밤나무 열매(Beechnuts)

너도밤나무 열매는 상업적으로 수확하지 않으므로 다람쥐나 큰어치가 따먹기 전에 직접 따야 한다. 삐죽삐죽 가시가 돋아난 겉껍질이 갈색으로 변하는 늦여름이나 초가을까지 기다린다. 너도밤나무 열매를 구우면 풍미가 더욱 살아나고 복통을 일으킬 수 있는 사포닌이 파괴되며 삼각뿔 모양의 열매를 겉껍질에서 떼어내기가 쉬워진다.(계절이 더 늦어지면 겉껍질이 저절로 벌어진다.) 알맹이를 꺼낸 후 주방 행주나 체로 문질러서 속껍질과 작은 솜털을 제거한다.

맥주(Beer)

알코올 재료 항목을 참고한다.

자작나무 시럽(Birch Syrup)

자작나무 시럽은 자작나무의 수액으로 만든다. 메이플 시럽보다 풍미가 복합적이고 당밀을 연상시키는 기분 좋은 향기가 난다. 메이플 시럽보다 타는점이 훨씬 낮으므로 적당한 불로 오랜 시간 농축시킨다. 자작나무 시럽은 메이플 시럽보다 훨씬 손이 많이 가며 자작나무 수액에서 얻을 수 있는 자작나무 시럽의 비율은 110:1이다.(메이플 시럽은 40:1) 따라서 자작나무 시럽은 메이플 시럽보다 훨씬 비싸므로 재료보다는 토핑으로 사용해야 한다.

비터스(Bitters)

비터스는 칵테일에 빠질 수 없는 '양념' 재료로 우리에게 가장 익숙하다. 가장 보편적으로 사용되는 것은 앙고스투라와 페이쇼즈이며, (운더베르크Underberg와 같은) 비터스는 소화를 돕는 식후주다. 이렇게 대표적인 비터스를 비롯해 점점 더 많은 비터스가 등장하고 있는데, 감귤류, 허브, 향신료 풍미의 비터스부터 카카오, 커피, 칠리 고추를 우려낸 비터스에 이르기까지 종류도 다채롭다. 향 성분의 구성은 다양하지만, 전통적인 조합은 약초 뿌리와 껍질(용담, 기나피, 약쑥, 민들레 등)을 쌉쌀한 맛을 내는 성분으로 사용하고 향이 진한 허브, 향신료, 감귤류 껍질로 향을 추가하는 형태다. 이러한 재료를 도수가 높은 알코올에 담가서 우려내고 걸러낸 후 진한 캐러멜 시럽으로 은은한 단맛을 더한다.

비터스는 다양한 요리에 아주 소량씩 넣을 수 있지만 천연 재료의 쓴맛이 아주 강하다는 점을 잊지 말자. 추출물과 비슷하게 사용해야 하며, 보통 1작은술 이하로도 충분하다. 추출물과 마찬가지로 비터스는 도수가 높고 가열하면 금세 증발하므로 풍미가 날아가버린다. 따라서 가열하지 않는 요리에 넣거나 조리가 다 끝났을 때 또는 앙고스투라 체스 파이의 필링처럼 살짝만 가열하는 혼합물에 사용할 때 가장 효과적이다. 또한 비터스는 딸기 루바브 파이의 필링, 초콜릿 트러플, 프로스팅, 막대 아이스크림에 넣어도 아주 잘 어울린다.

건라임(Black Lime, 루미Loomi 또는 리무 오마니Limu Omani)

중동 지역(특히 이란) 요리와 혼합 향신료에서 신맛을 내는 재료로 사용되는 건라임은 라임을 통째로 말려서 맛을 농축하고 소나무 향과 약간의 발효 풍미를 낸 것이다. 대부분 검은색을 띠는데 갈색 건라임도 드물지 않게 볼 수 있다. 통째로 또는 가루 형태로 판매하지만 통째로 사는 편이 훨씬 오래 보관할 수 있다. 조림이나 수프에는 통째로 또는 으깨서 넣을 수 있으나 대부분은 갈아서 사용해야 한다.(건라임을 갈기 전에 우선 칼날을 눕혀서 눌러 으깬 다음 씨를 골라내서 버린다.) 수막, 타마린드 또는 소금 절임 레몬 대신 소량씩 사용하면 쌀, 생선, 가금류 요리에 톡 쏘는 신맛을 더할 수 있다.

말린 가다랑어(Bonito)

가쓰오부시라고도 하는 말린 가다랑어는 가다랑어의 허릿살 부분을 쪄서 소금으로 간을 하고 훈연하여 반건조한 후, 내한성의 누룩곰팡이를 주입하여 발효 및 추가로 건조한 것이다. 그 결과 돌처럼 단단하고 복합적이면서 강렬한 감칠맛을 지닌 가다랑어 허릿살이 탄생한다. 이 말린 가다랑어를 대패로 아주 얇게 깎아서 연한 분홍빛이 도는 베이지색의 포 형태로 만든 후, 육수의 기본 풍미(다시)를 내거나 가니시 또는 토핑으로 얹는(오코노미야키 레시피 참고) 형태로 수많은 요리에 활용한다. 가다랑어포는 다양한 두께로 판매된다. 육수나 수프에는 두꺼운 포를 사용하고, 아주 얇으면서 투명한 포는 가니시로 쓴다. 온라인 상점에서 말린 가다랑어 허릿살을 통째로 주문할 수도 있지만 전용 도구가 없다면 포로 깎아내기가 매우 힘들다.

서양지치(Borage)

솜털이 보송보송한 서양지치의 잎과 푸른색 꽃은 오이와 비슷한 풍미를 추가하고 싶을 때 소량씩 사용한다. 잎을 얇게 썰어서 샐러드와 생선 요리에 토핑으로 사용하거나 다져서 비네그레트에 넣거나 짓이기거나 찢어서 핌스 컵 같은 칵테일에 얹는다. 별 모양의 푸른색 꽃은 펀치와 칵테일에 둥둥 띄워도 아주 예쁘고, 샐러드나 차가운 수프에 가니시로 사용해도 좋다. 차이브 꽃처럼 식초에 우려낼 수 있으며 서양지치 꽃을 식초에 넣으면 금세 선명한 색과 오이 풍미가 우러난다. 서양지치 꽃은 말려서 허브차로도 사용할 수 있다.

보타르가(Bottarga)

지중해를 비롯한 여러 지역에서는 수백 년간 숭어, 참치 또는 다른 어종의 알을 통째로 염지한 뒤 말려서 먹었다.(일본에서는 가라스미からすみ라는 이름의 좀 더 말랑말랑한 건조 어란을 만든다.) 이탈리아어인 보타르가는 이러한 고급 어란을 일컫는 가장 보편적인 명칭이며, 특히 파스타를 비롯한 간단한 요리에 얇게 깎아서 얹으면 짭짤한 소금물 풍미를 느낄 수 있다. 숭어알이 다른 생선의 알보다 훨씬 선호도가 높고 가격도 비싸다. 참치알은 시칠리아식 보타르가라는 더 개성이 강한 형태로 만들고, 청어나 대구, 명태 등의 다른 알을 사용하기도 한다. 종류와 관계없이 건조 어란을 아주 곱게 깎아서 양념이 강하지 않은 요리에 넣으면 짭짤한 감칠맛으로 음식의 맛을 살려준다.(또는 어란 자체의 맛도 강조된다.) 부드러워서 깎기 어려운 반건조 어란은 기름에 튀겨서 얇게 저민 후 일품 요리로 내는 경우가 많다. 보타르가의 진귀한 풍미를 더 다양하게 즐기고 싶다면 얇게 깎아서 가향 버터를 만들 때 우려내보자.

부케 가르니(Bougeut Garni)

프랑스 요리의 중심인 부케 가르니는 여러 종류의 허브를 통째로 한데 모은 후 (향신료와 향미 채소를 추가하기도 한다.) 면 거즈로 감싸거나 조리용 끈으로 묶어서 수프, 육수, 조림, 소스의 풍미를 내는 데 사용한다.(미르푸아와 함께 사용하는 경우가 많다.) 이 허브 묶음의 풍미를 조리용 국물에 우려낸 후 음식을 내기 전에 건져낸다. 이 책의 수많은 레시피에서 부케 가르니를 사용하지만 직접적으로 부케 가르니라는 이름을 언급하지는 않는다. 생파슬리와 타임 잔가지 몇 개, 셀러리 잎, 건조 또는 생월계수 잎이 가장 보편적인 재료이며, 거기에 서양대파 줄기 1대, 정향 몇 개, 마늘을 추가하기도 한다. 생허브 대신 말린 허브를 사용할 경우 ▶ (월계수 잎을 제외한) 모든 허브를 모아서 차 거름망에 담거나 사각형 거름종이에 넣고 묶어서 허브 조각이 조림 국물로 빠져나가지 않게 한다.

브라질너트(Brazil Nuts)

브라질너트는 큼직하고 길쭉한 견과류로, 캐슈나 아몬드 크기의 2배 이상 된다. 브라질너트를 일단 냉동했다가 망치로 깨면 속에 있는 견과를 바로 꺼낼 수 있어 가장 쉽게 겉껍질을 벗길 수 있다. 브라질너트는 175℃에서 통째로 12분 정도 구워서 사용한다.

빵가루(Bread Crumbs)

빵가루가 들어가는 레시피에서는 어떤 종류의 빵가루인지 확인해야 한다. 마른 빵가루, 생빵가루, 갈색 빵가루, 버터 빵가루 중 어느 것을 사용하느냐에 따라 결과물이 전혀 달라진다. 가루를 묻히거나 그라탱을 만들 때 빵가루 대신 곱게 으깬 크래커나 콘플레이크, 옥수수 칩 또는 감자 칩 가루를 사용하기도 한다. 재료를 튀기기 위해 빵가루를 묻히거나 코팅하는 방법은 703쪽을 참고한다. 빵의 끝부분이나 먹다 남은 빵을 냉동실에 보관했다가 필요할 때마다 꺼내서 빵가루를 만든다.

회전식 강판으로 갈아서 빵가루 만들기

마른 빵가루

마른 빵가루는 마른 빵, 옥수수 빵, 크래커 또는 케이크로 만든다. 빵이나 케이크가 덜 말랐다면 오븐 팬에 올려놓고 93℃의 오븐에 1~2시간 넣어 바삭하게 말린 뒤 빵가루를 만든다. 이때 갈색으로 변하지 않도록 주의한다. 빵가루를 소량 만들 때는 작게 자른 마른 빵을 위의 그림처럼 회전식 강판에 넣어서 갈거나 지퍼백에 담아 봉한 후 밀대나 나무망치로 두드려서 부순다.

빵가루를 대량으로 만들 때는 푸드 프로세서를 권장한다. 푸드 프로세서에 채썰기용 원반형 칼날이 달려 있다면 빵을 주입구에 쉽게 들어갈 수 있는 크기로 자른 뒤 누름 봉을 사용해 빵 덩어리를 푸드 프로세서에 넣어 가루로 잘게 썬다.(다소 시끄럽지만 이상하게도 기분 좋은 작업이다.) 일반적인 썰기용 칼날이 달린 푸드 프로세서라면 빵을 정육면체 또는 작은 조각으로 자르거나 찢은 후 몇 번에 나눠 푸드 프로세서에 넣고 작동시킨다.

빵가루를 구우려면 오븐 팬에 넓게 펴서 깔고 190℃의 오븐에서 10분간 굽되, 중간에 한 번 섞어준다. 마른 빵가루는 밀폐 용기에 담아 서늘하고 건조한 곳에 보관한다.

입자가 굵은 빵가루(팡코Panko)

이 일본식 빵가루는 전류를 가해서 구운 빵으로 만들기 때문에 아주 건조하고 질감이 거칠다. 팡코는 대다수 마트에서 구할 수 있다. 팡코는 입자가 굵고 아주 바삭바삭한 빵가루로 재료를 코팅해야 할 때 적합하다. 대다수 레시피에서 마른 빵가루 대신 팡코를, 또한 팡코 대신 마른 빵가루를 사용할 수 있다.

부드러운 빵가루 또는 생빵가루

부드러운 빵가루 또는 생빵가루는 신선한 빵을 굽지 않고 그대로 사용해서 만든다. 이러한 빵가루의 가벼운 질감을 유지하기 위한 최적의 방법은 빵을 적당한 크기로 뜯은 다음 푸드 프로세서에 조금씩 넣어 가볍고 폭신폭신한 빵가루가 될 때까지 가는 것이다. ▶ 부드러운 빵가루를 계량하려면 컵에 느슨하게 담아서 채운다. 꾹꾹 눌러 담지 않도록 주의한다.

갈색으로 볶은 버터 빵가루

약 1컵

일단 빵가루를 갈색으로 볶고 나면 잘게 부순 구운 베이컨, 구워서 다진 견과

류, 강판에 곱게 간 파르메산 치즈, 다진 생허브나 잘게 부순 말린 허브, 강판에 곱게 간 레몬 껍질, 흑후추 또는 굵게 빻은 고춧가루 등을 약간 넣어 맛을 더할 수 있다. 이 풍미 진한 빵가루는 녹색 채소 샐러드, 구운 채소 요리, 녹색 채소 볶음, 파스타 요리에 근사한 토핑으로 활용할 수 있다.

프라이팬에 다음을 두르고 중불에 올려 가열한다.

버터, 올리브유 또는 이를 섞어서 4큰술(버터 스틱 ½개)

취향에 따라 약불로 줄이고 다음을 넣어서 5분간 볶는다.

(마늘 1~2쪽, 살짝 으깨기)

프라이팬에서 마늘을 꺼낸다. 중불로 올리고 다음을 넣어서 젓는다.

마른 빵가루나 팡코 1컵 또는 부드러운 빵가루 1½컵

소금 ½작은술

가끔 저으면서 빵가루가 노릇노릇해질 때까지 볶는다. 취향에 따라 볶은 마늘을 다진 후 빵가루에 넣고 섞어도 좋다.

오 그라탱(Au Gratin)

미국에서는 '오 그라탱'이라는 용어를 보통 치즈와 연관지어 사용한다. 그러나 캐서롤(캐서롤에 대해 항목 참고), 크림을 사용한 요리, 속을 채운 채소 또는 갈색으로 바삭하게 익힌 크러스트를 얹어서 즐기는 요리에 사용하는 고운 생빵가루나 마른 빵가루, 잘게 부순 콘플레이크나 크래커 가루, 곱게 간 견과류 등의 모든 토핑을 지칭하는 데 이 용어를 사용하기도 한다.

Ⅰ. 풍미를 첨가하지 않은 것

음식 위에 빈 곳이 없도록 다음을 얇게 홀홀 뿌린다.

마른 빵가루

별다른 언급이 없다면 190℃의 오븐에 넣어 바삭하고 노릇노릇한 크러스트가 형성될 때까지 굽는다. 또는 직화 오븐을 예열한 뒤 열원에서 7.5cm 떨어진 곳에 요리를 둔다. 자주 확인하면서 갈색이 될 때까지 굽는다.

Ⅱ. 양념과 버터를 가미한 것

다음을 섞는다.

마른 빵가루

(스위트 파프리카 가루, 빵가루 1컵당 최대 ½작은술)

음식 위에 빈 곳이 없도록 얇게 홀홀 뿌린다. 그 위에 다음을 듬성듬성 얹는다.

작은 버터 조각

별다른 언급이 없다면 190℃의 오븐에 넣어 바삭한 황금색의 크러스트가 되도록 굽는다. 또는 직화 오븐을 예열한 뒤 열원에서 12.5cm 떨어진 곳에 요리를 둔다. 자주 확인하면서 갈색이 될 때까지 굽는다.

Ⅲ. 치즈를 첨가한 것

중간 크기의 그릇에 다음을 넣고 섞는다.

마른 빵가루

강판에 곱게 간 체더, 로마노 또는 파르메산 치즈(빵가루 1컵당 최대 ¼컵)

(스위트 파프리카 가루, 빵가루 1컵당 최대 ½작은술)

음식 위에 빈 곳이 없도록 얇게 홀홀 뿌린다. 그 위에 다음을 듬성듬성 얹는다.

작은 버터 조각

별다른 언급이 없다면 190℃의 오븐에 넣어 바삭한 황금색의 크러스트가 되도록 굽는다. 또는 직화 오븐을 예열한 뒤 열원에서 12.5cm 떨어진 곳에 요리를 둔다. 자주 확인하면서 갈색이 될 때까지 굽는다.

소금물(Brine)

가장 간단한 형태의 소금물은 단순히 물에 소금을 녹인 것이다. 돼지고기, 가금류, 생선을 소금물에 담그면 육질이 더욱 촉촉해진다. 또한 소금물에 풍미 재료를 추가해 양념장처럼 재료 표면을 양념하는 사람들도 많다. 소금물에 설탕을 넣으면 음식을 조리할 때 더욱 먹음직스러운 갈색으로 익는다. 그러나 이러한 추가 재료를 반드시 소금물에 넣을 필요는 없다.

양념을 하든 안 하든 관계없이 우리는 대부분의 용도에 **6%의 소금물**을 추천하며, 물 3.8ℓ당 식탁용 소금 ¾컵 또는 다이아몬드 코셔 소금 1½컵을 넣거나 물 1ℓ당 식탁용 소금 3큰술 또는 다이아몬드 코셔 소금 6큰술을 넣어서 만든다. 소금이 녹을 때까지 잘 저은 후 재료를 완전히 소금물에 담그고, 이때 뚜껑이 있으면서 내용물이 흐르지 않는 용기에 담으면 더욱 좋다. 재료를 지퍼백에 담은 후 재료가 잠기도록 소금물을 부으면 더 깔끔하게 작업할 수 있지만, 혹시 샐 경우를 대비해 밖으로 흘러나온 소금물을 받아낼 수 있도록 큼직한 그릇이나 오븐 팬에 지퍼백을 올려놓아야 한다. 소금물에 담가놓는 시간과 각 재료의 특징에 대한 정보는 가금류 염지에 대해, 생선을 양념장에 재우고 소금물에 절이는 방법에 대해, 육류를 소금에 절이기, 양념장에 재우기, 간하기 항목을 참고한다. 사용한 소금물은 버린다. 갈색으로 잘 익히기 위해서는 키친타월로 재료의 물기를 꼼꼼히 닦거나 오븐 팬에 받침대를 놓고 그 위에 올려서 냉장고에 1시간 이상 넣어두고 말린다.

또 하나 언급해둘 만한 방법은 **평형 염지**(equilibrium brining)로, 이 방법은 일반적으로 더 일관적인 결과를 얻을 수 있다.(그러나 시간이 오래 걸리고 정확한 계량이 필요하다.) 물과 육류, 생선 또는 가금류 조각의 무게를 잰 후 전체 무게의 일정한 비율(일반 염지보다 훨씬 낮은 비율)만큼 소금을 넣는다. 대다수 재료의 경우 ▶ 소금 1~1.5%를 사용하면 간이 잘된 결과물을 얻을 수 있으며 염지육 특유의 질감이나 풍미도 발생하지 않는다. 평형 염지법의 유일한 단점은 고기의 소금 농도와 소금물의 농도가 평형을 이루어야 한다는 점이다. 생선 필레처럼 얇은 다공성 재료라면 큰 문제가 되지 않기 때문에 2시간 정도면 충분히 염지가 가능하지만, 돼지고기 촙보다 두꺼운 육류 또는 가금류 덩어리를 평형 염지법으로 처리하려면 여러 날이 걸리기도 한다. 평형 염지의 사례와 평평한 모양의 큼직한 고깃덩어리에 소금이 골고루 퍼지는 데 걸리는 시간에 대한 정보는 가정에서 염지한 베이컨과 가정에서 염지한 콘비프 레시피를 참고한다.

건식 염지는 소금을 골고루 뿌린 육류나 생선, 가금류를 오븐 팬에 받침대를 놓고 그 위에 올려서 냉장고에 넣는 것을 지칭한다. 건식 염지는 소금물에 재료를 담가서 재우는 방법에 비해 여러 측면에서 장점이 있다. 일단 공간을 덜 차지하고, 교차 오염의 위험이 낮으며, 재료 표면의 물기를 쉽게 제거할 수 있어서 조리하는 동안 더 쉽게 갈색으로 익는다. 일반적으로 건식 염지를 하기 위해서는 육류, 생선, 가금류 450g당 식탁용 소금 1작은술 또는 다이아몬드 코셔 소금 2작은술을 사용한다.

피클용 소금물은 소금, 물, 식초를 섞은 후 보통 허브와 통후추, 기타 향신료를 우려내서 만든다. 이러한 풍미가 피클용 채소에 완전히 스며들고, 식초의 농도에 따라서 병조림하기에 안전한 상태로 만든다. 더 자세한 내용은 「피클」장을 참고한다. 발효에 사용하는 소금물은 998쪽을 참고한다.

현미 시럽(Brown Rice Syrup, 조청)

쌀 전분을 재료로 하여 만드는 시럽으로, 현미 시럽 또는 조청이라고 부르며 색이 연하고 특별한 풍미가 없다. 설탕 1컵을 조청으로 대체하려면 조청 1¼컵을 넣고 레시피의 액체 재료 분량을 ¼컵만큼 줄인다. 가장 좋은 풍미와 식감을 내려면 레시피에서 지정한 설탕 분량의 일부만 조청으로 대체하는 것이 좋다. ▶ 조청에 들어 있는 비소 성분에 대한 우려도 있다는 점을 기억하자.

버넷(Burnet)

샐러드 버넷이라고도 부르는 이 정원용 허브는 오이를 연상시키는 풍미를 지니고 있다. 샐러드 버넷이라는 이름에서도 알 수 있듯이, 버넷의 잎과 꽃은 한때 녹색 채소 샐러드에 추가하는 재료로 즐겨 사용되었다. 안타깝게도 이제는 마트의 농산물 판매대 또는 직거래 장터에서 버넷을 손질한 허브 형태로 판매하는 경우는 드물며, 대다수 묘목장에서도 버넷 모종을 취급하지 않으므로 씨를 구해서 기르는 수밖에 없다. 버넷은 말려서 보관하기 어렵지만 정원에 그대로 심어두면 겨우내 녹색을 유지하므로 언제든 따서 사용할 수 있다. 요리에 사용하려면 가운데에 새로 자라난 잎을 고르자. 오래된 잎은 질기고 쓴맛이 나기 쉽다. 비슷한 오이 풍미를 지니고 있으면서 버넷보다 구하기 쉬운 허브로는 서양지치를 참고한다.

버터(Butter)

버터는 크림을 흔들거나 저어서 만든다. 이렇게 물리적 충격을 가하면 크림 안에 떠다니는 작은 유지방 방울을 둘러싸고 있는 막이 손상되면서 지방이 흘러나와 버터 입자, 즉 응유로 합쳐진다. 이러한 응유가 둥둥 떠다니는 액체가 바로 버터밀크다.(마트에서 취급하는 발효 형태의 버터밀크와 혼동하지 않도록 한다.) 여기서 액체만 따라내고 응유를 한데 뭉쳐서 꼭 짜면 단단한 덩어리가 된다. 이 과정에서 남은 버터밀크가 대부분 제거된다. 이렇게 해서 만든 버터는 유지방 80~86%, 물 16~10%, 유고형분 4%로 이루어져 있다.

감성 버터(sweet cream butter)는 미국에서 가장 흔히 볼 수 있는 버터다. ▶ 이 책의 레시피는 유지방 함량이 80~82%이고 소금을 추가하지 않은 A 또는 AA 등급의 감성 버터를 기준으로 구성되었다. B 등급의 버터는 질감이 더 거칠고 다소 좋지 않은 냄새가 나므로 조리용 기름으로 사용하기에는 아무 문제가 없지만 제과제빵 레시피에는 권장하지 않는다. **가염 버터**는 더 오래 보관할 수 있지만 소금 때문에 풍미가 약간 달라진다. 대다수 레시피의 경우 감성 버터 대신 가염 버터를 사용해도 큰 문제는 발생하지 않는다. 소금의 함량은 제조업체에 따라 다르지만 길쭉한 스틱 형태의 가염 버터 1개에는 보통 소금 ⅜작은술이 함유되어 있다.

전통적으로 **발효 버터**는 크림에 젖산균을 주입해 짧은 기간 발효한 후 저어서 만든다. 이 과정에서 크림이 약간 산성화된다. 현대의 버터 제조업체에서는 일단 버터를 먼저 저은 후 젖산균을 나중에 넣지만 효과는 차이가 없다. 이렇게 하면 톡 쏘는 맛과 진한 풍미를 자랑하는 버터가 탄생하며, 우리는 토스트에 발라 먹거나 래디시 및 소금과 함께 내거나 가향 버터를 만들거나 버터가 핵심 역할을 하는 다른 용도에 사용할 때 이 발효 버터를 선호한다. 선호 여부를 떠나서 어떤 레시피에서든 감성 버터 대신 발효 버터를 사용할 수 있다.

최근에는 마트에서도 다양한 유럽 상표의 버터를 찾아볼 수 있다. 대부분 가염 발효 버터로 유지방의 함량이 높은 편이다.(최대 86%) 미국의 낙농장에서는 '유럽 스타일'이라는 라벨이 붙은 다양한 버터를 판매하고 있다. 개중에는 발효 버터도 있고 그렇지 않은 것도 있지만, 모두 유지방 함량이 높은 편이라는 공통점이 있다. 감성 버터 대신 두루 사용할 수 있지만 결이 더 잘 살아난다는 인식이 있어서 특히 페이스트리 반죽을 만들 때 선호도가 높다.

제조업체에서 특별히 색을 추가하지 않는다면 대량생산 버터는 대부분 전형적인 버터의 따뜻한 '노란색'이 아닌, 아주 연한 색을 띤다. 운이 좋아서 목초로 사육한 소에서 짜낸 우유로 만든 버터를 찾았다면 두드러지게 노란색을 띨 가능성이 크다. 이 색은 소가 뜯어 먹는 풀에 들어 있는 베타카로틴이라는 주황색 색소에서 기인한다. 소는 이 색소를 대사하지 못하므로 색소가 유지방과 결합해 우유에 섞여 나온다. 색소가 희석되고 우유의 흰색과 합쳐지면서 따뜻한 색을 띠게 된다. 일단 유지방을 유장 단백질과 분리하고 나면 노란색이 더욱 두드러지게 나타난다.

휩드 버터는 말랑하게 녹이고 질소 기체를 주입해 질감을 가볍게 만들어 냉장고에서 바로 꺼내더라도 쉽게 펴 바를 수 있게 만든 것이다. 휩드 버터 1컵은 전통적인 버터에 비해 무게가 ⅔에 불과하다. 라벨에 적혀 있는 제한 사항에 따라 **저지방 버터**는 일반 버터보다 유지방이 50% 적게 들어 있다. 저지방 버터는 수분 함량이 높으므로 조리나 제과제빵에는 적합하지 않고 발라 먹는 용도로만 사용할 수 있다.

▶ 모든 버터는 냉장고에 넣어야 하며 다른 음식의 풍미를 흡수하지 않도록 뚜껑을 꼭 닫아서 보관한다. 물론 버터에 송로버섯 풍미를 더하고자 하는 경우는 예외다. 유통 기한이 있는 다른 많은 제품처럼 포장에 인쇄된 '최적 판매 기한(best by)'은 버터가 최적의 품질을 유지하는 기간이라는 점을 기억하자.(버터가 상하는 시기가 아니다.) 무염 버터는 뚜껑 있는 용기나 비닐백에 담아 6개월간 냉동 보관해도 맛이나 품질이 크게 떨어지지 않는다.(가염 버터는 12개월간 냉동 보관할 수 있다.)

▶버터를 재빨리 말랑하게 녹이려면 가장 좋은 방법은 작은 정육면체 형태로 잘라서 접시에 넓게 펴서 올려놓고 15분간 기다리는 것이다. 또는 버터 스틱을 접시에 올려놓고 전자레인지를 약으로 설정해 버터가 다루기 쉬워질 때까지 15초씩 여러 번 가열한다.

특히 토스트에 발라 먹는 용도의 버터는 실온에 보관해도 괜찮다는 생각이 들지 모르겠지만 일주일 정도 지나면 금세 풍미가 나빠지고 산패한다. 버터 벨또는 버터 보관 용기처럼 물로 공기를 차단하도록 설계된 전용 용기도 있다. 이러한 용기는 버터의 산화를 막으므로 실온에서 더 오래 보관할 수 있게 해준다고 하지만 우리는 굳이 이러한 용기를 구매해서 사용할 필요는 없다고 생각한다. ▶ 버터 보관 용기가 도자기 소재라면 유약이 잘 발라져 있는지 확인한다. 유약으로 코팅하지 않은 도자기는 버터 잔여물을 흡수하므로 시간이 지나면서 산패한 냄새가 나기 때문이다.

▶ 버터 454g은 버터 2컵 또는 32큰술에 해당한다. 버터 454g을 길쭉한 스틱 형태로 포장하거나 4등분하면 각 조각이 8큰술 또는 ½컵에 해당한다. 스틱 형태가 아닌 버터를 부피 기준으로 계량하려면 요리에 사용하는 지방 항목을 참고한다.

▶ 버터는 지방 함량이 82%이며 기름은 100% 지방으로 이루어져 있다. 따라서 버터 대신 기름을 사용할 수 있는 레시피(예를 들면 녹인 버터를 지방 재료로 사용하는 즉석 발효 빵)의 경우 레시피에 표기된 버터의 분량보다 18% 적은 기름을 넣거나 버터 8큰술(버터 스틱 1개)당 기름 6½큰술 정도로 대체해서 사용한다. 그러나 버터 대신 기름을 사용해 성공적인 결과물을 얻을 수 있다 하더라도 풍미와 영양소가 반드시 비슷한 것은 아니다.

▶ 버터 케이크, 크림 상태의 버터로 풍미와 식감을 내는 쿠키, 페이스트리 등과 같이 버터가 중요한 역할을 하는 제과제빵 레시피에는 버터를 다른 지방 재료로 대체해서 사용하지 않도록 한다.

▶ 버터를 지방 재료로 요리에 사용할 경우, 버터의 발연점이 175℃로 비교적 낮은 편이라는 점을 기억하자. 반면 정제 버터와 기 버터는 높은 온도에서 볶거나 튀기거나 그을리듯 구울 때 적합하다.

가향 버터는 595~596쪽을, 버터 소스는 594쪽을 참고한다.

저어서 버터 만들기

버터의 품질은 사용하는 크림의 품질에 따라 결정된다. 직접 만드는 수고를 들일 가치가 있는 근사한 버터를 얻으려면 품질이 뛰어나고 신선한 소젖에서 걷어낸 크림을 구해보자. 안타깝게도 염소젖이나 양젖은 크림 또는 버터 입자로 쉽게 분리되지 않으므로 크림 분리기라는 특수한 장비가 필요하다. 진하고 톡 쏘는 풍미를 원한다면 크림을 일단 발효한 후 젓는다.(가정에서 만드는 발효 버터 레시피 참고) 마트에서 판매하는 대다수 헤비크림은 종이상자 안에서 버터 덩어리가 생기지 않도록 안정화된 상태다. 초저온살균 크림은 특히 버터로 만들기 어렵지만, 다행히도 발효의 도움을 받으면 이렇게 많은 가공을 거친 크림으로도 버터를 만들 수 있다. 일반적으로 헤비크림 3.8ℓ를 사용하면 버터 900g~1.3kg을 얻을 수 있다.

대다수 독자는 반죽기를 너무 오래 돌리는 바람에 의도치 않게 휩드 크림을 버터로 만들어버린 경험이 있을 것이다. 실제로 버터를 만들 때도 이와 같은 과정을 거친다. 핵심은 온도다. 버터가 버터밀크에서 가장 효과적으로 분리되는 온도는 10~12.8℃다. 크림을 젓는 동안 이 온도 범위를 유지하도록 하자. 온도가 높으면 기름지고 너무 물렁한 버터가 되고 온도가 낮으면 딱딱해서 다루기 어려운 버터가 된다.

크림의 분량이 많다면(1.9ℓ 이상) 버터 교반기를 사용하는 것이 가장 좋다. 소량의 크림으로 버터를 만들 경우 1020쪽을 참고한다.

버터 교반기를 사용해 버터를 만들려면 교반기를 살균하고 크림을 용기의 ⅓~½만큼 채운다. 계속 저으면 크림의 양의 따라 15~40분 이내에 버터가 '형성된다.' 중간까지는 보통 크림에 거품이 일어난 상태가 유지된다. 계속 저으면 옥수숫가루 곤죽 같은 형상을 띤다. 그다음 옥수수 알갱이 굵기의 노란빛을 띠는 버터 덩어리가 버터밀크 위에 둥둥 떠다니기 시작한다. 이 시점이 되면 버터 덩어리가 교반기 안에서 이리저리 철벅거리며 움직이므로 젓는 소리도 변한다. 젓는 작업을 멈춘 다음 액체, 즉 버터밀크를 따라낸다. 버터를 그릇에 담고 찬물로 서너 번 헹구되, 나무 숟가락으로 그릇 옆면에 대고 버터를 치대서 내부의 버터밀크를 짜낸다. 물이 뿌옇게 변하면 깨끗한 물로 갈아준다. 소금을 첨가하려면 버터 450g당 소금 1½작은술을 넣고 나무 숟가락으로 뒤적이며 섞는다. 틀에 넣거나 원통형으로 빚은 후 유산지나 파라핀지로 감싼다. 냉장고 또는 냉동실에 보관한다.

가정에서 만드는 감성 버터

버터 225~340g과 버터밀크 1~2컵

이 레시피에서는 유리병, 스탠드 반죽기, 믹서 또는 푸드 프로세서를 사용한다.(크림의 분량이 많으면 버터 교반기를 사용하는 것이 좋다.) 팔만 견딜 수 있다면 유리병에 크림을 넣고 계속 흔드는 것이 가장 간단하게 버터를 만드는 방법이다. 젓는 과정 내내 크림의 온도를 10~12.8℃ 범위로 유지하도록 하자. 여기서 소개하는 방법 모두 크림의 온도가 약간 올라가기 마련이므로(스탠드 반죽기 제외) 크림을 9℃ 정도로 차갑게 식혀서 시작하는 것이 좋다.

I. 유리병을 사용하는 방법

뚜껑이 꽉 닫히는 1ℓ짜리 깨끗한 유리병 2개를 30분간 냉장고에 넣어둔다. 차가운 유리병 2개에 다음을 같은 분량씩 나눠 담는다.

차가운(약 9℃) 헤비크림 1ℓ

뚜껑을 단단히 닫고 유리병 하나를 냉장고에 넣는다. 나머지 유리병을 버터 덩어리가 형성되기 시작할 때까지 15~20분 정도 최대한 세게 흔든다. 그릇에 체를 올려놓고 내용물을 붓는다. 체에 남은 덩어리가 버터이며 그릇에 담긴 액체가 버터밀크다. 버터밀크를 깨끗한 용기에 담아 뚜껑을 덮고 냉장고에 보관했다가 나중에 사용한다. 이 버터밀크는 레시피에서 발효 버터밀크 대신 사용할 수는 없다는 점을 기억하자. 즉시 버터를 깨끗한 그릇에 담고 버터가 잠기도록 얼음물을 붓는다. 냉장고에 넣었던 유리병도 마찬가지로 작업해 버터를 얼음물이 담긴 그릇에 넣는다. 응유를 모은 후 나무 숟가락으로 그릇의 옆면에 대고 으깨거나 버터 주걱(아래 그림 참고) 사이에 넣고 으깬다. 버터 덩어리를 1분 정도 치대서 내부의 버터밀크를 짜낸다. 뿌옇게 된 물을 따라내고 찬물을 더 부어서 다시 치댄다. 버터를 치대서 버터밀크를 완전히 짜낸 후 거의 깨끗한 물이 나올 때까지 이 작업을 반복한다. 취향에 따라 다음을 버터에 넣고 나무 숟가락으로 뒤적이며 섞는다.

(소금 ½~¾작은술)

버터를 깨끗한 용기에 옮겨 담고 나무 숟가락이나 주걱으로 꽉 눌러서 기포를 뺀다. 버터를 틀에 담거나 원통형으로 빚어서 유산지나 파라핀지로 감싼다.

II. 믹서, 푸드 프로세서 또는 스탠드 반죽기를 사용하는 방법

거품기 날을 끼운 믹서, 푸드 프로세서 또는 스탠드 반죽기에 다음을 넣는다.

차가운(약 9℃) 헤비크림 1ℓ

고속으로 돌리거나 섞는다. 푸드 프로세서를 사용한다면 한 번에 크림 2컵씩만 넣어 작업하고, 나머지는 냉장고에 보관한다. 믹서와 푸드 프로세서의 경우 크림이 결국 응유 형태로 변하며, 스탠드 반죽기의 경우 크림이 일단 휩드 크림으로 바뀌었다가 버터밀크가 바닥에 고이기 시작할 것이다. 버터밀크를 따라내고 버전 I의 설명에 따라 버터를 치댄 후 헹군다.

가정에서 만드는 발효 버터

치즈 재료 전문업체에서 판매하는 실제 크림 균주를 크림에 주입하는 방법도 있지만, 주변에서 쉽게 구할 수 있는 제품 중에도 활성 균주가 들어 있는 것들이 많다. 헤비크림 1ℓ당 플레인 요구르트, 케피어, 크렘 프레슈 또는 발효 버터밀크 ½컵을 넣는다. 크림 균주를 사용하려면 포장지의 설명에 따라 적당한 양을 넣는다. 크림을 뚜껑 있는 유리병이나 그릇에 담아서 24시간 동안 실온에 두었다가 냉장고에 넣어서 10℃로 차갑게 식힌 후 **가정에서 만드는 감성 버터** 레시피를 따라 마무리한다.

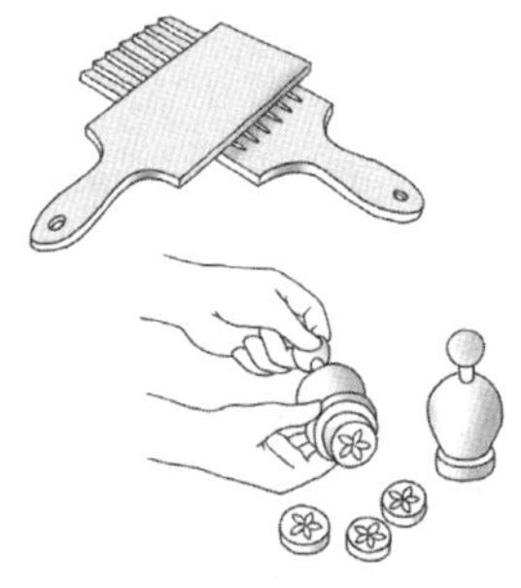

물결 모양의 나무 버터 주걱, 버터 누름기

정제 버터 또는 기 버터

약 1¾컵

녹인 버터(drawn butter)라고도 하는 정제 버터는 버터에서 수분을 증발시키고 유고형분을 제거한 것이다. 그 결과 252℃라는 극도로 높은 발연점을 가진 순수한 버터 지방만 남으므로 그을리듯 굽거나 볶거나 튀기는 요리를 할 때 식물성 기름 및 라드 대신 사용해 진한 풍미를 살릴 수 있다. 인도와 남아시아 요리에서 폭넓게 사용되는 **기**(Ghee)는 버터를 더 오래 조리해 유고형분을 구워서 캐러멜화한 것이므로 견과류 풍미를 낸다.

편수 냄비를 약불에 올리고 다음을 넣어서 녹인다.

버터 450g

일단 녹인 다음에는 젓지 않는다. 표면에 떠오르는 거품을 전부 걷어낸다.

정제 버터를 만들려면 거품이 잦아든 후 불에서 내린다. 유고형분이 바닥에 가라앉도록 몇 분간 그대로 둔다. 내열 용기에 액체를 조심스럽게 따라내고 건더기만 남기거나 고운체에 커피 필터나 면포를 깔고 내용물을 부어서 액체와 건더기를 분리한다.

기 버터를 만들려면 가장 약불로 맞춰놓고 노릇노릇한 색의 유고형분이 냄비 바닥에 자리 잡을 때까지 버터를 아주 은근히 계속 가열한다. 이 과정에는 최대 1시간 정도 걸린다. 이렇게 느린 속도로 가열하면 유고형분이 굳어서 차분히 가라앉는다. 정제 버터를 만들 때와 마찬가지로 액체를 따라내거나 체에 걸러서 용기에 담는다.

정제 버터와 기 버터 모두 밀폐 용기에 넣어 냉장고에 보관하면 6~8개월간 보관할 수 있다. 정제 버터와 기 버터를 차갑게 식히면 질감이 거칠어진다. 이 두 가지는 스프레드로 사용할 수 없으며 조리 시에만 사용해야 한다.

버터밀크(Buttermilk)

원래 버터밀크는 크림을 저어서 버터를 만든 후 남은 액체 잔여물이었다. 마트에서 판매하는 버터밀크는 요구르트처럼 살균 처리한 탈지유나 저지방 우유를 발효한 것이다. 젖산균 균주를 주입해 발효함으로써 걸쭉한 질감과 기분 좋은 톡 쏘는 맛을 지닌 우유가 된다. 이 책의 레시피에 등장하는 버터밀크는 모두 발효 버터밀크라고 생각하면 된다. 오래 전에 작성된 레시피에서 **사워밀크**(sour milk)가 등장한다면 버터밀크를 대신 사용하면 된다. 탈지유나 저지방 우유가 아닌 일반 우유로 만든 버터밀크는 좀처럼 찾아보기 어렵지만, 구할 수 있다면 제과제빵 레시피에 사용하기를 권장한다.(특히 남부식 옥수수 빵을 만들 때 버터밀크를 사용하기를 권한다.)

버터밀크를 직접 만들려면 시판 버터밀크 ½컵을 선호하는 우유(일반 우유 권장) 1ℓ에 부은 후 엉기거나 응고하기 시작할 때까지 실온에 두었다가 냉장고에 넣으면 된다.

버터밀크의 대체 재료를 만들려면 레시피에 필요한 버터밀크 1컵당 우유 ¾컵에 3큰술을 더해 증류 백식초나 레몬즙 1큰술을 섞어서 사용한다. 잘 저어서 엉기거나 응고하기 시작할 때까지 약 10분 정도 실온에 둔다.

분말 버터밀크는 '발효 버터밀크 믹스'라고도 하며, 버터밀크를 분무 건조한 것으로(분유 또는 가루우유 항목 참고) 마트에서 쉽게 구할 수 있다. 액체 버터밀크 대신 사용하려면 물을 해당 부피만큼 계량한 후 포장의 설명에 따라 적당한 양의 분말 버터밀크를 넣어 섞는다.(상표에 따라 양이 달라지기도 한다.) 사실 우리는 시큼한 치즈 풍미의 분말 버터밀크를 가루 양념에 섞어서 사용하는 경우가 많으며, 특히 재료에 코팅해서 조리할 때 즐겨 쓴다. 실제로 버터밀크는 랜치 혼합 양념의 주요 재료이기도 하다.(마늘 가루, 양파 가루, 소금, 몇 가지 말린 허브와 함께 넣는다.)

사탕수수 시럽, 골든 시럽, 트리클
(Cane Syrup, Golden Syrup, Treacle)

사탕수수 시럽은 사탕수수즙의 색이 진해지고 캐러멜화될 때까지 졸이고 농축해서 만든 걸쭉한 시럽이다. 레시피에서 당밀 대신 사용하거나 피칸 파이 또는 캐러멜 사탕 등의 레시피에서 연한 옥수수 시럽 대신 사용할 수 있다.

트리클 또는 **골든 시럽**은 자당을 정제하는 과정에서 남은 결정화되지 않은 전화당(invert sugar)으로 만든다. 이 부산물 시럽을 정제하고 탈색하면 풍미가 순해지고 아주 가벼운 농도가 된다. 팬케이크나 와플의 토핑으로 사용하거나 다양한 제과제빵 레시피에서 감미료로 활용할 수 있다. 옥수수 시럽 대신 넣을 경우 같은 분량을 사용하면 된다. **블랙 트리클**은 골든 시럽보다 색이 진하고 더 끈적한 잔여 당밀을 느낄 수 있으며 진한 색의 당밀과 서로 바꿔서 사용할 수 있다. 반면 블랙스트랩 당밀(blackstrap molasses)은 블랙 트리클보다 훨씬 쓴맛이 강하고 단맛이 적으므로 블랙 트리클 대신 사용하기 어렵다.

케이퍼와 케이퍼 열매(Capers and Caper Berries)

케이퍼 관목에서 아직 개화하지 않은 꽃봉오리를 딴 후 소금에 절이거나 피클 형태로 절여서 톡 쏘는 맛을 내는 재료와 가니시로 사용한다. 케이퍼는 새콤하게 절인 미니 오이 피클처럼 작지만 상큼한 맛을 내며, 소금물에 담그거나 소금에 절여서 판매한다. 소금물에 담근 것은 국물을 따라내고 사용해야 하며 소금에 절인 것은 헹궈서 물을 빼고 사용한다. 케이퍼 싹의 풍미가 소금물에 다소 희석되므로 일반적으로 소금에 절인 케이퍼의 풍미가 더 강하다. 케이퍼는 통후추 알갱이처럼 아주 작은 것부터 새끼손가락 마디만큼 큼직한 것까지 크기가 다양하다. 가장 작은 케이퍼는 '넌퍼렐(nonpareil, 비교할 것이 없다는 뜻 – 옮긴이)'이라는 라벨이 붙어 있고 식감이 단단하다. 크기가 큰 케이퍼는 풍미가 더욱 두드러지며 식감이 부드러운 편이다.

우리는 케이퍼를 가장 맛있게 즐기기 위해 에브리싱 베이글에 록스, 크림치즈, 토마토, 종이처럼 얇게 저민 자색 양파를 얹은 후 케이퍼를 올려서 먹는다. 완벽한 조합이기는 하지만, 그렇다고 해서 케이퍼의 용도를 여기에만 국한할 필요는 없다. 케이퍼는 다양한 생선 요리와 갑각류 요리, 타페나드 같은 스프레드, 타르타르 소스를 비롯한 전통적인 양념, 파스타 요리 또는 톡 쏘는 짭짤한 풍미를 더하고 싶은 모든 요리에 빼놓을 수 없는 재료다.

기름이나 버터를 조금 둘러서 케이퍼를 살짝 튀기면 맛이 순해지고 약간 바삭바삭해진다.

케이퍼를 튀기려면 기름이나 버터를 소량 두르고(케이퍼 1큰술당 기름 1작은술 정도) 중불에 올려 달군다. 물기를 뺀 케이퍼를 넣고 가끔 저으면서 케이퍼의 색이 진해지고 바삭바삭해질 때까지 몇 분간 튀긴다.

케이퍼 열매는 케이퍼 꽃봉오리가 개화해 씨앗이 영글기 시작할 때 수확한다. 케이퍼 열매, 즉 꼬투리는 큼직한 포도나 올리브만 한 크기로 케이퍼 꽃봉오리보다 훨씬 크고 기다란 꼭지가 달려 있다. 안에 자잘하게 박혀 있는 씨는 꽤 부드럽다. 케이퍼 열매는 소금물에 재운 형태로 판매하며 반드시 물기를 빼고 사용해야 한다. 케이퍼 열매는 뭉근히 끓이는 소스, 조림, 스튜에 통째로 넣는다. 통열매는 구운 채소 요리에 추가하거나 샐러드 가니시로 사용하거나 치즈나 샤르퀴트리 보드에 곁들여 낼 수도 있다. 케이퍼 열매를 썰거나 다진 것

은 타페나드, 비네그레트, 참치 샐러드, 그 외 다양한 요리에 사용할 수 있다.

한련의 꼬투리도 '케이퍼'와 비슷한 형태로 손질할 수 있다. 호스래디시 향이 두드러지는 한련 꼬투리는 진짜 케이퍼와 완전히 똑같지는 않지만, 그 자체로도 상당히 맛있다. 한련 꽃이 진 후에 열리는 작고 둥글며 홈이 있는 한련의 꼬투리를 따서 모은다. 어린 꼬투리가 대략 완두콩만 한 크기로 자라서 녹색을 띨 때 딴다.(그보다 더 성숙한 노란색의 꼬투리는 분필 같은 질감이 나기도 한다.) 물을 몇 번 갈아주면서 깨끗이 씻어서 미니 오이 피클의 레시피와 같은 농도의 소금물을 사용해 간단하게 피클을 담근다.

캐러웨이(Caraway)

캐러웨이는 야생 당근과 비슷한 꽃식물인 카룸 카르비(Carum carvi)의 씨다. 2년생 식물로 쉽게 재배할 수 있으며 씨가 열리는 2년째에는 60cm까지 자란다. 이 허브의 잎은 수프, 스튜, 샐러드에 소량씩 사용한다. 캐러웨이씨는 유럽에서 가장 재배 역사가 긴 향신료 중 하나다. 감초 냄새가 나며 감귤류와 후추 향을 지니고 있다. 전통적으로 호밀 빵(림파), 치즈, 스튜, 양념장, 양배추, 사우어크라우트, 순무, 양파와 풍미가 잘 어울린다. 아쿠아비트와 퀴멜이라는 리큐어의 주요 풍미 재료이기도 하다. 캐러웨이는 으깨서 풍미를 낸 후 채소 또는 샐러드에 넣거나 기름을 두르지 않은 프라이팬에 씨를 통째로 넣고 구워서 조림 요리에 사용한다.

카르다몸(Cardamon)

소위 '진짜 카르다몸'이라고 부르는 소두구(Elettaria cardamomum)는 생강과의 식물로, 겉껍질과 톡 쏘는 맛을 내는 검은색 씨로 구성된 꼬투리가 열린다. 풍미는 유칼립투스, 멘톨, 소나무를 연상시킨다. 꼬투리는 **녹색** 또는 **흰색**을 띠지만 흰색 꼬투리는 단순히 녹색 카르다몸을 표백한 것에 불과하다. 표백 여부와 관계없이, 녹색 카르다몸은 제과제빵에 사용하거나(우리는 계피나 정향 등의 다른 따뜻한 향신료를 사용하는 빵과 쿠키에 1자밤 추가하는 것을 즐긴다.) 커피를 내리기 전에 커피 가루에 섞으면 맛있다. 카르다몸은 노르웨이식 빵과 쿠키에 널리 사용되는 향신료이자 마살라 차이를 비롯한 다양한 인도의 혼합 향신료에 빼놓을 수 없는 재료다.

검은색 카르다몸에는 두 가지 유형이 있다. 네팔산인 향두구(Amomum subulatum)는 갈색 카르다몸이라고도 하며, 훈연 방식으로 건조하기 때문에 독특한 풍미가 있다. 향두구는 특히 고기 조림, 쌀 요리, 커리를 비롯한 여러 인도 요리에 사용한다.(태국의 마사만 커리 페이스트도 빼놓을 수 없다.) 향두구보다 크고 둥근 모양의 **중국산 검은색 카르다몸**인 초과(Amomum costatum)는 붉은색 카르다몸이라고도 부른다. 커다란 꼬투리에 깊은 홈이 패여 있고 살짝 붉은빛이 감돈다. 초과는 크기가 작은 네팔산 향두구에 비해 훈연 풍미가 덜하며(훈연 풍미가 전혀 안 나기도 한다.) 부수거나 통째로 육수, 국물, 소스, 조림, 피클에 넣어 맛을 우려낸다.

카르다몸 꼬투리를 통째로 피클용 소금물, 조림, 육수에 넣으려면 살짝 깨거나 부숴서 안에 들어 있는 풍미 진한 씨를 드러낸다. ▶ 갈아서 사용할 때는 흔들어서 씨를 빼내고 꼬투리는 버린다. 카르다몸씨는 필요한 만큼씩만 갈아서 써야 향과 풍미가 크게 유실되는 것을 방지할 수 있다. 그래서 카르다몸 꼬투리나 씨를 통째로 구입해 사용하기를 권장하며, 미리 갈아놓은 카르다몸 가루는 피하는 것이 좋다.

캐슈(Cashew)

캐슈는 '캐슈 애플(cashew apple)'이라고 하는 노란빛 과일의 바닥에 툭 튀어나와 있는 딱딱한 이중 껍질 꼬투리에 들어 있는 견과다. 캐슈 애플 자체도 생으로 먹거나 조리해서 또는 발효해서 먹을 수 있다. 캐슈에는 덩굴옻나무 기름과 비슷한 아주 자극적인 유독성 기름이 들어 있기 때문에 가열 처리해 이 기름을 제거해야 하므로 절대 껍질째 판매하지 않는다. 캐슈 버터를 만든다면 견과류 버터 항목을 참고한다. 캐슈는 전분 함량이 상대적으로 높으므로 물에 불렸다가 물기를 뺀 후 약간의 물을 붓고 완전히 부드러운 질감이 되도록 갈아서 캐슈 우유 또는 캐슈 크림을 만들 수 있는데(견과류와 씨앗 우유에 대해 항목을 참고), 캐슈 우유나 크림은 비건 마카로니 앤드 치즈 및 브로콜리 수프 등의 요리에서 우유나 크림 대용품으로 사용하면 훌륭하다.

계수나무(Cassia)

계피 항목을 참고한다.

셀러리 잎, 씨, 소금(Celery Leaves, Seeds, and Salt)

셀러리(*Apium graveolens*)는 향미 채소로 가장 흔히 사용되지만, 셀러리를 구성하는 모든 요소를 주방에서 활용할 수 있다. 연한 셀러리 잎은 생으로 또는 말려서 거의 모든 짭짤한 음식에 넣을 수 있다. 사실 셀러리 잎은 육수와 수프의 맛을 내는 보편적인 용도 외에도 다양한 활용법이 있다. 썰지 않은 연한 셀러리 잎을 샐러드용 녹색 채소와 섞으면 맛깔스러운 쌉쌀한 향을 더해준다. 굵게 또는 얇게 썬 셀러리 잎은 진하고 크림처럼 부드러운 음식의 가니시 또는 풍미 재료로 활용할 수 있다. 또한 셀러리 잎을 파슬리 및 다른 허브와 섞어서 살사 베르데 및 치미추리 등의 녹색 소스를 만들 수 있다.

셀러리씨는 통째로 또는 갈아서 사용하며 쓴맛이 강해서 조금씩만 넣어야 한다. 육수나 쿠르 부용, 피클, 샐러드에는 통째로 사용하고 소스나 샐러드 드레싱, 해산물 요리나 채소 요리에는 갈아서 사용하는 경우가 많다.

셀러리 소금은 곱게 간 셀러리씨 가루와 소금을 섞은 것인데, 말려서 간 셀러리 잎과 소금을 섞으면 더욱 맛이 순한 수제 셀러리 소금을 만들 수 있다. 셀러리 소금은 게 요리 양념이나 양념 소금에 감칠맛을 더하므로 빠질 수 없으며, 달걀 샐러드 및 콜슬로에 사용하거나 시카고식 핫도그에 얹기도 하고, 때로는 블러디 메리에 넣기도 한다.

셀러리즙 분말은 질산나트륨 함량이 높게 특별히 재배한 식물에서 추출한 것으로, 염지용 소금의 활성 재료다. 이 분말은 '비염지' 또는 '질산염 무첨가' 베이컨 및 델리 육류를 만들 때 사용한다.

채소로 사용하는 셀러리에 대한 자세한 설명은 246쪽을 참고한다. 셀러리악(celeriac)이라고도 부르는 셀러리 뿌리 역시 246쪽을 참고한다.

캐모마일(Chamomile)

로마 캐모마일(*Anthemis nobilis*), 독일 또는 야생 캐모마일(*Matricaria chamomilla*), 그 외의 다른 캐모마일 품종은 허브차(또는 약탕)의 재료로 가장 잘 알려져 있다. 가장 선호도가 높은 것은 꽃이지만 때로는 신선한 잎을 사용하기도 한다. 신선한 캐모마일 꽃은 다양한 요리, 특히 디저트나 샐러드에 근사한 가니시로 사용할 수 있다. 말린 캐모마일은 술, 간단 시럽 또는 크림에 우려내는 용도로 사용한다.

치즈(Cheese)

클리프턴 패디먼(Clifton Fadiman)이라는 작가는 치즈를 "우유의 불멸을 향한 도약"이라고 표현했으며 우리는 이 정의에 전적으로 동의한다. 수백 가지의 다양한 치즈가 탄생하기 위해서는 수많은 요소가 작용한다. 우유의 종류, 우유를 생산하는 동물의 먹이와 품종, 치즈를 만드는 계절과 날씨, 치즈를 만들 때 사용하는 균주, 응유를 압축했는지 또는 소금물이나 소금을 사용했는지의 여부, 치즈를 숙성시키는 방법 등 수많은 변수가 치즈라는 결과물에 영향을 미친다. 치즈 제조업자에게는 동물의 사육부터 치즈 숙성에 이르기까지 모든 단계가 매우 중요하다. 그러므로 우리는 비싼 가격을 치르면서도 기꺼이 고급 치즈를 구입하는 것이다. 치즈를 만드는 과정에는 그야말로 고도의 장인 정신과 세심한 주의가 필요하다.

가장 간단한 치즈는 우유에 산을 넣어 응고시킨 것이다. 파니르 치즈가 바로 이 방식으로 만든다. 그러나 대다수 치즈는 응고를 시작하기 전에 하나 이상의 균주를 주입한다. 이러한 균주에 들어 있는 균이 우유에 포함된 당(젖당)을 소비하며 그 과정에서 젖산을 만들어내기 때문에 우유가 산성화된다. 그다음 응고제를 넣어 우유를 넓적한 응유로 응고시킨다. 대다수 상업용 치즈 제조 과정에서는 소와 염소 등의 어린 반추동물의 위장에서 추출한 효소인 **레닛**(rennet)을 응고제로 사용한다. **미생물 레닛**은 식물 재료를 사용한 응고제로, 곰팡이가 생성한 효소로 만든다. 엉겅퀴와 아욱을 비롯한 일부 식물을 사용해 우유를 응고시킬 수도 있지만, 시판 레닛을 사용하는 것만큼 일관된 결과물을 기대하기는 어렵다. 응고를 마친 응유는 틀이나 면 거즈에 바로 떠서 넣고 물기를 빼거나, 잘라서 섞은 뒤 가열해서 틀에 담는다.

치즈의 스타일과 종류

치즈의 종류에는 수백 가지가 있는데, 우선 몇 가지 넓은 범주로 분류할 수 있다. **생치즈**는 한마디로 숙성하지 않은 치즈다. 모차렐라, 부라타, 리코타, 파머 치즈, 케소 프레스코, 마스카르포네, 파니르 등이 여기에 해당한다. 일부 생치즈는 더 긴 발효와 안정화 단계를 거친 후 응유를 잘라서 물기를 빼므로 톡 쏘는 풍미가 있다. 이러한 종류의 생치즈는 '젖산 치즈(lactic cheese)'라고 부르기도 한다. 가장 잘 알려진 젖산 치즈는 연성 염소 치즈(미국에서는 셰브르chèvre라는 명칭으로 판매한다.)인데, 어떤 종류의 젖으로도 이러한 유형의 치즈를 만들 수 있다. 생치즈는 이름 그대로 곰팡이나 변색의 흔적 없이 아주 싱싱하고 흰색을 띠어야 하며, 너무 강하지 않은 톡 쏘는 냄새 또는 신선한 우유 냄새가 나야 한다.

연성 숙성 치즈(soft-ripened cheese)는 페니실리움 칸디둠 등의 곰팡이를 주입해 보송보송한 흰색 껍질이 생기기 때문에 '흰 곰팡이(bloomy)' 치즈라고도 부른다. 이러한 치즈는 바깥쪽에서 시작해 안쪽으로 숙성되므로 껍질과 페이스트 형태의 안쪽 치즈 사이에 말랑말랑하고 때로는 찐득하게 흐르는 부드러운 치즈 층이 형성된다. 이러한 종류의 치즈로는 대표적으로 브리와 카망베르가 있지만, 그 외에도 홈볼트 포그(Humboldt Fog)와 본 부슈(Bonne Bouche)처럼 매우 품질이 뛰어난 미국산 치즈를 비롯해 다양한 '흰 곰팡이' 치즈가 시판되고 있다. 껍질은 먹을 수 있으며 강하지 않은 기분 좋은 풍미가 나야 한다. 이러한 치즈를 고를 때는 손에 쥐고 살짝 눌러보자. 숙성이 잘된 치즈를 선호한다면 손으로 눌렀을 때 더 많이 들어가는 치즈를 선택한다. 약간의 곰팡이 또는 버섯 냄새가 나지만 암모니아 냄새의 기미는 느껴지지 않아야 한다.

세척 외피 치즈(washed-rind cheese)는 강렬한 냄새가 나는 치즈다. 소금과 맥주, 와인, 사과주 또는 물, 때로는 표면 숙성을 촉진하는 균주까지 넣어서 만든 소금물을 솔로 발라서 만들기 때문에 붉은빛이 도는 주황색 껍질을 가진 경우가 많다. 세척 외피 치즈의 껍질은 끈적끈적하고 보기에는 좋지 않지만 일반적으로 먹을 수 있으며, 이러한 치즈를 선호하는 사람들은 껍질도 함께 즐긴다. 냄새가 별로 거슬리지 않는 사람은 물론, 냄새 때문에 거부감이 있더라도 꼭 한 번 먹어보기를 권한다. 입에 넣으면 코로 느끼는 것보다 훨씬 맛이 순한 경우가 많다. 에푸아스, 퐁 레베크(Pont l'Évêque), 림버거(Limburger), 탈레지오 등이 이 범주의 치즈다. 우리는 미국산 세척 외피 치즈 중에서 위니미어(Winnimere)와 러시 크리크 리저브(Rush Creek Reserve)를 선호한다.

아마도 미국인의 입맛에 가장 익숙한 치즈는 건조한 경성 **숙성 치즈**일 것이다. 이 분류에 속하는 것이 단단하고 조밀한 페이스트 형상 및 순한 견과류와 과일 풍미를 특징으로 하는 **알파인 치즈**다. 알파인 치즈가 페이스트 형태인 이유는 응유를 조리해 압착하기 때문이다. 전통적으로 알파인 치즈는 고산 지대의 초원에서 풀을 뜯어 먹고 자란 동물의 젖으로 만든다. 특히 에멘탈과 몇 가지 스위스식 치즈를 비롯한 여러 알파인 치즈는 프로피온산균을 주입해 만들기 때문에 이 프로피온산균이 독특한 풍미를 낸다.(그뿐만 아니라 '눈'이라고 부르는 치즈 구멍도 생긴다.) 우리가 가장 좋아하는 알파인 치즈는 잘 숙성한 콩테(Comté), 보포르(Beaufort), 플레전트 리지 리저브(Pleasant Ridge Reserve)다. 파르메산, 로마노, 그 외 강판에 갈아서 사용하는 치즈는 알파인 치즈와 같은 방식으로 가공하지만 높은 온도에서 가열한 후 소금물에 절이고 오랫동안 숙성하기 때문에 조직이 잘 부스러지고 짭짤한 맛이 난다. **체더**는 경성 치즈에 속하지만 응유를 넓적한 형태로 자른 후 차곡차곡 쌓아서 응유가 원하는 산도에 도달할 때까지 여러 번 뒤집는 '체더링(cheddaring)'이라는 독특한 처리 과정을 거친다. 그다음 넓적한 응유를 작은 조각으로 잘라서 틀에 담거나 압착한다.

블루 치즈 역시 매우 폭넓은 범주로, 크림처럼 부드럽고 단맛이 도는 치즈부터 잘 부스러지며 짭짤한 치즈에 이르기까지 다채로운 특징이 있다. 모든 블루 치즈의 공통점은 페니실리움 로크포르티 또는 P. 글라우쿰을 주입한다는 점으로, 그 결과 독특한 푸른색 무늬가 생긴다. 블루 치즈의 응유는 아주 살짝만 압착하거나 중력을 이용해 응유의 자체 무게만으로 '누르는' 경우가 많다. 비교적 성긴 구조로 되어 있는 둥그런 응유 덩어리를 숙성하는 과정에서 여기저기 찔러주면('니들링needling') 푸른곰팡이가 치즈의 내부에 무리 지어 생겨난다. 우리가 가장 선호하는 블루 치즈는 푸름 당베르(Fourme d'Ambert), 발데온(Valdeón), 스틸턴(Stilton), 고르곤졸라 돌체(Gorgonzola dolce), 로크포르(Roquefort), 메이태그 블루(Maytag Blue), 로그 리버 블루(Rogue River Blue) 등이다.

비살균 치즈(raw milk cheese)는 다양한 유형으로 만들 수 있다. 이 치즈의 중요한 차별점은 원유를 살균하지 않고 치즈 제조 작업을 시작한다는 점이다. 비살균 치즈에 사용하는 원유는 아주 깨끗하고 신선해야 하며 오염을 방지하기 위해 극도로 조심스럽게 다뤄야 한다. 미국에서는 비살균 원유로 만드는 치즈를 반드시 60일 이상 숙성하도록 의무화하고 있다. 60일간 숙성을 거치는 이유는 비살균 원유 자체에 문제가 있다면 그 기간 안에 드러나기 마련이므로 이를 확인하고 오염된 치즈를 버리기 위해서다. 프랑스, 스위스, 이탈리아 등의 국가에서는 유럽 연합의 전통적인 비살균 치즈 생산 규제가 적용되고 있으며 유럽에서 만든 비살균 치즈 중 일부는 미국으로의 수입이 금지되어 있다. 비살균 치즈는 살균 과정에서 파괴되는 미생물 무리와 풍미 화합물이 그대로 살아 있는

원유로 만들기 때문에 살균 치즈보다 더 복합적인 풍미를 띤다.

치즈 구입하기 및 보관하기

이상적인 상황이라면 단독으로 그냥 먹는 치즈는 가장 잘 숙성되었을 때 소량씩 구매해 즉시 먹어야 한다. 치즈는 자를 때까지 계속 숙성되므로 치즈 조각을 필요 이상 냉장고에 보관하는 것은 별다른 장점이 없다. 특히 가정용 냉장고는 건조하고 온도가 너무 낮으므로 치즈가 제대로 숙성되기 어렵다. 특별한 모임을 위해 치즈 플레이트를 구성할 때는 제대로 된 치즈 전문점에 찾아가는 수고와 비용을 들일 가치가 있다. 치즈의 품질이 훌륭할 뿐만 아니라 주변에서 쉽게 볼 수 없는 진짜 특별한 치즈를 다양하게 구비하고 있기 때문이다. 많은 치즈 전문점에서는 구입하기 전에 다양한 치즈를 시식할 수 있으며, 이상적인 치즈 조합을 구성할 수 있도록 도움을 주기도 한다.

물론 체더, 몬터레이 잭, 스위스 등의 조리용 치즈는 어느 마트에서나 쉽게 구할 수 있으며, 이러한 대량생산 치즈들의 차이는 크지 않지만 다양한 상표의 맛을 보고 선호하는 제품을 선택하자. 일반적으로 ▶ 미리 잘게 썰어놓은 치즈보다 덩어리로 판매하는 치즈가 품질이 더 좋다.(중량 대비 가격도 싸다.) 또한 치즈를 살 때는 용도도 고려해야 한다. 엔칠라다 한 판이나 나초 접시 위에 훌훌 뿌릴 용도라면 맛이 순하고 잘 녹아야 한다. 강판에 갈아서 파스타에 얹는 치즈는 소스의 맛을 압도하지 않아야 한다. 퐁뒤나 마카로니 앤드 치즈처럼 치즈의 풍미를 전면에 내세우는 요리에는 그냥 먹어도 맛있는 치즈를 사용해야 한다.

일부 치즈는 숨을 쉴 수 있도록 특별히 제작된 종이로 포장되어 있다. 이러한 포장지는 가격이 비싸기는 하지만 시판 제품으로 나와 있으며 가정에서 치즈를 보관할 때 아주 유용하다. 치즈를 식탁에 올리거나 자른 후에는 남은 치즈를 유산지로 싸서 보관한다. 비닐랩이나 포일은 유산지보다 투과성이 낮아 물방울이 맺히며 치즈가 끈적해질 수 있다. 치즈는 냉장고의 치즈 칸 또는 채소 칸에 보관한다. 서랍 형태로 되어 있어 습기가 높으므로 치즈를 보관하기에 가장 적합하다. 치즈 냉동 보관에 대한 자세한 내용은 유제품 냉동에 대해 항목을 참고한다.

치즈 대접하기에 대한 자세한 내용은 치즈 코스, 치즈 플래터, 와인과 치즈 항목을 참고한다.

가정에서 치즈 만들기

시작하기 전에 **온도계, 기다란 나무 숟가락**, 응유를 자를 때 사용하는 **기다란 스테인리스스틸 칼** 또는 **큼직한 L자형 주걱**, 치즈의 물기를 빼는 데 필요한 **올이 성긴 무명천**(연성 치즈에 사용) 또는 **깨끗한 면 보자기** 및 **소쿠리나 체** 등의 몇 가지 기본 도구를 준비한다. 치즈를 만들 때 사용하는 모든 도구는 아주 청결하고 깨끗해야 한다. 뜨거운 비눗물에 잘 씻은 후 비누 거품이 남지 않도록 꼼꼼하게 헹군다. 발효 과정을 방해할 수 있는 항균 비누는 사용하지 않는다.

경성 치즈는 반드시 압착한 후 경우에 따라 숙성해야 하므로 가정에서 만들기에는 연성 치즈가 경성 치즈보다 쉽다. 가장 기본적인 치즈를 만든다면 시판 버터밀크를 사용해 우유를 발효할 수 있다. 버터밀크에는 살아 있는 균주(락토바실루스 계열의 젖산균)가 들어 있어서 우유를 산성화시킨다.(버터를 만들 때 나오는 부산물인 진짜 버터밀크는 이 용도로 사용할 수 없다.) 버터밀크를 사용할 경우의 단점은 항상 일관된 결과를 얻을 수 없다는 점이다. 버터밀크에 어떤 균주가 들어 있는지, 그리고 얼마나 활발하게 작용할지 예측할 수 없기 때문이다.

가정에서 치즈 만들기에 어느 정도 요령이 붙어서 더 다양한 시도를 해보고 싶다면 동결 건조 분말 균주를 찾아보는 것도 좋다. 분말 균주를 사용하면 치즈 제조 과정을 더욱 자유롭게 조절할 수 있고 만들 수 있는 치즈의 종류도 엄청나게 늘어난다. 균주에는 **중온성**(mesophilic)과 **호열성**(thermophilic)의 두 가지 유형이 있다. 이름 그대로 중온성 균주는 일반적인 온도(21℃~약 38℃)에서 가장 왕성하게 번식하며 호열성 균주는 60℃까지 가열하지 않는 한 열에 죽지 않는다. 이러한 균주는 치즈 용품 전문업체에서 구입할 수 있다.

숙성하지 않은 연성 치즈

소박한 재래식 치즈 제조 방법은 우유에서 시큼한 맛이 나며 엉길 때까지 우유를 따뜻한 곳에 두는 것이다. 그다음 포대에 걸러서 응유와 유장(뿌연 액체)을 분리한다. 만졌을 때 단단한 느낌이 날 정도로 응유를 굳힌 후, 차갑게 식히고 크림을 넣어 세게 휘저어서 부드러워질 때까지 섞으면 코티지 치즈가 된다. 이 방법은 손이 많이 가지 않는다는 장점이 있지만 별다른 통제를 하지 않기 때문에 결과를 예측하기가 힘들며, 실패할 확률이 높고 최종 결과물이 일정하지 않다. 우리가 소개하는 기본 코티지 치즈 레시피는 앞서 설명한 것에 비해 크게 복잡하지 않은데, 단순히 대기 중의 균이 우유에 군락을 형성할 때까지 기다리는 것이 아니라 우유가 제대로 산성화되고 먹을 수 있는 치즈가 형성될 수 있도록 어느 정도 결과를 보장하기 위해 발효 유제품인 버터밀크를 넣는다. 아래에 소개하는 레시피에서는 분말 치즈 균주를 활용하는 방법도 함께 다룬다.

파니르 치즈 레시피는 팔락 파니르 레시피를 참고한다.

젖산 치즈

900g~1.1kg

가정에서 가장 간단히 만들 수 있는 치즈 중 하나로, 쉽게 펴 바를 수 있고 약간의 톡 쏘는 맛이 나는 부드러운 치즈가 완성되므로 그대로 즐기거나 마늘, 허브 또는 향신료로 맛을 내서 먹을 수 있다.

커다란 스테인리스스틸 냄비에 다음을 넣는다.

일반 우유 3.8ℓ

우유를 중불에 올려 자주 저으면서 30℃가 될 때까지 가열한다. 불에서 내리고 다음을 넣는다.

직접 접종형 중온성 치즈 균주(starter) 1봉지

1분간 계속 젓는다. 냄비의 뚜껑을 덮고 30분간 둔다.

1컵 용량의 계량컵에 다음을 넣고 섞는다.

찬물 ⅓컵

액체 레닛 3방울

냄비 뚜껑을 연다. 레닛 혼합물 1작은술을 넣고(나머지는 버린다.) 30초간 젓는다. 뚜껑을 덮고 손을 대지 않는 채 응유가 생길 때까지 12시간 정도 그대로 둔다. 응유는 어느 정도 굳었지만 아직 말랑말랑한 상태로, 요구르트 정도의 질감일 것이다.

체에 깨끗한 면포를 깔고 싱크대에 놓는다.(상황에 따라 체 밑에 그릇을 받쳐 유장을 받아내면 리코타 등을 만들 때 활용할 수 있다.) 응유를 떠서 체에 담고 1시간 동안 물기를 뺀다. 면포의 네 모서리를 한데 모은 후 주방용 끈으로 묶는다. 응유를 걸어놓고 8~12시간 또는 원하는 농도가 될 때까지 물기를 뺀다. 치즈를 그릇에 담고 다음을 넣어 섞는다.

소금 적당량

뚜껑을 덮어서 냉장고에 넣으면 최대 2주간 보관할 수 있다.

코티지 치즈

680~900g

이 레시피로 섬세하고 톡 쏘는 풍미를 지닌 작은 응유 코티지 치즈를 만들 수 있다.

Ⅰ. 다음을 스테인리스스틸 냄비에 붓는다.

일반 우유 3.8ℓ

우유를 중불에 올려 자주 저으면서 21.1~23.9℃가 될 때까지 가열한다. 다음을 넣고 섞는다.

직접 접종형 중온성 치즈 균주 1봉지

우유에 말랑말랑한 응유가 생길 때까지 실온에 16~24시간 동안 둔다.

응유가 제대로 굳었는지 확인하려면 깨끗한 손가락을 응유에 비스듬히 찔러 넣고 응유의 일부를 떠내듯이 손가락을 들어올린다. 응유가 손가락 위에서 깔끔하게 부서진다면 다 된 것이다. 1025쪽의 그림처럼 기다란 칼이나 L자형 주걱을 넣어 냄비 아래까지 가로세로로 바둑판무늬로 자른다. 그다음 칼이나 주걱을 비스듬히 잡고 2.5cm 간격으로 어슷하게 잘라서 정육면체의 치즈 응유를 만든다. 만지지 않고 응유가 굳도록 15분간 둔다. 냄비를 중약불에 올려놓고 몇 분에 한 번씩 저으면서 응유가 36.7~37.8℃에 도달할 때까지 은은하게 가열한다.(온도는 1분에 약 0.5℃씩 올라가야 한다.) 온도가 더 올라가지 않도록 10분간 유지하면서 몇 분마다 살살 젓는다. 온도가 43.3~44.4℃에 도달할 때까지 다시 이전과 같은 속도로 온도를 올린다. 온도가 더 올라가지 않도록 30분간 유지하면서 몇 분마다 살살 젓는다.

치즈가 완성되었는지 확인하려면 응유를 꾹 짜본다. 약간 단단하고 손가락 사이에서 깔끔하게 부서져야 하며 꽉 눌렀을 때 반유동 상태의 우윳빛 잔여물이 남지 않아야 한다. 필요하면 응유를 좀 더 오래 가열한다. 응유가 단단해지면 5분간 그대로 두고 굳힌다. 유장을 최대한 따라내고(상황에 따라 보관했다가 리코타 치즈를 만들 때 사용할 수 있다.) 체에 올이 성긴 무명천 또는 깨끗한 면포를 깔고 싱크대에 둔다.(상황에 따라 체 아래에 그릇을 받쳐 유장을 받아두었다가 보관해도 좋다.) 응유와 유장을 살살 붓거나 국자로 떠서 체에 담고 5분간 물기를 뺀다. 응유가 담긴 면포를 한 손으로 잡고 찬물에 담근 후 다른 손으로 살살 주무르면서 응유를 헹군다. 5~10분간 물기를 뺀다. 다음을 추가한다.

고운 바닷소금 또는 코셔 소금 적당량

크림처럼 부드러운 코티지 치즈를 만들 때는 치즈 응유에 다음을 넣어 섞는다.

(헤비크림 2큰술)

밀폐 용기에 담아 냉장고에 넣으면 최대 일주일간 보관할 수 있다.

Ⅱ. 파머 치즈

한마디로 코티지 치즈를 살짝 압착한 것이다.

코티지 치즈를 만든다. 응유의 물기를 뺀 후 찬물에 담가서 헹구는 과정을 생략한다. 다음을 넣는다.

소금 적당량

면포에 담긴 응유를 한데 모은 후 면포의 모서리를 모아서 잡고 최대한 꽉 비틀어 짜서 원반 모양으로 압착한다. 오븐 팬에 받침대를 놓고 그 위에 면포로 감싼 응유를 올린 후 응유가 살짝 눌리도록 접시를 올려둔다. 1시간 동안 물기를 뺀다. 밀폐 용기에 담아 냉장고에 넣으면 최대 일주일간 보관할 수 있다.

크림치즈

680~900g

크림치즈는 흰색의 부드러운 비숙성 치즈로, 진한 소젖으로 만든다. 여기서 소개하는 수제 크림치즈 레시피를 따르면 시판 크림치즈처럼 톡 쏘는 풍미가 있지만 질감이 더 부드러운 크림치즈가 완성된다. 가정에서 치즈 만들기 항목을 참고한다.

다음을 실온 상태로(21.1~23.9℃) 준비한다.

　　하프앤드하프 1.9ℓ

다음을 넣고 섞는다.

　　직접 접종형 중온성 치즈 균주 1봉지

뚜껑을 잘 덮고 우유가 응고될 때까지(고체 상태지만 부드러운 응유가 형성되어야 한다.) 16~20시간 동안 실온에 둔다.

　체에 올이 성긴 무명천 또는 깨끗한 면포를 깔고 싱크대에 둔다.(상황에 따라 체 아래에 그릇을 받쳐 유장을 받아내면 리코타 등을 만들 때 활용할 수 있다.) 응유를 살살 떠서 체에 담고 2~3번 정도 얌전히 저으면서 원하는 농도가 될 때까지 6~8시간 정도 물기를 뺀다. 취향에 따라 다음을 추가한다.

　　(소금 적당량)

밀폐 용기에 담아 냉장고에 넣으면 최대 일주일간 보관할 수 있다.

리코타

약 680g

리코타 치즈는 다른 치즈를 제조할 때 부산물로 나오는 유장으로도 만들 수 있다. 이 레시피의 비율을 참고해 우유 대신 유장을 넣는다. 유장은 단백질과 지방 함량이 낮으므로 얻을 수 있는 치즈의 양은 훨씬 적다는 점을 기억하자. 꼭 필요한 도구는 아니지만 리코타 치즈를 즐겨 만들어 먹는 편이라면 치즈 용품 전문점에서 구멍 뚫린 바구니 형태의 리코타 전용 틀을 구입해도 좋다.

커다란 스테인리스스틸 냄비에 다음을 넣고 섞는다.

　　일반 우유 3.8ℓ

　　식탁용 소금이나 고운 바닷소금 1작은술 또는 다이아몬드 코셔 소금 2작은술

우유를 중불에 올리고 눋지 않도록 자주 저으면서 90℃가 될 때까지 가열한다. 다음을 넣고 딱 한 번만 휙 젓는다.

　　레몬즙 ¼컵 또는 찬물 ¼컵에 구연산 1작은술을 넣어 녹인 것

불에서 내린 후 건드리지 않고 15~30분간 그대로 둔다. 30분이 지나도 응유가 생기지 않으면 우유를 88℃가 될 때까지 다시 가열하고 이미 넣었던 분량의 절반에 해당하는 레몬즙이나 구연산을 넣은 후 저어서 15~30분간 더 둔다.

　체에 깨끗한 면포를 깔고 싱크대에 둔다. 응유를 떠서 체에 담고 원하는 농도가 될 때까지 30분 정도 물기를 뺀다. 또는 바구니 형태의 리코타 전용 틀로 응유를 떠낸다. 밀폐 용기에 담아 냉장고에 넣으면 최대 일주일간 보관할 수 있다.

경성 치즈와 반경성 치즈

경성 치즈와 반경성 치즈에는 다양한 종류가 있지만, 일반적으로 치즈를 세게 압착하고 오래 숙성할수록 치즈는 더욱 단단해진다. 치즈 압착기가 없거나 아래 설명과 같이 임시로 비슷한 장치를 만들어 사용할 수 없는 경우, 가정에서 치즈 만들기 항목에서 소개한 일반적인 가정용 조리 도구를 살균해서 사용해도 반경성 및 경성 치즈를 만들 수 있다. 로크포르와 블루 치즈처럼 치즈 전체에 곰팡이가 퍼져 있는 곰팡이 숙성 치즈는 대다수 일반 가정에서 만들기에

는 난이도가 높은 편이다. 체더 치즈는 추가적인 조리 과정이 필요하며 치즈를 섬세하게 자르고 겹쳐서 쌓아야 할 뿐만 아니라 숙성 치즈를 만들기 위해서는 긴 숙성 기간도 거쳐야 한다. 치즈 만드는 법에 대한 더욱 복잡한 내용을 자세하게 소개하는 치즈 제조 관련 서적은 참고 문헌을 참고한다.

기본 압착 치즈

약 680g

치즈를 숙성할 계획이라면 크고 둥그런 덩어리 형태로 만들어 쉽게 마르지 않게 한다. 커다란 스테인리스스틸 냄비에 다음을 붓는다.

　　일반 우유 또는 염소젖이나 양젖 3.8ℓ(초고온 살균하지 않은 것)

다음을 넣고 잘 섞는다.

　　직접 접종형 중온성 치즈 균주 1봉지 또는 발효 버터밀크 6큰술

뚜껑을 덮고 중온성 균주를 사용한다면 1시간 동안, 버터밀크를 사용한다면 4시간 동안 실온에 둔다.

　아주 커다란 냄비에 뜨거운 물을 채운 후 발효 우유가 들어 있는 냄비를 담그고 중약불에 올려서 우유의 온도가 30℃가 될 때까지 가열한다. 치즈에 색을 입히려면 포장지의 설명에 따라 다음을 우유에 넣고 섞는다.

　　(안나토로 만든 액체 치즈 색소)

그동안 다음을 섞고 완전히 녹을 때까지 잘 저어서 응고제를 준비한다.

　　레닛 정제 ½개 또는 싱글 스트렝스 액상 레닛 ¼작은술

　　찬물 2큰술

우유를 31.1~32.2℃가 되도록 가열한다. 레닛 용액을 넣어서 섞고 30초간 저은 후 뜨거운 물에 담갔던 냄비를 꺼내 뚜껑을 덮고 그대로 30분~1시간 동안 둔다. 그동안 응고될 것이다.

　응유가 제대로 굳었는지 확인하려면 깨끗한 손가락을 응유에 비스듬히 찔러 넣고 응유의 일부를 떠내듯이 손가락을 들어올린다. 응유가 손가락 위에서 깔끔하게 부서진다면 자를 수 있는 상태가 된 것이다.

　아래 그림과 같이 기다란 L자형 주걱이나 스테인리스스틸 칼을 사용해 가로세로 1.2cm 간격으로 자른다. 그다음 45도 각도로 비스듬히 자른다. 이 과정을 반복하면 응유를 일정한 크기의 작은 조각으로 자를 수 있다.

　나무 숟가락으로 응유를 15분간 젓는다. 가장자리를 천천히 젓고 바닥에서 위로 응유를 떠내듯이 섞으면서 표면으로 끌어올린 응유가 나머지 응유에 천천히 합쳐지도록 한다. 개중에 덩어리가 큰 응유가 보이면 주걱이나 칼로 작게 자른다. 응유에서 노란빛이 도는 유장이 분리되면 응유의 크기도 줄어들기 시작한다.

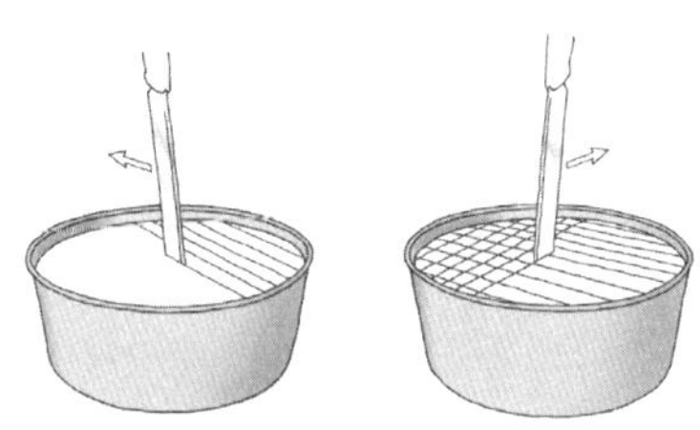

응유를 가로세로 방향으로 자르기

　뜨거운 물이 담긴 커다란 냄비에 응유 냄비를 다시 담근 후 약불에 올려 몇 분마다 저어주면서 20~30분에 걸쳐 응유와 유장의 온도가 38.9℃에 도달하도

록 천천히 가열한다. 38.9℃를 30~40분간 유지한다.(필요하면 과열되지 않도록 응유 냄비가 담긴 커다란 냄비를 불에서 내린다.) 응유를 손으로 쥐었을 때 살짝 뭉치면 응유를 굴릴 수 있는 상태가 된 것이다. 각 응유 덩어리는 밀알만 한 크기이며 전반적으로 강불에 익힌 스크램블드에그 같은 형상이 된다.

응유를 굳히려면 응유가 담긴 냄비를 뜨거운 물에서 꺼낸 후 뚜껑을 덮고 응유와 유장을 1시간 동안 둔다. 이때 5~10분에 한 번씩 혼합물을 저어준다.

응유의 물기를 빼려면 체에 깨끗한 면포를 깔고 싱크대에 둔다.(상황에 따라 체 아래에 그릇을 받쳐 유장을 받아내면 리코타 등을 만들 때 활용할 수 있다.) 국자로 응유와 유장을 떠서 면포를 깐 체에 담은 후 응유 덩어리를 들었다 놓거나 사방으로 굴리면서 유장을 걸러낸다. 물이 빠진 응유를 다시 체에 가만히 올려둔다. 취향에 따라 손을 깨끗이 씻고 다음을 넣어 섞어도 좋다.

(고운 바닷소금 1½작은술 또는 다이아몬드 코셔 소금 1큰술)

면포 안에서 응유를 공 모양으로 뭉친 후 유장을 최대한 꾹 짜낸다. 치즈가 담긴 면포를 오므리고 묶어서 보따리 모양으로 만든 후 싱크대 수도꼭지에 걸어서 20분간 더 물기를 뺀다.

압착하기 직전에 다음 풍미 재료를 추가해도 좋다.

(캐러웨이씨, 으깬 검은색 통후추 또는 커민씨 1큰술)

이제 치즈를 압착할 준비가 되었다. 치즈를 압착하는 과정에서 국물이 많이 흐르므로 싱크대 주변에서만 작업하는 것이 좋다. 치즈 틀이 없다면(치즈 용품 제조업체에서 저렴하게 판매한다.) 지름 18~20cm 크기의 깊은 원통형 플라스틱 용기 바닥에 구멍을 뚫어서 직접 만든다. 용기를 접시나 오븐 팬 위에 올려놓는다. 또한 틀보다 지름이 약간 작고 식품에 닿아도 안전한 두꺼운 플라스틱 원반 2개(실톱을 사용해 저렴하고 튼튼한 플라스틱 도마를 원반 형태로 잘라내면 좋다.)와 치즈를 눌러놓을 무거운 물건이 필요하다. 틀에 38cm 크기의 깨끗한 정사각형 면포를 간다. 면포를 깐 틀에 응유를 옮겨 담고 골고루 편 후 올이 성긴 무명천이나 면 거즈를 위에 덮어서 응유를 완전히 감싼다. 원반 형태의 플라스틱 하나를 위에 올려놓고 통조림이나 벽돌로 누른다. 유장이 솟아오르며 밖으로 흘러나오거나 쏟아지면서 응유가 압착되면 무거운 물건 아래에 두 번째 원반을 올려놓고 계속 압착한다.

이후 20분 동안 총 무게가 11.3kg에 도달할 때까지 조금씩 무게를 더하면서 압착한다. 통조림 위에 작은 나무 도마를 얹거나 도마 위에 누름돌을 올려놓아도 좋다.(우리는 이 용도로 여러분이 지금 손에 들고 있는 요리책처럼 묵직한 책을 사용하기도 한다.) 그다음 압착 용기를 서늘한 곳에 두고 12시간 동안 치즈를 숙성한다.(가능하면 냉장고에 넣어도 좋다.)

치즈를 압착기에서 꺼낸 후 무명천을 펼치고 치즈를 받침대에 올려놓는다. 치즈를 감싸지 않은 상태로 나무 도마에 올려 냉장고에 넣어서 치즈 표면이 마를 때까지 2~4일간 자연 건조한다. 양쪽이 골고루 마르도록 하루에 몇 번씩 치즈를 뒤집어준다.

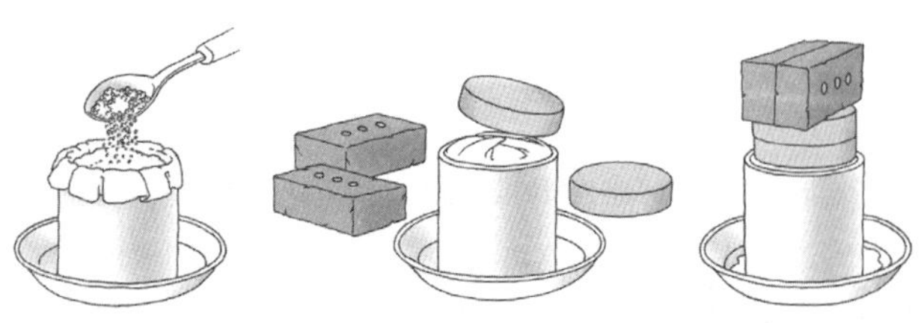

치즈 압착하기

이렇게 새로 만든 치즈는 풍미가 상당히 단조롭다. 치즈를 숙성해 다채로운 풍미를 발현하려면, 치즈의 표면이 완전히 말랐을 때 치즈 용품 전문점에서 구할 수 있는 치즈 왁스로 얇게 코팅해 공기를 차단하고 곰팡이가 피는 것을 방지한다. 포장지에 날짜를 적은 라벨을 붙여둔다. 받침대에 올려놓고 1.7℃ 이하로 내려가지 않는 냉장고에 보관하거나 4.4℃ 정도의 온도가 유지되는 채소칸에 넣어서 발효한다. 온도가 12.8℃ 이상으로 올라가면 치즈가 상한다. 풍미가 발현하는 데에는 1~2개월 또는 그보다 오랜 시간이 걸린다.

표면에 곰팡이가 생겼다면 닦아내고 치즈 안쪽까지 곰팡이가 침투했다면 잘라낸다.

페타

약 450g, 우유의 버터 지방 함유량에 따라 변동

페타는 소금물에 절인 치즈다. 때로는 소금물에 담가 저장한 페타 치즈가 물렁해지고 때로는 완전히 녹아버리기도 한다. 이것은 치즈에서 칼슘이 침출되어 나오기 때문이다. 상황에 따라 치즈가 물렁해지지 않도록 소금물에 염화칼슘을 추가할 수도 있다. 페타 치즈에 더욱 강렬한 풍미를 추가하기 위해 리파아제라는 효소를 넣기도 한다. 염화칼슘과 리파아제는 모두 치즈 용품 전문점에서 구할 수 있다.

커다란 편수 냄비에 다음을 넣고 섞는다.

일반 우유 3.8ℓ(초고온 살균하지 않은 것)

(찬물 ¼컵에 리파아제 가루 ⅛작은술을 넣어 녹인 것)

우유의 온도가 30℃가 될 때까지 은근히 가열한다. 불을 끄고 다음을 넣는다.

직접 접종형 중온성 치즈 균주 1봉지

뚜껑을 덮고 우유를 1시간 동안 숙성시킨다.

그동안 다음을 섞고 완전히 녹을 때까지 잘 저어서 응고제를 준비한다.

싱글 스트렝스 액상 레닛 ¼작은술

찬물 2큰술

응고제를 우유에 넣고 30초 정도 섞는다. 응유가 형성되도록 뚜껑을 덮고 1시간 정도 그대로 둔다. 응유가 다 굳었는지 확인하려면 손을 깨끗이 씻고 응유와 냄비가 만나는 가장자리 부분의 응유 덩어리를 손등으로 살짝 눌러본다. 응유가 팬의 옆면에서 깔끔하게 분리되어야 한다. 1025쪽의 그림처럼 응유를 1.2cm 크기의 정육면체로 자른 후 10분간 둔다. 20분간 응유를 살살 섞는다. 처음에는 젓기만 해도 쉽게 부서지지만 유장이 빠져나오면서 단단해진다.

체에 깨끗한 면포를 깔고 싱크대에 둔다.(상황에 따라 체 아래에 그릇을 받쳐 유장을 받아내면 리코타 등을 만들 때 활용할 수 있다.) 응유를 떠서 체에 담고 10분간 물기를 뺀다. 면포의 모서리를 한데 모으고 주방용 끈으로 묶는다. 응유를 싱크대 수도꼭지(또는 찬장 손잡이나 고리)에 걸고 유장이 흘러나오도록 4시간 동안 둔다.

면포를 펼치고 응유 덩어리를 꺼내 뒤집은 후 다시 둘둘 말아서 2시간 더 걸어놓는다.

면포에서 응유를 꺼내 2.5cm 크기의 정육면체로 자른다. 모양이 완벽할 필요는 없다. 치즈를 큰 그릇에 담고 다음을 뿌려 뒤적이며 섞는다.

고운 바닷소금 1작은술 또는 다이아몬드 코셔 소금 2작은술

체를 그릇 위에 올려놓고 정육면체로 자른 치즈를 담은 후 위를 덮어서 냉장고에 넣어둔다. 2일 정도 더 치즈의 물기를 빼고, 가끔 그릇에 고인 유장을 따라낸다. 치즈 덩어리는 제대로 굳기 전까지 서로 잘 달라붙으므로 물기를 빼는

과정에서 처음 몇 번은 손으로 치즈를 떼어내야 한다.

치즈에서 더 이상 유장이 나오지 않으면 다음을 섞어 소금물을 만든다.

　찬물 2컵

　식탁용 소금 1½큰술 또는 다이아몬드 코셔 소금 3큰술

　(염화칼슘 ½작은술)

잘 저어서 소금을 녹인다. 정육면체 모양의 치즈를 1ℓ 용량의 깨끗한 유리병에 차곡차곡 담고 치즈 위에 소금물을 붓는다. 치즈의 산도와 소금물의 염분 때문에 금속이 부식될 수 있으므로 가능하면 플라스틱 덮개를 사용한다.(또는 비닐랩을 두 겹으로 겹쳐서 유리병 위에 덮고 금속 덮개로 밀봉해도 좋다.) 냉장고에 넣으면 무기한 보관할 수 있다. 유리병에서 치즈를 꺼낼 때는 균이나 다른 오염물이 유리병에 들어가지 않도록 깨끗한 집게나 포크를 사용한다.

처빌(Chervil)

핀제르브(fines herbes, 여러 가지 허브를 잘게 썬 것으로, 프랑스 요리에서 소스나 수프의 향미료로 사용한다. — 옮긴이)의 구성 요소인 처빌은 가까운 품종인 파슬리보다 더 섬세하고 오밀조밀한 잎이 무성하게 나 있는 형태. 처빌의 풍미는 타라곤과 비슷하지만 좀 더 순하다. 전통적으로 닭이나 송아지 요리, 오믈렛, 비네그레트를 만들 때 사용하며, 베아르네즈 소스의 필수 재료다. 처빌은 키우는 보람을 느낄 수 있는 허브다. 신선한 처빌은 찾아보기 어려울 뿐만 아니라 말린 것은 풍미가 거의 없다시피 하다. 처빌 대신 파슬리와 타라곤 또는 회향 잎을 같은 분량만큼 섞어서 사용할 수 있다.

밤(Chestnut)

밤에 대해 항목을 참고한다.

치아시드(Chia Seeds)

치아(chia)는 얼룩덜룩한 무늬의 작은 씨가 열리는 민트의 연관 품종이다. 치아시드는 바삭한 가니시 또는 토핑으로 활용하거나 그래놀라 또는 오트밀에 넣는 등 생으로 먹을 수 있다. 치아시드는 수분을 매우 잘 흡수해 씨 주변에 젤 형태의 막이 생기므로 음료나 푸딩에 넣으면 재미있는 식감을 더한다. 치아시드 기름은 쉽게 산화되지 않으므로 서늘하고 어두운 곳에서 1년 이상 보관할 수 있다.

말린 칠리 고추와 칠리 고춧가루(Chiles, Dried and Ground)

말린 칠리 고추는 우리 집 주방에서 빼놓을 수 없는 재료다. 사실 화끈한 매운맛을 선호하는 사람들이 늘어나면서 칠리 고추는 점점 더 중요한 역할을 하게 되었다. 우리가 생으로 먹는 고추 품종 중 상당수(고추에 대해 항목을 참고)는 건조 상태로도 판매한다. 건조 과정에서 매운맛과 풍미가 농축되며 수분 함량이 낮으므로 실온에서 장기간 보관할 수 있다. 칠리 고추를 건조하는 방법은 1006쪽을 참고한다.

향신료와 마찬가지로 말린 칠리 고추는 밀폐 용기에 보관해야 한다. 칠리 고춧가루는 매우 사용하기 편리하지만 통째로 말린 고추보다 풍미가 훨씬 빨리 사라진다. 통째로 건조한 칠리 고추는 구입 후 1년 이내, 칠리 고춧가루는 3개월 이내에 사용하자. 상황에 따라 칠리 고춧가루를 냉동실에 넣어 보관 기간을 늘릴 수도 있다. 우리는 칠리 고추를 통째로 사서 필요할 때마다 조금씩 구운 후 갈아서 사용한다.(말린 칠리 고추 굽기, 말린 칠리 고추를 사용해 요리하기 항목을

참고한다.) 전통적인 혼합 양념을 만들 때는 ▶ 칠리 고춧가루 혼합 양념 레시피를 참고한다.

특정한 품종의 칠리 고추는 보통 특정 지역 요리와 밀접하게 연관되어 있으므로 여기서는 지역별로 나누어 말린 칠리 고추를 다룬다.

아메리카 지역

고추는 남아메리카 원산이므로 아메리카 대륙에서 가장 다양한 칠리 고추가 생산된다는 것은 그다지 놀랄 일이 아닐 것이다. 수십 개에 달하는 남아메리카 칠리 고추 품종 중 미국 마트에서도 쉽게 볼 수 있는 것은 **아히 아마리요**(ají amarillo, **아히 미라솔**ají mirasol이라는 이름으로 판매되기도 한다.)와 **아히 판카**(ají panca)라는 딱 두 가지 품종뿐이다. 아히 아마리요는 말리면 황금빛 주황색으로 변하며 달콤한 과일 풍미에 매운맛은 강하지 않다. 아히 판카 칠리 고추는 땄을 때 붉은색을 띠지만 말리면 갈색으로 변한다. 순한 맛 또는 중간 정도의 매운맛을 지니고 있으며 약간의 훈연향을 느낄 수 있다. **아히 리모 칠리 고추**(ají limo chiles)는 미국에서 좀처럼 찾아보기 힘들고 훨씬 매운맛이 강하다. 이러한 품종은 모두 페루 요리에 널리 사용되며 세비체, 양념장, 조림, 소스에 넣으면 특히 잘 어울린다.

안초(anchos)는 포블라노 고추를 말린 것을 지칭하며, 색이 더 진한 **물라토**(mulato)도 마찬가지다. 둘 다 중간 정도의 매운맛에 건포도를 연상시키는 진한 풍미가 있지만, 물라토는 단맛이 상대적으로 덜하고 풍미는 훨씬 강렬하다.

카옌 칠리 고추(cayenne chiles)는 아메리카 대륙에서 가장 먼저 유럽으로 전파된 품종 중 하나로, 요즘에도 가루 형태로 가장 흔히 볼 수 있다. 대다수 마트의 향신료 판매대에서 눈에 띄는 카옌 고춧가루는 종류와 관계없이 가장 쉽게 구할 수 있는 붉은색 매운 칠리 고추로 만든 것이므로 매운맛은 확실하지만 그 외의 풍미는 상대적으로 별다른 특색이 없다. 자르거나 분쇄하지 않은 카옌 칠리 고추는 길고 가늘며 구부러진 형태다. **아르볼 칠리 고추**(chiles de árbol)는 카옌 고추만큼 매운맛이 강하고 통째로 판매하는 것을 훨씬 쉽게 찾아볼 수 있다. 아르볼 칠리 고추는 가늘고 길이가 짧으며 구부러지지 않은 형태로, 밝은 붉은색을 띤다. **하포네스 칠리 고추**(japonés chiles)도 붉은색의 날씬한 멕시코산 품종으로, 독특한 풍미보다는 강렬한 매운맛으로 높게 평가받는다.

크랜베리처럼 붉은색을 띠는 둥그런 **카스카벨 칠리 고추**(cascabel chiles)는 맛이 진하고 견과류 풍미를 내며 매운맛은 중간 정도다. **치폴레**(chipotles)는 할라페뇨가 잘 숙성되고 붉은색으로 변할 때까지 기다렸다가 딴 후 피칸 나무로 훈연하여 말린 것이다. 치폴레에는 두 가지 종류가 있는데, 진하고 붉은빛이 도는 **모리타**(moritas) 또는 **모라**(moras)는 매운맛이 강하고 좀 더 쉽게 찾아볼 수 있으며(특히 아도보 통조림 형태로) 얼룩덜룩하고 햇볕에 그을린 듯한 갈색의 **메코**(mecos)는 더 큼직하고 맛이 순하며 훈연 향이 진하다.

칠루아클 칠리 고추(chilhuacle chiles)는 특히 몰레를 비롯한 정통 오악사카 요리를 만들 때 꼭 필요한 재료로 여기는 사람이 많다. 사용하는 칠루아클 고추의 색에 따라 전통 방식으로 만든 몰레의 색이 결정된다. 몰레 네그로(mole negro)는 검은색 칠루아클을 사용하고 몰레 콜로라도(mole colorado)와 몰레 아마리요(mole amarillo)는 각각 붉은색과 노란색 칠루아클을 사용한다. 이 세 품종 모두 매운맛이 강하지는 않지만 쌉쌀하거나 건포도 향 및 풋내가 나는 등, 풍미가 독특하고 복합적이다. 파시야 데 오악사카(뒤의 설명 참고)처럼 이러한 품종들은 쉽게 구할 수 없어 특별 주문을 해야 하며 가격도 상당히 높다.

껍질이 매끄럽고 진한 붉은색을 띠는 **과히요 칠리 고추**(guajillo chile)는 길

쭉하고 너비가 넓지 않으며, 중간 정도에서 약한 매운맛에 기분 좋은 숲 향이 난다. 멕시코 요리에서 상당히 자주 사용하는 과히요 고추는 활용도가 높고 소스, 수프, 스튜, 몰레 등에 잘 어울린다. 일반적으로 더욱 개성이 강한 칠리 고추와 섞어서 사용하면 다른 고추의 매운맛과 훈연 향 또는 강렬한 맛을 어느 정도 중화시키는 역할을 한다. **푸야 칠리 고추**(puya chiles)는 작은 과히요처럼 생겼지만 매운맛이 훨씬 강하다.

뉴멕시코 칠리 고추는 애너하임(Anaheim), 누멕스(NuMex), 해치(Hatch)라는 이름으로 대다수 마트에서 판매하는 큼직한 고추를 말린 것이다. 붉은색이 될 때까지 익힌 이 고추는 **칠리 캘리포니아** 및 **칠리 콜로라도**(콜로라도는 미국의 주 이름이 아니라 스페인어로 붉은색이라는 뜻이다.)라는 이름으로도 알려져 있다. 뉴멕시코 전역에 걸쳐 이 칠리 고추를 둥근 리스 모양이나 기다랗게 늘어뜨린 형태(리스트라ristra)로 엮어놓은 것을 찾아볼 수도 있다. 뉴멕시코 고추는 과히요 고추처럼 맛이 순하고 활용도가 높다. **룸브레**(lumbre)처럼 매운맛이 더 강한 품종도 말려서 사용한다.(간단하게 '아주 매운 맛'이라고 표기한다.) 뉴멕시코 북부에서는 주로 **치마요**(Chimayo, 재배되는 여러 마을 중 하나의 이름을 딴 것)라고 부르는 토착 품종이 많은 인기를 누리고 있다. 녹색을 띠는 뉴멕시코 칠리 고춧가루도 있는데, 우리가 스크램블드에그(그리고 버터 팝콘)에 가장 즐겨 사용하는 양념이다. 녹색을 띠는 **파사도**(pasado) 품종은 뉴멕시코 고추만큼 흔하지는 않지만 구워서 껍질을 벗긴 후 말린다. 보기에 썩 먹음직스러운 외관은 아니지만 기분 좋은 풋내와 중간 정도의 매운맛을 가지고 있다.

칠리 네그로(chile negro)라고도 알려진 **파시야 칠리 고추**(pasilla chiles)는 칠라카(chilaca) 고추를 말린 것으로 색이 아주 진하고 맛이 비교적 순하다. **파시야 데 오악사카 칠리 고추**(pasilla de Oaxaca chiles)도 이와 비슷하지만 불그스레한 색을 띠고 있으며 훈연 건조한다. 희귀 품종이라 매우 구하기 어렵지만, 몰레와 소스에 진하고 근사한 풍미를 추가할 수 있으므로 일부러 찾아볼 가치가 충분하다.

페킨 칠리 고추(pequín chiles)는 약간 붉은빛이 감도는 노란색 또는 갈색의 타원형 고추로 무자비한 매운맛을 가지고 있다. **테핀**(tepin) 또는 **칠테핀 칠리 고추**(chiltepin chiles)는 연관 품종으로 야생에서 자란다. 뉴멕시코에서는 가끔 이러한 고추를 훈연 건조한 상태로 만날 수 있다. 일반적으로 갈아서 조리 마지막 단계에 양념이나 가니시로 사용한다. 가이아나 요리에서 빼놓을 수 없는 **위리위리 칠리 고추**(wiri wiri chiles)는 비슷한 모양을 하고 있지만 껍질에 깊은 주름이 파여 있으며 매운맛은 그만큼 강하지 않다.

하바네로와 스카치 보닛처럼 그 외의 매운 칠리 고추는 말려서 가루로 빻은 상태로 판매하기도 하지만 대부분 생고추를 그대로 사용한다.

유럽과 아프리카 지역

유럽 전역의 바지런한 칠리 고추 재배업자들은 묵묵히 고유 품종을 개발해왔다. 스페인의 바스크 지역은 말린 **에스플레트 고추**(piment d'Espelette)로 유명한데, 에스플레트는 중간 정도의 매운맛을 가진 달콤한 붉은색 고추다. 통째로 판매하는 것은 좀처럼 찾아보기 어려우며 대부분 붉은빛이 도는 주황색의 굵은 분말 상태로 판매한다.

이탈리아산 페페론치니는 매운맛의 정도와 크기가 다양하지만, 가장 흔히 말려서 사용하는 종류는 작고 날씬한 **칼라브리아산 칠리 고추**로 카옌처럼 붉은색을 띠고 있으며 중간 또는 약한 매운맛을 가지고 있다. 전통적으로 말려서 박편 형태로 굵게 빻은 후 피자나 브루스케타에 토핑으로 얹거나 라구 및 파스타에 넣어서 섞는 것이 바로 이 품종이다. 칼라브리아산 고추는 새콤달콤한 기분 좋은 맛을 가지고 있으며, 물론 마트에서 판매하는 **굵게 빻은 고춧가루**가 전부 이 고추 품종으로 만드는 것은 아니다. 칼라브리아산 칠리 고추는 통째로 판매하는 경우가 드물지만 굵게 빻은 것보다 훨씬 풍미가 좋다. 이러한 칠리 고추를 보존하는 전통적인 방법은 페페론치니 소톨리오 레시피를 참고한다.

스페인산 **뇨라 칠리 고추**(ñora chiles)는 작달막하고 둥그런 모양이며 카스카벨 고추와 비슷하게 생겼다. 흙내음과 순한 맛이 특징인 뇨라 고추는 발렌시아식 파에야의 가운데에 통째로 올리거나 일반적으로 조림, 스튜 또는 쌀 요리에 추가한다. 또한 물에 불려서 씨를 빼고 껍질에서 과육을 긁어낸 후 로메스코 소스를 만들 때 사용하기도 한다.

옛날 미국 요리사들에게 파프리카 가루는 안나토나 강황처럼 향신료보다는 색소에 가까운 재료였다. 다행히 파프리카 가루의 품질이 개선되었으며 그와 동시에 파프리카를 즐기는 사람도 늘어났다. **헝가리산 파프리카** 가루는 향신료의 이름을 그대로 딴 요리인 **파프리카시**(paprikash, 또는 치킨 파프리카)나 헝가리식 굴라시 같은 다양한 헝가리 음식에 한 숟가락씩 듬뿍 떠서 넣는다. 미국에서 판매하는 파프리카 가루는 핫 파프리카와 스위트 파프리카의 두 종류가 있으며, 핫 파프리카는 씨가 더 많이 들어 있기 때문에 매운맛이 더 강하다.(헝가리에는 무려 여덟 가지 등급이 있다.) 가까운 품종의 고추를 몇 가지 섞어서 만드는 헝가리산 파프리카 가루와는 달리, **피멘톤**(pimentón)이라고도 하는 스페인산 파프리카 가루는 뇨라와 카옌 칠리 고추 등 서로 다른 종류의 고추를 사용해서 만든다. 스페인의 라 베라 지역에서는 잘 익은 칠리 고추를 따서 오크 나무로 훈연 건조하므로 피멘톤에서 기분 좋은 독특한 풍미가 난다. 피멘톤도 헝가리산 파프리카 가루처럼 핫 피멘톤과 스위트 피멘톤이 있으며, '달콤 쌉쌀한' 조합도 있다. 피멘톤은 다양한 종류의 요리에 강렬한 훈연 향을 더할 뿐만 아니라 스페인식 초리소 소시지를 양념할 때도 사용된다.

피리피리 칠리 고추(piri piri chiles)는 사실상 아프리카산 고추 중 유일하게 말리는 품종이다. 태국의 버즈아이 칠리와 매우 가까운 품종으로 강렬한 매운맛을 내며, 사하라 이남 지역의 다양한 요리 및 수많은 포르투갈 요리에 통째로 또는 갈아서 사용한다.

중동과 아시아 지역

굵게 빻은 형태의 몇몇 터키산 및 시리아산 칠리 고추는 점점 더 주변에서 쉽게 찾아볼 수 있게 되었다. **마라스**와 **알레포**라는 마을 근처에서 재배하는 고추는 벽돌색을 띠며 맛이 순하고 과일 풍미가 난다. 반면 **우르파** 지역에서 재배한 칠리 고추(이솟 비베르isot biber라고도 부른다.)는 일광 건조 과정에서 보랏빛이 도는 검은색으로 변하며 굵게 빻았을 때 훈연 향, 흙 향, 건포도 향이 섞인 복합적인 풍미를 낸다. 이러한 칠리 고추로 만든 고춧가루는 보통 기름을 부어 촉촉하게 만들고 소금으로 가볍게 간을 한 후 포장해서 판매한다. 무하마라나 하리사 등의 소스 및 양념에 사용하거나 양고기 케밥을 양념할 때 사용할 수도 있지만, 우리는 보통 독특한 풍미를 지닌 이 고춧가루를 식탁에 올리기 직전의 요리에 홀홀 뿌리는 용도로 남겨둔다.

인도산 칠리 고추 몇 종류도 통째로 또는 가루 형태로 찾아볼 수 있다. 대부분 '인도산 붉은 칠리 고추'라는 일반적인 라벨이 붙어 있는데, 이것도 어느 정도는 도움이 된다. '인도산'이라는 라벨이 붙은 칠리 고추는 가늘고 끝이 뾰족하며 껍질이 매끈하고 크기는 작거나 중간 정도다. 일반적으로 고추는 작을수록 맵다. 큼직하고 껍질이 매끈한 **군투르 사남**(Guntur Sannam)과 주름진 **뱌드기 칠리 고추**(Byadgi Chile)는 중간 정도의 매운맛을 가지고 있다. 둥근 모양의 **람나드 문두 칠리 고추**(Ramnad mundu chiles)는 체리만 한 크기로 맛이 비교적 순하고 풍미가 더 강하다. 더 큼직하고 적갈색을 띠는 **캬슈미르산 칠리 고추**는 가장 맛이 순하다.

태국에서는 매운맛이 덜한 품종도 몇 가지 재배되고 있지만, 유일하게 자주 눈에 띄는 것은 작고 무자비한 매운맛을 가진 **버즈아이**(bird's eye)다. 태국 식료품점에서 굵게 빻은 고춧가루나 통째로 쉽게 찾아볼 수 있는 버즈아이는 형태와 관계없이 아주 강렬한 매운맛을 자랑한다. 버즈아이 통고추가 담긴 봉투를 열기만 해도 거의 눈물이 맺힐 정도다. 특히 버즈아이를 굵게 빻은 고춧가루는 고운 분말로 코팅된 것처럼 보이기 때문에 아주 선명한 색을 자랑하며 매운맛도 그만큼 강렬하다. 버즈아이 칠리 고추는 보통 태국 요리에 많이 사용한다고 알려졌지만, 인도 요리를 비롯해 동남아 전역에서 사용된다.

텐진(天津, Tianjin 또는 Tientsin) 고추라고도 하는 중국산 붉은색 칠리 고추는 쓰촨 요리에 널리 사용된다. 버즈아이 칠리만큼 캡사이신 함량이 높지는 않으며 약간 더 크다.

고춧가루는 밝은색의 한국식 고춧가루로, 아마도 붉은색 김치 양념으로 가장 잘 알려져 있을 것이다. 매운맛의 정도가 다양하며 굵게 또는 아주 곱게 빻아서 사용한다.

말린 칠리 고추 굽기

많은 요리사가 말린 칠리 고추를 갈거나 불리기 전에 굽는다. 구운 향신료와 마찬가지로 약간의 열을 가하면 칠리 고추의 풍미가 더욱 깊어진다. 칠리 고추 몇 개를 구울 때는 프라이팬을 사용하는 것이 가장 좋다. 6개가 넘어가면 오븐에서 굽는 방법을 추천한다.

가정용 레인지에서 말린 칠리 고추를 구우려면 우선 꼭지를 따고 세로로 길게 칼집을 넣은 후 고추를 벌려서 씨를 털어낸다. 안초나 과히요처럼 큼직한 칠리 고추는 몇 조각으로 잘라서 평평하게 놓는다. 기름을 두르지 않은 무쇠팬이나 번철에 말린 칠리 고추가 서로 겹치지 않도록 한 겹으로 깐다.(한꺼번에 전부 들어가지 않으면 여러 번에 나눠 굽거나 아래에 소개하는 오븐 구이 방법을 활용한다.) 중불에 올린 후 주걱으로 칠리 고추를 누르거나 그릴 누름쇠를 올려놓고 한쪽이 연한 갈색이 될 때까지 굽는다. 칠리 고추는 색이 금세 변하므로 굽기 시작한 지 1분 정도 지났을 때부터 ▶ 다 구워졌는지 자주 확인한다. 반대쪽으로 뒤집어서 굽는 냄새가 날 때까지 다시 꾹 누르고 굽는다. 반대쪽을 구울 때는 몇 초면 충분하다.

말린 칠리 고추를 오븐에 넣어서 구우려면 오븐 온도를 150℃로 설정한다. 위의 설명에 따라 꼭지를 따고 칼집을 넣어 씨를 털어낸 후 큼직한 고추는 납작하게 몇 조각으로 자른다. 오븐이 예열되면 테두리 있는 오븐 팬에 고추를 한 겹으로 흩어서 깔고 5분간 굽는다. 오븐 팬을 오븐에서 꺼낸 뒤 칠리 고추를 반대쪽으로 뒤집어서 5분간 더 굽는다.

말린 칠리 고추를 사용해 요리하기

말린 칠리 고추를 요리에 사용하는 데에는 여러 방법이 있다. 보통 우리는 고추를 통째로 사용하는 경우가 드물지만, 통고추의 꼭지를 따고 씨를 빼서 살짝 가열하면서 매운맛을 누그러뜨리거나 다른 향신료와 함께 기름에 튀긴 후 요리의 기본 양념으로 사용하거나 요리가 거의 다 마무리되었을 때 넣는 양념으로 활용한다. 꼭지를 따고 씨를 뺀 칠리 고추는 조림과 스튜에 넣고 뭉근히 끓여서 풍미를 우려내고 요리에 매콤한 맛을 더하기도 한다. 뭉근히 끓는 과정이 마무리되면 칠리 고추를 건져서 버려도 좋고 국물을 조금 부어 퓌레 상태로 간 후 다시 넣어도 좋다. 물론 가장 편리하고 널리 사용되는 방법은 칠리 고추를 고운 가루로 갈아서 사용하는 것으로, 이렇게 하면 요리 전체에 쉽게 퍼지고 얼룩덜룩한 건더기가 생기지 않는다. 칠리를 물에 불렸다가 갈아서 퓌레 상태로 만든 후 요리에 넣는 것도 아주 보편적인 사용 방법이다.(이렇게 해서 만든 페이스트는 얼음 틀에 넣어 얼린 후 지퍼백에 담아 보관할 수 있으므로 고춧가루만큼 편리하다.)

말린 칠리 고추를 갈려면 꼭지와 씨를 제거하고 상황에 따라 굽는다. 고추만 갈 때는 커피 또는 향신료 분쇄기를 사용한다. ▶ 분쇄기를 연 후에 올라오는 연기나 가루를 흡입하지 않도록 주의하자.(눈과 코에 상당히 강한 자극을 준다.) 칠리 고추를 다른 향신료 또는 레몬그라스나 생강과 같은 향미 재료와 함께 갈 때는 절구와 절굿공이를 사용할 수도 있다. ▶ 말린 통고추 70g의 꼭지와 씨를 제거하고 갈면 대략 고춧가루 ½컵 정도 나온다.

말린 칠리 고추를 불려서 원래 상태로 복원하려면 꼭지와 씨를 제거하고 그릇에 담는다. 팔팔 끓지 않는 정도의 뜨거운 물을 고추가 잠기도록 붓고 받침 접시나 작은 냄비 뚜껑을 얹어서 고추가 물에 잠기게 한다. 칠리 고추가 말랑말랑해질 때까지 15~20분간 불린다. ▶ 너무 오래 불리면 풍미가 침출되어서 나온다. 또한 상황에 따라 고추 불린 물을 요리에 사용할 수도 있지만 일단 맛을 보고 쓴맛이 나지 않는지 확인해야 한다. 각 레시피의 설명에 따라 퓌레 상태로 갈거나 분쇄한다. 잘게 갈아서 페이스트 상태로 냉동하려면, 믹서에 넣고 소량의 물이나 고추를 불린 국물을 넣은 후 걸쭉하고 매끄러운 페이스트가 되도록 간다.

칠리 고추 페이스트(Chiles Pastes)

식료품점에서 점점 더 다양한 핫소스를 찾아볼 수 있게 되었고, 이와 동시에 건더기가 씹히며 강렬한 매운맛(핫소스보다는 매운맛이 덜하기는 하다.)을 가진 제품도 점차 늘어나고 있다. 몇 가지 칠리 페이스트는 우리가 즐겨 먹는 요리를 만드는 데 아주 유용한 재료가 된다.

많은 미국인에게 가장 익숙한 칠리 페이스트는 **삼발 올렉**(sambal oelek, 때로는 **칠리 마늘 페이스트**라는 이름으로 판매되기도 한다.)으로, 신선한 붉은 칠리 고추와 마늘 향이 강하고 건더기가 씹히는 묽은 페이스트다. 중간 정도의 매운맛을 가지고 있으며 대부분 양념으로 사용한다.(우리는 삼발 올렉이 스리라차보다 더 맛있고 소박한 버전이라고 생각한다.) 분이나 서머 롤과 함께 내거나 마요네즈에 풍미를 더하거나 싱가포르식 칠리 크랩 같은 요리에 매운맛을 더하기 위해 사용한다.

몇 가지 칠리 고추 페이스트는 말린 칠리 고춧가루와 다른 향신료 및 향미 재료를 섞어서 만든다. 모로코 요리에 자주 사용되는 붉은색 페이스트인 **하리사**(harissa)는 말린 칠리 고추, 향신료, 마늘, 올리브유를 섞어서 만든다. 보통 쿠스쿠스와 함께 내는 하리사는 각자 원하는 만큼 떠서 넣을 수 있도록 식탁에 따로 담아 내는 경우도 많다. 하리사를 가정에서 만들 때는 623쪽을 참고한다. **태국식 레드 커리 페이스트**는 말린 칠리 고추와 샬롯, 말린 새우 페이스트, 레몬그라스, 그 외에 몇 가지 다른 향미 재료를 섞은 것이다.(그린 커리 페이스트는 신선한 녹색 칠리 고추를 사용한다.) 이러한 페이스트는 대다수 미국 마트에서 찾아볼 수 있다. 가정에서 직접 만들 경우 624쪽을 참고한다.

고추기름은 말린 칠리 고추나 굵게 빻은 칠리 고춧가루를 기름에 넣고 자글자글 끓여서 만든다. 종류도 다양하다. **기름에 튀긴 태국식 칠리 고추 페이스트**를 비롯한 일부는 뻑뻑한 질감에 무자비할 정도로 매운맛이 강렬하며 수프의 양념이나 소스의 재료로 사용한다. ▶ 사용하는 양에 주의해야 하며 아주 조금씩 넣으면서 맛을 본다. 쓰촨 지방의 유명한 양념인 **바삭하게 씹히는 매운 고추기름**을 비롯한 그 외의 고추기름은 상대적으로 묽고 건더기가 씹히는 편이다. 중간 정도의 매운맛을 가지고 있으며 우리는 이 고추기름을 밥 요리나 국수 요리의 토핑으로 즐겨 사용한다.(가정에서 직접 만들 때는 바삭하게 씹히는 중국식 매운 고추기름 레시피를 참고한다.)

마지막으로 각 지역 요리에서 아주 핵심적인 역할을 하는 발효 칠리 페이스트 몇 가지를 소개해본다. **고추장**은 매끄럽고 뻑뻑하며 끈끈한 칠리 페이스트로 한국 요리에 매우 폭넓게 사용된다. 말린 고춧가루와 찹쌀, 메주, 보리 엿기름, 물엿이나 조청을 섞은 후 항아리에 담아 발효시켜 만든다. 그 결과 매콤하고 단맛이 감돌며 맛있는 여운이 오래 남는 양념이 된다. **두반장**이라고도 하는 **쓰촨식 고추장**도 마찬가지로 말린 칠리 고추와 콩을 섞어서 발효하지만, 단맛이 적고 건더기가 많으며 독특한 풍미를 지닌 결과물이 나온다. 두반장은 특유의 강한 냄새가 있어서 이중 밀폐 플라스틱 포장을 뚫고 냄새가 나는 경우도 있다. 워낙 개성이 강하기 때문에 항상 요리에 넣고 충분히 조리해서 먹는다. 마파두부, 탄탄미엔, 매콤한 쓰촨식 훠궈 등의 쓰촨 요리는 바로 이 두반장을 사용해 풍미를 낸다. 가까운 마트에서 구할 수 없다면 온라인 상점에서 주문해보자.(두반장을 대체할 수 있는 재료는 사실상 없다고 할 수 있다.) 피두 또는 피시안 지역에서 만든 두반장이 특히 높은 평가를 받는다. 칠리 고추가 들어가지 않는 다른 발효 콩 페이스트로는 미소, 된장, 도우장 항목을 참고한다.

칠리 고춧가루(Chiles Powder)

텍사스와 미국 남서부 지역의 요리에서 널리 사용되는 전통적인 혼합 향신료다. 시판 제품에는 보통 하나 또는 그 이상의 말린 칠리 고추(뉴멕시코, 과히요, 안초 등)와 커민, 고수씨, 오레가노, 마늘이나 양파 가루가 들어 있으며 때로는 소금을 첨가하기도 한다. 칠리 고춧가루와 향신료 가루는 몇 달 안에 품질이 저하되므로 가장 좋은 풍미를 내기 위해서는 직접 만들어 쓰는 것을 적극 권장한다.

차이브(Chives)

차이브는 엄밀히 말해 양파 및 마늘과 함께 파과 식물에 속하지만, 허브로 간주하며 허브처럼 사용한다. 풀과 비슷한 모양의 늘씬한 잎이 뭉쳐서 자라며 가위로 잘라내고 내버려두면 여러 번에 걸쳐 다시 돋아난다. 연성 화이트 치즈에 넣어 섞거나 달걀 요리 위에 홀홀 뿌리거나 샐러드에 사용하거나 구운 감자에 뿌려서 먹는다. 뜨거운 음식에 차이브를 가니시로 사용할 때는 내기 직전에 얹어야 아삭한 식감과 독특한 풍미를 보존할 수 있다. ▶ 조리하지 않은 상태로 하룻밤 이상 보관할 요리에 차이브를 넣으면 불쾌할 정도로 냄새가 강해지므로 주의한다. 뾰족뾰족한 별 모양의 보라색 **차이브 꽃**은 적당한 크기로 잘라서 근사한 가니시로 써도 좋고, 식초에 담가두면 섬세한 차이브 풍미가 우러난다.

중국 차이브라고도 불리는 **부추**는 잎이 더 평평하고 단단하며 마늘과 양파 맛이 두드러지게 난다. 부추는 채소, 달걀, 다진 고기 등에 넉넉히 넣고 함께 볶아 먹으면 좋다.

차이브는 가위로 잘라서 넣어도 좋지만 작게 저미면서 가니시로 활용하는 것이 가장 좋다. 차이브는 섬세하고 쉽게 멍이 들기 때문에 잘 드는 날로 한 번에 깔끔하게 잘라야 최적의 맛을 즐길 수 있다.

차이브를 저미거나 다지려면 우선 깨끗이 씻어서 물기를 빼고 한 뭉치가 되도록 모은 후 차이브 뭉치를 한두 번 접어서 도마에 대고 누른다. 아주 잘 드는 칼로 원하는 크기로 조심스럽게 저민다.

말린 차이브 또는 **동결 건조 차이브**도 쉽게 찾아볼 수 있다. 혼합 양념에 사용하거나 수분을 흡수하도록 수프 위에 홀홀 뿌리거나 기본 크림치즈 스프레드의 풍미를 낼 때 사용하지만, 말린 차이브는 풍미가 약한 편이므로 신선한 차이브를 대체하기는 어렵다.

초콜릿과 카카오(Chocolate and Cacao)

초콜릿과 카카오는 아메리카 대륙 원산의 농산물 중 가장 널리 전파된 것이라고 해도 과언이 아니다. 카카오속(*Theobroma*)의 상록수에서 얻을 수 있으며, 테오브로마는 '신들의 음식'이라는 의미다. 카카오콩은 카카오나무의 골이 있는 커다란 꼬투리 안에서 자란다. 카카오 관련 제품을 만들기 위한 모든 일반적인 과정은 발효부터 시작한다. 꼬투리 안에 있는 과육과 함께 카카오콩을 발효한 후 말린다. 주방에서 만날 수 있는 가장 순수한 형태의 카카오는 이 단계까지 처리하고 으깨서 카카오닙스 형태로 만든 것이다.

카카오닙스(cacao nibs)는 단맛뿐만 아니라 다소 쓴맛도 있으며 보통 반죽에 넣거나 트러플, 케이크, 기타 디저트의 가니시로 사용한다. 진한 초콜릿 풍미에 설탕을 추가하지 않아도 기분 좋은 아삭한 식감을 제공한다. 카카오닙스는 생으로 또는 구운 상태로 판매한다.

최근 들어 카카오닙스를 점점 더 쉽게 찾아볼 수 있게 되었지만, 대다수 카카오콩은 구운 다음 페이스트 상태로 간다. 카카오콩에는 크림색 지방인 코코아 버터가 풍부하게 함유되어 있다. 이 코코아 버터는 카카오콩을 가는 과정에서 녹아 나와 **초콜릿 원액**(chocolate liquor, 카카오매스)이라는 진한 갈색 액체를 형성하며, 바로 이것이 형태를 막론하고 모든 초콜릿(화이트 초콜릿 제외)의 주요 구성 요소가 된다. 카카오매스를 말리고 길쭉한 판 모양으로 딱딱하게 굳힌 것이 바로 우리가 아는 무가당 초콜릿이다.

무가당 초콜릿은 추가 재료를 사용하지 않은 순수 초콜릿이다. 진하고 깊은 초콜릿 풍미를 지니고 있으며 항상 설탕과 섞어서 케이크, 브라우니, 프로스팅, 퍼지를 만드는 데 사용한다.

카카오매스에서 지방의 일부를 제거한 후 남은 카카오 고형물을 간 것이 **코코아 가루**다. 코코아 가루에는 10~24%의 코코아 버터가 들어 있으며 설탕은 들어 있지 않다. 고급 코코아 가루는 지방 함량이 높은 편이므로 그만큼 풍미도 진하다. 대다수 코코아 가루는 구운 카카오콩으로 만들지만 굽지 않은 것도 시판된다. 마트에서 가장 흔히 볼 수 있는 코코아 가루에는 **알칼리화 가공을 하지 않은 코코아 가루**, 즉 '비가공(natural)'과 **알칼리화한 코코아 가루**, 즉 **더치 프로세스**(Dutch-process)의 두 가지 종류가 있다. 비가공 코코아 가루는 색이 연하고 약간 신맛이 나며 강하고 확실한 초콜릿 풍미가 난다. 더치 프로세스 코코아 가루는 알칼리화 처리를 한 것이다. 가공 과정에서 소량의 알칼리를 추가해 산도를 중화하면 다소 맛이 순하고 두드러진 풍미를 지니며 색이 진한 코코아가 된다.

제과제빵 레시피에서 ▶ 코코아 가루는 사용하는 화학 팽창제에 따라 다른 양상으로 반응하므로 레시피에서 지정한 코코아 유형을 사용하도록 권장한다. 레시피를 개발할 때는 비가공 코코아 가루의 산도와 더치 프로세스 코코아 가루의 알칼리도를 고려하므로 단순하게 비가공 코코아와 더치 프로세스 코코아를 서로 대체해서 사용하기는 어렵다. 아이스크림, 커스터드, 달콤한 소스처럼 코코아 가루를 취향대로 선택할 수 있는 경우라면 원하는 풍미와 색에 따라 비가공 또는 더치 프로세스 코코아를 사용할 수 있다. ▶ 이 책에서 코코아 가루를 언급할 때는 비가공 코코아 가루가 기본이다. 몇몇 레시피에서는 더치 프로세스 코코아 가루가 필요하다는 점을 분명하게 표기했다. 코코아 가루를 **인스턴트 코코아**와 혼동하지 않도록 주의하자. 인스턴트 코코아에는 설탕이 들어 있으며 액체에 잘 녹도록 유화제가 첨가되어 있다. 음료로 마시는 코코아와 초콜릿에 대한 자세한 내용은 9~10쪽을 참고한다.

가당 초콜릿 중 가장 소박한 형태는 아마도 **멕시코 초콜릿**이라고도 하는 **맷돌 분쇄 초콜릿**일 것이다. 오직 맷돌에 갈아서 만든 카카오매스이므로 질감이 거친 편이다. 이 카카오매스에 감미료를 추가하고 말려서 둥글납작한 형태로 만든다. 일반적으로 여분의 코코아 버터는 추가하지 않는다. 이렇게 해서 탄생한 초콜릿은 식감이 다소 깔끄럽지만, 품질 좋은 카카오콩을 사용해서 만들었다면 강렬하고 순수한 풍미를 지닌다. 멕시코 초콜릿은 음료로 만들어서 마시는 경우가 가장 많고(참푸라도 레시피 참고) 그대로 먹는 사람들도 있다.

멕시코 초콜릿과 대다수 다른 초콜릿의 차이점은 카카오콩을 갈아서 만드는 입자의 크기다. 한 번 갈아서 만든 카카오매스에도 혀로 느낄 수 있는 큼직한 입자가 들어 있기 때문에 깔깔한 식감이 난다. 대다수 카카오매스는 **콘칭**(conching)이라는 과정을 통해 입자를 더 곱게 갈아서 사용한다. 콘칭은 열을 가해서 갈고 섞는 과정이므로 카카오매스 안에 들어 있는 카카오 고형물이 곱게 분쇄되어 입자를 식별할 수 없는 상태가 된다. 대다수 초콜릿은 이런 방식으로 비단처럼 부드러운 식감을 구현한다.

카카오매스에 코코아 버터와 설탕을 추가하면 **세미스위트** 또는 **비터스위트 초콜릿**이 된다. 이러한 초콜릿은 35% 이상의 카카오매스와 코코아 버터, 설탕, 바닐라 또는 바닐린, 레시틴으로 구성되어 있다. **다크 초콜릿**은 세미스위트와 비터스위트 초콜릿을 모두 아우르는 범주이지만, 보통 초콜릿에 '다크'라는 라벨이 붙어 있으면 카카오 고형물의 비율이 높고 설탕이 적게 들어 있는 제품을 말한다. 세미스위트와 비터스위트 초콜릿은 대다수 레시피에서 서로 대체해서 사용할 수 있으나 풍미와 품질이 다르므로 최종 결과물의 풍미, 질감, 외관에 영향을 미치기도 한다. '비터스위트'는 설탕이 적게 들어 있고 쓴맛이 강한 초콜릿을 지칭한다고 생각하기 쉬운데 반드시 그런 것은 아니다. 세미스위트와 비터스위트 초콜릿의 설탕 함량은 상표에 따라 다르므로 이 두 가지 용어는 사실상 혼용할 수 있다. 다크 초콜릿을 세미스위트 또는 비터스위트 초콜릿 대신 사용할 수 있는 경우도 있지만 라벨에 표기된 카카오 고형물의 함량을 잘 살펴본다. 아주 진한 다크 초콜릿(카카오 고형물 함량 64% 이상)은 레시피의 다른 재료까지 조절하지 않는 한 제과제빵 레시피에서 세미스위트나 비터스위트 초콜릿 대신 사용할 수 없다.(한 종류의 초콜릿을 다른 초콜릿 대신 사용하는 방법은 이후에 나오는 설명을 참고한다.)

밀크 초콜릿은 그냥 먹는 초콜릿으로 가장 인기가 높고 달콤한 초콜릿 중에서도 가장 단맛이 강하다. 카카오매스 함량이 적고(최저 10%) 유지방이 3.39% 이상, 우유 고형분이 12% 들어 있어서 색이 연하며 다크 초콜릿보다 초콜릿 풍미가 약한 편이다. 밀크 초콜릿은 제과제빵 레시피에서 다크 또는 비터스위트 초콜릿 대신 사용할 수 없지만 화이트 초콜릿 대신 사용할 수는 있다.

화이트 초콜릿에는 카카오매스가 들어 있지 않으므로 갈색이 아닌 상아색을 띤다. 코코아 버터가 들어 있어 아주 연한 초콜릿 풍미와 크림처럼 부드러운 식감을 선사한다. 보관 기간이 짧고 쉽게 산패하므로 소량씩 구매해야 한다. 화이트 초콜릿을 구입할 때는 재료 라벨을 주의 깊게 확인한다. 가격이 저렴한 대다수 대량생산 '화이트 초콜릿'에는 코코아 버터가 들어 있지 않거나 아주 적게 들어 있으며, 그 대신 경화유와 설탕을 듬뿍 넣어 코코아 버터의 빈자리를 메운다. 제대로 된 화이트 초콜릿은 품질 좋은 코코아 버터가 듬뿍 들어 있으며 더욱 복합적인 풍미를 낸다.

커버처(couverture)는 코코아 버터 함량이 32% 이상인 초콜릿을 지칭하는 용어다. 최근에는 대다수 세미스위트 및 비터스위트 초콜릿이 높은 코코아 버터 함량을 자랑하므로 이 용어는 예전만큼 큰 의미를 갖지 않게 되었다.(여러분이 구입하는 대다수 초콜릿은 라벨 표기 여부와 관계없이 커버처다. 그러나 초콜릿 칩과 덩어리 초콜릿은 보통 커버처가 아니다.) **스위트 초콜릿**은 15~35%의 카카오매스를 넣어서 만든 제품을 지칭한다. 스위트 초콜릿의 가장 좋은 예는 베이커스(Baker's) 상표의 저먼 스위트 초콜릿(German sweet chocolate)으로, 여기서 저먼은 독일을 지칭하는 것이 아니라 시판 초콜릿에 설탕을 미리 첨가해서 판매하면 더 큰 수익을 올릴 수 있다는 점을 깨달은 새뮤얼 저먼(Samuel German)의 이름을 딴 것이다. 이 초콜릿은 전통적으로 저먼 초콜릿 케이크에 사용된다. **코팅용** 또는 **혼합 초콜릿**은 코코아 버터의 일부 또는 전부를 다른 지방으로 대체한 것이다. 진짜 초콜릿처럼 풍미가 다채롭고 진하지는 않으나 가격이 저렴하고 템퍼링을 할 필요가 없다.(초콜릿 템퍼링에 대해 항목을 참고한다.)

초콜릿 칩은 다양한 풍미와 크기로 시판되며 일반적인 오븐 온도를 견디고 디저트에 넣어서 굽는 도중 초콜릿에 들어 있는 지방이 완전히 녹아버려도 모양을 유지하도록 가공한 것이다. 그러므로 일반적으로 초콜릿을 녹여서 사용하는 레시피에서는 판 초콜릿 대신 사용할 수 없다.

제과제빵을 할 때 가장 만족스러운 결과를 얻으려면 레시피에서 지정한 유형의 초콜릿을 사용해야 한다. 모든 초콜릿은 맛이 약간씩 다르므로 다양한 상표를 먹어보고 카카오 함량을 확인해 가장 선호하는 초콜릿을 찾아보도록 권장한다. 제과제빵 레시피에 사용하는 초콜릿은 그냥 먹을 수 있을 정도로 맛이 좋아야 한다.

초콜릿은 열과 직사광선이 닿지 않으면서 습도 50% 이하, 온도 12.8~21.1℃ 정도의 서늘한 장소에 보관하는 것이 가장 좋다. 온도가 크게 오르내리면 초콜릿의 표면이 회색으로 변하는 '블룸(bloom)' 현상이 발생하는데, 이는 외관상으로만 좋지 않을 뿐 초콜릿을 녹이면 사라진다. 이상적인 보관 환경이라면 다크 초콜릿은 1년 이상, 밀크 초콜릿은 10개월 이상, 화이트 초콜릿은 8개월 이상 보관할 수 있다. 바람직하다고는 할 수 없지만 초콜릿을 냉장고나 냉동실에 넣으면 보관 기간을 늘릴 수 있다.(또는 주방 온도가 높을 때 냉장고를 대안으로 삼을 수 있다.) 초콜릿을 냉장고 또는 냉동실에 넣으려면 원래 포장지에 담긴 상태로 밀폐 용기에 담아 보관한다. 얼린 초콜릿은 응결을 방지하기 위해 용기 그대로 냉장실에 넣어 해동한다.

한 종류의 초콜릿을 다른 초콜릿 대신 사용하려면 다음과 같은 사항을 염두에 두어야 한다. 일반 세미스위트나 비터스위트 초콜릿 대신 카카오 함량이 높은 초콜릿을 사용하고 싶다는 생각이 들지 모르겠지만, 레시피의 다른 재료도 함께 조절해야 한다는 점을 잊지 말자. 코코아 고형물 함량이 높은 초콜릿(60% 이상)은 코코아 고형물 함량이 낮은 초콜릿보다 설탕과 코코아 버터(지방)가 적게 들어 있다. 코코아 고형물 함량 62~72%의 초콜릿을 세미스위트나 비터스위트 초콜릿 대신 사용하려면 초콜릿의 양을 10~30% 줄여서 넣는다.(62%는 10% 적게, 72%는 30% 적게) 코코아 고형물 함량 64% 이상의 초콜릿을 사용한다면 레시피의 재료 분량에서 초콜릿 30g당 설탕을 1¼작은술씩 더 넣는다.

초콜릿은 열에 민감하다. 비교적 낮은 온도에서 분리되며 특히 초콜릿만 넣어서 녹이면 상당히 쉽게 타버린다. 다크 초콜릿은 54.5℃, 밀크와 화이트 초콜릿은 46℃ 이상으로 가열하면 안 된다. 초콜릿이 열에 반응하는 방법에 대한 자세한 내용은 초콜릿 템퍼링에 대해 항목을 참고한다. 초콜릿을 담는 용기와 젓는 도구는 아주 깨끗하고 물기가 전혀 없어야 하며 주변에서 떨어진 물방울이나 수증기의 응결로 인한 물방울이 절대 초콜릿에 닿아서는 안 된다. 아주 약간의 물이라도 녹인 초콜릿에 닿으면 초콜릿이 '뻣뻣하고 거칠어친다(seize).' 이렇게 되면 초콜릿이 윤기를 잃고 질감이 거칠어지며 부드럽게 녹지 않는다. 앞뒤가 맞지 않는 말로 들릴지 모르겠지만, 이럴 때는 오히려 물을 더 넣으면 거칠고 뻣뻣해진 초콜릿이 다시 액체 상태로 변하기도 한다. 물을 팔팔 끓인 후 한 번에 몇 방울씩 떨어뜨리면서 거칠어진 초콜릿이 다시 매끄러워질 때까지 세게 저어서 섞는다.

가정용 레인지로 초콜릿을 녹이려면 물기가 없고 잘 드는 칼로 초콜릿을 잘게 썬다. 이중 냄비의 위쪽 용기나 편수 냄비에 넉넉하게 들어가는 내열 그릇에 초콜릿을 담는다. 이중 냄비의 아래쪽 용기 또는 편수 냄비에 2.5cm 높이까지 물을 채운 후 그 위에 위쪽 용기나 내열 그릇을 올려놓는다. 물에서 김이 나지만 팔팔 끓지는 않도록 은근히 가열한다. 실리콘 주걱을 사용해 빙글빙글 돌리는 동작으로 초콜릿을 젓는다. 초콜릿이 거의 다 녹으면 초콜릿이 담긴 용기를 조심스럽게 물에서 꺼내 바닥의 물기를 닦고 초콜릿의 질감이 매끄러워지며 윤기가 날 때까지 계속 젓는다.

전자레인지로 초콜릿을 녹이려면 물기가 없는 전자레인지용 그릇에 잘게 썬 초콜릿을 절반 이하로 채운다. 한 번에 최대 225g의 초콜릿을 녹일 수 있다. 뚜껑은 덮지 않는다. 세미스위트나 비터스위트 초콜릿은 50% 출력(중간)에 맞춰서 가열한다. 밀크와 화이트 초콜릿은 30% 출력(약함)을 사용한다. 20초씩 가열하면서 매번 저어주고, 전자레인지에 회전식 받침이 없다면 용기의 방향도 돌려놓는다. 초콜릿은 전자레인지로 녹여도 모양이 유지되므로 굳은 것처럼 보이더라도 잘 저어야 한다. 필요하면 적당한 출력으로 설정한 후 초콜릿이 대부분 녹을 때까지 아주 짧게 전자레인지를 작동시키고, 초콜릿이 매끄러워지고 윤기가 날 때까지 젓는다. 이렇게 녹인 초콜릿은 26.7℃가 될 때까지 식힌 후 케이크, 쿠키 또는 푸딩 재료와 섞는다.

▶ 초콜릿을 템퍼링 하려면 916쪽을 참고한다. 초콜릿 알레르기가 있다면 초콜릿만큼 풍미가 강하지는 않지만 거의 비슷한 맛이 나는 캐러브를 먹어보자.

고수 잎(Cilantro)

고수씨 항목을 참고한다.

계피(Cinnamon)

진짜 계피인 시나모뭄 베룸(*Cinnamomum verum*)은 스리랑카의 말라바르 해안을 따라 무성하게 자라는 나무의 껍질이다. 이 진짜 계피는 **실론계피**(Ceylon cinammon) 또는 **멕시코 계피, 카넬라**(canela)라는 명칭으로 불리기도 한다. 종이처럼 돌돌 말린 형태의 길쭉한 통계피 조각으로 판매하며 부서지기 쉬워서 손으로도 쉽게 부러뜨릴 수 있을 정도다. 미국의 마트에서 계피라는 이름으로 판매하는 것은 대부분 시나모뭄 카시아(*Cinnamomun cassia*), 즉 **육계**(cassia)다. 진짜 계피는 따뜻하고 달콤하며 향기로운 풍미를 지닌 반면 육계는 약간 쓴맛이

나고 뜨거운 느낌을 준다. 가장 품질 좋은 육계는 중국, 베트남, 인도네시아산이다. **베트남 계피**(사이공 계피라고도 한다.)는 가장 강력한 풍미를 자랑한다. 육계나 계피 조각을 뜨거운 음료, 조림, 국물, 콩포트, 잼, 피클 등에 넣어 우려낸다. 계핏가루는 디저트, 오븐에 구운 빵과 과자에 흔하게 사용하지만 스튜, 소스, 양념 가루, 양념장에 넣어도 기분 좋은 따뜻한 느낌을 더할 수 있다. 계피를 사용하는 짭짤한 요리로는 베라크루스식 도미, 신시내티 칠리 코케뉴, 무사카, 소고기 렌당, 가이아나식 고추 수프 등을 꼽을 수 있다.

감귤류 껍질과 즙(Citrus Zest and Juice)

화려한 색의 감귤류 겉껍질을 갈아낸 재료에 '제스트(zest, 껍질이라는 뜻 외에 열정이라는 의미도 있다. – 옮긴이)'보다 더 어울리는 이름이 있을까? 빵과 과자, 소스, 수프, 고기, 디저트에 감귤류 껍질을 갈아서 넣으면 그야말로 열정을 한 숟가락 더하는 셈이다. 감귤류 껍질을 사용할 때의 핵심은 가장 바깥쪽의 진한 색 껍질만 갈고 씁쓸한 흰색 중과피 부분은 남기는 것이다. 이 작업을 하기에 가장 적합한 도구는 막대형 거친 강판으로, 길고 얇으며 갈아내는 용도의 날카로운 톱니가 예각으로 달려 있어 감귤류의 외피만 벗겨낼 때 편리하다.(194쪽 그림 참고) 때로는 이 거친 강판을 가장 유명한 상표명인 마이크로플레인(Microplane)으로 지칭하기도 한다. 감귤류의 껍질을 갈기 전에 과일을 깨끗하게 씻는다.

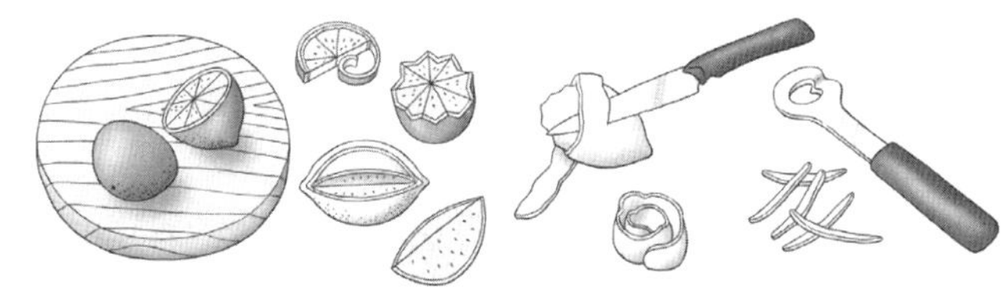

감귤류 가니시와 껍질

감귤류 껍질은 방향유 함량이 높아 감귤류즙보다 풍미가 더 강렬하다. 프로스팅이나 아이싱에 넣어 세게 쳐서 섞거나 커스터드 또는 케이크 반죽에 넣고 섞으면 감귤류즙을 넣었을 때처럼 신맛이 강해지거나 물이 생기지 않고도 강렬한 감귤류 풍미만을 더할 수 있다. 감귤류 껍질을 요리에 넣는 또 다른 방법은 레시피에서 지정한 분량의 설탕에 넣어 섞는 것이다. 감귤류 껍질 간 것을 설탕에 넣고 골고루 섞일 때까지 손가락으로 조물조물 만진다. 감귤류 껍질을 풍미 재료로 사용하는 레시피는 오렌지 빵, 레몬 브라운 버터 빵, 미모사 파운드 케이크, 레몬 바, 달콤한 오렌지 아이싱 등이 있다. 감귤류 껍질을 다른 방식으로 활용하는 예는 설탕 절임 감귤류 껍질 레시피와 마멀레이드 만들기에 대해 항목을 참고한다.

소스에 우리거나 사탕을 만들기 위해 **감귤류 껍질을 큼직하고 길쭉한 조각 또는 가는 끈 모양으로 벗겨내려면** 위의 그림처럼 채소 껍질 벗기는 도구나 잘 드는 과도 또는 샤넬 나이프로 껍질의 색이 있는 부분만 벗겨낸다. 큼직한 감귤류 껍질 조각을 풍미 재료로 사용하는 요리는 그라블락스와 가이아나식 고추 수프 레시피를 참고한다.

얇고 길쭉하게 벗긴 오렌지 껍질에 불을 붙이면 오렌지 방향유가 노출되므로 일부 칵테일에 은은한 향기를 낼 때 사용할 수 있다.

칵테일에 사용하기 위해 오렌지 껍질에 불을 붙이려면 칵테일과 오렌지 껍질을 준비한다. 채소 껍질 벗기는 도구나 칼로 오렌지에서 넓고 길쭉하게 껍질

을 벗겨낸다.(흰색 중과피 중 일부가 함께 벗겨져도 상관없다.) 오렌지 껍질의 바깥쪽이 칵테일 잔의 테두리 근처로 가도록 한 손으로 잡고 나머지 손으로 성냥에 불을 붙인다. 성냥불을 껍질과 칵테일 잔의 사이에 갖다 댄다. 불꽃으로 껍질을 약간 데운 뒤 불꽃 앞에서 껍질을 꽉 짠다. 미세한 오렌지 방향유 비말이 껍질에서 튀어나와 불이 붙으면서 칵테일에 오렌지 풍미와 향기가 은은하게 우러난다.

육류, 생선, 가금류, 채소의 풍미를 끌어내고 활기를 불어넣을 때 우리가 가장 즐겨 사용하는 것이 갓 짜낸 신선한 감귤류즙이다. 식초를 넣으면 신맛도 함께 강해지지만 감귤류즙을 넣으면 가볍고 상큼한 톡 쏘는 맛이 살아나는데, 이러한 용도로 감귤류즙을 대체할 수 있는 재료는 없다고 해도 과언이 아니다. ▶ 감귤류에서 가장 많은 즙을 짜내려면 과일을 자르기 전에 딱딱한 표면에 놓고 굴리되, 손바닥으로 꽉 누르면서 앞뒤로 부드럽게 굴린다. 레몬과 라임은 2등분 또는 4등분한 다음 즙을 짜서 체에 내리거나 감귤류의 절단면이 손바닥과 맞닿도록 잡은 뒤 꽉 쥐어서 즙을 짜낸다. 과일을 올바른 방향으로 잡으면 씨는 손바닥에 막혀 나오지 못하고 즙만 손가락 사이로 빠져나올 것이다. 물론 감귤류즙을 짜내는 동시에 걸러주는 주스기도 있으며, 손으로 감귤류즙을 짜낼 때 유용한 감귤류 과즙기는 가격이 저렴하고 사용도 편리하다.

▶ 신선한 감귤류의 껍질과 즙이 가장 풍미가 좋지만 여의치 않을 때는 병에 든 감귤류 주스도 사용할 수 있다. 별도로 언급하지 않는 한 이 책의 레시피는 모두 신선한 감귤류즙을 사용한다고 가정한다. 분무 건조한 **레몬 분말**과 **라임 분말**도 시판되고 있으며 양념에 버무린 견과류나 혼합 향신료에 넣으면 새콤한 감귤류 향기를 더해주지만, 신선한 감귤류즙이나 껍질을 대체할 수는 없다. 감귤류 유형에 대한 자세한 내용은 감귤류에 대해 항목을 참고한다.

정향(Cloves)

인도네시아산 정향나무(*Syzygium aromaticum*)의 벌어지지 않은 꽃봉오리를 말려서 만든 정향은 매콤한 풍미가 있으며 방향유의 함량이 매우 높아서 손톱으로 짜낼 수 있을 정도다. 못과 비슷한 모양을 하고 있기 때문에 '정향(clove)'이라는 이름은 못이라는 뜻의 프랑스어 클루(clou)에서 유래했다. 입안이 얼얼해질 정도로 강렬한 정향의 풍미는 유제놀(eugenol)이라는 화합물에 기인한다. 정향의 풍미는 대부분 길쭉하고 가느다란 부분보다 둥그런 머리 부분에서 나온다. 정향을 통째로 넣어서 만든 요리는 식탁에 올리기 전에 정향을 건져내거나 식사하는 사람들에게 정향이 들어 있으니 주의하라고 알려준다. 정향은 소스, 자메이카식 저크 페이스트, 마사만 커리 페이스트, 가람 마살라 등에 사용된다. 피클과 양념장에 넣는 경우도 많다. 육수나 스튜에는 전통적으로 정향 3~4개를 박은 양파를 넣어 풍미를 우려내기도 한다. 정향의 방향유도 조리에 사용할 수 있도록 시판되고 있으나 얼얼할 정도로 맵다는 점에 주의하자.

코코넛과 코코넛 밀크(Coconuts and Coconut Milk)

코코야자나무의 열매인 코코넛은 세계에서 가장 커다란 견과다. 코코야자나무는 활용도가 매우 높은 식물로, 수분을 공급해주는 코코넛 워터와 지방이 풍부한 코코넛 과육뿐만 아니라 기름, 설탕, 섬유질, 목재까지 제공한다. 코코넛을 깨는 법과 코코넛 밀크를 만드는 법은 코코넛에 대해 항목을 참고한다.

코코넛 밀크와 **코코넛 크림**은 잘 여문 코코넛의 겉껍질과 껍데기를 제거하고 과육을 강판에 간 후 고형물을 압착기에 넣어서 즙이 전부 빠져나올 때까지 짠 것이다. 그다음 물을 적당량 넣어 특정 등급의 기준에 맞춘다. **연한**

코코넛 밀크는 물을 가장 많이 추가하므로 농도가 묽고 지방 함량이 가장 적다.(5~11% 사이) 코코넛 밀크는 그보다 물을 덜 넣기 때문에 중간 정도의 농도이고 지방 함량은 10~20% 정도다. 코코넛 크림은 가장 진하고 뻑뻑하며 지방 함량이 20~30%에 달한다.

코코넛 밀크는 통조림 제품으로 쉽게 볼 수 있고 코코넛 크림은 그보다 다소 구하기 어렵다. 최근 아시아 마트에 가면 종이상자로 포장되어 있어 사용이 편리한 초고온 처리 코코넛 밀크 또는 크림을 찾아볼 수 있다.(초고온 처리에 대한 자세한 내용은 생우유 및 살균 우유 항목을 참고한다.) 코코넛 밀크와 크림은 일단 개봉하고 나면 냉장고에 보관하고 2일 이내에 사용해야 한다. 코코넛 밀크와 크림은 '인스턴트' 분말 형태로도 판매하므로 간단히 물을 부어서 개면 코코넛 밀크나 크림 형태로 만들 수 있다. 분말 코코넛 밀크는 특히 배낭여행을 할 때 휴대하기 편리하고 유용한 식품이다.

구아검으로 안정화하지 않는 한, 통조림 코코넛 밀크와 크림은 쉽게 분리되어 기름과 고형물이 위에 둥둥 뜨게 된다.(종이상자에 든 제품은 초고온에서 살균한 것이므로 분리되지 않는다.) 코코넛 밀크나 크림이 분리되었는지 확인하려면 통조림을 세게 흔들어본다. 안에 들어 있는 액체가 생각만큼 출렁이지 않으면 제대로 출렁일 때까지 계속 흔든다. 또는 태국 커리를 만든다면 위에 떠오른 지방층을 걷어내서 프라이팬에 넣어 녹인 후 커리 페이스트를 넣고 연한 갈색으로 익으면서 향긋한 냄새가 날 때까지 튀길 수도 있다.

코코넛 크림을 진하고 걸쭉한 **크림 코코넛 시럽**(cream of coconut)과 혼동하지 않도록 하자. 크림 코코넛 시럽은 아주 단맛이 강한 액체로, 피냐 콜라다를 비롯한 혼합 음료에 흔히 사용한다. 크림 코코넛 시럽은 레시피에서 코코넛 밀크나 크림 대신 사용할 수 없다. **음료수 형태의 코코넛 밀크**는 보통 종이상자에 들어 있는 제품으로 판매되며, 스무디를 만드는 용도로는 좋지만 요리에는 적합하지 않을뿐더러 일반 코코넛 밀크처럼 진하고 근사한 풍미가 있는 것도 아니다.

코코넛 기름은 포화지방 함량이 높으므로 실온에서는 고체 상태다. 소위 버진 코코넛 기름이라고 부르는 것은 정제하지 않아 코코넛 풍미가 강하게 두드러지지만, 정제한 코코넛 기름은 풍미가 매우 순하다. 더 자세한 내용은 기름 항목을 참고한다. **코코넛 '버터'**는 말린 코코넛 과육을 섞거나 가공해 넓게 펴서 바를 수 있는 페이스트 형태로 만든 것이다.

말린 코코넛은 가당 또는 무가당, 길쭉한 가닥으로 썬 것, 작은 조각으로 썬 것 또는 넓적하고 얇게 깎아낸 것 등 다양한 형태로 구할 수 있다. 잘게 썬 코코넛은 디저트에 가장 널리 사용되지만, 우리는 얇게 깎은 형태의 코코넛을 그래놀라에 넣거나 스무디 위에 얹어서 즐기는 것을 선호한다.

잘게 썰거나 얇게 깎은 코코넛을 오븐으로 구우려면 오븐을 160℃로 예열한다. 오븐 팬 위에 코코넛을 얇게 펴서 한 겹으로 깔고 노릇노릇해질 때까지 5~10분간 굽는다.

코코넛을 전자레인지로 구우려면 전자레인지용 접시나 파이 팬에 코코넛을 얇게 펴서 깐다. 전자레인지를 100% 출력에 맞춰서 30초씩 작동시키되, 한 번 작동할 때마다 코코넛을 휘젓고 전자레인지에 회전판이 달려 있지 않다면 접시의 방향을 바꿔준다. 충분히 구워지면 코코넛이 황금색을 띠면서 고소한 냄새가 난다.

고수(Coriander)

고수의 씨, 잎, 줄기, 뿌리는 모두 요리에 두루 사용된다. 갓 갈아낸 고수씨는 은은한 흙내음과 함께 레몬이나 과일을 연상시키는 상큼한 향기를 가지고 있다.(솔직히 말하면 프루트 룹스Froot Loops 시리얼과 비슷하다.) 우리는 감칠맛 가득한 인도 및 멕시코 요리나 혼합 향신료를 만들기 위해 고수씨를 구웠을 때 주방에 가득 피어오르는 향기를 무척 좋아한다. 고수는 피클이나 제과제빵, 소시지 등의 유럽 요리에도 널리 사용되며, 그라블락스와 파스트라미를 비롯한 염장 육류의 표면에 코팅하는 용도로도 사용된다. 고수씨는 특히 하리사, 향신료와 견과류를 섞은 두카, 칠리 고춧가루에 넣었을 때 쉽게 구별할 수 있다.

고수 잎은 고수의 줄기와 섬세한 잎을 통칭하는 용어로, 세계 많은 지역의 요리에서 빼놓을 수 없는 재료다. 매우 폭넓게 사용됨에도 불구하고, (소위) '비누' 풍미를 싫어하는 사람이 적지 않아 호불호가 갈리기도 한다. 고수의 풍미가 날카롭고 강렬하다는 점은 동의하지만, 커리나 매콤한 조림, 닭고기 수프를 비롯한 수많은 요리에 고수 잎을 사용하면 기분 좋은 악센트가 되어준다고 생각한다. 우리는 고수 잎을 통째로 또는 굵게 썰어서 가니시로 사용할 경우 보통 줄기는 버린다. 고수 잎을 잘게 다지거나 소스나 파스타, 퓌레 등에 넣을 때는 굳이 줄기를 버리지 않는다.(고수 줄기에도 섬세한 풍미가 있으며 얇은 줄기는 상당히 부드럽다.) 고수 잎은 열에 노출되면 시들고 풍미가 사라지므로 조리를 마친 후에 넣거나 살사나 저그처럼 열을 사용하지 않는 레시피에 넣어서 즐긴다. 고수 잎은 건조에 적합하지 않으므로 가능하면 신선한 잎을 사용하고 최대한 빨리 먹는다.(고수 잎은 빨리 상하기로 악명이 높다.) 고수 잎을 보관하는 방법에 대한 자세한 내용은 허브 항목을 참고한다.

고수 뿌리는 잎과 달리 열을 가해도 풍미가 사라지지 않으며 가장 잘 알려진 태국 커리 페이스트를 비롯해 몇몇 요리에 양념으로 사용한다. 뿌리가 그대로 붙어 있는 고수 잎은 구하기 어려우므로 고수 줄기를 대신 사용해도 좋다.

고수와 비슷한 허브

연관 품종은 아니지만 잎이 고수와 비슷한 풍미를 내는 몇 가지 다른 품종의 식물이 있다. 톱니 고수(sawtooth coriander)라고도 하는 쿨란트로(culantro)는 길쭉하고 톱니처럼 들쑥날쑥한 잎이 달려 있으며 기분 좋은 풍미가 나고 고수처럼 빨리 상하지도 않는다. 아메리카 원산이지만 동남아시아 요리에 널리 사용되며 보통 퍼보 등의 수프에 가니시로 얹는다.

베트남 고수라고도 하는 라우 람(rau ram)은 가늘고 끝이 뾰족한 잎이 달려 있으며 줄기가 두껍고 구불구불하다. 라우 람은 고수나 톱니 고수보다 톡 쏘는 맛이 더 강하고 후추 향을 풍긴다. 라우 람도 수프에 자주 사용되며 샐러드 허브로도 쓰인다.

파팔로켈리테(pápaloquelite), 볼리비아 고수라고도 하는 파팔로(pápalo)는 잎이 둥글고 180cm 높이까지 자라기도 한다. 파팔로는 고수 풍미뿐만 아니라 진한 레몬과 소나무 향기를 가지고 있으므로 여기에 소개하는 허브 중에서도 가장 강렬한 풍미를 낸다. 잎을 얇게 저미거나 시포나드로 썰어서 콩 요리, 토르타, 카르니타스 조림이나 돼지고기 아도바다처럼 진한 고기 요리에 가니시로 곁들인다.

옥수수 전분(Cornstarch)

전분 항목을 참고한다.

옥수수 시럽(Corn Syrup)

옥수수 시럽은 포도당으로 이루어져 있다. 과당 함량이 높은 옥수수 시럽은 과당과 포도당이 모두 들어 있다. 옥수수 시럽은 일반적으로 사탕과 일부 디저트, 달콤한 소스에 사용된다. 연한 옥수수 시럽과 진한 옥수수 시럽의 두 가지 형태가 있으며 진한 옥수수 시럽은 은은한 당밀 풍미를 갖고 있다. 레시피에서 옥수수 시럽의 종류에 대해 특별한 언급이 없다면 연한 옥수수 시럽을 사용하자. 옥수수 시럽에는 길쭉한 탄수화물 분자가 포함되어 있어 서로 뒤얽힐 뿐만 아니라 주변의 설탕 결정과도 결합하므로 설탕 결정끼리 접촉해 더 커다란 설탕 결정을 형성하지 못하게 막는다. 그러므로 사탕이나 아이스크림 레시피에서 옥수수 시럽을 사용하는 경우가 많다. 옥수수 시럽은 결정화를 방지하므로 결과물의 질감이 거칠어지는 것을 막아준다. 옥수수 시럽은 그래뉴러당보다 단맛이 약하지만, 고과당 옥수수 시럽은 같은 중량을 넣었을 때 설탕과 같은 수준의 단맛을 낸다. 레시피에서 일반 설탕 대신 옥수수 시럽을 사용할 수는 없다.

크림(Cream)

크림은 신선한 비균질 일반 우유를 그대로 두었을 때 표면에 천천히 떠오르는 지방을 지칭한다. 우유를 오래 둘수록 크림은 더 진해진다. 오늘날에는 이렇게 발효하지 않은 크림을 발효한 '사워' 크림과 구별하기 위해 '스위트' 크림이라 부르기도 한다. 크림은 저온 살균 또는 초고온 살균 형태로 판매한다. 초고온 살균 크림은 보관 기간이 더 길고 일부는 무균 포장되어 실온 보관이 가능하지만, 전통적인 저온 살균 크림이 대체로 풍미도 좋고 휘저었을 때 질감도 더 폭신폭신하며 거품을 낸 상태도 오래 유지된다.(저온 살균에 대한 자세한 내용은 1061쪽을 참고한다.) 크림치즈를 만드는 방법은 1025쪽을 참고한다.

하프앤드하프(Half-and-Half)

우유와 크림을 섞은 하프앤드하프는 균질화하는 경우가 많다. 하프앤드하프의 유지방 함량은 10.5~18%다.

라이트 크림(Light Cream)

라이트 크림은 상대적으로 사용 빈도가 떨어진다. 라이트 크림에는 18~30%의 유지방이 들어 있지만 그다지 진한 느낌도 아니고 젤라틴 없이는 제대로 휘저어서 거품을 내기도 어렵다.(휘드 크림에 대해 항목을 참고) 라이트 크림은 소스를 만들거나 크림수프에 넣거나 아주 맛있게 내린 커피에 넣어서 즐길 때 가장 유용하다.

헤비크림(Heavy Cream) 또는 휘핑크림(Whipping Cream)

헤비크림 또는 헤비 휘핑크림이라는 라벨이 붙은 크림은 유지방 함량이 36% 이상이며 대다수 마트에서 취급하는 크림 중 가장 지방 함량이 높다. 휘핑크림 또는 라이트 휘핑크림은 30~36%의 유지방이 들어 있다. 휘젓지 않은 크림은 소스와 수프를 걸쭉하게 만드는 데 유용하며 아이스크림을 만들 때 사용하기도 한다. 휘저어서 단맛을 가미한 크림은 디저트의 프로스팅이나 가니시로 활용한다. 상업용으로 크림을 생산하는 대부분의 대규모 제조업체에서는 안정제나 유화제를 넣어 종이상자 안에서 크림이 분리되지 않고 저었을 때 좀 더 쉽게 거품이 나도록 만든다. 가장 거품이 쉽게 나고 모양도 잘 유지되는 것이 헤비크림이다.

사워크림(Sour Cream)

사워크림은 라이트 크림에 균주를 주입한 뒤 시큼한 풍미가 나면서 농도가 걸쭉해질 때까지 배양해서 만든다. 균이 크림에 들어 있는 일부 젖당을 젖산으로 변환시키기 때문에 시큼한 맛이 나게 된다. 일반 사워크림은 반드시 18% 이상의 유지방이 포함되어 있어야 하지만, 라이트 또는 지방 함량을 낮춘 사워크림(유지방 6~13.5%)이나 저지방(유지방 1~6%), 무지방 사워크림도 찾아볼 수 있다. 이러한 제품들은 건조 유단백질과 전분이 유지방을 대체한다. ▶ 사워크림을 끓이는 요리에 사용하면 분리되므로 주의한다. 가열하는 요리에는 항상 내기 직전에 사워크림을 추가하거나 별도로 담아서 식탁에 올려 요리 위에 한 덩어리씩 얹어 먹을 수 있게 한다.

크렘 프레슈(Crème Fraîche)

크렘 프레슈는 유지방 함량 30% 이상의 크림을 사워크림과 비슷하게 새콤한 맛이 나면서 걸쭉해질 때까지 발효한 것이지만, 높은 유지방 함량과 사용하는 특정 균주 때문에 고소한 버터 풍미가 난다. 크렘 프레슈는 사워크림보다 높은 온도까지 가열해도 쉽게 분리되지 않으므로 요리에 넣고 뭉근히 끓일 수 있다. 크렘 프레슈는 바닐라로 풍미를 추가하거나 감미료를 약간 더해서 맛을 내거나 헤비크림처럼 휘저어서 거품을 낼 수 있다.(휩드 크렘 프레슈 레시피 참고)

수제 크렘 프레슈

약 2컵

가장 좋은 결과물을 얻기 위해서는 크렘 프레슈를 만들 때 초고온 살균 크림을 사용하지 않도록 하자.

유리병이나 용기에 다음을 넣고 섞는다.

> 헤비크림 2컵
>
> 생균이 들어 있는 버터밀크 또는 플레인 요구르트 ¼컵

뚜껑을 덮고 크림이 눈에 띄게 걸쭉해지면서 약간 시큼한 냄새가 날 때까지 12~36시간 동안 실온에 둔다. 밀폐 용기에 담아 냉장고에 넣으면 일주일간 보관할 수 있다.

타르타르 크림(Cream of Tartar, 타르타르산 수소칼륨)

타르타르 크림은 타르타르산 결정을 갈아서 만든 고운 흰색 분말이다. 타르타르산 결정은 와인이 발효되면서 형성된다. 와인의 발효가 끝나면 타르타르산 결정을 걸러서 곱게 간 후 냄새가 사라지고 맛이 거의 나지 않을 때까지 정제한다. 타르타르 크림에 물을 추가하면 베이킹소다에 반응해 단일 반응 및 이중 반응 베이킹파우더에서 첫 번째 팽창 효과를 낸다. 또한 달걀흰자를 저어서 거품을 내기 전에 타르타르 크림을 추가하기도 한다. 타르타르 크림의 산도가 달걀 단백질을 변성시켜 좀 더 안정적인 거품이 형성되도록 돕기 때문이다.

쿠베브(Cubeb)

쿠베브는 파이퍼 쿠베바(*Piper cubeba*)의 열매를 말린 것으로, 파이퍼 쿠베바는 검은색 통후추가 열리는 후추 덩굴의 친척뻘에 해당한다. 쿠베바의 열매는 작은 '꼬리'가 달려 있어서 쉽게 알아볼 수 있다. 인도네시아 원산인 쿠베브는 동아시아에서 풍미를 내는 향료 및 약재로 사용되었으며, 그 이후 유럽과 아프리카로 전파되었다. 쿠베브는 필발처럼 한때 유럽 요리에서 자주 사용되었지만 점차 인기가 시들해진 재료다. 쿠베브는 흑후추의 매콤하고 톡 쏘는 맛을 어

느 정도 가지고 있지만 은은한 소나무와 민트 풍미가 나며 떫은 끝맛이 남는다. 구우면 쓴맛이 다소 사라진다. 계피나 정향을 비롯해 따뜻한 느낌을 주는 다른 향신료와 섞어서 사용하는 경우가 많고 서아프리카식 혼합 향신료, 인도의 마살라, 라스 엘 하누트에도 사용된다.

커민(Cumin)

우리는 주방에 있는 통향신료 병들 중에서도 커민씨가 담긴 병을 가장 자주 보충한다. 일반적으로 우리만 그런 것은 아니다. 전 세계에서 커민이 누리고 있는 인기는 그야말로 대단하기 때문이다. 중동 원산이며 캐러웨이의 연관 품종인 커민(*Cuminum cyminum*)은 씨를 얻기 위해 널리 재배되며, 지중해, 인도, 동아시아, 남태평양, 아메리카, 유럽(다른 지역에 비해 소비량은 적은 편이다.)에 이르기까지 다양한 지역 요리에 풍미를 더한다.

커민은 고소한 후추 풍미를 지니고 있으며 은은한 소나무 향과 함께 기분 좋은 흙내음 혹은 거의 유황에 가까운 향기가 난다. 고수와 마찬가지로 커민의 풍미는 다소 호불호가 갈리는 편이며, 어떤 사람은 커민에서 땀 냄새나 암내와 비슷한 냄새가 난다고 표현하기도 한다. 이러한 일부 혹평에도 불구하고, 순수한 커민을 별로 좋아하지 않는 사람들도 칠리 고춧가루, 마드라스 커리 가루처럼 커민을 넣어 기분 좋은 자극을 더한 혼합 양념은 즐겨 사용한다.

검은색 커민, 즉 칼라 지라(*kala jeera*)는 식물학적으로 커민과 연관이 없는 품종으로 호불호가 갈리는 커민의 풍미가 두드러지지 않는 대신 훈연 향 및 타임 향이 난다. 검은색 커민씨는 이름대로 일반 커민씨보다 색이 진하며, 커민씨보다 작고 갸름한 형태에 더 많이 구부러져 있다. 검은색 커민은 일반 커민 대신 사용할 수 있으며 맛이 순하고 얇으므로 특히 커민을 통째로 넣어야 하는 레시피에 잘 어울린다. 때로는 니겔라씨를 혼동해 검은색 커민이라고 부르기도 한다. 니겔라씨는 불규칙한 둥근 모양으로 숯처럼 검은색을 띠며 커민과는 풍미가 전혀 다르다.

커민은 통째로 또는 갈아서 사용할 수 있다. 구우면 커민씨의 풍미가 깊어지므로 일단 구워서 갈기를 권장한다. 남인도 요리에서는 커민을 통째로 다른 향신료 및 칠리 고추와 섞은 후 기름에 튀겨서 사용하는데, 이렇게 하면 커민씨가 말랑하게 구워지면서 커민의 풍미가 기름에 우러난다.

커리 잎(Curry Leaves)

커리(또는 카리*kari*) 잎은 카리나무(*Murraya koenigII*)의 잎을 지칭한다. 아몬드 모양의 얇은 잎은 줄기에 붙어 있는 신선한 상태로 판매되며 인도와 동남아시아의 다양한 요리 및 캄보디아, 싱가포르, 말레이시아, 인도네시아의 몇 가지 수프, 커리, 국수 요리의 풍미를 내는 데 사용된다. 건조 형태로 판매하기도 하지만 신선한 커리 잎을 구하기가 더 쉽다. 보통 말린 칠리 고추, 커민, 기타 향신료와 함께 기름에 튀겨서 사용한다. ▶ 커리 잎에는 수분이 들어 있어서 뜨거운 기름에 넣으면 퍼덕거리면서 튀기 마련이므로 특히 주의해야 한다. 인도 식재료 전문점에서 신선한 커리 잎을 찾아보자. 식품 건조기가 있다면 커리를 말려서 혼합 향신료에 사용하는 것을 적극 권장한다. 시판 말린 커리 잎으로 대체할 수도 있지만 구하기가 쉽지 않고 톡 쏘는 풍미도 떨어진다.

커리 가루와 페이스트(Curry Powder and Paste)

이름에 관한 여러 오해로 인해 바로 위에 소개한 커리 허브의 이름이 진한 양념의 스튜와 조림 및 이러한 요리의 풍미를 내는 데 사용하는 인도 혼합 향신

료인 **마살라**를 전부 아우르는 (정확하지는 않지만) 편리한 용어로 변신하게 되었다. 특히 인도에서 거주하다가 고국으로 돌아간 영국인들이 식민지에서 즐기던 맛을 재현하기 위해 구매했던 강황이 듬뿍 들어간 혼합 향신료를 커리라고 부르는 경우가 많다. 이렇게 높은 인기를 누리는 혼합 향신료의 예는 마드라스 커리 가루 레시피를, 인도 전통 요리에 사용되는 수많은 혼합 양념의 예는 가람 마살라 레시피를 참고한다.

명칭 및 기원과는 관계없이, 커리 가루 및 커리를 써서 진한 향기를 내는 스튜는 전 세계로 전파되었으며 유럽과 미국뿐만 아니라 무역과 이민을 따라 일본, 싱가포르, 마카오, 남아프리카, 인도네시아 식문화에서도 인기 있는 재료(및 요리)로 자리 잡았다.

이러한 혼합 향신료와 향미 재료는 일단 새로운 지역에 도입된 후 현지의 입맛과 재료 수급 사정에 따라 적응 과정을 거쳤다. 예를 들어 동남아시아의 커리 가루에는 회향과 카시아를 즐겨 넣는다. 향신료를 사용하는 요리도 각 지역의 선호도와 재료에 따라 변신했다. 예를 들어 일본식 커리는 진한 갈색을 띠며 순하고 녹진한 풍미와 그레이비처럼 걸쭉한 농도를 가지고 있다. 태국의 '커리'는 강한 양념 페이스트를 넣어 걸쭉하게 졸인 스튜로, 그중 상당수는 샬롯, 마늘, 레몬그라스, 마크럿 라임 잎, 양강근, 신선한 강황 뿌리, 고수 뿌리 등의 신선한 향미 재료를 짓찧어서 넣는다.(이 책에서는 깽kaeng이라는 태국어를 커리로 대체해서 사용했는데, 사실 태국의 깽은 훨씬 폭넓은 개념이다.) 이러한 커리는 대부분 코코넛 밀크를 어느 정도 넣어서 만들지만, 소위 '정글 커리'는 육수만으로 끓여낸다. 태국의 커리는 거의 독자적으로 발달했다는 것이 보편적인 인식이지만, 일부 태국 북부(카오소이까이)와 남부 요리(소고기 마사만 커리)는 분명히 인도 요리의 영향을 받았으며 말린 향신료 가루를 더 많이 넣는다.

가장 풍미가 진한 커리를 즐기려면 커리 가루는 약 3개월 정도 먹을 양만큼만 산다.(또는 만든다.) 즉석 태국 커리 페이스트는 그보다 훨씬 오래 보관할 수 있지만 일단 개봉 후에는 냉장고에 보관해야 한다. 수제 커리 페이스트는 냉장고에서 오래 보관하기 어려우며, 얼음 틀에 부어서 얼린 후 지퍼백에 담아 냉동실에 넣으면 몇 달 정도는 거뜬하다. 마트에서는 유리병에 담긴 농축된 인도 '커리 페이스트'를 판매하기도 한다. 태국 커리 페이스트와는 달리 인도 커리 페이스트는 말린 커리 향신료를 기름, 물, 증점제와 섞어놓은 것이다. 일반적인 여러 향신료에 밀가루와 기름을 섞어 얇은 덩어리 형태로 만든 커리 '소스 믹스'도 있다.(특히 걸쭉한 일본식 커리를 만들 때 인기가 높은 제품이다.) 이러한 제품은 모두 품질과 풍미가 다양하다.

딜(Dill)

솜털 같은 모양에 톡 쏘는 풍미를 지닌 딜(*Anethum graveolens*)은 씨와 잎을 모두 요리에 사용한다. 특히 스칸디나비아, 러시아, 동유럽, 페르시아 요리에 자주 쓰이는 허브로, 그라블락스, 짭짤한 속재료를 넣은 덤플링, 쿠쿠 사브지, 바할리 가토 등의 요리에 활용한다. 생선, 오이, 양배추 요리에 가니시로 사용하면 잘 어울리고, 감자 샐러드와 삶은 작은 감자에 곁들이면 맛이 확 살아나며, 이름 그대로 딜 피클의 풍미를 내는 데에도 좋다. 말린 딜 잎은 건조 딜(dill weed)이라는 형태로 판매되기도 한다. 복합적인 풍미가 덜하고 향기가 약하지만 딥이나 스프레드를 만들 때 신선한 딜 대신 넣어도 제 몫을 해내며 딜을 소량만 넣는 레시피라면 어디에나 두루 사용할 수 있다. 딜씨는 피클과 감자 및 양배추 요리, 빵에 사용하기도 한다. 꽃이 핀 딜 봉오리도 요리의 재료로 사용하고, 특히 피클을 담근 유리병에 넣으면 근사하다.

된장(한국식 대두 페이스트)

미소, 된장, 도우장 항목을 참고한다.

달걀 및 달걀 제품(Egg and Egg Products)

신선하고 품질 좋은 달걀만큼 숙련된 요리사의 상상력을 자극하는 재료는 없다. 달걀은 튀김옷과 반죽에 팽창제로서 구조적 토대를 제공하고, 커스터드를 걸쭉하게 하면서 진한 맛을 더해주며, 미트로프와 프리터의 재료를 한데 뭉치게 하는 역할을 하고, 매끄럽고 진한 아이스크림이 완성되도록 돕는다. 올랑데즈와 마요네즈 등의 소스를 유화하고, 육수를 투명하게 만들거나 수프의 농도를 진하게 만들며, 롤빵의 글레이즈로 사용되고, 파이 반죽이 눅눅해지지 않도록 습기를 막아주며, 근사한 머랭과 수플레를 만들어내고, 아침과 브런치, 점심으로 즐기기에 이상적인 간단한 단백질 요리가 되기도 한다. 달걀의 구성 요소에 대한 설명은 달걀에 대해 항목을 참고한다. 달걀을 냉동하고 해동하는 방법은 944쪽을 참고한다.

오래된 달걀이 신선한 달걀보다 좋은 경우는 완숙 달걀을 만들 때다. ▶ 완숙 달걀을 만들 때는 낳은 후 3일이 지나지 않은 신선한 달걀은 사용하지 않도록 하자. 너무 신선한 달걀을 완숙으로 삶으면 껍질을 벗기기가 어렵다.(아주 신선한 달걀밖에 없다면 찌는 방법을 권한다. 완숙 달걀 II 레시피 참고)

달걀의 신선도를 판단하려면 그릇에 물을 붓고 달걀을 넣는다. 아주 신선한 달걀은 그릇의 바닥에 옆으로 누울 것이다. 완숙 달걀을 만들기에 적합한 달걀은 바닥에 똑바로 설 것이다. 물 위에 둥둥 뜨는 달걀은 너무 오래된 것이므로 폐기해야 한다. ▶ 진짜 신선한 달걀은 깼을 때 노른자가 봉긋하고 노른자의 형태가 유지되면서 반투명의 걸쭉한 흰자가 들어 있어야 한다. 노른자에 빨간 점이나 핏방울이 가끔 보이기도 한다. 이는 몸에 해롭지 않으며 달걀의 맛에도 전혀 영향을 미치지 않는다. 취향에 따라 칼끝으로 떼어내도 상관없다.

▶ 달걀 껍데기는 달걀을 보호해주는 천연막이며, 껍데기가 깨지거나 손상되면 내용물은 금세 상하게 된다. 깨진 달걀은 사용하지 말아야 한다. 다소 의아하게 들릴 수도 있지만 씻는 과정에서 달걀을 둘러싸고 있는 각피 층이 벗겨져버리므로 씻은 달걀보다는 씻지 않은 달걀이 더 오래 간다. 미국의 마트에서 파는 달걀은 모두 이 각피 층을 씻어낸 것이므로 반드시 냉장고에 보관해야 한다. 닭을 직접 키워 달걀을 얻었다면 이 같은 이유로 달걀을 씻지 않은 상태로 보관하는 것이 좋다. 씻지 않은 달걀은 실온에서 최대 2주간 보관할 수 있다.

▶ 이 책의 레시피에서 등장하는 '대란'은 껍데기를 깨지 않은 상태에서 56g 정도, 껍데기를 깨면 3큰술 정도의 내용물이 나오는 달걀을 지칭한다. 56g짜리 달걀의 노른자는 딱 1큰술에 1작은술을 더한 분량이며, 흰자는 2큰술 정도 된다. 들쑥날쑥한 크기의 달걀을 사용한다면 해당 레시피에 필요한 달걀의 중량이나 부피를 계산한다. 저울이 없다면 달걀을 깨뜨려 그릇에 담고 노른자와 흰자를 세게 쳐서 잘 섞은 후 부피를 잰다. 레시피의 분량을 줄여서 만들 때 달걀의 일부만 사용하고 싶다면, 달걀을 푼 다음 달걀 ½개 분량이라면 약 1½큰술, ⅓개 분량이라면 약 1큰술을 사용하고, 다음을 참고해 적당히 변환한다.

대란 흰자 1개 = 약 28g = 약 2큰술

대란 노른자 1개 = 약 14g = 약 1큰술

달걀 중량의 차이는 사소해 보일지 몰라도(대란은 중란보다 7g 무거울 뿐이다.) 껍데기를 깨보면 부피의 차이가 확연히 드러난다. 대란 2개는 약 ½컵에 해당하지만 중란으로 똑같은 ½컵을 채우려면 3개가 필요하다. 달걀 껍데기를 까서 중량을 재거나 측정하는 것이 편리하거나 필요할 때도 있다.(1037쪽 표 참고)

달걀의 크기가 레시피에 전반적인 영향을 미치지 않는다면 크기와 관계없이 모든 달걀을 사용할 수 있으며, 튀김이나 삶기, 수란도 마찬가지다. 그러나 크기가 큰 달걀을 삶을 때는 시간이 더 오래 걸린다는 점을 잊지 말자.(더 자세한 내용은 완숙 달걀 레시피를 참고한다.) 일반적인 제공 분량은 1인분에 대란 1~2개다. 오리에서 타조에 이르기까지 다른 가금류나 야생 조류의 알에서 닭이 낳은 달걀과 비슷한 식감, 풍미 또는 크기를 기대해서는 안 된다.(예를 들어 타조알 1개로는 브런치 24인분을 만들 수 있다.) 대란을 정확한 분량만큼 넣어야 하는 수플레, 커스터드, 케이크 등의 레시피에는 아래의 표를 참고해 달걀의 크기에 따라 개수를 조절한다.

시판 달걀은 A등급 또는 AA등급이라고 표시되어 있어야 하며, 이것은 달걀의 품질을 나타내는 USDA의 자발적인 등급 체계에서 최상위에 해당하는 두 등급이다. 이 등급은 달걀의 크기나 신선도와는 관련이 없다. 그보다는 달걀을 갓 낳았을 때 봉긋하고 둥그런 노른자와 쫀쫀하고 걸쭉한 흰자를 가지고 있었다는 의미다. AA등급의 달걀노른자가 좀 더 모양이 잘 유지되지만 두 등급의 차이는 미미하며 시간이 지남에 따라 등급과 관계없이 모든 달걀노른자는 평평하게 퍼지고 흰자는 묽어지기 마련이다.

오늘날의 마트에서는 달걀 제품에 의미가 모호한 갖가지 용어를 붙여 판매하므로 혼란을 유발하기도 한다. **케이지 프리 달걀**(cage-free eggs)은 닭장에 가두지 않고 키운 암탉이 낳은 달걀을 의미한다. 케이지 프리라고 해서 닭이 실외에서 자랐다는 의미는 아니다. **방목 달걀**은 실외에 일정 기간 나갈 수 있는 환경에서 자란 닭이 낳은 달걀을 의미하지만, 어느 정도 너비의 실외 공간을 접해야 하는지, 닭이 실외에서 시간을 얼마나 보내야 하는지에 관한 규정은 없다. **무호르몬**(hormone-free)이라는 라벨이 붙어 있는 달걀은 다소 주의가 필요하다. 원래 달걀 생산 과정에서는 호르몬이 전혀 사용되지 않기 때문에 '무호르몬'이 특별한 달걀을 의미하는 것은 아니다.

생산 환경과 관계없이 모든 달걀은 자연란이라는 이름을 붙일 수 있으므로 '**자연란**(natural)'이라는 라벨도 별 의미 없기는 마찬가지다. 그러나 **목초란**은 목초지에서 먹이를 찾아 먹으며 자란 암탉의 달걀이므로 진짜 특별한 달걀이다. 목초란은 보통 풍미가 더 좋으며 사육장에서 곡물 위주의 사료를 먹고 자란 닭과는 달리 곤충과 식물로 이루어진 다양한 먹이를 먹고 자란 닭이 낳은 것이기 때문에 노른자의 색이 더 밝고 진하다. 목초란은 높은 가격을 자랑하며 소규모의 지역 농장에서 생산되는 경우가 많다. **유기농 달걀**이라는 라벨이 붙으려면 반드시 인증받은 유기농 먹이를 먹이고 닭장 밖에서 키운 닭이 낳은 달걀이어야 한다.(물론 그렇다고 해서 방목했다는 뜻은 아니다.) **저온 살균 달걀**은 이름 그대로 균을 죽이기 위해 가열한 달걀을 의미하지만, 저온에서 처리하기 때문에 달걀이 응고하지는 않는다.

가정에서 달걀을 저온 살균하려면 수비드 조리기를 사용한다. 수비드 조리기를 담갔을 때 최저선 위까지 오도록 냄비나 다른 용기에 물을 붓는다. 수비드 조리기를 용기에 부착하고 물을 54℃까지 가열하도록 설정한다. 물이 예열되면 날달걀을 조심스럽게 물에 담그고 1시간 15분 정도 둔다. 달걀을 얼음물에 옮겨 완전히 식힌 후 냉장고에 보관한다. 저온 살균 달걀은 일반 달걀이 필요한 모든 레시피에 활용할 수 있지만, 특히 베커 디럭스 에그노그처럼 날달걀을 사용하는 요리, 클로버 클럽처럼 날달걀의 흰자를 사용하는 칵테일 및 무스 등을 만들 때 유용하다. 저온 살균 달걀의 흰자를 저어서 거품을 내려면 날달걀 흰자보다 시간이 훨씬 오래 걸리며, 거품 구조가 연약하므로 타르타르 크림 등의 안정제를 추가해야 거품을 제대로 보존할 수 있다는 점을 기억하자.

달걀 대용품

대다수 달걀 대용품은 달걀흰자 98~99%로 이루어져 있어 콜레스테롤이 거의 없으며 전란의 진한 노른자 맛을 느낄 수 없다. 달걀흰자는 조리했을 때 쉽게 말라버리므로 달걀 대용품은 은근히 조리하는 것이 좋다. 또한 풍미를 돋우기 위해 핫소스나 굵게 썬 신선한 허브 등의 양념을 추가하기도 한다.

최근에는 비건 달걀 대용품도 분말 및 액상 형태로 시판되고 있다. 이러한 제품을 사용할 때는 포장지의 설명을 따른다.

액상 달걀흰자 및 노른자

액상의 달걀흰자와 노른자는 쉽게 따라서 사용할 수 있는 용기에 담긴 저온 살균 제품 형태로 각각 별도로 판매한다. 이러한 제품은 조리하지 않은 달걀흰자나 노른자를 넣는 레시피 또는 노른자나 흰자를 대량으로 넣어야 하는 레시피에 사용하기 편리하다. 저온 살균된 제품이므로 단단한 피크가 생길 때까지 거품을 내려면 액상 달걀흰자를 더 오래 저어야 한다.

머랭 분말

머랭 분말은 건조 달걀흰자에 설탕과 증점제를 추가한 제품이다. 머랭을 만들기 위해서는 머랭 분말에 물을 붓고 잘 저으면 된다. 머랭 분말은 저온 살균된 제품이므로 크림 파이의 위쪽에 얹는 용도처럼 머랭을 익히지 않고 사용해야 할 때 유용하다. 머랭 분말은 오랫동안 보관할 수 있다. 신선한 달걀로 머랭을 만드는 법은 847~848쪽을 참고한다.

달걀의 크기와 변환표

레시피에서 지정한 대란 대신 크기가 다른 달걀을 사용할 때 이 표를 참고한다. ► 모든 측정치는 껍데기를 깐 달걀을 기준으로 한다. 오리알, 거위알, 몸집이 작은 밴텀 닭의 알, 기타 가금류 알의 상대적 크기에 대한 정보는 대체 및 변환에 대해 항목을 참고한다.

소란	중란	대란(표준)	특란	왕란
2½큰술, 38g 또는 37ml	2⅞큰술, 44g 또는 42.9ml	3⅓큰술, 50g 또는 48.8ml	3⅔큰술, 56g 또는 54.4ml	4⅛작은술, 63g 또는 61.2ml
1	1	1	1	1
3	2	2	2	2
4	3	3	3	2
5	5	4	4	3
7	6	5	5	4
8	7	6	5	5

달걀흰자 분말

일부 저온 살균 달걀흰자 분말에는 다른 재료가 전혀 포함되어 있지 않지만, 달걀흰자를 세게 쳐서 거품을 낼 때 부피감을 더하고 거품을 안정화하기 위해 첨가물을 넣은 달걀흰자 분말도 있다. 동결 건조 방식으로 제조하는 달걀흰자 분말은 보관 기간이 아주 길며 냉장 보관할 필요가 없다. 물을 붓기만 하면 액상 달걀흰자가 되므로 편리하게 사용할 수 있다.

달걀 분말

신선한 달걀을 구할 수 없거나 배낭여행을 할 때처럼 신선한 달걀을 사용하기가 여의치 않을 때는 건조 달걀 분말이 편리하다. 실온에 보관할 수 있으며 개봉 후에는 냉장고에 넣는다. 물을 부어 복원할 때는 포장지의 설명을 따른다. 상표마다 권장 사항은 다르지만, 일반적으로 대란 1개 분량이 필요하면 달걀 분말 2½큰술에 따뜻한 물 2½큰술을 넣어 섞는다. 달걀 분말은 제과제빵에도 사용할 수 있다. 마른 재료에 달걀 분말을 넣고 필요한 달걀의 개수에 따라 그에 부합하는 양만큼 액체 재료의 분량을 늘리면 된다. 따라서 대란 2개가 필요하면 달걀 분말 5큰술을 넣고 레시피에서 사용하는 다른 액체 재료의 분량을 5큰술 늘려서 넣는다.(또는 그만큼 물을 부어도 좋다.)

달걀 거품 내기

달걀흰자를 세게 쳐서 거품을 내는 과정을 제대로 묘사하기란 행복한 삶을 사는 방법을 조언하는 경우만큼이나 잘난척하는 것처럼 보이기 쉽다. 그러나 일부 요리는 결과물의 성패 자체가 달걀 거품 내는 과정에 달려 있다고 해도 과언이 아니므로 최대한 자세히 설명해보고자 한다. ▶ 달걀을 세게 쳐서 최대한의 부피로 거품을 내려면 18.3~23.9℃의 온도로 준비한다. 레시피에서 별도로 지정하지 않은 한, 반죽에 넣기 전에 전란과 노른자를 함께 섞어서 색이 연해지고 질감이 가벼워질 때까지 세게 휘젓는다. ▶ 신속하게 달걀을 실온으로 데우려면 그릇에 뜨거운 수돗물을 채우고 달걀을 통째로 넣어 5분간 데운다.

일부 레시피의 경우, 일반 달걀과 노른자를 섞은 후 전기 반죽기로 5분 이상 세게 쳐서 저으면 원래 부피의 최대 6배로 불어나므로 더 좋은 결과물을 얻을 수 있다.

더욱 안정적인 달걀흰자 거품을 만들기 위해 차가운 달걀흰자를 사용해야 하는지, 아니면 실온 상태의 달걀흰자를 사용해야 하는지에 대해서는 다소 논란이 있다. 차가운 달걀흰자는 휘저어서 거품을 내는 데 시간이 더 오래 걸리며 실온의 달걀흰자만큼 부피가 많이 늘어나는 것도 아니다. 그러나 입자가 고운 거품이 생기므로 머랭을 완성했을 때 약간의 차이를 느낄 수 있다. 그렇다고는 해도 차이는 미미한 수준이다. 우리는 보통 머랭을 만들 때 실온의 달걀흰자를 사용하지만, 시간이 없을 때는 냉장고에서 꺼낸 달걀을 바로 사용하기도 한다. 한마디로 달걀흰자의 온도에 대해서는 너무 걱정할 필요가 없다는 의미다. 그보다는 달걀 거품을 내는 방법 및 달걀흰자를 제대로 저었을 때 나타나는 양상에 좀 더 신경을 쓰도록 한다.

달걀흰자를 제과제빵에 사용할 경우 오븐을 예열해둔다. 반드시 다른 재료를 전부 섞어서 준비를 마친 후에 달걀 거품 내는 작업을 시작해야 한다. 일단 작업을 시작하면 '**단단한 피크가 생기지만 마른 거품은 아닌**' 상태가 될 때까지 절대 멈춰서는 안 된다. 즉 거품기를 그릇에서 들어올린 후 똑바로 들고 있으면 거품기에 붙어 있는 달걀흰자 거품이 뾰족한 피크를 형성하며 아래로 늘어지지 않으면서 동시에 윤기가 나고 탄성이 느껴져야 한다. 달걀흰자 거품을

제대로 냈는지 확인하는 또 다른 방법은 그릇을 기울였을 때 내용물이 흐르는 속도를 확인하는 것이다. 단단한 달걀흰자 거품은 유체 상태가 아니므로 움직이지 않는다. 그릇을 뒤집어 거품 상태를 확인하는 사람들도 있다. 그릇을 뒤집었을 때 흰자가 그릇 바닥에 단단하게 붙어 있다면 안타깝게도 달걀을 너무 오래 저어서 마른 거품이 되었다는 징후다. 달걀흰자의 부피는 더 많이 불어난 것처럼 보일지 모르지만, 오븐에 넣고 구울 때 거품이 제대로 팽창하지 않고 부서지기 마련이다. 매끄럽게 윤기가 도는 상태가 아닌, 거친 질감이 느껴질 때까지 달걀흰자의 거품을 냈다면 너무 오래 휘저은 것이다. 이 경우 반죽에 넣어 뒤적이며 섞기 어렵고 제대로 부풀지도 않는다.

달걀흰자 거품을 낼 때 사용하는 그릇은 큼직하고 깊어야 하며 스테인리스 스틸이나 유리 소재가 좋다. 알루미늄 그릇을 사용하면 달걀이 회색으로 변할 수 있고, 플라스틱 그릇에는 얇은 기름막이 남아 있어 흰자 거품이 제대로 일어나지 않기도 한다. 구리 그릇은 단단하고 윤기가 돌면서 안정된 달걀흰자 거품을 만들 수 있어 높은 평가를 받지만, 더 안정되고 부드러운 거품을 만들기 위해 타르타르 크림을 사용하면 산성 때문에 구리 그릇에 담긴 달걀이 푸르스름하게 변한다. 사용하는 그릇과 거품에는 기름이 전혀 묻어 있지 않게 한다. 그릇과 거품기를 닦을 때는 세제를 사용하거나 증류 식초에 담갔다 꺼낸 키친 타월로 깨끗하게 닦는다. 잘 헹궈서 꼼꼼하게 말린다.

핸드 반죽기나 스탠드 반죽기로 달걀흰자 거품을 내려면 거품기 날을 사용한다. 달걀흰자가 가벼워지면서 단단하지만 아직 부드럽고 탄력이 있는 피크가 생길 때까지 중속으로 세게 쳐서 젓는다. 고속으로 저으면 달걀흰자 거품이 더 빨리 생기지만 중속으로 저어야 더 안정된 거품이 나온다. 믹서, 막대형 블렌더, 푸드 프로세서는 달걀흰자를 저어서 거품을 내기에 적합하지 않다.

손으로 쳐서 달걀흰자의 거품을 내려면 풍선 모양 거품기(balloon whisk)라고도 하는 얇은 철사가 여러 개 달린 기다란 거품기를 사용한다. 달걀흰자 2개 분량을 저어서 거품을 내려면 2분간 300번 정도 세게 쳐서 저을 준비를 해야 한다. 처음 부피의 2.5~4배 정도로 불어난다고 예상하면 된다. 처음에는 손목을 천천히 살살 움직이면서 노란빛이 도는 반투명 상태의 달걀흰자에 잔거품이 생길 때까지 젓는다. 그다음 치면서 젓는 속도를 점점 높여간다. 달걀흰자가 공기처럼 가벼워지면서 단단하지만 말랑하고 탄력 있는 피크가 생길 때까지 멈추지 않고 젓는다.

머랭과 일부 케이크 레시피에서는 일단 흰자 거품이 생기기 시작하면 달걀 1개당 1작은술 정도의 설탕을 넣어 세게 치면서 섞는다. 이렇게 하면 거품의 부피는 다소 줄어들고 세게 쳐야 하는 시간도 길어지지만, 훨씬 곧게 서는 거품이 완성된다.

달걀흰자 거품을 넣고 뒤적이며 섞는 것은 섬세한 작업이다. 목표는 골고루 섞으면서도 재료에 들어간 공기가 빠져나오지 않게 하는 것이다. 전기 반죽기보다는 실리콘 주걱을 사용해 직접 손으로 해야 한다.

달걀흰자 거품을 반죽에 넣어 뒤적이려면 흰자 거품의 ⅓ 분량을 그릇에 담고 주걱의 가장자리를 사용해 거품과 반죽의 가운데를 가른 후 주걱을 몸 쪽으로 잡아당기면서 그릇의 옆면을 따라 떠서 올린다. 달걀흰자가 잘 섞일 때까지 그릇을 돌려가면서 뒤적이는 작업을 반복한다. 남은 달걀흰자 거품을 넣고 반죽이 가벼워지면서 달걀흰자가 완전히 골고루 퍼질 때까지 뒤적이며 섞는다. 대다수 반죽에서는 달걀흰자 거품의 흰색 자국이 몇 개 정도 길쭉하게 남아 있어도 지장은 없다.

달걀 조리하기

달걀은 불의 세기와 관계없이 가열하면 금세 조리되며, 65℃에서 굳기 시작한다. 주르륵 흐르는 묽은 액체에서 단단하고 불투명한 고체로 변하는 달걀의 놀라운 변화는 아주 단순한 화학 반응의 결과다. 달걀을 가열하면 단백질의 구조가 흐트러지면서 서로 결합한다. 상대적으로 낮은 온도에서는 단백질이 느슨하고 유연하므로 촉촉하고 부드러움이 남아 있는 상태로 조금씩 굳기 시작한다. 그러나 온도가 높거나 오래 조리하면 단백질이 서로 뭉쳐서 단단하고 질긴 덩어리가 된다. 프라이, 수란, 완숙 등 일반적인 달걀 요리를 할 때 너무 높은 온도로 또는 너무 오래 조리하면 흰자는 고무처럼 질겨지고 노른자는 퍽퍽하게 부서지고 만다. 커스터드, 키시, 달걀을 넣어 걸쭉하게 만든 소스나 수프의 경우, 단백질이 분리되어 달걀의 질감이 거칠어지고 질척이게 된다. 따라서 달걀이 들어가는 요리를 할 때는 너무 높은 온도로 조리하거나 너무 오래 조리하지 않도록 주의한다.

높은 온도와 긴 조리 시간은 달걀을 뻣뻣하게 만드는 반면, 소금과 산은 그렇지 않다. 보편적인 통념과는 달리, 조리하기 전에 달걀에 소금을 넣어도 달걀이 질겨지지는 않는다. 오히려 그 반대의 역할을 하는데, 달걀 단백질이 좀 더 느슨하게 결합하도록 도와주므로 더 부드러운 달걀 요리가 된다. 산도 비슷한 역할을 한다. 이러한 현상을 잘 보여주는 좋은 예가 레몬 커드다. 산이 달걀을 질기게 만든다면 레몬 커드라는 것은 탄생할 수 없다. 오히려 제대로 조리한 레몬 커드는 부드럽게 굳어 있으며 식감도 매끄럽다. 달걀 단백질이 커드를 굳힐 만큼 결합해 줄줄 흐르지 않고 숟가락으로 떠먹을 수 있는 상태가 되지만, 레몬즙(설탕 및 버터도 추가한다.)에 들어 있는 산은 단백질이 아주 단단하게 결합해 딱딱한 덩어리가 되는 것을 막아준다.

크림, 버터, 우유, 설탕은 진한 풍미를 추가할 뿐만 아니라 달걀 단백질을 희석해 달걀의 조리 가능 온도를 높여주기 때문에 전부 달걀 요리에 잘 어울리는 재료다. 커스터드처럼 달걀과 유제품을 섞어서 만드는 요리는 달걀 단백질이 대폭 희석되어 느슨한 구조밖에 형성할 수 없으므로 부드러운 상태로 굳는다. 반면 완숙 달걀은 단백질이 서로 단단하게 결합하며 달걀 자체에 포함된 수분으로만 단백질이 희석되므로 아주 조밀하게 얽힌 구조가 된다. 커스터드나 아이스크림 베이스를 만들기 위해 우유나 크림 등을 가열해 이 뜨거운 혼합물과 달걀을 섞을 때는 먼저 **템퍼링**(tempering)이라는 방법을 통해 달걀 온도를 서서히 높여줘야 한다.

달걀을 템퍼링 하려면 잘 풀어둔 달걀에 뜨거운 혼합물을 소량 넣어 달걀을 데운다. 그다음 남은 뜨거운 혼합물에 달걀을 붓는다. 달걀이 들어간 요리를 할 때 대략 이 시점이 되면, 즉 수플레 베이스를 만들거나 달걀노른자로 수프, 소스, 커스터드를 걸쭉하게 만드는 단계가 되면, 조리를 마무리할 수 있을 정도로 냄비에 잔열이 남아 있어서 혼합물을 다시 불에 올릴 필요가 없는 경우가 많다.

▶ 날달걀 혼합물을 담았던 그릇을 씻을 때는 일단 찬물로 설거지를 해야 단백질에 엉겨 붙지 않고 잔여물이 잘 씻겨 내려간다.

달걀 분리하기

달걀 분리기를 사용하거나 손으로 달걀을 분리할 수 있다.

달걀 분리기를 사용하려면 분리기를 컵이나 작은 그릇의 가장자리에 걸쳐 놓는다. 조심스럽게 달걀을 깨뜨려 가운데에 얹는다. 흰자는 옆면을 빙 둘러 수평으로 뚫린 구멍을 통해 그릇으로 흘러내리고 노른자는 중심부의 움푹 들어간 부분에 남게 된다.

손으로 달걀을 분리하려면 노른자용, 흰자용, 달걀을 깰 때 받칠 용도로 그릇 3개를 준비한다. 달걀을 한 손으로 잡고 조리대와 같은 평평한 표면에 달걀 옆쪽 가운데를 주저하지 않고 살짝 톡 쳐서 껍데기를 깨트린다. 그다음 깨진 부분이 위로 가도록 달걀을 양손으로 잡는다. 작은 그릇 위에 달걀을 쥐고 달걀의 평평한 쪽이 아래로 내려가도록 기울인다. 깨진 부분의 가장자리를 엄지 손가락으로 잡고 껍데기가 반으로 쪼개질 때까지 양쪽으로 잡아당겨 틈을 벌린다. 이 작업을 하는 동안 흰자의 일부가 흘러넘쳐서 아래에 있는 그릇으로 떨어지지만, 노른자와 나머지 흰자는 달걀의 아래쪽 껍데기에 남아 있게 된다. 남아 있는 달걀을 조심스럽게 반대쪽 껍데기에 붓고 다시 원래 껍데기에 붓는 식으로 번갈아 가면서 옮기되, 껍데기의 들쑥날쑥한 깨진 부분이 노른자를 찌르지 않도록 주의한다. 매번 부을 때마다 흰자가 그릇으로 조금씩 떨어지게 해 껍데기에 노른자만 남을 때까지 반복한다. 노른자를 처음에 준비해둔 노른자용 그릇에 담고 흰자를 흰자용 그릇에 옮겨 담는다. 노른자가 중간에 터졌다면 키친타월 모서리에 찬물을 묻혀 흰자에 노른자가 섞여 들어간 부분에 가져다 대서 소량의 노른자를 제거하는 방법도 시도해볼 수 있다. 노른자에 들어 있는 지방으로 인해 달걀흰자 거품의 부피가 줄어들기 때문에 흰자에서 노른자를 완전히 제거하지 못했다면 그 달걀(노른자와 흰자)은 나중에 사용하기 위해 보관해두는 것이 좋다.

달걀을 분리하고 달걀흰자를 세게 쳐서 '단단한 피크가 생기지만 마른 거품은 아닌 상태'까지 거품 내기

달걀 보관하기

달걀 보관법은 몇 가지 기본 법칙만 따르면 된다. ▶ 원래의 포장 용기에 담아 비교적 차가운 온도가 꾸준히 유지되는 냉장고 아래 칸의 안쪽에 보관한다.(냉장고 문 선반에 보관하는 것은 피한다.) ▶ 수제 마요네즈와 커스터드처럼 날달걀 또는 완전히 익히지 않은 달걀이 들어간 음식은 뚜껑을 덮어 냉장고에 보관해야 하며, 냄새를 쉽게 흡수하기 때문에 마늘이나 양파, 톡 쏘는 풍미의 치즈와 같은 냄새가 강한 음식에서 멀리 떨어진 곳에 둔다.

달걀흰자는 밀폐 용기에 상부 공간이 거의 없도록 담아 냉장고에 넣으면 최대 일주일간 보관할 수 있다.(냉동실에 넣으면 최대 6개월간 보관 가능하다.) 이렇게 냉장고에 보관했던 흰자는 달걀을 조리해서 익히는 레시피에만 사용한다. 터지지 않은 달걀노른자를 보관하려면 마르지 않도록 달걀노른자가 잠길 만큼의 찬물을 조금 붓고 뚜껑을 덮어 냉장고에 넣는다. 물을 따라낸 후 사용한다. 이렇게 냉장고에 보관했던 노른자도 달걀을 조리해서 익히는 레시피에만 사용해야 한다. 익히지 않은 노른자는 최대 이틀간 보관할 수 있다.(냉동은 권장하지 않는다.) 사용하고 남은 흰자나 노른자의 다른 활용법은 음식물 쓰레기 줄이기 및 '찌꺼기' 활용하기 항목을 참고한다.

완숙 달걀을 보관할 때는 날달걀과 구별할 수 있도록 연필이나 지워지지 않는 마커로 껍데기에 표시해두는 것을 권장하지만, 깜박 잊어버렸다면 달걀의 뾰족한 끝이 아래로 가도록 세워놓고 손으로 돌려보자. 완숙 달걀은 팽이처럼 빙글빙글 돌아가는 반면 날달걀은 그대로 넘어진다.

달걀 안전성에 대해

날달걀, 심지어 껍데기가 깨지지 않은 달걀에서도 질병을 유발하는 살모넬라 엔테리티디스(Salmonella enteritidis) 균이 가끔 검출된다. 이로 인한 위험은 매우 낮은 편이지만(달걀 2만 개 중 1개가 감염되는 것으로 추산되며, 감염된 달걀이라 할지라도 제대로 보관 및 조리하면 문제를 일으키지 않는다.) 다만 고령층, 임산부 또는 면역체계가 약한 사람이 먹을 음식을 만든다면 달걀을 다룰 때 특히 주의를 기울여야 한다. 냉장 보관된 달걀을 사서 최대한 빨리 냉장고에 넣어 보관한다. 상하기 쉬운 다른 재료들과 마찬가지로 의심스러우면 버리라는 옛 속담이 그대로 적용된다. 달걀의 껍데기를 깨거나 분리할 경우, 오염물이 묻어 있을 가능성이 큰 껍데기 바깥쪽 면에 절대 신선한 달걀 내용물이 접촉하지 않게 한다. 달걀을 다루기 전과 후에 달걀 껍데기 또는 내용물과 접촉할 수 있는 손과 조리 도구 및 장비를 깨끗하게 씻는다.

달걀을 단독으로 조리하거나 다른 재료와 섞어서 조리할 경우, 60℃에서 3분 30초~5분 또는 71℃에서 몇 초 정도만 익혀도 모든 유해균을 죽일 수 있다. 달걀 온도를 확인하려면 얇은 탐침이 달린 조리용 온도계가 가장 편리하다. 달걀 프라이나 수란처럼 달걀만 사용하는 요리를 만들 때는 눈으로 보고 상태를 파악할 수 있다. 달걀흰자는 62.8~65.6℃에서 단단해지면서 굳기 시작하고, 노른자는 65.6℃에서 걸쭉해지기 시작해 70℃에서 굳는다. 흰자가 굳고 노른자가 단단해지기 시작했지만 속은 아직 촉촉함이 남아 있다면 달걀이 안전한 상태가 된 것이다. 스크램블드에그나 오믈렛처럼 달걀을 통째로 사용하는 요리라면 달걀 혼합물은 안전 온도 범위를 훨씬 넘는 73.9℃에서 굳기 시작한다. 특히 지방 재료를 비롯해 다른 재료를 추가하면 달걀이 굳는 온도가 올라가기 때문에 크림 및/또는 버터를 추가한 스크램블드에그는 온도가 높이 올라가도 부드럽고 촉촉한 상태가 유지된다. 따라서 식품 위생 측면에서도 안전하고, 촉촉한 식감을 즐길 수 있다는 측면에서도 좋다. 키시와 같은 요리는 칼을 중심부에 찔러보면 아무것도 묻어나오지 않을 때까지 충분히 조리한다.

일각에서 특히 우려를 표시하는 것은 마요네즈, 무스, 에그노그, 시저 샐러드 등과 같이 날달걀이나 살짝만 익힌 달걀을 사용하는 전통적인 레시피다. 이 경우 날달걀 대신 저온 살균 달걀을 사용할 수 있다. 저온 살균 달걀은 유화시키거나 세게 쳐서 거품을 낼 때 신선한 날달걀보다 아주 약간 더 품이 들 뿐이다. 달걀의 안전성에 관해 걱정이 된다면 저온 살균 달걀을 사거나 집에서 직접 저온 살균 달걀을 만들어 사용할 수 있다. 부분 조리하는 머랭을 만들 때는 건조 달걀흰자가 가장 적합하다. 개중에는 타협을 거부하고 날달걀 또는 부분 조리 달걀을 넣는 레시피에도 신선한 달걀을 사용해 별 탈 없이 즐기는 이들도 있다. 만약 여러분이 여기에 해당한다면, 가능한 한 가장 신선한 달걀을 사용하고 적절한 방법으로 보관하여 위험을 최대한 낮추자. 조리한 달걀 요리는 즉시 먹거나 재빨리 식혀서 바로 냉장고에 넣는다. 날달걀이 들어간 요리는 항상 냉장고에 보관해야 한다.

에파소테(Epazote)

에파소테(Dysphania ambrosioides)는 퀴노아, 시금치, 비트, 램스 쿼터와 같은 과에 속한 식물이다. 나와틀어로 '스컹크 허브'라는 뜻의 에파소틀(epasotl)에서

이름을 딴 에파소테는 오레가노와 사뭇 비슷한 코를 찌르는 향기와 소나무 및 상큼한 감귤류 풍미를 갖추고 있다. 포솔레와 같은 멕시코식 수프 및 스튜에 자주 사용되며, 멕시코 식료품점에서 신선한 에파소테를 구할 수 있다.

추출물 및 풍미 재료(Extracts and Flavorings)

풍미를 추출하는 데는 몇 가지 방법이 있지만, 여기서는 특히 고농축 상업용 풍미 재료, 방향유, 그리고 이러한 방향유를 증류해서 얻을 수 있는 향기로운 '물'을 다룬다. 비터스는 1016쪽을 참고한다. 풍미 재료를 직접 만들려면 시럽에 대해, 풍미 재료를 우려낸 보드카, 기름에 풍미 우려내기 및 식초에 풍미 우려내기 항목을 참고한다.

우리가 장을 볼 때 가장 자주 구입하는 풍미 재료는 바닐라다. **바닐라 추출물** 및 풍미를 내는 방법과 페이스트에 대해서는 바닐라 항목을 참고한다.

다양한 풍미 재료를 만들 때 알코올이 사용되는 이유는 매우 간단하다. 풍미 화합물 중에는 수용성도 있고 지용성도 있지만, 이러한 성질과 관계없이 알코올에는 대부분 녹는다. 따라서 알코올과 몇 가지 식용 등급 용매는 향신료에서부터 감귤류, 견과류, 초콜릿, 꽃, 커피에 이르기까지 다양한 식품의 독특한 특징을 녹일 수 있다. 물론 인공 향료나 특정 식품의 향을 모방한 합성 향료도 있으며, 이들 중 상당수에는 모방하고자 하는 풍미와 같은 향미 성분이 포함되어 있다.(출처가 다르기는 하지만 말이다.) 천연이든 인공이든, 추출물과 풍미 재료는 조금씩 사용해야 하며 약간만 넣어도 충분한 효과를 기대할 수 있다.

알코올로 우려낸 추출물의 유일한 단점은 가열할 경우 증발하여 풍미가 옅어질 수 있다는 점이다.(또는 심지어 아예 사라지기도 한다.) 커스터드 베이스, 쿠키 반죽, 케이크 반죽 등과 같이 은은하게 가열하는 식품의 풍미를 낼 때는 이것이 큰 문제가 되지 않는다. 그러나 끓는점까지 가열하는 혼합물에 알코올로 추출한 풍미를 넣으면 다 날아가고 만다.

방향유는 널리 사용되는 또 다른 풍미 재료다. 일부 방향유는 향기가 진한 레몬이나 오렌지 껍질 등의 재료를 냉압착하여 만들지만, 대부분은 재료를 증기 증류해서 만든다. 방향유는 추출물보다 풍미의 종류가 훨씬 다양하며 소량으로도 매우 강력한 효과를 낸다.(바닐라 추출물은 1작은술 정도 사용하지만, 방향유는 보통 몇 방울 단위로 넣는다.) 방향유도 알코올로 우려낸 추출물과 마찬가지로 가열하면 풍미가 옅어지거나 사라지므로 가열하는 요리에는 사용하지 않는다. 기름은 대다수 액체에 넣었을 때 쉽게 분산되지 않으므로 방향유는 고체 덩어리(예를 들어 태피)에 사용하거나 유화해서 사용해야 가장 효과적이다.

마지막으로 **장미수, 등화수, 케이라수**(kewra water, 판단 꽃으로 제조) 등 향미를 첨가한 물이 있다. 이들은 모두 하이드로솔, 즉 방향유를 증류한 후에 남은 향기 나는 물이다. 중동 및 인도 요리에서 디저트 및 짭짤한 요리에 섬세한 풍미와 향기를 더할 때 자주 사용된다. 등화수와 장미수는 상표에 따라 강도가 다르다는 점에 주의하자. 일반적으로 중동 상표는 큼직한 유리병에 담아 판매하며 풍미가 더욱 섬세한 편이다. 상표와 관계없이 어느 정도의 강도인지 파악할 때까지는 이러한 하이드로솔을 조금씩 사용하는 것이 좋다. 너무 많이 넣으면 다른 풍미를 압도하기 마련이다.

요리에 사용하는 지방(Fats in Cooking)

지방은 요리에 필수적인 재료다. 섈로 프라잉, 딥 프라잉, 콩피 만들기 등의 조리에서는 매개체로 사용된다. 지방으로 식품 표면을 감싸면 잘 달라붙거나 말라버리지 않으며, 먹음직스럽게 갈색으로 익는다. 물론 지방은 마요네즈를 만

들기 위해 저어서 유화시키고, 당근 케이크에 넣어 진한 풍미와 촉촉함을 살리며, 크루아상 반죽에 넣고 뒤적이며 섞거나 소시지용 고기에 섞어서 풍부한 육즙과 풍미를 추가하는 등, 수많은 요리의 필수 재료이기도 하다. 지방은 빵이나 과자를 부풀리고 구조를 유연하게 만드는가 하면, 지용성 풍미를 녹여내서 전달하거나 그 자체의 독특한 풍미를 입힌다. 사실 일상적인 요리를 성공적으로 마무리하는 데 지방이 얼마나 중요한 역할을 하는지는 아무리 강조해도 지나침이 없다.(필수 영양소로서의 지방에 관한 내용은 xvi쪽을 참고한다.)

▶ 요리에 사용되는 특정 지방에 대한 자세한 정보는 각각 버터, 기름, 라드, 슈말츠, 쇼트닝, 수이트와 수지 항목을 참고한다. 지방과 지방산의 영양적 측면에 대한 내용은 xvi쪽을 참고한다.

지방 계량하기

기름이나 버터 스틱, 마가린 또는 쇼트닝을 계량하는 것은 특별히 까다롭지 않다. 기름은 일반적인 액체용 계량컵과 계량스푼을 사용한다. 버터 스틱이나 마가린, 쇼트닝은 포장지에 계량 눈금이 표시되어 있을 경우 눈금에 따라 자르면 된다.

고체 쇼트닝이나 큼직한 버터 덩어리, 통에 담긴 마가린이나 버터 등 덩어리 형태 지방의 부피를 재는 데에는 두 가지 방법이 있다. 하나는 치환법이다. 지방 1컵이 필요하면, 2컵 용량의 계량컵에 물 1컵을 붓는다. 계량컵에 담긴 물이 2컵 용량을 나타내는 눈금에 올라올 때까지 작은 지방 조각이나 덩어리를 넣는다. 이렇게 하면 계량컵에 담긴 지방이 1컵에 해당한다. 물을 따라낸다.

어떤 사람들은 특히 고체 쇼트닝을 계량할 때 마른 재료용 계량컵을 선호하기도 한다. 그러나 마른 재료용 계량컵을 그대로 사용한다면 상당한 공간이 남아 정확하게 계량할 수 없으므로, 우선 계량컵을 따뜻한 물로 헹군 뒤 고체 쇼트닝을 넣고 계량컵 바닥을 향해 꾹꾹 눌러 담아야 한다.

덩어리 형태의 지방 계량하기

물론 ▶ 저울을 사용해 계량하면 이렇게 번거로운 과정을 거칠 필요가 없다. 레시피에 무게가 표시되어 있지 않을 경우, 자주 사용하는 재료의 계량 단위 변환 및 대체 재료표를 참고해 요리에 일반적으로 사용하는 지방의 1컵당 무게를 확인하자.

고체 지방과 액체 지방

지방은 동물에서 추출한 지방과 식물에서 추출한 지방으로 나뉜다. 몇 가지 예외를 제외하면 채소, 씨, 견과류 기름은 실온에서 액체 상태를 유지한다. 그 이유는 식물성 지방이 대부분 불포화지방으로 이루어져 있기 때문이다. 버터와 정제한 라드, 수지처럼 소와 돼지에서 추출한 지방은 포화지방 함량이 높으므로 실온에서 고체 상태다.(팜핵유와 버진 코코넛 기름, 식물성 쇼트닝도 마찬가지 이유로, 즉 포화지방 비율이 높으므로 실온에서 고체 상태다.) 닭, 오리, 거위 지방은

불포화지방이 더 많기 때문에 실온에서 라드보다 훨씬 말랑말랑하다.(그러나 식물성 기름처럼 액체인 것은 아니다.) 마지막으로 식물성 기름과 씨앗 기름은 **경화 처리**를 거치기도 하는데, 경화는 불포화지방산을 포화지방산으로 만들어 실온에서 고체 상태로 굳게 하는 화학 과정이다.(쇼트닝 항목 참고)

보통 튀김을 할 때 얼마나 빨리 분해되는지 및 산패하지 않고 얼마나 오래 보관할 수 있는지 두 가지 측면 모두에서 포화지방이 더 안정적이다. 따라서 쇼트닝과 코코넛 기름은 엑스트라 버진 올리브유만큼 빨리 산패되지 않으며, 소 수지는 닭 지방보다 훨씬 오래 보관할 수 있다. ▶ 식물성 기름이나 동물성 지방이 산패되었는지 확인하려면 우선 냄새를 맡아본다. 상한 냄새가 나면 버리고, 별다른 냄새가 나지 않을 경우 맛을 본다. 맛이 이상하면 버린다. 맛이 약간 이상하지만 아직 먹을 수 있을 정도라고 판단되면 최대한 빨리 중불로 가열하는 요리에 사용하고, 기름을 많이 쓰는 섬세한 풍미의 레시피(마요네즈나 비네그레트)나 딥 프라잉에는 사용하지 않는다.(오래된 기름은 발연점이 훨씬 낮다.)

녹는점

지방의 **녹는점**이란 지방이 고체에서 액체로 변하는 온도 범위를 나타내며, 포화도는 지방의 녹는점을 결정하는 몇 가지 요소 중 하나다. 지방의 녹는점은 레시피에 몇 가지 영향을 미친다. 실온에서 액체 상태인 지방(예를 들어 대다수 기름)은 음식을 차릴 때의 온도에서 굳지 않으므로 비네그레트, 마요네즈 등의 소스에 적합하다. 버터는 체온에서 녹으므로 버터를 넣은 음식을 먹을 때 더욱 풍부한 식감을 즐길 수 있다. 초콜릿을 먹었을 때 입안에서 부드럽게 퍼지는 느낌을 즐길 수 있는 것도 같은 이유다. 사실 코코아 버터에는 몇 가지 유형의 지방 결정이 있으며 각각의 녹는점이 약간씩 다르다.(너무 전문적인 내용처럼 보이겠지만 초콜릿으로 템퍼링을 할 때는 이 점을 염두에 두어야 한다.)

제과제빵 레시피에서는 식물성 쇼트닝, 라드, 버터와 같은 고체 지방에 실온에서 공기를 주입하여 '크림화'하기도 한다. 오븐에서 굽는 동안 지방에 섞여 들어간 미세한 기포가 팽창하면서 대다수 빵과 과자가 부풀어 오르고 식감이 가벼워진다. 예를 들어 쇼트닝은 버터보다 녹는점이 높으므로 버터를 사용하는 쿠키 반죽에 버터 대신 쇼트닝을 넣으면 굽는 동안 버터만큼 넓게 퍼지지 않으므로 더 뻑뻑한 쿠키가 된다.

일반 고체 지방의 녹는점	
지방은 일정한 온도 범위에 걸쳐 서서히 녹으므로 이 표의 값은 근사치다.	
버터와 마가린	35℃
식물성 쇼트닝	
크리스코	46.1℃
팜 또는 코코넛 추출	37.8℃
코코넛 기름(버진)	24.4℃
라드	
등 지방 또는 혼합 지방	35℃
리프 라드	45℃
소 수지	46.7℃
수이트	50℃

발연점

지방을 조리에 사용할 때 고려해야 할 또 하나의 중요한 요소는 높은 온도에서 사용하기에 얼마나 적합한지다. 특히 딥 프라잉과 샐로 프라잉, 볶음, 시어링,

<table>
<tr><td colspan="2" align="center">기름과 지방의 대략적인 발연점</td></tr>
<tr><td colspan="2">기름의 발연점은 상표에 따라 다르며 오래될수록 발연점이 낮아진다. 아래에 소개한 정제 기름의 '비정제', '버진', '압착 추출' 또는 '냉압착' 버전을 사용한다면 표에 기재된 온도보다 발연점이 훨씬 낮다는 점에 유의하자.</td></tr>
<tr><td>해조유</td><td>251.7℃</td></tr>
<tr><td>아몬드 기름 (정제)</td><td>232.2℃</td></tr>
<tr><td>아보카도 기름</td><td></td></tr>
<tr><td>　버진 또는 비정제</td><td>204.4℃</td></tr>
<tr><td>　정제</td><td>260℃</td></tr>
<tr><td>소 수지</td><td>204.4℃</td></tr>
<tr><td>버터</td><td></td></tr>
<tr><td>　일반</td><td>176.7℃</td></tr>
<tr><td>　정제 버터 또는 기 버터</td><td>246.1℃</td></tr>
<tr><td>카놀라유 (정제)</td><td>204.4℃</td></tr>
<tr><td>닭, 오리 또는 거위 지방</td><td>190.6℃</td></tr>
<tr><td>코코넛 기름</td><td></td></tr>
<tr><td>　버진</td><td>176.7℃</td></tr>
<tr><td>　정제</td><td>232.2℃</td></tr>
<tr><td>옥수수 기름</td><td>232.2℃</td></tr>
<tr><td>아마인유</td><td>107.2℃</td></tr>
<tr><td>포도씨유</td><td>218.3℃</td></tr>
<tr><td>헤이즐넛 기름</td><td>204.4℃</td></tr>
<tr><td>라드</td><td>190.6℃</td></tr>
<tr><td>마카다미아 기름</td><td>204.4℃</td></tr>
<tr><td>마가린</td><td>148.9℃</td></tr>
<tr><td>겨자유</td><td>248.9℃</td></tr>
<tr><td>올리브유</td><td></td></tr>
<tr><td>　버진 또는 엑스트라 버진</td><td>162.8℃</td></tr>
<tr><td>　일반 또는 퓨어</td><td>190.6℃</td></tr>
<tr><td>　라이트 또는 엑스트라 라이트</td><td>204.4℃</td></tr>
<tr><td>야자유</td><td>232.2℃</td></tr>
<tr><td>땅콩 기름</td><td></td></tr>
<tr><td>　비정제 또는 녹색</td><td>204.4℃</td></tr>
<tr><td>　정제</td><td>232.2℃</td></tr>
<tr><td>피칸 기름</td><td></td></tr>
<tr><td>　비정제 또는 구운 피칸으로 만든 기름</td><td>162.8℃</td></tr>
<tr><td>　정제</td><td>243.3℃</td></tr>
<tr><td>호박씨유</td><td>176.7℃</td></tr>
<tr><td>미강유</td><td>232.2℃</td></tr>
<tr><td>홍화유</td><td>260℃</td></tr>
<tr><td>참기름</td><td></td></tr>
<tr><td>　비정제, 진한 참기름 또는 볶은 깨로 만든 참기름</td><td>162.8℃</td></tr>
<tr><td>　정제</td><td>232.2℃</td></tr>
<tr><td>콩기름</td><td>232.2℃</td></tr>
<tr><td>해바라기유</td><td>243.3℃</td></tr>
<tr><td>식물성 혼합 기름</td><td>232.2℃</td></tr>
<tr><td>식물성 쇼트닝</td><td>182.2℃</td></tr>
<tr><td>호두 기름</td><td></td></tr>
<tr><td>　비정제 또는 구운 호두로 만든 기름</td><td>176.7℃</td></tr>
<tr><td>　정제</td><td>204.4℃</td></tr>
</table>

소테 등과 같이 고온으로 조리할 때 중요하다. 발연점은 지방에 포함된 지방산의 유형 및 다른 물질의 존재 여부에 따라 결정된다. 예를 들어 버터에 들어 있는 유고형분과 엑스트라 버진 올리브유에 있는 미립자는 각각 발연점을 낮추는 역할을 한다.

지방 정제하기

정제(rendering)는 돼지 라드, 소 수지, 가금류 '슈말츠' 등의 동물성 고체 지방을 액체화하고 정화하여 조리용 지방으로 만드는 과정이다. 시판되는 정제 기름은 탈취 및 철저한 정화 과정을 거친 것이다. 실온에 보관할 수 있는 지방이라면 경화 처리를 거치고 보존제가 첨가되어 있다. 다행히도 정제 지방은 가정에서도 쉽게 만들 수 있다.(이렇게 라드, 수지 또는 슈말츠를 정제한 후에는 반드시 밀폐 용기에 담아 냉장 또는 냉동 보관해야 한다.) 일반적으로 손질한 225g의 비정제 지방으로 정제 라드, 수지 또는 슈말츠 1컵을 만들 수 있다.

건식 정제(dry-rendering)는 베이컨 또는 다진 고기를 조리할 때마다 일어난다. 지방 또는 지방이 많은 고기를 프라이팬에 넣고 가열한 후 프라이팬 바닥에 모인 기름을 조리용 기름으로 사용하는 것이다. 지방이 많은 부위가 소량이라면 중약불에 올려 이렇게 '일상적인' 방법으로 정제한 후 요리를 할 때 사용할 수 있다. 건식 정제된 지방은 기분 좋은 '구운' 풍미를 내며 색이 진한 것이 특징이다. 건식 정제된 지방은 습식 정제된 지방보다 보통 발연점이 낮다.

대량의 지방을 건식 정제하려면 우선 지방을 작은 조각으로 자른다.(냉동 상태라면 더 자르기 쉽다.) 껍질이나 살코기가 조금씩 달라붙어 있어도 정제한 후에 걸러낼 수 있으므로 신경 쓸 필요는 없다. 지방을 냄비에 넣고 약불에 올린다.(또는 슬로 쿠커에 넣거나 더치오븐에 담아 120℃로 예열한 오븐에 넣는다.) 지방 450g당 물 ½컵씩 추가한다.(수증기는 지방이 녹는 것을 도와주며 그 이후에 증발해 버린다.) 바닥에 눌어붙지 않도록 30분마다 저어주면서 뚜껑을 열고 지방이 완전히 녹아나올 때까지 가열한다. 풍미가 거의 없는 기름을 선호한다면 지방을 녹이고 1시간 정도 지난 후에 국자로 떠서 면포를 깐 체에 부어 그릇에 걸러낸다. 고기 향이 나는 풍미 진한 기름을 선호한다면 마지막 단계에 한 번 거르기만 하면 된다. 냄비나 체에 남는 갈색 조각은 돼지의 경우 **크래클링**(crackling), 가금류의 경우 **그리벤**(gribenes)이라고 부르며, 잘 보관했다가 크래클링을 넣은 옥수수 빵 및 뭉근하게 삶은 콩 요리의 풍미를 내는 데 사용하거나 잘게 썰어서 껍질콩이나 라브에 훌훌 뿌리거나 구운 베이컨을 부숴서 얹는 요리에 베이컨 대신 사용할 수 있다.

습식 정제(wet-rendering)는 보통 대량의 지방을 모았다가 나중에 한꺼번에 정제할 때 사용하는 방법이다.(충분히 모일 때까지 지방 덩어리를 지퍼백에 담아 냉동실에 보관할 수 있다.) 습식 정제 방법은 지방을 물의 끓는점 이상으로 가열하지 않으므로 색이 변하거나 구운 풍미가 나거나 크래클링이 생기지 않는다. 대신 습식 정제한 지방은 오래 보관할 수 있으며 발연점이 높아서 딥 프라잉에 적합하다.

지방을 습식 정제하려면 손질한 지방을 깍둑썰기한 후 냄비에 넣고 지방이 잠길 만큼 물을 부은 후 가열해서 뭉근히 끓어오르면 뚜껑을 덮고 지방이 완전히 액체 상태로 녹을 때까지 조리한다. 바닥에 눌어붙지 않도록 30분마다 저어주고, 덩어리가 있다면 숟가락 뒷면이나 감자 으깨는 도구로 눌러주면서 지방이 더 잘 빠져나오게 한다. 일단 지방이 다 녹아나오면 그릇에 면 거즈를 올려놓고 혼합물을 부어서 거른다. 그릇째 식힌 후 냉장고에 넣어서 하룻밤 지방을 굳힌다. 다음날 위에 굳은 지방을 떠내고 액체는 버린 후 지방을 중불에 올려서 120℃로 가열한다.(이렇게 하면 남아 있는 수분이 증발한다.)

　　정제한 기름을 보관하려면 약간 식혀서(액체 상태가 유지되어야 한다.) 병조림용 유리병이나 다른 밀폐 용기에 붓는다. 냉장고에 넣으면 3개월, 냉동실에 넣으면 최대 1년간 보관할 수 있다.

드리핑(Dripping)

드리핑은 육류나 가금류를 조리하는 과정에서 나오는 지방을 의미한다. 추수감사절에 칠면조를 조리할 때 나오는 육즙과 기름을 잘 보관했다가 그레이비를 만드는 것에서도 알 수 있듯이 드리핑은 해당 육류의 풍미를 돋우는 데 유용하다. 어린 양과 머튼 드리핑은 풍미가 매우 강하므로 아주 조금씩만 사용해야 한다. 베이컨 기름은 남겨두었다가 옥수수 빵이나 고기 파이 크러스트를 만들 때 사용하거나 솔트 포크를 넣는 요리에 사용할 수 있다. 이러한 지방은 모두 아래에 소개하는 방법에 따라 정화하는 과정을 거쳐야 보관했을 때 품질이 쉽게 저하되지 않는다.(위의 정제 지방과 같은 방법으로 보관한다.) 가정용 레인지 안쪽에 용기를 올려두고 요리할 때 나오는 드리핑을 담아두었다가 다시 사용하면 편리하겠다는 생각이 들지 모르겠지만 피하는 것이 좋다! 높은 온도에 자주 노출되므로 금세 상하기 때문이다.

지방 정화하기

지방을 정화하면 풍미가 연해지고 더 오래 보관할 수 있다. 소량의 드리핑을 정화하고 타버린 음식 찌꺼기와 다른 불순물을 걸러내려면 일단 굳은 지방을 녹인 후 커피 필터나 면 거즈를 몇 겹 깐 체에 내려서 거른다. 양이 많다면 드리핑을 냄비에 넣고 내용물이 잠기도록 물을 붓는다. 부르르 끓어오르도록 가열한 후 그릇에 부어서 하룻밤 식힌다. 위에 떠오른 지방을 걷어내면 물과 불순물만 남는다. 걷어낸 드리핑을 냄비에 넣고 중불에 올려서 120℃ 정도, 또는 남은 물이 전부 증발하고 지방이 부글부글 끓어오르다가 더 이상 부글거리지 않을 때까지 가열한다. 즉시 사용하거나 정제 지방의 보관법에 따라 보관한다. 버터를 정제하려면 1020쪽을 참고한다.

　　이전 개정판에서는 튀김용 지방을 정화해 보관 기간을 늘리는 방법을 제시했다. 이번 개정판에서도 마찬가지로 지방 정화 방법을 소개하고 있지만, 일단 사용했던 튀김용 기름을 되살리는 데에는 앞서 설명한 방법 이외에 할 수 있는 조치가 많지 않으며 그 방법조차도 한계가 있다. 튀김용 기름은 일단 뜨겁게 가열한 후 튀김 재료를 넣을 때 온도가 내려가며 여러 번에 걸쳐 다시 데우기 마련이므로, 지방의 품질이 나빠지고 부분적으로 분해되어 몸에 좋지 않은 부산물이 생기며 이러한 성분을 걸러낼 수도 없다. 기름에서 상한 냄새가 나거나 가열했을 때 표면에 거품이 생기면 그냥 식혀서 뚜껑 있는 용기에 옮겨 담아 버리는 것 외에는 별다른 방법이 없다.

회향(Fennel)

달콤한 맛이 나며 은은한 아니스 풍미를 지닌 **피렌체 회향**의 구근은 채소로 사용되며, 여러 회향 중에서도 우리에게 단연 가장 익숙하다. 반면 **일반 회향**은 씨를 사용하기 위해 재배한다. 회향은 많은 지역에서 야생으로 풍부하게 자란다. 실제로 번식력이 왕성하기 때문에 침입종으로 간주하는 경우도 많다. 인도의 러크나우 지역에서만 자라는 회향 품종인 **러크나우 회향**은 아주 단맛이 강하고 향기가 진해서 특히 선호도가 높다.

　　깃털 모양의 회향 잎은 맛이 순하며 샐러드, 생선 요리, 갑각류 요리의 가니시로 사용할 수 있다.(잎을 말리면 풍미가 날아간다.) 회향 잎의 풍미와 식감은 상당히 섬세하므로 조리가 끝났을 때 추가하거나 가니시로 곁들여야 한다.

　　회향씨는 이탈리아의 피노키오나 살라미, 차트 마살라, 두카, 오향 분말 등과 같은 혼합 향신료, 동유럽 빵에 흔히 사용된다. 인도에서는 회향씨를 식후 입가심으로 또는 소화를 돕기 위한 용도로도 먹으며, 인도 식당에 가면 알록달록하게 설탕을 입혀서 나오는 경우가 많으므로 이러한 형태의 회향씨가 익숙한 독자도 있을 것이다.

　　요리에 사용하는 것 외에 회향은 페르노, 파스티스, 압생트와 같은 프랑스의 아니세트부터 이탈리아의 삼부카, 그리스의 우조, 중동 지역 전역에서 즐기는 아락에 이르기까지 다양한 리큐어의 풍미를 내는 데 사용된다.

　　회향 꽃가루는 식재료 전문점에서 아주 비싼 가격에 판매된다. 야생에서 회향이 자라는 지역에 산다면, 살충제를 뿌리지 않은 회향의 화관을 종이봉투에 담아 거꾸로 걸어놓아 꽃가루를 모을 수 있다. 회향이 말랐을 때 몇 번 흔들어주면 꽃가루가 떨어져 나와 종이봉투 바닥에 모인다. 회향 꽃가루의 풍미를 색다른 방법으로 즐기려면 가향 버터에 넣고 뒤적이면서 섞어보자. 회향 꽃가루는 파스타 요리의 가니시로 사용하거나 비네그레트에 넣거나 갓 구운 포카치아, 김이 모락모락 나는 크림 차우더, 구운 생선 필레 또는 초콜릿 트러플에 훌훌 뿌리는 용도로 사용한다.

호로파(Fenugreek)

호로파씨는 독특한 냄새를 가지고 있으며 일각에서는 셀러리와 비슷하다고 표현하기도 한다. 그러나 우리는 호로파씨의 냄새가 메이플 시럽과 훨씬 비슷하다고 생각한다. 실제로 호로파는 인공 메이플 시럽의 풍미를 내는 데 사용된다. 호로파씨는 쌉쌀한 맛을 가지고 있으며 구우면 어느 정도 쓴맛이 완화된다.(그러나 너무 오래 구우면 쓴맛이 더 강해지므로 주의한다.) 호로파씨는 토마토 아차르 같은 인도식 피클, 마드라스 커리 가루, 베르베르 등의 혼합 향신료, 도사, 양고기 사그 등의 요리에 사용된다.

　　신선한 **호로파 잎**과 말린 호로파 잎 모두 인도 요리에 흔히 사용된다. 신선한 잎은 굵게 썰어서 난이나 다른 플랫브레드 반죽에 넣는다. 말린 호로파 잎은 커리 및 뭉근히 끓이는 다른 요리에 사용한다. 이란에서는 신선한 호로파 잎을 고르메 사브지(ghormeh sabzi)라는 양고기 스튜를 만들 때 사용하는 사브지, 즉 허브 혼합물의 재료로 활용한다. 블루 호로파는 그루지야 요리에 널리 사용되며 특히 크멜리 수넬리(khmeli suneli)라는 혼합 양념의 단골 재료로, 크멜리 수넬리에는 호로파 외에도 고수씨, 딜, 마저럼, 민트 등의 다양한 허브와 향신료가 들어간다.

발효 검은콩

두치(豆豉)라고 부르는 발효한 검은콩은 삶아서 몇 가지 특수한 균주 중 하나를 접종한 후 배양하고 소금을 넣어 6개월간 발효 숙성시킨 것이다. 일부는 습식 발효(두치와 유사한 낫토의 경우처럼)하거나 노란콩으로 만들기도 하지만, 우리가 가장 자주 접하는 두치는 검은콩으로 만든 것이다. 밀폐 용기에 담아 햇볕에 내놓고 건식 발효하므로 쪼글쪼글해지고 질감이 적당히 부드러워지며 짭짤하고 복합적이며 농축된 풍미가 난다. 두치는 볶음이나 조림 같은 다양한 중국 요리에 사용되며 여러 시판 소스의 밑재료 역할을 한다.(직접 만들어보려면 중국식 검은콩 소스 레시피 참고) 또한 바삭하게 씹히는 중국식 매운 고추기름, 마파두부에 넣어 독특하고 복합적인 풍미를 더하기도 한다.

발효 검은콩은 볶음 등의 요리에 넣기 전에 한 번 씻는 것이 좋다. 콩을 넣고 맛을 본 다음 다른 양념을 추가한다. 요리에 따라 검은콩을 가볍게 썰거나 커다란 칼의 옆면으로 으깨서 사용해야 할 때도 있다. 발효 검은콩은 보통 비닐 포장 형태로 판매한다. 개봉한 후에는 뚜껑이 달린 유리병에 담아 서늘하고 어두운 곳에 보관한다.(냉장 보관할 필요는 없다.) 별도의 기한 없이 무기한 보관할 수 있다.

발효 대두 페이스트는 미소, 된장, 도우장 항목을 참고한다. 쓰촨식 고추장, 즉 두반장은 칠리 고추 페이스트 항목을 참고한다.

핀제르브(Fines Herbes)

핀제르브는 짭짤한 소스, 수프, 치즈와 짭짤한 달걀 요리에 잘 어울리는 섬세한 풍미의 신선한 허브 혼합물을 지칭하는 프랑스 용어다. 파슬리, 타라곤, 차이브, 처빌을 같은 분량씩 섞어서 사용하지만, 때로는 타임처럼 풍미가 순한 다른 허브를 함께 넣기도 한다. 이 혼합 허브를 잘 드는 칼로 다져서 ▶ 조리가 거의 끝나가는 단계에 넣으면 방향유가 충분히 녹아나오면서도 기분 좋은 신선한 풍미를 유지한다.

피시 소스(Fish Sauce)

동남아시아 요리에서 빼놓을 수 없는 재료이며 가룸(garum)이라는 고대 로마의 소스와 비슷한 피시 소스는 다양한 이름을 가지고 있다. 베트남에서는 느억맘, 태국에서는 남플라, 필리핀에서는 파티스, 일본에서는 숏쓰루(しょっつる), 이탈리아에서는 콜라투라 디 알리치(colatura di alici)로 불리는 피시 소스는 보통 안초비 등의 생선(다른 해산물로 만들기도 한다.)과 소금을 항아리나 드럼통에 담고 햇빛이 잘 드는 곳에서 6개월~1년 이상 발효해서 만든다. 생선의 내장 안에 들어 있는 미생물이 발효를 일으키며 높은 염도 때문에 유해균이 번식하지 못한다. 이렇게 해서 홍차와 비슷한 색의 액체가 생기면 건더기를 건져내고 거른 후 병에 담는다. 올리브유와 마찬가지로 첫 번째 압착으로 짜낸 (피시 소스의 경우는 첫 번째로 뽑아낸) 맑은 호박색 액체가 가장 고급품이다. 두 번째로 뽑아낸 것은 풍미가 약하고 먹음직스럽게 보이도록 캐러멜 등의 다른 첨가물을 넣은 경우가 많다.

베트남산 피시 소스를 구입할 때는 첫 번째 추출을 나타내는 콧(cot), 니(nhi), 투옹항(thuong hang) 등의 표기를 찾아보자. 푸꾸옥에서 생산한 피시 소스를 최상급으로 치지만, 푸꾸옥이라는 이름이 표기된 병 중 상당수는 이곳에서 만든 것이 아니므로 그 이름만으로 품질을 판단해서는 안 된다. 베트남 요리 전문가인 앤드리아 응우옌(Andrea Nguyen)은 병을 보고 품질 좋은 피시 소스를 판단하는 손쉬운 방법에 대해 이렇게 말했다. "유리병에 들어 있는 것을 구입하고, 품질 좋은 피시 소스는 그만큼 값이 비싸다는 점을 잊지 말자." 또한 재료 목록을 확인해도 좋다. 가장 좋은 피시 소스는 생선과 소금만을 재료로 사용한다.(다만 품질이 뛰어난 피시 소스 중에도 소량의 설탕이 들어 있는 것이 많다.) 일부 피시 소스 병에는 뒤에 °N이 붙어 있는 숫자가 큼직하게 표기된 것도 있다.(예를 들어 40°N) 이것은 피시 소스의 질소 함량을 나타낸다. 숫자가 높을수록 피시 소스의 품질이 좋다.

태국의 피시 소스는 풍미가 진하고 짠맛이 강한 편이며 베트남 피시 소스는 상대적으로 섬세하고 은은한 단맛이 난다. 파티스는 아주 짜고 풍미가 강하다. 숏쓰루 같은 일본의 피시 소스는 동남아시아 피시 소스보다 순한 편이지만, 갑오징어로 만든 이시리라는 일본 피시 소스는 색이 아주 진하고 아주 강

한 냄새와 풍미를 지니고 있다.

피시 소스는 양념, 조미료 또는 찍어 먹는 소스로 사용한다. 태국이나 베트남 요리에 없어서는 안 될 재료지만, 우리는 치킨 수프부터 소고기 조림에 이르기까지 다양한 요리에 감칠맛을 더하기 위해 피시 소스를 사용하기도 한다. 오랫동안 뭉근히 끓인 라구에 안초비를 넣으면 소스와 부드럽게 어우러지면서 풍부한 감칠맛을 살리면서도 생선의 맛은 나지 않듯이, 피시 소스도 다양한 요리에 넣어 비슷한 효과를 낼 수 있다. 피시 소스를 남프릭, 느억짬, 칠리 고추를 우려낸 피시 소스, 태국식 옐로 치킨 커리, 소고기 마사만 커리 등에 넣어보자. 피시 소스는 서늘하고 어두운 곳에서 무기한 보관할 수 있다. 결정이 생기거나 색이 너무 진해지면 신선한 것으로 대체한다.

풍미 증진제(Flavor Enhancers)

'풍미 증진제'란 감칠맛을 더해 음식의 풍미를 돋우는 다양한 재료를 지칭하는 용어다. 우마미(うまみ, 감칠맛)는 다섯 번째 맛이라는 뜻의 일본어다.(다른 네 가지 맛은 단맛, 신맛, 짠맛, 쓴맛이다.) 이 맛을 가장 간단하게 표현한다면 '짭짤하게 입맛을 돋우는 맛'이다. 그러나 과학적 측면에서 보면 감칠맛은 아미노산의 일종인 글루탐산이 만들어내는 글루탐산염 또는 염류에 기인한다. 특히 특정한 음식에 감칠맛을 주는 염류는 글루탐산모노나트륨(monosodium glutamate), 즉 MSG다. 이번 항목에서 소개하는 모든 재료에는 상당량의 글루탐산염이 들어 있다.

글루탐산염이 붉은 육류, 해초, 토마토, 호두, 버섯, 숙성 치즈, 모유를 비롯해 수많은 식품에 들어 있는 천연 성분이라는 점을 고려할 때, MSG는 너무 많은 논란에 휩싸였던 것이 사실이다. 일각에서는 MSG를 섭취한 후 부작용을 겪었다고 생각하지만 이를 뒷받침할 만한 과학적 연구는 없다. 또한 가공식품에 자주 사용되는 이스트 추출물이나 식물 단백질 가수분해물 등의 다른 첨가물도 사실상 MSG와 같은 성분이다.

음식의 맛을 더하기 위해 MSG나 글루탐산염이 풍부한 재료를 아주 많이 넣을 필요는 없다는 사실만 봐도 크게 우려하지 않아도 된다. 가볍게 뿌릴 정도의 MSG 소량, 간장이나 피시 소스 몇 방울, 버섯 가루 1큰술만 넣어도 요리의 풍미가 놀랄 만큼 개선된다. 풍미 증진제는 모든 가정의 찬장에 갖추면 좋은 재료다. 물론 제대로 조리하지 않고 무조건 풍미 증진제로 맛을 보완하려고 해서는 안 되지만, 요리에 감칠맛을 더하는 용도로는 더없이 편리하다.

순수한 MSG는 곡물, 사탕수수와 그 부산물 또는 비트에서 추출한다. 순백색 결정 형태의 MSG는 물에 녹지만 기름에는 녹지 않으므로 MSG를 사용할 때는 액체 재료에 추가해야 한다. **식물 단백질 가수분해물**은 간식류의 가공식품에 보편적으로 사용되는 첨가물이며, 각설탕 모양의 부용(또는 페이스트), 저렴한 간장 및 '액체 아미노 간장', **마기 시즈닝**(Maggi seasoning), **키친 부케**(Kitchen Buoquet) 등의 풍미 증진제에도 사용된다.

이스트 추출물은 마마이트(Marmite) 및 베지마이트(Vegimite, 두 가지 모두 이스트 추출물로 만든 페이스트로, 빵 등에 발라 먹는다. — 옮긴이)의 주요 재료로 가장 잘 알려져 있겠지만, 수프, 스튜, 조림에 넣어도 아주 맛있다. 비건 식단에서 사랑받는 **영양 이스트**는 한마디로 비활성화시킨 이스트다. 치즈와 비슷한 냄새 및 풍미를 지니고 있으며 요리의 재료나 토핑으로 활용할 수 있다. **버섯 조미료**라고 부르는 것은 말린 버섯과 소금, 버섯 추출물로 만든다. 순수 MSG보다 풍미가 복합적이지만 풍부한 감칠맛이 입맛을 당긴다는 점은 비슷하다.

아마씨(Flaxseed)

아마인(linseed)이라고도 불리는 아마씨는 아마에서 얻은 작은 황금색 또는 갈색 씨앗이다. 지방 함량이 매우 높아 기름을 압착해서 짜낸 후 건강보조식품으로 사용하는 경우가 많다. 아마씨는 치아시드처럼 물에 불리기도 하지만 치아시드처럼 주변에 젤이 형성되지는 않는다. 아마씨는 곱게 간 후 물과 섞어서 비건용 달걀 대체재로 즐겨 사용한다. 아마씨는 보통 소화되지 않고 소화관을 그대로 통과하므로 영양분의 흡수율을 높이기 위해 갈아서 사용하는 것이 좋다. 그러나 아마씨는 사용하기 직전에 갈거나 갈아놓은 것을 냉장고나 냉동실에 보관해야 한다. 일단 갈고 나면 금세 산패하기 마련이다. 통아마씨 1큰술은 갈아낸 아마씨 또는 아마씨 가루 2큰술에 해당한다.

곡물가루(Flours)

가까운 마트의 제과제빵 또는 자연식품 판매대를 지나가다 보면 최근 몇 년간 시판 곡물가루의 종류가 크게 늘었다는 사실을 알게 될 것이다. 최근에는 많은 매장에서 통밀가루뿐만 아니라 스펠트 및 카무트 가루도 취급하며, 중력분과 제빵용 밀가루 옆에 이탈리아산 00 밀가루가 나란히 진열되기도 한다. 또한 콩가루, 견과류 가루, 쌀가루, 메밀이나 아마란스 등의 유사 곡물로 만든 가루도 늘어나고 있고, 그 외에도 헤아릴 수 없이 많은 종류가 있다. 이번 항목에서는 먼저 밀 이외의 다른 재료로 만든 가루를 종류별로 다루며, 그다음 밀로 만든 가루를 소개한다. 전자에는 쌀, 옥수수, 보리 등의 곡물가루뿐만 아니라 콩이나 유사 곡물로 만든 가루가 포함된다.

곡물가루를 제대로 이해하기 위해서는 우선 곡물 낱알의 세 가지 기본 구성 요소를 이해해야 한다.(339쪽 그림 참고) 곡물에 함유된 비타민과 무기질은 대부분 바깥쪽 층(겨)과 배아에 들어 있다. 배아는 전체 낱알의 2%에 불과하지만, 단백질 대부분과 지방 전체가 배아에 자리 잡고 있다. 배유는 대부분 녹말 성분이며 약간의 단백질이 들어 있다.

배유는 지방 함량이 높아 곡물의 다른 부분보다 빨리 상하므로 통곡물로 만든 가루는 배유 때문에 보관 기간이 짧은 편이다. ▶ 통곡물가루를 구입할 때는 2개월 안에 먹을 수 있는 분량만큼만 사서 서늘하고 어두운 곳에 보관한다. 정제한 곡물가루는 배유나 겨를 제거한 것이므로 신선한 상태로 더 오래 보관할 수 있다.

대다수 곡물가루는 보관 도중 뭉치고 덩어리지기 쉬우므로 부피로 계량하기가 다소 까다롭다. ▶ 곡물가루를 체에 쳐서 계량하는 방법은 1105쪽을 참고한다.

갓 제분한 곡물가루

지난 수십 년에 걸쳐 미국 전역의 빵집과 식당에서는 갓 제분한 곡물가루를 보편적인 재료로 사용해왔다. 직거래 장터에서도 갓 제분한 곡물가루를 점점 더 많이 판매하기 시작했으며 일부 지역 방앗간에서는 가까운 상점과 온라인 상점을 통해 신선한 곡물가루를 판매한다. 갓 제분한 곡물가루를 사용해서 빵을 굽는 사람들은 완성된 빵에서 느낄 수 있는 독특한 향기와 식감을 높이 평가한다. 별도로 재료를 추가하지 않았는데도 통밀빵 한 덩어리에서 깊은 당밀의 향, 코코아 또는 꿀 향기가 나기도 한다.

▶ 제과제빵 레시피에서 일반 밀가루 대신 갓 제분한 밀가루를 사용하려면 항상 무게 기준으로 계량해야 한다. 갓 제분한 밀가루는 보관 도중 눌려서 덩어리가 된 시판 밀가루에 비해 가볍고 폭신폭신하다.

가정에서 조리대에 올려놓고 사용하기 좋은 저렴한 곡물 분쇄기도 시중에 나와 있으며, 스탠드 반죽기의 분쇄 칼날을 써도 좋다. 곡물을 직접 분쇄해서 쓰면 곡물의 천연 풍미를 보존할 수 있을 뿐만 아니라 입자 크기를 조절해 더 굵게 갈거나 곱게 갈 수 있으므로 빵이나 쿠키, 케이크, 스콘을 만들 때 다양한 식감을 시도해볼 수 있다. 또한 갓 제분한 밀가루는 야생 이스트와 균이 더 다양하게 포함되어 있으므로 천연 발효종에 사용하기에도 좋다. 제과제빵을 즐기는 사람에게만 가정용 곡물 분쇄기가 유용한 것은 아니다. 옥수수 알갱이를 갈아서 폴렌타 또는 옥수숫가루를 만들거나 밀알, 보리, 호밀 알을 굵게 빻아 죽을 만들 때도 유용하다.

그뿐만 아니라 가정에서 곡물을 분쇄하면 통곡물의 영양분을 보존할 수 있는 동시에 재료의 낭비도 줄일 수 있다. 가공하지 않은 통곡물은 통곡물가루보다 훨씬 오래 보관할 수 있다. 도정을 통해 공기에 노출되는 순간부터 곡물에 함유된 비타민이 급속하게 감소하며 일단 갈아놓은 후에는 지방이 산화하면서 빠르게 산패된다. 통곡물을 그대로 보관하다가 필요할 때마다 갈아 쓰면 편리하다. 특히 무글루텐 재료를 사용한 제과제빵에 관심이 있어서 쌀, 옥수수, 병아리콩, 기장 등의 몇 가지 상하기 쉬운 재료를 섞어서 사용하는 경우가 많다면 더욱더 유용하다.

밀 이외의 재료로 만든 가루(Flours, Nonwheat)

여기서 소개하는 밀 이외의 재료를 빻아서 만든 가루 중 몇 가지는 단독으로 사용할 수 있다. 그러나 밀가루 이외의 가루만을 사용하는 모든 빵 레시피는 일반 밀가루 빵과 비교할 때 식감이 전혀 다르다는 점을 감안해야 한다. 밀가루와 물이 만들어내는 글루텐으로 인해 결과물에 독특한 탄성이 생기기 때문이다. 글루텐 및 재료를 섞고 굽는 과정에서의 글루텐 반응에 대한 자세한 내용은 밀가루 항목을 참고한다. ▶ 일반적으로 레시피에서 지정한 중력분의 최대 ⅓ 분량을 밀 이외의 가루로 대체해도 비교적 괜찮은 결과물을 얻을 수 있다.(일부 밀 이외의 가루가 자체적인 풍미와 식감을 구현한다는 점을 고려한다.) 밀가루 이외의 가루를 그 이상 많이 넣는다면 레시피를 추가로 조절해야 한다. 무글루텐 제과제빵을 한다면 다양한 무글루텐 가루를 섞어서 사용하고, 특히 멥쌀가루, 타피오카 전분, 옥수수 전분 등 전분 함량이 높은 가루를 30% 이상 포함해야 성공 확률을 높일 수 있다.

레시피에서 일반 밀가루 대신 '같은 분량'만큼 사용할 수 있는 무글루텐 혼합 가루도 여러 상표로 출시되고 있으므로 구입해서 사용해볼 만하다. 무글루텐 가루를 사용하기 위해 밀가루 기준 레시피를 변환하려면 상당한 시행착오가 필요하기 때문이다.

아몬드 가루 또는 분말

아몬드 분말이라고도 부르는 아몬드 가루는 한마디로 껍질을 벗긴 아몬드나 생아몬드를 밀가루와 비슷하게 갈아낸 것이다. 아몬드 가루는 입자가 다소 굵고 특히 냉동실에 넣어 보관하면 잘 뭉치는 경향이 있다.(견과류 가루는 산패되기 쉬워 냉동실에 보관한다.) 아몬드 가루를 높은 비율로 섞어서 만든 빵이나 과자는 조직이 조밀하지만 아주 촉촉하고 풍미가 진하다. 아몬드 가루를 사용하는 레시피로는 자허토르테, 빈 스타일 초승달 쿠키, 슈페쿨라치우스, 마카롱, 마카롱 잼 타르트 등이 있다.

아마란스 가루

고운 질감의 베이지색 아마란스 가루는 독특한 풀 냄새와 풍미가 있어서 제과제빵에 사용하면 너무 두드러지기 쉽다. 아마란스 가루는 다른 가루와 섞어서 사용하거나 초콜릿, 당밀, 향신료 등의 풍미 강한 재료가 들어가는 제과제빵 레시피에 사용하는 것이 좋다. 아마란스에 대한 자세한 내용은 342쪽을 참고한다.

보릿가루

보릿가루는 순하고 고소한 풍미가 난다. 글루텐이 들어 있기는 하지만 밀보다는 함량이 적다. 보릿가루는 중력분과 비교해 섬유질이 4배 많이 들어 있다. 보리에 대한 자세한 내용은 342쪽을 참고한다.

콩가루

말린 콩을 가루 상태로 빻아서 무글루텐 제과제빵에 사용할 수 있다. 미국에서 가장 쉽게 구할 수 있는 콩가루는 **병아리콩 가루**이며 인도 식료품점에서 **베산**(besan) 또는 **이집트콩 가루**(gram flour)라는 이름으로 판매한다. 병아리콩 가루는 소카, 파코라를 만들 때 사용되며 다른 콩가루에 비해 활용도가 높고 순한 풍미를 지니고 있다. 그 외의 콩가루로는 대두 가루, 완두콩 가루, 검은콩 가루, 파바콩 가루 등이 있다. 콩가루는 단백질과 섬유질 함량이 높지만 콩가루만 사용해서 빵이나 과자를 구울 경우 뻑뻑한 식감은 물론 불쾌한 콩 비린내가 나기도 한다.

메밀가루

메밀가루는 글루텐이 들어 있지 않으며 단백질 함량이 높다. 우리는 다양한 제과제빵 레시피에 메밀가루를 넣어 고소한 풍미와 진한 색감을 즐기는데, 특히 스콘, 파이 크러스트, 비스킷에 메밀가루를 첨가하면 잘 어울린다. 메밀 팬케이크, 메밀 블리니, 메밀 크레이프, 메밀 옥수수 빵 레시피를 살펴보자. 메밀에 대한 자세한 내용은 342쪽을 참고한다.

캐러브(Carob) 가루 또는 분말

성 요한의 빵(Saint John's bread, 쥐엄나무 열매)이라고도 부르는 캐러브 나무 열매의 깍지를 갈아서 만드는, 초콜릿과 비슷한 맛이 나는 가루다. 초콜릿 알레르기가 있다면 코코아 분말 대신 캐러브 가루를 사용해보자. ▶ 초콜릿을 대체하려면 무가당 초콜릿 28g당 캐러브 가루 3큰술에 액체 재료 2큰술을 섞어서 사용한다. 캐러브 가루는 1:1의 비율로 코코아 가루 대신 사용할 수 있다. 레시피에 캐러브 분말을 ¼컵 사용할 때마다 설탕을 1큰술씩 줄인다.

카사바 가루(타피오카 가루)

카사바 가루는 유카 뿌리를 말려서 간 것이다. ▶ 카사바 가루를 타피오카 전분과 혼동하지 않도록 하자. 타피오카 전분은 입자가 훨씬 고우며 유카 뿌리에서 추출한 전분으로만 구성된 것이다.(반면 카사바 가루는 말린 유카 뿌리 전체를 간 것이다.) 별다른 맛이 나지 않으며 색이 연하므로 일부 레시피에서 중력분 대신 사용할 수 있다. 카사바 가루는 특히 브라질식 치즈 빵(pão de queijo)을 만들 때 널리 사용된다. 또한 굵직하게 간 카사바 가루를 양념하고 볶아서 속이 든든한 브라질식 곁들임 요리인 파로파를 만들거나 페이조아다의 가니시로 사용하기도 한다.

파로파(Farofa)

약 2½컵

파로파를 만드는 데에는 다양한 레시피가 있는데 일부는 달걀, 초리소 또는 올리브를 넣기도 한다. 여기에서는 페이조아다와 함께 내기 좋은 간단한 버전을 소개한다.

커다란 프라이팬을 중불에 올리고 다음을 넣는다.

    베이컨 4조각, 잘게 깍둑썰기하기

베이컨이 갈색으로 익으면서 지방이 녹아나올 때까지 저으면서 조리한다. 프라이팬에 다음을 넣고 녹인다.

    버터 4큰술

다음을 넣고 저으면서 부드러워질 때까지 5분 정도 볶는다.

    양파 ½개, 잘게 깍둑썰기하기
    마늘 3쪽, 다지기

다음을 넣고 계속 저으면서 3분간 조리한다.

    카사바 가루 1컵
    소금 ¼작은술
    흑후추 1자밤

불에서 내린 후 다음을 넣어 섞는다.

    잘게 썬 파슬리 2큰술

밤 가루

밤 가루는 생밤 또는 구워서 말린 밤을 갈아서 만든다. 밤 가루는 오랜 옛날 유럽과 북아메리카 토착 부족의 주식이었다. 원조 폴렌타는 밤 가루로 만든 것이었으며, 체로키 부족은 밤 가루로 죽과 빵을 만들었다. 밤 가루는 잘 뭉치는 경향이 있으므로 체에 쳐서 사용해야 한다. 밤 가루는 냉동실에 보관한다. 밤 가루는 전분 함량이 매우 높고 은은한 단맛이 있으며 제과제빵에 사용하면 케이크와 비슷한 질감을 낸다. 밤에 대한 자세한 정보는 248쪽을 참고한다.

코코넛 가루

코코넛 가루는 섬유질 함량이 높다. 은은한 코코넛 풍미가 난다는 점 이외에 코코넛 가루의 가장 큰 특징은 흡수성이 매우 강하다는 것이다. 레시피에서 중력분의 일정 비율을 코코넛 가루로 대체한다면 액체 재료의 분량을 늘려야 하며, 코코넛 가루를 많이 사용할수록 이를 상쇄하기 위해 액체 재료를 더 많이 넣어야 한다.

옥수수 분말(Corn Flour)

옥수수 분말은 종피가 얇고 알갱이가 부드러운 연립종이라는 특정 종류의 옥수수를 빻아서 만든다. 다른 가루와 섞어서 제과제빵에 사용하면 옥수수 풍미를 추가할 수 있다. 옥수수 분말을 마사 하리나와 혼동하지 않도록 하자.

옥수숫가루(Cornmeal)

옥수숫가루에 대한 정보는 옥수숫가루, 호미니, 그리츠에 대해 항목을 참고한다. 옥수숫가루는 옥수수 분말보다 입자가 굵기 때문에 제과제빵 레시피에 옥수숫가루를 사용하면 약간 거칠고 부서지는 식감이 난다. 옥수숫가루를 사용하도록 구성한 레시피로는 옥수수 빵, 네 가지 곡물로 만든 두툼한 팬케이크, 옥수숫가루 팬케이크, 옥수숫가루 와플 등이 있다. ▶ 저절로 팽창하는(self-rising) 옥수숫가루를 사용하는 레시피가 있다면 옥수숫가루 1컵당 베이킹파우더 1½작은술 및 소금 ½작은술을 넣어서 직접 만들 수도 있다.

귀리가루

귀리가루는 부드럽고 전분 함량이 높으며 구웠을 때 깔끄러운 느낌을 주지 않으면서도 다른 무글루텐 가루보다 가벼운 질감으로 완성되기 때문에 무글루텐 빵이나 과자를 구울 때 넣으면 아주 좋다. 귀리가루는 특히 쿠키, 케이크, 즉석 발효 빵에 잘 어울린다. 귀리에 대한 자세한 내용은 349쪽을 참고한다.

감자 가루

감자를 통째로 삶아서 말린 후 갈아서 만드는 감자 가루는 주로 다른 가루와 섞어서 수프, 그레이비, 빵, 케이크에 사용하거나 스펀지 케이크를 만들 때 단독으로 사용한다. 감자 가루는 감자 전분과는 다르다. 케이크 반죽에서 감자 가루가 뭉치는 것을 방지하려면 설탕과 섞어서 반죽에 넣는다. 빵 레시피에 감자 가루를 사용하면 촉촉하고 잘 눅지지 않는 빵이 된다. 빵을 만들 때는 감자 가루를 소량만 넣어야 하며 전체 가루의 10% 정도면 충분하다. ➤ 소스와 그레이비의 증점 재료로 사용한다면 중력분 2큰술 대신 감자 가루 1큰술을 넣는다.

퀴노아 가루

연한 노란색을 띠며 풀 냄새와 흙내음이 나는 퀴노아 가루는 풍미가 너무 두드러지지 않도록 다른 가루와 섞어서 사용하는 것이 가장 좋다. 퀴노아에 대한 자세한 내용은 350쪽을 참고한다.

쌀가루(백미와 현미)

아시아의 대부분 지역에서 멥쌀가루(찰기가 없음)와 찹쌀가루(찰기가 있음)를 보편적으로 사용한다. 멥쌀가루와 찹쌀가루 모두 다른 가루와 섞어서 무글루텐 제과제빵에 사용한다. 미국 상표의 쌀가루는 입자가 거칠고 제과제빵에 사용하면 만족스러운 결과를 얻기 어려우므로 쌀가루는 항상 아시아 식료품점에서 구입하자. 현미가루는 백미가루보다 입자가 거칠지만, 풍미가 진하고 끈끈한 느낌이 덜하다. 백미가루와 함께 사용하면 전분 함량이 높은 백미가루의 장점 및 풍미가 진하고 든든한 느낌을 주는 현미가루의 장점을 모두 얻을 수 있다. '초미분'이라고 적혀 있는 현미가루를 구입하자.

쌀에 대한 자세한 내용은 351쪽을 참고한다.

수숫가루

수숫가루는 글루텐이 들어 있지 않으며 노란색 또는 흰색의 큼직한 수수 낱알을 갈아서 만든다. 수숫가루는 무글루텐 제과제빵을 할 때 풍미를 추가하고 통곡물의 식감을 내기 위해 자주 사용된다. 수숫가루는 옥수숫가루를 연상시키는 은은한 풍미를 지니고 있다. 다른 가루와 섞어서 쿠키, 케이크, 빵에 사용하지만 중력분 대신 수숫가루만 사용해서 팬케이크와 와플을 구웠을 때 좋은 결과물을 얻었다고 하는 사람들도 있다. 수수에 대한 자세한 내용은 360쪽을 참고한다.

테프 가루

테프는 가장 낱알이 작은 곡물이며 테프를 갈아서 만든 가루는 입자가 아주 곱고 진한 갈색을 띠며 맥아 풍미가 난다. 이번 항목에서 소개하는 대다수 재료와 마찬가지로, 테프 가루는 글루텐이 들어 있지만 독특한 풍미를 지니고 있기 때문에 다른 가루와 섞어서 제과제빵에 사용하는 것이 가장 좋다. 테프에 대한 자세한 내용은 360쪽을 참고한다.

밀가루(Flours, Wheat)

밀가루는 '경질(hard)' 또는 '연질(soft)'의 밀을 제분해서 만든다. 경질밀은 연질밀보다 단백질이 훨씬 많이 들어 있다. 다른 곡물가루와 마찬가지로 통밀가루는 정제 밀가루보다 영양분이 많고(그러나 빨리 상한다.) 빵이나 과자 등에 넣으면 더 묵직하고 조밀한 질감을 낸다. 소위 '고대' 밀이라고 부르는 여러 품종도 통곡물가루 형태로 널리 시판된다. 이러한 곡물에 대한 정보는 밀에 대해 항목을 참고한다.

일단 겨와 배아를 제거하고 나면, 밀가루가 조리 과정에서 어떻게 반응하는지를 결정하는 핵심 요소는 단백질 함량이다. 밀가루에 물을 붓고 저으면 밀가루 안에 개별적으로 존재하는 글루테닌과 글리아딘이라는 두 가지 단백질이 물뿐만 아니라 서로 상호작용하여 탄력 있는 글루텐 구조를 형성한다. 밀은 글루테닌과 글리아딘의 함량이 높은 유일한 곡물이다. 수분을 추가하고 치대는 과정을 통해 반죽을 주무르거나 섞지 않으면 글루텐이 절대 생기지 않는다. 단백질 함량이 높을수록 반죽 내부에 더 많은 글루텐이 형성된다. 따라서 단백질 함량이 높은 밀가루는 글루텐이 조밀하게 형성되어야 하는 파스타와 빵에 적합하다. 단백질 함량이 낮은 밀가루는 섬세한 페이스트리와 케이크, 비스킷, 스콘에 잘 어울린다.

밀가루의 단백질 함량에 따라 결정되는 또 하나의 특징은 흡수성이다. 밀가루에 단백질이 많을수록 수분을 더 많이 흡수한다. 밀가루의 단백질 함량은 종류에 따라 20% 이상 차이가 나기 때문에 자칫 원하지 않는 결과물이 나올 수도 있다. 레시피에서 지정한 것과 단백질 함량이 다른 밀가루를 사용하면 레시피에서 의도한 것보다 반죽이 훨씬 질척하거나 뻑뻑해지기도 한다. 심지어 중력분이라고 표기된 같은 종류의 밀가루 사이에서도 상표에 따라 단백질 함량이 상당히 다를 수도 있다. 따라서 특정 밀가루를 다른 밀가루로 대체하거나 소규모 제분소에서 생산한 밀가루를 사용할 때는 주의를 기울여야 한다. 레시피에서 묘사하는 반죽의 형상을 참고해 눈과 촉감으로 확인하면서(또한 궁극적으로는 풍부한 제과제빵 경험을 바탕으로) 반죽에 들어가는 밀가루나 액체 재료의 양을 조절할 수 있어야 한다.

일부 상표는 제빵용 밀가루 및 중력분에 철분, 비타민 B, 칼슘을 넣어 **영양을 강화**하기도 한다. 물론 가정에서도 정제 밀가루에 통밀가루나 앞에서 설명한 밀 이외의 재료로 만든 가루를 일부 섞어서 영양을 강화할 수 있다. 가루의 종류에 따라 다른 주요 영양소는 물론, 밀보다 단백질가가 최대 16배나 높은 것도 있다.

일반적으로 제빵 레시피에서 정제 밀가루 전체 분량을 그대로 통밀이나 밀 외의 재료로 만든 가루로 대체하는 것은 권장하지 않지만, 몇 가지 지침을 따르기만 한다면 밀가루 일부를 다른 가루로 대체할 수 있다.(밀가루 항목 참고)

'00' 밀가루

입자가 아주 고운 이탈리아산 밀가루로 피자 반죽과 일부 빵에 사용된다. 최고의 나폴리식 피자를 지향하는 피자 전문가들은 00 밀가루를 사용해야 가장 좋은 크러스트를 구울 수 있다고 단언하지만, 우리는 00 밀가루의 사용 여부와 관계없이 괜찮은 크러스트를 완성할 수 있었다. 단백질 함량은 12~13%이며 아래에 소개하는 제빵용 밀가루와 비슷한 정도의 글루텐을 형성한다.

중력분

중력분에는 적당한 양의 단백질이 들어 있기 때문에 섞는 과정에서 주의를 기울인이다면 투박한 시골풍 빵부터 부드러운 케이크에 이르기까지 다양한 용도로 사용할 수 있다. 중력분은 일반적으로 경질밀과 연질밀을 섞어서 제분하지만, 앞서 설명한 바와 같이 밀가루마다 단백질 함량이 제각각이고 제분한 제분소에 따라 달라지는 경우가 많다. 미국 남부에서 제조되는 상표의 중력분(예를 들면 화이트 릴리)는 단백질 함량이 8~9%로 상당히 낮은 편이다.(따라서 박력분과 비슷한 성격을 띠며 특히 비스킷을 만들 때 좋다.) 뉴잉글랜드와 캐나다에서 제분한 중력분은 단백질 함량이 13%로 높은 편이다.(제빵용 밀가루의 범위에 해당하는 수준이다.) 대량생산 상표의 중력분은 11~12%의 단백질이 들어 있어 중간 정도에 해당한다. ▶ 표백 및 미표백 중력분은 서로 대체해 사용할 수 있지만 통상적으로 미표백 중력분의 단백질 함량이 표백 중력분보다 높다.

그렇다면 가정에서 빵을 굽는 사람들은 이 정보를 어떻게 응용해야 할까? 미국 남부에 거주하는 독자이며 이스트 빵 레시피에 중력분을 사용해야 한다면 대량생산 상표나 미국 북부 또는 캐나다에서 제분한 중력분을 선택한다. 미국 북부나 캐나다에 사는 독자가 케이크, 즉석 발효 빵 또는 쿠키 레시피에 중력분을 사용해야 한다면 대량생산 상표의 중력분을 선택하면 된다. 미국 북부 지역에서 아주 부드러운 남부식 비스킷을 만들고자 한다면 번거롭더라도 화이트 릴리 상표를 구해볼 가치가 충분하다.(여의치 않다면 중력분 1컵 대신 박력분 1컵에 2큰술을 더해 사용할 수도 있다.)

제빵용 밀가루

제빵용 밀가루는 경질밀로 만들며 단백질 함량이 높으므로 빵을 구울 때 아주 적합하다. 글루텐을 형성하는 단백질이 반죽에 탄력을 주어 잘 부풀어 오를 뿐만 아니라 이스트가 생산하는 기체를 가둘 수 있다. 제빵용 밀가루를 손가락으로 비비면 오톨도톨하거나 거친 느낌이 난다. 엄밀히 말해 정확한 용어는 아니지만 많은 제빵업자들이 단백질 함량이 높은 제빵용 밀가루를 '글루텐이 많은' 밀가루라고 부른다. 그러나 밀가루 자체에는 글루텐이 들어 있지 않다. 글루테닌과 글리아딘이라는 두 가지 단백질이 들어 있으며, 물을 넣어서 치대면 이 두 단백질이 글루텐을 형성하는 것이다.

박력분

박력분은 상대적으로 단백질 함량이 낮은 연질밀로 만들며 중력분보다 더 곱게 간다. 미국에서는 박력분을 염소 처리하므로 물을 더욱 잘 흡수하며 지방과 기포가 골고루 퍼지도록 도와주어 더욱 섬세한 질감의 케이크를 만들 수 있다. 박력분과 완전히 똑같은 결과를 얻기는 어렵지만 ▶ 여의치 않을 때는 박력분 1컵 대신 체에 친 중력분 ¾컵에 2큰술을 추가하고 옥수수 전분 2큰술을 섞어서 사용할 수 있다.

듀럼밀가루와 세몰리나

듀럼(durum)은 밀 중에서도 가장 단단하고 단백질 함량이 높은 품종이며 진한 노란색에 고소하고 달콤한 풍미를 지니고 있다. 세몰리나(semolina)는 듀럼밀을 굵직한 옥수숫가루나 폴렌타와 비슷한 질감이 되도록 굵게 빻은 것이다.

일부 파스타에 넣으면 식감이 좋아지며 빵과 피자 반죽이 달라붙지 않고 깔끔하게 오븐에 들어가도록 제빵용 삽에 뿌리는 용도로도 자주 사용한다.

액면가로만 보면 듀럼밀은 단백질 함량이 높으므로 곱게 빻은 **듀럼밀가루**나 **세몰리나 밀가루**는 제빵 용도로 이상적이라고 생각하기 쉽다. 그러나 듀럼밀은 단백질이 풍부하게 들어 있음에도 불구하고 글루테닌과 글리아딘의 비율이 다른 밀과는 다르므로 이 법칙이 적용되지 않는다. 듀럼밀로 만든 반죽은 단단하고 매우 잘 늘어나기 때문에 돌돌 말기에 편리하지만, 탄성이 별로 없다. 듀럼밀가루 반죽은 압력이나 힘을 가했을 때 '원상 복구' 되지 않는다. 따라서 듀럼밀가루는 반드시 제빵용 밀가루 또는 중력분과 섞어서 사용해야 제대로 모양이 잡히고 잘 부풀어 오르는 빵을 만들 수 있다.

반면 듀럼밀은 이렇게 독특한 성질 때문에 단단하고 쉽게 돌돌 말 수 있어야 하는(또는 다양한 모양으로 압출 성형해야 하는) 파스타 반죽에 안성맞춤이다. 듀럼밀이 파스타에 적합한 또 하나의 이유는 전분을 보유하려는 성질이다. 다른 밀가루는 전분이 훨씬 쉽게 빠져나가므로 조리할 때 넣는 물이나 파스타의 표면이 뿌옇게 흐려진다.

듀럼밀에 물을 넣고 체에 쳐서 찌면 파스타뿐만 아니라 쿠스쿠스를 만들 수 있다.

외알밀, 에머밀, 호라산, 스펠트 가루

밀과 가까운 이들 고대 품종은 통곡물가루의 형태로 판매한다. 일부 제분소에서는 외알밀, 호라산(또는 카무트), 스펠트를 도정하여 '흰색' 정제 가루를 생산하기 시작했다.(흰색 에머밀 가루는 훨씬 찾아보기 어렵다.) 몇몇 종류는 식재료 전문점에서도 찾아볼 수 있지만 대부분 온라인 상점에서 쉽게 구할 수 있다.(또는 해당 제분소의 웹사이트에서 직접 주문한다.)

이러한 품종으로 만든 통곡물가루는 통밀가루와 비슷한 특징을 가지고 있으며 자유롭게 서로 대체해서 사용할 수 있다.(가능하면 컵으로 부피를 재기보다는 저울로 계량하자.) 일반 흰색 밀가루 대신 정제 **외알밀 가루**(einkorn flour)를 사용한다면 액체 재료의 양을 레시피에서 지정한 분량보다 최대 20%까지 줄여야 한다. 정제 **호라산**(khorasan) 또는 **카무트 가루**(Kamut flour)는 황금빛이 도는 호박색에 은은한 버터 풍미를 지니고 있으며 단백질 함량이 13%다. 일반적인 제빵용 밀가루 대신 사용하거나 중력분을 기준으로 한 빵 레시피에서 중력분 대신 넣을 수 있다. 흰색 **스펠트 가루**(spelt flour)에는 듀럼밀가루처럼 단백질이 풍부하게 들어 있지만, 글리아딘 대비 글루테닌의 비율이 낮으므로 먹을 만한 빵을 굽기 위해서는 제빵용 밀가루 또는 중력분과 섞어서 사용해야 한다.

파리나(Farina)

파리나는 경질밀을 반정백해서 만드는 것으로, 겨는 제거하지만 배아의 일부는 남겨둔다. 그 결과 크림색의 단백질이 풍부한 밀가루가 된다. 파리나는 아침 식사용 시리얼로 뜨겁게 조리해서 먹는 경우가 많다. 수입 식품을 취급하는 매장에서 제품을 구입한다면 '파리나'가 밀가루를 나타내는 이탈리아어라는 점도 잊지 말자.

굵은 통밀가루(Graham Flour)

통밀을 체에 치지 않고 굵직하게 빻은 것이다. 통밀 크래커를 만드는 용도로 가장 잘 알려져 있다.

즉석 밀가루(Instant Flour)

완드라(Wondra)라는 상표명으로 판매되는 즉석 밀가루는 물을 넣어 조리한 후 말리고 과립 형태로 빻아서 만든 정제 밀가루다.(따라서 과립 밀가루라고 부르기도 한다.) 액체를 추가했을 때 온도와 관계없이 쉽게 퍼지고 잘 녹으며 밀가루 특유의 날가루 맛이 나지 않기 때문에 특히 그레이비와 소스를 만들 때 편리하다. ▶ 즉석 밀가루는 중력분 대신 사용할 수 없다.

페이스트리 밀가루

단백질 함량이 낮은 밀을 곱게 갈아서 만든 부드러운 페이스트리 밀가루는 박력분과 비슷하지만, 일반적으로 염소 처리를 하지 않는다. 온라인 상점이나 식재료 전문점에서 구할 수 있으며 페이스트리와 즉석 발효 빵에 사용하면 가장 좋다. 부드럽고 곱게 간 통밀가루를 선호한다면 통밀로 만든 페이스트리 밀가루도 시중에 나와 있다. ▶ 페이스트리 밀가루 1컵당 중력분 ⅔컵과 박력분 ⅓컵을 섞어서 대신 사용할 수 있다.

호밀가루

호밀가루에는 몇 가지 종류가 있다. 흰색 호밀가루는 중력분처럼 겨와 배아를 제거한 것이므로 색이 밝고 풍미가 순하다. 연한 색 호밀가루는 겨 일부가 포함되어 있다. 진한 색 호밀가루는 통곡물로 만드는 경우가 많지만, 일부 제분소에서는 흰색 호밀가루를 만들고 남은 것으로 진한 색 호밀가루를 만든다. 진한 색 호밀가루 중에는 배아가 들어 있지 않은 것도 있다. 호밀가루를 구입할 때는 '전체(whole)'라는 단어를 확인해 통곡물로 만들었는지를 파악한다. **분쇄 호밀**(Rye meal)은 통호밀을 곱게, 중간 굵기로 또는 굵게 간 가루다. **펌퍼니클 가루**(pumpernickel)는 굵직하게 간 통호밀가루다.

호밀은 끈끈한 질감을 주는 단백질이 포함되어 있지만 글루텐을 형성하는 단백질의 함량은 낮으므로 대다수 호밀 빵 레시피에서는 호밀가루와 밀가루를 다양한 비율로 섞어서 사용한다. 호밀가루를 높은 비율로 섞어서 만든 빵은 촉촉하고 조직이 조밀하다. 호밀에 대한 자세한 내용은 359쪽을 참고한다.

저절로 팽창하는 밀가루(Self-rising Flour)

저절로 팽창하는 밀가루에는 제과제빵에 알맞은 정확한 양의 팽창제와 소금이 들어 있다. 그러나 중력분만큼 활용도가 높지 않아 이러한 밀가루의 사용을 꺼리는 사람들이 많다. 저절로 팽창하는 밀가루는 즉석 발효 빵, 비스킷, 팬케이크를 만들 때 가장 자주 사용되지만, 페이스트리에 넣으면 결이 제대로 살아나지 않고 스펀지 같은 결과물이 나오기 때문에 권장하지 않는다. 또한 일반적인 빵을 구울 때도 적합하지 않다. ▶ 저절로 팽창하는 밀가루를 직접 만든다면 중력분 1컵당 베이킹파우더 1½작은술과 소금 ½작은술을 넣는다.

라이밀가루(Triticale Flour)

영양이 풍부하고 단맛이 나는 가루로 듀럼밀과 단단한 붉은색 겨울 밀, 호밀의 교배종으로 만든다. 중력분보다 단백질이 풍부하지만 글루텐을 형성하는 단백질 함량은 낮으므로 빵을 만들 때 중력분이나 제빵용 밀가루와 절반씩 섞어서 사용해야 한다.

활성 밀 글루텐 또는 글루텐 가루

전분이 들어 있지 않으며 단백질 함량이 높은 밀가루로, 경질밀로 만든 밀가루에서 전분을 씻어내서 만든다. 전분을 씻어내고 남은 잔여물을 말려서 간다. 단백질 함량이 최대 70%에 달하며 빵을 구울 때 첨가물로 사용하거나 식물 단백질인 세이탄을 만들 때 사용한다. 호밀가루, 콩가루, 쌀가루 등과 같이 글루텐 형성 단백질이 적게 들어 있는 다른 가루에 활성 밀 글루텐을 첨가해 발효 빵을 구울 수도 있다.

통밀가루

통밀가루는 겨와 배아를 제거하지 않고 만든 것이므로 통곡물 낱알의 비타민, 무기염, 지방이 그대로 들어 있다. 얼마나 굵게 또는 곱게 빻는지와 관계없이 밀 낱알을 통째로 갈아서 만든 것이 통밀가루다. 통밀가루는 겨와 배아가 들어 있어 글루텐이 적게 형성되기 때문에 100% 통밀가루로 만든 빵은 아주 묵직한 느낌을 준다. 글루텐이 잘 형성되지 않는 문제를 해결하고 빵을 잘 부풀리려면 통밀가루와 제빵용 밀가루를 섞어서 사용하거나, 통밀가루 1컵당 활성 밀 글루텐을 1~2큰술 추가하거나, 겨와 배유가 포함되어 있으면서 단백질 함량이 상대적으로 낮은 페이스트리용 통밀가루를 사용해보자.

양강근(Galangal)

생강과 가까운 품종인 양강근은 두 가지 형태가 있다. **고량강**(Lesser galangal)은 주황색이 도는 붉은색 껍질과 노란 속살을 가지고 있는 작은 뿌리줄기로 풍미가 강하다. 고량강은 일부 비터스, 리큐어, 맥주, 약재의 재료로 사용된다. 고량강을 생으로 구하기는 좀처럼 쉽지 않다. **큰고량강**(Greater galangal)은 아시아 식료품점에서 볼 수 있으며 식재료 전문점에서도 가끔 눈에 띈다. 고량강보다 훨씬 크며 생강과 비슷한 모양이지만 더 두껍다. 껍질은 연한 황백색 또는 주황색이며 가로로 얇은 줄무늬가 나 있다.(보통 진한 주황색이다.)

중앙아시아 및 동남아시아에서 보편적으로 사용되는 재료지만 우리는 양강근을 주로 태국 요리와 묶어서 생각한다. 소나무와 장뇌를 연상시키는 양강근의 풍미는 커리 페이스트에 독특한 개성을 더하며 똠카가이 등의 요리에 사용하면 진한 향기를 낸다. 신선한 양강근을 사용하는 것이 가장 좋지만, 냉동이나 건조, 소금물에 절인 병조림 형태로도 판매한다.(우리가 선호하는 형태도 이 순서대로다.) 양강근을 선택하고 보관하는 법은 생강 항목을 참고한다.

두꺼운 양강근은 나무처럼 단단하고 결이 아주 조밀하므로 자르기 어려운 경우가 많으며, 최대한 얇게 저며서 사용한다.(요리를 내기 전에 건져내거나 먹지 않고 그대로 남긴다.) 커리 페이스트에 사용할 때는 양강근의 껍질을 벗긴 후 빻거나 갈아야 한다. 양강근은 생강보다 훨씬 조직이 조밀하고 단단하므로 그에 맞게 다뤄야 한다.

양강근을 손질하려면 두꺼운 동전 모양이 되도록 가로로 썬다. 쉽게 썰리지 않을 수도 있으니 주의해서 칼질한다. 칼을 꽂아 넣고 칼등을 꾹 눌러서 썰어야 잘 잘리기도 한다. 동전 모양으로 썬 양강근을 반듯하게 놓고 바깥쪽 껍질을 잘라낸다. 양강근을 깍둑썰기해서 절구나 푸드 프로세서 또는 믹서에 넣어 더욱 효율적으로 곱게 갈 수 있다.

양념으로 사용하는 마늘(Garlic as Seasoning)

우리는 마늘이 가장 맛깔스러운 음식 재료 중 하나라고 생각한다. 미식가로 유명했던 19세기 프랑스 소설가 발자크는 심지어 요리하는 요리사의 몸에도 마늘을 문지르도록 권장했다! 마늘이 빠진 요리란 상상할 수 없다. 따라서 이 항목에서는 양념 재료로 사용하는 마늘과 건조 마늘, 유리병에 담긴 마늘 제품, '흑마늘'까지 다룬다. ▶ 신선한 마늘의 껍질을 벗기고, 썰고, 굽는 방법은 256~257쪽을 참고한다.

마늘은 거친 환경에서도 잘 자라고 병충해에 강하기 때문에 우리가 정원에서 가장 즐겨 키우는 작물 중 하나다. 10월이나 11월경에 마늘(Allium sativum) 몇 쪽을 경토에 심어보자. 다음해 6~7월경이면 다 자란 구근을 수확할 수 있을 것이다. 마늘은 높이 30~90cm까지 자란다. 하드넥 마늘에서는 늦봄에 꽃줄기인 마늘종이 자라며, 마늘의 영양분이 구근에 집중될 수 있도록 꽃이 피기 전에 잘라내야 한다. 윗부분이 말라서 꺾이기 시작하면 마늘을 수확할 때가 된 것이다. 땅에 묻힌 마늘을 파내되, 잎은 잘라내지 않고 그대로 둔다. 마늘을 6개씩 묶은 후 통풍이 잘되고 직사광선이 내리쬐지 않는 건조한 곳(차고나 헛간 등)에 걸어놓고 4~6주간 말린다. 이렇게 마늘을 잘 말려서 아물이 작업을 해주면 오랫동안 보관할 수 있다.

마늘은 다양한 방법으로 사용할 수 있다. 구이 재료에 여기저기 작게 칼집을 낸 후 길쭉하게 자른 마늘을 끼워 넣어 구울 수도 있고, 마늘을 자른 단면을 샐러드 그릇에 문질러 풍미를 낼 수도 있으며, 거친 강판에 갈아서 비네그레트에 넣거나, 마늘을 으깬 후 오랫동안 뭉근히 끓이는 조림 요리에 넣을 수도 있다. 마늘은 다양한 레시피에서 또 다른 파속 식물인 양파와 함께 소량의 기름에 볶아서 사용하는 경우가 많다. 으깬 마늘은 양파와 동시에 넣어도 비슷한 속도로 익지만, 다지거나 잘게 썬 마늘은 양파보다 빨리 갈색으로 타버리므로 부드럽고 향긋한 풍미가 아니라 쓴맛이 날 수도 있다. 물론 조리 도중이나 조리가 거의 다 끝났을 때 마늘을 넣을 수도 있으며, 이렇게 하면 마늘의 얼얼한 맛이 상대적으로 많이 남아 있게 된다.

우리는 대부분 생마늘을 요리에 사용하지만, **마늘 가루**나 **과립형 마늘**을 갖춰두면 혼합 양념을 만들거나(특히 칠리 고춧가루 혼합 양념) 음식의 표면에 골고루 묻혀야 할 때(예를 들면 팝콘) 편리하다. **마늘 소금**도 비슷한 용도로 사용할 수 있는 유용한 양념인데 우리는 마늘 소금을 입맛에 맞게 따로 넣어 먹는 것을 선호한다. **건조 마늘 박편**(건조 '다진' 마늘이라는 이름으로 판매하기도 한다.)은 에브리싱 시즈닝의 핵심 재료다. ▶ 생마늘 대신 건조 마늘을 사용하려면 마늘 1쪽당 마늘 가루 ⅛작은술 또는 건조 마늘 박편 ½작은술을 사용하고, 재료를 갈색으로 볶거나 굽지 않는 단계에 넣는다.(그렇지 않으면 타서 매캐한 냄새가 난다.) 건조 마늘 박편은 부드러워질 때까지 조리용 국물에 넣어서 뭉근히 끓여야 한다.

유리병에 담긴 다진 마늘은 생마늘의 껍질을 까서 다지는 번거로운 작업을 건너뛰고 싶은 사람에게 편리한 재료지만, 생마늘의 풍미와 비교할 수는 없다. **마늘 페이스트**는 풍미가 훨씬 나은 편이며 식료품점에서 튜브 형태로 판매하거나 인도 식료품점에서 커다란 유리병에 담긴 형태로 접할 수 있다.(생강 페이스트를 함께 구비해놓기도 한다.) 굵게 썬 마늘과 마늘 페이스트에는 모두 보존제가 들어 있으며(식초나 구연산을 첨가하기도 한다.) 개봉 후에는 반드시 냉장고에 보관해야 한다. 최근에 마트에 등장하기 시작한 것이 **동결 건조 마늘**로, 유리병에 담긴 마늘 제품보다 사용이 편리하고 보존제가 들어 있지 않으며 더욱 강하고 톡 쏘는 풍미를 지니고 있다. ▶ 생마늘을 대체하려면 생마늘 1쪽당 유리병에 담긴 다진 마늘, 마늘 페이스트 또는 동결 건조 마늘을 ½작은술 듬뿍 떠서 넣는다. 다진 마늘과 마늘 페이스트는 별도의 처리 없이 일반적으로 생마늘을 다져서 넣는 모든 레시피에 사용할 수 있으며, 동결 건조 마늘은 조리용 국물에 잠깐 담가서 불려야 한다.

흑마늘은 마늘 구근을 통째로 높은 온도 (57℃ 이상)에서 최대 2개월간 보관해서 만든다. 이 과정에서 몇 가지 반응이 일어나 마늘이 갈색으로 변하고 궁극적으로는 검은색이 된다. 높은 온도 때문에 마늘에 들어 있는 당이 천천히 캐러멜화된다. 마이야르 반응 역시 마늘이 검게 변하는 데 일조하며 효소로 인해 갈변화도 일어난다. 잘라놓은 과일과 채소에 레몬즙을 바르지 않고 오래 내버려두면 갈색으로 변하는 것도 이 효소 때문이다. 그 결과 감칠맛이 농축되고 건포도와 비슷한 풍미가 나는 칠흑처럼 검은 마늘이 탄생한다. 흑마늘을 요리에 넣을 때는 안초비, 발효 검은콩, 기타 풍미 증진제 등 감칠맛이 풍부한 다른 양념 재료처럼 사용하면 된다. 우리는 흑마늘을 퓌레 상태로 갈아서 비네그레트에 넣거나 다져서 크림수프, 고기 조림, 데빌드 에그의 속재료, 마요네즈를 비롯해 복합적인 진한 마늘 풍미와 짙은 당밀 향이 잘 어울리는 다양한 소스 및 요리에 즐겨 사용한다.

흑마늘을 만드는 과정에서 일어나는 화학 작용이나 가정에서 흑마늘을 만드는 방법에 대한 자세한 내용이 궁금하다면 르네 레드제피(René Redzepi)와 데이비드 질버(David Zilber)가 쓴 『노마 발효 가이드(The Noma Guide to Fermentation)』를 참고 문헌으로 추천한다.

젤라틴(Gelatin)

젤라틴은 여러 가지 마법을 부리는 재료다. 액체를 고체로 굳힐 수 있다. 머랭, 무스, 휩드 크림을 안정화하고 마시멜로와 판나 코타의 핵심 재료로도 사용된다. 프로즌 디저트에서 달갑지 않은 결정화가 일어나지 않도록 방지하며, '오븐에 굽지 않는' 치즈 케이크와 시폰 파이를 굳힐 때 사용할 수 있고, 소스, 육수, 수프를 걸쭉하게 만드는 역할도 한다. 젤라틴으로 굳힌 요리의 가장 매력적인 부분은 아마도 체온에 닿을 때 녹는다는 점일 것이다. 그러므로 젤라틴 디저트를 한 입 베어 물면 입안에서 녹는 것처럼 느껴진다.

젤라틴은 동물의 뼈, 껍질, 발굽, 체조직에서 추출하며, 단백질이 풍부하지만 맛과 색이 없는 물질이다. ▶ 레시피에서 지정한 분량 이상의 젤라틴을 사용해서는 안 된다. 젤라틴을 너무 많이 넣으면 결과물이 고무처럼 질겨지고 불쾌한 식감이 난다. ▶ 젤라틴 디저트와 아스픽에 생파인애플, 파파야, 키위, 무화과, 허니듀 또는 생강으로 풍미를 내는 것은 삼가야 한다. 이러한 재료에는 젤라틴에 들어 있는 단백질을 분해하는 프로테아제 효소가 들어 있어 젤리 상태로 굳는 것을 방해한다. 위에 열거한 과일 중 하나를 젤라틴에 사용하려면 익혀서 넣거나 통조림 과일을 사용한다.(과일을 미리 익히면 효소가 중화된다.) 젤라틴 디저트에 대한 자세한 내용은 876쪽을 참고한다.

수분을 잡아두는 젤라틴의 힘은 **블룸 강도**(Bloom strength, 이 측정 단위는 젤라틴의 힘을 테스트하는 장비를 고안한 오스카 T. 블룸의 이름을 딴 것이다.)로 측정한다. 가정에서 사용하는 젤라틴 분말의 블룸 강도는 225다. 풍미를 첨가하지 않은 젤라틴 1봉지, 즉 2¼작은술로 액체 약 2컵을 굳힐 수 있다. 널찍하고 얇은 **젤라틴 시트**(판상 젤라틴이라고도 한다.)는 레스토랑 주방에서 더 많이 사용하며 각각 다른 블룸 강도의 여러 가지 등급으로 시판된다. 브론즈 젤라틴 시트는 블룸 강도가 140이며 실버는 160, 골드는 200, 플래티넘은 230이다. 신기하게도 젤라틴 시트는 무게가 약간씩 다르므로 다른 등급의 젤라틴 시트도 서로 대체해서 사용할 수 있다. 즉 브론즈 젤라틴 시트는 플래티넘 시트보다 무거우므로 브론즈 젤라틴 시트 1장은 플래티넘 젤라틴 시트 1장과 대략 같은 굳히기 효과를 발휘한다.

무슨 말인지 잘 이해가 되지 않는다면(사실 우리에게도 다소 복잡하다.) ▶ 젤라틴 분말 1봉지는 벌크로 판매하는 젤라틴 분말 2¼작은술 또는 판상 젤라틴

3½장에 해당한다는 것만 기억해두자. 이는 액체 2컵을 틀에서 빼내도 모양이 유지될 정도로 단단하게 굳힐 수 있는 분량이다. 좀 더 부드러운 질감을 선호한다면 2¼~2½컵의 액체에 같은 분량의 젤라틴을 사용한다. 이렇게 분량을 조절하면 젤라틴을 틀에서 뺐을 때 모양이 유지되지는 않지만 아주 부드러운 식감을 즐길 수 있다.

▶ 무게로 측정하는 것을 선호한다면 굳혀야 하는 액체의 무게를 잰 후 젤라틴 1%를 넣는다.(액체 무게에 0.01을 곱해서 필요한 젤라틴의 무게를 계산한다.) 이렇게 하면 적당히 단단한 젤라틴이 완성된다. 어느 정도 단단한 젤라틴을 원하는지에 따라 젤라틴의 양을 늘리거나 줄일 수 있다. 부드러운 젤라틴을 선호한다면 젤라틴의 양을 줄이되, 0.6% 정도가 하한선이다. 더욱 단단하게 굳히려면 최대 1.7%의 젤라틴을 넣는다.

앞서 언급한 생강 및 프로테아제가 들어 있는 과일 외에도 젤라틴이 액체를 굳히지 못하게 방해하는 몇 가지 요소가 있다. 낮은 pH(pH 4 이하), 끓이기, 소금, 40% 이상(또는 80프루프 이상)의 알코올 농도 등이다. ▶ 젤라틴은 절대 끓여서는 안 되고 녹을 정도로만 가열한다.

젤라틴을 수화, 즉 '꽃이 피게' 하려면 소량의 젤라틴을 차가운 액체에 홀홀 뿌린다. 주로 물을 많이 사용하지만 우유, 국물, 과일즙 등 레시피에 들어가는 액체를 조금 더 추가해서 젤라틴의 꽃을 피울 수도 있다. 5~10분간 가만히 내버려두면 젤라틴 과립이 부풀어 오른다. 그다음 젤라틴을 끓지 않을 정도의 뜨거운 액체에 넣고 완전히 녹도록 잘 젓는다. 젤라틴 시트를 사용한다면 젤라틴이 잠기도록 찬물을 부어 5~10분간 둔다. 이렇게 하면 시트가 말랑말랑해진다. 부드러워진 젤라틴 시트를 손으로 모아서 부드럽게 짜면서 여분의 물을 제거한 후 끓지 않을 정도의 뜨거운 조리용 국물에 넣어서 젓는다. 또한 젤라틴을 이중 냄비의 위쪽 용기나 내열 그릇에 담은 후 뭉근히 끓는 물 위에 올려놓고 완전히 녹을 때까지 데울 수도 있다.

아스픽 레시피는 144쪽을 참고한다. 젤라틴 디저트는 876쪽을 참고한다.

제라늄(Geraniums)

달콤한 향기가 나는 제라늄 잎은 젤리, 콩포트, 아이스크림, 커스터드에 우려내는 용도로 사용한다.(커스터드 베이스에 풍미 내기 레시피의 버전 I 참고) 제라늄 꽃도 먹을 수 있으며 다양한 종류의 샐러드, 수프, 디저트에 가니시로 사용할 수 있다. 제라늄 품종은 각각 독특한 풍미를 지니고 있다. 라임은 펠라르고늄 네르보숨(*Pelargonium nervosum*), 사과는 P. 오도라티시뭄(*P. odoratissimum*), 민트는 P. 토멘토숨(*P. tomentosum*), 장미는 P. 그라베올렌스(*P. graveolens*)를 사용해보자.

기 버터(Ghee)

버터 항목을 참고한다.

생강(Ginger)

아주 근사한 향기의 꽃을 피우는 튼튼한 다년생 식물인 생강(*Zingiber officinale*)의 뿌리줄기는 전 세계의 주방에서 빼놓을 수 없는 재료로, 수많은 달콤한 요리 및 짭짤한 요리의 주요 향미 재료로 사용된다.

우리가 쉽게 접할 수 있는 생강은 어느 정도 성숙한 것으로, 뿌리의 길이만큼 기다랗고 질긴 섬유질이 들어 있는 형태다. 신선한 생강은 껍질이 매끄럽고 전체적으로 골고루 담황색을 띠고 있어야 한다. 일본 식료품점이 근처에 있거나 농산물 직거래 장터에서 운이 좋다면 색이 연하고 껍질이 부드러우며 과육

이 매끄럽고 섬유질이 없는 **어린 생강**을 구할 수 있을 것이다. 어린 생강은 생강 피클을 만들기에 가장 좋다.

다 자란 생강을 살 때는 단단하고 묵직한 것을 고른다.(울퉁불퉁한 엽芽의 개수가 적고 두툼한 것을 고르면 껍질을 벗기기 쉽다.) 신선하고 단단한 생강은 서늘한 창고나 지하실에 몇 달 정도 보관할 수 있다. 주방에 그냥 두면 일주일 정도, 냉장고의 채소 칸에 넣으면 약 4주 정도 보관할 수 있다. 또는 신선한 생강을 씻어서 보드카에 담아 냉장고에 넣으면 최대 한 달 동안 상하지 않는다. 어린 생강은 냉장고 채소 칸에 보관하고 구입 후 일주일 이내에 사용해야 한다.

깨끗하게 씻어서 손질한 생강은 굳이 껍질을 벗기지 않고 그대로 주스기에 넣거나(당근 비트 생강 주스, 케일 생강 레모네이드 레시피 참고) 핫 토디에 우려내거나 페니실린에 넣고 찧어서 풍미를 낼 수 있다. 또한 껍질을 벗기지 않은 생강을 숯에 그을려서 퍼보에 사용하기도 한다. 대다수 어린 생강은 껍질 그대로 먹기에 별로 거슬리지 않는다. 이 경우 그냥 생강을 흐르는 물에 잘 씻어서 흠집 난 부분 또는 말라서 밖으로 노출된 과육 부분을 잘라내면 된다.

이 책에 실린 레시피에서는 대부분 껍질 벗긴 생강의 분량을 길이 단위로 설명한다. ▶ 여기서 말하는 생강 '2.5cm'란 손질한 후 한 면의 길이가 2.5cm가 되도록 정육면체 또는 둥글린 형태로 자른 생강 조각을 의미한다.

생강의 껍질을 벗기려면 울퉁불퉁하게 달라붙은 엽을 하나씩 분리하고 껍질을 벗기는 수고를 들일 가치가 없는 작은 조각들을 떼어낸다. 생강 조각의 한쪽 끝을 비스듬히 잡고 숟가락이나 채소 껍질 벗기는 도구 또는 (손을 다치지 않도록 조심하면서) 칼등으로 껍질을 긁어낸다. 껍질을 벗겼을 때 갈색으로 변한 과육 부분이 보인다면 잘라내거나 떼어낸다.

껍질을 벗긴 후 다른 단단한 과일을 손질하는 것과 마찬가지로 저미거나 굵게 썰거나 깍둑썰기할 수 있다.(채소 썰기 항목 참고) 슬라이스 또는 동전 형태로 썰어서 볶음, 수프를 비롯해 다양한 요리에 다른 재료와 함께 먹기 위해 생강을 넣을 때는 ▶ 항상 결의 반대 방향으로 얇게 저민다.

거친 강판으로 다 자란 생강을 다지거나 갈려면 껍질을 벗기고 섬유질이 강판의 표면과 직각을 이루도록 잡은 후 문지른다. 이렇게 하면 한 번 왕복할 때마다 효율적으로 생강을 갈아낼 수 있으며 칼날에 섬유질이 엉겨 붙는 것을 (대부분) 방지할 수 있다.

강판에 갈아서 페이스트 상태로 만든 생강은 요리에 잘 어우러지므로 우리는 가능하면 항상 생강을 강판에 갈아서 사용한다. 인도 식료품점에서는 **생강 페이스트** 제품도 구할 수 있으며(생강 마늘 페이스트도 있다.) 소스를 만들 때 첫 단계로 기름이나 기 버터에 생강 페이스트를 튀기면서 시작하는 경우가 많다. 신선한 생강 대신 생강 페이스트를 사용할 경우, 2.5cm 크기 정육면체 모양의 신선한 생강 조각은 생강 페이스트 1½작은술 정도에 해당한다.

▶ 신선한 생강은 젤라틴의 굳히는 효과를 저해하므로 젤라틴 샐러드에는 신선한 생강을 사용하지 않는다.

건조 생강 조각은 수프, 스튜, 육수에 넣고 뭉근히 끓여서 풍미를 우려낼 수 있다.(음식을 내기 전에 생강을 건져낸다.) 건조 생강가루는 제과제빵에 가장 많이 사용된다. 건조 생강은 절대 신선한 생강 대신 사용해서는 안 된다. 생강을 시럽에 넣고 팔팔 끓여서 절인 **줄기 생강**은 맛이 순하며 잘게 썬 후 시럽과 함께 또는 시럽 없이 디저트에 넣으면 아주 맛있다. 얇게 저민 신선한 생강을 양념한 쌀 식초에 담가 만드는 **생강 피클**은 양념 조미료나 초밥 등의 곁들임 음식으로 사용한다. 생강 피클은 분홍색으로 물들이거나 자연 그대로의 담황색 상태로 판매한다. **베니쇼가**는 길게 채 썬 생강을 매실 식초에 절여 피클로 만

든 것으로 매실 피클을 만들 때 사용하는 차조기 잎 때문에 은은한 자줏빛을 띤다. 베니쇼가는 오코노미야키 및 야키소바와 함께 내는 경우가 많다. **설탕 절임 생강**은 제과제빵 및 디저트에 사용할 수 있다. 생강의 친척뻘인 양강근은 1049쪽을 참고한다.

글루코스 시럽(Glucose Syrup)

미국에서 판매하는 대다수 글루코스 시럽은 옥수수 전분으로 만들지만, 감자나 밀 또는 전분 함량이 높은 다른 여러 식물로도 글루코스 시럽을 만들 수 있다. 주로 달콤한 과자류를 만들 때 사용하며 사실상 옥수수 시럽과 같은 역할을 한다. 글루코스 시럽은 일반 옥수수 시럽보다 훨씬 걸쭉하며 아주 끈적끈적하고 점도가 높다. 옥수수 시럽보다 당도가 훨씬 낮으며 냄새가 없다.

고추장

칠리 고추 페이스트 항목을 참고한다.

골든 시럽(Golden Syrup)

사탕수수 시럽 항목을 참고한다.

기니 후추(Grains of Paradise)

멜레게타(melegueta) 및 앨리게이터(alligator) 후추라고도 불리는 기니 후추는 매콤하고 따뜻한 느낌을 주면서 약간의 쓴맛을 가지고 있으며 고추, 고수, 카르다몸을 연상시키는 자극적인 풍미를 낸다. 생강의 연관 품종인 이 향신료는 라스 엘 하누트를 만들 때 사용한다. 채소와 아주 잘 어울리며 흑후추 대신 사용하면 좋다. 기니 후추(aframomum melegueta)에서는 양귀비와 비슷한 모양의 깍지가 열리며 깍지마다 둥글지만 여러 방향으로 각이 진 씨가 50~100개씩 들어 있다. 중동 지역의 양고기 요리 또는 가지 요리에 넣어보자.

구아헤씨(Guaje Seeds)

멕시코에서 간식으로 먹는 구아헤씨는 은자귀 나무(Leucaena tree)의 기다랗고 납작한 꼬투리 안에서 자란다. 꼬투리는 녹색에서 적갈색에 이르기까지 다양한 색을 띤다. 작고 가느다란 구아헤씨는 부드럽고 마늘을 연상시키는 풍미를 지니고 있다. 날로 그냥 먹거나 구워서 먹을 수 있으며, 그린 몰레에 호박씨를 넣듯이 곱게 갈아서 소스를 걸쭉하게 만드는 데 사용할 수도 있다. 꼬투리에서 씨를 빼내려면 칼로 꼬투리의 한쪽 면에 세로로 칼집을 넣은 다음 벌려서 엄지손가락으로 안쪽 벽을 따라 쭉 훑어내리면서 씨를 빼낸다. 구아헤 꼬투리는 대다수 멕시코 마트의 농산물 판매대에서 찾을 수 있다.

검과 하이드로콜로이드(Gums and Hydrocolloids)

이번 항목에서 다루는 검과 그 외의 재료는 모두 액체를 걸쭉하게 하는 물질, 즉 **하이드로콜로이드**의 예다. 일부 하이드로콜로이드는 충분한 양을 넣으면 단단한 젤을 형성한다. 그 외의 하이드로콜로이드는 아무리 많이 넣더라도 훨씬 물렁물렁한 젤을 형성하거나 아예 젤을 형성하지 않기도 한다. 일부 하이드로콜로이드는 주방에 항상 갖춰져 있는 재료이므로 더욱 깊게 다뤄야 한다. 가장 보편적으로 사용되는 하이드로콜로이드는 아마도 **밀가루**와 순수한 **녹말**일 것이다.(소스를 걸쭉하게 만드는 용도로 녹말과 밀가루를 사용하려면 578쪽을 참고한다.) **젤라틴**은 1050쪽을 참고한다. 펙틴에 대해 그리고 젤리 및 프리저브를

걸쭉하게 만들 때 펙틴이 하는 역할은 964쪽을 참고한다.

아래에 소개하는 하이드로콜로이드는 비교적 덜 보편적인 재료들이다. 모두 맛과 냄새, 색이 없으며 보통 콩과 식물의 수액이나 해조 추출물로 만든다. 비교적 말랑말랑하고 탄력이 있는 젤을 형성하는 하이드로콜로이드는 보통 액체를 걸쭉하게 하거나 유화를 안정시키거나(비네그레트의 경우) 소스 안에 작은 입자가 둥둥 떠다니는 상태를 유지하거나 사탕 만들기 및 무글루텐 제과제빵 과정에서 몇 가지 특수한 용도로 사용한다.

한천(agar) 또는 **우뭇가사리**(agar-agar)는 여러 종류의 홍조류에서 추출한 하이드로콜로이드다. 한천을 충분히 넣으면 아주 쉽게 부서지는 젤이 형성된다. 한천은 투명한 실, 분말 또는 박편 형태로 판매한다. 실 모양의 한천은 물에 담가서 부드러워질 때까지 불린 후 퓌레 상태로 갈아서 다른 재료와 섞거나 국수처럼 손질해 샐러드에 넣어 먹을 수 있다.

단단한 한천 젤을 만들려면 어느 정도의 단단함을 선호하느냐에 따라 액체 1컵당 한천 분말 ½~1작은술 또는 액체 1컵당 박편형의 한천 1½작은술~1큰술을 넣는다. 한천의 농도가 그보다 높아지면 한천 젤을 자르거나 베어 물었을 때 '작은 조각'으로 부서지기 마련이다. 한천은 열을 가하거나 산을 추가해도 젤을 형성하는 성질이 쉽게 사라지지 않는다. 젤리 상태로 굳히는 디저트에 젤라틴 대신 한천을 사용하려면 틀에 넣어 굳히는 비건 디저트 만들기 항목을 참고한다. 한천은 반드시 물에 불려서 사용해야 젤을 형성한다.

한천을 물에 불리려면 편수 냄비에 한천 박편이나 분말과 액체를 넣어서 섞는다. 뭉치는 것을 방지하기 위해 항상 액체에 한천 분말을 조금씩 넣으면서 완전히 어우러질 때까지 잘 저어주거나 섞는 것이 좋다. 부르르 끓어오르도록 가열한 후 뚜껑을 덮고 불을 줄인 후 한천이 녹을 때까지 분말은 3분간, 박편은 10분간 뭉근히 끓인다.

카라기난(carrageenan)은 한천처럼 홍조류에서 추출한다. 마트에서는 찾아보기 어렵지만, 온라인 상점에서 몇 가지 종류를 판매하고 있다. 일반적으로 카라기난으로 걸쭉하게 만든 음식은 크림처럼 더욱 부드러운 질감을 가지므로 견과류 우유 및 아이스크림과 요구르트 등의 유제품에 사용된다. **카파 카라기난**은 한천처럼 불투명하고 잘 부서지는 젤을 형성하며, **아이오타 카라기난**은 좀 더 부드럽고 투명한 젤을 형성한다. ▶ 젤을 얼마나 단단하게 만들어야 하는지에 따라 액체 1컵당 분말 4~8g을 넣는다. 앞서 설명한 것처럼 한천과 같은 방법으로 불린다. **람다 카라기난**은 다양한 음식에서 유화제, 안정제, 증점제로 사용된다.(특히 아이스크림 및 요구르트와 같은 유제품) 람다 카라기난도 비슷한 분량을 사용하지만, 젤을 형성하는 다른 카라기난처럼 가열할 필요가 없다.(그냥 실온에서 액체에 넣어 섞기만 하면 된다.) 한천과는 달리 ▶ 카라기난은 아주 강한 산성의 액체에 사용하면 묽어진다.

아라비아검은 아카시아의 수액으로 만든다. 분말 형태의 아라비아검은 몇 가지 방법으로 요리에 사용할 수 있다. 액체 아라비아검 용액을 병에 담아서 수채화 물감의 첨가제로 판매하기도 하므로 구입하는 아라비아검이 식품 등급인지 반드시 확인한다. 아라비아검은 설탕이 결정화되는 것을 방지하며 젤라틴 디저트를 단단하게 굳힐 때 사용할 수 있다. 사탕, 아이스크림, 청량음료, 검 시럽(gomme syrup, 칵테일에 사용하는 간단 시럽에 식용 고무를 넣어 더욱 걸쭉해지도록 만든 것)에 사용된다. 아라비아검 분말이 잠기도록 물을 붓고 분말을 잘 섞은 후 48시간 동안 녹도록 내버려두면 실온에서도 잘 불어나고 걸쭉해진다. 앞의 한천에서 설명한 것처럼 물에 넣고 끓이면 시간을 단축할 수 있다.

트라가칸트검(gum tragacanth)은 몇 가지 관목의 수액으로 만들며 유화제

또는 증점제로 사용된다. 말랑말랑하게 잘 휘어지도록 일부 아이싱이나 설탕 공예에 사용하며, 대량생산 샐러드 드레싱에 첨가하면 드레싱을 안정화시키고 걸쭉하게 만드는 역할을 한다. 원하는 농도에 따라 액체 1컵당 트라가칸트검 1~4g을 사용한다. 앞서 소개한 아라비아검과 마찬가지로 불려서 사용한다.

구아검은 구아콩으로 만드는 증점제다. 무글루텐 빵이나 과자를 구울 때 넣으면 글루텐이 없어도 어느 정도 팽창하도록 도와준다. 또한 아이스크림의 안정제로 사용되는가 하면 우유 대체 음료에 넣어 묵직한 질감을 내기도 하고 샐러드 드레싱을 걸쭉하게 만드는 데에도 쓰인다. 액체 1ℓ당 1~2작은술씩 사용한다. 제과제빵을 할 때는 쿠키의 경우 밀가루 1컵당 ¼작은술 정도 사용하고 빵을 굽는다면 밀가루 1컵당 2작은술 정도 넣는다.

잔탄검은 잔토모나스 캄페스트리스(*xanthomonas campestris*)라는 균이 생성하는 물질이며 식품 첨가제로 널리 사용된다. 아마도 구아검처럼 무글루텐 제과제빵을 할 때 사용하는 재료로 가장 잘 알려져 있을 것이다. 쿠키의 경우 밀가루 1컵당 ¼작은술 정도, 빵을 구울 때는 밀가루 1컵당 1½작은술 정도를 사용한다. 잔탄검은 잘 뭉치기 때문에 액체 재료에 넣기 까다롭다. 잔탄검을 가장 손쉽게 액체에 추가하는 방법은 우선 액체 재료를 믹서에 넣고 믹서를 작동시킨다. 믹서를 계속 돌리면서 완전히 어우러질 때까지 잔탄검을 조금씩 넣는다. 잔탄검은 뜨거운 액체 및 차가운 액체에 모두 넣을 수 있으며 넣는 즉시 걸쭉해진다. ▶ 잔탄검을 액체 재료에 넣을 때 반드시 기억해야 할 중요한 점은 일단 소량을 넣은 후(액체 1컵당 ⅛작은술) 필요한 만큼 추가해야 한다는 것이다. 잔탄검을 너무 많이 넣으면 액체에 점성이 생겨 기분 나쁠 정도로 끈끈해진다.

하리사(Harissa)

칠리 고추 페이스트 항목을 참고한다.

헤이즐넛(Hazelnuts)

헤이즐넛은 독특하고 향긋한 풍미를 지니고 있으며 특히 초콜릿과 아주 잘 어울린다.(초콜릿과 헤이즐넛의 조합은 지안두야*gianduja*라고 부른다.) 헤이즐넛을 **개암**(*filbert*)이라고 부르기도 하지만 개암은 사실 특정한 헤이즐 나무 품종을 지칭하는 용어다. 세계적으로 터키가 헤이즐넛 생산량 1위를 자랑한다. 미국에서 상업적으로 재배하는 헤이즐넛은 거의 전부 오리건에서 생산된다.

헤이즐넛의 딱딱한 겉껍질을 까면 붉은빛이 도는 갈색의 얇은 속껍질로 둘러싸여 있다. 사용하기 편리하도록 속껍질을 깐 헤이즐넛도 가끔 눈에 띈다. 생헤이즐넛의 속껍질을 가장 효과적으로 제거하는 방법은 헤이즐넛을 구워서 약간 식힌 후 행주에 올려놓고 문질러서 껍질을 벗겨내는 것이다. 물론 헤이즐넛을 구우면 풍미와 향이 더욱 깊어진다는 장점도 있다.

헤이즐넛을 구우려면 오븐을 175℃로 예열한다. 테두리 있는 오븐 팬에 헤이즐넛을 훌훌 흩어놓고 고소한 냄새가 나면서 갈색으로 익을 때까지 15분 정도 굽는다. 헤이즐넛이 아직 따뜻할 때 주방 행주에 올려놓고 감싼다. 2~5분간 헤이즐넛을 행주 안에서 찐다. 행주 안에 있는 헤이즐넛을 서로 비벼서 속껍질을 분리한다. 속껍질이 전부 벗겨지지 않아도 상관없다.

프랑스식 프랄린과 로메스코 소스 레시피를 참고한다.

대마씨(Hemp Seeds)

대마씨 또는 '대마 속살(hemp hearts)'은 아마 향정신성 효과로 가장 잘 알려져 있을 대마(*Cannabis sativa*)의 씨다. 그러나 대마씨는 기분이 좋아지기 위해 먹는

것이 아니라 영양분을 섭취하기 위해 먹는다. 그뿐만 아니라 대마씨는 고소하고 약간 단맛이 나며 식감이 부드러워 상당히 맛있다. 작고 전체적으로 크림색을 띠며 녹색 점이 박혀 있는 형태다. 대마씨는 스무디나 요구르트에 그냥 얹어서 먹거나 다양한 종류의 빵 및 과자에 넣을 수 있다. 제과제빵을 할 때 반죽에 섞거나 머핀 및 즉석 발효 빵 위에 뿌려서 구우면 맛있다. 대마씨는 밀폐 용기에 넣어 냉장고에 보관한다.

대마씨를 구우려면 테두리 있는 오븐 팬에 넓게 펴서 담고 160℃에서 15분간 굽는다.

허브(Herbs)

말린 허브 및 신선한 허브는 수많은 음식과 음료에 다채로운 개성을 더해준다. 허브는 조리를 시작할 때 추가하거나 조리를 마친 음식에 흩뿌리거나 조미료나 페이스트, 샐러드 등으로 만들 수도 있다. 특징적인 풍미와 일반적인 활용 방법을 포함해 특정 허브에 대한 자세한 내용은 이번 장의 각 허브 항목을 참고한다.

말린 허브는 종류에 따라 상당히 좋은 품질을 유지하며 찬장에 늘 보관해 두면 수프, 스튜, 조림 요리에 풍미를 더할 때 아주 편리하다. 바질이나 파슬리처럼 수분이 많은 일부 허브는 건조에 적합하지 않고 말려도 생허브에 못 미치는 1차원적인 풍미만 남지만, 그 외의 허브는 건조 과정에서 풍미가 높아지고 농축된다. 가능하면 항상 갈아놓은 제품보다는 통으로 말린 허브를 선택하도록 하자.(향신료와 마찬가지로 허브 가루는 풍미가 더 빨리 날아간다.) 색이 바래거나 부서지는 기미가 보이는 허브는 피해야 한다. 싱싱한 상태 그대로 말렸다면 대다수 허브는 밀폐된 유리병 속에서 6개월간 풍미를 유지한다. 월계수 잎과 로즈메리처럼 수지가 들어 있는 허브는 그보다 더 오래 보관할 수 있다. 허브를 직접 말리려면 1007쪽을 참고한다.

우리 집 주방에는 절대 **생허브**가 떨어지는 법이 없다. 공간만 있다면 허브를 키우기도 쉽다.(또한 매장에서 사는 것보다 훨씬 싸다.) 허브에 줄기가 비교적 길게 달려 있다면 잎이 물에 잠기지 않도록 주의하면서 물이 담긴 유리병에 꽂아 둔다. 바질처럼 수분 함량이 높은 허브는 이 방식으로 조리대에 올려두면 며칠 정도 시들지 않으며, 유리병에 꽂은 후 비닐봉지로 느슨하게 덮어서 냉장고에 넣으면 최대 일주일간 보관할 수 있다.(바질은 줄기를 물에 담그고 실온에 둘 때 가장 보존 상태가 좋다.) 작은 허브 묶음은 물기가 너무 많지 않은지 확인한 후 키친타월을 깐 비닐봉지에 넣어둔다. 약간의 수분은 허브의 신선함을 유지하는 데 도움이 되지만 수분이 너무 많으면 쉽게 썩는다. 작은 철끈이나 고무밴드는 제거하고 줄기를 넓게 펼쳐서 곰팡이가 쉽게 생기지 않도록 한다. 허브 잎이 갈색이나 노란색으로 변하기 시작하면 즉시 떼어버린다.

허브를 사용해 요리하기

섬세한 풍미의 허브와 고수, 바질, 차이브처럼 잎이 연한 허브는 조리가 거의 끝날 때쯤 넣거나 식탁에서 뿌린다. 파슬리와 같은 일부 허브는 조리를 시작할 때 넣을 수도 있지만 통째로 넣었다가 음식을 내기 직전에 건져내는 것이 가장 좋다. 로즈메리, 월계수 잎, 타임처럼 튼튼하고 수지가 들어 있는 허브는 조리를 시작할 때 넣어서 풍미가 요리에 충분히 우러나올 수 있는 시간을 들이는 것이 좋다. 일부 허브는 튀김을 해도 모양을 잘 유지하므로 바삭한 가니시로 사용할 수 있다.(세이지 항목의 세이지 잎 튀기는 방법을 참고한다.) 허브는 식초에 우려내거나 가향 소금을 만들 때 사용할 경우 더욱 많은 요리의 끝마무리 요소

로 활약하기도 한다.

▶ 생허브 대신 말린 허브를 사용하려면 굵게 썬 생허브 1큰술당 허브 가루 ⅓작은술 또는 으깨거나 잘게 부순 말린 허브 1작은술을 넣는다. 일반적으로 말린 허브를 사용한다면 부드러워지면서 음식에 풍미가 우러나도록 조리하는 도중에 넣어야 한다. 손가락으로 말린 허브를 잘게 부숴서 넣으면 향이 더 잘 우러나기도 한다. 자타 등의 일부 양념을 제외하면 말린 허브는 음식을 내기 직전에 얹는 가니시로는 사용하지 않는 것이 좋다.

생허브 썰기

생허브는 깨끗하게 씻어서 물기를 잘 털어내고 질긴 줄기를 전부 떼어낸 후 도마에 올려놓는다. 칼이 잘 들수록 허브의 풍미와 색이 잘 살아난다.

작은 잎이 달린 허브를 썰거나 다지려면 우선 허브를 모아서 작은 더미로 뭉친다. 엄지손가락과 집게손가락의 마디가 칼 손잡이 바로 앞의 칼날 양쪽에 위치하도록 칼을 잡는다.(나머지 세 손가락은 칼의 손잡이를 감싸고 있어야 한다.) 반대쪽 손으로 칼날의 끝 쪽 윗부분을 쥔다. 칼날의 끝부분은 도마에 고정하고 손잡이를 아래위로 움직이면서 허브를 썬다. 칼날로 일단 허브 더미를 한 번 자르고 허브 조각을 긁어서 깔끔한 허브 더미 위로 쌓은 후 칼날 옆면에 달라붙은 허브를 긁어내고 다시 허브 더미를 자른다. 허브가 원하는 굵기로 썰릴 때까지 이 동작을 반복한다.

바질, 소렐, 차조기 등과 같이 **커다란 잎이 달린 허브를 채 썰거나 굵게 썰거나 다져야 한다면** 우선 **시포나드**(chiffonade) 작업을 하는 것이 훨씬 효과적이다. 시포나드란 한마디로 허브 잎을 나란히 포개서 시가 모양으로 돌돌 만 후 가로로 얇게 채 썰어서 가느다란 실이나 리본 끈 모양으로 자르는 것을 의미한다. 이렇게 채 썬 허브는 우아한 가니시로 사용할 수 있으며, 앞에서 설명한 것처럼 더 잘게 썰거나 다질 수도 있다.

차이브를 채 썰거나 다질 때는 1030쪽을 참고한다.

다양한 종류의 허브를 함께 다지거나 썰 때는 타임, 오레가노, 파슬리 등의 잎이 작은 허브를 한꺼번에 돌돌 말아서 큼직한 허브 무더기로 만든 후 한꺼번에 시포나드로 썰면 시간을 절약할 수 있다. 작은 잎이 흩어지지 않도록 단단히 뭉쳐놓으면 더 곱게, 효율적으로 칼질할 수 있다.

절구와 절굿공이로 허브를 다지거나 갈거나 찧는다면 1105쪽을 참고한다. 페이스트, 녹색 소스, 기타 허브 혼합물을 직접 손으로 다져서 만들려면 허브에 레몬 껍질이나 마늘, 생강 등의 다진 향미 재료를 섞어서 썰어야 전체 과정이 훨씬 편리해진다는 점을 기억하자. 마늘과 레몬 껍질은 허브 조각이 사방으로 튀어오르지 않도록 막아주며, 허브도 마찬가지 역할을 한다. 물론 대량의 허브를 아주 곱게 썰어야 한다면 굵게 썰어놓은 허브와 기타 재료 혼합물을 믹서, 푸드 프로세서, 큼직한 절구에 넣어 작업하는 것이 가장 좋다.

절구와 절굿공이

허브 재배하기

말리는 과정에서 향기와 풍미가 거의 날아가 버리는 허브만큼은 식물 키우는 솜씨를 마음껏 발휘해보도록 권장한다. 건조 과정에서 가장 큰 손실을 보는 허브로는 파슬리, 바질, 타라곤, 고수, 차이브 등을 꼽을 수 있다. 그러나 일반적으로 작은 허브 정원을 꾸밀 공간만 있다면 허브를 아주 풍부하게 얻을 수 있으며 손도 크게 가지 않는다. 차이브, 타임, 타라곤, 세이지, 로즈메리를 비롯한 상당수 허브는 대다수 기후 지역에서 다년생 식물로 자라므로 한 번 심어두면 여러 해에 걸쳐 수확할 수 있다. 이러한 허브는 비교적 튼튼해서 추위와 더위를 잘 견딜 뿐만 아니라 어느 정도의 가뭄도 이겨낸다.(물론 허브를 많이 수확하려면 허브 정원에 물을 잘 주는 것이 좋다.)

1055쪽의 그림에서 위의 배치는 매리언 할머니의 허브 정원을 재현한 것이다. 오른쪽 끝부터 차례대로 세이지, 타라곤, 파슬리, 난쟁이 바질, 타임을 심었고 각 구역은 차이브로 나뉘어 있다. 또는 라벤더나 양치식물과 비슷한 오이풀속으로 구획을 나누고 양쪽 끝에 세이지와 타임을 심어놓으면 겨울에도 정원의 형태가 잘 유지된다. 우리는 다양한 형태로 허브를 키워보았다. 대다수 허브가 햇빛을 잘 받아야 하고 통풍이 좋아야 하며 경쟁을 싫어하기 때문에 가운데 및 아래와 같은 배치가 잘 어울린다.

허브를 키울 때 중요하게 고려해야 할 요소는 물이 잘 빠지는 상자에 허브를 심거나 간단하게 계단식으로 정원을 구성해 배수로를 확보하는 것이다. 1055쪽 그림의 위쪽과 가운데 정원은 화단이 지면에서 약간 올라와 있으며, 위쪽 그림의 초승달 모양 정원은 오래된 화강암 보도용 자갈이나 벽돌을 받쳐서 높게 만든 것이다. 가운데 그림은 물결 모양의 금속 또는 나무판을 대서 민트와 같이 무성하게 자라는 허브들이 밖으로 삐져나오지 못하게 막는 역할까지 하도록 만든 것이다. 그림에서 정사각형 상자에 심은 것은 각각 민트, 금잔화, 한련, 그리고 차이브와 파슬리를 섞은 것이다.

정사각형 모양의 화단을 선호하는 독자도 있을 것이다. 요리에 사용하는 대다수 허브는 한 변의 길이가 38~60cm인 정사각형 화단 하나만 있으면 허브를 자주 사용하는 가정이라도 전혀 부족하지 않게 따서 쓸 수 있다. 세이지, 라벤더, 월계수, 로즈메리 중에서 딱 한 가지 품종만 필요하다면 가운데에 관목 하나를 심은 후 가장자리에 빙 둘러 작은 식물을 심는다. 또한 정사각형 모양의 화단 여러 개에 통일감을 주기 위해 회색의 세이지나 라벤더처럼 독특한 색상의 허브를 여기저기 심기도 한다. 더욱 우아하게 정원을 구성하려면 맷돌이나 다른 큼직한 둥근 돌을 사용할 수도 있는데, 이러한 돌은 열을 흡수해 허브가 더 무성하게 자라도록 도와줄 뿐만 아니라 기르는 사람이 잡초를 쉽게 뽑을 수 있도록 길을 내주기도 한다. 또한 큼직하고 평평한 돌을 놓으면 주변에 심은 허브가 돌의 가장자리뿐만 아니라 돌의 위쪽으로도 퍼지면서 자랄 수 있다. 가운데 그림의 중심에 있는 것은 로즈메리 화분과 난쟁이 고추이며, 방울토마토를 심어서 격자 구조물을 타고 올라가도록 키운다면 전체적으로 허브 정원이 더 높아 보인다. 구획을 나누기에 적합한 허브로 캐모마일과 타임을 소개했지만, 난쟁이 세이버리 등의 키가 작은 덩굴 식물이라면 무엇이든 사용할 수 있다. ▶ 딜, 민트, 회향, 러비지, 서양지치, 고수처럼 제멋대로 자라는 허브는 별도의 화분에 심어서 재배해야 한다. 제대로 구획을 나누지 않고 이렇게 무정형으로 자라는 허브를 심는다면 대부분 자체적으로 씨를 퍼뜨려서 주변을 침범하기 마련이다.

정식으로 구획을 나눠서 허브 정원을 꾸밀 공간이 없다면 한해살이 허브 화분 몇 개를 테라스나 발코니, 현관, 현관 계단에 두자. 연중 푸른색을 유지하는 일부 다년생 허브는 화분에 심긴 채로 겨울을 견뎌내기도 한다. 허브를 심을 화분에는 영양분이 많고 입자가 굵은 흙(예를 들면 화분용 영양토)과 모래를 2:1 비율로 섞어서 담는다. 물이 잘 빠지도록 흙을 넣기 전에 자갈 등의 작은 돌 몇 줌을 화분 바닥에 깔아준다.

햇빛이 잘 드는 실내에서 허브를 키울 때도 화분을 사용할 수 있다. 우리는 늦여름에 잘라낸 로즈메리, 스위트 마저럼, 바질, 차이브, 타임, 레몬 버베나, 센티드 제라늄을 실내에 심어서 어느 정도 성공을 거두었으며, 딜과 브론즈 회향은 씨를 심어서 수확하기도 했다. 허브를 실내에서 키울 계획이라면 8월 하순에 화분에 심은 후 약간 그늘진 실외에 두었다가 서리가 내리기 전에 안으로 들여놓는다. 실내에서 허브를 기를 때는 물을 너무 많이 주지 않도록 주의한다. 허브를 심은 흙이 비교적 마른 상태로 유지되어야 한다.

허브 수확하기

허브를 수확할 때 가장 첫 번째로 염두에 두어야 하는 것은 여름 내내 따주어야 한다는 점이다. 절대 허브에서 꽃이 피는 단계까지 내버려둬서는 안 되며 잘 자란 허브에서 매번 절반 이하만 딴다. 늦여름 즈음 한꺼번에 너무 많이 따

버리면 타임, 오레가노, 마저럼 등의 다년생 허브가 약해지므로 겨울이 오기 전에 회복하기 어려워진다. 생존 기한이 다 된 한해살이 허브는 그냥 통째로 뽑아낸다. 허브에 묻은 먼지를 털어내려면 수확하기 전날 물을 살짝 뿌려놓는다. 다음날 아침 일찍 잎에 맺힌 이슬이 마르자마자 딴다. 필요하면 허브 잎을 톡톡 두드려 물기를 털어내되, 연약한 잎에 상처가 나지 않도록 조심한다. 생 허브를 단기간 보관하려면 이번 항목의 앞부분을 참고한다. 허브를 말리려면 1007쪽, 냉동하려면 940쪽을 참고한다.

에르브 드 프로방스(Herbes de Provence)

프랑스 남부 지역의 요리에 자주 사용되는 혼합 허브를 지칭하는 에르브 드 프로방스는 보통 로즈메리, 타임, 오레가노, 마저럼, 세이버리, 라벤더로 구성되며 때로는 바질과 회향씨, 세이지가 들어가기도 한다. 에르브 드 프로방스는 생선과 고기를 양념할 때 사용한다. 우리는 특히 이 혼합 허브를 닭고기에 사용하거나 신선한 염소 치즈에 넣어서 섞거나 올리브유에 섞어서 빵을 찍어 먹는 용도로 즐긴다.

위: 1970년대 초반 코케뉴에 있던 매리언 할머니의 요리용 허브 정원

가운데와 아래: 또 다른 허브 정원의 설계

해선장(Hoisin Sauce)

색이 진하고 걸쭉한 이 중국 소스는 발효 콩으로 만들며 보통 아주 단맛이 강하고 당밀과 비슷한 깊은 향이 난다. 일반적으로 해선장은 쓰촨식 고추장은 물론 검은콩 소스만큼 개성이 강하거나 독특한 냄새가 나지는 않는다. 해선장은 오향 분말에 사용되는 향신료 일부 또는 전부를 넣어 양념한다. 단맛이 너무 강하지 않고 진한 마늘 향이 나며 약간 매콤한 제품이 가장 좋다. 일단 개봉하고 나면 냉장고에 보관한다.

오하 산타(Hoja Santa)

멕시코 고춧잎 또는 루트비어 플랜트라고도 부르는 오하 산타는 멕시코 요리에 널리 사용된다. 하트와 비슷한 모양을 한 이 허브의 잎은 큼직하고 사사프라스 뿌리와 흡사한 풍미를 지니고 있으며 은은한 감초와 육두구 향기를 풍긴다. 말린 오하 산타 잎을 통째로 뭉근히 끓이는 콩 요리 및 스튜에 넣어서 풍미를 내거나 몰레를 만들 때 빻거나 퓌레 상태로 갈아낼 재료에 첨가한다. 신선한 오하 산타 잎에는 작은 솜털이 있으며 적당한 크기로 썰어서 살사나 포솔레에 넣거나 썰지 않고 통째로 고기와 생선을 넣어 둘둘 마는 데 사용할 수 있다. 오하 산타 잎은 멕시코 식료품점에서 구할 수 있다.

꿀(Honey)

이 근사한 감미료에는 꿀벌이 소비하는 꽃꿀에 따라 수백 가지의 종류가 존재한다. 아마도 꿀은 다른 어떤 음식보다도 원산지의 맛을 느낄 수 있는 재료일 것이며, 종류에 따라 각각 독특한 풍미로 사랑받는다. 대다수 꿀은 마트에서 곰 모양의 플라스틱 용기에 담아 파는 대량생산 꿀과는 전혀 다른 맛을 가지고 있다.

꿀은 꽃에서 모은 꽃꿀의 형태에서 출발한다. 벌이 꽃꿀을 모을 때 벌의 침에 있는 효소가 꽃꿀의 자당을 포도당과 과당으로 분해한다. 벌은 이렇게 부분 소화된 꽃꿀을 벌통의 육각형 벌집에 모은다. 시간이 지나면서 이 꽃꿀은 수분이 증발해 더욱 농축되고, 벌집 앞에서 날갯짓하는 벌 때문에 이 과정이 가속화된다. 양봉업자는 벌이 벌집에 덮어놓은 밀랍질을 잘라내고 꿀을 수확한다. 밀랍질을 벗겨낸 벌집을 추출기에 넣으면 원심력을 이용해서 벌집 안에 있는 꿀을 빼낸다. 그다음 꿀을 걸러서 병에 담는다.

대다수 꿀은 클로버, 타임, 니사나무, 오렌지꽃, 사워우드, 메밀 등과 같이 꽃꿀의 주요 출처를 따서 이름을 짓는다. 꿀은 종류에 따라 거의 투명에 가까운 색부터 호박색, 진한 갈색에 이르기까지 다양한 색상을 띤다. 대체로 꿀의 색이 옅을수록 풍미도 순한 편이다. 우리는 놀라울 정도로 다채로운 꿀의 풍미를 직접 경험해보기 위해서라도 다양한 꿀을 맛보도록 권한다. 야생 꽃과 클로버 꿀이 가장 풍미가 순한 꿀에 속한다면 메도우폼 꿀(meadowfoam honey)은 마시멜로와 바닐라의 풍미를 확실히 느낄 수 있고, 메밀 꿀은 당밀 향기를 풍기며 색이 진하고 풍미가 강하다. 마누카 꿀은 멘톨이 들어 있는 것처럼 약초 맛이 난다.

꿀은 대량으로 생산하거나 소규모 양봉업자들이 소량씩 생산한다. 시판 꿀에는 기본적으로 벌집 형태와 추출 형태의 두 가지 종류가 있다. 추출한 꿀은 액체나 크림(결정화된) 형태로 찾아볼 수 있으며 '크림화(creamed)', '당화(candied)', '퐁당(fondant)', '휘저은(spin)', '스프레드(spread)' 등의 라벨이 붙어 있는 것도 있다. 우리는 소규모 양봉업자가 생산한 꿀을 적극적으로 추천한다. 더욱 다양한 꿀을 접하게 될 가능성이 클 뿐만 아니라 꿀의 품질도 더 좋고, 더

나은 환경에서 벌을 사육하고자 노력하기 때문이다. 소규모 양봉업자가 생산한 꿀의 상당수는 살균하지 않은 '생꿀'이다. 생꿀에는 작은 꽃가루 입자가 들어 있어 설탕 결정을 형성하는 종자점 역할을 하므로 시간이 지나면서 결정화되기 마련이다. 이것을 꼭 나쁘게 볼 필요는 없다. 결정화된다는 것은 풍미를 살리기 위해 꿀을 최소한으로 가공했다는 뜻이기 때문이다.

꿀을 조리에 사용하기

꿀은 오랫동안 높은 당 함량과 천연 항균 작용 때문에 식품을 보존하는 역할로 높이 평가받아왔다. 꿀을 케이크, 쿠키, 빵 반죽에 넣으면 쫀득한 식감과 먹음직스러운 갈색을 더해주므로 요리사들이 즐겨 사용한다. 꿀은 주로 과당과 포도당으로 이루어져 있지만, 정확한 구성 비율은 꿀을 만들 때 사용된 꽃꿀의 종류에 따라 다르다.

꿀을 조리에 사용할 때는 따뜻하게 데우거나 레시피에 사용되는 다른 액체 재료에 추가해서 더 골고루 섞어준다. 꿀을 계량할 때는 쉽게 미끄러져 나오도록 계량컵이나 숟가락에 기름을 바른다.

꿀은 설탕보다 단맛이 강하므로 우리는 설탕 1컵당 꿀 ½~⅔컵으로 대체하고 레시피의 액체 재료 분량을 ¼컵만큼 줄인다. 꿀을 너무 많이 사용하면 음식이 빨리 갈색으로 변할 수도 있다. 꿀의 산미를 중화하기 위해 베이킹소다를 1자밤 추가한다.(레시피에 이미 베이킹소다가 들어간다면 생략한다.) 또한 제과제빵을 할 때 다른 감미료 대신 꿀을 사용한다면 너무 빨리 갈색으로 변하지 않도록 오븐 온도를 15℃ 정도 낮추는 것이 좋다.

꿀은 뚜껑을 덮은 후 건조한 곳에서 실온 보관하는 것이 가장 좋다. 꿀이 결정화되면 용기의 뚜껑을 열고 ▶ 따뜻한 물이 담긴 냄비에 용기째로 넣은 뒤 결정이 녹을 때까지 데우거나 전자레인지를 낮은 출력에 맞춰 꿀을 데워서 쉽게 다시 액체 상태로 만들 수 있다. ▶ 유아 보툴리눔 식중독을 일으킬 수 있으므로 만 1세가 되지 않은 아기에게 꿀을 먹여서는 안 된다.

꿀을 사용하는 요리는 허니콤 캔디, 꿀과 호두를 곁들인 할루미 치즈 튀김, 레카흐, 페니실린, 렙쿠헨, 요구르트와 꿀 판나 코타, 꿀 멜론 잼, 허니 딥 도넛 등의 레시피를 참고한다.

허하운드(Horehound)

쓴맛이 있는 야생 박하의 잎으로 털이 많고 쌉쌀한 감초 풍미를 지니고 있다. 추출물로 만들어서 설탕을 섞은 뒤 옛날식 사탕을 만들 때 사용된다. 허하운드는 약탕에도 사용된다.

호스래디시(Horseradish)

호스래디시는 배춧과에 속하는 식물의 크림색 뿌리로, 기다랗고 끝으로 갈수록 얇아지는 모양을 하고 있다. 고수, 쐐기풀, 허하운드, 양배추와 함께 유월절 만찬에 사용하는 다섯 가지 쌉쌀한 허브 중 하나다. 아주 맛이 강한 무처럼 호스래디시의 풍미도 너무 두드러질 수 있으므로 조금씩 사용하자. 신선한 호스래디시를 강판에 갈면 가장 좋은 풍미를 즐길 수 있다. 가열하면 호스래디시의 풍미가 파괴되므로 거의 항상 가니시로 쓰거나 생으로 또는 최소한으로만 조리해서 사용한다. 말린 호스래디시는 겨잣가루와 함께 분말 고추냉이(사실 호스래디시와 고추냉이는 연관 품종이다.)를 만들 때 사용된다. 생으로 사용하든 병에 든 제품을 사용하든(이 책에서는 유리병에 든 시판 호스래디시를 '갈아서 양념한 호스래디시'로 지정한다.) 휘발성 기름이 날아가고 강한 쓴맛이 두드러지지 않

도록 호스래디시를 최대한 빨리 먹어야 한다. 호스래디시는 로스트 비프, 소시지, 기타 지방이 많은 고기에 사용하면 아주 잘 어울리며, 칵테일 소스와 감자 샐러드, 차가운 육류, 생선, 갑각류와도 궁합이 좋다.

신선한 호스래디시 뿌리를 페이스트 상태로 만들려면 껍질을 까고 깍둑썰기한 호스래디시 약 450g을 푸드 프로세서에 넣는다. 잘게 썰릴 때까지 푸드 프로세서를 작동시킨 후 떠서 바를 수 있는 농도가 되도록 사과 식초를 붓는다.(푸드 프로세서 위에 행주를 대고 한발 물러서서 뚜껑을 열어야 코가 뻥 뚫릴 정도로 강한 풍미를 피할 수 있다.) 소금과 설탕을 적당히 넣어 간을 한다. 이렇게 만든 호스래디시 페이스트는 냉장고에서 몇 달간 보관할 수 있다.

위틀라코체(Huitlacoche)

옥수수에 대해 항목을 참고한다.

히솝(Hyssop)

민트 향이 나며 알싸하고 다소 쓴맛이 있는 이 허브의 잎은 샐러드에 소량 넣거나 과일에 곁들여 낸다. 또한 히솝은 프랑스의 리큐어인 샤르트뢰즈를 만들 때도 사용된다. 히솝 꽃은 말려서 수프와 약탕 또는 허브차에 쓴다. 히솝은 작은 로즈메리와 비슷한 모양의 식물로 부드러운 녹색 잎이 달려 있으며 **아니스히솝**(anise hyssop, 학명 *Agastche foeniculum*)과 혼동하지 말아야 한다. 아니스히솝은 북아메리카 원산의 먼 친척뻘이며 감초 풍미가 강하다.

곤충(Insects)

미국에서는 곤충을 즐겨 먹는 문화가 거의 없지만 사실 곤충은 전 세계 다양한 식문화에서 오랫동안 사랑받아온 재료다.(또한 북아메리카 토착민들도 식용 곤충을 먹는 데 주저하지 않았다는 점을 언급해둔다.) 현대의 유럽과 북아메리카 지역은 곤충을 음식으로 보지 않는다는 점에서 예외에 속한다. 식품으로서 곤충의 가장 큰 장점은 개체 수가 많고 영양 성분이 뛰어나므로 단백질과 지방을 꾸준히 공급할 수 있다는 점이다. 개미는 멕시코부터 컬럼비아, 동남아시아, 오스트레일리아에 이르기까지 전 세계에서 가장 널리 식품 재료로 소비하는 곤충이다. 개미는 생으로, 말려서, 구워서, 튀겨서 먹는다. 필리핀에서는 귀뚜라미를 식초 혼합물에 넣어서 삶은 다음 마늘, 양파, 토마토를 넣고 볶아서 아도봉 카마로(adobong camaro)라는 요리를 만든다. 말린 귀뚜라미를 갈아서 만든 고단백 귀뚜라미 분말은 북아메리카의 매장에서도 드물게 눈에 띄지만 주로 근육 보충제로 사용된다. 일본에서는 메뚜기를 간장과 미림 국물에 뭉근히 삶아서 이나고노 츠쿠다니라는 이름의 간식으로 먹는다. 전 세계적으로 보면 거저리, 매미, 곤충 유충, 말벌 등을 포함해 수십 종류의 다른 곤충들도 식재료로 소비된다. 인구가 증가함에 따라 마트나 레스토랑 메뉴, 그리고 종국에는 여러분의 주방에까지 더욱 다양한 곤충이 등장하게 되더라도 너무 놀라지 말자.

주니퍼 열매(Juniper Berries)

두송(*Juniperus communis*)이라고도 불리는 주니퍼 나무의 열매는 야생동물 고기, 육류, 양배추, 사우어크라우트의 양념으로 사랑받으며 진의 풍미를 내는 주요 재료다. 주니퍼 열매는 방향유가 충분히 빠져나오도록 항상 으깨서 요리에 넣어야 한다. 주니퍼 열매에는 강하게 톡 쏘는 풍미가 있으므로 소량씩 사용한다. 주니퍼 열매를 구할 수 없다면 진을 몇 방울 넣어서 비슷한 풍미를 낼 수 있다.

주니퍼 품종 중 소수는 독성이 있으며 상당수가 쓴맛을 가지고 있으므로 열매를 따기 전에 어떤 품종인지 확인해야 한다. 주니퍼 열매는 녹색이 아닌 진한 보라색일 때 수확한다. 주니퍼 열매는 성숙하는 데 3년이 걸리며 녹색일 때는 수지 맛이 강하게 나서 페인트를 희석하는 데 사용하는 테레빈유를 먹는 기분이 들 정도도. 잘 익은 주니퍼 열매는 더 순한 감귤류 풍미가 난다.

케피어(Kefir)

케피어는 요구르트처럼 발효 유제품으로 우유에 '케피어 종균'을 주입한 것이다. 케피어 종균은 사실 스코비(SCOBY, 박테리아와 이스트의 공생 집단Symbiotic Community Of Bacteria and Yeast)다. 케피어는 요구르트보다 농도가 묽고 기분 좋은 '버터' 풍미를 지니고 있다. 가정에서 만든 케피어는 약간의 거품이 발생하기도 하며 은은한 알코올 풍미가 난다. 케피어는 보통 음료수로 마시지만 제과제빵 및 양념장을 만들 때 버터밀크 대신 사용할 수 있다.

고지(Koji)

고지(こうじ)는 누룩곰팡이(*Aspergillus oryzae*)를 나타내는 일본어로, 찐 쌀과 콩에 주입해 미소, 사케를 비롯한 청주, 간장, 그 외의 다양한 식품을 만들 때 사용한다. 누룩곰팡이를 주입한 쌀 자체를 고지라고 부르기도 한다. 고지를 주입한 쌀에 소금을 섞어서 발효시키면 시오고지(塩麹)라고 하는 페이스트가 생기는데, 이 혼합물을 사용하면 무부터 오이에 이르기까지 갖가지 종류의 얇게 썬 채소를 절여서 간단히 피클을 만들 수 있다. 또한 시오고지는 육류와 생선을 양념에 재울 때도 사용한다. 시오고지에는 파인애플이나 파파야즙처럼 단백질을 분해해 부드럽게 만드는 프로테아제 효소가 들어 있을 뿐만 아니라 감칠맛 나는 부산물을 생산해 고기의 풍미를 더욱 돋우는 효과도 있다. 심지어 일부 요리사들은 육류에 고지 포자를 주입해 '건식 염지' 및 '건조 숙성(드라이 에이징)'을 실험해보기 시작했다. 고지는 전통적인 염지나 숙성 방법을 통해 얻을 수 있는 특징적인 풍미 요소를 상당수 만들어내면서도 시간이 적게 걸린다. 더 빠르고 편리한 염지 또는 숙성 방법을 찾는 사람들에게는 매력적인 대안일 수도 있지만, 고지는 식품 위생상 다소 위험한 온도에서 가장 잘 번식하므로 육류에 고지를 주입하는 것은 현재 식품 안전성 측면에서 제대로 입증된 바가 없을뿐더러 전통적인 방식으로 건식 염지 또는 건조 숙성한 고기의 강렬한 풍미를 완전히 재현해낼 수는 없다. 전통적인 건식 염지 및 건조 숙성 방식의 진한 풍미는 (고지를 통해 시작되는 효소 작용뿐만 아니라) 수분이 날아가면서 맛 성분이 농축되는 과정을 통해 발현되기 때문이다. 시오고지는 일본 식료품점에서 구할 수 있다.

라드(Lard)

'라드'는 녹인 돼지 지방 또는 그대로 잘라낸 단단한 돼지 지방 덩어리를 지칭하기도 한다. 후자의 가장 보편적인 형태는 등 비곗살과 리프 라드다. 수이트와 마찬가지로 **리프 라드**(leaf lard)는 콩팥 주변에 쌓인 지방으로 만들며 다른 부위의 지방보다 포화도가 높으므로 실온에서 더 단단하고 녹는점이 높다. 이러한 두 가지 특징 때문에 리프 라드는 갈아서 소시지 혼합물로 넣기에 가장 적합하다.

생으로 사용하기 위해 리프 라드를 손질하려면 수이트와 수지 항목을 참고한다.

리프 라드로 만들었다 하더라도 정제한 라드는 훨씬 더 부드럽고 단맛이 나며 버터나 다른 고체 쇼트닝보다 기름기가 많다. 정제한 리프 라드는 특히 페이스트리에 사용하면 아주 좋은 결과를 얻을 수 있어 높게 평가받는다. 리프 라드는 결정이 많은 구조로 되어 있어 밀가루에 섞여서 비스킷과 페이스트리 크러스트에 사용하면 근사한 결이 살아 있는 결과물을 얻을 수 있다.(바로 이러한 특징 때문에 케이크를 구울 때는 적합하지 않다.)

덩어리 또는 큼직한 포장 형태로 판매하는 라드는 습식 정제하여 거른 후 수소화를 통해 완전히 포화지방으로 만든 것이다. 그 결과 보관성이 뛰어나고 눈처럼 흰색을 띠고 있으며 발연점은 190℃로 풍미가 거의 없는 지방이 탄생한다.

건식 정제한 황금색의 라드는 만테카(manteca)라는 이름으로 멕시코 식료품점에서 쉽게 볼 수 있다. 페이스트리에 사용하기에는 너무 부드럽고 튀김에 사용하기에는 안정성이 떨어지지만 진한 돼지고기 풍미가 특징이다. 만테카는 지방을 중불로 가열하는 요리에 사용할 수 있을 뿐만 아니라 진한 풍미를 살려 타말레의 마사 필링을 양념하는 데에도 활용한다.

▶ 포장된 라드는 일단 개봉하면 냉장 보관해야 한다. 가공하지 않은 부드러운 라드는 항상 뚜껑 있는 용기에 담아 냉장 보관한다.(용기에 공기가 적게 들어갈수록 좋다.) ▶ 일반 요리 및 제과제빵에서 버터 대신 라드를 사용하려면 버터보다 분량을 15~20% 줄여서 넣는다. 솔트 포크, 등 비곗살, 라르도에 대한 자세한 내용은 529쪽을 참고한다. 가정에서 라드를 정제하는 방법은 지방 정제하기 항목을 참고한다.

라벤더(Lavender)

향기가 진한 라벤더의 잎과 꽃은 향수와 비누의 향을 내는 용도로 가장 잘 알려져 있으며 음식에 넣으면 너무 진한 향기 때문에 재료의 맛을 압도하기 쉽다. 하지만 라벤더는 요리에 충분히 사용할 수 있으며, 에르브 드 프로방스의 구성 요소 중 하나로 알려져 있다. 또한 커스터드 베이스에 풍미를 우려낼 때 사용하거나 특히 쇼트브레드를 비롯한 쿠키에 넣어서 즐기기도 한다.

팽창제와 팽창 작업(Leaveners and Leavening)

우리는 폭신폭신하고 가벼운 식감의 빵과 케이크에 너무 익숙해진 나머지 어떻게 그런 상태가 되었는지에 의문을 품는 일이 드물다. 이 질문의 간단하면서도 뻔한 답은 '팽창'이지만, 팽창에도 몇 가지 종류가 있으며 보통 레시피에서는 한 가지 이상의 팽창 방법을 사용한다.

우선 기계적 팽창, 즉 반죽이나 다른 재료를 섞으면서 공기를 주입하는 과정이 있다. 순수한 기계적 팽창 과정을 잘 확인할 수 있는 예가 머랭과 휩드 크림이다. 달걀흰자나 크림을 휘저으면서 공기를 주입하면 거품이 생기며 혼합물이 높게 솟아오른다. 또한 기계적 팽창은 케이크를 비롯한 여러 레시피에서 매우 중요한 역할을 한다. 거품이 나도록 달걀 거품을 휘젓는 과정 또는 버터나 쇼트닝 같은 고체 지방과 설탕을 섞어서 크림화하는 과정을 통해 반죽에 미세한 기포가 유입된다.

베이킹파우더, 베이킹소다, 이스트 등과 같은 화학적 팽창제는 가스를 생성해 반죽을 부풀린다. 베이킹파우더와 소다로 발생한 가스는 휘젓거나 크림화하는 과정에서 이미 발생한 기포를 더욱 팽창시키는 역할을 한다.

마지막으로 혼합물을 굽거나 조리할 때 증기 팽창 현상이 일어난다. 고열에 노출되면서 반죽 안에 들어 있는 수분이 증발하고, 수증기가 반죽을 팽창시킨다. 팝오버와 수플레 레시피에서는 최대 80%까지 증기 팽창의 작용으로 부풀어 오른다. 크루아상, 퍼프 페이스트리를 비롯해 버터를 넣어 여러 겹으로 만든 반죽에서는 수분이 많은 버터 층이 증기를 방출하면서 반죽의 겹을 밀어올려 반죽이 전체적으로 부풀고 가벼우면서 결이 살아 있는 식감이 생긴다. 또한 반죽이 고열에 노출되어 오븐 팽창이라는 작용이 일어나면서 반죽이 급격하게 부풀어 오르는 이스트 빵에서도 증기 팽창을 분명하게 관찰할 수 있다.

팽창제와 팽창 과정에 대한 더 자세한 내용은 앞서 언급한 화학적 팽창제를 다룬 각 항목 및 천연 발효종에 대해 항목을 참고한다. 기계적 팽창 및 버터와 설탕을 섞어서 크림화하는 과정에 대한 자세한 설명은 버터 케이크에 대해 항목을 참고한다. 달걀흰자 거품을 잘 다루는 법과 '단단한 피크가 생기지만 마른 거품은 아닌 상태' 등과 같은 표현의 뜻을 숙지하려면 달걀 거품 내기 항목을 참고한다.

레몬밤(Lemon Balm)

레몬 향이 나는 잎을 허브차 또는 약탕에 넣거나 과일 펀치, 과일 수프, 과일샐러드의 가니시로 사용한다. 아이스크림, 소르베, 젤리의 풍미를 내는 데 사용할 수도 있다.

레몬그라스(Lemongrass)

레몬그라스는 몇몇 동남아시아 요리에 빼놓을 수 없는 재료다. 향이 진하고 상큼한 레몬그라스는 커리, 차, 양념장, 수프, 소스의 풍미를 내는 데 사용한다. 연한 녹색의 줄기는 길이가 거의 60cm까지 자라며 아시아 식료품점과 일부 마트에서 건조, 생, 냉동 상태로 판매한다.(더 짧게 잘라서 판매하는 것도 있다.)

레몬그라스를 다지거나 썰거나 갈아서 페이스트 상태로 만들려면 부드러운 속대 부분만 사용한다. 밑동에서 15~20cm 길이로 자른 후, 아주 연하고 매끄러우면서 잘 구부러지는 속만 남을 때까지 질긴 바깥쪽 잎을 벗겨낸다. 필요한 개수만큼 이 작업을 반복한 후 손질한 레몬그라스를 모아서 가로 방향으로 얇게 저민다. 얇게 저민 조각을 썰거나 다져서 사용하기도 하고, 다른 재료와 섞어서 페이스트로 갈기도 한다.(페이스트를 만들 때도 줄기를 가로 방향으로 저며서 질긴 섬유질을 끊어주면 훨씬 쉽게 빻거나 갈 수 있다.)

레몬그라스를 통째로 육수, 수프, 조림에 사용하려면 끝부분부터 적당한 크기로 자르고 말라버린 부분을 잘라낸다. 변색한 잎은 모두 벗겨내고 줄기의 밑동을 칼등으로 몇 번 찧어서 상처를 내면 향긋한 방향유가 나온다. 줄기를 모아 느슨하게 묶은 후 조리 국물에 넣는다.(조리가 끝나면 건져낸다.)

레몬 버베나(Lemon Verbena)

레몬 버베나는 레몬 풍미와 향기가 매우 강해서 음식에 사용하기보다는 향주머니가 더 어울린다고 생각하는 사람들도 있다. 그러나 레몬 버베나를 소량 사용하면 음료와 허브차 또는 약탕에 레몬 풍미를 내기에 좋다. 또한 아이스크림 베이스와 커스터드의 풍미를 내는 데도 사용한다.

감초(Licorice)

감초는 독특한 풍미와 천연 단맛으로 높이 평가받는 뿌리다. 감초 뿌리에서 단맛을 내는 화합물은 글리시리진으로, 순수한 형태로는 설탕보다 단맛이 50배나 강하다. 감초 뿌리는 다양한 혼합 허브차와 사탕, 포터와 스타우트 같은 맥주에 사용된다.

원추리 꽃봉오리(Lily Bud)

황금 바늘(golden needle) 또는 참나리라고도 불리는 말린 원추리 꽃봉오리는 개화하지 않은 원추리의 꽃봉오리를 딴 것이다. 산라탕에 원추리 꽃봉오리를 넣는다. 구입할 때는 색이 연하고 잘 부서지지 않는 꽃봉오리를 고른다. 유리병에 담아 서늘하고 건조한 곳에 보관한다. 사용하기 전에 바닥에서 6mm만큼 잘라서 딱딱한 줄기 부분을 제거하고, 따뜻한 물에 20~30분간 담갔다가 사용한다. 신선한 원추리 꽃봉오리는 기름을 넉넉히 사용해 튀기거나 찢어서 샐러드에 넣어 색감을 살리기도 한다.

라임 잎(Lime Leaf)

마크럿 라임 잎은 향기가 매우 진하며 동남아시아 요리에 폭넓게 사용된다.(오랫동안 남아프리카의 인종차별적 욕설인 '카피르 라임 잎'이라는 이름으로 알려져 왔다.) 마크럿 라임 잎은 잎 2개가 연달아 붙어 있는 독특한 모양을 하고 있다. 향기와 풍미는 레몬그라스를 연상시키지만, 마크럼 라임 잎의 향기가 더 진하고 톡 쏘는 느낌을 준다. 그린 커리 페이스트, 똠카가이, 똠얌꿍, 태국식 향신료 땅콩, 소고기 렌당에 이 라임 잎을 사용하는데, 이러한 레시피는 라임 잎으로 풍미를 돋울 수 있는 수많은 요리의 극히 일부일 뿐이다.

라임 잎은 아시아 식료품점에서 구할 수 있다. 신선한 잎 그대로 판매하는 경우가 많지만 신선한 잎을 찾을 수 없다면 냉동 또는 건조식품 판매대를 확인해보자. 신선한 잎을 샀다면 일주일 내에 사용할 분량만 남기고 냉동한다. 라임 잎은 냉동 상태로도 품질이 아주 잘 유지된다. 라임 잎은 페이스트 상태로 갈거나 아주 얇게 시포나드 또는 길쭉한 형태로 썰어서 기름을 살짝 두르고 튀기면 가장 풍미가 잘 우러나며, 월계수 잎처럼 다양한 요리에 넣을 수도 있다. 라임 잎이 아니라 마크럿 라임밖에 없다면(물론 그럴 일이 거의 없긴 하지만) 라임 잎 대신 라임 껍질을 곱게 갈아서 사용할 수 있다.

필발(Long Pepper)

오랜 옛날에 널리 사용되었지만 유럽에서는 중세 이후 수요가 줄어든 향신료다. 그러나 아직도 인도와 아시아 전역, 북아프리카에서는 필발을 사용하며, 라스 엘 하누트의 몇 가지 버전이 그 좋은 예다. 필발에는 인도산과 인도네시아산의 두 가지 종류가 있다. 인도네시아산 품종은 인도산 필발에 비해 상당히 길쭉하다. 필발은 대략 2~3.8cm 길이에 작고 길쭉한 솔방울을 닮았다. 흑후추보다 더 매콤하며 쓰촨산 통후추처럼 감각을 마비시키는 성질을 어느 정도 가지고 있다.

러비지(Lovage)

식료품점이나 농산물 직거래 장터에서 쉽게 볼 수 있는 허브는 아니지만, 정원에 심는 용도로는 비교적 흔하게 볼 수 있다. 러비지는 고대 로마와 중세 유럽에서 인기를 누렸고 이탈리아의 리구리아 지역에서는 아직도 널리 사용된다. 러비지의 잎은 상당히 향기가 강하며 셀러리, 파슬리, 오레가노를 연상시키는 쌉쌀한 풍미가 있다. 적당량을 사용한다는 전제하에 스튜, 토마토 소스, 가금류 요리, 스터핑에서 파슬리나 셀러리 대신 사용할 수 있다. 러비지의 줄기를 셀러리처럼 사용하기도 하지만 우리는 풍미가 너무 진해서 선호하지 않는다. 러비지 줄기는 전통적으로 데쳐서 껍질을 벗긴 후 설탕에 절여서 그냥 먹거나 잘게 썰어서 디저트의 가니시로 활용한다. 러비지의 씨앗은 일부 인도 요리 레시피에서 차가운 느낌을 주는 향신료로 사용한다. 또한 러비지 뿌리와 씨는 진

의 풍미를 내는 데도 사용된다.

마카다미아(Macadamia Nut)

마카다미아는 큼직하고(2.5cm) 둥근 모양의 견과로 지방 함량이 아주 높으며 순수한 버터 풍미가 특징이다. 오스트레일리아 원산이지만 미국 마트에서 눈에 띄는 마카다미아는 대부분 하와이에서 생산한 것이다. 껍데기가 아주 딱딱하고 산패되기 쉬우므로 대부분 껍데기를 까서 진공 포장 통조림 또는 병에 담은 형태로 유통된다. 껍데기를 까지 않은 마카다미아를 구했다면 두꺼운 천으로 하나씩 싸서 아주 딱딱한 바닥에 올려놓고 망치로 두드려서 깐다.

마카다미아를 구우려면 껍데기를 까서 얇은 베이킹 팬에 얇게 깔고 자주 저으면서 160℃로 예열한 오븐에 넣어 12~15분간 굽는다. 살짝 소금을 뿌린 후 밀폐 용기에 담아 냉장고에 보관한다.

육두구 껍질(Mace)

육두구와 육두구 껍질 항목을 참고한다.

맥아와 맥아 우유 분말(Malt and Malted Milk Powder)

맥아는 곡물(보통 보리)의 싹을 틔우고 말려서 그대로 사용하거나 분말로 간 것이다. 싹을 틔우고 말리는 과정을 맥아 제조(malting)라고 부른다. 대다수 맥아는 위스키, 맥아 식초, 맥주, 빵을 만드는 데 사용된다. 맥아 제조의 가장 큰 장점은 보리에 들어 있는 효소를 활성화해 전분을 **엿당**(maltose)이라는 특수한 종류의 당으로 변환시키는 것이다. 엿당은 일반 설탕 또는 자당의 절반에 해당하는 단맛을 가지고 있다. 그 결과 맥아는 약간의 단맛을 띠며 발효 과정에서 이스트가 맥아에 들어 있는 당을 먹이로 삼게 된다.(이스트는 사람과는 달리 당의 당도에 신경을 쓰지 않는다.)

당화 맥아 분말(diastatic malt powder)은 낮은 온도에서 건조해 전분을 엿당으로 전환하는 효소를 그대로 보존한 것이다. 빵에 사용하면 이러한 효소가 더 많은 당을 이스트에 공급하므로 빵이 잘 부풀고 껍질이 먹음직스러운 갈색으로 변한다. **비당화 맥아 분말**은 높은 온도에서 건조해 활성 효소가 들어 있지 않으며 풍미 재료로 사용된다.

맥아 시럽은 한마디로 맥아 보리와 찐 곡물로 만든 시럽이다. 베이글과 프레츨 같은 빵에 넣는 경우가 많으며, 빵의 풍미를 살리고 크러스트에 먹음직스러운 색을 입히는 역할을 한다. 시럽이라는 이름이 붙어 있지만 단맛은 설탕의 절반에 불과하다. **맥아 추출물**은 맥아 보리만으로 만든 맥아 시럽이다. 이스트의 생장을 촉진하고 수분 보유력이 뛰어나므로 빵을 촉촉한 상태로 오래 보관할 수 있게 해준다.

맥아 우유 분말은 맥아 보리 추출물, 밀가루, 무당연유, 소금, 탄산수소나트륨을 섞어서 만든다. 맥아 우유 분말을 넣으면 약간의 단맛과 흙내음 그리고 고소한 풍미가 난다. 빵이나 쿠키를 구울 때 맥아 우유 분말을 첨가하면 맥아 자체에 들어 있는 당분과 우유에 함유된 젖당 때문에 갈색으로 먹음직스럽게 익는다. 맥아 우유 분말은 맥아 밀크 셰이크의 주요 원료로 가장 잘 알려졌지만, 모든 종류의 빵과 과자, 아이스크림 베이스, 커스터드, 심지어 휩드 크림에도 넣을 수 있다. 쿠키를 비롯한 빵과 과자, 케이크, 커스터드 베이스, 아이스크림 베이스에 사용할 때는 맥아 우유 분말 ¼컵으로 시작한다.(레시피의 분량에 따라 최대 ½컵까지 추가할 수 있다.) 휩드 크림에는 2큰술을 사용한다.

메이플 시럽(Maple Syrup)

메이플 시럽은 단풍나무의 수액을 끓여서 만드는 감미료로, 3.8ℓ당 5kg 이상의 무게가 나가는 농축된 제품에만 순수 메이플 시럽이라는 명칭을 사용할 수 있도록 법으로 규정되어 있다. 메이플 시럽 3.8ℓ를 만들기 위해서는 수액 75.7~189.3ℓ가 필요하다. 메이플 시럽의 제철이 시작되는 2월에 추출한 수액은 상당히 농축되어 있으며 연한 색의 시럽으로 완성된다. 제철이 끝나가는 4월 즈음에는 시럽을 만드는 데 수액이 더 많이 필요하고 오래 끓이기 때문에 시럽의 색이 진해진다. 최근까지는 연한 색의 시럽을 A등급, 진한 색의 시럽을 B등급으로 분류했다.(또한 주로 일반 소비자가 아닌 식품 제조업체에 판매되는 C등급도 있다.) 그러나 B등급 시럽의 품질이 A등급보다 떨어지지 않고 단지 특징이 다를 뿐이라는 사실 때문에(오히려 메이플 풍미가 강한 B등급을 선호하는 사람도 많다.) 현재는 A등급만 존재한다. 한편 A등급 안에서도 여러 종류가 있다. 'A등급 — 황금색, 섬세한 풍미'부터 (더 중립적인) 'A등급 — 아주 진한 색, 강한 풍미'에 이르기까지 다양하다. 메이플 시럽은 크게 자당과 일부 전화당으로 구성되어 있다.

메이플 시럽은 실온에 보관하는 경우가 많지만, 사실 개봉 후에는 곰팡이가 생기지 않도록 냉장고에 보관하는 것이 가장 좋다. 곰팡이가 생기면 시럽을 버린다. 시럽에 결정이 생길 경우 용기째 뜨거운 물에 담그면 시럽이 금세 매끄러운 액체 상태로 돌아간다.

요리에 설탕 대신 메이플 시럽을 사용하려면, 보통 설탕 1컵당 메이플 시럽 ¾컵만 사용하면 된다. ▶ 제과제빵 레시피에서 설탕 대신 메이플 시럽을 사용하려면 같은 비율만큼 넣되, 다른 액체 재료의 분량을 추가한 시럽 1컵당 ¼컵 정도 줄이고 오븐 온도를 15℃가량 낮춘다. (또 다른 옵션은 **메이플 슈거**를 사용하는 것이다.)

메이플 풍미 시럽에는 순수 메이플 시럽이 소량 들어 있지만 대부분 옥수수 시럽 등의 저렴한 시럽과 인공 또는 천연 메이플 향료로 구성되어 있다.(천연 메이플 향료는 호로파씨, 히커리 나무껍질 가루 또는 단풍나무에서 추출할 수 있다.) 순수 메이플 시럽보다 경제적이지만 요리나 제과제빵에는 순수 메이플 시럽 대신 사용하지 않는 것이 좋다. 팬케이크와 와플에 메이플 풍미 시럽을 곁들여 먹을 수 있지만, 이 용도로도 진짜 메이플 시럽을 듬뿍 뿌려서 먹는 것을 추천한다. **팬케이크 시럽**은 인공적으로 풍미와 색을 더한 옥수수 시럽이다.

메이플 시럽 만들기

시럽 중에서도 가장 고급에 속하는 메이플 시럽은 나무에 아무런 해를 끼치지 않고도 수액을 모아 만들 수 있다. 그러나 수액을 모으는 것보다는 처리 과정이 더 복잡하며, 수액 대비 시럽의 산출량은 20:1~50:1에 불과하다. 사탕단풍나무(*Acer saccharum*)가 가장 달콤한 수액을 만들어낸다. 수액을 모으기 가장 좋은 시기는 밤 기온이 −6.7℃, 낮 기온이 7.2℃에 달하는 2월 하순, 3월과 4월 초순이다. 2월 하순에 동결과 해동 온도를 오가는 캐나다, 뉴욕, 버몬트가 단풍나무에서 수액을 추출하기에 가장 이상적인 지역이다. 지름 25~45cm의 나무라면 양동이 1개를 걸어놓고, 지름 45cm 이상이라면 양동이 2개를 사용한다. 수액을 받아내는 위치로는 땅에서 5~12.5cm 올라온 줄기라면 어디나 가능하다. 늦은 계절에 수액을 받아낸다면 북쪽을 향한 위치를 찾아야 한다. 1.1cm 두께의 드릴을 사용해 위를 향하도록 비스듬하게 지름 3.8cm 정도 되는 구멍을 낸다. 양동이 고리가 달린 수액 추출용 주둥이를 끼운다. 나무껍질이 쪼개져서 수액이 새지 않도록 주의하면서 망치로 주둥이를 살살 쳐서 단단하게 박

아 넣는다. 주둥이에 양동이를 걸고 비나 눈이 들어가지 않도록 뚜껑을 닫는다.(일반 알루미늄 양동이를 사용할 수도 있으나 특별히 제작된 메이플 수액 수집용 양동이를 추천한다.)

양동이에 수액이 가득 차면 살균한 용기에 고운체를 얹고 맑은 수액을 부어서 걸러낸다. 미생물의 성장을 최소화하기 위해 최대한 빨리 끓인다. 바로 끓일 수 없다면 거른 수액을 냉장고에 보관한다.(추운 계절에는 수액 추출용 구멍이나 양동이에 세균이 번식할 걱정을 하지 않아도 된다.) 단풍나무 꽃봉오리가 부풀기 시작할 때까지 맑은 수액을 받아낼 수 있다. 수액에서 불쾌한 냄새가 나고 색이 약간 변하면 수액 추출 시기가 끝났다는 의미이므로 주둥이를 뽑아낸다.

수액을 충분히 모았다면 실외에서 얕은 냄비에 담아 끓이는 것이 좋고, 수액 끓이는 작업을 실내 주방에서 마무리하는 것은 권장하지 않는다. 수액은 수분 함량이 높으므로 처음 끓일 때 시럽이 눌어붙을 염려는 없지만 계속 끓이다 보면 끓어서 넘칠 위험이 있다. 단풍나무 수액은 물처럼 100℃에서 끓고 103.9℃에서 시럽이 된다. ▶ 고도가 높은 곳에서는 각 고도의 끓는점에 맞춰 시럽을 끓이는 온도를 낮춘다.

메이플 시럽을 보관하기 전에 아직 뜨거운 상태에서 면 거즈를 깐 체에 내려 석회의 말산염(염의 일종) 성분인 질산칼륨 또는 설탕 알갱이를 걸러낸다. 한 번 더 82℃로 가열한 뒤 살균한 유리병에 붓고 밀봉한다. 메이플 시럽은 실온에서 1년 이상 보관할 수 있다. 일단 개봉하고 나면 냉장고에 보관해야 한다.

마가린(Margarine)

아이러니하게도 마가린은 버터를 좋아하는 프랑스에서 탄생했는데, 초기의 마가린은 동물성 지방으로 만든 것이었다. 오늘날의 마가린은 보통 정제한 식물성 기름과 물 또는 우유를 섞어서 유화한 것이며, 일부 마가린은 경화 공정을 거쳐 트랜스 지방을 포함하고 있다. 이번 개정판을 작업하는 시점에서는 미국 식품의약청(FDA)의 명령에 따라 트랜스 지방이 모든 가공식품에서 배제되고 있는 상태다. 마가린은 버터처럼 80% 이상의 지방을 함유하도록 법으로 규정되어 있고 나머지는 물과 유고형분으로 구성되어 있으며 소금이나 다른 풍미 재료를 첨가하기도 한다. 모든 마가린은 영양을 보강하고 버터와 비슷한 외양을 구현하기 위해 비타민과 색소를 첨가한다. 또한 동물성 지방을 첨가하기도 한다. 자세한 내용은 제품 라벨을 참고한다. ▶ 일반적인 스틱형 마가린은 버터와 수분 함량이 비슷하므로 중량 또는 부피 기준 1:1 비율로 버터 대신 사용할 수 있지만, 일반 요리나 제과제빵 모두 버터와는 사뭇 다른 질감이 생길뿐더러 버터의 근사한 풍미를 구현할 수 없다. 마가린은 쉽게 상하므로 반드시 냉장고에 보관해야 한다. 제과제빵 과정에서 버터나 스틱형 마가린 대신 플라스틱 용기에 들어 있는 마가린, 휩드 마가린, 저지방 마가린, 액체 마가린을 사용한다면 만족스러운 결과를 얻을 수 없다. 마가린의 용도는 빵이나 토스트에 발라 먹거나 조리한 채소에 풍미를 더하는 정도로 한정하는 것이 좋다. 스틱형 비건 마가린은 제과제빵에서 버터 대신 사용할 수 있지만, 일반 마가린보다 더욱 버터 풍미와는 거리가 먼 결과물이 된다. 마가린의 녹는점과 발연점은 1041쪽의 표를 참고한다.

마저럼(Marjoram)

마저럼은 오레가노과에 속하며 오레가노와 비슷한 방식으로 사용할 수 있다. 가장 흔히 볼 수 있는 것은 스위트 마저럼으로 풍미가 섬세하다. 다른 녹색 허브와 마찬가지로 마저럼은 조리가 끝날 무렵에 넣어야 가장 좋다. 마저럼을 소

시지와 스튜에 넣거나, 양고기나 돼지고기, 닭고기와 함께 사용하거나, 달걀 요리에 넣는다. 중동에서 재배하는 **자타**(za'atar, 학명은 *Majorana syriaca*)는 좀 더 톡 쏘는 맛이 강하며 허브와 참깨를 섞은 같은 이름의 혼합 향신료에 사용하는 것으로 가장 잘 알려져 있다.

우유(Milk)

인류는 최소한 기원전 5000년 이래로 동물에서 젖을 얻어왔다. 우유는 영양이 풍부하고 단백질과 지방이 듬뿍 들어 있다. 우유는 유럽과 아메리카 대륙에서 널리 소비되지만, 아프리카와 아시아 대다수 지역을 포함한 세계 여러 지역에서는 많은 사람이 유당불내증 때문에 우유를 마시지 못한다. 또한 아메리카 대륙도 유럽인이 상륙하기 전에는 우유를 소비하지 않았다는 점 역시 언급해둔다.

우유는 매우 상하기 쉽다. 우유를 살 때 최우선으로 고려해야 할 요소는 용기에 찍혀 있는 유통 기한이다. 항상 눈에 띄는 것 중에서 가장 신선한 우유를 사서 약 4.5℃의 냉장고에 보관한다. 유통 기한이 지난 후 최대 7일 정도는 먹을 수 있지만, 그 이전에 풍미가 떨어지기 마련이다.

1994년 미국 정부는 소가 우유를 더 많이 생산하도록 촉진하는 유전자 재조합 젖소 소마토트로핀(rBST), 즉 유전자 재조합 젖소 성장호르몬(rBGH)의 사용을 승인했다. 이러한 호르몬을 맞고 자란 소의 우유를 마신 사람에게 어떤 영향이 나타나는지는 아직 명확하게 입증되지 않았으나, 연구에 따르면 rBGH 호르몬이 건강상의 특별한 문제를 일으키지는 않는 것으로 보인다. rBGH 호르몬을 피하고 싶다면 유기농 인증을 받은 우유나 rBGH 또는 rBST를 사용하지 않았다고 표기된 우유를 구입한다.

별도의 언급이 없는 한 ▶ 이 책의 레시피에서 '우유'는 유지방 함량이 3.25%인 일반 살균 우유를 지칭한다. 크림에 대한 정보는 1034쪽을 참고한다. 또한 견과류와 씨앗 우유에 대해 항목을 참고한다.

생우유 및 살균 우유

미국에서는 다른 주로 유통되는 우유와 크림을 반드시 살균하도록 법으로 규정하고 있다. 미국에서 소비하는 우유는 대부분 **균질화**한 것으로, 균질화란 지방 입자를 잘게 부숴 우유 전체에 골고루 퍼지게 함으로써 지방 입자가 표면으로 떠올라 크림 층을 형성하는 것을 방지하는 기계적 과정이다.

살균은 세심하게 온도를 조절해 가열 및 냉각함으로써 여러 가지 무서운 우유 매개 질병이 발생할 가능성을 효과적으로 없앤 것이다. 아무리 생우유를 세심하고 꼼꼼하게 위생적으로 처리한다고 해도 질병의 위험을 모두 제거한다고 보장할 수는 없기 때문이다. 일반적으로 살균 온도가 낮을수록 우유의 풍미와 품질이 잘 보존된다. 반대로 살균 온도가 높을수록 우유를 오래 보관할 수 있다. **초고온 살균**(UHT) 우유는 137.8℃ 이상의 온도로 몇 초간 가열하는 과정을 통해 세균 및 포자까지 모두 죽여 우유를 효과적으로 살균한다. 이렇게 살균한 후 무균성 포장재로 밀봉한 우유는 실온에서 상당히 오랫동안 보관할 수 있다.(안타깝게도 초고온 살균 우유는 '조리한' 풍미가 난다.)

초고온 살균처럼 풍미를 해치지 않으면서도 안전하게 마실 수 있는 우유를 만드는 저온 살균 방법을 소개한다.

생우유를 가정에서 살균하려면 깊은 주전자에 받침대를 깔고 그 위에 살균한 내열 유리병을 올린다. 생우유를 유리병에 부을 때는 2.5~5cm의 상부 공간을 남긴다.(유리병을 밀봉할 필요는 없다.) 유리병에 담긴 우유보다 높이 올라오도록 주전자에 물을 붓는다. 그대로 꽂아놓을 수 있는 탐침 온도계를 살균한 유리병 중 하나에 꽂는다. 물을 데우다가 63℃에 도달하면 30분간 그 온도를 유지하면서 우유를 살균한다. 30분이 지나면 최대한 빨리 우유를 찬물에 담가서 4.4~10℃로 식힌다. 바로 뚜껑을 덮어 냉장고에 넣는다.

법으로 허가받은 지역에서는 균질화하지 않은 우유나 심지어 살균하지 않은 **생우유**도 찾아볼 수 있다. 생우유를 판매하는 낙농장은 자주 검사 및 인증을 받으며, 우유에도 경고문이 부착되어 있다. 생우유에는 소화와 영양분의 흡수를 돕는 활성 효소가 들어 있기 때문에 살균한 우유보다 생우유가 몸에 좋다고 주장하는 사람들도 있다. 살균 과정에서 치즈 풍미를 낼 수 있는 성분이 줄어들고 균질화 때문에 치즈에 밀랍 같은 질감이 생기므로 많은 치즈 제조업체에서는 생우유를 선호한다. 그러나 미국 상당수 주에서는 생우유 판매가 법적으로 허용되지 않으며 생우유를 다른 주로 유통해서 판매하는 것도 전면 금지되어 있다.

분유 또는 가루우유

분유는 살균한 우유를 분무 건조해 수분을 제거한 것이다.(분무 건조는 분사구 또는 분무기를 통해 뜨거운 통 안으로 액체를 뿜어내는 공정을 거친다. 열 때문에 액체가 바닥에 떨어지기 전에 증발해버린다.) **전지분유**에는 26% 이상의 지방이 들어 있고 **탈지분유**에는 약 1.5%의 지방이 들어 있다. 전지분유는 햇빛이 들지 않는 시원하고 건조한 장소에 보관해야 한다. 모든 분유는 일단 개봉하고 나면 밀폐 용기에 담아 냉장 보관해야 한다. 이상한 냄새가 나면 버린다. 전지분유는 6~9개월간 보관할 수 있으며 식품 조리용 비인스턴트 탈지분유는 12~18개월간, 일반 인스턴트 탈지분유는 6~12개월간 보관할 수 있다.

분유를 구우면 근사한 풍미를 내는 비법 재료를 얻을 수 있다. 굽는 과정에서 생기는 갈색의 고소한 유고형분은 브라운 버터와 흡사한 냄새 및 맛을 가지고 있다. 구운 분유를 아이스크림이나 커스터드처럼 원래 우유를 넣는 레시피에 활용해보자. 구운 분유가 내는 풍미뿐만 아니라 단백질이 추가되어 더 걸쭉하고 진한 결과물을 얻을 수 있다. 대다수 커스터드 형태 레시피라면 구운 분유 ½컵 이상을 액체 재료에 넣고 녹을 때까지 잘 섞으면 된다.

분유를 구우려면 150℃의 오븐에 넣고 5분마다 섞어주면서 갈색이 될 때까지 20~25분간 굽는다.

분유를 다시 액상 우유로 만들려면 포장지의 설명을 따르거나 물 1컵에 분유 3~4큰술을 타면 된다. 이렇게 하면 부피로는 우유 1컵이 약간 넘고 영양소도 우유와 차이가 없다. 가장 맛있게 즐기려면 사용하기 최소 2시간 전에 물에 타서 냉장고에 넣어둔다.

레시피에서 일반 우유 대신 탈지분유를 물에 타서 사용하려면 물에 탄 탈지분유 1컵당 땅콩버터를 2큰술 정도 추가한다.

연유

연유는 일반, 저지방, 탈지유의 수분 50%를 제거한 것으로 통조림에 넣어 가열 살균한다. 이 처리 과정 때문에 약간 캐러멜화된 풍미를 지니고 있다. 일단 개봉하면 신선한 우유와 같은 방식으로 보관해야 한다. 다시 액상 우유로 만들 때는 연유와 물을 1:1로 섞는다. 또는 희석하지 않은 연유 그대로 소스, 커스터드, 푸딩에 넣으면 진한 풍미를 즐길 수 있다.

무지방 또는 탈지유

무지방 우유라고도 하는 탈지유는 지방 함량이 0.5% 이하이지만 단백질과 무기질 함량은 일반 우유와 같다. 탈지유는 푸르스름한 빛이 도는 흰색이며 일반 우유의 묵직한 질감과 풍미는 찾아볼 수 없다. 탈지유는 비타민 A를 보강하며 때로는 비타민 D를 첨가하기도 한다. 탈지유는 다른 우유보다 유당 함량이 높다.

염소젖

염소젖은 우유보다 훨씬 더 희고 풍미가 진하며 영양소는 우유와 비슷하다. 콜레스테롤 함량은 약간 낮지만 지방 자체는 우유보다 풍부하다. 염소젖에 들어 있는 지방 분자는 상대적으로 크기가 작으므로 균질화할 필요가 없다. 염소젖은 시판 우유처럼 지방을 일부 제거한 형태로 판매하지 않으며 비타민 D를 강화하지도 않는다. 유당불내증이 있거나 우유 단백질에 알레르기가 있는 사람은 염소젖도 피해야 한다. 일반적으로 염소젖은 일반 우유 대신 사용할 수 있다.

무유당 우유(락토프리 우유)

특히 비유럽계를 비롯해 많은 성인이 유당불내증을 가지고 있다. 우유에 효소 처리를 해서 각 유당 분자를 과당 포도당과 갈락토스라는 더 단순한 당으로 분해함으로써 소화를 도울 수 있다. 무유당 우유는 일반 우유보다 단맛이 강하지만 영양소는 같다. 레시피에서 일반 우유 대신 사용할 수 있다.

가당연유

미국 남북전쟁 시대까지 거슬러 올라가는 보존 방식으로, 가당연유는 우유의 수분 함량을 절반으로 줄인 뒤 설탕을 추가한 것이다. 415ml짜리 가당연유 통조림 1개에는 우유 2½컵 및 설탕 ½컵이 들어 있다. 가당연유는 설탕 함량이 높아서 개봉한 후 연유보다 더 오래 보관할 수 있다. 가당연유는 캐러멜 소스, 파이, 쿠키 바 등을 만들 때 자주 사용된다. 간단한 둘세 데 레체, 키 라임 파이, 굽지 않고 만드는 레몬 또는 라임 파이 레시피를 참고한다.

전유

균질화된 신선한 우유는 일반적으로 3.25% 이상의 지방을 함유하고 있으며 단백질, 유당, 무기질 함량은 8.25% 이상이다. 전유는 비타민 A와 D를 첨가해 강화할 수 있다. 대규모 우유 처리 시설에서 생산한 전유는 사실 모든 지방을 제거했다가 USDA의 최소 지방 함량 기준에 맞춰 다시 추가한 것이기 때문에 '전유(whole milk)'라고 하기에는 어폐가 있다. 실제로 우유의 지방 함량은 소의 품종, 계절, 먹이 등에 따라 달라진다.

민트(Mint)

페퍼민트와 스피어민트가 우리에게 익숙하지만 사실 박하속(Mentha)에는 수많은 독특한 품종이 존재한다. 구불구불한 민트와 애플 민트, 오렌지 민트, 초콜릿 민트, 파인애플 민트를 비롯해 상당수는 충분히 허브로 사용해볼 만하다. 이러한 품종들은 코를 찌르는 풍미는 덜하지만, 페퍼민트나 스피어민트에 뒤지지 않는 상쾌한 풍미가 있다. 선호하는 민트를 과일 샐러드에 사용하거나 완두콩이나 애호박, 양고기 요리에 넣거나 초콜릿 디저트에 우려내서 사용하거나 디저트 가니시로 사용하거나 차와 칵테일에 넣을 수 있다. 페퍼민트 잎은 말려도 품질이 잘 유지되는 것으로 알려져 있다. 꽃이 피기 전에 잎을 따서 허브와 씨앗 건조하기 항목의 설명에 따라 말린다. 민트는 매우 키우기 쉽고 성장이 빨라 금세 주변으로 퍼진다. ▶ 따라서 화분에 담아 키운다.

미르푸아(Mirepoix)

잘게 깍둑썰기한 양파, 당근, 셀러리(때로는 베이컨이나 햄을 추가한다.)를 섞은 것을 의미하는 프랑스어다. 또한 미르푸아에는 회향, 서양대파, 마늘, 토마토, 파슬리 등의 허브를 썰어서 넣기도 한다. 지방 재료로는 올리브유나 식물성 기름, 버터 또는 정제한 돼지기름을 사용하기도 한다. 미르푸아는 수많은 소스를 만들 때 필수적인 첫 단계이며 라구에서부터 수프에 이르기까지 다양한 요리의 기본 풍미를 내는 역할을 한다. 스페인, 이탈리아, 카리브해 지역의 요리에서 사용되는 비슷한 풍미 혼합물은 소프리토 항목을 참고한다.

마지막으로 프랑스의 영향을 받은 루이지애나 요리에서 맛을 내는 데 사용하는, 미르푸아와 비슷한 향미 혼합물을 소개한다. 케이준 '삼위일체'로 잘 알려진 양파, 셀러리, 녹색 피망의 혼합물은 검보, 잠발라야를 비롯한 수많은 요리에 사용된다. 우리는 마늘도 이 세 가지만큼 중요한 재료로 평가받아야 한다고 생각하지만 '사위일체'는 아무래도 어감이 잘 와닿지 않는 듯하다.

미림(Mirin)

알코올 재료 항목을 참고한다.

미소, 된장, 도우장(Miso, Doenjang, and Doujiang)

미소는 대두를 고지로 발효시켜 만든 페이스트다. 소스, 양념장, 드레싱, 수프를 양념하거나 채소 피클을 만들 때 사용한다. 미소에는 쌀과 대두로 만든 것(고메 미소), 보리 또는 호밀과 대두로 만든 것(무기 미소), 대두만으로 만든 것(마메 미소)으로 크게 세 가지 유형이 있다. 쌀과 대두로 만드는 미소는 다시 시로 미소(백미소), 신슈 미소(노란색 미소), 탄쇼쿠 미소(베이지색 미소), 아카 미소(적미소) 등으로 나뉜다. 핫쵸 미소는 대두만 사용해 만드는 미소로, 붉은빛을 띠는 진한 갈색이며 아주 짜다. 모든 미소는 짭짤하지만 미소의 색과 염도 및 자극적인 맛은 색깔과 어느 정도 연관이 있다. 시로, 신슈, 탄쇼쿠 미소가 가장 맛이 순하고 단맛이 강하며, 아카 미소는 더 짜고 풍미가 진하다. 핫쵸 미소는 가장 맛이 강하고 자극적이다. 또한 현미로 만든 겐마이 미소나 병아리콩, 팥, 리마콩 등으로 만든 미소처럼 최근에 등장한 새로운 유형도 있다. 모든 미소는 비슷한 방식으로 사용할 수 있지만 풍미의 강도와 염도에 따라 사용하는 분량이 달라진다.

한국의 된장과 중국의 도우장(豆醬, 보통 황장, 즉 노란색 된장이라는 이름으로 판매한다.)은 몇 가지 측면에서 미소와 비슷하다. 모두 대두를 발효해 만든 페이스트로 다양한 국물, 수프, 요리의 풍미를 내는 데 사용한다. 주로 항아리나 커다란 통에 담아서 발효하는 미소와는 달리 된장과 도우장을 만드는 데 사용하는 대두는 일단 삶아서 굵게 으깬 후 어느 정도 발효시키다가 압착해서 벽돌 형태(각각 메주 또는 취)로 만든 다음 바람이 잘 통하는 곳에 한 달 이상 두고 발효시킨다. 전통적인 방법은 이 벽돌 형태의 발효 대두를 항아리에 옮겨 담고 잠기도록 소금물을 붓는다. 시간이 충분히 지나면 물렁물렁해진 대두 덩어리를 소금물에서 건져서 통에 담아 포장한다.

이 과정을 통해 한국 가정의 주방에서 빼놓을 수 없는 두 가지 재료가 탄생한다. 하나는 된장 자체이고, 나머지 하나는 메주의 풍미와 추가적인 양념을 빨아들인 소금물이다. 이 소금물을 사용해 국간장, 즉 한국 전통 간장을 만든다. 오늘날의 된장 제조 방법은 누룩 발효종을 사용하고 소금물에 담가두는 긴 과정을 건너뛰는 경우가 많으므로 전통 된장보다 단맛이 강하다.

된장은 보통 도우장보다 건더기가 많고 질감이 거칠지만 매콤한 맛이 강하고 건더기가 많은 도우장도 있다.(칠리 고추 페이스트 항목의 두반장 설명 참고) 아주 진한 적미소와 핫쵸 미소를 제외하면 된장과 도우장은 미소보다 맛이 강하다. 된장 중에는 버섯, 다시마, 마른 멸치 등의 다른 재료를 넣어 국과 찌개 전용으로 만든 양념 된장도 있다.

된장, 도우장, 미소는 뚜껑 있는 용기에 담아 냉장 보관해야 하며 가장 맛있게 즐기려면 1년 이내에 먹어야 한다.(보관 기간 자체는 제한이 없다.) 장의 표면이 산화되는 것을 방지하기 위해 파라핀지를 위에 덮어둔다.

우리는 매우 다양한 요리의 풍미를 돋우기 위해 미소와 된장을 사용한다. 백미소는 가향 버터 및 미소 뵈르 블랑에 사용하거나 완두콩과 래디시 미소 버터 볶음처럼 연한 녹색 채소에 맛을 내거나 구운 고구마를 으깰 때 넣어서 섞거나 버터와 섞어서 그릴에 구운 옥수수에 바르거나 페스토에 넣거나(특히 파르메산 치즈의 공백을 감칠맛 풍부한 미소로 보완할 수 있는 비건용 페스토) 소금 캐러멜 소스에 넣고 섞으면(건더기가 많은 미소를 사용한다면 캐러멜을 한 번 걸러야 한다.) 아주 근사하다. 적미소나 핫쵸 미소는 조림 또는 뭉근히 끓이는 요리와 칠리에 넣어 더 깊은 맛을 살려도 좋고, 미소를 발라 윤기 나게 구운 가지처럼 미림과 섞어서 가지에 발라도 잘 어울린다. 된장은 국을 끓이는 용도 외에도 쌈장 같은 양념장을 만들 때 필수 재료이며 적미소 또는 핫쵸 미소를 대신 사용하기도 한다. 두부 미소즈케, 은대구 미소즈케, 미소 된장국 레시피도 함께 참고한다.

당밀(Molasses)

당밀은 설탕을 만드는 과정에서 나오는 부산물로, 팔팔 끓여서 졸인 사탕수수즙의 결정화되지 않은 잔여물이다. 철분이 풍부한 당밀은 빵, 케이크, 쿠키에 진하고 구수한 풍미와 촉촉한 식감을 더한다.

제당업자들은 사탕수수즙을 여러 번 끓여서 순수한 자당을 최대한 많이 추출한다. 사탕수수즙을 첫 번째 끓이고 남은 잔여물이 **연한 당밀**이고, 두 번째 끓이고 남은 것이 **진한 당밀**이다. 철분이 풍부하고 쓸쓸한 **블랙스트랩**(blackstrap)은 마지막으로 끓이고 남은 것이므로 당이 가장 적게 들어 있으며 불순물 비율이 제일 높다. 현재 마트에서 판매하는 당밀은 사실상 전부 황을 첨가하지 않은 것이므로 **황 무첨가 당밀**은 옛날 용어라고 할 수 있다.(예전에는 항균 작용 및 보관성을 높이기 위해 황을 첨가했다.)

당밀은 사과, 계피와 생강 등의 따뜻한 향신료, 버번과 잘 어울린다. 당밀을 수수 당밀(수수 시럽), 석류 당밀, 대추야자 당밀 등과 혼동하지 말자.(진한 색의 이 감미료들은 당밀과는 달리 부산물이 아니라 달콤한 즙이 진한 시럽처럼 끈적해질 때까지 졸인 것이다.) 당밀 빵, 신선한 생강 케이크, 생강 쿠키, 모라비아식 얇은 당밀 쿠키, 슈플라이 파이, 당밀 아이스크림 레시피를 참고한다.

제과제빵을 할 때 설탕 대신 당밀을 사용하려면 레시피에 들어가는 다른 액체 재료의 양을 당밀 1컵당 5큰술씩 줄인다. ▶ 당밀의 산 성분 때문에 당밀을 1컵 넣을 때마다 베이킹소다 ½작은술을 추가해야 하며, 베이킹파우더는 아예 생략하거나 분량을 절반으로 줄인다. 어느 레시피든 설탕 분량의 절반 이상을 당밀로 대체하지 않도록 주의한다. 또한 설탕 대신 당밀을 사용하면 완성된 요리 또는 빵이나 과자의 풍미와 색이 근본적으로 달라진다는 점도 잊지 말자.

MSG

우리는 MSG 사용을 찬성한다. 풍미 증진제 항목을 참고한다.

말린 버섯(Mushrooms, Dried)

말린 버섯은 감칠맛이 농축된 훌륭한 재료다. 가장 흔히 볼 수 있는 말린 버섯은 포르치니버섯과 표고버섯이다. **말린 포르치니버섯**은 간단한 브라운 소스, 갈비찜과 같이 진한 소스와 조림 요리에 사용한다. 얇게 저미면서 말린 것, 분말, 통째로 말린 것 등 다양한 형태로 판매한다. 통째로 **말린 표고버섯**은 아시아 마트에서 쉽게 찾아볼 수 있다. 표고버섯은 보통 뜨거운 물에 불려서 사용하지만, 육수(버섯 육수)와 뭉근히 오래 끓이는 요리의 경우 국물에 바로 넣기도 한다. 말린 버섯은 간단하게 갈아서 고운 버섯 가루로 만들어두면 아주 유용하다. 버섯 가루는 미리 불리거나 오래 끓이지 않고도 요리에 바로 넣을 수 있으며 풍미도 더욱 골고루 퍼진다.

말린 목이버섯은 운이버섯 또는 검정 풍기버섯이라고도 하며 젤리 같은 식감에 풍미가 순한 버섯이다. 중국 요리에 널리 사용하며 아시아 마트에서 쉽게 구할 수 있다. 말린 목이버섯을 불리면 약간 오도오독하고 젤라틴처럼 쫀득한 식감이 살아나면서 얇고 넓게 퍼진다. 말린 목이버섯을 불린 후 나무에 붙어 있던 지분거리는 부분을 잘라내고 채를 썰거나 한입 크기로 썬다. 산라탕이나 볶음 요리에 넣는다.

신선한 버섯에 대한 자세한 내용은 265~267쪽을 참고한다. 송로버섯은 1089쪽에서 다룬다. 버섯 캐첩 레시피도 함께 참고한다.

겨자(Mustard)

배춧과 식물인 겨자는 약간 쌉쌀하고 후추 향이 나는 잎뿐만 아니라 씨까지 활용할 수 있는 유용한 식물이다. **겨자씨**는 통째로 또는 으깨거나 곱게 갈아서 매콤한 페이스트 상태로 사용한다. 흰색 및 노란색 겨자씨는 백겨자(*Sinapis alba* 또는 *Brassica hirta*)라는 식물에서 추출한다. 톡 쏘면서도 은은한 단맛이 나는 겨자씨는 마트에서 쉽게 찾아볼 수 있다. 이러한 유형의 겨자씨는 대부분 겨잣가루로 갈거나 다른 재료와 섞어서 양념 겨자(노란색 머스터드)로 만든다. 갈색 겨자씨는 갓(*Brassica juncea*)이라는 식물에서 추출한다. 갈색 겨자씨는 흰색 겨자씨보다 작고 매운맛이 강하다. 아주 자그마하고 검은색의 겨자씨는 흑겨자(*Brassica nigra*)에서 채집하며 톡 쏘는 맛이 가장 강하다.

드라이 머스터드(dry mustard)는 한마디로 노란색 겨자씨를 갈아놓은 것이다. 데빌드 에그, 샐러드 드레싱, 마요네즈, 콜슬로 등에 사용하면 톡 쏘는 맛의 악센트 역할을 한다. 여러분의 코를 보호하기 위해 ▶ 겨자씨를 향신료 분쇄기로 가는 것은 삼가자. 겨자 먼지가 공중으로 날아오르면서 극도로 자극하기 때문이다. 절구와 절굿공이를 사용하면 겨자 먼지가 생길 가능성이 낮지만, 조금 비싸고 신선도가 떨어지더라도 미리 갈아놓은 겨잣가루를 구매하는 것이 훨씬 편리하다.

홀그레인 머스터드는 통겨자씨가 들어 있으며 식감이 매력적이다.(최고급 홀그레인 머스터드는 캐비아처럼 겨자씨가 입안에서 톡톡 터진다.) **맷돌로 갈아서 만든 머스터드**는 굵게 으깬 겨자씨로 만들며 적당히 건더기가 씹힌다. **양념 머스터드**는 건더기 없이 매끄러운 전통적 노란색 겨자를 지칭할 때 사용하는 용어이며, 핫도그에 뿌리는 용도로 가장 잘 알려져 있다. 양념 머스터드는 노란색 겨잣가루, 식초, 소금, 강황, 기타 양념을 섞은 것이다. **디종 머스터드**는 갈아놓은 갈색 겨자씨와 화이트와인으로 만든다. 디종 머스터드에는 식감이 매끄러운 것과 맷돌로 갈아놓은 것처럼 건더기가 씹히는 종류가 있으며 허브를 넣어 풍미를 살리거나 때로는 코냑을 소량 첨가하기도 한다. 머스터드는 냉장고에 넣으면 아주 오랫동안 보관할 수 있다.

다른 향신료와 함께 튀겨서 달의 풍미를 내거나 양념장, 커리 또는 피클을 만들 때 겨자씨를 통째로 사용하면 갈거나 분쇄했을 때처럼 코가 뻥 뚫리는 매운맛보다는 쌉쌀하면서 기분 좋을 정도로 고소한 풍미를 돋운다. 겨자의 톡 쏘는 풍미는 쪼개거나 액체와 섞어서 천연 효소가 코를 자극하는 휘발성 황화합물을 생성할 때만 활성화된다. 드라이 머스터드를 액체와 섞거나 통겨자를 갈면 처음 10분간은 매캐한 풍미가 강하게 올라오다가 점차 줄어든다. 식초와 같은 산을 추가하거나 겨자를 가열하면 이렇게 매운 풍미가 줄어드는 것을 방지할 수 있다. 우리는 겨자를 액체와 섞거나 갈아낸 즉시 식초를 넣는 편인데, 겨자를 레시피에 사용하는 물 또는 와인에 담가서 불리거나 액체 재료와 섞은 후 취향에 따라 10분 가까이 기다렸다가 식초를 넣어 섞으면 아주 강렬한 매운맛의 겨자를 만들 수 있다.

알갱이가 씹히는 머스터드

약 1컵

만든 지 며칠이 지나면 풍미가 순해진다.

그릇에 다음을 넣어 섞는다.

    노란색 겨자씨 5큰술

    드라이 화이트와인 ⅓컵

    화이트와인 식초 ⅓컵

    (강판에 간 양파 1½작은술)

    소금 ½작은술

    설탕 ½작은술

    백후추 ¼작은술

뚜껑을 덮어 하룻밤 냉장고에 넣어둔다. 믹서에 넣고 알갱이가 어느 정도 남아 있을 때까지만 간다. 뚜껑을 덮고 냉장고에 넣으면 최대 3주간 보관할 수 있다.

매콤한 머스터드

약 ½컵

목이 막힐 정도로 매운 중국식 및 독일식 머스터드는 드라이 머스터드를 물, 김빠진 맥주 또는 식초 등의 차가운 액체와 섞어 페이스트 형태로 만든 것이다. 품질이 뛰어난 드라이 머스터드를 사용해야 가장 좋은 결과물을 얻을 수 있다. 이 머스터드는 그대로 사용할 수도 있고 아래에 권장하는 다양한 풍미 재료 중 하나를 추가해도 좋다. 갓 만든 머스터드는 톡 쏘는 맛이 매우 강하지만 시간이 지나면 어느 정도 순해지므로 만든 후 뚜껑을 덮어 며칠 동안 냉장고에 넣어두었다가 사용하기를 권한다. 차가운 육류, 특히 로스트 비프나 콘비프 샌드위치에 발라서 먹으면 아주 맛있다.

그릇에 다음을 넣어 섞는다.

    드라이 머스터드 ½컵

    드라이 화이트와인 2큰술

    사과 식초 2큰술

    물 2큰술

    소금 1작은술

    백후추 ½작은술

2시간 동안 두었다가 다시 잘 섞는다. 뚜껑을 덮어 냉장고에 보관했다가 사용한다. 뚜껑을 잘 덮어서 냉장고에 넣어두면 2~3주간 보관할 수 있다.

머스터드에 첨가할 수 있는 풍미 재료

다음 중 하나를 알갱이가 씹히는 머스터드나 매콤한 머스터드에 넣고 섞는다.

    말린 과일(천도복숭아, 살구 또는 자두) ¼컵, 불려서 잘게 깍둑썰기하고 꿀 1큰술 또는 취향에 따라 적당량 넣기

    다진 허브(타라곤, 로즈메리, 타임 또는 차이브) 최대 ¼컵+갈색 설탕 1½작은술

    레몬즙 1큰술+고수씨 가루 1½작은술

    커리 가루 1큰술

    아도보 소스에 절인 치폴레 고추 1개, 다지기

    갈아서 양념한 호스래디시, 물기를 빼서 2작은술

    다지거나 강판에 간 마늘 적당량

    다진 샬롯 1큰술

낫토(Natto)

일본의 낫토(納豆)는 중국, 한국, 태국, 네팔, 인도네시아에서 만드는 '끈적끈적한' 대두 발효식품 중에서 가장 잘 알려진 음식이다. 낫토는 짜지 않으면서 젖산 때문에 톡 쏘는 맛도 나지 않는 몇 안 되는 발효식품 중 하나다. 낫토는 치즈와 암모니아를 연상시키는 냄새가 나며 깊은 감칠맛이 있다. 낫토도 템페처럼 대두를 대부분 으깨지 않고 통째로 발효시키지만, 조밀한 질감이 아니라 호불호가 갈리는 끈적거리는 점성 물질로 뭉쳐 있다. 이 점성 물질은 오크라를 썰었을 때 단면에 배어나는 끈끈한 물질을 연상시키는데, 그보다 더 걸쭉하고 잡아당기면 긴 실처럼 늘어난다. 낫토는 보통 양념과 함께 밥 위에 얹어서 먹을 때로는 날달걀 노른자를 곁들이기도 한다.

낫토를 먹으려면 젓가락으로 실이 늘어나도록 대두를 잡아당겼다가 다시 실을 감아주는 동작으로 휘휘 젓는다. 점성 물질은 점점 걸쭉해지다가 불투명해질 것이다. 맛이 강한 머스터드, 간장, 다진 쪽파를 적당량 넣고 섞은 후 단립종 쌀밥 위에 얹어서 낸다.

니겔라씨(Nigella Seeds)

니겔라는 다양한 이름으로 불리는 향신료다. 칼롱지(kalongji), 샤르누쉬카(charnushka), 양파씨, 블랙시드(black seed), 블랙 커민 등으로 알려져 있다. 양파나 커민과는 관련 없는 품종이며 미나리아재빗과에 속한다.(정원에서 화초를 키우거나 미나리아재비를 좋아하는 사람이라면 익숙할 것이다.) 약간 고소하면서 타임을 연상시키는 풍미가 있으며 인도의 채소 요리 및 피클에 사용된다. 또한 난반죽에 니겔라씨를 뿌려서 굽기도 한다. 니겔라는 호로파, 커민, 검은색 겨자씨, 회향씨와 함께 벵갈 지방의 혼합 향신료인 **판치 포론**(panch phoron)에 들어가는 다섯 가지 향신료 중 하나다. 판치 포론은 갈지 않고 통째로 사용하며 기름이나 기 버터에 넣고 가열해 기름에 향신료의 풍미를 우려낸 후 다른 재료를 추가한다.

육두구와 육두구 껍질(Nutmeg and Mace)

육두구와 육두구 껍질은 둘 다 겉껍질이 단단하고 목련에 가까운 품종인 육두구(*Myristica fragrans*) 열매로 만들기 때문에 매우 비슷한 풍미를 낸다. 겉껍질을 깨면 단단한 속 알갱이인 **육두구 열매**가 드러나고, 이 열매는 주름진 씨껍

질로 덮여 있다. 이 씨껍질을 벗겨서 평평하게 편 다음 말린 것이 **육두구 껍질**이다. 육두구 껍질은 주로 갈아서 판매하지만 '블레이드'라고 부르는 통껍질 형태로 팔기도 하며 연한 노란색에서 붉은빛이 도는 황금색까지 다양한 색을 띤다. 육두구 열매와 육두구 껍질은 비슷한 맛이 나지만 육두구 껍질이 풍미가 순한 편이며 입에 더 상쾌한 느낌을 준다. 전통적으로 케이크, 도넛, 조미료, 양념, 육류 요리, 가람 마살라 등의 인도식 혼합 향신료에 사용된다.

육두구 열매는 소량씩 사용한다. 가장 좋은 풍미를 내려면 육두구 분쇄기나 거친 강판을 사용해 필요할 때마다 갈아서 쓴다. 제과제빵뿐만 아니라 시금치 요리, 키시, 프렌치토스트에 사용해도 좋고 에그노그와는 항상 잘 어울린다.

견과류와 씨앗(Nuts and Seeds)

몇 가지 예외를 제외하면, 견과와 씨앗은 식물학적으로 비슷하다기보다 지방과 단백질 함량이 높다는 공통점을 가지고 있다. 견과와 씨앗 모두 영양분이 농축되어 있고 말리면 상당히 오랫동안 보관할 수 있다. 밤과 캐슈(채집을 즐긴다면 도토리까지)를 제외하면 견과와 씨앗에는 전분이 거의 들어 있지 않다. 녹색 아몬드와 녹색 호두 피클을 제외하고 거의 모든 견과와 씨앗은 잘 익었을 때 먹는다. 특정 견과와 씨앗에 관한 내용은 개별 항목을 참고한다. 새싹을 기를 때 사용하는 씨앗에 대해서는 발아 씨앗 항목을 참고한다.

견과는 지방이 풍부하게 들어 있으므로 껍질째 보관하는 것이 가장 좋다. 산패를 일으키는 요소인 빛과 열, 습기, 공기 노출을 껍질이 막아주기 때문이다. 그렇다 해도 우리는 땅콩과 피스타치오 정도를 제외하면 대부분 껍질을 까지 않은 견과를 잘 사지 않는 편이며, 요리 목적보다는 간식으로 먹기 위해 구입하는 경우가 많다. 따라서 두 번째로 좋은 방법은 실온에서 보관할 때 2개월 안에 먹을 수 있는 분량만, 냉동실에 보관할 때 1년 이내에 먹을 수 있는 분량만 구입하는 것이다. 무염 견과는 가염 견과보다 오래 보관할 수 있다. 곰팡이가 피거나 쪼그라들거나 말라버린 견과는 버린다. 대략적인 기준으로 ▶ 껍질을 까지 않은 견과 450g을 손질하면 껍질을 깐 견과 225g을 얻을 수 있다.(물론 이 수치는 견과의 종류에 따라 달라진다.)

이번 항목에서 다루는 씨앗도 지방 함량이 높으므로 보관 및 취급 방법은 견과와 비슷하다. 씨앗을 소량씩 사서 몇 달 안에 다 사용하거나 냉동실에 보관한다.

견과류 속껍질 벗기기

헤이즐넛이나 아몬드처럼 일부 견과는 단단한 겉껍질뿐만 아니라 얇은 속껍질로 둘러싸여 있다. 이 속껍질은 쓴맛이 나기 때문에 제거하는 것이 좋다. 속껍질을 벗겨내려면 사용하기 직전에 겉껍질을 벗겨낸 견과류 위에 끓는 물을 붓는다. 견과의 양이 많다면 끓는 물을 부은 후 최대 1분 정도 잠깐 두었다가 사용한다. ▶ 시간이 짧을수록 더 좋다. 물을 따라낸다. 찬물을 견과 위에 부어서 더 이상 온도가 올라가지 않게 한 후 다시 물을 따라낸다. 견과가 식으면 꼬집듯이 잡거나 문질러서 속껍질을 벗겨낸다.

땅콩, 헤이즐넛, 피스타치오는 아래의 방법대로 먼저 견과를 구운 다음 주방 행주로 감싸서 견과끼리 세게 비비면서 속껍질을 벗길 수 있다. 이 방법은 견과가 뜨거울 때와 식었을 때 모두 활용할 수 있다.

견과와 씨앗 굽기

견과와 씨앗을 구우면 풍미가 더 진해진다. 구운 견과류는 요리의 풍미에 상당한 영향을 미치므로 몇 분 정도 시간을 내서 품을 들일 가치가 충분하다.

탄 맛이 나거나 딱딱해지는 것을 방지하려면 ▶ 너무 오래 굽지 않는다. 씨앗은 특히 검게 타버리기 쉬우며 견과는 식으면서 색이 진해지고 바삭해진다. 견과와 씨앗은 불에서 내린 이후에도 1~2분 정도 계속 익으므로 익기 시작하되 색이 아직 진해지지 않을 때까지만 굽는다. 뜨거운 씨앗이나 견과를 바로 접시나 오븐 팬에 옮겨 담아 너무 많이 구워지지 않게 한다. 견과는 뜨거울 때 칼로 썰 수 있지만, 씨앗이나 견과를 푸드 프로세서나 믹서에 넣어 갈 때는 완전히 식혀서 작업한다.

견과와 씨앗을 오븐에서 구우려면 기름을 바르지 않은 오븐 팬에 넓게 펴서 깔고 175℃의 오븐에 넣은 다음 견과의 크기에 따라 5~10분간 굽는다. 타지 않도록 중간중간 확인하며 자주 저어준다.

견과와 씨앗을 가정용 레인지에서 구우려면 기름을 두르지 않은 프라이팬에 넣고 중불에 올려서 고소한 냄새가 나기 시작할 때까지 4~5분간 굽는다. 타지 않도록 자주 젓거나 프라이팬을 흔들어준다.

견과와 씨앗을 전자레인지에 구우려면 전자레인지용 접시에 얇게 한 겹으로 깐다. 뚜껑을 덮지 않고 1분씩 조리하되, 1분씩 구울 때마다 섞어준다. 견과와 씨앗이 다 구워지면 진한 냄새가 나고 연한 갈색으로 변한다.

구운 견과와 씨앗은 뚜껑을 덮어서 서늘하고 건조한 곳에 두면 최대 2주간 보관할 수 있다.

견과류 썰기

비교적 큼직한 견과 조각이 필요하면 피칸이나 호두 등의 견과를 그냥 손가락으로 부러뜨린다. 그보다 자잘한 조각이 필요하면 칼을 사용한다. ▶ 견과가 촉촉하고 따뜻하면서 칼이 잘 들수록 쉽게 썰 수 있다.

견과를 썰려면 칼날의 너비만큼 견과를 둥글게 모은다. 오른손잡이라면 왼손, 왼손잡이라면 오른손의 엄지와 검지로 칼날 끝의 위쪽을 잡고 나머지 손의 엄지와 검지 마디를 손잡이 바로 앞의 칼날 양쪽에 가져다 댄다. 나머지 세 손가락은 칼자루를 쥐고 있어야 한다. 칼날 끝과 칼자루를 잡고 칼날을 앞뒤로 흔들면서 반원을 그리도록 칼의 방향을 조금씩 옮겨가며 썬다. 썰린 견과 조각을 모아서 다시 앞뒤로 흔드는 작업을 반복해서 원하는 굵기로 곱게 썬다.

푸드 프로세서에 견과류를 넣고 짧게 여러 번 작동시켜 썰 수도 있다. ▶ 한 번에 2컵 이상은 넣지 않으며 너무 오래 썰지 않도록 주의한다. 푸드 프로세서를 너무 오래 돌리면 견과류 버터가 되어버린다.

견과류 갈기

일부 레시피에서는 곱게 간 견과류 또는 견과 가루를 사용한다. 최근에는 대다수 마트에서 아몬드 분말이나 가루를 쉽게 찾아볼 수 있지만 집에서도 견과 가루를 만들 수 있다. 견과를 갈 때는 ▶ 한 번에 소량씩 푸드 프로세서에 넣은 후 아주 곱게 갈릴 때까지 푸드 프로세서를 짧게 여러 번 작동시킨다. 이렇게 질감이 가볍고 폭신폭신한 견과 가루를 만들어놓으면 견과류 토르테나 쿠키의 재료로 사용하기 쉽다. 믹서를 사용하면 푸드 프로세서만큼 효과적으로 견과를 갈거나 썰기 어렵다. 믹서를 쓸 수밖에 없다면 한 번에 ¼컵씩만 넣어서 돌리고, 시작하기 전에 믹서 용기와 칼날에 물기가 없는지 확인한다. 구운 견과는 완전히 식힌 후 간다.

견과류와 씨앗 버터에 대해

땅콩버터는 오랫동안 미국인의 사랑을 받아온 견과 버터지만(여기에는 그만한 이유가 있다. 기가 막히게 맛있기 때문이다!) 최근에는 다른 견과와 씨앗 버터도 서서히 주목받고 있어서 매우 고무적이다. 아몬드, 피칸, 캐슈, 호두, 호박씨, 해바라기씨, 헤이즐넛은 모두 갈아서 신선한 견과 또는 씨앗 버터로 만들 수 있다.

푸드 프로세서로 만든 견과 및 씨앗 버터는 건더기가 적당히 씹혀 먹음직스러우며 신선하고 진한 풍미를 지니고 있다. 호두와 피칸으로 만든 버터는 질감이 가볍고 상대적으로 묽은 편이다. 땅콩, 캐슈, 아몬드 버터는 좀 더 뻑뻑하다. 견과나 씨앗을 푸드 프로세서에 넣고 잘게 갈아서 가루끼리 잘 섞이고 크림 같은 질감이 될 때까지 짧게 여러 번 작동시킨다. 중간중간 작동을 멈추고 필요하면 푸드 프로세서 용기 옆면에 묻은 재료를 긁어내리면서 작업한다. 대다수 견과 버터를 만들 때는 기름을 추가할 필요가 없지만, 아몬드와 대부분의 씨앗은 다소 퍽퍽한 느낌이 있으므로 기름을 소량 넣어주면 좋다. 생견과를 사서 구운 후 식혀서 가는 것을 권장한다.

견과류 버터

1½~1¾컵

다음을 푸드 프로세서에 넣는다.

> 굽거나 볶은 무염 땅콩, 캐슈, 호두, 피칸, 아몬드 또는 헤이즐넛 3컵

견과류가 공 모양으로 뭉칠 때까지 2~3분간 푸드 프로세서를 작동시킨다. 공 모양으로 뭉친 견과류 가루를 숟가락으로 부순다. 취향에 따라 다음을 추가한다.

> (소금 ¼작은술 또는 기호에 따라 적당량)

견과류에서 기름이 나오면서 버터 형태가 될 때까지 푸드 프로세서를 돌린다. 일반적으로 1~3분이 소요되지만, 특히 아몬드는 최대 5분까지 걸리기도 한다. 견과류 버터는 뚜껑을 덮은 후 실온에서 최대 2주간, 냉장고에서 최대 3개월간 보관할 수 있다.

타히니(Tahini)

약 1컵

이 참깨 페이스트는 뚜껑이 꼭 닫히는 용기에 담아 냉장고에 넣으면 몇 달 정도 보관할 수 있다. 기름이 분리되었다면 잘 저어서 사용한다. 타히니는 후무스와 바바 가누시에 사용하는데 우리는 꿀과 함께 토스트 토핑으로 먹거나 다크 초콜릿 트러플용 가나슈에 넣고 섞어서(가나슈가 매끄러워지면 타히니 ¼컵을 넣고 세게 저어서 섞는다.) 즐기기도 한다.

오븐을 175℃로 예열한다. 테두리 있는 오븐 팬에 다음을 넓게 펴서 깐다.

> 겉껍질을 벗긴 참깨 2컵

오븐 팬을 자주 흔들어주면서 고소한 냄새가 날 때까지 8~10분간 굽는다. 갈색이 될 때까지 굽지 않도록 주의한다. 완전히 식힌다. 구운 참깨를 믹서나 푸드 프로세서에 넣는다. 참깨가 곱게 갈리면서 뻑뻑한 페이스트 상태가 될 때까지 믹서나 푸드 프로세서를 작동시킨다. 다음을 조금씩 넣는다.

> 식물성 기름 ¼컵 또는 필요에 따라 적당량

매끄러운 페이스트가 되도록 3분 정도 더 간다. 필요하면 기름을 조금 더 넣어 걸쭉하지만 부을 수 있는 농도로 완성한다.

견과류와 씨앗 우유에 대해

견과와 씨앗 우유는 견과 또는 씨앗을 물에 불려서 퓌레 상태로 갈 때 나오는

우유와 비슷한 액체다. 이러한 음료가 현대에 등장했다고 생각하기 쉽지만, 사실 유럽에서는 아몬드와 호두 우유를 오랫동안 음용해왔다. 북아메리카 원주민은 히커리 열매와 피칸 등의 일부 견과를 사용해 견과 우유를 만들어 마셨다. 견과 우유는 영양 측면에서 진짜 우유와 비교할 수는 없지만, 맛있고 건강에 유익하며 우유를 마실 수 없는 사람이나 우유를 선호하지 않는 사람에게 요긴한 대체 음료다. **두유**에 대해서는 두유와 두부 항목을 참고한다. **코코넛 밀크**는 1033쪽을 참고한다.

견과와 씨앗 우유는 쉽게 만들 수 있다. 필요한 장비는 믹서 및 물에 불려서 간 견과 또는 씨앗을 걸러낼 도구뿐이다. 우리는 걸러내는 용도로 면포를 사용해왔지만 가장 효과적인 것은 **견과 우유 거름망**(nut milk bag)이다.(온라인 상점에서 쉽게 구할 수 있다.) 일단 견과 또는 씨앗 우유를 걸러내면 면포나 거름망에 건더기가 남는다. 이 건더기는 냉장고에 넣어두었다가 일주일 이내에 사용하거나 오븐 팬에 넓게 펴서 담아 오븐에 넣어 아주 낮은 온도에서 말린다. 건더기가 완전히 마르면 푸드 프로세서에 넣고 갈아서 덩어리를 부순 후 실온에 보관한다. 우리는 이 건더기 가루를 제과제빵 및 스무디에 넣거나 일부 레시피에서는 빵가루 대신 활용하기도 한다.

견과 우유는 살균하지 않은 우유만큼 쉽게 상한다. 냉장고에 보관하고 일주일 이내에 사용한다. 직접 만든 견과 우유 및 씨앗 우유에는 안정제가 들어 있지 않으므로 그대로 두면 분리된다. 잘 흔들어서 사용하면 된다.

견과 또는 씨앗 우유

약 4컵

이 레시피는 다양한 견과 및 씨앗 우유를 만들 때 기본 공식으로 활용할 수 있다. 호두는 씨앗 우유를 만들기에 좋지만 떫은맛이 상당히 강하므로 캐슈 등의 다른 견과와 섞어서 갈면 가장 좋다. 납작하게 누른 귀리에도 이 레시피를 응용할 수 있는데, 불리는 과정 없이 바로 물을 섞어서 갈면 된다.

중간 크기의 그릇에 다음을 넣는다.

> 아몬드, 캐슈, 헤이즐넛, 피칸, 호박씨 또는 해바라기씨 1컵(생견과나 씨앗 또는 구운 견과나 씨앗, 소금을 첨가하지 않고 사용)

견과와 씨앗 위로 5cm 정도 올라오도록 찬물을 부은 후 하룻밤 불린다. 물을 따라내고 다음과 함께 믹서에 넣는다.

> 찬물 4컵

혼합물이 흰색으로 변하면서 큼직한 견과 또는 씨앗 덩어리가 보이지 않을 때까지 퓌레 상태로 간다. 고운체나 여러 겹의 면 거즈, 깨끗한 주방 행주 또는 견과 우유 거름망으로 거른다. 남은 덩어리는 주걱으로 꾹꾹 눌러서(또는 거즈나 거름망을 꼭 짜서) 최대한 액체를 많이 추출한다. 기호에 따라 다음을 추가한다.

> (메이플 시럽 또는 꿀 적당량)

> (바닐라 ½작은술)

> (소금 1자밤)

냉장고에 넣어두고 일주일 이내에 사용한다.

기름(Oils)

기름은 요리에서 가장 보편적으로 사용되는 재료 중 하나이며 다양한 역할을 한다. 우선 기름은 재료가 팬에 달라붙는 것을 방지한다. 돼지고기 촙을 프라이팬에 지지든 채소를 굽든 기름은 음식과 프라이팬 사이에 매끄러운 막을 형성한다. 언뜻 보기에 프라이팬이 매끄러운 것 같아도 현미경으로 자세히 들여

다보면 표면이 올록볼록하고 거칠다. 프라이팬에 기름을 두르면 이렇게 올록볼록한 굴곡을 메워 매끄러운 표면을 형성하므로 그 위에 음식을 올려놓고 조리할 때 잘 달라붙지 않는다.

기름은 달라붙는 것을 방지하고 조리 도구 표면에 있는 틈을 메우는 역할만 하는 것이 아니라 재료 자체의 틈새도 메워주므로 열이 재료의 구석구석까지 전달되어 먹음직스러운 갈색으로 잘 익도록 돕는다. 음식을 갈색으로 익히는 데 기름이 어떤 역할을 하는지 알아보려면, 같은 재료를 기름을 두른 프라이팬과 기름을 두르지 않은 프라이팬에 조리해보자. 기름을 두른 프라이팬에 조리한 음식은 바삭하고 겉면이 골고루 황금색으로 변해 먹음직스럽다. 기름 없이 조리한 음식은 어느 정도 갈색으로 변하기는 하지만 표면이 매우 퍽퍽하며 갈색으로 변하는 양상도 고르지 않다.

그뿐만 아니라 기름은 물보다 끓는점이 훨씬 높아 열을 잘 보존하므로 튀김에 이상적이다. 물론 모든 기름이 튀김에 적합한 온도까지 가열할 수 있을 정도로 안정적이지는 않다. ▶ 튀김을 하거나 기름을 사용해 시어링 또는 볶음 등의 방법으로 조리할 때는 연기가 나기 시작하는 온도까지 가열하지 않도록 주의하자. 기름의 **발연점**은 기름을 안전하게 가열할 수 있는 최고 온도이며, 그 이상으로 가열하면 기름이 분해되면서 매캐한 연기와 이상한 냄새가 난다. 시어링 및 검게 그을리는 조리 방법을 사용하는 레시피는 기름을 두른 프라이팬을 연기가 나기 시작할 때까지 고온으로 가열하지만, 그 직후에 재료를 올려 온도가 급격하게 내려가도록 해야 한다.

조리 매개체의 역할 외에도 기름은 음식에 자체적인 풍미를 더한다. ▶ 독특한 풍미를 지닌 기름은 보통 **비정제** 또는 **냉압착**한 것으로, 발연점이 비교적 낮으므로 딥 프라잉, 볶음을 비롯한 고열 조리에는 적합하지 않다. 엑스트라 버진 올리브유는 풀과 후추 향 또는 버터 향을 가지고 있으며 고열로 조리할 때는 이렇게 섬세한 풍미가 사라진다. 그러나 요리를 마무리할 때 엑스트라 버진 올리브유를 사용하거나(예를 들어 구운 콜리플라워 수프에 살짝 뿌릴 때) 가열 조리를 하지 않는 요리에 사용하면(샐러드 드레싱, 페스토 또는 올리브유 아이스크림) 더욱 복합적인 풍미를 더해준다. 그 외 자체 풍미를 지닌 기름이라면 볶은 깨로 만든 참기름과 피스타치오 및 호두 등의 비정제 견과 기름을 꼽을 수 있다.

또한 기름은 음식 전체에 풍미를 골고루 퍼뜨리는 역할도 한다. 특별한 맛이 없는 식물성 기름으로 재료를 볶으면 재료의 풍미가 기름에 우러나고 전체적으로 퍼진다. 그래서 일부 레시피에서는 요리를 시작할 때 마늘, 칠리 고추 또는 향신료 전체를 기름에 넣고 잠깐 볶거나 튀기는 것이다. 재료의 풍미가 기름에 우러나면서 음식 전체로 퍼진다. 기름(폭넓게 보면 지방)은 풍미를 운반하는 역할을 하며, 지방이 포함된 음식을 먹으면 지방이 운반하는 풍미가 물 또는 알코올이 운반하는 풍미보다 혀에 오래 남는다.

기름을 사용하고 보관할 때 중요하게 기억해야 할 점은 **산패**다. 모든 기름은 결국 산패하기 마련이며, 냉압착 또는 엑스트라 버진 올리브유는 정제유보다 훨씬 빨리 산패한다. 직사광선이 비치는 곳이나 온도가 높은 곳에 보관한 기름은 햇빛이 들지 않는 서늘한 장소에 보관한 기름보다 빨리 상하기 마련이다. 그렇다면 기름의 산패 여부는 어떻게 판단할까? 가장 중요한 단서는 냄새다. 산패한 기름의 냄새는 크레용 또는 양초와 비슷하다고 말하는 요리사들이 많다. 정제유는 전혀 냄새가 나지 않아야 하며, 냉압착 또는 엑스트라 버진 올리브유는 신선하고 기분 좋은 냄새가 나야 하고 기름의 원료에 따라 냄새의 종류는 달라진다. 기름은 밀폐 용기에 담아 서늘하고 어두운 곳에 보관한다. ▶ 산패한 냄새, 비릿한 냄새, 퀴퀴한 냄새가 나거나 거품이 생기고 색이 진해졌거

나 가열했을 때 연기가 많이 나는 기름은 버린다.

일반적으로 이번 항목에서 다루는 기름은 대부분 불포화지방으로 구성되어 있으므로 실온에서 액체 상태. 예외는 포화지방 함량이 높아 실온에서 고체 상태인 코코넛 기름과 야자유다. 지방 및 지방산에 대한 더 자세한 내용은 요리에 사용하는 지방 항목 및 「영양과 식품 안전」 장을 참고한다.

기름은 100% 지방이므로 버터(100% 지방이 아니다.) 대신 다른 지방을 사용하려면 중량 또는 부피 기준으로 15~20% 줄여서 사용한다. 그러나 고형 지방 대신 기름을 사용하려면 그 외에도 복잡하게 조절해야 할 부분이 많으며 특히 제과제빵에서는 더 까다로워진다. 따라서 성공 확률을 높일 수 있도록 레시피에 적힌 종류의 기름 또는 지방을 사용하도록 권장한다.

올리브유

올리브유는 원료인 올리브를 재배하는 토양, 날씨 및 사용하는 올리브 품종에 따라 풍미가 달라진다는 점에서 와인과 비슷하다. 대다수 올리브유는 그리스, 스페인, 이탈리아 등 지중해 연안 국가에서 생산되지만 캘리포니아에서도 올리브유를 생산한다. 이탈리아산 올리브유를 사면 무조건 품질이 좋다고 생각할 수도 있으나 반드시 그런 것은 아니다. 적지 않은 이탈리아산 올리브유는 산지와 품질을 알 수 없는 올리브로 만들며, 가짜 이탈리아산 제품도 흔하다. 식물성 기름으로 희석하거나 엑스트라 버진이 아닌데도 '엑스트라 버진'이라는 라벨을 붙여서 판매하기도 한다. 올리브유의 품질을 판단하는 가장 좋은 방법은 제조일이 기재되어 있는지, 올리브유가 담긴 병에 100% 캘리포니아산 또는 이탈리아산 올리브로 만들었다는 문구가 있는지(기름의 품질과는 아무런 관련이 없는 '이탈리아제' 또는 '이탈리아 병입' 등의 문구에 주의한다.) 그리고 기름의 풍미다. 좋은 올리브유는 독특한 풍미를 지니고 있지만 거슬릴 정도로 쌉쌀하거나 매캐하지 않아야 하며, 산패의 기미가 전혀 보이지 않아야 한다.

올리브유는 풍미, 냄새, 유리지방산 함량(free fatty acids, 즉 FFAs는 기름이 손상되거나 품질이 저하되었다는 증거다.) 및 용매 첨가 처리 여부에 따라 등급이 매겨진다. **엑스트라 버진 올리브유**는 가장 높은 등급이다. 첫 번째 압착으로 추출하며 열이나 용매 없이 처리해서 만든다. 모든 올리브유 중에서 유리지방산 함량이 가장 낮다. 엑스트라 버진 올리브유의 색은 황금색에서 진한 녹색에 이르기까지 다양하지만, 색은 품질과 직접적인 연관이 없다. 거르지 않아 뿌옇고 탁한 엑스트라 버진 올리브유는 풍미가 더 진해 선호하는 사람이 많지만 걸러낸 올리브유보다 훨씬 빨리 산패한다. '엑스트라 버진'이라는 라벨은 과일 풍미가 두드러진 올리브유를 나타낼지 모르지만, 반드시 맛이 좋은 기름임을 보장하는 것은 아니다. 가능하면 시식을 해본 후 사는 것이 좋다.

엑스트라 버진을 비롯한 올리브유의 발연점이 상대적으로 낮기는 하지만 높은 온도로 가열해도 대다수 정제 씨앗 기름만큼 심하게 분해되지는 않는다는 점이 연구를 통해 밝혀졌다는 것도 주목할 만하다. 하지만 엑스트라 버진 올리브유는 가격이 비싸고 고온으로 가열할 때 심세한 풍미가 사라지기 때문에, 가열하지 않는 소스의 재료로 사용하거나 완성된 요리를 먹기 직전에 살짝 뿌리는 용도로 사용하도록 권장한다.

버진 올리브유도 첫 번째로 압착한 기름이며 열이나 화학 물질 없이 처리하지만 엑스트라 버진 올리브유보다는 유리지방산 함량이 높다. 엑스트라 버진 올리브유보다는 풍미와 특성이 덜 두드러지지만 지갑 사정을 고려한다면 엑스트라 버진 올리브유 대신 사용할 수 있는 훌륭한 대체재다. 일반 **올리브유**는 정제한 올리브유(압착, 열, 용매 및/또는 화학 물질을 동원해 추출한 것)와 버

진 올리브유를 섞은 것으로, '순수' 올리브유라는 라벨이 붙어 있기도 하며 색과 풍미는 버진 올리브유에서 기인한다. 요리에 사용하기에 매우 적합한 올리브유다. '라이트' 올리브유는 맛과 색이 순하거나 연한 정제 올리브유를 지칭하는 마케팅 용어다. '라이트'라는 이름에도 불구하고 열량은 다른 올리브유와 다를 바 없이 1큰술당 120칼로리다. 일부 올리브유는 카스텔베트라노(Castelvetrano), 아르베퀴나(Arbequina), 미션(Mission), 코로네이키(Koroneiki) 같은 올리브 품종명을 표시해 판매하는데, 올리브 품종은 수백 가지에 달하며 특정 올리브 품종이 품질을 보장해주지는 않는다. 모든 올리브유는 서늘하고 어두운 장소에 보관한다.

식물성 기름

이 책의 레시피에서 '식물성 기름'을 언급할 때는 **옥수수 기름, 아보카도 기름, 포도씨유, 콩기름, 카놀라유, 해바라기씨유, 땅콩 기름** 등 상대적으로 발연점이 높고 풍미가 거의 없는 정제 기름 중 하나를 사용하라는 의미다. 이러한 기름 중 일부는 엄밀히 말해 채소에서 추출한 것은 아니지만(예를 들어 아보카도와 해바라기씨) 조리에서는 비슷한 역할을 한다. 대다수 시판 식물성 기름은 고도로 정제한 것이며 엑스트라 버진이나 버진 올리브유처럼 물리적으로 압착한 것이 아니라 용매를 사용해 추출한 것이다. '**식물성 기름**'이라는 이름으로 판매되는 기름은 일반적으로 콩기름이 많고, 옥수수유나 카놀라유 등의 다른 기름을 콩기름과 섞기도 한다. 확실한 구성 비율은 라벨을 확인한다.

카놀라유는 배춧과 식물인 유채씨에서 추출한다. 사실 '카놀라'라는 이름이 붙은 식물은 없다. 카놀라는 '캐나다(Canada)'와 기름에 흔히 사용되는 접미사인 '올라(ola)'를 결합한 것이다.(예를 들어 옥수수maize를 '올라'와 결합해 마졸라유Mazola라고 부르는 것과 마찬가지다.) 카놀라는 원래 캐나다 유채씨 협회에서 상표권을 가지고 있는 명칭이었으나 오늘날에는 지방산 구성과 풍미에 영향을 미치는 글루코시놀레이트 화합물의 농도 측면에서 특정 기준을 충족하는 모든 유채씨 기름을 지칭하는 일반 용어가 되었다.

그 외의 견과 및 씨앗 기름

여기서 소개하는 기름 중 상당수는 비정제 또는 냉압착 추출한 형태로 쉽게 찾아볼 수 있다. 정제하지 않은 견과 및 씨앗 기름, 개중에도 특히 견과나 씨앗을 구워서 짜낸 것은 풍미가 매우 진하고 발연점이 낮다. 요리를 마무리하는 용도로 사용하거나 뭉근히 끓이는 요리 또는 가열하지 않는 요리에 사용해야 한다. 이러한 기름 중 몇 가지는 정제한 형태로도 판매하며, 발연점이 높아서 조리에 좀 더 적합하다.

코코넛 기름은 정제 기름과 버진의 두 가지 형태가 보편적이다. 정제한 코코넛 기름은 발연점이 높고 코코넛 풍미가 거의 없는 반면, 버진 코코넛 기름은 실온에서 고체 상태이며 발연점이 낮고 코코넛 풍미가 두드러진다. 대다수 식물성 기름과는 달리 코코넛 기름은 대부분 포화지방으로 구성되어 있다.

덴데유(dendê oil)라고도 불리는 **야자유**는 기름야자나무의 과일에서 추출하며 붉은빛이 도는 천연 주황색을 띤다. 식물성 기름 중에서 코코넛 기름과 함께 실온에서 고체 상태인 몇 안 되는 기름 중 하나이며 포화지방산 함량이 높다. 심지어 **팜핵유**(palm kernel oil)는 포화지방 함량이 더 높다. 야자유는 서아프리카, 브라질, 동남아시아 요리에 널리 사용되며, 특히 인도네시아 식문화에서 중요한 역할을 한다.

참기름은 우리가 자주 사용하는 마무리용 기름이다. 또한 소고기 차우펀, 참깨 국수를 비롯한 여러 국수 요리의 중요한 맛내기 재료이며 샐러드 드레싱, 만두용 디핑 소스, 쌈장 등의 양념에도 빼놓을 수 없다. 참기름은 정제하지 않고 볶아서 추출한 형태 및 진한 색을 띠는 형태가 있다. 우리는 정제하지 않고 살짝 볶아서 추출한 참기름의 순수한 풍미를 선호하며 완성된 요리에 넣어서 즐기지만, 훨씬 풍미가 강렬한 **진한 참기름**(dark sesame oil)을 혼동해서 사용하는 경우는 없다. 레시피에서는 단순히 참기름을 사용하도록 기재하고 있다.(진한 참기름을 선호한다면 사용해도 좋다.) 정제한 참기름도 시판되고 있으며, 풍미가 순하고 고열 조리에 사용할 수 있다.

호박씨 기름은 냉압착 형태로 찾아볼 수 있으며 요리를 마무리하는 용도로만 사용해야 한다. 진하고 감칠맛이 넘치는 풍미를 자랑하며 동유럽에서 널리 사용한다. **아몬드, 피칸, 피스타치오, 호두 기름**도 정제하지 않은 형태 또는 구워서 짜낸 형태로 판매하고, 각각 원재료의 풍미를 지니고 있다. 샐러드 및 채소에 얹어서 먹으면 아주 맛있는데다 디저트의 풍미를 내는 용도로 사용할 수도 있다. 아몬드와 호두 기름은 가끔 정제한 형태로 눈에 띄기도 하는데, 적당한 온도로 조리할 때 사용할 수 있다. 요리에 사용하는 아몬드 기름을 미용 목적의 아몬드 기름(스위트 아몬드 기름sweet almond oil이라는 이름으로 판매되는 경우가 많다.)과 혼동하지 않도록 한다. 정제한 피칸 기름은 발연점이 높아서 기름에 지지거나 볶는 용도에 적합하다.

기름에 풍미 우려내기

허브, 향신료, 과일, 기타 향미 재료의 풍미 화합물 중 상당수는 지용성이다. 기름을 두르고 조리하는 것(또는 알코올에 담가서 우려내는 것) 외에 이러한 재료의 풍미를 가장 잘 추출하고 퍼뜨리기 위한 방법의 하나가 기름에 우려내는 것이다. 가향 기름은 간단히 만들 수 있으며 완성된 요리에 깊고 진한 풍미를 더해준다. 조리한 채소나 파스타에 엑스트라 버진 올리브유를 살짝 뿌리듯이, 가열 조리에 사용하기보다는 맛을 내는 용도로 사용한다. 기름에 마늘 풍미를 우려내려면 마늘 콩피 레시피를 참고한다.

풍미를 우려낸 기름

가향 기름은 반드시 냉장 보관해야 하며, 대다수 가향 기름은 최소 일주일 이상 품질이 유지된다. 그 기간 내에 사용할 수 있는 분량만큼만 만들어보자. 최고의 풍미와 식감을 즐기려면 먹을 만큼 덜어서 실온에 두었다가 사용한다.

Ⅰ. 감귤류

약 1컵

가열하지 않고 우려서 아주 쉽게 만들 수 있다. 비네그레트에 사용하거나 데친 갑각류 또는 그릴에 구운 생선, 닭고기 또는 채소를 먹기 직전에 살짝 뿌려서 내거나 뜨거운 토마토 수프에 넣고 젓는다.

240~300ml 용량의 살균한 유리병에 다음을 넣고 섞는다.

> 강판에 곱게 간 오렌지, 라임 또는 레몬 껍질 ¼컵
> 순한 올리브유, 호두 기름 또는 식물성 기름 1컵

뚜껑을 덮고 유리병을 살짝 흔들어서 냉장고에 넣어 최대 4일간 우린다. 물에 적신 종이 커피 필터를 깔고 우려낸 기름을 거른다. 완성된 기름은 뚜껑을 덮어서 냉장고에 넣어두고 일주일 이내에 먹는다.

Ⅱ. 허브

약 ¾컵

허브를 데치면 색이 선명해지므로 기름에 넣고 우리면 기름이 근사한 녹색으

로 물든다. 로즈메리를 사용한다면 허브의 분량을 절반으로 줄인다. 거르는 작업을 생략해 훨씬 더 걸쭉한 기름을 만들려면 젠의 바질 향 기름 레시피를 참고한다.

그릇에 얼음물을 부어서 준비한다. 냄비에 물을 붓고 끓인다. 다음을 끓는 물에 넣고 10초간 데친다.

> 바질, 파슬리, 타임, 세이지의 잎과 부드러운 줄기 또는 이를 섞어서 사용, 꼭 눌러 담아 2컵

재빨리 허브를 건져서 얼음물에 담근 후 휘휘 저으면서 차갑게 식힌다. 물에서 건진 후 살짝 눌러 여분의 물기를 짜낸다. 허브를 굵게 썰어서 믹서에 넣는다. 다음을 추가한다.

> 풍미가 순한 올리브유 1컵
>
> (소금 ¼작은술)

허브가 퓌레 상태가 될 때까지 믹서를 돌린다. 혼합물에는 거품이 많을 것이다. 가라앉도록 30분 정도 그대로 둔다. 고운체에 면 거즈를 여러 겹 깔거나 커피 필터를 깔고 혼합물을 부은 다음 하룻밤 거른다. 다음날 건더기를 아주 살짝 눌러서 기름을 최대한 짜낸다. 즉시 사용하거나 뚜껑을 덮어서 냉장고에 넣으면 최대 일주일간 보관할 수 있다. 가장 좋은 풍미를 즐기려면 실온에 꺼내두었다가 사용한다.

III. 칠리 고추

약 ¾컵

칠리 고추의 매운맛을 내는 캡사이신이라는 화합물은 기름에 아주 잘 우러나며, 이 기름을 먹으면 혀에 막이 형성된다. 따라서 기름이 얼마나 매운지 확실히 파악하기 전에는 맛을 보면서 조금씩 사용한다. 만두용 디핑 소스나 채소 요리의 드레싱에는 몇 방울만 떨어뜨려도 충분히 근사한 맛을 낸다. 기호에 따라 널찍하게 벗겨낸 오렌지 껍질 몇 개, 통계피 1개 또는 쓰촨산 통후추 1큰술을 추가해 더 복합적인 풍미를 낼 수도 있다. 비슷한 양념으로는 바삭하게 씹히는 중국식 매운 고추기름 레시피를 참고한다.

다음을 준비한다.

> 굵게 빻은 붉은 고추 ½컵

또는 다음을 믹서나 향신료 분쇄기에 넣고 굵게 간다.

> 태국산 버즈아이 또는 아르볼 고추 등의 붉은색 칠리 고추 말린 것 약 85g, 꼭지와 씨를 제거하기

작은 편수 냄비에 담고 다음을 추가한다.

> 식물성 기름 1컵

중불에 올려 기름이 175℃가 될 때까지 또는 커다란 기포가 올라올 때까지 가열한다. 불에서 내린 후 뚜껑을 덮고 4시간 이상 우린다.

기름이 식으면 거르지 않고 살균한 유리병에 담아두고 먹는 사람이 직접 칠리 고추 건더기와 기름을 떠서 넣을 수 있도록 숟가락과 함께 낸다. 건더기 없는 맑은 기름을 선호한다면 면 거즈 여러 겹 또는 커피 필터를 깐 고운체에 부어서 거른다. 건더기를 꾹꾹 눌러 기름을 최대한 많이 짜낸다. 뚜껑을 덮고 냉장고에 넣으면 최대 한 달간 보관할 수 있다.

올리브(Olives)

올리브는 매우 다양한 종류가 있으므로 단순히 녹색 또는 검은색 올리브로만 분류하기는 아쉽다. 수백 가지에 달하는 품종이 있는데도 시중에서 보는 것은 몇 가지 품종에 불과하다. 싱싱한 올리브는 올리브 껍질에 있는 올레우로페인

(oleuropein)이라는 화합물 때문에 쓴맛이 나므로 식용에 적합하도록 처리, 즉 '숙성'한다. 녹색 올리브는 덜 익은 상태로 수확하며 검은색 올리브는 잘 익었을 때 수확한다. '검은색 숙성(black ripe)' 캘리포니아 올리브(통조림 품종)는 녹색일 때 수확해 소금물, 수산화나트륨, 산소로 처리한 것이다. 수산화나트륨과 산소가 올리브를 산화시켜 특징적인 검은색과 알칼리 풍미가 발현된다.

올리브 품종의 풍미는 얼마나 익었는지, 어디서 재배했는지, 어떤 처리를 거쳤는지에 따라 달라진다. 소금물, 기름, 물에 보존한 올리브는 겉이 촉촉해 보이며 껍질이 매끄럽고 윤이 난다. 소금을 사용해 수분 없이 보존한 올리브는 주름이 많고 쪼그라진 형태다.(이러한 올리브를 '기름 보존' 올리브라고 부르는 경우가 많아 혼동하기 쉽지만, 실제로는 수분 없이 소금으로 보존 처리한 후 기름에 담가서 판매한다.)

올리브 제품 제조업체들은 올리브의 등급을 매우 중요하게 생각하지만, 소비자 입장에서 가장 중요한 것은 올리브의 색이 고르고 표면에 흠집이나 흰점이 없어야 한다는 것이다. 그리스, 이탈리아, 프랑스, 스페인, 중동, 캘리포니아산 올리브를 다양하게 맛보면서 취향에 가장 부합하는 종류를 찾아보자. 입맛에 맞는 올리브를 찾는 데 도움이 될 만한 몇 가지 조언을 하자면, 카스텔베트라노, 체리뇰라(Cerignola), 뤼크(Lucques), 피콜린(Picholine) 올리브는 우리가 가장 좋아하는 녹색 올리브 품종이다. 검은색 및 보라색 올리브 중에서는 니수아즈(Niçoise), 니옹(Nyon) 그리고 언제나 인기 만점인 칼라마타를 즐겨 먹는다. 특히 피자와 포카치아의 토핑 등으로 활용하는 요리 '재료'인 올리브로는 이탈리아산 또는 모로코산 소금 보존 올리브를 가장 선호하며, 이러한 올리브를 스프레드와 소스에 넣으면 아주 깊은 맛을 더할 수 있다.

대량으로 구매한 올리브는 냉장고에 넣어두면 최대 몇 주간 보관할 수 있다. 개봉하지 않은 통조림 또는 병조림 올리브는 찬장에서 최대 2년까지 보관할 수 있지만 일단 개봉하면 반드시 냉장 보관해야 한다. 올리브를 사용하는 요리로는 스페인식 올리브 절임, 타페나드, 푸가스, 로즈메리 올리브 빵, 프리타타디 스캄파로, 머플레타, 베라크루스식 토마토 소스, 푸타네스카 소스, 토마토 올리브 렐리시 레시피를 참고한다.

양념으로 사용하는 양파(Onions as Seasoning)

가장 가느다란 차이브에서부터 커다란 폭죽 형태의 꽃을 피우는 거대한 텀블위드 양파(tumbleweed onion, 학명 *Allium schubertii*)에 이르기까지, 구근 도감에서 다양한 파속 식물을 처음 접한 이래 우리는 음식 재료로서나 꽃으로서나 파속 식물의 다양한 매력을 꾸준히 발견해왔다. 따라서 우리는 조리에 다양한 양파를 사용하도록 권장할 뿐만 아니라 항상 쉽게 따서 쓸 수 있도록 다년생 양파를 직접 키워보기를 추천한다.

이번 항목에서는 양파, 서양대파, 샬롯 및 이러한 재료의 말린 형태를 양념 재료로 사용하는 방법을 다룬다. ▶ 파속 식물을 씻고 썰어서 조리하는 방법은 양파와 샬롯에 대해, 서양대파에 대해, 차이브 항목을 참고한다.

서양대파, 쪽파, 샬롯 또는 다 자란 양파는 우리가 만드는 거의 모든 음식에 사용된다. 제대로만 활용하면 요리에 섬세하고 깊은 맛을 더해주지만 조리 방법에 대해서는 어느 정도 주의가 필요하다. 오래 보관했던 양파를 강불에 올려 그을리듯 조리하면 단점만 두드러지며 먹을 수 없을 정도로 쓴맛이 난다. 양파는 음식의 질감에 큰 변화를 주지 않고도 특징적인 풍미를 낼 수 있도록 굵게 썰거나 잘게 다져서 넣는 경우가 많다.(양파를 강판에 갈아서 면포에 담은 후 면포를 둥글게 뭉치고 꾹 짜서 **양파즙**을 내도 같은 효과를 얻을 수 있다.) 대부분의 경

우 양파는 풋내가 사라질 때까지 오래 조리해야 한다.

여기서 우리의 진짜 취향이 드러난다. 우리는 종잇장처럼 얇게 저미거나 아주 잘게 다지지 않는 한 일반적으로 생양파를 그다지 선호하지 않는다. 양파를 체에 담아 그 위에 끓는 물을 부어서 살사에 넣거나 간단히 피클을 만들기도 한다. 양파를 찬물에 잠깐 담가놓기만 해도 맛이 상당히 순해지므로 식사 후 사람들을 만나야 하거나 몇 시간 뒤에도 진한 양파 맛이 입안에 감도는 것이 싫을 때 유용한 요령이다.

말린 마늘 가루처럼 **양파 가루**도 찬장에 보관해두었다가 재료의 겉면에 묻히는 칠리 고춧가루 혼합 양념 또는 다른 혼합 양념에 사용하기 좋다. 또한 양파 가루는 가열 조리하지 않는 소스에 은은한 양파 풍미를 추가하거나 양파의 식감 또는 건더기 없이 양파 풍미만 내고 싶을 때 사용해도 좋다. 건조 과정에서 약간 쌉쌀하고 좋지 않은 맛이 생기는 마늘 가루와는 달리 양파 가루는 상대적으로 달큼하다. 양파 및 서양대파의 위쪽 녹색 부분을 말리려면 과일과 채소 건조하기 항목을 참고한다.

우리는 **말린 양파 플레이크**를 에브리싱 시즈닝에 넣는 용도 외에는 거의 사용하지 않는다. 말린 양파 플레이크를 스튜, 조림 또는 캐서롤에 넣는다면 말랑해지도록 충분히 오래 뭉근히 끓여야 한다. **동결 건조 양파**는 사용이 더 편리하며 그만큼 오래 끓일 필요가 없다. 배낭여행 중이거나 정말 피치 못할 상황이 아닌 이상 신선한 양파 대신 말린 양파 플레이크나 동결 건조 양파를 사용하는 것은 권하지 않는다. 말린 양파를 넣으면 희미한 양파 냄새는 나겠지만 요리에 넣었을 때 생양파의 식감과 달큼함 또는 캐러멜 향기를 재현할 수 없기 때문이다.

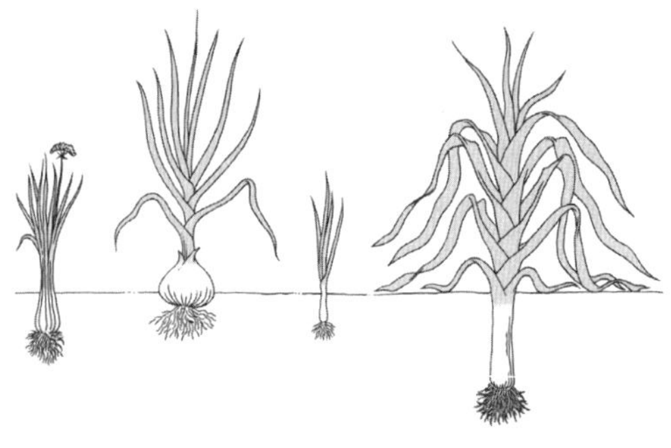

차이브, 양파, 쪽파, 서양대파

샬롯, 부추, 산양파, 소프트넥 마늘, 하드넥 마늘

오레가노(Oregano)

오레가노는 지중해와 라틴아메리카 요리에서 광범위하게 사용되며 특히 소스와 스튜 및 고기 요리에 자주 넣는다. 오레가노는 마저럼과 함께 꽃박하속(Origanum)에 속하며 서로 비슷한 풍미를 지니고 있어서 함께 묶어 다루는 경

우가 많다. 실제로 비슷한 풍미를 내는 여러 식물 종을 관용적으로 오레가노라고 부르는 경우가 많으므로 사실 '오레가노'라는 명칭은 식물학적 용어라기보다는 풍미를 표현하는 용어로 보는 것이 적합하다. **이탈리아, 터키, 그리스산 오레가노**는 꽃박하속에 속하는 '진짜' 오레가노이며 마트에서 자주 접할 수 있는 종류다. **멕시코산 오레가노**는 사실 리피아속(Lippia)이다.(레몬 버베나와 같은 속) **쿠바산 오레가노**(스페인 타임, 멕시코 민트, 인도 서양지치 등으로도 불리므로 더욱 혼란스럽다.)의 두꺼운 다육질 잎은 꽃박하속이 아니라 민트와 같은 꿀풀과(Lamiaceae)에 가깝다. 그러나 맛과 냄새가 오레가노와 비슷하며 같은 방식으로 활용한다. 그리스산 오레가노와 비교할 때 눈에 띄는 차이점은 테레빈유 향이 나는 매우 강한 풍미를 느낄 수 있다는 것이므로 소량씩 사용한다. 쿠바산 오레가노는 시중에서 찾아보기 어려우므로 그 독특한 풍미를 체험해볼 수 있는 가장 좋은 방법은 직접 기르는 것이다.

굴 소스(Oyster Sauce)

중국, 태국, 필리핀, 베트남 요리의 주요 재료인 굴 소스는 원래 굴, 물, 소금으로 만들었다. 오늘날에는 캐러멜 색소를 첨가해 먹음직스럽게 만들고 볶음 요리에서 배어나오는 물이 걸쭉해지도록 옥수수 전분을 추가하기도 한다. 굴 소스를 살 때는 굴 함량이 적고 옥수수 전분과 인공 색소 및 향료가 많이 들어간 저렴한 제품은 피하자. 또한 채식주의자를 위한 '굴 풍미' 소스도 있다. 일단 개봉하면 냉장고에 보관한다.

판단(Pandan)

판다누스(pandanus)라고도 하는 **아단**(screwpine) 나무는 길고 가느다란 잎으로 가장 잘 알려져 있다. 이러한 잎은 매우 향이 강하며 진하고 고소한 냄새가 난다. 동남아시아 요리에서 밥과 디저트에 풍미를 내는 데 자주 사용된다. 풍미를 낼 때는 잎 자체보다는 녹색의 판단 추출물을 사용하기 때문에 판단 풍미의 디저트는 녹색을 띠는 경우가 많다. 판단 잎은 생으로 또는 냉동 형태로 여러 아시아 식료품점에서 찾아볼 수 있다. 우리는 밥을 하고 뜸을 들일 때 판단을 넣기도 하고, 크림에 우려서 커스터드와 판나 코타를 만들기도 하며, 흰 살생선을 판단 잎으로 감싸서 굽거나 그릴에 조리할 때도 있다. 또한 판단 잎을 물병에 넣어서 은은한 풍미가 나게 할 수도 있다.

판단 잎을 기름, 물 또는 알코올에 우려서 **판단 추출물**을 쉽게 만들 수 있지만, 시판 판단 추출물은 대부분 인공이다. 판다누스 나무의 꽃으로 향수를 만들기 위해 방향유를 추출한 후 남은 하이드로솔이 **케이라수**(kewra water)다. 케이라수는 등화수와 장미수처럼 디저트의 풍미를 내거나 몇 가지 짭짤한 인도식 쌀 요리를 만들 때 사용된다.

파팔로(Pápalo)

고수 항목을 참고한다.

파프리카(Paprika)

말린 칠리 고추와 칠리 고춧가루 항목을 참고한다.

파슬리(Parsley)

파슬리는 가장 큰 오해를 받아온 허브 중 하나다. 많은 미국인에게 파슬리의 인상은 찬장에서 시들어가다가 두 번 구운 감자의 장식으로나 가끔 등장하는 색 바랜 말린 허브에 불과하다. 그러나 노련한 요리사는 샐러드용 녹색 채소에서부터 톡 쏘는 양념의 재료에 이르기까지 파슬리의 활용도가 얼마나 높은지 잘 알고 있다. 파슬리는 매우 다양한 요리에 상큼함을 더해주므로 우리는 냉장고 채소 칸에 항상 파슬리 한 묶음을 넣어둔다. 싱싱한 파슬리는 '싱그러움'이라는 표현에 가장 가까운 상쾌한 풍미를 지니고 있으며 짙은 녹색을 띤다. 파슬리를 가니시 또는 재료로 사용하면 사실상 모든 짭짤한 요리의 맛을 한층 더 살릴 수 있다.

가장 널리 사용되는 파슬리는 **구불구불한 파슬리**와 **납작한 잎 파슬리**, 즉 **이탈리아 파슬리**다. 두 종류 모두 줄기에서 잎을 떼어낸 후 굵게 또는 잘게 썰어 사용한다. 파슬리 줄기는 육수에 활용할 수 있다.(우리는 항상 약간의 파슬리 줄기를 육수 주머니에 넣는다.) 파슬리 잎은 소고기 또는 닭고기 조림, 그라탱 등의 기름진 요리나 데빌드 에그의 상큼한 가니시로 사용한다. 우리는 묽은 수프에 굵게 썬 파슬리 한 줌을 넣고 저어서 먹는 것을 즐긴다.(주저하지 말고 과감하게 넣자.) 파슬리를 주재료로 활용하는 샐러드는 타불레 레시피를 참고한다. 파슬리를 수북이 넣어 소스를 만들려면 살사 베르데, 저그 또는 치미추리 레시피가 유용하다. 이탈리아 파슬리로 만든 혼합 양념인 그레몰라타는 보통 오소부코와 함께 내지만, 우리는 피자, 파스타 요리, 수프, 조림 위에도 훌훌 뿌려 먹는다. 비슷한 프랑스의 혼합 양념 페르시야드도 이러한 방식으로 활용할 수 있다. 또한 파슬리 잔가지는 넉넉한 기름에 튀겨서 프리토 미스토의 일부로 먹어도 아주 잘 어울린다.

땅콩(Peanuts)

낙화생이라고도 부르는 땅콩은 사실 땅속에서 열리는 콩이다. 땅콩은 견과를 수확하고 기름을 짜내며 땅콩버터를 만들기 위해 재배한다. 미국에서 널리 재배하는 땅콩에는 몇 가지 종류가 있다. 큼직한 **버지니아 땅콩**은 보통 그냥 먹는다. **러너 땅콩**(Runner peanuts)은 미국 땅콩 수확량의 약 80%를 차지한다. 버지니아 땅콩보다 작으며 주로 땅콩버터를 만드는 데 사용한다. 껍질이 붉은색인 **스페인 땅콩**은 지방 함량이 높고 대부분 기름을 짜낼 때 쓴다. **발렌시아 땅콩**도 껍질이 붉으며 달콤한 풍미를 지니고 있다.

땅콩 가루 또는 분말은 냉압착으로 땅콩기름을 짜낸 후 남은 탈지 땅콩 건더기를 갈아서 만든다. 수분 흡수력이 매우 뛰어나며 풍미 진한 증점제로 사용하거나 반죽, 스무디, 오트밀에 넣을 수 있다. 또한 설탕 및 향신료와 섞어서 달콤한 프리터나 도넛을 튀긴 직후 겉면에 묻히거나 슈트루델에 넣을 수도 있다. 땅콩 가루에 소금과 감미료를 섞어서 **땅콩버터 가루**를 만들기도 하는데, 이것을 물에 개면 땅콩버터처럼 활용할 수 있다. 물론 탈지 땅콩 분말로 만들었기 때문에 진짜 땅콩버터만큼 진하고 기름진 풍미는 재현할 수 없다.

남아메리카 원산인 땅콩은 포르투갈인을 따라 아프리카와 아시아에 전파되었으며 현재까지 이들 지역에서 중요한 식품으로 소비되고 있다. 오늘날 인도와 중국은 세계 땅콩 생산량의 대부분을 차지한다. 중국에서는 땅콩을 주로 기름을 짜는 데 사용하지만 향신료 및 간장과 함께 삶아서 먹기도 한다. 또한 땅콩 디핑 소스 등의 동남아시아 디핑 소스에도 땅콩을 흔히 사용한다. 아프리카에서는 땅콩을 갈아서 스튜에 넣는다.(땅콩 수프는 서아프리카의 땅콩 스튜에서 유래한 것이다.)

생땅콩을 구우려면 175℃로 예열한 오븐에 땅콩을 넣고 겉껍질을 까지 않은 땅콩은 20~25분간, 겉껍질을 깐 땅콩은 15~20분간 굽는다. 타지 않게 가끔 젓는다. 땅콩을 식혀서 다 구워졌는지 확인한 후 껍질을 벗긴다. 구운 땅콩은 바삭하고 기분 좋은 구운 풍미가 나야 한다.

땅콩버터를 만들 때는 견과류 버터 항목을 참고한다. 삶은 땅콩은 50쪽을 참고한다.

피칸(Pecans)

히커리 나무의 일종에서 자라는 북아메리카 원산 견과인 피칸은 미국 남동부 토착민의 주식이었다. 토착민들은 피칸에서 유액을 짜서 그대로 마시거나 요리에 사용했다. 피칸은 지방이 가장 많은 견과류 중 하나이며 최대 75%의 지방 함량을 자랑하므로 부드럽고 버터에 가까운 식감과 매우 진한 풍미를 지니고 있다. 높은 지방 함량 때문에 산패하기 쉬우므로 냉동실에 넣어두면 최대 1년까지 보관할 수 있다. 피칸은 구웠을 때 진한 풍미와 향기가 살아나지만 일단 굽고 나면 최대한 빨리 사용해야 한다. 피칸의 활용법 중에서는 아마도 피칸 파이가 가장 유명하겠지만, 풍미가 진한 피칸은 스터핑, 드레싱, 샐러드에 넣어도 근사하고 견과 버터 및 견과 우유로 만들어도 좋다. 또한 피칸과 체더 '소시지' 패티, 피칸 또는 엔젤 슬라이스, 멕시코식 웨딩 케이크, 피칸 레이스 레시피도 함께 참고한다.

펙틴(Pectin)

펙틴은 섬유질의 일종으로 과일과 채소의 세포벽에 들어 있는 천연 다당류(당 분자가 여러 개 결합해 사슬 모양을 이루고 있는 복합 당질)이다. 펙틴은 잼과 젤리를 만들 때 재료로 사용한다. 일부 과일은 펙틴 함량이 적으므로(과일의 펙틴 함량 항목 참고) 젤을 형성하려면 펙틴을 추가해야 한다.

시판 펙틴은 액체 또는 분말 형태이며 주로 사과 가공 부산물이나 감귤류 껍질에서 추출한다. 이 책에서 소개하는 프리저브 레시피의 대부분은 펙틴을 따로 추가하지 않는다. 펙틴을 추가하는 레시피는 대부분 설탕을 많이 넣어야 하기 때문에 과일의 풍미를 가릴 수 있다. 그렇다 해도 펙틴 함량이 적은 과일로 만든 잼과 젤리를 굳히기 위해 오랫동안 끓이다 보면 과일의 풍미에 좋지 않은 영향을 미칠 수 있으므로 펙틴을 추가하면 끓이는 시간을 줄일 수 있다. **저당**(low-sugar), **저메틸**(low-methyl) 또는 **저에스테르**(low-ester) 펙틴은 당보다는 칼슘의 힘을 빌려(펙틴과 함께 포장되어 있다.) 젤을 형성하므로 설탕을 아주 많이 넣을 필요가 없다. 그러나 맛과 편리함 때문에 우리는 펙틴이 적은 과일로 만드는 젤리 레시피에만 분말 또는 액상 펙틴을 사용한다. 냉동 잼을 만들 때는 시판 펙틴 중에서도 특히 '인스턴트' 형태의 펙틴을 사용해야 한다.

액상 펙틴은 조리가 거의 끝날 무렵에 넣지만, 분말 펙틴은 설탕에 넣고 섞어서 조리하기 시작할 때 첨가한다.

액상 펙틴 대신 분말 펙틴을 사용하려면 90ml짜리 액상 펙틴 봉지 1개당 분말 펙틴 2큰술을 사용한다. 레시피에 따라 사용할 설탕에 넣어 섞은 후 조리를 시작할 때 과일에 뿌린다.

저당 펙틴은 포장지의 설명에 따라 사용한다. 펙틴의 종류와 관계없이, 포장지의 설명만 보고 프리저브가 완성되었는지를 판단하는 것은 좋지 않다. 항상 주름 테스트를 통해 프리저브가 젤리 형성점에 도달했는지 확인한다.

통후추(Peppercorns)

'진짜' 통후추는 전부 후추속(Piper)의 잎이 무성한 덩굴 식물에서 무리 지어 열리는 열매를 수확한 것이다. 이러한 통후추는 검은색, 녹색 또는 흰색을 띤다. **필발**과 **쿠베브**도 진짜 통후추다. 분홍색 통후추와 **쓰촨산 통후추**는 각각 캐슈와 감귤류의 친척뻘이며 후추라는 이름만 붙어 있는 것이다. 멜레게타 후추라는 이름으로도 불리는 **기니 후추**(grains of paradise)는 생강, 강황, 카르다몸과 가까운 품종이다. 통후추는 완전히 다 익기 전에 풍미와 향기가 가장 진하므로 검은색 및 녹색을 막론하고 모든 통후추는 덜 익었을 때 따서 처리해야 풍미를 최대한 보존할 수 있다. 후추의 따뜻하고 얼얼한 풍미는 피페린(piperine)이라는 화합물에 기인하지만, 통후추에는 소나무나 레몬 풍미를 내는 다른 풍미 화합물도 풍부하게 들어 있다.

녹색 통후추는 덩굴 식물인 후추나무의 덜 익은 열매다. 이산화황으로 처리한 후 수분을 제거해 녹색을 보존한다. 녹색 통후추를 소금물에 절이기도 하고, 굵게 썰거나 통째로 소고기 스튜, 태국 커리 또는 기름진 소스에 넣어 목구멍이 따뜻해지도록 얼얼한 풍미를 추가한다. 태국에서는 신선한 녹색 통후추를 그대로 사용하는 경우가 많지만, 미국에서는 녹색 통후추를 생으로 구하기가 매우 어렵다. **검은색 통후추**는 녹색 통후추를 데친 후 쪼글쪼글한 주름이 생기고 단단해지도록 말린 것이며 진한 갈색 또는 검은색을 띤다. 검은색 통후추의 풍미는 진하고 알싸하며, 특히 말라바르(Malabar) 또는 텔리체리(Tellicherry) 후추의 열매라면 풍미가 더욱 진하다. **흰색 통후추**는 완전히 익힌 붉은색 후추 열매로 만든다. 발효한 후 비벼서 붉은색 껍질을 벗겨내고 안쪽에 있는 회색이 도는 흰색 심 부분만 남긴 것이다. 흰색 후추는 검은색 또는 녹색 통후추만큼 얼얼한 맛이 강하지만 복합적인 풍미와 향기는 다소 부족하다. 흰색 후추(색의 대비 효과를 노리는 경우가 아니라면)는 색이 연한 음식이나 소스에 많이 사용한다.

분홍색 통후추는 앞에서 언급한 바와 같이 진짜 후추가 아니라 캐슈 및 망고와 가까운 품종의 나무에서 수확한 열매다. 브라질 원산인 브라질 후추나무(Schinus terebinthifolius)에서는 밝은 분홍색을 띠는 예쁜 열매가 열리며 이 열매에는 검은색 통후추와 같은 풍미 성분이 일부 들어 있다. 그러나 자극성이 강해 소화기 장애를 일으킬 수 있으므로 조금씩만 사용해야 한다.

통후추는 사용 방법에 따라 요리에 다른 풍미를 추가한다. 오랫동안 뭉근히 끓이면 통후추에서 쌉쌀한 풍미가 빠져나오지만, 적당히 넣으면 쓴맛도 꼭 나쁜 것만은 아니다. 수프를 비롯해 오래 끓이는 음식에 통후추를 그대로 넣으면 풍미가 다소 순해진다.(통후추를 면 거즈로 써서 넣으면 요리를 내기 전에 쉽게 건질 수 있다.) 조리를 시작할 때 후추를 넣었는지와 관계없이, 조리가 끝난 후 갓 갈아낸 후추를 뿌려서 풍미를 더욱 조화롭게 마무리하도록 권장한다. 후추는 짭짤한 요리에만 사용하는 것이 아니다. 페페르뉘세 같은 쿠키나 향신료를 사용한 케이크, 과일 요리에 후추를 소량 첨가하거나 딸기 위에 갓 갈아낸 흑후추를 살짝 뿌려보자.

고기를 시어링이나 소테(스테이크 오 푸아브르 레시피 참고) 또는 그릴 구이 및 훈제 처리(파스트라미 레시피 참고)하기 전에 후추를 으깨거나 쪼갠 후 고기에 박아 넣어도 좋다. 후추를 사용하면 독특한 풍미와 향기를 더해줄 뿐만 아니라 고기의 표면에 점점이 박혀 시각적으로도 먹음직스러운 효과를 낸다. 진하고 확실한 맛을 내려면 통후추를 쪼개서 사용한다.

통후추를 쪼개려면 주방 행주의 절반에 통후추를 넓게 올려놓고 나머지 절반으로 그 위를 덮은 후 지퍼백에 넣는다. 묵직한 프라이팬으로 통후추를 꾹 누르거나 밀대 또는 고기 망치로 가볍게 두드린다. 또는 통후추 소량을 절구에 넣고 절굿공이로 쪼갤 수도 있다.(절굿공이로 찧을 때 후추가 밖으로 튀어나오지 않도록 절구 위쪽을 손으로 덮고 작업한다.)

► 간 후추를 사용하려면 항상 먹기 직전에 갈아야 제일 좋다. 가장 좋은 풍미를 즐기려면 통후추를 사서 밀폐 용기에 담아 서늘하고 어두운 곳에 보관했다가 필요할 때마다 갈아서 사용하도록 권장한다.

잣(Pine Nuts)

스페인어로 피뇨네스(piñones), 이탈리아어로 피뇰리(pignoli) 또는 피뇰리(pinoli)라고 하는 잣은 상아색을 띠는 작은 씨앗으로 몇몇 특정 품종 소나무의 솔방울에서 수확한다. 솔방울이 완전히 성숙해 잣이 열리기까지는 3년이라는 시간이 걸리므로 상당히 가격이 높다. 잣의 종류는 가느다란 모양에 섬세하고 달콤한 풍미를 지닌 지중해 잣 또는 이탈리아 잣, 삼각형에 풍미가 강하지 않은 중국 잣, 고소하고 크림처럼 부드러운 북아메리카 잣(Pinus edulis)의 세 가지로 크게 나눌 수 있다. 우리가 가장 선호하는 것은 뭐니 뭐니 해도 북아메리카 잣이다. 운이 좋아 껍질째 구운 잣을 구할 수 있다면 간식으로 즐겨보자.(온라인 상점에서 주문할 수 있다.)

잣은 달콤하고 짭짤한 요리에 모두 사용하며 가니시로도 쓴다. 모든 잣 품종은 지방 함량이 높지만, 아시아 잣은 특히 지방이 많아서 산패하기 쉽다. 모든 잣은 밀폐 용기에 담아 냉장 또는 냉동실에 넣어 보관하고 가능한 한 빨리 사용해야 한다. 잣은 전통적으로 페스토에 사용되며 샐러드 가니시로도 훌륭하고 돌마에 넣어도 잘 어울린다. 잣을 구울 때는 기름을 두르지 않은 프라이팬에 넣고 중약불에서 자주 저어가며 굽는다. 자칫하다가는 금세 타버리므로 잘 살펴봐야 한다.

피스타치오(Pistachios)

상큼한 녹색에 자꾸 생각나는 고소한 풍미로 사랑받는 피스타치오는 아프가니스탄 원산이지만 오늘날에는 중동 전역, 남부 유럽, 북아프리카, 캘리포니아에서 널리 재배된다. 피스타치오는 잘 익으면 껍질이 벌어지면서 그 안에 있는 녹색 견과가 모습을 드러낸다. 추운 기후에서 재배해 덜 익은 상태로 수확한 피스타치오는 더 선명한 녹색을 띤다. 피스타치오는 풍미뿐만 아니라 상큼한 색깔을 활용하기 위해 스터핑, 당과, 소시지, 파테에 사용된다. 피스타치오의 종잇장처럼 얇은 속껍질은 먹을 수 있지만 더욱 깔끔해 보이도록 벗겨내기도 한다. 피스타치오의 껍질을 벗기려면 테두리 있는 오븐 팬 위에 넓게 펴서 담고 200℃의 오븐에서 4분간 굽는다. 식힌 후 비벼서 껍질을 벗겨낸다.

피스타치오 페이스트는 가당 견과 버터와 비슷한 재료로 페이스트리를 만들 때 사용한다. 근사한 녹색에 풍미가 진해서 아이스크림 베이스, 프로스팅, 케이크에 넣어도 좋다. **피스타치오 기름**에 대해서는 그 외의 견과 및 씨앗 기름 항목을 참고한다.

포피시드(Poppy Seeds)

포피시드는 양귀비(Papaver somniferum)에서 추출하지만 포피시드에 마약 효과는 없다. 가장 품질 좋은 포피시드는 네덜란드산이며 청회색을 띤다. 포피시드는 굽거나 찐 후 조리에 사용하기 직전에 으깨서 풍미가 최대한 살아나게 하는 것이 가장 좋다. 포피시드의 풍미를 좋아한다면 포피시드 전용 분쇄기를 마련하는 것도 좋다. 포피시드는 통째로 또는 갈아서 제과제빵에 사용하며 버터에 버무린 에그누들에 뿌려도 잘 어울린다. **흰색 포피시드**는 다른 양귀비 품종에서 채집하며 파란색 포피시드보다 크기가 작다. 인도 요리의 혼합 향신료에 자주 쓰이고 증점제 역할을 하도록 소스에 넣기도 한다.

호박씨(Pumpkin Seeds)

핼러윈마다 등장하는 장식용 호박에 호박씨를 사용해 튀어나온 내장처럼 꾸미는 경우가 많기 때문에 미국인이라면 누구나 호박씨가 낯설지 않을 것이다. 호박씨를 통째로 구워 간식으로 먹을 수도 있지만, 가정에서 조리하려면 반드시 호박씨의 겉껍질을 까거나 바깥쪽에 있는 흰색 종피를 벗겨내야 한다. 이 작업이 번거롭다면 사전에 겉껍질을 제거한 녹색 호박씨인 **페피타**(pepitas)를 사면 된다. 페피타는 굽지 않은 것, 구운 것, 소금을 첨가하거나 풍미를 첨가한 것 등 다양한 형태로 판매한다. 호박씨는 단백질과 지방 함량이 높아 영양 측면에서도 우수하다. 껍질을 벗기고 구운 호박씨는 견과처럼 갈아서 버터를 만들 수 있다.

껍질을 벗긴 호박씨를 구우려면 테두리 있는 오븐 팬에 넓게 펴서 담고 175℃로 예열한 오븐에 넣어 연한 갈색으로 익으면서 고소한 냄새가 날 때까지 5~8분간 굽는다.

레닛(Rennet)

송아지의 제4위 내벽에서 추출하는 레닛은 치즈를 만들 때 사용하는 응고제다. 레닛에는 우유의 카제인(단백질의 일종) 일부를 잘라냄으로써 카제인이 서로 결합해 더 큰 단백질 구조를 형성하도록 돕는 키모신(chymosin)이라는 응고제가 들어 있으므로 레닛을 첨가하면 우유가 말랑말랑한 응유로 굳게 된다. 모든 레닛을 동물에서 추출하는 것은 아니다. 일부는 엉겅퀴 추출물로 만들기도 하고 미생물을 사용해 만드는 레닛도 있다. 레닛은 치즈 용품 전문점에서 정제 또는 액상 형태로 구입할 수 있다. 레닛을 활용하는 방법은 치즈 항목을 참고한다.

로즈메리(Rosemary)

로즈메리는 섬세한 허브가 아니다. 뻣뻣하고 수지가 들어 있어서 끈끈한 지중해 원산 로즈메리 관목의 잎은 아주 톡 쏘는 풍미가 강하고 소나무 향기가 난다. 맛을 돋울 용도로 요리에 넣을 때는 최대한 조금씩 넣는 것이 현명하다. 신선한 로즈메리는 말린 로즈메리에 비해 아주 근사한 풍미와 식감을 내지만 로즈메리 잎은 말려도 풍미와 향기가 상당히 잘 보존되는 편이다.

신선한 로즈메리 잔가지를 짧게 잘라서 소스, 조림, 스튜에 넣어 끓이다가 요리를 내기 직전에 건져내면 좋다.(가지에서 떨어진 잎은 다 건져내지 못할 수도 있다.) 우리는 세이지를 튀기듯이 로즈메리 잔가지를 튀겨서 아주 맛있게 즐긴다. 잔가지를 튀긴 후 바삭한 잎을 떼어내 파스타, 샐러드 또는 감자 요리에 가니시로 활용한다. 그 외의 모든 용도에는 신선한 로즈메리 잎을 딴 후 다져서 사용하는 편이다. 다진 로즈메리 잎은 양고기, 돼지고기, 닭고기와 함께 먹거나 포카치아에 얹는 용도로 사용한다.

말린 로즈메리는 신선한 허브처럼 다져서(또는 갈아서) 사용할 때 진가가 드러나는 몇 안 되는 허브 중 하나다. 로즈메리를 직접 키운다면 덤불 한 그루만 심어도 남아돌 만큼 로즈메리를 딸 수 있다. 로즈메리를 말리려면 허브와 씨앗 건조하기 항목을 참고한다.

사프란(Saffron)

백합과인 콜치쿰(autumn crocus, 추수선)의 황금빛이 도는 주황색 암술머리를 지칭하는 사프란은 아주 근사한 향기와 황금빛 색상, 풍미를 더하기 위해 케이크와 빵, 해산물, 쌀 요리에 사용한다. 사프란은 손으로 따서 채집한다. 사프

란을 재배하고 수확하려면 워낙 일손이 많이 필요하므로 가격도 아주 비싸다. 다행히 사프란은 아주 조금만 사용해도 큰 효과를 얻을 수 있다. 각 레시피에서 지정한 분량만 사용하도록 주의하자. 사프란을 너무 많이 사용하면 경제적으로도 부담이 될 뿐만 아니라 요리에서 지나치게 약초 냄새가 난다. 색을 낼 용도로 사프란을 사용한다면 사프란을 액체 재료에 담가서 우려낸 후 황금색으로 변한 액체 재료를 첨가하는 것이 좋다. 사프란을 사용하는 요리로는 발렌시아식 파에야, 리소토, 부야베스 레시피를 참고한다.

세이지(Sage)

민트과 식물인 세이지는 흔히 볼 수 있는 허브로 감칠맛이 넘치며 소나무 향이 난다. 로즈메리와 마찬가지로 세이지도 조금씩 사용할 것을 권장한다. 세이지를 말리면 방향유가 대부분 날아가므로 갓 썰어놓은 연한 세이지 잎의 풍미는 말린 세이지보다 훨씬 강하다. 말린 세이지는 마트에서 '굵게 부순' 또는 '곱게 간' 형태로 찾아볼 수 있다. 굵게 부순 세이지의 입자가 더 굵어서 방향유와 향기가 상대적으로 천천히 날아간다. 세이지 잎은 상당히 두꺼워서 자연 건조하기에는 적합하지 않으며 곰팡이가 생기기 쉬우므로, 세이지를 직접 따서 말린다면 식품 건조기를 사용하는 것이 좋다.

세이지는 특히 소시지를 비롯한 돼지고기 요리 및 육류와 잘 어울리며, 오리, 거위, 토끼 등의 고기 요리와 스터핑에 사용한다. 세이지는 단맛이 도는 겨울 호박과 궁합이 좋다. 튀긴 세이지 잎을 겨울 호박 구이에서부터 으깬 콜리플라워, 흰콩 조림에 이르기까지 다양한 종류의 요리에 가니시로 곁들이면 진한 풍미와 향기를 즐길 수 있다.

세이지 잎을 튀기려면 올리브유 ¼컵을 중간 크기의 프라이팬에 붓고 중불에 올려 달군다. 기름에서 연기가 나기 직전에 신선한 세이지 잎을 적당량씩 나눠 넣고 짙은 녹색으로 바삭바삭해질 때까지 튀긴다. 키친타월에 올려 기름을 뺀 후 소금을 살짝 뿌린다.

소금(Salt)

분류상으로 보면 소금은 광물이며 인간의 건강에 꼭 필요한 물질이다. 그러나 요리의 측면에서 보면 소금은 용도가 무궁무진한 만능 재료다. 우리가 먹는 거의 모든 음식에는 소금이 들어간다. 보존과 같이 순전히 실질적인 필요성 때문에 음식에 소금을 뿌리기도 하지만(염장과 염지에 대해 및 발효에 대해 항목 참고) 대부분은 음식의 맛을 돋우기 위해 소금을 넣는다. 간단히 말해 소금은 음식의 풍미를 끌어올리는 역할을 한다. 또한 소금은 우리가 다른 맛을 감지하는 양상도 바꿔놓는다. 쓴 음식에 소금을 넣으면 쓴맛이 덜 느껴지고, 단 음식에 소금을 넣으면 단맛이 완화되면서 좀 더 균형 있고 복합적인 풍미가 된다.

그뿐만 아니라 소금은 식감을 바꿔놓기도 한다. 삼투압 작용을 통해 육류와 생선에서 수분을 흡수하는데, 그와 동시에 단백질 가닥이 서로 단단히 꼬여 수분을 밀어내지 못하게 방지함으로써 더 부드럽고 촉촉한 육질을 만들기도 한다. 달걀을 조리할 때 소금을 초반에 넣으면 식감이 더 연해지고, 채소 요리에 넣으면 세포에 들어 있는 펙틴이 약해지므로 채소가 부드러워진다.

소금을 '언제' 음식에 첨가해야 하는지는 매우 중요한 문제다. 어떤 식품 또는 음식에 소금을 넣느냐에 따라 대답은 전혀 달라지기도 하므로 일괄적으로 단정할 수는 없다. 일반적으로 우리는 각 조리 단계마다 소금을 첨가한 요리가 제일 맛이 좋다고 생각한다. 예를 들어 기본 토마토 소스를 만든다면 채소를 볶을 때 소금을 1자밤 뿌리고, 토마토를 넣을 때 또 한 번 소금을 넉넉히 1자

밤 넣으며, 마지막으로 조리가 거의 완료되어 맛을 보고 간을 조절할 때 다시 소금을 적당히 넣는다. 소금이 녹아서 요리 전체에 골고루 퍼지려면 어느 정도 시간이 걸리므로 조리가 거의 끝날 때까지 기다렸다가 한꺼번에 소금을 넣는 다면 음식에 골고루 간이 배기 어렵다. 조리하기 전에 고기에 소금을 뿌려 밑 간을 해두었다가 나중에 '기호에 맞게 간을 맞추는' 방법도 매우 유용하다.(양념에 재우기, 소금물에 절이기, 소금에 절이기 항목을 참고한다.)

▶ 미리 소금 간을 해서는 안 되는 중요한 두 가지 예외 상황이 있음을 기억해두자. 소스를 만들 때처럼 액체 재료의 대부분이 조리 도중에 증발해버릴 때는 조리의 초반부에 소금을 조금씩만 사용해야 한다. 또한 이스트를 사용해 작업할 때는 반죽에 소금을 넣기 전에 이스트를 넣어 섞거나 소금과 밀가루를 먼저 골고루 섞은 후 이스트를 추가해 소금과 이스트가 직접 접촉하지 않게 하는 것이 중요하다. 소금은 이스트의 작용을 방해하며 때에 따라서 이스트를 완전히 죽일 수도 있으므로 그 결과 반죽이 제대로 부풀어 오르지 않게 된다.

일부 식품은 원래부터 짭짤한 맛이 난다. 해산물, 특히 갑각류는 민물 생선보다 짭짤하다. 물론 요리에 식초 절임, 염지, 소금 절임, 통조림 고기와 소시지를 비롯해 각종 국물, 케첩, 양념, 보존 처리한 통조림 생선, 통조림 수프 등의 가공식품을 넣는다면 그 자체만으로 상당한 양의 소금이 들어가는 셈이다. ▶ 이러한 가공식품을 사용한다면 소금을 조금씩 넣어 간을 맞추자.

수많은 레시피에서 '소금 적당량'이라는 표현을 찾아볼 수 있지만, 단순히 레시피 작성자가 게을러서 그렇게 표기하는 것은 아니다. 음식의 맛을 보고 취향에 맞을 때까지 소금을 더 넣는 것은 요리 실력을 키우는 기본적인 과정이다. 그뿐만 아니라 각자 선호하는 짭짤함의 정도가 다르고, 재료와 불 조절, 수분의 증발 정도, 조리하는 사람 등이 전부 다르므로 필요한 소금의 양 역시 상당히 차이가 난다. 조리하는 도중에 맛을 보는 습관을 들이고(물론 먹을 수 있는 상태가 되었을 때) 조리 과정을 진행해가면서 간을 맞춘다. 이는 다양한 음식에 소금을 얼마나 넣어야 하는지 감을 잡기 위한 가장 좋은 방법이다. 그런 의미에서 소금을 흔들어 뿌리는 소금통에 넣어 보관하기보다는 작은 그릇에 담아두는 것이 소금을 넣을 때 분량을 파악하기 쉽다.

▶ 이 책에서 제시하는 소금의 분량은 각 가정의 주방에서 가장 보편적으로 사용하는 식탁용 소금을 기준으로 한다. 사실 우리는 다이아몬드 코셔 소금을 더 선호한다. 다이아몬드 코셔는 코셔 소금 중에서도 특히 가볍고 부드러우므로 상대적으로 소금을 너무 많이 넣을 우려가 덜하다. 고기에 밑간할 때 다이아몬드 코셔 소금을 사용하면 너무 짤까 봐 걱정하지 않고도 마음껏 뿌릴 수 있으며 소금 자체도 식탁용 소금, 바닷소금 또는 모턴사의 코셔 소금보다 재료에 더 잘 달라붙는다.

▶ 고운 바닷소금과 모턴 코셔 소금을 식탁용 소금 대신 사용할 때는 같은 분량만큼 넣으면 된다. 식탁용 소금 대신 다이아몬드 코셔 소금을 사용한다면 부피 기준으로 2배를 넣어야 한다.(예를 들어 식탁용 소금 1작은술이 필요한 레시피에는 다이아몬드 코셔 소금 2작은술을 넣는다.)

검은 소금(칼라 나마크Kala Namak)

히말라야 블랙 솔트라고도 부르는 검은 소금은 회색빛이 도는 분홍색 소금으로 유황 냄새와 풍미를 지니고 있다. 소금을 용광로에 넣고 녹을 때까지 가열하면 소금에 함유된 천연 황 화합물이 더 강한 냄새를 띠는 물질로 변한다. 그 다음 액체로 녹인 소금을 식히면 단단한 덩어리가 된다. 검은 소금은 큼직한 검은색 덩어리 또는 곱게 간 형태로 판매한다. 검은 소금은 차트(chaat)라는 인도의 길거리 간식이나 처트니, 커리에 보편적으로 사용한다. 검은 소금은 고기 향을 연상시키는 복합적인 풍미를 내며, 다른 재료와 섞이거나 식으면 강한 황 냄새도 어느 정도 부드러워진다. 우리는 검은 소금을 인도 요리뿐만 아니라 팝콘에 뿌려서 즐기며 두부 스크램블에 넣기도 한다.

굵은 소금

굵은 소금은 특정한 종류의 소금을 지칭하는 것이 아니라 소금 입자의 크기를 나타낸다. 바닷소금을 가리킬 수도 있고 코셔 소금이나 암염 또는 아이스크림 소금을 나타낼 수도 있다. 요리에서는 분량을 쉽게 조절할 수 있고 더 빨리 녹는다는 이유로 고운 소금을 더 많이 사용하지만, 칵테일 잔의 테두리에 프로스팅을 하거나 생선 또는 육류에 소금옷을 입혀서 굽거나 반각 생굴을 식탁에 올리기 위해 접시에 토대를 만들 때는 굵은 소금을 사용한다.

히말라야 분홍 소금

히말라야 분홍 소금은 파키스탄의 솔트 레인지(Salt Range) 산맥에서 채굴하는 암염의 일종으로, 히말라야 검은 소금이나 분홍색 염지용 소금과 혼동해서는 안 된다. 정제하지 않으므로 소금 안에 들어 있는 무기질로 인해 연한 분홍색을 띤다. 히말라야 분홍 소금은 보통 굵직한 덩어리 또는 아주 커다란 소금 블록 형태로 판매하며, 번철처럼 불에 달궈서 식품을 조리할 때 사용한다. 히말라야 분홍 소금이 몸에 좋고 다른 소금보다 발효 효과가 뛰어나다고 하는 사람이 많지만, 이러한 주장을 뒷받침할 증거는 없다. 히말라야 분홍 소금에 무기질이 들어 있기는 하지만 대다수 사람들은 이러한 무기질이 부족하지 않으며, 이 소금을 통해 무기질을 다량으로 섭취하려면 권장량보다 많은 소금을 먹어야 한다. 히말라야 분홍 소금의 잠재적인 '장점'을 하나 꼽자면 바다가 아니라 산에서 채취하기 때문에 대부분의 바닷소금처럼 미세 플라스틱 조각이 들어 있지 않다는 점이다. 미세 플라스틱이 들어 있는 바닷소금을 섭취했을 때의 장기적인 영향에 대해서는 아직 알려진 바가 없으므로 아예 바닷소금을 먹지 않는 사람도 있다.

코셔 소금

알이 굵고 첨가제가 들어 있지 않은 코셔 소금은 육류를 코셔(유대인의 전통 음식 규율 — 옮긴이) 방식으로 손질할 때 사용한다. 질감이 가볍고 밀도가 낮은 코셔 소금은 1자밤씩 집어서 넣기 쉽고 고기에 골고루 뿌리기 편하며 비교적 넉넉하게 사용해도 너무 짜지 않기 때문에 많은 요리사가 선호하는 소금이다. 알갱이가 큼직하므로 식탁용 소금 대신 코셔 소금을 사용한다면 레시피에서 지정한 부피의 최대 2배를 넣어야 한다. 그러나 이것도 상표에 따라 달라진다. 모턴의 코셔 소금은 식탁용 소금 또는 고운 바닷소금 대신 사용할 때 그대로 똑같은 양을 넣으면 된다. 다이아몬드 코셔 소금은 식탁용 소금보다 2배 많이 넣어야 한다.

피클용 소금

피클용 소금은 첨가제가 들어 있지 않은 순수한 소금이며, 첨가제가 있으면 피클용 소금물이 뿌옇게 변하기도 한다. 대다수 마트의 병조림 판매대에서 찾을 수 있다.

암염 또는 아이스크림 소금

암염은 정제하지 않은 소금으로 먹을 수 없으며, 얼음에 섞어서 전기 또는 손으로 젓는 형태의 아이스크림 메이커에 넣어 아이스크림을 얼리는 용도로 사용한다. 소금은 아이스크림 통 주변의 얼음물 온도를 낮춰 아이스크림이 어는 시간을 단축한다. 이 소금은 감자를 굽거나 반각 생굴을 식탁에 올리기 위해 토대를 만들 때도 사용한다.

바닷소금

모든 바닷소금은 바닷물을 증발시켜서 만든다. **플뢰르 드 셀**(fluer de sel, '소금 꽃'이라는 뜻)이라고 불리는 큼직한 박편형의 바닷소금은 염전 표면에 형성된 커다란 소금 결정이 바닥으로 가라앉기 전에 살살 긁어내서 만든다. 플뢰르 드 셀은 다른 소금보다 축축하고 조류 및 무기질이 들어 있어 은은한 풍미를 느낄 수 있다. 그러나 소금을 음식에 뿌리면 음식의 풍미가 소금 자체의 풍미를 압도하기 마련이다. 플뢰르 드 셀은 태양열과 바람의 증발 효과를 이용해 만든다. 매우 노동 집약적인 작업이므로 식탁용 소금 또는 고운 바닷소금보다 훨씬 비싸다. 그렇다 해도 플뢰르 드 셀이 반드시 요리에 적합한 것은 아니다. 플뢰르 드 셀은 '**마무리용 소금**', 즉 요리를 식탁에 내기 직전에 뿌려서 섬세하고 바삭한 식감 및 입안에서 탁 터지는 짭짤한 풍미를 즐기는 용도로 사용한다. 플뢰르 드 셀을 가니시처럼 사용하거나 다크 초콜릿 브라우니를 오븐에 넣기 전에, 달걀 프라이나 아보카도 토스트 또는 캐러멜 사탕에 뿌려보자.

박편형의 바닷소금은 소금 결정이 더 크고 건조하다는 점에서 플뢰르 드 셀과는 약간 다르다. 말돈(Maldon) 소금처럼 결정이 피라미드 모양을 닮은 제품도 있다. 이러한 유형의 소금은 바닷물을 커다란 강철 팬에 붓고 소금 결정이 생길 때까지 끓여서 만든다. 그다음 소금물에서 소금 결정을 긁어낸 후 말린다. 박편형의 바닷소금은 플뢰르 드 셀보다 수분 함량이 적기 때문에 소금 결정을 씹으면 산산이 부서지고 즉시 녹으므로 강렬한 짠맛이 입안에서 터지는 느낌을 받는다. 박편형의 바닷소금은 플뢰르 드 셀처럼 조리용 소금보다는 마무리용 소금으로 활용한다.

셀 그리(Sel gris, '회색 소금')는 플뢰르 드 셀과 같은 환경에서 생산하지만 염전의 표면이 아니라 바닥에서 긁어낸 소금이다. 그 결과 무기질과 침전물이 더 많이 들어 있기 때문에 회색빛을 띤다. 셀 그리는 플뢰르 드 셀보다 입자가 곱지만 고운 바닷소금이나 식탁용 소금보다는 굵다. 일반적인 조리용 소금 또는 마무리용 소금으로 두루 사용할 수 있다.

고운 바닷소금은 위에서 소개한 다른 바닷소금들보다는 가공 소금에 가깝다. 고운 바닷소금은 무기질과 불순물을 전부 제거한 바닷물로 만든다. 이 바닷물을 진공 상태에서 아주 높은 온도로 팔팔 끓인다. 그 결과로 생긴 소금 결정은 매우 입자가 곱고 수분이 적으며 흰색을 띤다. 고운 바닷소금은 식탁용 소금을 대신해 같은 분량만큼 사용하면 된다.

붉은색 하와이 바닷소금이나 검은색 용암 소금과 같은 **착색 바닷소금**은 한마디로 바닷소금에 천연 색소를 추가해 색을 낸 것이다. 붉은색 하와이 바닷소금에는 붉은 점토(알라에아alaea라고 부른다.)를 첨가하며, 검은색 용암 소금은 활성탄으로 색을 낸다. 검은색 용암 소금은 약간의 훈연 풍미가 있지만 훈제 소금만큼 향이 강하지는 않다. 이러한 착색 소금은 마무리용 소금으로 활용하면 아주 근사하며 다양한 크기의 입자로 시판된다.

가향 소금

시판 양념 소금은 일반 소금, 향신료, 때로는 MSG의 조합으로 구성되어 있다. 또한 코코아 가루, 커피, 트러플, 칠리 고추, 허브 등의 다양한 재료를 우려내거나 직접 섞은 바닷소금도 있다. 이러한 소금은 일반적으로 해당 재료의 풍미를 느낄 수 있도록 마무리용 소금으로 사용한다. 가정에서도 소금과 수분이 적은 재료를 섞어서 가향 소금을 직접 만들 수 있다. 소금에 섞을 수 있는 재료로는 감귤류 껍질 및 로즈메리와 타임 등의 허브가 있다.

가향 소금을 만들려면 다이아몬드 코셔 소금과 원하는 풍미 재료를 푸드 프로세서에 넣어 섞는다. 감귤류 껍질을 사용한다면 소금 1컵당 레몬이나 라임 4개의 껍질 또는 오렌지 2개의 껍질을 강판에 곱게 갈아서 넣는다. 허브를 사용한다면 굵게 썬 신선한 허브를 소금의 절반만큼 넣는다.(예를 들어 소금 1컵당 굵게 썬 허브를 꾹 눌러 담아 ½컵 넣는다.) 가장 만족스러운 결과를 얻기 위해서는 준비한 소금의 약 ⅓ 분량과 감귤류 껍질 또는 허브를 푸드 프로세서에 넣고 풍미 재료가 곱게 갈리면서 소금 전체에 골고루 퍼질 때까지 짧게 여러 번 작동시킨다. 그다음 남은 소금을 넣고 잘 섞일 정도로만 잠깐 돌린다. 가향 소금을 테두리 있는 오븐 팬에 옮겨 담고 얇게 펴서 깐다. 소금을 24시간 동안 자연 건조한 후 밀폐 용기에 담는다. 가향 소금은 별도의 보관 기간 없이 계속 사용할 수 있지만, 시간이 지남에 따라 풍미는 옅어진다.

양념 소금

약 ½컵

작은 그릇에 다음을 넣고 섞는다.

소금 ¼컵

설탕 1큰술

스위트 파프리카 가루 1큰술

육두구 껍질 가루 1작은술

셀러리 소금 1작은술

강판에 간 육두구 또는 육두구 가루 1작은술

마늘 가루 1작은술

양파 가루 1작은술

드라이 머스터드 1작은술

잘 섞는다. 밀폐 용기에 담아 실온에 두면 별도의 보관 기간 없이 계속 사용할 수 있다.

훈제 소금

훈제 소금은 히커리 나무, 사과 나무 또는 체리 나무 등의 단단한 목재를 사용해 소금을 훈연해서 만든다. 마른 양념의 재료로 사용하거나 훈연 풍미를 내고자 하는 육류, 생선, 채소 요리, 수프, 심지어 디저트에까지 훌훌 뿌려서 즐길 수 있다. 훈연 항목을 참고한다.

염지용 소금

염지용 소금 항목을 참고한다.

식탁용 소금 및 요오드 첨가 소금

식탁용 소금은 알갱이가 작고 쉽게 흩어지는 형태의 소금으로 염화나트륨 약 99%로 구성되어 있다. 대다수 식탁용 소금에는 **요오드가 첨가**되어 있지만,

요오드를 첨가하지 않은 식탁용 소금도 있다. 요오드 첨가 소금은 물과 토양에 필수 미량 영양소인 요오드가 부족한 특정 지역에서 섭취하면 좋다. 마트에서 판매하는 대다수 소금은 요오드가 첨가되어 있으며 '요오드 첨가' 라벨이 붙어 있다. 피클이나 발효에는 요오드 첨가 소금을 사용하지 않는다. 소금에 들어 있는 첨가물 때문에 소금물이 탁해지며 좋지 않은 풍미가 날 수 있다.

소금 대체재

소금을 제대로 대체할 수 있는 양념은 사실 없지만, 아쉬운 대로 사용할 수 있는 대체품은 있다. 우선 나트륨을 칼슘, 칼륨 또는 암모니아로 대체한 염화 소금이 있다. 나트륨 대신 다른 전해물의 함량이 높으므로 의사에게 상담하고 문제가 없을 때만 사용해야 한다. 소금이 들어 있지 않은 혼합 양념은 소금 대체재와 달리 나트륨뿐만 아니라 대체 전해질도 들어 있지 않으므로 소금 및 소금 대체재 대신 사용해 음식의 맛을 낼 수 있다. 레몬즙, 굵게 썬 생허브, 식초도 나트륨이 들어 있지 않으면서 맛을 돋우는 역할을 한다.

사사프라스(Sassafras)

사사프라스 나무의 잎과 뿌리는 다양한 방식으로 사용된다. 사사프라스 잎을 말려서 갈면 **필레 가루**(filé powder)라고 부르는 고운 가루가 되는데, 이 필레 가루는 검보 등의 케이준 음식에 증점제 및 풍미 재료로 쓰인다. 오랫동안 뭉근히 끓일 스튜에 필레 가루를 넣으면 걸쭉해지기보다는 끈적하고 지저분한 질감이 되어 음식이 먹음직스럽게 보이지 않으므로 주의한다. 필레 가루는 조리의 마지막 단계에 넣거나 따로 담아서 음식과 함께 낸다.

사사프라스 뿌리는 전통적으로 루트비어를 만드는 데 사용되지만, 사사프라스의 독특한 풍미를 내는 사프롤(safrole)이 발암 물질이라는 사실이 밝혀진 바 있다. 오늘날 사사프라스 뿌리는 먹어도 안전하도록 사프롤 제거 처리를 한 후 차를 끓일 때 사용한다.

세이버리(Savory)

세이버리에는 여름 세이버리와 겨울 세이버리의 두 종류가 있다. **여름 세이버리**(Satureja hortensis)는 섬세한 풍미를 지닌 허브로 타임과 비슷한 후추 향이 난다. 에르브 드 프로방스의 주요 구성 요소 중 하나이며 불가리아 요리에 자주 사용된다. 싱싱한 여름 세이버리는 전통적으로 흰콩 요리에 사용하지만 모든 종류의 스튜, 조림, 라구에 가니시로 사용할 수 있을 정도로 활용도가 높다. **겨울 세이버리**(Satureja montana)는 여름 세이버리보다 알싸하고 풍미가 강하며 잎이 더 작고 두껍다. 타임 대신 사용하거나 타임과 섞어서 사용한다. 우리는 싱싱한 겨울 세이버리를 생바질, 파슬리, 타라곤 등의 순한 허브와 섞어서 허브 가니시 및 녹색 소스에 즐겨 사용한다. 말린 세이버리는 조리가 거의 끝날 즈음에 넣는다.

파(Scallions)

양파와 샬롯에 대해 및 양념으로 사용하는 양파 항목을 참고한다. 이 책의 레시피에서는 파보다 '쪽파(green onion)'라는 명칭을 주로 사용한다.

슈말츠(Schmaltz)

슈말츠는 정제한 가금류 지방을 지칭하는 이디시어 단어다. 닭, 오리, 거위 지방을 정제한 슈말츠는 많은 요리에 매우 유용하며 특히 코셔 방식으로 조리하는 가정에서 선호한다. 습식 정제한 슈말츠는 단단하고 특별한 맛이 없으면서 색이 연하다. 오리 또는 거위 콩피에서 추출한 슈말츠는 색이 연하고 허브, 향신료, 양파 및 같이 조리한 다른 향미 재료의 풍미가 우러나온다. 건식 정제하거나 가금류를 구울 때 나오는 진한 풍미의 기름진 드리핑에서 건어낸 슈말츠는 부드럽고 결이 고르지 않으며 색이 진하다. 그러나 대다수 슈말츠는 조리 과정에서 나오는 부산물이 아니라 그 자체를 최종 결과물로 간주한다.

다량의 슈말츠를 정제하려면 지방 정제하기 항목을 참고한다.

소량의 슈말츠를 만들려면 닭 껍질과 지방을 작게 잘라서 물 2큰술을 두른 프라이팬에 한 겹으로 깐다. 중불에 올려 지글지글 끓는 소리가 날 때까지 은근히 가열한다. 지방이 갈색으로 변하기 시작하면 기호에 따라 굵게 썬 양파를 프라이팬에 넣고(닭 껍질과 지방 450g당 양파 약 ½개 사용) 불을 약간 줄인다. 닭 껍질을 가끔 뒤집어가면서 껍질이 진한 갈색으로 바삭해지고 지방이 황금색으로 변할 때까지 약 45분간 더 조리한다. 고운체에 지방을 거른다. 취향에 따라 갈색으로 익은 닭 껍질과 양파는 곁들임 음식으로 먹거나 토스트에 얹어서 즐길 수 있다. 이 닭 껍질과 양파 혼합물을 **그리벤**(gribenes)이라고 부른다. 이와 관련된 조리 과정은 바삭한 닭 껍질 구이 레시피를 참고한다. 슈말츠는 뚜껑을 덮어 냉장고에 보관한다.

건어물(Seafood, Dried)

세계적으로 다양한 종류의 생선과 갑각류를 말려서 먹지만, 특히 극동 및 동남아시아에서는 건어물을 즐겨 먹는다. 건조 과정에서 해산물의 짭짤한 맛이 더욱 강해지는데, 그 결과 진한 감칠맛을 지니고 있으면서 음식에 넣었을 때 비린내가 나지 않고 깊은 풍미를 더해주는 재료가 된다.(안초비를 라구나 조림 요리에 넣었을 때 비린내가 나기보다는 깊고 은은한 감칠맛이 나는 것과 마찬가지다.) 다른 형태의 건어물로는 **말린 새우 페이스트, 말린 가다랑어, 보타르가** 등을 참고한다. 또한 훈연 및 보존 처리한 생선에 대해 항목도 함께 참고한다. 생선을 말려서 어포를 만든다면 육포 건조하기 항목을 참고한다.

말린 관자는 값비싼 재료로 중국 식료품점에서 통째로 판매한다. 깍둑썰기해서 수프, 국물, 소스에 넣은 후 국물에 풍미가 우러날 때까지 뭉근히 끓인다.(말린 관자는 XO 소스라는 맛있는 광동식 양념의 필수 재료다.) 또한 말린 관자가 부드러워질 때까지 뭉근히 삶은 후 채를 썰거나 깍둑썰기를 하거나 다져서 국수 요리, 볶음 요리, 죽에 넣어도 좋다.

은은한 짠맛과 고소한 향기를 지닌 **말린 새우**는 퍼보, 팟타이, 그린 파파야 샐러드 등 다양한 동남아시아 요리에 복합적인 풍미를 추가한다. 또한 멕시코 요리에서 수프와 스튜의 풍미를 낼 때도 말린 새우를 사용한다. 분말 형태로 판매하기도 하지만, 흰색 점이나 다른 흠집이 상대적으로 적어 보이는 통째로 말린 새우를 선택하자. 밀폐 용기에 넣어서 냉장고에 보관한다. 말린 새우는 보통 볶아서 풍미와 향기를 돋운 후 살짝 빻거나 갈아서 요리에 넣는다. 볶은 후 개중에 큼직한 덩어리는 따뜻한 물에 불려서 부드럽게 만들어 사용할 수도 있지만 우리는 굳이 그렇게 하지 않는다.

말린 새우를 볶으려면 기름을 두르지 않은 프라이팬에 말린 새우를 넣고 중불에 올린 후 새우에서 고소한 냄새가 나면서 밝은색으로 변할 때까지 5분 정도 볶는다.

말린 생선에는 수많은 종류가 있으므로 여기서 전부 다룰 수는 없다. 러시아에서부터 베트남, 아이슬란드, 일본에 이르기까지 생선을 즐겨 먹는 지역이라면 예외 없이 말린 생선을 찾아볼 수 있다. 말린 생선은 간식으로 먹기도 하고 수프, 소스, 양념 등의 재료로 사용하기도 한다. 예를 들어 일본에서는 **니보시**라고 부르는 말린 멸치로 니보시 다시라는 일종의 국물을 끓이기도 한다.

말린 오징어와 **갑오징어**는 한국, 중국, 싱가포르, 하와이에서 간식으로 즐겨 먹는다. 소금, 설탕, 고춧가루로 양념하는 경우가 많으며 식감은 육포와 비슷하다.

해초(Seaweed)

바다에서 나는 채소인 해초는 일본에서부터 중국, 아이슬란드, 아일랜드, 하와이에 이르기까지 전 세계 해안가 지방의 요리에서 사랑받는다. 해초는 식용 가능한 형태의 홍조류, 갈조류 또는 녹조류가 있다. 해초는 전부 짠맛이 나며 일부는 감칠맛이라고 부르는 진하고 입맛 도는 풍미를 지닌다.(뒤에 나오는 다시마 항목 참고) 또한 해초에서는 생선과 비슷한 맛이 나거나 황과 요오드 풍미가 나기도 하고, 홍차처럼 떫은 냄새가 나기도 한다. 해초는 수프와 샐러드, 증점제, 밥을 마는 용도, 바삭한 가니시 또는 양념 등 다양한 용도로 사용한다.

말린 해초는 전부 서늘하고 건조한 곳에 보관해야 하며 일단 개봉했다면 다시 단단히 봉해둔다. 마트의 냉장식품 판매대에서 구입한 해초는 냉장고에 넣어 보관한다. **한천**과 **카라기난**에 대한 정보는 검과 하이드로콜로이드 항목을 참고한다.

대황(Arame)

다시마의 일종인 대황은 진한 갈색의 얇은 실 형태로 판매한다. 물에 불린 후 수프 또는 채소 요리에 넣으면 아주 맛있다. 불리는 방법은 미역 항목을 참고한다.

덜스(Dulse)

덜스는 홍조류지만 말리면 보라색을 띠며, 굽거나 튀기면 거의 베이컨과 비슷한 풍미를 내는 쫄깃한 식감의 맛있는 해초다. 덩어리 또는 얇은 조각 형태로 판매하며 미리 구워서 요리에 넣으면 더 맛있다. 우리는 기름을 살짝 두르고 큼직한 덜스 조각을 넣어 바삭해질 때까지 튀긴 후, 적당히 부수고 참깨와 섞어 샐러드, 구운 채소, 쌀 요리의 토핑으로 사용한다.

다시마

두껍고 가죽처럼 질긴 갈색 해초로 켈프(kelp)라는 이름으로 불리기도 한다. 다시마는 다시의 핵심 재료이며 글루탐산염이 듬뿍 들어 있다. 실제로 과학자들이 MSG를 발견하고 이 성분을 분리할 수 있었던 것도 다시와 다시마의 감칠맛에 착안했기 때문이다. 다시마의 표면에 흰색 가루가 묻어 있는 것은 정상이므로 사용하기 전에 씻어내면 안 되지만, 먼지나 불순물을 행주로 털어내는 것은 상관없다. 말린 다시마는 밀폐 용기에 보관하면 무기한 사용할 수 있다.

김

김은 해초를 종잇장처럼 얇게 펴서 말린 것으로, 아마 초밥 롤을 마는 용도로 가장 잘 알려져 있을 것이다. 순하고 짭짤한 풍미를 지니고 있으며 굽거나 양념해서 간식으로 판매하는 경우도 많다. 양념하지 않은 김은 굽거나 굽지 않은 형태로 구할 수 있다. 김은 원래의 포장대로 또는 지퍼백에 넣어서 실온에 보관한다. 굽지 않은 김은 식감이 다소 질길 수도 있다.

김을 구우려면 가스나 전기 버너를 중강불로 맞춘다. 집게나 손으로 김을 한 장씩 잡고 불꽃 위를 스치도록 지나가되, 매번 반대쪽으로 돌려가며 굽는다. 김의 색이 약간 탁해지며 우글거리기 시작할 때까지 15~30초간 굽는다.

후리카케는 구운 김 가루에 참깨와 가쓰오부시, 말린 달걀, 때로는 보라색 차조기와 같은 다른 감칠맛 재료를 섞어서 만든 양념이다. 우리는 후리카케를 단립종 쌀밥에 뿌려서 아주 맛있게 즐긴다.

스피룰리나(Spirulina)

스피룰리나는 남세균, 즉 남조류의 일종이다. 한때 아즈텍족(및 차드 호수 주변에 거주한 카넴부 부족)이 내륙의 호수에서 채집한 후 둥근 덩어리 형태로 말려서 사용했던 스피룰리나는 현재 건강보조식품으로 판매된다.(단백질, 아미노산, 몇 가지 무기질이 풍부하게 함유되어 있다.) 스피룰리나 가루는 그린 스무디에 넣으면 아주 좋지만 다른 해조류보다 풍미가 다소 강한 편이며 '연못 비린내'가 나기 때문에 맛 측면에서는 아쉽다. 스피룰리나는 소량씩 사용하고, 스피룰리나 풍미를 누를 수 있도록 항상 맛이 강한 다른 재료를 함께 넣도록 하자. ▶ 면역이 약한 어린이나 임산부 또는 혈액 응고 저해제나 면역 억제제를 복용하는 사람은 스피룰리나를 먹으면 안 된다.

미역

미역은 말려서 포장한 상태로 판매하며, 실 미역이라는 문구가 붙어 있는 것도 있다. 미소 된장국을 끓이거나 물에 불린 후 샐러드를 만들 때 사용한다.

미역을 불리려면 미지근한 물에 20분간 담가둔다. 줄기가 붙어 있다면 뜯어서 버린다.

참깨(Sesame Seeds)

참깨는 빵, 쿠키, 채소에 토핑으로 널리 쓰이며 갈색, 흰색, 검은색의 세 가지 형태로 판매한다. 세 가지 종류 모두 표면을 둘러싸고 있는 겉껍질을 벗긴 것 또는 벗기지 않은 상태로 구할 수 있다. 이 겉껍질은 약간 쓴맛이 나므로 우리는 **겉껍질을 벗긴 참깨**를 선호한다. 참깨의 고소한 풍미는 살짝 볶았을 때 가장 강해진다. 참깨를 갈아서 중동 요리의 필수 재료인 **타히니**라는 기름진 씨앗 버터를 만들 수 있다. **참기름**은 샐러드, 소스, 양념에 넣으면 맛있다. 물론 볶은 참깨 자체도 다양한 요리(또는 후리카케 등의 참깨 혼합 양념)에 가니시로 사용하면 아주 잘 어울린다. **베네씨**(benne seeds)는 서아프리카에서 끌려온 노예들이 미국에 들어온 참깨의 초기 재래종으로, 서서히 다시 주목받고 있으며 현재는 온라인 상점에서 주문할 수 있다.

참깨를 볶으려면 테두리 있는 오븐 팬에 넓게 펴서 담고 175℃의 오븐에 넣어 연한 갈색으로 변하면서 고소한 냄새가 날 때까지 7~10분간 조리한다.

샬롯(Shallots)

양파와 샬롯에 대해 및 양념으로 사용히는 양파 항목을 참고한나.

시치미 고춧가루(Shichimi Togarashi)

일본 혼합 향신료인 시치미(七味)는 '일곱 가지 풍미의 칠리 고춧가루'라는 뜻이다. 붉은 칠리 고추를 말려서 굵게 갈고 초피 가루, 말린 오렌지나 유자 껍질, 참깨 및/또는 포피시드, 대마씨, 김 가루, 생강 가루를 섞어서 국수, 수프, 밥에 풍미를 더해주는 혼합 양념으로 만든 것이다.

차조기(Shiso, 또는 Perilla)

차조기는 민트 및 바질과 가까운 허브 품종으로, 차조기 잎은 하트 모양에 가장자리가 톱니처럼 들쑥날쑥해서 쐐기풀과 비슷해 보인다. 차조기는 일본과 한국 요리에 자주 사용된다. 민트와 비슷한 풍미를 지니고 있으며 은은하게 계피, 레몬, 아니스의 향기가 난다. 보라색 차조기(적차조기 또는 '소엽beefsteak plant'이라고도 한다.)와 녹색 차조기(깻잎) 모두 아시아 마트에서 생으로 구할 수 있으며 정원에서 직접 기르기도 쉽다. 보라색 차조기는 매실장아찌(우메보시)와 매실주를 만들 때 사용하는 것으로 잘 알려져 있으며, 생강 초절임인 베니쇼가의 분홍빛 도는 보라색도 여기서 기인한다. 또한 차조기 잎은 음식을 싸 먹을 때도 사용하며, 한국식 찌개에 넣거나 튀겨서 먹거나 후리카케의 재료로 활용하기도 한다.

쇼트닝(Shortening)

식물성 쇼트닝은 제과제빵을 할 때 글루텐 가닥을 '짧게 잘라서(shorten)' 결이 살아 있는 크러스트를 만들거나 부드러운 식감을 내기 때문에 쇼트닝이라는 이름이 붙었다. 과거에는 라드에도 '쇼트닝'이라는 명칭을 사용했지만, 오늘날에는 라드를 쇼트닝으로 지칭하는 경우가 거의 없다. 쇼트닝은 흰색 또는 노란색을 띠며 특별한 맛이 없는 종류와 버터 풍미가 나는 종류가 있다. 쇼트닝은 대부분 콩기름, 옥수수 기름, 목화씨 기름 또는 땅콩 기름 등의 다중불포화지방 기름을 정제하고 냄새를 제거한 후 경화해서 만든다. 경화는 수소 원자를 식물성 기름에 들어 있는 불포화지방산 사슬에 추가해 포화지방산으로 만들기 때문에 실온에서 고체 상태를 유지한다. 또한 경화 과정에서 생기는 트랜스 지방은 건강에 좋지 않은 영향을 미치기 때문에 많은 비판을 받아왔다. 그 결과 다양한 음식에서 트랜스 지방의 사용을 점점 줄이는 추세다. 오늘날에는 트랜스 지방이 없는 고체 상태의 식물성 지방을 만들기 위해 에스테르 교환(interesterification)이라는 방법을 사용해서 쇼트닝을 만든다. 에스테르 교환은 복잡한 화학적 과정이지만, 간단히 설명하자면 촉매나 효소를 사용해 지방산을 하나의 중성지방에서 다른 중성지방으로 이동시켜 트랜스 지방의 비율이 매우 낮은 상태의 고체 식물성 지방을 만드는 것이다.

고체 쇼트닝에 동물성 지방 또는 코코넛 기름이나 야자유 등의 식물성 포화지방을 일부 추가하기도 한다. 또한 유화제와 노란색 색소, 버터 풍미를 첨가하기도 한다. 이러한 추가 성분 및 함유된 질소 덕분에 쇼트닝을 제과제빵에 유용하게 사용할 수 있다. 제과제빵 반죽을 섞을 때 쇼트닝과 설탕이 결합해 크림화 작용이 일어나면 질소가 작은 기포를 형성하면서 부풀어 오른다. 반죽을 발효시키면 이러한 기포가 더욱 커지고, 오븐의 열이 반죽 안에 있는 수분을 증발시키면 기포가 더욱 팽창한다. 그 결과 케이크, 즉석 발효 빵, 머핀이 먹음직스럽게 부풀어 오르며 부드럽고 탄력 있는 질감으로 완성된다.

쇼트닝에는 수분이 없지만 버터에는 약 15%의 수분이 포함되어 있으므로 페이스트리에 쇼트닝을 사용하면 버터를 사용할 때보다 결이 더 잘 살아난다. 마찬가지로 글루텐이 생기려면 수분이 필요하므로 수분이 없는 쇼트닝을 사용하면 더 부드러운 쿠키를 구울 수 있다.(쿠키에 글루텐이 생기면 식감이 쫄깃해진다.) 대다수 쇼트닝은 버터보다 녹는점이 높으므로 쿠키를 비롯한 일부 빵이나 과자에 쇼트닝을 사용하면 옆으로 퍼지기보다는 위로 부풀어 오른다. 이렇게 되는 이유는 반죽 안의 다른 재료가 굳으면서 자리를 잡은 후에야 쇼트닝이 녹기 때문이다.(코코넛 기름과 야자유로 만든 쇼트닝은 크리스코Crisco 상표의 쇼트닝보다 녹는점이 낮다. 1041쪽의 표를 참고한다.) 또한 쇼트닝으로 프로스팅을 하면 시

간이 지나도 모양이 잘 유지되며 온도가 높거나 습기가 많은 열악한 환경에도 잘 버텨낸다.

쇼트닝의 한 가지 중요한 단점은 풍미가 전혀 없거나 인공 버터 풍미가 추가되어 있다는 점이다. 가공식품 제조업체로서는 여러 공정상의 장점이 있는 쇼트닝이 유용한 재료지만, 가정에서 제과제빵을 하며 '직접 구운' 맛을 즐기려는 많은 사람들은 여전히 버터를 선호한다.

식물성 쇼트닝은 뚜껑을 덮어서 실온에 보관할 수 있다. 고체 쇼트닝의 부피를 측정하려면 지방 계량하기 항목을 참고한다. **마가린**에 대한 정보는 1060쪽을 참고한다.

고체 쇼트닝으로 버터를 대체하려면 컵이나 부피 기준으로 동일 분량을 사용할 수 있지만, 버터에 포함된 수분 대신 물을 소량 추가해야 한다. 버터 1컵(버터 스틱 2개) 대신 쇼트닝을 사용하려면 쇼트닝 1컵에 물 2큰술을 추가하고, 버터 ½컵(버터 스틱 1개)을 쇼트닝으로 대체하려면 쇼트닝 ½컵과 물 1큰술을 섞어서 사용하는 식이다. 사탕이나 퍼지 레시피에는 버터 대신 쇼트닝을 사용할 수 없다. ▶ 무게를 기준으로 계량한다면 버터보다 20% 적은 분량의 쇼트닝을 사용한다.(버터 무게에 0.8을 곱하면 된다.) 그다음 버터의 무게에 0.15를 곱해서 버터의 수분 함량만큼 보충할 물 또는 다른 액체 재료(우유나 버터밀크 등)의 무게를 계량한다.

새우 페이스트(Shrimp Paste)

새우 페이스트는 중국 남동부 지역을 비롯해 동남아시아 전역에서 사용되는 재료다. 새우 페이스트를 지칭하는 명칭도 다양하다. 태국에서는 카피(kapi), 인도네시아에서는 테라시(terasi), 말레이시아에서는 벨라찬(belacan), 필리핀에서는 바궁(bagoong), 중국에서는 함하(hom ha, 鹹蝦), 베트남에서는 맘똠(mam tom)이라고 부른다. 각각 약간의 차이는 있지만 개념 자체는 동일하다. 일반적으로 크릴 등의 작은 새우를 염장 및 발효한 뒤 갈아서 다양한 정도로 말리는 것이다. 테라시나 벨라찬 등의 몇몇 새우 페이스트는 완전히 건조해 벽돌 형태로 판매하므로 칼로 잘라서 사용해야 한다. 카피와 같은 일부 새우 페이스트는 용기에 담아 판매하며 숟가락으로 떠낼 수 있을 정도로 부드럽지만 그렇다고 해서 농도가 묽거나 질척하지는 않다. 바궁 중에는 건더기가 많고 통새우가 눈에 보이는 것도 있는가 하면 더 곱게 갈아놓은 것도 있다. 맘똠과 함하는 보랏빛이 도는 촉촉한 페이스트다.

종류를 막론하고 거의 모든 새우 페이스트는 그대로 먹는 것이 아니라 소스, 커리, 딥에 섞거나 그 외 다양한 요리에 넣어서 먹는다. 새우 페이스트의 역할은 피시 소스나 다진 안초비와 크게 다르지 않다. 꼭 새우의 맛을 느낄 수 있는 것은 아니지만 짭짤하고 진한 감칠맛을 더해주어 복합적이고 깊은 풍미를 낼 수 있다. 새우 페이스트는 냄새와 풍미 모두 코를 찌를 정도로 강하므로 아주 조금만 사용해도 효과가 크다. 말린 새우 페이스트는 보통 사용하기 전에 한 번 구워서 쓴다.

새우 페이스트를 구우려면 레시피에 필요한 분량만큼 통에서 떠내거나 큼직한 덩어리에서 잘라낸 후 포일로 감싼다. 기름을 두르지 않은 프라이팬을 중불에 올려놓고 달군다. 포일을 프라이팬에 넣고 새우 페이스트가 약간 갈색으로 변하면서 부드럽게 잘 부서질 때까지 한 면당 1분 정도씩 굽는다. 또는 기름을 조금 두르고 새우 페이스트를 넣어서 연한 갈색으로 변할 때까지 튀겨서 사용할 수도 있다.

쓰촨산 통후추(Sichuan Peppercorns)

붉은빛이 도는 갈색의 말린 열매로 **산초**라고 부르기도 하는 쓰촨산 통후추는 검은 통후추 또는 칠리 고추와는 다른 품종이며 오히려 감귤류에 가깝다. 다양한 쓰촨식 요리에는 이 쓰촨산 통후추를 칠리 고추와 함께 사용해 특유의 대담하고 복합적인 풍미를 낸다. 산초 열매를 생으로 먹으면 참을 수 없을 정도로 상큼하고 시큼한 맛과 함께 짜릿한 맛이 혀를 마비시키고 몇 분 정도 입에 침이 가득 고이게 된다.

말린 쓰촨산 통후추를 쪼개서 안에 들어 있는 씨를 꺼내면 바깥쪽 겉껍질만 남는다.(이 껍질에 대부분의 풍미 성분이 포함되어 있다.) 일부는 씨나 줄기가 그대로 붙어 있는 것도 있다.(굳이 손질해서 떼어낼 필요는 없다.) 이 열매는 말린 상태에서도 짜릿하고 시원하며 얼얼한 맛을 지니고 있다. 풍미가 다소 강하기는 하지만 요리에 넣으면 다른 풍미를 더욱 돋우는 역할을 한다.

가장 흔하게 볼 수 있는 것은 붉은색 쓰촨산 통후추지만 녹색 쓰촨산 통후추도 온라인 상점에서 구할 수 있다. **녹색 쓰촨산 통후추**는 상쾌한 소나무 향이 더 강하며 꽃향기는 덜 난다. 일본의 **초피**는 쓰촨산 통후추와 매우 가까운 품종이다. 시치미 고춧가루에 사용되는 것으로 잘 알려진 초피는 붉은색 쓰촨산 후추처럼 얼얼하고 강렬한 느낌은 덜하다.

쓰촨산 통후추를 사용하는 요리로는 마파두부, 소금과 후추 반죽을 사용한 새우 또는 오징어 튀김, 매콤한 쓰촨식 훠궈, 탄탄미엔, 참깨 국수, 바삭하게 씹히는 중국식 매운 고추기름 레시피를 참고한다.

소프리토(Sofrito)

소프리토는 여러 지역에서 수많은 요리의 바탕이 되는 혼합물이다. 유럽 요리에서 소프리토(스페인어로 소프리토, 이탈리아어로는 **소프리토**soffritto, 카탈로니아어로는 **소프레짓**sofregit, 프랑스어로는 미르푸아)는 요리를 시작할 때 여러 향미 재료를 섞어서 조리한 혼합물을 지칭한다. 이때 향미 재료로는 양파, 마늘, 셀러리, 당근, 허브, 토마토, 때로는 판체타나 햄도 사용한다. 레시피에 따라 소프리토를 살짝 물기가 나오거나 부드러워질 때까지 잠깐 조리해 가볍고 향긋한 향을 내기도 하고, 진한 갈색으로 캐러멜화될 때까지 조리해서 소스와 조림에 깊은 맛을 더하기도 한다. 이 혼합물을 가리키는 또 하나의 이탈리아 용어인 **바투토**(battuto)는 돼지기름에 별도로 미리 조리해두는 소프리토와 비슷한 혼합물을 뜻하기도 한다. 바투토는 간단한 보존 처리가 된 걸쭉한 페이스트로 밀폐 용기에 담아서 냉장고에 넣으면 일주일 이상 보관할 수 있으며 뭉근히 끓이는 요리에 양념으로 편리하게 사용할 수 있다.

카리브해 및 남아메리카에서는 소프리토를 만들 때 라드, 햄, 토마토, 맵지 않은 고추, 고수 또는 쿨란트로와 커민, 오레가노, 안나토 등의 향신료를 넣는다.(셀러리와 당근은 보통 사용하지 않는다.) 카리브해식 소프리토는 레시피마다 각각 새로 만들기도 하지만 라드를 사용해서 대량으로 만들어 보관했다가 쌀 요리, 조림과 스튜, 콩 요리, 수프 등에 넣기도 한다.

미르푸아의 경우 일반적인 조합을 제시하기보다는 레시피에 소프리토 만드는 법을 추가해 소개했다. 재료의 분량과 조리 방법은 각 레시피를 참고한다.

수수(Sorghum)

수수는 줄기가 옥수수를 닮은 커다란 풀을 통칭하는 용어로 매우 쓰임새가 다양하다. 흰색 또는 황갈색의 수수 낱알은 다른 곡물처럼 조리하거나(수수 또는 마일로에 대해 항목을 참고) 빻아서 가루로 만들어서 사용한다. 그 외의 수수 품종은 맥주 양조 및 가축 사료로 유용하다.

단수수(Sorghum saccharatum)는 수수 시럽을 만들 때 사용한다. 수수 당밀이라고도 부르는 **수수 시럽**은 수수에서 즙을 짜낸 후 전통적으로 장작불에 끓여서 만들던 액체 감미료다. 미국 남부와 중서부에서 이 수수 시럽을 소량씩 만들어 먹었으며 농장마다 형태가 상당히 다르다. 수수 시럽 중에는 색이 아주 진하고 당밀과 비슷한 형태가 있는가 하면, 훨씬 농도가 가볍고 호박색을 띠며 풍미도 순한 것도 있다. 수수 시럽은 사탕수수로 만든 당밀보다 점도가 낮고 새콤한 맛이 강하다. 또한 수수 시럽은 당밀처럼 흙냄새를 연상시키는 쌉쌀한 맛이 나지 않는다. 수수 시럽은 당밀처럼 설탕 대신 사용하거나 당밀 대신 같은 분량만큼 사용할 수 있다. 우리는 수수 시럽을 팬케이크와 와플, 아이스크림, 비스킷에 곁들여서 먹는다. 피칸 파이를 만들 때 옥수수 시럽 대신 수수 시럽을 넣으면 훨씬 진한 풍미가 난다.

소렐(Sorrel)

소렐의 길쭉한 잎에는 옥살산이 많이 들어 있어서 상당히 시큼한 맛이 난다. 소렐은 루바브 및 메밀과 가까운 품종이다. **넓은 잎 소렐**(수영이라고도 부른다.)에는 길쭉한 화살표 모양의 잎이 달려 있다. **붉은 소렐**(애기수영)은 잎이 울퉁불퉁하며 잎맥이 피처럼 붉은색을 띤다. **프랑스 소렐**은 잎이 작고 맛이 순하다. 소렐은 밝은 녹색을 띠는 새콤한 수프 및 소스를 만들 때 사용한다. 샐러드에 넣어 새콤하게 터지는 맛을 즐기거나 가니시로 활용하기도 한다. 유럽, 특히 영국에서는 소렐에 식초 및 설탕을 넣고 빻아서 구운 고기 요리에 곁들여 먹는 경우가 많다. 소렐은 신맛이 나기 때문에 기름진 음식과 잘 어울리지만, 신선하고 싱그러운 풍미도 있어서 달걀이나 생선처럼 맛이 순한 재료와도 어울림이 좋다. 소렐을 조리하면 탁한 녹색으로 변한다. 선명한 녹색을 보존하려면 소렐을 끓는 물에 잠깐 데친 후 바로 얼음물에 담근다. 코팅하지 않은 알루미늄 팬이나 철로 만든 팬은 소렐의 풍미와 색에 좋지 않은 영향을 미칠 수 있으므로 소렐을 손질할 때는 화학 물질에 반응하지 않는 조리 도구만 사용해야 한다. **괭이밥**이라고도 부르는 **우드 소렐**(wood sorrel)은 진짜 소렐과는 연관이 없는 품종이지만 옥살산이 많이 들어 있어 비슷한 풍미가 난다. 우드 소렐은 가니시 또는 샐러드에 넣는 용도로 가장 많이 사용한다.

사워크림(Sour Cream)

크림 항목을 참고한다.

두유와 두부(Soy Milk and Tofu)

두유는 콩을 물에 불려서 간 후 건더기를 걸러내고 남은 흰색 액체로 우유와 비슷한 형상이다. 중국에서는 오랫동안 두유를 소비해왔으며, 오늘날에는 서양의 마트에서도 흔히 볼 수 있는 제품이 되었다. 두유는 특히 유당불내증이나 다른 여러 가지 이유로 유제품을 먹지 않는 사람들에게 환영받는다. 두부는 아시아 요리에서 폭넓게 사용되며 두유와 마찬가지로 식이 제한을 해야 하거나 윤리적인 신념 때문에 동물 단백질을 섭취하지 않는 사람들에게 식물 단백질 공급원 역할을 한다. 두부를 만들기 위해서는 우선 두유를 만들어야 하므로 여기서는 두유와 두부 만드는 방법을 묶어서 소개한다.

다양한 종류의 두부와 두부를 압착하고 잘게 부숴서 조리하는 방법에 대한 자세한 내용은 두부, 템페, 기타 식물 단백질에 대해 항목을 참고한다. 우유 대체품에 대한 자세한 내용은 견과류와 씨앗 우유에 대해 항목을 참고한다.

두유

약 9컵

여기서는 두부를 만들기에 가장 적합한 방법을 소개한다. 음료로 그냥 마시거나 시리얼에 부어 먹을 두유를 만들기 위해서는 콩 냄새를 더 말끔하게 제거해야 한다. 콩을 물에 불린 후 물을 따라버리고 깨끗한 **물 8컵**을 큰 냄비에 부어 끓인다. 불린 콩을 넣는다. 물이 다시 끓어오르면 불을 줄이고 4분간 뭉근히 삶는다. 체에 부어 콩을 걸러내고 갈아서 뭉근히 끓인 후 아래 설명에 따라 거른다. 중간 크기의 그릇에 다음을 넣는다.

말린 대두 225g(약 1¼컵)

콩 위로 물이 7.5cm 정도 올라오도록 넉넉하게 부은 후 12시간 동안 불린다. 물을 따라내고 콩을 믹서에 넣어서 다음을 부은 후 완전히 매끄러워질 때까지 간다.

물 3컵

커다란 냄비에 붓고 믹서 바닥에 가라앉은 콩 혼합물을 긁어서 함께 넣는다. 다음을 붓는다.

뜨거운 물 6컵

냄비를 중강불에 올리고 눋지 않도록 나무 숟가락으로 살살 저으면서 부르르 끓어오르도록 가열한다. 거품이 떠오르면 냄비를 불에서 내린다. 커다란 체에 견과 우유용 거름망이나 얇은 무명천을 넉넉히 잘라서 깐다. 큰 그릇 위에 체를 올리고 콩 혼합물을 조금씩 붓는다. 걸러지지 않은 콩 찌꺼기(비지) 주위에 거름망이나 천을 덮어서 묶은 후 숟가락 뒷면으로 눌러서 두유를 최대한 짜낸다. 손으로 만질 수 있을 만큼 식으면 손으로 꾹 쥐어짜서 액체를 전부 짜낸다. 덮었던 천을 펼친 후 비지를 넓게 펴놓고 그 위에 다음을 훌훌 뿌린다.

따뜻한 물 ¾컵

비지를 한 번 더 꽉 눌러서 액체를 짜낸 후 한쪽에 두거나 버린다.(비지는 영양이 풍부하므로 제과제빵에 사용하거나 채식용 버거를 만들어도 좋다.) 커다란 냄비를 씻어서 두유를 다시 그 안에 붓고 달라붙지 않도록 저으면서 뭉근히 끓어오르도록 가열한다. 중약불로 줄이고 10분간 더 끓인다.(이렇게 하면 영양소의 흡수를 방해하는 트립신이 파괴된다.) 두부를 만든다면 아래의 레시피를 따른다. 두유를 그냥 마시려면 식혀서 냉장고에 넣어두었다가 먹는다.

두부

약 560g짜리 1모

우리가 두부를 만들 때 가장 선호하는 응고제는 **니가리**(にがり), 즉 해수를 증발시켜 나트륨을 추출하고 남은 잔여물이다.(니가리에는 염화마그네슘, 황산마그네슘 및 기타 미량 원소가 들어 있다.) 니가리는 액체(간수) 또는 결정 형태로 온라인 상점에서 쉽게 구할 수 있다. 두부 전용 틀도 온라인 상점에서 취급한다. 임시로 틀을 만든다면 서로 겹칠 수 있는 1ℓ 용량의 식품용 플라스틱 용기 2개를 준비한다. 그중 하나의 밑바닥과 아래쪽에 2.5cm 너비의 모눈종이에 올려놓은 것처럼 일정한 간격으로 지름 6mm의 구멍을 뚫는다. 나머지 용기에는 물을 채워서 누르는 용도로 쓴다.(물을 절반 정도 채우면 450g이 된다.) 다음을 준비한다.

두유

두유를 뭉근히 끓이는 작업이 끝나면 불에서 내린 후 5분간 식힌다. 응고제를 만들기 위해서는 작은 그릇에 다음을 넣고 녹을 때까지 젓는다.

물 1컵

니가리, 엡솜 소금(황산마그네슘) 또는 석고(황산칼슘) 1½작은술

(석고를 사용한다면 매번 두유에 넣기 직전에 혼합물을 다시 잘 저어야 한다.) 응고제의 ⅓ 분량을 뜨거운 두유에 넣고 살살 섞는다. 두유의 표면에 응고제 ⅓을 더 뿌리고 냄비의 뚜껑을 덮은 후 3분간 둔다. 남은 응고제 ⅓을 두유 위에 뿌리고 표면을 살살 젓는다. 니가리를 사용한다면 뚜껑을 덮고 3분간, 엡솜 소금이나 석고를 사용한다면 6분간 둔다. 그동안 두유가 응고하지 않았다면 작은 그릇에 다음을 넣고 섞는다.

(물 ¼컵)

(니가리, 엡솜 소금 또는 석고 ½작은술)

두유에 넣고 섞은 뒤 5분간 더 둔다. 물을 적신 넉넉한 크기의 얇은 정사각형 무명천을 두부 틀(또는 구멍을 뚫은 용기)에 깔고 용기를 싱크대에 놓는다. 응고한 두유 혼합물을 국자로 조금씩 떠서 틀에 담고 남은 천으로 위쪽을 덮는다. 틀의 위쪽 부분을 응고한 두유 위에 놓고 적당히 부드러운 두부를 만든다면 450g 무게의 누름돌을, 단단한 두부를 만든다면 1.3kg 무게의 누름돌을 올려놓는다. 두유 국물이 흘러나오지 않을 때까지 20분 정도 압착한다. 아주 조심스럽게 두부를 감싼 천을 펼친다. 두부는 매우 상하기 쉬우므로 물에 담가서 냉장고에 보관한다고 하더라도 며칠 안에 먹어야 한다.

두부를 요리하려면 두부, 템페, 기타 식물 단백질에 대해 항목을 참고한다.

간장(Soy Sauce)

간장은 여러 단계를 거쳐서 만든 후 최대 2년간 숙성하는 천연 발효식품이다. 물에 불리고 삶은 대두와 살짝 갈아낸 밀기울 또는 볶은 밀 등의 곡물에 고지의 한 종류를 섞는데, 이 고지에는 누룩곰팡이와 락토바실루스 균 및 사카로미세스 이스트가 포함되어 있다. 그다음 발효 혼합물에 소금물을 붓고 으깬 혼합물을 끓인다. 적당히 끓었다고 판단되면 간장을 압착하고 거른 뒤 살균 처리해서 병에 담는다.

간장은 중국에서 탄생해 일본, 한국, 동남아시아로 전파되었으며, 오늘날 이러한 지역 요리에서 빼놓을 수 없는 필수 양념이 되었다. 아시아 요리에 사용하는 감칠맛 풍부한 다채로운 양념이라는 관점에서 본다면 간장과 피시 소스, 인도네시아의 케찹, 마기 시즈닝 등의 재료 사이에서 공통점을 찾을 수 있을 것이다. 이러한 양념은 모두 글루탐산이 풍부하며 음식에 복합적인 짭짤한 맛을 추가한다.

사실 일부 간장 제품은 마기 시즈닝처럼 화학 공정을 통해 만든 것이다. 콩기름을 짜내고 남은 탈지 콩 분말을 가수분해하여 짭짤한 풍미를 내는 아미노산으로 전환한다. 이러한 제품은 대부분 간장이라는 이름으로 판매되지만, 일부 상표는 **액체 아미노 간장**(liquid aminos)이라는 문구가 붙어 있다. 천연 발효 간장의 복합적인 풍미는 단조로운 맛의 화학적 산분해 간장과는 비교할 수 없이 뛰어나다.

중국 간장은 밀보다 콩을 많이 넣어서 만든다. 중국 요리에는 **연간장**과 **진간장**을 모두 사용한다. 진간장은 더 오래 숙성시키며 제조 공정이 끝날 무렵에 당밀을 섞어주므로 진한 캐러멜색이 난다. 보기와는 달리 진간장은 연간장보다 짠맛이 덜하다. 연간장은 진간장보다 묽고 짠맛이 강하며 발효한 대두를 처음 짜낸 액체로 만든다. 중국에서 가장 보편적으로 사용하는 간장도 연간장이다. ▶ 연간장은 저염 간장과는 다르다.

일반적으로 일본의 **쇼유**(간장)는 밀의 비율이 더 높으므로 단맛이 강하고 짠맛이 덜하다. 미국 마트에서 가장 많이 눈에 띄는 일본 간장은 진한 간장, 즉 고이쿠치 쇼유(濃口醬油)다. 일본의 진한 간장은 중국의 연간장 대신 사용할 수 있다. 연한 일본 간장, 즉 우스쿠치 쇼유(淡口醬油)는 진한 간장보다 짠맛이 강하며 단맛이 약간 더 강하다. **타마리 소유**(溜醬油)는 밀이 아주 소량 들어가거나 아예 들어가지 않은 것으로 색이 아주 진하고 진한 간장보다 묵직한 느낌이다. 시로 쇼유(白醬油)라고도 부르는 **백간장**은 대두보다 밀을 많이 넣어 만들며 색이 연하고 풍미가 순하다. 그대로 디핑 소스로 활용하면 아주 맛있다. **폰즈 소스**는 간장, 약간의 감귤류즙(유자를 자주 사용), 쌀 식초, 미림, 그리고 가쓰오부시나 다시마 등과 같이 다시를 만들 때 사용하는 감칠맛 풍부한 재료를 넣어 만든다. 폰즈 소스를 회나 프라이팬에 지져낸 생선 요리에 곁들이면 기가 막히게 어울린다.

일반적으로 한국의 간장은 연한 간장과 진한 간장으로 나뉘며, 일본의 고이쿠치 및 우스쿠치 간장과 매우 비슷하다. 한국 요리에만 사용되는 또 하나의 전통적인 간장은 **국간장**(조선간장)으로, 된장을 뜨고 남은 풍미 진한 소금물로 만든다. 국간장은 가벼운 느낌의 짠맛이 강한 간장이며 우스쿠치나 다른 연한 간장보다는 풍미가 다채롭다. 이름이 가리키는 대로 보통 국의 간을 맞추는 데 사용한다.

케첩 마니스(kecap manis)는 팜 슈거로 단맛을 더한 인도네시아 간장이다. 발효해서 으깬 대두에 팔각, 양강근, 마늘 등의 향신료와 향미 재료를 추가해 끓인다. 인도네시아 요리에서는 빼놓을 수 없는 양념이다.

향신료(Spices)

씨앗, 콩, 나무껍질, 과일, 뿌리, 꽃봉오리, 열매, 꽃의 암술머리 등 다양한 식물의 풍미 진한 부위를 통째로 또는 갈아서 향신료로 사용할 수 있다. 이렇게 가지각색의 특징을 지닌 향신료의 공통점은 무엇일까? 풍미가 아주 진해야 하며 보통 아주 조금씩 사용하고 가격이 매우 비싼 경우가 많다. 특정한 향신료에 대한 자세한 내용은 각 향신료 항목을 참고한다.

산지가 다른 향신료의 상대적인 장점에 대해서는 활발한 논의가 이루어지고 있다. 예를 들면 스페인산 파프리카 가루와 헝가리산 파프리카 가루 또는 멕시코산 바닐라 빈과 마다가스카르 바닐라 빈을 비교하는 식이다. 우리는 원산지에 따라 향신료의 특징이 달라질 수 있다는 점을 인정하되, 특정한 지역에서 생산한 향신료가 다른 지역에서 생산한 향신료보다 '더 좋다'고 단정하기보다는 신중하게 접근하고자 한다. 다만 품질 좋은 향신료를 사용하고 다양한 종류를 접해보도록 권장할 뿐이다.

향신료를 갈아놓으면 복합적인 풍미와 향기가 더 쉽게 날아가므로 가능하면 ▶ 분말 형태보다는 향신료를 통째로 사는 것이 좋다. 향신료 분쇄기나 분쇄용 날이 달린 커피 분쇄기는 값이 비싸지 않으므로 가끔 신선한 향신료를 갈아서 보충해두면 더 맛있는 요리를 만들 수 있다. 그뿐만 아니라 ▶ 통향신료를 대량으로 구입하면 마트의 향신료 판매대에서 작은 유리병에 담아 판매하는 향신료 가루를 사는 것보다 훨씬 경제적이다. 통향신료는 온라인 향신료 판매점에서 구할 수도 있지만 가까운 아시아, 멕시코, 인도 식료품점에 가면 다양한 통향신료를 적당한 가격에 구할 수 있을 것이다.

부득이하게 향신료 가루를 사서 써야 한다면 풍미가 금세 날아가버리므로 6개월이나 최소한 1년마다 새 제품으로 바꿔줘야 한다. 항상 유통 기한을 확인하고, 향신료 병을 개봉하거나 보충한 날짜를 표시해둔다. 향신료는 밀폐가 잘되는 유리, 금속 또는 주석 용기에 담은 뒤 주방에서 가장 어둡고 서늘한 위치에 보관해야 한다. 하지만 반드시 손이 잘 닿는 곳에 두자! 향신료를 자주 사용하면 수많은 요리에 풍미를 한층 돋울 수 있어 오랫동안 기억에 남을 만한 식사가 될 것이다.

향신료로 어떤 효과를 내고자 하느냐에 따라 다양한 방법으로 향신료를 사용할 수 있다. 향신료의 진한 풍미가 요리 전체에 퍼지게 하려면 향신료를 갈아서 사용한다. 수프나 스튜, 국물에 풍미가 은은하게 우러나도록 하려면 향신료를 통째로 사용한다. 향신료를 구우면 색다른 풍미가 발현되기도 한다. 고수씨를 구우면 감귤류 풍미가 진해지며, 커민을 구우면 거의 훈연 향에 가까운 구수한 냄새가 난다. 인도 요리에서 영감을 얻어 커민, 고수씨, 겨자씨, 커리 잎 등의 향신료를 통째로 따뜻한 기름 또는 기 버터에 넣고 튀긴 후 요리에 넣어서 섞거나 달 타드카처럼 가니시로 얹어서 내도 좋다. 향신료를 튀기면 노릇하게 익으면서 향기가 강해질 뿐만 아니라 기름에도 향신료 풍미가 우러나므로 요리 전체의 맛이 진해지고 복합적인 풍미가 나며, 바삭하게 튀겨진 향신료를 씹으면서 기분 좋은 식감의 대조까지 즐길 수 있다.

강황과 파프리카 등의 일부 향신료는 거의 항상 갈아서 사용한다. 이러한 향신료도 살짝 튀겨주면 풍미를 돋우는 효과를 기대할 수 있다. 그러나 향신료 가루는 금세 타버리므로 향신료를 통째로 튀길 때보다 훨씬 주의를 기울여야 한다. 보통 뜨거운 기름에 향신료 가루를 넣고 몇 초 정도만 지글지글 튀기면 풍미를 돋우고 기름에 맛을 우려내기에 충분하다.

향신료를 튀기려면 약간의 식물성 기름이나 기 버터를 프라이팬에 두르고 중불에 올려서 달군다. 기름이 뜨거워지면 커민, 고수씨, 겨자씨, 호로파, 회향씨, 작은 말린 칠리 고추 등의 향신료를 통째로 넣는다. 기름이 골고루 묻도록 저어주고 향긋한 냄새가 나면서 익을 때까지 튀긴다. 겨자씨 등의 일부 향신료는 잘 구워졌을 때 톡톡 튀어오른다. 커민이나 고수씨 등의 향신료는 갈색으로 변한다. 튀기는 향신료의 종류에 따라 다른 것보다 먼저 넣어야 하는 향신료도 있다. 칠리 고추와 커리 잎은 항상 먼저 넣은 다른 향신료가 거의 다 튀겨질 즈음에 넣어야 한다. 향신료 가루는 마지막에 넣어서 기름에 풍미가 골고루 퍼지도록 몇 초 정도만 튀겨내면 된다.

향신료를 구우려면 기름을 두르지 않은 프라이팬에 얇게 한 겹으로 깔고 중불에 올린다. 가끔 프라이팬을 흔들면서 향신료에서 강렬한 향기가 나고 약간 갈색으로 변할 때까지 굽는다. 구운 향신료는 항상 식힌 후에 갈아야 한다.

향신료를 다양한 굵기로 갈아서 다채로운 효과를 낼 수도 있다. 굵게 간 향신료 가루는 고운 향신료 가루만큼이나 효과적으로 풍미를 내면서도 씹었을 때 입안에서 더욱 강렬한 풍미가 터지는 효과를 기대할 수 있다. 향신료를 굵게 갈 때는 향신료 분쇄기보다 절구와 절굿공이를 사용하는 것이 좋다. 중간 굵기 또는 큼직한 굵기로 갈 때는 광택이 없는 화강암 절구에 거친 화강암 또는 나무 절굿공이를 사용하도록 권장한다. 광택을 낸 화강암 절구는 표면에서 재료가 튀어오르거나 미끄러지기 쉬워 효과적으로 갈기 어렵다. 너무 작은 절구는 사용하지 않는 것이 좋다.(귀엽기는 하지만 실질적인 쓸모는 거의 없다. 작은 절구에 재료를 넣으면 재료가 밖으로 튀어나오기 때문에 제대로 갈기가 불가능하다.)

▶ 대량으로 조리하거나 레시피의 분량을 몇 배로 늘려서 음식을 만들 때는 계량한 분량을 믿기보다는 직접 맛을 보면서 향신료의 양을 조절한다. 카옌 고춧가루 등의 일부 향신료는 늘려야 하는 분량을 가늠하기 어려우며 자칫 음식의 맛을 압도하기 쉽다. 이 책의 레시피에서는 일반적으로 맛있게 먹을 수 있는 분량을 제시했다. 각자의 기호와 향신료의 강한 풍미를 얼마나 즐길 수 있느냐에 따라 레시피에서 제시한 분량을 늘리거나 줄여서 사용해도 좋다.

발아 씨앗(Sprouts)

발아 씨앗은 싹이 트기 시작했으나 아직 자라지 않은 씨앗이다. 대다수 발아 씨앗에는 잎이 두 장만 달려 있다. 발아 씨앗은 마트에서 비교적 쉽게 볼 수 있으며 가정에서도 적은 비용으로 아주 쉽게 재배할 수 있다. 발아 씨앗을 기르면 1년 내내 주방에서 신선한 채소를 활용할 수 있다. 발아 씨앗은 영양이 풍부하고 저렴하며 즙이 많아서 다양한 요리에 넣으면 상큼하게 아삭아삭 씹히는 식감을 즐길 수 있다. 싹이 트면서 씨앗에 들어 있는 전분과 단백질이 분해되므로 소화도 훨씬 쉬워진다. 어쩌면 직접 새싹을 키우는 가장 큰 이유는 발아 씨앗을 안전하게 다루어 교차 오염의 위험을 방지할 수 있기 때문일지도 모른다. 발아 씨앗은 오염되기 쉬운 것으로 잘 알려져 있으므로 이 책의 설명에 따라 주의해서 다뤄야 한다.

씨앗을 발아시키는 절차는 아주 간단하다. 휴면 상태의 씨앗에 물을 주면 씨앗이 물을 흡수하면서 싹을 틔운다.(자세한 과정은 발아 채소 항목을 참고한다.) 얻을 수 있는 싹의 양은 놀라울 정도다. ▶ 싹이 트면 원래 씨앗 무게의 2~8배까지 불어난다. 렌틸콩, 완두콩, 병아리콩, 팥 등의 콩류, 아몬드, 호박씨, 겉껍질을 깐 해바라기씨, 땅콩 등의 큼직한 씨앗, 밀, 호밀, 귀리, 보리, 카무트, 스펠트 등의 곡물의 싹을 틔우면 건조 씨앗 무게의 약 2배가 된다. 유일한 예외는 녹두로, 원래 씨앗 무게의 3~4배까지 불어난다. 작은 씨앗은 다양한 양상을 보인다. 배춧과 식물의 씨앗(브로콜리, 무, 겨자, 양배추)은 싹을 틔웠을 때 4~5배의 무게로 자라난다. 알팔파와 클로버 등 잎이 무성한 식물은 씨앗 무게의 최대 8배까지 자라기도 한다. 씨앗 2큰술을 넉넉하게 담아서 물을 주면 5~6일 안에 1ℓ 용량의 새싹 재배기가 꽉 찬다.

발아 채소

발아한 싹 약 225g

싹을 틔우면 독성을 띠는 감자와 토마토 씨앗, 날로 먹으면 독성이 강한 파바콩, 리마콩, 강낭콩은 발아 채소를 키울 때 피해야 한다. 농경 목적으로 화학 처리를 하지 않은 씨앗을 사용하거나 구입하고, 특히 유기농 씨앗이면 더 좋다. 상하거나 곰팡이가 핀 씨앗은 골라낸다.

발아한 싹을 하루에 2번 이상 씻어내리거나 물을 자주 빼줄 수 없다면 새싹 재배기를 장만하는 것이 좋다. 우리가 가장 선호하는 시판 새싹 재배기는 1ℓ 용량의 플라스틱 용기로, 공기 순환을 최대화하고 수분을 조절할 수 있도록 설계되어 있다. 입구가 넓은 1ℓ짜리 유리병에 나일론이나 면 거즈 소재의 망사 뚜껑을 덮거나 구멍이 뚫려 있고 돌려서 닫는 시판 뚜껑을 사용해도 효과적으로 새싹을 키울 수 있다.

1ℓ 용량의 새싹 재배기 또는 1ℓ 용량의 입구가 넓은 유리병에 다음 중 하나를 넣는다.

> 알팔파, 클로버 등의 아주 작은 씨앗 또는 잎이 무성한 채소 씨앗을 섞어서 2큰술
> 브로콜리, 기타 배춧과 식물 또는 호로파 등의 작거나 중간 크기의 씨앗 3큰술
> 양파, 부추, 서양대파 등의 중간 크기 또는 큼직한 파과 식물의 씨앗 4큰술
> 콩, 곡물 또는 큼직한 씨앗 ½컵

찬물을 붓고 휘휘 저어서 씨앗을 헹군 후 물을 따라내고 다음을 붓는다.

> 찬물, 씨앗의 2배 분량

씨앗은 흡수할 수 있는 분량만큼만 수분을 빨아들이므로 물이 많아도 상관없다. 8~12시간 동안 씨앗을 담가둔다. 그보다 짧은 시간 동안 담가둬야 싹이 더 잘 트는 씨앗도 있다. 예를 들어 겉껍질을 벗긴 해바라기씨와 호박씨는 1~2시

간 정도 담가두었을 때 싹이 더 잘 튼다.

다음 날 아침에 새싹 재배기의 뚜껑을 단단히 닫는다. 유리병을 사용한다면 나일론 망사나 면 거즈로 입구를 덮고 그 위에 고리를 돌려서 끼우거나 고무밴드로 고정한다. 또는 구멍이 뚫린 뚜껑을 돌려서 끼울 수도 있다. 물을 빼고 찬물로 1~2번 깨끗이 헹군다. 유리병이나 새싹 재배기를 세게 흔들고 돌려가면서 물을 전부 따라낸다. 유리병을 사용한다면 잘 흔들어서 씨앗을 넓은 옆면에 고루 펴놓은 후 유리병을 옆으로 뉘어놓는다. 이때 천을 씌운 입구 쪽이 아래로 가도록 유리병 바닥 쪽에 적당한 물건을 받쳐놓아 공기의 순환을 돕는 동시에 남은 물기가 빠져나가도록 한다. 매일 찬물로 싹이 튼 씨앗을 2~3번씩 헹구고 헹굴 때마다 물기를 완전히 뺀다. 직사광선이 비치면 싹이 '익어서' 결국 상해버리므로 햇빛이 직접 닿지 않는 곳에 둔다.

대다수 씨앗은 3~5일 사이에 싹이 트며 때에 따라 36시간 안에 싹이 트는 것도 있다. 녹두와 대두는 싹이 틀 때까지 최대 8일이 소요되기도 한다. 씨앗을 헹궈서 물을 뺄 때마다 맛을 보면서 가장 선호하는 식감과 맛이 어느 정도인지 판단한다. 일반적으로 새싹이 어릴수록 연하다. 싹은 결국 식물로 성장하기 마련이다. 며칠이 더 지나면 렌틸콩, 완두콩, 병아리콩에서는 싹(곧은 뿌리)뿐만 아니라 가운데 줄기가 돋아난다.

겉껍질을 제거할 때는 발아한 씨앗을 찬물이 담긴 그릇에 넣고 휘휘 저으면 겉껍질이 위에 떠오른다. 겉껍질을 걷어내고 발아 씨앗의 물기를 완전히 뺀다. 즉시 식탁에 올려도 좋고, 몇 시간 정도 물기를 뺀 후 지퍼백이나 키친타월을 깐 용기에 담아서 냉장 보관할 수도 있다. 일부 발아 채소는 냉장고에서 몇 주 정도 보관할 수 있지만 가장 맛있게 즐기려면 5일 안에 섭취하도록 권장한다.

새싹 채소

발아 채소와 새싹 채소의 가장 큰 차이점을 꼽자면, 새싹 채소는 땅에 심은 후 흙 위로 자라난 부분을 잘라서 먹는다는 점이다. 갓, 갈색 겨자, 루콜라, 아마, 치아 등의 일부 씨앗은 물과 접촉하면 젤과 비슷한 점액질 성분으로 둘러싸인다. 따라서 앞서 설명한 일반적인 발아 방식으로는 싹을 틔울 수 없다.

새싹 채소를 기르려면 배지에 물을 촉촉이 적시고 그 위에 씨앗을 얇게 한 겹으로 뿌린다. 이때 배지는 흙, 질석, 두꺼운 천 또는 새싹 채소 전용 배지 등과 같이 수분을 잘 보유하는 소재라면 무엇이든 사용할 수 있다. 7~14일간 규칙적으로 물을 주면서 배지와 씨앗을 촉촉하게 유지한다. 싹이 트면 발아한 새싹이 자라기 좋은 위치에 놓는다. 작은 잎 2개가 녹색으로 변하면서 3mm 길이가 될 때까지 촉촉한 상태를 유지하며 햇빛을 받게 한다. 수확하려면 배지 바로 위에서 줄기를 잘라내서 씻은 후 톡톡 두드려 물기를 털어내고 먹는다. 새싹 채소는 맛있을 뿐만 아니라 모든 종류의 요리에 얹으면 근사한 가니시가 된다. 일단 잘라낸 새싹 채소는 오래 보관하기 힘들다. 만졌을 때 마른 느낌이 날 정도로 물기를 잘 제거한 후 지퍼백이나 용기에 담아 냉장고에 보관할 수 있지만 금세 시들어버린다.

팔각(Star Anise)

중국에서 건너온 팔각(*Illicium verum*)은 목련과에 속하는 나무에서 자란다. 유럽의 아니스와는 관련 없는 품종이지만 둘 다 아네톨(anethole)이라는 방향유가 들어 있다는 공통점이 있다. 꽃이 피듯 여덟 방향으로 뾰족하게 뻗은 깍지는 아니스씨보다 더 강렬한 풍미를 지니고 있으며 방향유 함량도 높아서 감초 풍미를 내는 데 더 자주 쓰인다. 중국에서는 팔각을 통째로 육류 및 가금류 요

리에 많이 넣는다. 씨를 제거하고 갈아서 오향 분말의 구성 요소 중 하나로 사용하기도 한다. 베트남의 소고기 쌀국수인 퍼보에도 사용되며 인도에서는 마살라라고 부르는 혼합 양념 및 차이, 쌀 요리, 커리, 스튜에 두루 사용한다.

전분(Starches)

'전분'이라는 단어에는 서로 연관된 두 개의 다른 의미가 있다. 요리에서 전분이란 감자 전분이나 옥수수 전분처럼 음식을 걸쭉하게 할 때 사용하는 분말 재료를 지칭한다. 그러나 분자 화학에서 말하는 전분은 다당류다. 다당류는 서로 연결된 여러 개의 당 분자로 구성된 탄수화물이다. 이러한 두 가지 의미의 차이는 별로 중요해 보이지 않을 수도 있지만, 이어지는 단락에서 '전분'이라는 단어를 요리 및 분자 단위의 두 가지 맥락으로 모두 다룰 예정이므로 미리 설명해둔다.

전분을 사용해서 요리하기 전에 전분이라는 분자가 어떻게 작용하는지에 대해 기본적인 사항을 이해해두면 도움이 된다. 곡물에 들어 있든 뿌리나 구근에 들어 있든 관계없이, 모든 천연 전분은 기다랗게 사슬로 이어진 **아밀로오스**(amylose)와 가지가 있는 짧은 사슬 모양의 **아밀로펙틴**(amylopectin)이라는 두 가지 다당류로 구성되어 있다. 전분의 특징 및 조리 과정에서 전분이 반응하는 방식은 이 두 가지 다당류의 비율에 따라 달라진다. 다행히도 모든 곡물 전분은 비슷한 특징을 가지고 있으며 모든 뿌리 전분은 같은 특징을 공유한다. 뿌리보다는 구근에 해당하는 감자의 전분은 곡물과 뿌리 전분의 중간 정도에 해당하는 특징을 가지고 있다.

밀이나 옥수수 또는 귀리를 갈아서 만든 가루에 들어 있는 **곡물 전분**은 상대적으로 아밀로오스의 함량이 높다.(약 26%) 뜨거울 때는 투명하지만 차갑게 식으면 뿌옇게 변한다. 곡물 전분으로 걸쭉하게 만든 혼합물은 칼로 잘라도 모양이 유지될 정도로 단단하지만, 냉동했다가 해동하면 스펀지처럼 물렁물렁해지며 물이 배어난다. 밀가루로 만든 소스는 뜨거울 때와 차가울 때 모두 불투명한 상태를 유지하는데, 밀가루에는 순수 전분 이외의 다른 성분이 포함되어 있기 때문이다.

타피오카와 칡 등에 들어 있는 **뿌리 전분**은 곡물 전분보다 아밀로펙틴의 비율이 높다. 옥수수나 쌀에서 추출한 **찰 전분**(waxy starch)은 아밀로펙틴의 비율이 최대 99%에 달한다. 뿌리 전분 및 찰 전분은 뜨겁거나 차가울 때 모두 투명한 상태를 유지하며, 젤리 형성점에 도달할 정도로 뜨겁게 가열했을 때 가장 걸쭉한 농도가 된다. 식히면 약간 묽어지며, 온도와 상관없이 투명하고 윤기 나는 걸쭉한 막 상태로만 굳기 때문에 잘라낼 수 있을 정도로 단단해지지는 않는다.

이러한 전분의 구조와 특징은 조리에 어떤 영향을 미칠까? 아밀로오스는 아밀로펙틴보다 훨씬 길쭉하므로 더 많은 분자와 부딪혀서 분자가 움직이는 속도가 느려진다. 아밀로펙틴은 길이가 짧으므로 다른 분자와 부딪히거나 엉킬 가능성이 작다. 따라서 아밀로펙틴 함량이 높은 전분(찰 전분 및 뿌리 전분)은 아밀로오스가 많이 들어 있는 전분(곡물 전분)보다 더 많이 넣어야 액체가 걸쭉해지는 효과가 나타난다. 그렇지만 전분을 많이 넣으면 음식의 풍미가 다소 밋밋해지므로 레시피에서 지정한 분량보다 더 많이 넣을 필요는 없다.

전분의 작용

전분 용액을 가열하면 전분 입자가 액체를 빨아들이면서 원래 크기의 몇 배로 불어나고, 처음에는 전분 분자가 새기 시작하다가 마침내 터진다. 따라서 전분으로 혼합물을 걸쭉하게 만들 때는 이상적인 증점 상태, 즉 전분 입자가 부풀어 오른 후 안에 있는 아밀로오스와 아밀로펙틴이 흘러나올 때까지 가열해야 한다. 부풀어 오른 전분 입자가 터져버리면 커다란 전분 입자가 잘게 부서지면서 아밀로오스와 아밀로펙틴 분자로 구성된 구조 사이를 더욱 자유롭게 떠다니게 되므로 혼합물이 묽어지기 시작한다. 곡물 전분의 경우 전분이 부풀어 오르지만 터지지 않는 최적의 시점은 88℃ 부근에서 시작해 끓는점까지 이어진다. 뿌리 전분의 경우 63~70℃에서 걸쭉해지는 효과가 나타나기 시작한다.

전분을 넣어 액체를 걸쭉하게 만들기 위해서는 전분 입자가 부풀어 오르는 것이 필수적이므로 너무 많이 저으면 이 입자가 터져서 혼합물이 묽어질 수 있다. 전분을 다루는 요령 몇 가지를 소개한다.

▶ 전분을 가열해서 부풀리기 전에 전분이 뭉치지 않고 전분 입자가 골고루 수분을 흡수할 수 있도록 분산시켜야 한다. 루 또는 뵈르 마니에(밀가루를 넣고 치댄 버터)를 만들어서 전분 분자를 지방으로 감싸면 입자를 분산시키는 효과를 얻을 수 있다. 또 하나의 방법은 소량의 액체에 전분을 넣고 완전히 섞어서 **걸쭉한 곤죽** 형태로 만든 후 조금씩 넣어가면서 잘 젓는 것이다.

▶ 전분으로 걸쭉하게 만든 혼합물은 식으면서 점도가 더욱 높아지므로 아주 뜨거울 때 원하는 정도보다 약간 묽은 상태가 되도록 완성한다.

▶ 특히 뿌리 전분은 산도가 높으면 잘 분해되는 반면, 곡물 전분은 산도가 더 높아도 큰 영향을 받지 않는다. 이러한 이유로 예를 들어 레몬 머랭 파이의 필링을 걸쭉하게 만들 때는 옥수수 전분을 사용하는 것이다.

▶ 전분이 완전히 식어서 안정화된 혼합물을 저으면 묽어진다.

▶ 전분으로 걸쭉하게 만든 혼합물에 달걀을 넣는다면 계속 저으면서 팔팔 끓을 때까지 조리해야 한다. 온도가 높아지면 아밀로오스 분자를 분해하는 달걀 내의 알파 아밀라아제 효소가 파괴되므로 걸쭉한 혼합물이 하룻밤 사이에 수프 형상으로 변한다. 따라서 ▶ 달걀이 들어 있는 혼합물을 걸쭉하게 만들 때는 끓는 온도에 약한 뿌리 전분이나 찰 전분을 사용하지 말아야 한다. 아밀라아제 문제를 해결하려다가 오히려 전분 자체의 증점 효과가 약해지는 또 다른 문제가 발생하기 때문이다.

칡가루

투명하고 윤기가 나며 글루텐이 들어 있지 않은 소스에 증점제로 즐겨 사용되는 칡가루는 상대적으로 투명하고 윤기 있으며 비단처럼 부드러운 질감의 젤을 형성한다. 다른 전분보다 비교적 낮은 온도에서 젤을 형성하지만, 칡가루로 걸쭉하게 만든 혼합물을 끓이거나 너무 오래 가열하면 묽어진다. 식었다가 다시 데워도 묽어지기는 마찬가지다.

칡가루로 액체 1컵을 걸쭉하게 만들려면 칡가루 1큰술과 찬물 2큰술을 섞어서 곤죽을 만든 후 이 곤죽을 소스에 넣고 잘 저으면서 걸쭉해질 때까지 가열한다. ▶ 유제품이 들어간 혼합물을 걸쭉하게 만들 때 칡가루를 사용하면 질감이 끈적끈적해지므로 사용을 피한다.

옥수수 전분

옥수수의 배유에서 추출한 전분으로 유용하고 활용도가 높은 증점제다. 옥수수 전분은 특히 루를 바탕으로 하지 않는 혼합물에 사용하면 좋다. 옥수수 전분에는 글루텐이 들어 있지 않으며 필요에 따라 조금씩 넣으면서 원하는 농도로 맞출 수 있다. 옥수수 전분은 반드시 물을 조금 넣어 곤죽 상태로 만든 후 액체 재료에 넣어야 한다. 옥수수 전분을 필요 이상으로 많이 넣으면 불쾌할 정도로 고무 같은 질감이 되므로 주의한다.

액체 1컵을 옥수수 전분으로 걸쭉하게 만들려면 옥수수 전분 1작은술을 물 2큰술에 넣고 섞은 후 이 혼합물을 액체에 조금씩 넣어서 섞는다. 액체가 끓어오를 때까지 가열해야 걸쭉해진다. 전통식 초콜릿 푸딩과 같은 일부 디저트 레시피에서는 옥수수 전분과 설탕을 먼저 섞은 후 차가운 액체 재료를 조금씩 붓는다. 그다음 혼합물을 뭉근히 끓여서 걸쭉하게 만든다. 너무 오래 끓이면 오히려 농도가 묽어지므로 옥수수 전분으로 걸쭉하게 만든 혼합물은 필요 이상으로 뭉근히 끓이거나 팔팔 끓이지 않도록 한다. 옥수수 전분은 비교적 아밀로오스 함량이 높으므로 조금만 사용해도 뛰어난 증점 효과를 발휘한다. 또한 옥수수 전분은 뿌리 전분과 비교할 때 산성에도 강하다.

▲ 고도 1500m 이상의 지역에서는 옥수수 전분을 더 오래 조리해야 걸쭉해진다.

감자 전분

감자 전분(감자 가루와 혼동하지 말자.)은 흰 감자의 과육에서 추출한 구근 전분이다. 투명하고 묽은 젤을 형성하며 옥수수 전분보다 고무 같은 느낌은 덜하다. 조리에 필요한 최소한의 시간 이상으로 오래 끓이거나 가열하면 분해되므로 오래 조리하지 않도록 주의한다. 감자 전분을 넣어서 걸쭉해지는 효과를 내려면 앞의 옥수수 전분 사용법을 참고한다.

찹쌀가루

모치코(もち粉)라고도 불리는 이 증점제는 소스, 당과, 한국 및 일본의 찹쌀떡, 중국의 녠가오(年糕) 등의 동양식 디저트를 만들 때 사용된다. 순수 전분이라기보다는 찹쌀을 갈아놓은 형태에 가깝다. 안정화 기능이 뛰어나므로 냉동했던 그레이비와 소스를 데워도 잘 분리되지 않고 덩어리가 생길 가능성도 훨씬 적다. 찹쌀가루를 일반 쌀로 만든 멥쌀가루와 혼동하지 말자. 찹쌀가루는 기름이나 녹인 버터에 직접 넣어 루를 만드는 데 사용할 수도 있다. 중력분 대신 같은 분량만큼 사용할 수 있다.

타피오카와 사고(Tapioca and Sago)

타피오카는 유카의 뿌리에서 추출한 전분으로(304쪽, 카사바 또는 마니옥이라고 부르기도 한다.) 작은 알갱이인 펄 모양으로 가장 잘 알려져 있다. 사고는 몇 가지 열대 야자나무의 줄기에서 추출하는 전분이다. 타피오카 펄은 작은 과립 형태의 타피오카부터 아주 커다란 펄에 이르기까지 다양한 크기로 판매된다. 진한 갈색을 띠는('블랙 타피오카'라는 이름으로 판매하기도 한다.) 커다란 펄은 보바(boba)라고도 부르며 버블티에 사용되는데, 통통하게 부풀어 오른 타피오카 젤리를 달콤한 차에 넣으면 재미있는 식감의 대비를 즐길 수 있다.

사고와 펄 타피오카는 반드시 불려서 사용해야 한다. ▶ 펄 타피오카를 너무 오랫동안 보관하면 증점 효과가 떨어진다. 그러나 펄 타피오카를 불리거나 조리하기 전까지는 상태를 파악할 수 없다. 펄 타피오카 ¼컵을 물이나 우유 ½컵에 넣고 액체가 완전히 흡수될 때까지 불린다. 만약 액체가 전부 흡수되지 않는다면 그 타피오카는 너무 오래되어 사용할 수 없는 상태. 펄 타피오카는 하룻밤 불리는 것이 가장 좋지만, 최소한 1시간 이상 불려서 사용하도록 권장한다. 타피오카를 불려야 한다는 언급이 없는 레시피에 미리 불려놓은 타피오카를 사용한다면 액체 재료의 분량을 줄여야 한다. 레시피에서 지정한 것보다 액체 재료를 ½컵 줄여서 시작한다.

즉석조리 타피오카는 애벌 조리한 작은 입자 형태의 타피오카다. 타피오카 푸딩을 만들거나 과일 파이를 걸쭉하게 할 때 사용한다. ▶ 펄 타피오카 대신 즉석조리 타피오카나 인스턴트 타피오카를 사용한다면 펄 타피오카 4큰술당 인스턴트 타피오카 1½~2큰술의 비율로 넣는다. ▶ 증점제로 사용한다면 밀가루 1큰술을 즉석조리 타피오카 1큰술로 대체할 수 있다.

타피오카 전분

타피오카 전분은 소스와 과일 필링에 효과적인 증점제이며 특히 냉동할 소스나 필링에 사용하면 좋다. 타피오카를 넣은 소스와 필링은 밀가루를 넣은 것과는 달리 해동해도 분해되어 질척해지지 않는다. 또한 타피오카 전분은 투명하고 윤기 나는 글레이즈를 만들 때도 자주 사용한다.

타피오카 전분은 타피오카 분말이라는 이름으로도 판매된다. ▶ 타피오카 분말을 타피오카 가루 또는 카사바 가루와 혼동하지 않도록 하자. 타피오카 가루는 유카를 말려서 간 것으로 순수한 전분이 아니다.

타피오카 전분을 사용해 액체 1컵을 걸쭉하게 만들려면 타피오카 전분 1작은술을 찬물 1큰술에 넣어 잘 저은 후 이 혼합물을 뜨거운 액체에 넣고 젓는다. 타피오카는 끓이지 않아도 걸쭉해지며 오랫동안 가열하면 묽어지므로 주의해야 한다. 냉동 보관할 음식에 타피오카 전분을 사용한다면 액체 1컵당 타피오카 전분 1큰술을 넣어 걸쭉하게 만든다.

수이트와 수지(Suet and Tallow)

수이트는 소나 양의 콩팥 또는 허리 부위에서 떼어낸 연한 색의 고체 지방으로 민스미트 파이와 쪄서 만드는 자두 푸딩을 만들 때 사용한다. 소의 진짜 수이트는 정육점에서 구할 수 있으며 ▶ 조류 모이용으로 판매하는 수이트와는 다르다. 세척하지 않은 수이트라면 285g을 사야 손질 후 225g을 얻을 수 있다.

수이트를 세척하고 손질하려면 붉은색이 돌거나 말라 보이는 부분을 잘라서 버리고 남은 수이트를 손가락으로 잘게 부숴 질긴 섬유질 조각을 골라낸다. 작고 얇은 섬유질은 어느 정도 남아 있기 마련이다. 수이트를 썰 때는 우선 조각들이 서로 달라붙지 않게 분리한 후 고체 상태로 얼린다. 자두 푸딩을 만들 때는 수이트를 아주 잘게 썰어야 하지만 써는 도중에 녹아서 질척거리면 안 된다. 큼직한 주방 칼을 사용해 신속하게 썰면 쉽게 작업할 수 있다. 또는 수이트를 적당한 크기로 잘라서 얼린 뒤 칼날을 차갑게 식힌 고기 분쇄기에 넣어서 갈거나 금속 칼날을 끼운 푸드 프로세서에 넣어서 잘게 자를 수도 있다.(너무 오래 작동하지 않도록 주의한다.) 남은 수이트는 지퍼백에 담아 밀봉한 후 냉동실에 넣으면 최대 6개월간 보관할 수 있다.

미리 손질한 후 작은 알갱이 형태로 썰어놓은 수이트도 시판된다. 이러한 형태의 수이트는 아주 간편하게 사용할 수 있으므로 권장한다. 수이트를 구할 수 없다면 지방 함량이 높은 유럽식 버터로 대체할 수 있다. 버터를 얼린 후 상자 모양의 강판에 갈아서 사용한다.

수지는 정제한 소고기 지방이다.(기름 정제에 대한 자세한 내용은 요리에 사용하는 지방 항목을 참고한다.) 가장 품질이 뛰어난 수지는 수이트로 만든 것이다. 수지는 가열했을 때 안정적이며 감자튀김과 짭짤한 프리터에 진한 감칠맛을 더해주므로 특히 튀김용 기름으로 인기가 높다.

설탕(Sugars)

우리가 사용하는 대다수 설탕은 사탕수수 또는 사탕무에서 추출한 것이다. 둘

다 조리할 때 보이는 반응과 맛이 매우 비슷하므로 라벨을 보고서야 원재료를 짐작할 수 있을 뿐이며, 심지어 알갱이 형태의 설탕 라벨에는 원재료에 대한 별다른 표기가 없는 경우도 흔하다. 하지만 이번 항목에서 다루는 고체 설탕의 다양한 분쇄 방법 및 유형은 각 설탕의 부피뿐만 아니라 얼마나 강한 단맛을 내는지에도 영향을 미친다.

모든 설탕은 몇 가지 공통적인 특징을 가지고 있다. 우선 빵이나 과자를 구울 때 부드럽고 촉촉한 식감을 구현하며 갈색으로 먹음직스럽게 익도록 돕는다. 소량을 사용하면 이스트의 활동을 촉진하기도 한다. 설탕을 가열해 캐러멜화가 이루어질 때까지 녹이면 설탕 그 자체에서도 완전히 새로운 풍미가 생겨난다. 또한 설탕은 빵이나 과자가 부풀어 오르도록 도우므로 부피감을 준다. 설탕을 고체 지방에 넣어서 섞으면 설탕이 반죽에 골고루 퍼질 뿐만 아니라 지방에 기포가 섞여 들어간다.

설탕의 가장 큰 특징 중 하나는 높은 흡습성, 즉 물과 쉽게 결합한다는 점이다. 그러므로 설탕을 제과제빵에 사용하면 촉촉해지고 아이스크림에 사용하면 쉽게 결정이 생기지 않는다. 잼 등의 보존식품에서는 설탕이 펙틴에서 물을 빼앗으면서 젤이 형성된다. 또한 설탕은 수분 활성도를 낮춘다. 물 분자와 결합함으로써 부패를 일으키는 미생물이 수분을 흡수하지 못하게 막는다.

다양한 종류의 설탕을 반드시 서로 바꿔 쓸 수 있는 것은 아니다. 특정한 종류의 설탕을 다른 설탕으로 대체하는 방법은 각 설탕의 개별 항목을 참고한다. 액체 설탕에 대해서는 아가베 시럽, 자작나무 시럽, 조청, 옥수수 시럽, 글루코스 시럽, 꿀, 메이플 시럽, 당밀, 수수, 사탕수수 시럽, 골든 시럽, 트리클 항목을 참고한다.

설탕의 캐러멜화

'캐러멜화'는 레시피와 식품 관련 문헌에서 아주 빈번하게 등장하는 용어인데, 가끔은 갈색으로 익히기와 동의어로 사용되기도 한다. 엄밀히 말하면 캐러멜화는 설탕이 열에 노출되어 분해되는 현상을 지칭한다. 이 과정에서 풍미 가득한 새로운 화합물이 생기는 동시에 설탕의 단맛이 줄어든다.

최근의 연구를 통해 캐러멜화 과정에서 일어나는 화학적 변화에 대한 새로운 사실이 밝혀졌다. 이 연구의 중요한 결론은 열역학적 용해와 열분해 사이의 차이점과 관계없이 설탕을 충분히 오래 가열하면 더 낮은 온도에서도 캐러멜화가 이루어진다는 점이다.

아주 최근까지 화학자와 식품과학자들은 설탕을 녹여서 매우 높은 온도까지 올려야 캐러멜화할 수 있다고 생각해왔다. 짧은 시간 동안 캐러멜화해야 한다면 여전히 이 생각이 옳다. 사탕을 만들 때 설탕을 프라이팬에 넣고 재빨리 녹이면 165.5℃ 이상의 온도에서 설탕이 진한 색으로 변하며 캐러멜로 분해되기 시작한다.(끓인 설탕 시럽의 단계 항목 참고)

반면 적당한 열에 설탕을 오랫동안 노출하면 과립 형태의 설탕이 녹지 않고도 캐러멜화된다. 페이스트리 요리사이자 요리책 저자인 스텔라 파크스(Stella Parks)는 '구운 설탕(toasted sugar)'을 만드는 방법을 통해 이러한 사실을 널리 알렸다. 과립 형태의 백설탕을 150℃의 오븐에 넣고 30분마다 저어주면서 설탕이 적당한 갈색으로 변할 때까지 약 5시간 동안 구우면 된다. 이렇게 만든 과립 형태의 '캐러멜 설탕'은 제과제빵 레시피에서 백설탕의 전부 또는 일부를 대체해 사용할 수 있다.(단맛은 백설탕과 비교해 약간 떨어진다는 점을 기억하자.)

여기서는 캐러멜화한 걸쭉한 설탕 시럽을 만드는 기본 방법을 소개한다. 캐러멜 사탕은 922쪽을, 캐러멜 소스는 864쪽을 참고한다. 짭짤한 소스는 베트남식 캐러멜 소스 레시피를 참고한다.

캐러멜화한 설탕 시럽

이 걸쭉한 시럽은 설탕과 설탕이 간신히 녹으면서 냄비 옆면에 달라붙은 설탕 결정을 증기로 녹일 수 있을 정도의 물을 섞어서 만든다. 상당히 단단하게 굳으므로 크로캉부슈를 만들 때 슈 퍼프를 풀처럼 고정시키는 역할을 한다. 작고 묵직한 편수 냄비에 다음을 넣는다.

설탕 ¾컵

그 위에 다음을 뿌린다.

물 ¼컵

냄비를 중불에 올린 다음 젓는 대신 아주 천천히 냄비를 빙빙 돌리는 식으로 가열하면서 투명한 시럽을 만든다. 끓어오르기 전에 설탕을 녹이는 것이 관건이므로 필요하면 냄비를 잠깐 불에서 내렸다가 다시 올린다. 일단 설탕이 다 녹으면 강불로 올리고 시럽을 팔팔 끓인다. 냄비 뚜껑을 꽉 덮고 2분간 끓인다. 뚜껑을 열고 시럽의 색이 진해질 때까지 끓인다. 한 번 더 냄비를 천천히 돌린 후 진한 호박색이 되거나 온도계가 약 182℃를 가리킬 때까지 조리한다.

뚜껑을 꽉 닫을 수 있는 용기에 시럽을 담아 실온에 보관한다. 이 시럽은 그대로 두면 딱딱해지지만, 내열 유리병에 담아서 보관할 경우 뜨거운 물에 담가 데우면 간단하게 녹일 수 있다.

비정제당

정제하지 않은 설탕의 종류는 매우 다양하다. 비정제당은 다채로운 식감과 색, 풍미를 자랑한다. 백설탕 또는 갈색 설탕보다 처리 과정이 단순하므로 특징도 가지각색이다. 비정제당을 요리에 사용하면 각각의 독특한 특징을 고려해야 하며 비정제당의 자체적인 풍미가 요리에 우러나기 마련이다. 일부 경우를 제외하면 비정제당은 제과제빵에 보편적으로 사용되지 않는다. 그러나 비정제당은 정제당과 사뭇 다른 반응을 보인다는 점을 잊지 말자.

머스코바도 설탕(muscovado sugar)은 당밀 함량이 매우 높다. 사탕수수 시럽을 졸이고 농축해서 최종적으로 당을 결정화하는 과정에서 나오는 설탕이다.(이렇게 마지막 결정화가 끝나고 시럽에서 노폐물을 걸러내면 당밀이 된다.) 머스코바도 설탕은 아주 색이 진하고 풍미가 강하다. 갈색 설탕처럼 사용하되, 요리에 자체적인 독특한 풍미를 추가한다는 점을 기억하자.

중백설탕(turbanado sugar), 즉 원당(raw sugar)은 사탕수수로 만든다. 이름에서 유추할 수 있듯이 터빈(turbin)에서 부분 정제하며, 설탕 결정에서 당밀 코팅을 부분적으로 씻어낸다. 결이 거칠고 베이지색을 띠는 중백설탕은 영국식 요리의 레시피에서 자주 등장하는 데메라라 설탕(demerara sugar)과 가장 가까운 특징을 지니고 있다. 사탕수수즙을 처음 결정화해서 만드는 데메라라 설탕은 연한 황금색을 띠며 순한 캐러멜 풍미를 낸다. ▶ 그래뉼러당 대신 중백설탕이나 데메라라 설탕을 같은 분량만큼 사용할 수 있지만, 중백설탕이나 데메라라 설탕은 당밀 풍미가 더 강하고 결정이 크기 때문에 그래뉼러당만큼 잘 녹지 않는다는 점에 주의하자. 중백설탕이나 데메라라 설탕을 빵이나 과자의 윗면에 훌훌 뿌리면 기분 좋게 씹히는 식감과 단맛을 더해주므로 아주 잘 어울린다. 또한 우리는 버터를 바른 베이킹 팬의 안쪽에 이렇게 입자가 굵은 설탕을 살짝 뿌림으로써 굽는 과정에서 설탕이 녹으면서 빵이나 과자의 겉면이 진한 색으로 캐러멜화되도록 만들기도 한다.

필론시요(piloncillo)는 멕시코산 비정제당인데, 이러한 유형의 비정제당은 중앙아메리카 및 남아메리카 전역에서 **찬카카**(chancaca), **라파두라**(rapadura), **파넬라**(panela) 등의 다양한 이름으로 널리 사용된다. 연한 갈색이나 진한 갈색의 조밀한 원반형 또는 원뿔형의 덩어리로 판매하는 경우가 많지만 과립 형태도 찾아볼 수 있다. 요리에 사용하려면 상자형 강판의 눈이 굵은 면에 갈거나 칼로 잘게 썬다.

수커낫(Sucanat)은 순수 사탕수수즙을 말린 것이다. 수커낫이라는 이름(등록 상표)은 '천연 수수당(sucre de canne naturel)'의 줄임말이다. 수커낫은 같은 부피의 그래뉼러당보다 훨씬 가볍고 은은한 당밀 풍미를 낸다. 수커낫으로 그래뉼러당 1컵을 대체한다면 수커낫 1¼컵을 계량한 뒤 향신료 또는 커피 분쇄기에 넣고 갈아서 제과제빵에 사용한다.

팜 슈거는 야자나무의 수액을 증발시켜 만든 굵은 갈색 설탕이다. 보통 필론시요처럼 원반 또는 원뿔 형태의 덩어리로 판매하며 강판에 갈거나 잘게 썰어서 조리에 사용한다. **재거리**(jaggery)는 팜 슈거와 아주 비슷하지만 야자나무 수액과 사탕수수즙을 섞어서 만드는 경우가 많다. 재거리는 인도 요리에 보편적으로 사용한다.

코코넛 슈거는 코코야자나무의 꽃봉오리 줄기 수액으로 만든 과립 설탕이다. 재거리나 필론시요와 비슷한 원반 형태 또는 과립 형태로 찾아볼 수 있다. 코코넛 슈거는 동남아시아 전역에서 사용한다. 코코넛 슈거를 팜 슈거라고 부르기도 하지만, 팜 슈거는 다양한 야자나무의 수액으로 만드는 반면 코코넛 슈거는 코코야자의 수액으로만 만든다. 코코넛 슈거, 팜 슈거, 재거리는 모두 레시피에서 서로 바꿔서 사용할 수 있지만, 그래뉼러당을 넣어야 하는 레시피에 사용해서는 안 된다.

메이플 슈거(maple sugar)는 수분이 거의 다 증발할 때까지 메이플 시럽을 끓여서 만든다. 강렬하고 독특하며 달콤한 맛이 난다. 값이 비싸므로 대부분 풍미를 내는 용도로 조금씩 사용한다. 메이플 슈거는 사각형 덩어리 형태나 과립 형태로 판매한다. 덩어리 형태의 메이플 슈거는 강판에 갈거나 깎아서 다른 재료와 섞어서 사용한다. ▶ 제과제빵에 사용한다면 레시피에 필요한 전체 설탕 분량의 ⅓을 메이플 슈거로 대체할 수 있다.

갈색 설탕

모든 갈색 설탕은 원당을 녹여서 시럽을 만든 후 재결정화하거나, 정제한 백설탕에 당밀을 섞어서 시럽으로 설탕 결정을 코팅하는 두 가지 방법 중 하나로 만든다. 그 결과 갈색 설탕은 같은 사탕수수 또는 사탕무 설탕이지만 더 촉촉하고 연하거나 진한 갈색을 띠며 백설탕보다 복합적인 풍미를 지니고 있다. 갈색 설탕은 굳거나 덩어리가 생기기 쉬우므로 뚜껑이 잘 닫히는 용기 또는 단단하게 밀봉할 수 있는 비닐 지퍼백에 넣어서 보관한다. 갈색 설탕이 굳으면 접시에 담고 비닐랩을 씌운 후 중간중간 포크를 사용해 설탕을 부숴가면서 전자레인지의 출력을 강에 맞춰서 30초 간격으로 몇 번 돌린다. 또는 지퍼백에 담고 사과 반쪽이나 빵 한 쪽을 함께 넣어 밀봉한 후 둔다. 설탕이 말랑말랑해지면 사과를 꺼낸다. ▶ 이 책의 레시피에서 특별히 연한 갈색 설탕이나 진한 갈색 설탕을 지정하지 않을 때는 둘 다 사용할 수 있다. 진한 갈색 설탕은 더욱 진한 풍미나 진한 색을 내야 할 때 사용하는 것이 좋다.

갈색 설탕을 계량하려면 계량컵에 꾹 눌러 담은 후 손바닥으로 윗면을 눌러서 평평하게 고른다. ▶ 그래뉼러당 대신 갈색 설탕을 사용한다면 그래뉼러당 1컵당 꾹 눌러 담은 갈색 설탕 1컵을 사용한다.

부어서 사용할 수 있는 **과립 형태의 갈색 설탕**도 널리 시판된다. 상표에 따

라 생각보다 단맛이 약할 수도 있으므로 어떤 제품인지 특징을 파악하고 포장지의 설명을 참고해 레시피에 사용한다.

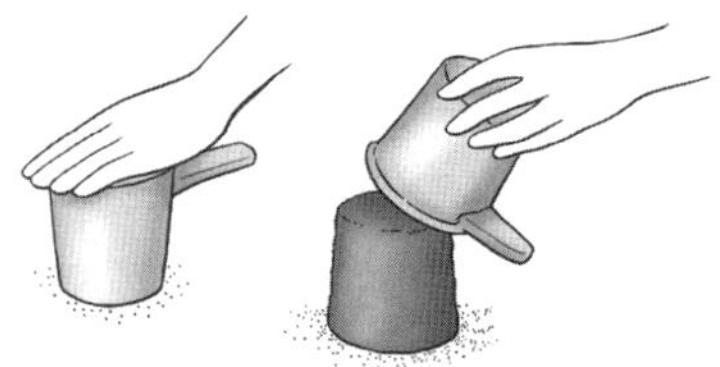

갈색 설탕 계량하기

그래뉼러당 및 초미립 분당

이 책에서 별다른 수식 없이 '설탕'이라는 용어가 등장한다면 흰색 그래뉼러당, 즉 사탕무나 사탕수수에서 추출한 순도 99.5%의 과당을 의미한다. **그래뉼러당**(granulated sugar)은 머랭을 비롯해 거의 모든 용도에 사용할 수 있다. ▶ 그래뉼러당 450g은 대략 2컵에 해당한다.

굵은 설탕 또는 **장식용 설탕**은 결정이 큼직한 그래뉼러당으로 투명한 색, 흰색 또는 알록달록한 색을 띤다.

바 슈거(bar sugar) 또는 **베리 슈거**(berry sugar)라고도 불리는 **초미립 분당**(superfine sugar)은 그래뉼러당을 더 곱게 간 것이다. 그래뉼러당과 슈거 파우더의 중간 정도에 해당하는 질감이다. 초미립 분당은 쉽게 녹으므로 머랭을 만들거나 과일을 재울 때 유용하며 칵테일을 비롯한 음료에도 사용된다. 초미립 분당은 설탕 결정이 너무 작아서 버터와 섞어 크림화를 할 수 없으므로 케이크, 쿠키를 비롯해 버터에 설탕을 넣어서 설탕 결정으로 버터를 잘게 '쪼개야 하는' 제과제빵 레시피에 사용할 수 없다. 초미립 분당에 덩어리가 생기면 비닐백에 담아서 밀대로 덩어리를 부순다. 가정에서도 그래뉼러당을 푸드 프로세서에 넣고 고운 가루가 될 때까지 갈아서 초미립 분당을 만들 수 있다. ▶ 레시피에 따라 그래뉼러당 대신 초미립 분당을 같은 분량만큼 사용할 수 있다.

그래뉼러당에 색을 입히려면 설탕 1컵에 식용 색소 10~12방울을 떨어뜨린 후 설탕에 골고루 물이 들 때까지 잘 섞는다. 테두리 있는 오븐 팬에 설탕을 붓고 3시간 정도 말린다.

가향 설탕

가향 설탕을 만들어두면 간단하게 풍미를 낼 수 있다.

I. 계피 설탕

약 1컵

설탕 1컵에 계핏가루 2큰술을 넣어 섞는다.

II. 감귤 향 설탕

약 1컵

설탕 1컵에 강판에 간 레몬, 오렌지 또는 라임 껍질 1~2큰술을 넣고 섞는다. 뚜껑을 덮은 후 5~7일간 두었다가 사용한다.

III. 바닐라 설탕

약 2컵

바닐라 빈 1~2개를 세로로 반을 가른 후 숟가락 끝으로 씨를 긁어낸다. 바닐라 씨와 깍지를 **설탕 2컵**에 넣고 씨가 골고루 퍼지도록 잘 섞은 후 금속 용기에 담아 단단히 밀봉한다. 바닐라 빈 깍지는 통 안에 계속 넣어두어도 상관없다.

슈거 파우더

가루 설탕(confectioners' sugar)이라고도 하는 슈거 파우더는 밝은 흰색을 띠는 분당이다. 대다수 마트에서 포장 형태로 판매하는 것은 10X로 알려진 가장 입자가 고운 종류다. 뭉치는 것을 방지하기 위해 가공 과정에서 설탕에 소량의 옥수수 전분을 추가한다. 슈거 파우더가 뭉쳐 있다면 체에 친다. 가열하지 않고 아이싱을 만들면 때로는 옥수수 전분 때문에 풋내가 나기도 한다. 기호에 따라 이중 냄비를 사용해 중탕으로 아이싱을 10분 정도 데워서 바르면 좋다. 또는 옥수수 전분 대신 타피오카 전분을 첨가한 유기농 슈거 파우더를 사용하는 방법도 있다. 타피오카 전분 입자는 옥수수 전분과는 달리 수분을 흡수해 가열하기 전에 부풀어 오르기 시작한다. 따라서 가열하지 않는 아이싱에 넣으면 쉽게 걸쭉해지며 매끄럽고 크림처럼 부드러운 질감을 구현한다. ▶ 제과제빵을 할 때 그래뉼러당 대신 슈거 파우더를 사용하면 케이크 속살의 질감이 달라지므로 슈거 파우더는 제과제빵 용도로 사용하지 않는다. 그 외의 경우에는 그래뉼러당 1컵당 슈거 파우더 1¾컵을 사용할 수 있다.

덩어리 설탕, 각설탕, 우박 설탕

덩어리 설탕과 각설탕은 그래뉼러당을 직육면체 또는 정육면체 형으로 찍어내거나 잘라서 뜨거운 음료 및 칵테일에 사용하도록 만든 것이다. 덩어리 설탕 대신 큼직한 설탕 결정으로 만든 얼음 사탕을 사용하면 재미있는 결과를 얻을 수 있으며, 막대에서 분리하거나 으깨서 프로스팅 케이크나 다른 디저트에 뿌리면 반짝반짝 빛난다.

우박 설탕(pearl sugar)은 백설탕 결정을 압착한 후 원하는 크기의 입자가 되도록 체에 쳐서 만드는 굵은 설탕 알갱이다. 주로 서유럽에서 빵이나 과자의 토핑으로 사용한다. 벨기에산 우박 설탕은 스웨덴산 우박 설탕보다 알갱이가 굵고 리에주 와플을 만들 때 더욱 적합하다. 작고 단단한 스웨덴산 우박 설탕은 프랑스의 슈케트(chouquettes, 우박 설탕을 토핑으로 얹어 구운 작은 슈 페이스트리 퍼프)부터 스칸디나비아식 케이크와 페이스트리에 이르기까지 다양한 페이스트리, 케이크, 쿠키, 빵의 토핑으로 잘 어울린다.

중국의 얼음 설탕

정제한 사탕수수즙으로 만들며 다양한 중국식 디저트와 수프의 단맛을 내는 데 사용하는 얼음 설탕(rock sugar)은 덩어리 형태로 판매하며 아시아 식료품점에서 찾아볼 수 있다. 보통 으깨거나 잘게 쪼개서 사용한다.

설탕 대체 감미료

일부 대체 감미료 제조업체의 사용 설명서에는 해당 감미료를 요리나 제과제빵에 사용할 수 있다고 안내한다. 그러나 제과제빵에 사용했을 때 진짜 설탕과 같은 식감 및 색을 내기는 어려우므로 대체 감미료 전용으로 개발된 레시피에만 사용해야 한다. **사카린**은 식탁에 올려서 널리 사용하는 인공 감미료다. 자당(그래뉼러당)보다 단맛이 300배나 강하지만 약간의 금속성 뒷맛을 남긴다. 사카린은 신체 내에서 대사되지 않으므로 열량도 없다. 사카린을 가열하면 쓴맛이 나므로 요리에 사용할 수는 없다. **아스파탐**은 이론상 영양을 공급하는 감미료이며 1g당 4칼로리를 낸다. 그러나 아스파탐의 당도는 설탕의 200배이므로 극히 소량만 사용해도 비슷한 단맛을 낼 수 있다. 따라서 아스파탐의 열량은 무시할 수 있는 수준이다. **수크랄로스**는 자당을 염소 처리해서 만드는 흰색 결정형 분말이다. 그래뉼러당보다 400~800배 단맛이 강하다. 가열했을 때

안정적이며 다양한 음료, 제과제빵, 냉동 및 통조림 과일과 채소에 사용할 수 있다. 수크랄로스의 화학 구조는 자당과 매우 비슷하지만 열량이 없다. **아세설팜칼륨**(acesulfame potassium)은 설탕보다 200배 단맛이 강하다.

최근에는 '천연' 설탕 대체 감미료가 주목받고 있지만, 상당수가 위에서 소개한 화학 감미료와 비슷한 단점을 가지고 있다. 그중 하나는 전통적으로 예르바 마테 차에 단맛을 더하기 위해 사용했던 남아메리카산 식물로 만든 **스테비아**다. 스테비아는 분말 및 액상으로 판매한다. 액상 스테비아는 고농축 감미료다. 일부 분말 스테비아는 제과제빵을 할 때 설탕 대신 같은 분량만큼 사용할 수 있도록 제조된다. 그러나 이론적으로는 스테비아로 설탕을 대체할 수 있을지 모르지만, 스테비아만 사용해서 빵이나 쿠키를 구우면 불쾌한 뒷맛이 남는다. 가장 좋은 풍미를 내기 위해서는 제과제빵 레시피에서 전체 설탕 분량의 절반 이하만 스테비아로 대체해야 한다. 초콜릿과 땅콩버터처럼 강한 풍미를 가진 재료를 사용하는 레시피가 스테비아의 불쾌한 풍미를 감추는 데에는 가장 효과적이다. 액상 스테비아처럼 아주 농축된 형태의 스테비아는 사용 설명서에 따라 사용한다. 농축 스테비아를 사용할 경우 달걀흰자, 사과 소스, 요구르트 또는 으깬 바나나 등을 넣어서 설탕의 부피를 보완해주어야 한다는 점을 기억하자. 설탕 1컵을 스테비아로 대체할 때마다 이러한 재료 중 하나를 ⅓컵씩 넣어주면 된다.

자일리톨은 자작나무에서 추출하며 자당(설탕)과 같은 단맛을 지니고 있다. 자일리톨은 민트 잎을 씹는 것처럼 혀에 약간의 시원한 느낌을 준다. 그래뉼러당 대신 같은 분량의 자일리톨을 사용할 수 있으며 설탕보다 열량이 40% 적다. 쌉쌀한 뒷맛은 없지만 자일리톨을 너무 많이 섭취하면 설사를 유발하기도 한다.

나한과 추출물(monk fruit extract)은 오이, 호박, 멜론과 가까운 식물의 과일로 만드는 감미료다. 설탕 단맛의 300배이며 보통 증량제와 섞어서 분말 형태로 판매한다. 뒷맛이 쌉쌀하다. 레시피에 사용했을 때 가장 만족스러운 결과를 얻으려면 전체 설탕 분량의 절반 이하로만 나한과 추출물로 대체한다.

수막(Sumac)

수막은 붉나무 덤불의 빨간 열매를 말린 것이다. 이 식물은 중동과 지중해 전역 및 북아메리카의 온대 지방에서 자란다. 중동에서는 무두붉나무(Sicilian 또는 elm-leafed sumac)의 열매로 수막을 만든다. 북아메리카에서는 사슴뿔옻나무(staghorn sumac) 또는 글라브라옻나무(smooth sumac)로 만든다. 모양이 독특하므로 쉽게 눈에 띄며 채집하기도 좋다.(그렇다고는 하지만 100% 확신할 수 없는 야생 열매는 절대 채집해서 먹으면 안 된다. 몇몇 식물은 수막과 비슷한 모양을 하고 있지만 독성이 있기 때문이다.) 수막은 통째로 말린 열매나 가루 형태로 구할 수 있다. 사과산이 들어 있어 상큼하고 레몬을 연상시키는 풍미가 난다. 수막은 중동 요리에 흔하게 사용되며 특히 고기에 훌훌 뿌리거나 샐러드 또는 후무스 위에 뿌리거나 필라프에 넣거나 자타를 만들 때 사용한다. 일부 북아메리카 원주민들은 수막을 사용해서 레모네이드와 비슷한 음료를 만들어 마시기도 했다. 수막의 풍미는 조리 과정을 거쳐도 잘 유지되므로 완성된 요리의 가니시뿐만 아니라 요리 재료로도 사용할 수 있다.

해바라기씨(Sunflower Seeds)

해바라기씨는 씨앗에서 기름을 짜내는 용도의 작물로는 북아메리카에서 다섯 손가락 안에 꼽힌다. 껍질을 까거나 까지 않은 형태로 모두 판매한다. 해바

라기씨는 특히 러시아를 비롯한 동유럽 국가에서 간식으로 높은 인기를 누리고 있으며, 이러한 지역에서는 요리할 때 해바라기씨 기름을 가장 많이 사용한다. 순하고 달큼한 맛이 나는 해바라기씨는 대부분 간식으로 먹지만 모든 종류의 빵이나 쿠키에 추가해도 좋다. 또한 견과류 버터 항목에서 설명한 바와 같이 갈아서 버터로 만들 수도 있다.

껍질을 깐 해바라기씨를 구우려면 테두리 있는 오븐 팬에 넓게 펴서 담고 175℃의 오븐에 넣어 연한 갈색이 될 때까지 7~10분간 굽는다.

스위트 시슬리(Sweet Cicely)

부드럽고 양치식물을 닮은 스위트 시슬리의 녹색 씨와 신선한 잎은 샐러드나 차가운 채소 요리에 가니시로 사용할 수 있다. 아니스를 연상시키는 풍미를 지니고 있으며 타라곤과 함께 프랑스 요리에 자주 사용된다. 스위트 시슬리의 씨는 케이크, 사탕, 리큐어에 사용하면 잘 어울린다. 스위트 시슬리는 샤르트뢰즈라는 리큐어의 풍미를 낼 때 사용하는 허브 중 하나다.

스위트 우드러프 또는 발트마이스터
(Sweet Woodruff or Waldmeister)

이 식물의 잎은 진한 녹색에 근사한 소용돌이 모양을 하고 있으며 마이트랑크(5월의 와인) 또는 그 외의 차가운 펀치에 띄우는 용도로 사용하지만, 약 30분 이상 담가놓아서는 안 된다. 스위트 우드러프 잎을 으깨거나 자르면 갓 베어낸 건초 냄새가 강하게 난다.

타히니(Tahini)

견과류와 씨앗 항목을 참고한다.

타마린드(Tamarind)

타마린드에 대해 항목을 참고한다.

타피오카(Tapioca)

전분 항목을 참고한다.

타라곤(Tarragon)

프랑스에서 에스트라공(estragon)이라고 부르는 이 허브는 신선할 때 기분 좋고 달콤한 아니스 풍미를 낸다. 말리면 이 풍미가 다소 사라지므로 가능하면 생허브를 사용하도록 하자. 타라곤은 달걀, 버섯, 토마토, 머스터드, 타르타르 소스, 생선 또는 닭고기 요리에 사용하면 아주 잘 어울린다. 베아르네즈 소스의 필수 재료이며 핀제르브의 구성 요소 중 하나다. 또한 타라곤을 식초에 우려내면 근사한 결과물을 얻을 수 있다. 타라곤 잎이 식초에 완전히 잠긴 상태로 일주일간 우려낸 후 거른다.

템페(Tempeh)

템페 항목을 참고한다.

연육제(Tenderizers)

질긴 육류를 부드럽게 만들기 항목을 참고한다.

타임(Thyme)

타임은 지표면 가까운 곳에서 자라는 허브로 수십 가지의 종류가 있다. 타임의 풍미는 오레가노를 닮았지만 비교적 순한 편이므로 다양한 음식의 맛을 내는 데 아주 적합하다. 타임은 거의 모든 육류 또는 채소와 함께 사용할 수 있으며, 특히 구운 가금류, 어린 양, 돼지, 토끼 등의 고기 요리, 크레올 요리와 검보, 파스타 소스와 수프, 육수, 지방이 많은 생선, 조림, 스터핑과 잘 어울린다. 타임은 말리기에 적합한 허브이기도 하다.

타임에는 수많은 품종이 있으며 풍미도 무척이나 다채로워 다양한 타임 품종을 모아놓기만 해도 그 자체가 정원이 될 정도다. 잎이 가느다란 프랑스 타임 또는 정원 타임(*Thymus vulgaris*)은 꼿꼿하게 서는 성질을 가지고 있으며 회색빛이 도는 녹색 잎이 특징이다. 시장에서 가장 흔히 볼 수 있는 것은 잎이 반짝거리고 덤불이 자그마하며 강한 레몬 향이 나는 레몬 타임(*T. citriodorus*)이다. 햇빛이 잘 드는 곳에서 가장 잘 자라는 타임은 다년생 식물이며 바위 사이에서도 여러 해 동안 버틴다. 꽃이 활짝 핀 후 가지치기를 한다.

양념으로 사용하는 토마토(Tomatoes as Seasoning)

토마토는 생채소로서 샐러드에 넣거나 끓여서 소스 및 스튜를 만들 때 사용할 뿐만 아니라 말려서 농축된 페이스트 상태로 졸일 경우 진한 풍미를 내는 재료로도 높은 평가를 받는다. 주로 선드라이드 토마토라고 부르는 **말린 토마토**는 낱개 형태 또는 기름에 담가 포장한 상태로 쉽게 볼 수 있다. 기름에 담근 것이 더 촉촉한 편이지만, 아주 바싹 말린 토마토도 뜨거운 물에 잠깐 불리면 쉽게 복원할 수 있다. 말린 토마토는 딥과 스프레드에 넣거나 소스의 풍미를 돋우는 데 사용하거나 굵게 썰어 파스타에 넣어서 씹을 때마다 진한 토마토 풍미가 터지는 효과를 낸다. 우리는 말린 토마토를 간식으로도 즐겨 먹는다. 말린 토마토를 직접 만든다면 1006쪽을 참고한다. **토마토 페이스트**는 토마토 퓌레를 가열해 아주 걸쭉하고 진하게 농축될 때까지 졸여서 만든다. 감칠맛이 가득해 토마토 소스, 스튜, 조림의 맛을 돋우는 데 사용한다. 신선한 토마토에 관한 내용은 300쪽을 참고한다.

토마토 페이스트
약 2컵

이 레시피는 사과 버터를 만드는 방법과 비슷하다. 모든 재료를 한꺼번에 넣고 토마토가 뭉개질 때까지 뭉근히 끓인 후 혼합물을 식품 분쇄기에 넣어서 으깬다. 껍질과 통향신료를 걸러낸 후 퓌레가 걸쭉해질 때까지 졸인다.
커다란 냄비에 다음을 넣고 섞는다.

> 플럼 또는 로마 토마토(또는 페이스트용 토마토라면 아무거나 사용 가능) 4.5kg,
> 씻어서 저미기
> 잎이 몇 개 달린 커다란 셀러리 줄기 1개, 굵게 썰기
> 양파 1개, 굵게 썰기
> 소금 1큰술
> 마늘 1쪽, 굵게 썰기
> 검은색 통후추 ¾작은술

뭉근히 끓어오르도록 가열한 뒤 자주 저으면서 토마토가 아주 연해질 때까지 은근히 끓인다. 혼합물을 식품 분쇄기에 넣고 돌려서 으깬 후 껍질과 통향신료를 걸러낸다. 혼합물을 다시 냄비에 넣고 자주 저으면서 과육이 걸쭉해지고 분량이 약 반으로 줄어들 때까지 몇 시간 동안 뭉근히 끓인다.

테두리 있는 큼직한 오븐 팬 2개에 페이스트를 나눠 붓고 골고루 편다. 공기가 통하도록 페이스트를 몇 군데 찔러서 숨구멍을 낸다. 페이스트를 93℃의 오븐에 넣고 꾸덕꾸덕해져서 모양이 유지될 때까지 3~4시간 말린다.

살균한 유리병 또는 얼음 틀에 담거나 두 가지를 모두 사용할 수 있다. 얼음 틀에 담아서 얼린 각얼음 형태의 토마토 페이스트는 지퍼백에 담아 냉동실에 보관한다. 유리병에 담은 토마토 페이스트는 그 위에 올리브유를 부어서 덮은 후 유리병의 뚜껑을 단단히 잠근다. 냉장고에 넣으면 최대 2개월간 보관할 수 있다. 또는 페이스트를 지퍼백에 담은 후 눌러서 납작하게 만든다. 냉동실에 지퍼백을 평평하게 놓고 얼린다. 필요할 때마다 토마토 페이스트 조각을 부숴서 사용한다.

트리클

사탕수수 시럽, 골든 시럽, 트리클 항목을 참고한다.

송로버섯(Truffles)

송로버섯은 우툴두툴한 모양의 버섯으로 땅속에 열매가 맺히며 보통 오크, 헤이즐넛, 피칸 또는 전나무 주변에서 채집한다. 동물의 후각을 자극해 동물들이 버섯을 파내면서 포자를 넓게 퍼뜨릴 수 있도록 아주 진하고 톡 쏘는 냄새를 풍기는 형태로 진화했다. 일반 마트에서는 신선한 송로버섯을 찾아보기 어려우며 높은 가격에 거래된다.

송로버섯에는 수백 가지 종류가 있지만 모두 먹을 수 있는 것은 아니다. 요리 측면에서는 몇 가지 유럽 품종이 제일 높은 평가를 받는다.(또한 가장 비싸기도 하다.) 그중에서도 가장 귀한 것이 **이탈리아산 흰 송로버섯, 피에몬테 또는 알바 송로버섯**(*Tuber magnatum pico*)이다. 흰 송로버섯은 기분 좋은 톡 쏘는 풍미와 함께 양파와 마늘 향기가 난다. 흰 송로버섯은 조리하는 경우가 거의 없으며 생으로 얇게 깎아서 파스타, 리소토, 폰두타(*fonduta*, 피에몬테 지방의 풍뒤), 달걀 요리, 샐러드에 얹어서 먹는다. 두 번째로 인기가 높은 품종은 **프랑스산 검은 송로버섯 또는 페리고르 송로버섯**(*Tuber melanosporum*)으로, 주로 프랑스에서 채집하지만 일부는 이탈리아 및 스페인에서도 난다. 페리고르는 고소한 풍미가 특징이며 은은하지만 독특한 향기가 있다. 보통 요리에 사용하며 최소한 양념장에 재우거나 불려서(일반적으로 코냑에 담가서) 사용한다. 검은 송로버섯은 파테나 테린(특히 푸아그라)에 넣는 경우가 많고 보통 달걀 및 감자와 함께 사용한다. 비교적 가격이 저렴하고 더 쉽게 구할 수 있는 **여름 송로버섯**(*Tuber aestivum*)과 **겨울 송로버섯**(*Tuber brumale*)은 기분 좋은 은은한 풍미를 지니고 있는 검은 송로버섯 품종이다. 비록 소량이기는 하지만 일부 유럽 품종은 현재 미국에서도 성공적으로 재배된다.

미국의 숲에서도 요리에 사용할 수 있는 송로버섯을 몇 가지 찾아볼 수 있는데, 일부 품종이 서서히 인정받으면서 인기를 얻기 시작했다. 미국산 송로버섯에 관한 관심이 커진 것은 열정적인 재배업자, 채집 전문가, 전문 요리사들의 노력에 힘입은 바 크며, 유럽산 송로버섯과 비교해 가격이 몇 분의 일밖에 되지 않는다는 점도 주효했다. 미국산 송로버섯 중 가장 유명한 것은 **오리건산 흰 송로버섯**으로, 이 명칭은 사실 겨울에 수확하는 종류(*Tuber oregonense*)와 봄에 수확하는 종류(*Tuber gibbosum*)의 두 가지 품종을 가리킨다. 이탈리아산 흰 송로버섯과는 상당히 다르며 흙내음과 마늘, 사향 풍미가 난다. 다른 흰색 송로버섯과 마찬가지로 생으로 얇게 저며서 음식에 얹거나 버터 및 크림에 넣어 풍미를 우려내는 용도로 사용하는 것이 가장 좋다. **오리건산 검은 송로버섯**

(*Leucangium carthusianum*)은 과일 향기가 나며 짭짤한 요리뿐만 아니라 디저트에도 사용된다. 새롭게 발견된 **오리건산 갈색 송로버섯**(*Kalapuya brunnea*)은 가장 희귀하며 일각에서는 숙성된 카망베르 맛이 난다고도 한다. 이러한 버섯들은 전부 유럽산 검은 송로버섯처럼 얇게 저며서 요리에 얹거나 살짝 조리해서 사용할 수 있다. 종류와 관계없이 모두 태평양 연안 북서부 지역의 더글러스 전나무 아래에서 채집한다. **미국산 갈색** 또는 **피칸 송로버섯**(*Tuber lyonII*)은 대부분 조지아주의 피칸 과수원에서 채집하지만, 미국 동부 전역의 히커리, 밤, 헤이즐넛 나무 주변에서도 소량 자란다.

신선한 송로버섯을 살 때는 흠집이 적고 물렁한 부분이 없는 것을 고른다. 송로버섯은 아주 단단하고 만졌을 때 수분기가 느껴지지 않아야 한다. 단단한 송로버섯 중에서도 가장 향기가 진한 것을 선택하되, 암모니아 냄새가 나는 것은 피한다. 송로버섯을 다듬을 때는 부드러운 주방용 솔 또는 헝겊으로 먼지를 살살 털어낸다. 너무 더러워서 어쩔 수 없을 때를 제외하면 절대 물에 씻지 않는다. 완전히 말린 후 키친타월로 싸서 뚜껑 있는 용기에 담아 냉장고에 넣으면 최대 일주일간 보관할 수 있으며, 키친타월이 축축해지면 새것으로 갈아준다. 송로버섯을 보관할 때는 향기를 자주 확인해야 한다. ▶ 송로버섯이 점점 숙성되면서 향기의 강도와 특징이 변하기 마련이므로 가장 취향에 맞는 상태가 되었을 때 먹는다. 단단하지만 향기는 별로 진하지 않은 송로버섯을 구입했다면 아직 숙성되지 않았기 때문에 며칠이 지나 향기가 강렬해질 수도 있다. 물론 송로버섯을 보관해야 할 일이 있다면 아래에 소개하는 것처럼 버터를 비롯한 다른 재료에 풍미를 우려낼 좋은 기회이기도 하다. 어떤 사람들은 아르보리오 쌀이 들어 있는 용기에 송로버섯을 넣어서 냉장고에 보관하기도 한다. 이렇게 하면 송로버섯에 습기가 차지 않을 뿐만 아니라 송로버섯의 향이 스며든 쌀로 리소토를 만든 후 신선한 송로버섯을 얇게 저며서 얹을 수도 있다.

맛이 강렬한 파테와 일부 소스는 전통적으로 신선한 송로버섯으로 맛을 내지만, 보통 송로버섯은 자체적인 풍미를 확산하고 더욱 맛을 끌어올릴 수 있도록 다른 버섯, 파스타, 달걀, 감자, 가금류 또는 게나 랍스터, 가리비 등의 순한 갑각류처럼 특징이 강하지 않은 재료와 조합하는 것이 좋다. ▶ 송로버섯을 음식에 추가할 때는 조리가 끝날 때까지 기다렸다가 얇게 깎아서 완성된 요리 위에 얹는다. 음식의 열이 송로버섯의 향기를 퍼뜨려주므로 더욱 만족스러운 식사를 즐길 수 있다.

유리병 또는 통조림에 담아서 판매하는 송로버섯은 품질이 다양하지만 비교적 맛있게 즐길 수 있다. **송로버섯 소금**은 식탁에 올린 완성된 음식에 뿌려서 먹으면 가장 좋다. 매장에서 **송로버섯 기름**을 발견했다면(특히 가격이 별로 높지 않을 경우) 인공 풍미 재료를 추가했을 가능성이 크다.(진짜 송로버섯을 우려낸 기름은 희귀하며 가격도 비싸다.) 샐러드, 파스타, 감자튀김을 마무리하는 가니시로 소량씩 사용한다.

송로버섯의 풍미 우려내기

우리는 송로버섯을 '보관'하는 최고의 방법은 다른 재료에 풍미를 우려내서 보존하는 것이라고 생각한다. 다행히도 송로버섯의 풍미를 우려내는 방법은 아주 쉽다. 송로버섯은 숙성하면서 기체를 방출하므로 사실상 하룻밤만 같은 밀폐 용기에 넣어두어도 송로버섯 향기가 소금, 달걀, 버터 스틱, 크림, 맛이 순한 생치즈 등의 재료에 스며든다. 이렇게 간단한 작업만으로도 금세 소진될 값비싼 재료의 풍미를 1년 내내 다양한 요리에 향을 내거나 토스트에 바르거나 얹어서 맛을 낼 수 있는 양념으로 변신시킬 수 있다. 송로버섯 풍미를 우려낸 버

터나 치즈를 밀폐 용기나 지퍼백에 담아 밀봉한 후 냉장고 또는 냉동실에 보관
했다가 나중에 사용한다. 특히 박편형의 마무리용 소금에 송로버섯 풍미를 우
려서 사용해보기를 권한다.(밀폐 용기에 보관한다.)

강황(Turmeric)

강황은 생강의 연관 품종인 울금(Curcuma longa)의 뿌리줄기로, 밝은 주황색의
항산화 화합물인 커큐민(curcumin)이 들어 있어 황금색을 띤다. 강황은 크게
알레피(Alleppey)와 마드라스(Madras)의 두 종류로 나뉜다. 알레피 강황은 색이
더 진하며 특히 선호도가 높다. 커리 가루에 가장 보편적으로 사용되는 종류
는 마드라스 강황이다. 소위 '흰색 강황'이라고 불리는 봉술(zedoary)은 강황 및
생강과 가까운 식물의 뿌리로 연한 노란색을 띠며 생강과 비슷한 풍미가 난다.

강황은 신선한 뿌리 및 통째로 말리거나 간 형태로 구할 수 있으며 가장 흔
한 것은 분말 형태다. 강황 가루는 약간 쌉쌀한 맛을 내며 사향과 흙내음이 나
고 따뜻한 느낌을 준다. 강황 가루를 만들 때는 신선한 강황 뿌리를 찌거나 삶
아서 색과 전분을 안정화한다. 그다음 뿌리를 말리고 손질해서 간다. 통째로
말린 강황 뿌리를 구했다면 강판에 갈아서 사용할 수 있다. 신선한 강황 뿌리
는 다지거나 거친 강판에 간다. 강황을 혼합 커리 가루에 넣으면 부피가 늘어
나고 선명한 노란색이 되며 머스터드를 만들 때 넣어도 고운 색을 낸다. 때로는
값비싼 사프란 대신 소량의 강황을 식용 색소로 사용하기도 한다.

바닐라(Vanilla)

기다랗고 얇은 바닐라 빈은 담을 타고 올라가는 라틴아메리카 난초 덩굴의 깍
지다. 깍지를 막 땄을 때는 녹색이며 풍미도 없다. 이 깍지를 찌거나 햇빛에 노
출해 산화시킨 후, 낮에는 햇빛에 말리고 밤에는 천으로 덮어서 물기가 맺히게
한다. 이러한 과정을 거치면서 효소 작용으로 바닐라 빈의 풍미 물질이 자유롭
게 분리되고 태양열 때문에 깍지가 쪼글쪼글해지면서 풍미가 농축되고 갈색
으로 변한다.

바닐라 빈에는 여러 종류가 있다. 마다가스카르산 바닐라(버번 바닐라라고도
부른다.)는 가장 품질이 뛰어난 것으로 알려져 있으며 제일 강렬한 바닐라 풍미
를 낸다. 멕시코 및 타히티산 바닐라 빈은 마다가스카르산 바닐라만큼 풍미가
강하지는 않지만 기분 좋은 과일 향을 지니고 있으며 훨씬 싸다. 인도네시아산
바닐라는 훈연 향과 나무 향이 난다.

바닐라 빈을 사용하려면 과도로 깍지를 세로 방향으로 반을 가른 후 끝
이 뾰족한 작은 숟가락을 사용해서 안에 있는 씨를 긁어낸다. 바닐라를 커스
터드나 다른 혼합물에 우려낼 계획이라면 씨와 깍지를 모두 넣는다. 바닐린
(vanillin, 아래 설명 참고)은 지용성이며 깍지에 남아 있다면 커스터드나 다른 베
이스에 우러나기 마련이다. 씨앗만 필요한 경우에도 깍지를 버리지 말자! 깍지
자체도 풍미가 아주 진하므로 바닐라 설탕을 만드는 데 활용할 수 있다. 말라
버린 바닐라 빈을 복원하려면 보드카나 도수가 높은 곡물주를 작은 유리병에
2.5cm 정도의 높이로 붓는다. 바닐라 빈을 가로로 반을 자른 뒤 세워서 유리
병에 넣고 뚜껑을 덮는다. 바닐라 빈은 알코올을 흡수해 다시 통통하게 부풀
어 오를 것이다. ▶ 바닐라 추출물 대신 바닐라 빈을 사용하려면 추출물 1작은
술당 5cm 길이의 바닐라 빈을 세로로 반 가르고 씨앗을 긁어서 사용한다.

바닐라 추출물은 바닐라 빈에 물이나 알코올을 부어서 풍미를 추출한 것이
다. 바닐라 빈과 추출물을 만드는 과정은 매우 손이 많이 가고 오랜 시간이 걸
리므로 가격이 상당히 비싸다. 알코올을 넣지 않은 제품은 반드시 **바닐라 풍**

미제(vanilla flavoring)라는 라벨을 붙여야 하며, 합성 바닐라 풍미제는 **인공 또
는 인조 바닐라**라는 라벨을 붙여야 한다. 합성 바닐라 풍미제에는 바닐라 빈과
같은 풍미 화합물, 즉 바닐린이 들어 있기도 하지만 이 바닐린은 바닐라 빈보다
가격이 저렴한 다른 재료로 만든 것이다.(주로 목재에서 추출하는 리그닌lignin을
사용한다.) 우리는 가능하면 '진짜' 재료를 사도록 권장하지만, 사람들이 진짜
바닐라와 합성 바닐라를 사용해서 구운 빵이나 과자 사이의 차이를 잘 구별하
지 못한다는 연구도 있다.

합성이든 아니든 ▶ 바닐라 추출물의 풍미를 커스터드 소스 및 다른 요리에
우려내서 보존하려면 음식이 식어가거나 음식을 불에서 내렸을 때 넣는다. ▶
제과제빵을 할 때 바닐라 추출물의 풍미를 가장 고르게 퍼뜨리려면 레시피에
사용하는 지방 재료에 직접 넣는다. 예를 들어 케이크를 구울 때는 버터와 설
탕을 섞어 크림화한 후 달걀을 넣기 전에 바닐라 추출물을 추가한다.

바닐라 페이스트는 바닐라 추출물과 곱게 간 바닐라 빈 가루를 걸쭉한 액체
에 섞어서 만든다. 바닐라 페이스트는 휩드 크림, 크렘 브륄레를 비롯해 바닐라
빈의 풍미와 형태를 드러내야 하는 다양한 레시피에 사용하면 특별한 풍미를
더할 수 있다. 바닐라 페이스트에는 보통 설탕이 약간 들어 있지만 대부분 사
용하는 양이 매우 적으므로 굳이 레시피를 조절할 필요는 없다. ▶ 바닐라 페
이스트 1작은술은 바닐라 추출물 1작은술 또는 바닐라 빈 5cm에 해당한다.

바닐라 추출물

약 1컵

다음을 세로로 반을 가른다.

바닐라 빈 5개

숟가락 끝으로 깍지에서 씨를 긁어낸다. 깍지와 씨를 475ml 용량의 유리병에
담는다. 다음을 붓는다.

에버클리어, 보드카 등의 도수가 높은 술 또는 표준 이상의 알코올이 포함된 럼
1컵

유리병의 뚜껑을 꽉 닫고 가끔 흔들어준다. 한 달에서 한 달 반 후 술이 진한
갈색으로 변하면 바닐라를 사용할 준비가 된 것이다.

식물성 기름(Vegetable Oil)

기름 항목을 참고한다.

버주스(Verjuice)

꽃사과와 청포도에서 추출하는 버주스 또는 베르주(verjus)는 '녹색 과즙'이라
는 뜻이다. 아주 신맛이 강하며 감귤류즙이나 식초 대신 소스, 샐러드 드레싱
에 사용할 수 있으며 양념으로도 활용할 수 있다.

식초(Vinegar)

프랑스어로 비네거(vinaigre), 즉 '신 와인'이라는 뜻을 가진 식초는 당이 함유
된 거의 모든 액체로 만들 수 있지만 특히 과일이나 곡물로 만드는 경우가 많
다. 식초는 2차 발효의 산물이다. 이스트는 당을 알코올음료로 변화시키며, 이
알코올음료를 공기 중에 노출하면(알코올이 아세트알데히드로 변한다.) 초산균이
아세트알데히드를 발효해 아세트산으로 만든다. 대다수 시판 식초는 그 이후
살균해 여과하지만 '생' 식초를 그대로 판매하기도 한다. 생식초는 뿌옇거나 유
리병 바닥에 잔여물이 가라앉아 있는 경우가 많다. 생식초 중 일부는 '종초 함

유(with the mother)'라는 라벨이 붙어 있는데, 여기서 말하는 종초는 **식초의 어머니**(vinegar mother)라는 뜻으로 셀룰로오스와 초산균으로 구성된 젤리 또는 해파리 같은 물질이다. 살균하지 않은 생식초에 종초, 백탁, 침전물이 보이는 것은 지극히 정상이며 걱정하지 않아도 된다.

식초의 맛이 날카롭게 톡 쏘는지, 진하고 풍부한지, 부드럽고 순한지는 요리에 엄청난 차이를 가져온다. 일부 식초는 다른 식초보다 산도가 낮은 편이다. 수제 식초는 상당히 맛이 부드러운 편이며, USDA의 규정에 따르면 '식초'라는 라벨을 붙이는 데 필요한 아세트산의 비율은 4%에 불과하다. 풍미뿐만 아니라 산도를 낮추기 위해 식초를 사용하는 병조림 레시피에는 항상 지정된 종류의 식초를 사용하도록 하자. ► 5%의 아세트산 비율이 확인되지 않는 한 아무 식초나 병조림에 사용해서는 안 된다.

► 모든 식초는 부식성이 있으므로 식초가 많이 들어가는 요리를 할 때는 유리, 법랑 또는 스테인리스스틸 용기를 사용한다. 구리, 아연, 알루미늄, 무쇠 또는 탄소강 조리기구는 피한다.

발사믹 식초

발사믹 식초는 람브루스코, 트레비아노를 비롯한 와인용 적포도 및 청포도로 만든다. 전통적으로 이탈리아 북부의 특산물이며 나무통에 담아서 몇 년간 숙성시킨다. 진품을 확인하는 방법은 라벨에 들어 있는 트라디치오날레(tradizionale)라는 단어로, 이 말은 다른 유형의 와인 식초가 포함되지 않았음을 보증한다. 12년간 숙성하면 베키오(vecchio, 오래되었다는 뜻), 25년간 숙성하면 엑스트라 베키오(extra vecchio)가 된다. 오래 숙성한 발사믹 식초는 가격이 매우 비싸고 거의 시럽에 가까울 정도로 농도가 진하면서 끈끈하다. 가장 저렴한 발사믹 식초는 단순히 와인 식초에 감미료와 인공 색소를 추가한 것에 불과하다. 전통 방식으로 제조한 발사믹 식초는 풍미를 내는 양념으로 사용하거나 완성된 요리 또는 딸기나 수박 등의 생과일에 한 방울씩 떨어뜨리는 용도로 사용한다. 저렴한 발사믹 식초는 양념장, 드레싱, 요리에 사용한다.

발사믹 글레이즈는 발사믹 식초를 졸인 것으로 최근에는 마트에서 쉽게 찾아볼 수 있다. 시판 제품에는 설탕이 들어 있어서 우리는 선호하지 않지만, 발사믹 식초를 글레이즈로 졸여내는 과정에서 엄청난 연기가 나와 넓은 주방, 심지어 집 전체가 연기로 가득 차게 된다. 환풍기의 성능이 좋거나 야외에 설치된 조리용 열판이 있는 경우, 저렴한 발사믹 식초를 중불에 올리고 뚜껑을 덮지 않은 상태로 자주 저으면서 식초가 숟가락 뒷면에 걸쭉하게 들러붙을 정도의 농도가 될 때까지 뭉근히 끓여서 졸인다. 메이플 발사믹 글레이즈는 메건의 염소 치즈를 곁들인 비트 요리 레시피를 참고한다.

흑식초

흑식초는 **진강향초**(鎭江香醋)를 생산하는 중국 남부 지역에서 높은 인기를 누리고 있다. 기장, 보리, 수수를 주재료로 사용하기도(또는 추가하기도) 하지만 대부분은 쌀로 만들며 색이 진하고 훈연 향에 가까운 깊은 풍미를 지니고 있다. 일부 흑식초는 숙성을 거친다. 신맛이 그다지 날카롭지 않은 편이며 산도가 2% 정도로 매우 낮은 것도 있다. 흑식초는 국수 요리와 조림에 잘 어울리며 디핑 소스로도 활용한다.

사과 식초

사과 식초는 사과즙을 발효해서 만든다. 때로는 사과 사이다 식초(apple cider vinegar)라는 라벨이 붙어 있기도 한 사과 식초는 과일 향이 강하고 질감이 풍부하며 보통 아세트산 함량이 5%다. 피클을 담글 때 자주 사용하며 찬장에 보관해두면 여러 용도로 두루 사용하기에 좋다. '생' 사과 식초, 즉 살균하지 않은 사과 식초도 널리 시판된다.

증류 백식초

희석해서 증류한 알코올을 발효해서 아세트산 함량이 5%가 되도록 만든 식초로, 피클의 색이 연하게 유지되어야 할 때 이 증류 백식초를 사용한다. 이 식초는 맛이 너무 강하며 요리에 두루 사용하기에는 풍미가 1차원적이지만, 찬장에 보관해두면 유용하게 쓰인다. 다른 풍미를 추가하지 않으면서 톡 쏘는 산미를 더하고자 할 때 아주 소량씩 사용할 수 있다.

맥아 식초

맥아 식초는 보리 또는 그 외 곡물의 맥아로 만드는 진한 갈색 식초다. 맥아 식초가 처음 탄생한 영국에서는 사실상 맥주로 만드는 식초라는 의미에서 한때 맥주 식초(alegar)라고 부르기도 했다. 양념으로 가장 흔히 사용되며, 전통적으로 피시 앤드 칩스에 곁들인다.

쌀 식초

대다수 쌀 식초는 발효한 청주로 만든다. 때로는 청주 식초라고 부르기도 하며 기분 좋은 산미를 내지만 산 함량은 4%로 낮은 편이므로 다른 식초보다 풍미가 순하다. **배합초**(seasoned rice vinegar)에는 설탕과 소금이 들어 있으며 초밥용 밥을 양념하는 데 사용할 수 있다. 쌀 식초는 산 함량이 낮으므로 피클을 만들 때는 권장하지 않는다.(간단한 피클은 예외다.)

셰리 식초

이 와인 식초를 만들 때는 페드로 히메네스와 올로로소를 비롯해 몇 가지 유형의 셰리가 사용된다. 셰리 식초의 풍미는 사용한 셰리의 종류에 따라 달라진다. 발사믹 식초와 레드와인 식초를 섞어놓은 것과 같은 맛이며, 셰리의 산화된 풍미를 특징으로 한다. 셰리 식초는 오크통에 담아서 숙성하기도 한다.

와인 식초

가장 보편적으로 사용되는 와인 식초는 **레드와인 식초**, **화이트와인 식초**, **샴페인 식초**다. 각각 약 7%의 아세트산이 함유되어 있다. 레드와인이 가장 풍미가 강하며 샴페인이 가장 약하다. 와인 식초는 모두 비네그레트, 양념장, 피클에 아주 잘 어울린다. **바니울스 식초**(Banyuls vinegar)는 같은 이름의 프랑스 디저트 와인으로 만든 와인 식초다. 바니울스 식초의 풍미는 셰리 식초와 비슷하다. **베르무트 식초**(vermouth vinegar)는 그보다 구하기 어렵지만 비네그레트와 소스에 넣는 용도로 우리가 가장 선호하는 식초 중 하나다.

다른 독특한 식초

식초의 제조 과정을 통해 짐작할 수 있듯이 술의 종류만큼이나 다양한 식초가 존재한다. 위에서는 가장 쉽게 접할 수 있는 식초들을 소개했지만, 그 외에도 구해볼 가치가 있는 식초가 적지 않다.

우선 일부 열대 과일을 발효해서 독특한 식초를 제조하기도 한다. **바나나 식초**가 아마도 가장 독특한 종류일 것이다. 바나나 풍미를 느낄 수 있기는 하지만 진하고 풍미가 복합적이며 셰리 및 숙성한 자메이카산 럼을 연상시키는 고릿한 산화취를 풍긴다. **파인애플 식초**는 카리브해 및 멕시코 지역에서 자주 사용하는 재료이며 파인애플과 갈색 필론시요 설탕을 발효해서 만든다. 그 결과 순하고 꽃향기가 나면서도 아세트산과 과일에 들어 있던 구연산이 합쳐져 다채로운 신맛을 낸다.

야자 식초 및 **코코넛 식초**(튜바 식초tuba vinegar라는 이름으로 판매한다.)는 해당 식물의 즙을 발효해서 만든다. **사탕수수 식초**는 신선한 사탕수수즙으로 만들거나 사탕수수즙을 우선 팔팔 끓여서 더 진하고 맛이 풍부한 식초를 만들기도 한다. 이 세 가지 식초는 필리핀 요리에서 빼놓을 수 없는 재료이며 아시아 식료품점에서 쉽게 찾아볼 수 있다. 맛이 순한 종류라면 무엇이든 사과 식초나 와인 식초 대신 비네그레트와 소스에 사용할 수 있지만, 우리는 특히 코코넛 식초 또는 사탕수수 식초에 칠리 고추, 양파, 생강, 마늘을 우려낸 시나막 (sinamak)을 선호한다.(풀드 포크의 양념으로도 안성맞춤이다.)

주로 **우메보시 식초**라는 이름으로 판매되는 일본의 **매실초**(umezu)는 엄밀히 말해 식초가 아니라 매실을 소금에 절였을 때 빠져나오는 새콤한 소금물이다.(그다음 이 매실을 말려서 우메보시를 만든다.) 매실은 구연산 함량이 매우 높아서 신맛이 아주 강하며 매실에서 빠져나오는 소금물은 식초와 비슷한 강도를 가지고 있다.(그리고 놀랍게도 pH는 더 낮다.) 이러한 특징에도 불구하고 매실초는 산도가 들쑥날쑥하므로 식품을 보존할 목적의 병조림이나 피클 제조에는 적합하지 않다는 점을 다시 한번 강조한다.(분홍색 생강 초절임 등과 같은 간단한 피클은 예외다.) 매실을 절일 때는 보라색 차조기 잎을 자주 넣으므로 매실초는 붉은색으로 물들어 있는 경우가 많으며 차조기로 인해 계피와 바질을 연상시키는 은은한 후추 향이 난다.

식초에 풍미 우려내기

가향 식초는 시중에서 구할 수 있지만 가정에서도 쉽게 만들 수 있다. 특별한 맛이 없는 사과 식초나 와인 식초가 가장 실용적이며 연한 코코넛 식초, 쌀 식초 또는 셰리 식초를 사용해도 맛있는 가향 식초를 얻을 수 있다. 타라곤 또는 로즈메리 등의 허브를 한 종류만 사용하거나 선호하는 허브 조합을 개발해 식초 475ml당 느슨하게 담은 생허브 잎 1컵을 넣는다. 얇게 저민 생강, 으깬 마늘, 검은색 통후추, 통향신료, 감귤류 껍질 등 다른 풍미 재료를 함께 추가해도 좋다. 2주간 우려낸 후 체에 면 거즈를 여러 겹 깔아서 식초를 걸러낸 뒤 살균한 용기에 담아서 단단히 밀봉한다.

샬롯 허브 식초

약 3컵

다음을 씻어서 물기를 완전히 제거한다.

타라곤 잔가지, 느슨하게 담아 ¾컵

굵직하게 썬 파슬리 ½컵

타임 잔가지 8개

겨울 세이버리 잔가지 4개

로즈메리 잔가지 10cm짜리 1개

손질한 재료를 1ℓ짜리 살균한 병조림용 유리병에 넣고 다음을 추가한다.

샬롯 2개, 얇게 저미기

검은색 통후추 12개, 으깨기

작은 편수 냄비에 다음을 붓고 끓기 직전까지 천천히 가열한다.

사과 식초 또는 화이트와인 식초 3컵

식초를 유리병에 붓고 식힌다. 유리병의 뚜껑을 봉하고 매일 유리병을 흔들어주면서 2주간 풍미를 우려낸다.

맛을 본다. 풍미가 아직 만족할 만큼 충분히 우러나지 않았다면 매일 맛을 보면서 입맛에 맞을 때까지 더 오래 우린다. 면 거즈 몇 겹을 깐 고운체에 부어서 거른 후 살균한 유리병에 담는다. 밀봉해서 실온에 두면 최대 12개월까지 보관할 수 있다.

마늘 식초

약 3컵

드레싱이나 소스에 사용한다.

다음을 1ℓ짜리 살균한 병조림용 유리병에 넣는다.

마늘 12쪽, 으깨기

작은 편수 냄비에 다음을 붓고 끓기 직전까지 천천히 가열한다.

사과 식초 또는 화이트와인 식초 3컵

식초를 유리병에 붓고 식힌다. 뚜껑을 닫아 밀봉하고 마늘을 우려낸 후 걸러서 **샬롯 허브 식초** 레시피의 설명에 따라 보관한다.

칠리 고추 식초

약 3컵

우리 입맛에는 5일간 칠리 고추를 우렸을 때의 매콤함이 남부식 채소 찜에 뿌려서 먹기에 딱 알맞다. 그러나 여러분의 입맛(그리고 매운맛을 참을 수 있는 정도)은 다를 수 있다. 더 매콤하게 완성하려면 아래에 소개한 것보다 칠리 고추를 더 많이 넣거나 오래 우려내면 된다. 마늘을 추가하면 근사한 양념 효과를 얻을 수 있다. 마늘 식초에 소개한 분량을 사용한다. 그냥 식초를 뜨겁게 데운 후 마늘 위에 붓고 식을 때까지 기다렸다가 칠리 고추를 추가한다.

다음 중 하나를 준비한다.

말린 칠리 고추 28g, 꼭지를 따고 씨를 빼기(취향에 따라 굽기)

하바네로 고추 3~4개 또는 세라노나 태국 칠리 고추 5~6개, 취향에 따라 꼭지를 따고 씨를 빼기

손질한 재료를 1ℓ짜리 살균한 병조림용 유리병에 넣고 다음을 추가한다.

사과 식초 또는 화이트와인 식초 3컵

유리병의 뚜껑을 닫아 밀봉하고 우려낸다. 매일 유리병을 흔들어주고 맛을 보면서 풍미가 얼마나 강한지 확인한다. 3일부터 최대 일주일까지 우려내되, 더 매콤한 식초를 선호한다면 그보다 오래 우려내도 좋다. 걸러서 **샬롯 허브 식초** 레시피의 설명에 따라 보관한다.

호두(Walnuts)

호두는 진하고 맛이 풍부하며 타닌 때문에 약간의 떫은맛이 난다. **영국 호두** (또는 페르시아 호두)와 미국의 **검은 호두**가 가장 흔한 품종이다. 검은 호두는 영국 호두보다 작으며 상당히 다른 맛이 난다. 검은 호두는 달기는 하지만 맛이 복합적이고 타닌으로 인한 떫은맛이 있다. 검은 호두의 껍데기는 아주 딱딱하며, 껍데기를 둘러싸고 있는 질긴 겉껍질은 착색 효과가 강해 천연염료로 사용된다. 미국 독자라면 거주 지역에 따라 검은 호두를 무료로 잔뜩 얻을 수도 있겠지만 검은 호두의 껍데기를 까기 위해서는 상당한 시간을 투자해야 한다.(튼튼한 고무장갑 한 켤레도 필요하고 말이다.)

호두를 3분간 데치면 타닌이 일부 제거된다. 호두를 데친 후에 말려서 구울 수 있다. 호두 우유를 만들기 위해서는 일단 데친 다음 견과류와 씨앗 우유에 대해 항목의 설명에 따른다.

영국 호두는 설익어서 호두를 둘러싸고 있는 과육이 아직 부드럽고 흠이 없으면서 녹색일 때 딸 수 있다. **녹색 호두**는 타닌이 아주 많고 떫지만 4등분해서 피클용 소금물 또는 알코올에 담가 우려내면 시간이 지남에 따라 풍미가 부드럽고 깊어진다. 호두나무에 녹색 호두가 많이 열렸다면 따서 노치노 또는 호두 캐첩을 만들어보도록 추천한다.

고추냉이(Wasabi)

고추냉이는 일본 원산 양배추 연관 품종의 뿌리줄기다. 시냇물처럼 흐르는 물 근처의 촉촉한 땅에서 자란다. 전통적으로 뿌리를 수확해서 거친 상어 가죽에 갈아서 사용하지만 금속이나 도자기 소재의 강판도 흔히 사용한다. 고추냉이는 재배가 까다롭기로 악명이 높으며 아주 최근까지 미국에서 유통되는 고추냉이 대부분이 일본에서 수입된 것이기 때문에 구하기도 어렵고 가격도 비쌌다. 다행히 태평양 연안 북서부 해안가와 노스캐롤라이나 블루리지 산맥 지역의 재배업자들이 싱싱한 고추냉이 뿌리를 시장에 출시할 수 있게 되면서 고추냉이를 더욱 쉽게 구할 수 있게 되었다.(그리고 결과적으로 가격도 낮아질 수 있다.) 미국 내에서 고추냉이를 생산하게 되면서 예측하지 못했던 또 한 가지 장점이 생겼는데, 식료품 전문점에서 가끔 큼직하고 연한 고추냉이 잎을 구할 수 있게 되었다는 점이다. **고추냉이 잎**을 시포나드 형태로 얇게 썰어서 가니시로 사용하면 수프, 샐러드, 생선 요리에 순한 겨자 풍미를 더해준다.

신선한 고추냉이 뿌리는 호스래디시와 비슷한 톡 쏘는 풍미를 내지만 그 외에도 여러 풍미를 지니고 있다. 일반적으로 접할 수 있는 고추냉이의 품종에는 다루마와 마즈마의 두 가지가 있다. 다루마 고추냉이는 마즈마보다 맛이 순하며 모양도 곧다. 채소 껍질 벗기는 칼이나 과도로 고추냉이의 껍질을 살살 벗기고 옹이 부분을 제거한 뒤 상자형 강판의 눈이 가장 고운 면 또는 생강용 강판에 원을 그리듯이 간다. 사용하지 않은 고추냉이 뿌리는 축축한 키친타월에 싸서 냉장고에 보관한다.

말린 호스래디시 가루와 겨잣가루를 섞은 뒤 녹색으로 물들인 **고추냉이 가루**는 매우 흔히 볼 수 있다. 맛이 강하고 톡 쏜다는 점을 제외하면 신선한 고추냉이와 별다른 공통점이 없으며 진짜 고추냉이보다 오히려 더 자극적이다.

물(Water)

물은 기본적이고 분명 꼭 필요한 재료지만 단순하게 여길 만한 것은 아니다. 수원(水原)이 어디인지, 그리고 물이 수도꼭지에서 흘러나올 때 어떤 처리를 하는지에 따라 물이 다른 재료에 반응하는 방식이 달라진다.

우선 안전에 대해 짚어보자. 최근 미시간주 플린트시에서 상수도의 만성 오염 문제가 대두된 사실로도 알 수 있듯이, 미국의 많은 지역에서는 수돗물의 안전성을 전적으로 신뢰하기 어렵다. ▶ 수돗물에서 이상한 냄새가 나거나 침전물이 보이거나 아주 투명하지 않다면 일단 의심해보는 것이 좋다. 거주 지역의 수질에 대한 최신 정보는 가까운 상수도 기관이나 지역 관청에 문의하고, 미국 독자라면 환경보호청(Environmental Protection Agency)에 전화(1-800-426-4791)를 걸어 문의할 수 있다.(water.epa.gov/drink/hotline/index.chm을 참고해도 좋다.) 집의 수도관에 문제가 있는 것 같거나 우물에서 물을 길어서 사용한다면 수질 테스트 키트(온라인 상점에서 쉽게 구할 수 있다.)를 주문해서 확인해보자. 일부 지방자치단체에서는 무료로 수질 테스트 서비스를 제공하기도 한다.

물은 다양한 이유로 요리에서 중요한 역할을 하지만, 요리 과정에서 물이 어떤 양상을 보이는지 자세히 살펴보기 전에 물의 화학적 구성과 물에 대한 기본 지식을 알아두면 도움이 된다. 해발 고도를 기준으로 물은 0℃에서 얼음으로 변하고 87.8~97.1℃에서 뭉근히 끓어오르며 100℃에 도달하면 수증기가 되어 증발한다. (▲ 기압 저하에 따른 끓는점 변화는 높은 고도 지역에서 요리하기 항목을 참고한다.) 물 분자는 수소 원자 2개와 산소 원자 1개로 이루어져 있다. 물 분자에는 양성 말단(수소)과 음성 말단(산소)이 있어 완전한 대칭이 아니라 극성을 띤다. 이러한 극성 때문에 양성을 띠는 산소가 주변에 있는 물 분자의 음성을 띠는 수소에 이끌려서 물 분자가 서로 결합하게 된다. 물 분자의 결합은 상대적으로 약하기 때문에 계속 끊어지고 다시 이어지는 과정을 반복한다.

이러한 결합 때문에 물은 훌륭한 용매 역할을 한다. 용매란 다른 물질(용질)을 녹여서 용액을 만들 수 있는 물질이라는 의미다. 수소의 결합이 약하고 물 분자가 극성을 지니고 있으므로 물 분자는 다른 극성 분자에 이끌리게 된다. 물 분자가 다른 극성 분자의 전하 영역과 결합하면 물 분자들이 그 전하 영역을 둘러싸며 분산시킨다. 시간이 지나면 용질이 물 전체에 균일하게 확산되는데, 이 시점에서 해당 용질이 용해되었다고 말할 수 있게 된다. 요리에서는 소금, 탄수화물, 단백질 등을 비롯해 매우 다양한 극성 분자가 물에 용해된다.(물에 녹지 않는 무극성 분자는 기름이다.) 요리 과정에서는 물에 수많은 재료를 녹여야 하므로 이렇게 용질을 녹이는 물의 성질은 요리에서 매우 중요한 역할을 한다. 육수를 만들 때는 단백질과 탄수화물이 물에 녹으면서 풍미를 돋우고 걸쭉한 느낌을 준다. 레모네이드를 만들 때는 탄수화물과 산이 물에 녹는다. 이렇게 다양한 물질이 물에 녹으면 각각의 단편적인 풍미를 뛰어넘어 복합적이고 조화롭게 어울리는 풍미 가득한 혼합물이 탄생한다.

물의 성질 중 또 하나 주목할 만한 것은 물을 가열하는 데 어마어마한 에너지가 필요하다는 점이다. 에너지의 힘으로 물 분자 사이의 결합을 끊어서 물 분자가 더 빠른 속도로 움직이고, 그에 따라 물이 뜨거워지다가 결국 끓게 되려면 엄청난 양의 에너지가 필요하며 오랜 시간이 소요된다. 이것은 장점보다는 다소 귀찮은 성질처럼 보일지 모르겠지만 뱅마리를 사용해서 커스터드를 구울 경우를 생각해보자. 물이 열을 흡수하고 조절하기 때문에 커스터드가 뭉치지 않고 천천히 골고루 익는다.

물 분자가 다른 물 분자와의 결합을 끊어낼 수 있을 정도로 충분한 양의 에너지를 흡수하면 증발하면서 주변의 물질에서 에너지(또는 열)를 효과적으로 빼앗아간다. 이것을 증발 냉각이라고 부른다. 이 현상이 더욱 두드러지게 드러나는 사례 중 하나는 육류를 바비큐 요리할 때다. 돼지 어깻살 같은 큼직한 고깃덩어리에는 많은 수분이 포함되어 있다. 조리를 시작하면 육류의 온도가 비교적 꾸준히 상승하다가 어느 시점에서 정체된다. 조리하는 사람의 입장에서는 이렇게 정체되는 구간이 답답하게 느껴지겠지만, 그 이유를 파악하면 해결책이 보인다. 육류의 온도가 잘 올라가지 않는 것은 증발 냉각 때문이다. 육류의 표면에서 수분이 증발하면서 에너지(열)를 빼앗아가므로 육류 표면을 식히게 된다. 따라서 이 문턱을 넘을 때까지 기다리거나 포일로 고기를 감싸서 증발 냉각 효과를 억제하면 된다. 수분 증발을 방지하면 육류의 온도가 더 빨리 오르므로 조리 시간이 단축된다.

한편, 물은 단순히 증발할 때 주변의 에너지를 빼앗아갈 뿐만 아니라 증발한 수분이 다른 표면에 닿아 응결하면서 빼앗아온 에너지를 전달하기도 한다. 아마도 이 현상을 가장 극명하게 볼 수 있는 예는 증기를 사용해 음식을 조리할 때일 것이다. 소량의 물을 팔팔 끓이면 물 분자가 증기로 변한 후 물 위에 얹어놓은 음식의 표면에 닿아 응결한다. 물이 응결하면서 끓는 물에서 빼앗아온 에너지가 음식으로 전달되므로 음식이 익게 된다.

앞서 언급한 바와 같이 물은 용매다. 무기질을 포함해 무수히 많은 종류의 용질이 물에 용해된다. 무기질, 특히 칼슘과 마그네슘 함량이 높은 물은 '경수'라고 부른다. 이러한 무기질이 거의 들어 있지 않은 물은 '연수'다.

▶ **연수**(soft water)는 칼슘염 또는 마그네슘염이 녹아 있지 않으므로 대다수 요리 및 제과제빵에 가장 적합하다. 그러나 너무 강한 연수를 사용하면 이스트 반죽이 질척이고 끈적이기 마련이다. ▶ **경수**(hard water)에는 상당한 양의 무기질이 녹아 있다. 경수로 조리한 채소는 단단함이 더 오래 유지되며 강한 경수는 빵의 글루텐 구조를 경직시켜 이스트 작용을 방해하기도 한다. 적당한 알칼리성을 띠고 있는 물(경수)은 글루텐을 단단하게 만들며 기체를 함유하는 성질을 강화하므로 그 결과 빵의 부피가 커진다. 반면 너무 강한 경수는 빵의 글루텐 구조를 꽉 조이며 이스트의 활동을 방해하기도 한다.

물의 경도를 낮추는 데에는 여러 방법이 있다. 이온 교환 장치를 사용하거나 싱크대 또는 수도꼭지에 장착하는 필터로 물을 거르거나 중화용 화학 물질이 들어 있는 필터가 내장된 물통 형태의 정수기 등을 사용해 물을 걸러낼 수도 있지만, 이러한 방법들은 주로 칼슘 화합물을 나트륨으로 치환하므로 요리에 사용할 물보다는 일반 가정용수로 사용할 물을 처리하는 데 더 효과적이다. 물에 들어 있는 염류가 주로 중탄산칼슘이나 마그네슘으로 구성되어 있다면, 물을 20~30분간 끓이면 염류가 침전된다. 그러나 물에 황산염이 대량으로 포함되어 있다면, 물을 끓이면 증발로 인해 황산염이 농축되므로 물의 경도가 줄어들기는커녕 더 올라간다. ▶ 수돗물이 경수 또는 연수라서 요리나 제과제빵을 했을 때 제대로 결과물이 나오지 않는다면 요리에 사용할 생수 몇 통을 찬장에 항상 준비해두자.

불소화(fluoridation)는 불소를 물에 첨가해 충치를 방지하는 작업이다. 많은 관할 기관에서 상수도에 불소 처리를 한다. 불소가 추가된 물은 요리에 영향을 미치지 않는다. **염소화**(chlorination)는 수인성 질병의 전파를 막기 위해 물에 염소를 추가하는 것이다. 염소 함량이 너무 높은 물은 빵과 발효 음식을 만들 때 이스트와 균의 발달을 억제하기도 하지만, 일반 수돗물이라면 빵이나 발효 음식을 만드는 데 별다른 문제없이 사용할 수 있다. 거주 지역의 수돗물에 염소가 너무 많이 들어 있다고 의심된다면 생수를 사용하자.

이 책의 레시피에서 ▶ '물'이라는 단어를 언급할 때는 실온의 수돗물을 지칭한다. ▶ 뜨겁거나 차가운 물이 필요하다면 구체적으로 명기해두었다.

때로는 레시피에서 ▶ 물을 중량 단위로 언급하는데, 물 475ml(2컵)는 450g에 해당한다. 물 15g이라면 1큰술을, 225g이라면 1컵을 사용하면 된다.

▲ 물의 끓는점은 고도에 따라 달라진다. 높은 고도 지역의 끓는점은 1130쪽을 참고한다.

응급 정수 방법

응급한 상황에서 마실 수 있는 물을 확보하기 위해 권장하는 정수 방법이 있다. 물을 사용하거나 보관할 때는 물을 구한 장소에 납, 석유를 비롯한 기타 비생물학적 오염물질이 없는지, 그리고 물을 저장하는 용기가 살균되어 있는지의 두 가지 사항에 유의해야 한다.

응급 상황에 대비해 항상 물을 어느 정도 확보해두는 것은 바람직하다. 생수를 사는 것을 권장하지만, 상황에 따라 수돗물을 용기에 채워둘 수도 있다.

탄산음료 병이나 물 또는 주스 용기처럼 단단하게 돌려서 닫는 뚜껑이 달린 식품 등급의 플라스틱 병을 사용하면 된다. 플라스틱 우유병은 남아 있는 유당과 단백질을 완전히 씻어내기 어려워 균이 번식하기 쉬우므로 피한다. ▶ 마실 물로는 하루에 1인당 3.8ℓ, 개인위생 용도로는 1인당 1.9ℓ를 기준으로 삼는다. 날씨가 더운 지역이나 어린이, 임산부, 고령자, 환자는 더 많은 물이 필요하다. 개나 고양이는 한 마리당 하루에 1ℓ가 필요하다.

응급 상황에 처했을 때 구할 수 있는 물의 품질이 의심될 경우, 먼저 결이 촘촘하고 깨끗한 천이나 커피 필터에 부어서 침전물을 최대한 걸러낸다. 휴대용 정수기를 사용하면 편리하지만 정수기가 없다면 물을 끓이거나 소량의 표백제를 넣어서 정수할 수 있다. 앞에서 설명한 바와 같이 ▶ 이러한 방법은 세균으로 오염된 경우에만 효과가 있다. 화학적 오염물은 이런 방법으로 제거할 수 없으므로 마시기에 안전한 물을 만들 수 없다.

끓여서 물을 정수하려면 1분 이상 물을 팔팔 끓인다. ▲ 1500m 이상의 높은 고도 지역에서는 물을 3분간 끓인다. 끓인 물은 밋밋한 맛이 나지만 깨끗한 용기 2개를 사용해 번갈아 가며 부어주면 공기가 섞여들어 맛이 나아진다. 또는 물 1ℓ당 소금 1자밤을 넣어도 좋다.

표백제를 넣어 물을 정수하려면 우선 사용하는 표백제에 향이나 세제가 첨가되어 있지 않은지 확인하고 라벨에 차아염소산나트륨 함량이 6% 또는 8.25%로 표기되어 있는지 살펴본다. 물 3.8ℓ당 6% 함량의 표백제라면 8방울씩, 8.25% 함량의 표백제라면 6방울씩 넣는다. 물이 뿌옇거나 색이 있거나 아주 차갑다면 표백제의 양을 2배로 늘린다. 사용하는 양과 관계없이 표백제를 넣은 후 잘 저어서 30분간 그대로 둔다. 이 방법을 사용하면 물에서 염소의 맛과 냄새가 뚜렷하게 나타난다. 이것은 마시기에 안전하다는 신호이며, 냄새가 나지 않는다면 표백제를 한 번 더 넣고 15분간 기다린다. 그래도 염소 냄새가 나지 않는다면 표백제가 오래되어 염소 성분이 약해졌다는 증거이므로 표백제로 정수한 물도 안전하지 않다.

우스터 소스(Worcestershire Sauce)

시큼하고 톡 쏘는 맛이 나며 풍미가 진한 이 소스는 1838년에 영국 우스터의 존 휠리 리(John Wheeley Lea)와 윌리엄 페린스(William Perrins)가 개발한 것이다. 원조 레시피에 대해서는 기밀 유지가 엄격하지만 간장, 안초비, 설탕, 식초, 타마린드, 레몬, 정향 및 기타 향신료가 들어간다는 데에는 대부분이 동의한다.(가정에서 만들려면 우스터 소스 레시피를 참고한다.) 우스터 소스는 식탁용 양념으로 사용할 수 있으며 특히 스테이크와 잘 어울린다. 소스, 양념장, 고기 요리, 그레이비, 수프 및 블러디 메리와 같은 칵테일에 넣어 깊은 풍미와 톡 쏘는 맛을 살리는 경우가 많다.

이스트(Yeasts)

이스트는 단세포 균류로 수백 가지 종류가 있다. 당을 섭취한 후 알코올과 이산화탄소를 생성하며, 일부 반죽에서 팽창제로 사용된다. 밀가루에 물을 섞어서 발효시키면 공기 중의 **야생 이스트**와 밀가루가 만나 발효 작업을 시작해 천연 발효종이 형성된다. 이스트는 밀가루에 들어 있는 천연 당분을 먹고 알코올과 이산화탄소를 배출한다.

제과제빵에 야생 이스트를 활용하는 것은 그다지 까다롭지 않지만 시판 이스트도 널리 사용되며 예상한 대로의 결과를 얻을 수 있다. 정해진 분량을 반죽에 넣으면 일관된 반응이 일어나므로 제과제빵 레시피를 훨씬 쉽게 작성하거나 참고할 수 있다. 빵 굽기에 사용되는 이스트에 대한 자세한 정보는 이스트 빵에 대해 항목을 참고한다.

활성 건조 이스트

과립 형태의 이스트로 밀폐 방습 포장된 봉지 하나당 7g, 즉 2¼작은술의 이스트가 들어 있는 형태와 큼직한 유리병에 들어 있는 형태로 판매한다. 활성 건조 이스트는 아래에 소개하는 압축 이스트보다 오래 보관할 수 있다. 서늘한 곳에 두면 몇 달 동안 보관할 수 있으며 냉장고에서는 그보다 더 오래, 냉동실에서는 거의 무기한 보관할 수 있다. 활성화하기 위해서는 압축 또는 생 이스트보다 더 많은 열과 수분이 필요하다. 사용하기 전에 소량의 따뜻한(41~46℃) 물에 녹여서 이스트가 '살아 있는지' 테스트 또는 검증해보도록 권장한다. 활성 건조 이스트를 마른 재료와 섞은 후 49~54℃의 액체 재료를 사용해 활성화시킬 수도 있다. 이보다 찬물을 사용해서 건조 이스트를 활성화시키면 글루텐 형성을 방지하는 부산물이 생긴다.

▶ 압축 이스트 대신 활성 건조 이스트를 사용하려면, 압축 이스트 17g짜리 조각 1개당 활성 건조 이스트 1봉지(2¼작은술)로 대체한다. 아래에 소개하는 인스턴트 이스트나 간편 팽창 이스트 대신 활성 건조 이스트를 사용하려면 같은 분량으로 대체하면 된다.

영양 이스트

영양 이스트는 비활성화시킨 건조 이스트로 분말 또는 플레이크 형태로 판매하며 팽창 효과는 기대할 수 없다. 영양 이스트는 음식에 영양을 보강하거나 치즈를 연상시키는 감칠맛을 추가하기 위해 사용한다. 비타민 B가 풍부하게 들어 있으며 치즈 풍미를 흉내 내기 위해 비건 레시피에 자주 사용된다.

압축(생) 이스트

압축 이스트 또는 생이스트라고 불리며 수분 함량이 높은 이스트다. 온도 범위에 따라 움직임이 달라지는 살아 있는 유기체로, 약 10℃에서 활성화되기 시작하고 ▶ 25.6~27.8℃에서 가장 활발하게 움직인다. 48.9℃ 부근에서 죽기 시작하며 61.7℃ 이상에서 굽는다면 쓸모가 없다. 일반적인 압축 이스트 조각 1개는 약 17g이지만 더 큼직한 것도 있다. 압축 이스트는 반드시 냉장고에 보관해야 한다.

생이스트는 일반 마트에서 취급하지 않으며 제빵용품 제조업체나 온라인 매장, 통신 판매 등을 통해 살 수 있다. 생이스트의 보관 기간은 약 2주다. 냉동 제품이라면 2개월간 보관할 수 있으며 필요한 분량만큼 미리 꺼내서 하룻밤 냉장고에서 해동한다. 생이스트는 회색빛이 도는 연한 황갈색일 때 가장 상태가 좋다. 쉽게 부서지고 깔끔한 단면으로 쪼개지며 기분 좋은 향긋한 냄새가 난다. 오래된 이스트는 더 진한 갈색으로 변한다. 신선도를 확인하려면 소량의 이스트에 같은 양의 물을 넣어서 섞는다. 이때 혼합물이 순식간에 액체가 되어야 한다. 압축 이스트를 잘게 부숴서 21.1~26.7℃의 물에 5분간 녹인 후 레시피의 다른 재료와 섞는다.

생이스트가 활성 건조 및 인스턴트 이스트보다 뛰어나다고 생각하는 사람들도 있다. 생이스트는 다양한 제빵용 이스트 중 이산화탄소를 가장 많이 생성한다. 활성 건조 또는 간편 팽창 이스트를 생이스트로 대체하려면 활성 건조 또는 간편 팽창 이스트 1봉지당 17g짜리 이스트 조각 1개를 대신 사용한다.

인스턴트 또는 간편 팽창 이스트

'간편 활성' 또는 '신속 팽창'이라는 라벨이 붙어 있기도 한 이 건조 이스트는 작은 봉지 형태로 판매하며 팽창 시간을 엄청나게 단축하고 때로는 절반으로 줄이기도 한다. 활성 건조 이스트는 생이스트 과립을 죽은 이스트 층으로 코팅해서 만들지만, 인스턴트 이스트 분말은 모두 살아 있기 때문에 지방 함량이 낮고 우유 대신 물을 사용하는 빵에서는 풍미의 차이가 나타난다.

예전에는 물에 녹이지 않고도 마른 재료에 직접 추가할 수 있다는 것이 인스턴트 이스트의 주요한 장점으로 꼽혔다. 그러나 요즘에는 48.9~54.4℃의 액체 재료를 사용하는 한 활성 건조 이스트도 마른 재료에 바로 섞을 수 있다. 인스턴트 이스트는 활성 건조 이스트보다 강력하며 반죽을 더 빨리 부풀린다. 활성 건조 이스트를 대체할 때는 인스턴트 또는 간편 팽창 이스트를 같은 분량만큼 넣는다.

요구르트(Yogurt)

요구르트는 락토바실루스 균과 스트렙토코쿠스 균으로 발효한 우유다. 전통적으로 요구르트는 이전에 만들었던 요구르트를 소량 남겨두었다가 우유에 넣어서 만들었다. 그러나 오늘날의 요구르트 제조업체들은 분말 형태의 균을 사용해 일관된 결과물을 생산한다. 우유가 발효하면서 균이 젖산을 생산하면 요구르트가 걸쭉해지며 뻑뻑하지만 부드럽고 고운 질감의 응유 형태로 변한다. 요구르트의 수분을 빼서 유장을 상당 부분 제거한 것이 뻑뻑한 **그릭 요구르트**다. **라브네**(labneh)는 그릭 요구르트와 매우 비슷하지만 보통 더 꾸덕꾸덕하다. **스키르**(skyr)는 수분을 빼서 만드는 아이슬란드의 요구르트로 질감은 그릭 요구르트와 매우 흡사하며 은은한 신맛을 지니고 있다. 또한 두유 요구르트에서 캐슈 요구르트, 코코넛 요구르트에 이르기까지 유제품을 사용하지 않은 요구르트의 종류도 매우 다양하다. 이러한 요구르트는 모두 발효한 것이지만, 유제품을 사용하지 않은 대다수 요구르트는 약간의 증점 물질을 사용해야 요구르트와 비슷한 질감을 얻을 수 있다. 다양한 유형의 가향 및 가당 요구르트가 시중에 나와 있기는 하지만 플레인 요구르트가 가장 활용도가 높으며 샐러드 드레싱에서부터 즉석 발효 빵, 케이크, 육류용 양념장에 이르기까지 다양한 레시피에 사용할 수 있다. 또한 플레인 요구르트는 사워크림 대신 사용해도 훌륭하게 역할을 해낸다. 요구르트는 냉장고에 넣거나 4.4℃ 이하의 온도에서 보관해야 한다. 일반적으로 유통 기한 이후 10일간 더 보관할 수 있다. 요구르트를 사용하는 요리로는 라이타, 차지키, 망고 라시, 프랑스식 요구르트 케이크, 탄두리 양념장 레시피를 참고한다.

수제 요구르트

약 1ℓ

사용하는 우유의 입자에 따라 요구르트의 농도가 달라진다. 일반 우유를 사용하면 아주 꾸덕꾸덕한 요구르트가 완성된다. 저지방이나 무지방 우유 또는 염소젖을 사용하면 그만큼 꾸덕해지지 않는다. 오히려 음료처럼 마시는 요구르트에 가까운 형태가 된다. 꾸덕꾸덕한 요구르트를 선호한다면 몇 가지 방법을 시도해볼 수 있다. 그중 하나는 우유를 82.2℃로 가열해 30분 동안 유지하는 것으로, 이렇게 하면 유장 단백질 중 일부가 변성되어 걸쭉한 젤 형태가 된다. 또 한 가지 방법은 우유 1ℓ당 **분유 ¼컵씩** 넣어서 섞은 후 가열하는 것이다. 마지막으로 요구르트가 굳으면 국자로 떠서 면포를 간 체에 넣은 후 유장이 흘러나와서 원하는 질감이 될 때까지 그대로 두고 물기를 뺄 수도 있다.

이 레시피에서는 요구르트가 굳는 동안 우유를 따뜻하게 유지하기 위한 장치가 필요하다. 작은 아이스박스에 수건을 깔아서 사용하거나 전기담요 또는 묘목에 사용하는 열 매트를 동원해도 좋다. 요구르트 전용 절연 용기도 시판되고 있으며 발효 전용 상자를 사용해도 좋다. 수비드 조리기가 있다면 냄비나 기타 용기에 물을 채우고 수비드 조리기를 꽂은 후 42.8℃로 설정한다. 물이 예열되면 유리병에 발효할 우유를 담고 밀봉해서 냄비에 담근 후(유리병이 완전히 물에 잠겨야 한다.) 요구르트가 꾸덕꾸덕해질 때까지 5~8시간 동안 둔다.

입구가 넓은 1ℓ 용량의 유리병을 세제와 뜨거운 물로 씻는다. 깨끗하게 헹군 후 끓는 물로 한 번 더 헹군다. 완전히 말린다.

편수 냄비 또는 이중 냄비에 다음을 붓는다.

일반 우유 또는 저지방 우유 4컵

우유를 중불에 올리고 자주 저으면서 82℃로 가열한다. 더 꾸덕꾸덕한 요구르트를 선호한다면 가끔 저으면서 이 온도를 최대 30분간 유지한다.(우유가 눌지 않도록 이중 냄비를 사용하면 가장 편리하다.)

싱크대에 찬물을 가득 채우고 우유가 들어 있는 냄비를 찬물에 담근 후 47.8℃가 될 때까지 계속 젓는다. 이 과정에서는 온도가 급격히 내려가므로 세심하게 살펴야 하며 우유가 너무 차가워지면 제대로 굳지 않는다.

다음을 넣고 섞는다.

생배양균이 들어 있는 플레인 요구르트 2큰술 또는 분말 형태의 요구르트

배양균(요구르트 배양균 분말을 포장지 설명에 따라 사용)

우유를 저어서 배양균을 잘 섞은 후 선택한 방법에 따라 단열 처리한다.(앞의 설명을 참고) 4시간이 지난 후 우유의 상태를 확인한다. 아직 다 완성되지 않았다면 2시간 후에 다시 확인한다. 우유가 굳을 때까지 최대 8시간이 걸리기도 한다. 완성된 요구르트를 냉장고에 넣어 보관한다.

요구르트 치즈

요구르트 1컵당 대략 ½컵의 요구르트 치즈를 얻을 수 있다.

체에 면 거즈 또는 면포를 여러 겹 깔고 그릇 위에 올려놓는다. 숟가락으로 다음을 떠서 넣는다.

플레인 요구르트, 시판 또는 수제

비닐랩으로 덮고 크림치즈의 농도가 될 때까지 12~24시간 동안 냉장고에 넣어둔다.

빠져나온 유장은 버리거나 스무디, 제과제빵, 양념장에 활용한다. 요구르트 치즈를 냉장고에 넣으면 최대 일주일간 보관할 수 있다. 고여 있는 액체를 따라내고 사용한다.

대체 및 변환에 대해

여러분이 요리 초보자이고 그래뉼러당이 다 떨어졌다고 가정해보자. 요리 경험이 많은 사람에게는 이런 일이 일어나지 않는다고 생각하지 말자! 할 수 없이 그래뉼러당 대신 슈거 파우더를 사용한다. 완성된 케이크가 생각만큼 달지 않고 식감도 형편없다면 여러분은 뭐가 잘못되었는지 의아할 것이다.

잘 구성된 레시피와 표준 계량법을 합리적으로 활용하면 설탕이나 버터는 2컵이 450g에 해당하지만 중력분은 4컵이 약간 못 되는 분량을 사용해야 450g이 된다는 사실을 모르고도 요리를 잘할 수 있다. 미국 이외의 거의 모든 지역에서는 부피보다는 무게를 기준으로 삼기 때문에 특히 다른 나라에 가보면 이 사실을 금세 깨닫게 된다.

이 점을 염두에 두고 앞서 언급했던 그래뉼러당 대신 슈거 파우더를 사용하는 문제를 생각해보자. 첫 번째 문제점은 레시피에 표기된 그래뉼러당과 같은 부피의 슈거 파우더를 사용했을 경우 슈거 파우더가 같은 부피의 그래뉼러당보다 훨씬 가볍다는 점이다. 그래뉼러당은 1컵당 약 200g의 무게가 나가지만 슈거 파우더는 1컵당 약 100g에 불과하다. 따라서 부피가 같다면 슈거 파우더의 무게는 그래뉼러당 무게의 절반에 불과하다.

이러한 사실을 알고 나면 그래뉼러당의 2배 부피만큼 슈거 파우더를 넣으면 된다고 생각할지도 모르지만, 이것 역시 착각이다. 한 가지 재료를 같은 무게의 다른 재료로 대체할 때도 레시피에서 지정한 재료의 성질과 대신 사용하려는 재료의 성질을 반드시 고려해야 한다. 슈거 파우더는 그래뉼러당보다 입자가 훨씬 고울 뿐만 아니라 약간의 옥수수 전분이 함유되어 있다. 레시피에 따라서 의도치 않게 이 옥수수 전분이 액체 재료를 걸쭉하게 만들 수도 있다. 버터와 설탕을 섞어 크림화하여 기포를 함유시켜야 하는 버터 케이크에 슈거 파우더를 사용하면 슈거 파우더의 입자가 너무 고와서 이 작업이 제대로 이루어지지 않아 케이크가 너무 뻑뻑해지기 쉽다.

대체 재료를 사용할 때는 항상 레시피에서 의도한 것과 다른 결과물이 나올 수 있다는 위험을 감수해야 한다. 그러나 몇 가지 실용적인 지식을 갖춘다면 대체 재료와 분량을 현명하게 선택할 수 있으며 성공 확률을 크게 높일 수 있다. 이번 항목에서 소개하는 정보를 활용해 올바른 결정을 내리자.

재료 대체 및 변환표

이 방대한 책은 대부분 미국식 도량형을 사용해서 구성했지만, 이 자리를 빌려 잠깐 불만을 털어놓고자 한다.(한국어판은 미터법으로 환산했다. ─ 옮긴이) 특히 하나의 단어가 두 가지 의미를 가질 수 있다는 점이 무척이나 안타깝다. 예를 들어 '1온스'라고 하면 파운드의 1/16 또는 파인트의 1/16 을 의미하지만, 전자는 무게의 단위고 후자는 부피의 단위다. 액량온스와 무게를 지칭하는 온스는 재료의 다양한 밀도 때문에 완전히 다른 분량을 지칭한다. 아마도 이런 점 때문에 미국을 제외한 대다수 국가의 요리사들은 무게를 기준으로 고체 재료를 계량하는지도 모른다.(게다가 미터법은 10단위로 쉽게 계산할 수 있다.) 대다수 가정 요리에 군이 무게 기준의 레시피를 사용할 필요는 없지만, 제과제빵 레시피에서는 재료를 무게로 재서 사용하는 것이 훨씬 편리하고 더욱 일관된 결과를 얻을 수 있다. 염지와 발효에 무게 단위로 재료를 계량해서 사용하면 안전한 결과물을 얻을 수 있으며 레시피의 분량을 늘리거나 줄일 때도 훨씬 편리하다. 1/8온스 또는 1g 단위의 눈금이 있으면서 10파운드, 즉 4536g까지 잴 수 있는 디지털 그램/온스 저울은 가격이 저렴하며 위의 경우에 활용할 수 있으므로 마련해두면 아주 유용하다.

부피 변환

여기에 소개하는 모든 단위는 미국의 부피 계량법을 따른 것이다. 미국식 계량법과 미터법의 액체 부피 기준표는 1098쪽을 참고한다.

60방울	=	1작은술
1작은술	=	⅓큰술
1큰술	=	3작은술
2큰술	=	1온스
4큰술	=	¼컵 또는 2온스
5⅓큰술	=	⅓컵 또는 2⅔온스
8큰술	=	½컵 또는 4온스
16큰술	=	1컵 또는 8온스
⅜컵	=	¼컵+2큰술
⅝컵	=	½컵+2큰술
⅞컵	=	¾컵+2큰술
1컵	=	½파인트, 8액량온스 또는 16큰술
2컵	=	1파인트 또는 16액량온스
1질(gill, 액체)	=	½컵 또는 4액량온스
1파인트(액체)	=	4질 또는 16액량온스
1쿼트(액체)	=	2파인트, 4컵 또는 32액량온스
1갤런(액체)	=	4쿼트, 16컵 또는 128액량온스

건량 부피 변환

건량은 대량의 생과일 및 채소를 다룰 때 사용하는 단위다.

	건량 파인트	건량 쿼트	펙(Peck)	부셸(Bushel)	리터
1건량파인트	1	½	¹⁄₁₆	¹⁄₁₆	0.55
1건량쿼트	2	1	⅛	¹⁄₃₂	1.1
1펙	16	8	1	¼	8.8
1부셸	64	32	4	1	35.23
1리터	1.82	0.91	0.114	0.028	1

대략적인 온도 변환표

	화씨(°F)	섭씨(°C)
냉동실의 가장 차가운 곳	-10°	-23°
냉동실	0°	-18°
냉장실	38°~40°	3°~4°
물의 어는점	32°	0°
물이 뭉근히 끓는 온도	190°~205°	88~96°
물이 팔팔 끓는 온도 (해수면 기준)	212°	100°
아주 낮은 오븐 온도	250°~275°	121°~135°
낮은 오븐 온도	300°~325°	149°~163°
중간 오븐 온도	350°~375°	177°~191°
높은 오븐 온도	400°~425°	204°~218°
아주 높은 오븐 온도	450°~475°	232°~246°
극도로 높은 오븐 온도	500°~525°	260°~274°
직화	약 550°	약 288°

화씨를 섭씨온도로 변환하려면 32를 빼고 5를 곱한 후 9로 나눈다. 섭씨를 화씨온도로 변환하려면 그 반대로 계산해 9를 곱하고 5로 나눈 후 32를 더한다.

USDA 권장 조리 온도

아래의 조리 온도는 USDA에서 안전하다고 판단한 온도다. 육류의 권장 내부 온도는 481쪽을 참고한다.

달걀 요리	70℃
다짐육 및 육류 혼합물	
칠면조와 닭고기	74℃
송아지고기, 소고기, 양고기, 돼지고기	70℃
신선한 소고기, 송아지고기, 양고기	63℃
신선한 돼지고기	63℃
가금류	74℃
햄	
생넓적다리(날것)	63℃
조리 햄(데울 때)	60℃
생선	63℃
먹다 남은 음식 및 캐서롤	74℃

미터법 단위 환산에 대해

무게와 부피를 모두 기준으로 한 아래의 변환표는 미국식 단위로 표기된 레시피를 미터법 기준으로 변환해서 계량하고자 할 때 참고하면 편리하다.

아래의 표는 일반적으로 주방에서 사용하는 계량 단위를 미터법에서 미국 표준 단위로, 또한 그 반대로 변환한 것이다. 사용 방법은 다음과 같다. 레시피에 적혀 있는 액체 재료 500ml가 미국에서 사용하는 컵 단위로 어느 정도인지 확인하려면, 아래의 '미국 단위-미터법 액체 부피' 표를 참고한다. 왼쪽 단에서 1ml를 찾은 뒤 옆으로 쭉 가서 컵 열의 0.004라는 숫자를 확인한다. 이 0.004에 500을 곱하면 500ml에 해당하는 것이 2컵임을 알 수 있다. 또는 이 표를 참고해서 1컵이 몇 큰술인지 확인할 수도 있다.

미국 단위-미터법 액체 부피

	액량드램	작은술	큰술	액량온스	¼컵	½컵(질)	컵	액량파인트	액량쿼트	갤런	밀리리터	리터
1액량드램	1	¾	¼	⅛ (.125)	1/16 (.0625)	.03125	.0156	.0078	.0039	1/1024	3.7	.0037
1작은술	1⅓	1	⅓	⅙	1/12	1/24	1/48	1/96	1/192	1/768	5	.005
1큰술	4	3	1	½	¼	⅛	1/16	1/32	1/64	1/256	15	.015
1액량온스	8	6	2	1	½	¼	⅛	1/16	1/32	1/128	29.56	.03
¼컵	16	12	4	2	1	½	¼	⅛	1/16	1/64	59.125	.059
½컵(질)	32	24	8	4	2	1	½	¼	⅛	1/32	118.25	.118
1컵	64	48	16	8	4	2	1	½	¼	1/16	236	.236
1액량파인트	128	96	32	16	8	4	2	1	½	⅛	473	.473
1액량쿼트	256	192	64	32	16	8	4	2	1	¼	946	.946
1갤런	1024	768	256	128	64	32	16	8	4	1	3785.4	3.785
1밀리리터	.27	.203	.067	.034	.017	.008	.004	.002	.001	.0003	1	.001
1리터	270.5	203.04	67.68	33.814	16.906	8.453	4.227	2.113	1.057	.264	1000	1

미국 단위-미터법 무게

	그레인	드램	온스	파운드	밀리그램	그램	킬로그램
1그레인	1	.037	.002	1/7000	64.7	.064	.0006
1드램	27.34	1	1/16	1/256	1770	1.77	.002
1온스	437.5	16	1	1/16	2835	28.35	.028
1파운드	7000	256	16	1	453,592	454	.454
1밀리그램	.015	.0006	1/29,000	1/453,592	1	.001	.000001
1그램	15.43	.565	.035	.002	1000	1	.001
1킬로그램	15,432	564.38	35.27	2.2	1000000	1000	1

자주 사용하는 재료의 계량 단위 변환 및 대체 재료

개별 재료의 특징은 각 장의 해당 항목을 참고한다. 더욱 자세한 내용은 찾아
보기를 활용해서 참고한다.

아몬드		
껍데기 안에 든 것	1.6kg	껍데기 벗긴 것 450g
껍질을 벗기지 않은 것, 통	170g	1컵
껍질을 벗기지 않은 것, 가루	450g	2⅔컵
껍질을 벗기지 않은 것, 세로로 두툼하게 자른 것	450g	5⅔컵
껍질을 벗긴 것, 통	150g	1컵
껍질을 벗긴 것, 세로로 두툼하게 자른 것	115g	1컵
분말	92g	1컵
페이스트	276g	1컵
사과	450g 또는 중간 크기 3개	껍질을 깎아서 심을 제거한 후 저민 것 3~4컵
	1.6~1.8kg	말린 것 450g
살구, 말린 것	450g	2¾컵
살구, 생	2.5kg	말린 것 450g
	450g 또는 중간 크기 8~12개	저민 것 2½컵 또는 굵게 썬 것 2컵
칡가루(증점제로 사용할 때)	1¼작은술	중력분 1큰술
	3¾작은술	옥수수 전분 1큰술
아보카도	450g 또는 중간 크기 2개	깍둑썰기한 것 2컵 또는 으깬 것 1컵
베이컨	450g짜리 1팩 구운 것 8조각	16~20조각 잘게 부순 것 ½컵
베이킹소다	1큰술	15g
탄산암모늄	가루 1작은술	베이킹파우더 1작은술
바나나	450g 또는 중간 크기 3~4개	으깬 것 1¾컵
동부콩, 생	꼬투리 안에 든 것 450g	꼬투리를 벗긴 것 1½컵
크랜베리콩, 생	꼬투리 안에 든 것 450g	꼬투리를 벗긴 것 1½컵
콩, 말린 것	450g 또는 약 2½컵	조리한 것 6~7컵
파바콩, 생	꼬투리 안에 든 것 450g	꼬투리를 벗긴 것 ⅔~¾컵
완두콩, 생	450g	3컵
리마콩, 생	꼬투리 안에 든 것 450g	꼬투리를 벗긴 것 1컵

비트	450g	정육면체로 썰거나 저민 것 2컵
블랙베리	450g	3컵
블루베리	450g	3컵
빵가루, 부드럽게 말린 것	¼~⅓컵	빵 1조각
브로콜리	450g	굵게 썬 것 4~5컵
벌거, 곱게 빻은 것	마른 것 1컵(157g)	조리한 것 3컵
버터		
버터 스틱 1개	115g	½컵 또는 8큰술
버터 스틱 4개	450g	2컵
버터밀크	1컵(243g)	플레인 요구르트 1컵
양배추	450g	채 썬 것 4컵(눌러 담기)
케이프 구스베리	손질한 것 450g	3컵
당근	450g	채 썬 것 4컵 또는 깍둑썰기한 것 3½컵
콜리플라워	450g	굵게 썬 것 4컵
셀러리	450g	굵게 썬 것 4½컵
블루 치즈	115g	잘게 부순 것 1컵
코티지 치즈	1컵	234g
크림치즈	85g	6큰술
	225g	1컵
치즈, 잘게 썬 것	115g	1컵
	450g	4컵
체리	450g	씨를 빼지 않은 것 3~4컵, 씨를 뺀 것 2½컵
밤	껍데기 안에 든 것 450g	껍데기를 벗긴 것 2컵 또는 225g
칠리 고추, 말린 것	꼭지를 따고 씨를 제거한 것 71g	가루 ½컵
초콜릿, 무가당	28g	무가당 코코아 가루 3큰술에 버터 또는 기타 녹인 지방 1큰술을 섞은 것
초콜릿 칩	170g	1컵
코코아 가루, 더치 프로세스	1컵	100g
코코아 가루, 비가공	1컵	85g
코코넛	중간 크기 1개	강판에 간 생코코넛 약 3컵
	450g	잘게 썬 것 5컵

커피	450g	180ml 용량 48잔
옥수수	중간 크기 1개	옥수수 알갱이 ½컵
옥수숫가루	450g	3컵
	고운 가루 1컵	160g
	중간 굵기의 가루 1컵	150g
옥수수 전분	1컵	129g
옥수수 시럽	1컵	350g
크래커	버터 향 둥근 크래커 24개	크래커 가루 1컵
	큼직한 통밀 크래커 약 7개	크래커 가루 1컵
	짭짤하고 담백한 크래커 30개	크래커 가루 1컵
크랜베리	450g	4컵
	340g짜리 1봉지	3컵
대추야자	450g	씨를 뺀 것 2½컵
달걀, 신선한 것, 껍데기를 깬 것		
왕란	4개	약 1컵
1개	4⅛큰술	63g
특란	4개	약 1컵
1개	3⅔큰술	56g
대란	5개	약 1컵
1개	3⅓큰술	50g
중란	5개	약 1컵
1개	2⅞큰술	44g
소란	6개	약 1컵
1개	2½큰술	38g
달걀, 신선한 것, 액체	풀어놓은 것 1컵	243g
달걀노른자	3½작은술 또는 17g	대란 노른자 1개
달걀흰자	2큰술+½작은술 또는 33g	대란 흰자 1개
달걀, 건조	물 2½큰술에 2½큰술을 넣어 섞은 것	전란 1개
메추리알	1개	9g
밴텀 닭의 알	1개	19g
오리알	1개	85g
거위알	1개	227~285g
에뮤알	1개	510g
타조알	1개	1927g
무화과, 신선한 것	450g 또는 중간 크기 12개	굵게 썬 것 약 2½컵

중력분	1컵	125g
	체에 친 것 1컵	120g
제빵용 밀가루	1컵	130g
박력분	1컵	110g
	체에 친 것 1컵	100g
	1컵	1컵에서 2큰술을 덜어낸 중력분 (110g)과 옥수수 전분 2큰술(15g)을 섞어서 5번 체에 친 것
현미가루	1컵	142g
메밀가루	1컵	123g
병아리콩 가루	1컵	115g
색이 진한 호밀가루	1컵	120g
귀리가루	1컵	103g
페이스트리 밀가루	1컵	120g
쌀가루	1컵	112g
세몰리나 밀가루	1컵	159g
수숫가루	1컵	121g
콩가루	1컵	82g
스펠트 가루	1컵	123g
통밀가루	1컵	130g
마늘	작은 것 1쪽	마늘 가루 ⅛작은술, 마늘 과립 ¼작은술 또는 다진 마늘 ½작은술
젤라틴	¼봉지	약 2½작은술
	¼봉지	젤라틴 시트 3½개 (10×23m)
액체 재료 2컵당 젤라틴	¼봉지	약 2½작은술
구스베리	손질한 것 450g	3컵
자몽	중간 크기 1개	즙 약 1컵
포도	손질한 것 450g	약 3컵
헤이즐넛	450g	3⅓컵
허브	말린 것 ½작은술	굵게 썬 생허브 1큰술
꿀	1컵	336g
호스래디시	신선한 상태로 강판에 간 것 1큰술	갈아서 양념한 것 2큰술
레몬	1개	즙 2~3큰술, 강판에 간 껍질 1~1½작은술
렌틸콩	450g 또는 2¼컵	조리한 것 7½컵

라임	1개	즙 1½~2큰술, 껍질 1작은술		파인애플, 신선한 것	중간 크기 1개	깍둑썰기한 것 3½컵 또는 얇게 썬 것 4컵
마카로니	450g	조리하지 않은 것 4컵		자두	450g 또는 중간 크기 6~8개	얇게 썬 것 2½컵
	1컵	조리한 것 2~2¼컵		석류	중간 크기 1개	씨 ½컵
망고	중간 크기 1개	껍질을 벗겨서 깍둑썰기한 것 1컵		감자	450g 또는 중간 크기 3개	삶아서 으깬 것 1¾컵
다짐육	450g	다진 고기 2컵		말린 자두	씨를 뺀 것 450g	2½컵
무당 우유	1컵	248g		건포도	450g	약 2¾컵
분말 우유	1컵	93g		라즈베리	450g	약 3½컵
가당연유	1컵	304g		루바브	450g	굵게 썬 것 약 3½컵
일반 우유	1컵(236g)	무당 우유 ½컵+ 물 ½컵		쌀	450g 또는 2컵	쌀밥 약 6컵
	분말 우유 ¼컵+ 물 ¾컵+2큰술	무가당 두유 또는 아몬드 우유 1컵		샬롯	작은 것 1개	굵게 썬 것 2큰술
당밀	1컵	340g		겨울 호박	450g	정육면체로 썬 것 2½컵 또는 삶아서 으깬 것 1¾컵
버섯	225g, 통버섯 약 3컵	조리해서 저민 것 약 1컵		딸기	450g	통열매 3½컵 또는 굵게 썰거나 저민 것 2컵
말린 버섯	불린 것 85g	신선한 것 450g			1ℓ	680g
천도복숭아	450g 또는 중간 크기 3~4개	얇게 저민 것 2컵 또는 굵게 썬 것 2½컵		갈색 설탕	꾹 눌러 담아 1컵	230g
국수	450g	조리한 것 6~8컵		슈거 파우더	1컵	102g
귀리기울	1컵	107g		초미립 분당	1컵	192g
납작귀리	1컵	100g		백설탕	1컵	200g
오크라	450g	저민 것 4½컵		토마토	450g 또는 중간 크기 3개	굵게 썬 것 2컵
양파	중간 크기 1개	굵게 썬 것 1컵		방울토마토	450g	3컵
	작은 것 1개	굵게 썬 것 ½~¾컵		영국 호두	450g	4½컵
	큰 것 1개	굵게 썬 것 1½컵		물	1컵	237g
오렌지	중간 크기 1개	즙 4~6큰술, 강판에 간 껍질 2~3큰술		밀 배아	1컵	80g
오렌지 주스	1컵	244g		활성 건조 이스트	1봉지	2¼작은술
복숭아	450g 또는 중간 크기 3~4개	얇게 썬 것 2컵		압축 이스트	1조각(17g)	1봉지
땅콩버터	510g 용량의 병 1개	2컵		요구르트	1컵	240g
	1컵	237g				
서양배	450g 또는 중간 크기 2~3개	껍질을 깎아서 심을 제거한 후 얇게 썬 것 2컵				
완두콩, 신선한 것	꼬투리 안에 든 것 450g	꼬투리를 벗긴 것 1~1¼컵				
피망	큰 것 1개 또는 170g	깍둑썰기한 것 1컵				

조리 방법과 기술

매리언 할머니가 1975년 개정판에서 이번 장의 도입부에 언급한 일화를 여기서 다시 소개한다. 어떤 솔직한 전문 요리사가 요리를 막 시작하는 초보자에게 가장 유용한 기본적인 조언이 무엇이라고 생각하느냐는 질문을 받았다. 그 요리사는 다음과 같이 간단하게 대답했다고 한다. "일단 불 앞에 서야 한다는 겁니다." 진지한 표정으로 농담을 즐기던 매리언 할머니의 유머 감각이 이 지극히 상식적인 대답 이면에 숨어 있을지도 모르지만, 우리는 이 일화를 다른 각도에서 생각해보도록 제안한다. 본격적으로 내용에 들어가기 전에 오감을 열어놓고 요리에 사용하는 도구와 작업 공간을 살펴보며 감사하는 마음을 갖는 동시에 그 공간에서 갖가지 도구를 사용하는 모습을 떠올려보자. 요리책에 실린 레시피가 접시에 담긴 요리로 탄생하기 위해서는 각 가정에서 사용하고 있는 레인지나 조리용 화구의 유별난 부분, 구입한 재료의 특징, 요리를 먹을 사람들의 취향과 기호 등 많은 점에 주의를 기울여야 한다. 이렇게 다양한 요소를 모두 고려하기 위해서는 주변을 관찰하고 호기심을 품는 마음가짐이 필요하다.

사소한 부분도 당연하게 그냥 지나치지 않는 자세를 갖춘다면 성공적으로 요리를 완성할 확률을 훨씬 높일 수 있다. 단순히 요리책의 레시피를 그대로 따라 한다고 해서 좋은 결과물이 나오는 것은 아니며, 아무리 훌륭한 조언이라도 여러 해에 걸쳐 수많은 재료를 다루고 불을 조절해가며 몸으로 체득한 지식에 비할 바는 아니다. 다른 말로 하면, 요리 솜씨가 훌륭한 사람은 호기심을 갖고 자주 요리를 해왔기 때문에 그만한 실력을 갖추게 된 것이다.

관찰자의 자세를 견지함으로써 더 좋은 요리사가 될 수 있는 것처럼, 요리 초보자도 잠깐이나마 시간을 들여 다루어야 하는 요리 기술의 큰 맥락(그리고 몇 가지 중요한 세부 사항)을 생각해보면 많은 도움이 된다. 이번 장에서는 재료를 계량하고 온도를 측정하는 방법, 기본적인 칼 사용법 및 재료 손질 방법, 요리에 사용하는 기술, 그리고 마지막으로 가정용 레인지, 가전, 요리 기구를 비롯해 흔히 사용하는 다양한 도구를 다룬다. 이번 장에서 다루는 주제들과 함께 앞부분에 나온 「시작하기에 앞서」 장의 내용을 참고하자.

재료 계량하기

올바른 재료 계량, 특히 제과제빵에서 재료 계량의 중요성은 아무리 강조해도 지나치지 않다. 요리를 할 때 사용하는 계량 도구에는 몇 가지가 있다. **계량스푼**은 적은 분량의 마른 재료 또는 젖은 재료를 계량하는 도구다. **마른 재료용 계량컵**은 밀가루, 설탕을 비롯한 가루 재료 및 쇼트닝 등의 고체 지방, 견과류 버터와 같은 빽빽한 페이스트를 계량할 수 있도록 만들어진 것이다. 투명한 **액체용 계량컵**은 측면에 눈금이 표시되어 있다. 우리는 내열 유리로 만든 계량컵을 선호하지만 튼튼한 플라스틱 제품을 사용해도 좋다. 적은 양을 계량하기 위해 ⅛컵(30ml) 단위로 눈금이 있는 1~2컵 용량의 계량컵과 많은 양을 계량하기 위해 4컵 용량의 계량컵을 준비해두기를 권장한다. 최근에 우리는 액체 재료를 큰술 분량으로 추가할 때 플라스틱 소재의 ¼컵짜리 계량컵을 아주 유용하게 사용하고 있다.(우리가 가장 선호하는 형태는 19쪽 칵테일 만드는 도구의 그림을 참고한다.) ▶ 액체용 계량컵을 마른 재료에 사용하거나 그 반대로 사용하면 계량이 정확하지 않으므로 반드시 용도에 맞는 계량컵을 사용한다.

디지털 저울은 채소, 고기, 생선의 무게를 잴 때나 반죽 재료의 분량을 잴 때 꼭 필요한 계량 도구다. 특히 제과제빵 레시피에는 저울을 사용하는 것이 가장 이상적이다. 예를 들어 밀가루는 포장지나 계량컵에 담겨 있을 때 뭉치기 쉬우므로 저울을 사용해야 가장 정확하게 계량할 수 있다. 또한 저울은 계량컵이나 계량스푼보다 사용하기 쉬우며 나중에 설거지할 필요도 없어 편리하다. 바로 이러한 이유로 이 책의 제과제빵을 다룬 장에서는 그램 단위의 무게를 표기했다. 그뿐만 아니라 분량을 쉽게 늘리거나 줄일 수 있도록 돕는 동시에 더욱 안전하고 정확하게 계량할 수 있도록 발효와 염지 레시피에도 그램 단위 무게를 추가했다. (이들 레시피에 왜 미터법을 적용했는지 의아하다면 대답은 간단하다. 5⅞온스보다는 165g이 훨씬 알아보기 쉽기 때문이다. 분량을 몇 배로 늘리거나 줄일 때 더욱 편리한 것은 말할 필요도 없다.) 디지털 저울을 살 때는 1g 단위 또는 ⅛온스 단위가 표시되어 있으면서 10파운드 또는 4536g까지 무게를 잴 수 있는 제품을 선택한다. 함께 섞어서 사용할 여러 가지 재료의 무게를 잴 때는 우선 저울에 빈 용기를 올려놓고 '영점' 버튼을 누른 후 다양한 재료를 같은 용기에 담아서 무게를 재는데, 첫 번째 재료를 넣고 다시 영점 버튼을 누른 후 다음 재료를 넣어서 재는 식이다.

이 책에 실린 모든 레시피는 ▶ 미국에서 사용하는 표준 용기를 기준으로 한다. 1컵은 235ml(8온스) 용량이며 정확히 16큰술에 해당한다.(한국어판에서는 부피 단위인 온스를 미터법 단위로 변환할 때 대략적인 근사치를 적용해 1온스를 30ml로 환산했다. ─ 옮긴이) 부피와 무게 사이에는 차이점이 있다는 것을 반드시 기억해야 한다. '235ml 용량의 컵'이라고 언급할 때는 컵의 부피를 지칭하는 것이다. 1컵의 무게는 담겨 있는 재료의 종류에 따라 크게 달라진다. 예를 들어 중력분 1컵과 물 1컵의 부피는 똑같이 235ml이지만 무게는 각각 125g과 235g으로 전혀 다르다.

'온스'라는 단위는 부피뿐만 아니라 무게를 지칭할 때 사용되기도 하므로 혼동이 일어나기 쉽다.(한국어판에서는 온스를 미터법 단위로 변환했으므로 적용되지 않는다. ─ 옮긴이) 예를 들어 이 책에서 치즈의 분량을 지칭할 때는 '잘게 썬 체더 치즈 1컵(4oz, 115g)'과 같이 부피와 무게를 동시에 표기했다. 미터법에 익숙한 사람들은 생소하고 복잡한 미국식 계량 체계가 까다롭게 느껴질지 모르지만 그렇다고 해서 미국식 계량법이 요리를 제대로 하는 데 방해가 되지는 않는다. 그런 의미에서 제과제빵 실력을 가장 쉽게 끌어올릴 수 있는 방법의 하나는 무게로 계량하는 법에 익숙해지는 것이다.

이 책에 실린 거의 모든 레시피는 평평하게 담아서 계량하는 것을 기준으로 하며, '수북하게 담기' 또는 '약간 모자라게 담기' 등의 예외 사례는 오래전에 제외했다. 우리는 밀가루 등의 마른 재료의 부피를 잴 때 **숟가락으로 담고 평평하게 고르는 방법**을 사용한다. 우선 용기에 담겨 있는 재료를 섞거나 휘저어서 뭉친 부분을 풀어준 후 숟가락을 사용해 마른 재료를 계량컵에 담는다. 마지막으로 컵이 꽉 차서 살짝 넘치는 상태가 되면 벤치 스크래퍼나 자, L자형 주걱 등의 곧게 뻗은 모서리를 사용해 재료가 컵의 윗면과 같은 높이가 되도록 평평하게 고른다. 이렇게 하면 재료를 컵에 너무 꾹 눌리게 담는 것을 방지할 수 있다.(일관된 계량을 위해 보통 계량컵에 '꾹 눌러 담는' 갈색 설탕은 예외다.) ▶ 계량컵을 흔들거나 꾹꾹 눌러서 다지거나 톡톡 두드려서 평평하게 고르지 않도록 주의한다.

부피를 잴 때는 ▶ 계량하기 전이나 후에 밀가루 또는 그 외의 재료를 체에 쳐야 하는지를 확실히 확인해야 한다. 재료 설명에 '체에 친 중력분 1컵'이라고 표기되어 있다면 밀가루를 일단 체에 치면서 계량컵에 담고 그 후에 평평하게 고르는 작업을 해야 한다는 의미다. 반면 '중력분 1컵, 체에 치기'라는 표기는 밀가루를 숟가락으로 담아서 평평하게 고른 후 계량하고 그다음에 체에 쳐야 한다는 뜻이다. 밀가루를 체에 치면 공기가 들어가고 뭉친 부분이 풀어지므로

밀가루를 숟가락으로 담고 윗면을 평평하게 고르기

반죽에 넣었을 때 더욱 쉽게 섞인다. 엔젤푸드 케이크, 제누아즈, 스펀지 케이크와 같이 섬세한 케이크를 만들 때는 이 점이 특히 중요하다. 소금, 팽창제, 향신료를 밀가루와 섞어서 체에 치면 골고루 섞이게 된다.

덩어리 형태의 지방 부피를 잴 때는 지방 계량하기 항목을 참고한다.

재료의 분량을 다른 계량 단위로 변환할 때는 재료 대체 및 변환표 항목을 참고한다. 자주 사용하는 다양한 재료의 무게를 부피 단위로 또는 부피를 무게 단위로 변환할 때는 자주 사용하는 재료의 계량 단위 변환 및 대체 재료 항목을 참고한다.

온도 재기

요리에서 불을 사용하는 법을 설명하기란 매우 까다롭다. 거의 모든 화구가 약간씩 다른 특성을 가지고 있으므로, 레시피에서 중불이라고 설명해도 독자가 생각하는 '중불'은 우리가 생각하는 '중불'보다 더 강할 수도, 더 약할 수도 있다는 점을 우리는 잘 알고 있다. 마찬가지로 모든 오븐이 오차 없이 정확한 온도를 가리키는 것은 아니다. 요리할 때 오감으로 확인하는 정보는 매우 중요하며 조리 장비의 오차 문제를 상당 부분 보완해주지만, 그래도 주방에 온도계를 반드시 갖추도록 적극 권장한다.

식품을 제대로 차갑게 보관하려면 냉동실과 냉장실에 온도계를 두고 충분히 온도가 차가운지 또는 온도 설정을 조절해야 하는지 파악한다.(더 자세한 내용은 냉장고 및 냉동실 항목을 참고한다.)

탐침이 달린 조리용 디지털 온도계는 육류, 가금류의 내부 온도를 재거나 달걀로 만든 소스 및 커스터드처럼 온도에 민감한 음식의 온도를 잴 때 없어서는 안 되는 도구다. 사탕을 만들 때는 손으로 잡고 사용하는 일반 조리용 온도계도 사용할 수 있지만, 설탕 시럽을 끓이는 동안 냄비의 옆쪽에 집게로 고정할 수 있는 형태의 온도계를 추천한다. 사탕 온도계에 대해 항목을 참고한다.

물론 온도계는 정확해야 쓸모 있는 것이다. 탐침이 달린 모든 온도계는 6개월 정도에 한 번씩 또는 실수로 떨어뜨릴 때마다 정확도를 확인한다.

온도계의 정확도를 확인하려면 편수 냄비에 물을 붓고 팔팔 끓인다. 탐침이 냄비의 옆면에 닿지 않게 주의하면서 끓는 물의 온도를 잰다. 온도계는 100℃를 가리켜야 한다. 그다음은 두 번째 확인 작업이다. 유리컵에 얼음을 가득 채운 후 찬물을 붓는다. 온도계의 탐침이 유리컵 옆면에 닿지 않게 조심하면서 얼음물의 온도를 잰다. 온도계는 0℃를 가리켜야 한다. 약간의 오차가 있다면 온도계를 사용할 때 그만큼을 더하거나 빼서 보정한다. 온도가 2~3℃ 이상 다르다면 재교정을 해야 한다. 디지털 온도계는 제조업체의 설명에 따라 교정한다. 다이얼 형식의 온도계는 뒷면에 있는 작은 나사를 돌려서 교정할 수 있다. 온도가 얼마나 어긋나는지 적어두었다가 나사를 돌려서 다이얼이 그만큼 더 높거나 낮은 온도를 가리키도록 조절한다. 온도계를 교정한 후에는 끓는점 및 어는점 테스트를 반복해 정확히 교정되었는지 확인한다.

수은 온도계를 사용하고 있는데 2~3℃ 이상 차이기 나거나 수은이 중간에 끊어진 곳이 보인다면 온도계를 바꿔야 한다.(수은 온도계는 일반 쓰레기에 버리지 말고 가까운 유해 폐기물 처리소에 가져가야 한다.)

꼭 필요한 것은 아니지만 오븐 내부에 **오븐 온도계**를 넣어두면 오븐의 온도 조절 장치가 얼마나 정확한지 확인할 수 있으므로 장만하도록 권장한다. 온도 조절 장치가 정확하지 않으면 오븐 제조업체의 설명서에 따라 교정하거나, 직접 교정할 수 있는 모델이 아니라면 온도를 설정할 때 오차를 감안해서 조절하면 된다. 예를 들어 오븐 온도가 설정한 것보다 항상 15℃ 정도 더 높다면 레

시피에서 지정한 온도보다 15℃ 낮게 설정하는 식이다.

주요 온도와 섭씨 및 화씨 변환은 대략적인 온도 변환표를 참고한다.

요리를 준비하는 방법

요리의 준비 과정은 요리 그 자체만큼이나 중요하다. 요리는 대부분 열을 가하고 다양한 재료가 익어가는 속도를 조절하는 작업으로 구성되어 있으므로 요리 초보자에게는 다소 까다로울 수 있다. 대다수 레시피는 대략적인 조리 시간을 포함해 구체적인 요리 방법을 제시한다. 그러나 가정용 레인지의 화구, 재료, 날씨, 요리하는 사람 등의 변수가 매우 크기 때문에 이 조리 시간은 절대적인 기준이 아니며, 요리하는 사람이 과정 내내 상태를 보면서 끊임없이 판단해야 한다. 능숙하게 올바른 판단을 할 수 있는 능력은 경험을 통해 얻을 수 있지만, 경험이 부족한 초보라면 준비를 철저히 하고 체계적으로 접근함으로써 부담을 어느 정도 덜어낼 수 있다.

요리하기 위해 주방에 들어서면 먼저 몇 가지 작업을 해야 한다. 조리대가 어지러우면 깨끗이 치우고, 싱크대에 있는 그릇을 설거지하고, 식기 건조대에 담겨 있는 마른 그릇을 정리한다. 사용하려는 칼이 잘 드는지도 확인한다.(칼 갈기 항목 참고) 우리는 참고하려는 레시피를 최소한 한 번 이상 끝까지 꼼꼼히 읽고 이해가 되지 않는 부분이 없는지 살펴본다. 재료를 한자리에 모아서 씻고 다듬은 후 필요한 크기로 썬다. 실제로 가정용 레인지나 오븐을 켜는 시점에는 앞으로 할 작업에 대한 준비가 완료된 상태다.

요리하기 전에 모든 재료를 준비하는 과정을 **미장플라스**(Mise en Place), 즉 "제자리에 놓는다."라는 뜻의 프랑스어 구절로 지칭하기도 한다. 식품 관련 저술가와 요리 전문가들은 미장플라스를 매우 강조하는데, 여기에는 그만한 이유가 있다. 눈코 뜰 새 없이 바쁘게 돌아가는 레스토랑 주방에서 각자 맡은 음식을 끊임없이 요리해야 하는 실무 요리사들이 당황하지 않고 효율적으로 작업을 해내려면 영업을 시작하기 전에 재료를 충분히 준비해놓아야 한다.(실제로 우리는 아주 열정적인 어떤 요리사가 미장플라스라는 구절을 몸에 문신으로 새긴 것을 본 적이 있다.) 물론 가정의 주방은 (다행히도) 전혀 다른 작업 환경이다. 볶음 요리처럼 모든 재료를 순서대로 재빨리 프라이팬에 넣어야 하는 일부 레시피에서는 요리하기 전에 당연히 모든 재료를 썰어서 준비해야 하지만, 이후 단계에 필요한 재료는 다른 재료를 갈색으로 익히거나 뭉근히 끓이는 동안 준비해도 상관없다는 점을 기억하자. 몇 가지 작업을 문제없이 한꺼번에 진행하는 요령을 익힌다면 요리하는 동안 나머지 재료를 손질해 귀중한 시간을 절약할 수 있다.(미장플라스에 대한 자세한 내용은 xxxix쪽을 참고한다.)

이번 항목을 읽으면서 제과제빵에 필요한 준비 작업에 대해서는 다루지 않는다는 점을 깨달을 독자들도 있을 것이다. 반죽 치대기, 버터 크림화하기, 달걀흰자를 넣고 뒤적이며 섞기 등의 작업은 빵이나 과자를 제대로 굽기 위해 필수적인 내용이므로 각 해당 장이나 항목에서 다루었다.

칼 사용법

요리를 위해서는 잘 드는 칼로 육류를 자르고, 허브를 굵게 썰고, 신선한 채소를 손질해야 한다. 썰고 저미는 작업에 사용할 수 있는 다양한 도구가 있지만, 숙련되고 능숙한 손목 놀림과 용도에 맞는 잘 드는 칼을 대체할 수 있는 것은 없다. 기본적인 칼 사용법을 익히고 원하는 방식으로 재료를 써는 데 필요한 기술을 습득한다면 요리가 훨씬 쉽고 빠르며 즐거워진다. 알맞은 주방용 칼을 선택하고 가는 방법에 대해서는 칼에 대해 항목을 참고한다.

사실상 칼로 써는 모든 작업에 우리가 권장하는 사항은 다음과 같다. ▶ 엄지와 검지가 칼날을 양쪽에서 받치도록 칼을 잡는다. 절대 다섯 손가락으로 전부 손잡이를 잡아서는 안 되며, 두 손가락으로 칼날을 받쳐야 칼을 더 쉽게 조절할 수 있고 손과 손목의 피로도 방지할 수 있다.

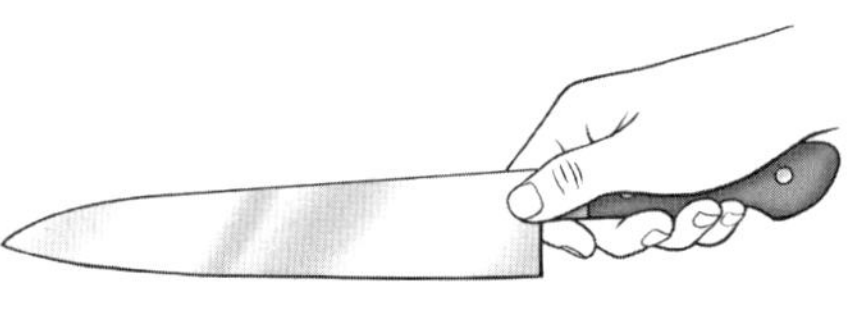

칼을 제대로 쥐는 방법

버섯처럼 부드러워서 칼이 잘 들고 도마에 올렸을 때 미끄러지지 않는 재료로 칼질을 연습한다. 그다음에는 조금 더 힘이 들어가야 하며 매끄러운 양파나 감자 등의 재료로 연습한다. 칼질을 하는 동안 대다수 재료를 고정하는 올바른 방법은 반대쪽 손의 손바닥과 손목이 도마와 평행이 되게 하고 손가락은 아래로 구부려 '오므린' 상태로 재료를 잡고 꾹 누르는 것이다. 이렇게 하면 손가락이 칼날에 닿을 위험이 적어지며 손가락 마디를 기준으로 삼을 수 있다. 저미는 작업을 계속하면서 재료를 잡은 손은 오므린 상태를 풀지 않고 서서히 뒤로 물러선다.

당근과 같은 재료를 얇게 저밀 때는 칼끝을 도마에 올려놓고 중심점으로 사용해서 썬다. 반으로 자른 양파처럼 두툼한 재료를 썬다면 손목에 무리가 가지 않도록 칼 전체를 도마에서 들어올려야 할 수도 있다. 칼날은 재료를 잡은 손가락 마디보다 높게 올리지 않아야 한다.

우리는 이 책 전체에 걸쳐 깍둑썰기, 굵게 썰기, 다지기 등의 일반적인 써는 방법을 사용했다. 여기서는 각 써는 방법의 가장 폭넓은 의미를 다룬다. ▶ 채소 써는 방법의 자세한 설명 및 몇 가지 전용 도구에 대한 설명은 채소 썰기 항목을 참고한다.

깍둑썰기는 재료를 일정한 크기의 정육면체로 썬다는 의미다. 레시피에서 '잘게 깍둑썰기' 또는 '작게 깍둑썰기'라고 설명한다면 6mm 크기의 정육면체를 의미하며, '중간 크기로 깍둑썰기' 또는 그냥 '깍둑썰기'라고 하면 1.2cm 크기의 정육면체를, '큼직하게 깍둑썰기'는 2cm 크기의 정육면체를 의미한다. 단단한 채소와 과일을 깍둑썰기하려면 일단 재료를 사각형 모양으로 다듬어 넓적한 판 모양으로 썬 후, 여러 개의 판을 겹쳐서 막대기 모양으로 썬다.(213쪽 그림 참고) 마지막으로 막대기를 가로로 썰어서 정육면체 형태로 만든다.

육류, 가금류 또는 생선을 정육면체로 썰 때는 한 번에 넓적한 판을 하나씩 작업하며 칼을 위에서 누르기보다는 몸 쪽으로 잡아당기는 움직임으로 썰어야 한다. 이렇게 하면 단면이 깨끗하게 잘리며 근육 조직의 손상도 줄일 수 있다. 더 작게 깍둑썰기하거나 얇게 저미려면 육류를 살짝 얼렸다가 썬다.

굵게 썰기는 대체로 깍둑썰기와 비슷하지만 각 조각을 균일한 형태로 만들 필요는 없다. 레시피에 '굵게 썰기'라고 표기되어 있다면 대략 1.2cm 길이 또는 너비로 썬다는 의미다. '굵직하게 썰기'는 그보다 좀 더 큰 한입 크기를 지칭한다. '잘게 썰기'라는 설명이 있다면 좀 더 작게(약 6mm 크기) 썰어야 한다.

다지기는 재료를 '잘게 썰기'와 '페이스트로 만들기' 사이의 상태로 만든다는 의미이며, 일반적으로 요리 전체에 골고루 들어가야 하는 허브, 마늘, 생강, 강황, 감귤류 껍질 및 그 외의 풍미 강한 재료에 적용하는 방법이다. 전통적으로 칼을 사용해 재료를 다지지만 우리는 지름길을 사용하는 것도 환영한다. 앞서 언급한 재료 중 허브를 제외한 모든 재료는 마이크로플레인 등의 거친 강판을 사용해서(194쪽의 그림 참고) 아주 효과적으로 '다질' 수 있다.

재료를 다지려면 우선 재료를 잘게 썬다. 칼날의 너비에 맞게 도마 위에 잘게 썬 조각을 둥글게 모아놓는다. 한 손으로는 칼날의 끝을 잡고 다른 손은 칼 손잡이를 잡는다. 칼날의 끝은 도마에 고정하고 작두처럼 손잡이를 아래위로 움직이며 재료를 아주 곱게 썬다. 이렇게 한 번 칼질을 한 후 칼날을 사용해 흩어진 조각들을 한 뭉치로 깔끔하게 모아서 쌓고 칼날 옆면에 붙어 있는 조각들을 훑어낸 후 손잡이를 다시 아래위로 움직이며 썬다. 재료가 아주 작은 조각으로 곱게 썰릴 때까지 이 작업을 반복한다. 주로 다져서 사용하는 재료의 구체적인 손질법은 마늘에 대해 및 생강, 허브 항목을 참고한다. 육류를 다지려면 「육류」 장의 잘게 썰기, 다지기 및 두드려서 펴기 항목을 참고한다.

갈기, 두드려서 펴기, 으깨기

다지기 이상으로 손질한다는 것은 재료를 분말이나 페이스트 형태로 만든다는 의미다. 이렇게 하려면 보통 절구와 절굿공이를 사용해 재료를 으깨거나 푸드 프로세서, 믹서, 커피 또는 향신료 분쇄기의 칼날을 사용해 아주 미세한 조각으로 분쇄하면 된다. 으깨기와 분쇄하기는 풍미와 식감 두 가지 측면에서 서로 다른 결과물을 내지만 우리는 편리함을 기준으로 판단해야 한다고 생각한다. 페이스트를 만들 때는 상황에 따라 둘 중 한 가지 방법을 사용하면 된다.

각 재료를 으깨거나 분쇄하는 구체적인 방법은 말린 칠리 고추와 칠리 고춧가루, 커피 원두 갈기 및 보관하기, 견과류와 씨앗 버터에 대해, 향신료 항목을 참고한다. 육류를 갈거나 두드려서 펼 때는 「육류」 장의 잘게 썰기, 다지기 및 두드려서 펴기 항목을 참고한다.

절구와 절굿공이를 사용해 재료를 으깨고 가는 방법은 페스토와 피스투 및 커리 페이스트를 만들 때 사용하면 훌륭한 풍미를 내기 때문에 높은 평가를 받는다. 절구와 절굿공이를 살 때는 연마하지 않은 화강암 소재의 중간 크기 또는 큼직한 절구 및 거친 화강암 절굿공이를 고른다. 연마한 절구의 표면은 재료를 효과적으로 가는 데 적합하지 않으며 재료가 튀거나 사방으로 미끄러지기 마련이다. 멕시코의 몰카헤테(molcajetes)와 도자기로 만든 일본의 스리바치(すり鉢) 절구는 표면이 거칠어서 재료를 가는 데 효과적이지만 완성된 페이스트를 긁어내고 세척하기가 어렵다는 단점이 있다. 그린 파파야 샐러드를 만들 때처럼 채소를 살짝 빻을 때는 더 큼직한 절구와 나무로 만든 절굿공이도 유용하다.

절구와 절굿공이를 사용하려면 우선 생강, 양강근, 레몬그라스처럼 섬유질이 많은 재료를 결의 반대 방향으로 얇게 썬 후 절구에 넣는다. 한 종류의 향신료만 갈아야 하는 경우가 아니라면, 최소한 가는 도중에 일부만이라도 여러 재료를 절구에 함께 넣는 것이 더 효과적이다. 소금을 넣어야 한다면 굵은 소금을 사용하고 갈기 시작할 때 넣어야 다른 재료가 더 잘 부서지게 돕는다. 마찬가지로 통향신료를 쪼개면 질긴 향미 성분을 좀 더 쉽게 갈 수 있으며 그다음 샬롯, 허브를 비롯해 더 부드러운 재료를 넣는다.(이러한 재료를 함께 넣으면 곱게 가는 동안 허브가 사방으로 튀는 것을 방지할 수 있다.) 항상 절굿공이를 절구의 옆면에 대고 아래쪽으로 찧는 형태로 작업하며 가끔 둥글게 원을 그리며 돌려준다.

재료를 페이스트 상태로 갈려면 먼저 재료를 굵직하게 썬다. 섬유질이 많은 재료는 결의 반대 방향으로 썬다. 물기가 있고 촉촉한 혼합물이 가장 갈기 쉬우며 항상 사용하는 도구에 적합한 분량을 넣어야 한다는 점을 기억하자. 페이스트로 ½컵 이하의 분량으로 결과물이 나오는 레시피에는 작은 푸드 프로세서와 착탈식 방수 컵이 달린 커피 또는 향신료 분쇄기가 가장 적합하다. 믹서와 큼직한 푸드 프로세서는 1컵 이상의 분량이 나오는 레시피에 사용해야 가장 좋다. 재료를 갈 때는 잠깐씩 멈추면서 짧게 몇 번 작동시키다가 점점 속도를 높여간다. 실리콘 주걱을 사용해 주기적으로 용기 옆면에 묻은 재료를 긁어내려서 고른 질감이 되도록 한다.

체에 치기

가장 빈번하게 체에 쳐서 사용하는 재료는 밀가루, 슈거 파우더, 코코아 파우더 등의 고운 분말이다. 체에 친다는 것은 한마디로 재료를 고운 철망으로 만든 체 위에 붓고 흔들어서 재료가 아래로 떨어지게 하는 것을 의미한다. 그 결과 서로 붙어 있던 분말 입자가 분리되고 공기가 주입되어 분말 재료는 고른 밀도를 지니게 되며 덩어리가 사라진다. **밀가루 전용 체**는 주방용품 매장에서 쉽게 구할 수 있지만 여의치 않다면 고운체(또는 원반형 체)를 사용해도 좋다.

재료를 체에 치는 데에는 몇 가지 목적이 있다. 우선 밀가루나 분말 재료를 체에 치면 밀도가 일정해지므로 재료를 체에 쳐서 마른 재료용 계량컵에 담으면 일관되게 계량할 수 있다. 포대에 담긴 밀가루는 눌리거나 압착되기 쉬우므로 그대로 계량컵에 담으면 레시피에서 의도한 분량과 달라져서 결과물에 영향을 주기도 한다. 물론 최근에는 디지털 저울을 저렴한 가격에 쉽게 구할 수 있으므로 무게를 재면 훨씬 덜 번거롭고 더 정확하게 계량할 수 있다.

체에 치는 작업을 통해 (코코아 가루와 옥수수 전분처럼) 잘 뭉치는 재료의 덩어리를 부술 수도 있으며, 판쿠헨 위에 슈거 파우더를 뿌리거나 케이크의 윗면에 스텐실로 모양을 낼 때도 체를 활용할 수 있다. 마른 재료를 한데 섞어서 여러 번 체에 내리는 경우도 많다. 이렇게 재료를 섞어서 체에 치는 작업은 특히 케이크를 만들 때 중요하다. 케이크는 베이킹파우더 등의 화학적 팽창제를 사용해 가볍고 폭신폭신한 질감을 낸다. 마른 재료를 섞어서 체에 치면 팽창제가 전체적으로 골고루 퍼지며 그 결과 케이크가 더 잘 부풀어 오를 뿐만 아니라 보기 흉한 구멍이 생기지 않아 결이 고와진다. 그렇다고는 해도 재료를 섞어서 함께 체에 내릴 때는 최소한 여러 번 체에 치거나 일단 한 번 체에 쳐서 그릇에 담은 후 잘 섞어서 재료가 골고루 어우러지게 해야 한다. 한두 번 체에 치는 것으로는 재료를 제대로 섞을 수 없다.

밀가루를 계량하기 위해 체에 치려면 유산지나 파라핀지를 30cm 크기의 정사각형 2장으로 자른다. 마른 재료용 계량컵을 정사각형 종이 위에 놓고 체를 나머지 종이 위에 올려놓는다. 밀가루를 체에 넣은 후 체를 계량컵 위로 들어올려서 계량컵이 꽉 차고 밀가루가 컵 위로 봉긋하게 솟아오를 때까지 체를 친다.(1106쪽 왼쪽 그림 참고) 체를 다시 종이 위에 올려놓고 칼이나 가장자리가 곧게 뻗은 다른 도구를 사용해 컵 위를 훑어 평평하게 고른다.(가운데 그림) ▶ 컵을 바닥에 툭툭 치거나 밀가루를 다지거나 컵을 흔들어서 윗면을 고르면 기껏 체에 친 밀가루를 다시 꾹 눌러 담는 모양새가 되므로 이러한 동작을 절대 하지 않도록 주의한다. 계량컵에 담긴 밀가루를 그릇에 담고 종이를 깔때기 모양으로 만들어서 떨어진 밀가루를 다시 체에 담은 후(오른쪽 그림) 필요하면 같은 작업을 반복한다.

마른 재료를 한꺼번에 섞어서 체에 치려면 정사각형 종이 한 장 위에서 재료를 체에 친 후 나머지 종이 위에 체를 놓는다. 첫 번째 종이를 깔때기 모양으로 말아서 들어올린 후 마른 재료를 체에 붓는다. 다시 첫 번째 종이 위에서 재료를 체에 친 후, 이 작업을 반복한다. 재료가 완전히 골고루 섞이게 하려면 여러 번 체에 쳐야 한다.

밀가루를 체에 치고 계량하기, 종이를 깔때기 형태로
만들어 여분의 밀가루를 체에 다시 넣기

양념에 재우기, 소금물에 절이기, 소금에 절이기

양념에 재우기는 주로 육류를 비롯한 재료를 소금과 향미 양념이 들어간 풍미진한 양념장에 담가서 맛을 내는 방법이다. 이때 양념장에는 거의 항상 식초, 와인, 레몬즙, 버터밀크 또는 요구르트와 같은 산성 재료도 함께 들어간다. 생선, 갑각류, 대다수 채소는 양념장을 잘 흡수하므로 짧은 시간 안에 양념이 골고루 밴다. 채소는 하루 또는 그 이상 양념장에 재울 수 있지만, 생선은 아주 신속하게 '양념에 조리'하여 세비체를 만든다. 육류와 가금류는 상대적으로 양념장이 배어들기 어려우며 소금을 제외한 대다수 풍미 성분은 근육 아주 깊은 곳까지 침투하지 못한다. 그러나 양념장에 들어 있는 산성 성분은 표면을 분해하기 시작하므로 재료가 더 연해진다.(너무 오래 양념장에 담가두면 곤죽처럼 변할 수도 있다.) 물론 육류를 얇게 저미거나 큼직한 고깃덩어리에 양념을 직접 주입하거나 특수한 부위를 선택하면 육류와 가금류에도 양념장이 듬뿍 스며들게 할 수 있다. 질긴 고기 부위를 양념장에 재웠을 때 나타나는 연화 효과는 478쪽을 참고한다.

소금물에 절이기는 어느 정도 양념장에 재우기와 비슷하지만, 소금물은 거의 전적으로 소금과 물로 구성되어 있다는 중요한 차별점이 있다. 소금물에 절이면 재료에 간이 되는 동시에 즙도 풍부해진다. **건식 염지**, 즉 소금에 절이기는 재료에 (당연히) 소금을 뿌린 후 일정 시간 동안 그대로 두는 것이다.

육류, 가금류, 생선의 경우 건식 염지는 습식 염지와 마찬가지로 내부까지 간이 잘 배고 즙이 풍부해지는 효과를 얻을 수 있으면서 훨씬 쉽고 깔끔하게 작업할 수 있다. 또한 건식 염지는 재료 표면의 수분을 제거하는 효과가 있으므로 요리 과정에서 더 빨리 먹음직스러운 갈색으로 익는다. 한편 채소를 염지하면 수분이 상당 부분 빠져나간다. 채소를 염지하는 데에는 몇 가지 이유가 있다. 콜슬로의 재료로 사용할 양배추를 소금에 절여서 물기를 빼면 나중에 수분이 많이 흘러나와 드레싱이 묽어지는 것을 방지할 수 있다. 사우어크라우트의 경우 소금이 양배추에서 수분을 충분히 끌어내므로 자연스럽게 소금물이 생긴다. 미니 오이 피클, 간단한 쓰촨식 오이 피클 등의 피클을 만들 때 처음에 오이를 소금 또는 소금물에 절이면 아삭아삭한 식감이 유지된다. 채소를 구울 때는 너무 일찍 소금을 뿌리면 표면으로 수분이 배어나 갈색으로 잘 익지 않으므로 주의한다. 자세한 과정에 대한 설명은 염장과 염지에 대해 항목을 참고한다.

양념장을 만들고 사용하는 자세한 방법은 양념장에 대해 항목을 참고한다. 소금물을 만드는 방법과 건식 염지에 대한 정보는 소금물 항목을 참고한다. 특정 재료를 재울 때 양념장과 소금물을 사용하는 방법은 가금류 염지에 대해, 육류를 소금에 절이기, 양념장에 재우기, 간하기, 생선을 양념장에 재우고

소금물에 절이는 방법에 대해 항목을 참고한다. 콘비프 등의 재료를 소금물에 염지하는 방법은 육류 염지에 대해 항목을 참고한다.

라딩과 바딩

라딩(larding)은 지방 함량이 적은 육류에 지방 조각을 삽입해 촉촉함과 풍미를 더하는 것이다. 라딩 방법에 대한 자세한 내용은 라딩 항목을 참고한다.

바딩(barding)은 보통 육류나 가금류의 살코기 부분을 비롯해 기름기가 적은 재료를 조리하기 전에 지방으로 감싸서 촉촉함을 유지하는 작업이다.

바딩을 하려면 베이컨, 판체타, 프로슈토, 내장지방 막 또는 돼지 지방이나 등 비곗살을 3mm 또는 6mm 크기로 썰어서 사용한다. 예를 들어 지방 함량이 적은 가금류의 가슴살처럼 재료의 특정 부위에 지방 조각을 얹어도 좋고 재료 전체를 지방으로 감싸도 좋다. 특히 내장지방 막은 재료를 통째로 감싸기에 적합하므로 지방이 풍부한 천연 랩이나 다름없다. 조리한 후에는 재료를 감쌌던 지방을 벗겨서 버려도 좋다. 지방으로 재료를 감싸면 표면이 갈색으로 익지 않는다는 점을 기억하자. 이 문제를 해결하기 위해 중간쯤 조리했을 때 지방 막을 벗겨내고 마저 조리할 수도 있지만 이렇게 할 경우 요리가 완성될 때까지 주기적으로 정제 버터 또는 기름을 발라주어야 한다.

바딩은 지방 함량이 극도로 낮은 야생 조류를 조리할 때 가장 자주 사용하는 방법이지만(야생 조류 조리하기 항목 참고), 미트로프나 파테와 같은 다른 음식도 베이컨이나 지방으로 감싸서 수분이 빠져나가지 않도록 보호하고 더 진한 풍미를 내기도 한다.

튀김 가루 또는 튀김옷 입히기

재료에 밀가루나 빵가루, 크래커 가루와 양념한 튀김옷 등을 입히면 겉면이 갈색으로 바삭하게 익어서 식감을 살린다. 튀김 가루나 튀김옷을 입혀서 조리하는 것은 팬 프라잉 또는 딥 프라잉을 할 때 가장 보편적으로 사용하는 방법이다. 때에 따라서는 재료에 가루를 입혀서 '오븐에 튀기는' 경우도 있다.(튀김옷은 이 용도로 쓰지 않는다.) 튀김옷 또는 가루 레시피와 재료에 묻히는 방법은 튀김 재료에 튀김옷 입히기에 대해 및 튀김 재료에 가루 묻히기에 대해 항목을 참고한다.

완자 만들기

완자(quenelle)란 보통 생선에 빵가루, 크림, 달걀, 양념을 섞어서 곱게 간 뒤 모양을 빚어서 데친 후 소스를 얹어서 내는 음식이다.(데친 생선 완자 레시피 참고) 그러나 완자는 특정 요리뿐만 아니라 일반적인 모양을 지칭하기도 한다. 아마도 고급 레스토랑에서 완자 모양으로 제공하는 아이스크림, 소르베, 휩드 크림 또는 닭 간 무스를 본 적이 있을지도 모른다. 보통 미식축구공처럼 양 끝이 뾰족한 타원형을 가리킨다.

완자는 숟가락을 사용해서 모양을 만든다. 완자 모양으로 만들 재료의 성질에 따라 숟가락 1개 또는 2개가 필요하다. 아이스크림과 휩드 크림처럼 부드러운 재료는 숟가락 하나로 모양을 만들 수 있다. 그보다 뻑뻑하고 건더기가 많은 혼합물은 숟가락 2개를 써야 한다. 사용하는 숟가락의 종류로는 둥근 형태보다는 끝이 뾰족하고 음식을 담는 부분이 깊은 것을 선택한다. 숟가락의 음식을 담는 부분은 달걀 형태를 닮아야 한다. 아마도 다양한 숟가락으로 실험을 해봐야 가장 적당한 숟가락을 찾을 수 있을 것이다.

완자를 만들려면 숟가락을 뜨거운 물에 담갔다가 여분의 물기를 털어낸다.

숟가락을 옆으로 돌려 오목한 부분이 작업하는 사람을 향하도록 잡는다. 숟가락을 음식의 표면에 올려놓고 앞쪽으로 당기면 숟가락이 음식을 떠내는 동시에 음식이 공 모양으로 구부러지면서 깔끔한 타원형이 된다. 숟가락이 용기의 옆면에 닿으면 위쪽으로 들어올려서 완자 모양으로 떠낸다. 아이스크림처럼 아주 차가운 음식을 떠낼 때 숟가락의 뒷면을 손바닥에 대서 금속에 열을 전달하면 음식이 더 쉽게 떨어져 나온다. 뻑뻑하고 건더기가 많은 음식은 위의 설명대로 떠낸 후 숟가락 위의 음식에 비슷한 모양의 다른 숟가락을 얹어서 뒤에서 앞쪽으로 떠내며 두 번째 숟가락으로 음식을 옮긴다. 매끈한 모양이 될 때까지 숟가락 2개로 번갈아 가며 떠낸다.

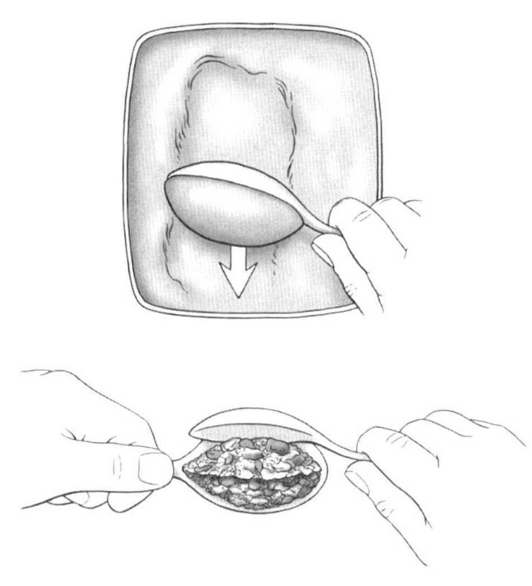

숟가락 1개 또는 2개를 사용해 완자 만들기

실내 요리 방법에 대해

실내 요리 방법을 다룬 이번 항목에서는 수분이 없는 건열 조리부터 시작해 수분을 사용하는 조리로 옮겨가는 순서를 따른다. 그릴 구이, 바비큐를 비롯한 기타 야외 요리 방법에 대해서는 1121쪽을 참고한다. 우선 거의 모든 경우에 다른 요리 방법과 함께 사용되는 몇 가지 요리 방법을 다룬다. 진한 풍미의 조림이나 찜 요리를 해본 사람이라면 누구든 공감하겠지만, 우리가 좋아하는 레시피 중 상당수는 서로 다른 요리 기술을 사용하는 몇 가지 단계로 구성되어 있다. 부분 조리 방법은 음식이 완전히 익을 때까지 조리하는 것이 아니라 전체 과정의 일부에 불과하다. 데치기와 같은 일부 조리 방법은 레시피에서 직접 언급하는 경우가 많다. 한편 갈색으로 익히기(브라우닝), 낮은 온도로 서서히 조리해 채소의 수분을 제거하기(스웨팅), 갈색으로 캐러멜화하기 등은 특정한 요리 방법으로 언급하기보다는 일반적인 요리 과정의 한 단계로 취급한다. 일상적인 요리에서 별다른 검증 없이 사용하는 필수적인 기술로서 레시피에서도 자연스럽게 언급한다.

데치기 및 애벌 삶기

데치기 또는 애벌 삶기는 음식을 끓는 물에 넣어서 지정된 시간(보통 아주 짧은 시간) 동안 끓인 후 얼음물에 담가서 더 이상 익지 않도록 하는 것이다.(증기에 찌려면 942쪽을 참고한다.)

데치기는 채소를 냉동할 때 중요한 첫 번째 단계다. 채소를 데치면 색이 쉽게 변하지 않으며, 시간이 지남에 따라 효소 작용으로 영양소가 파괴되는 것도 방지할 수 있다. 채소를 데치면 효소가 비활성화되므로 최종 결과물의 품질과 영양가를 보장하고 모양과 풍미도 더 뛰어나다. 냉동하기 위해 채소를 데치는 방법에 대한 자세한 내용은 채소 냉동에 대해 항목을 참고한다.

데치기는 냉동 목적 외에도 다른 조리 방법과 연계해 사용하는 경우가 많다. 예를 들어 내장의 일종인 양은 데쳐서 이상한 풍미와 잡내를 뺀 후 조리한다. 때로는 육수를 낼 때 뼈를 한 번 데쳐서 사용하기도 한다.(이 경우의 사례는 퍼보 레시피를 참고한다.) 뼈를 굽거나 갈색으로 그을리지 않고 넣어서 '투명한' 육수를 낼 때 뼈를 한 번 데쳐서 사용하면 불순물이 제거되므로 맛이 깔끔하고 맑은 육수를 만들 수 있다. 이 경우 팔팔 끓는 물에 뼈를 넣기보다는 뼈를 먼저 넣고 뼈가 잠기도록 물을 부은 후 물이 끓어오르면 잠시 기다렸다가 물을 따라내고 뼈를 깨끗한 물에 넣어서 다시 뭉근히 끓이는 것이 좋다.

그 외에도 토마토와 복숭아의 껍질을 벗길 때처럼 재료의 껍질을 벗기기 위해 데치기도 한다. 때에 따라서는 체에 재료를 올려놓은 후 끓는 물을 부어서 데치기도 하는데, 살사에 사용할 생양파의 톡 쏘는 아린 풍미를 누그러뜨릴 때 이 방법을 사용하도록 권장한다.(살사에 대해 항목 참고) 때로는 몽펠리에 버터 레시피처럼 허브를 아주 잠깐(30초 정도) 데쳐서 색과 풍미를 고정하기도 한다. 페스토 또는 피스투에 사용하는 바질을 데쳐서 얼음물에 담갔다가 말리면 선명한 녹색을 띠며 소스에 넣어도 색이 흐려지지 않는다.

재료를 데치려면 커다란 냄비에 재료를 넣어도 끓는 상태가 유지될 정도로 충분한 양의 물을 부은 후 물을 끓인다. 데친 재료가 잠길 정도로 그릇에 얼음물을 넉넉히 담아둔다. 재료를 끓는 물에 넣고 한 번 저어서 물에 완전히 잠기게 한다. 지정한 시간 동안 데친다. 채소라면 보통 몇 분 이하, 허브라면 몇 초 정도면 충분하다. 녹색 채소의 경우 선명한 녹색을 띠면 다 데쳐진 것이다. 구멍 뚫린 숟가락으로 재료를 건져서 얼음물에 담근 후 완전히 식을 때까지 둔다. 물기를 잘 뺀다.

스웨팅(sweating)

양파, 마늘, 샬롯, 당근, 셀러리 등의 향미 채소는 굵게 썰어서 스웨팅 방식으로 조리하는 경우가 많다. 스웨팅은 소스나 스튜, 조림을 만들 때의 첫 단계로, 소량의 버터나 기름을 프라이팬에 두르고 약불 또는 중불로 은근히 조리하는 것이다. 스웨팅을 하면 채소가 부드러워질 뿐만 아니라 풍미가 농축되고 잘 어우러진다. 일반적으로 제대로 스웨팅을 한 채소는 연하고 반투명하며 즙이 어느 정도 흘러나온 상태가 된다.(갈색이 될 때까지 조리해서는 안 된다.)

브라우닝(Browning)

사전 조리 기술로서의 브라우닝은 보통 프라이팬에 기름을 살짝 두르고 중불 또는 강불에서 육류나 채소를 갈색으로 굽는 것을 말한다. **시어링**(searing)이라는 용어는 특히 육류 등의 재료를 아주 강렬한 센 불에서 갈색으로 굽는 것을 지칭한다. 시어링은 사전 시어링(pre-searing)이라고 해서 요리의 첫 단계에 적용하기도 하지만 마지막 단계에서 시어링을 하기도 한다.(불꽃에 그슬리기 및 사후 시어링 항목 참고) 또는 프라이팬에 스테이크를 넣고 다 익을 때까지 굽는 것처럼 단독 조리 방법으로 사용하기도 한다. 마무리 단계에 적용한다면 요리를 일반 오븐이나 직화 오븐에 넣어서 갈색으로 익힘으로써 풍미와 식감을 더하고 보기에도 먹음직스럽게 만든다.

모든 형태의 브라우닝을 하는 목적은 갈색화 반응을 활용해 복합적인 풍미를 추가하기 위해서다. (재료에 들어 있는 천연 당과 재료로 추가한 당을 막론하고) 설탕을 갈색으로 조리하는 것에 초점을 맞춘다면 **캐러멜화**(caramelizing)라는 용어를 사용한다.(캐러멜화 과정에서 일어나는 화학 작용에 대한 자세한 내용은 설탕의 캐러멜화 항목을 참고한다.) 당 함유량이 많지 않은 재료가 갈색으로 변하는 것은 **마이야르 반응**(Maillard reaction)에 기인한 것으로, 마이야르 반응은 탄수화물 분자와 아미노산에 열을 가했을 때 다양하고 복합적인 풍미와 색, 향기가 발현되는 반응이다. 캐러멜화는 당이 열에 노출되어 분해되기 시작할 때 나타나는 반응으로, 마이야르 반응과는 다르다. 간단하게 정리하자면 당은 캐러멜화, 단백질이 풍부한 재료는 마이야르 반응이 일어난다는 의미다. 사실 식품이 갈색으로 변하는 현상은 훨씬 더 복잡한 양상을 띠므로 여기서 자세히 다루기 어려우며 캐러멜화와 마이야르 반응이 반드시 서로 무관한 것도 아니다.(일반적으로 동시에 일어나는 경우가 많은데, 단백질이 풍부한 식품에는 마이야르 반응이 더 주도적으로 일어나고 당이 많이 들어 있는 식품에서는 캐러멜화가 더 많이 일어날 뿐이다.) 진한 갈색으로 익힌 스테이크에서부터 쿠키와 캐러멜에 이르기까지, 갈색으로 잘 익은 음식의 맛이 그토록 좋은 것도 당연히 이러한 반응 때문이다.

일반적으로 육류를 어떻게 갈색으로 익힐 것인가는 금세 구워내는 스테이크인지, 스튜나 조림 형태로 조리하는 질긴 부위인지에 따라 달라진다. 부드러운 부위는 강불에 올려 재빨리 갈색으로 조리해야 내부가 너무 많이 익지 않으면서도 표면이 먹음직스럽게 익는다. ▶ 조림과 스튜에 사용할 질긴 부위는 중불 또는 중강불에 올려서 천천히 조리해 모든 표면을 노릇노릇하게 익히고 프라이팬에 달라붙은 갈색 조각이 타지 않도록 한다.(이 조각들은 요리에 사용할 국물의 풍미를 내는 데 필수적이다.) 이를 위해서는 크고 바닥이 묵직한 프라이팬, 볶음 팬 또는 육류를 한 번에 또는 몇 번에 걸쳐 전부 넣을 수 있을 만큼 널찍한 더치오븐이 필수적이다. 이러한 프라이팬은 열이 쉽게 식지 않고 잘 눋지 않으며 재료를 너무 다닥다닥 붙여놓지 않아도 상당한 양을 한꺼번에 넣을 수 있을 만큼 크기가 넉넉하다. 프라이팬에 상처를 내지 않는 소재(플라스틱이나 나무)의 주걱을 사용해 바닥에 달라붙은 갈색 조각을 긁어낸다.

스튜를 만들기 위해 깍둑썰기한 소고기를 갈색을 익히든, 돼지고기 촙 소테를 만들기 위해 돼지고기를 갈색으로 익히든 관계없이 ▶ 프라이팬에 재료를 너무 많이 넣지 않도록 주의한다. 재료를 한꺼번에 너무 많이 넣으면 온도가 내려가서 김이 나오므로 육류가 갈색이 아닌 회색으로 변하게 된다. 많은 스튜 레시피에서는 고기를 정육면체로 썰어서 사용하거나 미리 썰어놓은 스튜용 고기를 사서 조리하도록 권장하지만, 우리는 뼈가 들어 있는 어깨살 촙이나 블레이드 스테이크 등의 부위를 통째로 조리한 후 나중에 자르는 경우가 많다. 덩어리가 클수록 갈색으로 조리하기가 쉬우며, 뼈를 사용하면 국물을 뭉근히 끓일 때 풍미가 우러나고 농도도 걸쭉해진다. 스튜가 다 완성되면 냄비에서 고기를 꺼내서 손질하고 뼈를 발라낸 후 여러 조각으로 자르거나 작게 잘라서 다시 스튜에 넣고 충분히 데워지도록 끓인다.

그을리기 및 사전 시어링

그을리기(charring)는 재료를 부드럽게 만들고 부분적으로 익힐 뿐만 아니라 훈연 풍미로 가득 채운다. 그을리기는 몇 가지 경우에 유용하다. 퍼보의 국물을 내는 데 사용하는 생강과 양파처럼 일부 재료를 불에 그을리면 훨씬 더 진하고 구수한 탄 맛이 난다. 그을리기는 고추를 까맣게 구워서 껍질을 쉽게 벗겨내고 과육을 부드럽게 할 때도 유용하다.(고추 구이 레시피 참고) 테이블 살사, 하바네로 감귤류 핫소스 등의 몇몇 살사는 불에 그을린 재료로 만든다.

사전 시어링은 거의 수비드 방식으로 조리할 돼지고기와 붉은 육류에만 한정적으로 사용하는 방법이다. 육류를 수비드 방식으로 조리하면 조리 과정에서 갈색으로 익지 않기 때문에 조리 전이나 후에(또는 둘 다) 시어링을 해서 먹음직스러운 색과 더욱 깊은 풍미를 내는 것이 중요하다. 스테이크와 촙을 수비드 방식으로 조리할 때 이상적인 조리 순서는 우선 시어링을 한 다음 수비드 방식으로 조리하고 잠깐 식혔다가 식탁에 올리기 직전에 한 번 더 시어링을 한다. 사전 시어링의 가장 큰 장점은 색과 풍미를 어느 정도 미리 입힘으로써 마지막 시어링이 너무 오래 걸리는 것을 방지해 고기가 너무 많이 익지 않게 한다는 것이다. 따라서 사전 시어링은 선택 사항이기는 하지만 적극 권장한다. 사후 시어링에 대한 정보는 1109쪽을 참고한다.

배스팅(Basting)

한때는 오븐 구이에 배스팅이 필수적이라는 인식이 보편적이었지만 사실 배스팅은 생각만큼 효과가 없다. 일례로 배스팅은 고기의 육즙을 보존하는 데 별다른 도움이 되지 않는다. 실제로 순수한 지방 이외의 재료로 배스팅을 할 경우 증발 냉각 효과 때문에 조리 과정이 느려지며 가금류의 껍질이 질겨지기도 한다. 그뿐만 아니라 굽는 도중에 오븐을 자꾸 열면 오븐 온도가 내려가므로 조리에 좋지 않은 영향을 미칠 수 있다. 버터나 기름으로 가끔 배스팅을 해주면 갈색으로 더 빨리 익기 때문에(버터를 사용하면 먹음직스러운 풍미를 더하는 효과도 있다.) 이 경우를 제외하고는 구이 요리를 할 때 더 이상 배스팅을 권장하지 않는다. 그러나 버터나 기름을 사용한다고 해도 어디까지나 배스팅은 선택 사항이다.

물이 섞여 있는 액체로 배스팅을 할 때 좋은 효과를 얻을 수 있는 경우는 껍질이 붙어 있는 돼지고기 로스트 부위나 통돼지를 조리할 때 또는 육류를 훈연할 때다. 껍질이 붙어 있는 돼지고기의 경우 배스팅 용액에 들어 있는 수분 덕분에 껍질이 마르거나 딱딱해지지 않는다. 훈제 육류의 경우 '묽은 양념장(mop)'으로 배스팅을 해주면 훈연기 내부의 습도가 높아지므로 스모크 링(smoke ring, 바비큐를 썰었을 때 겉껍질 바로 안쪽이 붉은색으로 물들어 있는 것 — 옮긴이)의 형성에 도움이 되며 완성했을 때 더 짙은 훈연 풍미가 난다.(그뿐만 아니라 묽은 양념장에 사용한 재료의 풍미도 함께 우러난다.)

데글레이즈(Deglazing)

데글레이즈는 육류, 가금류 또는 채소를 굽거나 갈색으로 익힌 뒤 프라이팬에 달라붙은 맛있는 갈색 조각을 떼어내서 녹이는 과정을 말한다. 데글레이즈는 보통 액체 재료를 부어서 작업하는데, 특히 와인이나 육수를 많이 사용한다. 주재료의 조리가 거의 끝날 즈음 그레이비나 팬 소스를 만들기 위해 데글레이즈를 하거나 스튜 또는 조림을 만드는 첫 단계로 육류를 갈색으로 익힌 뒤에 하기도 한다. 구이 팬에서 데글레이즈를 할 때는 팬에 남은 육즙을 따라내고 지방을 제거한 후 육수나 와인을 붓고 바닥에 달라붙은 조각을 긁어낸다. 그다음 이 혼합물을(기름기를 걷어낸 육즙과 함께) 루에 넣어서 그레이비를 만들거나 간단히 육수와 함께 편수 냄비에 붓고 졸여서 묽은 소스를 만들 수 있다. 스테이크나 촙을 소테 방식으로 조리한 후 팬 소스를 만드는 과정도 이와 매우 비슷한데, 기름을 따라내고 바로 액체를 붓는 대신 정제한 기름을 조금 두르고 (또는 기름을 버리고 그 대신 약간의 버터를 팬에 넣는다.) 양파나 샬롯을 스웨팅으로 조리하면서 갈색 조각을 불린다. 양파에서 나온 수분 때문에 갈색 조각을 불리면 더욱 쉽게 떨어져 나온다. 그다음 양파를 갈색으로 볶은 후 와인 또는 육수를 넣어 긁어낸 갈색 조각을 데글레이즈 한다.

이 데글레이즈의 원리를 한층 더 발전시켜서 조림, 라구, 스튜를 만들 때 재료를 갈색으로 조리한 후 여러 차례 데글레이즈를 거쳐서 더욱 깊은 풍미를 내기도 한다. 고기를 먼저 갈색으로 익힌 후 양파, 셀러리, 당근을 스웨팅 하면서 고기 조각을 긁어내 데글레이즈를 하고, 다시 갈색으로 익힌다.(조리가 끝나갈 무렵 토마토 페이스트를 넣어서 더 많은 당이 갈색으로 변하면서 캐러멜화되도록 할 수도 있다.) 와인을 추가해 갈색 조각을 긁어낸 후 와인에 들어 있는 당이 캐러멜화될 때까지 졸이고(아래 항목 참고), 육수와 레시피에서 지정한 조림 국물을 넣은 뒤 와인을 조금 더 추가해 마지막으로 데글레이즈를 한다. 주중에 간단하게 식사 준비를 할 때 적합한 요리는 아니지만, 이 과정을 통해 얻을 수 있는 진한 맛과 깊은 풍미는 투자한 시간과 노력이 아깝지 않을 정도의 만족감을 준다.

액체 졸이기(Reducing Liquids)

졸이기는 와인, 헤비크림, 육수, 소스 등의 액체를 뭉근히 또는 팔팔 끓여서 걸쭉하게 만들고 풍미를 더욱 강화하며 농축하는 과정을 일컫는다. 이렇게 액체를 졸일 때는 원하는 농도가 된 다음에 간을 해야 하며, 미리 간을 한다면 지나치게 맛이 강하거나 너무 짤 우려가 있다. 달걀을 넣은 액체는 졸이는 과정에서 응고하기 마련이므로 졸이기는 달걀을 사용하지 않은 소스나 액체에만 활용할 수 있다. 크림이나 밀가루 베이스를 사용한 액체는 지켜보고 있다가 자주 저어주어야 졸이는 동안 눌어붙는 것을 방지할 수 있다. 액체를 졸일 때 반드시 강불을 사용하거나 팔팔 끓일 필요는 없다. 걸쭉한 액체는 묽은 액체보다 잘 눋기 때문에 약불에서 졸이면서 자주 저어주어야 한다.

플랑베(Flambéing 또는 Flaming)

플랑베는 소량의 뜨거운 술을 요리에 부은 후 불을 붙여서 짧은 시간 동안 요리를 불꽃으로 감싸는 조리 기술을 지칭한다. 플랑베는 식탁에서 항상 극적인 분위기를 연출하지만, 때로는 불을 붙여도 작은 불꽃만 생기는 바람에 처참한 실패로 돌아가기도 한다. 이렇게 실망스러운 상황을 방지하려면 ▶ 불을 붙일 음식과 플랑베에 사용할 브랜디 또는 리큐어 모두 반드시 따뜻하지만 끓는점보다는 훨씬 낮은 온도여야 한다는 점을 기억하자. 육류의 경우 1인분당 30ml 이하의 술로는 플랑베를 시도해서는 안 된다. 단맛이 없는 요리라면 따뜻하게 데운 술을 음식의 표면에 붓고 냄비의 가장자리에 성냥이나 초의 불꽃을 갖다 대서 불을 붙인다. 뜨거운 디저트라면 그래뉼러당을 위에 훌훌 뿌리고 따뜻한 술을 부은 후 위와 같이 불을 붙인다. 스패니시 커피, 쪄서 만드는 자두 푸딩, 과일 플랑베, 바나나 포스터, 체리 주빌레 레시피도 함께 참고한다.

그라탱(Gratinéing)

그라탱은 부분 조리 기법으로 요리 위에 빵가루 및/또는 강판에 간 치즈를 덮은 후 일반 오븐 또는 직화 오븐에 넣어 갈색으로 구워서 황금색 크러스트를 만드는 것이다. 이 방식으로 만드는 요리를 '오 그라탱' 또는 간단하게 '그라탱'이라고 부른다. 토핑으로 얹는 가루 재료에 대해서는 오 그라탱 레시피를 참고한다. 그라탱 방식을 사용하는 요리로는 카술레, 방울양배추 그라탱, 양배추 그라탱, 벨기에 엔다이브 그라탱, 서양대파 그라탱, 파스닙 치즈 그라탱, 감자 그라탱 레시피를 참고한다.

불꽃에 그슬리기 및 사후 시어링

불꽃에 그슬리기(torching)는 프로판 토치로 음식을 갈색으로 익히는 것이다. 이 방법을 사용하는 가장 유명한 예는 크렘 브륄레로, 커스터드를 속까지 완전히 익힌 다음 위에 설탕을 뿌리고 토치로 그슬려서 설탕을 캐러멜화한다.

사후 시어링, 즉 리버스 시어링(reverse searing)은 조리가 거의 다 끝났을 때 마무리 단계로 사용하는 방법이다. 사후 시어링은 수비드 방식으로 조리한 많은 요리에 필수적이다.(특히 스테이크와 촙) 수비드로 조리하고 사후 시어링을 하지 않으면 완성된 음식의 색이 너무 연할 뿐만 아니라 크러스트가 생기지 않는다. 때로는 사후 시어링에 토치나 직화 오븐을 사용하기도 하지만 보통은 묵직한 프라이팬을 쓴다. 때에 따라 사전 시어링을 한 다음 사후 시어링까지 하기도 한다. 사후 시어링 방법은 일부 로스트에도 사용된다. 일반적인 레시피에 따라 로스트를 조리해 레스팅까지 한 후 직화 오븐으로 익히거나 더 높은 온도로 구워서 표면을 갈색으로 익힌 후에 낸다.

글레이징(Glazing)

글레이징은 한마디로 걸쭉한 소스, 짭짤한 시럽 또는 투명한 아이싱을 음식에 입히는 것을 뜻한다. 일부 글레이즈는 음식과 접촉하는 순간 달라붙을 정도로 걸쭉해서 더 이상 조리할 필요가 없다.(주로 쿠키, 프리터, 스콘, 케이크에 이러한 글레이즈를 사용한다.) 달콤한 글레이즈 및 아이싱 바르기에 대해서는 가나슈와 초콜릿 글레이즈에 대해 및 아이싱과 글레이즈에 대해 항목을 참고한다.

한편 조리가 끝날 즈음 음식에 바른 후 캐러멜화하고 졸여서 완성해야 하는 글레이즈 혼합물도 있다. 뿌리채소나 과일을 볶은 팬에 글레이즈를 추가하되, 살짝 흩뿌리거나 솔로 발라서 오븐 구이, 직화 구이, 그릴 구이 등의 마른 복사열로 마무리한다. 짭짤한 음식에 글레이즈를 발라서 건열로 마무리하는 방법은 글레이즈에 대해 항목을 참고한다. 프라이팬에서 조리한 채소에 글레이즈를 사용하는 방법은 윤이 나게 조린 당근 레시피를 참고한다.

건열 조리 방법에 대해

마른 불로 조리하는 건열 조리는 음식의 위나 아래에서 열을 전달하거나 음식의 주변을 마른 불로 둘러싸서 조리하는 방법이다. 대표적으로 그릴 구이가 있으며, 직화 구이, 오븐 구이, 높은 온도의 오븐 구이, 소테, 팬 프라잉을 비롯해 다양한 종류가 있다. 딥 프라잉도 사실 또 하나의 건열 조리 방법이다. 딥 프라잉의 경우 조리의 매개체로 사용하는 뜨거운 기름을 통해 열이 전달된다.

건열 조리에는 복사, 대류, 전도라는 세 가지 기본 과정이 작용한다. 복사는 그릴 및 직화 구이를 할 때 주로 열을 전달하는 방식으로, 음식을 불꽃 또는 벌겋게 달아오른 열선에 직접 노출하면 적외선이 방사되면서 열이 대부분 전달된다. 대류는 뜨거운 공기가 열을 음식의 표면에 전달할 때 일어난다. 오븐 구이 또는 높은 온도의 오븐 구이를 할 때는 오븐 내부에서 뜨거운 공기가 순환하고 위와 아래에 있는 열원과 뜨거운 오븐 벽에서 복사열이 발산되므로 복사와 대류가 모두 작용한다. 전도는 소테, 팬 프라잉, 딥 프라잉을 할 때 주로 작용하는 열전달 방식이다. 소테와 팬 프라잉을 할 때는 금속 프라이팬과 프라이팬에 두른 기름을 통해 열이 전도된다. 딥 프라잉은 기름이 열을 전도한다.

베이킹, 로스팅, 팬 로스팅

베이킹(baking, 오븐 구이)은 음식을 열로 감싸서 익히는 건열 조리 방식이다. 오븐에서 반사된 복사열과 뜨거운 공기가 가지고 있는 대류열뿐만 아니라 구이

팬에서 재료로 열이 전도된다. 오븐에서 굽는 동안 음식에서 약간의 수분이 빠져나와 밀폐된 오븐 안에서 수증기 형태로 순환하기는 하지만, 오븐 구이 자체는 건열 조리로 간주한다. 일반 오븐을 사용하든 대류식 오븐을 사용하든 조리 원리는 같은데, 대류식 오븐은 공기 순환이 활발해 음식이 더 빨리 갈색으로 익으며 조리 시간도 짧다. 이 책에 실려 있는 모든 레시피를 포함해 대다수 레시피는 일반 오븐을 기준으로 구성된다. ▶ 일반 오븐용 레시피를 대류식 오븐에 맞게 변환하려면 오븐 온도를 15~30℃ 낮춘다.

▲ 높은 고도 지역에서 오븐 구이를 하기 위한 정보는 높은 고도에서 케이크 굽기에 대해 및 즉석 발효 빵과 커피 케이크에 대해 항목을 참고한다.

커스터드, 치즈 케이크를 비롯한 섬세한 요리를 **중탕냄비**나 **뱅마리**에 넣어 조리하면 오븐의 열을 어느 정도 차단해주므로 너무 많이 익지 않도록 막는 효과가 있다. 중탕으로 음식을 굽는 방법은 커스터드에 대해 항목을 참고한다.

제과제빵을 하는 사람 중 상당수는 바삭한 빵이 잘 부풀어 오르도록 오븐 내부에 수증기가 생기는 환경을 조성한다. 많은 전문 제빵사들은 수증기 주입 장치가 내장된 오븐을 사용하지만, 가정에서 빵을 굽는 사람들도 몇 가지 방식을 통해 즉흥적으로 수증기를 주입할 수 있다.(빵 굽기에 대해 항목을 참고한다.)

로스팅(Roasting, 높은 온도의 오븐 구이)은 베이킹과 거의 동의어로 사용된다. 몇 가지 예외를 제외하면 로스팅에는 내벽을 통해 열을 복사하고 공기의 대류 작용을 통해 열을 순환시키는 오븐을 사용한다. 그러나 로스팅은 베이킹과는 약간 다른 뉘앙스를 지니고 있다. 일반적으로 로스팅이라 하면 더 높은 오븐 온도에서 가금류 및 커다란 고깃덩어리를 통째로 조리하는 것을 연상한다. 때로는 이러한 인식 중 하나가 나머지보다 두드러지기도 한다.(아래에 몇 가지 예를 소개한다.)

우리를 다양한 **채소**(및 일부 **과일**)를 조리할 때 로스팅을 가장 **선호**하는데, 결과물의 맛이 뛰어나고 사전에 여러 요소를 고려할 필요가 없으며 계속 지켜보지 않아도 되기 때문이다. 우리가 생각하기에 채소를 완벽하게 로스팅하는 '요령' 중 하나는 한동안 로스팅을 한다는 사실 자체를 잊어버리는 것이다. 오븐의 내벽에서 나오는 강렬한 복사열과 오븐 팬에서 전달되는 전도열이 채소에 들어 있는 천연 당분을 캐러멜화하는 동시에 건조한 공기가 순환해 채소의 수분을 제거하므로 풍미가 더욱 농축된다.

육류는 로스트라고 부르는 큼직한 덩어리 부위로 잘라서 로스팅을 하지만, 아주 두꺼운 스테이크와 촙 부위는 시어링과 로스팅을 결합한 **팬 로스팅**(pan-roasting), 즉 프라이팬 구이 방식으로 조리할 수도 있다.(이 조리 방식의 예는 소고기 프라이팬 구이 레시피를 참고한다.) 우리는 일반적으로 갈비나 허리 부분에서 잘라낸 부드러운 고기 부위를 조리할 때 고온 로스팅을 한다. 고기를 **구이용 받침대**(V자 형태 또는 평평한 금속 받침대)에 올려놓은 후, 고기가 프라이팬의 바닥에 닿지 않고 뜨거운 공기가 고기 주변을 전체적으로 순환해 골고루 갈색으로 익도록 한다. 아주 두꺼운 립 로스트를 속까지 미디엄 레어로 골고루 익히려면 일단 저온 로스팅, 즉 **슬로 로스팅**(slow-roasting)으로 조리해 레스팅한 후 아주 높은 고열로 단시간 로스팅해서 겉면을 갈색으로 익히는 방법을 추천한다. 라틴식 돼지 앞다리 구이 레시피처럼 질기고 지방이 많은 부위를 조리할 때도 슬로 로스팅이 좋다.

가금류는 통째로 또는 여러 조각으로 잘라서 로스팅할 수 있다.(때로는 이렇게 로스팅 방식으로 조리한 닭을 '구운 닭'이라는 의미의 '베이크드 치킨baked chicken'이라고 부르기도 하는데, 이것 역시 잘못된 명칭이다.) 일반적으로 ▶ 가금류가 작을 수록 오븐 온도는 더 높게 설정할 수 있다. 4.5kg 이하의 가금류는 가벼운 철망

받침대에 올려놓고 구이용 팬에 담아서 로스팅할 수 있다. 그보다 무거운 가금류는 반드시 튼튼한 받침대에 올려놓고 로스팅해야 한다.

생선은 비늘을 벗기고 통째로 로스팅하거나 필레 상태로 포를 떠서 조리할 수 있다. 껍질을 갈색으로 바삭하게 익히려면 고온 로스팅이 가장 좋지만, 슬로 로스팅으로 조리하면 아주 부드럽고 골고루 잘 익은 결과물을 얻을 수 있다.

베이킹에 대한 더 자세한 내용은 빵 굽기에 대해, 쿠키 굽기에 대해, 「케이크와 컵케이크」 장, 커스터드에 대해, 치즈 케이크에 대해 항목을 참고한다. 로스팅에 대한 더 많은 정보는 생선 오븐 구이에 대해 항목과 「육류」 장의 해당 항목, 「가금류 및 야생 조류」 장을 참고한다. 간접 그릴 구이라고 불리는 그릴 '로스팅'은 1123쪽을 참고한다.

직화 구이(Broiling)

직화 오븐에 굽든 그릴을 강불에 맞춰놓고 굽든 원칙은 같다. 강렬한 복사열에 재료를 직접 노출해서 익히는 것이다. 가장 큰 차이점이라면 그릴의 경우 열이 아래에서 올라오지만, 직화 오븐은 열이 위에서 내려온다는 것이다. 일반적으로 연하고 상대적으로 지방이 적으며 너무 두껍지 않은 음식이 직화 또는 그릴 구이에 적합하며, 닭 가슴살, 생선 필레, 간단히 조리할 수 있는 채소 등이 가장 이상적이다.

대다수 가정에서 사용하는 가정용 오븐 레인지는 직화 기능이 있다고 해도 설정할 수 있는 온도가 한정되어 있으며, 직화 오븐마다 특성이 다르므로 사용하는 장비를 어떻게 다루어야 하는지 숙지해야 한다. 모든 직화 오븐은 음식을 넣기 전에 10분 정도 가열하면 더 효과적으로 조리할 수 있다.

가정용 오븐 레인지를 직화로 설정하면 287.8℃ 또는 그보다 약간 높은 온도가 되며 이 온도는 꾸준히 유지되어야 한다. 대다수 레인지의 경우 직화 오븐은 주기적으로 꺼졌다 켜졌다 반복한다. 불을 계속 켜놓으려면 오븐의 문을 살짝 열어놓으면 된다. 하지만 이 방법을 자주 사용하면 오븐의 온도 조절 장치가 망가지거나 신형 오븐의 문 바로 위에 달려 있는 디지털 제어판의 전자 장치가 손상된다.

기능이 제한된 가정용 오븐 레인지를 사용해야 할 경우 ▶ 직화 조리의 온도는 대부분 오븐 받침대의 위치로 조절한다. 일반적으로 열원과 음식의 윗면 사이의 거리가 7.5cm 정도 되도록 오븐 받침대를 놓는다. ▶ 빵가루 토핑 등의 섬세한 재료를 갈색으로 익힐 때나 두꺼운 재료를 조리하기 위해 직화 온도를 낮추려면 받침대의 위치를 낮춰서 음식이 열원에서 10~15cm가량 떨어지게 한다. 이렇게 하면 재료를 태우지 않고도 열이 재료 안쪽 깊숙한 곳까지 침투할 수 있도록 충분한 시간을 확보할 수 있다.(요리를 제대로 완성하기 위해 열원과 음식 사이의 거리가 중요한 경우 개별 레시피에 오븐 받침대의 위치를 지정해놓았다.)

육류는 **직화 구이용 팬**(broiler pan)에 올려서 직화 조리해야 가장 좋은데, 이는 구멍이 뚫려 있고 음식을 올려놓을 수 있는 위쪽 팬과 아래로 떨어지는 육즙을 받아낼 수 있는 얕은 팬으로 구성되어 있다. 직화 구이 팬은 녹아 나온 지방이 열에 접촉하지 않도록 막아주므로 눈거나 불이 붙지 않는다. 그러나 지방이 적은 육류, 생선, 채소는 테두리 있는 오븐 팬에 올려놓고 직화 조리할 수 있다. 오븐 팬이나 직화 구이용 팬의 바닥에 포일을 깔아두면 뒷정리도 간편하다.

직화 구이는 특히 아스파라거스 등의 부드러운 **채소**를 단시간에 조리하거나 채소 그라탱을 마무리할 때 유용하다. 부스러지기 쉽거나 너무 작아서 그릴에 굽기 어려운 채소도 직화 구이용 팬에 담아서 구우면 안전하다.

육류를 직화로 구울 때는 소의 갈빗살이나 허리 스테이크 또는 어린 양의

촙 등과 같이 부드러운 부위를 선택한다. 옆양지 스테이크도 직화로 굽지만 너무 질겨지지 않도록 반드시 레어로 조리해야 한다. 지방이 너무 많으면 적당히 잘라내고, 남은 지방에는 고기의 가장자리를 따라 5cm 정도 간격으로 칼집을 넣어서 오그라들지 않게 한다. 고기를 직화 구이용 팬의 가운데에 놓고 받침대를 조절해 2.5cm 두께의 스테이크 또는 촙의 윗면과 열원이 약 5cm 떨어지도록 한다.(5cm 두께의 스테이크라면 열원에서 10cm 떨어진 곳에 놓아야 한다.) 2.5cm 두께의 스테이크나 촙을 구울 때는 한 번만 뒤집어주면 되지만 5cm 두께라면 좀 더 여러 번 뒤집어야 한다. 육류를 직화로 굽는 방법에 대해서는 소고기, 돼지고기, 양고기, 송아지고기의 그릴 구이, 직화 오븐 구이, 소테에 대해 항목과 닭 직화 오븐 구이 및 그릴 구이에 대해, 생선 그릴 구이 및 직화 오븐 구이에 대해 항목을 참고한다.

딥 프라잉(Deep-Frying, 튀김)

이 책의 개정판을 준비하면서 가정에서 요리하는 수많은 사람들과 이야기를 나눈 결과, 튀김은 이들이 가장 꺼리는 조리법으로 당당하게 이름을 올렸다. 튀김이 번거롭고 재료가 다소 낭비되며 심지어 위험하기까지 한 조리 방법이라는 데에는 반론의 여지가 없다. 하지만 튀김으로 조리한 몇몇 음식은 가장 근사한 맛을 낸다. 여전히 튀김을 시도할 엄두가 나지 않는 독자가 있다면 우리가 할 수 있는 말은 이것뿐이다. 가끔은 갓 튀겨낸 도넛, 소금을 적당히 뿌린 따뜻한 튀김, 튀김옷을 입혀서 바삭바삭하게 튀긴 닭고기 등과 같은 음식이 너무나 간절히 생각나기 때문에 번거로움을 무릅쓰고 튀김 요리를 하게 되며, 일단 더치오븐을 꺼내서 튀김을 하고 나면 그 결정을 후회하는 일은 거의 없다는 것이다.

지역 박람회 등에서 음식을 판매하는 매대를 보아도 알 수 있듯이 거의 모든 재료를 딥 프라잉으로 튀길 수 있다. 따라서 문제는 무엇이 튀김에 가장 적합한가다. 간단하게 대답하자면 튀김에 알맞은 것은 튀김옷, 반죽, 다양한 재료를 작게 잘라서 뭉친 것, 비교적 작고 부드러운 고기, 해산물, 채소 또는 과일이다. 튀김을 할 때는 기름을 통해 전도되는 열 때문에 조리 효율이 높아 조리 시간이 상대적으로 짧으므로 튀길 재료를 선택할 때 이 점을 반드시 염두에 두자. 예를 들어 고구마 조각처럼 아주 밀도가 높은 재료는 부드러워질 때까지 애벌 조리한 후에 튀겨야 한다.

맛있는 튀김을 만들기 위해서는 튀김 재료를 제대로 준비해야 한다. ▶ 같은 속도로 익도록 각 조각의 크기는 균일해야 한다. 날것 상태의 재료, 특히 물기가 있는 재료는 튀기기 전에 키친타월로 물기를 닦아서 표면의 수분을 제거해야 한다. 이렇게 하면 재료를 기름에 넣을 때 기름이 사방으로 튀는 것을 어느 정도 방지할 수 있다. 가능하면 튀길 재료는 실온 상태로 준비한다.

튀김 용기로는 더치오븐을 사용해도 최신형 전기 튀김기만큼이나 맛있는 감자튀김을 만들 수 있다. 온도 조절 장치가 내장된 편리한 튀김기를 깎아내리려는 것이 아니라, 속이 깊고 묵직한 냄비 또는 편수 냄비라면 무엇이든 딥 프라잉을 할 때 훌륭하게 제구실을 할 수 있다는 뜻이다. 우리는 가끔 웍을 사용해서 딥 프라잉을 하기도 하는데, 밑면이 볼록하고 나팔처럼 아래로 갈수록 좁아지므로 기름이 적게 든다는 장점이 있다.(그러나 모양 때문에 안정감이 떨어지므로 특별한 주의가 필요하다.) ▶ 웍이나 손잡이가 긴 냄비를 사용해 튀김을 한다면 손잡이가 앞으로 비죽 튀어나와 걸리적거리지 않도록 화구 뒤쪽으로 손잡이를 돌려놓는다.

이 책에서 소개한 튀김 레시피는 필요한 기름의 양을 높이로 제시했다. ▶

튀김 망이 달려 있는 튀김기를 사용한다면 튀김 망 바닥부터 깊이를 잰다. 재료를 완전히 덮고 재료가 냄비 안에서 자유롭게 움직일 수 있을 정도로 기름을 충분히 부어야 한다. 닭 조각이나 도넛처럼 큼직한 재료를 딥 프라잉할 경우 기름을 7.5~10cm 정도 부으면 재료를 덮는 데 충분하다. 작게 자른 채소나 새우처럼 작은 재료는 5~7.5cm면 충분하다.

튀김 온도는 튀김을 할 때 가장 중요하게 고려해야 할 요소다. 기름이 너무 뜨거우면 속까지 충분히 익기 전에 표면이 너무 빨리 갈색으로 익어버린다. 기름이 충분히 달궈지지 않으면 튀김옷을 입힌 음식의 표면에 크러스트가 신속하게 형성되지 않으므로 튀김옷 조각이 둥둥 떠다니고 기름에 찌든 튀김이 된다. 일반적으로 큼직하거나 밀도가 조밀한 재료는 낮은 온도에서 튀겨서 속까지 충분히 익을 시간을 확보하되, 어떤 재료도 190℃ 이상의 온도에서 튀겨서는 안 된다.(화씨 365도[185℃에 해당]로 기억해도 좋다. 185℃ 정도면 어떤 재료든 재빨리 튀길 수 있는 충분한 온도다.)

지방의 온도를 잴 때는 정확한 온도계가 필수적이다. 냄비의 옆쪽에 집게로 고정할 수 있는 형태가 가장 편리하지만 손으로 잡고 온도를 재는 조리용 온도계도 충분히 사용할 수 있다.(최대 200℃까지 잴 수 있어야 한다.) 온도계 없이 튀김을 하는 것은 권장하지 않지만, 예전부터 튀김 기름의 온도를 가늠하기 위해 사용해왔던 몇 가지 방법은 있다. 기름이 충분히 달궈졌다는 생각이 들면 오래되지 않은 빵을 2.5cm 크기의 정육면체로 잘라서 기름에 넣고 타이머를 60초에 맞춰둔다. 60초 이내에 빵 조각이 갈색으로 익으면 기름의 온도는 185℃ 정도다. 또는 기름 온도가 충분히 올라갔다는 생각이 들 때 바닥까지 닿도록 나무젓가락을 찔러 넣는다. 젓가락의 밑바닥에서 미세한 기름방울이 세차게 올라오면 튀김에 적당한 온도가 된 것이다.

튀김을 할 때 가능한 한 최소한의 기름만 사용하고 싶다는 생각이 들겠지만 절대 기름을 아끼지 말자. 재료를 뜨거운 기름에 넣으면 기름 온도가 급격하게 내려간다. 기름을 적게 사용할수록 재료를 넣었을 때 온도가 크게 내려간다. 기름의 온도가 많이 내려갈수록 온도를 다시 올리는 데 시간이 오래 걸리므로 그동안 재료가 기름투성이로 변할 가능성이 커진다. 반대로 ▶ 튀김에 사용하는 냄비에 절반 이상 높이로 기름을 붓거나 제조업체가 지정하는 분량 이상의 기름을 사용하는 것도 삼가야 한다. 수분이 많은 재료를 튀길 때는 항상 기름이 부글부글 끓어오르기 마련이므로 끓어오를 수 있는 충분한 공간을 확보해야 한다.

식물성 쇼트닝, 라드, 수지, 식물성 기름(땅콩 기름, 옥수수 기름, 카놀라유, 홍화유, 콩기름 등)은 모두 딥 프라잉에 적합하다. 독특한 냄새와 풍미를 지닌 수지와 라드를 제외하면, 이러한 기름은 별다른 특징이 없으며 형상과 구조가 매우 비슷하다. 모두 발연점도 딥 프라잉에 적당한 온도보다 훨씬 높다. ▶ 튀김을 할 때 기름을 발연점 이상으로 가열하지 않도록 주의하자. 발연점에 도달하면 기름이 분해되기 시작하며 이상한 맛이 날뿐더러 몸에 해로운 부산물이 나온다. ▶ 버터, 마가린, 엑스트라 버진 올리브유는 발연점이 낮으므로 딥 프라잉에 적합하지 않다. 특별한 목적이 있거나 여의치 않은 상황에서는 닭, 오리, 거위의 기름도 튀김에 사용할 수 있다. 이러한 기름은 발연점이 낮지만 충분히 주의를 기울이면 훌륭한 튀김 요리를 완성할 수 있다. 더 자세한 내용은 요리에 사용하는 지방 항목을 참고한다.

식탁에 내기 전에 튀긴 음식을 올려놓고 기름을 뺄 수 있도록 테두리 있는 오븐 팬과 키친타월을 넉넉하게 준비한다. 재료를 기름에 넣을 때는 ▶ 천천히 밀어 넣어 기름이 튀는 것을 최대한 방지한다. 항상 손잡이가 긴 집게나 구멍 뚫린 숟가락 또는 튀김 망을 사용한다. ▶ 도구를 먼저 뜨거운 기름에 잠깐 담가서 재료가 달라붙지 않고 잘 떨어지게 한다. 기름이 뚝뚝 떨어지는 도구를 얹어놓을 수 있는 팬이나 접시도 준비해둔다. 한 번에 너무 많은 재료를 뜨거운 기름에 넣지 않도록 주의한다. 한꺼번에 재료를 전부 튀기기보다는 조금씩 여러 번으로 나눠 튀기는 것이 좋다. **철망으로 된 건지기**('거미 뜰채spider'라고도 한다.)는 작은 튀김이 다 익었을 때 건져내기에 편리하다. 팬에 키친타월나 갈색 종이 포장지를 깔고 튀김을 얹은 뒤 65~93℃의 오븐에 넣어두면 튀김을 따뜻하게 보관할 수 있다. 튀김을 한 판 튀겨낸 다음 ▶ 기름 온도를 다시 적당한 수준으로 올린다. ▶ 기름에 떨어진 재료나 튀김옷 조각을 건져낸다. 이런 음식 조각을 그대로 남겨두면 거품의 원인이 되고(기름이 분해된다는 또 하나의 증거) 기름의 색이 변하며 튀김의 맛에도 영향을 미친다. ▶ 기름에 불이 붙었다면 레인지를 끄고 가능하면 금속 뚜껑을 냄비 위에 덮는다. 소금이나 베이킹소다로 불꽃을 잠재울 수도 있다. ▶ 물을 뿌리면 오히려 불이 더 번지므로 절대 물을 사용하지 않도록 주의한다.

신선한 기름을 사용해야 가장 맛있는 튀김을 만들 수 있지만, 튀김을 한 후에도 거품이 나거나 불쾌한 냄새가 나지 않는 기름은 한 번 더 사용할 수 있다. 일단 기름을 실온 상태로 식힌 후 여러 번 접은 면 거즈나 키친타월을 깐 체에 부어서 음식 조각을 걸러낸 후 용기에 담는다. 뚜껑을 꽉 닫아서 냉장고에 넣어두었다가 나중에 사용한다. ▶ 한 번 사용했던 기름은 발연점이 낮아져서 튀김을 하기 위해 다시 가열하면 연기가 나거나 최악의 경우 불이 붙을 수도 있으므로 기름을 재사용할 때 특히 주의해야 한다. 재사용 가능 여부를 확인하려면 소량의 기름을 달군 후 정육면체 모양의 빵조각을 넣어서 갈색이 될 때까지 튀긴다. 빵의 맛을 보았을 때 강한 풍미가 나지 않아야 한다. 만약 냄새가 난다면 다시 사용할 수 없으므로 기름을 버린다.

▲ 높은 고도 지역에서 딥 프라잉을 할 때는 재료에 들어 있는 수분의 끓는 점이 낮아지므로 튀김 기름의 온도도 낮춰야 한다. 기름 온도를 낮추면 속이 제대로 익지 않은 상태에서 재료의 표면이 짙은 갈색으로 변하는 것을 방지할 수 있다. 기름 온도를 낮추는 정도는 튀김 재료에 따라 달라지지만 대략 고도가 300m씩 올라갈 때마다 1.5℃ 정도 내리면 된다.

샬로 프라잉(Shallow-Frying)

샬로 프라잉은 평소에 요리할 때 딥 프라잉보다 훨씬 더 실용적이고 자주 사용되는 방법이다. 샬로 프라잉을 할 때는 기름이나 지방을 훨씬 적게 사용하며 재료가 기름에 완전히 잠길 필요도 없다. 기름이 적게 필요하므로 라드, 거위 기름, 수지 등의 풍미 진한 동물성 지방을 사용하기도 쉽다. 유일한 단점이라면 튀기는 도중에 한 번 이상 재료를 뒤집어주어야 한다는 것이다.(여러 장점에 비하면 대수롭지 않다.) 샬로 프라잉은 특히 밀가루나 빵가루 또는 잘 달라붙는 기타 가루 재료를 입혀서 튀기는 단단한 재료에 적합하다. 또 한 가지 고려할 것은 기름을 적게 사용하기 때문에 재료를 기름에 넣을 때 온도가 더욱 급격하게 내려간다는 점이다.(다만 온도를 다시 올리는 속도도 빠르다.) 그러므로 튀김옷을 입혀서 튀김을 할 때는 샬로 프라잉이 적합하지 않다. 재료를 넣었을 때 기름 온도가 확 낮아지므로 튀김옷이 제대로 굳기 전에 어느 정도 흩어지기 마련이다. 또한 기름에 잠기지 않은 부분에서는 튀김옷이 흘러내려 재료가 그대로 노출된다. 농도가 걸쭉한 튀김 반죽(선택 재료인 달걀흰자 거품을 넣어서 섞은 맥주 튀김 반죽 등)을 사용하거나 재료를 뒤집기 전에 속살이 노출된 부분에 숟가락으로 튀김옷을 얹어주면 이러한 문제점을 어느 정도 보완할 수 있다.

소테(Sautéing)와 팬 프라잉(Pan-Frying)

프랑스어 동사 소테(sauter)는 '뛰어오르다'라는 의미로, 재료를 소테 방식으로 조리할 때 일어나는 현상을 상당히 적절하게 표현한 용어다. 소테는 프라이팬의 뚜껑을 덮지 않고 적은 양의 기름을 두른 후 중강불에 올려 조리하는 방식이다. 재료를 넣은 후 재료가 계속 움직이도록 프라이팬의 손잡이를 흔들어준다.(손목을 움직이는 기술에 자신이 없다면 그냥 재료를 저어도 상관없다.) 비교적 빨리 진행되는 조리 과정이며, 재료는 보통 작은 조각으로 잘라서 사용하고 조리를 시작할 때부터 강불로 재료가 연해질 때까지 익힌다.

가장 맛있는 소테 요리를 만들고 싶다면 정제 버터 또는 식물성 기름을 사용한다. 재료는 균일한 두께와 크기로 썰어야 하며 표면의 물기를 닦아내야 한다. 프라이팬에 두른 기름에서 연기가 나기 직전에 재료를 넣으면 먹음직스러운 지글지글 소리가 크게 나야 한다. 재료는 물기가 없어야 하며 한꺼번에 프라이팬에 너무 많이 넣지 말아야 한다. 그렇지 않으면 수증기가 일어나고 갈색으로 잘 익지 않는다. 재료를 골고루 갈색으로 익히려면 프라이팬을 자주 흔들되, 육류나 생선은 진한 갈색으로 익기 전에 섣불리 휘젓지 않는다.

소테는 소스가 필요 없는 간단한 곁들임 음식을 만들 때 활용하기 좋은 조리 방식이다. 으깬 마늘을 채소와 함께 프라이팬에 넣고 향신료 가루나 굵게 빻은 고춧가루로 양념한 후 감귤류즙이나 식초를 살짝 뿌리고 신선한 허브를 넣어 가볍게 뒤적이며 마무리한다.

닭 가슴살, 스테이크, 커틀릿 등의 큼직한 재료는 기름을 약간 두르고 중강불로, 즉 시어링보다 약간 낮은 불로 익혔을 때 소테 방식으로 조리했다고 일컫는 경우가 많다. 소테라는 용어의 사용 관례와는 관계없이, 스테이크, 촙, 커틀릿을 소테 방식으로 조리할 때는 손목을 흔들어서 뒤적이는 것이 아니라 재료를 직접 한두 번 뒤집어서 갈색으로 익혀야 한다. 스테이크 조리에 시어링이 아닌 소테 방식을 활용할 때의 가장 큰 장점은 프라이팬에 달라붙은 갈색 조각이 타서 씁쓸하고 매캐하게 변할 확률이 적기 때문에 맛깔난 팬 소스를 만들 수 있다는 것이다.

팬 프라잉은 소테와 비슷하지만 보통 뼈째 토막 낸 닭고기 등의 큼직한 재료에 가루 코팅을 입혀서 조리할 때 사용하는 경우가 많다. 재료가 큼직하므로 불은 낮춰야 하고 사용하는 기름의 양은 늘려야 한다. 팬 프라잉 과정에서 기름이 튀는 것을 방지하기 위해 프라이팬에 기름 방지 덮개를 올려둔다.

모양이 다소 들쑥날쑥하고 큼직한 날것 재료를 팬 프라잉 또는 소테 방법으로 조리할 때는 **그릴 프레스**(grill press)로 눌러주면 좋다. 그릴 프레스는 손잡이가 달린 묵직하고 널찍한 금속판으로 음식을 꾹 누를 수 있도록 고안된 것이다. 재료의 표면 전체가 프라이팬에 닿도록 눌러주면 더욱 골고루 갈색으로 잘 익는다.

볶음(Stir-Frying)

전통적인 볶음은 재료를 한입 크기로 작게 썰어서 아주 강불에서 조리 과정 내내 재료를 뒤적이며 조리하는 것이다. 사실 가정용 레인지로는 제대로 된 볶음 요리에 필요한 온도까지 웍을 뜨겁게 달구는 것이 불가능하다. 이렇게 강렬한 화력은 웍헤이(wok hei, 鑊氣)라는 특징을 만들어내는데, 요리책 저자인 그레이스 영(Grace Young)은 이 용어를 '웍의 숨결'이라고 번역하기도 했다.(한국어로는 불맛 정도로 이해할 수 있다. ─옮긴이) 아주 높은 온도에서 재료를 볶으면 재료가 갈색으로 변하면서 수증기가 빠른 속도로 웍 주변의 뜨겁고 건조한 공기에 유입된다. 강한 열을 내는 화구를 사용한다면 몇 분 이내에 부드럽지만 아삭함이 남아 있는 채소와 골고루 잘 익은 가늘게 썬 고기가 어우러진 볶음 요리를 완성할 수 있다. 이러한 볶음 요리는 전체적으로 먹음직스러운 갈색에 적당히 그을린 맛을 낸다. 사실 일부 요리 관련 기관에서는 바로 이러한 이유로 가정용 요리책에 실리는 레시피에 '볶음'이라는 용어를 사용하는 것을 반대하기도 한다.

맹렬하게 타오르는 강한 화력을 사용해서 만드는 정통 볶음 요리에 필요한 필수 기술은 타지 않도록 재료를 끊임없이 움직이는 요령이다. '웍헤이', 즉 불맛을 제대로 입히려면 재료를 프라이팬의 측면으로 끌어올리면서 섞어야 한다. 이를 위해 주걱 등으로 재료를 젓거나 웍의 손잡이를 움직여서 재료를 뒤적이거나 두 가지 방법을 모두 사용하기도 한다.

가정에서 요리하는 사람에게도 전혀 희망이 없는 것은 아니다. 일반적인 가정용 레인지의 제한된 화력으로도 정통 볶음과 아주 흡사한 맛있는 요리를 만들 수 있는 몇 가지 방법이 있다. 대다수가 사용할 수 있는 가장 손쉬운 방법은 이 책에 실린 각 볶음 레시피에 소개되어 있다. ▶ 프라이팬이 꽉 차지 않도록 재료를 조금씩 넣어 재료에서 수증기가 빠져나가는 것을 방지한다. 몇 번에 나눠서 볶아내고 나면 다시 한꺼번에 웍에 넣어 섞으면서 속속들이 데운다.

물론 더 강렬한 화력을 내는 화구를 이용하는 간단한 방법도 있다. 이를 위해서는 통풍이 잘되고 다양한 방법으로 불을 피울 수 있는 야외에서 시도하는 것이 가장 좋다. 야외 조리용 프로판 가스 버너는 일반 실내용 가스레인지나 전열선보다 몇 배나 강한 화력을 낼 수 있다.(접이식 소형 캠핑용 버너는 예외다.) 숯을 사용하는 일부 그릴에 쇠살대를 끼우면 웍을 사용할 수 있다. 마지막으로 숯으로 불을 피우는 타오(tao)라는 태국식 버너도 있다. 타오는 아연 도금이 되어 있으며 입구가 널찍한 양동이 모양의 화구에 아주 두꺼운 내열성 도자기 소재의 용기를 끼우게 되어 있다. 이러한 야외용 화구를 사용하면 프라이팬이 눈 깜짝할 사이에 연기가 날 정도로 뜨겁게 달아오른다.(물론 레스토랑에서 사용하는 웍 버너처럼 웍이 암적색으로 벌겋게 달아오르지는 않을 수도 있다.)

볶음 요리를 할 때는 재료를 손질하고 준비하는 데 가장 많은 시간이 소요된다. 따라서 모든 재료를 썰고, 계량하고, 손이 잘 닿는 곳에 배치한 후 레시피를 충분히 숙지하는 것이 매우 중요하다. **길이 잘 든 지름 30~35cm의 탄소강 소재 웍**이 가장 좋지만 묵직하고 큼직하면서 사용하는 화구에 맞기만 한다면 프라이팬을 사용해서도 볶음 요리를 할 수 있다. 기름을 두르지 않고 가장 강불에 올려놓아도 손상되지 않는 프라이팬을 사용해야 한다. ▶ 논스틱 프라이팬은 볶음 요리에 적합하지 않다. 가스버너에는 바닥이 둥근 웍이나 평평한 웍을 모두 사용할 수 있지만, 특수한 받침대를 받쳐서 흔들리지 않도록 고정해야 할 수도 있다. 그 외의 모든 버너에는 바닥이 평평한 웍을 사용한다. 항상 웍(또는 프라이팬)에 아무것도 넣지 않고 연기가 나기 시작할 때까지 가열한 다음 기름을 넣고 웍을 기울여서 골고루 코팅한 후 레시피의 설명을 따른다. 마늘이나 생강 등의 향미 재료를 먼저 넣고 살짝 저으면서 기름에 풍미를 우려낸 후 다른 재료를 추가하는 경우도 흔하다.

채소를 볶을 때는 익는 시간이 비슷하도록 균일한 크기로 썬다. 셀러리처럼 섬유질이 많은 채소는 가로나 사선 방향으로 썰어야 한다. 청경채처럼 큼직한 잎이 달린 채소는 꼭지와 주맥을 따로 잘라낸 후 사선으로 얇게 썰어야 한다. 익는 시간에 따라 채소를 분류해 오래 익혀야 하는 채소를 웍이나 프라이팬에 먼저 넣을 수 있도록 준비한다.

다지거나 얇게 저민 **가금류** 또는 **육류**를 넣고 볶음 요리를 만들 경우, 이러한 재료를 먼저 갈색으로 익힌 후 접시에 담아두었다가 채소를 볶고 나서 다시

프라이팬에 넣어 데우는 방법을 권장한다. 돼지 어깨살이나 윗양지 등과 같이 상대적으로 질긴 고기는 특히 얇게 저며서 준비해야 한다. 옆양지 스테이크처럼 결이 뚜렷한 부위는 반드시 결의 반대 방향으로 썬다. 돼지 허릿살과 닭 가슴살을 비롯해 말라버리기 쉬운 연한 부위는 속까지 익는 순간까지만 볶아야 한다. 다진 고기와 질긴 부위를 얇게 저민 것은 취향에 맞게 적당한 갈색이 될 때까지 볶아도 상관없다.

볶음의 한 종류로 **마른 볶음**(dry-frying)이 있다. 마른 볶음은 기름을 아주 약간만 두르고 중간 정도의 불에서 재료가 쪼그라들면서 살짝 마를 때까지 오랫동안 조리한다는 점에서 일반적인 볶음과는 전혀 다르다. 마늘, 생강, 발효 검은콩 등의 양념은 조리가 어느 정도 진행된 후에 추가한다. 쓰촨식 콩 마른 볶음 레시피가 마른 볶음의 좋은 예다.

시어링(Searing)

시어링은 살이 단단한 생선 스테이크(참치, 연어, 황새치 등), 돼지고기 촙, 스테이크, 관자 등의 재료를 겉은 진한 갈색으로 바삭하게 익히고 가운데는 레어나 미디엄 레어로 완성하고자 할 때 가장 적합한 조리 방법이다. 사전 시어링 및 사후 시어링과는 달리, 시어링에는 아주 뜨거운 프라이팬만 사용한다.

육류에 시어링을 하려면 길이 잘 든 무쇠 팬, 번철 또는 논스틱 코팅이 되지 않은 소테용 프라이팬을 달군다. 프라이팬을 살짝 코팅할 만큼만 식물성 기름을 두른다. 기름을 두르는 이유는 현미경으로 자세히 보면 프라이팬과 육류 모두 요철 없이 매끄럽지 않기 때문이다. 기름은 육류의 표면 전체가 프라이팬의 강렬한 열에 접촉할 수 있도록 매개체 역할을 한다. 기름에서 연기가 나기 시작하면 프라이팬이 꽉 차지 않을 정도로 적당한 분량의 고기를 넣는다. 건드리지 않고 고기의 밑면이 광택 있는 진한 갈색으로 익을 때까지 조리한다. 이 상태가 되면 고기가 프라이팬에서 쉽게 떨어져야 한다. 고기가 잘 떨어지지 않는다면 쉽게 떨어질 때까지 조금 더 조리한다. 고기를 반대쪽으로 뒤집고 마찬가지 방식으로 반대쪽을 시어링한다. 프라이팬에 기름이 고이면 따라내거나 키친타월로 살짝 찍어내서 연기가 나지 않도록 한다.

검게 그을리기(blackening)는 케이준 요리에 자주 사용되는 방법으로, 생선이나 가금류, 소고기 스테이크의 겉면에 양념을 듬뿍 바른 후 예열한 무쇠 팬에 조리해 아주 짙은 색의 풍미 진한 크러스트를 만드는 독특한 유형의 시어링이다. 이 방법으로 조리할 때는 연기가 엄청나게 나오므로 재료를 검게 그을리려면 반드시 환기가 잘되는 주방에서 작업하거나 야외용 가스버너를 사용한다.(논스틱 코팅이 된 무쇠 팬으로는 검게 그을리기 조리법을 적용하기 다소 어려우며 일단 조리한 후 다시 양념해야 할 수도 있다.)

재료를 검게 그을려서 조리하려면 우선 환풍기를 틀고(세기 조절 기능이 있다면 가장 센 강도로 설정한다.) 창문을 연다. 기름을 두르지 않은 무쇠 팬을 강불에 올려 연기가 나기 시작할 때까지 가열한다. 재료에 정제 버터를 솔로 골고루 바른 후 검게 그을리는 용도의 케이준 양념을 전체적으로 듬뿍 묻힌다. 적당한 분량의 재료를 프라이팬에 넣는다. 2~3분 정도 조리해 바닥에 크러스트가 형성되면 주걱으로 뒤집는다. 조리하는 재료의 두께에 따라 검게 그을릴 때까지 2~6분간 더 조리한다. 재료를 여러 번에 나눠서 조리한다면 한 번 작업하고 나서 프라이팬을 깨끗이 닦은 후 다시 나머지 재료를 넣는다.

습열 조리 방법에 대해

건열 조리는 전도, 복사, 대류를 통해 재료에 열을 가하지만 습열 조리 방법은

오직 재료를 액체와 증기 또는 김에 노출해 열을 전달한다.(일종의 전도) 습열 조리를 할 때 조리 온도는 물의 끓는점을 넘지 않기 때문에(100℃, 압력솥의 경우 121.1℃) 음식이 갈색으로 변하지 않는다. 재료가 갈색으로 변하는 과정인 브라우닝을 통해 요리에 추가되는 복합적인 풍미를 선호하는 사람이 많으므로, 브라우닝, 소테 등과 같은 건열 조리 방식을 습열 조리 방식과 함께 사용하는 경우가 많다.(조림, 스튜, 찜 항목을 참고한다.)

팔팔 끓이기(boiling)와 뭉근히 끓이기(simmering)

끓이기 조리법을 설명하기 전에 "팔팔 끓인 스튜는 망쳐버린 스튜다."라는 옛 격언을 소개해본다. 레시피에서는 음식을 끓는점까지 가열하거나 끓는 물(액체가 100℃에 도달해 세차게 거품이 일어나며 '팔팔 끓는' 상태)에 넣는다는 설명을 자주 접하게 되지만, 팔팔 끓이는 상태를 오랫동안 유지해야 하는 경우는 거의 없다. 심지어 '완숙(hard-boiled)' 달걀조차 기껏해야 뭉근히 삶는 정도로 조리할 뿐이다. 그렇다 하더라도 **팔팔 끓이기**는 몇 가지 특별한 경우에 매우 유용한 기술이다.

음식의 온도를 끓는점으로 오래 유지해야 하는 경우 중 하나는 신속하게 수증기를 증발시켜 액체를 졸여야 할 때다. 이에 대한 자세한 내용은 액체 졸이기 항목을 참고한다. 데치기 또는 애벌 삶기도 일정 시간 동안 음식을 끓여야 하는 또 하나의 사례다. 우리는 수프, 스튜, 조림 등을 부르르 끓어오르도록 가열했다가 불을 줄여서 뭉근히 끓는 상태로 조리하는 경우가 많은데, 먼저 강불로 맞춰놓고 주방에서 다른 일을 보다가 일단 음식이 뜨거워지고 보글보글 끓기 시작하면 불을 조절하는 편이 시간도 절약되고 편하기 때문이다.

또한 끓이기는 구이처럼 풍미를 바꾸지 않고도 단단하고 조밀한 채소를 익히는 방법이다. 물 1ℓ당 소금을 넉넉하게 넣자. 요리책 저자들은 '바닷물 정도의 염도'라는 표현을 자주 사용하는데, 이해가 잘되는 독자도, 그렇지 않은 독자도 있을 것이다. 알맞은 염도를 가늠하는 또 다른 방법은 맛을 보았을 때 다소 많이 짜다 싶을 정도로 간을 맞추는 것이다. 이러한 염도의 물에 재료를 넣고 팔팔 끓이면 적당하게 간이 맞는다.

당근, 감자, 순무 등 단단하고 밀도가 높은 뿌리채소는 재료가 넉넉하게 들어갈 정도로 커다란 냄비에 넣고 채소 위로 2.5cm까지 올라오도록 찬물을 붓는다. 강불에 올려 부르르 끓어오르도록 가열한 후 은근히 끓는 상태를 유지하도록 불을 조절한다. 이 방법을 사용하면 열이 골고루 전달되므로 채소의 겉은 으깨지고 안쪽은 제대로 익지 않는 상황을 방지할 수 있다. 브로콜리와 완두콩처럼 연한 채소는 금세 익기 때문에 미리 물을 끓인 후 재료를 넣는다.

뭉근히 끓이기는 끓이기의 일종으로, 우리는 은근히 열을 가하는 이 방법을 팔팔 끓이기보다 자주 사용한다. 뭉근히 끓일 때는 온도를 약 60~85℃의 범위로 유지한다. 뭉근히 끓이기는 부스러지기 쉬운 재료를 보호하는 동시에 질긴 재료를 연하게 만들어주는 효과가 있다. 재료를 뭉근히 끓이면 물방울이 표면으로 얌전히 올라오면서 잘 터지지 않는다. 뭉근히 끓이기는 수프, 스튜, 조림, 육수를 끓일 때나 감자처럼 전분 함량이 높은 채소를 익힐 때 가장 유용하다.(팔팔 끓이기는 섬세한 조리 방법이 아니므로 채소가 익으면서 연해지면 부서질 우려가 있다.)

데치기(Poaching)

데치기는 다소 모호한 용어인데 일반적으로는 잘 부서지거나 익는 시간이 짧은 재료를 아주 살짝 익히는 조리 방법을 지칭한다. 데치기의 원칙은 분명하다.

재료에 열을 전달하는 열원은 뭉근히 끓는 온도에 약간 못 미치는 잔잔한 액체이며 액체의 표면에서 물방울이 부서지지 않아야 한다. 데치기에 사용하는 국물로는 물이 가장 간단하며 달걀을 데쳐서 수란을 만들 때는 물을 사용한다. 그러나 그 외의 거의 모든 재료에는 물보다 풍미가 진한 액체를 사용해야 한다. 쿠르 부용이나 육수, 간을 한 물, 와인, 심지어 기름이나 버터를 사용해서도 재료를 데칠 수 있다.

조리 과정이 짧거나 재료의 크기가 작은 경우 데치는 국물이 뭉근히 끓어오를 때 재료를 넣는다. 통닭처럼 데치는 재료가 커다란 경우에는 재료를 일단 찬물에 넣은 후 뚜껑을 연 상태로 물이 은근히 끓어오르기 시작할 정도까지 가열한다. 데치는 도중에 국물이 너무 많이 졸아들면 뜨거운 국물을 조금 더 부어서 보충해야 하지만, 보통 큼직한 재료에만 해당한다.

데치기 방법을 활용하는 요리로는 수란, 데친 생선, 버터 또는 올리브유에 데친 생선, 조린 과일, 레드와인에 조린 서양배, 삶은 닭 레시피를 참고한다.

저온 및 수비드 조리

수비드(sous vide)란 프랑스어로 '진공 하에서'라는 의미다. 특정한 조리 방법을 지칭하는 용어로 널리 사용되지만, '수비드'는 사실 정확하지도 않고 핵심에서 벗어난 용어다. 수비드라고 불리는 조리 방법의 가장 중요한 특징은 정밀하게 조절한 낮은 온도로 재료를 익히고, 조리 시간이 길며, 따뜻한 물로 중탕한다는 점이다. 상대적으로 조리 시간이 길기 때문에 음식은 단단하게 밀봉할 수 있는 봉투에 넣는다.(또는 커스터드와 피클처럼 병조림용 유리병에 넣어도 좋다.)

조리용 온도계로 온도를 계속 확인해주기만 하면 가정용 레인지에 물을 가득 부은 큼직한 냄비를 올려놓고도 이 조리 방법을 활용할 수 있다. 다행히도 요즘에는 저렴한 가격의 **수비드 조리기**(immersion circulator)를 쉽게 구할 수 있다. 수비드 조리기는 열원과 중탕 용기에 담긴 물의 온도를 조절하는 정밀한 온도계, 물을 순환하는 펌프 또는 교반봉으로 구성되어 있다. 대다수는 냄비나 캠브로(Cambro, 식품 보관 용기의 상표명 — 옮긴이) 형태의 보관 용기 또는 아이스박스 옆면에 집게로 고정할 수 있다.(전용 물통이 달린 수비드 조리기도 있지만 덩치가 크고 용도가 다양하지 않아 점차 외면받는 추세다.)

수비드는 여러 측면에서 독특한 조리 방법이며 특히 수비드 조리법이 식품 안전과 상충하는 것처럼 보이기 때문에 더욱 흥미롭다. 일반적으로 4.5~60℃의 온도(소위 '위험 온도 범위')에 음식을 보관하는 것은 안전하지 않다고 알려져 있는데, 60℃ 이하의 온도를 유지하는 중탕 용기에 넣어서 가열하는 음식이 어떻게 안전할 수 있을까? 정답은 수비드 조리법이 온도뿐만 아니라 시간의 영향을 받기 때문이다. 55℃ 이상의 온도에서 오랫동안 조리한 음식은 살균 상태가 된다.(이 원리를 이용한 사례는 1037쪽 가정에서 달걀 저온 살균하기의 정보를 참고한다.) 온도가 높을수록 저온 살균에 걸리는 시간은 짧아지며, 온도가 낮을수록 저온 살균에 오랜 시간이 걸린다.

60℃ 이하의 온도로 조리하는 음식은 일반적으로 '위험 온도 범위'에서 최대 2시간 안에 완전히 익지만, 식품 안전에 만반을 기하기 위해 조리한 음식을 즉시 식탁에 올리거나 얼음물에 담가서 재빨리 식힌 후 냉장고에 넣어두었다가 이틀 안에 먹는다. 수비드로 조리할 때는 음식이 담긴 비닐백 주변으로 물이 잘 순환되도록 해야 한다. 음식이 담긴 비닐백은 절대 물 위에 둥둥 떠서는 안 되며 용기의 바닥에 가라앉히거나 용기 옆면에 붙어 있도록 눌러놓는다.

조심성이 많은 일부 요리사는 비닐백에 음식을 담아서 조리하는 것에 우려를 표시한다. 물론 이러한 걱정도 일리는 있지만, 진공 비닐백이나 냉동용 비닐백 등의 튼튼한 비닐백에 음식을 담아서 수비드 방식으로 조리하는 것이 안전하지 않다는 증거는 발견된 바 없다. 일회용 비닐백을 자주 사용함으로써 환경에 미치는 영향이 우려된다면 여러 번 사용할 수 있는 실리콘 소재의 진공 팩도 최근 들어 몇 가지 출시되었다. 이러한 제품은 모두 수비드 조리에 사용할 수 있으며 안전하다.(다시 사용하기 전에 잘 씻고 살균한다.)

커스터드와 생선 필레 등 연하고 섬세한 음식이 수비드 조리에 가장 적합하지만, 질 좋은 육류 부위에도 수비드 조리법은 유용하다. 사실 질 좋은 고기는 값이 비싸며 그만큼 요리를 할 때 조심스럽기 마련이다. 스테이크를 시어링하는 데 복잡한 기술이 필요한 것은 아니지만, 실패 확률이 매우 낮고 조리 과정이 편리하며 완벽하게 익은 결과물을 얻을 수 있는 수비드 조리법과 비교할 수는 없다. 육류를 수비드 방법으로 조리하는 것의 유일한 단점은 수비드가 습열 조리 방식이기 때문에 갈색으로 익지 않는다는 점이다. 이 단점은 사전 시어링, 사후 시어링 또는 두 가지 방법을 모두 사용해 보완할 수 있다.

우리는 **채소**에 수비드 조리법을 자주 사용하지 않는 편이지만 채소를 요리할 때도 수비드 방식을 즐겨 사용하는 요리사들이 많다. 채소를 수비드로 조리하면 몇 가지 장점이 있다. 은근한 열을 가하므로 채소의 세포벽이 손상되지 않으면서도 조직이 연해져서 영양소와 풍미를 잘 보존할 수 있다. 또한 재료를 비닐백에 담아서 조리하므로 풍미가 진하고 (영양소도 풍부한) 즙이 빠져나가지 않고 그대로 남게 된다. 이러한 채소즙에 버터나 기름을 섞고 마늘, 감귤류 껍질, 향신료 등의 향미 재료와 소금을 첨가하면 농축된 소스를 만들 수 있다.

▶ 채소를 담은 비닐백은 물에 둥둥 뜨기 쉽다. 물속에 가라앉은 상태를 유지하려면 채소와 양념을 넣기 전에 비닐백의 바닥에 금속 숟가락이나 버터 나이프를 넣어둔다.

일부 채소는 낮은 온도(54~60℃)에서 30분간 애벌 조리하면 스튜나 조림에 넣고 몇 시간이나 뭉근히 끓여도 단단한 상태를 유지한다. 이는 낮은 온도 범위에서 활성화되는 효소 때문인데, 이 효소는 펙틴의 성질을 변화시켜 더욱 탄력을 높인다. 식품 관련 저술가 해럴드 맥기(Harold McGee)는 이 흥미로운 효과에 **지속적 단단함**(persistent firmness)이라는 용어를 사용했다. 때로는 이 효과를 요긴하게 활용할 수도 있는데, 예를 들어 오랫동안 끓여서 스튜나 조림을 만든 후에도 채소에 약간의 아삭함을 남기고 싶을 경우가 여기에 해당한다. 이 기술은 비트, 당근, 파스닙, 순무, 셀러리 뿌리, 감자 등의 다양한 뿌리채소 및 브로콜리, 콜리플라워, 아스파라거스, 껍질콩 등에 효과적이다.

일반 재료의 수비드 조리 시간 및 온도

재료	식감 또는 완성된 결과물의 상태	권장 온도와 시간	참고
달걀	저온 살균(날것 상태) 부드러운 수란	57℃, 1시간 15분 64℃, 1시간	1037쪽 참고 저온 조리 수란 레시피 참고
커스터드	부드럽게 굳음	82℃, 45분	868쪽 참고
생선 필레 또는 스테이크 (2.5cm 두께)	부드러움(레어) 부드럽고 결이 있음(미디엄 레어) 뚜렷한 결이 있음(미디엄)	49℃, 40분 52℃, 40분 54℃, 40분	405쪽 참고 껍질을 벗기지 않은 상태로 조리한 후에 사후 시어링
뼈 없는 닭 가슴살	부드러움 연함 단단함	60℃, 2시간 65℃, 2시간 70℃, 2시간	껍질을 벗기지 않은 상태로 조리한 후에 사후 시어링
뼈 없는 닭 다리살	연함	65℃, 2시간	
오리 가슴살	연하고 전체적으로 분홍색을 띰	57℃, 1시간 30분	조리하기 전에 격자 모양으로 껍질에 칼집 내기(속살까지 자르지 않도록 주의), 조리한 후에 사후 시어링
돼지고기 촙 (2.5cm 두께)	연하고 연한 분홍색을 띰	60℃, 2시간	조리한 후에 사후 시어링
돼지 안심	연하고 육즙이 많으며 연한 분홍색을 띰	60℃, 2시간	조리한 후에 사후 시어링
뼈 없는 소고기 스테이크 (2.5cm 두께)	미디엄 레어	54℃, 1시간	조리한 후에 사후 시어링
소 안심	미디엄 레어	54℃, 2시간	조리한 후에 사후 시어링
소갈비	스테이크와 비슷함 저절로 살이 떨어질 정도로 연함	57℃, 48시간 57℃, 72시간	상황에 따라 사전 시어링, 스테이크와 비슷한 갈비를 조리한 후 사후 시어링
비트(중간 크기)	연함	85℃, 1시간 30분	조리하기 전에 껍질을 벗기고 2등분 또는 4등분하기
당근(중간 크기)	모양이 잘 유지되지만 연함	85℃, 1시간	조리하기 전에 껍질을 벗기고 세로로 반 자르기
아스파라거스	아삭하고 연함	85℃, 10분	조리하기 전에 손질하기

수비드 방식으로 조리할 모든 음식은 비닐백에 담아서 밀봉하기 전에 양념한다. 소금과 후추를 뿌리기도 하고 양념 가루나 혼합 양념을 넣기도 한다. 감귤류 껍질, 허브 잔가지, 얇게 저민 마늘 또는 생강은 비닐백에 함께 넣어도 좋다. ▶ 비닐백을 밀봉하기 전에 기름이나 다른 액상 지방을 1~2큰술 넣도록 권장한다. 이렇게 하면 밀봉하기 전에 공기를 최대한 빼낼 수 있을 뿐만 아니라 비닐백에 넣은 양념이나 향미 재료의 풍미를 추출해 골고루 분산시키는 데 도움이 된다. 또한 페이스트나 육류를 양념할 때 사용하는 풍미 진한 소스를 넣어도 좋다.(후자의 경우 기름을 추가할 필요는 없다.) 소스를 넣는 것은 수비드 조리를 마친 후 고기를 시어링하지 않을 때 특히 유용하다. 고기를 소스와 함께 비닐백에 넣을 때는 두 가지 점에 유의하자. 우선 냉동용 지퍼백이나 챔버형 진공 포장기를 사용해야 한다.(일반 진공 포장기를 사용하면 소스가 빨려나오기 쉽다.) 두 번째로 소스는 고기에서 나온 육즙 때문에 희석되므로 비교적 농축된 소스를 사용해야 한다.(또는 필요하면 조리 후에 사용하는 소스의 양을 줄인다.)

수비드 조리를 위해 중탕을 준비하려면 냄비 또는 커다란 용기에 수비드 조리기를 끼운다. 수비드 조리기의 최소 눈금과 최대 눈금 사이에 오도록 물을 부어 채운다. 수비드 조리기의 온도를 적절하게 설정한다.(요리에 가장 적합한 온도는 1115쪽의 표나 해당 레시피를 참고한다.) 물이 예열되는 동안 음식과 기름 또는 양념을 진공용 비닐백이나 튼튼한 냉동용 지퍼백에 담는다. ▶ 비닐백에 음식을 넣을 때는 반드시 한 겹으로 넣어야 한다. 진공 포장기를 사용하거나 공기 치환법을 사용해 비닐백을 밀봉한다. 물이 다 데워지면 비닐백을 물에 담그고 타이머를 설정한다. 비닐백이 물에 가라앉은 상태를 유지하기 위해 빨래집게나 서류용 집게를 사용해 비닐백을 용기의 옆면에 고정해야 할 수도 있다. 물의 증발을 방지하고 열효율을 높이기 위해 비닐랩이나 뚜껑으로 중탕 용기를 덮어두도록 권장한다.(뚜껑이 얇다면 불쑥 튀어나온 수비드 조리기를 끼울 수 있도록 구멍을 뚫어도 좋다.)

1115쪽의 표는 수비드 조리를 할 때 대략적인 조리 시간과 온도를 참고할 수 있는 지침이다. 표에 나온 온도와 시간은 우리가 선호하는 익힘 정도와 식감을 기준으로 한 것이다. 각자 원하는 식감에 따라 어떤 재료든 다양한 시간와 온도 조합을 사용할 수 있으므로 표는 처음 수비드 조리를 할 때 참고하는 지침으로만 생각하자.

찌기(Steaming)

찌기는 팔팔 끓이기에 비해 많은 장점이 있다. 커다란 냄비에 가득 담은 액체가 끓어오를 때까지 기다리거나 채소를 넣은 후 다시 끓어오를 때까지 기다릴 필요가 없다. 팔팔 끓는 물에 조리하면 손상되기 쉬운 연한 채소도 찜 방식으로 조리하면 모양이 잘 보존된다. 마지막으로 채소의 영양소와 풍미도 끓이기만큼 물에 많이 녹아서 빠져나가지 않는다. 찌기는 가장 손상이 적게 채소를 조리하는 방법의 하나다. 찜은 섬세한 생선 요리나(중국식 생선찜 레시피 참고), 해산물 또는 돼지고기 슈마이 같은 만두, 바오처럼 소를 넣어서 만든 음식에도 적합하다. 또한 우리는 완숙 달걀을 만들 때도 찜 조리 방법을 가장 선호한다.

가정용 레인지에 올려서 조리하는 찜기는 접이식 찜기부터 파스타 냄비에 끼울 수 있는 형태, 아스파라거스용 찜기, 생선을 통째로 넣을 수 있는 타원형의 스테인리스스틸 찜기에 이르기까지 다양한 크기와 모양으로 출시된다. 아마도 가장 쓰임새가 다양한 것은 접이식 찜기로, 사용하지 않을 때는 접어서 보관했다가 뚜껑이 있는 모든 형태의 냄비, 편수 냄비, 깊은 프라이팬과 함께 사용할 수 있다. 여러 겹으로 쌓아서 사용하는 중국식 대나무 찜기는 찜기를

테두리에 딱 맞게 얹을 수 있는 크기의 웍이나 프라이팬에 끼워서 사용해야 한다. 여러 층으로 구성된 알루미늄이나 경량 스테인리스스틸 찜기도 쉽게 찾아볼 수 있다. 형태와 관계없이 찜기는 화구 하나에 올려서 한 끼 분량의 식사를 조리할 수 있을 만한 용량이다. 열을 가장 많이 받아야 하는 재료는 가장 아랫칸에, 열을 가장 적게 받아야 하는 재료는 가장 윗칸에 넣는다.

▶ 재료가 찜기에 달라붙는 것을 방지하기 위해 만두나 번을 찔 때는 유산지를 정사각형으로 잘라서 깐다.(또는 구멍 뚫린 둥근 유산지를 사용한다.) 다른 음식은 양배추 잎, 바나나 잎, 옥수수 겉껍질 또는 포도 잎 위에 놓고 찔 수도 있다. 대나무 찜기는 사용한 후에 반드시 깨끗이 씻어서 완전히 자연 건조한다.

재료를 찔 때 가장 보편적으로 사용하는 액체는 물이지만 육수, 맥주, 와인 또는 허브나 향신료를 우려낸 물을 섞어서 은은한 풍미를 더할 수도 있다. 음식을 찔 때는 항상 찜기의 바닥에서 2.5cm 정도 아래까지 오도록 액체의 양을 조절한다. 채소처럼 즙이 많이 나오지 않는 재료는 찜기에 그냥 넣어도 좋다. 재료에서 즙이 많이 나오는 경우 얕은 그릇이나 우묵한 접시에 담아서 찌면 빠져나오는 즙을 모두 받아낼 수 있다. 재료를 20분 이상 쪄야 한다면 구슬이나 동전 2~3개를 찜기 바닥에 넣어둔다. 이렇게 하면 물이 다 증발할 때까지 시끄러운 소리를 내며, 아무 소리가 나지 않는다면 물을 보충해야 한다는 의미다. 짤랑대는 소리가 거슬린다면 구슬이나 동전을 넣는 대신 물의 분량에 조금 더 신경을 쓰자.

재료를 찔 때 나오는 김은 아주 뜨겁다는 점을 기억하자. ▶ 찜기의 뚜껑은 항상 몸에서 먼 쪽으로 열어야 올라오는 김에 손과 팔을 데지 않는다.

감싸서 조리하는 방법

열에 직접 노출하기 전에 음식을 감싸는 조리법은 요리 그 자체만큼이나 역사가 깊다. 수많은 문화권에서 적당한 크기의 식재료를 다양한 재료로 감싸서 불에 타는 것을 방지한 기록이 남아 있다. 이 과정에서 음식을 싸는 재료의 독특한 풍미가 음식에 전달되는 경우도 많다. 아메리카 원주민은 생선, 작은 야생동물, 새를 진흙에 싸서 구웠다. 짐승의 털만 뽑고 껍질은 벗기지 않은 상태로 진흙을 전체적으로 바른 후 숯 더미에 묻어서 최대 몇 시간 동안 익혔다. 진흙을 제거하면서 껍질과 남은 깃털까지 떨어져 나오므로 짐승의 살코기만 먹을 수 있는 상태가 된다.

감싸서 조리하는 음식의 예는 영국 광산 노동자들이 즐겨 먹었던 콘월식 패스티, 소고기 웰링턴, 생선 파피요트, 소금 크러스트 안에 넣어서 구운 요리 등을 꼽을 수 있다. 심지어 클램베이크를 감싸서 조리하는 방법의 궁극적인 사례라고 생각하는 이들도 있다. 그러나 감싸서 조리하는 방법을 제대로 활용하려면 감싸는 재료에서 어느 정도의 김이 빠져나갈 수 있어야 한다. 포일로 음식을 감싸서 조리하면 불에 직접 노출하거나 포일보다는 김이 쉽게 통과할 수 있는 재료로 감싸서 조리한 음식보다 맛이 떨어지기 마련이다.

잎으로 감싸서 조리하기

양상추, 양배추, 포도, 근대, 콜라드 등의 녹색 잎 중에서 흠집이 없고 싱싱한 잎은 음식을 감싸서 조리할 때 풍미를 돋우며 속에 감싼 음식과 함께 먹을 수도 있다. 반면 바나나 잎, 무화과 잎, 야자나무 잎, 옥수수 겉껍질은 먹을 수 없으며 조리 도중에 음식을 보호하는 역할만 한다.(물론 어느 정도의 풍미는 안에 있는 음식으로 전해진다.)

일반적으로 잎으로 감싸서 익힌 요리는 조리한 다음 날에 더욱 풍미가 깊어

지며 잎이 수분의 증발을 막아주기 때문에 데워도 원래의 맛이 크게 손상되지 않는다. 음식을 감쌀 용도로 잎을 따거나 산다면 넉넉히 준비하는 습관을 들이자. 일부는 찢어지기 마련이며 속에 넣을 재료가 생각보다 많을 수도 있다. 남은 잎은 요리 접시에 깔거나 음식을 감싼 덩어리 사이에 끼우거나 조리 과정에서 맨 위에 덮어두는 용도로 사용한다.

음식을 잎으로 감싸서 조리하려면 증기로 찌거나 소스에 담가서 뭉근히 끓이거나 감싼 꾸러미를 잘 묶어서 내용물이 완전히 익을 때까지 살짝 데친다.

양배추 잎: 양배추 잎 손질 방법은 속을 채운 양배추 롤 레시피를 참고한다.

양상추 잎: 아주 잠깐 데친 후 얼음물에 담근다. 물에서 건져 물기를 없앤 후 속을 채운다.

신선한 포도 잎: 돌마를 만든다면 68쪽을 참고한다. 연한 녹색을 띠는 어린 잎을 끓는 물에 담가서 색이 진해질 때까지 4~5분간 데친 후 얼음물에 담갔다가 물기를 뺀다. 커다란 잎은 가운데 잎맥의 두꺼운 부분을 잘라낸다.(잎이 쪼개지지 않도록 주의한다.) 색이 탁하고 잎맥이 두드러진 면이 위로 오도록 작업대에 놓는다. 속재료로 쌀을 사용한다면 익으면서 부피가 팽창하므로 2작은술 이상 넣지 않도록 한다. 잎의 널찍한 바닥 근처에 재료를 봉긋하게 올리고 잎의 왼쪽과 오른쪽을 가운데로 접은 후 돌돌 말아서 꾸러미 형태로 만든다.

통조림 또는 병조림 포도 잎: 물에 잠깐 담가서 붙어 있는 잎을 분리한 후 물에서 건져 말린다. 신선한 포도 잎과 같은 방법으로 재료를 감싼다.

바나나 잎: 가운데의 굵은 잎맥을 잘라내고 잎맥을 따라 조심스럽게 찢어서 약 25cm 크기의 정사각형으로 뜯어낸다. 축축한 수건으로 양면을 닦아내되, 항상 잎맥을 따라서 작업한다. 바나나 잎 타말레 레시피를 참고한다.

옥수수 겉껍질: 닭고기와 치즈 타말레 레시피를 참고한다.

포일로 감싸서 조리하는 방법

튼튼한 포일로 음식을 감싸서 조리하면 손이 많이 가지 않고 간편하다. 잎으로 감싸서 조리하는 방법과는 달리, 포일은 공기와 수분이 통과하지 않으므로 조리 도중 음식에서 나온 수분이 전부 안에 갇히게 된다. 따라서 그릴처럼 건열을 사용하면서도 언제나 증기에 찐 것과 같은 결과물이 나오며, 재료가 갈색으로 변하지 않는다. 이러한 단점에도 불구하고 우리는 포일로 감싸서 조리하는 방법을 충분히 시도해볼 가치가 있다고 생각한다. 특히 난로 안이나 모닥불 주변에 재료를 놓고 조리하는 경우 이 방법이 유용하다.(모든 재료를 한꺼번에 담아 한 끼 식사를 요리할 수 있는 예로는 닭고기 호보 포일 구이 레시피를 참고한다.)

포일로 음식을 감싸면 여러 측면에서 조리 시간에 영향을 미친다. 포일은 열의 전달을 차단하는 성질이 있으므로 포일로 감싼 음식은 그렇지 않은 음식에 비해 조리 시간이 오래 걸린다. 반면 큼직한 로스트를 바비큐로 조리할 경우, 반쯤 익었을 때 포일로 감싸면 더 빨리 익히는 데 도움이 된다.(이 방법은 '텍사스 크러치Texas crutch'라는 독특한 이름으로 불린다.)

▶ 당근, 감자, 그 외 단단한 뿌리채소는 여름 호박, 옥수수, 브로콜리를 비롯한 연한 채소보다 익는 시간이 오래 걸린다는 점을 잊지 말자. 뿌리채소와 연한 채소를 한꺼번에 포일로 감싸서 요리할 생각이라면 단단한 채소를 먼저 애벌 조리하는 것도 좋은 방법이다.

파피요트 조리에 대해

파피요트는 생선 필레, 갑각류, 채소를 짧은 시간 안에 섬세하게 조리할 수 있는 근사한 방법이다. 재료의 향이 날아가지 못하도록 유산지가 막아주며 식탁에 내놓으면 마치 선물처럼 열어보는 즐거움을 누릴 수 있다. 재료를 유산지로 감싸기 전에 항상 양념해야 하며 얇게 저민 레몬, 신선한 허브, 향신료 등의 향미 재료와 올리브유 또는 버터를 함께 넣어 풍미와 진한 맛을 살린다. 다양한 풍미를 내기 위해서는 생선 파피요트 레시피와 생선 파피요트의 추가 재료 항목을 참고한다. 유산지가 조리 도중에 부풀어 오르면서 접힌 이음매에 상당한 압력을 가하기 때문에 아래의 설명과 그림을 반드시 참고하자.

파피요트를 만들려면 유산지 한 장을 반으로 접는다. 접힌 면부터 시작해 아래 그림처럼 하트 반쪽 모양으로 잘라낸다. ▶ 유산지는 감싸서 조리하는 음식의 거의 2배 정도 크기가 되도록 넉넉하게 자른다. 접힌 자국이 난 부근에 음식을 놓되, 너무 가까이 놓지 않도록 주의한다. 재료를 덮듯이 접어서 하트 반쪽 모양으로 만든 뒤 널찍한 부분부터 시작해 벌어진 부분을 여미듯이 가장자리를 안쪽으로 조금씩 접는다. 손가락으로 주름을 잡고 그 위로 한 번 더 접는다. 이렇게 이중으로 접은 부분을 한쪽 손의 손가락으로 잡고 다른 손으로는 그 위로 약간씩 겹치도록 접기 시작한다. 주름을 잡고 이중으로 접는 방식으로 하트 반쪽의 뾰족한 끝부분에 닿을 때까지 봉한다. 이중으로 접은 부분은 각각 바로 앞에 있는 이중으로 접은 부분과 겹치게 된다. 하트의 뾰족한 끝부분 유산지를 비틀어서 단단하게 고정하면 음식 전체가 유산지로 완전히 둘러싸인다.

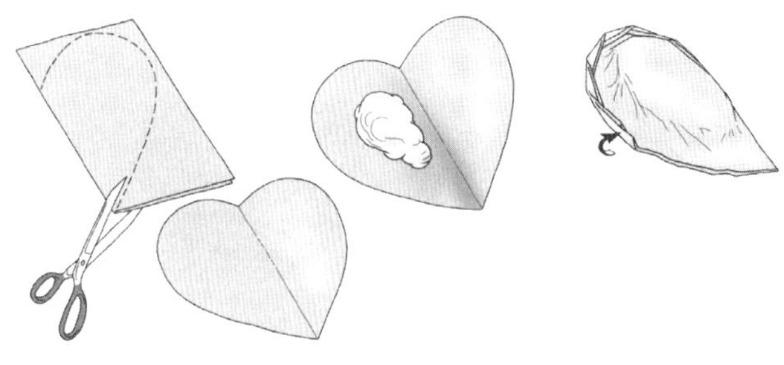

파피요트 만들기

파피요트는 기름을 살짝 바른 오븐용 접시에 올려놓고 레시피의 설명에 따라 조리한다. 식탁에 올릴 때는 곡선으로 구부러진 가장자리의 접힌 부분 바로 옆을 잘라서 음식을 꺼내고 먹음직스러운 향기를 발산시킨다.

조림, 스튜, 찜

조림(braising)은 풍미 진한 액체에 재료를 담가서 상대적으로 낮은 온도에서 부드러워질 때까지 조리하는 과정을 지칭한다. 재료를 먼저 갈색으로 익히거나 소테로 조리해서 조림 국물에 넣을 수도 있으며, 일부 채소 조림의 경우 채소가 연해질 때까지 조리한 후 국물을 팔팔 끓여서 조릴 수도 있다. 고기 조림은 보통 질긴 부위를 사용하며 연해질 때까지 몇 시간이나 조리해야 하는 경우가 많다. 이렇게 천천히 재료를 조릴 때는 냄비 뚜껑을 덮고 가정용 레인지에 올린 뒤 아주 은근히 끓어오르는 상태로 조리하거나 냄비를 150℃의 오븐에 넣어서 조리할 수 있는데, 우리는 은근히 끓는 상태를 유지하기 위해 레인지의 불을 조절할 필요가 없는 오븐 조리법을 선호한다.

이 책에서는 큼직한 고깃덩어리나 가금류를 통째로 조릴 때 **찜**(pot-roasting)이라는 용어를 사용한다. 비교적 작은 재료를 조리할 때는 레시피에서 **스튜** 또는 **프리카세**(fricasseeing)라는 용어를 사용하기도 한다. 재료의 크기와 관계없이, 재료를 조리면 액체 재료의 다양한 풍미가 어우러지며 진하고 맛있는 국물이 만들어진다. 재료를 건져낸 뒤 필요에 따라 기름을 제거한 조림 국물은 해당 요리의 소스로 사용할 수 있다.

우리가 조림 요리를 할 때 즐겨 사용하는 용기는 4.7ℓ 또는 5.7ℓ 용량의 법랑 코팅된 무쇠 소재 **더치오븐**이다. 열 보존 효과가 매우 뛰어나며 내용물이 골고루 익을 뿐만 아니라 가정용 레인지에서 조리하다가 바로 오븐에 넣을 수 있다. 기름을 먹여서 길들인 일반 무쇠 소재 프라이팬은 토마토와 와인처럼 조림에 자주 사용하는 산성 재료에 반응할 가능성이 크므로 사용을 피하는 것이 좋다. 하지만 길을 잘 들인 캠핑용 더치오븐은 난로에 올리거나 모닥불 위에서 조림 또는 스튜를 만들 때 사용해도 무방하다. 기름을 먹일 때 놓친 부분이 조림 국물에 닿을 수도 있으므로 와인 및 기타 산성 재료의 사용을 줄이도록 권장한다.(더치오븐에 아주 꼼꼼하게 기름을 먹였다면 크게 신경을 쓰지 않아도 좋다.) 캠핑용 더치오븐은 뭉툭한 다리가 있어서 냄비 아래에 숯을 갈퀴로 모아놓을 수 있으며, 뚜껑의 가장자리가 높게 올라와 있으므로 숯을 위에도 올려놓을 수 있어 모든 면이 골고루 열을 받는다. (또한 더치오븐의 이름도 이 맥락에서 쉽게 이해할 수 있다. 여기서 '더치dutch'란 '가짜'라는 의미이며, 열악한 환경에서도 진짜 오븐처럼 열을 골고루 가하면서 조리할 수 있는 용기이기 때문에 붙은 이름이다.)

더치오븐 및 뚜껑을 들어올릴 수 있는 고리가 달린 캠핑용 더치오븐

조림은 목살, 어깨살, 가슴살이나 양지, 뭉치사태, 사태 등 **육류의 질긴 부위**를 조리할 때 좋다. ▶ 스튜나 조림을 하기 전에 시간을 들여 고기를 갈색으로 익히고 조리하는 내내 아주 뭉근히 끓는 상태를 유지하면 훨씬 더 좋은 결과물을 얻을 수 있다는 점을 기억해두자.

뼈 있는 **가금류**는 조림 또는 스튜로 조리하기에 아주 좋은 부위이므로 적극 권장한다. 특히 색이 진한 다리살은 오랫동안 조리해도 실패할 가능성이 매우 낮으며 뼈에서 살이 저절로 떨어질 때까지 푹 조려도 질기거나 말라버리지 않는다. ▶ 가슴살을 스튜, 프리카세 또는 조림에 사용한다면 74℃에 도달할 때까지만 조리하고 그 이상으로 가열하지 않는다. 색이 진한 부위도 함께 넣는다면 74℃가 되었을 때 일단 가슴살을 건져내고 나머지는 끝까지 조린 다음 가슴살을 다시 넣어서 속까지 잘 데운다.

생선은 가금류 가슴살보다 더 섬세하며 생선을 넣는 시점에 뭉근히 끓이는 작업은 대부분 끝나야 한다.(더 자세한 내용은 생선 찜, 데침, 조림, 수비드 조리에 대해 항목을 참고한다.)

▶ 고기가 많이 들어 있는 스튜나 찜은 항상 불에서 내린 뒤 5분 이상 그대로 두었다가 위로 떠오르는 기름을 걷어낸 후 식탁에 낸다. 몇 시간 전에 미리 만들어둔다면 냄비에서 고기를 꺼내고 국물은 식혀서 더욱 쉽게 기름을 걷어낼 수 있다. 그다음에는 기호에 따라 리덕션(졸이기)을 진행하거나 밀가루를 넣고 치댄 버터 또는 루를 넣어서 걸쭉하게 만들 수 있다.

기름진 조림은 레몬즙이나 식초 몇 방울 또는 톡 쏘는 맛의 파르메산 치즈를 조금 갈아서 넣어 약간의 산미를 추가하면 더욱 맛이 살아난다. 조림을 1인분씩 떠서 담을 때 그레몰라타 또는 살사 베르데 등과 같이 신선한 허브를 썰어서 넣은 소스를 추가하면 상큼함을 더해준다. (▶ 조림을 보관했다가 다시 데우려면 허브 가니시를 냄비에 바로 넣지 않도록 주의한다.) 하리사, 호스래디시, 머스터드는 약간의 알싸함을 추가할 때 효과적이다. 버터나 헤비크림을 넣어서 한 번 휘저으면 국물이 더욱 걸쭉해지고 우스터 소스, 간장, 마기 시즈닝, 베트남식 캐러멜 소스, 기타 풍미 증진제를 넣으면 더욱 깊은 감칠맛이 난다. 채소와 육류 조림은 보통 아주 연하므로 바삭하게 튀긴 샬롯, 갈색으로 볶은 빵가루, 구운 견과류, 크루통, 두카 등을 홀홀 뿌려주면 기분 좋은 식감을 더할 수 있다. 또한 이러한 요리는 시간이 지날수록 맛이 깊어진다는 점을 잊지 말자. ▶ 찜, 스튜, 라구, 조림은 만든 당일보다 오히려 다음 날 더욱 맛있다.

슬로 쿠커(slow cooker)는 찜, 스튜, 조림을 만들 때 효과적인 조리 도구다. 가장 좋은 결과물을 얻으려면 우선 가정용 레인지에서 고기를 갈색으로 익힌 후 고기와 다른 재료를 슬로 쿠커에 넣는다.(사용했던 프라이팬을 데글레이즈해서 풍미 진한 갈색 조각을 녹여 떼어낸 후 슬로 쿠커에 함께 넣는 것을 잊지 말자.) 레시피를 슬로 쿠커에 맞게 응용하려면 아래 항목을 참고한다. 압력솥으로 조림을 하는 방법은 1120쪽을 참고한다.

슬로 쿠킹

슬로 쿠커의 장점은 일단 요리를 시작하면 자주 들여다보지 않고 방치해도 안전하게 조리할 수 있다는 점이다. 일반적으로 모든 조림, 스튜, 찜 또는 라구 레시피는 슬로 쿠커에 응용할 수 있다. 슬로 쿠커는 구조와 모양이 다양하지만 모두 바깥쪽의 열원, 슬로 쿠커에 끼울 수 있는 도자기 소재의 용기, 뚜껑으로 구성되어 있다. ▶ 3.8ℓ 또는 4.7ℓ 용량의 제품이라면 4~8인분을 충분히 조리할 수 있으며, 그보다 식사 인원이 많다면 6.1ℓ나 6.6ℓ 용량의 제품이 가장 좋다. 대량 조리를 위한 레시피는 모든 재료의 분량을 절반 또는 적당한 비율로 줄여서 작은 용량의 슬로 쿠커에 맞출 수 있으며, 그 반대도 가능하다. 타원형의 대용량 제품은 큼직한 로스트 부위 및 가금류를 통째로 넣을 수 있다.

▶ 대다수 슬로 쿠커는 약 단계로 설정하면 끓기 직전의 온도로 음식을 조리하고, 강으로 설정하면 끓는점보다 아주 약간 높은 온도로 조리한다. 레시피에서 따로 언급하지 않는 한, 중간에 슬로 쿠커의 뚜껑을 열지 않도록 주의한다.

가정용 레인지로 조리하는 일반 레시피를 슬로 쿠커에 응용하려면 원래 레시피의 조리 시간 30분당 슬로 쿠커를 약으로 설정할 경우 2시간으로, 강으로 설정할 경우 1시간으로 환산한다. 풍미를 최대한 끌어내기 위해 일단 가정용 레인지에 프라이팬을 올려서 육류는 미리 갈색으로 익히고 채소는 소테 방법으로 익힌 후 슬로 쿠커에 넣는다. 뿌리채소는 고기보다 더 천천히 익으므로 반드시 슬로 쿠커의 바닥에 놓아야 한다. 레시피가 오븐이나 가정용 레인지를 기준으로 한 것이라면 레시피에서 지정한 액체 재료의 분량보다 ½컵 적게 사용한다. ▶ 우유, 크림 또는 치즈 등의 유제품 재료는 너무 오래 조리하면 응고하기 마련이므로 조리가 끝나기 30분 전 또는 그보다 더 나중에 넣는다. ▶ 생선이나 갑각류를 요리한다면 조리가 거의 끝날 때쯤 넣는다. 조리가 끝나면 국물을 편수 냄비에 붓고 팔팔 끓여서 졸여도 좋다.

▲ 고도 1200m부터 300m씩 높아질 때마다 약으로 설정할 때 1시간씩, 강으로 설정할 때 30분씩 슬로 쿠커의 조리 시간을 늘린다.

이중 냄비 조리

열에 직접 올려놓고 가열하면 순식간에 망쳐버리기 쉬운 레몬 커드, 사바용, 커스터드 소스, 초콜릿 등의 아주 섬세한 음식은 이중 냄비를 사용하도록 권장한다. 이중 냄비는 크기가 달라 겹칠 수 있는 2개의 냄비로 구성되어 있다. 조리할 음식은 위쪽 냄비에 넣는다. 아래쪽 냄비에는 물을 2.5cm 높이 이하로 붓고(위쪽 냄비의 바닥에 물이 닿아서는 안 된다.) 물이 은근히 끓어오를 정도로만 가열한다. 초콜릿을 녹일 때는 물에서 증기가 날 정도로만 가열해야 한다.

소스를 만들 때 우리는 비교적 폭이 넓은 이중 냄비를 선호한다. 속이 깊고 좁은 이중 냄비를 사용하면 아무리 가끔 저어준다고 해도 바닥에 있는 소스가 정체된 채로 조금이라도 방치하면 지나치게 가열되기 쉽다. 이중 냄비가 없다면 편수 냄비에 안정적으로 올려놓을 수 있는 내열 그릇을 사용하면 된다. 그릇의 바닥과 편수 냄비의 바닥 사이에는 5~7.5cm 정도 띄워야 한다.

압력 조리법

1939년에 이르마 할머니는 독자들에게 흥분한 어조로 "눈 깜짝할 사이에 요리를 끝낼 수 있는 새로운 주방 기기가 출시되었다."고 알렸다. 그리고 일단 압력솥을 구해 사용해본 후에는 독자들에게 이렇게 조언했다. "차분하게 레인지의 불을 켜고 가상이든 현실이든 모든 어려움을 극복한 승자의 태도로 요리에 임하라." 높은 효율성으로 수십 년에 걸쳐 널리 사용되어온 압력솥은 안타깝게도 서서히 인기를 잃어가게 되었다. 묵직하고 거추장스러운 압력솥의 압력을 일정하게 유지하기 위해 불을 세심하게 조절해야 한다는 사실 자체가 많은 이들에게 너무 번거롭게 느껴졌다. 물론 압력솥이 가정용 레인지 위에서 폭발할 수 있다는 잠재적 위험 역시 다소 두려운 점이다.

우리가 압력솥을 '재발견'하게 된 것은 가정용 레인지로 직접 열을 가할 필요가 없어 사용 편의성이 뛰어난 전기 압력솥의 등장에 힘입은 바가 크다. 또한 가정용 레인지로 가열해야 하는 압력솥도 새로 나온 제품들은 수십 년 전처럼 폭발 위험이 없도록 여러 안전장치가 내장되어 있어 비교할 수 없이 안전해졌다. 물론 이르마 할머니도 수십 년 전부터 조리 시간을 단축해주었던 압력솥이 요즘 요리사들에게도 유용하게 쓰인다는 사실을 안다면 상당히 기뻐했을 것이다. 우리가 가장 좋아하는 풍미 진한 요리 중 상당수는 조리하는 데 오랜 시간이 소요된다. 압력솥의 힘을 빌리면 몇 시간을 몇 분으로 단축할 수 있으며 그와 동시에 에너지를 절약할 수 있다는 장점도 있다.

열원이 아무리 뜨겁더라도 해발 고도에서 물을 끓이면 100℃ 이상의 온도를 낼 수 없다. 공기가 희박한 로키산맥 인근 지역에 사는 사람이라면 익숙하겠지만, 기압 때문에 끓는점이 달라질 수 있으며 고도가 300m씩 올라갈 때마다 끓는점은 1.1℃씩 내려간다. 압력솥은 이와 반대의 환경을 만든다. 밀폐된 냄비 안에서 증기를 가열함으로써 기압이 증가함에 따라 끓는점도 올라간다.

가정용 레인지에 올려서 사용하는 압력솥은 제곱인치당(per square inch, psi) 15파운드를 유지하도록 설계되어 있으므로 끓는점이 121℃까지 올라간다. 같은 재료라도 15psi로 압력 조리하면 뭉근히 끓이거나 팔팔 끓이는 일반적인 조리법에 비해 조리 시간이 약 ⅓로 단축된다. 거의 모든 **전기 압력솥** 제품은 10~12psi의 압력밖에 낼 수 없으므로 끓는점도 115.6℃가 된다. 이 차이점은 조리 시간에 큰 편차를 가져올 수 있다.

산도가 낮은 모든 식품을 병조림할 때 **압력 병조림 찜기**를 사용해 고온 처리를 하는 것은 해로운 미생물을 죽이는 데 필수적이다. 병조림 압력 처리에 대한 자세한 내용은 949쪽을 참고한다. ▶ 현재 전기 압력솥은 병조림 처리 용도로 승인되지 않은 상태다.

상식 수준의 올바른 지침을 따른다면 압력솥 조리는 위험하지 않다. 압력 조리를 할 때는 사용하는 압력솥의 특징을 잘 파악하는 것이 중요하다. 제조업체의 설명서를 그대로 따라야 하며, 다음과 같은 일반적인 원칙을 준수하자. ▶ 압력솥에 ⅔ 높이 이상 음식을 채우지 않는다. 대다수 압력솥에는 음식을 담을 수 있는 최대 높이를 나타내는 눈금이 있으므로 그 이상 음식을 담으면 안 된다. 한편 증기가 충분히 생길 수 있도록 압력솥 안에 충분한 분량의 액체를 넣어야 한다. ▶ 필요한 액체의 최소량을 확인하려면 제품 설명서를 참고한다. 압력솥 조리를 할 때는 눈 깜짝할 사이에 조리가 너무 많이 진행될 수 있으므로 시간을 주의 깊게 살핀다. 마지막으로 ▶ 압력이 완전히 다 빠져나가기 전에 절대 뚜껑을 열려고 시도해서는 안 된다. 뚜껑이 잘 열리지 않는다면 억지로 힘을 가하지 말자. 압력솥 안에 아직 증기가 있다는 의미이므로 몇 분 더 기다리면 완전히 빠져나올 것이다.

압력솥에서 압력을 빼는 방법에는 기본적으로 빠른 압력 방출법과 자연 압력 배출법의 두 가지가 있다. **빠른 압력 방출법**(quick release)은 증기 밸브를 열거나, 가정용 레인지에 올려서 가열하는 제품이라면 압력솥을 싱크대에 넣고 압력이 낮아질 때까지 뚜껑 위로 찬물을 틀어놓는 것이다. **자연 압력 배출법**(natural release)은 압력이 내려갈 때까지 압력솥을 가만히 두고 식히는 것이다. 일반적으로 조리하는 음식이 부서지기 쉬운 경우 반드시 자연 압력 배출법을 적용해야 한다. 예를 들어 콩 안에 들어 있는 수분은 온도가 100℃ 아래로 내려갈 때까지 맹렬하게 끓어오르므로 콩 요리가 들어 있는 압력솥의 압력을 갑자기 낮추면 콩이 터지기 쉽다. 때에 따라 자연 압력 배출법으로 압력을 낮추려면 상당히 오랜 시간이 걸리므로(특히 전기 압력솥의 경우) 상당수 레시피에서는 두 가지 압력 방출법을 절충해 일단 10분간 자연적으로 압력을 낮춘 후 밸브를 열어서 남은 압력을 빼내도록 설명하고 있다.

빠른 압력 방출법으로 압력을 낮추려면 압력솥을 불에서 내리고(전기 압력솥은 '보온' 설정으로 바꾼다.) 집게나 손잡이가 긴 숟가락을 사용해 압력 밸브를 연다.(쉭 하는 커다란 소리가 나지만 무서워할 필요는 없다!) 압력솥에서 더 이상 증기(와 소리)가 나오지 않으면 뚜껑을 열어도 안전하다. 또는 레인지용 압력솥을 싱크대에 넣고 뚜껑 위로 찬물을 튼 후 위의 설명과 같이 진행한다.

자연 압력 배출법으로 압력을 낮추려면 그냥 압력솥을 불에서 내려놓고 기다린다.(전기 압력솥은 내장 타이머로 설정한 시간이 지나면 즉시 자연 압력 배출이 시작된다.)

압력 조리는 연한 식감을 구현하기 위해 오랫동안 조리해야 하는 음식에 가장 적합하다. 마른 콩, 통곡물, 육수, 스튜, 조림, 비트와 고구마 등의 밀도가 높은 채소는 모두 압력 조리에 적합한 재료다. 일반적인 조리 방법으로 구성된 레시피를 압력솥에 응용한다면 물이 증발하지 않으므로 액체 재료의 양을 줄여서 사용한다.

일반적인 원칙을 소개하자면 ▶ 조리 시간이 짧은 음식은 굳이 압력 조리를 할 필요가 없다. 당연한 소리처럼 들릴지 모르겠지만, 짧은 시간 안에 완성되는 상당수 음식의 경우 압력솥의 압력을 올릴 시간에 그냥 일반 방식으로 조리하면 요리 전체를 충분히 마무리할 수 있다는 점(또는 절약할 수 있는 시간이 아주 미미하다는 점)을 잊기 쉽다. 잎이 무성한 채소, 육류의 연한 부위, 생선 및 갑각류(문어 제외), 그 외의 많은 재료가 여기에 해당한다. 생과일은 조직이 약하므로 일반적으로 압력 조리법을 사용하기에 적합하지 않다.(사과 소스를 만드는 경우는 예외다.)

이 책에서는 「채소」 장의 항목마다 압력 조리가 적합하다고 판단될 때 압력 조리에 걸리는 시간을 제시해두었다. **통곡물**의 대체적인 압력 조리 시간은 곡물 조리 기준표를 참고한다. 곡물과 **마른 콩**을 조리할 때는(또는 쌀이나 마른 콩이 들어가는 수프 또는 스튜를 만들 때는) ▶ 이러한 재료가 원래 부피의 2배 이상으로 늘어날 수 있으므로 압력솥의 절반 이하로 채워야 한다. ▶ 콩을 압력 조리한다면 마른 콩 1컵당 항상 기름 1큰술을 넣어서 거품이 많이 생기는 것을 방지한다. 다시 한 번 강조하지만 사용하는 압력솥의 사용 설명서를 반드시 참고하자.

육류 및 가금류 스튜와 조림 레시피를 압력 조리에 맞게 응용하려면 레시피의 설명에 따라 압력솥(전기 압력솥이라면 소테 메뉴에 맞추고 강으로 설정한다.) 또는 묵직한 프라이팬을 사용해 고기를 갈색으로 익힌다. 레시피에 따라 채소도 소테 또는 스웨팅으로 조리한다. 브라우닝을 할 때 별도의 프라이팬을 사용한다면 데글레이즈를 해서 녹인 갈색 조각을 압력솥에 함께 넣는다. 모든 재료를 압력솥에 넣고 뚜껑을 잘 덮은 뒤 압력을 높인다. 가금류를 조리할 때는 15~20분간, 육류는 20~35분간 조리한다.(사용하는 압력솥이 최대 15psi까지 올라간다면 범위 중 짧은 시간을 기준으로 삼고, 10~12psi까지밖에 올라가지 않는다면 범위 중 긴 시간을 기준으로 삼는다.) 10분간 압력을 자연 배출한 후 밸브를 열어서 남은 압력을 빼낸다. 고기가 연하게 잘 익었는지 확인한다. 원하는 정도로 익지 않았다면 다시 압력을 올려서 더 오래 조리한다. 압력 조리 도중에는 증발이 일어나지 않으므로 스튜와 조림을 할 때는 레시피보다 액체 재료를 ½컵 줄여서 넣는다. 또는 액체 재료의 양은 그대로 두고 조리가 끝난 뒤에 고기와 채소를 건져낸 후 원하는 만큼 국물을 졸이거나 걸쭉하게 끓인다.

▲ 높은 고도 지역에서 압력 조리하기

고도가 높아지면 물의 끓는점이 낮아지므로 해발 600m 이상의 지역에서는 고도가 300m씩 높아질 때마다 압력 조리 시간을 5%씩 늘려야 한다. 다음을 참고하여 조리 시간을 늘린다.

900m: 5%

1200m: 10%

1500m: 15%

1800m: 20%

2100m: 25%

2400m: 30%

늘어난 조리 시간의 절반에 해당하는 비율만큼 액체 재료의 분량을 늘린다. 예를 들어 조리 시간이 10% 늘어났다면 국물의 양을 5% 늘린다.

전자레인지 조리법

전자레인지는 주방에서 가장 큰 오해를 받아온 가전 기기 중 하나다. 전자레인지는 가정용 레인지나 오븐의 대체품이 아니다. 음식을 속부터 겉까지 골고루 익힐 수 없으며 일부 재료를 조리하는 데에는 아주 효율적이지만 모든 조리에 사용할 수는 없다.

전자레인지는 자전관(magentron)이라는 장치를 사용해 전기를 극초단파로 변환하고, '회전 팬(stirrer fan)'이 돌아가면서 내부 공간 전체에 극초단파를 골고루 전파한다. 과거의 전자레인지는 세부 설정을 할 수 없었기 때문에 자전관을 껐다 켰다 하면서 저출력 상태를 구현했다. 최근에 판매되는 전자레인지는 **변환 장치**가 내장되어 있어 자전관을 50%의 출력으로 작동시킬 수 있다. 이러

한 설정을 통해 재료를 더욱 은근하게 골고루 가열할 수 있다.

극초단파는 유리, 도자기, 종이, 플라스틱을 통과할 수 있으나 금속에 닿으면 굴절되므로 전자레인지의 내부는 금속으로 코팅되어 있다. 극초단파가 전자레인지의 내부에 흩어지면 당구공처럼 이리저리 튀면서 내부 벽에 부딪히다가 마침내 물이나 음식 안에 들어 있는 물 분자를 만나게 된다. 극초단파는 이러한 물 분자를 진동시키고 마찰로 인해 열이 발생하며, 이 열이 전도를 통해 음식 전체로 퍼져나간다.

일반적인 통념과는 달리 극초단파는 음식의 표면에서 2~3.8cm 깊이밖에 침투하지 못하므로 음식을 '안팎으로 골고루' 익히지는 못한다. 사실 전자레인지의 조리 과정은 프라이팬에 음식을 넣고 조리하는 과정과 크게 다르지 않다. 프라이팬에서 음식을 조리하면 표면이 가열된 후 열이 음식의 내부로 전도된다. 전자레인지의 경우 음식의 표면층에 있는 물 분자가 활성화되면서 열이 발생하는 것이며, 그 아래나 위가 열의 근원점이 되는 것은 아니다.

대다수 유리 접시, 그릇 또는 용기는 전자레인지 조리에 적합하다. 일부 플라스틱이나 도자기 소재도 전자레인지에 사용할 수 있지만 사용 전에 반드시 확인해야 한다.(대부분 라벨에 전자레인지 사용 가능 여부가 표기되어 있다.) 어떤 경우든 ▶ 금속 또는 금속 장식이 있는 식기는 전자레인지의 벽과 불꽃 방전(arcing) 반응을 일으키기 때문에 절대 사용해서는 안 된다. 꼬아서 봉하는 형태의 철사 끈, 금속 손잡이도 불꽃 방전을 일으킬 수 있으므로 절대 전자레인지에 넣지 않는다.

신선한 재료를 전자레인지로 조리하면 일반적인 방법으로 조리한 음식에 비해 식감이나 외관 측면에서 다소 실망스러운 결과물이 나올 수밖에 없다. 전자레인지마다 조리 시간이 크게 다르며, 거의 모든 음식은 전자레인지로 조리했을 때 다소 질겨진다. 육류를 전자레인지로 조리하면 다른 방법으로 조리한 것보다 퍽퍽하고 건조하다. 전자레인지로 케이크를 구우면 식감이 거칠고 너무 질척이며 윗부분도 푹 가라앉는다. 우유 또는 우유 혼합물을 전자레인지에 데우거나 조리할 때는 갑자기 끓어올라서 넘치기 쉬우므로 계속 지켜봐야 한다. 대다수 재료에 풍미를 더해주고 더욱 먹음직스러운 색으로 만들어주는 브라우닝은 전자레인지로 할 수 없는 조리 방법이다. 사전 시어링 또는 사후 시어링을 하면 다소 도움이 되겠지만 이렇게 여러 조리법을 추가하면 번거로울 뿐만 아니라 시간을 절약할 수 있다는 전자레인지의 큰 장점마저 상쇄되고 만다.

그러나 전자레인지는 먹다 남은 음식을 데우거나 팝콘을 튀기는 것 이외에도 충분히 활용도가 높은 가전제품이다. 대다수 채소, 특히 거의 모든 녹색 채소와 생선, 과일 등 수분 함량이 높은 재료는 전자레인지에서 신속하게 조리할 수 있다. 찜 방식으로 조리한 것 같은 상태가 되기는 하지만 수증기가 자욱하게 남지는 않는다. 당도가 높은 신선한 옥수수는 몇 초 안에 익힐 수 있으며 아티초크는 몇 분, 겨울 호박이나 '구운' 감자는 오븐이나 찜기로 조리할 때와 비교하면 몇 분의 일밖에 되지 않는 시간에 조리를 마칠 수 있다. 극초단파는 소량의 신선한 허브를 재빨리 말릴 때도 효과적이다. 토마토와 복숭아를 전자레인지에 넣어서 몇 초 정도 돌린 후 껍질을 까면 훨씬 쉽게 벗겨지며, 치즈나 초콜릿, 버터를 녹일 때도 전자레인지만큼 깔끔하게 작업하는 방법은 없다. 전자레인지를 사용해 초콜릿을 녹일 때는 1032쪽을 참고한다.

▶ 전자레인지로 조리할 때는 채소를 2.5cm 크기로 큼직하게 썰어서(감자, 도토리 호박, 스파게티 호박 등은 예외다.) 450g 이하의 분량만큼 조금씩 넣는 것이 가장 좋고, 그렇지 않으면 골고루 익지 않을 수도 있다. 전자레인지 조리를 할 때는 강화유리 용기가 가장 적합하며, 뚜껑이나 접시 또는 비닐랩으로 용기 위

를 덮는다. 비닐랩을 사용할 때는 수증기가 빠져나올 수 있도록 구멍을 몇 군데 뚫어준다. 채소의 종류와 관계없이 채소 450g당 육수나 국물 또는 물 ¼컵 정도와 기름 또는 버터 1큰술을 함께 넣는다. 강으로 설정해 조리하고, 껍질콩이나 브로콜리처럼 부드러운 채소는 3분마다, 비트 같은 단단한 채소는 5분마다 뒤적이면서 어느 정도 익었는지 확인한다. 특정한 채소의 전자레인지 조리 방법은 「채소」 장의 각 채소 항목을 참고한다.(모든 채소에 전자레인지 조리를 권장하지는 않기 때문에 전자레인지 조리에 적합한 채소 항목에만 설명이 실려 있다는 점을 잊지 말자.)

일반적인 조리 방법을 기준으로 한 레시피를 전자레인지에 맞게 응용하는 것은 다소 까다롭다. 실패 확률을 가장 낮추는 방법은 비슷한 전자레인지 레시피를 찾아서 지침으로 삼는 것이다. 모든 전자레인지 레시피의 조리 시간은 절대적인 기준이 아닌 참고용이라는 것을 잊지 말자. 앞서 언급한 바와 같이, 변환기가 내장된 전자레인지는 음식에 은근히 열을 가하거나 데우거나 해동하는 기능이 뛰어나다. 전자레인지의 출력에 따라서도 조리 시간이 달라지는데, 출력이 높을수록 음식이 빨리 익으며 눈 깜짝할 사이에 너무 많이 익어버리기도 한다. 출력에 따라 조리 시간을 조절하는 것은 까다롭고 복잡하므로 단순한 수식으로 계산할 수는 없다.

전자레인지에 음식을 넣어서 데울 때는 열이 골고루 분산되고 군데군데 타지 않도록 중간에 두세 번 저어주는 것이 매우 중요하다. 빵을 데우려면 물에 적신 키친타월로 느슨하게 감싼 후 빵이 따뜻해질 때까지만 5초씩 전자레인지를 작동시키고, 그 이상 데워서는 안 된다. 일단 전자레인지에서 데운 빵이 식으면 달갑지 않게도 고무처럼 질긴 식감이 생기며 아무리 노릇하게 구웠다 해도 나아지지 않는다. 음식을 커다란 접시에 담아서 데우려면 두꺼운 조각을 접시의 가장자리에 놓고 금세 데울 수 있는 조각을 접시의 가운데에 배치한다. 키친타월로 덮고 1분씩 전자레인지를 작동시킨다. 고기는 6mm 두께로 얇게 썰어서 데우면 가장 좋다. ▶ 데우는 음식의 양이 적을 때는 순식간에 너무 익어버리거나 타기 쉬우므로 특히 주의한다. 음식을 유리병에 담고 뚜껑을 닫은 상태로는 절대 전자레인지에 넣지 않는다. 지방이나 기름을 전자레인지에 넣어서 가열해서는 안 되며(버터를 짧은 시간에 녹일 경우는 제외) 전자레인지로 튀김을 시도해서도 안 된다.

야외 요리 방법에 대해

불을 다루는 행위의 원시적인 매력, 야외로 나가고 싶은 욕망, 순수한 실용적 이점에 이르기까지, 어떤 이유에서든 인류는 야외 요리를 즐겨왔다. 인류의 역사를 살펴보면 우리는 아주 오랫동안 기본적으로 야외에서 대다수 요리를 해왔다. 어느 정도 문명이 발달하기 전까지는 제대로 된 주방이 존재하지 않았으며 조리할 때 나오는 연기, 불, 강한 냄새를 감당하기에 가장 좋은 방법은 탁 트인 야외에서 요리하는 것이었다. 이제는 많은 사람들이 주방을 갖춘 주거 시설에서 생활하지만, 그럼에도 우리는 가능할 때마다 야외 요리를 하기 위해 상당한 시간과 노력을 투자한다.

가장 보편적인 야외 조리는 그릴 구이이며, 이는 널리 보급된 가스와 숯불 그릴에 힘입은 바 크다.(그리고 사실상 거의 어디서나 콘크리트 블록을 쌓아놓고 불을 피운 후 석쇠를 올려놓기만 하면 간단하게 조리할 수 있기 때문이기도 하다.) 캠핑 요리 또한 널리 보급되었으며, 야생에 얼마나 가까운 캠핑인가에 따라서 그릴에 굽거나 모닥불이나 숯불에 음식을 조리하거나 캠핑용 프로판 버너를 사용하거나 휴대용 경량 버너에 물을 끓이는 등 다양한 방법을 활용할 수 있다.

태양열을 이용하는 경우를 제외한 대다수 야외 요리는 불을 사용하기 마련이므로 난로를 이용한 조리와도 어느 정도 연관이 있다. 난로 조리는 점차 자취를 감추고 있는데, 대부분 불을 더욱 쉽게 조절할 수 있는 환경에서 조리하는 것을 선호할 뿐만 아니라 대다수 가정에는 조리에 적합한 난로가 갖춰져 있지 않기 때문이다. 그러나 만약 집에 조리가 가능한 난로가 있다면 꼭 활용해보자! 야외 요리의 매력을 십분 느낄 수 있으면서도 가정에서 편안하게 조리하는 방법이기 때문이다. 난로 요리에 대해서는 1128쪽을 참고한다.

캠핑 요리

캠핑을 즐기는 사람에게 야외 요리는 사치라기보다 생존을 위한 필수 작업이다. 이는 귀찮은 일이 아니라 기분 좋게 소박한 행복을 누릴 수 있는 캠핑 활동의 일부다. 오랫동안 조리해야 하는 캠핑 요리는 보통 가스를 연료로 사용한다. 프로판 가스 버너는 사용 편의성이 뛰어나지만 -1℃ 이하의 온도에서는 잘 작동하지 않는다. 캠핑하면서 불을 피워 음식을 조리할 경우, 기본적인 화재 예방 안전 수칙을 숙지하고 보호 장치를 갖춰서 야생 동식물에 피해가 가지 않도록 한다.

야외에서 불을 피울 때는 엄중한 책임감을 느끼고 안전에 유의해야 한다. 우선 새로운 불 구덩이를 파는 것은 절대 삼가야 하며, 특히 외딴곳일 경우 더욱 주의가 필요하다. 바위로 둘러싸여 있고 승인을 받은 기존의 불 구덩이를 사용해서만 불을 피워야 한다. 불 피우기 금지령이 발효되어 있을 때는 절대 불을 피우지 않는다.

단단한 목재는 무른 목재보다 연기가 덜 나며 훨씬 강한 화력을 낼 수 있다. 불을 피울 때 선호하는 목재는 오크나무, 너도밤나무, 단풍나무, 물푸레나무, 그리고 상록수의 순서대로다. 너도밤나무는 녹색일 때도 불이 잘 붙고 사시나무는 전혀 불이 붙지 않는다. 그렇다 해도 일단 숯을 충분히 깔아놓으면 어느 나무든 타게 된다. 물론 장작이 많이 젖어 있을수록 연기가 더욱 많이 난다. 젖은 장작을 쪼개서 불 가까이에 놓고 말리면 이 문제를 해결하는 데 도움이 된다. 젖은 장작이든 마른 장작이든 ▶ 쪼갠 장작은 통나무보다 항상 훨씬 쉽게 불이 붙으며 더 효율적으로 화력을 낸다.

장작불을 붙이려면 잔가지가 그대로 붙어 있는 자그마한 죽은 나뭇가지 몇 개를 모은다.(서 있는 그대로 죽은 나무에서 잘라내면 더욱 좋다.) 나뭇가지를 10~20cm 크기로 부러뜨린 후 성냥개비 굵기부터 시작해 연필 굵기, 엄지손가락 굵기 이상 등으로 굵기에 따라 분류한다. 불을 피울 때는 쓸모없는 마른 물건이나 말라서 죽은 식물을 불쏘시개로 사용하면 좋다. 솔잎이나 대팻밥이 특히 효과적이다.(다용도 칼이 있다면 큼직한 나뭇조각을 대팻밥처럼 깎아내도 좋다.) 불을 피울 자리를 둥그렇게 마련한 후 큼직한 장작을 가운데에서 떨어진 곳에 놓는다. 마른 나무껍질 위에 대팻밥이나 나뭇잎을 조금 올려놓고 큼직한 장작 옆에 배치한다. 대팻밥이나 나뭇잎 위에 가장 작은 잔가지를 쌓아서 윗면을 잘라낸 피라미드 모양으로 만들고, 큼직한 장작 옆에 기대는 형태로 배치한다.(불이 나뭇가지를 타고 올라가기 마련이므로 잔가지는 최대한 세로로 세워서 쌓는다.) 성냥으로 불쏘시개에 불을 붙인 다음 피라미드에서 바람을 정면으로 받는 쪽에 놓는다. 불이 붙으면 바로 연필 굵기의 잔가지를 넣고 그다음에는 손가락 굵기의 잔가지를 넣는 식으로 점점 두꺼운 잔가지를 추가한다. ▶ 큼직한 나뭇가지를 넣기 전에 불이 세게 붙을수록 성공 확률이 높아진다. 연료를 추가할 때는 불이 공기와 접촉해 숨을 쉴 수 있도록 나뭇가지 사이에 공간을 충분히 확보한다. 연기가 너무 많이 난다면 공기가 부족할 가능성이 있다.(막대기로 장작 사이를 벌려서 공기가 더 많이 들어가게 한다.) 불은 자그마하게 피우는 것이 좋다. 불을 유지하는 데 장작도 적게 들어가며 불이 넓게 퍼지거나 손을 쓸 수 없을 정도로 세게 타오를 가능성도 낮을 뿐만 아니라 가까이에서 요리하기도 쉽다.

불을 피운 후에는 절대로 자리를 비워서는 안 된다. ▶ 불을 피우는 순간부터 완전히 꺼질 때까지 주변 식물에 불꽃이 튀는지 잘 살핀다. 모닥불의 위쪽으로 늘어진 가지에 불이 옮겨붙지 않는지도 확인한다. 불을 끌 때는 물을 뿌리고 진흙을 섞은 흙을 넣고 휘저은 다음 발로 꾹꾹 밟아서 끄고, 눈이나 모래를 덮어서 ▶ 불이 완전히 꺼지고 불을 붙였던 자리가 차가워진 것을 확인한 후에 자리를 뜬다.

별다른 조리 도구가 필요 없는 캠핑 요리로는 닭고기 호보 포일 구이, 캠프파이어 바나나 레시피를 참고한다. 적당한 크기로 썬 채소, 생선, 토막 낸 닭고기 등의 다양한 음식에 기름을 살짝 두르고 약간의 양념을 한 다음 포일로 두 번 감싸서 불이나 숯 옆에 놓고 조리할 수 있다. 뭐니 뭐니 해도 간단한 조리법이 가장 좋다.

잉걸불을 갈퀴로 긁어모아 더치오븐을 올려놓은 후 장작불에서 직화 또는 복사열로 조리할 때는 벽난로 또는 난로에서 조리하기 항목을 참고한다. 종류와 관계없이 냄비나 프라이팬 등의 조리 도구를 장작불에 직접 올려놓기 전에 바닥에 비누나 세제를 한 번 문질러서 발라준다. 이렇게 하면 나중에 훨씬 쉽게 그을음을 벗겨낼 수 있다.

구덩이 안에서 조리하기

구덩이를 사용하는 조리 방법은 전통적으로 뜨거운 돌을 구덩이에 묻어서 음식을 대량으로 익힌다. 이 조리 기술은 뉴잉글랜드의 클램베이크에서부터 미국 남부 지역의 구덩이 바비큐, 멕시코의 바르바코아(barbacoa, 땅을 파고 불을 피운 후 아가베 잎으로 덮어서 육류를 조리하는 전통 방식 — 옮긴이)와 코치니타 피빌(cochinita pibil, 유카탄식 돼지고기 바비큐 — 옮긴이), 하와이의 칼루아(kālua, 땅에 구덩이를 파고 조리하는 하와이 전통 조리 방식 — 옮긴이), 뜨거운 돌로 생선과 타로 뿌리를 조리하는 사모아의 조리 방식에 이르기까지 전 세계 여러 지역에서 사용해왔다. 구덩이의 크기는 물론 조리하고자 하는 재료의 크기에 따라 달라져야 한다. 구덩이 조리를 처음 시도한다면 토막 내지 않은 생선, 채소, 닭 또는 돼지 어깨살을 사용해 작은 규모로 시작하는 것이 좋다. 대량으로 조리하려면 깊이 60cm, 너비 90cm, 길이 120cm 이상의 구덩이를 판다.

구덩이에는 단단한 목재를 쌓고 불을 피워서 상당한 규모의 모닥불을 만든다. 만약 해안가에 구덩이를 판다면 떠밀려온 나뭇가지를 사용해도 좋다. 히커리나무, 너도밤나무, 단풍나무, 오크나무 등이 구덩이 조리에 가장 좋다.(구덩이를 데우기 위해 숯을 사용할 수도 있다.) 다음 단계는 모닥불 안에 중간 크기의 평평한 돌 40개 정도를 넣는 것이다. ▶ 개울 바닥에서 주워온 이판암이나 자갈은 가열하면 폭발할 가능성이 있으므로 절대 사용하지 않는다. 산소가 부족하면 잘 타지 않으므로 불을 잘 지켜보면서 필요할 때마다 부채질을 해준다. 최대 2시간 정도 지나면 모닥불이 완전히 타버리고 돌이 뜨겁게 달궈지므로 삽이나 집게로 타다 남은 나무를 긁어내거나 골라낸다. 뜨거운 돌을 대부분 구덩이 바닥에 넓게 펴서 깐다.(몇 개는 구덩이 위에 덮는 용도로 남겨둔다.) 포도, 무화과, 너도밤나무, 풀, 바나나, 양치류 등의 신선한 잎이나 옥수수 겉껍질, 해초를 5cm 높이로 덮는다. 또한 향이 진한 허브를 몇 줌 넣어도 좋다. 잎 위에 물을 1ℓ 정도 뿌려서 자욱한 수증기를 만들어내는 사람들도 있다. 잎을 먼저 물에 담갔다가 구덩이에 깔아도 비슷한 효과를 얻을 수 있다.

적당한 높이로 깐 잎사귀 위에 생선, 적당히 자른 고기, 고추, 껍질을 벗기지 않은 양파, 겉껍질을 벗기지 않은 옥수수, 껍질을 벗기지 않은 감자, 자르지 않은 겨울 호박 또는 뿌리채소 등의 재료를 배열한다. 재료 위에 잎을 다시 한 겹 깔고 그 위에 나머지 재료를 얹은 뒤 세 번째이자 마지막으로 잎사귀를 깐다. 해안가에서 해초를 사용해 구덩이 조리를 할 때는 작은 갑각류, 조개, 굴 등이 쉽게 떨어지지 않도록 도금된 철망 같은 쇠그물을 최소한 해초 한 겹 위에 올려놓는 경우가 많다. 이렇게 층층이 재료와 덮개를 쌓은 후 남겨둔 뜨거운 돌과 젖은 삼베를 여러 겹으로 접어서 얹고, 방수포 또는 캔버스 천으로 덮은 후 구덩이를 파낼 때 나온 흙이나 모래를 10cm 두께로 쌓아서 열이 빠져나오는 것을 방지한다.

이 작업까지 마치면 기다리다가 음식이 잘 익었는지 확인해보는 과정만 남는다. 조리에 걸리는 시간은 물론 조리하는 재료에 따라 달라진다. 채소라면 3~4시간이면 충분히 익는다. 육류는 부위와 분량에 따라 훨씬 시간이 오래 걸릴 수도 있다. 구덩이의 가장자리 부근에 있는 음식이 다 익었는지 주기적으로 확인한다. 항상 온도계를 사용해 모든 육류와 가금류의 온도가 안전한 최저 온도 이상에 도달했는지 확인한다.(육류는 육류의 권장 최종 내부 온도를 참고하고, 가금류는 가금류 조리에 대해 항목을 참고한다.) 어깨, 사태, 가슴 또는 양지와 같은 질긴 부위는 포크로 살이 부드럽게 찢어질 때까지 조리해야 한다.

구덩이에서 조리한 음식이 다 익어서 꺼낼 때가 되었는지 확인하기 위해 방수포를 들어서 젖힐 때는 매우 조심해야 한다. 음식에 모래나 흙이 들어가지 않도록 주의해야 할 뿐만 아니라 갑자기 올라오는 김과 열에 화상을 입을 위험도 있기 때문이다.

특정 장소에서 구덩이 조리를 자주 하는 편이라면 가운데가 비어 있는 콘크리트 블록을 지면에 구덩이 높이만큼 쌓아서 구덩이 형태의 오븐을 만드는 것이 더 편리할 수도 있다. 비교적 휴대하기 간편한 형태를 선호한다면 구덩이 조리와 비슷한 환경을 만들 수 있으면서 가볍고 바퀴가 달린 '구이용 수레(roasting boxes)'도 있다. 스테인리스스틸 코팅 된 통에 재료를 넣고 테두리 있는 묵직한 뚜껑을 덮은 뒤 그 위에 불을 붙인 숯을 쌓는다. 이러한 휴대용 조리기구는 불이 위쪽에서 방사되기 때문에 특히 배를 갈라 납작하게 편 돼지를 넣고 껍질이 바삭바삭해지도록 통째로 구울 때 아주 편리하다.

그릴 구이(Grilling)

그릴 구이는 야외 조리 중에서도 가장 편리하고 널리 사용되는 방법이다. 물론 음식을 그릴에 굽는 데에는 몇 가지 방식이 있으며 모두 사용하는 그릴의 종류와 밀접하게 연관되어 있다. 그릴은 일반적으로 개방형과 폐쇄형의 두 가지로 나뉜다.

개방형 그릴은 단순한 모양의 자그마한 화로부터 커다란 붙박이 그릴에 이르기까지 크기와 휴대성 측면에서 다양한 종류가 있다. 이러한 그릴은 **직화 그릴 구이**(direct grilling)라는 조리 방식에 가장 적합하다. 직화 그릴 구이는 숯이나 불꽃 위에 음식을 바로 올려놓는 방식이기 때문에 (불의 세기에 따라) 불에 직접 노출된 재료의 표면이 금세 갈색으로 변한다. 재료에서 기름이 떨어지면 연소하면서 불꽃이 화르르 타오른다. 이렇게 불꽃이 올라오는 것은 장단점이 있다. 불꽃이 너무 강렬하면 재료가 심하게 타버리거나 심지어 불이 붙기도 한다. 반면 녹아내린 기름과 연소 잔여물이 먹음직스러운 풍미를 더해주기도 한다. 대다수 개방형 그릴은 금세 조리할 수 있는 음식을 만들 때만 편리하다. 그러나 고급 개방형 및 폐쇄형 그릴은 도르래로 쇠살대나 연소통의 높이를 올렸다 내렸다 할 수 있는 기능을 갖추고 있다. 이런 기능이 있으면 재료에 가하는 열의 강도를 조절할 수 있으며 불꽃이 타오를 때 음식에 옮겨붙지 않게 할 수 있다. 연료만 충분하다면 큼직한 로스트 부위도 불꽃에서 한참 올라온 위치에 쇠살대를 설치해 올려놓고 조리할 수 있다.(또는 쇠꼬챙이에 끼우거나 로티세리를 활용해도 좋다.)

폐쇄형 그릴은 다양한 형태로 출시되지만, 아마도 가장 보편적인 것은 뚜껑이 달린 둥그런 그릴일 것이다. 폐쇄형 그릴은 개방형 그릴보다 훨씬 활용도가 높으므로 적극적으로 추천한다. 개방형 그릴처럼 뚜껑을 열고 직화 그릴 구이를 할 수도 있지만 **간접 그릴 구이**(indirect grilling), 즉 **화력이 다른 두 구역으로 나눠** 조리할 수도 있다. 그릴의 한쪽에서만 불을 피우고 재료는 불이 직접 닿지 않는 반대쪽에 올린 후 통풍구가 음식의 위로 가도록 뚜껑을 덮는다. 폐쇄형 그릴을 이런 방식으로 사용하면 대류하는 기체와 뚜껑에 반사되는 복사열을 받아 음식이 더욱 은근히 조리된다. 조리 도중에 언제라도 그릴의 뚜껑을 열고 음식을 불이 닿는 곳으로 옮겨서 갈색으로 그을릴 수 있다.

두께 5cm 이하의 부드러운 고기 부위, 얇게 저미거나 다진 고기, 연한 채소, 갑각류, 작은 생선, 살이 단단한 생선 스테이크는 간접 그릴 구이만으로도 조리를 마무리할 수 있다. 일반적으로 이러한 재료는 표면을 갈색으로 구울 때쯤이면 속까지 골고루 잘 익기 마련이다.

그 외의 모든 음식은 직화 그릴 구이 및 간접 그릴 구이를 골고루 활용해 더욱 맛있게 조리할 수 있다. 가금류(특히 뼈를 제거하지 않은 것), 로스트, 두꺼운 생선 필레 및 통생선, 단단한 채소는 직화 그릴 구이로 조리하다가 특정 시점에 불꽃이 닿지 않는 위치로 옮겨서 간접 열로 속까지 익혀야 한다. 이렇게 천천히 조리하는 음식은 속까지 골고루 익기 전이나 후에 불이 닿는 곳에 올려서 갈색으로 표면을 그을릴 수 있다. 일반적으로 우리는 가금류를 조리할 때 속까지 완전히 익기 10분 전쯤에 위치를 옮겨서 갈색으로 굽는 것을 선호한다. 이렇게 하면 껍질에서 더 많은 지방이 녹아나온 상태이므로 표면이 골고루 갈색으로 익는다. 물론 음식이 충분히 익기 전에 불이 꺼져버릴 수도 있으므로 갈색으로 그을리는 시기는 불의 상태에 따라서도 달라진다.

마음대로 켜거나 끌 수 있는 **가스 그릴**(gas grill)도 기억해두자. 한때는 숯으로 불을 피우는 그릴보다 성능이 훨씬 떨어진다는 인식이 보편적이었던 가스 그릴도 발전을 거듭해 연료 효율성이 비약적으로 향상되었고 먹음직스러운 갈색 크러스트를 만드는 데 꼭 필요한 고온을 낼 수 있게 되었다. **펠릿 그릴**(pellet grill)은 상대적으로 최근에 등장한 그릴 유형이며, 나사 장치를 사용해 톱밥을 압축해서 만든 펠릿 알갱이를 작은 컵 모양의 연소실에 넣어 불을 피우고 연기를 낸다. 온도를 설정하면 그릴이 조리 공간의 온도를 측정해 나사 장치가 연소실에 펠릿을 추가하는 속도를 조절한다. 펠릿 그릴은 사용하기 아주 편리하며 간접 그릴 조리, 바비큐, 훈연에 적합하다.(그러나 일반 오븐보다 높은 온도를 낼 수는 없다.)

숯 그릴(charcoal grill)은 불편하고 주변이 지저분해지며 사용하기 까다롭다는 단점에도 불구하고 직화 그릴 구이에 필요한 높은 온도를 내는 데에는 여전히 가스 그릴이나 펠릿 그릴보다 훨씬 뛰어나다. 여건이 허락한다면 대형 마트나 철물점, 그릴 용품 전문점에서 단단한 목재로 만든 덩어리 숯을 찾아보자. 이러한 경목 숯은 불이 훨씬 쉽게 붙고 화력을 올리기도 쉬우며 조개탄보다 더욱 깔끔하고 뜨겁게 타오른다. 그러나 조개탄은 불이 더 오래 지속되고 예측할 수 있는 일정한 화력을 낸다. 다양한 종류의 경목 숯과 조개탄을 사용해보고 각자 어떤 연료가 잘 맞는지 판단해보자.(개인적으로 우리는 직화 그릴 구이에

는 덩어리 숯을, 오래 조리할 때는 조개탄을 선호한다.) 그야말로 원시적인 야생 체험을 해보고 싶다면 모닥불을 피우고 숯이 될 때까지 태운 후 이 잉걸불을 숯 그릴에 넣어 조리에 사용해보자. 우리가 권하지 않는 유일한 연료는 저절로 타는 조개탄과 액상 라이터 연료다. 이 조합을 사용하면 그릴 구이로 조리하는 음식에 달갑지 않은 냄새가 밴다.

그릴과 연료를 제외하면, 대다수 음식을 그릴 조리하는 데 필요한 기본 장비는 별로 많지 않은 편이다. 권장하는 도구로는 **긴 집게**, **기다란 손잡이가 달린 주걱**, 정확한 **조리용 온도계**, 음식을 운반하는 데 필요한(간접 그릴 구이를 할 때 떨어지는 육즙이나 기름을 받아내기 위한 용기 역할도 한다.) **테두리 있는 오븐 팬** 몇 개다. **두껍고 튼튼한 내화성 장갑**과 불꽃이 올라올 때 뿌릴 수 있도록 **물을 담은 분무기**도 하나 있으면 유용하다. 분무기로 끌 수 없을 정도로 불이 번질 때를 대비해 물을 가득 담은 들통 하나, 정원용 호스, 모래 양동이 또는 소화기를 준비해놓으면 좋다. 그릴의 쇠살대에 달라붙은 탄 음식 조각을 떼어내기 위한 **철사 소재의 솔이나 긁개**를 장만해두면 좋고, 숯이 타고 남은 재를 모아서 담을 수 있도록 **뚜껑 있는 아연 도금 양동이**가 있어도 유용하다. 그릴 조리를 할 때 특정 작업을 더욱 쉽게 할 수 있게 도와주는 도구로는 기다란 손잡이와 **경첩이 달린 석쇠**를 꼽을 수 있다. 생선은 살이 연하고 그릴의 쇠살대에 무척 잘 달라붙으므로 석쇠에 올려서 구우면 쉽게 뒤집을 수 있다. **그릴용 바구니**는 작은 채소나 작게 자른 채소를 조리할 때 편리하다.

그릴에 불을 붙이는 방법을 설명하기 전에 몇 가지 상식적인 주의사항을 먼저 언급해둔다. ▶ 그릴은 항상 벽이나 나무 울타리, 아래로 늘어진 처마나 나뭇가지를 비롯해 불이 쉽게 붙을 수 있는 물건에서 최대한 멀리 떨어진 탁 트이고 평평한 공간에 설치한다. ▶ 아이들은 그릴 조리를 하는 장소 근처에 오지 못하게 한다. ▶ 집 안이나 천막, 통나무집을 비롯해 환기가 제대로 되지 않는 폐쇄된 공간에서는 절대 숯 그릴을 사용하지 않는다. ▶ 절대 휘발유로 불을 붙여서는 안 되며, 불이 붙은 숯에 액상 라이터 연료를 뿌리면 안 된다. 산소가 없으면 불이 꺼진다는 사실을 잊지 말고 ▶ 폐쇄형 그릴은 뚜껑을 덮고 환기구를 닫아서 불을 끄자.

▶ 건조하거나 바람이 많이 부는 환경에서 그릴 조리를 한다면 탁탁 소리를 내면서 불똥이 튀기 쉬운 경목 덩어리 숯에 불을 붙일 때 특히 주의를 기울여야 한다. 절대 불에서 눈을 떼어서는 안 된다. 덩어리 숯 중에 특히 큼직한 것이 있다면 망치로 5cm 이하의 두께로 부숴서 사용한다.(예전에 그릴 조리를 하다가 메스키트 나무로 만든 큼직한 덩어리 숯이 폭발한 적이 있는데, 이렇게 되면 커다란 잉걸불이 꽤 먼 곳까지 날아간다.) 잔디 근처에서 그릴 조리를 해야 한다면 정원용 물 뿌리개로 그릴에서 90cm 정도 떨어진 곳까지 물을 뿌리도록 권장한다.

그릴에 숯을 넣고 불을 피우려면 우리는 **연통 형태의 숯불 점화기**를 추천한다. 신문지 찢은 것, 종이봉투 또는 (숯을 다 사용했다면) 숯이 담겨 있던 종이봉투를 점화기 바닥에 넣고 그 위에 숯을 채운다. 점화기를 콘크리트, 돌 또는 불이 붙지 않는 다른 표면에 놓고(쇠살대가 끼워져 있는 그릴이 가장 좋다.) 종이에 불을 붙인다. 바닥에 있는 숯에서 위에 있는 숯으로 불이 옮겨붙을 것이다. 불꽃이 잦아들고 덩어리 숯이나 조개탄의 위쪽에 흰색 재가 얇게 한 층 생기면 숯을 사용할 준비가 된 것이다. 그릴의 쇠살대를 들어내고 점화기를 들어올린 후 뒤에 나오는 설명에 따라 조심스럽게 숯을 그릴에 붓는다.

일반적으로 중간 크기의 평범한 금속 그릴을 사용한다면 ▶ 연통 형태의 점화기 하나에 조개탄을 가득 채워서 불을 붙이면 그릴의 뚜껑을 닫고 통닭을 속까지 골고루 익히거나 뚜껑을 열고 직화 조리 방식으로 금세 익힐 수 있는

그릴 요리 6~8인분을 만드는 데 충분하다. 경목 소재의 덩어리 숯을 점화기 하나의 분량만큼 부으면 온도가 더 높게 올라가는 한편 불이 빨리 타버린다. 조개탄을 사용할 때와 비슷하게 조리 시간을 맞추려면 불을 붙이지 않은 덩어리 숯을 몇 줌 더 넣고 불이 잘 붙도록 5분간 기다린다.

숯으로 직화 그릴 구이를 하려면 그릴의 약 ⅔만큼의 공간에 숯을 부어서 쌓는다.(음식을 따뜻하게 데우거나 불꽃이 높이 올라올 때 잠시 재료를 옮겨두기 위해 일부 공간은 남겨두어야 한다.) 일반적인 폐쇄형 그릴의 경우 숯 일부를 쇠살대에 거의 닿을 만큼 높게 쌓아올리면 스테이크를 강한 화력으로 시어링하거나 그 외의 재료를 레어 또는 미디엄 레어로 조리할 수 있다.

그릴을 화력이 다른 두 구역으로 나눠서 사용하려면 그릴의 한쪽 ⅓ 공간에 숯을 붓는다. 상황에 따라 그 위에 숯을 조금 더 붓고 추가한 숯에 불이 붙을 때까지 그쪽 뚜껑을 덮은 후 환기구를 열어놓을 수도 있다. 가금류를 통째로 조리하거나 기름이 많은 로스트를 구울 때는 일회용 구이 팬이나 테두리 있는 오븐 팬을 숯이 없는 곳에 넣어두고 떨어지는 육즙과 기름을 받아내는 것도 좋다.

일단 숯에 불이 붙고 원하는 상태로 배치가 마무리되면 쇠살대를 얹고 그릴의 뚜껑을 덮은 후 환기구를 완전히 열어둔다. 이 상태로 그릴과 쇠살대를 약 5분간 예열하고, 솔이나 긁개로 쇠살대를 재빨리 문질러 닦은 후 원하는 온도나 화력을 내도록 환기구를 조절한다.

대다수 그릴 뚜껑에 온도계가 내장되어 있지만 이 온도계는 믿을 수 없는 것으로 악명이 높다. 그릴의 쇠살대에 부착할 수 있는 아날로그 및 디지털 케이블 온도계를 장만하면 음식이 실제 놓여 있는 위치의 온도를 잴 수 있으므로 훨씬 정확한 온도를 파악할 수 있다. 디지털 케이블 탐침 온도계는 간접 그릴 구이를 할 때 온도를 측정하기에는 좋지만 숯 바로 위쪽의 강렬한 화력을 견딜 수 있는 제품은 거의 없다.(직화 그릴의 온도를 잴 수 있다고 쓰여 있어도 오랫동안 정확하게 제 기능을 하기는 어렵다.)

따라서 활활 타고 있는 숯불 위의 온도를 파악하려면 대체로 경험을 활용할 수밖에 없다. 물론 점화기에서 갓 꺼낸 숯이 가장 뜨거우며, 특히 그릴의 쇠살대에 가깝고 예열 목적으로 환기구를 연 뚜껑을 덮어놓은 부분의 숯이 가장 강한 화력을 낸다. 환기구를 닫고 계속 뚜껑을 덮어두면 어느 정도 불이 잦아들기 마련이다. 예전에는 이 책에서 온도를 파악하기 위해 '뜨거운 손' 방법을 권장했었다. 그릴에 음식을 올려놓고 조리할 때 숯과 음식 사이의 거리만큼 그릴 위에 손을 올리고 숫자를 세는 것이다. 너무 뜨거워서 손을 치워야 할 때 어디까지 세었는지에 따라 화력을 가늠하면 된다.

강불	2까지 세기
중불	4~6까지 세기
약불	8~10까지 세기

숯불의 화력이 스테이크를 시어링할 정도로 뜨거운지 또는 소시지를 태워버리지 않을 정도로 불이 잔잔한지를 판단해본 경험이 없다면 아무런 기준이 없는 것보다 이 방법을 사용하는 것이 낫다. 그러나 뜨거운 열을 견딜 수 있는 정도는 사람마다 다르므로 너무 맹신해서는 안 된다.(또는 억지로 참으면서 숫자를 세다가 화상을 입을 수도 있다.) 낮은 온도로 조리해야 하는 대다수 음식은 간접 그릴 구이 방식을 사용하는 것이 좋으므로 숯불이 언제 가장 뜨거운지, 그리고 언제 숯을 보충해야 하는지의 두 가지만 파악해두면 충분하다. 두 가지 모

두 그릴 조리를 몇 번 해보면 눈으로도 쉽게 파악할 수 있다.

오랫동안 조리해야 하는 음식 또는 음식을 추가로 얹어서 그릴 구이를 하려면 대다수 그릴에 숯을 보충해야 한다. 불을 붙이지 않은 숯을 잉걸불에 넣거나 점화기에 숯을 한 번 더 꽉 채우고 불을 붙인 다음 그릴에 넣으면 된다. 숯이 점화될 때는 불쾌한 냄새가 나는 짙은 연기가 올라오기 때문에 우리는 조금 더 위험성이 높기는 해도 두 번째 방법이 최선이라고 생각한다. 일반적인 폐쇄형 그릴에서 중불 또는 강불을 1시간 이상 유지해야 할 경우 ▶ 우리는 덩어리 숯을 사용한다면 조리를 시작하고 20분 후, 조개탄을 사용한다면 조리를 시작하고 30분 후에 점화기에 숯을 가득 채우고 불을 붙인다. 이렇게 하면 그릴의 화력을 다시 키워야 할 때쯤 불이 붙은 숯이 준비된다. 개방형 그릴에서는 숯이 더 빨리 타버리므로 버거, 스테이크, 케밥을 비롯해 빨리 익는 음식을 세 번 이상 나눠서 조리해야 한다면 앞서 설명한 것보다 5분 빨리 점화기에 숯을 부어서 불을 붙여놓는다.

일부 그릴의 쇠살대에는 한쪽을 들어올릴 수 있도록 **경첩**이 달려 있어 훨씬 편리하게 숯을 보충할 수 있다.(경첩이 없는 쇠살대라면 아직 익지 않은 음식을 테두리 있는 오븐 팬에 옮겨두고 집게나 절연 처리된 방화 장갑으로 조심스레 쇠살대를 들어낸다.) **카마도식 그릴**(kamado-style grill)은 가격이 상당히 비싸지만 도자기 소재로 두껍게 절연되어 있어서 열을 놀랄 정도로 잘 보존하며 연료가 효과적으로 연소하므로 매우 편리하다. 낮은 온도로 천천히 오래 조리하는 다른 방법은 바비큐 항목을 참고한다.

쇠살대 사이로 빠질 만큼 크기가 작지 않은 한, **채소와 과일**은 그릴의 쇠살대 위에 통째로 올려놓고 구울 수 있다. 크기가 작거나 얇은 재료는 꼬치에 끼우거나 그릴용 바구니에 넣어서 구워야 한다. 조리하기 전에 채소에 발연점이 높은 기름을 넣고 뒤적이거나 채소의 표면에 솔로 기름을 바른다. 이렇게 하면 겉면이 말라버리지 않으며 갈색으로 더욱 먹음직스럽게 익는다. 빨리 익는 채소(토마토, 가지, 여름 호박, 버섯, 피망, 회향)는 중강불에 바로 올려서 식감이 연해지고 표면이 살짝 탈 때까지 굽는다. 채소를 그릴 조리하는 또 하나의 방법은 포일 주머니에 싸서 숯 옆에 놓거나 위에 올려놓는 것이다. 이 방법은 쇠살대가 작아서 음식을 전부 올려놓을 수 없을 때 특히 유용하다.

육류를 그릴 조리할 경우 부드러운 스테이크와 촙은 직화 그릴 구이에 아주 적합하다는 점을 기억하자.(가금류 커틀릿과 생선 필레 및 스테이크도 마찬가지다.) ▶ 그릴 구이를 하기 전에 여분의 지방을 잘라내면 불꽃이 확 올라오면서 기름진 연기와 재가 고기에 묻을 위험을 낮출 수 있다. 얇게 썬 부위는 고기를 둘러싸고 있는 힘줄을 잘라서 고기가 말려 올라가지 않도록 한다. 지방 함량이 아주 적은 부위라면 발연점이 높은 기름을 살짝 바른다. 시어링으로 구운 후에 고기를 그릴의 온도가 낮은 쪽으로 옮겨서 겉을 태우지 않으면서도 속까지 골고루 익혀야 할 수도 있다. 큼직한 고깃덩어리나 커다란 통생선, 가금류를 통째로 사용하거나 뼈를 발라내지 않은 가금류 토막을 사용할 때는 조리 시간의 대부분을 간접 그릴 구이 방식으로 익혀야 한다. 조리가 거의 다 끝나갈 즈음이 되면 그릴의 뚜껑을 열고 재료를 불꽃이 직접 닿는 곳으로 옮긴 뒤 갈색으로 굽는다. ▶ 항상 조리용 온도계로 재료가 다 익었는지 확인한다.(권장 온도는 조리 시간과 익힘 정도 및 가금류 조리에 대해 항목을 참고한다.) 다양한 동물성 재료에 대한 구체적인 정보는 생선 그릴 구이 및 직화 오븐 구이에 대해, 소고기 그릴 구이, 직화 오븐 구이, 소테에 대해, 닭 직화 오븐 구이 및 그릴 구이에 대해 항목을 참고한다.

나무판자에 얹어서 조리하기(Planking)

물에 적신 나무판자 위에 음식을 얹은 후 불 위에 올려서 조리하는 방법으로, 뜨거운 공기가 전하는 대류열로 음식을 조리하면서 음식에 불꽃이 직접 닿지 않도록 보호할 수 있다. 이 방법은 생선 필레 등의 부서지기 쉬운 재료에 특히 유용한데, 아마도 연어와 삼나무가 풍부한 태평양 연안 북서부 지역의 원주민들이 이 조리 방법을 선호한 것도 그러한 이유일 것이다. 나무판자에 얹어서 조리하는 방법의 또 다른 장점은 나무판자가 검게 그을리면서 나무 향과 훈연 풍미가 재료에 배어든다는 점이다.

그릴 용품 전문점에서는 나무판자 조리 전용 널빤지를 판매하므로 이를 구입해 사용할 수도 있다. 대다수 그릴에는 너비 15~20cm, 길이 25~30cm 정도의 나무판자가 가장 적당하다. 전통적으로 널리 사용된 것은 재료에 독특한 풍미를 불어넣는 서양 삼나무인데, (약품 처리를 하거나 수지가 너무 많지 않다면) 오크나무나 체리나무, 사과나무, 단풍나무 또는 히커리 등 향기 나는 단단한 나무도 사용할 수 있다. 나무판자에 불이 붙거나 지나치게 그을리는 것을 방지하기 위해 최소 6시간 이상 물에 담가둔다. 아주 살짝만 그을린 정도가 아닌 이상, 한 번 사용했던 나무판자는 재사용하지 않는다. 기본적인 조리 방법은 널빤지 위에서 구운 생선 레시피를 참고한다.

최근에는 **그릴용 랩**이라는 제품이 시판되고 있다. 보통 붉은 삼나무를 아주 얇게 깎아서 만들며 잘 구부러지는 이 랩은 물에 적신 후 작은 재료를 둘둘 말고 묶어서 사용한다. 나무판자처럼 재료를 지탱하거나 보호해줄 수는 없지만, 이 랩은 재료를 1인분씩 담아서 삼나무의 훈연 풍미를 입히는 데 효과적이다. 그릴용 랩은 물에 5분만 담가두면 되므로 훨씬 편리하지만 한 번 이상 사용할 수는 없다.

꼬치에 끼워 조리하기

적당한 크기로 썰거나 길게 저민 고기를 꼬치에 끼워서 불 위에 직접 올려놓고 굽는 조리 기술은 요리 그 자체만큼이나 오랜 역사를 자랑한다고 해도 과언이 아니다. 우리에게 익숙한 현대적인 꼬치 요리인 케밥은 양념장에 재운 양고기를 꼬치에 끼워서 숯불 위에서 굽는 터키의 시시 케밥(shish kebab)에서 유래했다. 유럽 전역과 중앙아시아에는 다양한 육류와 양념에 비슷한 조리 기술을 접목한 요리가 샤슬릭(shashlik), 브로셰트, 수블라키 등의 여러 이름으로 존재한다. 그보다 동쪽으로 향하면 인도의 탄두리 육류 요리(탄두리 치킨 또는 치킨 티카), 동남아시아의 사테, 일본의 야키토리 등이 있다. 페루에서는 안티쿠초스라는 이름으로 알려져 있다. 약간 다른 형태의 케밥으로는 다진 고기를 양념해서 굽는 것이 있다. 발칸 지역의 체바피(ćevapi), 베트남의 넴느엉(nem nướng), 아다나식 양고기 케밥이 여기에 해당한다. 이러한 케밥은 소금을 넣고 고기를 '아주 많이 치대서' 미오신을 만들어냄으로써 고기와 양념 혼합물이 단단히 뭉치고 꼬치에 잘 달라붙게 한다.

▶ 나무 꼬치는 1시간 이상 물에 담가두었다가 사용한다. 케밥을 자주 조리한다면 **납작한 스테인리스스틸 꼬치** 한 묶음을 장만해두면 아주 편리하다. 모양이 평평하기 때문에 반대 방향으로 뒤집을 때 재료가 멋대로 돌아가지 않는다. 큼직한 재료나 다진 고기 혼합물을 구워야 한다면 폭이 아주 넓은 꼬치를 찾아보자.

케밥은 피크닉에 아주 잘 어울리는 요리다. 맛깔난 양념장에 미리 재워두었다가 그릴의 불 위에 바로 올려놓고 구워서 꼬치를 빼낸 뒤 양상추와 토마토, 양파와 함께 플랫브레드나 피타에 얹어서 낸다. 뒷마당에서 그릴로 케밥을 구

울 때는 보통 정육면체로 썬 고기와 대추토마토 또는 방울토마토, 얇게 썬 피망, 버섯, 작은 양파 조각 등의 채소나 파인애플 등을 번갈아 끼워서 굽는다. 고기 사이에 베이컨 조각이나 신선한 월계수 잎을 끼워서 풍미를 추가하기도 한다.(베이컨에서 기름이 떨어지면서 불꽃이 화르르 일어날 수도 있으므로 필요하면 꼬치를 옆쪽으로 옮겨놓을 수 있도록 준비해둔다.)

다양한 재료를 하나의 꼬치에 끼울 때는 ▶ 조리 시간이 비슷한 재료들을 선택한다. 사용하는 육류, 가금류, 생선 등이 빨리 익는 부위라면, 양파와 피망을 비롯해 고기와 번갈아 가며 끼울 단단한 채소를 애벌 조리해 모든 재료가 동시에 익을 수 있도록 하자. 물론 꼬치 하나에 한 가지 종류의 고기나 채소만 끼우면 이렇게 번거로운 일을 피할 수 있으며 각 꼬치를 해당 재료에 가장 적합한 시간 동안 구울 수 있다. 다만 이렇게 하면 모든 사람에게 다양한 재료를 끼운 꼬치를 하나씩 간단히 제공할 수 없으므로 불편하다. 따라서 이럴 때는 꼬치를 접시 몇 개나 커다란 서빙용 플래터에 차곡차곡 쌓아놓고 각자 원하는 꼬치를 자신의 접시(또는 플랫브레드)에 담을 수 있도록 하는 것이 최선이다.

꼬치에 끼워서 조리하는 방법은 단순히 케밥뿐만 아니라 그릴에서 다루기 어렵거나 뒤집기 까다로운 재료를 보기 좋게 조리할 때 아주 유용하다. 얇게 썬 양파 등의 일부 재료는 꼬치 2개를 끼워서 조리하면 쉽게 조각조각 흩어지지 않으므로 편리하다. 배를 갈라서 넓게 편 오징어 등의 아주 얇은 재료는 꼬치 1~2개를 끼워두면 잘 말리지 않는다. 반으로 자르거나 배를 갈라서 넓게 편 닭을 그릴에 구울 때도 가슴살과 다리를 꼬치에 끼워서 옮기거나 뒤집으면 훨씬 편리하다.

꼬챙이에 끼워 돌리면서 굽기(로티세리 조리)

큼직한 고깃덩어리를 꼬챙이에 끼운 후 불 위나 옆에서 회전하며 조리하는 방식은 아마도 꼬치 구이만큼이나 역사가 깊을 것이다. 지난 수천 년에 걸쳐 여러 진화된 형태가 등장했다. 꼬챙이에 수평으로 끼워서 돌리는 방법, 수직으로 끼워서 돌리는 방법, 폐쇄형 로티세리, 개방형 로티세리, 열고 조리하는 로티세리, 개방형이지만 열을 반사할 수 있는 벽이 달린 로티세리 등이 그 예다.

종류와 관계없이 모든 로티세리 조리의 공통점은 고기를 열원 위나 옆에서 빙글빙글 돌려가면서 천천히 골고루 익히는 것이다. 고기가 회전하면 불에서 가장 가까운 곳의 표면이 복사열에 노출되어 갈색으로 익기 시작한다. 불에서 멀어지면 식지만, 꼬챙이가 계속 돌아가고 있으므로 그 부분이 다시 강렬한 불에 짧은 시간 동안 노출된다. 따라서 고기의 표면 전체가 갈색으로 골고루 익는다. 개방형 로티세리를 사용한다면 고기의 가장 바깥층이 불에서 멀어질 때마다 식으면서 열이 천천히 고기의 중심부 쪽으로 전달된다. 폐쇄형 그릴이나 오븐에서 뚜껑을 닫고 로티세리 조리를 하면 뜨거운 대류열과 주변의 벽에서 반사되는 복사열 때문에 재료가 더욱 효과적으로 익는다. 이렇게 하면 슬로 쿠킹과 고온 조리의 장점을 결합한 결과물, 즉 육즙이 풍부하고 전체적으로 골고루 익으며 표면은 먹음직스러운 갈색으로 변한 고기를 즐길 수 있다.

가정용으로 가장 흔하게 볼 수 있는 전동 모델은 수평 로티세리다. 숯불이나 가스 그릴에 로티세리용 부품이 포함된 경우도 있으며, 장작불이나 난로 위에서 조리할 수 있도록 쇠꼬챙이와 모터, 받침대로 구성된 로티세리 키트도 있다. 이러한 키트에 포함된 모터와 기어 장치는 상당히 강력하므로 돼지나 염소처럼 커다란 동물을 통째로 구울 때 유용하다.

장비의 설명서를 참고해 로티세리에 올려놓을 수 있는 최대 중량을 확인한다. 대다수 로티세리 그릴의 부품은 9kg 정도를 지탱할 수 있으며 통닭 몇 마

리, 기다란 갈빗대, 원통형에 가깝게 손질한 소 또는 돼지 로스트 부위(예를 들면 갈비 및 허리에서 잘라낸 것), 그 외의 뼈 없는 큼직한 고깃덩어리를 끼워서 조리할 수 있다. 아래 그림과 같이 작은 가금류는 옆구리 쪽에서 가로 방향으로 끼우고, 커다란 가금류는 머리에서 꼬리를 관통하도록 꼬챙이에 끼운다. 양 다리, 돼지 넓적다리나 어깨살처럼 가운데에 뼈가 있는 고깃덩어리는 좀처럼 균형을 맞추기가 어렵다. 물론 불가능한 것은 아니지만, 이러한 부위는 로티세리보다 간접 그릴 구이 또는 훈연 방법으로 조리하도록 권장한다.

▶ 큼직한 로스트는 무게 중심이 쇠꼬챙이 위에 오도록 하는 것이 매우 중요하다. 재료의 균형이 맞지 않으면 무거운 쪽이 위로 갈 때 회전이 느려지며, 무거운 쪽이 아래로 내려갈 때는 회전 속도가 빨라진다.(이 상태로 계속 조리하면 점점 불균형이 심해진다.) 균형이 맞지 않으면 모터와 기어 장치에 부담이 갈 뿐만 아니라 음식이 골고루 익지 않는다. 같은 이유로 고기가 옆으로 움직이지 않도록 고정하는 것도 중요하다. 통닭 등의 비교적 가벼운 재료는 균형이 다소 맞지 않더라도 통돼지처럼 무거운 재료에 비해 심각한 문제가 발생하지는 않지만, 최대한 무게 중심에 맞게 꼬챙이를 끼우고 단단히 고정해서 균형을 맞추는 것이 가장 좋다.

꼬챙이에 고깃덩어리를 고정하는 데에는 몇 가지 방법이 있다. 가장 보편적인 방법은 **꼬챙이 포크**(spit fork)를 사용하는 것으로, 고리에 여러 개의 포크 날이 달려 있어서 꼬챙이가 고리를 통과하도록 밀어 넣고 나사로 조일 수 있는 도구다. 꼬챙이에 재료를 끼운 다음 포크 날이 안쪽으로 향하도록 꼬챙이 포크를 한쪽에서 끼운다. 그다음 포크 날을 재료에 찔러 넣고 고리를 조여서 고정한다. 꼬챙이 중에는 드릴로 구멍을 뚫어서 꼬치나 **핀**(spit pin)을 끼우는 형태도 있다. 고기를 꼬챙이에 끼운 후 핀을 고기에 찔러서 꼬챙이에 있는 구멍을 관통하고 반대쪽으로 나오게 한다. 가금류의 다리나 날개(예를 들면 칠면조의 다리)가 몸통과 같은 높이에 오도록 요리용 굵은 실을 사용해 고정해야 할 수도 있다.

로티세리 장비의 형태와 사용 방식은 가지각색이므로 기준이 될 만한 조리 시간을 제시하기는 어렵다. 대략적인 시간을 참고하려면 꼬챙이에 끼워서 돌리면서 조리할 재료의 그릴 구이 레시피를 참고한다. 육류와 가금류를 조리할 때는 항상 온도계를 찔러보고 안전한 내부 온도에 도달했는지 확인해야 한다.(육류는 조리 시간과 익힘 정도 항목을, 가금류는 가금류 조리에 대해 항목을 참고한다.) 기름받이를 받쳐놓고 모든 조리가 진행되므로 솔을 사용해 고기와 가금류에 녹인 버터나 기름을 발라도 좋다. 조리 도중에 버터나 기름을 덧발라도

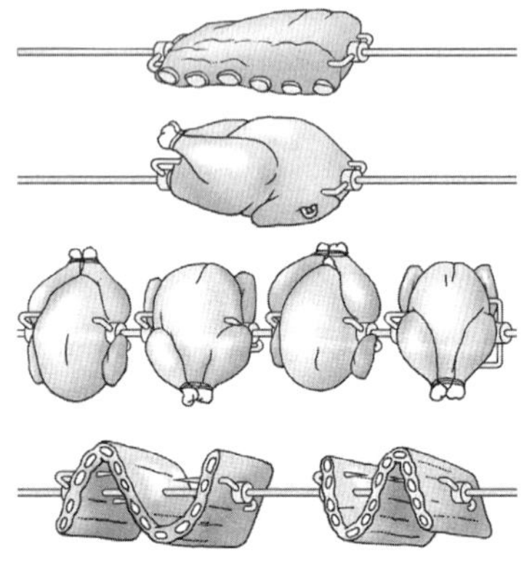

립 로스트, 가금류, 갈비를 쇠꼬챙이에 끼워 돌리면서 조리하기

좋지만, 조리가 거의 다 마무리되어 15~20분 정도 남았을 때까지는 바비큐 소스를 바르지 않도록 한다.

수직 형태의 로티세리는 그야말로 꿈에서나 그려보는 조리 장비다. 타코 알 파스토르(tacos al pastor, 돼지고기로 만든 타코)와 샤와르마 등 우리가 가장 좋아하는 몇 가지 요리는 전통적으로 수직 로티세리로 만들며, 수평 로티세리를 사용할 때처럼 균형 맞추기에 신경을 쓸 필요가 없다는 장점도 있다. 안타깝게도 수직 로티세리는 전문 식당이 아니라면 섣불리 투자하기가 힘들 정도로 가격이 비싸다.(수직 로티세리와 비슷한 환경을 구현하려면 벽난로 또는 난로에서 조리하기 항목의 그림을 참고한다.)

바비큐

바비큐는 야외에서 하는 조림(braising) 요리다. 질긴 고기 부위를 연기가 자욱하고 습도가 높은 조리 공간에 넣은 후 뼈가 살에서 저절로 떨어질 정도로 부드러워질 때까지 107~150℃의 온도로 천천히 조리하는 것이다. 돼지 어깨살, 소 윗양지, 갈비 등의 부위는 고기의 표면에 나무의 훈연 풍미가 스며들도록 오랫동안 천천히 조리하면 근사한 맛을 낸다. 시간이 지남에 따라 질긴 고기가 훈연 향이 은은하게 나는 부드러운 고기로 변신한다. '바비큐(barbecue)'라는 용어는 바르바코아(barbacoa)라는 타이노족의 언어에서 유래했는데, 바르바코아는 구덩이를 파고 고기를 숯 위에 올려서 천천히 익히는 조리 방법을 나타내는 말이다. 이러한 조리 방법은 훈연, 특히 온훈법이라고 부르기도 한다.

많은 바비큐 식당에서는 지상에 벽돌을 쌓아서 구덩이 조리와 비슷한 환경을 구현하지만, 가정에서 가장 편리하게 바비큐를 할 수 있는 방법은 훈연기나 폐쇄형 그릴에 재료를 넣고 간접 열로 조리하는 것이다. 훈연실의 한쪽에 연소통이 달린 **오프셋 훈연기**(offset smoker)는 바비큐 용도로 널리 사용되며(특히 단단한 통나무를 사용하는 종류), **드럼통 훈연기, 펠릿 그릴, 캐비닛 형태의 훈연기**도 인기가 높다. 이중에서 가장 사용하기 쉬운 것은 원하는 온도로 설정하기만 하면 저절로 조리되는 펠릿 그릴과 캐비닛 훈연기다. **가스 그릴**도 불을 조절하기 편리하지만, 가스 그릴 안에 연기를 피우고 연기가 빠져나가지 않도록 가두려면 상당히 번거롭다. 이러한 방법들이 모두 여의치 않다면 일반 **숯 그릴**에 간접 조리를 할 수 있도록 준비해 사용하는 것도 가능하기는 하다. **카마도식 그릴**은 절연과 연소 효율이 뛰어나서 숯을 보충하지 않고도 오랫동안 낮은 온도를 유지할 수 있으므로 특히 바비큐에 적합하다.(그러나 대부분의 경우 불이 직접 닿지 않도록 거추장스러운 도자기 판을 끼워야 한다.)

바비큐에 사용하는 연료로 가장 선호도가 높은 것은 단단한 나무(경목)의 통나무로, 그중에서도 오크나무, 히커리나무, 다양한 과일나무가 가장 높은 평가를 받는다. 그러나 경목 통나무는 좀처럼 쉽게 구할 수 없으므로 품질 면에서 차선책으로 선택할 수 있는 것은 경목으로 만든 덩어리 숯이며, 그다음은 조개탄, 가스의 순서다.(안전을 위해 가스 그릴은 통풍이 잘되고 연기를 가두지 않도록 설계되어 있다.) 가지고 있는 숯 그릴로 오랫동안 약불을 유지하기 어렵다면 가장 연소 시간이 길고 자주 보충할 필요가 없는 조개탄을 선택하자.

펠릿 그릴과 경목을 태워서 불을 피운 훈연기는 따로 조치하지 않아도 저절로 연기가 난다. 가스 그릴과 숯불은 그렇지 않다. 가스 그릴을 사용해 훈연하려면 구멍이 뚫린 전용 용기(또는 포일 주머니)에 물에 적신 나무 칩을 가득 채우고 버너 위에 놓는다. 숯으로 불을 피운 훈연기라면 잘 마른 경목으로 만든 큼직한 나무토막을 사용하는 것이 가장 좋다. 2시간마다 나무토막을 조금씩 보충하거나, 숯 위에 나무토막을 가지런히 배치해 비슷한 시간에 불이 붙도록 한

다. 사용할 나무의 종류로는 미국 남부식 바비큐의 경우 전통적으로 히커리나무를 사용하며 텍사스에서는 오크나무를 선호한다. 사과, 체리, 피칸 등의 과일 및 견과가 열리는 나무도 기분 좋은 풍미를 낸다. 메스키트나무에서 나는 연기는 아주 강렬하고 독특한 냄새를 지니고 있으므로 적당량만 사용한다.

그릴 조리에 필요한 기본 도구는 그릴 구이 항목을 참고한다. 훈연기에 **급수 팬**이 달려 있지 않을 경우, 넓적한 팬에 물을 담아서 숯이나 버너 위에 올려놓으면 훈연기 내부의 습도가 올라간다. 이렇게 하면 음식이 더욱 빨리 조리되며 연기가 재료의 표면에 더 잘 달라붙는다. 우리는 특히 케틀식 그릴에 장착할 수 있는 훈연통을 선호하는데, 이 훈연통은 급수 팬과 바구니를 결합한 형태로 한쪽에 숯을 담을 수 있게 되어 있다. 조리 공간 내부의 습도를 유지하는 또 하나의 방법은 배스팅, 즉 고기에 '묽은 양념장'을 자주 발라주는 것이다. 배스팅을 할 때는 긴 손잡이가 달린 **배스팅 솔** 또는 **양념 전용 솔**이 편리하다.(행주를 찢어서 묽은 양념에 흠뻑 적신 후 집게로 건져서 바르는 것도 좋은 방법이다.) **케이블 탐침이 달린 디지털 온도계**는 훈연기 내부가 적당한 온도인지 파악할 때 편리하다. 온도가 충분히 올라갔는지 짐작할 필요가 없으므로 온도계 사용을 추천한다. **그릴 온도 조절 장치**는 한 단계 더 나아가 작은 전기 팬으로 공기의 흐름을 알맞게 조절해준다. 가격이 다소 비싸지만 훈연이나 바비큐를 자주 하는 사람이라면 투자해볼 만하다.

이번에는 바비큐에서 가장 까다롭고 어려운 부분인 불 관리와 온도 조절에 관해 설명할 차례다. 펠릿 그릴과 그릴 온도 조절 장치가 있다면 사실상 자동으로 불과 온도를 조절해주므로 매우 편리하다. 그 외의 모든 훈연기는 알맞은 화력이 유지되도록 주기적으로 환풍구(또는 가스의 흐름)를 조절해야 한다. 카마도식 그릴과 가스 그릴은 불을 조절하면 금세 반응하며 연료가 다 소진되는 일이 거의 없다는 장점이 있다. 조리 과정 내내 주의를 기울이고, 지인들을 초대해 직접 만든 결과물을 대접하기 전에 사용하는 훈연기 또는 그릴의 특징을 파악해두는 것이 좋다.

펠릿 훈연기로 고기를 바비큐 조리하려면 제조업체의 설명서에 따라 불을 붙인다. 온도를 조절하고 10분간 예열한다. 선택 사항이지만 넓은 팬에 끓는 물을 가득 부어서 훈연실에서 가장 뜨거운 부분의 위쪽 쇠살대에 놓으면 좋다.(보통 펠릿이 타고 있는 연소실의 바로 위에 해당한다.)

오프셋 훈연기에 경목 통나무를 사용해 고기를 바비큐 조리하려면 우선 점화기에 숯을 넣고 불을 피운 후 훈연기의 연소통에 담는다. 또는 연소통에 바로 나무를 넣고 장작불을 피워서 잉걸이 될 때까지 전부 태워도 좋다. 잘 마른 경목 통나무 쪼갠 것을 몇 개 넣는다. 훈연기의 문과 모든 환기구를 연다. 통나무에 불이 붙으면 조리용 쇠살대 아래에 기름받이 팬을 놓고 쇠살대에서 연소실 환기구와 최대한 가까운 위치에 팬을 하나 더 올린 후 끓는 물을 가득 붓는다. 훈연기 전체에 유입된 공기가 흐르기 시작하면 훈연실의 문을 닫되, 나뭇가지를 끼워서 아주 살짝 틈을 남겨둔다. 통나무에 재가 덮이면 환기가 잘되도록 부지깽이로 뒤적인 후 연소통과 훈연실의 문을 닫는다. 훈연기가 예열되면 위쪽 환기구를 살짝 열어놓고 연소통의 환기구는 절반이 조금 안 되게 열어놓는다. 기름받이 팬을 받쳐놓은 쇠살대에 재료를 올리고 문을 닫은 후 조리한다. 연소통의 환기구를 주기적으로 조절해 최대한 원하는 온도를 유지한다. 온도가 잘 올라가지 않으면 환기구를 더 넓게 열어서 공기를 유입시키고 너무 뜨거워지기 시작하면 환기구를 닫는 식으로 조절한다. 환기구를 갑자기 확 열거나 닫기보다는 상황을 살피면서 조금씩 조절해 온도가 안정되기를 기다렸다가 필요하면 조금 더 조절하는 것이 좋다. 가끔 연소통에 통나무를 하나씩 넣고

불을 살피면서 잉걸을 뒤적이고 물이 부족하면 끓는 물을 보충한다. 모든 훈연기는 각기 다른 특징을 가지고 있으므로 여러 번 시도해보면서 최적의 사용법을 파악해야 한다.

오프셋 훈연기에 숯을 사용해 고기를 바비큐 조리하려면 점화기에 숯을 가득 채우고 불을 붙인 후 연소통에 넣고 불을 붙이지 않은 숯 한 줌을 위에 올려놓는다. 앞서 설명한 것과 같이 훈연기를 예열하고 기름받이 팬과 급수 팬을 놓는다. 훈연기가 원하는 온도에 도달하면 기름받이 팬 위의 쇠살대에 재료를 올리고 연소통에 경목 나무토막 몇 개를 넣는다. 앞의 설명대로 온도를 조절한다. 연료가 더 필요하면 경목으로 만든 덩어리 숯과 나무토막 몇 개를 연소통에 바로 넣는다.(조개탄을 넣는다면 먼저 점화기에서 불을 붙인 후 연소통에 넣는 방법을 권장한다.)

일반 숯불 그릴로 고기를 바비큐 조리하려면 우선 점화기에 숯을 절반만 채우고 불을 피운 후 그릴의 한쪽 모퉁이에 부어서 얌전히 쌓아놓는다. 숯 더미가 있는 쪽부터 시작해 불을 붙이지 않은 숯을 그릴의 한쪽에 두껍게 여러 겹으로 쌓는다. 불을 붙이지 않은 숯 위에 경목 나무토막을 띄엄띄엄 올려놓는다.(작은 나무토막 5~6개 정도면 충분하다.) 숯을 쌓아놓지 않은 쪽에 기름받이 팬을 놓고 쇠살대를 끼운다. 숯 바로 위쪽에 팬을 놓고 조심스레 끓는 물을 가득 붓는다.(끓는 물이 숯에 쏟아지지 않도록 주의한다.) 환기구가 숯이 없는 쪽을 향하도록 그릴의 뚜껑을 덮는다. 위쪽 환기구는 완전히 다 열고 아래쪽 환기구는 절반만 열어놓는다. 그릴의 내부 온도가 목표 온도까지 15℃ 남짓 남았을 때 위쪽 환기구를 절반만 닫는다. 조리하기에 적당한 온도가 되면 재료를 기름받이 팬을 받쳐놓은 쇠살대에 올리고 위의 오프셋 훈연기에서 설명한 대로 아래쪽 환기구를 사용해 온도를 조절해가면서 조리한다. 숯이 다 타서 온도가 떨어지기 시작하면 음식을 테두리 있는 오븐 팬에 옮겨 담고 급수 팬과 쇠살대를 걷어낸다. 갈퀴로 숯을 전부 긁어서 한쪽에 얌전히 쌓고 처음에 했던 것처럼 불을 붙이지 않은 숯을 가지런히 배열한 후 나무토막을 몇 개 얹는다. 쇠살대를 다시 끼우고 필요하면 급수 팬에 물을 보충한 후 다시 재료를 그릴에 올려놓는다. 뚜껑을 덮고 그릴이 다시 원하는 온도가 되도록 환기구를 조절한다.

카마도식 그릴에서 고기를 바비큐 조리하려면 우선 점화기에 경목으로 만든 덩어리 숯을 ¼만 채우고 불을 피운다. 숯에 불이 붙으면 불을 붙이지 않은 숯을 그릴의 바닥에 깔고 그 위에 산처럼 더 많은 숯을 붓는다. 숯을 쌓아서 만든 산의 경사면에 작은 경목 나무토막 5~6개 정도를 얹는다. 숯이 재로 덮이면 긴 손잡이가 달린 집게로 잉걸불을 하나씩 숯으로 쌓은 산의 위쪽 여기저기에 끼워 넣는다. 그릴에 간접 조리를 위한 도자기 부속품이 달려 있다면 부속품을 제자리에 끼우고 그 위에 기름받이 팬을 놓은 후 조리용 쇠살대를 얹는다. 쇠살대의 한쪽에 팬을 놓고 조심스럽게 끓는 물을 부어서 채운다. 뚜껑을 덮고 위쪽 환기구를 완전히 연 후 아래쪽 환기구는 절반 정도만 열리도록 조절한다. 원하는 온도에 도달하면 기름받이 팬을 받쳐놓은 쇠살대에 재료를 올리고 오프셋 훈연기에서 설명한 대로 아래쪽 환기구를 사용해 온도를 조절해가면서 조리한다. 카마도 그릴은 열효율이 매우 뛰어나므로 대부분의 경우 연료를 더 넣을 필요가 없다.

가스 그릴로 고기를 바비큐 조리하려면 나무 칩 1컵을 1시간 이상 물에 담가둔다. 모든 버너를 중불에 맞춰놓고 앞에서 설명한 온도까지 예열한다. 그동안 물에 담가둔 나무 칩을 이중 포일로 감싼 후 꼬치로 양쪽에 구멍을 몇 개씩 뚫는다. 한쪽 버너의 불을 끄고 그릴의 뚜껑을 연 후 쇠살대를 꺼낸다. 불이 직접 닿지 않는 곳에 기름받이 팬을 놓고 포일 주머니를 뜨거운 버너 바로 위에

올려놓는다. 쇠살대를 다시 끼우고 팬을 불꽃이 닿는 곳에 올려놓은 후 끓는 물을 부어서 채운다. 기름받이 팬을 받쳐놓은 쇠살대에 재료를 올리고 그릴의 뚜껑을 덮은 후 원하는 온도를 유지하도록 불을 조절한다. 물에 적신 나무 칩이 담긴 포일 주머니는 2시간마다 새것으로 교체하고 필요에 따라 급수 팬의 물을 보충한다.

바비큐를 위해 재료를 손질하는 방법은 닭고기 훈제 구이, 윗양지 훈제 구이, 소갈비 훈제 구이, 켄터키식 머튼 어깨살 훈제 구이, 돼지 어깨살 훈제 구이 레시피를 참고한다.

훈연(smoking)

훈연은 가장 오래된 식품 보존 방법 중 하나다. 통풍이 되는 닫힌 공간에 불을 피우고 적당한 크기로 자른 고기나 생선을 불 옆에 두면 수분이 빠져나가면서 고기와 생선의 표면은 곰팡이의 발생과 지방의 산화를 억제하는 몇 가지 화합물로 둘러싸이게 된다. 안타깝게도 현대의 식품 위생 기준에서 보면 훈연을 한다고 해도 식품 매개 질병의 원인균이 죽거나 비활성화되지는 않으며 보존 기간이 늘어난다고 하기도 어렵다. 발효와 같은 역사 깊은 보존법처럼, 우리가 식품을 훈연하는 가장 큰 이유는 그 과정에서 생기는 독특한 풍미를 즐기기 위해서다.

냉훈법(cold-smoking)은 18.3~38℃의 온도에서 훈연 작업을 한다. 록스와 같은 일부 재료는 절대 속까지 다 익히지 않는다. 냉훈법의 작업 온도는 박테리아가 가장 왕성하게 번성하는 범위 내에 있으므로 냉훈법에 사용하는 육류와 생선은 아주 신선해야 하며, 깨끗하게 씻어서 소금에 절이거나 염지한 후 훈연해야 한다. 훈연 장비는 철저하게 위생을 관리해야 하며 반드시 상업용 온도 조절 장치를 사용해야 한다. 그러나 USDA의 검사를 통과하고 연방 안전 기준을 따른 시설에서 냉훈법으로 제조한 식품이라도 여전히 몇 가지 위험한 식품 매개 질병의 병원균에 오염되었을 가능성이 있다. 이 모든 사실이 시사하는 바는 분명하다. 아무리 제대로 염지를 하더라도 ▶ 나중에 안전한 내부 온도에 도달할 때까지 충분히 익지 않는 한, 날생선이나 가금류, 육류를 18.3~38℃의 온도에서 1시간 이상 냉훈법으로 조리하는 것은 권장하지 않는다. 생선의 내부 온도는 반드시 63℃에 도달해야 하며, 육류의 내부 온도는 조리 시간과 익힘 정도 항목을, 가금류의 내부 온도는 가금류 조리에 대해 항목을 참고한다. 반면 치즈, 달걀, 크림, 버터 등의 음식은 냉훈법으로 조리해도 안전하며 풍미를 매우 잘 흡수하므로 짧은 시간 내에 훈연할 수 있다.

소량의 톱밥이나 나무 칩으로 연기를 발생시킨 후 관을 통해서 뿜어내는 **스모킹 건**(smoking gun)이라는 장비도 있다. 훈연할 재료를 비닐랩으로 감싸고 덮개를 얹거나 밀폐 용기에 넣는다. 스모킹 건으로 연기를 주입한 후 재료가 들어 있는 공간을 밀폐한 후 일정 시간 동안 재료가 연기를 흡수하게 한다. 열을 사용하지 않으므로 냉훈법으로 인한 몇 가지 식품 안전상의 위험을 방지할 수 있으며, 특히 재료가 연기를 빨아들이는 동안 냉장고에 보관한다면 더욱 안전하다.(그러나 냉장고에 있는 다른 음식이 연기에 노출되지 않도록 재료와 연기를 담은 용기가 완전히 밀폐 상태인지 확인해야 한다.) 노바 록스 같은 음식은 스모킹 건으로 훈연할 경우 날로 먹기에는 다소 위험성이 있지만 그라블락스도 그 정도의 위험성은 가지고 있다. 공기나 열이 순환하지 않으므로 스모킹 건으로 훈연한 음식은 상업용 시설에서 냉훈법으로 훈연한 음식에 비해 식감이나 맛이 다소 떨어진다.

온훈법(hot-smoking)은 급수 팬을 장착한 훈연기에 재료를 넣고 93~120℃의 온도에서 조리하는 것으로 사실상 바비큐와 동일한 조리 방법이다. 바비큐와의 차이점이 있다면, 연어 필레처럼 빨리 익는 재료의 경우 온훈법은 최소 2시간 만에 조리가 끝날 수도 있다는 점이다. 다른 모든 익힌 육류처럼 온훈법으로 조리한 육류는 즉시 내거나 냉장고에 넣어서 최대 4일까지 보관할 수 있으며 그보다 오래 보관할 때는 냉동한다.

채소, 견과류, 소금 역시 온훈법으로 조리하면 아주 좋다. (이러한 재료를 훈연할 때는 ▶ 급수 팬을 치운다.) 훈연기를 한 번 사용한 후 연료가 남았다면 채소나 견과류, 소금 등을 넣어서 시험해보도록 추천한다. 훈연하려는 재료와 훈연 후 재료를 식힐 용도의 철망 받침대 1~2개를 준비한다. 우리는 피칸나무로 불을 때고 잘 익은 붉은색 할라페뇨를 몇 시간 동안 온훈법으로 훈연한 후 식품 건조기로 완전히 말려서 치폴레를 직접 만들어보았는데 아주 성공적이었다. 얇게 저민 양파나 감귤류 껍질, 코코넛 박편, 그 외의 여러 다른 재료도 같은 방식으로 훈연 처리할 수 있다. 육류를 훈연하고 남은 연료를 활용할 수 있는 다양한 방법은 코트니 번즈와 니콜라스 발라가 쓴 『바 타르틴』을 참고하자.

벽난로 또는 난로에서 조리하기

난로 조리는 핫도그를 포크에 끼워서 굽는 것처럼 간단한 요리부터 양파를 통째로 잉걸불에 올려놓거나 캠핑용 더치오븐을 불 앞에 설치하는 것에 이르기까지 다양하다. ▶ 일반적으로 나무를 태울 수 있는 벽돌 소재의 전통적인 벽난로(안에 끼워 넣는 연소통이 없는 것)라면 안전하게 조리에 활용할 수 있다. 벽난로는 가정용 레인지, 슬로 쿠커, 번철, 그릴, 로티세리 또는 오븐의 역할까지 할 수 있다. 조금만 연습해보면 벽난로의 화력이 주방용 레인지의 화력보다 훨씬 범위가 넓으며 조리에 알맞게 조절하기도 쉽다는 사실을 알게 될 것이다. 새로운 조리법을 배울 때는 항상 그렇듯이, 적은 분량으로 몇 번 실험해본 뒤에 넉넉한 분량으로 늘린다. 명절 음식 몇 가지를 난로에서 조리해보면 금세 난로를 사용한 조리가 가족의 명절 전통으로 자리 잡을 것이다. 아주 재미있으면서도 맛있는 결과물을 얻을 수 있어 훌륭한 취미가 될 수도 있다.

난로 조리에는 여러 방식이 있다. 불의 복사열을 이용할 수도 있고, 잉걸불 위에 받침대를 세우거나 잉걸불에 재료를 직접 올려놓고 음식을 익힐 수도 있으며, 뜨거운 재 안이나 불꽃 위에 음식을 올려서 조리할 수도 있다. 연소통은 불꽃이 올라오고 잉걸불이 모이는 굴뚝 아래의 구역이다. 벽난로의 바닥 부분에서 방 안으로 불쑥 튀어나온 난로 돌출부는 난로 조리를 할 때 자주 활용하는 부분이다. ▶ 난로의 잉걸불로 조리를 할 때는 난로의 불을 활활 피워서 연료가 타는 연기와 음식이 구워지면서 나는 연기가 굴뚝으로 빠져나가도록 한다. 굴뚝이 연기를 잘 빨아들이지 못한다면 창문을 연다. 잉걸불은 벽난로에서 실내 공간을 향해 열려 있는 쪽의 중심을 향하도록 난로의 앞쪽에서 20cm 정도 떨어진 곳에 모아둔다. 벽난로를 다룰 때는 항상 기본적인 안전 수칙을 준수하고 그릴 또는 모닥불 조리에 적용되는 주의사항을 철저히 지킨다. 한 번 조리할 때마다 벽난로용 삽으로 2~3번 정도 뜰 만큼의 잉걸불 이상은 절대 사용하지 않는다. 조리가 끝나면 즉시 삽으로 잉걸불을 다시 벽난로 안으로 밀어 넣는다.

난로 조리를 위해 불을 피우려면 이전에 불을 피우고 남은 재를 벽난로의 바닥에 5~15cm 정도 남겨둔다. 금속 소재의 난로 장작 받침대 또는 쇠살대 대신 통나무 2개를 벽난로의 안쪽 벽과 수직이 되도록 나란히 배치하고 평소처럼 불을 피운 뒤 필요에 따라 장작을 보충하면서 일정한 화력을 유지한다. 수령이 높고 잘 마른 경목이 조리에 가장 적합하다. ▶ 젖거나 썩은 나무, 페인트를 칠하거나 화학 처리한 나무, 합성 물질로 만든 나무는 사용하지 않도록 한다.

난로의 불꽃이나 빨갛게 빛나는 잉걸불에서 밖으로 나오는 복사열은 난로 조리에서 가장 안정적이고 신뢰할 만한 열원이다. 잉걸불이나 불꽃으로부터의 거리가 2.5~5cm만 달라져도 화력과 조리 속도가 크게 달라진다는 점을 잊지 말자. 음식을 불 가까이 또는 불에서 멀어지도록 옮기면서 화력을 조절한다. ▶ 냄비에 재료를 넣고 오랫동안 조리해야 한다면 아래에서 올라오는 열보다는 냄비의 옆쪽으로 작용하는 복사열을 활용한다. ▶ 연소통 안에 들어 있는 잉걸불에 직접 음식을 올려서 조리할 때는 재를 뿌려서 온도를 낮추거나 부채질을 해서 온도를 높이는 식으로 화력을 조절한다.

전반적으로 난로에서 음식을 조리할 때는 일반 화구를 사용할 때와 비슷한 시간이 걸린다. 18세기 영국의 한 요리책 저자의 말을 의역해서 인용하자면, 불이 셀수록 음식이 빨리 익고 불이 약할수록 음식이 늦게 익는다는 당연한 원리다. 예를 들어 5.4kg의 칠면조를 조리할 때 불을 세게 피우고 연료를 보충해가면서 강한 화력을 유지한다면 2시간 이내에 먹음직스러운 구이가 완성되어야 한다. 조리 시간이 너무 오래 걸린다면 불이 약할 가능성이 크다. 조리 시간을 더욱 정확히 예측하려면 육류를 비롯해 모든 재료를 실온 상태로 준비했다가 조리하는 것이 좋다.

난로 조리에 필요한 준비물은 간단하다. 일반적인 벽난로용 삽, 긴 손잡이가 달린 집게, 평범한 벽돌 2개, 주방에서 사용하는 냄비나 프라이팬 등의 도구, 작은 금속 그릴 받침대만 있으면 충분하다. 무쇠 소재의 조리 도구가 있다면 난로 조리에 이상적이다.

복사열을 사용하기: 액체 재료를 많이 사용하는 레시피는 재료를 담은 냄비 또는 편수 냄비를 불에서 가까운 난로 돌출부에 놓고 조리한다. 불꽃에서 가장 가까운 쪽이 먼저 뭉근히 끓어오를 것이다. 냄비를 불에서 더 가까운 곳으로 옮기거나 먼 곳으로 밀고 필요에 따라 저으면서 화력을 조절한다. 냄비를 벽난로의 재가 모여 있는 곳 바로 옆에 두었다면 삽으로 잉걸불을 긁어서 냄비의 바닥에 둘러 화력을 더할 수 있다.

포일이나 바나나 잎 같은 튼튼한 잎으로 음식을 감싸서 굽는 것도 복사열을 활용하는 또 하나의 난로 조리 방법이다. 이 방법은 특히 생선과 가금류를 허브 및 채소로 감싸서 조리할 때 아주 좋다. 쉽게 풀어지지 않도록 음식을 단단히 감싼 후 불에서 10cm 남짓 떨어진 곳에 놓거나 불 옆에 쌓여 있는 재 위에 올려놓고 가끔 뒤집으면서 굽는다. 화학 처리를 하지 않은 나무판자를 물에 담갔다가 통생선 또는 생선 필레를 얹고 잘 묶은 후 불 앞에 두면 먹음직스러운 생선 구이가 된다. 샌드위치에 얹은 치즈를 벌겋게 달아오른 난로용 삽 가까이 가져다 대면 먹기 좋게 녹아내린다.

잉걸불 위에서 조리하기: 잉걸불 위에 재료를 바로 얹어서 굽는 방법은 가장 쉬울 뿐만 아니라 난로 조리법 중에서 가장 근사한 풍미를 구현하는 방법이다. 잉걸불에 직접 굽는 용도로 가장 적합한 재료는 양파, 가지, 피망이다. 불꽃에서 10cm 남짓 떨어져 있는 가장 뜨거운 잉걸불 위에 채소를 올려놓고 긴 집게로 가끔 뒤집어가면서 표면이 검게 그을리고 속살이 부드러워질 때까지 굽는다. 다 익으면 벽난로에서 꺼내서 식힌 다음 타버린 겉껍질을 벗긴다.

스테이크 역시 잉걸불에 얹어서 조리할 수 있다. 재가 달라붙지 않도록 스테이크의 물기를 잘 제거한 뒤 잉걸불에 올려놓는다. 송어 등의 통생선이나 연어 필레와 같은 생선 필레도 잉걸불에 올려서 조리할 수 있다.(필레는 껍질이 붙어 있는 쪽이 아래로 가도록 올려놓는다.) 껍질은 검게 그을리지만 속살은 촉촉하게 잘 익는다. 생선을 통째로 구울 때는 주걱이나 긴 집게로 뒤집는다. 잉걸불

에 숯을 끼얹어서 불을 줄이거나 부채질을 해서 불을 키우는 방식으로 화력을 조절한다.

뜨거운 재를 사용해 조리하기: 뜨거운 재에 묻어놓은 재료는 마치 오븐에서 굽는 것처럼 잘 익는다. 재료를 감싸서 조리할 수도 있고 그대로 조리할 수도 있다. 난로용 삽으로 재와 잉걸불을 섞어서 불 옆에 봉긋하게 쌓아두되, 처음에는 재와 잉걸불을 절반씩 섞어서 시작한다. 여러 번 연습해보면 재가 어느 정도 뜨거운지 감을 잡게 될 것이다. 감자, 순무, 비트 등 조직이 조밀한 뿌리채소나 소 윗양지, 돼지 허릿살 등의 덩어리 고기는 감싸지 않고 그대로 뜨거운 재 안에 넣어서 쉽게 구울 수 있다. 먼저 고기의 표면에 밀가루를 문질러 물기를 제거한 후 재에 묻어둔다. 고기에 달라붙은 재는 보통 솔로 쉽게 털어낼 수 있지만 좀처럼 떨어지지 않는다면 따뜻한 물에 살짝 헹군다. 옥수숫가루 등으로 만든 단단한 빵도 뜨거운 재에 넣어서 굽거나 양배추 잎으로 감싸서 구울 수 있다. 냄비에 콩을 담고 주변에 뜨거운 재를 빙 둘러서 쌓은 후 하룻밤 자고 아침에 일어나면 콩이 알맞게 익어 있을 것이다.

잉걸불 위에 받침대를 놓고 재료를 얹어 조리하기: 달걀 프라이, 채소 볶음, 생선 석쇠 구이, 케밥을 비롯해 아래쪽에서 불을 가하면서 조리하는 모든 음식의 경우, 잉걸불 위에 약 6.3cm 높이의 받침대를 놓고 프라이팬이나 석쇠를 올려놓는다. 벽돌 2개를 옆쪽으로 세워서 불 가까이 두면 훌륭한 받침대의 역할을 한다. 삽을 사용해 두 벽돌 사이에 잉걸불을 2.5cm 정도의 두께로 한 겹 깔고 냄비나 프라이팬을 벽돌 위에 올린 후 적당한 온도를 유지하기 위해 필요할 때마다 잉걸불을 조금씩 보충한다.

뵈프 부르기뇽은 일단 아래쪽에서 불을 가해서 재료를 갈색으로 익힌 후 아주 은근한 불로 뭉근히 끓는 상태를 유지하면서 조리하는 대표적 요리다. 주방에서 뵈프 부르기뇽을 조리할 때는 보통 가정용 레인지에서 그을리는 작업부터 시작해 오븐에서 마무리하는 경우가 많다. 난로에서 조리할 때는 잉걸불을 아래쪽에 모아 강렬한 화력을 낸 후 냄비의 옆쪽에 닿는 복사열로 오랫동안 조리한다.

라자냐처럼 요리의 윗면을 갈색으로 그을려야 할 때나 옥수수 빵 또는 아일랜드식 소다 빵을 구워야 할 때 캠핑용 더치오븐만큼 활용도가 높은 조리 도구는 없다. 1130쪽의 그림과 같이 짧은 다리가 세 개 달린 솥 형태의 냄비로 잉걸불을 올려놓을 수 있도록 평평한 뚜껑의 가장자리가 돌출되어 있으며, 뚜껑을 들어올릴 수 있도록 쇠로 된 고리가 달려 있다. 더치오븐의 옆쪽에는 난로의 복사열이 닿고, 냄비의 아래쪽과 뚜껑에는 잉걸불을 놓을 수 있다. 쇠로 된 고리는 얼마나 조리되었는지 뚜껑을 열어 확인할 때 사용한다. ▶ 보통 잉걸불을 삽으로 한 번 떠서 더치오븐의 바닥에 깔면 음식을 굽는 데 충분하지만, 뚜껑 위에 얹은 잉걸불은 필요할 때마다 갈아주어야 한다. 음식이 다 익었지만 위쪽이 충분히 갈색으로 그을리지 않았다면 뚜껑에 새 잉걸불을 얹고 몇 분더 조리한다.

불 앞에서 고기 굽기: 활활 타는 불 앞에 걸어놓고 구운 로스트, 닭, 칠면조 또는 오리 등의 고기는 다른 어떤 방법으로 조리한 고기와도 비교할 수 없는 맛을 낸다. 전동 로티세리용 쇠꼬챙이를 개조해 난로에서 사용할 수 있으며 손으로 돌리는 수동 로티세리용 쇠꼬챙이를 구입할 수도 있다. 차가운 육류와 가금류를 바로 굽기보다는 먼저 실온 상태로 만든 후 구우면 훨씬 더 골고루 익는다. 바닥에 기름받이 팬을 깔고 그 위에 고기를 매달아서 돌아갈 수 있도록 해야 하며 벽난로의 불에서는 약 15cm 정도 떨어지도록 조절한다. 속이 깊은 벽난로라면 평소보다 조금 앞쪽에서 불을 피운다.

난로 조리, 육류를 끈으로 묶고 매달아서 굽는 방법

쇠꼬챙이를 사용하는 것보다 전통적이며 풍취가 살아 있을 뿐만 아니라 경제적이기까지 한 방법은 고기를 끈으로 묶어서 굽는 것이다. 고기를 끈으로 묶은 후 불 앞에 걸어놓고 가끔씩 살짝 밀어주기만 하면 처음에는 한 방향으로, 나중에는 반대 방향으로 쉽게 돌아간다. 천장이나 벽난로 선반의 아래쪽 또는 가장자리에 고리를 매달고 적당한 길이의 면실을 고리에 묶는다. ▶ 실이 길고 얇을수록 굳이 사람이 밀어주지 않아도 최대 10분까지 고기가 저절로 회전한다. 합성 섬유로 만든 실은 절대 사용하지 않도록 주의한다. 적당한 실의 굵기와 길이를 파악하는 데에는 어느 정도 시행착오가 필요하지만, 일단 알맞은 길이를 찾아내면 실을 보관했다가 여러 번 재사용할 수 있다. 실의 아래로 늘어진 부분을 커다란 고리 모양으로 묶는다. 실에 걸어놓을 고기는 위쪽에서 ⅓ 내려온 부분과 아래에서 ⅓ 올라간 부분에 각각 꼬치를 가로 방향으로 하나씩 꽂는다. ▶ 실을 35cm 길이로 하나 더 잘라서 양쪽을 각각 고리 모양으로 묶은 후 위에 꽂은 꼬치의 양쪽 끝에 건다. 이 실을 잡고 고기를 들어올리면 고기는 수직으로 축 늘어질 것이다. 만약 그렇지 않다면 꼬치의 위치를 조절해 균형을 잡는다. 고기를 난로 앞으로 가져간 후 기다란 실의 아래쪽에 있는 커다란 고리를 위쪽 꼬치의 양쪽 끝에 건다. 고기를 잡았던 손을 놓으면 기다란 실이 고기의 무게를 지탱하며 난롯불에서 15cm 정도, 기름받이 팬에서 위로 10cm 정도 떨어진 위치에 매달리게 된다. ▶ 반쯤 익으면 끈을 잡고 조심스럽게 고리에 걸려 있는 꼬치의 방향을 바꿔서 고기를 뒤집는다. ▶ 조리 시간의 대부분은 고기가 돌아가는 위치에 손을 대고 있기도 힘들 정도로 불이 아주 뜨거워야 한다.

불꽃 위에서 조리하기: 벽난로 안에서 불꽃이 타오르는 위치에 냄비를 걸 수 있는 금속 지지대가 달려 있다면 불 위에서 직접 음식을 조리할 수도 있다. ▶ 지지대를 움직여서 불 사이의 거리를 좁히거나 넓힐 수 있으며 다양한 길이의 고리를 사용해 불과 냄비 사이의 거리를 조절할 수도 있다. 이 방법은 벽난로가 아주 클 때, 물을 끓일 때, 조리하는 음식의 분량이 많아서 냄비가 들 수 없을 정도로 무거울 때 가장 적합하다.

▲높은 고도 지역에서 요리하기

고도가 높은 나라에서 요리하는 것은 그 자체가 하나의 예술이다. 우리의 경험에 따르면, 해발 고도에서 할 수 있는 요리라면 사실상 무엇이든 해발 1600m 고도에서도 할 수 있다. 고도가 높은 지역에서는 옅은 공기와 건조한 대기, 낮은 기압을 고려해서 레시피를 조절해야 한다.

고도가 높은 지역에서 요리해본 경험이 없다면 이 책에서 높은 고도 지역에서의 조리법을 나타내는 ▲ 기호를 참고해 레시피를 조절하는 공식을 확인한다. 높은 고도 지역에서 케이크 및 기타 제과제빵을 할 때의 기본적인 이론과 분량 조절 기준에 대해서는 높은 고도에서 케이크 굽기에 대해 항목을 참고한다. 높은 고도에 적용하도록 특별히 구성된 케이크 레시피는 808~813쪽을 참고한다. 이러한 정보가 여러분이 사는 지역에 적용하기에 충분치 않다면 가까운 농업 연구소에 문의해 자세한 정보를 얻도록 권장한다.

액체 재료를 사용하는 조리 과정은 고도가 올라갈수록 비례적으로 길어진다. 아래의 표는 여러 고도의 끓는점을 나타낸다. 고도가 올라갈수록 물의 끓는점은 낮아지기 마련이다. 아래 표의 대략적인 온도는 미국 표준 대기를 기준으로 한 것이다.

해발 고도	212°F	100℃
610m	208.5°F	98.06℃
915m	206°F	97.06℃
1500m	203.2°F	95.11℃
2100m	199.8°F	93.22℃
2300m	198.9°F	92.72℃
3000m	194.7°F	90.39℃
4500m	185°F	85℃

음식을 따뜻하게 보관하거나 데우기

따뜻한 음식을 제공하는 뷔페를 이용해본 사람이라면 오랫동안 따뜻한 상태로 보관하거나 한 번 식었다가 다시 데운 음식은 조리한 직후에 먹는 음식보다 맛이 현저하게 떨어진다는 사실을 알고 있을 것이다. 그러나 안타깝게도 바쁘게 살다 보면 느지막이 저녁을 먹기 위해 음식을 보관해두거나 남은 음식을 다음날 데워 먹어야 하는 상황이 흔하게 발생한다. 그래서 음식을 따뜻하게 보관하거나 데울 때 유용한 몇 가지 요령을 소개한다.

(커스터드 또는 달걀을 사용한 소스처럼) 불에 직접 올려놓으면 분리되기 쉬운 요리를 데울 때 가장 적합한 방법은 이중 냄비의 위쪽 용기에 넣고 아래쪽 용기에 물을 부은 후 뭉근히 끓여서 데우거나 뜨거운 물에 용기를 담가서 중탕하는 것이다.

구운 고기를 데울 때는 아주 얇게 저민 후 따뜻하게 데운 접시에 담고 그 위에 아주 뜨거운 그레이비를 붓는다. 다른 방법으로 데우면 고기가 질겨지고 오래 묵은 맛이 난다.

튀긴 음식을 데울 때는 오븐 팬에 받침대를 놓고 튀김을 듬성듬성 올려서 위를 덮지 않은 상태로 120℃로 맞춘 오븐에 넣어 데운다. 그러나 아무리 조심스럽게 데워도 갓 튀겨낸 튀김의 맛은 재현할 수 없다는 점을 기억하자.

팬케이크와 와플을 따뜻하게 보관하려면 오븐 팬에 얹어서 93℃의 오븐에 넣어둔다.

캐서롤 또는 캐서롤 용기에 넣어서 구운 음식을 데우려면 오븐에서 사용 가능하며 급격한 온도 변화를 견딜 수 있는 베이킹 접시를 준비한다. 냉장고나 냉동실에 보관했던 음식을 이러한 베이킹 접시에 담고 포일로 느슨하게 덮은 후 바로 160℃의 오븐에 넣는다.

음식의 맛을 보존하고 세균 번식을 막으려면 어떤 음식이든 너무 오래 보관해서는 안 된다. ▶ 따뜻한 음식은 60℃ 이상, 차가운 음식은 4.5℃ 이하로 보관한다.

실내 요리 장비에 대해

운이 좋다면 살면서 한 번쯤 주방을 직접 '꾸미면서' 선호하는 도구와 장비를 들여놓는 사람도 있을 것이다. 그러나 대다수는 개인적인 선호도와는 관계없이 그냥 있는 장비로 요리를 해야 한다. 집주인이 실용적이고 '쓸 만하다'라고 생각해서 들여놓은 가정용 레인지, 친척에게서 선물 받은 (또는 당장 쓸 만한 것이 없어서 늦은 밤에 급하게 마트에서 사온) 프라이팬이나 칼처럼 말이다. 여기서는 주어진 도구를 사용할 때 발생할 수 있는 문제를 예측하는 방법 및 요리의 번거로움을 크게 덜어줄 유용한 도구를 소개한다.

오븐과 가정용 레인지

가스로 요리를 하든 전기로 요리를 하든 관계없이, 각자 사용하는 레인지의 특징을 속속들이 파악해야 한다. 가스레인지와 전기레인지 사이에는 몇 가지 큰 차이점이 있다. **가스레인지**는 불을 정밀하고 쉽게 조절할 수 있다. 가스버너를 켜면 즉시 불이 켜지고 버너를 끄면 불이 완전히 꺼진다. **전기레인지**는 뜨거워지고 식는 데 시간이 걸린다.(따라서 대다수 레시피에서는 '버너를 끈다' 대신 '불에서 내린다'라는 표현을 사용한다.) 반면 전기레인지는 아주 고가의 가스레인지를 제외한 모든 가스레인지보다 더 강렬한 열을 내므로 물이 빨리 끓고 시어링과 볶음을 할 때 프라이팬이 금세 달궈진다는 특징이 있다. 돌출되지 않은 '평면형' 전기레인지는 청소하기가 훨씬 편리하지만 견고함이 떨어지며 약불로 맞춰놓을 경우 불이 주기적으로 들어왔다 꺼졌다 반복하므로 요리의 결과물에 영향을 미치기도 한다. **인덕션**은 효율성과 반응 측면에서 최고의 전기레인지다. 냄비 자체만 가열되므로 액체가 금세 끓어오르고 식히는 시간도 필요 없다. 그러나 인덕션에는 자성이 있는 조리 도구만 사용할 수 있다.(냄비와 프라이팬의 바닥에 자석을 붙여보면 자성이 있는지 쉽게 파악할 수 있다.)

오븐의 경우 가스 오븐보다는 전기 오븐의 성능이 우수하다는 것이 보편적인 인식이다. 전기 오븐은 더 빨리 예열할 수 있으며 열효율이 높고(가스 오븐은 더 많은 환기가 필요하므로 그만큼 열이 유실된다.) 직화 조리를 할 때도 더 효과적이다. 반면 가스 오븐은 통풍이 잘되게 설계되어 있으므로 오븐 내부의 습기가 적어서 재료를 구울 때 더 빨리 갈색으로 익는다. **컨벡션 오븐**(대류식 오븐)은 이런 점에서 특히 뛰어나다. 환풍기가 오븐 안의 뜨거운 공기를 순환시키므로 음식 표면의 수분이 날아간다. 더운 공기가 흐르면서 음식의 모든 면에서 열을 가하므로 음식이 골고루 익을 뿐만 아니라 때에 따라서는 일반 오븐보다 빨리 익는다. 컨벡션 오븐을 사용할 경우, 오븐의 성능을 어느 정도 파악할 때까지는 온도를 14~28℃ 정도 낮춰서 설정한다. 컨벡션 오븐에도 핫 스폿(hot spot, 주변에 비해 더 뜨거운 지점 ─ 옮긴이)이 있다는 점을 잊지 말자.

물론 **콤비 오븐**이라고도 하는 **스팀 컨벡션 오븐**도 있다. 스팀 컨벡션 오븐은 다이얼을 돌려서 습도를 맞출 수 있으며 훨씬 정밀한 온도 조절이 가능한 놀라운 가전 기기다. 따라서 하나의 기기로 음식을 찌고 다양한 온도에서 굽고 직화로 익히며 건조하는 작업을 모두 할 수 있다. 습도를 가장 높게 맞추고 온도를 낮게 설정하면 콤비 오븐은 사실상 수비드 조리기와 같은 방식으로 음식을 천천히 조리하게 된다.(물론 음식을 비닐백에 담을 필요도 없다.) 현재 일반 오븐과 비슷한 크기의 콤비 오븐은 쉽게 장만할 수 없을 정도로 가격이 비싸고 가정용 소형 모델은 찾아보기 어려울뿐더러 용도도 제한되어 있다. 따라서 이 책에서는 콤비 오븐으로 조리하는 방법을 자세히 다루지 않는다.(콤비 오븐의 장점에 대한 자세한 내용은 네이선 미어볼드Nathan Myhrvold의 『모더니스트 퀴진Modernist Cuisine』을 참고한다.)

오븐을 사용할 때는 예열한 후가 아니라 예열하기 전에 원하는 위치에 받침대를 끼운다. 요리를 잘하는 사람 중에서도 컨벡션 오븐에서 공기의 흐름이 얼마나 중요한지 이해하는 사람은 많지 않다. 너무 많은 음식을 빽빽하게 넣으면 골고루 구워지지 않는다. 오븐 받침대에 안정적으로 올릴 수 있는 팬이나 오븐 팬을 사용하고, 팬과 오븐 벽 그리고 팬과 오븐 받침대 사이에 5cm 이상의 간격을 확보한다. 가능하면 받침대를 하나 이상 사용하지 않는 것이 좋지만 불가피한 경우 아래의 왼쪽에서 두 번째 그림처럼 팬이 서로 겹치지 않게 배치한다. 테두리 있는 오븐 팬처럼 커다란 팬을 사용한다면 조리하는 도중에 한 번 이상 받침대의 위치를 옮기고 앞뒤 방향을 반대로 바꿔주어야 하는 경우가 많다.(필요한 경우 레시피에서 언급해두었다.)

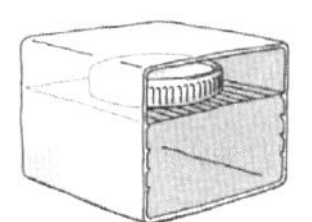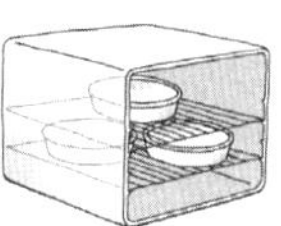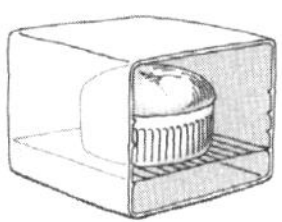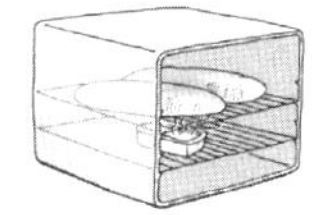

오븐에 음식을 넣는 올바른 위치.
(왼쪽부터) 직화 구이, 브라우닝 및 캐서롤 굽기, 케이크, 수플레 및 빵

오븐의 핫 스폿 위치를 파악하려면 받침대를 오븐의 가운데 칸에 끼우고 175℃로 예열한다. 흰 빵 조각 여러 개를 오븐 받침대에 격자 모양으로 군데군데 얹고 빵이 구워지기 시작할 때까지 그대로 둔다. 어떤 위치에 있는 빵이 다른 빵보다 더 빨리 구워지는지(타는지) 확인한다. 더 많이 구워진 빵이 놓인 위치가 오븐 안에서 다른 부분보다 뜨거운 곳이다. 안타깝게도 이 핫 스폿 문제를 간단하게 해결할 방법은 없다. 그러나 이렇게 각자 사용하는 오븐의 특징을 파악하면 조리할 때 적당한 대응책을 찾아서 핫 스폿이 음식에 미치는 영향을 줄일 수 있다.

오븐에 특히 두드러지는 **핫 스폿**이 있다면 그곳에 팬을 놓지 않도록 한다. 어쩔 수 없이 놓아야 하는 상황이라면 주기적으로 팬의 방향을 바꿔서 음식이 타거나 너무 많이 익지 않도록 한다. 이 원칙의 유일한 예외는 수플레처럼 중간에 손을 대지 않고 꾸준히 열을 가해야 하는 민감한 요리다.(오븐 문을 열면 요리가 부풀어 오르는 데 영향을 미친다.)

일반적으로 케이크를 구울 때는 오븐의 중앙에 팬을 놓는 것이 가장 좋다. 엔젤푸드 케이크, 토르테, 수플레, 파이는 위의 그림과 같이 오븐의 아래쪽 칸에 놓는 것이 좋다. 대다수 오븐은 위쪽 열원에서 전달되는 열만으로도 수플레의 표면을 적당히 굳히기에 충분하므로 너무 위쪽에 가깝게 두면 제대로 부풀어 오르지 않는다. 별도의 설명이 없는 이상, 빵은 오븐의 가운데 칸에 올려놓고 구워야 한다.

오븐에서 음식을 구울 때는 항상 충분한 시간을 들여서 예열한다. 특히 돌판이나 철판 위에 음식을 얹어서 구울 때는 데워지는 데 더 오랜 시간이 걸린다. 오븐에 온도계를 넣어두고 1년에 한 번씩 오븐의 온도 조절 장치가 정확한지 확인한다. 정상적으로 오븐을 사용하더라도 최소한 12~14개월에 한 번씩 주기적으로 온도 조절 장치를 교정해야 한다. 제조업체의 설명서를 참고해 오븐의 온도 조절 장치를 교정한다.

조리기구에 대해

조리기구의 소재 및 크기와 모양에 따라 요리는 더 쉬워지기도, 더 어려워지기도 한다. 능숙한 요리사라면 모양이 적합하지 않거나 저렴한 조리기구로도 실력을 발휘하지만, 도구를 직접 선택할 수 있는 여건이 된다면 ▶ 프라이팬, 편수 냄비, 육수 솥은 비교적 묵직한 제품으로 선택하자. 다루기 어려울 정도로 너무 무겁지는 않지만 열을 골고루 분산할 정도로는 묵직해야 좋다. 3중 바닥과 5중 바닥 스테인리스스틸 조리기구 사이에 실질적인 큰 차이가 있는지는 의문이지만, 우리는 대다수 요리를 할 때 묵직한 스테인리스스틸 프라이팬과 편수 냄비를 절대적으로 선호한다. 그 외에도 우리는 법랑 코팅이 된 무쇠 더치오븐을 조림, 스튜, 수프를 만들 때 자주 사용한다. 또한 크기가 다른 무쇠 소재 프라이팬과 두께가 얇은 탄소강 냄비 및 웍을 갖춰두고 소테 및 볶음에 사용한다. ▶ 개수가 많은 커다란 조리기구 세트는 사지 않는 것이 좋다. 아무리 품질이 좋은 고급 세트라도 필요 없거나 사용하지 않는 조리기구가 포함되어 있기 마련이므로 낭비일뿐더러 괜히 찬장에서 공간만 차지하게 된다. ▶ 요리를 처음 시작하는 사람이라면 다음의 조리기구를 갖추도록 추천한다.

가정용 레인지 요리를 위한 권장 조리기구

1.9ℓ 용량과 3.8ℓ 용량의 스테인리스스틸 편수 냄비 각 1개씩

오븐용 손잡이가 달린 지름 25cm 또는 30cm짜리 스테인리스스틸 프라이팬 1개

지름 25cm 또는 30cm짜리 논스틱 프라이팬

4.7ℓ 또는 5.7ℓ 용량의 법랑 코팅된 무쇠 소재 원형 더치오븐 1개

15ℓ 용량의 육수 솥 1개

오븐 요리를 위한 권장 조리기구

코팅하지 않은 ½ 크기(46×33cm)의 테두리 있는 오븐 팬 2개

코팅하지 않은 ¼ 크기(23×33cm)의 테두리 있는 오븐 팬 2개

받침대가 있는 커다란 구이 팬 1개

직화 구이 팬 1개

지름 20~23cm짜리 원형 케이크 팬 3개

23cm 크기의 정사각형 베이킹 팬 1개

23×12.5cm 크기의 로프 팬 2개

음식을 식히는 용도의 철망 받침대 2개

머핀 틀 1개

지름 20cm 또는 23cm짜리 파이 팬 2개

커스터드 컵 또는 1인용 도자기 용기 6개

지름 23cm 또는 25cm짜리 튜브 팬 1개

33×23cm 크기의 베이킹 접시 1개

위에 열거한 기본 조리 도구를 갖추면 실내에서 원하는 요리를 거의 전부 할 수 있다. 오븐용 손잡이가 달린 스테인리스스틸 프라이팬은 가정용 레인지에서 조리하다가 오븐에 넣어 마무리할 수 있으므로 특히 활용도가 높다.(법랑 코팅된 무쇠 더치오븐과 무쇠 소재 프라이팬도 마찬가지다.)

이어서 조리기구에 사용되는 다양한 소재의 장단점을 소개한다.

알루미늄

알루미늄은 열 전도성이 매우 뛰어나다는 장점이 있지만, 아무리 값비싼 제품이라도 알루미늄을 사용하다 보면 움푹 패기 마련이다. 또한 알루미늄은 자체적으로 색이 변할 뿐만 아니라 달걀, 토마토, 녹색 잎채소, 와인으로 만든 소스를 비롯한 일부 음식의 색에 좋지 않은 영향을 미친다. 산성 음식은 알루미늄 조리기구로 조리해서는 안 된다. 테두리 있는 오븐 팬을 제외하면 특수 처리를 하지 않았거나 코팅하지 않은 알루미늄 조리기구를 사는 것은 추천하지 않는다. 알루미늄 팬은 독한 비누, 알칼리 세제 또는 연마재로 씻지 않는다.

알루미늄 조리기구 제조업체들은 팬의 표면을 양극 산화 처리하거나 전기화학적으로 처리하는 방법을 고안해냈다. 양극 산화 처리한 알루미늄 팬은 음식과 닿는 표면이 더욱 단단하며 일반 알루미늄 팬과는 달리 대다수 재료에 반응하지 않고, 강도가 세지만 무게는 가볍다. 수많은 프라이팬은 알루미늄 코어에 스테인리스스틸 코팅을 해서 만든다. 알루미늄이 열을 골고루 전파하고 신속하게 음식을 익히며 스테인리스스틸은 재료와 반응하지 않아 산성 재료도 안심하게 조리할 수 있으므로 이상적인 조합이라고 할 수 있다.

구리

주로 묵직한 조리기구에 사용하는 구리는 열을 신속하게 골고루 전파한다. 그러나 ▶ 음식과 닿는 표면을 스테인리스스틸로 코팅하지 않으면 산과 반응해 유독성 물질이 생긴다. 겉면에 광택을 내려면 식초나 레몬즙에 식탁용 소금을 섞어서 페이스트 형태로 만든다. 이 페이스트를 구리 팬의 변색된 부분에 바르고 반짝거릴 때까지 문질러준 다음 뜨거운 물로 씻어낸다.

사용하고 있는 구리 팬에 주석 코팅이 되어 있다면 주석 그 자체로도 주의해야 할 점이 있다는 것을 기억하자. 주석은 220℃ 이상의 온도에서 녹아버리므로 주석 코팅된 구리 팬은 시어링 및 볶음 등과 같이 고열로 조리하는 방법에는 적합하지 않다. 주석 코팅에 흠집을 내지 않도록 주의하고 표면을 긁을 수 있는 세제나 수세미는 사용하지 않는다. 논스틱 프라이팬처럼 조심해서 다룬다. 주석으로 코팅한 구리 팬은 주기적으로 다시 코팅을 해주어야 한다. 스테인리스스틸은 녹거나 닳지 않으며 재코팅도 필요 없기 때문에 스테인리스스틸 코팅한 구리 팬은 주석 코팅보다 관리하기가 편하다.

스테인리스스틸

스테인리스스틸은 음식에 전혀 반응하지 않으며 상당 기간 사용한 후에도 광택이 나면서 새것 같은 외관을 유지한다. 가장 탄성이 뛰어나고 튼튼하며 관리하기도 편하다. 우리 집에서 사용하는 스테인리스스틸 코팅 조리기구 중 일부는 물려받은 것이며 철 수세미와 연마제가 들어 있는 세제로 수십 년간 문질러 닦았는데도 아직 훌륭하게 제구실을 해내고 있다. 제조업체들은 보통 스테인리스스틸 코팅 안쪽에 알루미늄 또는 구리 소재를 사용해 스테인리스스틸의 약한 열 전도성을 보완한다.

무쇠

무쇠 팬은 무겁고 열 전도성이 낮지만 이러한 단점을 보완하는 큰 장점은 열을 매우 잘 보존한다는 것이다. 따라서 무쇠를 달굴 때는 알루미늄이나 스테인리스스틸을 달굴 때보다 훨씬 오랜 시간이 걸릴 수 있지만, 일단 뜨거워지고 나면 무쇠는 오랫동안 뜨거운 상태를 유지한다. 이러한 특징 때문에 무쇠 소재의 조리기구는 고기를 시어링하거나 옥수수 빵에 두꺼운 갈색 크러스트를 만

들 때 매우 효과적이다. 아마도 무쇠 조리기구의 가장 큰 장점은 제대로 관리하기만 한다면 점점 더 음식이 달라붙지 않아 조리가 쉬워지며 여러 세대에 걸쳐 물려주면서 사용할 정도로 수명이 길다는 점일 것이다. 대다수 무쇠 팬은 미리 길들인 상태로 판매하기 때문에 비눗물로 살짝 씻어주기만 하면 바로 사용할 수 있다. 무쇠 팬을 씻은 후 젖은 상태로 방치하면 녹이 생기기 쉬우므로 항상 잘 말려서 보관한다. 물기를 제거할 때는 손으로 닦아도 좋고 뜨거운 오븐이나 가정용 레인지에 올려놓고 열을 가해 물기를 날려도 된다. 무쇠 소재에 대한 일반적인 통념과는 달리, 무쇠 팬도 아주 더러워지면 세제와 물로 씻어야 한다. 세제만으로는 무쇠를 길들인 코팅이 손상되지 않지만 연마재로 표면을 문지르면 코팅이 벗겨지므로 사용하지 않도록 주의한다. 무쇠 팬이 크게 더럽지 않다면 그냥 천 또는 키친타월로 닦아내거나 물에 헹궈서 말리면 된다. 몇몇 요리사는 무쇠 팬을 소금으로 문질러서 닦기도 하는데, 이것 역시 효과적인 방법이다. 무쇠 팬을 씻거나 닦아내고 완전히 말린 다음에는 식물성 기름을 얇게 발라 표면을 보호해주면 좋다.

무쇠 팬을 제대로 길들이는 방법에 대해서는 상당한 갑론을박이 있지만 과정 자체는 비교적 간단하다. 무쇠 팬을 길들이기 전에 먼저 '길들이기'가 실제로 무슨 의미인지를 정확히 파악해두는 것이 좋다. 특히 새 무쇠 팬의 표면은 상당히 거친데, 무쇠를 현미경으로 들여다보면 바위투성이의 풍경을 보는 것처럼 매우 울퉁불퉁하다. 무쇠를 길들인다는 것은 기름으로 무쇠의 표면을 중합하는 것이다. 기름을 발연점 이상으로 가열하면 기름이 분해되기 시작하면서 분자가 사슬처럼 길게 이어진 중합체를 형성한다. 따라서 무쇠를 '길들인다'는 것은 사실 이러한 중합체가 무쇠의 표면에 플라스틱처럼 매끄러운 코팅층을 형성해 요철이나 거친 부분을 메운다는 의미이다.

무쇠 팬을 길들이려면 오븐을 230℃로 예열한다. 무쇠 팬 전체에 식물성 기름을 바르고 문지른다.(사용하는 기름의 종류는 그다지 중요하지 않으나 식물성 기름 또는 쇼트닝이 가장 좋다.) 기름에서 연기가 나기 마련이므로 가능하면 환풍기를 틀거나 창문을 열어놓는다. 무쇠 팬을 오븐에 넣고 30분간 그대로 둔다. 솔로 기름이나 쇼트닝을 다시 바르고(팬이 아주 뜨겁다면 기름을 묻힌 키친타월을 집게로 집어서 바르는 것이 가장 편하다.) 다시 오븐에 30분간 더 넣어둔다. 이 과정을 두 번 더 반복한다. 무쇠 팬을 길들인 상태로 유지하는 가장 좋은 방법은 팬을 자주 사용하고 토마토 소스나 식초 또는 감귤류즙이 들어 있는 음식처럼 산성이 강한 음식을 조리할 때 사용하지 않는 것이다.

법랑 코팅 무쇠

무쇠 팬에 법랑(에나멜) 코팅을 해서 마무리한 것이다. 법랑 코팅 때문에 열 전도성이 다소 떨어지지만 표면에 어떤 음식에 닿아도 전혀 반응하지 않는다. 법랑 코팅한 무쇠 팬은 묵직하며 잘못 다루면 깨지거나 이가 나가기 쉽다. 또한 금속 도구에 닿으면 자국이 나기 쉬우므로 항상 나무 또는 실리콘 소재의 도구를 사용해야 한다. 법랑은 시간이 지나면서 얼룩이 지기 마련인데 이 얼룩은 몸에 해롭지 않다. 법랑 코팅한 무쇠 팬에 음식을 넣고 조리하다가 실수로 태우는 바람에 탄 음식이 팬에 달라붙었다면 너무 당황하지 말자! 거친 수세미 등으로 문지르면 법랑 코팅이 상할 수 있으므로 피한다. 무쇠 팬의 바닥에 얇게 덮이도록 베이킹소다를 뿌린 후 과산화수소를 넉넉하게 부어서 베이킹소다를 녹인다. 과산화수소가 끓을 때까지 가열한 후 나무 주걱으로 무쇠 팬의 바닥을 긁는다. 탄 음식이 전부 벗겨질 때까지 이 과정을 여러 번 반복한다.

탄소강

코팅하지 않은 탄소강은 주로 프라이팬, 볶음 팬, 웍에 사용된다. 탄소강 팬은 무쇠 팬처럼 반드시 길들여서 사용해야 하며, 길들인 후에는 표면에 음식이 잘 달라붙지 않는 상태가 된다. 탄소강 팬은 무쇠 팬처럼 아주 튼튼하고 손잡이 연결부의 리벳이 버티는 한 아주 오랫동안 사용할 수 있다.(일부 탄소강 팬은 리벳 못으로 조합하지 않고 한 덩어리로 찍어서 만드는데, 이 경우에는 사실상 부서질 일이 없다.) 무쇠 팬과는 달리 탄소강 팬은 상대적으로 얇고 가벼우므로 다루기 쉽고 불 조절에도 더욱 잘 반응한다. 특히 웍은 상당히 얇은 형태로도 출시되므로 강렬한 화력을 내는 전통적인 웍 버너에서 볶음 요리를 하기에 좋다. 재료를 순간적으로 강한 화력에 노출하므로 웍헤이라는 이상적인 상태를 구현하기 쉽다. 탄소강 볶음 팬은 상대적으로 두꺼운 편이며 상업용 가스레인지의 화력에 잘 반응하므로 식당 주방에서 매우 널리 사용된다.

법랑 코팅 탄소강

법랑 코팅한 탄소강 팬을 지칭하며, 코팅으로 인한 장점은 법랑 코팅 무쇠 팬과 마찬가지다. 논스틱 코팅은 아니지만 음식이 잘 달라붙지 않으며 코팅 때문에 산성 재료가 내부의 금속과 접촉해 반응하지 않는다. 일반적으로 법랑 코팅을 할 때는 코팅하지 않은 것보다 약간 더 얇은 탄소강을 사용한다. 법랑 코팅한 탄소강 프라이팬도 있기는 하지만 얇은 두께 때문에 육수 솥이나 주전자, 캐서롤, 베이킹 접시, 구이 팬 등에 더 적합하다.

유리

유리 소재의 조리기구는 보통 가장 잘 알려진 상표명인 파이렉스(Pyrex)라는 이름으로 불린다. 과거에 붕규산 유리(borosilicate)로 만들었던 파이렉스는 현재 강화한 소다 석화 유리(soda-lime glass)로 만든다. 강화한 소다 석화 유리는 상당히 견고한 편이지만 절대 급격한 온도 변화에 노출해서는 안 된다. 즉 아주 뜨거운 팬을 차가운 표면에 올려놓거나 아주 차가운 팬을 아주 뜨거운 오븐에 넣으면 유리가 폭발하듯이 산산조각으로 깨지고 만다. 유럽에서는 아직도 붕규산 유리로 파이렉스 팬을 제조한다는 점도 흥미롭다.

도기

유약을 바르거나 바르지 않은 도기 또는 점토 용기는 비록 열 전도성은 떨어지지만 열을 아주 잘 보존하며 음식을 변색시키지 않는다. 그러나 무겁고 온도가 갑자기 변하면 쉽게 깨지는 것이 단점이다. 새 도기나 최근에 생산된 도기는 납이 들어 있지 않은 유약을 사용해서 만든 것이다. 오래된 도기나 골동품 도기는 납이 함유된 유약을 사용했을 가능성이 크므로 조리에 사용해서는 안 된다. ▶ 도기에 금이 가는 것을 방지하려면 항상 불을 서서히 조절하고 점토로 만든 접시를 전기레인지의 열원 위에 바로 올려놓지 않는다.

실리콘

실리콘 소재의 머핀 팬, 제과제빵용 틀, 팬에 까는 깔개나 매트는 식품에 사용하는 용도로 허가된 등급의 실리콘으로 만든다. 실리콘은 오븐에 사용할 수 있으며 -40~260℃ 범위의 온도를 견뎌낸다. 실리콘 소재의 용기는 냉동실에 보관했다가 꺼내서 바로 오븐에 넣을 수 있으며, 열을 골고루 전달하고 금세 식으며 녹이 슬거나 이가 빠지거나 깨지지 않고 식기 세척기나 냉동고, 전자레인지에 모두 사용이 가능하다. 실리콘은 잘 휘어지고 음식이 달라붙지 않기 때문에 실리콘 팬을 비틀기만 해도 각얼음처럼 케이크와 머핀을 떼어낼 수 있다.
▶ 실리콘 팬은 유연해서 일단 반죽을 가득 채우면 움직이기가 까다로우므로
먼저 오븐 팬 위에 올려놓고 반죽을 부으면 쉽게 운반할 수 있다. 실리콘의 한
가지 단점은 제과제빵용 깔개로 사용했을 때 쿠키가 옆으로 넓게 퍼지며 갈색
으로 잘 익지 않는다는 점이다. 따라서 레시피에서 구체적으로 언급했을 때만
실리콘 깔개를 사용한다.

논스틱

전통적인 테플론(Teflon)이나 실리콘 소재 또는 최근의 유약에 이르기까지 음
식이 잘 달라붙지 않는 다양한 물질로 코팅한 알루미늄, 스테인리스스틸 또는
탄소강 팬을 지칭하는 논스틱 팬은 우리에게 애증의 존재다. 달걀 요리와 팬케
이크처럼 낮은 온도에서 프라이팬에 잘 달라붙기로 악명이 높은 음식을 조리
할 때는 논스틱 팬만큼 편리한 것이 없다. 과거에 판매되던 논스틱 팬의 코팅
은 강불 또는 중불로 가열할 경우 연기가 나곤 했지만, 요즘 나오는 논스틱 팬
의 표면 코팅은 최대 230℃까지 가열해도 끄떡없다. 다만 새 팬이라도 항상 제
조업체의 설명서를 읽어보고 안전한 최대 온도를 파악하는 것이 좋다.

　논스틱 팬의 표면은 긁히기 쉬우므로 플라스틱, 실리콘 또는 나무 도구만을
사용해야 한다. 최신형 논스틱 팬 중에는 뛰어난 내구성과 긴 보증 기간을 자
랑하는 제품도 있다. 이런 팬들도 충분히 살펴볼 만하지만, 논스틱 팬의 수명
은 코팅이 얼마나 오래 버티느냐에 달려 있다는 점을 기억하자. 일단 코팅이 벗
겨지기 시작하면 그 아래에 있는 팬을 아무리 제대로 만들었다 하더라도 더
이상 사용할 수 없다. 따라서 논스틱 프라이팬을 하나 장만해두되, 아무리 비
싼 최신형 논스틱 프라이팬이라도 어느 정도 사용한 후 버려야 하는 조리기구
라는 점을 기억하자.(그러므로 적당한 가격의 제품을 구입하는 것이 좋다.)

　논스틱 팬에서 유해 화학 물질이 나온다는 우려도 있지만, 논스틱 조리기구
에서 우려할 만한 양의 발암 물질은 나오지 않는다는 것이 미국 암학회의 입
장이다. 그렇다고는 해도 ▶ 논스틱 팬은 설명서에 따라 올바른 방식으로 사용
하고, 코팅이 떨어지거나 벗겨진 논스틱 팬은 절대 사용하지 않으며, 팬에서 연
기가 날 정도까지 예열하지 말아야 한다. 팬에서 코팅이 벗겨지는 조짐이 보이
기 시작하면 즉시 버려야 한다.

주방용 장비와 조리 도구

주방을 꾸밀 때 가장 중요하게 고려해야 하는 것은 아마도 적당한 크기의 효과
적인 작업 공간을 마련하는 것일 테다. 한 가지 용도로만 사용할 수 있는 가전
기기는 장만하지 않는 것이 좋다. 마찬가지로 칼이나 조리기구를 세트로 사는
것도 추천하지 않는다. 최대한 조리대를 깔끔하게 유지하는 것을 최우선으로
고려한다. 공간이 허락하는 한도 내에서 가장 큰 나무 도마를 구입하고, 육류
와 생선을 자를 때 쓰는 적당한 크기의 플라스틱 도마도 하나 마련한다.

　찬장에 수납공간이 많지 않다면 비어 있는 벽을 활용해보자. 가능하면 벽에
고리를 박아서 냄비와 프라이팬을 걸어놓는다. 쉽게 손이 닿는 위치에 자주 사
용하는 조리 도구와 접시, 재료를 놓을 수 있는 선반을 설치한다. 향신료와 기
본 양념이 담긴 통은 알파벳순(가나다순)으로 배열하거나 종류별로 모아서 쉽
게 식별할 수 있도록 한다.(예를 들어 제과제빵에 사용하는 향신료, 말린 고추, 말린
허브 등을 각각 함께 모아둔다.) 마음대로 주방을 꾸밀 수 있는 여건이 되지 않는
경우도 많겠지만, 자신이 조리할 때의 습관을 파악해두면 분명 도움이 된다.
주방을 더욱 효율적으로 활용할 수 있는 방법을 찾아보자.

다음은 기본적인 조리 도구를 대부분 모아놓은 목록이다.

권장 조리 도구

디지털 주방 저울

조리용 온도계

금속 소재의 재료 혼합용 그릇 1세트

금속 소재의 계량컵 1세트

계량스푼 1세트

1컵 용량 및 4컵 용량의 유리 소재 액체 계량컵 1개씩

고운체(거름망)

차곡차곡 쌓을 수 있는 찜 틀

체

가림막 또는 기름 방지 덮개

대형 및 소형 금속 숟가락 1개씩

국자

금속 소재의 구멍 뚫린 숟가락 또는 건지기

나무 숟가락 또는 주걱

대형 및 소형 L자형 금속 주걱 1개씩

실리콘 주걱

팬케이크 뒤집개

봉긋한 풍선 모양의 거품기

과일칼

톱니 형태의 빵칼

일반 식칼

튼튼한 주방 가위

도마

칼 연마기

네 면을 사용할 수 있는 상자형 강판

막대형 거친 강판(마이크로플레인)

집게

Y형 채소 껍질 벗기는 도구

감귤류 과즙기 또는 지렛대 형태의 수동 감귤류 주스기

믹서

병따개와 코르크 마개 뽑는 기구

깡통따개

후추 분쇄기

주방 장갑 또는 냄비 받침

밀가루용 체(일반 고운체로 대체 가능)

밀대

페이스트리 블렌더

알루미늄 포일

유산지

페이스트리용 솔

자

칼에 대해

주방에서 가장 중요한 도구가 잘 드는 칼이라는 데에는 이론의 여지가 없을 것이다. 모닥불, 벽난로, 오븐, 그릴 등 사용할 수 있는 열원은 다양하지만, 도토리호박을 잘라서 속살을 드러내거나 큼직한 고깃덩어리를 자르거나 양파를 굵게 썰 수 없다면 요리하기가 무척 어려울 것이다.

▶ 요리에 꼭 필요한 칼을 하나만 고른다면 채소를 자르거나 써는 데 쓸 수 있는 칼로, **20~25cm 길이의 식칼** 또는 **18~20cm 길이의 산토쿠 칼**(다양한 용도의 일본 식도)이 적합하다. 섬세한 작업을 위한 과도와 톱니 형태의 빵칼처럼 몇 가지 다른 형태의 칼도 있지만, 식칼이나 산토쿠 칼보다는 사용 빈도가 크게 떨어진다. 어떤 칼을 추가로 사든 ▶ 칼 세트는 사지 않도록 하자. 하나씩 구입하면 더 품질 좋은 칼을 찾게 될 가능성이 높다.

식칼을 살 때는 칼날이 평평하고 비교적 얇아서 채소를 쉽게 저밀 수 있는 것을 선택한다. 소재로는 칼날을 쉽게 갈 수 있고 재료를 쉽게 자를 수 있으며 예리함을 오래 유지하는 탄소강이 좋지만, 사용할 때마다 재빨리 잘 말려서 보관해야 변색이나 녹을 방지할 수 있다. 스테인리스스틸 칼은 녹이 슬거나 색이 변하지 않으며 내구성이 뛰어나지만, 칼날이 더 빨리 무뎌지고 칼날을 갈기도 어렵다. 이보다 더 좋은 것은 스테인리스스틸의 내구성과 탄소강의 예리함을 결합한 고탄소 스테인리스스틸 제품이다. 강철의 단단함을 로크웰 경도 'C' 수치로 표기한 것이 눈에 띈다면 55~59 사이의 제품을 고른다. 55 로크웰 이하로 열처리한 칼날은 쉽게 갈 수 있지만, 너무 빨리 무뎌진다. 60 로크웰 이상으로 열처리한 칼날은 예리함을 오래 유지하는 반면 칼날을 갈기가 어렵다.

칼 디자인에서 다양한 특징을 가지는 것이 바로 손잡이다. 주형 플라스틱 손잡이가 보편적이지만 손에 쥐었을 때 착 달라붙는 느낌 때문에 나무 손잡이를 선호하는 사람들도 있다.(또한 멋스러운 나무 손잡이의 심미적인 가치도 부인할 수 없다.) 손잡이의 선택은 전적으로 개인의 선호도와 편리함에 달려 있다. 우리는 길쭉한 것보다는 두께가 얇고 손에 쥐기 어렵지 않으면서도 손이 쓸리지 않을 정도의 적당한 둥글기를 가진 손잡이를 선호한다.

이러한 세부적인 요소보다 더욱 중요한 것은 아마도 칼의 전체적인 디자인과 균형일 것이다. ▶ 손에 쥐었을 때 편한 느낌을 주는 칼을 찾아보자. 거추장스럽지 않고 자연스러우며 너무 무겁거나 가볍게 느껴지지 않아야 한다. 칼을 쥐고 손에 잡히는 느낌과 무게를 확인하면서 편안함과 균형감이 느껴지는지 확인한다. 일반적으로 칼날이 손잡이 끝까지 길게 뻗어 있는 칼이 가장 균형 잡힌 느낌을 준다. 자신에게 맞는 칼을 찾는 가장 좋은 방법은 칼을 여러 개 테스트해보는 것이다. 일부 주방용품 전문점에서는 채소를 썰어보면서 칼을 '시험 주행'해볼 수 있다. 칼은 요리할 때 가장 많이 쓰는 도구이므로 과감히 투자해 좋은 품질의 칼을 장만할 만한 가치가 있다.

품질 좋은 **과일칼**은 자잘한 썰기 작업을 할 때 편리하다. 식칼을 고를 때와 같은 기준을 적용하되, 칼날이 위로 가도록 잡았을 때 편안하게 느껴지는지도 함께 확인한다.(도마에 올려놓은 재료를 써는 것이 아니라 한쪽 손으로 재료를 잡은 후 반대쪽 손에 칼을 쥐고 사용하는 용도) 우리는 손잡이가 비교적 평평하고 7.5cm 길이의 아주 얇은 칼날이 달린 과일칼을 선호한다. 20~25cm 길이의 **톱니 모양 빵칼**은 빵을 썰 때 사용하면 편리하다.(또한 무뎌진 식칼로는 좀처럼 잘리지 않는 토마토 껍질을 자르는 데에도 사용할 수 있다.)

좋은 칼뿐만 아니라 튼튼한 **도마**도 필요하다. 도마는 최소한 몇 개를 준비해두는 것이 좋다. 생고기, 가금류, 기타 조리하지 않은 육류를 자르는 용도의 도마 하나(이 도마는 식기 세척기에 넣어서 쉽게 살균할 수 있도록 플라스틱 소재가 좋다.), 과일이나 양상추, 빵, 채소 등의 익히지 않을 재료를 자르는 용도의 도마 하나(이 도마는 두꺼운 플라스틱이나 나무 소재가 좋다.) 등이다. 가능하면 최소한 크기 46×30cm, 두께 2cm의 큼직하고 두꺼운 도마를 하나 이상 마련한다. 우리는 나무 도마를 선호하지만 합성 소재로 만든 도마는 식기 세척기에 넣을 수 있으며 내구성이 뛰어나다는 장점이 있다. 나뭇결이 양쪽으로 길게 나 있는 나무 도마는 쪼개질 위험이 적다. 음식을 자르는 표면과 나무의 결이 직각이 되도록 제작한 나무 도마('엔드그레인end-grain' 도마라고 부른다.)는 칼날에 손상이 덜 가는 것으로 알려져 있으므로 칼을 자주 갈지 않아도 된다.

소재와 관계없이 모든 도마는 칼자국이 난 곳과 홈이 파인 곳에 세균이 번식할 수 있다. 사용한 후에는 매번 뜨거운 비눗물로 씻고 가끔 살균 용액에 담가두거나 살균 용액을 뿌려서 문지른다. 몇 분 정도 담가두거나 문지른 후에는 뜨거운 물로 도마를 깨끗하게 헹군다.

특별한 용도의 칼

우리는 이번 항목에서 소개하는 모든 종류의 칼을 일종의 작은 사치라고 생각한다. 평소에 요리하면서 이러한 칼이 꼭 필요한 사람은 거의 없겠지만, 갖춰두면 특정한 작업이 훨씬 쉬워진다. **뼈칼**(boning knife)은 뼈 주위의 고기를 자르거나 힘줄 및 연골을 끊어서 뼈에서 살을 발라내는 용도로 사용한다. 좁은 공간을 비집고 들어갈 수 있도록 칼날은 끝으로 갈수록 뾰족하고 가늘어야 한다. 뼈칼 중에서 크기가 작고 칼날이 잘 휘어지는 칼은 생선의 포를 뜨거나 작은 새의 뼈를 발라내는 용도로 제작된 것이다. 큼직하고 튼튼한 칼은 양고기 다리와 같이 큼직한 고기의 뼈를 발라내는 데 적합하다. 호네스키(骨スキ)라고 하는 두꺼운 일본식 뼈칼은 특히 가금류의 뼈를 발라내는 데 유용하다.('끌'처럼 생긴 부품을 경첩에 끼워서 열쇠처럼 돌릴 수 있다.) **포를 뜨거나 저미는 용도의 칼**(slicing 또는 carving knife)은 길고 칼날이 얇으며 익힌 육류를 얇게 저미는 데 사용한다.(기다란 칼날을 구운 고기에 올려놓고 앞으로 잡아당기듯 썰면 아주 깔끔하게 저밀 수 있다.)

큰 식칼(cleaver)은 다양한 모양과 크기로 출시된다. 서양식 큰 식칼은 칼날이 아주 두꺼우며 강하게 내리쳐서 뼈까지 한꺼번에 잘라낼 때 유용하다. 다용도 큰 식칼의 칼날은 약 20×10cm 정도의 크기다. 중국식 큰 식칼, 즉 중식도는 그보다 길고 얇으면서 더욱 날렵하다. 이 칼은 일반 식칼처럼 거의 모든 재료를 자르는 용도로 사용할 수 있다. 큰 식칼의 추가적인 장점은 칼날이 넓어서 마늘을 으깨는 데 편리할 뿐만 아니라 도마에서 굵게 썬 채소를 칼날의 옆면에 올려서 프라이팬으로 옮길 때 유용하다는 점이다. 일본의 '채소용 식칼'은 우스바(薄刃) 또는 나키리(菜切)라는 이름으로 불리며 매우 얇아서 채소 및 녹색 잎을 저미는 데 적합하다.

칼 관리하기 및 보관하기

칼은 매우 자주 사용하는 도구이므로 항상 가끼운 곳에 안전하게 보관하는 것이 중요하다. 칼꽂이, 벽에 거는 자석 칼 걸이, 서랍에 끼워 넣는 나무 소재의 칼 보관용 통을 비롯해 칼을 보관하는 다양한 방법이 있다. ▶ 칼은 식기 세척기에 넣어 씻지 않는다. 반복적으로 열을 가하면 칼날에 영향을 미치므로 머지 않아 칼날이 무뎌지며 좀처럼 예리하게 갈기도 어렵다. 식기 세척기의 열과 증기가 손잡이, 특히 나무 손잡이에 미치는 영향은 말할 것도 없고 말이다.

칼 갈기

무딘 칼을 사용하면 재료를 자르는 작업이 지루하고 힘들기 마련이다. 잘 드는 칼을 사용하면 더욱 깔끔하고 정밀하게 재료를 자를 수 있을뿐더러 힘도 적게 든다. 결과적으로 손이 베일 가능성도 크게 줄어든다.

칼을 갈 때 가장 보편적으로 사용하는 것은 숫돌이다. 길이 15~25cm 정도에 거친 면과 고운 면 두 가지를 모두 가지고 있는 것이 좋은 숫돌이다. 조리대의 가장자리와 평행하게 주방 행주를 깔고 그 위에 숫돌을 올려놓는다. 우선 숫돌의 거친 면 위에 15~20도의 각도로 칼을 올려놓고 아래 그림처럼 커다란 곡선을 그리면서 칼을 밀었다가 몸 앞쪽으로 잡아당긴다. 이 작업을 칼날의 양쪽 면에 각각 10번씩 반복한다. 그다음 숫돌을 고운 면으로 돌려놓고 각도를 살짝 더 틀어서 같은 작업을 반복한다. 칼날에서 나온 쇳가루와 숫돌에서 나온 거친 알갱이를 닦아낸다.

선택 사항인 마지막 단계는 칼날 벼리기(steeling), 즉 '메우기(trueing)'다. 이 작업은 칼날을 가는 것이 아니라 칼날의 가장자리에 있는 아주 자잘한 흠이나 자국을 없애고 매끄럽게 만드는 것이다. 칼날을 메우는 데에는 여러 방법이 있다. 가장 쉬운 것 중 하나는 연마용 철봉이라는 도구의 뾰족한 끝을 도마 위에 올려놓고 수직으로 세워서 사용하는 것이다. 칼날의 손잡이와 가까운 쪽을 연마용 철봉에 갖다 대고 천천히 칼날을 철봉의 위쪽으로 올리면서 몸쪽으로 당긴다. 철봉의 위쪽에 도달할 즈음이면 칼날이 철봉의 손잡이에 거의 닿을 정도가 된다. 칼날 전체가 철봉을 스치고 지나가야 한다. 철봉의 양쪽을 번갈아 가면서 같은 동작을 반복하되, 칼날이 철봉에서 15~20도의 각도를 유지하도록 한다. 칼날의 양쪽 면을 4~5번쯤 훑어주면 칼날 가장자리의 자잘한 흠집을 고르는 데 충분하다. 작업이 끝나면 철봉과 칼을 축축한 수건으로 닦는다.

칼날을 자주 가는 습관을 들이면 재료를 자르고, 저미고, 썰어내는 작업이 훨씬 더 빠르고 쉬워질 것이다.

전기 칼 연마기를 매우 선호하는 사람들도 있다. 전기로 작동하는 이 연마기는 칼이 제대로 갈아졌는지 가늠할 필요가 없어서 편리하다. 대다수 전기 연마기는 칼을 꽂을 수 있는 구멍이 2~3개 달려 있다. 칼을 구멍에 꽂으면 안에 내장된 자석이 칼날을 올바른 각도로 고정하고 연마용 원반이 회전하면서 칼을 갈아준다.

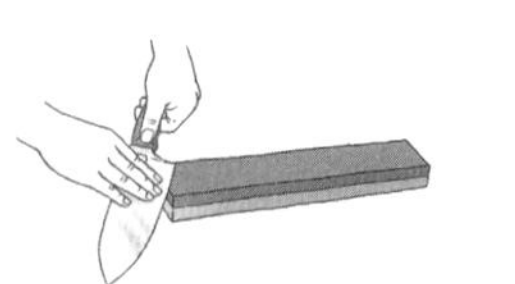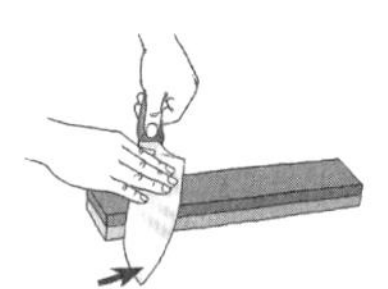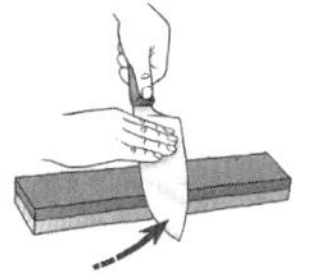

숫돌로 칼 갈기

화상에 대해

우리는 이 책 전체에 걸쳐 음식을 태우지 않기 위한 충분한 주의사항을 안내했다. 여기서는 요리하는 사람이 화상을 입지 않기 위한 몇 가지 안전 수칙과 화상이라는 응급상황이 발생했을 때 대처하는 방법을 설명한다.

냄비와 프라이팬은 균형이 잘 맞고 비어 있는 상태에서 흔들리지 않는 안정적인 것을 사용한다. 손잡이가 너무 무거워서 냄비가 기울어지거나 너무 길어서 소매에 걸리는 것은 피한다.

액체를 끓일 때는 가정용 레인지의 뒤쪽에 올려놓고 모든 냄비의 손잡이는 어린아이의 손이 닿지 않는 방향으로 돌려놓는다.

팬 프라잉을 할 때는 기름이 밖으로 튀어나올 경우를 대비해 가림막이나 기름 방지 덮개를 가까운 곳에 준비해둔다.

기름에 불이 붙었을 때는 절대 물을 끼얹지 않는다. 불이 붙은 곳에 소금이나 베이킹소다를 뿌리거나 불이 작게 붙었을 경우 금속 뚜껑으로 덮는다.

뜨거운 물건과 뜨거운 음식을 옮길 수 있도록 가정용 레인지에서 가까운 곳에 주방 장갑과 쇠 집게를 보관해둔다.

뜨거운 냄비를 잡기 전에 손이나 주방 장갑 또는 입고 있는 옷이 젖지 않았는지 확인한다.

화상을 입었을 때 응급 처치법은 화상의 범위가 넓거나 좁거나 관계없이 같다. 화상 부위 또는 근처를 덮고 있는 옷을 벗거나 천을 잘라내되, 화상을 입은 피부 및 화상을 입은 살갗에 달라붙은 것까지 자르거나 떼어내지 않도록 주의한다. 물집이 생기면 터뜨리거나 절개해서는 안 된다.

화상을 입은 후 가능한 한 빨리 해당 부위를 찬물에 담그거나 찬물에 가져다 대고 최대 1~2시간 동안 그 상태를 유지한다. 이렇게 하면 화상으로 인한 통증을 줄일 수 있다. 그다음 화상 부위를 보호하기 위해 마른 멸균 거즈로 덮는다. 멸균 거즈가 없다면 깨끗한 면을 사용할 수 있다.

화상 부위가 넓다면 치료를 받을 때까지 깨끗한 천으로 덮어서 보호하고 마음을 진정시킨다. 화상 부위에 소독약이나 연고, 스프레이 또는 민간 치료법을 사용해서는 안 된다. 이러한 약품이 치료를 방해할 수 있다.

얼굴에 화상을 입었다면 정상적으로 호흡할 수 있는지, 쇼크 상태에 빠지지 않는지 계속해서 관찰해야 한다.

큰 화상을 입었거나 화상 부위의 통증이 심하면 즉시 담당 의사나 가까운 병원의 응급실을 찾아야 한다. 전문 의료진의 도움을 받을 수 있을 때까지 바닥에 누워서 마음을 진정시키고 몸을 따뜻하게 유지한다. 심각한 화상은 119 구급대에 도움을 요청한다.

참고 문헌과 자료

이 책의 개정판은 결코 우리의 노력만으로 탄생한 것이 아니다. 우리는 다른 모든 이들과 마찬가지로 더욱 현명한 사람들의 지혜를 밑바탕으로 삼았다. 『조이 오브 쿠킹』은 매우 방대한 내용을 다루고 있으므로 특정 주제에 대해서는 적당한 깊이까지만 다루었다. 다행히도 이 책에서 한 문단 또는 한 쪽만 할애해서 간략하게 다룬 주제에 관해 평생 연구해온 사람들이 있다. 아래에는 유용한 참고 자료를 소개했으며, 그중 일부는 이 책의 개정판을 준비하면서 참고한 자료도 있고 단순히 우리가 좋아하는 책들도 함께 소개했다. 이 책에서 다룬 것보다 더 자세한 내용이 궁금한 독자들은 여기에 소개하는 자료를 살펴보기를 추천한다.

식품 및 요리 참고 문헌

Corriher, Shirley. *CookWise: The Secrets of Cooking Revealed*. New York: William Morrow, 1997.

Davidson, Alan. *The Oxford Companion to Food*. Third edition. Oxford: Oxford University Press, 2014.

Doyle, Michael P., and Larry R. Beuchat (eds.). *Food Microbiology: Fundamentals and Frontiers*. Third edition. Washington, DC: ASM Press, 2007.

McGee, Harold. *On Food and Cooking: The Science and Lore of the Kitchen*. New York: Scribner, 2004. (해럴드 맥기, 이희건 옮김, 『음식과 요리』, 이데아, 2017.)

Page, Karen, and Andrew Dornenburg. *The Flavor Bible*. New York: Little, Brown and company, 2008.

일반 요리책

Nosrat, Samin. *Salt, Fat, Acid, Heat: Mastering the Elements of Good Cooking*. New York: Simon & Schuster, 2017. (사민 노스랏, 제효영 옮김, 『소금 지방 산 열 — 훌륭한 요리를 만드는 네 가지 요소』, 세미콜론, 2020.)

López-Alt, J. Kenji. *The Food Lab: Better Home Cooking Through Science*. New York: W. W. Norton, 2015. (J. 켄지 로페즈 알트, 임현수 옮김, 『THE FOOD LAB 더 푸드 랩 — 더 나은 요리를 위한 주방 과학의 모든 것!』, 영진닷컴, 2017.)

간단한 조리 방법

Adler, Tamar. *An Everlasting Meal*. New York: Scribner, 2011.

Turshen, Julia. *Now & Again*. San Francisco: Chronicle Books, 2018.

칵테일

Meehan, Jim. *Meehan's Bartender Manual*. New York: Ten Speed Press, 2017.

Morgenthaler, Jeffrey. *The Bar Book: Elements of Cocktail Technique*. San Francisco: Chronicle Books, 2014.

Wondrich, David. *Imbibe!* New York: Perigee, 2015.

_________. *Punch: The Delights (and Dangers) of the Flowing Bowl*. New York: Perigee, 2010.

채소, 과일, 곡물

Grigson, Jane. *Jane Grigson's Fruit Book*. New York: Atheneum, 1982.

_________. *Jane Grigson's Vegetable Book*. London: Penguin, 1981.

Madison, Deborah. *The New Vegetarian Cooking for Everyone*. Berkeley: Ten Speed Press, 2014.

_________. *Vegetable Literacy*. Berkeley: Ten Speed Press, 2013.

McFadden, Joshua. *Six Seasons: A New Way with Vegetables*. New York: Artisan, 2017.

Morgan, Diane. *Roots*. San Francisco: Chronicle Books, 2012.

Mouritsen, Ole G. *Seaweeds: Edible, Available, and Sustainable*. Chicago: University of Chicago Press, 2013.

Nguyen, Andrea. *Asian Tofu*. Berkeley: Ten Speed Press, 2012.

Ottolenghi, Yotam. *Plenty*. San Francisco: Chronicle Books, 2011.

Presilla, Maricel. *Peppers of the Americas*. Berkeley: Lorena Jones Press, 2017.

Schneider, Elizabeth. *Vegetables from Amaranth to Zucchini*. New York: William Morrow, 2001.

Shurtleff, William, and Akiko Aoyagi. *The Book of Tofu*. New York: Ballantine, 1975.

Slater, Nigel. *Ripe: A Cook in the Orchard*. Berkeley: Ten Speed Press, 2010.

_________. *Tender: A Cook and His Vegetable Patch*. Berkeley: Ten Speed Press, 2009.

Speck, Maria. *Simply Ancient Grains*. Berkeley: Ten Speed Press, 2015.

버섯, 뿌리, 순, 녹색 채소 채집하기

미국 서부

Arora, David. *All That the Rain Promises, and More...* Berkeley: Ten Speed Press, 1991.

________. *Mushrooms Demystified.* Berkeley: Ten Speed Press, 1986.

Baudar, Pascal. *The New Wildcrafted Cuisine.* White River Junction, VT: Chelsea Green, 2016.

Benoliel, Doug. *Northwest Foraging.* Seattle: Skipstone, 2011.

Clarke, Charlotte Bringle. *Edible and Useful Plants of California.* Berkeley: University of California Press, 1978.

Harrington, H.D. *Edible Native Plants of the Rocky Mountains.* Albuquerque: University of New Mexico Press, 1974.

Nabhan, Gary Paul. *Gathering the Desert.* Tucson: University of Arizona Press, 1986.

Siegel, Noah, and Christian Schwarz. *Mushrooms of the Redwood Coast.* Berkeley: Ten Speed Press, 2016.

미국 동부

Kuo, Michael. *100 Edible Mushrooms.* Ann Arbor: University of Michigan Press, 2007.

Lincoff, Gary. *National Audubon Society Field Guide to Mushrooms: North America.* New York: Knopf, 1981.

Meredith, Leda. *Northeast Foraging.* Portland, OR: Timber Press, 2014.

Peterson, Lee Allen. *Field Guide to Edible Wild Plants of Eastern and Central North America.* Boston: Houghton Mifflin, 1977.

Thayer, Samuel. *Nature's Garden: A Guide to Identifying, Harvesting, and Preparing Edible Wild Plants.* Bruce, WI: Forager's Harvest, 2010.

육류와 해산물

Cosentino, Chris. *Offal Good.* New York: Clarkson Potter, 2017.

Danforth, Adam. *Butchering Beef.* North Adams, MA: Storey Publishing, 2014.

________. *Butchering Poultry, Rabbit, Lamb, Goat, Pork.* North Adams, MA: Storey Publishing, 2014.

Goldwyn, Meathead, and Greg Blonder Ph.D. *Meathead.* New York: Houghton Mifflin Harcourt, 2016.

Harlow, Jay. *West Coast Seafood.* Seattle: Sasquatch Books, 1999.

McLagan, Jennifer. *Odd Bits: How to Cook the Rest of the Animal.* Berkeley: Ten Speed Press, 2011.

Peterson, James. *Fish & Shellfish.* New York: William Morrow, 1996.

Seaver, Barton. *Two If By Sea.* New York: Sterling Epicure, 2016.

Walsh, Robb. *Legends of Texas Barbecue.* San Francisco: Chronicle Books, 2016.

야생동물 고기 요리

Shaw, Hank. *Buck, Buck, Moose.* Orangevale, CA: H&H Books, 2016.

________. *Duck, Duck, Goose.* Berkeley: Ten Speed Press, 2013.

________. *Pheasant, Quail, Cottontail.* Orangevale, CA: H&H Books, 2018.

제과제빵 및 디저트

Beranbaum, Rose Levy. *The Bread Bible.* New York: W. W. Norton, 2003.

Braker, Flo. *The Simple Art of Perfect Baking.* San Francisco: Chronicle Books, 2003.

Corriher, Shirley. *BakeWise: The Hows and Whys of Successful Baking.* New York: Scribner, 2008.

Headley, Brooks. *Brooks Headley's Fancy Desserts.* New York: W. W. Norton, 2014.

Lebovitz, David. *Ready for Dessert: My Best Recipes.* Berkeley: Ten Speed Press, 2010.

Medrich, Alice. *Chewy Gooey Crispy Crunchy Melt-in-Your-Mouth Cookies.* New York: Artisan, 2010.

________. *Seriously Bittersweet: The Ultimate Dessert Maker's Guide to Chocolate.* New York: Artisan, 2013.

Parks, Stella. *Bravetart: Iconic American Desserts.* New York: W. W. Norton, 2017.

Robertson, Chad. *Tartine Bread.* San Francisco: Chronicle Books, 2010. (채드 로버트슨, 오승해 옮김, 『타르틴 브레드 — 세상 모든 빵으로 통하는 타르틴 베이커리 단 하나의 기본 레시피』, 한스미디어, 2015.)

Segal, Mindy. *Cookie Love.* Berkeley: Ten Speed Press, 2015.

음식 보존 및 발효

Ball Home Cooking Test Kitchen. *The All New Ball Book of Canning and Preserving.* New York: Oxmoor House, 2016.

Balla, Nicolaus, and Cortney Burns. *Bar Tartine Techniques and Recipes.* San Francisco: Chronicle Books, 2014. (니콜라스 발라, 코트니 번즈, 정연주 옮김, 『바 타르틴 — 테크닉 & 레시피』, 한스미디어, 2017.)

Cairo, Elias. *Olympia Provisions.* Berkeley: Ten Speed Press, 2015.

Katz, Sandor Ellix. *The Art of Fermentation: An In-Depth Exploration of Essential Concepts and Processes from Around the World.* White River Junction, VT: Chelsea Green Publishing, 2012. (샌더 엘릭스 카츠, 한유선 옮김, 『음식의 영혼, 발효의 모든 것 — 지구촌 발효음식의 역사, 개념, 제조법에 관한 기나긴 여행』, 글항아리, 2021.)

________. *Wild Fermentation: The Flavor, Nutrition, and Craft of Live-Culture Foods.* White River Junction, VT: Chelsea Green Publishing, 2016. (샌더 엘릭스 카츠, 김소정 옮김, 『천연 발효식품』, 전나무숲, 2018.)

Marshall, Sarah. *Preservation Pantry: Modern Canning from Root to Top & Stem to Core.* New York: Regan Arts, 2017.

McClellan, Marisa. *Food in Jars: Preserving in Small Batches Year-Round.* Philadelphia: Running Press, 2011.

Redzepi, René, and David Zilber. *The Noma Guide to Fermentation:*

Foundations of Flavor. New York: Artisan, 2018.

Rentfrow, Gregg, and Surendranath Suman. "ASC-213: How to Make a Country Ham." *Agriculture and Natural Resources Publications*. Lexington: University of Kentucky Cooperative Extension Service, 2014.

US Department of Agriculture. National Institute of Food and Agriculture. Information Bulletin no. 539. *Complete Guide to Home Canning*. 2015.

West, Kevin. *Saving the Season: A Cook's Guide to Home Canning, Pickling, and Preserving*. New York: Alfred A. Knopf, 2013.

치즈와 치즈 만들기

Carroll, Ricki. *Home Cheese Making: Recipes for 75 Homemade Cheeses*. North Adams, MA: Storey Publishing, 2002.

Jenkins, Steven. *Cheese Primer*. New York: Workman, 1996.

기타

Fisher, M. F. K. *The Art of Eating*. New York: Macmillan, 1990.

Hopkinson, Simon. *Roast Chicken and Other Stories*. New York: Hyperion, 2006.

Kord, Tyler. *A Super Upsetting Cook Book About Sandwiches*. New York: Clarkson Potter, 2016.

Manning, Ivy. *Crackers & Dips*. San Francisco: Chronicle Books, 2013.

Mendelson, Anne. *Stand Facing the Stove: The Story of the Women Who Gave America the* Joy of Cooking. New York: Henry Holt, 1996.

Myhrvold, Nathan, Chris Young, and Maxime Bilet. *Modernist Cuisine*. Seattle: Cooking Lab, 2011.

Shapiro, Laura. *Perfection Salad: Women and Cooking at the Turn of the Century*. Berkeley: University of California Press, 2009.

_________. *Something from the Oven: Reinventing Dinner in 1950s America*. New York: Penguin, 2004.

각국의 요리별 권장 요리책

미국 다양한 지역의 요리

Jamison, Cheryl Alters, and Bill Jamison. *The Border Cookbook: Authentic Home Cooking of the American Southwest and Northern Mexico*. Boston: Harvard Common Press, 1995.

Junior League of Charleston, SC. *Charleston Receipts*. Nashville: Favorite Recipes Press, 2011.

Lafayette Junior League. *Talk About Good!* Memphis: Wimmer Cookbooks, 1969.

Lewis, Edna. *The Taste of Country Cooking*. New York: Alfred A. Knopf, 2006.

Lundy, Ronni. *Victuals*. New York: Clarkson Potter, 2016.

Prudhomme, Paul. *Chef Paul Prudhomme's Louisiana Kitchen*. New York: William Morrow, 1984.

Sherman, Sean, and Beth Dooley. *The Sioux Chef's Indigenous Kitchen*. Minneapolis: University of Minnesota Press, 2017.

Valldejuli, Carmen Aboy. *Puerto Rican Cookery*. Gretna, LA: Pelican Publishing, 2008.

중국 요리

Dunlop, Fuchsia. *Every Grain of Rice*. New York: W. W. Norton, 2012.

_________. *Land of Fish and Rice*. New York: W. W. Norton, 2016.

_________. *Land of Plenty*. New York: W. W. Norton, 2001.

Kuo, Irene. *The Key to Chinese Cooking*. New York: Alfred A. Knopf, 1977.

Young, Grace, and Alan Richardson. *The Breath of a Wok*. New York: Simon & Schuster, 2004.

프랑스 요리

Child, Julia. *The French Chef Cookbook*. New York: Alfred A. Knopf, 1968.

Child, Julia, Louisette Bertholle, and Simone Beck. *Mastering the Art of French Cooking*. New York: Alfred A. Knopf, 1968. (줄리아 차일드, 시몬 베크, 루이제트 베르톨, 김현희, 마효주 옮김, 『프랑스 요리의 기술』, 클, 2021.)

David, Elizabeth. *French Provincial Cooking*. New York: Penguin Books, 1978.

Olney, Richard. *Simple French Food*. 40th anniversary edition. New York: Houghton Mifflin Harcourt, 2014.

Willan, Anne. *The Country Cooking of France*. San Francisco: Chronicle Books, 2007.

Wolfert, Paula. *The Cooking of South-West France*. New York: Harper & Row, 1983.

인도 요리

Dhalwala, Meeru, and Vikram Vij. *Vij's at Home*. Vancouver, BC: Douglas & McIntyre, 2010.

Devi, Yamuna. *Lord Krishna's Cuisine: The Art of Indian Vegetarian Cooking*. New York: Dutton, 1987.

Iyer, Raghavan. *660 Curries*. New York: Workman, 2008.

Jaffrey, Madhur. *Vegetarian India*. New York: Alfred A. Knopf, 2015.

King, Niloufer Ichaporia. *My Bombay Kitchen*. Berkeley: University of California Press, 2008.

Pant, Pushpesh. *India Cookbook*. New York: Phaidon, 2010.

Pidathala, Archana. *Five Morsels of Love*. Self-published, 2016.

Sahni, Julie. *Classic Indian Cooking*. New York: William Morrow, 1980.

일본 요리

Ono, Tadashi, and Harris Salat. *Japanese Soul Cooking*. Berkeley: Ten Speed Press, 2013.

Hachisu, Nancy Singleton. *Japan*. New York: Phaidon, 2018.

유대교 요리

Nathan, Joan. *Jewish Cooking in America*. New York: Alfred A. Knopf, 1994.

Roden, Claudia. *The Book of Jewish Food*. New York: Alfred A. Knopf, 2008.

한국 요리

Hong, Deuki, and Matt Rodbard. *Koreatown*. New York: Clarkson Potter, 2016.

Kim, Sohui. *Korean Home Cooking*. New York: Abrams, 2018.

Maangchi. *Maangchi's Real Korean Cooking*. New York: Houghton Mifflin Harcourt, 2015.

지중해 요리

Boni, Ada. *The Talisman Italian Cookbook*. New York: Crown, 1950.

Field, Carol. *In Nonna's Kitchen: Recipes and Traditions from Italy's Grandmothers*. New York: HarperCollins, 1997.

Hazan, Marcella. *Essentials of Classic Italian Cooking*. New York: Alfred A. Knopf, 1992. (마르첼라 하잔, 박혜인 옮김, 『정통 이탈리아 요리의 정수』, 마티, 2020.)

Louis, Jenn. *Pasta by Hand*. San Francisco: Chronicle Books, 2015.

Marchetti, Domenica. *The Glorious Vegetables of Italy*. San Francisco: Chronicle Books, 2013.

Roden, Claudia. *The Food of Spain*. New York: Ecco, 2011.

Scicolone, Michele. *1,000 Italian Recipes*. Hoboken, NJ: Wiley, 2004.

Wolfert, Paula. *The Cooking of the Eastern Mediterranean*. New York: HarperCollins, 1994.

________. *The Food of Morocco*. New York: Ecco, 2011.

멕시코 요리

Kennedy, Diana. *The Essential Cuisines of Mexico*. New York: Clarkson Potter, 2009.

Santibanez, Roberto, and J. J. Goode. *Truly Mexican*. Hoboken, NJ: John Wiley, 2011.

중동 요리

Batmanglij, Najmieh. *Food of Life*. Washington, DC: Mage Publishers, 2018.

Deravian, Naz. *Bottom of the Pot*. New York: Flatiron Books, 2018.

Helou, Anissa. *Feast: Food of the Islamic World*. New York: Ecco, 2018.

________. *Lebanese Cuisine*. New York: St. Martin's Griffin, 1994.

________. *Mediterranean Street Food*. New York: William Morrow, 2002.

Roden, Claudia. *The New Book of Middle Eastern Food*. New York: Alfred A. Knopf, 2009.

Solomonov, Michael, and Steven Cook. *Zahav: A World of Israeli Cooking*. New York: Houghton Mifflin Harcourt, 2015.

러시아 및 동유럽 요리

von Bremzen, Anya, and John Welchman. *Please to the Table: The Russian Cookbook*. New York: Workman, 1990.

Goldstein, Darra. *A Taste of Russia*. New York: Random House, 1983.

________. *The Georgian Feast*. Berkeley: University of California Press, 2018.

Hercules, Olia. *Mamushka: Recipes from Ukraine and Beyond*. San Francisco: Weldon Owen, 2015.

Lang, George. *The Cuisine of Hungary*. New York: Bonanza Books, 1971.

Morales, Bonnie Frumkin, and Deena Prichep. *Kachka: A Return to Russian Cooking*. New York: Flatiron Books, 2017.

동남아시아 요리

Nguyen, Andrea. *The Banh Mi Handbook*. Berkeley: Ten Speed Press, 2014.

________. *Into the Vietnamese Kitchen*. Berkeley: Ten Speed Press, 2006.

________. *The Pho Cookbook*. Berkeley: Ten Speed Press, 2017.

Owen, Sri. *The Indonesian Kitchen*. Northampton, MA: Interlink, 2009.

Phan, Charles. *Vietnamese Home Cooking*. Berkeley: Ten Speed Press, 2012.

Punyaratabandhu, Leela. *Bangkok: Recipes and Stories from the Heart of Thailand*. Berkeley: Ten Speed Press, 2018.

________. *Simple Thai Food*. Berkeley: Ten Speed Press, 2014.

Ricker, Andy, and J. J. Goode. *Pok Pok*. Berkeley: Ten Speed Press, 2013.

Shyabout, James, and John Birdsall. *Hawker Fare: Stories & Recipes from a Refugee Chef's Isan Thai & Lao Roots*. New York: Ecco, 2018.

Thompson, David. *Thai Food*. Berkeley: Ten Speed Press, 2002.

온라인 참고 자료

The USDA Food Composition Databases: https://ndb.nal.usda.gov/ndb/

Monterey Bay Aquarium Seafood Watch: https://www.seafoodwatch.org/

Fruit and vegetable storage guidelines from UC Davis: http://postharvest.ucdavis.edu/Commodity_Resources/Storage_Recommendations/

National Center for Home Food Preservation: https://nchfp.uga.edu

재료 구하기

재래종 콩:

Rancho Gordo, www.ranchogordo.com

지역 농산물 직판장:

Local Harvest, www.localharvest.org

향신료:

Snuk Foods, www.snukfoods.com

Penzeys Spices, www.penzeys.com

야생동물, 야생 조류, 희귀한 육류, 해산물, 버섯, 야생 음식:

Schiltz Goose Farm, www.schiltzfoods.com

D'Artagnan, www.dartagnan.com

Nicky USA, www.nickyusa.com

Foods in Season, www.foodsinseason.com

옮긴이의 말

『조이 오브 쿠킹』 한국어판 작업의 긴 여정이 마무리되어가는 시점에 이 글을 쓰니 여러 가지로 감회가 새롭습니다. 대학에서 식품영양학을 전공했고 식재료와 음식에 관심이 많다고 자부해왔지만, 이 책을 우리말로 옮기는 작업은 지금까지 알지 못했던 새로운 세계를 열어주는 동시에 한계를 시험하는 경험이었습니다. 짧지 않은 해외 생활을 통해 나름대로 한국에서 쉽게 볼 수 없는 식재료를 많이 접하고 경험해보았다고 생각했는데 『조이 오브 쿠킹』의 방대함은 한 손으로 들 수조차 없는 묵직한 책을 처음 잡아보았을 때의 섣부른 예상을 가볍게 뛰어넘는 것이었습니다.

가정에서 가족을 위해 또는 취미로 요리를 하는 독자들에 대한 따뜻한 배려를 잊지 않으면서도 매일같이 바쁜 주방에서 강렬한 화력과 씨름하는 직업 요리사들을 위한 정보까지 총망라한, 그야말로 요리와 식재료의 백과사전이라 해야 마땅한 이 책은 초판 발행연도가 지금으로부터 거의 100년 전인 1931년입니다. 한 세기에 걸쳐 얼마나 많은 변화가 일어났는지를 생각해보면 요리와 식재료의 세계에도 얼마만큼 대대적인 변화가 있었을지 상상하기조차 어렵습니다. 초판부터 이번 아홉 번째 개정판에 이르기까지 원작자 집안 대대에 걸쳐 보여준 요리에 대한 사랑과 기록을 향한 사명감, 그리고 수많은 애독자에 대한 헌신이 없었다면 결코 성립할 수도, 지속될 수도 없는 프로젝트가 아닐까 합니다.

『조이 오브 쿠킹』은 미국 가정에서 또는 외식업계에서 자주 접할 만한 요리뿐만 아니라 세계 여러 나라의 대표적인 요리를 두루 다루고 있으며, 프랑스와 이탈리아 요리를 비롯한 서양 요리의 전통을 방대하게 다루고 있습니다. 또한 미국과 지리적으로 가까운 멕시코 요리를 상당수 소개하는 동시에 한국, 중국, 일본 및 동남아시아 요리에도 지면을 할애하고 있습니다. 특히 다양한 유형의 베이킹에 관심이 많은 독자라면 전 세계의 빵과 케이크, 오븐에서 구워내는 과자 등을 이 한 권에서 다채롭게 만날 수 있을 것이며, 요리에 사용하는 다양한 도구와 조리 기술, 영양 관련 정보, 요리할 때 꼭 지켜야 할 주의사항, 그리고 관련 정보를 충실히 보여주는 섬세한 삽화와 각 장의 첫머리를 장식한 페이퍼 커팅 아트에 이르기까지, 이 책을 펼쳐본 독자라면 누구든 조금의 여백도 허투루 낭비하지 않고 알차게 내용을 담은 책이라는 인상을 받으시리라 생각합니다.

아무래도 한국어로 옮기는 작업인지라 한국 요리를 눈여겨보지 않을 수 없었는데, 구색을 갖추기 위해 끼워 넣은 겉핥기식이 아닐까 하는 우려가 무색하게 제대로 된 레시피를 소개하고 있어 마음을 놓았습니다. 하지만 그러한 우려야말로 장인정신으로 이 책의 개정판을 만들어온 저자들에게 실례가 될지도 모르겠습니다. 생소한 야생동물이나 조류, 좀처럼 접하기 어려운 생선이나 채소, 다양한 육류의 세세한 부위를 일컫는 이름까지, 영어는 물론 익숙하지 않은 언어의 웹사이트까지 검색하고 또 검색해도 적절한 한국어 번역 용어를 찾기 어려워 좌절할 때마다 식재료 조사와 수천 개가 넘는 레시피를 하나하나 테스트하고 내용을 업데이트한 저자들의 노력을 떠올리며 다시 자판을 잡았습니다.

특히 레시피 제목을 어떻게 번역해야 한국 독자에게 좀 더 직관적으로 다가갈 수 있을지 고민한 것과 레시피의 정확도를 높이기 위해 미국식 계량 단위를 최대한 원래 단위에 가까우면서도 계량하기 편한 미터법 단위로 변환하려 노력한 것이 이 책을 작업하면서 가장 신경 쓴 부분이라고 할 수 있습니다. 이 책을 접한 한국 독자들이 방대하고 깊은 음식 문화의 세계를 신나게 유영하는 탐험가의 마음으로 익숙한 요리를 재확인하고 그보다 더 많은 요리와 흥미로운 식재료를 새롭게 발견하며 '요리의 즐거움'을 마음껏 누려보셨으면 하는 바람입니다.

『조이 오브 쿠킹』의 저자들이 아홉 번째 개정판을 펴내는 과정에서 수많은 사람의 도움을 받았듯이, 이 책의 한국어판도 많은 분들의 노력 없이는 탄생할 수 없었을 것입니다. 빈말로도 끈기가 있다고는 하기 어려운 제가 『조이 오브 쿠킹』의 방대한 번역 작업을 끝까지 마무리할 수 있었던 것은 언제나 존재만으로도 힘이 되어주시는 부모님과 가족을 비롯한 수많은 분의 격려와 도움 덕분입니다. 처음 이 책의 번역을 제안해주신 시점부터 옮긴이 후기를 쓰는 지금까지 해를 넘기는 긴 시간 동안 항상 변함없이 따뜻한 응원을 보내주신 세미콜론 출판사의 김지향 팀장님과 편집부, 미술부와 저작권부 등 『조이 오브 쿠킹』 한국어판에 힘을 보태주신 모든 분들, 그리고 그야말로 사명감으로 꼼꼼하게 교정 작업을 맡아주신 신귀영 편집자께 진심으로 감사의 마음을 전합니다. 아낌없이 쏟아주신 애정과 노력만큼 『조이 오브 쿠킹』이 많은 독자에게 사랑받기를 바라 마지않습니다.

2024년 2월
구계원

찾아보기

1판 1쇄 찍음 2024년 2월 15일
1판 1쇄 펴냄 2024년 2월 22일

지은이   이르마 S. 롬바우어,
          매리언 롬바우어 베커, 이선 베커,
          존 베커, 메건 스콧
옮긴이   구계원

편집   신귀영 김지향 정예슬 황유라
디자인   한나은
미술   이미화 김낙훈 김혜수
마케팅   정대용 허진호 김채훈 홍수현
          이지원 이지혜 이호정
홍보   이시윤 윤영우
저작권   남유선 김다정 송지영
제작   임지현 김한수 임수아 권순택
관리   박경희 김지현 이지은

펴낸이   박상준
펴낸곳   세미콜론
출판등록 1997. 3. 24. (제16-1444호)
06027 서울특별시 강남구 도산대로1길 62
대표전화 515-2000
팩시밀리 515-2007
편집부   517-4263
팩시밀리 515-2329

ISBN   979-11-92908-65-6 13590

세미콜론은 민음사 출판그룹의
만화·예술·라이프스타일 브랜드입니다.
www.semicolon.co.kr

트위터   semicolon_books
인스타그램 semicolon.books
페이스북   SemicolonBooks
유튜브   세미콜론TV